国家出版基金项目
NATIONAL PUBLICATION FOUNDATION

自然科学大辞典系列

化学大辞典

总主编　高　松
副总主编　王剑波

DICTIONARY OF CHEMISTRY

科学出版社
北京

内 容 简 介

本书是一部综合性的化学辞典，涵盖无机化学、有机化学、分析化学、物理化学、理论与计算化学、高分子科学、化学生物学、放射化学与辐射化学、环境化学、能源化学等分支学科，以常用、基础和重要的名词术语为基本内容，提供简明扼要的定义或概念解释，并有适度展开。正文后设有便于检索的汉语拼音索引和外文索引。

本书可供化学及相关专业的科技工作者、高等院校师生、中学化学教师、化学爱好者以及具有大学以上文化程度的其他读者参考使用。

图书在版编目(CIP)数据

化学大辞典/高松主编. —北京：科学出版社，2017.12

(自然科学大辞典系列)

ISBN 978-7-03-055683-7

Ⅰ. ①化… Ⅱ. ①高… Ⅲ. ①化学–词典 Ⅳ. ①O6-61

中国版本图书馆 CIP 数据核字(2017)第 292535 号

责任编辑：杨 震 杨新改 刘 冉 顾英利／责任校对：杜子昂

责任印制：赵 博／封面设计：黄华斌

科学出版社出版

北京东黄城根北街 16 号

邮政编码：100717

http://www.sciencep.com

北京中科印刷有限公司印刷

科学出版社发行 各地新华书店经销

*

2017 年 12 月第 一 版 开本：889×1194 1/16

2025 年 8 月第八次印刷 印张：82 1/4

字数：3 474 000

定价：298.00 元

(如有印装质量问题，我社负责调换)

《化学大辞典》编委会

《化学大辞典》分编委会

（以姓名汉语拼音为序）

一、无机化学分编委会

主　编　卞　江

编　委　卞祖强　荆西平　李维红　施祖进　王颖霞　王哲明　吴国庆　杨展澜　姚光庆

二、有机化学分编委会

主　编　王剑波

编　委　陈家华　甘良兵　关烨第　郭雪峰　李笑宇　裴　坚　王婕妤　叶蕴华　张奇涵　张　艳　张文雄　赵达慧

三、分析化学分编委会

主　编　刘　锋

编　委　邓　勃　李美仙　李　娜　刘虎威　叶宪曾　张新祥　赵凤林　赵美萍

四、物理化学分编委会

主　编　黄建滨

编　委　段连运　高盘良　李经建　刘海超　刘　岩　刘志荣　刘忠范　马　丁　彭海琳　吴　凯　吴念祖　阎　云　杨华铨　张　锦　赵传钧　朱月香

五、理论与计算化学分编委会

主　编　刘文剑

编　委　高毅勤　蒋　鸿　刘　剑　刘志荣

肖云龙　徐筱杰　杨立江　余志祥

六、高分子科学分编委会

主　编　李子臣

编　委　杜福胜　范星河　贾欣茹　梁德海

马玉国　沈志豪

七、化学生物学分编委会

主　编　赵新生

编　委　陈　鹏　陈　兴　贾桂芳　刘　莹

杨　震　袁　谷

八、放射化学与辐射化学分编委会

主　编　沈兴海

编　委　褚泰伟　李泽军　彭　静　翟茂林

九、环境化学分编委会

主　编　胡　敏

编　委　邵　敏　张远航　朱　彤

十、能源化学分编委会

主　编　黄富强

编　委　陈继涛　陈庆德　李艳廷　刘海超

裴　坚　吴念祖　邹德春

《化学大辞典》编撰人员名单

（以姓名汉语拼音为序）

卞　江	卞祖强	蔡　康	曹　越	陈　瀚	陈洪亮	陈继涛	陈家华
陈　鹏	陈庆德	陈硕冰	陈　兴	陈紫荣	迟　樾	褚泰伟	崔晓杰
戴亚中	邓　勃	邓　琳	丁端尘	窦锦虎	杜福胜	段连运	范星河
范远朋	付翔宇	甘良兵	高盘良	高毅勤	高月英	葛　睿	耿巍芝
关烨第	郭雪峰	郭亦堃	韩祎昕	郝京诚	郝　伟	何　化	胡芳东
胡　敏	黄　方	黄富强	黄建滨	黄岩谊	姬国靖	贾桂芳	贾欣茹
姜延龙	蒋　鸿	金　亮	金泽鑫	荆西平	匡小军	来　旸	李　恒
李　欢	李经建	李美仙	李　娜	李　田	李维红	李笑宇	李彦邦
李艳廷	李　勇	李元鹤	李泽军	李子臣	梁德海	梁思思	梁欣庭
刘栋栋	刘　锋	刘海超	刘虎威	刘　剑	刘　亮	刘　帅	刘文剑
刘　岩	刘扬中	刘　莹	刘振兴	刘志荣	刘忠范	娄春波	娄　宁
陆　勇	罗　发	骆周扬	马　丁	马晓申	马玉国	孟　赫	明佳林
牛　哲	欧阳昆冰		庞代文	裴　坚	彭海琳	彭　静	邱　頔
曲培源	上官湘航		邵　敏	沈兴海	沈志豪	施祖进	石　可
史力军	舒志斌	苏　祺	苏子昊	孙宝川	孙天文	孙　圳	谭　伟
谭砚文	童炳琦	王　波	王稼国	王剑波	王江云	王婕妤	王旷宇
王　龙	王冉冉	王任小	王睿博	王　兮	王小野	王颖霞	王跃樊
王哲明	魏保生	魏俊年	魏　平	吴国骄	吴国庆	吴　凯	吴念祖
夏　昕	夏　莹	肖云龙	谢佳君	谢嘉欣	辛纳纳	徐　迟	徐　凌
徐平勇	徐　帅	徐筱杰	许　良	许　言	严家骏	阎　云	晏琦帆
阳东初	杨驰远	杨华铨	杨立江	杨守良	杨展澜	杨　震	姚光庆
叶　飞	叶　柿	叶宪曾	叶宇轩	叶蕴华	游　麟	于海昕	余志祥
尉志武	袁　谷	袁劲松	翟茂林	湛　明	张宸豪	张浩千	张浩宇
张　锦	张名姝	张奇涵	张　强	张素蕾	张文科	张文雄	张新祥
张　行	张　艳	张远航	张志坤	张卓然	章　炜	赵传钧	赵达慧
赵　飞	赵凤林	赵　静	赵美萍	赵新生	郑雨晴	钟玖平	周　江
周是一	周　旭	周　易	周志尧	周子硕	朱　彤	朱月香	庄方东
邹德春	邹　林						

前　言

从 2011 年年底的首次编委会会议开始，历经 6 个寒暑，这部《化学大辞典》终于要出版问世，奉献给广大读者。

参与编写这部辞典的编委和撰稿人主要来自北京大学，他们多年从事化学研究与教学并各有建树。能在 6 年的时间里，有这么多学者抽出大量宝贵时间来完成这项艰巨的编纂工作，本身就是非常了不起的成就。尽管大家自身工作任务繁重，但他们仍然秉持严谨的科学态度，精益求精、一丝不苟地完成了整部辞典的编写工作。在整个编写过程中，我也非常感谢科学出版社的有关领导、编辑，特别感谢分编委会的各位分主编。这部辞典是所有编委、撰稿人和编辑同仁们集体智慧和劳动的结晶。

化学是一门中心科学，历史悠久，分支交叉领域众多；在科学的其他领域以及国民经济和社会生活的各个方面应用广泛，已成为人类文明赖以存在和可持续发展的重要基础。在漫长的化学发展历史中，以及在与其他学科的交叉融合中，化学学科形成了大量的专有名词和概念，本辞典收录约一万五千词条，是迄今为止收词最为完整的化学辞典之一。词目的选择主要参考了全国科学技术名词审定委员所发布的化学学科的名词术语，并充分考虑了学科发展和专家意见。

本辞典按照当前化学学科的 10 个主要分支领域编排词条，分别是：一、无机化学；二、有机化学；三、分析化学；四、物理化学；五、理论与计算化学；六、高分子科学；七、化学生物学；八、放射化学与辐射化学；九、环境化学；十、能源化学。

化学是一门关于物质变化的科学，她同时也是一门能不断适应时代变化和需求的学科，这也正是化学在她出现后的所有历史时期都能发挥关键作用的核心价值所在。随着时代的演进，化学自身也在不断地发展，新的名词会伴随着新的分支领域的出现而涌现。如本书中的“环境化学”“能源化学”等领域中诸多新词新语的收录，即体现着这种变化。

化学作为一门基础学科，与物理学、生命科学、材料科学、环境科学、能源科学、信息科学等学科紧密相关，这个特点奠定了化学作为人类科学体系中承上启下的中心学科的地位；同时，化学也已渗透到我们日常生活的方方面面，可以说是无处不在。因此，无论我们从事哪个领域的工作，化学都将是我们知识体系中不可或缺的组成部分。这部辞典不仅可以作为严谨的科学书籍，也可作为读者了解化学有关知识的便捷检索工具，还可以供青年学生和大中小学教师平日学习工作之参考。

受编写工程浩繁和编撰者视角、水平和时间等所限，此次出版的《化学大辞典》，肯定还会有不少不妥之处，我们也真诚希望广大读者在使用过程中提出宝贵意见和建议，以便我们今后修订，使之进一步完善。

高　松

北京大学化学与分子工程学院

2017 年 10 月

前 言

凡　例

总体编排

1. 本书正文共10个部分，各部分均按专业知识体系分类编排，各子类中的词条编排以词目汉语拼音为序，汉字之外的其他字符不参加排序。
2. 正文前列有目录，文后设有汉语拼音索引和外文索引。

收词立目

3. 本书为专科术语辞典，收录化学词目约15 000条。
4. 本书词目均用黑体字排出。词目后一般括注英文对译词。
5. 本书词目有一词数名或一词数译的，以有关部门审定、较为恰当或常见的为正条。
6. 词目如有别称、简称，一律在释文前说明，并另立参见条。
7. 词目为一词多义时。若各义项属同一学科或门类，则在同一词目下用❶、❷、❸、……分列；若各义项分属不同学科或门类，则在各学科或门类内分列该词目。
8. 当同一词目被不同学科收录时，若释文一致，则按词条的主要方面，由一个学科选收；其他学科亦可根据实际需要收录该词目，但不做诠释，而是注明“释文见××（学科名或节编号）同名词条”。

释　文

9. 释文使用规范的现代汉语。在不产生歧义的前提下，释文开始和释文中一般不重复词目。
10. 释文中出现的词语，在本书中另有专条解释而需要参见的，该词语以楷体排版。
11. 释文中需要设为副条（参见条）的词语，在排版时以加下划线的形式标示。
12. 释文一般只介绍定论。如学术上尚无定论，则同时介绍并列的几说，或以一说为主、兼及他说。
13. 括号的用法：释文中方括号内的文字通常为使用中可以省略的文字；圆括号中的文字通常为解释说明性文字。（公式以及其他特殊情况例外。）

检　索

14. 本书设有汉语拼音、外文两套索引。
    ①汉语拼音索引按汉语拼音顺序编排，汉字之外的字符不参加排序；汉语中常用的少数纯西文词语排在该索引最后。
    ②外文索引按英文的字母顺序编排，英文之外的字符不参加排序。

其　他

15. 本书于2017年1月底截稿，个别方面的内容由于资料来源所限，截稿稍早。截稿后有变动的内容只在时间和技术条件允许的情况下酌情增补或修改，一般不作补正。

目　录

零

化 学

化学 [chemistry] 在分子层次上研究物质的组成、结构、性质与转化的科学，它不但研究自然界中存在的天然物质，还创造非天然的全新物质。作为自然科学基础学科之一，与物理学一起被称为物质科学，是自然科学的一门中心学科。宇宙万物皆由物质组成，而化学对我们认识、利用和创造物质具有重要的意义。化学是一门历史悠久而又富有活力的学科，与人类生活与社会发展的关系非常密切，其成就是社会文明的重要标志。

化学的历史渊源非常古老，从人类学会使用火，就开始了最早的化学实践活动。化学的形成和发展经历了漫长而曲折的过程，可分为几个时期：萌芽时期(从远古到公元前 1500 年)、丹药时期(大约从公元前 1500 年到公元 1650 年)、燃素时期(从 1650 年到 1775 年)、发展期(从 1775 年到 1900 年)以及现代时期(从 20 世纪至今)。经过漫长的发展，同时伴随自然科学其他领域的不断进步，化学逐渐形成了自身的体系。当今的化学包括传统的无机化学、有机化学、分析化学和物理化学等分支学科以及高分子化学、结构化学、放射化学和核化学等。化学还与其他学科互相渗透，产生了很多交叉学科，如生物化学、药物化学、地球化学、宇宙化学、海洋化学、大气化学、环境化学、理论与计算化学、能源化学等，为生物、医药、电子、航天、激光、地质、海洋、环境等科学技术的发展奠定了物质基础。

化学是一门实用的学科，它已日益渗透到人类衣、食、住、行等生活的各个方面，它也是国民经济的重要组成部分。特别是，化学与当今社会发展的重大问题，例如能源问题、粮食问题、环境问题、健康问题、资源与可持续发展等密切相关。展望未来，化学在保障人类的生存并不断提高人类的生活质量方面还将继续发挥重要作用。同时，化学自身也将伴随着人类社会的不断进步，在与其他学科的交叉融合中继续向前发展。

一

无 机 化 学

无机化学 [inorganic chemistry] 化学的分支学科。研究无机物的性质、结构、化学变化规律及应用的学科。其研究对象包括除有机化合物之外(通常含有 C—H 键)的所有元素与化合物。无机化合物通常不含 C—H 键，如二氧化碳、一硫化碳、碳酸盐等。无机化合物和有机化合物的界限不是绝对的，如含 C—H 键的有机金属化合物也属无机化学研究范畴。无机化学的基本研究领域为：①描述性无机化学，如主族化合物、过渡金属化合物、配位化合物、有机金属化合物和簇合物等，以及生物无机化学和固体无机化学；②理论无机化学；③无机化学反应机理；④无机化合物表征；⑤无机化合物的合成。

1.1 无机化学基本概念与无机化合物

氨 [ammonia] 分子式 NH_3，分子量 17.031。有刺激性气味的无色气体，气态密度 0.696g/L，相对密度 0.7329(−77.7℃)，熔点−77.65℃，沸点−33.33℃，易溶于水、乙醇、乙醚和其他有机溶剂。液氨溶解碱金属可生成导电的蓝色溶液。碱性，与酸作用生成铵盐，与过渡金属离子生成配合物。实验室用铵盐和强碱加热制备。工业上用氮气和氢气在高温高压和催化剂作用下制备。用作还原剂，在铂催化剂作用下与氧气反应生成一氧化氮。是制造硝酸、铵盐和有机胺的主要原料，用于化肥、塑料、染料、医药等工业。

氨基氰化钙 [calcium cyanamide] 即氰氨化钙。

氨碱法 [ammonia-soda process] 又称索尔维法。1861 年比利时工业化学家索尔维利用氨水、氯化钠和碳酸钙制取碳酸钠的方法。涉及的主要反应有：

$$CaCO_3 \longrightarrow CaO+CO_2\uparrow$$

$$NH_3+CO_2+H_2O \longrightarrow NH_4HCO_3$$

$$NH_4HCO_3+NaCl \longrightarrow NaHCO_3+NH_4Cl$$

$$2NaHCO_3 \longrightarrow Na_2CO_3+H_2O+CO_2\uparrow$$

NH_4Cl 与生石灰 CaO 反应重新生成氨气，可循环利用。副产物为 $CaCl_2$。

氨水 [ammonium hydroxide; ammonia solution; ammonia water; ammonical liquor; aqueous ammonia] 又称氢氧化铵。化学式 $NH_3·H_2O$，式量 35.046。常温下仅于溶液中存在。弱碱，部分电离生成铵离子和氢氧根离子，电离常数 K_b=1.8×10^{-5}。浓氨水通常含氨 28%～29%，密度约 0.9 g/cm³。易挥发出氨气，有一定腐蚀作用。用氨气通入水中制备。稀氨水是速效肥料，可用作金属盐的溶剂、洗涤剂、助染剂和消毒剂等。医学上可治疗昏厥，并用作皮肤刺激剂和消毒药。

螯合物 [chelate] 中心原子(或离子)与含有两个或两个以上配位原子的多齿配体结合形成的配合物。配位原子和中心离子之间形成一个或多个环状结构。

八面沸石 [faujasite] 天然存在的一种铝硅酸盐沸石。典型的组成为$(Ca^{2+}, Mg^{2+}, Na_2^+)_7[Al_{14}Si_{34}O_{92}]·64(H_2O)$。具有多孔结构，显示出优良的吸附性能。基本结构单元是β笼($T_{24}O_{60}$，T=Al，Si；β笼可以看成截顶的八面体，24 个 T 原子位于顶点，通过 36 个氧原子桥联，有 24 个端基氧)，β笼之间进一步共用端基氧，以金刚石型结构的扩展方式通过双六元环相互连接，即可以将β笼当作金刚石中的碳原子，以四联方式向三维空间伸展，得到骨架结构。理想的八面沸石属立方晶系，空间群为 $Fd\bar{3}m$，晶胞参数 a=24.85Å。骨架结构中，β笼彼此相联形成大笼，称为“八面沸石”笼——由 18 个四元环(6 组 3 联四元环)、4 个六元环和 4 个十二元环围绕而成，空间相当空旷，又称超笼。结构中沿对角线方向存在 12 元环孔道，12 元环孔道有效孔径为 7.4Å×7.4Å，是一种三维的大孔沸石。人工合成 X、Y 沸石也具有与八面沸石类似的骨架结构，骨架组成通式为$[Al_nSi_{24-n}O_{48}]^{n-}$，硅铝比可以在一定范围内变化，一般将硅铝比低于 2～3 的沸石称为 X 型，而高于此值的称 Y 型。随铝含量的降低，结构稳定性增加，晶胞参数变小，X 沸石的晶胞参数 a=24.86～25.05Å，Y 沸石的晶胞参数 a=24.6～24.85Å。作为石油流化催化裂化过程的主要催化剂，含稀土离子的 Y 沸石在此化工过程中发挥着非常重要的作用。

巴黎绿 [Paris green] 又称乙酸亚砷酸铜。化学式 $Cu(C_2H_3O_2)_2·3Cu(AsO_2)_2$，式量 1031.71。它是乙酸铜和亚砷酸铜的复盐。具有翡翠绿颜色的结晶粉末。空气中对光和热稳定，对酸碱不稳定，遇硫化氢变黑。能溶于酸，不溶于水和醇，可水解。空气中与二氧化碳作用生成亚砷酸。由亚砷酸钠、乙酸和硫酸铜反应制备。与消石灰混合作杀虫剂，可作木材防腐剂、古建筑颜料和彩绘涂料等。有毒。

钯 [palladium] 化学元素(第五周期第 10 族)，过渡金属，属铂系元素。符号 Pd，原子序数 46，原子量 106.42。有光泽的银白色金属，立方晶系，有延展性和韧性。相对密度 12.023，熔点 1554.8℃，沸点 2963℃。电阻率 10.54×10^{-8}Ω·m(20℃)。能吸附氢、氧等气体，吸附氢气的能力很强。抗腐蚀。只溶于氧化性酸和熔融碱。常见氧化态为+2 和+4。可从铂系金属的天然合金中分离。用于制合金、催化剂和储氢材料等。

白金 [platinum] 铂的俗称。

白磷 [white phosphorus] 又称黄磷。单质磷的一种同素异形体。分子式 P_4，白色或黄色晶体或蜡状固体。有剧毒。

相对密度1.823，熔点44.15℃，沸点280.5℃。不溶于水，微溶于乙醇、苯、乙醚、氯仿和甲苯，溶于二硫化碳。空气中自燃，生成五氧化二磷，应保存在水中。在氧气不足和潮湿环境下，缓慢氧化并发出磷光。溶于热浓碱溶液生成磷化氢和次磷酸二氢盐，磷与过量氯气反应生成五氯化磷，与不足量氯气反应生成三氯化磷。隔绝空气加热到300℃或光照下转变为红磷，高压下可转变为黑磷。可用磷酸钙、石英砂和炭混合加热，再将生成的磷蒸气通入水中来制备。用于制造磷肥、磷酸、烟火、火柴、杀虫剂、磷青铜等。

白铅粉 [white lead] 即铅白。

白钨矿 [scheelite] 化学式 $CaWO_4$，硬度4.5～5，相对密度5.9～6.1。四方晶系，颜色各异，纯钨酸钙矿为白色，因含杂质而呈灰、黄、绿、红等颜色。有脂肪光泽和荧光。与方解石、白云母和黑色锡石共生，加热或经紫外线照射略显紫色。是提炼钨的主要矿物。

白云母 [muscovite] 云母族矿的亚族。化学式 $KAl_2(Si_3AlO_{10})(OH, F)_2$。参见云母。

白云石 [dolomite] 碳酸盐矿，化学式 $CaMg(CO_3)_2$。常含 Fe^{2+}、Mn^{2+}、Zn^{2+}、Pb^{2+}、Co^{2+}等类质同晶混入物。三方晶系。自然界分布广泛。

拜三水铝石 [bayerite] 即三羟铝石。

半金属 [metalloid] 即准金属。

半桥基 [semibridging group] 高度不对称的边桥基。通常指在双核或多核的金属羰基化合物中，CO配体通过一个碳原子与两个金属原子键合形成C—M键，当两个C—M键的键长明显不同时，形成不对称的C—M键，CO为半桥基。

包合物 [inclusion compound] 客体分子被包裹在主体结构的空腔或沟槽内所形成的化合物。主客体间不存在共价键，一般通过氢键、范德瓦耳斯力结合在一起。参见笼形包合物。

包合作用 [clathration; inclusion] 某些客体分子通过范德瓦耳斯力或氢键嵌入到主体分子的笼或晶格中的过程。形成的容纳物中含有两种结构单元：主体分子和客体分子，主、客体分子保持各自的化学性质。主体分子形成结构骨架并能够容纳客体分子。例如，海底的“可燃冰”是客体分子甲烷进入主体水分子，即冰的晶格的笼中形成的化合物。

包析反应 [peritectoid reaction; peritectoid transformation] 一种固相与另一种或多种固相反应生成另外一种固相的相变过程。

饱和溶液 [saturated solution] 在一定温度和压力下，溶质在溶剂中的溶解和析出达到动态平衡的溶液。饱和溶液的浓度为该溶质在此溶剂中的溶解度。

钡 [barium] 化学元素(第六周期第2族)。符号Ba，原子序数56，原子量137.33。银白色金属。相对密度3.62，熔点727℃，沸点1845℃。电阻率 $33.2\times10^{-8}\ \Omega\cdot m$(20℃)化学性质活泼，在潮湿空气中自燃。与水剧烈反应释放出氢气。受热能与许多非金属单质，如卤素、氧、硫、氮、碳等作用。与液态氨形成高导电性固体六氨合钡 $Ba(NH_3)_6$。须存放在煤油中。用于制造轴承合金、钡镍合金等，在电子管生产中作消气剂。由电解熔融氯化钡，或用铝真空热还原氯化钡得到。

倍半氧化物 [sesquioxide] 化学式中氧与所结合元素原子数目之比为3∶2的二元氧化物。典型的例子如三氧化二铁(Fe_2O_3)和三氧化二铝(Al_2O_3)；某些过氧或超氧化物符合以上组成比例的也被归入其中，如 Rb_2O_3，尽管其实际组成为 $[(Rb^+)_4(O_2^{2-})(O_2^-)_2]$。

焙烧苏打 [baking soda] 碳酸氢钠的俗称。

闭式 [closo-] 前缀词。化学中主要用于描述笼形硼烷及其衍生物的多面体骨架结构，表示硼烷形成笼形或闭合型的多面体。

铋 [bismuth] 化学元素(第六周期第15族)。符号Bi，原子序数83，原子量208.98。银白或略带微红金属。导电、导热性能差。相对密度9.79，熔点271.402℃，沸点1564℃。从液态到固态时体积增大。不溶于水，溶于热硫酸、硝酸、王水，微溶于热浓盐酸。常温下在空气和水中稳定，加热时与氧反应生成三氧化二铋；可直接与硫、卤素反应，还可与大多数电负性小的金属反应形成金属间化合物。由碳与氧化铋高温反应或在碱性介质中由亚锡酸钠与三价铋反应制备。可用于低熔点合金、反应堆冷却剂、铋汞齐等的制备中。

铋酸钠 [sodium bismuthate] 又称偏铋酸钠。化学式 $NaBiO_3$，式量279.968。多是黄褐色粉末，纯品是黄色。相对密度6.5。有吸湿性。不溶于冷水，在热水和酸中分解。强氧化剂，酸性介质中可将二价锰氧化成七价。可由三氧化二铋在浓氢氧化钠溶液中与氯等强氧化剂反应制备，也可用三氧化二铋和过氧化钠反应制备。用于制药，分析化学中用于检测二价锰离子。

碧玺 [tourmaline] 一种宝石，透明而色泽绚丽的电气石。

边桥基 [edge bridging group] 与同一分子两个不同部位键合的原子或基团。通常指在双核或多核的金属羰基化合物中，一氧化碳配体通过一个碳原子与两个金属原子键合，形成两个键长大致相等的C—M键。

变石 [alexandrite] 金绿石的一种变体。其颜色在自然光下为淡绿色，在白炽灯下呈红色。

标记原子 [tagged atom] 物质中用以示踪的原子。常用放射性原子或者稀有的同位素原子作为标记原子。利用放射性原子代替其同位素在物质中的位置，检测其放射性可以了解相应物质的变化与途径。例如，将放射性 ^{32}P 混合在磷肥中，根据其在植物中的分布，便可了解植物对磷吸收的情况；利用放射性碘(^{131}I)诊断甲状腺疾病；也可以将 H_2O 中氧用 ^{18}O 取代，通过观测 ^{18}O 的分布，了解相关过程或体系的变化情况。

标准原子量 [standard atomic weights] 由国际纯粹与应用化学联合会(IUPAC)原子量与同位素丰度委员会推荐的原子量。每两年发布一次。该数据置信度高，适用于任何正常样品中的元素。正常样品指的是用于工业或者科学研究的任何来源合理的元素及其化合物，未进行同位素含量的处理。

冰晶石 [cryolite] 铝的主要矿石。主要化学成分是氟铝酸钠，化学式 Na_3AlF_6，式量 209.9。白色细小结晶体，因含杂质而呈灰色或棕色。单斜晶系。无气味，相对密度 3，硬度 2～3，熔点 1009℃，微溶于水，熔融的冰晶石能溶解氧化铝。在电解铝工业用作助熔剂，还可用于制造乳白色玻璃和搪瓷的遮光剂。

玻璃 [glass] ❶广义指熔融物在冷却过程中不发生结晶的非晶态物质。❷通常指透明、不透气，并具一定硬度的非晶态物质。耐高温和透紫外光的石英玻璃是由纯二氧化硅(SiO_2)制备的，普通玻璃由二氧化硅与碳酸钠(Na_2CO_3)、碳酸钾(K_2CO_3)或氧化钙(CaO)等制得。常呈化学惰性，不与生物作用，不溶于酸(氢氟酸例外)和弱碱，但可被强碱侵蚀。在玻璃中分别加入硼、铅、钡、铈、钴等元素，可得到性能和颜色各异的成品。广泛用于建筑、科研、仪表和日常生活中。

柏林蓝 [Berlin blue] 即普鲁士蓝。

铂 [platinum] 俗称白金。化学元素(第六周期第 10 族)，过渡金属，属铂系元素。符号 Pt，原子序数 78，原子量 195.08。有光泽的银白色金属，立方晶系。有延展性和韧性。相对密度 21.5，熔点 1768.2℃，沸点 3825℃。电阻率 $10.5\times10^{-8}\Omega\cdot m$(20℃)。化学惰性，在空气、水和普通的酸碱中稳定，可溶于王水和熔融碱。常见氧化态为+2、+4、+6。自然界中以单质存在，可从自然铂合金中分离出来。主要用于珠宝首饰、治癌药物、催化剂、铂电极、耐腐蚀器皿以及特种合金。

铂系金属 [platinum group metal] 即铂系元素。

铂系元素 [platinum group element] 又称铂系金属。元素周期表中第五、六周期的Ⅷ族元素的总称，包括钌、铑、钯、锇、铱、铂六种元素。

不饱和溶液 [unsaturated solution] 溶质的浓度低于饱和溶液的浓度，未达到溶解与析出动态平衡的溶液。溶质在不饱和溶液中可继续溶解，直到饱和。参见饱和溶液。

布朗斯特碱 [Brønsted base] 即质子碱。

布朗斯特酸 [Brønsted acid] 即质子酸。

彩色金 [mosaic gold] 即二硫化锡。

蔡斯盐 [Zeise's salt] 又称蔡泽盐。化学式 $K[PtCl_3(C_2H_4)]$。最早发现的烯烃配合物，最早有记载的有机金属化合物之一。发现者是哥本哈根大学的蔡斯(W. C. Zeise)教授。其阴离子以铂原子为中心的平面正方形结构，包含一个 η^2 的乙烯配体(表示乙烯有两个原子参与配位)，形成乙烯配体是利用 π 键的 1 对电子参与成键，同时反键轨道可接收中心原子提供的电子对而形成反馈 π 键。蔡斯盐呈黄色，在空气中稳定。由 $K_2[PtCl_4]$ 在氯化亚锡催化下与乙烯反应制备。它的发现及结构的确定促进了有机金属化学的发展。

蔡泽盐 [Zeise' s salt] 即蔡斯盐。

侧[桥]基 [side-on group] 通常指在双核或多核的金属羰基化合物中，CO 配体的一个碳原子和 C—O 键中的 π 电子分别与两个金属原子键合，CO 作为 4 电子给体的配位模式。

掺杂 [doping] 为产生特定的性能，在某材料(基质)中掺入少量其他元素或化合物的过程。如纯硅中掺入磷或镓得到 n 型或 p 型半导体材料；氧化钇(III)中掺入铕(III)离子得到发红光的荧光材料。

掺杂剂 [dopant] 掺杂过程中，在某材料(基质)中所掺入的少量其他元素或化合物。参见掺杂。

长石 [feldspar] 一系列碱金属或碱土金属的铝硅酸盐矿物的总称。陶瓷主要原料之一。属铝硅酸盐系矿物。通式为 $M(T_4O_8)$，M 主要为钠、钾或钙；T 主要为硅和铝。如钾长石 $K[AlSi_3O_8]$、钙长石 $Ca[Al_2Si_2O_8]$。

长周期 [long period] 周期表中第四、五、六、七周期的总称。第四、五周期元素的价电子能级组分别为 4s3d4p 和 5s4d5p，各含 18 种元素；第六、七周期能级组分别为 6s4f5d6p 和 7s5f6d7p，各含 32 种元素，也称特长周期。

超纯水 [ultrapure water] 纯度极高的水，主要应用在电子工业领域。一般要求水中各杂质含量低于“微克/升”级，电阻率通常大于 18.2 MΩ·cm。

超过滤 [ultrafiltration] 即超滤。

超滤 [ultrafiltration] 又称超过滤。通过膜表面的微孔结构对物质进行选择性分离的过程。当液体混合物在一定压力下流经膜表面时，小分子透过膜，而大分子则被截留，使原液中大分子浓度逐渐提高，从而实现大、小分子的分离、纯化的目的。

超氧化物 [superoxide] 含有超氧离子O_2^-的化合物。碱金属元素皆能生成超氧化物MO_2。钙、钡也可以形成超氧化物$M(O_2)_2$。超氧离子比氧分子多一个反键电子，故不稳定；超氧化物加热时，易分解成氧化物和氧气。超氧化物是很强的氧化剂，能和H_2O，CO_2反应放出氧气：

$$2MO_2+2H_2O = O_2\uparrow+H_2O_2+2MOH$$

$$4MO_2+2CO_2 = 2M_2CO_3+3O_2$$

在矿山安全防护面罩和潜水艇中，超氧化物可用作供氧剂。

潮解 [deliquescence] 某些易溶于水的物质，能自发吸收空气中的水蒸气，并在其固体表面逐渐形成饱和溶液而溶解的过程。原因是该饱和溶液的蒸气压低于空气中的水蒸气压，平衡向吸水的方向进行，水分子向物质表面移动，使物质部分溶解。如氯化钙潮解后变为$CaCl_2\cdot6H_2O$；氢氧化钠潮解后表面形成黏稠溶液。

辰砂 [cinnabar] 又称朱砂、丹砂等。矿物名。汞的天然矿石。主要成分为α-硫化汞(α-HgS)，六方晶系。红色，但常夹杂雄黄、磷灰石、沥青质等。辰砂作为红色颜料用于油漆、油墨和印泥，也用于中药制剂。是提炼汞的重要矿石。

沉淀 [precipitation] 溶液中析出固体物质的过程。析出的多为难溶物。例如$AgNO_3$水溶液和NaCl水溶液反应时析出白色AgCl固体。在化学实验和生产中广泛用于物质的合成、分离和提纯等。

沉淀溶解平衡 [precipitation-solubility equilibrium] 在一定温度下溶液中难溶电解质固体与溶解的离子之间溶解和析出速率相等的过程。例如在一定温度下，AgCl固体在溶液中存在下列两个过程：①受水分子作用，少量Ag^+和Cl^-脱离AgCl表面溶入水中；②溶液中的Ag^+和Cl^-受AgCl表面正负离子的吸引，回到AgCl表面，析出沉淀。当沉淀溶解和生成的速率相等时达平衡，得到AgCl的饱和溶液。

成核速率 [nucleation rate] 一定条件下，饱和或过饱和溶液中，单位时间、单位体积内所形成的晶核数。成核速率快，晶核多，易于形成纳米晶体。反之，成核速率慢，晶核少，易于生长大晶体。影响成核速率的主要因素是溶液的过饱和度，一般讲，温度越低，过饱和度越大，成核速率随之增大。但另一方面，温度越低，溶液黏度越大，溶质分子的扩散速率越慢，使成核困难。此外，机械作用(搅拌、振动)对成核有明显的促进作用。

成链作用 [catenation] 原子之间相互连接形成长链的作用。碳原子间容易以共价键结合为链状结构，形成大量的有机化合物；硫原子之间形成—S—S—链，如S_8、S_{12}等大环均由—S—S—链关环而成。其他元素如硅、磷也具有成链作用。

赤铁矿 [hematite] 氧化物矿，化学式α-Fe_2O_3。常含Ti^{4+}、Al^{3+}、Fe^{2+}、Mg^{2+}等类质同晶混入物。三方晶系。是炼铁的最主要的矿物。

赤血盐 [potassium ferricyanide] 学名六氰合铁酸钾，又称铁氰化钾。化学式$K_3[Fe(CN)_6]$，式量329.44，红色单斜晶体，相对密度1.89。灼烧时分解出剧毒氰化钾和氰。不溶于乙醇和乙醚，易溶于水和丙酮，在水中离解为钾离子和阴离子$[Fe(CN)_6]^{3-}$。其水溶液与二价铁盐作用生产蓝色的滕氏蓝沉淀，以此鉴定二价铁离子。在碱性介质中为氧化剂。加热能被强酸分解，产生氢氰酸气体。由亚铁氰化钾氧化制得。用于印染、电镀、制革、制药和矿石浮选等。

重铬酸钾 [potassium dichromate] 化学式$K_2Cr_2O_7$，橙红色针状晶体，式量294.19，相对密度2.68，熔点398℃，沸点约500℃(分解)。稍溶于冷水，易溶于热水，水溶液呈弱酸性，不溶于乙醇。241.6℃时由三斜晶系转变为单斜晶系。强氧化剂。500℃时分解为三氧化二铬和铬酸钾。不易潮解。遇浓硫酸析出铬酸酐红色针状晶体；加热分解放出氧气；易被还原剂还原，与盐酸反应产生氯气和三价铬离子。与有机物接触和撞击能燃烧。由铬铁矿、钾碱和石灰石高温焙烧氧化，经浸取和酸化制备。用作氧化剂和沉淀剂，也用于鞣革、电镀、火柴和颜料有机合成等工业。有毒性和致癌性。

重结晶 [recrystallization] 晶体溶解后从溶液中重新析出的过程。是利用物质的溶解性质不同进行提纯、分离的方法。粗晶体中含有可溶性或不溶性杂质，可根据该物质和杂质的溶解度不同，选择适当的溶剂溶解粗晶体，过滤除去不溶性杂质，再蒸发溶剂或改变温度使较纯的结晶析出，可溶性杂质留在溶液中。为了得到更纯的晶体，可进行多次重结晶。

重碳酸钠 [sodium bicarbonate] 即碳酸氢钠。

重盐 [double salt] 即复盐。

臭氧 [ozone] 分子式O_3，分子量47.998。氧气的同素异形体，蓝色气体，液态暗蓝色，固态蓝黑色。气态密度1.962 g/L。熔点−193℃，沸点−111.35℃。微溶于水，溶于碱和油。氧化性比氧强，一般可在较低温度下反应。可将硫氧化成三氧化硫，将银氧化成氧化银，将碘离子氧化成碘(此反应可用于定量测定臭氧)。可通过空气或氧气在电弧中放电、或紫外线照射氧气制备。可作漂白剂、水的消毒剂，还可用于有机合成。

臭氧化物 [ozonide] 含有臭氧离子 O_3^- 的化合物。碱金属、钙、锶、钡、铵和四甲基铵的臭氧化物已经制得，其中臭氧化锂仅存在于氨合物 $LiO_3 \cdot 4NH_3$ 中。臭氧化物不稳定，易分解成氧化物和氧气，热稳定性随原子半径加大而加大。臭氧化物是强氧化剂，与水、二氧化碳发生如下反应，放出氧气：

$$4MO_3 + 2H_2O = 4MOH + 5O_2\uparrow$$

$$12MO_3 + 6CO_2 = 6M_2CO_3 + 15O_2$$

有机臭氧化物很不稳定，如臭氧与烯烃加成，得到不稳定的中间状态臭氧化物。

氚 [tritium] 质量数为 3 的氢的核素，符号 ^3H 或 T。

纯碱 [sodium carbonate] 碳酸钠的俗称。

醇化 [alcoholization] 以醇为溶剂的溶剂化作用。

醇化物 [alcoholate] 与水合物类似，醇取代水合物中的水而形成的结晶物质。

雌黄 [arsenblende; opiment] 三硫化二砷的俗称。

次氯酸 [hypochlorous acid] 分子式 HClO，分子量 52.46。很不稳定，只存在于水溶液中。光照下分解成氯化氢和氧气。浓溶液黄色，稀溶液无色。由氯气溶于水中制备。弱酸，有强氧化性和漂白作用，可将硫、磷等氧化成相应的含氧酸。其盐类可作漂白剂和消毒剂。

次氯酸钙 [calcium hypochlorite] 化学式 $Ca(ClO)_2$，式量 142.98。白色粉末。相对密度 2.71，溶于水中分解。熔点 100℃，沸点 175℃(分解)。由氯气与氢氧化钙反应制备。与碱性氯化钙的混合物称“漂白粉”，常用于水的消毒。可与二氧化碳、稀酸反应，还可在有机反应中用作氧化剂。

次氯酸钠 [sodium hypochlorite] 化学式 NaClO，式量 74.442。其五水合物为青黄色固体，相对密度 1.6，熔点 18℃，易溶于水。由氯气通入冷的稀氢氧化钠溶液，再除去产生的氯化钠制得。有强氧化性，用作漂白剂、氧化剂和灭菌剂。

大苏打 [hyposulphite of soda] 即海波。

丹砂 [cinnabar] 即辰砂。

单质 [elementary substance] 由同一种元素的原子组成的物质。如氢气由 H 原子组成，氧气由 O 原子组成，铜、铁、硫磺分别由 Cu、Fe、S 元素组成，皆是单质。

胆矾 [blue vitriol] 五水合硫酸铜的俗称。又称蓝矾。化学式 $CuSO_4 \cdot 5H_2O$，式量 249.685，相对密度 2.286，熔点 110℃(分解)。单斜晶系，蓝色晶体，常温常压下稳定，不潮解。在干燥空气中会逐渐风化，加热至 45℃时可失去二分子结晶水，110℃时失去四分子结晶水，250℃时失去全部结晶水而变成无水硫酸铜白色粉末，加热至 650℃，可分解为黑色氧化铜、二氧化硫及氧气。可由硫酸与氧化铜反应制得。用于颜料、电池、杀虫剂、木材防腐等方面。

氮 [nitrogen] 化学元素(第二周期第 15 族)。符号 N，原子序数 7，原子量 14.007。氮气单质分子式 N_2，分子量 28.013，无色气体。空气中约占 78%。气态密度 1.145g/L，液态相对密度 0.8061(−195.8℃)，熔点−210.0℃，沸点−195.8℃，临界温度−146.9℃，临界压力 3.398 MPa。微溶于水，不溶于乙醇。化学性质非常稳定。对许多试剂惰性，加热时能与锂、镁、钙、钛等反应，高温时与氧生成一氧化氮。在大多数氮的化合物中，氮以共价键与其他元素结合。在高温高压并有催化剂作用下，氮气和氢气反应生成氨。工业上可由液态空气分馏制备，实验室用加热分解亚硝酸铵，或将饱和亚硝酸钠溶液滴加进热的饱和氯化铵溶液制备。叠氮化钠或叠氮化钡热分解可得高纯氮气。在铂催化下分解氨可生成氮和氢。氮是有机生命的重要组成部分。氮气用于制造氨、氮化物、氰化物、联胺、硝酸及其盐类，可作保护性气体，液氮可作冷凝剂。

氮化硅 [silicon nitride] 化学式 Si_3N_4，式量 140.284。灰白色固体。相对密度 3.17，不溶于水，溶于氢氟酸。熔点 1900℃。高强度、高硬度、耐氧化、耐热、耐腐蚀。在浓强酸溶液中缓慢水解成铵盐和二氧化硅。与浓强碱缓慢反应，与熔融碱迅速反应生成硅酸盐和氨。可通过在 1300～1400℃下硅和氮气反应，或在 1500℃下硅和氨反应，或在含少量氢气的氮气中灼烧二氧化硅和碳的混合物来制备。用于耐高温材料、催化剂载体、涂层和磨料等，氮化硅陶瓷可制金属切削工具和高温燃气涡轮的定子叶片。

氮化镓 [gallium nitride] 化学式 GaN，式量 83.73。灰色粉末。相对密度 6.1，不溶于水。熔点＞2500℃(纤锌矿型)。非常坚硬，具有高的热容和热导率，具有半导体性质和电致发光性质，是重要的半导体材料。由单质镓(或氧化镓)与氨在高温下反应制备。用化学气相沉积法制备成氮化镓膜，可用于制备新型发光二极管芯片。

氮化硼 [boron nitride] 化学式 BN，式量 24.82。有无定形、六方、立方等不同结构类型。相对密度 2.18(六方晶型)、3.45(立方晶型)，不溶于水。六方晶型氮化硼为白色，又称白石墨。熔点 2967℃。化学性质极不活泼，可耐 2000℃高温，有良好的介电性和润滑性。可以硼砂与氨或尿素高温下在氮气气氛中反应制备六方氮化硼，在 7 MPa 和 3000℃下转为立方晶型。可作耐火材料、绝缘材料、坩埚、高温润滑剂和抛光剂。

氮烷 [azane] 由氮和氢形成的系列化合物。其结构中N—N或N—H的连接均为单键。链状体系化学式为N_nH_{n+2}，环状体系为N_nH_n ($n>2$)。最简单的氮烷是氨NH_3，次之是肼N_2H_4。

氘 [deuterium] 质量数为2的氢的核素。符号^2H或D。

等电子体 [isoelectronic species] 具有相同的非氢原子数、价电子数的两个或两个以上的分子或基团。互为等电子体的物种常具有相同的骨架结构和类似的成键特征。如CO、N_2、NO^+三者为等电子体，都有一个σ键、两个π键，都有空的反键π^*轨道。

等结构体 [isostructural species] 原子数相同、结构相同的分子或离子。如As_4S_4、N_4S_4和Se_4N_4为等结构体。

等离子体 [plasma] 高度离子化而整体呈电中性的气体。等离子态有物质第四态之称。气体在一定条件下电离而形成由大量带电粒子(离子、电子)和中性粒子(原子、分子)所组成的体系，其中带电粒子占有一定比例，正、负电荷相等，故名。等离子体含有离子、电子、激发态原子(分子)和自由基等活性化学反应物种，具有高能量和特有的化学性能。高温等离子体动能很大，温度可高达5000～20 000 K，可用于金属合金的冶炼，超细、超耐高温材料及陶瓷材料的合成，亚稳态金属粉末和单晶的制备，以及高温电弧法合成球碳(C_{60}、C_{70}、C_{76}等)等。低温等离子体，虽为气态分子却保持较低温度，用于金刚石、超导、太阳能电池等膜材料和光导纤维的制备，芯片材料、微电子材料等的加工。

等离子体化学 [plasma chemistry] 研究等离子体的化学行为及其应用的学科，属于交叉学科领域。等离子体化学一词到1967年才出现，随后在化学合成、新材料研制、精细化学加工、表面处理方面得到广泛应用。参见等离子体。

低氧化物 [suboxide] 含氧量相对较少的氧化物。为元素的低价氧化物。如FeO、SO_2等。

镝 [dysprosium] 化学元素(第六周期第3族)，属镧系元素。元素符号Dy，原子序数66，原子量162.500，是稀土元素中含量最少的元素之一。银白色金属，质软。六方晶系。相对密度8.551，熔点1412℃，沸点2567℃。电阻率$92.6\times10^{-8}\Omega\cdot m$ (17～27℃)。与氧和水缓慢反应，溶于稀酸。氧化态为+3。主要矿物是独居石［(La,Ce 等)PO_4］，钙还原氟化镝制备。用于高磁场的磁通量集中器。

第1族元素 [Group 1 element] 周期表中第1列(IA族)元素氢、锂、钠、钾、铷、铯、钫的总称。核外价电子构型为ns^1。

第2族元素 [Group 2 element] 周期表中第2列(ⅡA族)元素铍、镁、钙、锶、钡、镭的总称。核外价电子构型为ns^2。

第3族元素 [Group 3 element] 又称钪分族。周期表中第3列(ⅢB族)元素钪、钇、镧、锕的总称，也有观点认为不应放入镧、锕而应放入镥、铹，或者将整个镧系、锕系元素均纳入。IUPAC成立了一个工作组正在处理相关问题。核外价电子构型为$(n-1)d^1ns^2$。

第4族元素 [Group 4 element] 又称钛分族。周期表中第4列(ⅣB族)元素钛、锆、铪、𬭊的总称。核外价电子构型为$(n-1)d^2ns^2$。

第5族元素 [Group 5 element] 又称钒分族。周期表中第5列(VB族)元素钒、铌、钽、𬭊的总称。核外价电子构型为$(n-1)d^3ns^2$，只有铌例外，为$4d^45s^1$。

第6族元素 [Group 6 element] 又称铬分族。周期表中第6列(ⅥB族)元素铬、钼、钨、𬭳的总称。核外价电子构型为$(n-1)d^5ns^1$(铬和钼)或$(n-1)d^4ns^2$(钨和𬭳)。

第7族元素 [Group 7 element] 又称锰分族。周期表中第7列(ⅦB族)元素锰、锝、铼、𬭛的总称。核外价电子构型为$(n-1)d^5ns^2$。

第8族元素 [Group 8 element] 周期表中第8列(ⅧB族的一部分)元素铁、钌、锇、𬭶的总称。核外价电子构型为$(n-1)d^6ns^2$或$4d^75s^1$(钌)。

第9族元素 [Group 9 element] 周期表中第9列(ⅧB族的一部分)元素钴、铑、铱、䥑的总称。前三种元素核外价电子构型分别为$3d^84s^2$、$4d^{10}$、$5d^96s^1$，䥑尚不明确。

第10族元素 [Group 10 element] 周期表中第10列(ⅧB族)元素镍、钯、铂、𫟼的总称。前三种元素核外价电子构型分别为$3d^84s^2$、$4d^{10}$、$5d^96s^1$，𫟼尚不明确

第11族元素 [Group 11 element] 又称铜分族。周期表中第11列(ⅠB族)元素铜、银、金、𬬭的总称。核外价电子构型为$(n-1)d^{10}ns^1$。

第12族元素 [Group 12 element] 又称锌分族。周期表中第12列(ⅡB族)元素锌、镉、汞、鿔的总称。核外价电子构型为$(n-1)d^{10}ns^2$。

第13族元素 [Group 13 element] 周期表中第13列(ⅢA族)元素硼、铝、镓、铟、铊、鉨的总称。核外价电子构型为ns^2np^1。

第14族元素 [Group 14 element] 周期表中第14列(ⅣA族)元素碳、硅、锗、锡、铅、𫓧的总称。核外价电子构型为ns^2np^2。

第 15 族元素 [Group 15 element] 周期表中第 15 列(VA 族)元素氮、磷、砷、锑、铋、镆的总称。核外价电子构型为 ns^2np^3。

第 16 族元素 [Group 16 element] 周期表中第 16 列(ⅥA 族)元素氧、硫、硒、碲、钋、鉝的总称。核外价电子构型为 ns^2np^4。

第 17 族元素 [Group 17 element] 周期表中第 17 列(ⅦA 族)元素氟、氯、溴、碘、砹、鿬的总称。核外价电子构型为 ns^2np^5。

第 18 族元素 [Group 18 element] 周期表中第 18 列(ⅧA 族)元素氦、氖、氩、氪、氙、氡、鿫的总称。核外价电子构型为 ns^2np^6。

缔合 [association] 即缔合反应。

缔合反应 [association reaction] 又称缔合作用或缔合。相同或相异的分子之间以非化学键作用力(如极性分子的偶极作用、氢键等)结合的反应。例如，n 个水分子可形成缔合体$(H_2O)_n$；乙醇在水溶液中与水分子由氢键结合。缔合的特点是不引起分子化学性质改变，分子间的缔合和解离是可逆过程。

缔合作用 [association] 即缔合反应。

碲 [tellurium] 化学元素(第五周期第 16 族)。符号 Te，原子序数 52，原子量 127.60。银白色带金属光泽的固体。相对密度 6.23，熔点 449.51℃，沸点 988℃。不溶于水、苯和二硫化碳，溶于硫酸、硝酸、王水、氢氧化钾和氰化钾溶液。常温下，能被氧化或与卤素作用形成卤化物。单质可由碲化物与浓硫酸加热反应生成二氧化碲或亚碲酸，再用二氧化硫或碳还原制备，也可用电解法制备。可通过电解精炼、真空蒸馏和萃取法提纯。加入钢中可增加钢的延展性，铸铁中含痕量碲可使铸件表面坚硬、耐磨，加入铅中可提高铅的硬度，还可用作电池的极板和印刷铅字及蓝、棕、红色玻璃的着色剂、橡胶的硫化剂、电镀液中的光亮剂。

碘 [iodine] 化学元素(第五周期第 17 族)。符号 I，原子序数 53，原子量 126.9045。单质分子式 I_2，分子量 253.809。紫黑色固体。有金属光泽。易升华。有毒性和腐蚀性。相对密度 4.933，熔点 113.7℃，沸点 184.4℃。难溶于水，溶于乙醇、苯、乙醚、氯仿、甘油、碘化钾溶液、甲醇、二硫化碳和四氯化碳。与碱反应生成碘酸盐和碘化物。水溶液中碘的氧化性比氯和溴弱得多，只有强还原剂硫化氢和硫代硫酸钠可将其还原成碘离子，强氧化剂可将碘氧化成正氧化态的化合物。除贵金属外，可与其他所有金属及电负性比它小的非金属化合成碘化物，与其他卤素反应生成互卤化物。极微量碘与淀粉可形成深蓝色加合物，可用于定性检验碘。单质可由亚硫酸氢钠将智利硝石中的碘酸盐还原制备，或在硫酸介质中用二氧化锰氧化海水、海藻和油井盐水中的碘化物制备。对动植物极其重要。高级哺乳动物缺碘会引起甲状腺肿大。可作消毒剂和食物补充剂，制造碘酒、碘皂、染料、试纸等，放射性同位素碘-131 用于放射性治疗和放射性示踪技术。

碘化铝 [aluminum iodide] 化学式 AlI_3，式量 407.695。白色晶体，不纯时为浅棕色。相对密度 3.98，熔点 188.28℃，沸点 382℃(升华)。是强路易斯酸，有强吸湿性，可与水剧烈反应。水合物溶于水、醇、乙醚和二硫化碳。由单质碘和金属铝在 CO_2 保护下，或在密封容器中直接反应制备。可用于有机反应，切断特定的 C—O 和 N—O 键，使芳香醚的醚键断裂、环氧化合物脱氧等。

碘化氢 [hydrogen iodide] 分子式 HI，分子量 127.912。无色有刺激性气味气体。液态淡黄色。气态密度 5.228 g/L，液态相对密度 2.85(–47℃)。熔点–50.76℃，沸点–35.55℃。易溶于水，溶于乙醇和有机溶剂。有还原性，其水溶液称为氢碘酸，还原性比盐酸和氢溴酸强，易被氧化生成碘。可用水与碘和磷的混合物，或碘化钠和磷酸反应制备。用于制备碘化物和作有机反应的还原剂，很稀的氢碘酸用于医药。

碘化亚铜 [cuprous iodide] 化学式 CuI，式量 190.45。白色粉末，不纯时略带褐色。相对密度 5.67，熔点 591℃，沸点约 1290℃。不溶于水，溶于稀盐酸、碘化钾溶液、氰化钾溶液、浓硫酸和液氨。可用硫酸铜与碘化钾反应生成沉淀制备。可用于检测环境中的汞。

碘酸 [iodic acid] 化学式 HIO_3，式量 175.910。白色固体。相对密度 4.63，熔点 110℃(分解)。易溶于水、87%乙醇，微溶于硝酸，不溶于无水乙醇、乙醚和氯仿。比溴酸和氯酸稳定，加热至 195℃脱水成五氧化二碘。强氧化剂。中强酸。可用浓硝酸或氯气氧化碘的悬浊液制备。用作分析试剂，也可用于医疗。

碘酸钾 [potassium iodate] 化学式 KIO_3，式量 214.001。白色固体。相对密度 3.89，熔点 560℃(分解)。可溶于水，不溶于乙醇。有强氧化性。有刺激性。可由碘酸和氢氧化钾反应，或碘与热的浓氢氧化钾溶液反应制备。用作滴定分析中碘量法的基准试剂，也用作食盐中的碘源。

电弧放电合成 [arc discharge synthesis] 气体在高密度电流激励下所产生的等离子体有效地将高密度能量直接传递给反应物进行化学合成的方法。如富勒烯可由石墨为原料电弧放电合成。

电离 [ionization] 产生离子的过程。通常指电解质、中性原子、分子在热、电、辐射以及溶剂分子的作用下产生离子的过程。例如，氯化钠(NaCl)晶体在水溶液中解离为 Na^+ 和 Cl^-，电离层中的粒子在宇宙中的高能射线的作用下，解离为带电离子，气态原子或离子在外场作用下失去电子。

电离平衡 [ionization equilibrium] 又称离子平衡。当弱电解质(如弱酸、弱碱、溶解度小的盐)溶于水时，电离不完全，弱电解质分子或晶体电离出离子，溶液中的相应离子也可结合成分子或晶体。当其解离速率与离子结合的速率相等时，溶液中离子的浓度不发生变化，达到动态平衡的状态。例如醋酸电离达到平衡时，水溶液中醋酸分子与电离出来的氢离子和醋酸根的浓度保持恒定。

电气石 [tourmaline] 电气石族矿物的总称。常在同一晶体上显现多种颜色，具有热电性及压电性，容易因静电效应而带电。相对密度 7～8，硬度 3.0～3.2，颜色随成分不同而异。为含硼环状结构的硅酸盐矿。三方晶系。通式为：$XY_3Z_6(T_6O_{18})(BO_3)_3V_3W$,其中，X = Ca, Na, K, □(空)；Y = Li, Mg, Fe^{2+}, Mn^{2+}, Zn, Al, Cr^{3+}, V^{3+}, Fe^{3+}, Ti^{4+}, □(空)；Z=Mg, Al, Fe^{3+}, Cr^{3+}, V^{3+}；T=Si, Al, B；B=B, □(空)；V=OH, O；W=OH, F,O。特别地，对于 $NaR_3Al_6(Si_6O_{18})(BO_3)_3(OH, F)_4$。当 R 为 Mg^{2+}和 Fe^{2+}时，分别称镁电气石或铁电气石。

电石 [calcium carbide] 参见*碳化钙*。

电中性原理 [electroneutrality principle] 描述一个基本事实：正负电荷数相等，净电荷为零。

电子对给体 [electron-pair donor] 可以提供电子对的物质，电子对可以是孤对电子、π 电子对等。参见*路易斯碱*。

电子对受体 [electron-pair acceptor] 可以接受电子对的物质。有空轨道的分子、原子或者离子，或者可通过价电子重排或扩展杂化轨道来接受电子。参见*路易斯酸*。

叠氮化物 [azide] 含有 N_3^- 的化合物。如叠氮化钠 NaN_3。

叠氮酸 [hydrazoic acid] 分子式 HN_3，分子量43.028。相对密度 1.09(25℃，405.2 kPa)，熔点–80℃，沸点 35.7℃。无色液体，对热稳定，但受撞击爆炸，产生氮气和氢气。无限溶于水，溶于乙醇、碱和乙醚。弱酸，$K_a=1.8\times10^{-5}$。其溶液可溶解锌、铁等金属，放出氢气并形成叠氮化物。某些性质类似氢卤酸，如与铅、银、亚汞离子形成难溶于水的盐类。可用 40%的硫酸溶液酸化叠氮化钠后蒸馏制备。是强烈的细胞质毒物。

定向设计合成 [oriented synthesis] 概念类似于“分子工程”。参见高分子科学*分子工程学*。

铥 [thulium] 化学元素(第六周期第 3 族)，稀土金属。符号 Tm，原子序数 69，原子量 168.93421。1879 年瑞典科学家克莱韦(P. T. Cleve)从铒土中分离出铥。在地壳中的含量为十万分之二，是稀土元素中含量最少的元素(除钷外)，主要存在于磷钇矿和黑稀金矿中，天然稳定同位素只有 ^{169}Tm。银白色金属，六方晶系。有延展性，质软。熔点 1545℃，熔点时有高蒸气压，沸点 1951℃，相对密度 9.321(25℃)。电阻率 $67.6\times10^{-8}\Omega\cdot m$(17～27℃)。在空气中较稳定，溶于酸，与水缓慢作用。盐类(二价盐)和氧化物均呈淡绿色。还原无水 TmF_3，或用金属镧还原氧化铥制备。主要用于金属卤素灯的添加剂，发射范围宽广的绿色射线。

独居石 [monazite] 又称磷铈镧矿。重要的稀土磷酸盐矿。主要成分的化学式为 $CePO_4$，不同的镧系元素以及 Th、Y、U 等均可取代 Ce 的位置，故独居石的化学式也常用 $LnPO_4$ 表示(Ln 代表镧系元素 Lanthanide)。单斜晶系，棕红色、黄色或者黄绿色晶体。相对密度 4.9～5.5，硬度 5.0～5.5。用于提取稀土金属及其化合物。

短周期 [short period] 元素周期表中的第一、二、三周期。第一周期含有氢、氦 2 种元素。第二周期含有锂、铍、硼、碳、氮、氧、氟、氖 8 种元素。第三周期含有钠、镁、铝、硅、磷、硫、氯、氩 8 种元素。短周期中元素皆为主族元素。

断裂反应 [cleavage reaction] 分子内由于化学键断裂生成小分子的反应。常指有机化合物在受热和催化剂作用下，碳碳键断裂生成小分子的过程。

煅烧 [calcination] 在较高温度下，把物质置于空气或惰性气体等气流中进行热处理。其过程中发生的变化有：热分解；除去化学结合水以及挥发性杂质；在高温下发生固相反应；再结晶，可得到一定的晶形、大小、孔结构和比表面的固体；微晶适当烧结以提高机械强度等。

煅石膏 [burnt plaster] 即*烧石膏*。

对角关系 [diagonal relationship] 元素周期表中，沿着对角方向某些相邻两元素性质之间存在的相似性。例如，锂与同族的钠钾等性质有差异，而与对角的镁比较相似。锂与镁、铍与铝、硼与硅这三对元素呈现出典型的对角关系。

钝化 [passivation] 金属经电化学或者化学方法处理后，在表面形成致密的氧化膜，使其性质由活性变惰性的作用。例如，铁是活泼金属，可溶于盐酸、稀硫酸和稀硝酸，但在浓硝酸和浓硫酸中因铁表面产生致密氧化膜钝化而不溶。

多磷酸 [polyphosphoric acid] 即*聚磷酸*。

多硫化物 [polysulfide] 含多硫键的化合物。多硫烷 HS_nH的氢被金属离子取代，形成离子型多硫化物，若被有机基团R取代，形成共价型多硫化物R—S_n—R(R ≠ H)。

多硫烷 [polysulfane] 硫硫之间通过共价键连成直链且两端与H结合的化合物，通式为HS_nH。也有将HS_2H排除在外。

多卤化物 [polyhalide] 多卤离子与其他正离子形成的化合物，如 KI_3。

多卤离子 [polyhalide ion] 两个或两个以上卤素原子通过共价键结合而形成的阳离子或阴离子基团，如 I_3^-。

多酸 [polyacid; polyoxometalate] ❶经典的含义是两个或两个以上含氧酸缩去水而形成的二聚或者多聚酸；多酸的酸性一般比生成它的低级酸的酸性强，与之相应的盐称多酸盐。❷目前此术语使用中更多是作为“多金属含氧酸”和“多金属氧酸根”的简称，这一含义通常指由三个或以上过渡金属阴离子通过共用氧原子而形成的结构紧凑的多核阴离子，可以形成多酸的常见过渡金属有 Cr、Mo、W、V、Nb 和 Ta。参见同多酸和杂多酸。

多元酸 [polyprotic acid] 一个分子在水溶液中可电离出两个或两个以上氢离子的酸，有 *n* 个可电离的氢原子即为 *n* 元酸。如硫酸(H_2SO_4)是二元酸，磷酸(H_3PO_4)是三元酸。多元酸是分步电离的，电离常数逐步减小。如磷酸分三步电离，

$$H_3PO_4 \longrightarrow H^+ + H_2PO_4^- \quad K_{a1}=7.52\times10^{-3}$$
$$H_2PO_4^- \longrightarrow H^+ + HPO_4^{2-} \quad K_{a2}=6.23\times10^{-8}$$
$$HPO_4^{2-} \longrightarrow H^+ + PO_4^{3-} \quad K_{a3}=2.2\times10^{-13}$$

不能仅由酸的化学式中所含氢原子数来确定是几元酸。例如，次磷酸 H_3PO_2 不是三元酸而是一元酸，亚磷酸 H_3PO_3 不是三元酸而是二元酸，因为结构式中分别含有一个和两个可电离的氢原子。

惰性 [inertia] 物质不易与其他元素或化合物作用的性质。如石墨等为不易发生化学反应的惰性物质。无机配合物的惰性特指其配体交换反应速率很慢，或几乎不进行。

锇 [osmium] 化学元素(等六周期第 8 族)，过渡金属，属铂系元素。符号 Os，原子序数 76，原子量 190.2。有光泽的银白色金属，六方晶系。熔点 3033℃，相对密度 22.587(20℃)，沸点 5012℃。电阻率 $8.1\times10^{-8}\Omega\cdot m$(0℃)，为密度最大的金属。有化学惰性。在空气、卤素、水和酸中稳定。微溶于硝酸和王水，溶于熔融碱。加热时生成挥发性的四氧化锇。常见氧化态为+2、+3、+4 和+8。以单质和锇铱合金矿存在，常由精炼镍的副产品中提取。主要用于制备合金和催化剂，锇铱合金用于制钟表轴承和笔尖。

铒 [erbium] 化学元素(第六周期第 3 族)，镧系元素。符号 Er，原子序数 68，原子量 167.26。银灰色金属。相对密度 9.066(25℃)，熔点 1529℃，沸点 2868℃。电阻率 $86.0\times10^{-8}\Omega\cdot m$ (17～27℃)。在空气中氧化而失去光泽。不溶于水，溶于酸。氧化态为+3，盐类和氧化物呈粉红色。主要矿物是独居石。电解熔融氯化铒得单质铒。用于吸收红外线玻璃、钛合金等的制备。

二氟化氙 [xenon difluoride] 分子式 XeF_2，分子量 169.290。白色晶状固体。相对密度 4.32，熔点 129.03℃(三相点)，沸点 114.35℃(升华)。可溶于水。蒸气无色，有恶臭。可于 400℃、1 大气压下在镍容器中加热氙和氟(2∶1)制备。用作强氧化剂和氟化试剂。

二硅酸钠 [sodium disillicate] 化学式 $Na_2Si_2O_5$ 或 $Na_2O\cdot2SiO_2$，式量 82.15。白色固体。相对密度 2.496，熔点 874℃。溶于水并呈碱性。化学性质稳定。化学计量的石英砂与纯碱混合于 1150℃下熔融制取。

二甲基汞 [dimethylmercury] 即甲基汞。

二磷酸钠 [sodium diphosphate] 即焦磷酸钠。

二硫化钼 [molybdenum disulfide] 天然辉钼矿的主要成分。化学式 MoS_2，式量 160.07。黑灰色晶体，六方晶系，层状结构。相对密度 5.06(15℃)，熔点 1750℃，温度高于 450℃时升华。反磁性物质，具有良好的润滑性。不溶于水和稀酸，溶于王水和热浓硫酸。高温分解可得三硫化二钼，甚至单质钼。高温下与氯气反应生成五氯化钼，与氧气反应生成三氧化钼。由金属钼和硫直接化合，也可用硫化氢和氧化钼反应制备。用作半导体材料和脱氢催化剂载体。纯 MoS_2 可制备润滑膜。

二硫化碳 [carbon disulfide] 分子式CS_2，分子量76.141。无色有恶臭液体。易挥发和燃烧。相对密度 1.2632(20℃)，熔点–111.7℃，沸点 46.2℃。不溶于水，溶于乙醇、乙醚、苯和有机溶剂。非极性分子。有毒。良好的溶剂，能溶解硫、磷、溴、碘、脂肪、树脂和许多有机化合物。与碱反应得碳酸盐和硫代碳酸盐。可用硫蒸气通过炽热的木炭层或用天然气和硫反应制备。可用于制造黏胶纤维、赛璐玢和四氯化碳，也可用于溶剂萃取和用作农业的杀虫剂和羊毛的去脂剂。

二硫化锡 [tin disulfide] 又称彩色金或金粉。化学式 SnS_2，式量 182.840。金黄色固体。相对密度 4.5，熔点 600℃(分解)。不溶于水，溶于碱、王水。可用 Sn(Ⅳ)盐与硫化氢反应制备。用作颜料和仿造镀金，也可作 n 型半导体。

二氯二氧化硫 [sulfur dichloride dioxide; sulfuryl chloride] 又称硫酰氯。分子式 SO_2Cl_2，分子量 134.970。无色有刺激性气味液体，缓慢分解为 SO_2 和 Cl_2 而逐渐变黄。相对密度 1.680，熔点–51℃，沸点 69.4℃。遇水分解生成硫酸和氯化氢，在热水中分解更快。与碱反应剧烈。能和苯、甲苯、乙醚和冰醋酸等有机溶剂混溶。是 SO_2、I_2、Br_2 以及 Hg、Cd 等物质的溶剂。由 SO_2 和 Cl_2 在催化剂作用下直接反应制取。常作为氯化剂和氯磺化剂，用于有机合成、制造炸药、染料和表面活性剂等。

二氯化铂 [platinum dichloride] 化学式 $PtCl_2$，式量

265.99。黄绿色或淡褐色晶体，正交晶系，相对密度 6.0。熔点 581℃(分解)。难溶于水，不溶于乙醇和乙醚，可溶于氨水和盐酸。与盐酸反应生成四氯合铂酸(化学式 H_2PtCl_4)。铂与氯气加热反应制得。常用于制备金属配合物。

二氯化钴 [cobalt chloride] 又称氯化亚钴。化学式 $CoCl_2$。式量 129.839，熔点 737℃，沸点 1049℃，相对密度 3.36。无水物蓝色，其常见的水合物为红紫色六水合物 $CoCl_2·6H_2O$。水合物室温下稳定，遇热脱水变成蓝色，在潮湿空气中放冷又变为红色。其水溶液加热或加浓盐酸变为蓝色。水合物于 30～45℃结晶，开始风化并浊化，在 45～50℃加热 4h 变成四水合物，加热至 110℃时变成无水物。有毒。溶于水、乙醇、乙醚、丙酮和甘油。六水合物和无水物均为弱路易斯酸，可形成配合物。用于微量锌测定、催化剂制备、湿度指示剂和氨吸收剂等。金属钴与氯气直接反应得无水物；氢氧化钴或氧化钴(Ⅱ)与盐酸作用制得六水合物。

二氯化铅 [lead dichloride] 化学式 $PbCl_2$，式量 278.1。白色针状晶体，正交晶系。有毒。相对密度 5.98，熔点 501℃，沸点 951℃。微溶于水，溶解度随温度升高而增大。微溶于稀盐酸和氨水，不溶于乙醇。可溶于碱溶液，于强碱中生成 $Pb(OH)_4^{2-}$。溶于浓盐酸生成 $PbCl_4^{2-}$。硝酸铅溶液与可溶性氯化物或盐酸反应制备。用于制造铅盐和铬酸铅颜料。

二氧化铂 [platinum dioxide] 又称氧化铂。有机化学中称亚当斯催化剂。化学式 PtO_2，式量 227.083。黑色晶体，六方晶系。相对密度 11.8，熔点 450℃。化学性质稳定。不溶于水、强酸和王水，空气中稳定，可被氢还原为铂黑。由氯铂酸和硝酸钠加热熔融制得。用于氢化、氢解、脱氢和氧化等反应，反应中被还原形成的铂黑具催化活性。

二氧化氮 [nitrogen dioxide] 分子式 NO_2，分子量 46.006。红褐色气体，液态蓝色，固态无色。有毒。气态密度 1.880 g/L(25℃)。水中分解。溶于乙醇、二硫化碳和氯仿。超过 150℃开始离解成一氧化氮和氧气，到 620℃完全分解。和水反应生成硝酸和一氧化氮，遇硫、磷易着火。由一氧化氮氧化、浓硝酸氧化铜或硝酸铅热分解制备。在化学反应和火箭燃料中用作氧化剂。

二氧化锆 [zirconium dioxide] 化学式 ZrO_2，式量 123.22。白色或浅棕色晶体。有三种变体，单斜 α 型、四方 β 型和立方 γ 型。无定形粉末。相对密度 5.68，熔点 2710℃，沸点 4300℃。化学性质非常稳定，灼烧过的二氧化锆不与水、酸、碱及大部分化学试剂反应。加热可与氢氟酸、浓硫酸及熔融碱反应。可用碱熔法或酸提取法制备，碱熔法以锆石英($ZrSiO_4$)和烧碱反应得锆酸钠，盐酸酸化后经提纯、结晶和再灼烧制得二氧化锆。用于提取金属锆和制备锆化合物、耐火材料、搪瓷、玻璃等。

二氧化硅 [silicon dioxide] 化学式 SiO_2，式量 60.085。有多种存在形式。α-石英，相对密度 2.648，573℃转化为 β-石英；β-石英，相对密度 2.533(600℃)，867℃转化为鳞石英；鳞石英，相对密度 2.265，1470℃转化为方石英；方石英，相对密度 2.334，熔点 1722℃；玻璃态石英，相对密度 2.196，熔点 1713℃。沸点均为 2950℃。不溶于水，溶于氟化氢溶液，极微溶于碱。在高温下难以被氢还原，能被碳、镁或铝还原。除单质氟、氟化氢和氢氟酸外，不与其他卤素、卤化氢和氢卤酸反应；与硫酸、硝酸和高氯酸也不反应。能和热的浓氢氧化钠反应，也可与碱金属氧化物反应。可通过在氢氧焰中燃烧四氯化硅制备二氧化硅，实验室中通过在 680～730℃加热四乙基硅烷制备。是制造单质硅、水玻璃、耐火材料、普通玻璃、光学玻璃、光导纤维的原料，也是制造金刚砂、混凝土及其他硅化合物的原料。具有压电性的单晶石英可制作电子元件。

二氧化硫 [sulfur dioxide] 又称亚硫酸酐。分子式 SO_2，分子量 64.064。无色气体，有刺激性气味。气态密度 2.811 g/L，液态相对密度 1.620(–75.5℃)，熔点–75.45℃，沸点–10.02℃。溶于水、乙醇、乙醚、氯仿、乙酸和硫酸。酸性氧化物，既有氧化性也有还原性，还原性强于氧化性。可被催化氧化成三氧化硫，和硫化氢反应生成单质硫。火灾危险物。可用硫或硫化物在空气或氧气中燃烧制备，也可用铜或汞和浓硫酸共热或用强酸与亚硫酸钠反应制备。用于制备硫酸和矿石精炼，也用作漂白剂、防腐剂和消毒剂，液态二氧化硫是良好的有机溶剂，用于制造各种润滑油，并用作冷冻剂。是主要大气污染物之一。

二氧化氯 [chlorine dioxide] 分子式 ClO_2，分子量 67.452，气态密度 2.757 g/L(25℃)，熔点–59℃，沸点 11℃。黄红色刺激性液体，固态为红色，有爆炸性。微溶于冷水，热水中分解成氯酸、氯气和氧气，溶于碱和硫酸。强氧化剂。化学性质很活泼。与易被氧化的物质接触会爆炸，使用时要用空气或二氧化碳稀释，和碱反应生成亚氯酸盐和氯酸盐。可用亚氯酸钠和氯气反应或氯酸钾与草酸反应制备。常用于纤维素的漂白和水的净化。

二氧化锰 [manganese dioxide] 化学式 MnO_2，式量 86.94。褐色粉末，软锰矿的主要成分。相对密度 5.08。在 530℃时分解脱氧。不溶于水、硝酸和有机溶剂。强氧化剂，与热浓盐酸反应放出氯气，与热浓硫酸反应放出氧气，自身被还原为二价锰离子。与苛性碱和氧化剂熔融，被氧化为锰酸盐。可由天然软锰矿制备，或热分解硝酸亚锰制得。用于炼钢、玻璃、陶瓷、搪瓷、干电池，可作氧化剂以及制备锰化合物。

二氧化铅 [lead dioxide] 化学式 PbO_2，式量 239.2。棕褐色结晶或粉末。相对密度 9.64。加热到 290℃分解。具有酸碱两性，酸性大于碱性，与强碱共热得铅(Ⅳ)酸盐。不溶于水和乙醇，溶于稀盐酸，微溶于乙酸。强氧化剂，能分别把氯离子、锰离子(Ⅱ)氧化成氯气和高锰酸盐。硫、磷与其混合研磨可燃烧。可用四乙酸铅水解、四氧化三铅和硝酸反应或乙酸铅和次氯酸钠反应制备。用作铅蓄电池正极材料，还用于制备火柴、爆炸物、织物媒染剂和分析试剂。

二氧化铈 [cerium dioxide; ceria] 化学式 CeO_2，式量 172.115。立方晶系，通常为浅黄色粉末。相对密度 7.216，熔点 2480℃。两性氧化物，溶于盐酸和硫酸，不溶于水和有机溶剂。灼烧草酸铈或硝酸铈制得。用于玻璃、原子能和电子管等工业。

二氧化钛 [titanium dioxide] 化学式 TiO_2，式量 79.866。白色粉末，通常有金红石和锐钛矿两种变体。锐钛矿型相对密度 3.9，熔点 1560℃。金红石型相对密度 4. 17，熔点 1912℃，沸点约 3000℃(分解)。化学性质稳定，不与水、酸、碱及大部分化学试剂反应，长时间煮沸可溶于氢氟酸及熔融碱。硫酸分解钛铁矿，得到的硫酸氧钛经提纯和水解制得。也可用钛铁矿氯化后再氧化制得。折射率高，遮盖力强，因此可用于涂料工业，是重要的白色涂料和釉料。还可用于通信器材、合成纤维、造纸、塑料、橡胶等工业，是冶炼金属钛的原料。

二氧化碳 [carbon dioxide] 又称碳酸酐。分子式 CO_2，分子量 44.010，气态密度 1.975 g/L(0℃)，固态相对密度 1.56(–79℃)，三相点–56.561℃，–78.464℃升华。无色无味气体。溶于水、乙醇和丙酮。虽无毒性，但空气中含量达 3%时，人就会感到呼吸急促，当浓度达到 10%时，就会丧失知觉、呼吸停止而死亡。酸性氧化物，与碱反应生成酸式碳酸盐和碳酸盐，和碳在加热条件下反应还原成一氧化碳，和活泼金属在加热条件下反应生成碳和金属氧化物或金属碳酸盐。可由单质碳和含碳化合物在空气中完全燃烧制备，生物的呼吸作用和有机体的腐烂也可产生二氧化碳。实验室常用盐酸和碳酸钙反应来制备。可用于生产纯碱、小苏打、氧化铝、尿素和碳酸氢铵等，还可用于制造饮料、灭火剂、保鲜剂和制冷剂等。是主要的温室气体。

二氧化硒 [selenium dioxide] 又称亚硒酸酐。化学式 SeO_2，式量 110.96，相对密度 3.95，熔点 360℃，315℃升华。白色或无色有光泽针状晶体。有毒。溶于水、乙醇、乙酸和苯，微溶于丙酮。水中生成亚硒酸，其酸性比亚硫酸弱。见光和受热均稳定，易被碳或有机物还原。可用硒在空气或氧气中燃烧或亚硒酸脱水来制备，可用升华法提纯。可作氧化剂、催化剂、药品和化学试剂。

二氧化锗 [germanium dioxide] 化学式 GeO_2，式量 104.64。有两种晶态：白色六方晶体，相对密度为 4.25，熔点 1116℃。不溶于水，溶于盐酸和氢氟酸，也溶于强碱；白色四方晶体，相对密度为 6.239，熔点 1086℃。不溶于水和盐酸，微溶于氢氧化钠。两种晶型间的转变非常缓慢。在空气和加热下稳定。可由空气中灼烧金属锗或硫化锗制备，或由氯化锗和碱反应制备，也可用浓硝酸氧化锗或硫化锗再灼烧脱水制备。可用于制造高折射率的光学玻璃，也是制备金属锗的原料。

二元酸 [diprotic acid] 一个分子在水溶液中有两个可电离氢原子的酸。如硫酸(H_2SO_4)是二元酸。参见*多元酸*。

发烟硫酸 [oleum] 含三氧化硫的硫酸溶液。是一种腐蚀性极强的黏稠油状液体。化学式通常用 $H_2SO_4 \cdot xSO_3$ 表示。密度、熔点、沸点等均随三氧化硫含量的不同而不同。加热或减压时，三氧化硫逸出，与空气中的水分子结合形成酸雾。有强脱水作用和磺化作用。主要用作有机合成的磺化剂和脱水剂，也用于精炼石油产品。

发烟硝酸 [fuming nitric acid] 溶解了过量二氧化氮的浓硝酸(含硝酸 86%～97.5%以上)。呈棕黄色，在空气中剧烈发烟并吸收水分。可用甲醛加入浓硝酸制备。腐蚀性极强，用于有机物的硝化等。

钒 [vanadium] 化学元素(第四周期第 5 族)，过渡金属元素。符号 V，原子序数 23，原子量 50.9415。闪亮银灰色金属，质坚硬，有延展性。相对密度 6.0(18.7℃)，熔点 1910℃，沸点 3407℃。电阻率 $19.7\times10^{-8}\Omega\cdot m$(20℃)。表面有氧化膜而抗腐蚀，常温下不被空气氧化，不与盐酸反应，可溶于硝酸、氢氟酸和王水等。常见氧化态有+2、+3、+4 和+5，不同氧化态颜色不同。重要化合物有二氧化钒、五氧化二钒、钒酸盐和多种氧化态的卤化钒等。自然界中主要以绿硫钒矿和钒铅矿等存在。高温下用碘化钙还原五氧化二钒制得。主要用于制备合金钢和催化剂等。

钒分族 [vanadium group element] 即*第 5 族元素*。

钒酸酐 [vanadic anhydride] 即*五氧化二钒*。

钒氧基 [vanadyl] 即*钒氧离子*。

钒氧离子 [vanadyl] 又称钒氧基。化学式分别为 VO_2^+(五价钒)、VO^{2+}(四价钒)、VO^+(三价钒)。不同价态的钒氧离子颜色不同，五价的为黄色，四价的为蓝色，三价的为绿色。可看成是高价钒阳离子水解不完全的中间产物，其相应的盐为碱式盐。例如，氯化氧钒($VOCl_2$)或硫酸氧钒($VOSO_4$)中均含钒氧基离子 VO^{2+}。五氧化二钒阴极还原法可制备硫酸氧钒，五氧化二钒和浓盐酸反应制备氯化氧钒，与金属锌等强还原剂作用可制得三价钒氧离子。

方解石 [calcite] 一种碳酸钙矿石。主要成分化学式为 $CaCO_3$。白色、浅黄色或浅红色，三方晶系，三个方向均可完全解理。不溶于水，溶于酸生成 CO_2，800℃分解。主要用作制备碳酸钙的原料和建筑材料。细粉可作为橡胶和油漆的填充剂。

方钠石 [sodalite] 天然存在的一种沸石，亦可人工合成。骨架结构中存在由 24 个硅(铝)氧四面体连成的β笼，β笼通过共用四元环相互接连而成三维结构，骨架外起电荷平衡作用的阳离子是钠离子。理想结构属立方晶系。

方铅矿 [galena] 一种重要的铅矿。主要成分的化学式为 PbS。黑色粉末或铅灰色有金属光泽颗粒和块体。相对密度 7.4～7.6，硬度 2～3。立方晶系，可以完全解理，敲击时碎成小立方体，因此称为方铅矿。主要用于冶炼单质铅和制造其他铅的化合物。

方石英 [cristobalite] 氧化物矿，化学式 SiO_2。包括四方晶系的α-方石英和立方晶系β-方石英。

方铁锰矿 [bixbyite] 氧化物矿，化学式$(Mn, Fe)_2O_3$，立方晶系。

非金属 [non-metal] 通常条件下呈气态或是没有金属特性的液态、固态的单质。如 O_2、Br_2、Si 等。氢和周期表右上部的单质属非金属。大部分非金属的原子具有较多的 s、p 价层电子，电负性比较强，容易形成负离子。非金属可以形成单原子分子、双原子分子、多原子分子或链状、层状、骨架状大分子结构。例如，氢气、氧气和卤素单质是以双原子分子，稀有气体是以单原子分子存在的；碘、硫是分子晶体，还有骨架状的金刚石原子晶体。

沸石 [zeolite] 由 TO_4 四面体(T 代表处于四面体中心的原子，如 Si、Al、Ge、P 等)通过共顶点方式连接而形成的具有规则的微孔孔道结构的三维结晶型化合物。孔径一般在 2 nm 以下。沸石的判定需要结合结构和性能特征，从 4 个方面综合考虑：①三维四联结构网络：基本结构单元为四面体 TO_4(T 为 Si、Al、P、Ge 等)，四面体通过共顶点连接而形成三维结构，一般要求每个四面体都与周围的 4 个四面体相互连接；②分子尺寸的孔道或空穴：结构中存在孔径范围为 2～20 Å 的空腔或孔道；③低的骨架密度(framework density)：沸石的骨架密度通常低于 20～21 T 原子/ 1000 $Å^3$；④吸附与交换性能：如果沸石孔道体系中存在水或阳离子，则以吸附水的形式存在，阳离子可以进行交换。天然沸石多为铝硅酸盐，人工合成的沸石有硅酸盐、铝硅酸盐，也有磷铝酸盐、锗酸盐等。

分级结晶 [fractional crystallization] 为获得更纯的产品，或者对于杂质和产品的溶解度差异较小的体系，采用多次重结晶的过程。体系经重结晶后所得各部分母液，再经处理又可分别得到第二批、第三批结晶。晶态物质经过多次重结晶，纯度越来越高。

分解反应 [decomposition reaction] 一种化合物变为两种或两种以上物质的反应。如碳酸钙加热分解为氧化钙和二氧化碳，氧化汞加热分解为单质汞和氧气。

分子 [molecule] 由两个或两个以上原子通过化学键形成的独立存在的电中性的实体。分子是保持物质特有化学性质的最小微粒。分子的组成、结构、性质、设计和应用是化学的主要研究领域。需要注意的是：分子一般指中性微粒，如 Cl_2、O_2、H_2O、CO_2、C_6H_6 等。同种原子组成的分子(如 Cl_2、O_2)属于单质，不同种原子组成的分子(如 H_2O、CO_2、C_6H_6)属于化合物。但广义的分子也包括带电荷的离子，如硫酸根 SO_4^{2-}；IUPAC 关于分子的严格定义中，要求分子必须处在势能面的底部且能量足够低以约束住一种振动态。

分子量 [molecular weight] 又称相对分子质量。分子质量与 ^{12}C 原子质量的 1/12(1.6605402×10^{-27}kg)之比，量纲为 1。等于分子中原子个数与原子量乘积的代数和。如 O_2 的分子量为 32.00，H_2O 的分子量为 18.00。

分子片 [molecular fragment] 组成分子的结构单元。如 CH_3、CH_2、CH 和 C 是构成碳氢化合物的分子片，金属有机化合物中的金属-配体分子片是组成其分子的结构单元。$Os_3(CO)_{12}$ 从结构上可视为由 3 个 $Os(CO)_4$ 分子片组成；$CH_3Mn(CO)_3$ 可视为由 CH_3 和 $Mn(CO)_3$ 两个分子片组成。

分子筛 [molecular sieve] 具有在分子水平上筛分分子性能的多孔材料。按照孔道尺寸的大小，将小于 2 nm 的孔称为微孔(micropore)；尺寸介于 2 nm 至 50 nm 的孔为介孔(mesopore)；孔道尺寸大于 50 nm 的孔则属大孔(macropore)。分子筛不仅包括沸石，也包括活性炭、无定形硅胶以及其他各种具有多孔性质的非晶或晶体材料。参见*沸石*。

分子筛效应 [molecular sieve effect] 即*筛孔效应*。

分子实体 [molecular entity] 任何分立存在的原子、分子、离子、离子对、自由基、自由基离子、复合体等的总称。

分子式 [molecular formula] 用元素符号及其对应原子个数表示分子组成的化学式。如氧的分子式为 O_2，水的分子式为 H_2O，乙醇的分子式为 C_2H_6O。

风化 [efflorescence] ❶结晶水合物在常温及比较干燥的空气中，失去部分或全部结晶水而使晶体受到破坏的现象。是结晶水合物在常温时的水蒸气压力大于空气中的水蒸气分压的结果。如十水合碳酸钠晶体风化失水变成七水合碳酸钠、一水合碳酸钠，最终变为无水碳酸钠白色粉末。❷岩石的风化(weathering)与化学概念的风化不同，是指岩石、矿物与大气、水及生物接触过程中产生物理、化学变化而在原地形成松散堆积物的全过程。

氟 [fluorine] 化学元素(第二周期第 17 族)。符号 F，原子序数 9，原子量 18.998。单质分子式 F_2，分子量 37.997。黄绿色气体，有腐蚀性和刺激性臭味。剧毒。气态密度 1.696 g/L(0℃)，液态相对密度 1.527(−188.1℃)，熔点

–219.67℃，沸点–188.12℃。水中分解生成氟化氢和臭氧。它是电负性最高的元素。也是化学性质最活泼的非金属元素，除氦、氖、氩外可和所有元素化合，在低温下就可和溴、碘、硫、磷、砷、碳、硅剧烈反应。与金属的反应往往由于形成一层保护性的金属氟化物而受到阻碍，必须加热才能使反应继续进行。氟离子体积小，易与许多正离子形成稳定的配合物。能与氨和许多含氢无机物及有机物反应。可用电解无水氟化氢和氟化钾的熔融液制备。主要用作氟化剂，也可用于火箭燃料和浓缩铀。

氟化氪 [krypton fluoride] 主要指氪的二氟化物。分子式 KrF_2，分子量 121.795。无色透明固体，易挥发，易升华。相对密度 3.24，熔点约 25℃(分解)。室温下缓慢分解成氪和氟，保存在–78℃以下。在一定条件下由氟与氪合成得到。是很强的氧化剂和氟化剂。

氟化硼 [boron trifluoride] 即三氟化硼。

氟化氢 [hydrogen fluoride] 分子式 HF，分子量 20.006。无色气体或有腐蚀性的发烟液体。有毒。对眼睛和呼吸系统有强烈的刺激作用，对牙齿也有破坏作用。液态相对密度 1.002(0℃)，熔点–83.36℃，沸点 20℃。无限溶于水、乙醇，微溶于乙醚。氟化氢的水溶液又称氢氟酸，是弱酸。液态氟化氢的介电常数很高，是一种优良的溶剂，能溶解许多无机物和有机物。较不活泼，当有少量水汽存在时，就显出较高的化学活性。可用浓硫酸与萤石(氟化钙)反应制备。主要用作氟化剂和生产烷基汽油的催化剂，并用于蚀刻玻璃、制含氟制冷剂(如氟利昂)和有机氟碳化合物。

氟磷灰石 [fluoroapatite] 化学式 $Ca_5(PO_4)_3F$，式量 504.302。无色晶体。相对密度 3.201，熔点 1650℃。不溶于水。与羟基磷灰石同样是牙釉质的组成成分，生物体系中常和羟基磷灰石以固溶体的形式存在。以磷酸钙和氟化钙化合制得。掺杂了 Mn(Ⅱ)和 Sb(Ⅴ)的氯磷灰石可用作第二代日光管荧光粉。

氟硼酸钠 [sodium fluroborate] 又称四氟合硼酸钠或四氟硼酸钠。化学式 $NaBF_4$，式量 109.795。无色或白色固体。相对密度 2.47，熔点 384℃。溶于水，微溶于乙醇。加热到熔点分解为氟化钠和三氟化硼。可用氢氧化钠或碳酸钠中和四氟硼酸制得。在冶金工业中作助熔剂，用于合成离子液体。

负离子 [anion] 即阴离子。参见离子。

复合氧化物 [complex oxides] 组成或结构上较为复杂的氧化物。通常指由两种或两种以上的金属和氧结合而形成的化合物，如钙钛矿 $CaTiO_3$，尖晶石 $MgAl_2O_4$ 等；若只含一种金属元素但其有两种价态且金属离子在结构中占有不同的位置，亦属之，例如 Fe_3O_4。

复盐 [double salt] 又称重盐。由两种或两种以上的阳离子或者阴离子形成的化合物，所含离子保持简单离子的特点，溶于水后皆以简单水合离子形式存在。例如，明矾 $KAl(SO_4)_2 \cdot 12H_2O$、莫尔盐 $Fe(SO_4)_2 \cdot (NH_4)_2SO_4 \cdot 6H_2O$ 等皆为复盐。明矾溶于水后定量离解出相应的简单离子 K^+、Al^{3+}和 SO_4^{2-}。

副族 [subgroup] 元素周期表中第 11、12、3～7 列，即ⅠB～ⅦB 族。主副族划分始于元素周期短表，罗马字序号相同(如ⅠA 和ⅠB，ⅥA 和ⅥB，以此类推)的族中的元素具有相同的价层(如ⅥA 和ⅥB)或最外层(如ⅠA 和ⅠB)电子数，主族元素的价层电子皆在最外层，而副族元素的价层电子可分布在最外层、次外层甚至倒数第三层。鉴于第 18 族稀有气体可称为ⅧA 族，也有人把第 8、9、10 族即Ⅷ族称为ⅧB 族，划在副族。

钆 [gadolinium] 化学元素(第六周期第 3 族)，镧系元素。符号 Gd，原子序数 64，原子量 157.25。白色或微黄色金属，六方晶系。相对密度 7.901(25℃)，熔点 1313℃，沸点 3273℃。电阻率 $131 \times 10^{-8}\Omega \cdot m$(17～27℃)。在空气中缓慢氧化，与水反应温和，可溶于酸。氧化态为+3，其化合物无色，重要的有氧化钆、硫氧化钆、卤化钆等。其主要矿物是独居石。由钙还原氟化钆制备。用作原子反应堆中的中子吸收材料，还用于磁铁、电子材料等。

钙 [calcium] 化学元素(第四周期第 2 族)。符号 Ca，原子序数 20，原子量 40.078。银白色金属。相对密度 1.54，熔点 842℃，沸点 1484℃。化学性质活泼。在空气中燃烧生成氧化钙和氮化钙。与热水剧烈反应释放氢气，与非金属单质，如卤素、硫、氮等直接作用。能热还原几乎所有的金属氧化物。用作合金的脱氧剂，油类的脱水剂，冶炼的还原剂、脱硫剂与脱碳剂等。由电解熔融氯化钙制取。

钙长石 [anorthite] 长石族铝硅酸盐矿。化学式 $Ca(Al_2Si_2O_8)$。

钙钛矿 [perovskite] 氧化物矿。化学式 $CaTiO_3$。立方晶系。

钙铁石 [brownmillerite] 组成为 $Ca_2(Al,Fe)_2O_5$ 的矿物。是一种存在有序氧缺陷的钙钛矿相关结构。

干冰 [dry ice] 即固体二氧化碳，分子式 CO_2，分子量 44.010。白色片状或立方状晶体，外观与冰相似。相对密度 1.799，熔点–56.558℃(三相点)，–78.464℃升华。干冰可直接气化，因此作冷冻剂时使用方便，不易造成污染。由 CO_2 压缩成液态后，再经膨胀转变为固态干冰。可用作灭火器材料和制备碳酸饮料。

干法反应 [dry reaction] 非溶液中进行的反应。如高温固相反应等。

干馏 [dry distillation] 固体有机物在隔绝空气条件下加热分解的复杂反应过程，包括脱水、热解、脱氢、热缩合、焦化等。如煤的干馏，即炼焦的过程。

干燥 [drying] 一定条件下除去物质中的水或其他溶剂分子的过程。根据干燥物质的性质、要求，选择不同的干燥方法。常见的干燥方法根据传热形式分为：对流干燥、传导干燥、辐射干燥、介电加热干燥；根据操作压力分有常压干燥、真空干燥等。此外，使用干燥剂干燥也是常用方法之一。

干燥剂 [desiccant] 具有很强吸水能力的一类物质的总称。根据干燥原理，分化学吸附型和物理吸附型。化学吸附型干燥剂通过自身与水反应，强烈吸收水分，如生石灰（氧化钙）、磷酸酐（五氧化二磷）等；物理吸附型干燥剂利用自身较大的孔隙率有效吸附水分，如硅胶、分子筛等。

甘汞 [calomel] 氯化亚汞的俗称。

酐化 [anhydridization] 含氧酸缩水生成酸酐的反应。例如硝酸(HNO_3)缩水生成硝酸酐——五氧化二氮(N_2O_5)，醋酸缩水生成醋酸酐$(CH_3CO)_2O$。

橄榄石 [olivine] 镁橄榄石Mg_2SiO_4、铁橄榄石Fe_2SiO_4及二者混合的固溶体系列 $(Mg,Fe)_2SiO_4$的总称。斜方(正交)晶系，岛状硅酸盐矿。相对密度 3.32～3.37，硬度 6.5～7。镁橄榄石的熔点高达 1900℃。颜色呈多色性，黄绿色为主，少量为褐绿色，是制造镁质耐火材料的优质矿物原料，透明绚丽者可用于生产宝石。

刚玉 [corundum] α-氧化铝，氧化铝一种结构形式。化学式为α-Al_2O_3。纯品为白色晶体，天然刚玉因含杂质呈现不同颜色。含 Cr 的刚玉呈红色，称为红宝石；含 Fe 和 Ti 的蓝色刚玉称作蓝宝石，含 Co、Ni 和 V 的绿色刚玉称为绿宝石。均有玻璃光泽，透明或半透明。三方晶系，相对密度 3.95～4.4，莫氏硬度 9，仅次于金刚石。熔点 2053℃，沸点 2977℃。不溶于水，缓慢溶于浓硫酸。用于制耐磨材料和耐火材料，红、蓝、绿宝石常作为宝石饰品材料，优质刚玉可作精密仪表轴承和半导体芯片的衬底，红宝石是激光发射材料。

高碘酸 [periodic acid] 分子式 H_5IO_6，分子量 227.940。白色单斜晶体。易潮解。150℃分解为五氧化二碘。易溶于冷水，溶于乙醇，微溶于乙醚。有弱酸性和强氧化性。可用碘与浓高氯酸反应或电解浓碘酸制备。常用作氧化剂。

高氯酸 [perchloric acid] 分子式 $HClO_4$，分子量 100.459。无色液体，有腐蚀性和吸湿性。相对密度 1.77，熔点−112℃，约 90℃分解。可与水混溶。强氧化剂。纯酸不稳定，浓度低于 60%时则很稳定。浓高氯酸与有机物接触会发生爆炸。用作分析试剂。可用高氯酸钾与浓硫酸在 140～190℃的油浴上减压蒸馏制备。用于医药、炸药、分析化学和电镀铅等。

高氯酸钾 [potassium perchlorate] 化学式 $KClO_4$，式量 138.549。无色或白色晶体。相对密度 2.52，熔点 525℃。微溶于冷水，易溶于热水。强氧化剂。与碳、硫、磷及有机物混合，受碰撞和摩擦易产生燃烧和爆炸。用高氯酸钠和氯化钾反应制取。可用于制造炸药、焰火、安全火柴和火箭燃料，也可作分析试剂。

高锰酸钾 [potassium permanganate] 俗称灰锰氧。化学式 $KMnO_4$，式量 158.03。深紫色有光泽的针状晶体，正交晶系。相对密度 2.7。易溶于水、丙酮、乙醇、冰醋酸和硫酸，约 240℃分解，放出氧气。作氧化剂时，还原产物随介质不同而异。与浓硫酸反应易爆炸。与有机物接触易引起燃烧。工业上用软锰矿和熔融碱反应制得锰酸钾，电解锰酸钾溶液得高锰酸钾；实验室用高温加热软锰矿、氢氧化钾和氯酸钾制得锰酸钾，在其水溶液中通氯气或二氧化碳制得高锰酸钾。主要用作氧化剂、消毒剂、漂白剂、毒气吸收剂及水净化剂等。运输和储存时要防止受热、撞击及与有机物接触。应密闭储存。

高溴酸 [perbromic acid] 分子式 $HBrO_4$。在高卤酸同系物中酸性和氧化性最强。室温下氧化速率慢，因此氧化性不易表现。加热到 100℃以上时反应比较明显。在水溶液中不稳定，易被催化分解。很难从高溴酸水溶液中得到纯化合物，仅在质谱中才观察到 $HBrO_4$ 分子。纯酸于 1968 年制得，由放射性同位素的硒酸根 $^{83}SeO_4^{2-}$ 发生 β 衰变而生成高溴酸根 $^{83}BrO_4^-$。目前一般用 F_2 或 XeF_2 在低温下氧化溴酸根 BrO_3^- 制取。

锆 [zirconium] 化学元素(第五周期第4族)，过渡金属元素。符号Zr，原子序数40，原子量91.224。坚硬有光泽的银灰色金属，有六方α相和立方β相。相对密度6.52，熔点1855℃，沸点4409℃。电阻率$42.1\times10^{-8}\Omega\cdot m$(20℃)。因表面覆盖致密氧化膜而能抗腐蚀，常温下不与氧气、卤素和水反应，红热时和氧气反应生成二氧化锆。不与硝酸、盐酸、硫酸和碱反应，但可溶于氢氟酸和王水。主要氧化态为+4，亦有少量+2、+3。自然界中主要以锆石英($ZrSiO_4$)和二氧化锆存在。高温下由镁还原四氯化锆制备。用于原子反应堆中的除氧剂、合金等。

镉 [cadmium] 化学元素(第五周期第 12 族)。符号 Cd。原子序数 48，原子量 112.41。银白色韧性金属，六方晶系。相对密度 8.69，熔点 321℃，沸点 767℃。电阻率 $6.8\times10^{-8}\Omega\cdot m$ (0℃)。表面易被氧化失去光泽。不溶于水，溶于酸放出氢气。不与碱反应。主要氧化态为+2。重要化合物有氧化镉、氢氧化镉、硫化镉、卤化镉等。在自然界中以硫镉矿(主要成分为硫化镉)存在。闪锌矿冶炼锌的副产品中可提取单质镉。用于制造化合物、可充电电池、合金、颜料以及原子反应堆中的镉中子吸收棒等。有毒，致癌，致畸胎。镉引起中毒的剂量平均 100mg。

铬 [chromium] 化学元素(第四周期第 6 族)，过渡金属元素。符号 Cr，原子序数 24，原子量 51.996。坚硬蓝白色金属，立方晶系。相对密度 7.15，熔点 1907℃，沸点 2671℃。电阻率 $12.5\times10^{-8}\Omega\cdot m$(20℃)。表面有氧化膜而抗腐蚀，高温时氧化缓慢。在浓硝酸中钝化，溶于稀盐酸、热硫酸和强碱溶液。氧化态有+2、+3 和+6，不同氧化态的化合物颜色不同。重要化合物有三氧化二铬、铬酸酐、铬钾矾、铬酸盐和重铬酸盐等。自然界中主要以铬铁矿($FeCr_2O_4$)存在。碳还原铬铁矿得三氧化二铬，再用铝热法反应制备得单质。主要用于不锈钢、电镀和金属陶瓷等。微量铬是生命的必需元素，铬的中毒量为 200 mg，致死量大于 3 g。

铬橙 [chrome orange] 又称铅铬橙。含碱式铬酸铅($PbCrO_4\cdot PbO$)的橙色颜料。溶于酸和碱溶液。对热稳定，加热至 600℃几乎不分解。具有高的遮盖力、着色力、耐候性和耐光性。由醋酸铅(或硝酸铅)、铬酸钠等作用而得。用于涂料、油墨等工业。

铬分族 [chrome group element] 即第 6 族元素。

铬酐 [chromic anhydride] 即铬酸酐。

铬红 [chrome red] 含碱式铬酸铅($PbCrO_4\cdot PbO$)的橙红色颜料。与铬橙的化学成分大致相同，均为碱式铬酸铅，因颗粒大小不同使颜色不同。铬橙由高度分散的颗粒组成，而铬红由结晶大的颗粒组成。遮盖力和着色力较差，耐候性、耐光性较好。用于涂料、油墨等工业。

铬黄 [chrome yellow] 又称铅铬黄。是含有铬酸铅 $PbCrO_4$ 的黄色颜料。颜色可随制备条件和原料配比不同而在很大范围内变化，商品有柠檬铬黄、淡铬黄、中铬黄、深铬黄和橘铬黄等五种。不溶于水和有机溶剂，有很好的着色力和遮盖力，耐酸碱性能差。可由不同比例的硝酸铅和重铬酸钠反应制备。用于搪瓷、塑料、油漆和油墨等的黄色颜料。

铬绿 [chrome green] 铬黄和普鲁士蓝混合而成的绿色颜料。颜色范围可随铬黄和铁蓝(普鲁士蓝)的比例不同而变化。有很好的耐光性、耐候性、耐热性和遮盖力。耐酸碱性能较差。普鲁士蓝遇碱分解，铬黄遇酸分解，因此酸和碱均能影响铬绿的颜色。用固体铬黄和普鲁士蓝按比例混合而成，或用湿法使铬黄在普鲁士蓝悬浊液中沉淀制得。用于搪瓷、油漆和油墨等的绿色颜料。

铬酸酐 [chromic anhydride] 又称三氧化铬或铬酐。化学式 CrO_3，式量 99.99。暗红色晶体，正交晶系。相对密度 2.70。熔点 197℃，250℃分解放出氧气。易潮解，溶于水成酸，水合量不同可得铬酸、重铬酸或三铬酸。可溶于乙醇、乙醚和硫酸，与过氧化氢反应生成过氧铬酸。有强氧化性，可氧化硫化氢等还原剂和有机物。用重铬酸钠和硫酸熔融制得。主要用于电镀、电解抛光和制高纯金属铬，也用作氧化剂和制备铬酸盐。有毒，腐蚀性强，易爆。应密闭储存，避免接触有机物。

铬酸钾 [potassium chromate] 化学式 K_2CrO_4，式量 194.19。熔点 974℃。相对密度 2.732。黄色斜方晶体。溶于水，不溶于乙醇。水溶液中，铬酸钾离解出铬酸根离子(CrO_4^{2-}，黄色)，与二聚的重铬酸根离子($Cr_2O_7^{2-}$，红色)形成平衡，加酸会使反应平衡向重铬酸根离子方向偏移，从而使溶液呈红色。与 Pb^{2+}反应生成橙黄色的铬酸铅沉淀。有强氧化性，与还原剂混合可能爆炸。铬铁矿与氢氧化钾和石灰石氧化煅烧，再用硫酸钾溶液萃取制得。用作氧化剂、印染媒染剂、金属防锈剂、墨水、颜料、搪瓷和金属防腐等。

铬酸锌 [zinc chromate] 化学式 $ZnCrO_4$，式量 181.403。柠檬黄粉末。熔点 316℃，相对密度 3.40。常与氢氧化锌结合形成碱式盐，如 $ZnCrO_4\cdot 4Zn(OH)_2$，铬酸锌和氢氧化锌的比例不同，则颜色不同，随氢氧化锌的增加黄色变浅。不溶于水，溶于乙酸和稀强酸。由可溶性铬酸盐和锌盐反应制得。主要用作颜料和涂料。

铬铁矿 [chromite] 铬的重要矿藏。主要成分的化学式为 $FeCr_2O_4$ 或 $FeO\cdot Cr_2O_3$。棕色或黑色晶体，有金属光泽。相对密度 4.3～4.6，硬度 5.5，用于制备铬酸盐、重铬酸盐和其他铬的化合物，也用于提炼金属铬和制备铬钢等。

给体 [donor] 可以提供电子、质子或指定基团如自由基等的物种。

根 [group] 两个或两个以上原子之间以共价键形成的带电荷的离子团。阴离子对应于英文的“-ate”、“-ite”等后缀，如硫酸根 SO_4^{2-} (sulfate)，亚硫酸根 SO_3^{2-} (sulfite)；阳离子对应于英文的“-ium”等后缀，如铵根离子 NH_4^+ (ammonium)。

汞 [mercury] 又称水银。化学元素(第六周期第 12 族)。符号 Hg，原子序数 80，原子量 200.59。常温下唯一的液态金属，银白色，易流动。相对密度 13.546，熔点−38.83℃，沸点 356.62℃。电阻率 $96.1\times10^{-8}\Omega\cdot m$(25℃)。在空气和水中稳定。不溶于水，不与稀酸和碱反应，可溶于硝酸和热浓硫酸。与多种金属生成合金汞齐。氧化态为+1 和+2。主要化合物有氧化汞、硫化汞、氯化亚汞、氯化汞和配合物等。在自然界中以硫化汞形式存在于辰砂中。汞可由碳加热还原辰砂制得。用于制温度计、压力计、汞灯、药物、电极，用于电解法生成氯气和氢氧化钠等。汞蒸气有剧毒，人中毒量为 0.4 mg，致死量 150～300 mg。

汞合金 [amalgam alloy] 即汞齐。

汞齐 [amalgam] 又称汞合金或释汞剂。是汞与其他金属按一定（或任意）比例混合后形成的合金。含汞少时为固体，含汞多时为液体。有的是金属间化合物，有的是混合物。常见的有钠汞齐、锡汞齐、锌汞齐、金汞齐和钛汞齐（Ti_3Hg）等。加热时能分解放出汞。天然存在的有银汞齐和金汞齐。可用金属和汞直接反应制得。钠汞齐作还原剂，锌汞齐用于制电池，钛汞齐等用作释汞剂，以减少汞污染。汞齐有毒！

汞齐化 [amalgamation] 汞和其他金属合金化的过程。通常汞齐中含汞多的是液体，含汞少的是固体。天然的有金汞齐和银汞齐，人工制备的有钠汞齐、锌汞齐等。钠汞齐可用作还原剂，锌汞齐用于制电池。

共轭酸碱对 [conjugate acid-base pair] 以质子得失关系联系起来的酸和碱。根据酸碱质子理论，酸和碱总是对应存在，酸给出质子变成其共轭碱，而碱得到质子变成其相应的共轭酸，这种关系称为共轭关系：共轭酸 = 质子+ 共轭碱。如 $CH_3COOH=H^+ + CH_3COO^-$，乙酸分子 CH_3COOH 和乙酸根 CH_3COO^-互为共轭酸碱对。酸碱反应的通式为

$$酸(1) + 碱(2) \rightleftharpoons 酸(2) + 碱(1)$$

其中，酸(1)和碱(1)为共轭酸碱对，碱(2)和酸(2)为共轭酸碱对。

枸橼酸铁铵 [ammonium ferric citrate] 即柠檬酸铁铵。

钴 [cobalt] 化学元素（第四周期第 9 族），过渡金属，属铁系元素。符号 Co。原子序数 27，原子量 58.9332。坚硬银白色金属。相对密度 8.90，熔点 1495℃，沸点 2927℃。电阻率 $5.6\times10^{-8}\Omega\cdot m$（0℃）。有延展性和铁磁性。在空气中稳定，不与水反应，缓慢溶于稀盐酸和硫酸，易溶于稀硝酸。主要氧化态为+2 和+3。自然界中主要矿物是砷钴矿（$CoAs_2$）、辉砷钴矿（CoAsS）和硫钴矿（Co_3S_4）。矿石灼烧为氧化物后，用金属铝还原制备。用于磁性合金、陶瓷、催化剂和涂料，放射性同位素钴-60 用于癌症的放射性治疗。

固氮作用 [nitrogen fixation] 分子态氮（N_2）生成氨和其他含氮化合物的过程。天然固氮指空气中的氮气被固氮菌转化为有机含氮化合物，或通过闪电、高温放电等生成少量氮氧化物固氮，从而进入氮循环过程。人工固氮是让氮气在一定的条件下生成含氮的化合物，例如氮气和氢气合成氨。

固相反应 [solid state reaction] 干介质反应或无溶剂参加的反应。反应包括的基本步骤是：固相表面的吸附和解析；原子尺度的化学反应；新物相的成核反应以及物质在界面的扩散和迁移。反应物的颗粒度以及外部因素，如温度、气氛和辐照等都对固相反应有影响，最终反应能否进行取决于热力学和动力学等因素。多晶或粉末常用固相反应制备，例如用等物质量的氟化钡和氯化钡混合，研磨均匀后在一定的温度下直接反应，可以得到新化合物氟氯化钡。固相反应是制备固体材料最常用、最简单和最重要的一种方法。

固相聚合 [solid phase polymerization] 属非均相聚合。单体在固体状态下进行的聚合反应。反应温度控制在单体熔点以下进行。引发方式有超声波法或辐射法。聚合反应速率快，单体分子排列规整使聚合物规整性高。例如聚二乙炔的制备，由（取代）二乙炔单体固相聚合，得到具有共轭结构的高分子导电主链，并具有非线性光学活性。

光[致]氧化还原反应 [photoredox reaction] 可见光、红外或者紫外辐射引发的氧化还原反应。参见物理化学光化学反应。

光卤化 [photohalogenation] 可见光、红外或者紫外辐射引发的卤化反应。参见有机化学卤化。

归中反应 [comproportionation reaction] 又称逆歧化反应。化学反应中的两个反应物均含有不同氧化态的同一元素，反应后，生成物中该元素的氧化态趋于相同。例如：在反应物中元素 A 的氧化态是 0 和+2，生成物中均变为+1；MnO_4^-（+7 价锰）和 Mn^{2+}（+2 价锰）在酸性溶液中反应均生成 MnO_2（+4 价锰）。

硅 [silicon] 化学元素（第三周期第 14 族）。符号 Si，原子序数 14，原子量 28.086。单质有晶态和无定形两种，晶体硅为银白色，相对密度 2.33，熔点 1414℃，沸点 3265℃。无定形硅为灰黑色粉末，不溶于水和氟化氢溶液，溶于碱以及氟化氢和硝酸混合液。晶态硅有明显导电性，电导率小于金属，且随温度升高而增加，高纯硅掺微量磷可制备 n 型半导体，掺微量硼可制备 p 型半导体。常温下不活泼，与空气、水和酸（氢氟酸及其混合酸除外）等都没有明显作用。能缓慢溶解于浓碱溶液，生成可溶性硅酸盐并释放出氢气。在加热下能与卤素反应生成四卤化硅。在高温下能与氧、碳、氮、硫等非金属单质反应。也能与钙、镁等金属反应生成相应的金属硅化物。能溶于浓硝酸和氢氟酸的混合酸，生成二氧化硅，进而溶解成四氟化硅。实验室用金属钾在高温下还原氟硅酸钾，再洗去生成的氟化钾即得单质硅；或用二氧化硅和碳化钙反应或硅烷 SiH_4 热分解制备。工业上用碳在电炉内还原二氧化硅来制备纯度为 98%的单质硅；高纯的半导体硅可于 1200℃时在热硅棒上用氢气还原高纯的三氯氢硅或四氯化硅而得。超纯的单晶硅可用区域熔融法制备。超纯硅可作半导体材料，粗单质硅及其金属互化物组成的合金，常用于增强铝、镁和铜等金属的强度。含硅量较高的硅钢常用于制造耐化学腐蚀的化工设备，硅钢片可用于制造发电机和变压器。纯度为 98%～99%的硅是制备有机硅化合物、硅酮树脂、硅酮橡胶的原料。

硅化作用 [silication] 生成金属硅化物的过程。通常以无水金属卤化物和硅粉作为起始原料，以还原-硅化途径制备难熔金属硅化物的方法。例如，制备硅化钼（$MoSi_2$）、硅化

钇(YSi_2)和硅化钕($NdSi_2$)等。

硅胶 [silica gel] 由硅酸凝胶 $xSiO_2 \cdot yH_2O$ 适当脱水而成的半透明多孔物质。能耐盐酸、硫酸和硝酸的浸渍，是良好的干燥剂、吸附剂和催化剂载体。有时也作催化剂，比表面很大，能吸附许多物质，其吸附作用主要是物理吸附，可再生。在较浓的硅酸钠溶液中加酸或铵盐能生成硅酸凝胶，将其静置数小时老化，再用水洗去可溶盐类，在 60～70℃下烘干并在约 300℃时活化即得硅胶。加入氯化钴的硅胶为变色硅胶，吸水前是蓝色，吸水后为红色。广泛用于蒸汽回收、石油精炼和催化剂制备等方面，在色谱中用作固定相或基质。

硅氢化作用 [hydrosilication] 生成硅烷(硅氢化物)的反应。硅氢化物与不饱和的有机化合物反应，生成各种有机硅化合物，产率高、反应装置简单、易工业化、生产工艺过程连续化，可以用硅烷与烯、炔或其他不饱和化合物进行加聚反应(见烯类加成聚合)直接合成有机硅高分子。

硅石 [silica] 白色或无色结晶状的 SiO_2。自然界分布很广，有石英、方石英、蛋白石和硅藻土等。

硅酸 [silicic acid] 又称水合二氧化硅。是无定形二氧化硅的水合物，化学式 $xSiO_2 \cdot yH_2O$。白色胶状或絮状固体。已确认的有正硅酸 $SiO_2 \cdot 2H_2O$，偏硅酸 $SiO_2 \cdot H_2O$，二偏硅酸 $2SiO_2 \cdot H_2O$ 和焦硅酸 $2SiO_2 \cdot 3H_2O$。正硅酸为二元弱酸，电离常数 pK_{a1} 为 9.9，pK_{a2} 为 11.8，不溶于水，溶于氢氟酸。易缩合成较大的分子或离子。由可溶性硅酸盐与酸、二氧化碳或铵盐溶液反应制备。可用于制备硅胶。

硅酸钠 [sodium silicates] 又称泡花碱。钠的硅酸盐，化学式 $xNa_2O \cdot ySiO_2$。无色或白色固体，常因含铁显青绿色或棕色。常见的有偏硅酸钠，化学式 Na_2SiO_3，式量 122.064。白色无定形固体，相对密度 2.61，熔点 1089℃。易溶于水，不溶于乙醇。由石英砂或硅石与纯碱按不同比例混合熔融制取。用作肥皂的填充剂和纸板的黏合剂，也用于制造硅胶、硅铝凝胶和人造沸石等。

硅酸盐化学 [chemistry of silicate] 研究硅酸盐的合成、结构、性质、应用的学科。硅酸盐矿物数量极大，占地壳质量 80%。它们既可用作原料又是大量生产的制品，因此一直是地球科学以及水泥、陶瓷、玻璃等应用领域的研究课题。硅酸盐化学的研究促进了硅酸盐工业的发展和有关硅酸盐的人工晶体的合成与应用。借助近代实验技术，特别是衍射技术，许多硅酸盐矿物的晶体结构得以精确测定，人们对于硅酸盐的化学组成与结构间的关系有了更深入的理解。硅酸盐的基本结构单元是硅氧四面体，硅氧四面体共顶点相接而形成链状、双链状、层状、骨架状的结构，铝及其他元素可以取代部分四面体中的硅，骨架结构中的负电荷由 Na^+、Mg^{2+}、H^+、Ca^{2+}等正离子补偿。硅酸盐玻璃及其他硅酸盐工业制品为短程有序的硅酸盐结构。沸石是一类具有“三维四联”结构特征的结晶铝硅酸盐，结构中存在分子大小数量级的微孔。有关分子筛的巧妙的结构测定方法，富有想象力的模板剂合成，以及其在吸附、催化等方面的重要价值是硅酸盐化学的一个重要贡献。

硅酸乙酯 [ethyl silicate] 分子式 $Si(OC_2H_5)_4$，分子量 208.329。无色液体。相对密度 0.9320(20℃)，熔点–82.2℃，沸点 168℃。溶于乙醇、异丙醇，在水中发生水解反应。有毒。可用四氯化硅和无水乙醇反应再蒸馏制备。用于制造高级水晶、绝缘材料、耐化学品涂料和耐热涂料，也可作制备有机硅的溶剂。

硅氧烷 [siloxane] 由硅、氧、氢三种元素形成的化合物，结构特征是由硅和氧交替连接形成-Si-O-Si-O-骨架结构。直链化合物通式为 $H_3Si(OSiH_2)_nOSiH_3$，支链的例子有 $H_3Si[OSiH_2]_nOSiH[OSiH_2OSiH_3]_2$。广义上，若氢被烃基取代，亦属此类。

硅藻土 [kieselguhr] 硅质岩石，由硅藻遗体组成。主要成分为蛋白石($SiO_2 \cdot nH_2O$)，常混有碳酸盐和黏土。呈多孔状。

贵金属 [noble metal; precious metal] 金、银和铂系元素锇、铱、铂、钌、铑、钯等金属的总称。它们较为稀少，价格昂贵，单质的化学稳定性好，常用来制造外形美观、光泽照人的贵重饰品和艺术品，制造贵重仪器的零部件，故得此名。贵金属常常是很好的催化剂，在催化化学方面起着非常重要的作用。

过渡后元素 [post-transition element] 排在过渡元素之后的元素。例如 Ga 是第一过渡系列之后的元素，Tl 是第三过渡系列之后的元素等。

过渡元素 [transition element] ❶广义上，指原子核外价电子层中有未充满的 d 轨道或/和 f 轨道的所有元素。❷通常指元素周期表中第 3 至 12 族元素，包括 d、ds 区元素，也有将锌分族(ⅡB 族)除外的。过渡元素皆为金属元素，大多数硬度高、熔沸点高，为常用工程金属材料。过渡元素中，第 3 族元素和其他族第四周期元素，大多为较活泼金属，第五、六周期的过渡元素活泼性差。由于$(n-1)$d 和 ns 电子能级接近，过渡元素的化合物有多种氧化态，稳定的最高价态化合物出现在第六周期元素中，如ⅧB 族中，第四周期元素铁的最高氧化态为+6，第六周期元素锇的最高氧化态为+8。过渡元素的离子有空的 d 轨道，易形成配位化合物。如：$K_3[Fe(CN)_6]$, $[Cu(NH_3)_4]SO_4$。

过硫酸 [peroxyosulfuric acid] 又称过氧硫酸。分子中含过氧基(—O—O—)的硫的含氧酸。过一硫酸分子式 H_2SO_5，分子量 114.078，白色固体，不稳定，45℃分解，溶于水。在无水条件下由氯磺酸和过氧化氢反应制得。用作游泳池消毒和义齿清洁剂。过二硫酸分子式 $H_2S_2O_8$，分子量 194.13，无色固体，65℃分解，溶于水。工业上用电解硫酸溶液的方法制备。过硫酸均有强氧化性，通常用作氧化剂。

过氧化 [peroxidization] 促使过氧化物形成的过程。过氧化物指含有过氧键(—O—O—)或含过氧离子(O_2^{2-})的化合物。以过氧化物为氧化剂进行化学反应也称为过氧化，常用的过氧化物为过氧化氢、过乙酸等。

过氧化钡 [barium peroxide] 化学式 BaO_2，式量 169.326。白色或灰白色粉末。相对密度 4.96，熔点 450℃(分解)。遇水、酸或二氧化碳水溶液产生过氧化氢。由氢氧化钡与过氧化氢反应，或由氧化钡在氧气气流中加热得到。用作氧化剂、漂白剂及铝焊引火剂等，也用于获得过氧化氢或氧气。

过氧化铬 [chromium peroxide] 可能的化学式为 CrO_5，式量 131.99。蓝色，可看成三氧化铬中的两个氧原子分别被过氧基(—O—O—)取代所生成的化合物。至今未制得纯化合物。化学性质不稳定，具有强氧化性。在酸性和碱性溶液中均易分解放出氧气。在酸化的重铬酸盐溶液中加入过氧化氢和乙醚，生成乙醚过氧化铬配合物，形成蓝色溶液，稳定性增加。不能单独存在。易爆炸！

过氧化氢 [hydrogen peroxide] 俗称双氧水。分子式 H_2O_2，分子量 34.015。无色液体。相对密度 1.44，熔点-0.43℃，沸点 150.2℃。可与水互溶。市售品为 30% 的水溶液。暗处较稳定，见光、加热或遇杂质会加速分解。由硫酸与过氧化钡作用，或由电解硫酸、硫酸盐溶液后水解制取，也可以由 2-乙基蒽醌经氢化、氧化得到。具有氧化性和还原性，其氧化、还原或分解的产物是水和(或)氧气，堪称洁净氧化还原剂。可作氧化剂、漂白剂、消毒剂、脱氯剂，亦供制火箭燃料、过氧化物及泡沫塑料等。与多种金属离子形成有色配位化合物。用于光度法测定金属如钛、钒、铈等。在医学临床化学分析中，用以间接测定底物、酶、激活剂或抑制剂等。

过氧化氢合物 [perhydrate] 结构中存在过氧化氢分子的化合物。如过氧化氢合碳酸钠 $Na_2CO_3 \cdot 1.5H_2O_2$。

过氧化物 [peroxide] 含有过氧离子(O_2^{2-})或过氧键(—O—O—)的化合物。即过氧化氢及其衍生物。包括金属过氧化物，过氧酸及其盐，过氧配合物，有机过氧化物等。金属的过氧化物有不同的类型。碱金属、碱土金属元素中，除铍以外，皆可生成典型离子型过氧化物，如 Na_2O_2、NaOOH、BaO_2 等。一些过渡元素可生成不稳定的共价型过氧化物，如 ZnO_2、CdO_2、HgO_2、CuO_2，过氧化氢加入重铬酸盐可制得蓝色 CrO_5，在乙醚中生成较稳定的加合物 $CrO_5 \cdot (C_2H_5)_2O$。铁、钴、镍亦可得到共价过氧化物。稀土、钍、镤盐溶液，用过氧化氢处理，得到含过氧键、金属离子及其他阴离子的非整比化合物。

过氧键 [peroxy bond] 化合物中的氧以$[—O—O—]^{2-}$形式的连接。过氧化氢、过氧化钠、过氧酸及其盐、共价过氧化物及有机过氧化物皆存在过氧键。

过氧硫酸 [peroxyosulfuric acid] 即过硫酸。

过氧桥 [peroxo bridge] 作为配体与两个或多个中心原子相连接的过氧基(—O—O—)。

过氧酸 [peroxy acid] 含有过氧基(—O—O—)的酸，可将含氧酸中的氧换成过氧基而得到。如，过一硫酸 H_2SO_5 和过二硫酸 $H_2S_2O_8$ 均含有过氧基。过氧化氢与含氧酸反应，或由含氧酸盐电解可制备相应含氧酸。很多元素能形成过酸，它们包括 B，C，Ge，Sn，Ti，Zr，Hf，N，P，As，V，Nb，Ta，S，Se，Te，Cr，Mo，W，Mn 等。主要的有机过酸有过甲酸、过乙酸和过苯甲酸。过酸及其盐有强氧化性，常用作氧化剂与消毒剂。。

铪 [hafnium] 化学元素(第六周期第 4 族)，过渡金属元素。符号 Hf，原子序数 72，原子量 178.49。有韧性、有光泽的银白色金属。六方晶系，相对密度 13.31，熔点 2253℃，沸点 4603℃。电阻率 $33.1 \times 10^{-8} \Omega \cdot m$(20℃)。性质与锆相似，空气中产生氧化膜而抗腐蚀。常温下不与氧气、水反应。不与酸(氢氟酸除外)碱反应，高温下和氧、硫、卤素、氮和碳等单质化合。主要氧化态为+4，亦有+2、+3 氧化态。自然界中无单独矿石，常与锆共存。精炼锆的副产品中得四氯化铪，高温下被钠还原得到单质。用于核反应堆。

海波 [hypo] 又称五水硫代硫酸钠或大苏打，化学式 $Na_2S_2O_3 \cdot 5H_2O$，式量 248.184。无色晶体，易风化。相对密度 1.69。约 50℃分解，100℃失去 5 分子水。溶于水、松节油和液氨，不溶于乙醇。在碱性溶液中稳定，在酸性溶液中迅速分解产生单质硫和二氧化硫。用浓亚硫酸钠溶液和硫加热反应制备，也可将二氧化硫通入硫化钠和碳酸钠的混合液中制备。中等强度还原剂，在漂染中用作脱氯剂，照相中用作定影剂，在化学分析中用于碘量法，有抗过敏作用，可用于医疗，还可用于从矿石中萃取银。

海绵钛 [titanium sponge] 是单质钛的一种形式，是冶炼金属钛的初级产品。高温下用镁还原四氯化钛得到质地蓬松的海绵状单质钛，杂质含量较高。用电弧法熔融海绵钛得到致密的钛锭。

海洋化学 [marine chemistry] 研究海水、海洋生物体内相关物质、海底沉积物的组成、变化和应用的化学分支学科。对海洋资源的开发和利用有重要作用。海底存在丰富的矿藏，海水中约含有 3.5%盐类，主要是 NaCl、$MgCl_2$、$CaSO_4$、K_2SO_4、$CaCO_3$、$MgBr_2$。海水中碘、铜、锰、铀含量也很高，有的超过其在地壳矿物中的含量。海洋生物中含有大量共价键合的碘和溴以及天然有机物，如萜类、甾族化合物，有些具有抗癌、抗菌和抗病毒作用及其他生理活性。

氦 [helium] 化学元素(第一周期第18族)。最轻的稀有气体元素。符号He，原子序数2，原子量4.0026。单原子分子气体。气态密度 0.1785 g/L(0℃，1atm)，沸点–268.9℃。无色、无味、无臭。难溶于水。化学惰性，至今未合成出稳定化合物。主要由天然气或相应工业的尾气分离获得。用于充填气球、飞艇及霓虹灯等。在真空管、电灯泡、金属焊接及冶金工业中作保护性气体，也用作超低温冷冻剂及制造低温温度计等。在气冷式核动力反应堆中充当工作流体。

含氧酸 [oxoacid; oxo acid; oxy-acid; oxyacid; oxiacid; oxacide] 酸根中含氧(或羟基)，即氧原子(或羟基)与成酸元素的中心原子相连的酸。含氧酸中，因成酸元素价态、价键不同分为次、亚、正、原、高酸，分子间脱去水称多酸，按照正酸的化学式一个分子酸脱去一个水分子的称偏酸，几个成酸元素原子直接相连的为连酸，其他元素取代氧的为代酸，含有过氧键的为过酸等。如氯的常见含氧酸有高氯酸 $HClO_4$、(正)氯酸 $HClO_3$、亚氯酸 $HClO_2$、次氯酸 HClO 等。含氧酸可表示为 $XO_n(OH)_m$，n 越大酸性越强。某些含氧酸有氧化性，如硝酸、硫酸；有些含氧酸氧化性极弱，如磷酸。参见无氧酸。

核电荷 [nuclear charge] 原子核所带有的正电荷。原子核由带正电荷的质子和电中性的中子组成，因此原子核电荷数就等于核内质子数。原子的核电荷数决定了其原子序数。1个质子所带正电荷数值上等于1个电子的电荷，人为把1个电子的电荷 $1.602\,177\,33\times10^{-19}$C 定义为1个基本电荷。核电荷数也等于其中性原子的核外电子数。不同元素的原子核电荷不同，可通过带电粒子散射实验来测定。

核素 [nuclide] 具有一定质子数、中子数和核能量状态的原子。例如氕、氘、氚就是氢的三种核素。

褐铁矿 [limonite] 多种矿物的混合物。主要组成为针铁矿α-FeO(OH)及其水合物，常含纤铁矿γ-FeO(OH)和赤铁矿等其他成分。

黑色金属 [ferrous metal] 又称铁类金属。指铁、锰、铬以及铁碳合金。它们与钢铁合金或称黑色冶金密切相关，故名。

黑钨矿 [wolframite] 又称钨锰铁矿。化学式为(Fe，Mn)WO_4。是介于钨铁矿 $FeWO_4$ 和钨锰矿 $MnWO_4$ 之间的类质同晶系列的固溶体。单斜晶系。

红宝石 [ruby] 参见刚玉。

红磷 [red phosphorus] 单质磷的一种同素异形体。化学式P，红褐色固体。相对密度2.16，熔点579.2℃，200～280℃自燃，431℃升华。不溶于水，溶于无水乙醇，不溶于二硫化碳、乙醚和液氨。与过量氯气反应生成五氯化磷，与不足量氯气反应生成三氯化磷，在充足氧中燃烧生成五氧化二磷，氧不足时生成三氧化二磷。可用隔绝空气加热白磷到300℃或光照下转变来制备。用于制造磷肥、磷酸、烟火、火柴、杀虫剂、磷青铜等。

红铅 [red lead] 四氧化三铅的俗称。

互卤化物 [interhalogen compound] 又称卤间化合物。不同卤素原子之间形成的化合物，如 IF_7、BrF_7、ICl_3、BrCl。

滑石 [talc] 层状铝硅酸盐矿。主要成分的化学式为 $Mg_3(Si_4O_{10})(OH)_2$，白色固体，常有 Mn^{2+}、Ca^{2+}、Fe^{2+}、Ni^{2} 等离子取代 Mg^{2+}。因含杂质而呈浅黄、粉红或浅绿等颜色。单斜晶系，常呈鳞片状或者致密的块体。相对密度2.6～2.8，硬度为1，质地软而滑腻。化学性质稳定。通常被粉碎为滑石粉，用作纸张、橡胶、涂料和塑料的填充剂，也用于药品和化妆品作为稀释粉料。

化合反应 [combination reaction] 由两种或两种以上的化合物或单质合成一种化合物的化学反应。如氯气和氢气反应生成氯化氢气体。

化合价 [valence] 又称原子价。一个原子(或原子团)与其他原子(或原子团)化合时的成键能力，数值上等于该原子或原子团可能结合的氢原子或氯原子的数目。一个氢原子(或氯原子)不能和一个以上其他原子结合，化合价为1。H_2O 中氧化合价为2。Cu_2O 中铜化合价为1，CuO 中铜化合价为2。随着人们对原子结构化学键本质的逐步认识，化合价的概念有所发展。①共价，在共价化合物中把化学键数和化合价联系起来，碳共价数为4，化合价为4，氮成三键即3价，氧成双键即2价，氢成单键即1价。②离子价，离子化合物中离子的电荷数可看成离子的化合价，称为离子价或电价。如 NaCl 中 Na^+为+1价，Cl^-为–1价。化合价与氧化数之间既有区别又有联系，参见氧化数。

化合物 [compound] 由两种或两种以上元素形成的单一的、具有特定性质的物质。如 H_2O、CS_2、NaCl、K_2NiF_4 等。

化学变化 [chemical change] 即化学反应。

化学反应 [chemical reaction] 又称化学变化或化学作用。有新物种产生和互相转换的过程。化学变化有以下特征：①化学变化是质变，涉及化学键的断裂和形成。②化学变化遵循“质量守恒定律”。化学变化发生在原子水平上，不涉及原子核的变化，反应前后原子种类和数目不变。③化学变化伴随光、热等能量变化。例如，氢气燃烧生成水放热。

化学反应式 [chemical equation] 即化学方程式。

化学方程式 [chemical equation] 又称化学反应式。是用化学式和其他符号来表示化学反应的式子。化学方程式左边是反应物，右边是产物，中间用等号或箭头等相连。反应条件、气体逸出、沉淀产物常常也用相应符号表示。化学反应遵守质量守恒定律，因此化学方程式应该配平，反应前后各元素原子数目不变，氧化还原反应还要注意电子得失。反应方程式表示了反应前后物质的质量、物质的量、气体体积的关系，可以用来进行相应的化学计算。下面是碳酸氢铵的热分解的化学方程式

$$NH_4HCO_3 \xlongequal{\triangle} NH_3\uparrow + CO_2\uparrow + H_2O$$

强调反应可逆，式中的等号用 $\rightleftharpoons$ 代替。强调反应单向，等号用 $\longrightarrow$ 代替。化学方程式中还可标出物质状态和能量的变化。

化学气相沉积 [chemical vapor deposition (CVD)] 物质在气态条件下发生化学反应，生成沉积于固态基体表面的固态物质的方法。CVD 是近几十年发展起来的制备无机材料的新技术，广泛用于提纯物质、制备单晶、多晶或非晶无机薄膜材料。根据沉积时的实验条件，化学气相沉积分为高压化学气相沉积、低压化学气相沉积、等离子化学气相沉积、激光化学气相沉积、金属有机化学气相沉积、高温化学气相沉积、低温化学气相沉积等。

化学式 [chemical formula] 表示物质化学组成的式子，由元素符号、数字等符号组成。包括分子式、实验式、结构式、结构简式等表示方式。表示物质分子(包括复杂离子)组成的化学式称为分子式。用来表示化合物中各原子最简比例的式子称为实验式。如测得苯分子中碳、氢原子比为 1∶1，其实验式为 CH，而分子式为 C_6H_6。氯化钠、二氧化硅等物质不存在由有限原子组成的分子，也常用实验式 NaCl、SiO_2 表示。用化学符号表示单质、化合物分子中原子连接顺序和成键情况的式子称为结构式。如水的结构式为 H—O—H，二氧化碳的结构式为 O═C═O。只给出原子连接顺序的式子称为结构简式。HOH、C_2H_5OH、CH_3OCH_3 分别是水、乙醇、甲醚的结构简式。

化学物质 [chemical substance；chemicals] 天然或人工合成的单质与化合物的总称。有确定的组成和体现物质特征的物理性质如熔点、密度、导电性等。

化学元素 [chemical element] 即元素。

化学作用 [chemical action] 即化学反应。

还原 [reduction] 一个或多个电子转移到一个分子实体，使相应元素氧化态降低的过程。例如 MnO_4^-，其中锰的氧化态为+7，获得 5 个电子，使锰的氧化态降至+2，MnO_4^- 被还原为 Mn^{2+}。

还原剂 [reductan；reducing agent] 在化学反应中失去电子被氧化的物质。如高炉炼铁中，反应 Fe_2O_3+3CO══$2Fe+3CO_2$ 中，一氧化碳是还原剂；锌片投入硫酸铜溶液置换出铜的反应，锌是还原剂。常见的还原剂有金属、非金属单质如 Na、A1、C、H_2，低价金属离子化合物如 $SnCl_2$、$FeCl_2$，低价氧化物如 CO 以及氢化物等。

黄磷 [yellow phosphorus] 即白磷。

黄绿石 [pyrochlore] 即烧绿石。

黄铁矿 [pyrite] 又称硫铁矿。主要成分的化学式为 FeS_2，常含有钴、镍等元素。浅黄色，有强金属光泽，不透明，呈致密块状或颗粒。相对密度 4.9～5.2，硬度为 6～6.5，有顺磁性。主要用于提炼单质硫和制造硫酸。

黄铜 [brass] 铜锌合金的总称。包括普通黄铜和特种黄铜。普通黄铜指铜锌二元合金，含锌量不超过 50%。因含锌量和性能不同分为 α 黄铜，(α+β)黄铜和 β 黄铜。特种黄铜是在铜锌的基础上添加第三种合金元素，如铝、镍、锰、铅、铁和硅等，使其具有较高的强度、硬度，并具有较好的耐腐蚀和机械加工性能。色泽金黄美观，传热、导电性能好，是应用历史悠久的合金。广泛用于机械、日用五金、乐器以及装饰材料。

黄铜矿 [chalcopyrite] 硫化铜矿，主要成分的化学式为 $FeCuS_2$，其中常含 Ag、Au、Tl、Se、Te 等元素。四方晶系，黄铜色，有金属光泽，呈致密块状。相对密度 4.1～4.3，硬度 3.5～4.0，熔点 950℃。溶于硝酸和王水，不溶于盐酸。重要铜矿，主要用于提炼金属铜。也用于半导体研究。

黄血盐 [potassium ferrocyanide] 学名三水合六氰合亚铁酸钾，又称亚铁氰化钾。化学式 $K_4Fe(CN)_6 \cdot 3H_2O$，式量 422.39。黄色四方晶体。相对密度 1.85。熔点 60℃(分解)。不溶于乙醇和醚。易溶于水，水中离解为钾离子和配阴离子 $Fe(CN)_6^{4-}$。加热到 100℃左右分解，失结晶水。高温灼烧生成氮气、氰化钾和碳化铁。被氯化或电解氧化可得铁氰化钾。水溶液和三价铁盐溶液生成蓝色普鲁士蓝沉淀，用于鉴定三价铁离子。工业制备主要用氰熔体(氰化钙和氰化钠)与硫酸亚铁反应，滤液与氰化钾作用，得到亚铁氰化钙复盐，经脱钙转化而得。用于制颜料、染料氧化助剂、铁氰化钾、炸药及其他化学试剂。

灰锰氧 [potassium permanganate] 高锰酸钾的俗称。

辉钼矿 [molybdenite] 钼的硫化物矿，主要成分的化学式为 MoS_2。层状结构，有六方和三方晶系两种类型。呈铅灰色，强金属光泽，具有完全的底面解理，为分布最广的钼矿。相对密度 5.06，硬度 1～1.5。常有 Re^{4+}、Se^{2-}等离子取代 Mo^{4+}和 S^{2-}，是自然界含铼高的矿物。用于提取钼。

辉石 [pyroxene] 辉石族矿物总称，硅酸盐矿。通式为 $M_2[Si_2O_6]$，M 为 Fe^{2+}、Mg^{2+}、Ca^{2+}等，或者 Fe^{2+}、Mg^{2+}、Ca^{2+}、

Na^+、Al^{3+}、Li^+等之间的组合，其中硅酸根为链状结构，可结晶为正交晶系或单斜晶系。相对密度3～4，硬度5～6。颜色随成分不同而异，辉石中的硬玉俗名翡翠，可作玉器。锂辉石可提炼锂，色彩鲜艳且透明，如紫锂辉石和翠绿锂辉石，可作宝石。

辉锑矿 [stibnite] 锑的硫化物矿，主要成分的化学式Sb_2S_3。正交晶系。铅灰色，强金属光泽，性脆。相对密度4.5～4.6，硬度2～2.5。常与雄黄、雌黄、辰砂等矿物共生。为分布最广的锑矿，用于提炼锑。

混合价化合物 [mixed valence compound] 又称同素异价化合物。指化合物中某一元素以两种或两种以上的价态存在。相应的元素通常存在多种价态，且容易变价，如过渡金属元素。磁铁矿 Fe_3O_4 中含有 Fe^{2+}和 Fe^{3+}，可表示为$Fe^{2+}Fe_2^{3+}O_4$。

混合物 [mixture] 由两种或两种以上物质形成的体系。混合物可以是均相的，也可以是非均相的。

活性炭 [active carbon; activated charcoal] 一种由碳构成的多孔材料。具有很高的比表面积和吸附能力，常用于气体或液体的纯化。通常的制备方法：将木材等原料隔绝空气干馏处理，所得产物进一步在水蒸气或真空下加热处理活化而得，必要时可加入催化剂如$ZnCl_2$。控制制备条件，可调控活性炭的比表面、孔径以及表面性质。

火碱 [white caustic] 氢氧化钠的俗称。

火硝 [nitre] 即硝石。

钬 [holmium] 化学元素(第六周期第3族)，镧系元素。符号Ho，原子序数67，原子量164.9304。银白色金属，六方晶系。相对密度8.7947，熔点1472℃，沸点2700℃。电阻率$81.4\times10^{-8}\Omega\cdot m$(17～27℃)。与氧和水缓慢反应，溶于稀酸。氧化态为+3。主要矿物是独居石，由钙还原氟化钬制得。用于高磁场的磁通量集中器。

鸡冠石 [realga] 即雄黄。

基 [group] 又称基团。指化合物中以共价键与其他组分相结合的原子团，如羟基，—OH。

基团 [group] 即基。

镓 [gallium] 化学元素(第四周期第13族)。符号Ga，原子序数31，原子量69.723。银白色软金属。固态相对密度5.904(29.6℃)，熔点29.76℃，沸点2204℃。化学性质类似于铝和锌。在空气中稳定，不与水反应。溶于酸或碱并释放出氢气。高温下能与许多单质反应。常见化合价+3，相应的氧化物、氢氧化物均为酸碱两性，均可溶于酸或碱溶液。单质主要用于合金，镓铝合金易于热处理，镓金合金用于镶牙和装饰，镓钒合金或镓锆合金可作超导体等。镓温度计可测高温。由铝土矿或锌土矿提取变成镓酸钠溶液后电解获得。

甲基汞 [mercury methyl] 又称二甲基汞。化学式为$Hg(CH_3)_2$，式量230.5。直线型分子，相对密度2.95(22.2℃)，沸点92℃。微甜液体。不溶于水，溶于乙醇和乙醚。受热和见光不稳定。可与碘、氯化氢及金属锌反应。用格氏试剂或甲基锂与氯化汞反应制备。用于制备其他金属的有机化合物。有脂溶性，在鱼类中富集，使人畜慢性汞中毒，是水体汞污染的主要因素，水俣病为甲基汞中毒所致。

钾 [potassium] 化学元素(第四周期第1族)。符号K，原子序数19，原子量39.098。银白色有金属光泽的蜡状软金属。相对密度0.89，熔点63.5℃，沸点759℃。化学性质比钠更活泼。与非金属单质直接化合，在空气中迅速氧化燃烧成橘红色的超氧化钾(KO_2)，与氨反应生成氨基钾(KNH_2)，与水或冰剧烈反应放热并释放出氢气(H_2)。钾火焰呈紫色。须储存于煤油中。与钠形成的钠钾合金(NaK)熔点只有−12.5℃，像液钠一样作增殖反应堆里的热交换剂。用作还原剂。用于制光电管、过氧化钾、热交换合金等。由金属钠还原熔融的氯化钾制取，也可由熔融的氯化钾或氢氧化钾电解得到。

钾碱 [potash] 碳酸钾的俗称。

钾硝石 [nitrate of potash] 即硝石。

尖晶石 [spinel] 氧化物矿，主要成分的化学式为$MgAl_2O_4$，立方晶系。具有尖晶石结构复合氧化物通式为AB_2O_4，其中A=Mg，Fe，Zn，Mn等，B=Al，Cr，Fe等有铝尖晶石和铬尖晶石亚族。含铁的尖晶石亚族为不透明的磁铁矿、磁赤铁矿等。其他大多为铝尖晶石亚族，其中的Mg^{2+}和Fe^{2+}可以任意比例混合。相对密度3.5～4，硬度约为8。晶体结构属立方晶系，面心立方点阵，可看作氧离子形成立方最紧密堆积，金属离子位于其八面体空位和四面体空位中。颜色范围为橙色、粉红色、红色、深蓝、深蓝绿和黑色。镁铝尖晶石可用于耐火材料，色泽美观者可作宝石。

碱 [base] 根据不同的酸碱理论，❶广义的碱可以是：①在水溶液中电离产生氢氧根离子的物质[阿伦尼乌斯(Arrhenius)理论]；②接受质子的物质[布朗斯特-劳里(Brønsted-Lowry)理论]；③提供电子对的原子、离子或分子[路易斯(Lewis)理论]。❷通常用狭义的含义，指含有氢氧根离子或羟基，在水溶液中电离出的阴离子全部是氢氧根离子的物质。碱溶液能使石蕊试纸变红，可以和酸发生中和反应。溶于水并完全电离的碱，如碱金属及钙、锶、钡的氢氧化物为强碱。在水中电离常数K_b很小的碱，如氨水($NH_3\cdot H_2O$)是弱碱。氢氧化铁、氢氧化铝溶解度很小，溶于强酸，生成的盐水解呈酸性，它们是弱碱。一些强碱弱酸的盐常俗称为碱，如碳酸钠(食用碱)。最重要的强碱是氢氧化钠，工业上电解食盐水制得，与碳酸钠一起被称为工业上的二碱，在石油、冶金、医药、化工、纺织等工业方面有广泛的应用。最重要的弱碱是氨水，在肥料、医药、化工等方面有广泛应用。

碱化 [alkalization] 反应体系中加入碱性物质，使体系中的分子或离子与碱中的 OH^-作用，降低体系酸度的过程。

碱基 [base group] 与碱性有关联的基团，如—OH、$—NH_2$。在生物化学中有特定的含义，指嘌呤和嘧啶的衍生物。

碱金属 [alkali metal] 元素周期表第 1 族（ⅠA 族）除氢以外的元素，包括锂、钠、钾、铷、铯、钫。因其氧化物溶于水显强碱性而得名。原子价层电子结构为 ns^1，电离能均为同周期元素中最小的，易失去电子呈+1 价。单质为银白色金属，晶体皆为体心立方，硬度低、密度小，熔沸点低。化学性质活泼，常温下能和氯气、空气中的氧气作用，与水剧烈反应，加热时和氢气反应生成离子型氢化物 MH。除锂以外，碱金属大多数盐类在水中溶解度较大。锂与其他五种元素化学性质有一定差异，与镁为对角关系，性质相似。在自然界里钫仅以短寿命的放射性元素形式存在于铀矿中，其他碱金属皆以化合物形式存在，钠、钾丰度较大，其他属稀有元素。单质采用熔盐电解或热还原法制备。钠、钾盐类有广泛的应用。

碱熔 [alkali fusion] 火法冶炼的方法之一。将金属矿石与碱性熔剂（如 NaOH 或 Na_2CO_3 等）混合加热共熔，使其发生反应并分解，使其中的金属盐易被水浸出。矿物分析时，难溶于水和酸的硅酸盐用碱在惰性坩埚内熔融，成为可溶的硅酸钠。多用于金属矿石的处理。

碱式碳酸铅 [lead（Ⅱ）carbonate, basic] 即铅白。

碱式盐 [basic salt] 金属离子与羟基或氧基及某种酸根离子共同形成的化合物。可看成碱中的氢氧根被酸部分中和的产物。如 $Cu_2(OH)_2CO_3$（碱式碳酸铜）、Mg(OH)Cl（碱式氯化镁）、$BiONO_3$（硝酸氧铋）等皆为碱式盐。

碱土金属 [alkaline earth metal] 元素周期表第 2 族（ⅡA 族）元素，包括铍、镁、钙、锶、钡、镭，核外价电子组态为 ns^2。因其氧化物兼具碱性（只有 BeO 为两性）和土性（熔点高）而得名。碱土金属性质活泼，除铍外，皆可生成典型离子型过氧化物。参见第 2 族元素。

碱性聚合 [alkaline polymerization] 在碱性条件下把一种单体或者多种不同单体的混合物转变为多聚体或高聚物的过程。

碱性氧化物 [basic oxide] 溶于水呈碱性或可与酸发生中和反应的氧化物。大多数碱金属和碱土金属（除 BeO）及其他低价的金属氧化物如 Cu_2O、CrO、MnO、FeO 为碱性氧化物。如：

$$Na_2O+H_2O \longrightarrow 2NaOH$$

$$FeO+2HCl \longrightarrow FeCl_2+H_2O$$

因此 Na_2O 和 FeO 为碱性氧化物。碱性氧化物与酸性氧化物作用可生成盐，如高温下氧化钙与二氧化硅反应生成硅酸钙，$CaO+SiO_2 \longrightarrow CaSiO_3$，在高炉炼铁时，利用此方法除去二氧化硅。

交换萃取 [exchange extraction] 萃取相与被萃取相相互交换离子或分子的过程。

交界碱 [borderline base] 软硬度介于硬碱和软碱之间的路易斯碱。例如：NO_2^-, SO_3^{2-}, Br^-, N_3^-, N_2, C_6H_5N , SCN^-和$C_6H_5NH_2$。$C_6H_5NH_2$虽与硬碱RNH_2有相同的给予体原子N，但由于受苯环中离域 π 键的影响，氮原子极化性较高，外层电子变形性较大，也属交界碱。

交界酸 [borderline acid] 软硬度介于硬酸与软酸之间的路易斯酸。例如：Fe^{2+}, Co^{2+}, Ni^{2+}, Cu^{2+}, Zn^{2+}, Pb^{2+}, SO_2, BBr_3 等。与硬酸 Fe^{3+}相比，Fe^{2+}正电荷低，束缚外层电子能力较弱，但比起软酸 Fe^0 来，正电荷又高，束缚外层电子的能力较强，故称为交界酸。

胶化时间 [gel time] 聚合物体系中，多官能团单体开始聚合到胶凝点的时间间隔。

胶凝点 [jel point] 胶体中出现凝胶化或达到聚合物网络结构的临界反应状态。是高度支化的缩聚物过渡到体型缩聚物的转折点。

胶态化 [colloidization] 物质形成胶态的过程。使固体、液体或气体形成微小尺度颗粒（10^{-9}～10^{-6}m），均匀分散在连续介质中，不易从该悬浊液中分离出去。

焦磷酸钠 [sodium pyrophosphate] 又称二磷酸钠。化学式 $Na_4P_2O_7$，式量 265.902。白色固体。相对密度 2.53，熔点 988℃。在空气中吸水性强，易溶于水，水溶液呈碱性。不溶于乙醇。用磷酸和碳酸钠作用先生成磷酸氢二钠，再加热到 450℃脱水得焦磷酸钠。用于电镀、合成橡胶生产、洗涤剂、造纸和食品工业等。

焦硼酸钠 [sodium pyroborate] 即硼砂。

解离 [dissociation] 即离解。

解离度 [degree of dissociation] 定量表示电解质解离程度的数值。指在一定条件（如温度、浓度）下电解质电离达到平衡时，已解离的分子数与原有总分子数（包括已电离的和未电离的分子数之和）之比。

解溶剂化 [desolvation] 又称去溶剂化。❶通常指从溶液中除去溶剂的过程。❷常指溶胶胶粒的溶剂化层在受热或加入其他溶剂的条件下，溶剂化层被削弱，导致胶体聚沉。❸在火焰光谱分析中，气溶胶微小液滴的溶剂蒸发过程，该过程把湿气溶胶转变为仅含固体或液体溶质的干气溶胶。

解吸 [desorption] 释文见物理化学脱附。

金 [gold] 化学元素(第六周期第11族)。符号Au，原子序数79，原子量196.967。黄色金属。相对密度19.3，熔点1064.18℃，沸点2856℃，电阻率$2.214\times10^{-8}\Omega\cdot m$(20℃)。热和电的良导体，有很好的延展性。化学性质极稳定，不溶于水、酸和碱，可溶于王水、氰化钾溶液和热硫酸。任何温度下不被空气或氧气氧化，不被硫侵蚀。与干燥氯气一般不反应，但与氯水反应。溶于汞可形成汞齐。在溶液中几乎能被所有金属置换。用漂洗法或氰化法制备。主要用作货币、装饰品及形成多种合金。

金丹术 [alchemy] 即炼丹术。

金粉 [mosaic gold] 即二硫化锡。

金刚石 [diamond] 单质碳的一种同素异形体。无色立方晶体。相对密度3.513，熔点4440℃(12.4 GPa)。是典型的原子型晶体，每个碳原子均与4个碳原子四面体形配位，彼此以强的共价键结合。透光性好，光折射率高。是自然界已知硬度最高的天然物质。不导电。室温下化学惰性。在空气中受热会燃烧变成二氧化碳。隔绝空气加热到1000℃转变成石墨。常由天然游离矿获得。用以制作钻石饰物、高温半导体、红外光谱仪、磨料、切削和拔丝器具等。

金红石 [rutile] 主要成分为二氧化钛，是TiO_2的一种变体。纯TiO_2为白色粉末，金红石因含Fe、Nb、Ta、Sn等杂质呈暗红色或黑色。四方晶系，相对密度4.18～4.25，硬度6.0～6.5。熔点1855℃，沸点2500～3000℃。不溶于水，可溶于热的浓硫酸和氢氟酸。钛的重要矿石，是冶炼单质钛，制备四氯化钛的原料，并用于生产钛白粉及无线电器材。

金绿石 [chrysoberyl] 一种灰色、绿色到黄色或褐色的矿物，主体组成为$BeAl_2O_4$，正交晶系。

金属 [metal] 最外层电子数目较少的元素(氢除外)。是具有特有的金属光泽以及良好的导电、导热性能的固态或液态单质和合金。固态金属具有延展性。周期表中大部分元素是金属(元素名称含金字旁，汞例外)，碱金属、碱土金属、过渡元素为典型金属。常温下，除汞是液体外，其他金属皆为固体。金属的特性是由原子的电子结构和晶体结构决定的。金属常形成密堆积的晶体结构，常见的是立方密堆、六方密堆及体心立方堆积结构。金属原子电负性小，吸引电子能力弱，容易失去电子而形成正离子。金、银、铂、铜等少数金属元素可以单质存在于自然界，大多数金属元素以氧化物、硫化物、氢氧化物、碳酸盐存在于矿物中，可应用化学法或电解法还原制取。金属是广泛应用的建筑、构件材料，一些金属用于电器、仪器制造。

金属还原法 [metal reduction process] 金属单质与相对活泼性较差金属的化合物反应还原制备另一种金属单质的方法。如用铝作还原剂还原五氧化二铌制取金属铌。

金属硼烷 [metalloborane] 硼烷的衍生物。由硼原子和金属原子共同组成多面体骨架的簇合物，例如$[Ni(B_{10}H_{12})_2]^{2-}$等，以12个顶点的化合物为多。

金属碳硼烷 [metallocarborane] 硼烷的衍生物。由硼原子、碳原子和金属原子共同组成多面体骨架的簇合物，例如$[(C_2B_9H_{11})_2Fe]^{2-}$，$Cs[(C_5H_5)Co(CB_7H_8)]$等，以12个顶点的化合物为多。

聚磷酸 [polyphosphoric acid] 又称多磷酸。从结构上看是多个磷酸分子脱水形成的聚合体。各种聚磷酸均以磷氧四面体($[PO_4]$)为基本结构单位，由氧原子桥连两个磷原子形成链状和环状结构。常见的有焦磷酸$H_4P_2O_7$、三聚磷酸$H_5P_3O_{10}$、四聚磷酸$H_6P_4O_{13}$。P_4O_{10}溶于水形成的偏磷酸HPO_3也是聚磷酸之一。聚磷酸是重要化工原料，可作软水剂，但在江湖河海中积累形成富磷肥水，污染环境。

钪 [scandium] 化学元素(第四周期第3族)，过渡金属元素。符号Sc，原子序数21，原子量44.956。较软，银白色金属，六方晶系。相对密度2.985(六方)，熔点1541℃，沸点2836℃。电阻率$61.0\times10^{-8}\Omega\cdot m$(20℃)。活泼金属，在空气中被氧化而失去光泽，易在空气中燃烧。可溶于热水而放出氢气。易溶于酸，生成盐。主要氧化态为+3。重要化合物有氧化钪、氢氧化钪、卤化钪和配合物等。主要矿物是钪钇石(焦硅酸钪钇盐)。氧化钪还原制备。应用较少，可制特种玻璃、合金等。

钪分族 [scandium group element] 即第3族元素。

苛化 [causticization] 工业上制造氢氧化钠(苛性钠，烧碱)的一种方法。用碳酸钠和氢氧化钙溶液反应生成氢氧化钠和碳酸钙沉淀，除去碳酸钙等不溶物，蒸发溶液可得烧碱溶液或固体烧碱。

苛性钾 [caustic potash] 氢氧化钾的俗称。

苛性钠 [caustic soda] 氢氧化钠的俗称。

氪 [krypton] 化学元素(第四周期第18族)。符号Kr，原子序数36，原子量83.798。单原子分子型气体。气态密度3.733 g/L(0℃)，熔点−157.36℃，沸点−153.34℃。无色、无味、无臭，难溶于水。化学惰性。由空气分离得到。主要用作保护性气体、充填电灯泡和霓虹灯等。

孔雀石 [malachite] 主要成分为碱式碳酸铜，化学式为$CuCO_3\cdot Cu(OH)_2$，常有锌替代铜，形成孔雀石变种。单斜晶系，翠绿色，有光泽。呈致密的钟乳石状和土状等。土状物又称铜绿。相对密度 4.0～4.5，硬度 3.5～4.0。溶于盐酸。用于提炼金属铜和制备硫酸铜，亦可作为绘画颜料。

苦土 [magnesia] 即氧化镁。

矿物酸 [mineral acid] 即无机酸。

铼 [rhenium] 化学元素(第六周期第 7 族)，过渡金属元素。符号 Re，原子序数 75，原子量 186.207。六方晶系，银白色金属，通常得到的是灰色粉末。相对密度 20.8，熔点 3185℃，沸点 5596℃。电阻率 $17.2\times10^{-8}\Omega\cdot m$(0℃)。抗腐蚀、抗氧化，但在潮湿空气中失去光泽。溶于稀硝酸和硫酸，不溶于盐酸。常见氧化态为+3、+6 和+7。稀散元素，存在于辉钼矿中，从冶炼钼的烟道灰尘中提取得单质铼。主要用于耐高温耐腐蚀的合金、热敏电阻及催化剂。

蓝宝石 [sapphire] 参见刚玉。

蓝矾 [blue vitriol] 即胆矾。

蓝铜矿 [azurite] 俗称石青。主要成分为 $2CuCO_3\cdot Cu(OH)_2$。

镧 [lanthanum] 化学元素(第六周期第 3 族)，镧系元素。符号 La，原子序数 57，原子量 138.9055。较软，银白色金属，有六方的 α 和立方的 β 两种物相。α 相相对密度为 6.15，熔点 920℃，沸点 3464℃。电阻率 $51.5\times10^{-8}\Omega\cdot m$(17～27℃)。活泼金属，在空气中失去光泽，表面生成白色氧化镧。在空气中加热能燃烧，生成氧化物和氮化物。在氢气中加热生成氢化物。与水反应放出氢气，易溶于酸。主要氧化态为+3。重要化合物有氧化镧、氢氧化镧、硫氧化镧、卤氧化镧和卤化镧等。主要矿物是独居石。钙还原氯化镧制备。可制特种玻璃、火石、合金、发光材料基质和其他功能材料等。应储存于煤油中。

镧系收缩 [lanthanide contraction] 随着原子序数从 57(镧)增加到 71(镥)，镧系元素相应的原子、离子半径减小的现象。镧系收缩的特点是相邻元素收缩小，每增加一个核电荷，在 4 f 层增加一个电子，由于 4 f 层电子屏蔽作用大，原子半径收缩小，仅约 1 pm(而过渡元素约 5 pm，非过渡元素约 10 pm)，使得镧系元素特别是相邻的元素之间的化学性质相近；另一方面，15 种镧系元素累计半径收缩效果明显，约达 15 pm，从而使得镧系后面的元素铪、钽等的原子半径并未随电子层增加而增加，而分别与同族第五周期相应的元素锆、铌等相近。因此锆与铪、铌与钽等化学性质也非常相近，分离很困难。

镧系元素 [lanthanide；lanthanoid] 元素周期表中 57～71 号元素，即镧、铈、镨、钕、钷、钐、铕、钆、铽、镝、钬、铒、铥、镱、镥 15 种元素的总称，除镧外，其他属内过渡元素，价层电子构型为 $4f^{0\sim14}5d^{0\sim2}6s^2$；也有人把不含 4f 电子的镧排除在镧系之外。单质皆为较活泼金属，活泼性与碱土金属相近而大于铝，皆能与热水反应放出氢气。填充入 4f 轨道的电子不易失去，化合物的氧化数一般为+3，铈、镨、铽、镝有+4 价，钐、铕、铥、镱有+2 价。它们的草酸盐、磷酸盐、铬酸盐、氟化物、氢氧化物在水中的溶解度较小。含有镧系元素的合金材料、发光材料、吸氢材料、激光材料、超导材料、磁性材料等具有广泛的应用。

铹后元素 [translawrencium element] 第 103 号元素铹之后的元素。

铑 [rhodium] 化学元素(第五周期第 9 族)，过渡金属，属铂系元素。符号 Rh，原子序数 45，原子量 102.9055。极硬的银白色金属，立方晶系。相对密度 12.41，熔点 1964℃，沸点 3695℃。电阻率 $4.3\times10^{-8}\Omega\cdot m$(0℃)。化学惰性，在空气、卤素、水和稀酸中稳定。微溶于王水，溶于熔融碱和硫酸氢钾中。常见氧化态为+2、+4 和+6。精炼镍的废料中提取。主要用于制备铂铑合金和催化剂。

类金属 [metalloid] 即准金属。

离解 [dissociation] 又称解离。在温度、溶剂等条件下，化合物分离为更简单的原子团或离子的化学过程。例如，醋酸溶于水时，部分醋酸分子解离为醋酸根离子和氢离子。

离子 [ion] 带电荷的原子或原子团。带正电的称为正离子或阳离子，带负电的称为负离子或阴离子。由原子、分子失去或俘获电子可得到相应离子。离子可根据相应元素的名称来命名，如 Cl^-称为氯离子，Fe^{3+}称为铁离子，Fe^{2+}称为亚铁离子。带电的原子团常称某根或某根离子，根据母体化合物来命名，如 SO_4^{2-} 称为硫酸根或硫酸根离子，HSO_4^- 称为硫酸氢根或硫酸氢根离子。离子存在于离子晶体、溶液、气体中。

离子反应 [ionic reaction] 有离子参加或者生成的反应。大多数离子反应在水溶液中进行。例如盐酸和氢氧化钠在水溶液中生成氯化钠和水，离子反应在氢离子和氢氧根离子之间发生。

离子交换树脂 [ion exchange resin] 一种带有可交换的活性基团的高分子聚合物。根据活性基团的不同可分为阳离子交换树脂和阴离子交换树脂两大类。阳离子交换树脂的活性基团为磺酸根—SO_3^-，—SO_3^- 可以结合 H^+或金属离子 M^{n+}，通常为氢型或钠型，水中的高价阳离子如 Ca^{2+}、Mg^{2+} 与 H^+或 Na^+发生交换而除去；阴离子交换树脂的活性基团为季铵根离子—R—$N(CH_3)_3^+$，可以结合 OH^-或其他阴离子，通常为碱型或氯型，水中的阴离子如 CO_3^{2-} 可与之发生交换。若将水先通过氢型阳离子树脂，再通过氢氧型阴离子交换树脂，交换中产生的 H^+和 OH^-结合生成水，交换水呈中性。离子交换可除去水中的离子，但难以除去中性分子。

离子交换水 [deionized water] 又称去离子水。是经过离子交换而得到的纯水。将水通过装有离子交换树脂的离子交换柱而除去水中的杂质离子而得到。

离子平衡 [ionic equilibrium] 即电离平衡。

离子取代 [ionic replacement] 离子化合物的某种离子被另一种离子替代。在晶体中，半径和电荷相似的离子常发生相互取代。

离子液体 [ionic liquid] 全部由离子组成的液态物相。高温下熔融呈液态的 NaOH、NaCl 即为离子液体。通常指熔点较低、在室温或室温附近即熔融的离子化合物。离子化合物中，阴阳离子之间通过静电作用而结合——作用越强，其熔点越高。阴阳离子电荷小、半径大且阴阳离子半径的匹配性差导致结构变形，会使得其静电作用大大减弱，熔点降低以至于接近室温。典型的离子液体一般由有机阳离子和无机阴离子构成，常见的阳离子有季铵根离子、咪唑类离子和吡咯类离子等，阴离子有卤素离子、四氟硼酸根离子、六氟磷酸根离子等。

锂 [lithium] 化学元素(第二周期第 1 族)。符号 Li，原子序数 3，原子量 6.941。银白色的轻金属。相对密度 0.534，熔点 180.5℃，沸点 1342℃。可溶于液态氨中，微溶于低级脂肪族胺如乙胺，不溶于烃。易与氧、氮、硫等化合。室温下与水反应缓慢地释放出氢气，与氮反应生成黑色的氮化锂。须储存于汽油、煤油或惰性气氛中。挥发性锂盐的火焰呈深红色，用以制造焰火或作定性鉴定。在冶金工业中作脱氧剂或脱泡剂。用以制造铅基轴承合金及轻质合金。也用于原子能工业。由电解氯化锂及氯化钾的混合熔融物制取。

立方锆 [cubic zirconia] 立方晶系的二氧化锆的简称。是二氧化锆的 γ 变体，化学式 ZrO_2。无色晶体，熔点 2715℃。耐高温，耐腐蚀，有很高的化学惰性。不溶于常见的无机酸和碱，加热时可溶于氢氟酸和浓硫酸中。是由室温下的 α 型二氧化锆在 1000℃时转变而获得，在转变过程中加入少量 MgO 或 CaO 可稳定立方相。结晶立方锆为商用人造钻石。

立方硫化锌 [zinc sulfide(β)；sphalerite] 闪锌矿的主要成分。化学式 β-ZnS，白色、浅灰白色或浅黄色粉末，随杂质铁含量增加颜色加深为黑色或褐色，有金属光泽。立方晶系，相对密度 4.04，熔点 1020℃(转化为六方相)。不溶于水和乙醇，溶于稀酸，在空气中缓慢氧化为硫酸锌。由硫化氢和锌盐溶液作用制备。用作荧光粉，白色涂料。用来提炼金属锌和制备含锌化合物。

连硫酸 [polythionic acid] 含有—S—S—键的硫的含氧酸的通称，结构简式为 $HOSO_2S_nSO_2OH$(n=1～18)，其中 n=1～4 的连硫酸较稳定。不同连硫酸中分子结构和 S 的氧化态不同，因此性质和制备方法也不尽相同。纯的连硫酸很难得到，大多以盐的形式存在。用硫化氢和亚硫酸反应可以得到连硫酸的混合物。

炼丹术 [alchemy] 又称炼金术、金丹术。古时试图用人工的方法把丹砂(天然红色 HgS)炼制成黄金或金丹，或试图把常见的铅和铁等廉价金属炼制成黄金和白银的活动。虽以失败告终，但制备了一些药剂和合金，得到了一些简单的化学反应规律，为化学的发展积累了经验。

炼金术 [alchemy] 即炼丹术。

两性氧化物 [amphoteric oxide] 兼有酸性和碱性的氧化物。例如，Al_2O_3 既可以溶于酸也可以溶于碱，是两性氧化物。

钌 [ruthenium] 化学元素(第五周期第 8 族)，过渡金属，属铂系元素。符号 Ru，原子序数 44，原子量 101.07。有光泽的银白色金属，比较脆。六方晶系。相对密度 12.45，熔点 2334℃，沸点 4150℃。电阻率 $7.1\times10^{-8}\Omega\cdot m$(0℃)。具有化学惰性。在空气、卤素、水和酸中稳定，可和熔融碱作用。常见氧化态为+2、+3、+4，在氧化物中可达+8。自然界中以单质存在，常由精炼镍的废料中提取。主要用于制耐磨硬质合金及催化剂。

磷 [phosphorus] 化学元素(第三周期第 15 族)。符号 P，原子序数 15，原子量 30.974，常见的四种单质：黑磷，黑色晶体，不能燃烧，相对密度 2.25～2.69，不溶于二硫化碳和浓硫酸；红磷，红褐色立方晶体或无定形粉末，相对密度 2.16，200～280℃自燃，极微溶于冷水，不溶于热水、二硫化碳、乙醚和液氨，溶于无水乙醇；紫磷，紫色晶体，相对密度为 3～5，不溶于有机溶剂；白磷，又称黄磷，白色或黄色晶体或蜡状固体，有毒，相对密度为 1.82(20℃)，熔点 44.1℃，沸点 280.5℃，不溶于冷水，微溶于热水和乙醇，溶于二硫化碳、苯、液氨、碱、乙醚、氯仿和甲苯。在氧气不足和潮湿环境下，白磷缓慢氧化并发出磷光，白磷溶于热浓碱溶液生成磷化氢和次磷酸二氢盐，磷与过量氯气反应生成五氯化磷，与不足量氯气反应生成三氯化磷，在充足氧中燃烧生成五氧化二磷，氧不足时生成三氧化二磷。将磷酸钙、石英砂和炭混合加热，再将生成的磷蒸气通入水中可得白磷；白磷在惰性气体中加热可得红磷；白磷在高压下加热可得黑磷或紫磷。用于制造磷肥、磷酸、烟火、火柴、杀虫剂、磷青铜等。

磷化 [phosphorization] 通常指对钢铁制件进行处理，使表面形成一层不溶于水的磷酸盐保护膜的过程，以提高抗蚀性和绝缘性，作为油漆底层。磷化膜为磷酸铁、磷酸锰和磷酸锌等。制件经磷化处理后有较高抗腐蚀性和润滑吸收性。例如制件浸入硝酸锌和磷酸铁锰[xFe(H_2PO_4)$_2\cdot y$Mn(H_2PO_4)$_2$]溶液中磷化，表面形成灰黑色、细结晶和多孔性的磷化膜。广泛用于保护钢铁制品免受大气腐蚀。

磷化氢 [phosphine] 分子式PH_3，分子量33.998。无色有毒气体，有芥子气味。气态密度1.390 g/L(25℃)，熔点–133.8℃，沸点–87.75℃。不溶于水，微溶于乙醇和乙醚。易燃。水溶液的碱性比氨弱。与强酸反应得到$[PH_4]X$。可用白磷和强碱或热水反应制备，也可由磷化钙或其他磷化物水解制备。可作制备某些有机磷化合物的原料。

磷灰石 [apatite] 一种复合的磷酸钙盐，化学通式$Ca_5(PO_4)_3X$，X可为F^-、Cl^-和OH^-，分别称氟磷灰石、氯磷灰石和羟基磷灰石，不溶于水。氟磷灰石，化学式$Ca_5(PO_4)_3F$，式量504.302，无色晶体。相对密度3.201，熔点1650℃。不溶于水。羟基磷灰石，化学式$Ca_5(PO_4)_3(OH)$，式量502.311，无色晶体。相对密度3.155，>900℃分解。常含有Mn、Fe、Y、Na、K、Ba等杂质。因所含杂质不同而呈白色、绿色、褐红色等。是提取磷和制备磷肥和其他磷化合物的原料。

磷铈镧矿 [monazite] 即独居石。

磷属元素 [pnicogen] 原为元素周期表中第15族(氮族)元素的总称，现在多用作磷(P)、砷(As)、锑(Te)三种元素的总称，这些元素性质相似而与氮有显著的差别。常温下氮是双原子分子气体，磷为较活泼的非金属，白磷是四原子分子组成的分子晶体，红磷是链状、黑磷是层状结构，砷有As_4分子晶体和层状结构，锑具有层状结构。磷、砷、锑的三价氧化物表现出典型的由酸性到碱性的过渡：P_4O_6(弱酸性)，AS_4O_6(两性偏酸)，Sb_4O_6(两性偏碱)。

磷属元素化物 [pnictide] 第15族三种元素磷(P)、砷(As)、锑(Te)与其他元素形成的化合物，且这些元素以负离子形式存在。参见磷属元素。

磷酸 [phosphoric acid] 分子式H_3PO_4，分子量97.995。无色液态或晶体。易潮解。相对密度1.885(液态)，熔点42.4℃，沸点407℃。极易溶于水，溶于乙醇。中等强度的三元酸，电离常数pK_{a1}为2.16，pK_{a2}为7.21，pK_{a3}为12.32。工业上用硫酸和磷酸钙反应制备，较纯的可用白磷和硝酸反应制备。可用于制备磷酸盐和化肥、去垢剂、调味糖浆等，也可用于制药、食品、纺织、制糖等工业，并用作化学试剂。

磷酸酐 [phosphoric anhydride] 即十氧化四磷或五氧化二磷。

磷酸钠 [sodium phosphate] 正磷酸的钠盐。相关的磷酸钠盐共有三种：磷酸二氢钠、磷酸氢二钠和磷酸三钠。磷酸二氢钠：化学式NaH_2PO_4，式量119.977。相对密度1.915。200℃分解；磷酸氢二钠：化学式Na_2HPO_4，式量141.959。相对密度1.7，250℃分解；磷酸三钠：化学式Na_3PO_4，式量163.940。相对密度2.54，熔点1583℃。均为白色固体。三者都溶于水。可由正磷酸与相应金属或金属氧化物反应制备。磷酸二氢钠用于控制溶液的氢离子浓度。磷酸氢二钠用于水处理沉淀多价金属。磷酸三钠用于制造洗涤剂和肥皂。

磷酸二氢钠 [sodium dihydrogen phosphate] 参见磷酸钠。

磷酸氢二钠 [sodium hydrogen phosphate] 参见磷酸钠。

磷酸三钠 [trisodium phosphate] 参见磷酸钠。

磷鎓离子 [phosphonium ion] 质子化的磷化氢，即PH_4^+。

菱镁矿 [magnesite] 矿物名。化学成分为$MgCO_3$，常含有类质同象混入物Fe(Ⅱ)，有时还含有锰、钴、镍等元素。三方晶系。晶体呈菱面体，但不多见。通常成粒状或块状。白色或灰白色，含铁时呈现黄至褐色。玻璃光泽，莫氏硬度3.5～4.5，相对密度3.0～3.2，有解理性。含铁者密度和折射率均增大。含镁的热液与碳酸盐沉积岩发生反应可形成大师菱镁矿，含碳酸的热液与富含镁的超基性岩作用也能形成菱镁矿。菱镁矿是炼镁的主要矿物原料，也用于制造耐火材料。

菱锰矿 [rhodochrosite] 矿物名。化学成分为$MnCO_3$，常含有类质同象混入物Fe(Ⅱ)、Ca(Ⅱ)、Mg(Ⅱ)、Zn(Ⅱ)。三方晶系。晶体呈菱面体，但不多见。通常成粒状、柱状或块状集合体。玫瑰红色，常因含其他元素而呈粉色至浅褐色。玻璃光泽，莫氏硬度3.5～4，相对密度3.7，有解理性。密度因含钙、铁而有所变化。形成于各种地质作用，但以外生沉积为主，大量分布于海相沉积锰矿层中。菱锰矿是炼锰的主要矿物原料。

硫 [sulfur] 化学元素(第三周期第16族)。俗称硫黄或硫磺。符号S，原子序数16，原子量32.06。单质有三种：α型，斜方晶系，黄色，相对密度2.07(20℃)，95.3℃转化为单斜硫，沸点444.6℃，不溶于水，溶于二硫化碳，微溶于甲苯、乙醇、苯和乙醚，溶于二硫化碳；β型，单斜晶系，淡黄色，相对密度为2.00，熔点115.21℃，沸点444.6℃，95.3～120℃之间稳定，不溶于水，溶于二硫化碳、乙醇和苯；γ型，无定形，淡黄色，相对密度1.92，熔点约在120℃，沸点444.6℃，不溶于水和二硫化碳。化学性质较活泼，在合适的条件下能与除稀有气体、碘、氮气外的元素直接化合，形成–2、+2、+4和+6价化合物。可用硫化氢催化氧化或二氧化硫被还原制备。用于制造硫酸、硫酸盐、亚硫酸盐、橡胶制品、纸张、火柴、焰火等，也可用于杀虫、漂染、橡胶硫化、医药工业。

硫铂矿 [cooperite] 即硫砷铂矿。

硫华 [flower of sulfur] 硫蒸气冷却后不经过液体阶段而形成细微结晶的粉状硫，纯度高。参见硫。

硫化汞 [mercuric sulfide] 化学式HgS，式量232.66。

有红色和黑色两种晶体，分别为 α 相和 β 相。红色硫化汞，相对密度 8.17，344℃转化为黑色硫化汞。不溶于水和酸，溶于王水。是辰砂的主要成分。黑色硫化汞，相对密度 7.70，熔点 820℃。不溶于水，溶于酸和乙醇。在空气中灼烧分解。存在于天然的辰砂矿中。由二价汞盐溶液和硫化氢气体(或硫代乙酰胺)作用制得，或汞与硫加热升华反应得到。用于塑料、火漆着色。辰砂作为红色颜料用于油漆、油墨和印泥，也用在医药上。

硫化锑 [antimony trisulfide] 化学式 Sb_2S_3，式量 339.715。灰色或黑色固体。相对密度 4.562，熔点 550℃。不溶于水，溶于乙醇、硫氢化铵溶液、硫化钾溶液和浓盐酸，不溶于乙酸。可用硫化氢与三价锑盐溶液反应制备。可用于制造颜料、火柴和烟火等。

硫化亚砷 [arsenic trisulfide] 即三硫化二砷。

硫黄 [sulfur] 硫的俗称。

硫磺 [sulfur] 硫的俗称。

硫砷铂矿 [cooperite] 又称硫铂矿。主要成分是 PtS，常含有 PdS 和 NiS 等铂族元素的硫化物，通式为(Pt,Pd,Ni)S。四方晶系，Pt 和 S 的配位数分别是 4。

硫属元素 [chalcogen] 原为元素周期表中第 16(ⅥA)族(氧族)元素的总称，现多用作硫(S)、硒(Se)、碲(Te)的总称，这些元素性质相似而与氧有显著的差别。常温下氧是双原子分子气体，硫有 S_8 分子晶体，硒有 Se_8 分子晶体和链状晶体，碲主要呈链状晶体，硒、碲晶体有半导体性质。主要价态除–2 价外，还有+4、+6 价化合物。–2 价化合物 H_2S、H_2Se、H_2Te 和 H_2O 不同，不存在分子间氢键，熔沸点低于 H_2O，呈弱酸性，酸性依次增强，稳定性减弱，这些氢化物都有较大的毒性。

硫属元素化物 [chalcogenide] 第 16(ⅥA)族三种元素硫(S)、硒(Se)、碲(Te)与其他元素形成的化合物，且化合物中这些元素以负离子形式存在。参见硫属元素。

硫酸 [sulfuric acid] 分子式 H_2SO_4，分子量 98.079。无色油状液体。有腐蚀性。相对密度 1.8305(20℃)，熔点 10.31℃，沸点 337℃。无限溶于水，放出大量的热，乙醇中分解。有强烈的水合作用，可使许多有机物碳化，可作脱水剂和干燥剂。强酸，在中等浓度的水溶液能完全电离成氢离子和硫酸氢根离子，在稀溶液中硫酸氢根可电离为氢离子和硫酸根离子。浓硫酸有强氧化性，稀硫酸氧化性很弱，可与活泼金属反应放出氢气。可用三氧化硫溶于水中制备。工业上可将硫在空气中燃烧生成二氧化硫，再催化氧化成三氧化硫，溶于水中即得硫酸。最重要的化工产品之一，其产量是衡量一个国家化学工业生产能力的标志之一。用于制造化肥、农药、医药、染料、合成纤维、炸药、无机盐和许多化工产品，也用于冶金、石油炼制等产业。

硫酸钡 [barium sulfate] 化学式 $BaSO_4$，式量 233.390。白色晶体粉末。天然矿物重晶石的主要化学成分。相对密度 4.49，熔点 1580℃。难溶于水、酒精和稀酸。稍溶于热的浓硫酸。由可溶性钡盐与硫酸钠水溶液反应制取。主要用作白色颜料及医学上 X 射线造影剂，也在橡胶及造纸业中作填充剂。

硫酸钙 [calcium sulfate] 化学式 $CaSO_4$，式量 136.141。白色晶体粉末。相对密度 2.96，熔点 1460℃。二水合物 $CaSO_4 \cdot 2H_2O$ 又称石膏或生石膏，半水合物 $CaSO_4 \cdot 1/2H_2O$ 又称熟石膏。微溶于水。化学性质稳定。由天然资源提取，或作为化工副产品得到。大量用于水泥工业，也用作白色颜料、填充剂、干燥剂、磨光粉，以及生产硫及硫酸的原料。

硫酸酐 [sulfuric anhydride] 即三氧化硫。

硫酸铁铵 [ammonium ferric sulfate dodecahydrate] 即铁铵矾。

硫铁矿 [pyrite] 即黄铁矿。

硫烷 [sulfane] 按照IUPAC的命名原则，该名词已被弃用。原指硫化氢的各种衍生物如多硫烷、多硫化物等。

硫鎓离子 [sulfonium ion] 质子化的硫化氢，即 H_3S^+。

硫酰氯 [sulfuryl chloride; sulfur dichloride dioxide] 即二氯二氧化硫。

六方硫化锌 [zinc sulfide (α); wurtzite] 纤锌矿的基本组成和结构。化学式 α-ZnS。六方晶系，相对密度 4.09，熔点 1827℃。不溶于水和乙醇，溶于稀酸。白色、浅灰白色或浅黄色粉末。纤锌矿因含杂质不同而呈黄色、褐色或黑色，有光泽。产出不如闪锌矿广。

六氟化氙 [xenon hexafluoride] 分子式 XeF_6，分子量 245.283。无色固体。相对密度 3.56，熔点 49.48℃，沸点 75.6℃。化学性质很活泼。在 300℃、50 atm 下由氙与过量的氟直接合成得到。作强氧化剂和氟化剂。

六氰合铁酸钾 [potassium ferricyanide] 赤血盐的学名。

六水合硫酸亚铁铵 [ammonium iron(Ⅱ) sulfate hexahydrate] 又称莫尔盐。化学式 $(NH_4)_2Fe(SO_4)_2 \cdot 6H_2O$，式量 392.139。浅绿色晶体。相对密度 1.86，约 100℃分解。溶于水，不溶于乙醇。可用硫酸亚铁和硫酸铵溶液混合后结晶制备。用于医药、冶金等，分析化学中可用来标定 $Cr_2O_7^{2-}$、MnO_4^-、Ce^{4+}等。

笼合物 [clathrate] 笼形包合物的简称。

笼形包合物 [clathrate] 简称笼合物。包合物的空腔呈闭合状态、客体被"捕获"在空腔内所形成的一种化合物。参见包合物。

卤化物 [halide] 卤素元素作为负离子与其他元素形成的化合物。如 NaCl、CaF_2、KBF_4、ICl_3。

卤间化合物 [interhalogen compound] 即互卤化物。

卤桥 [halogen bridge] 卤原子作为桥基与至少两个原子相连接。

卤素 [halogen] 元素周期表中第 17(ⅦA)族元素的总称，包括氟、氯、溴、碘、砹，也可能包括石田，价层电子结构为 ns^2np^5。氟是最活泼的非金属元素，砹是放射性元素，在自然界存在量很少。卤素通常以卤化物形式存在于自然界，用电解法或氧化法制备单质。卤素的单质均由双原子分子组成，常温下氟、氯为气态，溴为液态，碘为固态。均为活泼的非金属元素，单质可以和大多数金属、非金属直接反应。氯、溴、碘可以生成氧化态为−1、+1、+3、+5、+7 价的化合物，如氯化钠、次氯酸钠、亚氯酸钠、氯酸钠、高氯酸钠。

镥 [lutetium] 化学元素(第六周期第 3 族)，镧系元素。符号 Lu。原子序数 71，原子量 174.967。银白色金属，六方晶系。稀土元素中最坚硬、致密和稀有的元素之一。相对密度 9.841，熔点 1663℃，沸点 3402℃。电阻率 $58.2\times10^{-8}\Omega\cdot m$(17～27℃)。缓慢溶于水，溶于稀酸。氧化态为+3，盐类无色，氧化物白色，自然界中储量极少，主要矿物是独居石。由钙还原氟化镥制备。用于原子核工业。

路易斯加合物 [Lewis adduct] 路易斯酸和路易斯碱互相加合得到的产物。如缺电子的路易斯酸三氟化硼与提供孤对电子的路易斯碱氨加合形成的加合物 H_3NBF_3。

路易斯碱 [Lewis base] 路易斯酸碱理论中可提供电子对的物质。电子对可以是孤对电子、π 电子或离域 π 电子。所有阴离子和配合物中的配体都可属于路易斯碱，如 Cl^-、F^-、CO、$H_2C{=}CH_2$、NH_3 等。

路易斯酸 [Lewis acid] 路易斯酸碱理论中可接受电子对的物质。所有阳离子以及中心原子有空轨道的分子或离子为酸，如 BF_3 为路易斯酸。还有一些分子的中心原子，可通过价电子重排或扩展杂化轨道来接受电子对，这些分子亦是路易斯酸。例如：

$$CO_2 + OH^- \longrightarrow HCO_3^-$$
$$Cu^{2+} + 4NH_3 \longrightarrow Cu(NH_3)_4^{2+}$$

其中，CO_2 和 Cu^{2+} 是路易斯酸。

路易斯酸碱理论 [Lewis theory of acids and bases] 又称酸碱电子理论。是美国科学家路易斯(G. N. Lewis)提出的一种广义酸碱理论。该理论以物质对电子对的授受为依据来划分酸碱，认为可给出电子对的物质是碱，可接受电子对的物质是酸。酸碱反应的实质是酸碱配合反应，即酸的价电子层空轨道接受碱的孤对电子而形成配位键，A+:B=A:B。路易斯酸、碱范围很广，所有阳离子以及中心原子有空轨道的分子或离子皆为酸，所有阴离子、可提供电子对的配体都是碱。阿伦尼乌斯(Arrhenius)酸和布朗斯特(Brønsted)酸皆可看成路易斯酸碱形成的复合物，配合物也是路易斯酸碱的复合物。一些有机分子亦可看成路易斯酸和碱的复合物，如 RH 中，R^-可看成碱，H^+可看成酸。路易斯酸碱反应包括了除氧化还原反应之外的几乎所有反应。

铝 [aluminium] 化学元素(第三周期第 13 族)。符号 Al，原子序数 13，原子量 26.982。银白色轻金属。相对密度 2.70，熔点 660.32℃，沸点 2519℃。延展性、导电性、导热性优良。化学性质因其表面有氧化物保护膜而稳定，不与水、冷的浓硫酸及浓硝酸作用。与稀酸及碱作用并释放出氢气。作为耐腐蚀金属材料，俗称钢精或钢宗。用于硝酸、石油、制药、啤酒及冷藏等工业，也用作日用器具。铝合金质轻且坚韧，用于飞机、汽车、火箭及仪表等生产中，也可作超高电压电缆。高温冶炼高熔点金属时常用金属铝作还原剂。由电解熔融氧化铝与冰晶石混合物制取。

铝矾土 [bauxite] 即铝土矿。

铝钾钒 [alum] 即明矾。

铝热法 [aluminothermy] 一种还原金属氧化物制备金属单质的方法。由于三氧化二铝具有很大的标准生成焓，铝粉与金属氧化物反应时产生大量的热，使生成的金属熔化，并与熔渣分离。可用于金属的冶炼和焊接。

铝热剂 [thermite] 铝粉和金属氧化物的混合物。点燃后发生氧化还原反应，放出足够的热量使生成的金属或合金和残渣熔融分离而制备金属或合金。这种方法称为铝热法。例如，用铝粉还原三氧化二铁生成熔融的金属铁，用于钢铁铸件的修复。铝热法广泛用于制造金属(铬、锰、矾等)、无碳铁合金、低碳铁合金等方面。

铝酸钠 [sodium aluminate] 又称偏铝酸钠。化学式 $NaAlO_2$，式量 81.971。白色固体。相对密度 4.63，熔点 1650℃。溶于水，不溶于乙醇。溶于水呈强碱性。在空气中易吸收水分和二氧化碳，水中溶解后易析出氢氧化铝沉淀。由氢氧化铝溶于氢氧化钠制备。在水软化剂中作絮凝剂，以除去溶解的硅酸盐和磷酸盐。

铝土矿 [bauxite] 又称铝矾土。是多种含铝矿石和其他杂质组成的聚合体。主要由含水的氧化铝和氢氧化铝组成，如三水铝石、一水铝石以及赤铁矿、黏土等多种成分组成，有的还含有 Ga、Nb、Ta、Ti 和 Zr 等元素。因为化学成分变化大，因此颜色和形状多变，有灰色、褐色和黄色等。含铝量高到一定程度(Al_2O_3 高于 40%)具有提取铝的实用价值。

绿宝石 [beryl] ❶即绿柱石。❷参见刚玉。

绿矾 [green vitriol] 七水合硫酸亚铁的俗称。化学式为 $FeSO_4 \cdot 7H_2O$。浅绿色晶体。相对密度 1.897，可溶于水，在潮湿空气中二价铁容易被氧化为三价。在干燥空气中风化，约 60℃开始分解失去结晶水，至 300℃时全部脱水形成无水合硫酸亚铁。用作颜料和污水处理剂。

绿松石 [turquoise] 又称土耳其玉。水合铜铝磷酸盐矿。主要成分的化学式为 $CuAl_6(PO_4)_4(OH)_8 \cdot 4H_2O$。不透明蓝绿色，蓝色的最珍贵。三斜晶系，相对密度 2.7～2.9，硬度差异大。稀有宝石材料。

绿柱石 [beryl] 又称绿宝石。环状结构，铍-铝硅酸盐矿物。常与锡、钨共生。主要成分的化学式为 $Be_3Al_2(Si_6O_{18})$。六方晶系，相对密度 2.6～2.8，硬度 7.5～8，含微量铬呈翠绿色的称祖母绿；含铁呈蔚蓝色的称海蓝宝石。是铍的主要矿物。

氯 [chlorine] 化学元素(第三周期第 17 族)。符号 Cl，原子序数 17，原子量 35.453。单质氯气分子式 Cl_2，分子量 70.905。黄绿色气体。气态密度 3.214 g/L，熔点–101.5℃，沸点–34.04℃。微溶于水。化学性质很活泼，有强氧化性。除氟、氧、氮、碳和惰性气体外，能与所有元素直接化合生成氯化物，可与许多有机物进行加成反应或取代反应，与某些金属氧化物反应生成氯化物，与溴化物或碘化物反应置换出溴或碘。工业上用电解氯化钠溶液制备，实验室常用浓盐酸和二氧化锰反应制备。主要用于有机合成工业，生产农药、塑料、合成橡胶、染料等，还可作漂白剂、饮用水的消毒剂等。

氯化铵 [ammonium chloride] 化学式 NH_4Cl，式量 53.492。白色晶体。相对密度 1.519，338℃升华，三相点 520.1℃(分解)。易潮解，溶于水或甘油，微溶于乙醇。是氨碱工业的副产品，也可由硫酸铵与氯化钠反应制取。用作金属的焊接剂、媒染剂及氮肥等，也用于生产铵盐及干电池。

氯化钡 [barium chloride] 化学式 $BaCl_2$，式量 208.233。白色立方晶体。相对密度 3.9，熔点 961℃，沸点 1560℃。易溶于水，不溶于乙醇、乙酸乙酯和丙酮。有毒。实验室可用氧化钡或碳酸钡与盐酸反应制备，工业中将硫酸钡先经碳还原，随后高温下与氯化钙反应制取。主要用于金属热处理、钡盐制造、电子仪表，也用于机械加工中作热处理剂。

氯化铋 [bismuth chloride] 化学式 $BiCl_3$，式量 315.339。黄白色立方晶体。易潮解。相对密度 4.75，熔点 234℃，沸点 441℃。水解成氯化氧铋。溶于酸、乙醇、乙醚和丙酮。可将三氧化二铋溶解在盐酸中制备。用于制造铋盐，有机反应催化剂。

氯化钙 [calcium chloride] 化学式 $CaCl_2$，式量 110.984。白色粒状、片状或块状晶体。相对密度 2.15，熔点 775℃，沸点 1935℃。易潮解。溶于水、酒精或丙酮。形成多种水合物，如 $CaCl_2 \cdot H_2O$、$CaCl_2 \cdot 2H_2O$ 及 $CaCl_2 \cdot 6H_2O$ 等。用作干燥剂、盐水冷冻剂、食物保存剂、路面整洁剂、织物上浆剂、水泥防冻液及净水剂等。由碳酸钙与盐酸反应制取，或由盐水及其他相关物质生产，如由氨碱法的副产品回收得到。

氯化汞 [mercuric chloride] 又称升汞。化学式 $HgCl_2$，式量 271.52。无色正交晶体，通常为白色粉末。相对密度 5.6，熔点 277℃，沸点 304℃。溶于醇、乙醚、丙酮和吡啶等有机溶剂，微溶于冷水。常温下微量蒸发，300℃升华，故称升汞。光照下水溶液缓慢分解为氯化亚汞、盐酸和氧气。与氢氧化钠作用生成黄色氧化汞沉淀，与氨水作用生成氯化氨基汞沉淀。有腐蚀作用和杀菌能力。汞和氯气气相反应，或用硫酸汞和氯化钠混合加热制得。用于制甘汞及其汞盐，用作有机合成催化剂、干电池、染料、农业、冶金、照相、木材保存以及医药上的防腐剂和消毒剂等。

氯化铝 [aluminium chloride] 即三氯化铝。

氯化镁 [magnesium chloride] 化学式 $MgCl_2$，式量 95.211。无色易潮解晶体。相对密度 2.325，熔点 714℃，沸点 1412℃。溶于水或酒精。水合物 $MgCl_2 \cdot 6H_2O$ 受热会失去水和氯化氢而成为氧化镁。用于制造陶瓷、消毒剂、灭火剂、冷冻盐水、镁水泥及金属镁等。也用于填充织物、造纸等。由氧化镁或菱苦土与盐酸反应制取。

氯化钠 [sodium chloride] 食盐的主要成分。化学式 NaCl，式量 58.443。白色立方晶体。相对密度 2.17。熔点 800.7℃，沸点 1465℃。咸味，易溶于水和甘油，难溶于乙醇。含杂质的氯化钠易潮解。氯化钠是最常用的生活调味品和食物防腐剂，也是重要的化工原料。用于制造盐酸、氯的含氧酸盐、氯气、氢气、氢氧化钠及金属钠。高纯氯化钠可制备医用生理盐水。主要由海水浓缩结晶制备，少量由盐湖和盐水井制取。

氯化硼 [boron chloride] 即三氯化硼。

氯化铍 [beryllium chloride] 化学式 $BeCl_2$，式量 79.918。白色或微黄色结晶。有甜味。剧毒！相对密度 1.90，熔点 415℃，沸点 482℃。吸潮。易溶于水、酒精、乙醇或乙醚。用作有机合成的催化剂，制备有机铍化合物及金属铍等。将氧化铍或金属铍与碳的混合物在氯气流中加热制取。

氯化氢 [hydrogen chloride] 分子式 HCl，分子量 36.461。无色有刺激性气味气体。有毒。气态密度 1.526 g/L，液态相对密度为 1.187(–114.17℃)，熔点–114.17℃，沸点

–85℃。易溶于水，溶于乙醇、乙醚和苯。干燥时化学性质很不活泼，碱金属和碱土金属可在其中燃烧，但不与锌、镁、铁等较活泼的金属及大多数金属氧化物反应；潮湿时则很活泼，能与上述金属及氧化物反应。工业上可用氢与氯直接化合制备，实验室可用浓硫酸与氯化钠反应制备。其水溶液盐酸是除硫酸外最重要的酸。

氯化铁 [iron chloride] 即三氯化铁。

氯化铜 [copper chloride] 化学式 $CuCl_2$，式量134.451。褐色或黄色粉末。单斜晶系。易吸湿。相对密度3.4，熔点598℃，沸点993℃。溶于水、乙醇、丙酮、甲醇、热硫酸和乙酸。与氨反应生成深蓝色配合物 $Cu(NH_3)_4^{2+}$；与强碱反应生成浅蓝色氢氧化铜沉淀；与碘离子和氰根离子反应分别生成碘化亚铜沉淀和 $Cu(CN)_2^-$ 配合物；与二氧化硫、二价锡盐、铜反应生成氯化亚铜沉淀；在碱性介质中能被葡萄糖还原为红色氧化亚铜。盐酸与氧化铜或碱式碳酸铜反应制备。用作化学试剂、催化剂、媒染剂、木材防腐剂等。有毒。

氯化锌 [zinc chloride] 化学式 $ZnCl_2$，式量136.315。白色晶体，四方晶系。相对密度2.907，熔点325℃，沸点732℃。极易吸水潮解。易溶于水、乙醚和乙醇，在水中的溶解度高达367g / 100g 水(25℃)。易水解，水溶液有强酸性，高温时能溶解金属氧化物。无水物能升华，水合物中每摩尔氯化锌可含水4、3、2.5、1.5和1 mol不等。由锌或氧化锌与盐酸反应制得氯化锌水合物，水合物和氯化亚砜共热，金属锌和氯气反应均可制得无水氯化锌。主要用于制干电池、木材防腐剂、焊药、媒染剂和有机反应脱水剂。

氯化亚汞 [mercurous chloride] 俗称甘汞。因略有甜味而得名"甘汞"。化学式 Hg_2Cl_2，式量472.09。四方晶系，通常为白色粉末。相对密度7.16，383℃升华，未熔化已分解。不溶于水、乙醇、乙醚、丙酮等有机溶剂，溶于硝酸汞、王水、热硝酸，微溶于浓盐酸。与碱作用歧化为汞和氯化汞，与氨水反应生成汞和氯化氨基汞。长时间光照析出汞而变黑。由硝酸亚汞和稀盐酸反应制得。用于制标准电极、药物、农用杀虫剂等。

氯化亚钴 [cobalt chloride] 即二氯化钴。

氯酸钾 [potassium chlorate] 化学式 $KClO_3$，式量122.549。白色晶体，单斜晶系。相对密度2.34，熔点357℃。溶于水，溶解度随温度升高而增大。溶于甘油。微溶于乙醇，不溶于丙酮。强氧化剂，受热分解放出氧气。与碳、硫、磷或金属粉末等混合，或急剧加热时可爆炸。由氯气通入热的氢氧化钙溶液再加入氯化钾制备。实验室中可由次氯酸钠歧化得到氯酸钠，再与氯化钾反应制备。用于炸药、烟花和鞭炮、分析试剂、杀虫剂、氧化剂及火箭、导弹推进剂等。

络合剂 [complexing agent; complexant] 可以提供配位电子对的化合物，参见1.2节配体。

络合物 [complex; coordination compound] ❶主要含义是指按配键结合的配位化合物，与"配合物"是同义词，参见1.2节配位化合物。❷通常络合物含义更广，还包括由其他键型结合的复杂化合物、不同物种按一定方式结合形成的聚集体，如活化络合物、电荷转移络合物等，例如淀粉与碘形成的蓝色物质、抗原与抗体分子结合物等。

络合物化学 [complexes chemistry] 参见配位化学。

玛瑙 [agate] 骨架状氧化物石英矿，主要成分为α-SiO_2。颗粒均匀，由多色纤维状玉髓组成。具有彩色的同心条带或者不规则的云状花纹。硬度大，有玻璃光泽，不解理，化学性质稳定，不溶于酸(氢氟酸除外)。可制作研磨器皿、轴承和装饰品。

芒硝 [glauber salt] 十水合硫酸钠的俗称，又称皮硝。一种矿物。化学式 $Na_2SO_4 \cdot 10H_2O$。单斜晶系，白色晶体，有玻璃光泽，能完全解离。相对密度1.46，硬度为1.5～2.0。加热脱水成粉末状的无水硫酸钠(又称元明粉)。化学工业上用于制备元明粉、硫化物和纯碱等。医药上作为利尿剂和泻药。

镁 [magnesium] 化学元素(第三周期第2族)。符号Mg，原子序数12，原子量24.305。银白色有延展性的金属。相对密度1.74，熔点650℃，沸点1090℃。活泼金属。在干燥空气中较稳定。受热与水作用，与大多数的非金属(如卤素、氮、硫等)作用，溶于酸并放出氢气。还原性较强。主要用于制造轻质镁合金和球墨铸铁等，用以制造汽车、飞机、科学仪器、脱硫剂、脱氢剂、烟火、闪光粉、镁盐和格氏试剂等，也用以还原提取金属铍、钛、锆、铪和铀等。由电解熔融氯化镁或光卤石制取，也可以用硅铁还原氧化镁得到。

锰 [manganese] 化学元素(第四周期第7族)，过渡金属元素。符号Mn，原子序数25，原子量54.9380。硬而脆的银白色金属，立方或四方晶系。相对密度7.21～7.44，熔点1246℃，沸点2061℃。电阻率 $144\times10^{-8}\Omega\cdot m$(20℃)。锰是活泼金属，在氧气中燃烧，在空气中表面被氧化，和卤素可直接化合生成卤化物。与冷水缓慢反应，溶于稀酸，放出氢气，生成二价锰离子。与冷浓硫酸反应慢。常见氧化态有+2、+3、+4、+5、+6和+7，不同氧化态的化合物颜色不同。重要化合物有二氧化锰、三氧化二锰、锰酸盐、高锰酸盐等。自然界中主要矿物是软锰矿(MnO_2)。高温用碳还原氧化锰得单质锰，电解氯化锰制得高纯度锰。主要用于钢铁生产、合金和陶瓷等。是人体必需的微量元素。

锰分族 [manganese group element] 即第7族元素。

面桥基 [face bridging group] 与同一分子中三个不同部位(原子)键合的原子或基团。通常指多核的金属羰基化合物中，CO配体通过一个碳原子与三个金属原子结合成键，通常以“μ_3-CO”表示，例如化合物$(C_5H_5)_3Co_3(CO)_3$和$(C_5H_5)_3Ni_3(CO)_2$分子中均分别含有一个面桥基。

明矾 [alum] 又称铝钾矾。含结晶水的硫酸铝和硫酸钾形成的复盐。化学式$K_2SO_4 \cdot Al_2(SO_4)_3 \cdot 24H_2O$，或$KAl(SO_4)_2 \cdot 12H_2O$，后者式量474.389，无色晶体，相对密度1.72，约100℃分解。溶于水，不溶于乙醇。水溶液呈酸性，加热可促进水解并生成氢氧化铝胶体沉淀，加入碳酸盐或硫化物可使水解完全。可用氢氧化铝或高岭土与硫酸反应制备。可作造纸填料、媒染剂、灭火剂、净水剂和石油脱臭除色剂，并用于制沉淀色料、防火布和药物等。

明矾石 [alunite] 一种广泛分布的属三方晶系的硫酸盐矿物。化学式$KAl_3(SO_4)_2(OH)_6$。硬度为4，相对密度2.6～2.8，不溶于水和弱酸，可溶于硫酸。是制取明矾的主要来源。参见明矾。

摩尔分数 [mole fraction; molar fraction] 根据物质的量的关系表示混合物中各组分含量的方法。某一物质的摩尔分数等于该物质的物质的量除以混合物中所有物质的物质的量的总和。如空气中O_2的摩尔分数为21%。

摩尔丰度 [molar abundance] 用摩尔分数表示的某物种在指定体系中含量的方法。通常用于自然界中元素含量、或同位素含量的表示。参见元素丰度。

摩尔溶解度 [molar solubility] 饱和溶液中溶质的物质的量浓度。

摩尔体积 [molar volume] 每摩尔指定物种(如原子、分子或者某种粒子及其组合等)所具有的体积。

摩尔质量 [molar mass] 每摩尔指定物种(如原子、分子或者某种粒子及其组合等)所具有的质量。

莫尔盐 [Mohr's salt] 即六水合硫酸亚铁铵。

模板合成 [template synthesis] 在反应体系中加入一定形状或有某种性质的分子或离子，使其作为“模板”诱导某种特定结构或性质的产物形成，称为模板合成。例如，合成某些大环配合物时，以配位的金属离子为模板引导配合物的形成。沸石合成过程中采用有机胺作为模板引导微孔结构形成等也属模板合成。在纳米材料合成中也有广泛应用。

钼 [molybdenum] 化学元素(第五周期第6族)，过渡金属元素。符号Mo，原子序数42，原子量95.96。单质为坚硬的银白色金属，立方晶系。相对密度10.22，熔点2622℃，沸点4639℃。电阻率$5.34\times10^{-8}\Omega\cdot m$(20℃)。因表面有氧化膜而抗腐蚀，常温下不被空气氧化，不溶于盐酸或氢氟酸，可溶于热浓硫酸、硝酸和熔融硝酸钾。氧化态有+2、+4和+6，其中+6为主要氧化态。重要化合物有氧化钼、硫化钼、钼酸盐和钼的多酸盐等。自然界中主要以辉钼矿(主要成分二硫化钼)存在。高温氧化辉钼矿为氧化钼，再用氢气或用铝热法还原制得单质钼。主要用于特种合金、电极和催化剂等。是人体必需的微量元素。

纳米凝胶 [nanogel] 能够在溶剂中分散并具有纳米尺寸的凝胶颗粒。研究较多的是水分散的纳米凝胶体系，主要用作药物载体，具有良好的生物相容性和生物降解性、优异的药物负载能力、较高的化学结构稳定性以及灵敏的外界环境刺激响应性等。

钠 [sodium] 化学元素(第三周期第1族)。符号Na，原子序数11，原子量22.9897。银白色有金属光泽的蜡状软金属。相对密度0.971，熔点97.80℃，沸点883℃。化学性质极活泼，与非金属单质直接化合。在空气中迅速氧化燃烧，遇水剧烈反应释放出氢气。须储存于煤油中。与汞生成合金“钠汞齐”。常作还原剂，用以还原四氯化钛以生产金属钛。也用于生产氢化钠、氨基钠和氰化钠、四乙基铅即汽油抗爆剂等。还可作合成橡胶的催化剂、石油的脱硫剂。钠光灯可作为单色光源。由电解熔融的氯化钠和氯化钙混合液制取。

钠长石 [albite] 长石族铝硅酸盐矿。该矿物的主要成分钠长石的化学式为$Na(AlSi_3O_8)$。

钠硼氢 [sodium borohydride] 又称硼氢化钠、氢硼酸钠、四氢合硼(III)酸钠。化学式$NaBH_4$，式量37.833。白色晶状固体盐，相对密度1.07，400℃分解。具有吸湿性。在碱性条件下尚稳定，在酸性条件下遇水产生氢气。用作醛、酮、酰氯类化合物的还原剂，泡沫塑料生产中的发泡剂。由氢化钠与硼酸三甲酯反应制取。

钠硝石 [soda niter] 即智利硝石。

氖 [neon] 化学元素(第二周期第18族)。次轻的稀有气体元素。符号Ne，原子序数10，原子量20.1797。单质为单原子分子型气体。气态密度0.8999g/L，熔点–248.61℃，沸点–246.1℃。无色、无味、无臭。难溶于水。化学惰性。主要由空气分离得到。大量用于高能物理的科学研究中，也用以充填霓虹灯等。

内过渡元素 [inner transition element] 指f区元素，包括镧系(Ln)15种元素(原子序数57～71)和锕系(An)15种元素(原子序数89～103)，也有将镧和锕排除在外。价层电子结构分别为$4f^{0\sim14}5d^{0\sim1}6s^2$和$5f^{0\sim14}6d^{0\sim2}7s^2$。按照核外电子排布原理，电子依次排入倒数第3层的7个f轨道(从f^0至f^{14})，故被称为内过渡元素。镧系元素性质很相似，主要氧化态为+3；锕系元素均为放射性元素且多为人造元素(95～103)。

内盐 [zwitterionic compound] 又称正负[离子]同体化合物。正、负离子存在于同一分子中的电中性化合物。常见于同时含有酸根和碱基的分子中，例如氨基酸。甘氨酸在一定pH条件下形成$H_3N^+C(=O)O^-$，就是一种正负(离子)

同体化合物。这类化合物常表现出一定的离子化合物的性质。

铌 [niobium] 化学元素(第五周期第5族)，过渡金属元素。符号 Nb，原子序数 41，原子量 92.9064。闪亮银灰色金属，立方晶系，坚硬，有延展性。相对密度为 8.57，熔点 2477℃，沸点 4744℃。电阻率 $15.2\times10^{-8}\Omega\cdot m$(0℃)。因表面有氧化膜而抗腐蚀，常温下稳定，不和盐酸、硝酸和强碱溶液作用，但与熔融的碱性氢氧化物反应。常见氧化态为+2、+3、+4 和+5，主要氧化态为+5。自然界中常与钽共存于铌铁矿和铌钽铁矿中，高温下由钙、铝或氢还原氧化铌制备。主要用于高温合金、不锈钢和核工业等。

拟卤离子 [pseudohalide ion] 拟卤素对应原子团的阴离子，如 CN^-、OCN^-、SCN^-与卤离子性质相似。虽然不存在$(N_3)_2$，N_3^- 亦称拟卤离子。

拟卤素 [pseudohalogen] 由两种或多种非金属原子团形成的性质与卤素相似的二聚体分子。如氰$(CN)_2$、氧氰$(OCN)_2$、硫氰$(SCN)_2$。拟卤素与卤素相似，熔沸点低、易挥发，氢化物溶于水显酸性(如 HCN)，在水中或碱中发生歧化反应，如$(CN)_2+2OH^- = CN^-+OCN^-+H_2O$。银、汞(I)、铅的拟卤化物难溶于水，拟卤离子可与一些重金属离子生成络离子，如 $Ag(CN)_2^-$、$Hg(CN)_4^{2-}$ 等。某些拟卤素可用置换反应制备，如：

$$Pb(SCN)_2+Br_2 = PbBr_2+(SCN)_2$$

逆歧化反应 [reproportionation] 即归中反应。

镍 [nickel] 化学元素(第四周期第 10 族)，过渡金属，铁系元素。符号 Ni，原子序数 28，原子量 58.69。有延展性和韧性，银白色，立方晶系。相对密度 8.902，熔点 1455℃，沸点 2913℃。电阻率 $6.93\times10^{-8}\Omega\cdot m$(20℃)。在空气中稳定，耐腐蚀性好。微溶于盐酸和硫酸，可溶于硝酸，不溶于碱。在浓硝酸中生成致密氧化膜而钝化。在氧气中燃烧，和卤素可直接化合生成卤化物。主要氧化态为+2 和+3。自然界中主要矿物是硅镁镍矿和镍黄铁矿等。镍矿石煅烧为氧化镍，再用焦炭还原制备得金属镍。用于制不锈钢、特种合金、钱币、电镀、电池和催化剂等。

柠檬酸铁铵 [ammonium ferric citrate] 又称枸橼酸铁铵。是柠檬酸铁($FeC_6H_5O_7$)和柠檬酸铵($(NH_4)_3C_6H_5O_7$)组成的复盐，三价铁离子和铵离子的比例可变。棕色鳞片状的柠檬酸铁铵含铁 18.5%，绿色的含铁量 14.5%～16%，二者均有光化学敏感性，绿色的更易感光。与赤血盐混合并曝光时，其中的三价铁被还原为二价铁，与赤血盐反应生成蓝色沉淀。由柠檬酸铁和柠檬酸铵混合制得。用于制作蓝色晒图纸，含铁量高的可作为补血剂。

凝固 [solidification] 熔化的逆过程。即物质由液态变为固态的过程。如水结成冰的过程。

凝胶 [gel] 释文见物理化学同名词条。

凝胶化 [gelation] 凝胶形成的过程。如热的明胶溶液冷却形成明胶凝胶；硅酸钠溶液中加入酸，生成硅胶凝胶。

凝胶温度 [gelation temperature] 形成凝胶的温度转折点。如明胶、琼脂等亲水性高分子溶液，在一定温度下为黏稠性流动液体，当温度降低一定值时，高分子溶液就形成网状结构，分散介质水被包含在网状结构中，形成凝胶。

浓度 [concentration] 溶液中溶质的含量。

钕 [neodymium] 化学元素(第六周期第 3 族)，镧系元素。符号 Nd。原子序数 60，原子量 144.24。较软的银白色或微黄色金属，有六方和立方两种晶系。相对密度为 7.01(六方)、6.80(立方)，六方相熔点 1016℃，沸点 3074℃。电阻率 $64.3\times10^{-8}\Omega\cdot m$(17～27℃)。在空气中表面生成氧化层失去光泽。和冷水缓慢反应放出氢气，跟热水反应迅速，易溶于酸。主要氧化态为+3，亦有+2 和+4。主要矿物是独居石，钙还原氯化钕或电解熔融的氯化钕制得。用于制光学玻璃、永磁合金、打火石、釉料等。应储存于煤油中。

泡花碱 [sodium silicates] 即硅酸钠。

配体交换反应 [ligand exchange reaction] 配位化合物中的配体被其他配体所取代的反应。以六配位的八面体配合物为例，反应的通式为：$L_5M\text{-}X + Y \longrightarrow L_5M\text{-}Y+X$，式中 X 为离去基团，Y 为取代基团。

配位反应 [coordination reaction] 中心原子或离子与配体发生反应生成配合物的过程。也指不同配合物之间进行的化学反应，如配体交换反应和中心金属原子间的电子转移(氧化还原)反应等。

配位化学 [coordination chemistry] 无机化学的重要分支学科之一。主要研究配位化合物的组成、结构、性质、反应、分类、制备和应用。维尔纳是配位化学的奠基人。近代配合物化学键理论有价键理论、晶体场理论和配位场理论。除常规配合物外，还包括簇合物和夹心、穴状、笼形配合物。配位化学的研究成果广泛应用在金属提取和分离、化学分析、催化剂研制、生命科学和医药上。

配位平衡 [coordination equilibrium] 溶液中的化学平衡之一。指配体和中心离子形成络离子，络离子的解离和形成达平衡。改变平衡条件，平衡会移动。影响配位平衡移动的因素有：溶液酸度、沉淀平衡、氧化还原平衡等因素。

喷雾水解 [spray hydrolysis] 将反应物液体或悬浮液以极细微雾滴喷射出来，雾滴与热空气接触，液滴中的化合物受热水解，水分迅速汽化，即得到干燥产品。例如制备超细颗粒钛白粉，可用高纯硫酸氧钛溶液喷雾水解并煅烧，经空气冷却后处理即得钛白粉。是超细粉末实现工业化生产一种有前景的方法。

硼 [boron] 化学元素(第二周期第13族)。符号B，原子序数5，原子量10.811。棕色或黄色粉末，或有光泽的灰色晶体。相对密度为2.34，熔点2075℃，沸点4000℃。不溶于水、酒精或乙醚。不与盐酸、氢氟酸反应。被热的浓硫酸、浓硝酸氧化成三氧化二硼。与卤素反应变成三卤化硼。高温下与许多金属或金属氧化物反应变成金属硼化物。用于制造高能燃料及合金钢，在金属冶炼中作除气剂，掺入塑料或铝合金中作中子屏蔽材料，硼钢在原子反应堆中作控制棒。由氧化硼与金属镁粉或铝粉热还原制取。

硼氢化钠 [sodium borohydride] 即钠硼氢。

硼砂 [borax] 又称焦硼酸钠或十水合四硼酸钠。化学式 $Na_2B_4O_7 \cdot 10H_2O$，式量381.373。无色半透明晶体或粉末。相对密度1.73，熔点75℃(分解)，100℃开始脱水，320℃变成无水物。干燥空气中易风化失去部分结晶水。易溶于水呈碱性。不溶于乙醇。熔融时能溶解许多金属氧化物。由天然硼砂矿精制而得，或者将硼镁矿粉与氢氧化钠或碳酸钠溶液热分解制取。主要用于玻璃及搪瓷工业，也用于制备硼化合物，在医疗上作防腐剂、消毒剂等。在化学分析中作基准试剂，以标定酸的浓度。可利用硼砂珠实验鉴定某些金属离子。

硼酸 [boric acid] 分子式 H_3BO_3，分子量61.833。无色带珠光的鳞片状晶体或白色粉末，有滑腻感。相对密度1.5，受热至170.9℃熔化并开始分解，依次脱水变成偏硼酸(HBO_2)、焦硼酸($H_2B_4O_7$)，直至300℃变成硼酸酐(B_2O_3)。溶于水、酒精、甘油或乙醚。水溶液呈弱酸性。用作生产搪瓷、玻璃、医药、化妆品、硼及硼酸盐等，也作食品的防腐剂和消毒剂。由硫酸分解硼砂或硼镁矿粉得到。

硼酸酐 [boric anhydride] 即氧化硼。

硼烷 [borane] 硼氢化物的总称。具有多面体骨架结构，主要包括闭式 $B_nH_n^{2-}$、开式 B_nH_{n+4} 和网式 B_nH_{n+6} 三个系列，例如闭式 $B_{12}H_{12}^{2-}$ 阴离子、开式 B_5H_9、网式 B_4H_{10}。

砒霜 [white arsenic] 三氧化二砷的俗称。

砒酸钙 [calcium arsenate] 即砷酸钙。

皮硝 [glauber salt] 即芒硝。

铍 [beryllium] 化学元素(第二周期第2族)。符号Be，原子序数4，原子量9.0122。钢灰色硬而有延展性的金属。相对密度1.85，熔点1287℃，沸点2471℃。化学活泼性类似于铝。在空气中较稳定。既溶于酸也溶于强碱水溶液，均释放出氢气。剧毒！用以生产铍铝合金、铍铜合金及X射线管等，在原子反应堆里作中子减速剂或反射剂。由电解熔融的氯化铍或氢氧化铍制取，也可以由金属钾热还原熔融的氯化铍得到。

偏铋酸钠 [sodium metabismuthate] 即铋酸钠。

偏硅酸钠 [sodium metasillicate] 化学式 Na_2SiO_3，式量122.064。白色固体。相对密度2.61，熔点1089℃。易溶于水呈碱性。化学性质稳定。用于生产防水剂、防火剂、防腐剂、黏合剂及洗涤剂等。按化学计量比混合石英砂与纯碱熔融获得。

偏晶反应 [monotectic reaction] 一种合金液相凝固时，生成另一种成分不同的液相和一种晶体的相变过程。可用来制备具有特殊性能的偏晶合金。

偏磷酸钠 [sodium metaphosphate] 化学式 $NaPO_3$，式量101.962。白色固体。相对密度2.48。在空气中易吸湿。易溶于水，不溶于乙醇。五氧化二磷溶于水得偏磷酸。可用作软水剂。

偏铝酸钠 [sodium metaaluminate] 即铝酸钠。

偏析反应 [monotectoid reaction] 合金中各组成元素在结晶时分布不均匀的现象。导致合金中的某元素在表面层中富集或偏聚。

漂白粉 [bleaching powder] 化学式 $Ca(ClO)_2 \cdot CaCl_2 \cdot xCa(OH)_2 \cdot yH_2O$。白色粉末。有强烈的氯气气味。加热分解，水中分解释放氯气，酸中分解。可被二氧化碳分解，在潮湿空气中会逐渐分解，不易保存。有效成分是 $Ca(ClO)_2$。可用氯气作用于消石灰 $Ca(OH)_2$ 制备。除作漂白剂外，还可用作水的消毒剂，野外作业中用于制备氯气。

漂白黏土 [decoloring clay] 即漂白土。

漂白土 [decoloring clay] 又称脱色土、漂白黏土。为活性很强的天然黏土，曾用作漂白剂。主要矿物成分为蒙脱石族矿，链层状结构的水合镁铝硅酸盐黏土矿等。具有强脱色性能、吸附性和净化力，具有较强的稳定性，使用方便、安全。漂白土过滤后的滤饼可再生利用，对环境污染小。在化工、环保等行业作过滤剂、催化剂、吸附剂、干燥剂、除臭吸味剂、水质净化剂、污水处理剂、脱色剂等。

氕 [protium] 氢的主要稳定同位素。质量数1，即原子核中只含有一个质子。天然丰度99.985%。单质为无色、无味、无臭气体。气态密度0.08988 g/L，熔点–259.14℃，沸点–252.8℃。难溶于水，稍溶于有机溶剂。可由贫氘水电解和液氢精馏的方法制得。

普鲁士蓝 [Prussian blue] 亚铁氰化铁的俗称，又称柏林蓝。不溶性普鲁士蓝的化学式为 $Fe_4[Fe(CN)_6]_3$，可溶物的化学式为 $KFe(II)Fe(III)(CN)_6$，与滕氏蓝相同。蓝色颜料，1704年在柏林制得，作为颜料广泛使用长达三个世纪。立方晶系，深蓝色的粉末或者块体。不溶于水。可燃，燃烧产生 HCN、NH_3、CO 和 CO_2 气体。由 $FeCl_3$ 和 $K_4[Fe(CN)_6]$反应制得。主要用于印刷油墨以及工业涂料和蓝色颜料，也是铊中毒的解毒剂。

镨 [praseodymium] 化学元素(第六周期第 3 族)，镧系元素。符号 Pr。原子序数 59，原子量 140.91。单质较软，浅黄色金属，六方晶系。相对密度 6.77，熔点 931℃，沸点 3520℃。电阻率 $70.0\times10^{-8}\Omega\cdot m$(17～27℃)。化学性质活泼，在空气中易被氧化，表面生成氧化层。与水反应放出氢气，易溶于酸。主要氧化态为+3。重要化合物有氧化镨、氢氧化镨、卤化镨、二氧化镨等。主要矿物是独居石，钙还原氯化镨或电解熔融氯化镨制备。用于特种玻璃、永磁合金、打火石和功能材料等。

七氟化碘 [iodine heptafluoride] 化学式 IF_7，式量 259.893。无色气体，有霉味。气态密度 10.26 g/L，三相点 6.5℃，4.8℃升华。化学性质很活泼，可与多数金属(铂系除外)和大多数非金属反应，与水反应生成高碘酸和氢氟酸。过量氟与碘共热反应，或五氟化碘氧化制备。用作氟化剂。刺激皮肤。有毒。

七水合硫酸亚铁 [iron sulfate heptahydrate] 俗称绿矾。

铅 [lead] 化学元素(第六周期第 14 族)。符号 Pb。原子序数 82，原子量 207.2。银白色金属，略带蓝色，立方晶系，质地柔软。相对密度 11.35，熔点 327.46℃，沸点 1749℃。不溶于水，溶于热浓硫酸。氧化态为+2、+4，在空气中表面被氧化生成保护膜，与氧、硫和卤素均可反应，与冷盐酸几乎不反应，与浓盐酸在加热下使反应加速，与热浓硫酸反应生成可溶性酸式硫酸铅，在强碱性溶液缓慢溶解生成可溶性铅酸盐。工业上可用铅矿在空气中燃烧，再用炭还原制备。主要用于制造铅蓄电池和合金、铅字、焊锡、电缆套、枪弹和防辐射的设备，可作防酸腐蚀的器件。有毒，可在人体内积累。

铅白 [lead white] 又称碱式碳酸铅、白铅粉。化学式 $2PbCO_3\cdot Pb(OH)_2$。白色重质粉末，六方晶系。相对密度 6.14。不溶于水及乙醇，可溶于醋酸、硝酸和烧碱溶液，微溶于二氧化碳的水溶液。400℃加热分解。有良好的耐候性，但与含有少量硫化氢的空气接触逐渐变黑。可由二氧化碳通入碱式乙酸铅溶液，或二氧化碳、醋酸及水蒸气与铅作用制得。主要用于油漆，适用于制防锈漆和户外用漆，有毒！现已逐渐被二氧化钛代替。

铅丹 [red lead] 四氧化三铅的俗称。

铅铬橙 [lead chrome orange] 即铬橙。

铅铬黄 [lead chrome yellow] 即铬黄。

铅糖 [lead acetate; sugar of lead] 又称乙酸铅。化学成分为三水合乙酸铅 $Pb(C_2H_3O_2)_2\cdot3H_2O$，式量 379.33。无色晶体。相对密度 2.55，75℃脱去一分子水，200℃分解。易溶于水，不溶于乙醇。在水溶液中会形成配合物。可用一氧化铅或白铅矿(碳酸铅)溶于乙酸制备。用作织物媒染剂、染发剂、清漆、颜料、分析试剂及医药工业。有毒！

羟基磷灰石 [hydroxyapatite] 化学式 $Ca_5(PO_4)_3(OH)$，式量 502.311，无色晶体。相对密度 3.155，温度高于 900℃分解。不溶于水。脊椎动物骨骼和牙齿的主要无机组成成分，具有优良的生物相容性和生物活性。以氢氧化钙和磷酸反应制得。可作为一种骨骼或牙齿的诱导因子，对牙齿具有较好的再矿化、脱敏以及美白作用。

羟基氧化物 [oxyhydroxide] 指由氧离子、氢氧根离子与某一金属离子构成的化合物，可以看成氢氧化物转化为氧化物过程中，部分脱水的中间产物。最常见的是由+3 价金属离子形成的化学式为 MO(OH)的化合物，M=Al, Sc, Y, V, Cr, Mn, Fe, Co, Ga 和 In 等，如羟基氧化铁 FeO(OH)。这类化合物往往存于矿物中，可以有多种变体。如 AlO(OH)有 α-AlO(OH)，γ-AlO(OH)等变体，针铁矿为α-FeO(OH)，纤铁矿为γ-FeO(OH)。

羟桥 [hydroxy bridge] 其中的氧与另外两个或两个以上原子相连接的羟基。

亲电子试剂 [electrophilic reagent] 在化学反应中，易吸引其他反应物(亲核试剂)的电子而形成化学键的物质。

青铜 [bronze] ❶通常指锡青铜，即铜锡合金，含锡量约 5%～10%。❷广义上指铜与锡、铝、铍、硅、铅、锰等其他金属单质组成的二元合金，再添加其他合金元素可以形成特种青铜合金。常见的青铜有锡青铜、铅青铜、铝青铜、铍青铜等。锡青铜的铸造性能、减摩性能和机械性能好；铅青铜是发动机和磨床轴承材料；铝青铜强度高；铍青铜弹性高，导电性好，适于制造精密弹簧和电接触元件。与黄铜相比，青铜具有更高的耐腐蚀性能和机械性能。主要用于制造轴承、轴瓦、涡轮和齿轮等。

氢 [hydrogen] 化学元素(第一周期第 1 族)。最轻的元素。符号 H，原子序数 1，原子量 1.00794。单质氢气(H_2)无色、无味、无臭。熔点–259.16℃，沸点–252.879℃，气态密度 0.08988 g/L。难溶于水，稍溶于有机溶剂。氢有三种同位素。常温下化学性质不太活泼，高温下可与许多非金属、活泼金属及某些化合物反应。实验室中由活泼金属与酸或碱反应制取。工业上由电解水，或由天然气与水蒸气、焦炭与水蒸气在一定条件下作用获得。是重要的工业原料，也是未来的清洁能源。

氢过氧化物 [hydroperoxide] 含有 HOO— 的化合

物。如氢过氧化锂，LiOOH。

氢化 [hydrogenation] 化合物与氢气发生的化学反应。通常指不饱和烃在催化剂作用下与氢气的加成反应。另指煤炭氢化转变为碳氢化合物燃料油的过程；也指长碳链烃加氢断裂为小分子的过程。

氢化钙 [calcium hydride] 化学式 CaH_2，式量 42.094。白色晶状固体盐。相对密度 1.7，熔点 1000℃。化学性质活泼，与水作用较平稳地产生氢气。用作还原剂和干燥剂，常用于野外作业获得氢气。由氢气与金属钙在 500℃反应制得。

氢化锂 [lithium hydride] 化学式 LiH，式量 7.949。白色晶状固体盐。相对密度 0.78，熔点 692℃。由氢气与金属锂在 70℃时反应制取。在干燥空气中尚稳定，遇水即反应放出氢气。可作为氢气源，亦用作还原剂。

氢化铝 [aluminium hydride] 化学式 AlH_3，式量 30.006。白色或灰色粉末。对热不稳定，150℃分解。遇水产生氢气。极易着火燃烧、爆炸。用作催化剂和还原剂。在特定条件下，由氢化铝锂与三氯化铝反应制取。

氢化铝锂 [lithium alumino hydride] 又称氢铝酸锂、四氢合铝(Ⅲ)酸锂。化学式 $LiAlH_4$，式量 37.955。白色多孔轻质粉末，久置变成灰色。相对密度 0.917，125℃分解。在干燥空气中尚稳定，对潮湿敏感，遇水产生氢气。用作还原剂制备药品、香料等，也用作火箭燃料的添加剂。在一定条件下，由氢化锂与三氯化铝反应制取。

氢化钠 [sodium hydride] 化学式 NaH，式量 23.998。灰白色晶状粉末盐。相对密度 1.39，熔点 638℃。化学性质活泼。在潮湿空气中或遇水即产生氢气。易燃。强还原剂。由氢气与金属钠在高温下直接合成制取。

氢还原法 [hydrogen reduction process] 在无机反应中，通常指高温下以氢作还原剂，将金属氧化物还原为金属单质的方法。与其他方法(如碳还原法、锌还原法等)相比，产品性质较易控制，纯度较高。广泛用于钨、钼、钴、铁等金属粉末和锗、硅的生产。

氢铝酸锂 [lithium alumino hydride] 即氢化铝锂。

氢氯酸 [hydrochloric acid] 即盐酸。

氢某酸 [hydracid] 即无氧酸。

氢硼酸钠 [sodium borohydride] 即钠硼氢。

氢桥 [hydrogen bridge] 与两个或两个以上原子连接的氢原子。

氢氧化铵 [ammonium hydroxide] 即氨水。

氢氧化钡 [barium hydroxide] 常见产品为八水合物，化学式 $Ba(OH)_2 \cdot 8H_2O$，式量 315.464。白色晶体，剧毒！相对密度 2.18，78℃分解，780℃时失去结晶水变成无水物。无水物的相对密度为 4.50。易溶于水，难溶于酒精或丙酮。强碱。吸收二氧化碳变成碳酸钡。用于制取钡盐、过氧化钡等，也用于精制动植物油，作定量分析中的基准碱。由氯化钡或硫化钡与氢氧化钠水溶液反应制取。

氢氧化钙 [calcium hydroxide] 工业上称为熟石灰、消石灰。化学式 $Ca(OH)_2$，式量 74.093。白色粉末。相对密度 2.2，580℃失水变成氧化钙。吸湿性强。强碱性，能吸收二氧化碳变成碳酸钙。澄清水溶液称为石灰水，乳状悬浊液谓之石灰乳。广泛用于建筑业，也用以制造漂白粉、硬水软化剂、消毒剂、除酸剂及收敛剂等。由石灰与水反应制取。

氢氧化镉 [cadmium hydroxide] 化学式 $Cd(OH)_2$，式量 146.426。三方晶系，常形成白色无定形粉末。约 130℃分解。相对密度 4.79(15℃)。碱性氢氧化物，溶于酸，不溶于水和碱，但可溶于热的浓碱和铵盐溶液。在空气中能吸收二氧化碳生成碳酸镉。由镉盐溶液加入氨水生成氢氧化镉，或以镉为阳极电解氢氧化钾水溶液制得。可用于制取镍镉电池。有毒！

氢氧化钾 [potassium hydroxide] 俗称苛性钾。化学式 KOH，式量 56.105。白色半透明晶体。相对密度 2.044，熔点 406℃，沸点 1327℃。溶于水、酒精或乙醚。溶于水时强烈放热，显强碱性。腐蚀性强，吸湿性强。易从空气中吸收水分和二氧化碳。常用作干燥剂。用于制钾盐、草酸和钾肥皂等，也用于电镀、雕刻和石印术。由碳酸钾与石灰乳作用，或由电解氯化钾或碳酸钾水溶液制取。

氢氧化锂 [lithium hydroxide] 化学式 LiOH，式量 23.948。白色粉末。相对密度 1.45，熔点 473℃，沸点 1626℃。微溶于水。具有强的碱性和腐蚀性，吸收二氧化碳的能力极强。用以净化空气，制造锂盐及碱性蓄电池等。用水蒸气加热碳酸锂与石灰乳的混合物制取。

氢氧化铝 [aluminium hydroxide] 化学式 $Al(OH)_3$，式量 78.004。白色晶体粉末。相对密度 2.42，300℃失水变成氧化铝。不溶于水和酒精。典型的酸碱两性氢氧化物，溶于酸或碱溶液变成铝盐或铝酸盐。用于生产玻璃器具、印刷油墨、防水织物及铝盐等，也用作纸张填料、净水剂、媒染剂及医疗治酸药等。由明矾、氯化铝或硫酸铝与氢氧化钠或碳酸钠作用制取。

氢氧化镁 [magnesium hydroxide] 化学式 $Mg(OH)_2$，式量 58.320。无色晶体粉末。相对密度 2.37，350℃分解脱水成氧化镁。中强碱。难溶于水。溶于酸、铵盐水溶液。医药上作抗酸剂，生产泻药、氧化镁，也用于炼糖等。由海水与石灰乳反应，或由镁盐溶液与氢氧化钠反应制取。

氢氧化钠 [sodium hydroxide] 俗称火碱、苛性钠或烧碱。水溶液产品称液碱。化学式 NaOH，式量 39.997。无色透明或白色固体。相对密度 2.13，熔点 323℃，沸点 1388℃。吸湿性很强，易溶于水。具强碱性，能与多种物质作用，强烈吸收空气中的二氧化碳。须存放在密闭的铁制或玻璃容器中。常由电解食盐水溶液制取，也可以用石灰苛化等化学方法获得。广泛用于冶金、炼油、造纸、制药及人造纤维等工业，是工业上支柱性物质之一。

氢氧化铅 [lead hydroxide] 化学式 $Pb(OH)_2$，式量 241.2。白色无定形粉末。有毒。相对密度 5.69，145℃分解。不溶于冷水，微溶于热水，溶于酸和碱，不溶于乙醇和乙酸。两性氢氧化物，碱性强于酸性，可吸收空气中的二氧化碳。用可溶性二价铅盐溶液加入适量的碱溶液制备，当 pH=6 时开始沉淀，pH=10 时沉淀开始溶解。用于制造铅盐、铅酸盐和铬酸铅颜料，并用作分析试剂。

氢氧化亚锡 [stannous hydroxide] 化学式 $Sn(OH)_2$，式量 152.725，是一氧化锡的水合物。白色无定形固体。难溶于水，易溶于酸和强碱。两性氢氧化物。具有还原性，易氧化成四价锡。可用可溶性亚锡盐溶液(氯化亚锡、硫酸亚锡、硝酸亚锡等)加适量的碱或氨水制备，pH=1～2 时开始沉淀，pH=10 时沉淀开始溶解。可用作还原剂和制备亚锡盐、亚锡酸盐。

氢氧化锗 [germanium hydroxide] 化学式 $Ge(OH)_4$，式量 140.68。白色固体。两性氢氧化物，但酸性胜过碱性。可用卤化锗或 Ge(Ⅳ)盐水解或与适量碱反应制备。可用于制造光学玻璃和制备锗盐、锗酸盐。

氰 [cyanogen] 化学式 $(CN)_2$ 或 NCCN，式量 52.034。无色有苦杏仁味的气体。有剧毒！密度为 2.335 g/L，熔点 –27.83℃，沸点–21.1℃。微溶于水和乙醚，溶于乙醇。性质与卤素单质相似。其氢化物溶于水显酸性。空气中燃烧发出带有蓝色边缘的紫红色火焰，生成二氧化碳和氮气。在弱碱溶液中与水逐渐生成草酸铵。在强碱介质中发生歧化反应，生成氰化物和异氰酸盐。可用氰化汞热解或加热干燥的氰化汞和氯化汞的混合物制备，也可通过高温下碳和氮气直接化合制备。用于有机合成，如生产硫氰酸酯杀虫剂。

氰氨化钙 [calcium cyanamide] 又称石灰氮、碳氮化钙、氰基氨钙或氨基氰化钙。化学式 $CaCN_2$，式量 80.102。白色晶体粉末或颗粒。相对密度 2.29，熔点约 1340℃。有电石或氨气味。有毒！吸湿性强。遇水分解并放出氨和乙炔。用于生产氨和氰化物，如氰化钠、二氰二胺等，也用作杀虫剂和氮肥，在冶金中用以增加钢和铁的硬度。将氮气通入电炉中的热碳化钙粉末制取。

氰化 [cyanidation] 贵金属单质或难溶化合物与可溶氰化物(如 NaCN)溶液作用生成相应的可溶性氰络合物的反应。是提取金、银等贵金属的一种方法。

氰化钾 [potassium cyanide] 化学式 KCN，式量 65.116。无色晶体。相对密度 1.55，熔点 622℃。溶于水，微溶于乙醇。剧毒！潮湿空气中与二氧化碳作用释放出苦杏仁味剧毒气体。用以制备尼龙生产的中间体腈、杀虫剂及烟熏剂等，也用于由矿石提取金和银、电镀及雕刻等。由氰氨化钙与氢氧化钾共熔制取，或由碳酸钾与碳在氨气流中加热得到。

氰化钠 [sodium cyanide] 俗称山奈。化学式 NaCN，式量 49.008。白色晶体粉末。相对密度 1.6，熔点 562℃，易吸湿潮解，有臭味，剧毒！溶于水呈碱性。在碱性溶液中被氯气等氧化：

$$2NaCN + 5Cl_2 + 10NaOH \longrightarrow$$

$$10NaCl + 2NaHCO_3 + N_2\uparrow + 4H_2O$$

用以从矿石中提取金和银等贵重金属，也用于电镀、液式渗碳、淬火及有机合成中。由碳酸钠、碳与氮气或与氰氨化钙在高温下反应制取，或由氨基钠与碳共热成氰氨化钠后再与过量碳反应得到。

氰基氨钙 [calcium cyanamide] 即氰氨化钙。

氰酸 [cyanic acid] 分子式 HOCN，分子量 43.025。挥发性液体。有毒。相对密度 1.14(20℃，405.2kPa)，熔点–86℃，沸点 23℃。水中分解。溶于乙醚、苯和甲苯。不稳定，有腐蚀性。水溶液中有强酸性，与异氰酸、雷酸互为同分异构体。稀溶液中迅速水解生成尿素，浓溶液中聚合成三聚氰酸，又称氰尿酸。可由三聚氰酸热分解或氰酸钠与盐酸反应制备。其衍生物用于制备药物、染料等。

区域熔融 [zone melting technique] 从熔体精炼单晶及提纯物质的一种方法。先将原料粉末熔合预制成烧结棒，将其缓慢通过温度高于材料熔点的区域，使之熔融后再结晶为单晶。其特点是在任一时刻，原料棒都只有一部分或一端处于熔融状态，通过移动加热线圈或移动原料棒使熔融区向另一部分或另一端推进而完成单晶生长。经重熔和再结晶的反复操作，可得到成分纯净、结构完美的晶体。例如制备变石、钇铝榴石晶体。该法也可用于提纯物质，可纯化金属、半导体、化合物等，得到高度纯化的产品。也可把杂质重新均匀分配于一种物质中，控制其成分。

ds 区元素 [ds-block element] 周期表中第 11～12 列(IB 和ⅡB 族，即铜分族和锌分族)元素，核外价电子构型为 $(n-1)d^{10}ns^{1\sim2}$。

d 区元素 [d-block element] 周期表中第 3～12 列(ⅢB～ⅧB 族、ⅠB 族和ⅡB 族)元素，核外价电子构型为

$(n\text{–}1)d^{1\sim10}ns^{0\sim2}$。也有把ⅠB族和ⅡB族元素单列在外，见“ds区元素”。

f区元素 [f-block element] 元素周期表中，镧系除镧以外的元素与锕系除锕以外的元素，核外价电子构型为$(n\text{–}2)f^{1\sim14}(n\text{–}1)d^{0\sim2}ns^2$。也有把镧、锕包括在内。

p区元素 [p-block element] 周期表中第13～18列（ⅢA～ⅧA族）元素的总称，核外价电子构型为$ns^2np^{1\sim6}$。

s区元素 [s-block element] 周期表中第1和2列（ⅠA和ⅡA族）元素，核外价电子构型为$ns^{1\sim2}$。

去离子化 [deionization] 又称脱离子化。用物理、化学或者电化学的方法除去溶液中的离子。例如，用蒸馏或电渗析的方法除去水中的杂质离子，得到去离子水。

去离子水 [deionized water] 即离子交换水。

去溶剂化 [desolvation] 即解溶剂化。

去质子化 [deprotonation] 质子化的逆过程。

燃料脱硫 [desulfurization of fuel] 为防治硫氧化物对大气的污染，在燃料使用前去除其中硫分的工艺过程。

热解 [pyrolysis] 化合物加热分解或转化的过程。例如石灰石焙烧，分解生成生石灰和二氧化碳。有机物也能在隔绝空气条件下发生热解反应，例如长链烃热解时，除获得低分子量烯烃外，还有聚合、缩合等副反应。催化剂在部分热解反应中有重要作用。

热可逆凝胶 [thermoreversible gel] 温度发生改变时，凝胶态和溶液态能够发生可逆变化的凝胶。

人造元素 [artificial element] 通过人工引发核反应得到、在自然界尚未发现的元素。元素周期表原子序数高于95号的元素均为人造元素。

溶度积 [solubility product] 难溶电解质饱和溶液中各离子浓度的幂的乘积，用符号K_{sp}表示。对于某电解质A_mB_n，沉淀溶解平衡为：$A_mB_n(s) \rightleftharpoons m\,A^{n+}(aq) + n\,B^{m-}(aq)$，$K_{sp} = [A^{n+}]^m\,[B^{m-}]^n$。如AgCl的溶度积为$K_{sp}=[Ag^+][Cl^-]$；$Ca_3(PO_4)_2$的溶度积为$K_{sp} = [Ca^{2+}]^3\,[PO_4^{3-}]^2$。

溶剂 [solvent] 溶液中能溶解其他物质而保持本身为连续状态的物质。水是最常用的溶剂。通常气体或固体溶解在液体中时，液体为溶剂。如果液体分散于液体，则以量多者为溶剂。按溶剂特性有极性与非极性、挥发性与非挥发性、质子与非质子溶剂以及水和非水溶剂之分。

溶剂合物 [solvate] 溶质与溶剂分子结合而形成的物种。

溶剂化 [solvation] 溶质和溶剂分子之间发生相互作用，使溶质周围积累溶剂分子的过程。过程中溶质与溶剂分子形成水合物种。例如，氯化钠在水溶液（水为溶剂）中，电离出来的钠离子（Na^+）和氯离子（Cl^-）分别被水分子包围，形成水合离子。溶剂化也指溶剂和不溶性物质（如离子交换树脂中的离子）间类似的作用。溶质和溶剂间的相互作用主要依赖于静电力、范德瓦耳斯力以及氢键。

溶剂解 [solvolysis] 溶质与溶剂或溶剂化的阴离子或阳离子发生作用，使其中参加反应的溶质分子化学键断裂。例如，以醇或氨为溶剂的溶剂解分别称为醇解或氨解，例如$COCl_2$（光气）发生溶剂解（氨解）生成$CO(NH_2)_2$和NH_4Cl。

溶剂热合成 [solvothermal synthesis] 溶剂热法进行的合成。参见1.3节溶剂热法。

溶剂阳离子 [lyonium ion] 溶剂分子质子化生成的离子。如：$CH_3OH_2^+$、NH_4^+、H_3O^+等。

溶胶-凝胶法 [sol-gel process] 一种低温湿化学合成法，利用胶质悬浮物来制备无机固体材料。常用无机金属盐或金属醇盐等易水解（或醇解）的金属化合物分散在水（或醇）等溶剂中，通过溶剂解、聚合等反应生成溶胶，或再转化为凝胶，然后将其根据需要利用涂布、喷雾、老化、干燥、烧结等工序制作相应的薄膜或粉体等材料。如在染料敏化太阳能电池的研究中，以有机钛醇盐为前驱体，通过有机钛醇盐的水解反应制备稳定分散的锐钛矿相TiO_2胶体，后者涂布法可制得适用于染料敏化太阳能电池的二氧化钛涂层材料。

溶胶-凝胶转化 [sol-gel transformation] 凝胶和溶胶在一定条件下相互转化。凝胶转变成溶胶的过程为胶溶作用，溶胶转变成凝胶的过程为胶凝作用。相互转化的常见因素是温度。温度降低时，胶粒的动能减小，胶粒两端互相连接起来形成网状结构，呈凝胶状态。温度升高时，胶粒的动能增大，分子的运动速度增快，胶粒的联系消失，网状结构破坏，胶粒呈自由活动状态，为溶胶。加热使水分蒸发或添加电解质也可使溶胶转化为凝胶。

溶解度 [solubility] 一定温度和压力下，饱和溶液的浓度。通常用一定量溶剂所溶解溶质的量表示。如固体或液体溶质，常用100 g溶剂所溶解的溶质克数来表示；气体溶质的溶解度常用100 g溶剂所溶解气体的体积来表示。物质的溶解度首先取决于溶质与溶剂的本性，遵从“相似相溶”规则。溶解度随温度而变化，固体或液体通常随温度升高溶解度增加；而气体溶解度随温度升高而降低，随气体分压增加而显著增加。

溶质 [solute] 溶液中被溶解的物质。被溶剂所分隔，往往不能保持本身的连续状态。通常固体或气体物质溶于液体时，固体或气体物质是溶质。液态物质溶于液态物质时，量少者为溶质。按溶质在溶剂中的解离性质，有电解质和非电解质之分。氯化钠在水中可以解离，是电解质；而蔗糖在水中不解离，是非电解质。

熔化 [fusion] 凝固的相反过程。即物质由固态变为液态的过程。如冰化成水的过程。

熔剂 [flux] 又称助熔剂。能降低物质的软化、熔化和液化温度的物质。在高温下与试样一起熔融，使试样转化为能溶于水或酸的化合物。以氧化钙、氧化镁为主要组分的是碱性助熔剂，如炼铁时用石灰石作熔剂，除去脉石；以二氧化硅为主要组分的是酸性助熔剂；以萤石、氧化铝为主要组分的是中性助熔剂。

铷 [rubidium] 化学元素(第五周期第1族)。符号Rb，原子序数37，原子量85.4678。银白色的蜡状低熔点金属。相对密度1.532，熔点39.30℃，沸点688℃。化学性质比钾更活泼。在空气中易燃。遇水剧烈反应释放出氢气。光照易释放出电子。主要用于制光电池及真空管等。由金属钙或镁热还原氯化铷制取，也可以由电解熔融的氯化铷或氰化铷得到。

软锰矿 [pyrolusite] 化学式 MnO_2，四方晶系，氧化物矿物。是提取锰和制造锰合金的矿物原料。主要成分为二氧化锰。

软水 [soft water] 硬度小于8°的天然水或软化水。水中仅含有少量钙盐、镁盐等。水的软化方法有：①向硬水中加入氢氧化钙和碳酸钠，使 Ca^{2+}、Mg^{2+}沉淀为碳酸钙和氢氧化镁而析出；②通过阳离子交换树脂；③电渗析法等。参见水的硬度。

软硬酸碱理论 [hard and soft acid and base(HSAB)] 释文见有机化学同名词条。

锐钛矿 [anatase] 化学式 TiO_2。四方晶系，是二氧化钛的一种结构形式。因含Fe、Sn、Nb、Ta和Y等杂质呈黄、浅绿、褐或灰黑，金属光泽。相对密度3.9，硬度5.5～6.5，化学性质稳定，不与水、酸、碱及大部分化学试剂反应，长时间煮沸可溶于氢氟酸、熔融碱。遮盖力强，耐光性比金红石型的二氧化钛差，适于作室内白色油漆涂料以及电信器材、合成纤维、造纸、塑料、橡胶等工业的填充剂，也用于冶炼金属钛。

三氟化硼 [boron trifluoride] 又称氟化硼。化学式 BF_3，式量67.806。无色有刺激性窒息气体。气态密度3.077 g/L，熔点–126.8℃，沸点–99.9℃。在潮湿空气中产生白烟。易溶于水并部分水解。溶于无水硫酸、无水酒精、多数的饱和烃、卤代烃以及芳香化合物。与硝酸形成固体加合物 $HNO_3 \cdot 2BF_3$。强路易斯酸，能与氨、胺、乙醚等形成加合物。用作有机合成的催化剂和熏蒸剂，还用于制备硼烷或防止熔融金属镁及其合金被氧化。由三氧化二硼与氟化钠在浓硫酸中加热反应制取。

三氟化溴 [bromine trifluoride] 分子式 BrF_3，分子量136.899。无色、灰色到黄色液体，有吸湿性。相对密度2.803，熔点8.77℃，沸点125.8℃。水中剧烈分解成氧、次溴酸、氢氟酸和溴酸。可用氟与溴直接反应制备。可用作惰性溶剂溶解六氟化硫、六氟化钼、六氟化钨等氟化物，也可用作氟化剂。

三硫化二砷 [arsenic trisulfide] 俗称雌黄，又称硫化亚砷。化学式 As_2S_3，式量246.038。黄色或橙色固体，单斜晶系。相对密度3.46，熔点312℃，沸点707℃。不溶于水，溶于乙醇、碱和碱式碳酸盐溶液。酸性化合物，可与硫化钠反应生成硫代亚砷酸钠，在空气中缓慢氧化为亚砷酸。可用硫化氢和三氧化二砷的盐酸溶液反应或硫与砷共熔制备。可用作还原剂、颜料、药物、半导体等。

三氯化氮 [nitrogen trichloride] 分子式 NCl_3，分子量120.366。黄色油状液体。相对密度1.653，熔点–40℃，沸点71℃，95℃爆炸。不溶于冷水，热水中分解生成氨和次氯酸。溶于氯仿、苯、四氯化碳、二硫化碳和三氯化磷溶液。可用氯化铵溶液与氯气反应制备。用作化学试剂。

三氯化磷 [phosphorus trichloride] 分子式 PCl_3，分子量137.333。无色发烟液体。相对密度1.574，熔点–93℃，沸点76℃。在潮湿空气和水中分解生成亚磷酸和盐酸，与乙醇发生反应。溶于乙醚、苯、氯仿、二硫化碳和四氯化碳。与氧反应生成氧氯化磷 $POCl_3$。可用过量的磷与氯气反应制备。用作有机合成的氯化剂(如制造糖精)、催化剂、溶剂等。

三氯化铝 [aluminium trichloride] 又称氯化铝。化学式 $AlCl_3$，式量133.341。无色或白色晶体粉末。相对密度2.48，180℃开始升华。在空气中吸水，部分水解释放出氯化氢气体。溶于水、酒精或乙醚，并释放大量热。在有机合成及石油工业中作催化剂，也用于处理润滑油和制造蒽醌等。由熔融金属铝与氯气或与无水氯化氢作用，或者用氧化铝和焦炭的混合物与氯气作用制取。

三氯化硼 [boron trichloride] 又称氯化硼。分子式 BCl_3，分子量117.170。低温时为无色发烟液体。气态密度4.789 g/L(25℃)，熔点–107.3℃，沸点12.5℃。强的路易斯酸，易形成配合物。用作有机合成的催化剂及合成四氢硼酸盐的原料。作为纯化剂，可除去金属合金中的氧化物、氮化物及碳化物。还用于制备及纯化单质硼。由单质硼与氯气热作用制取，也可以将硼酸酐、硼砂或硼酸与炭混合再与氯气热作用获得。

三氯化铁 [iron trichloride] 又称氯化铁。化学式为 $FeCl_3$。式量162.204。黑棕色片状晶体。相对密度2.90，熔点307.6℃。沸点约316℃。溶于水、乙醇、丙酮和乙醚。有强吸湿性，易从空气中吸水形成六水合物 $FeCl_3 \cdot 6H_2O$。能与碱、还原剂、活泼金属及铜等金属反应，与苯酚发生显色反应。为常用的化学试剂，工业上主要用于金属蚀刻、污水处理等。

三羟铝石 [bayerite] 又称拜三水铝石。化学式 α-Al(OH)$_3$。

三水合六氰合亚铁酸钾 [potassium ferrocyanide] 黄血盐的学名。

三水铝石 [gibbsite] 又称水铝氧[矿]。化学式 γ-Al(OH)$_3$。单斜晶系。铝土矿的组分。

三氧化二氮 [nitrogen trioxide] 又称亚硝酸酐。分子式 N_2O_3，分子量 76.011。固态和液态为蓝色。相对密度 1.4 (2℃)，熔点–101.1℃，约 3℃分解。溶于冷水，热水中分解，溶于乙醚、酸和碱。固态时稳定。–2℃开始分解成二氧化氮和一氧化氮，到 25℃时有 90%分解。与水作用生成亚硝酸，溶于碱生成亚硝酸盐。可用二氧化氮和一氧化氮混合后冷却到–21℃制备，也可用硝酸和淀粉反应或硝酸与三氧化二砷反应制备。

三氧化二铬 [chromium oxide] 又称氧化铬绿、氧化铬。化学式 Cr_2O_3，式量 151.99。六方晶系，无定形灰绿色粉末。相对密度 5.22，熔点 2432℃，沸点约 3000℃。对光、空气、高温及腐蚀性气体稳定，不溶于水，微溶于酸和碱，溶于熔融碱。可用碱熔法制备，即以铬铁矿($FeCr_2O_4$)和烧碱反应得到铬酸钠，经盐酸酸化、提纯和结晶，灼烧制得。用于冶炼金属铬，制油漆原料，作陶瓷、搪瓷和玻璃的着色剂。

三氧化二磷 [phosphorus trioxide] 又称亚磷酸酐，化学式 P_2O_3，式量 109.946。无色或白色固体。有剧毒。易潮解。相对密度 2.13，熔点 23.8℃，沸点 173℃(在氮气保护下)。冷水中水解成亚磷酸。溶于二硫化碳、乙醚、氯仿和苯。空气中加热氧化生成五氧化二磷，与热水发生剧烈反应生成红磷、正磷酸和磷化氢等。可用磷在不充分空气中燃烧或在常温下缓慢氧化制备。用于制备亚磷酸及亚磷酸盐。

三氧化二硼 [boron oxide] 即氧化硼。

三氧化二砷 [arsenic trioxide] 又称亚砷酸酐，俗称砒霜。化学式 As_2O_3，式量 197.841。有两种晶型：砷华型为立方晶体，相对密度 3.86(25℃)，熔点 274℃；白砷石为单斜晶体，相对密度 3.74，熔点 314℃，二者沸点均为 460℃。溶于水、碱式碳酸盐溶液和盐酸。两性氧化物，酸性强于碱性。剧毒。中毒症状为腹痛呕吐，致死量 0.1 g。用胶态氢氧化铁或氢氧化镁悬浊液可解毒。可由含砷矿石煅烧升华制备。是制备砷衍生物的主要原料，可作杀虫剂、除草剂，也用于制备药物、皮毛防腐、玻璃脱色等。

三氧化二锑 [antimony trioxide] 又称亚锑酐，俗称锑华或锑白。化学式 Sb_2O_3，式量 291.518。两种晶型：方锑矿，无色立方晶体，相对密度 5.58，570℃转化；锑华，白色固体，正交晶系，相对密度 5.7，熔点 655℃。沸点均为 1425℃。微溶于水，不溶于有机溶剂，溶于氢氧化钠、盐酸、酒石酸和乙酸。两性氧化物，碱性强于酸性。强还原剂。在空气中加热至 300～400℃变黄，生成锑酸锑。可由金属锑在空气中燃烧制备。可作白色颜料、填充物、媒染剂等，也可用于制备其他锑化物和搪瓷、药物等。

三氧化二铁 [iron oxide] 即氧化铁。

三氧化铬 [chromium trioxide] 即铬酸酐。

三氧化硫 [sulfur trioxide] 又称硫酸酐。分子式 SO_3，分子量 80.063。三种类型：α-SO_3，熔点 62.2℃，易升华；β-SO_3，熔点 30.5℃，沸点 44.5℃；γ-SO_3，相对密度 1.90，熔点 16.8℃，沸点 44.5℃，溶于水中生成硫酸。强氧化剂，可和许多金属和非金属反应。工业上用五氧化二钒催化氧化二氧化硫制备，实验室用加热发烟硫酸或焦硫酸盐制备。主要用于制硫酸和氯磺酸，也用于有机物的磺化。

三氧化氙 [xenon trioxide] 分子式 XeO_3，分子量 179.291。三角形分子型晶体，无色透明。相对密度 4.55。约 25℃爆炸。吸湿性很强，水溶液呈酸性。强氧化剂。由四氟化氙或六氟化氙与水作用制取。

铯 [caesium; cesium] 化学元素(第六周期第 1 族)。符号 Cs，原子序数 55，原子量 132.905。银白色的软金属。相对密度 1.873，熔点 28.44℃，沸点 671℃。化学性质异常活泼。通常情况下，在空气中易氧化燃烧。与水甚至冰反应均很激烈。须保存在真空中。光照易释放电子。主要用于电子行业，制光电管、真空管、红外信号灯及光电信号传感仪器等。近年在离子火箭、磁流体发电机等方面获得新应用。由金属钙或镁热还原氯化铯制取。

筛孔效应 [molecular sieve effect] 又称分子筛效应。当含有各种分子的溶液与具有大的比表面及一定尺寸分布的孔隙的多孔性固体(如分子筛)作用时，由于分子的大小不同，小分子能够进入孔隙与内表面发生作用，大分子只能与外表面作用，从而体现出的区分效应。

山奈 [cyanide] 氰化钠的俗称。

钐 [samarium] 化学元素(第六周期第 3 族)，镧系元素，符号 Sm。原子序数 62，原子量 150.36。银白色金属，六方晶系。相对密度 7.52，熔点 1074℃，沸点 1794℃。在干燥空气中较稳定，在潮湿空气中生成氧化物层。和冷水缓慢反应放出氢气，与热水反应迅速，易溶于酸。氧化态为+2、+3，钡或镧还原氧化钐制得。用于制永磁合金、特种玻璃、催化剂、陶瓷和功能材料等。应储存于煤油中。

闪石 [amphibole] 化学式为 $A_{0\sim1}X_2Y_5(Z_4O_{11})_2(OH,F,Cl)_2$(式中 A 为 Na、Ca、K、$H_3O^+$；X 为 Ca、Na、K、Li、Mg、Fe、Mn 等；Y 为 Mg、Fe、Mn、Al、Ti 等；Z 为 Si，Al)的硅酸盐矿的总称。正交或单斜晶系，双链结构，相对密度 2.85～3.60，硬度 5.5～6。根据化学成分的不同，可分为直闪石、透闪石、普通角闪石、蓝闪石、钠闪石、钠铁闪石等。可用于陶瓷和玻璃原料、填料和软玉材料等。

闪锌矿 [sphalerite] 硫化物矿，主要成分为立方硫化锌，化学式为 β-ZnS。常含铁及稀散元素镓、铟、铊、锗等。立方晶系。常与方铅矿共生。有金属光泽，随成分不同颜色变化较多，有浅黄色、黑色或褐色等。是锌的主要矿物。

烧碱 [sodium hydroxide] 氢氧化钠的俗称。

烧绿石 [pyrochlore] 又称黄绿石。化学式 $CaNaNb_2O_6F$。常含钽、稀土元素和铀等。

烧石膏 [burnt plaster] 又称煅石膏。化学式 $CaSO_4\cdot1/2H_2O$。由生石膏受热部分脱水而成。

砷 [arsenic] 化学元素(第四周期第 15 族)，符号 As。原子序数 33，原子量 74.922。有三种同素异形体：黄砷，相对密度 2.206；黑砷，相对密度 4.9；270℃转化为灰砷，灰白色金属，相对密度 5.75(14℃)。三相点 817℃(3.70 MPa)，616℃升华。不溶于水，溶于硝酸。砷蒸气的分子式为 As_4，高于 800℃分解为 As_2，温度更高分解为 As。在干燥空气中稳定，在潮湿空气中生成黑色的氧化物薄层。可被硝酸、浓硫酸和王水氧化，与碱和非氧化性酸不反应，在高温时能和许多非金属反应。可将硫化砷氧化再用碳还原来制备。主要与铜、铅和其他金属形成合金，也用于制造砷酸盐、药物和杀虫剂等，高纯砷还可用于半导体和激光技术中。

砷化镓 [gallium arsenide] 由ⅢA 族元素 Ga 和ⅤA 族元素 As 化合而成的半导体材料。化学式 GaAs。式量 144.645，相对密度 5.3176，熔点 1238℃室温下禁带宽度为 1.42 eV，是一种重要的半导体材料。

砷化氢 [arsenic hydride] 分子式 AsH_3，分子量 77.946。无色有大蒜味的极毒气体。气态密度 3.186 g/L，熔点–116℃，沸点–62.5℃，300℃分解。微溶于水，溶于氯仿和苯。在缺氧条件下加热可得单质砷。可用碱金属和碱土金属砷化物与水或酸反应制备。分析化学中用于检验砷(砷镜)，也用于砷的有机物的合成。

砷酸 [arsenic acid] 又称正砷酸。分子式 H_3AsO_4。分子量 141.944。易吸水形成半水合物 $H_3AsO_4\cdot½H_2O$ 的白色半透明晶体。该晶体相对密度 2.5，熔点 35.5℃，沸点 120℃(分解)。固体在空气中很快吸潮，产生含水量不同的水合物，500℃时全部失水为氧化物。砷酸易溶于水，乙醇、碱和甘油。作为三元中强酸，酸度与磷酸类似。可用由五氧化二砷溶于水，或浓硝酸与砷或三氧化二砷反应制备。可用于制备其他砷酸盐和玻璃、杀虫剂、脱叶剂、颜料等。有毒。

砷酸钙 [calcium arsenate] 又称砒酸钙。化学式 $Ca_3(AsO_4)_2$，式量 398.072。纯净物为白色晶体，不纯时显红色。相对密度 3.62。难溶于水，可溶于稀酸。在碱性或二氧化碳水溶液中分解。由砷酸或五氧化二砷与消石灰反应制取。用于作杀虫剂和鼠药等。有毒！

砷酸铅 [lead arsenate] 化学式 $Pb_3(AsO_4)_2$，式量 899.4。白色晶体。相对密度 5.8，于 1042℃分解。不溶于水，溶于硝酸。可用砷酸钠与可溶性铅盐反应制备。曾作杀虫剂(已被有机杀虫剂取代)和除草剂。毒性极强。

砷鎓离子 [arsonium ion] 质子化的砷化氢，即 AsH_4^+。

渗碳 [carburization] 利用热扩散作用，把钢等金属制件与碳一同加热处理，使碳渗入到制件中，形成合金层，以增加其表面的抗氧化性、耐磨性和硬度。

升汞 [corrosive sublimate] 即氯化汞。

升华 [sublimation] 相变的一种形式。物质从固态直接转变为气态的过程。如果某种固态纯物质的蒸气压低于它的三相点压强，当温度升高时，该固态物质将直接变为气态。如干冰、碘、萘等固体加热时都容易直接变为气体。

生石膏 [raw gypsum] 即石膏。

生石灰 [quicklime] 又称石灰。化学式 CaO，式量 56.08。白色晶体或粉末。相对密度 3.34，熔点 2613℃。碱性氧化物。难溶于水，易溶于酸。在空气中吸收二氧化碳变成碳酸钙。由石灰石煅烧制取。用于生产电石、漂白粉及钙盐等，也用于建筑材料、耐火材料、干燥剂、废水净化、制革等。

湿法反应 [wet reaction] 在溶液中进行的反应。例如，湿法冶金是在水溶液中作业提取金属的方法。

湿法冶金 [hydrometallurgy] 通过水溶液中的反应过程从矿石中或矿石浓缩物中分离获得金属单质或其化合物的方法。湿法冶金的一般步骤：①化学浸取；②浸取液的分离；③浸取液的净化与富集；④金属或化合物的提取。

十二钼磷酸 [dodecamolybdophosphoric acid] 即十二钼磷杂多酸。

十二钼磷杂多酸 [dodecamolybdophosphoric acid] 又称十二钼磷酸。化学式为 $H_3[PMo_{12}O_{40}]$或 $H_3PO_4\cdot12MoO_3$。黄色晶体，通常含结晶水。是杂多酸的典型代表，由磷酸和钼酸两种含氧酸分子缩合而成。也可由三氧化钼和磷酸反应制得。磷原子位于氧的四面体的空位的中心，十二个钼原子在八面体的氧空位中，围绕在磷氧四面体的周围。溶于水、乙醚和乙醇。用作定量分析试剂、合成丙烯腈的催化剂、颜料和皮革加重剂。

十水合硫酸钠 [sodium sulfate decahydrate] 即芒硝。

十水合四硼酸钠 [sodium tetraborate decahydrate] 即硼砂。

十水合碳酸钠 [sodium carbonate decahydrate] 即洗涤碱。

十氧化四磷 [phosphorus(V) oxide] 参见五氧化二磷。

石膏 [gypsum] 又称生石膏。天然的硫酸盐矿。主要化学成分为 $CaSO_4 \cdot 2H_2O$。单斜晶系，相对密度 2.31，硬度 1.5～2.0。多数呈半透明的白色块状，有的因为含有杂质而呈粉红色和灰色。微溶于水，加热到不同温度可以逐渐脱去结晶水，生成烧石膏(半水石膏)和无水石膏。主要用作水泥的调凝剂、制备硫酸和烧石膏，后者是建筑、雕塑和医用石膏制品的原料。

石灰 [lime] 即生石灰。

石灰氮 [nitrolime] 即氰氨化钙。

石灰石 [limestone] 一种常见沉积岩，主要成分为碳酸钙 $CaCO_3$。其矿物成分主要是方解石，并混有砂粒、黏土、燧石和白云石等。大多为灰色。相对密度约为 2.65～2.80，硬度约为 3。不溶于水，易溶于酸，产生 CO_2。大量直接作建筑材料，并用于烧制石灰，生产二氧化碳和水泥。

石榴石 [garnet] 又称石榴子石。一种常见的、分布广泛的铝酸盐或硅酸盐矿。硅酸盐石榴石的通式为 $A_3B_2Si_3O_{12}$，A 为 Mg、Mn、Fe、Ca；B 为 Cr、Al、Fe、V 等。一般呈晶体状，嵌于火成岩和变质岩中，呈现红、棕、黑、绿、黄或白等颜色。相对密度 3.5～4.2，硬度 5.6～7.5。重要的有：铁铝石榴石 $Fe_3Al_2(SiO_4)_3$，红榴石 $Mg_3Al_2(SiO_4)_3$，锰铝石榴石 $Mn_3Al_2(SiO_4)_3$，钙铁榴石 $Ca_3Al_2(SiO_4)_3$，等等。如果铝取代硅，人工合成得到化学式为 $Y_3Al_5O_{12}$ 的钇铝石榴石，掺钕后是有重要应用价值的激光晶体。石榴石由于硬度高和颜色鲜艳，可用作珠宝和研磨剂。

石榴子石 [garnet] 即石榴石。

石青 [azurite] 蓝铜矿的俗称。

食盐 [common salt] 矿物学中称为岩盐。主要化学成分为氯化钠(NaCl)，式量 58.443。白色晶体。相对密度 2.17，熔点 802.018℃，沸点 1465℃。粗品中含有氯化镁($MgCl_2$)、硫酸镁($MgSO_4$)、氯化钙($CaCl_2$)、硫酸钠(Na_2SO_4)等可溶性盐。一般为白色晶体，易溶于水，化学性质稳定，具有一定的腐蚀性。除食用调味外，可作食物防腐剂、化学制剂及化工原料。广泛用于电解、陶瓷、冶金、制革、肥皂、冷冻等领域。主要由海水或盐湖水提取。

铈 [cerium] 化学元素(第六周期第 3 族)，镧系元素。符号 Ce，原子序数 58，原子量 140.11。灰色金属，有立方和六方两种晶系，是镧系元素中丰度最高的元素。相对密度 6.770，熔点 799℃，沸点 3443℃。电阻率 $74.4\times10^{-8}\Omega\cdot m$(立方相，25℃)，$82.8\times10^{-8}\Omega\cdot m$(立方相，17～27℃)。化学性质活泼，在空气中失去光泽，加热能燃烧。在氢气中加热生成氢化物。和水反应放出氢气，易溶于酸。氧化态为+3 和+4，重要化合物有氧化铈、氢氧化铈、二氧化铈、高铈盐等。主要矿物是独居石。镁粉还原氯化铈或电解熔融的氯化铈制得。用于制玻璃、打火石、陶瓷、耐高温合金和发光材料等。

铈土 [ceria] 含二氧化铈为主的轻稀土氧化物。

释汞剂 [amalgam] 即汞齐。

手套箱 [glove box] 能够提供无水、无氧环境的一种设备。可储存对水、氧敏感的试剂，可在其中完成一些对水、氧敏感的反应。

受体 [acceptor; receptor] 释文见有机化学同名词条。

疏电子试剂 [electrophobic reagent] 在化学反应中，易提供电子给其他反应物(亲电剂)以形成化学键的物质。通常是路易斯碱。

熟石灰 [slaked lime] 氢氧化钙工业上称熟石灰、消石灰。化学式 $Ca(OH)_2$，式量 74.09。白色粉末。相对密度 2.24，580℃失水成氧化钙。吸湿性强。强碱性，能吸收二氧化碳变成碳酸钙。其澄清水溶液称为石灰水，乳状悬浊液谓之石灰乳。由生石灰与水反应制取。广泛用于建筑业，也用以制造漂白粉、硬水软化剂、消毒剂、除酸剂及收敛剂等。

双氧水 [hydrogen peroxide] 过氧化氢的俗称。

水 [water] 分子式 H_2O，分子量 18.0153。纯净时为无色、无味、无臭液体，深层时显蓝色。密度 $1.00g\cdot cm^{-3}$，熔点 0℃，沸点 100℃。固态水即冰的相对密度较小，0℃时为 0.9168。水的热容量较大，可作冷却剂。是盐类的优质溶剂。能与钠、钙等活泼金属反应放出氢气，也能与氟、氯等活泼非金属起反应。与氧化物反应生成酸或碱。在自然界分布极广，覆盖了地球表面积的 70%，占动植物机体质量的大部分。是自然界及人类社会的支柱物质之一。

水玻璃 [water glass] 多聚硅酸钠，通式为 $Na_2O\cdot nSiO_2$。n 大于 3 的为“中性”水玻璃，小于 3 的为“碱性”水玻璃。有固态、黏稠状液态的产品。

水的硬度 [hardness of water] 水中含有钙、镁、铁离

子等杂质多少的量度。水的硬度标准是：1 L 水中含有的钙、镁盐总量相当于 10 mg CaO，为 1°。可溶性钙、镁离子可以和肥皂(硬脂酸钠)生成难溶盐，降低肥皂去污力，若用硬水作锅炉用水，易产生水垢，故工业、民用水需要进行软化。

水合二氧化硅 [hydrated silicon dioxide] 即硅酸。

水合离子 [aqua ion] 与水分子结合的离子。水溶液中，正负离子周围均被水分子包围，以水合的形式存在，但为简单起见，通常写为简单离子，有时加括号标注 aq(水合的)。例如，在水溶液中亚铁离子以 $Fe(H_2O)_6^{2+}$ 水合离子形式存在，简写为 Fe^{2+}，或者 $Fe^{2+}(aq)$。

水合氢离子 [hydronium ion] 氢离子与水结合形成的水合离子。通常表示为 H_3O^+，简称“氢离子”。由 $H_3O^+ClO_4^-$ 晶体结构中测得 H_3O^+ 的结构参数。在水溶液中，水合氢离子的存在形式比较复杂，由于 H_3O^+ 可以参与形成多个氢键，可生成四水合的氢离子 $H_9O_4^+$。1991 年利用质谱法研究气相水分子簇，发现存在二水合的 $H^+(H_2O)_2$ 等。

水合物 [hydrate] 含有结晶水的化合物。如 $ZnSO_4 \cdot 7H_2O$。

水解 [hydrolysis] 物质与水作用分解成其他化合物的过程。通常指盐类的水解。弱酸或弱碱形成的盐与水作用后，弱酸根阴离子或弱碱阳离子与水中的氢离子或氢氧根结合，使溶液的 pH 发生改变。糖类和酯类等有机物也能发生水解反应。

水解常数 [hydrolysis constant] 又称水解平衡常数。一定温度下，水解反应达到平衡时，产物浓(活)度方次的乘积与反应物浓(活)度方次的乘积之比。

水解度 [degree of hydrolysis] 盐类的水解达到平衡时，已水解的盐的分子(摩尔)数与溶解在溶液中的盐的分子(摩尔)总数之比，表示水解进行的程度。与多种因素有关，不同盐在同温、同浓度时水解度不同；水解生成的酸碱越弱，则水解度越大；溶液越稀，水解度越大；水解是吸热反应，温度升高水解度增大。

水解平衡常数 [hydrolysis equilibrium constant] 即水解常数。

水铝石 [diaspore] 铝土矿的组分。包括硬水铝石 α-AlO(OH)和软水铝石γ-AlO(OH)。

水铝氧[矿] [gibbsite] 即三水铝石。

水煤气反应 [water-gas reaction] 水蒸气和赤热的炭作用，生成一氧化碳、氢气以及少量二氧化碳的反应。水煤气是合成氨和甲醇等物质的原料。

水凝胶 [aquagel] 以水为分散介质的凝胶。

水银 [mercury] 即汞。

锶 [strontium] 化学元素(第五周期第 2 族)。符号 Sr，原子序数 38，原子量 87.62。银白色蜡状软金属。相对密度 2.64，熔点 777℃，沸点 1382℃。化学性质活泼。受热燃烧，火焰呈红色。与水、酸反应释放出氢气。用于制造合金、光电管、烟火等。由电解熔融氯化锶与氯化钾混合物制取，也可以用金属铝真空热还原氧化锶得到。

四氟合硼酸钠 [sodium tetrafluorobrorate] 即氟硼酸钠。

四氟化硅 [silicon tetrafluoride] 分子式 SiF_4，分子量 104.080。无色有毒气体。气态密度为 4.254 g/L，液态相对密度 1.66(–95℃)，熔点–90.2℃，沸点–86℃，–95.7℃升华。水中分解，溶于无水乙醇和氟化氢溶液，不溶于乙醚。化学性质较稳定。干燥时不腐蚀玻璃；遇湿水解生成氢氟酸而腐蚀玻璃。易与碱反应，易与氟离子形成 SiF_6^{2-}。可由单质硅和氟反应制备，也可用二氧化硅和氢氟酸反应或二氧化硅与氟化钙、浓硫酸反应制备。真空下 300～350℃热分解氟硅酸钡可得纯四氟化硅。用于制备氟硅酸和化学分析。

四氟化氙 [xenon tetrafluoride] 分子式 XeF_4，分子量 207.287。平面四方形分子。无色透明晶体，易挥发，相对密度 4.04，三相点 117.1℃，115.75℃升华。难溶于无水氟化氢。可用作强氧化剂和氟化剂。在一定条件下，由氙与稍过量的氟直接合成得到。

四氟硼酸钠 [sodium tetrafluoroborate] 即氟硼酸钠。

四硫化四砷 [arsenic tetrasulfide] 矿石称雄黄。化学式 As_4S_4，式量 427.946。两种晶型：α 型，红色单斜晶体，相对密度 3.56， 267℃转变为β型；β型，黑色晶体，相对密度 3.25，熔点 320℃，沸点 565℃。不溶于水，微溶于苯，溶于碱。可和碱反应生成三硫化二砷和砷。自然界中常与雌黄、辉锑矿等共生。可在氮气中，由砷与硫共热至 500～600℃制备。是制备其他砷化合物及玻璃、颜料、焰火等的原料，在中医学上为解毒杀虫药。

四氯化铂 [platinum tetrachloride] 化学式 $PtCl_4$，式量 336.896。红褐色晶体，单斜晶系。相对密度 4.30。自水溶液中结晶，得八水合物，100℃时失去部分结晶水为四水合物。无水物在 370℃分解，生成二氯化铂和氯气。不溶于乙醚，微溶于乙醇和氨水，易溶于水和丙酮，溶于盐酸生成氯铂酸。铂直接氯化或氯铂酸在氯气中加热制得。用作化学试剂。

四氯化硅 [silicon tetrachloride] 分子式 $SiCl_4$，分子量 169.898。无色透明液体，有窒息性和刺激性气味。相对密度 1.5，熔点–68.74℃，沸点 57.65℃。在潮湿空气中水解生成硅酸和氯化氢，产生白色烟雾。遇水剧烈水解。与醇类发生醇解反应。易与四氯化碳、四氯化钛和四氯化锡等混溶。对皮肤有腐蚀作用。用于制备硅酸酯、有机硅、硅橡胶等。工业上用硅铁与氯气反应制取，或者用 SiO_2、Cl_2 和焦炭混合加热制备。

四氯化钛 [titanium tetrachloride] 分子式 $TiCl_4$，分子量 189.68。微黄色透明液体，在潮湿空气中水解生成二氧化钛和氯化氢而产生刺激性白烟。相对密度 1.73，熔点–24.12℃，沸点 136.45℃。干燥时不导电。能被碱金属还原为低价钛盐或金属钛。溶于浓盐酸，与水作用生成二氧化钛水合物和盐酸。与氧气在约 1000℃作用得纯净钛白粉。常用氯化法，即氯气、碳和金红石在约 850℃条件下反应制备。用于制海绵钛、钛白粉、聚乙烯催化剂和钛酸酯等。

四氯化锡 [tin tetrachloride] 分子式 $SnCl_4$，分子量 260.522。无色液体。易挥发。相对密度 2.234，熔点–34.07℃，沸点 114.15℃。溶于冷水，热水中分解，溶于苯、乙醇、乙醚和某些非极性溶剂(如二硫化碳、松节油)，也是某些非电解质(碘、磷、硫等)的良好溶剂。可用氯气和金属锡加热反应制备。可作媒染剂、有机合成中氯化的催化剂和糖漂白剂等，制备药粉、陶瓷、肥皂，还可用于导电性涂层和镀锡。

四氯化锗 [germanium tetrachloride] 分子式 $GeCl_4$，分子量 214.45。无色液体。折射率 1.464，相对密度 1.88，熔点–51.50℃，沸点 86.55℃。水中分解。溶于苯、乙醇和乙醚，极微溶于稀盐酸，不溶于浓盐酸和硫酸。在潮湿空气中发烟，加盐酸可抑制水解，与铵或碱金属的氯化物形成 $M_2[GeCl_6]$型盐。由金属锗与氯气混合加热制备，也可用浓盐酸与二氧化锗反应制备。因其易精馏提纯，可用于制备纯锗。

四氢合铝(Ⅲ)酸锂 [lithium tetrahydroaluminate] 即氢化铝锂。

四氢合硼(Ⅲ)酸钠 [sodium tetrahydroborate] 即钠硼氢。

四氧化二氮 [dinitrogen tetroxide] 分子式 N_2O_4，分子量 92.011。无色液体。相对密度 1.45(20℃)，熔点–9.3℃，沸点 21.15℃，和水反应。温度升高时离解成二氧化氮。可用二氧化氮冷却到 0℃以下制备。可用作氧化剂。

四氧化三铅 [lead tetraoxide] 俗称红铅或铅丹。化学式 Pb_3O_4，式量 685.6。红色四方晶体或无定形粉末。有毒。相对密度 8.92，熔点 830℃，500℃分解成一氧化铅和氧气。不溶于水和乙醇，易溶于盐酸和乙酸。有强氧化性，和硫酸反应放出氧气。可用一氧化铅在空气中加热到 450～500℃制备。用作红色涂料，钢材、船舶等的油漆，也可制造蓄电池、铅玻璃、搪瓷等。

四氧化物 [tetroxide] 化学式中氧与所结合元素原子数目之比为 4∶1 的氧化物。典型的例子如 OsO_4。

四氧化氙 [xenon tetroxide] 分子式 XeO_4，分子量 195.291。无色气体，低温下为黄色固体。熔点–35.9℃，约 0℃分解。极不稳定，–40℃也会爆炸，是极强的氧化剂。由高氙酸钠与浓硫酸作用制得。

苏打 [soda] 碳酸钠的俗称。

酸 [acid] 根据不同的酸碱理论，酸可以是：❶在水溶液中电离产生氢离子的物质(阿伦尼乌斯理论)；❷提供质子的物质(布朗斯特-劳里理论)；❸接受电子对的原子、离子或分子(路易斯理论)。❶是经典的定义，❷和❸是更广义的酸，使用中应注意。经典的酸指在水溶液中电离产生的阳离子全部是氢离子的物质。水溶液中氢离子造成酸的特性，有酸味，使酸碱指示剂变色，可与碱发生中和反应，与一些金属反应放出氢气。根据酸中可电离的氢离子数目，可分成一元酸、二元酸、多元酸等。按酸的组成分成有机酸与无机酸，无机酸又分成无氧酸与含氧酸。根据酸的电离常数 K_a 大小，区分强酸和弱酸，如硝酸、硫酸、盐酸为强酸，醋酸、氢氰酸为弱酸。溶液的酸性用酸度来量度，除了与酸的强弱有关还与浓度有关，酸度用氢离子浓度或 pH 表示。不同的酸，除酸性外还带有自己的特性，如硝酸、硫酸有氧化性，氢碘酸有还原性等。各种酸有广泛的用途，硫酸、硝酸、盐酸为工业上的三酸，是重要的原料。

酸酐 [anhydride] 含氧酸彻底脱水后形成的氧化物。酐是“无水”的意思。如一个硫酸分子缩去一分子水，生成的三氧化硫(SO_3)是硫酸酐。两个硝酸分子缩去一个水分子成五氧化二氮(N_2O_5)，为硝酸酐。四个磷酸分子缩去六个水成十氧化四磷(P_4O_{10})，为磷酸酐。有些酸性氧化物如二氧化氮(NO_2)、二氧化氯则不是酸酐。

酸化 [acidification] 在溶液中加酸，使溶质分子或离子与 H^+结合的过程。导致溶液酸性增加或者 pH 降低。

酸碱电子理论 [electron theory of acids and bases] 即路易斯酸碱理论。

酸碱质子理论 [proton theory of acid and base] 由丹麦科学家布朗斯特(J. N. Brønsted)和英国科学家劳里(T. M. Lowry)提出的一种酸碱理论。该理论以物质对质子的授受为依据来划分酸碱，认为给出质子的物质为酸，或称布朗斯特酸，接受质子的物质为碱，或称布朗斯特碱。酸碱不仅可以是分子，也可以是离子；不仅存在于水溶液中，也可扩展到非水溶液和气相。

酸解 [acidolysis] 又称酸溶。物质在酸作用下发生复分解的过程，也是以酸为浸取液的浸取过程。其中包含有机物被酸分解以及聚合物遇酸分子量降低的过程。所用的酸可为无机酸或有机酸，如硫酸、硝酸、盐酸以及醋酸、草酸、蚁酸等。在无机盐工业中，硫酸分解硼矿粉制取硼酸；硫酸分解萤石制取氢氟酸。在有机高分子领域，聚酯类高分子链中的酯基与有机酸共热时发生酸解反应，聚合物分子量变小。

酸溶 [acidolysis] 即酸解。

酸式碳酸钠 [sodium bicarbonate] 即碳酸氢钠。

酸式盐 [acid salt] 化学式内含有一个或几个能被碱所中和的氢离子的盐。例如，碳酸氢钠($NaHCO_3$)、硫酸氢钠($NaHSO_4$)、磷酸氢二钠(Na_2HPO_4)、磷酸二氢钠(NaH_2PO_4)等皆为酸式盐。酸式盐在水溶液不一定显酸性，有的显酸性，也有的显碱性或中性。如 $NaHSO_4$ 显酸性，$NaHCO_3$ 显碱性。酸式盐的酸碱性，可由其电离、水解常数来判断。

酸性氧化物 [acidic oxide] 溶于水呈酸性或可与碱发生中和反应的氧化物。如：

$$SO_3+H_2O \longrightarrow H_2SO_4$$

$$SiO_2+2NaOH \xrightarrow[\triangle]{熔融} Na_2SiO_3+H_2O$$

$$Sb_2O_5+2NaOH+5H_2O \longrightarrow 2Na[Sb(OH)_6]$$

其中，SO_3、SiO_2 和 Sb_2O_5 均为酸性氧化物。大多数非金属氧化物，和一些高氧化态的金属氧化物，如 Mn_2O_7、O_SO_4、CrO_3 等为酸性氧化物。

索尔维法 [Solvay process] 即氨碱法。

铊 [thallium] 化学元素(第六周期第 13 族)。稀散元素。符号 Tl。原子序数 81，原子量 204.38。银白色软金属。相对密度 11.85，熔点 304℃，沸点 1473℃。在空气中易被氧化，表面变暗。溶于稀硫酸或稀硝酸，微溶于氢卤酸。不与氨水或碱溶液反应。常温下可与卤素反应。化合物剧毒！铊的硫化物作鼠药，硫酸盐作农药。还用于制取低熔合金、轴承合金、温度计、低温开关及光学玻璃等。由硫化物矿提取制成氯化亚铊(TlCl)，再还原成金属铊。

钛 [titanium] 化学元素(第四周期第 4 族)，过渡金属。符号 Ti，原子序数 22，原子量 47.867。坚硬有光泽，银白色，有六方的 α 相和立方的 β 相。相对密度 4.506，熔点 1668℃，沸点 3287℃。电阻率 $39\times10^{-8}\Omega\cdot m$(0℃)。因表面有致密氧化物而抗腐蚀，常温下不和氧气、卤素及水反应，红热时和氧反应生成二氧化钛。不与硝酸、稀硫酸和碱反应，但可溶于浓硫酸、氢氟酸和王水等。主要氧化态为+4，亦有+2、+3 氧化态。重要化合物有二氧化钛、四氯化钛、硫酸氧钛等。自然界中主要以金红石、钙钛矿、钛铁矿等存在。高温下由镁还原四氯化钛得“海绵钛”，再用电弧法熔融制得钛锭。具有机械强度大(比纯铁大 1 倍，比铝大 5 倍)、耐腐蚀、重量轻等优良特性，用于航空、机械、轻合金和人造关节等。

钛白粉 [titanium white] 主要成分为二氧化钛的白色粉末。

钛分族 [titanium group element] 即第 4 族元素。

钛铁矿 [ilmenite] 氧化物矿，主要成分的化学式 $FeTiO_3$。其中部分铁常被镁或锰置换。三方晶系。钛的重要矿物。

钽 [tantalum] 化学元素(第六周期第 5 族)，过渡金属。符号 Ta，原子序数 73，原子量 108.9479。坚硬的灰黑色金属，纯净时软，立方晶系。相对密度 16.4，熔点 3017℃，沸点 5458℃。电阻率 $13.1\times10^{-8}\Omega\cdot m$(20℃)。因表面有氧化膜而抗腐蚀，常温下稳定。对酸的稳定性好，不与硫酸、硝酸及王水作用，但可和氟、氢氟酸、熔融碱和发烟硫酸反应。主要氧化态为+5。主要矿物是铌钽铁矿。钠还原或电解七氟钽酸钾制备。用于电子学、化工设备和特种合金中。

碳 [carbon] 化学元素(第二周期第 14 族)。符号 C，原子序数 6，原子量 12.010。常见的有 3 种同素异形体：金刚石，相对密度 3.15～3.53；石墨，相对密度 1.9～2.3；无定形碳，相对密度 1.8～2.1。三相点 4489℃，熔、沸点均很高。化学性质稳定，不与水、稀酸或碱反应。受热可被氧化。与氧气、氟气、浓硫酸、浓硝酸反应。高温与金属反应形成金属碳化物或合金。是生物界的支柱元素，是当今的主要能源，也是化工、冶金等工业的重要原料以及合金的重要组分。一般由天然游离矿开采。

碳氮化钙 [calcium cyanamide] 即氰氨化钙。

碳化钙 [calcium carbide] 工业品称电石。化学式 CaC_2，式量 64.099。纯净物为无色晶体。相对密度 2.22，沸点 2300℃。能导电。遇水变成氢氧化钙和乙炔(C_2H_2)。与氮气作用变成氰氨化钙。用于有机合成及气焊等工业中制乙炔和氰氨化钙等。由无烟煤或焦炭与生石灰在电炉中共热制取。

碳化硅 [silicon carbide] 化学式 SiC，式量 40.097。无色固体，表面氧化或含杂质时为黑色固体，六方晶系，具有金刚石结构的碳化硅又称金刚砂。相对密度 3.16，熔点 2830℃。不溶于水、乙醇和酸，溶于熔融氢氧化钠。非常坚硬，在发光二极管中产生绿或黄光。高温下能被氧化剂，如氯气和铬酸盐氧化，与氢氟酸和浓硫酸不反应，但可和浓氢氟酸与硝酸的混合酸或磷酸反应。高温下能还原一些金属氧化物或硅酸盐，生成金属或硅与金属的化合物或合金。可用硅与碳在 1400～1800℃下直接反应制备。工业上用二氧化硅与碳在 2000℃下反应制备金刚砂。金刚砂可作磨蚀剂，用于砂轮；也可作高温电炉中的碳硅棒和耐火材料。

碳化钨 [tungsten carbide] 又称一碳化钨。化学式 WC，式量 195.85。有金属光泽的灰蓝色晶体，六方晶系。相对密度 15.6，熔点约 2785℃。是碳原子嵌入到钨的金属晶格间隙形成的填隙固溶体。碳化钨硬度高，化学性质稳定。不溶于水、酸、碱及有机溶剂，可溶于硝酸和氢氟酸混合液。常加入少量钛、钴和其他化合物以改善其机械性能。高温下由碳和金属钨反应制得。可制切削工具，喷气发动机喷嘴等。

碳酸 [carbonic acid] 分子式 H_2CO_3，分子量 62.03。只在溶液中存在，溶于水。二氧化碳在溶液中大部分以微弱结合的水合物形式存在，只有一小部分形成碳酸。二元弱酸（假定溶解的二氧化碳完全转化为碳酸），电离常数 $K_1=4.2\times10^{-7}$，$K_2=5.6\times10^{-11}$。热稳定性差，加热时全部分解释放出二氧化碳。和碱反应生成酸式碳酸盐和碳酸盐。

碳酸钡 [barium carbonate] 化学式 $BaCO_3$，式量 197.336。白色晶体粉末。有毒！相对密度 4.308，约 1380℃分解成氧化钡和二氧化碳。不溶于水，溶于酸、铵盐及二氧化碳水溶液。用于制取钡盐、陶瓷、搪瓷、颜料、烟火、光学玻璃及灭鼠药等。由硝酸钡与碳酸钠反应，或者将二氧化碳通入氢氧化钡或硫化钡水溶液中制取。

碳酸钙 [calcium carbonate] 化学式 $CaCO_3$，式量 100.087。白色晶体或粉末。有方解石、文石、球霰石三种形式。方解石相对密度 2.710，熔点 800℃；文石相对密度 2.930，450℃转化为方解石；球霰石相对密度 2.653。825℃分解成氧化钙（CaO）和二氧化碳（CO_2）。不溶于水。溶于饱和的二氧化碳水溶液。与酸反应。石灰石、大理石、方解石等的主要化学成分。用于制备水泥、石灰、陶瓷、建筑材料、颜粉、填料、中和剂、擦光剂等。取自天然矿石，或者将二氧化碳气体通入石灰水，碳酸钠与氯化钙或石灰水反应制取。

碳酸酐 [carbonic anhydride] 即二氧化碳。

碳酸钾 [potassium carbonate] 俗称钾碱。不纯物又称草碱或珠灰。化学式 K_2CO_3，式量 138.206。白色晶体粉末。相对密度 2.29，熔点 899℃。高温易分解。易溶于水，不溶于酒精或乙醚。溶于水呈碱性。易潮解，水合物 $K_2CO_3\cdot1.5H_2O$ 较稳定。用于印染、玻璃、肥皂等工业，也用作肥料和分析试剂。由二氧化碳与氢氧化钾水溶液作用制取，或由氯化钾与碳酸镁、水、二氧化碳在加压时共热得到。

碳酸锂 [lithium carbonate] 化学式 Li_2CO_3，式量 73.891。无色晶体或白色粉末。相对密度 2.11，熔点 732℃，1300℃分解。难溶于水，在冷水中的溶解度比热水中的大。易溶于酸或含二氧化碳的水溶液。不溶于乙醇或丙酮。用于玻璃、搪瓷及陶瓷工业，也用以制备药物、催化剂及其他锂化合物。由可溶性锂盐与可溶性碳酸盐复分解反应制取。

碳酸镁 [magnesium carbonate] 化学式 $MgCO_3$，式量 84.314。白色晶体粉末。相对密度 3.010，熔点 990℃。不溶于水或丙酮，溶于酸或二氧化碳水溶液。用于制耐火材料、保温材料、防火涂料、陶瓷、玻璃、氧化镁和镁盐等，并作药品、食品、化妆品、橡胶等的添加剂。可以取自天然菱镁矿。也可用硫酸镁与碳酸钠水溶液反应制取。市售品碱式碳酸镁 $4MgCO_3\cdot Mg(OH)_2\cdot4H_2O$ 由二氧化碳与氢氧化镁反应得到。

碳酸钠 [sodium carbonate] 俗称纯碱、苏打。化学式 Na_2CO_3，式量 105.989。白色粉末或小晶体。相对密度 2.54，熔点 856℃，高温分解。常含有结晶水。无水物吸湿性强。易溶于水显强碱性，不溶于乙醇、乙醚。易从潮湿空气中吸收二氧化碳变成碳酸氢钠。广泛用于玻璃、造纸、肥皂、洗涤剂、纺织、制革等工业，是冶金中的助熔剂、水处理的软化剂，也用于制造钠的化合物。由碳酸氢钠在 270℃时热分解制取，也可以用联合制碱法、氨碱法等方法获得。

碳酸氢铵 [ammonium hydrogen carbonate] 化学式 NH_4HCO_3，式量 79.056。无色晶体。相对密度 1.586，107℃分解。溶于冷水呈碱性，热水中分解，不溶于乙醇和丙酮。在低温加压下，可用氨、二氧化碳和水蒸气反应制备。主要用作肥料、灭火剂、发酵粉、分析试剂，也用于医药方面。

碳酸氢钠 [sodium hydrogen carbonate] 又称酸式碳酸钠、重碳酸钠，俗称小苏打、焙烧苏打。化学式 $NaHCO_3$，式量 84.007。白色晶体。相对密度 2.20，熔点 527℃。在水中溶解度不大。在空气中较稳定。用以制造泡沫灭火剂，面食蓬松剂、碳酸饮料及医药等。由碳酸钠浓水溶液吸收二氧化碳制取，也是氨碱法制碱的中间产品。

陶瓷 [ceramic] 通常以黏土等矿物和其他无机化合物为原料，经过粉碎、混合、成形、干燥和焙烧后形成的以铝硅酸盐为主的烧结体。按照生产原料和质地粗细不同可以分为陶器（pottery）、瓷器（porcelain）等。与陶器相比，瓷器的烧结温度高，气孔率和吸水率低，色白质细腻。陶瓷一般具有耐高温、耐腐蚀、耐酸碱、硬度高以及绝缘性能好等特点。大量用于制作生活器皿、地面和墙体的装饰材料，还应用在化工、电力等工业。新型的陶瓷材料包括结构陶瓷、功能陶瓷、生物陶瓷等，采用高纯的氧化物、氮化物以及碳化物等无机化合物作原料，具有优良的电学、力学等性能，用于电子、半导体、激光以及航天等领域。

陶瓷前驱体 [ceramic precursor] 可以通过高温烧结转化成陶瓷的物质。如一定质量比的碳酸氢铵与硫酸铝铵反应所制得的高纯碳酸铝铵即为烧结氧化铝陶瓷粉体的前驱体，烧结高纯碳酸铝铵得氧化铝陶瓷粉体。

特长周期 [very-long period] 第六、七周期的统称。参见长周期。

铽 [terbium] 化学元素（第六周期第 3 族），镧系元素。符号 Tb。原子序数 65，原子量 158.9253。银灰色金属，六方晶系。相对密度 8.23，熔点 1356℃，沸点 3230℃。电阻率

$115\times10^{-8}\Omega\cdot m$(17～27℃)。被空气缓慢氧化，和冷水反应放出氢气，易溶于酸。氧化态为+3 和+4，三价盐无色。重要化合物有氧化铽、七氧化四铽、卤化铽等。主要矿物是独居石。镁粉等活泼金属还原其卤化物制备。主要用于发光材料等领域，是彩色显示屏和发光材料中发射绿光的激活剂，有重要应用价值的稀土元素。

滕氏蓝 [Turnbull's blue] 化学式 $KFe^{II}Fe^{III}(CN)_6$，深蓝色。研究表明其与普鲁士蓝(三价铁离子与亚铁氰化钾反应，生成的蓝色颜料)是同一物质，颜色略有不同是因为制备方法等的不同而导致的(参见普鲁士蓝)。由 $K_3[Fe(CN)_6]$与Fe^{2+}反应制备。用作蓝色颜料。

锑 [antimony] 化学元素(第五周期第 15 族)。符号 Sb。原子序数 51，原子量 121.760。银白色金属，六方晶系。无延展性，有冷胀性。相对密度 6.68，熔点 630.63℃，沸点 1587℃。不溶于水，溶于热浓硫酸和王水。化学性质较稳定，仅在赤热时与水反应放出氢气，室温下不被空气氧化，高温时与氧反应得三氧化二锑。可将硫化锑煅烧成氧化物再用碳还原或用铁与硫化锑直接反应来制备。可制造合金，铅锡锑合金可铸铅字，铅锑合金可用于铅蓄电池；也可用于半导体工业。

锑白 [antimony white] 三氧化二锑的俗称。

锑华 [antimony bloom] 三氧化二锑的俗称。

锑化氢 [stibine] 分子式 SbH_3，分子量 124.784。无色易燃气体。剧毒。气态密度 5.100 g/L，熔点–88℃，沸点–17℃(100 kPa)。微溶于水，溶于乙醇、酸和二硫化碳。不稳定，室温下分解放出氢气，潮湿空气中易被氧化。可用金属在酸性溶液中与锑化物反应或锑化锌水解制备。用于合成有机锑化合物。

锑化物 [antimonide] 金属和锑生成的化合物。自然界有锑银矿等。可由金属和锑直接反应制备。锑化镁和锑化锌可用于制备锑化氢，锑化铟是重要的半导体材料，锑化钠和锑化钾可与烷基卤化物或芳基卤化物反应生成有机锑化物。

铁 [iron] 化学元素(第四周期第 8 族)，过渡金属，属铁系元素。符号 Fe。原子序数 26，原子量 55.845。质软，银白色。相对密度 7.87，熔点 1538℃，沸点 2861℃。电阻率 $9.61\times10^{-8}\Omega\cdot m$(20℃)。纯铁延展性好，磁化和去磁快。铁溶于盐酸、稀硫酸和硝酸，在浓硝酸和浓硫酸中钝化。在干燥的空气中较稳定，在潮湿空气中易生锈，在氧气中燃烧。和卤素可直接化合生成卤化物。主要氧化态为+2 和+3。重要化合物有三氧化二铁、四氧化三铁、氯化铁及铁的配合物等。自然界中主要矿物是赤铁矿(三氧化二铁)，磁铁矿(四氧化三铁)和菱铁矿(碳酸亚铁)等。铁矿、焦炭和石灰石混合在高炉中冶炼而得。用于制备各种钢铁材料，是国民经济中的重要金属。

铁铵矾 [ammonium iron alum] 又称硫酸铁铵。化学式 $NH_4Fe(SO_4)_2\cdot12H_2O$，式量 482.192。无色或者浅紫色风化性晶体。相对密度 1.71，熔点约 37℃，230℃时失去结晶水。在空气中逐渐变为浅棕色或棕色。易溶于水，不溶于乙醇。用作化学分析试剂、药物和织物媒染剂，也用于制炸药。由硫酸铁和硫酸铵混合结晶制备。

铁类金属 [ferrous metal] 即黑色金属。

铁氰化钾 [potassium ferricyanide] 即赤血盐。

铁系元素 [iron group] 元素周期表中第四周期第 8、9、10 族的元素铁、钴、镍的总称。

铁锈 [rust] 铁表面缓慢氧化后生成的红褐色或黄褐色粉末状或鳞片状固体。主要成分是氧化铁及其水合物，化学式可以用 $Fe_2O_3\cdot xH_2O$ 表示，但铁锈的实际成分比较复杂。在潮湿的空气中，铁被空气中的氧气氧化为+2 价铁，水合后形成氢氧化物，再进一步氧化为+3 价铁，并与水和 CO_2 等作用，形成一系列复杂的化合物。

同多酸 [isopolyacid] 两个或两个以上同种含氧酸缩水而成的多酸。常见酸中，碳酸、硝酸、高氯酸未发现多酸，能够形成同多酸的成酸元素有 B、Si、P、S、V、Cr、Mo、W、As 等，它们形成的同多酸如 $H_2B_4O_7$(四硼酸)、$H_4Si_4O_{10}$(四硅酸)、$H_5P_3O_{10}$(三磷酸)、$H_2S_2O_7$(焦硫酸)、$H_2Cr_2O_7$(重铬酸)、$H_7V_5O_{17}$(七钒酸)、$H_4Mo_8O_{26}$(八钼酸)、$H_{10}W_{12}O_{41}$(十二钨酸)。

同构反应 [isostructural reaction] 配合物中的某一配体被另一配体取代而配合物的结构类型保持不变的配体交换反应。

同晶替代 [isomorphous substitution] 即同晶置换。

同晶置换 [isomorphous substitution] 又称同晶替代。晶态物质的晶体结构中，某种离子或原子占有的位置，部分被性质类似、大小相近的其他离子或原子占有，但晶体结构类型基本不变的现象。如铝硅酸盐矿物是由硅氧四面体层和铝氧八面体层交错叠合而成的晶型结构。由于铝也能形成$[AlO_4]$四面体，且 Al(III)的离子半径为 0.050 nm，与 Si(IV)的离子半径 0.041 nm 十分接近，因此 Al(III)可以局部取代 Si(IV)的位置，而整个晶体结构保持不变。

同量异位素 [isobar] 质量数相同但原子序数不同的核素。

同素异形体 [allotrope] 由同种元素组成的结构不同的单质。如氧(O_2)和臭氧(O_3)；金刚石、石墨和球碳；白磷和红磷；等等。它们性质和形态的差异取决于组成、结构的不同。金刚石中每个碳原子以 sp^3 杂化轨道，按四面体的四个顶点方向和其他四个碳原子以共价键结合，形成无限三维骨架，其熔点高，硬度大。石墨中每个碳原子以 sp^2 杂化轨道按平面正三角形三个顶点方向与周围三个碳原子成共价键，形成无限层状结构，每个碳原子剩余的一个 p 电子形成层内的离域大π键，故导电性能好，层间是分子间作用力，故石墨质软、易解离。球碳 C_{60}、C_{70}、C_{50} 等由碳原子组成封闭球形分子。

同素异价化合物 [mixed valence compound] 即混合价化合物。

同素异形转化 [allotropic transition] 在一定的温度和压力下，某种元素由一种同素异形体的结构形式转变为另一种同素异形体结构形式的过程。例如石墨与金刚石、石墨与碳纳米管和富勒烯之间的转化；正交硫与单斜硫的转化等。

同位素 [isotope] 质子数相同而中子数不同的一组原子，它们有相同的质子数，在周期表上占有同一位置，但由于中子数不同而具有不同的质量数。例如氢有 ${}^1_1H$、${}^2_1H$、${}^3_1H$ 三种同位素，氧有 ${}^{16}_8O$、${}^{17}_8O$、${}^{18}_8O$ 三种同位素。1910 年索迪 (F. Soddy) 首先提出同位素的名称。1912 年汤姆孙 (J. T. Thomson) 发现 ${}^{22}_{10}Ne$，当时已知 ${}^{20}_{10}Ne$，这是最早发现的稳定同位素。

同位素取代 [isotope substitution] 在一个反应物中的某一个原子被其同位素取代。例如，${}^{12}C$、${}^{13}C$、${}^{14}C$ 是 C 的三种同位素，它们的原子核均含有 6 个质子，分别含 6、7、8 个中子。${}^{14}C$ 是放射性核素，它可取代反应物中的其他碳原子，用于研究含碳化合物之间的反应机理。

铜 [copper] 化学元素(第四周期第 11 族)。符号 Cu。原子序数 29，原子量 63.546。淡红色金属。立方晶系。有良好的延展性和导电性。相对密度 8.96，熔点 1084.62℃，沸点 2562℃，电阻率 $1.678\times10^{-8}\Omega\cdot m$(20℃)。不溶于水，溶于硝酸和热硫酸，极微溶于盐酸和氨水。化学性质不活泼。不与干燥空气和水反应。与含有二氧化碳的潮湿空气接触时表面形成绿色铜锈，在空气中加热时表面生成氧化铜。能与浓氰化钾溶液反应生成配合物，可与热氯化铜盐酸溶液或氯化铁溶液反应。黄铜矿经氧化和还原得粗铜，电解精炼得纯铜。主要用于电气工业、电镀，也可用于制造合金。

铜分族 [copper group element] 又称第 11 族。周期表中第 11 列(ⅡB 族)元素铜、银、金的总称，核外价电子构型为 $(n-1)d^{10}ns^1$。

土耳其玉 [turquoise] 即绿松石。

土硝 [nitre] 即硝石。

脱离子化 [deionization] 即去离子化。

脱色土 [decoloring clay] 即漂白土。

脱水 [dehydration] 从物质中除去水分的过程。其中包括：除去物质中不定量水；脱去结晶水合物一定量结晶水；化合物分子内或者分子间的邻近两羟基脱去一分子水。

脱水反应 [dehydration reaction] 在一定条件下，有水分子脱出的反应。如乙醇在浓硫酸的催化下，加热时可发生分子内脱水(170℃)生成乙烯，也可发生分子间脱水(140℃)生成乙醚。

脱水性 [dehydration property] 物质所具有的将其他物质中的氢原子和氧原子按水分子中的氢、氧原子比脱去的能力。常见具有脱水性的物质有浓硫酸(H_2SO_4)、焦硫酸($H_2S_2O_7$)、五氧化二磷(P_2O_5)等。

拓扑反应 [topochemical reaction; topotactic reaction] 生成物与反应物主体结构基本一致的反应。例如，插入反应，客体分子进入主体结构中，引起化学键的断裂，但所得产物结构与母体结构密切关联。

王水 [aqua regia] 浓盐酸与浓硝酸按体积比 3∶1 形成的混合物。

网式 [arachno-] 前缀词。表示比巢式结构更敞开，类似于网状的结构，特别用于描述硼烷及其衍生物的结构，通式为 B_nH_{n+6}，例如丁硼烷 B_4H_{10}。

文石 [aragonite] 又称霰石。碳酸盐矿之一。与方解石同为 $CaCO_3$ 的同质多晶变体。正交晶系。在自然界比方解石少得多。

稳定同位素 [stable isotope] 原子核不自动发生衰变、裂变等反应，可以稳定存在的同位素。

钨 [tungsten] 化学元素(第六周期第 6 族)，过渡金属。元素符号 W，原子序数 74，原子量 183.84。坚硬银白色金属，通常得到灰色粉末。相对密度 19.3，熔点 3422℃，是熔点最高的金属，沸点 5555℃。电阻率 $5.28\times10^{-8}\Omega\cdot m$(20℃)。化学性质稳定。常温下不被空气氧化，不与盐酸、硫酸反应，微溶于硝酸、氢氟酸和王水。氧化态为+2、+4 和+6，主要是+6。重要化合物有氧化钨、硫化钨、钨酸盐和多钨酸盐等。自然界中主要以白钨矿($CaWO_4$)和黑钨矿($FeWO_4$)存在。白钨矿和黑钨矿用纯碱熔融后，再用盐酸提取，生成钨酸，煅烧后生成为氧化钨，用氢气在高温下还原得单质钨。主要用于制备特种合金钢、灯丝和高速切削工具等。

钨锰铁矿 [wolframite] 即黑钨矿。

钨青铜 [tungsten bronze] 通式为 $M_{1-x}WO_3(0<x<1)$ 的钨酸盐。钨的氧化态为+5 和+6 的混合态，M 为碱金属、碱土金属或镧系元素等。外观似青铜，故名。

钨酸 [tungstic acid] 三氧化钨 WO_3 与水结合而形成的化合物，通式为 $mWO_3\cdot nH_2O$。随 m 和 n 值不同，可以形

成不同结合形式的多聚化合物。例如，组成最简单的钨酸是 $WO_3 \cdot H_2O$,其固体结构中，WO_6 八面体共用四个顶点形成层状结构，未共用的顶点以 OH 形式存在。二水合物 $WO_3 \cdot 2H_2O$ 与 $WO_3 \cdot H_2O$ 结构类似，只是在层间插入了水分子。

无机合成 [inorganic syntheses] 又称无机制备。合成无机化合物并研究各种合成方法。除合成普通无机物外，现已扩展到合成金属有机化合物、生物无机化合物、原子簇化合物、无机固体材料等方面。无机物的物理、化学性质及反应规律等为无机合成的基础，对具有特定结构和性质的无机材料设计和合成是其发展方向。代表性的技术有：经典的水溶液化学法和高温固相反应、电解法、非水溶剂法、化学气相沉积法、电弧法、光化学法、水热法等。近年来又发展了高温、高压等极端条件下的化学合成，以及温和条件下的溶胶-凝胶法合成。

无机酸 [mineral acid; inorganic acid] 又称矿物酸。为无机类酸的总称。除碳酸外，成酸的中心元素非碳原子，或者结构中不含碳原子。常见的无机酸，按组成分为含氧酸与无氧酸。硫酸(H_2SO_4)、硝酸(HNO_3)为含氧酸，盐酸(HCl)为无氧酸。无机酸在工业、科研上有广泛的应用，硫酸、硝酸、盐酸是常用的三大强酸。

无机制备 [inorganic preparation] 即无机合成。

无配体原子簇 [non-ligand metal cluster] 参见有机化学裸簇。

无水石膏 [anhydrite] 又称硬石膏。硫酸盐矿，化学成分为 $CaSO_4$。主要为盐湖中化学沉积产物，常与食盐、光卤石等矿物共生。地表条件下，可水化为石膏。正交晶系。

无氧酸 [nonoxoacid; hydracid] 又称氢某酸。由单原子阴离子或不含氧的多原子阴离子与氢原子结合生成的酸，包括全硫代酸和各种络合酸。如：氢碘酸 HI，硫氰酸 HSCN，六氟合硅酸 H_2SiF_6，氢硫酸 H_2S，四硫代砷酸 H_3AsS_4，氢氰酸 HCN，六氯合铂(Ⅳ)酸 H_2PtCl_6。

五氟化磷 [phosphorus pentafluoride] 分子式 PF_5，分子量 125.966。无色气体。气态密度 5.149 g/L，熔点–93.8℃，沸点–84.6℃。水中分解生成磷酸和氟化氢。对热稳定。可用氟与磷在常温下反应或五氯化磷和氟化钙反应制备。可作离子型化合物聚合反应的催化剂。

五氟化锑 [antimony pentafluoride] 分子式 SbF_5，分子量 216.752。无色油状液体。相对密度 3.10，熔点 8.3℃，沸点 141℃。和水剧烈反应。溶于氟化钾溶液。有腐蚀性和吸湿性。由氟气通入气态三氟化锑制备。用于有机物氟化，也用作催化剂。

五氯化磷 [phosphorus pentachloride] 分子式 PCl_5，分子量 208.239。黄白色固体。相对密度为 2.1，160℃升华，三相点 167℃。遇水水解，生成磷酸和盐酸。易溶于二硫化碳。由三氯化磷和氯气反应制取。用作氯化剂、催化剂和脱水剂。

五水合硫酸铜 [copper sulfate pentahydrate] 俗称胆矾。

五水硫代硫酸钠 [sodium thiosulfate pentahydrate] 即海波。

五氧化二氮 [nitrogen pentoxide] 又称硝酸酐。分子式 N_2O_5，分子量 108.010。无色六方晶体。相对密度 2.0(18℃)，33℃升华。溶于冷水和氯仿，热水中分解成硝酸，微溶于乙酸。强氧化剂，性质极不稳定，易潮解挥发，挥发时分解成二氧化氮和氧气，随分解可能发生爆炸。可用五氧化二磷使硝酸脱水或用臭氧氧化二氧化氮制备。

五氧化二钒 [vanadium pentoxide] 又称钒酸酐。化学式 V_2O_5，式量 181.88。橙黄色正交晶体或橙黄色粉末。相对密度 3.35，熔点 681℃，沸点 1750℃。两性氧化物，以酸性为主。微溶于水，不溶于乙醇，溶于强酸生成钒氧离子，溶于强碱生成钒酸盐。由热分解偏钒酸铵制备。主要用作接触法制硫酸及有机合成的催化剂。

五氧化二磷 [phosphorus(V) oxide] 又称十氧化四磷、磷酸酐。分子式 P_2O_5，分子量 141.945。白色固体。极易潮解。相对密度 2.30，熔点 562℃，沸点 605℃。水解成磷酸。溶于硫酸，不溶于丙酮和液氨。对皮肤和黏膜有腐蚀性。可由白磷在充足氧气中燃烧制备。可作干燥剂和有机合成的脱水剂，也可制备高纯度磷酸。

硒 [selenium] 化学元素(第四周期第 16 族)。符号 Se。原子序数 34，原子量 78.96。有四种同素异形体：灰色六方晶形金属型硒，略带蓝色，相对密度 4.81(20℃和 405.2 kPa)，熔点 220.8℃，沸点 685℃，不溶于水、二硫化碳和乙醇，溶于硫酸和氯仿；红色单斜晶型硒，相对密度 4.39， 120℃转化为六方硒，沸点 685℃，不溶于水、乙醇，微溶于乙醚，溶于硫酸和硝酸；红色无定形硒相对密度为 4.26，黑色玻璃态硒相对密度为 4.28，180℃转化成六方硒，沸点 685℃，不溶于水，微溶于二硫化碳。有剧毒。能导电、导热。电导率随光照强弱而急剧变化，可增强 1000 倍以上，是光导材料。可与氢气、卤素直接反应，与金属反应生成硒化物。以重金属冶炼的残渣为原料，将硒化物氧化成二氧化硒，再转化成亚硒酸、硒酸或相应的盐，再用二氧化硫还原可得硒。硒化氢分解可得纯硒。可用于制造光电管、照相曝光剂、冶金添加剂，也可用作玻璃、塑料、油漆、陶瓷、搪瓷、润滑油稳定剂和墨水的颜料，高纯硒可用于高效整流器。

硒酸 [selenic acid] 分子式 H_2SeO_4，分子量 144.97。白色吸水固体。相对密度 2.95，熔点 58℃，260℃分解，高于

沸点温度分解。无水硒酸易潮解，易溶于水。稀硒酸水溶液的酸性与硫酸接近，但氧化性强于硫酸，能氧化 SO_2、H_2S、I^-、Br^-等。由于硒酸和 SeO_3 的强氧化性，不能通过 SeO_2 在空气中氧化制得 SeO_3 后，再与水反应制取硒酸。而是采用 H_2O_2 氧化 Se 或 SeO_2，生成的 SeO_3 溶于水得到硒酸。

稀土金属 [rare earth metal] 即稀土元素。

稀土元素 [rare earth element] 又称稀土金属。是钇和镧系(57～71 号)元素的总称。它们的绝对丰度并不低，但在地壳中分布较稀散，不易分离提纯，早年仅制得其混合氧化物，氧化物为碱性，加之其难溶于水，难熔化(俗称土性)，故称稀土。已发现独居石、黑稀金矿等 20 多种有工业开采价值的矿物。稀土元素之间性质极为相似，16 种元素的分离、发现经历了 150 多年。分离提取方法分为化学法(分级结晶、分级沉淀及氧化还原)、离子交换法、萃取法。按它们的密度、自然界存在形式和分离方法，又分成轻、重稀土，轻稀土为镧～铕(铈组)，重稀土为钇和钆～镥(钇组)。也有把钪放在稀土元素中，但钪与其他稀土元素易分离，性质差别也大。

稀有金属 [rare metal; less common metal] 即稀有元素。

稀有气体 [rare gas; noble gas] 元素周期表中第18 列元素氦、氖、氩、氪、氙、氡单质的总称，这些元素的分子由一个原子组成，分子间作用弱，常温常压下为气体。

稀有元素 [rare element] 又称稀有金属。通常指在自然界含量很少，或分布稀散、发现较晚，或制备方法困难耗资昂贵的金属，如锂、铷、铯、铍、镭、钒、铌、钽、铪、钼、钨、铼、镓、铟、铊、锗、稀土元素等。稀有金属和普通金属并无明显的界限，也没有一个严格的定义。某些所谓稀有金属在自然界的含量比普通金属铜、银、金、汞等还高。随着资源的发现和制备方法的改进，会使人们重新划分稀有金属的范围。例如，1886 年霍尔(C. M. Hall)和埃鲁(P. L. -T. Héroult)分别发明电解氧化铝和冰晶石熔体制备铝之前，铝很昂贵，是公认的稀有金属，现在则为普通元素。

锡 [tin] 化学元素(第五周期第 14 族)。符号 Sn，原子序数 50，原子量 118.71。有两种晶态：灰锡，α 型，灰色金属，立方晶系，相对密度 5.77，13.2℃转化为白锡，沸点 2602℃；白锡，β 型，银白色金属，四方晶系，相对密度 7.29，熔点 231.93℃，沸点 2602℃。不溶于水，溶于盐酸、硫酸、王水和碱，微溶于稀硝酸。空气中金属锡表面生成二氧化锡膜而稳定，加热下氧化反应加快。与卤素加热反应生成四卤化物，与硫反应生成二硫化锡和一硫化锡，与稀硝酸反应生成硝酸亚锡，与浓硝酸反应生成 β 锡酸，与强碱反应生成亚锡酸盐。工业上采用先煅烧锡矿石生成二氧化锡，再在高温下用炭还原二氧化锡来制备粗锡，再用电解法制备纯锡。主要用作制造合金，如铅锡合金可作焊锡，铜锡合金为青铜，还可作锡箔和金属镀层。

锡石 [cassiterite] 化学式 SnO_2，晶体属四方晶系的氧化物矿物。是提取锡、制造锡合金的矿物原料。

锡酸 [stannic acid] 化学式 $SnO_2 \cdot xH_2O$。两种形态：α-锡酸，无定形或凝胶，不溶于水，溶于酸、碱和碳酸钾溶液；β-锡酸，白色，无定形固体或凝胶，不溶于水、酸和碳酸钾溶液，溶于碱。α-锡酸可由四价锡盐在室温下水解或与适量碱或氨水反应制备，α-锡酸长期放置或加热会逐渐变成 β-锡酸。

锡酸钠 [sodium stannate] 化学式 $Na_2Sn(OH)_6$，式量 266.734。无色六方晶体或白色粉末或块状固体，140℃脱去三分子水。溶于水，不溶于乙醇和丙酮。在水溶液中水解成 α-锡酸，并使溶液呈碱性。可用熔融的氢氧化钠或碳酸钠与二氧化锡反应制备。可作媒染剂、纺织品的阻燃剂、增重剂，也可用于制造玻璃、陶瓷、碱性镀锡等。

洗涤碱 [washing soda] 又称十水合碳酸钠。化学式 $Na_2CO_3 \cdot 10H_2O$，式量 286.142。无色晶体。相对密度 1.46，34℃分解。易溶于水，不溶于乙醇。易风化，变成白色粉末 Na_2CO_3。

纤锌矿 [wurtzite] 硫化物矿。六方硫化锌，化学式 α-ZnS。白色、浅灰白色或浅黄色粉末，晶体有光泽。六方晶系，相对密度 4.087，熔点 1700℃。不溶于水和乙醇，溶于稀酸。因含杂质不同而呈黄色、褐色或黑色。产出不如闪锌矿广。

氙 [xenon] 化学元素(第五周期第 18 族)。符号 Xe，原子序数 54，相对原子质量,131.29。单原子分子型气体。气态密度 5.887 g/L，熔点–111.74℃，沸点–108.09℃。无色、无味、无臭。可溶于水形成包合物。一般情况下化学惰性。特定条件下，可形成+2、+4、+6 和+8 等多种价态的化合物，主要是氟化物、氧化物或氟氧化物。由空气分离获得。主要用于制备氙的化合物。

霰石 [aragonite] 即文石。

相对分子质量 [relative molecular mass] 即分子量。

相对原子质量 [relative atomic mass] 即原子量。

相分离 [phase separation] 单一固相或液相分离成两相或多相的过程。

消石灰 [slaked lime] 参见氢氧化钙。

硝石 [saltpeter] 又称钾硝石、火硝或土硝。天然产的硝酸钾。

硝酸 [nitric acid] 分子式 HNO_3，分子量 63.013。无色液体。强腐蚀性。吸湿。有毒。相对密度 1.5129(20℃)，熔点–41.6℃，沸点 83℃。与水互溶，乙醇中强烈分解，溶于乙醚。浓硝酸有强氧化性和强腐蚀性，能将金属(除金、铂外)氧化成氧化物或硝酸盐，将单质磷氧化成磷酸，单质硫氧化成硫酸，将有机物或碳氧化成二氧化碳。硝酸通常被还原成一氧化氮，浓硝酸可还原成二氧化氮，稀硝酸和活泼金属反应可生成铵盐。可由氨的催化氧化制备，实验室用硝酸盐与浓硫酸反应制备。可用于生产硝酸铵氮肥，制造硝酸甘油和三硝基甲苯炸药，纤维素硝化可制硝化纤维，还可用于冶金、蚀刻、雕版和矿石浮选。

硝酸铵 [ammonium nitrate] 化学式 NH_4NO_3，式量 80.043。无色晶体。易潮解。相对密度 1.72，熔点 169.7℃，200～260℃分解。易溶于水，溶于乙醇、甲醇、丙酮和液氨，不溶于乙醚。热稳定性差。在封闭体系中加热或受撞击会剧烈分解而爆炸。用硝酸和氨水反应制备。用于制造炸药或提高其他炸药的爆炸速度，还可制造氮肥、杀虫剂、冷冻剂、烟火等。

硝酸铋 [bismuth nitrate] 通常含结晶水，化学式 $Bi(NO_3)_3 \cdot 5H_2O$，式量 485.071。无色晶体，三斜晶系。稍微吸湿。相对密度 2.83，约 75℃分解，80℃失去 5 分子水。水中分解。极易溶于硝酸，溶于酸、甘油和丙酮，不溶于乙醇。在空气中风化生成一层碱式盐薄膜。可用铋与硝酸反应再蒸发结晶制备。用于制铋盐和化学试剂、收敛剂、防腐剂等。

硝酸酐 [nitric anhydride] 即五氧化二氮。

硝酸钾 [potassium nitrate] 化学式 KNO_3，式量 101.103。无色透明晶体或粉末。相对密度 2.105。熔点 334℃，400℃分解并放出氧气。溶于水、酒精的稀水溶液、甘油，不溶于无水酒精或乙醚。不潮解。用于黑色火药、玻璃、火柴及化肥等生产部门，也作分析试剂。有天然产物。也可以由氯化钾与硝酸钠水溶液经复分解反应制取。

硝酸钠 [sodium nitrate] 化学式 $NaNO_3$，式量 84.995。无色或白色晶体。相对密度 2.261，熔点 306.5℃，380℃分解成亚硝酸和氧气。易吸湿潮解。易溶于水和甘油，难溶于乙醇。广泛用于制造硝酸、氮肥、火药、炸药、烟火、火柴、药物、颜料及玻璃等，也用于保存食物。硝酸钠矿物又称智利硝石。

硝酸铅 [lead nitrate] 化学式 $Pb(NO_3)_2$，式量 331.2。无色晶体。有毒。相对密度 4.53，熔点 470℃。易溶于水，溶于 43%乙醇、碱和氨水。与有机物接触能促进燃烧。可用金属铅溶解在中等浓度硝酸和稀硝酸中，再蒸发、浓缩、结晶制备。是实验室常用可溶性铅盐，用于制备其他铅盐、织物媒染剂、油漆颜料、感光剂、医药、火柴、爆炸物，还可用于鞣革和刻版。

硝酸双氧铀 [uranyl nitrate] 即硝酸铀酰。

硝酸锶 [stronium nitrate] 化学式 $Sr(NO_3)_2$，式量 211.63。白色晶体。相对密度 2.99，熔点 570℃，1100℃分解变成氧化锶。溶于水，溶解度随温度升高而剧增。微溶于酒精、丙酮，不溶于稀酒精和硝酸。用于制造红色烟火、信号灯及曳光弹等。由碳酸锶与硝酸反应制取。

硝酸钍 [thorium nitrate] 化学式 $Th(NO_3)_4$，式量 480.058，55℃分解。其水合物的化学式 $Th(NO_3)_4 \cdot 4H_2O$，式量 552.119，500℃分解。白色晶体。易潮解。极易溶于水，水溶液呈酸性。溶于乙醇，微溶于丙酮和乙醚。有放射性。在 500℃分解为二氧化钍。有强氧化性。与有机物摩擦或撞击能引起燃烧或爆炸。用硫酸法或烧碱法分解独居石制备。用于制作汽灯纱罩、制备二氧化钍和金属钍，也用于化学合成、电真空、耐火材料、医药、分析试剂等方面。

硝酸银 [silver nitrate] 化学式 $AgNO_3$，式量 169.873。无色晶体。相对密度 4.35，熔点 210℃，440℃分解。溶于水、乙醚和甘油，微溶于无水乙醇、丙酮。在有机物存在下，见光变灰色或灰黑色。与硫化氢反应生成黑色硫化银沉淀，与铬酸钾反应生成红棕色铬酸银沉淀，与磷酸氢二钠反应生成黄色磷酸银沉淀，与卤素离子反应生成卤化银沉淀，与碱反应生成黑色的氧化银。与氨、氰根、硫氰根、硫代硫酸根离子反应生成配离子。其氨水溶液能被有机还原剂醛、糖还原，用于鉴定醛、糖。银与稀硝酸反应制备。可制造银镜、照相乳剂和油墨，可作消毒剂、腐蚀剂、化学试剂，也用于电镀。

硝酸铀酰 [uranyl nitrate] 又称硝酸双氧铀。水合物的化学式为 $UO_2(NO_3)_2 \cdot 6H_2O$，式量 502.129。浅黄绿色晶体，具放射性。正交晶系，有绿色荧光。相对密度 2.81，熔点 60℃，118℃分解。有爆炸性，易潮解。易溶于水、乙醇、乙醚、乙酸、丙酮和甲醇，水溶液呈酸性。250℃时分解为三氧化铀，超过 500℃生成八氧化三铀。与碱金属硝酸盐生成 $M^{I}[UO_2(NO_3)_3]$型复盐。硝酸与二氧化铀反应制备。用于制作黄颜料或荧光黄的瓷釉和玻璃，还可用于照相、铀萃取、化学分析和医疗等。应储存于阴凉、通风处，远离火种、热源。

小苏打 [baking soda] 碳酸氢钠的俗称。

笑气 [laughing gas] 又称一氧化二氮、氧化亚氮。分子式 N_2O，分子量 44.012。无色气体。气态密度 1.799 g/L，熔点−90.8℃，沸点−88.48℃。微溶于水，溶于乙醇、乙醚和硫酸。化学性质不太活泼。超过 560℃明显分解成氧气和氮气。能助燃。与氢或氨混合加热引起爆炸。在亚硫酸溶液中，可被铜还原为氮，被二价锡离子还原成羟胺，被三价钛离子还原为氨。可由硝酸铵在 200℃下加热分解(反应放热，注意控制速度)或由盐酸羟胺与亚硝酸钠反应制备。有令人愉快的气味和甜味，吸入少量氧化二氮和空气的混合物可使人轻度兴奋，有时发笑；曾用作麻醉剂，吸入过量可致死。可用于防止有机液体和食物的腐败，也用于制造气溶胶状食品。

协同催化 [concerted catalysis] 几种不同催化剂的协同作用。也指多功能催化剂的作用，以及由组分间形成的复合活性中心与催化剂的协同作用。例如，在生化体系中，酶活性部位存在几个催化基团，在空间结构上有特定的排列位置，能够结合底物的不同部位，共同完成催化反应。

协同效应 [synergic effect; cooperative effect] 又称增效作用。是一种物理化学现象，指两种或两种以上的组分相加或调配在一起，所产生的作用大于各种组分单独作用的总和，经常被表述为“1+1＞2”。常用于指导化工产品各组分的组合，使最终产品性能增强。

协同性 [cooperativity] 参见协同效应。

锌 [zinc] 化学元素(第四周期第 12 族)。符号 Zn。原子序数 30，原子量 65.38。白色金属，六方晶系，比较脆。相对密度 7.134，熔点 419.527℃，沸点 907℃。电阻率 $5.91\times10^{-8}\Omega\cdot m$ (20℃)。化学性质活泼，在空气中表面生成致密氧化膜。显两性，易与酸、碱反应。与酸反应放出氢气，生成锌离子；与碱反应生成锌酸根。氧化态为+2。重要化合物有氧化锌、硫化锌、氯化锌等。自然界中主要以闪锌矿存在(主要成分 ZnS)，经高温煅烧被氧化为氧化锌，焦炭还原得单质锌。用于电镀、制马口铁、合金、电池等。

锌白 [zinc white] 氧化锌的俗称。

锌钡白 [Charlton white] 由硫化锌(ZnS)和硫酸钡($BaSO_4$)组成的白色粉末，通常用化学式 $ZnS\cdot BaSO_4$ 表示，一般含硫化锌 28%～30%。相对密度 4.3，硬度 4。遮盖力优于锌白，差于钛白。化学稳定性好，在 pH＜3 的酸中不稳定，生成硫化氢。不溶于碱。由硫酸锌和硫化钡反应制备。主要用于油漆和其他涂料，以及橡胶制品和纸张的填充剂。

锌分族 [zinc group element] 即第 12 族元素。

锌铬黄 [zinc chrome yellow] 又称锌黄。主要成分是铬酸锌 $ZnCrO_4$。化学成分变动于 $4ZnO\cdot CrO_3\cdot 3H_2O$ 与 $4ZnO\cdot 4CrO_3\cdot K_2O\cdot 3H_2O$ 之间，颜色由亮黄至柠檬黄。着色力和遮盖力较差，但耐光性好。部分溶于水，易溶于酸和碱。由氧化锌和重铬酸钾(钠)作用制得。作为黄色颜料用于油漆、油墨、水彩、油彩、塑料、橡胶等制品的着色。

锌黄 [zinc yellow] 即锌铬黄。

雄黄 [realgar] 又称鸡冠石。四硫化四砷的矿石名称。分子式 As_4S_4，分子量 427.950。通常为橘黄色粒状固体或橙黄色粉末，质软，性脆。单斜晶体，相对密度 3.6。不溶于水，微溶于苯，溶于碱。可与碱反应生成三硫化二砷和砷。加热到一定温度后在空气中可以被氧化为剧毒成分三氧化二砷。自然界中常与雌黄(As_2S_3)、辉锑矿等共生。是制备其他砷化合物及玻璃、颜料、焰火等的原料，中医药上用作解毒杀虫药。

溴 [bromine] 化学元素(第四周期第 17 族)。符号 Br，原子序数 35，原子量 79.904。单质分子式 Br_2，分子量 159.808，黑红色液体，气态红棕色，固态黑色。液态相对密度 3.12(20℃)，气态密度 $7.59\ mg\cdot cm^{-3}$，熔点–7.2℃，沸点 58.8℃。微溶于水，易溶于乙醇、乙醚、氯仿和二硫化碳。液溴与皮肤接触会破坏组织，导致难以治愈的溃疡，还能刺激眼、鼻和气管的黏膜。中等强度氧化剂。除个别贵金属外，能与所有金属及电负性比它小的非金属形成溴化物，与电负性比它大的非金属反应时溴呈正氧化态，还可与有机物发生加成和取代反应。工业上用氯气通入浓缩的新鲜卤水和海水置换出溴，再用空气吹出并用碳酸钠溶液吸收，然后经过酸化即得液溴。主要用于制备无机和有机溴化物、塑料，也用于漂白和消毒。

溴化钾 [potassium bromide] 化学式 KBr，式量 119.002。无色立方晶体。稍微吸湿。相对密度 2.74，熔点 734℃，沸点 1435℃。易溶于水，微溶于乙醇、乙醚和甘油。应避光密封保存。可用铁溴法制备，即先用溴与铁反应生成溴化铁，再与碳酸钾溶液共热反应，过滤掉四氧化三铁即可；也是溴蒸气通入氢氧化钾溶液制备溴酸钾的副产品。可作镇静剂，在摄影上用于制造溴化银干板，还可制特种肥皂，用于医药和平版印刷。

溴化钠 [sodium bromide] 化学式 NaBr，式量 102.894。无色立方晶体。易吸湿。相对密度 3.200，熔点 747℃，沸点 1390℃。易溶于水，微溶于乙醇。应避光密封保存。可用尿素还原法制备，即用溴与尿素和碳酸钠反应制备。可制造感光胶片，也可作镇静剂、溴化剂和化学中间物。

溴化氢 [hydrogen bromide] 分子式 HBr，分子量 80.912。无色有刺激性气味气体。液态淡黄色。有毒。气态密度 3.388 g/L(20℃)，液态相对密度为 2.603(–84℃)，熔点–86.80℃，沸点–66.38℃。易溶于水，溶于乙醇。干燥溴化氢化学性质不太活泼，但还原性比氯化氢强，浓硫酸能将溴化氢氧化成溴，但不能氧化氯化氢。潮湿溴化氢的性质比较活泼，其水溶液称为氢溴酸。可用溴与氢在高温下反应、溴化钾与浓磷酸反应或溴化磷水解制备。氢溴酸可用于分析化学和有机合成。

溴化银 [silver bromide] 化学式 AgBr，式量 187.772。淡黄色立方晶体。相对密度 6.47，熔点 430℃，沸点 1502℃。不溶于水、酸和乙醇，溶于氰化钾溶液、硫代硫酸钠溶液，微溶于氨水。见光易分解，开始变灰，最后变黑。可用溴化钾与硝酸银反应制备。主要用于制造照相底片或感光纸。

溴水 [bromine water] 溴的水溶液，棕黄色，20℃溴在水中的溶解度是 3.38 g/100g 水中。有溴离子存在时，溴的溶解度剧增。可在水中歧化成氢溴酸和次溴酸。

溴酸 [bromic acid] 分子式 $HBrO_3$，分子量 128.910。仅在溶液中存在。无色或略带黄色，100℃分解。易溶于水，热水中分解。最高浓度可达 50%，超过此浓度即迅速分解并发生爆炸。强酸。浓溶液呈强氧化性。可用溴水与氯气反应或溴酸钡与硫酸反应制备。用于制染料、药物等，实验室也用作氧化剂。

亚磷酸酐 [phosphorusanhydride] 即三氧化二磷。

亚硫酸 [sulfurous acid] 分子式 H_2SO_3，分子量 82.079。仅在溶液中存在，相对密度约 1.03。溶于水、乙醇、乙醚和乙酸。弱酸，电离常数 $K_1=1.6\times10^{-2}$，$K_2=1.0\times10^{-7}$。有强还原性，可被氧化成硫酸；有氧化性，可被还原成硫。可用二氧化硫溶于水中制备。工业上用作还原剂、漂白剂和消毒剂，可用于合成药品和化合物、造纸、酿酒、冶金、矿石浮选、石油产品精炼等。

亚硫酸酐 [sulfurous anhydride] 即二氧化硫。

亚砷酸酐 [arsenous anhydride] 即三氧化二砷。

亚锑酐 [antimonous oxide] 即三氧化二锑。

亚铁氰化钾 [potassium ferrocyanide] 即黄血盐。

亚硒酸 [selenous acid] 分子式 H_2SeO_3，分子量 128.97。二元弱酸。白色固体，易潮解。相对密度 3.0，熔点 70℃(分解)。易溶于水，微溶于醇。既有氧化性又有还原性，以氧化性为主。能氧化 H_2S、I^-等还原性物质。由 Se 和 HNO_3 反应制备。

亚硒酸酐 [selenous anhydrate] 即二氧化硒。

亚硝酸 [nitrous acid] 分子式 HNO_2，分子量 47.014。仅在溶液中存在，冷水中分解。弱酸。化学性质不稳定，易分解成二氧化氮和一氧化氮，也会发生歧化反应。既有氧化性，又有还原性，氧化性比还原性强。在水溶液中能将碘离子氧化成单质碘，和强氧化剂反应生成硝酸。可用二氧化氮和一氧化氮的混合物溶解在接近零度的水中制备，也可用亚硝酸盐和酸反应制备。工业上用于有机合成，使胺类转变成重氮化合物以制备偶氮染料。

亚硝酸酐 [nitrous anhydride] 即三氧化二氮。

亚硝酸钠 [sodium nitrite] 化学式 $NaNO_2$，式量 68.996。白色或者微黄色晶体，正交晶系。熔点 284℃，320℃分解，相对密度 2.17。易溶于水，水溶液呈碱性。微溶于乙醇、甲醇和乙醚。具有氧化性，也有弱还原性，在空气中可被氧化为硝酸钠。工业上常用吸收法制备，即用烧碱或纯碱溶液吸收硝酸生产过程中尾气里的氮氧化物(NO，NO_2)，分离除去其中的硝酸钠，可得到亚硝酸钠结晶。与有机物接触易燃烧和爆炸，应低温密闭储存。用作织物染色的媒染剂、漂白剂、金属热处理剂。医学上用于生产血管扩张药物。也用于制备分析试剂、硝基化合物和偶氮染料等。

氩 [argon] 化学元素(第三周期第 18 族)。符号 Ar，原子序数 18，原子量 39.948。单原子分子型气体。气态密度 1.7837 g/L，熔点–189.36℃，沸点–185.85℃。无色、无味、无臭。难溶于水。化学惰性。是空气中含量最多的稀有气体。由空气分离获得。用于充填电灯泡，亦作为金属焊接及冶金工业中的保护性气体。

岩盐 [rock salt] 化学成分为氯化钠，与海盐、湖盐一并，是人类获取氯化钠的主要来源。

盐 [salt] 酸中的氢离子被金属离子取代(部分或全部)而形成的离子化合物。可以通过酸碱中和反应得到，如 NaCl、CaF_2、$NaHCO_3$。

盐湖化学 [chemistry of salt lake] 分析盐湖湖水及其沉积物的组成，研究从盐湖中分离、提取物质的方法的化学分支学科。按照盐湖湖水的化学成分，盐湖可分为碳酸盐、硫酸盐和氯化物三种类型。盐湖水中主要阳离有 Na^+、Mg^{2+}、Ca^{2+}、K^+，阴离子有 CO_3^{2-}、HCO_3^-、SO_4^{2-}、Cl^-等；某些盐湖还含有较丰富的 Br^-、Li^+和硼砂。研究分离提取方法时，常常涉及相关盐水体系的相图，这也大大推动了物理化学分析学科的发展。

盐酸 [hydrochloric acid] 又称氢氯酸。是氯化氢的水溶液，最高浓度可达 43.4%。常用浓盐酸的浓度为 38%，相对密度 1.19。浓度 20.24%的盐酸在 110℃沸腾时组成不变，是共沸混合物。盐酸是强酸，有腐蚀性，并具有还原性。工业上是除硫酸外最重要的酸，用于制造金属氯化物、染料和化学药品，并用于油井酸化、食品加工、镀锌、镀锡和搪瓷工业中，是重要的化学试剂。

阳极沉积 [anodic deposition] 电解方法精炼金属时，作为阳极的粗金属被氧化溶解时，其中不溶物在阳极沉积出来的过程。该沉积物称为阳极泥，其中含有杂质和贵金属，可回收。

阳极合成 [anodic synthesis] 在阳极得到预期的产物的电化学合成方法。例如，制备高铁酸钠时，以金属铁为阳极、铂为阴极，在隔膜电解池中电解氢氧化钠溶液，在阳极得到高铁酸根离子。

阳极氧化 [anodic oxidation] 用电解法将置于阳极的金属制件的表面氧化，形成一层致密的氧化膜，使金属部件具有美观、抗腐蚀和耐磨等性能。

阳离子 [cation] 又称正离子。带正电荷的原子或原子团。

氧 [oxygen] 化学元素(第二周期第 16 族)。符号 O，原子序数 8，原子量 15.9990；是地壳含量最丰富的元素。单质符号 O_2，分子量 31.999。无色、无臭、无味气体，约占空气的 20%。气态密度 1.331 g/L(20℃)，液态相对密度 1.141(–183℃)，熔点–218.79 ℃，沸点–182.962℃。微溶于水、乙醇和有机溶剂。氧电负性仅次于氟，所有化学元素都能与氧直接或间接化合生成各类氧化物。除惰性气体、卤素及一些不活泼金属(如金、铂等)外，氧能与所有的金属和非金属直接反应。可与活泼金属形成过氧化物和超氧化物。氧分子还可失去一个电子生成二氧基正离子 O_2^+。实验室可用氯酸钾或硝酸钾热分解制备，也可用重金属氧化物热分解或金属过氧化物与水和酸反应制备；工业上采用液态空气分馏方法制备。氧气是动物维持生命过程和燃烧过程的必要物质，还广泛应用于冶金、化工、环保等领域。

氧化 [oxidation] ❶狭义上，指物质与氧化合的作用。❷广义上，指反应过程中，原子失去电子(氧化态升高)的过程。例如金属钠和氯气反应生成氯化钠，钠原子被氯气氧化，失去电子变为钠离子。

氧化铂 [platinum dioxide] 即二氧化铂。

氧化钙 [calcium oxide] 化学式 CaO，式量 56.077。白色晶体粉末。相对密度 3.34，熔点 2613℃。碱性氧化物。难溶于水，易溶于酸。在空气中吸收二氧化碳变成碳酸钙。用于生产电石、漂白粉及钙盐等，也用于建筑材料、耐火材料、干燥剂、废水净化、制革等方面。由石灰石煅烧制取。工业品称生石灰。

氧化镉 [cadmium oxide] 化学式 CdO，式量 128.41。棕色晶体或无定形粉末，在氧气中长时间加热时变暗红色。相对密度 8.15(无定形为 6.95)，熔点 900～1000℃，高于熔点温度后升华并分解。有毒！碱性氧化物，溶于酸和氯化铵溶液，不溶于水，可溶于氨水生成配合物。在空气中能吸收二氧化碳生成碳酸镉，逐渐变白。能被氢气还原为金属镉。通过空气氧化单质镉，或碳酸镉、硝酸镉热分解制备。用于电镀、陶瓷、催化剂和制备镉盐。

氧化铬 [chromium oxide] 即三氧化二铬。

氧化铬绿 [green chromium oxide] 即三氧化二铬。

氧化汞 [mercury oxide] 化学式 HgO，式量 216.59。有红色和黄色两种形态。正交晶系，相对密度 11.14。光照下颜色缓慢变暗，熔点 500℃，同时分解为单质汞和氧气。碱性氧化物，可溶于稀硝酸和盐酸，不溶于水、乙醇和其他有机溶剂。由硝酸亚汞加热制得红色氧化汞，氢氧化钠溶液与汞盐反应制得黄色氧化汞。可用作氧化剂，制备有机汞化合物、药物、化学试剂和颜料等。

氧化还原反应 [oxidation-reduction reaction (redox)] 化学反应过程中伴有电子得失而引起元素氧化态改变的反应。失去电子是氧化，得到电子是还原。如钠和氯气反应生成氯化钠固体，钠被氧化，氯气被还原。

氧化还原平衡 [oxidation-reduction equilibrium] 从氧化还原反应电对的电极电势角度出发，反应中两个电对的电极电势相等时，反应达到平衡。平衡常数的大小取决于氧化剂和还原剂强弱，即氧化剂和还原剂组成电池的标准电动势大小。标准电动势小，则氧化还原反应的平衡常数 K 小，反应难以进行完全。反应体系的酸碱性、沉淀或配合物生成对平衡有影响。

氧化剂 [oxidant; oxidizing agent] 在氧化还原反应中，得电子的物质。能氧化其他物质而自身被还原，氧化数降低。例如镁条燃烧生成氧化镁的反应中，氧气是氧化剂。向 KI 溶液通入氯气析出碘的反应中，$Cl_2+2KI \longrightarrow I_2+2KCl$ 氯气是氧化剂。常见的氧化剂有某些含氧酸及其盐，如 $KMnO_4$、$K_2Cr_2O_7$，某些高价氧化物、过氧化物、卤素单质等。

氧化铝 [aluminum oxide; bauxite] ❶广义上，指化学式为 Al_2O_3 的化合物。但氧化铝的种类很多，结构和性质有很大的区别，因此在 Al_2O_3 的化学式前面加上希腊字母来表示。例如：α-Al_2O_3、γ-Al_2O_3、δ-Al_2O_3 和 κ-Al_2O_3 等。❷狭义上，指铝矾土(bauxite)，用 Al_2O_3 表示。氧化铝(铝矾土)是白色粉末，六方晶系，式量 101.961。相对密度 3.99，熔点 2054℃，沸点 2977℃。不溶于水，缓慢溶于浓硫酸。由煅烧氢氧化铝制备。用作研磨剂，也用作制造坩埚、瓷器、耐火材料等的原料。

氧化镁 [magnesium oxide] 又称苦土。化学式 MgO，式量 40.304。无色晶体。相对密度 3.0，100℃分解。难溶于水或酒精。易溶于酸、铵盐和二氧化碳水溶液。呈碱性。在空气中吸收水分和二氧化碳。用于制作高温耐火材料、电绝缘材料、肥料、橡胶及塑料的填料等，也用于制药、催化剂、水处理等。由热分解菱镁矿或白云石制备，也可由灼烧氢氧化镁制备。

氧化硼 [boron oxide] 又称硼酸酐或三氧化二硼。化学式 B_2O_3，式量 69.620。无色半透明脆性玻璃体，吸湿性团块或白色晶体。无定形体的相对密度为 1.812，晶体相对密度 2.55，熔点 450℃，沸点约 1860℃。强烈吸水变成硼酸。溶于水、酒精或甘油。与某些金属氧化物可形成具有特征颜色的硼玻璃。用于生产硼及其化合物、合金钢、耐热玻璃、涂料阻燃剂等。由硼酸热脱水制取。

氧化铍 [beryllium oxide] 化学式 BeO，式量 25.011。白色晶体或粉末。相对密度 3.01，熔点 2578℃，沸点约 3900℃。剧毒！微溶于水，易溶于酸、碱或碳酸铵水溶液。主要用作有机合成的催化剂，制造耐火材料、陶瓷、铍合金及荧光灯等，也用在热核装置中。由氢氧化铍、碳酸铍或硝酸铍热分解制取，也可在氧气或空气中燃烧金属铍粉得到。

氧化数 [oxidation number] 氧化态的近义语。由于氧化态是一个数值，因此使用中多用氧化数表达。国际纯粹化学与应用化学联合会(IUPAC)定义：配合物中心物种移去配体后所带的电荷。用罗马数字表示。与氧化态本质上没有区别，只是该定义特别强调配合物中中心离子的主价态。

氧化态 [oxidation state] 物质中原子氧化程度的量度。可定义为按一定原则分配电子时原子可能带有的电荷。由于氧化态是一个数值，因此使用中多用氧化数表达。确定物质中元素氧化数主要原则有：①元素在单质中的氧化数等于0；②在二元离子化合物中，各元素的氧化数等于该离子的电荷数；在共价化合物中，将成键电子对人为分配给电负性大的元素，这些元素的原子带负电荷；③在中性分子中所有元素氧化数的代数和等于零；在离子团中，所有元素氧化数的代数和等于该离子团的电荷数；④某一元素在一个化合物中的氧化数一般取平均值。例如，在常见的化合物中，IA 金属氧化数为＋1，ⅡA 金属氧化数为＋2，F 氧化数为–1；O 氧化数一般为–2，过氧化物（O_2^{2-}）中 O 的氧化数为–1，超氧化物（O_2^-）中 O 的氧化数为–1/2。氧化数与化合价之间既有区别又有联系，参见化合价和氧化数。

氧化铁 [iron oxide] 又称三氧化二铁、氧化铁红。化学上氧化铁常指三氧化二铁，化学式 Fe_2O_3，式量 159.688。红棕色粉末，相对密度 5.25，熔点 1539℃，溶于盐酸、稀硫酸生成+3 价铁盐。高温下会分解成四氧化三铁和氧气，与碳混合后加热被还原为单质铁。硝酸亚铁加热分解或氧化亚铁灼烧制备。作为红色颜料用于油漆、橡胶、塑料、建筑等。用于制备铁氧体等磁性材料。习惯上也有把铁的不同氧化态的氧化亚铁（FeO）、三氧化二铁（Fe_2O_3）和四氧化三铁（化学式 Fe_3O_4）等称为氧化铁，使用时需注意。

氧化铁红 [red iron oxide] 即氧化铁。

氧化铜 [copper oxide] 化学式 CuO，式量 79.545。黑色固体。相对密度 6.31，熔点 1227℃，不溶于水和乙醇，溶于酸、氯化铵溶液和氰化钾溶液，氨溶液中缓慢溶解。微显两性，难溶于碱。对热稳定，只在高温下（大于 1000℃）分解放出氧气，能被氢或一氧化碳还原。由铜在空气中加热或氢氧化铜、硝酸铜、碱式碳酸铜热分解制备。用作有机物高温氧化的催化剂和油类的脱硫剂，在玻璃和搪瓷工业中作着色剂，并用于制人造丝和气体分析等。

氧化物 [oxide] 氧元素以单个氧原子或氧离子参与结合其他元素形成的化合物。它们与过氧化物、臭氧化物和氧基（O_2^+）盐有区别。已知元素中，除氖、氩以外皆可形成氧化物，氧与氟生成的二元化合物称氟化物，如 OF_2，氧与氢生成水。氧的电负性很大，与电负性较小的大多数金属元素形成的氧化物是离子型的，如 Na_2O、MgO、FeO、MnO_2 等，与非金属元素一般形成共价氧化物，如 CO_2、Cl_2O_7等，与高价金属或极化率大的低价金属形成过渡键型的氧化物，如 PbO、Ag_2O、Mn_2O_7 等。按酸碱性可分成酸性、碱性、两性、中性氧化物。在矿物或材料中，存在一类复杂的氧化物，称复合氧化物，如钙钛矿（$CaTiO_3$）、尖晶石（$MgAl_2O_4$）等。

氧化锡 [tin oxide] 化学式 SnO_2，式量 150.709。灰色四方晶体。相对密度 6.85，熔点 1630℃，不溶于水和王水，溶于氢氧化钾和氢氧化钠，与强碱共熔生成可溶性锡酸盐。对空气和热稳定。空气中加热，或与浓硝酸反应后灼烧脱水制备。用于陶瓷上釉和着色，作玻璃的磨料，也用于制备金属锡、特种玻璃、化妆品和催化剂等。

氧化亚氮 [nitrous oxide] 即笑气。

氧化锌 [zinc oxide] 俗称锌白。化学式 ZnO，式量 81.408。通常为白色粉末，高温时呈黄色，冷却时恢复白色。六方晶系，相对密度 5.60，熔点 1974℃，升华温度 1800℃。属两性氧化物，可溶于酸、强碱及氯化铵溶液，不溶于水和有机溶剂。在空气中能吸收水和二氧化碳生成碳酸锌。锌和氧气直接化合制备，也可用碳酸锌热分解制得。用作橡胶添加剂和油漆的白色颜料。也用于半导体领域的液晶显示器、薄膜晶体管、发光二极管等，微颗粒的氧化锌作为一种纳米材料应用。

氧桥 [oxo bridge] 氧原子作为结构中的桥基连接两个或两个以上的原子或基团。

氧炔焰 [oxy-acetylene flame] 乙炔在氧气中燃烧，产生 3500°C 的高温火焰。用于切割或焊接金属。

氧鎓化合物 [oxonium compound] 含氧鎓离子的化合物。如 $H_3O^+ ClO_4^-$。

氧鎓离子 [oxonium ion] 质子化的水。即 H_3O^+。

氧族元素 [oxygen group element] 即第 16 族元素。

一碳化钨 [tungsten monocarbide] 即碳化钨。

一氧化氮 [nitric oxide] 分子式 NO，分子量 30.006。无色气体，液态和固态为蓝色。气态密度 1.226 g/L，液态相对密度 1.269（–150.2℃），熔点–163.6℃，沸点–151.74℃。微溶于水、乙醇，溶于硫酸亚铁溶液和二硫化碳。不助燃。高温时有氧化作用，超过 1000℃分解，和同体积氢混合加热爆炸。在水溶液中被二氧化硫还原成氧化二氮，易与氧反应生成二氧化氮，还可作为配位体，形成亚硝基配合物。可由氨与氧在铂催化下制备，实验室可用稀硝酸与铜反应制备，工业上用氧和氮通过电弧在 4000℃反应制备。可用于生产硝酸和其他产物。

一氧化二氮 [nitrous oxide] 即笑气。

一氧化铅 [lead monoxide] 化学式 PbO，式量 223.2。有两种形态：密陀僧，红色固体，四方晶系，相对密度 9.35，489℃转化为铅黄；铅黄，黄色固体，正交晶系，相对密度 9.64，熔点 897℃。不溶于水、乙醇，溶于稀硝酸，溶于强碱溶液，生成铅（Ⅱ）酸盐。在空气中能逐渐吸收二氧化碳；高温氧化成四氧化三铅；加热时易被氢、碳、一氧化碳等还原成铅。

用于制造金属铅、铅玻璃、蓄电池和其他铅化合物，用作颜料、冶金的助熔剂和油漆的催干剂，并用于石油、橡胶、玻璃、陶瓷等工业。

一氧化碳 [carbon monoxide] 分子式 CO，分子量 28.010。无色无味有毒气体。气态密度 1.250 g/L(0℃)，液态相对密度 0.793，熔点–205.1℃，沸点–191.5℃。微溶于水，溶于醇、氯仿、苯、乙酸、二氯化二铜。燃烧时火焰呈蓝色。可用作还原剂。与非金属生成羰基化合物(如光气)，与过渡金属生成配合物(如五羰基合铁)。一氧化碳与血红蛋白的结合能力比氧气强 210 倍，能破坏血红蛋白输氧功能，当空气中一氧化碳达 0.1%时(体积比)，将引起中毒，可注射亚甲基蓝解毒。碳在氧气不充分的条件下燃烧，生成一氧化碳，在矿井和汽车尾气中也能产生。实验室用浓硫酸与甲酸反应制备一氧化碳。用作化工原料、燃料及制备羰基化物，是煤气和水煤气的主要成分。

一元酸 [monoprotic acid] 每个酸根结合有一个可电离的氢离子的酸。如 HCl、HNO_3、H_3PO_2(次磷酸)。

铱 [iridium] 化学元素(第六周期第 9 族)，过渡金属，铂系元素。符号 Ir，原子序数 77，原子量 192.217。有光泽的银白色金属，立方晶系。相对密度 22.56，熔点 2446℃，沸点约 4428℃。电阻率 $4.7\times10^{-8}\Omega\cdot m$(0℃)。化学惰性。在空气中稳定，对所有酸呈惰性。微溶于王水，可和熔融碱作用。氧化态为+2、+4 和+6。在自然界中以单质存在，常由精炼镍的废料中提取。以锇铱合金矿存在，从自然合金矿中分离出来。主要用于制备特种合金，高硬度的铂铱合金用于制笔尖，国际标准米尺是由 10%铱和 90%铂的合金制成。

乙酸铅 [lead acetate] 即铅糖。

乙酸亚砷酸铜 [copper acetate metaarsenite] 即巴黎绿。

钇 [yttrium] 化学元素(第五周期第 3 族)，稀土元素。符号 Y，原子序数 39，原子量 88.906。银白色，六方晶系。相对密度 4.47，熔点 1522℃，沸点 3345℃。电阻率 $59.6\times10^{-8}\Omega\cdot m$(17～27℃)。活泼金属，在空气中生成氧化膜而稳定。易燃。溶于热水，放出氢气。易溶于酸和氢氧化钾。氧化态+3，重要化合物有氧化钇、氢氧化钇、卤氧化钇和卤化钇等。主要矿物是磷钇矿(YPO_4)。碳还原氟化钇制备。可制特种玻璃、合金、超导材料以及钇铝石榴石 $Y_3Al_5O_{12}$ 激光材料等。

镱 [ytterbium] 化学元素(第六周期第3族)，镧系元素。符号 Yb，原子序数 70，原子量 173.05。质软，银白色有金属光泽。立方晶系，相对密度 6.90，熔点 824℃，沸点 1196℃。电阻率 $25.0\times10^{-8}\Omega\cdot m$(17～27℃)。能被空气缓慢氧化。溶于水、稀酸和液氨。氧化态为+3 和+2，主要矿物是独居石，用钙还原氧化镱制备。用于特种合金，近年来用于在光纤通信和激光技术。

阴离子 [anion] 又称负离子。带负电荷的原子或原子团。

铟 [indium] 化学元素(第五周期第 13 族)。符号 In，原子序数 49，原子量 114.82。银白色金属。相对密度 7.31，熔点 156.60℃，沸点 2072℃。比金属铝软，延展性好。在空气中稳定，受热时与卤素、氧、硫、磷等反应。与许多金属形成合金。用于生产低熔合金、轴承合金、半导体及电光源等。在原子能工业中用以测定或吸收中子。由炼锌的闪锌矿渣提取成氧化铟后，再在高温下由氢还原成金属铟。

银 [silver] 化学元素(第五周期第 11 族)。符号 Ag，原子序数 47，原子量 107.868。白色金属。立方晶系。质地较软。相对密度 10.5，熔点 961.78，沸点 2162℃，电阻率 $1.59\times10^{-8}\Omega\cdot m$(20℃)。有高导电和导热性。延展性仅次于金，反光能力特别强。化学性质不活泼，一般与氧不反应。不溶于水和碱，溶于硝酸、热硫酸和氰化钾溶液。硫化氢和硫使银表面变黑，常温下能逐渐与卤素反应，在约 240℃能与臭氧反应生成过氧化银，红热的银可与氯化氢反应。氰化钠浸取银矿形成 $Ag(CN)_2^-$，用锌或铝还原制得粗银，再用电解法提纯。用于制造合金，化合物用于感光材料、电器、电镀及医疗等方面。

萤石 [fluorite; fluorspar] 氟化物矿。化学式 CaF_2。重要的结构类型之一。

硬石膏 [calcium sulfate] 参见硫酸钙。

硬水 [hard water] 指含有较多可溶性 Ca^{2+}、Mg^{2+}和/或 Fe^{3+}等高价离子，硬度大于 8°的水。主要含钙离子、镁离子和碳酸氢根离子的水，在煮沸时会析出碳酸盐沉淀，这种水称暂时硬水。主要含有钙离子、镁离子和硫酸根离子或硝酸根、氯离子的水，煮沸时无钙盐和镁盐沉淀析出，称永久硬水。参见水的硬度。

有色金属 [non-ferrous metal] 指黑色金属铁、铬、锰之外的所有金属。

铕 [europium] 化学元素(第六周期第 3 族)，镧系元素。符号 Eu，原子序数 63，原子量 151.964。银灰色金属，质软。相对密度 5.244，熔点 822℃，沸点 1529℃。电阻率 $90\times10^{-8}\Omega\cdot m$ (17～27℃)。是镧系元素中化学性质最活泼的元素，与氧和水反应迅速，能燃烧生成氧化物，和水反应放出氢气，易溶于酸。氧化态为+3 和+2，三价化合物为粉红色。重要化合物有氧化铕、氯化铕、氟化铕等。主要矿物是独居石，由镧还原氧化铕制得。主要用于发光材料、激光材料等领域，是有重要应用价值的稀土元素。

诱导反应 [induced reaction] 在反应体系中，一个反应被同时存在的另一个反应引发或加速的过程。起加速作用的物质称为诱导剂。与催化剂不同，诱导剂在反应过程中被消耗。

元素 [element] 又称化学元素。是具有相同核电荷数的原子的总称。人类所发现和合成的数千万种化合物皆是由不同种元素的原子组成的。碳、硫、铁、铜、银、金、汞等元素，远古时代已为人类所应用。氢、氧、氮、氯、铝、钠、钙、镁等也都是人们所熟知的元素。现代元素概念的形成始于 18 世纪后期。在燃烧现象的研究中，约在 1787 年，拉瓦锡(A. L. de Lavoisier)指出“元素是用任何方法都不能再分解的简单物质”。之后约 250 年间，周期表中的元素以平均每 2.5 年 1 种元素的速度递增。1937 年第一种人造新元素锝(Tc，原子序数 $Z=43$)在回旋加速器中由氘核轰击 Mo 原子的产生，开启了人工合成元素的时代。锝、钷(Pm，$Z=61$)以及 $Z>83$ 的所有元素均为放射性元素。从 95 号元素镅(Am)开始，均为人造元素。2016 年 11 月 30 日，国际纯粹与应用化学联合会核准并发布了 4 种人工合成元素——113、115、117 和 118 号元素的英文名称和元素符号，至此，天然存在和人工合成的元素共有 118 种。

元素丰度 [abundance of element] 各元素在地壳中的平均含量。是由美国化学家克拉克(F. W. Clarke)在总结了世界各地大量矿样分析数据后首先给出，故元素丰度也称克拉克值。常用质量分数或摩尔分数表示，前者称质量克拉克值，后者称原子克拉克值。由于取样范围、分析技术、计算方法不同，所得数据可能不完全一致。如近年来深入研究了海底地壳的组成，镁的元素丰度明显增加，其他一些元素也有变化。元素丰度的规律概括起来有，①不同的克拉克数据中，丰度排在前面的元素总是氧、硅、铝、铁、钙、镁、钠、钾等，②随着原子序数的增加，元素丰度降低，③对大多数元素说来，原子序数为偶数的元素的丰度高于相邻的奇数元素，④稀有气体在地壳中丰度非常小。

元素符号 [atomic symbol] 表示元素种类的字母，它既表示相应的某种元素，还可表示该元素的一个原子。元素符号通常取该元素拉丁文名称的第一个字母并大写，若第一个字母与其他元素相同，则附加小写的第二个或第三个字母，依次类推。如氧的拉丁文名称为 Oxygenium，元素符号为 O，钠的拉丁文名称为 Natrium，元素符号为 Na，银的拉丁文名称为 Argentum，元素符号为 Ag。新元素定名直接给出英文名称，故元素符号从英文名称中按上述办法选取。化学家在原子学说建立之后不久就开始使用符号来代表元素，最早的元素符号是由贝采里乌斯在 1911 年倡议的。

元素化学 [chemistry of elements] 无机化学的分支学科之一。主要研究元素在自然界的存在形式和分布状况，研究元素的单质及其相关化合物的物理性质、化学性质、制备方法和应用等。元素化学的研究积累了大量数据和知识，奠定了无机化学的基础。有关数据和知识常常按元素周期律进行归纳和总结。随配位化学、生物无机化学、无机材料化学的发展，元素化学的内容和研究在深度和广度上有更大的扩展。

元素周期表 [periodic table of elements] 按原子序数和原子核外电子排布的周期性变化排列元素而得到的表格。元素周期表反映元素性质周期性变化规律。

19 世纪，随着大量元素的发现及元素知识的积累，科学家如格梅林(L. Gmelin)等开始探讨元素的变化规律。里程碑的工作是门捷列夫(D. I. Mendeleev)于 1869 年给出的元素周期表——该周期表将当时已知的 63 种元素的进行了合理的排布，同时预测了尚未发现的元素钪(类硼)、镓(类铝)和锗(类硅)的存在因而促成了这些元素的发现。1870 年，迈耶(J. L. Meyer)按照元素物理性质的变化也排出了周期表。

20 世纪，现代原子结构模型和量子力学的建立和发展为元素周期律奠定了坚实的理论基础：原子核外电子构型的周期性排布是元素性质周期性变化的依据。现代周期表有 7 个横行，为 7 个周期。有 18 列，依次为 1 至 18 族。现在仍流行用 IA～ⅧA 表示第 1 至第 8 主族，IB～ⅧB 表示第 1 至第 8 副族。其中 IA 和ⅡA 相应于第 1 和第 2 列(族)，ⅢA～ⅦA 相应于第 13 至第 17 列(族)，ⅧA 族也称零族，对应于第 18 族；IB～ⅡB 族为第 11～12 族，ⅢB～ⅦB 为第 3 至第 7 族，ⅧB 族(又称第Ⅷ族)则含第 8、9、10 族三列。

通常的元素周期表给出有关元素的原子序数、原子量、价层电子排布、是否是人造元素和/或放射元素等基本信息，以及同位素、常见氧化态、单质的熔沸点等数据。元素周期表是化学的基石，从中可归纳和推测元素及其化合物的性质和变化规律。

2016 年 11 月 30 日，国际纯粹与应用化学联合会核准并发布了 4 种人工合成元素——113、115、117 和 118 号元素的英文名称和元素符号，这 4 种元素的确认，标志着元素周期表中第七周期被全部填满，至此第 1 至 118 号元素形成了一张完整规范的元素周期表。

元素周期律 [periodic law of elements] 元素性质随着原子序数的增加呈周期性变化的规律。元素的电离焓、电子亲合焓、电负性、原子半径、金属性、单质的熔点、沸点、密度、氧化物及其水合物的酸碱性等性质，随着原子序数递增都有呈现周期性的规律变化。近代对原子结构的深入研究发现，元素周期律的根源在于原子核外电子排布的周期性变化。周期律的发现推动了无机化学知识的系统化，是人类科学史上的一个重要贡献。

元素周期系 [periodic system of elements] 按一定性质或者规律排列元素的方式。典型的元素周期系的表示方式就是元素周期表。

原酸 [orthoacid] 成酸元素连接的羟基数目与其氧化数相同的酸。如 H_3BO_3。有些成酸元素的原酸实际并不存在，常常脱去一定数目的 H_2O 分子，例如 C 的原酸为 H_4CO_4，并不存在，它脱去 1 分子 H_2O 而形成碳酸 H_2CO_3。

原子 [atom] 物质结构的一个层次，由带正电荷的原子核和带负电荷的核外电子组成，原子核则由带正电荷的质子和电中性的中子组成。原子是化学反应的基本单位，在发生化学变化时，原子的核外价层电子发生变化，而原子核保持不变。现代原子的概念最早由道尔顿提出，随着放射性、电子的发现以及对阴极射线、α 粒子散射、原子光谱等现象的深入研究，人类才逐步认识到原子结构的复杂性。1982 年扫描隧道显微镜(STM)问世，可以观察到原子的图像，原子的存在得到直接证明。

原子价 [valence of an atom] 即化合价。

原子量 [atomic weight] 又称相对原子质量。某元素一个原子的平均质量与标准原子质量单位[^{12}C 原子质量的 1/12，1.6605402×10^{-27}kg]的比值。如 $^{16}_{8}O$ 的原子量为 15.99491463，$^{1}_{1}H$ 的原子量为 1.007825035。对自然界存在的元素，按各同位素丰度权重而取平均值，所得数值称元素的原子量。如天然的氢是由 $^{1}_{1}H$ 和 $^{2}_{1}H$ 两种同位素组成，其相应的原子量分别是 1.007825035 和 2.01410779，同位素丰度为 99.985%和 0.015%，所以氢元素的原子量为：1.007852×99.985%+2.01410×0.015%=1.00794。

按照上述定义，对人工合成元素则无原子量可言，但“原子量与同位素丰度委员会”同时给出“放射性核素的相对原子质量”表，列出这些元素的重要核素的相对原子质量，或者标明其质量数，有时也采用半衰期最长的同位素的相对原子质量作为原子量，加方括号[ ]以示区别。

原子序 [atomic number] 即原子序数。

原子序数 [atomic number] 又称原子序。元素在周期表中排列的序号，等于原子的核电荷数，即核内质子数。原子序数的符号为 Z。如氢的原子序数为 1，氧的原子序数为 8，铁的原子序数为 26。早年门捷列夫按原子量大小排列原子位置。1913 年莫塞莱(H. G. Moseley)发现了原子序数与其特征 X 射线频率 ν 的平方根呈线性关系：

$$\sqrt{\nu}=a(Z-b)$$

式中，a、b 为常数。这项关系式称为莫塞莱(Moseley)定律。利用以上关系不仅可以测定原子序数 Z，也指出了原子序数的物理意义，即原子序数等于原子核所带的正电荷数。

原子质量 [atomic mass] 基态原子的静止质量。质量的计量以标准原子质量单位作为参比。符号 m_a。

原子质量常量 [atomic mass constant] 处于基态的 ^{12}C 原子质量的 1/12，符号为 m_u，m_u=1.66055402(10)×10^{-27} kg，为标准的原子质量单位。

云母 [mica] 云母族矿物的总称。为层状结构的硅酸盐矿物，可沿解理面剥离成薄片。种类繁多，重要的有白云母、黑云母、金云母和锂云母等。

杂多酸 [heteropolyacid] 由不同种成酸元素含氧酸缩去水而形成的一类多酸。常见的杂多酸有钼和钨的磷、硅杂多酸，如 $H_3[PMo_{12}O_{40}]$(十二钼磷杂多酸)、$H_3[PW_{12}O_{40}]$(十二钨磷杂多酸)、$H_3[SiMo_{12}O_{40}]$(十二钼硅杂多酸)、$H_3[SiW_{12}O_{40}]$(十二钨硅杂多酸)。可由含氧酸直接加热制备多酸，或由含氧酸盐加热、酸化制备多酸及其盐。参见多酸。

杂化材料 [hybrid material] 由两种或多种不同组分在分子水平或纳米等尺度上复合、杂化而成，兼具两种或多种组分的复合性能甚至新性能的一类材料。如无机-有机杂化材料。

杂硼烷 [heteroborane] 硼烷的衍生物。由硼原子和硫或磷等杂质原子共同组成骨架的多面体簇合物。

增效作用 [synergism] 即协同效应。

锗 [germanium] 化学元素(第四周期第 14 族)。符号 Ge，原子序数 32，原子量 72.63。灰白色金属，立方晶系，有明显的非金属性。相对密度 5.323，熔点 938.25℃，沸点 2833℃。不溶于水、稀酸和碱，溶于热硫酸和王水。室温下与水、氧不反应，加热到 700℃以上可与氧反应生成二氧化锗，到 1000℃以上可与氢反应。加热时可与卤素和硫反应；易与硝酸和氢氟酸的混合酸反应生成氟锗酸；空气存在下易与熔融的氢氧化钠(或钾)反应生成锗酸盐；在过氧化氢等氧化剂存在下能与碱反应生成锗酸盐。可用氢或碳还原纯二氧化锗制备，用区域熔融法提纯。高纯单晶锗是制造晶体管和二极管的半导体材料，掺镓的单晶锗可用于制造低温温度计和辐射热测量计，掺汞和掺铜的单晶锗可用于制造红外探测器和非本征光传导装置。

正长石 [orthoclase] 铝硅酸盐矿，主要成分为 $K(AlSi_3O_8)$，含一定数量的 $Na(AlSi_3O_8)$ 组分，单斜晶系。

正负[离子]同体化合物 [zwitterionic compound] 即内盐。

正离子 [cation] 即阳离子。

正氢 [orthohydrogen] 核自旋取向相同的氢分子(核自旋转动量子数为奇数值，$J=1, 3, 5\cdots$)。

正砷酸 [arsenic acid] 即砷酸。

质量摩尔浓度 [molality] 用每千克溶剂中所含溶质的摩尔数表示的浓度。单位 $mol\cdot kg^{-1}$。

质子 [proton] 物质结构的一个层次。组成原子核的带正电荷的微观粒子。氢的核素氕失去核外电子后即为质子。

质子传递 [proton transfer] 在分子内或者分子间，质子从一个位点转移到另一个位点的过程。

质子化 [protonation] 原子、分子或离子结合质子的过程。如 H_2O 结合一个质子生成 H_3O^+；OH^-结合一个质子生成 H_2O；NH_3 结合一个质子生成 NH_4^+。

质子碱 [protonic base] 又称布朗斯特碱。布朗斯特-劳里酸碱理论中接受质子的物质。参见酸碱质子理论。

质子酸 [protonic acid] 又称布朗斯特酸。布朗斯特-劳里酸碱理论中提供质子的物质。参见酸碱质子理论。

智利硝石 [Chile saltpeter; Chile nitre] 又称钠硝石。为天然产的硝酸钠 $NaNO_3$。

置换反应 [displacement reaction] 广义的取代反应。即一种单质代替化合物中的某一原子或原子团，形成另一种单质和新的化合物。可表示为 $A+BC \longrightarrow BA+C$。例如锌和稀硫酸反应生成氢气和氯化锌，可认为是锌离子置换了稀硫酸中的氢离子。

中和作用 [neutralization] 酸和碱作用生成盐和水的反应。本质上是酸中的 H^+和碱中的 OH^-作用生成水。

仲氢 [parahydrogen] 核自旋取向相反的氢分子(核自旋转动量子数取偶数值，$J = 0, 2, 4, 5\cdots$)。

重过渡元素 [heavy transition element] 第五、六周期过渡元素的总称。这是一种习惯上的名称，第四周期过渡元素常称为轻过渡元素。大部分重过渡元素为硬度大，熔、沸点高的金属。化学性质不活泼，单质大部分不易与强酸反应，其中以钒、铌、银、金与铂系金属尤为突出。不易形成低价离子化合物，而其高价态化合物比较稳定。

重水 [heavy water] 氢的同位素氘和氧组成的水。分子式 D_2O。

周期 [period] 元素周期表中的横行，表中有 7 个横行即 7 个周期。同一周期的元素具有相同的最高主量子数。

周期是按原子中电子填充顺序的能级组划分的。第一周期电子能级组为 1s，含有两种元素，为特短周期。第二周期电子能级组为 2s2p，第三周期电子能级组为 3s3p，各含有八种元素，为短周期。第四、第五周期电子能级组分别为 4s3d4p 和 5s4d5p，各含 18 种元素，为长周期。第六、第七周期能级组分别为 6s4f5d6p 和 7s5f6d7p，各含有 32 种元素，为特长周期。第一、二、三周期也可统称为短周期，第四、五、六、七周期亦可统称为长周期。

朱砂 [cinnabar] 即辰砂。参见硫化汞。

逐级分解 [stepwise decomposition] 在分解反应中，至少生成一个反应中间体，且至少包含两个连续的基元反应的分解反应过程。

逐级解离 [stepwise dissociation] 多元酸或者多元碱在电离过程中分步解离出氢离子或者氢氧根离子的过程。如磷酸(H_3PO_4)在电离过程中给出 H^+，并逐级解离出 $H_2PO_4^-$、HPO_4^{2-} 和 PO_4^{3-} 离子。

逐级水解 [stepwise hydrolysis] 高价阳离子或者多元弱酸的酸根阴离子在水解时分步结合氢氧根离子或者氢离子。例如 PO_4^{3-} 一级水解得 HPO_4^{2-}，二级水解得 $H_2PO_4^-$ 等。

主族 [main group] 元素周期表中第 1、2、13、14、15、16、17 列元素，记为ⅠA～ⅦA 族。这些族也常依次称碱金属、碱土金属、硼族、碳族、氧族、卤族。主族元素的价层电子为未填满的最外层电子。也有文献把 18 族(稀有气体)包括在主族内，称为ⅧA 族。

助熔剂 [flux] 即熔剂。

准金属 [metalloid] 又称半金属或类金属。指某些性质介于金属、非金属之间的单质和化合物。金属和非金属之间没有截然的界限。位于周期表 p 区的金属和非金属元素分界线两边的元素的单质常称准金属，它们通常具有一维、二维和三维大分子结构，单质一般硬而脆，液体导电性能比固体好(除金刚石外)，与典型金属不同；石墨、As、Sb、Bi、Si、Ge、Se、Te 以及黑磷与典型非金属不同，均具有半导体性质，有的还具有金属光泽。半导体和微电子工业的发展与准金属的单质和化合物的开发和应用是分不开的。

自分解反应 [autodecomposition] 自动进行分解的反应。例如，过氧化氢置于空气中自动分解为氢气和氧气。

自燃 [spontaneous ignition] 无外来火源，物质自发着火燃烧的现象。通常由物质在缓慢氧化过程中积累了足够热量不易散去而引起。如白磷在空气中被氧化自燃产生氧化磷。

自氧化还原反应 [self-redox reaction] 特指分子的原子间相互传递电子，使该部分原子被氧化，另一部分被还原。可以是元素的不同价态间或不同元素间的氧化还原反应。例如氯气 Cl_2(氧化态为 0)在强碱溶液中歧化为次氯酸根 ClO^-(氧化态为+1)和 Cl^-(氧化态为−1)；NH_4NO_3 热分解产生 N_2、H_2O 和 O_2。

族 [group; family] 元素周期表中的纵列称为族。周期表中有 18 纵列，国际纯粹与应用化学联合会(IUPAC)建议用阿拉伯数字依次标号，分别称为 1 至 18 族。目前仍习惯上把 1，2，13～18 列表示为 IA～ⅧA 族，把 11，12，3～12 列表示为 IB～ⅧB 族，其中ⅧA 族为稀有气体，也称零族。ⅧB 族包括 8、9、10 三列元素，也称Ⅷ族。同族元素有相似的价层电子结构，自上而下有相似的但渐变的物理和化学性质。

Ⅷ族 [Group Ⅷ element] 即ⅧB族元素。

ⅧB族元素 [Group ⅧB element] 又称Ⅷ族。周期表中第8、9、10族3列元素的总称，含铁、钴、镍（铁系）和锇、铱、铂、钌、铑、钯（铂系）以及𨭎、鿏、鐽等12种元素。

湿法冶金 [hydrometallurgy] 通过水溶液中的反应过程从矿石中或矿石浓缩物中分离获得金属单质或其化合物的方法。湿法冶金的一般步骤：①化学浸取；②浸取液的分离；③浸取液的净化与富集；④金属或化合物的提取。

1.2 配位化学

螯合环 [chelate ring] 螯合物中包括中心原子和配位原子在内的环状结构。

螯合基团 [chelate group] 具有两个或两个以上的配位原子并能与同一中心原子结合形成环状结构的基团。

螯合剂 [chelating agent] 具有两个或两个以上的配位原子并能与同一中心原子键合形成环状结构的化合物。

螯合配体 [chelating ligand] 具有两个或两个以上的配位原子且能与同一中心原子结合形成环状结构的配体。

螯合效应 [chelate effect] 由于螯合环的形成使配合物具有特殊稳定性的作用。

螯合作用 [chelation] 同一配体中两个或两个以上配位原子与同一个中心原子间的配位成环过程。

八面体场 [octahedral field] 当配位多面体为八面体时，配体形成的静电场。

八面体场分裂能 [octahedral field splitting parameter] 在八面体配合物中，6个配体从±x、±y、±z方向接近中心离子，使原来能量相同的5个d轨道分裂为能量不同的两组，t_{2g}(三重简并)和e_g(二重简并)。两组轨道的能量差为八面体场分裂能，用Δ_o(或10Dq)表示。

八面体配合物 [octahedral complex] 中心原子(或离子)的配位多面体为八面体的配合物。例如：$K_3[Fe(CN)_6]$、$Cr(CO)_6$，如图。

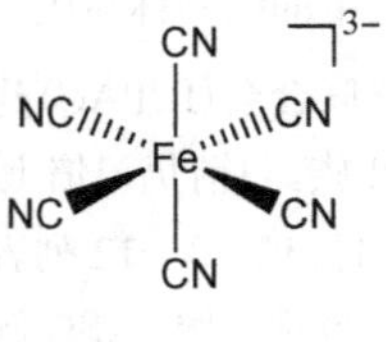

$[Fe(CN)_6]^{3-}$

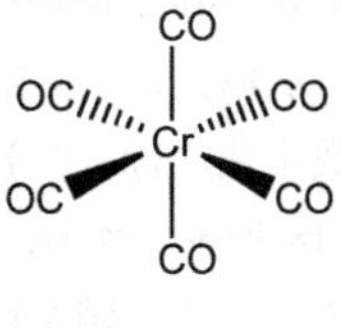

$Cr(CO)_6$

闭式金属硼烷 [closo-metalloborane] 即巢式配合物。

闭式金属碳硼烷 [closo-metallocarborane] 即巢式配合物。

闭式配合物 [closo-complex] 即巢式配合物。

不饱和烃配合物 [unsaturated hydrocarbon complex] 不饱和烃分子(如：烯烃、炔烃、苯等)作为配体与过渡金属形成的配合物。配体中充满电子的π轨道与取向匹配的金属空轨道重叠形成σ键，同时空的π*轨道与取向匹配的金属充满轨道重叠形成π反馈键。不饱和烃配合物是一类重要的有机金属化合物，在石油化工中，作为催化剂广泛应用于烯烃氢醛基化、同分异构化和聚合反应。蔡斯(Zeise)盐($K[PtCl_3(C_2H_4)]\cdot H_2O$)是最早发现的不饱和烃配合物，如图。

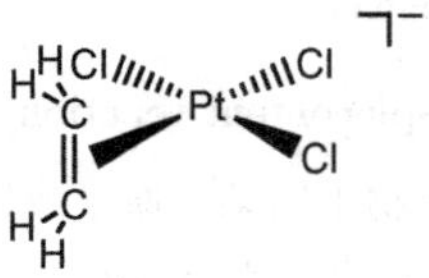

$[PtCl_3(C_2H_4)]^-$

不对称配体 [asymmetric ligand] 螯合物中构成螯环的两边不等同的配体。例如，不对称二齿配体氨基乙酸。

不稳定常数 [instability constant] 又称(配位)解离常数。配合物在溶液中受溶剂分子的作用发生分步解离，分解为配体、金属离子(或原子)，以及一系列该配体数不等的配合物，对应反应的平衡常数为逐级解离常数，用$K_{不稳n}$表示。逐级解离常数的乘积称为该配合物的不稳定常数，用$K_{不稳}$表示。例如，配离子$[Cu(NH_3)_4]^{2+}$的逐级解离常数和不稳定常数：

$$Cu(NH_3)_4^{2+} \rightleftharpoons Cu(NH_3)_3^{2+} + NH_3$$

$$K_{不稳1} = \frac{\left[Cu(NH_3)_3^{2+}\right][NH_3]}{\left[Cu(NH_3)_4^{2+}\right]}$$

$$Cu(NH_3)_3^{2+} \rightleftharpoons Cu(NH_3)_2^{2+} + NH_3$$

$$K_{不稳2} = \frac{\left[Cu(NH_3)_2^{2+}\right][NH_3]}{\left[Cu(NH_3)_3^{2+}\right]}$$

$$Cu(NH_3)_2^{2+} \rightleftharpoons Cu(NH_3)^{2+} + NH_3$$

$$K_{不稳3} = \frac{\left[Cu(NH_3)^{2+}\right][NH_3]}{\left[Cu(NH_3)_2^{2+}\right]}$$

$$Cu(NH_3)^{2+} \rightleftharpoons Cu^{2+} + NH_3$$

$$K_{不稳4} = \frac{\left[Cu^{2+}\right][NH_3]}{\left[Cu(NH_3)^{2+}\right]}$$

$$K_{不稳}=\frac{[Cu^{+}][NH_3]^4}{[Cu(NH_3)_4^{+}]}=K_{不稳1}\times K_{不稳2}\times K_{不稳3}\times K_{不稳4}$$

巢式配合物 [nido complex] 又称闭式配合物、闭式金属硼烷或闭式金属碳硼烷。由具有巢式结构的硼烷或碳硼烷与金属形成的配合物。巢式结构指完整的三维多面体原子簇结构中缺一个顶点，即组成多面体的原子只占据了具有 *n* 个顶点的多面体的 *n*–1 个顶点。这类配合物中具有巢式结构的硼烷及其衍生物配体类似于环戊二烯，作为 π 配体与金属离子配位，可以形成夹心式结构，例如：$[(C_2B_9H_{11})_2Fe]^{2-}$，如图。

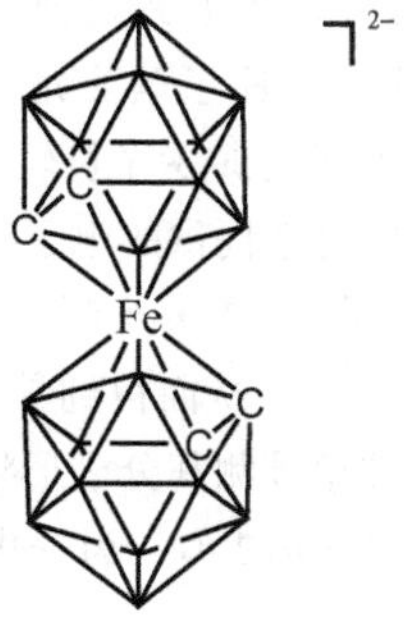

$[(C_2B_9H_{11})_2Fe]^{2-}$

π 成键配体 [π-bonding ligand] 又称 π 配体。

与中心原子(或离子)形成 π 配键的基团或分子，通常指含碳-碳多重键的碳氢基团或分子。

簇合物 [cluster; cluster compound] 又称原子簇化合物。其定义有不同见解，科顿(F. A. Cotton)最早提出原子簇概念，指具有金属-金属键(M-M)的多核化合物。后来，扩展为含有三个以上互相结合的金属原子的配合物。事实上，硼烷类化合物是研究得较早的一类原子簇化合物，有关其结构研究，对金属簇化合物有重大启迪。簇合物定义不能排除非金属，更新、更全面的定义为，以三个或三个以上的有限原子直接键合形成的以多面体或缺顶多面体为特征的分子或离子。按这一定义，簇合物可分成以下几类：①硼烷类簇合物，如 B_6H_9、$B_6H_6^{2-}$、$C_2B_3H_5$、$B_4H_8Fe(CO)_3$、$B_9(C_2H_{11})_2Co^{-}$。②其他主族非金属原子簇化合物，如 S_4N_4、P_4、As_7^{3-}、Te_6^{4-}、C_{60} 等。③主族金属元素簇合物，如 Pb_5^{2-}、Sn_4^{9-}、Bi_9^{3+}、Ge_9^{2-}、Sb_7^{3-} 等。④过渡金属原子簇合物，如 $Fe_2(CO)_{12}$、$Os_3(CO)_{10}C_2R_2$、$Re_3Cl_{12}^{3-}$ 等。簇合物中的化学键类型很丰富，共价键如 σ 键、π 键及 δ 键，也有金属键、配位键及过渡键型，有关簇合物成键性质的研究对化学键理论的发展有重要意义。

簇合物化学 [chemistry of cluster compound] 研究原子簇化合物的形成、结构和性质的领域。侧重于新型原子簇化合物的合成、结构规律、成键理论和反应活性。参见簇合物。

大分子配体 [macromolecular ligand] 含配位原子的低分子量分子作为单元，多次重复构成的大分子量基团或化合物。

大环配体 [macrocyclic ligand] 由三个或三个以上配位原子组成的环状配体。

大环效应 [macrocyclic effect] 与非环状配体相比较，大环配体能够形成更稳定配合物，并具有更高选择性的效应。

单齿配体 [monodentate ligand] 只提供一个配位原子的配体。

单核配合物 [mononuclear coordination compound] 只含有一个中心原子的配合物。

等瓣 [isolobal] 又称等叶片。前线轨道的数目、对称性、能量、形状及其所含电子数目均相似的分子片互为等瓣，用符号“$\overleftrightarrow{o}$”表示它们的这种关系。

等瓣相似规则 [isolobal analogy] 又称等瓣相似模型。当分子片等瓣相似时，它们有相似的前线轨道分布轮廓图、能级和电子排布，有相似的成键方式，它们所形成化合物的情况可以用分子轨道等瓣相似连接模型进行处理。等瓣相似规则在预示复杂化合物的分子结构和新化合物的合成方面，具有重要的理论意义。

等瓣相似模型 [isolobal model] 即等瓣相似规则。

等叶片 [isolobal] 即等瓣。

低维导电配合物 [low-dimensional conductive coordination compound] 一类特殊的导电聚合物。

低自旋配合物 [low spin coordination compound] 配体产生的配位场造成中心金属离子的 d 轨道分裂，对于某些 d 电子组态，如在八面体配位场下的 d^4～d^7 电子组态，当分裂能大于电子成对能(称为强场)，d 电子优先占据能量低的 d 轨道，导致较多的电子成对，形成低自旋配合物。

低自旋态 [low-spin state] 自旋平行的电子数较少的一种状态。

电荷迁移跃迁 [charge transfer transition] 简称 CT 跃迁。是配体轨道与金属离子(或原子)轨道之间、金属离子(或原子)轨道之间或配体轨道之间的电子跃迁。通常分为四类：①电荷由配体向金属离子(或原子)的跃迁，用 LMCT 表示。②电荷由金属离子(或原子)向配体的跃迁，用 MLCT 表示。③电荷由一个金属离子(或原子)向另一个金属离子(或原子)的跃迁，用 MMCT 表示。④电荷由一个配体向另一个配体的跃迁，用 LLCT 表示。CT 跃迁一般能量较高，吸收谱带主要在紫外光区，跃迁强度较 d-d 跃迁强得多。

电价配键 [electrovalent coordination bond] 即电价配位键。

电价配位键 [electrovalent coordination bond] 又称电价配键。带较高正电荷的中心离子与带负电荷的或偶极矩较大的配体，通过静电相互作用所形成的离子键。例如：$[FeF_6]^{3-}$中，三价的 Fe 与带负电且电负性高的 F 以电价配位键结合形成稳定的配合物。

电离异构 [ionization isomerism] 组成相同的配合物在溶液中电离，产生不同离子而形成的异构现象。例如，$[Co(NH_3)_5Br]SO_4$和$[Co(NH_3)_5SO_4]Br$，前者在溶液中电离后产生$[Co(NH_3)_5Br]^{2+}$和SO_4^{2-}，后者则电离产生$[Co(NH_3)_5SO_4]^+$和Br^-。

18 电子规则 [eighteen electron rule] 又称有效原子序数规则。20 世纪 20 年代由英国化学家西奇威克(N. V. Sidgwick)在路易斯(G. N. Lewis)的八隅体规则(8 电子规则)基础上，针对简单金属羰基配合物的中心金属原子价电子数与周期表中该金属元素所处周期的稀有气体元素的最外层电子数相等而提出。即过渡金属的价层有 9 个轨道($(n-1)d, ns, np$或 $ns, np, (n+1)d$)，当形成稳定的金属配合物时，每个金属的价层被 18 个电子充满，构成惰性稀有气体的电子组态。常用来预测金属配合物的结构和稳定性，特别是含有强π受体的配体。当过渡金属的 d 电子数与配体所提供的电子数之和等于 18 时，形成热力学稳定的过渡金属配合物。

端基配体 [endo-ligand; terminal ligand] 只与一个金属原子(或离子)直接连接的配体。

对映异构 [enantiomerism] 即旋光异构。

多齿配体 [polydentate ligand] 提供两个或两个以上配位原子的配体。

多核配合物 [polynuclear coordination compound] 含有两个或两个以上中心原子的配合物。

多金属氧酸 [polyoxometallic acid] 中心原子为金属元素的多酸。

多金属氧酸盐 [polyoxometallate] 含多金属含氧酸根的盐。

多面体骨架 [polyhedral skeleton] 在原子簇合物中，以簇原子为顶点构成的多面体。

多面体骨架电子对理论 [polyhedral skeletal electron pair theory (PSEPT)] 又称韦德规则。由英国化学家韦德(K. Wade)于 1971 年用半经验的分子轨道法处理硼烷的结构，建立的电子数目、化学式和分子形状之间的相互关系。多面体骨架电子对理论可以用于从硼烷分子或阴离子的分子式预测它们的形状。该理论将 BH 基团视为构成硼烷和硼氢化合物阴离子簇合物三角多面体骨架的结构单元，除形成 B–H 键的 2 个电子外，分子(或离子)中的其他价电子均计入骨架电子。对于含 n 个 B 的硼烷或硼氢化合物阴离子，骨架电子对数为 $n+1$ 时形成闭合式多面体笼状结构，简称闭式结构，用 closo-表示；骨架电子对数为 $n+2$ 时形成巢状多面体结构，简称巢式(开式)结构，用 nido-表示；骨架电子对数为 $n+3$ 时形成网状多面体结构，简称网式结构，用 arachno-表示。例如：$B_6H_6^{2-}$的骨架电子对数为 7，属 $n+1$ 型，为闭式结构。多面体骨架电子对理论既可以用于由硼烷和硼氢化合物阴离子簇合物的化学式判断分子形状，也可以用于部分碳取代的如碳硼烷和 p 区其他元素的簇合物。

韦德(K. Wade)与明戈(D. M. P. Mingo)和劳赫(J. Lauher)将多面体骨架电子对理论扩展到过渡金属原子簇合物，将 ML_n 分子片视为构成金属原子簇三角多面体骨架的结构单元，过渡金属原子对骨架提供 3 个价轨道，其余 6 个价轨道与配体成键。分子片给骨架提供的电子数为 $f=v+x-12$，其中 v 为金属原子的价电子数，x 为 n 个配体提供的电子数，12 为不参与骨架成键的电子数。从而得到骨架电子对数，进而依据多面体骨架电子对理论预测其分子形状。例如：$Co_4(CO)_{12}$的骨架电子对数为 6，属 $n+2$ 型，为开式结构。

多面体异构 [polytopal isomerism] 又称构型异构。组成和配位数都相同的配合物中，由于配位原子在中心原子(或离子)周围的排列方式不同而产生配位多面体构型不同的异构现象。例如：四配位配合物的平面四方形和四面体构型；五配位配合物的三角双锥和四方锥构型；六配位配合物的八面体和三棱柱构型；八配位配合物的十二面体和四方反棱柱构型等。

多元配合物 [polycomponent coordination compound] 含有三种或三种以上组分(包括中心原子和配体)的配合物，如：$Pt(NH_3)_2Cl_2$、$IrCl_3(CO)(PEt_3)_2$。

惰性配合物 [inert complex] 在动力学上，发生配体取代反应缓慢的配合物。例如：$Co(NH_3)_6^{3+}$。

反馈键 [backfeed bond] 又称σ-π 配键。中心金属原子(或离子)的空 d 轨道接受配体提供孤电子对形成 σ 键，同时配体的 π*空轨道又接受中心金属原子(或离子)的 d 电子形成 π 键，这一双重成键作用称为反馈键。例如：$Fe(CO)_5$中，CO 的 C 通过孤电子对与 Fe 的空轨道形成 σ 键，同时 CO 的 π*空轨道接受 Fe 的 d 电子形成 π 键，净效果是增强了 CO 与 Fe 的键合作用。

反馈作用 [back donation] 中心金属原子(或离子)将其 p 型的 d 电子提供给配体的空 p 型轨道所形成的 π 成键作用。

反式异构体 [*trans*-isomer] 组成相同、配位几何构型相同的配合物中，相同的配体处于对位的几何异构体，用 *trans*-表示。例如：平面四方构型的 *trans*-$Pt(NH_3)_2Cl_2$(如图)；八面体构型的 MA_4B_2 型配合物 *trans*-$[Cr(NH_3)_4Cl_2]^+$(如图)。

trans-$Pt(NH_3)_2Cl_2$

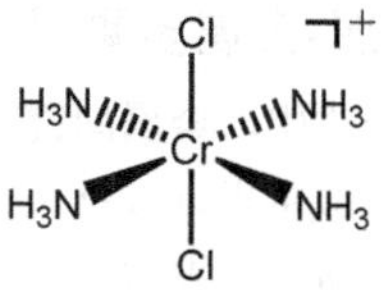

trans-$[Cr(NH_3)_4Cl_2]^+$

反位效应 [*trans* effect] 对于平面四方配合物，在配体取代反应中，某一配体对其反位配体取代速率的影响。即由于某一配体的存在，使处于其反位的配体活化，从而导致该配体较其他配体更易发生配体取代反应。反位效应是一种动力学现象，强的 σ 给体或 π 受体配体可大大提高反位配体的取代速率，反位效应的增加顺序为：$H_2O < OH^- < F^- \approx RNH_2 \approx \approx py \approx NH_3 < Cl^- < Br^- < SCN^- \approx I^- \approx NO_2^- \approx C_6H_5^- < SC(NH_2)_2 \approx CH_3^- < NO \approx H^- \approx PR_3 < C_2H_4 \approx CN^- \approx CO$。

反位影响 [*trans* influence] 对于平面四方配合物，某一配体对其反位配体与中心金属离子(或原子)间的成键产生削弱作用的现象。是一种热力学现象。反位影响的增加顺序为：$NH_3 \approx Cl^- \approx C_2H_4 \approx RCN \approx CO < AsR_3 \leqslant PR_3$。

非经典配体 [non-classical ligand] 既能够提供孤电子对给中心金属离子(或原子)，又能够接受金属离子(或原子)反馈电子的配体。这类配体既是路易斯碱(可提供电子对)，又是路易斯酸(可接受反馈电子)。例如：CO、PR_3、CH_2CH_2 等。

副价 [secondary valence; auxiliary valence] 配位价，指中心原子(或离子)接受配体提供的孤电子对数目。

富勒烯配体 [fullerene ligand] 由富勒烯与中心金属配位的一类配体。

高自旋配合物 [high spin coordination compound] 当分裂能小于电子成对能(称为弱场)，电子可以排布在能量高的 d 轨道，导致较多的电子未成对而形成的配合物。

高自旋态 [high-spin state] 自旋平行的电子数较多的一种状态。

π 给体 [π donor] 即π碱。

功能性配合物 [functional coordination compound] 具有特定功能的配合物。

共轭碱机理 [conjugate base mechanism] 利用配合物失去质子生成共轭碱来解释碱性溶液中水解反应的一种机理。例如：

$$[CoCl(NH_3)_5]^{2+} + OH^- \rightleftharpoons [CoCl(NH_2)(NH_3)_4]^+ + H_2O$$

$$[CoCl(NH_2)(NH_3)_4]^+ \xrightarrow{\text{慢}} [Co(NH_2)(NH_3)_4]^{2+} + Cl^-$$

$$[Co(NH_2)(NH_3)_4]^{2+} + H_2O \xrightarrow{\text{快}} [Co(OH)(NH_3)_5]^{2+}$$

共价配键 [covalence coordination bond] 即共价配位键。

共价配位键 [covalence coordination bond] 又称共价配键。中心离子(或原子)提供空轨道，配体提供孤电子对，所形成的共价键称为共价配位键。例如：$[Cu(NH_3)_4]^{2+}$中，Cu^{2+}提供空轨道，NH_3 提供孤电子对，以共价配位键结合形成稳定的配合物。

构型异构 [polytopal isomerism] 即多面体异构。

d 轨道分裂能 [d-orbital splitting energy] d 轨道在非球形静电场的作用下，原来简并的能级发生分裂后轨道的能量差，用Δ表示。对于八面体场分裂能为Δ_o；对于四面体场分裂能为Δ_t，$\Delta_t=(4/9)\Delta_o$。

光活异构 [optical isomerism] 即旋光异构。

光谱化学序列 [spectrochemical series] 由日本化学家槌田龙太郎(R. Tsuchida)依据配位场分裂能随配体性质发生有规律的变化，将配体按照因其导致配合物最低电子跃迁能(Δ)增大排序得到的序列。

$I^- < Br^- < S^{2-} < \underline{S}CN^- < Cl^- < N\underline{O}_2^- < N_3^- < F^- < OH^- < C_2H_4^{2-} < O^{2-} < H_2O < \underline{N}CS^- < CH_3CN < py < NH_3 < en < bpy < phen < \underline{N}O_2^- < PPH_3 < \underline{C}N^- < CO$

其中下划线所示为两可配体中提供电子对的原子。该序列表明构型相同的同一金属六氰配合物比六氯配合物发生光吸收的能量高得多。

配体的配位场强度增加，则分裂能增大，光谱化学序列即配体的配位场强度增加的顺序。

光学异构 [optical isomerism] 即旋光异构。

混合配体配合物 [mixed ligand coordination compound] 具有不同种类配体的配合物。

活性配合物 [labile complex] 在动力学上，能够迅速进行配体取代反应的配合物。例如：$Ni(CN)_4^{2-}$。

A 机理 [association of ligand exchange] 配体交换的缔合机理的简称。

D 机理 [dissociation of ligand exchange] 配体交换的解离机理的简称。

I 机理 [interchange of ligand exchange] 配体交换的交换机理的简称。

几何异构 [geometrical isomerism] 组成相同、配位几何构型相同的配合物中，由配体空间排列顺序不同而形成的异构现象。例如：具有四配位平面四方形构型的$[PtCl_2(NH_3)_2]$，两个相同配体(氯或氨)处于四方形相邻顶点的为顺式异构体，处于四方形对角顶点的为反式异构体，它们构成顺反异构。顺式异构体(顺铂)具有抗癌活性而反式异构体没有。四配位的四面体构型配合物不存在几何异构体。六配位八面体构型的 MA_4B_2 型配合物也存在类似的顺反异构体，MA_3B_3 型配合物不存在顺反异构体而是经式和面式异构体。

夹心配合物 [sandwich coordination compound] 中心原子夹在平面型 π 配体之间形成的配合物。例如：二茂铁。

价态异构 [valence isomerism] 组成和结构相同的配合物中，由中心离子(或原子)的价态不同而形成的异构现象。例如：$[Fe(CN)_6]^{3-}$和$[Fe(CN)_6]^{4-}$中，前者 Fe 的价态为+3，后者为+2。对于克罗伊茨-陶布(Creutz-Taube)离子$[(NH_3)_5Ru(pyrazine)Ru(NH_3)_5]^{n+}$，其中 Ru 可以有多种价态。

π碱 [π-base] 又称π给体。利用π轨道给出电子的一类配体，例如乙烯。

键合异构 [linkage isomerism] 组成相同的配合物中，由两可配体以不同的原子与中心离子(或原子)配位而形成的异构现象。例如：黄色的$[Co(NO_2)(NH_3)_5]Cl_2$ 和红色的$[Co(ONO)(NH_3)_5]Cl_2$。

交替机理 [interchange of ligand exchange] 即配体交换的交换机理。

角重叠模型 [angular overlap model] 描述过渡金属配合物的成键作用及解释它们的结构和光谱的一种半定量的分子轨道模型。主要考虑中心原子和配体的电子云重叠，采用角重叠参数和标度因子，简化分子轨道的复杂计算。

金属卟啉 [metalloporphyrin] 配体为卟啉的金属螯合物。例如：铁卟啉。

金属卟啉配合物 [metalloporphyrin complex] 卟啉给出 2 个质子，形成–2 价离子，通过环上的 4 个氮原子与金属离子配位形成的大环螯合物。周期表中几乎所有金属元素都能与卟啉形成卟啉配合物(如图)。卟啉环上的取代基、金属离子的性质及其轴向配体的类型均可改变金属卟啉配合物的性质和功能。生物体中最重要的两类金属卟啉配合物为铁卟啉和镁卟啉，前者在血红蛋白中起载氧(血红蛋白)和储氧(肌红蛋白)作用，并作为金属酶在生物氧化还原过程中参与电子传递。

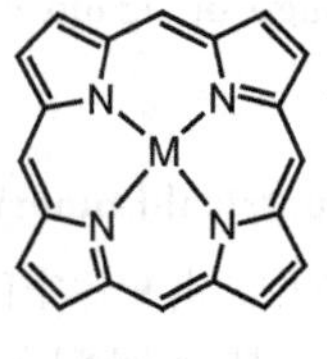

金属卟啉配合物

金属-金属多重键 [multiple metal-metal bond] 在多核配合物中，金属间键级大于 1 的金属-金属键。过渡金属间可以形成单重、双重、三重、四重和五重键。2005 年鲍尔(P. P. Power)等报道了第一个含有金属-金属五重键的配合物($Cr_2Ar'_2$，$Ar'=C_6H_3\text{-}2,6(C_6H_3\text{-}2,6\text{-}Pr^i_2)_2$)，其中 Cr–Cr 的成键由 1 个 σ 键、2 个 π 键和 2 个 δ 键构成。

金属-金属键 [metal-metal bond] 释文见有机化学同名词条。

金属-金属四重键 [quadruple metal-metal bond] 在多核配合物中，金属间键级等于 4 的金属-金属键；通常由 1 个 σ 键、2 个 π 键和 1 个 δ 键构成。$K_2Re_2Cl_8·2H_2O$ 为第一例含金属-金属四重键的化合物。

金属硫原子簇 [metal sulfur cluster] 以硫为配体的过渡金属原子簇。其中典型的一类为 $M_6S_8^{n+}$，6 个金属处于八面体的顶点，8 个硫为面桥基。例如：$Re_6S_8^{2+}$。

金属卤素原子簇 [metal halide cluster] 以卤素为配体的过渡金属原子簇；卤素主要以端基、边桥基或面桥基的形式与金属配位。大多数为二元簇合物。对于研究较多的六核金属卤素原子簇，典型的簇结构单元有 $M_6X_8^{4+}$、$M_6X_{12}^{n+}$ 和 $M_6X_{18}^{2-}$，其中 6 个金属均处于八面体的顶点。$M_6X_8^{4+}$ 中 8 个卤素为面桥基；$M_6X_{12}^{n+}$ 中 12 个卤素为边桥基；$M_6X_{18}^{2-}$ 中的 18 个卤素中，12 个为边桥基，另 6 个为端基(如图)。$Ta_6Cl_{14}·7H_2O$ 是最早报道的金属卤素原子簇，其中 $Ta_6X_{12}^{2-}$ 离子为 $M_6X_{12}^{n+}$ 型。

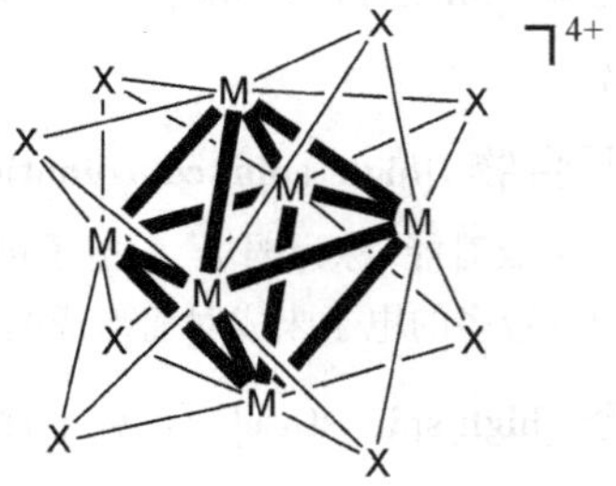

$M_6X_8^{4+}$

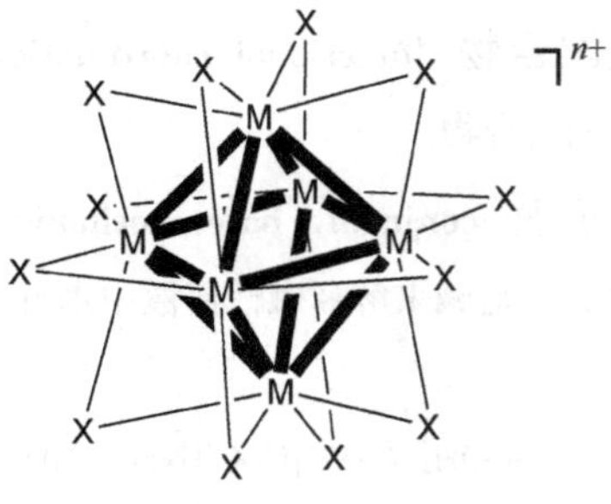

$M_6X_{12}^{n+}$

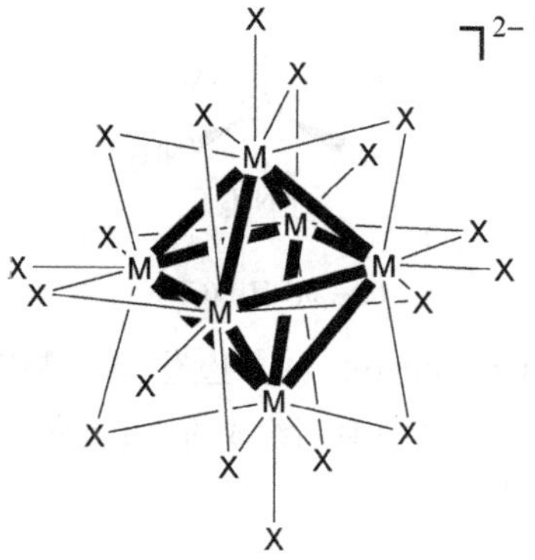

$M_6X_{18}^{2-}$

金属配合物配体 [metallo ligand] 具有“自由”给体基团且能与金属原子(或离子)进一步结合的金属配合物。

金属配位聚合物 [metal coordination polymer] 通过配位键相互形成的具有一维、二维或三维扩展结构的配合物。

金属酞菁 [metal phthalocyanine] 配体为酞菁的金属螯合物。

金属羰基化合物 [metal carbonyl] 含羰基(CO)配体的金属配合物。

金属羰基原子簇 [metal carbonyl cluster] 简称羰基原子簇。是以羰基为配体的过渡金属原子簇合物。由三个或三个以上金属原子直接相互键合形成三角形闭合结构或多面体骨架，羰基主要以端基、边桥基或面桥基的形式与金属配位。例如：$Fe_3(CO)_{12}$、$Fe_5(CO)_{15}C$、$Co_3Rh(CO)_{12}$等。多数由3～4个金属原子组成的羰基簇的结构符合18电子规则。羰基簇是数量最大且最重要的金属原子簇，可通过氧化还原、氧化还原缩合和热缩合反应合成。它们能够发生与单核羰基配合物相同的反应，但簇合物中的金属多面体的几何构型或骨架原子数随之发生变化。金属羰基原子簇广泛应用于石油化工及有机合成。

金属亚硝酰配合物 [metal nitrosyl complex] 含亚硝酰(NO)配体的金属配合物。

金属含氧酸 [oxometallic acid] 中心原子为金属元素的含氧酸。

金属含氧酸盐 [oxometallate] 含金属含氧酸根的盐。

金属有机骨架 [metal organic framework (MOF)] 由金属原子(或离子)和有机桥连配体通过配位键形成的一维、二维或三维骨架。

金属原子簇 [metal cluster] 含有三个或三个以上金属原子，且金属原子间成键并形成三角形闭合结构或多面体结构的分子配合物。20世纪60年代金属原子簇被确定为单独一类化合物，具有多种类型，如：无配体裸原子簇、金属羰基原子簇、金属卤素原子簇、金属硫原子簇等。金属原子簇在理论研究、催化、生物模拟和纳米材料等科学研究中具有重要意义。

经典配合物 [classical complex] 即维尔纳配合物。

经式异构体 [meridianal isomer] 六配位八面体MA_3B_3型配合物中，3个A和3个B各占据八面体外接球的子午面的三个顶点，即有2个A(或B)彼此相对的几何异构体，用mer-表示。例如：mer-$Co(NH_3)_3(CN)_3$(如图)。

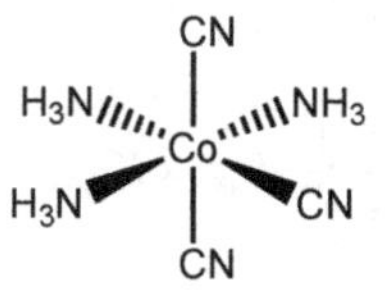

mer-$Co(NH_3)_3(CN)_3$

晶体场 [crystal field] 将中心金属离子和配体的相互作用视为类似晶体结构中正负离子点电荷间的静电作用所形成的静电场。依据配合物的几何构型有八面体场、四面体场和平面四方场等。

晶体场活化能 [crystal field activation energy (CFAE)] 发生配位取代反应时，在形成中间体的过程中，由于晶体场的改变，导致晶体场稳定化能发生变化，从而对反应的活化能产生贡献，称为晶体场活化能，用CFAE表示。$CFAE=CFSE^{\neq}-CFSE$，其中$CFSE^{\neq}$为中间过渡态的晶体场稳定化能。若CFAE为负值，表明能量降低，则反应物到活化中间体的转变容易进行。

晶体场理论 [crystal field theory (CFT)] 1929年由贝特(H. Bethe)提出，用于描述在配合物晶体中中心金属离子的电子结构的理论。该理论采用静电作用模型，将中心离子(M)和配体(L)的相互作用视为类似晶体中正负离子间的静电相互作用，形成静电场。当L接近M时，M中的d轨道受到L负电荷的静电场微扰作用，使原来能级简并的d轨道发生分裂。分裂后的d轨道能量可以通过计算得到。电子依据分裂能和成对能的相对大小填入分裂后的d轨道，以此解释配合物的结构、光谱、稳定性和磁性等性质。在晶体场理论中，没有涉及共价键作用。

晶体场稳定化能 [crystal field stabilization energy (CFSE)] 在晶体场中，d电子进入分裂后的轨道，相比处于球对称场未分裂的轨道时，总能量有所下降。这部分由晶体场效应所降低的能量称为晶体场稳定化能，用CFSE表示。晶体场稳定化能的大小与分裂能及中心离子的电子结构相关。

抗磁性配合物 [diamegnetism coordination compound] 磁化率为负的配合物。

累积稳定常数 [cumulative stability constant] 又称生成常数，简称稳定常数。配合物逐级稳定常数的乘积，用 β_n 表示，是溶液中配合物稳定性的量度。例如配离子 $[Cu(NH_3)_4]^{2+}$ 的各级累积稳定常数：

$$\beta_1=\frac{\left[Cu(NH_3)^{2+}\right]}{\left[Cu^{2+}\right][NH_3]}=K_{稳1}$$

$$\beta_2=\frac{\left[Cu(NH_3)_2^{2+}\right]}{\left[Cu^{2+}\right][NH_3]^2}=K_{稳1}\times K_{稳2}$$

$$\beta_3=\frac{\left[Cu(NH_3)_3^{2+}\right]}{\left[Cu^{2+}\right][NH_3]^3}=K_{稳1}\times K_{稳2}\times K_{稳3}$$

$$\beta_4=\frac{\left[Cu(NH_3)_4^{2+}\right]}{\left[Cu^{2+}\right][NH_3]^4}=K_{稳1}\times K_{稳2}\times K_{稳3}\times K_{稳4}=K_{稳}$$

两可配体 [ambidentate ligand] 可以用不同的原子与金属离子(或原子)配位的配体。常见的两可配体有：CN^-、NO_2^-、SCN^-、$S_2O_3^{2-}$ 等。

零场分裂 [zero field splitting] 释文见理论与计算化学同名词条。

硫代金属原子簇 [thio-metal cluster] 硫原子取代了部分金属原子的位置，并与金属原子共同构成原子簇的多面体骨架而形成的原子簇合物。例如：$Fe_4S_4(NO)_4$、$[Fe_6S_6I_6]^{2-}$(如图)。其中 M_4S_4 型原子簇因其在生物体中的特殊功能而受到重视。

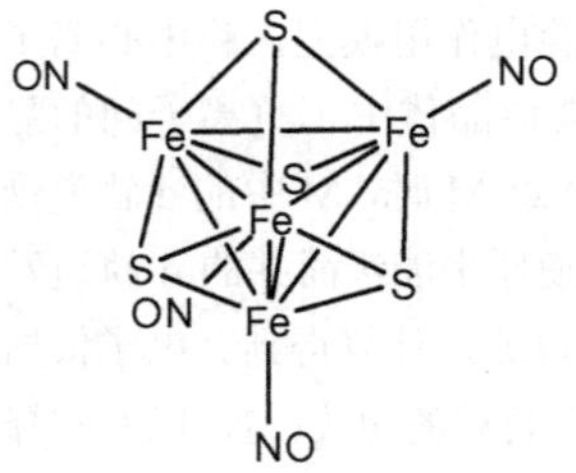

$Fe_4S_4(NO)_4$

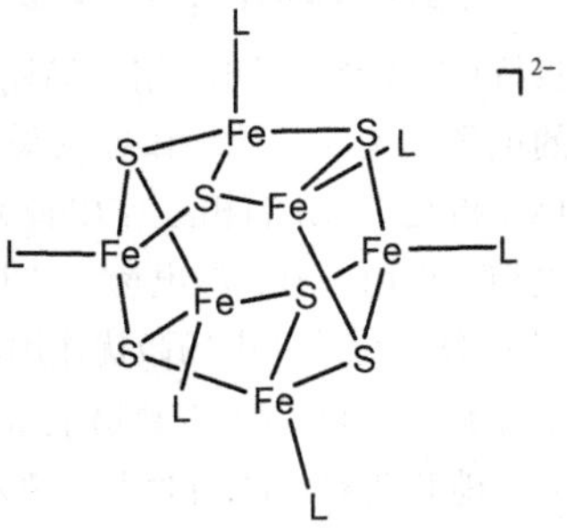

$[Fe_6S_6I_6]^{2-}$

笼状配合物 [cage coordination compound] 具有笼形状的多环配合物。

络离子 [complex ion] 即配离子。

面式异构体 [facial isomer] 六配位八面体 MA_3B_3 型配合物中，3 个 A 和 3 个 B 分别占据八面体的两个相对三角形的顶点，即 3 个 A(或 B)彼此相邻的几何异构体。用 fac-表示。例如：fac-$Co(NH_3)_3(CN)_3$(如图)。

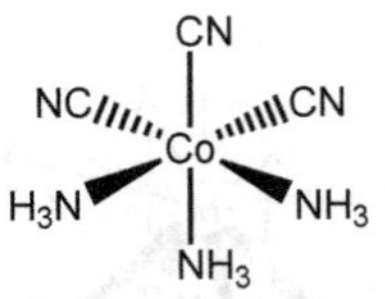

fac-$Co(NH_3)_3(CN)_3$

内层 [inner sphere] 又称内界。配合物中心原子(或离子)及直接与其相连的配体所组成的稳定实体。在配合物化学式中书写在方括号内。

内层机理 [inner sphere mechanism] 两个配合物发生反应时，在还原剂和氧化剂之间的电子转移涉及桥式中间体的形成和基团的转移，反应过程中伴随有键的断裂和形成。

内界 [inner sphere] 即内层。

欧文-威廉斯序列 [Irving-Williams series] 结合静电效应和配位场稳定化能总结的二价金属离子(M^{2+})配合物生成常数的变化规律，即：

$Ba^{2+}<Sr^{2+}<Ca^{2+}<Mg^{2+}<Mn^{2+}<Fe^{2+}<Co^{2+}<Ni^{2+}<Cu^{2+}<Zn^{2+}$

对于不同的配体，这一规律一般不变。

配合物 [coordination compound] 配位化合物的简称。

σ-π配键 [σ-π coordination bond] 即反馈键。

配离子 [complex ion] 又称络离子。由阳离子或原子与一定数目的分子或离子以配位键相结合形成的复杂离子。也即配合物中，中心离子(或原子)与配体组成的带电荷的配位本体。

配体 [ligand] 又称配位体。配合物中向中心原子(或离子)提供孤对电子或离域电子的原子、分子或基团。

π配体 [π-ligand] 即π成键配体。

配体场 [ligand field] 即配位场。

配体交换 [ligand exchange] 即配体取代反应。

配体交换的缔合机理 [association of ligand exchange] 简称 A 机理。是配合物发生配体取代反应的一种机理。反应分两步进行，第一步为配合物(ML_nX)与亲核配体(Y)结合，生成配位数多于原配合物配位数的中间体(ML_nXY)，且这一步反应速率慢，是决速步。第二步为中间体失去一个原配体，形成取代产物(ML_nY)。缔合机理的反应速率取决于原配合物和亲核配体的浓度，也称为 S_{N2} 机理。平面四方配合物的取代反应多为缔合机理。

配体交换的交换机理 [interchange of ligand exchange] 又称交替机理，简称 I 机理。是配合物发生配体取代反应的一种机理。交换机理为一步反应，进入配体（Y）与配合物（ML_nX）形成中间过渡态（$ML_nX·Y$）以及一个原配体（X）的离去在同一步中发生，形成取代产物（ML_nY）。

交换机理的过渡态比较复杂，当过渡态中金属与进入和离去基团明显成键，并且反应速率与进入基团有关时，倾向于 S_{N2} 机理，称为缔合交换机理，用 I_a 表示；当过渡态中金属与进入和离去基团弱成键，而且反应速率与进入基团关系不大时，倾向于 S_{N1} 机理，称为解离交换机理，用 I_d 表示。

配体交换的解离机理 [dissociation of ligand exchange] 简称D机理。是配合物发生配体取代反应的一种机理。反应分两步进行，第一步为配合物（ML_nX）解离，失去一个配体（X），生成配位数少于原配合物配位数的中间体（ML_n），且这一步反应速率慢，是决速步。第二步为中间体与亲核配体（Y）结合，形成取代产物（ML_nY）。解离机理的反应速率与进入配体的浓度无关，也称为 S_{N1} 机理。八面体配合物的取代反应多为解离机理。

配体取代反应 [ligand substitution reaction] 又称配体交换。是一大类相当普遍的反应。通常指在溶液中，配合物中配体被其他基团取代的反应。由于溶剂分子的配位作用，溶液中的反应有时需要考虑溶剂分子与配体的配位取代作用。例如：K_2PtCl_4 的水溶液中 $PtCl_4^{2-}$ 离子的含量较少，发生如下配体取代反应：

$$PtCl_4^{2-} + H_2O \rightleftharpoons PtCl_3(H_2O)^- + Cl^-$$

$$PtCl_3(H_2O)^- + H_2O \rightleftharpoons PtCl_2(H_2O)_2 + Cl^-$$

配体取代反应为亲核取代 S_N。

配位不饱和配合物 [coordiatively unsaturated complex] 中心金属原子（或离子）的配位点上存在空位，或者在该位置上存在一个结合很弱的配体（如溶剂分子）的配合物。平面四方构型的16电子配合物属于配位不饱和配合物，常用作有机反应的催化剂。例如：[$RhCl(PPh_3)_3$]作为烯烃催化加氢的催化剂。

配位层 [coordination sphere] 直接与配合物的中心原子相连的配位体层。

配位场 [ligand field] 又称配体场。中心金属离子（或原子）与配体之间的静电与共价相互作用形成的势场。配合物中不同的配体对称性排布，产生不同类型的配位场，如：四面体配合物中存在四面体场，八面体配合物中存在八面体场等。

配位场分裂 [ligand field splitting] 在配位场的作用下，形成配合物分子的前线轨道 HOMO 和 LUMO，这两组轨道主要具有金属 d 轨道的特征，称为配位场分裂。

配位场分裂能 [ligand field splitting energy] 在配位场作用下，配合物分子的前线轨道 HOMO 和 LUMO 的能量差，用 Δ 表示。八面体场的配位场分裂能，用 Δ_o 表示；四面体场的配位场分裂能，用 Δ_t 表示。

配位场活化能 [ligand field activation energy (LFAE)] 发生配位取代反应时，在形成中间体的过程中，由于配体场发生改变，导致配位场稳定化能发生变化，从而对反应的活化能产生贡献，称为配位场活化能，用 LFAE 表示。$LFAE=LFSE^{\ne}-LFSE$，其中 $LFSE^{\ne}$ 为中间过渡态的配位场稳定化能。若 LFAE 为负值，表明能量降低，则反应物到活化中间体的转变容易进行。

配位场理论 [ligand field theory (LFT)] 1960年由格里菲斯（J. S. Griffith）和奥格尔（L. E. Orgel）在贝特（H.Bethe）的晶体场理论的基础上，结合分子轨道理论，考虑配体的电子结构及其与金属离子间的共价作用所提出的理论。该理论给出了配合物的分子轨道能级图，对于八面体场，每个配体指向中心金属原子（或离子）并沿 M-L 轴向具有 σ 对称性的价轨道，以及可能的 π 对称性轨道与金属原子（或离子）的外层轨道成键，形成配合物分子的前线轨道 HOMO（e_g）和 LUMO（t_{2g}），产生分裂能。电子依据分裂能和成对能的相对大小填入前线轨道，以此不仅解释了配合物的结构、光谱、稳定性和磁性等性质，而且圆满地解释了光谱化学序列和电子云扩展效应等。

配位场稳定化能 [ligand field stabilization energy (LFSE)] 指在配位场中，d 电子进入分子的前线轨道，相比处于球对称场未分裂的轨道时，总能量有所下降。这部分由配位场效应所降低的能量称为配位场稳定化能，用 LFSE 表示。配位场稳定化能的大小与分裂能及中心离子的电子结构相关。

配位场跃迁 [ligand field transition] 即 d-d 跃迁。

配位多面体 [coordination polyhedron] 与中心原子相连的配位原子构成的几何体。

配位化合物 [coordination compound; complex] 简称配合物。中心原子（或离子）与一定数目的配体通过配位键按一定的组成和空间构型所形成的化合物。

配位键 [coordination bond] 由配体提供电子对与中心原子结合所形成的化学键。

（配位）解离常数 [dissociation constant] 即不稳定常数。

配位数 [coordination number] 配合物中单个中心原子周围 σ 配位键的数目。

配位水合数 [coordination number of hydration] 简称水合数。配合物中，与中心金属离子（或原子）直接配位的水分子数。例如：在五水硫酸铜($CuSO_4 \cdot 5H_2O$)中，只有四个H_2O与Cu^{2+}直接配位，其配位水合数为4；对于六水合氯化铬($CrCl_3 \cdot 6H_2O$)，配位水合数不同则呈现出不同的颜色，配位水合数为6时为紫色晶体，5时为淡绿色晶体，4时为暗绿色。金属离子在水溶液中通常以水合离子的形式存在，参与配位的水分子个数一般不固定，因此水溶液中金属离子参与的反应实为水合金属离子的反应。

配位体 [ligand] 即配体。

配位体锥角 [ligand cone angle] 又称托尔曼锥角。为了描述配体在解离时的空间效应，托尔曼(C. M. Tolman)提出配位体锥角的概念，用θ表示。以金属原子为顶点，内接配体的最外层原子的范德瓦耳斯半径的圆锥，该圆锥的张角为配位体锥角。例如：对于膦配体(及亚磷酸酯等)，金属原子为顶点，P-M的距离为2.28Å，且配体最外原子球(以原子的范德瓦耳斯半径为半径的球)内切的圆锥锥角θ为该配体的配位体锥角，如图。

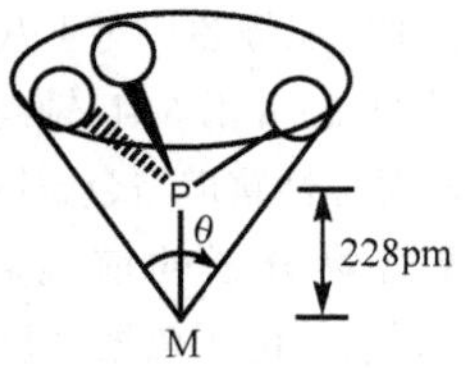

配位体锥角

配位异构 [coordinative isomerism; coordination isomerism] 在由配阴离子和配阳离子组成的复杂配合物中，配合物的组成相同，中心离子(或原子)与配体之间存在两种以上不同的配位组合而形成的异构现象。

例如：$[Co(NH_3)_6][Cr(CN)_6]$和$[Cr(NH_3)_6][Co(CN)_6]$。

配位原子 [ligating atom] 配体中与中心原子直接键合的原子。

配阳离子 [complex cation] 带正电荷的配离子。如$Cu(NH_3)_4^{2+}$、$Cr(H_2O)_6^{3+}$等。

配阴离子 [complex anion] 带负电荷的配离子。如$CuCl_4^{2-}$、$Fe(CN)_6^{3-}$等。

平面四方配合物 [planar square complex] 中心金属原子(或离子)的配位几何构型为平面四方形的配合物。例如：$[Ni(CN)_4]^{2-}$(如图)。

$[Ni(CN)_4]^{2-}$

强场配体 [strong-field ligand] 配体的轨道与中心金属原子(离子)的轨道有强的相互作用的配体。在强场配体作用下，d轨道分裂产生的分裂能大，通常分裂能(Δ)大于电子成对能(P)。

羟联 [olation] 羟基的桥连作用。

桥连配体 [exo-ligand; bridging ligand] 连接两个中心原子(或离子)的配体。

溶剂合异构 [solvate isomerism] 组成相同的配合物中，由溶剂分子作为配体或作为晶体结构的添加成分(即在配合物的内界或外界)而形成的异构现象。

弱场配体 [weak-field ligand] 配体的轨道与中心金属原子(离子)的轨道有弱的相互作用的配体。在弱场配体作用下，d轨道分裂产生的分裂能小，通常分裂能(Δ)小于电子成对能(P)。

生成常数 [formation constant] 即累积稳定常数。

手性配合物 [chiral coordination compound] 不能与其镜像重合的配合物，具有手性或光学活性。

π受体 [π-acceptor] 即π酸。

双氮配合物 [dinitrogen complex] 分子N_2作为配体与金属相连的化合物。第一例双氮配合物于1965年通过肼、三氯化钌与N_2反应制得，其化学式为$[Ru(NH_3)_5(N_2)]Cl_2$。

水合数 [number of hydration] 配位水合数的简称。

水合异构 [hydrate isomerism] 溶剂分子为水时的溶剂合异构。例如：紫色的$[Cr(H_2O)_6]Cl_3$，蓝绿色的$[Cr(H_2O)_5Cl]Cl_2 \cdot H_2O$和深绿色的$[Cr(H_2O)_4Cl_2]Cl \cdot 2H_2O$中各含有6、5和4个配位水分子。

顺磁性配合物 [paramegnetism coordination compound] 磁化率大于零，其数值约10^{-6}～10^{-3}的配合物。

顺式异构体 [*cis*-isomer] 组成相同、配位几何构型相同的配合物中，相同的配体处于对邻位的几何异构体，用*cis*–表示。例如：平面四方构型的*cis*–$Pt(NH_3)_2Cl_2$(如图)；八面体构型的MA_4B_2型配合物*cis*–$[Cr(NH_3)_4Cl_2]^+$(如图)。

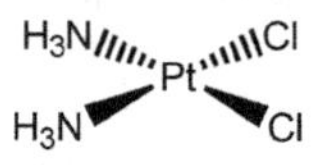

cis-$Pt(NH_3)_2Cl_2$

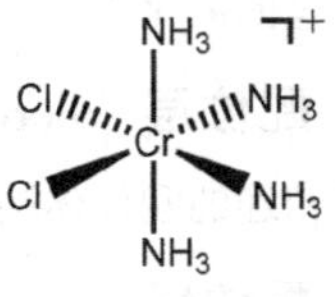

cis-$[Cr(NH_3)_4Cl_2]^+$

四面体配合物 [tetrahedral complex] 中心金属原子(或离子)的配位几何构型为四面体的配合物。例如：$[NiCl_4]^{2-}$(如图)。

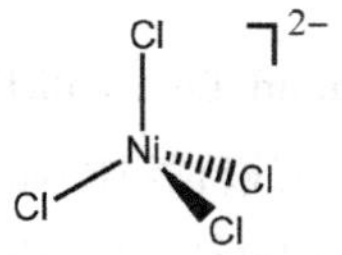

$[NiCl_4]^{2-}$

π酸 [π-acid] 又称π受体。以空的π轨道接受电子，又以其充满的轨道给出电子的一类配体，例如 CO 分子。

羰基原子簇 [carbonyl cluster] 金属羰基原子簇的简称。

田边-菅野图 [Tanabe-Sugano diagram] 简称T-S图。是配合物不同电子状态(光谱项)的能量与配位场强度的相关图。常用于解释配合物的电子光谱。由日本的田边(Y. Tanabe)和菅野(S. Sugano)采用强场方案计算并绘制。图以 E/B 为纵坐标，Δ/B 为横坐标，其中 E 为谱项能量，Δ 为配位场分离能，B 为拉卡(Racah)参数，能量零点为最低谱项的能量。图中线条分别代表一个激发态能级，斜率代表激发态能量随配位场强度的变化，线条的转折点为高低自旋的转变点。不同的电子组态，T-S 图不同，例如：d^2 组态如图所示。

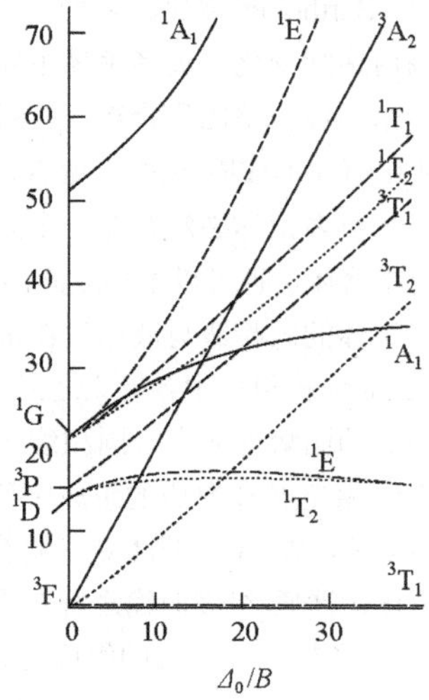

条件稳定常数 [conditional stability constant] 基于浓度的稳定常数。热力学稳定常数的计算需要考虑各平衡物种的活度，通常实验上在恒定离子强度的溶液中进行测定，常将所得配合物的浓度常数作为衡量稳定性的尺度。

同多核配合物 [isopolynuclear coordination compound] 中心原子(或离子)种类相同的多核配合物。

T-S 图 [Tanabe-Sugano diagram] 田边-菅野图的简称。

托尔曼锥角 [Tolman cone angle] 即配位体锥角。

外层 [outer sphere] 又称外界。配合物化学式中方括号外的组分，由配合物中非直接配位键合的部分所组成，通常外界离子以离子键与配离子相结合。

外层机理 [outer sphere mechanism] 两个配合物发生电子转移反应时，金属离子的配位层保持不变，电子在还原剂和氧化剂之间发生转移过程中没有键的断裂和形成。

外界 [outer sphere] 即外层。

韦德规则 [Wade's rule] 即多面体骨架电子对理论。

维尔纳配合物 [Werner complex] 又称经典配合物。由中心金属离子(M)和配体(L)组成，配体提供孤电子对与金属离子成键所形成的化合物。通式为 ML_n 或 M_mL_n，前者称为单核配合物，后者称为多核配合物。维尔纳配合物是除金属有机化合物(含金属-碳键)外所有配合物的总称。

稳定常数 [stability constant] 累积稳定常数的简称。

旋光异构 [optical isomerism] 又称光活异构、光学异构、对映异构。一对具有镜像关系的手性配合物构成旋光异构现象。手性配合物的两种对映体通常用 Λ、Δ 表示。判断配合物手性的判据是看分子中是否存在 n 重映轴 S_n，即是否存在镜面或反演中心，只要存在两者之一，则为非手性配合物。例如：具有 4 个不同配体且为四面体构型的配合物具有手性；具有八面体构型的 $Co(en)_3^{3+}$ 风扇形配合物(如图)等。手性配合物在生物化学研究以及化学的不对称合成中具有重要意义。

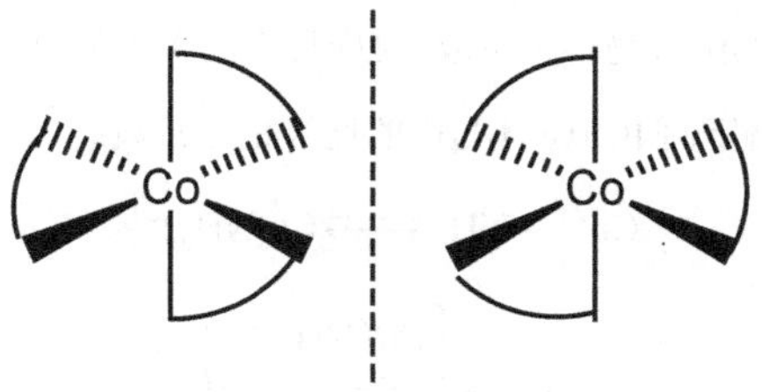

$Co(en)_3^{3+}$

穴合剂 [cryptand] 即穴状配体。

穴合物 [cryptate] 穴状配体与客体组成的复合物。

穴状配体 [cryptand] 又称穴合剂。三个或三个以上配位原子与有机基团通过共价键结合形成的多环化合物，它们具有空腔，能容纳客体分子或离子。

扬-特勒畸变 [Jahn-Teller distortion] 即扬-特勒效应。

扬-特勒效应 [Jahn-Teller effect (JTE)] 又称扬-特勒畸变。指在基态时有多个简并态的非线性分子，会发生几何构型畸变，降低简并度，从而稳定其中一个状态。扬-特勒效应主要出现在金属的配合物中，典型的如二价铜的配合物。

氧联 [oxalation] 指在多核配合物中，氧基与金属离子的桥连作用。例如：$[(H_2O)_5Cr\text{-}O\text{-}Cr(H_2O_5)]^{4+}$。

异核羰基簇合物 [heteronuclear carbonyl cluster] 含有不同金属原子的金属羰基原子簇，其中不同的金属原子直接相互键合形成三角形闭合结构或多面体骨架。

有效原子序数规则 [effective atomic number rule] 即 18 电子规则。

原子簇化合物 [cluster compound] 即簇合物。

CT 跃迁 [charge transfer transition] 电荷迁移跃迁的简称。

d-d 跃迁 [d-d transition] 又称配位场跃迁。指 d 轨道能级之间的电子跃迁。过渡金属配合物中，中心金属离子(或原子)具有未充满的 d 轨道。在配体的微扰下，d 轨道发生能级分裂。

f-f 跃迁 [f-f transition] 在未充满的 f 亚层中，由于 f 电子间的相互作用，使 f 轨道发生能级分裂。f^n 组态内不同 J 能级间的电子跃迁称为 f-f 跃迁。

杂多核配合物 [heteropolynuclear coordination compound] 中心原子(或离子)种类不同的多核配合物。

中心原子 [central atom] 在配合物中接受孤电子对或不定域电子的金属原子或离子。

逐级稳定常数 [stepwise stability constant] 在溶液中多配位的配合物逐级生成，对应反应的平衡常数，用 $K_{稳n}$ 表示。例如配离子$[Cu(NH_3)_4]^{2+}$的逐级稳定常数：

$$Cu^{2+} + NH_3 \rightleftharpoons Cu(NH_3)^{2+}$$

$$K_{稳1} = \frac{\left[Cu(NH_3)^{2+}\right]}{\left[Cu^{2+}\right]\left[NH_3\right]}$$

$$Cu(NH_3)^{2+} + NH_3 \rightleftharpoons Cu(NH_3)_2^{2+}$$

$$K_{稳2} = \frac{\left[Cu(NH_3)_2^{2+}\right]}{\left[Cu(NH_3)^{2+}\right]\left[NH_3\right]}$$

$$Cu(NH_3)_2^{2+} + NH_3 \rightleftharpoons Cu(NH_3)_3^{2+}$$

$$K_{稳3} = \frac{\left[Cu(NH_3)_3^{2+}\right]}{\left[Cu(NH_3)_2^{2+}\right]\left[NH_3\right]}$$

$$Cu(NH_3)_3^{2+} + NH_3 \rightleftharpoons Cu(NH_3)_4^{2+}$$

$$K_{稳4} = \frac{\left[Cu(NH_3)_4^{2+}\right]}{\left[Cu(NH_3)_3^{2+}\right]\left[NH_3\right]}$$

主价 [primary valence] 由维尔纳(A. Werner)提出的一个现代化学术语，即通常所说的原子价，原子价分为共价和电价。

1.3 固体化学

半导体 [semiconductor] 导电性介于导体和绝缘体之间的固体物质，一般认为其电导率在 $10^{-5}\sim10^{2}\ \Omega^{-1}\cdot cm^{-1}$ 之间。从能带理论上看，半导体材料的禁带宽度在 3eV 以下。典型的半导体是以共价键结合的元素单质或化合物，如单质 Si、Ge、Se、Te，Ⅱ-Ⅵ族化合物，如 ZnS 和 CdTe 等，Ⅲ-Ⅴ族化合物如 GaN 和 GaAs 等。掺入 SnO_2 的 In_2O_3(ITO)以及有机材料聚乙炔也是重要的半导体材料。半导体材料有本征半导体和掺杂半导体之分，大多数半导体材料为掺杂材料。电子掺杂后的半导体称为 n 型半导体；空穴掺杂后的半导体称为 p 型半导体。半导体材料在电子器件（集成电路）、光电转换器件(光电池)、热电转换器件(热敏探测器)和电光转换器件（发光二极管）等方面有广泛的用途。

包晶点 [peritectic point] 即转熔点。

贝多莱体 [berthollide] 又称非整比化合物。以法国科学家贝多莱(C. L. Berthollet)名字命名的一类化合物，其组成可以在一定范围内连续变化。贝多莱体主要是一些固体化合物。相对应的道尔顿体（整比化合物）其组成也可以在一定的范围内连续变化（即形成固溶体）。两者在以下几个方面存在重要的不同：①贝多莱体必然存在一个固溶体范围，而道尔顿体可以形成固溶体，也可以不形成固溶体。②在温度-组成相图中，贝多莱体的固相线与液相线在最大处相切（形状平滑），相切点 B 对应的组成中各元素之间没有简单整数比；对于道尔顿体形成的固溶体而言，固相线与液相线在最大处相交（形状尖锐），相交点 D 对应的组成中各元素呈简单整数比。③对于贝多莱体，在 B 点的两侧，随着组成的变化，其物理性质连续变化，性质-组成曲线没有奇异点；而对于道尔顿体，性质-组成曲线在 D 点对应的组成处为奇异点。

被俘[获]电子 [trapped electron] 固体材料中处于陷阱能级中的电子。固体材料中的有些缺陷可以成为陷阱能级，当外界能量输入时，固体中的基态电子发生跃迁和迁移，并被俘获于陷阱中，这种被陷阱俘获的电子称为被俘[获]电子。如在高能射线照射下 NaCl 中氯离子空位可以俘获一个电子形成电中性空位缺陷 $V_{Cl}^{\times}$。由于陷阱能级的深浅不同，被俘电子可以借助于不同形式的能量，如热、电和光等，使其激发而释放出来。

本征性质 [intrinsic property] 物质处于理想完美状态下本身所具有的特征。由物质本身的化学组成和结构决定。

本征缺陷 [intrinsic defect; native defect] 纯单质和化合物晶体中由于热运动而使部分原子或离子离开其晶格位置产生的缺陷，如空位、填隙和错位缺陷等。主要有弗仑克尔(Frenkel)缺陷、肖特基(Schottky)缺陷和错位缺陷。单质或化合物中原子或离子离开原来的晶格格位进入晶格间隙处，形成一个空位缺陷和填隙缺陷，此类缺陷对称为弗仑克尔缺陷，如 AgCl 中 Ag^{+}离开原来的格位进入填隙位置形成 V_{Ag}' 和 $Ag_i^{\bullet}$；离子化合物中少量阳离子和阴离子从晶体内部扩散到表面形成一对阳离子空位和阴离子空位，此类缺陷称为肖特基缺陷，如 NaCl 中形成的$V_{Na}^{'}$和$V_{Cl}^{\bullet}$。化合物中性质相近的原子或离子相互取代形成错位缺陷，如 ZnCu 中形成的$Cu_{Zn}^{\times}$和$Zn_{Cu}^{\times}$。

表面扩散 [surface diffusion] 原子、离子或分子在两相界面，尤其是固/液和固/气两相界面上的运动。扩散动力是物质在两相间的化学势差异。对于多晶材料，扩散可以沿着三种不同的途径进行，即体扩散、晶粒间界扩散和表面扩散，其中表面扩散所需的扩散活化能最低，扩散速率最大。

玻璃态 [glass state] 又称非晶态。一种热力学上亚稳的固体，即凝固了的过冷液体。组成该亚稳态固体的原子、离子或分子在微观结构上无长程序。玻璃态物质没有固定的几何外形，无固定的熔点，也无各向异性。将无序状态的液体或气体在原子、离子或分子排列有序化之前快速冻结成固体即可以得到玻璃态物质。不同物质形成玻璃态的难易程度差异很大，其性质和用途也各异。传统的硅酸盐玻璃可以通过熔融体的自然冷却而获得。这类玻璃由于其均匀透明的性质被用作光学器件和普通玻璃器皿；掺有稀土离子（如 Nd^{3+} 和 Er^{3+}）的硅酸盐玻璃被用作激光玻璃和光纤放大器材料。硫属玻璃（如 Se 和 As_2S_3 等）需要通过熔体淬冷或气相沉积的方法获得。由于其具有半导体性质，一般制成薄膜形态用于光电器件中，如复印机中的 Se 鼓。金属玻璃需采用辊压骤冷技术制备。金属玻璃集金属和玻璃的优点于一体，其机械性能和耐腐蚀性能均优于普通金属材料。另外，凝胶、无定形碳和很多高分子聚合物都是玻璃态物质。

布居数反转 [population inversion] 激发态粒子（电子）数大于基态粒子（电子）数的状态。在热力学平衡条件下，电子在体系中各能级的占据概率遵从玻尔兹曼分布：基态电子数多，激发态电子数少。在激光材料中，激光活性离子具有寿命较长的激发态能级。在大功率泵浦光激发下，大量的基态电子被激发到激发态上，可以造成激发态电子数大于基态电子数的布居数反转状态，这是产生激光的必要条件。

布里奇曼-斯托克巴杰法 [Bridgman-Stockbarger method] 又称坩埚下降法或晶体生长坩埚下降法。一种从熔体中生长单晶的方法，在晶体生长炉内通过形成温度梯度实现晶体的生长。该方法是由物理学家布里奇曼(P. Bridgman)于 1925 年提出的。在布里奇曼法中，将盛有熔体的坩埚放入炉中温度梯度区域内，随后使生长炉缓慢降温，熔体逐渐在冷端凝固、结晶。1936 年斯托克巴杰(D. C. Stockbarger)提出了相似的方法。在斯托克巴杰法中，先将坩埚放置在炉内高温区加热使原料熔融，然后逐渐控制坩埚缓慢下降，晶体从冷却的坩埚底部析出并逐渐长大。这种方法设备简单，操作简便，常用于碱金属卤化物或碱土金属卤化物类单晶的生长，获得的晶体尺寸大。该方法的缺点是晶体和坩埚壁接触，容易在晶体内部产生应力或寄生成核。为了提高晶体质量,在这两种方法中，最好都使用籽晶。

插层化合物 [intercalation compound] 在具有层状晶体结构化合物的层与层之间引进新的化学成分形成的化合物。层状母体化合物的层板结构单元中，原子以共价键相互作用相连接，而层间以分子间作用力相连接。由于分子间作用力较弱，在一定条件下，一些离子或极性分子可以通过吸附、插入或嵌入等方式进入层状化合物的层间而不破坏其层状结构。常用的制备插层化合物的方法有：①离子交换法：用其他离子交换出层间原有的离子；②化学反应法：用化学试剂与层间的基团发生化学反应；③电化学法：通过电氧化或电还原的方法将层间的基团氧化或还原，或是通过氧化还原反应在层间嵌入新的成分或使原层间基团脱嵌。一些插层化合物被用作电池材料：如在石墨层间嵌入金属锂，形成 Li_xC_6，用于锂离子电池的负极材料。

插入反应 [intercalation reaction] 即嵌入反应。

掺杂晶体 [doped crystal] 可控地掺入了良性杂质的晶体。可控掺杂可以有目的地改变或改善晶体的性质。在半导体 Si 中掺入一定量的 P，得到 n 型半导体；掺入一定量的 Ga，得到 p 型半导体；在 Y_2O_3 中掺入少量 Eu^{3+}离子可以得到发红光的荧光材料；在 ZrO_2 中掺入 CaO，使氧空位浓度增加，得到氧离子导电体。

场致发光 [electroluminescence] 电致发光的旧称。

超导材料 [superconducting material] 在适当的温度、磁场强度和电流密度下，具有零电阻率和抗磁性，甚至完全抗磁性的材料。超导材料的超导电子能隧穿纳米量级有限厚度的绝缘体产生约瑟夫森(Josephson)效应。表征超导材料的主要参量有临界温度(T_c)、临界磁场(H_c)和临界电流密度(I_c)。其中 T_c 和 H_c 是材料的本征特性，而 I_c 与材料的制备工艺有关。超导材料在临界条件下发生电子相变(为二级相变)，传导电流由普通导体的单电子迁移转变为电子对(即库珀对，Cooper pair)迁移。只有一个临界磁场的超导材料成为第一类超导体。有些材料具有两个临界磁场 H_{c1} 和 H_{c2}，称为第二类超导体。在较低的临界磁场 H_{c1} 之下，材料与第一类超导体相同，具有零电阻和全抗磁特性；而在 H_{c1} 和 H_{c2} 之间，材料处于超导态与正常态的混合态，仅表现出部分抗磁性。传统的超导材料主要是单质金属及其合金，如 Hg 和 Nb_3Ge，一般超导转变温度较低，在 30 K 以下。20 世纪 80 年代，人们发现的 Cu 基氧化物超导材料使超导转变温度有了很大的提高，如 $YBa_2Cu_3O_{7-x}$ 的 T_c 为 98 K。本世纪初人们发现的 Fe 基超导体也具有较高的 T_c，如 $RFeAsO_{1-x}$(R 为稀土离子)的 T_c 为 55K。超导材料由于其具有提供强磁场和实现磁悬浮的功能，在很多新技术方面发挥着越来越重要的作用。

超点阵有序化 [superlattice ordering] 即超晶格有

序化。

超交换 [superexchange] 两个不直接相邻的过渡金属离子通过氧原子作为中间媒介发生的电子交换相互作用。电子在离子间转移时，其自旋方向不发生改变，使金属离子间呈反铁磁性耦合。例如，NiO 中 Ni^{2+}-O-Ni^{2+}之间通过超交换作用发生反铁磁性耦合；Cu 基氧化物高温超导基质材料中 Cu^{2+}离子之间的反铁磁相互作用也是通过 Cu^{2+}-O-Cu^{2+}的超交换作用实现的。

超结构有序化 [superstructure ordering] 即超晶格有序化。

超晶格有序化 [superlattice ordering] 又称超点阵有序化或超结构有序化。组成晶体的原子或离子的有序排列使晶体结构的点阵单位扩大的现象。

超离子导体 [superionic conductor] 即快离子导体。

超顺磁性 [superparamagnetism] 铁磁性或亚铁磁性微小单畴粒子系统受热扰动而呈现出的顺磁性，其磁化率远大于普通顺磁材料。对于铁磁性或亚铁磁性物质形成的单磁畴晶粒，当粒径小到一定程度时(一般为纳米量级)，在某一温度以上且在居里温度以下，各晶粒的磁畴因热扰动而随机取向，不再具有剩磁，矫顽场为零，磁滞现象消失，类似于普通顺磁性。然而由于单磁畴晶粒中仍然存在未成对电子之间的磁交换作用，每一个单磁畴晶粒的磁矩可能是普通顺磁离子的数千倍，因而单磁畴晶粒集合体会表现出比普通顺磁性材料大得多的磁化率。

重组相变 [reconstructive phase transition] 固体相变的一种，相变过程涉及键的断裂和重组。这是一类结构变化较大的相变过程，相变活化能大，有时可以受阻不发生。例如，常温常压下石墨是碳的稳定相，而金刚石在该条件下仍然可以稳定存在，而不转变为石墨。这类相变涉及的两个相之间的对称性之间没有简单的关系，即两个物相的空间群之间也没有母群-子群关系。

畴 [domain] 固体材料中性质一致的区域，主要用于描述铁电材料和磁性材料的行为。对于铁电材料，离子自发极化方向一致的区域称为电畴；对于磁性材料，原子净磁矩取向一致的区域称为磁畴。

磁超结构 [magnetic superstructure] 由磁有序导致的周期结构，其结构周期单元一般是原子或离子构成单元的数倍。在铁磁或反铁磁相互作用的材料中，磁性离子的磁矩会形成有序排列。由于磁有序的存在，会形成比原子或离子的结构周期单元增大的周期单元。由于中子带有磁矩，因而利用中子衍射的方法可以表征材料的磁超结构。

磁矩 [magnetic moment] 闭合回路中电流强度与该回路所包围面积的乘积。磁矩为矢量，方向由右手定则确定。在微观层次上，原子核外电子的自旋运动和轨道运动产生自旋磁矩和轨道磁矩，两者耦合组成原子的本征总磁矩。本征总磁矩是物质磁性的根源。

磁控溅射 [magnetron sputtering] 加入磁场控制的阴极溅射法。在靶材的后面放置磁体增加一个平行于靶材表面的封闭磁场，借助于靶材表面上形成的正交电磁场，把二次电子束缚在靶表面特定区域来增强电离效率，从而增加了离子密度和能量，提高了溅射效率。

磁性 [magnetism] 物质因自身原子磁矩大小及排列方向所决定的特性。可分成抗磁性、顺磁性、铁磁性和反铁磁性等几种类型。物质的磁性与其构成原子或离子的电子结构、有无未成对电子、微观磁矩之间的相互作用以及晶体结构等因素有关。

磁性材料 [magnetic materials] 铁磁性材料和亚铁磁性材料的总称。按组成可分为金属类磁性材料、无机非金属类磁性材料和有机高分子类磁性材料；按形态又可以分为多晶、单晶、非晶态和薄膜态；按磁特性及用途又可以分为硬磁、软磁、磁记录、磁光和压磁等磁性材料。

磁性转变点 [transition point of magnetism] 即磁性材料中的居里温度或奈尔温度。

磁滞 [magnetic hysteresis] 磁性材料其磁感应强度的变化滞后于外磁场强度变化的现象。磁滞现象的产生是由于在磁化和退磁化过程中磁畴壁移动和磁畴方向转动都需要克服晶格阻力。

磁滞回线 [magnetic hysteresis loop] 在恒定温度下，当外加磁场对磁体(铁磁体或亚铁磁体等)进行磁化和退磁化的循环扫描时，磁化和退磁化的磁化强度曲线不重合(通常退磁曲线比磁化曲线的数值大）而形成的闭合曲线，它表示了磁体磁化的不可逆性。随外磁场的增强，磁感应强度呈非线性增强，但当外磁场超过某一值时，磁感应强度不再增大，而保持为一定值，即饱和磁感应强度 B_s；当外磁场减弱时，磁感应强度也会下降，但当外磁场为零时，材料的磁感应强度并不为零，而有一定值，即剩余磁强度 B_r；若要将剩磁归零，必须加反向外磁场，即矫顽磁场 H_c。

磁阻效应 [magneto-resistance effect] 材料的电阻率在磁场中发生变化的现象。运动的带电粒子在磁场中发生偏转而致移动距离增加，从而引起电阻率改变。磁阻效应可以用参数 MR 描述。MR 是材料在 0 磁场和加磁场下电阻变化值($\Delta\rho$)与 0 磁场下电阻值(ρ_0)之比，该参数可以是正值，也可以是负值。磁阻效应是一个很普遍的效应。非磁性金属材料的 MR 值一般较小；磁性金属材料的 MR 值会大一些，但也都小于 15%。

近来人们发现铁磁金属与非铁磁金属组成的超晶格薄膜（如 Fe/Cr）和一些过渡元素氧化物（如 $La_{2/3}Sr_{1/3}MnO_3$）的 MR 值巨大，是普通材料的几十倍，称为巨磁阻材料。

对于 Fe/Cr 薄层交替叠合组成的超晶格薄膜，在外磁场作用下铁磁层的磁矩趋于相互平行，对与自旋有关的载流子散射最小，材料有最小的电阻；当外场减弱，铁磁层的磁矩排列的混乱度增加，对与自旋有关的载流子散射增强，材料的电阻增大，从而使材料表现出巨磁阻效应。金属超晶格薄膜巨磁阻材料的使用使磁存储器件的存储密度提高了很多倍。

对于过渡元素氧化物 $La_{2/3}Sr_{1/3}MnO_3$，Sr 的掺杂一方面使 Mn 的 d 轨道能带中的空穴浓度增加，使材料具有金属导电性。基于 d 轨道的强关联效应，材料的电子载流子是自旋极化的。另一方面 Sr 的掺杂使 Mn 成为+3 和+4 混合价态。基于 Mn^{3+} 和 Mn^{4+} 的双交换作用，使材料具有了铁磁性。这样，在磁场的调制下，材料表现出巨磁阻效应。

错位缺陷 [misplacement] 见本征缺陷。

错位原子 [misplaced atom] 又称换位原子。晶体中一种格位上的原子或离子被另一种格位上不同种类原子或离子所取代形成的缺陷。一般来说，晶格中性质相似的两种原子或离子容易相互取代，分别形成错位原子缺陷，如 ZnCu 中，常形成 $Zn_{Cu}^{\times}$ 和 $Cu_{Zn}^{\times}$ 缺陷。

带隙 [band gap] 即禁带。

导带 [conduction band] 在绝对零度下，全空或未被电子占满的能带。导带中的电子很容易吸收微小的能量而跃迁至稍高能量的轨道，使固体具有导电能力。

道尔顿体 [daltonide] 又称整比化合物或化学计量化合物(stoichiometric compound)。以英国科学家道尔顿(J. Dalton) 命名的一类化合物，其组成中各元素原子数目之间符合简单整数比。一般的无机小分子和有机分子都属于这一类，如 CO_2、H_2O 和 C_2H_5OH 等；很多无机固体化合物也是道尔顿体，如 $BaTiO_3$、ZrO_2 等。有些固体化合物道尔顿体其组成可以在一定范围内连续变化（即形成固溶体），这与贝多莱体相似，但它们之间存在一些重要的不同之处，详见贝多莱体。

低共晶点 [eutectoid point] 又称类低共熔点、第二类低共熔点。多组分体系中三种以上的固相共存的状态。组成在低共晶点时，在升温过程中两种以上的固相转变为单一固溶体物相。

低共熔点 [eutectic point] 多组分体系中液相与两种以上固相共存的状态。组成在低共熔点时，在升温过程中几种固相熔融为单一液相。

第二类低共熔点 [eutectoid point] 即低共晶点。

第二类转熔点 [peritectoid point] 即转晶点。

电荷补偿 [charge compensation] 在晶体材料不等价取代掺杂时，掺入价态不同的另一种离子以保持晶体电中性的过程。例如，制备掺杂 Cu^+的 ZnS 荧光材料时，掺入 Al^{3+} 或 Cl^-离子可以起到电荷补偿的作用。

电荷迁移态 [charge transfer state] 简称荷移态。离子或基团上的电子在外来辐射的激发下瞬时转移到另一离子或基团上对应的能量状态。电荷迁移过程所产生的吸收光谱称为电荷迁移光谱，该光谱的摩尔吸光系数较大。$KMnO_4$ 的紫色来自 Mn←O 电荷迁移过程吸收可见光长波部分后显示出的颜色。Y_2O_3:Eu^{3+}红色荧光材料的激发过程对应于 Eu←O 电荷迁移态吸收。

电化学制备 [electrochemical preparation] 在电解质溶液或离子熔盐中，通过电化学氧化或电化学还原过程进行化学制备的过程。电化学制备需要：①直流电源；②导电溶液或离子熔盐；③电极及导电回路。在制备中，将反应物料放置在相应的电极上。与高温固相扩散反应相比，电化学制备条件温和、易控，因而原料利用率高、产物纯度高，能够获得特殊价态、特殊结构和特殊形貌的物质。

电性转变点 [transition point of electricity] 即铁电材料和亚铁电材料的居里温度。

电致发光 [electroluminescence] 曾称场致发光。在电场激发下使材料发光的现象。电致发光主要有两类：一类是 p-n 结型发光，另一类是薄膜型发光。p-n 结型发光器件，俗称发光二极管。在这类发光器件中，将发光材料制成 p-n 结。在电场作用下，p 型中的空穴与 n 型中的电子在结处复合，产生发光。常用的结型电致发光材料是 III-V 族半导体，如 GaAs 和 GaN 等。在薄膜型发光中，最简单的发光器件是将具有一定导电性的荧光材料制成薄膜形态，夹在两个平板电极之间（三明治结构），其中一个为透明电极。施加上电场后，电场提供的过热电子激发发光材料的发光中心使其发光，并从透明电极一侧透射出来。实际的薄膜型电致发光器件结构比三明治结构复杂。为了提高发光效率，根据需要在电极之间还会加入电子输入层、空穴输入层、电子阻挡层和空穴阻挡层等。常用的薄膜型电致发光材料是掺杂的 ZnS 类材料。20 世纪 80 年代以来，人们将有机分子或高分子发光材料用于电致发光器件中。这些器件虽然被称为有机发光二极管或高分子发光二极管，实际上它们是薄膜型发光器件。电致发光器件在照明和显示方面都有广泛的应用。

电致伸缩 [electrostriction] 固体介质材料在电场作用下原子或离子偏离其平衡位置产生电场诱导极化而导致的应变现象。对于结构中具有对称中心的材料，形变与电场强度的平方成正比，形变系数较小。对于结构中没有对称中心的压电材料，除了上述的电致伸缩效应外，还存在一个压电效应的反效应，其材料的形变与电场强度成正比，且形变系数很大。压电材料的电致伸缩应变比普通材料高几个数量级。扫描隧道显微镜中，针尖的扫描就是利用材料的电致伸缩效应控制的。

电滞回线 [electric hysteresis loop] 铁电材料的电极化强度随外加交变电场的强度和方向呈滞后性变化，其电极化强度 P 随电场强度 E 的变化关系呈现的封闭回线。随外电场的增强，电极化强度呈非线性增强，但当外电场超过某一值时，极化强度不再增大，而保持为一定值，即饱和极化强度 P_s；当外电场减弱时，电极化强度也会下降，但当外电场为零时，材料的极化度并不为零，而有一定值，即剩余极化强度 P_r；若要将剩余极化强度归零，必须加反向外电场，即矫顽场强 E_c。

电子-空穴对 [electron-hole pair] 又称激子(exciton)。在半导体材料中，价带中的空穴与导带中的电子之间相互吸引形成的正-负电荷对。当一个电子从价带被激发到导带上时，在导带内产生一个可以自由迁移的电子，而在价带内产生一个空穴。由于空穴带正电，电子带负电，在一定的条件下，电子和空穴之间的库仑吸引作用会使它们在空间上束缚在一起成为一个复合体，即电子-空穴对。其能级处于导带之下。

电子-空穴复合 [electron-hole recombination] 又称激子复合。电子-空穴对中的电子在一定的条件下填充于空穴中，导致电子-空穴对湮灭的过程。该过程中会以光的形式释放出能量，因而该过程也称为激子发射。

电子陶瓷 [electronic ceramics] 又称功能陶瓷。具有特殊的电、磁、光、声和热等物理性质，用于电子元器件的陶瓷材料。如绝缘陶瓷(Al_2O_3)、氧离子导电陶瓷(Y_2O_3 掺杂的 ZrO_2)、介电陶瓷($BaTiO_3$)、压电陶瓷($PbZrO_3$)、热电陶瓷(ZnO)、磁性陶瓷($Y_3Fe_5O_{12}$)和高温超导陶瓷($YBa_2Cu_3O_{7-x}$)等。

多孔陶瓷膜 [porous ceramic membrane] 用陶瓷材料制成的多孔膜。陶瓷材料具有热稳定性好、机械强度高、耐化学腐蚀等优点，制成的各种孔径的滤膜形同分子筛，可用于固/液或固/气两相的分离。

多铁性材料 [multi-ferroics] 同时具有两种或两种以上铁性，并可以使它们之间发生耦合的单相材料。铁性是铁电性、亚铁电性、铁磁性、亚铁磁性和铁弹性等存在滞回现象的性质的统称。磁-电多铁材料是多铁材料中重要的一类。铁电性来自偶极有序，铁磁性来自未配对电子间的自旋有序。当这两种有序并存时，受外界磁场或电场的影响而产生磁电效应：在磁场作用下诱导材料的自发极化或铁电相变；在电场作用下诱导材料的磁化或铁磁相变。磁-电多铁性材料在信息存储方面具有潜在的应用前景，同时多铁性材料由于磁-电的自旋/晶格耦合而具有丰富的物理内涵，已成为凝聚态物理和材料科学领域新的研究热点。

多相反应 [heterogeneous reaction] 有多个物相参加的化学反应。例如：气/固相反应、气/液相反应、液/固相反应和固/固相反应等。气/固相反应和液/固相反应等多相反应的原料和产物容易分离，因此，如果化学反应速率较快，应优先考虑使用多相反应合成。在石油化工中，常采用固体催化剂，而原料和产物都是气体，从而可以实现连续合成。

多相复合陶瓷 [heterogeneous composite ceramics] 又称陶瓷基复合材料。两种或两种以上不同性质和组织结构的陶瓷通过一定物理化学过程处理而形成的一类材料。不同陶瓷具有各自的优点和缺点，通过复合，可以兼有不同陶瓷的优点而弥补各自缺点，改善陶瓷的使用性能。

二级相变 [second-order phase transition] 体系自由能对温度或压力的一阶导数描述的热力学参量连续变化，而二阶导数描述的热力学参量不连续变化的相变，即热容、热膨胀系数和压缩系数在相变点不连续变化。涉及原子或离子状态变化的二级相变主要是原子(或离子)的有序-无序相变。很多二级相变主要涉及物质电子状态的变化，如铁磁-顺磁相变、反铁磁-顺磁相变，以及超导态-正常金属态相变，这几种相变可以看成是电子状态的有序-无序相变。

发光 [luminescence] 激发态电子返回基态并以可见光（包括近紫外光和近红外光）的形式释放能量的过程。激发态电子产生于高能射线或其他能量对物质的激发。按照激发能量的不同，发光过程大致可分为：光致发光、阴极射线发光、X 射线发光、电致发光、化学发光、放射发光、生物发光、摩擦发光等。

发光材料 [luminescent material] 在光、电、阴极射线和高能电离辐射等激发下，能够释放出可见、近紫外或近红外光的材料。在照明、显示及高能射线检测等方面有广泛的用途。无机发光材料由基质和激活剂(也称发光中心)组成，其化学组成表示为：基质:激活剂,如 $Y_3Al_5O_{12}:Ce^{3+}$。基质通常是由满壳层电子构型的正、负离子或离子基团组成的稳定物相。很多发光材料激活剂是不饱和电子构型离子，如 Mn^{2+}和 Eu^{3+}等,这类离子形成分立发光中心。另外还有复合中心发光激活剂和电荷迁移态发光激活剂。详见发光中心。

发光猝灭 [luminescence quenching] 发光材料的发光强度减弱的现象。很多因素可以导致发光猝灭。提高温度，荧光材料中激发态能量会通过晶格振动的散射被耗散，从而产生温度猝灭，或称热淬灭；在荧光材料中掺入某些杂质离子，如 Fe^{3+}、Co^{2+}、Ni^{3+}和 Pb^{2+}等，由于这些离子与发光中心争夺能量，会产生杂质猝灭；在发光材料中，当激活剂离子浓度超过了一定的临界值后，激发态电子在激活剂离子之间发生重复传递。在这一过程中，激发态电子遇到晶格中的杂质、缺陷等猝灭中心的概率增加，造成发光效率的降低，称为浓度猝灭。

发光中心 [luminescence center] 在发光材料晶格中对发光起核心作用的活性离子、缺陷或者离子团等。

常见的发光中心主要有以下三类。①分立发光中心：掺入基质中的不饱和电子构型离子，包括过渡元素离子(如 Mn^{2+})、稀土离子(如 Ce^{3+} 和 Tb^{3+} 等)以及 18+2 电子构型离子(如 Sb^{3+} 和 Pb^{2+} 等)。激发和发射过程在激活剂离子内部能级完成。②复合发光中心：在禁带宽度较窄(～3 eV)的基质中，掺入不等价离子可以形成施主和受主缺陷能级，构成复合发光中心，如 ZnS:Ag^+，Cl^- 中掺入的 Ag^+ 和 Cl^-，发光过程伴有光电导。③电荷迁移态发光中心：高价阳离子与氧组成的复合离子即是发光中心，其发光过程来自于复合离子的电荷迁移态。如 $CaWO_4$ 中的 WO_4^{2-} 基团可以产生蓝色的宽带发射。这类材料被称为自激活发光材料。

另外，一些半导体材料的带间跃迁产生发光，如 PbSe 量子点。一些半导体材料的激子中电子和空穴的复合也可以产生发光，如 ZnO 的 380 nm 线状发射。

反磁性 [diamagnetism] 即抗磁性。

反斯托克斯过程 [anti-Stokes process] 即上转换过程。

反铁磁体 [antiferromagnet] 晶格中存在未成对电子自旋形成的大小相等的净磁矩，这些磁矩在相邻晶格中呈反平行排列的物质。反铁磁体可以看作磁化强度等同但磁矩方向相反的两套晶格穿插而形成的总磁矩为零的材料。在过渡金属复合氧化物类反铁磁材料中，相邻过渡金属离子磁矩的反平行排列是由于未配对电子之间通过氧的超交换作用实现的。

反铁电性 [anti-ferroelectricity] 电介质的晶格内部相邻的固有电偶极极化强度相等而方向相反，彼此极性相互抵消，因而宏观上不呈现净电极化的现象。具有这种性质的材料称为反铁电体。由高温顺电相向低温反铁电相转变时，高温相的两个相邻晶胞产生反平行的电偶极子而构成一个新的超晶胞，其晶胞的体积增大一倍。反铁电相的吉布斯自由能与该晶体的铁电态很接近，因而在外加电场作用下，反铁电相可以转变为铁电相,并可观察到双电滞回线。典型的反铁电体有 $(NH_4)H_2PO_4$、$NaNbO_3$ 和 $PbZrO_3$ 等。

仿生材料 [biomimetic material] 在分子水平和超分子水平(包括晶体结构)上模仿生命体的组成、结构、构造和功能而开发的材料。大自然界中生物都是由理想的无机或有机材料通过组合而形成，长期的进化过程使得生物材料具有适应特定环境的最佳功能。仿生材料模拟生物材料的结构和功能，在现代社会生活中起了重要作用，如人工血浆、人工骨骼、人工牙齿、仿生膜和仿生物表面材料等。

非本征性质 [extrinsic property] 物质处于理想完美状态下本身所具有的特征以外性质的统称。由缺陷、杂质、界面和气孔等因素引起的性质或行为都属于非本征性质。

非晶态 [amorphous state] 即玻璃态。

非均相反应 [inhomogeneous reaction] 由多于一个物相参加的化学反应。非均相反应包括气/固相反应、气/液相反应、固/液相反应和固/固反应等。与多相反应类似，但非均相反应常指以某一种物相内反应为主的过程。

非线性光学材料 [nonlinear optical material] 具有较强非线性光学效应的材料。这类材料一般为不具有中心对称的晶体，且具有较大的非线性光学系数。

非线性光学效应 [nonlinear optical effect] 介质的极化强度等物理量与入射光场强的二次及以上高幂次项相关的效应，这是材料在高亮度光束(如激光) 照射下的效应。非线性光学效应包括倍频效应、混频效应、差频效应、光参量振荡等。

非整比化合物 [non-stoichiometric compound] 即贝多莱体。

分子晶体 [molecular crystal] 以有限原子组成的电中性分子为结构单元，通过分子间作用力形成的晶体。例如冰、干冰等。分子间作用力包括范德瓦耳斯力和氢键。非金属氢化物，大部分非金属单质，绝大多数有机化合物所形成的晶体属于分子晶体。由于分子间作用力较弱，分子晶体的熔、沸点一般较低。

弗仑克尔缺陷 [Frenkel defect] 见本征缺陷。

坩埚下降法 [Bridgman-Stockbarger method] 即布里奇曼-斯托克巴杰法。

高温结构陶瓷 [high temperature structural ceramics] 即结构陶瓷。

格位 [lattice site] 晶格格位的简称。

功能陶瓷 [functional ceramics] 即电子陶瓷。

共沉淀法 [co-precipitation method] 一种提高固相反应速率的方法。将需要反应的两种或两种以上金属盐按适当比例配成混合溶液，把沉淀剂加入金属盐的混合溶液中，使溶液中的几种金属离子同时沉淀，生成沉淀混合物或固溶体前驱体，再通过过滤、洗涤、热分解，得到复合氧化物或氧化物固溶体产物。例如，在制备 Y_2O_3:Eu^{3+} 红色荧光材料时，将 $Y(NO_3)_3$ 和 $Eu(NO_3)_3$ 溶液按一定比例均匀混合，用草酸作为沉淀剂使 Y^{3+} 和 Eu^{3+} 离子同时沉淀，再经过高温分解和高温反应获得产物。共沉淀法改善了原料混合的均匀度，可以降低反应温度，加快反应速率。

共价晶体 [covalent crystal] 又称原子晶体。原子间以共价键结合形成的三维无限网络结构的晶体。金刚石和二氧化硅是典型的共价晶体，其中 C 与 C 或者 Si 与 O 之间的化学键为共价键，C 和 Si 的 4 个价电子均参与成键形成四面体三维骨架结构。共价晶体一般具有高的强度和硬度，以及高的熔、沸点。广义的共价晶体包括由共价键连接形成的一维无限链状结构（如灰硒）和由共价键连接形成的二维层状结构（如 α-BN）。

固溶机理 [solid solution mechanism] 晶体材料形成固溶体时，溶质原子或离子进入基质晶格的方式。有多种固溶体的形成机理，常见的有取代机理（如 $Mg_{2-x}Zn_xSiO_4$）、双重取代机理（如 $Ca_{1-x}Na_xAl_{2-x}Si_{2+x}O_8$）、填隙机理（如金属 Pd 吸收 H_2 形成 PdH_x）、形成阳离子空位机理（如 $Mg_{1-3x}Al_{2+2x}O_4$）和形成阴离子空位机理（如 $Zr_{1-x}Y_xO_{2-0.5x}$） 等。

固溶体 [solid solution] 以某一组元为溶剂，溶入其他组元（溶质）所形成的均匀混合的固态溶液。固溶体其组成在一定范围内变化，并保持溶剂组元晶体结构的基本特征，或为其晶体结构的超结构。固溶体分有限固溶体和无限固溶体：有限固溶体又称部分互溶固溶体；无限固溶体又称完全互溶固溶体。物质的性质在固溶体内可以连续调变，因而固溶体的形成对于无机固体材料是十分重要的。

固态电解质 [solid electrolyte] 即快离子导体。

固态化学 [solid state chemistry] 即固体化学。

固体化学 [solid state chemistry] 又称固态化学。无机化学的分支学科之一。它主要研究固态物质的合成、组成、结构、性质及其内在关系，同时研究固态物质的应用。固体化学是材料科学的重要基础。

高温固相扩散法是该学科使用的基本合成方法。随着学科的发展，产生了多种新颖的固态物质合成方法，如共沉淀法、溶胶-凝胶法、化学气相沉积法、电化学法和水热法等。研究的固体物质包括晶体或非晶体。基于材料的应用，固态物质常被制备成特定的形态，如粉末、陶瓷、玻璃、薄膜或单晶等。表征固体物质结构的基本方法是衍射法（包括 X 射线衍射、中子衍射和电子衍射等）。显微技术（如扫描电子显微术、透射电子显微术以及扫描探针显微术等）和各种谱学方法（如光谱、波谱、能谱、阻抗谱和质谱等）在揭示固体体相和表面的组成、结构和物理化学特性方面发挥着重要的作用。固体中的缺陷对其性质有重要的影响，缺陷平衡、转化以及性质是固体化学的重要研究内容。当今固体化学的主要任务是研究固态物质新的合成方法及表征方法；结合理论计算和结构设计合成出具有新组成和新结构的固态物质，并期望其具有可控制的光、电、磁、催化和吸附等独特且优异的性能。

固液同组成熔融 [congruent melting] 固相与液相具有相同组成的熔化过程。

固液异组成熔融 [incongruent melting] 固相与液相组成不同的熔化过程。与转溶过程相联系。

光电导体 [photoconductor] 光辐照下其电导率增加的半导体材料。在光照作用下，半导体吸收光子能量使价带或缺陷能级上的电子跃迁到导带上，或价带上的电子跃迁到缺陷能级上，在价带上产生空穴，从而提高了材料载流子浓度，使其电导率增加。光电导体用于光传感器、测光元件和静电复印设备等。

光电导性 [photoconductivity] 在光照条件下半导体材料电导率增加的性质。这种增加通常是由载流子（电子或空穴）浓度提高引起的。

光激励发光材料 [photostimulated phosphor] 受光或射线（X 射线或高能粒子）激发后，可将激发能量以电子和空穴的形式存储于材料的陷阱能级中，再经光激励，将存储能量转移至激活剂产生荧光发射的材料。典型的光激励发光材料是 $BaFBr:Eu^{2+}$，使用该材料制成的图像存储板用于 X 射线数字成像系统中，该系统在医疗透视和工业无损检测等方面有广泛的用途。参见 X 射线存储发光材料。

光致发光 [photoluminescence] 物质吸收紫外光和可见光后，再以紫外、可见或近红外光的形式发射能量的过程。适合于光致发光条件的荧光材料种类很多。普通荧光灯中的 $Ca_5(PO_4)_3(Cl,F):Sb^{3+},Mn^{2+}$白光荧光粉，稀土三基色荧光灯中的 $BaMg_2Al_{16}O_{27}:Eu^{2+}$蓝色荧光粉、$MgAl_{11}O_{19}:Ce^{3+},Tb^{3+}$绿色荧光粉和 $Y_2O_3:Eu^{3+}$红光荧光粉，以及现在的半导体照明光源（发光二极管光源）中的 $Y_3Al_5O_{12}:Ce^{3+}$黄光荧光粉和 $Sr_2Si_5N_8:Eu^{2+}$红光荧光粉都是光致发光材料。大多数光致发光材料都属于分立中心发光。对于双掺杂的 $Ca_5(PO_4)_3(Cl,F): Sb^{3+},Mn^{2+}$，还存在 $Sb^{3+}\rightarrow Mn^{2+}$的能量传递。

荷移态 [charge transfer state] 电荷迁移态的简称。

互扩散 [mutual diffusion] 在固相反应过程中，多组分体系的不同组分在固体中的扩散。互扩散有利于固相反应的进行。各组分的扩散对固相反应过程的影响，可用互扩散系数表示。

化学计量 [stoichiometry] 符合化合价及其变化要求的化合物中各组分原子间的比例或化学反应中各物质量的相互关系。

化学计量化合物 [stoichiometric compound] 即道尔顿体。

化学气相输运 [chemical vapor transportation (CVT)] 一种物质提纯和单晶生长的方法。该方法利用了一个固-气化学反应和一个气相分解反应，把一种固态物质输运到他处并沉积出来。该过程在两端保持一定温度梯度的密闭反应器中进行。在反应器的一端，固体物质与气体输运剂发生反应生成气态产物；气态产物在气流的作用下被输运到反应器另一端，并发生逆向的分解反应而将原来的固体物质释放沉积出来。化学气相输运可以在远低于材料熔点的温度对材料进行提纯或进行晶体生长。

换位原子 [misplaced atom] 即错位原子。

混合价态 [mixed valence] 化合物中同一元素的离子呈多个氧化态的现象。在一些材料中混合价态是其表现出独特性能的关键，如 $YBa_2Cu_3O_{7-x}$ 中+2 价和+3 价两个氧化态 Cu 的存在使材料具有了高温超导性能。

霍尔效应 [Hall effect] 对于金属或半导体材料，若有一电流 I 沿某一方向通过导体，在垂直于电流的方向施加一个磁场 H，这时会在与电流和磁场垂直的方向产生一个电场 E，称为霍尔(Hall)电场，这一效应称为霍尔效应。霍尔电场是载流子在洛伦兹(Lorentz)力的作用下在导体的一端富集而产生的，产生的霍尔电场会阻碍载流子的进一步富集。达到平衡后，霍尔电场有一确定值，进而可以定义霍尔系数为：$R=\dfrac{E}{I\times H}$。霍尔效应首先是在金属导体中发现的，但半导体材料的霍尔效应比金属大得多。对于金属和 n 型半导体，载流子均为电子，其霍尔电场有相同的方向；而 p 型半导体载流子为空穴，霍尔电场的方向与 n 型半导体相反。通过霍尔效应的测量，可以确定半导体材料的载流子种类，也可以得出载流子的迁移率。

激光材料 [laser material] 可以将泵浦光转化为激光的材料。主要包括单晶材料、透明陶瓷材料和玻璃材料等。激光材料包括基质材料和掺入其中的激光活性离子。激光活性离子应该具有可以造成“布居数反转”的能级，即寿命较长的亚稳态激发能级，如红宝石 Al_2O_3:Cr^{3+}中 Cr^{3+}的 ^2E 能级，其寿命在毫秒量级。一些稀土离子，如 Nd^{3+}和 Er^{3+}等也是重要的激光活性离子。

激活剂 [activator] 发光材料中取代基质中原有格位上的离子起发光中心作用的掺杂离子。发光材料的基质中掺入激活剂，使原来不发光或发光很弱的材料发光或发光增强。

激子 [exciton] 即电子-空穴对。

激子复合 [exciton recombination] 即电子-空穴复合。

价带 [valence band] 通常是指半导体或绝缘体中，在绝对零度下被电子占满的最高能带。价带中的电子不能在固体中自由运动。受到光照或其他能量的激发，价带中的电子可以被激发到导带或其他受主缺陷能级上，从而使价带变成部分充填，即产生表观电荷为正的空穴，其在固体中可以自由运动。价带中空穴的运动对半导体器件的性能是至关重要的。

间隙缺陷 [interstitial defect] 又称填隙缺陷。正常晶格位置之外的间隙位置被原子或离子占据所形成的缺陷。一般半径小，极化能力强的原子或离子容易形成间隙缺陷，如 Ag^+和 F^-常形成间隙缺陷。

结构畸变 [structural distortion] 晶体结构的扭曲及变形。固溶体中掺杂离子与基质离子尺寸偏离较大时或材料的颗粒尺寸减小到纳米量级时都会引起材料的结构畸变。

结构切变 [crystallographic shear] 即结晶学切变。

结构陶瓷 [structural ceramics] 又称高温结构陶瓷。具有优异的力学性能、耐高温性能和耐化学腐蚀性能的陶瓷材料。结构陶瓷用作结构部件，可以在非常严苛的环境或工程应用条件下使用。常见的结构陶瓷有 Al_2O_3、ZrO_2、SiC 和 BN 等。

结晶学切变 [crystallographic shear] 又称结构切变。晶体中的原子或离子在一些特殊的晶面上发生位移而形成晶体结构内部界面的过程。结晶学切变是一类面缺陷，可以看成点缺陷有序化的结果。一些复杂的晶体结构可以看成是通过简单结构的结晶学切变形成的。例如，在弱还原气氛中加热金红石 TiO_2，可以形成一系列化合物，组成为 Ti_nO_{2n-1}，$4<n<37$，其结构可视为金红石结构沿某一晶面错动形成的结晶学切变结构。

介电损耗 [dielectric loss] 在电场作用下电介质材料内产生的能量损耗，这部分损耗一般转变为热。在交变电场作用下，介电损耗是电介质材料中损耗能量与存储能量的比值。介电损耗有多种机理，包括漏电损耗、电离损耗、极化损耗和结构损耗等。介电损耗随频率发生变化，它与材料的电导率、极化弛豫和晶格振动的非简谐性等因素有关。

介电性 [dielectricity] 在电场诱导下材料具有产生正负电荷中心分离的特性。绝缘体材料在电场中不以载流子传输的方式传递电场的作用和影响，而是产生正负电荷中心的分离，并在体相或表面感生出一定量的电荷，这一现象称为电极化。当电场去除，材料内部的电极化随之消失。材料的这种性质被称为材料的介电性，它是材料的普遍性质。

金属晶体 [metallic crystal] 金属原子之间通过自由电子的胶合作用（金属键）而结合成的晶体。金属键没有方向性和饱和性，因此每个金属原子总是与尽可能多的周围原子堆积在一起，以使体系的能量最低。金属晶体具有延展性和良好的机械强度，导热、导电性好，具有金属光泽。大多数金属晶体的熔、沸点也较高。

金属有机气相沉积 [metal organic chemical vapor deposition (MOCVD)] 用金属有机化合物作为前驱物的化学气相沉积方法。载流气体通过有机金属反应源的容器时，将反应源的饱和蒸气带至反应腔中与其他反应气体混合，然后在被加热的基板上面使有机金属源分解，并沉积成薄膜。MOCVD 技术主要用于制备 III-V 族、II-VI 族等半导体超晶格、量子阱等低维材料和多元固溶体的多层异质结构等各种薄膜材料。

紧束缚近似 [tight-binding approximation] 固体材料能带计算的近似方法之一。该方法认为一个原子附近的电子主要受该原子势场的作用，将其他原子势场的作用看作微扰。能带的计算是将晶体中 N [接近阿伏伽德罗(Avogadro)常数]个原子轨道进行线性组合。该方法可以理解为描述有限个原子组成的小分子成键状态的分子轨道理论向具有三维周期性的晶体体系的扩展。利用该方法可以建立起晶体的能带与构成能带的原子能级之间的关系。

禁带 [forbidden band] 又称带隙。在固体材料的电子能带结构中，相邻两个能带间不含有电子能级的能量范围。对于半导体或绝缘体，一般特指从价带顶到导带底之间的能量间隙。在能带理论中，禁带宽度是一个很重要的概念，对材料的电学性质和光学性质起着关键的作用。

晶格格位 [lattice site] 简称格位。晶体中原子所占据的具有一定点群对称性的位置。晶格格位与晶体的对称性相关联。格位有多重性、对称性和坐标等要素，其特征取决于晶体所属的空间群。晶格格位的对称性是影响材料的光学、电学和磁学性质的重要因素。

晶格间隙 [interstitial void] 晶格中原子间形成的空隙位置。晶格间隙常用其周围的原子构成的配位多面体表达，如八面体间隙和四面体间隙等。这些间隙位置可填入原子，或作为离子导体中的离子在电场作用下发生迁移的通道。

晶粒间界扩散 [grain boundary diffusion] 晶粒与晶粒界面之间发生的原子组分扩散过程。晶界处的原子排列不规则，原子密度较低，所以晶界扩散速度通常比晶粒内扩散要快。

晶体生长坩埚下降法 [Bridgman-Stockbarger method] 即布里奇曼-斯托克巴杰法。

晶体生长提拉法 [crystal pulling method] 即提拉法。

晶体生长焰熔法 [Verneuil flame fusion method] 简称焰熔法，又称维纽尔单晶培育法。一种利用火焰熔融生长晶体的方法。该方法是由法国科学家维纽尔(A. Verneuil)于1902年提出的。将极细的氧化物粉末原料以均匀的细流添加到在氢氧焰或其他高温火炬中加热熔融，并将熔体喷向基座的籽晶上，熔体随即凝固并长成晶体。该方法适用于难熔氧化物单晶的制备，例如，该方法被大量应用于红宝石和蓝宝石晶体的生长。

阱 [trap] 又称势[能陷]阱。晶体中能够俘获电子或空穴的缺陷能级。这种缺陷所俘获的电子或空穴在光或热的激励下可以被释放。

居里常数 [Curie constant] 居里定律或居里-外斯定律中的比例系数。顺电性物质的介电常数以及顺磁性物质的磁化率与温度成反比的关系称为居里定律或居里-外斯定律，其比例系数称为居里常数。

居里点 [Curie point] 即居里温度。

居里定律 [Curie law] 顺电性物质的介电常数以及顺磁性物质的磁化率与温度成反比的关系。

居里-外斯定律 [Curie-Weiss law] 顺电性物质的介电常数以及顺磁性物质的磁化率与温度成反比的关系。是对居里定律的温度项进行修正后的定律。

居里温度 [Curie temperature] 又称电性转变点、磁性转变点，或居里点。材料在铁电性与顺电性之间的转变温度以及材料在铁磁性(亚铁磁性)与顺磁性之间转变的温度。

巨磁阻效应 [giant magneto-resistance effect] 磁性材料的电阻率在有外磁场作用时较之无外磁场作用时存在巨大变化的现象。铁磁金属与非铁磁金属组成的超晶格薄膜(如 Fe/Cr)和一些过渡元素氧化物(如 $La_{2/3}Sr_{1/3}MnO_3$)会表现出巨磁阻效应，参见磁阻效应。

均相反应 [homogeneous reaction] 在单一固相、气相或液相中进行的化学反应，在反应过程中与其他物相没有物质交换。固体均相反应是指在单一的固相中的结构重组，即相变。

抗磁性 [diamagnetism] 又称反磁性或逆磁性。物质的磁化率为负值的磁性，数值约 10^{-6}，且不随温度变化。抗磁性物质中没有未成对电子的离子、原子或分子，没有净的原子(固有)磁矩。无外磁场作用时，物质不表现出磁性；在外磁场作用下，电子的轨道运动产生附加转动，动量矩发生变化，产生与外磁场相反的感生磁矩，表现出抗磁性。

空位缺陷 [vacancy defect] 晶体中的原子或离子离开晶格格位后留下的空格位所形成的缺陷。如高温弱还原气氛处理后，TiO_2 晶体中会形成束缚了电子的氧空位，表示为 $V_O^{\times}$；向 NaCl 晶体中掺入 $CaCl_2$ 形成钠空位，表示为 V'_{Na}。

快离子导体 [fast ionic conductor] 又称固态电解质、离子导体或超离子导体。离子在电场作用下定向迁移而导电的固体材料。常见的迁移阳离子有氢离子(也称质子)、锂离子、钠离子和银离子等；常见的迁移阴离子有氧离子和氟离子等。固体中离子的迁移缘于存在结构通道或相应离子空位。如 Na-β-Al_2O_3 中，在密实的尖晶石结构块之间存在一层缺陷层，其离子堆积较为疏松，成为 Na^+ 离子的迁移通道。Na-β-Al_2O_3 用于钠硫电池的电解质层。在萤石结构的 ZrO_2 中并不具有结构通道，本征离子导电性差。在晶体中掺杂入低电荷的阳离子，如掺入 Y^{3+} 部分替代 Zr^{4+}，即 $Zr_{1-2x}Y_{2x}O_{2-x}$，形成氧空位，使氧离子导电性大幅度增加。掺杂的 ZrO_2 氧离子导体可用于氧气传感器和燃料电池中。有些固态电解质中离子和电子对电导率的贡献相当，称为混合导体，这种材料有望用作电池的电极材料。

雷达吸波材料 [radar absorbing materials] 即无机吸波材料。

雷达隐形材料 [radar absorbing materials] 即无机吸波材料。

类低共熔点 [eutectoid] 即低共晶点。

类转熔点 [peritectoid] 即转晶点。

离子导电性 [ionic conductivity] 材料以离子为载流子进行电流传导的特性。在固体中，离子一般通过低浓度的缺陷移动，离子电导率较小。固体电解质具有较高含量的离子空位，或结构具有特殊的通道，离子易在其中移动。固体电解质的电导率和强电解质溶液或熔体的相当。

离子导体 [ionic conductor] 即快离子导体。

离子晶体 [ionic crystal] 由正负离子通过静电引力(离子键)而结合形成的晶体。例如 NaCl 和 CsCl 等。离子键没有方向性和饱和性，因而离子在晶体中趋向于采取尽可能紧密堆积的形式，但各离子周围一般情况下接触的是带异号电荷的离子。离子晶体一般硬而脆，具有较高的熔、沸点，熔融或溶解时可以导电。

量子裁剪过程 [quantum cutting process] 一个高能量的激发光光子转换成两个或多个发射光光子的过程。量子裁剪过程是一个量子效率大于 100%的下转换过程。在 $YF_3:Pr^{3+}$荧光材料中，可以将一个真空紫外激发光光子转换为两个可见光光子(一个蓝光光子和一个红光光子)。在一些基质材料(如 $Y_3Al_5O_{12}$)中，Tb^{3+}可以向 Yb^{3+}进行能量传递，从而将一个绿光光子转换为两个近红外光光子的发射。量子裁剪荧光材料有望在无汞荧光灯以及提高光电池太阳能利用效率等方面发挥作用。

马氏相变 [martensitic transition] 固体材料的一种无扩散剪切相变。马氏相变有如下特征：相变活化能很低、相变速率很高，可达 10cm/s，但相变过程中晶胞体积的变化产生的应力会对相变产生阻碍；为了克服相变应力的阻碍，相变不是在一个确定的温度下完成，而是有一个温度区间；相变过程中产物相在母相中形成板条状织构。人们最早把钢中由奥氏体转变为马氏体的相变称为马氏相变。该相变过程中形成的织构能够增强钢的力学性能。1895 年法国人奥斯蒙 (F. Osmond)为纪念德国冶金学家马滕斯(A. Martens)，把这种织构命名为马氏体。ZrO_2 的单斜/四方相相变也属于马氏相变，对 ZrO_2 陶瓷的增韧有重要影响。利用其马氏相变过程，一些金属合金(如钛–镍合金、金–镉合金和铜–锌合金等)被用作记忆材料。

敏化剂 [sensitizer] 在发光材料的基质中掺入能促进激活剂发光，使材料发光亮度增强的离子。例如在 $MgAl_{11}O_{19}$: Ce^{3+},Tb^{3+}绿色荧光粉中，Ce^{3+}离子是敏化剂，它可以将吸收的能量传递给 Tb^{3+}，提高其绿色发光效率。

摩擦发光 [triboluminescence] 固体受机械研磨、振动或应力作用而产生的发光现象。

摩尔磁化率 [molar susceptibility] 一摩尔物质的磁化率。磁化率又称[单位]体积磁化率，是物质的磁化强度与外磁场强度的比值。磁化率是无量纲量，其数值的大小表示物质磁化的难易程度。在实际中常用摩尔磁化率描述物质的磁性质，其数值等于物质的摩尔质量与密度之比值乘以体积磁化率。

逆磁性 [diamagnetism] 即抗磁性。

泡利顺磁性 [Pauli paramagnetism] 具有金属能带的物质其导带电子在磁场中发生自旋极化产生的弱顺磁性，其磁化率不随温度而变化。

嵌入反应 [intercalation reaction] 又称插入反应。指外来原子、离子或基团可逆地插入到基质固体材料的一类固相反应，其基质固体材料一般具有层状结构。嵌入反应在实际中有很多用途，利用 Li 对 TiS_2 的嵌入反应可以制成锂电池电极材料。嵌入反应也可以用于新化合物的制备。

嵌入化学 [intercalation chemistry] 固体化学的一个分支，研究向层状化合物的层间嵌入(插入) 原子、离子或基团的反应和机理，以及产物的结构、组成、性质与应用。

乔赫拉尔斯基法 [Czochralski method] 即提拉法。

取代缺陷 [substitutional defect] 晶体中的原子被同价或异价原子取代导致的缺陷。如 $Y_2O_3:Eu^{3+}$红色荧光材料中的 $Eu_Y^{\times}$ 和 $Zr_{1-x}Y_xO_{2-0.5x}$ 氧离子导体中的 Y'_{Zr} 。

缺陷簇 [defect cluster] 又称缺陷缔合体。晶体中的缺陷在一定的条件下形成的缔合体。缺陷簇的光学和电学性能与孤立的点缺陷有所不同。

缺陷的类化学平衡 [quasi-chemical equilibrium of defects] 又称缺陷平衡。晶体中各种点缺陷浓度、电子/空穴浓度以及环境中相关元素气体分压之间遵循的平衡关系，与化学平衡原理类似，包括缺陷的形成平衡、电离平衡和缔合平衡等。

缺陷缔合 [association of defect] 多个点缺陷之间形成缺陷簇的过程。固体中的孤立点缺陷之间可以通过库仑引力、偶极作用、价键作用以及晶体内可能存在的内应力等相互作用形成缺陷缔合体，或称缺陷簇，其性质与孤立点缺陷有所不同。孤立点缺陷与缺陷缔合体之间的浓度关系可用质量作用定律讨论。

缺陷缔合体 [defect cluster] 即缺陷簇。

缺陷晶体 [imperfect crystal] 存在缺陷的晶体。实际晶体中都存在缺陷，都是缺陷晶体。缺陷晶体在维度上有体缺陷、面缺陷、线缺陷和点缺陷之分。体缺陷包括嵌镶、孪晶和包裹体等；面缺陷包括各种晶界和层错等；线缺陷包括刃位错和螺位错等位错；点缺陷包括取代缺陷、填隙缺陷、空位缺陷和错位缺陷等诸多类型，单一的点缺陷之间会发生相互作用，形成的性质上不同于孤立缺陷的缺陷缔合体(缺陷簇)。晶体的缺陷对材料的力学性能以及光、电、磁性能起着关键的作用。

缺陷平衡 [equilibrium of defects] 即缺陷的类化学平衡。

缺陷有效电荷 [effective charge of defect] 缺陷位置的实际电荷减去理想晶体相应格位上的电荷。它不是缺陷带有的实际电荷，而是相对于正常格位的相对电荷。用缺陷符号右上角的˙、′和×分别表示带有一个正电荷、一个负电荷和电中性。例如 AgCl 晶体中的间隙银离子带一个正电荷，表示为 $Ag_i^{\bullet}$；NaCl 中的钠空位带一个负电荷，表示为 V'_{Na}；ZnO 中的氧空位可以带有两个正电荷，表示为 $V_O^{\bullet\bullet}$；ZnCu 合金中的错位原子不带电荷为电中性，表示为 $Zn_{Cu}^{\times}$。

热电效应 [thermoelectricity] 又称温差电效应。由温度差引起导体和半导体材料内产生电动势的现象。热电效应涉及汤姆孙(Thomson)效应、佩尔捷(Peltier)效应和塞贝克(Seebeck)效应。热电效应可用于测量温度的热电偶、电子制冷和温差电源等技术中。

在一均匀的金属导体两端形成一个温度梯度 T，则会产生一个温差电动势 E_t，其热端处于高电位，冷端处于低电位，这就是汤姆孙效应。温差电动势 E_t 一般在毫伏量级。由于热端电子具有较高的热能，其向冷端扩散的趋势大于冷端电子向热端扩散的趋势，因而有过量的电子聚集在冷端，产生一个热端高电位、冷端低电位的温差电动势。

半导体材料也会产生汤姆孙效应。对于 n 型半导体，其电动势方向与金属导体一致；而对于 p 型半导体，电动势的方向相反，即冷端为低电位，热端为高电位。这是因为在 p 型半导体中，在热端有更多的电子从价带激发到受主能级，同时在价带形成高浓度的带正电的空穴。这些空穴向冷端扩散从而使冷端处于高电位。利用汤姆孙效应可以分析半导体材料的载流子种类。

要使汤姆孙效应被利用，需要采用不同的导体组成回路。当不同的导体在接触时，会在界面产生接触电动势，这一效应称为佩尔捷效应，其电动势称为佩尔捷电动势，一般也在毫伏量级。接触电动势产生的原因是接触的两种导体一般来说它们的费米(Fermi)能级不同。当电子从低能级向高能级流动时，需要吸收热量，从而使导体接触处变冷；反之，当电子从高能级向低能级流动时，会放出热量，使导体接触处变热。利用佩尔捷效应可以实现电子制冷。

当两种导体形成回路，并在它们接触的两端形成温度梯度，则在回路中会产生净电动势，称为塞贝克效应，其电动势称为塞贝克电动势。塞贝克效应是汤姆孙效应和佩尔捷效应的总效果，是热电偶和温差电源的工作基础。

热敏效应 [thermal sensitive effect] 材料的某些物理性质随温度变化发生较明显改变的现象。热敏材料主要有：热敏电阻材料、热敏变色材料、热敏成像材料，其化学组成可以是无机陶瓷材料，也可以是有机聚合物材料。

对于无机陶瓷热敏材料主要指各种热敏陶瓷电阻，包括负温度系数(negative temperature coefficient，NTC)电阻、正温度系数(positive temperature coefficient，PTC)电阻和临界温度电阻(critical temperature resistor，CTR)三类。

负温度系数热敏电阻主要是一些具有普通半导体性能的陶瓷半导体材料，如一些过渡元素氧化物及其混合物的烧结体。这种材料的电阻率随温度的提高而下降，可用于测温、控温和热补偿等元件中。

正温度系数热敏电阻主要是一些铁电陶瓷，如 $BaTiO_3$。这类材料在居里(Curie)温度附近，随着温度的上升，电阻率会发生数个量级的突跃性增加。这种材料用于过电流保护器和过热保护器等装置中。

临界温度热敏电阻的特点是温度达到某临界温度时电阻值突然下降几个数量级。典型的材料是 VO_2，当升温到 68℃时，发生绝缘体–金属相变，使材料的电阻率急剧下降。可用于过热保护和火灾报警等方面的探温和控温元件中。

热释电效应 [pyroelectricity] 晶体的自发极化随温度而变化导致晶体出现宏观电势的现象。具有热释电性的晶体中存在固有电偶极，其自发极化作用导致表面存在束缚电荷。通常情况下，束缚电荷被吸附在表面的其他粒子电荷所补偿。当体系温度发生变化时，晶体的极化状态随之改变，束缚电荷与补偿电荷之间平衡被破打破，导致晶体在极化方向的两端呈现出宏观电势。热释电材料可用于红外探测器件中。

热释发光 [thermoluminescence] 发光材料在较低温度下被激发后，储存了能量，当温度升高时，以光的形式把储存的能量再释放出来的现象。热释发光材料中含有一定浓度的发光中心和陷阱，受激发后，晶体内产生自由电子或空穴，其中一部分被陷阱俘获。晶体加热升温时，被俘获的电子或空穴热激发成为自由载流子。当电子或空穴在晶格中移动时，与发光中心相遇并在发光中心处复合而发光。长时发光材料（也称长余辉发光材料）就是室温下的热释发光材料。

溶剂热法 [solvothermal method] 在相对较高的温度和自生压力下，以溶剂作为反应介质在密闭反应釜中进行化学合成的一种方法。在该方法中，溶剂是传温和传压的介质；同时高温高压下的溶剂可以提高反应物的溶解度和反应物活性；另外，溶剂还可以作为反应原料之一。溶剂热法是在水热法的基础上发展起来的,利用该方法可以获得一些特殊组成、结构和形态的材料，特别是适合于制备一些对水敏感(与水反应，易水解，在水中分解或不稳定)的化合物，如 III-V 族半导体、碳化物和氟化物等。

溶胶-凝胶法 [sol-gel method] 利用胶质悬浮物来制备无机固体材料的一种方法。将水溶性盐或油溶性醇盐等前驱物，溶于水或有机溶剂中形成均质溶液，溶质发生水(醇)解和缩合反应形成溶胶，进一步缩合和蒸发干燥转变为凝胶，最后经一定温度焙烧得到粉体或玻璃体产物。溶胶-凝胶法提高了反应物混合均匀度，因而有利于提高反应速率、降低反应温度、提高产物的相纯度。除了上述的醇盐水解法，溶胶-凝胶法还包括氢氧化物缩合法和柠檬酸络合法[以及衍生的佩基尼(Pechini)法]。

熔盐化学 [molten salt chemistry] 无机化学的一个分支。研究在不同温度下，处于熔融态或凝聚态的单组元或多组元盐类体系的结构、性质和反应性能及多相体系的热力学平衡。该学科关注均相熔盐体系中化学键的本质，高温下多种混合熔盐体系的多相平衡等，促进了熔盐电池、熔盐电解、熔盐电镀以及熔焊和钎焊等技术的进步。

软化学方法 [chemie douce method; soft chemistry method] 在较为温和的反应条件下进行无机材料制备的化学方法。如溶胶-凝胶法、水热合成法、溶剂热合成法、微乳液法等。相对于传统的无机材料常压高温或高压高温制备条件，上述制备方法的反应条件较为温和。软化学制备有利于减少能耗，并能获得一些特殊组成和结构的物质。

色心 [color center] 束缚了电子或空穴使无色晶体带上颜色的缺陷。NaCl 中束缚了一个电子的氯离子空位 $V_{Cl}^{\times}$ 即是一种色心，称为 F 心。该色心中束缚电子的能量状态可以用类氢模型描述。体系存在一系列分裂的能级，束缚电子可以在分离能级之间跃迁。由于能级间隔在可见光范围，因而使晶体带有颜色。常见的色心还有束缚了空穴的阳离子空位，如 NaCl 中的 $V_{Na}^{\times}$，以及 V 心和 H 心等。

上转换过程 [up-conversion process] 又称反斯托克斯过程。低能量的激发光光子转化为高能量的发射光光子的过程。在该过程中两个或多个低能量的激发光光子能够转换为一个高能量的发射光光子，其量子效率小于 50%。在 $NaY(WO_4)_2:Yb^{3+},Er^{3+}$荧光材料中，通过 Yb^{3+}向 Er^{3+}的能量传递过程，可以将近红外激发光转化为绿色和红色可见光荧光。上转换发光一般需要高密度(如激光)的激发才能实现。纳米上转换荧光材料有望在生物检测和生物成像方面获得应用。

烧结 [sintering] 加热陶瓷胚体，使其内部颗粒粘结、致密化和再结晶，成为具有一定机械强度和几何外形的整体的过程。是制备陶瓷材料的重要步骤。烧结的基本推动力是材料粉体颗粒表面能的下降。

射频感应冷坩埚法 [radio frequency cold crucible method] 无机固体材料的合成与制备方法之一。在高频电场中，导电材料内部感应出很强的涡流，涡流产生的热量使材料在很短的时间内被加热到很高的温度(可达 1500～1600℃)使其反应得到产物。常用于制备合金或金属间化合物。

X 射线存储发光材料 [X-ray storage phosphor] 以 X 射线为激发源的光激励发光材料。该材料晶格中存在发光中心和陷阱能级。在 X 射线激发下，该材料可以使激发态电子和空穴陷落于陷阱能级中储存起来。随后在某一波长光辐射诱导下，将陷阱中的电子和空穴释放，并传给发光中心，产生荧光发射。典型的 X 射线存储材料有 $BaFBr:Eu^{2+}$。该材料晶格中存在 $V_{Br}^{\bullet}$是电子陷阱；在 X 射线激发下形成的 $V_k^{\bullet}$心是空穴陷阱；～650 nm 的红色激光束($h\nu\approx 2$ eV)是激励光源；最终的荧光发射是 Eu^{2+}的 390 nm 紫光。用 $BaFBr:Eu^{2+}$可制成 X 射线影像储存板，与相应的图像读取设备和计算机组合构成 X 射线数字成像系统。该系统在医学上用于 X 射线透视，工业上用于 X 射线无损检测。

X 射线和电离辐射发光 [X-ray and ionizing radiation luminescence] 物质吸收 X 射线或电离辐射，并将所吸收的能量转化为其他波长的光的现象。转化的光一般是可见光，也可以是近紫外或近红外光。

X 射线发光材料其组成都含有重原子以利于 X 射线的吸收。当 X 射线照射材料时，产生大量的二次电子，这些二次电子还会激发出能量更低的二次电子，直至其能量与荧光材料发光中心的能级匹配被吸收，进而产生荧光发射。X 射线发光材料主要应用于 X 射线探测及 X 射线成像等领域，如医疗 X 射线透视和工业无损检测等。常见的 X 射线发光材料有 $CaWO_4$ 和 $Gd_2O_2S:Tb^{3+}$等，前者为电荷迁移态发光，后者为分立中心发光。

当 α、β 或 γ 等高能电离辐射轰击荧光材料时，经过多级电离过程产生的二次电子被荧光材料吸收，并转化为荧光发射。电离辐射荧光材料，也称为闪烁体(scintillator)，一般也含有重原子。实际应用的闪烁体一般制成单晶、陶瓷或玻璃等形态。常见的闪烁体有 $NaI:Tl^{+}$、$PbWO_4$、BaF_2 和 $LuSiO_5:Ce^{3+}$等。电离辐射轰击固体材料后在其内部发生复杂的离化过程，导致闪烁体的发光过程也较为复杂。$PbWO_4$ 除了电荷迁移态的蓝带发射外，还产生与缺陷相关的绿带和红带发射。BaF_2 除了 300 nm 的激子发射外，还存在价带到最高芯带 200 nm 的发射。闪烁体在医学断层扫描、工业大部件无损检测及电离辐射监测等方面有广泛的用途。

X 射线吸收精细结构 [X-ray absorption fine structure (XAFS)] 元素 X 射线特征吸收谱的吸收边及附近出现的分立峰和起伏振荡，一般在同步辐射光源上测试。吸收边出现的分立峰是由激发的光电子跃迁进入外层空轨道形成的，称为吸收边精细结构 (absorption edge fine structure, AEFS)，包含了吸收原子或离子的电子结构和价态的信息。

从吸收边到高能侧 1000 eV 段的分立峰和起伏振荡称为扩展X射线吸收精细结构[(extended X-ray absorption fine structure (EXAFS)]——由吸收 X 射线电离出光电子的原子的周围的配位原子散射回到吸收原子与出射波发生干涉形成的。对扩展X射线吸收精细结构图谱进行变换分析，可以得到近邻原子的种类、配位数和配位距离等信息。

生物陶瓷 [bioceramics] 与生物体或生物化学有关的陶瓷材料。主要包括生物惰性陶瓷、生物活性陶瓷、生物可吸收陶瓷等，用于医学治疗，作为生物硬组织(如牙齿和骨骼等)的代用材料。

失透 [devitrification] 玻璃透明度降低的现象。造成失透的原因是玻璃体中部分物质由热力学亚稳的玻璃态转变为热力学稳定态的晶相。玻璃体的失透与其组成和制备过程有关。

施主 [donor] 掺入半导体材料中能提供导电电子进而改变半导体导电性能的一类杂质或缺陷。如半导体硅中掺入元素 As。该杂质或缺陷的能级称为施主能级。

示踪原子扩散法 [tracer diffusion method] 研究固体材料中缺陷和扩散的一种方法。由浓度梯度、热振动、温度、力场和电场等引起的原子迁移现象，称为扩散。扩散过程与固体材料中的缺陷有关。将一种稳定的化学元素和它的具放射性的同位素混合在一起放置在固体材料的表面，加热到一定的温度使其向固体材料中扩散。当扩散过程进行一定的时间后，通过测量放射性同位素发出的射线，即可确定稳定化学元素的位置、分量，并可推测缺陷的种类。

势[能陷]阱 [potential well] 即阱。

受主 [acceptor] 掺入半导体中能接受半导体价带电子同时产生等数量的空穴从而改变半导体导电性能的一类杂质或缺陷。如半导体硅中掺入元素 Ga。该杂质或缺陷的能级称为受主能级。

双交换 [double exchange] 两个不直接相邻、价态不同的过渡金属离子通过氧原子作为中间媒介发生的电子交换相互作用。电子在离子间转移时，其自旋方向不发生改变，使金属离子间呈铁磁性耦合。例如 $LaCaMnO_3$ 中 Mn^{3+}-O-Mn^{4+} 的双交换作用，使 Mn^{3+}离子与 Mn^{4+}离子间呈铁磁性耦合。

水热法 [hydrothermal method] 在相对较高的温度和自生压力下，以水作为反应介质在密闭反应釜中进行化学合成的一种方法。在该方法中，水是传温和传压的介质，同时，高温高压下的水可以提高反应物的溶解度和反应物活性。利用该方法可以获得一些特殊组成、结构和形态的材料。水热法也是制备单晶的一种方法，如工业上石英单晶在就是采用水热法生长的。

顺磁性 [paramagnetism] 物质的磁化率为正值的磁性(其数值约 10^{-6}～10^{-2})，且磁化率与温度的关系遵守居里定律或居里-外斯定律。顺磁性物质中具有未成对电子的离子、原子或分子，存在固有磁矩。无外磁场作用时，固有磁矩取向无序，物质并不表现出磁性；在外磁场作用下，取向杂乱的磁矩有沿外场方向定向的趋势，表现出弱磁性。

顺电性 [paraelectricity] 普通电介质材料表现出的极化率与电场强度成正比的特性，其介电常数与温度成反比，遵循居里定律或居里-外斯定律。铁电材料在居里温度以上不显示自发极化，只表现出普通电介质材料的顺电行为，这种状态对应的相称为顺电相。$BaTiO_3$ 晶体在居里温度(～120℃)以上由四方铁电相转变为立方顺电相。在远高于居里温度时，顺电相介电常数虽不及铁电相，但仍比普通电介质材料大，且随温度的变化率很小，介质损耗显著下降，因而可当作大介电常数的普通介质材料使用。

陶瓷基复合材料 [ceramic matrix composite] 即多相复合陶瓷。

梯度材料 [gradient material] 无机梯度光学材料的简称。

提拉法 [crystal pulling method] 又称<u>晶体生长提拉法</u>、<u>乔赫拉尔斯基法</u>(Czochralski method)。一种利用籽晶从熔体中提拉出晶体的单晶生长方法。由波兰科学家乔赫拉尔斯基(J. Czochralski)于 1918 年提出，所以也被称为乔赫拉尔斯基法，是目前应用最为广泛的一种从熔体中生长单晶的方法。将原料装在坩埚中，加热熔化成熔体，其温度控制在略高于材料的熔点之上。将籽晶固定在提拉杆上，并使其与熔体表面接触。在晶体生长过程中将籽晶在旋转中缓慢向上提拉。由于提拉杆的散热作用，在籽晶上形成一定的温度梯度，熔体将在籽晶下端的表面上缓慢转化为晶体，从而生长出与籽晶结晶取向相同的圆柱形晶体。该方法在晶体生长全过程中能进行直接观察，有利于及时掌握生长情况，控制生长条件，并且晶体不与坩埚接触，没有埚壁寄生成核和埚壁对晶体的胁迫应力，能以较快的速率获得高质量的单晶材料。高纯单晶硅锭和 $Y_3Al_5O_{12}$:Nd^{3+}激光晶体都是用提拉法生长的。

体扩散 [bulk diffusion] 物质在晶体内部通过缺陷发生的迁移过程。参与物质迁移的缺陷可以是间隙离子和空位等。物质通过缺陷在晶体中经过不同格位迁移时，需要克服一定的能量势垒，因而在高温下扩散过程较为明显。

填隙缺陷 [interstitial defect] 即间隙缺陷。

铁磁体 [ferromagnet] 具有铁磁性的物质。很多材料都表现出铁磁性，如金属材料铁、钴和镍等。它们在居里温度之下表现出铁磁性，在居里温度之上则显示顺磁性。

铁磁性 [ferromagnetism] 材料中相邻原子磁矩发生

相互作用产生同向排列的自发磁化而导致的磁化率较大（一般在10以上）的磁性。在磁场周期变化时，材料的磁化强度随磁场的变化呈现为磁滞回线。

铁电性 [ferroelectricity] 某些物质在一定的温度范围内具有自发电极化，而且该电极化可以被外电场改变方向的特性。在电场周期变化时，材料的极化强度随电场的变化呈现为电滞回线。

铁弹性 [ferroelasticity] 一些材料的应变对应力的变化具有滞后的性质。自发应变方向可因外力场而反向。常见的铁弹体有：$SrTiO_3$、VO_2和β-$Gd_2(MO_4)_3$等。

铁氧体 [ferrite] 一类含铁的金属氧化物磁性材料。除了Fe元素外，材料中还包括其他金属元素，如Mg、Sr、Ba、Ni、Mn和Zn等。很多铁氧体具有尖晶石和石榴石结构。铁氧体属于亚铁磁性材料，在晶格中存在两种Fe离子亚晶格，在亚晶格内Fe离子自旋平行排列，不同亚晶格之间由于超交换反铁磁作用自旋反平行排列。由于不同亚晶格上Fe离子数目不同，材料显示出剩余磁化强度。铁氧体是绝缘体，电阻率大，涡流损耗小，适合于制作高频电磁器件。依据磁滞回线的特征铁氧体可分为硬磁、软磁和矩磁等，分别适用于永磁体、变压器磁芯和磁存储等领域。

透明导电氧化物 [transparent conducting oxide] 既可以透过可见光，又具有导电性的氧化物。如掺入10 % SnO_2的In_2O_3，简称ITO。这类氧化物具有较宽的禁带，又含有一定浓度的施主缺陷，这是它们同时具有透光性和导电性的原因。通过物理气相沉积或离子束溅射等方法这类材料常被制成透明导电薄膜，用在液晶显示器、等离子显示器、有机发光二极管和太阳能电池中。这类材料也可制成防反射涂层用在显微镜和望远镜等光学设备中。

拓扑合成 [topotactic synthesis] 一类无机固体材料的合成方法。利用这类方法合成的产物可以保持固相反应物原子堆积或连接的基本形式。该合成一般在较为缓和的条件下进行，例如，在420℃下加热，将具有六方连接方式的$3WO_3 \cdot H_2O$转化为六方WO_3(通常加热条件下获得的是单斜WO_3)；在280℃下，利用CaH_2，将具有钙钛矿结构的$SrFeO_{2.875}$还原为具有层状结构的$SrFeO_2$。

外斯常数 [Weiss constant] 居里-外斯定律对居里定律中温度项的修正参数。在某一温度之上铁电材料会转化为顺电性材料，各种磁性材料(铁磁材料，亚铁磁材料和反铁磁材料等)都会转化为顺磁性材料。顺电性材料的介电常数和顺磁性材料的磁化率与温度的关系都可以用居里-外斯定律描述。对于纯顺磁性材料，外斯常数为0；对于反铁磁材料，外斯常数为负值；对于铁磁材料、亚铁磁材料和铁电材料，外斯常数为正值，并被称为居里温度。

外延生长反应 [epitaxial growth reaction] 单晶薄膜材料的制备方法。利用晶体界面上的二维结构相似性成核的原理，在单晶衬底(基片)上生长一层与衬底晶向相同，且晶格完整的单晶层，犹如衬底的晶体向外延伸了一段，故称外延生长。外延生长法有气相外延、液相外延和分子束外延等。单晶片衬底其组成可以与薄膜材料相同，也可以不同，但两者的晶格参数应当匹配，其差值在百分之几以内。用该方法生长的这类薄膜材料在电子器件中有广泛的用途，例如利用生长出的外延层可以与原单晶片具有不同的导电类型这一特性，可以通过外延生长来直接制备p-n结。

维纽尔单晶培育法 [Verneuil flame fusion method] 即晶体生长焰熔法。

位形坐标 [configuration coordinate] 描述发光中心和它周围的晶格离子所形成体系的能量和晶格离子位置之间关系的图形。在晶体中，发光中心的电子能量状态，既取决于电子自身的能级高低，也受配位环境的影响。在位形坐标图中，发光中心的基态和激发态均可以表示为抛物线的形式，且一般情况下，两种抛物线的极小值存在一定的位移。位形坐标图中，纵坐标表示包括发光中心及其周围离子在内的体系的能量，其包括电子和离子的势能和相互作用能；横坐标表示发光中心和周围离子相互作用的坐标，它是包括离子之间相对位置等因素在内的一个笼统的空间概念。位形坐标模型可以解释发光过程中的很多现象，如斯托克斯(Stokes)位移、温度猝灭和发射带随温度升高而展宽等。

位移相变 [displacive phase transition] 固体相变的一种，相变过程仅涉及键的扭曲和畸变，而不涉及键的断裂和重组。这是一类结构变化较小的相变过程，相变活化能为零或很小，并且常常不能阻止其发生。这类相变涉及的两个相之间其对称性有一定的联系，低温相的对称性比高温相低，其空间群为高温相的一个子群。ZrO_2的单斜相-四方相-立方相之间的相变即为位移相变。

温差电效应 [thermoelectricity] 即热电效应。

无坩埚区熔法 [crucibleless zone melting method] 又称悬浮区熔法。一种单晶材料的制备方法。将预先烧制成棒状的物料悬浮地通过一段很窄的加热区域，区域的温度略高于材料的熔点。在物料的移动过程中，被加热部分经历了熔化和再结晶的过程，最终形成单晶，在该过程中由于杂质在晶体和熔体内的溶解度不同，使长成的单晶纯度提高。该方法可以避免坩埚对材料的污染及坩埚熔点的限制，适合于制备纯度高、熔点高的金属或氧化物的单晶体。

无机储热材料 [inorganic thermal storage materials] 能够储存热能的无机材料。分为显热储能材料和潜热储能材料。显热储热材料具有大的热容，利用升温和降温过程进行热能储存和释放，如水具有大的热容，4.2 kJ/kg·℃。与潜热储能材料相比，显热储能材料的储热密度较小。潜热储能材料是利用其在相态转变过程中的相变焓进行储热和放热。潜热储能材料的储热密度较高。$Na_2CO_4 \cdot 10H_2O$ 在 36℃时利用结晶水的脱出和结晶的相变过程可以达到～250 kJ/kg 的储热密度；Na_2MoO_4 在 450～650℃之间具有三个固相相变，其总储能密度约为 250 kJ/kg。目前，储热材料在太阳能存储、建筑保温和工业余热回收利用等方面已得到一定程度的应用。

无机梯度光学材料 [inorganic gradient index optical materials] 简称梯度材料。折射率呈梯度变化的玻璃材料。该材料是一种非均质材料，它的组分和结构在材料内部按一定规律连续变化，从而使折射率也相应地呈连续变化。梯度折射率材料按折射率分布形式可分为径向梯度材料、轴向梯度材料和球向梯度材料。

梯度折射率材料制成的光学元件具有显著的特点。如利用该材料制成的透镜具有体积小、数值孔径大、焦距短、端面为平面以及消像差性好等优点。用其组成光学系统可减少组件总数，简化结构。利用这类材料制成的梯度光纤可以实现自聚焦，提高耦合效率。梯度折射率微型光学元件是集成光学和光计算机的主要组件。因此，梯度折射率材料在光学系统中有着良好的应用前景。

梯度材料的制备方法有多种，如离子交换法、化学气相沉积法、分子(离子)填充法、溶胶-凝胶法、晶体增长法和光刻-离子交换法等。

其中离子交换法工艺较为成熟，产品已商业化。其制备过程为：将玻璃基体放入软化温度以下的熔盐中。这时，玻璃中的金属离子与熔盐中的金属离子进行扩散交换，逐步形成所交换离子的浓度梯度，从而形成折射率的梯度。该方法适合多种不同种类的玻璃。常用的盐类有硼酸盐、硼硅酸盐、锌硅酸盐、钠硼硅盐和银盐等。在制备过程中，还可外加电场以促进离子的扩散交换速率。

化学气相沉积法已广泛用于制备梯度光纤的预制棒。将具有不同折射率的材料逐层地沉积于管内壁或圆棒外，得到折射率呈阶梯型分布的材料。当拉伸成光纤后，因为阶梯厚度小于光波长，折射率在径向就形成近似连续分布的状态。

无机吸波材料 [microwave absorbing inorganic materials] 又称雷达吸波材料或雷达隐形材料。能够吸收投射到它表面的电磁波能量，并将其以热能形式损耗的一类无机材料。在工程应用上，一方面要求吸波材料在较宽频带内对电磁波具有高的吸收率，另一方面还要求它具有质量轻、耐温、耐湿和抗腐蚀等性能。

吸波材料的吸波机理有以下几类：

(1) 电阻损耗型：这是与材料的电导率相关的损耗，即材料的电导率越大，载流子引起的宏观电流(包括电场变化引起的电流以及磁场变化引起的涡流）越大，从而使电磁能转化成为热能而损耗。考虑到与空气的阻抗匹配，其电导率一般在半导体范围，采用这一机理的吸波材料一般为半导体，或导电相/介质相形成的复合材料，如 SiC，C/SiO_2 等。

(2) 介电损耗型：这是一类与电介质材料中电极化相关的损耗吸收机理，即通过介质反复极化产生的晶格“摩擦”作用将电磁能转化为热能使其损耗。能够损耗电磁波的电介质极化过程主要包括电子弛豫极化、离子弛豫极化以及一些其他形式的极化，如界面极化、自发极化、转向极化和谐振极化等。采用这一机理吸波的材料主要有 $BaTiO_3$ 等。

(3) 磁损耗型：此类吸收是与铁磁性介质的动态磁化过程有关的磁损耗，包括磁滞损耗、旋磁涡流损耗、阻尼损耗以及磁后效效应损耗等，其中与磁滞损耗相关联的磁畴转向、磁畴壁位移以及磁畴自然共振等是损耗的主要来源。常用的磁吸波材料有羰基铁。

吸波材料主要用于飞机、导弹、坦克、舰艇以及仓库等各种武器装备和军事设施的雷达隐形。在这些设备和设施上面涂覆吸收材料，可以吸收侦察电波、衰减反射信号，达到反雷达侦察的目的。另外，吸波材料还用于防电磁波干扰，以提高雷达及通信设备灵敏度。吸波材料还用于防电磁波泄露，保护操作人员身体健康。

无机新能源材料 [inorganic new energy materials] 能够实现对可再生能源(太阳能、风能、生物质能和海洋能等)的开发利用和对不可再生能源(煤炭和石油等)的节约利用的材料。这类材料是为实现可持续发展战略提出的一个开放性的科技新概念。这类材料目前主要包括：太阳能电池材料、水的光催化裂解材料、热电材料、储能材料、储氢材料、锂电池材料、固体氧化物燃料电池材料、超导材料和高性能磁性材料等。

稀土激光材料 [rare-earth laser materials] 含稀土元素的激光材料。包括单晶材料、透明陶瓷材料和玻璃材料等。在稀土激光材料中稀土离子既可以作为激光活性离子，也可以作为基质离子，如钕掺杂的钇铝石榴石（$Y_3Al_5O_{12}:Nd^{3+}$）。由于稀土离子的 f-f 跃迁为宇称禁阻跃迁，很多稀土离子的激发态能级寿命较长，在亚毫秒量级，能够成为造成“布居数反转”的能级，如 Nd^{3+}的 $^4F_{3/2}$ 能级。

稀土硬磁材料 [rare earth hard magnetic materials] 即稀土永磁材料。

稀土永磁材料 [rare earth permanent magnetic materials] 又称稀土硬磁材料。含有稀土元素的，一经磁化即能保持恒定磁性的材料。永磁材料要求具有高的饱和磁化强度、高的磁能积、高的矫顽场、高的剩磁强度和高的居里温度。永磁材料在不消耗电能的情况下可以提供稳定的高强度的磁场，在马达、电机、扬声器等机电设备和日常生活中被广泛应用。20 世纪 60 年代以来，人们发现了一系列高性能的稀土合金永磁材料。第一代稀土永磁材料为 $SmCo_5$，第二代为 Sm_2Co_{17}，第三代 $Nd_2Fe_{12}B$ 合金被称为“磁王”。近来人们研究的稀土铁氮合金有望成为新一代稀土永磁材料。稀土永磁材料的性能远高于非稀土材料，例如 $Nd_2Fe_{12}B$ 合金的矫顽场和磁能积分别为 880 kA/m 和 290 kJ/m^3，比非稀土合金材料高许多倍。

下转换过程 [down-conversion process] 高能量激发光光子转化成低能量发射光光子的过程。一般的荧光材料其发光过程都是下转换过程。

相图 [phase diagram] 表示体系组成、物相和相平衡随温度、压力和其他外界条件变化的关系图。除温度和压力外，其他的外界条件，如电场和磁场等，对相平衡的影响很小，所以相图通常以组成、温度和压力为变量而绘制。常见的相图有“单组分温度-压力关系图”“二元体系组成-温度关系图”“二元体系组成-压力关系图”“三元体系组成-温度关系图”和“三元体系固相线以下等温截面图”。在三元相图中，组成在三角坐标系中表示，温度以等温线方式表示。相图在确定体系相关系、指导材料制备和探索新物相等方面有重要的用途。

肖特基缺陷 [Schottky defect] 见本征缺陷。

锈蚀 [tarnishing] 金属及合金在大气中由于氧气、水分及其他物质的作用而发生的腐蚀，其腐蚀过程涉及电化学作用。

悬浮区熔法 [floating zone melting] 即无坩埚区熔法。

旋节分解 [spinodal decomposition] 在二元不混溶体系中，存在一个比热力学不混溶区窄的组成范围，在该组成范围内发生的自发快速分相过程。在该组成范围以外的热力学不混溶区，单相可以亚稳存在，分相需要采取成核/生长机理。

二元不混溶体系的自由能 G 与组成 x 的关系有如下的特征：在某一组成下，自由能存在一个极大值；在极大值的两侧，存在两个极小值，对应的组成分别为 m_1 和 m_2；在两个极小值与极大值之间在 s_1 和 s_2 处存在两个拐点，有 $\frac{\partial^2 G}{\partial x^2}=0$。在 s_1 和 s_2 之间，组成的微小波动都使体系的自由能下降，从而发生自发的快速分相过程，即旋节分解。在 m_1 和 s_1 以及 m_2 和 s_2 之间，组成的微小波动使体系的自由能上升，因而在这些组成区域单相可以亚稳存在，分相过程需要克服一定的势垒通过成核/生长机理进行。s_1 和 s_2 随着温度的上升而靠近，其轨迹形成一个钟形曲线，称为旋节分解线。

在二元固相不混溶体系中，物质扩散需要克服较大的势垒，旋节分解与成核/生长过程区别明显；而在二元液相不混溶体系中，由于物质的扩散较为容易，二者的区别不明显。

压电陶瓷 [piezoelectric ceramics] 具有压电性的陶瓷材料。

压电效应 [piezoelectric effect] 在应力的作用下，一些电介质材料发生形变而产生极化，相应地在材料的表面上产生电荷的现象。

压电性 [piezoelectricity] 材料所具备的产生压电效应的特性。具有非中心对称点群的材料可以具有压电性。利用材料的压电性可以实现应力-电场的转换，即通过机械形变可在材料的表面产生电荷；反之也可以实现电场-应力的转换，即通过施加激励电场使材料产生机械形变。

亚铁磁性 [ferrimagnetism] 物质中未配对电子之间存在反铁磁相互作用，且正反方向磁矩不相等而表现出净磁矩的现象。具有反尖晶石结构的 Fe_3O_4 即是典型的亚铁磁物质，在该物质中占据八面体格位上的 Fe^{3+}和 Fe^{2+}与占据四面体格位上的 Fe^{3+}发生反铁磁相互作用，由于八面体格位的数目是四面体格位数目的 2 倍，因而物质表现出净的磁矩。亚铁磁性物质在外磁场中的磁性行为与铁磁性物质相似。

亚铁电性 [ferrielectricity] 在晶体的一些方向呈现反铁电性，而在另一些方向呈现净自发极化的现象。产生这一现象的原因常常是相邻晶胞中方向相反的电偶极子向某一方向发生一定程度的倾斜。在 $Bi_4Ti_3O_{12}$ 和一水合酒石酸铵锂中可以发生这种亚铁电极化现象。

亚稳相 [metastable phase] 在一定的温度和压力下，体系的吉布斯(Gibbs)自由能处于某一极小值、而非最小值的物相。如常温常压下的金刚石和室温下的四方 ZrO_2 等。在一定的条件下，亚稳相可以自发地转变为稳定相。

焰熔法 [flame fusion method] 晶体生长焰熔法的简称。

一级相变 [first-order phase transition] 体系自由能对温度或压力的一阶导数描述的热力学参量不连续变化的相变，即在相变点体系发生熵值突跃($\Delta S\neq0$，对应一个相变潜热 ΔH)或体积突跃($\Delta V\neq0$)。一级相变涉及体系的原子或离子状态的变化，即化学键的断裂、重组或扭曲。常见的固-气相变、固-液相变以及固-固相变(如 ZrO_2 的单斜相与四方相之间的相变)都属于一级相变。

阴极溅射法 [cathode sputtering method] 制备金属薄膜的方法。在一真空腔体内，将金属靶材作为阴极，衬底(基片)放置在于阴极相对的适当位置，同时腔内通入 10^{-1}～10^{-2}torr 的惰性气体，如氩气或氦气。稀薄的惰性气体在数千伏的电压作用下发生辉光放电，并被电离。气态正离子被电场加速移向阴极靶材，将靶材离解。被离解的靶材逐渐沉积在衬底表面形成薄膜。

阴极射线发光 [cathodoluminescence] 材料在电子束(阴极射线)激发下产生的荧光。高能量(通常在几千至几万电子伏特)的电子束入射到发光材料中产生大量二次电子，使发光中心离化和激发而发光。阴极射线显像管中采用了这种发光。彩色显像管使用的蓝、绿、红色荧光粉分别是 $ZnS:Ag^+,Cl^-$，$ZnS:Cu^+,Al^{3+}$，$Y_2O_2S:Eu^{3+}$，其中红粉是分立中心发光，其他两种材料是复合中心发光。

有序点缺陷 [ordered point defect] 固体材料中具有一定周期性分布的点缺陷。点缺陷在晶体中一般被认为是随机无序分布的。但在一些特殊的体系中，点缺陷的分布会呈现一定的周期性，即有序性。具有有序点缺陷的材料其衍射图谱上会出现超结构衍射点。例如在浓度较大的氯化锰或氯化镉掺杂的氯化钠晶体，掺杂离子是有序排列的，形成的晶胞其晶胞参数是氯化钠晶胞的 2 倍，晶胞体积是氯化钠的八倍(2×2×2)。

有序-无序相变 [order-disorder transition] 有序结构与无序结构之间的相变。在晶体结构中，两种或两种以上的原子或离子随机占据同一晶格格位的结构称为无序结构；这些原子或离子周期性地占据这一格位的结构称为有序结构。通常低温有利于有序结构相的存在，而高温有利于无序结构相的存在。随着温度的变化，有序相会转变为无序相。例如，低温下 ZnCu 具有 CsCl 的简单立方结构，Zn 和 Cu 分别占据简单立方结构中的顶点和体心格位。由于 Zn 原子和 Cu 原子性质比较接近，结构中实际存在大量的 Zn 和 Cu 互相取代的情况。随着温度的提高，Zn 和 Cu 互相取代的情况增加，即无序度增加。当达到某一临界温度（即有序-无序转变温度）时，Zn 和 Cu 完全无序，两种格位中 Zn 和 Cu 的占有率都是 50%，即两种格位完全等同，结构由简单立方转变为体心立方。有序-无序转变被认为是二级相变。这种转变会影响物质的物理性质和化学性质，例如随着有序化程度的增加，合金的硬度会升高，而电阻、塑性等会降低。超导-普通金属，铁磁-顺磁以及反铁磁-顺磁等转变均被认为是二级相变，涉及电子状态的有序-无序转变。低温下超导体中的库珀对，铁磁体中自旋平行排列电子和反铁磁体中自旋反平行排列电子是有序态；温度升高，电子之间的相互作用逐渐被打破，成为无序状态。

原子晶体 [atomic crystal] 即共价晶体。

杂质缺陷 [impurity defect; extrinsic defect] 由外来杂质原子(离子)进入晶体产生的缺陷，例如 $Y_2O_3:Eu^{3+}$红色荧光材料中发光中心 $Eu_Y^{\times}$ 就是一种杂质缺陷。

载流子 [charge carrier] 导体中能够在外电场作用下长程移动的带电粒子。在金属中载流子是电子；在半导体中载流子可以是电子(n 型半导体)，也可以是空穴(p 型半导体)；在电解质溶液中载流子是离子，如 NaCl 溶液中的 Na^+和 Cl^-；在固体电解质(快离子导体)中载流子有 O^{2-}、Na^+、Li^-和 Ag^+等。

载流子浓度 [carrier concentration] 单位体积内载流子的数目。

载流子迁移率 [carrier mobility] 单位外电场下载流子在材料中发生漂移的平均速率。

整比化合物 [daltonide] 即道尔顿体。

助熔剂法 [flux method] 一种单晶材料的制备方法。将单晶原料与助溶剂混合，在高温下使体系熔融，获得均匀的熔体。随后通过缓慢冷却或等温蒸发的方法使体系达到过饱和状态，从而使材料得以结晶并长大。助溶剂法可以降低单晶的制备温度，适合于生长熔点过高，或固液异组成（高温下分解）化合物的单晶。等温蒸发法适合于生长只在很窄的温度区间内稳定存在的化合物的单晶。该方法的缺点是蒸发出的助溶剂具有腐蚀性，损害炉膛，污染环境。

转晶点 [peritectoid point] 又称类转熔点、第二类转熔点。多组分体系中，三种以上的固相共存的状态。组成在转晶点时，一种固溶体物相在降温过程中与另一固相发生反应，将其转化为组成介于两种反应物相之间的第三种固相。该过程也被称为包析过程。

转熔点 [peritectic point] 又称包晶点。多组分体系中，液相与两种以上的固相共存的状态。组成在转晶点时，液相在降温过程中与一种固相反应，将其转化为组成介于液相和反应物固相之间的另一种固相。

准自由电子近似 [quasi-free electron approximation] 固体材料能带计算的近似方法之一。该方法中忽略电子之间的相互作用，同时认为固体内部的电子不再被束缚在单个原子周围，而是在整个固体内部自由运动，并受到原子实势场的微扰。处于这种近似条件下的电子被称为准自由电子。在晶体中，原子实势场具有周期性，可认为准自由电子在一个周期性等效势场中运动，这样可根据布洛赫(Bloch)函数计算出晶体中电子波函数能量在 $\boldsymbol{k}$(波矢)空间的分布，即能带。

二

有 机 化 学

有机化学 [organic chemistry] 化学的重要分支学科。研究有机化合物的来源、结构、性质、分离、制备、应用以及有关理论的一门学科。由于有机化合物都含有碳原子，因此有机化学也被认为是研究碳化合物的化学。

主要研究内容包括：①有机物合成化学。研究有机化合物的合成方法，包括有机合成反应以及合成策略等；合成从自然界中分离得到的天然产物并进行修饰改造；合成自然界未曾有过的有用物质。②金属有机化学以及元素有机化学。研究碳和磷、硅、硫以及各种金属等形成的化学键所构成的化合物。③物理及理论有机化学。研究有机化合物结构理论以及有机化学反应机理。④立体化学。研究有机化合物在三维空间内的结构与变化规律和理论。⑤生物有机化学。是有机化学和生命科学的交叉领域，着重应用有机化学的原理和方法研究生命过程中的基本问题。⑥天然产物化学。对自然界物质的提取和利用、鉴定及结构测定等的研究。⑦有机材料化学。有机化学和材料科学的新兴交叉领域。

尽管已有 200 多年的发展历史，有机化学在今天依然是一门具有旺盛活力的学科。有机化学学科不仅本身仍有许多挑战性和激动人心的研究内容，同时它还和生命科学、材料科学等不断交叉融合。另一方面,有机化学又是一门实用性很强的学科，是合成染料、橡胶、纤维、树脂、医药、农药等工业生产的重要基础。

2.1 有机合成化学

2.1.1 基本概念和方法

半合成 [partial synthesis] 通过以从动物、植物或微生物中分离得到的天然产物为起始原料合成最终目标产物的化学合成方法。所需原料通常已具备最终产物的基本骨架。

保护基 [protecting group] 当一个含有多个官能团的底物发生反应时，需要先将其中也会反应而造成不需要副反应的官能团转化为另一种在该反应条件下惰性的基团。能保护某种基团的试剂称为该基团的保护剂。为使某基团受到保护，而在该基团上引入的基团称为保护基。如酰基可作为羟基与氨基的保护基，酯基可作为羧基的保护基，缩醛可作为醛基的保护基等。

编码分子 [encoding molecule] 在混合裂分组合合成中，每步反应完成后，再相应地接上另外一种容易检测的分子。其可用来在合成完成后确定目标化合物的结构。

不对称毒化 [asymmetric poisoning] 采用手性分子作为毒化剂或去活化剂，使外消旋催化剂中的一种对映体被选择性地中毒而失去活性，另一种对映体成为催化活性成分，催化反应生成非外消旋产物。

不对称合成 [asymmetric synthesis] 通过有机化学反应将潜手性化合物或潜手性单元转化为手性化合物或手性单元，产生不等量的立体异构产物的合成过程。反应剂可以是手性化学试剂、溶剂、催化剂、配体，或物理因素(如圆偏振光)等。

不对称活化 [asymmetric activation] 一种手性甚或外消旋催化剂可以被另一种手性活化试剂通过分子识别对映选择性地活化，从而催化反应生成光学活性产物。

不对称诱导 [asymmetric induction] 在化学反应中，通过底物、反应试剂、催化剂等手性因素导致的产物中某一种对映异构体或者非对映异构体过量。

不对称自催化 [asymmetric auto-catalysis] 由不对称反应生成的手性产物自身作为催化剂完成反应的过程。在该反应中，手性催化剂和产物是同一物质，因此在反应结束后无需分离产物和手性催化剂。这一过程可以在反应体系中加入少量的对映体过量(*ee*)值很低的光活性产物作为引发剂，在反应结束后得到的是 *ee* 值比原来高得多的产物。

串联反应 [tandem reaction] 从反应物出发，经由高活性的中间体在相似的反应条件下进行一连串的转化，生成最终产物的反应。反应物通常是多官能团化合物，原位产生的新官能团继续进行其他转化。串联反应具有无需对中间产物进行后处理和分离进而可在一次反应中完成复杂的转化的优点。

从头合成 [*de novo* synthesis] 从最简单的生物化学分子如糖、氨基酸等合成复杂的生物分子的过程。例如，由磷酸核糖、氨基酸、一碳单位、二氧化碳等物质合成核苷酸的过程。

萃取 [extraction] 利用化合物在两种互不相溶(或微溶)的溶剂中溶解度或分配系数的不同，使化合物从一种溶剂内转移到另外一种溶剂中。是一种化合物的提取或纯化方法。

萃取剂 [extractant; extracting agent] 实现萃取分离所用的溶剂。萃取可用单组分溶剂，也可用多组分混合溶剂，这主要取决于工艺上的选择。多组分混合溶剂由萃取反应剂、稀释剂、调节剂和协萃剂复配而成。

超声有机合成 [ultrasonic organic synthesis] 在超声波辅助下进行的有机合成。

电化学合成 [electrochemical synthesis] 引入电化学条件所进行的合成。影响电化学合成最主要的因素是电极电势，此外电极材料、电解温度、电流密度、溶剂和支持电解质也会对其造成一定的影响。与常规化学法相比，电化学合成方法具有产品纯度高，环境污染少，可在常压、常温下操作等优点。

电有机合成 [electroorganic synthesis] 在电化学条件下进行的有机合成。通常是在电极上进行的氧化和还原反应。

动态组合化学 [dynamic combinatorial chemistry] 组合化学的一个新兴分支。通过物理与化学的动态变化，集合成与筛选为一体的组合化学研究方法。与传统的组合化学方法相比，动态组合化学的特点是其化学库中连接结构单元的化学键是可逆的共价键，各结构单元利用可逆共价反应相互转换，通过外加靶标分子的诱导驱动，使得与靶标分子形成强相互作用的化合物不断富集，化学平衡向生成该优势化合物的方向移动，最终完成筛选与靶标存在强相互作用的化合物的目的。

对映体富集 [enantiomerical enrichment] 手性分子的对映异构体中，通过物理或化学的方法，使一种对映体的比例增加，而另一种对映体的比例减少，从而实现对其中一种对映体的富集。

对映选择性 [enantioselectivity] 在一定的反应条件下，反应优先生成一对对映异构体中的某一种对映异构体产物的选择性。

多样性导向合成 [diversity oriented synthesis (DOS)] 从单一的起始原料出发通过简便易行的方法合成结构多样、构造复杂的化合物库，再利用它们进行生物学筛选的研究策略。由施赖伯(Schreiber)于2000年提出。这种合成策略遵循正向合成分析法(forward-synthetic analysis)，在合成过程中尽可能地引入多样化的官能团，构建不同的分子骨架，希望最终建立的小分子化合物库涵盖尽可能多的化学多样性(包括丰富的手性官能团、丰富的立体化学和三维结构，以及多样性的化合物骨架等)。

多组分反应 [multicomponent reaction (MCR)] 以三种及以上的化合物为原料，合成单一化合物的反应。反应通常通过连续的多步转化进行，得到高选择性的产物。常见的有异腈参与的多组分反应、自由基多组分反应、有机硼化合物多组分反应及金属催化多组分反应等。例如：汉奇(Hantzsch)吡啶合成、曼尼希(Mannich)反应和乌吉(Ugi)反应等。

仿生合成 [biomimetic synthesis] 模仿生物体内的反应和天然物结构进行合成的过程。与普通化学合成不同，仿生合成是先模仿，后合成，因而事先对生物体内的反应和天然物结构与活性的关系要有深入的了解。生物体内的反应除极个别外，都是在酶的作用下进行的，但采用化学方法模仿这些反应时，可以在无酶存在下进行，也可以在模拟酶存在下进行。利用仿生合成的方法可以简化合成步骤，提高合成收率；或者可以获得活性更高，或活性相近，但更易于制备的新化合物，如仿生农药和仿生医药。植物、动物、微生物组织中的天然产物，是生物活性物质的丰富源泉。

非对映选择性 [diastereoselectivity] 在一定的反应条件下，反应优先生成某一种非对映异构体产物的选择性。主产物与其他产物之间互为非对映异构体。

分子蒸馏 [molecular distillation] 一种特殊的液-液分离技术。是基于不同物质分子运动平均自由程的差别实现分离。当液体混合物沿加热板流动并被加热，轻、重分子会逸出液面而进入气相，由于轻、重分子运动的平均自由程不同，因此，不同物质的分子从液面逸出后移动距离不同，若能恰当地设置一块冷凝板，则轻分子达到冷凝板被冷凝排出，而重分子达不到冷凝板随混合液排出。它不同于传统蒸馏依靠沸点差分离原理。

氟碳相 [fluorocarbon phase] 由全氟烷烃、全氟醚或全氟烷基胺形成的氟相及溶解于该氟相的反应底物、试剂和产物所组成的相。液体的全氟烷烃、全氟醚或全氟烷基胺可以作为溶剂，是一种密度大，无色无毒，热稳定性较好的溶剂。由于其与一般的有机溶剂及水都不互溶，因而一般单独形成一相，称为氟碳相。

氟[碳]相反应 [fluorous phase reaction] 以全氟化碳为溶剂进行的反应。

氟[碳]相有机合成 [fluorous phase organic synthesis] 以全氟化碳为溶剂进行的有机合成。

高压有机合成 [high pressure organic synthesis] 在高压条件下进行的有机合成。通常有气体或低沸点有机原料参与，或反应在低沸点的溶剂中进行。反应容器为高压反应釜，且在专门设计的高压实验室中进行，以确保安全。常见的有高压催化氢化、高压胺解反应等。

固态有机合成 [solid state organic synthesis] 通过将固体有机化合物原料(有时也有固体无机原料或载体参与)在无溶剂的条件下研磨或采用其他方式(摇动、烘烤)进行的有机合成。

固相有机合成 [solid phase organic synthesis] 在固相载体上进行的有机合成。固相有机合成首先将第一个反应物(也称基元分子)连接到固相载体上(有时通过连接分子来连接)，然后依次连接其他片段至完成目标分子的合成，再从载体上切割后得到目标分子。其优点是合成的速度较快；在合成过程中，通过增加反应物的用量，通常为3～

5倍，增加反应的次数来使每步反应的产率接近完全；通过溶剂的洗涤除去过量的反应物和溶液中的副产物来纯化连接在载体上的产物，从而达到了快速纯化的目的，提高了合成效率。

固相载体 [solid support] 进行固相合成的支持物。通常为官能团化的高分子树脂球或齿状针、多孔玻璃珠，玻璃载物片以及滤纸和棉花等。

固相组合合成 [solid phase combinatorial synthesis] 在固相载体上进行的组合合成。主要包括茶袋法、多针组合合成、混合裂分组合合成、光定位的组合合成和编码组合合成等。

光化学合成 [photochemical synthesis] 光照条件下进行的化学合成。其中的光通常为紫外光或者可见光，有时也会用到激光。

过滤 [filtration] 使液固或气固混合物中的流体强制通过多孔性过滤介质，将其中的悬浮固体颗粒加以截留，从而实现混合物的分离。

合成砌块 [building block] 含有活性官能团的分子片段或者化合物。这一概念通常应用于具有分子堆积的相关领域中，如：纳米粒子，金属有机骨架，有机合成，超分子等。例如化合物A和B能合成化合物C，A和B就称为C的合成砌块。

合成元 [synthon] 又称合成子。是科里逆合成分析法的概念之一，用以表示拆解有机合成目标分子时得到的碎片，即通过已知合成方法(或合成操作)能够与有机分子相连接的化学结构单元。通过对合成子的分析可以把各种有机反应分类，并应用于有机化合物合成路线的设计。该概念首先由艾里亚斯·詹姆斯·科里(E.J. Corey)提出。极性反转中的合成子可分为供电子合成子(以d代表)和受电子合成子(以a代表)两大类。典型的d合成子如甲硫醇、氰化钾、乙醛、炔烃锂盐等，而a合成子如氯化二甲基膦、丙酮、溴代丙酮及丙烯酸酯。在设计苯乙酸的合成时可发现两个合成子：一个亲核的“—COOH”基团及一个亲电的“$PhCH_2^+$”基团。显然它们本质上可能是不存在的，需要通过合成子等价物来合成它们。下例中氰离子是—COOH合成子的等价物，而溴化苄则是苄基阳离子合成子的等价物。

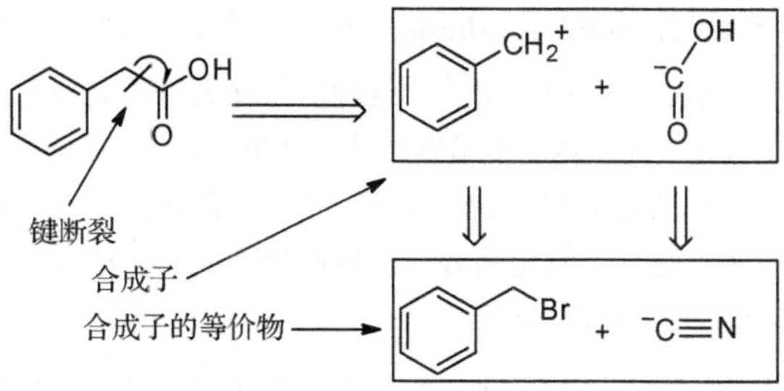

因此通过逆合成分析，得到的苯乙酸合成路线为

(1) $PhCH_2Br + NaCN \longrightarrow PhCH_2CN + NaBr$

(2) $PhCH_2CN + 2H_2O \longrightarrow PhCH_2COOH + NH_3$

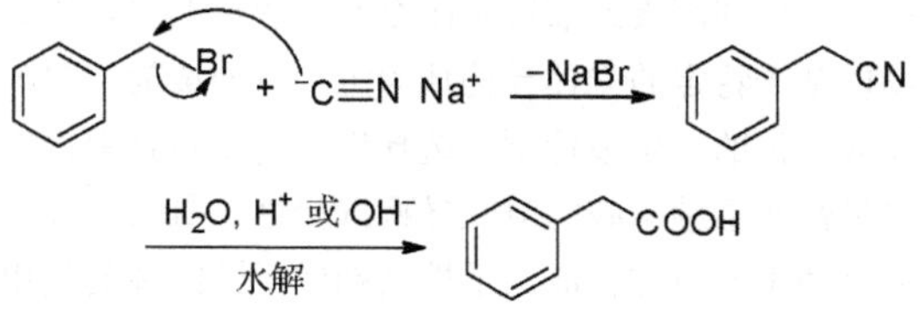

常见的合成子：

• C_1 合成子——二氧化碳、一氧化碳、氰负离子
• C_2 合成子——乙炔、乙醛
• —C_2H_4OH——环氧乙烷
• 碳正离子合成子——卤代烃
• 碳负离子合成子——格氏试剂、有机锂化合物及取代炔化物

合成子 [synthon] 即合成元。

汇聚合成 [convergent synthesis] 在多步合成反应中(通常是指有机合成)，旨在提高合成效率的合成策略。一般是先从最初的原料出发，先合成几个中间产物，然后通过这几个中间产物得到最终的产物。与汇聚合成相对应的是线性合成。例如，某化合物的结构为A-B-C-D。线性合成的策略是从A出发，把B，C和D分三步连上去。而汇聚合成则是先合成A-B和C-D，然后用A-B和C-D合成最终的产物，一共只需要两步反应。由于所需步数较少，一般具有比线性合成更高的效率。

极性反转 [umpolung] 在有机合成中通过使某一官能团的电性发生反转，来合成具有某些特定结构的分子的策略。由泽巴赫(D. Seebach)和科里(E. J. Corey)最先提出。在多数有机反应中，新化学键的生成通常发生在电性不同的两个原子之间，例如多数1,3-或1,5-杂原子取代的化合物易于通过一般有机反应来合成。而对于1,2-、1,4-或1,6-杂原子取代的化合物，则需要用到极性反转的策略来合成。

接力合成 [relay synthesis] 化学合成路线的一种特殊形式。分别实现合成上具有上下游关系的若干天然产物的依次转化，从而实现最下游目标产物的形式合成。

解洗剂 [eluant] 即淋洗液。

绝对不对称合成 [absolute asymmetric synthesis] 在没有任何外界手性因素(手性辅助试剂、手性催化剂及手性介质等)存在的条件下，从非手性化合物产生光学活性的手性化合物的过程。例如，圆偏振光作用下发生的不对称反应等。

可溶性载体 [soluble support] 可以溶于有机溶剂或水的反应载体。例如聚乙二醇单甲醚是一种可以溶于多种有机溶剂和水的高聚物，且具有很好的结晶倾向，可以作为可溶性载体用于液相组合合成。

立体选择性 [stereoselectivity] 在一定的反应条件下，当反应受到机理因素或邻近基团空间效应影响时，生成的反应产物以某一特定的立体异构体为主，从而成为主要产物，而其他异构体的产生被抑制的选择性。主要包括双键的顺反异构选择性和手性中心的对映异构选择性。具有立体选择性的反应有助于不对称合成。手性助剂或手性配体的使用也能够提高某些反应的立体选择性。

立体选择性合成 [stereoselective synthesis] 当一个反应生成 A，B 两个立体异构体，通过对反应条件的控制使得 A 产量比 B 产量多的合成反应。

立体专一性 [stereospecificity] 在一定的反应条件下，反应只产生某一特定的立体异构产物的反应选择性。由于受到反应机理的制约，产生其他立体异构体的反应途径是不被允许的，因此只生成专一的立体异构产物，具有高度立体选择性。立体专一性的反应广泛应用于有机合成中。

淋洗 [elution] 又称洗脱。在液相色谱法中，用适当的溶液作流动相，以一定的流速将吸附在固定相上的物质解吸下来的过程，吸附能力小的先流出，吸附能力大的后流出。是用色谱法进行化合物分离、纯化过程中的一个重要步骤。

淋洗液 [eluent; eluant] 又称洗脱剂、提取剂、解洗剂。洗涤树脂等的液体。例如离子交换树脂经酸、碱或其他溶液再生处理后，树脂中往往残留少量的再生液，如阳离子交换树脂以 HCl 再生后，树脂上残留 HCl，阴离子交换树脂以 NaOH 再生后则残留有 NaOH，因而必须用蒸馏水或去离子水来洗涤树脂，除去树脂中残留的再生液，使洗涤后流出的溶液呈中性，这时树脂才能投入新一轮使用。用于洗涤树脂的溶液一般为水。

滤液 [filtrate] 过滤之后得到的液体。

绿色化学 [green chemistry] 设计和研究没有或者尽可能少的环境负作用的，并且在技术、经济上可行的化学品和化学过程。尽可能步骤少，并且旨在提高化学反应效率，充分利用原料及能源，减少损耗以及废品的产生，并且降低对环境的负影响。其核心是利用化学原理，从而在源头消除污染。是化学和化工行业未来发展的趋势，也是给化学研究提出的一项新的挑战。

目标分子导向合成 [target oriented synthesis] 以目标分子为导向进行的合成方法。以目标分子的结构特征作为依据，通过逆合成分析法对目标分子进行“拆分”，直到“拆分”至易得的原料，并且得出合理的合成路线。目标分子导向合成过程具有明确的目标，适用于结构已知的天然分子如药物分子的合成。

逆合成分析 [retrosynthesis analysis] 通过分析目标分子原子或者基团间的连接方式，在能够较为容易重新成键的地方切断原子间的键连，从而产生较为简单的分子片段，继续用相同的方法分析分子片段，直至推导出简单的原料分子。

平行合成 [parallel synthesis] 组合化学中建立化合物库的方法。从一个底物 S 出发，与多个反应物 R^1，R^2，…，R^n 反应，产生一个含有 n 个单个产物 SR^1，SR^2，…，SR^n 的化合物库，该化合物库在做简单的结构确证后就可以用高通量筛选技术进行筛选。平行合成法通过空间分隔的整齐排列的反应器来平行合成化合物，当要测定某化合物的参数时，可以在特定区域得到非常纯的化合物。具有筛选速度快、化合物数目大的优点，在生物活性分子的合成、药物分子设计等领域具有重要的应用。

平行组合合成 [parallel combinatorial synthesis] 同时并行地进行多个相似的反应。是最早采用的液相组合合成方法。合成后分别测定活性，因此有效化合物的结构很容易确定。如在96孔板的每个孔中分别进行的合成。

区域选择性 [regioselectivity] 在一定的反应条件下，当试剂对底物有一个以上的反应位点时，反应主要选择在某一特定位点发生的现象。如果底物各个反应位点的反应活性不同，反应主要发生在活性最高的位点上，得到的产物为主要产物，而在其他位点上反应生成的产物为次要产物。反应位点的活性受反应位点及位点附近的电子效应和空间效应的影响，并由热力学因素与动力学因素共同决定。例如甲苯在发生亲电取代反应时，邻、对位亲电取代产物为主要产物，相应的间位取代产物为次要产物。

区域专一性 [regiospecificity] 在一定的反应条件下，当试剂对底物有一个以上可能的反应位点时，反应只发生在某一特定位点的专一性现象。具有区域专一性的反应只按一个方向进行，只会生成专一产物，具有高度的区域选择性。其通常由反应机理以及强烈的基团电子效应和空间效应决定。

去保护 [deprotection] 在分子中引入保护基并在其他基团处发生所希望的反应以后，除去保护基的过程。对去保护所使用的试剂通常的要求是廉价易得，不与除保护基以外的基团反应，并且具有较高的收率。

全合成 [total synthesis] 利用简单易得的原料，通过化学反应来获得某种有用的、结构复杂又难以用其他途径获得的化合物。其原料通常是容易从自然界中取得的化学物质，如糖类、石油化工产品等，以及商业可得的各类试剂；而目标分子通常是具有特定药效的天然产物，或者一些具有特定物理化学性质的功能分子。

生物合成 [biosynthesis] 生物体内进行的同化反应的

总称。具有如下几种不同的生理意义：①合成生长增殖所必需的物质；②在稳定状态时，合成用于补充消耗掉的成分的物质；③为长期和短期的储藏，进行必要的合成。一般来说，生物合成是吸能反应，多数是朝向使分子结构复杂化的方向进行。能量供给最典型的是由 ATP 供给，也有通过 GTP(如蛋白质合成)、UTP(糖合成)、CTP(磷脂的合成)供给的。也有利用还原型辅酶的(脂肪链的延长)。其可分为由主要原料进行的全合成(从头合成，例如光合作用)和由部分分解产物进行可逆性的废物利用途径(例如嘌呤核苷酸的转换)。生物体内的各种生物合成途径互相间受到复杂的控制。

声化学合成 [sonochemical synthesis] 通过引入超声波所进行的合成。通常采用高能量的超声波加速化学反应，超声波频率范围为 16 kHz～5 MHz，甚至到 500 MHz，反应多在液相中进行。

手性放大 [chiral amplification] 反应初始产物具有较低对映体过量，而反应结束时得到较高对映体过量产物的过程。初始反应产物可能作为反应催化剂，与反应底物或试剂形成高反应活性的中间体，作为手性模板控制反应的对映面，经不对称反应得到新的手性产物，而手性催化剂在反应中循环使用，从而达到手性增值或手性放大的效应。使用低光学纯度手性催化剂得到较高纯度手性产物的反应过程也是一种手性放大。

手性辅基 [chiral auxiliary] 反应前暂时引入的化合物或者结构片段，通过这些结构片段的手性来控制产物的手性。这样的化合物或者结构片段称为手性辅基。

手性元 [chiron; chiral building block] 对映异构体的手性合成子(chiral synthon)。与一般合成子不同的是，它是真正的中间体，而不是一种结构片断。

提取剂 [eluant] 即淋洗液。

微波促进的反应 [microwave assisted reaction] 通过引入微波辐射所进行的反应。微波对物质的加热是从物质分子出发的，是内加热。用于加热的微波波长通常固定在 12.2 cm (2.45 GHz)或 33.3 cm(900 MHz)。

微波有机合成 [microwave organic synthesis] 在微波辐射辅助下进行的有机反应。

无溶剂反应 [solvent-free reaction] 没有溶剂参与的化学反应。一般包括固体原料之间的固相反应、液体原料之间的液相反应、原料在熔融状态下的反应以及不同相态原料之间的非均相反应等。符合绿色化学的要求，有利于解决因溶剂的大量使用造成的环境污染和资源浪费等问题。主要的无溶剂反应方法有研磨法、相转移催化法和微波辐射法等。

洗出液 [eluate] 在色谱过程中，通过色谱柱后流出的液体。离子交换洗脱过程中，流过饱和的离子交换树脂，将已经交换到树脂上的反荷离子置换下来的再生剂。

洗脱 [elution] 即淋洗。

洗脱剂 [eluant] 即淋洗液。

线性合成 [linear synthesis] 从起始原料出发，连续进行多步反应，每一步反应的产物是下一步反应的反应物，直至合成目标产物的合成过程。可用 A→B→C→D 来表示线性合成的过程，其中 A 为起始反应物，D 为目标产物，B 和 C 为合成中间体。在线性合成中，总收率一般随着合成路线的增长而下降。

形式合成 [formal synthesis] 在天然产物或药物分子合成研究中只合成目标分子的前体，但是从该前体合成目标分子是已知的情况。例如，由化合物 B 合成天然产物 C 的方法已经有报道，那么由化合物 A 合成化合物 B 的过程就是一种天然产物 C 的形式合成，表示从化合物 A 可以合成天然产物 C。

序贯合成 [successive synthesis; sequential programmable synthesis] 在复杂大分子的合成过程中，先将该复杂分子拆分成多个片段分子，分别合成，再通过化学反应将这些片段分子组装起来的合成策略。

液相组合合成 [solution phase combinatorial synthesis] 在溶液中进行的组合合成。主要包括平行组合合成、索引组合合成、模板组合合成、液相萃取纯化的组合合成和固相载体参与的液相组合合成等。

“一锅”反应 [“one pot”reaction] 将多种反应物以适当方式置于同一反应器中，以连续发生两步或多步转化，生成最终产物的反应。在有机合成中，该类反应由于避免了中间产物的分离与纯化步骤，因此可以有效地节约反应时间和资源，并提高最终产率。例如汉奇(Hantzsch)吡啶合成、加斯曼(Gassman)吲哚合成等。

有机合成 [organic synthesis] 通过化学反应使结构相对简单的原料转变为具有特定或者复杂结构的产物的过程。合成过程一般由设计合成路线开始，经过试剂的选择与逐步地进行反应，进而得到一个或者多个中间产物，并能够最终获得目标产物。一个复杂产物的全合成往往需要多步反应且消耗大量时间，但合成过程为人工生产各种复杂的天然产物提供了可能性。化学家科里(E. J. Corey)通过引入逆合成分析的概念，为分析并设计合成路线提供重要基础。比如，维生素 B_{12} 的合成由“有机合成大师”伍德沃德(R. B. Woodward)和埃申莫瑟(A. Eschenmoser)完成，其对有机合成的发展具有里程碑意义。

组合合成 [combinatorial synthesis] 在短时间内将不

同构建模块(也称基元分子)根据已有的化学反应，利用组合和排列理论进行连接反应，从而产生一个结构多样性的化合物群体的合成方法。

组合化学 [combinatorial chemistry] 将化学合成、组合和排列理论、计算机辅助设计、机器自动合成结合为一体，并在短时间内将不同构建模块(也称基元分子)根据已有的化学反应，利用组合和排列理论进行连接反应，从而产生一个结构多样性的化合物群体(化合物库)，然后对其进行筛选优化，得到可能的有目标性能的化合物的一门科学。目前已广泛应用于药物和材料的筛选上，并且也应用到对反应条件的优化和催化剂及其配体的筛选上。

2.1.2 重要的有机合成反应类型

氨汞化 [aminomercuration] 类似羟汞化反应。通常为在液氨体系下烯烃与 $Hg(OAc)_2$ 等汞试剂发生反应，生成 *α*-氨基汞化合物;经还原剂处理最终生成胺。也可以由 $Hg(OAc)_2$ 引发分子内的氨基对双键加成，还原后除去乙酸汞基，形成环胺。

氨基化 [amination] 在底物分子中引入氨基(胺基)的反应。氨基(胺基)可以直接来自氨基($—NH_2$)，也可以是氮上氢被取代的胺基($—NR_1R_2$)。例如，芳香化合物在三氯化铝的作用下可以和氨气直接反应生成芳氨，醛或者酮可以发生还原胺化过程最终生成氨(胺)基化合物。该反应是合成氨基(胺基)化合物的重要方法。

氨甲基化 [aminomethylation] 有机化合物分子中的氢被氨甲基($—CH_2NH_2$)取代的反应。例如在曼尼希反应(Mannich reaction)中，甲醛和胺与醛(酮)发生的反应，就是氨甲基化反应。

氨解 [aminolysis] 含各种不同官能团的有机化合物在胺化剂的作用下生成胺类化合物的过程。包括卤素的氨解、羰基化合物的氨解、羟基化合物的氨解、磺基及硝基的氨解和直接氨解。常见的例如羰基化合物的氨解，常用于形成酰胺，进而形成氨基酸等。另一个常用的例子是化合物中卤素基团被氨基取代并消除卤化氢。

氨羟化反应 [aminohydroxylation; oxyamination] 烯烃在氧化-供氮试剂的作用下反应得到相应的邻氨基醇的过程。

氨羰基化 [carboamidation] 在底物分子中引入氨羰基(如酰胺，或者氮上被取代的酰胺)的反应。例如，质子化的氮杂环(如吡啶、喹啉等)在 H_2O_2-$FeSO_4$、H_2SO_4、甲酰胺或者 *N,N*-二甲基甲酰胺的作用下在氮杂环上引入氨羰基。该反应是合成酰胺类化合物的重要方法。

螯合 [chelation] 来源于希腊文“chela”，意思是螃蟹或虾的螯。在化学中，含有多个配位点的(多齿)配体与中心体形成的配合物，其中至少一个配体提供两对以上电子与中心体形成两个以上配位键，称为螯合物。生成螯合物的反应称为螯合反应。常用的多齿配体有乙二胺、EDTA、SALEN等，称为螯合剂。但芳香环以多对电子与中心体配位生成的配合物[如二茂铁、$Cr(C_6H_6)(CO)_3$等]并不被看作螯合物。

螯键反应 [cheletropic reaction] 环加成反应的一种。反应中一个反应物的一个原子向另一个反应物共轭系统的两端原子加成，形成两个新的 σ 键。形式上是[*m*+1]环加成反应，反应产物大多为五元环。如1,3-丁二烯与二氧化硫的加成反应：

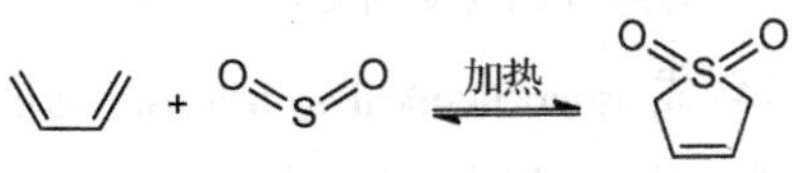

螯键反应的逆反应称为螯键消除反应。二者都具有立体专一性。

彻底甲基化 [exhaustive methylation] 甲基化是指有机化合物中甲基取代氢原子的反应，比如苯与卤甲烷在路易斯酸催化下生成甲苯。彻底甲基化往往是指霍夫曼消除反应中胺与过量碘甲烷反应生成季铵盐的过程。除碘甲烷之外，常用的甲基化试剂还有硫酸二甲酯等。

彻底脱硅基化 [exhaustive desilylation] 对分子中所有的硅保护基进行脱除的过程。

重氮化 [diazotization] 一级芳胺与亚硝酸在低温下作用生成重氮盐的反应。例如：

$$C_6H_5NH_2 \xrightarrow[0\sim5℃]{NaNO_2,\ HCl} C_6H_5N_2^+Cl^-$$

脂肪族、芳香族和杂环的一级胺都可以进行重氮化反应。通常以亚硝酸盐和盐酸作用作为重氮化试剂。除盐酸外，也可以使用硫酸、过氯酸和氟硼酸等无机酸。脂肪族重氮盐很不稳定，能迅速自发分解，芳香族重氮盐较为稳定。芳香族重氮盐可以被其他基团取代，生成多种类型的产物。在重氮化反应中，控制 pH 是很重要的。芳香族的一级胺的碱性较弱，需要用很强的亚硝化试剂，所以通常在较强的酸性下反应。

重氮偶联 [diazonium coupling] 芳香族胺发生重氮化反应生成的重氮盐参与的多种偶联反应。例如：芳香重氮盐中的芳基在碱性条件下与其他芳香族化合物偶联成联苯衍生物；一些芳香重氮盐在碱性条件下发生分子内的偶联生成杂环化合物；芳香重氮盐与具有活泼亚甲基的化合物在碱性溶液中偶联生成芳腙。重氮盐与酚、芳香族胺的偶联制取偶氮化合物，是合成偶氮染料的基础。

重排 [rearrangement] 分子中原子的连接次序发生变化的反应。分子(自由基或离子)中的某个基团(或原子)经协同反应历程，或共价键断裂与主体脱离，再与分子的其他位置重新连接的过程。如碳正离子的重排：

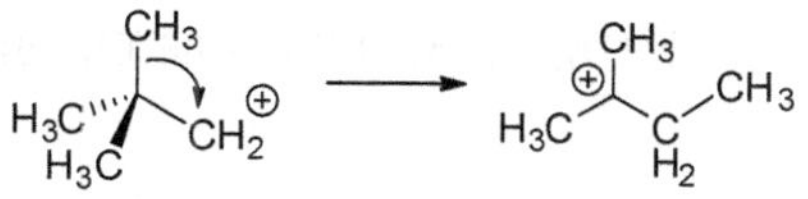

臭氧解 [ozonolysis] 碳碳不饱和键与臭氧发生反应，生成环状臭氧化物，进而用还原剂还原，分解产生醛、酮、羧酸或二氧化碳的反应。可用来测定烯烃的分子结构，也可用于合成醛、酮、酸、过氧酸等。

醇解 [alcoholysis] 溶剂解反应的一种。醇作为亲核试剂，使底物(通常为酯、酰氯、酸酐、酰胺、腈等)分子中的化学键发生断裂的反应。酯作为底物的醇解就是酯交换反应。

催化氢化 [catalytic hydrogenation] 在催化剂的作用下，氢气分子同有机化合物的不饱和基团作用，发生加成得到饱和有机化合物的反应。

催化脱氢 [catalytic dehydrogenation] 与催化氢化相反，在催化剂的作用下使有机物中碳氢链断裂并减少有机物分子中的氢原子数目的反应过程。

大环内酯化 [macrolactonization] 将一个分子两端的官能团片段发生分子内酯化反应，形成大环的内酯。分子内酯化，一般来说形成五元至七元环的内酯是比较容易的，大环的内酯不易形成，含有小张力环的内酯也不易形成。具有大环内酯的化合物通常在生物以及医药方面有着很重要的作用，尤其是抗生素。

单电子转移反应 [single electron transfer reaction] 在不同物质或官能团之间发生的单个电子转移的基元反应。

碘化内酯化 [iodolactonization] 非共轭烯酸(通常为3-、4-或5-烯酸)及酰胺与碘作用，双键发生加成得到碘内酯的反应。

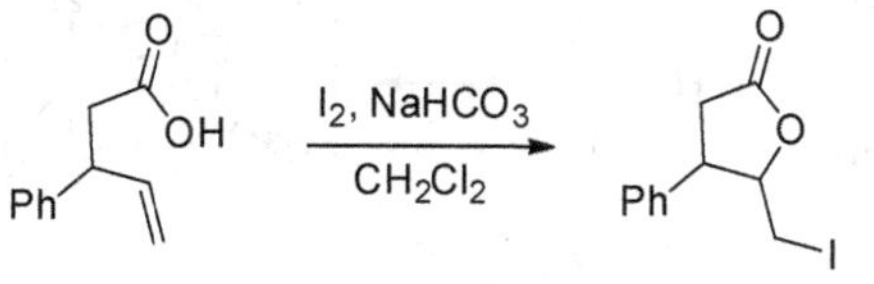

电化学还原 [electrochemical reduction] 在直流电作用下有机物在电解槽中被还原过程。

电化学氧化 [electrochemical oxidation] 在直流电作用下有机物在电解槽中被氧化的过程。包括直接电化学氧化和间接电化学氧化。通直流电时，有机物可以在阳极上被夺取电子直接氧化，也可以由高价金属离子间接氧化。

电环化反应 [electrocyclization] 周环反应的一类。含有共轭体系的分子，共轭体系两端的 π 电子之间环化形成 σ 键，而 π 键相应向中间移位的单分子反应或其逆反应。反应过程中，新形成了一个 σ 键，减少了一个 π 键。反应遵循分子轨道对称守恒原理。正反应为电环化反应，逆反应为电开环反应。例如：

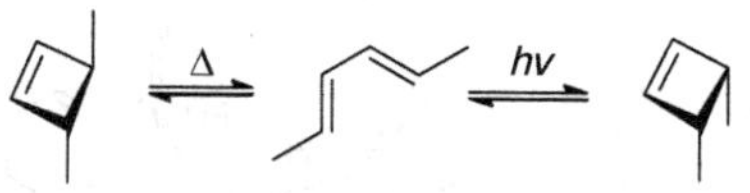

电环化开环 [electrocyclic ring opening] 电环化反应的一种反应形式。是电环化成环反应的逆反应。参见电环化反应。

二聚 [dimerization] 两个相同的分子 A 聚合成一个分子 A_2(二聚体)的反应。二聚反应的范围很广，在有机化学理论研究和有机合成中都占有重要的地位。例如：

$$CH_3\cdot + \cdot CH_3 \longrightarrow CH_3{-}CH_3$$

芳构化 [aromatization] 非芳香化合物经脱氢等转变成为芳香化合物的过程。

芳基化 [arylation] 在反应底物分子中引入芳基的过程。在有机化学中，芳基指任何从简单芳香环衍生出的官能团或取代基，是芳烃分子的芳核碳上去掉一个氢原子后，剩下一价基团的总称，通常用—Ar 表示。例如：苯基、邻甲苯基、1-萘基(或 α-萘基)、2-萘基等，都属于此类。常用的人名反应有米尔文芳基化反应(Meerwein arylation reaction)，由 Hans Meerwein 于 1939 年报道。为芳基重氮盐在金属盐类存在下对缺电子烯烃的加成反应。产物为取代芳香族化合物。

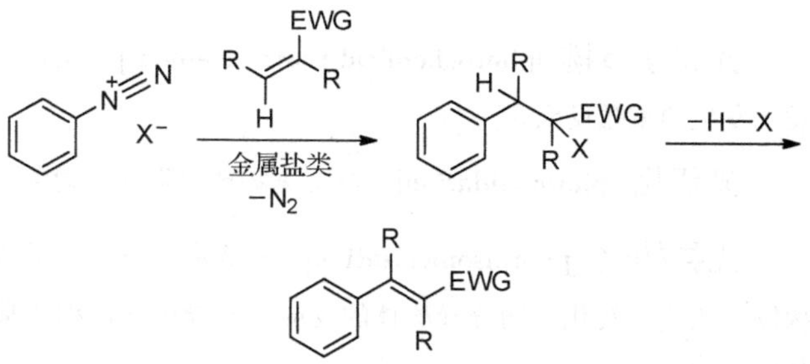

反应的具体机理仍不清楚。有认为此反应为自由基-亲核芳香取代机理。首先重氮盐断裂放出氮气，生成芳基自由基，接下来芳基自由基对双键进行自由基加成，产生的烷基自由基中间体被重氮盐中的反离子如卤素或四氟硼酸根捕获，生成取代芳香族化合物。此产物还可继续经过消除放出卤化氢，从而进一步得到苯乙烯衍生物。

非均相氢化 [heterogeneous hydrogenation] 催化氢化的一种。反应底物与催化剂在非均相体系所进行的氢化反应。

负离子环加成 [anionic cycloaddition] 烯丙基(包括含有杂原子的烯丙基)类负离子与烯烃、炔烃类及其衍生物发生的[3+2]环加成反应，得到五元环状产物。

负氢转移 [hydride transfer] 氢以负一价的形式发生转移的过程。负氢表现出较好的亲核性，醛酮被还原成醇的过程可以理解为还原剂负氢向羰基的亲核加成。负氢在分子内或分子间的转移是许多有机化学反应机理中的关键过程，如图所示的坎尼扎罗反应。

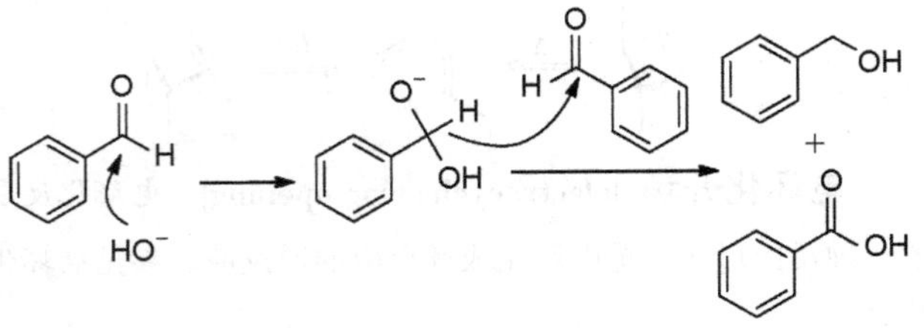

复分解反应 [metathesis reaction] 即换位反应。

汞化 [mercuration] 形成有机汞化合物的反应。一般指有机分子与含汞化合物反应形成碳-汞(C—Hg)键的过程。

共轭加成 [conjugate addition] 共轭体系发生加成反应时，有两种方式：①体系中的不饱和键独立地进行反应；②由于外界条件的影响，电子云以极性交替的方式发生转移，整个分子作为一个整体参与反应。共轭体系作为整体参与的加成方式，称为共轭加成，如1,4-加成。

关环[烯烃]复分解反应 [ring-closing [olefin] metathesis (RCM)] 烯烃复分解反应的一种。利用分子内的烯烃复分解反应构建环烯烃的反应。可用于中环(七元或八元环)的合成。

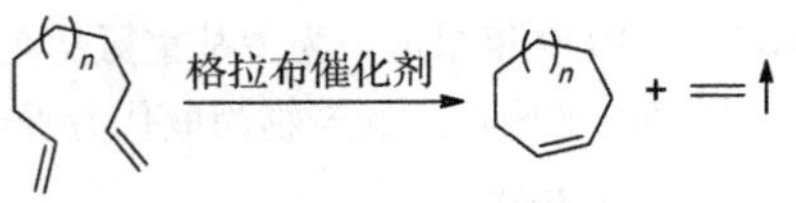

光化学重排 [photochemical rearrangement] 在光激发下发生的重排反应。

光氧化 [photooxidation] 释文见物理化学同名词条。

光异构化 [photoisomerization] 在光激发下，分子结构发生改变，转化为同分异构体的反应。光异构化过程通常是可逆的。

硅氢化 [hydrosilylation] 将硅的氢化物加到不饱和有机化合物上，从而生成各种有机硅化合物的反应。反应一般采用三种方式：①与烯烃或炔烃在加热下直接合成；②利用紫外线、γ射线或有机过氧化物自由基引发；③用过渡金属及其配位化合物催化。该反应条件温和、选择性好、产率高，已广泛用于有机合成，在天然产物合成中还可用作保护基。

硅烷化作用 [silylation] 将硅烷基引入到分子中的过程。一般是指硅烷基取代活性氢，如羟基、羧基等中的活性氢。活性氢被硅烷基取代后化合物的极性降低，减少了氢键作用，因此所形成的硅烷化衍生物挥发性更强；同时，由于活性氢的数目减少，化合物更加稳定。由于这两方面性质，硅烷化试剂在气相色谱(GC)分析中应用很多。常见的硅烷化试剂有*N*,*O*-双(三甲基硅烷基)乙酰胺，二甲基二氯硅烷等。

还原二聚 [reductive dimerization] 分子被还原的同时或随之发生二聚的反应。例如二苯甲酮在钠的液氨溶液中的还原反应：

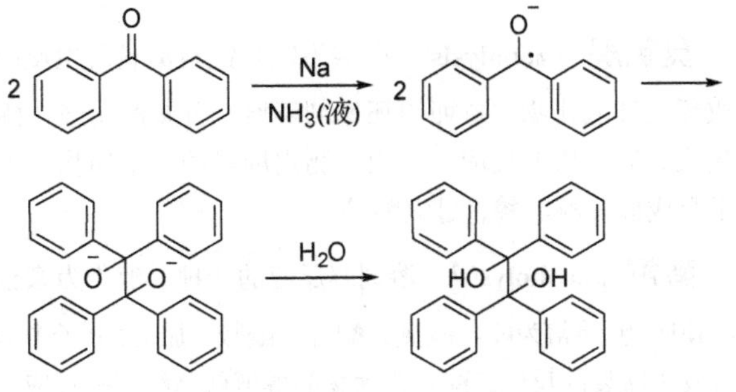

还原烷基化 [reductive alkylation] 在还原反应进行的同时或随之发生的烷基化反应。例如烷基格氏试剂对酯的还原：

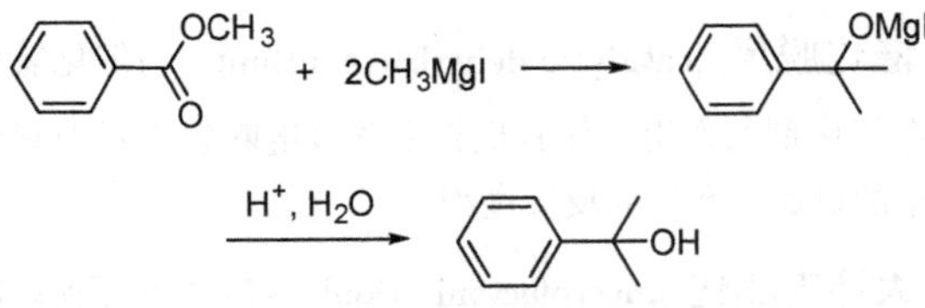

还原酰化 [reductive acylation] 在还原反应进行的同时或随之发生酰基化反应。

环丙烷化 [cyclopropanation] 能产生环丙烷三元环的化学反应。由于一些有应用价值的化合物含有三元环结构，并且从环丙烷出发可以进行各种有机合成反应，因而使得这一反应很重要。但是由于环丙烷中较高的环张力使得它的制备较有挑战性，通常需要较高活性物种，比如卡宾、叶立德、碳负离子等。利用卡宾体试剂和烯烃的反应，比如西蒙斯-史密斯(Simmons-Smith)反应，其中活泼的卡宾体是碘化碘甲基锌。

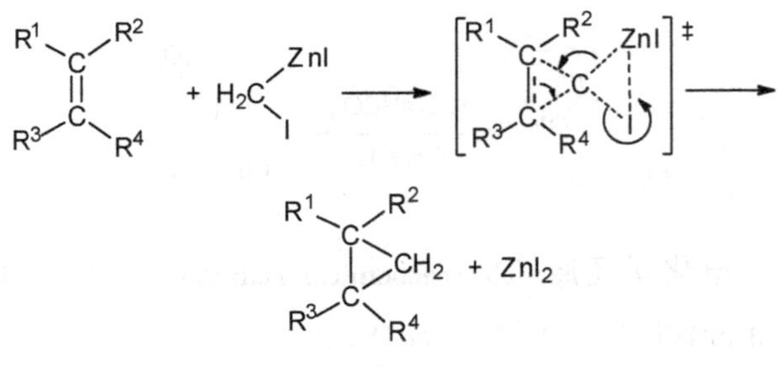

基于重氮化合物的环丙烷化是经典的反应。一种可能的机理是重氮化合物经光解或热解失去氮气形成卡宾中间体，然后和烯烃反应生成环丙烷。也有可能先通过1,3-偶极环加成形成吡唑啉环，然后光解或热解失去氮气得环丙烷。当将重氮化合物与过渡金属比如Cu、Pd、Ni、Co或Rh等反应之后可生成金属卡宾中间体，其进一步和烯烃可发生环丙烷化反应。金属催化的方法不仅解决安全问题，还由于配体的影响使得立体选择性成为可能。

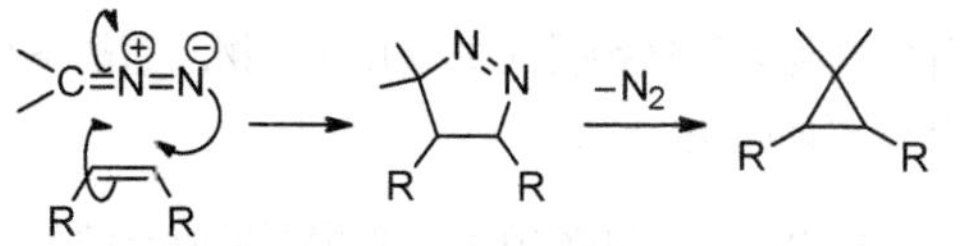

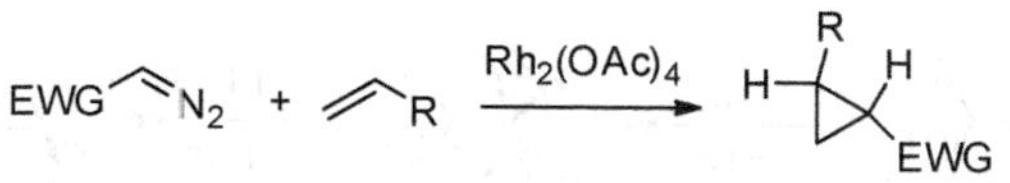

环丙烷也可以利用硫叶立德通过约翰孙-科里-柴可夫斯基(Johnson-Corey-Chaykovsky)反应获得。然而这一种方法局限于必须使用缺电子的烯烃尤其是 α,β-不饱和羰基化合物。

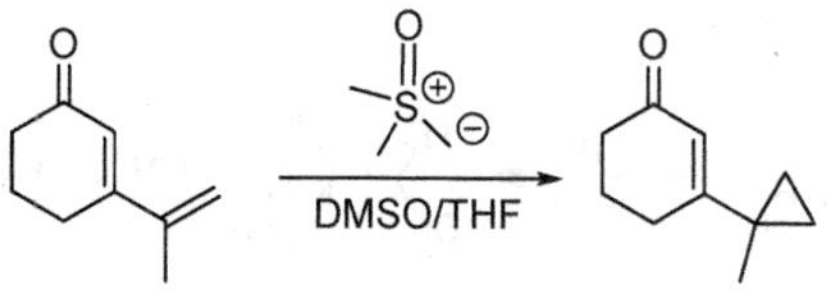

环合 [ring closure] 形成一个新的碳环或者杂环结构的反应过程。

环化反应 [cyclization reaction] 通过形成一个化学新键而得到一个环状结构的反应。

环加成 [cycloaddition] 周环反应的一类。两个或者多个不饱和化合物或同一化合物中的两(多)个不饱和片段结合生成环状加成产物，并伴随两个 σ 键的形成，减少了两个 π 键，总键级数减少的反应。遵循分子轨道对称守恒原理。两种代表性反应是第尔斯-阿尔德反应和 1,3-偶极环加成反应。

环氧化 [epoxidation] 烯烃在试剂的作用下反应得到环氧化合物的过程。常用的环氧化试剂有过氧乙酸、间氯过氧苯甲酸和三氟过氧乙酸。在通常的反应情况下，环氧化过程构型保持不变，反式烯烃得到反式环氧化合物，顺式烯烃得到顺式产物。

换位反应 [metathesis] 又称复分解反应。两分子内的旧键断裂，重新组合形成新键，得到两个新分子的反应。常见的反应有烯烃复分解、烷烃复分解、炔烃复分解和盐的复分解等。

磺化 [sulfonation] 有机化合物中的氢原子被磺酸基取代的过程。最重要的磺化过程就是在芳环上引入磺酸基——芳环与浓硫酸或发烟硫酸反应可以得到芳香磺酸，该反应通过亲电取代机理进行。脂肪族化合物在高温下也能与三氧化硫反应生成相应的磺酸，该反应则通过自由基机理进行。

磺酰化 [sulfonylation] 在有机分子中引入磺酰基(RSO_2—)的反应。最常用到的磺酰化试剂是苯磺酰氯，可与醇、胺等多种有机化合物发生磺酰化反应。可用于鉴别一级胺、二级胺和三级胺。例如：

$$RNH_2 + C_6H_5SO_2Cl \xrightarrow{NaOH} C_6H_5SO_2NHR + HCl$$

一级胺生成的苯磺酰胺可溶于碱，二级胺生成的苯磺酰胺不溶于碱，三级胺不与苯磺酰氯反应，因此可鉴别一级胺、二级胺和三级胺。

1,4-加成 [1,4-addition] 共轭体系发生加成反应的一种方式。共轭体系作为一个整体进行反应，结果是试剂加到共轭体系两端的原子上，中间两个原子间形成一个新的不饱和键。1,4-加成与 1,2-加成是同时进行的，通常以 1,4-加成为主。例如：

$$CH_2{=}CH{-}CH{=}CH_2 + HCl \longrightarrow$$

$$\underset{H}{CH_2}{-}CH{=}CH{-}\underset{Cl}{CH_2} + \underset{H}{CH_2}{-}\underset{Cl}{CH}{-}CH{=}CH_2$$

主要产物（1,4-加成）　　次要产物（1,2-加成）

加成产物 [adduct] 两个或多个不同的分子，通过互相加合得到的产物。典型的如三氟化硼与氨加合形成的 $H_3N \rightarrow BF_3$。电荷转移配合物也可被看作加合物。

加成二聚 [additive dimerization] 两个相同的含有不饱和键的分子通过加成反应得到二聚体的过程。常见的有烯烃、炔烃的加成二聚，例如：

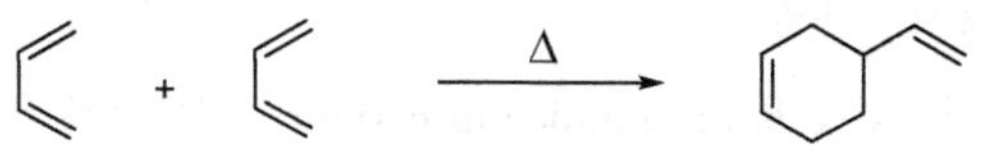

$$HC{\equiv}CH + HC{\equiv}CH \xrightarrow[NH_4Cl]{Cu_2Cl_2} H_2C{=}CH{-}C{\equiv}CH$$

甲酰化 [formylation] 又称甲酰基化或甲酰化作用。将甲酰基引入到有机化合物中的化学反应。用来制备醛类物质。例如加特曼-科赫(Gattermann-Koch)反应：在路易斯酸及加压情况下，芳香化合物与一氧化碳和氯化氢气体发生作用可以生成相应的芳香醛。

甲酰化作用 [formylation] 即甲酰化。

甲酰基化 [formylation] 即甲酰化。

C—H 键活化 [C—H bond activation reaction] 选择性断裂有机分子中不活泼的 C—H 键，实现特定官能化的过程。通常指过渡金属催化剂配位形成碳金属键中间体实现的 C—H 键断裂。

交叉偶联反应 [cross-coupling reaction] 偶联反应的一种，两种不同的片段连接成一个分子。其基本反应方式是有机金属化合物与有机卤化物形成新的碳碳键(RM+R′X⟶RR′)。典型的代表如铃木(Suzuki)偶联反应：

$$RX + R'B(OH)_2 \xrightarrow{[Pd]} R{-}R'$$

由于在偶联反应中的突出贡献，理查德·赫克(Richard F. Heck)、根岸英一(Ei-ichi Negishi)和铃木章(Akira Suzuki)在 2010 年被授予诺贝尔化学奖。

金属化 [metallation] 金属原子(Mg, Li, Cu, Zn, Pd 等)键连到(有机)分子上的反应。

攫取反应 [abstraction] 反应底物被夺取一个原子(通常是氢)的反应。氢原子攫取反应又称攫氢反应或氢原子转移反应。

均相氢化 [homogeneous hydrogenation] 催化氢化的一种。催化剂能溶于反应介质，与底物一起形成均相体系所进行的氢化反应。

开环反应 [ring opening reaction] 闭环反应的逆反应。包括分子内开环反应和断裂为两个分子的开环反应。开环反应也被作为一种合成方法，主要用途有以下两种：①在开环反应的产物中，被断裂的化学键的每一端原子上都带有官能团，这样，开环反应可以提供一种合成含有双官能团分子的途径，其分子的官能团被几个其他的原子隔开；②在一个双环或多环分子中，断裂被两个环所共用的化学键，可以导致一个中等的或大环的分子产生，而这些中环和大环的分子很难用其他方法制备。

开环的方法一般有亲核和亲电反应开环、氧化还原开环和周环反应开环等。

跨环插入 [transannular insertion] 在环结构分子中，一个与环相邻的原子(基团)发生迁移，插入到组成环结构的两个成键原子之间的过程。发生插入的原子与被插入的键之间至少相隔两个成环原子。

跨环重排 [transannular rearrangement] 与环相邻的原子(基团)发生重排，迁移到一个环内原子上的反应。这两个原子之间至少相隔两个环原子。

快速热解 [flash pyrolysis] 即闪热解。

扩环反应 [ring expansion reaction] 含有环状结构的有机化合物，在化学反应过程中环状结构扩大(成环原子数目增多)的反应。

锂化 [lithiation] 有机化合物中的氢或卤原子被锂取代的反应。常用的几种锂化试剂的反应性顺序大致为：丁基锂>乙基锂>苯基锂>甲基锂，其中丁基锂和苯基锂最为重要。三级胺可以增强丁基锂的锂化能力，在三级胺作用下，甚至芳烃也可被锂化。在锂化反应中，最常用的溶剂是四氢呋喃和乙醚。最重要的锂化试剂丁基锂是由氯代正丁烷和金属锂作用而制备的。例如：

$$n\text{-}C_4H_9Br \xrightarrow{Li} n\text{-}C_4H_9Li + LiBr$$

邻基参与 [neighboring group participation] 处于反应中心邻位的基团对反应的促进作用。例如，一个分子中同时存在位置相邻的亲核基团和离去基团时，在亲核取代反应的条件下，发生分子内的亲核取代反应，生成环状产物，或进一步与分子外的其他亲核试剂反应生成开环产物。邻基参与的反应速率通常比预期的快。

例如，(2*R*,3*S*)-3-溴-2-戊醇在 HBr 作用下制成(±)-2,3-二溴戊烷：

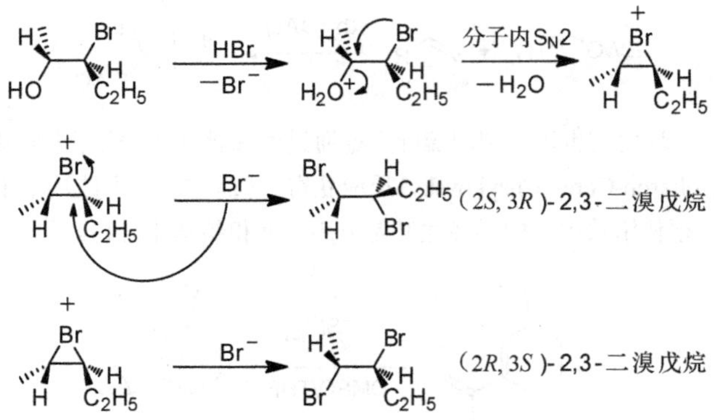

硫化 [sulfurization] 有机化合物中引入硫元素生成有机硫化合物的反应。广义上来说，也包括磺化、磺酰化，在高分子工业及染料工业中具有广泛应用，常用的硫化试剂包括 SCl_2、S_2Cl_2、$SOCl_2$ 以及 S 单质等，例如：

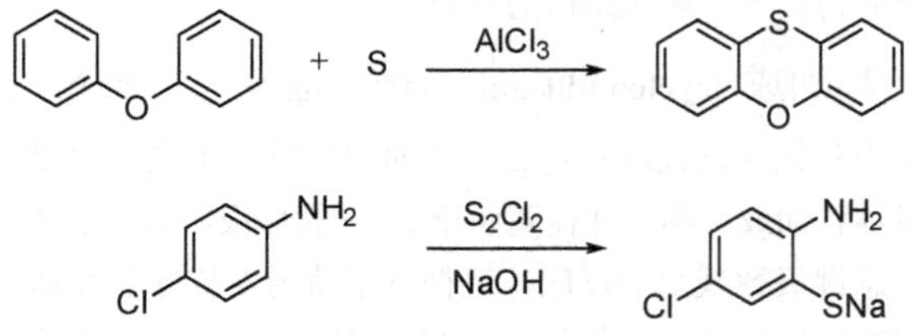

卤化 [halogenation] 在化合物或者材料中引入一个或多个卤原子的化学反应。对于有机化合物，通常情况下，烷烃的卤化反应需要高温或者光照，反应经过一个自由基的过程，选择性较差；对于富电子的芳环，卤化过程相对容易，而其他芳环的卤化则需要加入路易斯酸作催化剂。无机化合物，比如金属，也能够发生卤化过程。

卤烷基化 [haloalkylation] 有机化合物分子中的氢被卤代烷基取代的反应。最常见的是芳烃在路易斯酸催化下生成 α-烷基卤化苄衍生物的反应。此反应机理属于芳香亲电取代，所以当芳环上有钝化基团时，反应难以发生，而酚和芳香胺由于易生成聚合物也不能进行卤烷基化反应。

铝氢化 [hydroalumination] 铝氢化物对双键或三键进行加成得到各种有机铝化合物的反应。通常会进行随后的还原或取代反应，在有机合成中具有广泛应用，可用于 C═C、C═O、C—X 的还原及炔烃的选择性还原等。常用的铝氢化试剂包括 AlH_3、$LiAlH_4$、$(i\text{-}Bu)_2AlH$ 等，例如：

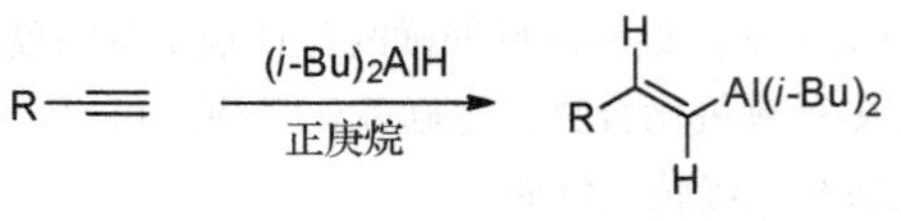

氯磺酰化 [chlorosulfonation] 有机化合物中氢原子被氯磺酰基(—SO_2Cl)取代的过程。该类反应常应用于医药合成过程中，比如磺胺类药物的制备。烷烃的氯磺酰化反应属于自由基取代反应。

氯甲基化 [chloromethylation] 有机化合物分子中的氢被氯甲基(—CH_2Cl)取代的反应。如布兰克(Blanc)氯甲基化，如芳烃在路易斯酸催化下与甲醛和氯化氢发生反应，就使芳环发生氯甲基化。

氯羰基化 [chlorocarbonylation] 有机分子中的氢被氯羰基(—COCl)取代的反应。最常用的氯羰化试剂是光气。醇与光气反应，醇羟基的氢原子被氯羰基取代，生成氯代甲酸酯：

$$ROH + COCl_2 \longrightarrow ClCOOR + HCl$$

氯亚磺酰化 [chlorosulfenation] 在有机分子中引入氯亚磺酰基(ClSO—)的反应。亚磺酰氯是合成如亚磺酸酯、亚磺酸胺、硫代亚磺酸酯和亚砜等其他含硫衍生物的有用中间体。

螺增环反应 [spiroannulation] 在环状底物结构上形成以一个季碳原子为螺碳的增环反应。

内攫取反应 [internal abstraction] 底物内的一个原子被转移到底物其他部分的分子内反应。

内酯化 [lactonization] 由一化合物中的羟基和羧基发生分子内缩合环化得到环状酯的过程。

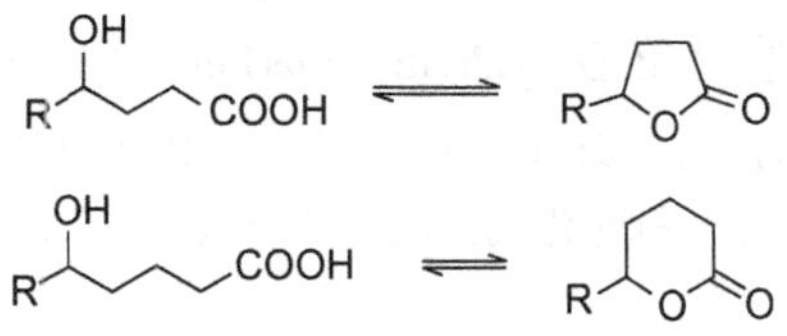

内酯以五元(γ-内酯)及六元(δ-内酯)环内酯最为稳定，环内的角张力最小。4-羟基酸[R—CH(OH)—$(CH_2)_2$—COOH]在室温及稀酸存在下，便自发酯化形成五元环内酯。其他元数的内酯，如β-、ε-内酯，也可以制得，但不及以上二者稳定。大环内酯是内酯的一类，分子内环元数较大，有很多是药物的成分。

偶极环加成 [dipolar cycloaddition] 1,3-偶极体与烯烃、炔烃及其衍生物等亲偶极体之间的环加成反应。是一类涉及6π电子、五元环过渡态的协同反应，产物通常是五元(杂)环化合物。

硼氢化 [hydroboration] B—H 键与 C═C、C═N、C═O 双键或者 C≡C 三键等不饱和键加成，生成有机硼化合物的反应。该反应最初为布朗(H. C. Brown)所发现。在反应中硼原子加到含氢原子较多的双键碳原子上，而氢则加在含氢较少的碳原子上。硼氢化反应特点是：①反应过程不发生重排；②反应为顺式加成；③与不对称烯烃加成时，符合反马尔科夫尼科夫规则。

歧化反应 [disproportionation] ❶任何属于 A + A ⟶ A′ + A″类型的反应。其中 A, A′和 A″为不同的化学物种。例如:甲苯歧化。甲苯在催化剂(一般采用硅铝催化剂)作用下，使一个甲苯分子中的甲基转移到另一个甲苯分子上而生成一个苯分子和一个二甲苯分子。工业上用这个方法生产用途广泛的苯和二甲苯。❷具同样氧化态的物种相互反应形成一个高氧化态产物、一个低氧化态产物的反应，例如：坎尼扎罗反应。2 分子苯甲醛在强碱条件下反应生成一分子苯甲酸和一分子苯甲醇。

σ 迁移重排 [sigmatropic rearrangement] 一个 σ 键在分子内通过环状过渡态发生旧键断裂、新键生成，导致位置转移，同时伴随 π 键转移的一类周环反应。可用数字 *i*, *j* 予以分类，*i*, *j* 分别代表迁移起点原子和终点原子的编号，称作[*i*, *j*]-σ 键迁移重排。代表性反应有[3,3]-σ 迁移和[1,5]-σ 迁移。

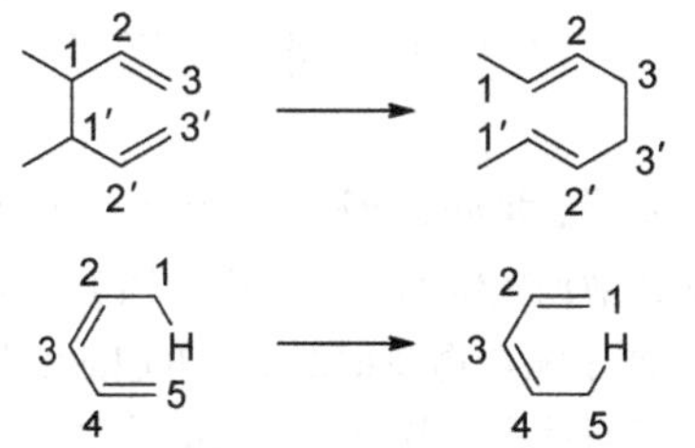

羟基化 [hydroxylation] 底物中引入羟基的反应。向化合物分子中引入羟基的方法很多，其中包括还原、加成、取代、氧化、水解、缩合和重排等多种类型的化学反应。

羟甲基化 [hydroxymethylation] 在有机化合物中引入羟甲基(—CH_2OH)的过程。例如，胺与甲醛发生的反应。

羟烷基化 [hydroxyalkylation] 在有机化合物中引入羟烷基 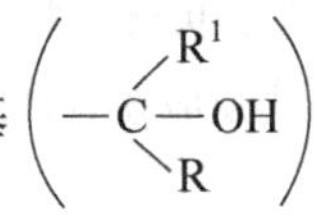 的过程。

氢胺化反应 [hydroamination] 胺的 N—H 键对双键或者三键的加成反应。比如烯烃、炔烃、联烯等。可用于分子内反应合成含氮杂环化合物，也可以用于分子间反应合成单独的胺化合物。

氢甲酰化反应[hydroformylation] 工业上用过渡金属配合物(多为 Co、Rh、Ir 的配合物，种类较多)催化的烯烃与氢气和一氧化碳在高压(10～100 atm)加热(40～200℃)下反应制备醛类的方法。反应的总体结果是醛基和氢分别加到烯烃双键的两端，生成增加一个碳的醛的两种异构体的混合物。例如：

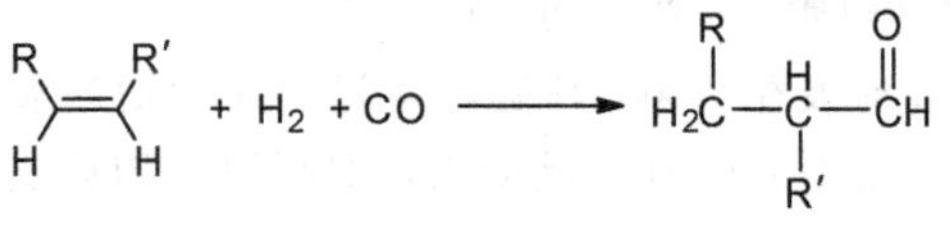

氢解 [hydrogenolysis] 反应物中碳-碳或碳-杂(氧、氮、硫等)原子单键断裂后分别与氢原子相连的反应。例如:

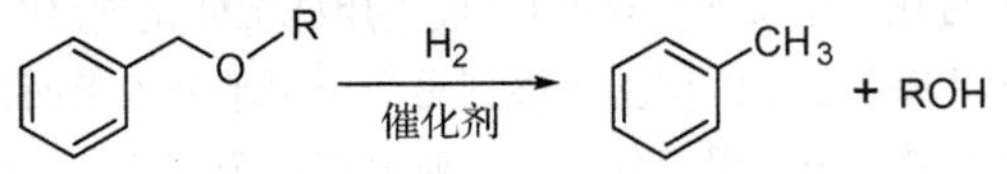

氢羧基化 [hydrocarboxylation] 烯烃或炔烃与一氧化碳和水在催化剂的作用下生成羧酸的反应。该反应的结果可以看成在不饱和键的两端分别引入一个氢原子和一个羧基。早期的氢羧基化反应用路易斯酸做催化剂,被称为科赫反应,该反应严格遵守马尔科夫尼科夫规则,生成支链较多的羧酸。由于科赫反应的产物结构复杂,工艺过程腐蚀严重,后来用过渡金属催化代替路易斯酸催化得到了广泛的发展。该反应在工业上也具有广泛的应用,例如杜邦公司开发的一种酸催化条件下合成特戊酸的方法。

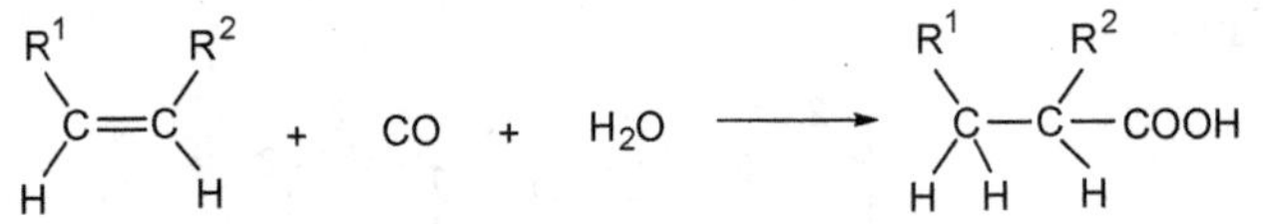

氢酰化 [hydroacylation] 醛分子加成于烯烃或炔烃上,形成酮并增加碳链的有机反应。该类反应需要金属催化剂[如铑的正离子配合物 Rh(dppe)ClO_4]的参与,且分子内反应优先于分子间反应。若与带有三键的炔类底物发生反应,则产物为环酮化合物。例如:

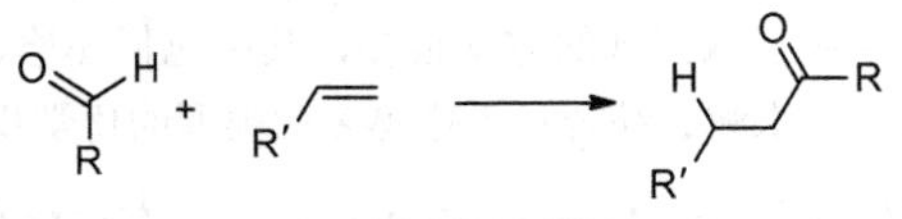

通常的反应机理为:首先金属对醛碳氢键的氧化加成,而后对烯烃的加成,最后发生还原消除生成产物。

氰甲基化 [cyanomethylation] 在有机化合物分子中引入氰甲基(—CH_2CN)的反应。氰甲基化反应在氨基腈和氨基酸的合成上有应用价值。

氰乙基化 [cyanoethylation] 在有机化合物中引入氰乙基的反应。例如含有活泼氢的有机化合物在碱的作用下与丙烯腈反应得到氰乙基化产物。

去芳构化 [dearomatization] 芳香化合物经过化学反应转化为非芳香化合物的过程。

热解消除 [pyrolytic elimination] 加热条件下发生的不需要酸或碱催化的单分子消除反应。离去基团进攻 β 氢,经过环状过渡态之后脱去离去基团和 β 氢生成 π 键,所以为顺式消除。较少有重排和其他副反应发生。

热[裂]解 [pyrolysis] 有机分子在无氧条件下,当温度升高时发生分解,伴随不可逆的化学键断裂和物理学相变。在工业中有广泛应用,如利用生物质热解液化制取燃油。

溶解金属还原 [dissolving metal reduction] 在非水溶剂(如 NH_3,ROH 等)中,以金属(常用碱金属或碱土金属)为还原剂的还原反应。

三聚 [trimerization] 三个完全相同的前体聚合的过程。其产物称为三聚体。例如乙炔三聚生成苯。

闪热解 [flash pyrolysis] 又称快速热解。生物质瞬间(数秒内)发生热解的过程。通常在闪速升温的条件下完成。升温速率可以达到 1000℃/s 以上。

双氨基化 [bisamination] 在底物分子中同时引入两个氨基(胺基)的反应。可以认为是同时发生了两次氨基化反应。例如,亚胺化合物在铝和二溴化铅或者镁和四氯化钛的还原下,可以生成 α-二胺基化合物,该反应是合成二胺基化合物的重要方法。

双分子还原 [bimolecular reduction] 涉及两个底物分子的还原反应。例如二苯甲酮在钠的液氨溶液中的还原反应。

双键移位 [double bond migration] 分子中的双键在一定条件下(如光照,加热,质子酸催化等)发生位置改变的现象。

双羟基化反应 [dihydroxylation] 底物中同时引入两个羟基的反应。通常是指烯烃在氧化条件下(如四氧化锇,或者双氧水和催化剂,或者紫外线)生成邻二羟基化合物的过程。

双烯合成 [diene synthesis] 参见第尔斯-阿尔德反应。

水合反应 [hydration] 又称水化反应。一种物质与水结合的过程。如果原物质分子和整个水分子结合,生成水合物,其化学性质并不变更,并不是新物质。这种水合物一般都是晶体,如碳酸钠本身为白色粉末,如果水合后会生成含十个水分子的碳酸钠水合晶体。但如果水分子本身或原物质分子本身发生了变化,如水分解成了氢原子、氧原子或羟基,或是氢离子、氢氧根与原物质分子结合,则会生成新物质。例如乙烯发生水合反应生成乙醇;乙炔发生水合反应生成乙醛等。

水化反应 [hydration] 即水合反应。

碎裂反应 [fragmentation] 化合物或者反应中间体碎裂产生更小的化合物或分子片段的过程。较典型的有酰基裂解和烷基裂解等。

羧基化 [carboxylation] 在底物分子中引入羧基的反应。例如,格氏试剂和二氧化碳反应的产物经水解后可以生成羧酸;酚钠盐与二氧化碳在高压、强热的条件下可以生成羧酸;羟基腈或者氨基腈水解就能分别得到羟基酸或者氨基酸。芳基溴代物在催化量的四羰基镍、醋酸钾和水存在下，用一氧化碳处理可以高产率地得到芳基酸。在有机化学中一种常用的羧基化的方法是亲核试剂与干冰或者蚁酸反应得到。在生物合成中采用的是羧化酶。

缩合反应 [condensation] 两个官能团发生反应、相互结合，同时失去一个小分子(如水、氨、乙醇等)的反应。反应可以发生在两个分子间，也可以发生在分子内。反应的机理通常由连续的加成和消除过程组成，是构建分子或聚合物骨架的一种基础反应。

缩环反应 [ring contraction] 环状有机化合物在化学反应过程中环状结构缩小(成环原子数目减少)的反应。

缩醛交换 [transacetalation] 缩醛与醇发生反应生成一个新的缩醛和一个新的醇。醛在酸催化下也可以和另外的缩醛或原甲酸酯发生缩醛交换反应。缩酮也可以进行类似的交换反应。

碳金属化反应 [carbometallation] 金属原子连到有机分子中碳原子上的化学反应，即生成碳-金属(C—M)键的反应。例如格氏试剂的制备反应：

$$n\text{-}C_4H_9Br \xrightarrow[\text{THF}]{\text{Mg}} n\text{-}C_4H_9MgBr$$

羰基合成 [oxo process] 一氧化碳和氢与烯烃在催化剂和压力下生成比原来所用烯烃多一个碳原子的脂肪醛的过程，所以又称醛化(反应)或氢甲酰化反应。详见*氢甲酰化反应*。

羰基化 [carbonylation] 在过渡金属催化下，使有机化合物分子引入羰基的反应。是制备醛、酮等羰基化合物的重要方法，包括以 Co、Rh、Ir 等过渡金属配合物为催化剂催化烯烃与 CO、H_2 反应生成醛的氢甲酰化反应，以 Fe、Co、Ni 等过渡金属配合物为催化剂，催化烯或炔与 CO 和 H_2O (ROH) 生成羧酸的氢羧基化反应[又称列培(Reppe)化学合成法]，以及催化甲醇与 CO 反应生成乙酸的甲醇羰基化反应。例如：

(1)氢甲酰化反应：

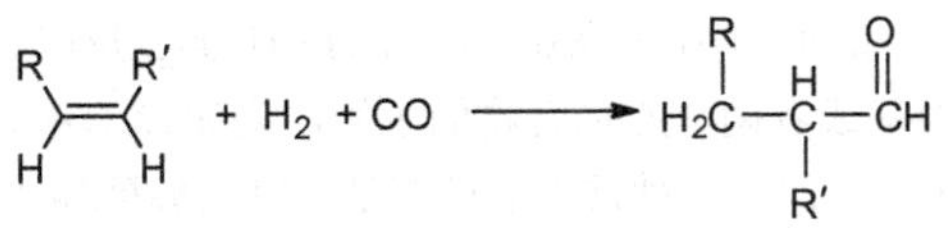

(2)氢羧基化反应：

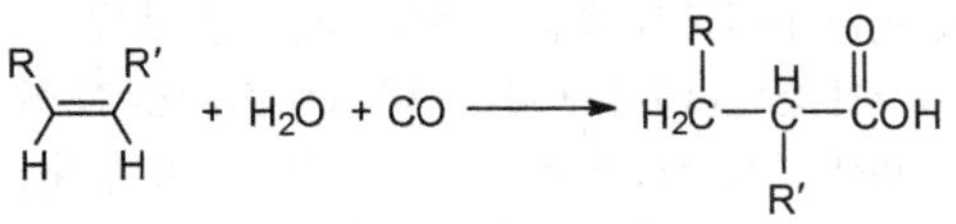

(3)甲醇羰基化反应：

$$CH_3OH + CO \longrightarrow CH_3COOH$$

羰基挤出反应 [carbony-extrusion reaction] 即*脱羰*。

同系化 [homologization] 将反应物转化为其同系物系列中另一种物质的过程。一般是由较少碳原子的有机化合物生成较多碳原子的同系物的反应。例如一级醇、二级醇、三级醇和芳香醇发生同系化反应，生成较高碳数的醇。

α-酮醇重排 [α-ketol rearrangement] 在酸、碱或加热条件下，α-羟基酮(或醛)上的取代基发生 1,2-迁移而形成异构体的重排反应。

脱氨基 [deamination] 指移去分子上的氨基。脱氨基过程也是机体内氨基酸代谢的第一步。

脱磺酸基化 [desulfonation] 有机化合物分子中脱掉磺酸基(—SO_3H)的过程。是磺化反应的逆反应。在有机化合物制备时，常常通过磺化反应使磺酸基先占据某一位置，再进一步发生反应使引入的基团进入指定位置，最后通过脱磺酸基反应得到所需的有机化合物。

脱甲基化 [demethylation] 甲基从一个分子上脱去的化学反应。最常见的脱甲基化方法是用氢原子置换甲基，例如甲基芳基醚在酸性条件下发生水解生成酚类化合物。

脱硫 [desulfurization] 分子失去硫原子的反应。例如：

$$C_2H_5SH \xrightarrow[\text{催化剂}]{H_2} C_2H_6 + H_2S$$

脱卤 [dehalogenation] 分子中脱去一个卤素原子的过程。脱卤可以是卤素原子被氢原子取代，也可以是在还原剂作用下同时脱去两个卤素原子。

脱卤化氢 [dehydrohalogenation] 卤代烷烃在强碱作用下脱去卤化氢的反应。常见的脱卤化氢反应包括由卤代烷生成碳-碳双键或者碳-碳三键的β-氢消除反应。例如：

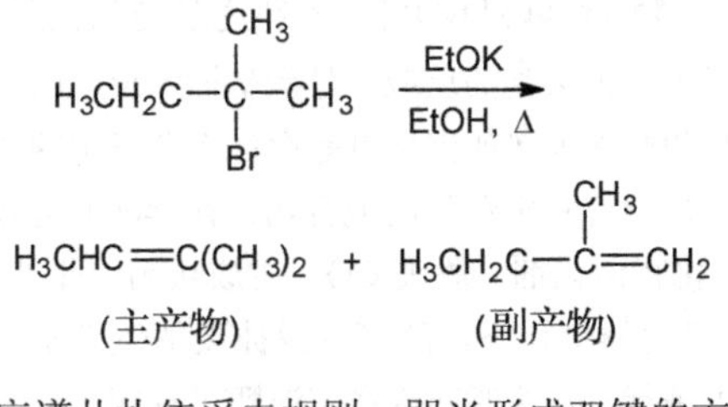

该反应遵从札依采夫规则，即当形成双键的方式有几种可能时，主要产物为双键碳上烷基最多的烯烃。

脱氢 [dehydration] 氢化的相反过程。是减少有机物分子中的氢原子数目的过程。一般有两种方法：①催化脱氢——主要使用催化剂使有机物中碳-氢键断裂，达到脱氢的目的，同时还要保持反应过程中碳-碳链的稳定，不使其断裂，因此必须选择合适的催化剂；②氧化脱氢——氧非常容易和氢原子结合成水分子，因此在脱氢过程中通入氧能使氢原子更容易脱离其结合的有机物分子，这种方法主要用于有机物及其脱氢产物不和水反应的情况下。

脱氢时化合物分子中的碳-氢、氧-氢或氮-氢键断裂，氢被解离生成氢分子(H_2)。若氢原子同时被氧化而生成水，则称氧化脱氢。脱氢的结果是增大反应物的不饱和度，使产物具有较高的反应活性，是广泛应用于有机合成中的重要过程。工业上脱氢主要用于将丁烷脱氢形成丁二烯作为合成腈纶或合成橡胶的原料；将异戊烯脱氢形成异戊二烯作为合成橡胶原料；将乙苯脱氢成为苯乙烯做合成树脂、合成纤维的原料等；将甲醇直接氧化成甲醛也是一种脱氢过程。

脱氰基化 [**decyanation**]　反应中脱除氰基的过程。可分为还原脱氰与氧化脱氰。在还原脱氰反应中，氰基被氢原子所取代，如 *α*-氨基氰在氢化锂铝作用下还原脱氰化。氰基也可以被氧化生成羰基从而实现氧化脱氰。

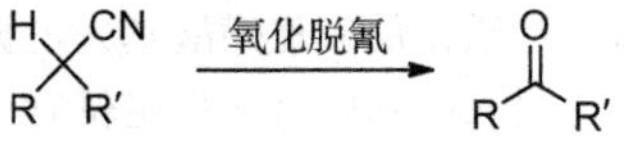

脱氰乙基化 [**decyanoethylation**]　在分子中脱去 2-氰乙基($—CH_2CH_2CN$)的反应。

脱羧 [**decarboxylation**]　反应底物消去一个羧基并释放一个二氧化碳的过程。该过程通常情况下能够使羧酸类化合物生成少一个碳的产物。常用的脱羧过程很多，例如科尔贝(Kolbe)反应是利用电解羧酸盐，失去 CO_2 制备烷烃。另外，还有一种脱羧卤化反应是汉斯狄克(Hunsdiecker)反应，用羧酸的银盐在无水惰性溶剂，如 CCl_4 中与一分子溴回流，产生少一个碳的溴代烷。

脱羧硝化 [**decarboxylative nitration**]　羧酸类化合物在一定条件下脱去羧基并同时上了一个硝基的过程。比如烯基羧酸在硝酸或者亚硝酸叔丁酯的条件下，可以反应得到烯基硝化物。

脱羰 [**decarbonylation**]　又称羰基挤出反应。从有机化合物分子中脱去羰基的反应。是羰基插入反应的逆反应。某些醛、羧酸和酯在加热或催化剂等存在下会发生脱羰基反应。著名的例子是糠醛和水蒸气的混合物，在 400℃通过 Cr、Mn 及 Zn 的氧化物催化剂，脱去 CO，生成呋喃。此外，在三(三苯基膦)合氯化铑催化下，醛可以脱掉羰基生成相应的烃。反应在均相中进行，一级脂肪醛在室温即可反应，二级脂肪族醛和芳香族醛一般需要加热到 80～100℃即可反应。例如：酰卤在铑的配位化合物催化下也可发生脱羰基反应。这类反应在过渡金属配位化合物均相催化的研究中占有重要地位。

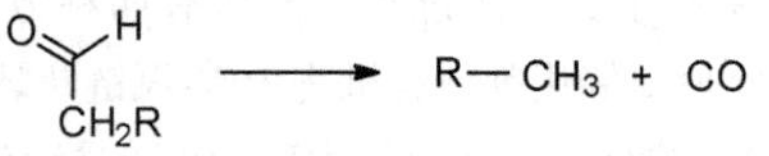

脱硒 [**deselenization**]　分子失去硒原子的反应。

脱酰胺化 [**decarboxamidation**]　通常指酰胺基发生水解，形成羧基的过程。蛋白质的脱酰胺反应是指天冬酰胺或谷氨酰胺残基侧链通过形成琥珀酰亚胺五元环中间产物，水解形成天冬氨酸或谷氨酸的过程：

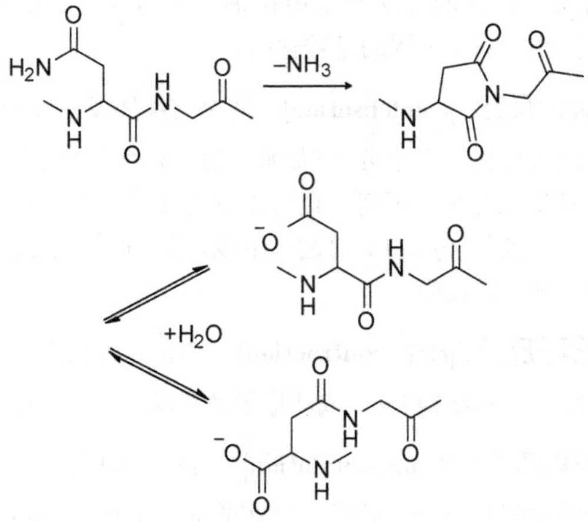

脱酰反应 [**deacylation**]　在有机化合物分子中脱掉酰基(RCO—)的反应。例如：乙酰乙酸乙酯用 NaOH 浓溶液加热水解时发生脱酰基反应生成乙酸钠盐，再经酸化得到乙酸。

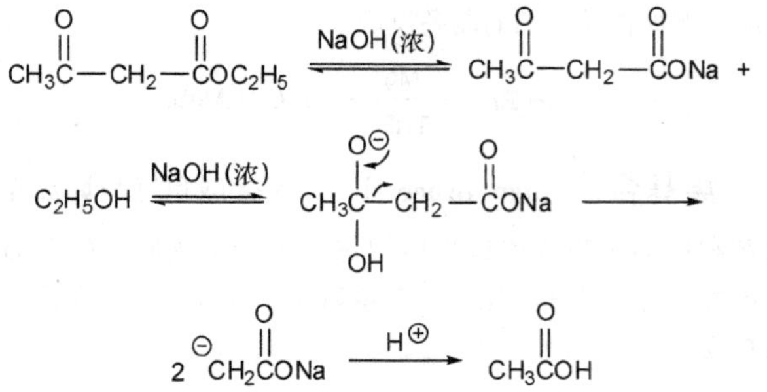

此外，有机化合物中常含有活泼、对反应比较敏感的羟基或者氨基等，需要用易于脱去的基团进行保护，其中酰基是常用的保护基。合成反应结束以后要进行脱保护，即脱酰基化。脱酰基的方法一般是酸性或者碱性条件下水解。

脱氧反应 [**deoxygenation**]　一个反应体系离去氧气分子或者一个分子中失去氧原子的化学过程。代表性的脱氧反应有：①被氢取代(A—OH⟶A—H)，比如巴顿-麦康比(Barton-McCombie)去氧反应或者马尔科-兰姆(Markó-Lam)去氧反应。②oxo group 被两个氢原子取代(A═O⟶AH_2)，沃尔夫-基希纳-黄鸣龙(Wolff-Kishner- Huang)反应。对于许多含硫羰基或者硝基的化合物的脱氧，例如二苯基亚砜脱氧得到二苯基硫醚，一种常用的试剂是三氟乙酸酐/碘化钠。

烷基化 [**alkylation**]　在有机分子中引入烷基的反应。例如，碳正离子对烯烃或者芳环亲电进攻的过程。根据烷基连接的原子种类可以分为 C-烷基化，O-烷基化，N-烷基化等。常用的烷基化试剂有卤代烷，烯烃，醇等。烷基化在石油炼制工业中有着重要地位，主要是把低分子量的烯烃转化为辛烷(汽油主要成分)等烷基化产物。

烷基裂解 [alkylolysis; alkyl cleavage] 烷基自由基发生碎裂，生成烯烃和更小的自由基的过程。是烃类热裂、燃烧过程的重要反应。例如：

$$CH_3CH_2\dot{C}H_2 \longrightarrow H_2C{=}CH_2 + \dot{C}H_3$$

$$(CH_3)_3\dot{C}H_3 \longrightarrow H_2C{=}C(CH_3)_2 + \dot{C}H_3$$

烷氧羰基化 [carbalkoxylation] 在底物分子中引入烷氧羰基的反应。常用的烷氧羰基化试剂有氯甲酸烷基酯，酸酐，*α*-羰基酸酯等。例如质子化的氮杂环（如吡啶、喹啉等）在 H_2O_2-$FeSO_4$、H_2SO_4、*α*-羰基酸酯的作用下，可以在氮杂环上引入烷氧羰基，这是合成酯的重要方法。

烯丙型重排 [allylic rearrangement] 烯丙基的碳碳双键迁移至相邻碳原子上的过程。例如亲核试剂对烯丙基的共轭加成：

烯丙型迁移 [allylic migration] 烯丙基的位置伴随着碳碳双键的移位而发生分子内迁移的过程。例如克莱森重排反应：

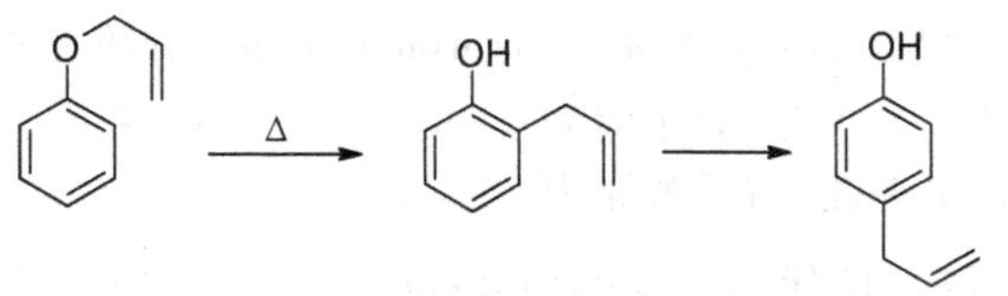

烯醇化 [enolization] *α*-碳原子上有活泼氢的羰基化合物酮式转变为烯醇式的过程。酮式和烯醇式为互变异构体。酸和碱都可以催化烯醇化反应。

烯反应 [ene reaction; Alder-ene reaction] 带有烯丙基氢的烯烃和一个亲烯体之间经过六元环状过渡态发生的协同反应。反应结束后，烯丙基氢和双键位置发生转移，并伴随新的碳-碳形成和 1,5-氢 σ-迁移。亲烯体可以是烯烃、炔烃和羰基等。例如：

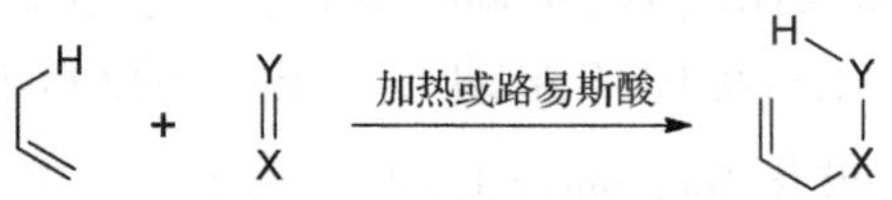

硒化 [selenylation] 在有机化合物中引入硒元素生成有机硒化合物的反应。许多有机硒化合物是重要的试剂，在有机合成中有实用价值，常用的硒化试剂有 $(PhSe)_2$、PhSeCl、PhSeBr 等，例如：

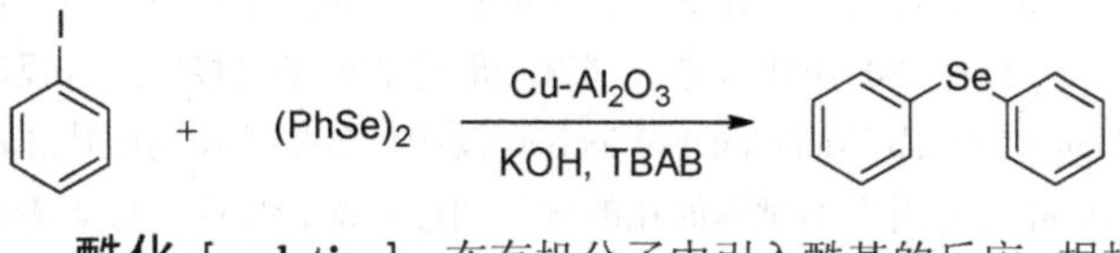

酰化 [acylation] 在有机分子中引入酰基的反应。根据亲核试剂的种类，可分为：氧酰化反应、氮酰化反应、碳酰化反应。常见的酰化反应有弗-克酰基化反应等，常用的酰化试剂为酰氯、酸酐等。

酰基裂解 [acylolysis; acyl cleavage] 酰基自由基发生碎裂的反应过程。通常碎裂生成 CO_2 和 CO。例如：

$$RCOO\cdot \longrightarrow R\cdot + CO_2$$

$$(CH_3)_2CHCO\cdot \longrightarrow (CH_3)_2\dot{C}H + CO$$

酰基转移 [acyl transfer] 酰基基团从原化合物转移到新的化合物或从化合物的某一个位置转移至另一个新位置的反应。常见于生物中在转移酶的作用下发生的过程，例如蛋白质乙酰化。在乙酰基转移酶的催化下，在蛋白质特定的位置增加乙酰基，是细胞通过翻译后修饰控制基因表达、蛋白质活性或生理过程的一种机制。再如在生物中三羧酸循环的第一步，乙酰基转移到草酰乙酸中，生成柠檬酸。

在有机化学中也有酰基转移。穆姆重排(Mumm rearrangement)反应羧酸亚氨基醇酯发生 1,3(O-N)酰基转移，重排为酰亚胺。

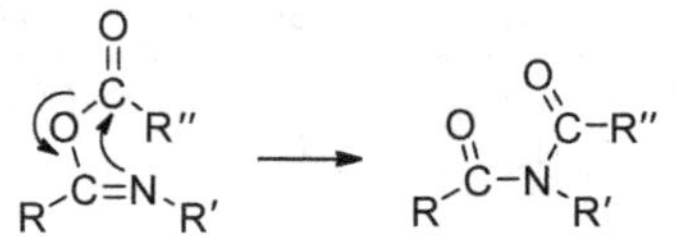

酰氧基化 [acyloxylation] 在底物上引入一个酰氧基的反应。比如：在 N—O 试剂条件下羰基邻位的酰氧基化过程，以及在过渡金属催化条件下烯丙位与羧酸反应的酰氧基化过程。

消除-加成 [elimination-addition] 先发生消除产生中间体，再发生加成的过程。例如，通过消除反应制备苯炔类中间体，进而发生的亲核试剂与苯炔之间加成，完成取代过程的反应。以氯苯与氨基钾反应为例：

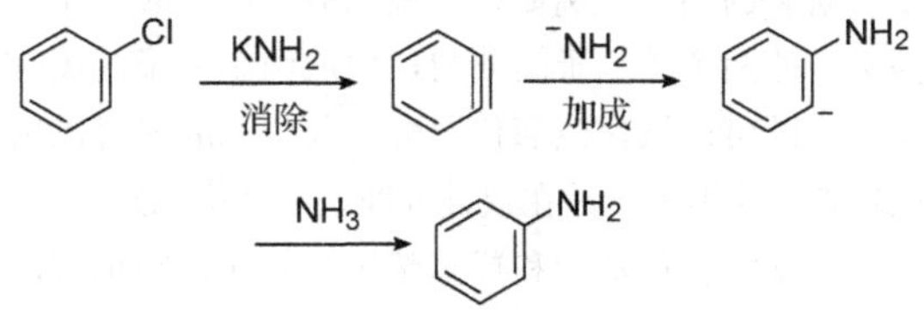

硝化 [nitration] 有机化合物中的氢原子被硝基取代的过程。常用的硝化试剂是 HNO_3-H_2SO_4。最重要的硝化反应是芳环上的硝化过程，该反应通过亲电取代的历程进行；而烷烃的硝化则是自由基型的取代反应，该反应多在高温下进行，往往得到混合物。

溴化内酯化 [bromolactonization] 与碘化内酯化类似，非共轭烯酯等与溴作用，双键发生加成得溴内酯的反应。比碘化内酯化发现更早，但由于有溴与双键直接的加成副反应，该反应产率相对低下。

亚胺化 [imination] 有有机分子中形成 C═N 双键的过程。通常是醛或酮的羰基与氨或胺发生亲核加成反应，产物一般不稳定，进一步脱水，形成 C═N 双键，变为亚胺(可看作醛或酮中氧原子被 NR 基团取代所得产物)的过程。亚胺是一种可参与多种反应的化合物。

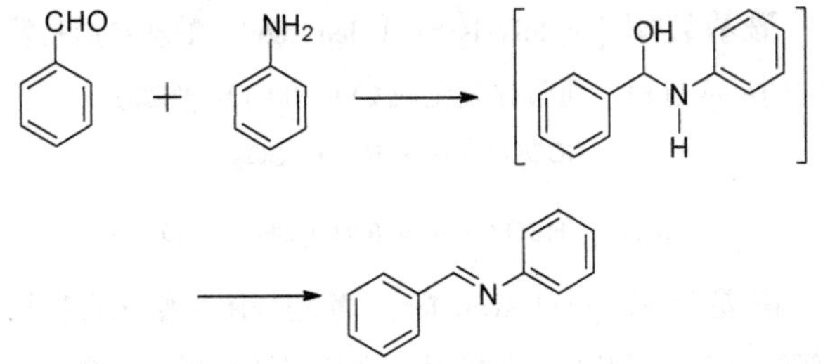

亚磺酰化 [sulfenylation] 在有机分子中引入或形成亚磺酰基(RSO—)的反应。可由硫醚氧化得到或形成。

亚甲基化反应 [methenylation] 在分子中引入一个亚甲基的反应。例如使用埃申莫瑟(Eschenmoser)盐($[CH_2{=}NMe_2]^+I^-$)在羰基化合物(醛、酮、酯等)的 α 位引入二甲氨基甲基，再通过消除反应得到 α-亚甲基的羰基化合物：

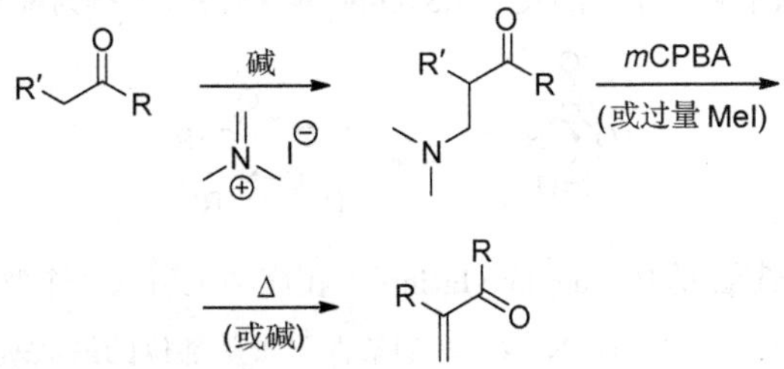

亚硝化 [nitrosation] 有机化合物转化为亚硝基衍生物的过程。比如在亚硝酸钠和硫酸条件下的芳环或者胺类化合物的亚硝化过程。另外，羟胺类化合物氧化成亚胺的过程，也被称为亚硝化。

氧化断裂 [oxidative cleavage] 有机化合物氧化时化学键发生断裂的反应。例如，邻位二醇用高碘酸氧化，碳链在羟基所在的两个碳原子间断裂，生成两个分子的羰基化合物。碳碳双键可以氧化成邻位二醇，邻位二醇又可以用高碘酸氧化断裂，就等于碳链在双键处断裂。邻位二羰基化合物，羟基醛、羟基酮、羟基酸和羟基胺等有机化合物也可以发生氧化断裂反应。氧化剂除高碘酸外，还有四乙酸铅。再例如，臭氧分解，其中羰基化合物被氧化成烯烃裂解的双键两端。

氧化偶联 [oxidative coupling] 反应物中低价态的碳原子转化为高价态的碳原子化合物的一类氧化反应。如C—H、C—M(M为金属)键转化为C—X(X=C、N、O)键或C—C键转化为C—杂原子键等。本质上这类反应是两个亲核试剂一般是有机金属试剂以及路易斯碱试剂的偶联反应。这类氧化偶联反应必须有氧化剂的参与才可以顺利进行。它明显不同于传统的亲核试剂与亲电试剂(一般为烯、炔或芳基的卤化物)之间的偶联反应，因为传统的偶联反应本质上仅是一种简单的亲核取代反应并不涉及反应物的电子得失。

$$R{-}M(H) + R'{-}M'(H) \xrightarrow[\text{氧化剂}]{\text{催化剂}} R{-}R'$$

M, M′= 金属, B, Si, As等

$$R{-}M(H) + R'{-}X(H) \xrightarrow[\text{氧化剂}]{\text{催化剂}} R{-}X{-}R'$$

M, M′= 金属, B, Si, As等

X= O, S, NH

以 O_2 为氧化剂的钯催化氧化偶联反应为例，此类反应一般是有机金属试剂以及路易斯碱试剂等亲核试剂 RM 或 RH 与催化剂物种 **A** 依次发生金属转移或配体交换反应生成亲核试剂配位的活性中间体 **B** 和 **C**，然后活性中间体 **C** 发生还原消除反应得到目标产物并生成零价钯物种 **D**，最后零价钯中间体 **D** 在氧化剂的作用下重新生成催化剂活性物种 **A** 从而完成了催化循环。

$$R{-}M(H) + R'{-}M(H) \xrightarrow[O_2]{Pd} R{-}R'$$

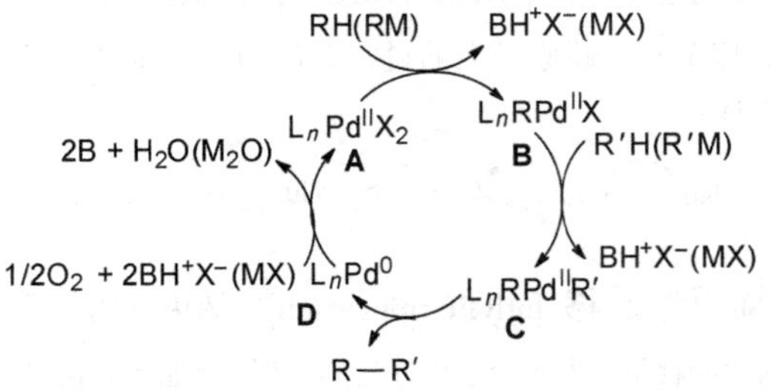

氧化脱羧 [oxidative decarboxylation] 伴随氧化过程的羧酸分子失去 CO_2 的脱羧反应。可见于生命过程中，例如伴随着丙酮酸、苹果酸等脱氢而引起的脱羧。

移位取代 [cine substitution] 芳环上取代的一种，进攻基团占据的位置是离去基团的邻位。

乙醇解 [ethanolysis] 即以乙醇作为亲核试剂的醇解反应。

乙基化 [ethylation] 在有机化合物中引入乙基(—CH_2CH_3)的过程。常见的乙基化试剂有硫酸二乙酯等。

乙酰化作用 [acetylation] 即乙酰[基]化。

乙酰[基]化 [acetylation] 又称乙酰化作用。将乙酰基引入到有机化合物中的化学反应。如蛋白质的乙酰化。

有机催化 [organocatalysis] 只含碳、氢、硫和其他非金属元素的“有机催化剂”对化学反应的催化作用。是目前有机合成中最热门的领域之一。按照反应机理，可分为烯胺活化、亚胺离子活化、SOMO 活化、氢键活化(硫脲催化、手性质子酸催化、寡肽催化、金鸡纳生物碱催化)、手性相转移催化剂活化和氮杂环卡宾活化等。有机催化反应实际上很早就有，例如 20 世纪 70 年代报道的脯氨酸催化的分子内羟醛缩合反应(Hajos-Parrish-Eder-Sauer-Wiechert 反应)。2000 年，利斯特(List)等将此反应应用于不对称催化的分子间羟醛缩合反应，标志着有机催化的复兴。同年麦克米伦(MacMillan)提出“有机催化”一词，并发展了一种新的有机催化体系——亚胺活化。

原位取代 [*ipso* substitution] 在反应中间体中两个取代基共用环上同一位置的芳香亲电取代反应。

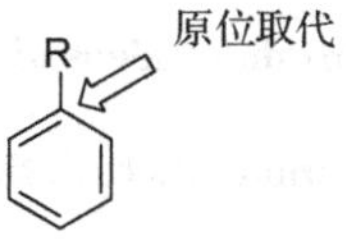

皂化 [saponification] 酯分子在碱作用下发生水解，生成醇和羧酸盐的反应。由于此反应最早用于水解高级脂肪酸的甘油酯，生成肥皂(高级脂肪酸钠盐)和甘油，因此称为皂化反应。

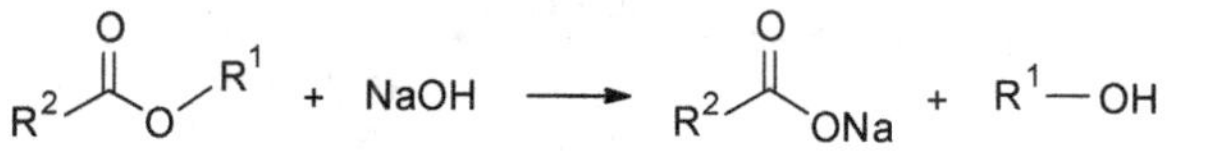

增环反应 [annulations] 通过形成新键将一个新环结合到一个环状分子上去的反应。

真空闪热解 [flash vacuum pyrolysis] 在真空条件下将生物质迅速加热到 500～600℃，完成热解的过程。

酯化 [esterification] 酸(羧酸、磺酸、磷酸等)和醇或酚反应，脱去一分子水生成酯。反应通常在酸催化下进行，为可逆反应，因此一般需要采取脱水或加入过量的醇或酚等措施，促进反应平衡移动。

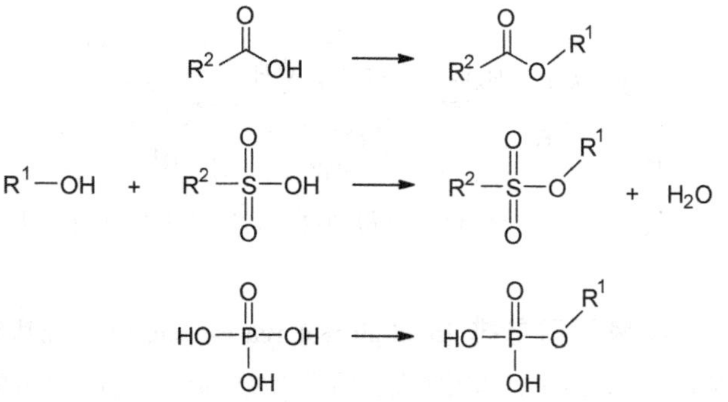

酯交换 [transesterification] 酯官能团中的烷氧基部分被另一个醇分子取代，生成新的酯。该反应通常可逆，因此需要加入过量的醇作为反应物，或不断移去新生成的醇或酯以促进反应平衡移动。

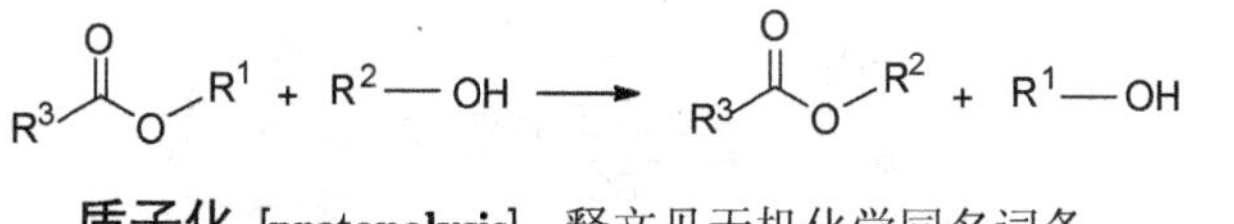

质子化 [protonolysis] 释文见无机化学同名词条。

质子转移重排 [prototropic rearrangement; prototropy] 氢原子(或离子)发生迁移的重排反应。例如酮式-烯醇式的互变异构过程。

转氨基化 [transamination] 反应涉及两个分子，一个是氨基酸，另一个是酮酸，转化后氨基酸上氨基和酮酸上的酮基进行了交换(如下式)，是氨基酸脱氨基作用的一种形式。是生命化学中的重要反应，通常需要转氨基酶的作用。

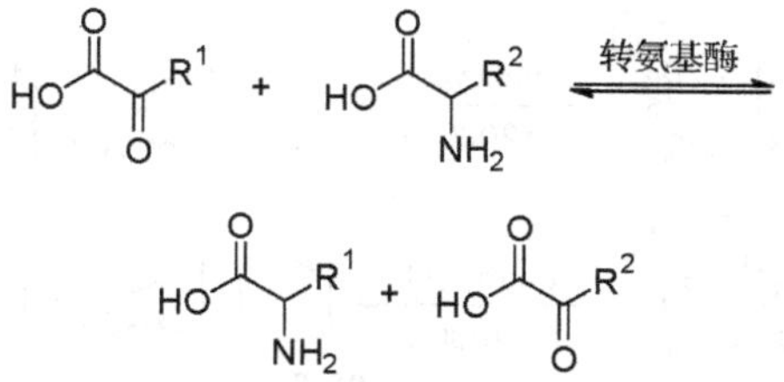

转金属反应 [transmetallation] 有机金属化合物中，配体从一个金属中心转移到另一个金属中心的反应。一般反应形式：$M_1—R + M_2—R' \longrightarrow M_1—R' + M_2—R$，其中 R 和 R′ 通常是烷基、芳基、炔基、烯丙基、卤素、类卤素等基团。该过程通常是不可逆过程。转金属反应有两种类型：

(1) 氧化还原转金属反应：

$$M_1^{n+}—R + M_2 \longrightarrow M_1 + M_2^{n+}—R$$

(2) 氧化还原/配体交换转金属反应：

$$M_1—R + M_2—X \longrightarrow M_1—X + M_2—R$$

转金属反应是交叉偶联反应[如斯蒂尔(Stille)偶联、铃木(Suzuki)偶联等]催化循环中的主要步骤，同时还被用来合成镧系物(示例)、锕系物、碱土金属化合物等。

$$Yb(C_{10}H_8)(THF)_2 + HgPh_2 \longrightarrow Yb^{II}Yb^{III}Ph_5(THF)_4$$

转移氢化 [transfer hydrogenation] 不以氢气而由其他有机物分子提供氢源实现的加氢反应。反应在金属催化剂(如钯或者镍)作用下进行时称催化转移氢化。例如：

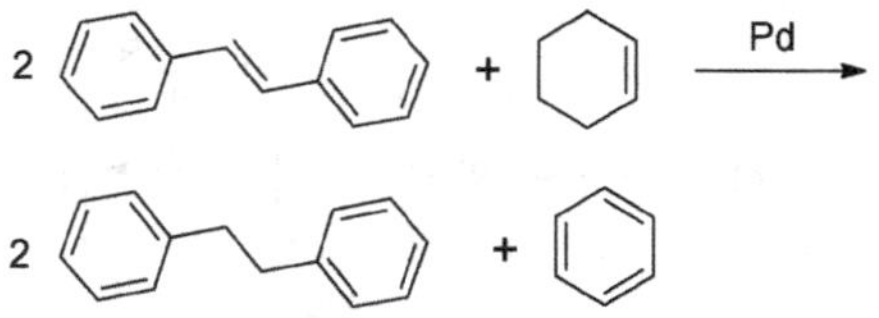

自氧化 [autoxidation] 化合物在常温或中等温度(一般低于 150℃)下吸收空气中的氧而自动发生氧化但不发生燃烧的化学过程。

自由基环化 [radical cyclyzation] 通过自由基中间体经过化学转化生成环状产物的反应。通常要经历三个基本步骤：选择性自由基生成，自由基环化，环化后的自由基向产物的转化。由于它们通常是分子内的反应,因而反应较快并且具有选择性。要发生有效的自由基环化反应必须满足三个条件：①一种可以选择性在底物上产生自由基的方法。②自由基的环化速率要大于起始形成自由基被捕获的速率。③所有的步骤都必须比不希望发生的副反应要快得多。比如刚分裂的自由基重新结合，或者是与溶剂发生反应等。在得到自由基中间体后，多数发生的是 exo 环外环化，而不是 endo 环内环化，尽管 exo 型自由基比 endo 型自由基更加热不稳定，但是由于 exo 环化在椅型构象的过渡态中具有更好的轨道重叠效应，这样就解释了为什么更容易进行 exo 环化。

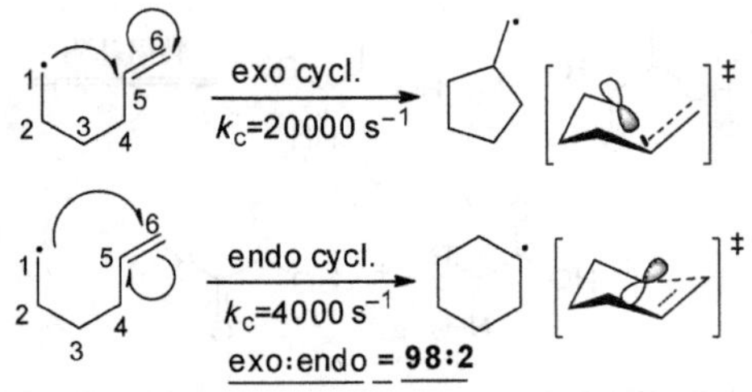

通常可以通过金属氢化物比如锡、硅或者汞等产生自由基，但是这种方法的局限在于新产生的自由基可能被金属氢化物 H—M 还原。通过加入链转移剂，直到发生自由基环化才会释放活性链自由基，使得这一问题得到解决。原子转移法指的是从一个非环状原料的一个原子迁移到环状的自由基从而生成产物。条件相对温和，不存在被强还原剂还原的问题。

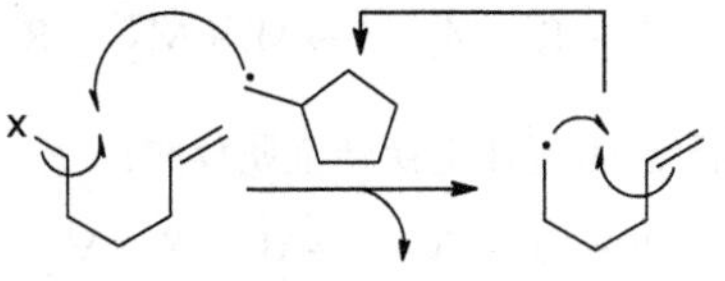

与离子型的环化反应相比，自由基环化避免了可能的瓦格纳-米尔文(Wagner-Meerwein)重排，以及 β 消除，也不需要很强的酸性条件，但是最主要的缺点就是可能发生自由基的副反应。这是值得人们思考解决的问题。

自由基偶联 [radical coupling] 两个自由基发生偶联。$X\cdot + Y\cdot \longrightarrow XY$。在有机经典反应中经历自由基偶联的有频哪醇偶联反应和冈伯格-巴赫曼(Gomberg-Bachmann)反应等。

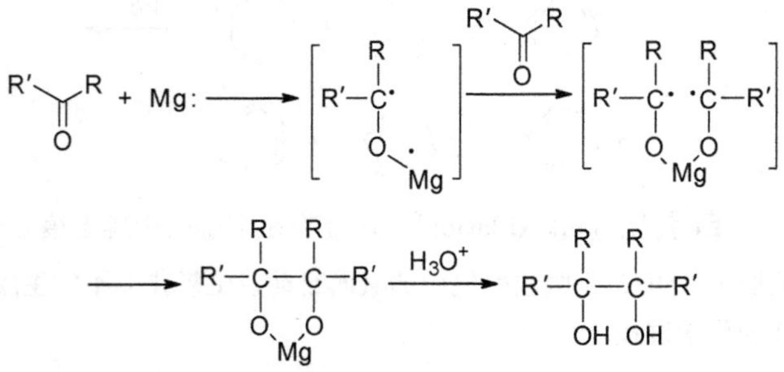

频哪醇偶联反应又称醛酮的双分子还原偶联，是一种通过醛或酮分子的羰基在电子供体的存在下，发生自由基偶联，形成新碳-碳共价键的有机反应，反应产物为邻二醇。

2.1.3 重要的人名反应

阿恩特-艾斯特尔特增碳反应 [Arndt-Eistert homologation] 酰氯与重氮甲烷(CH_2N_2)作用生成重氮酮($RCOCHN_2$)，在 Ag_2O 或 CuO 催化下重氮酮与水共热生成多一个碳原子的羧酸。是缺电子卡宾的重排反应：

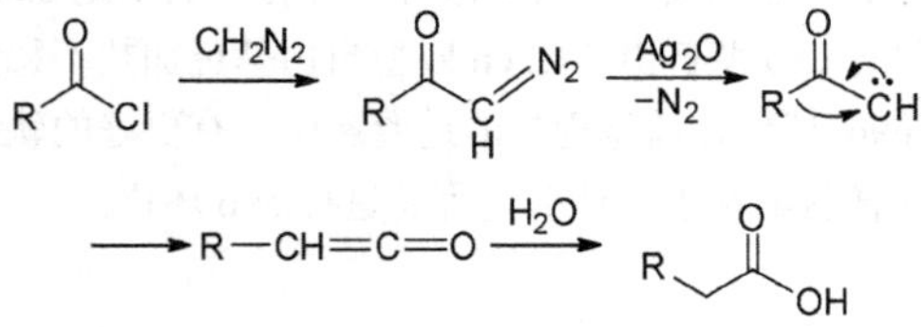

重排产物烯酮化学性质活泼，与水反应成酸，与醇、胺反应成酯和酰胺。这是从羧酸制备高一级羧酸及其衍生物的方法。

安息香缩合 [benzoin condensation] 即苯偶姻缩合。

胺甲基化反应 [amine methylation reaction] 即曼尼希反应。

奥弗曼重排 [Overman rearrangement] 三氯乙酰亚胺烯丙酯在酸或热的条件下重排生成烯丙胺的反应。

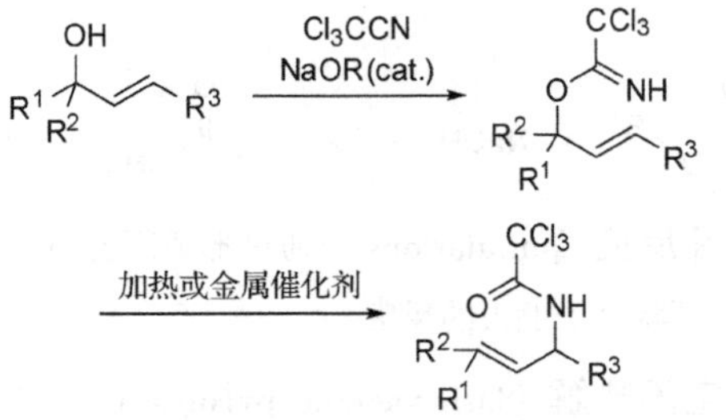

热重排的机理与克莱森重排的机理类似，是同面的，协同的；而金属催化的机理则是形式上的重排：

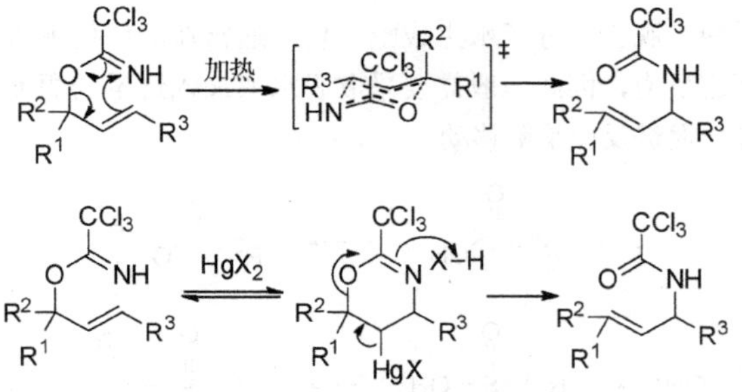

反应产物经过转化可以得到许多含氮的天然产物和生物分子。

半频哪醇重排 [semi-pinacol rearrangement] 羟基邻碳上有容易离去的基团时发生的类似频哪醇重排后半部分的反应。

葆森-侃德反应 [Pauson-Khand reaction (PKR)] 又称 PK 型反应。过渡金属催化的炔烃、烯烃及一氧化碳的[2+2+1]反应。一步生成环戊烯酮。

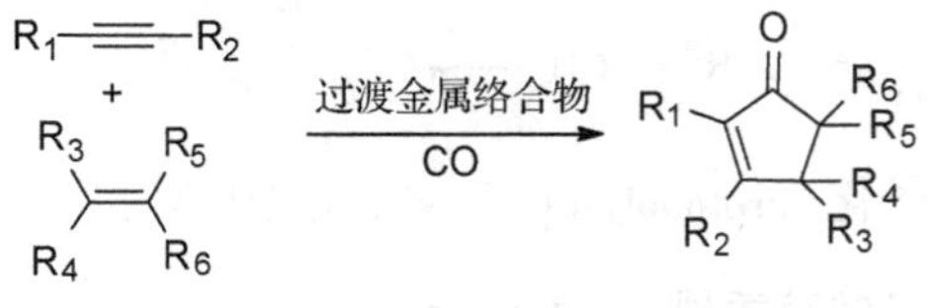

过渡金属络合物：$Co_2(CO)_8$，$Fe(CO)_5$，$Ru_2(CO)_{12}$，Cp_2TiR_2，$Ni(COD)_2$

该反应可在分子内或分子间进行。一般来说端炔比取代炔烃产率高，而对于烯烃则有环烃>端烃>二取代烃≫三取代烃，四取代烃不反应。环烃反应时，反应有很高的立体选择性，exo 产物优先形成。反应的机理可以表示为

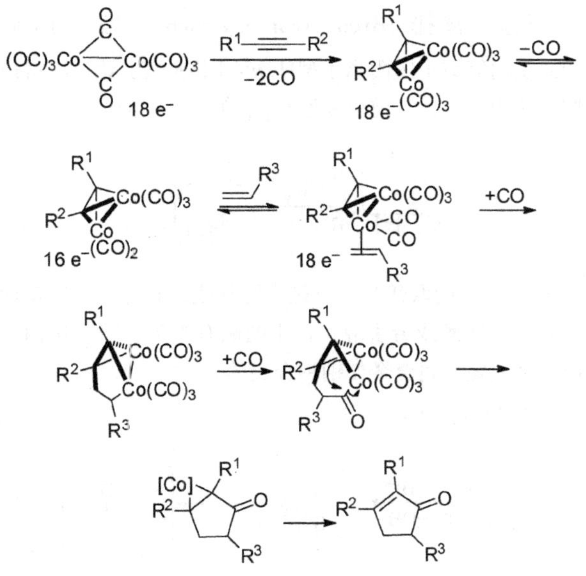

贝克曼重排 [Beckmann rearrangement] 酮肟在酸(硫酸、多聚磷酸、五氯化二磷等)催化下，重排为酰胺的反应。

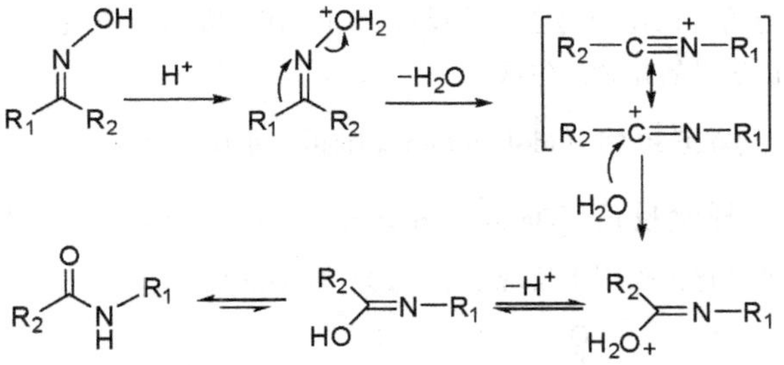

如羰基碳上两个烃基不同时，与肟羟基处于反位的烃基迁移。反应产率高，有广泛的应用。如尼龙 6(聚己内酰胺)的合成：

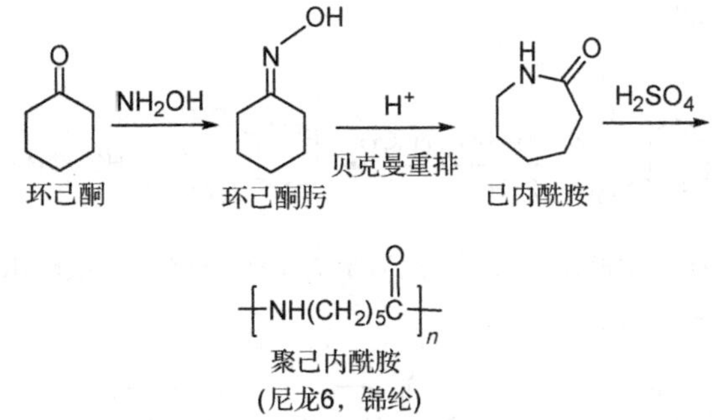

贝里斯-希尔曼反应 [Baylis-Hillman reaction] 又称森田-贝里斯-希尔曼反应。α,β-不饱和化合物与亲电试剂(醛、酮)在合适的催化剂作用下，生成烯烃 α-位加成产物的反应。催化剂一般采用 DABCO(1, 4-二氮双环[2,2,2]辛烷的缩写形式，俗称三亚乙基二胺)。

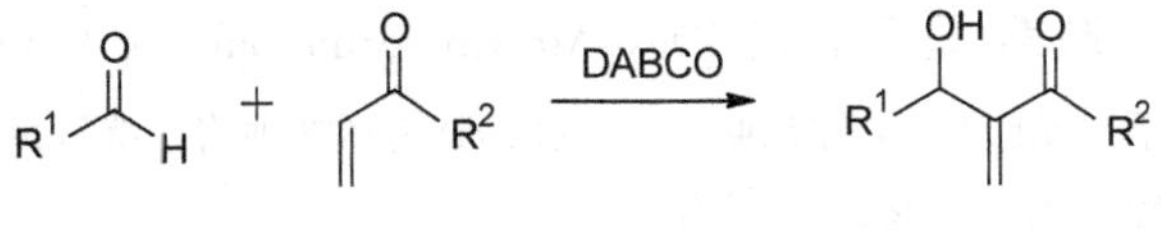

贝耶尔-维利格氧化 [Baeyer-Villiger oxidation] 酮(或环酮)被 H_2O_2 或过氧酸氧化重排为酯(或内酯)的反应。

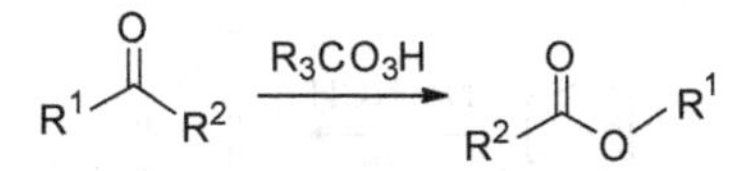

两个烃基不同时，从羰基迁移到氧上的基团迁移活性为：三级烷基＞二级烷基、环己基＞苄基＞苯基＞一级烷基＞甲基。典型的氧化剂为间氯过氧苯甲酸(*m*CPBA)、过氧乙酸、过氧三氟乙酸(CF_3CO_3H)等。环酮被氧化为内酯广泛应用于甾族和萜内酯的合成。例如：

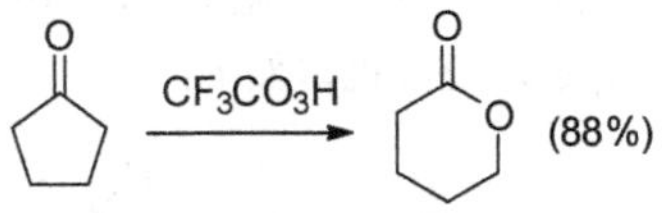

反应的机理为

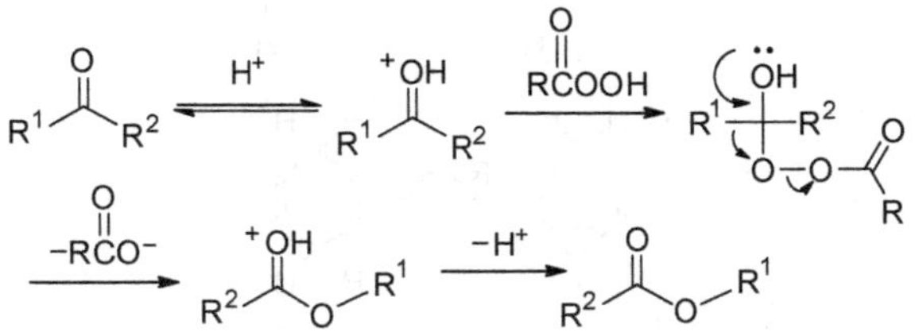

苯偶姻缩合 [benzoin condensation] 又称安息香缩合。两个芳香醛分子在催化剂(如氰离子)作用下进行还原缩合，生成一个苯偶姻分子的反应。由于产物是安息香的衍生物，故又称安息香缩合。其反应机理是羰基极性转换的一个典型例子。

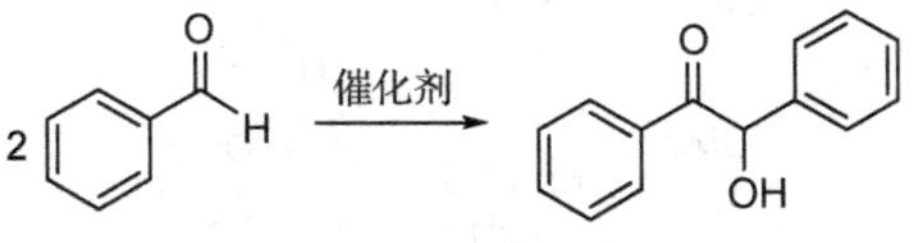

催化剂 = CN^-, N杂环卡宾等

伯格曼反应 [Bergman reaction] 即伯格曼环化反应。

伯格曼环化反应 [Bergman cyclization] 又称伯格曼反应。共轭的烯二炔在加热条件下，通过分子内环化生成 1, 4-苯双自由基或其类似物的一类环化反应。

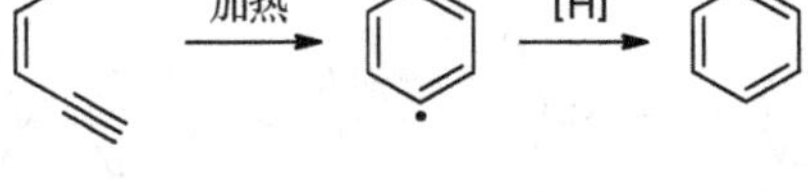

启动反应的关键条件是加热或者光照。烯二炔环化为苯双自由基是一个典型的可逆电环化反应，一般产生的苯双自由基接下来与反应体系中氢供体(如 1, 4-环己二烯)作用，产生苯的衍生物。但是如果反应体系中不存在氢供体，那么就很容易发生自由基之间的偶联反应。例如：用四氯化碳处理产生的双自由基，则产物将是对二氯苯的衍生物；用甲醇，则得苄醇的衍生物。伯格曼环化是具有共轭烯二炔骨架结构的抗癌抗生素类化合物生物活性机制的重要一步。

伯奇还原 [Birch reduction] 用钠和醇在液氨中将芳香环还原成 1, 4-环己二烯的有机还原反应。

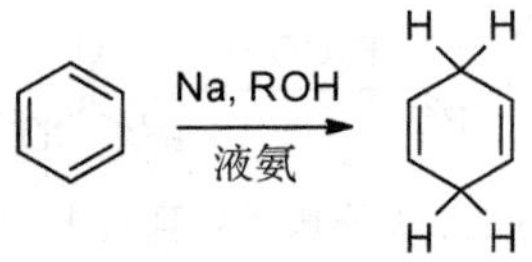

其重要性在于：尽管剩下的双键(非芳香性)更为活泼，但该反应却能停留在环己双烯上，而不继续还原。反应中的钠也可以用锂或钾取代，使用的醇通常是甲醇或叔丁醇。

钠溶于液氨会形成一个溶剂化电子，为亮蓝色溶液，化学式为$[Na(NH_3)_x]^+e^-$，反应机理如下：

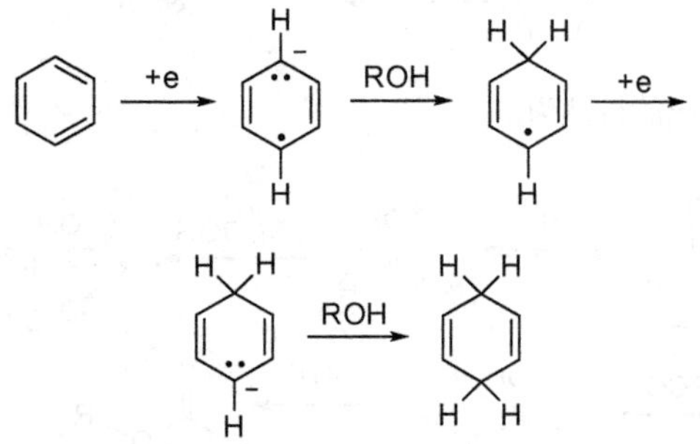

如果是取代芳香化合物，当取代基是羧基等吸电子基时，能够稳定碳负离子并生成最少取代的烯烃；当取代基是供电子基时，则生成取代最多的烯烃。

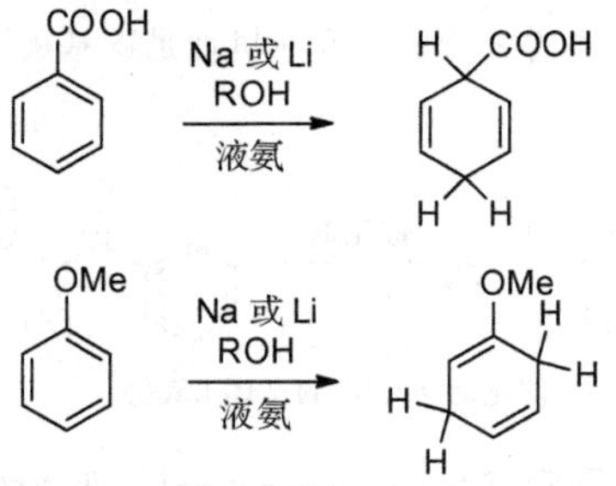

不对称双羟基化反应 [asymmetric dihydroxylation] 即夏普莱斯不对称双羟基化反应。

布赫瓦尔德-哈特维希偶联 [Buchwald-Hartwig coupling] 钯催化和碱存在下胺与芳卤的交叉偶联反应，生成芳胺。

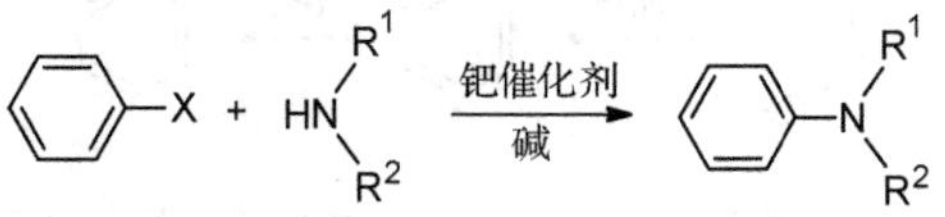

此反应是合成芳胺的重要方法。

反应中的芳卤也可用芳卤三氟甲磺酸的酚酯(ArOTf)所代替。胺可为伯胺或仲胺，胺上的取代基可以为任何有机基团。钯催化剂常为钯磷配合物，如四(三苯基膦)钯(0)，也可为三(双亚苄基丙酮)二钯(0)等其他钯配合物。碱一般为双(三甲硅基)氨基钠或叔丁醇盐。

布鲁克重排 [Brook rearrangement] 碱作用下硅基从碳原子向氧原子的阴离子型[1, *n*]-迁移反应。该反应将羟基硅烷转化为硅醚，目前已发展至[1, 5]-迁移反应。

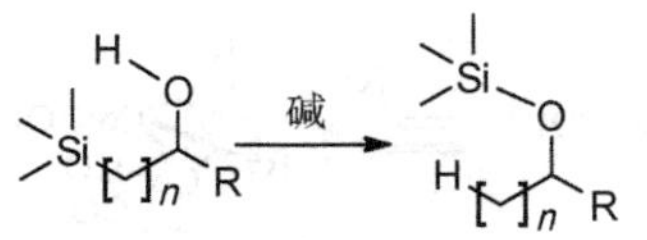

硅原子上的取代基可以是脂肪基或芳基，醇可以是仲醇或叔醇、脂肪醇或芳香醇。常用的碱有胺类、氢氧化钠、有机锂试剂或碱金属合金如钠钾合金等。

反应机理如下：

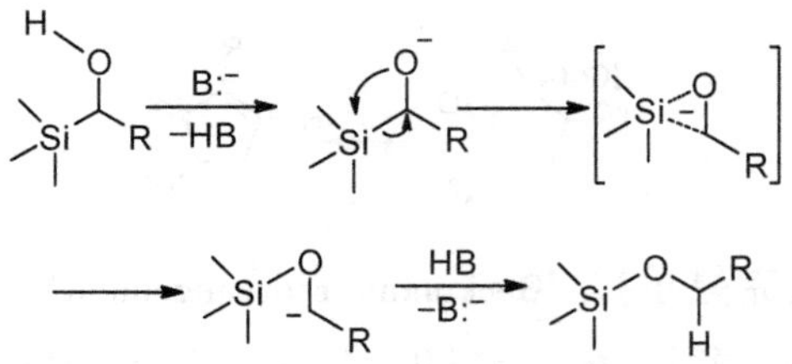

臭氧化反应 [ozonization reaction] 臭氧与含不饱和双键的有机化合物之间的反应。通常在低温溶液中通入臭氧来促进臭氧化物的生成。

醇醛缩合 [adol condensation] 即羟醛缩合。

戴金反应 [Dakin reaction] 酚醛或酚酮与过氧化氢在氢氧化钠作用下反应生成二酚与羧酸的反应。

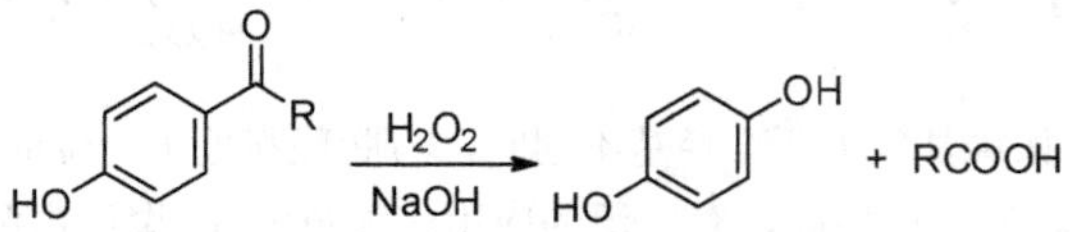

以水杨醛为例，它与过氧化氢在碱液中反应，生成的产物是邻苯二酚：

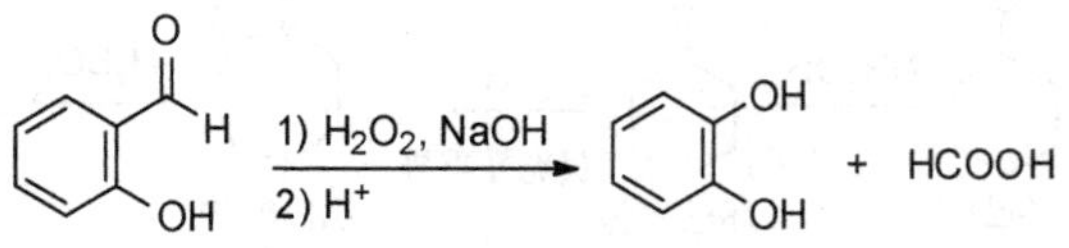

HO_2^-对醛进行加成，然后苯基迁移，重排，甲酸酯水解，酸化生成二酚。

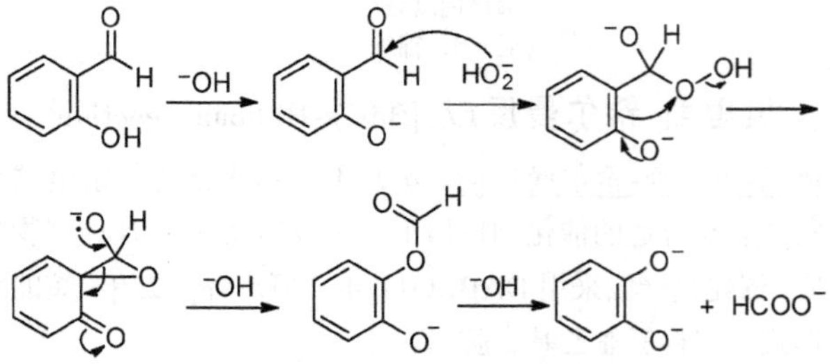

戴斯-马丁氧化 [Dess-Martin oxidation] 利用戴斯-马丁过碘酸酯(又称戴斯-马丁氧化剂)选择性地将一级醇或二级醇氧化为醛或酮的反应。

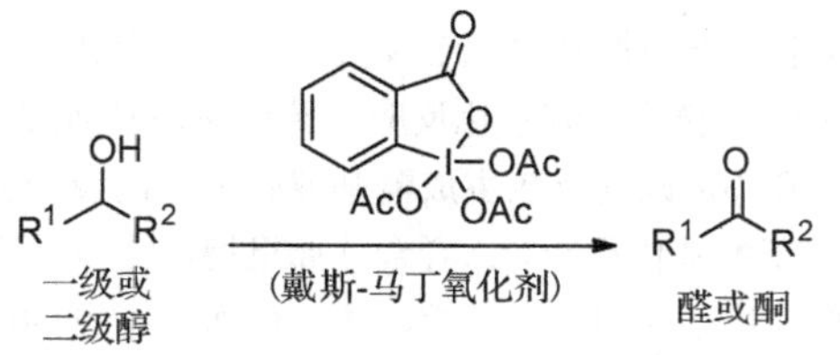

戴斯-马丁氧化有如下优点：条件温和(室温、中性 pH)、反应时间短、产率高、后处理简单、化学选择性高、对敏感官能团具有耐受性、试剂保质期长。

戴斯-马丁氧化剂的制备方法如下：

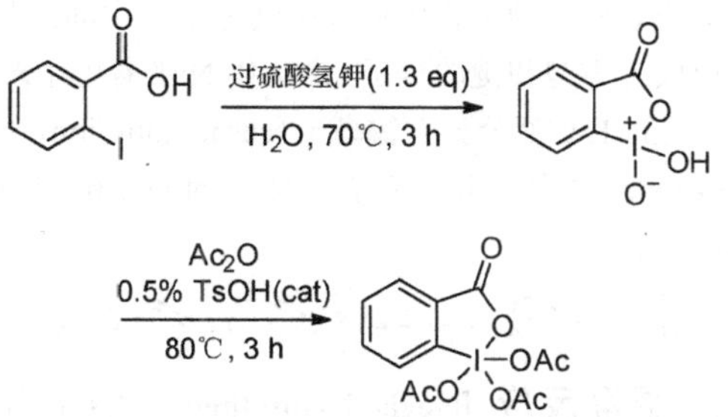

迪克曼反应 [Dieckmann reaction] 即迪克曼缩合。

迪克曼缩合 [Dieckmann condensation] 又称迪克曼缩合反应或迪克曼反应。二酯在碱作用下发生分子内缩合生成 β-酮酯的反应，即分子内的克莱森缩合反应。

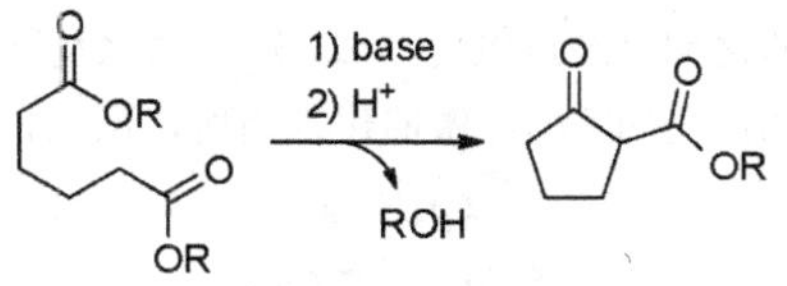

反应的机理：碱夺取酯羰基的 α-氢，生成碳负，进攻另一个羰基碳，发生加成，烷氧负离子离去。碱再夺取一个 α-氢，不可逆地生成稳定的烯醇负离子，最后经酸处理得到产物。

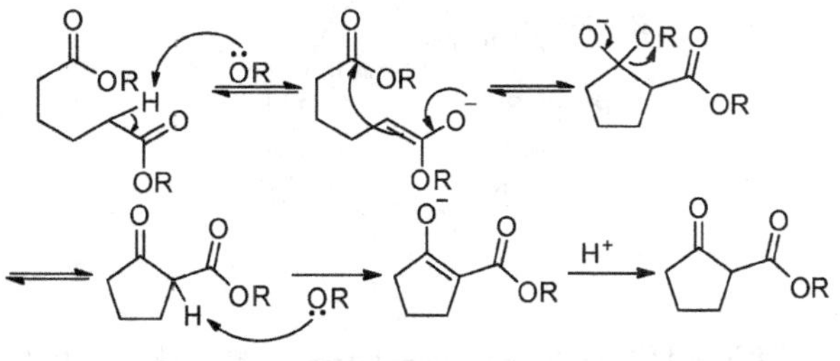

由于五、六元环结构的稳定性，因而 1,4 或者 1,6 二酯会形成五元环的 β-酮酯，而对于 1,5 或者 1,7 二酯则会形成六元环的 β-酮酯。

迪克曼缩合反应 [Dieckmann condensation reaction] 即迪克曼缩合。

第尔斯-阿尔德反应 [Diels-Alder reaction] 双烯体与亲双烯体之间的[4+2]环加成反应。共轭双烯与含不饱和键的化合物(亲双烯体)进行共轭加成，经过环状过渡态生成六元环状化合物。是一类协同反应。共轭烯烃可为链型、环型，亲双烯体可以为双键、三键、杂原子不饱和键等。

多茨反应 [Dötz reaction] 又称伍尔夫-多茨反应。α-烷氧基亚苄基(或亚烯丙基)五羰基铬卡宾配合物与炔烃反应，生成 $Cr(CO)_3$-配位的酚类。是多取代酚以及萘酚类化合物合成的重要方法。

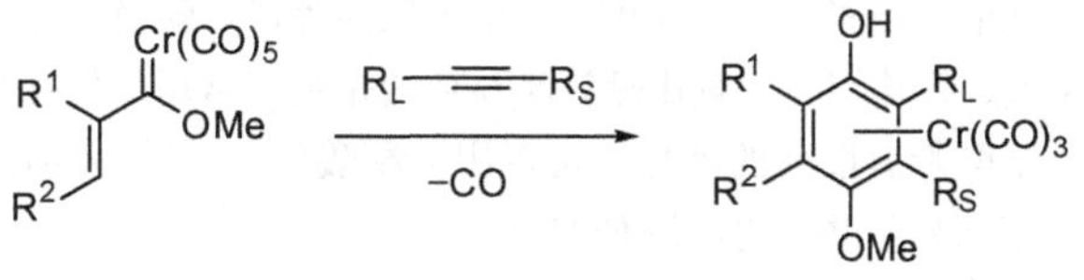

R_L = 体积较大的取代基；R_S = 体积较小的取代基

反应特点：条件温和，有区域选择性，对炔和卡宾上的官能团也有较强的耐受性。

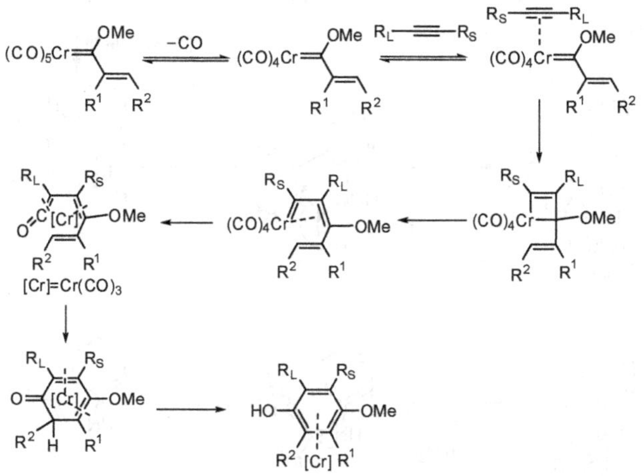

锇双羟基化 [osmium dihydroxylation] 烯烃在四氧化锇催化氧化下得到顺式邻二醇的反应。由于四氧化锇剧毒且昂贵，该反应一般以过氧化氢为氧化剂，加入催化量的四氧化锇促进反应，该反应条件温和，产率较高。

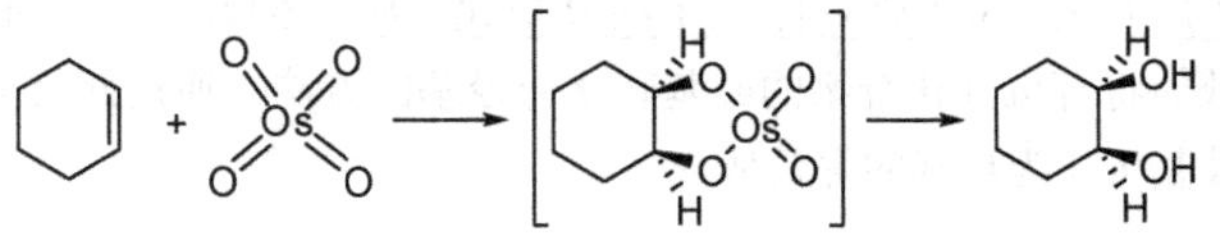

二苯乙醇酸重排 [benzilic acid rearrangement] 二苯乙二酮在碱性条件下重排生成二苯乙醇酸(二苯基羟基乙酸)的反应(见下式)。这类重排反应在 1, 2-二酮分子中都可出现。

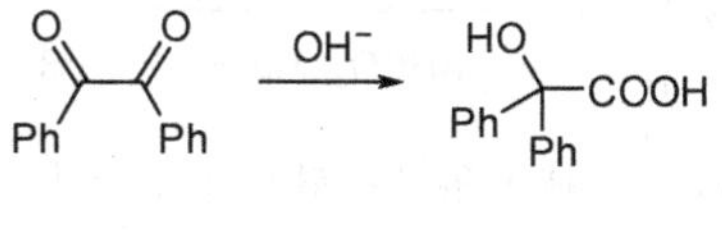

HWE 反应 [HWE reaction] 霍纳-沃兹沃思-埃蒙斯反应的简称。

NHK 反应 [NHK reaction] 野崎-桧山-岸反应的简称。

费歇尔吲哚合成 [Fischer indole synthesis] 苯肼与醛、酮在酸催化下加热重排消除一分子氨，得到 2 位或 3 位取代的吲哚反应。这是一个常用的合成吲哚环系的方法。

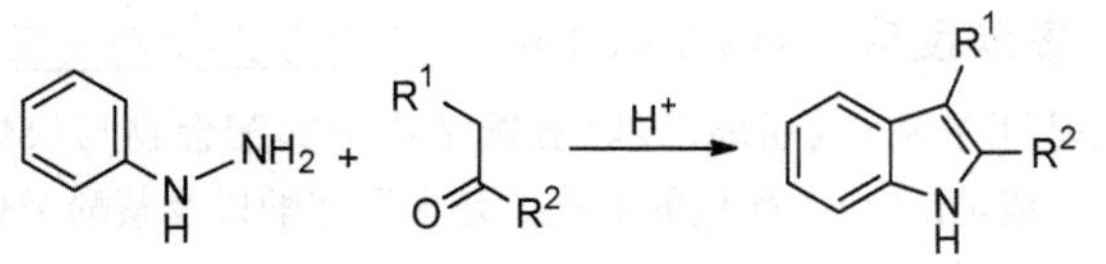

盐酸、硫酸、多聚磷酸、对甲苯磺酸等质子酸及氯化锌、氯化铁、氯化铝、三氟化硼等路易斯酸是反应常用的催化剂。若要制取没有取代的吲哚，可以用丙酮酸作酮，发生环化后生成 2-吲哚甲酸，再经脱羧即可。

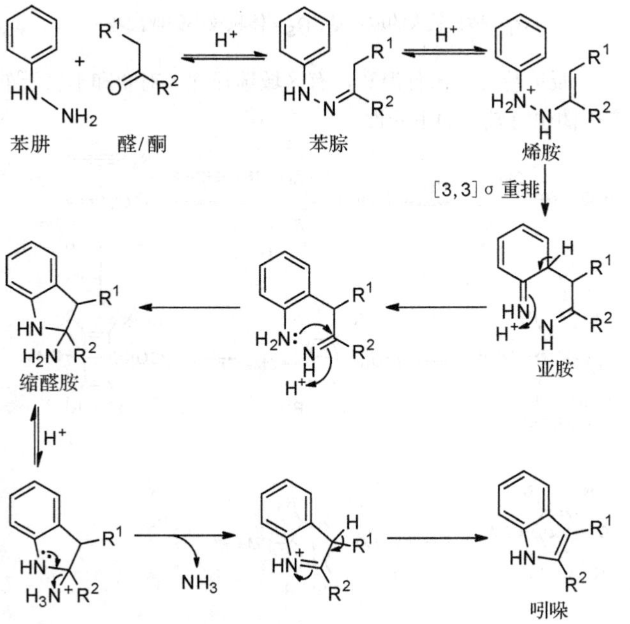

弗-克反应 [Friedel-Crafts reaction] 弗里德-克拉夫茨反应的简称。

弗莱明-玉尾氧化 [Fleming-Tamao oxidation] 又称玉尾氧化反应、弗莱明-玉尾-熊田氧化反应。该反应提供了有效的将有机硅化合物的硅基转化为羟基的方法。通过此反应硅基可作为羟基的等效体。

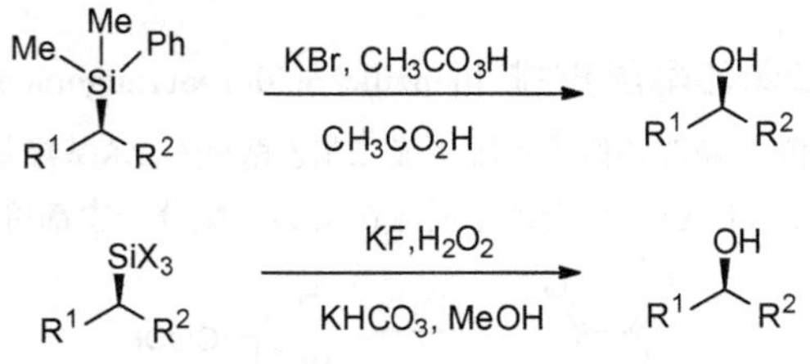

此反应进行的基本条件是硅原子上至少带有一个“活化基”(H, N, O, S，芳基)，离去基可使硅原子具有亲电反应性，使之可经受过酸的亲核进攻。而芳基可以被离去基取代。

弗莱明-玉尾-熊田氧化反应 [Fleming-Tamao- Kumada oxidation reaction] 即弗莱明-玉尾氧化。

弗里德-克拉夫茨反应 [Friedel-Crafts reaction] 简称弗-克反应。芳香化合物的亲电取代反应。芳烃在路易斯酸或质子酸催化下与烷基化试剂反应生成烷基取代芳烃的反应称为弗里德-克拉夫茨烷基化反应；芳烃在路易斯酸或质子酸催化下与酰基化试剂反应生成酰基取代芳烃的反应称为弗里德-克拉夫茨酰基化反应。二者合称弗里德-克拉夫茨反应。比较常用的烷基化试剂有卤代烷、烯、醇等；常见的酰基化试剂有酰氯和酸酐等。

格罗布断裂反应 [Grob fragmentation] 在脂肪链上的 1 位和 3 位有离电体(electrofuge，E)和离核体(nucleofuge，N)的化合物 E-a-b-c-N 断裂成三个片段的反应。离电体 E-a 反应后形成更稳定的带正电荷或中性分子。中间的基团 b-c 反应后形成含不饱和键的分子。离核体 N 带着电子对脱离原子 c。常见的 E-a 部分如碳鎓离子(carbonium ion)、酰基正离子。b-c 部分如烯、炔、亚胺。N 如对甲苯磺酸根离子、氢氧根离子。

根岸偶联反应 [Negishi coupling] 钯或镍催化的有机锌试剂与卤代烃的交叉偶联反应。

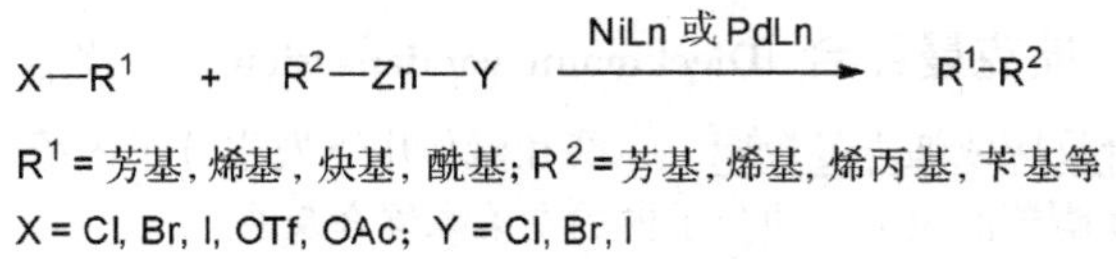

Pd 做催化剂时经过氧化加成、转金属化及还原消除三步可得最终产物。这里以 Ni 做催化剂为例，反应机理为

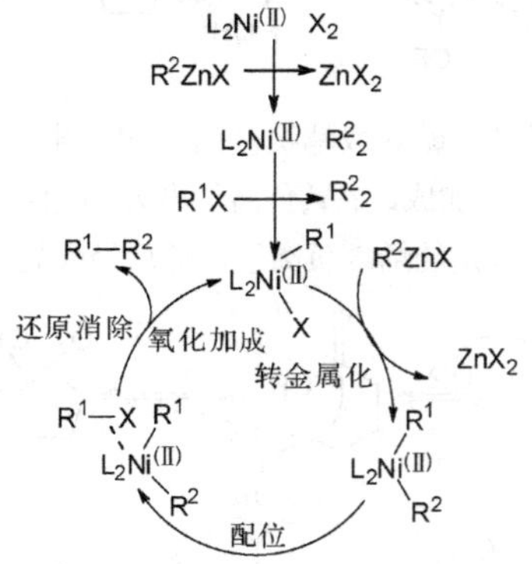

宫浦硼化 [Miyaura borylation] 钯催化的卤代芳烃与四烷氧基二硼化合物偶联生成相应的芳基硼酸酯的反应。

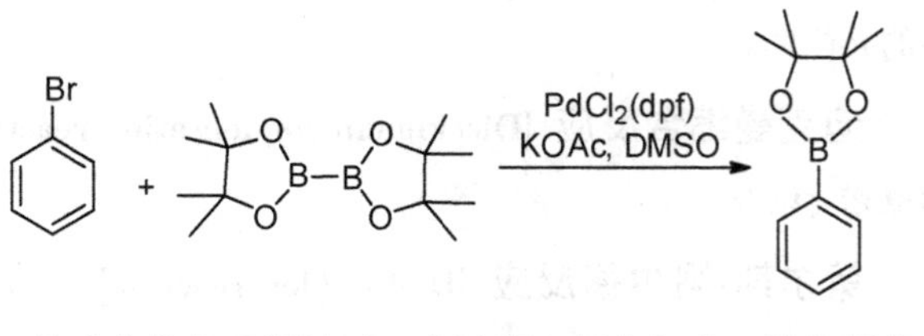

该反应的机理通过了三个过程：氧化加成、转金属化及还原消除。

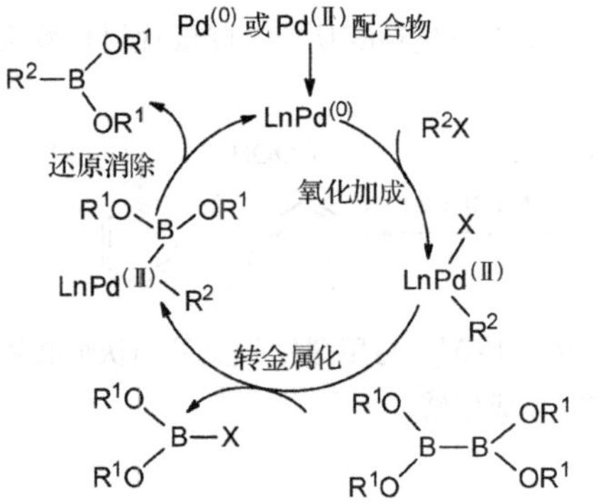

反应产物常作为铃木-宫浦偶联反应的底物进行 C—C 键的偶联，在现代有机合成中具有重要应用。

沟吕木-赫克反应 [**Mizoroki-Heck reaction**] 即赫克反应。

光延反应 [**Mitsunobu reaction**] 一级或二级醇在二取代偶氮化合物及三烷基或芳基膦条件下被亲核试剂取代并发生构型翻转的反应。

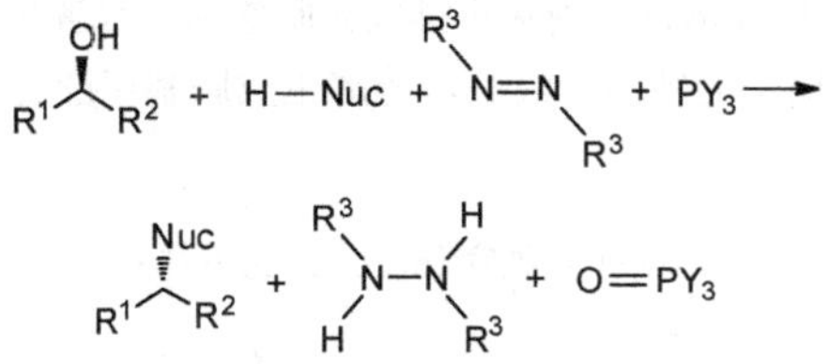

其中 R^3 为吸电子基团。该反应条件温和，产率高且带有构型翻转(瓦尔登翻转)，在有机合成中有着广泛应用。反应的机理如下：

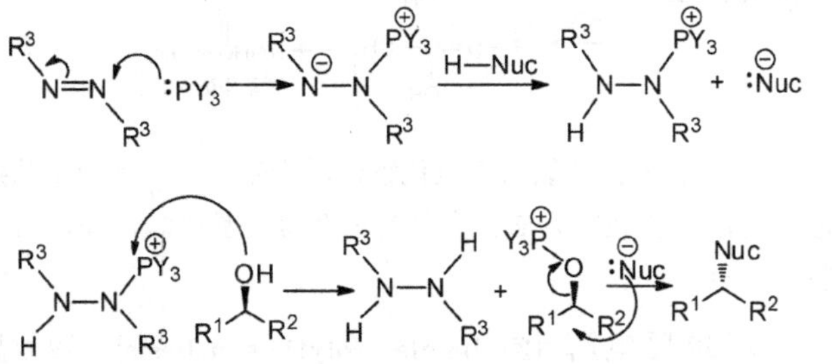

汉奇吡啶合成 [**Hantzsch pyridine synthesis**] 又称汉奇二氢吡啶合成。醛(如甲醛)、两分子 β-酮酯(如乙酰乙酸乙酯)和含氮化合物(如乙酸铵或氨)之间生成吡啶衍生物的反应。反应最初产物是二氢吡啶类化合物，二氢吡啶接下来再被氧化，可得吡啶衍生物。氧化反应的推动力是有芳香性的吡啶环的生成。

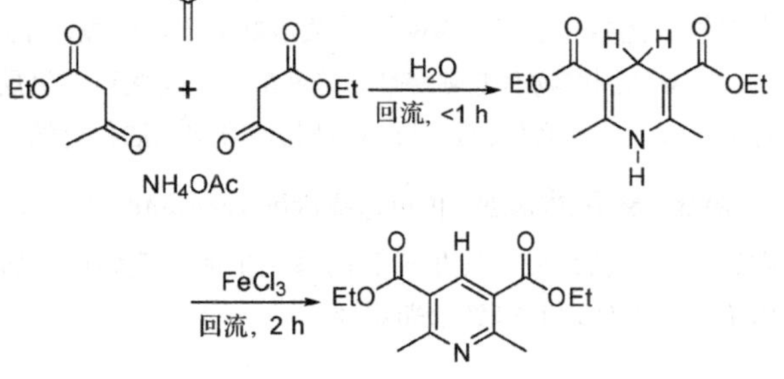

1, 4-二氢吡啶二羧酸酯(也称 Hantzsch 化合物)，在医药上可用作钙通道阻滞剂，如硝苯地平、氨氯地平和尼莫地平等。

汉奇二氢吡啶合成 [**Hantzsch dihydropyridine synthesis**] 即汉奇吡啶合成。

赫克反应 [**Heck reaction**] 又称沟吕木-赫克反应。不饱和卤代烃(或三氟甲磺酸酯)与烯烃在强碱和钯催化下生成取代烯烃的偶联反应。

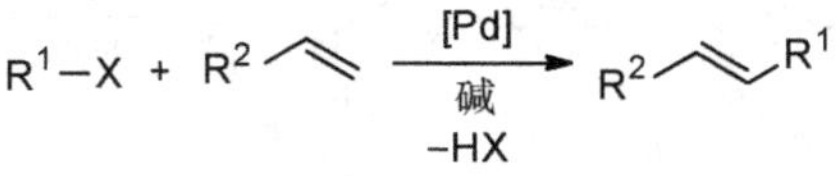

原料卤代烃或三氟甲磺酸酯中的 R 基可以是芳基、苄基或乙烯基。烯烃的双键碳必须连有氢，且烯烃通常为缺电子烯烃，如丙烯酸酯或丙烯腈。钯催化剂可以是四(三苯基膦)合钯(0)、氯化钯(Ⅱ)或乙酸钯(Ⅱ)。碱可以是三乙胺、碳酸钾或乙酸钠等。

亨利反应 [**Henry reaction**] 又称硝醇反应。在碱存在下，硝基烷烃与醛或酮反应生成 β-硝基醇的反应。其与羟醛缩合反应非常类似。

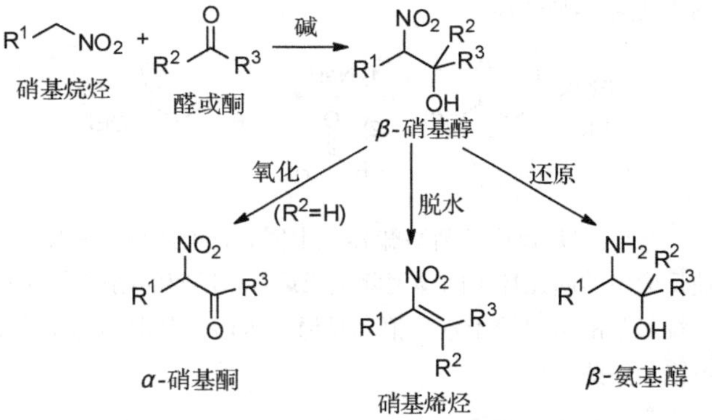

亨利反应在有机合成中用途很广，其产物很容易转变为其他合成的中间体：脱水形成硝基烯烃、羟基氧化形成 α-硝基酮、硝基还原形成 β-氨基醇等。

MVP 还原 [**MVP reduction**] 米尔文-蓬多夫-韦尔莱还原的简称。

桧山偶联反应 [**Hiyama coupling**] 钯或镍催化的芳基、烯基、烷基卤化物或拟卤(如三氟甲磺酸酯)与有机硅烷之间的交叉偶联反应。

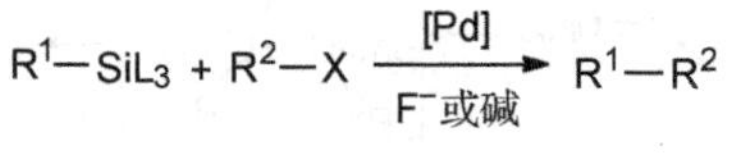

与铃木-宫浦偶联反应类似，这个反应也需要活化剂，如氟离子或碱(氢氧化钠、碳酸钠等)。

霍夫曼重排 [**Hofmann rearrangement**] 又称霍夫曼降解反应。酰胺在溴的碱溶液中发生重排，得到形式上酰胺脱去一分子一氧化碳得到一级胺的反应。该反应是制备一级脂肪胺和芳香胺的重要方法。

霍夫曼降解反应 [Hofmann degradation] 即霍夫曼重排。

霍夫曼消除 [Hofmann elimination] 先用过量碘甲烷将胺转化为季铵盐，再与氧化银作用，得到季铵碱，最后加热消除得到烯烃的反应。

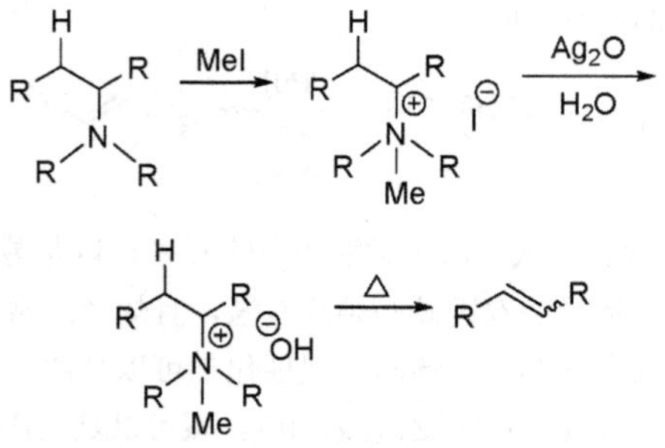

霍纳-沃兹沃思-埃蒙斯反应 [Horner-Wadsworth-Emmons reaction] 简称HWE反应，又称维蒂希-霍纳反应。制取烯烃的反应。是对维蒂希反应的改进。反应用稳定的膦酸酯碳负离子，代替磷叶立德，与醛、酮反应生成烯烃。产物主要为*E*-型烯烃。

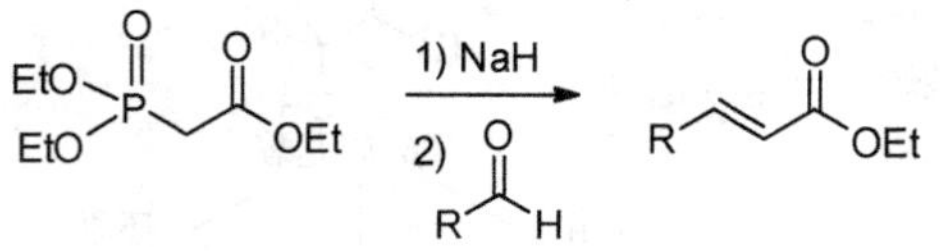

一般参加反应的膦酸酯*α*-碳上需要连有吸电子基团，以使反应中的四元环中间体消除生成烯烃。反应的副产物*O*, *O*-二烷基膦酸盐可溶于水，很容易通过水溶液萃取而与生成的不饱和酸酯分离。

交叉羟醛缩合 [cross aldol condensation] 又称克莱森-施密特反应。两个不同的醛或酮之间进行的羟醛缩合反应。为提高反应选择性，常用一个没有*α*-氢的芳香醛提供羰基和一个有*α*-氢的醛(酮)提供烯醇或烯醇负离子进行交叉缩合反应。

卡宾插入 [carbene insertion] 卡宾插入到有机化合物分子 σ 键中的反应。如亚甲基能插入到大多数有机化合物分子的 C—H 键中去，生成相应的插入产物，这在有机合成和理论有机化学的研究中都有重要意义。

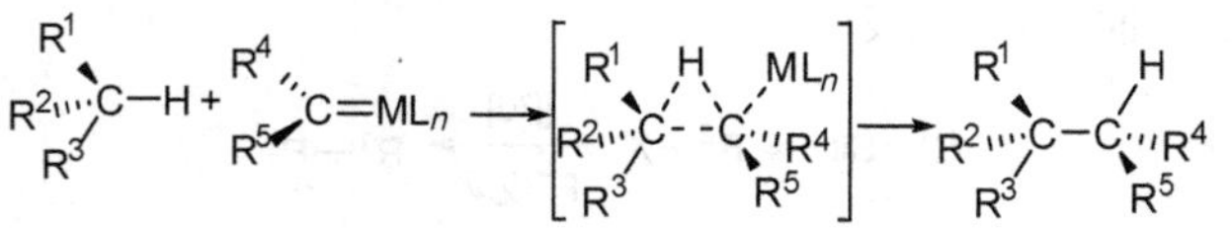

坎尼扎罗反应 [Cannizzaro reaction] 又称坎尼扎罗歧化反应。无*α*-氢的醛(如甲醛、苯甲醛、呋喃甲醛等)在浓碱中加热，发生分子间氧化还原反应，生成一分子醇(还原产物)和一分子酸(氧化产物)的反应。对于有活泼氢的醛来说，碱会夺取活泼氢，从而发生羟醛反应，降低坎尼扎罗反应的产率。

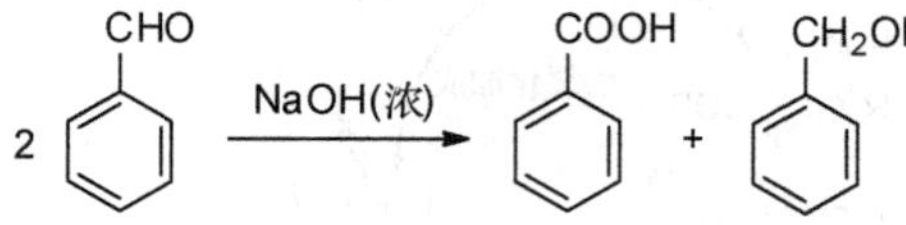

甲醛是较强的还原剂，与甲醛发生交叉的坎尼扎罗反应时，甲醛总是被氧化成甲酸。

例如：

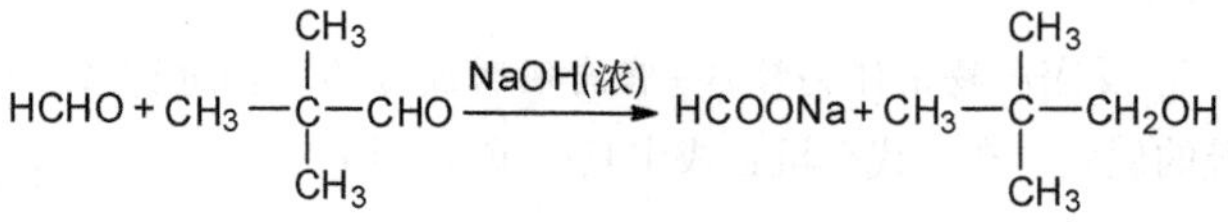

此反应在生产上及生理的氧化还原反应中都很重要。

坎尼扎罗歧化反应 [Cannizzaro disproportionation reaction] 即坎尼扎罗反应。

柯歇斯重排 [Curtius rearrangement] 酰基叠氮(RCN_3)在惰性溶剂中受热重排成异腈酸酯，水解生成比原料少一个碳原子的纯净一级胺，醇解生成胺基甲酸酯。此反应收率很高。

反应机理是缺电子氮宾(nitrene)的重排：

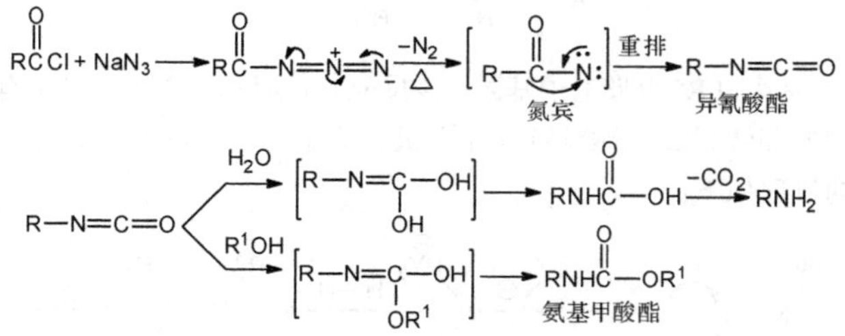

酰基叠氮由酰氯与叠氮化钠作用产生。这一反应是从羧酸制纯净一级胺的方法。酰基叠氮有毒，易爆炸，使用时要特别注意。

科尔贝电解 [Kolbe electrolytic synthesis] 羧酸盐电解时以自由基机理发生脱羧二聚生成烷烃的反应。通式如下：

$$2\,RCO_2M \xrightarrow{\text{电解}} R—R + 2M + 2CO_2\uparrow$$

一般以高浓度的羧酸钠盐作原料，在中性或弱酸性环境中进行电解。电极以铂制成，阳极产生烷烃和二氧化碳，阴极产生氢氧化钠和氢气。羧酸的碳数最好适中，一般在10个左右。反应的副产物有低碳烷烃、酯和醇等。交叉科尔贝反应在有机合成上非常有价值，其产物是其他方法无法代替的。

科里-富克斯反应 [Corey-Fuchs reaction] 醛与四溴化碳和三苯基膦反应，发生一碳同系化生成二溴烯烃，然后再用正丁基锂处理而得到末端炔烃。

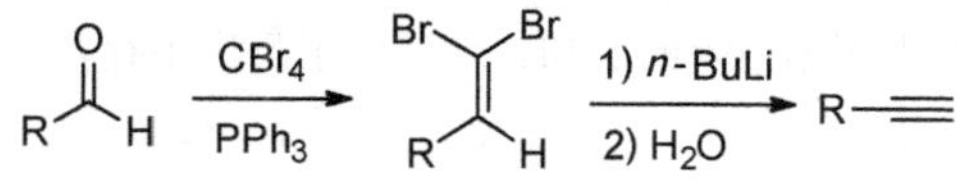

反应的机理如下：

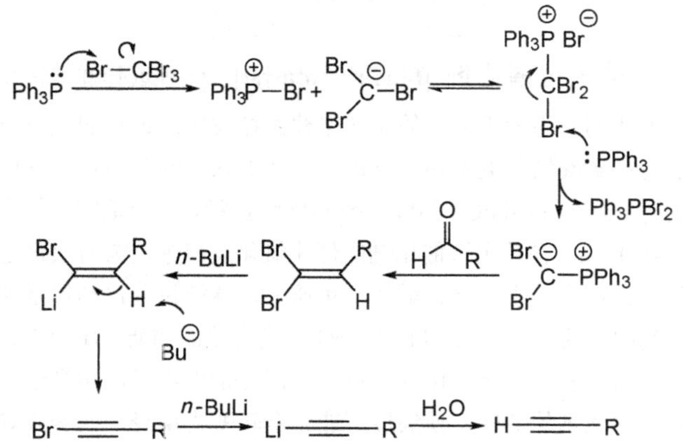

选用适宜的碱，可使反应停在 1-溴代炔一步。溴代末炔与正丁基锂再交换为末炔锂，末炔锂最后经水或卤代烃等亲电试剂处理，得末端炔或内炔。溴代炔和末端炔烃是有机合成中很有用的官能团。

克莱门森还原反应 [Clemmensen reduction] 对酸稳定的醛酮用锌汞齐和浓盐酸回流，羰基可直接还原为亚甲基。

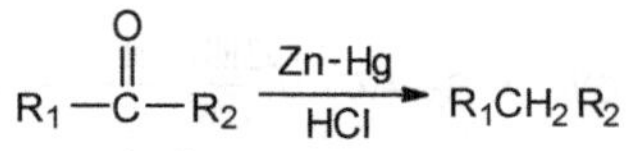

酮或醛

芳香酮的还原效果较好，而芳香酮可通过弗-克酰基化反应制备，所以这是制备烷基芳烃的好方法。例如：

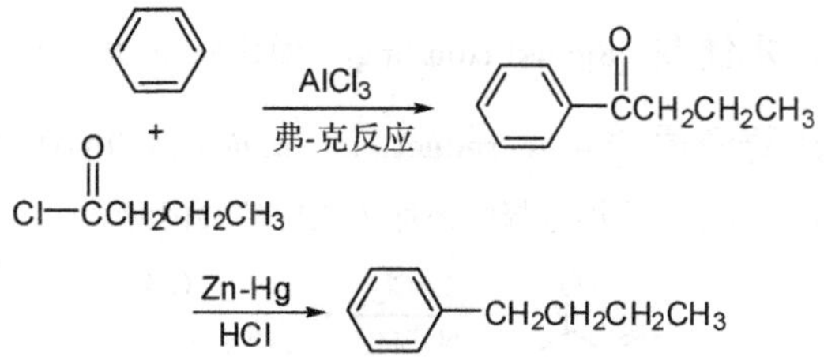

正丁基苯

克莱森重排 [Claisen rearrangement] 苯基烯丙醚或烯丙基烯醇醚在高温下经过环状过渡态发生的[3, 3]-σ 迁移重排。生成邻烯丙基苯酚的反应，称为邻位克莱森重排。邻烯丙基苯酚还可进一步发生[3, 3]-σ 迁移重排到对位，称为对位克莱森重排。当苯基烯丙基醚的邻位均有取代基时，对位克莱森重排为主要过程。

克莱森-施密特反应 [Claisen-Schmidt reaction] 即*交叉羟醛缩合*。

克莱森缩合反应 [Claisen condensation] 在碱作用下，酯作为酰基化试剂，与有 α-氢的酯、酮等缩合，生成 β-二羰基化合物的反应。例如：

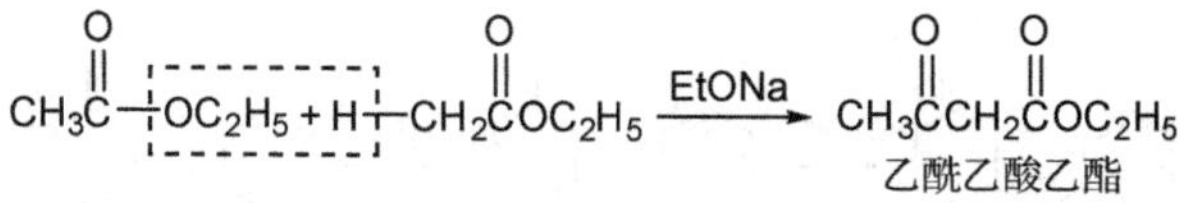

乙酰乙酸乙酯

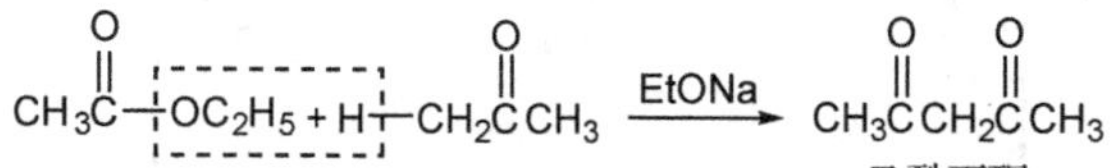

乙酰丙酮

反应历程如下：

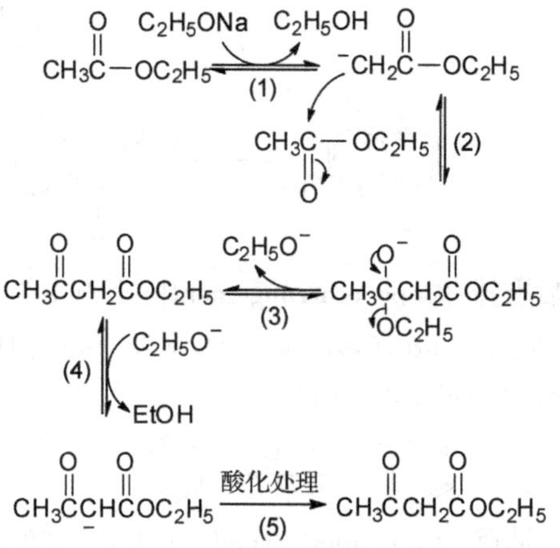

前三步都以逆向反应为主，关键的是第(4)步，由于乙酰乙酸乙酯是较强的酸，乙醇是较弱的酸，第(4)步反应向有利于正方向进行，反应产物为乙酰乙酸乙酯的盐，最后用乙酸酸化，可以很高的产率获得产物。己二酸、庚二酸及辛二酸的二酯皆可发生分子内的酯缩合生成 5，6，7 元环状 β-羰基酯，称作*迪克曼缩合*，是合成环状化合物的重要方法。例如

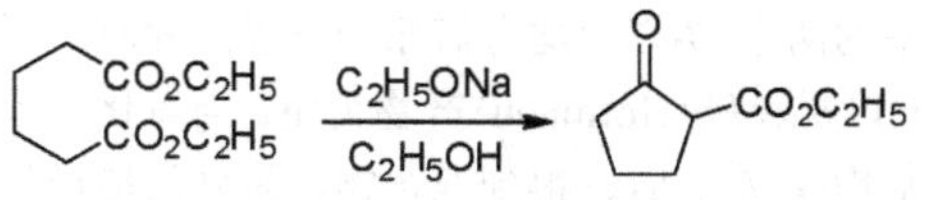

己二酸二酯　　　　β-羰基环戊甲酸乙酯

β-二羰基化合物是有机合成的重要中间体，有着广泛的用途。

克诺尔喹啉合成 [Knorr quinoline synthesis] 酰基乙酰苯胺在硫酸作用下，发生分子内环化生成 2-羟基喹啉。此反应是一种亲电芳香取代反应，总过程消除一分子水。由德国化学家路德维希•克诺尔于 1886 年首先报道。

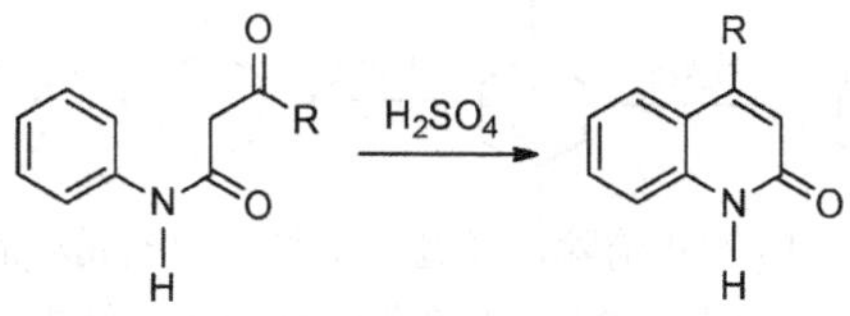

1964 年，斯塔斯昆(Staskun)研究发现在特定条件下 4-羟基喹啉是反应的副产物。例如，苯甲酰基乙酰苯胺 **1** 在远过量的多聚磷酸催化下生成的产物是 2-羟基喹啉 **2**，不过如果用少量的多聚磷酸催化，则会生成 4-羟基喹啉 **3**。斯塔斯昆提出如下 *N*, *O*-双正离子 **A** 和 *N*-正离子中间体 **B** 以解释这两个

产物在不同酸性条件下的生成。

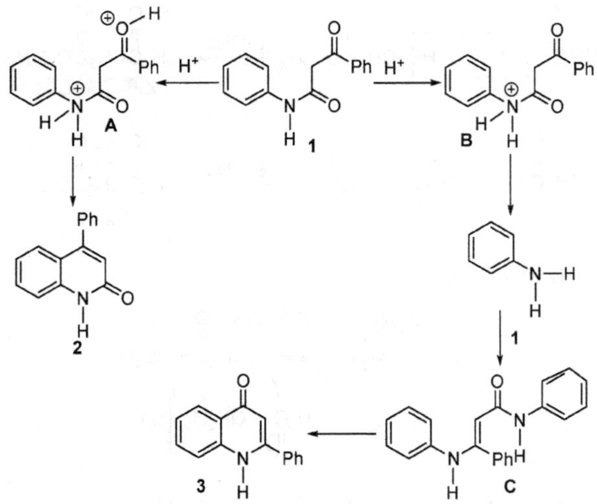

库帕重排 [**Cope rearrangement**] 具有 1, 5-二烯结构的分子发生的[3, 3]-σ 迁移反应。该反应最初由美国化学家库帕(Arthur C. Cope)发现。例如：

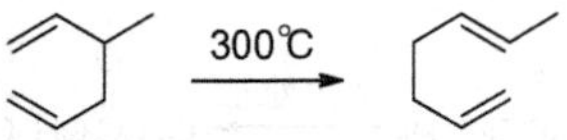

库帕消除 [**Cope elimination**] *β*-碳上有氢的氧化胺加热到 150～200℃时发生热分解，生成羟胺和烯烃。

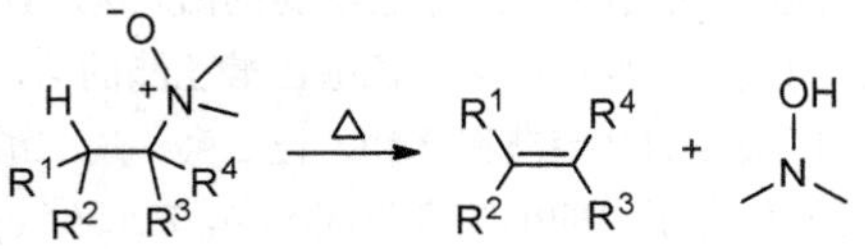

该反应用于烯烃合成以及在化合物中除掉氮。当氧化胺的一个烃基的两个 *β*-碳上均有氢原子可以消除时，得到的是混合物，但以霍夫曼(Hofmann)产物为主。当氧化胺上有两个或三个烃基均有 *β*-氢时，得到混合物。得到的烯烃如有顺反异构，则一般以反式异构体为主。

三级胺被过氧化氢或过酸的氧化和氧化胺的消除可以在同一体系中完成，如在二甲基亚砜或四氢呋喃溶剂中室温就可反应。反应条件温和，副反应少，反应中无重排反应发生，得到的不是重排后的烯烃，因此可用于制备很多烯烃。

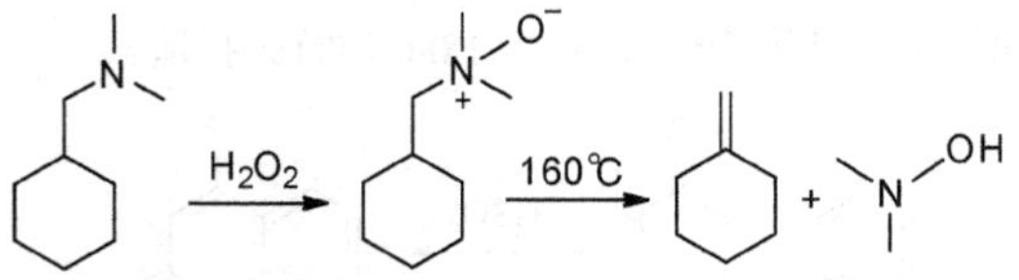

反应是 E_2 顺式消除，经过一个平面的五元环的过渡态，氧化胺的氧作为进攻的碱。要产生这样的环状结构，氨基和 *β*-氢原子必须处于同一侧，并且在形成五元环过渡态时，*α*, *β*-碳原子上的原子基团呈重叠型，这样的过渡态需要较高的活化能，形成后也很不稳定，易于进行消除反应。哌啶类化合物(六元含氮杂环)不易发生分子内的库帕消除反应。当环数更大时，在反应条件下可以得到一个不饱和的羟基胺，它是分子内发生库帕消除的产物。这证明了反应中存在一个五元环的过渡态。

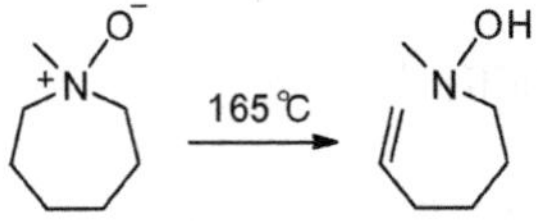

林德拉催化剂 [**Lindlar catalyst**] 一种选择性催化氧化催化剂。由罗氏公司的化学家林德拉发明。最初的制取方法是在碳酸钙浆液中还原氯化钯，并加入乙酸铅而得。常用的有 Pd-$CaCO_3$-PbO 与 Pd-$BaSO_4$-喹啉两种，其中钯的含量为 5%～10%。在使用该催化剂的催化氢化反应中，氢对炔键进行顺式加成，生成顺式烯烃。实质上，林德拉催化剂算是催化剂中毒的一种应用。Pb 或 PbO 都是含铅的物质，属于重金属。重金属可以让催化剂中毒。当催化剂中毒时，相当于抑制了催化剂的活性，使炔烃不能完全转变为烷烃，而变成烯烃。这也是炔烃还原或形成烯烃的一种方法。例如对苯乙炔加氢可以得到苯乙烯。

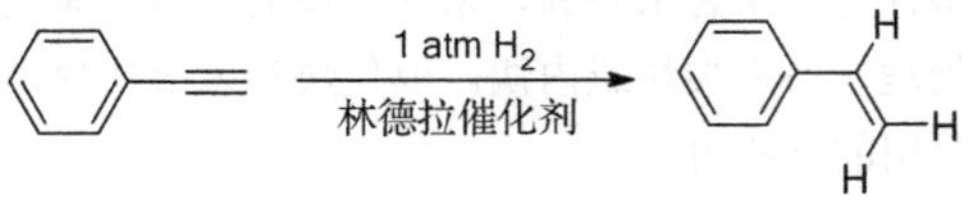

铃木-宫浦偶联 [**Suzuki-Miyaura coupling**] 又称铃木偶联。零价钯配合物催化下芳基或烯基硼酸或硼酸酯与氯、溴、碘代芳烃或烯烃发生交叉偶联的反应。

$$R_1—BY_2 + R_2—X \xrightarrow[\text{碱}]{\text{钯催化剂}} R_1—R_2$$

其在有机合成中的用途很广，具有强的底物适应性及官能团耐受性，常用于合成多烯烃、苯乙烯和联苯的衍生物，并应用于众多天然产物、有机材料的合成中。

铃木偶联 [**Suzuki coupling**] 即铃木-宫浦偶联。

卢奇还原 [**Luche reduction**] *α*, *β*-不饱和酮在三氯化铈存在下为硼氢化钠选择性还原为相应的烯丙醇。

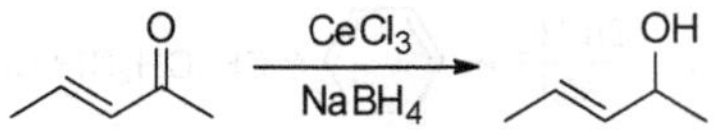

反应一般在甲醇或乙醇等醇类溶剂中进行。
反应的选择性可通过软硬酸碱理论来解释。硼氢化钠发生甲醇解生成的甲氧基硼氢化钠是较硼氢化钠更"硬"的还原剂，因此倾向于与不饱和酮中较硬的 1, 2-羰基部分进行反应。而且，路易斯酸性的三氯化铈通过配位，增强了甲醇的活性，也提高了羰基的亲电性。

卤仿反应 [**haloform reaction**] 甲基酮类化合物在碱性条件下与卤素单质反应生成卤仿的有机反应。反应得到常温不溶于水的卤仿，因此在分析中常用来定性检测甲基酮类化合物或反应条件下可氧化成甲基酮类的化合物。

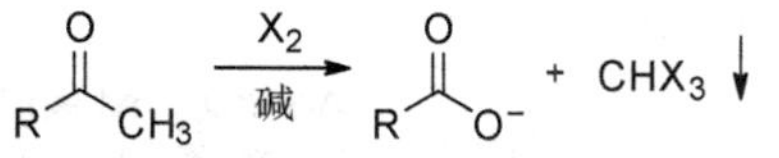

R = H, 烷基, 芳基
X = Cl, Br, I

罗宾逊成环反应 [Robinson annulations] 又称罗宾逊增环反应、罗宾逊-曼尼希反应。用酮及 α,β-不饱和酮在酸或碱的条件下缩合成环的反应。反应通式如下：

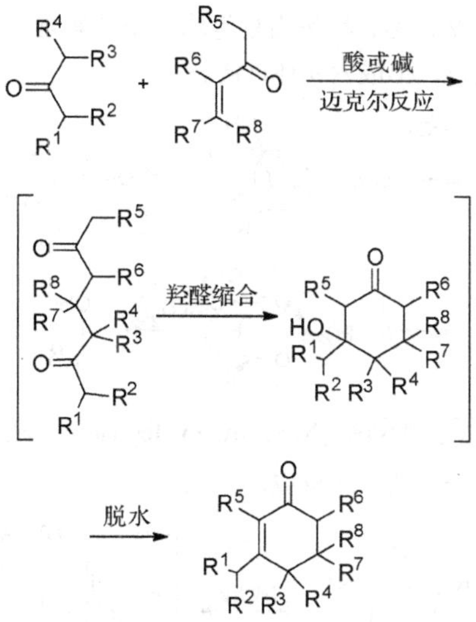

$R^{1\sim5,7\sim8}$ = H, 烷基, 芳基
R^6 = H, 烷基, 芳基, 三烷基硅基

如上所示，反应分为三步：迈克尔加成，羟醛缩合及脱水反应。反应可在酸性或碱性条件下完成，通常为碱性条件。该反应在手型中心的构建及环状化合物的合成中具有重要应用。

罗宾逊-曼尼希反应 [Robinson-Mannich reaction] 即罗宾逊成环反应。

罗宾逊增环反应 [Robinson annulations] 即罗宾逊成环反应。

迈克尔反应 [Michael reaction] 即迈克尔加成[反应]。

迈克尔加成[反应] [Michael addition] 又称迈克尔反应。碳负离子对 α,β-不饱和羰基化合物进行共轭加成，生成1, 4-加成产物。属于共轭加成反应中的一类，是合成碳-碳键最常用的方法之一。其反应过程可表示为

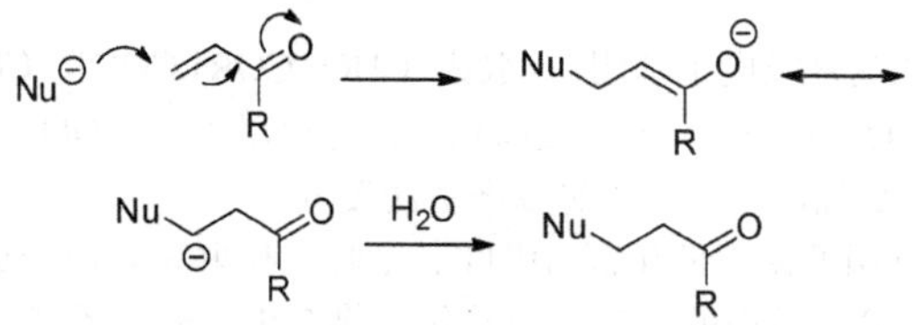

当羰基被其他吸电子基团如硝基、氰基等替换时，也可以发生 1, 4-加成；使用其他如氧、氮、硫、硒等的亲核试剂对 α,β-不饱和羰基化合物进行 1, 4-加成，还可以方便地构筑碳-氧、碳-氮、碳-硫、碳-硒等碳-杂原子键。

迈因沃尔德重排 [Meinwald rearrangement] 环氧乙烷衍生物在路易斯酸催化下开环重排生成相应的醛酮的反应。

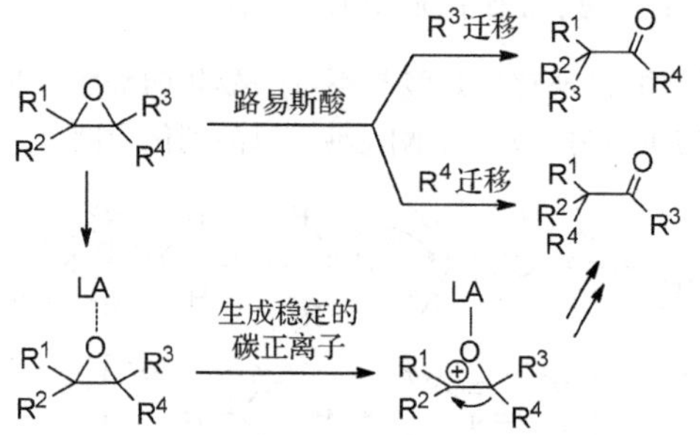

通常考虑到反应的选择性，R^1、R^2中有稳定碳正离子的基团，如苯基、炔基等；一般氯优于烷氧基优于 H 迁移。现在反应多用路易斯酸催化，常用于扩环反应中。

麦克默里偶联 [McMurry coupling] 醛酮在还原性金属或金属试剂(Li, Na, Mg, Zn, $LiAlH_4$, Zn-Cu)和低价态钛($TiCl_3$, $TiCl_4$)的作用下两个羰基缩合去氧得到烯烃的反应。形式上是臭氧化反应的逆反应。是重要的成烯反应之一。

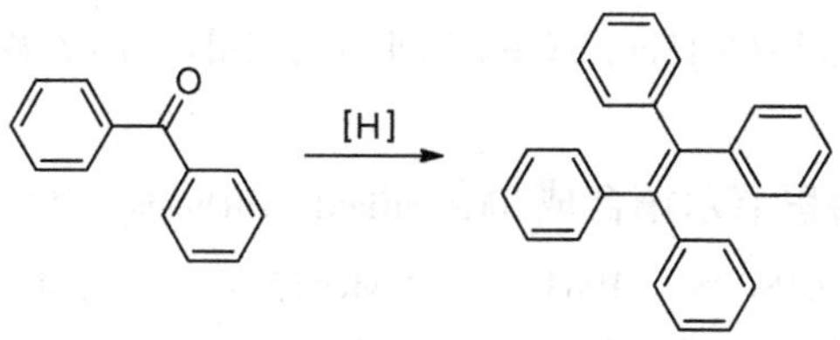

其反应机理如下，低价 Ti(0 或+2 价)在反应中依靠单电子转移，使羰基发生偶联。

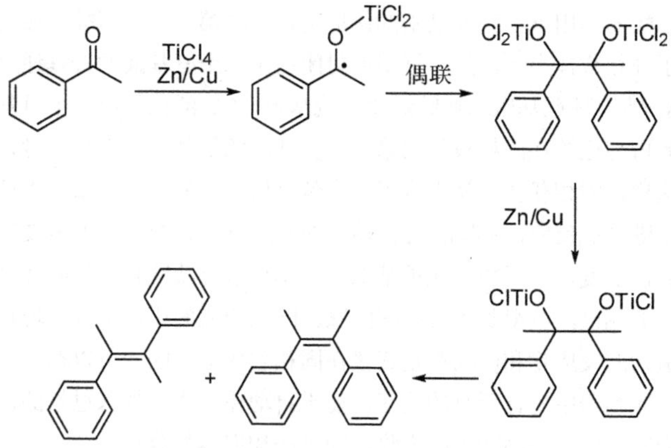

曼尼希反应 [Mannich reaction] 又称胺甲基化反应。含有活泼氢（通常为醛酮的 α-H）的化合物、一级或二级胺或其盐酸盐和不可烯醇化的醛或酮缩合生成胺烷基化产物的反应。由于通常反应中使用甲醛生成胺甲基化产物，因此又称胺甲基化反应。

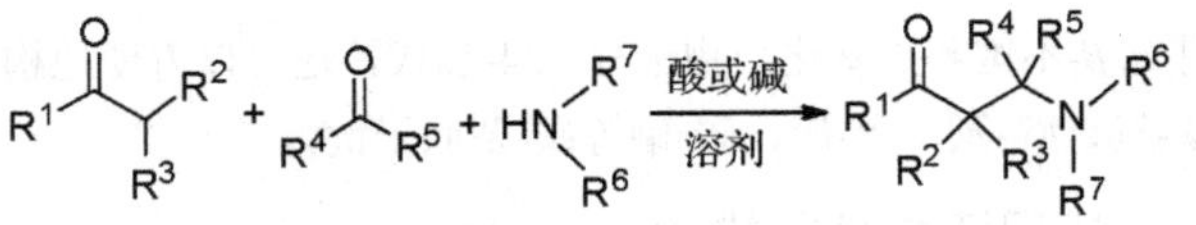

R^1 = H, 烷基, 芳基, 烷氧基;
$R^{2\sim5}$ = H, 烷基, 芳基;
R^6 = H, OH, NH_2, 烷基;
R^7 = H, 烷基; 溶剂: ROH, H_2O, AcOH

反应的机理首先是胺与不可烯醇化的醛酮反应生成亚胺，然后再与另一分子醛酮反应。以酸催化为例：

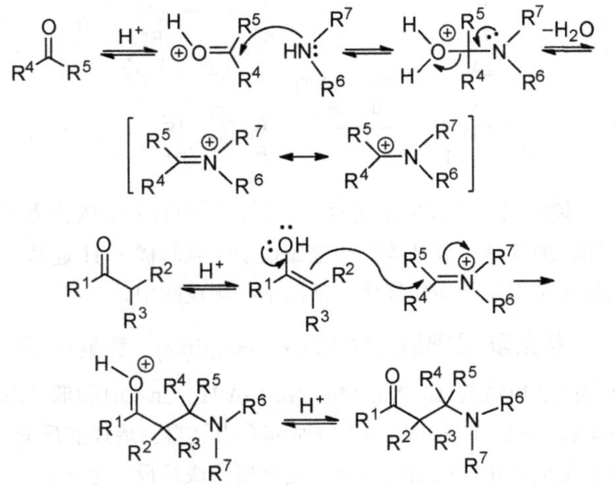

该反应在有机合成中有着重要的应用，如颠茄酮的一步合成。

梅里菲尔德合成 [Merrifield synthesis] 固相多肽合成的方法(SPPS)。1963 年，由 Merrifield 首次提出。由于其合成方便，迅速，成为多肽合成的首选方法。其具体过程如下：氯甲基聚苯乙烯树脂作为不溶性的固相载体，首先将一个氨基被封闭基团保护的氨基酸共价连接在固相载体上。在三氟乙酸的作用下，脱掉氨基的保护基，这样第一个氨基酸就接到了固相载体上了。然后氨基被封闭的第二个氨基酸的羧基通过 *N*, *N'*-二环己基碳二亚胺活化，羧基被 DCC 活化的第二个氨基酸再与已接在固相载体的第一个氨基酸的氨基反应形成肽键，这样在固相载体上就生成了一个带有保护基的二肽。重复上述肽键形成反应，使肽链从 C 端向 N 端生长，直至达到所需要的肽链长度。最后脱去保护基 X，用 HF 水解肽链和固相载体之间的酯键，就得到了合成好的肽。固相合成的优点主要表现在最初的反应物和产物都是连接在固相载体上，因此可以在一个反应容器中进行所有的反应，便于自动化操作，加入过量的反应物可以获得高产率的产物，同时产物很容易分离。

米尔文-蓬多夫反应 [Meerwein-Ponndorf reaction] 即米尔文-蓬多夫-韦尔莱还原。

米尔文-蓬多夫-韦尔莱还原 [Meerwein-Ponndorf-Verley reduction] 又称米尔文-蓬多夫反应，简称 MVP 还原。异丙醇还原醛或酮成相应的醇的反应。是欧芬脑尔氧化的逆向反应。

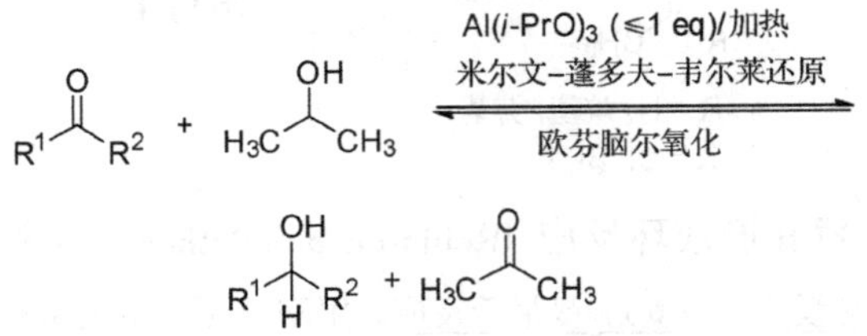

该反应条件温和，选择性好，且其他活泼基团如不饱和碳碳键、硝基、酯、活泼卤素等均不受其影响。反应通过金属铝与氧配位，形成六元环过渡态：

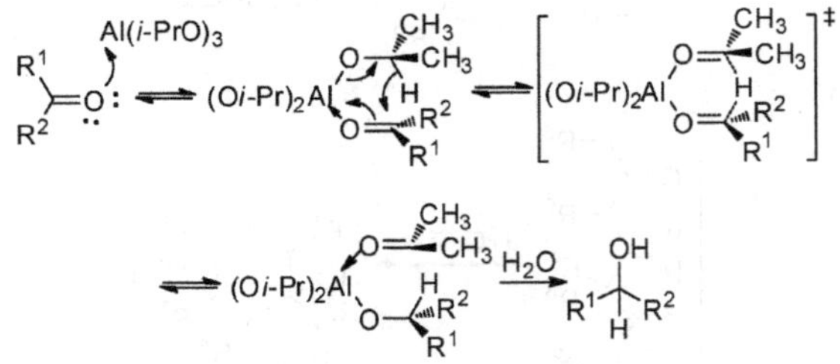

纳扎罗夫环化 [Nazarov cyclization] 酸催化下的二烯基酮类化合物的关环反应。

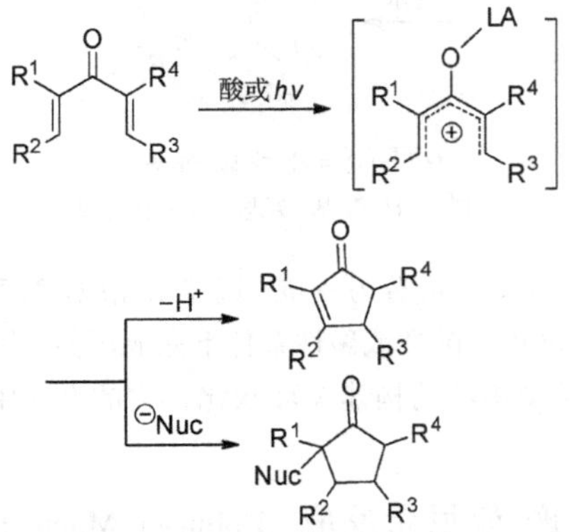

除二乙烯基酮外，其他生成戊二烯正离子中间体的反应也会发生类似纳扎罗夫反应的重排。

脑文格反应 [Knoevenagel reaction] 即脑文格缩合。

脑文格缩合 [Knoevenagel condensation] 又称脑文格反应。含有活泼亚甲基的化合物与醛或酮在弱碱催化下，发生失水缩合生成 *α*, *β*-不饱和羰基化合物及其类似物。

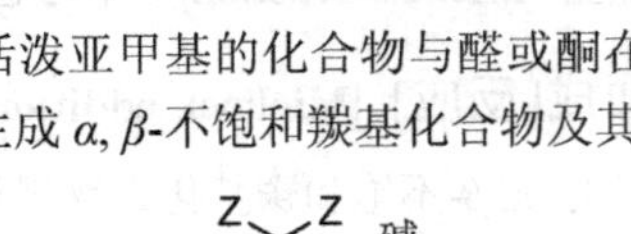

Z 基是吸电子基团，一般为 CHO、COR、COOR、COOH、CN、NO_2 等。两个 Z 基可以相同，也可以不同。NO_2 的吸电子能力很强，有一个就足以产生活泼氢。

常用的碱性催化剂有哌啶、吡啶、喹啉和其他一级胺、二级胺等。常用的活泼亚甲基化合物有丙二酸二乙酯、米氏酸、乙酰乙酸乙酯、硝基甲烷和丙二酸等，但事实上任何含有能被碱除去氢原子的 C—H 键化合物都能发生此反应。

脑文格反应是对珀金反应的改进，活泼亚甲基化合物的存在，使得弱碱作用下，就能产生足够浓度的碳负离子进行亲核加成。弱碱的使用避免了醛酮的自身缩合，因此除芳香醛外，酮和脂肪醛均能进行反应，扩大了适用范围。

该反应是制备 α,β-不饱和化合物的常用方法之一。

逆第尔斯-阿尔德反应 [retro Diels-Alder reaction] 第尔斯-阿尔德反应的逆反应。环己烯开环生成一个共轭的 4π 和一个 2π 电子体系的逆向环加成反应。

逆频哪醇重排 [retro-pinacol rearrangement] 又称瓦格纳-米尔文反应。羟基邻碳为季碳的二级醇在质子酸加热等条件下经碳正离子中间体重排，最终生成烯烃的反应。因取代基的重排过程与频哪醇重排的结果相反，故得名。例如：

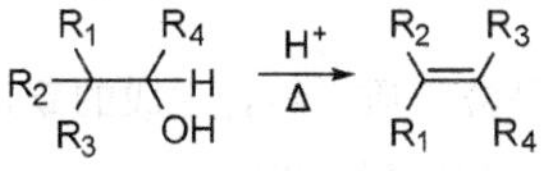

逆羟醛缩合 [retrograde aldol condensation] 羟醛缩合反应的逆反应，即 α,β-不饱和醛(酮)发生水解生成 β-羟基醛(酮)，之后碳碳键断裂生成烯醇(负离子)和羰基化合物。

欧芬脑尔氧化 [Oppenauer oxidation] 将一级、二级醇在烷氧基铝催化下被丙酮氧化为相应的醛酮的反应。反应中丙酮本身被还原为醇。

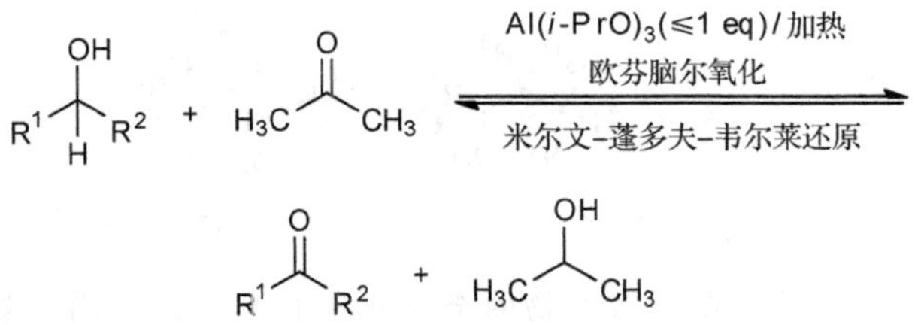

该反应是米尔文-蓬多夫-韦尔莱还原反应的逆向反应，适用于不饱和键或对酸不稳定的二级醇。机理参见米尔文-蓬多夫-韦尔莱还原。

偶姻缩合 [acyloin condensation] 又称酮醇缩合。两个分子酯在金属钠的作用下发生的还原偶联的反应，生成 α-羟基酮(又称为偶姻或酮醇)。分子内偶姻缩合常被用于制备中环和大环化合物。

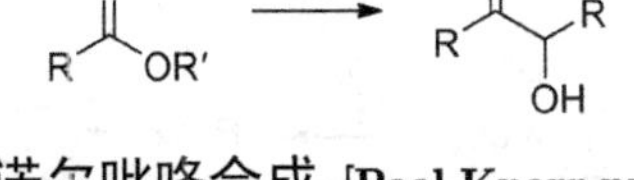

帕尔-克诺尔吡咯合成 [Paal-Knorr pyrrole synthesis] 酸催化下由 1,4-二酮和一级胺反应生成相应的吡咯衍生物的反应。

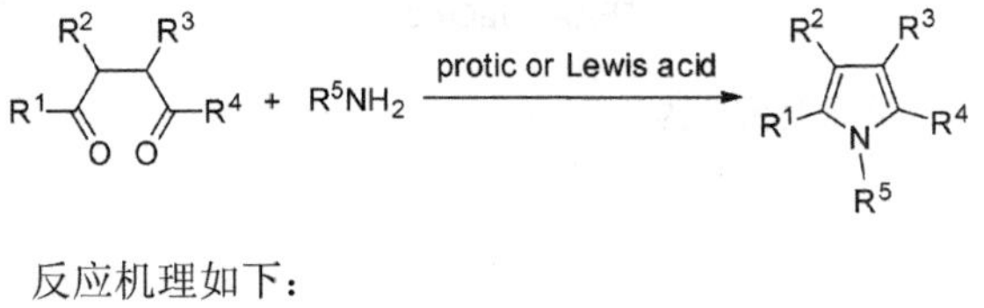

反应机理如下：

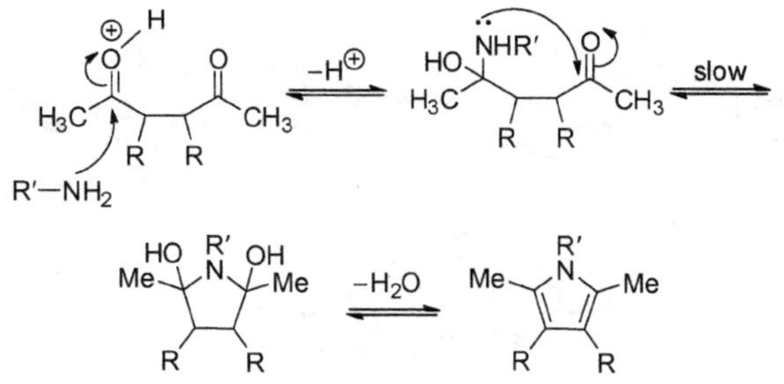

该反应常用来合成含氮的天然产物。

帕尔-克诺尔呋喃合成 [Paal-Knorr furan synthesis] 在酸或脱氢试剂下由 1,4-二酮合成呋喃环的反应。

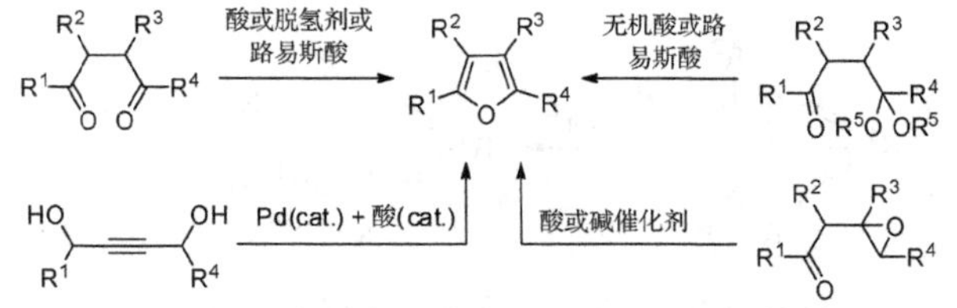

在一定条件下可以转化为 1,4-二酮的化合物也可以用来合成呋喃环。反应的机理如下：

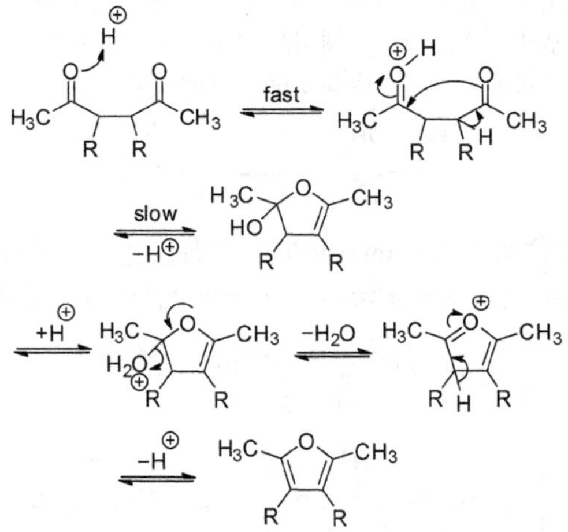

皮克泰-斯彭格勒异喹啉合成 [Pictet-Spengler isoquinoline synthesis] 由 β-芳基乙胺和羰基化合物在质子酸或路易斯酸催化下合成四氢异喹啉的反应。反应通式为

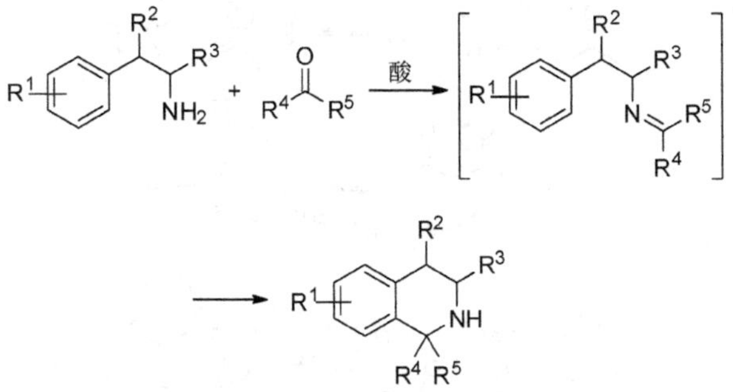

反应经过一个席夫碱中间体，然后关环得到最终产物。具体反应历程如下：

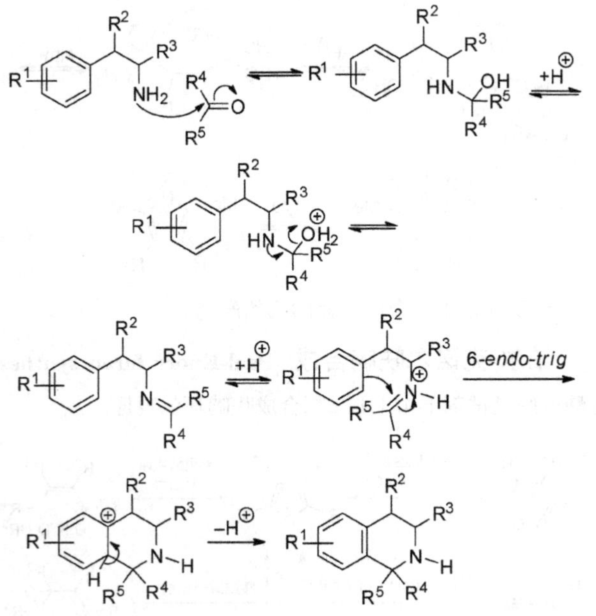

该反应在构建氮杂环的反应中具有重要地位。

频哪醇重排 [pinacol rearrangement] 邻二醇在酸的催化作用下，脱水生成碳正离子，碳正离子进而发生重排，生成羰基化合物的反应。频哪醇(2,3-二甲基-2,3-丁二醇)经由该过程转化为3,3-二甲基-2-丁酮，反应由此得名。

珀金反应 [Perkin reaction] 又称珀金缩合。芳香醛和酸酐在弱碱的条件下缩合生成 α,β-不饱和羧酸的反应。反应通式为

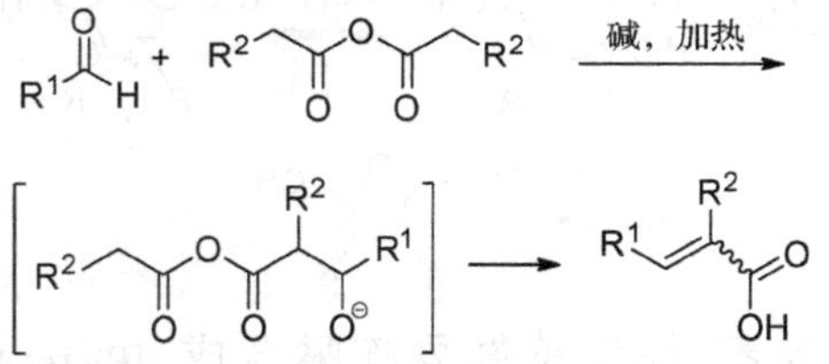

该反应的机理也是先生成碳负离子，然后进行亲核反应。具体历程如下：

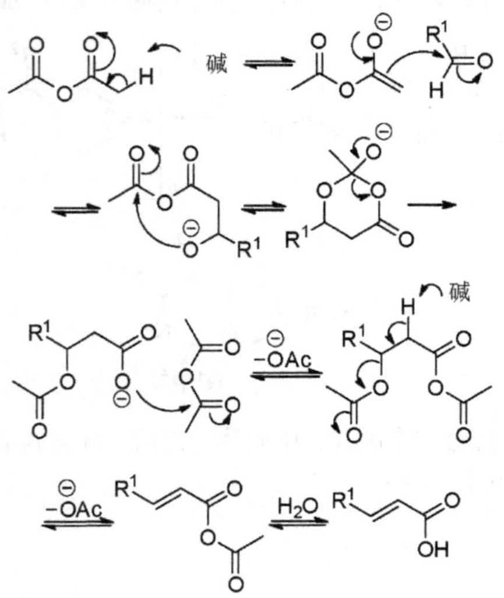

反应温度较高，时间较长，产率有时不好，但原料便宜，故医药、香料等化工生产部门仍在使用。如合成香豆素，呋喃丙烯酸等。

珀金缩合 [Perkin condensation] 即珀金反应。

普林斯反应 [Prins reaction] 酸催化的烯烃与醛的反应。反应通式为

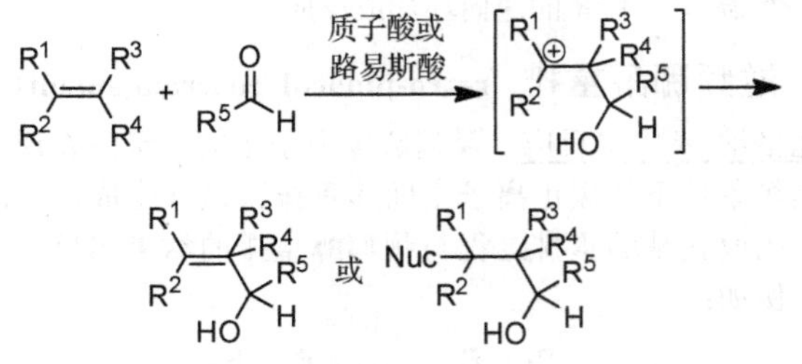

反应的机理是醛与质子结合生成的碳正离子中间体与烯烃发生亲电反应，具体过程如下：

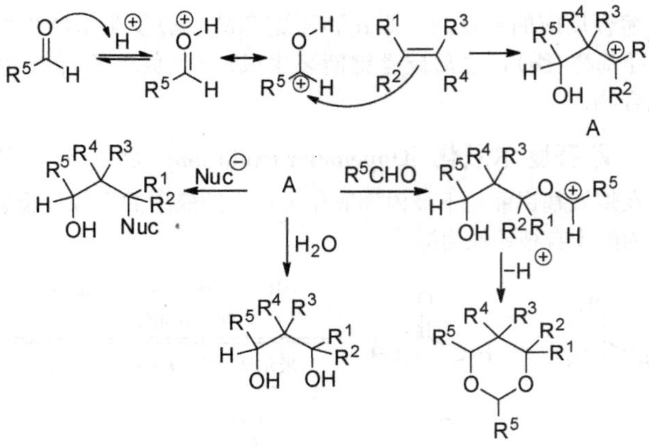

该反应在天然产物的全合成中有着广泛应用，如leucascandrolide A, (–)-centrolobine 等的全合成。

普梅雷尔重排 [Pummerer rearrangement] α 取代的亚砜或硫亚胺化合物在一定条件下转化为相应的硫化物的反应。反应通式为

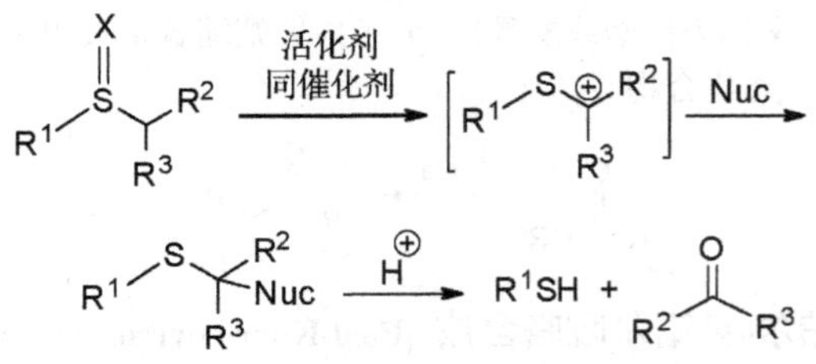

活化剂: HCl, H_2SO_4, TsOH, I_2/MeOH, Ac_2O, TFAA, *t*-BuBr, Me_3SiX, PCl_3, PCl_5, $Sn(OTf)_2$; 同催化剂: AcOH, TsOH, TFAA, NaOAc

该反应的机理为

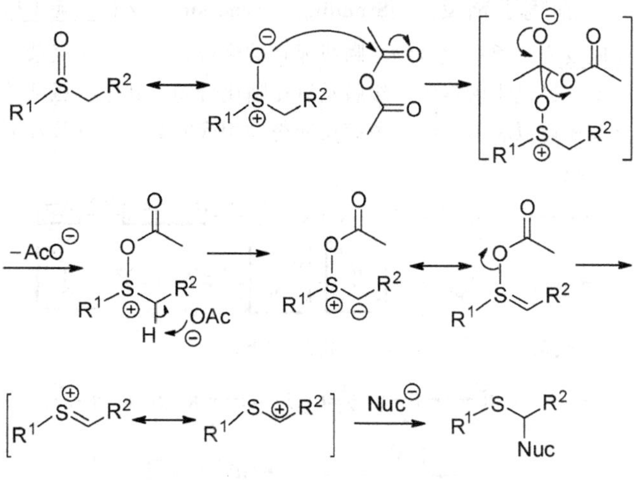

该反应在天然产物的全合成中也有着广泛的应用。

羟汞化 [oxymercuration] 不饱和碳碳键与汞试剂[如 $Hg(OAc)_2$]发生加成，生成 α-羟基汞化合物的反应。例如烯烃的羟汞化-还原反应：

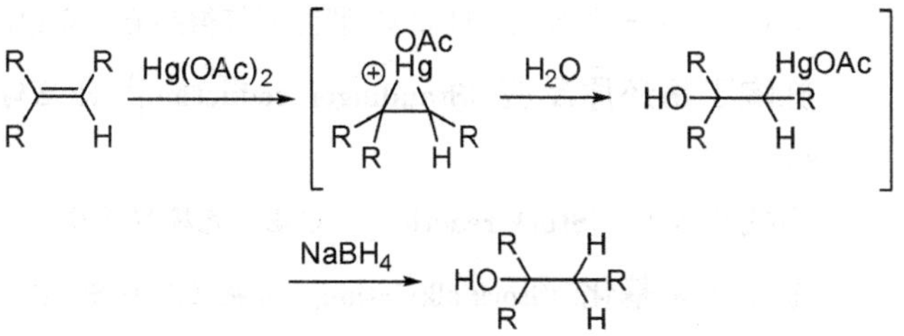

羟醛缩合 [aldol condensation] 又称醇醛缩合。含 α-氢的醛(酮)形成烯醇负离子后和羰基化合物发生反应形成 β-羟基醛(酮)，然后发生脱水(消除反应)得到共轭烯醛(酮)的有机反应。是合成 α, β-不饱和醛(酮)和构建碳碳骨架的一种常用方法。

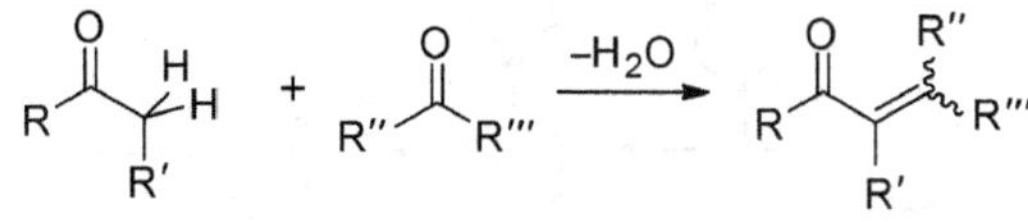

以乙醛的自缩合反应为例：

$$2CH_3CHO \xrightarrow{HO^-} CH_3CH(OH)CH_2CHO \xrightarrow[-H_2O]{\Delta} CH_3CH{=}CHCHO$$

反应的机理如下：醛、酮的 α-碳原子在碱(如氢氧化钠、醇钠等)作用下形成碳负离子，此碳负离子与另一分子醛酮的羰基进行亲核加成，生成 β-羟基醛酮，当 α-碳原子上有两个氢原子时，往往同时脱水生成比较稳定的 α, β-不饱和羰基化合物。

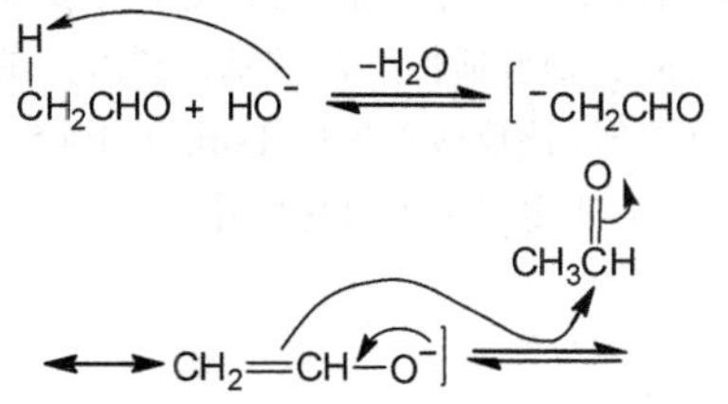

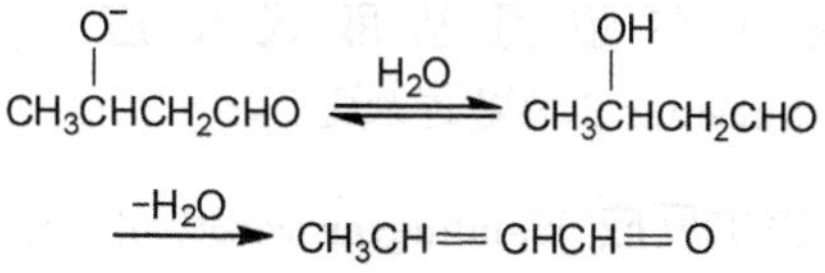

一个无 α-氢的醛与一个有 α-氢的醛酮可进行交叉的醇醛缩合，例如季戊四醇的制备反应。醇醛缩合一般是可逆平衡反应，反应进行的方向取决于反应物和生成物的结构、使用的碱等因素。醇醛缩合反应应用很广，是接长碳链以及制备 α, β-不饱和羰基化合物的重要手段。

琼斯氧化 [Jone's oxidation] 铬酸在丙酮中将一级和二级醇分别氧化为羧酸和酮的反应。反应放热、迅速，产率也较高。该反应中的氧化剂也称琼斯试剂，即三氧化铬在浓硫酸中的溶液。

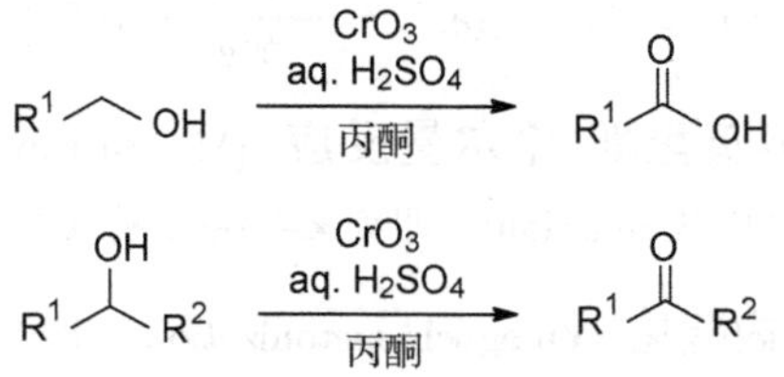

瑞福马斯基反应 [Reformatsky reaction] 锌诱导的 α-卤代酯与醛酮反应生成 β-羟基酯的反应。反应的通式可以表示为

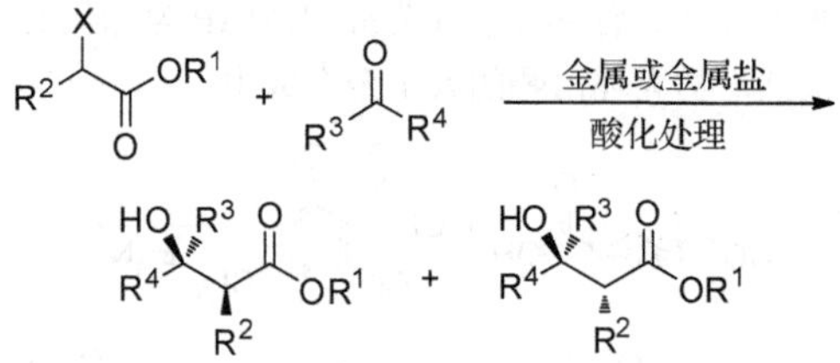

金属：Zn, Mg, Cd, Ba, In, Ge, Co, Ni, Ce;
金属盐：SmI_2, $CrCl_2$, $TiCl_2$, CeX_3, Na_2Te, R_3SnLi

除了醛和酮之外，瑞福马斯基试剂还可以和酯、酰氯、环氧化合物、硝酮、环己亚胺、亚胺及腈反应。

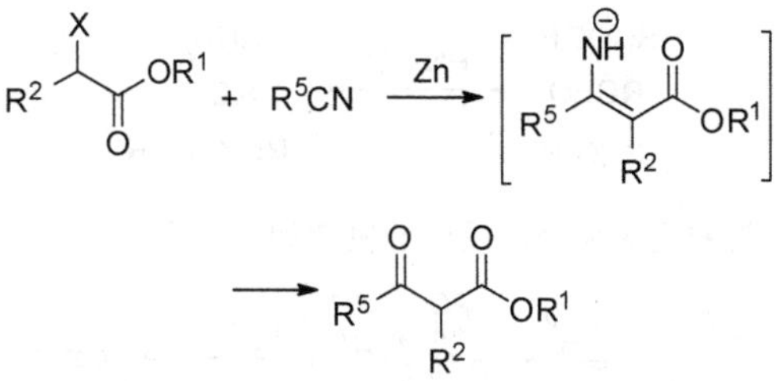

萨雷特氧化 [Sarett oxidation] 用三氧化铬和吡啶将把醇氧化成酮或醛的反应。

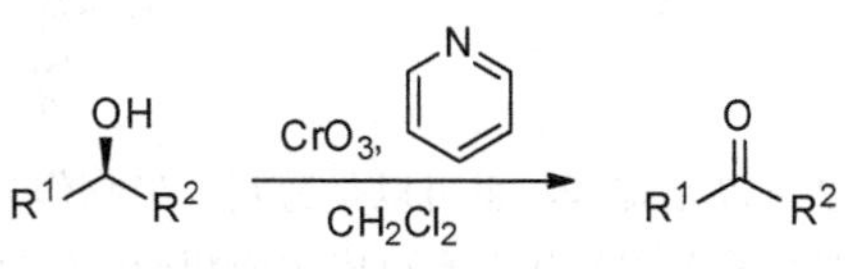

伯醇只能被氧化成醛，不能被氧化成羧酸。

桑德迈尔重氮基取代反应 [Sandmeyer diazo-substitution] 即桑德迈尔反应。

桑德迈尔反应 [Sandmeyer reaction] 又称桑德迈尔重氮基取代反应。重氮盐在一价铜盐催化下与相应的氢卤酸作用生成相应的卤代芳烃的反应。反应通式如下：

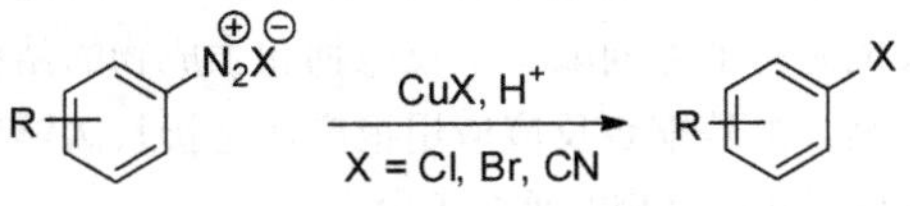

该反应为自由基反应。

制备其他重氮基取代的芳香化合物需要不同条件：

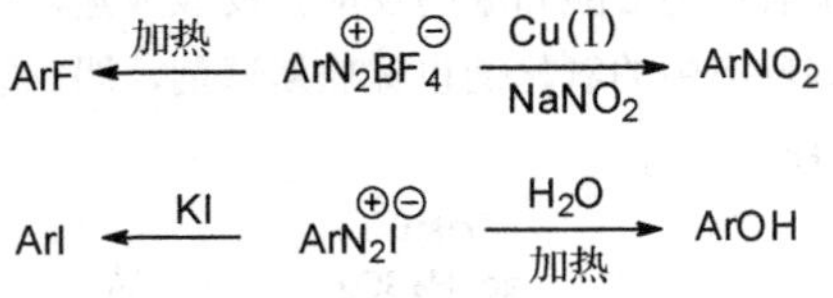

森田-贝里斯-希尔曼反应 [Morita-Baylis-Hillman reaction; MBH reaction] 即贝里斯-希尔曼反应。

山口内酯化 [Ymaguchi lactonization] 即山口酯化。

山口酯化 [Ymaguchi esterification] 又称山口内酯化。是日本化学家山口胜于1979年发明的一种酯化技术。通过2,4,6-三氯苯甲酰氯与羧酸底物作用生成混酐使羧酸得以活化，继而与醇试剂顺利作用成酯。DMAP为酯化的催化剂。多见于天然产物大环内酯的人工全合成中。

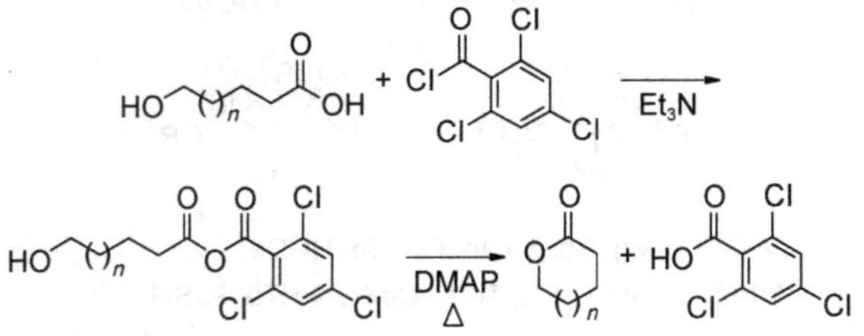

施密特反应 [Schmidt reaction] 羧酸、醛、酮与叠氮酸反应发生分子内重排生成相应的胺、腈及酰胺的反应。

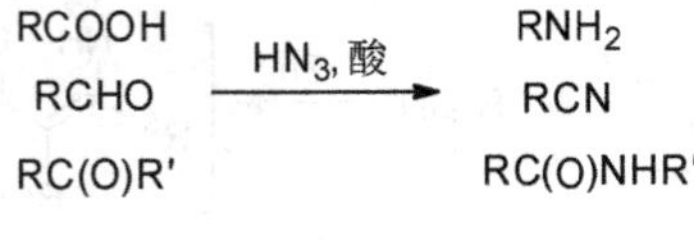

以羧酸反应为例，反应的机理如下：

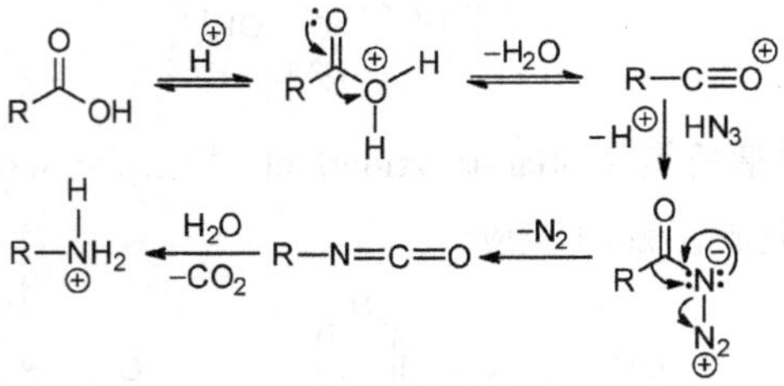

其中，R基可以是烷基，也可以是芳基。当酮作为底物时，还可以和烷基叠氮和芳基叠氮反应生成相应的酰胺。该反应可以用来制备一级胺。

施陶丁格反应 [Staudinger reaction] 又称施陶丁格还原反应。叠氮化合物与膦或亚磷酸化合物反应生成氮杂叶立德，经过水解得到一级胺及氧化膦化合物。其中，氮杂叶立德还可以和酸、酮或酰卤反应得到相应的酰胺、亚胺及卤代亚胺。

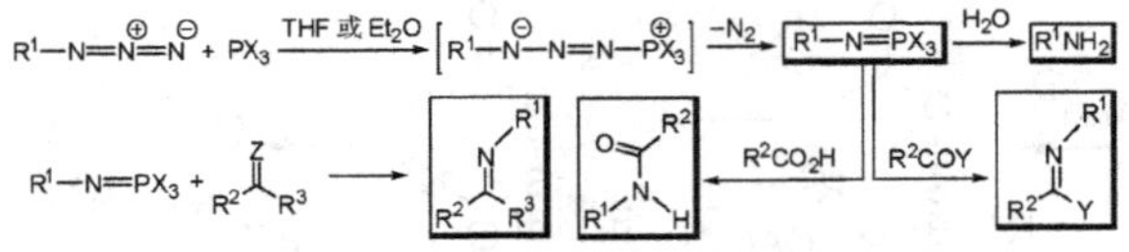

氮杂叶立德形成的反应机理如下：

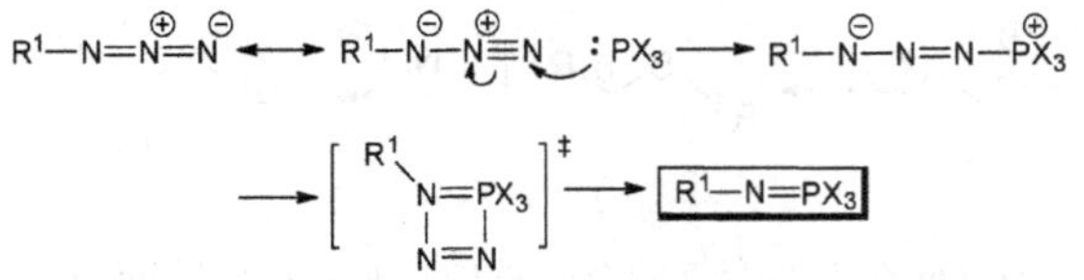

其中，

R^1 = 烷基，芳基，杂环芳基，RC(O), RSO_2, RP(O), R_2P, R_3Si, R_3Sn, R_3Ge;

R^{2-3} = H，烷基，芳基，杂环芳基；Y = Cl, Br；Z = O, S；

X = NH_2, NR_2, Cl, F, NCO，烷基，芳基，烷氧基，芳氧基

反应经过了一个四元环过渡态，脱除氮气得到氮叶立德。

施陶丁格还原反应 [Staudinger reduction] 即施陶丁格反应。

施托克反应 [Stork reaction] 即施托克烯胺反应。

施托克烷基化 [Stork alkylation] 即施托克烯胺反应。

施托克烯胺反应 [Stork enamine reaction] 又称施托克烷基化、施托克反应。烯胺与α, β-不饱和羰基化合物发生类似于迈克尔加成的反应后，产物在酸性水溶液水解形成1, 5-二羰基化合物的反应。反应取名自发明者吉尔贝特·施托克。

其反应过程为

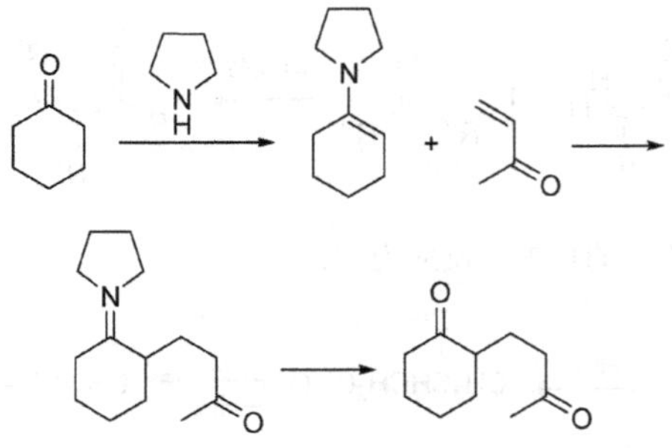

首先由酮形成烯胺。烯胺与α, β-不饱和醛酮加成，生成另一个烯胺。烯胺水解，复原成邻位取代的酮。

辻-特罗斯特反应 [Tsuji-Trost reaction] 双键β位连有氯或乙酰基等的底物在钯催化下发生的β位亲核取代反应。该取代反应底物普适性广，羰基、烯醇、酚以及烯胺都可以作为亲核试剂。该反应首先由Tsuji于1965年报道，1973年Trost引入膦配体实现了不对称催化。

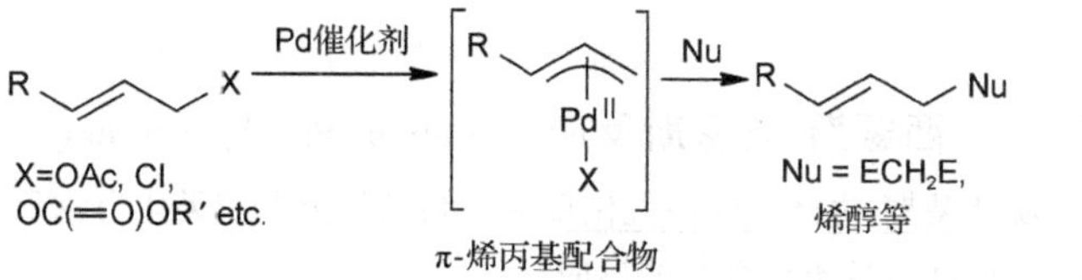

π-烯丙基配合物

史氏不对称环氧化 [Shi epoxidation]　果糖衍生物催化的过一硫酸氢钾氧化烯烃为手型环氧化合物的反应。

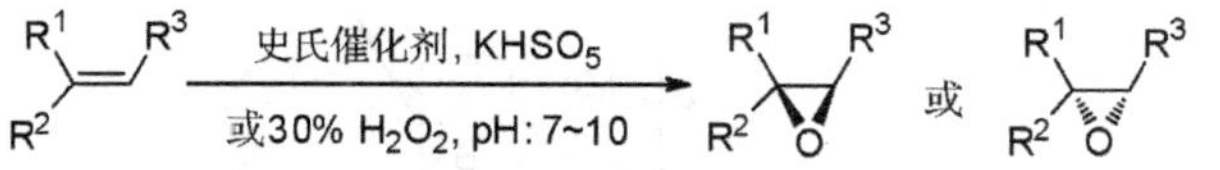

$R^{1\sim2}$ = Me, Et, —$(CH_2)_4$—, —$(CH_2)_5$—, —$(CH_2)_6$—
$R^{3\sim4}$ = Me, Et, *i*-Pr, H, F, Bn, —$(CH_2)_4$—, —$(CH_2)_5$—, —$(CH_2)_6$—

史氏催化剂一般有以下三种：

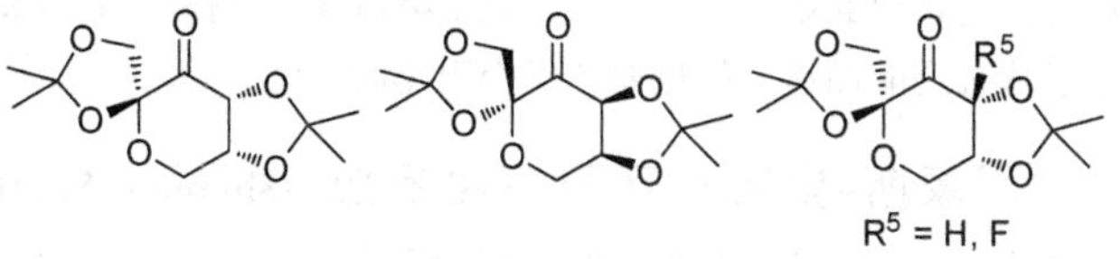

选择不同催化剂可以选择性地得到不对称环氧化合物。史氏环氧化反应适用范围广泛，是有机合成的重要工具之一。

双π甲烷重排 [di-π-methane rearrangement]　两个π共轭体系取代的甲烷衍生物(如1, 4-二烯烃或烯丙基取代的芳烃)，在光诱导下生成烯基或芳基取代的环丙烷衍生物的反应。

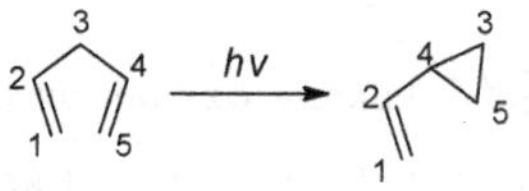

斯蒂尔偶联[反应] [Stille coupling [reaction]]　有机锡化合物和不含β-H的卤代烃(或三氟甲磺酸酯)在钯催化下发生的交叉偶联反应。

$$R—Sn(R)_3 + R'—X \longrightarrow R—R' + X—Sn(R)_3$$

其中X指卤素，也可以是类卤素，如三氟甲磺酰基等。

该反应由约翰·K. 斯蒂尔(John K.Stille)和戴维·米尔斯坦(David Milstein)于20世纪70年代首先发现，是有机合成中很重要的一个偶联反应。该反应的机理与其他钯催化的偶联反应机理类似：活性零价钯与卤代烃发生氧化加成反应，生成顺式的中间体，并很快异构化生成反式的异构体。后者与有机锡化合物发生金属交换反应，然后发生还原消除反应，生成零价钯和反应产物，完成一个催化循环。

斯文氧化 [Swern oxidation]　利用二甲基亚砜(DMSO)做氧化剂和有机碱在低温下与草酰氯协同作用将一级醇或二级醇氧化成醛或酮的反应。其条件温和对于底物的官能团耐受性好，适用范围广泛，也是有机合成中第一个不依靠含金属氧化剂的氧化反应。

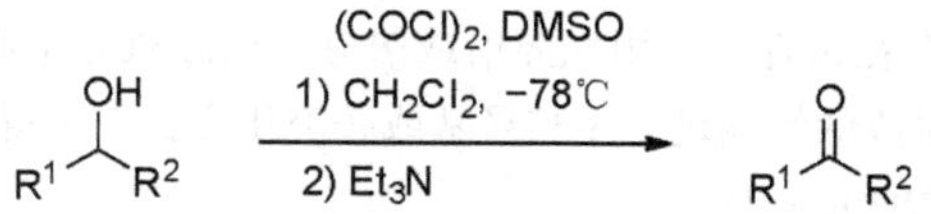

泰伯烯烃化 [Tebbe olefination]　利用Tebbe试剂将羰基化合物转化为烯烃的反应。

X = H, R, OR, NR_2

Tebbe试剂: 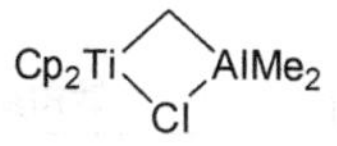

Tebbe试剂是一种桥亚甲基配合物，与羰基化合物反应的产物是形式上亚甲基取代羰基氧的烯烃或烯醇醚。

酮醇缩合 [acyloin condensation]　即偶姻缩合。

瓦格纳-米尔文反应 [Wagner-Meerwein reaction]　即逆频哪醇重排。

瓦克尔氧化 [Wacker reaction]　烯烃在水溶液中，在氯化铜及氯化钯的催化作用下，被空气(氧气)直接氧化，生成醛或酮的反应。

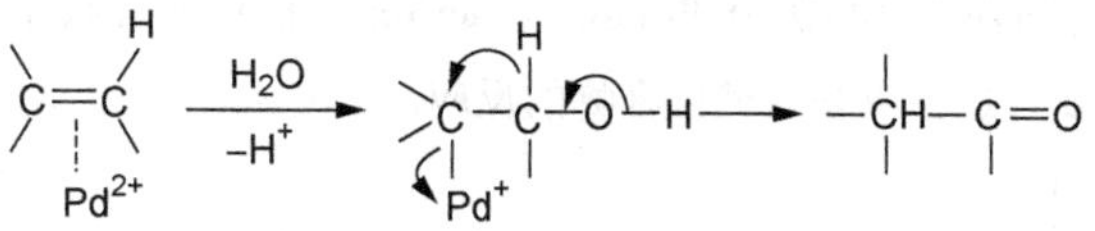

这是第一个工业化的有机金属(有机钯)反应，亦是均相催化和配位催化中很重要的一个反应。20世纪60年代后发展很快，在石油化工发达的国家已大幅取代了乙炔水合法，用于从烯烃制取醛、酮类。

为氧化更复杂的底物，Tsuji发展了混合溶剂体系(DMF/H_2O)，又称为“Wacker-Tsuji氧化反应”。最常用的烯烃底物是末端烯烃，反应遵循马氏规则，得甲基酮。1,2-二取代烯烃也可反应，但区域选择性难以控制。1,1-二取代烯烃的氧化产率低。1,3-丁二烯氧化得α, β-不饱和醛。环烯烃氧化得环酮。

维蒂希反应 [Wittig reaction]　羰基化合物与三苯基膦叶立德形成碳碳双键的反应。由维蒂希(G. Wittig)在1954年发现，其也因此获得诺贝尔化学奖。

维蒂希-霍纳反应 [Wittig-Homer reaction]　即霍纳-沃兹沃思-埃蒙斯反应。

沃尔夫重排 [Wolff rearrangement]　重氮酮在银、银

盐或铜存在条件下，用光照射或热分解消除氮分子而重排为烯酮，生成的烯酮进一步与羟基或胺类化合物作用得到酯类、酰胺或羧酸的反应。

沃尔夫-基希纳反应 [Wolff-Kishner reaction] 醛酮、肼与碱金属在高温加压或封管中反应，实现羰基还原成亚甲基的反应。该反应条件比较苛刻，而后黄鸣龙对该方法作了改进，用高沸点溶剂代替封管，碱金属单质也被其他碱（如甲醇钠）所替代，称为黄鸣龙改进法(Huang-Minlon modification)。

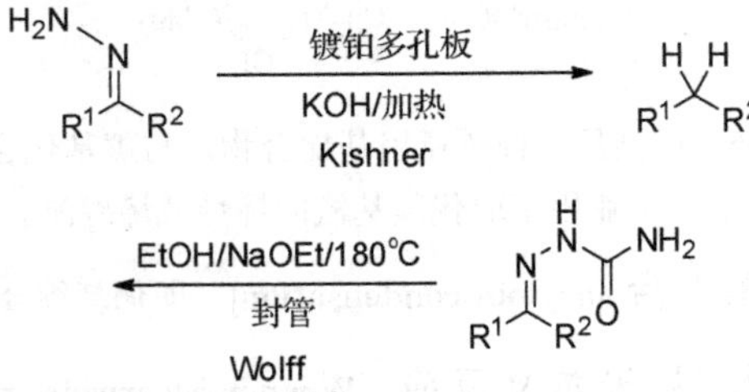

黄鸣龙改进法：

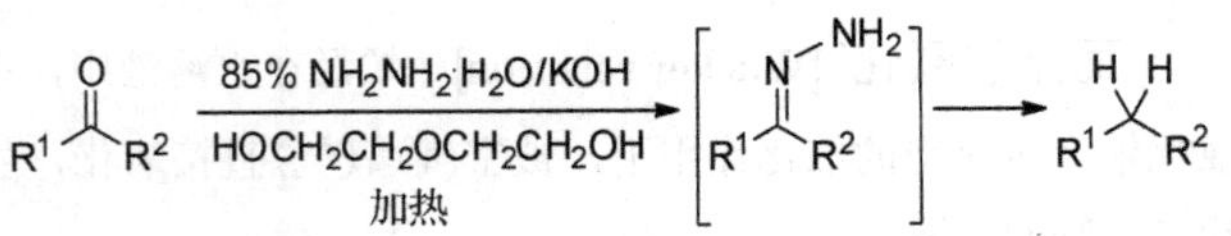

乌尔曼反应 [Ullmann reaction] 卤代芳香族化合物与 Cu 共热生成联芳类化合物的反应。

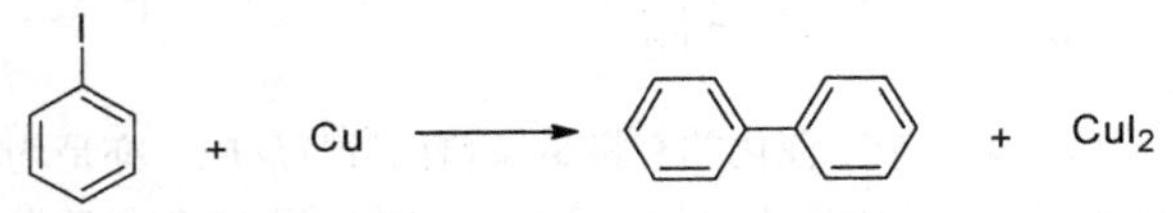

这个反应是德国化学家弗里茨·乌尔曼(Fritz Ullmann)于 1901 年发现，是形成芳香 C—C 的最重要的方法之一。不同的卤代芳烃之间发生这个反应在理论上有四种新的联芳类产物，因此在合成上一般都只采用相同的卤代芳烃来实现这个反应。

乌吉反应 [Ugi reaction] 一分子醛或酮、一分子胺、一分子异腈以及一分子羧酸缩合生成 α-酰氨基酰胺的多组分反应。该反应由德国化学家 Ivar K.Ugi 于 1959 年首先报道。

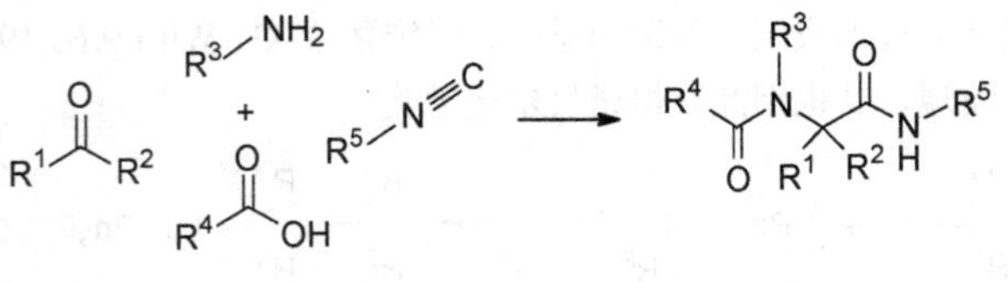

反应是放热反应，通常在加入异腈后数分钟内即可完成，条件温和。在极性非质子溶剂（如二甲基甲酰胺等）中反应效果较好。反应具有较高的原子经济性，总反应只生成一分子水副产物。

伍尔夫-多茨反应 [Wulff-Dötz reaction] 即多茨反应。

西蒙斯-史密斯反应 [Simmons-Smith reaction] 又称西蒙斯-史密斯环丙烷化反应。烯烃与类卡宾类化合物反应生成环丙烷类化合物的反应。

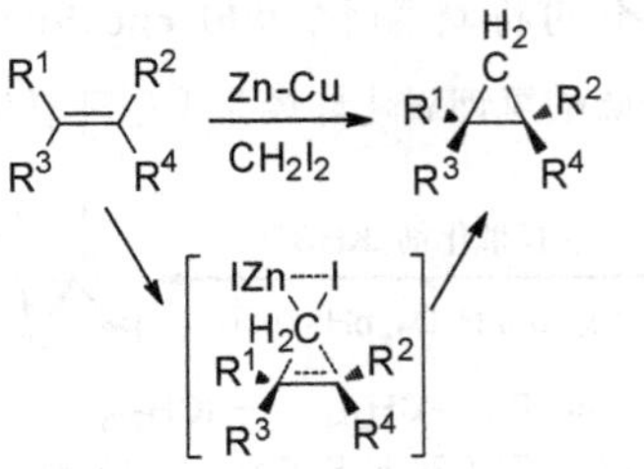

后来，反应经过优化可以用二乙基锌代替锌-铜试剂，而类卡宾化合物可以是二碘甲烷，也可以是二碘乙烷。反应底物可以是普通的烯烃，也可以是 α, β-不饱和醛酮。当 R 为供电子基时反应加速，但也要考虑空阻影响。

西蒙斯-史密斯环丙烷化反应 [Simmons-Smith cyclopropanation] 即西蒙斯-史密斯反应。

烯丙型氢过氧化 [allylic hydroperoxylation] 烯丙基氢被氧化成烯丙基型过氧化氢的反应。通常为自由基机理。

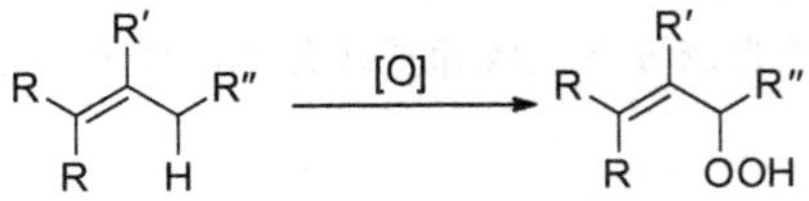

烯烃的羟汞化 [alkene oxymercuration] 其反应机理一般认为醋酸汞亲电加成形成三元环并水解，随后还原剂还原 C—Hg 得到烯烃的羟汞化产物。

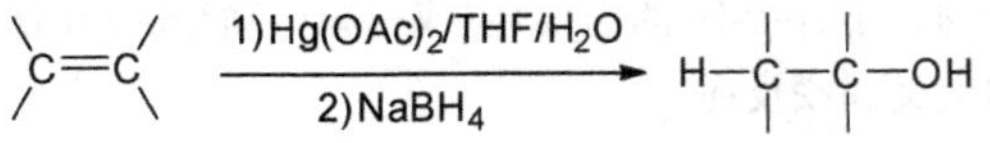

烯烃复分解反应 [olefin (alkene) metathesis] 又称烯烃换位反应。两个烯烃之间发生双键的断裂和重组的反应。肖万(Y. Chauvin)、格拉布(R. H. Grubbs)和施罗克(R. R. Schrock)三人因对此反应的贡献被授予 2005 年诺贝尔化学奖。

烯烃换位反应 [olefin metathesis] 即烯烃复分解反应。

夏皮罗反应 [Shapiro reaction] 醛或酮的芳基磺酰腙在碱催化条件下分解得到烯烃的反应称班福德-史蒂文斯(Bamford-Stevens)反应。当有机锂作为碱时的这类反应称之为 Shapiro 反应。反应通式如下：

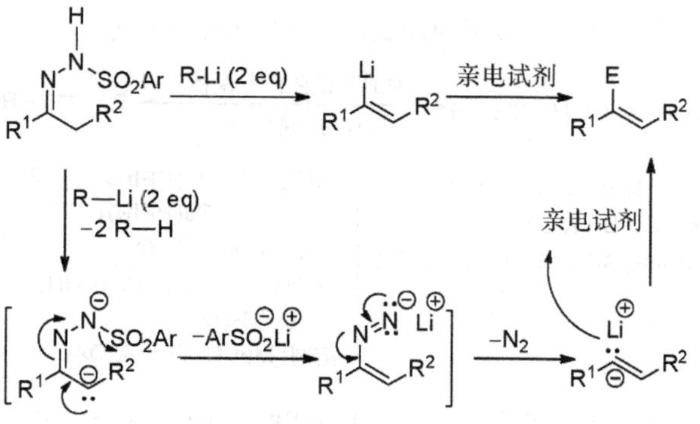

夏普莱斯不对称环氧化 [Sharpless asymmetric epoxidation] 由一级或二级烯丙醇在四异丙氧基钛催化下被过氧叔丁醇不对称氧化成 2, 3-环氧醇的反应。反应通式如下：

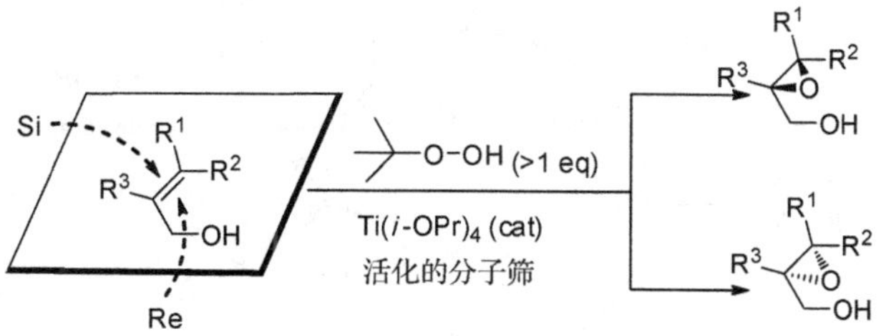

已被应用于萜烯、抗生素及信息素等的合成中。

夏普莱斯不对称双羟基化反应 [Sharpless asymmetric dihydroxylation] 常直接称为不对称双羟基化反应。以四氧化锇、金鸡纳碱催化的烯烃的不对称双羟基化反应。由夏普莱斯(K. B. Sharpless)发现。反应通式可以表示为

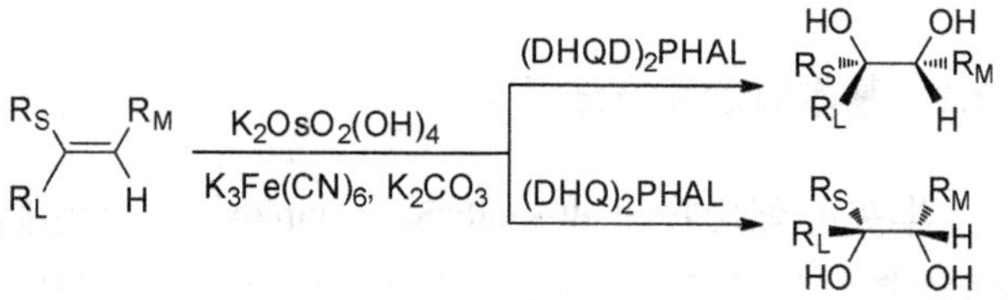

其中，下标 S、M、L 分别表示取代基体积的小、中、大。反应是通过四氧化锇与烯烃加成成环再水解脱除催化剂的过程。

向山羟醛[缩合]反应 [Mukaiyama aldol reaction] 在路易斯酸或碱的条件下，醛与烯醇硅醚反应发生羟醛缩合反应得到 β-羟基酮化合物的反应。

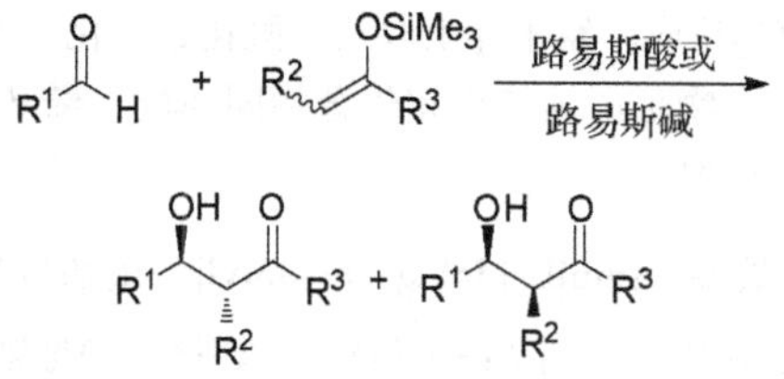

反应的机理与羟醛缩合反应类似，产物的立体选择性可以通过过渡态来解释。该反应可以用在紫杉醇的合成等合成应用中。

硝醇反应 [nitroalcohol reaction] 即亨利反应。

PK 型反应 [PK type reaction] 即葆森-侃德反应。

熊田-科里于偶联反应 [Kumada-Corriu coupling reaction] 即熊田偶联。

熊田偶联 [Kumada coupling] 又称熊田-科里于偶联反应。烷基或芳基格氏试剂与芳卤或乙烯基卤在镍或钯催化下的交叉偶联反应。反应产物为苯乙烯衍生物。

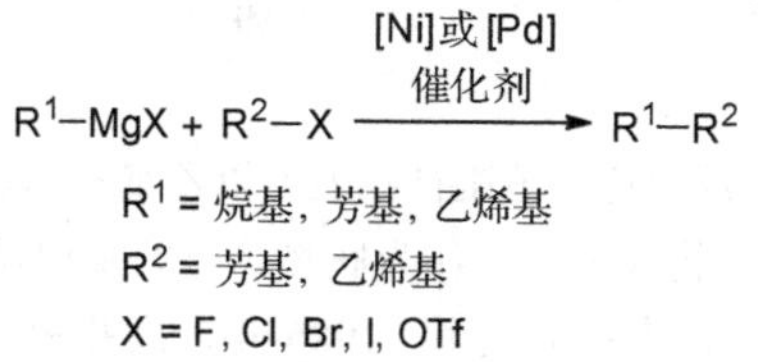

此反应在 1972 年由熊田诚与科里于分别同时报道。类似的反应还有铃木偶联反应、薗头偶联反应等。

雅各布森-香月环氧化 [Jacobsen-Katsuki epoxidation] 烷基或芳基取代的烯烃在手性 salen 锰配合物催化下，被氧化生成不对称环氧化合物的反应。

反应最常用的氧化剂为亚碘酰苯(用于有机溶剂)或次氯酸钠水溶液(用于水介质)。salen 配合物是一个与氧化酶细胞色素 P450 有关的仿生试剂，由氧合锰中间体向烯烃发生氧的转移。对映选择性的原因可用底物向活性的氧合锰中间体的侧向接近来解释。一般配合物的 C-3 和 C-3′位上有必要由占据较大空间的叔丁基来取代以保证反应的高对映选择性。

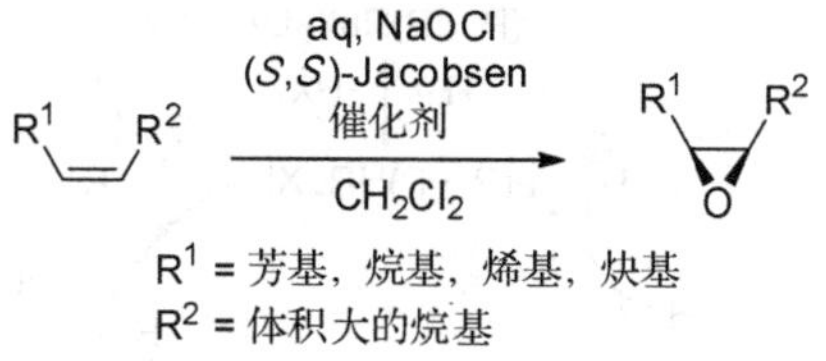

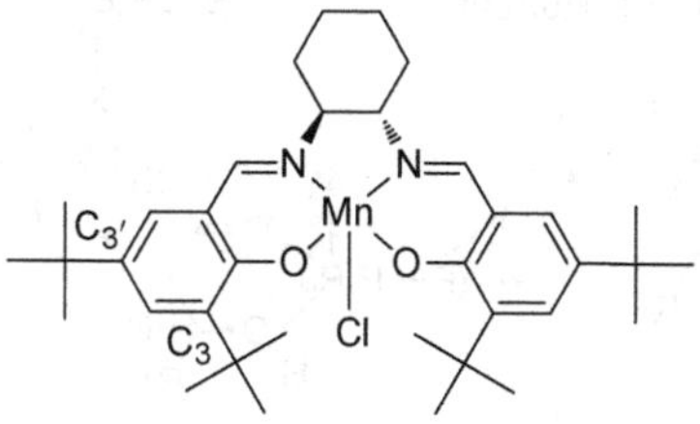

Jacobsen 催化剂(*S*, *S*-构型)

氧杂克莱森重排 [oxy-Claisen rearrangement] 在库帕重排(Cope rearrangement)中由于 3 位连有羟基，从而在重排过程中经历烯醇中间体并最终得到醛或酮的一种[3,3]重排。

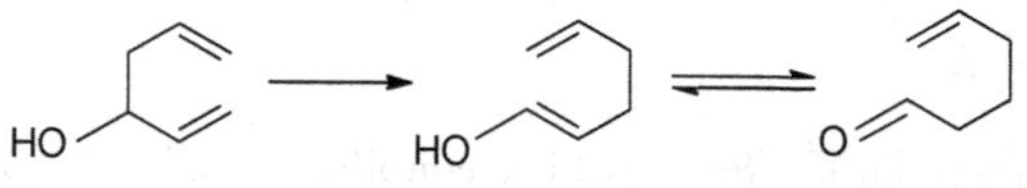

野崎-桧山-岸反应 [Nozaki-Hiyama-Kishi reaction] 简称NHK反应。由镍或铬介导的烯丙基或乙烯基卤与醛偶联为醇的反应。该反应的反应形式与巴比耶(Barbier) 反应相同。最早发现的是铬(Ⅱ)催化的苯甲醛与烯丙基氯间的偶联，其中铬(Ⅱ)盐由氯化铬(Ⅲ)与氢化铝锂作用制得。

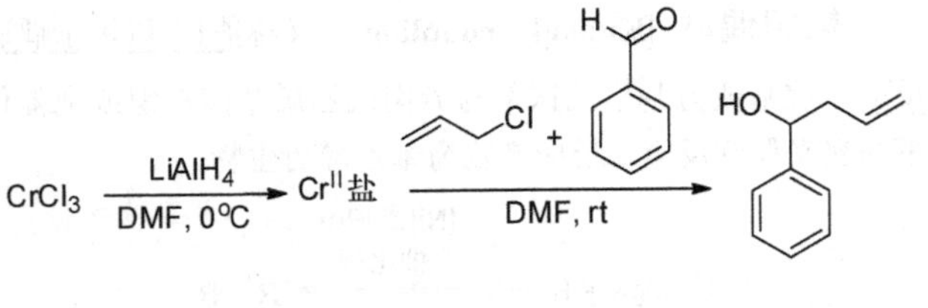

1983年反应适用范围被拓展至以乙烯基卤、三氟甲磺酸酯和芳基碘化物或溴化物作为底物。研究发现反应效果与氯化铬(Ⅱ)的来源有很大关系。1986年，高井和彦等发现了氯化铬(Ⅱ)中的镍杂质对碳铬键形成有明显的促进作用，从而发现镍对反应的共催化作用。

野依不对称氢化 [Noyori asymmetric hydrogenation] 用手型双膦配体与金属钌配位进行的不对称氢化反应。反应底物可以是官能团化的烯烃或酮，其中羧基、酯基等不受影响。

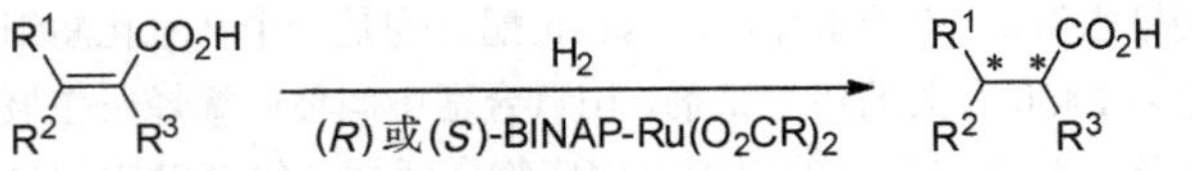

反应历程经过一个六元环过渡态机理，以酮被还原为例：

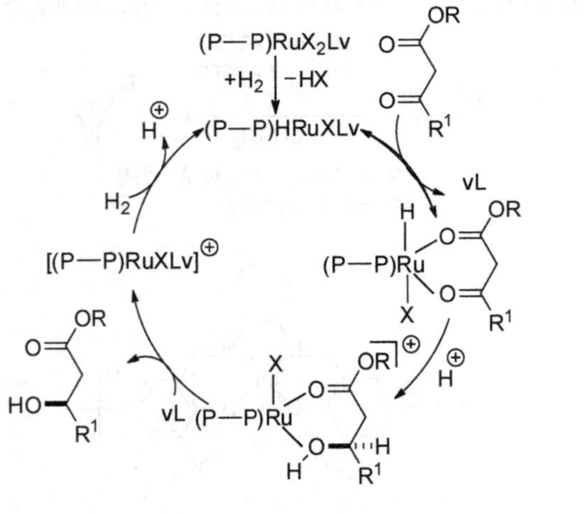

反应中不涉及氧化加成和还原消除，Ru始终是二价。该反应在有机合成中有着重要应用。

玉尾氧化反应 [Tamao oxidatiom reaction] 即弗莱明-玉尾氧化。

薗头交叉偶联反应 [Sonogashira cross coupling] 即薗头偶联。

薗头偶联 [Sonogashira coupling] 又称薗头交叉偶联反应。由钯及一价铜催化的末端炔烃与芳基或烯基卤代烷偶联生成芳基炔或烯炔的反应。反应可以表示为

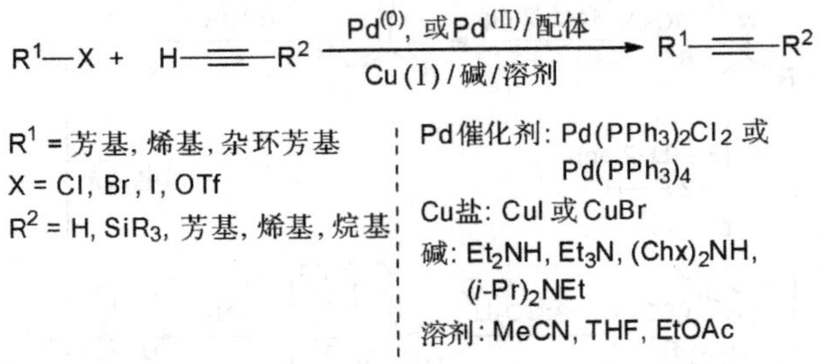

该反应是现代有机合成中常用的一种偶联技术，用于不饱和碳原子之间碳碳单键的形成。反应的机理经过氧化加成、转金属化及还原消除得到：

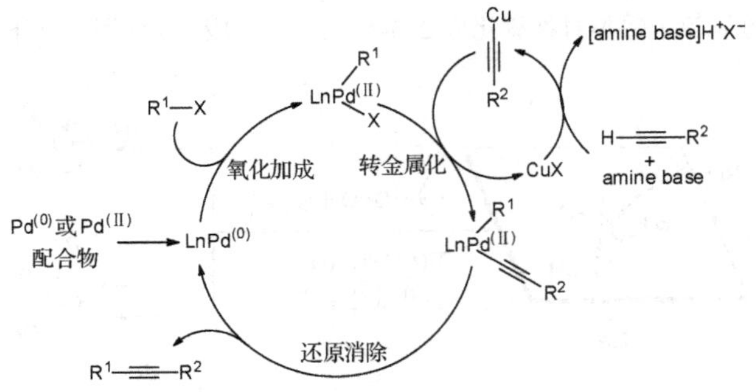

杂第尔斯-阿尔德反应 [hetero-Diels-Alder reaction] 底物中的4π双烯体或2π亲双烯体包含非碳杂原子的第尔斯-阿尔德反应。

2.2 金属有机化学

2.2.1 基本概念和方法

半夹心配合物 [half-sandwich complex] 又称单茂金属配合物。茂金属配合物中，只含有一个环戊二烯基和1～4个其他配体，通式为$CpML_y$(y=1～4)，最重要的L为羰基。π-$CpMn(CO)_3$结构中π-环戊二烯基是比羰基给电子性较强，受电子性较弱的配体，有稳定金属的作用，如$CpRe(CO)_2$，为无色固体，熔点111～114℃；单茂金属配合物易形成二聚体，如[π-$CpFe(CO)_2]_2$，为紫红色晶体，熔点194℃，对空气和水稳定。二聚体可以被Na/Hg齐还原解聚。$CpMn(CO)_3$中羰基可以被新的配体替代，也可以被苯取代生成混合型夹心结构；与PCl_3反应，发生环上取代、酰化、磺化等亲电取代。单茂金属配合物可由羰基金属化合物同环戊二烯基钠在四氢呋喃中反应得到。

半桥羰基 [semibridging carbonyl] 羰基与2个金属配位形成高度不对称的2个M—C桥键。羰基C—O键轴不在M—M键的垂直方向上，这和某些金属羰基原子簇的动态羰基交换有关，某些情况下半桥羰基与空间位阻有关，也会因末端羰基被附近金属微扰，生成非对称桥羰基结构。半桥羰基的存在可以消除分子内电荷分布的不平衡，如：配合物

$C_4(CH_3)_2(OH)_2Fe_2(CO)_6$中（图示），两个Fe原子所处化学环境不同，产生一个半桥羰基，Fe′—C—O键角为168°，呈弯曲状，Fe—C距离173.6 pm，而Fe′—C距离248.4 pm，整个分子的立体结构明显不对称。

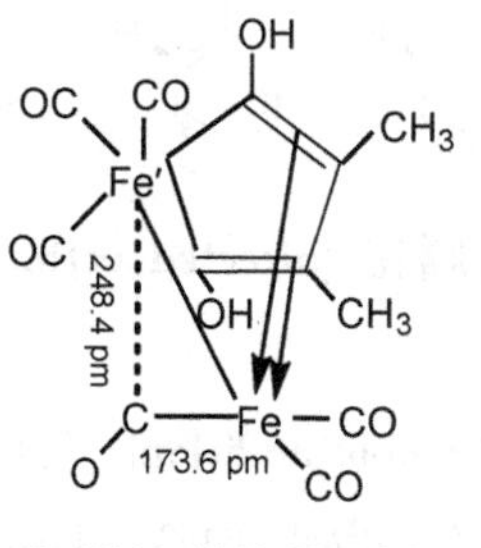

$C_4(CH_3)_2(OH)_2Fe_2(CO)_6$

伯利假旋转机理 [**Berry's pseudorotation mechanism**] 三角双锥化合物的2个直立配体和3个平伏配体无需断裂其直立和平伏键而实现异构化的一种分子内重排机理。这种机理用伯利（R. S. Berry）于1960年提出的假旋转机理得以解释。在五配位化合物中，发生流变的五个配体等同的配合物，如$Fe(CO)_5$，其结构可能是三角双锥（tbp）和四角锥（spy）。tbp结构（a）直立式配位体L_1、L_2与L_3同在纸面上，把L_1、L_2在L_1、L_2、L_3平面上稍向右移动，同时，把垂直于纸平面的L_4、L_5在L_3、L_4、L_5所成平面上稍向L_3移动，如结构（b），L_1、L_4、L_2、L_5形成棱锥体的底面，L_3成为棱锥体顶点，配合物结构变成spy型。若L_1、L_2和L_4、L_5分别向L_3反方向再移动，结构就变为tbp结构（c）。（c）的结构是L_1、L_2、L_3变成平伏式，L_4、L_5变为直立式三角双锥配体，从（a）→（b）→（c）可以认为是（a）旋转了90°变为（c）的形状。所以五配位配合物配体的移动就可以认为是中轴配位体L_3不动，L_1、L_2和L_4、L_5分别向相反方向稍移动，就像转90°的效果一样，称为假旋转。图示如下：

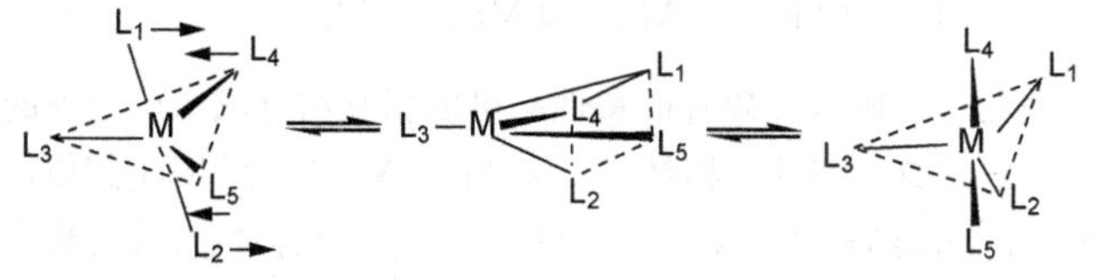

(a) tbp　　(b) spy　　(c) tbp

布赫瓦尔德-哈特维希偶联反应 [**Buchwald-Hartwig coupling reaction**] 芳烃卤代物与伯胺或仲胺在钯金属催化下形成C—N键的交叉偶联反应。1994年，美国的布赫瓦尔德（Buchwald）和哈特维希（Hartwig）几乎是同时独立地发展了钯催化的C—N键形成反应。该反应的特点是产率高、条件温和、官能团的容忍性好，尤其适合于贫电子芳烃与富电子胺之间的C—N键偶联。

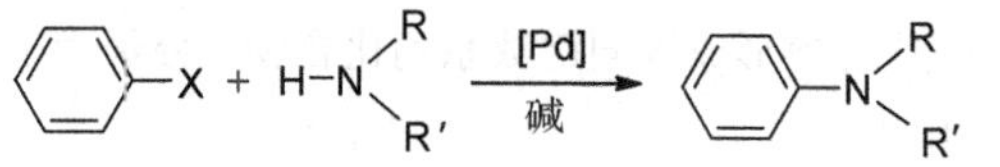

布赫瓦尔德配体 [**Buchwald ligand**] 由布赫瓦尔德（Buchwald）合成的一系列大位阻富电子有机膦配体。常用于C—N、C—C、C—O键偶联反应中。可由相应的苯炔衍生物、格氏试剂和R_2PCl反应制得。

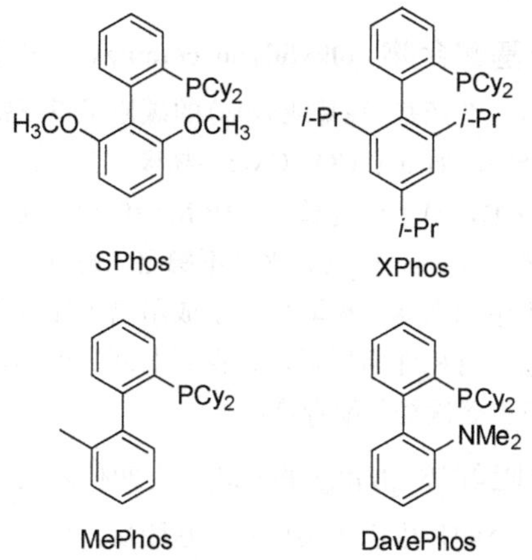

侧连配体 [**side-on-ligand; side-bound ligand**] 乙烯、乙炔、CO_2、O_2等配体可以侧连配体型与金属键联。侧连是某些配体与金属配位型之一。如：乙烯与金属成键时，配体乙烯充满电子的π轨道和金属σ-空d-轨道交盖，而烯的反键轨道与金属充满电子的d-轨道交盖，在乙烯的一侧键合包含两种键，σ-键和π键，σ-键是烯烃的π电子对金属授予，π键是金属d-电子向烯烃反键反馈，这种键合方式构成金属与乙烯的侧连。$[\{(PhLi)_6Ni_2(N_2)(Et_2O)_2\}]$中二个镍原子上有$N_2$以侧连配位，N—N键的键长为136 pm，介于单键和双键之间。下式配合物结构经X射线衍射分析确定，CO_2通过其中一个C═O键与Ni侧连配位。

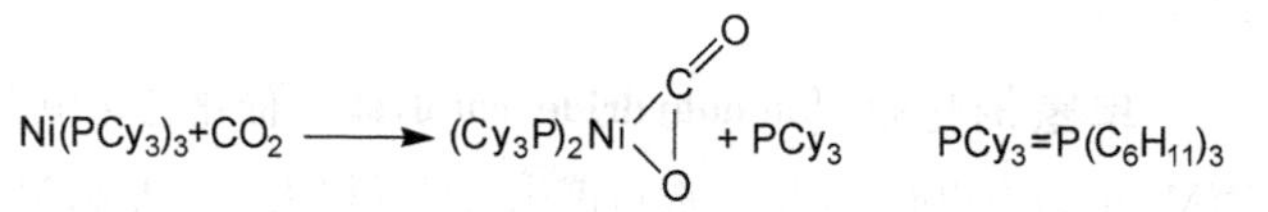

插入反应 [**insertion reaction**] 双键或多重键插入到碳金属键或氢金属键以及其他金属盐键中的反应。是金属有机化学的基元反应之一。插入反应过程中金属的氧化态不发生改变，插入反应发生的同时，在中心金属上产生一个空配位。一氧化碳的插入反应称为羰基化反应，广泛应用于有机合成中，例如美国孟山都（Monsanto）公司利用甲醇在铑金属化合物催化下发生羰基化反应生产乙酸。烯烃的插入反应在金属有机化合物中很普遍，赫克（R. F. Heck）等利用烯烃插入反应，发展了烯烃的芳基化反应（*赫克反应*）。其他不饱和小分子，如氮气、二氧化硫、二氧化碳、异腈等，都能发生插入反应。

η^1-超氧配合物 [**η^1-superoxo complex**] O_2以角式端基与金属结合形成的η^1-超氧配合物。金属-η^1-双氧键的共价程度和强度随体系不同有很大变化。η^1-超氧配合物是高度活泼且常被酸或温和还原剂降解。X射线结构测定钴大环η^1-超氧配合物晶体数据：Co—O—O键角为120°，O—O距离约0.128 nm±0.002 nm。η^1-双氧配合物，如Cr（Ⅱ）、Fe（Ⅱ）、

Ru(Ⅱ)、Co(Ⅱ)的大环席夫碱或卟啉配合物，具有直立配体时，与氧反应，有利生成η[1]-超氧配合物。

齿数 [hapticity] 即扣数。

次烃基配合物 [alkylidyne complex] 又称烃川基配合物。带有一个烃基(烷基或芳基)的碳原子以三键配位过渡金属的配合物，如 $ICr(CO)_4CMe$。高极性分子，在苯中的偶极距在 4～6 D，M≡C 键长比相应 M═C 键长明显缩短，键角接近 180°，对热、空气、水都不稳定，易分解，可发生自二聚，分子中的卤素易被取代，生成阳离子配合物。用金属卤化物与适当有机锂为原料，先得到卡拜二聚体，再在三甲基膦作用下得到次烃基配合物。

大位阻配体 [bulky ligand] 空间位阻效应较大的配体。当向一个配体中引入某些较大基团后，由于产生空间位阻，影响它与中心金属形成配位化合物。引入大位阻配体可以改善催化剂的分散性与稳定性。

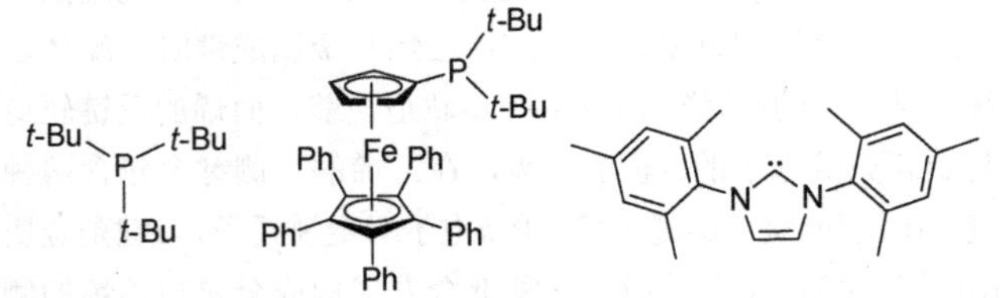

单齿配体 [monodentate ligand] 释文见无机化学同名词条。

单茂金属配合物 [half-sandwich complex] 即半夹心配合物。

单氢催化剂 [monohydride catalyst] 催化氢化中含有M—H的均相催化剂。一般可催化烯烃异构化，对共轭烯烃氢化、末端烯氢化有高度选择性。催化机理可能是：烯烃先配位于不饱和的金属氢化物催化剂，H_2对烷基金属中间体氧化加成，还原消除，得到产物和活性催化剂，如 $HRh(CO)(PPh_3)_3$，可以催化末端烯氢化，含有不饱和基团的有机物如RCHO、RCN、RCO_2R'等，均不能被还原。单氢催化剂$HRuCl(PPh_3)_3$可用相应的金属化合物与H_2在高压下，有还原金属Cu、Zn参与下反应制得。

导向基团 [directing group] 在有机反应中起导向作用的取代基。其中的导向原子一般具有配位性，可与金属中心配位，引导金属中心对指定的位点进攻。常见的导向原子包括 O、N、S、P 等。在过渡金属催化的有机化学反应中，导向基团的使用可以选择性地活化特定位置，例如芳香环邻位的化学键。与传统有机化学中的导向基(定位基)通过电子效应来影响芳香环的电子密度，控制亲电取代反应位点不同，金属有机化学中的导向基团主要通过杂原子(导向原子)的配位能力来络合金属中心，并通过金属活化相应位点的化学键。导向基团的应用主要包括 sp^2 以及 sp^3 类型的碳氢、碳卤、碳氧、碳氮、碳碳等化学键的活化。几种经典的导向基团如图所示：

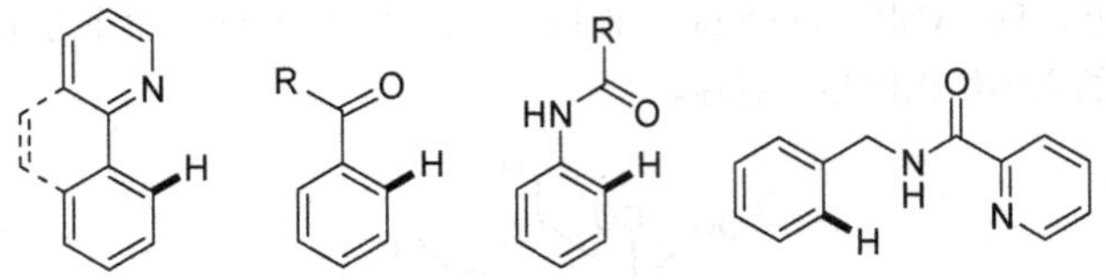

导向邻位金属化 [directed ortho-metallation] 即邻位金属化。

等瓣加成 [isolobal addition] 等瓣碎片可以相互结合成结构合理的化合物。d^8ML_4的碎片 $Fe(CO)_4$ 与 CH_2 是等瓣碎片，可自身结合或彼此结合成化合物，如：CH_2═CH_2、$(CO)_4Fe$═$Fe(CO)_4$、$(CO)_4Fe$═CH_2。这三种化合物都是已知的，其中，$(CO)_4Fe$═$Fe(CO)_4$是不稳定化合物，迄今只在低温下能观测到，这也是等瓣相似模型的局限性。等瓣相似原理可应用于原子簇化合物的合成和探索新型金属有机化合物的合成。

等瓣碎片 [isolobal fragment] 具有等瓣相似关系的两个或多个原子团或分子碎片。霍夫曼(R. Hoffmann)把具有相似前线轨道的d^7ML_5与CH_3，d^8ML_4与CH_2，d^9ML_3与CH等，分别称为等瓣碎片，用中间带有半瓣p轨道的双箭头符号"←o→"表示碎片之间的等瓣相似关系。下面列出CH_3、CH_2、CH与各自横向行的金属碎片之间存在等瓣相似关系。

CH_3	d^1ML_8	d^3ML_7	d^5ML_6	d^7ML_5	d^9ML_4
CH_2	d^2ML_7	d^4ML_6	d^6ML_5	d^8ML_4	$d^{10}ML_3$
CH	d^3ML_6	d^5ML_5	d^7ML_4	d^9ML_3	

等瓣相似反映等瓣碎片的特性：可以相互结合成结构合理的化合物，具相似性互相替代。例如：d^7ML_5碎片与CH_3相似，属于d^7ML_5结构的等瓣碎片是$Mn(CO)_5$，用相似性特性可形成乙烷H_3C—CH_3、$(OC)_5Mn$—$Mn(CO)_5$、$(CH_3)Mn(CO)_5$，这些化合物都是已知化合物。由此，揭示无机和有机两部分碎片之间的内在联系。

等瓣相似 [isolobal analogy] 释文见无机化学等瓣相似规则。

等瓣置换 [isolobal displacement] 等瓣碎片可以相互替代进行置换。图示d^9ML_3碎片$Co(CO)_3$和CH、CR等瓣相似，经等瓣置换成有机、金属有机或混合四面体簇合物。(a)四面体，(b)$Co(CO)_3$对CR的置换，(c)$Co(CO)_3$对2个CR的置换。碎片置换形成等同键数系列化合物，分子骨干的几何构型均相同。

通过等瓣置换，可以从已知的、比较简单的分子类比，预示某些复杂分子的结构。也可从无机分子结构推测有机分子的结构。

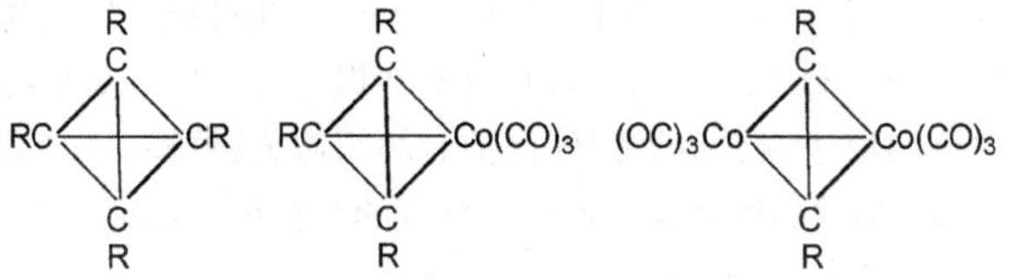

(a)　　(b)　　(c)

蝶状簇 **[butterfly cluster]** 四面体金属原子簇在配体取代反应发生同时，骨架多面体的几何形状也随之转变成蝴蝶状，称为蝶状簇。多核原子簇在反应中很少仅在单个金属中心上发生，是要牵连原子簇整体和不可忽视的电子效应和立体效应，从原子簇一部分迅速传递到另一部分。原子簇在进行配位反应同时伴随骨架多面体的变化，包括几何形状和骨架原子数的变化，如：

$$Co_4(CO)_{12} + RC{\equiv}CR \longrightarrow Co_4(CO)_{10}(RC{\equiv}CR) + 2CO$$

四面体　　　　蝴蝶形

化合物结构变化经NMR、IR、X射线衍射鉴定证明。

端连配体 **[end-bound ligand; end-on ligand]** 配体分子以一端与金属键联。其结构单元为线性或接近线性M—C—O，由于金属与CO反馈键的存在，M—C的键距比金属烷基间的M—C单键缩短，如：化合物$CpMo(CO)_3(C_2H_5)$中Mo—CO键长为197 pm而$Mo—C_2H_5$为238 pm。这种端连配体广泛存在于CO、N_2、O_2、NO、CS、RNC与金属配位键联中。

多层夹心配合物 **[multidecker sandwich complex]** 多个环戊二烯或芳烃呈平面与金属形成夹心型层状配合物。如Cp_2Ni与BF_3或其他在各种路易斯酸作用，得到稳定的阳离子，并已证明是三层夹心型配合物。其结构式为：

，$[CpNi]^+$与BF_4^-可成盐分离出来，该盐可与Cp_2Ni定量反应，生成三层夹心型$[CpNiCpNiCp]^+$(反应机理如下图)。1978年报道了茂环、环辛四烯与钴的混合三层夹心配合物$[CpCo(C_8H_8)CoCp]^{2+}$；$C_8H_8^{2-}$与金属Ti对称键合得到三层夹心型$[(C_8H_8)_3Ti_2]^{2-}$离子。$[Cp_3Ni_2]^+$形成的可能反应机理：

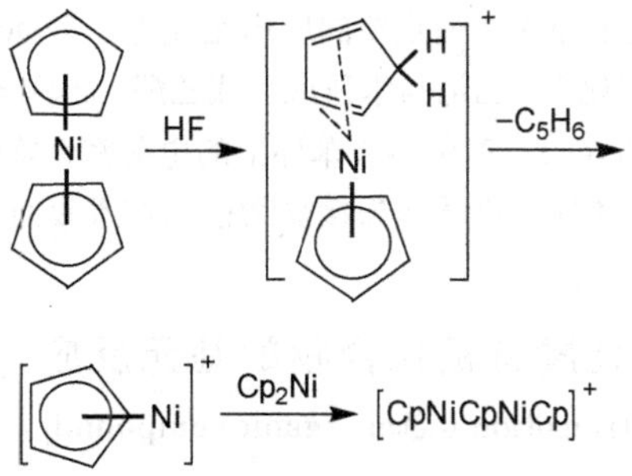

1983年达夫(A. W. Duff)等报道了钒的芳烃与环戊二烯混合夹心三层配合物，配位的中心芳烃与取代芳烃在110℃下发生交换反应。反应如下：

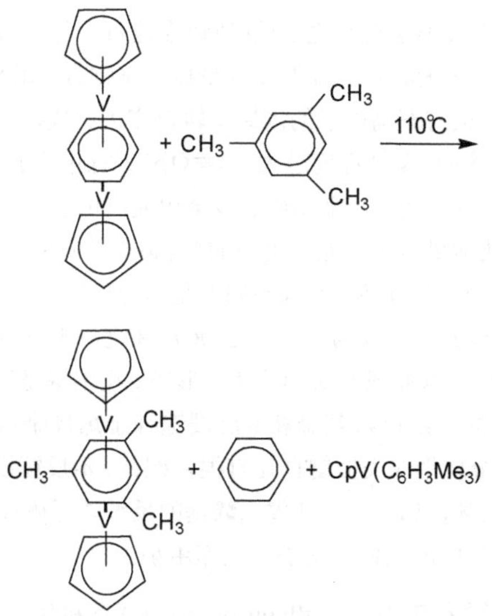

二-π-苯金属配合物 **[(di-π-benzene) transition metals]** 苯(含取代苯)同过渡金属形成的π-络合物。某些含有两个平行的苯环，如二茂金属具有夹心结构，1955年费歇尔合成了二苯铬并证实其夹心结构。中性的二-π-苯金属配合物可用通式$(\pi\text{-}C_6H_6)_2M$表示，它们能形成很好的晶体，在一般有机溶剂内有适中的溶解度，热稳定性高，一些化合物在300℃以上不分解。大多数中性二-π-苯金属配合物在空气中易被氧化至二-π-苯金属阳离子$[(\pi\text{-}C_6H_6)_2M]^+$。

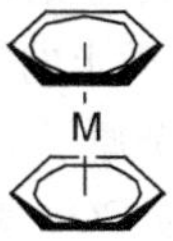

二锂试剂 **[dilithium reagent]** 主要是指含有两个碳-锂键的1,4-二锂-1,3-丁二烯衍生物。是双金属试剂的一种。处于1,4-位的二个锂原子空间上靠得较近，从而产生“协同效应”，在与各类有机底物反应时具有不同于普通有机锂试剂的特殊反应性。

二烷基铜锂 **[lithium dialkylcuprate]** 又称二有机基铜锂。化学通式R_2CuLi(R：烷基、烯基、烯丙基、芳基等)。在溶剂乙醚、苯、四氢呋喃中溶解，形成溶剂化配合物$R_2CuLi \cdot L_n$(L_n溶剂)，X射线测定证实以二聚体存在于溶剂中。由于对潮气敏感，不易储存，须用时制备。由相应的烃基锂在无水四氯呋喃或无水乙醚中，加入碘化亚铜制得。是立体选择性很高的试剂，试剂的碱性和亲核性比格氏试剂和烷基锂反应条件温和。

二有机基铜锂 **[lithium diorganocuprate]** 即二烷基铜锂。

反插入反应 **[deinsertion]** 即去除插入[反应]。

反馈键合 **[backbonding]** 当配体将其成键电子对授予金属形成σ键的同时，金属将其d轨道中的电子反馈给配体的空π*轨道而形成π键的现象。一氧化碳等配体与金属配位时，中心金属原子充满电子的d轨道在能量上与一氧化碳的反键π*空轨道对称匹配，相互交盖形成反馈键合。σ键是通过金属的空d轨道与充满电子的碳原子轨道交盖而成，这种授予与反馈效果叠加，反馈程度越大，C═O键变弱并近于双键性质，M—C键则变得更强。金属烯烃成键由充满电子的烯烃轨道向金属空d轨道供电子，充满电子的金属d轨道向烯烃π*-反键轨道反馈电子，形成π-反馈键，不同的是烯烃以侧面与金属相连，而一氧化碳则以一端与金属相连，π-反馈键对于具有两个正交的π-轨道的一氧化碳与金属交盖，形成π-反馈键是双重的。烯烃是单重的。所以羰基金属π-反馈键强于烯烃金属的π-反馈键。能与金属形成类似键合还有很多配体。σ-反馈键，是金属d轨道与配体，如：苯、环戊二烯基的反键轨道侧面交盖形成的。键的牢固度很低，交盖相互作用小。

反位影响 [trans influence] 释文见无机化学同名词条。

费歇尔卡宾配合物 [Fischer carbene complex] 又称杂原子卡宾配合物。被吸电子配体所稳定的低氧化态过渡金属与碳成双键配体含杂原子（O 或 N）的卡宾。五羰基[甲氧基(甲基)卡宾]铬化合物在 100℃空气中以稳定黄色固体存在，在溶液中慢慢被氧化。易溶解于有机溶剂。X 射线晶体结构测定，配合物具 d^6 构型，铬是八面体配位几何，Cr—C 键具有双键性质，卡宾碳与 O、烷基碳共平面。卡宾碳与氧也具双键成分。费歇尔卡宾的反应性能：①与金属相连的碳接受亲核试剂的进攻；②α 碳上的氢具有酸性，可与碱作用发生去质子化反应；③卡宾杂原子上带弧对电子易接受亲电试剂进攻；④费歇尔卡宾配位 CO。易被其他配体置换。中性费歇尔卡宾配合物是用金属羰基化合物与苯基锂反应，生成酰基羰基金属配合物，再与氟磺酸乙酯($EtOSO_2F$)反应生成金属卡宾配合物。

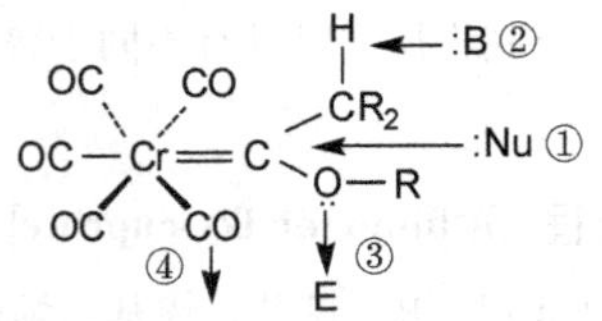

盖尔曼试剂 [Gilman reagent] 金属化反应(烯烃和金属化合物反应)中所用金属化试剂。是盖尔曼(H. Gilman)于1934年发现，如：氨基钠、NaH、甲基锂、丁基锂等。含有活泼氢的烃，如：环戊二烯和NaH、锂化物反应，分别生成$CpNa+H_2$和$CpLi+CH_4$。当活泼氢化物酸性弱时，金属化试剂碱性强，反应也能发生，生成金属化合物能沉淀出来，副产物H_2、NH_3、CH_4能从体系中除去，使反应顺利完成。

高核簇 [higher nuclearity cluster] 簇核金属数在16个以上的簇合物。自20世纪80年代以来，已合成众多高核簇，如：$Au_{55}(PPh_3)_{12}Cl_6$、$Na_6\{Mo_{120}O_{366}(H_2O)_{48}H_{12}[Pr(H_2O)_5]_6\}$、$Pt_{309}(Phen^*)_{36}O_{30\pm10}$、$Pt_{561}(Phen)_{36}O_{195\pm5}$(Phen 为菲咯啉；Phen*为菲咯啉衍生物；Pr为正丙基)，以上化合物均经结构测定和波谱表征。大多数高核簇的骨架为六方密堆积、立方密堆积。在$[Pt_{38}(CO)_{44}H_x]^{2-}$和$Au_{55}(PPh_3)_{12}Cl_6$高核簇中发现金属原子的排布方式与纯金属时的密堆积方式一样，这意味着可把这类原子簇看成被配体保护着的超微金属颗粒。具有多重的M—M键的簇合物是形成高核簇的结构单元，通过类似于环加成的聚合可以构成高核簇合物。

锆氢化 [hydrozirconation] 即氢锆化。

供电子配体 [donor ligand] 与金属键合时能向金属提供电子的配体。氮化物配体中，烷基胺是强供电子配位体。叔膦配体中，碱性最大为 $P(t\text{-}Bu)_3$，PR_3(R=Me，Et，Ph)碱性比 $P(OR)_3$ 大。带有供电子取代基的烯烃中 C═C 键电荷密度增加愈多，从烯烃向金属的供电子键就愈强，如 CH_2═CHX，X= CH_3, H, C_6H_5, OC_6H_5 等。当 X 为 CH_3 时，比其他取代基使烯烃供给键更强。

骨架电子理论 [skeletal electron theory] 释文见无机化学多面体骨架电子对理论。

硅酰化 [silylformylation] 在催化剂作用下，将硅基和甲酰基同时引入有机分子的反应。可以有效地用于合成 β-硅基取代的醛类。1989 年，Isamu Matsuda 使用 $Rh_4(CO)_{12}$ 首次实现了此反应。羰基铑类配合物为该类反应的常用催化剂。

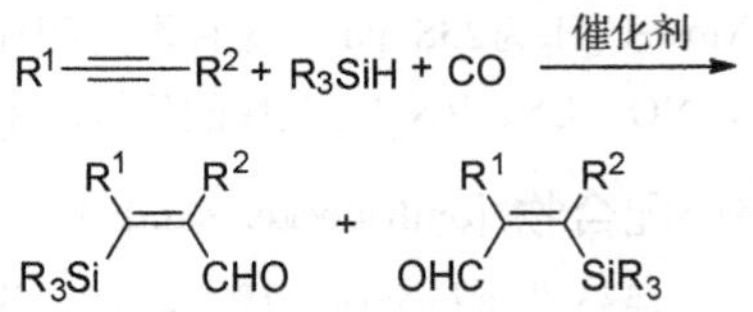

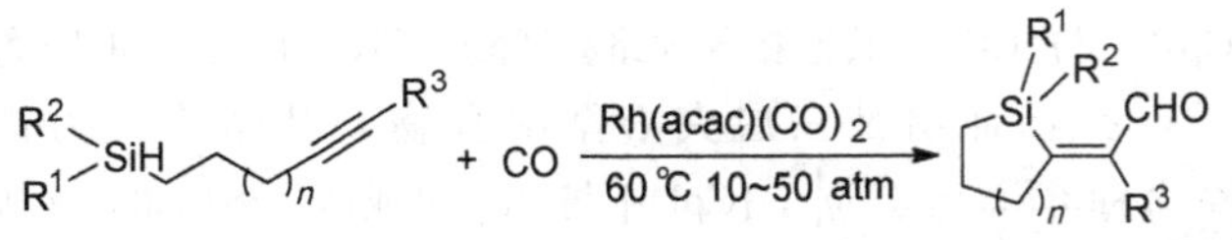

过渡金属配体的反应 [reaction of ligands] 金属有机化合物的基元反应之一。外来试剂与过渡金属配位的配体发生反应，金属起着接受或提供电子的作用，可分为亲核反应和亲电反应。例如，配位烯烃的反应，与金属配位后的烯烃，容易接受亲核试剂的加成，而一般烯烃是亲核的，易与亲电试剂发生加成。最重要的应用是瓦克尔(Wacker)反应，在 Pd(Ⅱ)催化下，乙烯与水反应生成乙醛。配位苯环的反应，当苯环与 $Cr(CO)_3$ 配位后，苯环上的电荷密度降低，从原来的接受亲电试剂进攻转变为接受亲核试剂进攻而发生一系列环上的新反应。

过渡金属有机化合物的基元反应 [elementary reaction of transition metal organic compound] 金属有机化合物的反应主要涉及金属原子上的反应、配体上的反应和金属-碳键之间所发生的反应。20 世纪 70 年代后，随着过渡金属有机化学的发展，人们把众多的过渡金属有机化合物反应归纳为若干基元反应，也称基本反应。所谓基元反应是相对于复杂反应而言，主要依据反应的形式分类、由反应物到产物的成键、断键、价态变化等表观特征，区别反应类型，但不涉及反应机理，同一基元反应可能有不同的反应机理。按照日本金属有机化学家山本明夫(A. Yamamoto)的分类，基元反应分为四类：①配位体的配位和解离；②氧化加成和还原消除；③插入反应和反插入反应；④与金属配位的配体的反应。2012 年，宋礼成和王佰全编著的《金属有机化学原理及应用》把金属有机化学的基元反应分为：配位与解离，氧化加成和还原消除，插入与反插入，配体官能化，分子重排，金属化反应和反金属化反应等 10 种常见的金属有机化合物基元反应。一个金属有机化学反应，往往可以包含数个基元反应。对基元反应的机理研究正在进一步深入和完善之中。

过渡金属杂苯 [transition metallabenzene] 即金属苯。

η^2-过氧配合物 [η^2-peroxo complex] 又称双齿双氧配合物。金属键合的氧分子配合物。η^2-过氧配合物是把双氧视为4电子过氧化物O_2^{2-}，η^2-过氧配合物O_2以侧基型配位，配合物呈等腰三角形，O—O键长在0.146 nm±0.004 nm范围内，红外光谱υ_{O_2}约860 cm^{-1}，区别一般过氧化物υ_{O_2}778 cm^{-1}。η^2-过氧配合物可与有机酮、烯烃反应。通过金属氧化物与过氧化氢在配体六甲基磷酸三酰胺存在下反应制得。用Fe、Ru、Rh、Pd、Pt的金属化合物同氧反应可制得相应η^2-过氧配合物，如：$IrCl(O_2)(CO)(PPh_3)_2$是用O_2和瓦斯卡(Vaska)配合物作用生成。

后[期]过渡金属 [late transition metal] 周期表中第Ⅷ族与IB副族金属元素，包括铁、钴、镍、钌、铑、钯、锇、铱、铂、铜、银、金。生成的金属有机化合物种类繁多，应用广泛。后[期]过渡金属与烷基、芳基、烯基、炔基、一氧化碳形成含金属碳的δ或π型有机化合物，有全烃基和混合配体金属；羰基金属化合物分为全羰基金属、混合配体羰基金属单核、金属多核羰基化合物。二价碳(卡宾)以双键与金属键合的金属卡宾；一价碳卡拜以三键与金属键合的金属卡拜，在有机合成与催化反应上有重要用途。金属同炔反应生成π-炔烃金属化合物很活泼，可进一步同炔烃反应，作为炔烃环齐聚的中间体或聚合物。π-烯丙基金属和1,2-联烯基金属化合物是精细有机合成的重要中间体。环戊二烯和苯分别以五元环和六元环平面与金属配位，是具有芳香性的配体，形成π-金属夹心化合物。金属氢化物的种类和数目很多，氢与一个或几个后过渡金属键合，生成的金属有机物稳定性高，可应用于许多催化反应中。后过渡金属化合物在精细有机合成领域中已经实现催化的循环反应；具有独特高选择性；温和反应条件以及反应高效。后过渡金属有机物具有特殊的光、电、磁性能，在特种高分子材料和电子产品及医药卫生产品应用广泛。工业应用如：钯催化下，乙烯合成乙醛；铑催化下甲醇羰基化制乙酸；铑催化前手性月桂酸专一性氢化为L-多巴前体，这些工业流程发展也开辟了新型催化剂和手性催化剂。

滑移夹心结构 [slipped sandwich structure] 气相中两个环戊二烯环平面呈平行交错结构，中间夹一个金属原子。二环戊二烯基铍是滑移夹心结构，化学式为$(C_5H_5)_2Be$，无色晶体，熔点59～60℃在真空中升华，对空气敏感。在苯中呈单体存在。气态电子衍射表明化合物是不对称夹心结构，红外吸收显示有C═C双键特征振动，说明有σ-键结合的环戊二烯基。1982年，用X射线法在−120℃直接测得二环戊二烯基铍的固体结构，证实两个环戊二烯环呈平行滑移错开结构，铍原子和两个Cp环的距离不相等，一个环与铍原子π键结合η^5-$C_5H_5^-$，铍原子到环垂直距离为0.153 nm，另一环上碳以σ-键与铍键合η^1-$C_5H_5^-$，铍至环上碳垂直距离为0.181 nm，这个环向外滑移约0.120 nm。室温下，仍保持这种滑移结构，介于交错和覆盖两种构型之间。当温度再升高时，被平移开的环距金属原子更远，使它以离子键结合。造成滑移夹心结构可能是由于铍原子小，两个环之间斥力造成Cp环的方位介于交错和覆盖两种极端的构型之间。

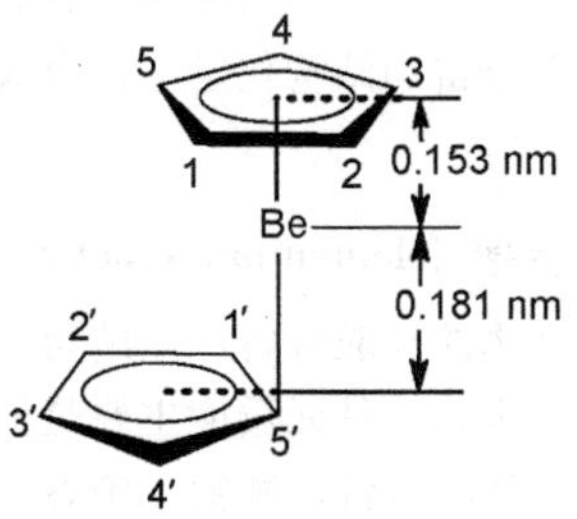

还原消除[反应] [reductive elimination] 氧化加成的逆反应。指以极性键与金属配位的A和B消除生成中性A—B分子，金属在反应中被还原，价态减少2，配位数也减少2。加入吸电子配体(如CO)能促进还原消除反应；加热的条件也有利于还原消除反应。一般认为还原消除反应是构型保持，两个被消除基团在金属配合物中处于顺式。

环金属化[反应] [cyclometallation] 烃基配位于低价金属，与金属靠近，易发生关环反应。1963年克莱曼(J. P. Kleiman)从二茂镍和偶氮苯反应中，首次得到金属杂环。反应从偶氮基配位金属镍，芳环邻位C—H同镍发生氧化加成，消除一个环戊二烯，得到镍杂五元环衍生物。其反应通式如下：

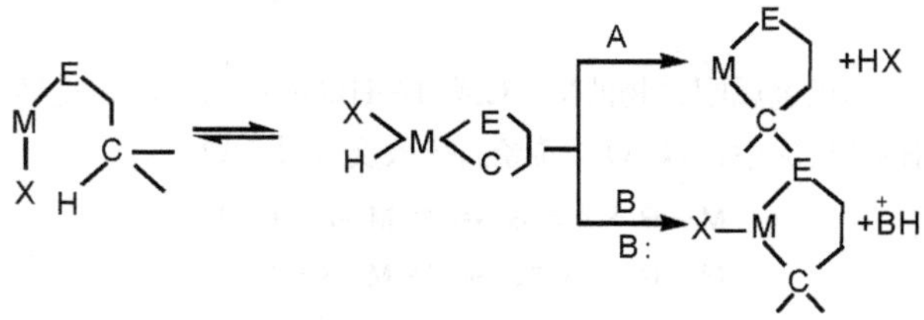

式中，X为离去基团(烷基、氢负离子、卤离子)；M为金属；E为任一种授电子体，如：N、P等。一般芳环上C—H键比脂肪C—H活泼，易发生环金属化。含N授予基易形成五元环；含P授予基常形成四、六元环。A途径邻近离去基通过进一步还原消除，完成反应。B途径可以加入碱与金属氢化物的氢结合，推动反应完成。此外，配位于低价金属的二分子烯烃、炔烃与金属发生氧化加成反应，生成金属杂五元环或金属杂环戊二烯。烯烃与卡宾配合物反应等均可生成金属环化配合物。

5-环戊二烯基 [5-cyclopentadienyl] 环戊二烯基作为单电子配体可与过渡金属形成σ-键配合物，如$(\pi\text{-}Cp)_2Nb(5\text{-}Cp)_2$(紫蓝色)，$(\pi\text{-}Cp)_2Ta(5\text{-}C_5H_5)_2$(紫红色)，均易被空气氧化。以σ-键合于过渡金属或类金属时，如$(\eta^1\text{-}Cp)SiMe_3$、$(\eta^1\text{-}Cp)AsMe_2$，在加热条件下可以发生5-环戊二烯环分子内旋转机理，迅速改变与金属键合的碳原子位置，称为“流变”现象。可用过渡金属卤化物与过量的环戊二烯钠制得5-环戊二烯金属配合物。

混合夹心配合物 [mixed sandwich complex] 属于CpMLy结构的配合物。含有一个环戊二烯基，M=Cr、Mn、Fe、Co、Ni等，Ly是其他环状芳香化合物配体时，构成混合夹心配合物。其他芳香环状配体，如：$C_3Ph_3^+$、$C_4H_4^{2-}$、C_6H_6、$C_7H_7^+$、$C_8H_8^{2-}$，此外还有一些含硼杂环状芳香配体等。混合夹心单茂配合物有丰富的结构化学，在合成与催化反应中还待深入研究。

基元反应步骤 [elementary reaction step] 把众多的过渡金属有机化合物的反应分解、归纳为若干基元反应，即反应过程中的基元步骤。基元反应主要是依据反应形式的分类，由反应物到产物的成键、断键、价态变化等表观特征区别类型。同一个基元反应有不同的反应机理，可能是自由基型、协同反应或离子型反应等。根据日本山本明夫分类，基元反应可分为：① 配位体的配位与解离；②氧化加成和还原消除；③插入反应和反插入(消除)反应；④和金属配位的配体上的反应。稳定的配合物是配位饱和的，进行反应时，必须先有配位体解离，生成配位不饱和的过渡金属配合物，配位不饱和的配合物和所反应底物先配位后发生反应。过渡金属和A—B型化合物氧化加成反应时，A—B键断裂，同时加成到过渡金属上，生成M—A、M—B键。氧化加成反应的逆反应：从过渡金属配合物上消除配位体A和B，生成A—B中性分子，称为还原消除反应。

$$\text{LnM} + \text{A—B} \rightleftharpoons \text{LnM}{<}^{\text{A}}_{\text{B}}$$

有机金属配合物的M—C或M—H键的插入反应和反插入(消除)反应中，以CO、烯烃的插入反应最重要。

$$\text{M—R} + \text{A}\equiv\text{B} \rightleftharpoons \text{M—A—B—R}$$
$$\text{M—R} + \text{:A}\equiv\text{B} \rightleftharpoons \text{M—}\underset{\underset{\text{B}}{\|}}{\text{A}}\text{—R}$$

金属配位配体上反应有以外来试剂与配位烯烃反应和配位羰基反应等，金属起着接受或提供电子的作用，配体上的反应分为亲核和亲电反应。

亲核反应：$\text{LnM—A} + \text{:Nu} \rightleftharpoons \text{LnM—A—Nu}$

亲电反应：$\text{LnM—A} + \text{E} \rightleftharpoons \text{LnM—A—E}$

η^2-甲醛配合物 [formaldehyde complex] 在一定压力下，甲醛可生成η^2-甲醛配合物。通过罗波(W. Roper)反应制得，用锇的羰基配合物与甲醛反应得到固体η^2-甲醛配合物。甲醛由于配位而变成稳定，η^2-甲醛配合物热分解得到甲酰基配合物。

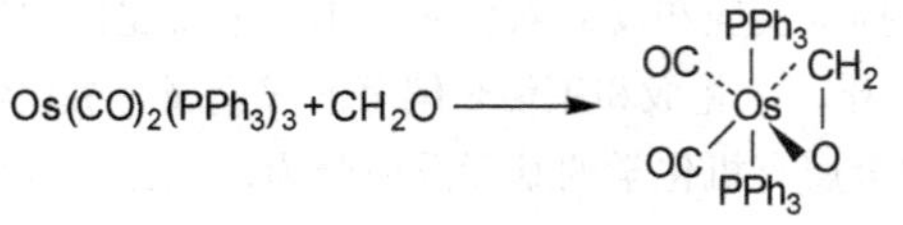

η^2-甲醛配合物

甲酰基配合物 [formyl complex] 又称σ-甲酰基配合物。σ-甲酰基和金属M可形成单齿η^1-配位或双齿η^2-配位化合物。σ-甲酰基稳定性差，配体CO、R_3P和金属配位，对酰基σ键有着较强的稳定作用。σ-甲酰基配合物具有活泼性，易发生还原。甲酰基配合物都是亲核试剂，能把氢负离子授予许多亲电试剂：H^+、醛、酮、卤代烃甚至一些羰基金属化合物，经过氢负离子授予后自身还原成甲醇。一般以硼氢化物将氢负离子转移到金属羰基化合物的羰基碳上形成甲酰基，用过渡金属羰基中性合物或阳离子配合物制备。

σ-甲酰基配合物 [σ-formyl complex] 即甲酰基配合物。

18-价电子规则 [18-valence electron rule; 18-VE rule] 中心金属原子与配位体结合时，需填满$(n-1)$d、ns、np这三层轨道，即价电子层上含有18电子。由西奇威克(N. V. Sidgwick)于1927年提出。大多数稳定的过渡金属有机化合物遵循惰性气体电子结构的18外层电子规则。18-价电子规则与配合物稳定性之间的内在联系，可能既与热力学因素有关，也与动力学因素有关。有的化合物分子式已知，而结构未知，可用18-价电子规则对其结构进行预测。例如：$C_7H_7Co(CO)_3$，Co提供9个电子，每个CO提供2个电子，3个CO提供6个电子，根据18-价电子规则，C_7H_7应提供18–9–6=3(个电子)，即C_7H_7中有3个碳原子各提供一个电子与金属键合。该化合物结构已经测定证实。18-价电子规则不是对所有的过渡金属有机化合物都适用，有些化合物不服从18-价电子规则，如镍经常形成16电子配合物，而铜经常形成14电子配合物。

金化[反应] [aeration] Au(Ⅰ)和Au(Ⅲ)均可与碳成键。例如，用有机锂或格氏试剂将有机基团从非过渡金属转移至过渡金属Au上：

$$[AuCl(PEt_3)] + MeLi \longrightarrow [AuMe(PEt_3)] + LiCl$$

二乙基溴化金$(C_2H_5)_2AuBr$以二聚体存在。无色晶体，熔点58～60℃(分解)，溶于水、乙醇、甲醇，不溶石油醚。用含吡啶三氯化金与乙基溴化镁反应制得：

$$C_5H_5N\cdot AuCl_3 + 2C_2H_5MgBr \longrightarrow$$
$$(C_2H_5)AuBr + MgCl_2 + C_5H_5N + MgBrCl$$

金的羰基化合物AuCl(CO)在溶液中以单体存在，为直线型配合物。将CO通入AuCl的苯悬浮液中，可得到[AuCl(CO)]。

金属苯 [**metallabenzene**] 过渡金属杂苯的简称。苯分子上的一个 CH 基团被一个含配体的过渡金属取代的过渡金属杂环己三烯。与传统的含杂原子芳香化合物(如吡啶、呋喃等)不同，金属苯中过渡金属的 d(π)轨道和环上碳原子间的 π 成键形成 d-pπ 共轭体系。1982 年,埃利奥特(Elliot)等通过硫羰基锇配合物与乙炔环化反应，制备了首例稳定的金属苯。

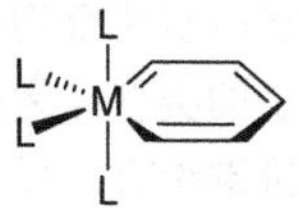

M = Os, Ir, Mn, Re ···

金属富勒烯 [**metallofullerene**] C_{60}中的碳直接和金属原子以共价键结合所形成的配合物。富勒烯C_{60}具有独特的笼状结构，化学性质类似缺电子烯烃或芳烃，有较高的电子亲和力。C_{60}与过渡金属，特别是与Ⅷ族过渡金属反应，金属加成到双键上形成η^2-型配合物。将C_{60}在吡啶溶液中，与OsO_4反应，得到$C_{60}[(OsO_4)(Py)_2]_n$，其中n=1～2。产物不溶于吡啶。C_{60}可以和过量的$[CpRu(CH_3CN)_3]^+X^-$($X^-=O_3SCF_3$)反应，得到$\{[CpRu(CH_3CN)_2]_3C_{60}\}^{3+}(X^-)_3$，$C_{60}$取代了其中的一个$CH_3CN$分子，表现出典型的缺电子烯烃行为。在$C_{60}$与$[(C_6H_5)_3P]_2Pt(\eta^2\text{-}C_2H_4)$的反应产物中，Pt原子直接与$C_{60}$上的两个碳原子相键合。$C_{60}Pd_n$($n$>3)具有催化活性。$C_{60}$内表面配合物也称包合物，用符号M@$C_{60}$表示。$C_{60}$分子具有中空内腔，可以容纳金属原子，形成M@$C_{60}$(M=Na、K、Cs、Rb、Ba、Sr、Ca等)，用质谱法可证实包合物的存在。采用石墨棒浸渍各种金属盐后用电弧或激光蒸发得到少量金属包合物。

金属-金属键 [**metal-metal bond**] 配合物中金属原子之间相互作用。是金属原子簇合物的重要特征。金属原子之间能形成金属金属单键、二重键、三重键和四重键，自 1964 年科顿(F. A. Cotton)发现第一个含金属金属四重键的 $K_2Re_2Cl_8 \cdot 2H_2O$ 后，又发现含金属金属三重键的 $Re_2Cl_5(CH_3SCH_2CH_2SCH_3)_2$。M—M 键是由原子间的距离、金属原子中的 d 电子数及成键和反键轨道的排布电子填充情况等复杂、多因素决定的。能形成 M—M 键的元素是过渡金属元素，ⅥB 族 Cr、Mo、W 和ⅦB 族 Mn、Tc、Re 易形成 M—M 多重键，VB 族 V、Nb、Ta 和ⅧB 族 Fe、Ru、Os 有一些能形成多重键。相比共价键，M—M 键长可在很大范围内变化；M—M 键强度比共价键弱，这些特点致使 M—M 键在结构上容易形变。量子化学计算证实，含桥基的金属簇中，决定成键作用的不在金属原子之间而在桥基与金属原子之间，它的作用使簇合物稳定。

金属卡拜 [**metal carbyne; metallocarbyne**] 含有一价碳以三键与金属键合的配合物。由费歇尔(E. O. Fischer)于1973年首次制得。金属卡宾在配体存在下失去质子，生成金属卡拜。是对热、空气和水很不稳定的黄色晶体。过渡金属卡拜也分为费歇尔（Fischer）型和施罗克（Schrock）型，后者于1978年首次合成。如：

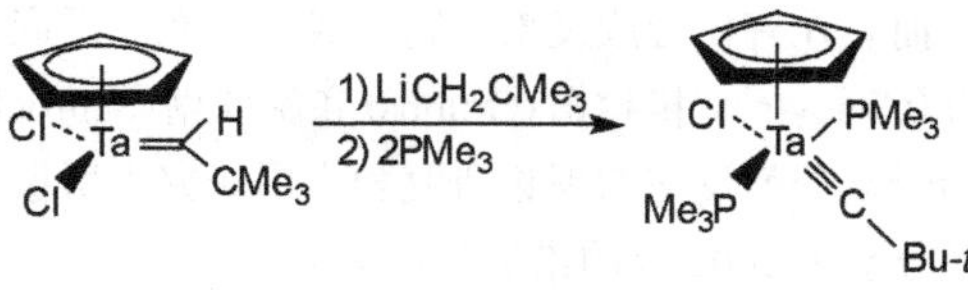

热分解发生金属-碳键裂解，卡拜配体二聚成炔烃；卡拜配体反位上的卤素易发生取代、置换反应生成新卡拜。金属卡拜能催化炔烃复分解反应，成为有机合成中新研究热点。二氯卡宾在芳基锂存在下，转化成金属卡拜。

金属卡宾 [**metal carbene; metallocarbene**] 含有二价碳(卡宾)以双键与过渡金属键合的配合物。分为费歇尔(Fischer)型和施罗克(Schrock)型。1964 年费歇尔(E. O. Fischer)合成第一个稳定的卡宾，配合物含从Ⅵ族到Ⅷ族的金属，中心金属以低价氧化态存在，被具有吸电子性的配体所稳定，如：五羰基[甲氧基(苯基)卡宾]铬(图 1)，反应性：强正电性卡宾碳为亲电中心，是亲核试剂优先进攻点，而亲电试剂则进攻卡宾杂原子(O，N 等)，卡宾碳所连烷基 *α*-H 的酸性颇强，能用碱脱质子转化为金属卡宾阴离子。与卡宾中心金属配位 CO 易被其他配体取代，金属卡宾键加热下断裂生成卡宾配体二聚物。是天然产物、维生素、抗生素合成的重要试剂。可用金属羰基配合物和有机锂反应再与氟磺酸乙酯反应制得；施罗克型卡宾(图 2)，是不含 CO 配体的前[期]过渡金属(Ti、Zr、Ta 等)的配合物，卡宾 sp^2 碳是负性的，亲电试剂加成到卡宾碳上，强碱可以脱除卡宾碳相连的质子，中心金属价电子数能发生变化，有 18 电子、14 电子和 10 电子。施罗克卡宾可以看成是叶立德的金属类似物，与羰基化合物反应生成 C═C 双键。通过对金属卤化物还原和通过从新戊基配体上消除一个 *α*-取代基而制得。

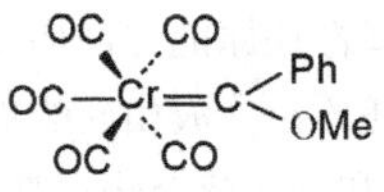

图1

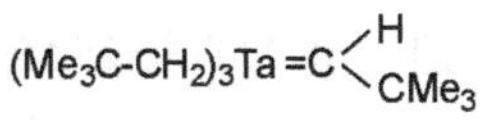

图2

金属卡宾复分解反应 [**metal carbene-mediated metathesis reaction**] 烯烃或炔烃在金属催化剂作用下发生碳碳双键和三键断裂生成亚烃基(alkylidene)或次烃基(alkylidyne)，并重新结合生成另一种烯烃或炔烃的反应。根据底物的不同，主要包括三类：烯烃复分解反应、炔烃的复分解反应和烯-炔复分解反应。烯烃复分解反应研究最多，是热门的研究领域之一。按照反应过程中分子骨架的变化，可分为五种：自复分解、交叉复分解、关环复分解、开环复分解、开环复分解聚合。烯烃和炔烃的复分解反应不仅具有理论意义，而且在有机合成及聚合物合成中已有广泛应用。化学家肖万(Chauvin)，格拉布(Grubbs)和施罗克(Schrock)由于他们在烯烃复分解反应的理论研究和应用研究中所做出的突出贡献而分享了2005年的诺贝尔化学奖。

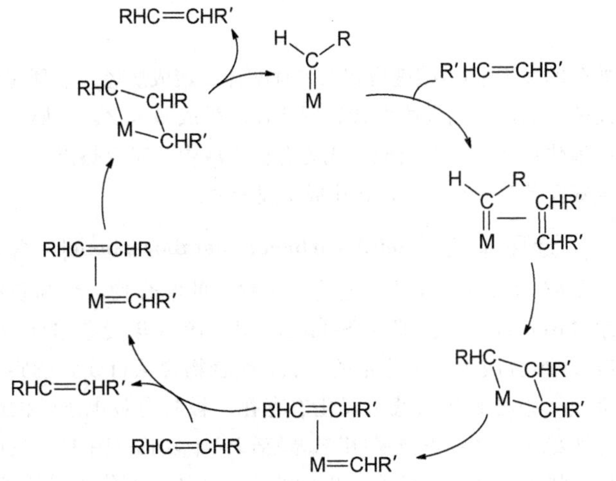

金属氢化反应 [hydrometallation] 即氢金属化[反应]。

金属氢化物 [metal hydride] 氢与一个或几个金属键合的配合物。这类配合物中H—M键能大于M—C的键能，氢配体体积小，化合物稳定性高于相应的σ-烃基金属配合物。多数过渡金属氢化物中，氢配体呈中性或氢负离子性。按照金属与氢的数目，可分为单核氢化物[如$CoH(CO)_4$]、单核多氢化物[如$H_2Fe(CO)_4$、Cp_2ZrH_2、$CoH_3(PPh_3)_3$]、多核金属氢化物[如$(Cp_2TiH)_2$]。金属氢化物具有酸性，如$HCo(CO)_4$中M—H的酸性几乎与无机酸相当，是强亲电试剂，如卤素能同M—H反应生成卤化氢和相应的金属卤化物。金属氢化物的M—H可同烯烃、炔烃发生插入反应生成σ-烷基和σ-烯基金属有机配合物。某些过渡金属氢化物是优良的还原剂，且具有高度的区域和立体选择性还原能力，如$KHFe(CO)_4$可将共轭烯酮的C═C选择性还原，生成相应的羰基化合物。许多金属氢化物的合成是由H_2和金属化合物在高压下，并加入还原金属Cu、Ag、Zn或某种配体、质子碱，如：$HCo(CO)_4$是用CoS、H_2、CO在Cu粉参与下，在200℃、25 MPa下制得。

金属阳离子配合物 [metal cationic complex] 带有正电荷的金属配合物。金属配合物整体为阳离子，其正电荷分布在整个配合物中，例如二-π-苯金属络合物阳离子。可以通过对中性的金属配合物的氧化来合成。

金属有机化合物 [organometallic compound] 金属与有机基团以金属与碳直接键合的有机化合物。当金属与碳之间有氧、氮、硫原子相隔时，不能称为金属有机化合物。一些无机化合物也有金属碳键，如金属碳化物、氰化物等，不能称为金属有机化合物。金属有机化合物的性质是介于有机化学与无机化学之间的化合物的性质。

金属有机化学 [organometallic chemistry] 研究含金属碳(M—C)键的有机化合物的学科。金属有机化学按其化合物分类：碱金属和碱土金属有机化合物化学，主要以离子性的M^+C^-键存在；非过渡金属有机化合物，主要含共价M—C键化合物化学；过渡金属有机化合物化学，键型多样，性质互异。按有机基团或分子的类型分为：烷基、芳基、烯基、炔基金属以离子键或共价键键合；烯、炔和碳环化合物与金属以π键相结合的化合物化学。根据中国化学会有机化学命名原则，凡有金字偏旁名称的元素与碳成键的有机化合物均为金属有机化合物。在*Comprehensive Organometallic Chemistry*一书中，将石字偏旁的元素，如硼、硅、砷、磷等与碳成键的化合物亦归在内。这些元素性质介于非金属与金属之间，又称类金属。根据国际大多分类法，金属有机化学是研究金属有机化合物并包括了类金属有机化合物的化学。最早的金属有机化合物是1827年丹麦的蔡斯(W. C. Zeise)合成的$K[Pt(C_2H_4)Cl_3]H_2O$，称为蔡斯(Zeise)盐，蔡斯盐的结构在发现后一百余年才得以阐明。在这一百年间，金属有机化合物用于应用合成的，如：有机锌、有机钠、有机镁、有机锂、有机铜；用于添加剂的，如：四乙基铅；用于稳定剂的，如：有机锡；用于农药、医药的，如：有机胂。至20世纪50年代，金属有机化学出现了飞跃发展，1951年基利(J. J. Kealy)、波桑(P. L. Pauson)和米勒(S. A. Miller)发现了二茂铁，1952年威尔金森(G. Wilkinson)、伍德沃德(R. B. Woodward)和费歇尔(E. O. Fischer)阐明了二茂铁的夹心结构。1953年杜瓦(M. J. S. Dewar)和查特(J. Chatt)提出了π-络合理论。至此，周期表中，几乎所有元素都可以与碳以σ-键或π键成键。1900年格林尼亚(V. Grignard)发展格氏试剂，于1912年获诺贝尔化学奖，1963～1983年期间因金属有机化学获突破性进展，获诺贝尔奖有10位金属有机化学家。工业上代表均相催化剂发展的1955年齐格勒-纳塔(Ziegler-Natta)催化剂的发现与应用，为乙烯、丙烯和其他烯烃的聚合提供新流程和新产品；1957年瓦克尔(Wacker)流程工业化；20世纪70年代美国孟山都公司的两大化工流程：一是使用合成气H_2/CO，在金属铑化合物催化下将甲醇转化为乙酸；二是前手性月桂酸衍生物在手性叔膦铑催化下，氢化为手性专一的*L*-多巴前体。这期间布朗(H. C. Brown)的硼氢化反应和维蒂希(G. Wittig)的烯基化反应，开拓了有机硼研究和有机膦及一系列元素的维蒂希型反应的研究；利普斯科姆(W. N. Lipscomb)对硼烷的缺电子理论的阐明，进一步推动硼有机化合物结构的研究；含f电子的稀土有机化学研究，发现了优良的催化剂和试剂。20世纪80年代后，金属有机化学向精细有机合成发展，实现了提高反应选择性(化学、位置、立体、对映选择性)；反应条件温和化和安全，从计量反应趋向催化反应。

金属杂环 [metallocycle]　环状烷基金属配合物的统称。合成方法，如：用双锂试剂、双格氏试剂等与过渡金属含卤配合物反应生成；与过渡金属配位烷烃发生 γ-氢消除生成四元金属杂环；配位于金属的二分子烯烃经氧化、环化反应生成金属杂环戊烷；

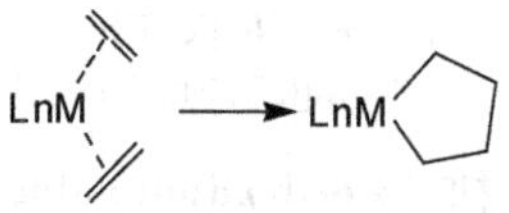

乙烯和卡宾配合物反应，生成稳定的金属杂环；

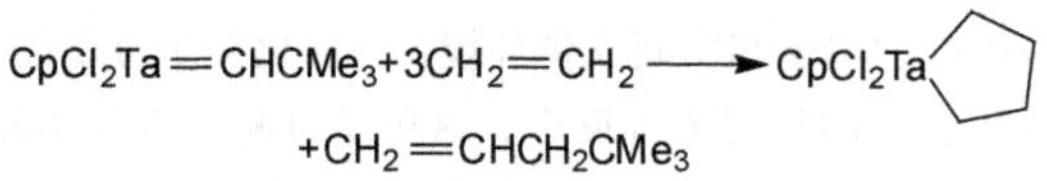

通过邻位金属化反应生成金属杂环，伴有芳基邻位C—H键断裂。

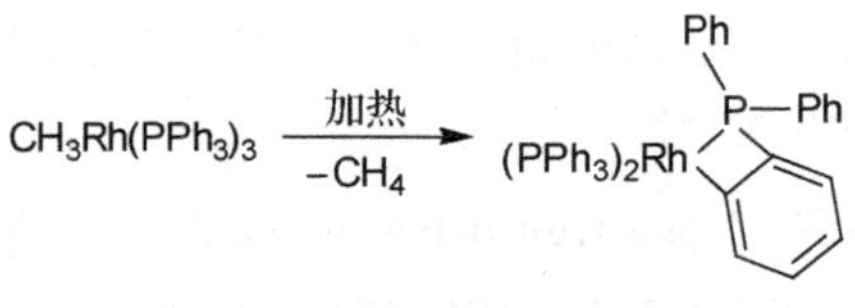

金属杂环反应机理各异，与配位体、金属的多种电子效应等因素有很大关系。

聚层夹心配合物 [polydecker sandwich complex]　一些金属环戊二烯配合物可呈层状链式聚合物存在于晶体中。用高分辨同步加速X射线粉末衍射法测定，如：CpIn在晶体中构成无限长链的夹心结构$(CpIn)_n$，Cp_2Pb是弯曲夹心结构，在晶体中通过环戊二烯环桥互相缔合成长链聚合物$[Cp_2Pb]_n$(图1)。茂金属聚合物可通过二价阴离子单体与过渡金属离子反应生成(图2)。形成的聚合链中，双功能团富π-电子带电荷芳族化合物通过π键连接，形成萘间隔基使茂金属重复单元保持面对面聚层夹心配合物。五苄基环戊二烯钛通过π-配位形成几乎直线型的“叠层”超分子配合物(图3)。聚层夹心配合物中因不同金属、不同配位体而存在不同的分子间结合力，如：路易斯酸碱、氢键、正负离子、π键等。

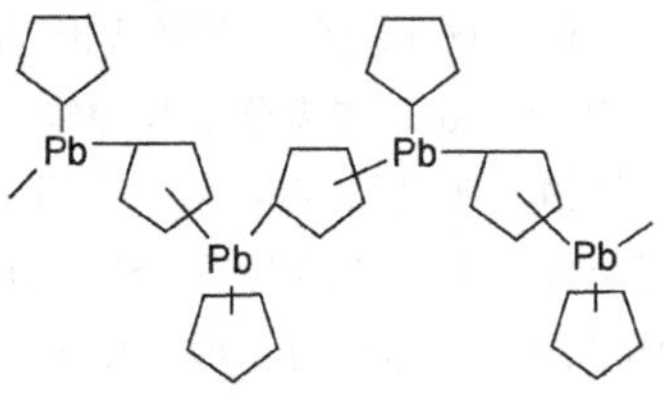

$[Cp_2Pb]_n$晶体

图1

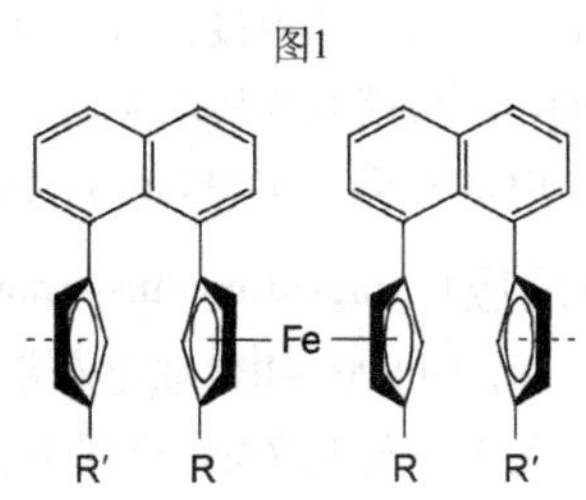

图2

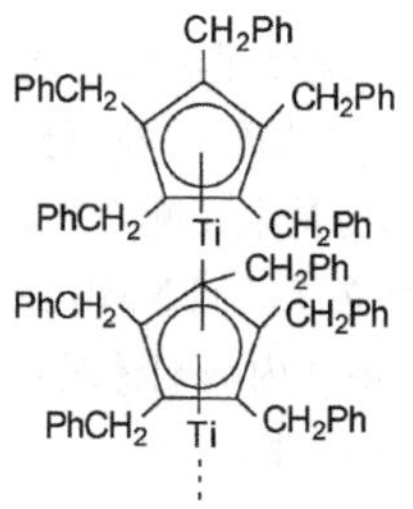

图3

扣数 [hapticity]　又称齿数。配位体与金属直接键合的碳原子(或杂原子)的个数。科顿(F. A. Cotton)提出用*hapto*，*hapto*是希腊字，意为固定，中文译为“配位点”。国际纯粹与应用化学联合会(IUPAC)规定用“η”这一记号。同过渡金属配位的乙烯是η^2-二齿配体。环戊二烯基通常是五齿配体，也可以是三齿、单齿配体，记作η^5-、η^3-和η^1-环戊二烯基配体。

镧系元素配合物 [lanthanoid complex]　周期表中原子序数为57～71的元素与碳成键的配合物。1954年威尔金森(G. Wilkinson)首次合成了三环戊二烯基镧系化合物，X射线结构测定证明$(CH_3C_5H_4)_3Nd$是通过甲基环戊二烯基桥组成的四聚体。埃文斯(D. F. Evans)于1970年合成σ-M—C键镧系金属化合物RLnI(Ln表示镧系金属)，RLnI的性质与格氏试剂相似，可与有机化合物醛、酮、酯、腈、酰氯、环氧、卤代有机烃、CO、CO_2以及含活泼氢化合物反应，产物因Ln金属变化而不同，具有高选择性，优于锂与镁试剂。用金属与相应卤代烷反应可制备RLnI。$[(C_5Me_5)_2LnH]_2$是目前活性最高的催化剂，25℃催化乙烯聚合，其中稀土离子性质对催化活性有明显的影响，其活性顺序为La≥Nd>Lu。通过Cp_2LnR的氢解反应制备。镧系元素化合物Cp_2LnCl和烯丙基锂反应得到环戊二烯基-π-烯丙基Ln(Ln=Sm、Er、Ho)。Sm、Eu、Yb是稳定的+2价态元素，费歇尔(E. O. Fischer)于1964年用Eu与环戊二烯在液氨中反应得到Cp_2Eu后，又合成Cp_2Yb和Cp_2Sm。这些二价化合物均具有特殊反应性能，如：与金属有机化合物反应；与过渡金属羰基化合物反应；与二苯乙炔、苯乙炔反应等。与过渡金属有机化学相比，镧系元素化学仍是待开发的新兴领域。

邻位金属化 [ortho-metallation]　全称导向邻位金属化。在芳香化合物中，对导向基团的邻位进行碳氢键活化、转金属化的过程。该过程是芳香环选择性碳氢键活化的方法之一。主要使用的金属试剂为锂试剂，但不局限于锂试剂。形成的邻位金属化中间体与亲电试剂反应可得到邻位官能团化的产物。

流变性 [fluxionality]　分子的两种或多种构型在化学和结构上等价，并在自由能相同的基态间发生重排的过程。可以分为：①在金属配合物中配体在金属原子骨架上的流动；②伴随配体流动，金属原子簇骨架变化。在金属原子骨架上发生配体流变的现象有：不饱和有机配体、CO、H、P等。

低温下核磁共振，流变速度足够慢，能清楚检测分子排布情况，温度升高时流变速度加快，检测到分子内部不同环境平均等价信号，如：π-烯丙基金属配合物，升温时，端头碳上的两种氢(H^2和H^3)互换位置，^1H NMR的共振谱线融合，这种动态流变现象是通过 σ-烯丙基配体进行的。流变性赋予这类金属配合物极大的化学活性。

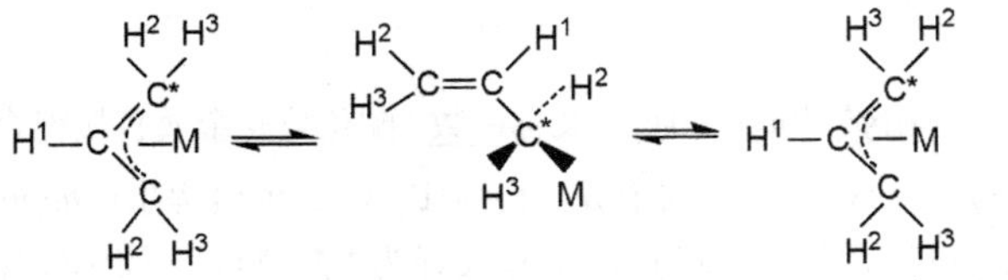

加热下，环戊二烯与硅的σ-共价键化合物η^1-$CpSiMe_3$中，$SiMe_3$在环上进行了1,5-迁移；η^1-环戊二烯基二甲基胂配合物用核磁共振谱证明$AsMe_2$基在环上迅速迁移。

硫羰基配体 [thiocarbonyl ligand] 具C═S结构的配体。硫羰基金属配合物是贝尔德(M. C. Baird)和威尔金森(G. Wilkinson)于1966年发现。硫羰基稳定性比羰基差，与金属配位可有三种形式：末端配位、桥式配位、双末端配位，如：$[CpFe(CO)(CS)]_2$配合物中C═S两个硫羰基均以桥式键连接2个Fe，使配合物结构稳定。一般制备硫羰基金属选用易得到的CS_2，用威尔金森催化剂同CS_2先形成η^2–CS_2配合物，再经过量的PPh_3还原，产生硫羰基铑配合物，反应一步完成。

裸簇 [naked cluster] 又称无配体原子簇。3个或3个以上原子相互键合，不含任何配体的原子簇。大都是周期表上P区主族金属原子簇，特别是较重的元素，如锡、铅、锑、铋、镓、铟、铊等，既能形成簇阴离子，又能形成簇阳离子。由金属铋还原三氯化铋和铪的氯化物的熔融盐体系得到的簇合物结构为$Bi_9^{5+}Bi^+(HfCl_6^{2-})_3$，大多由三角面构成多面体骨架。$Bi_9^{5+}$阳离子的几何构型为三帽三角棱柱体。簇合物中还含有$Bi^+$阳离子和$HfCl_6^{2-}$阴离子。P区的其他元素，磷、砷、硒和碲形成的裸原子簇，如：P_4、As_4、P_4Se_4等中性原子簇；Te_6^{4+}、Se_{10}^{2+}和$Te_2Se_8^{2+}$等阳离子簇，S_4N_4可通过$[(Me_3Si)_2N]_2S$、SCl_2和SO_2Cl_2在CH_2Cl_2溶液中反应制得。S_4N_4为橙色结晶，是绝缘体。

内鎓盐 [inner salt] 即叶立德配合物。

偶合反应 [coupling reaction] 即偶联反应。

偶联反应 [cross-coupling reaction] 又称偶合反应。在金属催化剂作用下，RX（X=卤素、OTf、磷酸酯等离去基团，R=烯基、芳基、联烯基、烯丙基、苄基、炔基等）与非过渡金属有机化合物R′—M′形成碳-碳键(R—R′)的反应。根据类型的不同，可分为交叉偶联和自身偶联反应。一般按反应底物、试剂和产物的不同，可分为熊田(Kumada)反应、铃木(Suzuki)反应、斯蒂尔(Stille)反应、根岸(Negishi)反应、赫克(Heck)反应、薗头(Sonogashira)反应等。交叉偶联反应因效率高、选择性好、反应条件温和，在有机合成和药物合成中有广泛应用。赫克(Heck)、根岸(Negishi)和铃木(Suzuki)三位化学家因在钯催化偶联构建碳-碳键领域的卓越贡献而获得2010年诺贝尔化学奖。

$$R—X + R'—M' \xrightarrow{[M]} R—R'$$

X = I, Br, Cl, OTf···
M = Pd, Ni, Fe, Rh···
M′ = Mg, B, Sn, Zn···

配位诱导重排 [coordination-induced rearrangement] 金属配合物中的配体在对中心金属配位时，往往会极大地改变金属中心的电子和空间立体环境，并活化整个金属配合物，从而发生新颖的骨架重排反应。这种通过配体进行诱导的重排反应可以用于构建新的金属配合物及有机化合物。例如以二茂锆为中心金属的锆杂环丁烯并硅杂环丁烯类化合物，可以在腈、端炔或酮等配体的配位诱导下，形成具有不同结构的新型有机锆配合物。

贫电子键 [electron deficient bond] 又称缺电子键。通常共价键两个电子成一对而成键，但某些元素与配体成键电子不足，称贫电子键。B_2H_6有8个B—H键，但可使用的电子对只有6个(硼有6个，氢有6个，共12个电子)是缺电子分子，利普斯科姆(W. N. Lipscomb)用分子轨道理论阐明了硼氢化物贫电子键问题。各B原子形成sp^3杂化轨道，2个端基氢原子与B形成共价键，各B原子剩下的2个sp^3轨道呈面对面状，氢进入桥的位置，氢原子以1s轨道和sp^3轨道重叠，形成B—H—B原子组的一个轨道，其中硼原子和桥联的H原子分别提供1个电子，用4个电子组成2组B—H—B键，1对电子用于3个原子，这样的键称三中心二电子键。Li、Be、Mg、B、Al等元素的烷基化合物和氢化物均属于贫电子键形成的分子，单个分子不稳定，以多聚体存在。

平面三角构型 [trigonal planar configuration] 配位数为3，配体空间阻力大，与金属原子配位形成平面三角形构型。平面三角配位化合物比较少，主要是d^{10}配合物，如：铂(0)、钯(0)、Cu(Ⅰ)等，d轨道裂分 dz^2、d^*x^2–y^2和d^*xy轨道电子已填满(*号轨道表明是反键)，只具有微弱的反键性质，当三个庞大的配位体，配位填满电子的球形 d 壳层的金属上时，由于配位体之间的排斥作用，形成尽量保持最远，尽可能对称的结构。立体几何证明：在球面上相互之间相距最远的三点是通过球心的平面上的内接三角形的三个顶点。所以三个配体是等同的，不可能有异构现象，与金属配位形成平面三角构型，如：$KCu(CN)_2$、$Pt(PPh_3)_3$、$In(CH_3)_3$等。

迁移插入[反应] [migratory insertion] 多重键与金属配位使多重键活化，同时M—R键弱化而发生迁移的插入反应。反应中金属氧化态不发生改变，金属中心电子数下降2，金属中心产生空配位。CO插入反应大多是可逆的，用^{13}CO标记实验证明CO迁移插入。如：烷基五羰基锰在配体L为PPh_3

存在下，M—R上首先发生R向邻位CO迁移，生成配位不饱和的$RCOM(CO)_4L$酰基金属配合物，空配位由PPh_3补充。酰基金属配合物进一步反应给出羰基配合物，为反迁移插入反应。在反应进行中烷基保持立体构型。

前[期]过渡金属 **[early transition metal]** 铬、钼、钨、钒、铌、钽、钛、锆等，可和烃基(烷、芳、烯基和炔基等)以σ-键合形成σ-烃基金属，与羰基配位生成单核、多核羰基金属，如：$V(CO)_6$黑色晶体；$Mo(CO)_6$无色晶体；$W(CO)_6$无色晶体；$V_2(CO)_{12}$黄橙色。金属与二价碳以双键结合成金属卡宾，前过渡金属的特征反应是形成施罗克卡宾，具有叶立德性质，和羰基化合物发生类维蒂希反应，生成烯基化产物。应用在许多重要反应，如：炔烃环化反应，天然产物合成，维生素K、E的合成中。金属与一价碳以三键键合生成金属卡拜。铬、钼、钨、钽、锇生成相应金属卡拜。金属与环戊二烯基、苯以π键键合形成π-环戊二烯基和π-苯金属化合物，如：$(Cp_2Ti)_2$深绿色；$(Cp_2Zr)_2$紫黑色；Cp_2V紫色；$(Ph_5C_5)_2Mo$红色。苯与金属的夹心化合物，最典型是二苯铬(0)；半夹心结构的π-苯三羰基钼(0)；混合配体夹心式$(\pi\text{-}C_5H_5)Mn(\pi\text{-}C_6H_6)$。前过渡金属可以形成双核、多核有机簇类化合物。铌和钽可与有机物形成结构特殊的三核、四核、六核金属簇。钛系金属有机化合物发展很快，新化合物、新材料研究活跃。

桥连原子 **[bridgehead atom]** 即桥头原子。

桥羰基 **[bridging carbonyl]** 一氧化碳分子可以和一个、两个或三个金属原子键合，这种配位方式称为桥羰基，红外光谱表征桥式羰基频率低至约1625 cm^{-1}。桥羰基结构中的M—M键越短，形成桥羰基倾向性越大。一氧化碳和金属原子配位方式有：端基(a)、边桥基(b)、半桥基(c)、面桥基(d)和侧基(e)，最常见的是端基配位。

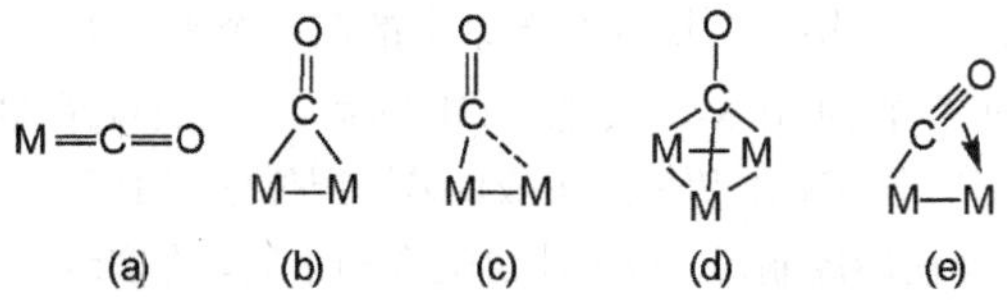

桥头原子 **[bridgehead atom]** 又称桥连原子。当配位的原子与基团以桥键合在两个金属或多个金属之间时，处于桥连位置的原子。如：Ph_3PbCl是一个缔合链状结构，具有不规则的五配位三角双锥构型，Cl为桥头原子。单体$CpBeBH_4$，铍与硼之间是H桥联结。三甲基铝二聚体是以甲基碳为桥头原子。Me_3PbOMe是通过氧桥连结Pb而成的聚合物。甲基烷氧基镁$MeMgOCPh_2Me$在乙醚溶液中，通过镁原子之间的氧桥发生二聚，桥头原子是氧和甲基碳。二甲基硅桥杂环化合物，是以硅原子为桥头原子。$\mu\text{-}Se_2Fe_2(CO)_6$中Se—Se键常用$LiEt_3BH$作用生成双硒桥阴离子，这类化合物中，桥头原子是硒。

氢芳基化 **[hydroarylation]** 在金属催化剂的存在下将氢和芳基同时引入有机分子的反应。通过芳香化合物中的C—H键活化，实现对烯烃或炔烃中不饱和键的加成，可使芳香化合物衍生化。氢芳基化的反应模式、使用的催化剂以及反应机理会随着底物的不同而有大的差别。除含有C—H键的芳香有机物外，芳基金属试剂也可作为氢芳基化试剂。

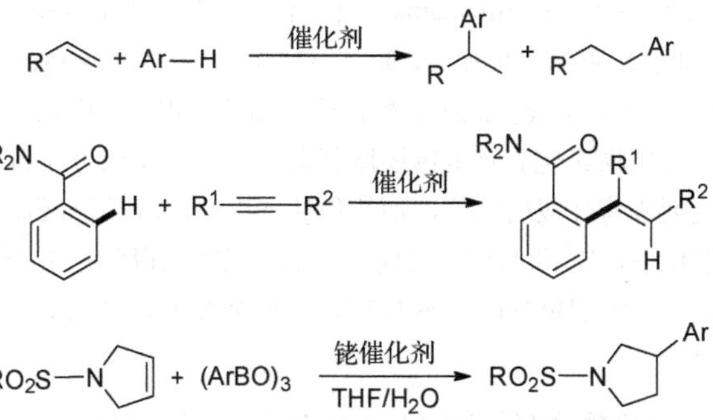

氢锆化 **[hydrozirconation]** 又称锆氢化。极性和非极性重键插入锆-氢键的反应。施瓦茨(J. Schwartz)将$Cp_2Zr(H)Cl$用于烯烃与炔烃的锆氢化反应，烯烃插入Zr—H键，生成烷基锆，炔烃则生成相应的烯基锆，反应中Zr与H呈顺位，锆加在取代烯烃的取代基小的一端，端炔比链中炔的锆氢化反应快，生成物产率高，稳定，反应具有高度立体选择性和区域选择性。$Cp_2Zr(H)Cl$(Schwartz试剂)是以Cp_2ZrCl_2为原料，经$LiAlH_4$还原制得。利用氢锆化，再通过金属交换，可以制备各种金属试剂，广泛用于有机合成。

Fe-氢化酶 **[Fe-hydrogenase]** 即唯铁氢化酶。

氢金属化[反应] **[hydrometallation]** 又称金属氢化反应。碳碳不饱和键对氢金属键的插入反应。反应中生成碳氢键和新的碳金属键，如：氢铝化、氢锡化、氢锆化、氢镁化等，末端炔与二异丁基氢化铝$i\text{-}Bu_2AlH$反应，顺式加成，铝加在末端碳上，生成烯基二异丁基铝；取代炔烃在异丁基溴化镁和催化量Cp_2TiCl_2作用下，先由其中产生的Ti—H物种与炔烃发生顺式加成，生成烯基钛，再经金属交换生成烯基镁。该类反应由于原料易得、操作简便、立体选择性好，被广泛用于金属试剂的合成中。

氢膦化反应 **[hydrophosphination reaction]** 将氢和膦基(R_2P—)同时引入有机分子的反应。通过含有P—H键的有机膦化合物对烯烃或炔烃中不饱和键的加成，可以有效地构建有机膦化合物，是合成膦配体的有效途径。

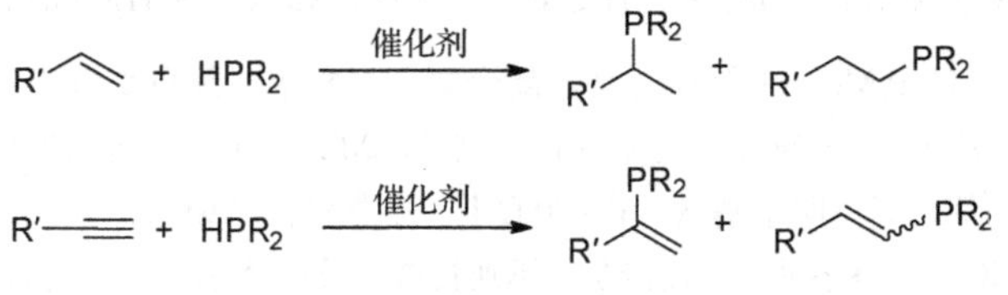

氢烯基化 **[hydroalkenylation]** 将氢和烯基同时引入

有机分子的反应。通过对烯烃中的C—H键活化使其对烯烃或炔烃中的不饱和键进行加成，从而实现对烯烃衍生物的制备。

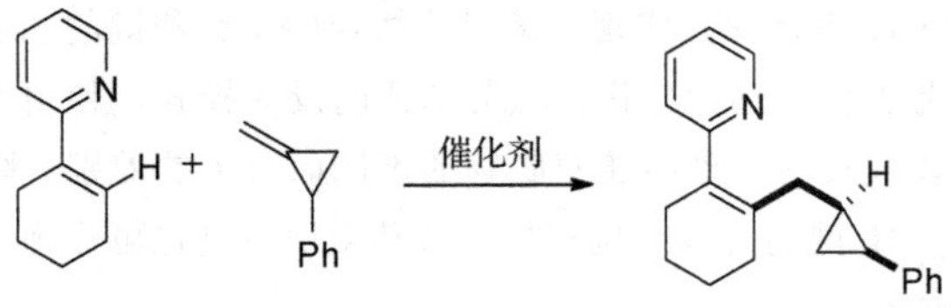

氢锡化 [hydrostannation] 有机氢锡化物Bu_3SnH与极性、非极性重键发生加成，如：与C═C、C≡C、C═O、C═N和N═N等，生成官能团有机锡化合物的过程。有机氢锡化物用锡卤化物或烷氧有机锡还原制得。氢锡化反应可在自由基引发剂或紫外线引发下、加热条件下进行。现已发展在零价钯催化下，Bu_3SnH与溴代炔烃发生顺式加成得到三丁基锡取代烯烃，H与Bu_3Sn在烯烃同侧，一般情况下有机氢锡化物较稳定。

去除插入[反应] [deinsertion] 又称反插入反应。插入反应的逆反应。烯烃的插入反应的逆反应称为β-消除反应；CO插入M—R键逆反应是脱除羰基反应。β-消除反应是指金属有机化合物中，金属中心原子对其β-位上基团的攫取反应。在这一过程中，金属的电子数和氧化态都保持不变。最常见的β-消除反应是β-氢的消除或称为β-氢转移-烯烃消除。反应有以下步骤：①中心金属1个配体的解离，存在1个空配位；②金属通过攫取β-H形成四中心烯烃-氢过渡配位物；③烯烃从金属烯烃配合物上顺式消除；④如果是二烷基配位于金属上时，生成烷基一氢配合物经还原消除得到烷烃。

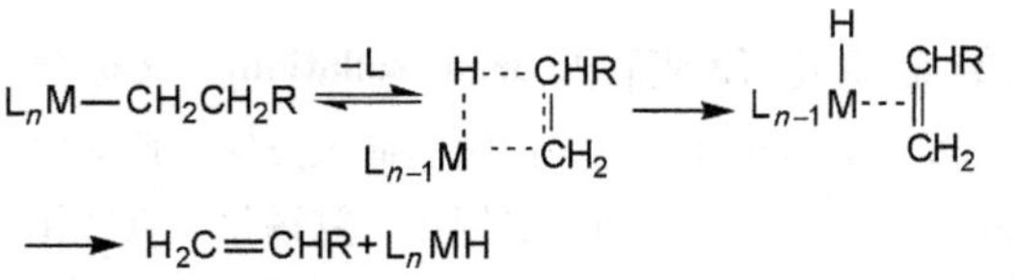

金属攫取β-位的氢时，M—C—C—H共平面，金属和β-氢原子的相互作用变大，顺式消除。二价钯配合物中心金属还能消除β-位卤素、乙酰氧基、烷氧基、羟基等杂原子。CO插入反应在大多数情况下是可逆的，逆反应是CO的反插入或称脱羰基化。

全同[配体]配合物 [homoleptic complex] 所有和金属键联的基团都相同的配合物。中心金属配体只含有烷基或芳基的配合物性质不稳定，如：$Ti(CH_3)_4$在−50℃分解，当加入联吡啶得到$Ti(CH_3)_4(bipy)$后对热稳定，0℃不分解。当烷基是特殊的烷基时，如：$—CH_2C_6H_5$、$—CH_2SiMe_3$、$—CH_2CMe_3$、$—CH_2\overset{+}{P}Me_3$、1-降冰片基，配合物相当稳定。配位烷基中不含β-H，配合物可以稳定存在。制备R_nM类型化合物时需严格条件，如：四甲基钛，在−80℃下，甲基锂的乙醚溶液加入到$TiCl_4$-乙醚溶液中，慢滴加，迅速搅拌，反应体系无水、无氧。反应过程严格控制在−80℃不变。在−80℃下形成的Me_4Ti为黄色固体，超过−78℃立即分解。

炔基金属 [metal alkynyl; alkynyl metal] 炔基与金属以σ-键合的配合物。可分为仅含炔基的配合物及混合配体配合物，如：炔铜Cu—C≡CR和$(Et_3P)_2Pt(C≡CR)_2$。金、银、铜双金属乙炔易爆炸，炔基上有R基稳定性增加，一般以聚合态存在。如：三氯化金与溴化钾经SO_2还原与苯乙炔反应得到苯乙炔金的聚合态。炔基金属一般用碱金属炔化物与过渡金属卤化物制备。经X射线衍射证实。π-环戊二烯基和羰基混合配体的炔基金属配合物是稳定的，如：π-$CpFe(CO)_2$(σ-C≡CR)，在空气中，加热至120℃不分解。

π-炔烃金属配合物 [π-alkyne metal complexes] 几乎所有过渡金属都能与炔反应，但由于π-炔烃金属配合物很活泼，能进一步与炔烃生成更复杂的配合物或有机物，因此很难有结构简单、稳定的π-炔烃金属配合物。根据配体和金属原子的数目，可分为单炔单核配合物、单炔多核配合物及多炔单核配合物。许多单炔双核或单炔多核配合物的结构已被表征，证明属于原子簇，一般很难用简单价键方法表示真正结构。π-炔烃金属配合物的稳定化合物，例如，π-炔烃铂可以由炔烃直接制备，但能够分离的化合物往往在炔键上带有提高动力学稳定性的取代基；用九羰基二铁同二苯乙炔在温和条件下反应可以制得三核单炔配合物。π-炔烃金属配合物能接受亲核试剂进攻，能作为炔烃环齐聚的中间体，也是合成有机化合物和金属有机化合物、聚合物等的试剂。

π-炔烃配合物 [alkyne complex] 含C≡C键、乙炔及衍生物，以π键与金属键合配合物。二苯乙炔与两个钴原子配位生成二苯基乙炔六羰基二钴$[(C_6H_5C≡CC_6H_5)Co_2(CO)_6]$，即乙炔有两个垂直的π轨道分别与两个金属生成π键，横跨在两个钴原子间，乙炔两个碳原子与两个钴原子形成歪四面体，两个苯基向钴原子反侧方向弯曲，配位炔键键长介于双键与单键之间。双(三苯基膦)二苯基乙炔铂配合物，是乙炔与一个金属配位，铂和乙炔两个碳原子都在一个平面上，与乙炔相连的苯基向铂反侧弯曲。铂的π-二苯炔配合物是以$(Ph_3P)_2PtCl_2$与N_2H_4和烯烃生成π-烯烃配位中间配合物再用二苯乙炔置换烯烃制得。与上述炔配合物不同，许多π-炔烃金属配合物很活泼，能进一步同炔烃反应，生成更复杂配合物，这是π-炔烃金属配合物作为炔烃齐聚的重要试剂或中间体的必备性质。

缺电子键 [electron deficient bond] 即贫电子键。

三扣[连]配体 [trihapto ligand] 与金属键合的配体碳原子数为3。π-烯丙基三个碳原子同金属形成π-烯丙基金属，表示为η^3-烯丙基，是三扣[连]配体，如：R-烯丙基卤、R—CH═CH_2取代烯烃；带有离去基团的烯丙基类化合物，如：烯丙基乙酸酯、碳酸酯及炔丙基碳酸酯等与金属配位都能形成三扣[连]配体。

胂叶立德 [arsonium ylide] 利用三取代的胂与卤代烷反应，生成四级盐，再用碱处理后得到的化合物(R_3As^+—$^-CR'R''$)。活泼胂叶立德与羰基化合物反应可生成环氧化合物，副产物为三苯基胂。我国黄耀曾于 20 世纪 60 年代发展带有吸电子基的稳定胂叶立德，其反应活性高，不仅能与醛、酮反应生成烯烃化合物，且能与 α, β-不饱和酸、酯形成环丙烷衍生物。20 世纪 80 年代黄耀曾等将固液相转移技术用于砷的维蒂希反应，在弱碱 K_2CO_3(固)和微量水及室温条件下与醛反应，可以一步高产率、高立体选择性地合成多烯醛、酮、酰胺。这一简捷、温和的方法已成功地用于多种天然产物的合成。

生物甲基化 [biomethylation] 金属从无机状态被菌类、细菌转化为含金属碳键的甲基金属化合物。生物甲基化是生命体系中复杂的生化过程，但不是所有元素都可以甲基化。目前已知汞、铅、锡、砷、硒等均可发生类似反应：$Hg^{2+} \longrightarrow CH_3Hg^+$。经烷基化的金属有机化合物改变了金属的毒性，如：甲基汞的毒性大于Hg^{2+}，三甲基胂盐的毒性大于亚砷酸盐，烷基锡比无机锡毒性强，但甲基硒毒性比无机硒要小。经甲基化元素性质的变化，如：不易进行化学反应、溶解度减小、脂溶性和挥发性增加，更易于生物富集。生物甲基化通过微生物进行，在生物体内提供甲基代谢物的有蛋氨酸、维生素B_{12}及一些辅酶等，已证明维生素B_{12}参与的生物甲基化过程。

施罗克卡宾配合物 [Schrock carbene complex] 又称亚烷基配合物。由烷基配合物经α-消除反应而合成。1974 年，施罗克(Schrock)合成了碳卡宾与钽形成的配合物$(Me_3CCH_2)_3Ta{=}CCMe_3H$，不太稳定。它的结构特点是与卡宾碳原子相连的基团仅有含碳基团或氢原子。由于它的化学性质与费歇尔(Fisher)卡宾差别较大，被称为施罗克(Schrock)卡宾。可以催化环状烯烃发生开环聚合。

手套箱技术 [glove-box technique] 进行无水无氧合成操作，转移产品等必用的惰性气体箱。手套箱用于复杂固体转移、进行敏感固体称量、红外样品研磨和X射线样品装管，相当于操作方便的小型实验室。除了用于操作空气敏感化合物外，也可用于转移放射性物质、有毒物质和具有危险性的生物制剂。手套箱系金属结构安装有机玻璃窗和照明设备，通常使用循环气体净化器用快速惰性气流冲洗干燥箱，以降低气氛气体中的杂质，最常用气体是氮气，当被操作的物质能与N_2反应时，可用He或Ar气。循环净化气体流恒压操作室主体与前室两部分，两部分之间有承压闸门，在前室放入所需物品后即关闭抽空并充入惰气，当前室达到与操作室相等压力时，即打开内部闸门将所需物品送入操作室。操作室内有电源、低温冰箱及抽气口。

受体配体 [acceptor ligand] 又称π酸。配体与金属键合时能从金属移走过剩电荷。与金属配位的配体通过dπ轨道，能接受金属d轨道的电子反馈，如：配体一氧化碳的碳原子上孤对电子和中心金属原子的空轨道形成σ-键，而过渡金属充满电子的d轨道与CO的反键π*空轨道相互交盖形成反馈π键，M—CO反馈键的存在意味着电子从中心金属原子转移到CO上，这种键合σ-π配键，使CO成为最重要的π-酸配体，即受体配体。和金属配位的烯烃是π-受体配体。与CO某种程度类似，在与金属键配位时性质相同的受体配体还有N_2、NO、CO_2、CS、RNC、CN^-等，CN^-、RNC和CO比较，π-接受性增强顺序为：$CN^- < RNC < CO$。叔膦是一类重要配体，PF_3与CO为类似的π-受体。叔膦作为π-受体按下列顺序增加：

$$PMe_3 \approx P(NR)_3 < PAr_3 < P(OMe)_3 < P(OAr)_3 < PCl_3 < CO \approx PF_3$$

双齿双氧配合物 [η^2-peroxo complex] 即η^2-过氧配合物。

双氮配合物 [dinitrogen complex] 氮分子的金属配合物。IUPAC将与金属配位的N_2正式命名为“双氮”。双氮配合物是非碳配体，普遍存在于金属有机配合物中，起到重要作用。大多数单核双氮配合物的N_2配体是以端头与金属键联，M—N键距比相应单键稍短，说明存在一定程度dπ-pπ反馈键。桥双氮配合物的双氮配体与金属结合常以M—N≡N—M直线型结构。瓦斯卡(Vaska)配合物$IrCl(CO)(PPh_3)_2$与酰基叠氮得到金属铱双氮配合物，反式-$IrClN_2(PPh_3)_2$。双氮过渡金属配合物可在N_2气流中还原，或以N_2取代金属配合物活泼配体的方法制备。

双金属试剂 [organo-bi-metallic reagents] 从概念上讲，如果一个分子中存在两个碳-金属键，则构成双金属试剂。双金属试剂中的碳-金属键之间，在有机配体桥连的配合下，可能发生协同作用，从而表现出不同于其相应单金属试剂的反应类型。例如，双锂试剂1,4-二锂-1,3-丁二烯和醛、酮的反应中，由于双锂化合物的两个锂原子靠得很近，从而可使它们与醛、酮的反应能协同进行，生成非预期的多取代环戊二烯。

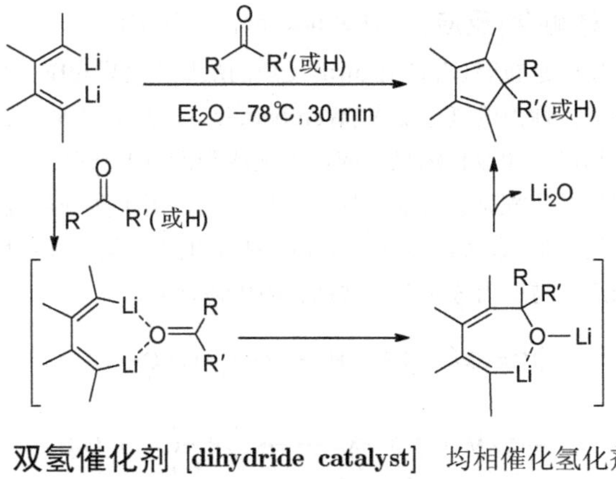

双氢催化剂 [dihydride catalyst] 均相催化氢化剂的一种。在催化循环某一步形成含有两个邻位氢配体*cis*-MH_2(M是金属)的均相催化剂。催化氢化为顺式加成，如：威尔金森催化剂，1964年威尔金森(G. Wilkinson)和科菲(R. S. Coffey)

分别独立地发现了铑(Ⅰ)配合物$RhCl(PPh_3)_2$能催化烯烃氢化、共轭烯及炔。催化剂可用三苯基膦还原溶于乙醇的铑(Ⅲ)水合物$RhCl_3(H_2O)_x$制备。也可用铑(Ⅲ)水合物用烯还原为二聚铑(Ⅰ)双烯配合物，再用膦处理得到。Wilkinson催化剂催化非共轭烯及炔在常温和低氢压下顺利氢化；催化反应选择性很高，不能催化还原以下化合物的不饱和基团，如：芳烃、酮、酯、酸、酰胺、腈、偶氮、硝基。

β-双亚胺配体 [1,3-diketimine ligand; HNacNac] 其对应的阴离子NacNac属于阴离子双齿配体，可与低价主族金属或过渡金属形成配合物，用于催化CO_2与环氧化合物的共聚反应、赫克反应和其他偶联反应，在有机合成领域中有广泛应用。通过1,3-二羰基化合物与一级芳胺或脂肪胺反应可方便制备各种不同取代基的β-双亚胺配体。

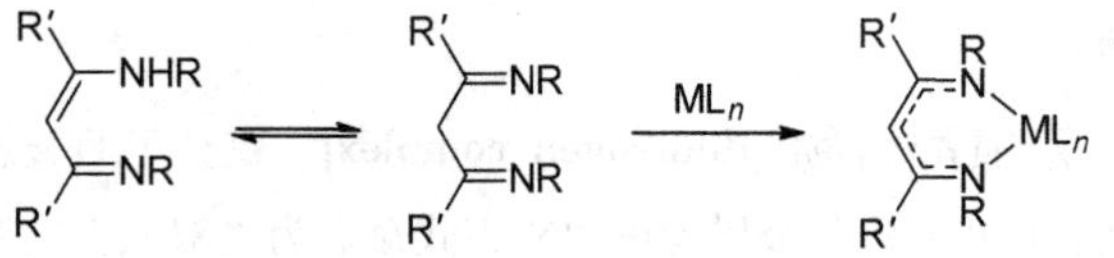

双氧配合物 [dioxygen complex] 分子氧作为配体与金属相连的配合物。单核过渡金属双氧配合物可分为：双齿过氧化物配合物和单齿超氧化物配合物。

η^2-过氧配合物　　η^1-超氧配合物

双氧配合物参与许多过渡金属催化有机物的氧化反应；与双氧结合的铁、铜和金属酶参与生物的氧化过程。一般由氧进行的有机化合物氧化反应，通常是自由基反应，难以进行选择性氧化，而双氧配合物却能在温和条件下进行选择性氧化。通过金属氧化物与过氧化氢在配体六甲基磷酸三酰胺存在下，制得η^2-过氧配合物。η^1-超氧配合物性质高度活泼，常被酸所降解。

π酸 [π-acid] 即受体配体。

碳硼化[反应] [carboboration] C—B键生成的反应。重要反应是布朗(H. C. Brown)发现的烯烃、炔烃和B—H键加成反应，称为硼氢化反应(hydroboration)，反应迅速、定量、顺式加成，和取代烯烃反应，硼加成到没有取代基的碳上，遵守反马式规则。方法简捷，应用广泛，用于多种类型有机硼烷的制备。金属转移反应也是C—B键生成的又一基本反应，反应活性与所用金属有机试剂和硼化物有关。

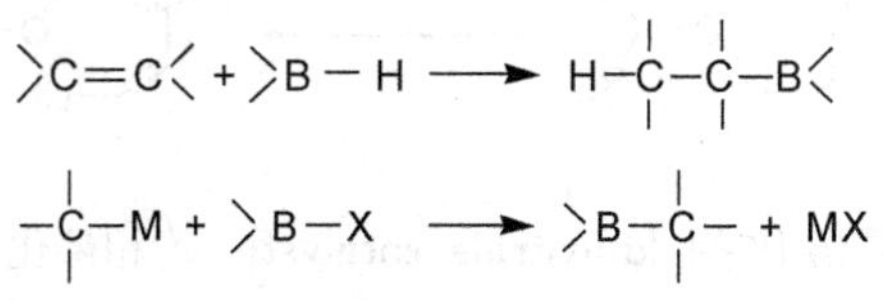

反应性顺序为，M：Li>Mg>Al；X：F>Cl>Br>OR

羰基金属配合物 [metal carbonyl complexes] 一般指金属与一氧化碳形成的配合物。在过渡金属与一氧化碳形成的配合物中，一氧化碳以碳和金属相连，一氧化碳把孤对电子给予中心金属原子的空轨道，形成σ-配键，而中心金属原子将其d轨道上的电子反馈到一氧化碳的反键π-轨道形成反配位π键，称为σ-π电子授受配键。实验事实证明，在这些配合物中C—O键比自由的CO中的C—O键长，红外光谱频率变小，说明已经配位的CO中的C—O键被削弱，金属碳键键长要比一般单键短，趋向双键，C—O键被削弱的结果使原本惰性CO可发生多种反应。按照配体的种类，可分为全羰基金属配合物和混合配体羰基金属配合物；按照所含金属的多寡，则可分为单核与多核羰基配合物。单核羰基配合物的制备一般是通过还原金属卤化物和一氧化碳存在下制得，多核羰基配合物则常用金属羰基物受光照射后失去一氧化碳形成含金属-金属键多核配合物。能发生许多计量和催化反应，在有机合成、金属有机合成等方面有重要应用。

羰基铀配合物 [uranium carbonyl complex] 含有铀-羰基键的配合物。U的外层电子构型为$5f^3 6d^1 7s^2$，属锕系元素，根据“软硬酸”原理，U为“硬酸”金属离子，一般不能与CO生成σ-π键。1987年伯斯特(B. E. Burster)等用X_α-SW分子轨道计算同相对论校正，对$Cp_3U(CO)$的电子结构，U—CO之间的化学键合进行了计算、讨论，表明：在$Cp_3U(CO)$配合物中，形成U—CO键的是两个重要相互作用。由CO 3σ孤对电子与U的空6d轨道相互作用，形成U—CO之间的σ-键，而U的延伸的5f轨道与CO反键空轨道相互作用，生成2个π-反馈键。分子中键长与键角：U—C(Cp) 2.79Å；C—O 1.15 Å；C—C 1.39 Å；C—H 1.00 Å；U—C(CO) 2.29 Å；Cp(中心)—U—L键角100°(L=CO)。埃文斯(W. J. Evans)等于2003年报道了$(C_5Me_5)_3U(CO)$配合物的合成，配合物经由^1H NMR谱和红外谱，以及X射线衍射晶体结构测定。$(C_5Me_5)_3U(CO)$化学式为$C_{31}H_{45}OU$，分子量671.72，黑色晶体，对空气、湿气敏感，能溶于甲苯、已烷。在手套箱内，过量的1 atm CO通入到已溶于甲苯的$(C_5Me_5)_3U$的溶液中，得到$(C_5Me_5)_3U(CO)$。

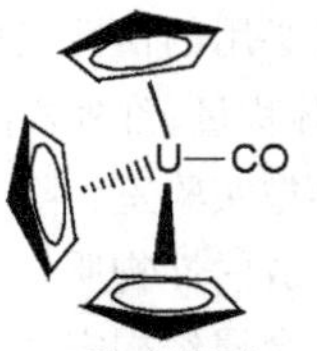

$Cp_3U(CO)$

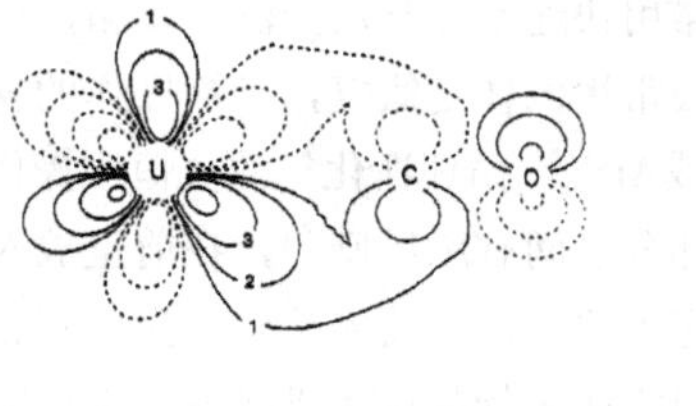

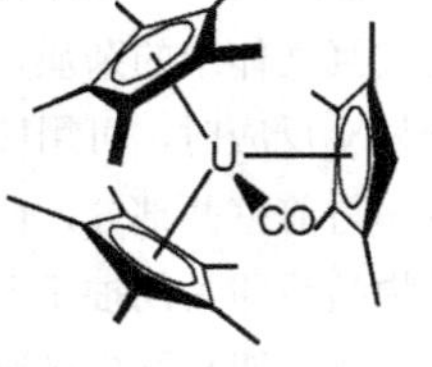

$Cp_3U(CO)$中U—CO的键合　　$(C_5Me_5)_3U(CO)$

烃川基配合物 [alkylidine complex] 即次烃基配合物。

脱金属化 [demetallation] 在金属有机化学反应中，

金属有机化合物中的金属脱去，生成不含碳-金属键的普通有机化合物的反应。如金属有机化合物可以与水反应，生成碳氢化合物和金属的氢氧化物，还可以和醇、羧酸、硫醇、胺等含有活泼氢的试剂反应。

唯铁氢化酶 [Fe-only hydrogenase] 又称Fe-氢化酶。20世纪50年代发现了一些微生物含有氢化酶，存在于梭菌、普通脱硫弧菌和绿藻中的Fe-氢化酶研究较多。巴氏梭菌中Fe-氢化酶分子由单一的多肽链组成，分子量为60 000。存在于普通脱硫弧菌中的Fe-氢化酶则是由分子量分别为46 000和10 000的两条多肽链组成。后者含有13～15个铁原子和大约相同数目的硫原子，其中的8个构成了两个[Fe_4-S_4]簇，6个铁原子构成了氢簇。在巴氏梭菌中的Fe-氢化酶除含有[Fe_4-S_4]簇外还有[Fe_2-S_2]簇。Fe-氢化酶活性中心是两个铁原子以桥键连接的双金属中心，每个铁原子均与CN^-、CO和S配位，硫代半胱氨酸配位于其中一个铁原子，并与近端[Fe_4-S_4]簇相连。簇上铁原子又与酶蛋白配位，形成由六个配体与铁原子配位而高度扭曲的八面体结构。Fe-氢酶活性中心近端的[Fe_4-S_4]能够直接从活性中心获得电子，远端的[Fe_4-S_4]簇可能起着调节氢酶同电子载体之间的电子交换。质子依靠载体和受体基团，旋转式或振动式运动实现在蛋白质分子内传递，氢酶催化反应中与Fe原子配位的CO、CN^-成为氢负离子的结合位点。唯铁氢化酶活性中心结构与催化机理研究还有待深入研究。

维尔纳配合物 [Werner complex] 释文见无机化学同名词条。

无配体原子簇 [non-ligand cluster] 即裸簇。

五甲基环戊二烯基 [pentamethylcyclopentadienyl] 含有5个甲基取代的环戊二烯基配体。1978年梅特里斯(P. M. Maitlis)合成了五甲基环戊二烯基化合物。五个甲基的引入增加了在烃类溶剂中的溶解度，增强了配位场强度，与环戊二烯基比较，五甲基环戊二烯基是空间位阻大和给电子作用较强的配位体，与金属配位，使配合物性质发生变化，如：$(C_5Me_5)_2LnX$比相应$(C_5H_5)_2LnX$更容易制得，更容易氧化。20世纪80年代，稀土化学重要进展之一就是利用立体位阻大的五甲基环戊二烯基成功地合成一系列轻稀土氯化物。五甲基环戊二烯基钠与钛、锆、铪的四氯化物反应形成弯曲型夹心结构配合物。用η^5-五甲基环戊二烯基合成金属配合物：

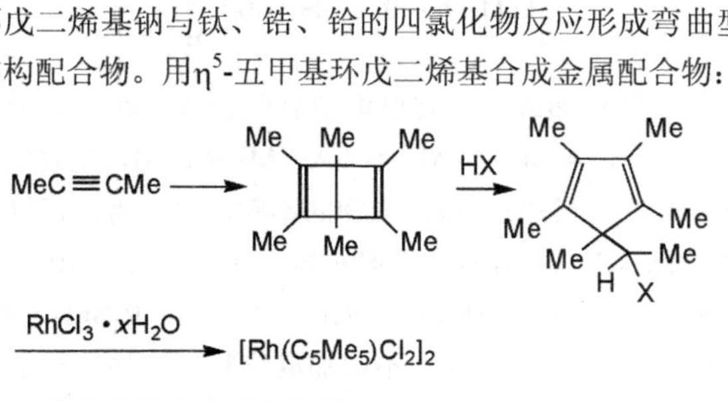

π-烯丙基金属配合物 [π-allylmetal complexes] π-烯丙基[η^3-配位体(三电子配体)，其三个碳呈等腰三角形]的三个pπ原子轨道组成三组分子轨道再与金属原子轨道线性组合形成的配合物。其结构属于流变性结构，并赋予这类金属化合物高的化学活性。π-烯丙基金属配合物有：π-烯丙基羰基金属(Mn，Fe，Co)；π-烯丙基卤素金属(Rh，Ni，Pd，Pt)；π-烯丙基环戊二烯基金属(Ti，Ni，Pd)化合物等，其中π-烯丙基氯化钯、π-烯丙基氯化镍的反应及其在精细有机合成中的应用已有较充分的研究。π-烯丙基金属配合物可用烯丙基格氏试剂与相应的金属盐反应，也可用与烯丙基卤相应的羰基金属负离子反应制备，最简捷的方法是用丙烯与金属卤化物反应制备。其化学活性因金属和配体的不同而异，近年来在精细有机合成、不对称合成及天然产物合成中得到广泛应用。

烯烃金属 [metal alkenyl; alkenyl metal] 烯基与金属以σ-键合的金属配合物，具有M—CH═CHR结构如：σ-烯基锆，其可用锆氢化试剂与取代炔烃反应制备。该反应具有高度立体选择性和区域选择性，锆加在取代基空间位阻小的一端，如：甲基异丙基乙炔与锆氢化试剂反应，锆加在甲基一端。烯基锆与卤化铝可发生转金属化反应生成烯基铝。它的活性高，能与酰卤迅速反应。σ-烯基铜酸锂是用烯基锂与卤化亚铜反应制得。σ-烯基铜酸锂是有机合成中，选择性高的烯基化试剂。可与α,β-不饱和羰基化合物进行1,4-共轭加成。

π-烯烃金属配合物 [π-alkene metal complexes] 含σ-和π-键的金属烯烃配合物。由烯烃成键轨道上的π电子给予金属σ空轨道，形成σ-授予键，同时，充满电子的金属d轨道与烯烃的反键空轨道π*相交盖(π-反馈)，形成的配合物。配合物中配体以侧基与金属配位。按烯烃配体的种类，可分为π-单烯烃金属配合物、π-多烯烃配合物和π-环烯烃金属配合物等。该类配合物的碳碳双键比普通碳碳双键的键长，红外光谱频率变小，说明与过渡金属配位的烯烃双键受到削弱，可发生多种普通双键不能发生的化学反应。可由烯烃和相应的金属盐，用二氯化锡作催化剂方便地制备；也可由烯烃和羰基金属配合物在高压下制备或者由含卤烯烃与羰基金属配合物反应制得。π-烯烃金属配合物能发生一系列有意义的化学反应：如亲核反应、氢攫取反应、非络合双键上的反应、亲电取代反应等。著名的瓦克尔(Wacker)法，即烯烃在氯化钯存在下被氧化成醛的工业流程就是利用配位于钯(Ⅱ)的乙烯受到水的亲核进攻的反应。这一方法的成功是π-烯烃金属配合物反应在化学工业上取得技术革新的巨大成果。

烯烃配合物 [olefin complex] 金属与烯烃以π键和σ键配位的配合物。π-烯烃金属配合物有π-单烯烃配合物和π-多烯烃配合物。蔡斯盐是单烯烃配合物$K[Cl_3Pt(C_2H_4)]\cdot H_2O$由金属铂与烯烃两个碳键合，既有σ-键，也有π键，烯烃的π-电子进入铂的σ-空轨道，形成σ-授予键，充满电子的金属d轨道与烯的反键空轨道π*交盖，形成π-反馈键，是平面四方形结构，黄色晶体。用烯烃和金属盐在$SnCl_2$催化下反应制得π-烯烃金属配合物。π-多烯烃配合物中，π-丁二烯三羰基铁，一般表示为以下三种结构式，但并不意味着该配合物的真正电荷分配。

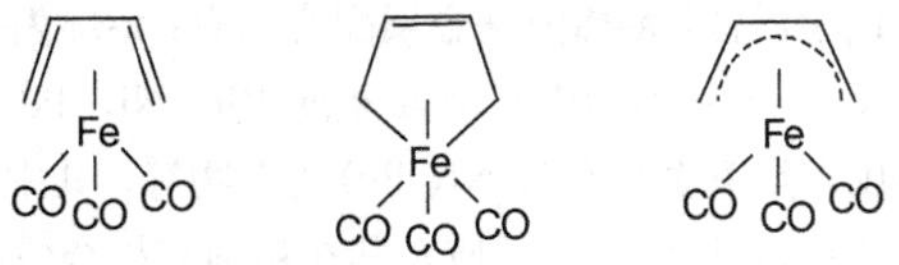

三亚甲基碳自由基只在和金属配位时才能稳定存在。可以看作为特殊的共轭多烯有4个p电子，三个等同的亚甲基和一个叔碳原子，每个碳原子都是sp^2构型，四个碳原子在一个平面上，中心碳原子上p轨道要同时与三个碳原子的p轨道交盖，电荷集中于中心碳原子上，性质极为活泼，可由双(氯甲基)乙烯和九羰基二铁反应得到三亚甲基碳铁配合物。

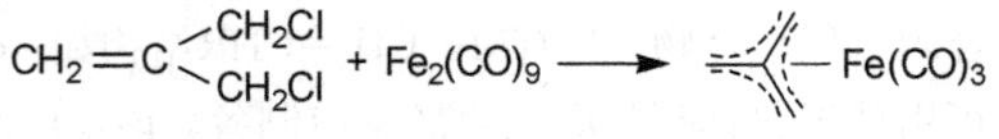

环状单烯与多烯同过渡金属配位化合物中，环丁二烯可同金属形成稳定的配位体，同时又具有活泼双键性质。可由含卤烯烃与羰基金属制备π-环丁二烯金属配合物。Pt(Ⅱ)和Fe(Ⅱ)与烯烃配位，配位烯烃易受亲核试剂Nu进攻，发生反式加成生成σ-烷基金属化合物，反应发生在取代基多的一端。

硒羰基 [selenocarbonyl] 具C═Se结构。至今硒羰基配合物稀少。硒羰基—CSe金属化合物的合成，以二硒化碳为原料进行制备，如：锰的配合物(a)与CSe_2反应，生成中间化合物(b)再加入三苯基磷，生成含硒羰基的锰金属配合物(c)。

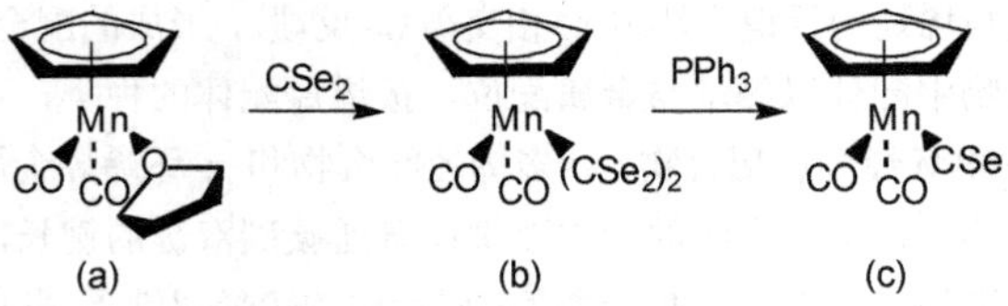

稀土金属有机化学 [organo rare-earth-metal chemistry; organolanthanide chemistry] 研究含有稀土金属碳键的稀土金属有机化合物的合成、结构和反应的学科。1954年，英国化学家威尔金森(G. Wilkinson)合成第一个三茂稀土金属有机化合物。稀土金属有机化学的发展经历了20世纪60～70年代的鲜为人知、80年代的方兴未艾和90年代后的蓬勃发展三个阶段。

Schlenk线 [Schlenk line] 即真空线技术。

硝基配体 [nitro ligand] NO_2以氮原子配位的配体。属于含氮配体的一种。

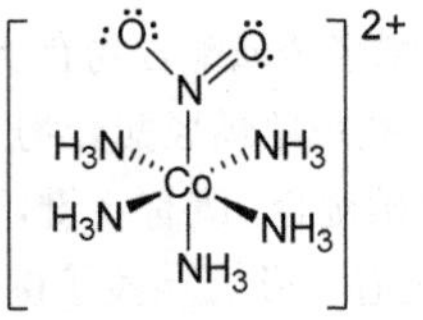

亚烃基配合物 [alkylidene complex] 卡宾碳相连的只有碳或氢原子和前期过渡金属Nb、Ta形成卡宾配合物为特征。亚烃基配合物电荷分布：$\overset{\delta+}{M}-\overset{\delta-}{C}$，当亲电试剂与它反应时，加在碳原子上，强碱可以使亚烃基配合物脱去与卡宾碳直接相连的质子。用新戊基锂消除配合物中新戊基α-氢而制得。

亚烷基配合物 [alkylene complex] 即施罗克卡宾配合物。

亚硝基配体 [nitroso ligand] 亚硝酸分子中去掉羟基后，剩下的一价原子团为亚硝基，其结构式为O═N—。亚硝基的氮原子可以作为配位原子与金属配位。

亚硝酸配体 [nitrite ligand] 共振结构如图所示。其氮氧键键级大约为1.5，负电荷主要分布在氧原子上，非直线型的亚硝酸根离子与臭氧是等电子体。亚硝酸配体可以作为双齿配体，有两种可能的配位模式，一种是N和O作为配位原子，另一种是O和O作为配位原子，同时亚硝酸根也可作为桥连配体。

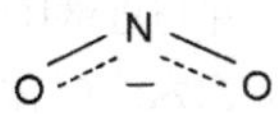

氧化还原缩合法 [redox condensation method] 金属羰基簇合物合成方法之一，可一步一步使原子簇变大的反应。氧化还原缩合反应能释放出CO，同时形成新的金属-金属键。从而使原子簇逐渐变大，其产量可以控制到接近定量，如：从Rh_4到Rh_6逆反应只有在−70℃的低温下才能发生，表明氧化还原缩合是一个吸热过程。

$$Rh_4(CO)_{12}+[Rh(CO)_4]^- \xrightarrow[\text{THF}]{-25℃,\text{CO } 100\text{ kPa}} [Rh_5(CO)_{15}]^-+CO$$

$$[Rh_5(CO)_{15}]^-+[Rh(CO)_4]^- \underset{-70\ ℃,\text{CO } 100\text{ kPa}}{\overset{-25\ ℃,\text{CO } 100\text{ kPa}}{\rightleftharpoons}} [Rh_6(CO)_{15}]^{2-}+4CO$$

可以从键能的平均值得到一个粗略推断：M—CO键能约为146～188 kJ/mol；M—M键能约为84～126 kJ/mol，因为同族元素从上到下M—CO和M—M键能的差值减小，所以该方法更适合于第5、6周期的过渡金属簇的合成。

氧化加成[反应] [oxidative addition] 基团A—B加成到金属上，生成M—A和M—B键，同时，金属失去两电子被氧化的反应。金属的形式价态升高，配位数增加。

$$LnM + A-B \rightleftharpoons LnM\begin{matrix}A\\B\end{matrix}$$

除双电子氧化加成，还有单电子氧化加成。通式表示为：$2M+A-B \rightleftharpoons M-A+M-B$或$A-M-M-B$，金属氧化态和配位数都只增加1。按加成物的不同，可分为：极性亲电试剂，如X_2、RX等；含有多重键的加成物，如O_2、S_2、RC≡CR、CH_2═O等。非极性加成物，如H_2、R_3SiH、R_3SnH、ArH、R—H等。根据中心金属、不同加成物和不同的金属上配位体，其反应机理可能是单电子转移的自由基机理，也可能是双电子亲核、亲电机理。氧化加成是生成金属碳键、金属氢键的重要途径，通过氧化加成也是把金属引入有机分子的方法。

叶立德配合物 [ylide complex] 又称内鎓盐。带正电荷的杂原子或金属原子与带负电荷的碳原子键合的配合物。维蒂希(G. Wittig)于1953年发现。通常可表示为LnM^+—$C^-R^1R^2$(M=N、P、B、As、Sb、Bi、S、Se、Te、Si、I、Sn、Pb等；配体L，n=2或3)。M—C间具有双键性质，双键特征程度与M和C原子所连基团有关，叶立德的稳定性与M和C的原子结构及所连基团有关。叶立德配合物通常是用盐$M^+CHR^1R^2X^-$与碱反应制备。叶立德可表示为

磷叶立德与醛、酮反应生成烯烃称维蒂希反应，因此磷叶立德又称维蒂希试剂，可分离稳定的磷叶立德 Ph_3P═CHR，其中R为吸电子基，产物烯烃以E式为主；活泼磷叶立德 Ph_3P═CHR，其中R为推电子基，产物烯烃为Z式；半稳定的磷叶立德 Ph_3P═CHR，其中R为芳基、烯基，其反应性介于上述二种叶立德之间，产物为E、Z混合物。砷叶立德较相应的磷叶立德活性高，稳定的砷叶立德与酮反应可生成高达 96%产率的烯烃。半稳定砷叶立德与羰基反应产物是烯烃或环氧化合物，取决于叶立德碳与砷原子相连的取代基。砷叶立德一般是用季钾卤化物和碱 $NaNH_2$、PhLi、NaOH 等制得。硅的类似维蒂希反应，称为 Peterson 反应，即在酸、碱条件下，硅基 β-位的官能团可以和硅基进行消除反应生成烯烃。一般用 Me_3SiCH_2R 在正丁基锂作用下生成 α-硅基碳阴离子，其中R可为：Ph、SR、PR_2、CO_2R、CN、SiR_3等。碘叶立德配合物是高价有机碘化合物，碘叶立德有着完全不同的反应性能，在光照下或过渡金属盐催化分解生成卡宾化合物，进而可与富电子烯烃反应生成环丙烷或发生插入反应。硫能形成活性高的叶立德，如 R_2S-CR^1R^2 及亚砜型硫叶立德，其稳定性和活性取决于 α-碳上负电荷分布。与羰基反应生成良好产率的环氧化合物。硫叶立德通常用相应的硫盐与适当的碱反应制得。硒叶立德与羰基化合物反应生成烯烃，与 α,β-不饱和羰基化合物生成环丙烷衍生物。碲叶立德比硫、硒叶立德更活泼，能与醛、酮顺利反应，生成 α,β-不饱和化合物。硒、碲叶立德可由相应的硒盐、碲盐与碱反应制得。四苯基环戊二烯基的锑叶立德是深黄色固体，用三苯基锑与四苯基环戊二烯基重氮盐加热失去氮制得。是具有维蒂希反应的唯一稳定配合物。叶立德配合物在有机合成中广泛应用并已扩展到工业生产中。

异氰配合物 [isocyanide complex] 异氰对过渡金属有很强亲和力能形成多种配合物。异腈R—N≡C具有和CO极相似的电子结构，和金属形成与羰基金属类似的配合物。有端基配位和桥联配位形式。异腈和过渡金属能形成二元配合物，如单核的$Cr(CNPh)_6$、双核的$Co_2(CNR)_8$和多核的$Pd_3(CNMe)_8^{2+}$等，也能形成混合三元或多元配合物。RNC具明显极性在与金属形成的σ-π配位键中，RNC以σ-给予性为主，π-接受性较弱。和羰基一样，异腈也能形成金属簇配合物。异腈配合物可以用金属氯化物与异腈在金属镁的存在下反应制得。也可用茂金属与异腈反应制备。

有机硅化学 [organosilicon chemistry] 研究含有碳-硅键化合物的合成、结构和反应的学科。硅位于周期表的第三周期第 4 族，与碳是同族近邻元素，其电子构型为$1s^22s^22p^63s^23p^23d^0$，与碳类似，一般为 4 价，但硅有可利用的 3d 轨道，因此，硅的配位数可高于 4，为 5 或 6，这使得硅原子上的 S_N2 取代反应比相应的碳化合物容易。硅按 Pauling 电负性数据为 1.8(C 为 2.5，H 为 2.1)，硅是比氢更电正性的元素，因而 Si—H 键与 C—H 键的极性方向相反。C—Si 键与 C—H 键在化学行为方面呈现一定的类似性，例如，β-硅基取代的卤代烷易发生 S_N1 反应，硅基芳基易发生亲电取代反应等。有机硅化合物可作为重要的有机合成试剂，促进了有机硅化学的发展。

有机锂试剂 [organolithium reagent] 碳原子与锂原子直接成键的一类金属有机化合物。锂原子具有电正性，有机锂化合物中的大部分电荷密度被推向了化学键上的碳原子一端，从而易形成碳负离子。它是一种极强的碱和亲核试剂。常用通式 RLi 表示。很难以单体形式存在，只有气态有机锂处于氩分子包围下才是单分子的。一些有机锂在烃类溶剂中是不溶的，如甲基锂、苯基锂，有些是可溶的，如乙基锂、丁基锂。在烃类溶剂中，可溶的或不溶的都处于缔合状态，甲基锂和叔丁基锂是四聚体，丁基锂是六聚体。其聚合度不依溶液浓度而改变，在强碱，如 *N, N, N′, N′*-四甲基乙二胺(T MEDA)中，甲基锂、丁基锂都解聚并与 T MEDA 配位成 1∶1 配合物。制备烷基锂的常用方法有三种：①直接用金属锂与卤代烃反应；②用有机锂对有机化合物进行金属化反应；③用有机锂和卤代烃进行锂卤交换反应。有机锂试剂有丰富的反应性，例如，可对不饱和碳碳键、碳氮三键、碳氧双键加成等。有机锂试剂已被广泛用作合成试剂，反应中间体及聚合、齐聚反应的催化剂。

有机铝化学 [organoaluminium chemistry] 研究含有碳-铝键的金属有机化合物的合成、结构和反应的学科。铝位于周期表中第三周期第3族，与硼同族。有机铝化合物一般为三价。由于第 3 族金属的缺电子性质，有机铝化合物通常为二聚或多聚体，在反应中表现出路易斯酸性，在工业上常用作聚合反应的助催化剂。有机铝试剂由于较强的碳-铝键极性，在反应中往往表现出较强的亲核性。

有机胂化学 [organoarsenic chemistry] 研究含有碳-砷键化合物的合成、结构和反应的学科。1760 年，第一个有机胂试剂二甲基胂被报道。一些有机胂试剂可作为杀虫剂、除草剂和杀真菌剂。由于有机胂试剂对环境和人体有剧毒，其应用受到限制。保罗·埃尔利希(Paul Ehrlich)发明了有机胂

化合物胂凡纳明(Salvarsan，即 606)，可作为治疗梅毒的特效药，其也因此获 1908 年诺贝尔生理学或医学奖。

有机硒(碲)化学 [organoselenium (tellurium) chemistry] 研究含有碳-硒(碲)键的金属有机化合物的合成、结构和反应的学科。硒、碲原子分别具有 4d 和 5d 空轨道，可形成硒、碲叶立德。硒、碲叶立德与羰基化合物反应可形成环氧化物和烯烃。在 C—C 键的合成中起着重要的作用。由于硒、碲化合物具有多样性反应性能，因而有机硒、碲在有机合成中有众多用途。一些有机硒、碲化合物具有明显的生理活性，例如抗癌、杀菌等。还有一些有机硒、碲化合物还可作为新型超导材料和光敏染料。

有机锡化学 [organotin chemistry] 研究含有碳-锡键化合物的合成、结构和反应的学科。锡位于周期表的第五周期第 4 族，与碳、硅、锗同族。有机锡化合物可以为 4 价、3 价、2 价和 1 价。低价有机锡化合物具有还原性，在有机合成中应用广泛。钯催化的有机锡试剂与卤代烃的偶联反应称为斯蒂尔(Stille)反应，是现代有机合成中构建碳-碳键的重要途径。有机锡试剂，特别是三烷基锡试剂为剧毒化合物，因其毒性限制了有机锡化学的应用。

有机银阴离子盐 [organoargentate] 中性桥联有机配体与不同阴离子银盐形成的配合物。阴离子是中性桥联配体和金属离子构建的超分子网络结构的重要组成部分，起到聚合物电荷平衡作用，不同的阴离子通过与银离子配位而影响聚合物结构，如：用配体双(苯基硫醚)甲烷(bpm)和高氯酸银生成网状结构聚合物$[Ag_2(bpm)_3(ClO_4)_2]_n$，其中每个银离子与三个不同配体上硫原子配位，形成扭曲的$Ag_{10}(bpm)_{10}$十边形重复单元。用1,2-二(2-巯基嘧啶甲苯)(bpsb)同高氯酸银和硝酸银在相同条件下，得到两个具有不同结构的聚合物：在$\{[Ag_2(bpsb)_3](ClO_4)_2\}_n$中，bpsb通过两个氮原子作为外二齿配体，每个银离子与三个不同bpsb上的氮原子配位形成二维层状结构，高氯酸根位于六个银和六个bpsb形成的皇冠状穴中，起着平衡电荷的作用。在$Ag_4[(bpsb)_2(NO_3)_4]_n$中，bpsb中两个氮原子和两个硫原子作为四齿配体，bpsb和硝酸根将四配位银连接成一维螺旋单链结构。

有机锗化学 [organogermanium chemistry] 研究含有碳-锗键的金属有机化合物的合成、结构和反应的学科。锗位于周期表第四周期第 4 族，与硅是同族近邻元素，其外层电子结构为 $4s^24p^2$，有可利用的 4d 轨道，与碳、硅类似，一般为 4 价。1886 年温克勒(Winkler)发现了锗元素，1887 年合成了第一个有机锗化合物：四乙基锗。四价锗化合物 R_4Ge、R_3GeX、R_2GeX_2 和 $RGeX_3$(R＝烷基、芳基、不饱和有机基团；X＝卤素、碳以外的其他原子和基团)，广泛用作催化剂和光稳定剂。含有杂原子官能团的一些有机锗化合物具有一定的抗癌、抗菌、促进植物生长等生物活性。

元素有机化合物 [elemento-organic compound] 性质介于非金属与金属之间的元素与碳成键的有机化合物。如：有机合成中常用的二烃基硼烷[BHCC]；三烃基硼烷[BCCC]；高配位有机硼五配位和六配位化合物属多面体有机硼烷，硼碳类。通过硼氢化反应把多种烯、炔转化成有机硼烷。硼烷、碳硼烷无论是封闭式、巢状或网状，都是缺电子原子簇化合物。缺电子性决定了有机硼烷的特殊结构和反应性。重要的硅的有机化合物，如：芳基硅烷的芳硅键可被多种亲电试剂裂解，芳环上可发生卤代、磺化硝化、弗里德-克拉夫茨(Friedel-Crafts)反应，芳基硅烷可由芳基金属化合物与三烃基氯硅烷反应制得。乙烯基硅烷与多种亲电试剂既可发生加成反应，亦可发生取代反应、环加成反应和氧化反应等许多区域选择性、立体选择性反应。乙烯基硅烷在氯铂酸催化下，三烷基硅烷对末端炔烃发生立体专一的顺式加成制备。区域专一性的烯醇硅醚在四氯化钛存在下，与醛、酮发生羟醛缩合反应，酰基化反应，迈克尔(Michael)反应。一般用羰基化合物与碱和三烷基氯硅烷反应制备。有机硫醇RSH、硫醚R_2S在有机反应中作为亲核试剂，磺酸RSO_2OH及衍生物是亲电试剂，化合物制备一般以相应硫有机物用金属去氢。硒、碲与碳形成键比硫弱，易断裂。RSeM、RTeM(M=Na，Li)是有效亲核试剂，而RSeX、RTeX(X为卤素、CN等)则是有效的亲电试剂。有机硒均可由二烃基二硒化物和相应的格氏试剂制得。含有C—P键的磷有机化合物按C—P键结合方式：一、二配位有机磷，如：膦杂乙炔HC≡P，简称膦炔，常温下呈气体，不稳定，在低温惰性气中保存，可发生加成环化反应等，用甲基二氯膦与固体碱反应制得。甲基二氯膦酰$CH_3P(O)Cl_2$是三配位化合物，是制备甲膦酸衍生物的主要原料，可用固体三氯化铝和液体三氯化磷在冷却下通入氯甲烷气体在钢瓶内反应制得。四配位有机膦是有机鏻盐。

元素有机化学 [elemento-organic chemistry] 性质介于金属与非金属之间(类金属)的元素与碳成键的有机化合物化学。元素有机化学的发展为有机合成提供了新试剂、新反应、新方法，如：磷叶立德化学已扩展到砷、硒、硫、碲、硼、硅、碘等，成为有机合成中，引入碳碳双键的重要方法。有机硅化学从最初作为醇的保护基引入到有机合成中，随着有机硅发展现已广泛作为羟基、羰基、氨基、含硫基、含磷基等的保护基。作为合成试剂，有机硅维蒂希(Wittig)型反应、彼得森(Peterson反应)、烯醇硅醚、芳基硅烷、乙烯基硅烷等具有区域专一性的反应已应用于甾类化合物、维生素D以及天然产物化合物的全合成中。有机硒、碲化学随着有机硫化学发展，被普遍重视。低价的有机硒、碲具有独特的还原性，能使有机卤化物还原脱卤，使α,β-不饱和化合物还原加氢。而许多高价的有机硒、碲是广泛应用的氧化剂，能使醇氧化成醛、酮，烯烃氧化为1,2-二醇。1956～1957年期间，硼的有机化学获得极大进展：由布朗(H. C. Brown)发现了硼氢化反应，硼氢化试剂对非极性的碳碳重键能迅速而定量地进行非催化氢化还原；对醛、酮、羧酸、酯、酰胺、腈、环氧物、硝基、烯、炔等发生不同选择性的还原。近些年，发展金属催化硼氢化反应，扩大了反应在有机合成中的应用范围。有机硼化合物的研究已由简单的有机硼烷、有机硼酸、有机硼酯向结构复杂的环状、网状、芳香化和簇化的有机硼化学发展。1953年维蒂希(G. Wittig)和盖斯勒(G. Ann. Geissler)发现二苯酮与亚甲基三苯基膦反应，生成1,1-二苯基乙烯。磷叶立德$R_3P{=}CR^1R^2$称为维蒂希(Wittig)试剂，按其结构和性质分为：稳定的叶立德、半稳定的叶立德、活泼的叶立德，反应的底物除了醛、酮外，还扩展到酰卤、酯、硫羟酸酯、酰胺、酰亚胺及含C═S、C═Se、C═N_2官能团的化合物。1989年，黄耀曾等实现了催化维蒂希(Wittig)型反应，使叶立德化学提高到一个新的水平。与磷叶立德不同，砷叶立德与羰基化合物反应既可生成烯烃，又能生成环氧化物。反应能准确地引入双键，其立体化学性质研究在有机合成中占重要位置。

原子簇 [atom cluster]　最早指含有一个或多个足够强的金属-金属键的化合物。其中的金属-金属键按通常的键级概念可以分为金属-金属单键、双键、三重键、四重键和五重键。随着原子簇化学的发展，出现了非金属原子簇和金属与非金属混合原子簇，所以广义的原子簇一般是指具有多面体或欠完整多面体立方构型，电子结构多是以非局域化、多中心键(原子簇键)为特征的一类化合物。

杂原子卡宾配合物 [Fischer carbene complex]　即费歇尔卡宾配合物。

杂原子炔烃 [heteroalkyne]　炔烃与金属、碱金属等以σ-键合配合物。可分为含炔基配体和混合配体炔基配合物。用高价金属卤化物经SO_2还原与苯乙炔反应制得，呈聚合状态的$(PhC{\equiv}CAu)_n$。用苯乙炔与铜(Ⅰ)氨络离子作用，生成$(PhC{\equiv}CCu)_n$，化合物由于分子间缔合而不溶于一般溶剂，不易发生水解，当有强授予配体作用下，使解聚生成混合配体炔基配合物，如：$Et_3PAuC{\equiv}CPh$。$(Et_3P)_2Ni(C{\equiv}CR)_2$中，当R=H时，化合物熔点为36.5℃；R=Ph，化合物熔点为149～151℃。$(PEt_3)_2Pd(C{\equiv}CPh)_2$熔点为162～164℃(分解)；具有较强酸性的端炔可以与钠(钾)直接生成炔基钠$RC{\equiv}CNa$，锂和端炔反应生成炔基锂$RC{\equiv}CLi$，2倍$RC{\equiv}CLi$与$BeCl_2$反应生成$(RC{\equiv}C)_2Be(OEt_2)_n$(在乙醚中反应)。

杂原子烯烃 [heteroalkene]　碳碳不饱和键分别对氢金属键和碳金属键的插入反应，生成新的碳金属或类金属双键。如：末端炔与二异丁基铝氢发生铝氢化反应，顺式加成，铝加在末端炔碳上，生成烯基铝，产物不稳定，与碘反应得到碘取代的烯烃。使用锆氢化试剂(Schwartz 试剂)和取代炔反应得到顺式加成产物，再经金属交换反应，得到金属或类金属烯烃。

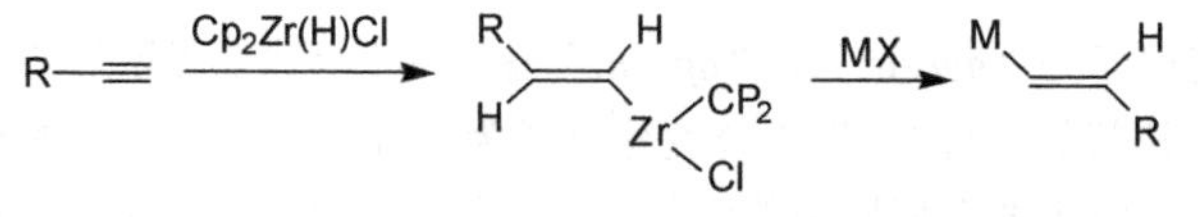

M=Al、B、Cu、Hg、Ni、Pd、Sn、Zn

硼氢键对炔烃顺式加成，生成含硼的烯烃。

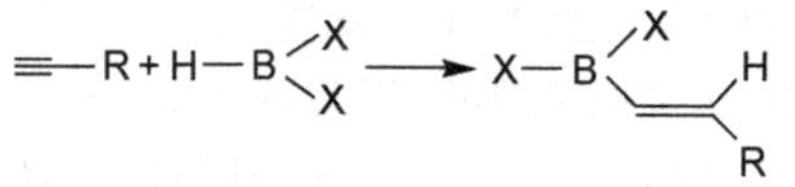

用溴化铜与烷基锂生成二烷基铜锂，其可与炔烃生成顺式烯基铜，是铜碳化反应。通过金属氢化反应和金属碳化反应，生成杂原子烯烃

真空线技术 [vacuum line technique]　又称Schlenk线。无水无氧真空操作线。一般通过 4 个双斜三通活塞将两根直径为 20 mm 的玻璃管平行连接。一根玻璃管与真空系统相连，另一根玻璃管与惰性气体源连接，惰性气体经干燥、除氧、再干燥处理，连接线装有计泡器、直型开口水银压力计，压力计起到汞封和安全释压计泡器的作用。双斜三通活塞转到第三方向时与反应体系相通。用真空泵通过反复几次抽掉体系中空气，使反应体系中氧含量达到合格。借助 Schlenk 类型玻璃仪器进行反应，有机玻璃仪器接上侧管活塞，通过活塞将反应仪器与真空惰性操作线(Schlenk 线)连接，进行充分抽空和充入惰性气体，开启仪器时，通过侧管活塞保持仪器内的惰性气流为正压，使空气不能进入。需要强调的是，采用这样的系统，反应过程加入的反应溶剂及药品均需经干燥、除水，某些溶剂须除氧。真空线操作技术包括真空反应、回流、减压蒸馏、过滤、通过针筒及金属导管转移液体、封管反应、产物低温分馏、气相色谱、气体和液体的储存、高压下无水反应等。无水无氧真空线操作技术广泛用于特种材料、各种空气敏感化合物的合成。

“抓”桥氢 [agostic hydrogen]　用“抓”描述金属与碳氢配位中金属与桥氢配位。金属原子与其配位的碳氢配体上的H形成三中心二电子的桥键，H呈桥头原子，金属“抓”“桥H”使其靠近，以增加金属电子数。易存在于缺电子的前[期]过渡金属配合物中。C—H⇀M中半个箭头表示从氢原子提供两个电子与金属的空轨道共用。C—H⇀M桥键有多种结构，如：

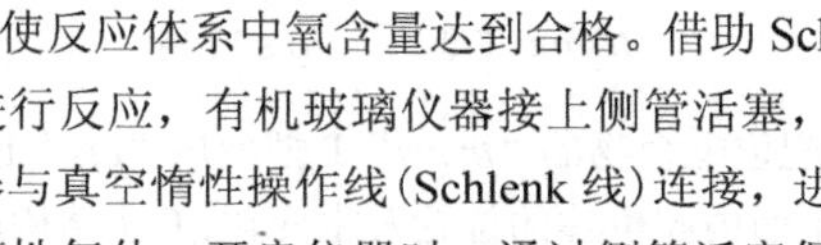

如：氢桥连在2个或3个金属原子上，M—H—M也属于三中心二电子键。C—H⇀M桥键研究已扩展为X—H⇀M桥，其中X可以是B、N、Si等原子，包含在众多的金属有机配合物中。结构均经X射线衍射和中子衍射实验证实。

“抓”氢键 [agostic hydrogen bond]　用以描述碳氢基键配位于过渡金属，形成与金属原子的共价键 C—H—M键。1983 年，布鲁克哈特(M. Brookhart)和格林(M. L. H. Green)

提出术语“*agostic*”。“*agostic*”来源于拉丁文，意思是：“抓住使其靠在近旁。”周公度建议译为“抓”氢键。金属有机配合物中的金属原子能将与之配位的碳氢基中的氢原子“抓住”使其靠在它的近旁，以增加它的电子数目，形成三中心两电子的C—H⇀M键。半个箭头的符号是形式上表示H原子提供2个电子给金属M的空轨道共用。因碳氢键长、短，氢原子距配位金属原子的远、近关系而分为α-、β-和γ-“抓”氢键等。发生“抓”氢，使配位于金属的C—H用红外光谱可测定键长显著增加。C—H⇀M键消弱了C—H键，因而发生氢消除并转移至金属原子，是金属有机广泛应用的重要反应。

T状配合物 [T-shaped complex] 配位几何为“T”字形的过渡金属配合物。平面四方型配合物的*cis-trans*异构化机理可以认为先有一个配体解离而生成T型三配位配合物，然后再发生异构化，如：

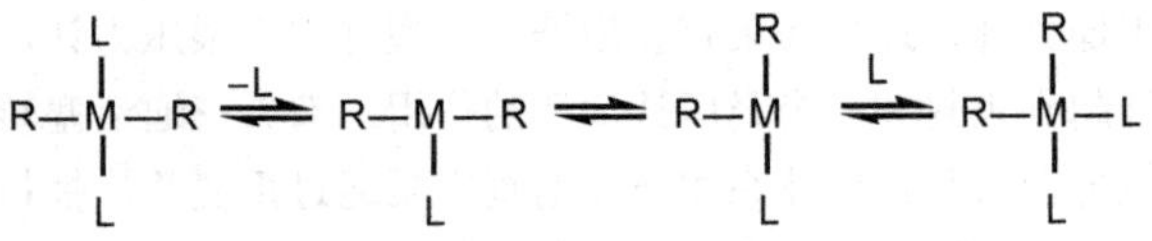

*trans*型　“*trans*”T型　“*cis*”T型　*cis*型

从三配位配合物的“*trans*”T型变成“*cis*”T型的机理，可能是在平面内配位体的位置发生变化，T状结构已从其他配合物中用X射线分析确定结构。

2.2.2 重要的金属有机化合物

阿西太松 [amassn] 即乙酰胂胺。

氨基硅烷 [aminosilane；silazane] 结构式NH_2SiH_3。其中的H被有机基团取代后就是有机硅胺，根据氨基的数目分为单氨基、双氨基、三氨基以及多氨基硅烷。其常规的合成方法可以归结为三个过程：氯烃基氯化硅烷的合成、醇解反应、胺化反应。氨基硅烷类化合物常用作通用型偶联剂，几乎能与各种树脂偶联，因此在高分子材料合成领域中有着极为广泛的应用，尤其是在玻璃纤维的表面处理、无机填料处理、黏性增加、纺织助剂以及生化环保方面作用巨大。

八甲基环四硅醚 [octamethylcyclotetrasiloxane] 即八甲基环四硅氧烷。

八甲基环四硅氧烷 [octamethylcyclotetrasiloxane] 又称八甲基环四硅醚。四个硅原子与四个氧原子交替键合且每个硅原子上带有两个甲基的环聚硅氧烷。化学式$C_8H_{24}O_4Si_4$，结构形如$[(CH_3)_2SiO]_4$，分子量296.62。无色透明液体。熔点17.5℃，沸点175℃、74℃(2.66 kPa)。相对密度0.9558(20/4℃)。折光率n_D^{20} 1.3968。闪点60℃。不溶于水，能与有机溶剂混溶。可燃，无异味。对水生环境有长期的有害作用，有削弱生殖能力的危险。其制备可由二甲基二氯硅烷滴加入水中，温度维持在30～40℃，分层后分离酸性水层，剩余油状物用氢氧化钠溶液水解，将水解物和0.5%～2%氢氧化钾加入裂解釜内，于120～140℃/ 99.8 kPa条件下进行裂解。裂解物进行分馏，收集173～176℃馏分得目标产物。该品为硅油、硅橡胶的中间体。用于制造高抗撕硅橡胶制品、硅油中间体，也可用于合成其他高分子化合物，还可用于无线电零件的绝缘、防潮等。

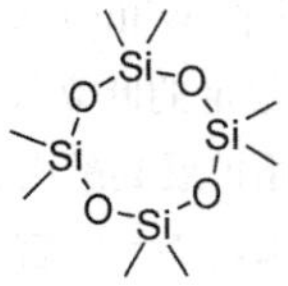

八羰基二钴 [dicobalt octacarbonyl] 化学式$C_8O_8Co_2$，分子量341.95。橙红色晶体。熔点51℃，在真空下可缓慢升华。具有毒性及难闻的臭味。对空气和热不稳定，50℃以上转变成十二碳基四钴，低温下，储存在有一氧化碳的封管中。用四水合乙酸钴和乙酸酐在高压釜中，通入一氧化碳和氢气加热下得到。用作合成钴原子簇络合物的重要原料。其还可用于有机合成化学，如烯烃的氢甲酰化反应、炔烃的反应、*α*,*β*-不饱和羰基化合物的催化氢化反应等。

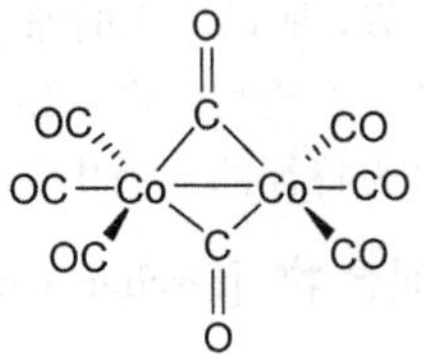

半夹心茂金属 [open metallocene] 即敞开式茂金属。

苯基胂酸 [benzenearsonic acid] 即苯胂酸。

π-苯三羰基铬 [benzene chromium tricarbonyl] 化学式$C_9H_6O_3Cr$，分子量214.14。黄色晶体。熔点165～166℃，130℃/266Pa升华。可溶于常见有机溶剂。对热和氧化剂均比较稳定。一般用苯或取代苯的衍生物转换羰基金属制备。含一个苯环，具有半夹心结构，可以发生多种与苯相区别的反应。在天然产物合成、药物合成以及精细有机合成上有广泛应用。

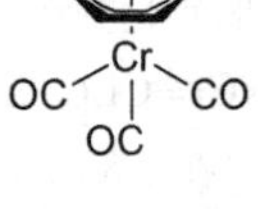

苯胂酸 [phenylarsonic acid] 又称苯基胂酸。化学式$C_6H_7AsO_3$，分子量202.04。白色结晶粉末。熔点158～162℃(分解)，相对密度d_4^{20} 1.76。溶于水、乙醇，100 g的水能溶解该品3.3 g(28℃)，100 g乙醇中能溶解15.5 g。不溶于氯仿，对氧化剂稳定。有毒，口服LD_{50}：大鼠 50 mg/kg；小

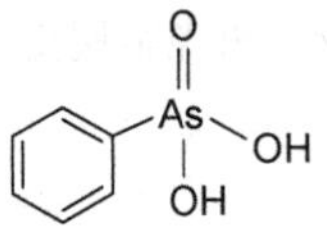

鼠 0.27 mg/kg。由苯胺重氮化后与亚砷酸反应则制得。常用作分析试剂。

苯硒酚 [benzeneselenol] 化学式 C_6H_5SeH，分子量 157.08。无色油状液体。沸点 183℃。相对密度 d_4^{20} 1.479，折射率 n_D^{20} 1.6156。剧毒。具有恶臭味。在空气中易氧化成联硒而变为黄色。在-10℃和氮气存在下以固态形式可长期储存，液体苯硒酚须封存于玻璃瓶中。实验室用苯基溴化镁与硒粉在浓盐酸中反应制得。在有机合成中与羰基加成可得硒代缩酮(醛)，也可用于合成烯丙基醇等。

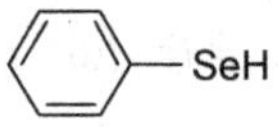

苯硒基氯 [benzeneseleneny1 chloride] 化学式 C_6H_5ClSe，分子量 191.52。棕黄色结晶。熔点 63～65℃，沸点 120℃/2.7kPa。性质稳定。实验室常用苯基溴化镁中加入硒粉和溴生成二苯二硒化合物，然后在二苯二硒的己烷溶液中通入氯气制得。苯硒基氯与烯烃加成可得多种产物，主要用于 α,β-不饱和羰基化合物、内酯、环醚、α-苯硒羰基化合物等的合成。

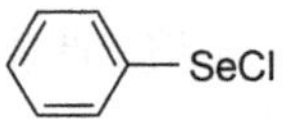

苯亚硒酸酐 [benzenseleninic anhydride] 化学式 $C_{12}H_{10}O_3Se$，分子量 360.13。浅黄色固体。熔点 124～126℃(苯中结晶)，164～165℃(水中结晶)。容易吸潮，遇潮气分解为亚硒酸。剧毒。用二苯联硒与臭氧在四氯化碳中反应制得。在有机合成中作为氧化剂，可将伯醇氧化成醛、酚氧化成醌、二苯甲烷氧化成二苯甲酮等。

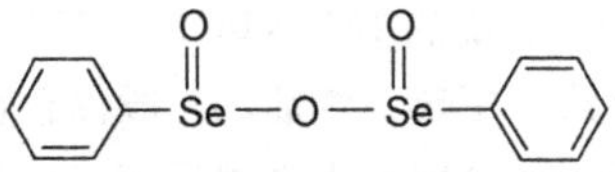

苄基双(三苯基膦)氯化钯(Ⅱ) [benzylbis(triphenylphosphine)palladium(Ⅱ) chloride] 化学式 $C_{43}H_{37}ClP_2Pd$，分子量 757.57。常温常压下稳定。溶于二氯甲烷，稍溶于己烷。黄色结晶。熔点 147～151℃。空气中稳定。用四(三苯基膦)钯，在氮气保护下，与苄氯反应制得。有机合成中的一类重要催化剂，能催化偶联反应，也可催化有机锡试剂与酰氯化合物进行交叉偶联反应制备酮。

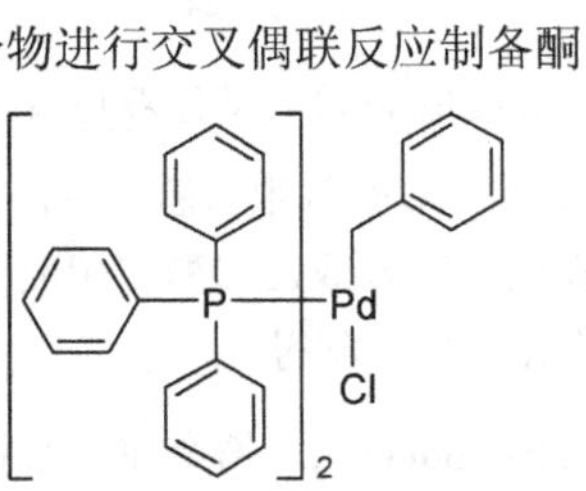

敞开式茂金属 [open metallocene] 又称半夹心茂金属、单茂金属。分子内含一个环戊二烯基和 1～4 个 L 配体，分子通式为 CpMLy。如：单茂金属羰基配合物，室温下对氧稳定，$CpV(CO)_4$ 为橙色固体，138℃分解；$CpMn(CO)_3$ 为黄色固体，熔点 76～77℃；$CpTa(CO)_4$ 为橙色固体，熔点 171～173℃。用羰基金属与环戊二烯基钠在四氢呋喃中反应制得。所含羰基因环戊二烯基的稳定作用，不易发生取代反应。π-$CpMn(CO)_3$ 可以发生茂环上酰化、磺化等亲电取代反应。

超碱 [superbase] 碱性极强的物质。通常以碱性是否超过 NaOH 作为判定标准。常用于攫取含氢化合物中的质子以催化化学反应。由于对质子的强亲和力，在水中会强烈水解而不稳定，因此常溶解在非质子性有机溶剂中。目前已知溶液中碱性最强的物质为 TMSMgCl、AgB_2H_5、LiB_2H_5；固相中由于不涉及溶液的影响，使碱性更强超碱，如 Li_4C 得以存在。

重铬酸吡啶盐 [dipyridinium dichromate] 结构式 $[C_5H_5N^+H]_2Cr_2O_7^{2-}$，化学式 $C_{10}H_{12}O_7N_2Cr_2$，分子量 376.21。橙色结晶。熔点 149℃，能溶于二氯甲烷。有毒。避免与皮肤接触。是中性盐。在冰的冷却下，用三氧化铬在水中与吡啶反应，加入丙酮处理得到。常用于将醇氧化为相应的醛或酸，是氧化反应的有效试剂。使用操作安全、简便。室温下，在棕色瓶中保存。

醋氨胂 [acetarsol] 即乙酰胂胺。

单茂金属 [single metallocene] 即敞开式茂金属。

碘代三甲基硅烷 [trimethylsilyliodide] 即三甲基碘硅烷。

叠氮三甲基硅烷 [azidotrimethylsilane] 又称三甲基硅叠氮。化学式 $C_3H_9N_3Si$，结构形如 $(CH_3)_3SiN_3$，分子量 115.21。无色液体。熔点-95℃，沸点 95℃(96 kPa)、52～53℃(23.3 kPa)，闪点 74℉，密度 0.876 g/mL(20℃)，折光率 1.4140(20℃)。在水中溶解并分解。可由三甲基氯硅烷和叠氮化钠在六甲基亚磷酸三酰胺中反应得到。用于有机合成中间体。

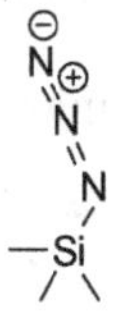

对羟基苯胂酸 [4-hydroxybenzenearsonicacid] 又称对胂酸酚。化学式 $C_6H_7O_4As$，分子量 218.04。白色针状结晶。熔点 170～174℃。易溶于水、乙醇，微溶于丙酮，难溶于醚及乙酸乙酯。在空气中稳定。由苯酚与砷酸(H_3AsO_4)反应制得，或由对氨基苯胂酸重氮化再经水解制得。用作抗螺旋体病的药和消毒药中间体；也用作检测钛和锆的试剂。

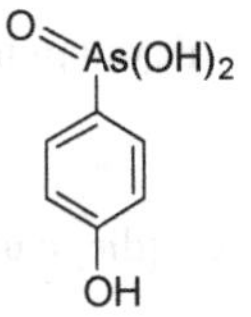

对胂酸酚 [phenol-arsonic acid] 即对羟基苯胂酸。

3, 3′-二氨基-4, 4′-二羟基偶胂苯 [3, 3′-diamino-4, 4′-dihydroarsenobenzene] 即胂凡纳明。

3, 3′-二氨基-4, 4′-二羟基偶胂苯-*N*-甲撑次硫酸钠 [(sulfoxylic acidmono[5-(3-amino-4-hydroxyphenyl)-diarsenyl]-2-hylroxyphenyl-aminomethylester monosodium salt)] 即新胂凡纳明。

二苯铬 [bis(benzene)chromium] 化学式 $C_{12}H_{12}Cr$,分子量 208.24。棕色固体，熔点 284～285℃，溶于无水苯、甲苯、二甲苯、乙醚、四氢呋喃、二氧六环。遇水、湿气迅速分解。用三氯化铬在四氢呋喃中与苯基溴化镁反应制得。用作催化剂，使全氟烯烃聚合；可制备耐高温高分子材料。在棕色安瓿瓶中干燥、避光保存。

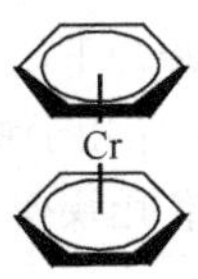

二苯基二氯硅烷 [diphenyl dichlorosilane] 化学式 $C_{12}H_{10}Cl_2Si$，结构形如 $(C_6H_5)_2SiCl_2$，分子量253.20。无色液体，熔点-22℃，沸点305℃，闪点155℃，相对密度 d_4^{20} 1.1900，折射率 n_D^{20} 1.5765～1.5815，遇水分解产生氢氯酸。易燃，有强刺激性气味。可通过氯苯与硅粉在铜催化剂存在下一步合成，精馏制备。用于生产硅树脂、甲基苯基硅油。

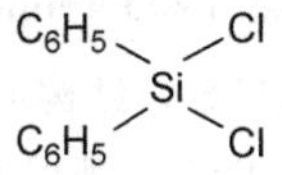

二苯基二羟基硅烷 [dihydroxydiphenylsilane] 即二苯基硅二醇。

二苯基二硒 [1, 2-diphenyldiselenide] 即二硒二苯。

二苯基硅二醇 [diphenylsilanediol; diphenyldihydroxysilane] 又称<u>二苯基二羟基硅烷</u>。化学式 $C_{12}H_{12}O_2Si$，结构形如 $(C_6H_5)_2Si(OH)_2$，分子量 126.31。白色针状晶体。熔点 140～141℃(失水分解)，沸点 353℃，闪点 129℉，密度 1.255 g/cm^3。可由二苯基二氯硅烷水解得到。用作硅橡胶结构控制剂，苯甲基硅油的原料和其他硅产品的中间体。

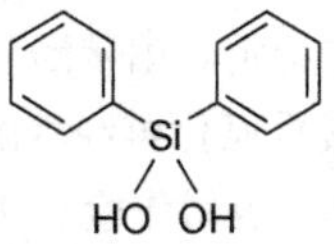

二环戊二烯基铬 [dicyclopentadienyl chromium] 即二茂铬。

二环戊二烯基钌 [dicyclopentadienyl ruthenium] 即二茂钌。

二环戊二烯基镍 [dicyclopentadienyl nickel] 即二茂镍。

二环戊二烯基铍 [dicyclopentadienyl beryllium] 即二茂铍。

二环戊二烯基铅 [dicyclopentadienyl lead] 即二茂铅。

二环戊二烯基铁 [dicyclopentadienyl iron] 即二茂铁。

二甲基二氯硅烷 [dimethyldichlorosilane] 分子中硅原子与两个甲基及两个氯原子键合的硅烷。化学式 $C_2H_6Cl_2Si$，结构形如 $(CH_3)_2SiCl_2$，分子量 129.06。无色液体。熔点-76℃，沸点 70℃，闪点-8.9℃，密度 1.07 g/mL(25℃)，折射率 n_D^{20} 1.4028，溶于苯及乙醚。高毒，吸入毒性。易燃，遇明火、高温、氧化剂燃烧；在潮湿空气中发烟，高温或遇水分解。应于通风低温干燥处保存，2～8℃较好，且与氧化剂、酸类分开存放。可以铜或铜盐为催化剂，在 300℃左右由一氯甲烷与硅粉直接反应生成，产物混合物主要含二甲基二氯硅烷(占 75%，纯品沸点 70℃)、一甲基三氯硅烷(占 20%～30%，纯品沸点 66.4℃)、三甲基一氯硅烷(占 5%，纯品沸点 57.9℃)及甲基二氯硅烷(纯品沸点 41℃)，采用乳化塔进行分离。用于制硅油、硅橡胶和硅树脂，硅酮制造的中间体，以及有机硅树脂的单体和有机硅化合物的合成。

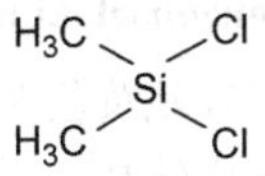

二氯乙基铝 [ethylaluminium dichloride] 又称<u>乙基二氯化铝</u>。化学式 $C_2H_5Cl_2Al$，结构形如 $CH_3CH_2AlCl_2$，分子量 126.95。黄色透明液体，沸点 115℃(6.7 kPa)，熔点 32℃，相对密度 *d* 1.222，燃烧热 1650 kJ/mol。有毒，空气中自燃，遇水易爆炸，可溶于甲苯、汽油，一般保存在己烷溶液中。与卤化物(如四氯化碳)能发生强烈反应，受热分解产生有毒的烟气，具有强腐蚀性。可通过氯乙烷与铝粉反应后，再与无水三氯化铝反应制得。用作芳烃加氢的催化剂，烯炔聚合物的助催化剂。

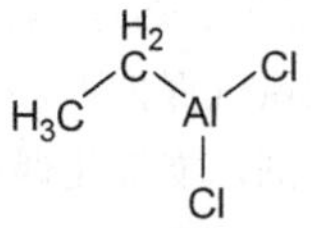

二茂钒 [vanadocene] 又称<u>双环戊二烯合钒</u>。化学式 $C_{10}H_{10}V$。紫色晶体。对空气很敏感。顺磁性物质。能溶于苯和四氢呋喃。在四氢呋喃或乙二醇二甲醚溶液中，由环戊二烯基钠与无水卤化钒反应制得。

二茂锆 [zirconocene] 锆金属中心接受两个环戊二烯基负离子配位的一类金属配合物。锆中心为二价，同时二茂锆金属中心需要接受中性配体的配位。不含中性配体配位的二茂锆不稳定，一般来说，由丁烯配位的二茂锆(Negishi 试剂)作为二茂锆源参与反应。

二茂铬 [chromocene] 又称二环戊二烯基铬。化学式 $C_{10}H_{10}Cr$，分子量 182.20。猩红色固体，熔点 172～173℃，溶于苯、乙醚、四氢呋喃，在酸性溶液中易水解和氧化，与水不反应。由三氯化铬与环戊二烯基钠反应制得。用作催化炔烃环化聚合，密闭棕色玻璃瓶保存。

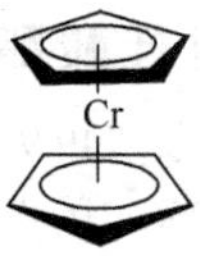

二茂钴 [cobaltocene] 又称双环戊二烯合钴。分子式 $(C_5H_5)_2Co$。紫黑色晶体。顺磁性物质。空气敏感，不溶于水，能溶于有机溶剂。在四氢呋喃中，由环戊二烯基钠与无水氯化钴反应制得。易被氧化为黄色的三价钴正离子 $[Co(C_5H_5)_2]^+$。可用作催化剂。

二茂铪 [hafnocene] 化学式 $C_{10}H_{10}Hf$，分子量 308.68。铪金属中心接受两个环戊二烯基负离子配位的一类金属配合物。常见的为二氯化二茂铪，其为晶体，熔点 236℃，由四氯化铪与环戊二烯基钠反应制得。

二茂金属 [metallocene] 即茂金属。

二茂钌 [ruthenocene] 又称二环戊二烯基钌。化学式 $C_{10}H_{10}Ru$，分子量 231.27。亮黄色晶体，熔点 199～200℃，溶于苯、乙醚、四氢呋喃、乙二醇二甲醚。由环戊二烯基钠与三氯化钌在乙醇二甲醚或四氢呋喃中反应制得，升华提纯。常用作合成试剂、催化剂。密封棕色玻璃瓶中保存，储于阴凉、干燥、避光处。

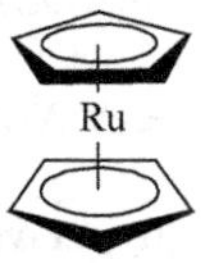

二茂镍 [nickelocene] 又称二环戊二烯基镍。分子式 $C_{10}H_{10}Ni$。暗绿色晶体，空气中会缓慢氧化，不溶于水，溶于有机溶剂。由氯化镍与环戊二烯基钠在乙醚中反应制得。可作为催化剂、反应抑制剂、燃料抗震剂等。其溶液对空气较敏感，可氧化为较不稳定的阳离子 $[Cp_2Ni]^+$。其阳离子在无水乙醇中被钠汞齐还原为二环戊二烯合镍 Cp_2Ni。

二茂铍 [beryllocene] 又称二环戊二烯基铍。化学式 $C_{10}H_{10}Be$，分子量 139.21。无色片状结晶，分子是滑移夹心结构(参见滑移夹心结构)，熔点 59℃，40℃真空下升华，溶于乙醚、苯、四氢呋喃形成溶剂配合物，对空气及湿气敏感。用环戊二烯钠与二氯化铍在无水四氢呋喃中反应制得。用作合成试剂。密封储于阴凉、干燥处。

二茂铅 [plumbocene] 又称二环戊二烯基铅。化学式 $C_{10}H_{10}Pb$，分子量337.40。黄色固体，对空气、水极为敏感，可以升华。结构测定气相为弯曲夹心结构，夹角135°。二茂铅通过环戊二烯环桥互相缔合成聚合物(参见聚层夹心配合物)，在气相能以单体存在。由二价铅盐与环戊二烯基钠在液氨下反应制得。

二茂钛 [titanocene] 又称双环戊二烯合钛。化学式 $C_{10}H_{10}Ti$，分子量 178.06。墨绿色固体。在四氢呋喃中，由四氯化钛与环戊二烯基钠反应后，在正丁基锂作用下制得。二茂钛至少有两种同分异构体。单体二茂钛分子中的钛原子为 14 价电子组态。二茂钛能使茂环上的 C—H 键活化，生成二聚体分子，它不仅含有富瓦烯桥键，而且含有 2e3c M—H—M 的氢桥键，使得二聚体分子中的钛原子为 16 价电子组态。

二茂钛亚甲基 [Tebbe reagent] 即泰伯试剂。

二茂铁 [ferrocene] 又称二环戊二烯基铁。化学式 $C_{10}H_{10}Fe$，分子量 186.03。橙黄色晶体，熔点 172.5～173℃，沸点 249℃，加热 100℃以上，发生升华。易溶于乙醇、苯、乙醚，不溶于水。对热、空气、酸、碱都稳定。常用金属钠和环戊二烯反应，再与二氯化铁反应制备。用含水乙醇重结晶。广泛用作催化剂和用于过渡金属有机化合物的合成，火箭燃料的添加剂等。

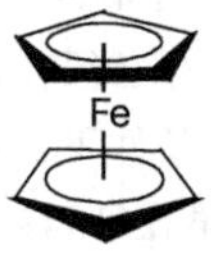

α-二茂铁碳正离子 [α-ferrocenyl carboniumion] 乙烯基二茂铁被弱酸质子化生成的稳定的 α-碳正离子中间体。其与乙酸弱酸反应，可生成 α-乙酰氧乙基二茂铁。该化合物酸质子化，又可生成 α-二茂铁碳正离子中间体。α-二茂铁碳正离子稳定原因可能是由于环戊二烯环上的 π 电子可以离域到 α-碳正离子的 p 轨道上，使 α-碳正离子的电荷得以分散。图示为 α-二茂铁碳正离子中间体。

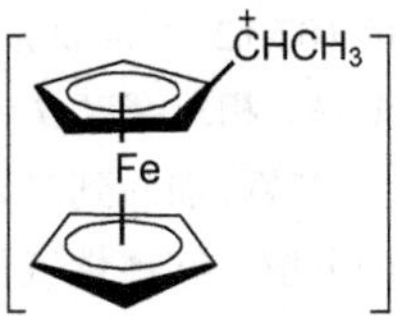

二硼烷 [diborane] 又称乙硼烷。化学式 B_2H_6，分子量 27.67。常温常压下为无色气体，熔点–165.5℃，沸点–92.5℃(常压)，密度 1.18 g/L(15℃，气态)，极易水解，可以与空气形成爆炸性混合物，并且在潮湿空气中自燃。B 以 sp^3 杂化轨道与 H 形成 4 个 σ 键，并形成 2 个三中心二电子键(3c-2e)。有剧毒。加热或加碱都能分解为硼并放出氢气。与水、氧、卤、氨都能发生激烈反应。通常在四氢呋喃或二甘醇二甲醚溶液中低温保存。在溶液中二硼烷部分离解成 BH_3。二硼烷需在用前制备。在氮气保护下，将硼氢化钠的二甘醇二甲醚溶液加入到三氟化硼乙醚溶液中，生成的二硼烷被四氢呋喃吸收完全，浓度可达 1 mol/L。在氮气保护下该溶液在 0℃可保存几个星期。硼烷是有机合成的重要试剂，常用于硼氢化加成、偶合、还原、插入等反应。它还常被用于火箭推进剂，也被用于制取半导体用高纯硼的原料。

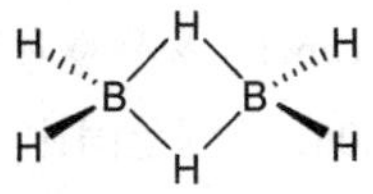

二硒二苯 [diphenyldiselenide] 又称二苯基二硒。化学式 $C_{12}H_{10}Se_2$，分子量 312.13。黄色结晶。熔点 63～65℃。溶解于醇、醚和二甲苯，略溶于己烷、戊烷。用溴苯和镁生成的苯基溴化镁，再加入硒粉反应制得二硒二苯。应用于合成烯丙基醇、烯丙基醚和 α,β-不饱和羰基化合物以及苯硒基化合物。

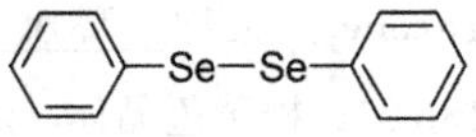

二乙基氯化铝 [diethylaluminum chloride] 即一氯二乙基铝。

二乙基锌 [diethylzinc] 化学式 $C_4H_{10}Zn$，分子量 123.50。室温下为无色液体。熔点–28℃，沸点 117℃，密度 1.205(25℃) g/cm^3，折射率 1.4980。与水剧烈反应，在空气暴露下易燃。它的使用和储存必须在惰性气体保护下进行。密封保存。氮气保护和无水条件下，在碘乙烷和溴乙烷的混合物中加入锌-铜偶制得。早在 1849 年被发现并应用于有机合成。是一种应用广泛的金属有机试剂，常用于化学气相淀积、有机合成。近年来，被用于不对称催化合成，也可用于烯类聚合催化剂和高能量飞机燃料。

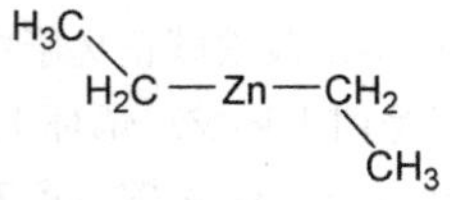

二异丙氨基锂 [lithium disopropylamide (LDA)] 分子式 $C_6H_{14}NLi$，分子量 107.12。商品试剂一般为浓度 2.0mol/L 的四氢呋喃(或已烷)溶液，相对密度 d=0.812。在无水无氧条件下，将甲基锂(或正丁基锂)加入到二异丙基胺的溶液制备。具有强腐蚀性，遇潮即分解，在惰性气体保护下，密闭保存。是一类非亲核性强碱性试剂，具有较大的空间障碍，相对于亲核性强碱试剂甲基锂、丁基锂等，LDA 具有选择性高的特殊反应性能。广泛用于有机合成反应和金属有机化合物的制备中。

二异丁基氢化铝 [diisobutylaluminium hydride (DIBAH)] 化学式 $C_{16}H_{38}Al_2$(二聚体)，分子量 284.44(二聚体)。常温常压下呈无色液体，熔点–70℃，沸点(116～118℃)/1 mmHg，密度 0.798 g/cm^3。能与水反应，在空气中易自燃。一般以它溶于有机溶剂(如甲苯)中的形式出售。在有机合成中用作亲电性的温和还原剂，可将酯、腈还原为醛，酰胺还原为醛或胺，羧酸、酰卤还原为醇，α,β-不饱和酯还原为烯丙醇。

二月桂酸二正辛基锡 [di-*n*-octyltindilanrate] 即辛基锡稳定剂-2。

二正丁基锡二月桂酸酯 [di-*n*-butyltindilaurate] 化学式 $C_{32}H_{64}O_4Sn$，分子量 749.91。淡黄色透明液体。凝固点 8℃。相对密度 d_4^{20} 1.066，闪点 226.6℃。溶于丙酮和苯，不溶于水。有毒。空气中最高容许浓度为 0.1 mg/m^3。能与酸、碱反应，具有优良的润滑性、透明性。耐热性较差，储存防潮、防热。以二丁基氧化锡和月桂酸在 60℃缩合制得。是聚乙烯塑料助剂、聚氯乙烯的稳定剂和润滑剂、聚氨酯泡沫塑料合成的催化剂、硅橡胶的熟化剂等。一般在软质透明制品中作主稳定剂；在硬质透明制品中作润滑剂。

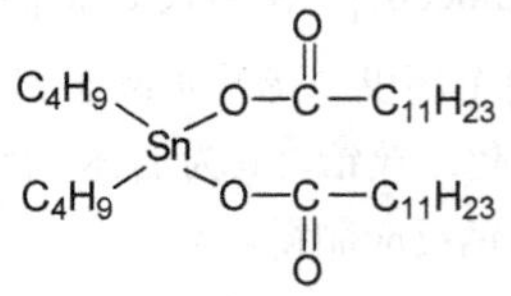

反-[羰基二(三苯基膦)]氯化铱 [Vaska complex] 即瓦斯卡配合物。

非茂金属 [post-metallocene] 相对于茂基金属配合物而言，不含茂基配体配位的金属配合物。例如，用 P，N 等杂原子作为配位位点与金属离子配位，可形成非茂金属配合物。

弗莱德 [Fred] 即烃川基九羰基三钴。

福美胂 [asmate] 即三-*N*, *N*-二甲基二硫代氨基甲酸胂。

高价金属配合物 [hyper-valentmetal complex] 含有高于金属常见价态的配合物。例如含有 Mn(IV)、Mn(V)、Co(IV)和 Fe(IV)的配合物以及双核配合物。通常由卟啉及其类似物支持得到稳定。由于处于高价态，此类化合物具有一定的氧化性，可以发生包括单电子转移在内的一系列氧化还原反应。

锆氢试剂 [hydrozirconation reagent] 即双(环戊二烯基)氢氯化锆。

锆杂环戊二烯 [zirconacyclopentadiene] 一类容易制备的金属锆杂五元环化合物。金属中心为四价锆，接受丁二烯双负和两个环戊二烯基负离子的配位。锆中心为 16 价电子组态。1970 年，瓦特(Watt)等首次报道了以钠/萘为还原剂还原 Cp_2ZrCl_2 得到 Cp_2Zr(Ⅱ)活性物种，与二苯基乙炔氧化环金属化制备 2,3,4,5-四苯基锆杂环戊二烯。根岸(Negishi)采用丁烯配位的二茂锆(根岸试剂)与 2 分子炔烃氧化环金属化，以较高产率制备对称锆杂环戊二烯。此后，

Takahashi 等选择性地合成了不对称的锆杂环戊二烯。它含有两个共轭的 Zr—C(sp^2)键，可与多种亲电试剂反应构建一系列有机小分子，如官能团化的1,3-丁二烯类衍生物。

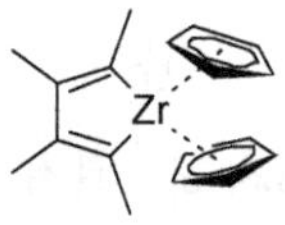

锆杂环戊烷 [zirconacyclopentane] 一类容易制备的金属锆杂五元环化合物。金属中心为四价锆，接受丁烷双负和两个环戊二烯基负离子的配位。锆中心为 16 价电子组态。Cp_2ZrCl_2/EtMgBr(Takahashi 试剂)体系生成的 14 电子 Cp_2Zr(Ⅱ)活性物种与两分子烯烃或二烯偶联合成锆杂环戊烷。两个 Zr—C(sp^3)键能被亲电试剂捕捉合成官能团化的有机小分子，例如与 CO 或异腈可合成官能团化的五元环。

锆杂环戊烯 [zirconacyclopentene] 一类容易制备的金属锆杂五元环化合物。金属中心为四价锆，接受丁烯双负和两个环戊二烯基负离子的配位。锆中心为 16 价电子组态。Cp_2ZrCl_2/EtMgBr(Takahashi 试剂)体系生成的 14 电子 Cp_2Zr(Ⅱ)活性物种与炔烃的偶联反应可制备锆杂环戊烯。它含有一个 Zr—C(sp^2)键和一个 Zr—C(sp^3)键，由于这两个碳锆键的化学环境不同，能实现两个碳金属键的选择性反应。它能与另一分子炔烃高选择性合成不对称的锆杂环戊二烯。

格拉布催化剂 [Grubbs catalyst] 由 2005 年诺贝尔化学奖获得者罗伯特·格拉布(Robert Grubbs)发现的一种钌卡宾配合物催化剂，是烯烃复分解反应中的催化剂。1995 年，第一代格拉布催化剂的发现，极大地推进了烯烃复分解反应的发展。该催化剂对氧和水较稳定，官能团兼容性良好，催化活性较高，但其热稳定性较差，在较高的温度下易发生分解。1998 年，Hoveyda 等发现了螯合的钌卡宾催化剂，该催化剂可以回收再利用，具有良好的催化活性，然而底物适用性不好，被称为第一代 Grubbs-Hoveyda 催化剂。1999 年，格拉布等使用饱和的氮杂环卡宾取代其中的一个 PCy_3 制得第二代格拉布催化剂，不仅保持了第一代催化剂的优点，同时提高了其热稳定性及催化活性。2000 年，Hoveyda 等在第二代格拉布催化剂中引入具有较大体积的亲核性异丙氧基螯合物配体，合成了第二代 Grubbs-Hoveyda 催化剂，不仅可以回收再利用，同时底物的适用性得到了很大扩展。

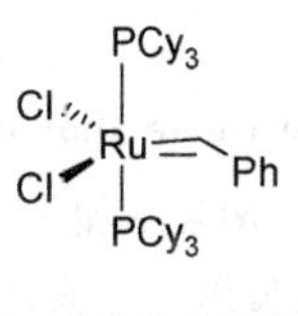

第一代格拉布催化剂

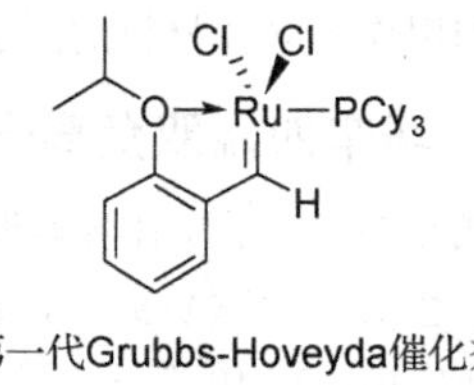

第一代Grubbs-Hoveyda催化剂

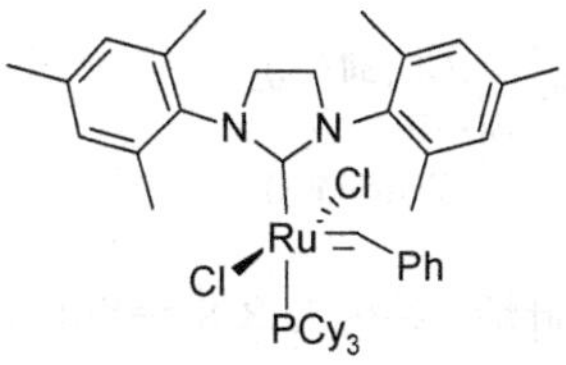

第二代格拉布催化剂

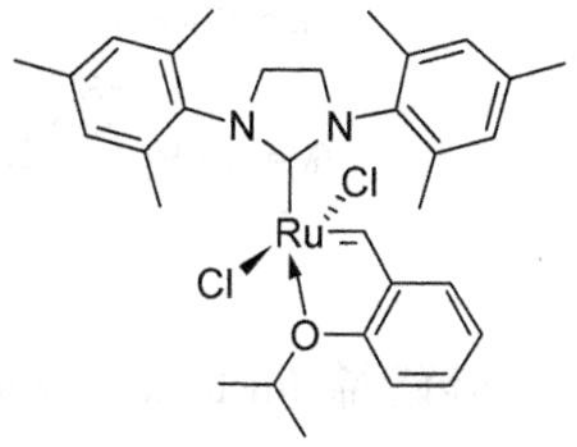

第二代Grubbs-Hoveyda催化剂

格氏试剂 [Grignard reagent] 镁与卤代烷生成的有机镁卤化物。1900 年后，格林尼亚(F. A. Victor Grignard)作了深入研究。一般在乙醚溶剂中，由有机卤化物 RX 和金属镁直接反应而制备，X=Cl、Br、I，其中碘反应最快，常以碘作反应引发剂。在溶剂中依赖于烷基、卤素的性质和溶剂、浓度、温度存在着施伦克(Schlenk)平衡：

$$RMg\langle{}^{X}_{X}\rangle MgR \rightleftharpoons 2RMgX \rightleftharpoons R_2Mg + MgX_2 \rightleftharpoons {}^{R}_{R}\rangle Mg\langle{}^{X}_{X}\rangle Mg$$

低温下，R=Me、Bu^t，X=Cl、Br 时，平衡移向右方，在乙醚中，平衡向左移动主要以溶剂化了的单体 RMgX 存在。加入二氧六环碱性溶剂平衡向右移动，可以分离出 R_2Mg。Me_2Mg、Et_2Mg 都是以烷基为桥的聚合物。一般用卤代烃和镁在无水乙醚或无水四氢呋喃中反应，溶剂和镁是配位的，反应严格在无水、隔绝空气条件下进行。格氏试剂广泛应用于对极性双键、三键、酮、醛、酯、腈、环氧化物、酰氯、二氧化碳等的加成反应。在非极性的烃溶剂内对单烯烃和共轭烯烃也发生加成反应。格氏试剂(RMgX)与卤代烃(R^1X)在 Cu(I)盐催化下，发生交叉偶联，生成 RR^1。在可溶性铁(Ⅱ)催化下，烯基卤(CH_2═CHX)与格氏试剂(RMgX)交叉偶联，生成 CH_2═CHR。实验表明，格氏试剂是有机合成的有效试剂之一。

根岸试剂 [Negishi reagent] 一种二价锆试剂。中心锆为 14 电子，正丁烯以 η^2 配位。可由二氯二茂锆与正丁基锂在低温下通过配体交换与 β-H 消除原位制备，与不饱和双键、三键底物可发生氧化环金属化反应，广泛应用于有机合成领域。

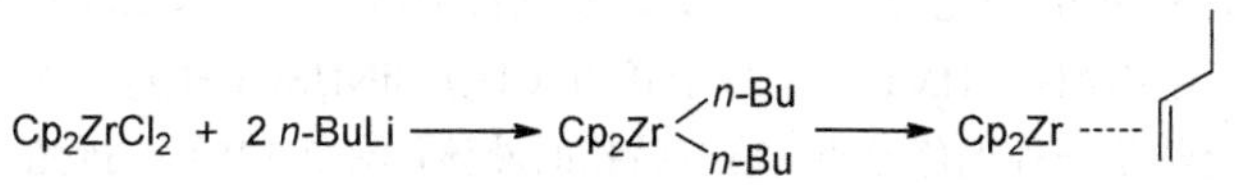

硅硅炔 [disilyne] 又称乙硅炔。结构式 RSi≡SiR′。2004 年，Akira Sekiguchi 小组首次合成了稳定存在的硅炔类化合物，从而进一步证明了碳族重元素可以以三键形式稳定存在。硅硅炔与传统炔烃的最大区别在于其几何构型虽然呈平面状，但与三键硅相连的基团以一定的弯曲角成反式构型。如下图所示：

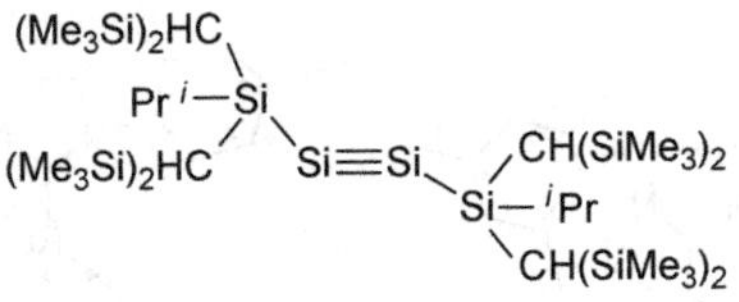

硅硅烯 [disilene] 又称乙硅烯。结构式 $R_2Si═SiR'_2$。简单的二硅烯是非常活泼的化合物，容易发生聚合反应等多种反应，因此存在的时间很短。为了防止聚合等反应的发生，可使用庞大的取代基来有效地使二硅烯稳定，并且能在稀溶液甚至晶体中长期存在。稳定的二硅烯通常是黄色或橙色晶状化合物。二硅烯中 Si═Si 双键的键长处于 2.14～2.29 Å 之间，比对应硅烷中的 Si—Si 单键的键长要短将近 5%～10%。这样的键长缩短程度与相应的烷烃和烯烃比较，少了大约 13%，但这并不影响它显著地表现出双键的性质。

二硅烯通常由 1,2-二卤硅烷的还原，逆第尔斯–阿尔德反应，硅宾的双聚，环硅烷的光解或甲硅基硅宾($RSiSiH_3$)的重排来制备。

硅碳炔 [silyne] 结构式为 RSi ≡ CR′ 的化合物。

硅碳烯 [silene] 结构式为 $R_2Si═CR'_2$ 的化合物。

硅烷 [silane；silicane] 饱和的硅氢化物，烷烃的类似物，通式为 Si_nH_{2n+2}。硅烷还可再分为寡硅烷和聚硅烷。硅烷的烃基衍生物或其他衍生物也常常不严格地被称为硅烷。

硅烷是一种无色、空气中不稳定并会引起窒息的气体，与空气接触会引起燃烧并放出浓烈的白色的无定形二氧化硅烟雾。硅烷自燃的火焰会引起严重的热灼伤，因此在使用或者操作与硅烷有关的气体时必须要有个人防护设备和适应当时情况的防火保护。

硅酰胺 [silylamide] 结构式为$(R_3Si)_2NH$ 的化合物。其碱金属化合物如$(R_3Si)_2NLi$ 是位阻碱，是一种很好的去质子试剂。常用于催化有机反应，这是由于其相对较低的亲核性以及强的布朗斯特碱性。

硅亚胺 [silylimine] 结构式为 $RCH═NSiR'_3$ (R, R′=有机基团)的化合物。应用最广泛的硅亚胺是六甲基二硅亚胺(英文简称：HMDS)，分子式为$(CH_3)_3SiNHSi(CH_3)_3$。该化合物是一种无色透明、略有胺味的液体，沸点 125℃，折光率为 1.4070(20℃)，是一种重要的甲硅烷基化试剂，在有机合成中有着重要的应用价值。该硅亚胺类化合物的合成方法主要有两种：一种是以三甲基硅烷为原料经催化与氨气反应制得；另一种是以三甲基氯硅烷为原料，在惰性溶剂中与 NH_3 反应，再经分离、精馏制得。

环丁二烯双负离子 [cyclobutadiene dianion] 化学式 $C_4H_4^{2-}$。通过环丁二烯配位的钴配合物与金属锂反应制备，即环丁二烯接受两个电子而获得。环丁二烯双负离子有 6 个 π 电子，符合休克尔 4n+2 规则，具有芳香性。可与金属离子配位，配体自身呈平面结构。

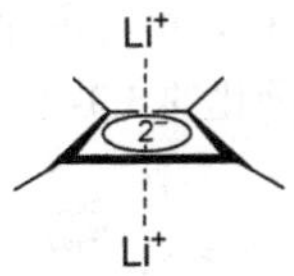

环硅胺 [cyclosilazane] 具有交替的硅和氮原子的环状化合物。常见的环硅胺是八甲基环四硅胺及其衍生物，该类化合物具有开环聚合反应的潜质，这对于工业合成有机硅高分子材料具有重要的意义。

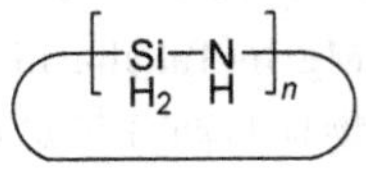

环戊二烯基三羰基锰 [cyclopentadienyltricarbonmonoxide manganese] 化学式$C_8H_5O_3Mn$，分子量204.03。淡黄色片状晶体，熔点77.0℃，具有强烈的樟脑味，易溶于石油醚和一些有机溶剂，不溶于水，在有机溶剂中可缓慢被空气氧化；固体对光稳定，对空气稳定。高于室温时可升华。用环戊二烯钠在四氢呋喃中，与无水溴化锰反应制得。用作催化剂，燃料添加剂和合成试剂。在棕色瓶密封保存。

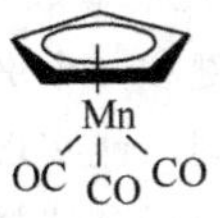

环戊二烯基(乙酰环戊二烯基)铁 [cyclopentadienyl(acetocyclopentadienyl) iron] 化学式 $C_{12}H_{12}OFe$，分子量 228.07。橙色结晶。熔点 85～86℃，于 100℃/133 Pa 升华。可溶于乙醚、石油醚等，微溶于水。性质稳定。实验室用二茂铁、乙酰氯在无水三氯化铝催化下发生弗里德-克拉夫茨(Friedel-Crafts)酰化反应得到。是二茂铁类化合物重要合成中间体。

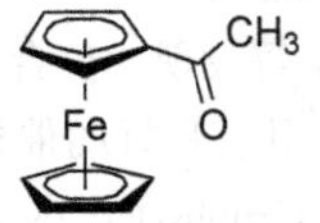

环戊二烯基铟 [cyclopentadienylindium] 化学式$(C_5H_5)In$，分子量 179.91。浅黄色结晶。分解点 160℃以上，加热至 150℃可发生升华。对水稳定。对光和氧极为敏感，空气中极易氧化，遇酸发生分解。可在氮气保护下，以金属钠与新蒸环戊二烯反应制得环戊二烯钠，再加入溴化铟反应得到。该化合物是目前唯一的一价铟有机化合物。用于催化反应和用作半导体材料的添加物。

环辛四烯双负离子 [cyclooctatetraene dianion] 化学式 $C_8H_8^{2-}$。通过在环辛四烯的四氢呋喃溶液中加入金属钾，还原生成二价碳负离子，即环辛四烯双负离子。该离子呈现平面结构，有 10 个 π 电子，符合休克尔 4n+2 规则，具有芳香性。可与金属配位形成类似于二茂铁的夹心结构化合物。

夹心化合物 [sandwich compound] 以两个平行的五元环戊二烯基、苯和芳香环多烯基等，与过渡金属以π-键合，分子是对称结构，形似夹心面包的化合物。威尔金森(G. Wilkinson)命名这类化合物为夹心化合物。π-环戊二烯金属又统称为茂金属，其中二茂铁最典型，已用分子轨道法和X射线衍射法证实一个环戊二烯基配体有五个分子轨道，两个环戊二烯基可组成类似的五对与铁相互作用的分子轨道。其核磁共振谱显示环上五个氢有相同的化学位移(δ: 4.04)；π-苯金属最典型化合物是二苯铬(O)，由费歇尔(E. O. Fischer)最早合成。用X射线衍射法证实了二苯铬的单晶分子为夹心结构和D_{6h}对称。在二苯铬的每个苯中有6个p_{xz}电子，形成六个分子轨道，对称性相同。20世纪50年代夹心配合物的发现及其反应性能研究，使金属有机化学得到突破性的发展，具有重要的理论意义。

甲基三氯硅烷 [methyl trichlorosilane] 化学式CH_3Cl_3Si，分子量149.48。无色液体。沸点66.4℃，闪点-13℃。相对密度d_{25}^{25} 1.270，折射率n_D^{20} 1.4085。溶于苯和醚。有毒。可燃。对皮肤、呼吸道有强烈的刺激性。遇潮易水解，与空气能形成爆炸性混合物，以棕色瓶包装，储存防水、防热。用氯甲烷和硅粉在氯化亚铜催化下一步合成后经精馏得到。用于树脂、合成橡胶、涂料的制备。

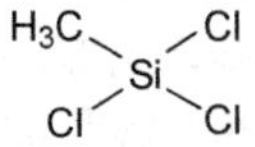

甲基三乙氧基硅烷 [methyltriethoxysilane] 化学式$C_7H_{18}O_3Si$，结构形如$(CH_3CH_2O)_3Si(CH_3)$。分子量178.30。无色、透明、有甜味的液体。熔点<-40℃，沸点143℃，闪点75℉，密度0.895 g/mL(25℃)，折射率n_D^{20} 1.3835。低毒，对皮肤有刺激作用，其蒸气或雾对眼睛、黏膜和上呼吸道有刺激作用。遇高热、明火易燃。与氧化剂能发生强烈反应。若遇高热，容器内压增大，有开裂和爆炸的危险；燃烧(分解)产物：一氧化碳、二氧化碳、氧化硅。于库房通风低温干燥处保存，并与氧化剂、食品化工添加剂分开存放。可由一甲基三氯硅烷与乙醇在溶剂中反应得到。可用于橡胶、医药业，用作有机硅高分子原料。是生产有机硅玻璃和有机硅树脂、苯甲基硅油及防水剂的重要原料。同时易水解，能与碱金属氢氧化物生成碱金属硅醇盐。并且可用于室温硫化硅橡胶的交联剂。

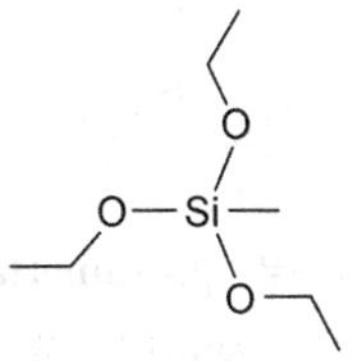

九羰基二铁 [nonacarbonyldiiron] 分子式$Fe_2(CO)_9$，化学式$C_9O_9Fe_2$，分子量363.78。金黄色六方晶体。加热100～120℃分解。不溶于有机溶剂。在四氢呋喃或二氯甲烷中缓慢分解。剧毒。将五羰基铁置于冰醋酸中，用高压汞灯照射得到。长期保存于惰性气体中，暗处储存。广泛用于催化合成有机化合物。

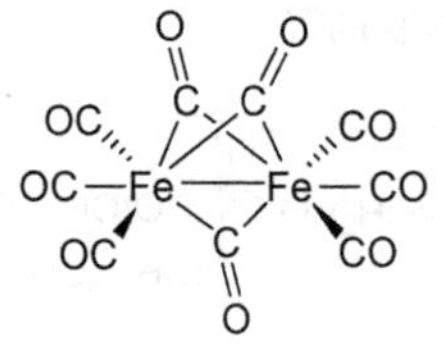

空间受阻酸碱对 [frustrated Lewis pair] 分子内既含有路易斯酸基团又含有路易斯碱基团，但由于空间位阻的原因上述两基团不能够分子内或分子间结合的物质。其于1992年由斯蒂芬(Stephan)小组发现。由于此物质的强酸性及强碱性，体积较小的分子可以受其活化，参与化学反应。2006年，Stephan小组发现空间受阻酸碱对可以使氢气发生异裂，生成具有两性离子特征的氢化产物。亚胺的氢化是首例应用了受阻酸碱对的反应。受阻酸碱对已经实现了对烯烃、炔烃、二氧化碳等小分子的活化。空间受阻酸碱对为有机小分子催化的氢化反应提供了一种新的模式。

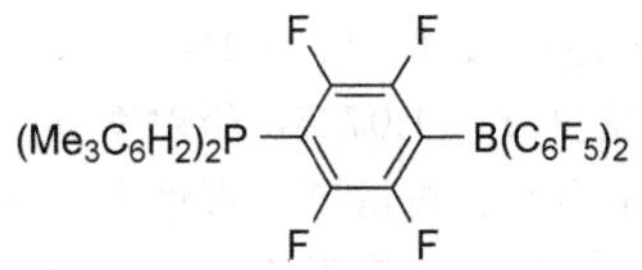

磷氢化合物 [phosphane] 又称磷烷。通式为P_nH_{n+2}的三价磷的饱和氢化物。具有非分支的磷链的各类化合物称为磷烷、二磷烷、三磷烷等。磷的饱和氢化物中一个或多个磷原子的成键数为5的，在相应的磷烷的名字前置位次和符号λ^5，PH_3的烃基衍生物属于膦类。

磷酸三苯酯 [triphenylphosphate] 化学式$C_{18}H_{15}O_4P$，分子量326.30。无色、无臭结晶。熔点50℃，沸点245℃/14 Pa，相对密度d_4^{60} 1.268，闪点220℃，折射率n_D^{25} 1.563。能溶于醚、苯、三氯甲烷和丙酮，微溶于醇，不溶于水。具有中等毒性。微易潮解，隔潮密封保存。用苯酚、三氯化磷通入氯气在80℃水解生成。用作硝化纤维、醋酸纤维薄膜的阻燃性增塑剂，聚氯乙烯的增塑剂和橡胶的物理增塑剂。

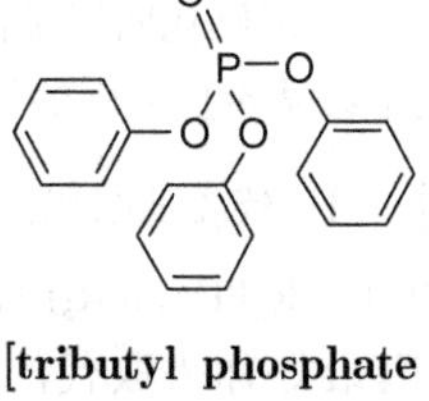

磷酸三丁酯 [tributyl phosphate (TBP)] 又称磷酸正丁酯。化学式$C_{12}H_{27}O_4P$，分子量266.32。无色无臭液体。熔点-80℃以下。沸点289℃(分解)，180～183℃/2.93 kPa，143～145℃/1.07 kPa。闪点295℃。相对密度d_4^{25}0.9729。折

射率 n_D^{20} 1.4226。易溶于有机溶剂，微溶于水。中等毒性，刺激皮肤及眼黏膜，鼠口服 LD_{50} 3.0 g/kg。易燃，常温下稳定。储于阴凉、干燥、通风处。由正丁醇与三氯氧磷反应而得。用作硝酸纤维素、乙酸纤维素、氯化橡胶和聚氯乙烯的主增塑剂，也常用作涂料、黏合剂和油墨的溶剂、消泡剂、消静电剂，稀土元素的萃取剂等。

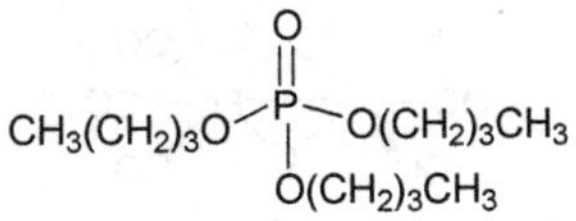

磷酸三甲酯 [trimethylphosphate] 化学式 $C_3H_9O_4P$，分子量 140.07。无色透明液体。沸点 193℃，闪点大于 149℃。相对密度 d_{20}^{20} 1.215，折射率 n_D^{20} 1.397。溶于水和烃类。有毒。对皮肤、眼睛有刺激作用。易燃。储存于阴凉、干燥、通风处。以甲醇、三氯氧磷、碳酸钾 30℃下反应得到。主要用作医药、农药的溶剂和萃取剂。

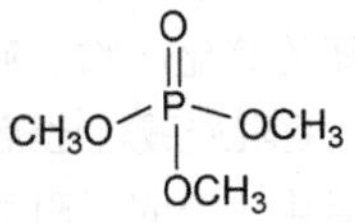

磷酸三乙酯 [triethylphosphate] 化学式 $C_6H_{15}O_4P$，分子量 182.15。透明液体。沸点 216℃，闪点 116℃，熔点 –56.4℃。相对密度 d_4^{19} 1.0725，折射率 n_D^{17} 1.4067。与水完全混溶，溶于多数有机溶剂。毒性大。刺激皮肤、眼黏膜。易燃。常温下稳定。室温下与水混合稳定。当温度升高时，则缓慢水解。避光、防晒、防水储存。以三氯氧磷和无水乙醇反应制得。用作高沸点溶剂、橡胶和塑料的增塑剂、农药中间体等。

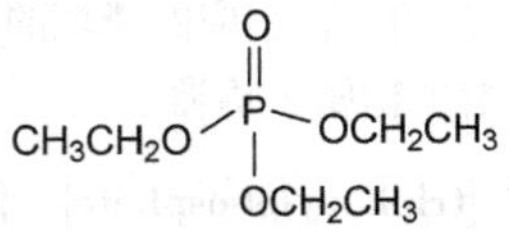

磷酸正丁酯 [phosphoricacidtributylester; butylphosphate] 即磷酸三丁酯。

磷烷 [phosphane] 即磷氢化合物。

鏻盐 [phosphinium salt] 含四配位鏻离子和相关负离子的盐，通式为$[R_4P]^+X^-$。通常鏻为一种四级有机衍生物，如氯化四苯鏻$[(C_6H_5)_4P]^+Cl^-$或碘化四甲基鏻$[(CH_3)_4P]^+I^-$。烷基三苯基鏻盐是有机化学维蒂希反应中的维蒂希试剂。

膦 [phosphine] PH_3 被烃基取代一个、两个或三个氢原子而产生的化合物。RPH_2、R_2PH 和 R_3P($R \neq H$) 分别称为伯、仲和叔膦。具体的膦最好称为取代的膦烷，如甲基膦烷 CH_3PH_2。膦有恶臭并有毒性，其化学特性与磷原子的孤对电子密切有关，具有亲核试剂和碱性。一级膦和二级膦的碱性低于相应的氮化合物，这是由于磷原子孤对电子的轨道有较大的 s 特性，而氮原子的孤对电子为 sp^3 轨道，易与质子结合。此外，膦质子化过程中溶剂化效应较弱。由于磷原子的价电子层能增至 10 个电子，使这类三价膦化合物具有亲电、双亲和双烯亲和性等特性。

膦的很多反应是以形成很强的磷酰键(P═O)为推动力的。三级膦易被空气氧化为氧化三烷基膦，一级膦如甲基膦 $MePH_2$ 在空气中能自燃；三苯基膦在空气中稳定，但能被氧化剂氧化。对称的三烷基膦特别是三苯基膦是很好的配位体，易与过渡金属形成磷金属键，这类配合物溶于有机溶剂，可作为均相催化剂。

膦氮烯 [phosphazene] 含磷-氮双键的化合物，即 $H_3P═NH$ 和 $HP═NH$ 的衍生物。在许多链状、环状和笼状化合物中存在多重这样的键。

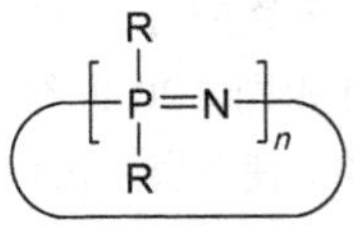

膦氧化物 [phosphine oxide] 膦的磷氧化物。结构式为 $R_3P \rightarrow O$。

硫代甘醇酸异辛酯二正辛基锡 [bis(2-ethylhexyl) 2,2′-(dioctylstannaediyl) bis (sulfanediyl) diacetate] 即辛基锡稳定剂-1。

六甲基二硅氨烷 [hexamethyldisilazane] 又称药用硅氮烷。化学式 $C_6H_{19}NSi_2$，结构形如$[(CH_3)_3Si]_2NH$，分子量 161.39。无色透明液体，无毒、略带胺味。熔点–78℃，沸点 125℃，闪点–1℃，相对密度 0.7741，折射率 n_D^{20} 1.4078。溶于有机溶剂，与空气接触会迅速被水解生成三甲硅烷醇和六甲基二硅醚。易燃，遇明火、高温、氧化剂易燃；遇水分解生成有毒硅化物气体；燃烧产生有毒氮氧化物烟雾。应于低温干燥条件下保存，且与氧化剂、酸类分开存放。将 109 g(1.0 mol)三甲基氯硅烷溶于 500 mL 无水乙醚，通入氨气，立即出现白色沉淀。加热至回流，慢慢通氨维持 6 h，使氯化铵沉降、过滤，取乙醚溶液先蒸出乙醚，再蒸出六甲基二硅氨烷，得 52.5 g，收率 65%。可用于特种有机合成，如阿米卡星、盘尼西林、头孢霉素、氟尿嘧啶及各种青霉素衍生物等合成过程中的甲硅烷基化；也可用于硅藻土、白炭黑、钛等粉末的表面处理，其作用机理是以硅氮键与硅羟基缩合；在半导体工业中用作光致刻蚀剂的黏结助剂；在有机硅氮烷化学中，可以用作与氯硅烷单体进行氯交换，从而获得聚硅氮烷。

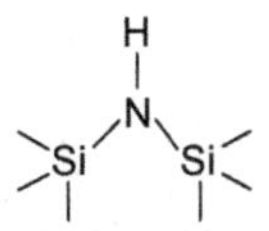

六甲基二硅胺锂 [hexamethyl disilazane lithium (LiHMDS)] 化学式 $C_6H_{18}NSi_2Li$，分子量 167.33。固体。熔

点 70～72℃，沸点 115℃。在溶液中为三聚体。有相当强的挥发性。遇潮气水解。由六甲基二硅氮烷与正丁基锂在氮气保护下制得。是常用有机合成的非亲核性碱。广泛用于有机合成中。

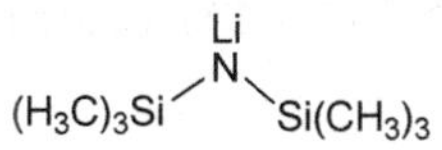

六甲基二硅醚 [hexamethyldisiloxane] 又称六甲基氧二硅烷。化学式 $C_6H_{18}OSi_2$，结构形如$[(CH_3)_3Si]_2O$，分子量 162.38。无色透明液体。不溶于水，溶于多种有机溶剂。熔点−59℃，沸点 101℃，闪点 33℉，密度 0.764 g/mL(20℃)，折射率 n_D 1.3750。遇明火、高温、氧化剂易燃，燃烧产生刺激烟雾，有毒。应于通风低温干燥处保存，且与氧化剂、酸类分开存放。将 62.49 g(0.575 mol)三甲基氯硅烷滴加至 72.7 g(0.06 mol)*N,N*-二甲基苯胺和 7 g 水组成的溶液中，加热回流 1 h。常压蒸馏，收集 98～101℃馏分，经干燥即为六甲基二硅醚，得 43～44 g，收率 92%～94%。工业生产是将三甲基氯硅烷在 30～40℃下水解。可作为封头剂、清洗剂、脱膜剂等用于有机化工及医药化工生产中；可用作硅油生产中的封头剂，也可用作硅氮烷原料；用于硅橡胶、药品、气相色谱固定液、分析试剂、憎水剂等；用作仪器仪表循环冷却液；用作纤维织物表面处理剂以及无线电零件绝缘防潮。

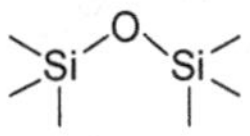

六甲基磷酰三胺 [hexamethylphosphoric triamide] 化学式 $C_6H_{18}N_3OP$，结构形如 $[(CH_3)_2N]_3P(=O)$，分子量 179.2。无色透明易燃液体，具有中等氨味。熔点 7℃，沸点 230～232℃，闪点 222℉，折射率 1.4582，密度 1.03 g/mL (25℃)。可溶于水、极性和非极性溶剂，是优良的极性溶剂。应存放在密封容器内，并放在阴凉，干燥处；储存的地方必须远离氧化剂；远离火源。将二甲胺和三氯氧磷在三氧乙烯中反应，温度控制在 40～60℃，反应时加入氨作为缚酸剂，与生成的氯化氢作用成为氯化铵沉淀。反应结束后，过滤。滤液回收三氯乙烯后用碱处理，再进行蒸馏，收集 113～118℃(2.0 kPa)馏分即得六甲基磷酰三胺。为聚氯乙烯的光稳定剂，有聚氯乙烯高效耐候剂之称，对农用薄膜的耐低温防老化具有显著效果；是一种多功能的对质子惰性的高沸点极性溶剂，作为高分子合成的溶剂如聚苯硫醚、芳香族聚酰胺的合成具有特殊效果；作为丙烯本体聚合的助催化剂，在乙丙橡胶中添加可以提高弹体和耐油性。还用作气相色谱固定液、紫光抑制剂、火箭燃料降低冰点添加剂、化学灭菌剂。

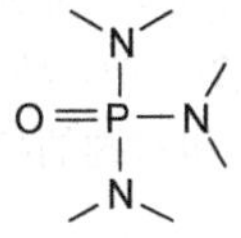

六甲基氧二硅烷 [hexamethyloxydisilane] 即六甲基二硅醚。

六羰基铬 [chromium hexacarbnyl] 分子式 $Cr(CO)_6$，化学式 C_6O_6Cr，分子量 220.06。无色晶体。熔点 152～155℃，70～75℃/1.99 kPa 升华。可溶于三氯甲烷和四氯化碳，不溶于乙醇、乙醚和水。有毒。室温放置易挥发。加热至 210℃可发生爆炸。在高压釜中，铝粉、三氯化铝存在下，无水三氯化铬在苯中通入 30 MPa 一氧化碳反应制得。不能在室温、空气中暴露过长时间，须在低温、氮气保护下密闭保存。是氢化、异构化、水煤气转化的良好催化剂。

氯化二乙基铝 [diethyl aluminum chloride] 即一氯二乙基铝。

氯化三甲基硅烷 [trimethyl chlorosilane] 即三甲基氯硅烷。

氯硼烷 [chloroborane] 氯取代的硼烷，如 BH_2Cl，其中的 H 可被有机基团取代。以该化合物为原料可以合成多种化合物，诸如(−)-二异松蒎基氯硼烷、二氯硼烷等，都是重要的工业原料。

茂金属 [metallocene] 又称二茂金属。两个环戊二烯基以 π 键与过渡金属键合，分子对称，结构似夹心面包(sandwich)的化合物。常见的茂金属有三种，其中二茂铁是典型化合物。金属能显示出一定的离子性，即使对称性颇高的二茂铁也有一定的电荷分离(铁呈正性，环戊二烯基呈负性)。除金属锰外，金属与环戊二烯基之间的共价键性质随原子序数增加而增加(在 d-区过渡金属系列中)；第二种为两个环戊二烯基彼此倾斜呈一定角度(Cp_2ML_X)称"弯曲夹心"茂金属；第三种只含一个环戊二烯基，称"半夹心"茂金属。是用金属钠和环戊二烯生成环戊二烯基钠，再与过渡金属二卤化物反应制得，如：二茂铁，橙色固体，熔点 173℃；二茂钴，紫色固体，熔点 173～174℃；二茂镍，绿色固体，熔点 171～173℃。二茂铁作为非苯芳香体系，可发生金属化及酰化、烷基化、磺化等一系列环上亲电取代反应，广泛用在有机合成与金属有机化合物的制备上。

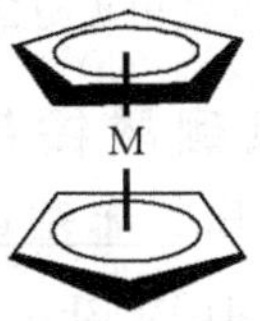

米尔文试剂 [Meerwein reagent] 即四氟硼酸三乙氧鎓。

9-硼二环[3.3.1]壬烷 [9-borabicyclo[3.3.1]nonane (9-BBN)] 化学式 $C_8H_{15}B$，分子量 122.02。白色固体，熔点 140～142℃，沸点 195℃/1.6 kPa。密度 0.894 g/cm^3。能与水反应。它一般以固态或溶于 THF 的形式出售，固态为氢桥连的二聚体，在空气中较稳定。对热和空气有较高的稳定性。实验室可在氮气保护下，用甲硼烷的四氢呋喃溶液与 1,5-环辛二烯反应制得。可作硼氢化反应试剂，与烯烃反应有较高的选择性，控制条件时，可以只与位阻较小的双键反应。生成的烷基硼可进行多种反应，如发生氧化得到醇，发生还原得到烃，以及发生铃木(Suzuki)反应等。

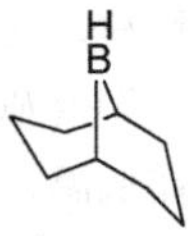

硼烷 [**borane**] 释文见无机化学同名词条。

4-羟基-3-乙酰氨基苯胂酸 [**3-*N*-acetyl-4-hydroxy-arsanilic acid**] 即乙酰胂胺。

氰化二乙基铝 [**diethyl aluminum cyanide**] 化学式 $C_5H_{10}NAl$，分子量 111.12。淡黄色黏稠油状物。沸点 150℃/9.31 Pa。溶于苯、甲苯、乙烷或异丙醚。在四氢呋喃中不稳定。毒性大。能稳定地储存于安瓿瓶中。实验室在氮气保护下将三乙基铝(以小钢瓶储存)加入到氰氢酸的无水苯溶液中经充分反应后制得。反应应在良好的通风橱内进行。是常用的氢氰化试剂。

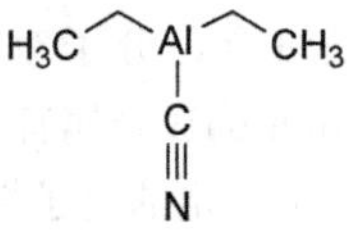

氰基硼氢化钠 [**sodium cyanoborohydride**] 化学式 $NaBH_3CN$，分子量 62.84。密度 1.20 g/cm^3，熔点 241℃(分解)。白色或微黄色固体粉末，在 29℃水中溶解度 2120 g/L。溶于甲醇、四氢呋喃，微溶于乙醇，不溶于乙醚、苯、正己烷。可通过氰化钠与硼烷反应或硼氢化钠与氰化汞反应制备。由于氰基吸电子作用，还原性较硼氢化钠弱，相对温和。主要应用于选择性还原亚胺、烯胺为胺，还原亚砜为硫醚，还原胺化反应，以及与对甲苯磺酰肼共同作用还原羰基为亚甲基。

三苯甲基四氟硼酸碳 [**triphenylcarbenium tetrafluoroborate**] 即三苯甲基四氟硼酸镓盐。

三苯甲基四氟硼酸镓盐 [**triphenylcarbenium tetrafluoroborate**] 又称三苯基四氟硼酸碳。化学式 $C_{19}H_{15}BF_4$，结构形如$(C_6H_5)_3CBF_4$，分子量 330.13。黄色固体，熔点 205～215℃(分解)，易潮解，能与水发生亲核反应。环境有害，2～8℃保存。可溶于大多数有机溶剂，如二氯甲烷、四氢呋喃等。性质比较稳定，由三苯氯甲烷和无水四氟硼酸二甲醚反应制得。广泛应用在有机合成反应中，如脱氢反应，酮、缩醛和烷基醚的脱保护反应，烯基硅醚的氧化，制备阳离子型有机金属化合物或无机配合物以及作为聚合催化剂和路易斯酸催化剂。

三苯膦 [**triphenylphosphine**] 化学式$C_{18}H_{15}P$，分子量 262.28。白色片状或柱状结晶。熔点80.5℃，沸点大于360℃(在惰性气体中)。相对密度(液体，d_4^{80}) 1.075。易溶于醚，溶于氯仿、乙酸和苯，稍溶于醇，几乎不溶于水。由苯基溴化镁与三氯化磷进行膦化反应制备。可用于有机合成，高分子聚合引发剂，抗生素类药物氯洁霉素的原料，有机微量分析测定磷的标准样品。

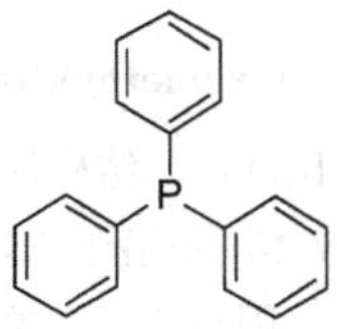

三-*N*,*N*-二甲基二硫代氨基甲酸胂 [**tris-dimethylcarbamodithioicacid arsonium**] 商品名福美胂。化学式 $C_9H_{18}AsS_6N_3$，分子量 435.53。黄绿色棱柱状结晶，熔点 224～226℃，不溶于水，微溶于丙酮、甲醇，在沸腾苯中溶解 60%。在空气中稳定，遇浓酸和热酸则分解。有毒，鼠口服 LD_{50} 335～370 mg/kg。由二甲胺与二硫化碳、氢氧化钠反应，生成 *N*,*N*-二甲基二硫代氨基甲酸钠，其溶液与三氧化砷的氢氧化钠溶液在稀硫酸存在下反应制得。农药用于防治苹果腐烂病等。

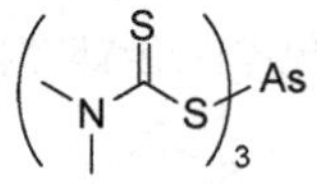

三氟乙酸钯 [**palladium(Ⅱ) trifluoroacetate**] 化学式 $C_4F_6O_4Pd$，分子量 332.45。棕色粉末。210℃分解。溶于乙醚和丙酮，不溶于苯、氯仿和三氟乙酸。实验室用乙酸钯与三氟乙酸反应制得，是制备 π-烯丙基类钯化合物的原料。常用作偶联、脱氢反应的催化剂。也可催化香叶基丙酮和其他烯烃的选择性烯丙基氧化，生成相应的乙酸丙烯酯，而后可转化成酮醇。用于富电子芳酸的温和脱羧反应以及未活化芳烃的直接交叉偶联反应的催化剂。

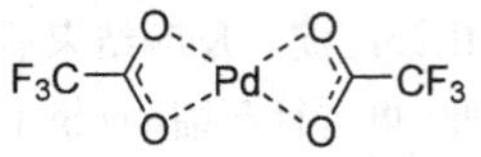

三氟乙酸汞 [**mercury(Ⅱ) trifluoroacetate**] 化学式 $C_4F_6O_4Hg$，分子量 426.65。无色晶体，可溶于水，易溶于多种有机溶剂如 *N*,*N*-二甲基甲酰胺、二甲基亚砜、乙酸乙酯、丙酮、四氢呋喃、乙醚和苯。熔点 167℃，剧毒。比较稳定，可保存于有氢氧化钾的干燥器皿中。由氧化汞和三氟乙酸反应制得。可发生选择性羟汞化反应，可将腙转化为重氮化合物，可使氟苯发生亲电取代汞化反应。可用于类异戊二烯的环化，从丙烯醇类制顺 1,2-二醇，环汞化反应，乙烯基氯化物的水解，二烯的溴化环化和双键的叠氮汞化。

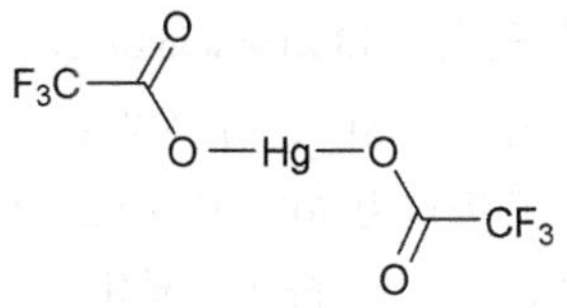

三(环己基)-(1,2,4-三唑-1-基)锡 [1-(tricyclohexylstannyl)-1*H*-1,2,4-triazole] 又称三唑锡。化学式 $C_{20}H_{35}N_3Sn$，分子量 435.84。无色晶体，熔点 210℃，不溶于水，可溶于二氯甲烷、异丙醇。受热分解有毒氧化氮、含锡气体；遇明火、高热可燃。高毒。大白鼠急性经口毒性 LD_{50} 为 99 mg/kg。应于库房通风低温干燥处保存，与食品原料分开储运。制备：将三环己基氢氧化锡及丙酮加入到反应器中，加热回流，滴加三唑丙酮溶液。滴毕，保温回流，降温到 0℃，过滤，干燥后得三唑锡。主要用作广谱性有机锡杀螨剂，以触杀作用为主，残效期长，对叶螨、锈螨等的幼若螨、成螨、夏卵效果良好，可用于防治柑橘、苹果、山楂、棉花、蔬菜等作物的害螨。

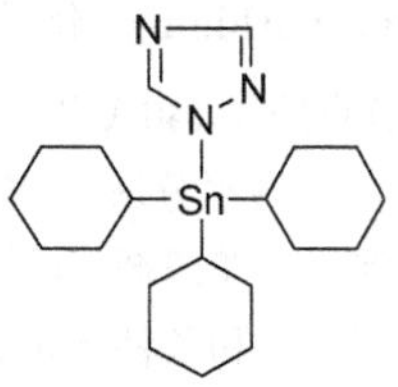

三甲基碘硅烷 [trimethylsilyliodide(TMSI)] 又称碘代三甲基硅烷。化学式 C_3H_9ISi，结构形如 $(CH_3)_3SiI$，分子量 200.09。无色易挥发液体，沸点 139～141℃，闪点-31℃，密度 1.443 g/cm^3，折射率 n_D^{20} 1.491。易水解，对光敏感。可通过单质碘与六甲基二硅烷反应或者六甲基二硅氧烷与三碘化铝反应制备。可用于在中性条件下温和裂解烷氧键。也是制备有机硅化合物的重要试剂，例如与醇(ROH)反应得到易挥发的硅醚(ROTMS)，更易于气相色谱分析。

三甲基硅叠氮 [azidotrimethylsilane] 即叠氮三甲基硅烷。

三甲基镓 [trimethylgallium (TMG; TMGa)] 化学式 C_3H_9Ga，结构形如 $(CH_3)_3Ga$，分子量 114.83。熔点-15.8℃(101.325 kPa)，沸点 55.8℃(191.325 kPa)，闪点-18℃，液体密度 1151 kg/m^3(15℃，100 kPa)。常温常压下为无色透明有毒液体。在空气中易氧化，在室温自燃，燃烧时发出金属氧化物白烟。在已烷、庚烷等脂肪族饱和烃以及甲苯、二甲苯等芳香族烃中以任何比例相溶。用烃类溶剂烯释到 25%以下的三甲基镓，失去其自燃性。接触皮肤能引起组织破坏和烧伤；其燃烧产生的氧化物白烟，能刺激和腐蚀眼、皮肤和呼吸道黏膜，损伤支气管、肺和肾，严重时可引起肺水肿。高温时自行分解。与水激烈反应生成 Me_2GaOH 和 $[(Me_2Ga)_2O]X$，并放出甲烷气。与 AsH_3、PH_3、乙醚类、叔胺及其他路易斯碱形成稳定的配合物。与具有活性氢的醇类、酸类产生激烈反应。用于外延成长、化学气相淀积、金属的有机合成。

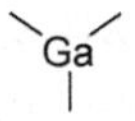

三甲基氯硅烷 [trimethyl chlorosilane] 又称氯化三甲基硅烷。化学式 C_3H_9ClSi，分子量 108.64。无色易挥发液体。沸点 57.6℃，熔点-40℃，闪点-28℃。相对密度 d_{25}^{25} 0.854，折射率 n_D^{20} 1.3893。溶于苯、乙醚。有毒。对呼吸道及皮肤有刺激作用。易燃。遇水水解，释放盐酸气。以棕色瓶包装，储于阴凉通风处。用氯甲烷和硅粉在氯化亚铜催化下一步合成，生成甲基氯硅烷混合物，经精馏得到。用于制备特种合成树脂、合成橡胶、特种涂料、乳化剂、防火剂等，也是合成有机硅的重要原料。作为保护基广泛用于有机合成。

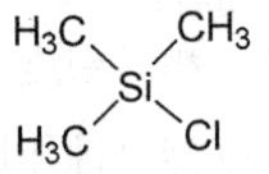

三甲基氧鎓四氟硼酸盐 [trimethyloxonium tetrafluoroborate] 即四氟硼酸三甲氧鎓。

三甲氧基磷 [trimethyl phosphite] 即亚磷酸三甲酯。

三氯甲基锂 [trichloromethyl lithium] 化学式 CCl_3Li，分子量 125.31。白色浆状物，在-100℃有较好的稳定性，-80℃时则放热分解。-105℃下用四氯化碳或三氯甲烷与正丁基锂反应制备，是产生二氯卡宾、三氯甲基阴离子的重要试剂。

三(三苯膦)合镍(0) [tris(triphenylphosphine) nickel(0)] 化学式 $C_{54}H_{45}P_3Ni$，结构式 $[(C_6H_5)_3P]_3Ni$，分子量 845.53。红棕色粉状晶体。熔点124～126℃。易溶于苯、甲苯和四氢呋喃，微溶于乙醚，难溶于正庚烷和乙醇。对氧化物和水敏感。其固体与溶液暴露在空气中会迅速分解，难以保存，宜现用现制备。在无水无氧条件下，可用无水氯化镍、三苯基膦在乙腈中回流制备。用作芳香化合物与乙烯基卤化物反应的偶合剂。

三(三叔膦)氯化铑 [Wilkinson catalyst] 即威尔金森催化剂。

三乙基铝 [triethylalurminium (TEA)] 化学式 $C_6H_{15}Al$，分子量 114.16。无色液体，熔点-52.5℃，沸点 194℃(常压)，相对密度 d_4^{26} 0.8820，闪点-52℃，能与苯、二甲苯、汽油等有机溶剂混溶。常以二聚体存在。遇湿气即水解，能自燃。须隔绝空气、干燥密封储存。实验室用镁铝合金(含 30%镁、70%铝)在氮气保护下，加入溴乙烷和金属钠制备。工业上由铝、乙烯、氢在加压下反应制得。用作合成橡胶及有机合成的催化剂，是齐格勒-纳塔型催化剂组分之一。纯品可用于金属有机化学气相沉积(MOCVD)工艺，并可用作火箭燃料。军事上可用作燃烧弹。

三乙基硼 **[triethylborane]** 化学式 $C_6H_{15}B$，分子量97.99。常温常压下为无色透明发烟液体，熔点-93℃，沸点95℃(常压)，相对密度0.7010，闪点-35.6℃，折射率1.380。不溶于水，溶于乙醇、乙醚等有机溶剂。在空气中易自燃，燃烧产生特征性的绿色火焰。180℃以上可被水解。保存在低温、充惰性气体的密闭容器中。用乙基溴化镁与三氟化硼的丁醚溶液反应制得。广泛用于有机合成，与三乙基铝混合可用作火箭推进系统双组分点火物，也能选择性醇醛缩合反应和酮的 *α*-烷基化等。最常用于自由基引发剂。

三乙氧基磷 **[triethyl phosphite]** 即亚磷酸三乙酯。

三异丁基铝 **[triisobutyl aluminium]** 化学式 $C_{12}H_{27}Al$，分子量198.33。无色透明液体。沸点114℃/4 kPa，212℃，熔点-5.6℃，闪点低于0℃。相对密度 d_4^{20} 0.7876，折射率 n_D^{20} 1.4494。高毒。对人体有强烈腐蚀作用，能灼烧皮肤。遇空气燃烧，遇水爆炸。须储于干燥、阴凉处。使用时需用己烷稀释至20 g/L。用铝粉、氢气、异丁烯于100～120℃和50～60 kg/cm^{2}下一步直接合成。是顺丁橡胶、合成树脂、合成纤维、烯烃聚合的催化剂。可用作喷气发动机引火系统的高能燃料和还原剂。

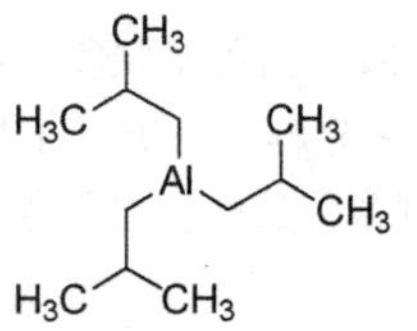

三唑锡 **[azocyclotin]** 即三(环己基)-(1,2,4-三唑-1-基)锡。

杀螨锡 **[fenbutatinoxide]** 即双[三(2-甲基-2-苯基丙基)锡]氧化物。

胂 **[arsine]** AsH_3 被烃基取代一个、两个或三个氢原子而产生的化合物。$RAsH_2$、R_2AsH 和 $R_3As(R\neq H)$ 分别称为伯、仲和叔胂。具体的胂最好称为取代的胂烷，如乙基胂烷 $CH_3CH_2AsH_2$。

胂可用于有机合成、军用毒气，以及应用于科研或某些特殊实验中。由于其具有强烈的还原性，对人体、环境都有危害。

胂凡纳明 **[arsphenamine]** 又称3,3′-二氨基-4,4′-二羟基偶胂苯。化学式 $C_{12}H_{12}O_2N_2As_2$，分子量366.09。浅黄色粉末。其盐酸盐溶于水。高毒。遇空气氧化。由苯酚经胂化、硝化、还原制得。曾是重要的抗梅毒药，重要的医药中间体。

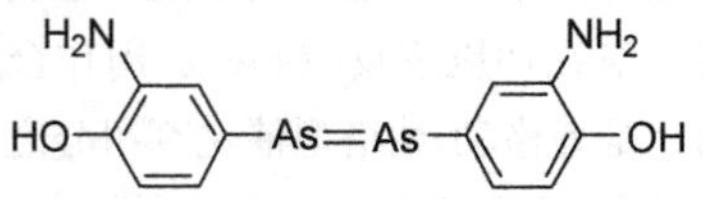

施瓦茨试剂 **[Schwartz's reagent]** 即双(环戊二烯基)氢氯化锆。

十二羰基三铁 **[dodecacarbonyltriiron]** 分子式 $C_{12}O_{12}Fe_3$，化学式 $Fe_3(CO)_{12}$，分子量503.66。暗绿色结晶。分解点为140℃，升华点为70℃/13.3 Pa。在大多数有机溶剂中微溶。化学结构中含二个桥式一氧化碳和三个铁铁键，用九羰基二铁加热至95℃时，分解生成 $Fe_3(CO)_{12}$，也可用五羰基铁在氢氧化钠水溶液中，用新制的 MnO_2 氧化制备。有一定毒性。性质活泼，在空气中只能短时间存在。需置于氮气中保存，长期储存会产生易燃物质。在许多有机合成中，常代替具有毒性的五羰基铁作催化剂，是炔烃三聚反应的催化剂。可用于金属有机化合物的合成和精细有机合成。

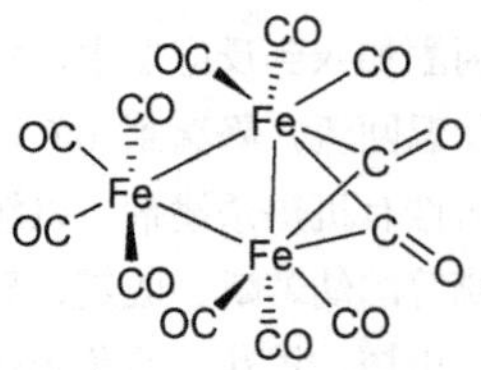

叔丁基锂 **[*t*-butyl lithium]** 化学式 $(CH_3)_3CLi$，分子量64.06。无色结晶，分解点约在140 ℃以上，升华70 ℃/13.3 Pa。在有机溶液中呈四聚体，遇水分解。实验室以锂沙与叔丁基氯反应制备。是一种重要的锂试剂，可用于制备其他有机锂，如芳基锂、乙烯基锂等，温和条件下可还原羰基至—CHOH，可作聚合反应的引发剂。

双环戊二烯合钒 **[vanadocene]** 即二茂钒。

双环戊二烯合钴 **[cobaltocene]** 即二茂钴。

双环戊二烯合钛 **[titanocene]** 即二茂钛。

双(环戊二烯基)氢氯化锆 **[bis(cyclopentadienyl) hydridozirconium chloride]** 又称锆氢试剂、施瓦茨试剂。化学式 $C_{10}H_{11}ZrCl$，分子量257.69。无色晶体。对空气和水比较稳定。对光稍敏感。1971年，韦尔斯(Wailes)等用氢化锂铝还原二氯二茂锆，实现了其首次合成，可在棕色瓶内密封保存。施瓦茨(Schwartz)将其广泛用于与烯烃、炔烃的加成反应，制备多功能基取代的有机化合物。近年来，在药物和天然产物合成中的应用迅速发展，该试剂用完可回收，避免环境污染。

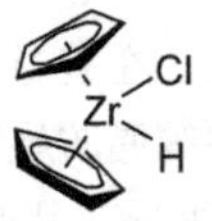

双(1,5-环辛二烯)镍(0) **[bis(1,5-cyclooctadiene) nickel(0)]** 化学式 $C_{16}H_{24}Ni$，分子量275.06。黄色结晶。熔点140～142℃。在苯、甲苯中有一定溶解度，难溶于醇、烃类。遇潮气即分解。对空气敏感。在氮气中和低温下于暗处保存。

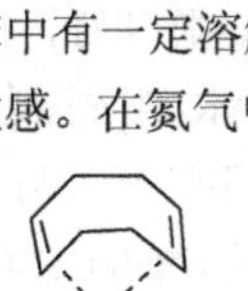

在无水、氩气保护下，用双(乙酰丙酮)镍，在甲苯中与 1,5-环辛二烯反应得到。常用作烯烃反应的催化剂。

双卡可基 [biscacodyl] 即四甲基联胂。

双(马来酸单丁酯)二正辛基锡 [di-*n*-octyltin-di(monobutylmaleate)] 即辛基锡稳定剂-3。

双(三苯基膦)硼氢化亚铜(Ⅰ) [bis(triphenylphosphine)copper(Ⅰ) borohydride] 化学式 $C_{36}H_{34}BCuP_2$，分子量 602.97。固态呈无色针状晶体，在空气中稳定，对水敏感。溶于氯仿、苯、丙酮等有机溶剂，不溶于醚、乙醇等。熔点 164℃(分解)。是一种应用广泛的温和还原剂，能在温和条件下选择性地将酰氯还原成醛，也可选择性地还原羰基化合物，通过甲苯磺酰腙还原酮类成烷烃，还原叠氮化合物成胺类。特点是反应温和，选择性强。

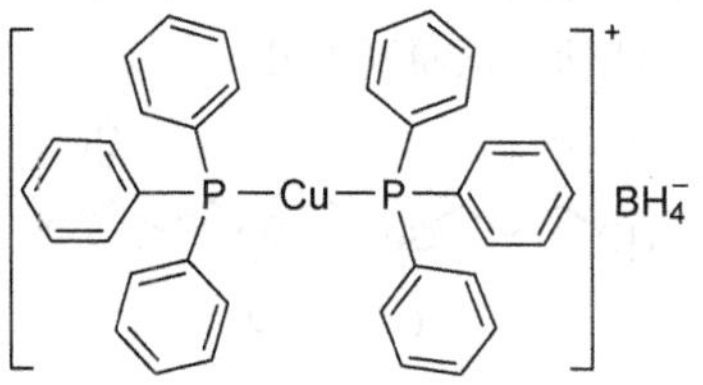

双三丁基氧化锡 [bis(tri-*n*-butyltin) oxide] 化学式 $C_{24}H_{54}OSn_2$，分子量 596.11。微黄色液体。沸点 180℃/266.6 Pa。相对密度 d_4^{25} 1.1700，闪点>100℃。不溶于水，与有机溶剂混溶。有毒。空气中最高容许浓度 0.1 mg/m^3。吞咽和经皮肤吸收会引起中毒。以金属镁与四氯化锡、氯丁烷反应生成三丁基氯化锡，再与氢氧化钠反应制得。用于合成有机锡高分子树脂，制备防腐漆和农药杀菌剂、熏蒸剂。

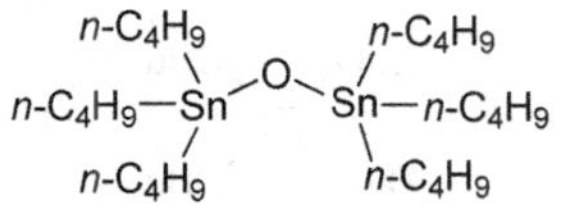

双[三(2-甲基-2-苯基丙基)锡]氧化物 [bis(tris(2′-metyl-2-phenylpropyl) tin) oxide] 又称杀螨锡、托克尔。化学式$C_{60}H_{78}OSn_2$，分子量1052.66。白色结晶。熔点138～139℃。可溶于丙酮、二氯甲烷，不溶于水。低毒。对光、热稳定。以1-氯-2-甲基-2-苯基丙烷与镁生成格氏试剂再与四氯化锡反应后与氢氧化钠反应生成。用于防治柑橘、葡萄等果树和观赏植物多种活动期的植物性螨类。

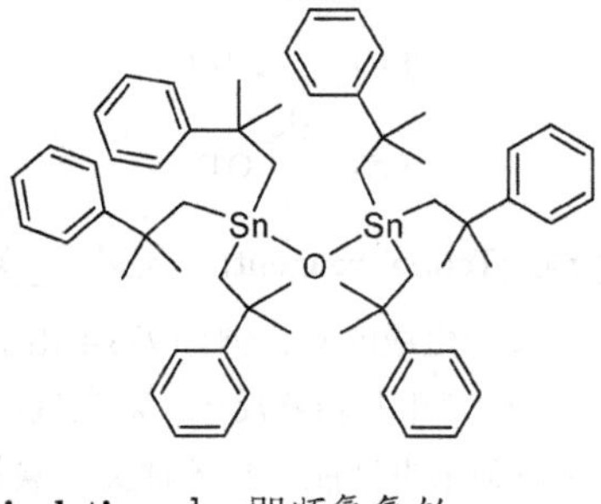

顺铂 [cisplatinum] 即顺氯氨铂。

顺氯氨铂 [*cis*-diamminedichloroplatinum(Ⅱ) (CDDP); cisplatin] 又称顺铂。化学式 $H_6Cl_2N_2Pt$，分子量 300.05。固态呈棕黄色结晶性粉末，熔点 270℃(分解)，相对密度 3.7(18℃)。易溶于 *N*, *N*-二甲基甲酰胺，微溶于水。在水溶液中可逐渐转化成反式。避光、密闭保存。氯铂酸钾经还原，在 KI 存在下与氨反应，再经硝酸银进一步处理制得，可水解。分子中的铂为平面四边形构型，两个氯和氨配体均处于邻位，因此有极性。是一种属于细胞周期非特异性的广谱抗癌药物，用于卵巢癌、肺癌、甲状腺癌的治疗。

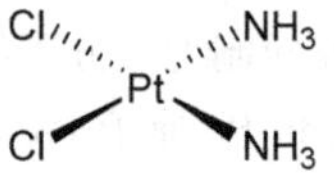

四氨基硅烷 [silanetetramine] 结构式为 $Si(NR_2)_4$ 的化合物(R=有机基团)。常见的四氨基硅烷化合物为四(二甲基胺基)硅烷[tetrakis(dimethylamino) silane]，分子式 $Si(N(CH_3)_2)_4$，分子量 204.3385，相对密度 0.907，沸点 201℃(760 mmHg)，闪点 75.3℃。

四氟硼酸三甲氧鎓 [trimethyloxonium tetrafluoroborate] 又称三甲基氧鎓四氟硼酸盐。化学式 $C_3H_9OBF_4$，结构形如$(CH_3)_3OBF_4$，分子量 147.91。白色晶体，熔点 148℃。易吸潮，易溶于氯仿、丙酮等。可通过三氟化硼的乙醚溶液与二甲醚和环氧氯丙烷作用制得。主要作为有机合成中的甲基化试剂，也是硫缩醛、酮的脱保护试剂。

四氟硼酸三乙氧鎓[triethyloxonium tetrafluoroborate] 又称米尔文试剂。化学式 $C_6H_{15}BF_4O$，分子量 189.90。白色固体，熔点 92℃(分解)，密度 1.328 g/cm^3。能与水反应。可溶于大多数极性和非极性有机溶剂，如二氯甲烷、四氢呋喃、二硫化碳或硝基甲烷等。易潮解。需在惰性气体中保护，隔潮，密封条件下保存。用三氟化硼乙醚溶液和环氧氯丙烷在乙醚中反应制得。是一种超强的烷基化试剂，在有机合成中被广泛用于亲核性官能团如醚、硫醚、腈、酮、酯、酰胺中氧、氮、硫的乙基化试剂。

四甲基联胂 [tetramethyldiarsine] 又称双卡可基。化学式 $C_4H_{12}As_2$，分子量 209.98。无色液体。沸点 78℃。具有毒性。空气中可以自燃，是非常活泼的试剂。于 1760 年发现，后由本生(Bunsen)证明其结构。用氧化砷和乙酸钾加热生成，作为化学治疗剂。1910 年德国埃尔利希(Ehrlich)发现有机胂可用于治疗梅毒。在第一次世界大战中曾被用作化学毒剂。自从青霉素药物的出现，有机胂化合物用于治疗已不重要，但可用作聚合催化剂、抗震燃料添加剂。

$$(CH_3)_2As — As(CH_3)_2$$

四甲基铅 [tetramethyllead] 分子式$(CH_3)_4Pb$，化学式 $C_4H_{12}Pb$，分子量 267.33。无色液体。沸点 110℃/101 kPa，熔点–30.2℃。相对密度 d_4^{20}1.9952，折射率 n_D^{20} 1.5128。有毒。

250℃以上分解。使铅钠(NaPb)与氯甲烷反应，或用甲基格氏试剂加入铅进行电解制得。用于汽油抗震剂(现在使用无铅汽油，不再用四甲基铅抗震)，也是重要的石油添加剂。

四(三苯基膦)合钯(0) **[tetrakis(triphenylphosphine) palladium(0)]** 化学式 $C_{72}H_{60}P_4Pd$，分子量 1155.56。黄色固体。分解温度为 116℃。在苯、二氯甲烷和氯仿中有一定溶解性。微溶于丙酮、四氢呋喃和乙腈中，不溶于烃类。在空气中短时间稳定，暴露于空气中会慢慢变成棕色。在氮气保护下，低温储存且必须保持干燥。用二氯化钯和三苯基膦在氮气保护下加入水合肼反应制得。分子结构是四个三苯基膦的单齿配体连接于一个零价 Pd 原子上，形成一个四面体的几何结构。是典型的符合 18e 的四配位配合物，在溶液中可以可逆地解离 PPh_3，释放 16 电子的 $M(PPh_3)_3$。因此在化学反应中实际参与的是 $Pd(PPh_3)_4$ 解离产生的 $Pd(PPh_3)_3$ 或 $Pd(PPh_3)_2$。在钯催化偶联反应中常用作催化剂。

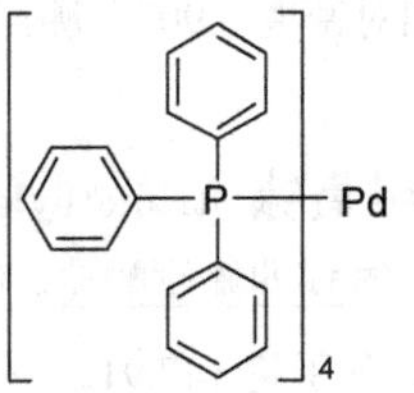

四羰基铁酸二钾 **[dipotassium tetracarbonyl ferrate]** 分子式 $C_4O_4K_2Fe$，化学式 $K_2Fe(CO)_4$，分子量 246.09。白色固体。分解点 270～273℃。空气中不自燃，较其相应的钠化物稳定。实验室以三叔丁基氢化硼钾的四氢呋喃溶液和五羰基铁反应制备。因五羰基铁有毒，故应在通风橱中小心操作。多用于卤代烃和磺酸酯转变为醛、酮、羧酸、酯及酰胺，也可用于多核簇化合物的制备。

四乙基铅 **[tetraethylplumbate (TEL)]** 分子式 $(C_2H_5)_4Pb$，化学式 $C_8H_{20}Pb$，分子量 323.25。无色液体。熔点-130℃，沸点 78℃/1.33 kPa。能溶于无水乙醇、乙醚及大部分有机溶剂。对空气、水、光均稳定。有极强的毒性，空气中四乙基铅的蒸气最大容许浓度为 75 μg/cm³。可由铅钠合金和氯乙烷直接反应制得，也可用电解合成法。曾是工业上大规模生产的有机金属化合物，用作汽车汽油的添加剂，具有抗震作用。随着汽车量的增加，环境污染问题已引起社会广泛关注，我国许多城市已禁用四乙基铅，改用无铅汽油。

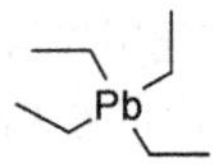

四乙酸铅 **[lead tetraacetate]** 化学式 $C_8H_{12}O_8Pb$，结构形如 $(CH_3CO_2)_4Pb$，分子量 443.38。无色柱状晶体，熔点 174～180℃，沸点 118.1℃，密度 2.28 g/cm³。溶于热的冰醋酸，可用醋酸做重结晶溶剂。溶于无水苯、无水氯仿、四氯化碳等溶剂中。溶于浓氢卤酸中，生成 H_2PbX_6。在空气中不稳定，易吸潮水解。遇湿气或水水解生成棕色的二氧化铅沉淀，使其活性有所降低。如呈黑色，临用前应重结晶。应避光储存在放有固体氢氧化钾及五氧化二磷作干燥剂的真空保干器中，可以保存数周。有毒，为致癌物。应避免与皮肤接触，在有机合成中用作选择性氧化剂及芳香化合物的铅烷化反应。

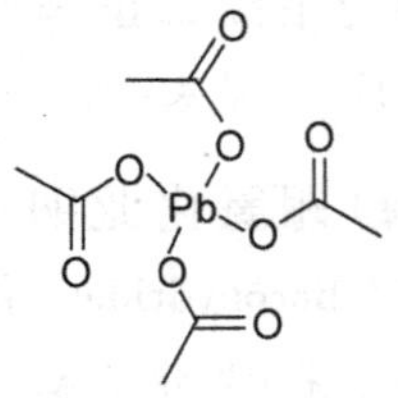

四乙氧基硅烷 **[tetra ethoxy silane]** 即正硅酸乙酯。

羧乙基锗倍半氧 **[carboxyethylgermanium sesquioxide]** 化学式 $C_6H_{10}Ge_2O_7$，结构形如 $[(HOOCCH_2CH_2)Ge(=O)]_2O$，分子量 339.42。白色固体，熔点 320℃。略溶于水。对水、热稳定，水中存在着水解平衡。应于冷处密闭保存。该化合物具有抗癌、免疫激活、镇痛等作用。

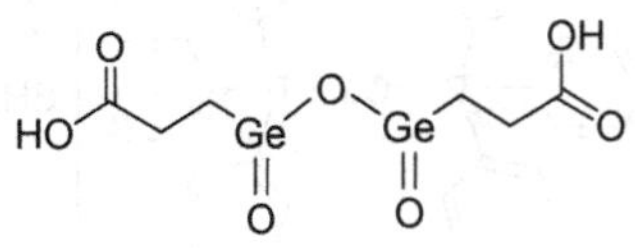

钛酸四丁酯 **[tetrabutyl titanate]** 化学式 $C_{16}H_{36}O_4Ti$，分子量340.36。无色至浅黄色液体，低于-55℃时为玻璃状固体，沸点310～314℃，闪点77℃。相对密度 d 0.996，折射率 n_D^{20} 1.4920。溶于多数有机溶剂，不溶于酮类。低毒。遇水分解。易燃。储存须严防潮湿。以正丁醇、四氯化钛和氨为原料在甲苯中反应制备。主要用作高强度聚酯漆改性剂，耐高温涂料添加剂、医用黏合剂、交联剂、缩合催化剂，也可用于酯交换反应等。

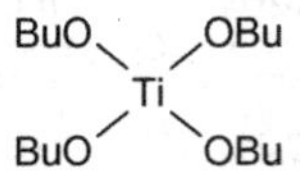

钛酸四异丙酯 **[tetraisopropyl titanate]** 化学式 $C_{12}H_{28}O_4Ti$，分子量284.2。浅黄色液体。沸点232℃，熔点18～20℃，凝固点14.28℃。相对密度 d 0.963，折射率 n_D^{20} 1.4640。溶于多种有机溶剂。在潮湿空气中发烟，在水中迅速分解。储存于阴凉、干燥处。以四氯化钛、异丙醇、液氨为原料，在甲苯中反应制得。用于制备金属与橡胶、金属与塑料的黏合剂，也可用于聚合反应的催化剂。

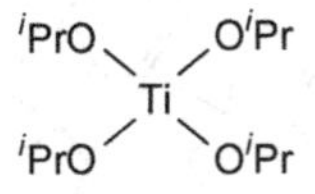

泰伯试剂 **[Tebbe reagent]** 又称二茂钛亚甲基。Cp_2TiCl_2 与 $AlMe_3$ 反应生成的配合物。1978年由泰伯(F. Tebbe)等首先报道。可用于亚甲基转移反应。对空气、水极为敏感，使用不方便。具有强亲电性能，与各种类型羰基化合物生成碳碳双键。格拉布(H. R. Grubbs)改进了试剂，使其与烯烃反应生成钛杂环丁烷，再失去烯烃后，生成钛卡宾[$Cp_2Ti{=}CH_2$](二茂钛亚甲基)，可以把钛杂环丁烷作为钛卡宾的来源用于合成，它们不仅在空气中稳定，易操作，且反应中不存在因分离含铝杂质而有困难。大多[$Cp_2Ti{=}CH_2$]与羰基化合物反应，羰基被还原为亚甲基，与不饱和酯反应，只将羰基亚甲基化，不与双键反应，有良好选择性。在有机合成中有广泛应用。

烃川基九羰基三钴 [alkylidynetricobalt nonacarbonyl] 又称弗莱德。化学式$C_{11}H_3O_9Co_3$，分子量455.93。是一类钴原子簇配合物。由弗莱德(Fred)于1958年首先制得。一般都是颜色很深的固体，随顶端取代基的不同，可有红色、紫色和黑色。它们的热稳定性也与顶端取代基有关，有些可耐热100～185℃，有些可在真空50～80℃下升华。在某些氧化剂、亲核试剂或亲电试剂作用下，可以发生分解反应。在合成化学、非均相催化剂方面都有重要意义，但它不是真正催化剂，真正起催化剂作用是经热分解所产生的简单羰基钴。

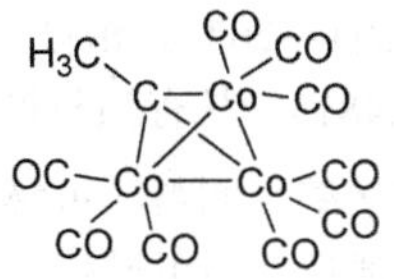

托克尔 [torque] 即双[三(2-甲基-2-苯基丙基)锡]氧化物。

瓦斯卡配合物 [Vaska complex] 又称反-[羰基二(三苯基膦)]氯化铱。化学式$C_{37}H_{30}ClP_2OIr$，分子量780.26，黄色棱柱状结晶，熔点327～328℃。溶于醇、甲苯，空气较稳定。由瓦斯卡(L.Vaska)于1961年发现，在六氯铱酸钠的2-甲氧基乙醇溶液中，通入一氧化碳，再加入三苯基膦得到。

该化合物有多种多样反应性能，如：与卤化氢进行氧化加成反应；与H_2、O_2、R_3SiH、X_2、RCOX等极性亲电试剂反应；与非极性加成试剂反应。基于瓦斯卡配合物的各类反应的研究，确定建立金属有机氧化加成的基元反应概念。

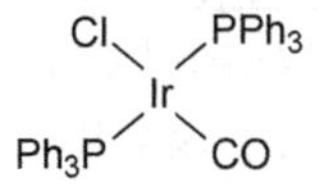

弯曲夹心化合物 [bent sandwich compound] Cp_2MLx所含两个环戊二烯基彼此倾斜，呈一定角度的夹心化合物。其中，Lx=1～3个，如：H、R、CO配体，两个环戊二烯环平面的轴线夹角约在135°～180°范围，金属与环之间键能略有改变，形成弯曲夹心金属，其性质与不同金属、环戊二烯基配体及Lx的种类和数目有关。多数弯曲夹心金属在热、干燥的空气中是稳定的，能部分水解。这类化合物反应更多是涉及Lx配体。将环戊二烯在胺存在下，与金属四卤化物反应，得到弯曲夹心化合物，如：双环戊二烯基锡$(C_5H_5)_2Sn$，熔点105℃，易被氧化和水解。气态电子衍射法测定证明是夹心结构，两个环至中心原子连线夹角125°，由二氯化锡和环戊二烯钠在四氯呋喃反应得到。更多的金属钛、锆、铅等都可以一定条件下得到弯曲夹心配合物。

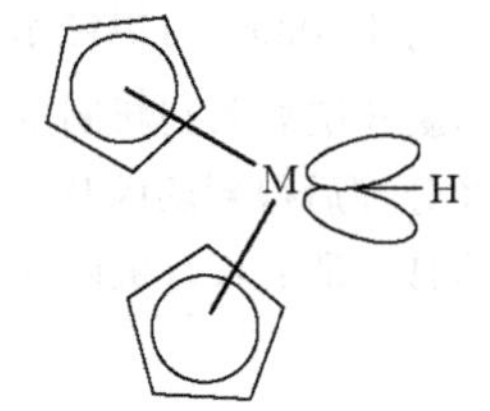

威尔金森催化剂 [Wilkinson catalyst] 又称三(三叔膦)氯化铑。代表化合物为三(三苯基膦)氯化铑[tris(triphenyl phosphine)chlororhodium]。化学式$C_{54}H_{45}ClP_3Rh$，分子量925.22，橙或红色晶体，分解点140℃，易溶于氯仿、二氯甲烷，稍溶于苯、甲苯，微溶于丙酮和低级醇，不溶于正己烷和环己烷，在空气中略为敏感。用氯化铑在乙醇中与三苯基膦回流制备。1964年由威尔金森(G. Wilkinson)和科菲(R. S. Coffey)分别独立地发现。催化选择性高，可以使非共轭烯和炔在常温、低H_2压下顺利被氢化，其中的不饱和基团：芳烃、酮、酯、酸、酰胺、腈、偶氮、硝基均不能被催化还原。催化氢化立体化学是顺式。威尔金森催化剂还是有效的脱羰基试剂。

五苯基锑 [pentaphenylantimony] 分子式$C_{30}H_{25}Sb$，化学式$(C_6H_5)_5Sb$，分子量507.28。结晶体。熔点168.5～170℃。能溶于环己烷、乙腈，不溶于水。其结构经X衍射法测定证明为四方锥型。用锑的卤化物与相应的锂试剂反应制得。锑化合物像砷一样，具有三烃基和五烃基衍生物，随着膦、胂叶立德的广泛应用，研究锑有机化合物的稳定配位结构，开发锑叶立德类化合物的应用正在进行。

五羰基铁 [pentacarbonyliron] 分子式C_5O_5Fe，化学式$Fe(CO)_5$，分子量195.90。黄色液体。沸点103℃，熔点-20℃，相对密度d_4^{20} 1.46。溶于大多数有机溶剂，不溶于水。具有高毒性。在空气中稳定，长期保存需在低温、暗处，通入惰性气体。用铁和一氧化碳在加压下于250℃制得。是金属有机合成的基本原料和有机合成催化剂。

π-烯丙基氯化钯 [di-chloro-di(π-allypalladium)] 化学式$C_6H_{10}Cl_2Pd_2$，分子量365.89。淡黄色结晶。熔点30℃，加热200℃以上分解。溶解于苯、甲苯。能在空气中放置和使用。以二聚体存在，烯丙基三个碳原子所在的平面以115.5°±0.9°，同$(PdCl)_2$所形成的平面相交，两个平面接近垂直。π-烯丙基金属配合物的结构具有流变性结构，在升温时，烯丙基端头碳上的两种氢可以互换位置，流变性赋予这类金有机化合物以高的化学活性。用氯化钯和烯丙基氯化镁反应可制得。在精细有机合成中有广泛应用，是一类重要催化剂。

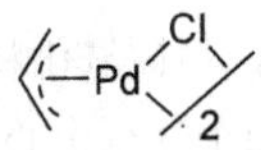

烯丙基三甲基硅烷 [allyltrimethylsilane] 化学式 $C_6H_{14}Si$，分子量 114.27。液体。沸点 84～88℃，相对密度 d_4^{20} 0.7193，折射率 n_D^{20} 1.4080。可以经水蒸气蒸馏、分馏、蒸馏提纯。将三甲基氯硅烷加入到新制备的烯丙基溴化镁格氏试剂中反应，再经分馏后得到烯丙基三甲基硅烷。该化合物广泛应用于有机合成，是引入有机硅基或烯丙基化的重要试剂。

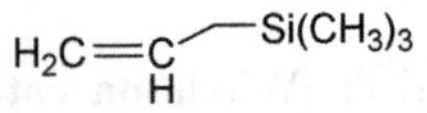

烯醇硅醚 [silylenolether] 其中硅原子上取代基 R═CH_3 及其他烷基；烯基可以是环烯或取代脂肪烯。可经蒸馏、分馏、色谱分离而不分解，是一类具有烯醇式热稳定性高的化合物。由于烯醇硅醚的双键连接三烷基硅氧基 $-OSiR_3$ 而致使其 C═C 键富有电子而极易遭受亲电试剂进攻，且亲电试剂的进攻具有区域专一性，例如可与醛、酮反应，与酰氯反应，与卤素反应，可发生硅基瑞佛马斯基(Silyl-Reformatsky)反应，烷基化反应等。同时 C═C 双键上也可发生一般烯键的加成反应，例如[2+2]环加成；[4+2]、[3+4]、[3+2]环加成反应等，因此烯醇硅醚的化学反应是丰富多样的。已被广泛用作重要的反应中间体和有机合成试剂。在三乙胺存在下，用醛酮与三甲基氯硅烷在 DMF 溶剂中反应制得或以 LDA 非亲核性强碱作用于酮，生成相应的烯醇负离子再以三甲基氯硅烷俘获，也是制备烯醇硅醚的通用方法。由于不易储存，一般在使用前制备。

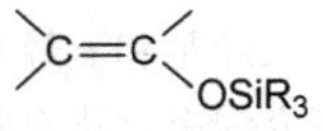

硝酸苯汞(碱式) [phenylmercury nitrate] 化学式 $C_{12}H_{11}Hg_2NO_4$，分子量 634.40。白色珠光鳞片结晶，极微溶于水，微溶于醇，几乎不溶于醚，可缓慢溶于甘油，熔点 188℃，剧毒。在医药工业用作防腐剂和避孕药的原料。由于汞剂对人毒性大，现已少用。

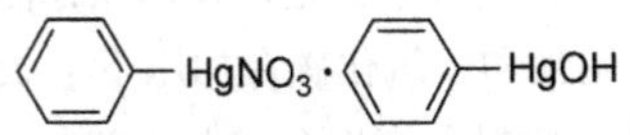

辛基锡稳定剂-1 [octyltin stabilizer-1] 又称硫代甘醇酸异辛酯二正辛基锡。化学式 $C_{36}H_{72}O_4S_2Sn$，分子量 751.81。淡黄色液体。分解点约 200℃，凝固点–35℃，相对密度 d 1.055～1.075，折射率 n_D^{20} 1.490～1.500。溶于醇、醚、酮、酯、脂肪烃、芳香烃、氯代烃，不溶于水。毒性较低。可用氧化二正辛基锡与巯基乙酸、2-乙基己酯缩合制得。主要用作塑料热稳定剂，薄膜类软质品和板材、管材等硬质制品。与树脂相容性好，具有增塑性，可降低硬质制品的热变形温度。

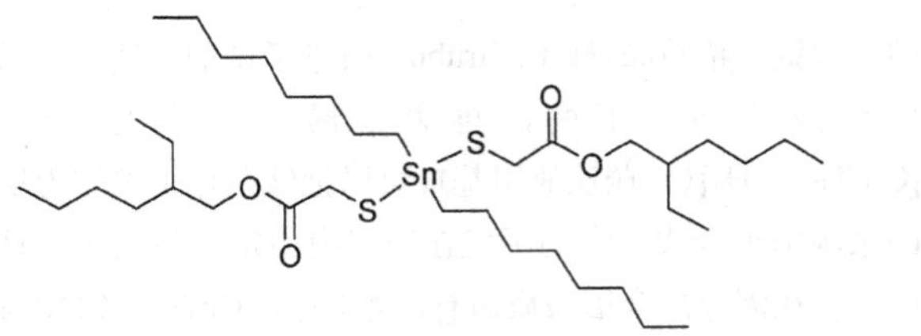

辛基锡稳定剂-2 [octyltin stabilizer-2] 又称二月桂酸二正辛基锡。化学式 $C_{40}H_{80}O_4Sn$，分子量 743.78。黄色油状液体。熔点 17～18℃，闪点 70℃，相对密度 d 0.995～1.015，折射率 n_D^{20} 1.464～1.468。有强烈的神经毒性。储于通风、防潮、防晒的阴凉干燥处。用氧化二正辛基锡与月桂酸缩合制得。用于塑料制品的热稳定剂。其润滑性优于二月桂酸二正丁锡。耐热性及透明性好，可用于硬质透明制品，如食品包装。与环氧化物有良好的相容性和协同性，可以提高其热稳定性。

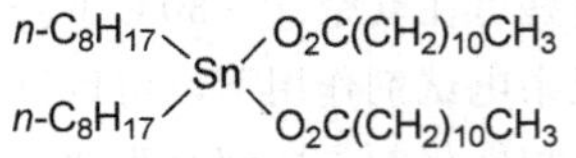

辛基锡稳定剂-3 [octyltin stabilizer-3] 又称双(马来酸单丁酯)二正辛基锡。化学式 $C_{32}H_{56}O_8Sn$，分子量 687.50。淡黄色透明液体。凝固点–20℃。相对密度 d 1.089～1.091，折射率 n_D^{20} 1.4810～1.4815。具有强烈神经毒性。以马来酸单丁酯与氧化二正辛基锡缩合制得。可燃，燃烧产生有毒的锡化物烟雾。应于库房通风低温干燥处保存。用于塑料热稳定剂，使其能在 210℃高温下使用。由于使用该试剂后，塑料不仅热稳定性好且透明性也好，因此，适用于软、硬质透明塑料制品。

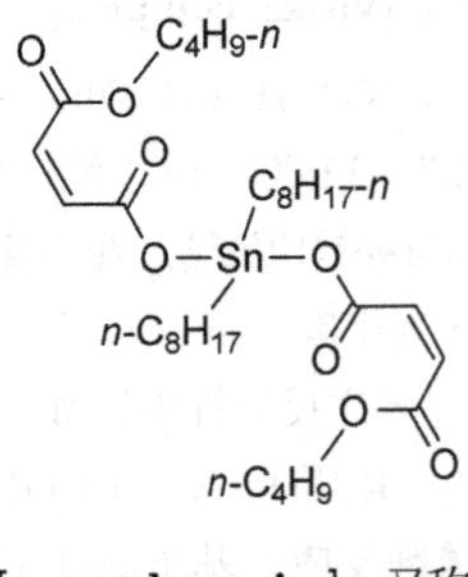

新胂凡纳明 [neoarsphenamine] 又称 3,3′-二氨基-4,4′-二羟基偶胂苯-*N*-甲撑次硫酸钠。化学式 $C_{13}H_{13}As_2O_4N_2Na$，分子量 466.13。黄色粉末。易溶于水。不溶于乙醇、氯仿和乙醚。在空气中易氧化，高温下更易氧化。制剂于避光，干燥处保存。以 3,3′-二氨基-4,4′-二羟基偶胂苯与甲基亚磺酸钠盐缩合制得。抗梅毒药，已被青霉素所取代，但仍有与青霉素合用治疗早期梅毒，亦用于抗螺旋体病药和治疗雅司病、回归热、鼠咬热，以及兽医用作抗锥虫药等。

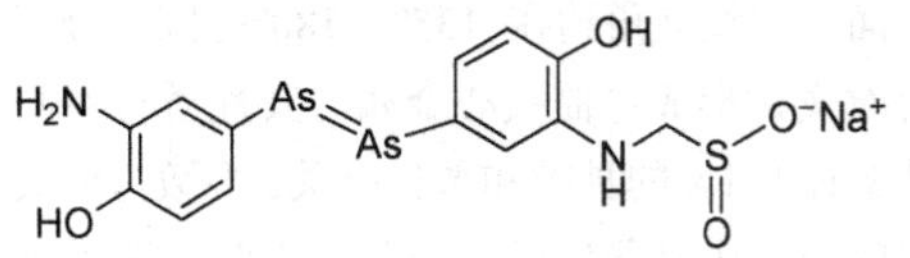

亚磷酸三甲酯 [trimethyl phosphite] 又称三甲氧基

磷。化学式 $C_3H_9O_3P$，结构形如$(CH_3O)_3P$，分子量 124.08。具有刺激性气味的无色透明液体，熔点–78℃，沸点 112℃，闪点 82℉，折射率 1.4076，相对密度 1.054(20℃)，溶于甲醇、乙醇、苯等有机溶剂，不溶于水。有毒。遇水分解成亚磷酸二甲酯；与空气混合可爆炸；遇明火、高温、强氧化剂可燃；受热分解产生有毒磷化氢气体。可用于合成有机磷杀虫剂敌敌畏、久效磷、磷胺、速灭磷、百治磷、杀虫畏等，也可合成其他中间体如 *O*,*O*-二甲基磷酰氯、*O*,*O*-二甲基硫(醇)代磷酸盐等，此外，还用于其他有机合成、化纤阻燃、离子薄膜、医药工业等方面。生产方法有两种：①酯交换法。先将苯酚与三氯化磷反应，生成亚磷酸三苯酯，然后在甲醇钠存在下与甲醇进行酯交换生成亚磷酸三甲酯。粗酯经蒸馏脱除残余甲醇及苯酚，成为成品。②叔胺-氨法。以二甲苯为溶剂，甲醇和三氯化磷在 *N*,*N*-二甲基苯胺存在下进行酯化反应，生成亚磷酸三甲酯。再经水洗、脱水、精馏得成品。

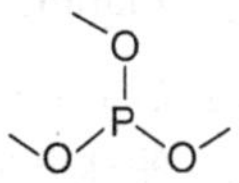

亚磷酸三乙酯 [triethyl phosphite]　又称三乙氧基磷。化学式 $C_6H_{15}O_3P$，分子量 166.16。无色透明液体，具有特殊气味。熔点 156.6℃，闪点 54℃，折射率 1.4130，相对密度 0.963(20/4℃)，易溶于乙醇、丙酮、乙醚、苯等有机溶剂中，不溶于水，在水中易水解，在酸性介质中水解加快。有毒。易燃，受热放出有毒氧化磷烟雾。应于库房通风低温干燥处存放。在农药上可合成杀虫剂毒虫畏、杀螟畏，在医药上用于生产镇痛药苯噻啶，也可用作增塑剂、稳定剂、润滑油和润滑脂的添加剂。以无水乙醇、三氯化磷和液氨为原料在二甲苯溶剂中进行酯化反应，生成亚磷酸三乙酯，粗酯经水洗去除氯化铵及亚磷酸二乙酯，蒸馏脱溶剂后，再经精馏得成品亚磷酸三乙酯。

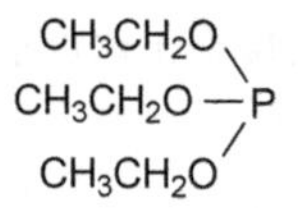

药用硅氮烷 [silanamine]　即六甲基二硅氮烷。

一氯二乙基铝 [aluminum diethyl monochloride]　又称二乙基氯化铝、氯化二乙基铝。化学式 $C_4H_{10}ClAl$，分子量 120.56。无色透明液体，熔点–50℃，沸点 208℃，密度 0.958 g/cm³，闪点–18℃，相对密度 d_4^{26} 0.958。溶于脂肪烃、芳烃。遇空气自燃，遇水爆炸，遇潮湿空气冒白烟。能溶于苯、二甲苯、汽油等有机溶剂。易被氧化，氮气保护下密封储存或以烃类配制成 15%～20%溶液储存较安全。由氯乙烷和铝粉在碘存在下反应，再与钠在乙烷中反应制备。常用于聚烯烃工业的催化剂和制造有机化合物的中间体。为聚烯烃、乙丙橡胶等催化剂组分之一，也可作还原剂、烷基化试剂，以及制备其他金属有机化合物的原料。

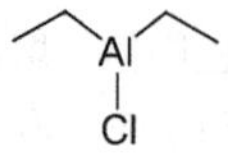

乙硅炔 [disilyne]　即硅硅炔。

乙硅烯 [disilene]　即硅硅烯。

乙基二氯化铝 [ethyl dichloroaluminum]　即二氯乙基铝。

乙基硼 [triethylborane]　即三乙基硼。

乙硼烷 [diborane]　即二硼烷。

乙酸苯汞 [phenylmercury acetate]　化学式 $C_8H_8HgO_2$，分子量 336.74，熔点 149℃。白色至微黄色细小闪光菱形结晶。微溶于水，溶于乙醇、乙醚、乙酸、丙酮、氯仿和苯。剧毒。避免与皮肤接触。无气味。在室温下微挥发，储于阴凉、干燥、密封的容器内。用氧化汞、苯和乙酸反应制得。属高毒类亲脂性有机汞。医疗上为避孕剂，用于杀死精虫，也用作外科局部消毒剂。农业上曾用于处理种子，可用于制备除草剂、杀虫剂、防腐剂等。此药有剧毒，导致公害。20 世纪 70 年代已停止生产和使用。

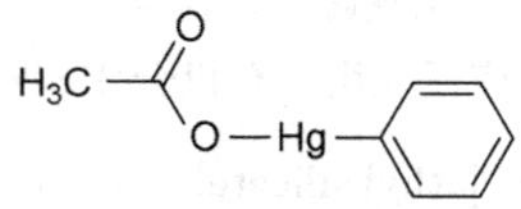

[乙烯]三氯铂酸钾 [potassium trichloro(ethene) platinate(Ⅱ)]　化学式$C_3H_7Cl_3KPt$，分子量383.62。固态呈黄色。具有可燃性。[乙烯]三氯铂酸钾中的$[Pt\cdot(C_2H_4)Cl_3]^-$阴离子具有平面正方形的几何形状。Pt(Ⅱ)与C_2H_4之间的化学键为σ-π配键。有一定毒性。性质活泼，对空气不稳定，须置于氮气中保存。可用于金属有机化合物的合成和精细有机合成，常代替具有毒性的五羰基铁作催化剂，是炔烃三聚反应的催化剂。

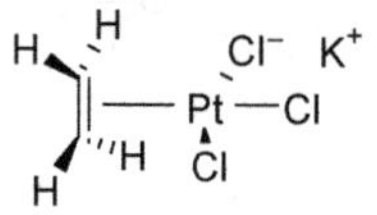

乙酰胂胺 [acetarsol]　又称 4-羟基-3-乙酰氨基苯胂酸、醋氨胂、阿西太松。化学式 $C_8H_{10}O_5NAs$，分子量 275.08。白色菱形结晶。分解点 240～250℃。溶于沸水、碱液，微溶于冷水、稀酸、乙醇，其饱和水溶液对石蕊呈酸性反应。剧毒。常温下稳定。用 3-氨基-4-羟基苯胂酸乙酰化制得。对阴道滴虫及阿米巴原虫均有抑制作用，外用于治疗阴道滴虫。

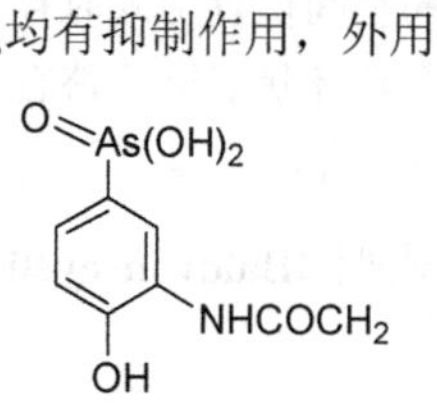

异丙醇铝 [aluminum isopropoxide]　化学式 $C_9H_{21}O_3Al$，

分子量 204.25。吸湿性白色固体。熔点 128～132℃。相对密度 d_4^{20} 1.035。溶于乙醇、异丙醇、苯、甲苯、氯仿、四氯化碳和石油醚。有毒。遇水分解为异丙醇和氢氧化铝。须密封储存。由金属铝和异丙醇在氯化高汞存在下制备。用作脱水剂、催化剂、选择性还原剂、防水剂。

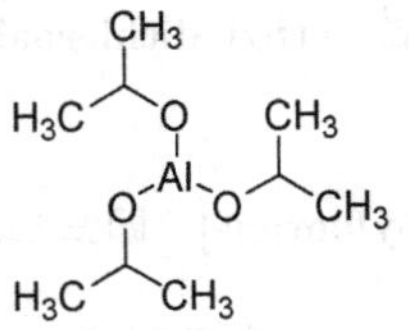

有机硅胺 [**organylsilazane**] 结构式为 $R_nSi(NR'_2)_{4-n}$ (R, R′=有机基团)的化合物。参见氨基硅烷。

正丁基锂 [***n*-butyllithium**] BuLi，化学式 $CH_3(CH_2)_3Li$，分子量 64.06。商品正丁基锂以不同浓度存在于正己烷中，不同浓度溶液，相对密度不同，浓度为 2 mol/L 的正丁基锂己烷溶液，相对密度 $d^{25}=0.775$。可溶于烃和醚中，在烃类溶剂中处于缔合状态，聚合度不因溶液浓度而变，常以六聚体形式存在，在四氢呋喃中以四聚体形式存在。在氮气保护和干燥溶剂中，用金属锂丝与氯代正丁烷反应制备。具有强碱性。对空气、湿气和二氧化碳敏感，储存应防潮、密闭。具有高的化学反应活性，广泛应用于有机合成和催化聚合。

正硅酸乙酯 [**ethyl silicate**] 又称四乙氧基硅烷。化学式 $C_8H_{20}O_4Si$，分子量 208.33。无色液体。有刺激气味。沸点 168.1℃，熔点 110℃(升华)，闪点 51.6℃，凝固点−77℃。相对密度 d_{20}^{20} 0.9356。不溶于水，微溶于苯，溶于乙醇。低毒。对眼睛和呼吸道有较强刺激性。易水解成二氧化硅，空气中最高容许浓度为 851 mg/m³。用密封包装储存。以四氯化硅和无水乙醇进行酯化反应制得。主要用于制造涂料、耐热涂料、有机硅溶剂及精密铸造黏结剂。完全水解可制备荧光粉和氧化硅。

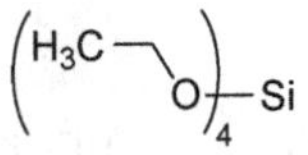

2.3 物理有机化学

2.3.1 基本概念和方法

螯合氢键 [**chelated hydrogen bond**] 又称分子内氢键。当分子内合适的空间位置上同时存在氢键供体和氢键受体时，可以形成的螯合环状氢键。螯合氢键通常会使分子间作用力下降，熔沸点上升。

鲍德温关环规则 [**Baldwin cyclization rule**] 即鲍德温规则。

鲍德温规则 [**Baldwin rule**] 又称鲍德温关环规则。脂环族化合物关环反应可行性的参考规则，由杰克·鲍德温(Jack Baldwin)于 1976 年总结提出。表示方式如下：

环中的原子个数(元数)，一般为 3～8；

以 exo 和 endo 表示关环时断键的位置，环内对应 endo，环外对应 exo；

以 tet、trig、dig 表示反应中亲电碳的杂化状态，tet(tetragonal)对应 sp^3 杂化，trig(trigonal)对应 sp^2 杂化，而 dig(diagonal)对应 sp 杂化。

原子数	3		4		5		6		7	
内/外	exo	endo	exo	endo	exo	endo	exo	endo	exo	endo
tet	✓		✓		✓	✗	✓	✗	✓	✗
trig	✓	✗	✓	✗	✓	✗	✓	✓	✓	✓
dig	✗	✓	✗	✓	✓	✓	✓	✓	✓	✓

鲍林电负性标度 [**Pauling electronegativity scale**] 根据热化学数据和键能定义的电负性的标度方法。由莱纳斯·鲍林于 1932 年提出。鲍林电负性是无量纲量，范围从 0.7～3.98(氢是 2.20)。

闭壳层分子 [**closed shell molecule**] 又称满壳层分子。价层轨道填满电子的分子。该类分子稳定性相对较高。

变构效应 [**allosteric effect**] 一个蛋白质与其配体(或其他蛋白质)结合后，蛋白质的空间结构发生改变，使它适用于功能的需要的这一类变化称为变构效应。其常见形式之一为反馈抑制(终产物抑制)，是指某代谢途径中的终产物作为变构抑制剂抑制代谢途径前面限速酶的活性，从而达到维持细胞内一些代谢物浓度的平衡。

不合理的共振结构 [**unreasonable resonance structure**] “合法的”但是能量较高的共振结构式。该共振式不稳定，而且对共振杂化体贡献较小。通常具有多个分离的电荷。

布朗斯特碱 [**Brønsted base**] 释文见无机化学同名词条。

布朗斯特酸 [**Brønsted acid**] 释文见无机化学同名词条。

布雷特规则 [**Bredt's rule**] 在二环体系进行 β-消除反应时，较小的二环($m+n<5$)桥头碳原子不能形成双键；较大的二环($m+n\geqslant5$)桥头碳原子可以形成双键。这一经验规律称为布雷特规则。

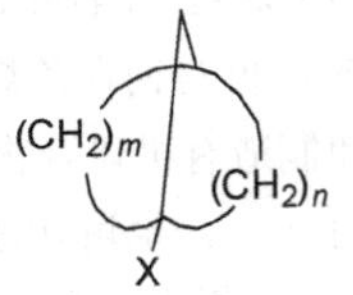

部分电荷 [**partial charges**] 单位电荷的一部分。电

负性不同的原子相互结合形成分子过程中，利用共用电子对的形式形成共价键。由于共用电子对的偏离和偏向造成的原子表观带电现象称为原子带有部分电荷。电子对偏离带正电，相反带负电。如氯化氢分子中，共用电子对偏向氯原子而偏离氢原子，故氢原子带部分正电荷，氯原子带部分负电荷。

插烯效应 [vinylogy effect] 在有机分子插入共轭体系$\leftarrow CH{=}CH \rightarrow_n$ (n=0,1,2⋯)后，与共轭体系相连的两个基团与未插入前保持同样的关系与性质。这是一个经验规则，反映共轭体系对电性的传递。例如在酰氯的羰基与氯之间插入—CH═CH—后，与烯基相连的氯也具有反应活性，与一般的烯基氯的惰性完全不同。巴豆醛($CH_3CH{=}CHCHO$)是乙醛的插烯物，其 CH_3 上的氢原子依然是活泼的。3-戊烯-2-酮($CH_3CH{=}CHC(O)CH_3$)是丙酮的插烯物(图示)，H^a 和 H^b 的化学性质几乎一样。反应可以在共轭体系的两端发生，并且和共轭体系相连的两个基团，也保持着和没有插入共轭体系时一样的关系与反应活性。

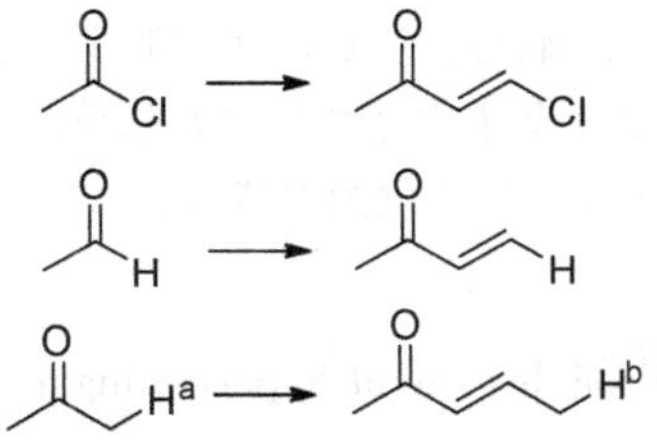

长程溶剂化 [long range salvation] 溶剂和溶质整体偶极矩之间的相互作用。与之相对的是短程溶剂化，即溶剂与溶质间的氢键作用。长程溶剂化的现象在无机盐的水溶液体系中最为明显。在水溶液中，离子的外层水化层与中心粒子的作用力依然较为紧密。但是在普通溶液中，溶剂化层与中心粒子的相互作用在数个溶剂化层以内就会大幅降低，类似的体系可以用 Born 方程计算，把含有少数几个溶剂化层的离子作为一个“大的离子”代入相关理论就可以得到离子与外层水化层的相互作用力关系，通过计算可知这是一个相当大的数值。例如，距离大于等于 8.5 Å 的溶剂水分子对于单价离子的长程溶剂化能超过 19 kcal/mol。

长程有序 [long range order] 又称远程规律。结晶学概念，整体性的有序现象。在完美晶体内，质点在一定方向上有序分布，并延伸到整个晶格内；如果从整个晶体角度来说，其内部的质点是按照一定规律有序分布的。在物质的不同相态中，有序化程度不同，如晶体是长程有序的典型例证，非晶体(如：玻璃)或气体中无长程有序现象，准晶体中质点虽按照长程有序排布，但是不像晶体中有规律周期重复，不存在空间格子。

场效应 [field effect] 有机化合物中取代基在空间内产生电场，对其他反应中心活性造成影响的静电作用。该效应通过空间的分子内静电相互作用，是作用距离须超过两个碳碳键的极性效应。例如，图示两个分子异构体，由于场效应存在，氯原子与羧基的相对位置变化，对羧基电离常数有明显影响。

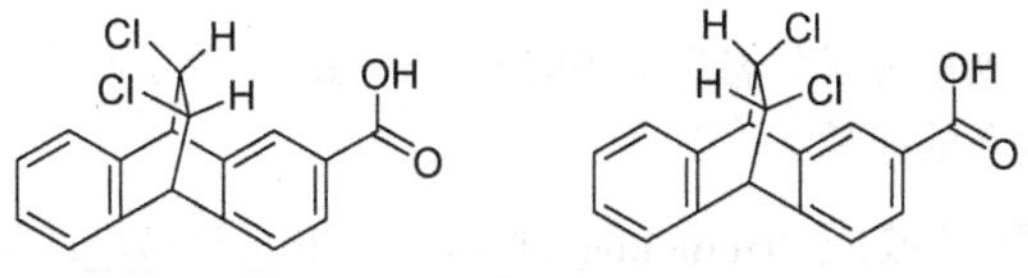

pK_a = 5.67　　　　pK_a = 6.07

超共轭 [hyperconjugation] σ 轨道的离域作用称作超共轭，以 σ-π 超共轭最为常见。σ 键的电子(通常是 C—H 或 C—C)和一个半满或全空的非键 p 轨道、反键的 π 轨道或全满的 π 轨道之间处于共轭位置时，也会相互作用产生电子离域，增加体系的稳定性。σ 键的电子与自由基或者碳正离子、碳负离子同样可以发生超共轭作用。超共轭体系比共轭体系作用弱，共轭能小，稳定性差。

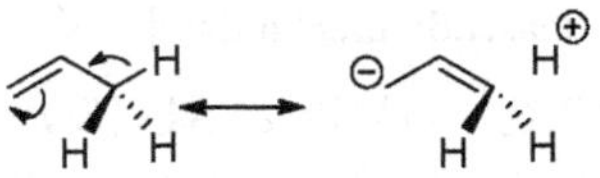

超共价碳 [hypervalent carbon] 碳原子为中心原子，价层电子数超过 8 个，碳上连接多于四个化学键形成的基团。最常见的超共价碳化合物可简写为 10-C-5，即 10 个价电子和五个配体与中心碳原子相连的化合物。其中最简单的甲鎓离子 CH_5^+ 是一种超强酸；而双分子亲核反应(S_N2)的过渡态碳原子连有五个化学键，属于超价阴离子。广义超价分子是指由一种或多种主族元素形成的超价化合物，即中心原子价层电子数多于 8 的分子。超价的名称和概念目前仍处于争论中。

超[强]酸 [super acid] 酸性比 100%硫酸还强。此概念由 James Bryant Conant 于 1927 年提出。超强酸可以分类为布朗斯特超酸、路易斯超酸、共轭布朗斯特-路易斯超酸，以及固体超强酸。简单的超强酸包括三氟甲磺酸和氟磺酸，它们的酸性都是硫酸的上千倍。在更多的情况下，超强酸不是单一纯净物而是几种化合物的混合物，如王水。而最早发现的超酸是魔酸，即五氟化锑和氟磺酸的混合物，能够分解蜡烛中的蜡。超酸有很强的腐蚀性，其主要应用有三点：一是可以将极弱的碱进行质子化；二是可以解离出一些不常见的阳离子，如卤素阳离子；三是其具有良好的催化能力，在石油加工产业中有重要的应用。

重叠效应 [eclipsing effect] 分子以碳碳单键为轴进行旋转时，可以产生无数个构象异构体。当两面角或扭转角为 0°时，两个碳原子上的取代原子重叠，称为重叠型构象。此时两个氢核之间的距离小于两个氢原子的范德瓦耳斯半径之和，因此有排斥力，这种构象从能量上考虑是最不稳定的。当反应经由重叠构象过渡态时，能量升高。

重叠张力 [eclipsing strain] 由重叠效应产生的张力，

即分子的重叠型构象中两个碳原子上取代的原子重叠，产生一定的排斥力。

重组能 [reorganization energy] 根据马库斯理论，体系从最初的分子状态到最终的分子状态时，分子间达成平衡所需耗费的能量。

穿隧效应 [tunneling effect] 又称隧道效应或隧穿效应。一种量子力学的现象。指电子等微观粒子能够穿过其本身无法越过的能垒而继续传播的现象。其原因在于量子力学中，微观粒子具有波粒二象性，继而根据薛定谔波动方程可以推导出其在能垒之外有不为零的概率穿过势垒。其主要应用在于扫描隧道显微镜中，该显微镜可以克服光学显微镜中像差的限制，通过隧穿电子研究固体材料的表面状态，能够分辨出尺寸远小于光波长的结构，在材料科学中有广泛应用。

串联机理 [cascade mechanism] 又称级联机制。一个具有串联机理的系统，当初始反应被引发后，会导致多种或者大量的二级反应，引发产生的二级反应引起更多的次级反应，如此继续进行形成信号放大过程。其中最重要的例子是凝血过程，即凝血机制内部采用串联机理逐级放大凝血信号，并有很多正反馈环节加强凝血过程。另一种对于串联机理的解释是在反应过程中会逐渐产生更低能量结构的机理，如下图中的偶氮化合物生成 TMM 的二聚反应，在光引发产生双自由基后会逐步重排或改变能量状态形成更低能的中间体，直至二聚。

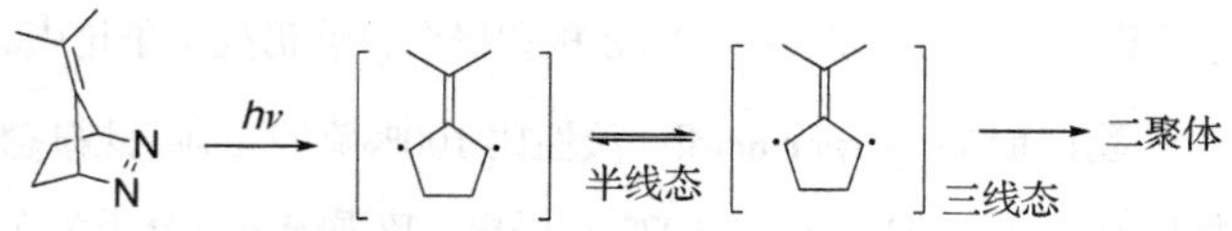

磁各向异性基团 [magnetically anisotropic group] 当分子中某些基团的电子云排布不呈球形对称时，它对邻近的 ^{1}H 核产生一个各向异性的磁场，从而使某些空间位置上的核受屏蔽，而另一些空间位置上的核去屏蔽的基团。例如苯环、羰基等。

次级轨道相互作用 [secondary orbital interactions (SOI)] 又称次级轨道效应、非键作用。不形成新键的原子间的轨道作用。最早于 1965 年由伍德沃德（R.B. Woodward）和霍夫曼（R. Hoffmann）提出，是用于解释第尔斯-阿尔德（Diels-Alder；D-A）反应具有良好的区域选择性和立体选择性的理论依据。根据福井谦（K. Fukui）前线分子轨道理论，决定反应的关键是参与反应各粒子的分子最高占据轨道（HOMO）和最低未占轨道（LUMO）的相互作用。以顺丁烯二酰亚胺和呋喃的 D-A 环化反应为例，主要可以产生两种构型的产物：内型（endo）和外型（exo）。实验证明：内型加成产物是动力学控制，而外型加成产物是热力学控制。内型产物在一定条件下放置若干时间，或通过加热等条件，可能转化为外型产物。反应的选择性可以用次级轨道相互作用给予解释：内型过渡态存在次级轨道相互作用，因此稳定性增加，反应快，而外型过渡态没有次级轨道作用，稳定性差，因此反应慢。

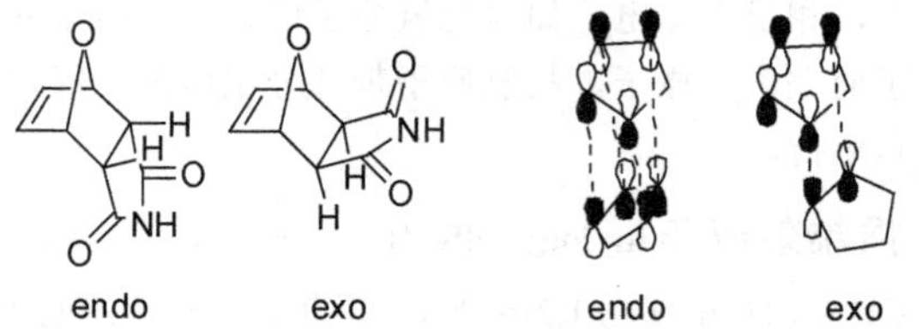

次级轨道效应 [secondary orbital effect] 即次级轨道相互作用。

大角张力 [large angle strain] 在一些化合物中，由于分子内的键角大于标准键角而产生一定的张力。

单电子转移 [single electron transfer (SET)] 一个反应在电子转移的历程中以单个电子形式转移。是电子转移的一种，与双电子转移相对应，单电子转移反应的过程中会产生一类自由基型的中间体。在电子因素方面，电子供体 D 和受体 A 发生单电子转移反应后，如能形成较稳定的价电子构型中间体 D^+和 A^-，则有利于单电子转移反应。此外，电子供体和受体的氧化和还原电位的差值越大，发生单电子转移的倾向也越大。

等价超共轭 [isovalent hyperconjugation] 除 C—H σ 键以外其他的 σ 成键轨道或 σ 反键轨道与 p 轨道或 π 键的共轭作用。如图是一个等价超共轭的例子，碳负离子的 p 轨道和 C—F 键的反键轨道发生共轭。

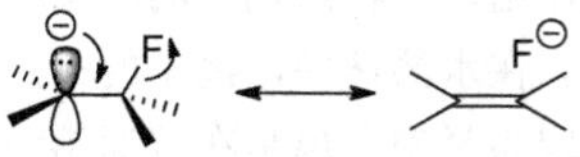

电场效应 [electrical effect] 分子中带电基团的局部电场作用。

电荷转移吸收 [charge transfer absorption] 许多无机物和某些有机混合物等形成的电荷转移络合物在外来辐射激发下能够吸收紫外可见光，发生电荷转移跃迁，产生电荷转移吸收光谱。许多过渡金属离子配合物以及 d^{10} 电子构型的金属卤化物均可以发生电荷转移跃迁从而实现电荷转移吸收。金属离子配合物发生电荷转移吸收的本质是配体和金属离子之间发生了类似分子内氧化还原反应的过程。当配体有能量较高的孤对电子或者金属有能量较低的空轨道时，会发生电子从配体向金属的转移，称为 LMCT（ligand-to-metal charge-transfer），其表观为中心金属被配体还原；而当配体有低能级的 π 反键轨道时，电子会从金属离子向配体迁移，称为 MLCT（metal-to-ligand charge-transfer），其表观是中心金属被配体氧化。

电子转移 [electron transfer (ET)] 电子从一个原子或一种化学物质转移到另一个原子或另一种化学物质的过

程。它发生在氧化还原过程中，是对氧化还原热力学概念的机理描述。在两个发生电子转移的化学物质中会涉及能量的转移。在有机化学中普遍存在电子转移的过程，这些过程中经常会涉及一些过渡金属的配合物。很多生物的过程涉及电子转移反应，这些过程包括氧气的吸收、光合作用、呼吸作用等。

动力学控制 [kinetic control] 起始物在同一反应条件下向多个产物方向转化生成不同的产物——平行反应，在反应达到平衡前分离产物，由反应的生成速率差异来控制不同产物的比例分布。

动力学酸度 [kinetic acidity] 用质子酸的质子被夺去的速率作为度量标准的一种酸度。在氘核潜在源存在时，氘核与质子的交换速率是质子被夺去速率的一种衡量方法。当质子酸的酸性极弱时，它的解离平衡难以测量，而质子交换的速率是可以测量的。因此动力学酸度与热力学酸度可以互为补充。

例如在有机化学中，动力学酸度常用于表示烃类的酸性，与相应的热力学酸度具有对应关系。并且对于结构相似的烃来说，这一关系是直线型的。

动力学同位素效应 [kinetic isotope effect (KIE)] 释文见物理化学同名词条。

动力学稳定性 [kinetic stability] 由于存在较高的活化能能垒，分子体系在一个适当的时间段内，即使外界存在小范围的干扰也不会发生化学变化的特性。动力学稳定性与反应速率有关，而与平衡与否和平衡位置无关，所以控制动力学稳定性的不是 $\Delta G^{\ominus}$，而是 $\Delta G^{\neq}$，如果一个分子或者分子体系的所有可能反应都存在很高的活化能势垒，阻碍进一步反应的可能，则该分子在动力学上是稳定的。

端基[异构]效应 [anomeric effect] 又称异头效应。立体电子效应的一种。例如取代环己烷的优势构象一般采取较大基团在平伏键上，以减小空间位阻的影响。但是当有电负性较大的元素存在时，情况有所不同。如反-1, 2-二氯环己烷的稳定构象是两个氯原子均处于直立键(aa)，而不是平伏键(ee)。特别当环上有 O，N，S 等杂原子时，如吡喃糖的 C(1) 上有取代基 X(F, Cl, Br)、烷氧基、酰氧基等吸电子基团时，它们倾向于处于 aa 键。该效应是由爱德华(J. T. Edward)于 1955 年研究吡喃糖时发现。

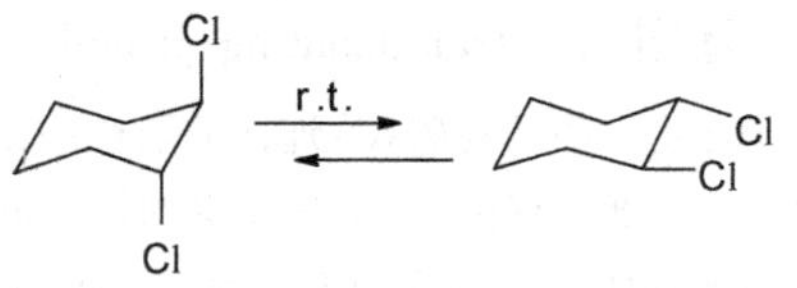

短程有序 [short-range order] 重复性持续降低的现象，相对于晶体结构的有序性。在溶液中一个单独溶剂分子周围，有很好的概率发现第一层最近的临近分子，但到第二、三层以及更多层分子的距离变得不确定。

钝化基团 [deactivating group] 又称致钝基团。一般具有吸电子性质，降低苯环上的电子云密度，导致所在苯环上的亲电取代反应比非取代苯困难的基团。如—NR^{3+}、—CF_3、—NO_2、—CN、—SO_3H、—CHO、—COR、—COOH、—COOR、—$CONR_2$、—X 等。

二级同位素效应 [secondary isotope effect] 由同位素核的性质差异引起的同位素效应。虽然同位素的核电荷数相同，但是同位素之间因核内中子数的不同，会产生一系列在核性质上的差异，包括核半径、核自旋、结合能、磁矩、激发态谱和核反应截面等。比如，氢和氘原子的核内中子数不同，将导致它们在核磁共振分析中表现出明显不同的性质。

反芳香性 [antiaromaticity] 含有 $4n$ 个 π 电子的环状平面共轭体系，由于共轭引起的能量升高、热力学稳定性降低的性质。

反哈蒙特效应 [anti-Hammond effect] 在使用 More O'Ferrall-Jencks 图描述 S_N2 反应中活化络合物结构随反应物和产物结构变化而改变的全部信息时，如果对每一个新的反应过渡态做对角线的垂线，则所有的线都会在对角线上相交于同一点。在对哈蒙特假设的讨论中，发现过渡态势随着 $\Delta G^{\ominus}$ 值的变化而沿着反应坐标移动。因此，在 More O'Ferrall-Jencks 图中，过渡态随着反应自由能的变化沿着对角线移动，而且也随着反应路径的能量变化沿着对角线垂直方向移动，并可以根据以下两个规则来预测：①在对角线方向上，过渡态的移动朝向能量升高的角，而远离能量降低的角，此即哈蒙特效应；②在对角线垂直方向上，过渡态的移动朝向能量降低的角，远离能量升高的角，此即反哈蒙特效应。

[反应]机理 [[reaction] mechanism] 用来描述某一化学变化经历的全部基元反应的总和。从微观上来讲，化学反应中所有化学反应过程实际上都可以认为是经过一个或多个简单的反应步骤(即基元反应)才转化为产物分子的。也就是说，基元反应可以组成复杂的化学反应，复杂反应可以拆分成多个基元反应。

芳香六隅体 [aromaticity sextet] 芳香体系中含有六个 π 电子的体系称作芳香六隅体。

芳香性 [aromaticity] 在环状平面的分子中，由不饱和键、孤对电子和空轨道组成的共轭系统，具有比普通共轭作用更强的稳定作用。一般认为在这些体系中的电子可以自由地在由原子组成的环形结构上运动(离域)，其结果是环键的键级趋于均化，给予体系稳定作用。

芳香性过渡态理论 [aromatic transition state theory] 利用休克尔和默比乌斯体系及其所规定的芳香性的概念，对周环反应选择规律进行解释的理论。与基态分子一样，周环反应的过渡态也可分为芳香性的和反芳香性的。芳香性的过渡态具有较低的活化能，反芳香性过渡态具有较高的活化能。若反应能够形成芳香性过渡态，则反应是允许的；若反应形成反芳香性过渡态，反应将是不利的或禁阻的。该理论是周环反应的理论解释之一，最早于 1966 由齐默曼(Zimmerman)通过发展海仑布特(Heilbronner)关于大环多烯扭曲会产生默比乌斯(Mobius)型化合物的设想，提出的另一种解释周环反应的方法。与前线轨道理论和能量相关理论不同之处在于它不考虑轨道的对称性，而是认为周环反应经历了一个芳香过渡状态。

放能的 [exergonic] 释放能量的。即在化学反应过程中伴随着化学能转变成其他能量并释放的过程。放能反应，通常是伴随着标准自由能减少的反应，即在 A $\rightleftharpoons$ B 反应中，当 B 的吉布斯自由能比 A 低时，从 A 转化为 B 是放能的。

放热的 [exothermic] 放出热量的。即在化学反应过程中反应前总能量大于反应后总能量，表观上是有热量放出的过程。放热反应，通常是伴随着标准生成焓减少的反应，即在 A $\rightleftharpoons$ B 反应中，B 的标准生成焓比 A 低时，从 A 转化为 B 是放热的。

非键相互作用 [non-bonding interaction] 分子间或分内非键连基团之间的范德瓦耳斯力、静电作用和偶极-偶极作用。

非键作用 [nonbonding interaction] 即次级轨道相互作用。

非交替烃 [nonalternant hydrocarbons] 含有奇数碳环的环状共轭烃类。

费尔金-安规则 [Felkin-Anh rule] 预测亲核加成立体选择性的经验规则中最精细的规则。如图示，若醛酮的 α-碳为手性碳，除羰基外与 α-碳相连的大、中、小三个基团分别以 R_L、R_M、R_S 表示。当非对称的醛酮与试剂发生亲核加成、氢化物的还原反应或醇铝的还原反应时，在纽曼(Newman)式中将 R_L 基团置于羰基的垂直方向，试剂总是倾向于从 R_L 基团的对面位阻较小的 R_M 基团和 R_S 基团一侧接近分子，且亲核离子对于羰基的进攻角度相对于碳氧双键有 95°～105°的夹角 θ，因此产物是具有立体选择性的。该规则由 Nguyen T. Anh 和艾森斯坦(O. Eisenstein)提出，在费尔金(Felkin)早期提出的理论基础进行修正。Felkin 早期理论中提出亲核加成反应过渡态有强的极性效应，并提出其与 S_N2 反应的解释恰好相反，但没有给出真正的原因。Anh 提出了一个扭转角为 180°的反迫效应，并提出立体化学是由取代基效应和轨道效应共同影响的。在该效应中，σ 反键轨道是最好的亲核受体，并且 σ 反键轨道和羰基的 π 轨道及 π 反键轨道平行，从而稳定了中间体离子。Felkin 假设的理论基础在于羰基 R 基团周边取代基最小化的趋势，该假设不能被用于醛类。通过引入布吉-达尼茨(Bürgi-Dunitz)角的概念，Anh 假设亲核离子对于羰基的进攻角度相对于碳氧双键有 95°～105°的夹角 θ，这样亲核试剂的 HOMO(孤对电子 p 轨道)和羰基的 LUMO(π*轨道)可以最有效地重叠，从而解决了醛酮物种在 Felkin 早期理论中的矛盾。费尔金规则与费尔金-安规则预测反应立体性选择结果是一致的。

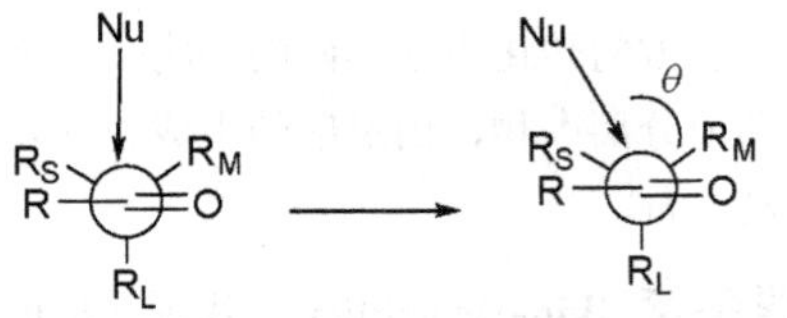

费尔金规则　　费尔金-安规则

分速度因数 [partial rate factor] 通过计算苯环上的总速率以及将总速率分为邻、间、对产物的速率，来衡量取代的芳香化合物的每个取代位置的反应活性。可以作为取代基在亲电取代反应中的定量依据。分速度因数可以用公式计算：

$$f=(6/y)\times(k_{subs}/k_{benz})\times(\text{产物百分数})$$

式中，y 表示等价取代位置的数目，比如甲苯有 2 个等价的邻位，2 个等价的间位，1 个对位。已知甲苯在硝酸-乙酸酐条件下，硝化反应速率是苯的 23 倍，硝化产物的比例分别为邻位 63 %、间位 3 %、对位 34 %。所以邻位分速度因数 $f_o=(6/2)\times(23/1)\times0.63=43.5$，间位分速度因数 $f_m=(6/2)\times(23/1)\times0.03=2.1$，对位分速度因数 $f_p=(6/1)\times(23/1)\times0.34=46.9$。

分子内氢键 [intramolecular hydrogen bonding] 即螯合氢键。

富电子[体系] [electron rich [system]] 分子体系中的价电子数多于其形成正常共价键所需电子数的化合物，一般是电子云密度高或含有未共用电子对的体系。比如含有苯环或芳香化合物，以及含有共轭双键的化合物，有较多 π 电子，都是富电子化合物。

高共轭 [homoconjugation] 两个 π 体系存在轨道重叠，但是并没有直接相连，而通过一些不能参与共轭的基团相连接。例如 CH_2═CH—CH_2—CH═CH_2、螺共轭体系。

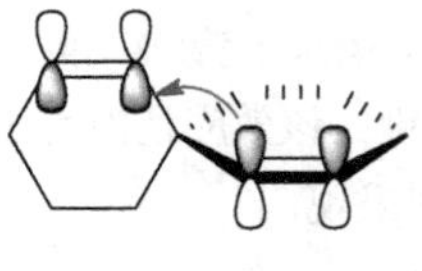

给电子基团 [electron-donating group] 又称供电子基团。有机化合物中由于与碳(C)连接的取代基(A)电负性与碳不同，使 C—A 键具有极性。C—A 键的极性可沿碳链的 σ 键传递，并逐渐减弱，一般到四五个原子时就没有了。有机化学中以 C—H 键的极性为标准，凡使碳原子电子云密度增高者称为给电子基团，如—OH、—OR、$—NH_2$、$—CH_3$ 等。给电子能力的大小，可用该基团取代甲烷后的电离势来衡量，电离势越低，给电子越强。以 C—H 为标准，C ← A 表示 A 为给电子基团。

供电子基团 [electron-donating group] 即给电子基团。

共轭 [conjugation] 分子或活性中间体中单键与双键以上的共价键交替出现，即 π 键与 π 键、π 键与邻位 p 轨道电子云相互重叠作用、π 键中的电子或者杂原子的孤对电子在整个体系中离域等现象。孤对电子、自由基、碳负离子或碳正离子都可能参与共轭。总之，是 p 轨道电子与 σ 键相互作用。

共轭分子 [conjugation molecule] 具有共轭结构体系的分子。

共轭碱 [conjugate base] 与共轭酸的概念类似，在酸碱质子理论中，酸给出一个质子后形成的碱。一个酸和其失去质子变成的共轭碱称为一对共轭酸碱对。酸性越强的酸，其共轭碱的碱性越弱。

共轭酸 [conjugate acid] 质子酸碱理论中，碱结合一个质子后形成的酸。在酸碱质子理论中，酸和碱不是彼此独立的，碱结合质子后成为其共轭酸，这样的一对碱和酸为一对共轭酸碱对。碱性越强的碱，其共轭酸的酸性越弱。

共轭酸碱对 [conjugate acid-base pair] 释文见无机化学同名词条。

共轭体系 [conjugated system] 表面上看共轭体系是单键与双键(或三键)的交替出现，其本质是 p 轨道的相互作用导致 π 电子的离域。一般来说这样会降低分子的总能量和增加其稳定性。

共振[论] [resonance] 对于有些分子、离子或自由基，按价键规则无法用一个经典的路易斯(Lewis)结构式圆满地表达，于是用若干经典结构式来表达其结构，认为其真实结构是这许多经典结构式叠加而成，这就是共振论。各个经典结构互为共振式或极限式。共振中的结构并不存在，真实粒子也并非这些共振结构的混合物或是平衡体系，提出共振的理论是因为价键理论中无法用单一结构式来准确表达物质结构。

共振效应 [resonance effect] 由于官能团的 p-或 π-轨道电子与分子中其他部分的 p-或 π-轨道电子叠加引起分子性质的改变的现象。具有共振效应的基团分为两类：负共振效应和正共振效应。典型的负共振效应基团有：—NO_2，—COR，—CN，—COOH，—SO_3H 等；典型的正共振效应基团有：—OH，—OR，—SH，—NH_2，—NR_2 等。

官能团 [functional group] 决定有机物化学性质的原子或原子团，其具有特征的化学性质。可分为烃基官能团、卤素官能团、含氧官能团、含氮官能团、含硫官能团等。常见的官能团有—X、—OH、—NO_2、—SO_3H、—NH_2、—CHO、—COOH、烯基和炔基等含有杂原子或不饱和碳的基团，饱和碳基团如烷基不属于官能团。

哈蒙特假定 [Hammond postulate] 反应中如果有两种状态，即过渡态和不稳定的中间体，在反应中连续发生并含有几乎相同的能量，那么它们之间的相互转化只涉及很小的分子结构重组。例如在放热反应中，过渡态的能量接近于反应物，其结构也与反应物近似；在吸热反应中，过渡态的能量与生成物比较接近，其结构也与生成物近似。由于过渡态在本质上是瞬时的，用实验手段不能对它直接进行表征，因而哈蒙特假定的意义是可以根据多步反应中的反应物、中间体和生成物来讨论过渡态的结构。

哈米特酸度函数 [Hammett acidity function] 一种用于衡量高浓度酸酸性的指标(H_0)，包括超强酸。由物理有机化学家路易斯·普拉克·哈米特(Louis Plack Hammett)建议使用，对于超出 pH 范围的情况很有用，可以在高浓度的酸中代替 pH 使用。对于酸 BH^+，其 H_0 的计算公式为

$$H_0 = pK_{BH^+} + \lg\frac{[B]}{[BH^+]}$$

式中，pK_{BH^+} 是 BH^+ 的电离常数的负对数，它是一个非常弱的碱(B)的共轭酸，有一个非常负的 pK_{BH^+} 值，通过这种方式 H_0 的值可以扩充到负值。同时提出这个公式的等价形式：

$$H_0 = -\lg\left(\alpha_H + \frac{\gamma_B}{\gamma_{BH^+}}\right)$$

式中，α 是活度，γ 是热力学的活度系数。哈米特最初使用一系列含有吸电子基团的苯胺衍生物作为碱的标准。

化学发光 [chemiluminescence] 物质在进行化学反应过程中伴随的一种光辐射现象。化学发光可以分为直接发光和间接发光：直接发光是最简单的化学发光反应，由两个关键步骤组成，即激发和辐射。例如 A、B 两种物质发生化学反应生成 C 物质，反应释放的能量被 C 物质的分子吸收并跃迁至激发态 C*，处于激发的 C*在回到基态的过程中产生光辐射。这里的 C*是发光体，该过程中由于 C 直接参与反应，因此称直接化学发光。间接发光又称能量转移化学发光，它主要由三个步骤组成：首先反应物 A 和 B 反应生成激发态中间体 C*(能量给予体)；当 C*分解时释放出能量转移给 F(能量接受体)，使 F 被激发而跃迁至激发态 F*；最后，当 F*跃迁回基态时，辐射发光。发光反应的发光类型通常分为闪光型(flash type)和辉光型(glow type)两种。

活度 [activity] 物质的有效浓度。此概念由吉尔伯特•牛顿•路易斯首先提出。在理想溶液中，溶液组分 i 遵循拉乌尔定律：

$$x_i = \frac{p_i}{p_i^*}$$

式中，x_i 是组分 i 在溶液中的摩尔分数，p_i 和 p_i^* 分别是组分 i 的分压和饱和蒸气压。而组分 i 的化学势可由下式表达：

$$\mu_i(T,p)=\mu_i^{\ominus}(T)+RT\ln(x_i)$$

式中，$\mu_i^{\ominus}(T)$ 代表组分 i 在标准状态下的化学势。而在真实溶液中，组分 i 与组分 i 间的作用力和组分 i 与其他组分间的作用力并不相等，导致了组分 i 并不满足拉乌尔定律，其化学势也不满足以上关系，即偏离了理想溶液的行为，为此吉尔伯特·牛顿·路易斯引入了活度和活度系数的概念。定义：$a_{x,i}=\gamma_{x,i}x_i$，其中 $a_{x,i}$ 是组分 i 以摩尔分数所表示的活度，$\gamma_{x,i}$ 则是组分 i 用摩尔分数所表示的活度系数；引入活度和活度系数后，拉乌尔定律可以修正为：$a_{x,i}=\gamma_{x,i}x_i=\frac{p_i}{p_i^*}$。组分 i 的化学势则可以修正为：$\mu_i(T,p)=\mu_i^{\ominus}(T)+RT\ln(a_i)$。真实溶液的浓度越稀，溶剂的活度系数就越接近 1，活度和摩尔分数近乎相等，其行为越接近理想溶液。浓度越高，活度系数越偏离 1，真实溶液的行为偏差理想溶液就越大，比如对于浓度较高的电解质溶液，其活度就无法用摩尔分数取代。

活度系数 [activity coefficient] 又称活度因子。热力学中的一个系数，反映的是真实溶液中某组分 i 的行为偏离理想溶液的程度，量纲为 1。引入活度系数后，适用于理想溶液的各种关系可以相应修正为适用于真实溶液。参见*活度*。

活度因子 [activity factor] 即*活度系数*。

活化基团 [activating group] 增加苯环亲电取代活性的基团。根据活化程度可以分为强烈致活基团(如—NH_2)、中等致活基团(如—$NHCOCH_3$)、弱致活基团(如—X)三类。活化基团需要符合下列条件之一：①含有未共用电子的原子；②含有 π 电子；③可通过诱导效应或超共轭效应产生给电子效应。

活化体积 [volume of activation] 释文见物理化学同名词条。

霍夫曼规则 [Hofmann rule] 季铵盐在强碱中进行 β-消除生成烯烃的反应称为霍夫曼消除反应，当分子中有两个及两个以上不同的 β-氢时，优先消除含氢较多的 β-碳上的氢，生成取代较少的烯烃，这一经验规律称为霍夫曼规则，与札依采夫规则正相反。符合霍夫曼规则的产物称霍夫曼烯烃。某些多取代环己基醇或环己基卤代烃消除处于反位的含氢较多的 β-碳上的氢，也得到霍夫曼烯烃。例如：

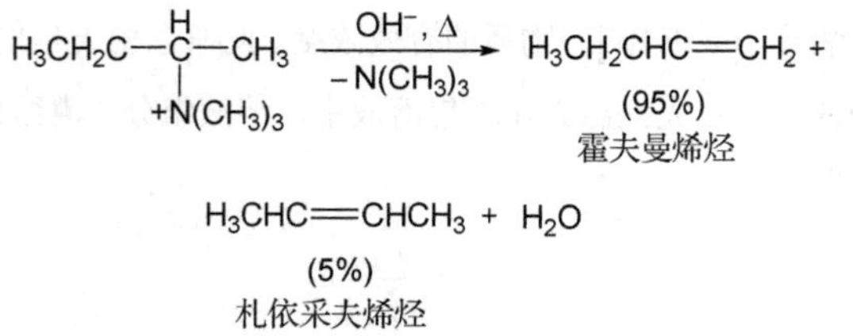

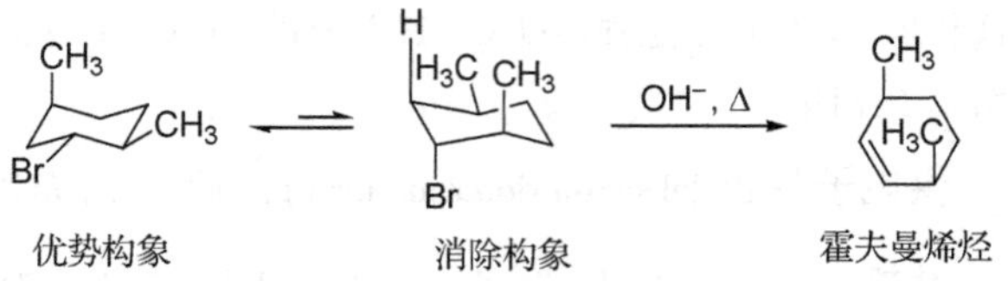

基元反应 [elementary reaction] 释文见物理化学同名词条。

激发波长 [excitation wavelength] 利用一定波长的电磁辐射照射微观粒子系统(如原子、离子、分子等)，使其发生由较低能级向较高能级的跃迁，该波长称为激发波长。

激发光谱 [excitation spectrum] 反映物质受到外来激发光激发以后进行响应，物质自身辐射波长随激发波长的变化关系。例如荧光，通常以激发波长为横坐标，荧光强度为纵坐标作图，即得到荧光化合物的激发光谱。激发光谱有重要的应用价值，例如日光灯灯管中水银蒸气发出的紫外线能量的 90%集中在 254 nm，就得选择激发光谱峰值在此附近的荧光粉。

激发态 [excited state] 释文见物理化学同名词条。

n,π*-激发态 [n, π*-excited state] 分子在外界能量的作用下，分子中的电子从非键轨道(孤对电子，n 轨道)激发到反键 π*轨道形成的分子状态。

激基缔合物 [excimer] 两个同种分子或原子的聚集体，在激发态时两分子或原子作用较强，产生新的能级，发射光谱不同于单个物种的现象。它们在基态时作用较弱或无作用。在激发态时无精细结构。依照两分子或原子在基态时有无作用，可将激基缔合物分为动态(dynamic)激基缔合物和静态(static)激基缔合物。前者两分子或原子在基态时没有相互作用，其吸收光谱和激发光谱无变化。当一个分子受到激发后，在其寿命内，与另一个基态的分子相遇结合，形成动态激基缔合物。后者两分子在基态时已经聚集，其吸收光谱和激发光谱的振动精细结构变宽且红移。通常芳香化合物和稀有气体易形成激基缔合物。

激基复合物 [exciplex] 与激基缔合物类似，是处于激发态的分子与基态下的同种分子相互作用，形成的一种激发态复合物。其同样具有吸收光谱和激发光谱红移、无精细结构等特征。不同之处在于，形成激基复合物不需要像形成激基缔合物那样严格的几何要求，因为形成激基复合物主要是靠给体和受体分子间的电荷转移相互作用。

级联机制 [cascade mechanism] 即*串联机理*。

极化 [polarization] 事物在一定条件下发生两极分化，使其性质相对于原来状态有所偏离的现象。如分子极化(偶极矩增大)、光之极化(偏振)、电极极化等。其中分子极化是指分子在外电场影响下，正、负电荷中心发生相对位移，使分子发生变形，产生的这种偶极称诱导偶极，此过程称之为分子极化。

极性 [polarity] 分子中一个共价键或一个共价分子中电荷分布的不均匀性。如果电荷分布不均匀，则该键或分子具有极性，称为极性键或极性分子；如果电荷分布均匀，则该键或分子不具有极性，称为非极性键或非极性分子。物质的一些物理性质(如溶解性、熔沸点等)与分子的极性相关。

价键互变异构 [valence tautomerization] 由于分子中某些价键的分布发生了改变，与此同时也改变了分子的几何形状而引起的异构化现象。例如，苯和棱晶烷，苯和杜瓦苯之间发生的价键互变异构。

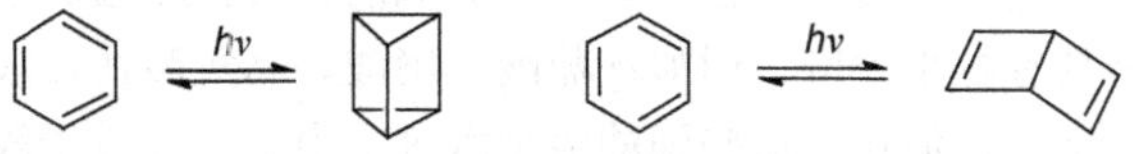

假酸 [pseudo acid] 本身并不是酸，但是在一些特定条件下，可以通过离子异构的方式显示酸性的化合物。比如苯基硝基甲烷，一般不显酸性，但是在碱存在的条件下，会发生离子异构化而呈现酸性，本身成为阴离子，并且负电荷通过参与共轭而被稳定。其共振关系可由下式表示，其中B^-表示碱：

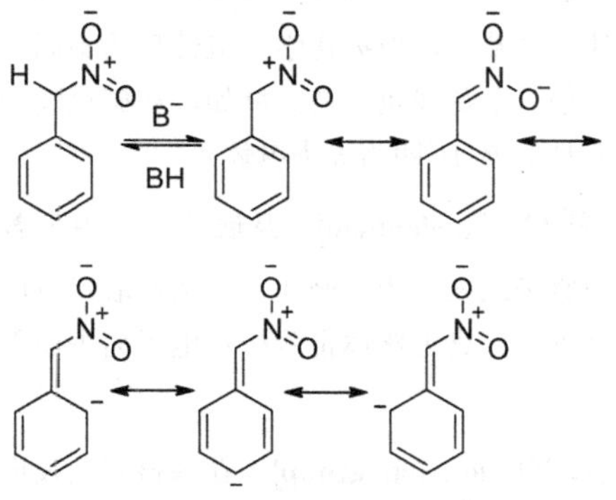

假一级反应 [pseudo-first order reaction] 反应不是一级反应，但由于在反应中某种反应物大大过量，反应进程中该物质的消耗相对其浓度基本没有变化，这时该物质浓度可视为常数，反应动力学行为表现为一级反应的反应。例如，蔗糖的水解反应：

$$\text{蔗糖} + H_2O \xrightarrow{H^+} \text{果糖} + \text{葡萄糖}$$

该反应速率 $r=k[H_2O]^6[H^+][\text{蔗糖}]$。由于水和酸浓度基本不变，因此该反应是表观一级反应，即假一级反应。

间规的 [syndiotactic] 又称间同的。用来描述高分子立体构型，对于长链状高分子，若所有相邻结构单元的构型都是相反的(如下图所示)，则称该高分子链的旋光构型为间规的。与之相关的概念还有“等规的”和“无规的”。其中等规的是指相邻单元构型都相同；无规的是指高分子链中相邻单元有的相同，有的不同。

间规立构的 [syndiotactic] 分子链是由 R、S 链节交替联结，即具有间规的立体构型。概念与间规的相同。

间同的 [syndiotactic] 即间规的。

间位定位基 [meta directing group] 含有取代基的苯衍生物，在进行芳环上的亲电取代反应时，若新进入的取代基主要发生在原有取代基的间位，该原有取代基称为间位定位基。一般来说，间位定位基多是与苯环相连的原子具有不饱和键或正离子的基团，降低了电子云的密度，不利于亲电取代，但邻对位降低得更多，故反应发生在间位。该类取代基主要有：—COR、—CHO、—CO_2R、—$CONH_2$、—CO_2H、—SO_3H、—CN、—NO_2、—CF_3、—$^+NR_3$等。

交叉共轭 [cross conjugation] 共轭体系中，两个共轭系统分别与另一共轭体系共轭，但这两个共轭系统之间互不共轭的体系。最简单的交叉共轭体系如 1,4-戊二烯-3-酮，**A** 和 **B** 两个碳-碳双键分别与碳-氧双键 **C** 共轭，但 **A** 和 **B** 被两个单键隔开因此不共轭。

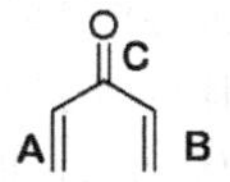

交替烃 [alternant hydrocarbons] 不含奇数环的环状共轭烃类化合物。交替烃的共轭体系中的碳原子可以被分为两组，使得属于同一组的两个碳原子不会直接相连。

角张力 [angle strain] 由于空间阻碍或不对称取代因素使分子内的键角偏离正常键角从而产生一定的张力。因为这种张力是由于键角的屈挠引起的，故称为角张力。可以分为小角张力和大角张力。例如环丙烷分子中 C—C—C 键角为 105.5°，偏离 sp^3 杂化的正常角度 109°28′，即存在“角张力”。

校平效应 [leveling effect] 即拉平效应。

紧密离子对 [contact ion pair; intimate ion pair; tight ion pair] 极性共价化合物在溶液中发生电离，生成正负离子，但这两个相反电荷的离子仍然靠在一起，形成紧密离子对。该概念是温斯坦(S. Winstein)在研究单分子亲核取代反应时介绍正离子、负离子和周围的溶剂分子的相互作用，并用来解释溶剂解反应的立体化学时提出的概念(1956 年)。反应中形成紧密离子对，分子的构型保持不变，另外一分子进行亲核取代时会导致构型反转，而不是像一般单分子亲核取代那样发生完全的外消旋。对于紧密离子对，离子之间没有溶剂分子。当溶剂极性增大，离子键变弱，变成松散离子对或者溶剂离子对。在常见的无机盐水溶液中，离子完全被溶剂化并且被屏蔽接触。

禁阻 [forbidden] 由于体系中存在不利的轨道性质而使得某种反应路径上存在电子势垒，因此准确地说禁阻是指某种反应路径受到禁止，对于反应本身而言，仍然可能发生。

例如，加热条件下，[2+2]环加成反应以协同方式进行是困难的，这是由于轨道对称性导致同面/同面加成是禁阻的。但是许多[2+2]环加成反应可以通过双自由基等过程发生。

晶体轨道 [crystal orbital] 又称能带轨道。原子轨道的线性组合。由于晶体中轨道能级相差很小，可以看成是准连续的，即形成能带。能带中任意一个轨道称为晶体轨道或能带轨道。与分子轨道相同，每个晶体轨道中都能够容纳两个自旋成对的电子。

抗磁环电流效应 [diamagnetic ring current effect] 当芳香化合物置于垂直于共轭体系平面的磁场中时，由于离域的 π 电子会产生感应环电流，该环电流形成的感应磁场在环内与外加磁场方向相反，而在环外与外加磁场方向相同。这样，高于或低于环心的质子就被屏蔽，而环周围的质子是去屏蔽的。这种效应造成了芳香化合物的环外的 ^1H 的化学位移比类似的非环多烯要大。

柯廷-哈米特原理 [Curtin-Hammett principal] 当从相互转化的异构体、构象异构体或中间体开始有两种或多种竞争途径时，形成产物的比例由导向不同产物的最高能垒的相对高度来决定，而不受任何(在最高能量过渡态之前形成的)异构体、构象异构体或中间体的相对能量明显的影响。Curtin-Hammett 原理成立的条件是构象异构体之间的转换远快于反应，因此可以认为构象异构体之间始终处于平衡状态。

空间同位素效应 [steric isotope effect] 一种用于描述非键作用的二级动力学同位素效应(SKIE)。它源于同位素替换的分子中由于空间位阻导致的化学键振动幅度的变化。例如，由于 C—D 键比 C—H 键的振动幅度和频率都要小，导致前者的范德瓦耳斯半径(或有效尺寸)更小，并且两者之间的零点能也产生差异。因此，在一些化学反应中 C—H 键形成的位阻要大于 C—D 键位阻，导致反应的速度比后者要慢。

跨环相互作用 [transannular interaction] 大环或超大环分子中不同基团之间的非键相互作用。

扩散控制 [diffusion control] 化学反应速率由扩散速率决定的现象。在化学反应中，反应物分子首先要通过扩散与另一分子发生碰撞。如果扩散相对于之后的步骤最慢，那么该反应就是扩散控制的。在气相反应中，扩散速率很快，因此一般不会是扩散控制。在液相反应中，由于大量溶剂分子的碰撞，底物的扩散变慢。这是因为在溶液中各反应物首先要扩散到溶剂中形成偶遇对，然后再反应生成产物。因此那些偶遇对容易形成活性复合物或者产物生成比较快的反应，其反应速率取决于反应底物扩散并形成偶遇对的速率，如催化、酶反应与酸碱中和等。而非均相反应由于各反应物在不同的位相，反应速率也容易被扩散速率控制。确定一个反应是否是速率控制可以通过观察速率是否受搅拌速率影响确定：若反应速率随搅拌速率变化明显则可能是扩散控制。

扩散控制反应 [diffusion control reaction] 释文见物理化学同名词条。

拉电子基团 [electron-withdrawing group] 即吸电子基团。

拉平效应 [leveling effect] 又称校平效应。溶剂对物质酸碱性的影响，使得不同物质的酸碱性差别减小。碱性较强的溶剂对质子具有较强的亲和力，掩盖了酸给出质子的能力，因而对酸具有拉平效应。类似的，酸性较强的溶剂对碱具有拉平效应。例如：盐酸、硝酸、高氯酸在乙酸中酸性不同，但在当这些强酸溶于水时，由于水对质子较强的亲和力，生成 H_3O^+，所有酸的酸度在水中都不可能大于 H_3O^+，因此这些强酸的酸性强度区分不大，强度被拉平。同样，这些强酸溶于液氨时都形成氨离子 NH_4^+，酸的强度也被拉平。

离去电体 [electrofuge] 没有保留在底物中原有化学键电子对的离去基团。根据化学反应性质的不同，离去电体通常带有一个正电荷或负电荷。例如，在硝化反应中，苯环上失去一个 H^+，该 H^+ 即为离去电体。

离去核体 [nucleofuge] 从底物分子中带着一对电子断键离去的原子或原子团。例如，在亲核取代反应中，在亲核试剂的进攻下，离去核体带着一对电子离去而得到新的取代产物。

离去基团 [leaving group] 在亲核取代反应中，从底物(被亲核试剂进攻的反应物)中带着一对电子断裂离去的原子或者原子团，常用 L 表示。离去基团往往是负离子或中性分子，常见的离去基团有：X^-、RCO_2^-、TsO^-、H_2O 等。较好的离去基团往往具有易接受电子、储存负电荷能力强的性质。

立体电子效应 [stereoelectronic effect] 理论有机化学重要概念之一。由科里(E. J. Corey)于 20 世纪 60 年代提出。综合了立体效应和电子效应的结果，但又不是简单的两种效应的加合。共价键特定的空间取向导致了电子效应对分子不同部位的影响存在着差异，这是立体电子效应最根本的立足点。分子特有的电子状态依赖于分子的几何构型，而由分子的立体结构所引起的电子轨道变化就会产生此类效应。它可以解释很多其他效应解释不了的现象。比如：S_N2 反应的立体专一性问题、二氯甲烷的惰性问题、环醚比醚活泼的问题、内酯比酯活泼的问题等。

两亲性 [amphiphilic] 描述某个化合物即含有亲水基团又含有亲脂基团的性质。这样由亲脂性部分和亲水性部分组成的化合物通常称为两亲物质或者两性物质。两亲性也是化学和生物化学中的基础的研究领域，特别是多态油脂。常见的两性物质如肥皂和洗涤剂。

量子产率 [quantum yield] 释文见物理化学同名词条。

邻对位定位基效应 [ortho-para directing group] 含有取代基的苯衍生物，在进行芳环上的亲电取代反应时，原有的取代基对新进入的取代基主要进入位置，存有一定指向性的效应。这种效应称为取代基定位效应。原有的取代基称为定位基。若新进入的取代基在苯环上的亲电取代位置主要在原有取代基的邻对位，则该取代基称为邻对位定位基。该类取代基主要有：—O^-、—NR_2、—OH、—OR、—OCOR、—NHCOR、—CR_3、—X 等。

邻位效应 [ortho effect] 苯环内相邻取代基之间的相互作用，使基团的活性和分子的物理化学性能发生显著变化的一种效应。邻位效应包括取代基之间的空间阻碍、诱导效应、场效应和氢键等。这种效应在间位和对位取代化合物中不存在。

路易斯结构 [Lewis structure] 一种用于描述分子中各原子之间的化学键以及可能的孤电子对的分子表示方法。

马库斯反转区 [Marcus inverted region] 在马库斯理论中为了说明反应的历程，可以使用简单的抛物线来表示反应的过程(如图所示)。

当反应为放热反应时从 **A** 到 **C** 发现随着反应放热性的增加反应速率是增加的，但是当反应放热性进一步地增加(如 **D** 所示)，此时的反应速率反而是降低了，此区域就成为马库斯反转区。

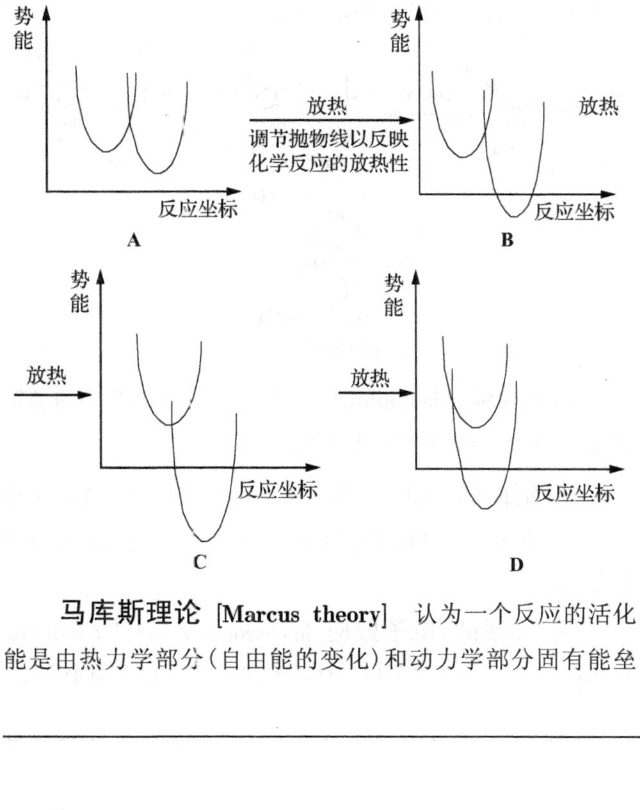

马库斯理论 [Marcus theory] 认为一个反应的活化能是由热力学部分(自由能的变化)和动力学部分固有能垒(反应物和产物有相同的自由能，也就是自交换反应能垒的平均值)组成。理论是鲁道夫 • 马库斯(Rudolph A. Marcus)于1956年提出的。

表达式为

$$x = \Delta G^{\neq} + \frac{\Delta G^{\ominus}}{2} + \frac{(\Delta G^{\ominus})^2}{16\Delta G^{\neq}}$$

式中，$\Delta G^{\neq}$是固有能垒的变化，$\Delta G^{\ominus}$ 是自由能的变化。

马库斯理论最成功的应用是在电子转移化学中，在电子转移的过程中，电子本身的能量不会变化，所以对于电子的给体和受体的轨道能量需要相同。所以为了能够达到轨道能量相同的要求，给体和受体就需要同时获得特定的几何结构和溶剂化排列，以使得在给体和受体轨道之间的能量水平相互匹配。电子转移后，给体和受体分子的核弛豫回至最佳位置。其中，为使电子的给体和受体轨道能量能够达到一样，而进行溶剂化改变和内部结构的改变所需要的能量称为重组能。利用马库斯理论计算电子转移速率的表达式为

$$\Delta G^{\neq} = \frac{\lambda}{4}\left[1 + \frac{(\Delta G^{\ominus})^2}{\lambda}\right]\lambda = \lambda_i + \lambda_0$$

式中，$\Delta G^{\neq}$ 是固有能垒的变化，$\Delta G^{\ominus}$ 是自由能的变化，λ 反映了重组需要的能量，λ_i 表示内部变化需要的能量，λ_0 表示改变溶剂所需要的能量。

满壳层分子 [closed shell molecule] 即闭壳层分子。

模板效应 [template effect] 由于相邻的多个配位原子和金属发生配位作用而达到预组织的目的，从而可以改变原先的反应性质的效应。模板效应是在合成冠醚的过程中发现的，当加入金属离子时，可以合成大环状的冠醚化合物，并且当加入不同的金属离子时，可以生成大小不同的环状冠醚。模板效应可分为动力学模板效应和热力学模板效应。动力学模板效应是指由于金属离子可以稳定中间体，所以大大提高了反应的速率。热力学模板效应是指金属离子可以和产物相互作用从而可以使得反应向生成产物的方向进行，可以提高反应产率。

魔酸 [magic acid] 为氟锑磺酸，是五氟化锑和氟磺酸的混合物，是最早发现的超强酸之一，因其可以分解蜡烛的蜡而得名。当五氟化锑和氟磺酸以等摩尔比混合时，酸性是浓硫酸的10亿倍。魔酸能使很多物质质子化，可用聚四氟乙烯制的容器盛放。

默比乌斯体系 [Mobius system] 在原子轨道的环状排列中含有奇数个节点的体系。在默比乌斯体系中，若含有 $4n$ 个 π 电子，该体系是芳香性的；若含有 $4n+2$ 个 π 电子，则该体系是反芳香性的。

能带轨道 [band orbital] 即晶体轨道。

逆反同位素效应 [inverse isotope effect] 二级同位素效应中，出现 $0.7<k_H/k_D<1$ 的情况。发生该效应时，一般情况下同位素原子所连的碳原子由 sp^2 杂化变成 sp^3 杂化。

扭转效应 [torsional effect] 扭转张力是优势构象二面角改变而产生的的张力。例如乙烷分子倾向于能量低的交叉式，与交叉式任何偏差都会引起一定的扭转张力，而这种形成交叉式构象的趋势称为扭转效应。

扭转选择性 [torquoselectivity] 有机化学电环化反应中的一种特殊的立体选择性。其定义为：在顺旋和对旋的电环化反应中，取代基会优先发生内旋或者外旋(如图所示)。由于扭转选择性不是由伍德沃德·霍夫曼(Woodward-Hoffman)规则决定的，所以它与周环反应中的非对映选择性是不一样的。扭转选择性的概念最早由Kendall N. Houk提出的。

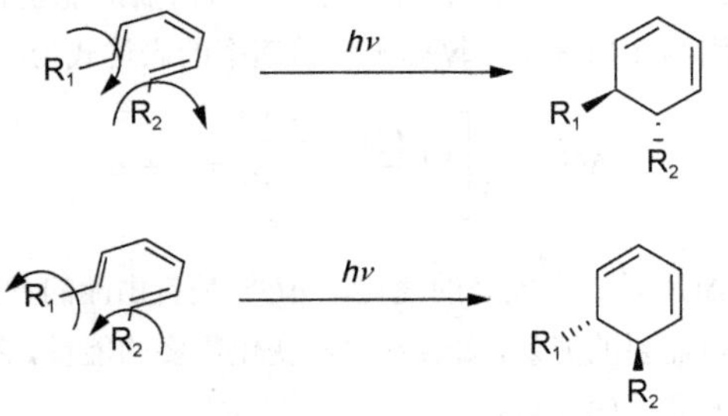

顺旋的扭转选择性

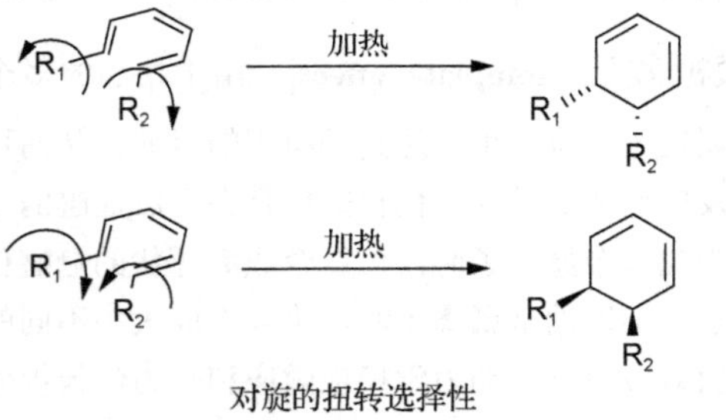

对旋的扭转选择性

扭转张力 [torsional strain] 由于分子中二面角的扭转，使得分子的结构相对稳定的构象发生了变化，分子有趋向于形成稳定构象的力。以正丁烷为例，其对位交叉的能量最低。对于邻位交叉构象，其能量会高出3.8 kJ/mol，部分重叠构象的能量则会高出 14.6 kJ/mol，全重叠构象则会高出18.4 kJ/mol，既全重叠的构象具有最大的扭转张力。扭转张力的本质是由于取代基团之间的相互排斥作用而产生的。

配位共价键 [coordinate-covalent bond] 两原子间的成键电子由同一原子提供形成的共价键。提供成键电子的一方称为配体，提供空轨道的一方称为受体。

贫电子[体系] [electron deficient [system]] 分子体系中的价电子数少于其形成正常共价键所需电子数的化合物，一般是含有空轨道的体系。例如：乙硼烷若按乙烷结构应需14个价电子，但它只有12个价电子，因此不能形成像乙烷分子那样的7个二中心二电子键(2c-2e)，而是需要通过三中心二电子键(3c-2e)来补偿。而缺电子分子，则是在结构中含有多中心缺电子键的分子。

平动熵 [translational entropy] 平动配分函数对熵的贡献。平动熵定义式为

$$S_{t,r} = \ln\left[\left(\frac{2\pi mkT}{h^2}\right)^{1/2}\frac{Ve^{5/2}}{N_A}\right]$$

式中，$S_{t,r}$为平动熵，m为质量，V为系统的体积，N_A为阿伏伽德罗常数，h为普朗克常数，k为玻尔兹曼常数，T为热力学温度。

平动自由度 [translational degree of freedom] 自由度是一个独立的物理参数，是描述系统的状态的量，又称维度。平动自由度就是描述系统平动时的参数，在相空间中要确定某个质点的位置最少需要三个位置坐标，因此质点的自由度为3，此时的自由度又称平动自由度。

切布拉克效应 [Cieplak effect] 从轨道的角度预测亲核试剂对羰基或烯烃加成的立体化学，对于羰基 α-位吸电子取代基为顺式加成，对于 α-位给电子取代基为反式加成。以羰基含 α-位非螯合取代基的醛示意 Cieplak 模型，反应过渡态中亲核基团 Nu 与碳刚形成的 Nu—C 键正生成一个能量很低的 σ*轨道，因此该化学键和好的给电子体 R_1—C 混合将是有利的(假设 R_1 比 R_2 给电子能力更强)，在给体和受体之间将优先选择反式的关系，因此 R_1—C 键与 Nu—C 键之间的 σ-给体与受体的相互作用影响反应的选择性。如下图：氢化铝锂还原 4-叔丁基环己酮反应中，两个 α-位 C—H_a 直立键均分别比 C—C 平伏键给电子能力更强，亲核试剂优先从 C—H_a 反式方向进行进攻(得到90%产物)。

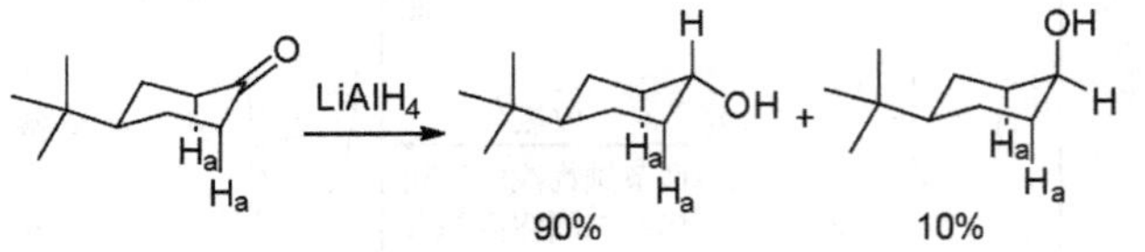

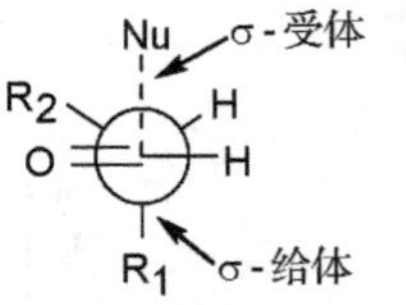

Cieplak模型

亲双烯体 [dienophile] 第尔斯-阿尔德反应中与共轭双烯反应的烯烃等不饱和化合物。

亲烯体 [enophile] 第尔斯-阿尔德反应中与碳碳不饱和键、碳杂不饱和键以及杂原子与杂原子的不饱和键反应的共轭双烯。

[取代基的]电子效应 [electronic effect [of substituent]] 由不同原子之间电负性的差别导致的化学键的极化。

这种极化结果可以沿着化学键传导，也可以通过空间或溶剂传递，从而对分子本身的物理化学性质产生影响。电子密度分布的改变对物质性质的影响，是理论有机化学的基本概念之一。可以根据作用方式细分为三大类：第一类是涉及 π 键的共轭效应；第二类是涉及 σ 键的诱导效应和超共轭效应；第三类是通过空间传递的长距离极性相互作用，即场效应。目前，电子效应已普遍用于解释分子的性质及其反应性能。

取代基效应 [substituent effect] 同一族（或同一组）反应物中各种不同取代基对其动力学参数（如反应速率常数等）、热力学性质（如平衡常数等），以及分子其他性质的影响。可以分为两大类，一类是电子效应，取代基通过影响分子中电子云的分布而起作用；另一类是空间效应，取代基的大小和形状引起分子中特殊的张力或阻力，进而影响分子的性质。不同的取代基会导致不同的效应，如诱导效应、共振效应、电子效应及立体效应等。

全重叠式构象 [synperiplanar conformation] 即顺叠。

群居区域 [cybotactic region] 被溶质分子影响的该分子周围的溶剂的微观区域。当溶质分子溶解到溶剂中时，会因溶剂-溶剂分子之间作用力和溶剂-溶质分子间作用力的差别而造成溶剂微观结构的变化。群居区域能造成明显偏离于溶剂本体的组成和密度等性质的差异，可用吸收和发射光谱来获得局部的极性、密度变化和组成等的信息。

热力学控制 [thermodynamic control] 起始物在同一条件下向多个产物方向转化生成不同产物——平行反应，在反应体系达成平衡后再分离产物，利用各种产物热稳定性差异来控制产物分布称热力学控制反应，称为热力学控制。

热力学酸度 [thermodynamic acidity] 用质子酸的解离常数来作为衡量标准的酸度。可以通过热力学的方法来测量。对于酸 RH 来说，RH 的解离反应具有相应的平衡常数 K_a。RH 的解离平衡常数 K_a 越大，则 RH 的热力学酸度也就越高。热力学酸度的表达式如下：

$$RH \rightleftharpoons H^+ + R^-$$

$$K_a = \frac{[H^+][R^-]}{[RH]}$$

溶剂化能 [solvation energy] 在溶剂分子通过与溶解在其中的溶质相互作用，而累积在溶质周围，形成络合物的溶剂化过程中放出的能量。溶剂化能可以与溶质（比如电解质）的晶格能相比拟，该能量可以用来破坏电解质分子的晶格，使之在溶剂中能够形成自由离子。当溶剂化能减小到低于电解质分子的晶格能时，则电解质分子在该溶剂中的溶解达到饱和。由于溶剂分子与溶质离子之间相互作用等的复杂性，人们提出过许多方法或模型来解释溶剂化过程和计算溶剂化能等，有连续介质模型、结构处理方法，统计力学计算和量子化学计算等。

溶剂笼 [solvent cage] 用来讨论溶液中反应机理的一种模型。在溶液反应中溶剂是大量的，溶液中每个反应物分子都处于溶剂分子的包围之中，好像关在由溶剂分子所构成的"笼子"里，反应物分子只能在"笼"中不停地与其邻近的反应物分子来回碰撞以发生化学反应，即使偶尔会冲出"笼子"也会陷入另一个"笼"内。一个反应物分子在一个"笼子"中停留时间约为 10^{-11} s。溶剂笼虽然限制了分子与远距离分子的碰撞，却增加了近距离分子的反复碰撞，并不会减少反应物分子总的碰撞频率；但对于自由基反应，处于笼内的自由基可以发生歧化等反应，从而影响自由基扩散到笼外与其他分子进行反应。

溶剂同位素效应 [solvent isotope effects] 化学反应中，由于采用同位素取代的溶剂，导致化学反应速率发生变化的现象。同一元素不同的同位素具有不同的质量，它们虽然能发生相同的化学反应，但反应的平衡常数会有所不同，反应速率也有差异。因此，如果溶剂分子本身是反应物，比如当溶剂由 H_2O 变为 D_2O 或从 ROH 变为 ROD 时等，会导致反应速率随之发生变化。溶剂同位素效应的研究多是比较 H_2O、D_2O 中或者它们作为混合溶剂时反应的速率常数变化情况，常用在涉及溶剂的 O—H（D）键的断裂步骤是速率决定步骤的反应或者涉及 D_2O（H_2O）或 D_3O^+（H_3O^+）参与反应的情况。溶剂同位素效应的研究可以提供机理中决速步以及过渡态结构方面的信息，其数值一般在 0.5～6.0 之间。最常见的范围是 1.5～2.8。

溶剂效应 [solvent effect] 由于溶剂的影响使化学反应速率、化学平衡、反应机理以及其他化学性质发生改变的一种效应。溶剂的影响十分复杂，包括反应介质中的离解作用、传能和传质、介电效应等物理作用。绝大多数在溶剂中发生的有机化学反应，溶剂的性质对反应速率和反应平衡都是非常重要的。溶剂可分为极性溶剂和非极性溶剂，极性溶剂又可分为质子溶剂和非质子偶极溶剂。溶剂效应对反应速度常数的影响主要依赖于溶剂化反应物分子和相应溶剂化过渡态的相对稳定性。

溶致变色 [solvatochromism] 释文见物理化学同名词条。

软碱 [soft base] 软硬酸碱理论中具有较低电荷密度、较大半径和较强可极化性的路易斯碱。对外层电子的作用力也较弱，会与软酸优先结合。例如 S^{2-}、H^-、I^-、PR_3、CO、RSH、C_2H_4、苯等。

软酸 [soft acid] 软硬酸碱理论中具有较低电荷密度、较大半径和较强可极化性的路易斯酸。对外层电子的吸引力较弱，会与软碱优先结合。常见的弱酸有 Cu^+、Hg^{2+}、Au^+、Ag^+、Pd^{2+}、BH_3 等。

软硬酸碱原理 [principle of hard and soft acids and bases (HSAB principle)] 解释酸碱反应及其性质的现代理论。由美国的皮尔逊(R. G. Pearson)于1963年提出。它指出路易斯酸(中心原子)与路易斯碱(配体)所形成配合物的稳定性取决于二者的极性和电负性。其中，硬酸为半径小，正电荷高，电子云变形性小的正离子，价层电子构型多为2或8，如ⅠA、ⅡA族阳离子以及B^{3+}、Al^{3+}、Mn^{2+}、Fe^{3+}等；软酸为正电荷少，半径大，变形性大，价层电子构型多为18或18+2的阳离子，如Cu^{+}、Ag^{+}、Hg^{+}、Pt^{2+}等；硬碱为电负性大，不易变形，不易失去电子的路易斯碱，如F^{-}、Cl^{-}、OH^{-}、ClO_4^{-}、NO_3^{-}、H_2O、NH_3等；软碱为电负性小，易变形，易失去电子的路易斯碱，如I^{-}、S^{2-}、CN^{-}、CO、SCN^{-}等；介于软硬酸之间的路易斯酸为交界酸，如Fe^{2+}、Co^{2+}、Ni^{2+}、Cu^{2+}、Zn^{2+}等；介于软硬碱之间的为交界碱，如Br^{-}、SO_3^{2-}、N_2、NO_2^{-}等。

酸碱反应的规律为：硬酸优先与硬碱结合，软酸优先与软碱结合，即软硬酸碱规则。该规则经化学家们不断开拓，已经可以用来解释酸碱反应、取代反应、催化反应、配合物稳定性等许多问题。

三角形杂化 [trigonal hybridization] 即sp^2杂化。一个*n*s和两个*n*p轨道杂化形成三个能量等同的sp^2杂化轨道，每个杂化轨道各含1/3s成分和2/3p成分。三个杂化轨道在同一平面均匀分布，相互之间的夹角为120°。杂化轨道与其他原子成键形成的分子为三角形结构，因而sp^2杂化又称为三角形杂化。

三中心二电子键 [three center-two electron bond] 三中心两电子键，又写作3c-2e键。是一种缺电子化学键。即三个中心原子靠两个电子结合起来的一种离域共价键。三个原子轨道重组后生成三个分子轨道：一个成键轨道、一个非键轨道和一个反键轨道，两个电子进入成键轨道中。3c-2e键可分为两类：敞开的(a)和封闭的(b)3c-2e键。前者为两个外侧原子用指向中间原子的轨道成3c-2e键，两外侧原子彼此不键合，如硼烷B_2H_6中的两个B—H—B键；后者为三个原子用相互指向的轨道形成3c-2e键，三个原子彼此键合，如癸硼烷-14($B_{10}H_{14}$)有四个B—B—B键，键中三个B原子彼此等价。

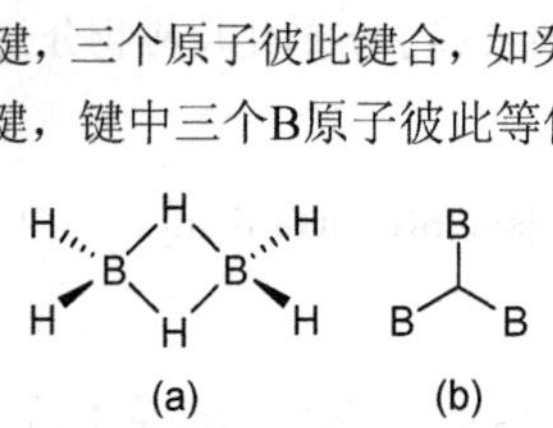

三中心氢键 [three center hydrogen bond] 在氢键中，由于H原子很小，有时候单个的H—A可以形成同时和两个B原子结合成氢键，三个非氢原子共享一个氢原子，形成一种分叉的三中心氢键结构。氢键是分子间作用力的一种，发生在已经以共价键与其他原子X键合的H原子和另一个电负性较强，含负电荷较多的原子Y之间。三中心氢键结构也存在于一些化合物中，比如，环[6]芳酰胺就是一类基于三中心氢键促进的刚性大环分子。

闪光分解 [flash photolysis] 释文见物理化学闪光光解词条。

熵补偿 [entropy penalty] 热力学第二定律表明，自然界的任何一个孤立体系总是从比较有序的非平衡态转变到无序的平衡态。熵补偿原理是体系从无序能否转变为有序的一个统一性的判据。一个体系A，只要当它与一个或多个辅助体系存在着物质和能量的相互作用，并在相互作用过程中辅助体系的熵增大值足以能补偿体系A的熵减小，体系A的熵减少才有可能发生，或说体系A才能从无序转变到有序。

熵控制 [entropy control] 指化学反应中活化熵起主导作用的现象。当某反应物在生成过渡态化合物时，该步骤的活化自由能 $\Delta G^{\neq}=\Delta H^{\neq}-T\Delta S^{\neq}$，并且由于包含熵的一项$(-T\Delta S^{\neq})$大于活化自由能一项$(\Delta H^{\neq})$，$-T\Delta S^{\neq}$的贡献会更大一些。可称这类反应是熵控制的。

熵驱动 [entropy driven] 若要使一些过程得以进行，其自由能降低的唯一渠道是通过熵增加，即通过微观无序度的增加来实现。以胶体的熵致相变过程为例，由于温度不变的条件下内能保持不变，系统的内能对相变没有贡献，降低自由能唯一的办法是通过微观无序度的增加，从而导致胶体晶化和相分离等过程发生，宏观状态趋于有序。因此，熵是胶体有序化的驱动力。有研究表明，物理性质在很小的外力作用下就会发生很大变化的凝聚态物质(即软物质)在各种外力和熵驱动下可以显示出丰富的自组织现象。

生色团 [chromophore] 分子中含有的，能对光辐射产生吸收、具有跃迁的不饱和基团。组成分子的某些基团吸收某种波长的光，而不吸收另外波长的光，从而使人觉得好像这一物质“发出颜色”似的，因此把这些基团又称为“发色基团/发色团”。某些有机化合物分子中存在不饱和基团，能够在紫外及可见光区域内(200～800 nm)产生吸收，且吸收系数较大，这种吸收具有波长选择性，吸收某种波长(颜色)的光，而不吸收另外波长(颜色)的光，从而使物质显现颜色。如果一个物质中有多个生色团，则会呈现较深的颜色。

受阻旋转 [restricted rotation; hindered rotation] 通常在室温下，分子内碳碳单键可以自由旋转。但如果分子内某些区域的位阻很大，室温下单键的旋转将会受阻。

疏水效应 [hydrophobic effect] 释文见物理化学疏水作用。

疏水性 [hydrophobicity] 分子与水的互不相容性。具有疏水性的分子大都是非极性分子，无法与水分子形成氢键，在极性的水中会与水分子相互排斥，使得水分子之间互相形成氢键，而疏水性分子则在水中聚集在一起。值得注意的是，疏水性和亲脂性是两个不同的概念，比如疏水性会随着分子烃链的增长而迅速增长，而亲脂性则几乎不会发生改变；然而，有些碳氟化合物既疏水又疏脂。因此二者之间还是有不同的。

顺叠 [syn periplanar] 又称全重叠式构象。单键连接的两个碳原子上的大取代基重叠在一起的构象。以 CH_3—CH_2—CH_2—CH_3 分子为例，当 CH_3—C—C—CH_3 的二面角为 0° 时，可称该分子处于“顺叠”或“全重叠式构象”（见下图）。

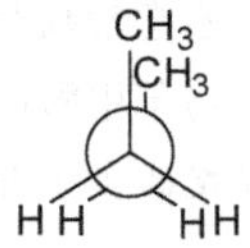

四面体杂化 [tetrahedron hybridization] 即 sp^3 杂化。一个 *n*s 和三个 *n*p 轨道杂化形成四个能量等同的 sp^3 杂化轨道，每个杂化轨道都含有 1/4 个 s 成分和 3/4 个 p 成分。四个杂化轨道在空间均匀分布，相互之间夹角为 109°28′，杂化轨道与其他原子成键形成的分子为四面体结构，因此 sp^3 杂化又称为四面体杂化。

酸度函数 [acidity function] 酸度的一种定量表示法，通常用 H_0 表示，用以描述浓酸或超强酸的酸度，由美国化学家哈米特（L. P. Hammett）于 1932 年提出。它是利用一类不带电的有机弱碱指示剂的电离平衡推导出来的，H_0 的负值越大，相应介质的酸度就越高，可用来表示各种浓度的酸性介质甚至于纯酸及超强酸的酸度，H_0 每降低 1 个单位即表示酸度加强 10 倍。

隧穿效应 [tunneling effect] 即穿隧效应。

隧道效应 [tunneling effect] 即穿隧效应。

同芳香性 [homoaromaticity] 当连续共轭体系被单个 sp^3 杂化的碳原子中断，但由于 π 轨道间的交盖，在分子中仍能形成连续共轭体系，从而使整个分子在热稳定性、光谱特征等方面体现出类似于芳香体系的性质。含有一个或多个 sp^3 杂化碳原子位于非定域平面外的体系。这种相隔一个饱和碳原子的非邻接的 sp^2 杂化碳原子上的 π 轨道之间也可以发生有效的重叠，形成同共轭作用，并呈现环状平面结构，所构成的同共轭体系具有 $4n+2$ 个 π 电子，电子数符合休克尔 $4n+2$ 规则，那么它应具有芳香性，这种芳香性称同芳香性。常见如环辛三烯正离子（a）、环壬三烯正离子（b）等化合物，共平面的轮烯上带有不与轮烯共平面的取代基或桥，没有正规的芳香体系的 σ-电子骨架，其分子为被一个或两个亚甲基所隔开的环状 π 体系，但这些亚甲基在环平面之外，这种几何形状允许 p 轨道超越亚甲基的间隔而进行有效重叠，并且从而使整个结构也有芳香性。

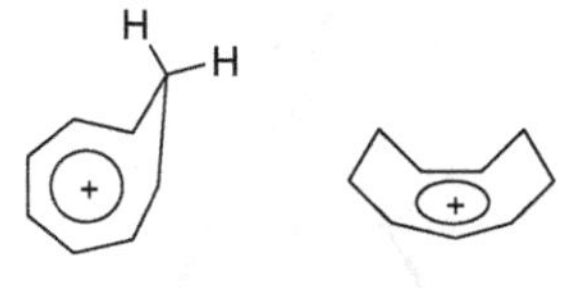

(a) (b)

同共轭 [homoconjugation] 被饱和碳原子隔开的、相互作用的 p 轨道或 C—C、C—H 的 σ 键在正交或平行等几何构型允许的条件下，彼此靠近重叠而产生的电荷离域的稳定化作用。同共轭效应多出现在反应过程中的过渡态、活泼中间体或激发态等中，一般是一种较弱的电子效应。例如 *β*-烯丁基正离子是一个接近烯丙基正离子的同系物，可以称为“同丙烯基离子”，存在一种特殊的 p-π 或共轭现象，C_1 和 C_4 之间的相互作用可以考虑为 C_1 和 C_2 之间的 π 电子云离域到 C_4 的空 p 轨道上（见下图），即所谓同共轭效应。同理，两个 π 体系被一个非共轭基团隔开时，也存在同共轭效应。

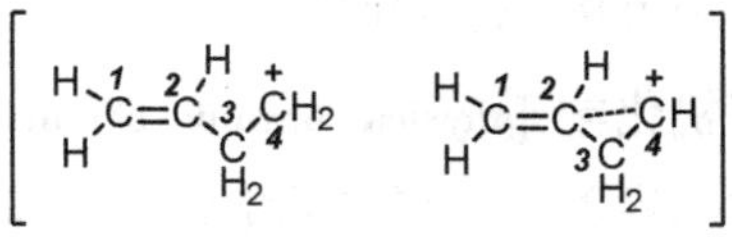

同位素交换 [isotope exchange] 不发生一般化学变化的情况下，不同化合物或不同相分子间发生同位素分布变化的现象。

同位素置乱 [isotope scrambling] 同位素在一个或者一组化学物质的几个原子之间按照平衡分布的现象。如：

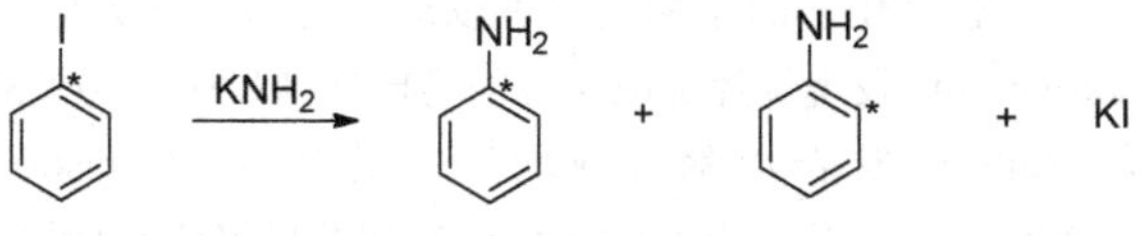

推拉效应 [captodative effect] 与自由基碳中心连接的拉电子基团（captor）和推电子基团（donor）对自由基稳定性的共同作用。这时自由基的稳定性被增强。例如稳定自由基 $Me_2NC(\cdot)(CN)_2$，其中 Me_2N 是给电子基团，CN 是拉电子基团。该效应可以通过前线轨道理论解释。

弯键 [bent bond] 又称香蕉键。一类特殊的化学键。形成键的原子通过增加或降低 s 杂化轨道成分以适合特殊的分子几何构型，成键的两个原子间电子密度最高的部分不在两原子核的中心而形成弯曲键。参与成键的两个原子的杂化方式决定其键角小于杂化轨道的伸展方向，难以形成“头碰头”的正常 σ 键，因此这类化学键张力大，不稳定。该键主要存在于张力分子中，特别是三元环如环丙烷、氧杂环丙烷与氮杂环丙烷。如环丙烷（C_3H_6）中碳为 sp^3 杂化，C—C—C 键角的理论键角为 109.5°，只有增加 p 轨道成分才能使键角达到 60°，同时碳氢键的 s 轨道成分增多，键长减小（如图示）。

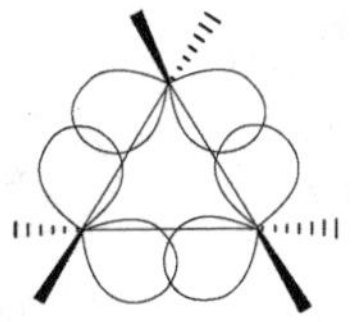

晚过渡态 [late transition state] 哈蒙特假定中认为与反应物结构类似的过渡态。哈蒙特假定认为过渡态的结构与反应前后的自由能有关，其中吸热反应的过渡态结构与产物相似，称为晚过渡态。

微观可逆性 [microscopic reversibility] 基元反应的逆反应也必是基元反应，而且正逆反应一定沿着同一条反应途径相向进行，即爬越同一座能垒，对应着同一个活化态。一个复杂反应达到平衡时，所有基元反应达到平衡，且正逆反应速率相同。在相同的条件下，正逆反应必定具有相同的反应历程，例如某一可逆反应由 A→B 经过中间体 C，则 C 一定也是逆反应由 B→A 的中间体。

物理有机化学 [physical organic chemistry] 有机化学学科的核心内容之一。为有机化学反应机理的阐明提供基本的理论和方法，是有机化学各分支领域的重要基础。物理有机化学的基本任务是从某一有机化学反应所包含的化合物的基本性质来解释引起这一化学变化的原因或者驱动力，以及解释影响这种化学变化速度的各种因素。物理有机化学是通过研究有机化学反应的详细历程(机理)来实现上述两个目的的。

物理有机化学的早期发展可以追溯到马尔柯夫尼尼夫(Markovnikov)发现烯烃加成反应的马氏规则(1869 年)，札依采夫(Zaitsev)发表消除反应的区域选择性 (Zaitsev 规则)(1875 年)，以及范沃夫(van't Hoff)和勒贝尔(Le Bel)独立地提出碳的立体结构理论(1874 年)。随后经历了碳正离子(1899 年)、自由基(1900 年)等的发现，共价键概念的提出(1916 年)，杂化轨道理论(1932 年)，过渡态理论(1935 年)等，一直到较为近代的前线分子轨道理论以及量子力学从头计算以及密度泛函理论的普及应用等。近年来，物理有机化学研究一方面伴随着分析、计算技术和有机合成化学不断发展，同时其基本原理和方法也被应用于材料科学、生命科学以及超分子化学等前沿交叉领域的研究。

吸电子基团 [electron-withdrawing group] 又称拉电子基团。有机化合物中由于与碳(C)连接的取代基(A)电负性与碳不同，使 C—A 键具有极性。有机化学中以 C—H 键的极性为标准，凡使碳原子电子云密度降低者称为吸电子基团，如—X、—COR、—NO_2、—COOH 等。以 C—H 为标准，C→A 表示 A 为吸电子基团。

吸能的 [endergonic] 反应过程中系统从外界环境吸收能量，通常以热能、光能为主。光合作用是一个非常好的吸能过程例子。在新陈代谢中，合成代谢是吸能的过程，意味着能量被储存。

吸热的 [endothermic] 在热力学上，指以热量的形式从外界吸收能量的过程或反应。与放热的相对应。如冰融化为水这个过程就是吸热的。

系间窜越[inter system crossing (ISC)] 释文见物理化学同名词条。

线性自由能关系 [linear free energy [relationship]] 有机反应中速率常数和平衡常数与分子中取代基效应之间的定量关系。将取代苯甲酸与苯甲酸的电离平衡常数的比值的常数对数定义为取代基常数 σ，则其他反应的速率常数或平衡常数具有如下关系：

$$\lg\frac{K}{K_0}=\rho\sigma$$

式中，K_0 为不含取代基的反应物的速率常数或反应平衡常数，K 为含取代基的反应物的速率常数或反应平衡常数；σ 为取代常数，也称哈米特常数，其数值取决于取代基的性质和位置；ρ 为反应常数，取决于反应类型。同样，速率常数和平衡常数也可以用反应的活化自由能和自由能表示。

$$\Delta G_X^{\neq}-\Delta G_H^{\neq}=\rho(\Delta G_X^{\ominus}-\Delta G_H^{\ominus})_M$$

$$\Delta G_X^{\ominus}-\Delta G_H^{\ominus}=\rho(\Delta G_X^{\ominus}-\Delta G_H^{\ominus})_M$$

以上方程均被称为线性自由能关系。著名的哈米特方程、塔夫脱方程、布朗斯特酸碱催化定律和斯温方程都属于这种关系。线性自由能关系的发现，标志着有机化学中结构与性能之间的关系的研究开始由定性进入到定量的阶段。

相似相溶 [like-dissolves-like] 描述溶质在溶剂中溶解性质的经验规则。极性相似的化合物容易互相混溶，极性相差很大的化合物不易互溶。如 a、b、c 三种物质，a、b 是极性物质，c 是非极性物质，则 a、b 之间溶解度大，a、c 或 b、c 之间溶解度小。生活中观察到的水和油互不相溶就是因为这两者极性相差很大。

香蕉键 [banana bond] 即弯键。

小角张力 [small angle strain] 在一些化合物中，由于分子内的键角小于标准键角而产生一定的张力。

α 效应 [α-effect] 由于邻位(α 位)原子带有一对孤电子的影响，使得分子的亲核能力增强。由于邻位原子的供电子的影响，使得该分子比与其相似的分子具有较强的碱性。该效应于 1960 年由詹克斯(Jencks)和克瑞罗(Carriuolo)首先发现，是在对硝基苯乙酸酯与亲核试剂的一系列动力学实验中观察到该效应。一些常见的亲核试剂如氟离子、胺、吡啶、乙二胺、酚盐负离子具有相应于其碱性的准一级反应速率。然而其他的一些亲核试剂如肼、羟胺、次氯酸盐负离子和过氧化氢阴离子等相对于该标准反应速率更快。

休克尔分子轨道理论 [**Hückel molecular orbital theory (HMOT)**] 用简化的近似分子轨道模型处理共轭分子中的 π 电子的理论。是一个半经验方法。1931 年由休克尔(E. Hückel)提出，休克尔分子轨道理论基本上是分析平面分子 π 体系的连通性或布局：仅考虑共轭体系中的共价 π 电子(比如共轭和芳香烃分子参与共轭的原子都在一个分子平面上，每个原子都有一个垂直于分子平面的 p 原子轨道，在这个轨道上的电子称为 π 电子)，仅考虑最邻近电子之间的相互作用，规定轨道重叠 S 等于 0，忽略电子之间的排斥作用。

休克尔规则 [**Hückel's rule**] 当闭合环状平面型的共轭体系 π 电子数为$(4n+2)$时，具有芳香性。它是有机化学的经验规则，其量子力学基础在 1931 年由物理化学家休克尔(Erich Hückel)公式化并提出。

休克尔能级图 [**Hückel energy diagram**] 休克尔分子轨道理论(HMOT)处理共轭分子结构，得到的共轭分子离域 π 轨道能级图。

旋阻异构体 [**atropisomer**] 由于空间位阻等的影响，分子内某些基团围绕单键旋转受阻，具有较高的旋转能垒，形成可以分离的两个立体异构体。如手性联萘酚、手性联苯型化合物等均属于旋阻异构体。

雅布隆斯基图 [**Jablonski plot**] 释文见物理化学同名词条。

一级动力学同位素效应 [**primary kinetic isotope effect (PKIE)**] 当用同位素取代分子中的某些原子时，反应速率可能会发生变化，这种现象称为动力学同位素效应。当与同位素相连的化学键在反应过程中发生断裂，此时观测到的反应速率变化称为一级动力学同位素效应，它能够提供反应决速步方面的信息。

一级同位素效应 [**primary isotope effect**] 由同位素质量差异所导致的同位素效应。对于轻元素来说，因质量的差异相对于本身质量引起的相对变化较大，这种质量差异引起的同位素效应会比重元素明显。一级同位素效应可导致同位素在很多方面表现出不同的性质，例如轻水(H_2O)和重水(D_2O)的物理、化学性质有较大差异。用于对同位素进行分离或测量。

已占轨道 [**occupied orbital**] 在分子轨道理论中，有电子占据的轨道(包括单电子、对电子)。根据前线轨道理论，分子的许多性质主要由分子中的前线轨道，即最高已占分子轨道(HOMO)和最低未占分子轨道(LUMO)决定。

异头位碳 [**anomeric carbon**] 在环状单糖结构中，半缩醛碳原子。异头位碳具有一个羰基的化学反应性。单糖由直链变成环状结构时，羰基碳原子成为新的手性中心，导致 C_1 差向异构化，产生两个非对映异构体。

异头位异构体 [**anomers**] 又称 <u>α,β-异头物</u>。在羰基碳原子上的构型彼此不同的单糖同分异构体。单糖由直链变成环状结构时，原来的羰基碳原子成为新的手性中心，导致 C_1 差向异构化，产生两个非对映异构体，它们互称为异头位异构体。

α, β-异头物 [**α, β-anomer**] 即异头位异构体。

异头效应 [**anometic effect**] 即端基[异构]效应。

硬碱 [**hard base**] 软硬酸碱理论中作为电子给体的路易斯碱。如果给体原子具有较高的电负性，而半径较小，变形性也较低，并对外层电子有较强的作用力则称之为硬碱。会与硬酸优先结合。例如 OH^-、F^-、NH_3、SO_4^{2-}、PO_4^{3-}、CH_3COO^-、CO_3^{2-} 等。

硬酸 [**hard acid**] 软硬酸碱理论中，具有较高的电荷密度、较小半径以及较弱的可极化性的路易斯酸。硬酸会与硬碱优先结合。例如 H^+、Na^+、Ti^{4+}、R_3C^+、SO_3、BF_3 等。

诱导效应 [**inductive effect**] 由于电荷或形式电荷在分子中沿原子链移动或传递使化学键发生永久极化的效应。诱导效应随距离的增长而迅速减弱，一般情况下只需要考虑三个键的影响。

远程规律 [**long range order**] 即长程有序。

n,π*-跃迁 [**n, π*-transition**] 分子在外界能量的作用下，分子中的电子从非键轨道(孤对电子，n 轨道)激发到反键 π*轨道的这一过程。

杂化轨道 [**hybridization**] 在形成多原子分子的过程中，在周围原子的影响下，中心原子根据原子的成键要求，将若干不同类型、能量相近的电子轨道经叠加混杂、重新分配轨道的能量并调整空间伸展方向，组成同等数目的能量完全相同的新的电子轨道。这种在一个原子中不同电子轨道的重新组合，称为轨道的杂化，产生的新轨道称为杂化轨道。

早过渡态 [**early transition state**] 哈蒙特假定中认为与反应物结构类似的过渡态。哈蒙特假定认为过渡态的结构与反应前后的自由能有关，其中放热反应的过渡态结构与反应物相似，称为早过渡态。

札依采夫规则 [**Zaitsev rule**] 在醇失水及卤代烷失卤化氢的 β-消除反应中，当存在两个及两个以上的不同的 β-氢时，优先消除含氢较少的 β-碳上的氢原子，生成取代基较多的稳定烯烃的经验规律。大多数 E_2 反应生成的产物都符合扎依采夫规则，符合札依采夫规则的产物称作札依采夫烯烃，反札依采夫规则的产物称作霍夫曼烯烃。

直线型杂化 [digonal hybridization] 即 sp 杂化。一个 *ns* 和一个 *np* 轨道杂化形成两个能量等同的 sp 杂化轨道，每个 sp 杂化轨道各含有 1/2s 成分和 1/2p 成分，两个杂化轨道的伸展方向恰好相反，互成 180°夹角，直线型。因而 sp 杂化又称直线型杂化。

致钝基团 [deactivating group] 即钝化基团。

中介[现象][论] [mesomerism] 本质上和共振论相同，描述不能用经典路易斯(Lewis)结构表示的分子或离子中离域电子的分布情况。认为分子或离子的真实结构介于两个或更多的路易斯(Lewis)结构之间。

助色团 [auxochrome] 分子中本身不吸收辐射，而能使分子中生色团的吸收峰向长波长移动并增强其强度的基团。其特点是分子中至少含有一对孤对电子，使其通过共振来增大分子的共轭体系，如羟基、胺基等。可根据基团的化学性质分为酸性助色团(如—COOH，$—SO_3H$，—OH)和碱性助色团(如$—NH_2$，—NHR，$—NR_2$)。

转动熵 [rotational entropy] 由分子绕对称轴在空间方向分布不同所引起的分子转动部分所贡献出的熵。其可以由热力学中的转动配分函数求算，是体系的熵的一部分。对于线性分子，其转动熵 $S_r=Nk_B[\ln(T/\sigma\theta_r)+1]$，其中 N 为分子数；k_B 为玻尔兹曼常数；T 为体系热力学温度；σ 为分子的对称数；θ_r 是分子转动特征温度。此外，体系的熵还包含有平动熵、转动熵、振动熵、电子熵及核运动的熵等。

转动自由度 [rotational freedom degree] 自由度是指完全确定一个物体的空间位置所需要的最小独立坐标数目。对于分子而言，自由度包括平动自由度、转动自由度和振动自由度。若不考虑分子的振动而将其看成刚体，则分子在空间的运动可以分解为质心的平动和绕通过质心某直线的定点转动。要确定刚体的转动状态，首先要确定刚体通过质心轴的空间方位，需要两个转动自由度，另外还要确定刚体绕通过质心轴转过的角度，需要一个自由度，因此对于非线性的多原子分子，其转动自由度为 3，而对于线性分子，其转动自由度为 2。

最低未占据分子轨道 [lowest unoccupied molecular orbital (LUMO)] 未占有电子的能级最低的分子轨道。与最高占据分子轨道(HOMO)一起组成前线轨道。前线轨道理论最早是由日本科学家福井谦一在 1952 年提出的。前线轨道理论认为，分子轨道中能级最高的填有电子的分子轨道和能级最低的未填有电子的空轨道在反应中起关键作用，能级最高已占据分子轨道(HOMO)上的电子束缚较为松弛，具有电子给予体的性质，而能级最低未占据分子轨道(LUMO)对电子的亲和力较强，具有电子接受体的性质，这两种轨道最易相互作用，在分子间的化学反应过程中最先起作用。前线轨道理论可以近似地用来判断不同分子的反应性和解释一些化学反应的规律，也能较好解释分子轨道对称守恒原理。

最高占据分子轨道 [highest occupied molecular orbital (HOMO)] 已占有电子的能级最高的分子轨道。与最低未占据分子轨道(LUMO)一起组成前线轨道。

最小运动法则 [principle of least motion] 对于一个产生多种不同构型产物的有机基元反应而言，原子位置及电子构型改变最小的产物占优势的规则。这是因为生成原子位置及电子构型改变最小的产物的反应活化能是最小的，利用最小运动法则可以解释某些反应的主产物并非最稳定构型产物。

2.3.2 反应过程和中间体

半醌 [semiquinone] 结构式为$^-$O—Z—O·的自由基负离子。其中 Z 是邻-或对-亚芳基或类似的亚杂芳基；形式上由 1 个电子加成到醌而形成。半醌是醌还原时所产生的一个稳定的自由基负离子中间体(醌接受一个电子形成半醌，再接受一个电子形成氢醌)，由几种共振杂化体构成，共振使体系内能降低，因而比较稳定。半醌是自由基负离子的结构可由顺磁共振方法证实，对位醌和邻位醌都能形成半醌，而半醌可歧化成醌和氢醌。醌环上连有吸电子基团时易于形成半醌，连有供电子基团时难于形成半醌。

背面进攻 [backside attack] 在 S_N2 反应中，亲核试剂从反应物离去基团的背面进攻中心碳原子的过程。进攻时先与碳原子形成比较弱的键，同时离去基团与碳原子的键有一定程度的减弱。两者与碳原子成一条直线，碳原子上的另外 3 个键逐渐由伞形转变成平面，当反应进行和达到能量最高状态即过渡态后，亲核试剂与碳原子之间的键开始形成，碳原子与离去基团之间的键断裂，碳原子上的 3 个键由平面向另一边偏转，该过程即为背面进攻。例如，溴甲烷的碱性水解：

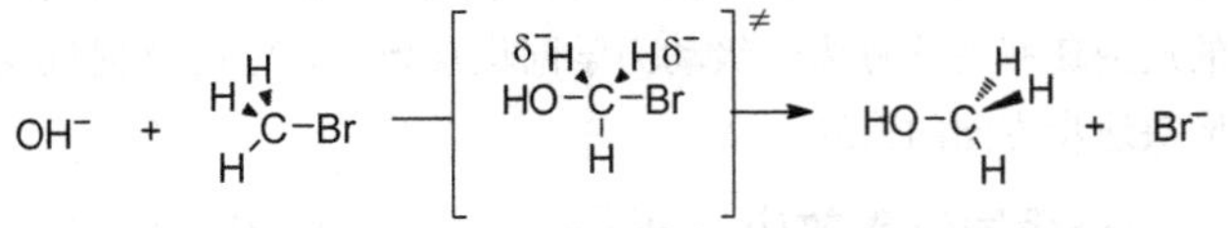

苯炔 [benzyne] 化学式 C_6H_4，分子量 76.03。苯环去除两个邻位取代基后(剩下含两个电子的两个轨道)得到的高活性的电中性中间体。苯炔比苯环多出的 π 键是定域的，与大 π 键正交。有结构 **1** 和 **2** 间的共振式，从而有一定的稳定作用。两个共振结构的综合表示方法为结构 **3**。苯炔也可以描述为双自由基结构 **4**。受三键影响，苯炔活性很高。在普通炔中，未杂化的 p 轨道是在键轴上下相互平行的，以达到最大程度的轨道重叠。但在苯炔中受环的限制，p 轨道被扭曲，重叠未达到最大。苯炔最重要的反应是与双烯的第尔斯-阿尔德反应。形成苯炔的方法很多，通常可由卤苯 β-消除、邻重氮基苯甲酸的 β-消除等方法制备。最简便的方法是以邻氨基苯甲酸用亚硝酸异戊酯进行重氮化得到重氮苯-2-羧酸两性离子，再在非质子溶剂中受热分解而得。三氟甲磺酸(2-三甲硅基苯)酯也是有机合成中广泛使用的苯炔前体，生成苯炔的反应条件温和。

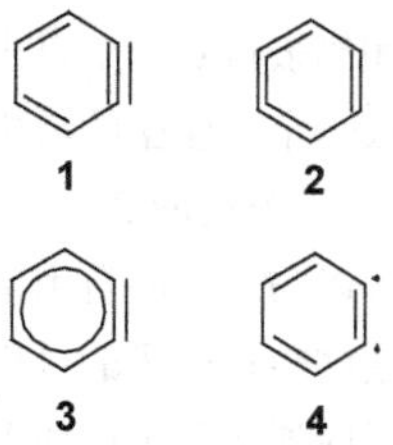

苯桥正离子 [phenonium ion] 即苯鎓离子。

苯鎓离子 [phenonium ion] 又称苯桥正离子。苯基通过稳定邻近的碳正离子生成的“桥式”正离子。如 $PhCH_2CH_2Cl$ 形成的苯乙基正离子可以异构化为图中具有[3.6]螺环结构的苯鎓离子：

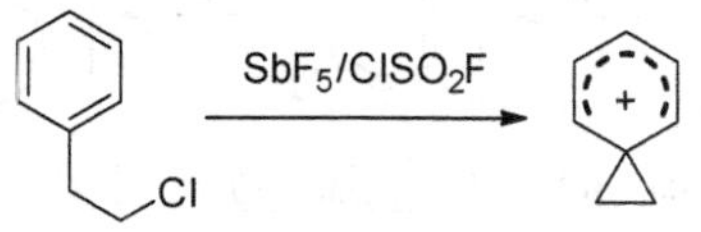

边界机理 [borderline mechanism] 解释一类介于 S_N1 和 S_N2 机理之间，即发生产物部分构型翻转、部分构型保持的中间行为的亲核取代反应的机理。主要有两种观点：一种是由 R. A. Sneen 等提出。根据该理论，所有的 S_N1 和 S_N2 反应及中间行为都能用离子对机理来概括：底物首先离子化成一个中间体离子对，然后再转化成产物：

$$RX \underset{}{\overset{k_1}{\rightleftharpoons}} R^{\oplus}X^{\ominus} \underset{}{\overset{k_2}{\rightleftharpoons}} \text{产物}$$

S_N1 和 S_N2 机理的区别在于 S_N1 机理中离子对的形成(k_1)是决速步，而 S_N2 机理中离子对的破坏(k_2)是决速步。当离子对形成与分解的速率在同一数量级时，此时出现中间行为。另一种观点是由 P. v. R. Schleyer 等提出。该理论认为问题的关键在于亲核性的溶剂对于离子对形成的辅助作用程度不同，使得 S_N1 和 S_N2 机理是同时发生的，所以出现了中间行为。

苄[基]正离子 [benzylic cation] 正电荷位于苄基位置的碳正离子，结构为 $C_6H_5CH_2^+$。由于苯环与碳正离子的共振作用，苄基正离子较为稳定。

苄[基]中间体 [benzylic intermediate] 一类含有 $C_6H_5CH_2$ 结构的中间体。包括苄[基]自由基、苄[基]正离子、苄[基]负离子。

捕获 [trapping] 阻断一个活性分子或反应中间体，使它从体系中除去或者转化成一种稳定的物质以供识别和研究。

单分子共轭碱消除[反应] [unimolecular elimination [reaction] through conjugate base] 底物的 β-H 在碱的作用下先离去，形成碳负离子中间体，然后 α-C 上的离去基团离去，同时在 α-C 和 β-C 间生成 π 键。常用 E1cB 表示。反应决速步是离去基团的离去，仅由中间体碳负离子参与反应，且该中间体是原底物的共轭碱。一般只有离去基团的 β 位碳原子上有强吸电子基团或反应物为邻二卤代物时才发生单分子共轭碱消除反应。如：

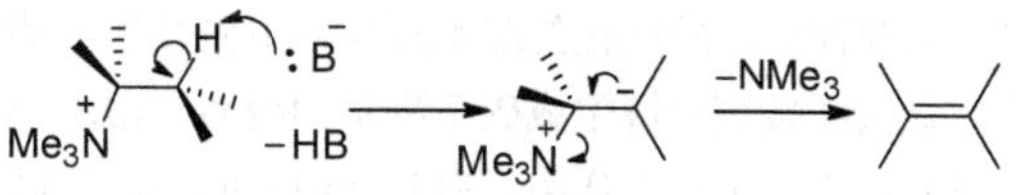

单分子碱催化烷氧断裂[反应] [unimolecular base-catalyzed alkyl-oxygen cleavage] 酯在极稀的碱存在下首先发生烷氧键断裂，得到一个碳正离子，再和碱作用得到醇。常用 $B_{AC}1$ 表示。这类反应的特点是 OH^-必须是稀碱，烷基部分才能形成稳定的碳正离子。如果烷基为手性基团，则得到消旋化的醇。

单分子亲电取代[反应] [unimolecular electrophilic substitution] 反应过程中决速步骤是底物产生负离子的一种亲电取代反应。常用 S_E1 表示。

与单分子亲核取代类似，单分子亲电取代反应也是分两步进行的，首先是离去基团与中心碳原子发生异裂，生成一个不稳定的碳负离子中间体，而后发生亲电试剂的进攻。其中碳负离子形成是慢反应，也是整个反应的决速步。例如，酮的 α 位的卤化：

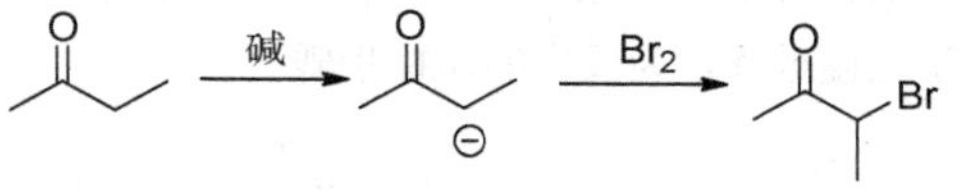

单分子亲核取代[反应] [unimolecular nucleophilic substitution] 亲核取代反应的一种。常用 S_N1 表示。反应分两步进行，首先是离去基团与中心碳原子发生异裂，生成一个不稳定的碳正离子，这是慢反应，也是整个反应的决速步，而后发生亲核试剂的进攻。机理如下：

$$RX \longrightarrow R^{\oplus} + X^{\ominus} \quad (1)$$

$$R^{\oplus} + Y^{\ominus} \longrightarrow RY \quad (2)$$

由于单分子亲核取代中决速步只有一个反应物参加，因此称为单分子亲核取代反应。如果与离去基团相连的中心碳原子是手性碳，由于反应过程中涉及中间体碳正离子，因此可以得到构型保持和构型翻转两种化合物的混合物。

例如：

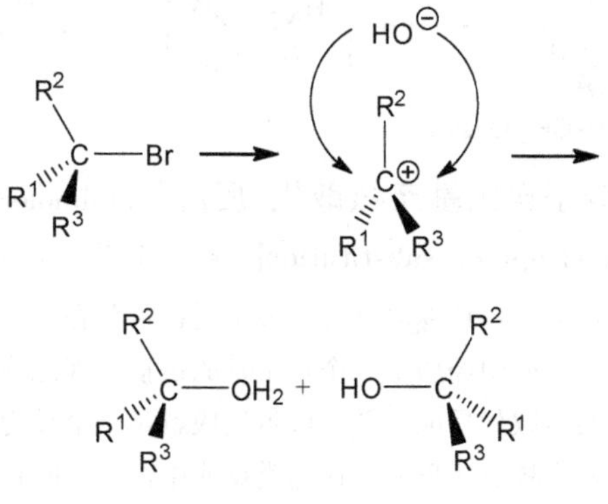

单分子酸催化烷氧断裂[反应] [unimolecular acid-catalyzed alkyl-oxygen cleavage] 当酯具有较大的体积效应时(如叔醇酯)，酸催化的酯水解反应中先发生羰基的质子化，然后直接断裂烷氧键生成碳正离子和羧酸。常用 $A_{AL}1$ 表示。生成的碳正离子和水作用，得到外消旋的醇。该过程的发生是由于位阻效应及生成稳定的碳正离子，速控步是烷氧键断裂，反应速率只与质子化的酯发生烷氧断裂的速率有关，与 H^+ 的浓度无关。属于单分子反应过程，动力学为一级反应。

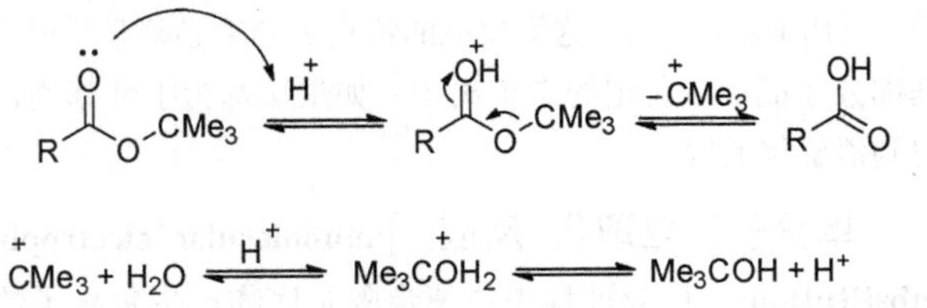

单分子酸催化酰氧断裂[反应] [unimolecular acid-catalyzed acyl-oxygen cleavage] 在非常强的酸性溶液中，某些酯的酸催化水解或受到其他亲核试剂进攻时，首先经由其烷氧基上的氧原子质子化，通过单分子的酰氧键断裂得到酰基正离子和醇，酰基正离子与水或其他亲核试剂立即结合，解离掉质子后形成酸或新的羧酸或衍生物。常用 $A_{AC}1$ 表示。强酸性介质中，水的亲和性降低，单分子解离生成酰基正离子是慢过程，为反应的速控步骤。

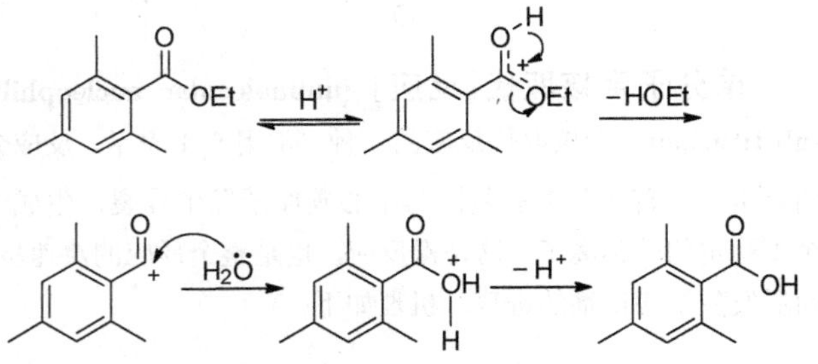

单分子消除[反应] [unimolecular elimination] 消除反应的一类。常用 E_1 表示。反应中先发生离去基团(如 X^-)在溶剂影响下带着电子对离去，生成碳正离子(该过程为速控步)，与正碳相邻的碳上再去一个质子生成消除产物。反应中经过两个过渡态，反应选择性仅由底物的结构决定，动力学上是一级反应。通常不需要碱的参与或只需要弱碱。常见的单分子消除反应如三级卤代烃消除卤化氢的反应。

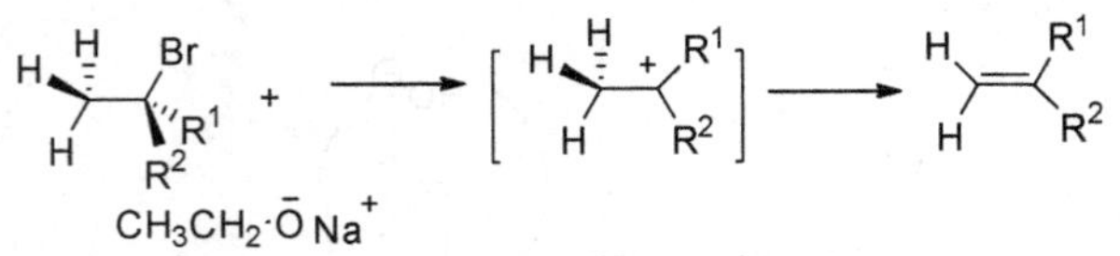

单分子自由基亲核取代[反应] [unimolecular free radical nucleophilic substitution] 类似于脂肪族中的单分子亲核取代反应。常用 $S_{RN}1$ 表示。最早是在对芳香族化合物研究中发现的。反应中经历了一个自由基的过程，因此称之为单分子自由基亲核取代反应。桑德迈尔反应就是一个较为典型的单分子自由基亲核取代反应。在这类反应中，反应底物常为带有一个易离去基团的芳香族化合物，它在自由基引发剂的作用下得到一个电子形成一个自由基负离子，这个中间体能量很高迅速发生解离使离去基团离去得到一个自由基中间体；而后被亲核试剂进攻而再次形成一个高能垒的自由基负离子，这个自由基负离子既可以作为下一个反应底物的自由基引发剂从而形成一个链式反应，也可以与之前的自由基引发剂反应使其得以催化循环起来；经过这些转移电子的过程之后，即可得到被亲核试剂取代的产物。反应通式及过程如图示。

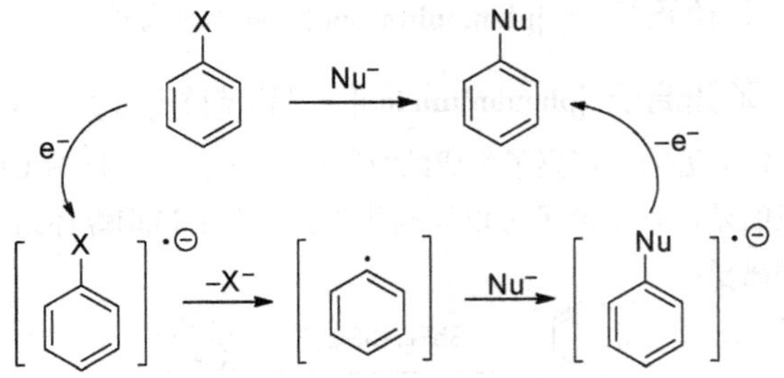

氮宾 [nitrene] 又称氮烯、乃春。卡宾的氮类似物。由电中性一价氮和其他基团(H，R)通过单键结合而成，可表示为 H—N:或 R—N:。剩下的四个未成键电子，其中两个自旋反平行的可配对成为自由电子对，另外两个电子如果自旋平行，则组成三线态氮宾；若是自旋反平行，则组成单线态氮宾。由于结构上的相似性，氮宾与富电子体系能够发生多种类型的亲电反应。

氮宾正离子 [nitrenium ion; aminylium ion] 带有两个取代基的氮原子同时有一对孤对电子和一个正电荷(R_2N^+)的活性中间体。氮宾正离子和碳卡宾是等电子体，同样具有单线态和三线态两种状态。不同结构的氮宾正离子的单线态和三线态相对能量关系不同，最简单的氮宾正离子($H_2N:^+$)基态为三线态，且基态与第一激发态(能量最低的单线态)之间有 30 kcal/mol 的势垒。然而，绝大部分芳基取代的氮宾正离子的基态为单线态，而第一激发态为三线态。

氮烯 [nitrene] 即氮宾。

氮氧自由基 [aminoxyl radical] 由氮氧化物形成的自由基称为氮氧自由基。与一般的自由基不同的是氮氧自由基通常具有较高的稳定性，在适当的结构中能够分离得到。如 2,2,6,6-四甲基哌啶氧化物(TEMPO)，有机实验中可以作为自由基捕获剂以外，还能够发生电子顺磁共振，化学和生物学研究中用作自旋标记试剂。

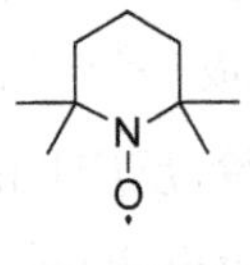
TEMPO

氮叶立德 [nitrogen ylide] 带正电的杂原子为氮原子的一类叶立德。

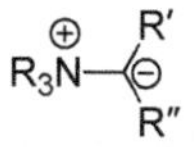

氮正离子 [nitrenium ion] 氮原子带有两个取代基团、一对孤对电子还有一个正电荷的活性中间体。它是卡宾的等电子体，存在着单线态和三线态。最简单的氮正离子 NH_2^+，其基态是三线态。一些芳基取代的氮正离子基态也是三线态，但大部分芳基取代的氮正离子基态是单线态。

等电子体 [isoelectronic] 价电子数和原子数(氢等轻原子不计入)相同的微粒。如分子、离子或基团。互为等电子体的分子具有相同的结构特征，例如 CO、NO^+、N_2 等互为等电子体，价电子总数都为 10，都有一个 σ 键和两个 π 键，都有空的反键 π*轨道。

底物 [substrate] 用于催化反应或者酶促反应等化学反应中的反应物。

电荷转移 [charge transfer (CT)] 两个独立的物种碰撞时，一个或多个电荷从一个物种转移到另一个物种的过程。提供电子或电子对的物种称为供体(donor)，接受电子或电子对的物种称为受体(acceptor)。供体通常为富电子分子，其中 n 给体如 N、O、S、P 等，原子上有未成键 n 电子；π 给体主要是芳香稠环化合物。受体通常为缺电子分子，其中 σ 受体主要是卤代烷，π 受体主要是带负电性基团的烯、醌衍生物和芳香衍生物。

电荷转移复合物 [charge transfer complex] 即电荷转移络合物。

电荷转移络合物 [charge transfer complex] 又称电荷转移复合物。两个或更多分子间或者一个大分子的不同部分之间发生电荷转移，富电子的电子供体和缺电子的电子受体相结合形成电荷转移的络合物。该络合物被静电吸引稳定，其实质是分子间的偶极-偶极相互作用。主要可以分为三类：第一，电子受体是金属离子，电子给体是烯烃或者芳环；第二，电子受体是缺电子有机分子，如苦味酸、1,3,5-三硝基苯、2,4,7-三硝基芴和类似的多硝基化合物，电子给体是富电子有机分子，其中苦味酸能和许多芳烃、芳胺、脂肪胺、烯烃等形成有固定熔点的络合物；第三，电子受体是氯、溴或碘，电子给体是胺、芳烃、酮等有机分子。电荷转移络合物主要有四种用途：①太阳能电池材料；②电解质电容器的添加剂；③表面活性剂；④半导体塑料、锂蓄电池阳极区中的添加剂、红外显像管中的导电热敏聚合物和热塑铸模时用的抗静电剂。

电环[化]重排 [electrocyclic rearrangement] 又称电环化反应。属于周环反应的一种，通常的底物是共轭体系的分子。反应中共轭体系分子两端的原子环合形成新的 σ 键，而 π 键则会向中间进行移位，从而形成比原来分子少一个 π 键多一个 σ 键的产物。该类反应是立体选择性的，根据烯烃末端碳原子键的旋转方式不同，有顺旋和对旋两种方式。电环化反应的逆反应为电开环反应，两个过程都遵循分子轨道对称守恒原理。

在电环化反应中，根据分子轨道对称守恒原理，共轭烯烃 HOMO 轨道两端的 p 轨道必须发生同相位的重叠。光照时，共轭烯烃 HOMO 轨道的一个电子会被激发到 LUMO 轨道，从而使得反应的立体选择性改变。在不同的反应条件下，不同的链状共轭烯烃会发生相应的顺旋或者对旋，使反应具有不同的立体选择性，例如：

链状共轭烯烃 π 电子数	$4n+2$		$4n$	
顺旋	加热	光照	加热	光照
	禁阻	允许	允许	禁阻
对旋	加热	光照	加热	光照
	允许	禁阻	禁阻	允许

注：“允许”指对称性允许，“禁阻”指对称性禁阻。

电环[化]反应 [electrocyclization] 即电环[化]重排。

电子供体-受体络合物 [electron donor-acceptor complex (EDA complex)] 是电子供体和电子受体形成的一类络合物。其中电子供体是富电子的分子，有 n 电子供体和 π 电子供体等。电子受体则是缺电子分子，主要包括一些路易斯酸等。电子-供体受体络合物属于广义的络合物概念，是大部分路易斯酸碱反应的产物。例如对苯二酚和对苯醌可以形成“醌氢醌”，对苯二酚的富电子芳环可以作为电子供体，而对苯醌的缺电子 π 共轭体系可以作为电子受体，形成电子-供体受体络合物，其结构如下：

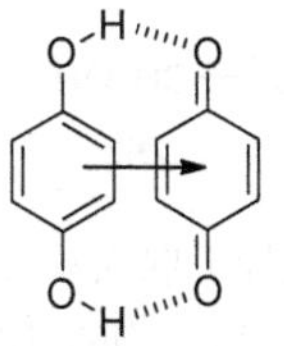

对称禁阻反应 [symmetry forbidden reaction] 周环反应中不符合分子轨道对称守恒原理的反应。这些反应过程往往会经历能量较高的过渡态，除某些特殊情况外一般不易发生。因为根据分子轨道对称守恒原理，分子轨道在周环反应前后会发生重组，只有分子轨道的对称性不变的过程，才能够以最低的能量形成过渡态并且得以发生。

对旋 [disrotatory] 电环化反应中，化学键旋转方式的一种。在共轭体系的 π 电子环合成为 σ 键时，烯烃末端碳原子的化学键必须旋转，若两端碳原子的 p 轨道朝相反方向旋转，则称为对旋。键旋转的方式和顺旋类似，都与共轭体系的 π 电子数和反应条件有关，并且会影响电环化反应的立体选择性。对旋可以分为内向对旋和外向对旋。例如：

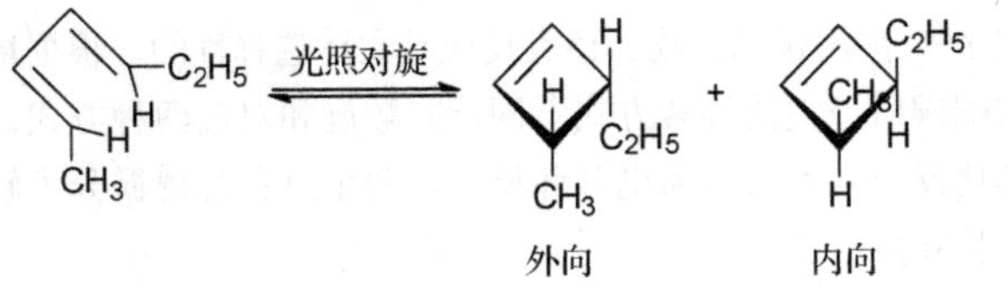

二氮烯基自由基 [diazenyl radical] 偶氮化合物热力学分解过程中形成的中间体。

反荷离子 [counter ion] 为维持电中性需与和其带相反电荷的离子结合的电荷离子。如在 NaCl 中，Na^+的反荷离子是Cl^-，反之亦然。

反马氏加成 [anti-Markovnikov addition] 不对称烯烃与极性试剂的加成反应中，生成与马氏规则相反产物的反应。即极性试剂中带正电的部分加在取代基较多的烯碳原子上，带负电的部分加在取代较少的烯碳原子上的加成过程。例如光照或过氧化物存在下烯烃与 HBr 的加成，反应经由自由基机理，溴自由基优先选择加成到位阻较小的碳上，如图 1 所示。

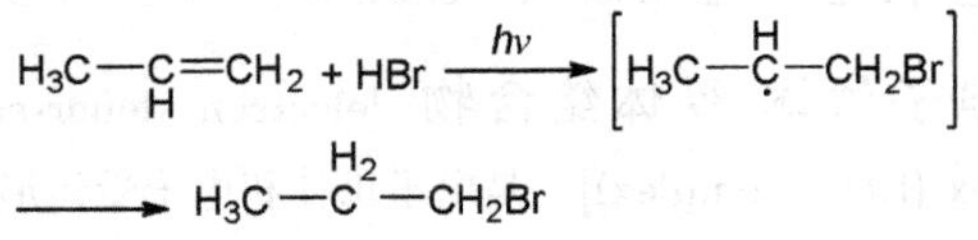

图1

另外一个常见的例子是烯烃的硼氢化反应，反应经过一个四中心过渡态，硼原子加成在更富电的烯烃碳上，且硼烷和氢原子加成在烯烃的同一面，如图 2 所示。

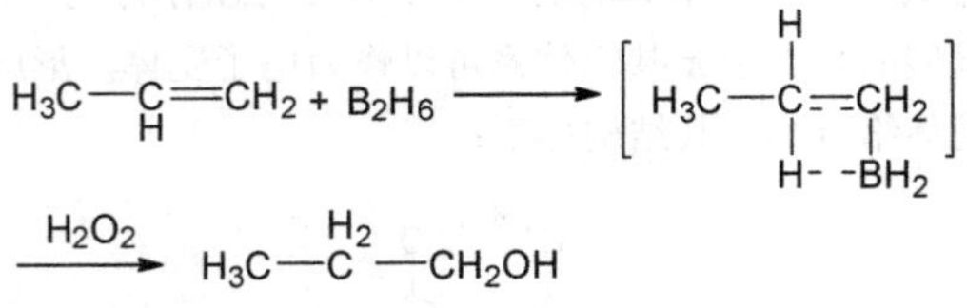

图2

其他还可能因为烯烃上取代基的电性影响，得到反马式加成的产物。总之，加成反应产物的区域和立体选择性是由反应机理决定的，该规则是总结大量实验事实后得到的经验规则。

反向电子需求 [reverse-electron-demand] 专指在第尔斯-阿尔德反应中，电子传递的方向和电性相匹配，即双烯体的 LUMO 能级与亲双烯体的 HOMO 能级匹配，这时电子从富电子的双烯体流向缺电子的亲双烯体。在这种情况下，双烯体上带有拉电子基团或者亲双烯体上带有给电子基团都可以促进反应进行。和正常电子需求(normal-electron-demand)的第尔斯-阿尔德反应相对应。

VNS 反应 [VNS reaction] 即亲核替取代反应。

芳基正离子 [arenium ion] 一种环己二烯正离子。它不再是一种具有芳香性的物种。由于 π 结构的离域作用，芳基正离子相对稳定，是一种在芳香亲电取代反应中存在的活性中间体。

芳香族亲电取代 [electrophilic aromatic substitution] 芳香环系上的基团(通常是质子氢)被亲电试剂取代的反应。芳香族亲电取代反应通常是经过加成-消除机理进行的，亲电试剂加成到芳环上，产生一个正离子络合物，然后再消除一个质子，得到取代产物，机理如下：

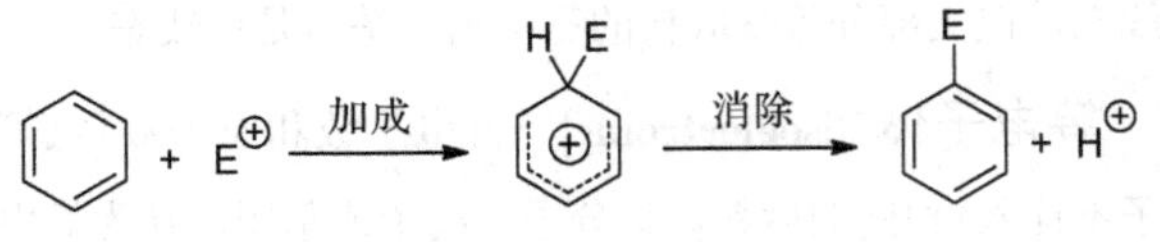

最常见的芳香亲电取代反应有弗-克烷基化、弗-克酰基化、硝化、卤化、磺化等，是在芳环上引入官能团的主要方法。

弗-克烷基化：

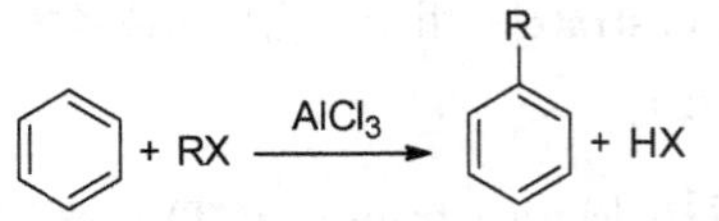

弗-克酰基化：

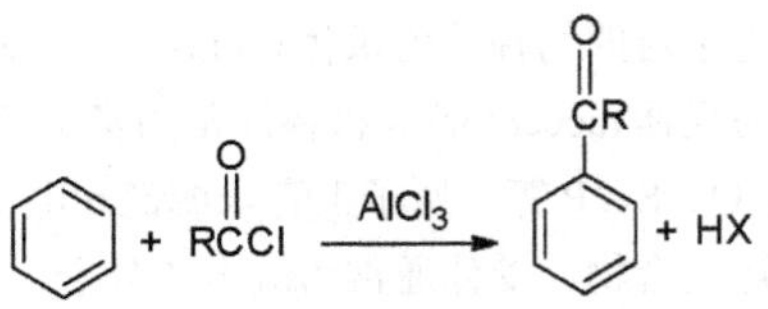

硝化：

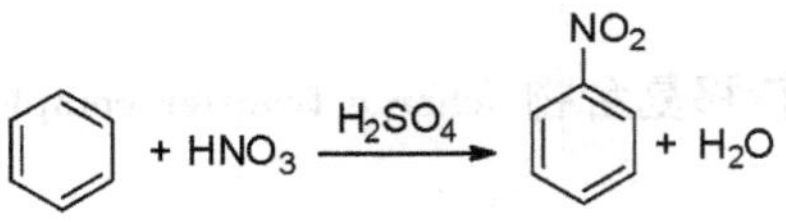

卤化：

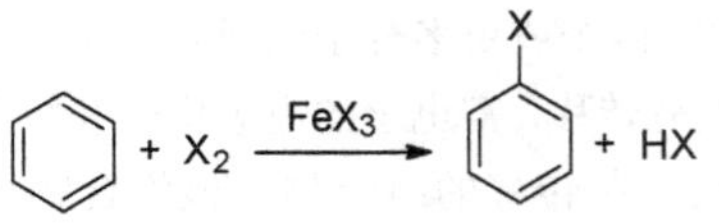

磺化：

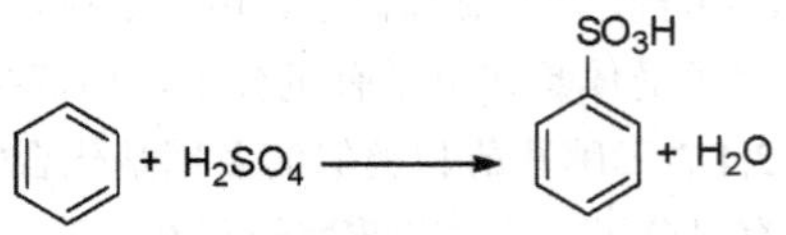

芳香族亲核取代[反应] [aromatic nucleophilic substitution] 亲核取代反应的一种。常用 S_NAr 表示。亲核试剂进攻芳环从而取代芳环上的一个离去基团的反应。根据反应机理可以分为很多类，常见的机理分类有加成-消除机理(经过 σ 负离子络合物)，消除-加成机理(经过苯炔中间体)和单分子取代机理(经过芳基正离子中间体)。

芳正[碳]离子 [aryl cation] 电子数符合休克尔规则的环中正离子。常见的有环丙烯正离子(2 个 π 电子)、环庚三烯正离子(6 个 π 电子)。

非经典碳正离子 [nonclassical carbo-cation] 拥有一

个三中心二电子键和一个超共价原子的桥型结构化合物。典型的非经典碳正离子是 CH_5^+，它的结构可以看作是由一个角锥形 CH_3^+ 与一分子 H_2 连在一起形成，其中 CH_3^+ 提供的一个空的σ(out)轨道与 H_2 提供的一个充满σ成键轨道作用形成三中心二电子键[图(a)]，因此并不具有一般 MH_5 类型化合物的高对称三角双锥结构。H_2 片段中 H—H 键的键长为 0.87Å，比游离的 H_2 分子中 H—H 键长(0.746 Å)要长，与这两个 H 相关的 C—H 键的键长 1.23 Å 也比普通饱和 C—H 键的键长(1.093Å)要稍长。常见的非经典碳正离子还有环丙基甲基正离子[图(b)]和降冰片基正离子[图(c)]。

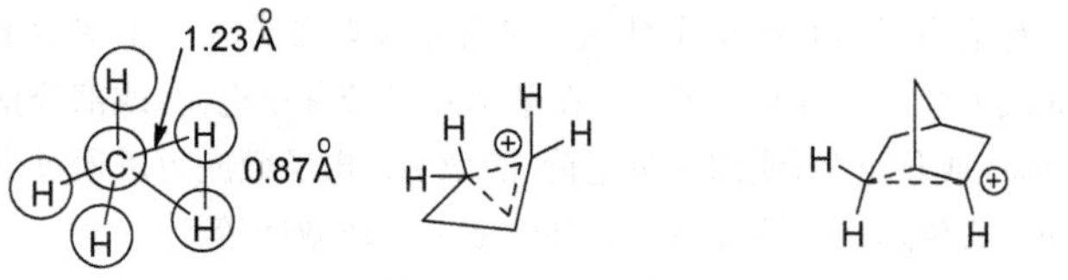

(a) CH_5^+　(b) 环丙基甲基正离子　(c) 降冰片基正离子

分步反应 [stepwise reaction] 包含至少两个连续基元反应的化学反应，并且过程中会产生至少一个中间体。有机化学反应通常是分步的，特别是有催化剂参与时。如果加入适当的捕获剂与中间体发生反应，主反应的进行有可能被终止，从而可以用来检测中间体的结构及其存在。

分离式正离子自由基 [distonic radical cation] 正电荷和自由基电子分散到两个或两个以上碳或其他杂原子上的带有一个正电荷的自由基。如图示：

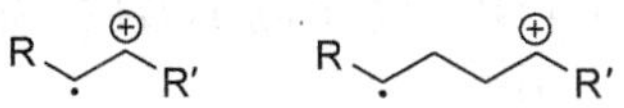

分子内亲核取代[反应] [internal nucleophilic substitution] 一类特殊的亲核取代反应。常用 S_Ni 表示。S_Ni 与 S_N1 不同，在 S_Ni 反应中，离子对并没有完全解离，因此也没有碳正离子的形成，也不会产生外消旋化。如图示反应中，氯化亚砜与醇反应生成了紧密离子对，并没有产生碳正离子中间体，然后发生分子内的亲核取代反应，得到构型保持的卤化物：

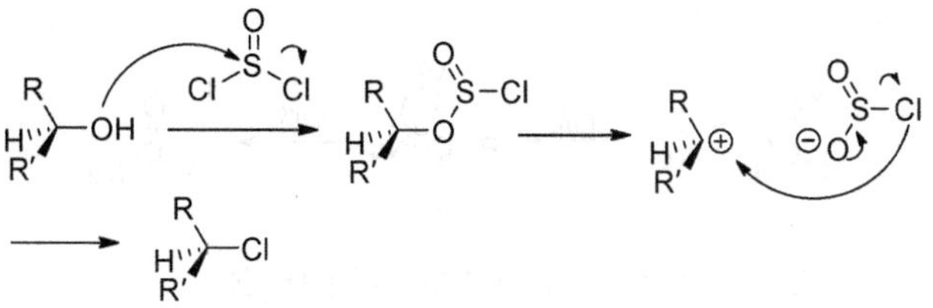

分子内亲核取代反应往往与邻基参与效应相对应，当邻近带有硫、氧、氮、溴等孤对电子的杂原子，可以作为分子内亲核取代试剂向反应中心的碳进攻，形成环状正离子中间体，从而达到帮助离去基团离去的目的。例如：

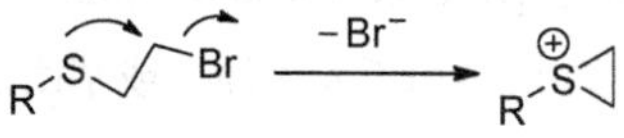

酚-酮互变异构 [phenol-keto tautomerism] 某些有机化合物的结构以酚式与酮式之间的互变异构现象。

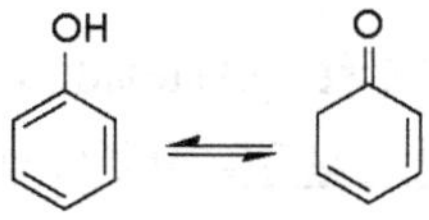

负离子转移 [anionotropy] 伴随有负电荷从一个原子转移到另一个原子的基团迁移和重排过程。

负氢离子 [hydride] 即氢负离子。

高价碳正离子 [carbonium ion] 带正电荷碳原子的配位数高于 3 的碳正离子。最简单的高价碳正离子是 CH_5^+。

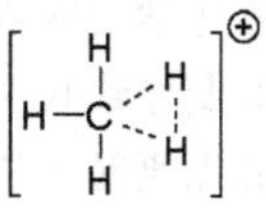

光动力效应 [photodynamic effect] 有氧分子参与的伴随生物效应的光敏化反应。其过程是通过特定波长的激光照射使组织吸收的光敏剂受到激发，而激发态的光敏剂又把能量传递给周围的氧，生成活性很强的单线态氧，单线态氧和相邻的生物大分子发生氧化反应，产生细胞毒性作用，进而导致细胞受损乃至死亡。

光还原 [photoreduction] 释文见物理化学同名词条。

光敏化 [photosensitization] 释文见物理化学同名词条。

光敏剂 [photosensitizer] 又称增感剂。在光化学反应中，只吸收光子并将能量传递给那些不能吸收光子的分子，促使其发生化学反应，而本身则不参与化学反应，最后恢复到初始状态的分子。由光敏剂引发的光化学反应称为光敏反应。光敏剂一般是芳香族酮类和安息香醚类，如苯甲酮、安息香二甲醚等。

光亲和标记 [photoaffinity labeling] 用光化学手段对生物大分子进行标记的方法。以光照的方式，对具有特异的亲和性物质导入化学反应基团的试剂，有选择地修饰存在于活体高分子的对应结合部位的官能基。标记试剂用 R-P 表示，其中 R 基团能特异、可逆地与拟标记分子的活性部位结合，P 是在黑暗中不起反应的基团，经光激活作用后，R-P 转变为高度活化的中间产物，在结合的部位与拟标记分子形成共价键连接而标记。P 可以是亲和物质 R 本身带有的，也可以是后来导入的化学基团。

光水合 [photohydration] 利用光激发反应物到电子激发态，与水发生络合的反应。常见的光水合反应通常是有机金属络合物在光的激发下与水分子发生配体的交换反应，属于光取代反应的一种。例如：铬络合物在光激发下与水发生络合反应。

$$[Cr(NH_3)_5Cl]^{2+} + H_2O \xrightarrow[365\sim506\ nm]{h\nu} [cis\text{-}Cr(NH_3)_4(H_2O)Cl]^{2+} + NH_3$$

光诱导电子转移 [photoinduced electron transfer (PET)] 又称光致电子转移。分子经过特定波长的电磁波(可见光，紫外光等)照射后发生的分子内部电子转移现象。这种现象对于设计光控分子开关十分重要。典型的光诱导电子 PET 体系是由包含电子给体的受体部分 R(receptor)，通过间隔基 S(spacer,如—CH_2—)和荧光团 F(fluorophore)相连而构成的。

光致变色 [photochromism] 某化合物在适当波长的光辐照下，可进行特定的化学反应或物理效应，生成新的化合物，并且由于结构的改变导致其吸收光谱(颜色)发生明显的变化；而在另一波长的光照射或热的作用下，新生成的化合物又能恢复为原来的形式。

光致电子转移 [photoinduced electron transfer (PET)] 即光诱导电子转移。

硅烯 [silylene] 与卡宾类似的结构，中心原子为硅原子。反应活性高，无法分离得到。硅烯一般只以单线态形式存在。反应性与卡宾类似，但是亲电性较弱。

硅正离子 [silylium cation] 正电荷位于硅原子上的正离子，结构通式为 R_3Si^+。硅正离子比碳正离子更难生成，一方面是因为其很强的亲电性，即使电中性的硅化合物也容易与路易斯碱发生配位；另一方面是硅原子原子半径更大，形成的 C—Si 键更长，轨道重叠作用不是那么有效，硅原子的轨道不太容易形成 π 共轭或者超共轭作用。

硅自由基 [silyl radical] 中心硅原子形成三个化学键并带有一个单电子的电中性的含硅自由基。其结构与碳自由基比较类似。

过渡物种 [transition species] 在反应物互相接近的反应过程中，与势能最高点相对应的物种。该物种非常不稳定，无法分离得到。

互变异构化 [tautomerization] 互变异构体间相互转化的过程。

互变异构[现象] [tautomerism] 某些有机化合物的结构在两种异构体间互相迅速变换而处于动态平衡的现象。

环-链互变异构 [ring-chain tautomerism] 分子中发生链状结构通过官能团对分子内极性多重键(C═O，C═N 等)的可逆加成，形成环状结构，同时伴随原子或基团迁移的异构化过程。如一些糖类的链式结构和环式结构的互变。

惠兰中间体 [Wheland complex] 即 σ 络合物。

活泼中间体 [reactive intermediate; reactive complex] 又称活性中间体。有机反应过程中生成的活性高、寿命短的中间体，是一种在有机化学反应中瞬间存在的高能物种。例如碳正离子、碳负离子、自由基、自由基正离子、自由基负离子、卡宾等。寿命很短，难以用一般的方法分离、纯化，需借助于光谱学和其他物理化学方法推测其存在。

活性中间体 [reactive intermediate] 即活泼中间体。

极性效应 [polar effect] 由于取代基(与氢原子相比)具有给电子或是吸电子性质，使分子某些部分的电子密度下降或上升，从而使反应分子在某个阶段带有正电荷(或部分正电荷)或负电荷(或部分负电荷)的效应。电子效应可以通过多种方式传递，如诱导效应、共轭效应、场效应等。

挤出[反应] [extrusion] 以共价键连接在两个原子或基团 X 和 Y 之间的一个二价原子或基团 E，在反应过程中从分子中被挤出脱掉，结果 X 和 Y 直接成键的反应。X—E—Y ⟶ XY+E。被挤出的原子或基团可以是硫、氮分子、一氧化碳、二氧化碳、二氧化硫等。

加成[反应] [addition [reaction]] 含有不饱和键(碳-碳键如碳-碳双键、碳-碳三键，碳-杂原子键如碳-氮双键、碳-氮三键、碳-氧双键)(π 键)的分子打开不饱和键与其他分子相加，生成两个新的 σ 键的反应。根据反应性质可分为亲电加成、亲核加成、自由基加成和环加成反应。如：

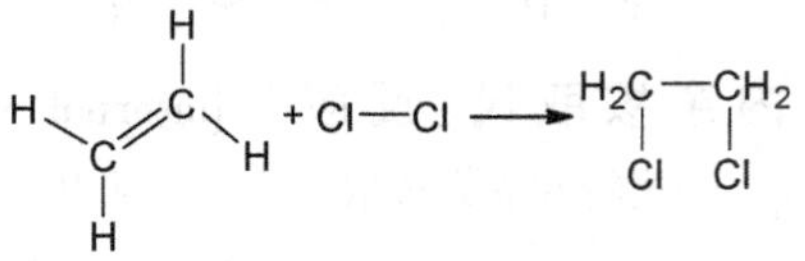

加成-消除机理 [addition-elimination mechanism] 部分取代反应过程中，先发生加成反应，再发生消除反应生成取代产物。例如羧酸及其衍生物的亲核取代，首先发生亲核试剂对羰基碳的亲核加成，形成四面体中间体，再消除一个负离子生成取代产物。

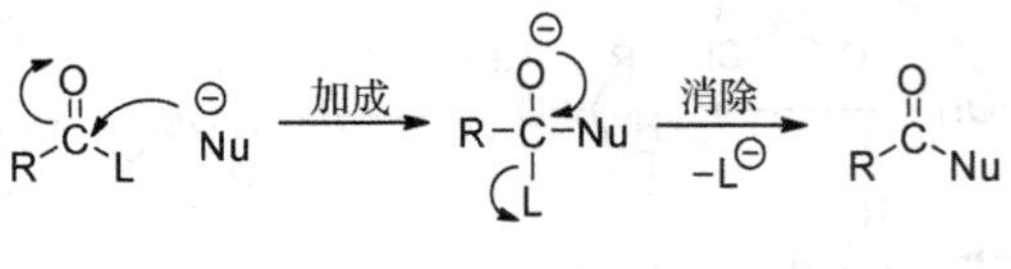

芳香亲电取代反应也经过加成-消除机理。

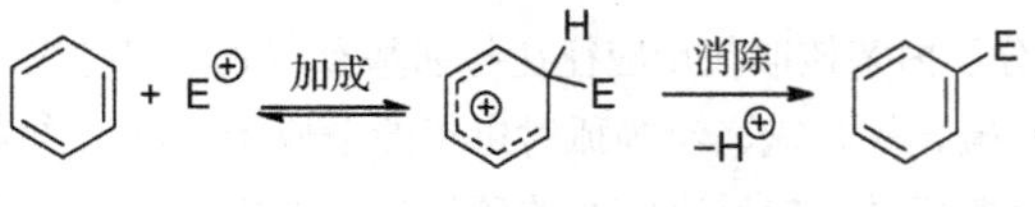

碳正离子中间体

价互变异构 [valence tautomerism] 一种只发生单键和/或双键的生成和断裂而不发生原子或基团迁移的异构化过

程。这些异构体中某些原子含有两种或多种化合价。

假周环反应 [pseudo-pericyclic reaction] 与周环反应类似，存在环状过渡态，有利的几何排布会使得反应的活化能较低；与周环反应不同的是，过渡态中原子以及相应的相互作用的轨道之间并非处处重叠，因而从对称性的观点上看，假周环反应不会受到禁阻。

σ 键复分解反应 [σ bond metathesis] σ 键的断裂和形成是一个协同过程的反应，可表现为取代基的交换。比如，金属 M 的配合物[$MHCH_3L_2$]和 H_2 在一定条件下形成金属 M 杂的四元环，发生协同的 σ 键形成和断裂过程，导致金属配合物的氢化和甲烷消除。

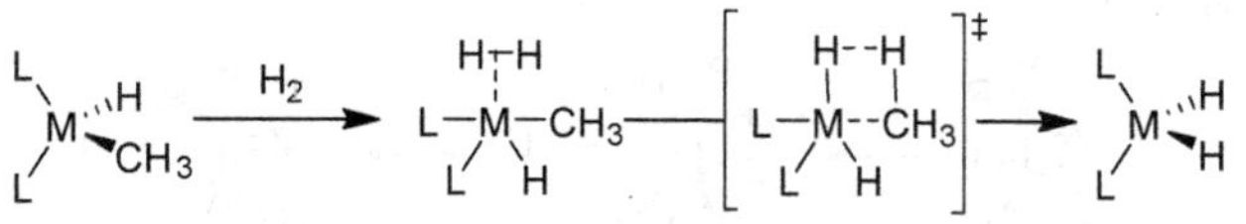

禁阻跃迁 [forbidden transition] 电子被激发跃迁时，因为自旋量子数变化和轨道对称性等因素违反了选律，发生概率极小的跃迁。

经典碳正离子 [carbenium ion] 一类活泼中间体。碳正离子带有一个正电荷，碳原子以 sp^2 方式杂化，与三个原子或原子团形成三个 σ 键，与碳原子相连的三个原子与碳原子处于一个平面，未参与杂化的空轨道与该平面垂直。碳正离子在有机化学中具有重要地位，可以解释许多反应结果(例如单分子亲核取代反应)。一般而言，给电子基团能够稳定碳正离子。稳定性顺序：三价碳正离子＞二价碳正离子＞一价碳正离子。

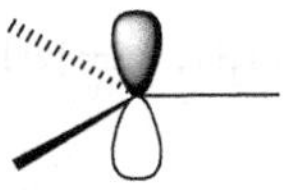

腈叶立德 [nitrile ylide] 带正电的杂原子为腈的氮原子的一类叶立德。

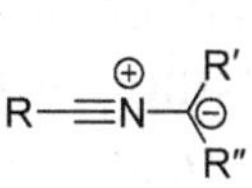

腈正离子 [nitrilium ion] 腈被质子化或者烷基化形成的正离子。由于腈碱性很弱，亲核性也很弱，所以它只有与强酸或者高活性亲电试剂反应才能形成腈正离子。腈水解、贝克曼重排等都可能经历了腈正离子中间体。

均裂 [hemolytic] 中性分子化学键断裂生成两个自由基的过程。发生均裂的反应条件一般是在紫外线照射或者过氧化物存在下，而且相同原子或者电负性接近的原子形成的化学键更容易发生均裂。

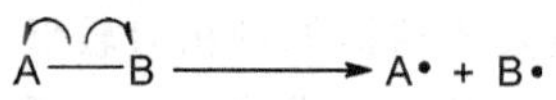

卡拜 [carbyne] 含有一价碳的电中性化合物。卡拜的中心碳原子与一个基团形成一个共价键，剩下三个未成键的自由电子。卡拜是比碳正离子、自由基、卡宾更不稳定的活性中间体。卡拜与金属结合形成金属卡拜后能够用于催化炔烃复分解反应。

卡宾 [carbene] 又称碳宾、碳烯。一类含有二价碳的电中性化合物。这一类化合物中，中心碳原子与两个基团形成两个共价键，碳原子上还剩两个自由电子。这两个未成键的自由电子可以有两种存在状态：一种是自旋反平行的一对未成键电子，占据一个近似 sp^2 的轨道，并空着一个 p 轨道，在光谱学上称为单线态卡宾；另一种是自旋平行的两个自由电子，分别占据两个 p 轨道，可以是近似 sp^2 或 sp 杂化，在光谱学上称为三线态卡宾。最简单的卡宾是亚甲基卡宾，非常不稳定，是比碳正离子、自由基活性更高的反应中间体。卡宾既有碳正也有碳负，可以看作是 1,1-偶极子，但是一般都表现出亲电性，容易与富电子体系反应。

单线态 三线态 三线态

开环复分解聚合反应 [ring-opening metathesis polymerization (ROMP)] 又称开环易位聚合。一种环状烯烃在催化条件下开环复分解形成链增长聚合物的过程。环张力是反应进行的动力。反应中往往需要使用金属卡宾催化剂，首先金属卡宾与烯烃双键[2+2]形成四元环结构的中间体，进一步复分解开环形成新的金属卡宾，然后重复进一步与单体以上过程，最终生成链状聚合物。聚合反应可以在常温常压下进行，典型催化剂如格拉布催化剂，是一种金属铑卡宾配合物。

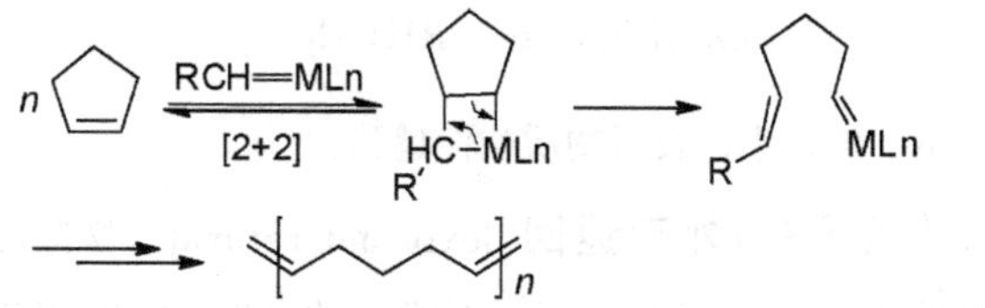

开环易位聚合 [ring-opening metathesis polymerization (ROMP)] 即开环复分解聚合反应。

类双自由基 [biradicaloid] 根据分子轨道理论，无论在该基态其真实的电子组态如何，基态有两个近似不成键的轨道被两个电子占据的分子。它被用来描述那些与双自由基很类似但又无法定义的分子。它有如下特征：①最低三线态与最低单线态的能量具有可比性；②最低单线态通常不是被描述成正常分子的单线态基态行列式，更恰当的是描述成包含双激发组态权重的双组态函数，而且能量更低。

类碳宾 [carbenoid] 不具有游离的卡宾结构，但是具有与卡宾类似的反应能力的一类结构。这一类机构可以表示为 X—R_2C—MX，其中 X 是具有较强离去能力的基团，C—X 键相当于单线态卡宾中的“碳正”；M 则为金属，常见的包括

Li、Mg、Zn、Hg、Cu 等，C—M 键相当于单线态卡宾中的“碳负”。例如：西蒙-史密斯(Simmons-Smith)反应中，中间体 I—CH_2—ZnI 就是类卡宾。与卡宾相比，类卡宾活性较低，稳定性较好，选择性较好。其反应通常比较温和，不会发生自燃和爆炸，在有机合成中具有一定的应用。

离子对 [ion pair] 带有相反电荷依靠库仑引力结合成的一对离子。由 S.温斯坦在深入研究单分子亲核取代反应机理时提出。离子直接接触形成的离子对称为紧密离子对，用符号 x^+y^-表示。离子间间隔一个或几个溶剂分子或其他中性分子而形成的离子对称为松散离子对，用符号 $x^+ \| y^-$表示。

离子对返回 [ion pair return] 中性分子电离形成的阴阳离子重新形成中性分子的过程。分为内部返回，外部返回。内部离子对返回是指紧密离子对生成中性分子的过程。外部离子对返回是指松散的离子对经过形成紧密离子对进而生成中性分子的过程。其中在外部离子对返回概念中，如果松散离子对是直接形成中性分子而没有经由紧密离子对，那么该类型的外部返回又被称为隐藏返回(hidden return)。

[离子对]内部返回 [internal return] 紧密离子对生成中性分子的过程。如中性分子 RZ 解离为 R^+和 Z^-，R^+和 Z^-形成紧密离子对后又重新结合形成中性分子 RZ，该过程称为[离子对]内部返回。

离子对酸度 [ion pair acidity] 即离子对酸性。

离子对酸性 [ion pair acidity] 又称离子对酸度。用来描述弱的酸性物质给出质子能力的强弱。具体定义：

$$R^-M^+ + R'H \underset{}{\overset{K_a}{\rightleftharpoons}} RH + R'^-M^+$$

$$pK_a(R'H) = pK_a(RH) - \lg K_a$$

pK_a值越小，表示物质酸性越强。

[离子对]外部返回 [external return] 松散的离子对经过紧密离子对进而生成中性分子的过程。如 R^+和 Z^-为疏松的离子对，首先 R^+和 Z^-相互靠近形成具有一定相互作用的紧密离子对，进而该紧密离子对相互结合形成分子 RZ，该过程称为[离子对]外部返回。

离子分子络合物 [ion-molecule complex; ion-neutral complex] 反应机理中的一个概念。是指离子与一个或者多个分子之间由于静电作用而形成的中间体。在 20 世纪 70 年代，人们在质谱中发现离子分子络合物存在的证据。离子分子络合物这一概念在反应机理研究中有重要应用。例如在 S_N2 反应过程中，阴离子(亲核试剂)首先与中性分子形成离子分子络合物然后进一步发生反应。

离子偶极相互作用 [ion-dipole interactions] 离子与极性分子之间的静电相互作用。例如在溶液中，离子与极性溶剂分子之间就存在离子偶极相互作用，阳离子与极性分子带负电荷部分存在静电吸引，阴离子与极性分子带正电荷部分存在静电吸引。离子所带电荷越多，分子极性越大，则离子偶极相互作用越强。

离子配对 [ion pairing] 带相反电荷的离子由于静电相互作用相互接近形成离子对的过程。其配对能力与离子本身以及溶剂的介电常数有关。离子对色谱法就是利用离子配对能力强弱分离强极性的有机酸和有机碱。

链反应 [chain reaction] 释文见物理化学同名词条。

两次翻转 [double inversion] 发生两次从离去基团背面进攻从而两次构型翻转，最终构型得到保持的过程。例如在邻基参与过程中，就发生两次构型翻转，具体如下图实例：

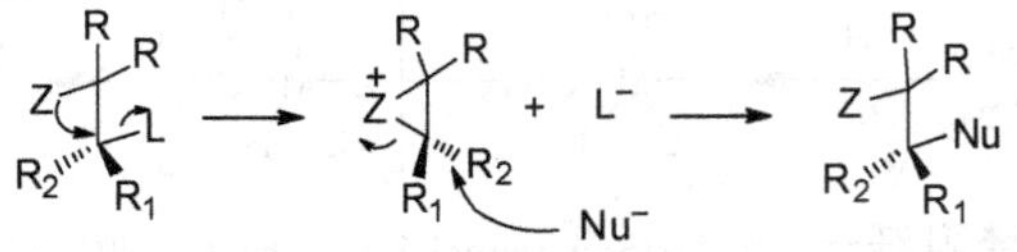

两性离子 [zwitter-ion] 在分子的两个位置同时存在正电荷和负电荷的中性分子。随着溶液环境(pH)的变化，其既可以阴离子形式存在，也可以阳离子形式存在。这种化合物称为两性离子，亦称偶极离子或者内盐。两性离子之前称作偶极离子，有时候也称为内盐。两性离子为极性，通常易溶于水，难溶于大部分有机溶剂。许多生物碱如麦角酸是两性离子，还有些物质经过互变异构化后形成两性离子的形式，如三甲基甘氨酸和二羟乙基甘氨酸等。氨基酸是最常见的两性离子，其有一个氨基和一个羧基，氨基脱去羧基的质子，可以认为是发生了分子内的酸碱反应：

$$NH_2RCHCO_2H \rightleftharpoons \overset{+}{N}H_3RCHCO_2^-$$

邻对位定位 [*ortho/para* directing] 含有第一和第二类取代基的苯环发生亲电取代反应时，由于取代基的影响使苯环上发生取代的位置优先在苯环的邻对位的效应。第一类定位基团如—NH_2(—NHR、—NR_2，R 为烷基)、—OH、—OR、—$NHCOCH_3$、—C_6H_5、—CH_3(—CR_3 等)等，能够活化苯环使苯环的电荷密度提高，对邻对位的影响更为明显；第二类定位基团如—F、—Cl、—Br、—I、—CH_2Cl、—CH═CHCOOH 等，能够降低苯环上电荷密度，但是邻对位钝化效果比间位小。

邻对位定位效应的产生还可以通过比较反应中间体共振式的稳定性进行解释。对于第一类取代基如甲氧基—OCH_3，当亲电试剂进攻邻位或对位时，所形成中间体碳正离子的几个极限式共振结构中，正电荷位于与甲氧基相连的碳原子上，甲氧基的给电子能力可以使正电荷分离，因此该极限式结构能量相对较低，比较稳定；当亲电试剂进攻间位时，形成的碳正离子不能进一步被稳定。所以优先在邻对位发生。

邻位进攻：

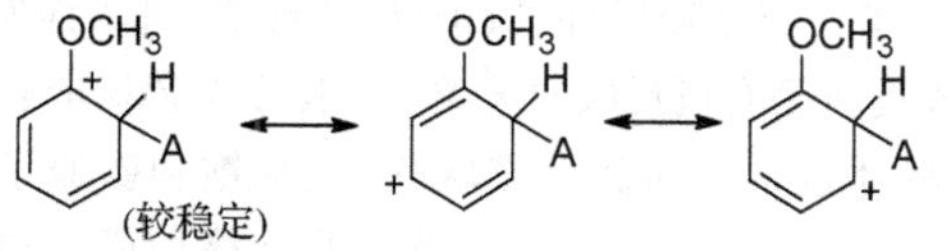

间位进攻：

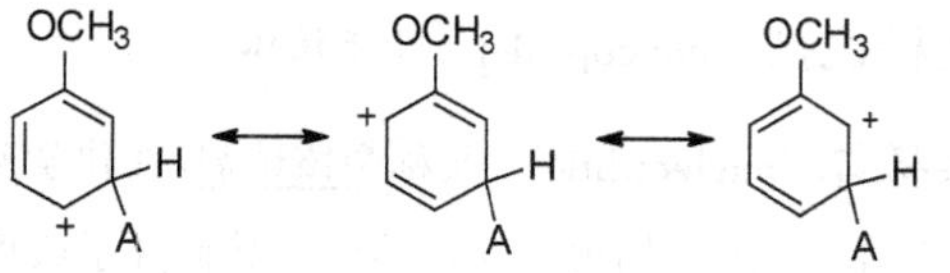

对位进攻：

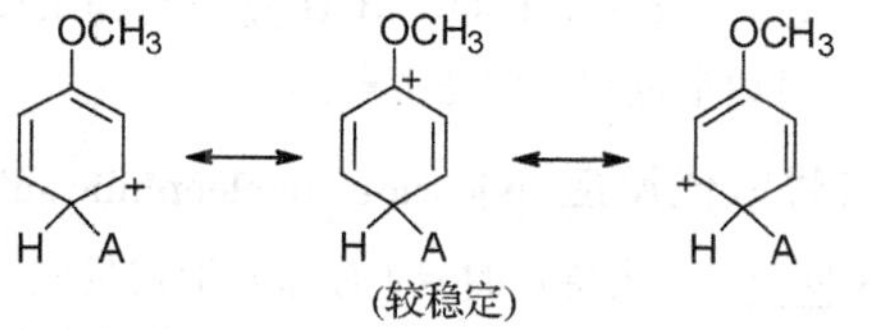

邻基效应 [neighboring group effect] 反应中心原子的相邻基团含有 σ 键、π 键电子或孤对电子，能够与反应中心原子发生作用，使反应的某些性质发生改变的现象。邻基效应的典型现象为：反应涉及环状过渡态或中间体，反应中发生重排，反应速率加快，产物具有异常的立体化学特征(如亲核取代反应中的构型保持)等。

磷叶立德 [phosphorus ylide] 带正电的杂原子为磷原子的一类叶立德。

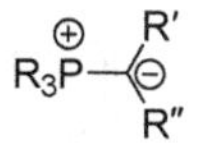

硫叶立德 [sulfur ylide] 带正电的杂原子为硫原子的一类叶立德。

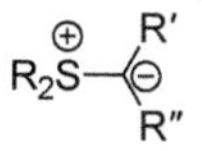

卤鎓离子 [halonium ion] 含有带一个正电荷的卤离子的含卤化合物离子，结构通式是 $R—X^+—R$(X 代表卤原子)。含有氟、氯、溴、碘的卤鎓离子分别被称为氟鎓离子、氯鎓离子、溴鎓离子、碘鎓离子。卤鎓离子通常具有三元环结构，与环氧化合物比较类似。由于环张力以及带有正电荷，在反应中是短寿命的反应中间体。卤鎓离子反应活性很高，通常作为亲电试剂接受亲核试剂进攻。

σ 络合物 [σ complex] 又称惠兰中间体。金属与碳之间以 σ 键相连的络合物。例如在芳香亲电取代反应中，亲电试剂与作为电子给予体的芳香底物相互作用，以 σ 键相连后所形成的带有正电荷的物种，亲电试剂的空轨道与作用物填满的 σ 轨道重叠。σ 络合物的形成使得苯环的环状共轭体系遭到破坏，环上四个 π 电子离域在环的其他五个碳原子上。因此 σ 络合物是一个离域的碳正离子，很活泼，它失去质子完成芳香亲电取代反应。σ 络合物首先由惠兰(Wheland)于 1942 年确定，因此又称为惠兰中间体。

马尔科夫尼科夫规则 [Markovnikov's rule] 简称马氏规则。不对称烯烃与质子酸(如氢卤酸 HX)等极性试剂进行亲电加成时，带正电的部分(例如 H^+)总是加在取代基少的烯碳原子上，而带负电的部分(例如 X^-)加在取代基多的烯碳原子上。反应经由碳正离子机理，形成取代基较多的碳正离子(参见亲电加成)。该规则是总结大量实验事实后提出的经验规则。

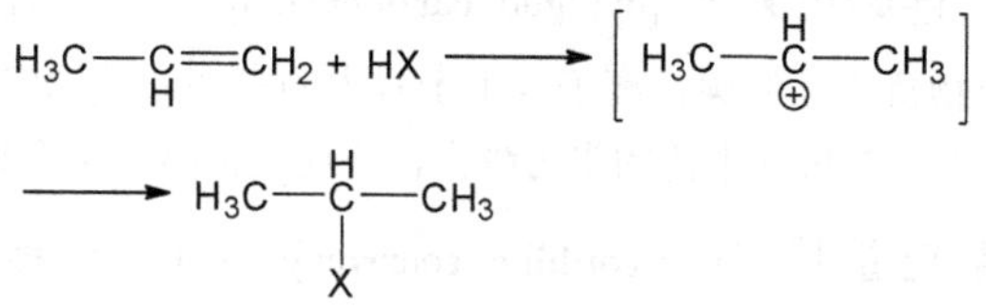

马氏规则 [Markovnikov's rule] 马尔科夫尼科夫规则的简称。

乃春 [nitrene] 即氮宾。

诺里什-Ⅰ光反应 [Norrish type Ⅰ photoreaction] 醛和酮被光激发后，随着羰基碳氧双键的变化，羰基 α 位的 C—C 键断裂，生成一个碳自由基和一个酰基自由基的反应过程。反应中羰基接受一个光子激发到光化学单重态，经系间窜越生成三重态，再经过碳碳键均裂生成两个自由基。

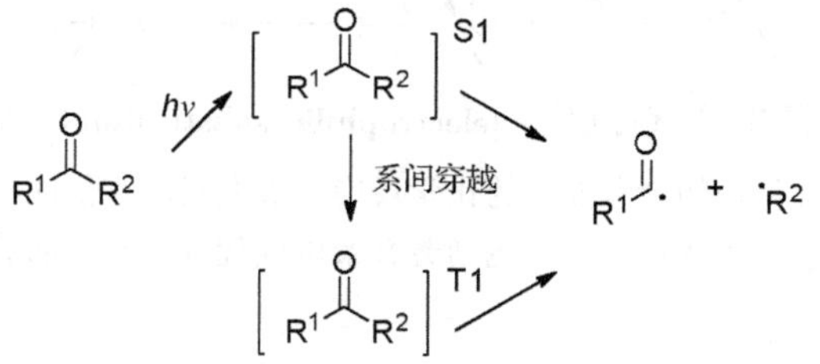

诺里什-Ⅱ光反应 [Norrish type Ⅱ photoreaction] 羰基化合物吸收光子后处于激发态的羰基夺取分子内 γ-H，得到 1,4-双自由基中间体的反应过程。在发生诺里什-Ⅱ光反应后，可进一步发生分子内自由基偶联生成环丁醇衍生物或发

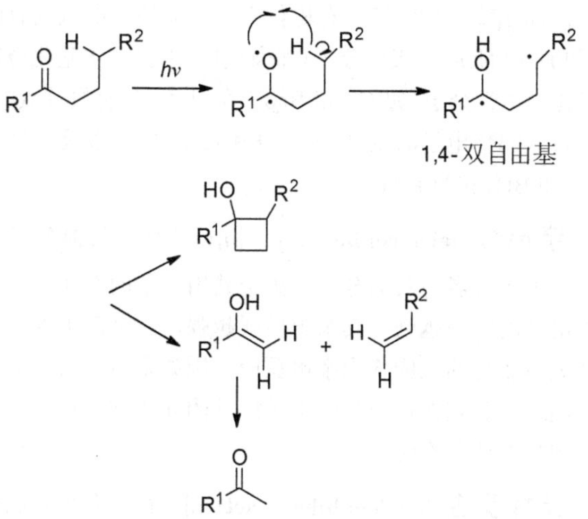

生自由基断裂生成烯醇和烯烃。

迁移 [migration] 原子或者基团的位置从连接一个原子转移至连接另一个原子的重排过程。一般指分子内的重排过程。

迁移倾向 [migratory aptitude] 不同基团在重排反应中发生迁移的活性。如在一个以碳正离子为中间体的重排反应中，通常能更好地稳定正电荷的基团就有较大的迁移倾向。

桥连碳正离子 [bridged carbocation] 正电荷位于桥环化合物桥头碳的碳正离子。由于张力的存在，其稳定性比单环要差。在桥环中桥的张力越大，桥连碳正离子越不稳定。

亲电重排 [electrophilic rearrangement] 迁移原子(基团)不携带其成键电子，迁移至另一原子的重排反应。重排反应的一种，与亲核重排和自由基重排相比相对少见。

亲电加成 [electrophilic addition] 亲电试剂进攻富电子的不饱和键，打开 π 键，形成两个新的 σ 键的过程。如卤素 X_2、氢卤酸 HX，以及其他无机酸、有机酸等对烯烃双键的加成都是亲电加成反应。亲电加成有多种机理，包括碳正离子机理、离子对机理、环鎓离子机理以及三中心过渡态机理。例如，HX 对烯烃双键的亲电加成是碳正离子机理，过程如下：

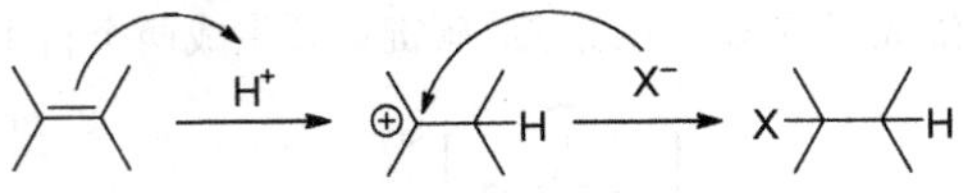

亲电取代[反应] [electrophilic substitution] 亲电试剂取代化合物中官能团的化学反应。被取代的官能团一般是氢原子。主要反应类型包括芳香亲电取代反应和脂肪族亲电取代反应。

亲电试剂 [electrophile] 即亲电体。

亲电体 [electrophile] 又称亲电试剂。在化学反应中，可以从其他的原子或分子接受电子对形成共价键，是电子对的接受体。亲电体通常是路易斯酸，例如：H^+、Cl^+、NO_2^+、BF_3^+、$TiCl_4^+$、$AlCl_3$ 等。有机化学中常见的亲电试剂有阳离子(如 H^+和 NO_2^+)、极性分子(如卤代烃、酰卤和羰基化合物)、可极化中电性分子(如 Cl_2 和 Br_2)、氧化剂(如有机过氧酸)、不具备八隅体电子的试剂(如卡宾和自由基)，以及某些路易斯酸(如 BH_3 和 DIBAL)。

亲电性 [electrophilicity] 物质具有从其他分子或离子获得电子或者与其他分子或离子共用电子的性质。该物质获得电子的能力越强，其亲电性就越强，反之亲电性越弱。有亲电体参与的反应均为亲电反应。例如亲电置换反应，亲电基团进攻和置换化合物中的敏感基团并在这个位置上和该化合物共价结合的反应。

亲核反应 [nucleophilic reaction] 由电负性较高的或者电子云密度较大的亲核试剂向反应底物中带正性(即带正电或是电子云密度较低)的原子(碳或硼等)进攻而发生的反应。亲核反应是有机反应的一类，一般分为亲核取代和亲核加成，具体包括脂肪族亲核取代(又称饱和碳原子上的亲核取代)，芳香族亲核取代及羰基的亲核加成，羧酸及其衍生物的亲核取代等。与它相对应的是亲电反应。

亲核试剂 [nucleophile] 即亲核体。

亲核体 [nucleophile] 又称亲核试剂。在化学反应过程中能够给出电子或共用电子对，能够与其他分子或离子生成共价键，是电子对的给与体。亲核体通常是路易斯碱。例如，HO^-、Br^-、CN^-、R_2N^-、H_2O、ROH 等都可作亲核试剂。多重的 π 电子对通常也被看作是亲核体。

亲核替取代反应 [vicarious nucleophilic substitution] 又称 VNS 反应。一类特殊的芳香族亲核取代反应。反应中亲核试剂取代了芳环上的一个氢原子，而不是像其他芳香亲核取代反应一样，取代卤素原子等离去基团。亲核替取代反应一般发生在有硝基取代的芳环上，这类芳环较亲电，易与碳负离子等亲核试剂反应，生成取代的硝基芳环。取代反应一般发生在邻位或者对位，这与其他的芳香亲核取代反应类似。亲核体一般为邻位带吸电子基团和离去基团的碳负离子。

反应时碳负离子进攻芳环，在过量碱的作用下氢原子与离去基团发生消除反应生成一个环外的双键，然后再在酸性条件下捕获质子重新得到芳香体系。如图示：

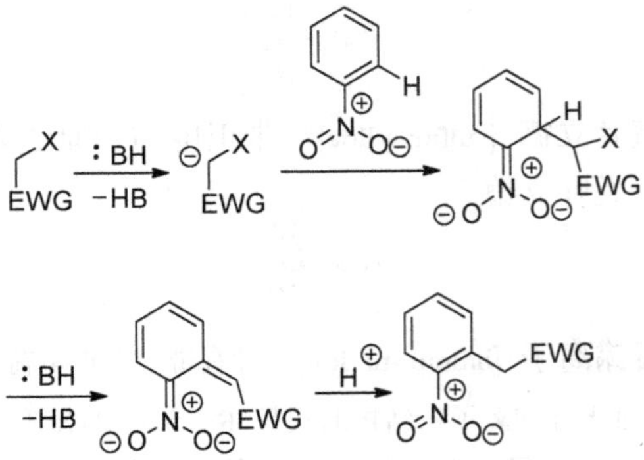

亲核性 [nucleophilicity] 物质含有能提供电子对的原子和原子团，在反应中表现出给电子的特性。该物质提供电子的能力越强，其亲核性越强，反之亲核性越弱。但亲核性和碱性是不同的，碱性强的物质其亲核性并不一定强，例如叔丁基碳负离子，亲核性还受空间位阻的影响。凡有亲核物质参加的反应，均称为亲核反应。如亲核催化，即亲核基团对某一化合物起作用并置换一个敏感基团，然后在此离去基团的位置上与该化合物以共价键相结合的反应。

亲核[性]取代反应 [nucleophilic substitution reaction] 由电负性较高或者电子云密度较大的亲核试剂如羟基、胺等进攻反应底物中带正性(即带正电或是电子云密度较低)的原子而发生的取代反应。在亲核取代反应中，亲核试

剂 $Nu^{\ominus}$ 进攻被作用物中的带正性的原子，取代该原子上的一个原子团(往往是较易离去的基团)。亲核试剂提供一对电子形成新的共价键，而原来的离去基团与中心原子的共价键发生断裂。亲核取代反应常分为两种反应机理：单分子亲核取代反应(S_N1)、双分子亲核取代反应(S_N2)。此外还有一些不太常见的亲核取代反应如分子内亲核取代反应、烯丙型亲核取代反应等。

氢负离子 [hydride] 又称负氢离子。比氢原子多一个电子，带负电荷的离子(H^-)。具有一定的还原性和碱性。

氢正离子 [hydron] 氢原子的阳离子形式。由于氢原子只有一个电子，氢正离子实际上是氢原子核。同位素氢(^1H)的正离子实际上就是质子。在水溶液中，氢正离子往往与水形成氢键以水合氢离子的方式出现，而不是单独的质子。

取代[反应] [substitution [reaction]] 有机化合物受到某类试剂的进攻后，其分子中的原子或原子团离去，并被该进攻试剂所取代的反应。根据取代反应中共价键断裂及形成的不同方式，取代反应又分为自由基型取代反应和离子型取代反应。而离子型取代反应又可以细分为离子型亲核取代和离子型亲电取代。有机的取代反应主要可以依据进攻试剂是亲电性还是亲核性、反应中间物是离子还是自由基、反应的底物是脂肪化合物还是芳香化合物等特点进行分类。例如：

(1) 自由基型取代反应

$$CH_4 + Cl_2 \xrightarrow{h\nu} CH_3Cl + HCl$$

(2) 离子型亲核取代反应

$$RX + OH^- \longrightarrow ROH + X^-$$

(3) 离子型亲电取代反应

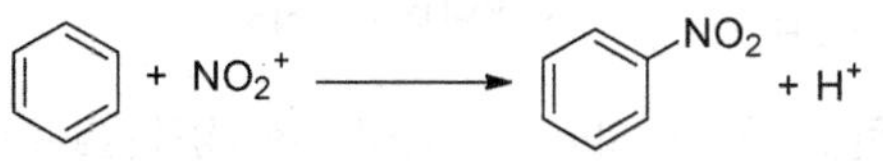

三苯基甲基自由基 [trityl radical] 化学式 $(C_6H_5)_3C\cdot$。是有机化学家所观测到的第一个自由基。具有图1所示结构：在该自由基中，苯基的体积较大，3个苯基不可能与中间的碳原子共平面，为非平面风车式结构。由于苯环间的二面角为31.5°，中心碳原子上未配对电子的p轨道与3个苯环上的π电子轨道接近平行，能够形成1个离域大π键，未成对电子在整个分子中运动，导致其具有较高的稳定性。三苯基甲基自由基是由冈伯格(M. Gombeg)于1900年发现的，该发现对自由基化学的发展产生了极大影响。实验室制备：取少量干燥的三苯甲醇在少量无水苯中溶解，再加入乙酰氯摇匀成无色液体，加入少量锌粉，塞起剧烈振荡，1～2 min后变成橙色，生成三苯基甲基自由基。

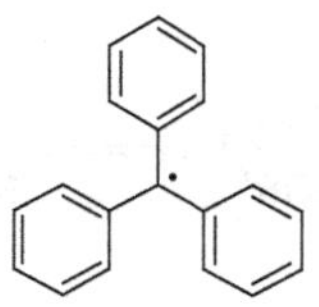

图1

该自由基在隔绝空气下加热可发生二聚，生成一种环己二烯衍生物，而非六苯乙烷(见图2)。这是因为六苯乙烷由于显著的空间位阻效应难以稳定存在，环己二烯衍生物则因分子的共轭效应的增强和空间位阻的降低而稳定。

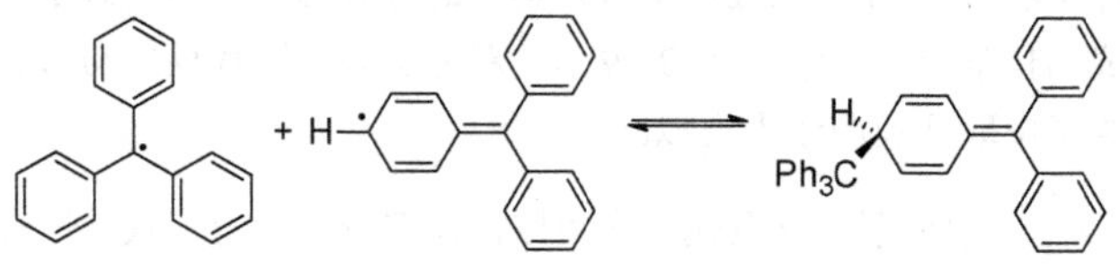

图2

三价碳正离子 [carbenium ion] 指具有三配位 $RR'R''C^+$ 结构的碳正离子。1972年由化学家欧拉(Olah)提出。由于它不满足八隅体结构，一般很活泼，但有些三价碳正离子，比如䓬鎓离子由于其正电荷发生离域从而具有较好的稳定性。现在常指的是高价碳正离子。

砷叶立德 [arsenic ylide] 带正电的杂原子为砷原子的一类叶立德。

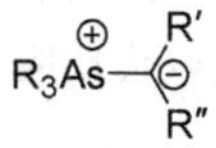

双分子共轭碱消除[反应] [bimolecular elimination through conjugate base] 在碱的作用下，底物分子中 α-C 上的离去基团与 β-H 同时离去的消除反应。常用 E2cb 表示。反应只有一步，在碱的孤对电子夺取 β-H 的同时，α-C 上的离去基团带着电子对离去，同时在 α-C 和 β-C 间形成 π 键，只是底物的 β-H 在碱的作用下略微优先离去，决速步由底物和碱两种分子同时参与反应，反应倾向生成底物的共轭碱。

双分子碱催化烷氧断裂[反应] [bimolecular base-catalyzed alkyl-oxygen cleavage] 当酯基中的羰基碳原子周围位阻较大时，碱不能进攻酯羰基，改为进攻与酯中烷氧基相连的烷基碳原子，同时发生烷氧键断裂与该碳原子上的 S_N2 反应，得对应的羧酸负离子和构型翻转的醇。常用 $B_{AL}2$ 表示。该反应过程中碱和酯同时参与反应。

双分子碱催化酰氧断裂[反应] [bimolecular base-catalyzed acyl-oxygen cleavage] 大多数酯的碱催化水解或受其他亲核试剂进攻时，首先经由碱进攻羰基碳得到四面体负离子中间体，再发生电子转移和酰氧键断裂，烷氧基负离子离去得到产物羧酸或衍生物。常用 $B_{AC}2$ 表示。该反应经由双分子参与的加成-消除过程，在动力学上是二级反应。

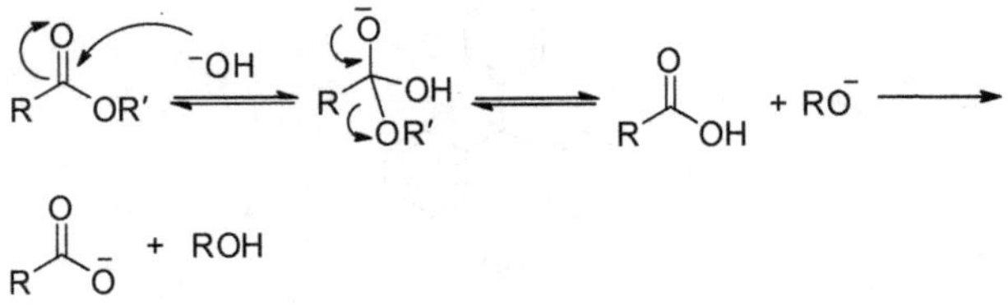

双分子亲电取代[反应] [**bimolecular electrophilic substitution**] 与单分子亲电取代相对应，在脂肪族亲电取代反应中，一种亲电试剂取代其他官能团(这种被取代的基团往往是氢)，且在反应过程中只有单一的过渡态而无阴阳离子生成的化学反应。常用 S_E2 表示。双分子亲电取代反应与芳香族亲电取代反应较为类似。

与双分子亲核取代反应类似，在双分子亲电取代反应过程中，亲电试剂的进攻和离去基团的离去是同时发生的，反应过程中不直接产生分离的正负离子，旧化学键的断裂和新化学键的形成是同时发生的。

双分子亲核取代[反应] [**bimolecular nucleophilic substitution**] 亲核取代反应的一种。常用 S_N2 表示。在这类反应中，亲核试剂的进攻和离去基团的离去同时进行，即旧化学键的断裂和新化学键的形成是同时发生的，反应中不生成碳正离子。反应中速率控制步骤是上述的协同步骤，即反应速度与亲核试剂、反应底物两种物质的分子浓度成正比，所以称为双分子亲核取代反应。与单分子亲核取代反应相对应。

在双分子亲核取代反应中，如果与离去基团相连的中心碳原子是手性碳，则反应后，这个手性碳的构型会发生翻转。例如：

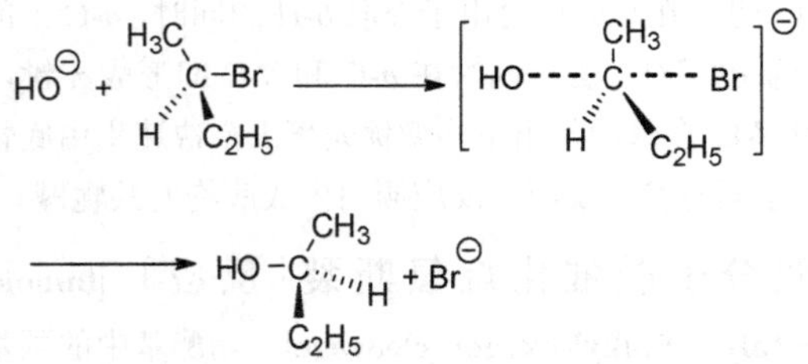

双分子酸催化烷氧断裂[反应] [bimolecular acid-catalyzed alkyl-oxygen cleavage] 酯水解反应的一种。常用 $A_{AL}2$ 表示。首先发生羰基氧原子的质子化，然后水分子(或其他亲核试剂)对烷氧基中与氧相连的碳原子进行亲核进攻，同时发生烷氧键断裂和电子转移形成对应的羧酸与另一构型翻转的醇。

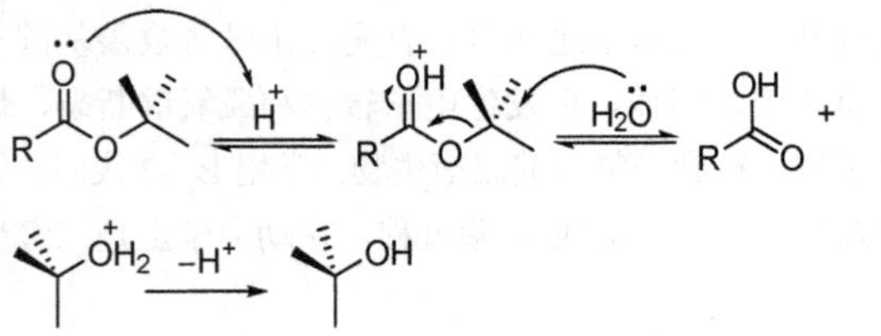

双分子酸催化酰氧断裂[反应] [**bimolecular acid-catalyzed acyl-oxygen cleavage**] 大多数酯的酸催化水解或受其他亲核试剂进攻时，其羰基上的氧原子先质子化，形成亲电能力非常强的氧𬭩离子，然后接受亲核性较弱的水等亲核试剂进攻得到四面体正离子中间体。亲核试剂上的质子解离后经质子转移结合到烷氧基的氧上形成易离去的醇，得到羧酸或新的羧酸衍生物。常用 $A_{AC}2$ 表示。是酸催化水解最常见机理。水分子或其他亲核试剂进攻质子化的酯羰基生成四面中间体是速率控制步骤，在动力学上属二级反应，所以是双分子反应。生成的中间体发生酰氧断裂，所生成的醇保持原来的构型。$A_{AC}2$ 机理是可逆的，其逆过程是酸催化的酯化反应。当水作亲核试剂时，由于分子中存在大量的水，因此可以使反应趋向完成。

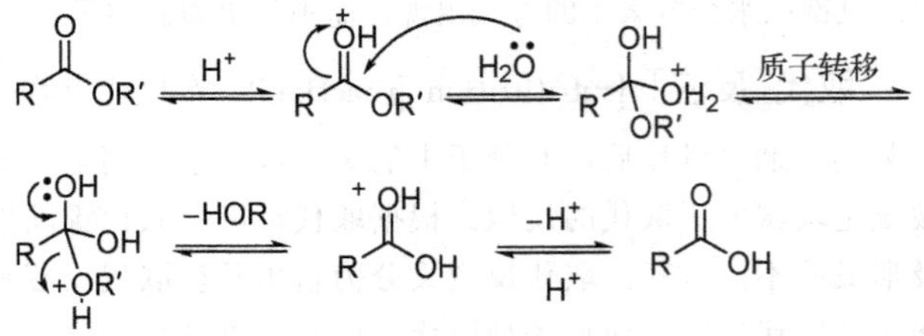

双分子消除[反应] [**bimolecular elimination**] 消除反应的一类。常用 E_2 表示。反应中底物分子在碱的作用下，氢原子的消除与另一个离去基团的离去在一步反应中完成，同时生成新的 π 键。反应只经过一个过渡态，动力学上是二级反应，并显示出较强的同位素效应。一般需要强碱参与反应。常见的双分子消除反应如一级卤代烃和部分二级卤代烃消除卤化氢的反应。反应按照反式消除的方式，即离去的氢原子和离去基团处于反式共平面。

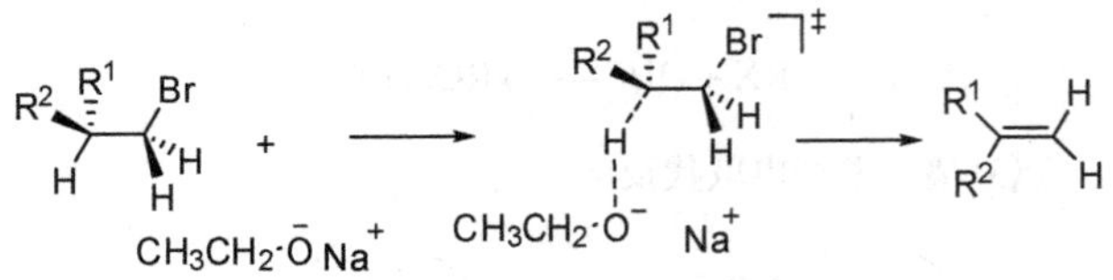

双负离子 [**dianion**] 一个电中性物种得到两个电子形成的离子，通式是 X^{2-}。可以分为单原子双负离子、双原子双负离子和多原子双负离子。单原子类型常见的有 O^{2-}、S^{2-}；双原子类型比较典型的是 O_2^{2-}；环辛四烯被金属钾还原得到环辛二烯双负离子，该负离子具有 10 个电子，是平面结构。

双竖键加成 [**diaxial addition**] 环状烯烃发生加成反应时，得到的产物中加成的两个基团都处于直立键的一种立体化学取向的加成方式。如图示，环己烯物种发生硒化加成反应，通过双竖键加成过程，得到基团 Cl 和—SePh 处于反式直立键的产物。

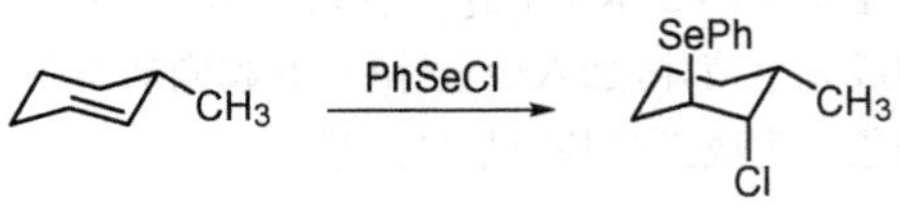

双正离子 [dication]　一个电中性物种失去两个电子形成的离子，通式是 X^{2+}。可以分为单原子双正离子、双原子双正离子和多原子双正离子。单原子类型常见的有碱土金属离子 Be^{2+}、Mg^{2+}，Ca^{2+}、Sr^{2+}、Ba^{2+}、Ra^{2+}，后过渡金属离子 V^{2+}、Cr^{2+}、Mn^{2+}、Fe^{2+}、Co^{2+}、Ni^{2+}、Cu^{2+}、Zn^{2+}、Cd^{2+}等，以及碳族金属离子 Sn^{2+}、Pb^{2+}等。双原子正离子一般不太稳定，通常会快速衰变成两个单电荷粒子。例如 H_2^{2+}衰变成 2 个 H^+。也有一些比较稳定的双原子正离子，如 Hg_2^{2+}。其中一个典型的多原子双正离子是 S_8^{2+}。还有许多有机双正离子在质谱检测中被发现。较为稳定的金刚烷基双碳正离子通过 1,3-二氟金刚烷与五氟化锑反应得到。此外，双正离子在烯烃聚合中也被发现和应用。

双自由基 [biradical; diradical]　同一个分子中有 2 个电子分别占据 2 个分子轨道的物种。双自由基具有两个(不一定要求定域)自由基中心，电子总数为偶数；这两个自由基中心基本上是彼此独立的，如相互作用较强时，通常视为准双自由基。一种更广泛的定义是指含有比标准成键规则计算要少的成键数的含有偶数个电子的分子。它活性很高、寿命很短。如果电子是反平行自旋，则该分子是单线态；反之，如果电子平行自旋，该分子则是三线态。一些常见的双自由基包括氧气、卡宾、氮宾，不常见的有氮正离子和非凯库勒分子。

顺旋 [conrotatory]　电环化反应中，化学键旋转方式的一种。在共轭体系的 π 电子环合成为 σ 键时，烯烃末端碳原子的化学键必须旋转，若两端碳原子的 p 轨道朝着同一个方向进行旋转，则为顺旋。键旋转的方式与共轭体系的 π 电子数和反应条件有关，从而影响电环化反应的立体选择性。顺旋分为顺时针顺旋和反时针顺旋。例如：

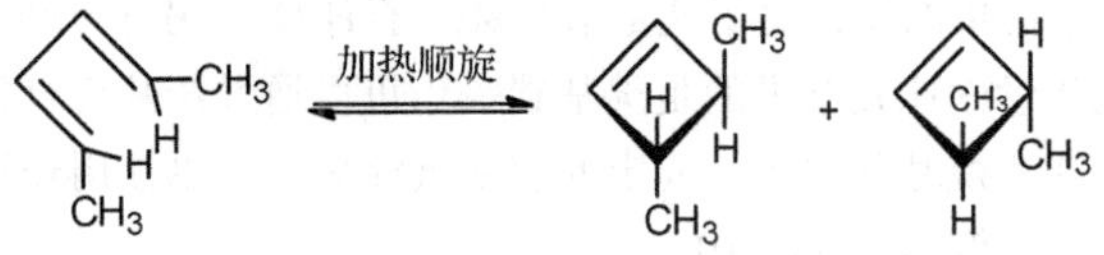

四面体中间体 [tetrahedral intermediate]　在亲核试剂对双键的亲核进攻反应中，双键碳原子的三角形构型在反应过程中转变成一种四面体构型的反应中间体。其稳定性取决于与四面体碳相连的基团的离去能力。四面体中间体在有机合成中非常重要，是酯化、酯交换、酯水解、酰胺形成和水解、氢化还原等反应的关键中间体。

碳宾 [carbene]　即卡宾。

碳负离子 [carbanion]　碳原子配位数是 3 且带一个形式负电子的阴离子，形如 R_3C^-。碳上带有一对孤对电子。与碳正离子相对应的另一种具有高活性的有机反应中间体。电荷定域的碳负离子其负电中心碳原子是 sp^3 杂化，未共用电子对占据一个 sp^3 杂化轨道，离子具有四面体构型；电荷非定域的，由于形成 π 共轭体系，带负电荷的碳变为平面 sp^2 杂化构型。

碳烯 [carbene]　即卡宾。

碳正离子 [carbocation]　碳上带 6 个电子的带正电荷的碳氢基团。根据带正电荷的碳原子与其他碳原子连接的数目，可分为一级碳正离子(primary carbocation)、二级碳正离子(secondary cation)和三级碳正离子(tertiary carbocation)，见图 1。在核磁共振谱中可观察到碳正离子的存在。

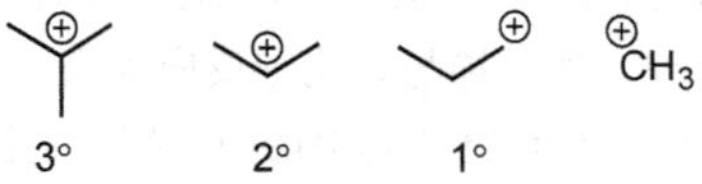

图1

碳正离子和自由基一样，绝大多数是反应过程中短暂存在的活性中间体，无法分离得到，但是通过物理方法可以观察到它的存在，例如用比碳正离子更强的路易斯酸 SbF_5 与卤代烷作用，见图 2。

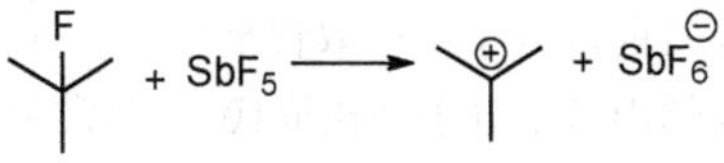

图2

羰自由基 [ketyl]　一种自由基阴离子。有两种结构：碳自由基连着带负电荷的氧原子、氧自由基连着带负电荷的碳原子。羰自由基可以通过羰基化合物与碱金属的单电子还原反应得到。在频哪醇偶联反应和麦克麦瑞反应中都涉及羰自由基。

烃基 [hydrocarbyl group]　相应的烃失去一个氢原子后剩下的自由基。在化学中被用来指只含碳、氢两种原子的官能团。根据结构特点可以分为烷基(脂肪烃失去一个氢原子)、烯基(烯烃失去一个与 C═C 直接相连的氢原子)、芳基(芳烃失去一个与芳环碳直接相连的氢原子)、炔基(末端炔烃失去末端氢原子)。

同面反应 [synfacial reaction]　分子化学键的断裂和生成发生于共轭体系同一侧的反应。通常体现在环加成反应和 σ 迁移反应等周环反应中，用来描述立体选择性。反应方式同异面反应类似，往往受底物结构和反应条件等的影响。

同σ迁移重排 [homosigmatropic rearrangement]　涉及三元环代替一个双键位置的σ迁移重排反应。

酮卡宾 [keto carbene]　泛指在未特别指定位置上含有羰基官能团的卡宾。其中 α-酮卡宾是沃尔夫重排反应的重要活性中间体。这个术语曾被不严格地用于对羧酸酰基卡宾的定义。

酮-烯醇互变异构 [keto-enol tautomerism] 某些有机化合物的结构以酮式与烯醇式之间的互变异构现象，如图示。

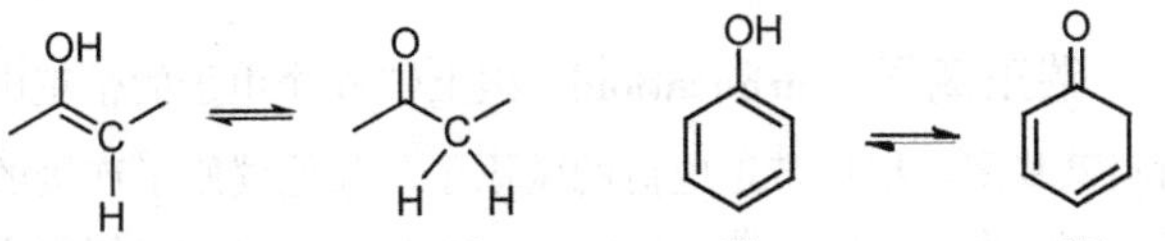

烯醇 酮 酚 酮

π-烯丙型络合机理 [π-allyl complex mechanism] 含有烯丙基结构的化合物与过渡金属化合物作用生成 π-烯丙型络合物的过程。如丙烯与氯化钯反应失去一分子氯化氢，生成含烯丙基的钯络合物。其中烯丙基配体是提供 3 个电子的 π 配体，其离域的 π 分子轨道与过渡金属轨道发生重叠成键。π-烯丙型络合物除可以由烯烃制备外，还可以由共轭或累积双烯、烯丙型卤化物或其金属有机化合物等来制备。

烯丙型双分子亲核取代［反应］ [bimolecular nucleophilic substitution with allylic rearrangement] 一类伴有烯丙基重排的双分子亲核取代反应。根据反应动力学机理，可以分为烯丙型单分子亲核取代反应（常用 S_N1'表示）和烯丙型双分子亲核取代反应（常用 S_N2'表示）。反应过渡态与双分子亲核取代反应类似，并没有碳正离子的产生。例如烯丙基卤代物和烯丙基磺酸酯等可以发生此类反应，亲核试剂进攻 γ 位的不饱和碳，而后双键发生迁移导致了离去基团的离去。该类反应往往会伴随着普通的双分子亲核取代反应一起发生，从而得到混合产物。如图示：

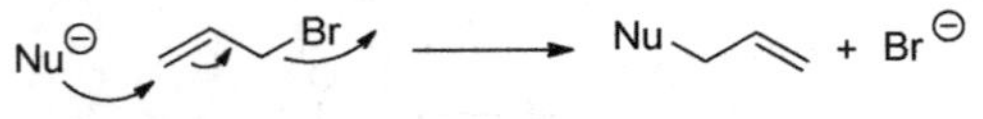

酰［基］物种 [acyl species] 一类含有羰基基团的物种。其结构通式为 R—(C═O)—R′，包括酰卤、醛、酮、酯、羧酸、酰胺等。

酰［基］正离子 [acyl cation] 羰基碳带有正电荷的碳正离子。其结构式可以表示为 $R—C^+═O$。由于氧原子上有孤对电子，所以还可以写成另外一种共振结构 $R—C≡O^+$。可在催化剂如三氯化铝作用下由酰卤或酸制备。酰基正离子不稳定，不能长时间游离存在，可以与芳烃等亲核试剂发生酰基化反应。

相转移催化 [phase-transfer catalysis] 通过使用催化剂加速或者使分别处于互不相溶的两种体系（液-液两相体系或固-液两相体系）中的物质发生反应。与均相催化不同，反应时需要催化剂将实际参加反应的实体（如负离子）从一相转移到另一相中，以便使它与底物结合而发生反应。相转移催化作用能够使离子化合物与不溶于水的有机物质在低极性溶剂中进行反应，或加速这些反应。

1,1-消除 [1,1-elimination] 即 α 消除。

***α* 消除** [α-elimination] 又称 1,1-消除。同一原子上消除两个基团并生成该原子低价态产物的反应。通常中心原子为碳或氮，反应生成卡宾或氮宾。如碱性条件下氯仿（$CHCl_3$）消除生成二氯卡宾（$:CCl_2$），腙类衍生物 $R_2C═NNHTs$ 消除生成重氮化合物（$R_2C═N^+═N^-$），Na 的作用下 CCl_4 还原消除生成二氯卡宾等。

消除［反应］ [elimination [reaction]] 在一个化合物分子中，通过一步或两步反应离去两个原子（或官能团）得到新化合物的反应。大多数消除反应离去的基团中至少有一个是氢，发生消除反应后分子的不饱和度增加。根据消除过程的不同分为单分子消除和双分子消除。

协同反应 [concerted reaction] 两个或多个化学键同时发生变化的反应。协同反应中，几个旧化学键的断裂和新化学键的生成相互协调地在同一步骤中完成。过程中不存在高能量的中间体，往往有一个环状过渡态（cyclic transition state），是一种基元反应（elementary reaction）。如电环化反应、电开环反应、环加成反应、σ 迁移反应等。

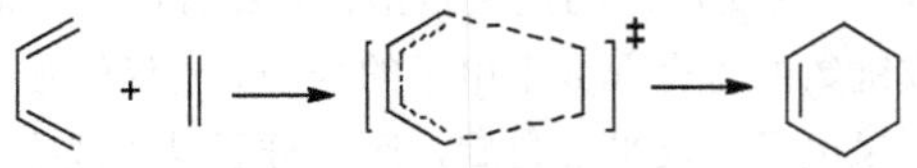

环状过渡态

亚胺-烯胺互变异构 [imine-enamine tautomerism] 某些有机化合物的结构以亚胺式与烯胺式之间的互变异构现象。如下图所示：

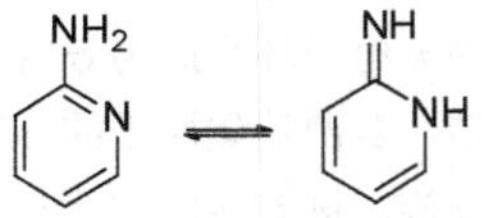

烯胺 亚胺

氧𬭩离子 [oxonium ion] 形成三个化学键的氧正离子。最简单的氧𬭩离子就是水合氢离子 H_3O^+。另外一类是在有机化学中比较常见的是羰基碳𬭩，可以通过羰基化合物质子化或者烷基化得到。稳定的烷基氧𬭩离子可以被用作烷基化试剂，例如$[Et_3O]^+[BF_4]^-$。

氧𬭩叶立德 [oxonium ylide] 带正电的杂原子为氧原子的一类叶立德。

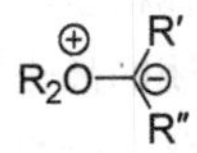

叶立德 [ylide] 一类正负电荷分离的中性化合物的总称。其中带正电荷和带负电荷的原子直接相连，带正电荷的原子通常是杂原子（N, P, S 等），两个原子都满足八隅律。

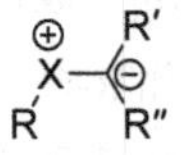

一般催化 [general catalysis] 利用酸、碱、金属或金属化合物等作为催化剂，改变化学反应速度的方法。一般催

化过程可以发生在均相中，也可以发生在多相中。相较于未催化的反应，一般催化反应拥有较低的活化能。在该过程中，催化剂本身不会被消耗，但反应速度被改变。其中，可提高催化剂活性的物质为促进剂，降低催化剂活性的物质则称为催化毒剂。催化剂可以通过结合反应底物达到活化的效果；也可以产生非自然的反应中间物，如以四氧化锇催化烯烃的双羟基化中产生的锇酸盐酯；还可以造成反应物的裂解，如制氢时产生的单原子氢。

一般碱催化 [general-base catalysis] 碱催化剂与反应物分子之间通过接受质子或给出电子对作用，形成活泼的碳负离子中间化合物，继而分解为产物的催化过程。碱金属、碱土金属和部分稀土元素的氧化物或盐都可用作碱催化剂。分子筛主要是作酸催化剂，但有一定碱性，经离子交换后也可主要作碱催化剂。醇或醛的缩合、歧化、脱水、脱氢反应等都可用碱催化剂催化。

一般酸催化 [general-acid catalysis] 催化剂与反应物分子之间，通过给出质子或接受电子对作用，形成活泼的碳正离子中间化合物，继而分解为产物的催化过程。氧化铝，分子筛是常用的固体酸催化剂。烯烃的活化、烷基芳烃的裂解一般使用酸催化剂。超强酸催化剂的催化机理则有些不属于碳正离子机理。

异裂 [heterolysis] 共价键断裂时，共用电子对完全转移给成键原子中的某一个原子，形成一对正、负离子的断键方式。在极性溶剂中或有催化剂的影响时，极性共价化合物容易发生异裂的断键方式。发生化学键异裂的反应称为离子型反应。

异面反应 [antarafacial reaction] 分子化学键的断裂和生成发生于共轭体系不同两侧的反应。通常体现在环加成反应和 σ 迁移反应等周环反应中，用来描述立体选择性。反应方式往往受底物结构和反应条件等的控制。

引发 [initiation] 在链式反应中最初产生活性中间体(自由基)的步骤。产生一个活性质体后能引发一系列重复反应过程称为链式反应。许多游离基型的反应，以及正负离子引发的聚合反应都是链式反应。

引发剂 [initiator] 释文见高分子科学同名词条。

游离基 [radical] 即自由基。

游走重排 [walk rearrangement] 在双环分子中，二价基团如 O、S、NR 和 CR_2 作为构成三元环的部分，发生迁移的现象称为游走重排。根据伍德沃德-霍夫曼(Woodward-Hofmann)规则，这种重排可被视为$(1,n)\sigma$键迁移。例如，带有取代基的 1,3,5-环庚三烯在加热的情况下，π 键体系经过一个电环化过程生成降蒈二烯，然后经过[1,5]烷基迁移及开环得到重排产物。

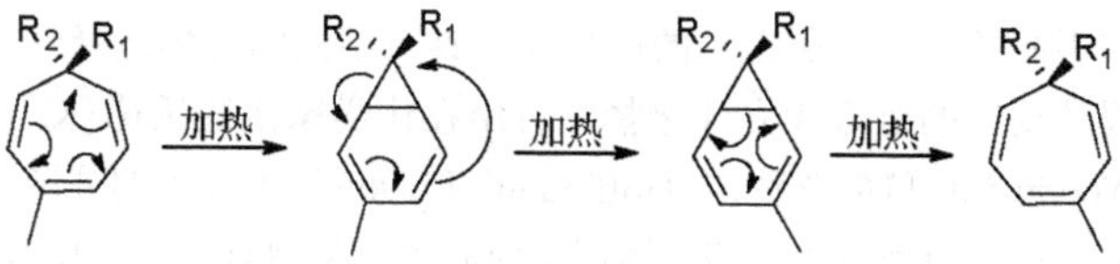

原位-进攻 [*ipso*-attack] 在芳香化合物中，进攻基团进攻芳环上带有取代基(非氢原子)的位置。进攻基团可能代替原有取代基也可能随后迁移到其他位置。其意义与“原位-取代(*ipso*-substitution)”不同，因为后者与“取代(substitution)”表达同样意思。

遭遇对 [encounter pair] 即遭遇络合物。

遭遇络合物 [encounter complex] 也称遭遇对。当反应物分子 A 和 B 在同一容器中无规运动扩散，在再度分开之前进行反复碰撞，发生络合(该过程即为遭遇)，形成的络合物。遭遇可能产生两种结果：一是重新分离；二是发生化学反应，常用 A∶B 表示遭遇络合物。

增感剂 [sensitizer] 即光敏剂。

正常电子需求 [normal-electron-demand] 专指在第尔斯-阿尔德反应中，电子传递的方向和电性相匹配，即双烯体的 HOMO 能级正好与亲双烯体的 LUMO 能级匹配，这样电子就能够从富电子的亲双烯体流向缺电子的双烯体。在这种情况下，亲双烯体上带有拉电子基团或者双烯体上带有给电子基团都可以促进反应进行。和反向电子需求(reverse-electron-demand)的第尔斯-阿尔德反应相对应。

正离子-π相互作用 [cation-π interaction] 存在于富电子 π 体系(如苯、乙烯、乙炔)与附近的正(阳)离子(如 Li^+, Na^+)之间的非共价分子间相互作用(见下图)。与其他非共价作用力一样，阳离子-π 作用在自然界中扮演了重要的角色，特别是在蛋白质结构稳定性及功能、蛋白质-核酸作用、受体-配体识别、药物-靶标的结合、酶催化等起重要作用。该作用在合成反应中也被观察到并得以应用。

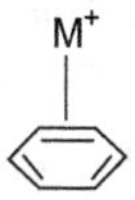

正离子转移重排 [cationtropic rearrangement] 伴随有正电荷从一个原子转移到另一个原子的基团迁移和重排过程。

中间体 [intermediate] 由两个以上基元反应所组成的化学反应中存在的最低能量的化学结构，一般其寿命长于典型的分子振动(10^{-13}～10^{-14} s)。

周环反应 [pericyclic reaction] 基元反应的一种。该反应过程中没有自由基或者离子等活性中间体生成，而是通过形成环状过渡态，一步完成的多中心协同反应。该类反应通常在光照或加热条件下进行，具有高度空间定向性，并且在不同条件下，所得到的产物往往具有不同的立体选择性。周环反应的进程和立体选择性可用在化学家伍德沃德(R. B. Woodward)和霍夫曼(R. Hoffmann)于1965年由提出的分子轨道对称守恒原理来解释。周环反应的主要类型有电环化反应、环加成反应和σ迁移反应等。

自催化[作用] [autocatalysis] 生成的反应产物可以加快反应速率的作用。自催化作用具有以下特点：反应速率既受反应底物浓度的影响又受反应产物浓度的影响，反应开始进行得很慢，存在诱导期，随着起催化作用的产物的积累反应速率迅速加快，随后随着反应底物浓度的下降反应速率下降，整个反应过程中存在最大反应速率。常见的自催化反应如高锰酸钾在酸性条件下氧化草酸根，高锰酸根还原生成的二价锰离子会催化加速高锰酸根的还原，还有酯水解反应中生成的酸催化加速酯的水解等。

自旋捕集 [spin trapping] 在要研究的反应体系中加入一种不饱和的抗磁性物质(即自旋捕集剂)，捕集剂通过结合反应中产生的短寿命自由基产生另一种较稳定的自由基，通过研究这种二次产生的稳定自由基的ESR波谱来间接检测和辨认原来短寿命自由基的方法。自旋捕集剂一般都是含有硝基或氮酮基的不饱和化合物，最常用的是三硝基苯、*N*-叔丁基苯硝酮和二甲基吡啶氮氧化物(DMPO)，它们和自由基反应都可以生成氮氧自由基，所得ESR波谱的一级分裂都是氮原子引起的三重分裂，而且其ESR波谱往往表现出二级和三级更复杂的超精细分裂，由二、三级分裂的数目和强度比就可推出短寿命自由基的结构和性质。

自由基 [radical; free radical] 化学上又称游离基。化合物的分子在光热等外界条件下，共价键发生均裂而形成的具有不成对电子的原子或基团。在书写时，一般在原子符号或者原子团符号旁边加上一个“·”表示没有成对的电子。如氢自由基(H·)、氯自由基(Cl·)、甲基自由基(CH_3·)。自由基可以带正电荷、负电荷或者不带电荷。虽然金属以及它们的离子或者它们的络合物有不成对的电子，但按照常规习惯定义不算是自由基。历史上第一个被发现和证实的自由基是由摩西·冈伯格在1900年于密歇根大学发现的三苯甲基自由基。自由基有两个主要特性：一是化学反应活性高；二是具有磁矩。自由基极易发生反应(如二聚反应、夺氢反应、氧化反应、歧化反应等)。机体氧化反应中产生的有害化合物，具有强氧化性，可损害机体的组织和细胞，进而引起慢性疾病及衰老效应。

自由基负离子 [radical anions] 带有一个未成对电子的负离子。自由基负离子通常是由一个电中性的有机分子通过得到一个电子而生成。自由基负离子既可以得到电子被进一步还原，也可以发生自由基的偶联反应。例如伯奇还原反应中，芳香族化合物和碱金属在液氨中反应生成芳香自由基负离子中间体。

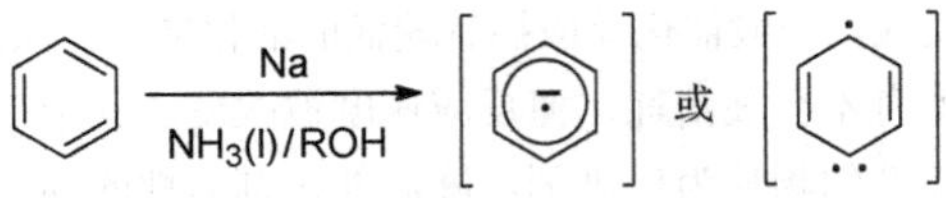

自由基离子 [radical ion] 带有电荷的自由基物种。是有机反应中一种活性中间体，也可以在质谱检测中存在。带有正电荷的自由基称为自由基正离子；带有负电荷的自由基称为自由基负离子。

自由基笼 [radical cage] 自由基在溶液的同一个结构单元中，该结构单元称为自由基笼。参见溶剂笼，该效应也称弗兰克-拉比诺维奇效应，是解释自由基参与其他物质反应的难易程度的一种学说。该学说认为溶质分子在溶液中可发生键均裂，形成自由基并短暂地处于溶剂分子“笼壁”内，其中一部分自由基可以越过“笼壁”扩散起反应；另一部分自由基却只能在“笼壁”内双基再结合回复为原来的分子。例如，过氧化物在溶液中均裂成自由基，处于溶剂“笼壁”内而形成笼蔽对，其中一部分穿越“笼壁”而成为自由的自由基，另一部分则双基再结合成原来的过氧化氢。

自由基正离子 [radical cation] 带有正电荷的自由基。主要出现在质谱检测中。当气相分子被电子电离后，其中一个电子被电子束中的一个电子捕获后就形成了自由基正离子 $M^{+\cdot}$。一些杂环，如吡咯，在氧化条件下可以产生自由基正离子，并缩合形成导电高分子。

2.4 立 体 化 学

八区规则 [octant rule] 一种用于研究饱和烷基酮类化合物的科顿效应符号的经验规则。以饱和环己酮为例，用三个平面将空间分为八个区域，如图所示，沿着羰基的氧原子向碳原子看去，使得环位于 *z-y* 平面的上方，每个区域规定有科顿效应的符号，根据原子所占区域的符号即可得出科顿效应的符号。

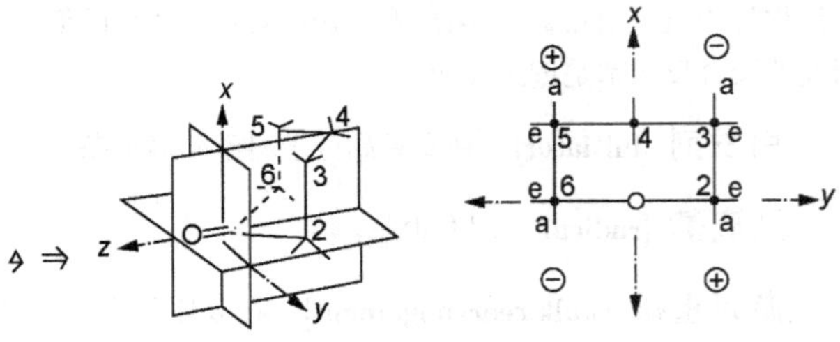

(a) (b)

半晶面 [hemihedral face] 半晶(在晶体学中，某一个体系仅仅具有其所能具有的最高级对称性的一半晶面的晶体)结构的剖面。在立体化学中，巴斯德首先发现酒石酸晶体具有两种，均为半晶。下图中灰色标记的面即为半晶面。

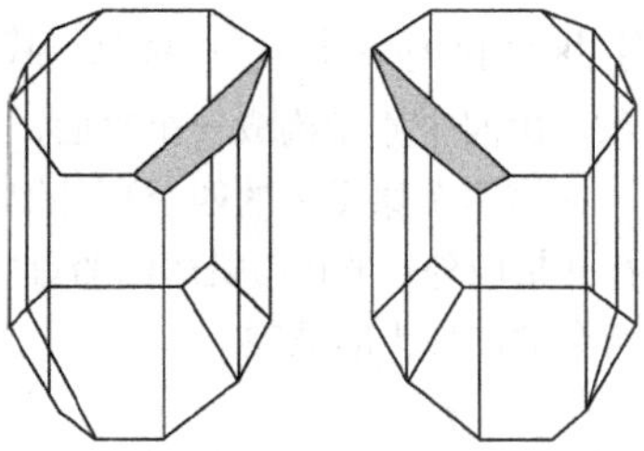

半椅型构象 [half-chair conformation]　介于船式构象和椅式构象之间的一种构象。为环己烷可能的分子构象中的一种。其特点为相连的四个碳原子处在同一平面，另外两个原子位于该平面的上下两侧。

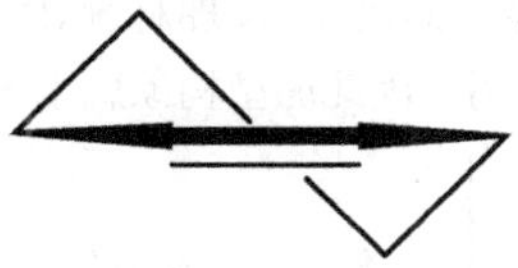

比旋光 [specific rotation]　在立体化学中，衡量旋光物质的旋光方向和旋光能力的一种量度，用[*α*]表示。其大小与试样的浓度和温度、偏振光的波长、旋光管长度等因素有关。某物质的比旋光度，即是在偏振光通过路径为 1 dm，待测物质溶液的浓度为 1 g/mL 条件下测得的旋光度 *α*。它是定量某物质手性的主要性质之一，仅决定于物质的结构，因此比旋光度是物质特有的物理常数。

变旋作用 [mutarotation]　由差向异构化而引起的物质的旋光度变化的现象。由法国化学家 Dubrunfaut 于 1846 年首先发现。其实质是溶液中旋光异构体的互变导致溶液旋光度发生变化，直至最终达到平衡状态，旋光度不再改变。环状单糖或糖苷的比旋光度由于其 α-和 β-端基差向异构体达到平衡而发生变化，最终达到稳定的平衡值，溶液最终旋光度取决于每个异构体的旋光度以及它们在溶液中的比率。变旋现象往往能被某些酸或碱催化。

不对称分子 [chiral molecule]　即手性分子。

不对称光解 [asymmetric photolysis]　光化学反应的一种。是由非手性前体反应得到手性物质的光学分解过程。不对称元素的引入可以通过使用手性试剂、手性环境以及引入圆偏振光。使用圆偏振光进行光照，可以使底物成为不对称的激发态分子，然后发生不对称光解。可以通过此方法实现对光学异构物的光化学分离(photochemical racemic resolution)。

不对称碳原子 [asymmetric carbon]　又称手性碳原子。连有 4 个不同原子或基团的碳原子。对于一个给定的分子，当得知其具有的不对称碳原子个数时，就能计算出其可能的立体异构体数即 2^n，其中 *n* 为对称碳原子个数。

不对称原子 [asymmetric atom]　连有 4 个不同原子或基团的四面体原子。例如不对称碳、磷、氮、硫等原子。硫、磷等原子上未成键电子对，可以看作一个基团。如：

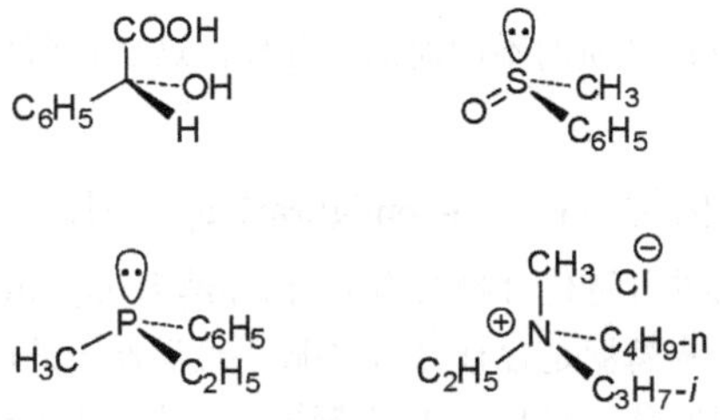

不对称中心 [asymmetric center]　手性中心的旧称。

不对称转化 [asymmetric transformation]　在立体化学中，不对称转化指某一外消旋混合物转化为纯的对映体或其中之一对映体过量的混合物，也指某一非对映体混合物转化为纯的非对映体或其中之一非对映体过量的混合物，因此不对称转化有时也称为消旋化。不对称转化分为两类：如果某手性化合物 A 的一对对映体之间存在自由的转化，或者在外消旋混合物 A 中加入等量或过量的另一种对映纯的化合物(*R*)-B，则所形成的平衡混合物 A·B 包括非等量的非对映异构体(*R*)-A·(*R*)-B 和(S)-A·(*R*)-B，该平衡过程即为第一类不对称转化。如果在该体系中，两种非对映体加和物在溶解度上差异很大，以至于其中之一加和物可以从溶液中结晶析出，比如(*R*)-A·(*R*)-B，那么溶液中的非对映体的平衡和结晶过程同时存在，则在混合物 A 中大多数以至全部的(*R*)-A·(*R*)-B 结晶析出，从而被分离出来，这种结晶诱导的不对称转化则被称为第二类不对称转化。

差向立体异构化 [epimerization]　含有两个或两个以上手性中心的化合物分子中某手性中心的构型通过化学反应转换成其相反构型的过程。由德国化学家费雪·埃米尔于 1890 年在研究糖化学中发现的，糖类物质中差向异构现象最为常见，差向异构化的特征在于一种含两个或多个手性中心，但在异构化过程中仅一个中心的构象发生转化。顺式-(1*S*)菊酸在碱的作用下，部分转化为反式-(1*R*)菊酸，就是一个差向异构化过程。

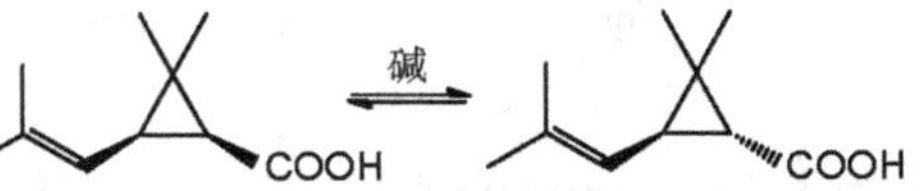

差向异构体 [epimer]　含有两个或更多的手性中心而其中仅有一个具有相反构型的非对映异构体。

拆分 [resolution]　在立体化学中，是指将外消旋体中的两个对映异构体分开，得到光学活性产物的过程，也即手性拆分。是光学活性药物生产的重要方式，分开的对映体可以用旋光仪测其光学纯度。由于外消旋体中的两个对映体除了旋光性不同外，其他物理性质(如溶解度等)全相同，因此不能采用一般的重结晶、分馏等分离方法。拆分包括机械分离法、吸附法、播种法、生物拆分法和化学法五种，后者的应用最为广泛。一般都采用不对称反应析解法，让外消旋体与一种有旋光性的拆分剂作用，生成非对映异构体，然后根据生成物物理性质的不同而加以分离，这是目前最常用的拆分方法。

赤式构型 [erythro-configuration] 为描述一些含有 2 个手性中心的开链化合物的构型。由赤藓糖(erythrose)派生出来的术语。赤藓糖是含有 2 个不同手性碳原子的四碳醛糖，它有一对对映体，即 D-和 L-赤藓糖，其费歇尔投影式的 2 个—OH 位于碳链同侧。其他含有 2 个手性碳原子的化合物，若分别连有 2 个相同的基团，第 3 个基团不同时，其费歇尔投影式的 2 个相同的基团位于碳链同侧的，即称该分子为赤型异构体，而此种构型称赤式构型，以区别它的非对映异构体苏式构型。如：

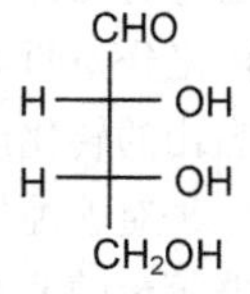

D-赤藓糖

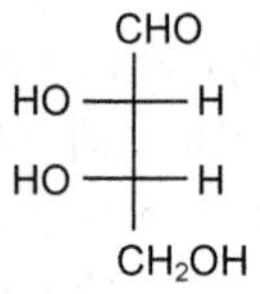

L-赤藓糖

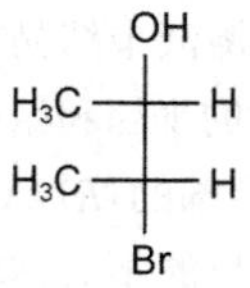

赤式-(2*S*，3*R*)-3-溴-2-丁醇

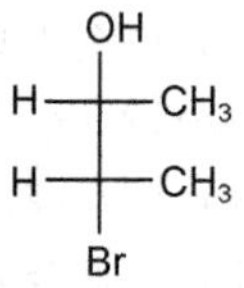

赤式-(2*R*，3*S*)-3-溴-2-丁醇

赤型异构体 [erythro isomer] 参见赤式构型。

重叠构象 [eclipsed conformation] 分子中，连在相邻的两个原子 A 和 B 上的两个基团 X、Y 最接近的构象，即 X-A-B-Y 扭转角为 0°的构象。这种构象常见于所有的开链化合物中相邻的两个 sp^3 杂化的原子之间。其纽曼投影式如下图所示。

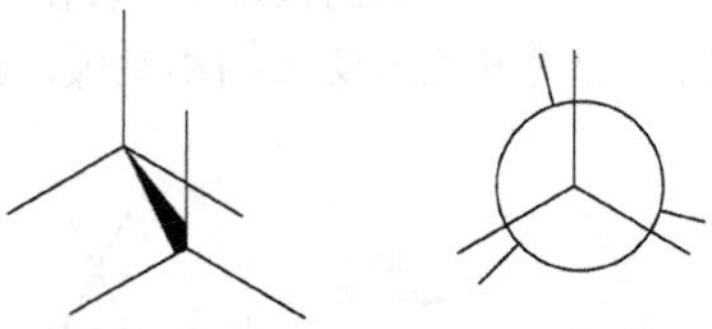

重叠性 [superposability] 能够在不经过任何翻转或者刚性旋转的情况下，将两个特定的分子化学式完全重叠，或是与相应的分子成为彼此精确的复制品。

船杆[键] [flagpole] 六元环船式构象中接近直立键的一种，在船型构象中，四个碳原子平面外的两个碳原子上的直立键，即为船杆键。如图中 f 键。

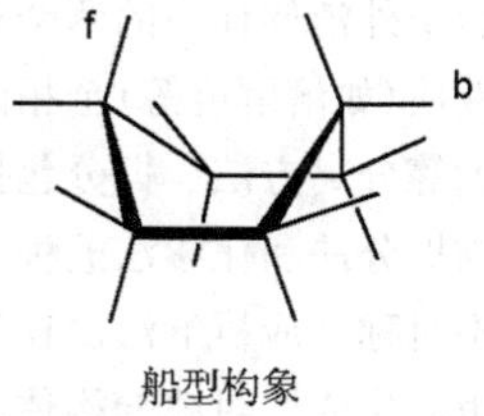

b=船舷键(bowsprit)

f=船杆键(flagpole)

船型构象

船舷[键] [bowsprit] 对于环己烷及与其结构类似的化合物的船式构象，由四个原子构成一个平面，另外两个原子位于该平面外，在这两个原子上的四个环外键中，有两个键几乎与平面平行并指向外，形状与帆船的船首斜桅(bowsprit)很像，因此这两个键被称为船舷键。

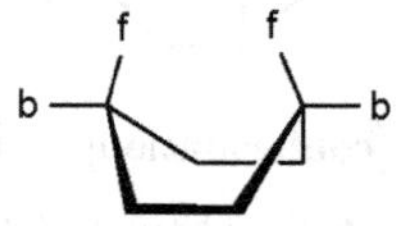

b=船舷键(bowsprit)

f=船杆键(flagpole)

船型构象 [boat conformation] 饱和六元环化合物的重叠构象。例如环己烷的船型构象，相邻碳原子上假直立键(a′)和假平伏键(e′)上的取代基、船杆键(f)上的取代基之间存在着较强的排斥作用，因此船型构象属于不稳定构象。

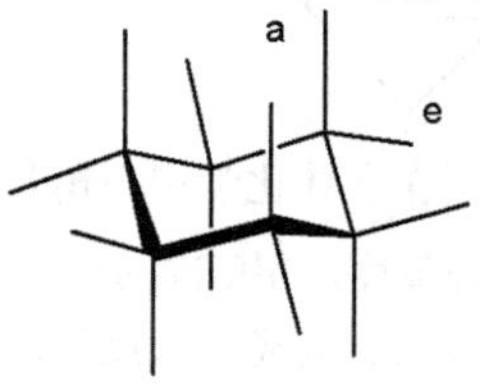

椅型构象

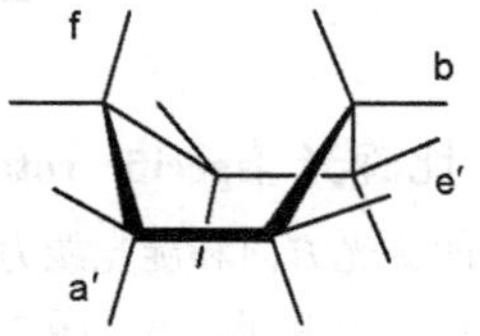

船型构象

氮翻转 [nitrogen inversion] 即棱锥型翻转。

等分构象 [bisecting conformation] 在含有 sp^2-sp^3 杂化的碳-碳单键体系中，由于单键的旋转而产生的构象异构体。例如，在乙醛、乙酸乙酯等分子中，会出现两种极端的构象异构体。其中一种 C_2 上的一个 C—H 键与羰基相互重叠，称为重叠式；而另一种中 C_1、C_2 上的 2 个 C—H 键重叠，由于第二种中羰基二等分 C_2 上的 2 个 C—H 键所组成的角，因此称此构象为二等分构象异构体。

等位[的] [homotopic] 如果分子中的原子或者基团可以通过对称轴 C_n($n = 2, 3, \cdots$)进行互换，就被称作是等位的。等位基团在化合物中是相等的两个基团。分子中的任何一个基团(或原子)被其他基团(或原子)取代以后，均得到同一产物。等位的原子核磁共振谱中拥有相同的化学位移。例如，氯仿($CHCl_3$)中的三个氯原子，甲烷(CH_4)中的四个氢原子等。

点群 [point group] 一个物体的对称元素的分类，通常用斜体的熊夫利符号进行表示，例如 C_3 D_2 T_d 等。通常来说，点群是由旋转、反演、反映、象转、镜转等点对称操作构成的对称群。这些点群对称操作的对称要素汇聚于一点，需要保持这一点不动，故称为点群。在晶体学中由于晶体对称定律的限制，只能有 1、2、3、4、6 五种旋转轴，并且各对称要素的组合必须服从对称要素组合定律，因此，晶体中的点群个数是有限的，共计 32 种，称为 32 晶体学点群，或简称为 32 点群。其中 C_n 和 S_n 具有单一的轴，称为单轴群；D_n 称为二面体群。T 群和 O 群的共同特点是具有四个互相交成 109°28′16″角的 C_3 轴，它们都属于立方晶系，所以合称立方群。全部由正常旋转操作构成的点群称为正常点群；否则称为非正常点群。具有相同点群对称性的晶体属于同一个晶类。于是所有晶体可划分为 32 种晶类。点群对称性是分子重要的性质，在光谱学、量子力学和晶体学被广泛使用。

底端[向]键 [basal bond] 参见顶点[向]键。

顶点[向]键 [apical bond] 又称竖[向]键。在三角双锥结构(如以磷原子为中心的五配位双三角角锥)中，顶点原子(apical atom)系指与中心原子在同一直线上的两端，它们与中心原子相连的键称为顶点[向]键。另外三个等价的化学键所形成的平面经过中心原子并垂直于顶点[向]键，这三个化学键被称为平[向]键。而角锥底面中心到该面各端点原子的连接键称为底端[向]键。

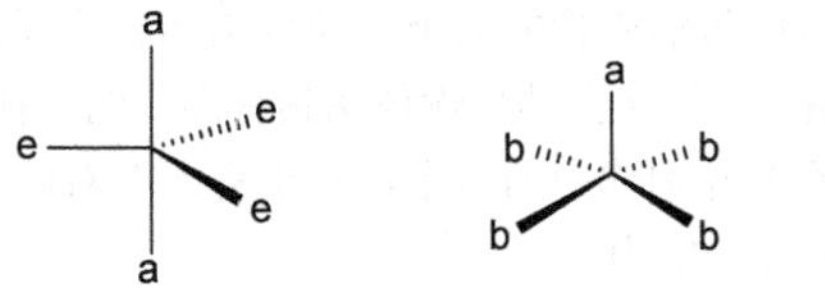

动力学拆分 [kinetic resolution] 在有机化学中，是一种用来拆分外消旋混合物中一对对映异构体的方式。在手性底物或手性催化剂存在的情况下，两个对映异构体的反应速率产生差异，利用不足量的手性试剂与外消旋体作用，反应速度快的对映体优先完成反应，而剩下反应速度慢的对映体，从而达到拆分的目的。和手性拆分相反，动力学拆分不取决于非对映异构产物的物理性质，而决定于初始的外消旋底物的化学性质。

动态动力学拆分 [dynamic kinetic resolution] 动力学拆分的改进，在拆分的过程中伴随有底物的外消旋化，因此可得到 100%的目标产物。此拆分方法将动力学拆分和手性惰性底物的原位平衡或外消旋化有效地结合在了一起。

端基[差向]异构体 [anomer] 又称异头物。含有多个手性碳原子的旋光异构体中，只有 C_1 手性碳原子的构型相反，而其他手性碳原子的构型完全相同的异构体。此术语主要用：

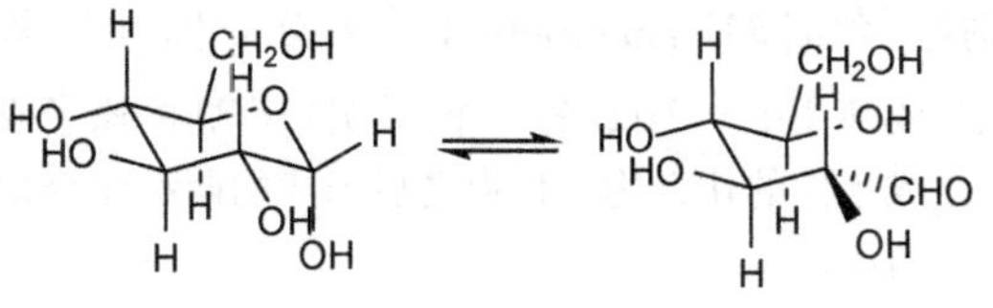

α-D-吡喃葡萄糖

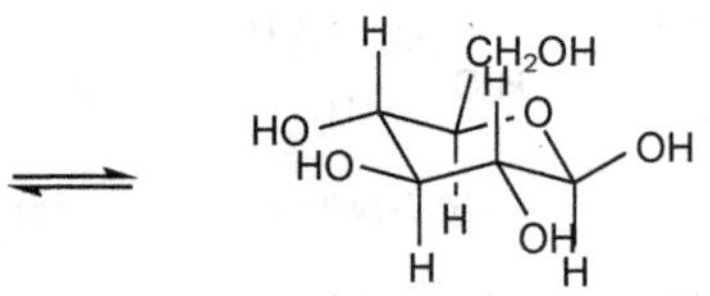

β-D-吡喃葡萄糖

于糖化学中，表示单糖的环状结构半缩醛或缩醛碳上的两个差向异构体。例如 D-(–)-葡萄糖通过开链式端基差向异构化转化为 α-和 β-端基差向异构体

对称面 [plane of symmetry] 又称镜面。对称要素之一。是物体或图形中的一个假想平面，它可将物体或图形等分为互成镜像反映关系的两个相同部分(即两者分别相当于一个物体和此物体在镜子中的映像，而对称面就相当于一面镜子)。借助于对称面的反映作用，可使此两个相同部分相互重复。对称面的习惯符号为 P，国际符号为 m。

对称因素 [symmetry elements] 进行对称操作所凭借的面、线及点等几何要素。通常把它们分称为对称面、对称轴和对称中心等。就单个分子论，假如，通过一个平面可以把它分成两半，相互间具有实物与镜像的关系，该平面即为这一分子的对称面，一般用“P”表示，如顺-1,2-二甲基环丁烷具有对称面；假如分子中有一条直线，当分子以它为轴旋转或其倍数，得到的构型与原来的分子相叠合，这一直线就是该分子的重对称轴，一般有一条垂直于环平面的二重对称轴；假如分子中有一点，从分子中任何一个原子或基团，向引一直线，当过点延长等距离后能达到另一个相同的原子或基团，该点即为该分子的对称中心，一般用 i 表示，如反-1,3-二甲基环丁烷具有对称中心。不仅物质分子可有对称因素，分子轨道也可有对称因素，例如，乙烯的电子成键轨道具有对称面，而电子反键轨道则具有二重对称轴。物质分子是否具有对称因素是判断它有无手征性的重要依据；而物质的分子轨道有无对称因素则可据以判断它能否参与协同反应。因此对称因素对判断物质的分子结构和推断反应历程具有非常重要的意义。

对称中心 [symmetric center] 对称因素的一种。如果物体或分子中有一点，所有通过这个点画的直线都以等距离达到相同的基团，此点称为对称中心，用 i 表示。

对称轴 [symmetric axle] 对称因素的一种。这种轴是通过物体或分子的一条直线，以这条线为旋转轴旋转一定的角度，得到的物体和分子的形象和原来的物体和分子形象无法区别。一般用 C_n 代表这种对称轴，n 表示轴的级，称 n 重对称轴。

对位交叉构象 [staggered conformation] 扭转角为 180°的特殊构象。以正丁烷为例，其中以 C_2-C_3 为轴，C_1、C_3 两个甲基处在 180°的特殊位置的构象，称为对位交叉构象。

对映差异化反应 [enantiodifferentiating reaction] 能够区分体系中的对应异构体的化学反应。例如对于环辛烯有 Z 和 E 两个构象；这两个构象之间为对映异构体，能够快速转换，在通常情况下无法区分。但是能够通过光照对双键进行异构化，产生反式双键。在手性环境下，有可能对环辛烯的两个不同构象的结构进行光化学反应区分。因此该反应也称对映差异化光化学反应。

对映纯 [enantiomerically pure; enantiopure]　在有机化学中指在检测限内，所有分子具有相同的 *R*、*S* 手性特征，但与纯手性并不属于相同概念。

对映纯度 [enantiomeric purity]　某一个对映异构体在异构体混合物中所占的比例，一般用分数或百分数表示。最初，手性分子的对映纯度常用旋光法来测定，它包括用旋光仪来测量样品的特定温度、溶剂和浓度及给定波长下对平面偏振光的旋转角度。此值与该物质纯对映体旋光值之比称光学纯度。若该法在严格控制测试状态和准确校正仪器的情况下进行，此值也可与对映纯度相等，但二者并不等价。近些年，对映纯度主要通过气相色谱法、高效液相色谱法和核磁共振法来测量。

对映会聚 [enantioconvergence]　当两种不同的对映异构体发生相同的化学反应时，主要得到相同对映异构或对映异构混合物的过程。

对映体比例 [enantiomeric ratio]　混合物中一种对映体的百分比与另一种对映体百分比的比值。用符号 *er* 表示。例如，**a** 和 **b** 是一对对映体，(*S*)-2-羟基丙酸和(*R*)-2-羟基丙酸，分别占 80%和 20%，则该混合物中对映体比例为 **a/b**=4。

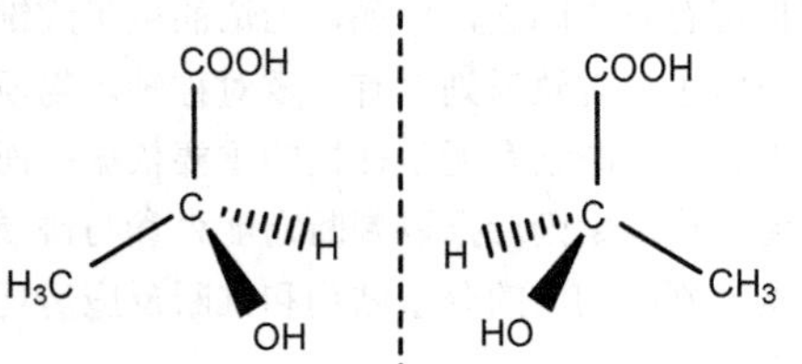

a　　**b**

对映体过量[百分比] [enantiomeric excess[percent]]　用来描述混合物中两种对映体的关系。用符号 *ee* 表示。1971 年，在 *Asymmetric Organic Reactions* (Prentice Hall: Englewood Cliffs, NJ, 1971.)一书中，Morrison 和 Mosher 创造了“对映体过量”这个术语。一个对映体超过另一对映体的百分数称为对映体过量百分数。在对映体混合物中一个异构体 a 比另一个异构体 b 多出来的量占总量的百分数，即 $ee=\frac{a-b}{a+b}\times 10\%$。对映体过量百分数是用来表示一种手性化合物的光学纯度，*ee* 值越高，光学纯度也越高。在立体化学中，用 *ee* 来表示对映体的纯度更准确科学，用%O.P.来表示对映体的纯度更方便，操作简单。*ee* 通常用手性高效液相色谱和手性核磁共振来获得。

对映体识别 [enantiomer recognition]　同种构成的对映体之间的相互作用。对映体的两种构型之间存在着选择性的分子间相互作用。基态分子间的相互作用或反应过渡态的稳定化，有很多是与电子给体(donor,D)和电子受体(acceptor,A)的亲和力有关。对映体发生作用时，以形成二倍体为例，同种分子的 D 和 A 的结合是和对映体之间的 D 和 A 的结合不同的，这就构成了自体识别和异体识别的差异，它们分别对应着形成同手性二倍体和异手性二倍体(如图所示)。对映体之间的自体和异体识别作用被称为对映体识别，是手性识别的一种，广泛存在于固相，液相中，在对映体拆分、对映体纯度测定和一些化学反应中均起着重要作用。

同手性二倍体(homochiral dimer)
自体识别

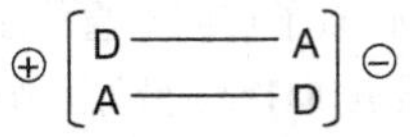

异手性二倍体(heterochiral dimer)
异体识别

对映选择性传输 [enantioselective transport]　一个传输体系，对于手性传输底物的两个对映异构体有选择性的现象。在生物体系中，许多主动传输体系具有高度的选择性，往往仅能够传输两个异构体中的一个，对于另一个对映异构体基本不具有任何传输能力。

对映选择性蛋白 [enantioselective protein]　当一个蛋白质对于与其相作用的手性分子的两个对映异构体之间有选择性地相互作用时，被称为对映选择性蛋白。例如，环氧化物水解酶在水解手性的环氧化物时，对于其中一个对映异构体的水解速率较高，因此该环氧化物是一个对映选择性蛋白。对于非酶蛋白质，和其配体辅基小分子结合时，也能够具有对映选择性。

对映[异构]体 [enantiomer]　具有实物及其不能重合的镜像关系的两种分子。实例：对映异构体总是成对的出现。下图所示的一对异构体，在对称条件下，具有相同的理化性质。而含有任何阶次交替对称转轴的分子(例如对称面 S_1 或对称中心 S_2)，则具有能重合的镜像，因此没有对映异构体。

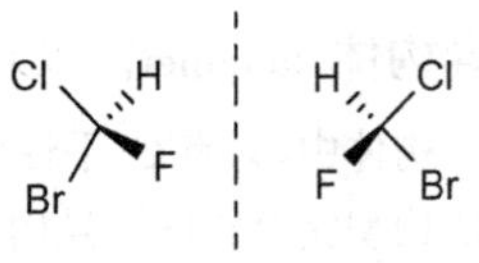

对映异位[的] [enantiotopic]　在分子中，两个构造相同的原子或基团中一个(或另一个)被另一个新的原子或基团取代，生成手性的化合物。替换之后形成的两种化合物被称为对映异构体。

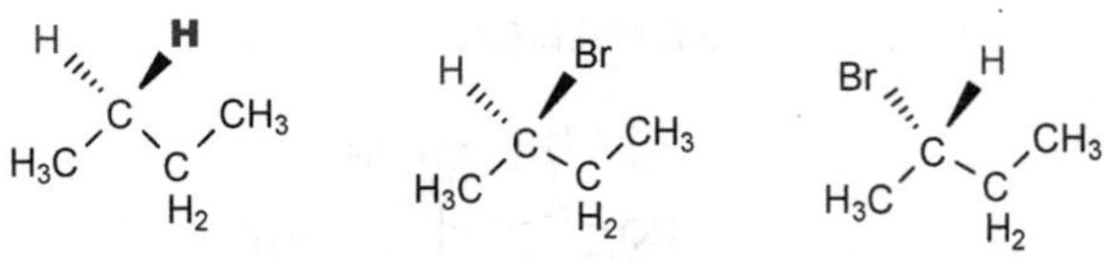

丁烷　　(*R*)-2-溴丁烷　　(*S*)-2-溴丁烷

例如，丁烷的第二个碳原子上的两个氢是对映异位的。用溴原子替换掉黑体的氢就会形成(*R*)-2-溴丁烷，而溴原子取代黑体的氢就会形成对映异构体(*S*)-2-溴丁烷。

对映异位基团是指碳原子上互为对映关系的基团，只有在手性环境中才能被区分开来。对映异位基团互为彼此的镜像，在核磁共振谱上无法区分，会形成单一的信号。

二面角 [**dihedral angle**] 当四个原子以 A-B-C-D 方式

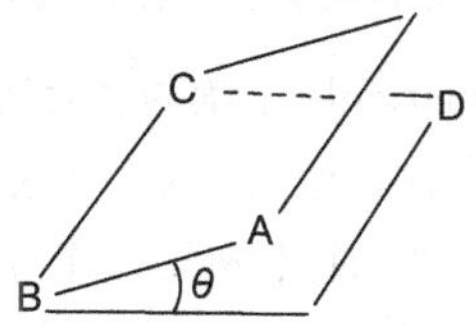

连接时，原子 A-B-C 所在的平面与原子 B-C-D 所在的平面的夹角就是 A 与 D 通过 B—C 键所形成的二面角 θ。

反 [***anti***] 用来描述桥环体系中，非桥头原子的取代基立体构型的描述符号。当最小环上的取代基与最大环的非桥头原子在异侧，则最小环上的取代基为反。

反叉构象 [**antiperiplanar conformation**] 在 E_2 反应中产生的特殊构象。在 E_2 反应中，当 C—H 键与 C—LG 键处在一个共平面上时，E_2 反应能够快速发生。有利于打破 σ 键，并形成新的 π 键。

反常 ORD 曲线 [**anomalous ORD curve**] 对于含有生色团的手性物质，在 CD 光谱仪测定的光谱范围内存在吸收时，会使得原来在电子吸收带附近处于单调增加或减少的摩尔旋光度在某一个波长内发生急剧的变化，并使符号反转。与平坦曲线相比，反常 ORD 曲线通常呈现极大值、极小值以及拐点。对于含有多个生色团的化合物，其反常 ORD 曲线可有多个峰或谷，呈现复杂的科顿效应。

反错构象 [**anticlinal conformation**] 在构象式中，两个相邻原子所连接的较优基团(或原子)之间，扭转角(或称两面角)为 120°的构象。是介于顺叠构象和反叠构象之间的一种状态。

反向构象 [**transoid conformation**] 有机分子中单键为反式的构象。

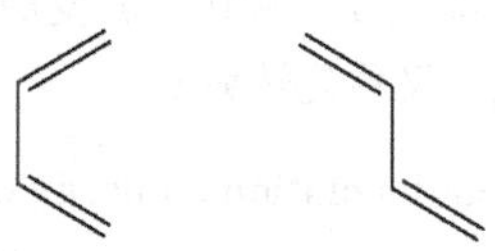

顺向构象　　反向构象

范德瓦耳斯排斥 [**vander Waals repulsion**] 即空间张力。

范德瓦耳斯张力 [**vander Waals strain**] 即空间张力。

非对称 [**dissymmetry**] 非对称的概念早在 1845 年在科学文献中出现。对于一个分子来说，假设存在一条直线，当分子以此线为轴旋转 360°/*n* (*n*=2，3，4，…)能与未经旋转的分子完全重合，那么此直线便为该分子的 *n* 重对称轴，即该分子具有 C_n 旋转轴的对称因素。若这类分子中再无其他对称因素，则该化合物为非对称的。非对称的化合物都是具有手性的，具有旋光性。

非对映体比例 [**diastereomeric ratio**] 在含有多个立体异构体的混合物中，一种非对映异构体与另一种非对映异构体百分比的比值。用符号 *dr* 表示。

非对映体过量[百分比] [**diastereomeric excess [precent]**] 通常用来表征两个以上手性中心时的光学纯度。用符号 *de* 表示。20 世纪 80 年代，随着辅助催化不对称反应方法的发展而出现和对映体过量的表示类似，指混合物中两个非对映体的摩尔分数之差或某一反应中所生成的两个非对映异构体的产率之差。例如某一化合物有两个手性中心，则该化合物就有四个异构体，(*R,R*)、(*R,S*)、(*S,S*)、(*S,R*)，若(*R,R*)占 75%，(*R,S*) 占 10%，则这两个非对映体的 *de* 值为 $\frac{75\%-10\%}{75\%+10\%}\times100\%=76\%$。

非对映选择性合成 [**diastereoselective synthesis**] 又称相对立体选择性合成。指选择性提高产物中 *n* 个立体异构体中某非对映异构体的比例。非对映异构合成得到的主产物与副产物之间的关系是非对映异构体的关系。

非对映异构化 [**diastereoisomerisation**] 非对映异构体之间的转化过程具有两个或多个手性中心，并且分子间为非镜像关系的立体异构体，通常在一些物理性质，如旋光性、熔点、沸点、溶解度等都有很大差异，化学性质相似，但对手性和非手性试剂的化学反应行为上也表现出一定的差异。例如化合物 α-D-吡喃葡萄糖和 β-D-吡喃葡萄糖之间的转化即为非对映异构化。

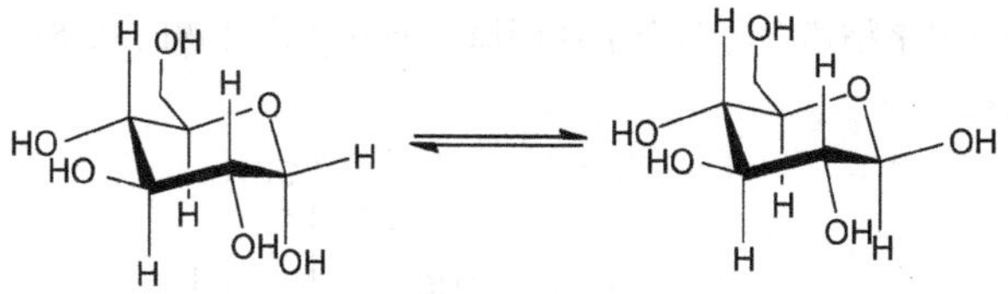

非对映[异构]体 [**diastereomer**] 不成对映关系的构型异构体。如图所示，上面的手性碳原子的构型相同，而下面的构型却相反，整个分子不呈镜像对映关系。分子中有两个或两个以上的手性中心时，就有非对映异构现象存在。非对映体之间的物理性质、比旋光度不同，化学性质相似，但反应速率不同。

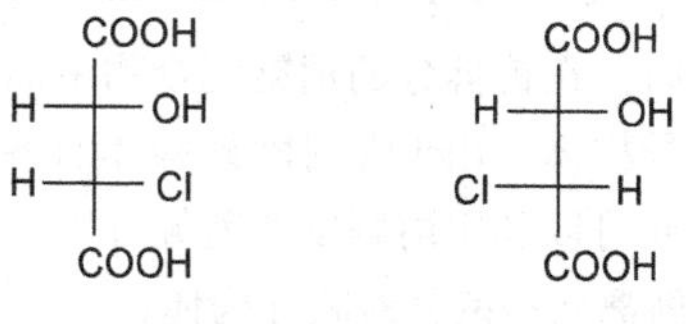

非对映异位[的] [**diastereotopic**] 一个分子中原子或

者基团，结构等价并且是非对称关系。将两个非对映异位的原子或者基团中的一个取代，会产生一对非对映异构体。如下图中，C-3 甲基上的两个氢原子是非对映异位的。

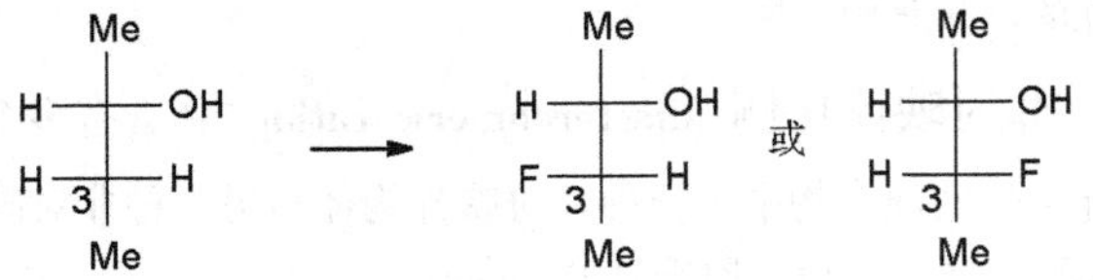

费歇尔-罗森诺夫惯例 [Fischer-Rosanoff convention] 命名糖类化合物和氨基酸构型的一种习惯规则。由德国化学家费歇尔(Fischer)建议的带手性碳原子的分子的书写方式。以甘油醛为参照，以位于直链方式书写的碳链中，羟基位于左侧或右侧表示不对称碳原子上羟基有不同取向，形成差向同分异构体。参见*费歇尔投影式*。

费歇尔投影式 [Fischer projection] 由德国化学家费歇尔(Fischer)建议的带手性碳原子的分子的书写方式。用于描述手性分子中的原子或基团在空间的排列方式。该式通过立体模型在纸平面上的投影得到。由于这种式子不具有任何的立体感，所以采用以下书写规则，第一，将碳链竖起来，把氧化态较高的碳原子或命名时编号最小的碳原子放在最上端。第二，横前竖后：与手性碳原子相连的两个横键伸向投影平面前方，两个竖键伸向投影平面的后方。第三，横线与竖线的交点代表手性碳原子(见下图)。值得指出的是，费歇尔投影式是用平面式来表示分子的立体结构，表示某一个化合物的费歇尔投影式只能在纸平面上平移，也能在纸平面上旋转 180°或其整数倍，但不能在纸平面上旋转 90°或其奇数倍，也不能离开纸平面翻转，否则得到的费歇尔投影式就代表其对映体的构型。费歇尔投影式从构象的角度来看，它表示的是能量较高的全重叠式的构象。它的最大优点是写在纸平面上时基团相互不发生遮盖，比较清晰、醒目。常采用这种方式来描述含有多个手性碳原子的开链化合物的立体异构现象。

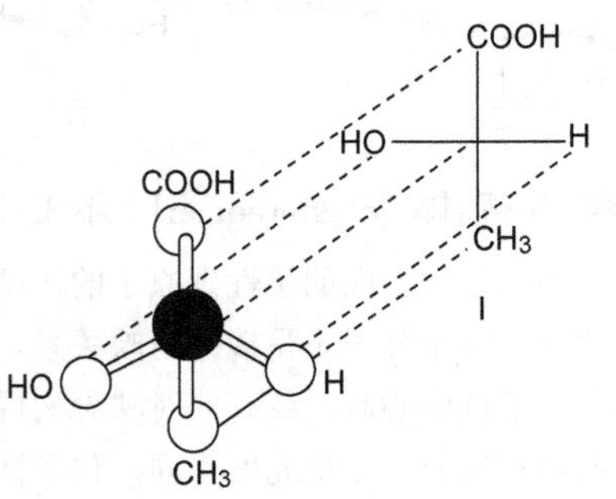

共价非对映异构体 [covalent diastereoisomers] 拆分对映异构体时，在待拆分的消旋混合物中加入拆分剂，形成共价非对映异构体。由于非对映异构体的溶解度等物理性质很不同，因此可以利用溶解度的差异分段结晶而分离，最后将它们分别解离获得两种对映异构体。

共振位阻 [steric hindrance of resonance] 在含有离域键的有机分子、离子或游离基中常发生共振现象。共振要求由离域电子所涉及的原子即一切参与共振的原子，必须在同一平面上或几乎在同一平面上。否则，p 轨道不能最有效重叠而使体系能量升高导致体系不稳定。当离域体系连有较大基团时，共平面性受到影响甚至被破坏，使某些原子被排挤出平面，即存在共振位阻。共振位阻会影响化合物的结构和性质。

构象 [conformation] 在有机化合物分子中，由单键旋转而产生的原子或基团在空间排列的无数特定的形象。除非因小环和双键使分子具有刚性外，一个分子能够有无数种构象，但却只能有一种构型。

构象分析 [conformational analysis] 讨论分子稳定的构象与稳定的构象之间过渡态的过程。分子中单键旋转时会产生无数个构象，这些构象在相互转换时会达到一种平衡状态。达平衡时，各种构象在整个构象中所占的百分比例称为构象分布。分子的构象对化合物的物理和化学性质有相当大的影响。通过对化合物的不同构象的能量、稳定性和其中各基团的相对位置等方面的研究，可以认识化合物的物理和化学行为。构象的数目是无限的，但在构象分布中，只有少数几种低能量的稳定构象含量比较高。因此，为了简化研究，在进行构象分析时，通常只考虑几个能量最高和最低的极限构象。以乙烷的构象分析为例，碳碳单键的旋转并不是自由的，受到周围取代基大小的影响，产生了有能量高低区分的不同空间取向方式。能量最小的构象就是分子最稳定的构象。重叠式(左图)因为氢原子相互靠近，所以相互排斥导致能量最高；反之，交叉式(右图)能量最低，是最稳定的构象。

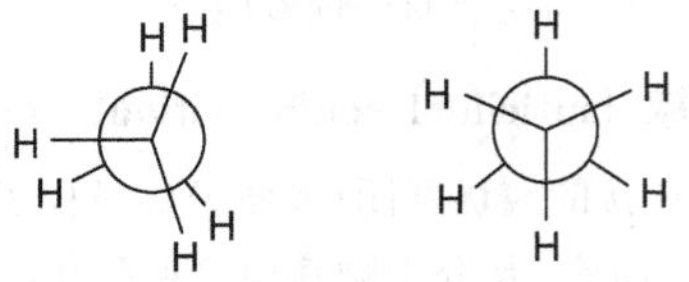

重叠式　　交叉式

构象能 [conformational energy] 分子的最稳定构象与较稳定构象，也即低能量构象和高能级构象之间的势能之差。因此构象能亦即是使一种构象转变成另一种构象所需要的能量，即活化能，又称旋转势垒。

构象能差 [conformational energy difference] 分子的不同构象的构象能之间的差值。它代表分子由一种构象转变为另一种构象时所要越过的能垒。

构象平衡常数 [conformational equilibrium constant] 分子的不同构象异构体间在一定的温度下进行相互转化达到动态平衡时的反应的平衡常数。这是一个热力学问题，决定动态平衡的能量是构象能差。两构象异构体转化的平衡常数可以利用 NMR 波谱法进行测定，也可如下由两构象间的吉布斯自由能来获得。

$$\ln K_{eq} = \frac{-\Delta G^{\circ}}{RT}$$

构象熵 [conformational entropy] 度量在溶液状态中采取紧凑或球状结构的聚合物分子链的构象无序程度的热力学函数。常被应用到蛋白质和RNA等生物大分子中，也可以用于多糖和其他高分子有机化合物。为了计算构象熵，聚合物分子所采取的可能构象首先被离散成有限数量的不同能级的状态，这些状态通常由一定的结构参数的独特组合来进行表征。如蛋白质中，常用主链的二面角和侧链旋转异构体来进行描述；RNA常用碱基配对模式来进行描述。这些特性被用来定义微观统计力学意义上的自由度。一个特定构象的构象熵取决于这种状态占有的概率。

构象锁定 [conformation lock; conformation fix] 近年来兴起的一种控制生物分子空间结构的新方法。生物大分子往往具有非常有序的空间构象，这些空间构象决定了其相应的生物活性。例如酶蛋白质在活性位点的三维构象是其酶活性的基础。然而，如果将酶活性位点的部分蛋白质单独分离出来，蛋白质往往失去原有的构象，从而失去了生物活性。因此，用人工的方法，例如通过建立化学连接，以稳定蛋白质原有的三维结构，被称为构象锁定。近年来哈佛大学Gregory Verdine教授提出的“订书机多肽”，即是对小段多肽分子进行构象锁定，以保持其原有的α螺旋结构，用于模拟原始大分子蛋白质的一种方法。

构象效应 [conformational effect] 研究一个分子的构象对其反应性能的影响。许多反应只有采取适当的构象才能发生，例如：*N*-苯甲酰基去甲麻黄素的2个非对映异构体，在氯化氢乙醇溶液作用下发生重排反应时，其中一个异构体可以发生N→O重排，另一个则完全不能发生。

构象异构体 [conformer] 又称旋转异构体。由C—C单键旋转而产生的原子或基团在空间的不同排列而产生的无数结构。例如1,2-二氯乙烷，当C—C单键旋转时，可以有无数个构象异构体，极限构象有顺叠、顺错、反错和反重叠等。它们的稳定性次序为：反重叠>顺错>反错>顺叠。分子的各种构象异构体并不是平均分布的，在室温下总是以其最稳定的构象为主要形式存在的，即以优势构象存在。而偏离优势构象则会产生扭转张力。而各种构象之间是可以相互转换的，但需要克服由扭转张力产生的能量，通常为12～20 kJ/mol。

构型 [configuration] 在化学中，因分子中的原子之间所形成的化学键的空间排列方式而构成的该分子的一种永久性的几何结构。当同一组原子能够通过不同的成键方式形成不同的构型时，就产生了立体异构。构型和构象不同：一种构型转变为另一种构型要求共价键的断裂、原子(基团)间的重排和新共价键的重新形成，而构象的改变则仅需要化学键的旋转即可完成。

构型保持 [retention of configuration] 手性化合物在化学反应中保持构型不变的现象。构型保持的反应有S_Ni反应、S_Ei反应(反应过程中，亲电试剂的一部分与即将离去的基团成键，协助离去基团脱离中心碳原子，与此同时形成新的C—A键)和S_E2(前)反应(亲电试剂从前面进攻)。例如醇和二氯亚砜反应生成氯代烃，醇的*α*-手性碳构型保持不变；又例如溴-锂交换反应。

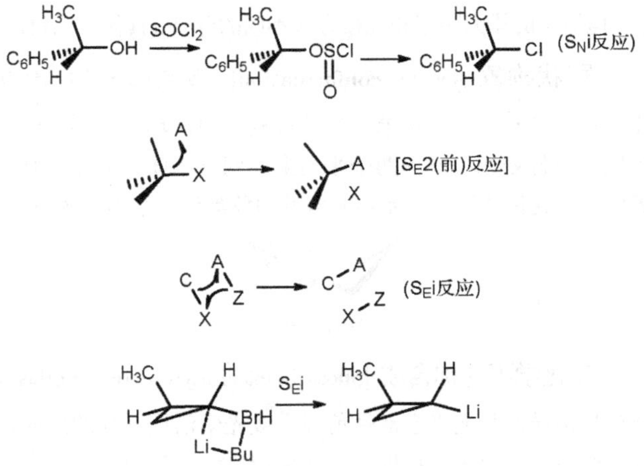

构型翻转 [inversion of configuration] 又称瓦尔登翻转。含有一个手性中心的化合物形成的一对对映异构体之间的转换。1896年由化学家保罗·瓦尔登(Paul Walden)第一次发现，在分子中不对称原子发生化学反应时，生成物中该原子的构型与反应物中相反，为构型翻转。例如，当化合物Xabcd(X通常是碳原子)具有一个四面体构型，转化为一个具有相反构型的化合物Xabce，此过程即为构型翻转。

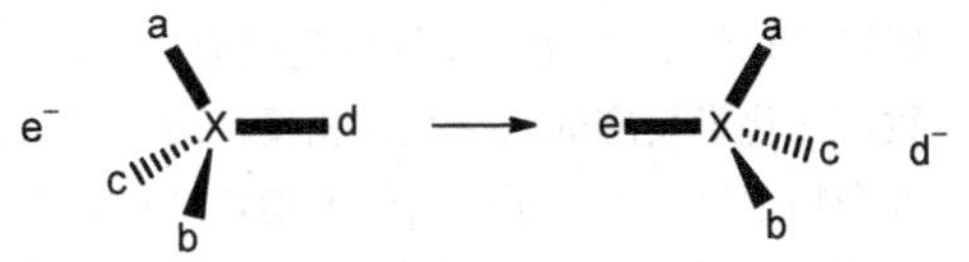

构型相关 [configuration-related] 在构型上有一定关联。

构造异物 [constitution isomerization] 异构现象的一种。指有机化合物分子式(原子的种类和数目)相同，但原子的排列顺序和连接方式不同的分子。它包含链异构体、官能团异构体、官能团位置异构体。

(1)链异构体，是指分子的碳链骨架排列不同的异构体。例如：正丁烷与异丁烷：

正丁烷	异丁烷
$CH_3CH_2CH_2CH_3$	$CH_3—CH(CH_3)CH_3$

(2)官能团异构体，是指分子中所含的特征官能团不同的异构体。例如：乙醇和甲醚：

乙醇	甲醚
CH_3CH_2OH	CH_3OCH_3

(3)官能团位置异构体，是指分子内官能团位置不同的异构体。例如：正丙醇和异丙醇：

$CH_3CH_2CH_2OH$　　　　CH_3CHCH_3（—OH）

正丙醇　　　　异丙醇

构造异构体 [constitutional isomer]　异构体的一种。由构造现象产生的异构体，即分子式(原子的种类和数目)相同，但原子的排列顺序和连接方式不同的分子。具体参见构造。

冠状构象 [crown conformation]　偶数(≥8)饱和环状化合物所具有的一种构象。在这种构象中，环上每相邻的两个原子交替处在不同的两个平面上，同一平面上的原子具有等价性。这种结构与六元环的椅型构象类似，结构如图所示。

冠状构象

光化学不对称合成 [photochemical asymmetric synthesis]　圆振光诱导的从无光学活性前体合成光学活性产物的反应。光活产率与反应进行程度、具体反应底物、反应类型、反应条件有关。

光化学顺-反异构化 [photochemical *cis-trans* isomerization]　双键的光诱导几何异构化。顺反异构化的结果通常是烯烃双键发生了 180°的旋转，这个反应可以是热反应，催化剂诱导反应或者光化学反应。从合成的角度出发，前两类反应中最后形成的顺式和反式平衡物是由基态时各个异构体的热力学稳定性构成的。基态时反式异构体总是比顺式稳定，所以热化学诱导的顺-反异构化反应通常是反式异构体占大多数，光化学反应的结果往往相反，达到平衡后的顺-反异构体混合物中以基态分子热力学不稳定产物为主。

例如：偶氮苯有两种结构形式，顺式与反式异构体，正常情况下反式异构体较为稳定。但是在光照(UV)的情况下，反式偶氮苯可以获得足够的活化能从低能态的反式状态转化为高能态的顺式状态。因而反式偶氮苯在光照条件作用下可以得到顺反混合物。

光化学异构化 [photochemical isomerization]　在光的作用下，有机化合物分子吸收光子从一个异构体重排成为另一异构体的反应。例如，烯烃在光的直接照射下，可以发生顺反异构化。1,2-二苯乙烯就可以发生光异构化，在光直接照射下，会形成93%顺式和7%反式的混合物。共轭多烯烃、芳烃等有机化合物还可以发生光价键异构化。例如，苯用166～200 nm 光照射，可以生成亚甲基环戊二烯等。

光学纯度 [optical purity]　即旋光纯度。

光学异构体 [optical isomer]　又称旋光异构体。立体异构中的一种。两个异构体是有相同的物理和化学性质，但对偏振光旋转方式不同而产生的异构现象。偏振光的平面一个为右旋，另一个为左旋，分别称为右旋转或左旋转(*d* 或 *l*)异构体。左右旋异构体虽然使偏振光旋转方向不同，但是旋转程度相等。含有相同浓度两种异构体的溶液旋光性彼此抵消，这样的右旋和左旋混合物称为外消旋混合物。旋光异构体的空间结构是像实物和镜像或左手和右手的关系，彼此互相是对映体，但不能互相重叠(即手性分子)。旋光异构现象主要存在于含碳化合物中。有时对映体的生理作用有极大差异，对研究生命科学具有重要意义。

环翻转 [ring reversal; ring inversion]　两个椅型构象间的转化。该过程中所有直立键变为平伏键，平伏键变为直立键。其中所涉及的相互转换的单键具有等效的构象，但不一定是等效空间位置的取代原子。

环合活化焓 [cyclization activation enthalpy]　环化反应的活化焓。如比较常见的第尔斯-阿尔德反应，点击(click)反应等。而此类环化反应过程的活化自由焓则称为环合自由焓。根据过渡态理论，反应分子沿着反应轴在位能面上运动到马鞍点处生成活化络合物。活化自由焓指的是活化络合物与反应物在标准态时的自由焓之差。

环合活化熵 [cyclization activation entropy]　环化反应的活化熵。如比较常见的第尔斯-阿尔德反应，点击(click)反应等。而此类环化反应过程的活化自由熵则称为环合自由熵。环合活化熵指在活化络合物理论中，由反应物形成活化络合物过程中的标准熵的改变量。

霍沃思表达式 [Haworth representation]　表达糖类化合物的一种方式。环状单糖的霍沃思表示是从费歇尔投影式衍生而来(见下图)。碳链水平并位于纸面上，潜在的羰基位于右侧，氧桥在纸面后侧形成，杂环位于几乎和纸面垂直的平面上，碳原子上连接的基团位于环的上方或者下方。环上的碳原子不标注出来。在费歇尔投影式中，垂直链右侧的基团(结构 **A**、**D**)出现在霍沃思表达式中环平面的下方(结构 **B**、**C**、**E**)。然而，通过与羰基碳形成氧桥而形成的不对称碳原子(**A** 中的 C-5；**D** 中的 C-4)会有两种相反的形式。在 D-己醛糖的吡喃糖形式中，C-6 总位于平面上方。而在 D-己醛糖的呋喃糖形式中，C-6 的位置依赖于 C-4 的构型，例如在

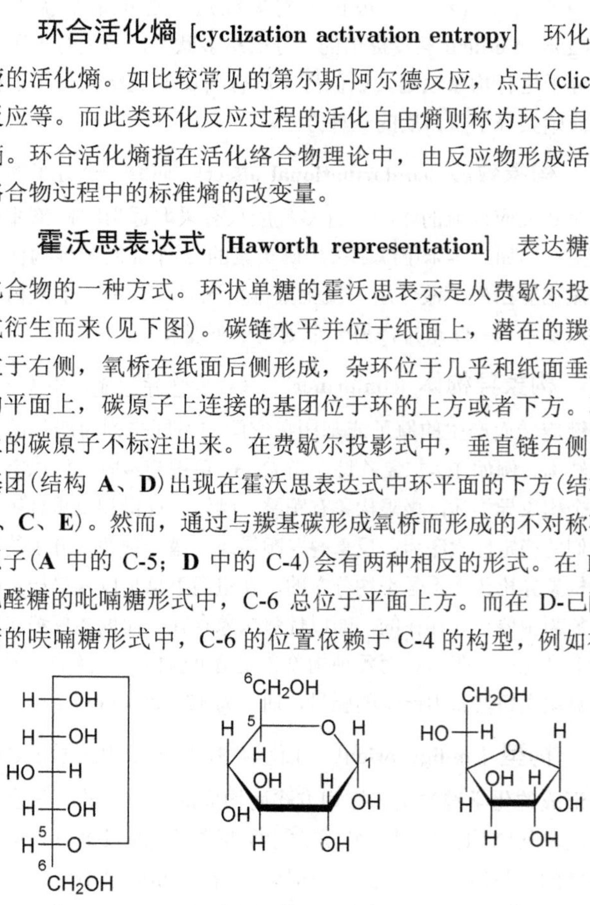

A　　**B**　　**C**

α-D-己醛糖　　α-D-己醛糖

(Fischer)　　(Haworth)　　(Haworth)

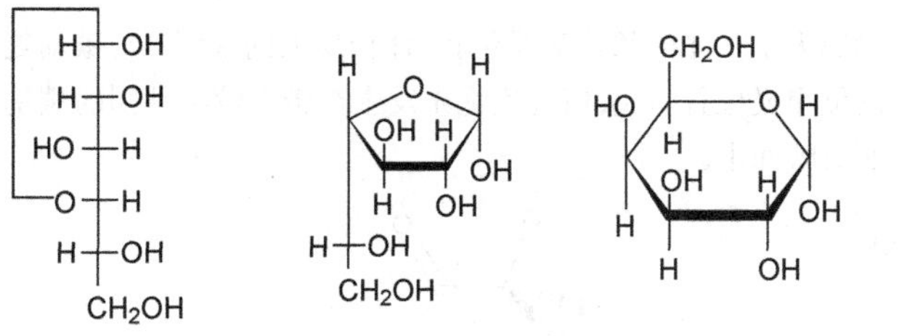

D E F

α-D-呋喃半乳糖 α-D-吡喃半乳糖

(Fischer) (Haworth) (Haworth)

D-己醛糖中位于平面的上方(结构 **C**)，在 D-呋喃半乳糖中，位于平面的下方(结构 **E**)。

基准基团 [**fiducial group**] 当四个原子以 A—B—C—D 的顺序连接，这时 A 与 D 通过化学键 B—C 就有一个扭转角，而此时的 A 和 D 就是所谓的基准基团。在纽曼投影式中靠近观察者的位置为近端(proximal)，远离观察者的位置为远端(distal)。在螺旋手性中通过两个基团的扭转角定义螺旋方向时，也用到基准基团这个术语。

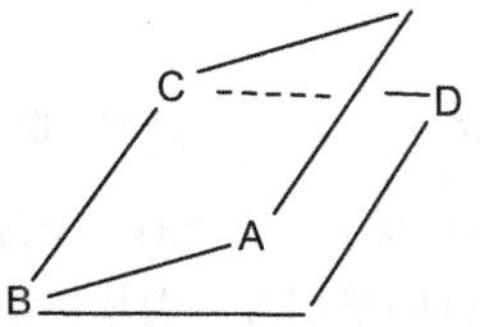

几何异构 [**geometric isomerism**] 即顺反异构。

假不对称碳 [**pseudo-asymmetric carbon**] 位于内消旋体的对称面(镜面)的一个四面体型的手性碳原子。在这个原子上进行取代将产生不同的内消旋的差向异构体。具有假不对称碳的分子是非手性分子。

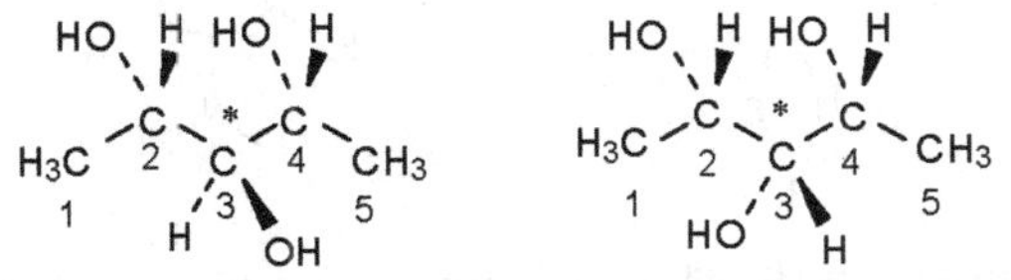

在这两个差向异构体中，C-3 虽为不对称碳原子，但整个分子具有对称面，是非手性的，无光学活性，则称此分子中的 C-3 为假不对称碳。

假外消旋体 [**pseudoracemate**] 又称外消旋固体溶液。外消旋化合物的一种特殊情况。是两种对映异构体以非等量的形式存在晶格中，形成的是一种固体溶液。产生的主要原因是由于同构型分子之间与相反构型分子之间的亲和力差别不大，结晶时两种构型的分子以任意比例相互混杂析出。其熔点曲线是凸形或凹形的，理想的情况下是一条直线。假外消旋体的物理性质与纯对映异构体基本相同。但在实际应用过程中，假外消旋体的情况是比较少见的。

假旋转 [**pseudorotation**] 一个新的结构是由原始分子立体异构化所得到的，这个新结构从结果上看，可以认为是由原来的分子旋转得到的，而且这个新结构可以与原来的分子重叠，除非不同位置的取代基不同(包括同位素)。假旋转的一个例子是由环戊烷平面外的碳原子的移动得到的各个信封型构象或者各个半椅型构象之间的关系如同假旋转得到的。另一个假旋转的例子，如伯利假旋转(Berry pseudorotation)是多面体重排，是三角双锥化合物的异构化的分子内机理。中心原子 E 上连接有五个键，分别用 e^1，e^2，e^3，a^1 和 a^2 表示，假旋转就是两个 e 键分离变成 a 键，同时两个 a 键靠近变成 e 键。

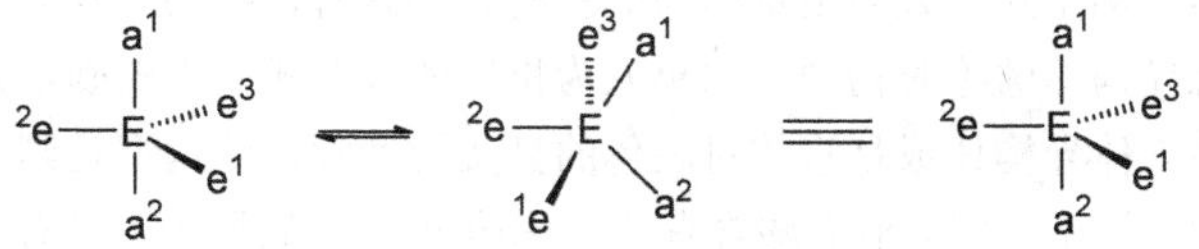

镜面 [**mirror plane**] 即对称面。

镜面对称 [**mirror symmetry**] 一个平面反映分子后和原分子一样时，此平面称为对称面。对称面也称为镜面，记为 σ。水分子有两个对称面：一个是分子本身的平面，另一个是垂直于分子中心的平面。包含主轴，与分子平面垂直的对称面称为垂直镜面，记为 σ_v；而垂直于主轴的对称面则称为水平镜面，记为 σ_h。等分两个相邻副轴夹角的镜面称等分镜面，记作 σ_d。一个对称面可以笛卡儿坐标系识别，例如(*xz*)或(*yz*)。

镜像 [**mirror image**] 指一个物体相对于一个镜面的复制品。作为一个光学效应，它由一种物质经由镜面或水面反射形成。

锯齿型投影式 [**zig-zag projection**] 用于表示非环状分子(或者分子的一部分)的一种立体化学投影式。其基本规定是：与楔形键相连的原子或基团在纸平面之前；与虚线键相连的原子或基团在纸平面之后；与实线键相连的原子或者基团在纸平面之上，可以简称为：楔前、虚后、实平面。这种表达形式本身具有立体感，所以常用来表示反应过程中的立体化学。

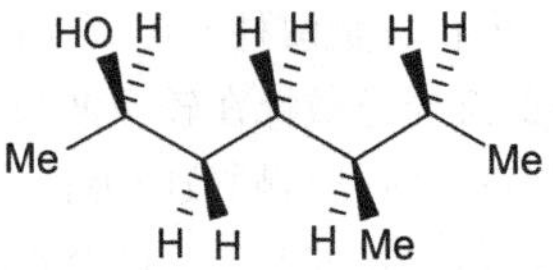

锯木架型投影式 [**sawhorse projection**] 一种透视形式，用于指示两个相邻碳原子所相连的化学键的空间排布，是立体模型在纸平面上的投影。通过特定的规则去想象分子的立体构型，锯木架本身具有立体感。两个相邻碳原子之间的化学键用一个斜线表示，左下角的原子距离观察者较近而右上角的原子离观察者较远，同时可以用这种方式可以区别不同的构象表达式，例如交叉式和重叠式，见下图。一般来说，根据各自的规则，费歇尔投影式、纽曼投影式、锯木架型投影式、锯齿型投影式之间可以相互转化。

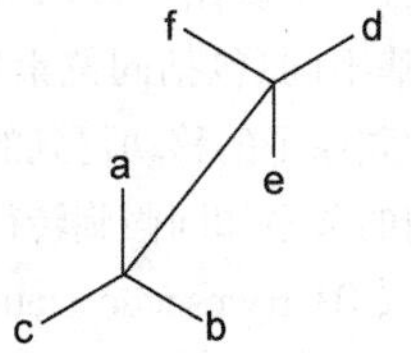

交叉式

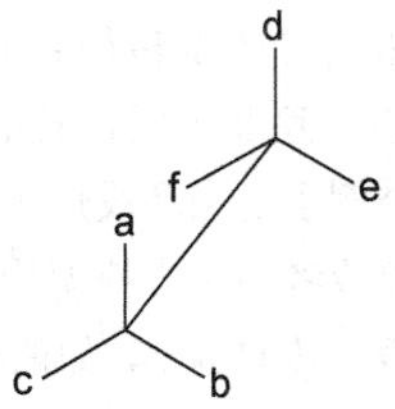

重叠式

绝对构型 [absolute configuration] 当一个立体异构体的构型式，人为指定的与真实构型一致时，该构型式即为此异构体的绝对构型。如果人为指定的构型式尚未能确定是该立体异构体或是它的对映体的真实构型时，此构型式则为相对构型。例如酒石酸含有 2 个相像的手性碳原子，具有 3 个立体异构体，可以写出 3 个构型式：

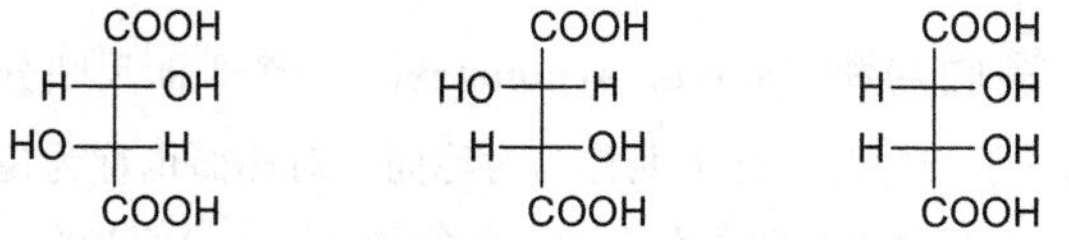

I　　Ⅱ　　Ⅲ

Ⅲ式为对称分子构型，与 *meso*-酒石酸相吻合。(+)-，(–)-酒石酸究竟与Ⅰ式和Ⅱ式中的哪一个相应尚不能确定。按人为规定的 D-(+)-甘油醛和 L-(–)-甘油醛作为标准，经构型联系，指认Ⅰ式为 L-(+)-酒石酸，Ⅱ式为 D-(–)-酒石酸，但它们仍称为相对构型。直到 1951 年毕育德(J. M. Bijvoet)用 X 射线衍射法测定了天然酒石酸铷钠盐的晶体结构，证实原先指认的构型式与真实构型完全一致，此时相对构型即为绝对构型。此时，凡是以 D-(+)-甘油醛和 L-(–)-甘油醛作为标准，经过构型联系确定的构型都是绝对构型。

科顿效应 [Cotton effect] 光活性物质在其吸收峰附近旋光色散和圆二色性的特征变化。含有生色团的物质在其最大吸收波长附近会表现出反常的旋光色散现象，旋光的幅度首先随着波长变化而迅速变化，在最大吸收波长时跨过零，之后以反方向随波长迅速变化，这种反常现象被称为科顿效应。它是由法国物理学家科顿(Aimé Cotton)于 1895 年首先发现。科顿效应可分为正、负两种，当旋光色散峰随波长的降低首先升高(即正的旋光色散峰在较短波长方向)或者当圆二色性谱带的符号为正值时，科顿效应为正；当旋光色散峰随波长的降低首先降低(即正的旋光色散峰在较长波长方向)或者当圆二色性谱带的符号为负值时，科顿效应为负。

克拉姆规则 [Cram rule] 用于预测含有 α-手性碳的羰基化合物加成的立体选择性的经验规则。由美国化学家克拉姆(D. J. Cram)在 1952 年首次提出。该规则是不对称合成的基础理论之一。根据与羰基相邻的 α-手性碳上连接的三个不同基团的相对立体位阻的大小，把它们指定为小(S)、中(M)和大(L)，它们立体位阻的大小高度依赖于基团的组成及相互关系。克拉姆规则主要分为两条：①当 α-手性碳上既没有羰基氧参与的分子内氢键也没有能与有机金属原子配位的基团时，克拉姆模型中唯一考虑的构象是把羰基的氧放在最小与中等大小基团的邻位交叉位置(体积最大的基团L与羰基处于反位交叉位置)，亲核进攻优先发生在带有较小基团的羰基的非对映面上。

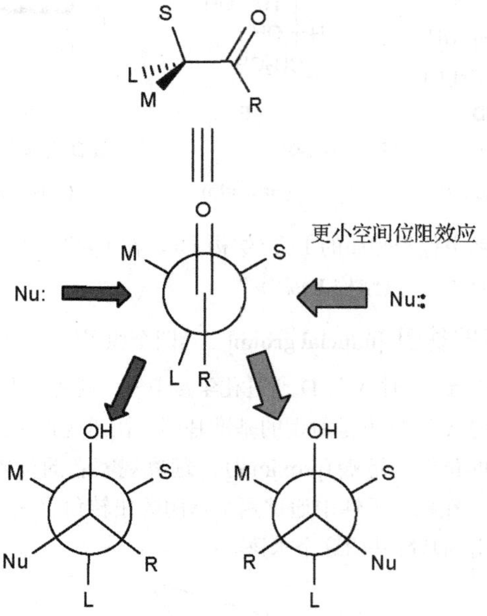

次要产物　　主要产物

②当不对称 α-碳原子上结合着一个羟基或氨基等可以和羰基氧原子形成氢键的基团时，羰基将参与形成氢键环，此时羰基加成的立体选择性服从克拉姆规则二，即进攻试剂将从形成氢键环后的反应物空间阻碍较小的一边对羰基进行加成。例如：α-甲氨基苯丙酮的催化氢化反应。

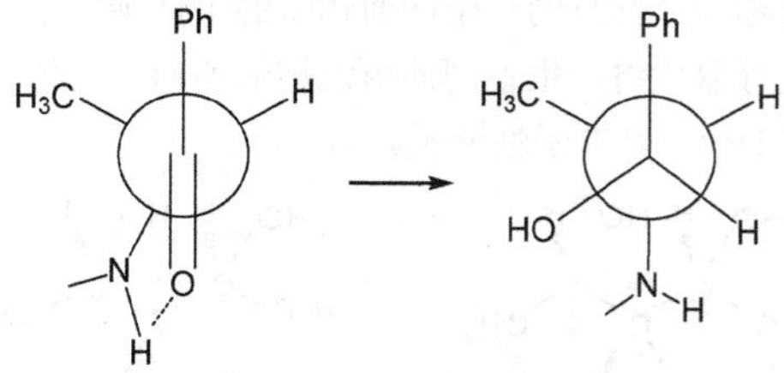

空间填充模型 [space-filling model] 一种与球棒模型类似，用来表现分子三维空间分布的分子模型。也称为 calotte 模型或 CPK 模型，CPK 三个字母是来自 Corey、Pauling(莱纳斯·鲍林)与 Koltun。是球棒模型的进一步发展，可显示更为真实的分子外型。以三氯甲烷分子为例，如下图。

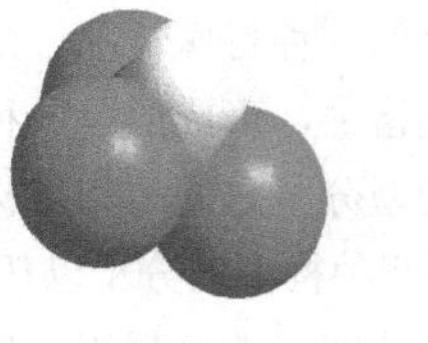

$CHCl_3$

空间效应 [steric effect] 又称立体效应。在分子中引入不同空间需求的原子或取代基团后，对分子的物理化学性质(结构、反应速度和平衡常数等)产生的影响。这种影响很大程度上依赖于原子或基团的空间体积和相互之间的距离，即由分子的立体因素造成的。空间效应来源于分子中存在的所有非键排斥力、键角张力、键伸长或压缩导致的键张力，这里的空间的(steric)与立体化学的(stericchemical)是不同的。在化学反应中，对于反应物R-Y和参照物R^0-Y来说，一级空间效应(primary steric effect)是指R-Y和R^0-Y在反应位点Y的邻位的空间效应不同，例如间二甲苯的2位和4位都受2个甲基的致活作用，但2位受两个甲基的空间阻碍，在硝化及磺化等反应中，主要生成4位的取代物。二级空间效应(secondary steric effect)包括各种非键排斥导致的不同程度的电子离域。在反应速率上的，空间效应可以导致反应加快(steric acceleration)或减慢(steric retardation)。

空间拥挤 [steric crowding] 一般来说，在有机分子结构中的原子或基团彼此接近，进而引起有机分子的空间阻碍和偏离正常键角，造成稳定性下降的现象。

空间张力 [steric strain] 又称范德瓦耳斯张力或范德瓦耳斯排斥。当分子中的两个非键合的原子或基团空间上互相靠近至距离小于这两原子或基团的范德瓦耳斯半径和时，就会使分子处于有应力的状态之下，产生空间效应，使键角偏离正常值而发生的应力。空间张力对应的应变能(strain energy)即导致分子的内能比没有空间张力时内能高出的能量。分子处于有空间张力时就如同一个弹簧处于压缩状态，但是由于分子中化学键的存在，分子可以保持这种能量不利的构象，如果去掉相关的化学键，空间张力就会被释放。在结构相似的分子中，空间张力的大小取决于相互作用的原子或基团的大小。例如大体积的叔丁基所需要的空间比甲基大很多，经常导致很大的空间张力。

跨环张力 [transannular strain] 环状单体能否开环聚合及其聚合能力的大小与环的张力有关。环的张力主要来源于两个方面，一方面是有键角变形引起的键角张力，另一方面是非键合原子之间的相互作用力(后者又称构象张力)。环张力与环的大小，环中杂原子的种类和数目，以及碳原子与杂原子间键的强度等有关。三元、四元环烷烃的键角偏离正常键角很大，环张力主要由角张力引起，环张力大而不稳定。五元和七元环因邻近氢原子的相斥，引起一定的扭转应力，而带有一些构象张力。

跨环张力是由环内氢或其他基团处于拥挤状态所造成的斥力引起的。八元以上的环有跨环张力，十一元以上的环，跨环张力消失。

框架模型 [framework model] 三维物体数据的表现形式之一。它将空间物体近似为一个多面体，用多面体各边组成的框架来近似地表示空间物体的数据。框架中有一些固定的槽，把每一种性质填入槽内。槽从框架或者更高层框架继承性质。框架还可以执行缺省处理，如果槽是空的，就可以进行缺省赋值。但会有大量的数据丢失，并且所保留者仍有一定的误差。但这种方式需处理的数据量少，处理简单，一般采用简单的数学变换就能取得绘制仿射变换与透视变换图形的数据，在制图中绘制平面视图、轴测投影图与绘制透视图中有重要的应用。

棱锥型翻转 [pyramidal inversion] 又称氮翻转。某个具有三棱锥几何构型的含氮化合物例如氨，发生迅速的翻转过程，好像整个分子被“由里到外”翻转了。通常来说，三配位的中心原子周围键的方向发生变化，即键的多面体重排导致中心原子好像移到了棱锥另一侧的等价位置，该过程发生很迅速。

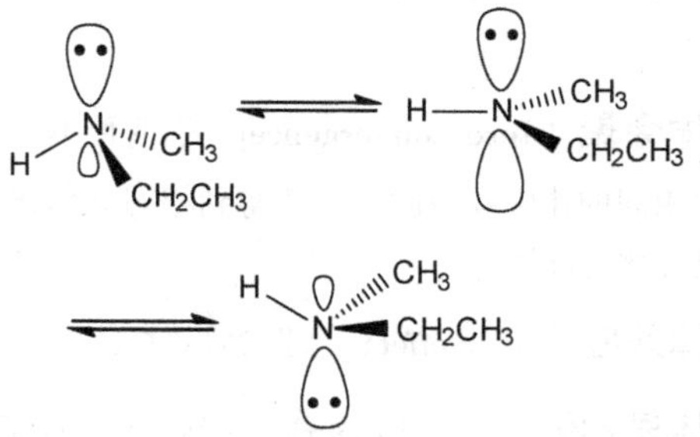

立体变更 [stereomutation] 任何物理或化学因素导致的分子立体异构源单元的改变。比如五价化合物的伯利假旋转(Berry pesudorotation)就属于立体变更。

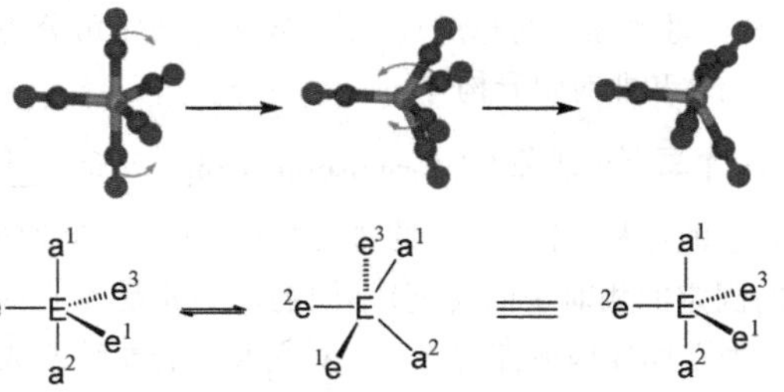

立体化学 [stereochemistry] 从三维立体的角度出发的化学分子学科。立体化学主要研究分子的三维结构，以及这种结构对于其分子性质、与体系相互作用和反应行为的学科。立体化学的传统研究对象是有机分子和无机分子；由于其起源于有机化学，因此在传统上有机化学中占有更重要的地位，在实际中立体化学也经常被认为是有机化学下面的一个分支。立体化学主要分为静态立体化学，即分子结构的立体形象——构型和构象，与之相应的理论、命名法、不同立体异构体在结构和性质上的关联等；以及动态立体化学，即构型异构体的合成方法、制备方法、在化学反应中的行为、手性传递，以及如何与周围环境、生物体系等相互作用等方面。立体化学广泛应用于有机、无机、高分子、药物分子、生物分子等化合物的分子结构和反应性能的研究，并在天然产物化学、生物化学、药物化学、高分子化学中发挥重要的作用。在生命科学中，在对生物大分子，包括蛋白质、核酸、糖类等，以及激素、维生素、微量元素等生物小分子的认识、合成、功能等方面，立体化学是尤为重要的理论基础。

立体化学式 [stereoformula; stereochemical formula]

一个分子的三维图象或者反映该分子三维结构的二维投影图。为了获得一个三维分子的二维结构表示，需要将分子结构中的化学键投影到平面上，并通过原子的化学符号指定相关原子的位置。因此，立体化学式中需反映出各个化学键的空间排列。这样的立体化学式可以是费歇尔投影式、纽曼投影式、锯木架型投影式、伞型式等。

立体化学异构 [stereochemical isomerism] 即立体异构[现象]。

立体化学异构体 [stereochemical isomers] 即立体异构体。

立体会聚 [stereoconvergence] 当两种不同的立体异构体发生相同的化学反应时，主要得到相同立体异构或立体异构体混合物的过程。

立体效应 [steric effect] 即空间效应。

立体异构体 [stereoisomer] 又称立体化学异构体。分子结构(原子和键的排列顺序)相同，但构型（这些原子的固定的相对空间排列）不同的分子。每种立体异构体都有唯一一种构型。若要转变成另一种不同的构型，只能通过化学的方法(即化学键的断裂与形成)。立体异构体通常可分为两类：对映异构体和非对映异构体。

立体异构[现象] [stereoisomerism] 又称立体化学异构。分子的结构(原子和键的排列顺序)相同，但构型(这些原子的固定的相对空间排列)不同的，因此是不能重合的现象。每种立体异构体都有唯一一种构型。若要转变成另一种不同的构型，则只能通过化学的方法(即化学键的断裂与形成)。立体异构体通常可分为两类：对映异构体和非对映异构体。

立体[异构]源单元 [stereogenic unit; stereogen; stereoelement] 可以是原子或某些原子的组合，如 *troms*-2-丁烯中的C═C是一个立体[异构]源单元，丙三烯类和联苯类无手性中心的手性分子中C═C═C和C_6H_5—C_6H_5也是立体[异构]源单元。立体[异构]源单元有可能产生手性，如同四面体碳原子有可能产生手性一样，立体[异构]源单元上的配体交换以后也将产生另一个立体异构体。

立体[异构]源中心 [stereogenic center] 若分子中某一个原子(团)上的任意两个配体交换位置后即产生一个新的立体异构体时，这个原子(团)即被称为立体[异构]源中心。许多带有手性原子的分子是有手性的，因此手性原子又被称为手性中心或不对称原子，但是某些无手性原子的分子也有手性，而某些有手性原子的分子却又不是手性分子。为此，人们提出用立体[异构]源中心这个术语来代替手性(不对称)原子(中心)这几个术语。立体[异构]源中心的涵义要比手性中心更广一些，它不涉及分子是否是手性的，但是它与产生立体异构相关。

立体异位[的] [stereoheterotopic] 表示两个原子之间的一种相互关系。包括对映异位[的]和非对映异位[的]。

邻位交叉构象 [gauche conformation; skew conformation] 扭转角为60°的特殊构象。以正丁烷为例，其中以C_2-C_3为轴，C_1、C_3两个甲基处在60°的特殊位置的构象，称为邻位交叉构象。

螺烯 [helicene] 芳环通过邻位稠合的方式形成的具有螺旋结构的多环芳香化合物。常见的如图示六螺苯。由于此类分子具有螺旋结构，因此其左手螺旋和右手螺旋是一对光活性对映体，即具有固有手性。此外，此类分子还具有特殊的光谱和光学性质。

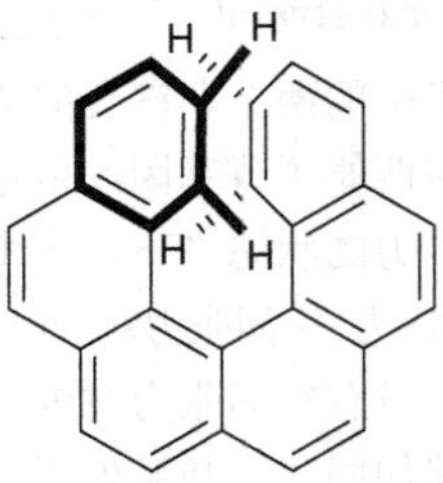

(*M*)-六螺苯

螺旋结构 [helical structure] 在聚合物的晶区中，相邻分子链的侧基往往较大，所以为了减小相邻侧基之间的相互作用，以及达到紧密堆积的需要，分子链会采取反式和左、右式交替方式的构象排列，形成具有螺旋的结构。螺旋结构也是生物体系三维结构中最普通的结构形式，通常指蛋白质的二级结构，包括α-螺旋、β-螺旋和γ-螺旋。实验上通常通过CD光谱进行测定。在具有螺旋结构的体系中，螺旋结构是引起旋光性的根本原因。

螺旋手性 [helicity] 螺旋状化合物又称螺省类化合物，分子的形状就像螺钉上的螺丝或盘旋扶梯，没有手性中心和手性平面，但实物和镜像不能重合，具有螺旋手性。如六螺苯(hexahelicene)，由于空间拥挤，六个苯环不能容纳在

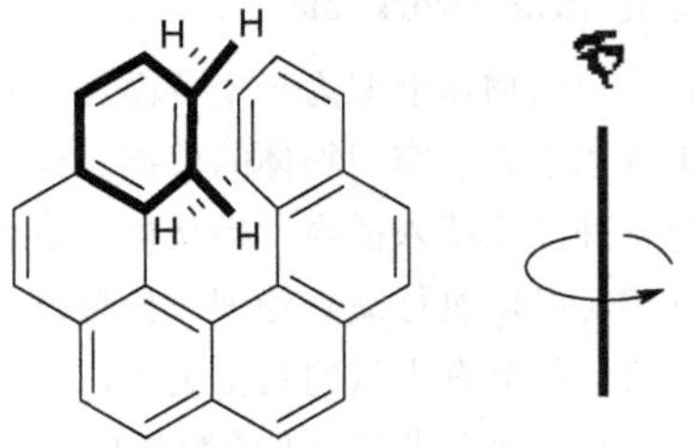

(*M*)-六螺苯

一个平面内，整个分子像螺钉中的一圈，不再有对称平面，具有螺旋手性。聚合物的螺旋结构也是手性体系一种，具有代表性如有螺旋结构的生物大分子蛋白质、核酸和糖元，以及聚乙炔衍生物等聚合物。螺旋结构可以分为左手和右手螺旋，命名时从旋转轴的上面观察，看到的螺旋是顺时针方向(右手螺旋)的定义为 *P* 构型(plus)，逆时针方向(左手螺旋)的定义为 *M* 构型(minus)。

螺旋性 **[helicity]** 具有螺旋形的、螺桨形的和扭曲形的分子的手性性质。右手螺旋的分子常用 *P*(或者“+”)表示，左手螺旋的分子常用 *M*(或者“−”)表示。

螺旋轴 **[axis of helicity]** 为了正确地判定有机化合物分子的螺旋结构，并直观描述螺旋结构和光学活性关系，定义了螺旋轴等概念，即连接分子骨架上化学键、键联原子或原子团，走最短距离，沿趋向于形成环形闭合曲线的方向形成螺旋线，每匝螺旋线形成的平面为螺旋面，螺旋轴就是经过所有螺旋面的中心，且尽量垂直于所有螺旋面的直线。

***re* 面** **[*re* face]** 一种对面的前手性的描述符号。对应一个三角形原子的三个取代基，按照 CIP 顺序规则，将三个取代基进行排序后，顺时针方向的面为 *re* 面。

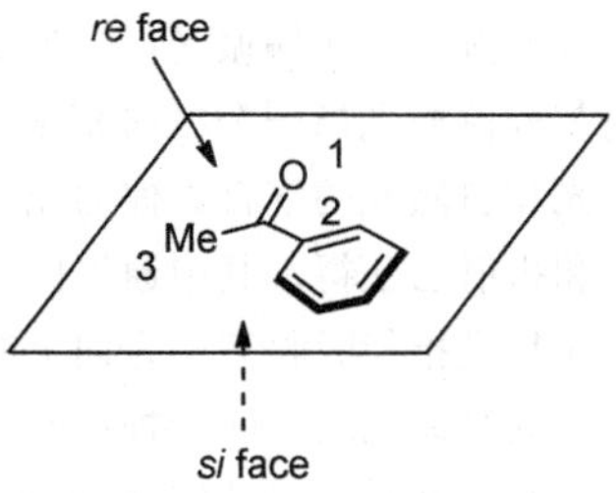

***si* 面** **[*si* face]** 一种对面的前手性的描述符号。对应一个三角形原子的三个取代基，按照 CIP 顺序规则，将三个取代基进行排序后，逆时针方向的面为 *si* 面。

面手性 **[planar chirality]** 是描述一种对映立体异构现象的术语，该立体异构现象由关于一个平面(手性平面)排列面外基团产生。例如(*E*)-环辛烯的旋光异构现象(手性面=双键和连接的原子)或者单取代的二聚对二甲苯(手性面=取代环)，含有面手性的分子构型用符号 *Rp* 和 *Sp* 表示(或者 *P* 和 *M*)。

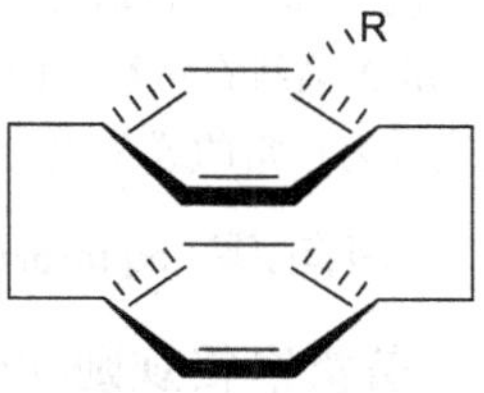

D-L 命名体系 **[D-L system of nomenclature]** 糖类立体化学中的一种传统命名方式。以甘油醛为参照，以位于直链方式书写的碳链中，将碳链竖起来，把氧化态较高的碳原子或命名时编号最小的碳原子放在最上端之后，羟基位于左侧或右侧表示不对称碳原子上羟基有不同取向。和甘油醛为一致方向的称为 D-，相反方向的称为 L-。这一命名法也可用于类似天然产物，如氨基酸的命名。

***R-S* 命名体系** **[*R-S* system of nomenclature]** 按 CIP 顺序规则命名手性分子绝对构型的体系。具体命名法如下：当连接到中心碳原子上的 a、b、c、d 是不同基团时，分子是手性的。假设分子中四个取代基按 CIP 顺序规则以 a>b>c>d 顺序排列，如果将 d 基团置于离观察者最远的位置，按 a-b-c 的先后顺序观察其他三个基团，观察到 a→b→c 是顺时针方向，则这个碳中心的构型被定义为 *R*；否则就认定为 *S*。

除上述中心手性外，还有另一种不对称性因素称为轴手性(axial chirality)。以联萘酚为例，它是有空间位阻的联芳基类化合物，其手性是由于连接两个芳基的 C—C 单键的旋转受阻而产生的。

Zimmerman-Traxler 模型 **[Zimmerman-Traxler model]** 1957 年，美国西北大学的 Zimmerman 和 Traxler 为了解释由格氏试剂介导的伊万诺夫(Ivannov)及瑞佛马斯基(Reformmatsky)反应中优势产物的立体化学问题，首先提出了椅型构象的六元环过渡态模型，即后人常称的 Zimmerman-Traxler 模型。该模型首次从立体化学的角度对羟醛缩合反应进行了剖析，指出烯醇盐构型与产物立体化学之间的对应关系，较好地解释了产物的立体化学特征。

摩尔旋光 **[molar rotation]** 通常，规定旋光管的长度为 1dm，待测物质溶液的浓度为 1mol/L，在此条件下测得的旋光度称作该物质的摩尔旋光度。单位为[m]或者[M]，某物质所测旋光度为 a_{obs}，偏振光所通过的路径长为 l(dm)，物质的浓度为 c(mol/L)，则该物质的摩尔旋光即为$[m]=a_{obs}/lc$。

内 **[*endo*]** 用来描述桥环体系中，非桥头原子的取代基立体构型的描述符号。当最大环上的取代基与最小环的非桥头原子在异侧，则此取代基为内。

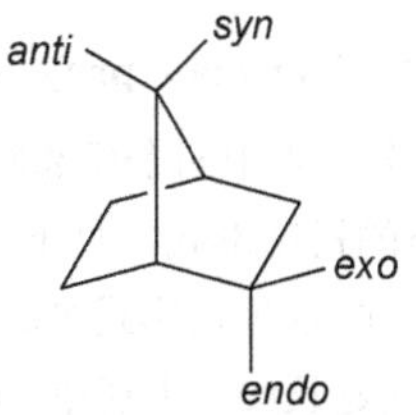

内消旋化合物 **[meso compound]** 没有旋光性的化合物。它具有两个或两个以上手性中心，但整个分子具有面对称性或者中心对称性，使得整个不具有手性，对光没有旋光作用。例如，内消旋酒石酸。

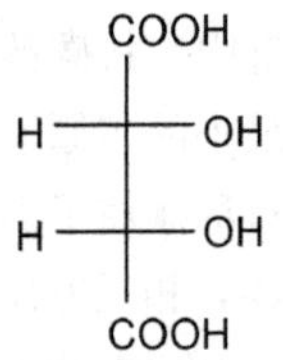

内型异构体 [endo isomer] 在双环化合物中，取代基位于主桥相反的位置或位于环内障碍较大的位置的化合物。

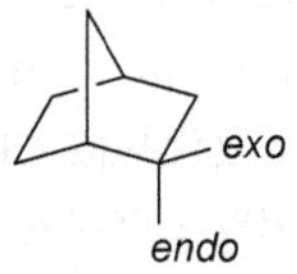

扭船式构象 [twist-boat form] 即扭型构象。

扭型构象 [twist conformation] 又称扭船型构象。通常是指环己烷可能的分子构象中的一种，介于船型和椅型构象之间。扭型构象的能量低于船型，较高于椅型。它是同一分子的两种稳定椅型构象之间翻转时必经的非稳定构象，近于邻位交叉构象。

扭型构象

扭转角 [torsion angle] 相连的两个键之间的夹角，即表示四个原子被三条键相连时，例如 $C_1—C_2—C_3—C_4$ 中 $C_1—C_2$ 和 $C_3—C_4$ 之间的夹角，主要说明原子之间的共平面性。

扭转角张力 [torsional angle strain] 分子中某相邻键的角度与该类正常键的键角相差很大引起的张力。例如环丙烷 C—C—C 的夹角为 60°，这与饱和烃中的 C—C—C 的 sp^3 键角 109.5°的相差很大，所以不稳定。

扭转张力 [torsional strain] 在重叠式构象中，排成一行(彼此靠近)的电子对之间的斥力(也称为相叠交互作用张力)。例如环丙烷也存在扭转张力，是由于环中 3 个碳同一平面，相邻的 C—H 键互相处于重叠式构象，有扭转成交叉式的趋向，这样的张力称为扭转张力。

纽曼投影式 [Newman projection] 像一架投影机一样，用来表示一个分子当中两个相邻原子所连接的原子或原子团之间的空间排布的投影形式，见下图。是纽曼(Newman)于 1995 年提出来的。画这种投影式是把分子的立体模型放在眼前，从 C－C 单键的延长线上去观察，用一个较大的圆圈(也可以不用圆圈)表示 C－C 单键上的碳原子，前后两个圆圈实际上是重叠的，例如图中的 C_2 和 C_3 发生重叠，故纸面上只能画出一个。再把这两个原子和其他基团之间的化学键投影到纸面上。距离观察者近的原子所连接的化学键汇聚于圆心，例如图中的 C_3，圆心点代表离观察者近的原子。而较远的原子所连接的化学键并不汇聚，如同从圆的后面进行的投影(见下图)，如 C_2。

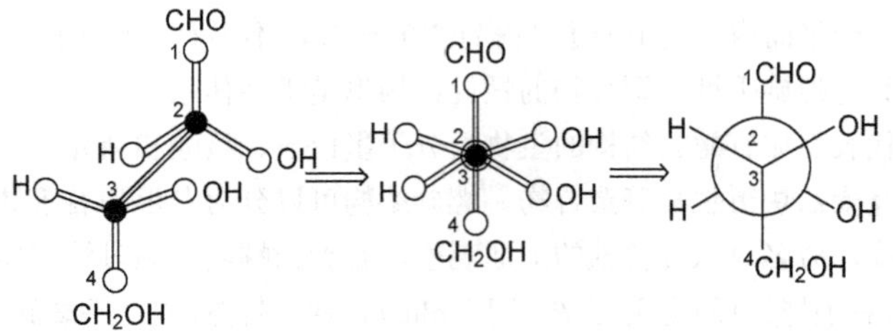

(1) (2) (3)

从纽曼投影式可以清楚地看出相互邻近的，非直接键合的原子或者基团之间的空间关系，故主要用来描述化合物的构象和进行构象分析。

盆式构象 [tub conformation] 八元环的一种构象。在该构象中，环上的四个原子构成平行四边形的两条平行边，而另外四个原子则存在于另一个平面，并且同样构成平行四边形的两条平行边。这一结构与六元环的船式构象类似，结构如图所示。

盆式构象

偏振光 [polarized light] 为振动方向和光波前进方向构成振动面，而振动面只限于某一固定方向的光。偏振光分为线偏振光和部分偏振光：线偏振光指光矢量只沿着一个方向振动的光；而部分偏振光指一个方向光振动较其他方向占优势，是线偏振光和自然光的混合。偏振光可通过偏振片、双折射法、反射和折射法获得，其中通过偏振片获得线偏振光最为常用。偏振片是指能吸收某一方向上的光振动，而只让与之垂直方向上的光振动通过的一种透明薄片。偏振光在科学技术和工业生产中都有着极其广泛的应用，例如利用偏振光的干涉来分析机件内部应力的分布情况。

平[伏]键 [equatorial bond] 参见直[立]键。

平坦曲线 [plain curve] 对于某些在 ORD 测定波长范围内无吸收(无生色团)的手性物质，可以观察到平坦的旋光色散曲线。例如某些饱和手性碳氢化合物或石英晶体。随着波长的增大，旋光色散峰的绝对值呈现出稳定的降低趋势。旋光度为负值的化合物，其 ORD 曲线从紫外到可见区呈单调上升；旋光度为正值的化合物，其 ORD 曲线从紫外到可见区呈单调下降。两种情况下都逼近零线，但不会与零线相交，即 ORD 谱线在可测范围内没有最大值和最小值，这类 ORD 曲线称为正常的或平坦的旋光谱线。

平[向]键 [equatorial bond] 参见顶点[向]键。

普雷洛格规则 [Prelog rule] 适用于 α-手性二酮酯(丙酮酸酯)化合物的不对称加成。是克拉姆模型中思路延伸，由化学家弗拉迪米尔·普雷洛格(Vladimir Prelog)在 1953 年首次提出的。因丙酮酸酯中两个羰基是反式构型时结构是稳定的，反式可使偶极子间的排斥作用减小，同时由于酯键中氧原子上的两对孤电子对分别位于羰基的两侧(像两只兔耳朵)时更有利，因此 α-羰基与酯键在同一个平面上，这是克拉姆规则思想延伸的化学基础。此时，α-手性丙酮酸酯可以简化为普雷洛格模型，即把羰基的氧放在最小与中等大小基团的邻位交叉位置，亲核进攻优先发生在带有较小基团的羰基的非对映面上。普雷洛格规则可以用于指导用格氏试剂和 α-手性丙酮酸酯不对称合成 α-羟基酸，预测二级和三级醇的立体化学。由于丙酮酸酯结构中，α-手性碳与亲核试剂进攻的羰基碳相隔较远，不对称诱导的作用比酮羰基的不对称加成中作用要弱很多。

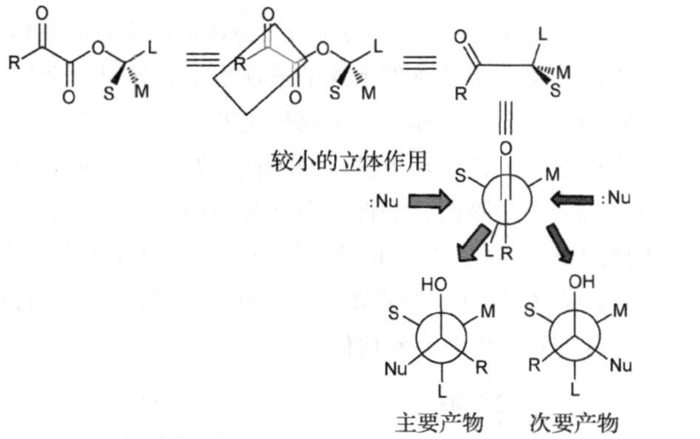

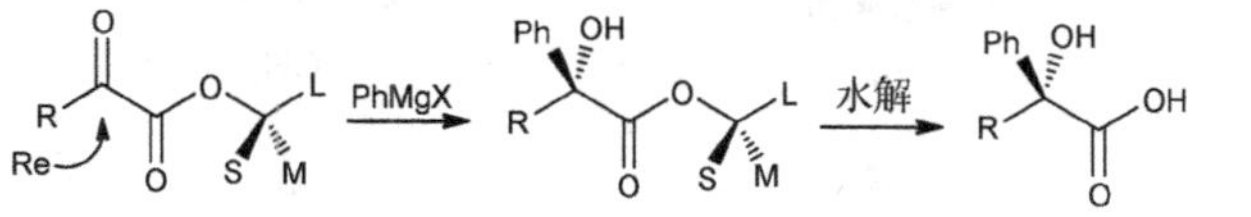

前 *E*[*pro-E*] 双键的取代基中具有反式潜力的取代基的表示方法。在分子 abC═Cc$_2$ 中，双键的一侧具有两个相同的取代基 c，按照 CIP 顺序规则，假设 a>b，如果将 a 顺式一侧的 c 取代基将其 CIP 优先性小于其反式的 c 取代基，则此时反式一侧 c 取代基被表示为前 *E*。

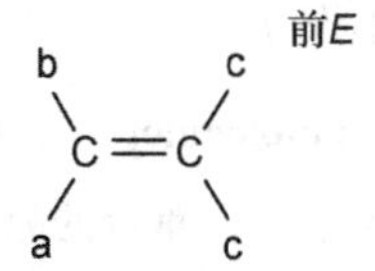

前 *Z* [*pro-Z*] 双键的取代基中具有顺式潜力的取代基的表示方法。在分子 abC═Cc$_2$ 中，双键的一侧具有两个相同的取代基 c，按照 CIP 顺序规则，假设 a>b，如果将 a 顺式一侧的 c 取代基将其 CIP 优先性大于其反式的 c 取代基，则此时顺式一侧 c 取代基被表示为前 *Z*。

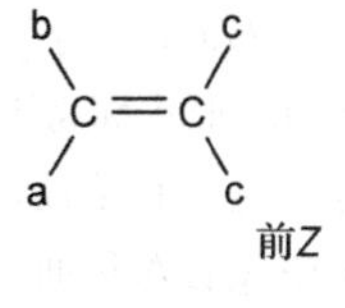

前手性 [prochirality] 分子中存在相同形态的立体异位基团或面，置换其中一个基团或加成到其中的一个面，则形成立体异构体。前手性一般可分为前手性中心、前手性轴和前手性面三种。前手性中心的两个等同基团可通过顺序规则中的 *R/S* 标记来识别。当相同的两个基团之一被高一级次序的基团取代，并且不改变原有基团的优先次序，根据所得到的化合物构型属 *R* 或 *S* 来确定原有化合物中这两个相同基团为“前 *R*-手性基团”(pro-*R*)或“前 *S*-手性基团”(pro-*S*)。异位面用 *re* 或 *si* 来表达。

前手性[的] [prochiral] 如果一个非手性分子含有立体异位的配体(原子或基团)或立体异位面，经反应(如取代)后失去对称性，得到对映异构体或非对映异构体的手性分子，这时原来的分子中进行取代的一个中心、轴或面就被称为是前手性的(prochiral)。

前 *R*-手性基团 [*pro-R*-group] 一个对前手性的描述符号。在分子 Xabc$_2$ 中，按照 CIP 顺序规则，假设 a>b>c，如果将这两个 c 取代基中的一个朝向我们的 c 取代基的优先级高于另一个 c 取代基，则此时上述分子 Xabc$_2$ 变为一个具有 *R* 构型的分子，朝向我们的 c 取代基即为前 *R*-手性基团。

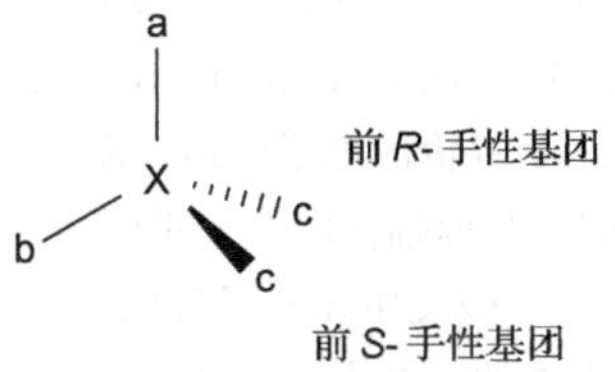

前 *S*-手性基团 [*pro-S*-group] 一个对前手性的描述符号。在分子 Xabc$_2$ 中，按照 CIP 顺序规则，假设 a>b>c，如果将这两个 c 取代基中的一个朝向我们的 c 取代基的优先级低于另一个 c 取代基，则此时上述分子 Xabc$_2$ 变为一个具有 *S* 构型的分子，远离我们的 c 取代基即为前 *S*-手性基团。

前手性中心 [prochiral center] 如果一个非手性分子含有立体异位的配体(原子或基团)或立体异位面，经反应(如取代)后失去对称性，得到对映异构体或非对映异构体的手性分子，这时原来的分子中进行取代的一个中心就被称为前手性中心。例如乙醇(CH_3CH_2OH)中的两个亚甲基氢原子是等同的(对映异位)，但当其中之一被氘原子替换后，形成的 CH_3CDHOH 具有对映异构，因此乙醇中的亚甲基碳原子就是一个前手性中心。

去对称化 [desymmetrization] 在立体化学中通过对有机化合物进行结构修改(例如化学反应)使其失去一个或多个对称元素的过程。该过程的一个重要应用即是对于一个分子引入手性，将一个前手性前体变为一个手性产物。例如，将 *cis*-3,5-二乙酰氧基环己烯转化为对应的单乙酰酯。在该转化中，前手性前体的面对称性丢失形成一个不具有对称元素的产物。

去消旋化 [deracemisation] 对映体中的一个异构体转化成另外一个异构体也就是把消旋体转化成单一的异构体的过程。去消旋化必须满足两个条件：①对映体必须和光学活性化合物以不同的方式复合；②复合物可以在实验条件下相互转化。例如互为对映体的含有羟基的两个化合物，在一定的反应条件下转化为单一的化合物，就是一个去消旋化的过程。

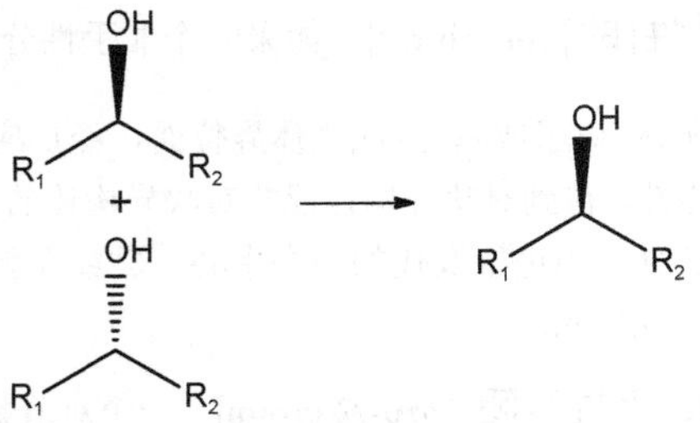

全重叠式构象 [synperiplanar conformation] 即顺叠构象。

三角型碳 [triagonal carbon] 发生 sp^2 杂化的碳原子。sp^2 是指一个原子同一电子层内由一个 *ns* 轨道和两个 *np* 轨道发生杂化的过程。原子发生 sp^2 杂化后，上述 *ns* 轨道和 *np* 轨道便会转化成为三个等价的原子轨道，称为“sp^2 杂化轨道”。三个 sp^2 杂化轨道的对称轴在同一条平面上，两两之间的夹角皆为 120°。sp^2 杂化一般发生在分子形成过程中。杂化发生前，原子最外层 s 轨道中的一个电子被激发至 p 轨道，使将要发生杂化的原子进入激发态；之后，该层的 s 轨道与三个 p 轨道中的任意两个发生杂化。此过程中，能量相近的 s 轨道和 p 轨道发生叠加，不同类型的原子轨道重新分配能量并调整方向。

sp^2 杂化轨道含 1/3 s 和 2/3 p 的成分。一个 s 轨道和两个 p 轨道杂化，形成 3 个完全相同的 sp^2 杂化轨道。其 3 个轨道间夹角为 120°，呈平面正三角形。

伞型式 [umbrella] 表示分子立体结构的化学式之一。例如以下乙烷分子的构象。眼睛垂直于 C—C 键轴方向看，实线表示键在纸面上，虚线表示键伸向纸面后方，楔形线表示伸向纸面前方。

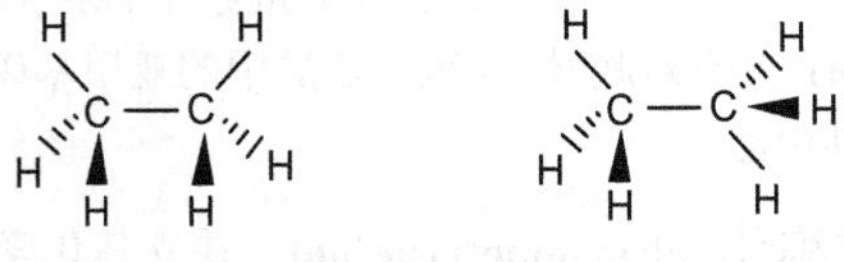

伞型式(重叠型)　　伞型式(交叉型)

生物化学立体选择性因子 [biochemistry stereo selectivity factor] 在立体化学中，决定一个反应，一个过程的立体化学选择性都受各种因素的影响。例如在常规有机化学反应中，立体化学选择性往往决定于反应底物，反应条件等等。在生物化学中的立体化学选择性也同样如此，只是生物体系中立体化学选择性非常依赖于参与反应的蛋白质，核酸等生物大分子的具体立体化学性质。这些因素统称为生物化学立体选择性因子。

手光性的 [chiroptic; chiroptical] 使用光学技术(各向异性辐射光的折射、吸收和发射)研究手性物质。例如测量固定波长下旋光，旋光色散(ORD)，圆二色(CD)，荧光循环极化(CPL)。

手性 [chirality] 表示一种重要的对称特点，类似于人类左右手发达程度不同的、普遍存在于从人类一直到亚原子层次中的不对称现象。手性一词来源于希腊语“手”(*Cheiro*)。由 Cahn 等提出用“手性”(chirality)表达旋光性分子和其镜像不能相叠的立体形象的关系。如果某物体与其镜像不同，且其镜像是不能与原物体重合，则其被称为手性，又称手征性。通常来说，这样的物体没有第二类对称元素(镜面、旋转中心、旋转反映轴)。手性物体与其镜像被称为对映异构体，并且手性必须在手性条件下才能表现出来。如果一个物体可以和它的镜像叠合，那么这个物体是非手性的。手性具体可以分为中心性手性、轴手性、面手性，对应于不对称中心、不对称轴和不对称面。手性的概念对于构型和构象都适用，但主要应用于构型，构型的 *R-S* 标志法可以描述手性的特征，例如下面的 *R* 型和 *S* 型的乳酸。具有手性的分子必定具有旋光性，并导致产生对映异构体。

R　　*S*

手性[的] [chiral] 用于描述手性分子的一种性质。分子具有手性性质为手性[的]。关于手性的定义可以参见手性。不同的人对于这一个词的使用不同。有些人使用手性[的]描述整个分子，也有的人使用这个词描述分子的一部分。例如，根据后一种观点，那么内消旋体由两个相反手性的手性部分组成，这样的使用并不推荐。

手性分子 [chiral molecule] 又称不对称分子。化学中结构上镜像对称而又不能完全重合的分子。碳原子在形成有机分子时，4 个原子或基团可以通过 4 个共价键形成三维的空间结构。由于相连的原子或基团不同，它会形成两种分子结构。这两种分子拥有完全一样的物理、化学性质。但是从分子的组成形状来看，它们依然是两种分子。这种情形像是镜子里和镜子外的物体那样，看上去互为对应。由于是三维结构，它们不管怎样旋转都不会重合，就像左手和右手那样，称这两种分子具有手性，又称手性分子。 因此这两种分子互为同分异构体，这种异构的形式称为手性异构，有 *R* 型和 *S* 型两类。一种物质的分子是否有手性，与分子内是否存在对称因素有关，凡是分子中没有对称面和对称中心的分子，一般来说，其镜像和实物分子是不同的，能够判定其为手性分子。有无对称轴不能判断分子是否为手性分子。手性分子在手性条件下有手性，在非手性条件下没有手性。例如：加热、溶解于水都为非手性条件，因此，对映异构体的熔点、沸点和在水中的溶解度都是相同的；偏振光以及生物体中酶的存在是手性条件，所以对映异构体对偏振光的旋光性不同，生化性质也有较大差异。

手性辅助剂 [chiral auxiliary reagent] 又称手性助剂。立体选择合成中应用的某种光学纯的助剂。应手性辅助剂是不对称合成的新技术，由德国 Rhine-Westphalia 研究所开发，称为 SAMP、RAMP。手性助剂均是对映体化合物，这些化合物通过共价键暂时与底物相连接。在该底物以后所进行的反应过程中，这些手性助剂诱导出所希望的手性或使生成的对映体之一过量，最后再将这些助剂裂解回收。例如，(*S*,*S*) A-74704 的合成，该化合物是 HIV 蛋白酶抑制剂，是治疗艾滋病的一种候选药物。再如，手性助剂(2,5-二甲基吡咯烷)先与环已酮反应，以诱导立体选择反应，然后脱去，对映体过量达 80%。

手性面 [chirality plane] 已知少数分子，既没有手性中心也没有手性轴，但是分子整体具有手性，能以不能重合的物体与镜像结构存在。这类分子可以看作含有手性面的分子。在这类分子中有一部分结构处于同一平面内，由于这一平面的存在使得分子具有手性，这个平面称为手性面。例如，六螺并苯中六个苯环构成一个环状。两端的两个苯环上的四个氢拥挤，使两个苯环不能在一个平面内，一端在平面之上，一端在平面之下，纸面为手性面。

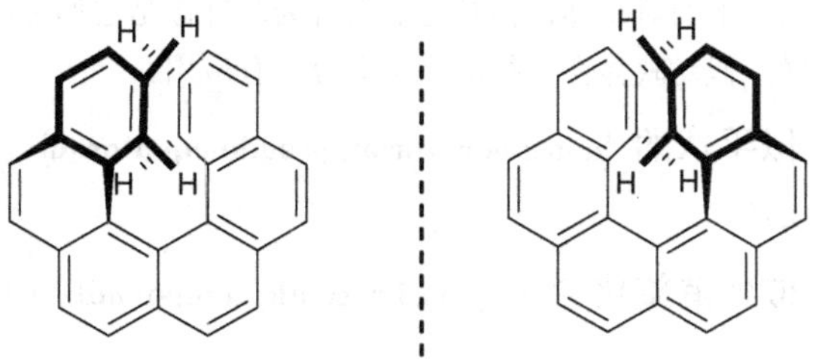

手性矢向 [chirality sense] 用于区分对映异构体的一种性质。关于两种对映异构体形式的定义需要参考它们的空间朝向。例如，右手螺旋或者左手螺旋。通常所说的“相反的手性”是“相反的手性矢量”的简称。

手性碳原子 [chiral carbon] 即不对称碳原子。

手性位的 [chirotopic] 用于描述一个存在于手性环境的原子(或者一个分子模型中的点群、面等)。而存在于非手性环境中的原子则称为无手性位的。

手性元素 [chirality element] 手性轴、手性中心、手性面的总称。

手性中心 [chiral center; chirality center] 曾称不对称中心。若分子中某一个原子(团)上的任意两个配体交换位置后即产生一个新的立体异构体时，该原子就称为手性中心。常用*表示。手性中心通常指的是一个原子，而该原子连接着四个不同的原子或者基团，这样的原子常见的有碳、氮、硫、磷原子等。下图为对应的手性化合物。许多带有手性原子的分子是有手性的，故手性原子又被称为手性中心或不对称中心。

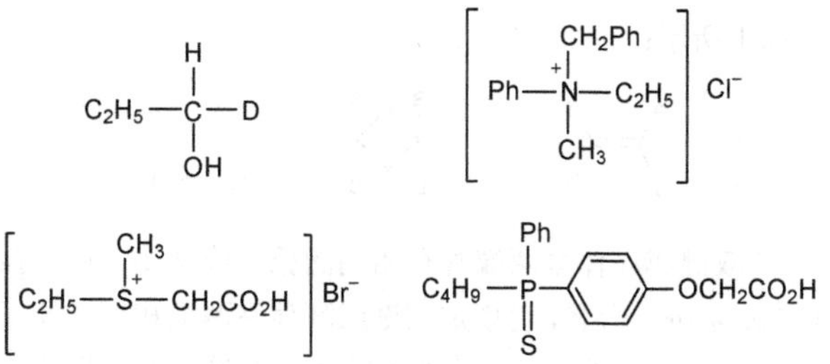

手性轴 [chiral axis; axis of chirality] 分子的轴上原子不是对称地被取代，能够产生与它的镜像不重合的空间排列，而使分子整体产生手性，这种轴称为手性轴。例如丙二烯、邻取代联苯和螺环化合物中可能存在手性轴。例如丙二烯 abC=C=Ccd 中的 C=C=C 定义为手性轴，以及邻取代联苯中的 C-1，C-1′C-4 和 C-4′构成手性轴。含有手性轴的分子，虽然没有手性中心，但是整个分子具有手性，能以一对对映体存在。

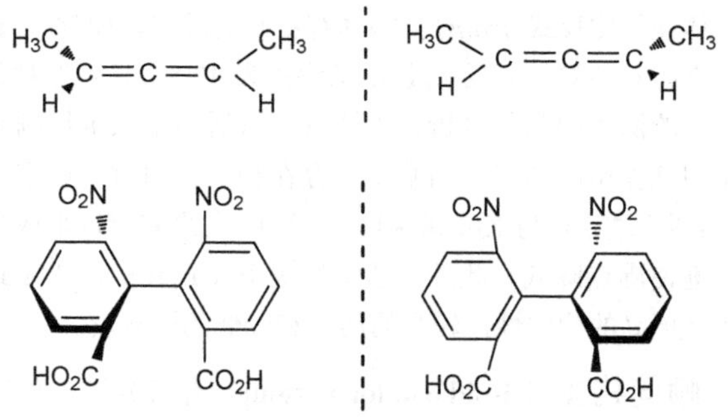

手性助剂 [chiral auxiliary reagent] 即手性辅助剂。

竖[向]键 [axial bond] 即顶点[向]键。

顺错构象 [synclinal conformation] 在构象式中，两个相邻原子所连接的较优基团(或原子)之间，扭转角(或称两面角)为60°的构象。顺错构象是介于顺叠构象和反叠构象之间的一种状态，它们的稳定性次序为：反叠>顺错>反错>顺叠。

顺叠构象 [synperiplanar conformation] 又称全重叠式构象。单键连接的两个碳原子上的大取代基重叠在一起的构象。以CH_3—CH_2—CH_2—CH_3分子为例，当CH_3—C—C—CH_3的二面角为0°时，可称该分子处于顺叠构象或全重叠式构象。如下图所示：

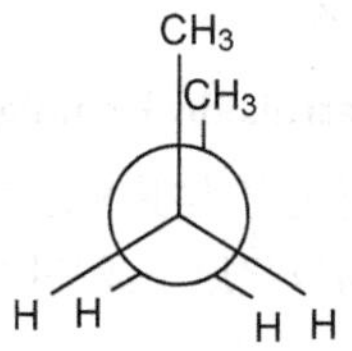

顺反异构 [*cis-trans* isomerism] 又称几何异构。一种立体异构现象。产生顺反异构必须满足两个条件：①分子内存在阻止单键“自由”旋转的双键或环状结构；②组成双键的原子或环体系的两个原子上必须连接不同的原子或基团。如下所示：

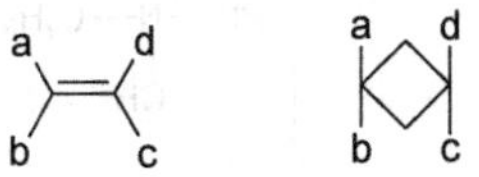

(a≠b, c≠d)

若双键或环体系两端含有相同的原子或基团，则可按顺反(即 *cis-trans*)命名，它规定双键或环体系两端相同的原子在双键平面或环骨架平面同侧者为顺式，在异侧者为反式。此体系也可按 *Z*、*E* 命名法命名。若双键或环体系两端无相同的原子或基团，则必须按 *Z*、*E* 命名法命名。

顺反异构体 [*cis-trans* isomer] 由顺反异构而产生的异构体形式。异构体间在物理性质上一些差异，而化学性质基本相同。物理性质的差异主要是由于双键两侧存在的极性键造成的。对于顺式异构体，两个极性键偏向双键的一侧，产生了净的偶极矩；而对于反式的异构体，两个极性键正好处于相对的位置，因此净的偶极矩为零。这导致了顺式(*cis*)异构体往往比反式(*trans*)异构体有更高的沸点，如顺-二氯乙烯沸点为 60.3℃，而反-二氯乙烯沸点为 47.5℃。当然对于特定化合的沸点要具体分析，上述规律只适用于双键周围基团间无相互作用的情况。当基团间存在相互作用时，如富马酸(反-丁烯二酸)和马来酸(顺-丁烯二酸)：马来酸可以形成分子内氢键使沸点降低。此外，通常情况下反式异构体比顺式异构体有更高的稳定性，较高的熔点和较低的溶解度。

顺向构象 [cisoid conformation] 有机分子中单键为顺式的构象。

CIP 顺序规则 [Cahn-Ingold-Prelog sequence rule; CIP system; CIP priority] 是一套用于有机化学的规则，用来命名有机分子的立体异构现象。一个有机分子可能含有多个立体中心和双键，而每一个都给了这个分子两种可能的组态。这个规则的目的是给予立体中心 *R*/*S* 标记，双键 *E*/*Z* 标记，而使每个组态都可以用系统性的语言来描述。CIP 顺序规则和其他的命名原则，如 IUPAC 命名法有显著的不同，原因是此规则是被制定来命名有立体异构物的分子，而不是来一般的分类与描述化合物。

使用序列法则的步骤通常是：标记立体中心和双键；标记连着立体中心的四个基团的优先级，以及双键两端原子个别所接的两个基团的优先级(两端分开标记)；标记立体中心的 *R*/*S*，以及双键的 *E*/*Z*。

四面体构型 [tetrahedral configuration] 在四面体构型的分子中，中心原子位于与其相连的四个取代原子或基团构成的四面体中心，而取代原子或基团位于四面体的顶点处。但四个取代原子或基团相同时，其与中心原子相连的化学键构成的键角为 $\cos^{-1}(-1/3)\approx109.5°$，例如甲烷分子($CH_4$)。完美的对称四面体构型属于 T_d 点群，但大多数四面体构型分子并不具有这样高的对称性，例如氯仿($CHCl_3$)。同时四面体构型的分子中可能具有手性。

四面体型碳 [tetrahedral carbon] 发生 sp^3 杂化的碳原子。sp^3 杂化是指一个原子同一电子层内由一个 *ns* 轨道和三个 *np* 轨道发生杂化的过程。原子发生 sp 杂化后，上述 *ns* 轨道和 *np* 轨道便会转化成为四个等价的原子轨道，称为“sp^3 杂化轨道”。四个 sp 杂化轨道的对称轴两两之间的夹角相同，皆为 109°28′。sp 杂化一般发生在分子形成过程中。杂化发生前，原子最外层 s 轨道中的一个电子被激发至 p 轨道，使将要发生杂化的原子进入激发态；之后，该层的 s 轨道与三个 p 轨道发生杂化。此过程中，能量相近的 s 轨道和 p 轨道发生叠加，不同类型的原子轨道重新分配能量并调整方向。

以甲烷为例：基态 C 原子中已配对的 2s 电子拆开，其中 1 个电子跑到能量稍高的 2p 轨道中(p_z 空轨道)去，这一过程称电子跃迁；接着进行杂化，1 个 2s 轨道和 3 个 2p 轨道杂化，生成 4 个能量相等的 sp^3 杂化轨道。因为是平均混合，每个 sp^3 杂化轨道含有 1/4s 和 3/4 的 p 轨道的成分，其中各有 1 个成单电子。最后这 4 个电子再与 4 个 H 原子中的 1s 电子配对成 σ 键，从而形成 CH_4。

似对映体 [quasi-enantiomer] 有些分子物种并不是严格意义上的对映体，但是它们的行为就好像是它们是对映体一样。似对映体在平行动力学拆分中有应用。

似平伏的 [quasi-equatorial; pseudo-equatorial] 参见似直立的。

似外消旋化合物 [quasi-racemic compound] 即似外消旋体。

似外消旋体 [quasi racemate] 又称似外消旋化合物。由等量的相似的对映异构体组成的混合物。相似的对映异构体在结构上相似，当在结构上又完全不一样，这两个化合物之间旋光性相反，使得似外消旋体旋光性近似为零，且这两个化合物之间物理性质也基本相近。例如，(*R*)-2-溴代丁烷，(*S*)-2-氯代丁烷就是一对似外消旋体。

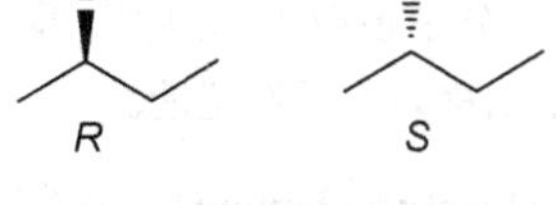

似直立的 [quasi-axial; pseudo-axial] 在单不饱和的六元环体系中，当分子处于椅式结构时，在烯丙基位置上的非环化学键分为两种，即似直立的和似平伏的。似直立的和似平伏的含义与非平面构象的环戊烷，环庚烷中的含义相似。

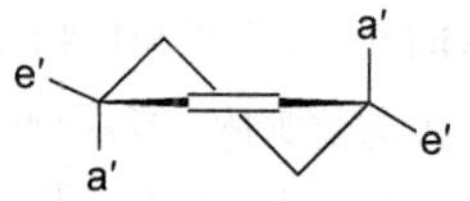

苏式构型 [threo configuration]　为描述一些含有 2 个手性中心的开链化合物的构型。是由苏阿糖(threose)衍生出来的术语。苏阿糖是含有 2 个不同手性碳原子的四碳醛糖，它有一对对映体，即 D-和 L-苏阿糖，它们的费歇尔投影式的 2 个—OH 位于碳链的两侧，即

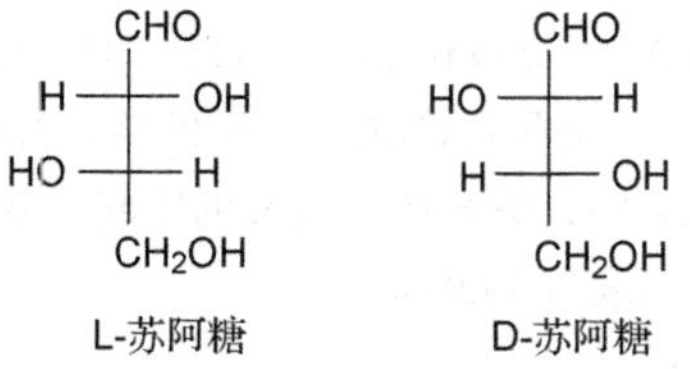

其他含有 2 个手性碳原子的化合物，若分别联结着 2 个相同的基团，第三个基团不同时，该分子的费歇尔投影式的 2 个相同的基团位于碳链两侧的，称该分子为苏式异构体。而称此种构型为苏式构型以区别它的非对映异构体赤式构型。如 3-溴-2-丁醇的一对苏式异构体：

苏型异构体 [threo isomer]　参见苏式构型。

同 [*syn*]　用来描述桥环体系中，非桥头原子的取代基立体构型的描述符号。当最小环上的取代基与最大环的非桥头原子在同侧，则最小环上的取代基为同。

同手性[的] [homochiral]　描述由手性单元组成材料的一种性质。如果一种物质的所有组成单元具有相同的手性形式，那么该物质就是同手性的。在生物学中，同手性是一种普遍现象，例如氨基酸和糖。对于常见的 20 种天然氨基酸，手性形式均一，即将羧基、氨基和 α 位的 H 原子在空间按照一种方式摆放，所有氨基酸的侧链均指向同一方向。

投影式 [projection formula]　将立体的构型采用投影于纸平面的方式来表示异构体的空间形象。这是为了方便书写构型异构体所采取的方式。投影式法于 19 世纪由有机化学家费歇尔提出，故又称费歇尔投影式，但是目前已经有多种表示方法，例如纽曼投影式、锯木架型投影式、楔形投影式、扭曲投影式等。它们的共同特点是，为了得到一个二维投影图，需要将分子结构中的化学键投影到平面上，并通过原子的化学符号指定相关原子的位置。同时投影式中需反映出各个化学键的空间排列。

拓扑异构化 [topomerisation]　分子转变为其拓扑异构体的过程。这样的分子具有拓扑性质，所谓的拓扑性质指的是物体或者图像做弹性移动而又保持物体不变的性质。例如索烃，见下图。同时，某些生物大分子也具有拓扑性质。例如碱基顺序相同但是连环数/拓扑环数不同的两个双链 DNA 分子是拓扑异构体，如单链 DNA 可以打结，双链 DNA 可以形成环状双股螺旋或者形成超螺旋。能催化 DNA 拓扑异构体互变的一类酶称为拓扑异构酶，DNA 拓扑异构酶能将 DNA 从一种拓扑形式转变成另一种拓扑形式。已发现它存在于多种细胞中，如噬菌体、细菌以及真核细胞。

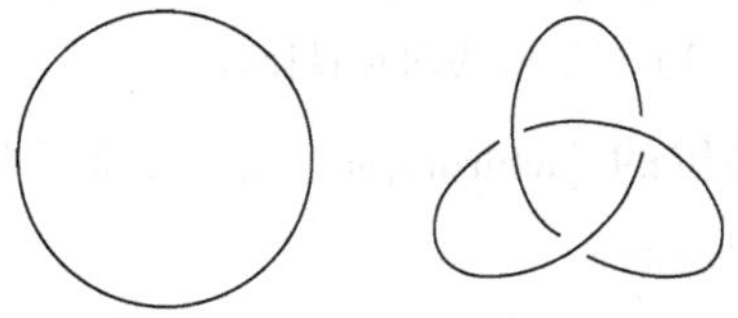

瓦尔登翻转 [Walden inversion]　即构型翻转。

外 [*exo*]　用来描述桥环体系中，非桥头原子的取代基立体构型的描述符号。当最大环上的取代基与最小环的非桥头原子在同侧，则此取代基为外。

[外消旋]堆集体 [conglomerate]　等量的对映异构体的结晶，它包括两种对映异构体的晶体，等量地混合在一起的混合物。在堆集体中，可以通过挑选的手段将其中一个纯的对映异构体从堆集体中挑选出来。

外消旋固体溶液 [racemic solid solution]　即假外消旋体。

外消旋化 [racemization]　一个具有光学活性化合物转变为外消旋体的过程。在适当条件下，有些旋光性化合物可发生 50%的构型转化。在此过程中，有一部分右旋分子转变成左旋分子，或为部分左旋分子变成右旋分子。这种转变是同时相互进行的，直到原旋光性化合物的半数分子变成其对映体，并建立平衡而成为外消旋体，这种形成外消旋体的过程即为外消旋化。

外消旋化合物 [racemic compound]　即外消旋体。

外消旋混合物 [racemic mixture]　即外消旋体。

外消旋体 [racemate]　又称外消旋化合物、外消旋混合物。外消旋体为等量的对映异构体的混合物。它与纯的对映异构体相比，外消旋体除了不具有旋光性之外，熔点、沸点、折射率、密度等物理化学性质都与纯的对映异构体相同。

外型异构体 [*exo* isomer]　在双环化合物中，取代基位于靠近主桥的位置或位于环内障碍较小位置的化合物。

位阻 [steric hindrance]　分子中两个非键合的原子或基团空间上互相靠近至距离小于这两原子或基团的范德瓦耳斯半径和时引起的空间阻碍或空间拥挤。可以通过位

阻来控制试剂去进攻位阻小的面，进而实现反应的立体选择性。

无手性[的] [achiral] 用于描述无手性分子的一种性质。如果某分子不能与其镜像重合，则其被称为“手性的”，而可以与其镜像叠合的物体被称为“无手性的”，有时也称为双向的。这类分子不具有光学活性，同时这类分子中至少有对称平面、对称中心(二重交替对称转轴)以及四重交替对称转轴这三种对称元素中的任何一种，因此也称对称分子。所以无手性[的]也可以称为对称性[的]。

无手性位的 [achirotopic] 存在于非手性环境中的原子称为无手性位的。

相对构型 [relative configuration] 两个手性分子的构型间的相互关系称为相对构型。两个手性分子在不断裂与手性中心相连的价键的条件下，如果用化学方法可以相互转变，那么就说这两种分子具有相同的相对构型，而与它们实际的旋光方向和绝对构型(*R*)和(*S*)无关。

例如：(–)-2-甲基-1-丁醇氧化成(+)-2-甲基丁酸，因为没有断裂与手性中心相连的价键，所以这两种分子的手性中心必定具有相同的相对构型，尽管可以不知道它们的绝对构型。

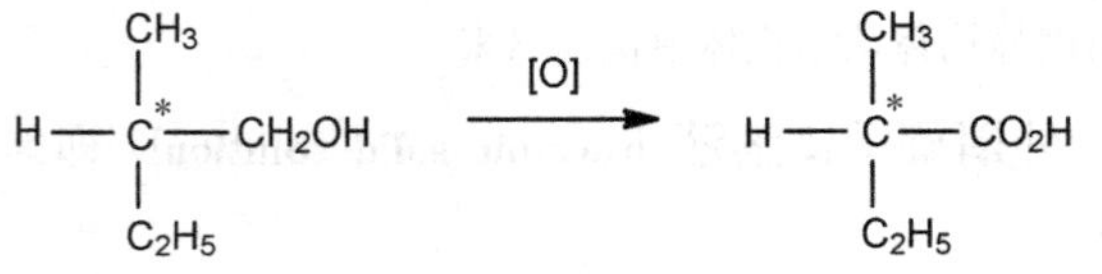

(–)-对映体　　　　(+)-对映体

相对立体选择性合成 [diastereoselective synthesis] 即非对映选择性合成。

信封[型]构象 [envelope conformation] 五元环化合物构象中的一种。以环戊烷分子为例，有信封型(envelope)和半椅型(half-chair)两种折叠的结构，它们之间可以不断地互相转化。其中四个碳原子处在同一平面上，另一个碳原子处在平面上方，因形状类似信封而得名。

信封[型]构象

虚拟原子 [phantom atom; imaginary atom] 在立体化学中，经常需要将一个原子上的孤对电子当作虚拟原子对待；如果这个原子上所连有的基团各不相同，则这个原子就成为一个手性原子。例如，如果把氮原子上的孤对电子当作虚拟原子对待，则和三个不同的基团结合的叔胺就成为一个手性分子，N 是手性原子。叔胺上的氮原子的构型会迅速反转变化，造成对映构型的互变，而无法将其拆分开来。

旋光产率 [optical yield] 在手性反应物和产物参与的化学反应中，产物的旋光纯度与前驱体、反应物或催化剂的旋光纯度之间的比值。某个反应的旋光产率与其化学产率无关。

旋光纯度 [optical purity] 又称光学纯度。对映异构体混合物实际测得的旋光度与单一对映体旋光度的比值，表示样品的光学纯度。通常用%O.P.表示，是用来衡量旋光性样品中一个对映体超过另一个对映体量的量度。比如一个纯的光学活性物质是 100%的一种对映异构体，则一个外消旋体的旋光纯度即为 0。在立体化学中，可以采用磁共振法、酶催化法、气-液色谱法来测定旋光性物质的旋光纯度。例如样品 *S*-(+)-丁醇比旋光度为+6.75°，纯品的比旋光度是+13.52°，则该样品的旋光纯度为 49.9%。

旋光活性 [optical activity] 当平面偏振光作用于对映异构体分子时，这种分子能使偏振面发生旋转的性质。这样的分子(和由这类分子组成的化合物)，被认为具有旋光活性。尽管只有平面偏振光照射手性分子时才会呈现旋光活性，然而“旋光活性”和“手性”这两个词还是经常混用。

旋光色散 [optical rotatory dispersion (ORD)] 入射光的波长发生变化时物质的旋光度随之而改变的现象。可以用来研究金属配合物等大分子的绝对构象。例如，当一束平面偏振的白色光由高处射向一圆柱体内的蔗糖溶液时，在垂直于容器的方向可以观察到螺旋形的彩虹。这是由于当白光穿过偏振片时，光旋转的程度依赖于光的波长，波长越短，旋光的程度就越大。这种基于入射光波长的旋光度变化就是旋光色散。

旋光异构体 [optical isomer] 即光学异构体。

旋转能垒 [rotational barrier] 旋转基团 R 绕某一个键旋转时，组成二面角 θ，分子的势能随二面角 θ 变化可以得到一个势能函数，势能曲线上相邻的两个最低点对应分子的两个构象(构象 1 和构象 2)，从构象 1 到构象 2 的旋转能垒就是最低点(构象 1 所对应的)与势能曲线上这两个最低点所夹的最高点之间的能量差。

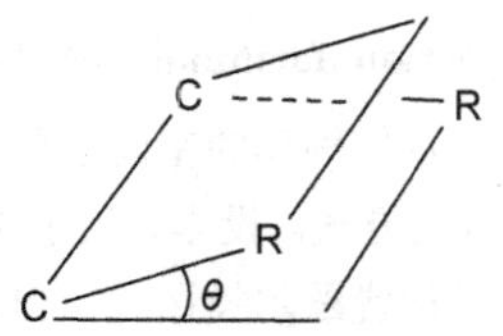

旋转异构体 [rotamer] 即构象异构体。

椅型构象 [chair conformation] 按照碳原子形成正四面体构型的结构，环己烷分子中的六个碳原子在保持键角(109.5°)不变的情况下，可以以两种不同的空间形式组成六元环，称为环己烷的船型构象和椅型构象。其中椅型构象为饱和六元环化合物的交叉构象，为最稳定的构象。

E异构体 [**E isomer**] 参见 Z-E 异构体中对于 E 异构体的阐述。

Z-E 异构体 [**Z-E isomer**] 对于双键两侧连接基团不同而导致的异构体的一种描述。较顺反异构体的描述更为精确，也是 IUPAC 所推荐的用来描述双键几何异构绝对构型的一种方法。Z 和 E 均来自德语，分别表示“在一起”和“相反的”，这与顺反异构体的划分看似相似，但是却不能完全对等。

确定 Z-E 异构体的方法如下：对于双键两侧的四个基团，可按照连在同一个双键碳为标准划分为两组。对于每一组的两个基团，利用 CIP 优先级规则可以确定这两个基团的优先级顺序。之后，若两个有较高优先级的基团处于相对的位置，则该异构体为 E 异构体；反之，若两个优先级较高的基团偏向双键的一侧，则为 Z 异构体。

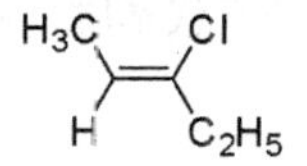

(Z)-3-氯-2-戊烯

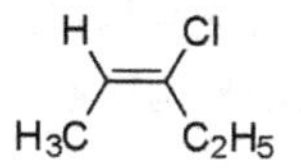

(E)-3-氯-2-戊烯

Z 异构体 [**Z isomer**] 参见 Z-E 异构体中对于异构体的阐述。

异构[现象] [**isomerism**] 两种或多种化合物分子的组成相同，但原子相互连接的次序和方式不同，或原子在空间的排列方式不同，导致结构和性质的不同。在立体化学中可分为构造异构和立体异构，包括碳链异构、位置异构、官能团异构、构象异构和构型异构等。例如二甲基取代的苯的化合物，邻、间、对-二甲苯，三者互为同分异构体，物理和化学性质均有很大差异。

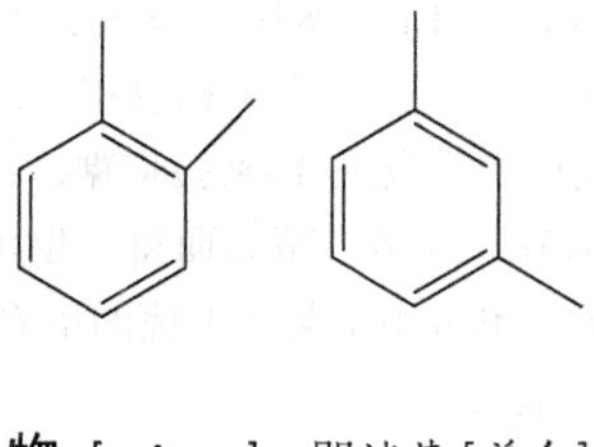

异头物 [**epimer**] 即端基[差向]异构体。

异位[的] [**heterotopic**] 对映异位[的]或非对映异位[的]。其含义与等位[的]刚好相反。异位[的]通常被用于描述相等的基团位于不相等的位置。异位基团在化合物中是不相等的两个基团。分子中的任何一个基团(或原子)被其他基团(或原子)取代以后，得到不同产物。

右旋体 [**dextro isomer**] 对映体中，使偏振光向右转(振动平面按顺时针方向旋转)的异构体。通常用(+)表示右旋，(–)表示左旋。如 D-构型右旋酒石酸，其全名可写作 D-(+)-酒石酸。

圆二色性 [**circular dichroism (CD)**] 当圆偏振光通过在某一波长有吸收的不对称光活性物质时，左旋和右旋两束圆偏振光在物质中的传播速度、波长和光吸收程度均有差异，将物质对两束光吸收程度的差异定义为圆二色性。这种现象出现在有光学活性的手性分子的吸收谱带中，自 19 世纪被发现以后，CD 光谱目前已被广泛应用于各个领域。如紫外 CD 用于研究蛋白质的二级结构；紫外可见光 CD 用于研究电荷转移过渡；近红外 CD 用于研究几何和电子结构；振动圆二色性使用红外线能量区域的光源，可应用于有机小分子的结构研究，最近多用于研究蛋白质的立体结构以及核酸的化学组成。

圆偏振光 [**circularly polarized light**] 在垂直于光传播方向的固定平面内，光矢量的大小不变，但方向随时间以一定的角速度旋转，其末端轨迹在垂直于传播方向的平面上呈圆形，称为圆偏振光。它是椭圆偏振光的一个特例。当两列传播方向相同，振动方向相互垂直且相位差恒定为 $\varphi=(2m\pm1/2)\pi$ 的平面偏振光叠加后即可合成光矢量有规则变化的圆偏振光。圆偏振光的光矢量大小保持不变，而方向随时间变化。有左旋和右旋之分。逆着光传播的方向看，光矢量顺时针旋转时称为右旋圆偏振光(RCP)，反之光矢量逆时针旋转时称为左旋圆偏振光(LCP)。圆偏振光的旋向与两个光矢量的相位差有关，相位差为 $\varphi=(2m+1/2)\pi$ 时为左旋圆偏振光，相位差为 $\varphi=(2m-1/2)\pi$ 时为右旋圆偏振光。

折叠环 [**puckered ring**] 非平面的环状分子。例如环己烷分子这样的环就是折叠环。这是因为环己烷中的碳是 sp^3 杂化，在形成分子时，化学键是以四面体方向构建的，当连接成环状分子时，其外形看起来像折叠了的环，与之形成对比的是苯环分子，碳是 sp^2 杂化，所有的原子都在一个平面上。

直[立]键 [**axial bond**] 在环己烷椅式结构中的 C—H 键有两种类型，即直[立]键和平[伏]键。彼此基本平行的六个 C—H 键(近乎与 C_3 轴平行，偏离约 7°)称为直[立]键，另外六个 C—H 键则被称为平[伏]键，近似地与 C_3 对称轴垂直。直[立]键和平[伏]键的定义同样适用于其他椅式的饱和六元环体系，直立的和平伏的含义与折叠构象的环丁烷，皇冠构象的环辛烷中直立的，平伏的含义相似。

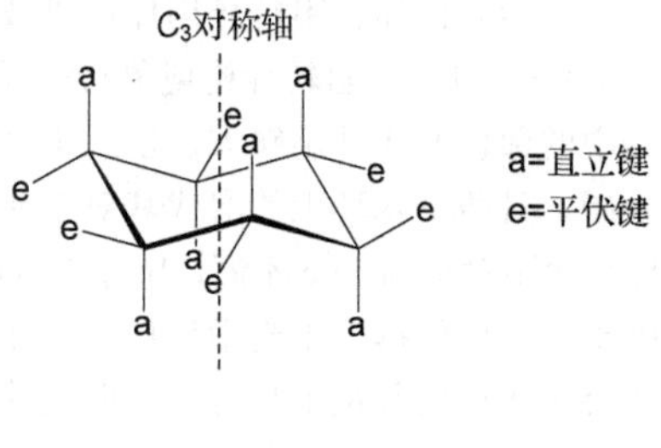

直线型碳 [diagonal carbon] 发生 sp 杂化的碳原子。sp 杂化是由 s 轨道和一个 p 轨道杂化形成两个能量均等的轨道，两个 sp 杂化轨道对称轴之间的夹角是 180°(成一条直线)。两个未参与杂化的 p 轨道互相垂直，并且都与两个 sp 杂化轨道对称轴组成的直线垂直。以乙炔为例，碳原子用一个 2s 轨道和一个 2p 轨道进行杂化，形成两个相等的 sp 杂化轨道。每个 sp 杂化轨道包含 1/2s 轨道成分和 1/2p 轨道成分，这两个 sp 杂化轨道的对称轴形成 180°的夹角，处于同一直线。

轴向手性 [axial chirality] 描述一种旋转对映立体异构现象的术语，该立体异构现象由关于一个手性轴成对不共面排列四个基团产生。例如丙二烯或邻取代联苯。含有轴向手性的分子构型用符号 *R*p 和 *S*p 表示(或者 *P* 和 *M*)。关于 *P* 和 *M* 的定义，参见面手性。

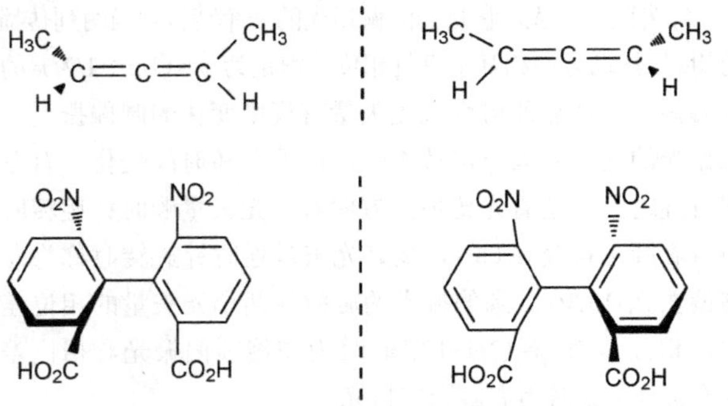

自发拆分 [spontaneous resolution] 自发结晶拆分，即外消旋体在结晶过程中，自发地形成两种对映异构体的晶体聚集体的过程。最早巴士德报道的拆分方法即为这种方法。这种结晶方式是在平衡条件下进行的，不管是在慢速结晶条件还是加晶种诱导的快速结晶条件下，两个对映异构体都以对应结晶的形式等量地自发析出。由于形成的聚集体结晶是对应结晶，结晶之间也是互为镜像的关系，因此可用人工的方法将两个对映体分开。自发结晶方法的先决条件是外消旋体必须能形成聚集体，这样才能利用所生成的结晶体之间互为镜像的关系而将其拆分。最早使用该方法的例子是外消旋体季铵盐的拆分。

自由旋转 [free rotation] 在立体化学概念中，当某基团(或原子)绕一个键旋转时，旋转能垒很低以致于在实验条件时间尺度下，不同的构象不能区分为不同的化学物种，互相不可分辨，这种旋转被称为自由旋转。

阻转异构体 [atropisomer] 由于碳碳单键的旋转受到阻碍而造成的光学异构体。阻转异构体可以被分离出来的半衰期至少在 1000 s 以上，阻转异构现象与温度环境有关。如联苯衍生物中的邻位取代基足够大，以致于两个苯基的自由旋转受到阻碍，且两个苯环上的取代基对于通过中心单键并垂直于苯环平面不对称(a 与 c 不同，b 与 d 不同)，就使其具有非对称因素，有可能拆分出光学异构体。如果取代基足够大，即使在每个苯环的邻位上只有一个取代基时也能产生对映异构，如 2,2′-联苯二磺酸就是手性分子。破坏连续平面

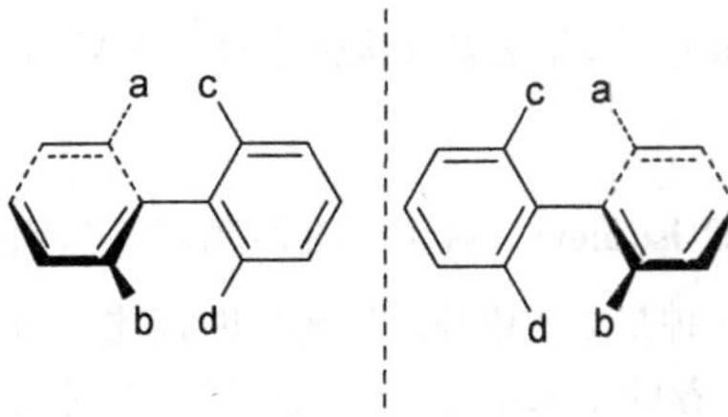

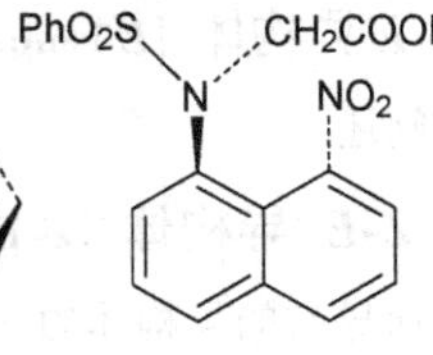

2

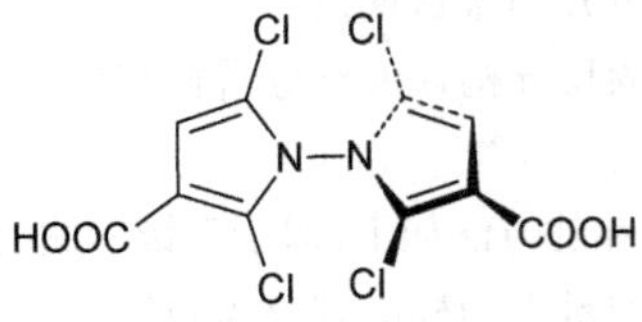

1

对称性的作用也可以由其他位置的取代基实现，即当 a 与 c 相同，b 与 d 相同时，在其他位置引入取代基导致的不对称因素，如化合物 **1**。萘的衍生物也有阻转异构现象，如化合物 **2** 可拆分出旋光异构体，但当其没有硝基取代基时，则不能拆分，无对映异构现象。

左旋体 [laevo isomer; levo isomer] 对映体中，使偏振光向左转(振动平面按逆时针方向旋转)的异构体。通常用(+)表示右旋，(–)表示左旋。如 L-构型左旋酒石酸，其全名可写作 L-(–)-酒石酸。

2.5 生物有机化学

L-阿拉伯糖 [L-arabinose] 一种五碳醛糖。化学式 $C_5H_{10}O_5$，分子量 150.13。为正交晶系。有甜味。熔点 157～160℃。有变旋现象，比旋光度 $[\alpha]_D^{12}$ +173°(6 min)→ $[\alpha]_D^{20}$ +105.1°(22.5 h，*c*=3，水)。1 g 溶于 1 mL 水中，或溶于 250 mL 90% 乙醇中。能还原费林溶液。广泛分布于植物中，通常以杂多糖的形式存在。在分枝菌中亦发现 L-阿拉伯糖。由阿拉伯胶或玉米纤维的配糖体水解、分离、精制而得。也可以由酵母发酵而得。用作甜味剂，也可用于某些细菌的培养基。

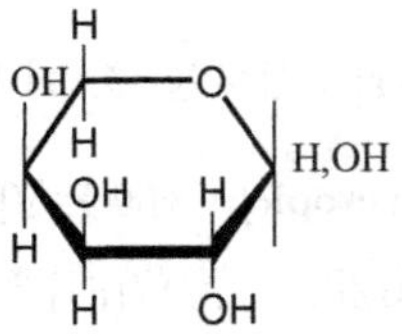

阿片样肽 [opioid peptide] 具有吗啡样镇痛作用的一类内源性多肽的总称。能与中枢或外周组织中阿片受体特异结合，其作用可被吗啡拮抗剂纳洛酮阻断。现已发现的阿片肽不少于 20 种。主要有：甲硫氨酸脑啡肽，亮氨酸脑啡肽，*α*-、*β*-、*γ*-内啡肽，强啡肽 A，强啡肽 B，*α*-新内啡肽与 *β*-新内啡肽等。这些肽都有一个共同的 N 端序列(Tyr-Gly-Gly-Phe-Met/Leu)。它们不仅参与镇痛，而且还在应激、记忆、免疫反应、摄食、血压调节、脑瘤生长以及内分泌调节等生理活动中发挥重要作用。

埃德曼降解 [Edman degradation] 从肽或蛋白质逐步切下N端氨基酸的一种方法。具体是将Edman试剂苯基异硫氰酸酯在弱碱条件下与氨基酸、肽或蛋白质的游离氨基反应，通过形成乙内酰硫脲而使N端氨基酸从肽或蛋白质上脱落，并可重复进行这些步骤。所以，用此法不仅可确定N端氨基酸的结构，也可以确定氨基酸的序列。

安多芬 [endorphin] 即内啡肽。

(2*S*)-氨基-3-苯基丙酸 [(2*S*)-amino-3-phenylpropionic acid] 即苯丙氨酸。

2-氨基次黄嘌呤 [2-amino hypoxanthine] 即鸟嘌呤。

2-氨基丁酸 [2-aminobutyric acid] 即*α*-氨基丁酸。

3-氨基丁酸 [3-aminobutyric acid] 即*β*-氨基丁酸。

4-氨基丁酸 [4-aminobutyric acid] 即*γ*-氨基丁酸。

***α*-氨基丁酸** [*α*-aminobutyric acid] 系统命名2-氨基丁酸。化学式 $C_4H_9NO_2$，分子量103.12。L-*α*-氨基丁酸，稀醇中得小叶片结晶。味甜。溶于水。L型熔点270～280℃(取决于加热速度)。$[\alpha]_D^{20}$ −20.7°(5 mol/L 盐酸)；$[\alpha]_D^{20}$ +8°(水)。存在于抹香鲸的泪水及豆科植物的根瘤中，以及大量服用甲硫氨酸的人尿中。用作生化试剂和营养剂。D型为小叶状结晶。熔点292℃(分解)。$[\alpha]_D^{20}$ +20.7°(5 mol/L 盐酸)。

***β*-氨基丁酸** [*β*-aminobutyric acid] 又称3-氨基丁酸。化学式 $C_4H_9NO_2$，分子量103.12。DL型，从醇中得结晶。溶于水，不溶于冷无水乙醇和乙醚。L型熔点215℃(220℃分解)。$[\alpha]_D^{20}$ +35.3°(水)。D型从甲醇中得棱柱状结晶。熔点218～219℃。$[\alpha]_D^{23}$ −39°(*c*=0.4，水)(光学纯)。

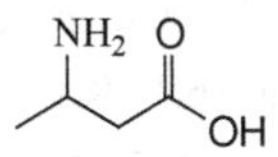

***γ*-氨基丁酸** [*γ*-aminobutyric acid (GABA)] 又称4-氨基丁酸。化学式 $C_4H_9NO_2$，分子量103.12。从甲醇-乙醚中得小叶状结晶，从水-醇中得针状结晶。熔点202℃(快速加热分解)。易溶于水，微溶于热乙醇，不溶于其他有机溶剂。在熔点温度以上分解形成吡咯烷酮和水。存在于玄参科植物地黄的根茎以及葫芦科、百合和人参等多种植物中。是一种中枢神经触突的抑制性递质。脑中含量较高，在脑的能量代谢中占有重要的地位。有短暂的降血压作用。临床用于降血压及恢复脑细胞功能。

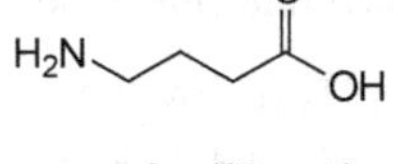

氨基端 [amino terminal] 即N端。

(2*S*)-氨基-3-(4-咪唑基)丙酸 [(2*S*)-amino-3-(1*H*-imidazol-4-yl)propanoic acid] 即组氨酸。

2-氨基-4-(胍氧基)丁酸 [2-amino-4-(guanidinooxyl)butyric acid] 即刀豆氨酸。

6-氨基嘌呤 [6-aminopurine] 即腺嘌呤。

(2*S*)-氨基-4-羟基丁酸 [(2*S*)-amino-4-hydroxybutanoic acid] 即高丝氨酸。

2-氨基-4-巯基丁酸 [2-amino mercaptobutyric acid] 即高半胱氨酸。

氨基酸 [amino acid] 一般指同时含有氨基和羧基的有机化合物。在脂肪族氨基酸中，根据氨基与末端羧基之间的距离，可分为*α*、*β*、*γ*、*ω*等氨基酸。分子中氨基与羧基数目相等的氨基酸，近乎中性，称为中性氨基酸；氨基数目少于或多于羧基时，呈酸性或碱性，分别称为酸性或碱性氨基酸。*α*-氨基酸是在同一个碳原子上既结合了氨基又结合了羧基的氨基酸，其中22种*α*-氨基酸是组成生物活性肽及蛋白质的基本结构单位，称为蛋白质氨基酸或编码氨基酸，因为它们与核酸中的密码子有对应的关系。除甘氨酸外，其他编码氨基酸的*α*-碳原子为手性碳原子，均为L构型，具有旋光性。*α*-氨基酸的分类是以*α*-碳原子上的R基团性质不同而分为相应的脂肪族、芳香族或杂环族氨基酸。一般氨基酸为无色结晶。由于分子中既有碱性的氨基，又有酸性的羧基，故常以内盐形式存在，其熔点或分解点较高。同时既可与酸成盐，也可与碱成盐。一般可溶于水，不溶于有机溶剂。

氨基酸残基 [amino acid residue] 两个或两个以上的氨基酸之间经脱水形成肽时，在肽分子中的每个氨基酸单元称为氨基酸残基。此时羧基组分中的羧基缺少1个羟基(NH_2—CHR—CO—)，而氨基组分中的氨基缺少1个氢原子(—NH—CHR—COOH)，因此肽链中所有单元均为氨基酸残基$(—NH—CHR—CO—)_n$，*n*= 2,3,4,…。

氨基酸序列 [amino acid sequence] 存在于肽或蛋白质中的氨基酸线性顺序。氨基酸线性顺序在表示时，通常是把N末端氨基酸写在左边，C末端氨基酸写在右边。

2-氨基乙酸 [2-aminoacetic acid] 即甘氨酸。

白氨酸 [leucine] 即亮氨酸。

白三烯 [leukotrienes] 与过敏性反应有关的生物活性物质。缩写符号：LTs。是来自花生四烯酸或其他非饱和脂肪酸的非环状生物活性分子，由白细胞等对刺激的应答而形成。由于最早是在白细胞中发现而得名。是一类含三个共轭双键的二十碳直链不饱和酸的总称。可按取代基性质分为LTA、LTB、LTC、LTD、LTE、LTF六类。双键的数目在右下角以数字表明。在体内含量虽微，却具有很高的生理活性，并且是某些变态反应、炎症以及心血管等疾病中的化学介质。能引起气管平滑肌收缩、刺激血管通透性、吸引及激活白细胞。白三烯的过多释放是引起哮喘和过敏性鼻炎的主要原因之一。

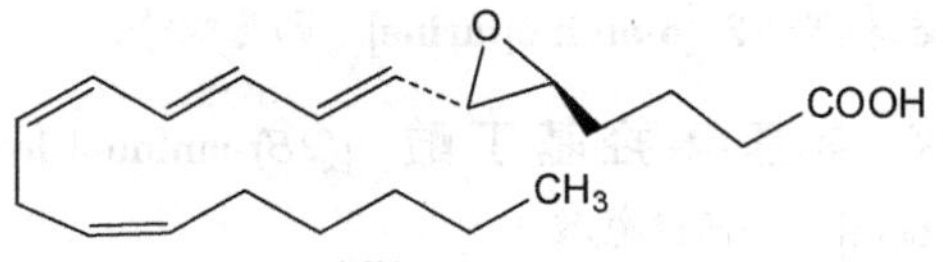

LTA4

半胱氨酸 [cysteine] L-半胱氨酸的系统命名为(2*R*)-氨基-3-巯基丙酸，是编码氨基酸。缩写符号：Cys 或 C。化学式 $C_3H_7NO_2S$，分子量 121.16。无色结晶。溶于水、醇、氨水及乙酸，不溶于醚、丙酮及四氯化碳。L 型的比旋光度 $[\alpha]_D^{25}$ −16.5°(*c*=2，水)，$[\alpha]_D^{25}$ +26.5°(5 mol/L 盐酸)。pK_{a_1}=1.71；pK_{a_2}=8.33；pK_{a_3}=10.78(SH)。pI 5.02。为组成蛋白质的成分之一。是哺乳动物的非必需氨基酸。多存在于天然的毛发鳞甲中。L-半胱氨酸盐酸盐，$C_3H_7NO_2S·HCl$，无色结晶。熔点 175～178℃(分解)。比旋光度 $[\alpha]_D^{25}$ +5°(*c*=1，5 mol/L 盐酸)，$[\alpha]_D^{20}$ +10°(冰乙酸)。溶于水、醇、丙酮。游离的半胱氨酸在中性或微碱性溶液中能被空气氧化为 L-胱氨酸。医药上多用于药物制造，还可用于促进毛发的生长，放射线的防护以及重金属解毒等。D-半胱氨酸存在于萤火虫的萤光素酶中。

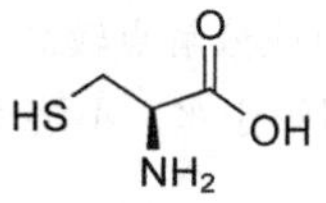

半抗原 [hapten] 具有反应原性而无免疫原性的简单有机小分子。其本身不能引起免疫应答，只有与蛋白载体结合后才具备半抗原特异的免疫原性，并能与已产生的相应抗体结合。

D-半乳糖 [galactose] 一种己醛糖。缩写符号：D-Gal。化学式 $C_6H_{12}O_6$，分子量 180.16。*α*-和 *β*-型的半乳吡喃糖的熔点皆为 167℃。一水合物熔点为 118～120℃。31℃时，在水溶液中含 30% *α*-吡喃半乳糖，64% *β*-吡喃半乳糖，2.5% *α*-呋喃半乳糖，3.5% *β*-呋喃半乳糖与 0.02%醛。*α*-D-吡喃半乳糖，有变旋现象，比旋光度 $[\alpha]_D^{20}$ +150.7°→+80.2°(水)。*β*-型，比旋光度 $[\alpha]_D^{20}$ +52.8°→+80.2°(水)。易溶于水，可溶于吡啶，微溶于乙醇。能还原费林试剂。是动物界较为常见的一种单糖。哺乳动物乳汁中乳糖的组成部分。自然界中游离半乳糖很少，存在于种子发芽时，乳汁和常春藤的浆果中；常以多糖形式存在于多种植物胶内，蜗牛、蛙卵和牛肺中。也存在于多种低聚糖，如水苏糖、蜜二糖、棉子糖、羽扇糖等。甜味为蔗糖的一半。

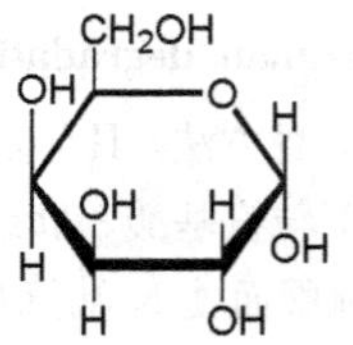

α-D-吡喃半乳糖

胞苷 [cytidine] 又称胞嘧啶核苷。由嘧啶的 1-位氮原子与 D-核糖的 1 位碳原子通过 *β*-糖苷键连接而成的化合物。缩写符号：Cyd。为嘧啶类核苷。化学式 $C_9H_{13}N_3O_5$，分子量 243.22。核酸的一种组分。白色结晶性粉末。90%乙醇中得长针状结晶。有吸湿性。熔点 230℃(分解)。比旋光度 $[\alpha]_D^{25}$ +31°(*c*=0.7，水)。易溶于水，溶于酸和碱，稍溶于乙醇，不溶于有机溶剂。UV 最大吸收波长 271 nm (pH=8.2)；280 nm (pH=2.2)。p*K*=4.22(氨基正离子)；p*K*=12.5(糖负离子)。硫酸盐熔点为 224～225℃(分解)。$[\alpha]_D^{24}$ +34°(水)。可由酵母核酸经水解得到，或由烷氧基嘧啶与核糖合成。可作为升高白细胞的药物及用于合成治疗白血病的环胞苷等。

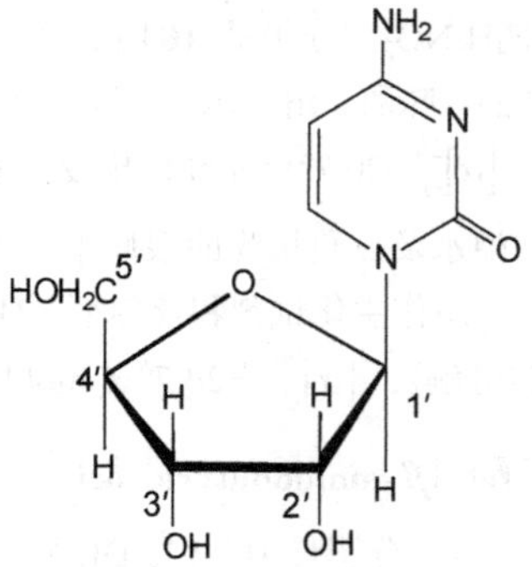

胞嘧啶 [cytosine] 系统命名 2-羟基-4-氨基嘧啶。缩写符号：C。化学式 $C_4H_5N_3O$，分子量 111.10。有烯醇式和酮式两种形式，但以酮式为主。一水合物为闪光的单斜或三斜系的片状晶体。100℃失水，约 300℃变棕色，320～325℃分解。UV 最大吸收:196.5 nm, 267 nm (pH =8.8)。1 g 溶于 130 mL 水中，微溶于乙醇，不溶于乙醚，与酸成盐，pK_1=4.60, pK_2=12.16。是核酸(DNA 和 RNA)的主要碱基组分之一。

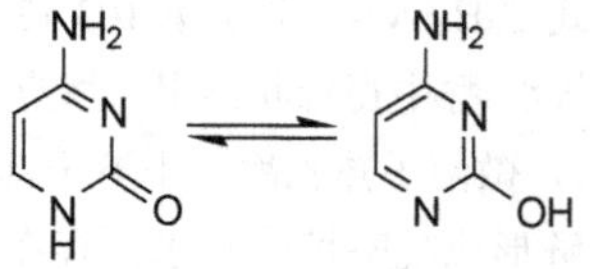

胞嘧啶核苷 [cytosine riboside] 即胞苷。

胞嘧啶脱氧核苷 [cytosine-2-deoxyriboside] 即 2′-脱氧胞苷。

保幼激素 [juvenile hormone (JH)] 又称咽侧体激素或返幼激素。一类保持昆虫幼虫形态、性状和促进生殖腺成熟、成虫滞育和产生信息素的激素。为萜烯类化合物，由变构的直链类异戊二烯组成的脂溶性化合物。昆虫在发育过程中由咽侧体分泌的一种激素。

苯丙氨酸 [phenylalanine] 系统命名(2*S*)-氨基-3-苯基丙酸。是编码氨基酸。缩写符号：Phe 或 F。化学式 $C_9H_{11}NO_2$，分子量 165.19。从浓热水中得单斜晶系片状结晶或小叶状结晶。溶于水，微溶于乙醇、乙醚。熔点 283～284℃(分解)(快速加热)。L 型的比旋光度$[\alpha]_D^{20}$ −34.3°(*c*=1, 水)(98%光学纯)。$[\alpha]_D$ − 4.5° (*c*=1, 5 mol/L 盐酸)。pK_{a_1}=1.83(COOH)，pK_{a_2}=9.13(NH_2)。是哺乳动物的必需氨基酸。可用脱脂蛋白水解液分离制备。主要用作营养添加剂，是氨基酸输液及复合氨基酸制剂的成分。也是生产甜味二肽(阿斯巴糖)的原料。D 型从水中得小叶状结晶。熔点 283～284℃(分解)。D 型的比旋光度$[\alpha]_D^{25}$ +34.5°(*c*=1, 水)，$[\alpha]_D$ +4.47°(*c*=1, 5 mol/L 盐酸)。

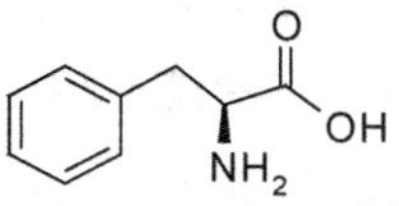

***N*-苯基甘氨酸** [*N*-phenylglycine; anilinoacetic acid] 化学式 $C_8H_9NO_2$，分子量 151.16。是非编码氨基酸。由甲醇中重结晶得针状结晶。易溶于乙醇、乙醚、乙酸，能溶于热水，不溶于氯仿、苯。密度 1.259 g/cm³。熔点 121～123℃。pK_{a_1} 2.0; pK_{a_2} 4.38(COOH)(25℃)。为合成靛蓝的中间体。可用于修饰生物活性肽。

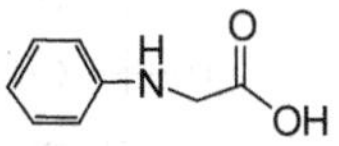

苯甲酰基甘氨酸 [*N*-benzoyl-glycine] 即马尿酸。

比活性 [specific activity] 每毫克酶蛋白所具有的酶活力。它是酶学研究及生产中经常使用的数据，可以用来比较每单位质量酶蛋白的催化能力。对同一种酶来说，比活力越高，表明酶越纯。

吡哆胺二盐酸盐 [pyridoxamine dihydrochloride] 吡哆胺的二盐酸盐。是水溶性维生素 B_6 之一。吡哆胺(缩写符号：PM)是吡哆醇上 4 位羟甲基的羟基被氨基取代的产物。化学式 $C_8H_{14}C_{12}N_2O_2$，分子量 241.12。为小板状晶体。熔点 226～227℃(分解)。室温条件下稳定。易溶于水(1 g/2 mL)；略溶于 95%乙醇(0.65 g/100 mL)。1%的水溶液 pH=2.4。UV：在 287.5 nm 波长处有最大吸收峰(pH=1.94)。游离的吡哆胺，化学式 $C_8H_{12}N_2O_2$，分子量 168.21。由乙醇中结晶，熔点 193～193.5℃。溶于醇。吡哆醇耐热，吡哆醛和吡哆胺不耐高温。机体缺乏维生素 B_6 时可导致皮肤病。天然品如米糠、蛋黄、酵母等维生素 B_6 含量丰富。

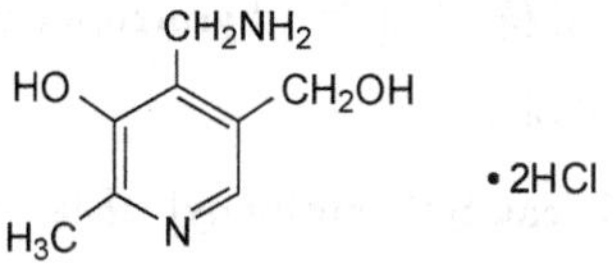

吡哆胺二盐酸盐

吡哆醇盐酸盐 [pyridoxol hydrochloride] 又称吡哆素、吡哆辛、维生素 B6 盐酸盐。化学式 $C_8H_{11}NO_3 \cdot HCl$，分子量 205.64。是一种水溶性维生素，与吡哆胺、吡哆醛合称为维生素 B_6。由于最初分离出来的代谢产物是吡哆醇，故一般以它作为维生素 B_6 的代表。由乙醇加丙酮溶液中得片状结晶。对光和空气稳定。熔点 206～208℃(分解并升华)。游离的吡哆醇熔点 160℃。在酸液中稳定，在碱液中易破坏。易溶于水(1 g/4.5 mL)，溶于醇(1 g/90 mL)，难溶于丙酮，不溶于乙醚和氯仿。UV：290 nm 波长处有最大吸收峰(0.1 mol/L HCl)。在自然界广泛分布，磷酸吡哆醇化学式 $C_8H_{10}NO_5P$。白色结晶性粉末。熔点 123～126℃。是氨基酸代谢过程的辅酶，如转氨酶的辅酶。在酵母菌、肝脏、谷粒、肉、鱼、蛋、豆类及花生中含量较多。为人体内某些辅酶的组成成分，参与多种代谢反应，尤其是和氨基酸代谢有密切关系。用作营养剂。临床上应用维生素 B_6 制剂防治妊娠呕吐和放射病呕吐。

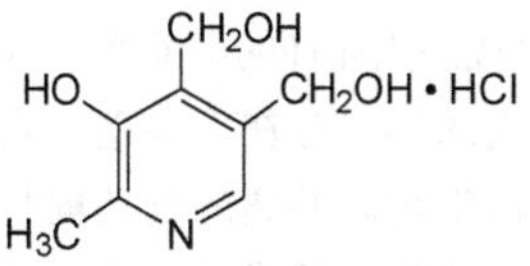

吡哆醇盐酸盐

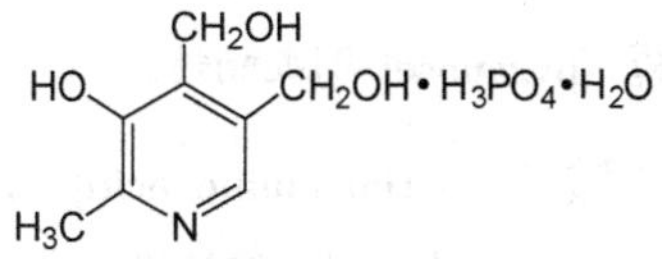

磷酸吡哆醇

吡哆醛 [pyridoxal] 维生素 B_6 的形式之一。是吡哆醇上 4 位的羟甲基被氧化为醛基的结构。缩写符号：PL。化学式 $C_8H_9NO_3$，分子量 167.16。其盐酸盐为菱形结晶。熔点 165℃(分解)。易溶于水(1 g/2 mL)，可溶于 95%乙醇(1.7 g/100 mL)。1%的水溶液 pH=2.65。UV：在 292.5 nm 波长处有最大吸收峰。

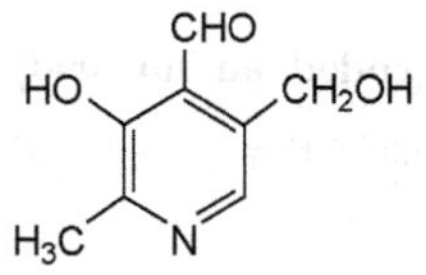

吡哆醛磷酸酯 [pyridoxal 5-phosphate] 即 5-磷酸吡哆醛。

吡哆素 [pyridoxine] 即吡哆醇盐酸盐。

吡哆辛 [pyridoxine] 即吡哆醇盐酸盐。

吡咯赖氨酸 [pyrrolysine] L-吡咯赖氨酸的系统命名为 N^6-[(2*R*,3*R*)-3-甲基-3,4-二氢-2*H*-吡咯-2-羰基]-L-赖氨酸。缩写符号：Pyl 或 O。(2*R*,3*R*)-3-甲基-3,4-二氢-2*H*-吡咯-2-甲酰基与赖氨酸的 6-氨基形成酰胺的衍生物。化学式 $C_{12}H_{21}N_3O_3$，分子量 255.31。是于 2002 年在产甲烷菌的甲胺甲基转移酶中发现的第 22 个编码氨基酸。是自然界存在而少见的编码氨基酸，目前仅发现在产甲烷菌和古细菌中。其三联体密码子与终止密码子相同，均为UAG。游离的L-吡咯赖氨酸不稳定。L-吡咯赖氨酸的锂盐：化学式 $C_{12}H_{20}LiN_3O_3$，分子量261.25。为稳定的白色固体。比旋光度$[\alpha]_D^{20}$ −2.1°（c=0.25，甲醇）。

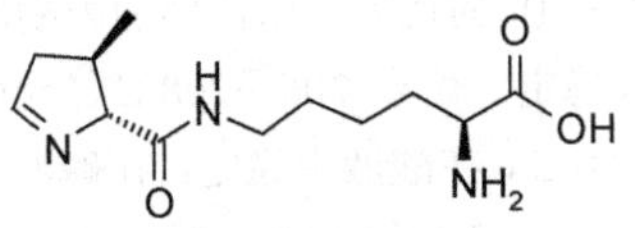

4-*O*-*β*-D-吡喃半乳糖基-D-吡喃葡萄糖 [4-*O*-(*β*-D-galactopyranosyl)-D-glucopyranose] 即乳糖。

4-*O*-(*α*-D-吡喃葡萄糖基)-D-吡喃葡萄糖 [4-*O*-(*α*-D-glucopyranosyl)-D-glucopyranose] 即麦芽糖。

***α*-D-吡喃葡萄糖基-*β*-D-呋喃果糖苷** [*α*-D-glucopyranosyl-*β*-D-fructofuranoside] 即蔗糖。

吡喃糖 [pyranose] 又称吡喃型糖。由糖分子中的5位羟基与1位醛基缩合生成的六元环的半缩醛。葡萄糖、甘露糖、半乳糖等通常以吡喃糖的形式存在。核糖、阿拉伯糖、木糖等也能形成吡喃糖的衍生物。游离的吡喃糖与呋喃糖以一定比例处于平衡状态中。淀粉、纤维素、甲壳素等多糖都是由吡喃糖连接而成的多糖。

吡喃型糖 [pyranose] 即吡喃糖。

必需氨基酸 [essential amino acid] 为哺乳动物机体正常生长和功能所需要的，但不能被机体自身合成，而必须从食物中获得的氨基酸。如L-苯丙氨酸、L-赖氨酸、L-亮氨酸、L-异亮氨酸、L-甲硫氨酸、L-苏氨酸、L-色氨酸、L-缬氨酸和幼小动物所需的L-精氨酸与L-组氨酸等。人类与大白鼠的必需氨基酸相同。体内缺乏必需氨基酸时将导致营养不良和生长发育的障碍。不同种属动物所需的必需氨基酸的种类和数量是不同的。

编码氨基酸 [coded amino acid] 与核酸中的密码子(codon)有对应关系的氨基酸。蛋白[质]氨基酸都是编码氨基酸。

变性作用 [denaturation] 生物大分子如蛋白质、核酸受物理因素或化学因素的影响，可改变或破坏蛋白质或核酸分子的空间结构，从而引起蛋白质多肽链的展开和核酸螺旋形结构的解体，并导致其生物活性的丧失以及理化性质的改变。

丙氨酸 [alanine] L-*α*-丙氨酸的系统命名为(2*S*)-氨基丙酸。缩写符号：Ala或A。化学式 $C_3H_7NO_2$，分子量89.09。是编码氨基酸。无色至白色结晶形粉末。溶于热水，不溶于乙醇、乙醚和丙酮。L-丙氨酸的熔点297℃(分解)。密度为1.401 g/cm³。L型的比旋光度$[\alpha]_D$+1.8°(c=1，水)，$[\alpha]_D$+14.6°(c=1，5 mol/L盐酸)。DL-丙氨酸溶于水，微溶于乙醇，不溶于乙醚。随加热速度不同在264～296℃分解，200℃升华。密度为1.424 g/cm³。pK_1 2.35; pK_2 9.87。L-丙氨酸是哺乳动物的非必需氨基酸。D-丙氨酸存在于多种细菌细胞壁或某些抗菌肽中。

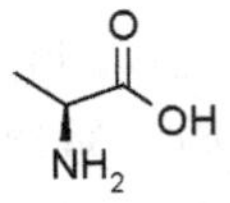

L-*α*-丙氨酸

丙种维生素 [vitamin C] 即抗坏血酸。

侧链 [side chain] 连接在较长链或环上侧面的短(支)链。在氨基酸上则特指氨基酸*α*-碳上的取代基团。

超二级结构 [super secondary structure] 在蛋白质折叠过程中，一些二级结构的构象单位组合而成的过渡性结构层次。典型的有罗斯曼折叠模式、锌指和四螺旋束等。

赤丁糖 [erythrose] 即D-(−)-赤藓糖。

D-(−)-赤藓糖 [erythrose] 又称赤丁糖。系统命名(2*R*,3*R*)-2,3,4-三羟基丁醛。化学式 $C_4H_8O_4$，分子量120.10。中间2个碳原子上的羟基在碳链的同一侧的一种四碳醛糖。按费歇尔(Fischer)投影式，D-(−)-赤藓糖的结构式为

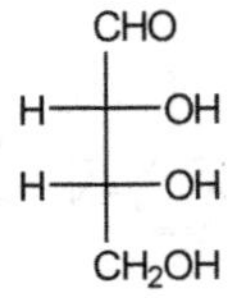

系无色糖浆。呈现变旋现象。D型的比旋光度$[\alpha]_D^{20}$ +1° → −14.5°(3天，c=11，水)。溶于水。缓慢地还原冷的费林溶液(Fehling's solution)。钠汞齐可将其还原为不活泼的赤藓醇。不溶于苯、氯仿、乙醚等有机溶剂。存在于某些植物中。是出现于磷酸戊糖途径中的一种中间代谢物。可用过氧化氢氧化阿拉伯糖酸钙而得。主要用于化学研究。

促甲状腺素释放素 [thyroliberin; thyrotropin releasing hormone] 又称促甲状腺素释放因子。一种控制垂体前叶分泌促甲状腺激素的下丘脑激素。缩写符号：TRF; TRH。是与G蛋白偶联受体相结合的三肽，结构式为pGlu-His-ProNH₂。TRH易溶于甲醇，略溶于氯仿，不溶于吡啶。下丘脑只含TRF总量的31%，实际上除小脑外，脑的各部分都存在TRH。动物的TRH与人无异。它可促进垂体前叶释放促甲状腺素，也可促进生长激素和催乳激素的释放。可用于垂体和甲状腺功能诊断试剂，也用于治疗甲状腺功能减退和甲状腺癌。

促甲状腺素释放因子 [thyrotropin releasing factor] 即促甲状腺素释放素。

催化抗体 [catalytic antibody] 即抗体酶。

甙 [glycoside] 糖苷的旧称。

甙元 [aglycone] 即苷元。

单核苷酸 [mononucleotide] 组成核酸(DNA 和 RNA)的基本结构单位。由一个碱基、一个五碳糖(核糖或脱氧核糖)和磷酸以特定方式(糖苷键和磷酸酯键)连接而成。许多单核苷酸也具有重要的生物学功能，如与能量代谢有关的三磷酸腺苷(ATP)等。

单糖 [monosaccharide] 最简单的糖类分子。若再进一步分解，便失去糖的性质。因所含羰基不同，可分为醛糖(aldose)和酮糖(ketose)。单糖有 D 型和 L 型两种构型，自然界中多以 D 型形式存在。单糖一般均为无色。有不同程度的甜味。易溶于水。具有结晶性、渗透性、旋光性。能还原铜、银等金属盐类的碱性溶液。与氧化剂作用可生成糖酸。与还原剂作用可生成糖醇。单糖相互连接可形成寡糖和多糖。是食物中提供热量、甜味以及营养不可缺少的物质。作为甜味剂、微生物的培养基料，在食品和医药工业中有广泛的应用。

蛋氨酸 [methioine] 即甲硫氨酸。

蛋白质 [protein] 生物体中广泛存在的一类生物大分子。由核酸编码的 22 种 α-氨基酸之间通过 α-氨基和 α-羧基形成肽键连接而成肽链，并经翻译加工后生成具有特定立体结构的生物活性大分子。

蛋白[质]氨基酸 [protein amino acid] 组成蛋白质的氨基酸。已知有 22 种 α-氨基酸是组成蛋白质的结构单位。

蛋白质二级结构 [protein secondary structure] 参见化学生物学同名词条。

蛋白质三级结构 [protein tertiary structure] 参见化学生物学同名词条。

蛋白质四级结构 [protein quaternary structure] 参见化学生物学同名词条。

蛋白质一级结构 [protein primary structure] 参见化学生物学同名词条。

氮素固定化作用 [fixation of nitrogen] 即固氮作用。

刀豆氨酸 [canavanine] 系统命名 2-氨基 4-(胍氧基)丁酸。化学式 C5H12N4O3，分子量 176.18。L 型从无水乙醇中得到结晶。极易溶于水。熔点 184℃。L 型的比旋光度 $[\alpha]_D^{20}$ +7.9°(c=3.2，水)。DL 型，熔点 180～182℃。溶于水，几乎不溶于醇。pK_{a1}=2.50；pK_{a2}=6.60；pK_{a3}=9.25 (25℃)。刀豆氨酸系碱性的 L-α-氨基酸，存在于某些豆中，占刀豆干重的 8%，是主要的储氮化合物。种子发芽时，水解释放出氮用于生物合成。

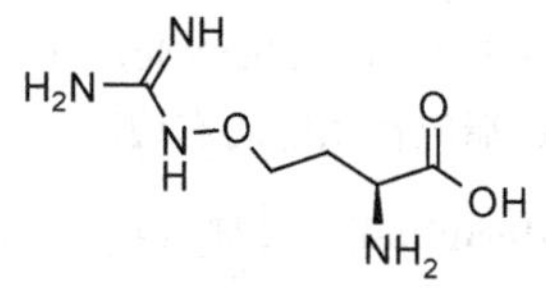

等电点 [isoelectric point] 两性化合物 (如氨基酸、多肽和蛋白质)在同一分子中带有正电荷和负电荷。缩写符号: pI。在水溶液中，当在某一 pH 时，其正负电荷相等，此 pH 称为该化合物的等电点。不同氨基酸都有其独自的等电点。在此 pH 时，该化合物的净电荷为零，在电场中不移动。中性氨基酸的 pI 约在 5.0～6.3 之间。酸性氨基酸的 pI 约在 2.8～3.2 之间。碱性氨基酸的 pI 约在 7.6～10.8 之间。在等电点时氨基酸溶液中主要以两性离子形式存在，此时，氨基酸在水中的溶解度最小，容易以晶体形式从水中析出。因此根据氨基酸等电点不同，可以通过调节不同 pH，从混合氨基酸溶液中分离提取不同的氨基酸。多肽与蛋白质也都有其等电点。同样根据 pI 时溶解度最小的原理，调节不同 pH 可把混合蛋白质分开。

低聚核苷酸 [oligonucleotide] 即寡核苷酸。

低聚肽 [oligopeptide] 即寡肽。

低聚糖 [oligosaccharide] 即寡糖。

低聚物 [oligomer] 即寡聚体。

淀粉 [starch] 以 D-葡萄糖为单元聚合而成的多糖。分子式通式为$(C_6H_{12}O_5)_n$，n 为聚合度。有直链和支链两种不同结构，分别称为直链淀粉(amylose，占淀粉 20%)和支链淀粉(amylopectin,占淀粉 80%)。直链淀粉中仅有 $\alpha(1\rightarrow4)$ 键联的葡聚糖，其平均分子量为 1×10^5～2×10^6，为 600～12 000 个 D-葡萄糖残基以 $\alpha(1\rightarrow4)$ 糖苷键连接而成，通常呈有规则的螺旋构象。支链淀粉平均分子量为 1×10^6～6×10^6，由 6000～37 000 个 D-葡萄糖残基组成。除主要以 $\alpha(1\rightarrow4)$ 糖苷键连接外，还有在分支点处以 $\alpha(1\rightarrow6)$ 连接的结构，螺旋较直链淀粉短。天然淀粉呈颗粒状，大小形状随植物种类而异。广泛存在于禾谷类、薯类、豆类等植物的种子、根、茎等中。无味、无臭。白色粉末。吸湿性不强。不溶于冷水、乙醇和乙醚。溶于 55～60℃热水中成为淀粉糊。它是植物中碳水化合物储存的主要形式。是膳食中主要的碳水化合物，是人类和动物能量的主要来源。与碘溶液呈蓝色反应。淀粉的应用十分广泛，是许多化工产品的重要原料，如通过淀粉发酵可以生产乙醇、乙酸、乳酸、异丙醇、正丁醇及酮、酸、醚、酯等类化合物。在制药工业中用于药物的赋形剂、增稠剂、稀释剂、崩解剂等。在食品工业中是制造淀粉糖的主要原料和食品添加剂的重要来源。还可用于塑料填充剂、造纸工业的增强剂与纺织工业的上浆剂等。

动物淀粉 [liver starch] 即糖原。

C 端 [C-terminal] 又称羧基端。在肽或多肽链中含有游离 α-羧基的氨基酸残基一端。在有的肽中，羧基端的游离羧基被酯化如甜味肽(Asp-PheOMe)。在肽链中表示氨基酸序列时，通常将 C 端放在肽链的右边。

N 端 [N-terminal] 又称氨基端。在肽或多肽链中含有游离 α-氨基的氨基酸残基一端。在有的肽中，氨基端的游离氨基被酰基化。在肽链中表示氨基酸序列时，通常将 N 端放在肽链的左边。

短杆菌肽 S [gramicidin S] 系短芽孢杆菌产生的结构对称，并含 D-型氨基酸残基的环十肽抗生素。结构式为 c(L-Leu-D-Phe-L-Pro-L-Val-L-Orn-L-Leu-D-Phe-L-Pro-L-Val-L-Orn)。化学式 $C_{60}H_{92}N_{12}O_{10}$，分子量 1141.45。短杆菌肽 S 的二盐酸盐的化学式 $C_{60}H_{92}N_{12}O_{10}\cdot 2HCl$，为无色针状结晶。熔点 277～278℃(分解)。比旋光度 $[\alpha]_D^{24}$ −289°(c=0.43，70%乙醇)。主要是抗革兰氏阳性菌，对耐青霉素 G 的金葡萄球菌亦有作用，抗革兰氏阴性菌活性微弱。因毒性较大，LD_{50} 为 17 mg/kg(大鼠腹腔注射)，现已很少使用。

多巴 [DOPA] 又称 3-羟基酪氨酸或 3,4-二羟苯丙氨酸。L-多巴的系统命名为 3-(3,4-二羟基苯基)-L-丙氨酸或 3-羟 L-酪氨酸。化学式 $C_9H_{11}NO_4$，分子量 197.19。L 型，自水中得无色针状结晶。易溶于稀盐酸与甲酸，溶于水，不溶于乙醇、氯仿、苯和乙酸乙酯。熔点 276～278℃(284～286℃)(分解)。L 型的比旋光度 $[\alpha]_D^{13}$ −13.1°(c=5.12，1 mol/L 盐酸)，$[\alpha]_D^{20}$ −12.15°(c=4，1 mol/L 盐酸)。D 型，自水中得针状结晶。熔点 276～278℃(分解)。$[\alpha]_D^{11}$ +13.0°(c=5.27，1 mol/L 盐酸)。溶于水。在动物体内 L-多巴经多巴脱羧酶的作用转化为 L-多巴胺。L-多巴与 L-多巴胺均为重要的神经介质。具有多种生理功能。L-多巴存在于籽苗、荚(果)与蚕豆中。可用于治疗帕金森病。

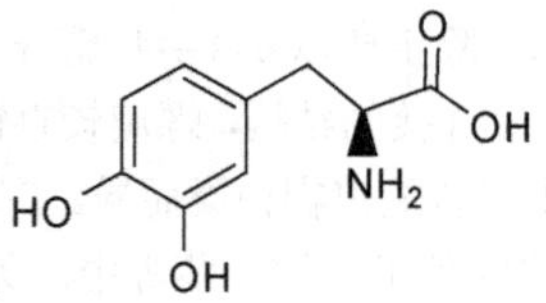

多聚核苷酸 [nucleic acid] 即核酸。

多聚糖 [polysaccharide] 即多糖。

多肽 [polypeptide] 一般指含有 10 个以上的氨基酸残基的肽，即由 10 个以上的 α-氨基酸的—NH_2 与另一 α-氨基酸的—COOH 之间相互缩合失水形成肽键[—(CO—NH)—]的氨基酸线性聚合物。多肽也是蛋白质水解的中间产物。多肽的大多数离子电荷都是由所组成它的氨基酸残基的侧链贡献的。所以其离子特性和溶解性都取决于它的氨基酸组成。在人体中含有多种具有生理活性的多肽称为生物活性肽(bioactive peptide)，可以从动物组织中提取、分离获得。有些植物中也含有生物活性肽。生物活性肽可以通过化学合成制备。

多肽链 [polypeptide chain] 由多个氨基酸借肽键线性连接而成。氨基酸通过羧基和氨基之间脱水后，缩合而成的呈现一维伸展形式的产物。α 碳原子和肽键形成主链，氨基酸残基上的取代基 R 形成侧链。在表达肽链时，总是将自由氨基的一端(N 端)放在多肽链的左端，而将自由羧基的一端(C 端)放在肽链的右端。

多糖 [polysaccharide] 又称多聚糖。由 10 个以上单糖连接而成的糖聚合物。多糖大多为无定形固体化合物，分子量大。纤维素、淀粉、甲壳素是常见的多糖。它们大都难溶于水，不溶于有机溶剂，无甜味，也无还原性，在酸性条件下水解可生成寡糖或单糖。广泛分布于动植物界，有些构成动植物的骨架，称为结构多糖，如甲壳素、纤维素。有些多糖具有储存能量的功能，需要时在体内分解并释放能量，称为储存多糖，如肝糖和淀粉。只由一种单糖组成的为同质多糖，由两种以上单糖组成的多糖为杂多糖。多糖在食品、医药、轻工业中有广泛的应用。

α,ε-二氨基己酸 [α,ε-diaminocaproic acid] 即赖氨酸。

二级结构 [secondary structure] 通常是指生物大分子如蛋白质和核酸在一级结构的基础上所形成的构象。是多肽链或核苷酸链借助主链上的氢键盘绕折叠而形成的具有周期性的构象。如 DNA 的右手双螺旋结构、RNA 的发卡式结构、多肽链中的 α 螺旋、β 折叠、β 转角和无规卷曲等结构。

二硫键 [disulfide bond] 在两个硫原子之间形成的共价键。是 2 个—SH 基被氧化而形成的—S—S—形式的硫原子间的键。常见于肽和蛋白质中两个半胱氨酸残基的两个巯基之间形成的二硫键。二硫键对于维持许多蛋白质分子的天然构象十分重要。

3,3′-二硫双(2-氨基丙酸) [3,3′-dithiobis(2-aminopropionic acid)] 即胱氨酸。

3,4-二羟苯丙氨酸 [3,4-dihydroxyphenylalanine] 即多巴。

2,3-二羟基丙醛 [2,3-dihydroxypropanal] 即甘油醛。

2,4-二羟基-5-甲基嘧啶 [2,4-dihydroxy-5-methyl pyrimidine] 即胸腺嘧啶。

二糖 [disaccharide] 又称双糖。由两个单糖分子通过糖苷键连接而成的糖。如蔗糖、乳糖、麦芽糖等。除蔗糖为非还原糖外，上述其他二糖的水溶液会发生变旋现象，能产生脎和脎，能还原费林(Fehling)试剂和托伦斯(Tollens)试剂，因此属于还原糖。二糖一般为水溶性、有甜味的白色结晶。大多数二糖都是工业原料。蔗糖与麦芽糖为食用甜味剂。

2,4-二氧嘧啶 [2,4-dioxopyrimidine] 即尿嘧啶。

反式-2-氨基-十八碳-4-烯-1,3-二醇 [*E*-2-amino-4-octadecene-1,3-diol] 即鞘氨醇。

返幼激素 [juvenile hormone] 即保幼激素。

仿生学 [biomimics; bionics] 模仿生物体和生物体生命过程、现象与功能的一门科学。通过观察、研究和模拟自然界生物各种各样的特殊本领，包括生物本身结构、原理、行为、各种器官功能、体内的物理和化学过程、能量的供给与转换、信息控制、记忆与传递等，从而为科学技术中利用这些原理，提供新的设计思想、工作原理和系统架构的技术科学。仿生学这个名词来源于希腊文“bio”，意思是“生命”，字尾“nic”有“具有……的性质”的意思。是一门集生物学、数学、工程技术学及系统科学等学科相互渗透结合的学科。其研究范围包括电子仿生、机械仿生、化学仿生、建筑仿生和相应的对口技术仿生等。为人类提供可靠、灵活、高效、经济的接近于生物功能的技术系统。

非必需氨基酸 [non-essential amino acid] 在构成蛋白质的 L-*α*-氨基酸中，有些 L-*α*-氨基酸不必由外源提供，而是根据需要自身利用其他物质(也包括别的氨基酸在内)经复杂的生化反应转化而制造出来供生命活动需要的氨基酸。

非编码氨基酸 [non-coded amino acid] 与核酸中的密码子没有对应关系的氨基酸。即遗传基因中无相应的密码，不能编码于蛋白质分子中的氨基酸。

非蛋白[质]氨基酸 [nonprotein amino acid] 不存在于天然蛋白质分子中而以游离状态或结合状态存在于生物体的各种组织和细胞的氨基酸。它们不参与蛋白质合成，但有些是很重要的代谢物前体或中间产物，如瓜氨酸与鸟氨酸是合成精氨酸的中间产物。非蛋白质氨基酸也包含一些 D-氨基酸或 *β*、*γ*、*δ*-氨基酸以及人工设计具有特殊结构并用化学方法合成的氨基酸。

非还原糖 [non-reducing sugar] 不能还原费林试剂或托伦斯试剂的糖。蔗糖是非还原糖。多糖的还原链末端反应性极差，实际上也是非还原糖。单糖、双糖或寡糖与苷元生成糖苷后，也变成非还原糖。

非天然氨基酸 [unnatural amino acid] 自然界不存在的氨基酸。主要由人工设计并用化学法合成或经翻译后修饰而得到的结构与性能各异的氨基酸。有些非天然氨基酸引入到生物活性肽或蛋白质中，赋予它们特殊的功能和新的生物活性。是研究和开发肽类药物的途径之一，也是化学生物学研究的重要工具。

蜂毒素 [melittin] 即蜂毒肽。

蜂毒肽 [melittin; forapin] 又称蜂毒素。强碱性的、不含硫的二十六肽。缩写符号：MLT。化学式 $C_{131}H_{229}N_{39}O_{31}$，分子量 2846.46。乳白色水溶性粉末。比旋光度 $[\alpha]_D^{21}$ −89.52° (c=0.409)。呈强碱性，易溶于水。它是蜂毒的主要成分，占蜂毒干重的 40%～50%。也是蜂毒中具有药理作用和生物学活性的主要组分。其二级结构为两亲螺旋，呈现明显的表面活性。具有抗炎、降压、镇痛、抑制血小板凝集、抗辐射、抗菌、抗 HIV、抗风湿性关节炎及抗肿瘤等多种药理活性。

***β*-D-呋喃果糖基-*α*-D-吡喃葡萄糖苷** [*β*-D-fructofuranosyl-*α*-D-glucopyranoside] 即蔗糖。

呋喃糖 [furanose] 又称呋喃型糖。由分子中的 4 位羟基与 1 位醛基缩合生成的一个五元环的半缩醛。核糖、阿拉伯糖、木糖等通常以呋喃糖的形式存在，而葡萄糖、甘露糖、半乳糖等也能形成呋喃糖的衍生物。游离的呋喃糖与吡喃糖以一定比例处于平衡状态中，溶剂和温度的变化可使平衡发生改变。呋喃糖在形成苷后，相对稳定。

呋喃型糖 [furanose] 即呋喃糖。

脯氨酸 [proline] L-脯氨酸的系统命名为吡咯烷-(2*S*)-羧酸。环状亚胺基的氨基酸。缩写符号：Pro 或 P。化学式 $C_5H_9NO_2$，分子量 115.13。是编码氨基酸。无色针状结晶。极易溶于水(162.3 g/100 g，25℃)，亦溶于乙醇，不溶于乙醚、正丁醇和异丙醇中。熔点 220～222℃(分解)。L 型的比旋光度 $[\alpha]_D$−60.4°(c=1, 5 mol/L 盐酸)，$[\alpha]_D^{25}$ −86.2°(c=1, 水)，$[\alpha]_D^{20}$ −93.0°(c=2.4, 0.6 mol/L KOH)。pK_{a1}=1.99(COOH)，pK_{a2}=10.06(NH_2)。等电点 6.30。味甜。为哺乳动物的非必需氨基酸。在肽链中有特殊作用，如易形成顺式的肽键等。合成的 DL-脯氨酸，含一分子结晶水。熔点 190℃(无结晶水 205℃分解)。溶于水，微溶于丙酮、氯仿、苯。L-脯氨酸可用于药物合成。

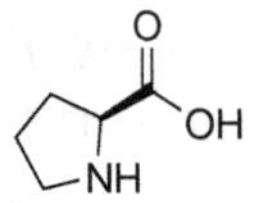

辅酶 [coenzyme] 作为酶的辅因子的有机分子。本身无催化作用，但一般在酶催化反应中有传递电子、原子或某些功能基团(如参与氧化还原或运载酰基的基团)的作用。在大多数情况下，可通过透析将辅酶除去。

辅因子 [cofactor] 指酶的活性所需要的另一种非蛋白质成分。这种辅因子可能是一种金属离子(激活剂)或一种有机分子(辅酶)。它们或松或紧地与酶相结合。

甘氨酸 [glycine] 系统命名 2-氨基乙酸。编码氨基酸中唯一没有手性碳即无旋光性的最简单的氨基酸。缩写符号：Gly 或 G。化学式 $C_2H_5NO_2$，分子量 75.07。白色单斜晶系或六方晶系晶体，或白色结晶性粉末，有特殊甜味。溶于水(25℃, 2.5 g/100 g)，微溶于醇和吡啶，不溶于醚和苯。相对密度

$1.1607\ g/cm^3$。熔点 292℃(262℃)分解。pK_{a1} 2.35；pK_{a2} 9.78。等电点 5.97。是哺乳动物的非必需氨基酸。作为生化试剂，用于缓冲剂、组织培养基和有机合成。

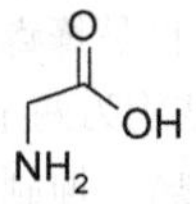

甘露糖 [mannose; carubinose; seminose]　一种己醛糖，系葡萄糖的差向异构体。有 D 型和 L 型。化学式 $C_6H_{12}O_6$，分子量 180.16。α-D-吡喃甘露糖，由甲醇中得 α-异构体结晶。熔点 133℃(分解)，比旋光度 $[\alpha]_D^{20}$ +29.3°→+14.2°(水)。β 型，由乙醇或乙酸中得单斜系针状结晶。熔点 132℃(分解)。相对密度 d^{20}1.54。比旋光度 $[\alpha]_D^{20}$ −17.0°→+14.2°(c=4，水)。易溶于水，略溶于乙醇。能还原费林试剂，可与苯肼生成糖脎，与氯化钙易形成四水合物的结晶。以游离状态存在于某些植物的果皮中，如柑橘皮中，桃、苹果等水果中含有少量游离的甘露糖。以聚糖形式在棕榈种子、象牙果、酵母、红藻、血清球蛋白及木材半纤维素中含有 D-甘露糖的聚糖。可由富含 D-甘露糖的聚糖物质水解得到，或将 D-甘露醇用过氧化氢氧化制成，也可将 D-葡萄糖差向异构化得到。用于生化研究。

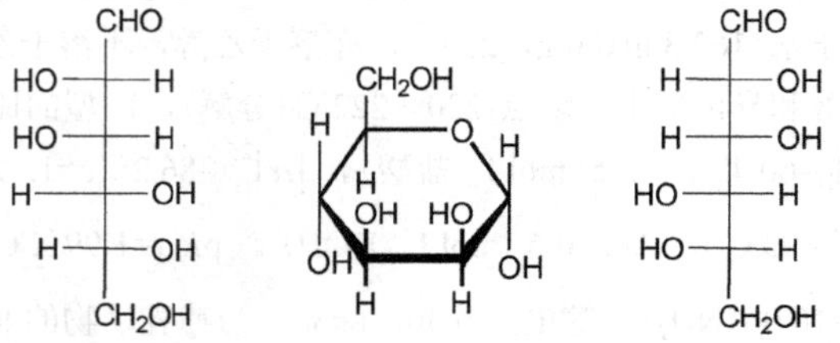

D-甘露糖　α-D-吡喃甘露糖　L-甘露糖

甘油醛 [glyceraldehyde]　又称2, 3-二羟基丙醛。具有 D 型和 L 型两种对映(旋光)异构体的一种最简单的醛糖。化学式 $C_3H_6NO_3$，分子量 90.08。D,L-甘油醛为无味的针状结晶。熔点 144～145℃。D-型与 L-型均为糖浆状物。D-型的比旋光度 $[\alpha]_D^{25}$ +8.7°(c=2，水)。L-型的比旋光度 $[\alpha]_D^{25}$ −8.7°(c=2，水)。溶于水，不溶于苯和醚。可还原费林(Fehling)试剂，与莫利希(Molish)试剂呈阳性反应。D-型和 L-型-甘油醛是费歇尔(E. Fischer)确定碳水化合物构型的参考标准。

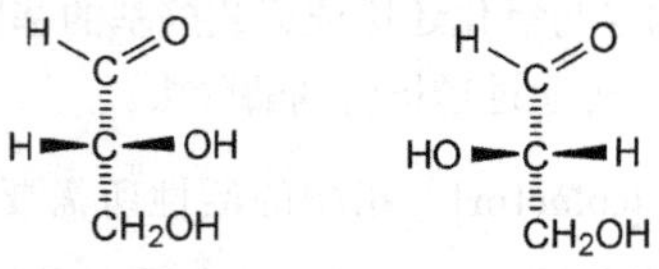

D-(+)-甘油醛　L-(−)-甘油醛

甘油酯 [glyceride]　脂肪酸的甘油酯类。由甘油分子上的羟基和 1 个、2 个或 3 个脂肪酸(包括饱和脂肪酸和不饱和脂肪酸)的羧基反应形成的一种中性脂肪。根据与甘油酯化的脂肪酸分子的数目，产物分别称为甘油一酯、甘油二酯、甘油三酯。其中最重要的是甘油三酯(triacylglyceride)，是人体内含量最多的脂类。主要生物学作用是参与人体的能量代谢。甘油酯是中性物质。不溶于水，溶于有机溶剂。它是血脂肪的成分之一，也是造成动脉硬化的危险因子之一。

肝糖 [liver suger]　即糖原。

苷 [glycoside]　即糖苷。

苷元 [aglycone]　又称甙元。糖苷类化合物中，与糖缩合的非糖部分，即配糖体。苷元可以是醇如甲醇、乙醇、甾醇，这样的苷称为氧苷；可以是硫醇如乙硫醇，这样的苷称为硫苷；可以是羧酸如脂肪酸，这样的苷称为糖酯；可以是胺类，这样的苷称为氮苷；也可以是苷元的碳原子直接与糖连接，称为碳苷。苷元可以是一个很复杂的分子。

高半胱氨酸 [homocystein]　又称同型半胱氨酸。系统命名2-氨基-4-巯基丁酸。化学式 $C_4H_9NO_2S$，分子量 135.19。L 型熔点 245～247℃(分解)。$[\alpha]_D^{20}$ +26.8°(c=1，1 mol/L 盐酸)。DL 型从稀乙醇中得片状结晶。能溶于水和乙酸，微溶于醇，不溶于醚。熔点 232～233℃(263～265℃)。易氧化为同型胱氨酸。pK_{a1}=2.22, pK_{a2}=8.87, pK_{a3}=10.86(25℃)。它是甲硫氨酸和半胱氨酸代谢过程中一个重要的中间产物。由同型半胱氨酸的代谢异常导致的高同型半胱氨酸血症已被研究证实是心脑血管疾病发病的独立危险因子。主要用于生化研究。

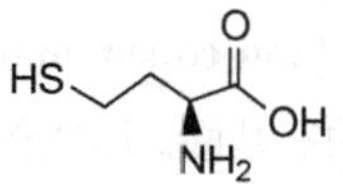

高胱氨酸 [homocystine]　又称同型胱氨酸。化学式 $C_8H_{16}N_2O_4S_2$，分子量 268.36。DL 型，白色片状结晶。微溶于水，能溶于无机酸和碱溶液。熔点 263～265℃(分解)。pK_{a1}=1.59, pK_{a2}=2.54, pK_{a3}=9.44。L 型，无色结晶。熔点 281～284℃(分解)。比旋光度 $[\alpha]_D^{21}$ −16°(水)，$[\alpha]_D^{26}$ +79°(1 mol/L HCl)。D 型，无色结晶。熔点 281～284℃(分解)。比旋光度 $[\alpha]_D^{21}$ +16°(水)，$[\alpha]_D^{26}$ −79°(1 mol/L 盐酸)。主要用于生化研究。

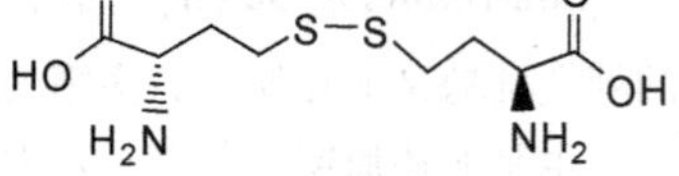

高丝氨酸 [homoserine]　系统命名(2*S*)-氨基-4-羟基丁酸。化学式 $C_4H_9NO_3$，分子量 119.12。白色结晶。L 型熔点 203℃(分解)。比旋光度 $[\alpha]_D^{26}$ −8.8°(c=5，水)；$[\alpha]_D^{26}$ −18.3°(c=2, 2 mol/L HCl)。D 型为结晶。203℃(分解)。比旋光度 $[\alpha]_D^{26}$ +8.8°(c=5，水)。DL 型从稀醇中得结晶。186～187℃分解。化学法制备。主要用于生化研究。

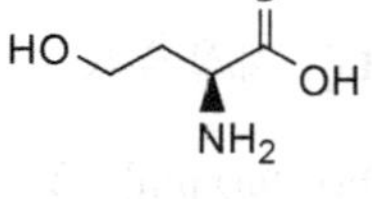

给体 [donor] 曾称供体。❶在化学反应过程中，能提供电子或某一化学基团的物质(化合物)。例如，L-氨基酸与 α-酮酸之间的氨基转移反应，L-氨基酸是氨基的供体；❷在生物有机化学中，提供基因DNA片段、器官、组织或其他细胞输送给另一个个体生物的为给体。

供体 [donor] 给体的旧称。

谷氨酸 [glutamic acid] L-谷氨酸系统命名为(2*S*)-氨基-戊二酸。是编码氨基酸。缩写符号：Glu 或 E。化学式 $C_5H_9NO_4$，分子量 147.13。菱形结晶(乙醇-水)。微溶于醇和水(0.84 g/100 g，25℃)，不溶于醚。熔点 224℃(211～213℃，247～249℃)(分解)。L型的比旋光度$[\alpha]_D^{25}$ +17°(*c*=2，水)，$[\alpha]_D^{25}$ +46.8°(*c*=2,5 mol/L 盐酸)。pK_{a1}=2.2(α-COOH)，pK_{a2}=4.25(侧链 COOH)，pK_{a3}=9.67(NH_2)(25℃)。为非必需氨基酸。其单钠盐有特殊的鲜味，工业上大量生产用于食品调味剂，称为味精。也用作生化试剂与发酵用原料。医疗上用于治疗癫痫病发作和胃酸不足症。D-谷氨酸存在于某些菌类的细胞壁中和某些细菌杆菌肽中。

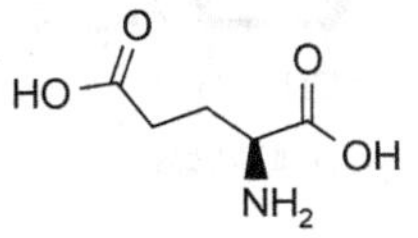

谷氨酰胺 [glutamine] L-谷氨酰胺的系统命名为(2*S*)-氨基-4-氨酰基丁酸。是编码氨基酸。缩写符号：Gln 或 Q。化学式 $C_5H_{10}N_2O_3$，分子量 146.15。白色结晶性粉末。微溶于水(3.6 g/100 g, 25℃)，几乎不溶于甲醇、乙醇、乙醚、丙酮、氯仿和乙酸乙酯。熔点 185～186℃(分解)。L型的比旋光度$[\alpha]_D^{23}$ +6.1°(*c*=3.6，水)，$[\alpha]_D$ +46.5°(1 mol/L 盐酸)。pK_{a1}=2.17, pK_{a2}=9.01(25℃, 0.1mol K_2CO_3)。为非必需氨基酸。可由谷氨酸 5-位羧酸的酯氨解而得。用于低酸性、消化性溃疡的治疗。其异构体异谷氨酰胺(*iso*-glutamine)，系 4-氨基-4-氨酰基丁酸，一般不参与蛋白质组成，在某些菌类的细胞壁上以异谷氨酰胺的糖肽形式存在，如胞壁酰二肽，是有价值的免疫佐剂。

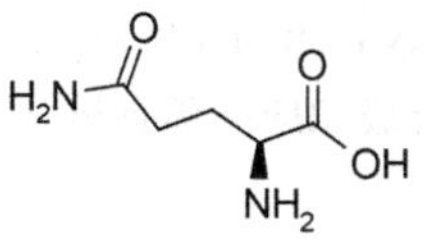

谷胱甘肽 [glutathione] *N*-(*N*-L-γ-谷氨酰-L-半胱氨酰)甘氨酸。缩写符号: GSH。

化学结构式为

$$\begin{array}{l} \qquad\qquad\qquad\quad CH_2SH \\ \qquad\qquad\qquad\quad | \\ HOOC-CHCH_2CH_2CONHCHCONHCH_2COOH \\ \qquad\quad | \\ \qquad\quad NH_2 \end{array}$$

通常用氨基酸缩写符号表示其结构式：γ-L-Glu-L-Cys-Gly，N端L-谷氨酸是由其 γ-羧基而不是 α-羧基与半胱氨酸的 α-氨基之间形成肽键。化学式 $C_{10}H_{17}N_3O_6S$，分子量 307.32。可由酵母中提取或化学合成而得。为白色结晶性粉末。熔点 195℃。比旋光度$[\alpha]_D^{25}$ −18.9°(*c*=4.653，水)；$[\alpha]_D^{27}$ −21°(*c*=2.74，水)。易溶于水、稀醇、液氨和 *N*, *N*-二甲基甲酰胺，不溶于乙醇、乙醚和丙酮。在空气中易氧化。2个GSH分子可通过二硫键相连而形成氧化型谷胱甘肽，缩写符号：GSSG。晶体，熔点 123℃，比旋光度$[\alpha]_D^{20}$ −108°(*c*=2，水)。GSH是生物活性小肽，广泛分布于细胞中。是生物体内多种酶的辅酶，可作为抗氧化剂，保护酶和蛋白质的巯基不被氧化。具有抗氧化、清除自由基、解毒、增强免疫力等功能。

骨架 [backbone] 即主链。

固氮作用 [nitrogen fixation; fixation of nitrogen] 又称氮素固定化作用。❶固氮微生物吸收空气中的分子态氮转变为含氮化合物的过程。主要有共生固氮菌(与植物共生情况下才能有效的固氮如根瘤菌)和自生固氮菌(是自由生活在土壤或水域中，能独立进行固氮作用的某些细菌)两类。对提高土壤肥力和保持自然界中氮素循环有极为重要的意义。❷氮分子被金属元素配位成为稳定配合物的反应。

固相肽合成法 [solid phase peptide synthesis (SPPS)] 多肽合成的一种方法。将要合成多肽链的C端氨基酸的羧基与不溶性的高分子树脂以共价键相连，再以结合在固相载体上的这个氨基酸作为氨基组分经过脱去氨基保护基并与过量的活化羧基组分反应向N端延伸接成预期的肽链(也可以将肽链N端氨基酸与不溶性的高分子树脂以共价键相连，向C端延伸)。这样的步骤可以重复地进行，最后达到所需要的肽链长度。在溶液法中，当带有保护基的肽链增长到一定长度后，产物溶解性能差，反应不易在均相中进行，且不易分离提纯。固相肽合成法与传统的溶液法不同，不需要对每一步反应进行分离纯化，所以操作简便，易实现自动化，其缺点是最终产物比较复杂，需用HPLC纯化后方能得到纯的目标肽产物。现已有多种型号的固相多肽合成仪可用于生物活性肽的生产。

瓜氨酸 [citrulline] L-瓜氨酸的系统命名为(2*S*)-氨基-5-脲基戊酸。是非编码氨基酸。缩写符号：Cit。化学式 $C_6H_{13}N_3O_3$，分子量 175.19。首先在西瓜汁中分离得到。从甲醇与水中得棱柱状结晶。熔点 222℃。溶于水，不溶于甲醇和乙醇。L型的比旋光度$[\alpha]_D^{20}$ +3.7°(*c*=2，水)，$[\alpha]_D^{25}$ +22°(*c*=2，1 mol/L 盐酸)。pK_{a1}=2.43，pK_{a2}=9.41(25℃, 0.1mol/L NaCl)。L-瓜氨酸是动物体内氨基酸代谢与尿素循环中的重要中间物。用于生化研究。

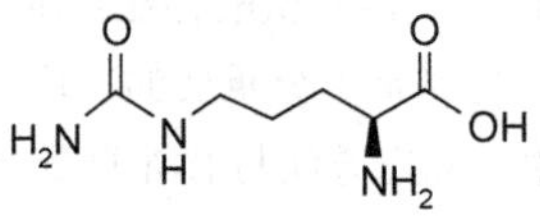

寡核苷酸 [oligonucleotide] 又称低聚核苷酸。由20个以下单核苷酸通过3′,5′-磷酸二酯键连接而成的聚合物。寡核糖核酸由核糖核苷酸组成，寡脱氧核糖核酸由脱氧核糖核苷酸组成。

寡聚体 [oligomer] 又称低聚物。由几个重复单元通过共价键相连而成的短聚合物。常指氨基酸、糖、核苷酸的短多聚体。其单体的数目一般在20以下。如寡肽、寡糖的单体数常为2～10个，而由20个以下的核苷酸组成的核酸通常称为寡核苷酸。

寡肽 [oligopeptide] 又称低聚肽或小肽。通常指含有10个以下氨基酸残基的肽。许多短肽已得到晶体。晶体的熔点都很高，说明短肽的晶体是离子晶格。肽的性质主要取决于形成肽的各个氨基酸侧链R的性质以及游离末端的α-氨基和α-羧基的性质。许多寡肽具有生物活性如肌肽、谷胱甘肽、δ睡眠肽等。寡肽在肽酶的作用下被完全水解成游离氨基酸，并以游离氨基酸形式进入血液循环。在某些情况下完整的寡肽能够通过肠黏膜的肽载体进入血液循环。寡肽的结构相对简单，分子小，易于用化学法合成。

寡糖 [oligosaccharide] 又称低聚糖。任何由10个以下单糖连接而成的糖聚合物。但“10”这一数字并非绝对。寡糖可细分为二糖、三糖、四糖……游离的寡糖溶于水，难溶或不溶于有机溶剂。有的寡糖有甜味。有些寡糖以寡糖苷的形式存在。寡糖在细胞之间的识别、相互作用、信号传递及免疫等很多重要的生理过程中都起着重要的作用。

光合作用 [photosynthesis] 一切绿色植物在叶绿素的催化作用下，利用光能把所吸收的二氧化碳和水等无机物，转化为淀粉等有机物并放出氧气的重要反应。光合作用的产物是整个自然界食物链的基础，农业生产就是人类直接或间接利用光合作用制造所需生活物质的过程，同时由于光合作用吸收了大气中的二氧化碳，放出氧，保持了大气中二氧化碳和氧的相对平衡，为人类与其他生物的生存提供了必要的环境。

胱氨酸 [cystine] 又称3,3′-二硫双(2-氨基丙酸)。化学式$C_6H_{12}N_2O_4S_2$，分子量240.30。由两个半胱氨酸通过二硫键连接形成，含有两个手性碳原子。白色六角形片状晶体或白色结晶状粉末。溶于稀酸和碱性溶液，几乎不溶于水和醇，不溶于醚、氯仿和苯。L型熔点260～261℃分解(封管)。比旋光度$[\alpha]_D^{20}$ −223.4°(1 mol/L 盐酸)。pK_{a1}=1, pK_{a2}=2.1, pK_{a3}=8.02, pK_{a4}=8.71(35℃)。D型熔点247～249℃。比旋光度$[\alpha]_D^{20}$ +223°(1 mol/L 盐酸)。L-胱氨酸存在对维持某些蛋白质的空间构象及其生物学功能是十分重要的。广泛存在于毛、发、骨、角的蛋白质中。应用方面与L-半胱氨酸相同。

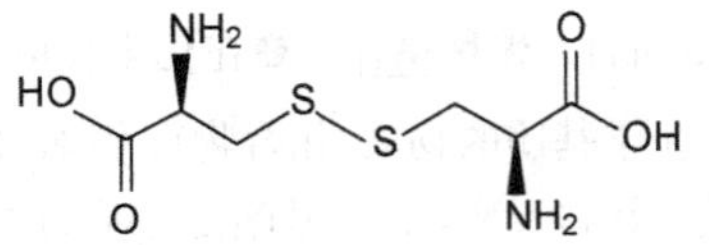

D-果糖 [D-fructose] 又称左旋糖。化学式$C_6H_{12}O_6$，分子量180.16。棱柱状晶体。熔点103～105℃(分解)。有变旋现象，比旋光度$[\alpha]_D^{20}$ −132°→ −92°(c=2，水)。易溶于水，能溶于醇、热丙酮、吡啶、乙胺，微溶于冷丙酮。是自然界中最丰富的己酮糖，以呋喃糖和吡喃糖两种形式存在，在20℃的水溶液中含20%的呋喃糖。晶体D-果糖以呋喃型结构形式存在。是糖类中最甜的糖。游离的果糖存在于许多水果和蜂蜜中，也是存在于牛与人精液中唯一的糖。它与葡萄糖缩合构成日常食用的蔗糖。用作生化试剂及食品添加剂等的工业原料。D-果糖的链式结构与环状结构如下：

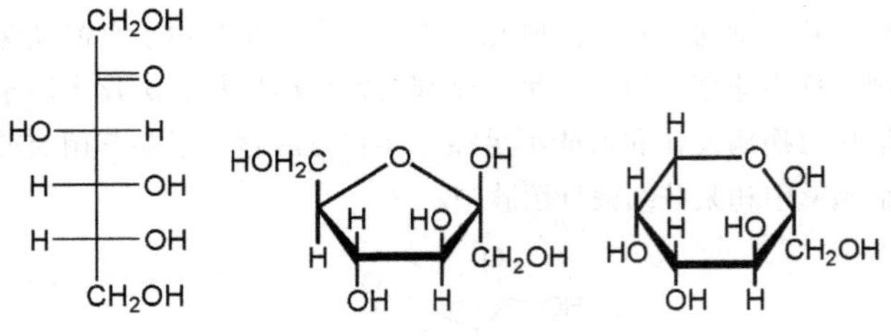

D-果糖　β-D-呋喃果糖　β-D-吡喃果糖

合成酶 [synthetase] 能催化由两个组分合成一个分子的有关酶的总称。在合成过程中，需要由三磷酸腺苷(ATP)或其他三磷酸核苷的高能磷酸键提供能量。

核苷 [nucleoside] 由碱基和五碳糖(核糖或脱氧核糖)连接而成的化合物。是嘌呤的9位氮或嘧啶的1位氮与核糖或脱氧核糖的1位碳通过β-糖苷键连接而成的化合物，包括核糖核苷和脱氧核糖核苷两类。构成RNA的核苷是核糖核苷；构成DNA的核苷是脱氧核糖核苷。RNA中含有某些修饰和异构化的核苷，主要是甲基化修饰的核苷。常见的核苷有：腺苷(adenosine，A)，鸟苷(guanosine, G)，胞苷(cytidine, C)和尿苷(uridine, U)；脱氧核苷有：脱氧腺苷(deoxyadenosine, dA)，脱氧鸟苷(deoxyguanosine, dG)，脱氧胞苷(deoxycytidine, dC)和脱氧胸苷(deoxythymidine, dT)。此外，核糖和脱氧核糖还可与稀有碱基结合成相应的稀有核苷。核苷与磷酸化合后即成核苷酸。

核苷酸 [nucleotide] 组成大分子核酸(RNA)和脱氧核糖核酸(DNA)的基本结构单位的一类化合物的总称。由核糖或脱氧核糖、碱基(嘌呤碱或嘧啶碱基)与磷酸键合而成，磷酸基与核苷中糖的3′或5′羟基酯化。根据所含戊糖为核糖或脱氧核糖，分为核糖核苷酸和脱氧核糖核苷酸两类。

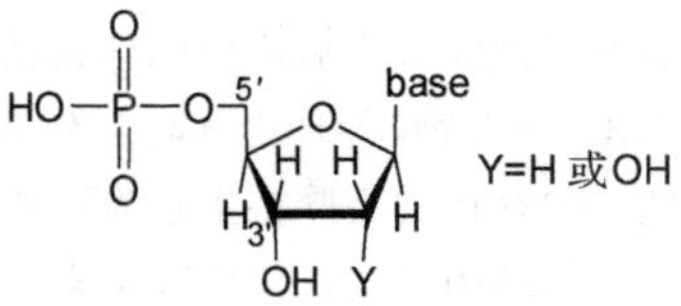

核苷酸可包括单核苷酸、寡核苷酸、多核苷酸。一般为白色粉末或结晶状物。溶于水，水溶液呈酸性，不溶于乙醇、丙酮等有机溶剂。具有旋光性。UV 在 260 nm 左右有强吸收峰。核苷酸在体内的分布广泛。细胞中主要以 5′-核苷酸形式存在，常见的有 5′-腺嘌呤核苷酸(AMP)、5′-鸟嘌呤核苷酸(GMP)、5′-胞嘧啶核苷酸(CMP)和 5′-尿嘧啶核苷酸(UMP)。细胞中核糖核苷酸的浓度远远超过脱氧核糖核苷酸。不同类型细胞中的各种核苷酸含量差异很大，同一细胞中，各种核苷酸含量也有差异，核苷酸总量变化不大。它们参与了生物体内几乎所有的生物化学反应过程。环化核苷酸往往是细胞功能的调节分子和信号分子，如 3′,5′-环化腺苷酸(cAMP)和 3′,5′-环化鸟苷酸(c-GMP)。核苷酸可以作为营养药升高白细胞，增强机体抵抗力。另外，也是合成其他核苷酸类似物的原料，是生化研究的重要试剂。

核酸 [nucleic acid] 又称多聚核苷酸。是一类生物大分子物质。具有非常重要的生物功能，是生命的物质基础之一。包括核糖核酸(RNA)和脱氧核糖核酸(DNA)两类，分别由核苷酸或脱氧核苷酸通过 3′,5′-磷酸二酯键连接而成。所有生物细胞都含有这两类核酸：RNA 主要存在于细胞质中，直接参与蛋白质生物合成；DNA 主要存在于细胞核中，储存着生物体全部遗传信息，是遗传信息的储存和携带者。但病毒不同，DNA 病毒只含有 DNA，RNA 病毒只含有 RNA。核酸中碱基具有共轭双键，在 240～290 nm 波段有紫外吸收峰，最大吸收在 260 nm 附近，根据 260 nm 和 280 m 的吸光度可判断核酸的纯度。主要用作生化研究和制备核酸类衍生物的原料。

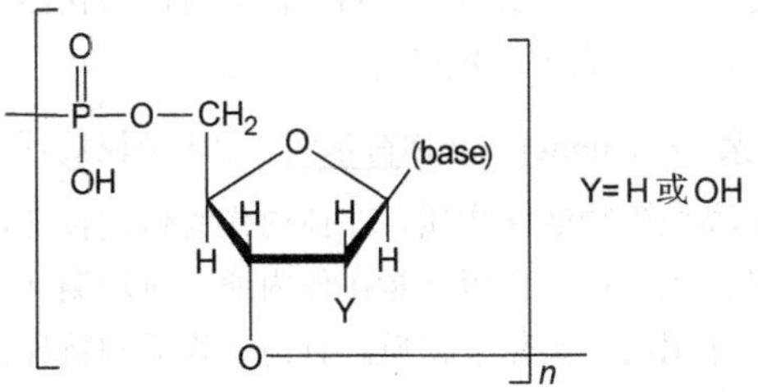

核酸酶 [nuclease] 催化核酸酯键的水解。具有糖特异性的核酸酶，指核糖核酸酶或脱氧核糖核酸酶；其中内切核酸酶(endonuclease)在核酸内部切断核酸链，而 5′-和 3′-外切核酸酶(exonuclease)则从 5′端和 3′端切除核苷酸残基。某些核酸酶具有双链或单链核酸的底物特异性。

核糖 [ribose] 自然界中最重要的一种醛戊糖之一。化学式 $C_5H_{10}O_5$，分子量 150.13。有 D 型，L 型及 DL 型异构体，主要以 D 型形式存在。是核糖核酸(RNA)的组成成分。存在于生物细胞中。D 型在无水乙醇中结晶得片状结晶。熔点 86～87℃。有吸湿性。在水溶液中是直链核糖与呋喃核糖的平衡混合物。有较复杂的变旋现象。D 型最终的比旋光度 $[\alpha]_D^{24}$ −25°(10%水)。可溶于水，微溶于乙醇，不溶于醚、丙酮、苯及氯仿。广泛存在于生物体中，并存在于许多核苷和核苷酸以及它们的衍生物中。L 型核糖熔点 87℃。L 型比旋光度 $[\alpha]_D^{20}$ +23.9°(水)。亦有变旋现象，能还原费林溶液。可作为维生素 B_2 的合成原料。

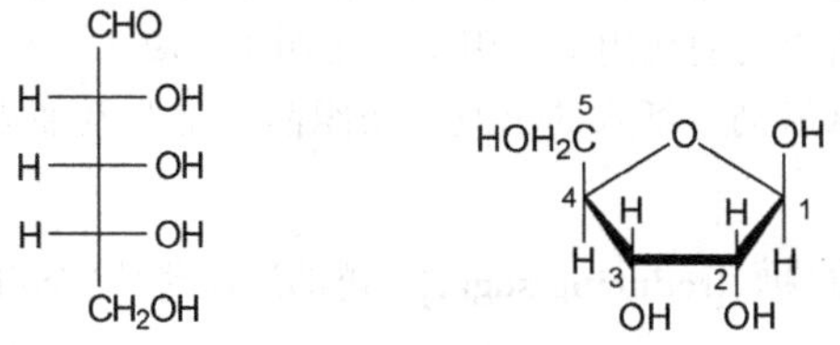

D-(−)-核糖　　β-D-呋喃核糖

核糖核酸 [ribonucleic acid] 核酸的一类，为多聚核糖核苷酸。缩写符号：RNA。主要由四种核苷酸通过 3′,5′-磷酸二酯键连接而成的单链多聚体。核苷酸中的戊糖为核糖。四种核苷酸为腺嘌呤核糖核苷酸(AMP)、鸟嘌呤核糖核苷酸(GMP)、胞嘧啶核糖核苷酸(CMP)和尿嘧啶核糖核苷酸(UMP)。微黄色粉末。微溶于水，水溶液呈酸性。具有旋光性。UV 在 260 nm 处有最大吸收峰。单链大分子可通过回折使碱基配对而形成双螺旋结构。分子量大于 10^4。通常 RNA 是从 DNA 模板转录产生，它们与蛋白质生物合成有关，对 DNA 中遗传信息的表达十分重要。对于只含有 RNA 的植物病毒和部分动物病毒，RNA 便是遗传信息的基本携带者。RNA 的种类很多，结构也不相同。细胞 RNA 通常为线性单链分子，但病毒 RNA 有双链、单链、环状和线性多种形式。同种类的 RNA 链长不同，行使不同的生物功能，如参与蛋白质生物合成的 RNA 有：携带 DNA 的遗传信息并作为蛋白质合成模板的信使核糖核酸(mRNA)、携带氨基酸并识别密码子的转移核糖核酸(tRNA)以及起装配和催化作用的核糖体核糖核酸(rRNA)；与转录后加工有关的 RNA 有：核小 RNA、核仁小 RNA；与生物调控有关的 RNA 有：微 RNA、干扰小 RNA。RNA 广泛存在于动物、植物及微生物细胞中。主要从酵母中提取制得。用于制造食品调味剂、核酸类药物及生化研究。

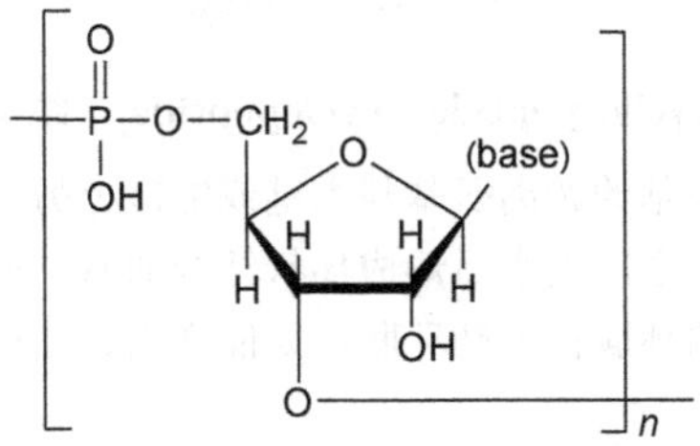

核糖核酸酶 [ribonuclease] 能够催化水解核糖核酸中磷酸二酯键的酶。

荷尔蒙 [hormone] 即激素。

糊精 [dextrin starch gum; amylin; British gum] 由淀粉经 α-淀粉酶或酸水解得到的，含有数个或数十个以上葡萄糖单位的混合物。分子式通式为$(C_6H_{10}O_5)_n \cdot xH_2O$。有麦芽糊精、极限糊精等种类。黄色或白色无定形粉末，白色糊精几乎无味，黄色糊精具有特殊气味。易溶于热水、稍溶于冷水、不溶于醇和醚。溶于水后成树胶状溶液，遇碘呈红棕色。不能还原费林(Fehling)溶液。在稀酸的作用下先变为麦芽糖，最终变为葡萄糖。商品不纯时，常混有淀粉和葡萄糖。用作阿拉伯树胶的代用品；用于花布印染、墨水、水彩颜料、药丸的赋形剂、纸张的上胶、纺织品的上浆及油墨的配制等方面。

还原糖 [reducing sugar] 能够还原费林(Fehling)试剂或托伦斯(Tollens)试剂的糖。在 C-1 位上具有半缩醛羟基的所有单糖都是还原糖。大部分二糖也是还原糖，蔗糖例外。费林试剂是含Cu^{2+}络合物的溶液，被还原后得到红色Cu_2O的沉淀。托伦斯试剂被还原后能生成元素银，在试管壁上可看到"银镜"。

环己六醇 [cyclohexanehexol] 即肌醇。

环磷腺苷 [adenosine cyclophosphate; adenosine-3′, 5′-cyclic monophosphate] 又称环腺苷酸。缩写符号：cAMP。化学式$C_{10}H_{12}N_5O_6P$，分子量 329.21。白色或类白色粉末。熔点 260℃。比旋度$[\alpha]_D$ −53.7° (c=0.7，水)。其一水合物结晶，熔点 219～220℃。比旋度$[\alpha]_D$ − 43°(水)。味微酸，微溶于水，几乎不溶乙醇和乙醚。UV 最大吸收峰 250 nm (pH=7)；256 nm (pH=2)。环磷腺苷是从高等动物、细菌与多数动物细胞中发现的，参与调控激素及某些细胞功能的第二信使物质。由三磷酸腺苷在腺苷环化酶催化作用下生成，能调节细胞的多种功能。是蛋白激酶致活剂，可作为医药中间体与生化试剂。临床用于冠心病、心肌梗死，并能缓解白血病。用于缓解心绞痛及急、慢性心肌梗死等病症。此外，对糖、脂肪代谢、核酸、蛋白质的合成调节等均起着重要的作用。

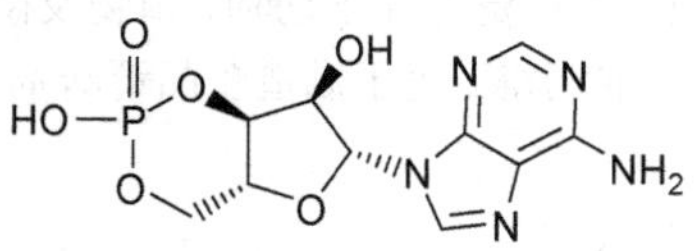

环肽 [cyclic peptide; cyclopeptide] 线型肽主链或侧链上氨基酸残基的游离氨基与主链或侧链上另一个氨基酸残基的游离羧基之间失水后形成环状结构的肽，如短杆菌肽。含有二硫键的环肽称为杂环肽，如催产素、加压素、生长激素抑制因子等。

环腺苷酸 [cyclic adenosine phosphate] 即环磷腺苷。

环酯肽 [cyclodepsipeptide] 环状的酯肽。环状分子内同时含有酰胺键和酯键。是由线型肽主链或侧链上氨基酸残基的游离氨基与主链或侧链上另一个氨基酸的游离羧基或羟基酸残基的游离羟基之间失水后形成的环状结构(通常为 α-氨基酸与 α-羟基酸)化合物，即环内同时含有氨基酸残基与羟基酸残基。自然界中存在的某些抗生素为环酯肽类化合物，可由放线菌、霉菌与细菌产生。如酰胺霉素、翅孢菌素、腐败菌素 B 等。它们具有抗真菌、抗细菌与杀虫等作用，大多数毒性较强。

肌醇 [inositol; inose] 又称肌糖或环己六醇。化学式$C_6H_{12}O_6$，分子量 180.16。因分子中羟基相对环平面的取向不同，有 9 个立体异构体，其中 7 个是内消旋体，2 个是一对对映体。有医用价值的内消旋体的结构式如下图所示。肌醇通常以游离形式存在于动物的肌肉、心、肝、肺等组织内，也可与磷酸结合成磷酸肌醇。在植物中主要以六磷酸酯形式存在，称植酸。肌醇为白色结晶或结晶性粉末，无臭，味甜。熔点 225～227℃(无水物)，218℃(二水合物)。水中溶解度为 14 g/100 mL 水(25℃)，微溶于醇，不溶于氯仿和乙醚，空气中稳定。肌醇对脂质类和糖类代谢有调节作用，因具有与维生素 B 类似的作用，传统划归为维生素 B 族，可用作维生素类药或降血脂药，促进肝及其他组织中的脂肪代谢，用于脂肪肝、高血脂症的辅助治疗。

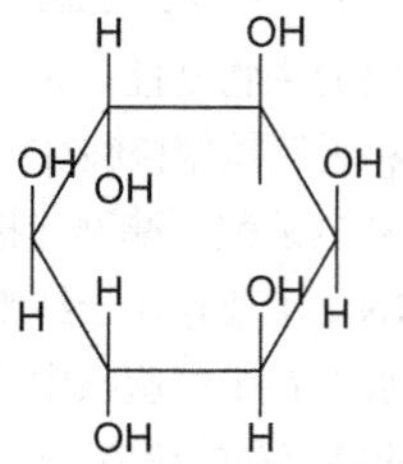

肌糖 [inositol; inose] 即肌醇。

激动剂 [agonist] 能与细胞上受体或信号传导途径的分子相结合，并产生天然物质的典型生理效能的化合物。它与受体之间既具有高亲和力，同时也具有高内在活性，能与受体结合产生较强的生物效应。

激素 [hormone] 又称荷尔蒙。由内分泌腺或内分泌细胞分泌的高效生物活性物质。在体内作为信使传递信息，对机体生理过程起调节作用。是在体内通过血液循环或组织液传递信息作用的一类化学物质。有前体物质和特异性受体，并可与受体结合激发相应的生物效应。激素与其受体的结合是非共价键的结合，因而是可逆的。激素对机体的代谢、生长、发育、繁殖、性别、性欲和性活动等都起着重要的调节作用。它在机体内具有含量极微，活性高，特异性强，寿命短，在细胞中不能积累的特点。它在血液循环过程中与各种细胞接触，但只与能够识别它们的特定的靶细胞结合(这类靶细胞带有能和激素分子结合的受体)，从而实现调节生物体组织分化和发育等的重要作用。按其化学本质，激素可分为三大类：①含氮激素，包括蛋白质激素、多肽激素及氨基酸衍生物激素如胰岛素、垂体激素、甲状腺素等；②甾体激素如雌激素、雄激素等性激素；③脂肪酸衍生物激素如前列腺素。

激素通过下列三种方式发挥其调节作用：①改变酶及其他蛋白质的合成；②调节酶活性，改变酶催化反应速度；③通过改变细胞膜某些组分的构象调节膜的通透性。

激肽 [kinin] 一类具有舒张血管作用的多肽类化合物。参与血压及局部血流的调节。在人体和高等动物中发现的激肽有三种，即[舒]缓激肽(九肽)、胰激肽(十肽)和甲硫激肽(十一肽)。由血浆球蛋白通过激肽释放酶的作用生成。是最强的血管舒张剂，可使血管扩张，增加毛细管通透性及平滑肌纤维的收缩。它们都存在于血浆中，统称为血浆激肽(plasma kinin)。

几丁聚糖 [chitosan] 即壳聚糖。

己糖 [hexose] 又称六碳糖。由 6 个碳原子构成的单糖。是单糖中最重要的糖类。根据其所含醛基或酮基的不同可分为己醛糖和己酮糖。常见的己醛糖有 D-葡萄糖、D-半乳糖和 D-甘露糖。重要的己酮糖有 D-果糖和 D-山梨糖。

5-甲基尿嘧啶 [5-methyluracil] 即胸腺嘧啶。

甲硫氨酸 [methionine] 又称蛋氨酸。L-甲硫氨酸的系统命名为(2*S*)-氨基-4-甲硫基丁酸。是编码氨基酸。缩写符号：Met 或 M。化学式 $C_5H_{11}NO_2S$，分子量 149.21。自稀醇中结晶呈六边形小片状结晶。溶于水、稀酸、稀碱和稀醇溶液，难溶于无水乙醇、醚、石油醚、苯和丙酮。DL 型密度 1.340。熔点 283℃(分解)。L 型的比旋光度 $[\alpha]_D^{25}$ −6.87°(水)，$[\alpha]_D^{25}$ −22.5° (1 mol/L 盐酸)。pK_{a1}=2.17, pK_{a2}=9.20(20℃，0.15 mol/L $NaClO_4$)。是哺乳动物的必需氨基酸。L 或 D 型甲硫氨酸具有相同的生物学活性。由于发酵法尚无适合的菌种，主要靠化学合成获得。可用甲硫醇与丙烯醛加成后经斯托克反应制备，一般产物不需拆分。可用作食物添加剂。

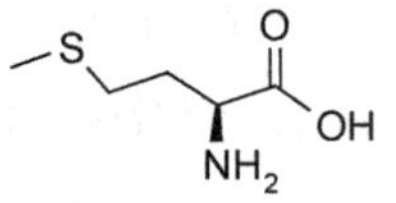

甲腺原氨酸 [thyronine] 又称 O^4-4-羟苯基酪氨酸。化学式 $C_{15}H_{15}NO_4$，分子量 273.2。L 型的熔点 255℃(分解)。$[\alpha]_D^{18}$ +15.0°(*c*=1.36, 1 mol/L 1∶1 盐酸∶乙醇)。DL 型为结晶状粉末。熔点 252～253(259～260)℃(分解)。

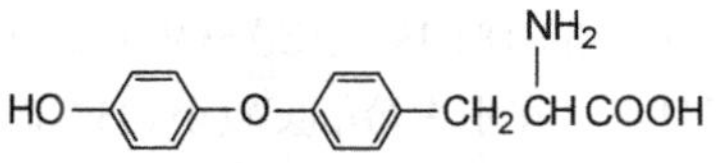

甲状腺素 [thyroxine] 系统命名 3,5,3′,5′-四碘甲腺原氨酸。缩写符号：T4, Thx。化学式 $C_{15}H_{11}I_4NO_4$，分子量 776.87。是动物甲状腺体产生的一种调节体内物质代谢的激素，有 DL、L、D 型。自然状态下为 L 型。L 型甲状腺素为结晶状固体，含碘 65.34%。熔点 235～236℃(分解)。L 型比旋光度 $[\alpha]_D^{25}$ − 3.2°(0.66 g 溶于 6.07 g 0.5 mol/L NaOH 和 13.03 g 的乙醇中)，$[\alpha]_D^{20}$ −4.4°(3%溶于 0.13 mol/L 氢氧化钠和 70%乙醇中)。D 型为结晶。熔点 237℃(分解)。D 型$[\alpha]_{546}^{21}$ +2.97°(0.74 g 于 0.5 mol/L 氢氧化钠和 14 g 醇中)。DL 型为针状结晶。熔点 231～233℃(分解)。溶于碱溶液，不溶于水、乙醇和乙醚。可从动物甲状腺中提取，也可由 3,5-二碘-L-酪氨酸为原料制取。有促进细胞代谢、增加氧消耗、刺激组织生长、成熟和分化功能。可作为甲状腺激素替代药或作生化试剂。L 型的生理活性是外消旋体的 2 倍，D 型的生理活性很低。定量测定人血清 T4 对甲状腺疾病的诊断，甲状腺的病理、生理研究有重要意义。

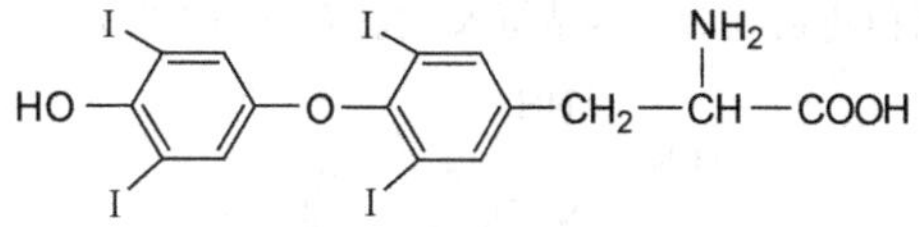

碱基 [base] 一类杂环有机碱。核酸中的碱基，分别为嘌呤和嘧啶的衍生物，携带遗传信息。DNA 中的碱基主要有腺嘌呤、鸟嘌呤、胞嘧啶和胸腺嘧啶；RNA 中主要有腺嘌呤、鸟嘌呤、胞嘧啶和尿嘧啶。此外，在 DNA 和 RNA 中均发现有一些含量较少或很少的修饰(稀有)碱基，大多数为甲基化碱基，称为稀有碱基，有近百种。主要存在于转移核糖核酸(tRNA)中，可高达 10%。核酸中的稀有碱基常用缩写符号表示，如 hm^5U 为 5-羟甲基尿嘧啶，m^5C 为 5-甲基胞嘧啶，mo^5U 为 5-甲氧基尿嘧啶，m_2^6 A 为 N^6, N^6-二甲基腺嘌呤等。

焦谷氨酸 [pyroglutamic acid] 又称 5-氧代脯氨酸。L-焦谷氨酸的系统命名为 5-氧-吡咯烷-(2*S*)-甲酸。谷氨酸分子内 *α* 碳原子上的氨基与自身 *γ* 碳原子上的羧基失去一个水分子而形成的环状化合物。缩写符号：pyroGlu, pGlu。化学式 $C_5H_7NO_3$，分子量 129.11。从醇与石油醚中得斜方双锥形晶体。溶于水、醇和丙酮。L 型熔点 162～163℃。L 型的比旋光度 $[\alpha]_D^{25}$ −23.6°(*c*=5, pH=7)。

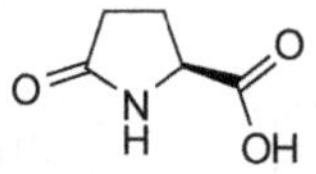

拮抗剂 [antagonist] 能抑制激素、药物、酶等物质作用的一类化合物。它能阻断激动剂与受体结合，其作用与兴奋剂或激动剂恰恰相反，或降低激动剂的作用。

结构域 [structural domain] 蛋白质或核酸分子中含有的与特定功能相关的一些连续的或不连续的氨基酸或核苷酸残基形成的区域。

解折叠 [unfolding] 破坏一些生物大分子特有的立体构象的过程和操作。不仅可用于肽链，也可用于核酸，甚至糖类，即有活性的生物分子因内部的非共价键的改变而破坏原有立体结构的过程。

精氨酸 [arginine] L-精氨酸的系统命名为(2*S*)-氨基-

5-胍基戊酸。是编码氨基酸。缩写符号：Arg 或 R。化学式 $C_6H_{14}N_4O_2$，分子量 174.20。由于胍基的存在而呈碱性，易与酸成盐，属于碱性氨基酸。L-精氨酸盐酸盐为白色结晶性粉末。溶于水，微溶于热乙醇，不溶于乙醚。L-精氨酸从水中结晶的产物含两分子结晶水，熔点 207℃(244℃)(分解)(除去结晶水后为 105℃)。L 型的比旋光度$[\alpha]_D^{20}$ +26.9°(c=1.65，6.0 mol/L 盐酸)，$[\alpha]_D^{20}$ +12.5°(c=3.5，水)。pK_1 2.17(COOH)；pK_2 9.04(NH_2)；pK_3 12.48(胍基)。L-精氨酸是婴幼儿生长发育的必需氨基酸。它是鸟氨酸循环的中间代谢物；也是精子蛋白的主要成分，有促进精子生成，提供精子运动能量的作用。可用作食品添加剂和药物制造。L-精氨酸注射液可用于肝昏迷的急救。

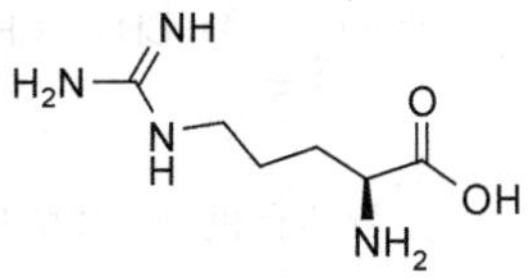

聚葡萄糖胺 [glucosaminoglycans] 即壳聚糖。

抗坏血酸 [ascorbic acid] 又称维生素 C、丙种维生素。化学式 $C_6H_8O_6$，分子量 176.12。烯醇式己糖酸内酯。白色晶体或结晶性粉末。有酸味。熔点 190～192℃(分解)。相对密度 d1.65。比旋光度$[\alpha]_D^{25}$ +20.5°～+21.5°(c=1，水)，$[\alpha]_D^{23}$ +48°(甲醇)。pK_1=4.17；pK_2=11.57。UV 最大吸收：245 nm (pH=2)；265 nm(pH=6.5)。易溶于水，略溶于乙醇，不溶于乙醚、氯仿。水溶液易被氧化分解，在空气中易氧化变质，在碱性溶液中易氧化失效。在酸溶液中比在碱溶液中稳定。能和 2,4-二硝基苯肼生成腙。

有 L 型和 D 型两种异构体。只有 L 型有生理功效。它是一种重要的水溶性维生素。主要来源为新鲜蔬菜和水果，在柠檬汁、绿茶、萝卜汁等中含量较高。为维生素类药。参与体内糖的代谢及氧化还原作用。主要用于坏血病及各种出血性疾病的防治。也可用于食品的保鲜剂和抗氧化剂。

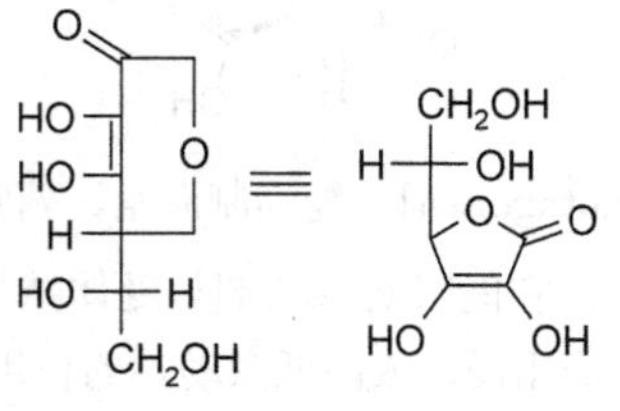

L-抗坏血酸

抗体酶 [abzyme; catalytic antibody] 又称催化抗体。通过改变抗体中与抗原结合的微环境，并在适当的部位引入相应的催化基团所产生的具有催化活性的抗体。是一种新型人工酶。它是具有催化功能的抗体分子，具有典型的酶反应特性；与配体(底物)结合的专一性，包括立体专一性；高效催化性；抗体酶还具有与天然酶相近的米氏方程动力学及 pH 依赖性等。可由三种途径获得抗体酶：①采用过渡态的底物类似物诱导。②在现有的抗体基础上，通过化学修饰或通过蛋白质工程，向其配体结合部位导入催化基团。③拷贝法，主要根据抗体生成过程中抗原-抗体互补性进行设计。抗体酶对某一化学反应过渡态(中间体)具有特异催化能力。可催化多种化学反应，包括酯水解、酰胺水解、酰基转移、光诱导反应、氧化还原分应、金属螯合反应等。其中有的反应是生物催化剂不能实现的催化反应。

昆虫外激素 [insect pheromone] 即昆虫信息素。

昆虫信息素 [pheromone; insect hormone] 又称昆虫外激素。昆虫自身产生释放出的，作为种内或种间个体传递信息的微量行为调控物质。具有引诱、刺激、抑制或取食、产卵、交配、集合、报警、防御等功能。每种信息素的结构都有特定的立体构型。多数信息素是几种化合物按一定比例的混合物。近年也发现其他动物，包括哺乳动物也有释放传递信息物质的现象，这些物质也可称信息素(pheromone)。

赖氨酸 [lysine] 又称 α,ε-二氨基己酸。L-赖氨酸的系统命名为(2S)-6-二氨基己酸。是编码氨基酸中的碱性氨基酸。缩写符号：Lys 或 K。化学式 $C_6H_{14}N_2O_2$，分子量 146.19。从水中析出得针状结晶，从稀乙醇中析出的为六边形片状结晶。易溶于水，微溶于乙醇，不溶于乙醚。加热至 210℃时变色，224～225℃分解。L 型的比旋光度$[\alpha]_D^{25}$ +14.6°(c=6.5,水)，$[\alpha]_D$ +37.9°(5 mol/L 盐酸)。pK_{a1}=2.16, pK_{a2}=9.06, pK_{a3}=10.54 (ε-NH_2)(25℃, 0.1 mol/L $NaClO_4$)。等电点 9.74(25℃)。是哺乳动物的必需氨基酸。在蛋白质中的赖氨酸可以被修饰为多种形式的衍生物。L-赖氨酸是食品、饲料和化妆品的重要添加剂之一。L-赖氨酸的含量已成为评价谷物质量的重要标准。在临床上它是制备氨基酸补液的重要成分。是组织培养液和生化试剂不可缺少的一个成分。大规模生产 L-赖氨酸多采用发酵法，也有部分化学合成品。D-赖氨酸由 DL-赖氨酸拆分而得。熔点 221～225℃(分解)。D 型的比旋光度$[\alpha]_D^{20}$ −15°±0.5°(c=1，水)。用作试剂。可修饰生物活性肽。

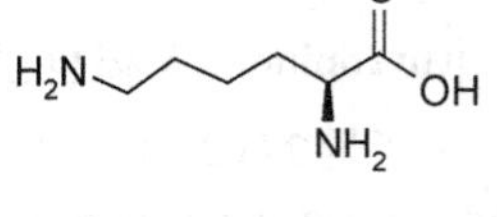

酪氨酸 [tyrosine] L-酪氨酸的系统命名为(2S)-氨基-3-(4-羟基苯基)丙酸。是编码氨基酸。缩写符号：Tyr 或 Y。化学式 $C_9H_{11}NO_3$，分子量 181.19。因最早从干酪中获取而得名。自水中结晶呈针形。在水中溶解度较小(25℃时，1 L 水中可溶 0.05 g)，易溶于碱水溶液，不溶于乙醇、乙醚和丙酮。342～344℃分解(封管，浴温预热到 280℃，快速升温)。相对密度 d 1.456。pK_{a1}=2.25(COOH)，pK_{a2}=9.21(NH_2)，pK_{a3}=10.46 (酚羟基)(25℃)。L 型的比旋光度$[\alpha]_D^{22}$ −10.6°(c=4, 1 mol/L 盐酸)，$[\alpha]_D^{18}$ −13.2°(c=4, 3 mol/L 氢氧化钠溶液)。L-酪氨酸可用作合成甲状腺素的前体。DL-酪氨酸，粗针晶。316℃分解。

溶于水。D-酪氨酸，结晶。310～314℃分解。比旋光度$[\alpha]^{25}$ ＋10.3°(c=4,1 mol/LHCl)。溶于水。等电点5.66。味苦。

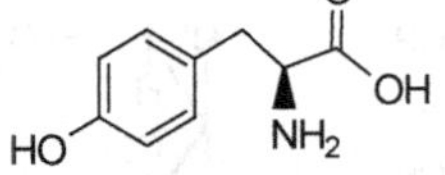

类脂 **[lipid; lipoid]** 又称<u>脂质</u>。在结构或性质上是与油脂相似的一类化合物。溶于非极性溶剂。广泛存在于动植物体内，种类较多，可从组织中提取。分为：①简单脂类，如中性脂肪和蜡；②复合脂类，如磷脂、神经磷脂、糖酯等；③衍生脂类，如甾醇、脂溶性维生素、类胡萝卜素等；④中性脂类，如甘油酯、类固醇、胡萝卜素等；⑤两性脂类，如磷酸甘油酯、神经磷脂等；⑥氧化还原脂类，如醌、生育酚等。各种脂类具有不同的生理功能。磷脂、糖脂和胆固醇是生物膜的重要组成成分。类脂质对生物体维持正常的新陈代谢和生殖过程，起着重要的调节作用。

离子载体 **[ionophore]** 能够极大提高膜对某些离子通透性的载体分子。是疏水性的小分子，可溶于双脂层，提高所转运离子的通透率。大多数离子载体是细菌产生的抗生素。根据改变离子通透性的机制不同，可将离子载体分为两种类型：①离子运载离子载体(ion-carrying ionophore)即金属离子被其包围而转运；②通道形成离子载体(channel-forming ionophore)。合成离子载体(synthetic ionophore)是一种人工合成的配位化合物。具有选择性结合离子并携带其穿过细胞膜的功能。有环状和链状两类。

利钠肽 **[atrial natriuretic peptide]** 即心房肽。

连接酶 **[ligase]** 催化两个不同分子或同一分子的两个末端连接的酶。此反应需与ATP或其他三磷酸核苷中的焦磷酸键(高能键)的水解反应相偶联，如DNA连接酶(DNA ligase)、RNA连接酶(RNA ligase)。

亮氨酸 **[leucine]** 又称<u>白氨酸</u>。L-亮氨酸系统命名为(2*S*)-氨基-4-甲基戊酸。是编码氨基酸。缩写符号：Leu或L。化学式$C_6H_{13}NO_2$，分子量131.17。纯品系有光泽的白色叶片状晶体，味苦。相对密度d_{18}1.293。溶于稀酸、稀碱，略溶于水(2.3 g/100 g，25℃)，微溶于乙醇，不溶于乙醚。熔点337℃(分解)(在封管中快速加热时于293～295℃分解)。L型的比旋光度$[\alpha]_D^{20}$ −10.42°(水)，$[\alpha]_D^{20}$ ＋15.5°±0.5°(c=5,5 mol/L HCl)。pK_{a1}=2.33，pK_{a2}=9.74(25℃)。等电点5.98。味苦。是哺乳动物的必需氨基酸。通常从酶解蛋白质水解液或生物发酵液中分离和提取。主要用作营养剂。D-亮氨酸存在于多肽类抗生素如短杆菌肽、多黏菌素中。

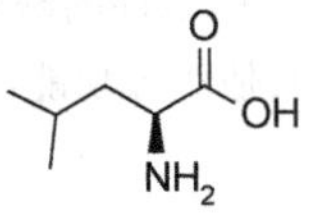

5-磷酸吡哆醛 **[pyridoxal 5-phosphate]** 又称<u>吡哆醛磷酸酯</u>。化学式$C_8H_{10}NO_6P$，分子量247.14。吡哆醛分子中的一级羟基与磷酸生成的吡哆醛5-磷酸酯(吡哆醛-P)。是自然界功能最具多样性的一种辅酶。在酸溶液中为无色，在碱性溶液中为亮黄色。UV：在碱液中的最大吸收峰为390 nm；在酸液中的最大吸收峰为295 nm。磷酸吡哆醛一水合物为微黄色的针状结晶，熔点140～143℃；无水物为淡黄色粉末，熔点250℃(分解)。溶于水，稍溶于甲醇，微溶于乙醇，不溶于乙醚、氯仿。对光不稳定。磷酸吡哆醛和磷酸吡哆胺都是维生素B_6在体内的活性形式，即是转氨酶类、脱羧酶类、半胱氨酸脱硫酶等的辅酶，对蛋白质或氨基酸的代谢起十分重要的作用。临床上用于皮肤病、过敏性疾病、妊娠呕吐、药物性白细胞减少等症。

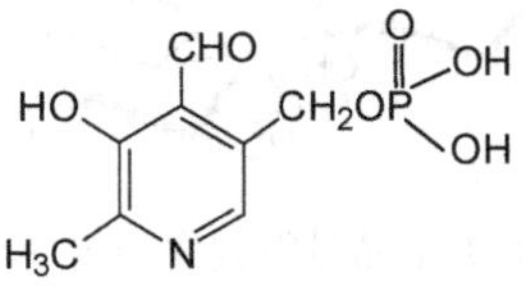

磷肽 **[phosphopeptide]** 含有一个或多个磷酸基的肽类化合物。通常是在含羟基的氨基酸肽中，酪氨酸、丝氨酸或苏氨酸的羟基被磷酸化，如酪蛋白磷酸肽是含有成簇的磷酸丝氨酸的生物活性肽，它能有效促进人体对钙质的吸收，也具有防治龋齿的生理活性。

磷脂 **[phospholipid]** 含有一个或多个磷酸基的脂类。主要参与细胞膜的组成。包括甘油磷脂和鞘磷脂两类。磷脂属于两亲脂类，在生物膜的结构与功能中占重要地位，少量存在于细胞的其他部位。在生理条件下，磷脂大多呈液晶态。

磷脂酶 **[phospholipase]** 参见化学生物学同名词条。

2-硫尿嘧啶 **[2-thiouracil]** 系统命名<u>2-巯基-4-羟基嘧啶</u>。化学式$C_4H_4N_2OS$，分子量128.15。白色或浅黄色松软的结晶或结晶性粉末。无气味。味苦。无明显熔点(>300℃)，约在340℃分解。能吸收紫外线。易溶于碱溶液；微溶于水(1∶2000)；不溶于乙醇、乙醚和酸。用于生化试验及制备药物的中间体。

六碳糖 **[hexose]** 即己糖。

α螺旋 **[α-helix]** 此种螺旋由18个氨基酸残基形成，为5圈螺旋，每圈含有3.6个氨基酸残基，螺距为5.4 Å。

马尿酸 **[hippuric acid]** 又称<u>苯甲酰基甘氨酸</u>。缩写符号：Hip。化学式$C_9H_9NO_3$，分子量179.17。无色晶体。熔点

187～188℃。难溶于冷水，溶于热水、氯仿、醇、醚、磷酸钠水溶液，不溶于苯和二硫化碳。pK_{a1}=3.59(40℃，0.3 mol/L HCl)。存在于草食动物的尿液中，人尿中亦有少量存在。口服苯甲酸衍生物后，常以马尿酸形式自尿中排出。用于有机合成、医药及染料中间体的生产。

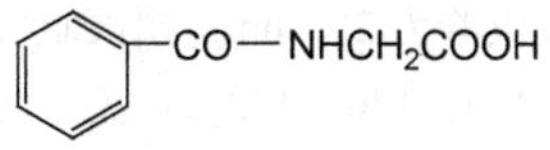

麦芽糖 [maltose]　系统命名 4-*O*-(*α*-D-吡喃葡萄糖基)-D-吡喃葡萄糖。化学式 $C_{12}H_{22}O_{11}$，分子量 342.30。由两分子吡喃型 D-葡萄糖以 *α*-1,4 糖苷键连接而成的双糖。为还原性糖，是构成淀粉的基本单位。

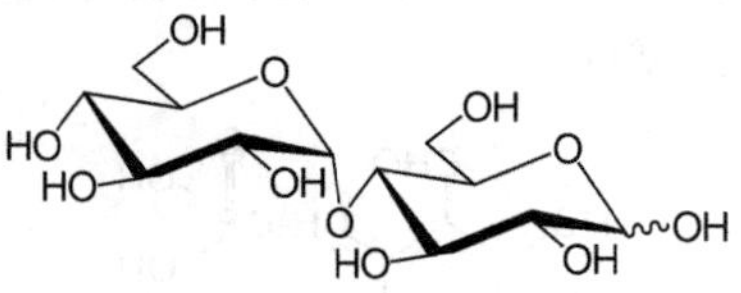

从水或稀醇中重结晶时得到含一分子结晶水的白色晶体或结晶形粉末。熔点 102～103℃。在室温真空条件下，用硫酸或五氧化二磷干燥时，不失去结晶水。相对密度 d_4^{25} 1.540。有变旋现象。比旋光度 $[\alpha]_D^{20}$ +117.7°→+130.4°(*c*=4，水)。甜度约为蔗糖的 1/3。易溶于水，微溶于醇，不溶于乙醚。将含结晶水的麦芽糖与无水乙醇共同煮沸，然后在真空下加热干燥，即得无水结晶 *α*-麦芽糖，熔点 108℃。淀粉经酶催化水解，尤其是在 *β*-淀粉酶的作用下，可以得到 80%的麦芽糖。是饴糖的主要成分。可用作酵母发酵的培养基和营养性甜味剂。

DNA 酶 [DNA enzyme]　即脱氧核糖核酸酶。

酶 [enzyme]　催化特定反应的蛋白质、核糖核酸(RNA)或其复合体。是生物催化剂，可通过降低反应的活化能加快反应速度，但不改变反应的平衡点。绝大多数酶的本质是蛋白质，但也有些核酸性酶具有催化作用。酶的作用特点是效率高、专一性强、反应条件温和。

酶学 [enzymology]　研究酶的化学本质、结构、作用机制、分类、辅酶和辅因子等的学科领域。

木糖 [xylose]　一种五碳醛糖。缩写符号: Xyl。化学式 $C_5H_{10}O_5$，分子量 150.13。*α*-D-吡喃木糖，味甜，白色细针状结晶。熔点 153～154℃。相对密度 d_4^{20} 1.525。有变旋现象，比旋光度 $[\alpha]_D^{20}$ +92°→+18.6°(*c*=10，水，16 h)。易溶于水(1 g 可溶于 0.8 mL 水中)、吡啶和热乙醇。能还原费林试剂。L 型的熔点 150～152℃。比旋光度 $[\alpha]_D^{20}$ −79°→−19°(水)。DL 型熔点 147～148℃。自然界并无游离的木糖存在，而多以木聚糖(xylan)的形式与纤维素结合在一起，也可以木糖苷的形式存在。广泛存在于自然界的植物，特别是树木、草及谷皮中。将含木聚糖的物质以 8%硫酸水解可得到 D-木糖。D-木糖可用于制革，染色及糖尿病患者的食品。D-木糖的结构式如下图所示。

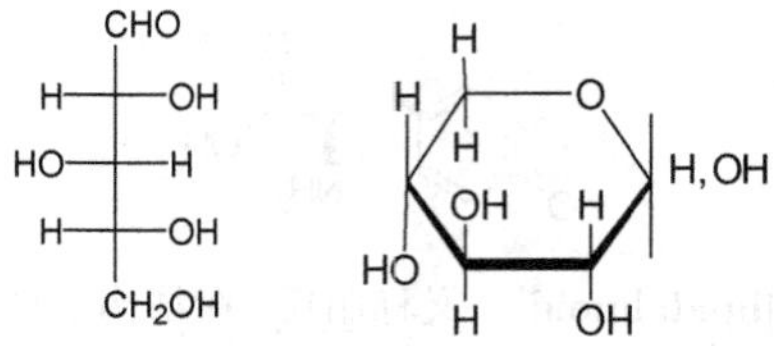

南瓜子氨酸 [cucurbitin[e]]　L-南瓜子氨酸的系统命名为(3*S*)-氨基-3-羧基吡咯烷。化学式 $C_5H_{10}N_2O_2$，分子量 130.15。熔点 260℃(分解)。$[\alpha]_D^{27}$ −19.76°(*c*=9.31，水)。存在于葫芦科植物南瓜的种子等中。有毒性，具有治疗绦虫病、血吸虫病的作用，可用作驱蛔虫药。

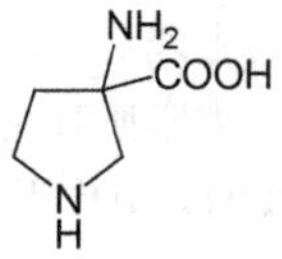

脑啡肽 [enkephalin]　又称脑内吗啡。属于内啡肽。由 5 个氨基酸残基组成的内源性类吗啡肽。缩写符号：ENK。在脑中已发现有两种脑啡肽：甲硫氨酸脑啡肽(Met-enkephalin)，其结构为 L-Tyr-Gly-Gly-L-Phe-L-Met，以及亮氨酸脑啡肽(Leu-enkephalin)，二者的区别仅在于 C 端分别是甲硫氨酸和亮氨酸。其 N 端的四肽序列与内啡肽相同。自脑、脊髓、肠中分离而得的一类有吗啡样活性的神经多肽。为类白色粉末。脑啡肽在脑内合成，并在脑内与吗啡受体相伴存在。它们的镇痛效果约为吗啡的 1/65～1/19。其镇痛作用能被吗啡拮抗剂纳洛酮所对抗。脑啡肽是神经递质的一种。能改变神经元对经典神经递质的反应，起修饰经典神经递质的作用，故称为神经调质(neuromodulator)。它对脑细胞有独特的作用，能够激活处于抑制沉睡状态的脑细胞，对因脑损伤导致的后遗症有较好的恢复作用。

脑内啡 [endorphin]　即内啡肽。

脑内吗啡 [enkephalin]　即脑啡肽。

脑酰胺 [ceramide]　即神经酰胺。

内啡肽 [endorphin]　又称安多芬、脑内啡。体内垂体与脑中分布的、是体内自身产生的一类内源性的具有类似吗啡作用的肽类物质。endorphin 是 endogenous(内源)和 morphine(吗啡)两个词合并的缩略词。最常见于脑下垂体分泌的 *α*-内啡肽、*β*-内啡肽、*γ*-内啡肽，它们分别含有 16、31、17 个氨基酸残基，其结构相似，仅 C 端不同。它们的 N 端四肽序列与脑啡肽相同。它能与吗啡受体结合，产生与吗啡、鸦片剂一样的止痛和欣快感并有成瘾性的缺点。这些肽类除具有镇痛功能外，尚具有许多其他生理功能，如调节体温、心血管、呼吸功能等。

鸟氨酸 [ornithine] L-鸟氨酸的系统命名为(2*S*)-5-二氨基戊酸。是非编码氨基酸。缩写符号: Orn。化学式 $C_5H_{12}N_2O_2$，分子量 132.16。结晶性粉末。易溶于水，微溶于醇和乙醚。L 型熔点于 120℃软化，140℃熔化。L 型的比旋光度$[\alpha]_D^{25}$ +11.5°(*c*=6.5，水)。水溶液为碱性。pK_{a1}=1.94, pK_{a2}=8.65，pK_{a3}=10.76。是鸟氨酸循环的起始物质。可用猪肝中的精氨酸酶水解精氨酸制备 L-鸟氨酸。D-鸟氨酸盐酸盐为白色结晶性粉末。溶于水，不溶于醇和乙醚。熔点 236～237℃。D 型的比旋光度$[\alpha]_D^{25}$ −22.5°(*c*=5.5%，6 mol/L HCl)。DL-鸟氨酸盐酸盐，白色结晶。溶于水、酸、碱，不溶于甲醇、乙醇和乙醚。熔点 233℃(分解)。

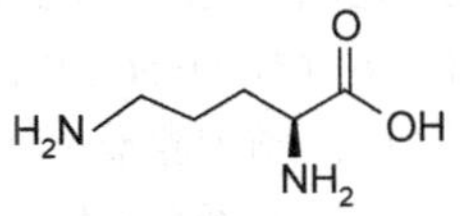

鸟粪素 [guanine] 即鸟嘌呤。

鸟苷 [guanosine] 又称鸟嘌呤核苷。由鸟嘌呤的 9-位氮原子与 D-核糖的 1 位碳原子通过 *β*-糖苷键连接而成的化合物。缩写符号: G 或 Guo。化学式 $C_{10}H_{13}N_5O_5$，分子量 283.24。鸟苷是嘌呤核苷类物质的一种。白色结晶性粉末，二水化合物为针状结晶。110℃失水，熔点 240℃(分解)(在封管中快速加热)。比旋光度$[\alpha]_D^{20}$ −61°(水)；$[\alpha]_D^{24}$ −72°(*c*=0.96, 0.1 mol/L 氢氧化钠溶液)。UV 在 188.3 nm, 252.5 nm 有最大吸收峰(pH=5.5)。pK_{a1}=1.9; pK_{a2}=9.25; pK_{a3}=2.33。微溶于冷水(18℃时 1 g/1320 mL)，易溶于热水(1 g 溶于 33 mL 沸水中)，能溶于稀酸、热乙酸、稀碱，不溶于醇、醚、氯仿和苯。是食品和医药产品的重要中间体。

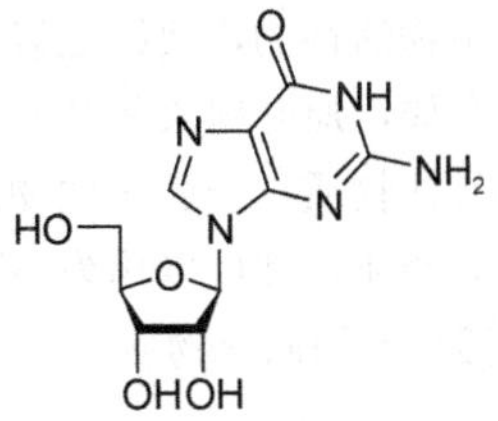

鸟嘌呤 [guanine] 又称鸟粪素。学名: 2-氨基次黄嘌呤。核酸(DNA 和 RNA)的主要碱基组分之一。缩写符号: G。化学式 $C_5H_5N_5O$，分子量 151.13。白色菱形结晶或无定形粉末。三水合物为针状结晶，110℃时失水成无水物，为无定形粉末。360℃以上分解并部分升华。易溶于氨水、氢氧化钾溶液或稀酸，微溶于乙醇、乙醚、氯仿，几乎不溶于水。UV 最大吸收: 246 nm, 275 nm(pH=6.2)。有烯醇式和酮式两种结构形式，但以酮式为主。最初是从鸟粪中发现的。可由鸟粪或鱼鳞水解得到，也可从核酸的水解产物中获得。在生物体内，它的含量极少，但具有重要的生理功能，与 cAMP 对代谢调控有拮抗效应。可用于生化研究或用于合成药物的中间体。

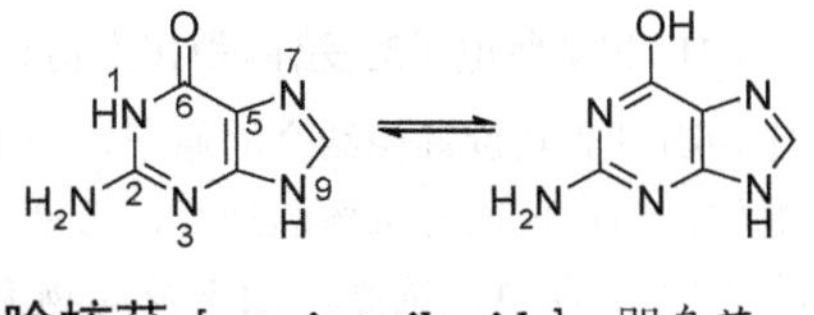

鸟嘌呤核苷 [guanine riboside] 即鸟苷。

鸟嘌呤脱氧核苷 [guanine-2-deoxyriboside] 即 2′-脱氧鸟苷。

尿苷 [uridine] 又称尿嘧啶核苷。由尿嘧啶的 1 位氮原子与 D-核糖的 1 位碳原子通过 *β*-糖苷键连接的化合物。缩写符号: U 或 Urd。化学式 $C_9H_{12}N_2O_6$，分子量 244.20。是组成 RNA 的主要核苷之一。从稀醇中析出针状结晶。味稍甜而微辛。熔点: 165℃。比旋光度$[\alpha]_D^{20}$ +4°(*c*=2，水)。溶于水，微溶于稀醇，不溶于无水乙醇。UV 最大吸收: 261 nm, 205 nm(pH =7.3)。

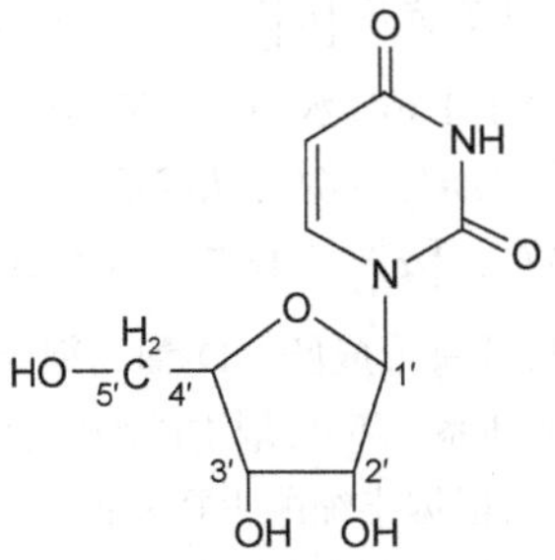

尿嘧啶 [uracil] 系统命名 2,4-二氧嘧啶。核糖核酸(RNA)中碱基的主要组分之一。缩写符号: U。化学式 $C_4H_4N_2O_2$，分子量 112.09。有烯醇式和酮式两种形式，但以酮式为主。白色针状结晶。熔点 335℃(溶解冒泡)。易溶于热水，在冷水中溶解度较小(25℃时 100 g 水溶解 0.358 g 尿嘧啶)，溶于氨水和其他碱类，几乎不溶于乙醇、乙醚。UV 最大吸收峰: 202.5 nm, 259.5 nm(pH=7.0)。小鼠口服 LD_{50}1516 mg/kg。用于生化研究和制备抗癌药物。

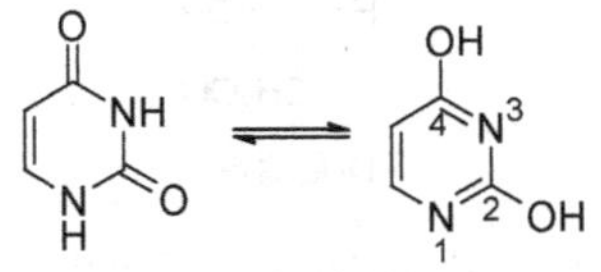

尿嘧啶核苷 [uracil riboside] 即尿苷。

尿嘧啶脱氧核苷 [uracil-2-deoxyriboside] 即 2′-脱氧尿苷。

偶联剂 [coupling reagent] 又称缩合试剂。在生物有机化学中，指在合成肽与蛋白质时，促使氨基酸或肽之间脱水形成肽键的试剂。

配体 [ligand] ❶在配位化合物或过渡金属络合催化剂中与一个中心金属(或离子)配位的分子、原子(或离子)。配体的作用是作为路易斯碱，向中心原子(路易斯酸)的空轨道提供电子对。常见的配体有水、氨、CO 等中性分子；CN^-、Cl^-、OH^-等阴离子；在有些配位化合物中，配体也可以是阳

离子如 NO^+、$N_2H_3^+$ 和某些电子对受体。❷在生物有机化学中，与一大分子化合物以非共价键相结合的原子、一组原子或一分子也称为配体，如在抗原与抗体的结合，激素与受体的结合以及底物与酶的结合中，抗原、激素及底物为特异性的配体。

葡萄糖 [glucose] 又称右旋糖。属六碳糖类的醛糖。化学式 $C_6H_{12}O_6$，分子量 180.16。D-葡萄糖是自然界广为存在的一种单糖，由淀粉用无机酸或糖化酶水解而得。无色或白色结晶状粉末，味甜。密度 1.544 g/cm³。在低于 50℃时，葡萄糖水合物是稳定的结晶，高于 50℃时失去结晶水，温度再高时，得到 β-D-葡萄糖。由水中得到的是含 1 分子结晶水的 α-D-葡萄糖，熔点 83℃。$[\alpha]_D^{20}$ +102.0°→+47.5°(水)。由热乙醇中得到不含结晶水的为 α-D-葡萄糖，熔点 146℃。葡萄糖具有变旋现象，比旋光度 $[\alpha]_D^{20}$ +112.2°→+52.7°(c=10，水)。易溶于水(1 g 可溶于 1 mL 水中，25℃)，微溶于乙醇，不溶于乙醚和芳香烃。β-D-葡萄糖可从稀乙酸或吡啶中得到结晶，熔点为 148～155℃。$[\alpha]_D^{20}$ +18.7°→+52.7°(c=10，水)。能还原费林试剂，与苯肼形成脎。D-葡萄糖是由链式结构与环状结构组成的平衡体系。环状结构主要由吡喃型及少于 1%的呋喃型组成。成环后根据半缩醛上羟基的空间取向不同分为 α 和 β 两种异构体，半缩醛羟基与 C_5 的 CH_2OH 在环平面的同一侧的为 β 型，在异侧的为 α 型。它们在一定条件下达成动态平衡，有 α 和 β 两种不同的构型。D-葡萄糖环状结构的稳定构象是六元环的椅式结构，C_2 的羟基和 C_5 羟甲基都处于平伏键位置。

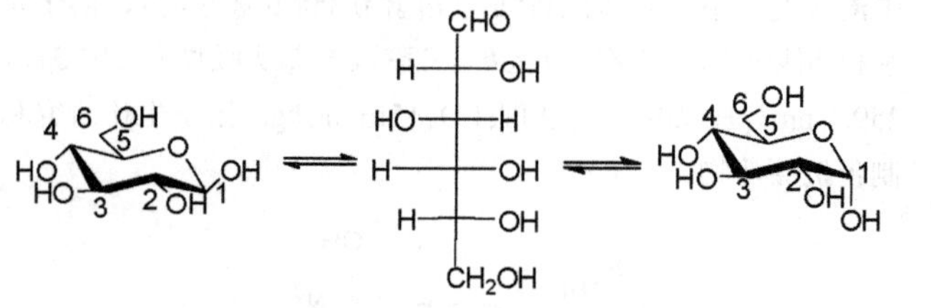

β-D-葡萄糖　　D-葡萄糖　　α-D-葡萄糖

葡萄糖以游离态形式存在于水果和其他植物中，也可以糖苷、寡糖的形式存在，或以多糖如淀粉、纤维素、糖原的形式存在。医药上可配制成口服液或静脉注射液作为营养补给。食品工业作为甜味剂(甜味约为蔗糖的 74%)。还原为葡萄糖醇后，可用于合成维生素 C。

葡[萄]糖苷 [glucoside] 葡[萄]糖通过半缩醛羟基与另一个化合物或基团共价结合而形成的糖苷类化合物。葡萄糖苷在植物中非常普遍，但在动物中很少出现。葡萄糖苷经水解后产生葡萄糖和苷元。

前导肽 [leader peptide] 即信号肽。

前列腺素 [prostaglandin] 一种激素。缩写符号：PG。继肽类激素和甾体激素后，发现的又一类生理活性极强的内源性激素，具有局部细胞功能调节作用。广泛存在于哺乳动物的精液、卵巢、子宫内膜及羊水等生殖器官及生殖液中。由含一个五元环的二十碳脂肪酸(前列腺烷酸)衍生而来的一组生物活性物质。按双键位置、个数或羟基位置、有无内过氧化结构等，前列腺素根据分子中五元脂肪环上取代基(主要是羟基和氢)的不同，将 PG 分为 A、B、C、D、E、F、G、H、I、J 类型，分别用 PGA、PGB、PGC、PGD、PGE、PGF、PGG、PGH、PGI 和 PGJ 表示。20 世纪 50 年代最先分离出 PGE_1 和 $PGF_{2\alpha}$ 两种纯品。已发现天然存在的有 20 余种，例如 PGE_1，PGE_2，$PGF_{1\alpha}$，$PGF_{2\alpha}$，下标数字为侧链内 C═C 数目，α 和 β 表示环上取代基的构型。前列腺素 E_1 化学式 $C_{20}H_{34}O_5$，分子量 354.48。从乙酸乙酯与庚烷中得到的结晶，熔点 115～116℃，比旋光度$[\alpha]_{578}$–61.6°(c=0.56,四氢呋喃)。不同类型的前列腺素具有不同的功能。前列腺素对内分泌、生殖、消化、血液呼吸、心血管、泌尿及神经系统均有生物学作用。

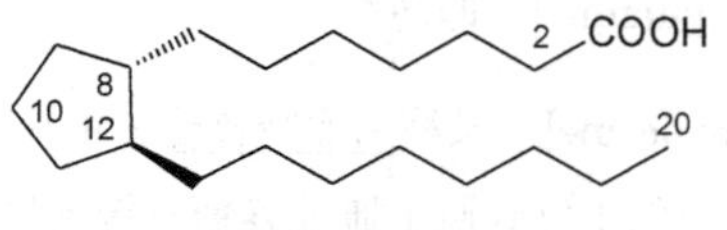

前列腺烷酸

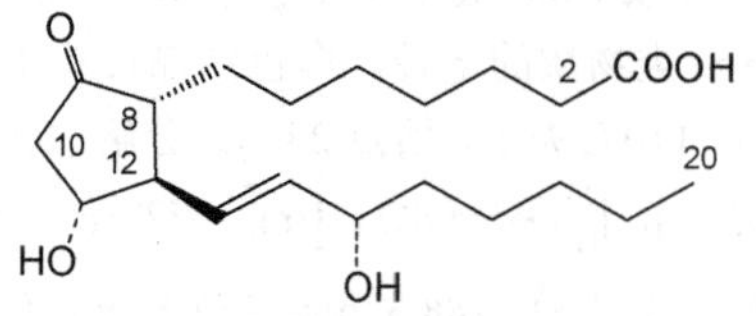

前列腺素E_1

前体 [precursor] 在代谢或合成途径中位于某一化合物一个代谢步骤或几个代谢步骤之前的一种化合物。一些不成熟的生物分子是成熟分子的前体。例如，酶的前体物质是酶原，酶原是没有生物活性的，要经过修饰加工之后变成具有生物功能的酶。又如，原叶绿素是叶绿素的前体物质；原维生素是维生素的前体物质。一般在生物合成反应的中间过程中，某一阶段前的物质，都可以称为该阶段物质的前体物质。按惯例是不包括简单的原料物质。

强啡肽 [dynorphin] 具有很强的鸦片样活性的一种内源性的神经肽。强啡肽 A 为十七肽(L-Tyr-Gly-Gly-L-Phe-L-Leu-L-Arg-L-Arg-L-Leu-L-Arg-L-Pro-L-Lys-L-Leu-L-Lys-L-Trp-L-Asp-L-Asn-L-Gln)，强啡肽 B 为十三肽(L-Tyr-Gly-Gly-L-Phe-L-Leu-L-Arg-L-Arg-L-Gln-L-Phe-L-Lys-L-Val-L-Val-L-Thr)，它们的 N 端的 5 个氨基酸序列与亮氨酸脑啡肽相同。存在于猪脑、十二指肠、垂体中，具有很强的鸦片样活性，其前体是强啡肽原，含 236 个氨基酸残基，是由前强啡肽原经过加工形成的。具有多种生理功能，最早发现的是其显著的镇痛功能，强啡肽 A 的镇痛作用比亮氨酸脑啡肽强 700 倍，比内啡肽强 50 倍，但它对人体具有很强的成瘾性和药物依赖性。之后发现对机体还有其他明显的调节作用，如对心血管系统、呼吸系统等。

O^4-4-羟苯基酪氨酸 [O^4-(4-hydroxyphenyl) tyrosine] 即甲腺原氨酸。

2-羟基-4-氨基嘧啶 [2-hydroxy-4-aminopyrimidine] 即胞嘧啶。

3-羟基酪氨酸 [3-hydroxy tyrosine] 即多巴。

羟脯氨酸 [hydroxyproline] 3-羟基脯氨酸(3Hyp)或4-羟基脯氨酸(4Hyp)。缩写符号：Hyp 或 HyPro。化学式 $C_5H_9NO_3$，分子量 131.13。是从脯氨酸衍生而来的一种亚氨基酸。分子中有两个手性碳原子。L-反式 3Hyp，从乙醇-水中得到结晶。熔点 228～235℃。$[\alpha]_D^{20}$ −15.3°(c=1，水)。L-反式 4Hyp，从水中重结晶得到菱形或针状结晶。溶于水，微溶于醇，不溶于醚。熔点 274℃。L-反式 4Hyp 的比旋光度 $[\alpha]_D$−76.5°(c=2.5，水)。$[\alpha]_D^{25}$ −100.9°(c=2，乙酸)。pK_{a1}=1.82，pK_{a2}=9.65。L-顺式 4Hyp(allohydroxyproling)，熔点 238～241℃。$[\alpha]_D^{18}$−58.1°(c=5.2，水)。胶原中约 50%的脯氨酸被羟基化成为 4Hyp 和少量 3Hyp。Hyp 也存在于弹性蛋白、牙齿珐琅和伸展蛋白中。主要用明胶水解分离而制得。

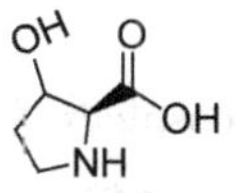

3-羟基脯氨酸

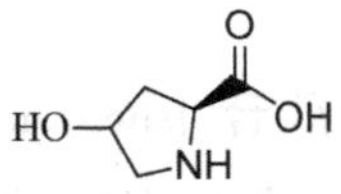

4-羟基脯氨酸

5-羟色氨酸 [5-hydroxytryptophan] 缩写符号：5-HTP。化学式 $C_{11}H_{12}N_2O_3$，分子量 220.22。L-5-HTP 为结晶性粉末，熔点 273℃(分解)。L 型的比旋光度 $[\alpha]_D^{20}$ −32.5°(水)；$[\alpha]_D^{20}$ ＋16.0°(4 mol/L HCl)。D-5-HTP，结晶性粉末。$[\alpha]_D^{20}$ ＋32.2°(水)。DL-5-HTP 从乙醇中得小棒状或针状结晶。熔点 298～300 ℃(分解)。UV 最大吸收峰为 278 nm(水, pH= 6.0)。溶于水和 50%沸腾的醇中(2.5 g/100 mL)。水溶液在低 pH 时稳定。有激素样性质，能引起血管扩张，增加毛细血管通透性和引起平滑肌收缩。有抗抑郁作用。

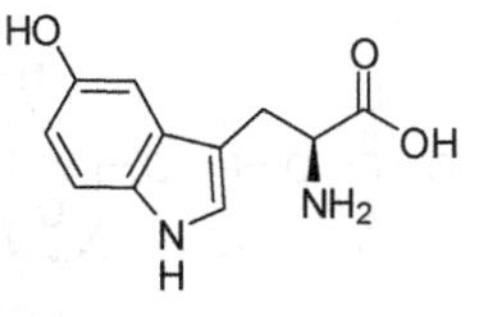

壳聚糖 [chitosan] 又称脱乙酰壳多糖、几丁聚糖、脱乙酰几丁质、聚葡萄糖胺。由自然界广泛存在的几丁质(chitin)经过脱乙酰基作用得到的化合物。化学名称为聚葡萄糖胺，β-(1→4)-2-氨基-2-脱氧-D-葡聚糖。化学式 $(C_6H_{11}NO_4)_n$。其分子结构与纤维素相似，呈直链状，极性强，易结晶，可根据分子主链的排列方式将其分为 α-、β-两种：α-分子主链以反平行方式排列，分子间氢键作用强；β-分子则相反。壳聚糖呈白色或淡黄色半透明状固体，略有珍珠光泽，在酸性条件下，分子中氨基与质子结合使自身带正电荷，因此壳聚糖是天然多糖中少见的带正电荷的高分子物质。此外壳聚糖化学稳定性良好，但吸湿性较强，遇水易分解；无毒无害，具有优良的生物相容性，能被溶菌酶等溶解，可生物降解，其代谢产物无毒，且能被生物体完全吸收。在医药、食品、化工、化妆品、水处理、生化和生物医学工程等诸多领域得到广泛应用。可吸附水中镉、汞、铜等重金属离子。在食品工业中是一种天然、无毒的保鲜剂、絮凝剂。壳多糖本身也是一种功能性食品或可与其他食品配伍使用。

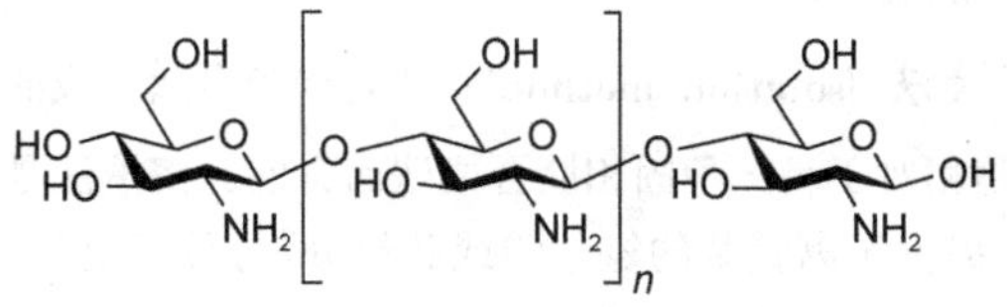

鞘氨醇 [sphingosine；4-sphingenine] 又称神经氨基醇。系统命名反式-2-氨基-十八碳-4-烯-1,3-二醇。长链不饱和脂肪烃的氨基二元醇。已发现的鞘氨醇类化合物有 60 多种，均以结合形式存在于自然界。在哺乳动物中主要是 D-鞘氨醇和饱和的二氢鞘氨醇。自然界存在的主要为十八碳鞘氨醇,而且均为反式构型。高等植物和酵母中为 4-羟二氢鞘氨醇，又称植物鞘氨醇，存在于真菌和植物中；海生无脊椎动物常含双不饱和氨基醇，如 4，8-双烯鞘氨醇。鞘氨醇因有氨基呈碱性。鞘氨醇是体内合成鞘脂、鞘磷脂、鞘糖脂(如脑苷脂，神经节苷脂等)的母体化合物。是生物膜的重要组成部分，参与细胞信息识别和传递。

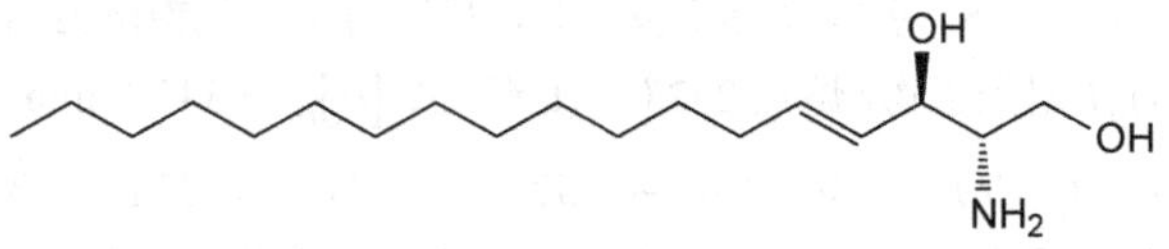

鞘磷脂 [sphingomyelins; phosphosphingolipids] 又称神经鞘磷脂。鞘氨醇磷脂。一组由鞘氨醇、脂肪酸和磷酰胆碱(少数为磷酰乙醇胺)组成的磷脂。白色结晶性粉末，微吸湿。能溶于苯、氯仿、热乙醇和热乙酸乙酯，微溶于吡啶，几乎不溶于乙醚、丙酮和水。

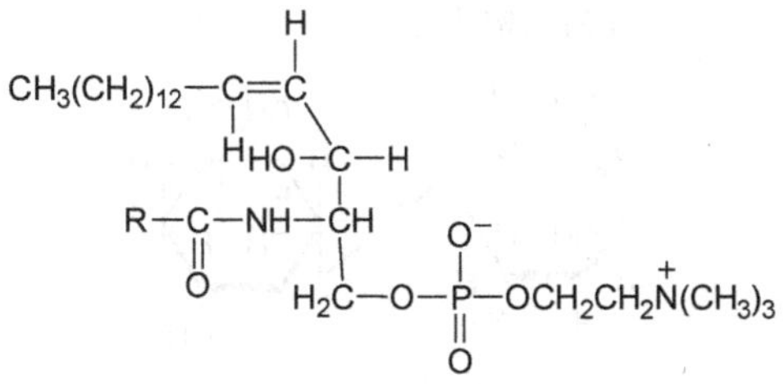

式中，R 对应的 RCO_2H 为不同结构的脂肪酸，如硬脂酸、软脂酸、木蜡酸、神经酸等。鞘磷脂极性头部分是磷脂酰胆碱或磷脂酰乙醇胺。鞘磷脂性质与磷脂酰胆碱和磷脂酰乙醇胺相似，在 pH 为 7 时也为两性离子，有表面活性。在高等动物的脑髓鞘和红细胞膜中特别丰富，也存在于许多植物种子中。鞘磷脂的两大代谢产物，神经酰胺和鞘氨醇参与了体内细胞生长、分化、衰老和凋亡等生理过程。

2-巯基-4-羟基嘧啶 [2-mercapto-4-hydroxypyrimidine] 即硫尿嘧啶。

去氧核苷酸 [2′-deoxynucleoside-5′-monophosphate] 即脱氧核苷酸。

醛糖 [aldose] 分子结构中含有醛基的单糖。其分子式通式为 H—[CH—OH]$_n$—CHO。如葡萄糖是一种己醛糖；核糖是一种戊醛糖。

溶液法 [solution method] 此处专指多肽合成的一种方法，是相对于另一种固相肽合成法而言的。溶液法是将氨基组分（提供游离氨基的氨基酸或肽组分）与羧基组分（提供游离羧基的氨基酸或肽组分）均溶于有机溶剂中，在均相条件及偶联剂作用下反应，分子间脱水缩合形成肽键。每一步反应均需要对产物进行分离纯化，以除去未反应的原料和副产物后，再进行下一步反应。所以最终产物较固相肽合成法所得产物纯，另外，反应规模可大可小，但操作繁杂、费时。

乳糖 [lactose] 系统命名 4-*O*-*β*-D-吡喃半乳糖基-D-吡喃葡萄糖。一种二糖。化学式 $C_{12}H_{22}O_{11}$，分子量 342.30。*α*-型一水合物，有微甜味的单斜系结晶，即普通的乳糖。一水合物熔点 201～202℃（分解）（快速加热）。120℃变为无水物。熔点 252℃（分解）。相对密度 d_4^{20} 1.53。有变旋现象，比旋光度$[\alpha]_D^{20}$ +92.5°→+83.5°（10 min）→+69°（50 min）→+52.3°（22 h，*c*=4.5，水）。93.5℃以上时，从浓的 *α*-型乳糖溶液结晶变为 *β*-型无水物，熔点 252℃。比旋光度$[\alpha]_D^{25}$ +34°（3 min）→+39°（6 min）→+46°（1 h）→+52.3°（*c*=4.5，水，22 h）。常温下吸水后转变成 *α*-型水合物。易溶于水，微溶于乙醇，不溶于乙醚、氯仿。是还原糖，能还原费林试剂，与苯肼生成糖脎。哺乳动物乳汁中的主要糖，人乳中约含 7%，牛奶中约含 4.5%。由 D-葡萄糖和 D-半乳糖失水缩合而成。牛奶变酸是因所含乳糖变为乳酸引起的。常温水溶液中得 *α*-型水合物，白色晶体，即普通乳糖。用于制婴儿食品、糖果、人造奶油等，也可作赋形剂。乳糖结构式为

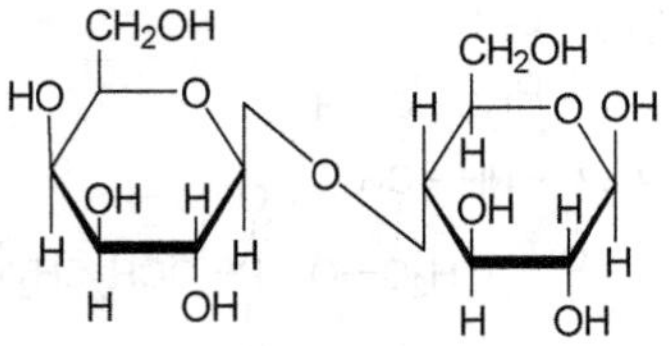

脎 [osazone] 又称糖脎。含有自由醛基或酮羰基的还原糖类（如葡萄糖、果糖、麦芽糖等）与过量苯肼反应生成具有特异结晶形状的黄色化合物。蔗糖由于没有自由醛基，为非还原性双糖，所以不能与苯肼作用生成脎。脎难溶于水，可用重结晶法纯化。不同还原糖类形成脎的熔点、结晶形状与溶解度等也各不相同，因此可通过观察糖脎的结晶形状和测定糖脎的熔点来鉴别各种还原糖。但果糖、葡萄糖和甘露糖形成相同的脎。糖脎在酸性介质中水解可重新生成原来的糖，故可利用成脎反应来分离提纯某些糖类。

3,5,3′-三碘甲腺原氨酸 [3,5,3′-triiodothyropropionic acid] 化学式 $C_{15}H_{13}I_3NO_4$，分子量 650.9。缩写符号: T3。从无水乙醇中得到的结晶熔点 200℃。是由甲状腺分泌的甲状腺激素。T4 称为甲状腺素，T3 则称为 3,5,3′-三碘甲状腺原氨酸。T3 为无色晶体。熔点 234～238℃。具有较强的甲状腺素的功能。它主要控制耗氧速率和总代谢速率。T3 在甲状腺中的含量虽比 T4 少得多，但 T3 的生物活性比 T4 大 3～4 倍。其生理作用十分广泛，最突出的是促进幼小动物生长发育。能增加基础代谢率和耗氧量。

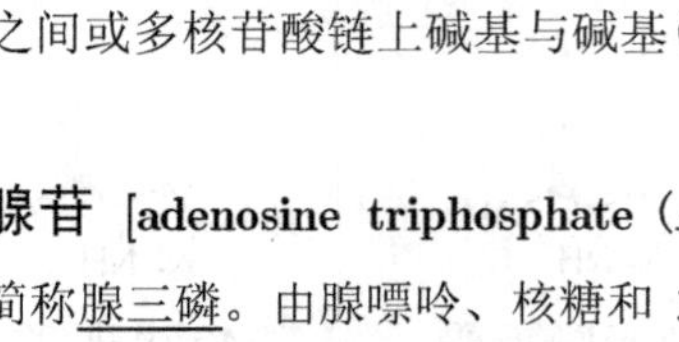

三级结构 [tertiary structure] 生物大分子在二级/超二级结构的基础上进一步盘绕形成的高级结构。如多肽链和多核苷酸链所形成的不规则三维折叠。三级结构产生于肽链上氨基酸侧链之间或多核苷酸链上碱基与碱基（或核糖）之间的相互作用。

三磷酸腺苷 [adenosine triphosphate（ATP）] 又称腺苷三磷酸，简称腺三磷。由腺嘌呤、核糖和 3 个磷酸基团按特定方式连接而成。通常指腺苷-5′-三磷酸。化学式 $C_{10}H_{16}N_5O_{13}P_3$，分子量 507.184。游离的三磷酸腺苷为玻璃状。无臭。微有酸味。比旋光度$[\alpha]_D^{22}$ −26.7（*c*=3.095）。UV 最大吸收：259 nm（pH=7.0 水）。易溶于水，难溶于乙醇、乙醚、苯和氯仿。三个磷酸基团从腺苷开始被编为 *α*、*β* 和 *γ* 磷酸基。三磷酸腺苷是生物体内与组织生长、修补、再生、能源供应等密切相关的高能化合物。含有 2 个高能磷酸键，水解时释放的能量多达 30.54 kJ/mol，是生物体内组织细胞一切生命活动所需最直接的能量来源。人体所有需要的能量几乎都是由三磷酸腺苷提供的。

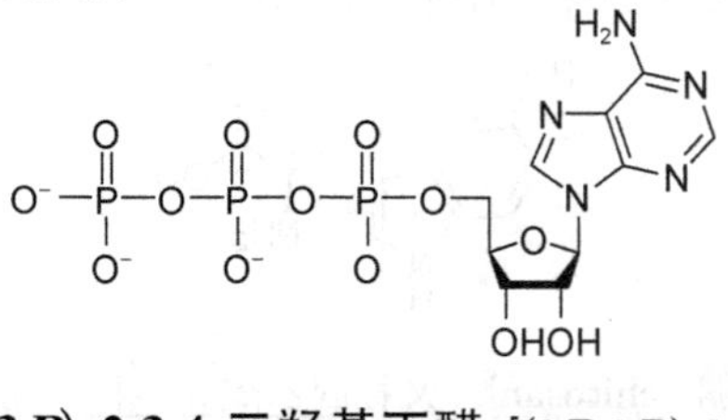

（2*R*, 3*R*）-2,3,4-三羟基丁醛 [（2*R*,3*R*）-2,3,4-trihydroxybutanal] 即 D-（–）-赤藓糖。

（2*S*, 3*R*）-2,3,4-三羟基丁醛 [（2*S*,3*R*）-2,3,4-trihydroxybutanal] 即 D-（–）-苏阿糖。

L-山梨糖 [sorbose；sorbinose；sorbin] 一种单糖的酮糖。化学式 $C_6H_{12}O_6$，分子量 180.16。白色晶体。熔点 165℃。

d^{15}1.65。比旋光度$[\alpha]_D^{20}$ −42.7°(c=5，水)。易溶于水，几乎不溶于乙醇。具有酮糖的一般性质，有还原性，可还原费林试剂。甜味同蔗糖，通常以吡喃型存在。D-葡萄糖经催化氢化变为 L-山梨糖醇，再经乙酸菌氧化或木糖酸杆菌作用，得到 L-山梨糖。是制造维生素 C 的重要原料。

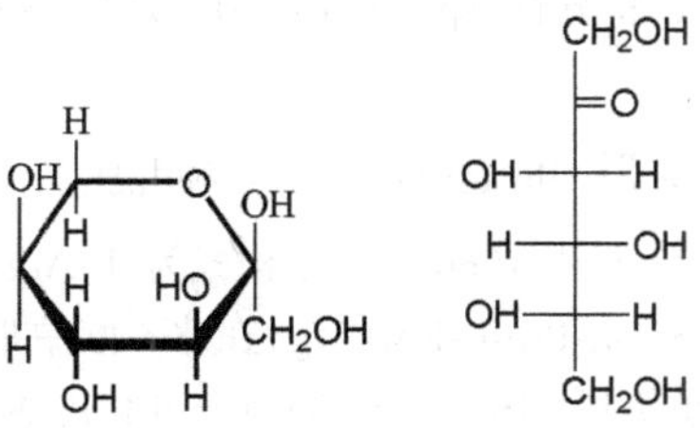

α-L-吡喃山梨糖　　L-山梨糖

色氨酸 [tryptophan[e]]　L-色氨酸的系统命名为(2S)-氨基-3-(3-吲哚基)丙酸。是编码氨基酸。缩写符号：Trp 或 W。化学式 $C_{11}H_{12}N_2O_2$，分子量 204.23。消旋体是白色晶体，微溶于水，在碱性溶液中稳定，可被强酸分解。左旋体是片状晶体，无味，溶于热水和热乙醇，不溶于氯仿，在碱性溶液中稳定。熔点 282℃(分解，快速加热)，L 型的比旋光度$[\alpha]_D^{20}$ −32.5°(c=1.1，水)，$[\alpha]_D^{20}$ +6.1°(1mol/L 氢氧化钠)。pK_{a1} 2.46; pK_{a2} 9.41 (0.1 mol/L 氯化钾水溶液)(25℃)。pI 5.89。味苦。D 型是白色晶体，熔点 281～282℃(分解)，溶于水、热乙醇和氢氧化碱金属溶液。L 型可由酪蛋白经碱性水解后精制而得，一般从吲哚经草绿碱制得消旋体后再拆分制备或由 β-吲哚醛和马尿酸合成。L-色氨酸是哺乳动物的必需氨基酸。可作营养增补剂、抗氧化剂，是氨基酸输液的成分。可作饲料添加剂。某些抗生素中含有 D-色氨酸。

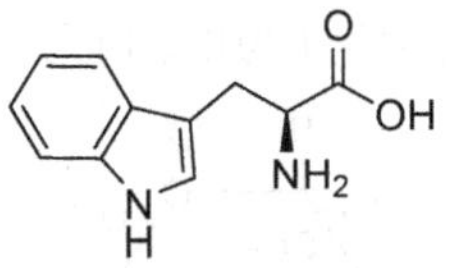

神经氨基醇 [sphingosine]　即鞘氨醇。

神经节苷脂 [gangliosides]　又称唾液酸糖鞘脂。从神经节细胞中分离的一种鞘糖脂。缩写符号：Gls。为一类含唾液酸的酸性糖鞘脂。由亲水的寡糖链与亲脂的神经酰胺两部分组成，分子质量约为 1～3 kDa。含有单糖与乙酰神经氨酸的神经酰胺寡糖苷，也可能含有氨基糖或任何含有神经氨酸的脑苷脂。除通过糖苷键相连的糖基(多为单糖)外，还携带一个或多个唾液酸残基，另一种是硫酸鞘糖脂(硫苷脂)。已知糖部分是由己糖、氨基糖、唾液酸组成的脑神经节苷脂，有 8 种以上。在水和有机溶剂中可溶。在水中是以数百万个分子聚合的微团状态存在。神经节苷脂存在于神经组织、脾脏与胸腺细胞膜中，尤以脑细胞膜含量最高，在神经冲动传递过程中起重要作用，对神经再生有重大促进作用，也可用于医治神经细胞的损害。

神经鞘磷脂 [sphingomyelins]　即鞘磷脂。

神经酰胺 [ceramide; N-fatty acyl sphingosine]　又称脑酰胺、N-脂酰鞘氨醇。一类鞘脂。缩写符号：Cer。是(神经)鞘脂类共有的结构单位。是由一分子脂肪酸的羧基与鞘氨醇的氨基通过酰胺键缩合而成。在其上如果结合糖，就成为鞘糖脂类，如果结合磷酸胆碱，就成为(神经)鞘磷脂。神经酰胺是鞘脂类的中间代谢产物，尤其在生物合成中占有重要的位置。法贝尔(Farber)病患者在小脑、肾脏中积蓄大量 Cer。为无色透明液体,具有高效保湿作用,可用于化妆品。

生物催化剂 [biocatalyst]　主要指酶。大多数酶是由生物体产生的具有催化功能的蛋白质。生物催化剂与一般无机催化剂比较具有催化效率高、专一性强、反应条件温和等优点。其缺点是易受热或某些化学物质及杂菌的破坏而失活，稳定性较差，每一种酶催化反应时都有其最佳的反应温度和最佳 pH。生物体内进行的种类繁多的化学反应都是在酶的参与下进行的。许多酶如蛋白水解酶、脂肪酶等在有机合成中也得到了广泛的应用。

生物催化[作用] [biocatalysis]　利用酶或生物有机体(细胞、细胞器、组织等)作为催化剂促进化学反应进行的过程。生物催化中常用的有机体主要是微生物，其本质是利用微生物细胞内的酶进行催化，促进生物转化的进程。

生物大分子 [biomacromolecule; biological macromolecule]　是生物体内与生命有着密切关系的蛋白质、核酸和多糖等类高分子化合物的总称。由于不同编码氨基酸在大分子中排列顺序的多样性，可形成上万种蛋白质大分子；由葡萄糖单元以不同方式重复连接成淀粉、纤维素等聚多糖大分子；由四种不同碱基取代的呋喃糖和磷酸酯按不同的排列组合形成核酸或脱氧核糖核酸等。它们在生物体中的作用可分为：骨架结构物质；能量储存物质；控制生命遗传过程的物质等。生物大分子的高级结构对其特定的生物功能具有决定性作用。

生物探针 [bioprobe]　分子生物学和生物化学实验中用于指示特定物质(核酸、蛋白质、细胞结构等)的性质或物理状态的一类标记分子。探针是一小段单链 DNA 或者 RNA 片段(约为 20～500 bp)，用于检测与其互补的核酸序列。双链 DNA 加热变性成为单链，随后用放射性同位素(通常用磷-32)、荧光染料或者酶(如辣根过氧化物酶)标记成为探针。磷-32 通常被掺入组成 DNA 的四种核苷酸之一的磷酸基团中，而荧光染料和酶与核酸序列以共价键相连。当将探针与样品杂交时，探针与其互补的核酸(DNA 或 RNA)序列通过氢键紧密相连，随后，未被杂交的多余探针被洗去。最后，根据探针的种类，可进行放射自显影、荧光显微镜、酶联放大等方法来判断样品中是否，或者何位置含有被测序列(即与探针互补的序列)。

生物有机化学 [bioorganic chemistry]　应用有机化学的原理和方法，在分子水平上研究生命现象本质的一门学科。是生物化学与有机化学之间的交叉学科。主要研究内容为设计与合成相对简单的模型分子来模拟生物体的生化过程的局部或全部，其中最重要的是对酶和膜作用的模拟，以及生物活性物质的结构和功能的关系；主客体分子之间的相互识别与相互作用及生物信息的存储、表达、传递和调控作用的分子基础等。

生物转化 [biotransformation; bioconversion; biological transformation]　又称生物转换。利用酶或生物有机体(全细胞、细胞器、组织等)作为催化剂进行化学转化的过程。具有一些化学方法无可比拟的优点：专一性强，具有独特、高效的底物选择性(化学选择性、区域选择性和立体选择性)；环境友好，通常用水作为反应介质，避免使用强酸、强碱等；反应通常在室温和常压下进行，减少了能源的消耗；减少了官能团的保护和脱保护步骤，减少副反应，提高收率；并能完成一些化学合成难以进行的反应。如用孕酮合成可的松的反应从化学合成法的 30 余步缩短至 3 步；如甾体化合物的羟基化、环氧化和脱氢等常用生物转化法。因此在生化制药中有广阔的应用前景。

生物转换 [bioconversion]　即生物转化。

使君子氨酸 [quisqualic acid]　又称使君子酸。化学式 $C_5H_7N_3O_5$，分子量 189.13。从水和乙醇中得到结晶。熔点 190～191℃。比旋光度 $[\alpha]_D^{20}$ +17°(*c*=2.0，6 mol/L 盐酸)。存在于使君子科植物使君子(*Quisqualis indica* L.)的种子等植物中。可用化学法合成。该化合物的钾盐有明显的去除人体肠内蛔虫的作用，排虫率达 82%。使君子氨酸是使君子驱虫的有效成分。它对蛲虫的排虫率较蛔虫低，对钩虫、猪肉绦虫等肠寄生虫无明显作用。

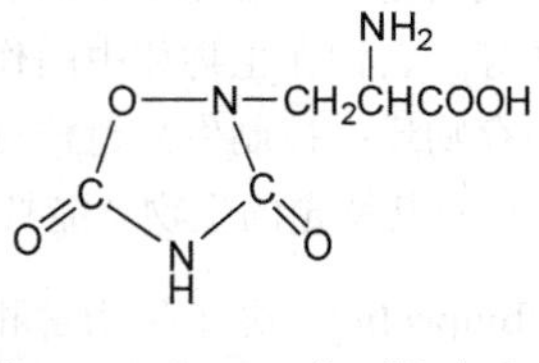

使君子酸 [quisqualic acid]　即使君子氨酸。

适配体 [aptamer]　能与蛋白质或代谢物等配体特异和高效结合的 RNA 或 DNA 片段。通常用体外筛选方法即指数富集的配体系统进化技术(systematic evolution of ligands by exponential enrichment，SELEX)，从核酸分子实体库中得到的寡核苷酸片段。核酸适配体能与多种目标物质高特异性、高选择性地结合，因此被广泛应用于生物传感器领域。

受体 [receptor; acceptor]　❶在化学反应和分子识别中，为接受电子、原子、原子基团、离子或分子的化学物质；❷在生物有机化学中，是存在于细胞膜或细胞内的特殊蛋白质，可以识别并特异地与细胞外有生物活性的化学信号物质(配体)结合，从而激活或启动一系列生物化学反应，最后导致该信号物质特定的生物效应。被结合的物质，可能是病毒、抗原、激素或药物。受体能把识别和接受的信号正确无误地放大并传递到细胞内部，进而引起生物学效应。与受体结合的生物活性物质统称为配体。受体与配体结合即发生分子构象变化，从而引起细胞反应。受体与配体结合具有饱和性(saturability)、特异性(specificity)和可逆性(reversibility)的特点。

[舒]缓激肽 [bradykinin]　一种九肽的激肽。化学式 $C_{50}H_{73}N_{15}O_{11}$，分子量 1060.21。结构式为 L-Arg-L-Pro-L-Pro-Gly-L-Phe-L-Ser-L-Pro-L-Phe-Arg。在冰乙酸中形成无定形沉淀。比旋光度 $[\alpha]_D^{25}$ −76.5°(*c*=1.37, 1 mol/L 乙酸)。溶于冰乙酸、热甲醇；微溶于 90%乙醇、冷甲醇；几乎不溶于丙酮、氯仿、乙醚、石油醚等。由纤维蛋白溶酶作用从血浆前体中释放出来。主要作用是扩张血管、降低血压、增强毛细血管通透性、引起疼痛、增加心脏收缩频率等，还能诱发前列腺素的释放。

L-鼠李糖 [L-rhamnose]　又称 6-脱氧-L-甘露糖。化学式 $C_6H_{12}O_5$，分子量 164.16。在水或乙醇中总得到 *α*-异构体结晶，加热将结晶水除去，会有部分 *β*-异构体生成。*α*-异构体有甜味。熔点 82～92℃。在 105℃(2 mm Hg)时升华。相对密度 d_4^{20} 1.4708。有变旋现象，比旋光度 $[\alpha]_D^{20}$ −7.7°→+8.9°。*β*-异构体为针状结晶。熔点 122～126℃(快速加热)。比旋光度 $[\alpha]_D^{20}$ +31.5°(1 min)→+8.9°(水，达到平衡时)。*β*-型有吸湿性，吸水后会部分转化为 *α*-异构体。在 44℃水溶液中含有 66% *α*-吡喃型与 40% *β*-吡喃型与 0.01%醛。在自然界大多为 L 型。L-鼠李糖广泛存在于许多植物的多糖、糖苷、植物胶和细菌多糖中。主要用于化学与生物化学研究。

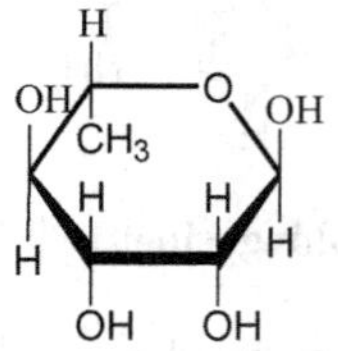

双糖 [disaccharide]　即二糖。

水解酶 [hydrolase; hydrolytic enzyme]　催化水解反应的酶。

δ 睡眠肽 [delta sleep inducing peptide]　又称 δ 诱眠肽。缩写符号：DSIP。为内源性的生物活性肽。是动物在困倦时脑内产生的一种能引起睡眠的肽类物质。从困倦的兔体中分离的睡眠肽是一个九肽，结构式为 L-Trp-L-Ala-Gly-Gly-L-Asp-L-Ala-L-Ser-Gly-L-Glu。在睡眠时它的浓度会增加 7 倍，将其注射到清醒动物的脑室或静脉后，可快速诱导慢波睡眠，并能特异性地增强兔脑电图中的 δ 波。

丝氨酸 [serine] L-丝氨酸的系统命名为(2*S*)-氨基-3-羟基丙酸。是编码氨基酸。缩写符号：Ser 或 S。化学式 $C_3H_7NO_3$，分子量 105.09。因可从蚕丝中获取而得名。L-丝氨酸为六边形片状结晶。溶于水(5.0 g/100 g，25℃)，几乎不溶于无水乙醇和乙醚。高真空条件下(10^{-4} mmHg) 150℃能升华。熔点228℃(分解)。L型的比旋光度$[\alpha]_D^{20}$ −6.83°(*c*=10.41，水)，$[\alpha]_D^{25}$ +14.95°(*c*=9.34，1 mol/L 盐酸)。pK_{a_1}=2.30；pK_{a_2}=9.34(15℃，0.24 mol/L K_2CO_3)。等电点 5.68。味甜。为哺乳动物的非必需氨基酸。作为生化试剂与食品添加剂。在丝原蛋白及某些抗生素中含有 D-丝氨酸。DL 型从水中的得到单斜晶系棱柱状小叶晶体。相对密度 *d* 1.537。246℃分解(在封闭的毛细管中，预热到 225℃)。pK_{a_1}=2.21, pK_{a_2}=9.15。溶于水，不溶于无水醇和乙醚。

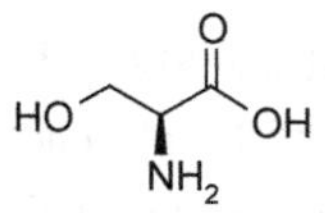

3, 5, 3′, 5′-四碘甲腺原氨酸 [3,5,3′,5′-tetraiodothyronine]即甲状腺素。

D-(−)-苏阿糖 [threose] 又称苏丁糖。系统命名(2*S*,3*R*)-2,3,4-三羟基丁醛。化学式 $C_4H_8O_4$，分子量 120.10。是 D-(−)-赤藓糖的异构体。中间 2 个碳原子上的羟基在碳链的两侧的一种四碳醛糖(丁醛糖)。按费歇尔(Fischer)投影式，D-(−)-苏阿糖的结构式为

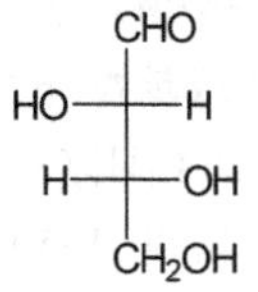

系糖浆状。有变旋现象。D 型最终的比旋光度为$[\alpha]_D^{20}$ −12.3°(20 min，*c*=4，水)。易溶于水，微溶于醇，不溶于醚和石油醚。

苏氨酸 [threonine] L-苏氨酸的系统命名为(2*S*)-氨基-(3*R*)-羟基丁酸。化学式 $C_4H_9NO_3$，分子量 119.12。缩写符号：Thr 或 T。分子中有两个手性中心，因而有 4 个旋光异构体。白色结晶。易溶于水(20.5 g/100 mL, 25℃)，不溶于无水乙醇、乙醚和氯仿。L 型熔点 255～257℃(分解)。pK_{a_1}=2.63，pK_{a_2}=10.43。L 型的比旋光度$[\alpha]_D^{26}$ −28.3°(*c*=1.09，水)。是哺乳动物的必需氨基酸。DL-苏氨酸含半分子结晶水为白色结晶或结晶性粉末。熔点 229～230℃(分解)。D-苏氨酸为无色结晶，溶于水。熔点 251～253℃(分解)。$[\alpha]_D^{20}$ +12°～16°(5%盐酸中)。可作为食品的营养添加剂与饲料添加剂，也是氨基酸输液的重要成分。

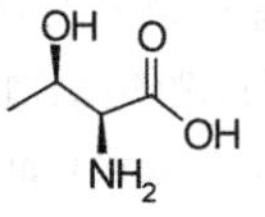

苏丁糖 [threose] 即 D-(−)-苏阿糖。

羧基端 [carboxyl terminal] 即 C 端。

缩合试剂 [coupling reagent] 即偶联剂。

肽 [peptide] 由两个或两个以上相同或不相同的氨基酸之间脱水形成—(CO—NH)—共价键的酰胺化合物。一般是指由相同或不相同的 α-氨基酸之间脱水形成的酰胺化合物为肽,也包括其他氨基酸之间形成的肽。最简单的肽是由两个氨基酸组成，称为二肽。含有三个、四个、五个等氨基酸残基的肽分别称为三肽、四肽、五肽等。

肽单元 [peptide unit] 有两重含义：①对肽链的一级结构而言，是指肽链中的氨基酸残基；②对肽链的高级结构而言，则是指肽键组成的肽平面。构成肽键的 C—N 键长为 132 pm，比相邻的 C_α—N 单键(148 pm)短，而较 C═N 双键(127 pm)长，所以具有部分双键的性质，不能自由旋转，且围绕肽键 C 和 N 的三个键角之和均为 360°，说明构成肽键的 6 个原子 C_α1、C、O、N、H、C_α2 同处在一个平面上，形成所谓的肽单元。

肽激素 [peptide hormone] 具有激素活性的多肽和蛋白质的总称。按分子质量大小分为多肽激素和蛋白质激素，但两者无明显界限。包括下丘脑激素、垂体激素、胰腺激素、胃肠道激素、甲状旁腺素、降钙素、胸腺素、血管紧张素、激肽等。当构成多肽激素中有多官能团氨基酸时，分子中会有自由氨基、胍基或羧基，此时整个多肽激素表现出碱性或酸性。如果分子中有巯基、酚羟基存在，可表现出与金属离子螯合的倾向。如分子中含有芳香氨基酸如苯丙氨酸(Phe)、酪氨酸(Tyr)、色氨酸(Trp)时，可表现出特征的紫外吸收峰。组成肽激素的氨基酸为 L 构型，因此有旋光性。肽类激素的作用是通过刺激肾上腺皮质生长、红细胞生成等实现促进人体的生长、发育，但大量摄入会降低自身内分泌水平，损害身体健康，还可能引起心血管疾病、糖尿病等。肽类激素可用脏器为原料提取或用化学法合成。多肽激素药物在胃肠道中会受酶的作用而失活，一般不能口服用药。

肽键 [peptide bond] 一个氨基酸的羧基与另一个氨基酸的氨基之间经失水后形成的酰胺键(—CO—NH—)。氨基酸借肽键联结成多肽链。是蛋白质分子中的主要共价键，性质比较稳定。由于肽键氮原子上的未共用电子对与相邻的羰基之间的共振作用，使肽键具有部分双键的性质，即降低了氮原子的碱性，同时也阻碍了 C—N 键的自由旋转。肽键两端的 C═O、N—H 和 2 个 C_α 共 6 个原子的空间位置处在一个相对接近的平面上，而相邻 2 个氨基酸的侧链 R 又形成反式构型。已知在通常的有机化合物中 C—N 单键的键长为 148 pm，C═N 双键的键长为 127 pm，X 射线晶体衍射分析证实，肽键中 C—N 键的键长为 132 pm。肽键中的 C—N 单键具有约 40%双键性质，而 C═O 双键具有约 40%单键性质，如下图

所示。肽键的平面性质对于肽链折叠成三维立体构象有重要影响。

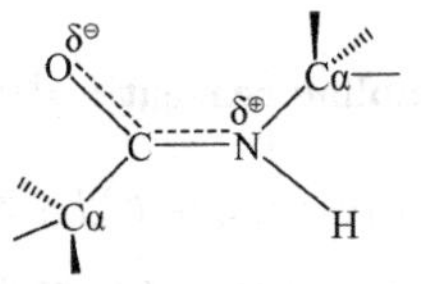

肽库 [peptide library] 以不同方法构建的一组不同序列肽组成的混合物。它是特定长度短肽的大量集合，包括了该长度短肽的各种可能氨基酸序列(或其中绝大部分)的排列组合。构建的方法可以是组合化学方式的化学合成法如在树脂上进行的混合裂分法，也可以是生物合成法如利用噬菌体和细菌的展示系统。

肽模拟物 [peptidomimetic] 根据生物活性肽与相应受体的构象、拓扑化学及电性特征,设计具有类似生物活性的非肽类似化合物。尽管大多数激素为多肽类化合物，但由于它们缺乏口服生物利用度，以及体内酶的降解而导致作用时间短，使它们的临床应用受到限制。多肽模拟物是指模拟多肽的生物活性，但在化学上已不具有多肽性质的一类分子。有时多肽模拟物也指不完全肽，如伪肽和类肽等，但严格意义上的多肽模拟物应不含任何肽键。多肽模拟物比多肽本身的突出优点是口服生物利用度高。

肽缀合物 [peptide conjugate] 肽与另一类化合物以共价键形式相连(如与甾体化合物以酯键或酰胺键连接)的化合物。

碳水化合物 [carbohydrate] 主要由碳、氢、氧组成。其分子式通式通常为 $C_n(H_2O)_m$,但有例外，其分子式通式为 $C_n(H_2O)_m$。因此有碳的水合物之称。包括单糖、寡糖、多糖、淀粉、纤维素、复合多糖与糖的衍生物。但有些糖类化合物的分子式组成中，并不表现出碳和水的比例，如鼠李糖的分子式为 $C_6H_{12}O_5$，而有些化合物的组成符合碳水化合物的比例，如乙酸、乳酸，却不属于碳水化合物。因此用碳水化合物表示糖类不够确切。现在把含有多羟基的醛类或酮类的化合物称为糖。它是自然界中分布最广的化合物。为生物的生长、运动、繁殖提供主要的能源。是人类生存必不可少的重要物质之一。

糖 [❶saccharide；❷sugar] ❶经水解仅能得到单糖类分子的简单糖类的统称。最简单的是单糖。由单糖聚合得到不同聚合度的寡糖，包括二糖、三糖等，几十个或更多单糖聚合成多糖。❷通常是指具有甜味的单糖或寡糖。有时在学术上，也指一些单糖。

糖醇 [alditol] 单糖分子的醛基或酮羰基被还原成羟基,使糖转化成为多元醇。自然界广泛存在的己糖醇有半乳糖醇和具有重要药用价值的甘露糖醇、山梨糖醇等。还有与之相关的环醇即肌醇。糖醇是生物体的代谢产物。广泛用于制药和食品工业中。

糖蛋白 [glycoprotein] 糖类分子与蛋白质分子共价结合形成的复合大分子。形成此大分子的过程常称为蛋白质的糖基化。是动植物体内普遍存在的一类复合蛋白质，分子量较大，除蛋白质外尚有复杂的多糖成分，糖成分含量变化较大，通常占糖蛋白量的1%～80%。糖蛋白中，糖可以相当均匀地沿蛋白质的肽链分布，或集中在肽链的特定区域。在生物的免疫系统中，糖蛋白肩负着重要使命，特别是在细胞间的免疫识别方面，主要依赖于彼此的糖蛋白结构。糖基化修饰使蛋白质分子的性质和功能更为丰富和多样。

糖苷 [glycoside] 又称苷，旧称甙。单糖或寡糖分子中通过其环状半缩醛羟基与另一个化合物或基团(羟基、氨基或巯基)失水形成的化合物。其共价键称为糖苷键(glycosidic bond)。糖苷化合物中糖部分称为糖基(glycone)；与糖基结合的化合物或基团称为配糖体(aglycone)或苷元。糖苷分子中形成半缩醛的糖分子中的第一个碳原子为手性碳原子，故有 α 和 β 两种异构体。植物界中已知的绝大多数糖苷为 β 型。在环状结构中，半缩醛羟基与—CH_2OH 基团在环平面同一侧的为 β 型，反之为 α 型。在自然界分布极广，尤以植物的果实、皮、根等部位中含量为多，花和叶中也常含有糖苷。

糖醛酸 [uronic acid] 醛糖中一级羟基的羟甲基被氧化成为羧基的化合物。它的分子中含有醛基和链末端的羧基。在自然界，存在于很多重要的多糖中，通常以吡喃糖的形式存在。葡萄糖醛酸是第一个发现的糖醛酸，是由尿中分离得到的，它在其中以糖苷或糖酯形式存在。D-葡萄糖醛酸(D-glucuronic acid),化学式 $C_6H_{10}O_7$，分子量 194.14。从乙醇或丙酮中得针状结晶。熔点 165℃。有变旋现象 $[\alpha]_D^{24}$ +11.7°→36.3°（2 h，c=2，水）。溶于水、醇。能还原费林试剂。用作生化试剂。

糖脎 [osazone] 即脎。

糖酸 [aldonic acid] 醛糖的醛基被氧化成为羧基后得到的衍生物。如葡萄糖酸。在溴水溶液中氧化 D-葡萄糖时，在 pH 1～11 的范围内，反应均能进行，得到高产率的葡萄糖酸。糖酸通常以它们盐的形式分离。在强氧化剂如铬酸钾、高锰酸钾的作用下，所有的糖都能被氧化，且发生降解。

糖肽 [glycopeptide] 与糖分子以共价键相连接的肽类化合物。糖分子的还原端残基与肽链的氨基酸残基以不同的共价方式相连接，主要有 *O*-糖肽键和 *N*-糖肽键两类。*N*-糖肽键，是指 β 构型的 *N*-乙酰葡萄糖胺异头碳与天冬酰胺侧链上的 γ-酰胺 N 原子共价连接而成的 *N*-糖苷键。*O*-糖肽键，是指单糖的异头碳与羟基氨基酸侧链上的羟基 O 原子共价结合而成的 *O*-糖苷键。含有糖肽键的化合物常具有多种生物活性。有些重要的抗生素如万古霉素(vancomycin)、瑞斯托霉素

(ristocetin)、阿伏霉素(avoparcin)等均为糖肽类抗生素(glycopeptide antibiotics)。它们在结构上均具有高度修饰的七肽骨架。所有的糖肽类抗生素都对革兰氏阳性菌有活性。

糖元 [glycogen] 即糖原。

糖原 [glycogen] 又称糖元、肝糖、动物淀粉。分子式通式$(C_6H_{10}O_5)_n$。分子量在2.7×10^5～3.5×10^6之间。它是由D-葡萄吡喃糖以α-1,4糖苷键连接，并有相当多α-1,6糖苷键组成的分支高分子多糖。提纯的糖原为白色无定形颗粒。比旋光度$[\alpha]_D^{25}$ +196°～+197°(水)。溶于水后为乳白色胶状溶液，不溶于醇。不能还原费林试剂。255℃时分解。与碘反应呈棕至蓝紫色。作为能源储藏，广泛分布于哺乳类及其他动物的肝脏及骨骼肌中，也存在于昆虫及低等植物中。在肝脏中占肝质量的18%。用稀酸或淀粉酶水解生成麦芽糖和葡萄糖。可由肝脏经30%氢氧化钠溶液处理，再加乙醇沉淀等步骤分离制备。肝糖是动物体能量的主要来源，并能调节血液中葡萄糖量。主要用于生物化学和有机化学研究。

糖脂 [glycolipid] 糖和脂类结合所形成的物质的总称。在糖脂分子中，一个或多个单糖基通过其半缩醛羟基与脂类以糖苷键相连。糖脂在生物体内分布很广，种类繁多，其中比较重要的是鞘糖脂(glycosphingolipid)、甘油糖脂(glycoglycerolipid)及类固醇衍生糖脂。甘油糖脂是二酰甘油分子C-3位上的羟基与糖基以糖苷键连接而成，主要存在于植物和微生物中，如叶绿体和脂膜中，动物则主要存在于睾丸和精子的脂膜以及中枢神经系统的髓磷脂中。鞘糖脂是以神经酰胺为母体的鞘脂类化合物，根据糖基是否含有唾液酸或硫酸基又分为中性和酸性鞘糖脂两类，分别以脑苷脂和神经节苷酯为代表。糖脂在生物体内含量虽少,但却具有重要的生物功能, 特别是细胞膜上的糖脂,被认为是细胞表面的标志物质,参与细胞间的识别和信息传递过程。

天冬氨酸 [aspartic acid] L-天冬氨酸的系统命名为(2S)-氨基-丁二酸。是编码氨基酸。缩写符号：Asp或D。化学式$C_4H_7NO_4$，分子量133.11。无色棱片状结晶。味酸。溶于水(1 g/222 mL，20℃)，微溶于醇。其L型单水化合物的熔点269～271℃分解。L型的比旋光度$[\alpha]_D^{25}$ +25.4°(c=1，5 mol/L HCl)，$[\alpha]_D^{25}$ +5.05°(c=1, 水)。pK_{a1}=2.09(COOH)；pK_{a2}=3.86(4-COOH)；pK_{a3}=9.82(NH_2)(25℃)。为组成蛋白质的成分之一。是哺乳动物的非必需氨基酸。可作为生化试剂与合成甜味剂的原料。D-天冬氨酸存在于多种细菌的细胞壁和短杆菌肽A中。

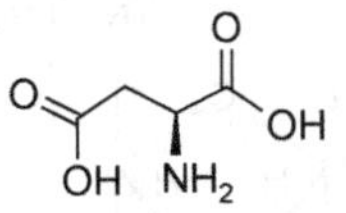

天冬酰胺 [asparagine] L-天冬酰胺的系统命名为(2S)-氨基-3-氨酰基丙酸。是编码氨基酸。缩写符号：Asn或N。化学式$C_4H_8N_2O_3$，分子量132.12。通常以单水合物形式存在。斜方半面形结晶。对石蕊显酸性。溶于水(3.1 g/100 g，25℃)，不溶于甲醇、乙醇、乙醚、苯，溶于酸、碱。熔点234～235℃分解(快速加热)，226～227℃分解(慢加热)。相对密度d_4^{15} 1.543。L型的比旋光度$[\alpha]_D^{25}$ −7.4°(c=2，水)，$[\alpha]_D$ +32.2°(3 mol/L 盐酸中)，$[\alpha]_D^{25}$ +37.8°(c=2, 1 mol/L 盐酸)。pK_1=2.02(COOH)；pK_2=8.60(NH_2)。等电点5.41。味苦。L-天冬酰胺是人类从天然植物芦笋中获得的第一个氨基酸。是哺乳动物的非必需氨基酸。受热分解可得到L-天冬氨酸。D-天冬酰胺存在于短杆菌肽A分子中。

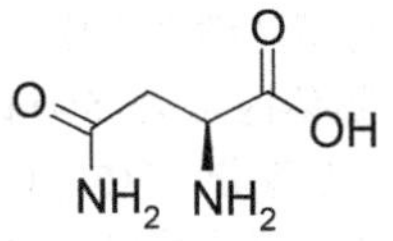

天然氨基酸 [natural amino acid] 自然界如动植物、微生物、海洋生物中存在的氨基酸。它们之中有蛋白质(编码)氨基酸，也有非蛋白质(非编码)氨基酸。

同型半胱氨酸 [homocystein] 即高半胱氨酸。

同型胱氨酸 [homocystine] 即高胱氨酸。

酮醛糖 [ketoaldose] 分子内同时含有酮羰基和醛基的单糖衍生物。

酮糖 [ketos] 分子结构中含有酮羰基的单糖。其分子式通式为H—[CH—OH]$_n$—CO—[CH—OH]$_m$—H，如果糖、核酮糖。

酮糖酸 [ketoaldonic acid；ulosonic acid] 糖酸中某一个二级羟基被氧化为酮羰基的单糖。

蜕皮激素 [ecdysone；molting hormone] 又称蜕皮酮。是甾体激素家族中的一类成员。存在于昆虫类、甲壳类动物中。对昆虫的生长、发育和繁殖有重要调控作用，尤其是对蜕皮和变态过程。某些植物中存在植物蜕皮素(phytoecdysone)，其功能与抗害虫有关。

蜕皮酮 [ecdysone] 即蜕皮激素。

2′-脱氧胞苷 [deoxycytidine] 又称胞嘧啶脱氧核苷。化学式$C_9H_{13}N_3O_4$，分子量227.2。自甲醇/乙醇中得到白色粉末或棱形晶体。熔点207～210℃。比旋光度$[\alpha]_D$ +57.6°(水)；$[\alpha]_D^{19}$ +82.4°(c=1.31, 1 mol/L 氢氧化钠)。用作生化试剂。

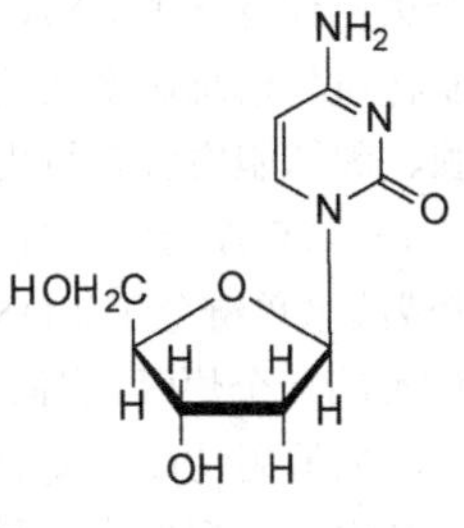

6-脱氧-L-甘露糖 [6-deoxy-L-mannose] 即L-鼠李糖。

脱氧核苷 [deoxynucleoside] 由碱基和脱氧核糖连接而成的化合物。嘌呤(腺嘌呤, 鸟嘌呤)的 9 位氮原子或嘧啶(胞嘧啶, 胸腺嘧啶)的 1 位氮原子与 2-脱氧-D-核糖的 1 位碳原子通过 *β*-糖苷键相连接, 生成脱氧核苷。分别是脱氧腺苷(deoxyadenosine)、脱氧鸟苷(deoxyguanosine)、脱氧胞苷(deoxycitidine)、脱氧胸苷(deoxythymidine)。

脱氧核苷酸 [deoxynucleotide；2′-deoxynucleoside-5′-monophosphate] 又称去氧核苷酸。通常指 2′-脱氧核苷的磷酸酯。脱氧核苷酸是组成脱氧核糖核酸(DNA)的结构单元, 由脱氧核糖磷酸酯与碱基缩合生成。白色粉末。熔点高。不溶于有机溶剂。生物体内常为 5′-磷酸酯,如 5′-脱氧腺苷酸(5′-dAMP)、5′-脱氧鸟苷酸(5′-dGMP)、5′-脱氧胞苷酸(5′-dCMP)和 5′-脱氧胸腺苷酸(5′-dTMP)。它们相互以脱氧核糖 3′,5′-位的磷酸酯连成脱氧核糖核酸大分子链。链中不同碱基的脱氧核苷酸的排列顺序, 以密码的形式记录着遗传信息。

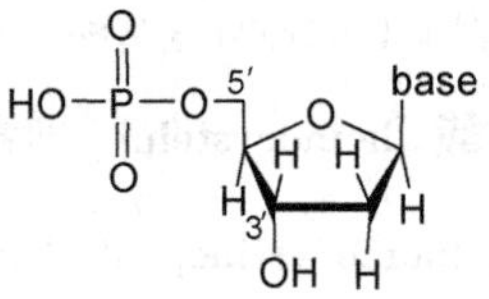

脱氧核糖 [deoxyribose] 化学式 $C_5H_{10}O_4$, 分子量 134.13。核糖中羟基被氢取代后的衍生物。通常在核糖的 2-位脱氧, 2-脱氧核糖是脱氧核糖核酸(DNA)的组成成分。通常以 *β*-呋喃环形式存在。由异丙醇中得结晶, 熔点 91℃。有变旋现象, D 型最终的比旋光度 $[\alpha]_D^{22}$ −56.2°(水)。溶于水、吡啶, 微溶于醇。

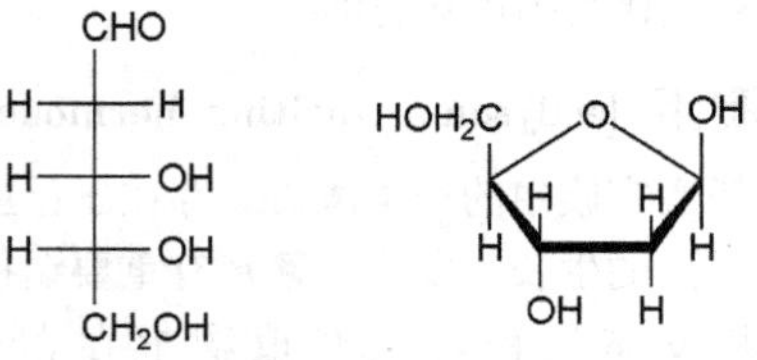

D-(−)-2-脱氧核糖　　*β*-D-呋喃脱氧核糖

脱氧核糖核酸 [deoxyribonucleic acid (DNA)] 核酸的一类, 为多聚脱氧核糖核苷酸。主要由四种脱氧核苷酸通过 3′,5′-磷酸二酯键连接而成。脱氧核苷酸中的戊糖为 D-2-脱氧核糖。四种脱氧核苷酸为脱氧腺苷酸(dAMP)、脱氧鸟苷酸(dGMP)、脱氧胞苷酸(dCMT)和脱氧胸苷酸(dTMP)。是一类带有遗传信息的生物大分子。它们的分子量非常大, 可大于 1×10^{11}, 通常一个染色体有一个 DNA。是生物遗传信息的物质基础, 通过复制将遗传信息由亲代传给子代。主要存在于细胞核内, 在胸腺、脾细胞内含量特别丰富。线粒体、叶绿体等细胞也含有 DNA。DNA 通常是环状或线型双链分子, 病毒 DNA 还有环状或线型单链分子。DNA 具有基因的所有属性, 基因也就是 DNA 的一个片段。它们的组成和排列不同, 显示不同的生物功能, 如编码功能、复制和转录的调控功能等。排列的变异可能产生一系列疾病。脱氧核糖核酸结构通式如下：

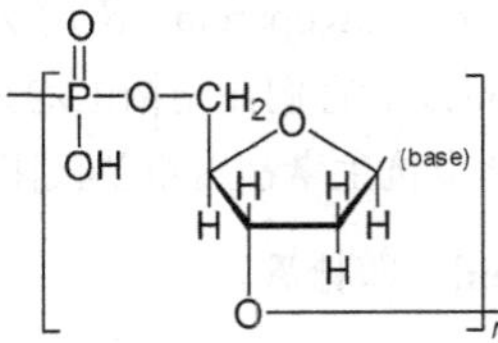

脱氧核糖核酸酶 [deoxyribonuclease；DNAase] 又称 DNA 酶。作用于 DNA 的磷酸二酯键, 降解 DNA 的各种酶。

2′-脱氧鸟苷 [deoxyguanosine] 又称鸟嘌呤脱氧核苷。化学式 $C_{10}H_{13}N_5O_4 \cdot H_2O$, 分子量 285.26。*β*-D 型, 一水合物熔点 300～301℃(也有报道熔点不确定)。含水的针状结晶, 于 133.3 Pa, 135℃加热 20 h 失去结晶水。熔点 250℃。比旋光度 $[\alpha]_D^{19}$ −47.7°(*c*=0.86, 1 mol/L 氢氧化钠溶液)。$[\alpha]_D^{26}$ −20.3°(*c*=1.2, *N*,*N*-二甲基甲酰胺)。用作生化试剂。

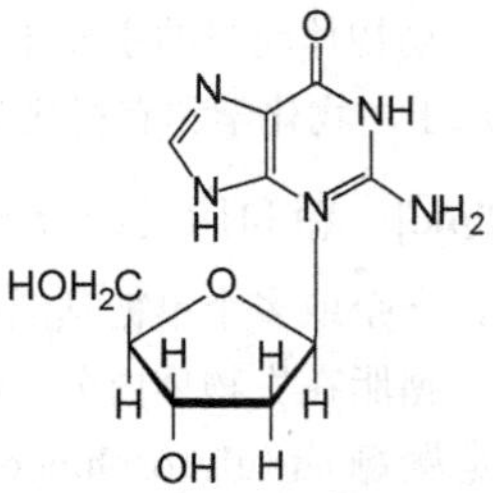

2′-脱氧尿苷 [deoxyuridine] 又称尿嘧啶脱氧核苷。化学式 $C_9H_{12}N_2O_5$, 分子量 228.20。无水乙醇或 95%乙醇中得针状结晶。熔点 167℃(163.5℃)。比旋光度 $[\alpha]_D^{22}$ +50°(*c*=1.1, 1 mol/L 氢氧化钠溶液); $[\alpha]_D$ +30°(水)。溶于水、甲醇。UV 最大吸收峰：262 nm(pH=7)。用作生化试剂。

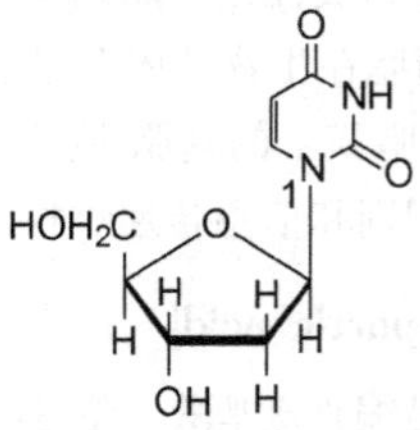

2′-脱氧腺苷 [deoxyadenosine] 又称腺嘌呤脱氧核苷。化学式 $C_{10}H_{13}N_5O_3$, 分子量 241.25。为含一分子结晶水的白色针状结晶。熔点 187～192℃。比旋光度 $[\alpha]_D^{20}$ −27°(*c*=0.4, 水)。UV 最大吸收为 260 nm(水)。溶于水, 易为稀酸水解。用作生化试剂。

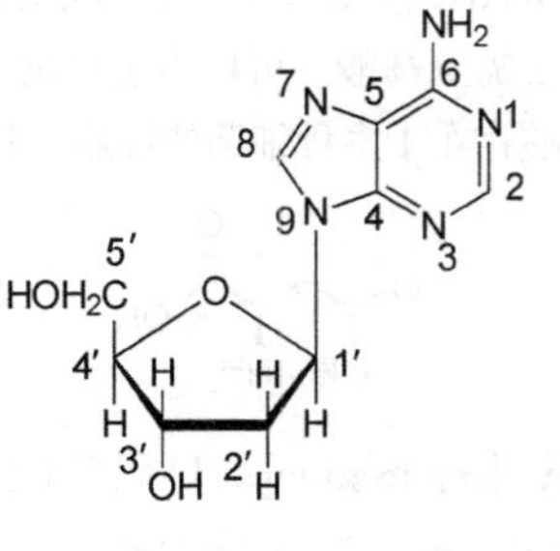

2′-脱氧胸苷 [thymidine] 又称胸腺嘧啶脱氧核苷。由胸腺嘧啶的 1-位氮原子与 D-脱氧核糖的 1-位碳原子通过 β-糖苷键连接而成的化合物。是 DNA 核苷的主要组成之一。缩写符号：dT 或 Thd。化学式 $C_{10}H_{14}N_2O_5$，分子量 242.23。白色粉末。从乙酸乙酯中得针状结晶。熔点：186～187℃。比旋光度 $[\alpha]_D^{25}$ +30.6°(c=1, 水)。UV 最大吸收峰：206.5 nm，267 nm (pH=7.2)。溶于水、甲醇、热乙醇、热丙酮、热乙酸乙酯、吡啶、冰乙酸，微溶于热氯仿。用作生化试剂。

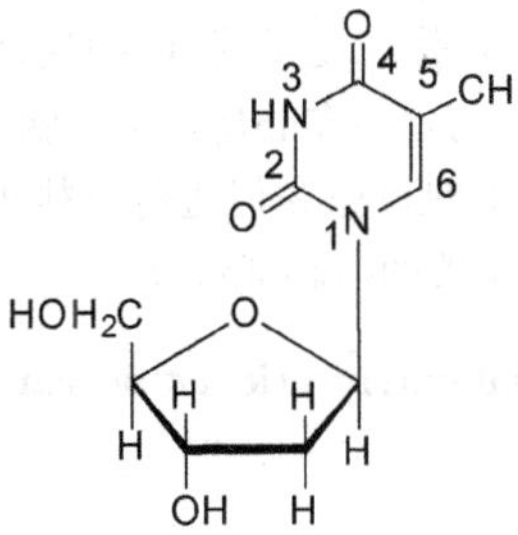

脱乙酰几丁质 [chitosan] 即壳聚糖。

脱乙酰壳多糖 [deacetylated chitin] 即壳聚糖。

唾液酸糖鞘脂 [gangliosides] 即神经节苷脂。

维生素 B_4 [vitamin B_4] 腺嘌呤的旧称。

维生素 B_6 盐酸盐 [vitamin B_6 hydrochloride] 即吡哆醇盐酸盐。

维生素 C [vitamin C] 即抗坏血酸。

伪肽 [pseudopeptide] 肽键被其他共价键取代后的肽。在肽类药物设计中，伪肽是最重要的先导化合物结构之一。

无规卷曲 [random coil] 直链多聚体的一种比较不规则的构象。其侧链间的相互作用较小。对围绕单键转动阻力极小。并且由于溶剂分子的碰撞而不断扭曲，因此不具有独特的三维结构和最适构象。

戊糖 [pentose] 任何由 5 个碳原子组成的单糖类。化学式通式为 $C_5H_{10}O_5$。最常见的戊糖有核糖、木糖和阿拉伯糖等。

硒代半胱氨酸 [selenocysteine] L-硒代半胱氨酸的系统命名为(2R)-氨基-3-氢硒基-L-丙酸。为半胱氨酸中的硫原子被硒取代后的衍生物。缩写符号：Sec 或 U。化学式 $C_3H_7NO_2Se$，分子量 168.05。于 1986 年从含硒蛋白中发现的第 21 个编码氨基酸。它在信使核糖核酸(mRNA)中的相应密码子为 UGA。存在于少数酶中，如谷胱甘肽过氧化酶、甲状腺素 5′-脱碘酶、硫氧蛋白还原酶、甲酸脱氢酶、甘氨酸还原酶和一些氢化酶等。游离的硒代-L-半胱氨酸不稳定，易氧化为硒代胱氨酸(seleno-L-cystine)，化学式 $C_6H_{12}N_2O_4Se_2$，分子量 334.09。无色结晶(水/柠檬酸，4℃)。熔点 212～215℃。

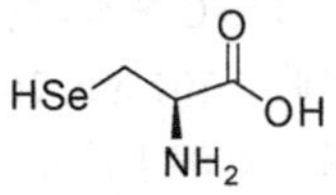

纤维素 [cellulose] 一种天然聚合物。D-葡萄糖分子经 β-1,4-糖苷键连接而成的多糖。化学式通式为 $(C_6H_{10}O_5)_n$。纤维素经酸水解后只得到 D-(+)葡萄糖。聚合度 1000～15 000。白色固体，不溶于水和其他一般溶剂，但溶于浓的氯化锌溶液和氢氧化铜的氨溶液。是自然界最丰富的有机物，主要存在于高等植物体中，是植物细胞壁的主要成分。棉花是最纯的天然纤维素(含量约 90%)。纤维状纤维素是纺织和造纸工业的基本原料，也是乙酸纤维、硝酸纤维和黄原酸纤维的原料。颗粒状纤维用于药片的黏合剂和薄层色谱及柱色谱的分离介质。纤维素经化学反应修饰后，广泛用于制造人造纤维、炸药、塑料等。

线型肽 [linear peptide] 直链状的多肽。由 α-氨基酸的—NH_2 与另一 α-氨基酸的—COOH 之间相互缩合失水形成为没有支链的线性聚合物。根据 IUPAC 的命名原则，应将游离氨基(—NH_2)写在肽链的左端，游离羧基(—COOH)写在肽链的右端。

腺苷 [adenosine] 又称腺嘌呤核苷。由腺嘌呤 9-位的氮原子与 D-核糖的 1-位碳原子通过 β-糖苷键连接而成的化合物。缩写符号：Ado。化学式 $C_{10}H_{13}N_5O_4$，分子量 267.24。为四种常见核苷中的一种。白色或类白色结晶性粉末，无臭，味苦。熔点 234～236℃。比旋光度 $[\alpha]_D^{11}$ −61.7°(c=0.7, 水)；$[\alpha]_D^{9}$ −58.2°(c=0.658, 水)。UV 最大吸收峰：259 nm(pH=7, 水)。pK_{a1}=3.6；pK_{a2}=12.4(25℃)。易溶于水，几乎不溶于乙醇、乙醚和氯仿。广泛分布于自然界。首先是从酵母核酸中分离得到，生产上仍以天然提取为主。可作食品添加剂、调味剂及制药原料。

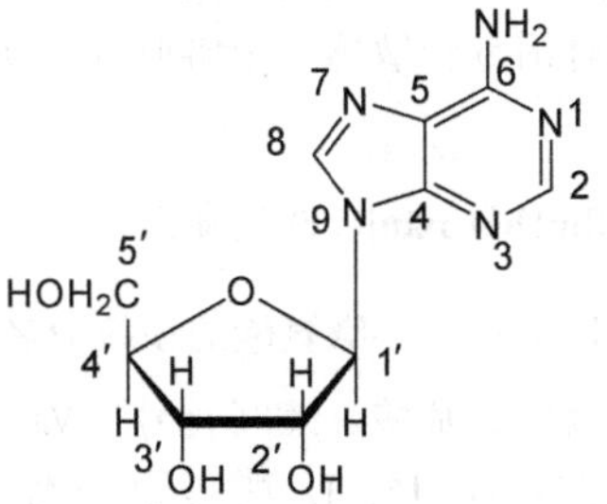

腺苷三磷酸 [adenosine triphosphate] 即三磷酸腺苷。

腺苷-5′-三磷酸 [adenosine-5′-triphosphate(ATP)] 参见三磷酸腺苷。

腺嘌呤 [adenine] 曾称维生素B_4。学名6-氨基嘌呤。是核酸中重要的两个嘌呤碱之一。是 DNA 和 RNA 中五种碱基之一。缩写符号为 Ade，A。化学式 $C_5H_5N_5$，分子量 135.14。其三水合物为针状结晶。110℃失水，熔点 360～365℃(分解)。220℃升华。UV 最大吸收：207 nm, 260.5 nm(pH=7.0)。水溶液呈中性。溶于酸和碱，难溶于冷水，溶于沸水，微溶于乙醇，不溶于乙醚、氯仿。在 DNA 中与胸腺嘧啶(T)配对，在 RNA 中与尿嘧啶(U)配对。用于各种原因引起的白细胞减少症、急性粒细胞减少症，以及医药与生化研究。大鼠口服 LD_{50} 745 mg/kg。

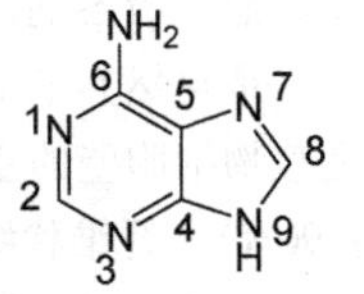

腺嘌呤核苷 [adenine riboside] 即腺苷。

腺嘌呤脱氧核苷 [adenine 2-deoxyriboside] 即 2′-脱氧腺苷。

腺三磷 [adenosine triphosphate] 三磷酸腺苷的简称。

消旋酶 [racemase] 能使对映异构体发生消旋化的酶，也是能催化一对对映异构体发生相互转化的酶。

小肽 [small peptide] 即寡肽。

蝎毒素 [scorpion toxin; buthotoxin] 又称蝎子毒。是蝎子产生的毒素。蝎毒素因其复杂的化学成分而产生多种生理与药理活性。蝎毒主要含有多种昆虫和哺乳动物的神经毒素,它们为长短不同的多肽混合物。含有心脏毒素、溶血毒素、透明质酸酶及磷脂酶等。每次尾螫的排毒量约有 1 mg 毒液。蝎毒素的药用价值较高。蝎毒素对冠心病、心肌梗死、脑梗死、动脉硬化、风湿、肝病、高血黏稠、心脑血管疾病均有较好的治疗效果。中国蝎毒的毒性比美洲地区的小。哺乳动物的神经毒素主要作用于钠通道，是研究钠通道的工具药。人被蝎子蛰后可致局部炎症、疼痛、疲劳、身体不适等。儿童对蝎毒较敏感，中毒时须尽快使用抗蝎毒血清治疗。

蝎子毒 [buthotoxin] 即蝎毒素。

缬氨酸 [valine] L-缬氨酸的系统命名为(2*S*)-氨基-3-甲基丁酸。是编码氨基酸。缩写符号：Val 或 V。化学式 $C_5H_{11}NO_2$，分子量 117.15。L 型，从水加醇中得到小叶片结晶。溶于水(83.4 g/L，25℃)，几乎不溶于冷乙醇、乙醚和丙酮。熔点 315℃(封管)。相对密度 *d*1.230。L 型的比旋光度 $[\alpha]_D^{23}$ +22.9°(*c*=0.8，20%盐酸)。pK_{a1}=2.32，pK_{a2}=9.62。是哺乳动物的必需氨基酸。DL 型 298℃分解(封管中快速加热)。pK_1=2.29，pK_2=9.72。可用于营养剂与药物合成。在某些放线菌素如缬霉素中含有 D-缬氨酸。

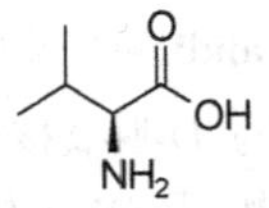

心房利钠因子 [atrial natriuretic factor] 即心房肽。

心房肽 [atrial natriuretic factor (ANF); atrial natriuretic peptide (ANP)] 又称心钠素、利钠肽、心房利钠因子。由心房肌细胞合成并释放的肽类激素。心房肽由 21～28 个氨基酸组成。分为Ⅰ、Ⅱ、Ⅲ和人 *α*-心房肽。人 *α*-心房肽(*α*-hANP)为含有二硫键的 28 肽。化学式 $C_{127}H_{203}N_{45}O_{39}S_3$。分子量 3080.44。存在于右心房、左心房、下丘脑、中脑等中。其主要作用是使血管平滑肌舒张和促进肾脏排钠、排水。是具有利尿、利钠、扩张血管的生物活性肽。

心钠素 [atrial natriuretic factor; cardionatrine] 即心房肽。

信号肽 [signal peptide; leader peptide] 又称前导肽。常指新合成多肽链中用于指导蛋白质的跨膜转移(定位)的 N 末端的氨基酸序列。被分泌的蛋白质在分泌出膜外时，其肽链 N 端的 20～30 个氨基酸组成的肽段为信号序列(signal sequence)(有时不一定在 N 端)，可将分泌蛋白引导进入内质网，同时这个肽段在跨膜运输过程中被信号肽酶切除。新生肽链继续延伸，出现高级结构，从而形成“成熟”的蛋白质。上述信号序列称为信号肽或前导肽。

性激素 [sex hormone] 主要由性腺分泌，包括雄性激素和雌性激素两大类。雄性激素由睾丸产生，包括睾酮、雄酮等；雌性激素由卵泡分泌(妊娠期由胎盘分泌)，包括雌二醇、雌三醇、孕激素、雌酮等。此外，机体其他部位也能分泌少量性激素。性激素的主要功能是刺激性器官和第二性征的发育、成熟并维持生殖器官的成熟状态及正常的性功能。

胸腺嘧啶 [thymine] 又称 5-甲基尿嘧啶、2,4-二羟基-5-甲基嘧啶。脱氧核糖核酸(DNA)中碱基的主要组分之一。缩写符号：T。化学式 $C_5H_6N_2O_2$，分子量 126.11。有烯醇式和酮式两种形式，但以酮式为主。白色树枝状或星形片状或短针状结晶。熔点 326℃(340℃)(分解)。溶于热水，0.6～0.8 g 溶于 100 mL 水中(25℃)；微溶于乙醇，不溶于乙醚。弱酸性。p*K*=9.90(25℃)。易溶于碱性溶液并形成盐。氧化后生成尿素、乙醛、丙酮酸、甲酸。UV 最大吸收峰：205 nm, 264.5 nm (pH=7.0)。1903 年自胸腺中分离而得，也在转移核糖核酸(tRNA)分子中发现。以尿素和 *β*-甲基-*α*-羟基丁二酸为原料制取。用于生化研究和药物制造。

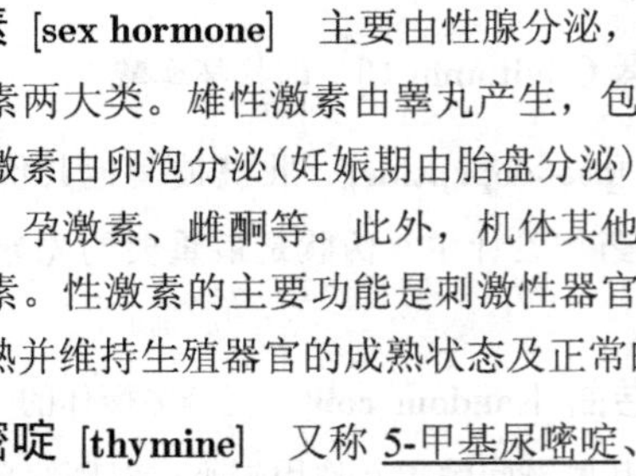

胸腺嘧啶脱氧核苷 [thymine-2-deoxyriboside] 即

2′-脱氧胸苷。

血管紧张素 [angiotensin; angiotonin; hypertensin] 即血管紧张肽。

血管紧张肽 [angiotensin; angiotonin; hypertensin] 又称血管紧张素。动物和人体内能促使血压升高的肽类激素。有血管紧张肽Ⅰ、Ⅱ。血管紧张肽Ⅰ由血管紧张肽原在血管紧张肽原酶催化作用下断裂生成，它是血管紧张肽Ⅱ的无活性的十肽前体。结构为 L-Asp-L-Arg-L-Val-L-Tyr-L-Ile(L-Val)-L-His-L-Pro-L-Phe-L-His-L-Leu。血管紧张肽Ⅱ是具有促进血管收缩和醛固酮分泌的八肽 L-Asp-L-Arg-L-Val-L-Tyr-L-Ile(L-Val)-L-His-L- Pro-L-Phe。是由血管紧张素酶切去血管紧张肽Ⅰ的C端二个氨基酸残基而得。不同来源的血管紧张肽Ⅱ的第5位氨基酸残基不同，是异亮氨酸(Ile)或缬氨酸(Val)。为白色冷冻干燥粉末。易溶于水，溶于甲醇、乙醇和丙二醇，不溶于乙醚和氯仿。在中性溶液中非常稳定，遇强酸、强碱(pH>9.5)时易水解。因其收缩血管而使血压升高，是内源性升高血压的物质，现已有血管紧张素及多种类似物和血管紧张素转化酶抑制剂的合成品上市，有的类似物可增强血管收缩活性，有的血管紧张素转化酶抑制剂有拮抗剂的作用。

血红素 [heme; haem; ferroprotoporphyrin] 又称亚铁原卟啉。血红素是原卟啉IX的Fe^{2+}复合物的总称。原卟啉含有完整的共轭系统，其中心有两个与吡咯氮相连的氢原子，可以被金属离子取代，生成高度稳定的螯合物。化学式$C_{34}H_{32}FeN_4O_4$。分子量616.49。为棕色细小针晶带有暗蓝色光泽。在pH=7的磷酸缓冲液中，UV最大吸收峰约为550 nm、570 nm。难溶于冰乙酸。与Fe^{2+}螯合的原卟啉复合物称为血红素或亚铁原卟啉。这些化合物又称为亚铁血红素(heme)。它们氧化形成的Fe^{3+}复合物称为高铁血红素(hemin)。铁有6个配位数，其中4个与吡咯氮结合，还有2个可以与其他配基(如蛋白质肽链中的组氨酸等)结合。它是血红蛋白、肌红蛋白、细胞色素、过氧化氢酶和过氧化物酶的辅基。是这些蛋白质载氧和电子传递功能的重要部位，通过铁价态的变化(Fe^{2+}/Fe^{3+})实现其生物功能。用于铁的营养强化剂、补血剂及食品添加剂；用作药物和保健品，有载氧、储氧、促进氧化还原、进行电子传递等重要生物学功能。

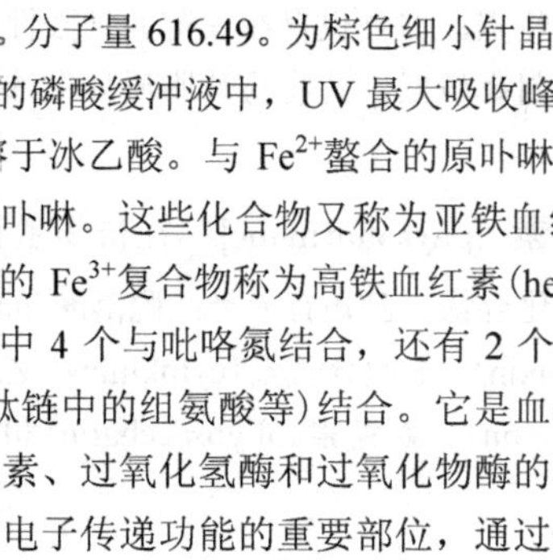

亚铁原卟啉 [heme] 即血红素。

咽侧体激素 [corpus allatum hormone] 即保幼激素。

5-氧代脯氨酸 [5-oxo-L-proline] 即焦谷氨酸。

叶绿素 [chlorophyll] 一类与光合作用有关的最重要的色素。叶绿素为镁卟啉化合物，包括叶绿素a、b、c、d以及原叶绿素和细菌叶绿素等。陆地上植物的叶绿素主要是叶绿素a和b；而海洋生物则含有叶绿素c。叶绿素a化学式$C_{55}H_{72}MgN_4O_5$，分子量893.5。叶绿素b化学式$C_{55}H_{70}MgN_4O_6$，分子量907.4。叶绿素c化学式$C_{35}H_{28}MgN_4O_5$，分子量908.9。它们的功能是吸收太阳的辐射能进行光合作用。叶绿素a为蜡状蓝黑色微小晶体。熔点117～120℃。溶于乙醇、乙醚、丙酮、氯仿、二硫化碳和苯。不溶于石油醚。乙醇溶液呈蓝绿色，并有深红色荧光。叶绿素b为蜡状蓝黑色微小晶体。熔点120～130℃。溶于乙醇、乙醚，难溶于石油醚。乙醚溶液呈亮绿色。其他有机溶剂的溶液通常为绿色至黄绿色，并有红色荧光。叶绿素不太稳定，光、酸、碱、氧、氧化剂等都会使其分解。酸性条件下，叶绿素分子很容易失去卟啉环中的镁成为去镁叶绿素。叶绿素有助于造血、提供维生素、解毒消炎等作用。可用于肥皂、脂肪、油蜡、食品、化妆品和医药用的无毒着色剂。由绿叶用乙醇萃取而制得。也可用化学法合成。

一级结构 [primary structure] 在生物大分子(蛋白质、核酸、多糖等)中其结构单元(氨基酸，核苷酸，单糖)的排列顺序。

乙酰胆碱 [acetylcholine(Ach)] 2-乙酰氧基-*N*,*N*,*N*-三甲基乙铵。胆碱的乙酰化产物。化学式$C_7H_{16}NO_2$，分子量146.2。乙酰胆碱是一种神经递质，能特异性地作用于各类胆碱受体。在动物体内,它是一种重要的水解递质，参与水解突触间以及神经突触与肌肉间的信号传递。它既是外周神经系统的重要神经递质，又是中枢神经系统的典型递质。它在突触间完成信息的传递后立即被乙酰胆碱酶水解, 放出的胆碱被重新吸收，因此具有迅速灭活的特点，是第一个被证明为水解递质的化学物质。在植物体内的生长、发育、运动、代谢等多种行为上发挥着类似激素的调节作用，参与植物体内电波传递和原生质收缩，调节胞膜对离子的通透性。由于在组织内迅速被胆碱酯酶破坏，乙酰胆碱应用广泛，但选择性不高。一般只作实验用药。

$$H_3C\overset{\overset{O}{\|}}{C}—O—CH_2—CH_2—\overset{+}{N}—(CH_3)_3$$

异构酶 [isomerase] 可催化分子结构重排的酶，即催化同分异构体间相互转化反应的酶。如磷酸葡萄糖异构酶、表异构酶、消旋酶、变位酶等。

异亮氨酸 [isoleucine] L-异亮氨酸的系统命名为(2*S*)-氨基-(3*R*)-甲基戊酸。是编码氨基酸。缩写符号：Ile或I。化学式$C_6H_{13}NO_2$，分子量131.17。白色结晶性粉末。溶于水，微溶于热醇和热乙酸，不溶于乙醚。熔点278℃分解。L

型的比旋光度$[\alpha]_D^{25}$ +15.7°(c=2, 水)，$[\alpha]_D$ +40.5°(c=1,5 mol/L 盐酸)。分子内 2,3 位为手性碳原子，故有两对对映异构体。是哺乳动物的必需氨基酸。DL 型从稀醇中析出为棱柱状结晶。292℃分解。溶于水。pK_{a_1}=2.32, pK_{a_2}=9.76 (25℃)。是哺乳动物的必需氨基酸。L-异亮氨酸用发酵法获得，主要用作营养剂。

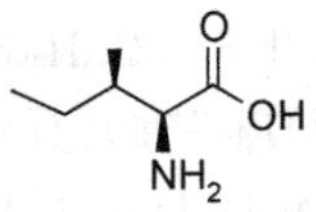

右旋糖 [dextrose] 即葡萄糖。

δ诱眠肽 [delta sleep inducing peptide (DSIP)] 即δ睡眠肽。

折叠 [folding; fold] 在有机体中新合成的、线性的长链生物大分子，包括蛋白质、核酸和糖类，通过链内的非共价相互作用形成特定立体结构的过程。

β折叠片[层] [β-pleated sheet; β-sheet] 蛋白质中常见的一种二级结构。由两条或多条β-折叠链并排地借相邻主链间的氢键相互作用排列成的片(层)结构。根据相邻肽链的走向，可分为平行、反平行和混合型三类。

蔗糖 [sucrose] 系统命名 β-D-呋喃果糖基-α-D-吡喃葡萄糖苷、α-D-吡喃葡萄糖基-β-D-呋喃果糖苷。即普通食糖。化学式 $C_{12}H_{22}O_{11}$，分子量 342.30。系 α-D-吡喃葡萄糖和 β-D-呋喃果糖之间通过它们的半缩醛羟基脱水而形成的非还原性二糖。白色结晶。味甜。相对密度 d_4^{25} 1.587。熔点 160～186℃(分解)。无变旋光现象。比旋光度$[\alpha]_D^{20}$不低于+65.9°(c=26, 水)；通常为$[\alpha]_D^{25}$ +66.47～+66.49°。在空气中稳定。不形成脎和脎。蔗糖极易溶于水，其溶解度随温度的升高而增大。1 g 蔗糖可溶于 0.5 mL 水或 170 mL 乙醇中，溶于甘油和吡啶，不溶于石油醚、无水乙醇、三氯甲烷、四氯化碳、二硫化碳等有机溶剂。用稀酸或酶水解时生成等量的葡萄糖和果糖。蔗糖广泛存在于植物的液汁、种子、叶、茎和果实中，其中以甘蔗和甜菜中含量最为丰富。为食品的调味剂，还用于制柠檬酸、药片赋形剂等。

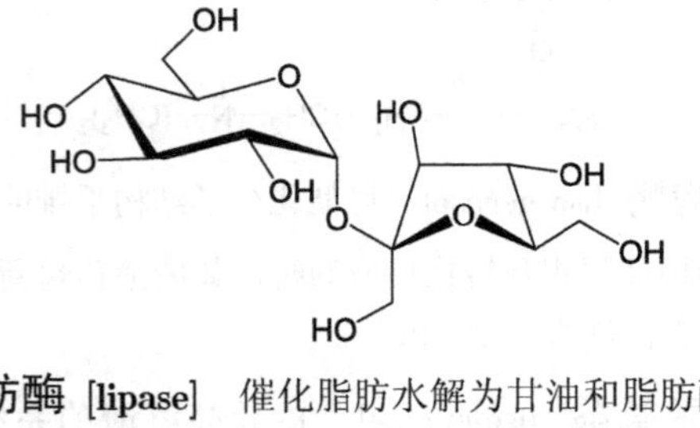

脂肪酶 [lipase] 催化脂肪水解为甘油和脂肪酸的酶。

脂肽 [lipopeptide] 长链醇或脂肪酸通过酯键或酰胺键接到肽上所形成的化合物。结构上有环状脂肽与线型脂肽之分。磷酸甘油酯与肽形成的化合物也属于脂肽。脂肽是由微生物代谢产生的一类具有很强表面活性的重要生物表面活性剂。部分脂肽具有抗菌、抗病毒、抗肿瘤、抗凝血等生物活性。在医药、食品、化妆品和微生物采油等方面有重要的应用前景。

***N*-脂酰鞘氨醇** [*N*-fatty acyl sphingosine] 即神经酰胺。

脂质 [lipid] 即类脂。

脂质体 [liposome] 天然磷脂分子在水溶液中可自发形成的具有双层封闭结构的泡囊(vesicles)称为脂质体，直径25～1000 nm 不等。脂质体的结构具有与生物体细胞相类似的结构，因此有很好的生物相容性。磷脂是构成脂质的主要成分，磷脂酰胆碱是构成许多细胞膜的主要成分，也是制备脂质体的主要原料。脂质体可用于模拟膜的研究，利用脂质体可以和细胞膜融合的特点，将药物包封于脂质双分子层内而形成的微型泡囊体送入细胞内部，药物可控释放和在体内靶向给药等。脂质体制备方法很多，如用具有两条长碳氢链的磷脂或表面活性剂在水中经超声等方法处理就可以制备双层脂分子的球形脂质体。分子的疏水链指向内部，完全不与水接触，亲水头基指向膜的内外两个表面，结构稳定。双层构成的封闭小室内部包含一定体积水溶液，双层形成的泡囊又被水相分开。脂质体可以是单层封闭双层结构，也可以是多层封闭双层结构，如洋葱状。根据脂质体制备方法不同，其形状、粒度大小和分布、稳定性不同，具有不同的用途。脂质体作为药物载体具有靶向性、缓释作用、降低药物毒性及提高稳定性等特点。但是也存在一定的局限性，如对某些水溶性药物，包封率较低，药物易从脂质体中渗漏，稳定性差等缺点。

植物激素 [phytohormone] 在植物生长过程中起调控作用的有机化合物。已知有七类：脱落酸(abscisic acid)、植物生长素(auxin)、细胞分裂素(cytokinin)、乙烯(ethylene)、赤霉素(gibberellin)、寡糖素(oligosaccharin)和油菜甾醇内酯(brassinolide)。

酯酶 [esterase] 催化酯水解的酶。

酯肽 [depsipeptide] 氨基酸与羟基酸以酰胺键和酯键相连而成的化合物。分子内同时含有氨基酸残基和羟基酸残基(通常为 α-氨基酸与 α-羟基酸)的天然肽或合成肽。

主链 [main chain] 又称骨架。在聚合物的线性链结构中，如果存在两条或两条以上长短不同的链时，指最能代表其特征或最长的链。也即有支链结构的高分子链中，链节数最多的链。

β转角 [β-turn; β-bend] 一般由 4 个氨基酸残基组成，其中第 1 个氨基酸残基上的 CO 基与第 4 个氨基酸残基上的 NH 基之间形成氢键,使多肽链的方向发生"U"形改变。是蛋白质二级结构类型之一。

组氨酸 **[histidine]**系统命名(2*S*)-氨基-3-(4-咪唑基)丙酸。侧链带有弱碱性的咪唑基。是编码氨基酸。是婴幼儿的必需氨基酸。缩写符号：His或H。化学式 $C_6H_9N_3O_2$，分子量155.16。无色针状或片状晶体。有甜味。溶于水(7.59 g/100 g, 25℃)，微溶于醇，不溶于醚。L型的熔点287℃分解(277℃软化)。比旋光度 $[\alpha]_D^{25}$ −38.95°(c=0.75～3.77，水)。$[\alpha]_D^{25}$ +13.34°(c=1.00～4.05, 6.1 mol/L HCl)。pK_1=1.78, pK_2=5.97, pK_3=8.97。pI 7.59。D型为长片晶体。不溶于乙醇、氯仿和乙醚。熔点287～288℃(分解)。$[\alpha]_D^{25}$ +38.5°(c=1，水)，$[\alpha]_D^{25}$ −11.8°(c=1, 5 mol / L HCl)。DL型为斜方晶体，在285℃分解，能溶于水。不溶于醇、醚、丙酮和氯仿。是组成蛋白质的碱性氨基酸之一。由于含有特殊的咪唑环系，在含有L-组氨酸的肽和蛋白质中，组氨酸残基的存在和其在结构中的位置对肽和蛋白质的生物活性往往有着重要的作用。是氨基酸输液、复合氨基酸制剂中的重要组分。在体内组氨酸易受脱羧酶的作用而失去羧基形成生物活性很强的组胺。

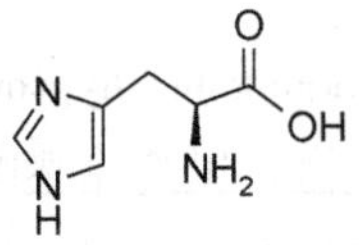

L-组氨酸

左旋糖 **[levulose]** 即D-果糖。

2.6 天然产物及药物

阿康烷[类] **[aconane]** 具有下图所示分子骨架结构的五环二萜类化合物。

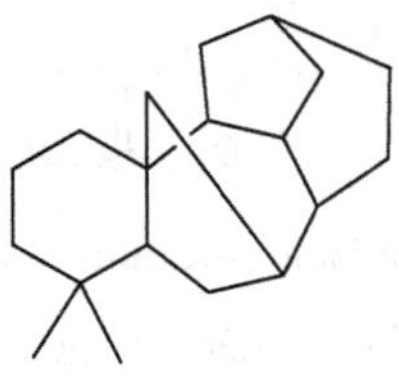

阿枯米定碱 **[akuammine]** 吲哚生物碱。化学式 $C_{22}H_{26}N_2O_4$，分子量382.45，熔点255℃。主要存在于赤非竹桃属夹竹桃科植物光亮赤非夹竹桃木种子中。1926年由克兰卡尔(clinquart)首先分离得到。常用于治疗疟疾、腹泻及止痛。

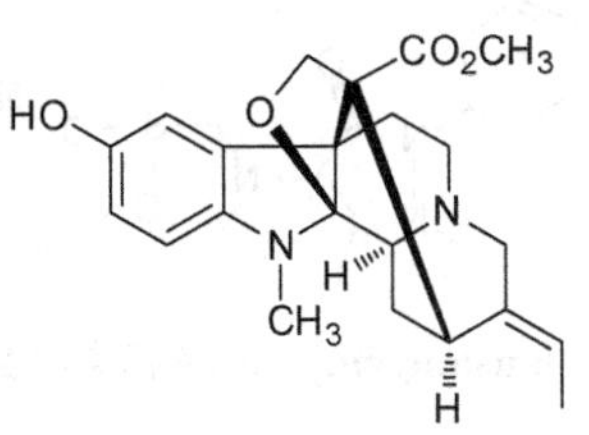

阿拉伯糖醇 **[arabitol]** 化学式 $C_5H_{12}O_5$，分子量152.15，有L和D两种构型，L构型为天然产物。白色结晶性粉末，易溶于水，微溶于乙醇，熔点103℃，比旋光度 $[\alpha]_D^{20}$ −130°(L-阿拉伯糖醇)。是阿拉伯糖的还原产物，19世纪末期已经为人所知。1891年，费歇尔(H. E. Fischer)确定了其构型。1933年，诺兰(Nolan)、基恩(Keane)等从地衣中分离出了天然存在的D-阿拉伯糖醇。其在地衣和蘑菇中广泛存在，但含量很低。D-阿拉伯糖醇是重要的功能性食品添加剂，可用作低热量非龋齿甜味剂，药物合成中的中间体和生产木糖醇的重要原料。目前D-阿拉伯糖醇主要通过葡萄糖发酵方法予以生产。

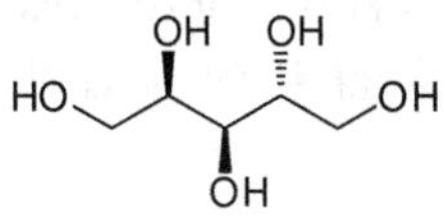

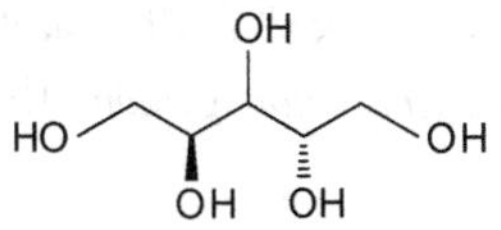

L-阿拉伯糖醇

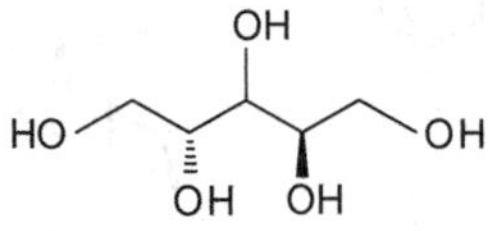

D-阿拉伯糖醇

阿马碱 **[ajmalicine; raubasine]** 又称萝巴新。一种生物碱。化学式 $C_{21}H_{24}N_2O_3$，分子量352.43，熔点252～253℃，比旋光度 $[\alpha]_D^{20}$ −66°(c=1，氯仿)，分布于美丽帽柱木(*Mitragyna speciosa*)、长春花(*Catharanthus roseus*)、萝芙木属(*Rauvolfia*)中。其 α_1-肾上腺素受体拮抗效应优于 α_2-肾上腺素受体拮抗效应，从而展现出降血压的效果。可作为治疗高血压的药物。

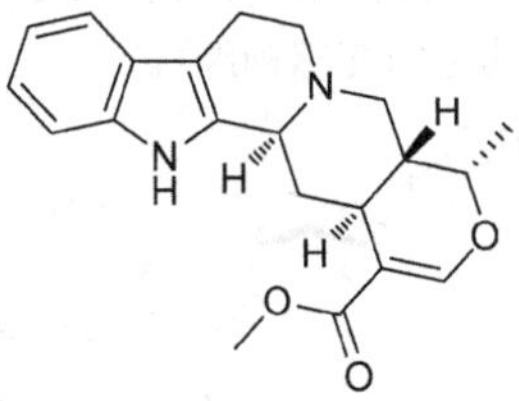

阿马林 **[ajmaline]** 又称阿马灵。单萜吲哚类生物碱。化学式 $C_{20}H_{26}N_2O_2$，分子量326.43。沸点205～207℃，比旋光度 $[\alpha]_D^{20}$ +144°(c = 0.8，氯仿)。微溶于水，可溶于甲醇、乙醇、乙醚和氯仿。提取于萝芙木等植物的根部。具有抗心律不齐以及抗病毒的生物活性，临床可作为抗高血压以及抗心律失常剂。

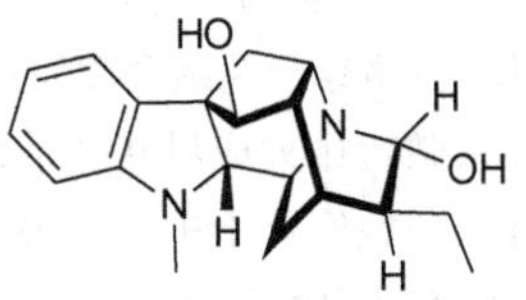

阿马灵 **[ajmaline]** 即阿马林。

阿莫洛地平 **[amlodipine]** 即络活喜。

阿朴啡[类]生物碱 **[aporphine alkaloid]** 母核苄基异喹啉苄基部分苯环和异喹啉部分的8位脱去二个氢原子形成的四环化合物。如千金藤碱(**1**, stephanine)、木兰花碱(**2**, magnoflorine)等。

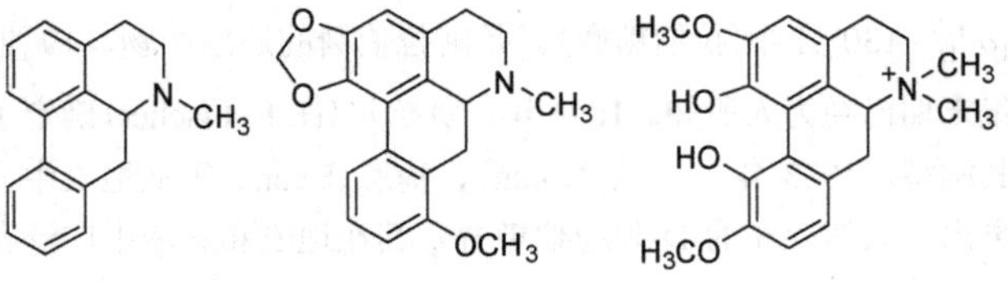

母核 1 2

阿泼拉斯霉素 [aplasmomycin] 即除疟霉素。

阿替生烷[类] [atisane] 具有图 **1** 所示分子骨架结构的四环二萜类化合物。如从高卡科(Erythroxylaceae)植物 *Erythroxylon monogynum* 中分离得到的阿替生烯(**2**, atisirene)。

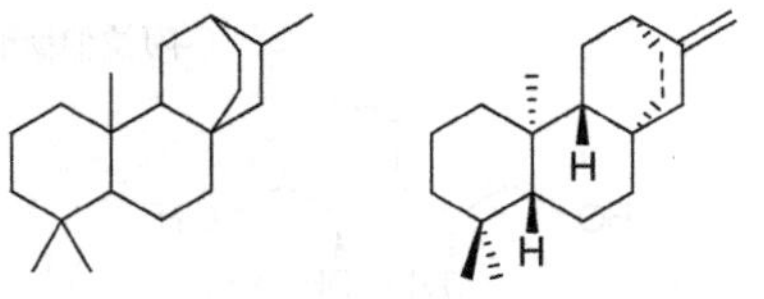

1 2

阿托品 [atropine] 化学式 $C_{17}H_{23}NO_3$,分子量 289.37。无嗅苦味的无色结晶或白色晶性粉末,熔点 114～116℃(分解),LD_{50}(大鼠一次经口)为 750 mg/kg。极易溶于水,易溶于乙醇,不溶于氯仿或乙醚。存在于颠茄、天仙子、曼陀罗及莨菪等茄科植物中,是由不稳定的左旋莨菪碱经提取处理后得到的外消旋体,也可通过人工合成得到。作为一种 M 胆碱受体阻断药,能可逆地阻碍乙酰胆碱与 M 胆碱受体结合,抑制神经兴奋(尤其是副交感神经)。

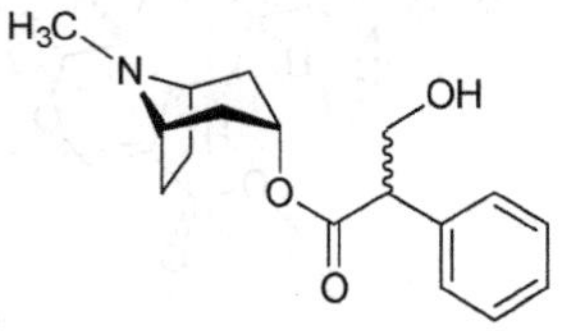

埃博霉素 [epothilone] 属于大环内酯类非紫杉烷促微管蛋白聚合剂。有 A～H 等多种。埃博霉素 A 的化学式为 $C_{26}H_{39}NO_6S$,分子量 493.66;埃博霉素 B 的化学式为 $C_{27}H_{41}NO_6S$,分子量 507.68。1987 年由赫夫勒(G. Höfle)和赖兴巴赫(H. Reichenbach)从南非的一种黏液菌(*Sorangium cellulosum*)中分离得到。它影响细胞中微管的形成,作用机制与紫杉醇非常类似。能够专一性结合微管蛋白的 β 亚基,抑制微管的解聚,导致微管排列成星状体从而阻止细胞形成正常的纺锤体,使有丝分裂停止于中期,最终引起细胞死亡。临床中将其用于各种晚期癌症的治疗,对紫杉醇耐药的癌症也有一定效果,可用于治疗的癌症包括乳腺癌、卵巢癌、肺非小细胞癌等。主要副作用包括中性粒细胞减少、血小板减少、疲乏等。

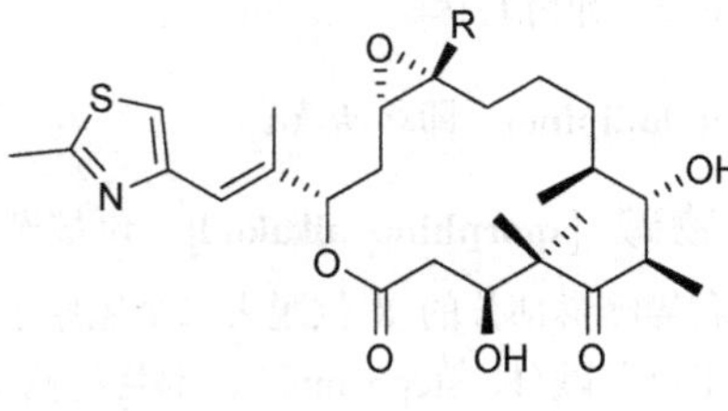

R = H :埃博霉素A
R = Me:埃博霉素B

安洛地平 [amlodipine] 即络活喜。

安络血 [carbazochrome] 又称安特诺新。化学式 $C_{10}H_{12}N_4O_3$,分子量 236.46。橘红色结晶性粉末,熔点不低于 203℃(分解)。微溶于水、乙醇,不溶于乙醚、氯仿。医用多为水杨酸钠的复合物,橘红色粉末,熔点 196～197.5℃(分解)。可由肾上腺素氧化成肾上腺素红,环合后与氨基脲缩合制成。能降低毛细血管的通透性,促进受损毛细血管端收缩而止血,但对大量出血和动脉出血疗效较差。

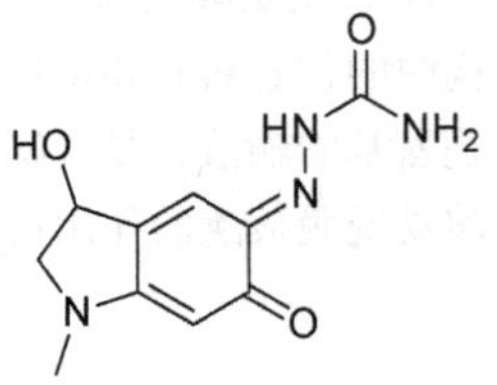

安眠酮 [methaqualone; hyptor; ortonal; melsedin; parminal] 又称海米那、甲基喹唑酮、眠可欣。化学式 $C_{16}H_{14}N_2O$,分子量 250.29。白色结晶粉末,无臭,味微苦。熔点 120℃。溶于乙醚、乙醇、氯仿,几乎不溶于水。大白鼠口服 LD_{50} 225 mg/kg。由邻氨基苯甲酸和邻甲苯胺等制成,也可以邻氨基苯甲酰胺和乙酰丙酮等为起始原料合成。一种催眠药,主要作用于大脑皮层,具有镇静和催眠作用。起效快、平均睡眠时间可达 6.5 h,长期使用会产生耐药性。临床用作镇静剂和催眠药,适用于神经衰弱、失眠、麻醉前给药。20 世纪 80 年代我国已停用。

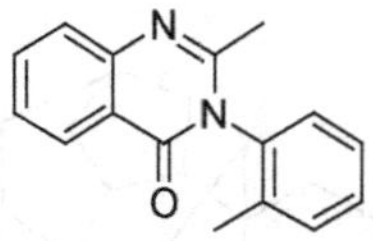

安乃近 [metamizole sodium] 又称诺瓦经。化学式 $C_{13}H_{16}N_3NaO_4S$,分子量 333.34。白色至略带微黄色结晶或结晶性粉末,无臭,味微苦。不溶于乙醚、丙酮及氯仿,略溶于乙醇,溶于甲醇,易溶于水。主要用于镇痛解热,也用于治疗急性关节炎、头痛、风湿性痛等。一般不作首选用药,仅在急性高热、病情急重等情况下用于紧急退热。

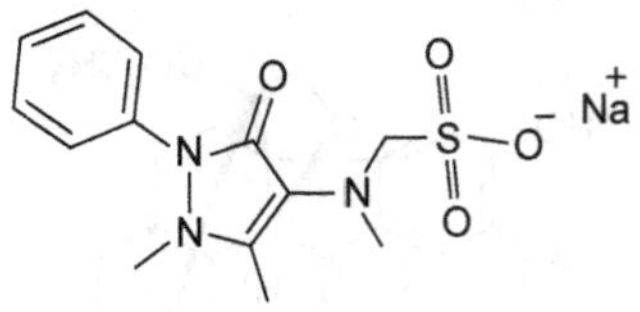

安莎霉素 [ansamycin] 即环柄类抗生素。

安特诺新 [carbazochrome] 即安络血。

桉烷[类] **[eudesmane]** 具有图 **1** 所示基本骨架结构的双环倍半萜类化合物。如桉油、厚朴中所含 α -胺醇(**2**, α -eudesmol)。

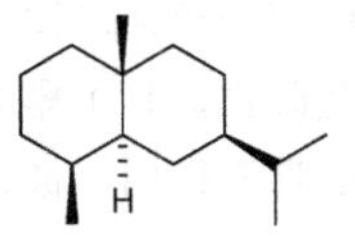

1

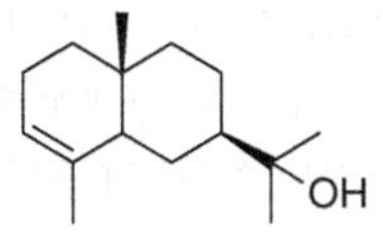

2

氨基环醇抗生素 **[amino cyclitol antibiotic]** 即氨基糖苷。

氨基糖苷 **[aminoglycoside]** 又称氨基环醇抗生素。具有氨基糖与氨基环醇结构的苷类抗生素。如来自链霉菌的链霉素等，具有抗菌谱广、杀菌完全的特点，但易产生耐药性，并有耳毒性和肾毒性。

氨氯地平 **[amino cyclitol autibiotic; amlodipine]** 即络活喜。

巴马丁 **[palmatine]** 即黄藤素。

白果苦内酯 B **[ginkgolide B]** 即银杏内酯 B。

白花青素 **[ieucoanthocyanidin]** 又称无色花色素。黄烷-3,4-二醇衍生物。在含鞣质的木本植物和蕨类植物中多见。

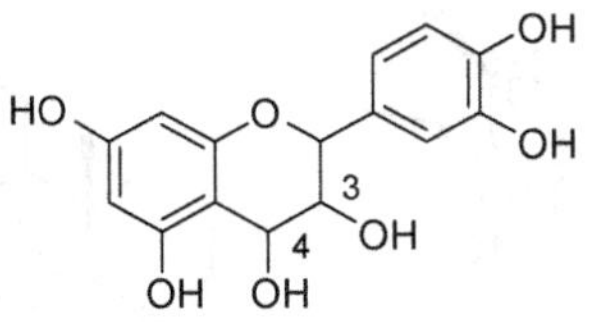

白蜡树苷 **[fraxin; fraxoside; paviin; fraxetin-8-glucoside]** 又称秦皮苷。化学式 $C_{16}H_{18}O_{10}$，分子量 370.30。水或稀乙醇中结晶得黄色水合针状晶体。味略苦。在 26.66 Pa 压力下及 120～130℃时可失去 3 分子水，无水物熔点 201～205℃(快加热)。易溶于热水、热乙醇，微溶于冷水、冷乙醇，不溶于乙醚。碱溶液为黄色，稀释后显蓝绿色荧光。醇溶液中加一滴氨水时，荧光更显著。遇三氯化铁稀溶液呈蓝绿色，浓溶液为绿色，放置后生成黄色沉淀。首次得自欧洲白蜡树皮中，后又从七叶树科植物欧七叶树中分离出，我国秦岭白蜡树皮中也有。可由植物中提取。有抗痉挛、解热、止痛等作用。

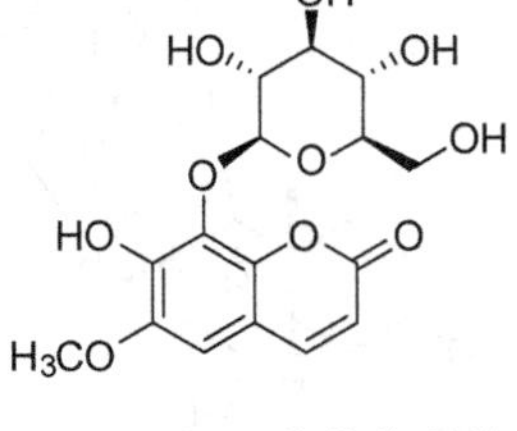

白藜芦醇 **[resveratrol]** 一种非黄酮类的天然多酚类化合物。化学式 $C_{14}H_{12}O_3$，分子量 228.25。无色至淡黄色针状晶体，单斜晶系，熔点 260～262℃。微溶于水，易溶于乙醇等有机溶剂，广泛存在于各种植物中，如葡萄(表皮)、虎杖(根部)、花生、桑葚等。1939 年日本科学家高岗(M. Takaoka)首次从白藜芦中分离得到。是一些植物在遭受细菌或真菌侵染时分泌的一种植物抗毒素。在动物实验中发现其具有诸如延长动物寿命、抗癌、抗心血管疾病、抗糖尿病等作用，但这些发现备受争议。有研究认为白藜芦醇能提高细胞内锰-超氧化物歧化酶活性，从而降低了机体氧化水平；体外实验表明白藜芦醇可能调节包括 NF-κB、细胞色素 P450 异构酶 CYP1A1、COX 酶、Fas、p53、cyclin A、cdk1 等在内的众多与细胞周期相关的重要因素，从而引起肿瘤细胞凋亡。

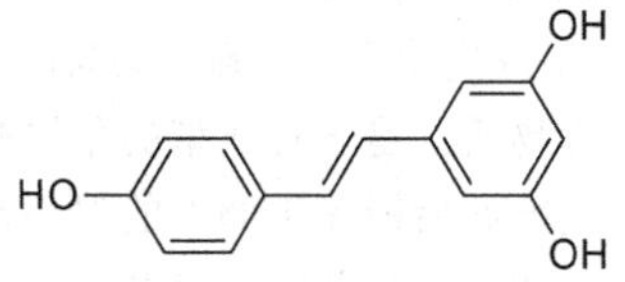

白桑八醇 **[alboctalol]** 一种二苯乙烯类化合物。化学式 $C_{28}H_{24}O_8$，分子量 488.49。棕色黏稠浆状物。1976 年由德什潘德(Deshpande)等首次从桑科植物桑树(*Morus alba*)的树皮中分离得到，也存在于桑科的其他植物如鸡桑(*Morus australis*)、圭亚那乳桑木(*Bagassa guianensis*)等植物中。能够增强桑科木材的耐用性。

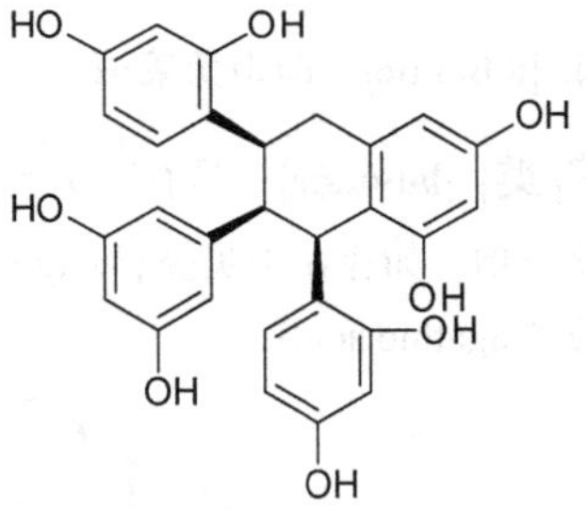

柏木醇 **[cedrol]** 又称雪松脑、雪松醇。化学式 $C_{15}H_{26}O$，分子量 222.37。白色结晶，具有愉快而持久的柏木芳香气味。熔点 85.5～87℃，沸点 290～292℃，相对密度 d_4^{90} 0.9479，折射率 n_D^{90} 1.4824。有旋光活性，比旋光度 $[\alpha]_D^{28}$ +9.9°(5%氯仿)。一种存在于柏木油中的三环倍半萜醇。微溶于水，溶于乙醇。可由含有柏木油或福州杉醇的松柏科植物的精油经冷冻结晶或经分馏制得。可用于制备乙酸柏木酯，也可用作卫生用品的增香剂及各种化妆香精的定香剂。

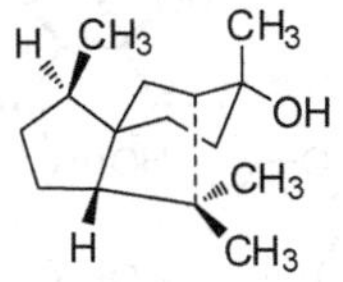

柏木烷[类] **[cedrane]** 即雪松烷[类]。

斑鸠菊苦素 **[vernolepin]** 化学式 $C_{15}H_{16}O_5$，分子量 276.29。无色棱柱结晶，熔点 179～180℃，$[\alpha]_D^{20}$ +71°(c = 1.1，丙酮)。1983 年由赫尔曼(Hermann)等从斑鸠菊的干果中分离得到。它具有抗血小板聚集性质以及抗癌作用，是一种不可逆的 DNA 聚合酶抑制剂，也可作为植物生长调节剂。

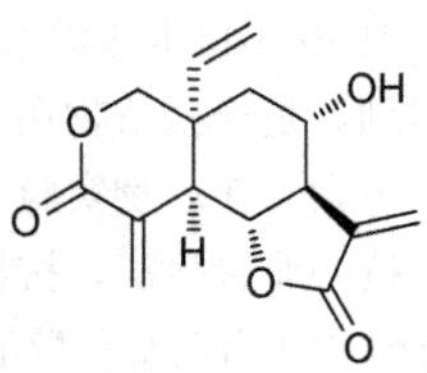

斑蝥素 [cantharidin] 化学式 $C_{10}H_{12}O_4$，分子量 196.20。斜方形鳞状晶体，相对密度 d_4^{20} 1.4，熔点 215～217℃，难溶于水，易溶于丙酮、氯仿、乙醚及乙酸乙酯等有机溶剂，剧毒。1810 年由法国化学家罗宾凯（P. J. Robiquet）从斑蝥（又名西班牙苍蝇）中分离得到，并确认其为能引起人皮肤起疱和化学烧伤的有毒物质。是一种典型的萜烯酯类化合物，斑蝥利用其作为雌性产卵后覆盖于卵上的保护剂。稀释的斑蝥素可以作为消除疣和纹身的药物。目前斑蝥素及其类似物的抗癌作用也被广泛研究，其抗癌功能可能与抑制蛋白磷酸酶 2A 活性相关。但其副作用极大，对消化系统，心、肾功能都有较大影响，且对黏膜刺激很大。

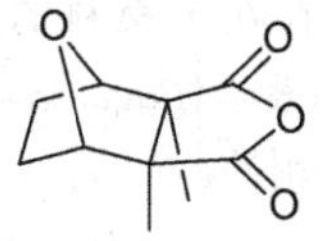

半边莲碱 [lobeline] 即山梗菜碱。

半日花烷[类] [labdane] 具有图 **1** 所示分子骨架结构的二环二萜类化合物。如存在于贝壳杉（*Agathic* spp.）植物树脂中的贝壳杉酸（**2** agathic acid）。

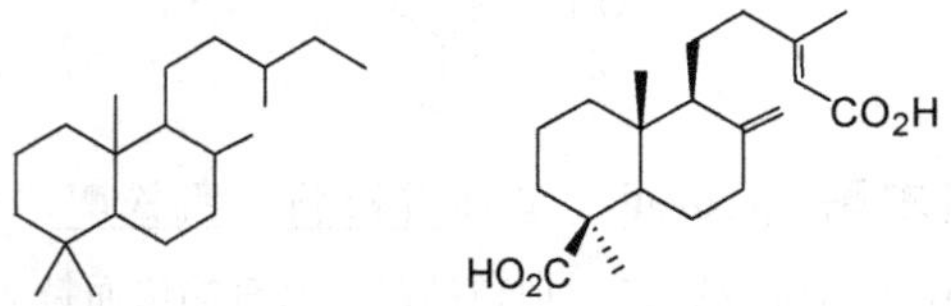

1 **2**

半萜 [hemiterpene] 含有一个异戊二烯单位的萜类化合物。

胞变霉素 [cytovaricin] 化学式 $C_{47}H_{80}O_{16}$，分子量 901.13。微溶于水和乙醚，易溶于二氯甲烷，中等程度溶于乙酸乙酯、氯仿、甲醇和乙腈，不溶于正己烷。熔点 207～208℃。1981 年由矶野（Isono）等从日本土壤所含的一种链霉菌 *Streptomyces diastatochromogenes* 中分离得到。对 JAK 激酶家族调控的信号传递和转录活化因子（STATs）有专一的抑制作用，在体内和体外试验中都能引起白血病细胞凋亡，且不影响正常的造血功能。对吉田肉瘤细胞有明显的抑制作用，被认为是一种潜在的抗癌药。

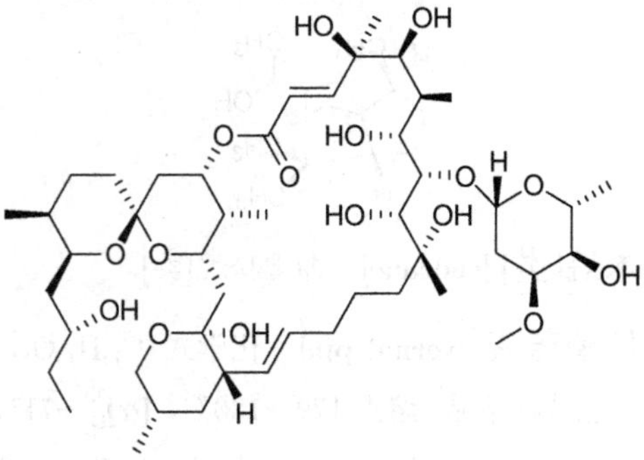

保泰松 [phenylbutazone] 又称布他酮。化学式 $C_{19}H_{20}N_2O_2$，分子量 308.37。白色晶体，微苦，熔点 104～107℃。微溶于水，溶于乙醇、乙醚及碱性溶液，易溶于氯仿。可由正丁基丙二酸二乙酯与氢化偶氮苯在乙醇钠作用下制成钠盐，然后酸化制成。常用于治疗类风湿性关节炎、风湿性关节炎及痛风等疾病。

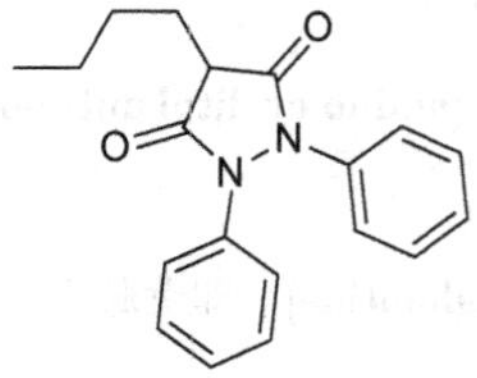

贝壳杉烷[类] [kaurane] 具有图 **1** 所示分子骨架结构的四环二萜化合物。如存在于 *Podocarpus ferrugineus* 中的 (+)-16-贝壳杉烯[**2**，(+)-16-kaurene]。

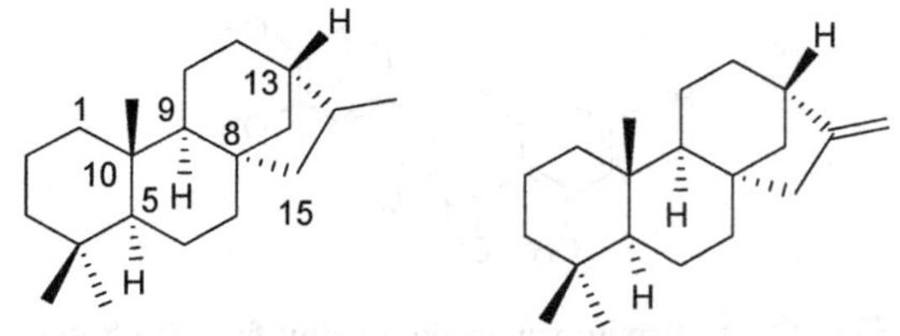

1 **2**

贝母素甲 [peimine] 贝母生物碱的一种。化学式 $C_{27}H_{45}NO_3$，分子量 431.65。白色针状晶体，熔点 223～224℃。不溶于水，可溶于多种有机溶剂。可与多种无机酸如盐酸、硝酸等生成结晶盐。1932 年由中国化学家赵承嘏从浙江产百合科植物贝母中分离得到。目前已发现 10 余种贝母生物碱，在中医学上用于止咳化痰、清热散结。

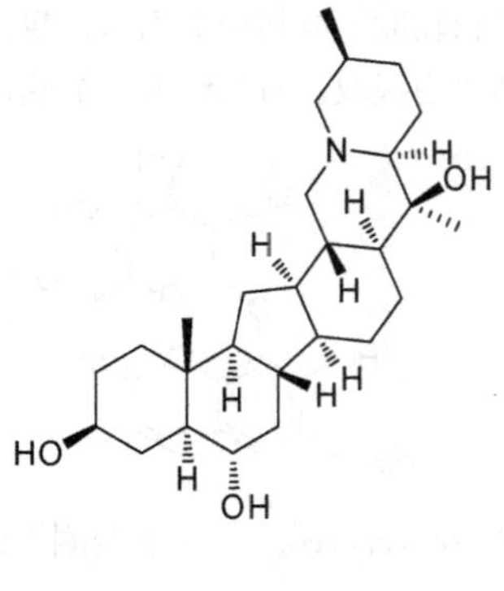

贝叶烷[类] **[beyerane]** 具有图1所示分子骨架结构的四环二萜化合物。如存在于罗汉柏(*Thujopsis dolabrata*)中的(–)-15-贝叶烯[2, (–)-15-beyerene]。

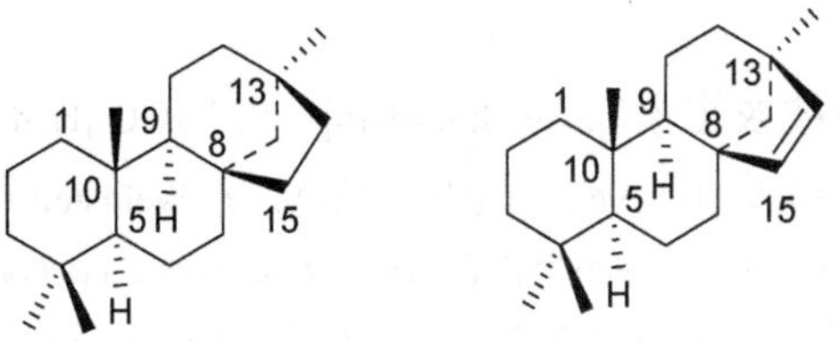

1 2

倍半木脂体 **[sesquilignan]** 由3个C_6-C_3单元聚合而成的木脂素类化合物。

倍半萜 **[sesquiterpene]** 3个异戊二烯通过多种连接和环合方式构成的萜类化合物。是萜类化合物中数量、结构类型最多的一支，广泛存在于植物、微生物、海洋生物及某些昆虫中，很多具有重要的生物功能和生理活性。

苯巴比妥 **[phenobarbital]** 又称鲁米那。化学式$C_{12}H_{12}N_2O_3$，分子量232.23。白色结晶性粉末，无臭，微苦，熔点174～178℃。水溶液呈酸性，微溶于水，溶于热水，易溶于碱性溶液。可由乙基苯基丙二酸二乙酯与尿素在乙醇钠作用下经缩合反应合成制得。是一种巴比妥类的镇静安眠药，作用时间较长。可用于高血压、甲状腺机能亢进等疾病的治疗，此外还有抗惊厥作用，可治疗癫痫和焦虑症等。

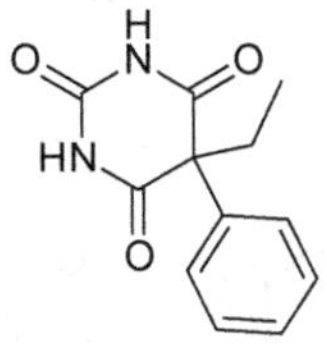

苯海拉明 **[diphenhydramine; allergin; amidryl; benzhydramine; benzantin; benadryl; mistina]** 又称苯那君、可那敏、苯那坐尔。化学式$C_{17}H_{21}NO$，分子量255.36。沸点150～165℃/266.6 Pa。其盐酸盐称benodine。在乙醇加乙醚中结晶后，熔点166～170℃。有苦味。一般状况下稳定，光照下逐渐变黑；极易溶于水，溶于氯仿、乙醇，略溶于丙酮，微溶于乙醚、苯；大白鼠口服LD_{50} 500 mg/kg。可由二苯甲醇与氯乙醇作用生成二苯基-(*β*-氯乙氧基)甲烷，再与二甲胺反应制得。抗组胺药，在体内能产生拮抗组胺的作用，消除组胺释放引起的过敏症状。对中枢神经有较强的抑制作用。适用皮肤黏膜的过敏性疾病，如荨麻疹、枯草热，过敏性鼻炎等。还可用于预防晕船、晕车、晕飞机等晕动病。其主要不良反应为思睡、口干。

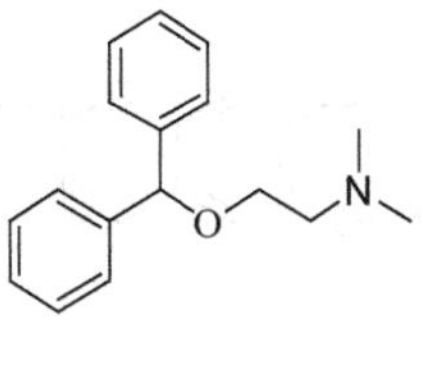

苯那君 **[diphenhydramine]** 即苯海拉明。

苯那坐尔 **[diphenhydramine]** 即苯海拉明。

苯乙福明 **[phentormin]** 即降糖灵。

苯乙米胍 **[phentormin]** 即降糖灵。

苯乙哌啶酮 **[glutethimide]** 即导眠能。

苯乙双胍 **[phentormin]** 即降糖灵。

吡哆醇 **[pyridoxol]** 即维生素B_6。

吡哆辛 **[pyridoxin]** 即维生素B_6。

吡咯里啶类生物碱 **[pyrrolidine]** 即吡咯烷[类]生物碱。

吡咯里西啶[类]生物碱 **[pyrrolizidine alkaloid]** 即吡咯嗪[类]生物碱。

吡咯嗪[类]生物碱 **[pyrrolizidine alkaloid]** 又称吡咯里西啶[类]生物碱、双稠吡咯烷[类]生物碱。分子骨架为吡咯嗪(吡咯并[1,2-*a*]吡咯(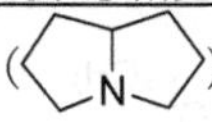))，即以叔氮原子稠合两个吡咯烷环形成母核结构的生物碱。

如大叶千里光碱(**1**，macrophylline)、大叶千里光次碱(**2**，macronecine)等。

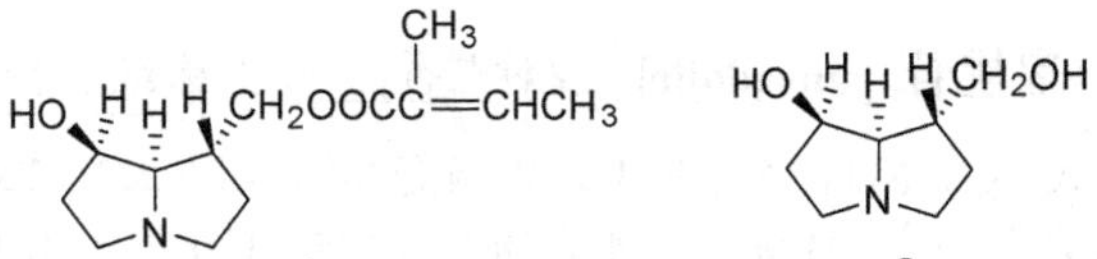

1 2

吡咯烷[类]生物碱 **[pyrrolidine alkaloid]** 又称吡咯里啶类生物碱。具有吡咯烷环结构母核的生物碱。如古豆碱(**1**，hygrine)、大叶千里光碱(**2**，macrophylline)、一叶萩碱(**3**，securinine)、党参碱(**4**，codonopsine)、百部碱(**5**，stemonine)等。

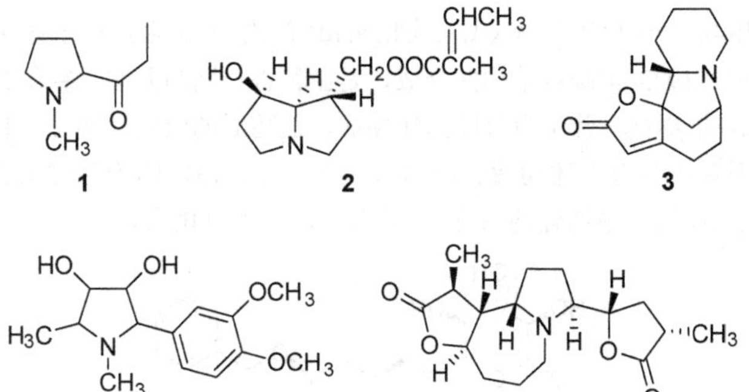

1 2 3 4 5

吡喃香豆素 **[pyranocoumarin]** 香豆素核上的异戊烯基与邻位酚羟基环合成吡喃环，称为吡喃香豆素。在6,7位或

7,8 位环合的分别称为线型吡喃香豆素、角型吡喃香豆素。花椒内酯(xanthyletin)为线型吡喃香豆素的代表化合物。

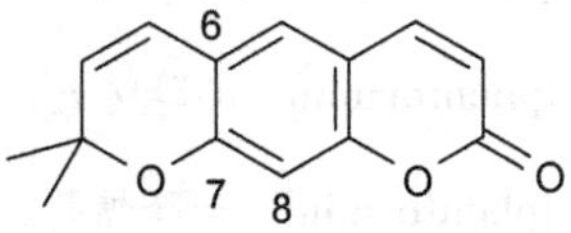

毕澄茄烷[类] [**cubebane**]　具有图示基本骨架结构的三环倍半萜类化合物。

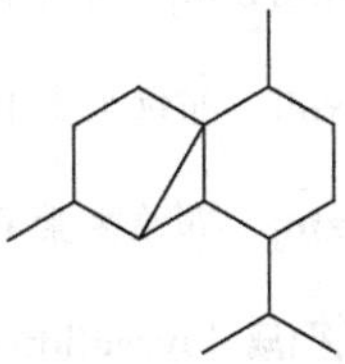

蓖麻碱 [**ricinine**]　化学式 $C_8H_8O_2N_2$，分子量 164.16。白色针状或棱柱状结晶，易溶于热的氯仿和热水，能溶于热的乙醇，难溶于苯、石油醚和乙醚。熔点 201～205℃。1864 年由奥列霍夫(A. P. Orekhov)从蓖麻种子中首次分离得到。毒性很大，属剧毒生物碱，可使人恶心、呕吐，甚至窒息死亡。

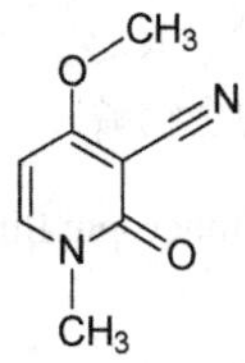

扁桃苷 [**amygdalin**]　又称苦杏仁苷，旧称维生素B_{17}。化学式 $C_{20}H_{27}NO_{11}$，分子量 457.42。无色晶体。熔点 223～226℃，比旋光度 $[\alpha]_D^{20}$ −41.96°。三水合物熔点 125～130℃，熔化后又固化，200℃时再熔化，比旋光度 $[\alpha]_D^{20}$ −40°(水)。易溶于沸水，略溶于乙醇，几乎不溶于乙醚。水解后产生葡萄糖、苯甲醛及氢氰酸。误食苦杏仁中毒，即因水解(如在肠道中葡萄糖苷酶的作用下)后生成的氢氰酸所致。扁桃苷是一种带氰基的苷类化合物，存在于蔷薇科的山杏、西伯利亚杏及同属他种杏的成熟种子苦杏仁及苦扁桃内，约含 2%。1830 年由罗比凯(P.J. Robiquet)和查兰德(A. B. Charlard)首次自扁桃的种子中分离，1923 年确定结构并合成，是由苦杏仁腈与龙胆二糖缩合成的 β-苷。曾认为可以治疗癌症，但随后的研究证明这一物质并不具有上述功效。经口摄入有可能致命，因为经过某些酶(如肠道中的葡萄糖苷酶)处理后可产生氰化物。

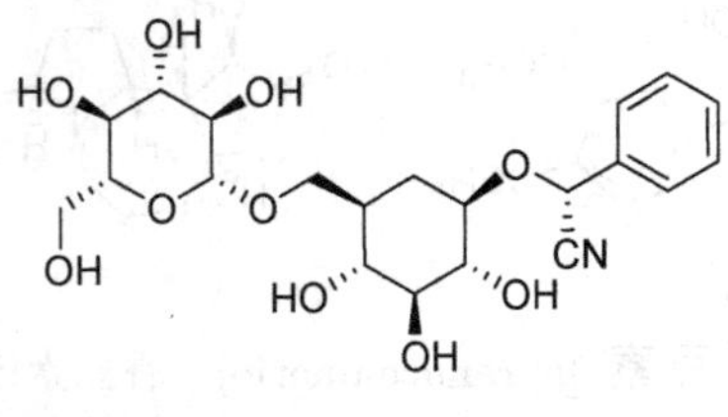

扁枝衣菌素 [**everninocin**]　化学式 $C_{15}H_{18}N_2O_7$，分子量 381.27。是扁枝衣霉素的水解产物。参见扁枝衣霉素。

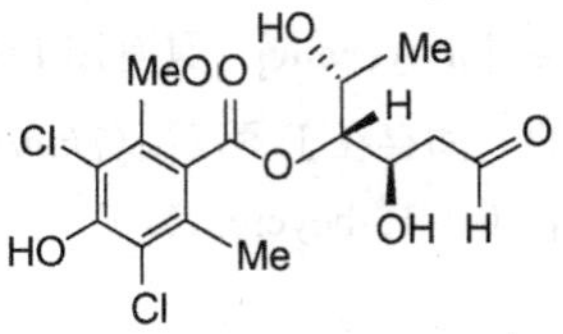

扁枝衣霉素 [**everninomicin**]　化学式 $C_{71}H_{99}Cl_2NO_{37}$，分子量 1629.44。1964 年由温斯坦(M. J. Weinstein)、G. M. Luedeman 等从一种小单孢菌 *Micromonospora carbonacea* 中分离得到，属于多糖类抗生素。在水中溶解度极低，加入环糊精可予以增溶。它能以非常低的剂量抑制革兰氏阳性菌的增长，包括抗甲氧西林金黄葡萄球菌(MRSA)、抗糖肽类肠球菌(GPRE)和抗苯甲异噁唑青霉素葡萄球菌(ORS)等抗药性细菌。其所需剂量低于万古霉素和替考拉宁。由于只能通过较多步骤合成，产量极低，其抗菌活性研究仍然限于实验室中。

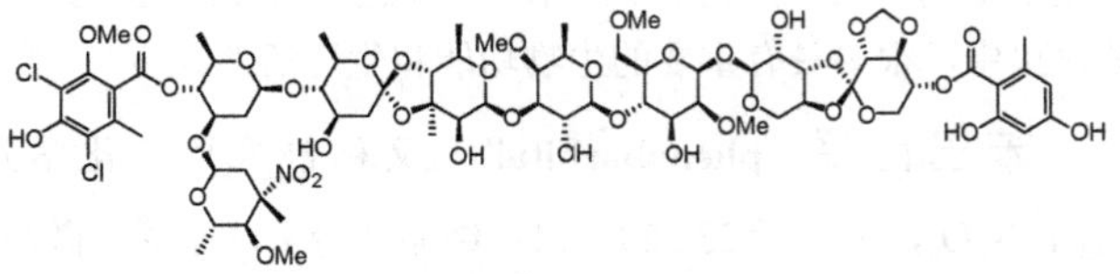

苄基苯乙胺[类]生物碱 [**benzylphenethyl amine alkaloid**]　生源上由苯丙氨酸或酪氨酸与苯甲醛缩合形成的一类生物碱。其分子骨架中具有苄基和苯乙胺的结构单元，其中苯乙胺部分的苯环常呈还原或部分还原的状态。如加兰他敏(**1**，galathamine)、石蒜碱(**2**，lycorine)。

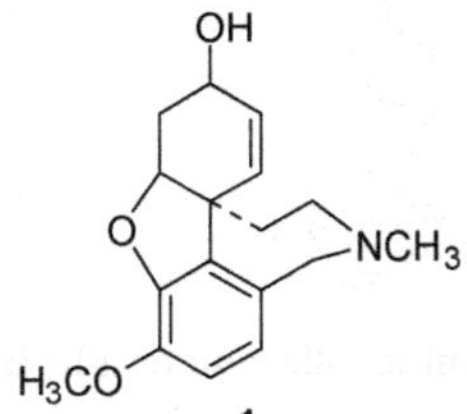

1

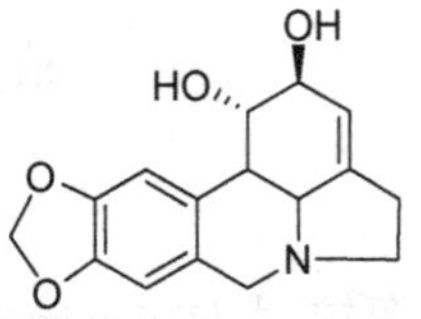

2

变形螺甾烷 [**pseudo-spirostane**]　即呋喃螺环甾体皂苷。

滨蒿内酯 [**scoparone**]　一种香豆素类化合物。化学式 $C_{11}H_{10}O_4$，分子量 206.19。白色晶体，熔点 146～147℃，易溶于乙醇、丙酮、氯仿，难溶于水，不溶于石油醚。1954 年由辛格(Singh)等首次从菊科植物滨蒿(*Artemisia scoparia*)的花和种子中分离得到，也存在于菊科植物茵陈蒿(*Artemisia capillaris* Thunb)、石斛属(*Dendrobium*)植物和芸香科柑橘属植物佛手(*Fructus citri* Sarcodactylis)中。具有治疗哮喘、保护肝脏、抗炎、镇痛、降压、调节血脂、舒展血管和免疫抑制、抗辐射等功效，一般用于治疗支气管哮喘、冠心病和心绞痛等症。

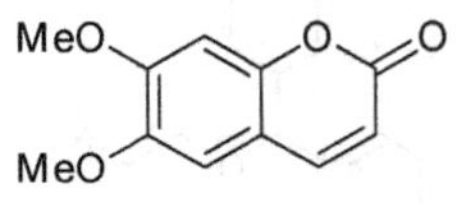

槟榔碱 [**arecoline**]　又称<u>槟榔素</u>。化学式 $C_8H_{13}NO_2$，分子量 155.19。可由棕榈科植物槟榔的果实中分离得到。无色油状液体，沸点 209℃，可随水蒸气蒸出。折射率 n_D^{20} 1.4302，与水、乙醇、乙醚互溶，可溶于氯仿。呈强碱性，可与酸形成盐类，易结晶，易吸潮。常用其氢溴酸盐，白色结晶，味苦，熔点 177~179℃，易溶于水和乙醇，微溶于氯仿、乙醚。具有驱虫作用，可使胆碱受体兴奋，大剂量使用时有促进血小板生成的功效。

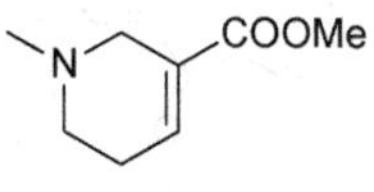

槟榔素 [**arecane**]　即槟郎碱。

冰片 [**borneol; Baros camphor; endo-2-bornanol; borneo camphor alcohol; endo-2-camphanol; camphol; dryobalanops camphor**]　又称<u>龙脑</u>、<u>2-莰醇</u>、<u>内型 1,7,7-三甲基二环[2.2.1]-2-庚醇</u>。化学式 $C_{10}H_{18}O$，分子量 154.26。一种龙脑树干分泌的香料。无色透明或白色半透明的片状结晶，有类似薄荷的清香气味。有一对旋光异构体。左旋体：比旋光度 $[\alpha]_D^{20}$ +167°（乙醇中），熔点 208.6℃，沸点 210℃，相对密度 d_4^{25} 1.1011，不溶于水，易溶于乙醚、苯，溶于乙醇；右旋体：比旋光度 $[\alpha]_D^{20}$ +37.7°（乙醇中），熔点 208℃，沸点 212℃，相对密度 d_4^{25} 1.011，微溶于水，易溶于苯，溶于乙醇、乙醚、石油醚。外消旋体熔点 206～207℃，能升华。可以樟脑为原料用金属钠和乙醇还原制得，也可由松节油为原料经分馏得 α-蒎烯，再经草酸酯化、水解制得。主要用作医药及配制香料。

丙炎松 [**triamcinolone acetonide**]　即曲安奈德。

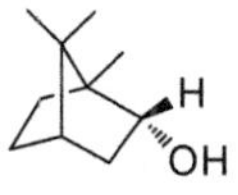

右旋

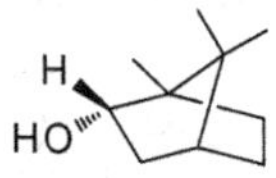

左旋

薄荷烷[类] [**menthane**]　具有 1-甲基-4-异丙基环已烷基本骨架结构的单环单萜。以二烯（如柠檬烯）、萜醇（如薄荷醇，**1**）、萜酮（如薄荷酮）及萜醛（如紫苏醛，**2**，perillaldehyde）等形式存在。

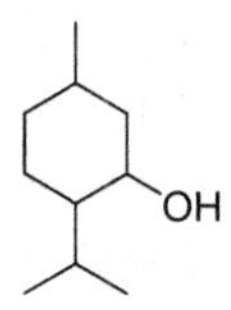

1

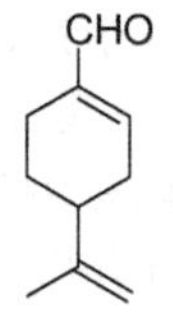

2

布洛芬 [**ibuprofen; advil**]　系统命名<u>异丁苯丙酸</u>，又称<u>普罗芬</u>、<u>异丁洛芬</u>。化学式 $C_{13}H_{18}O_2$，分子量 206.28。稍有特异臭的无色晶体，熔点 74.5～77.5℃。微溶于水，易溶于乙醚、乙醇、丙酮、氯仿。雄性小白鼠、大白鼠的 LD_{50}(mg/kg)：腹膜内 495，426；口服 1255，1050。可将异丁基苯乙酮经缩合、水解、脱羧、氧化、中和制得。是非甾体抗炎镇痛药，用作消炎药和急性疼痛及镇痛药。常被用来缓解关节炎、经痛、发热等症状，用于炎症如慢性风湿性疾病引发的疼痛。有抑制血小板的效用，但持续时间比阿司匹林的短。是世界卫生组织指定的必备药品之一。

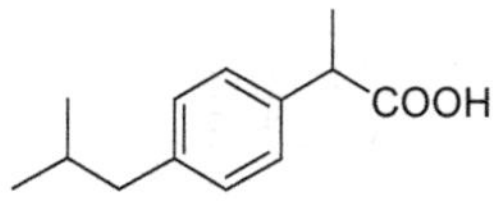

布他酮 [**butadion**]　即保泰松。

侧柏烷 [**thuiane**]　即苎烷类。

查耳酮 [**chalcone**]　苯甲醛缩苯乙酮类化合物(**1**)。为黄酮类化合物生源合成中的重要中间体。二氢查耳酮(**2**)较为少见。

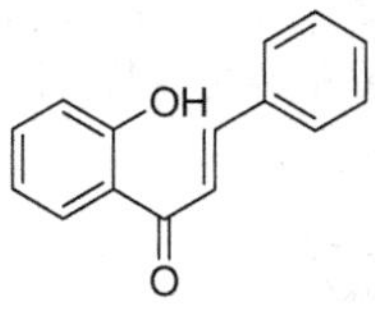

1

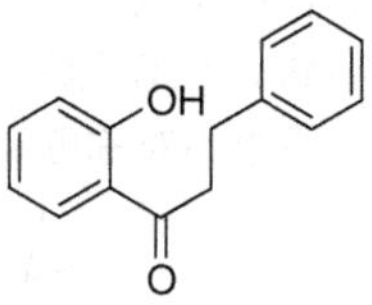

2

茶碱 [**theophylline**]　二甲基黄嘌呤。化学式 $C_7H_8N_4O_2$，分子量 180.16。白色晶体或结晶性粉末，无臭、味苦。熔点 271～273℃，水/辛醇分配系数 $\lg K_{ow}$=−0.39。常温下溶于乙醇（1∶18）、氯仿（1∶86）、碱液、稀酸中，微溶于水、乙醚。1888 年由德国科学家科塞尔(A. Kossel)首先从茶叶中发现，也存在于可可豆中。竞争性磷酸二酯酶抑制剂、非选择性腺苷受体拮抗剂，具有利尿、强心、松弛平滑肌和兴奋中枢神经等作用，用于治疗支气管性、心源性哮喘和心源性水肿等。

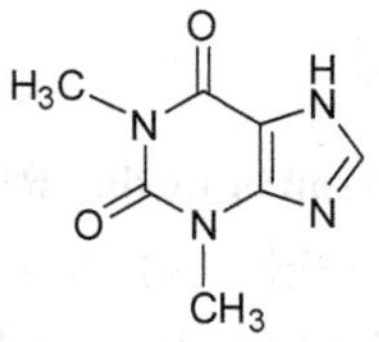

蟾甾内酯[类] [**bufanolide**]　又称<u>乙型强心苷元</u>。C-17 位连接的是六元不饱和内酯环即 δ-吡喃内酯的 C_{24} 甾体化合物。其中 A/B、C/D 环多数以顺式并合，B/C 环为反式并合。C-17 位内酯大多为 β-构型(17α-H)。自然界中仅少数几种强心苷元属于此类。

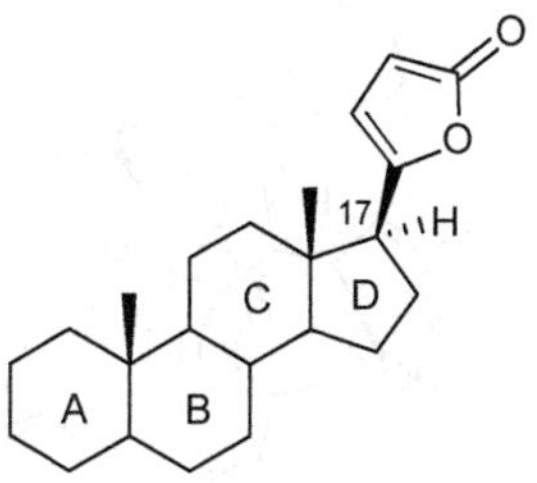

产妊酚 [**vitamin E**]　即维生素 E。

长效磺胺 [sulfamethoxydiazine] 即磺胺甲氧嗪。

长叶松烷[类] [longifolane] 具有图示基本骨架结构的三环倍半萜类化合物。

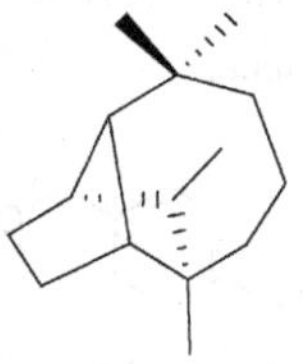

长叶烯 [longifolene] 化学式 $C_{15}H_{24}$，分子量 204.35，无色至淡黄色油状液体，沸点 83℃（1 Torr），折射率 n_D^{20} 1.5049，比旋光度$[\alpha]_D^{20}$ +54°（c = 1 g/100mL，乙醇）。它是从西藏长叶松的重级松节油中提取出的一种天然香料，具有三环倍半萜的结构。其生物合成是由法尼基焦磷酸(FPP)经串联阳离子环合反应得到。是合成树脂、香料、浮选剂和有机合成的重要原料。其衍生物可用于香精调配，其含硼衍生物可作为有机合成中不对称硼氢化试剂。

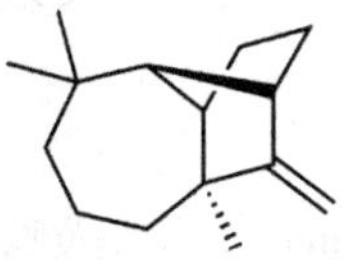

常绿钩吻碱 [sempervirine] 化学式 $C_{19}H_{16}N_2$，分子量 273.36。熔点(硝酸盐)267℃，分布于马钱科胡蔓藤属植物钩吻中。该类化合物大多具有镇痛、镇静、抗炎、散瞳、抗肿瘤、减慢心率、抑制心脏收缩、抑制平滑肌、促进免疫等多方面的潜在药理作用。

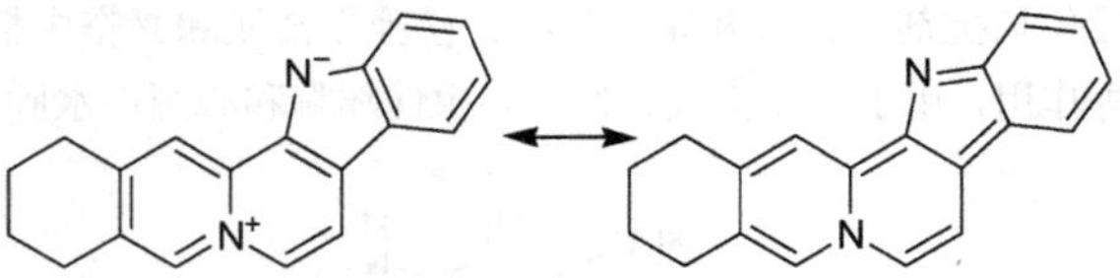

超强辣素 [resiniferatoxin (RTX)] 化学式 $C_{37}H_{40}O_9$，分子量 628.72，微溶于水。1975 年由 M. Hergenhahn、阿道夫(W. Adolf) 和黑克尔 (E. Hecker) 从树脂大戟 (*Euphorbia resinifera*) 的乳液中分离，属于大戟二萜醇类天然产物。能够通过与特异性受体 VR1 结合，导致大量钙离子流入神经元使其脱敏,从而广泛应用于减轻炎症反应引起的疼痛。此外，在泌尿医学中将其作为膀胱感觉神经阻滞剂。与类似物辣椒辣素相比，具有更高的生物活性和更小的刺激性。临床上用于膀胱灌注，减弱神经纤维对有害刺激的识别能力，减少或抑制逼尿肌无抑制性收缩，从而解除良性前列腺增生(BPH)手术后膀胱痉挛导致的剧痛。

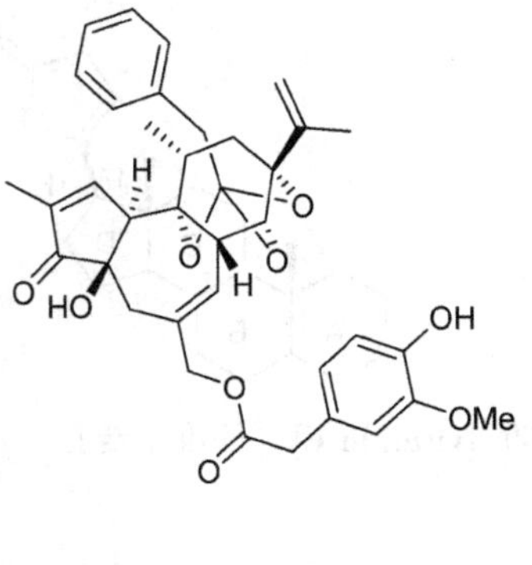

橙酮 [aurone] 又称噢哢类。含有苯并呋喃酮结构的黄酮类化合物。如存在于黄花波斯菊花中的硫磺菊素。

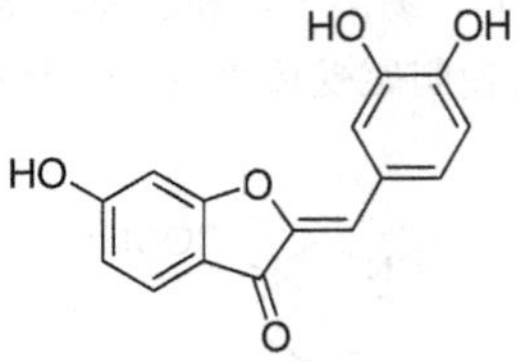

赤潮毒素 [brevetoxin] 即短裸甲藻毒素。

赤霉烷[类] [gibberellane; gibbane] 具有图示分子骨架结构的四环二萜化合物。如自水稻藤仓赤霉 (*Gibberella fujikuroi*) 中分出的赤霉酸(gibberellicacid，GA_3)。

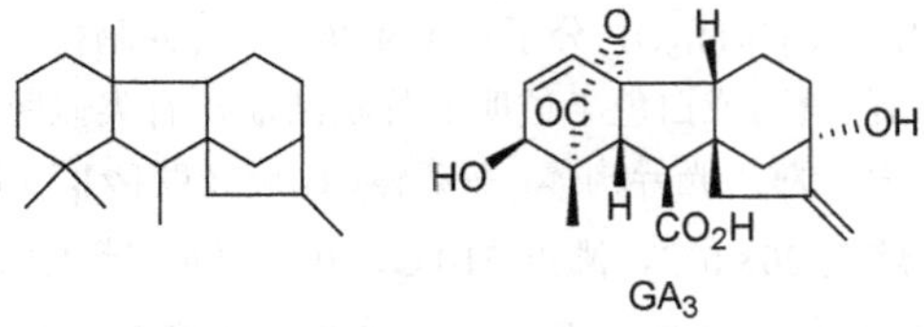

赤芝萜酮 [lucidone] 即赤芝酮。

赤芝酮 [lucidone] 又称赤芝萜酮。化学式$C_{15}H_{12}O_4$，分子量256.26，熔点164～165℃，黄色粉末状固体。1965年，首次由马来西亚的李(Lee)等从山胡椒(*Lindera lucida*)果实中分离得到，也存在于红果山胡椒(*Lindera erythrocarpa*)。具有抗炎、抑制黑色素以及抑制酒精造成的氧化应激等生物活性。可以被用于治疗酒精性肝炎。

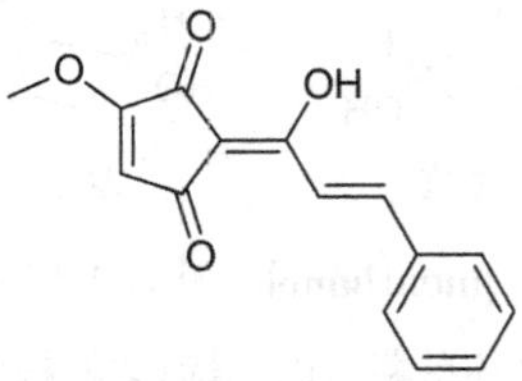

除虫菊酯 [pyrethrins] 包括Ⅰ和Ⅱ两类。Ⅰ类的化学式 $C_{21}H_{28}O_3$，分子量 328.45，黄色油状液体，d_4^{20} 1.04，沸点 170℃；Ⅱ类的化学式 $C_{22}H_{28}O_5$，分子量 372.46，黄色油状液体，沸点 200℃。除虫菊酯类化合物易溶于多种有机溶剂，难溶于水，遇碱易分解。存在于除虫菊的叶、茎和花中，对昆虫有很强的毒杀作用，是一类能防治多种害虫的广谱杀

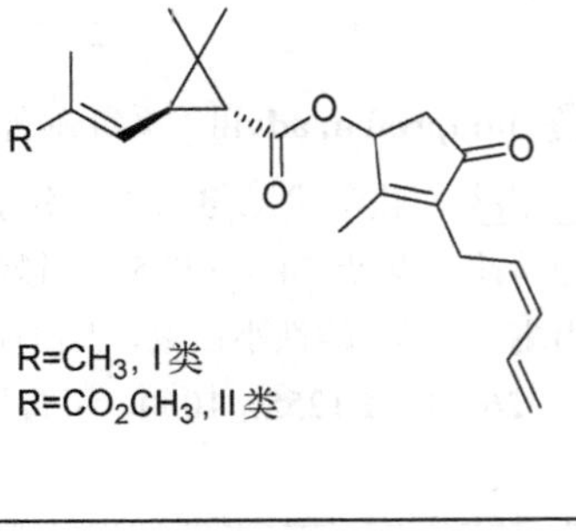

虫剂，且无抗药性。对人畜毒性极低，属基本无毒害，无残留的天然农药。但对光的稳定性差，遇阳光照射易分解失效，因此只适于室内防治蚊、蝇及蟑螂等，不宜在田间喷洒。

除疟霉素 [aplasmomycin] 又称阿泼拉斯霉素。化学式 $C_{40}H_{60}BO_{14}Na$，分子量 798.70。无色针状固体，熔点 283～285℃，比旋光度 $[\alpha]_D^{22}$ +225°(*c*=1.24 氯仿)，脂溶性化合物，几乎不溶于水。1976 年由冈见(Okami)等从浅海泥浆中的一种灰色链霉菌菌株 SS-20 中分离得到。体外试验表明它可以抑制革兰氏阳性菌的生长，针对伯氏疟原虫也具有较好的活性。被用作反刍动物的生长促进剂，除疟霉素 A 和除疟霉素 B 都表现出离子载体的性质，具有调节钾离子运输的功能。

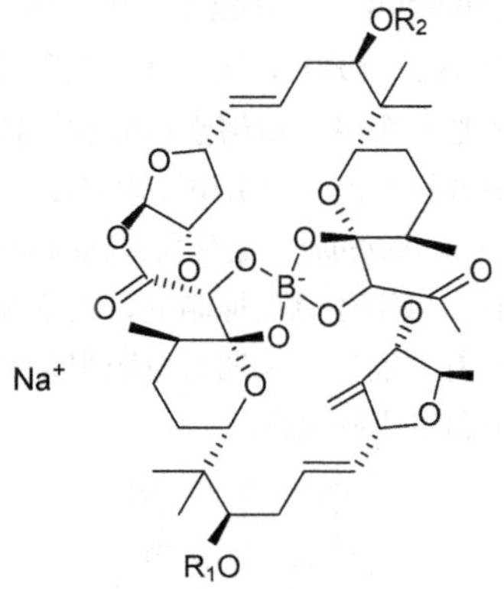

$R_1=R_2$=H 除疟霉素A

R_1=H, R_2=Ac 除疟霉素B

川楝素 [toosendanin] 又称苦楝素。化学式 $C_{30}H_{38}O_{11}$，分子量 574.62。白色或类白色结晶性粉末，无嗅，味苦，熔点 244～245℃(分解)，$[\alpha]_D^{20}$ −13.1°(*c*=1.75，丙酮)。易溶于甲醇、乙醇、丙酮和吡啶等极性有机溶剂，微溶于苯和氯仿，不溶于水和石油醚。20 世纪 50 年代由中国科学家从川楝子属植物的树皮中提取得到。川楝素具有拒食、触杀和胃毒作用，可作为植物源杀虫剂，用于驱虫。另外对呼吸中枢有抑制作用。

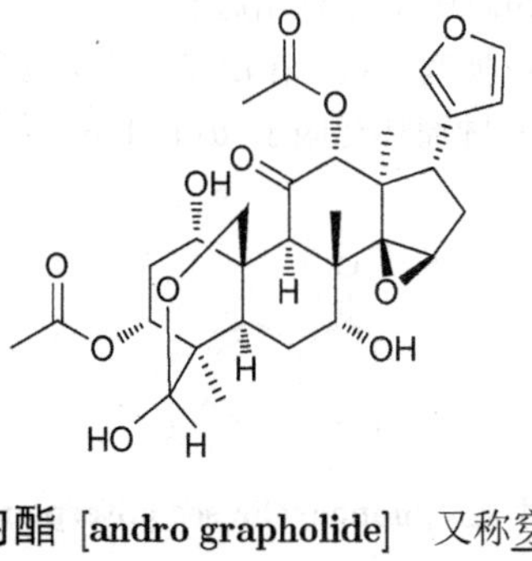

穿心莲内酯 [andro grapholide] 又称穿心莲乙素、雄茸内酯。二萜内酯类化合物。化学式 $C_{20}H_{30}O_5$，分子量 350.44。白色方棱形或片状结晶，味极苦，溶于沸乙醇，难溶于水或乙醚。熔点 225～227℃，比旋光度 $[\alpha]_D^{24}$ −112.7°(*c*=0.53，甲醇)。提取自穿心莲的茎与叶，为其主要有效成分。具有祛热解毒，消炎止痛的作用，对细菌性或病毒性上呼吸道感染及痢疾有很好的疗效，被誉为天然抗生素药物。

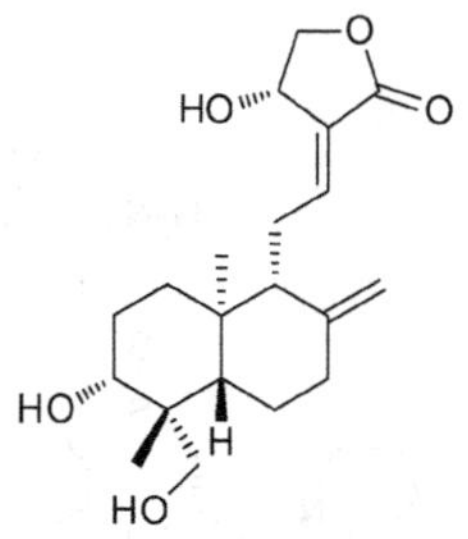

穿心莲乙素 [andro grapholide] 即穿心莲内酯。

雌甾烷[类] [estrane] 甾体激素类化合物。结构特征为 A 环为芳环，C-10 位无角甲基、C-17 位无侧链而连有羟基或酮基等含氧基团，C-13 位含有角甲基。在自然界多以醇、酮或苷的形式存在，如雌二醇(estradiol)、雌酮(estrone)等。

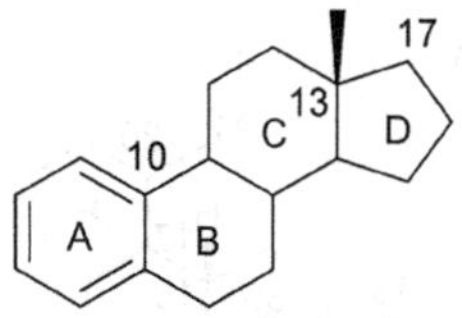

次黄苷 [inosine] 即肌苷。

次黄嘌呤核苷 [inosine] 即肌苷。

刺尾鱼毒素 [maitotoxin] 梯形聚醚类化合物。化学式 $C_{164}H_{256}O_{68}S_2Na_2$，分子量 3422。无色固体，溶于水、二甲基亚砜、甲醇、乙醇，不溶于丙酮、氯仿和乙腈，极易被氧化。最早被分离于栉齿刺尾鱼。刺尾鱼毒素是由岗比甲藻产生的剧毒物质，是目前已知毒性最强的非蛋白质类毒素，通过激活 Ca^{2+}依赖性离子通道等作用，启动细胞凋亡级联反应，导致细胞凋亡。

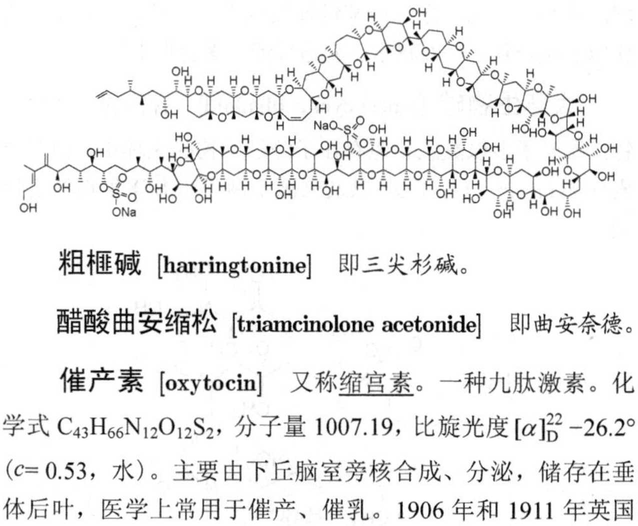

粗榧碱 [harringtonine] 即三尖杉碱。

醋酸曲安缩松 [triamcinolone acetonide] 即曲安奈德。

催产素 [oxytocin] 又称缩宫素。一种九肽激素。化学式 $C_{43}H_{66}N_{12}O_{12}S_2$，分子量 1007.19，比旋光度 $[\alpha]_D^{22}$ −26.2°(*c*= 0.53，水)。主要由下丘脑室旁核合成、分泌，储存在垂体后叶，医学上常用于催产、催乳。1906 年和 1911 年英国生理学家戴尔(H. H. Dale)、谢弗尔(E. A. Schafer)等发现其有扩张子宫颈、促进子宫收缩和乳汁产生作用，1953 年由美国生物化学家维尼奥(V. D. Vigneaud)首先确定其结构并实现人工合成。

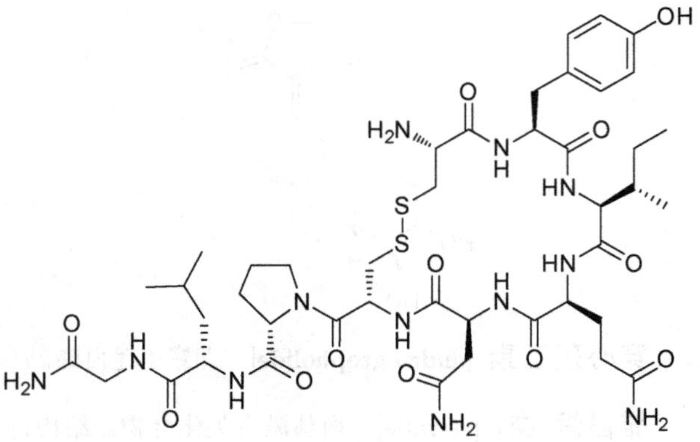

达玛烷[类] [dammarane] 具有图示骨架的四环三萜化合物。五加科植物人参(*Panax ginseng*)、三七(*P. otoginsong*)及西洋参(*P. quinguefolium*)等所含有的三萜皂苷,其苷元多属于达玛烷类四环三萜。

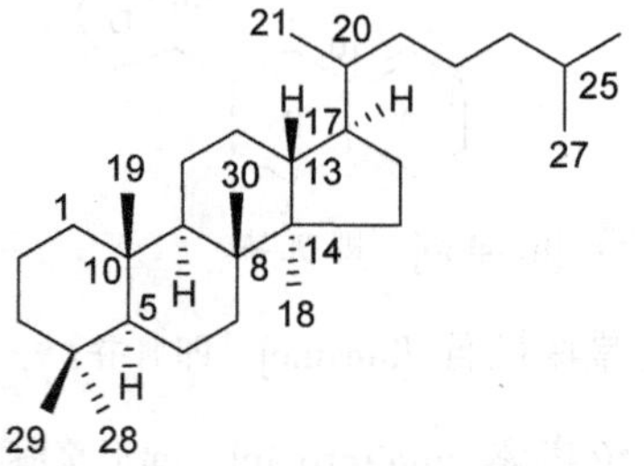

达美康 [gliclazide] 即甲磺吡脲。

大环二萜 [macrocyclic diterpene] 生源上由牻牛儿基牻牛儿基焦磷酸酯(GGPP)头尾连接环合而成的单环二萜。分为烟草烷类二萜、西松烷类二萜等。

大环内酯抗生素 [macrolide-antibiotic] 来自细菌发酵液或海洋真菌,通过内酯键连接成大环,具有抑制微生物作用的化合物,如红霉素、麦迪霉素、螺旋霉素等。

大环生物碱 [macrocyclic alkaloid] 含氮的大环化合物,氮原子多以酰胺状态存在于分子结构的大环中,如美登素(maytansine)(见下图)以及来源于菌类和海洋生物的生物碱类。

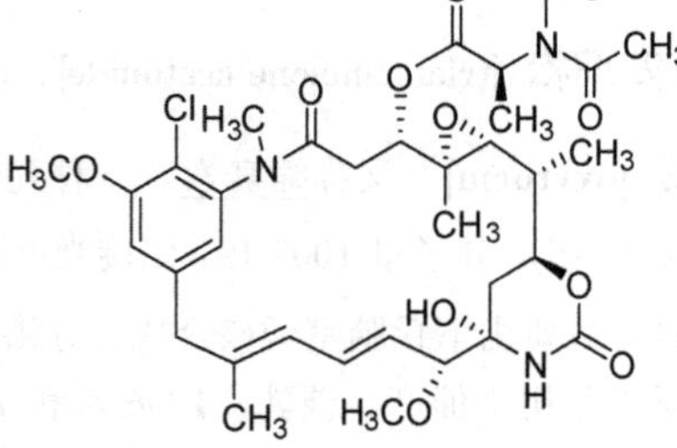

大黄藤素 [palmatine] 即黄藤素。

大戟烷[类] [euphane] 具有图示骨架结构的四环三萜化合物。是羊毛甾烷类的立体异构体,具有10β-、13α-、14β-、17α-侧链。

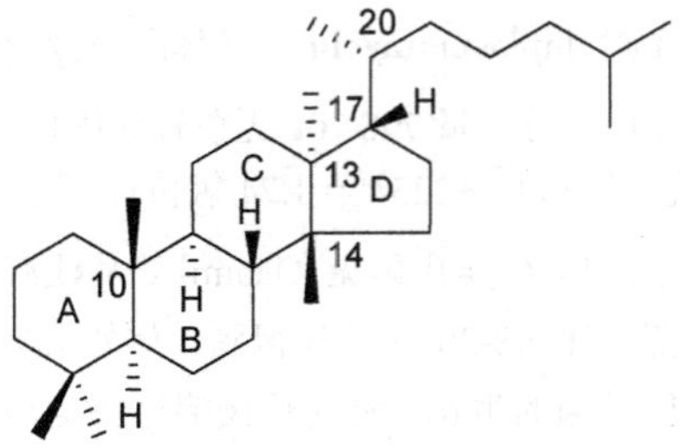

大蒜素 [allilin] 即蒜素。

丹蒽醌 [dantron] 又称柯嗪。化学式 $C_{14}H_8O_4$,分子量 240.21。熔点 191～193℃,可升华,橙色晶体,无臭,无味,溶于热冰乙酸和强碱,微溶于乙醚和氯仿,不溶于水和乙醇,浓硫酸溶液呈红色。可由望江南(*Cassia occidentalis*)、掌叶大黄(*Rheum palmatum*)、金鸡勒(*Cinchona ledgeriana*)等植物中分离得到。可用作免疫抑制剂、刺激性泻药、染料和医药中间体,具有致癌性,长期大量服用会引起红色尿,会降低白细胞含量和造成肝损伤。

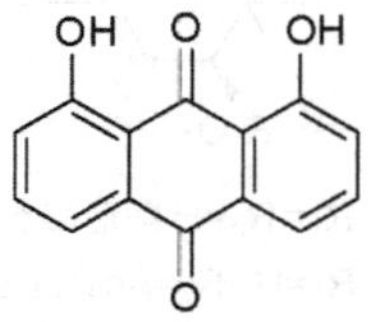

丹皮酚 [paeonol] 化学名2-羟基-4-甲氧基苯乙酮。又称牡丹酚、芍药醇。化学式 $C_9H_{10}O_3$,分子量 166.18。白色针状结晶,溶于乙酸乙酯、甲醇、乙醇,熔点 53～55℃,1968年由维尔登海恩(Wildenhain)从泥炭中首次提取,也分布于牡丹、一把伞南星、日本薯蓣中。它在很多中药中广泛存在。可以提高动物体内皮层细胞色素氧化酶和血管肌动蛋白水平,在小鼠试验中,被证实可以减轻与老年痴呆症相关的症状,并可减轻由缺血-再灌注引起的与超氧阴离子和小胶质细胞活化相关的脑梗塞症状。在治疗鹿角菜诱发的热痛过敏时通过调节组胺和肿瘤坏死因子 α(TNF-α)而具有抗炎和镇痛作用。

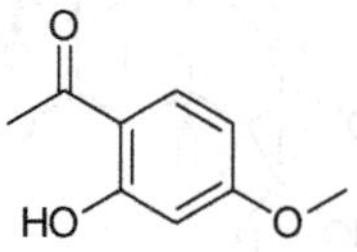

单环倍半萜 [monocyclic sesquiterpene] 由三个异戊二烯连接而成的含有一个碳环的倍半萜。如没药烷类、吉玛烷类、榄烷类倍半萜。

单环单萜 [monocyclic-monoterpene] 两个异戊二烯单元构成的单环萜类。为精油及某些香料的重要组分,如薄荷酮(**1**, menthone)、柠檬烯(**2**, limonene)等。

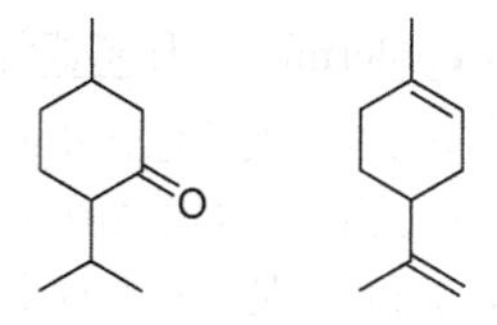

1　　2

单环二萜 [monocyclic diterpene]　含有一个碳环的二萜化合物，如视黄醛(retinal)。

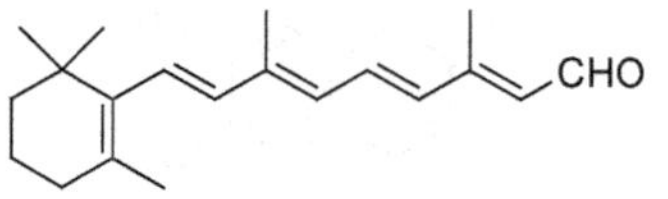

单萜 [monoterpene]　含有两个异戊二烯单位的萜类化合物。广泛存在于高等植物中的分泌组织中，是挥发油中的重要组分，多数具有较强的香气和生理活性，在结构上可分为无环单萜、单环单萜和双环单萜等类型。

单猪屎豆碱 [crotaline]　即野百合碱。

胆红素 [bilirubin]　又称胆红质。化学式 $C_{33}H_{36}N_4O_6$，分子量 584.66。橙色或棕红色单斜晶体，LD_{50}(小鼠一次经口)>15 000 mg/kg。可溶于苯、二硫化碳及氯仿等有机溶剂中，微溶于乙醇和乙醚，不溶于水，也可溶于热的氯仿与乙醇混合液中。属于胆色素的一种，是人胆汁中的主要色素。是体内血红素的主要代谢产物，有毒性，会对大脑和神经系统引起不可逆的损害。也具有抗氧化剂功能，可以抑制磷脂和亚油酸的氧化。是临床上判定黄疸的重要依据，同时也是肝功能的重要指标。

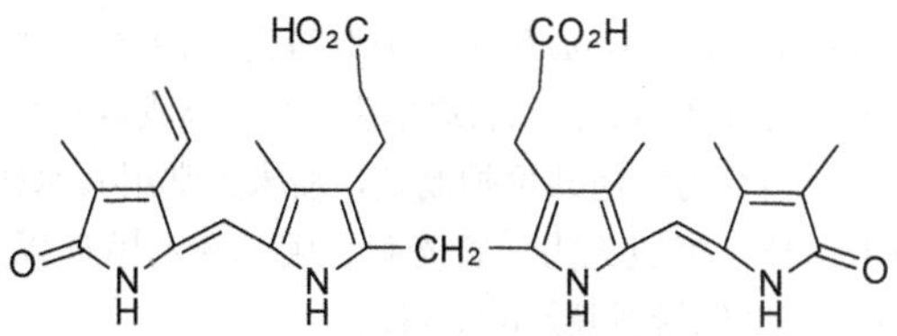

胆红质 [bilirusin]　即胆红素。

胆碱 [choline]　化学式 $C_5H_{14}NO_2^+$，分子量 121.18。无色晶体，具有很强的吸湿性。易溶于水和乙醇等极性溶剂，不溶于氯仿、乙醚等非极性溶剂。1864 年由斯特雷克(A. Strecker)从猪胆汁中首先分离出来。1866 年拜耳(A. Baeyer)和伍兹(C. A. Wurtz)确定其化学结构并实现了首例化学合成。是一种强有机碱。作为卵磷脂的组成成分，是一种人类必需的营养素，广泛存在于各种食物中。其生理功能主要有：促进脑发育和提高记忆能力，保证信息传递，调控细胞凋亡，构成生物膜的重要组成成分，促进脂肪代谢(临床上用于治疗肝硬化、肝炎等肝疾病)，促进体内转甲基代谢，降低血清胆固醇。

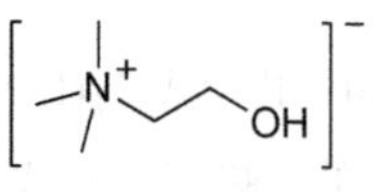

胆酸 [cholic acid]　又称三羟胆烷酸。化学式 $C_{24}H_{40}O_5$，分子量 408.57。味苦，无色片状物或白色结晶粉末，熔点 200℃(分解)，比旋光度 $[\alpha]_D^{20}$ +37°(c=0.6，乙醇)，易溶于冰乙酸，可溶于乙醇或丙酮，微溶于水。德国科学家维兰德(H. O. Wieland)首先发现并测定了其结构，并因此获 1927 年诺贝尔化学奖。一种固醇，是人体内含量最丰富的一种胆汁酸。由肝合成，并随胆汁排入到十二指肠内，成为消化液的组成部分之一，能促进对脂类物质的消化和吸收。

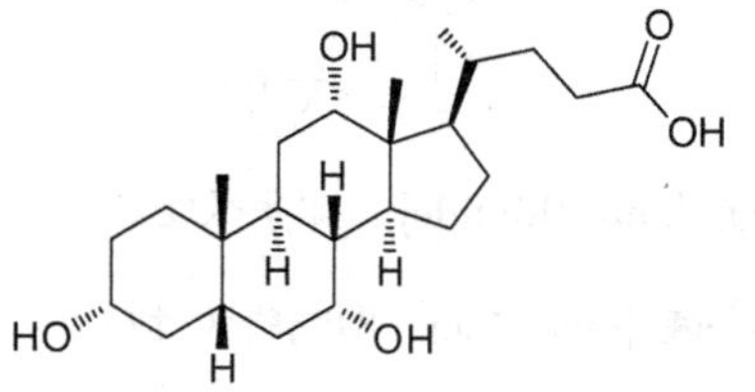

胆酸烷[类] [cholane]　具有图示 24 碳骨架结构的甾体化合物。天然存在以动物体内为主，属生物内源性物质，如胆酸(cholic acid)、牛磺胆酸(taurocholic acid)等。

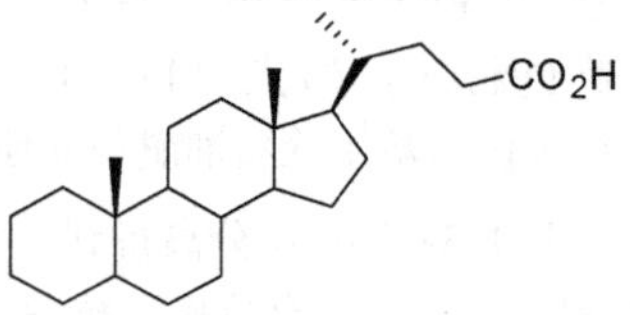

胆甾生物碱 [cholestane alkaloid]　具有胆甾烷四环骨架的生物碱，氮原子通常以哌啶环的形式存在于结构中。如得自茄科植物的辣茄碱(solanocapsine)。

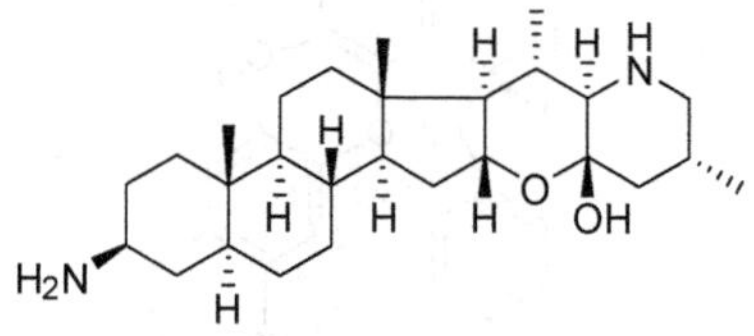

胆甾烷[类] [cholestane]　具有图示 27 碳骨架结构的甾体化合物，其中 A/B 环为反式构型。可分为饱和胆甾烷类和不饱和胆甾烷类。自然界中很少以烷烃形式存在，多为醇、酮形式，大部分羟基与糖结合形成苷键。具有多种生物活性。

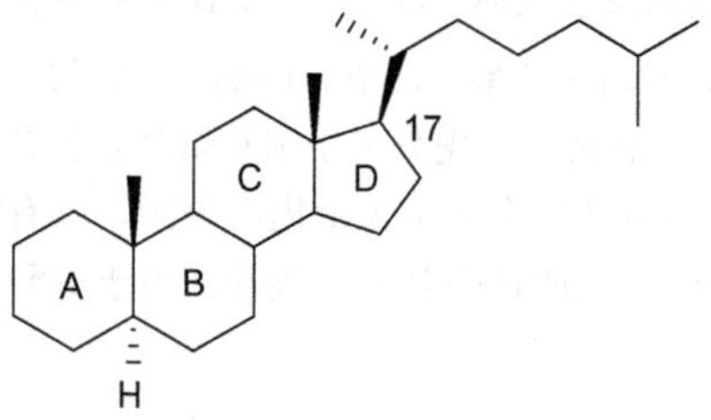

蛋黄素 [lecithin]　即卵磷脂。

导眠能 [glutethimide; doriden; **3-ethyl-3-phenyl-2,6-dioxopiperidine; Elrodorm; glutethimid; rigenox; somid**]　又称格鲁米特、苯乙哌啶酮、多睡丹、道力顿。化学式 $C_{13}H_{15}NO_2$，分子量 217.27。DL-型，乙醚或乙酸乙酯加石油醚

中结晶，熔点84℃。易溶于丙酮、乙醚、乙酸乙酯、氯仿，溶于甲醇、乙醇、不溶于水。D型晶体，熔点102～103℃，比旋光度$[\alpha]_D^{20}$ +176°(甲醇)。L型晶体，熔点102～103℃，比旋光度$[\alpha]_D^{20}$ −181°(甲醇)。由*α*-乙基苯乙腈生成*α*-乙基-*α*-苯基己二腈，再经关环等反应制成消旋体。是中时作用的非巴比妥类催眠药，用作控制的镇静药和催眠药，应用于失眠症的短期治疗。久用也能成瘾，不适合长期应用。

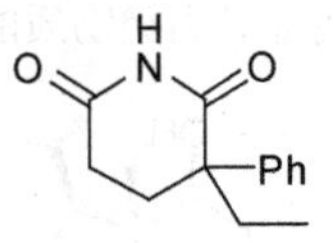

道力顿 [glutethimide] 即导眠能。

灯台叶碱 [picrinine] 即鸭脚树叶碱。

地美露 [meperidine] 即度冷丁。

地亚净 [sulfapyrimidine] 即磺胺嘧啶。

顶花防己碱 [cepharanthine] 化学式$C_{37}H_{38}N_2O_6$，分子量606.71。黄色粉末，熔点145～155℃，比旋光度$[\alpha]_D$ +277°(*c* = 2，氯仿)。溶于除石油醚外其他常见有机溶剂。由近藤(Kondo)等于1938年首次分离得到。存在于防己科植物头花千金藤的根、块茎中。有抗癌、抗菌、消炎、降低血压、松弛肌肉、调节免疫、抑制过敏性休克等多种生理作用。可促使外周白细胞数量增多，用于治疗白细胞减少症。

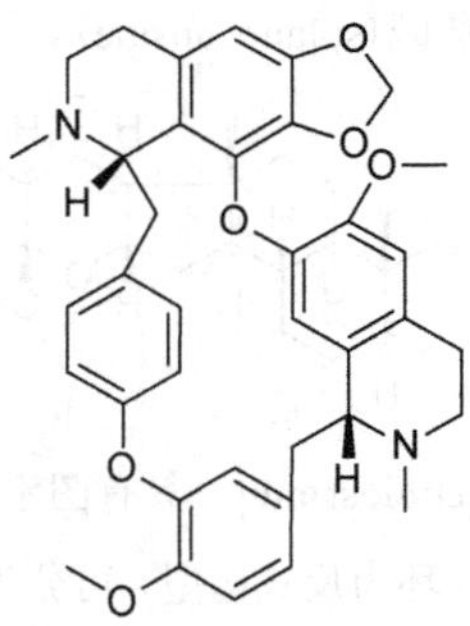

东莨菪碱 [scopolamine] 化学式$C_{17}H_{21}NO_4$，分子量303.35。黏稠糖浆状液体，熔点59℃，比旋光度$[\alpha]_D^{20}$ −18°(*c* = 1.5，乙醇)，易溶于乙醇、乙醚、丙酮、氯仿等，微溶于石油醚。1892年由施密特首先分离于茄科植物东莨菪，为其次级代谢产物。也可从洋金花中大量提取得到，具有抗胆碱以及镇痛作用。临床一般使用其氢溴酸盐，用于麻醉、镇痛、治疗动晕症等。

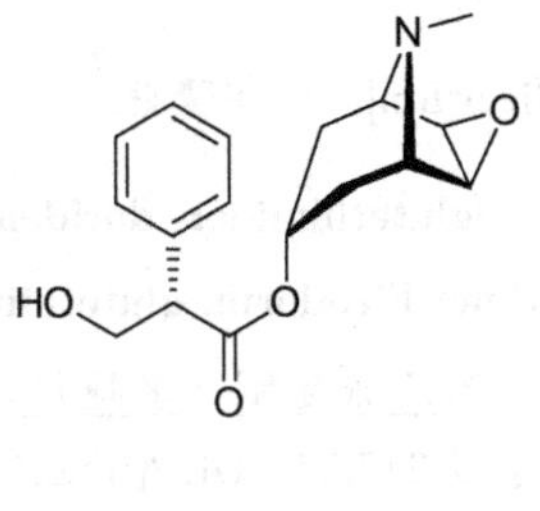

东莨菪素 [Scopoletin] 又称东莨菪亭、莨菪亭。化学式$C_{10}H_8O_4$，分子量192.17，淡黄色针状或棱柱状结晶，能溶于水、乙醇，难溶于乙醚。熔点201～202℃，比旋光度$[\alpha]_D^{25}$ +8.3°(*c*=0.12，氯仿)。是一种香豆素类化合物，广泛存在于赛莨菪属植物的根部，在醋、威士忌酒以及蒲公英咖啡(*Dandelion coffee*)中也有发现。具有明显的镇痛、抗炎、降血压、解痉以及抗肿瘤、防治高尿酸血症等作用。

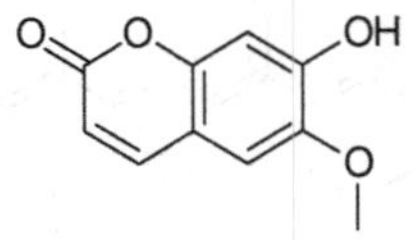

东莨菪亭 [scopoletin] 即东莨菪素。

豆甾烷[类] [stigmastane] 具有图示29碳骨架结构的甾体化合物。可分为饱和豆甾烷类、不饱和豆甾烷类和豆甾苷类等。在植物中有广泛分布，具有多种生物活性。

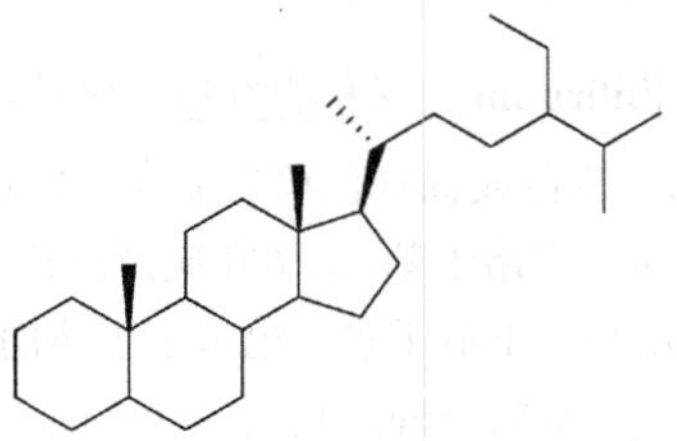

毒扁豆碱 [physostigmine] 化学式$C_{15}H_{21}N_3O_2$，分子量275.35。熔点106～107℃，比旋光度$[\alpha]_D^{25}$ = −116°(*c* =0.4，氯仿)，水/辛醇分配系数$\lg K_{ow}$=1.58。1864年，由乔布斯特(J. Jobst)和海塞(O. Hesse)从生长在非洲西部的豆科植物毒扁豆(*Physostigma venenosum*)种子中提取得到；1935年非裔美籍科学家朱利安(P. L. Julian)首次实现了人工合成毒扁豆碱。其为乙酰胆碱酯酶的可逆共价抑制剂，临床上常用其水杨酸盐，主要用于治疗重症肌无力、青光眼、阿尔茨海默病以及阿托品中毒；过量可引起胆碱能综合征。

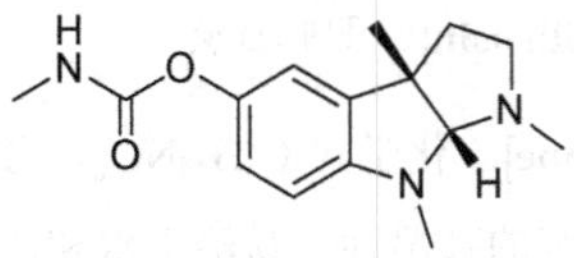

毒藜碱 [anabasine] 又称新烟碱。化学式$C_{10}H_{14}N_2$，分子量162.23，熔点104～105℃/2 Torr，沸点280.9℃，相对密度d_4^{20} 1.0455，折射率n_D^{20} 1.5430，比旋光度$[\alpha]_D^{23}$ −62°(*c* = 5，苯)。尼古丁的同分异构体，从树状烟草(tree tobacco)中提取得到，痕量存在于烟草烟雾中；为烟碱乙酰胆碱受体激活剂，能引起与尼古丁相似的症状，主要用作杀虫剂。

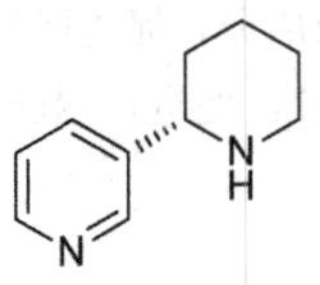

毒芹碱 [coniine] 化学式$C_8H_{17}N$，分子量127.23。无色液体，碱性，有浓郁的气味，剧毒。熔点−2℃，沸点166℃，

折光率 n_D^{23} 1.4505，天然存在的毒芹碱为右旋，微溶于氯仿，略溶于水，可溶于乙醚、乙醇等。是人工合成的第一个生物碱。1827 年由吉塞克(Giesecke)首次分离得到，主要存在于毒芹和黄色猪笼草中。毒芹碱是一种紊乱外周神经系统的神经毒素，对人类和所有的牲畜都有毒性，对人体的致死量低于 200 mg，致死原因在于麻痹呼吸系统和脊髓。

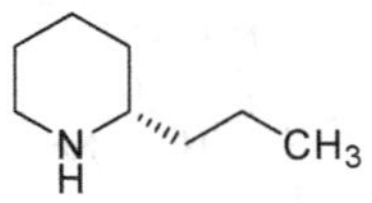

杜松烷[类] [cadinane] 具有图示基本骨架结构的双环倍半萜类化合物。如 γ-郁金烯。

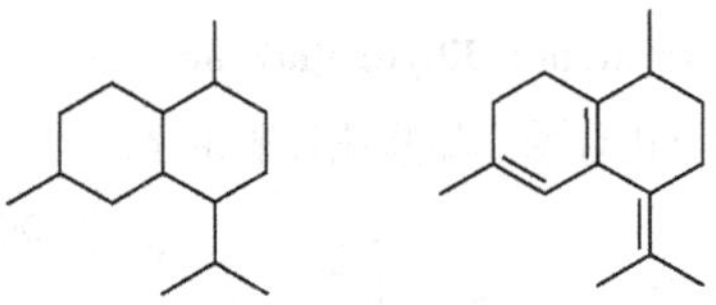

γ-郁金烯

度冷丁 [meperidine] 又称哌替啶、唛啶、利多尔、地美露。化学式 $C_{15}H_{21}NO_2$，分子量 247.34。其盐酸盐称盐酸哌替啶(dolantin)、度冷丁(demerol)。味略苦，白色晶体，熔点 186～189℃。溶于水、乙醇、乙酸乙酯、丙酮，略溶于氯仿、异丙醇、不溶于苯、乙醚。大白鼠口服 LD_{50} 170 mg/kg。是一种抗痉挛的止痛药，1939 年由赫希斯特研发出，并于 1940 年成功地把该药的效力提升了 20 倍。专门用于伤口止痛。能增强巴比妥类的催眠作用，是目前最常用的强效镇痛药。可用异烟酸为原料，经甲碘化、氢化、氯化、弗-克反应等步骤制成。用作镇痛药，其镇痛作用相当于吗啡的 1/10～1/8，作用时间维持 2～4 h。成瘾性比吗啡轻，但连续应用亦会成瘾。

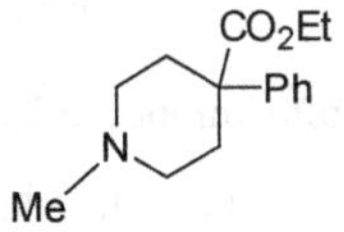

短裸甲藻毒素 [brevetoxin] 又称赤潮毒素。是一系列环状聚醚类神经性贝类毒素。无臭、无味，可溶于碱性水溶液(1% NaOH 溶液)和氯仿、二硫化碳、苯、丙酮、乙醚、乙醇等有机溶剂，具热稳定性。由短裸甲藻分离得到。在神经细胞中通过与电压门控钠通道结合影响正常神经过程。通常人体会产生神经性中毒症状，如恶心、呕吐、腹泻、痉挛、支气管收缩、麻痹、昏迷等。1995 年和 1998 年，尼科拉乌(K. C. Nicolaou)相继完成了短裸甲藻毒素 B 和短裸甲藻毒素 A 的全合成。

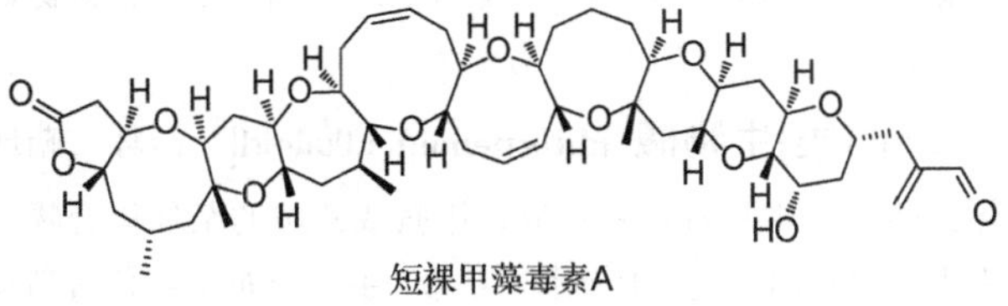

短裸甲藻毒素A

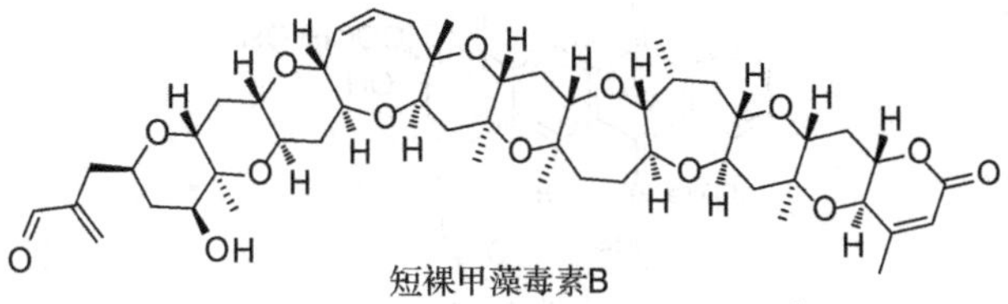

短裸甲藻毒素B

1-对氯苯甲酰-5-甲氧基-2-甲基吲哚乙酸 [1-(4-chlorobenzoyl)-5-methoxy-2-methyl-3-indoleacetic acid] 即吲哚美辛。

对乙酰氨基酚 [*p*-acetaminophenol] 即扑热息痛。

对映贝壳杉烷[类] [*ent*-kaurane] 与贝壳杉烷二萜 C-5, C-9, C-10 位构型相反的一类四环二萜化合物。具有图示结构，与贝壳杉烷不是真正的对映体。如 (–)-15-贝壳杉烯 [(–)-15-kaurene]。

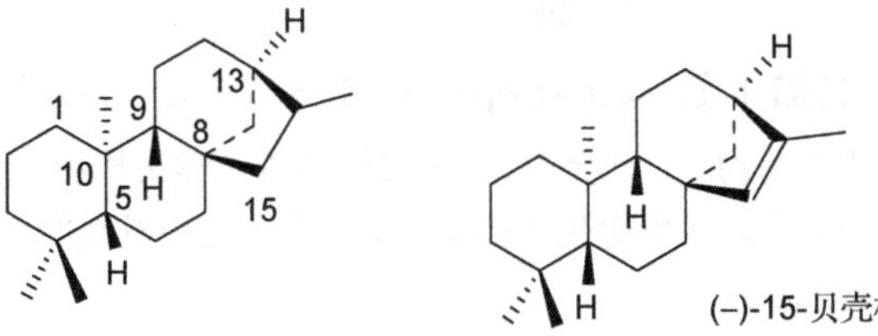

(–)-15-贝壳杉烯

多花水仙碱 [tazettine] 即水仙花碱。

多醚类抗生素 [polyether antibiotic] 又称聚醚类抗生素。分子中含有众多的环状醚键。如莫能菌素(monensin A)、盐霉素(salinomycin)、拉沙里菌素(lasalocid)。聚醚类抗生素抗菌谱广，是离子载体活性物质，具有显著的抗球虫作用和促进动物生长作用。

多瑞吉 [Fentanyl] 即芬太尼。

多睡丹 [glutethimide] 即导眠能。

多烯大环内酯抗生素 [polyenemacrolide antibiotic] 又称多烯抗生素。分子中含有一系列共轭双键的大环内酯抗生素。如两性霉素 B、制霉菌素等。

多烯抗生素 [polyene antibiotics] 即多烯大环内酯抗生素。

蒽环抗生素 [anthracycline antibiotic] 蒽醌侧环并合一个饱和或不饱和环的糖苷衍生物。多来自链霉菌(streptomyces)，具有抗肿瘤和抗菌活性，是临床上广泛使用的有效的化疗药物。如阿霉素(doxorubicin，商品名 adriamycine)。

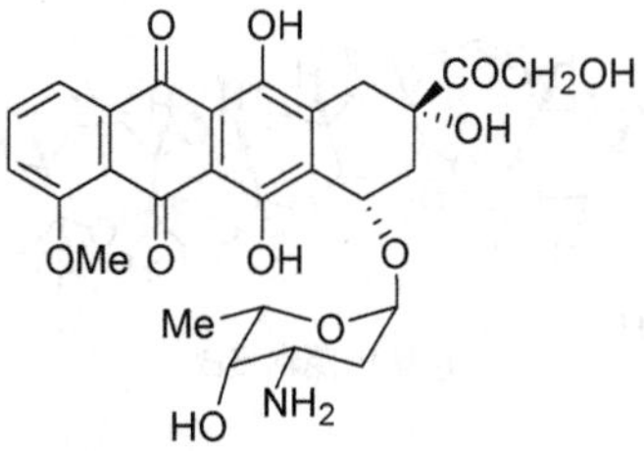

儿茶素 [catechin]　系统命名 5,7,3′,4′-四羟基黄烷-3-醇。其结构式如下图所示，具有2,3-位构型不相同的4个异构体构成的羟基黄烷醇衍生物。中药儿茶的主要成分，具抗癌活性。2,3位异构而形成4个光学异构体。

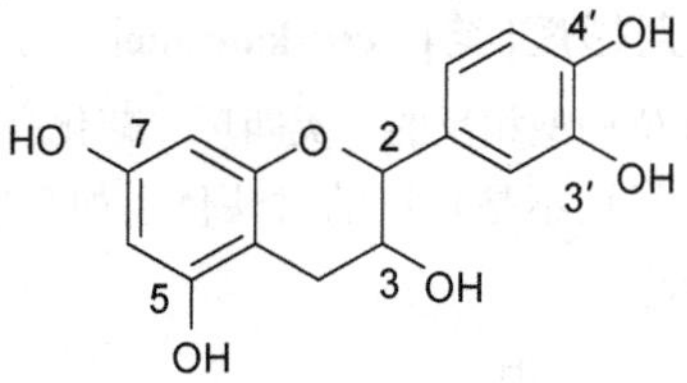

二倍半萜 [sesterterpene]　由5个异戊二烯连接而成的萜类化合物。自然界中分布较少，存在于羊齿植物、菌类、地衣类和海洋生物等生物体中。如海洋生物中发现的梯纹海绵素(scalarin)。

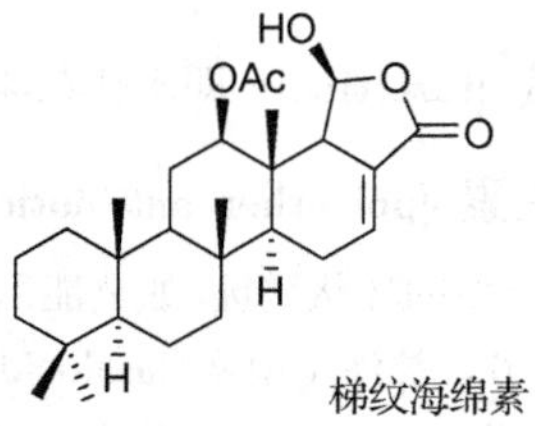

梯纹海绵素

二环倍半萜 [bicyclic sesquiterpene]　由3个异戊二烯连接而成的含有两个碳环的倍半萜。如杜松烷类、石竹烷类、桉烷类、二环金合欢烷类倍半萜。

二环单萜 [bicyclic monoterpene]　2个异戊二烯单元构成的二环萜类化合物。较为常见的结构类型包括蒎烷类、莰烷类、蒈烷类、苎烷类和异莰烷类、葑烷类等。

二环二萜 [bicyclic diterpene]　含有2个碳环结构的二萜化合物。如半日花烷(labdane)类、克罗烷(clerodane)类二萜。

二环金合欢烷[类] [bicyclofarnesane; drimane]　具有图示基本骨架结构的双环倍半萜类化合物。如水蓼(*Polygonum hydropiper*)根中的成分蓼醛(polygodial)

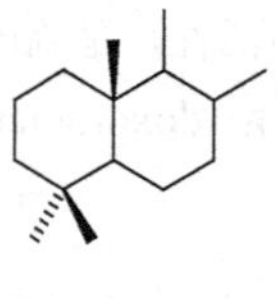

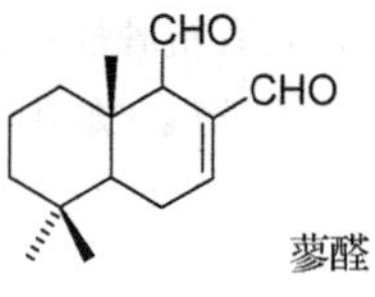

蓼醛

二甲双胍 [metformin diaformin; diabetosan; diabex; diaqex; gliguanid; dimethylbiguanide; dimormin; melbin; mellitin]　又称甲福明、降糖片、甲福生、降血糖。化学式$C_4H_{11}N_5$，分子量129.17。其盐酸盐在水中得柱状晶体，熔点232℃；丙醇中结晶后，熔点218～220℃；溶于95%乙醇、水，不溶于乙醚、氯仿。大白鼠LD_{50}：口服1000 mg/kg，皮下注射300 mg/kg。可用氰基胍与二甲胺盐酸盐共熔制成。用作口服降血糖药，具有多种作用机制。药动学基本上同苯乙双胍。对正常人无明显降血糖作用，因此一般不引起低血糖。

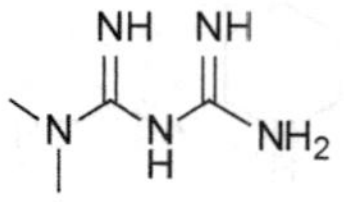

2,6-二氯-*N*-(3,4-二氢咪唑-2-基)苯胺 [2,6-dichloro-*N*-(2-imidazolin-2-yl) aniline]　即可乐定。

二氢黄酮 [flavanone; dihydroflavone]　黄酮的2,3位为氢所饱和的黄酮类化合物。如紫花杜鹃甲素。

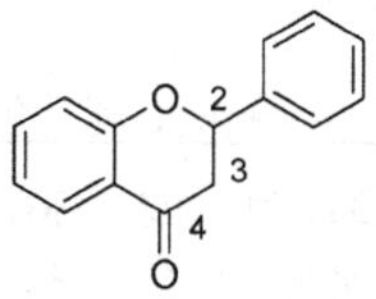

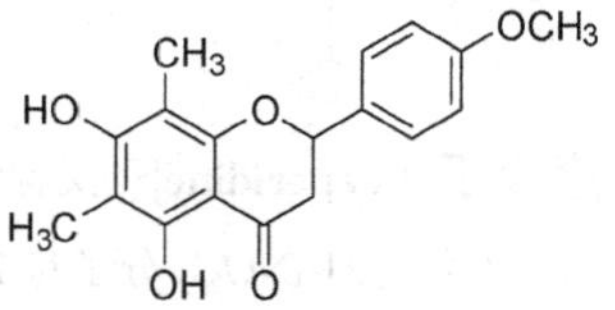

紫花杜鹃甲素

二氢黄酮醇 [flavanonol; dihydroflavonol]　2,3位为氢所饱和的黄酮醇类化合物。如黄柏素-7-*O*-葡萄糖苷。

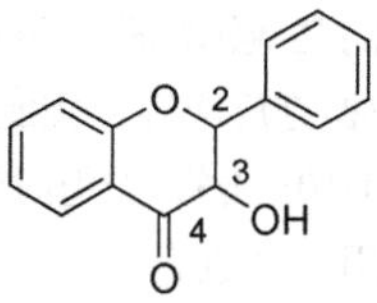

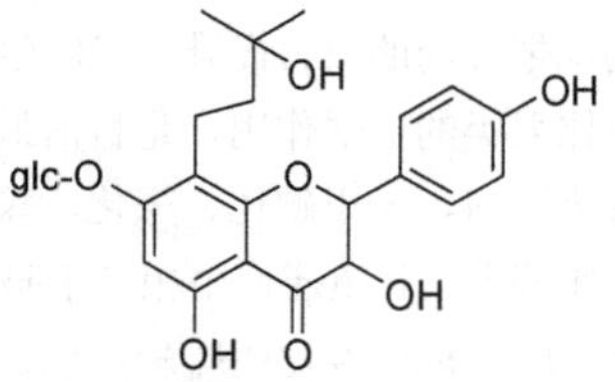

黄柏素-7-*O*-葡萄糖苷

二氢异黄酮 [isoflavanone; dihydroisoflavone]　2,3位为氢所饱和的异黄酮化合物。如豆科植物中分得的槐果醇(sophorol)。

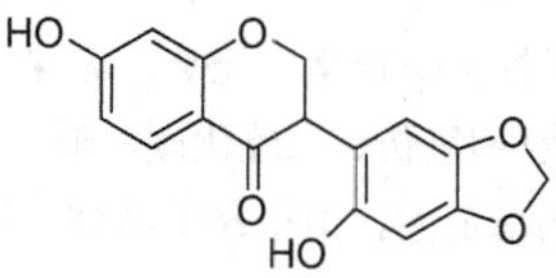

槐果醇

二萜 [diterpene]　由4个异戊二烯通过多种方式连接、环合而成的化合物。包括链状二萜和单环至五环或大环二萜等多种类型，以双环二萜和三环二萜及其衍生物数量最多。

二萜[类]生物碱 [diterpenoid alkaloid]　四环二萜或五环二萜分子中具有氨基乙醇、甲胺或乙胺的杂环化合物。分为去甲二萜碱(C_{19})和二萜碱(C_{20})。主要分布于毛茛科乌头属(*Aconitum*)和翠雀花属(*Delphinium*)植物中。

ω-二乙氨基-2,6-二甲基乙酰苯胺 [lidocaine] 即利多卡因。

法尼烷 [farnesane] 即金合欢烷[类]。

番荔枝内酯 [annonaceous acetogenin] 番荔枝科(Annonaceae)植物中分离到的一类具有极强抗癌活性的脂溶性化合物。结构特征为分子中含有1～2个四氢呋喃环，1个甲基取代或经重排的γ-丁内酯和两条连接这些部分的直链长烷基，脂肪长链上通常含有不同立体取向的羟基、乙酰氧基、酮基等含氧基团或双键等。分子一般为35～37个碳。图示为单四氢呋喃环型番荔枝内酯(annonacin)的结构。

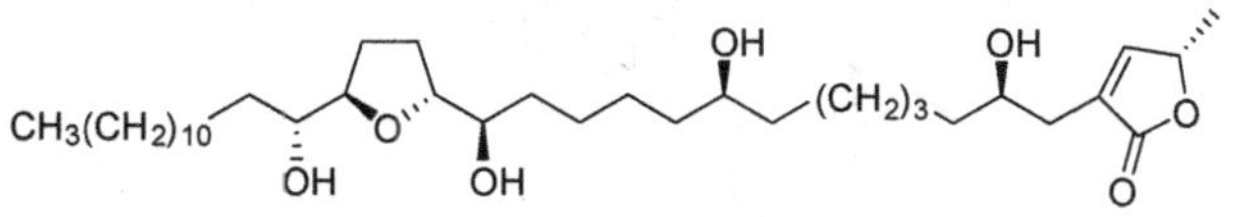

番木鳖碱 [strychnine] 又称土的宁。化学式 $C_{21}H_{22}N_2O_2$，分子量 334.41。无色无臭可结晶固体，熔点约286℃(文献报道不一)，难溶于水，微溶于有机溶剂。是一种剧毒生物碱，主要存在于马钱科植物的种子中，LD_{50}<10 mg/kg(成人一次注射，因个体差异而异)。我国古代很早就对马钱科植物的果实和种子有所应用，常见于风湿类疾病的治疗。1818年法国化学家卡文顿(J. B. Caventou)和佩尔蒂埃(P. J. Pelletier)从马钱科植物吕宋豆(Saint-Ignatius' bean)中第一次分离得到。其生源合成是以色胺和开环番木鳖苷为起始原料经数步转化而成。是脑组织和脊髓组织中甘氨酸受体和乙酰胆碱受体的拮抗剂，与这两类受体结合后可阻止神经递质与这两类受体的正常结合，使得运动神经元持续兴奋，造成肌肉抽搐，因此若服用或肌肉注射过量，将造成窒息或精疲力竭而死亡，且目前没有已知特效药，常用镇静剂或肌肉松弛素进行缓解。微量使用可作为兴奋剂。曾作为鼠类或鸟类、猫狗等生物的毒杀剂。

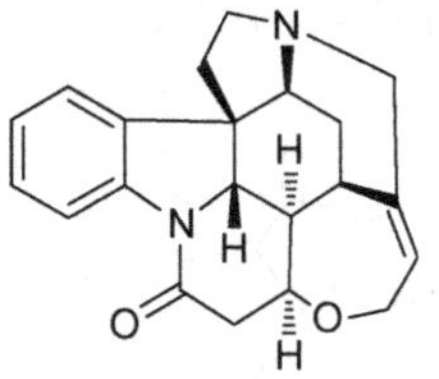

番木鳖碱[类]生物碱 [strychnine alkaloid] 曾称土的宁[类]生物碱。一类单萜吲哚类生物碱，为结构复杂的多环化合物。具有中枢神经兴奋作用，毒性很大。如番木鳖碱(strychnine)和马钱子碱(brucine)。

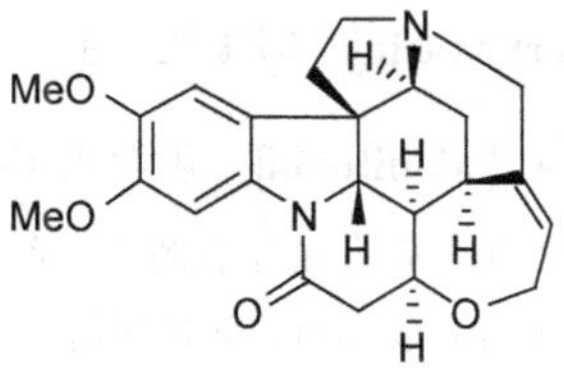

马钱子碱

番木鳖酸 [loganic acid] 化学式 $C_{16}H_{24}O_{10}$，分子量376.36。白色晶体，168℃分解，熔点186℃。1985年由霍顿(P. J. Houghton)等在枸骨叶中首次提取。番木鳖酸具有一定的抗炎、抗菌活性，可抑制金黄色葡萄球菌、大肠埃希氏菌等。

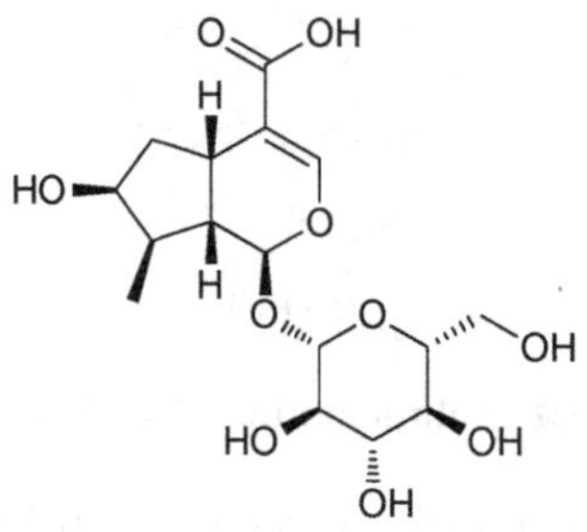

对角叉菜胶引起的小鼠脚肿胀和十四烷佛波醇乙酯引起的小鼠耳肿胀均有抑制作用，同时可以抑制人类乳腺癌MCF-7细胞系细胞的生长。

番茄苷 [tomatine] 又称番茄碱、番茄素、番茄碱糖苷。化学式 $C_{50}H_{83}NO_{21}$，分子量 1034.20。为1分子番茄碱与由2分子D-葡萄糖、1分子D-木糖及1分子D-半乳糖组成的化合物相连。在甲醇中结晶得针状晶体，熔点263～268℃，比旋光度 $[\alpha]_D^{20}$ −18°(c=0.55，吡啶)。溶于甲醇、乙醇、乙二醇、二氧六环，不溶于水、乙醚、石油醚。对碱稳定，可被酸水解。能抑制各种霉菌和细菌的生长。大白鼠口服 LD_{50} 900～1000 mg/kg。茴芹叶番茄和各种野生番茄的叶和茎中都含有。通常所说的番茄苷即α-番茄苷，此外还有β_1、β_2、γ及δ型的。用作甾族化合物的沉淀剂，可以用于胆固醇的分析。

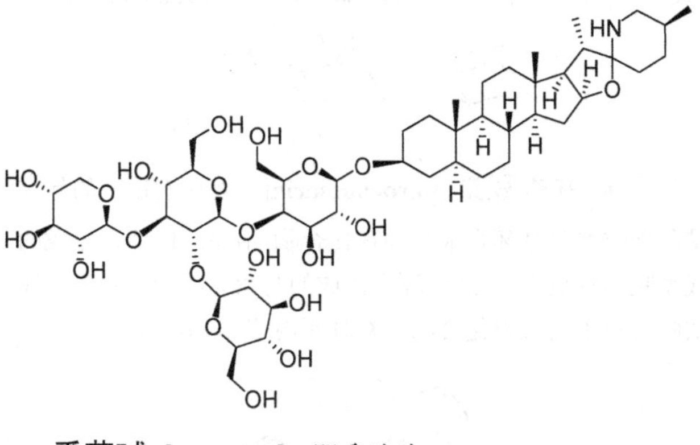

番茄碱 [tomatine] 即番茄苷。

番茄碱糖苷 [lycopersicin] 即番茄苷。

番茄素 [tomatine] 即番茄苷。

凡古霉素 [vancomycin] 即万古霉素。

凡可霉素 [vancomycin] 即万古霉素。

非那根 [phenergan] 又称盐酸异丙嗪。化学式

$C_{17}H_{21}N_2SCl$，分子量 320.89。白色晶体，无臭，味苦，熔点 230～232℃。在空气中久置可变色。在丙酮或乙醚中几乎不溶，在乙醇或三氯甲烷中易溶，在水中极易溶解。可由二甲胺基丙基氯与吩噻嗪合成制得。为一种抗过敏药，用于皮肤及黏膜过敏、食物过敏以及晕车、晕机、晕船等。

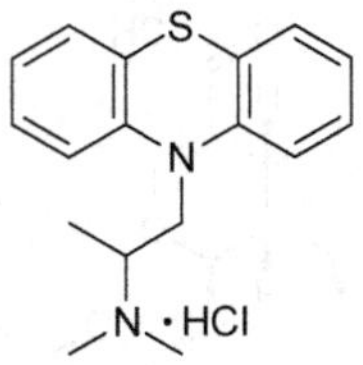

非洲防己碱 [columbamine] 即药根碱。

芬太尼 [Fentanyl] 又称多瑞吉。化学式 $C_{22}H_{28}N_2O$，分子量 336.47。白色结晶性粉末，无臭，熔点 83～84℃。略溶于水、乙醇、氯仿及乙醚。医用为枸橼酸盐，结晶性粉末，熔点 149～151℃，微溶于乙醚、氯仿，溶于水、甲醇，易溶于热的异丙醇。可由苯乙胺与丙烯酸甲酯缩合，经由环合、水解、消除等反应，再与苯胺缩合，经还原、丙酸酐酰化制得，然后与枸橼酸成盐。适用于各种疼痛以及外科手术过程中的镇痛，也用于防止或减轻手术后出现的谵妄。

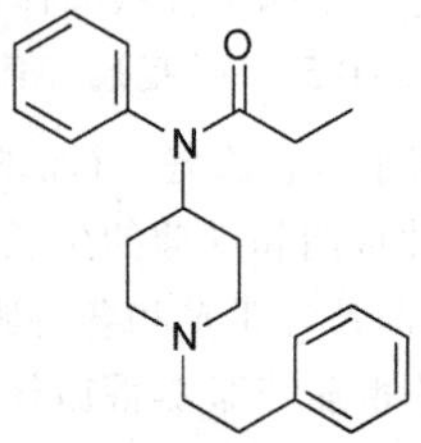

葑烷[类] [fenchane] 具有图示[2.2.1]桥环基本骨架结构的二环单萜类化合物。如小茴香醇(fenchyl alcohol)。

呋喃并香豆素 [furocoumarin] 香豆素核上的异戊烯基与邻位酚羟基环合成呋喃环化合物。在 6,7 位环合而成的为线型呋喃香豆素；7,8 位环合而成的为角型呋喃香豆素。线型呋喃香豆素的代表化合物为补骨脂内酯(psoralen)。

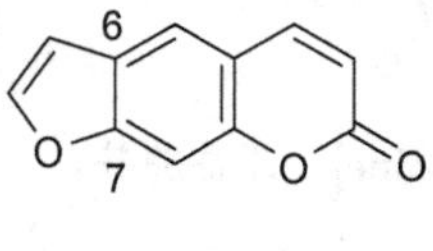

9-β-D-呋喃核糖基次黄嘌呤 [inosine] 即肌苷。

呋喃螺环甾体皂苷 [furospirostane saponin] 又称变形螺甾烷。苷元骨架具有并呋喃/呋喃螺环缩酮结构，F 环由螺甾烷甾体皂苷苷元的吡喃环变形为呋喃环。

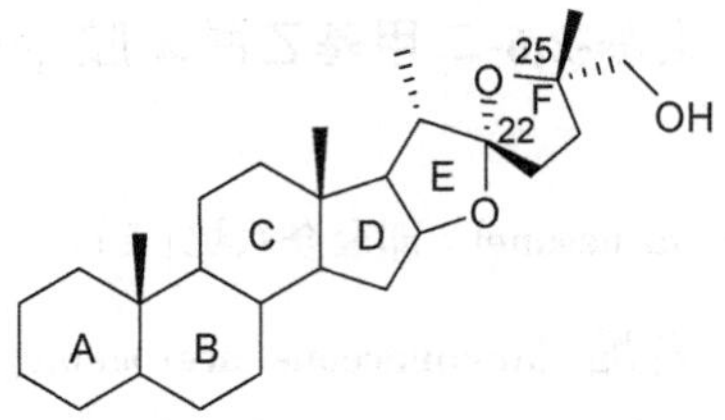

呋喃唑酮 [furazolidone] 即痢特灵。

呋甾烷[类] [furostane] 螺甾烷类的 F 环开裂而成，骨架结构如图所示。

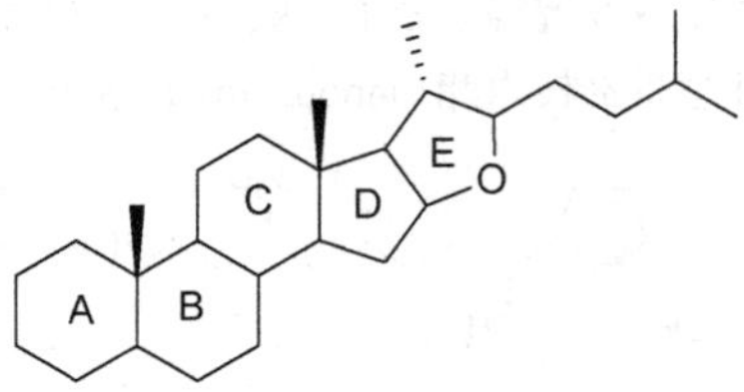

呋甾烷甾体皂苷 [furostane saponin] 由螺甾烷的 F 环开环形成，通常于 C_3-OH、C_{26}-OH 与糖形成双糖链的皂苷。C_{26}-OH 与糖形成的苷键易于酶解，F 环随之环合而成为正常螺甾烷类皂苷，因此呋甾烷甾体皂苷可视为螺甾烷类皂苷的原生苷。

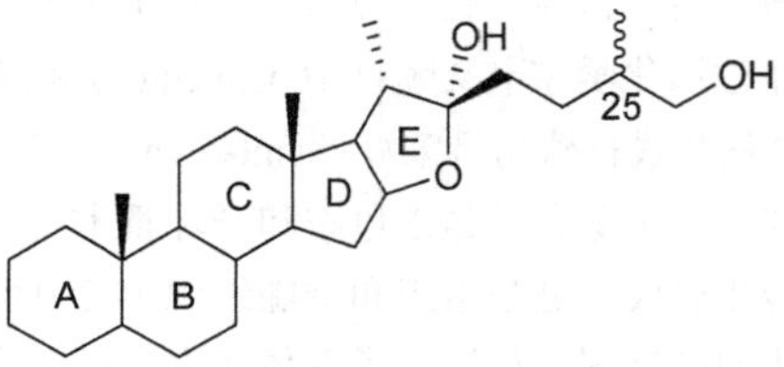

氟哌啶 [droperidol] 又称氟哌利多。化学式 $C_{22}H_{22}FN_3O_2$，分子量 379.43。淡黄至橙棕色结晶性粉末，熔点 145～146℃。略溶于水，微溶于乙醇、乙醚，易溶于氯仿。可由苄胺、丙烯酸甲酯、邻苯二胺反应，随后与 γ-氯代对氟苯丁酮反应制得。一种镇静药，适应于精神分裂症的急性精神运动性兴奋躁狂状态。此外，还具有抗精神紧张、镇吐、抗休克等作用。

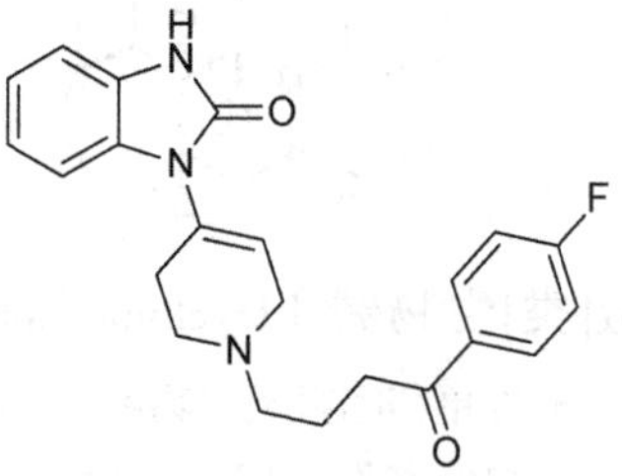

氟哌利多 [droperidol] 即氟哌啶。

氟哌酸 [norfloxacin] 即诺氟沙星。

福寿草毒苷 [adonitoxin] 化学式 $C_{29}H_{42}O_{10}$，分子量 550.65。氯仿、甲醇和乙醚的混合溶剂中结晶后，分解点 251～258℃。3-*O*-乙酰基福寿草毒苷，从稀甲醇中结晶得针状晶体，甲醇加乙醚中结晶得柱状晶体，分解点 213～219℃，比旋光度$[\alpha]_D^{22}$ −19.9°(c=0.33，甲醇)。得自毛茛科植物侧主盏花(冰凉花，福寿草)(*Adonisa murensis*)、春福寿草(*A.Vernalis*)、北侧金盏花，伏尔加侧金盏花中也有。为福寿草毒苷配基的 3 位羟基与鼠李糖合而成。1963 年确定其结构。可由植物中提取。有利尿、镇静作用。可用作强心剂。

附子精 [aconitine] 即乌头碱。

甘草酸 [glycyrrhizin] 即甘草甜素。

甘草甜素 [glycyrrhizin] 又称甘草酸。化学式 $C_{42}H_{62}O_{16}$，分子量 822.93。熔点 222～223℃，比旋光度 $[\alpha]_D^{20}$ +62.5°(c = 0.02，乙醇)。略溶于水，水溶液中 pK_{a1} = 3.98。属三萜皂苷，水解产生甘草次酸及葡萄糖醛酸。主要提取于豆科植物甘草的根部，是甘草甜味的主要来源，甜度为蔗糖的 30～50 倍，食品工业中用作增味剂。常用其铵盐以增强水溶性。作为抗胃溃疡以及祛痰等药物广泛用于医药领域，但有引发高血压等副作用。

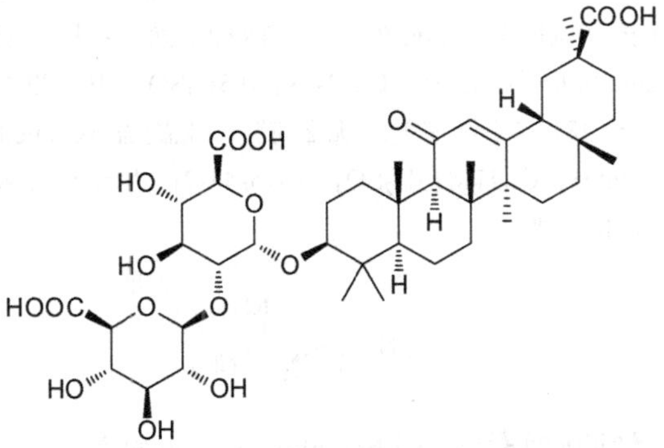

苷元 [genin; aglycon; aglycone] 释文见 2.5 节同名词条。

冈田酸 [Okadaic acid] 又称软海绵酸、黑海绵酸。化学式 $C_{44}H_{68}O_{13}$，分子量 805.00。无色晶体，不溶于水，可溶于甲醇、氯仿和乙醚等有机溶剂，熔点 164～166℃。1981 年由日本科学家立花数尾(K. Tachibana)和美国科学家施米茨(F. J. Schmitz)等共同分离于黑色软海绵(*Halichondria okadai*)，是一种天然聚醚类海洋生物毒素。它是利玛原甲藻(*Prorocentrum lima*)等藻类的代谢产物之一，可以被海绵或其他海洋生物摄食并积累，因此是贝类中常见的毒素，对人体具有致腹泻和长期致癌性。冈田酸可以与丝苏氨酸蛋白磷酸酶 PP2A 和 PP1 的催化亚基特异结合，从而抑制其活性，造成细胞内蛋白质过度磷酸化，产生细胞毒性。冈田酸及其钾盐还是研究蛋白质磷酸化调节的重要工具。

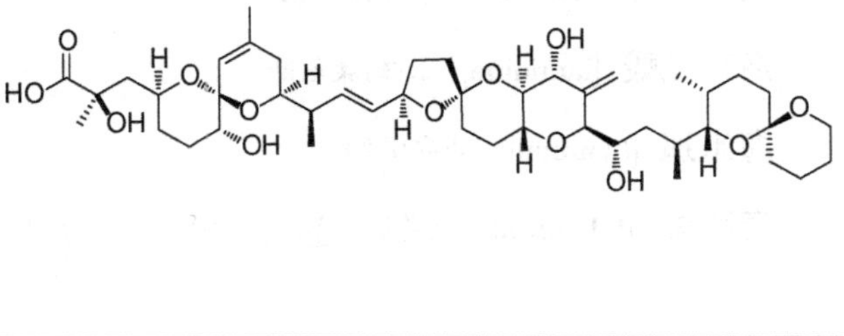

高丽槐素 [maackiain] 又称马卡因。一种异黄酮类化合物。化学式 $C_{16}H_{12}O_5$，分子量 284.26。无色针状晶体，熔点 178～179℃，比旋光度 $[\alpha]_D^{20}$ −169°(c=0.055，氯仿)。1962 年由库尔策(Kurze)从朝鲜槐(*Maackia amurensis*)的心材中首次分离得到，也存在于苦参(*Sphora flavescens* Ait)、山豆根(*Sophora tonkinensis* Gapnep)、牛大力(*Millettia speciosa* Champ)等中药材中。具有治疗哮喘、抗菌、抗白血病和抗癌活性。

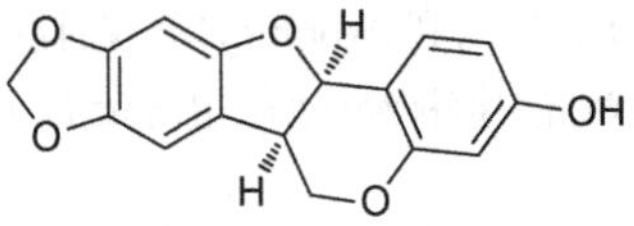

格里克那萨 [gliclazide] 即甲磺吡脲。

格列齐特 [gliclazide] 即甲磺吡脲。

格鲁米特 [glutethimide] 即导眠能。

根皮苷 [phlorizin] 根皮苷配基的 2-葡萄糖苷。属于二氢查耳酮类化合物，也属于一种类黄酮。化学式 $C_{21}H_{24}O_{10}$，分子量 436.41。白色至黄色晶体，味甜，微溶于醚、水，溶于乙醇、热水，200℃分解，水溶液中水解为根皮苷配基和葡萄糖，熔点 106～109℃。1982 年由聂瑞林等从木姜叶柯的叶子中首次提取。也存在于苹果、樱桃、西洋梨等树的树皮中，是康乃馨花瓣颜色的来源之一。根皮苷是钠-葡萄糖协同转运蛋白 I (SGLT1) 与钠-葡萄糖协同转运蛋白 II (SGLT2) 的竞争性抑制剂，可降低肾葡萄糖转运活性，从而降低血液中的葡萄糖量。曾作为潜在的 II 型糖尿病的药物，但已经被更具有选择性的药物取代，也有合成其类似物以改善其活性和选择性的研究。经口服用的根皮苷几乎完全在小肠中被水解酶水解为根皮苷配基。

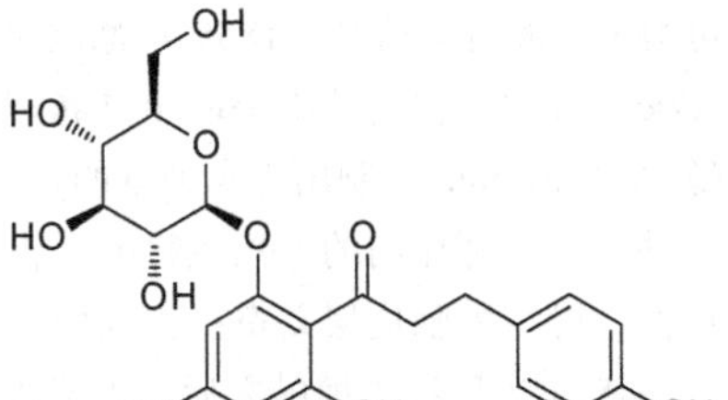

钩藤碱 [rhynchophylline] 化学式 $C_{22}H_{28}N_2O_4$，分子量 384.47。在甲醇中为晶体，熔点 216℃，$[\alpha]_D^{18}$ −14.7°(c=2.5，氯仿)。不溶于石油醚，微溶于乙酸乙酯和乙醚，可溶于乙醇、丙酮、苯和氯仿。1928 年由近藤从钩藤属植物的带钩枝条中分离得到。是一种非竞争性的 *N*-甲基-D-天冬氨酸受体拮抗剂和钙离子通道阻滞剂。具有抗血栓和抗血小板聚集作用，也可以抑制外周血管收缩，从而降低血压。

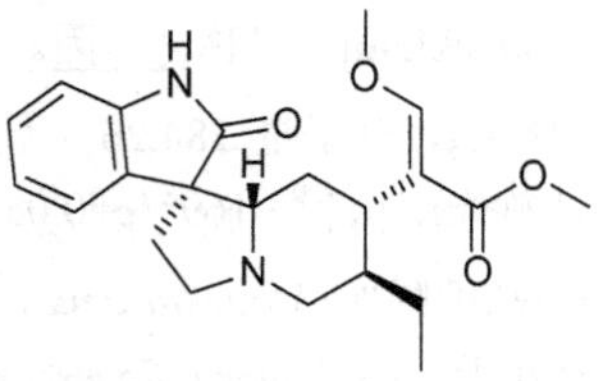

钩吻碱 [gelsemine] 氧化吲哚型生物碱。化学式 $C_{20}H_{22}N_2O_2$，分子量 322.40。剧毒，能溶于苯、氯仿、乙醚、乙醇和丙酮,难溶于水，熔点 178℃，比旋光度 $[\alpha]_D^{20}$ +15.9°(c=2, 氯仿)。1870 年由美国沃姆利(Wormley)教授首次从马钱科植物钩吻中提取。具有兴奋中枢神经作用。由于毒性大，很少作药用。

钩吻素子 [koumine] 吲哚型生物碱。化学式 $C_{20}H_{22}N_2O$，分子量 306.40。白色粉末，剧毒，熔点 172℃，比旋光度 $[\alpha]_D^{20}$ −265.5°(c=0.5，乙醇)。1931 年由赵承嘏从马钱科植物钩吻中首次提取。具有抑制脾淋巴细胞增殖、降低腹腔巨噬细胞内钙离子水平等作用。由于毒性较钩吻碱小，具有潜在的药用价值。

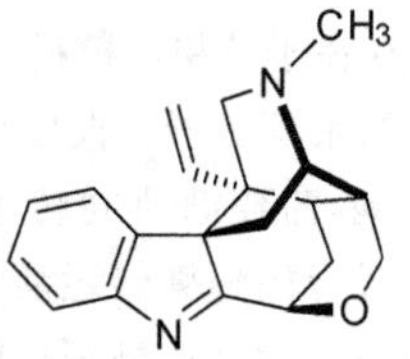

古柯碱 [cocaine] 又称可卡因。化学式 $C_{17}H_{21}NO_4$，分子量 303.35。白色无臭单斜晶体，味先苦而后麻，熔点 98℃，比旋光度 $[\alpha]_D^{23}$ −16.2°(c=1.2，氯仿)，LD_{50} 为 15 mg/kg。几乎不溶于水，可溶于一般有机溶剂。1855 年德国化学家弗里德里希(G. Friedrich)首次从古柯叶中提取出该麻药成分。1859 年化学家纽曼(A. Newman)精制出更高纯度的古柯碱。它是人类发现的第一种具有局麻作用的天然生物碱。古柯碱对中枢神经有较大毒性，可使大脑皮层兴奋产生欣快症，反复使用会迅速上瘾。1985 年出现纯古柯碱之后，迅速成为主要的世界性毒品之一。

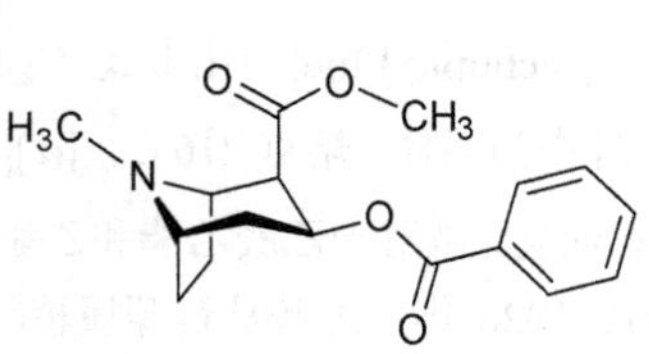

β-谷甾醇 [β-sitosterol] 植物甾醇。化学式 $C_{29}H_{50}O$，分子量 414.71。白色蜡状粉末，具有独特的气味，疏水，溶于醇类，熔点 136～140℃。广泛分布于植物界，存在于家黑种草、大胡桃、锯棕、鳄梨、西葫芦、腰果、米糠、小麦胚芽、玉米油、大豆、沙棘、核桃、黑种草沙棘、枸杞子中。谷甾醇的化学结构类似于胆固醇，可减少胆固醇在肠道的吸收，降低血液中的胆固醇浓度，并降低低密度脂蛋白和总血清胆固醇的水平。被用来治疗高胆固醇血症。谷甾醇被用于医药行业中，尤其对良性前列腺增生症的治疗。

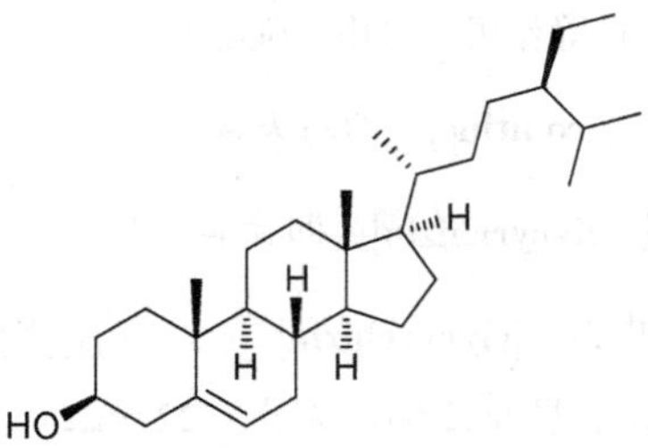

胍乙啶 [guanethidine; oktadin; octatensine; [2-(hexahydro-1(2*H*)-azocinyl)ethyl]guanidine] 又称依斯迈林。化学式 $C_{10}H_{22}N_4$，分子量 198.31。胍乙啶一水合硫酸盐，水中得白色晶体，熔点 239～241℃。小白鼠 LD_{50}：口服 2450 mg/kg，皮下 700 mg/kg，静脉内 165 mg/kg。用八氢吖辛因与氯乙腈作用生成八氢-1-吖辛因乙腈，再经还原等反应制成。该品作抗高血压药用其硫酸盐，有两种硫酸盐：胍乙啶硫酸盐(Guanethidine sulfate)，$C_{10}H_{22}N_4 \cdot 0.5H_2SO_4$，[60-02-6]，溶点 276～281℃(分解)。胍乙啶一硫酸盐(guanethidine monosulfate)，$C_{10}H_{22}N_4 \cdot H_2SO_4$，[645-43-2]。用于中度或重度舒张压高的高血压。

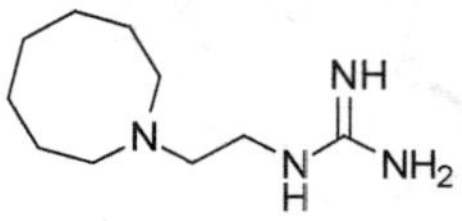

冠柳珊瑚毒素 [lophotoxin] 即柳珊瑚毒素。

鬼臼毒素 [podophyllotoxin (PPT)] 又称足叶草毒素。化学式 $C_{22}H_{12}O_8$，分子量 414.41。无色针状晶体，熔点 111℃，比旋光度 $[\alpha]_D$ −123°(c =1.03，氯仿)。木酚类毒素，有抑制微管蛋白聚合的作用，进而阻断细胞周期。可用于治疗湿疣。其衍生物被用作泻药、驱虫药，并对风湿、病毒、肿瘤表现出抑制活性。

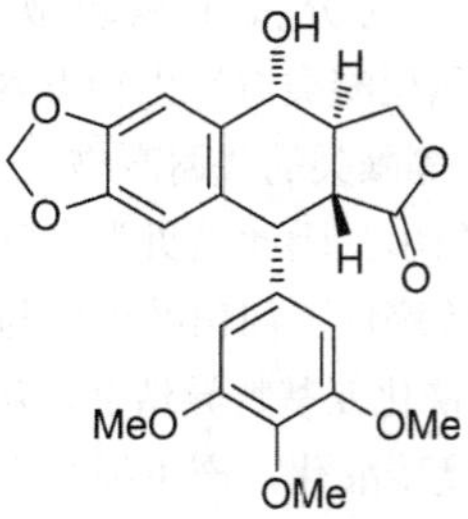

哈马灵 [harmaline] 即骆驼蓬碱。

海带氨酸 [laminine] 即褐藻氨酸。

海米那 [hyminal] 即安眠酮。

海鞘素 [didemnin] 又称膜海鞘素。脂肽类环状缩肽。

依侧链不同，分 A、B、C 三种，目前海鞘素 B 研究应用较多。海鞘素 B 的化学式 $C_{57}H_{89}N_7O_{15}$，分子量 957.20。熔点 158～160℃。1981 年由伊利诺伊大学的莱因哈特(K. L. Rinehart)和格洛格尔(J. B. Gloer)等从被囊动物海鞘科膜海鞘(*Trididemnidae solidum*)中分离得到，属于环肽类抗癌药。有报道认为实际合成者是海鞘共生的蓝藻。海鞘素通过蛋白酪氨酸激酶依赖的过程诱导细胞凋亡。海鞘素 B 本身由于明显的毒性和副作用，不能用作药物，但其类似物脱氢海鞘素 B (aplidine)目前临床中用于治疗传统化疗治疗无效的晚期软组织肉瘤如骨肉瘤、间皮瘤、乳腺癌和肾癌患者。在植皮手术中膜海鞘素 B 还可作为潜在的免疫抑制剂。

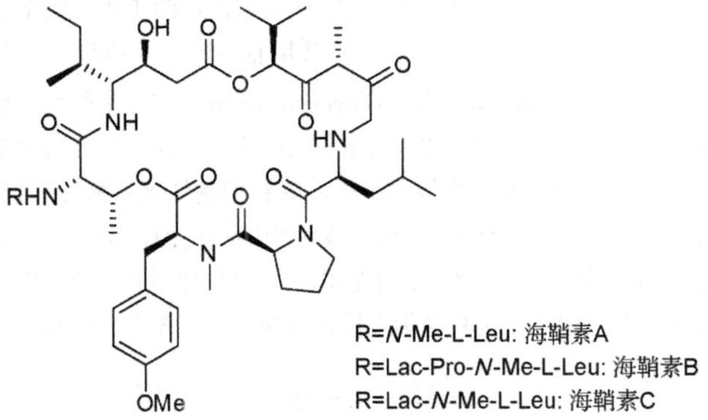

海人草酸 [kainic acid] 即红藻氨酸。

海松烷[类] [pimarane] 具有图示分子骨架结构的三环二萜类化合物。如存在于松属植物树脂中的松脂酸(pimaric acid)。

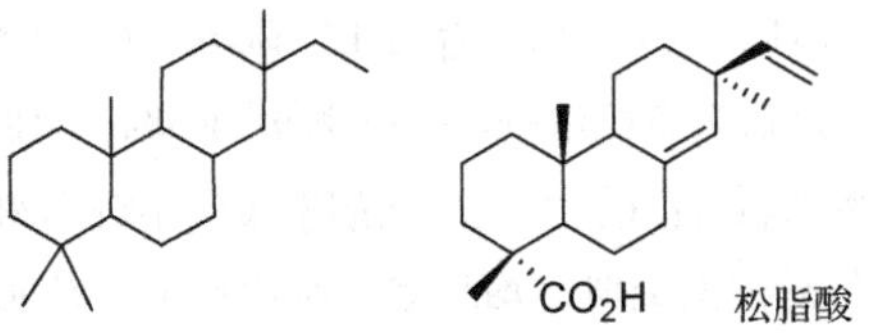

海兔烷[类] [dolabellane] 具有图示分子骨架结构的二环二萜类化合物。最早自截尾海兔属(*Dolabella*)的海兔(*Aplysia dictylomela*)中分离得到。

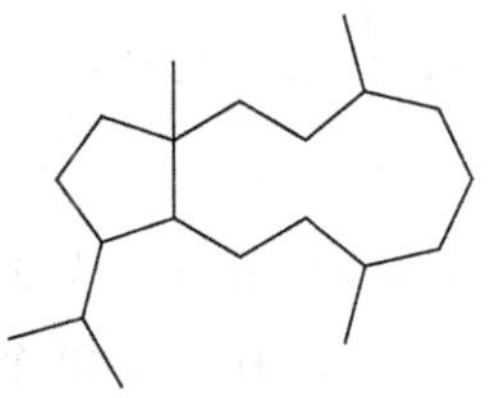

汉防己碱 [tetrandrine] 又称汉防己碱甲素。双苄基异喹啉类生物碱。化学式 $C_{38}H_{42}N_2O_6$，分子量 622.75。乙醚中为无色针状结晶，熔点 217～218℃，微溶于水，可溶于乙醇、乙醚、氯仿，比旋光度 $[\alpha]_D^{20}$ +285°(*c*=1,氯仿)。主要提取于中国植物粉防己的根部以及其他千金藤属植物中。为钙离子通道阻滞剂，具有抗炎症、抗疟、抗心律失常、抗过敏及抗肿瘤等生物活性，临床上可作为肿瘤放疗的增效药物、麻醉松弛剂以及用于尘肺病的治疗等。

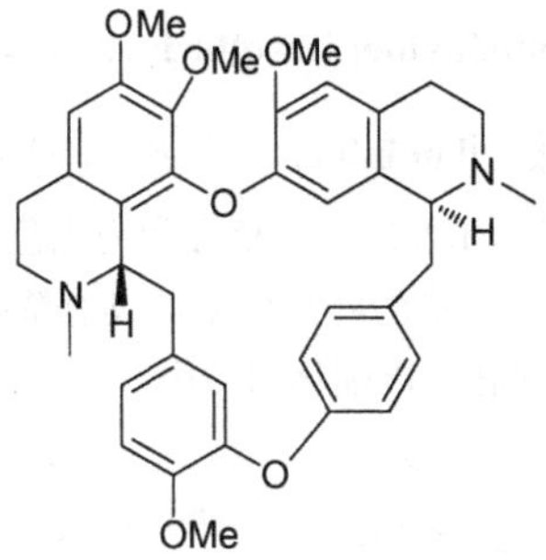

汉防己碱甲素 [tetrandrine] 即汉防己碱。

禾草碱 [gramine] 即芦竹碱。

何帕烷[类] [hopane] 具有图示基本骨架的五环三萜类化合物。其中 A/B、B/C、C/D、D/E 环均为反式，C-21 位异丙基为 *α*-构型。

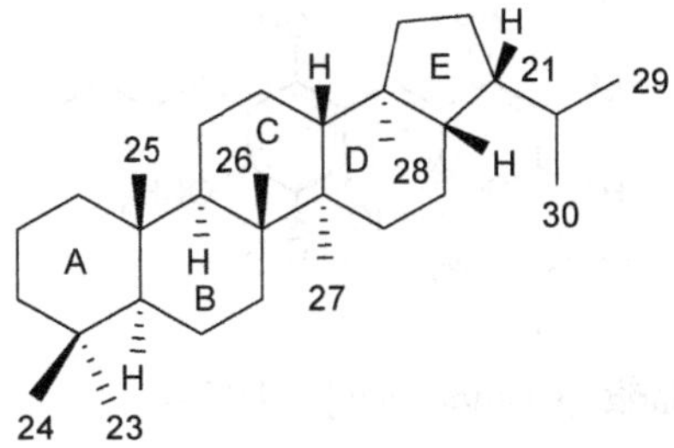

河豚毒素 [tetrodotoxin (TTX)] 含胍基化合物。分子结构特殊，11 个碳原子中 9 个为手性碳，含 1 个胍基、5 个羟基、1 个原酸酯。化学式 $C_{11}H_{17}N_3O_8$，分子量 319.27。无色、无味、无臭的棱柱状晶体，具有强吸湿性，比旋光度 $[\alpha]_D^{29}$ =+1°(*c*=0.08，0.05mol/L 乙酸水溶液)。不溶于水、乙醇、乙醚、苯等溶剂，只溶于稀乙酸及稀矿酸；对光照、热、酸稳定，但碱性环境中易降解为喹唑啉化合物。1909 年由日本科学家田原(Y. Tahara)分离得到。源于食物链富集或河豚共生细菌，广泛存在于河豚等多种海洋脊椎和无脊椎动物，是海底沉积物中的一种强毒性非蛋白类神经毒素，一般烹调方法难以将其破坏；可用作镇痛药、戒毒药。

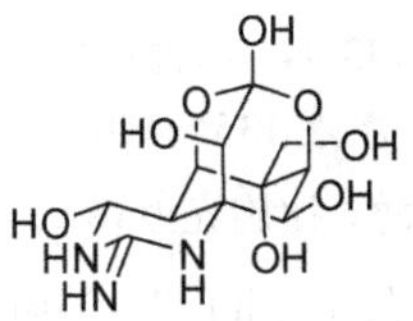

核苷抗生素 [nucleoside antibiotic] 以 1 个杂环核碱基为苷元与糖相结合而构成的化合物。大多由链霉菌产生，有抗细菌、抗真菌、抗肿瘤、抗病毒和其他生理生化活性。很多该类抗生素如抑霉菌素(图示结构)、庆丰霉素、宁南霉素、鲥霉素为重要的农用抗生素。

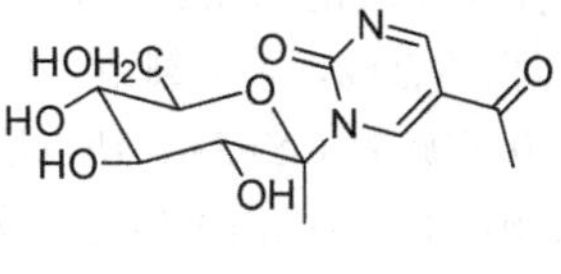

核黄素 [riboflavine; lactoflavine] 即维生素 B_2。

褐藻氨酸 [laminine] 又称海带氨酸。化学式 $C_9H_{20}N_2O_2$，分子量 189.28。二草酸盐为无色针状结晶。存在于海带、昆布、裙带菜的叶状体中。具有降压，调节血脂平衡，抗癌及防治动脉粥样硬化的作用。

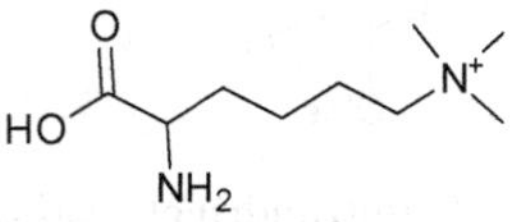

鹤草酚 [agrimophol] 化学式 $C_{26}H_{34}O_8$，分子量 474.54。浅黄绿色棱柱状晶体，熔点 138.5～139℃。易溶于氯仿，难溶于水。其乙醇溶液遇三氯化铁呈棕褐色，遇硫酸呈橙红色，加热变深红色。提取于中国蔷薇科植物仙鹤草的根芽中，具有驱涤虫的作用，临床用于治疗涤虫病。

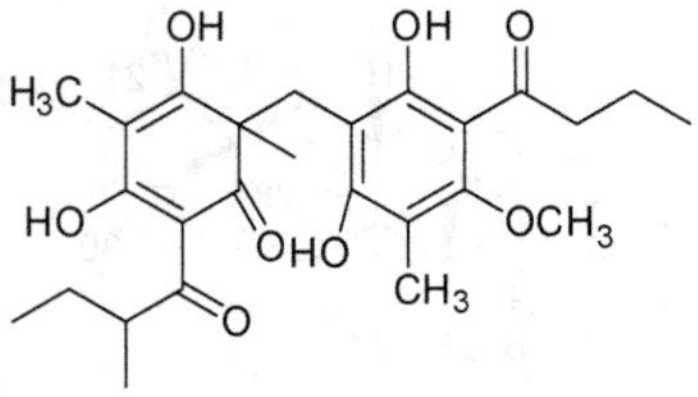

黑海绵酸 [Okadaic acid] 即冈田酸。

红豆醇酯 [cuscohygrine] 即红古豆碱。

红古豆碱 [cuscohygrine] 又称红豆醇酯。化学式 $C_{13}H_{24}N_2O$，分子量 224.35。油状液体，可溶于水，其三水合物为透明晶体，熔点 40~41℃。1889 年由利伯曼(C. T. Liebermann)从古柯树叶中首次分离得到。红古豆碱具有外周抗胆碱和中枢镇静作用，可抑制胃肠道蠕动和胃液分泌。常用于治疗胃溃疡等引起的痉挛性疼痛。

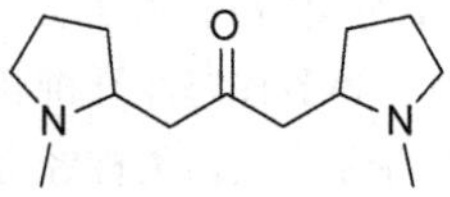

红霉素 [erythromycin] 又称威霉素。化学式 $C_{37}H_{67}NO_{13}$，分子量 733.94。白色或类白色的结晶或粉末，菱方晶系；无臭，味苦。熔点 135～140 ℃，相对密度 d_4^{20} 1.226，难溶于水，易溶于乙醇，比旋光度 $[\alpha]_D^{20}$ −78°(c=2，乙醇)。20 世纪 50 年代初，礼来公司(Eli Lilly)的研究团队从红霉素链霉菌中首次分离得到红霉素，并于 1952 年首次商品化。1981 年，伍德沃德(R. B. Woodward)教授完成了红霉素的首例不对称全合成。红霉素的抗菌谱略宽于青霉素，常用于对青霉素过敏的患者。高浓度的红霉素抗菌能力很强，但其机理至今没有被完全了解。目前认为它可以和核糖体 50S 大亚基结合，抑制肽酰基转移酶活性，阻止 tRNA 由 A 位点向 P 位点转位，从而抑制细菌的蛋白质合成，杀灭细菌。由于红霉素的代谢需要细胞色素 P450 家族的 CYP3A，所以给药时应避免共用其他 CYP3A 的底物，否则可能由于体内药物浓度过高而引起心血管系统等的副作用。

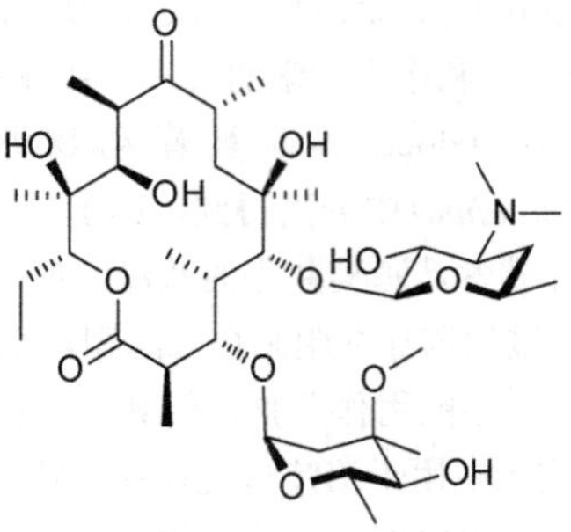

红藻氨酸 [kainic acid] 又称海人草酸。化学式 $C_{10}H_{15}NO_4$，分子量 213.23。无色针状结晶，溶于水，难溶于乙醇。熔点 241～243℃，比旋光度 $[\alpha]_D^{20}$ −14.6°。1957 年由村上申三(M. Shinzo)从海人草(*Digenea simplex*)中分离得到，属于海洋氨基酸类天然产物。日本传统医学中将海人草作为驱虫药使用。与谷氨酸有类似的结构，能够抑制红藻氨酸受体(一种离子型谷氨酸受体)，引起受损细胞的不可逆兴奋过程，选择性损伤神经细胞胞体。在生物化学研究和神经科学研究中作为工具药，用于在实验动物上模拟癫痫和阿尔茨海默病模型。

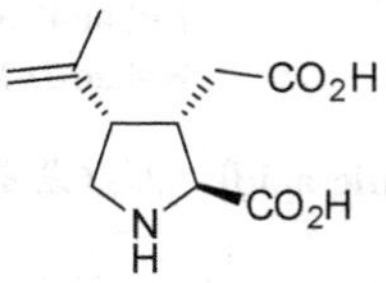

胡椒碱 [piperine] 一种存在于胡椒属植物的生物碱。化学式 $C_{17}H_{19}NO_3$，分子量 285.34。白色针状晶体，单斜晶系，熔点 128～131℃，相对密度 d_4^{20} 1.12，微溶于水，可溶于乙酸、苯、乙醇、氯仿等有机溶剂，折射率 n_D^{20} 1.6846。1819 年由丹麦科学家奥斯特(H. C. Ørsted)从胡椒果实中分离得到。其辛辣味来源与辣椒素类似，均起始于激活痛觉神经元表面的热和酸性感受器 TRPV1 阳离子通道偶联受体。此外，还可以抑制人体中的细胞色素 P4503A4(即 CYP3A4)及 P-糖蛋白，以及在代谢和物质运输中起重要作用的酶。

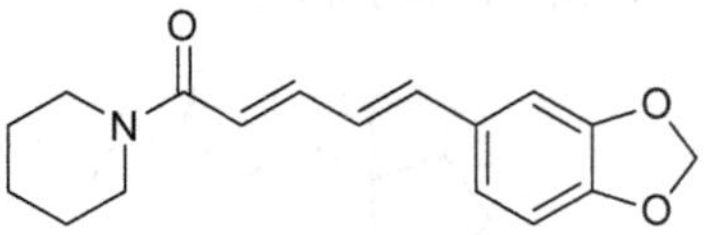

胡萝卜素 [carotene] 由 8 个异戊二烯首尾相接构成的四萜类化合物。化学式 $C_{40}H_x$，含 40 个碳原子，氢原子数与种类相关，不含其他元素。根据结构两端芷香酮环或基团的不同，有 α、β、γ、δ、ε、番茄红素等 600 多个异构体，其中约有 50 种在食物中较常见。图示为β-胡萝卜素。胡萝卜素为脂溶性，不溶于水，在红黄色或深绿色的果蔬中含量较高。

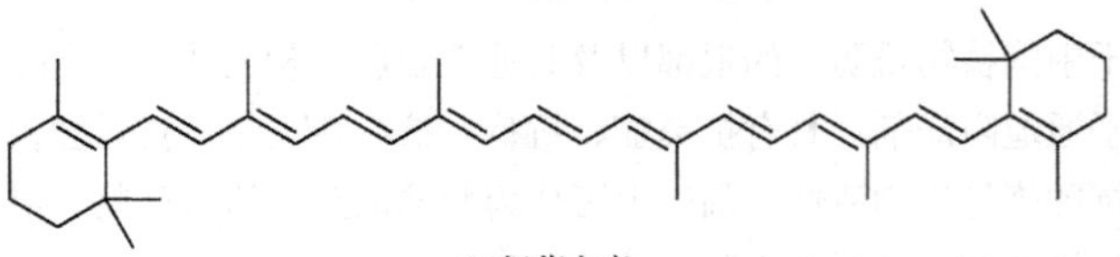

β-胡萝卜素

它在光合作用中具有重要作用，并能活化维生素 A，预防眼部问题。然而过量会引发胡萝卜素血症。

葫芦素 [cucurbitacin] 具有四环骨架的三萜类化合物。化学式 $C_{32}H_{44}O_7$，分子量 540.70。主要分布于葫芦科植物中，在十字花科、玄参科、秋海棠科等高等植物以及一些大型真菌中也有发现。共有约 229 种葫芦素类化合物，可分为 12 类。有激发细胞免疫功能，防止肝细胞脂肪变性等作用，并能消退黄疸，改善蛋白质代谢，常被用于迁延性肝炎、慢性肝炎及原发性肝癌的辅助治疗。图示为葫芦素 E 的化学结构。

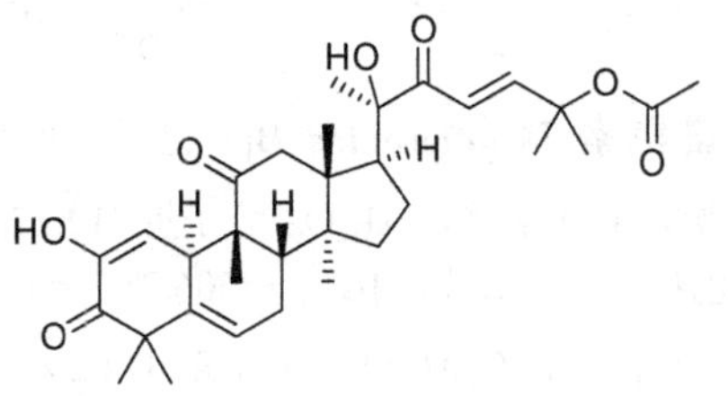

葫蔓藤碱 [humantenine] 化学式 $C_{21}H_{28}N_2O_3$，分子量 356.47。可从马钱科葫蔓藤属植物葫蔓藤中分离得到。可攻毒拔毒，杀虫止痒，散瘀止痛。外用可治皮肤湿疹，体癣，脚癣，痔疮，疔疮，麻风，跌打损伤，骨折等。还可杀蛆虫、孑孓。但毒性很大，很少作药用。

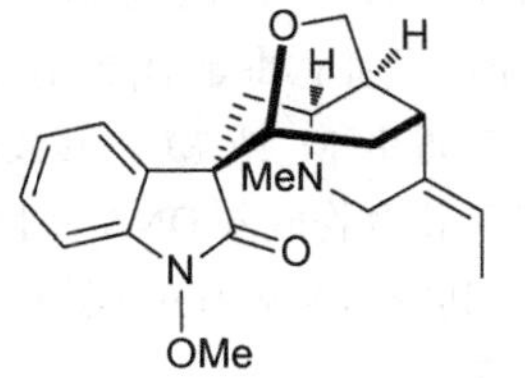

槲皮[黄]素 [quercetin] 又称栎皮酮、栎精。化学式 $C_{15}H_{10}O_7$，分子量 302.24。黄色晶状粉末，熔点 316℃，相对密度 d_4^{25} 1.799，难溶于水，溶于乙醇、冰乙酸。是一种植源性黄酮，广泛存在于蔬菜、水果和中草药中，如茶叶、苹果、豆豆、番薯、羽衣甘蓝、红洋葱、西兰花、李子、蓝莓、仙人掌、银杏等。具有抗氧化、抗病毒、抗炎、抗纤维性肌痛和抑制单胺氧化酶的活性，也具有一定的抗肿瘤活性。

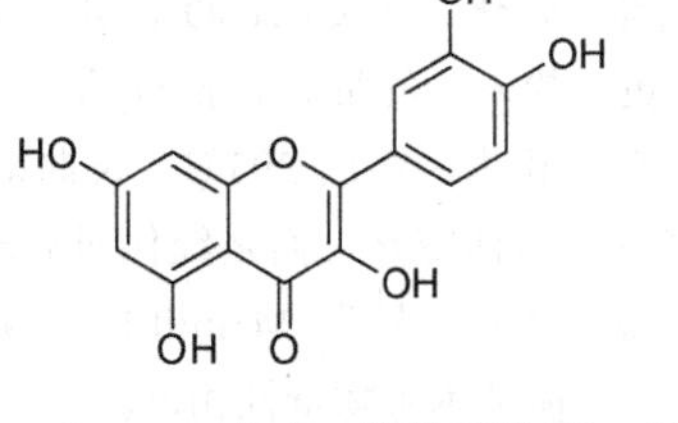

花青素 [anthocyanidin] 又称花色素。具有 3-羟基色原烯结构的黄酮类化合物。分子中高度共轭，有多种互变异构的形式，呈现不同颜色。图示为矢车菊素。广泛分布于被子植物中，是使植物的花、果、叶、茎等呈现蓝、紫、红等颜色的色素。

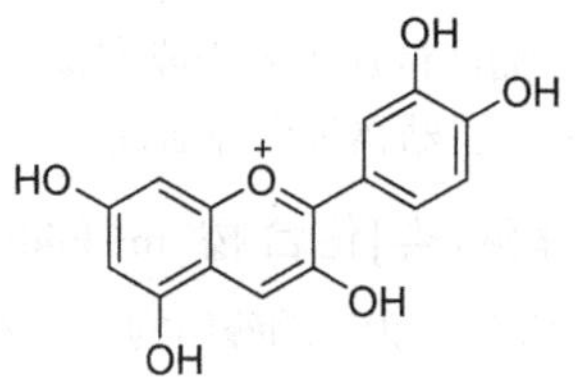

矢车菊素

花楸醇 [sorbitol] 即山梨醇。

花色素 [anthocyanidin] 即花青素。

华蟾蜍精 [cinobufagin] 即华蟾毒精。

华蟾毒精 [cinobufagin] 又称华蟾蜍精。化学式 $C_{26}H_{34}O_6$，分子量442.54。熔点215～217℃，比旋光度 $[\alpha]_D^{22}$ −3.2°（c = 1，氯仿）。可溶于丙酮、甲醇、乙醚。是中华大蟾蜍耳后腺及皮肤腺分泌液中提取的多种蟾蜍毒素中的一种，属甾体化合物。是中药蟾酥的主要活性成分之一。具有强心作用，能够加强心肌收缩力，抗心律失常，还具有抗肿瘤作用及镇痛作用。

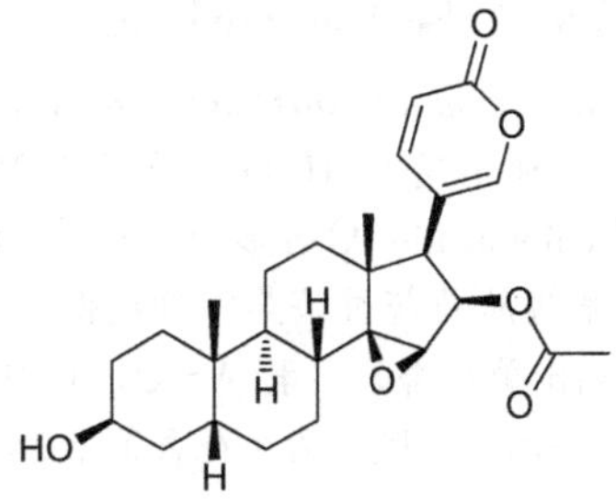

槐根碱 [sophocarpine] 即槐果碱。

槐果碱 [sophocarpine] 又称槐根碱、苦参烯碱。化学式$C_{15}H_{22}N_2O$，分子量246.35。无水物熔点81～82℃。一水合物为白色晶体，熔点54～55℃。比旋光度 $[\alpha]_D^{18}$ −29.44°。溶于稀酸、氯仿、水、甲醇、苯和丙酮，微溶于石油醚。可从豆科植物苦豆子（*Sophora alopecuroides* L.）、甘肃槐树（*S. Pachwarpa* C. A. Mey.）种子和苦参根（*S. flavescens* Ait.）分离得到。具有抗心率失常、抗癌、平喘降压、镇痛的功效，而且对中枢神经具有抑制作用。用于治疗子宫颈癌、恶性葡萄胎、小儿支气管哮喘和气管炎等疾病。

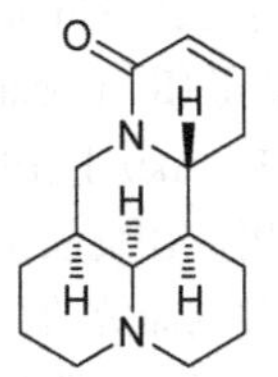

环柄化合物 [ansa compound] 分子呈环柄状结构的化合物。其分子的结构特征是由一平面的芳香核和连接芳香核两个不相邻位置的脂肪链桥所组成的环状结构。

环柄类抗生素 [ansa-antibiotic] 又称安莎霉素。具环柄化合物结构的抗生素。其中脂肪链连于萘醌或萘核上，称为萘安莎霉素类；脂肪链连于苯醌或苯核上，称为苯安莎霉素类。具有抗肿瘤、抗结核等生理活性。

环戊并吡喃萜[类]化合物 [iridoid] 又称环烯醚萜类。环戊烷单萜衍生物。为半缩醛结构，不易稳定存在，在植物中多与糖结合以糖苷类化合物存在。该类成分多具有一定的生理活性。图示为环烯醚萜苷化合物栀子苷(gardenoside)。

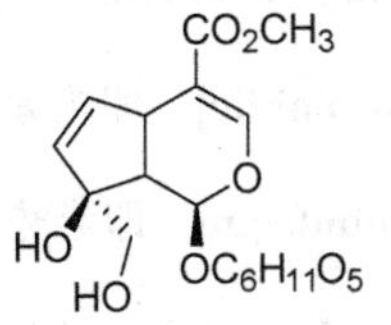

环烯醚萜类 [iridoid] 即环戊并吡喃萜[类]化合物。

黄蒿素 [artemisinin] 即青蒿素。

黄花蒿素 [artemisinin] 即青蒿素。

黄花素 [artemisinin] 即青蒿素。

黄花香茶菜素 [sculponeatin] 唇形科香茶菜属植物黄花香茶菜[*Isodon sculponeata*(Vanior) Kudo]中的一种二萜类化合物的总称。化学式 $C_{20}H_{24}O_6$，分子量 360.40。包含黄花香茶菜素 A(sculponeatin A)等多个化合物。1986 年由藤田(Fujita)和孙汉董等从黄花香茶菜中分离得到黄花香茶菜素 A～C，现已分离出黄花香茶菜素 A～O，其中一些化合物表现出一定的抗肿瘤活性。图示为黄花香菜素 A。

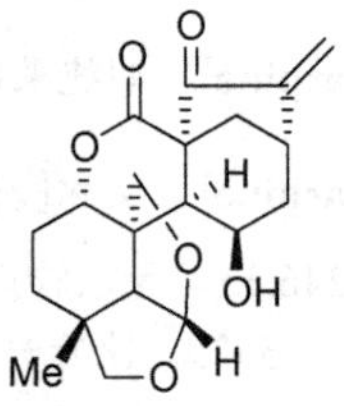

黄姜素 [curcumin] 又称姜黄素。化学式 $C_{21}H_{20}O_6$，分子量 368.38，熔点 183℃，折射率 n_D^{20} 1.42，亮橙黄色结晶性粉末，有特殊臭味，味苦。溶于丙酮、乙醇等，微溶于醚类，不溶于水和乙醚。酸性条件下为浅黄色，碱性条件下为红褐色。在溶液和固态中主要以烯醇式存在。姜黄素是从姜黄根茎中提取得到的一种姜科(Zingiberaceae)黄色色素分子，其化学结构由考斯坦臬奇(S. Kostanecki)，米罗柏兹卡(J. Milobedzka)和兰普(W. Lampe)于 1910 年首先确定。具有重要的经济价值和药理作用，在食品工业中被用作天然色素，主要用于酱卤制品和肠类制品等的染色，也可作为一种酸碱指示剂。还具有肿瘤抑制活性、降血脂、抗动脉粥样化和抗发炎等药理作用。

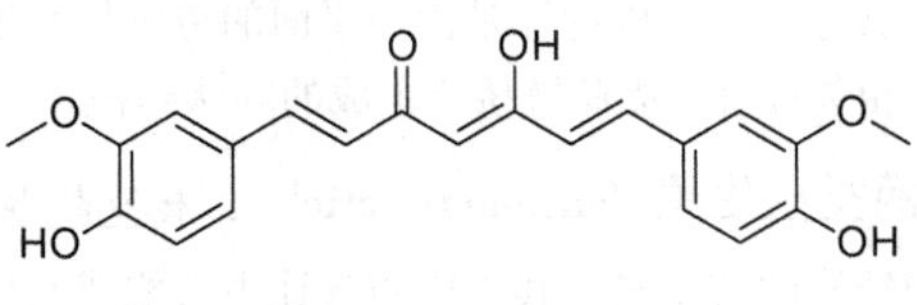

黄连素 [berberine] 又称盐酸小檗碱。化学式 $C_{20}H_{18}ClNO_4$，分子量 373.83。熔点 200℃，可溶于水。是黄连根茎中的一种重要生物碱，从黄连、黄柏、三颗针等植物中提取。具有显著的抑菌作用，对抗病原微生物，对痢疾杆菌、肺炎球菌、结核杆菌、伤寒杆菌及白喉杆菌等多种细菌有抑制作用，其中对痢疾杆菌作用最强，常用来治疗痢疾、细菌性胃肠炎等消化道疾病。副作用较小，临床中作为非处方药用于治疗腹泻。

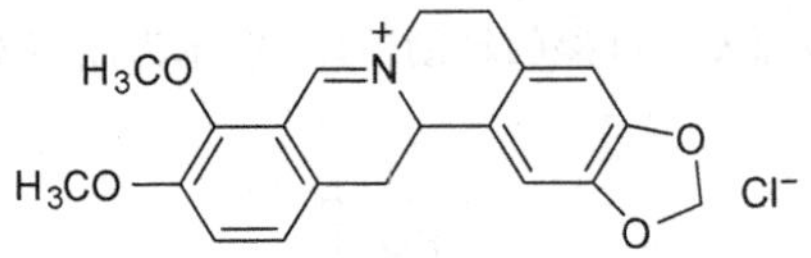

黄曲霉毒素 B [aflatoxins B] 包括黄曲霉毒素 B_1 和 B_2。黄曲霉毒素 B_1 化学式 $C_{17}H_{12}O_6$，分子量 312.27。熔点 255～258℃，黄色粉末，比旋光度 $[\alpha]_D^{25}$ −506.7°(c = 0.14，氯仿)；黄曲霉毒素 B_2 化学式 $C_{17}H_{14}O_6$，分子量 314.29。白色至黄色粉末，熔点 300～303℃(分解)。是一类结构很相近的有毒物质，均为二氢呋喃香豆素的衍生物。分子 B_1 和 B_2 由于在紫外线照射下产生蓝色荧光而得到代号 B(blue)。黄曲霉毒素 B_1 是黄曲霉毒素家族中毒性最强的一个。具有极强的毒性，并且是目前已知最强的致癌物之一，且尚未发现某种动物可以对其免疫。人体摄入黄曲霉毒素后通常经肝脏代谢，故其肝毒性最大；在肝脏内，黄曲霉毒素 B_1 或 B_2 被代谢为环氧化物或直接代谢为黄曲霉毒素 M_1 或 M_2。其致癌性被认为与其代谢过程中形成的环氧化合物嵌入 DNA 并且将碱基烷基化，造成 DNA 损伤有关；其中抑癌基因 *p53* 被黄曲霉毒素破坏被认为与其致癌性关系最大。

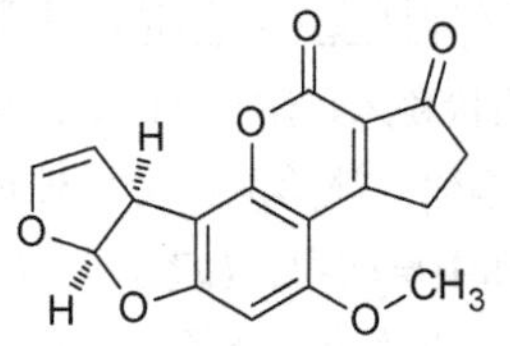

黄曲霉毒素B_1

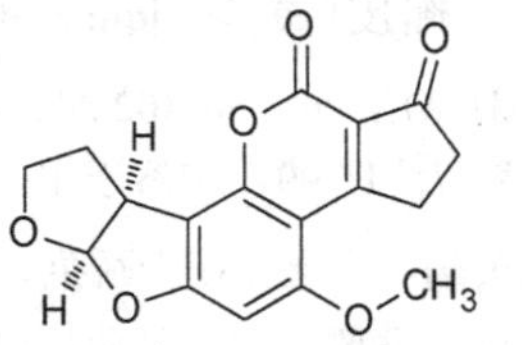

黄曲霉毒素B_2

黄曲霉毒素 M [aflatoxins M] 包括黄曲霉毒素 M_1 和 M_2。黄曲霉毒素 M_1 化学式 $C_{17}H_{12}O_7$，分子量 328.27，熔点 274～276℃，黄色粉末；黄曲霉毒素 M_2 化学式 $C_{17}H_{14}O_7$，分子量 330.29，黄色粉末，熔点 293℃。黄曲霉毒素 M_1 和 M_2 并不是天然产生的黄曲霉素，而是经代谢后产生的。由于最初在牛奶中发现，故其代号为 M(milk)。其毒性较黄曲霉毒素 B_1 和 B_2 要小，但基本生物毒性相近。

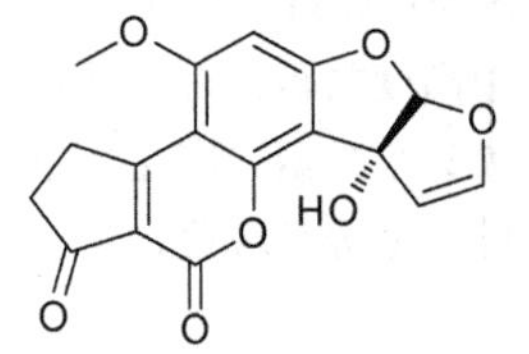

黄曲霉毒素M_1

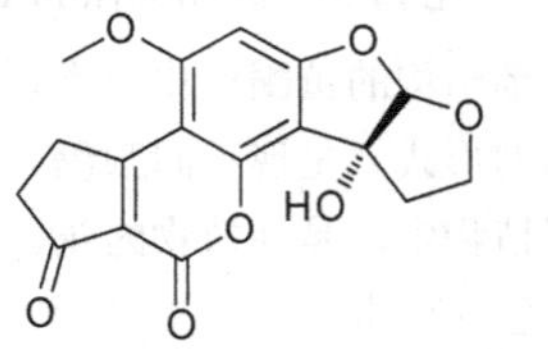

黄曲霉毒素M_2

黄藤素 [palmatine] 又称巴马丁、大黄藤素等。原小檗碱类生物碱。化学式 $C_{21}H_{22}NO_4^+$，分子量 352.41。其硝酸盐为黄色、橙色或粉色晶体，溶于甲醇，熔点(硝酸盐)203～205℃。1998 年由阿基拉(I. Akira)等在黄檗的水果和愈伤组织的茎中首次提取。也分布于黄檗、黄连属、延胡索中。是鹿蹄草提取物的主要原小檗碱类成分。已被用于黄疸、痢疾、高血压、炎症，以及肝脏相关疾病的治疗中。该化合物可能被开发并使用在黄病毒感染的治疗中。

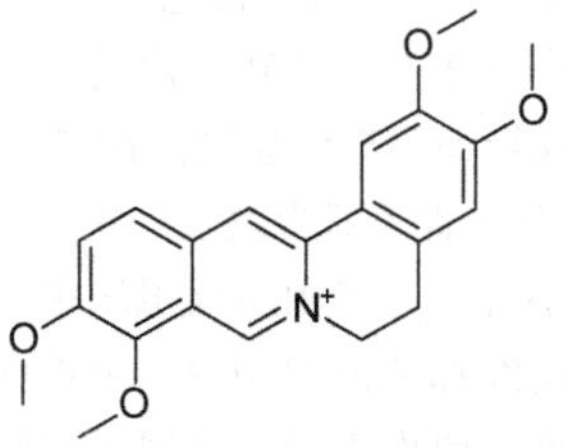

黄体酮 [progesterone] 又称孕酮。化学式 $C_{21}H_{30}O_2$，分子量 314.46。无色晶体，正交晶系，熔点 128～130℃，相对密度 d_4^{20} 1.17。1933 年艾伦(W. M. Allen)和科尔内(G. W. Corner)等 4 个研究小组分别独立得到了黄体酮，是动物体内最重要的雌性激素之一。是由卵巢黄体分泌的孕激素，为维持妊娠所必需的。其在动物体内是由胆固醇开始，经历所有甾族激素的共同前体孕烯醇酮，完成生物合成的。其主要生理功能是通过与细胞内黄体酮受体结合而引发，并与雌激素相互作用利于受孕、怀孕和胎儿发育。

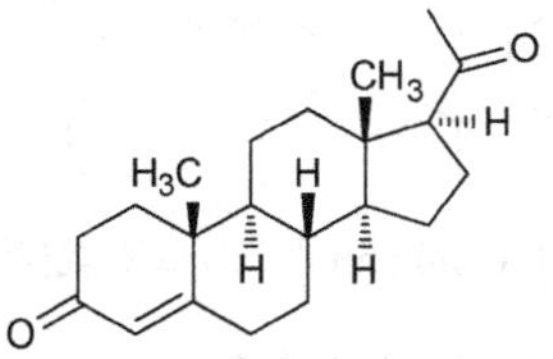

黄酮 [flavone] 具有 2-苯基色原酮结构母核的一类化合物。广泛分布于被子植物中，如木犀草素。

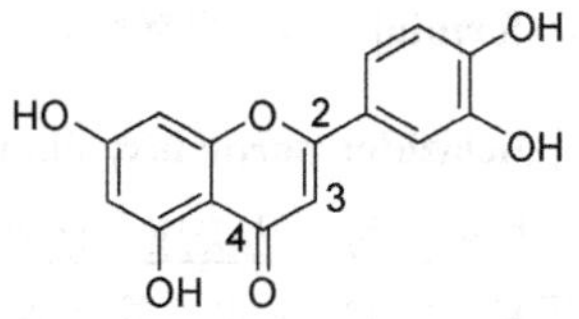

黄酮醇 [flavonol] 3-羟基黄酮类化合物。如山奈酚 **1**、槲皮素 **2** 等。

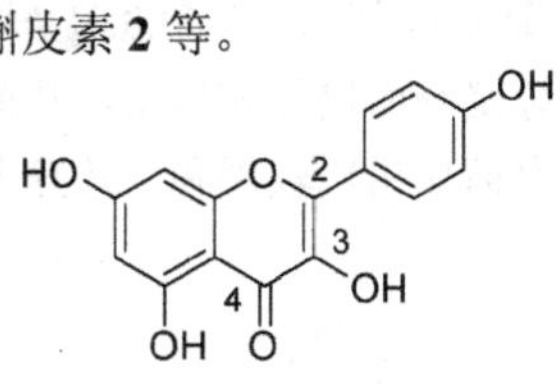

1

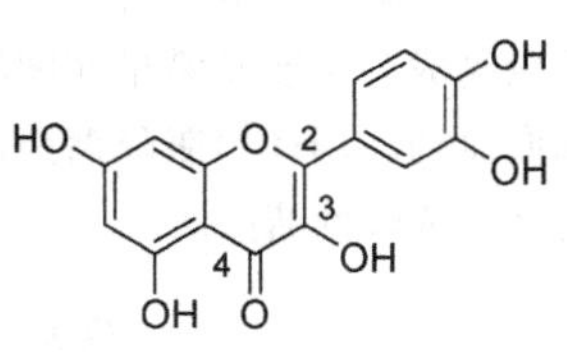

2

黄酮类化合物 [flavonoid] 一类具有 C_6-C_3-C_6 基本母核的天然产物。C_3 部分可以为脂链或与 C_6 形成苯并六元或五元氧杂环。按 C_3 部分的成环与否、饱和度及取代位置，可分为黄酮类、黄酮醇类、异黄酮类、查耳酮类、噢哢类、花青素类以及相应的二氢衍生物等。基本骨架为

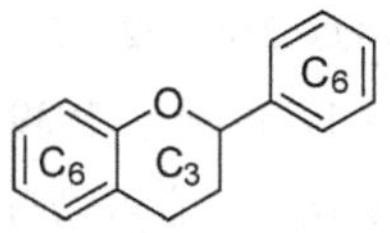

黄烷 [flavane] C_3 部分为二氢吡喃环、4 位无酮基的黄酮类化合物。

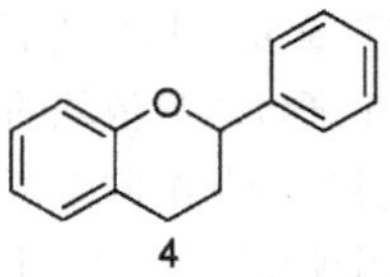

黄烷醇 [flavanol] 黄酮类化合物，3 位具有羟基取代的黄烷。

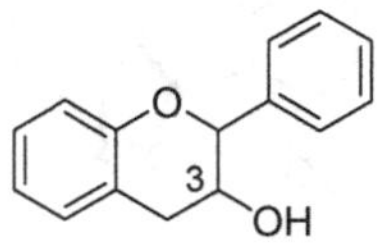

磺胺哒嗪 [sulfapyrimidine] 即磺胺嘧啶。

磺胺甲氧嗪 [sulfamethoxypyridazine] 又称长效磺胺。化学式 $C_{11}H_{12}N_4O_3S$，分子量 280.32。淡黄色结晶性粉末，无臭，味苦，遇光易变色。在乙醇中略溶，在水中几乎不溶，而在稀盐酸或氢氧化钠的溶液中易溶。属于禽畜消炎抗菌药，主要用于大肠杆菌、链球菌等感染，尤其适用于尿道及泌尿系统感染，对慢性气管炎及麻风病亦有疗效。缺点是有较强的过敏反应。

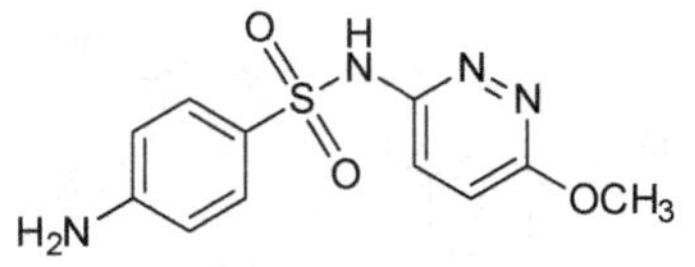

磺胺嘧啶 [sulfapyrimidine; sulfadiazine (SD); debenal; pyrimal; sulfolex] 又称地亚净、磺胺哒嗪。一种磺胺药。化学式 $C_{10}H_{10}N_4O_2S$，分子量 250.38。白色或微黄色粉末，无臭无味。熔点 252～256℃，光照下易变深色。微溶于水，略溶于丙酮、乙醇，易溶于稀酸(如稀盐酸)或稀碱(氢氧化钠溶液)或氨溶液。通常由对乙酰氨基苯磺酰氯与 2-氨基嘧啶在吡啶中缩合，水解后去除乙酰基合成。有预防鸟类疟疾作用。治疗溶血性链球菌、脑膜炎球菌及肺炎球菌等感染症，为治疗流脑的首选药，也可用于上呼吸道感染、中耳炎、痈 、疖及产褥热等疾病的治疗。磺胺类药属广谱抗菌药。但由于目前许多临床常见病原菌对该类药物耐药，故仅用于敏感细菌及其他敏感病原微生物所致的感染。

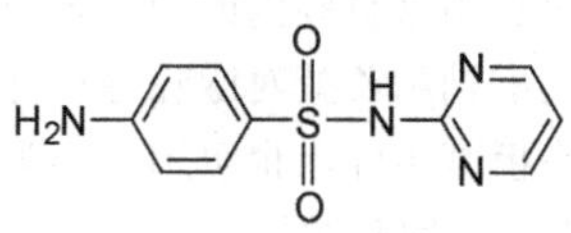

灰安毒素 [grayanotoxin] 即木藜芦毒素。

灰黄霉素 [griseofulvin] 化学式 $C_{17}H_{17}ClO_6$，分子量 352.77。白色或类白色晶体，四方晶系；无臭，味微苦。难溶于水，微溶于乙醇。熔点 218～220℃，相对密度 d_4^{20} 1.4。比旋光度 $[\alpha]_D^{21}$ +337°（c = 1，丙酮）。1939 年首次从灰黄青霉中分离得到，是一种抗真菌药。它可以与微管结合，阻止真菌的有丝分裂，从而抑制真菌增殖，但对细菌无效。灰黄霉素沉积在角蛋白前体细胞内，并使其抗真菌感染。只有当毛发或皮肤被角蛋白-灰黄霉素复合物替代后，药物才能到达其效应位点。此后灰黄霉素通过能量依赖的运输方式进入表皮癣菌，阻断其有丝分裂并改变其细胞壁沉积信息，从而杀灭真菌。灰黄霉素的副作用种类很多，使用时应特别注意。

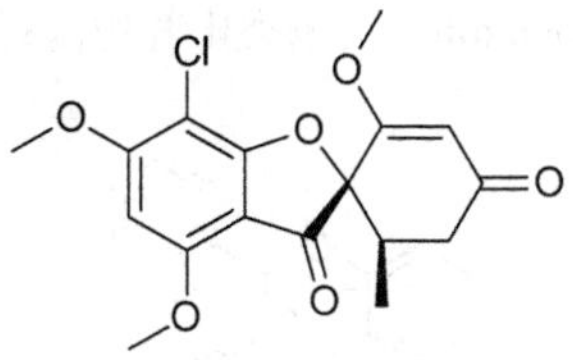

挥发油 [volatile oil] 即精油。

藿香黄酮醇 [pachypodol] 一种黄酮类化合物。化学式 $C_{18}H_{16}O_7$，分子量 344.32。黄色针状晶体，熔点 164～166℃。1973 年由凯夫(Cave)等首次从番荔枝科植物亲缘粗柄花木(*Pachypodanthium confine*)的根皮中分离得到，也存在于广藿香(*Pogostemon cablin*)、萼翅藤(*Calycopteris floribunda*)、短柄五加(*Acanthopanax brachypus*)等植物中。具有止吐、抗氧化、抗真菌、抗诱变活性，也具有中等的抗结肠癌活性和一定的细胞毒性(KB，Hep-G2 和 RD 细胞系)。

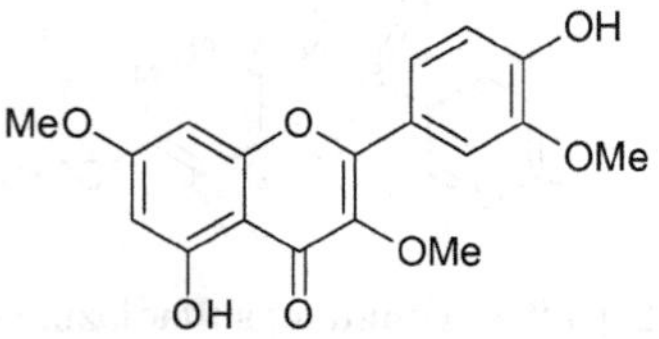

肌甙 [inosine] 即肌苷。

肌苷 [inosine; aminosin; inosie; ribonosine] 又称肌甙、次黄苷、次黄嘌呤核苷、9-*β*-*D*-呋喃核糖基次黄嘌呤。化学式 $C_{10}H_{12}N_4O_5$，分子量 268.23。80%乙醇中结晶得无水针状晶体，分解点 218℃，比旋光度 $[\alpha]_D^{18}$ −49.2°(c=0.9，水)。无臭，味略苦。在水中略溶，100 mL 水可溶 1.6 g，水中得长矩形片状晶体的二水合物，熔点 90℃。在氯仿、乙醇中不溶，在稀盐酸或氢氧化钠等碱溶液中易溶。人体的正常成分，是由次黄嘌呤与核糖结合而成的核苷类化合物。参与体内核酸代谢、能量代谢和蛋白质合成。含于肉及其提取物及糖甜菜内。可将腺嘌呤核苷用来自肠内的纯腺苷脱氨基酶进行孵化得到，也可由亚硝酸钠和乙酸对腺嘌呤核苷作用制成。用于白细胞减少和血小板减少症，也可用于心脏疾患及急慢性肝炎。医药上用于促进白细胞增长。

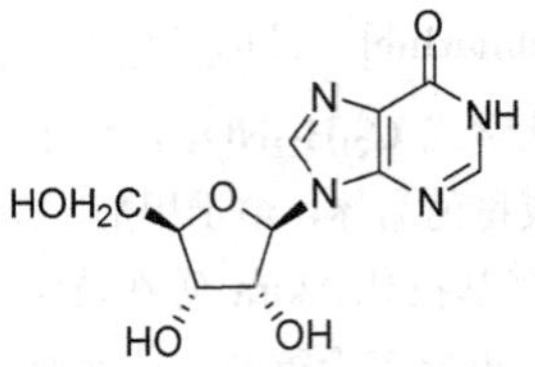

肌肉素 [creatine] 即肌酸。

肌酸 [creatine] 又称肌肉素。化学式 $C_4H_9N_3O_2$，分子量 131.13。熔点 291℃(分解)，白色晶体，微溶于水、乙醇，不溶于乙醚。是存在于脊椎动物体内的一种含氮有机酸，能够辅助为肌肉和神经细胞提供能量。1832 年，首次由谢弗勒尔(M. E. Chevreul)在骨骼肌中发现。主要由甲硫氨酸、精氨酸和甘氨酸在肝中合成，可由肌肉组织中提取而得，或以肌氨酸和氰胺为原料经加热反应制得。可以促进新肌生长、肌肉疲劳恢复以及增强肌肉力量。可用于神经肌肉性、肌肉性及神经性疾病(关节炎、慢性充血性心力衰竭、亨廷顿病)的治疗，也对神经肌肉紊乱有益。

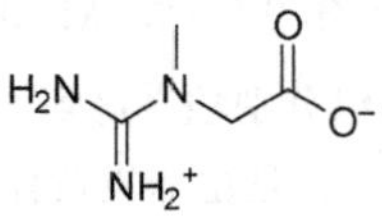

吉玛烷[类] [germacrane] 具有图示基本骨架结构的单环倍半萜类化合物。如存在于兴安杜鹃(*Rhododendron dauricum*)叶的挥发油中的杜鹃酮(germacrone)。

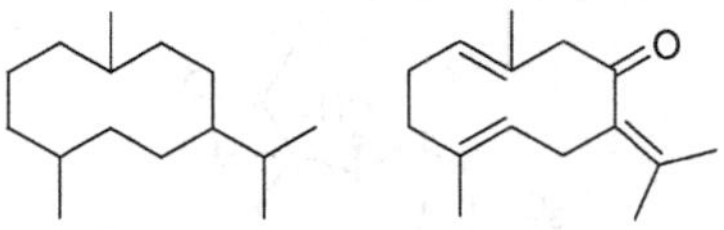

杜鹃酮

吉姆烷[类] [cembrane] 即烟草烷[类]。

几丁质 [chitin] 即甲壳素。

甲福明 [metformin] 即二甲双胍。

甲福生 [metformin] 即二甲双胍。

甲磺吡脲 [gliclazide; nordialex; diamicron; dramion] 又称甲磺双环脲、格列齐特、达美康、格里克那萨。化学式 $C_{15}H_{21}N_3O_3S$，分子量 323.42。无水乙醇中结晶后，熔点 180～182℃。小白鼠口服 LD_{50}>3 g/kg。盐酸盐为白色结晶粉末。对甲基苯磺酰胺基甲酸乙酯与 *N*-氨基-3-氮杂二环[3.3.0]辛烷反应制成。主要刺激早期胰岛素分泌峰而增加胰岛素，从而降低血糖。用作口服降糖药，降血糖作用比较缓和，治疗非胰岛素依赖性糖尿病。

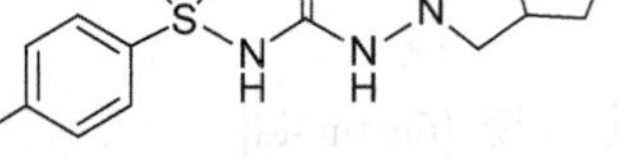

甲磺双环脲 [gliclazide] 即甲磺吡脲。

甲基肌醇 [D-pinitol] 即 D-松醇。

甲基喹唑酮 [methaqualone] 即安眠酮。

甲基吗啡 [3-methylmorphine] 即可待因。

甲派利福霉素 [rifampicin] 即利福平。

甲壳素 [chitin] 又称几丁质。线型高分子多糖，化学式($C_8H_{13}NO_5$)$_n$，分子量(203.19)$_n$。淡米黄色至白色，无臭、无味，可溶于浓盐酸、磷酸、硫酸等。不溶于水、碱及有机溶剂。1811 年由 Braconno 首先发现，1823 年欧吉尔从甲壳动物外壳中提取并命名。存在于低等植物、菌类、藻类细胞，高等植物的细胞壁，虾蟹外壳等处。具有抗癌、抑制癌细胞转移功能，还有护肝解毒和提高人体免疫力的作用。是目前已知的唯一带正电的阳性食物纤维，适用于糖尿病、高血压、肝肾病、肥胖等症，可以预防癌细胞病变和辅助放化疗。

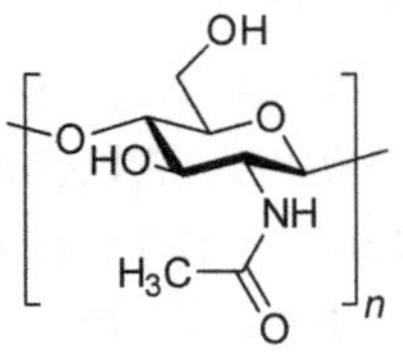

甲型强心苷元 [cardenolide] 即心甾内酯[类]。

姜黄素 [curcumin] 即黄姜素。

降木脂体 [norlignan] 木脂素或新木脂素中的 C_6-C_3 单元失去一或两个烃基碳后形成的一类木脂素类化合物。

降糖灵 [phenformin; diabis; fenormin; glyphen; phenethyldiguanide] 又称苯乙双胍、苯乙米胍、苯乙福明。化学式 $C_{10}H_{15}N_5$，分子量 205.26。其盐酸盐称 dibein，异丙醇中结晶，熔点 175～178℃。味苦。易溶于水，溶于乙醇，不溶于乙醚、氯仿。小白鼠 LD_{50}：口服 450 mg/kg，静脉内 19 mg/kg。可由 β-苯乙胺盐酸盐与氰基胍一起加热制成。属于双胍类抗高血糖药物，能增进肌肉细胞对葡萄糖的摄取和糖酵解，减少肝脏产生葡萄糖。可用于成人非胰岛素依赖型糖尿病及部分胰岛素依赖型糖尿病。

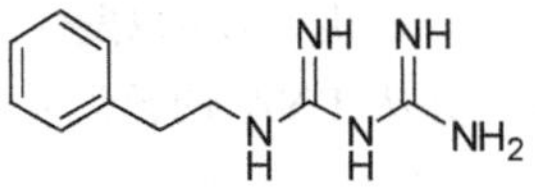

降糖片 [metformin] 即二甲双胍。

降血糖 [metformin] 即二甲双胍。

焦性没食子鞣质 [pyrogallor tannin] 即可水解鞣质。

角鲨烯 [squalene] 释文见 2.8.2 节同名词条。

角型呋喃并香豆素 [isofurocoumarin] 香豆素核上的异戊烯基与邻位酚羟基环合成 7,8 位呋喃并环的香豆素。代表化合物为白芷内酯(angelicin)。

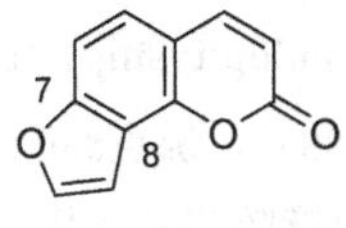

白芷内酯

金合欢烷[类] [farnesane] 又称法尼烷。由 3 个异戊二烯首尾连接而成的链状倍半萜，具有 3,7,11-三甲基十二烷基本骨架。

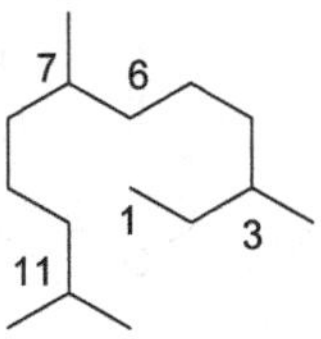

金鸡纳碱 [quinine] 即奎宁。

金鸡纳生物碱 [cinchona alkaloids] 即奎宁[类]生物碱。

金鸡纳霜 [quinine] 即奎宁。

金霉素 [chlortetracycline; aureomycin] 又称氯四环素。化学式 $C_{22}H_{23}ClN_2O_8$，分子量 478.88。浅黄绿色晶体，熔点 168～169℃，微溶于水和乙醇，比旋光度 $[\alpha]_D^{23}$ –275° (c = 1，甲醇)。1945 年由达格尔(B. Duggar)从金色链霉菌中首次分离得到，也是第一个被发现的四环素类抗生素。其抗菌谱与四环素相似，对革兰氏阳性球菌有效。通过与细菌核糖体 30S 小亚基的 16S rRNA 结合，抑制氨酰 tRNA 进入核糖体 A 位置，从而阻止细菌的蛋白质合成。作为四环素类抗生素的一种，也具有消化道、肝脏毒性，导致四环素牙等副作用。

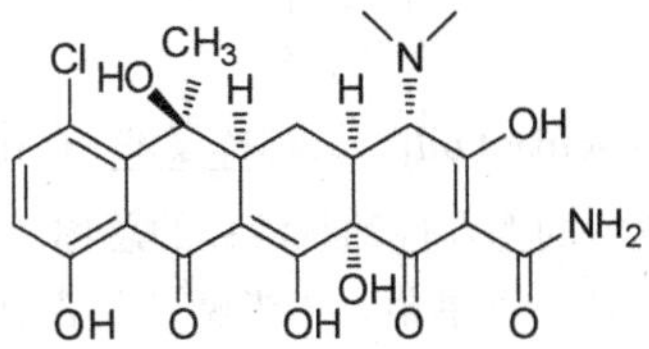

金雀花碱 [cytisine] 即鹰爪豆碱。

金丝桃素 [hypericin] 二蒽酮类。化学式 $C_{30}H_{16}O_8$，分子量 504.45。棕黑色粉末，熔点>320℃，特有清香，味苦，溶于水。存在于藤黄科植物贯叶连翘中。具有抗抑郁症和极强的抗病毒作用，还可用于癌症的光化学治疗。目前作为兽药，用于鸡群防治禽流感。

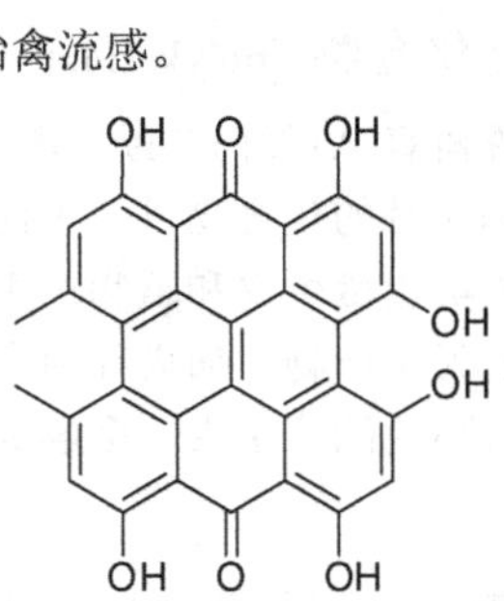

金松双黄酮 [sciadopitysin] 化学式$C_{33}H_{24}O_{10}$，分子量580.54。熔点287～288℃，沸点839.6℃，黄色针状晶体，易溶于吡啶、二甲基甲酰胺和氢氧化钠水溶液。可由银杏叶(*Ginkgo biloba* L.)中分离得到，也存在于红豆杉属(*Taxus* Linn.)植物如短叶红豆杉(*Taxus brevifolia*)、西藏红豆杉(*Taxus wallichiana* Zucc.)等中。具有抗炎、清除自由基等作用，也具有抑制肿瘤细胞的活性，能改善动物循环系统和脑功能。

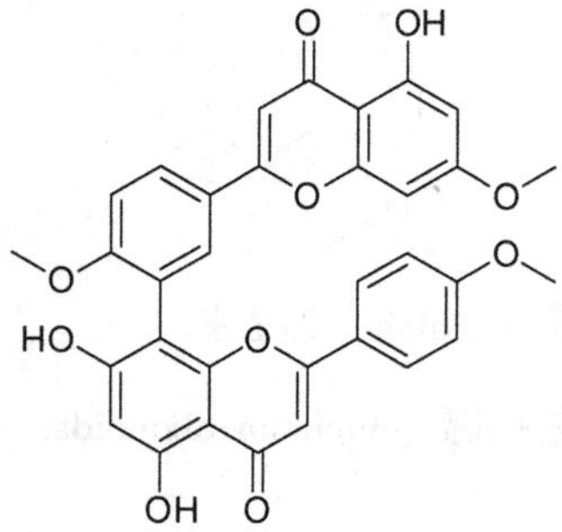

金腰素 [chrysosplenetin] 又称猫眼草黄素。一种黄酮类化合物。化学式 $C_{19}H_{18}O_8$，分子量 374.34。黄色细针状晶体，熔点 180～181℃，相对密度 d_4^{25} 1.448。1956 年由中岡(Nakaoki)等首次从日本金腰(*Chrysosplenium japonicum*)中分离得到，也存在于黄荆(*Vitex negundo*)、臭灵丹(*Laggera pterodonta*)和青蒿(*artemisia annua*)等植物。

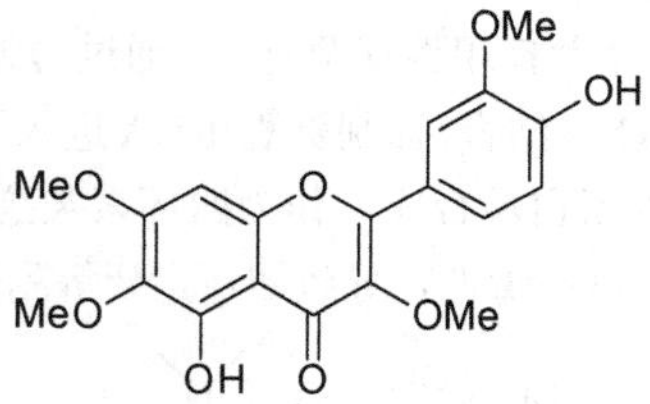

精油 [essential oil] 又称挥发油。存在于植物体中的一类具有芳香气味的挥发性油状液体的总称。大多有芳香气味，其化学组成复杂，以单萜、倍半萜及其含氧衍生物为主，还有非萜类的小分子芳香族、脂肪族化合物。

聚醚类抗生素 [polyether antibiotic] 即多醚类抗生素。

聚酮类化合物 [polyketide] 聚乙烯酮类化合物的简称。

聚乙烯酮类化合物 [polyketide] 简称聚酮类化合物。生源上为乙酰辅酶 A(经丙二酰辅酶 A)反复缩合后形成的羰基和次甲基交替的化合物以及由此进一步缩合衍生的化合物。是一大类由微生物和植物产生的结构多样化和生物活性多样性的天然产物，如大环内酯抗生素、四环素类抗生素、多烯大环内酯抗生素、多醚类抗生素以及番荔枝内酯等。

咖啡碱 [caffeine] 又称咖啡因、三甲基黄嘌呤。一种黄嘌呤生物碱。化学式 $C_8H_{10}N_4O_2$，分子量 194.19。无臭白色针状或粉末状固体，熔点 238℃，相对密度 d_4^{18} 1.23，LD_{50}(大鼠一次经口)为 355 mg/kg。易溶于乙酸乙酯、氯仿、嘧啶、吡咯和四氢呋喃，可溶于乙醇和丙酮，微溶于水、石油醚和苯。主要存在于茶叶和咖啡果。适度使用可祛除疲劳、使人兴奋。临床上用于治疗神经衰弱和昏迷复苏，大剂量或长期使用会使人上瘾，并对人体造成损害。

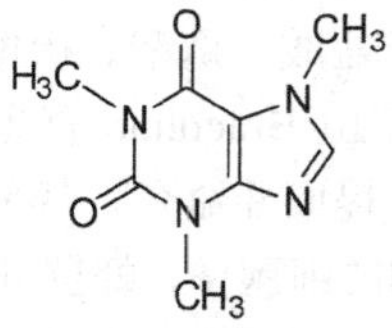

咖啡因 [caffeine] 即咖啡碱。

卡那霉素 [kanamycin] 化学式 $C_{18}H_{36}N_4O_{11}$，分子量 484.50。比旋光度 $[\alpha]_D^{18}$ +151°(c = 1，水)。包括 3 种化合物，以卡那霉素 A 为主。卡那霉素是一种氨基糖苷类广谱抗生素，从卡那链霉菌中分离得到，常以硫酸盐形式使用，口服、肌肉注射、静脉滴注均可。卡那霉素通过与细菌核糖体 30S 亚基结合，引起翻译过程 RNA 密码错读，并间接抑制蛋白合成期间 RNA 的转位，从而抑制细菌蛋白质合成，达到抗菌效果。其主要副作用为耳鸣、耳聋，肾毒性和过敏反应。卡那霉素抗性基因可以作为基因工程中筛选转化细菌的方法之一。

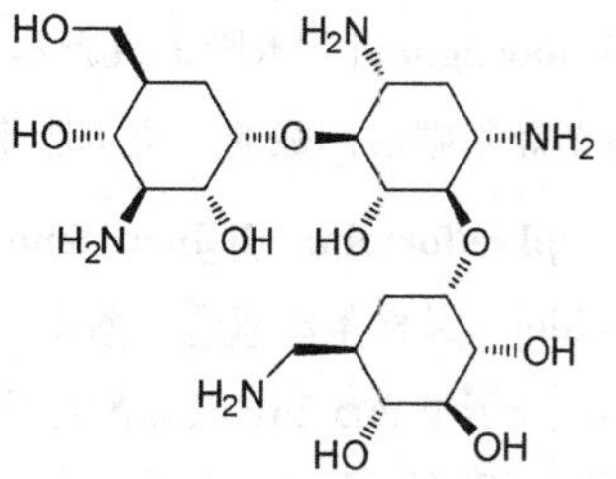

卡奇霉素 [calicheamicin] 化学式 $C_{55}H_{74}O_{12}N_3S_4I$，分子量 1368.35，溶于酸(40 g/L，pH = 1)，微溶于水。1986 由李(Lee)等从德克萨斯州科维尔的白垩坑中发现的小单胞菌(*Micromonospora echinospora*)中分离得到，属于烯二炔类抗生素。几乎对全部细胞都具有明显的细胞毒性。分子尾部可与 DNA 小沟结合，烯二炔头部可以发生伯格曼(Bergmann)重排生成双自由基，并从 DNA 的异头碳处夺取质子，造成 DNA 链的断裂。

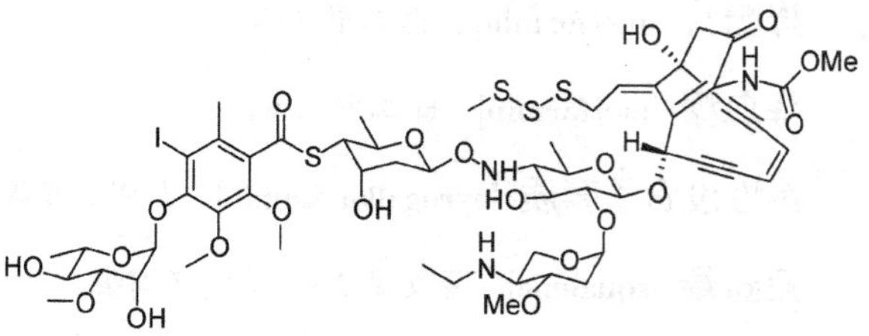

卡山烷[类] [cassane] 具有图示分子骨架结构的三环二萜类化合物。如存在于云实科格木属(*Erythrophleum*)植物中的二氢周涎皮次碱(cassaidine)。

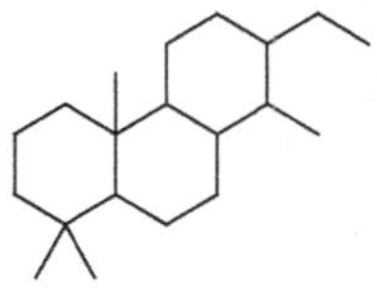

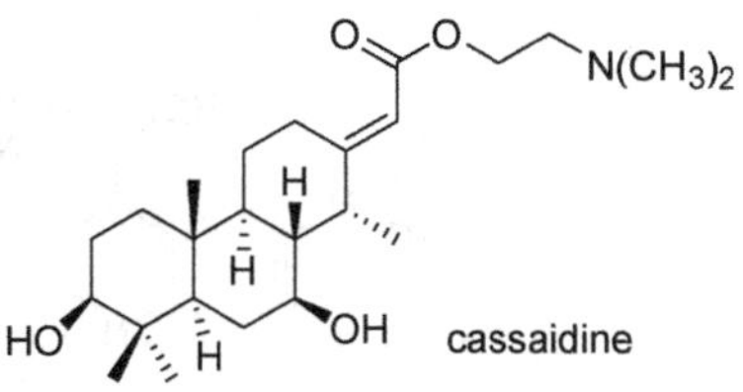

cassaidine

蒈烷类 **[carane]** 具有图示基本骨架结构的二环单萜类化合物。如长松针酮(carone)。

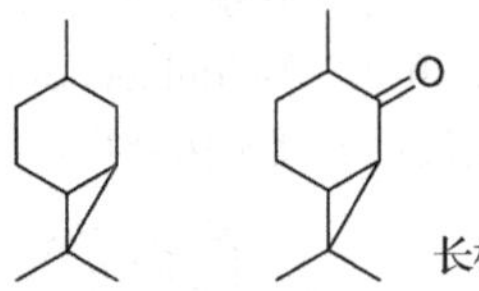

长松针酮

2-莰醇 **[borneol]** 即冰片。

莰烷类 **[camphane]** 即樟烷类。

抗干眼醇 **[axerophthol]** 即维生素 A。

L-抗坏血酸 **[L-ascorbic acid]** 即维生素 C。

抗菌肽 **[antibacterial peptide]** 肽抗生素的旧称。

抗软骨病维生素 **[vitamin D]** 即维生素 D。

抗神经炎素 **[vitamin B_1]** 即维生素 B_1。

抗生素 **[antibiotic]** 由微生物在代谢中产生，能够杀死细菌及其他微生物，或抑制其生长和活动的化合物。也包括化学合成得到的类似药物。用于治疗感染性疾病。

抗炎吲哚酸 **[indomethacin]** 即吲哚美辛。

柯嗪 **[chrysazin]** 即丹蒽醌。

咳宁醇 **[D-pinitol]** 即 D-松醇。

可待因 **[codeine]** 又称甲基吗啡。一种天然阿片类生物碱。化学式 $C_{18}H_{21}NO_3$，分子量 299.36。白色细小晶体，熔点 154～156℃，沸点 250℃，比旋光度$[\alpha]_D^{20}$ −133°($c = 0.23$，乙醇)。可溶于沸水或乙醚，易溶于乙醇。由鸦片中分离，也可由吗啡甲基化人工合成。临床上通常用于止咳、止泻，还可用于轻、中度疼痛的治疗及激躁性结肠症的治疗。滥用会导致上瘾和多种不良反应。

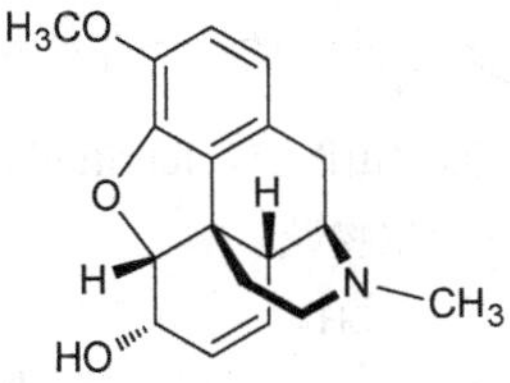

可的松 **[cortisone]** 又称皮质素。化学式 $C_{21}H_{28}O_5$，分子量 360.44。无色晶体，熔点 220～224℃，比旋光度$[\alpha]_D^{25}$ + 190.4°($c = 0.104$, 乙醇)。易溶于乙醇、丙酮，可溶于苯、乙醚、氯仿，微溶于水。20 世纪 30 年代由美国生物化学家肯德尔(E. C. Kendall)从肾上腺中提取出，属甾体激素，是人体受到紧张刺激时释放的主要激素之一。临床上广泛用于短期镇痛、关节消肿、免疫抑制剂以及治疗瘢痕等皮肤疾病。

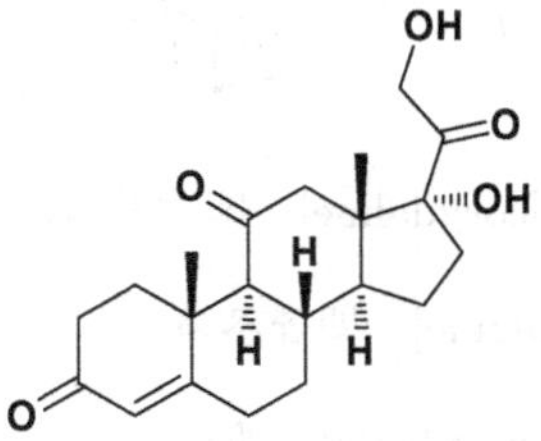

可卡因 **[cocaine]** 即古柯碱。

可可豆碱 **[theobromine]** 即可可碱。

可可碱 **[theobromine]** 又称可可豆碱。黄嘌呤类生物碱。化学式 $C_7H_8N_4O_2$，分子量 180.16。无色单斜微菱晶体，熔点 357℃，290℃升华。味苦，微溶于水、乙醇、乙醚、苯、氯仿。1841 年首次提取于可可豆中，也广泛存在于可乐果、茶树等植物中。具有扩张血管、利尿、增强肌肉机能等生物活性，其对中枢神经的兴奋作用较咖啡因弱。临床可用作利尿剂。

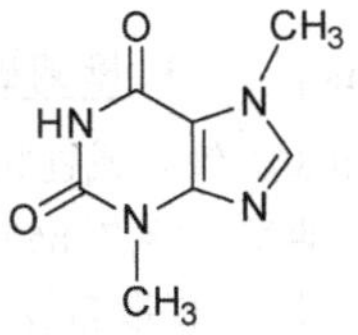

可乐定 **[clonidine; catapres; catapresan]** 系统命名 2,6-二氯-*N*-(3,4-二氢咪唑-2-基)苯胺。化学式 $C_9H_9Cl_2N_3$，分子量 230.10。晶体，熔点 130℃。可用 2,6-二氯苯基硫脲和乙二胺为原料合成。强效中枢降压药，适于各型中、重度高血压。主要用于治疗中、重度高血压；患有青光眼的高血压；开角型青光眼。也用于偏头痛、严重痛经；绝经潮热和青光眼。其盐酸盐(盐酸可乐定，又称 catapres, dixarit, isoglaucon)，适用于治疗高血压，可以单独使用或与其他降血压药合用。

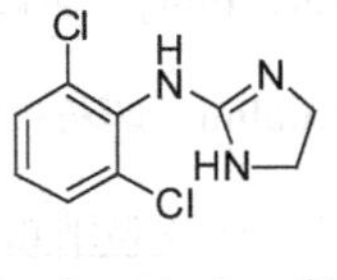

可那敏 **[diphenhydramine]** 即苯海拉明。

可水解鞣质 **[pyrogallol tannin]** 又称焦性没食子鞣质。分子中含酯键和苷键，在稀酸和酶的存在下可水解成较简单的化合物。按水解产物可分为没食子鞣质和逆没食子鞣质两类。

克胺 **[gramine]** 即芦竹碱。

克罗烷[类] **[clerodane]** 具有图示分子骨架结构的二环二萜类化合物。如自马鞭草科植物大青(*Clerodendron infortunatum*)中分离的苦味成分大青素(clerodin)。

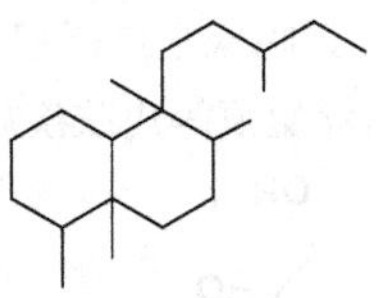

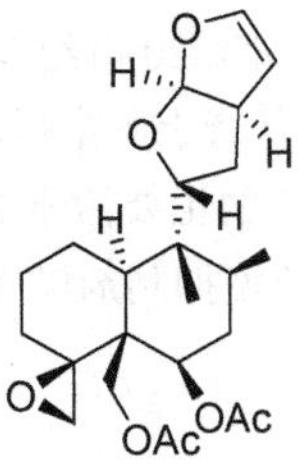

大青素

空褐鳞碱 [corydaline] 即紫堇碱。

苦甘草 [matrine] 即苦参碱。

苦楝素 [toosendanin] 即川楝素。

苦木烷[类] [quassinane] 具有图示骨架结构的三环降三萜类化合物。具有 25、20 或 19 个碳等骨架类型，多存在于苦木科植物。

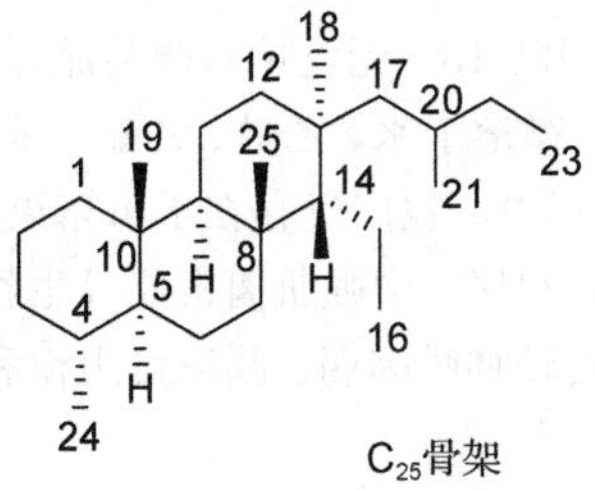

C_{25}骨架

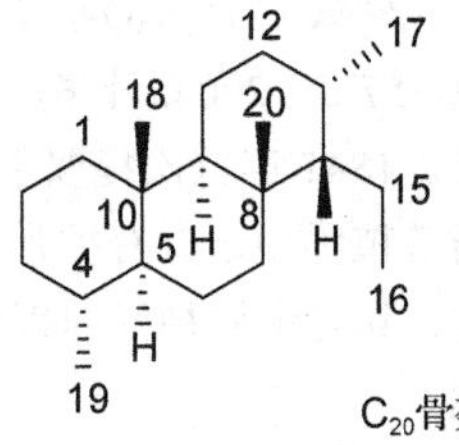

C_{20}骨架

苦参碱 [matrine] 又称母菊碱、苦甘草。化学式 $C_{15}H_{24}N_2O$，分子量 248.36。针状或柱状单斜晶，溶于水、苯、氯仿、乙醇，微溶于石油醚，熔点 85℃，沸点 223℃，比旋光度 $[\alpha]_D^{20}$ +39.1°(c=1，水)。提取自豆科植物中药苦参的根、植株、果实等。具有多种生物活性，包括抑制细胞增殖、促进细胞凋亡，从而具有显著的抗癌活性，还能作为阿片(kappa opioid)受体和 μ 受体激活剂。

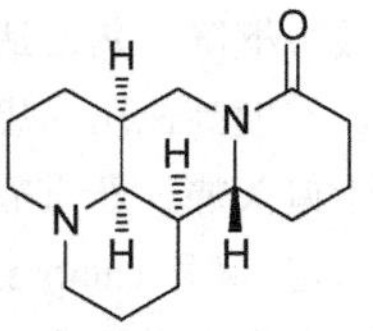

苦参烯碱 [sophocarpine] 即槐果碱。

苦杏仁苷 [amygdalin] 即扁桃苷。

奎宁 [quinine] 又称金鸡纳霜、金鸡纳碱。化学式 $C_{20}H_{24}N_2O_2$，分子量 324.42。熔点 177℃(分解)，比旋光度 $[\alpha]_D^{21}$ −155°(c = 0.95，乙醇)，LD_{50}(小鼠一次经口)为 1160 mg/kg。硫酸奎宁和盐酸奎宁都是味道极苦的白色结晶，前者微溶于水，常用于口服，后者易溶于水，常用于注射。1820 年由法国化学家佩尔蒂埃(P. J. Pelletier)与卡文顿(J. B. Caventou)从金鸡纳树皮中首次分离得到。是存在于茜草科植物金鸡纳树以及其同属植物树皮中的主要生物碱。能与疟原虫的 DNA 结合，抑制 DNA 复制和 RNA 转录，从而有效抑制疟原虫的蛋白合成。此外，能抑制疟原虫内的磷酸化酶，从而干扰其糖代谢。

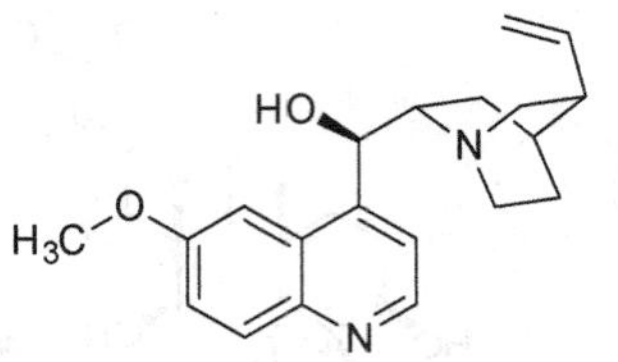

奎宁[类]生物碱 [cinchonine alkaloid] 又称金鸡纳生物碱。先后从茜草科金鸡纳树(*Cinchona*)、铜色树(*Remijia*)和铜色(*Cuprea*)三个属的植物中分离得到的一类喹啉类生物碱。由喹啉环(quinoline)和奎宁环(quinuclidine)通过仲醇碳连接构成，是具有抗疟疾活性的天然化合物。

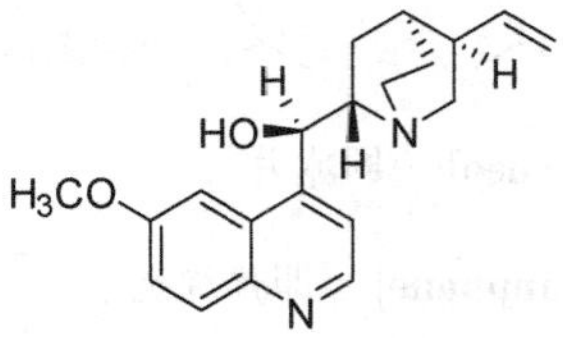

喹啉[类]生物碱 [quinoline alkaloid] 具有喹啉环母核结构的生物碱。

如奎宁(**1**，quinine)、喜树碱(**2**，camptothecine)等。

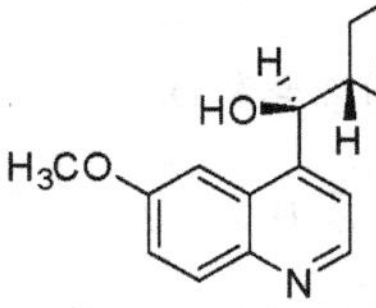

1

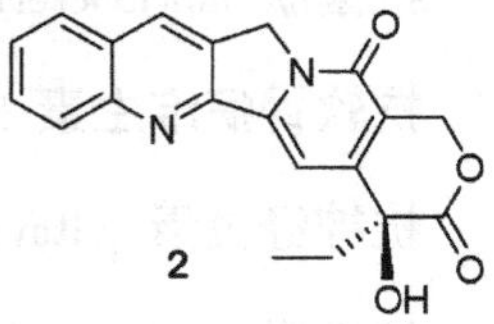

2

喹诺里西啶[类]生物碱 [quinolizidine alkaloid] 即喹嗪[类]生物碱。

喹嗪[类]生物碱 [quinolizidine alkaloid] 又称喹诺里西啶[类]生物碱。以喹嗪骨架(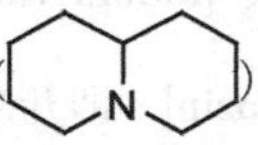)，即叔氮稠合的 2 个哌啶环构成的生物碱。如苦参碱(**1**，matrine)、无叶豆碱(**2**，sparteine)、羽扇豆碱(**3**，lupinine)等。

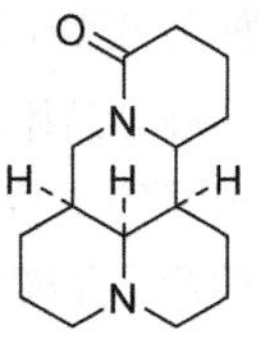

1

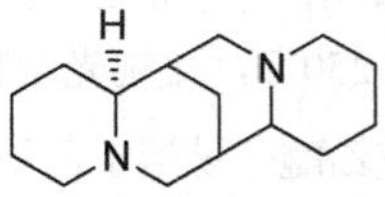

2

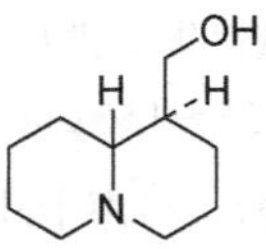

3

喹唑啉[类]生物碱 [quinazoline alkaloid] 具有喹唑啉环母核结构(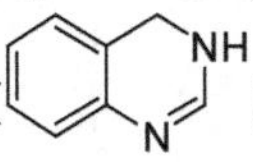)的一类生物碱。来自植物常山(*Dichroa febrifuga*)的常山碱(**1**，febrifugine)、常山新碱(**2**，neodichroine)均属此类生物碱。

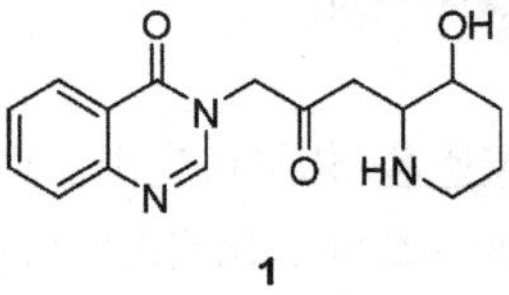

1

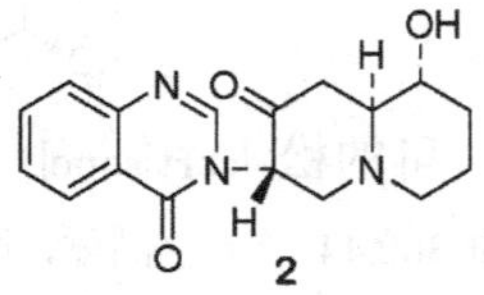

2

昆虫激素 [insect hormones] 昆虫体内神经分泌细胞

或腺体分泌的、控制昆虫胚后发育特征和行为活动的关键化学物质。对昆虫的行为、生长发育、生殖等起调控作用。已知昆虫激素种类达 20 多种，按其来源和作用方式可分为内激素、外激素两类；按化学性质分为蛋白质类、甾醇类、萜类。

拉春库林 **[latrunculin]** 属高毒性大环内酯类化合物。包括拉春库林 A 和拉春库林 B。A 型化学式 $C_{22}H_{31}NO_5S$，分子量 421.55。B 型化学式 $C_{20}H_{29}NO_5S$，分子量 395.51。1980 年由卡什曼(Kashman)等从红海棉 *Latrinculia magnifica* 中分离得到，二者均溶于甲醇和二甲基亚砜。可定量与肌动蛋白结合，从而抑制其聚合，分解细胞骨架。

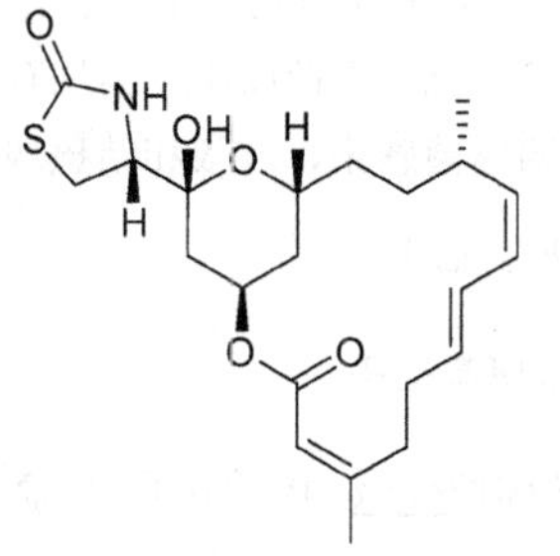
拉春库林 A

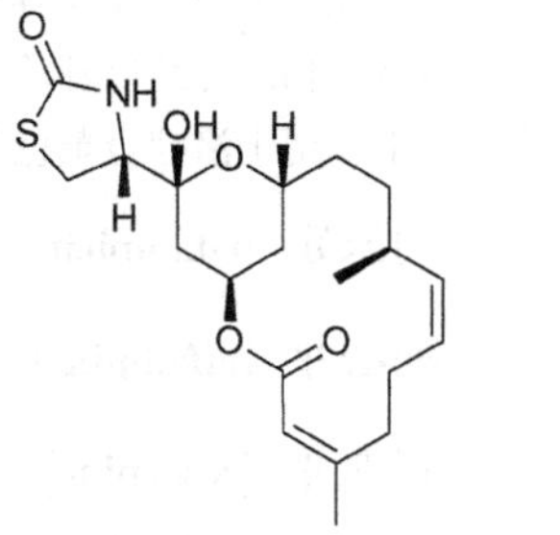
拉春库林 B

辣椒素 **[capsaicin]** 化学式 $C_{18}H_{27}NO_3$，分子量 305.41。白色或无色结晶性粉末，单斜晶系，熔点 62～65℃，有挥发性，难溶于水，LD_{50}(小鼠)为 47.2 mg/kg。1816 年由德国化学家布霍尔茨(C. F. Bucholz)从辣椒的萃取液中第一次得到。1898 年由米科(K. Micko)分离得到纯品，1919 年尼尔森(E. K. Nelson)得到化学式并部分确定结构。是辣椒的次级代谢产物和主要活性成分，鸟类一般不敏感，但对于哺乳动物，则可以在黏膜上产生强烈的灼烧感。刺激性是通过其与感觉神经元表面 VR1 受体结合，引发偶联的阳离子通道打开，阳离子内流，最终产生感觉。另外，该过程也会引起许多神经肽和兴奋性氨基酸释放。现有研究表明其可以起到降血压和降胆固醇的作用，因此有学者认为适量食用辣椒及胡椒有利于心血管健康。

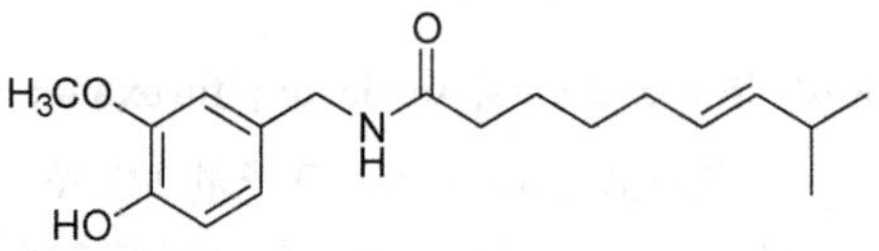

榄烷[类] **[elemane]** 具有图示基本骨架结构的单环倍半萜类化合物。

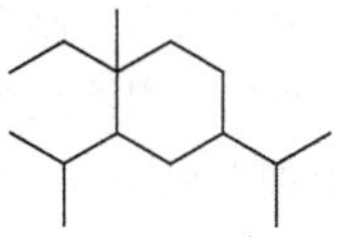

榄香烯 **[*β*-elemene]** 一类同分异构化合物的统称。化学式 $C_{15}H_{24}$，分子量 204.36。淡黄色或黄色的澄明液体，有辛辣的茴香气味，比旋光度$[\alpha]_D$ −8.7°～−17°(54.2 g/100mL $CHCl_3$)。溶于乙醚、石油醚、氯仿和乙醇，难溶于水。存在于姜科植物温郁金中。它可以降低肿瘤细胞有丝分裂能力，诱发肿瘤细胞凋亡，抑制肿瘤细胞的生长。作为一种抗肿瘤新药，对某些恶性实体瘤和癌性的胸、腹水有一定疗效。榄香烯乳注射液可增强放化疗疗效并降低毒副作用，可以辅助治疗介入、腔内化疗及癌性胸腹水。

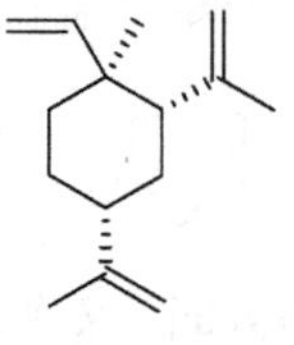
β-榄香烯

莨菪碱 **[hyoscyamine]** 又称天仙子碱。化学式 $C_{17}H_{23}NO_3$，分子量 289.37。无色针状晶体，熔点 108.5℃，比旋光度$[\alpha]_D^{20}$ −21.0°(*c*=1，乙醇)。难溶于水，可溶于沸水、乙醇和氯仿。1833 年被首次分离，其化学结构在 1889 年由威尔士德达(R. Willstatter)确定，属于莨菪烷型生物碱。存在于颠茄、北洋金花、曼陀罗等多种中草药中。是一种副交感神经抑制剂，其药理作用与阿托品相似，但因毒性较大，临床应用较少。莨菪碱具有止痛解痉功能，尤其对坐骨神经痛有较好疗效，有时也被用于癫痫、晕船等的治疗中。

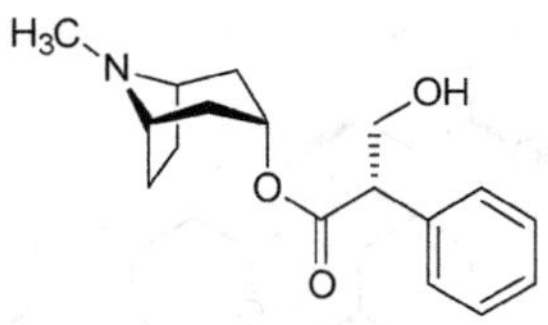

莨菪亭 **[scopoletin]** 即东莨菪素。

莨菪烷[类]生物碱 **[tropane alkaloid]** 曾称托品烷(类)生物碱。具有莨菪烷结构母核(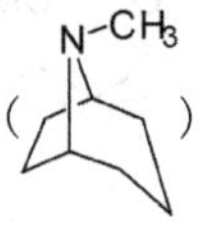)的生物碱。如阿托品(**1**, atropine)、东莨菪碱(**2**, scopolamine)、莨菪碱(hyoscyamine)等，多具有重要药用价值。

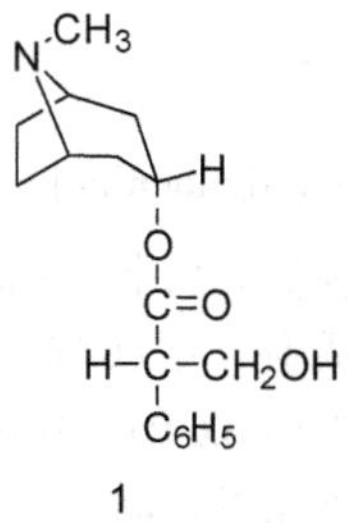
1

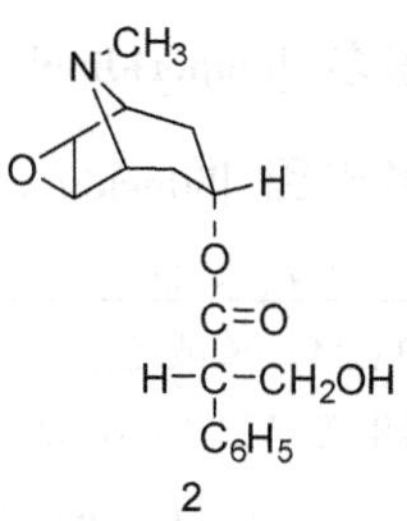
2

雷米封 **[rimifon]** 又称异烟肼。化学式 $C_6H_7N_3O$，分子量 137.14。无色或白色结晶性粉末，无臭，味先微甜后苦，遇光逐渐变色，熔点 174.4℃。乙醇中微溶，乙醚中极微溶解，但在水中易溶。1912 年，由梅耶尔(H. Meyer)和莫里(J. Mally)合成。40 年后，研究人员发现异烟肼有极强的抗结核菌活性。1952 年，异烟肼由罗氏公司首先在美国上市，商品名雷米封。除了用作抗结核病首选药物，也用作电镀添加剂和制药的中间体。异烟肼也是第一种抗抑郁药物，但由于其具有较强的肝脏毒性而退出市场。可由异烟酸与水合肼缩合制得。

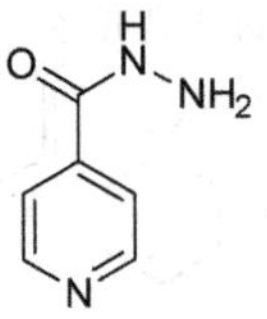

雷帕霉素 [rapamycin] 又称瑞帕霉素、西罗莫司。化学式 $C_{51}H_{79}NO_{13}$，分子量 914.17。白色结晶性固体，溶于甲醇、乙醇，极微溶于水，几乎不溶于乙醚。熔点 183～184℃。1975 年由韦齐纳(Vezina)、库杰利斯基(Kudelski)和塞加尔(Sehgal)等从复活节岛(拉帕努伊岛)土壤中的一种细菌(*Streptomyces hygroscopicus*)中分离得到，属于大环内酯类免疫抑制剂。能抑制细胞对白细胞介素-2(IL-2)的响应，阻断 T 细胞和 B 细胞的免疫作用，并可与细胞基质蛋白 FKBP-12 结合，临床中用于器官移植的术后抗排异反应，可与钙调磷酸酶抑制剂合用或单独使用。主要副作用包括肺毒性(偶发间质性肺炎)，并可能增大使用者患癌症的风险。

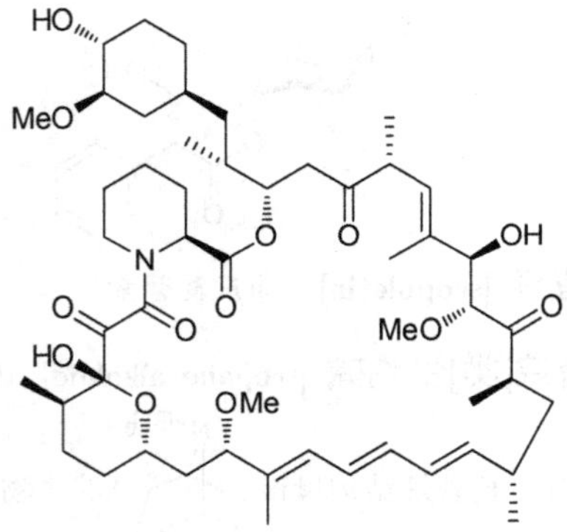

力复平 [rifampicin] 即利福平。

力可拉敏 [lycoramine] 即石蒜胺。

利多尔 [meperidine] 即度冷丁。

利多卡因 [lidocaine; xylotox; lignocaine] 又称赛罗卡因、ω-二乙氨基-2,6-二甲基乙酰苯胺。化学式 $C_{14}H_{22}N_2O$，分子量 234.34。苯或乙醇中得针状晶体。熔点 68～69℃，沸点 180～182℃/533.3 Pa，159～160℃/266.6 Pa。不溶于水，溶于乙醇、乙醚、氯仿、苯。一水合盐酸盐，晶体，熔点 77～78℃。无水物熔点 127～129℃；易溶于水，乙醇、溶于氯仿，不溶于乙醚。小白鼠 LD_{50}：口服 292 mg/kg，腹膜内 105 mg/kg，静脉内 19.5 mg/kg。可由 2,6-二甲基苯胺与 2-二乙氨基乙酸反应制成。IB 类抗心律失常药，中效酰胺类局麻药，作用比普鲁卡因(procaine)起效快，强度为普鲁卡因的 4 倍，也是对心律不齐的长效膜稳定剂。用作局麻及抗心律不齐药，主要用于室性心动过速及频发室性早搏。静注适用于因急性心肌梗塞、外科手术、洋地黄中毒及心脏导管等所致急性室性心律失常，包括室性早搏、室性心动过速及室颤。其次也用于癫痫持续状态用其他抗惊厥药无效者及局部或椎管内麻醉。

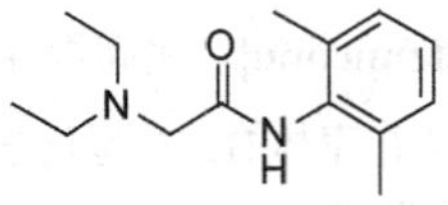

利福平 [rifampicin] 又称力复平、甲哌利福霉素或利米定。化学式 $C_{43}H_{58}N_4O_{12}$，分子量 822.94。红色固体，熔点 183～188℃。1959 年，森西等从法国里维埃拉松林土壤的细菌中分离出一种化合物，将其衍生化得到利福平。它作为广谱抗生素药物，对结核杆菌、革兰氏阴性菌或阳性菌均有抗菌作用。主要用于治疗金黄色葡萄球菌感染、沙眼和结核病等。

利米定 [rifampicin] 即利福平。

利心平 [nifedipine] 即硝苯地平。

利血平 [reserpine] 又称蛇根碱。化学式 $C_{33}H_{40}N_2O_9$，分子量 608.68。无色棱状晶体，熔点 277～277.5℃(分解)，比旋光度 $[\alpha]_D^{20}$ −118°(c = 1，氯仿)，LD_{50} 为 15 mg/kg。易溶于氯仿、二氯甲烷、冰乙酸，且能溶于其他多种有机溶剂中。1952 年由施利特勒(E. Schlittler)从蛇根木中首次分离得到。为一种不可逆的囊泡单胺转运体(VMAT)抑制剂，具有降压和安定作用，早期曾为高血压治疗药物和镇静药。但由于较大的副作用，目前已不用作一线药物。

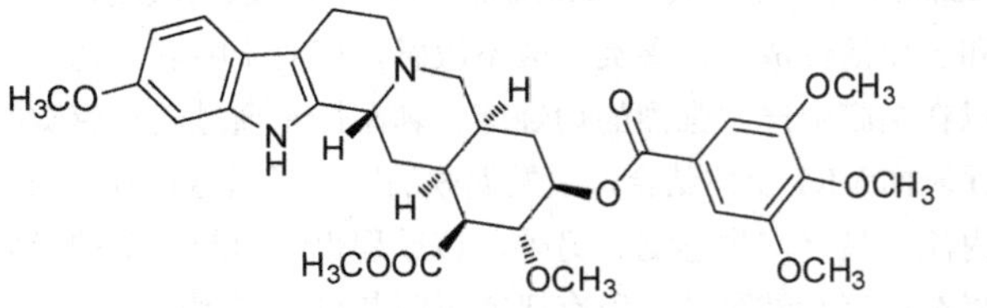

栎精 [quercetin] 即槲皮[黄]素。

栎皮酮 [quercetin] 即槲皮[黄]素。

痢特灵 [furazolidone; medaron; furoxane; topazone] 又称呋喃唑酮。化学式 $C_8H_7N_3O_5$，分子量 225.16。二甲基甲酰胺中结晶得黄色晶体，强光下渐变黑。熔点 256～257℃。微溶于水，遇碱分解。可由 3-氨基-2-唑烷酮与 5-硝基-2-呋喃甲醛作用制成。是一种硝基呋喃类抗生素，广谱抗菌药，对常见的革兰氏阴性菌和阳性菌有抑制作用。主要用于治疗细菌和原虫引起的痢疾、肠炎、胃溃疡等胃肠道疾患，也可用于伤寒、副伤寒、梨形鞭毛虫病等。罗伯特实验室(Roberts Laboratories)使用 Furoxone 作商品名，而葛兰素史克则使用 Dependal-M 作商品名。

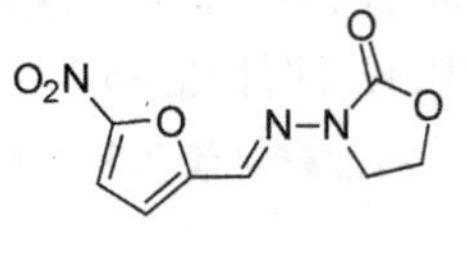

链霉素 [streptomycin] 化学式 $C_{21}H_{39}N_7O_{12}$，分子量 581.58。白色无定形粉末，有吸湿性。易溶于水，不溶于大多数有机溶剂，强酸、强碱条件下不稳定，是一种氨基葡萄糖型抗生素。1943 年美国科学家瓦克斯曼(S. Waksman)和他的研究生沙茨(A. Schatz)首次从链霉菌中分离得到，并因此获得了 1952 年诺贝尔生理学或医学奖。链霉素通过结合细菌核糖体 30S 小亚基上的 16S rRNA，干扰甲酰甲硫氨酸-tRNA 与其结合，阻止细菌的蛋白质合成，从而抑制细菌繁殖。针对链霉素的药物试验不仅仅是双盲测验还具有安慰剂对照，被认为是第一次随机临床试验。链霉素抗菌谱较广，特别对结核杆菌有显著抑菌功能。主要具有耳毒性和肾毒性，且治疗结核病容易产生抗药性，应用有所限制。

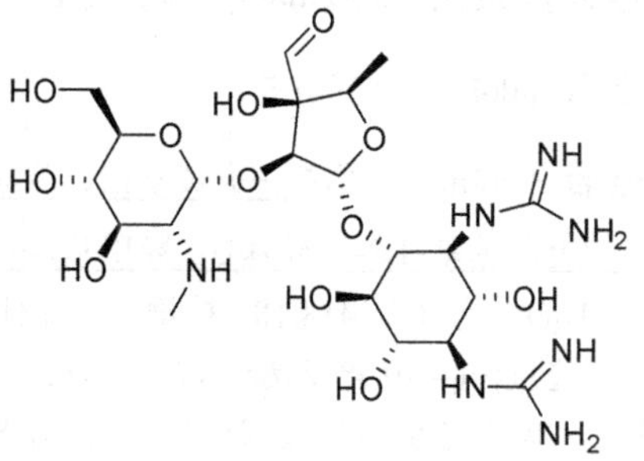

楝烷[类] [meliacane] 具有图示骨架的四环降三萜，由 26 个碳构成。如来自楝科植物(*Melia* spp.)的川楝素(toosendanin)，具有驱蛔作用。

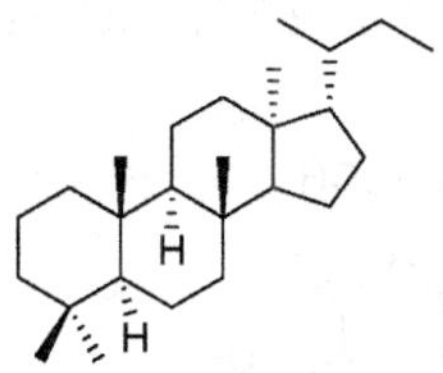

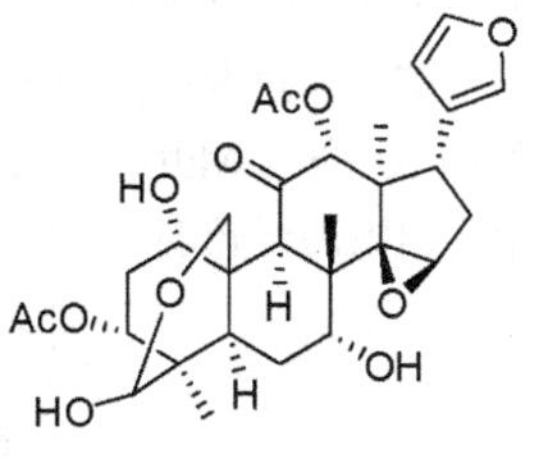

川楝素

两性霉素 B [amphotericin B] 又称庐山霉素。化学式 $C_{47}H_{73}NO_{17}$，分子量 924.09。黄色或橙黄色粉末，无臭。溶于 DMSO，微溶于 DMF，不溶于其他常见溶剂。熔点 170℃(分解)。1955 年施贵宝公司从一种链霉菌(*Streptomyces nodosus*)中分离得到，属于多烯类抗真菌药物。可与真菌和哺乳类动物细胞膜上的甾醇结合导致穿孔，引起胞内钾离子流出产生细胞毒性。临床上作为治疗全身深度真菌感染的抗生素，经静脉注射给药，有较大副作用。也可口服治疗鹅口疮等真菌感染。

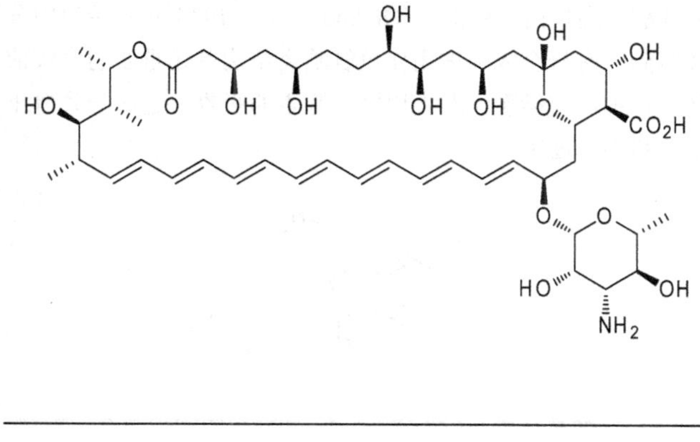

铃兰毒苷 [convallatoxin; corglykon] 甾族苷类化合物。化学式 $C_{29}H_{42}O_{10}$，分子量 550.63。熔点 235～242℃(分解)，比旋光度 $[\alpha]_D^{22}$ −1.7°±3°(甲醇)，$[\alpha]_D^{25}$ −9.4°±3°(二氧六环)。无臭，味苦。溶于乙醇、丙酮。微溶于水、氯仿、乙酸乙酯，几乎不溶于乙醚、石油醚。蛙静脉内的最小致死量为 0.3 mg/kg。铃兰毒苷存在于百合科植物铃兰的叶和花中，为毒毛旋花子醇的 L-鼠李糖苷。为高效、速效、短效强心苷，强心作用极强，是毛地黄毒苷的 3～5 倍，但毒性较大。可用羊角拗定与溴乙酰鼠李糖合成。用于治疗慢性心力衰竭、阵发性心动过速及克山病等。

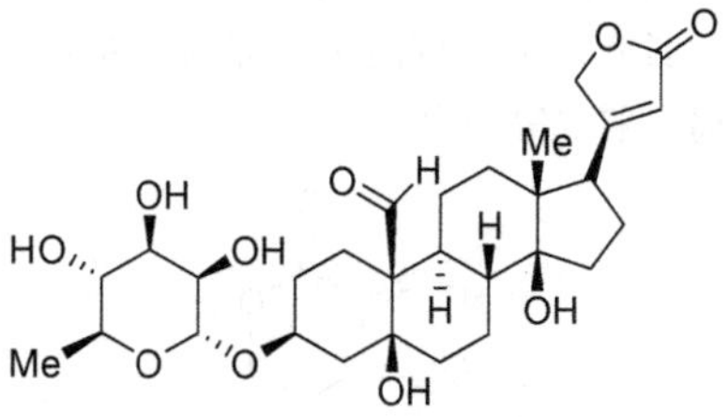

硫胺素 [aneurine] 即维生素 B_1。

硫酸软骨素 [chondroitin sulfate] 一类酸性黏多糖，有多种异构体。化学式$(C_{14}H_{21}NO_{14}S)_n$。白色粉末状固体，无臭、无味，易溶于水，不溶于乙醇和丙酮等有机溶剂，易吸湿，遇水膨胀或成黏浆；对热不稳定，碱性条件和较高湿度会引起变色(褐色)。存在于猪、牛、鸡、鲨鱼的软骨中。能够澄清脂质，提高机体解毒功能，利尿和镇痛，还可用于防止冠心病、心绞痛等心脏疾病。目前已经作为关节炎以及腰间盘突出的手术、滴眼液、骨质增生等的临床药物。

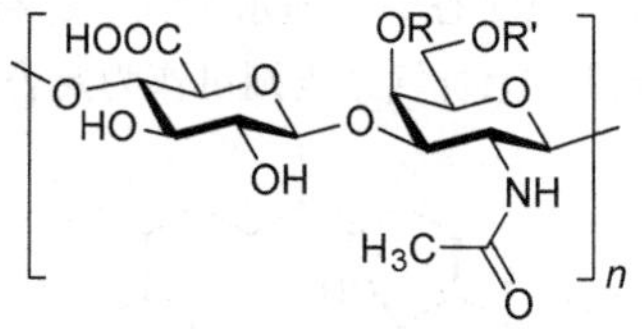

4-硫酸软骨素	R = SO_3H	R' = H
6-硫酸软骨素	R = H	R' = SO_3H

瘤胃素 [monensin] 即莫能菌素。

柳醇 [salicin] 即水杨苷。

柳珊瑚毒素 [lophotoxin] 又称冠柳珊瑚毒素。一种环状倍半萜类化合物。化学式 $C_{22}H_{24}O_8$，分子量 416.42。白色针状晶体，熔点 164~166℃，比旋光度 $[\alpha]_D^{27}$ +14.2°(c = 1.7，氯仿)，LD_{50}(小鼠一次经皮下注射)为 8.9 mg/kg。易溶于氯仿等有机溶剂中。1981 年由雅各布斯(R. S. Jacobs)等首次从太平洋中的冠柳珊瑚属珊瑚中分离得到。由于其由内酯与环丙氧基组成的立体结构和乙酰胆碱相似，因此可与烟碱型乙酰胆碱受体 nAChR α 亚基第 190 位酪氨酸共价结合，属于 nAChR 的不可逆拮抗剂，从而可以抑制神经受到刺激后的肌肉收缩。但对直接电刺激引起的肌肉收缩不产生影响，是一种新的神经肌肉毒素。

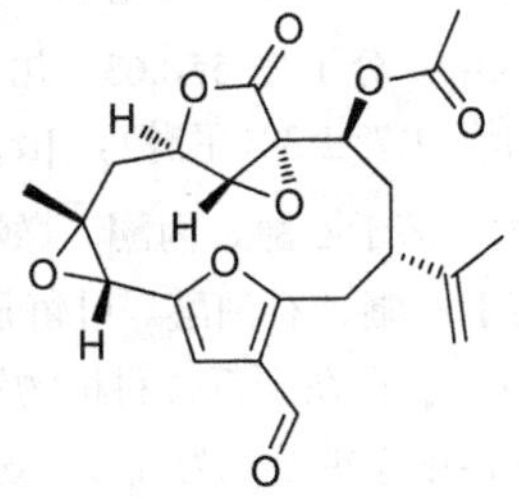

龙胆碱 [gentianine] 又称龙胆宁碱、秦艽碱甲。化学式 $C_{10}H_9NO_2$，分子量 175.18。针状晶体(乙醚或石油醚中)，味苦，易溶于碱性溶液。熔点 82～83℃。主要从龙胆科植物中分离得到。具有抗炎、抗溃疡、抑制胃液分泌等作用，同时还具有镇痛、催眠等作用。

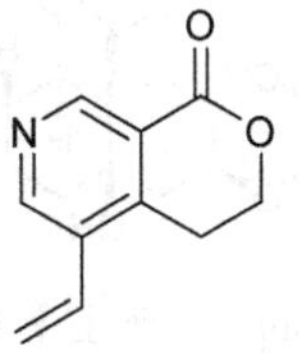

龙胆宁碱 [gentianine] 即龙胆碱。

龙脑 [borneol] 即冰片。

龙涎香 [ambergris] 一种名贵的动物香料，是抹香鲸的一种代谢产物。纯净和最有价值的龙涎香呈淡灰白至金黄色或罕见的粉白色，有与麝香相似的独特香气。熔点 70～75℃，沸点 100℃，相对密度 d_4^{25} 0.78～0.92，可溶于热乙醇、氯仿和醚。由三萜醇龙涎香醇及一系列的甾醇组成，龙涎香醇是其主要成分。龙涎香中可随水蒸气一起蒸发的分段是集中香气精华的分段，无香气分段则可作为定香剂使用。

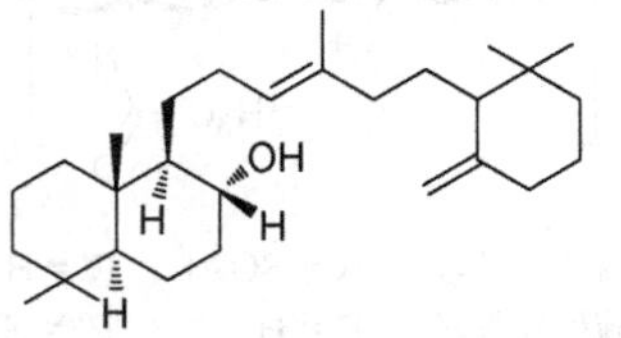

龙涎香烷[类] [ambrane] 角鲨烯或角鲨烷部分形成环，构成图示骨架结构的三环三萜化合物。龙涎香为抹香鲸肠道排泄的灰色块状物，为贵重香料，含龙涎香醇(ambrein)等三萜化合物。

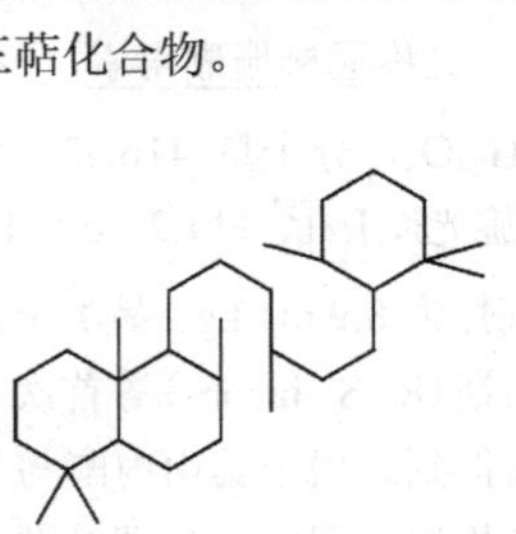

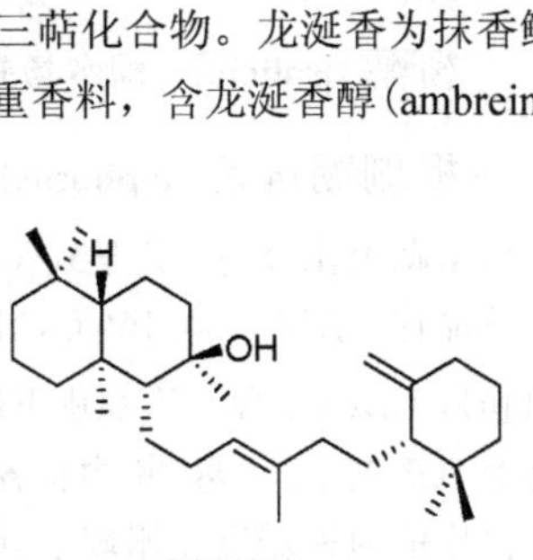

龙涎香醇

芦丁 [rutin] 即芸香苷。

芦荟大黄素 [aloe emodin] 蒽醌类化合物。化学式 $C_{15}H_{10}O_5$，分子量 270.24。红色至黄色晶体，溶于丙酮、甲醇、乙醇，熔点(CO_2 气流中升华纯化) 223～224℃，(丙酮中结晶纯化) 220～221℃。1922 年在芦荟中首次提取。也分布于芦荟植物的胶质和渗液中。有强烈的兴奋作用，可以起到润肠通便的效果。经皮摄入芦荟大黄素时没有致癌性，但却可以增加某些辐射的致癌性。

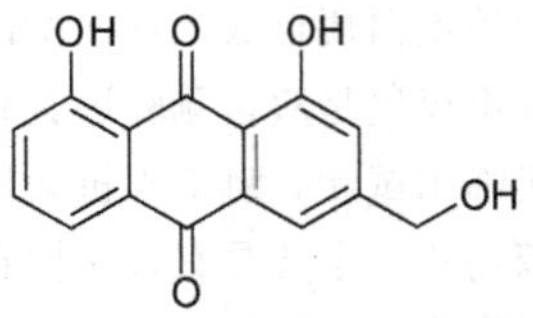

芦荟大黄素甙 [barbaloin] 即芦荟苷。

芦荟甙 [aloin] 即芦荟苷。

芦荟苷 [aloin] 又称芦荟大黄素甙、芦荟素、芦荟甙、10-*β*-D-葡萄吡喃糖基-1,8-二羟基-3-(羟甲基)-9(10*H*)-蒽酮。化学式 $C_{21}H_{22}O_9$，分子量 418.18。柠檬黄色晶体。熔点 148～149℃，比旋光度$[\alpha]_D$–10.4°(乙酸乙酯)。一水合物，熔点 70～80℃。味苦，略带沉香气味。易溶于吡啶，溶于甲醇、乙醇、冰乙酸、乙酸甲酯、丙酮、丙醇、水，略溶于乙酸乙酯、异丙醇，微溶于氯仿、乙醚。与锌粉一起蒸馏产生甲基蒽，与盐酸醇溶液作用生成芦荟大黄素和 *d*-阿戊糖。从甲醚、乙醇中得柱状晶体，熔点 141～145℃，比旋光度 $[\alpha]_D^{25}$ –14.5°(0.1 MeOH)。可由东非芦荟、库拉索芦荟(*Aloe vera* L.)、乌干达芦荟、好望角芦荟(*Aloe ferox* Mill)、斑纹芦荟及鹿角芦荟中提取。有致泻作用，但致泻性较弱。

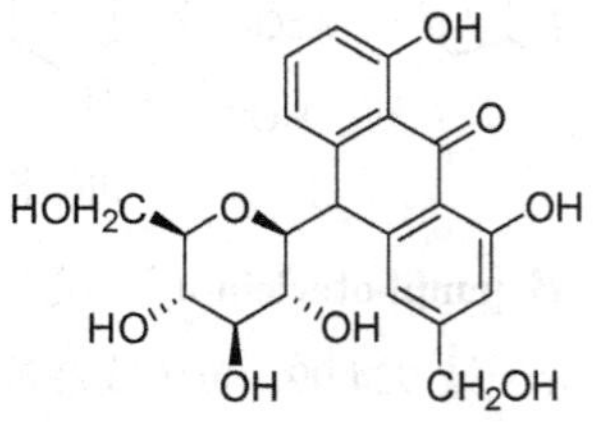

芦荟素 [aloin] 即芦荟苷。

芦竹碱 [gramine; donaxine] 又称禾草碱、克胺。化学式 $C_{11}H_{14}N_2$，分子量 174.24。叶片状或针状结晶。熔点 132～134℃。溶于乙醇、乙醚、氯仿，微溶于冷丙酮，不溶于水和石油醚。最早由奥列霍夫(Orekhov)等于 1935 年从芦竹中分离得到。有机合成中被用作色氨酸类结构单元重要的合成前体。可抑制突触囊泡对去甲肾上腺素的吸收，进而导致血压上升和心动过速。

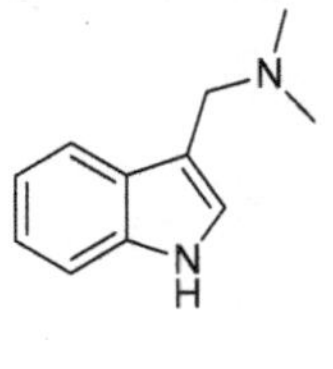

庐山霉素 [amphotericin] 即两性霉素 B。

鲁米那 [luminal] 即苯巴比妥。

氯苯甲氧咪唑 [econazole] 即益康唑。

氯苯那敏 [chlorphenemine maleate] 即扑尔敏。

氯高铁血红素 [ferriprotoporphyrine IX chloride; hemin] 化学式 $C_{34}H_{32}N_4O_4 \cdot Cl \cdot Fe$，分子量 651.95。蓝色三斜晶系，熔点 300℃，相对密度 d_4^{20} 1.415，顺磁性。血液中的重要组成成分。可用于治疗急性间歇性卟啉症。

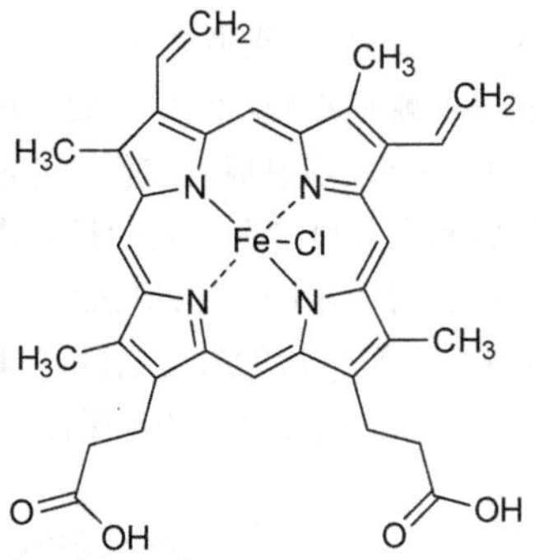

氯化甲硫氨基酸 [methylmethionine sulfonium chloride] 即维生素 U。

氯霉素 [chloramphenicol] 化学式 $C_{11}H_{12}Cl_2N_2O_5$，分子量 323.13。无色至淡棕色晶体，正交晶系，熔点 150～152℃，折射率 n_D^{165} 1.5403，比旋光度 $[\alpha]_D^{20}$ −12.1°（c = 1，水）。是由利布（D. Gottlieb）从委内瑞拉链丝菌分离得到的广谱抗生素，1949 年正式药用，也是首例大规模合成生产的抗生素。可以和 50S 核糖体结合，并封锁 A 位点，阻止氨酰-tRNA 与核糖体结合，从而抑制肽键的形成，使蛋白质合成中断，杀灭细菌。可透过血脑屏障，因此对脑膜炎等需要透过脑脊液给药的炎症有很好疗效。目前许多国家已经严格限制使用氯霉素，因其对造血系统有严重副作用，可能导致再生障碍性贫血、白血病等致命不良反应，孕妇服用或婴儿过量服用可导致灰婴综合征，严重影响婴儿健康；另外也有许多细菌已经对它产生了耐药性，因此目前许多国家已经严格限制使用。现常见的氯霉素制品为眼药水。

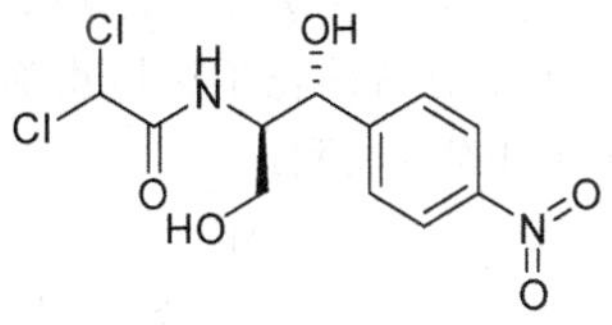

氯四环素 [chlortetracycline] 即金霉素。

卵磷脂 [lecithin] 又称蛋黄素。白色蜡状固体或无色液体，低温下可结晶，空气中易吸湿、易氧化变黄。可溶于一般有机溶剂。1846 年由法国药剂师戈博雷（T. Gobley）于蛋黄中分离得到。广泛存在于动物、植物中，是由甘油、脂肪酸、磷酸和胆碱等构成的一类磷脂。对维持生物膜的生理活性、调节机体的正常代谢有重要作用，同时具有良好的乳化性和抗氧化性，被广泛用于食品、医药、化妆品等行业。有时也单指磷脂酰胆碱。

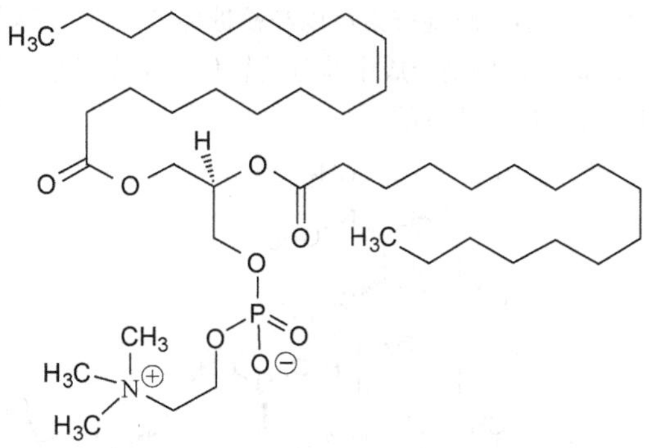

罗汉松烷[类] [podocarpane] 具有图示 17 碳骨架结构的三环二萜化合物。C 环上消除了异丙基，多为芳环。如存在于罗汉松（*Podocarpus* spp.）植物中的罗汉松酸（podocarpic acid）。

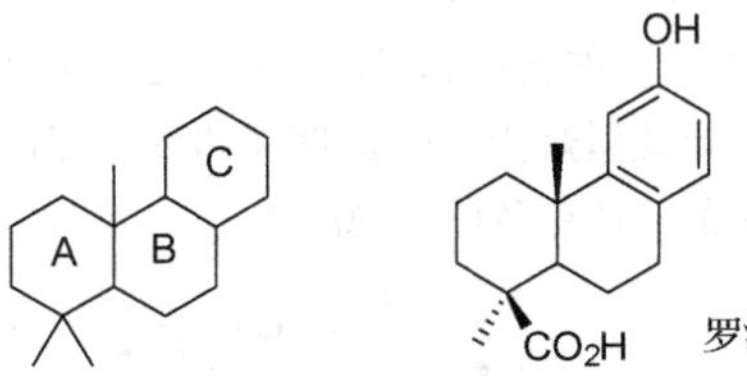

罗汉松酸

萝巴新 [raubasine] 即阿马碱。

萝芙木生物碱 [rauwolfia alkaloid] 自热带植物萝芙木属（*Rauwolfia* sp.）植物中分离得到的一类五环吲哚生物碱。按其结构骨架分为育亨宾（yohimbine）、阿马利新（ajmalicine）、阿马林（ajmaline）、利血平（reserpine）四类。图示为育亨宾（yohimbine）结构。

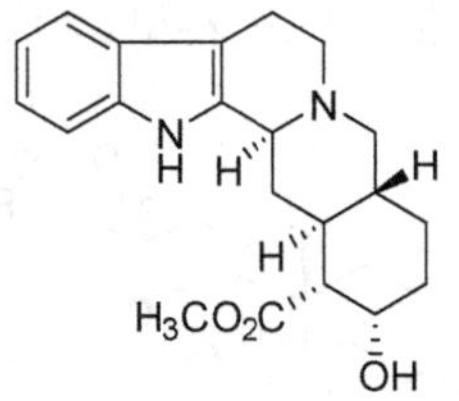

螺[环]甾烷[类]生物碱 [spirosolane alkaloid] 具有氮杂螺环甾烷（azaspirostane）基本骨架的螺[环]甾烷衍生物（如图所示）。广泛存在于茄科植物，如 β-苦茄碱（β-solamarine）。

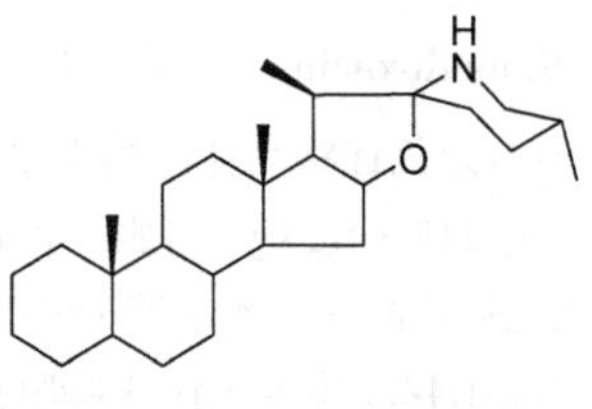

螺旋霉素 [spiramycin] 包括 3 种化合物，以 1 型为主。化学式 $C_{43}H_{74}N_2O_{14}$，分子量 843.06。熔点 134～136℃，比旋光度 $[\alpha]_D^{20}$ −96°（c = 1，甲醇）。白色至微黄色粉末，微吸湿。

1952 年从生二素链霉菌中首次分离得到，很快被药用。它是一种大环内酯类抗生素，抗菌谱和机理均与红霉素相似，且与红霉素交叉耐药。螺旋霉素的抗菌作用略弱于红霉素，但有更强的抗菌后效应(PAE)，可以增强吞噬细胞活性，其副作用也比红霉素小。螺旋霉素可以与核糖体 50S 大亚基结合，并封锁 P 位点，抑制合成中肽链的转位，从而终止细菌的肽链合成，达到抑菌的目的。

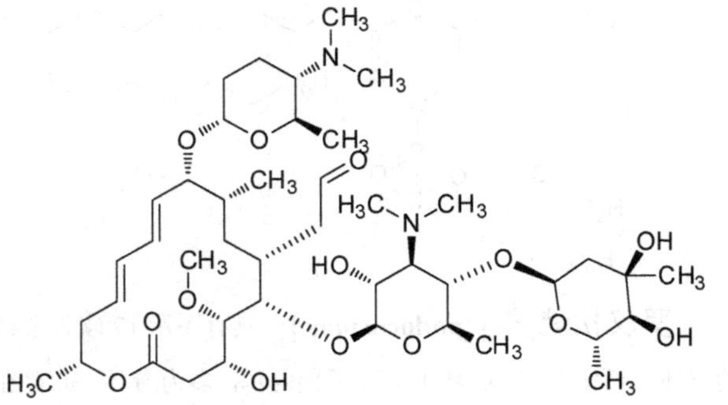

螺甾烷[类] [**spirostane**]　具有 27 碳骨架结构的甾体化合物。按其结构中 C_{25} 的构型和环的环合状态，可分为螺甾烷类(图示结构)、异螺甾烷类、呋甾烷类和变形螺甾烷类。在植物中有广泛分布，具有多种生物活性。

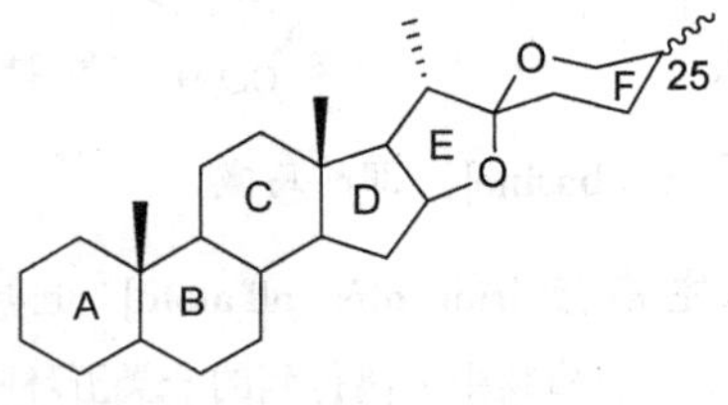

螺甾烷甾体皂苷 [**spirostane saponin**]　苷元骨架具有特征的并呋喃/吡喃螺环缩酮结构。B/C 和 C/D 环均为反式稠和，A/B 环有顺式和反式。C-25 位甲基为 *β*-型(直立键)的为螺甾烷；C-25 位甲基为 *α* -型(平伏键)的为异螺甾烷。

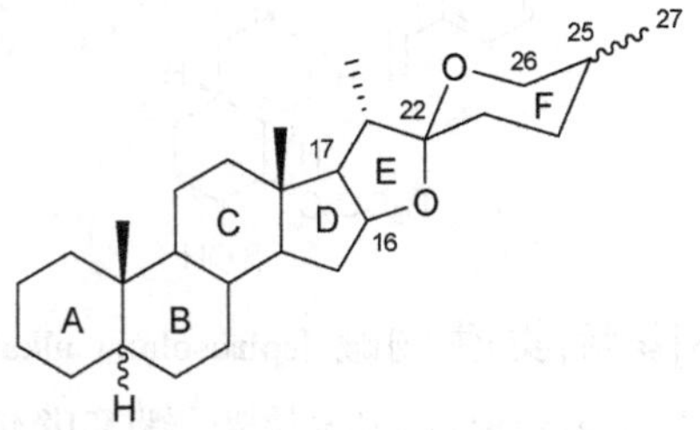

洛贝林 [**lobron**]　即山梗菜碱。

洛美沙星 [**lomefloxacin**]　化学式 $C_{17}H_{19}F_2N_3O_3$，分子量 351.35。乙醇中得无色针状晶体，熔点 239～240.5℃。小白鼠 LD_{50}：静脉注射 245.6 mg/kg，口服＞4000 mg/kg。其盐酸盐在水中结晶得无色针状晶体，熔点 290～300℃(分解)。可将 7-氯-1-乙基-6,8-二氟-1,4-二氢-4-氧代-3-喹啉甲酸与 2-甲基哌嗪在吡啶中回流，产品以盐酸乙醇液处理而成。该品与氨茶碱类等的相互作用轻微。用作氟化的喹啉酮类抗生素。临床上用于敏感菌所致的呼吸道、尿道感染。含有镁或钠的抗酸药能与该品发生螯合作用，从而显著降低该品的生物利用度。

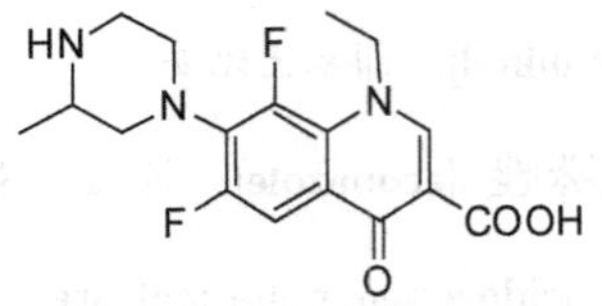

络活喜 [**amlodipine; istin; norvasc; amlodipine besylate**]　又称氨氯地平、阿莫洛地平、安洛地平。化学式 $C_{20}H_{25}ClN_2O_5$，分子量 408.88。(±)-型马来酸盐，乙酸乙酯中得白色晶体，熔点 178～179℃。其苯磺酸盐是本品的常用盐，称苯磺酸氨氯地平片、阿洛地平、antacal、monopina。白色晶体，微溶于水，略溶于乙醇。为二氢吡啶钙通道拮抗药。可用 *N*-甲基-*N*-苄基氨基乙醇和氯乙酰基乙酸乙酯反应后，再与邻氯代苯甲醛及 *β*-氨基巴豆酸甲酯反应制成。用作抗心绞痛药及抗高血压药，对冠状动脉和全身血管有显著的扩张作用，还具有抗动脉粥样硬化作用。络活喜(苯磺酸氨氯地平片)具有起效和缓、作用持久平稳、每日一次的方便剂量、24 小时稳定控制高血压和心绞痛以及极佳的安全性和耐受性。

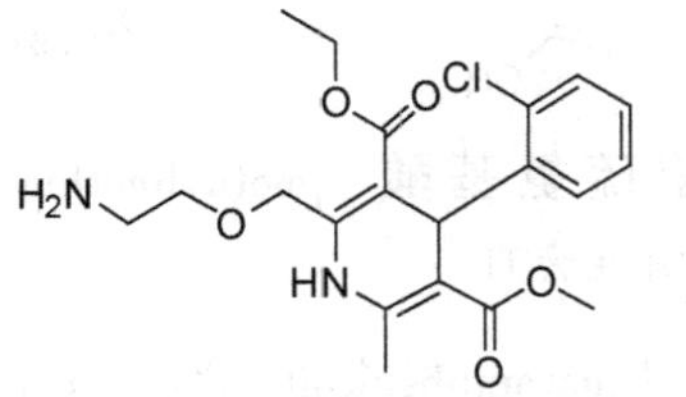

骆驼蓬碱 [**harmaline**]　又称哈马灵。一种吲哚生物碱。化学式 $C_{13}H_{14}N_2O$，分子量 214.26，熔点 232～234℃。棕灰色粉末，易溶于稀酸、热乙醇，微溶于水、乙醚中，溶液呈蓝色荧光。从蒺藜科植物骆驼蓬(*Peganum harmala* L.)的种子中分离得到。是一种中枢神经抑制剂，对乙酰胆碱酯酶、单胺氧化酶的活性具有可逆抑制作用。能够有效降低由食入富含酪胺食物所引起的高血压，可刺激小鼠纹状体多巴胺的分泌，并可造成暂时性的梦状精神分裂症和共济失调。

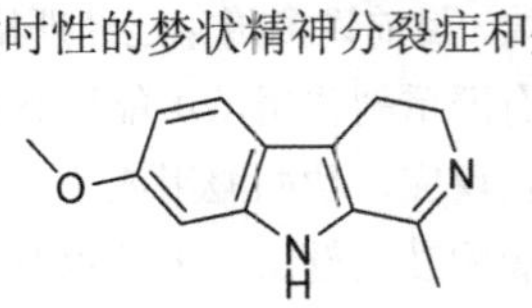

落花生甙 [**arachiside A**]　又称落花生苷A。一种含有糖苷的降倍半萜类化合物。化学式 $C_{19}H_{30}O_9$，分子量402.44。淡黄色油状物。可由豆科落花生属植物落花生(*Arachishy pogaea* L.)的茎和叶中分离得到。

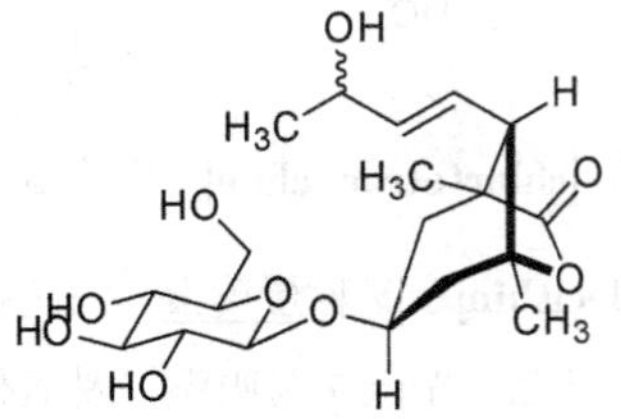

落花生苷A [**arachiside A**]　即落花生甙。

麻黄碱 [ephedrine] 又称左旋麻黄碱、麻黄素。化学式 $C_{10}H_{15}NO$，分子量 165.23。蜡状固体或结晶颗粒，相对密度 d_4^{25} 1.124，熔点 38～39℃，沸点 255℃，闪点 85.6℃，比旋光度 $[\alpha]_D^{20}$ −36°(c=2，水)，LD_{50}(小鼠一次经口)为 1400 mg/kg。可溶于水，易溶于乙醇、氯仿和乙醚。1885 年首次从双穗麻黄(即蛇麻黄)中分离得到。其主要作用是加快人体新陈代谢，使人心跳加快、血管收缩、血压上升、精神亢奋等；副作用主要包括失眠、心血管疾病、中风等。曾作为气喘的特效药和减肥食品的添加物。

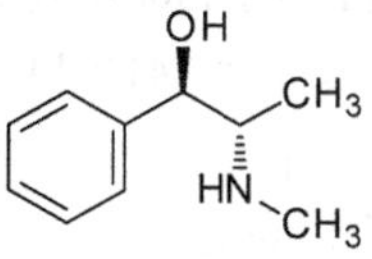

麻黄素 [ephedrine] 即麻黄碱。

马卡因 [maackiain] 即高丽槐素。

马奈雌酮 [equilenin] 化学式 $C_{18}H_{18}O_2$，分子量 266.34。熔点 257～259℃，比旋光度 $[\alpha]_D^{30}$ +84°(c = 0.7，二氧六环)。它是从怀孕母马的尿液中分离得到的一种雌性激素，与雌酮结构相近，功能也相近。

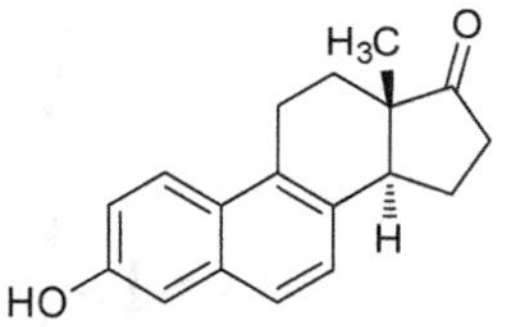

马钱子碱 [brucine] 化学式 $C_{23}H_{26}N_2O_4$，分子量 394.47。无色针状晶体，正交晶系，熔点 176～178℃，相对密度 d_4^{20} 1.31 g/cm^3。味苦，微溶于水，易溶于有机溶剂，比旋光度 $[\alpha]_D^{20}$ −120.5°(c=1，氯仿)。与番木鳖碱结构极为相似，其生源合成也基本相同。其 C-9、C-10 位的甲氧基取代基使得其毒性较番木鳖碱略小。可被用于调节高血压或其他一些心脏疾病。也是常用的一种手型分离试剂，特别是用于分离氨基酸的功能十分显著。

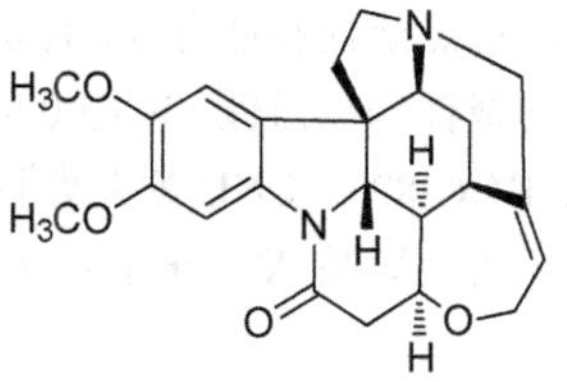

马桑毒内酯 [coriamyrtin] 即马桑毒素。

马桑毒素 [coriamyrtin] 又称马桑内酯、马桑毒内酯。马桑属植物及其寄生虫中含有的一种倍半萜类化合物。化学式$C_{15}H_{18}O_5$，分子量278.29。味苦，单斜棱柱形白色结晶固体。熔点228～230℃，沸点485.9℃，闪点187.3℃。微溶于水、冷乙醇，易溶于热乙醇、乙醚。1864年，雷朋(Riban)首次于欧洲马桑科植物(*Coriaria mytifolia*)中分离得到，也存在于百里香叶马桑(*C. thymifolia* Humb. Et Bonpl.)的叶和果实中。对中枢神经有抑制作用，被用于精神分裂症的治疗，对巴比妥类催眠药物同样具有良好的拮抗作用。

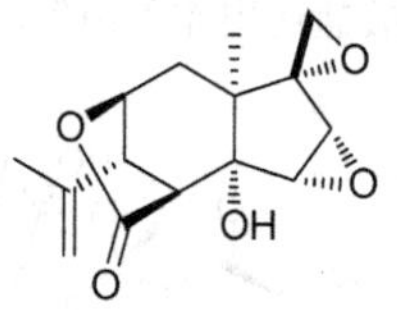

马桑内酯 [coriamyrtin] 即马桑毒素。

吗啡 [morphine] 属于阿片类生物碱。化学式 $C_{17}H_{19}NO_3$，分子量 285.4。闪点 11℃，常用其盐酸盐或硫酸盐。由于其具有梦境一般的镇痛效果，因此以梦境与睡眠之神——Morpheus 之名，将其命名为“吗啡”(morphine)。吗啡作用于中枢神经与平滑肌，具有镇痛作用。吗啡具有成瘾性，是一种毒品。高剂量的吗啡容易导致血压下降、呼吸抑制、昏迷。

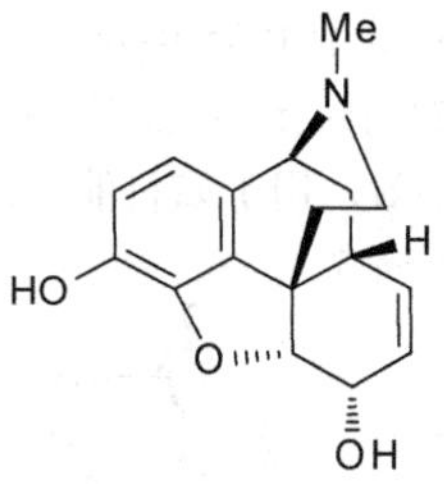

吗啡烷[类]生物碱 [morphinane alkaloid] 图示母核结构的一种苄基异喹啉生物碱。具有部分饱和的菲核结构。

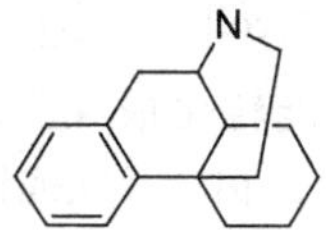

麦角胺 [ergotamine; 1,2′-hydrox-y-2′-methyl-5′α-(phenylmethyl)-ergotaman-3′,6′,18-trione] 化学式 $C_{33}H_{35}N_5O_5$，分子量 581.65。是一种肽型生物碱，苯中结晶后得长柱状晶体，分解点 212～214℃；比旋光度 $[\alpha]_D^{20}$ −160°(氯仿)。空气中加热和光照下变黑并分解。略溶于甲醇，微溶于乙醇，极易溶于氯仿、冰乙酸，不溶于水、石油醚。盐酸盐、乙醇中结晶后得矩形片晶，熔点 212℃(分解)，比旋光度 −160°(c=1，氯仿)。易溶于氯仿、吡啶、冰乙酸，可溶于乙酸乙酯，溶于乙醇和水的混合液，微溶于水、乙醇或苯。很不稳定，对光和空气都敏感，遇酸很易异构化。麦角胺盐酸盐的熔点 212℃(分解)；硫酸盐熔点 207℃(分解)；磷酸盐熔点 200℃(分解)。麦角胺酒石酸盐，称贾乃金(gynergin、ergate、ergotar-trate、femergin)，甲醇中结晶得单斜片晶，熔点 203℃(分解)，比旋光度 $[\alpha]_D^{20}$ −125°～−155°(氯仿)。静脉注射 LD_{50}：小鼠 62 mg/kg，大鼠 80 mg/kg。微溶于水或乙醇。麦角胺存在于麦角菌中，麦角是禾本科植物黑麦子房中生长的麦角菌的干燥菌核。有收缩血管作用，能使脑动脉血管的过度扩张与搏动恢复正常。用于偏头痛的缓解，能减轻其症状，无预防和根治作用，只宜头痛发作时短期使用。能够抑制人体子宫产后出血，可作为子宫收缩、止血剂。其酒石酸盐还用作兽用催产药。

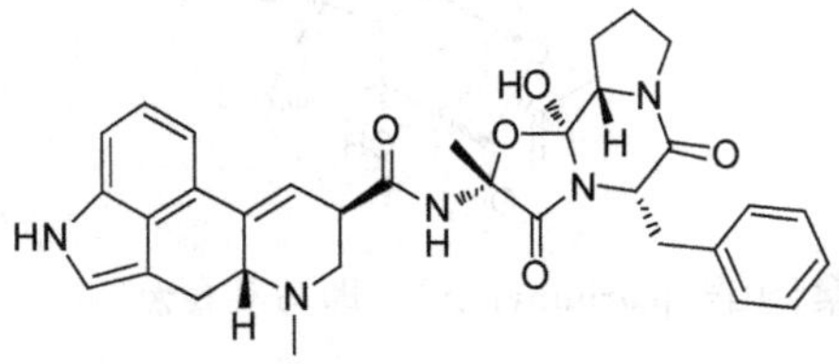

麦角巴生 [ergobasine] 即麦角新碱。

麦角固醇 [ergosta-5:6,7:8,22:23-tri-3-ol] 即麦角甾醇。

麦角新碱 [ergonovine; ergometrine; ergobasine] 又称麦角巴生。化学式 $C_{19}H_{23}N_3O_2$，分子量 325.41。常用其马来酸盐，白色晶状粉末，无臭无味，稍有吸湿性，见光易变质，溶于水、乙醇、乙酸乙酯、丙酮，不溶于氯仿或乙醚。最早由戴维斯(Davis)等于 1935 年分离得到。可与人体中的肾上腺素受体，多巴胺受体，5-羟色胺受体作用。具有促进血管收缩、子宫收缩的功效，用于妇科催产；可治疗产后子宫出血、月经过多、偏头痛等。

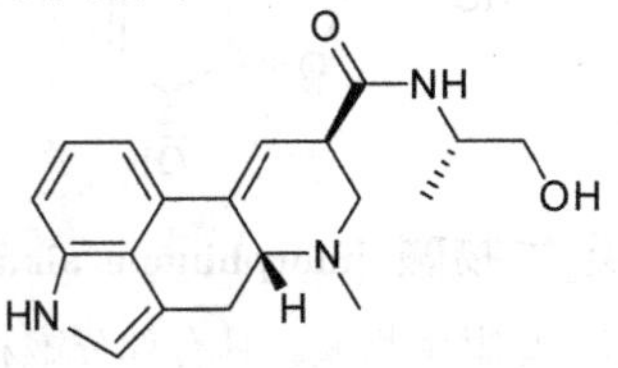

麦角甾醇 [ergosterol] 又称麦角固醇、前维生素D_2。是一种受紫外线照射能转化成维生素D_2的甾醇。化学式$C_{28}H_{44}O$，分子量396.67。白色片状或针状结晶，从醚中析出的为白色针状结晶；从醇中析出的为白色片状结晶。熔点166~183℃(含1.5个结晶水)，沸点250℃/1.33 kPa，有旋光活性，比旋光度$[\alpha]_D^{20}$ −135°(氯仿，1.2%)。溶于苯和氯仿，微溶于乙醇、乙醚、乙酸、石油醚，不溶于水。遇光和空气易被氧化变成黄色并放出特殊的气味，可被毛地黄皂苷沉淀。可以用酵母粉为原料经萃取、精制而得。可用作生化试剂及制备维生素等。

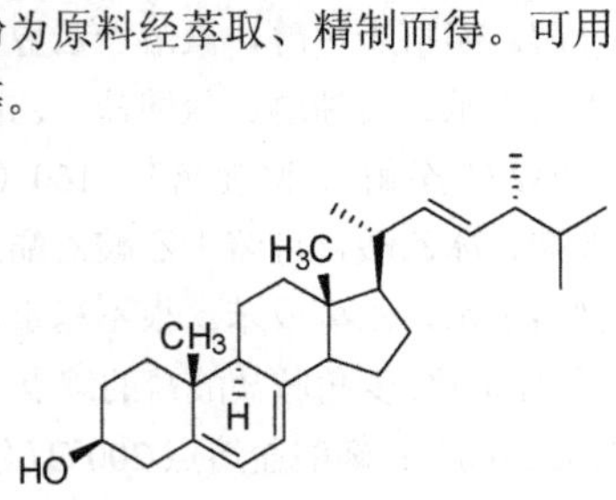

麦角甾烷[类] [ergostane] 具有图示28碳骨架结构的甾体化合物。可分为饱和麦角甾烷类、不饱和麦角甾烷类和芳香麦角甾烷类。广泛存在于植物和真菌内，具有多种生物活性。

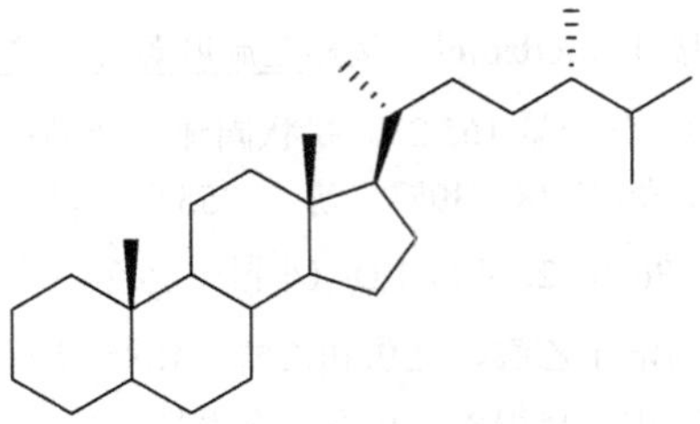

唛啶 [meperidine] 即度冷丁。

曼陀罗碱 [meteloidin(e)] 化学式$C_{13}H_{21}NO_4$，分子量255.31。由派曼(Pyman)等于1908年从曼陀罗中分离得到。从苯中析出扁平针状结晶，熔点141～142℃。

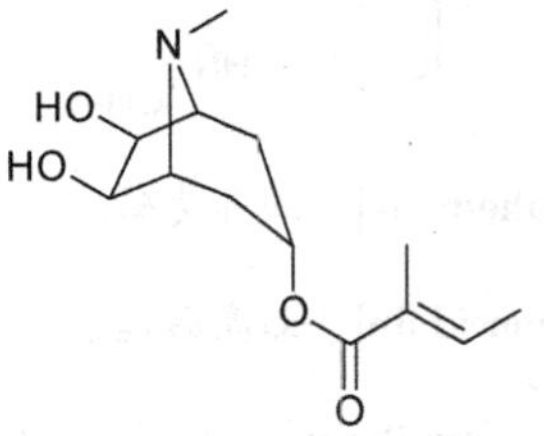

猫眼草黄素 [chrysosplenetin] 即金腰素。

毛地黄毒苷 [digitoxin] 毛地黄(*Digitallis lanata*)叶中分离出的强心苷。其苷元结构如图所示。

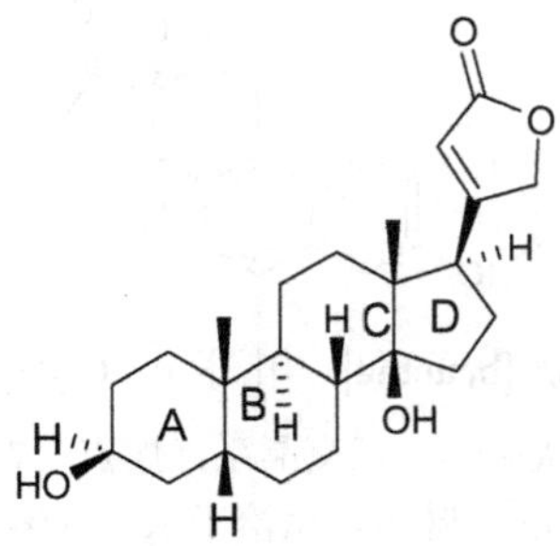

毛萼晶 [maoecrystal] 是从唇形科(Labiatae)毛萼香茶菜(原变种)*Rabdosia eriocalyx* (Dunn) H. Hara 中分离得到的一类二萜化合物的总称。包括毛萼晶 A(maoecrystal A)等多个化合物。1988 年孙汉董等在毛萼香茶菜(*Isodon eriocalyx*)中分离得到了毛萼晶 A。现已分离出毛萼晶 A～V，大部分化合物具有良好的抗癌活性和低毒性。毛萼晶 V 对 HeLa 细胞表现出很好的选择性抑制活性，IC_{50}=0.02 μg/mL，同时也对 K562、A549、BGC-823、CNE 等人类肿瘤细胞具有良好的抑制活性。图示为毛萼晶 V。化学式 $C_{19}H_{22}O_5$，分子量 330.38。

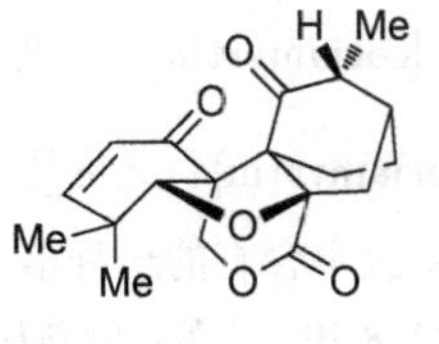

毛果芸香碱 [pilocarpine] 又称皮鲁卡品。化学式 $C_{11}H_{16}N_2O_2$，分子量 208.26。熔点 34℃，一般条件下为无色

油状液体；沸点 260℃/5 Torr，比旋光度$[\alpha]_D$ = +115.58°(c= 1.2，氯仿)。溶于水、乙醇和氯仿，难溶于乙醚、苯。是从毛果芸香属植物叶子中提取得到的生物碱，为副交感神经系统的非选择性毒蕈碱受体激动剂，对唾液腺、汗腺等腺体有兴奋作用，用于治疗青光眼，口干症以及莨菪碱、阿托品中毒。其副作用包括唾液、汗液过度分泌，支气管痉挛，心动过缓，腹泻，眉弓疼痛(眼部用药)等。

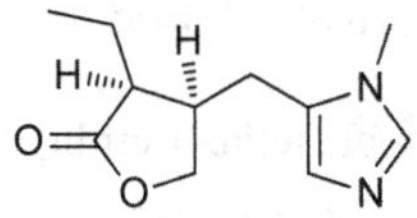

霉素 [mycin] 由细菌、真菌、放线菌属等微生物在生活过程中所产生的、具有抗病原体或其他活性的次生代谢产物。常作为药物使用。不同的种类有不同的作用，已知的有抗菌、抗病毒、抗衣原体、抗支原体、抗肿瘤、抑制寄生虫、除草等作用；常见的有青霉素、链霉素、土霉素、氯霉素、红霉素、博莱霉素、环孢霉素等。

咪唑[类]生物碱 [imidazole alkaloid] 具有咪唑环母核的一类生物碱。如临床用于治疗青光眼的毛果芸香碱(pilocarpine)。

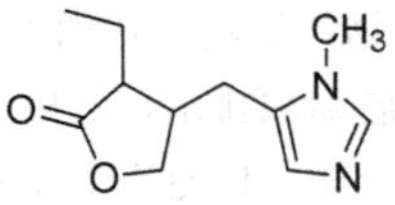

迷迭香酸 [rosmarinic acid] 酚类羧酸，咖啡酸和 3,4-二羟基苯基乳酸形成的酯，化学式 $C_{18}H_{16}O_8$，分子量 360.31。红色至橘黄色粉末，易溶于多数有机溶剂，微溶于水，熔点 171～175℃。1958 年由斯卡帕蒂(Scarpati)和奥连蒂(Oriente)从澳大利亚迷迭香中首次提取。也分布于唇形科植物、香蜂草、迷迭香、牛至、鼠尾草、百里香和薄荷等物种中。迷迭香酸可作为抗病毒、抗菌、抗炎和抗氧化剂。它作为 γ-氨基丁酸转氨酶抑制剂，也是一个潜在的抗焦虑药物。

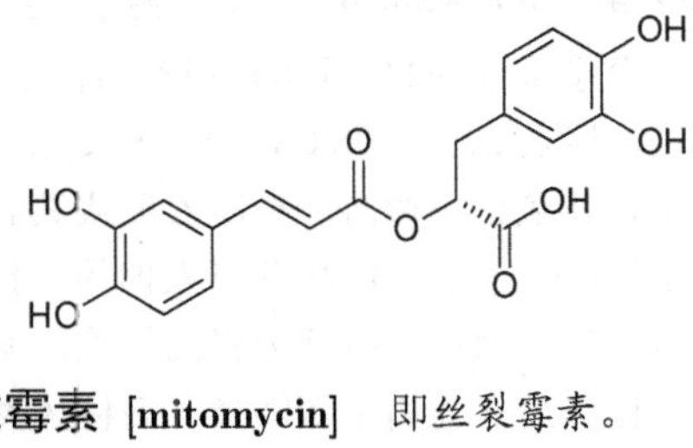

嘧吡霉素 [mitomycin] 即丝裂霉素。

嘧吐霉素 [mitomycin] 即丝裂霉素。

眠可欣 [methaqualone] 即安眠酮。

膜海鞘素 [didemnin] 即海鞘素。

没食子鞣质 [gallotannin] 水解后可生成没食子酸(图示结构)的一类可水解鞣质。

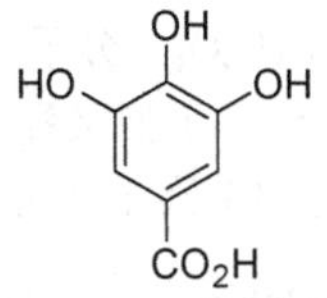

没药烷[类] [bisabolane] 具有图示基本骨架结构的单环倍半萜类化合物。如存在于多种挥发油中的 γ-没药烯(bisabolene)。

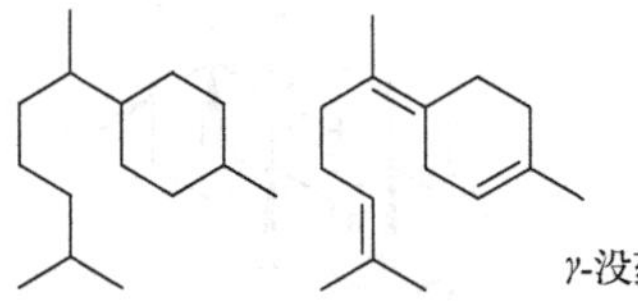

莫能菌素 [monensin] 又称瘤胃素。化学式 $C_{36}H_{62}O_{11}$，分子量 670.88。白色至浅棕色晶体，熔点 113～116℃，难溶于水。它是从肉桂地链霉菌中分离得到的聚醚类离子载体抗生素，主要用于畜类球虫病治疗。莫能菌素能与一价金属离子形成稳定复合物，并将这些阳离子在细胞表面和细胞内膜系统进行跨膜转运，进而影响 Na^+-H^+平衡。它还能抑制细胞内的蛋白质运输，因此表现出抗生素、抗疟疾等活性。另外，莫能菌素可以提高反刍动物瘤胃中丙酸的产量，进而提高饲料利用率和促进反刍动物生长。

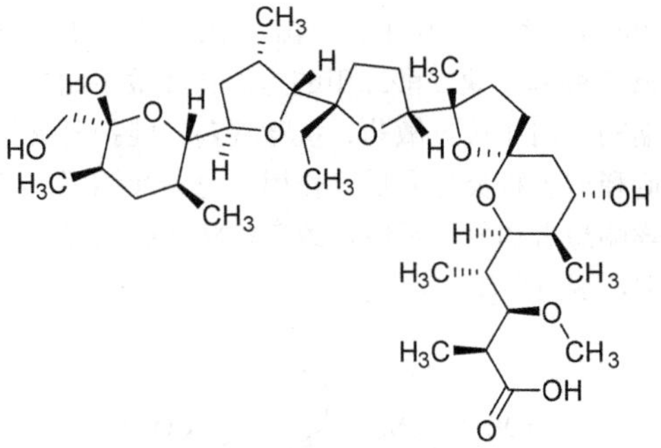

母菊碱 [matrine] 即苦参碱。

牡丹酚 [paeonol] 即丹皮酚。

木藜芦毒素 [grayanotoxin] 又称灰安毒素。是一类从杜鹃花科植物中分离得到的毒素。最早由久保(Kubo)等于 1912 年分离得到该家族第一个天然产物。Ⅰ型化学式 $C_{22}H_{36}O_7$，分子量 412.52；Ⅱ 型化学式 $C_{20}H_{32}O_5$，分子量

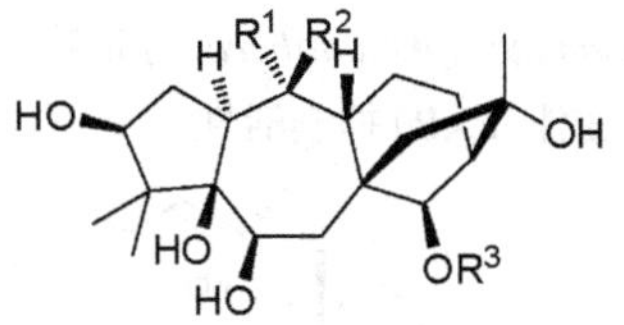

木藜芦毒素 I: R^1 = OH, R^2 = Me, R^3 = Ac
木藜芦毒素 II: R^1 = R^2 =—CH_2—, R^3 = H
木藜芦毒素 III: R^1 = OH, R^2 = Me, R^3 = H
木藜芦毒素 IV: R^1 = R^2 =—CH_2—, R^3 = Ac

352.47；Ⅲ型化学式 $C_{20}H_{34}O_6$，分子量 370.48；Ⅳ型化学式 $C_{22}H_{34}O_6$，分子量 394.50。Ⅰ型又称马醉木毒素、玫红素。可结合到细胞膜中特定的钠离子通道上，使之持续被激活。

木栓烷[类] [friedelane] 具有图示基本骨架的五环三萜化合物。

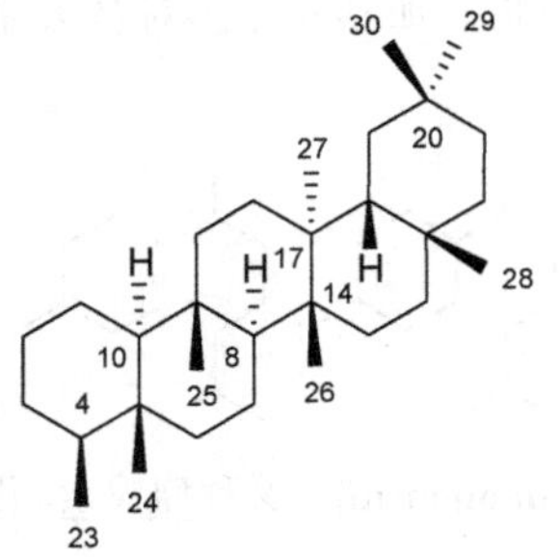

木脂素[类] [lignan] 由 C_6-C_3 单元(丙烯基酚或烯丙基酚及其衍生物)氧化聚合而形成的一类天然产物。单元侧链中以 β-β 碳相连而成的二聚体，称为木脂素。

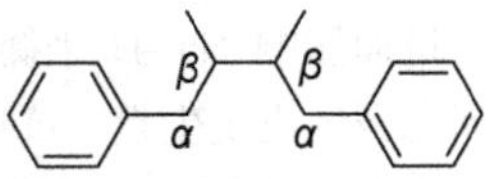

奈多罗米 [nedocromil; tilade] 化学式 $C_{19}H_{17}NO_7$，分子量 317.35。黄色粉末，熔点 298～300℃(分解)。二钠盐称 rapitil，titaria。苍黄色粉末。可由 8-丙基-7-乙酰氨基异香豆素-2-甲酸乙酯和丁炔二酸二甲酯为原料经数步制备。非甾体抗炎平喘药，用作抗过敏药、抗哮喘药。能抑制支气管黏膜炎症细胞释放多种炎症介质，作用比色苷酸钠强。吸入给药能降低哮喘患者的气道反应，改善症状和肺功能。可预防性治疗哮喘，喘息性支气管炎。

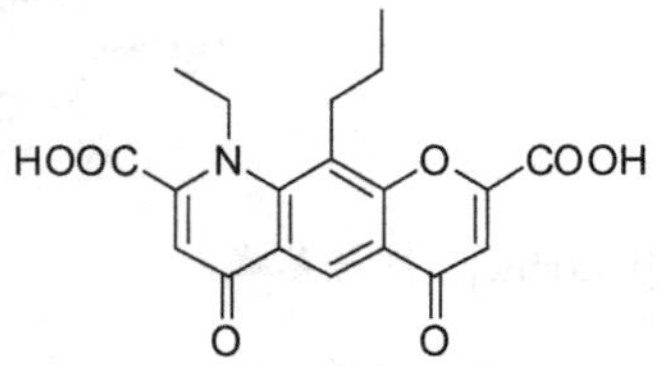

南五味子酸 [kadsuric acid] 一种开环三萜类化合物。化学式 $C_{30}H_{46}O_4$，分子量 470.68。白色针状晶体，熔点 184～185℃。1976 年由山田(Yamada)等首次从南五味子(*Kadsura japonica* Dunal)茎中分离得到，也存在于绯红南五味子(*Kadsura coccinea*)、滇藏五味子(*Schisandra neglecta*)、华中五味子(*Schisandra sphenanthera*)等植物中。具有较弱的法尼酯衍生物 X 受体(FXR)抑制活性。

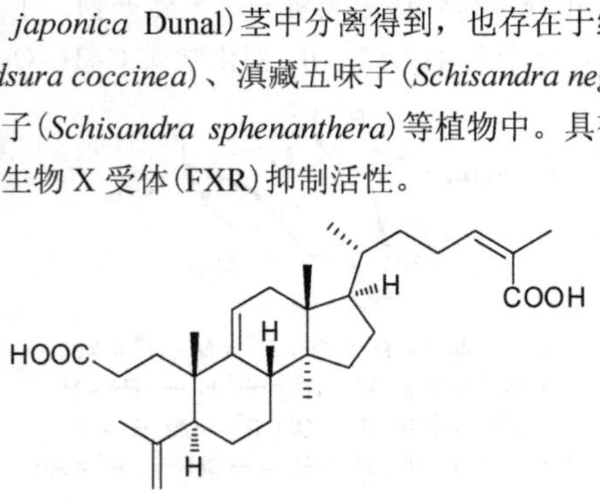

β-内酰胺抗生素 [β-lactam antibiotic] 分子结构中包括 β-内酰胺核的抗生素。种类包括青霉素及其衍生物、头孢菌素、单酰胺环类、碳青霉烯和青霉烯类酶抑制剂等。是目前使用最广泛的一类抗生素。

内型 1,7,7-三甲基二环[2.2.1]-2-庚醇 [endo-1,7,7-trimethylbicyclo[2.2.1]heptan-2-ol] 即冰片。

尼古丁 [nicotine] 即烟碱。

逆没食子鞣质 [ellagitannin] 水解后可生成逆没食子酸(图示结构)的一类可水解鞣质。

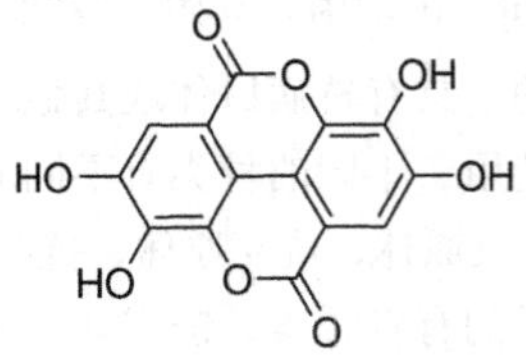

尿素 [urea] 又称脲。化学式 CH_4N_2O，分子量 60.06。一般为无色或白色针状或棒状晶体，无臭无味。熔点 132.7℃，闪点 72.7℃，相对密度 d_4^{20} 1.335。溶于水、醇，难溶于乙醚、氯仿，呈弱碱性。含氮量约 46.7%，是含氮量最高的固体氮肥，也是人或其他哺乳动物含氮物质代谢的主要终产物。在肝脏中产生，主要通过肾脏随尿排出，故称为尿素。对热不稳定，能分解生成氨和二氧化碳。1773 年，罗埃尔(H. Rouelle)发现尿素。1828 年，德国化学家韦勒(F. Wöhler)首次使用无机物氰酸铵与硫酸铵人工合成了尿素。适用作基肥和追肥；是脲醛树脂、三聚氰胺等的生产原料；药用尿素用于手足护肤，防皲裂。

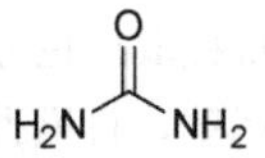

脲 [urea] 即尿素。

诺氟沙星 [norfloxacin] 又称氟哌酸。化学式 $C_{16}H_{18}FN_3O_3$，分子量 319.34。淡黄色或类白色结晶性粉末，无臭，味微苦，熔点 220～228℃，遇光易变色。在水、甲醇中几乎不溶，在氯仿中微溶，在冰乙酸或氢氧化钠溶液中易溶。是日本杏林公司于 1978 年开发的第三代喹诺酮类抗菌药物。具有抗菌谱广、抗菌力强的特点，尤其对革兰阴性菌有强杀菌作用。适用于咽喉炎、扁桃体炎及尿道炎等的治疗。可由氟氯苯胺为原料制取喹诺酸，然后再与哌嗪缩合制得。

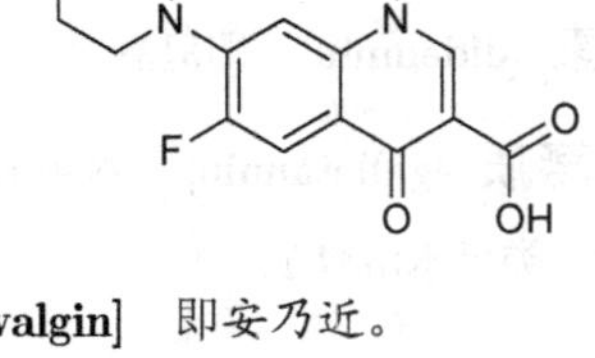

诺瓦经 [novalgin] 即安乃近。

噢哢类 [aurone] 即橙酮。

哌啶[类]生物碱 [piperidine alkaloid] 具有哌啶结构母核的一类生物碱。如槟榔碱(**1**,arecoline)、毒芹碱(**2**,coniine)

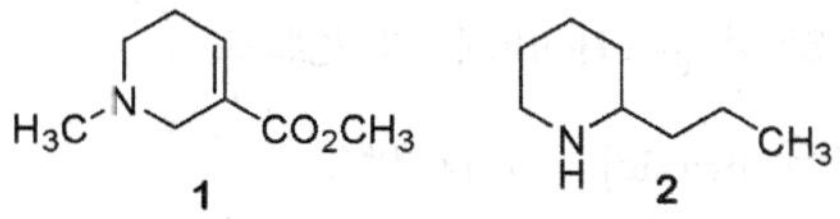

哌替啶 [meperidine] 即度冷丁。

蒎立醇 [D-pinitol] 即 D-松醇。

蒎烷类 [pinane] 具有图示[3.1.1]桥环基本骨架结构的二环单萜类化合物。如 α -蒎烯(pinene)。

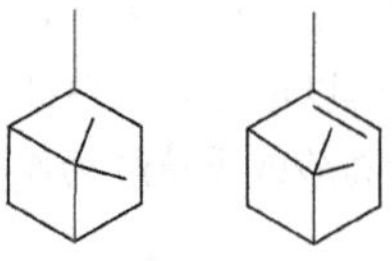

盘尼西林 [penicillin] 即青霉素。

皮鲁卡品 [pilocarpine] 即毛果芸香碱。

皮质醇 [cortisol] 又称氢化可的松、17-羟基皮质酮、皮质甾醇、氢化皮质素。肾上腺皮质产生的主要糖皮质激素，最早从肾上腺中分出。化学式 $C_{21}H_{30}O_5$，分子量 362.47。白色结晶性粉末，味苦。熔点 220℃(熔融时部分分解)；有旋光活性，比旋光度 $[\alpha]_D^{20}$ +167°(无水乙醇中)。不溶于水，溶于二氧六环、甲醇、丙酮、丙二醇、乙酸、热乙醇中，溶于浓硫酸中呈强烈的荧光。可用乙酸可的松为原料经反应制得，也可用 17α-羟基黄体酮或由 20-氰基-17-孕甾烯-21-醇-3,11-二酮为原料经反应制得。可用作生化研究，也可用作激素类药物，治疗风湿性关节炎、支气管哮喘、皮肤炎症、过敏等。

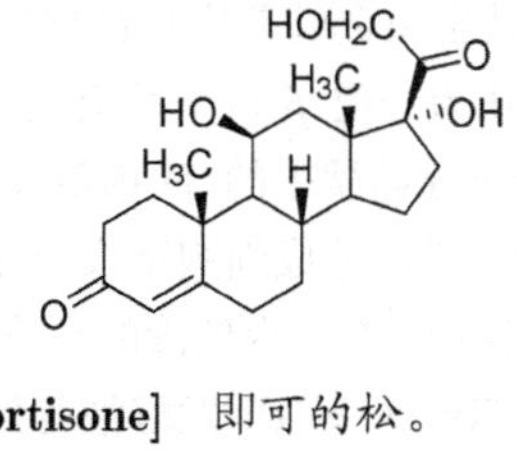

皮质素 [cortisone] 即可的松。

皮质甾醇 [aeroseb-HC] 即皮质醇。

嘌呤[类]生物碱 [purine alkaloid] 母核含嘌呤环的生物碱。如咖啡因(caffeine, 1,3,7-三甲基-2,6-二氧嘌呤)。

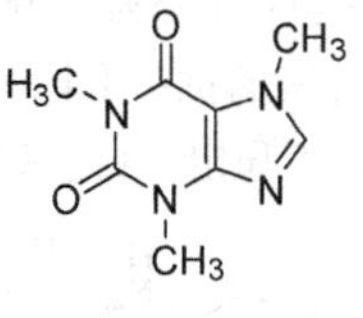

扑尔敏 [chlorpheniramine] 又称氯苯那敏。化学式 $C_{16}H_{19}ClN_2$，分子量 274.80。油状液体，沸点 142℃。医用的马来酸盐称氯屈米，白色粉末，熔点 131～135℃。微溶于乙醚和苯，易溶于水，且水溶液呈酸性。可由吡啶、对氯甲苯与二甲酰胺等缩合后再用马来酸成盐制得。为一种抗过敏药，可治疗过敏性气喘、荨麻症等。与阿斯匹林同时服用，治疗伤风效果良好。

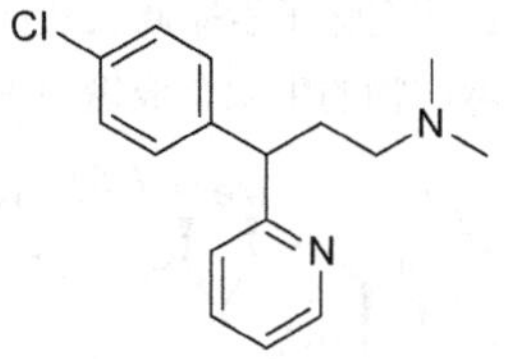

扑热息痛 [paracetamol; calpol; acetaminophen; tylenol] 又称对乙酰氨基酚。国际非专有药名为 Paracetamol。商品名称有百服宁、必理通、泰诺、醋氨酚等。化学式 $C_8H_9NO_2$，分子量 151.17。白色晶体或粉末。微苦。熔点 168～171℃。溶于热水、乙醇、丙酮。遇三氯化铁呈蓝紫色。可由对氨基酚经乙酰化制成。退热镇痛药，用于治疗头痛、发热、感冒、神经痛等，不含有抗炎成分。服用超过 7.5 g/d 或 150 mg/kg 体重可能导致肝中毒。在推荐剂量内，对乙酰氨基酚对于成人和幼儿都是安全的。适于儿童服用。

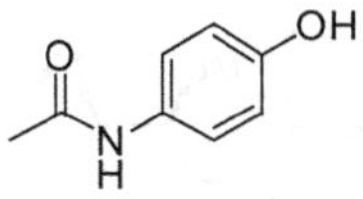

10-β-D-葡萄吡喃糖基-1,8-二羟基-3-(羟甲基)-9(10*H*)-蒽酮 [aloin] 即芦荟苷。

普罗芬 [ibuprofen] 即布洛芬。

普萘洛尔 [propranolol] 即心得安。

齐墩果烷[类] [oleanane (β-amyrane)] 又称 β-香树脂烷[类]。具有图示基本骨架，为 5 个并六元环构成的氢化苉骨架的五环三萜。其中 A/B、B/C、C/D 环为反式，D/E 为顺式，C-4、C-20 位有偕二甲基，具有 8β-、10β-、14α-、17β-角甲基构型。

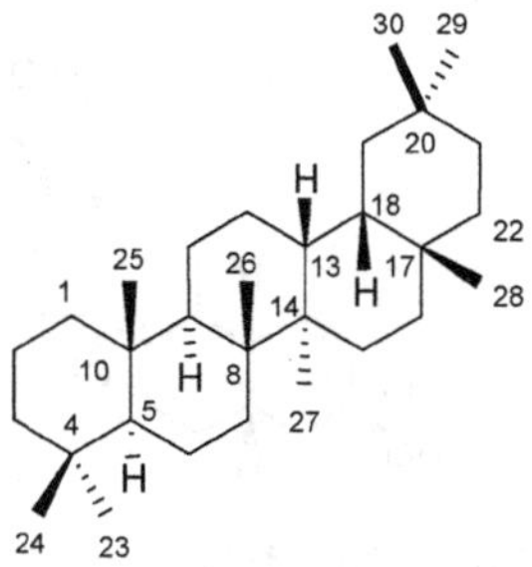

前戈米辛 [pregomisin] 即前五味子脂素。

前维生素 D_2 [provitamin D_2] 即麦角甾醇。

前五味辛 [pregomisin] 即前五味子脂素。

前五味子素 [pre-schisanartanin] 一类由五味子属植物中分离得到的、高度氧化重排的降三萜天然产物。其中具有代表性的化合物为前五味子素 A，化学式 $C_{31}H_{40}O_{11}$，分子量 588.65，白色晶体，熔点 178～179℃。2007 年由孙汉董等首次从五味子(*Schisandra chinensis*)植物中分离得到。该家族的其他天然产物具有与之相同的骨架结构，但具有不同的氧化态和立体构型。前五味子素家族天然产物的分离及结构鉴定为五味子家族天然产物的生源合成途径提供了新的证据。

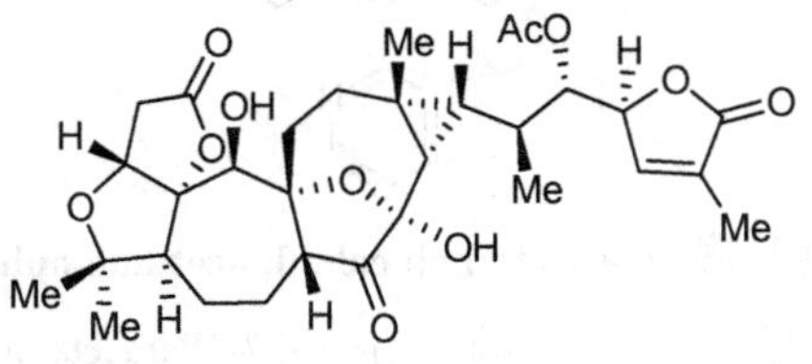

前五味子素A

前五味子脂素 [pregomisin] 又称前五味辛、前戈米辛。一种木脂素类化合物。化学式 $C_{22}H_{30}O_6$，分子量 390.47。白色针状晶体，熔点 127～130℃。1978 年由池谷元伺(Ikeya)等首次从五味子属植物五味子(*Schisandra chinensis*)中分离得到，也存在于中间五味子(*Schisandra propinqua*)、红花五味子(*Schisandra rubriflora*)等植物中。具有抗氧化、抗血小板凝集活性。

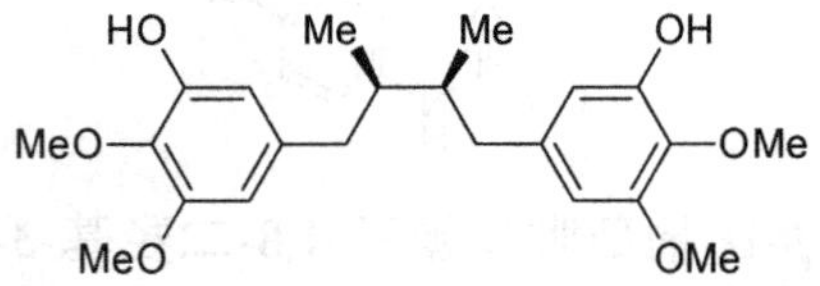

强心苷 [cardiac glycoside] 能增强心肌收缩作用的苷类化合物。由具有甾体骨架的强心苷元与糖通过苷键结合而成。甾体的 C-17 位连有 β 型的不饱和五元内酯环(甲型强心苷,其苷元结构如图示)或双不饱和六元内酯环(乙型强心苷)，C-3 位连有各种六碳糖；β 型不饱和内酯环是其强心作用的主要基团，糖的连接有改善溶解性及吸收、排泄作用，连接的糖越多，毒性越小，疗效越高。强心苷存在于玄参科、夹竹桃科、萝摩科、百合科等多种有毒植物中，这类成分是治疗心力衰竭的重要药物。

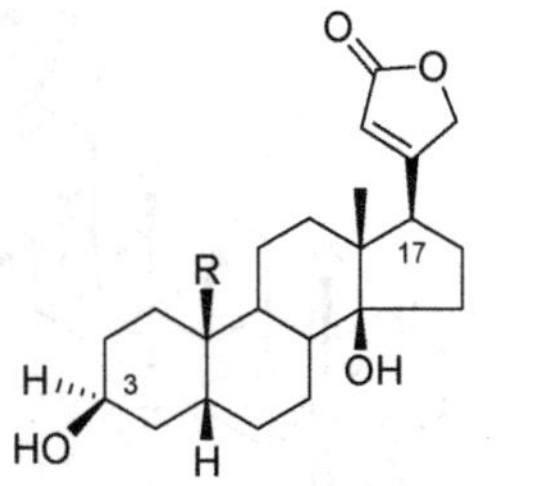

蔷薇醇 [gulitol] 即山梨醇。

4-羟基-3-甲氧基苯甲酸 [4-hydroxy-3-methoxy benzoic acid] 即香草酸。

2-羟基-4-甲氧基苯乙酮 [1-(2-hydroxy-4-methoxy phenyl) ethanone] 即丹皮酚。

17-羟基皮质酮 [17-hydroxycorticosterone] 即皮质醇。

4-羟甲基苯基-β-D-吡喃葡萄糖苷 [gastrodin] 即天麻素。

乔松素 [pinocembrin] 即松属素。

秦艽碱甲 [gentianine] 即龙胆碱。

秦皮苷 [fraxin] 即白蜡树苷。

青蒿素 [arteannuin; artemisinin] 又称黄花蒿素、黄花素、黄蒿素。化学式 $C_{15}H_{22}O_5$，分子量 282.15。无色针状晶体，味苦，熔点 156～157℃。在水中几乎不溶，在乙醇、甲醇、乙醚、石油醚中可溶，在丙酮、乙酸乙酯、氯仿、苯、冰乙酸中易溶。对酸、碱不稳定。是从菊科植物黄花蒿中提炼的一种倍半萜内酯化合物，为治疗疟疾的特效药，对鼠疟、猴疟的原虫抑制率达 100%。亦可用以治疗系统性红斑狼疮与盘状红斑狼疮。可用异薄荷醇、青蒿酸或香草醛为原料经多步合成。

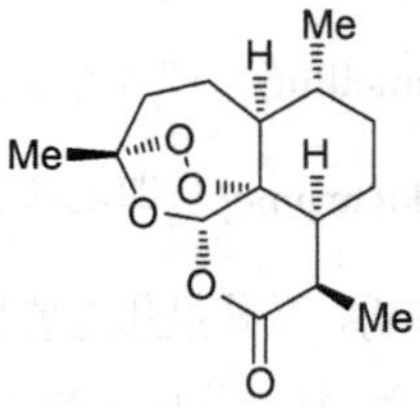

青霉素 [penicillin] 又称盘尼西林。化学式 $C_{16}H_{18}N_2O_4S$，分子量 334.39。浅灰黄色晶体，熔点 217℃。溶于甲醇、乙醚、苯、氯仿等有机溶剂，微溶于水，不溶于石油醚。1928 年苏格兰科学家、诺贝尔奖得主弗莱明(A. Fleming)教授从红青霉中得到并被证实具有抗生素活性，随后澳大利亚科学家、诺贝尔奖得主弗洛里(H. Florey)，德国科学家、诺贝尔奖得主谢安(E. Chain)和英国生物化学家希特利(N. Heatley)实现了青霉素的分离纯化和药用。青霉素是人类药用的第一种抗生素。其生源合成是从 L-高谷氨酸、L-半胱氨酸、L-缬氨酸起始的。作为一类 β-内酰胺类抗生素，青霉素的作用机制是与细胞壁成分黏肽中的 D-丙氨酰-D-丙氨酸竞争转肽酶，阻碍黏肽的形成，造成细胞壁成分无法交联而损坏，细菌失去细胞壁的保护，在体内低渗的环境中很快溶胀裂解。是直接从青霉菌培养液或头孢菌发酵液得到的、作用最强的天然青霉素，常用其钾盐或钠盐粉针剂，能有效杀灭革兰氏阳性菌和某些革兰氏阴性菌；其 β-内酰胺环在酸、碱或 β-内酰胺酶作用下，易发生水解和重排反应而失去抗菌活性。由于动物细胞没有细胞壁，因此青霉素本身的人体毒性非常小，其副作用主要体现在人群中有 5%～10%对其过敏，因此使用前必须进行皮试。青霉素的抗菌谱比较窄，仅对一些革兰氏阳性菌有效，且其结构不稳定，目前耐药性明显。

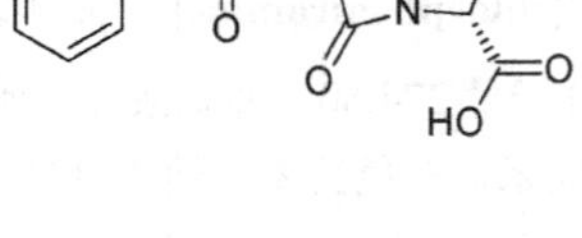

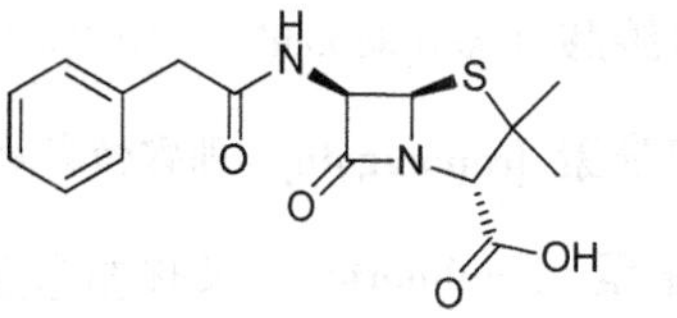

青霉烷 [penam] 具有图示结构的杂环化合物，为青霉素类抗生素分子的基本骨架。

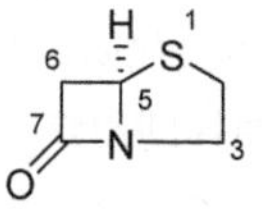

青霉烯 [penem] 又称 2,3-脱氢青霉烷。具有图示结构。

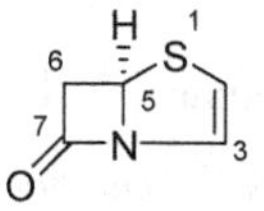

氢化可的松 [hydrocortisone] 即皮质醇。

氢化皮质素 [hydroabresone] 即皮质醇。

清凉茶醇 [sorbol] 即山梨醇。

庆大霉素 [gentamicin] 又称正泰霉素。一类多组分氨基糖苷类广谱抗生素。化学式分别为 C_1：$C_{21}H_{43}N_5O_7$；C_2：$C_{20}H_{41}N_5O_7$；C_3：$C_{19}H_{39}N_5O_7$；分子量分别为 477.6，463.3，449.28。常用其硫酸盐，硫酸盐为白色或近白色结晶性粉末，对热稳定，易溶于水，不溶于常见有机溶剂。天然源为放线菌类的小单胞菌分泌。可与细菌核糖体 30S 亚基结合并阻止蛋白质合成，从而抑制细菌感染。是我国自主研发生产的一类药物，对于革兰氏阴性菌引起的感染有较好的治疗效果，目前由于较强的耳毒性等已很少用于临床治疗。

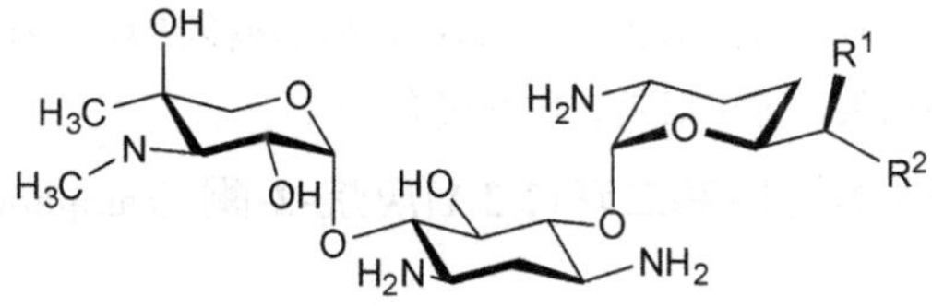

$R^1=CH_3, R^2=NHCH_3$ ：庆大霉素 C_1
$R^1=CH_3, R^2=NH_2$ ：庆大霉素 C_2
$R^1=H, R^2=NH_2$ ：庆大霉素 C_3

秋水仙碱 [colchicine] 即秋水仙素。

秋水仙素 [colchicine] 又称秋水仙碱。化学式 $C_{22}H_{25}NO_6$，分子量 399.44。无臭淡黄色结晶性粉末，有剧毒，熔点 154～156℃，比旋光度 $[\alpha]_D^{17}$ –121°（c = 0.9，氯仿）。易溶于水、氯仿和乙醇，微溶于乙醚，难溶于热水。1820 年由法国化学家佩尔蒂埃(P. S. Pelletier)与卡文顿(J. B.Caventou)首次从百合科植物秋水仙中提取得到。最先被用于治疗风湿病和痛风，也具有泻药及促进呕吐的功能。药理作用主要表现在：抑制纺锤体的形成使细胞停止于有丝分裂中期，从而导致细胞死亡。

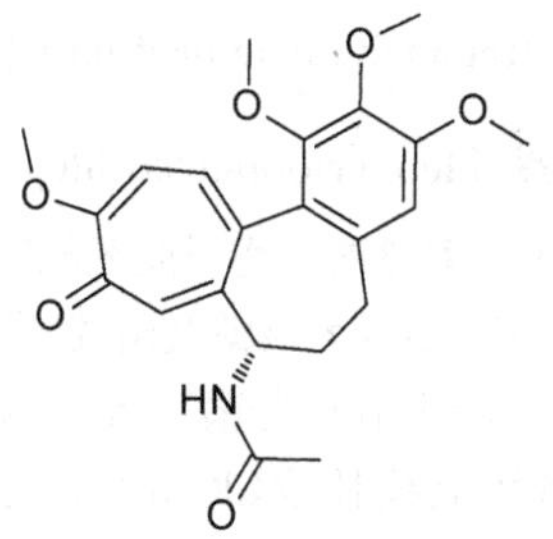

曲安奈德 [triamcinolone acetonide; nisolone acetonide; Nasacort; tricinolon; vetalog] 又称丙炎松、去炎舒松、醋酸曲安缩松、曲安缩松、去炎松 A、确炎舒松 A。化学名 9-氟-11β,21-二羟基-16α,17-[(1-甲基亚乙基)双(氧)]-孕甾-1,4-二烯-3,20-二酮。化学式 $C_{24}H_{31}FO_6$，分子量 434.50。无臭，白色或类白色晶体粉末，熔点 292~294℃，比旋光度 $[\alpha]_D^{23}$ + 109°(c=0.75、氯仿)。溶于丙酮，略溶于氯仿，微溶于甲醇、乙醇、乙酸乙酯，不溶于水。21-乙酸酯，晶体，熔点 268~270℃。比旋光度 $[\alpha]_D^{23}$ +92°(c=0.59，氯仿)。可将氟羟脱氢皮质甾醇悬浮于丙酮中，有痕量高氯酸存在下反应生成；或由 2,3-二溴-5,6 二氰基苯醌经多步反应合成。适用于各种皮肤病(如神经性皮炎、湿疹、牛皮癣等)、关节痛、支气管哮喘、肩周围炎、腱鞘炎、急性扭伤、慢腰腿痛及眼科炎症等。常用其乙酸酯作为糖肾上腺皮质激素、抗哮喘药、抗过敏药及关节痛、慢性腰腿痛用药。

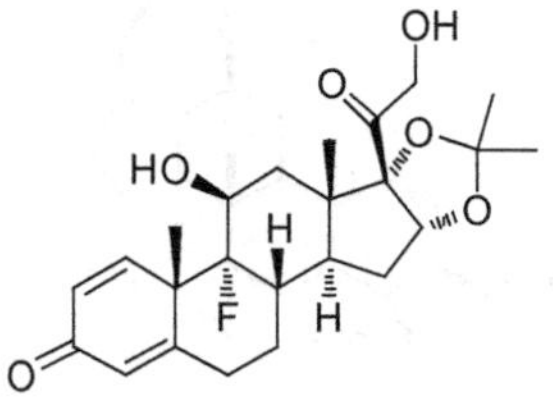

曲安缩松 [triamcinolone acetonide] 即曲安奈德。

驱蛔脑 [ascarisin; scaridole; 1,4-peroxi-do-*p*-menthene-2] 又称驱蛔素、土荆芥油精。化学式 $C_{10}H_{16}O_2$，分子量 168.24，熔点 3.3℃。稳定液体，沸点 39～40℃/26.66 Pa，83℃/666.5 Pa。溶于戊烷、己烷、乙醇、苯、甲苯、蓖麻油。一种有机过氧化物，占土荆芥油的 60%~80%。不稳定，受热或以酸处理时会爆炸。用水蒸气蒸馏生成驱蛔脑二醇。可将 α-松油烯以氧、叶绿素及光处理制成。用作驱 scaridole 肠虫药。安全范围较小，毒性大。很少单独用于治疗钩虫，有时将其与四氯乙烯合用治疗兼有蛔虫的钩虫患者。

驱蛔素 [ascarisin] 即驱蛔脑。

去炎舒松 [triamcinolone acetonide] 即曲安奈德。

去炎松A [triamcinolone acetonide] 即曲安奈德。

去氧核苷酸 [deoxyribonucleotide] 脱氧核苷的磷酸酯。是构成生物体中主要遗传物质脱氧核糖核酸(DNA)的基本单元，由含氮碱基、2-脱氧核糖及磷酸基团三部分构成。生物体中组成DNA的去氧核苷酸主要有腺嘌呤脱氧核苷酸(dAMP)、鸟嘌呤脱氧核甘酸(dGMP)、胞嘧啶脱氧核苷酸(dCMP)和胸腺嘧啶脱氧核苷酸(dTMP)4种。其钠盐可作为免疫增强药，用于急性白细胞减少症、肝炎等的辅助治疗。

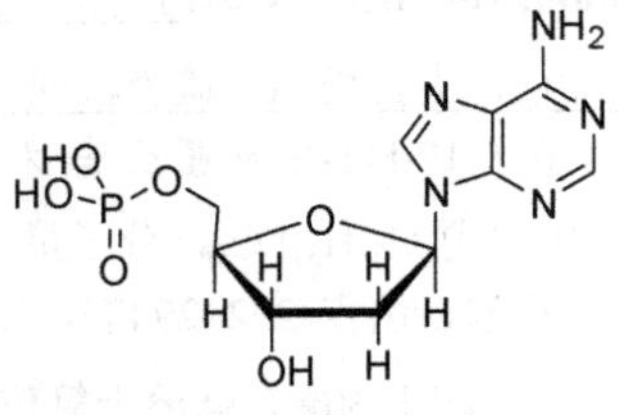

dAMP

确炎舒松A [triamcinolone acetonide] 即曲安奈德。

人参皂苷 [ginsenoside] 中药人参主要有效成分。按苷元不同可分为A(苷元为原人参二醇)、B(苷元为原人参三醇)和C(苷元为齐墩果酸)型，已分离得到40多种，多数人参皂苷为A、B型，苷元母核均为达玛烷类三萜。图示结构为人参皂苷R_{b1}。

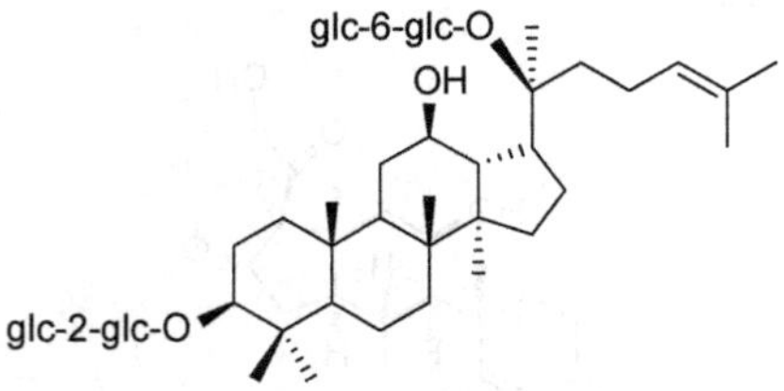

鞣质 [tannin] 复杂的多元酚类化合物。因其可用于鞣皮而得名。分为可水解鞣质和缩合鞣质两类，具有收敛作用，曾用于止血和治疗烧伤。

软海绵素 [halichondrin] 聚醚大环内酯化合物。化学式$C_{60}H_{86}O_{19}$，分子量1111.31。1986年，平田(Hirata)和上村(Uemura)从大田软海绵中首次分离得到。存在于冈田软海绵中。软海绵素B在细菌培养和体内研究中对小鼠肿瘤细胞表现出极好的抗癌活性。1992年，哈佛大学的岸义人(Y. Kishi)等完成了软海绵素B的全合成，在此基础上研制成新型抗癌药物Eribulin(商品名Halaven)，用于治疗局限性晚期或转移性乳腺癌。

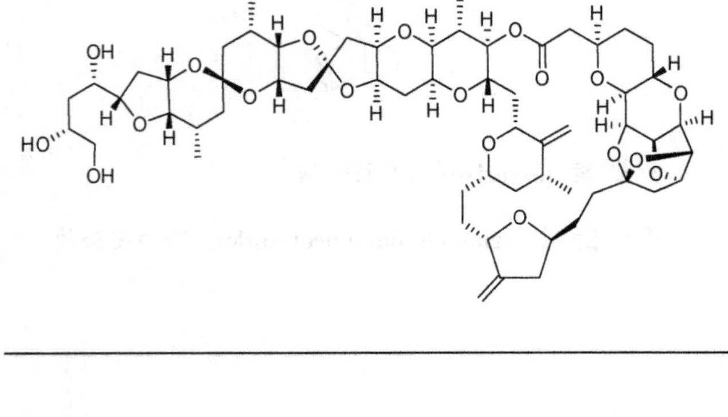

软海绵酸 [okadaic acid] 即冈田酸。

瑞帕霉素 [rapamgoin] 即雷帕霉素。

瑞香素 [daphnetin] 又称<u>祖师麻甲素</u>。化学式$C_9H_6O_4$，分子量178.14。灰白色或类白色粉末，无臭。微溶于乙醇，略溶于甲醇，不溶于水。从瑞香科属植物长白瑞香中提取得到，为我国首创新药。它通过扩张冠状血管，降低心肌耗氧量，从而改善心肌代谢。另外，瑞香素还有抗炎作用，常用于心血管疾病的辅助治疗。

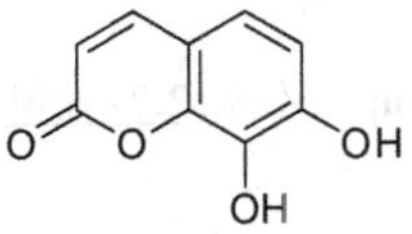

瑞香烷[类] [daphnane] 具有图示分子骨架结构的三环二萜类化合物。如欧瑞香(*Daphne mezerum*)中的有毒成分瑞香毒素(daphnetoxin)。

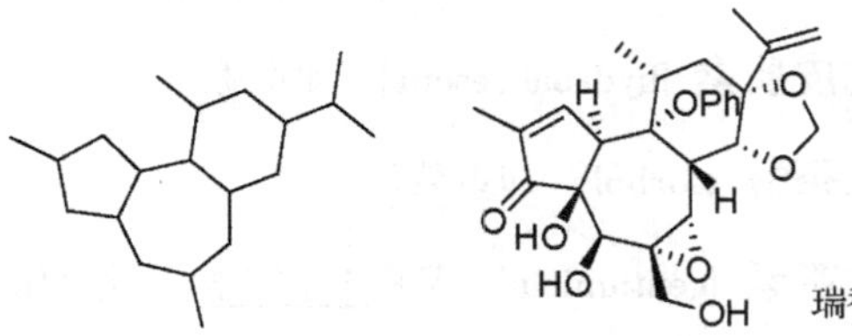

瑞香毒素

弱金鸡纳碱 [cinchonine] 即辛可宁。

赛罗卡因 [xylocaine] 即利多卡因。

三环倍半萜 [tricyclic sesquiterpene] 由3个异戊二烯连接而成的含有3个碳环的倍半萜。如雪松烷类、毕澄茄烷类、樱草花烷类倍半萜。

三环二萜 [tricyclic diterpene] 含有3个碳环结构的二萜化合物。如松香烷类、海松烷类、紫杉烷类、罗汉松烷类、桃拓类、卡山烷类、瑞香烷类二萜。

1,7,7-三甲基二环[2.2.1]庚烷-2-酮 [camphor] 即樟脑。

***α,α*,4-三甲基-3-环已烯-1-甲醇** [*α,α*,4-trimethyl-3-cyclohexene-1-methanol] 即*α*-萜品醇。

三甲基黄嘌呤 [trimethyl xanthine] 即咖啡碱。

5,7,8-三甲基母育酚 [5,7,8-trimethyltocol] 即维生素E。

三尖杉碱 [cephalotaxine] 又称<u>粗榧碱</u>。化学式$C_{18}H_{21}NO_4$，分子量315.37。无色至淡黄色星状晶体，熔点134～136℃，比旋光度$[\alpha]_D^{20}$ −182°($c=0.21$，氯仿)。自身没有显著的生物活性，但其衍生物如三尖杉酯碱、高三尖杉酯碱等的抗癌活性很高，可以通过抑制细胞周期调节蛋白质的表达、启动细胞凋亡程序、诱导癌细胞分化等方式杀伤癌细胞。

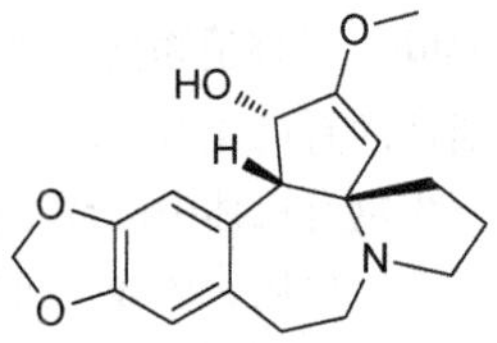

三羟胆烷酸 [3α, 7α, 12α-trihydroxy-5β-cholanic acid] 即胆酸。

三萜 [triterpene] 由 6 个异戊二烯连接而成的萜类化合物。在自然界分布广泛，是萜类化合物中最多的一类。

三萜皂苷 [triterpenoid saponin] 三萜类化合物与糖结合形成的糖苷。可分为达玛烷类(**1**)和羊毛脂烷类四环三萜，齐墩果烷类(**2**)和乌索烷类五环三萜。

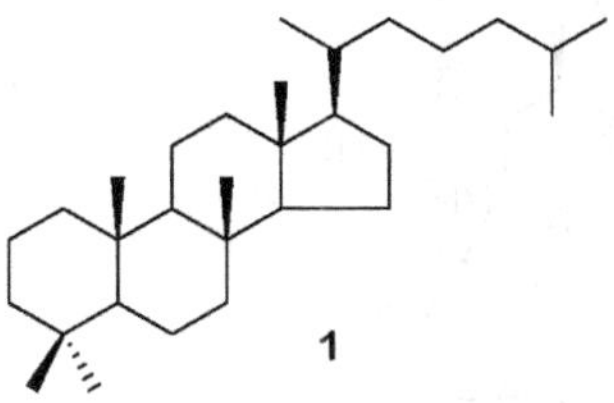

1

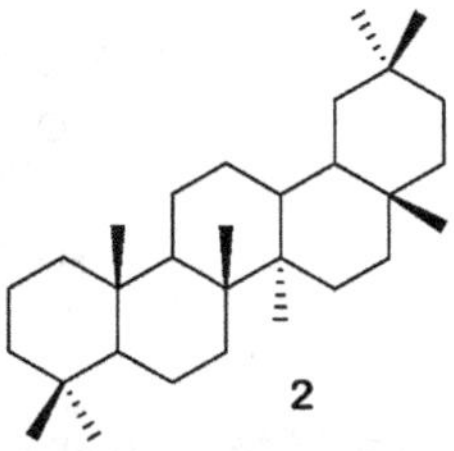

2

三叶苷 [trilobatin] 化学式 $C_{21}H_{24}O_{10}$，分子量 436.42。溶于乙酸乙酯、甲醇、乙醇、水，熔点 128～130℃。1961 年由威廉姆斯(Williams)在三裂叶海棠的叶子中首次提取。对 2,2-偶氮二(2-脒基丙烷)二盐酸盐有抗氧化活性，可抑制核苷转运蛋白缺陷猪肾脏细胞系 15(PK15NTD)细胞[3H]-尿苷的摄取，另外发现可以使麦二叉蚜产生拒食行为。

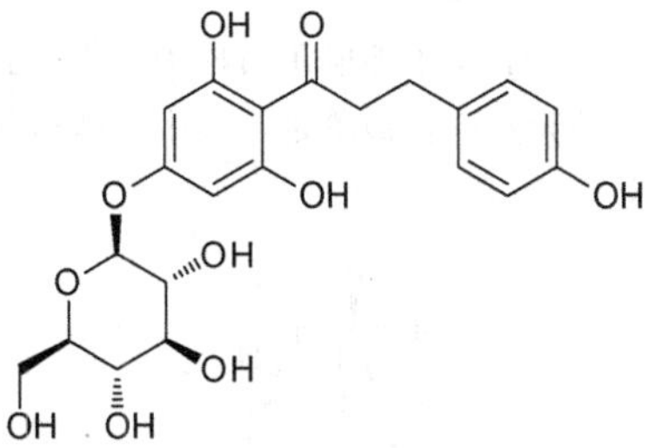

伞形花内酯 [umbelliferone] 7-羟基取代的香豆素，属仅在苯核上有取代基的简单香豆素类。

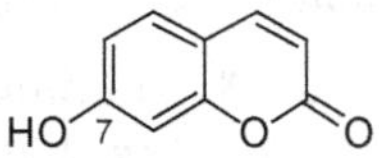

色原醇 [chromanol] 具有苯并羟基二氢吡喃环母核结构的化合物。

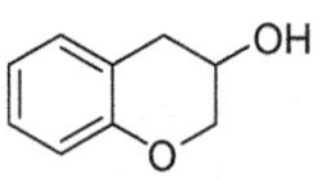

色原酮 [chromone] 具有苯并 γ-吡喃酮母核结构的化合物。

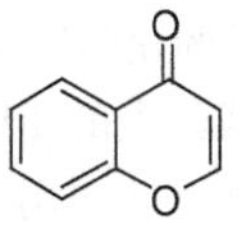

色原烷 [chromane] 具有苯并二氢吡喃环母核结构的化合物。

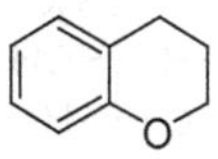

色原烯 [chromene] 具有苯并吡喃环母核结构的化合物。

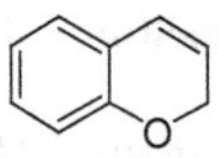

沙蚕毒素 [nereistoxin] 自沙蚕(*Lumbriconereis heteropoda*)中得到的一种简单胺类海洋天然产物。一种神经毒素，可用作杀虫药。

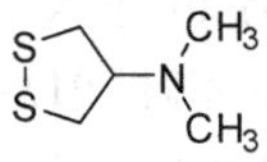

[沙]海葵毒素 [palytoxin] 一种从腔肠动物沙海葵(*Palythoa toxica*)中分离得到的海洋天然产物。分子式为 $C_{129}H_{223}N_3O_{54}$，分子量 2680，不含氨基酸和糖。一种神经毒素，毒性 10 倍于河豚毒素；低浓度时对心血管系统即有强烈作用；具有抗癌作用。

山梗菜碱 [lobeline；inflatine；lobelin；lobnico] 又称山梗碱、洛贝林、半边莲碱。化学式 $C_{22}H_{27}NO_2$，分子量 337.46。白色或微黄色粉末，相对密度 d_4^{20} 1.085，无臭无味，微溶于水，可溶于乙醇，熔点 130~131℃，比旋光度 $[\alpha]_D^{15}$ −43°(乙醇)。遇光或受热易分解。常用其盐酸盐。能使呼吸中枢兴奋，可用于治疗呼吸衰竭、新生儿窒息、麻醉剂或中枢抑制剂导致的中毒、一氧化碳引起的窒息等。也可用于辅助治疗安非他命、可卡因、酒精成瘾。

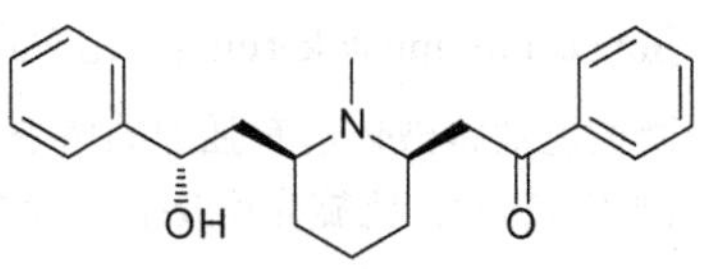

山梗碱 [lobeline] 即山梗菜碱。

山梨醇 [D-sorbitol] 又称 D-山梨糖醇、花楸醇、蔷薇醇、清凉茶醇。化学式 $C_6H_{14}O_6$，分子量 182.18。白色针状晶体和结晶粉末，无气味，有甜味。可含有 1/2 或 1 分子结晶水。熔点 110～112℃(无结晶水)，75℃(含一个结晶水)，沸点 295℃/0.47 kPa，相对密度 d_4^{20} 1.489，折射率 n_D^{20} 1.3330。一种存在于多种浆果和苹果、李子、樱桃、生梨、海藻中的糖醇。易溶于水和热乙醇、热吡啶，溶于丙酮、乙酸，不溶于乙醚。具有多元醇的化学性质。山梨醇可由D-葡萄糖在活性镍催化下经加氢或经电解还原制得。可用于制备维生素C、山梨糖、丙二醇等，也可用于化妆品、牙膏、烟草、香精、食品、纺织、制革、造纸、炸药、涂料等诸多领域，还可用作树脂、表面活性剂、增塑剂、防锈剂等的原料。

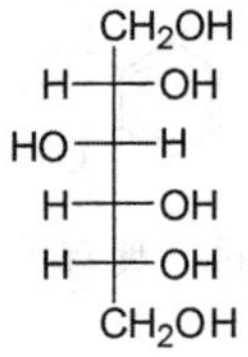

D-山梨糖醇 [**D-glucitol**] 即山梨醇。

扇贝毒素 [**pectenotoxin** (**PTX**)] 是一类环状聚醚毒素的总称，其中PTX-2的化学式$C_{47}H_{70}O_{14}$，分子量859.06。微溶于水，溶于脂类，在脂类中富集。1984年由安本(Yasumoto)等从日本的养殖扇贝*Patinopectan yessoensis*中分离并鉴定，属于环多醚类腹泻性贝毒(DSP)。PTX有20余种，编号从PTX-1到PTX-13，其理活性各有不同。PTX-2(图示结构)能够在鼠体内引起循环紊乱导致肝脏下出血。它对几种人癌细胞系有强的细胞毒性。PTX-2口服毒性很小，而小鼠腹腔注射致死毒性极高。人类食用包括PTX在内的DSP沾污的贝类后会引起以恶心、腹泻和腹痛为主要症状的消化系统疾病，可以自愈。

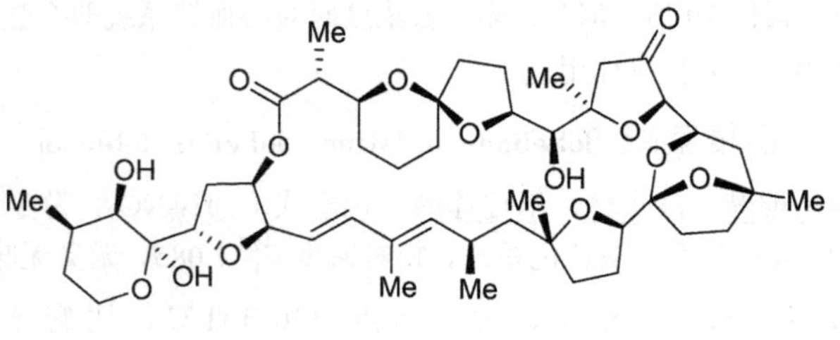

PTX-2

芍药醇 [**paeonol**] 即丹皮酚。

蛇根碱 [**reserpine**] 即利血平。

麝香酮 [**muscone; musk ketone**] 化学式$C_{16}H_{30}O$，分子量238.42。微黄色油状液体，有强烈的麝香香气，相对密度d_4^{15} 0.9317，沸点329℃，比旋光度$[\alpha]_D^{23}$ −12.7°(c = 1.0，甲醇)。极微溶于水，能与乙醇混溶。是麝香的主要成分。具有芳香开窍、通经活络的作用，可以扩张冠状动脉及增加冠脉血流量，能消肿止痛，小剂量对中枢神经产生兴奋作用，大剂量会有抑制作用。临床上用于冠心病心绞痛、坐骨神经痛、血管性头痛、白癜风等疾病的治疗。

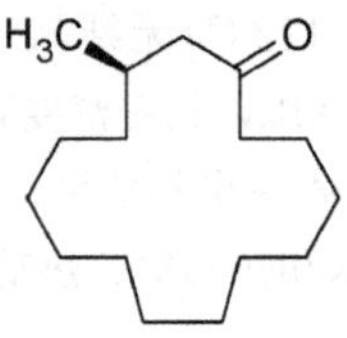

生物碱 [**alkaloid**] 又称植物碱。存在于自然界中的一类含氮的具有生理活性的有机化合物。也可表述为：含负氧化态氮原子的存在于生物有机体中的环状化合物。不包括小分子生物胺、氨基酸、蛋白质、核酸、抗生素、维生素以及其他含氮的非生物碱化合物，如吡唑类、异噁唑类、噁唑类、嘧啶类、吡嗪类、蝶啶类、卟啉类、氰酸/氰苷类、乙内酰脲类（hydantoin)和辣椒素类等。大多数为固体或者晶体，少数为液体，一般无色，大多味苦。多数不溶或难溶于水，但易溶于有机溶剂。天然生物碱多数有复杂的环状结构，并含不对称碳原子，因而多数呈左旋光性。可与柠檬酸等有机酸成盐，但很少与糖形成苷。已发现的生物碱约有10 000种，根据结构复杂程度，可分为60种类型。它们对生物机体有毒性或强烈的生理作用。

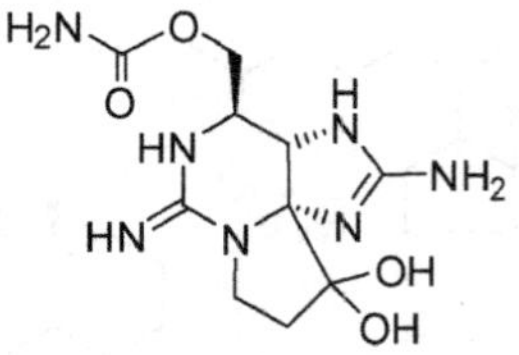

α-生育酚 [**viteolin**] 即维生素E。

圣通平 [**nifedipine**] 即硝苯地平。

石房蛤毒素 [**saxitoxin**] 即双鞭毛藻毒素。

石松碱 [**lycopodine**] 化学式$C_{16}H_{25}NO$，分子量247.38。白色柱状晶体，菱方晶系，熔点126～127℃，相对密度d_4^{20} 1.18，比旋光度$[\alpha]_D^{26}$ −24.5°(c = 1，乙醇)，易溶于水、乙醇、氯仿等。1881年于地刷子石松中分离得到。石松碱家族已有200余种天然产物被鉴定，其中一些被认为有心血管和神经肌肉活性。

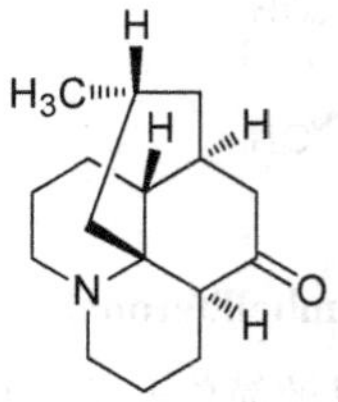

石蒜胺 [**lycoramine**] 又称石蒜胺碱、力可拉敏。化学式$C_{17}H_{23}NO_3$，分子量289.38。片状结晶，易溶于水，溶于乙醇和丙酮，熔点117～118℃，比旋光度$[\alpha]_D^{22}$ −100°(c=0.35，乙醇)。1932年首次从曼珠沙华中分离提取，也是石蒜科植物中的主要生物碱之一。具有抑制乙酰胆碱酯酶及蛋白质合成中肽键形成的活性。

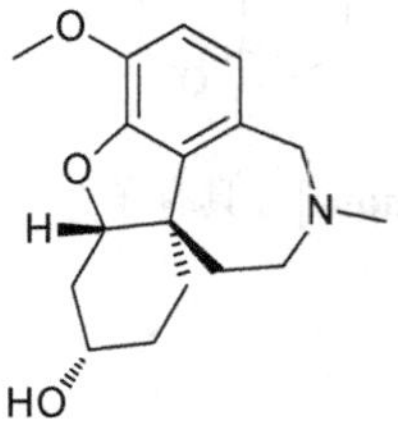

石蒜胺碱 [lycoramine] 即石蒜胺。

石蒜碱 [lycorine] 一种生物碱。化学式 $C_{16}H_{17}NO_4$，分子量 287.3。棱柱状晶体，熔点 275～280℃，比旋光度 $[\alpha]_D$ −129° (*c* = 0.16，98%乙醇)，溶于稀酸，微溶于石油醚、乙醇和氯仿，几乎不溶于水和碱。存在于石蒜科植物石蒜中。它具有催吐、兴奋子宫和抗炎、抗病毒、抗肿瘤等作用，目前已供临床使用。

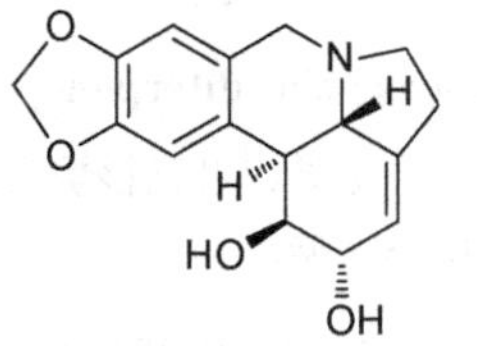

石竹烷[类] [caryophyllane] 具有图示基本骨架结构的双环倍半萜类化合物。如丁香油、薄荷油中所含 *β*-丁香烯 (*β*-caryophyllene)。

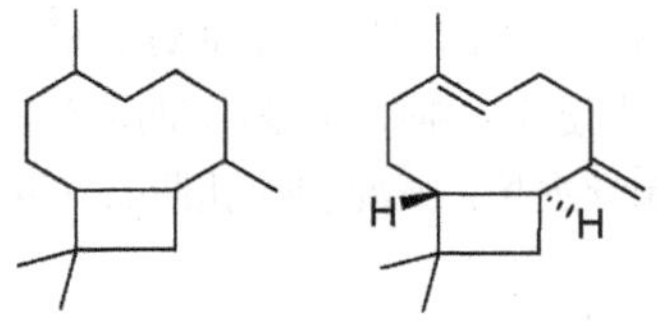
β-丁香烯

士的宁 [strychnine] 即番木鳖碱。

士的宁[类]生物碱 [strychnine alkaloid] 番木鳖碱[类]生物碱的旧称。

视黄醇 [retinol] 即维生素 A。

双鞭毛藻毒素 [saxitoxin (STX)] 又称石房蛤毒素、贻贝毒素。化学式 $C_{10}H_{17}N_7O_4$，分子量 299.29。白色吸湿性固体，易溶于水、甲醇，微溶于乙醇和冰乙酸；较强酸性条件下稳定，碱性条件下不稳定且易被氧化。1975 年由美国科学家尚茨(E. J. Schantz)等从加州贻贝中首次提取。由某些海洋甲藻类(Dinophyceae)、海洋金藻和淡水蓝藻(*Aphanizomeno flosaquae*)产生，能通过食物链富集于滤食性贝类等水产品中。为胍胺类神经性毒素，有很强的麻醉作用，成人口服致死量为 1～2 mg。它是一种选择性钠离子通道阻断剂，使细胞膜不能极化，进而干扰神经肌肉的传导过程，导致随意肌松弛麻痹，产生麻痹性贝类中毒症状。

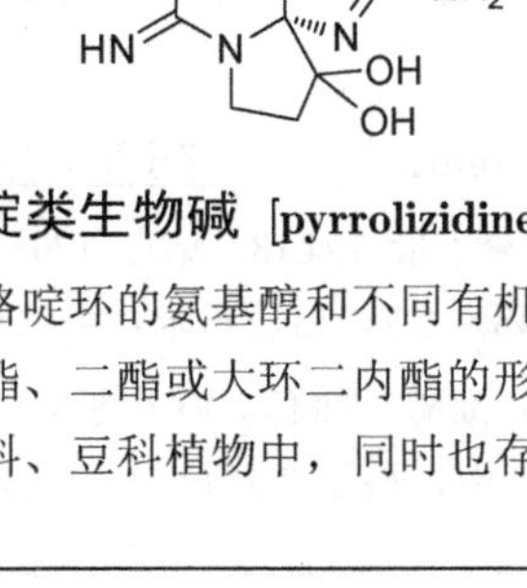

双稠吡咯啶类生物碱 [pyrrolizidine alkaloid] 大多数由具有双稠吡咯啶环的氨基醇和不同有机酸缩合而成的生物碱。通常以单酯、二酯或大环二内酯的形式，多存在于紫草科、菊科、兰科、豆科植物中，同时也存在于旋花科、禾本科、唇形科等 13 科的植物中，用以抵御动物和昆虫的侵害。家畜误食相关植物能引起中毒，并导致动物产品残留双稠吡咯啶类生物碱。部分反刍动物因其瘤胃微生物的分解作用，而对双稠吡咯啶类生物碱具有更高的耐受能力。母核 1,2-位上存在双键的双稠环吡咯啶生物碱，能转化为烯丙基化试剂或吡咯衍生物，因而具有肝脏毒性；而其酯基邻位带有大位阻基团的，能阻止相应的烯丙醇酯水解为无毒的氨基醇，毒性往往更强。母核 1,2-位上不存在双键的双稠环吡咯啶生物碱，无肝脏毒性，部分还具有抗肿瘤活性或神经肌肉阻滞剂、阿托品样作用。

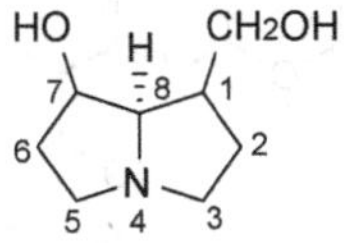
双稠吡咯啶类生物碱母核

双稠吡咯烷[类]生物碱 [pyrrolizidine allsaloid] 即吡咯嗪[类]生物碱。

双苄基异喹啉[类]生物碱 [bisbenzylisoquinoline alkaloid] 2 个苄基异喹啉在酚羟基位置以醚键方式相连形成的生物碱。包括单醚、双醚、三醚等，醚键连接可以是异喹啉环相连、或苄基相连、或异喹啉环与苄基相连。如莲心碱(liensinine)为异喹啉环与苄基相连的单醚类生物碱。

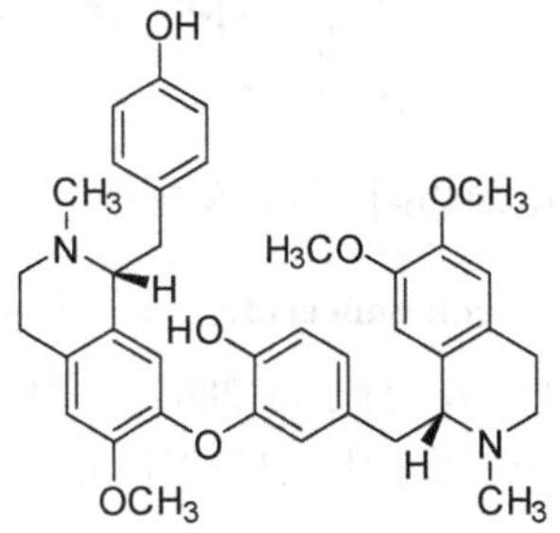
莲心碱

双黄酮 [biflavone] 由 2 分子黄酮类化合物以碳碳键或碳氧键缩合形成的化合物。缩合可以发生在多种位置。如银杏素。

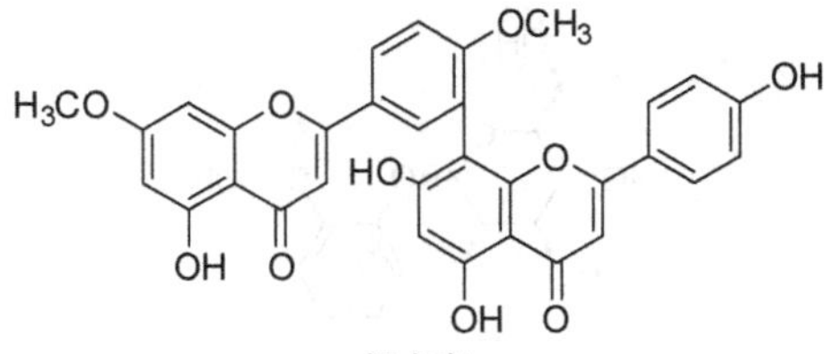
银杏素

双木脂体 [dilignan] 由四个 C_6-C_3 单元聚合而成的木脂素类化合物。

水飞蓟素 [silymarin] 又称西利马灵。化学式 $C_{25}H_{22}O_{10}$，分子量 482.44。黄色粉末或结晶状粉末，无臭、味微苦涩，有引湿性，熔点 158℃，比旋光度 $[\alpha]_D^{23}$ +11.38° (*c* =

0.23，丙酮)，LD_{50}(大鼠一次静脉注射)为 398.6 mg/kg。易溶于甲醇、乙醇、乙酸乙酯、丙酮，难溶于氯仿，不溶于水。从一种名为乳蓟(Milk Thistle)的植物中提炼。具有强抗氧化性，能稳定肝细胞膜，维持肝细胞的完整性，使具有氧化性的自由基或毒素无法穿透破坏肝脏，并能加速合成新的肝脏细胞。同时还对前列腺癌、肝癌、乳癌及子宫颈癌细胞的生长及分化产生抑制作用。是世界上目前所发现的对肝疾最有疗效的类黄酮。

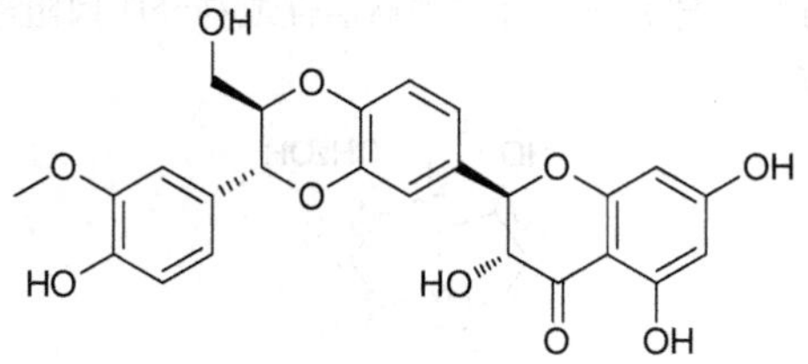

水仙花碱 [tazettine] 又称水仙碱、多花水仙碱。化学式 $C_{18}H_{21}NO_5$，分子量 331.37。结晶体，溶于氯仿、甲醇和乙醇等，微溶于乙醚。熔点 210～211℃(真空管)，比旋光度 $[\alpha]_D^{25}$ +150.3°(c = 4.1，氯仿)。主要存在于石蒜科植物多花水仙、石蒜鳞茎等植物中，具有拟胆碱和抗吉田肉瘤的作用。

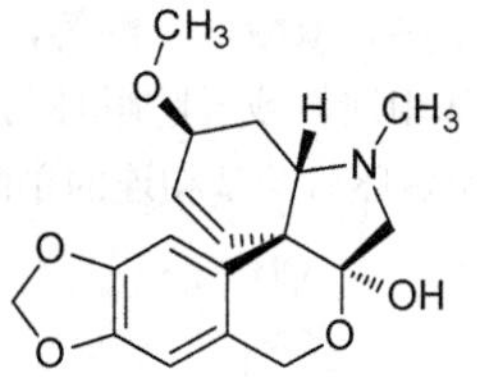

水仙碱 [tazettine] 即水仙花碱。

水杨苷 [salicin; salicoside] 又称杨素、柳醇。一种糖苷，化学式 $C_{13}H_{18}O_7$，分子量 286.27。白色柱状晶体。熔点 199～202℃，比旋光度 $[\alpha]_D^{20}$ −45.6°(乙醇)。溶于水及热乙醇，不溶于氯仿、乙醚。遇三氯化铁呈褐色。水解后生成葡萄糖和水杨醇。存在于柳属和杨属植物的树皮中，约含 2%～4%。有解热和镇痛作用。可作为抗发炎的药物。与阿斯匹林结构相似，在人体中会被代谢成水杨酸。临床用作健胃药、抗风湿药、止痛药。

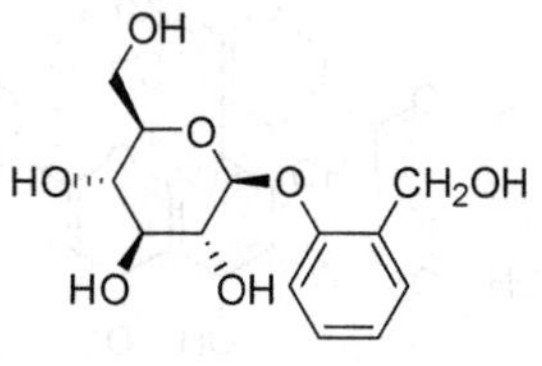

丝裂霉素 [mitomycin] 又称自力霉素、密吐霉素、嘧吡霉素。化学式 $C_{15}H_{18}N_4O_5$，分子量 334.33。结晶性粉末，熔点 215℃，易溶于水和有机溶剂。是一类从头状链霉素或淡紫灰链霉菌中分离得到的具有吖丙啶结构的天然产物。其中丝裂霉素 C(图中所示结构)被用于化疗药物。丝裂霉素 C 的抗癌功能源于其与 DNA 的交联作用。丝裂霉素 C 具有还原性和 *N*-烷基化功能，可以交联两条 DNA 链，从而抑制其复制。并且其烷基化具有序列特异性。它属于细胞周期非特异性药物。

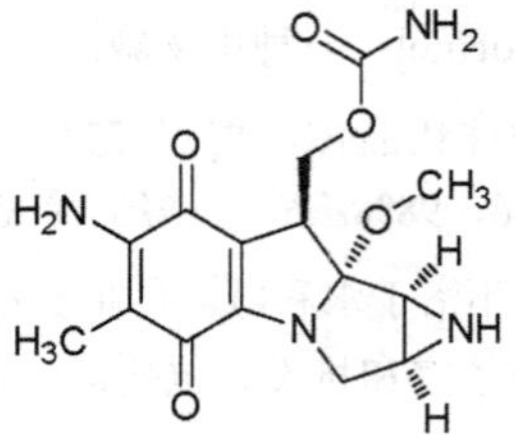

丝裂霉素 C

四环二萜 [tetracyclic diterpene] 含有 4 个碳环结构的二萜化合物。如赤霉烷类、贝壳杉烷类、对映贝壳杉烷类、贝叶烷类、阿替生烷类二萜。

四环素 [tetracycline] 因其具有氢化并四苯母核而得名。化学式 $C_{22}H_{24}N_2O_8$，分子量 444.44。熔点 170～175℃(分解)。酸度 pK_{a1}= 8.3, pK_{a2}=10.2 (50%二甲基甲酰胺水溶液)。一种广谱聚酮类抗生素，可由链霉菌属(*Streptomyces genus*)放线菌(*Actinobacteria*)产生的氯四环素通过钯催化氢化脱氯得到。少年儿童时期使用会抑制钙离子的成牙成骨作用，形成四环素牙、抑制骨生长。妊娠和哺乳期妇女以及 8 岁以下幼儿不宜使用。

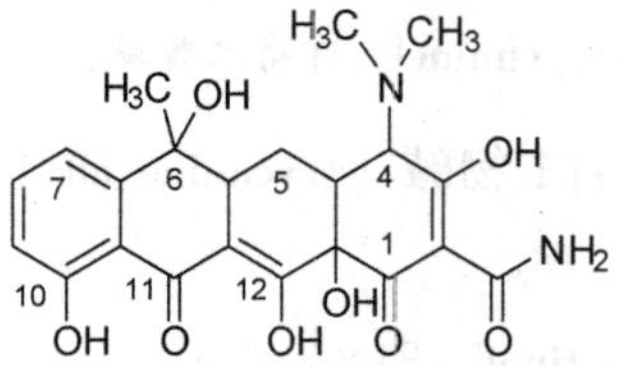

四环素类抗生素 [tetracycline-antibiotic] 由放线菌产生的一类口服广谱抗菌素。如四环素、金霉素和土霉素。对立克次体感染、斑疹伤寒、支原体肺炎和霍乱等疾病有效。图示为其基本骨架结构。

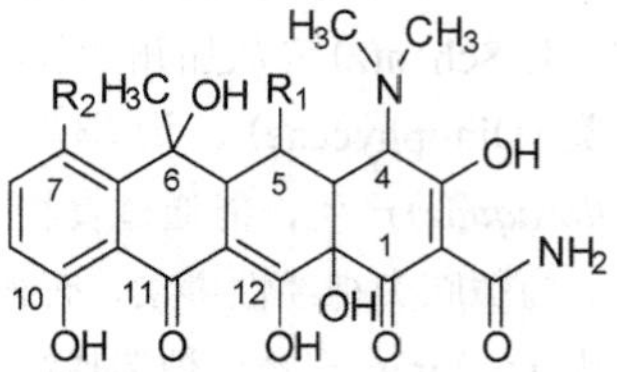

5,7,3′,4′-四羟基黄烷-3-醇 [catechin] 即儿茶素。

四氢巴马汀 [tetrahydropalmatine] 即延胡索乙素。

四萜 [tetraterpene] 由 8 个异戊二烯构成的化合物。如胡萝卜素类化合物，分子中存在一系列共轭双键，具有颜色。

D-松醇 [D-pinitol] 又称咳宁醇、甲基肌醇、蒎立醇。化学式 $C_7H_{14}O_6$，分子量 194.18，熔点 179～185℃，比旋光度 $[\alpha]_D^{25}$ +65°(c = 2.48，水)，白色粉末，可溶于甲醇、乙醇、二甲亚砜，不溶于石油醚、氯仿。存在于豆类、松属植物和苜蓿类植物的花和叶中，最早在阿拉伯金合欢(*Acacia nilotica*)

中被分离得到。有刺激胰岛素的能力，促进肌酸的吸收，增强肌肉功能。也具有清热利湿，消食除积，抗炎、止咳的功效。

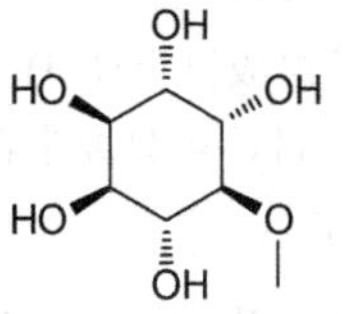

松油萜醇 [terpineol] 即α-萜品醇。

松香烷[类] [abietane] 具有图示分子骨架结构的三环二萜类化合物。如存在于松属植物树脂中的松香酸(abietic acid)。

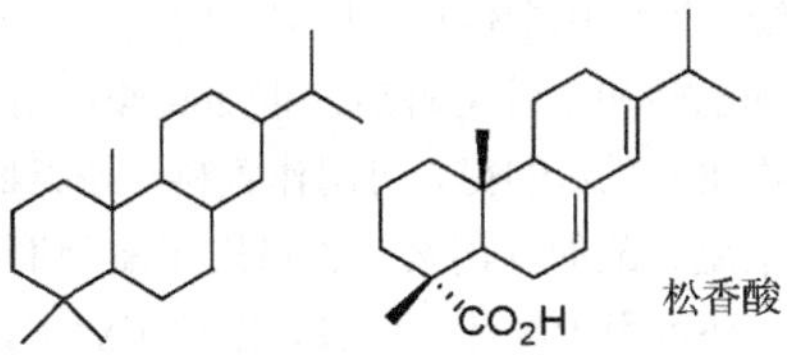

松香酸

松属素 [pinocembrin] 又称乔松素。一种类黄酮类化合物。化学式 $C_{15}H_{12}O_4$，分子量256.25。熔点194～195℃。无色晶体。主要存在于樱桃树心材、瑞士五针松(*Pinus cerebra*)和蜂胶中。具有抗菌、消炎、抗肿瘤、局部麻醉、抗氧化和神经保护功能等活性。可用作局部麻醉剂和止痛剂，也可减缓阿尔茨海默氏病的病情恶化。

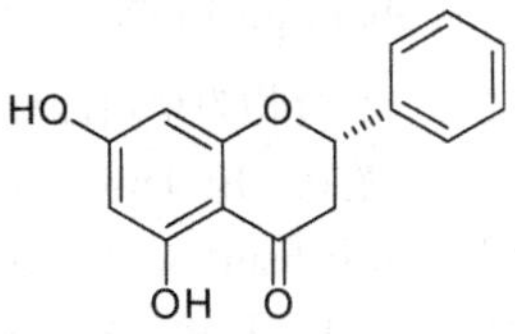

苏木精 [hematoxylin] 又称苏木紫。化学式 $C_{16}H_{14}O_6$，分子量302.28。白色或微黄色棱状晶体，含有三分子结晶水。遇光变红色。在100~120℃时可溶于自身的结晶水中，难溶于冷水和乙醚，易溶于热水和热乙醇，溶于碱性溶液。在水溶液中，尤其是碱性溶液中易被氧化为氧化苏木精。最早于1502年由西班牙探险家在中美地区的豆科植物洋苏木心材中分离得到。苏木精有抗菌抗炎活性。分析化学中用于比色分析和pH指示剂，在pH由5.0～6.0时由黄色变为紫色。氧化苏木精可与铬盐、铁盐、亚铁盐、铝盐和锡盐等制成色淀，用于蚕丝、毛皮和皮革的染色及棉布印花，呈蓝色或黑色。

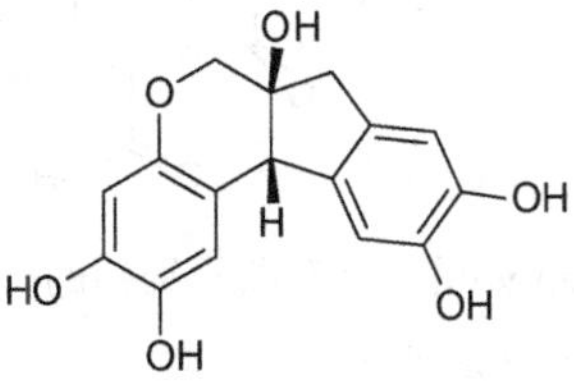

苏木因 [hematein] 即氧化苏木精。化学式 $C_{16}H_{12}O_6$，分子量300.27。由苏木精氧化得到，红棕色晶体，熔点200℃以上。微溶于水、乙醇、乙醚，不溶于苯、氯仿。参见苏木精。

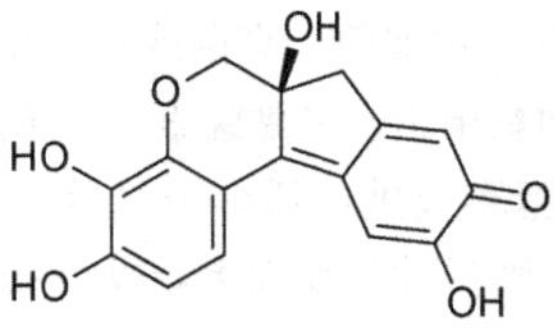

苏木紫 [hematoxylin] 即苏木精。

蒜素 [allicin] 又称大蒜素。一种有机硫化合物。化学式 $C_6H_{10}OS_2$，分子量162.28。具有强烈大蒜臭的淡黄色油状液体，相对密度 d_4^{20} 1.112，熔点37℃(分解)。其水溶液呈微酸性，对酸稳定，对热碱不稳定。不溶于水，与乙醇、乙醚、氯仿、苯互溶。1944年首先由卡瓦里托(C. J. Cavallito)从葱科葱属植物大蒜的鳞茎(大蒜头)中分离得到，也存在于洋葱等其他葱科植物中。具有消炎、抗菌、抗氧化、抗血栓、降血压、防治动脉硬化、维持脂蛋白平衡等功效。经提纯后可用作抗菌药、杀虫剂、杀菌剂和饲料添加剂。

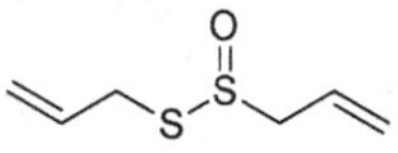

缩宫素 [oxytocin] 即催产素。

缩合鞣质 [condensed tannin; catechol tannin] 一类由儿茶素或其衍生物等黄烷-3-醇化合物以碳碳键聚合形成的化合物。水溶液与稀矿酸共沸不发生水解而是缩合成不溶于水的鞣酐沉淀，天然鞣质多属此类，在植物界特别是高等植物中分布广泛。

苔藓虫素 [bryostatin] 一类大环内酯类化合物。20世纪60年代，佩蒂特(G. Pettit)从草苔虫的萃取物中首次分离出，1982年草苔虫素1结构确定。继而，20多种该类天然产物陆续被分离。其中苔藓虫素1化学式 $C_{47}H_{68}O_{17}$，分子量905.03。白色固体，不溶于水、二甲硫醚。苔藓虫素具有显著的抗肿瘤活性，可以持续活化蛋白激酶C(PKC)，并最终导致其衰竭，目前被作为抗癌药物和记忆增强剂进行研究。此外，苔藓虫素1还具有抑制细胞生长和血管生成，以及激发细胞分化和凋亡等活性。

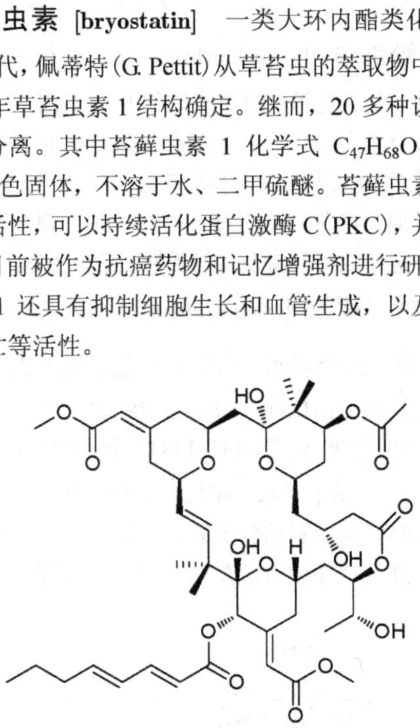

苔藓虫素 1

肽抗生素 [peptide-antibiotic] 曾称抗菌肽。生物界中广泛存在的一类具有抗细菌、真菌或抗原虫、抗病毒功能的多肽类化合物。如黏菌素、多黏菌素、杆菌肽、持久霉素等。通过干扰细菌细胞膜或蛋白质合成功能而达到抑菌杀菌作用。其作用机制无特异性，使细菌难以产生耐药性。

肽类生物碱 [peptide alkaloid] 母核具有肽类结构的生物碱。可分为直链肽生物碱和环肽生物碱。图示为自酸枣属植物中分离得到的环肽生物碱的结构。

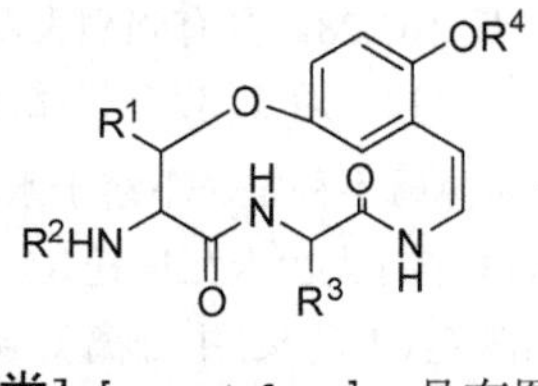

α-檀香烷[类] [α-santalane] 具有图示基本骨架结构的三环倍半萜类化合物。如存在于白檀木(*Santalum slbum* L.)挥发油中的α-白檀烯(α-santalene)

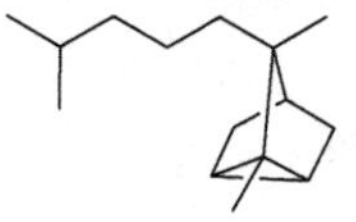

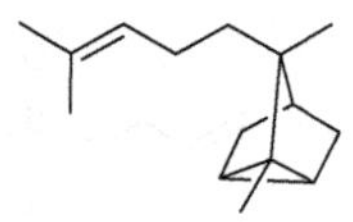

α-白檀烯

桃拓烷[类] [totarane] 具有图示分子骨架结构的三环二萜类化合物。如存在于罗汉松属(*Podocarpus* spp.)植物中的桃柘酚(totarol)。

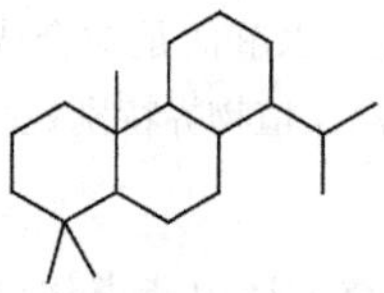

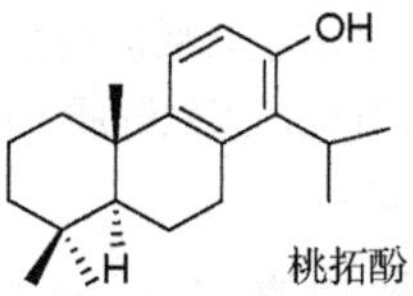

桃拓酚

天花粉蛋白 [trichosanthin] 又称天花粉提取物、注射用天花粉。从天花粉中分离得到的I型核糖体失活蛋白质。广泛分布于体内各组织中，一般肾、肝分布较多。肌内注射后15 min会在血液中出现，用于终止12～26周妊娠，也可用于死胎、过期流产孕妇的引产，对宫外孕、葡萄胎和绒毛膜上皮癌有一定疗效，但易发生过敏性反应。

天花粉提取物 [trichosanthin] 即天花粉蛋白。

天麻素 [gastrodin] 化学名4-羟甲基苯基-β-D-吡喃葡萄糖苷。化学式 $C_{13}H_{18}O_7$，分子量286.27。无色针状结晶或棱柱丛晶，双熔点96~98℃、145~148℃，比旋光度 $[\alpha]_D^{15}=-66.4°$ ($c=0.65$，水)，易溶于水、甲醇、乙醇、热乙酸乙酯，难溶于氯仿、乙醚。从兰科植物天麻、山珊瑚等中提取得到，具有镇痛、镇静及增加脑血流量的作用，能缓解神经衰弱、失眠、头痛症状。

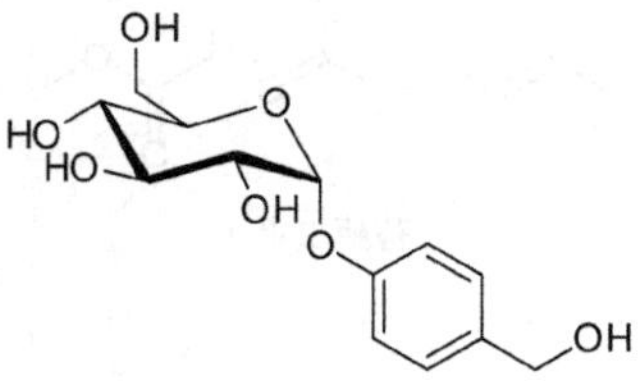

天仙子碱 [hyoscyamine] 即莨菪碱。

萜类化合物 [terpenoid] 分子骨架由若干个异戊二烯单位连接而成，分子组成符合$(C_5H_8)_n$通式的天然化合物。按照异戊二烯单元的数目，可分成半萜、单萜、倍半萜、二萜、三萜、四萜及多萜等。

α-萜品醇 [terpineol] 又称α,α,4-三甲基-3-环己烯-1-甲醇、松油萜醇、1-萜烯-8-醇。化学式 $C_{10}H_{18}O$，分子量154.26。无色或微黄色黏稠液体，或无色透明结晶，有类似紫丁香气味。熔点35℃，沸点219℃，相对密度 d_4^{20} 0.9396，折射率 n_D^{20} 1.4831。不溶于水，溶于醚、醇。低毒。为可燃性液体。具有碳碳双键和醇的化学性质，与空气接触容易氧化和聚合。可由松节油加乙酸和乙醇溶解后，再加硫酸作用制得；也可由水合萜类物质经脱水制得。可用作香料、烃类物质的溶剂，树脂及纤维素醚、酯的互溶剂，也可用于配制消毒剂和有色金属浮选剂，还可用于医药、仪表、电信工业中。

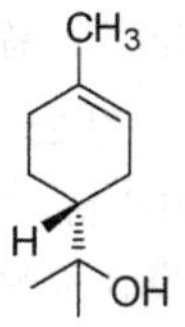

1-萜烯-8-醇 [*p*-menth-1-en-8-ol] 即α-萜品醇。

头孢菌素C [cephalosporin C] 化学式 $C_{16}H_{21}N_3O_8S$，分子量415.42。其钠盐二水合物为单斜晶体。头孢菌素于1948年由意大利科学家布罗楚(G. Brotzu)发现，此后被牛顿(G. Newton)和阿卜汉姆(E. Abraham)从顶孢菌中分离得到。它是一类β-内酰胺类抗生素，其结构较青霉素稳定，能耐β-内酰胺酶，虽然其抗原性与青霉素不甚相同，但仍有很高的交叉过敏可能。但原始的头孢菌素C抗菌活性并不足以临床使用，现在应用的均是其衍生物，抗菌谱也从仅对革兰氏阳性菌有效拓展到对一些革兰氏阴性菌也有效。头孢菌素的生物活性机制与青霉素类似，也是与细胞壁成分黏肽中的D-丙氨酰-D-丙氨酸竞争转肽酶，阻碍黏肽的形成，造成细胞壁成分无法交联而损坏，细菌失去细胞壁的保护，在体内低渗的环境中很快溶胀裂解，从而杀灭细菌。

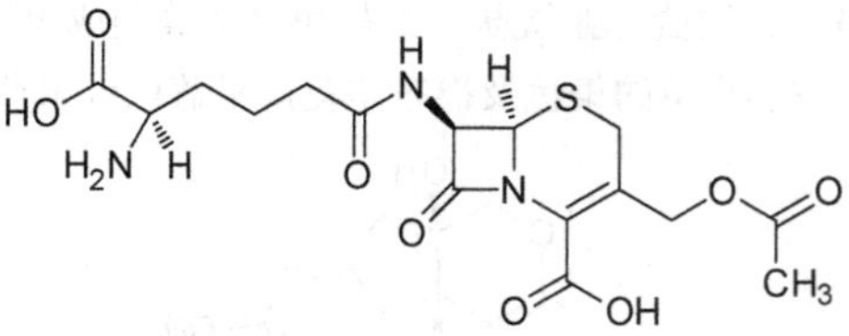

头孢烷 [cepham] 具有图示结构的杂环化合物。为头孢类抗生素分子的基本骨架。

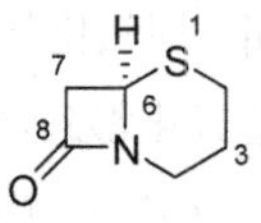

头孢烯 [cephem] 又称2,3-脱氢头孢烷。具有图示结构。

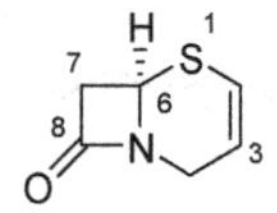

土槿皮乙酸 [pseudolaric acid B] 又称土荆皮乙酸。化学式 $C_{23}H_{28}O_8$，分子量 432.46。可结晶固体。分离于土槿(荆)皮的根和树干的树皮中。具有抗肿瘤新生血管形成、抗生育，以及抗真菌等作用。

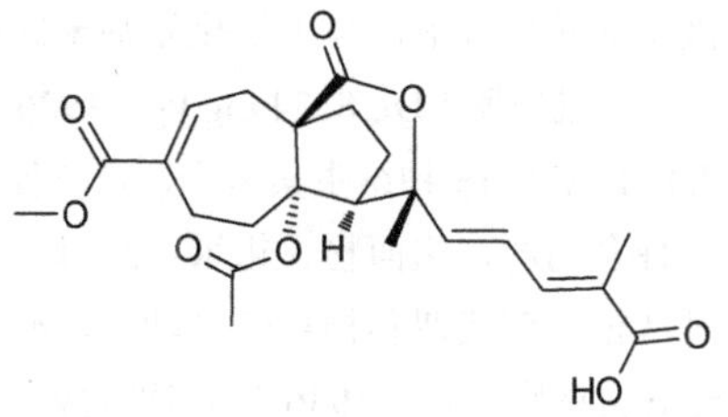

土荆芥油精 [ascarisin] 即驱蛔脑。

土荆皮乙酸[pseudolaric acid B] 即土槿皮乙酸。

吐根碱 [cephaeline] 又称依米丁。四氢异喹啉类生物碱。化学式 $C_{28}H_{38}N_2O_4$，分子量 480.64。平板状晶体，熔点 115～116℃，$[\alpha]_D^{20}$ −49.2°(*c*=4，氯仿)。可溶于水、乙醇、乙醚、氯仿，微溶于苯。二盐酸盐及二氢溴酸盐均为针状晶体。提取于吐根树等茜草科植物。具有抗菌、抑制蛋白质合成等多种生物活性以及抗阿米巴虫的作用，临床用于治疗阿米巴性痢疾，具有作用强、效果快的特点。此外，还具有催吐的作用。

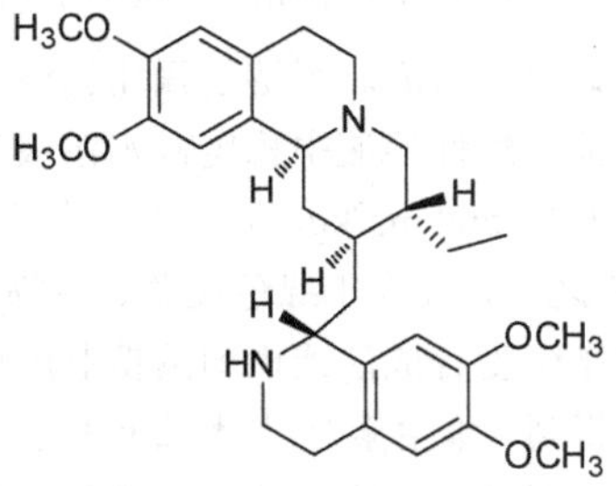

吐根碱[类]生物碱 [emetine alkaloid] 具有图示的异喹啉环连接苯并喹啉啶环母核结构的生物碱。吐根碱(1, emetine)为吐根(*Uragoga ipecacuanha* Baill.)中治疗阿米巴痢疾的有效成分。

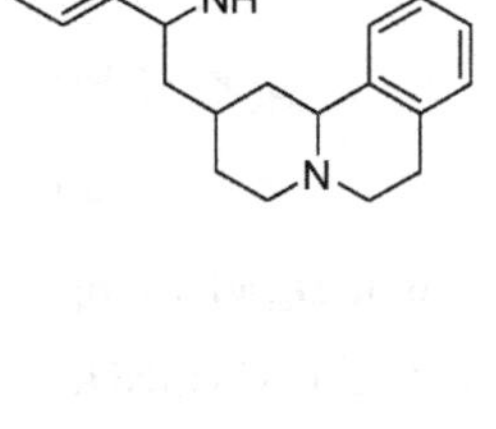

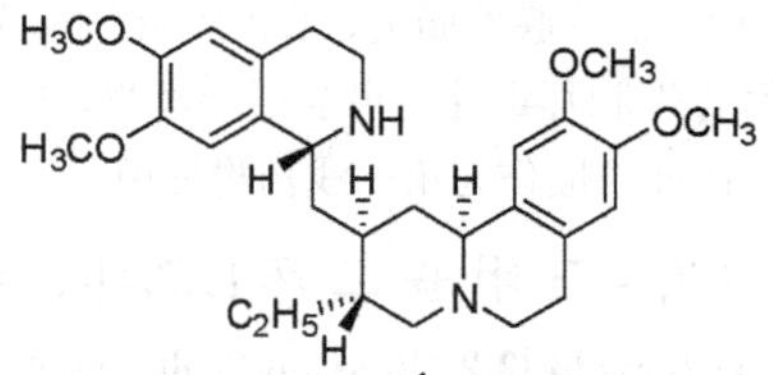

1

托品烷[类]生物碱 [tropane alkaloid] 莨菪烷[类]生物碱的旧称。

2,3-脱氢毒酶烷 [2,3-dehydropenem] 即青霉烯。

2,3-脱氢头孢烷 [2,3-dehydronce pham] 即头孢烯。

[椭圆]玫瑰树碱 [ellipticine] 化学式 $C_{17}H_{14}N_2$，分子量 246.31。淡黄色针状结晶，熔点 311～315℃(分解)。由夹竹桃科椭圆玫瑰树属莫氏玫瑰(*Ochrosia moorei*)的树叶中分离得到。它是一种细胞毒生物碱，具有抗癌作用，常用作抗癌药物。但动物试验表明椭圆玫瑰树碱有迅速和严重的溶血作用。

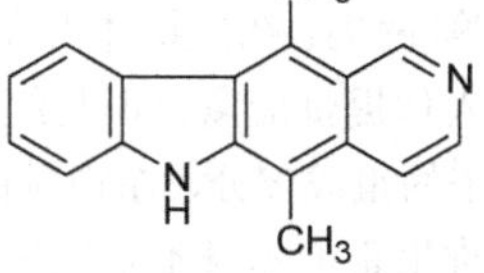

万古霉素 [vancomycin] 又称凡古霉素、凡可霉素。化学式 $C_{66}H_{76}Cl_2N_9O_{24}$，分子量 1485.71。商品为其单盐酸盐，白色或类白色粉末，易吸湿，在水中易溶，极微溶于甲醇，几乎不溶于乙醇，熔化前分解。1953 年由礼来公司从加里曼丹丛林土壤中的一种细菌 *Amycolatopsis orientalis* 中分离得到，属于糖肽类抗生素。对革兰氏阳性菌有强的抑制活性，可以与肽聚糖链中的 L-Ala-D-Glu-L-Lys 末端紧密结合，专一性抑制胞壁中肽聚糖的合成。临床用于治疗严重革兰氏阳性菌感染，如抗甲氧西林金黄葡萄球菌(MRSA)和抗药表皮葡萄

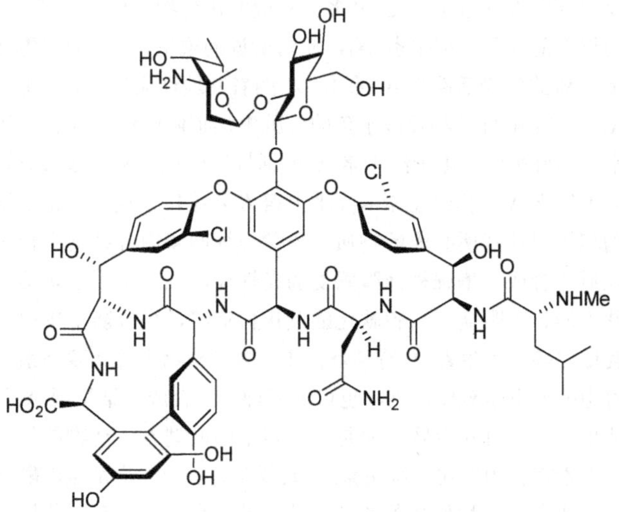

球菌(MRSE)引起的假膜性肠炎、心内膜炎、脑膜炎等。副作用主要包括肾毒性和耳毒性，可能引起耳鸣、听力减退、肾小管损伤等，因此一般作为第三线药物使用。

外型 1,7,7-三甲基二环[2.2.1]-2-庚醇 [*exo*-1,7,7-trimethyl bicyclo [2.2.1]heptan-2-ol] 即异冰片。

威霉素 [erythromycin] 即红霉素。

维生素 [vitamin] 维持人和动物的生命和健康生长，除了所需的氧、水、蛋白质、脂肪、糖类及无机物外，还有一类微量有机物需要从食物中获得，缺乏时会引起病理变化的物质。现已确定的有40余种，在人体生长、代谢、发育过程中发挥着重要的作用。维生素可由食物中直接得到，也可由植物内的一些化合物在机体内转变成维生素。在人的正常代谢情况下，由谷物和蔬菜中摄取的足以满足人体需要。维生素的命名是在维生素后加上A、B、C、D、E、K等，这只表示被发现的先后，与其结构无关。有些维生素后来发现是混合物，便在字母右下角加上数字来区别，如B_1、B_2、B_6等。维生素分为油溶性(如A、D、E、K等)和水溶性(如B_1、B_2、B_6、B_{12}、抗坏血酸等)两类。在生物体内维生素既不参与构成人体细胞，也不为人体提供能量，但是绝大多数维生素作为酶的辅酶或辅助因子的组成部分，在物质代谢中起重要作用。可以在体内转化成维生素但本身不是维生素的物质被称为维生素原。如β-胡萝卜素是维生素A原。

维生素A [vitamin A; first vitamin] 又称视黄醇、抗干眼醇等。一种二萜醇。化学式$C_{20}H_{30}O$，分子量286.46。黄色结晶。熔点63～64℃，沸点(120～125℃)/10.67 Pa。不溶于水，溶于甲醇、乙醇、乙醚、氯仿。怕热。维生素A在三氯化锑的氯仿溶液产生蓝色。在动物体内易被氧化成维持正常视觉功能的视黄醛。缺乏时会得夜盲症。以醇或酯的形式存在于鱼肝油、奶油及肝等动物性食物中，尚未在植物中发现。1931年首次由鱼肝油中分出。1948年自狗肝中分出1种仅比维生素A在C_3、C_4间多一双键的化合物，称维生素A_2，而将先前的称为维生素A_1，通常所说的维生素A即维生素A_1。A_2的生物活性为A_1的40%，两者其他性质相似。维生素A_1多存于哺乳动物及咸水鱼的肝脏中，而维生素A_2常存于淡水鱼的肝脏中。由于维生素A_2的活性比较低，所以通常所说的维生素A是指维生素A_1。维生素A是维持上皮组织正常结构和防卫功能所必需的物质，还参与视网膜内杆细胞中视紫红质的合成，增强视网膜感受弱光性能。临床上用于防治皮肤干燥、干眼病、角膜软化症及夜盲症等，可预防上皮癌、食道癌等。维生素A前身是存在于多种植物中的胡萝卜素，可由胡萝卜素氧化得到，也可用多种方法合成。维生素A并非单一的一种化合物，而是有许多不同的型态。动物能将胡萝卜素在体内转化为维生素A储藏在肝脏中；通常是以醇类的方式存在，称作视黄醇，活性也是最高；但也有一些属于醛类，称作视黄醛；另外还有一些属于酸类，称作视黄酸。生产上多用柠檬醛、乙炔、丙酮、甲醛为原料合成。

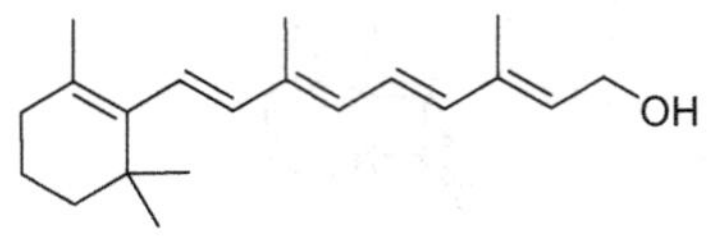

维生素B_1 [vitamin B_1] 又称硫胺素、盐酸硫胺、抗神经炎素。化学式$C_{12}H_{17}ClN_4OS \cdot HCl$，分子量337.27。无色结晶粉末。熔点248℃(分解)。味苦。易溶于水、略溶于乙醇，不溶于乙醚、苯。在pH小于5.5的酸性溶液中稳定，而在中性和碱性溶液中会发生分解。与重氮化氨基苯磺酸及甲醛作用显品红色。小白鼠口服LD_{50} 8224 mg/kg。1926年首次由米糠中分出。人体必需的13种维生素之一，是一种水溶性维生素。存在于各种食物内，粗面粉、粗米、酵母、大豆、蛋类中较多。有维持正常糖代谢和神经传导功能，亦有中度的利尿作用，缺乏时会患脚气病。1936年首次合成。多为分别合成噻唑和嘧啶两部分后反应制成。用于治脚气病、神经炎及消化不良等症。可用作食品、营养强化剂和动物饲料添加剂。

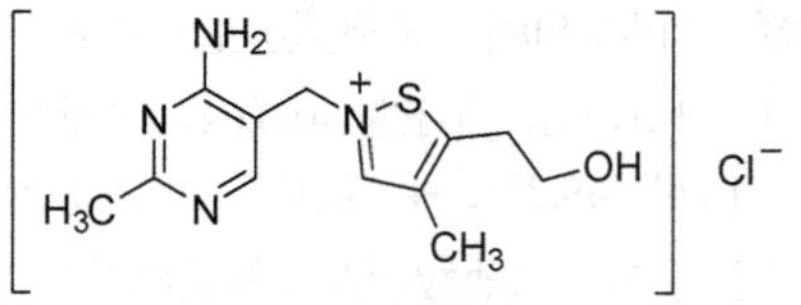

维生素B_2 [vitamin B_2; beflavine] 又称核黄素。带杂环的多元醇。化学式$C_{17}H_{20}N_4O_6$，分子量376.38。橙黄色结晶。略有苦味。熔点278～282℃(分解)，比旋光度$[\alpha]_D^{25}$ −112°～122°(乙醇钠水溶液)。微溶于水，溶于乙醇，不溶于乙醚、氯仿、丙酮。可溶于氯化钠溶液，易溶于稀的氢氧化钠溶液。酸性溶液中稳定，水溶液有绿色荧光。大白鼠腹膜内LD_{50} 560 mg/kg。最早由乳中分出。人体必需的13种维生素之一，存在于绿色蔬菜、谷物、酵母、肝及肉类内。可用微生物合成法或由葡萄糖制成核糖，再制成异咯嗪衍生物得到。维生素B_2是黄素单核苷酸(FMF)和黄素腺嘌呤二核苷酸(FAL)辅酶的主要成分。在体内许多氧化还原反应和代谢方面起重要作用。食品上用作面粉等的营养强化剂，饲料添加剂等。医学上可以用于防治舌炎、口角炎、膜炎和脂溢性皮炎。

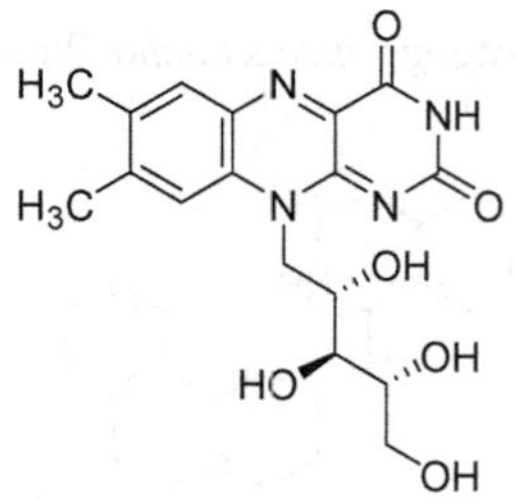

维生素B_6 [vitamin B_6;adermin] 又称吡多辛、吡多醇。一种吡啶衍生物。化学式$C_8H_{11}NO_3$，分子量169.18。白

色或微黄色粉末。熔点160℃，易升华。味酸苦。易溶于水，略溶于乙醇，不溶于乙醚、氯仿。遇光易变色，与三氯化铁作用呈红色。其盐酸盐从乙醇加丙酮中析出得片状晶体，对光和空气稳定，分解点205～212℃。在290 nm波长处有最大吸收(0.1 mol/L HCl)。LD_{50}(大鼠，经口)4000 mg/kg。分布较广，酵母、肝、谷类、花生中较多，动物组织内多为吡多醛和吡多胺，植物体内多为吡多醛。在生物体内三种形式可互相转化，形成具有生理活性的磷酸·吡哆醛和磷酸·吡哆胺，为多种转氨酶、脱羧酶及消旋酶的辅酶，参与氨基酸和脂肪的代谢，人体每日需要1～2 g，在食物中分布较广，一般食物中摄入量已够。一般缺乏时会有食欲不振、食物利用率低、失重、呕吐、下痢等。严重缺乏会有粉刺、贫血、关节炎、小孩痉挛、忧郁、头痛、掉发、易发炎、学习障碍、衰弱等。1938年得到晶体，次年确定结构并合成。可用甲氧基乙酰丙酮与氰乙酰胺为原料合成。医药上用于治疗糙皮病、口唇炎、孕妇的恶心与呕吐及癞皮病与营养不良的辅助治疗。治疗上应用的多为化学合成品。

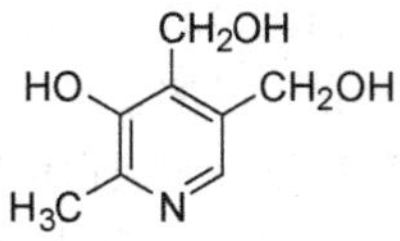

维生素 B_9 [vitamin B_9]　即叶酸。

维生素 B_{12} [vitamin B_{12}]　一种由含钴的卟啉类化合物组成的B族维生素。维生素B_{12}一词有两种不同含义。在广义上它是指一组含钴化合物即钴胺素(cobalamins)：氰钴胺(cyanocobalamin，经氰化物提纯而成的人工成品，R=CN)、羟钴胺(hydroxocobalamin，即维生素B_{12}，R=OH)及维生素B_{12}的两种辅酶形式，甲钴胺(methylcobalamin, MeB_{12}，R=Me)和5-脱氧腺苷钴胺素(5-deoxyadenosylcobalamin，R=5'-deoxyadenosyl)，又称腺苷钴胺(adenosylcobalamin, $AdoB_{12}$)。其更特定的含义是，仅指以上各种形式中的一种即氰钴胺，是B_{12}来自食物和营养补充的主要形式，化学式$C_{63}H_{88}O_{14}N_{14}PCo$，分子量1354.74。深红色晶体。熔点高于300℃。溶于水、醇、乙酸和丙酮，不溶于氯仿、醚。无毒、无臭、无味。受光照射易分解，在中性或弱酸性水溶液中稳定。须于密闭、干燥处保存。1948年从动物肝脏中分离得到维生素B_{12}，其分子的结构于1956年经X射线结晶学确定。最早的维生素B_{12}全合成是由伍德沃德(R. B.Woodward)和阿尔伯特·艾申莫瑟(Albert Eschenmoser)等分别于20世纪70年代完成，是有机合成化学史上最杰出的成就之一。斯科特(A. I. Scott)等利用酶催化方法合成维生素B_{12}的研究于1994年完成。维生素B_{12}广泛存在于动物食品中，如动物肝脏、蛋、乳、鱼粉、黄豆、酵母和肉类中。大自然的维生素B_{12}是由细菌所制造，动物食这些细菌后，本身才会有丰富的维生素B_{12}，因此非素食者并不会出现明显的贫血现象。维生素B_{12}是细胞合成核酸过程中的重要辅酶，是中枢神经系统和周围神经中维持鞘纤维功能完整所必需的物质。主要用于治疗恶性贫血、巨幼红细胞贫血和多发性神经炎。维生素B_{12}只有与胃幽门黏膜分泌的一种糖蛋白结合才能被吸收，缺乏这种称为内源因子的糖蛋白也会导致维生素B_{12}缺乏。药用维生素B_{12}以放线菌属灰色链丝菌等培养液为原料反应制备。

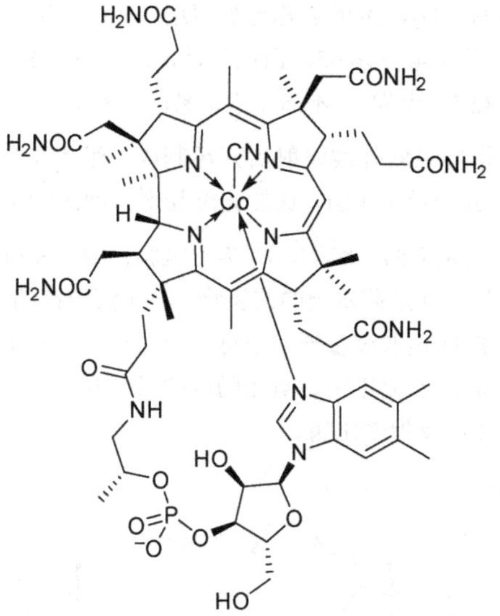

维生素 B_{17} [vitamin B_{17}]　扁桃苷的旧称。

维生素 C [vitamin C; cevitamic acid; vitacin]　又称L-抗坏血酸。化学式$C_6H_8O_6$，分子量176.13。无色晶体。熔点190～192℃(分解)，比旋光度$[\alpha]_D^{25}$ +20.5°～+21.5°(水)。有酸味。溶于水、乙醇。水溶液易被氧化分解，遇空气加热易变质，在碱性溶液中易氧化失效。在酸溶液中比在碱溶液中稳定。可使2,6-二氯酚淀粉褪色，能和2,4-二硝基苯肼生成腙。水溶性维生素，是高等灵长类动物与其他少数生物的必需营养素。除人、猿和豚鼠外，大多的生物体可借由新陈代谢制造出来自行合成维生素C。人类需要从食物中摄取，主要来源为新鲜水果与蔬菜。1932年首次由柠檬汁中得到纯品，次年确定结构并合成。为强还原剂，参与体内氧化还原作用。能促进细胞间黏合物和血红蛋白的合成，使伤口迅速愈合和防贫血。缺乏维生素C会造成坏血病。能增强肌体的抗病能力和解毒作用，可阻止致癌物亚硝胺类的产生。工业上将右旋山梨醇发酵成左旋山梨醇，再经发酵或化学方法制成，是目前制药工业中产量最大的产品。除药用外，可作食品保鲜剂。品质保护剂和抗氧化剂等。为避免维生素C在使用过程中分解，有时会加入其他稳定剂或制造成化学衍生物以维持其稳定性。

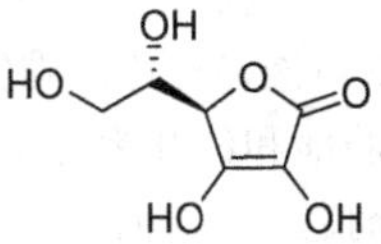

维生素 D [vitamin D]　又称抗软骨病维生素。甾醇类脂溶性维生素。已确定有维生素D_2、D_3、D_4及D_5，重要的

是 D_2(即麦角骨化醇，calciferol)和 D_3(胆骨化醇，cholecalciferol)。存在于动物体内。植物体内有可变为维生素 D 的物质，称为维生素 D 原。1930 年由紫外线照射的麦角甾醇中分出晶体称维生素 D(应为 D_1)，后发现此物为混合物，1932 年分出纯品维生素 D_2，1936 年由鱼肝油中分出 D_3。维生素 D 是 D_2，D_3 等的统称。D_2，D_3 的名称已被习用，故仍沿用。D_2 分子式 $C_{28}H_{44}O$，分子量 396.65，白色晶体，熔点 115.8℃，比旋光度 $[\alpha]_D^{25}$ +82.6°(丙酮)。不溶于水，易溶于乙醇、乙醚、氯仿。可由麦角甾醇经紫外线照射后开环制成。维生素 D_3 分子式 $C_{27}H_{44}O$，分子量 384.64，比旋光度 $[\alpha]_D^{25}$ +84.8°(丙酮)，白色针状晶体，熔点 84～85℃。将 7-去氢胆甾醇经紫外线照射后得到。维生素 D 是荷尔蒙的前驱物，与血液中钙的代谢有关。如果维生素 D 摄取过量导致中毒，会使柔软组织形成钙化现象。维生素 D 能促进钙、磷在肠内的吸收和骨内的沉积，用于防治佝偻病及骨软化病。

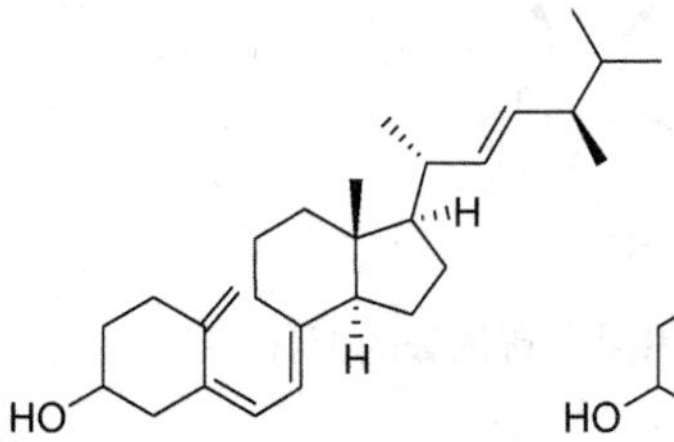

维生素 D_2

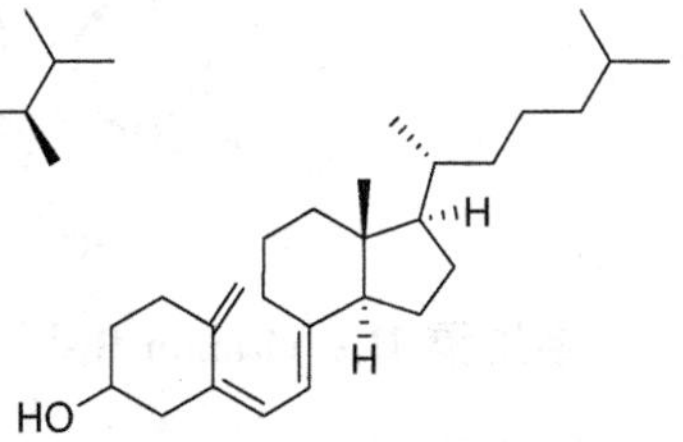

维生素 D_3

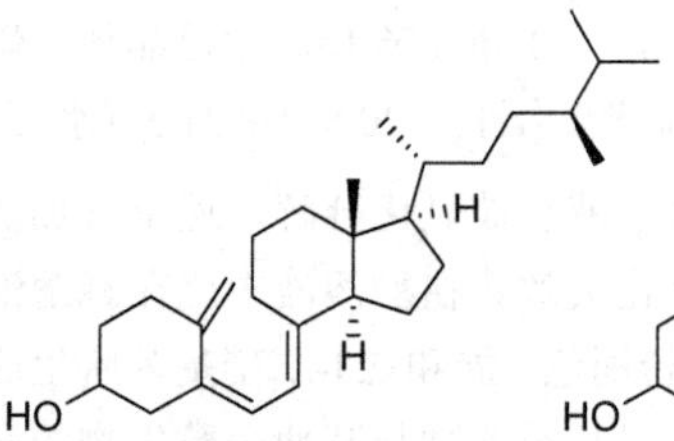

维生素 D_4

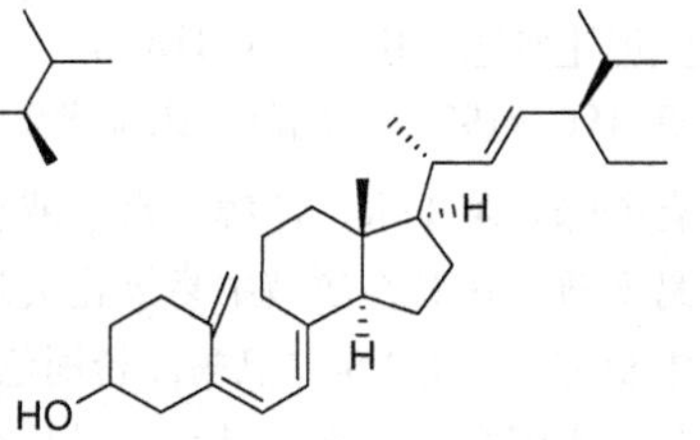

维生素 D_5

维生素 E [vitamin E] 又称 α-生育酚、产妊酚、5,7,8-三甲基母育酚。脂溶性维生素。最早由小麦芽油中分出，动植物油、牛奶、蛋黄、水果内也都含有，大豆油、玉米油、葵花籽油内较多，其他坚果(花生、向日葵瓜子等)、沙棘果和麦芽、扁桃，以及鱼等都是维生素 E 的来源。植物绿叶能合成，动物不能。维生素 E 是一种有 8 种形式的脂溶性维生素，均为苯骈二氢吡喃的衍生物。其中 α，β，γ 和 δ 四种生育酚较重要，它们在结构上的差别仅在苯环上甲基的数目和位置。一般所指维生素 E(如图示)的分子式为 $C_{29}H_{50}O_2$，分子量 430.72。金黄或淡黄色稠油，DL-型，沸点(200～220)℃ 13.33Pa，相对密度 d_4^{25} 0.950，折光率 n_D^{25} 1.5045。不溶于水，易溶于乙醚、丙酮、苯、氯仿。硝酸中加热变为橙红色，与 2,2′-联吡啶和三氯化铁溶液显红色。维生素 E 可保护某些酶中的巯基、不饱和脂肪酸和红细胞等不被氧化。是人和动物体中最有效的抗氧化剂之一，能捕捉机体代谢产生的自由基，其中 δ-生育酚的抗氧化作用最强。α-生育酚帮助抗不孕最有效。维生素 E 与硒协同作用通过谷肽甘肽过氧化酶发挥抗氧化作用。维生素 E 与动物生殖有关，缺乏维生素 E，雌鼠生殖不育，雄鼠睾丸退化，生殖器官正常机能和肌肉正常代谢受阻。可由 2,3,5-三甲基对苯二酚与植醇缩合制成。新生儿或早产儿血浆中维生素 E 会偏低，若维他命 E 严重不足时会导致幼儿溶血性贫血，有时还会间接引发黄疸。药用的多为乙酸酯。用于治疗先兆流产、习惯性流产不孕症及更年期障碍。也可治疗肌肉萎缩，还可用作饲料添加剂的原料或抗氧剂。过量摄食易造成体内大量的蓄积，应避免长期过量摄食。

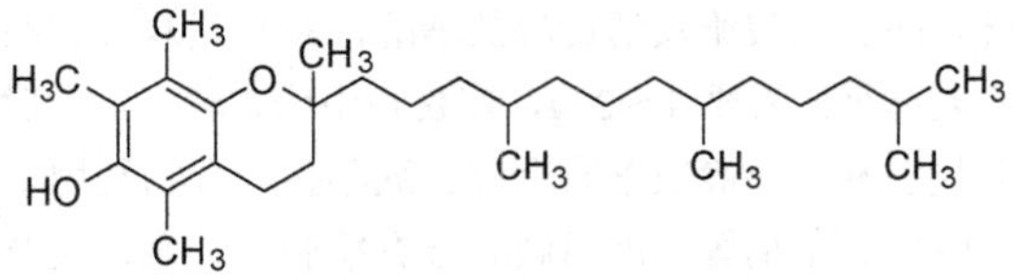

维生素 P [vitamin P] 即芸香苷。

维生素 U [vitamin U; cabagin-U; vitas-U; vitamin U chloride] 化学名氯化甲硫氨基酸。常称为卷心菜素、抗溃疡维生素。一种维生素。化学式 $C_6H_{14}ClNO_2S$，分子量 199.69。白色结晶性粉末，熔点 137~138℃(分解)。有特殊气味，味咸苦。光照和空气中不稳定。易溶于水，不溶于乙醚、乙醇等一般有机溶剂。遇磷钨酸试液生成白色凝乳状沉淀。小白鼠静脉内 LD_{50} 2760 mg/kg。其溴化物类似物，分解点 139℃。碘化物，熔点 150.3℃。存在于卷心菜、白菜、甘蓝、莴苣、苜蓿、豌豆、圆白菜叶、绿茶及其他绿色蔬菜内，在一些谷物和蔬菜的秧苗中含量较高。为蛋氨酸的甲基锍盐。通常由氯化甲烷与蛋氨酸制成。用于治疗胃溃疡、十二指肠溃疡、肾变病综合征等。有改善皮肤和胃黏膜作用。

乌索酸 [ursolic acid] 又称熊果酸。五环三萜烯酸。化学式 $C_{30}H_{48}O_3$，分子量 456.71。无色或白色晶体，溶于甲醇，熔点 279～281℃。1973 年由松浦(Matsuura)从悬铃叶苎麻中首次提取。也分布于苹果、罗勒、越橘、小红莓、接骨木花、薄荷、迷迭香、薰衣草、牛至、百里香、山楂、李子等植物中，苹果皮中含量更高。它可以通过抑制信号转导和转录激活剂 III(STAT3)的活化途径降低癌细胞的增殖，诱导细胞凋亡，还可以刺激小鼠的肌肉生长以减缓肌肉萎缩。也是弱的芳香化酶抑制剂，现已使用在化妆品中。还可以作为一些效能更强的生物活性物种的合成原料，如一些抗肿瘤药物，另外还有作为心脏维生药物的潜力。

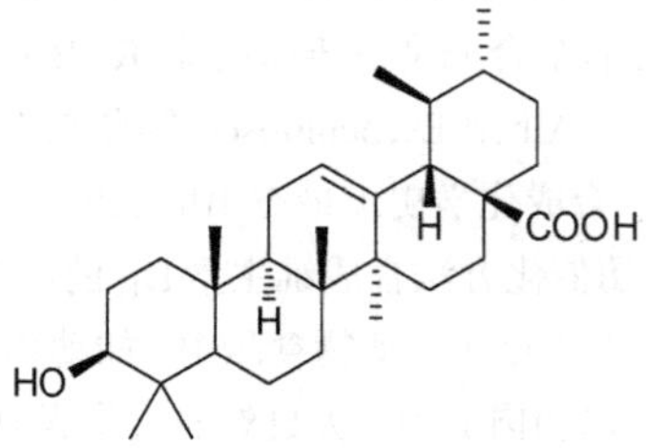

乌索烷[类] [ursane] 又称 α-香树脂烷。具有图示基本结构，为 5 个并六元环构成的氢化芘骨架的五环三萜。与齐墩果烷的差异为 C-20 位的 β-甲基迁移至 C-19 位。

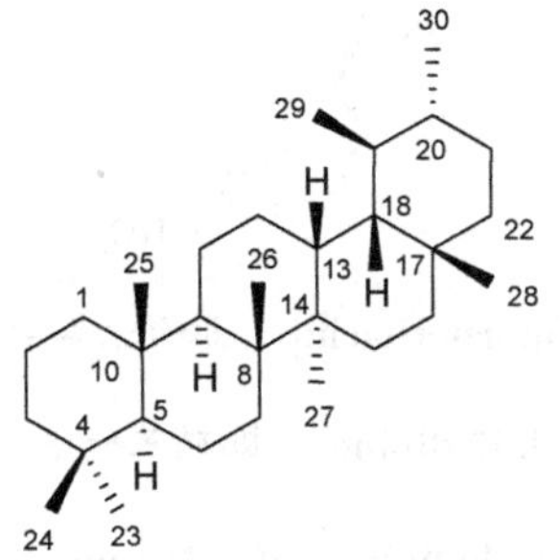

乌头碱 [aconitine] 又称附子精。化学式 $C_{34}H_{47}NO_{1}$ 分子量 645.74。六方形片状结晶，熔点 198~199℃(分解)，比旋光度 $[\alpha]_D^{20}$ +19°(c = 1，氯仿)，LD_{50}(小鼠一次经口)为 1.8 mg/kg。可溶于水，易溶于乙醇、乙醚，微溶于石油醚。是常用中药乌头中的一种化学物质，临床用于缓解癌痛，尤其针对消化系统癌痛；其外用时能麻痹周围神经末梢，产生镇痛和局部麻醉作用。同时，还具有强烈毒性，主要使迷走神经兴奋，对周围神经损害。

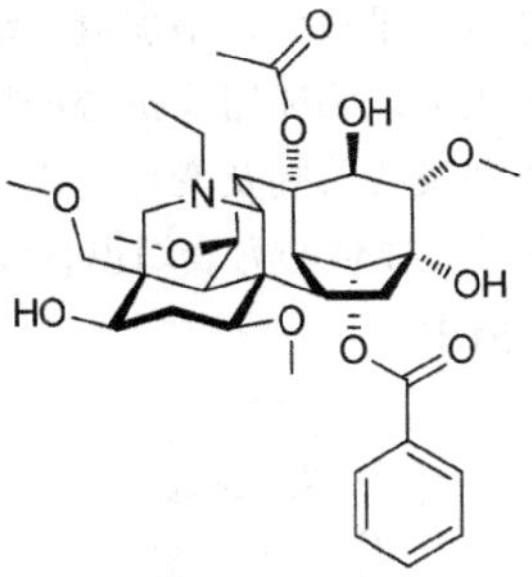

乌头碱[类]生物碱 [aconitine] 一类多环 C_{19}-二萜生物碱。为许多药用草乌的主要生物碱成分，大多含有羟基、甲氧基等各种氧代基团，羟基酯化的生物碱常含有剧毒。主要分布于毛茛科乌头属(*Aconitum*)和翠雀属(*Delphimium*)植物。乌头碱(aconitine)的结构如图所示。

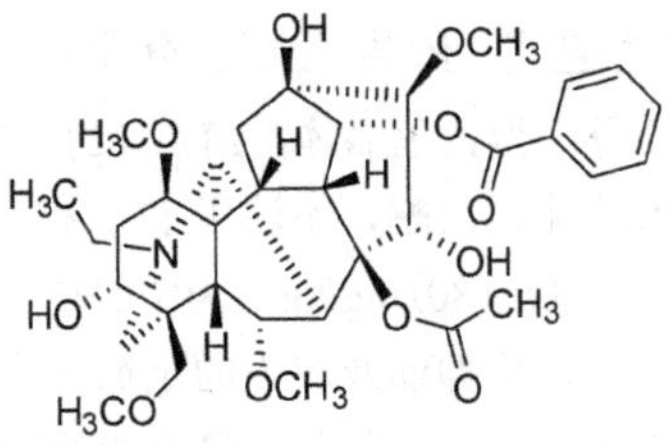

无环倍半萜 [acyclic sesquiterpene] 由 3 个异戊二烯首尾连接而成的链状倍半萜。具有 3,7,11-三甲基十二烷基本骨架。如法尼醇(farnesol)。

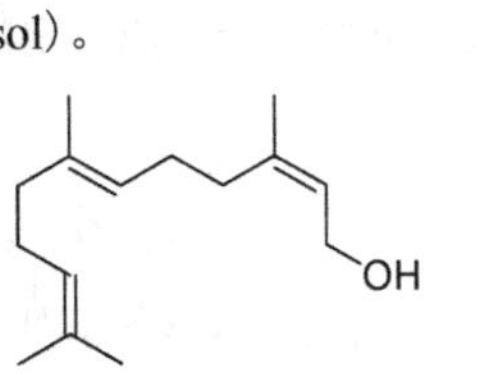

无环单萜 [acyclic-monoterpene] 2 个异戊二烯单元构成的链状单萜。如 β-月桂烯(**1**，myrcene)、α-柠檬醛(**2**，citral)。

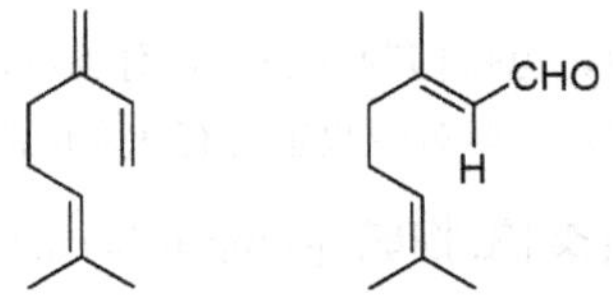

1 **2**

无环二萜 [acyclic diterpene] 由 4 个异戊二烯构成的链状二萜化合物。如植物醇(phytol)。

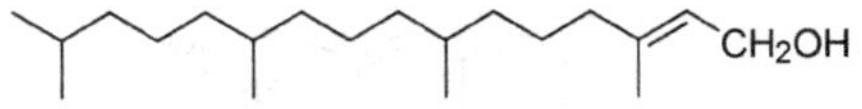

无色花色素 [ieucoanthocyanidin] 即白花青素。

无叶豆碱 [sparteine] 即鹰爪豆碱。

五环二萜 [pentacyclic diterpene] 具有 5 个碳环结构的二萜化合物。

西加毒素 [ciguatoxin] 又称雪卡毒素、西加鱼毒素。高度氧化的梯状聚醚，分子量一般在 1000～1150；无色无味，具有脂溶性，不溶于水，耐高温，不易被胃酸破坏。由美国夏威夷大学的朔伊尔(Scheuer)等分离提纯并确定分子量，结构的确定由日本东北大学的安元健(T. Yasumoto)教授于 1989 年完成。西加毒素的产毒源是分布于热带和亚热带珊瑚礁附近的多种底栖微藻。它可以通过食物链在鱼类体内聚集，通常肝脏中含量较高。对哺乳动物而言，西加毒素是毒性最强的毒素之一，属神经毒素，中毒轻者产生轻度知觉或运动麻痹，重者产生严重运动神经麻痹，甚至致死；其中毒特征是热感颠倒，手接触水会有触电或摸干冰的感觉。

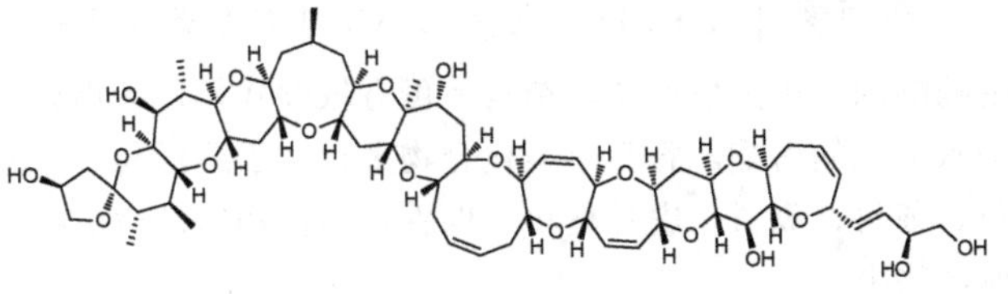

西加鱼毒素 [ciguatoxin] 即西加毒素。

西利马灵 [silymarin] 即水飞蓟素。

西罗莫司 [sirolimus] 即雷帕霉素。

喜树碱 [(+)-camptothecin (CPT)] 化学式 $C_{20}H_{16}N_2O_4$，分子量 348.34。浅黄色针状结晶(甲醇-乙腈)，分解温度 264～267℃。是一种从喜树树皮和枝干中分离出来的喹啉类生物碱。沃尔(M. E. Wall)等发现它具有抗肿瘤、抗

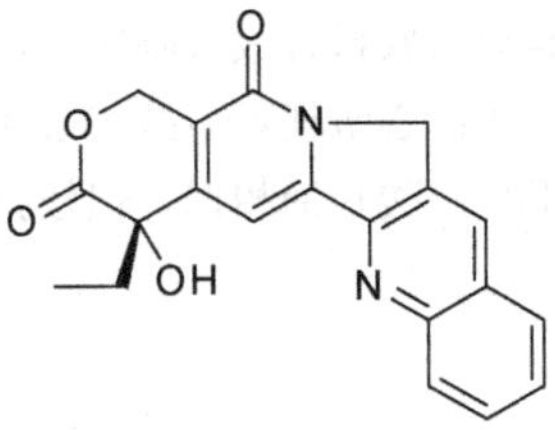

病毒、抗早孕、免疫抑制等功效。对肠胃道和头颈部癌等有较好的近期疗效，但对少数患者有尿血的副作用。

喜树碱[类]生物碱 [camptothecine alkaloid] 自珙桐科喜树(*Camptotheca acuminata*) 中分离到的喹啉类生物碱。为带有喹啉环的五环化合物，含有内酰胺六元环并吡喃内酯环结构，属于中性乃至近酸性的化合物，无一般生物碱反应。喜树碱及其类似物大多有抗癌活性。图示为喜树碱结构。

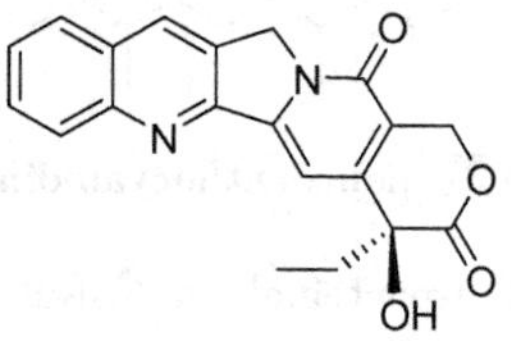

香草酸 [vanillic acid] 化学名 4-羟基-3-甲氧基苯甲酸。二羟基苯甲酸衍生物，化学式 $C_8H_8O_4$，分子量 168.15。白色针状晶体，熔点 210～213℃。水中溶解度为 9.2 g/L(24℃)，可溶于乙醚。1925 年由克施纳(Kuerschner)从木质素的加热产物中首次分离。在中药当归的根部大量存在，在千叶菜棕的果实中也有分布，另外还是坚果油中的主要自然酚类物质，葡萄酒和醋中也含有香草酸。是人类摄入绿茶后儿茶酸的主要代谢物。可以被作为调味剂使用，是工业生产香兰素的中间体。

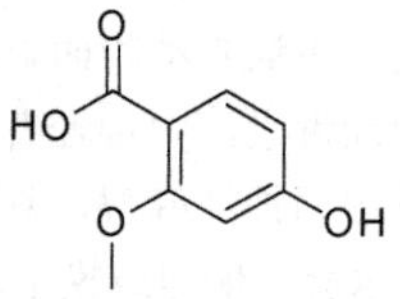

香豆素 [coumarin] 具有 C_6–C_3 基本骨架的苯并 α-吡喃酮的一类天然产物，结构上可看做顺式邻羟基肉桂酸失水形成的内酯。香豆素类化合物多存在于繖形科、芸香科、菊科、豆科、虎耳草科、瑞香科等植物以及微生物代谢产物中。

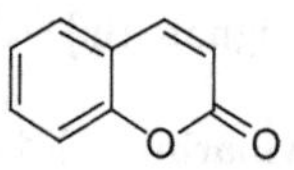

α-香树脂烷 [α-amyrane] 即乌索烷[类]。

β-香树脂烷[类] [β-amyrare] 即齐墩果烷[类]。

消心痛 [isosorbide dinitrate; sorbide nitrate; isoket; sorbitrate; carvasin] 化学式 $C_6H_8N_2O_8$，分子量 236.14。白色晶体，熔点 68~72℃。易溶于氯仿、丙酮，略溶于乙醇，微溶于水。可用山梨醇为原料合成。临床上用于冠心病的长期治疗；心绞痛的预防；心肌梗死后持续心绞痛的治疗。用作血管扩张药，作用与硝酸甘油相似，但较持久，长期使用产生耐受性。

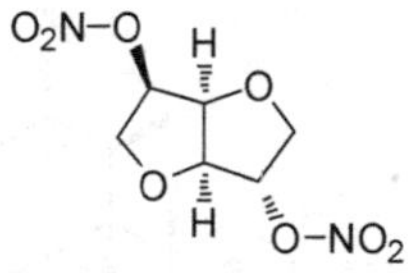

消炎痛 [indornethacin] 即吲哚美辛。

硝苯吡啶 [nifedipine] 即硝苯地平。

硝苯地平 [nifedipine; adalat; nifedin; pidilat; nifelat] 又称心痛定、硝苯啶、硝苯吡啶、利心平、圣通平。化学式 $C_{17}H_{18}N_2O_6$，分子量 346.34。黄色晶体，熔点 172～174℃。无臭无味，溶液对光不稳定。溶于氯仿、二氯甲烷、丙酮、乙酸乙酯，略溶于乙醇，几乎不溶于水。小白鼠、大白鼠 LD_{50}(mg/kg)：口服 494、1022；静脉内 4.2、15.5。可用邻硝基苯甲醛、乙酰乙酸甲酯及氨在甲醇中回流制得。二氢吡啶类钙拮抗剂，可选择性抑制钙离子进入心肌细胞和平滑肌细胞的跨膜转运，并抑制钙离子从细胞内释放，而不改变血浆钙离子浓度。松弛血管平滑肌，增加冠状动脉血流量，改善心肌缺血区的血液供应。临床用作抗心绞痛及抗高血压药，特别适用于高血压并发心绞痛及变异型心绞痛。对呼吸道阻塞性心绞痛和顽固性充血性心力衰竭也有效。忌与 β 受体阻滞剂合用。宜长期服用。

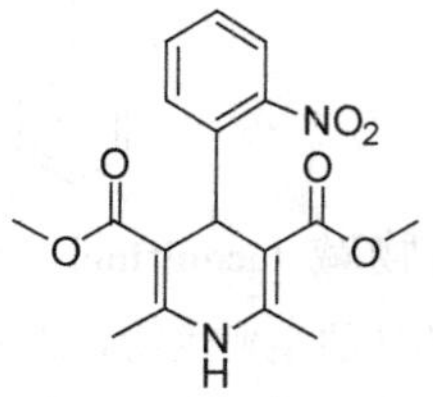

硝苯啶 [nifedipine] 即硝苯地平。

硝基安定 [nitrazepam; mogadon; nitrenpax; nitrados; sonebon] 又称硝西泮、硝基二氮䓬。化学式 $C_{15}H_{11}N_3O_3$，分子量 281.27。乙醇中得黄色晶体，熔点 224～226℃。溶于氯仿、乙醇、乙酸乙酯、丙酮，不溶于水、苯、乙醚、己烷。大白鼠口服 LD_{50} (825±80)mg/kg。为中等作用时间的苯二氮䓬类药物，有催眠、抗抑郁及较强的抗惊厥作用。由对硝基邻溴代苯胺与邻苯二甲酰亚胺基乙酰氯为原料，经数步反应制成。用作安眠药、抗癫痫药，尤其对阵挛性发作效果更好(较硝基安定效率更强的有氯硝基安定)。服药同时避免饮酒，小儿忌用。久服会对肝肾功能造成一定的伤害，同时也会产生耐药性。

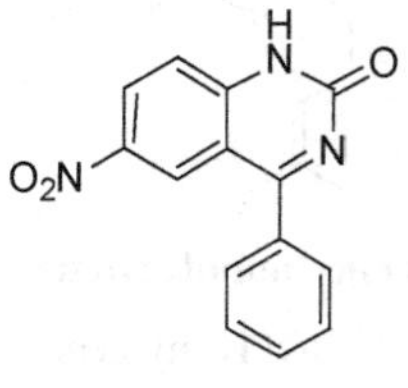

硝基二氮䓬 [nitrazepam] 即硝基安定。

硝酸一叶秋碱 [securinine] 即叶秋碱。

硝西泮 [nitrazepam] 即硝基安定。

小白菊内酯 [parthenolide] 一种倍半萜烯内酯化合物。化学式 $C_{15}H_{20}O_3$，分子量 248.32。无色片状晶体，熔点 115℃，溶于甲醇，难溶于水，比旋光度 $[\alpha]_D^{20}$ −72.5°（c=0.25，氯仿）。1960 年由希尔饶特（Herout）等首次从菊科植物小白菊（*Tanacetum parthenium*）中分离得到，也存在于木兰科植物观光木（*Tsoongiodendron odorum* Chun）中。具有抗炎、抗痛觉过敏、抗动脉粥样硬化、抗骨质溶解、微管干扰和抗亚马孙利士曼原虫的活性，能够抑制 NF-κB 活性和诱导细胞凋亡，具有显著的抗白血病（如急性骨髓白血病）和抗癌（如胸腺癌）活性。

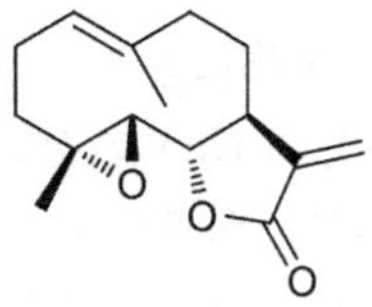

小芸木宁 [micromelin] 一种香豆素类化合物。化学式 $C_{15}H_{12}O_6$，分子量288.25。白色固体，用氯仿重结晶后为无色针状晶体，熔点218～219.5℃，比旋光度 $[\alpha]_D$ −87.4°（c = 2，氯仿）。1967年由兰伯顿（Lamberton）等首次从芸香科植物小芸木属（*Micromelum minutum*）的果实中分离得到，也存在于小芸木（*Micromelum integerrimum*）根部。具有抗癌（如鼻咽癌、肺癌）、P-388淋巴细胞型白血病抑制活性和较弱的抗分枝杆菌活性。

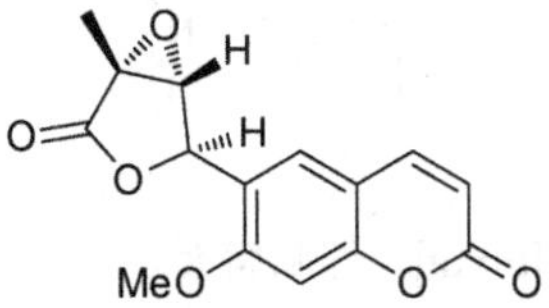

心得安 [propranolol] 又称普萘洛尔。化学式 $C_{16}H_{21}NO_2$，分子量 259.34。盐酸盐为白色结晶性粉末，无臭，味先微甜后苦，熔点 163～164℃。溶于水，微溶于氯仿，不溶于乙醚、乙酸乙酯。医用为盐酸盐，为肾上腺素受体阻断药，能降低心率、减弱心肌收缩力，降低心肌耗氧量。也可用于预防治疗心律失常、室性早搏和心绞痛。可由萘氧-1,2-环氧丙烷与异丙胺经胺化而制得。

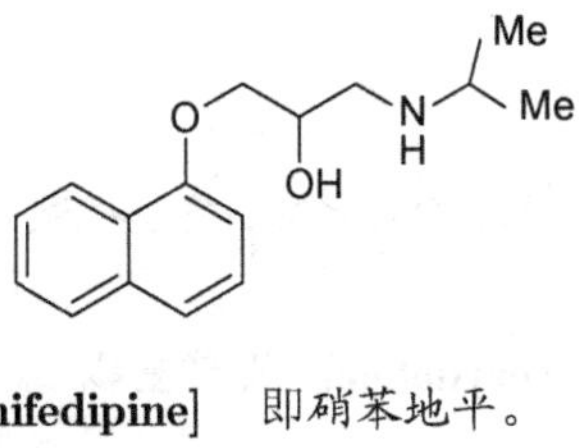

心痛定 [nifedipine] 即硝苯地平。

心甾内酯[类] [cardenolide] 又称甲型强心苷元。C-17 位连接的为五元不饱和内酯环即 γ-呋喃内酯的 C_{23} 甾体化合物。其中 A/B、C/D 环多数以顺式并合，B/C 环为反式并合。C-17 位内酯大多为 β-构型（17α-*H*）。在已知的强心苷元中，绝大多数属于此类。

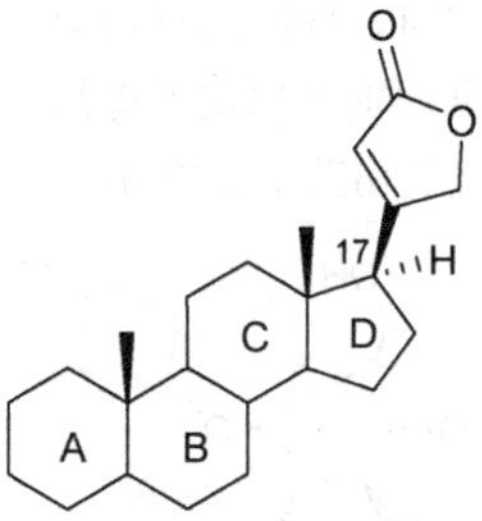

辛可宁 [cinchonine] 又称弱金鸡纳碱。一种喹啉型生物碱。化学式 $C_{19}H_{22}N_2O$，分子量 294.39。无色针状或棱状结晶，熔点 265℃，比旋光度 $[\alpha]_D^{20}$ +229°（c = 0.5，乙醇），LD_{50} 为 152 mg/kg。难溶于水，可溶于沸水、乙醇、氯仿和乙醚。广泛存在于茜草科金鸡纳属植物中，1820 年由法国化学家佩尔蒂埃（P. J. Pelletier）等首次从金鸡纳树皮中分离得到。其不仅是治疗疟疾的良药，如今也被广泛作为手性催化剂用于不对称催化反应中。

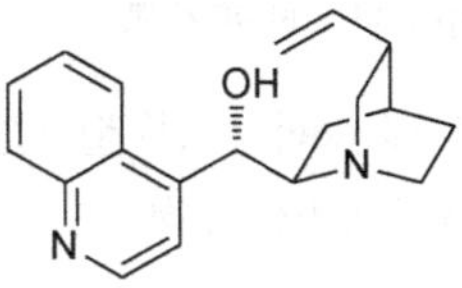

新木脂素 [neolignan] 由 C_6-C_3 单元（丙烯基酚或烯丙基酚及其衍生物）氧化聚合而形成的一类天然产物。为单元侧链以 β - β 碳以外的方式连接而成的二聚体。

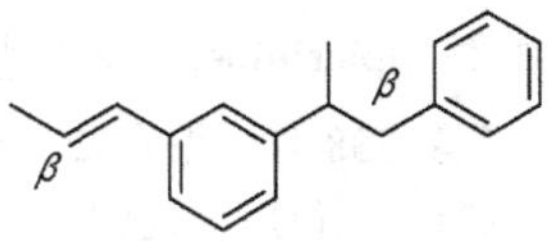

新烟碱 [anabasine] 即毒藜碱。

雄茸内酯 [andrographolide] 即穿心莲内酯。

雄甾烷[类] [androstane] 甾体激素类化合物。结构上在 C-10 位、C-13 位含有角甲基，C-17 位无侧链而连有羟基或酮基等含氧基团。在自然界多以醇、酮或苷的形式存在，如雄酮（androsterone）、睾丸酮（testosterone）等。

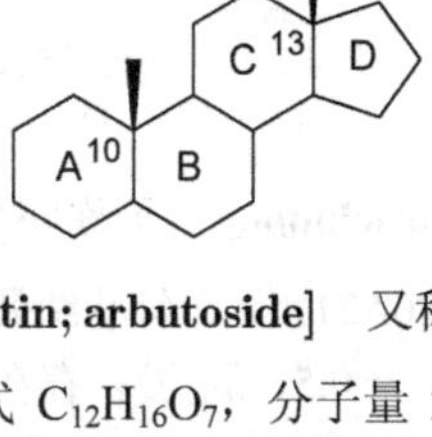

熊果苷 [arbutin; arbutoside] 又称熊果素、熊果叶甙。一种苯酚苷。化学式 $C_{12}H_{16}O_7$，分子量 272.25。无色针状晶体。熔点 200℃，比旋光度 $[\alpha]_D^{25}$ −64°（水）。吸湿性强，溶于水、乙醇。易被酸水解成 D-葡萄糖和对苯二酚。常存在于杜鹃花科植物熊果和越橘（俗称牙疙瘩）的叶内，约含 4%～6%，多与甲基熊果苷共存。梨树叶、中草药鸡矢藤的叶和果实及鹿蹄草中也有。可用 *β*-D-葡萄糖与氢醌苄醚在三氯氧磷存在下合成。能够加速黑色素的分解与排泄，从而减少皮肤色素沉积，祛除色斑和雀斑，同时还有杀菌、消炎的作用。用作彩色照相稳定剂、利尿剂及尿道消毒剂，还可用于高级化妆品的制备。是新型烧烫伤药主要成分。

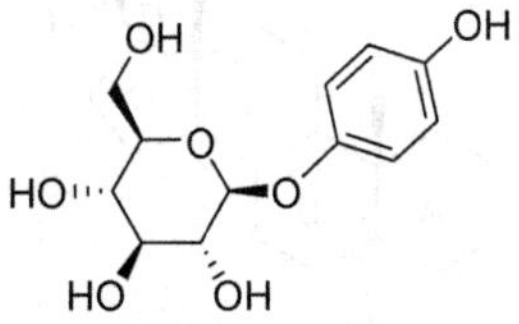

熊果素 [arbutin] 即熊果苷。

熊果酸 [ursolic acid] 即乌索酸。

熊果叶甙 [arbutin] 即熊果苷。

雪卡毒素 [ciguatoxin] 即西加毒素。

雪松醇 [cedrol] 即柏木醇。

雪松脑 [camphor] 即柏木醇。

雪松烷[类] [cedrane] 又称柏木烷[类]。具有图示基本骨架结构的三环倍半萜类化合物。

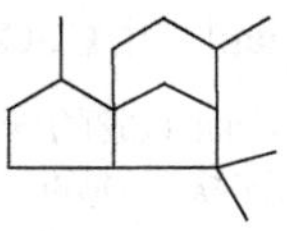

鸭脚树叶碱 [picrinine] 又称灯台叶碱。化学式 $C_{20}H_{22}N_2O_3$，分子量 338.41。熔点 222～224℃，比旋光度 $[\alpha]_D^{20}$ −48° (*c* = 0.21，氯仿)。白色固体，易溶于稀盐酸和稀硫酸，溶于甲醇、氯仿、丙酮、乙酸乙酯、乙醇，不溶于水和石油醚。是灯台叶中的主要成分之一，可由夹竹桃科植物灯台树(*A lstonia scholaris* (L.) R. Bro.)的干燥叶片中分离得到。具有止咳平喘、祛痰、抗炎和镇痛等功效。

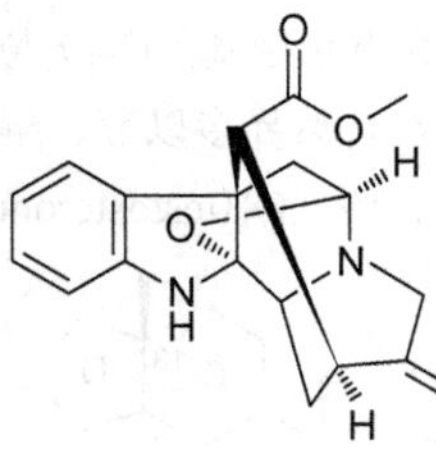

鸭嘴花酮 [vasicinone] 又称鸭嘴花酮碱。化学式 $C_{11}H_{10}N_2O_2$，分子量 202.21，无色针状结晶，熔点 203～204℃，比旋光度 $[\alpha]_D^{20}$ −100° (*c*=0.5，氯仿)。存在于鸭嘴花(*Adhatoda vasica* Nees.)的叶，骆驼蓬(*Peganum harmala* L.)的种子或全草中。能扩张支气管，可用于治疗外因性气喘。另具有驱除蛔虫的作用。

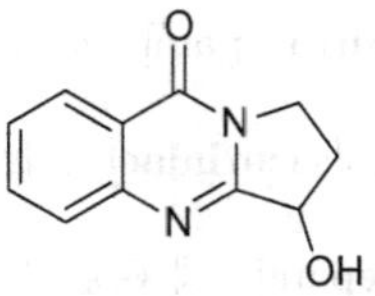

鸭嘴花酮碱 [vasicinone] 即鸭嘴花酮。

烟草烷[类] [cembrane] 又称吉姆烷类。具有图示骨架结构的单环二萜化合物。如存在于海洋软珊瑚群柱虫中的西松烯[*S*-(+)-cembrene]。

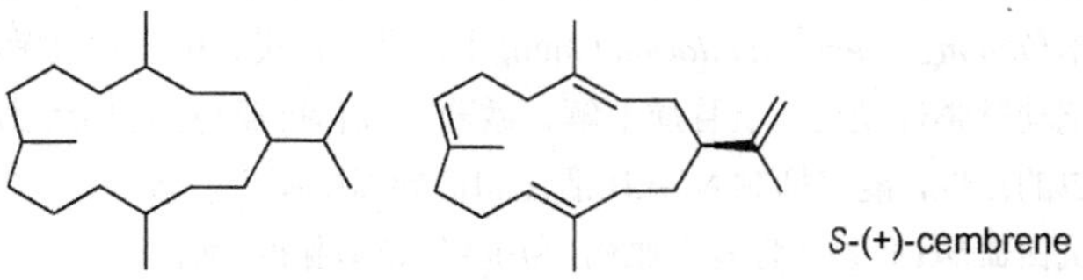

烟碱 [nicotine] 又称尼古丁。一种存在于茄科植物(茄属)中的生物碱。化学式 $C_{10}H_{14}N_2$，分子量 162.23。难闻、味苦、无色透明的油质液体，相对密度 d_4^{20} 1.0095，熔点−79℃，沸点 247℃，自燃温度 240℃，闪点 101.7℃，比旋光度 $[\alpha]_D^{20}$ −138° (*c*=1，氯仿)，LD_{50}(大鼠一次经腹腔注射)为 50 mg/kg。可溶于水、乙醇、乙醚、氯仿、油类等。1828 年，德国物理学家波塞尔特(W. H. Posselt)和化学家赖曼(K. L. Reimann)首次将其由烟草中分离出来。是一种兴奋剂，大剂量或者长时间使用会使人上瘾，对人体产生多种副作用：使人心跳加快、血压上升、呼吸变快，从而使人精神状况改变，并会促进血小板凝集，增加凝血和血栓的风险。

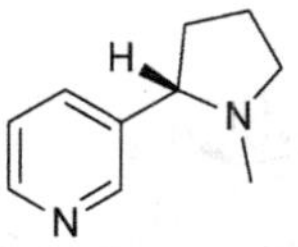

胭脂树橙 [bixin] 即胭脂素。

胭脂素 [bixin] 又称胭脂树橙。属胡萝卜素复烯羧酸类色素。化学式 $C_{25}H_{30}O_4$，分子量 394.51。从丙酮中析出为棕色或紫色片状晶体，熔点 217℃。溶于脂肪类物质，不溶于水。最早于 1825 年由布森戈(Boussingault)分离得到，1961 年巴伯(Barber)等确定其结构。主要存在于胭脂树的种子中。其乙酯衍生物可悬浮于植物油中制成食品或药品的着色剂。

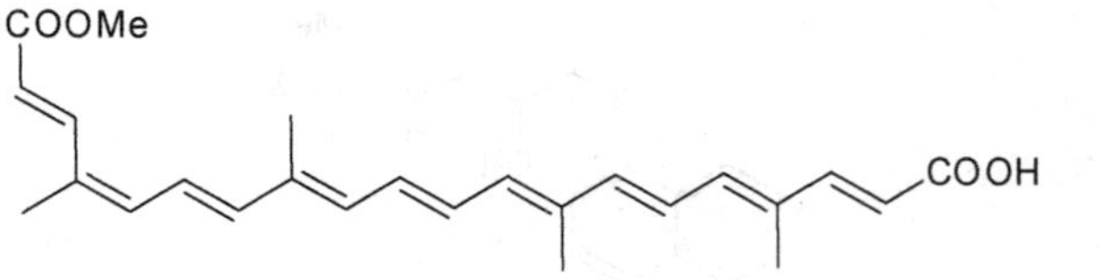

延胡索碱 [corydaline] 即紫堇碱。

延胡索乙素 [tetrahydropalmatine] 又称四氢巴马汀。异喹啉类生物碱。化学式 $C_{21}H_{25}NO_4$，分子量 355.43。

天然提取物大部分为外消旋体，熔点 148～149℃，易溶于乙醇、乙醚、氯仿，难溶于水。制药工业中合成的通常为效力更强的左旋体(绝对构型 *S*)，熔点 142～144℃，比旋光度 $[\alpha]_D^{20}$ −269.1°(*c*=1，氯仿)。主要提取于传统中药植物延胡索(元胡)以及伏生紫堇、华千金藤等植物中。具有较强的止痛、镇静、降血压的生物活性，可用于对胃肠道疼痛等疾病的治疗。

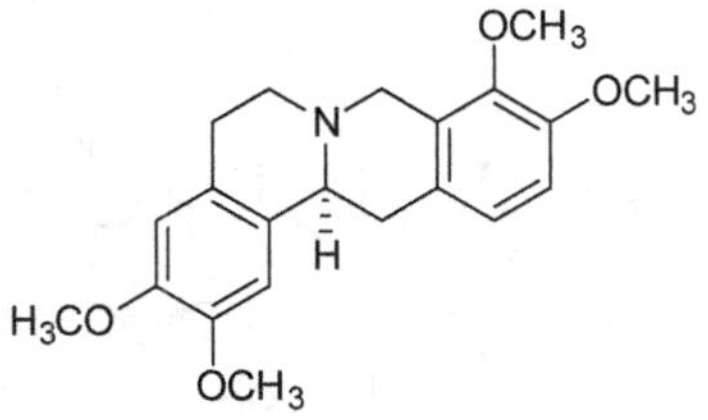

盐酸小檗碱 [berberine] 即黄连素。

盐酸硫胺 [thiamine chloride] 即维生素 B_1。

盐酸异丙嗪 [phenergan] 即非那根。

羊齿烷[类] [fernane] 具有图示基本骨架的五环三萜化合物。

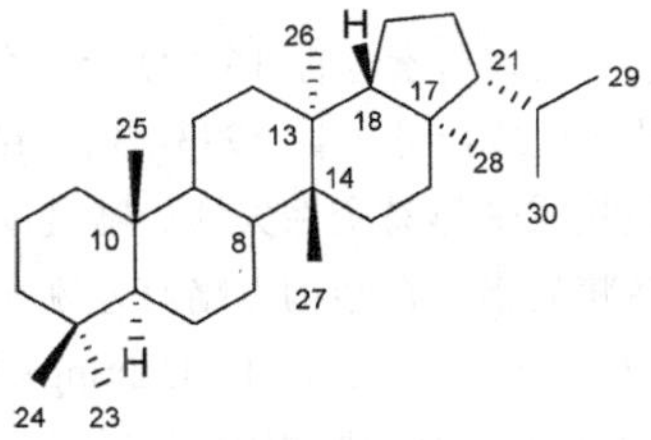

羊毛甾烷[类] [lanostane] 具有图示骨架结构的四环三萜化合物。结构特点为 A/B、B/C、C/D 环均为反式构型，具有 10*β*-、13*β*-，14*α*-、17*β*-侧链，C-20 位为 *R* 构型。

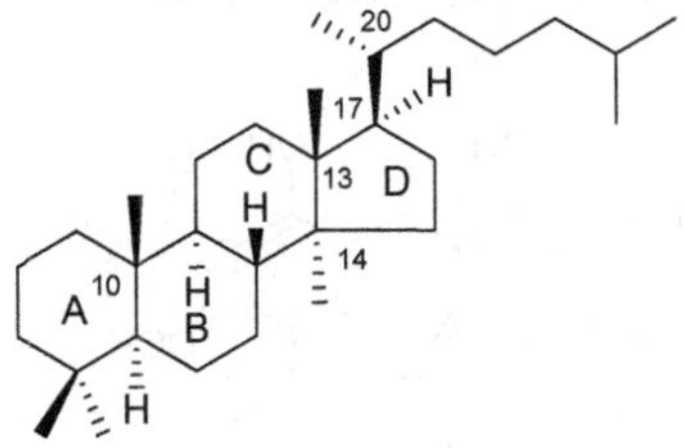

杨梅甙 [myricitrin] 又称杨梅苷。化学式 $C_{21}H_{20}O_{12}$，分子量 464.38。黄色针状晶体，熔点 211～213℃。溶于甲醇，微溶于水，难溶于氯仿、石油醚。置于空气中易氧化变绿。是从蜡果杨梅(*Myrica cerifera*)根皮中分离得到的一种黄酮苷类化合物，也存在于茶叶、水果和一些药用植物中。杨梅甙能通过抑制蛋白激酶减少一氧化氮的产生，具有抗炎和镇痛的效果，也具有抗氧化、免疫调节和神经营养功能，还具有抑制癌细胞(如前列腺癌)的增殖和转化作用。

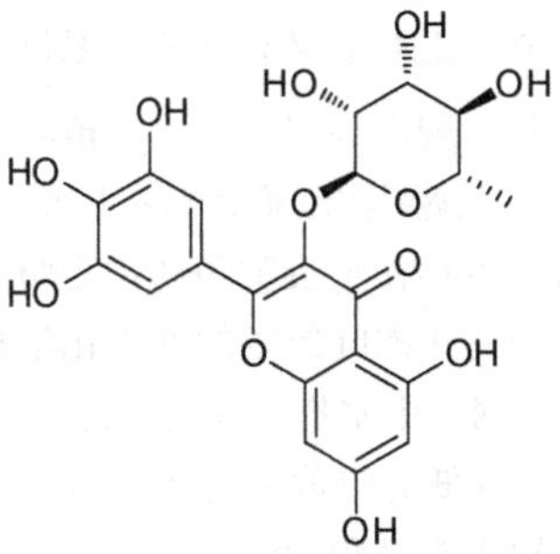

杨梅苷 [myricetrin] 即杨梅甙。

杨素 [salicin] 即水杨苷。

药根碱 [jateorrhizine] 又称非洲防己碱。原小檗碱类生物碱。化学式 $C_{20}H_{19}NO_4$，分子量 338.38。橙色结晶(碘化物)，溶于水、甲醇、乙醇(氯化物)，熔点(氯化物)205～206℃。1960 年在小檗科十大功劳属植物的根部中首次提取。药根碱具有抗炎效果，主要表现在抗菌和抗真菌活性。它可以结合并非竞争性的抑制单胺氧化酶。在体外试验中，可以干预对多种化疗药物抗药的肿瘤细胞。大剂量使用时可促进有氧糖酵解，从而降低小鼠血糖水平。药根碱的衍生物(尤其是 3-烷氧基-8-烷基衍生物，如 3-辛氧基-8-丁基药根碱)已被合成并发现有更强的抗菌效果。

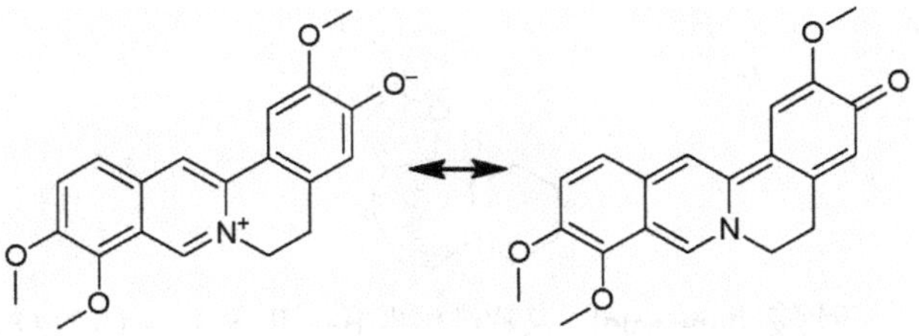

野百合碱 [monocrotaline] 又称单猪屎豆碱。化学式 $C_{16}H_{23}NO_6$，分子量 325.36。无色晶体，熔点 197～198℃(分解)，比旋光度 $[\alpha]_D^{20}$ −55°(*c*=1，乙醇)。属于双稠吡咯啶类生物碱。可溶于水，易被空气氧化变色；与铜离子生成深蓝色复合物。提取于豆科猪屎豆属植物及其种子中。具有较强的肝毒性。具有诱导大鼠肺动脉高压及心力衰竭的生物活性，对某些癌细胞有抑制作用。

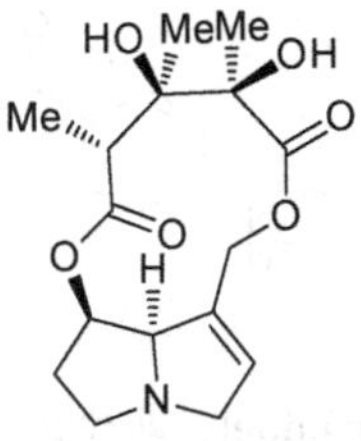

叶底珠碱 [securinine] 即叶秋碱。

叶黄素 [lutein; xanthophyll] 化学式 $C_{40}H_{56}O_2$，分子量 568.87。橙红色晶体。熔点 191～193.5℃，比旋光度

$[\alpha]_D^{20}$ +60.5°(*c*=1.0，氯仿)，难溶于水，易溶于油脂等非极性溶剂，对热、光照和酸不稳定。是一种植源性黄色素，属于类胡萝卜素。在绿叶蔬菜如菠菜、羽衣甘蓝、生菜、西兰花、玉米中含量丰富，也存在于蛋黄和动物脂肪中。在绿色植物的光合作用中充当三线态叶绿素的非光化学猝灭剂，调节光能量。在人体的视网膜中富集，吸收蓝光。具有抗氧化活性，能够保护视网膜，降低老年黄斑变性(AMD)、黏膜炎和畏光的发病概率。被用于食品和动物饲料添加剂、药物、保健品和化妆品中的抗氧化剂成分。

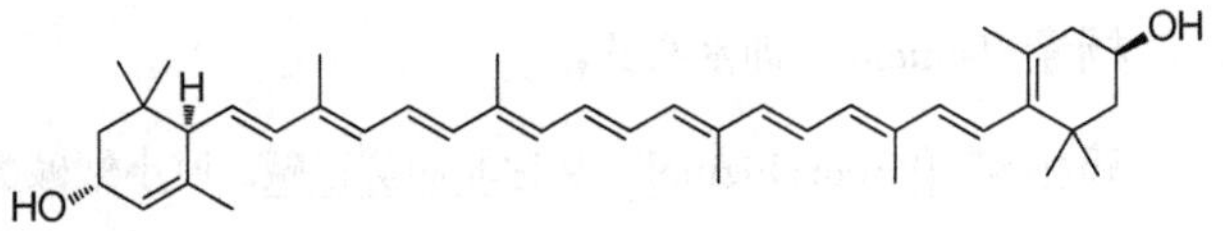

叶绿醇 **[phytol]** 即植醇。

叶秋碱 **[securinine]** 又称一叶荻碱、硝酸一叶秋碱、叶底珠碱。化学式 $C_{13}H_{15}NO_2$，分子量 217.26。白色或黄色晶体，熔点 142～144℃，比旋光度 $[\alpha]_D^{20}$ −1085°(*c*=1，氯仿)，可溶于甲醇。1956 年由俄罗斯科学家班卡沃斯基(Ban'kovskii)从叶底珠属灌木植物叶萩的叶子中分离得到。具有兴奋中枢神经，增强反射和肌肉紧张度的作用，并可抑制胆碱酯酶。用于治疗小儿麻痹症及其后遗症等。

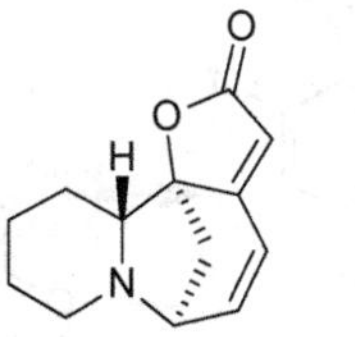

叶酸 **[folic acid]** 又称维生素 B_9。化学式 $C_{19}H_{19}N_7O_6$，分子量 441.40。淡橙黄色结晶，熔点 250℃(分解)，$[\alpha]_D^{20}$ +20°(*c*=1，0.1 mol/L NaOH)。溶于稀盐酸，微溶于甲醇，不溶于醚、丙酮、乙醇、丁醇、氯仿和苯。1941 年由米切尔(H. K. Mitchell)及其同事从菠菜叶中提取纯化得到。叶酸在体内起一碳单位传递体的作用，参与嘌呤和胸腺嘧啶的合成，氨基酸代谢以及血红蛋白基甲基化合物的合成。在快速的细胞分裂、生长过程中有重要作用。还能促进骨髓中红细胞的形成。

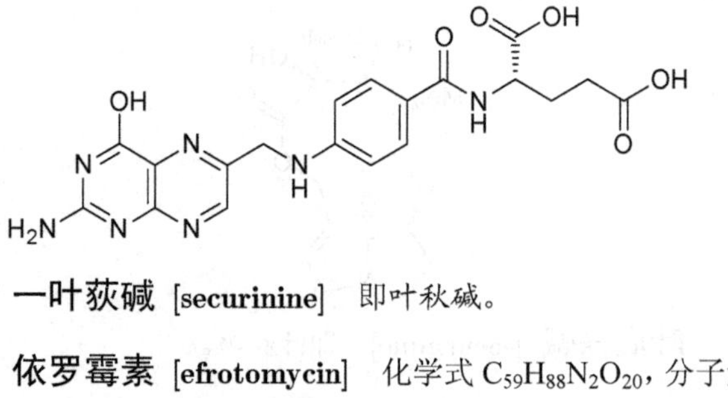

一叶荻碱 **[securinine]** 即叶秋碱。

依罗霉素 **[efrotomycin]** 化学式 $C_{59}H_{88}N_2O_{20}$，分子量 1145.35。棕黄色粉末，难溶于水，微溶于乙腈，易溶于甲醇。分离于诺卡氏菌科 *Nocardia lacamdurans* 菌中。由四种结构相近成分 A_1、A_2、B_1、B_2 组成，图为主要成分 A_1 的化学结构，A_2 是 A_1 的双键异构体。依罗霉素抗菌谱很窄，对一些革兰氏阳性菌有效。可以促进猪的生长，因此目前作为猪的饲料添加剂使用。

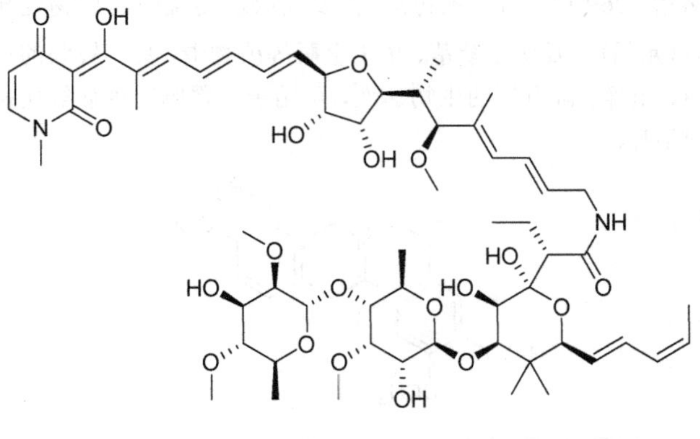

依罗霉素 A_1

依米丁 **[emetine]** 即吐根碱。

依斯迈林 **[ismelin]** 即胍乙啶。

贻贝毒素 **[saxitoxin (STX)]** 即双鞭毛藻毒素。

胰岛素 **[insulin]** 由生物体内胰岛-β 细胞分泌的蛋白质类内分泌激素。人胰岛素含有 16 种共 51 个氨基酸残基，由 A、B 两条肽链组成，分子量 5743。白色结晶性粉末，易溶于稀酸，遇强酸或受热易变性失活。哺乳动物的胰岛素，如牛胰岛素、猪胰岛素，在结构上略有差别，其中猪胰岛素与人胰岛素的差别最小。班丁(F. Banting)与麦克劳德(J. Macleod)于 1921 年首次从狗胰腺中提取得到，桑格(Sanger)于 1955 年首先阐明牛胰岛素的一级结构。1965 年中国科学家首次完成结晶牛胰岛素的人工合成。胰岛素具有促进组织摄取葡萄糖和抑制肝糖原分解、促进肝糖原肌糖原合成两方面的生理活性，在体内起到降低血糖的重要作用，分泌不足会导致糖尿病。

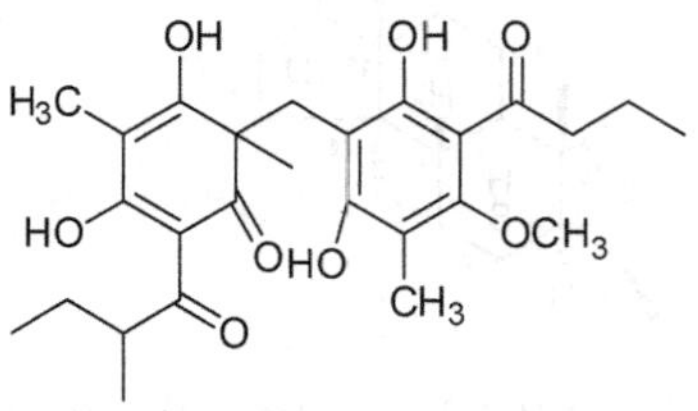

乙型强心苷元 **[bufanolide]** 即蟾甾内酯[类]。

异冰片 **[*iso*-borneol; *exo*-2-bornanol; *exo*-2- camphanol; 2-hydroxybornane]** 又称异龙脑、异莰醇，学名：外型 1,7,7-三甲基二环[2.2.1]-2-庚醇。化学式 $C_{10}H_{18}O$，分子量 154.26。白色结晶，有类似樟脑的气味。有一对旋光异构体，左旋体：比旋光度 $[\alpha]_D^{20}$ −34.6°(乙醇中)，熔点 212℃，不溶于水，溶于乙醇、乙醚、苯、甲苯、氯仿和石油醚中；右旋体：比旋光度 $[\alpha]_D^{20}$ +33.9°(乙醇中)，熔点 214℃，不溶于水，微溶于苯，易溶于乙醇、乙醚和氯仿中。外消旋体熔点 212～214℃，加热可升华。可由樟脑为原料经还原、精制而得，也可由松节油为原料经蒸馏、成酯、水解、升华制得。可用作香料，也可用作防腐剂，还可用于医药、日用化工产品等。

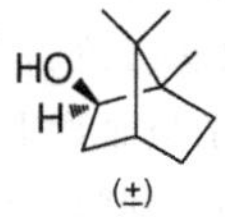

异丁苯丙酸 [ibuprofen] 即布洛芬。

异丁洛芬 [*p*-isobutylhydratopic] 即布洛芬。

异黄酮 [isoflavone] 骨架为 3-苯基色原酮结构的黄酮类化合物。如大豆素。

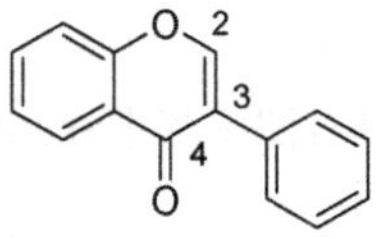

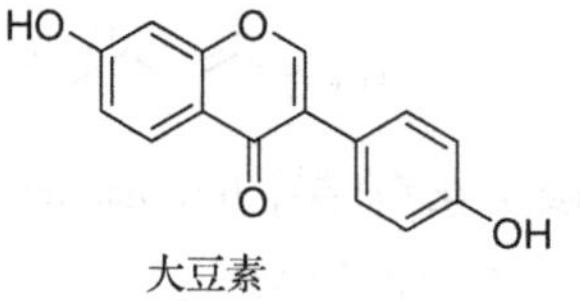

大豆素

异莰醇 [*iso*-borneol] 即异冰片。

异喹啉[类]生物碱 [isoquinoline alkaloid] 具有异喹啉环或氢化异喹啉环母核结构的生物碱。包括异喹啉类生物碱、苄基异喹啉类生物碱、双苄基异喹啉类生物碱、阿朴啡类生物碱、原小檗碱类生物碱、吗啡类生物碱等，广泛分布于防己科、罂粟科、豆科、小檗科等植物，是最大的一类生物碱。较为熟知的如小檗碱(黄连素，结构如图所示)。

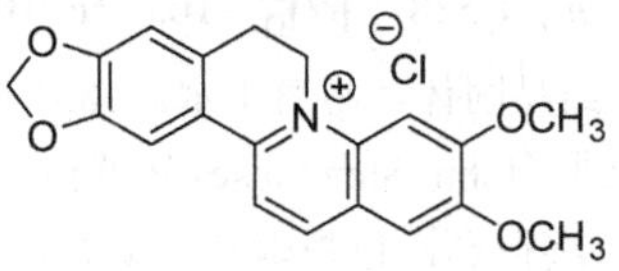

异龙脑 [*iso*-borneol] 即异冰片。

异烟肼 [rimifon] 即雷米封。

异甾烷[类]生物碱 [homosteroid alkaloid] 具有如图所示的异甾核与喹诺里西啶并合形成六环骨架结构的生物碱。

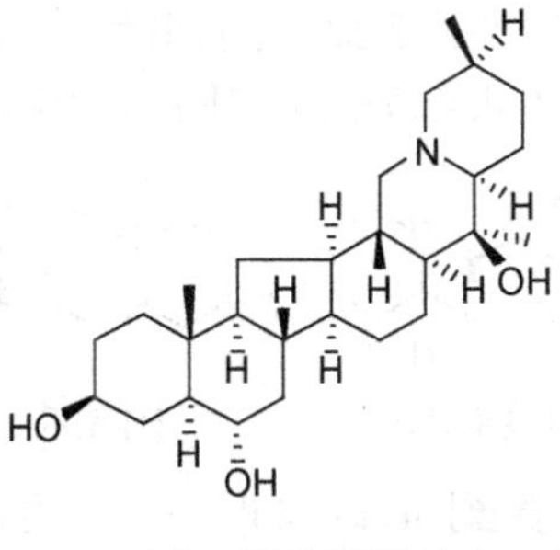

益康唑 [econazole] 又称查露沙宁、氯苯甲氧咪唑。化学式 $C_{18}H_{15}Cl_3N_2O$，分子量 381.68。硝酸盐称硝酸益康唑(ecostatin、palarale)。甲醇、异丙醇、二异丙醚中结晶，熔点 162℃。不溶于大多数普通有机溶剂，微溶于水。小鼠、大鼠口服 LD_{50} 分别为 462.7 mg/kg 和 667.7 mg/kg。可由 α-2,4-二氯苯基咪唑-1-乙醇和对氯代苄基溴反应制成。外用治皮肤、黏膜、腔道的真菌感染。常见硝酸益康唑是咪唑类抗真菌药物，被用来治疗足癣、花斑癣和股癣等癣。

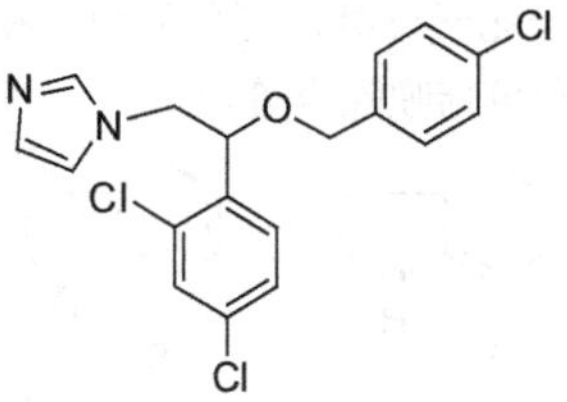

银松素 [pinosylvin] 化学式 $C_{14}H_{12}O_2$，分子量 212.24。白色晶体，熔点 153～155℃。1939 年由埃尔特曼(Erdtman)首次从欧洲赤松(*Pinus sylvestris*)的心材中分离得到，是一种二苯乙烯类多酚化合物，也广泛存在于其他松属(*Pinus*)植物中。能够抑制树木中有害真菌的繁殖。具有抑制嗜中性粒细胞的活性以及抗氧化和抑制癌细胞增殖的活性。

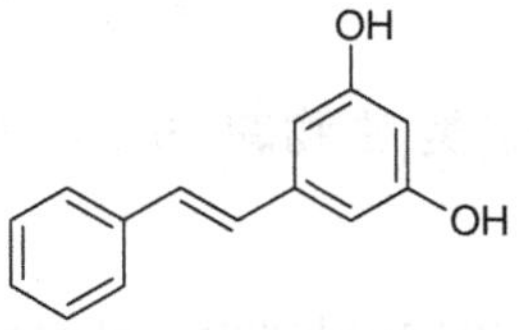

银杏内酯 B [ginkgolide B] 又称白果苦内酯 B。化学式 $C_{20}H_4O_{10}$，分子量 424.40。白色针状结晶，溶于乙酸乙酯、甲醇、乙醇、DMSO 等有机溶剂，微溶于水。熔点 295～297℃。1967 年由中西(Nakanishi)从银杏(*Ginkgo biloba*)中分离得到，属于二萜内酯类抗血小板凝聚药物。能高度选择性拮抗由 PAF 诱导的血小板聚集，从而减少 PAF 引起的血栓形成，防治动脉粥样硬化，改善器官的供血条件。临床上常用银杏叶提取物和银杏内酯注射液治疗心脑血管疾病，也有应用于治疗哮喘、肾移植和烧伤患者的报道。

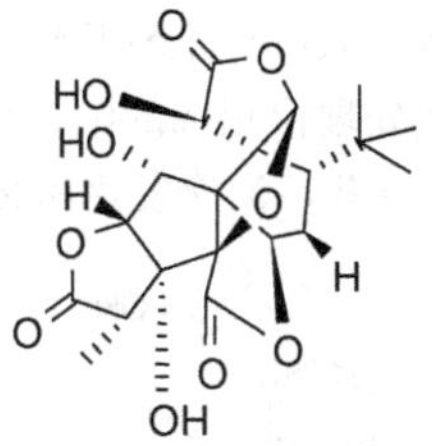

淫羊霍素 [icaritin] 异戊烯类黄酮衍生物。化学式 $C_{21}H_{20}O_6$，分子量 368.38。黄色针状结晶，熔点 239℃。存在于箭叶淫羊藿中。可以保护神经，刺激心脏细胞和神经元分化，能够抑制成骨细胞分化，防止激素性骨坏死，抑制乳腺癌细胞生长和抑制人前列腺癌 PC-3 细胞生长等活性。

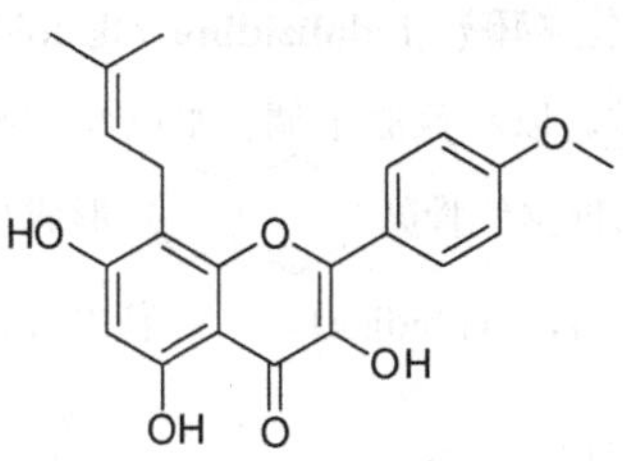

吲哚[类]生物碱 [indole alkaloid] 具有二氢吲哚(A)

或吲哚环(**B**)结构，生源上主要以色氨酸衍生而成的一类生物碱。按生源并结合化学分类，可分为简单吲哚类、色胺吲哚类、半萜吲哚类和单萜吲哚类等。

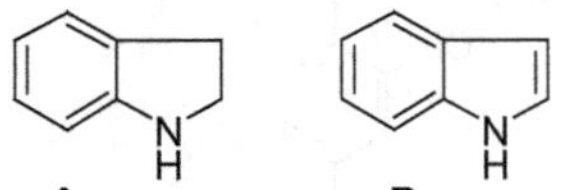

如具降压活性的利血平(**1**，reserpine)、治疗白血病药物长春碱(vinblastine)等。

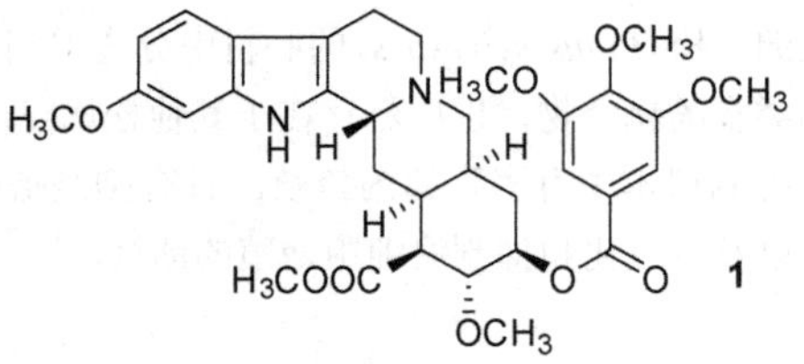

吲哚里西啶[类]生物碱 [indolizidine alkaloid] 即吲嗪[类]生物碱。

吲哚美辛 [indomethacin; indocin; argun; infrocin; indomethine; indometacin] 又称消炎痛、抗炎吲哚酸、茚甲新。学名：1-对氯苯甲酰-5-甲氧基-2-甲基吲哚乙酸。化学式 $C_{19}H_{16}ClNO_4$，分子量 357.79。晶体呈多晶形现象，一种晶形的熔点约为 155℃，另一种晶形的熔点约为 162℃。溶于乙醚、乙醇、丙酮和蓖麻油，微溶于苯，不溶于水。对光敏感，中性和酸性介质中稳定，遇强碱分解。大白鼠腹膜内 LD_{50} 13 mg/kg。对氨基苯甲醚经重氮化、还原、酸化、水解、环合可得吲哚美辛。其三水钠盐是苍黄色结晶粉末，易溶于水、甲醇、乙醇，微溶于氯仿、丙酮、苯。非甾族抗炎药，有抑制环氧酶的作用。1963 年首次合成，可将 5-甲氧基-2-甲基吲哚-3-乙酸以二环己基碳二亚胺处理得相应的酐，再经数步反应制成。用作消炎、解热、镇痛药，治疗发热和缓解身体僵硬。

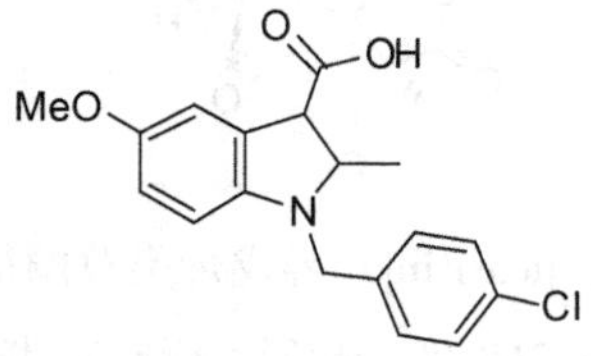

吲嗪[类]生物碱 [indolizidine alkaloid] 又称吲哚里西啶[类]生物碱。以叔氮原子稠合吡咯烷与哌啶环，即以吲嗪(吡咯并[1,2-*a*]吡啶)骨架(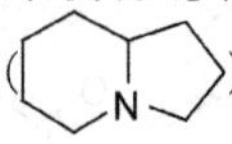)形成母核结构的生物碱。如白牵牛碱(**1**，ipalbidine)、一叶萩碱(**2**，securinine)等。

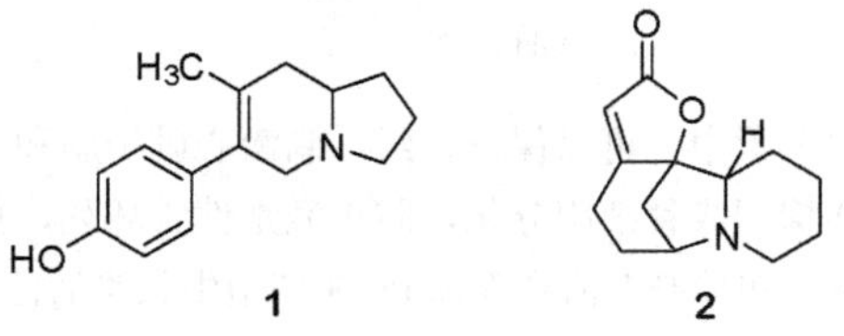

茚甲新 [indomethacin] 即吲哚美辛。

罂粟碱 [papaverine] 化学式 $C_{20}H_{21}NO_4$，分子量 339.39。异喹啉类生物碱。无色棱柱状或针状晶体，熔点 147～148℃，可溶于乙醇、乙醚、吡啶、热的氯仿或苯，不溶于水。溶于浓硫酸，加热变为玫瑰红色。为罂粟中一种主要的生物碱。具有解除平滑肌，特别是血管平滑肌痉挛的作用，还具有抑制心肌的兴奋性、抗癌、利胆等作用。临床用于治疗心绞痛和动脉栓塞等症。

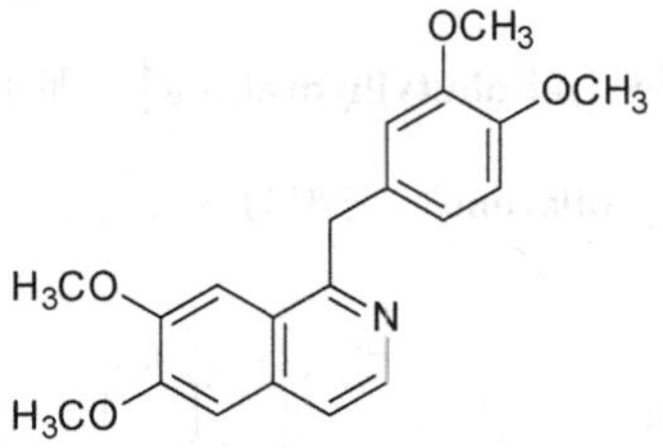

樱草花烷[类] [hirsutane] 具有图示基本骨架结构的三环倍半萜类化合物。

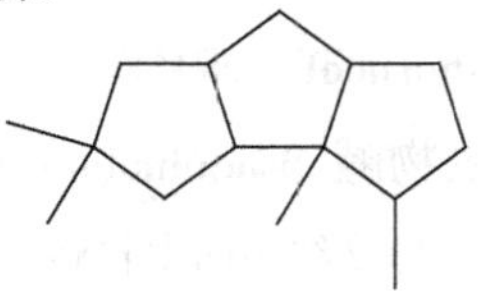

鹰爪豆碱 [sparteine; lupinidine] 又称无叶豆碱、金雀花碱。化学式 $C_{15}H_{26}N_2$，分子量 234.38，沸点 173℃。黏稠油状液体，易挥发，有麻醉性，味苦。微溶于水，易溶于有机溶剂。折射率 n_D^{20} 1.528，$[\alpha]_D^{20}$ −16.4°(*c*=10，乙醇)，常用其硫酸盐，为可结晶固体，易溶于水。1851 年由苏格兰化学家约翰・斯坦豪斯(John Stenhouse)从苏格兰金雀花(*Cytisus scoparius*)叶中分离得到，也是南美羽扇豆(又名南美鲁冰花，*Lupinus mutabilis*)中主要的生物碱成分。其生源合成是以 L-赖氨酸为起始原料经数步转化得到。可以与二价金属离子如钙离子和镁离子配位，是一种钠离子通道阻断剂，可以减慢和纠正心率，且服用后数小时即可迅速起效，用于室性心率过速、功能性心悸等的治疗，但目前未被 FDA 认证。也可促进子宫收缩，用于催产和抑制子宫出血，对骨骼肌有明显的兴奋作用。也是有机合成中的一种手性配体和手性强碱。

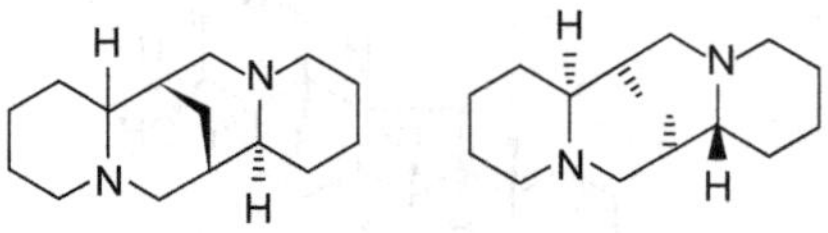

[−]-鹰爪豆碱　　[+]-鹰爪豆碱

鱼藤酮类黄酮 [rotenoid] 一类具有特殊结构的二氢异黄酮衍生物。有较强的杀虫和毒鱼作用，但对人畜无害。

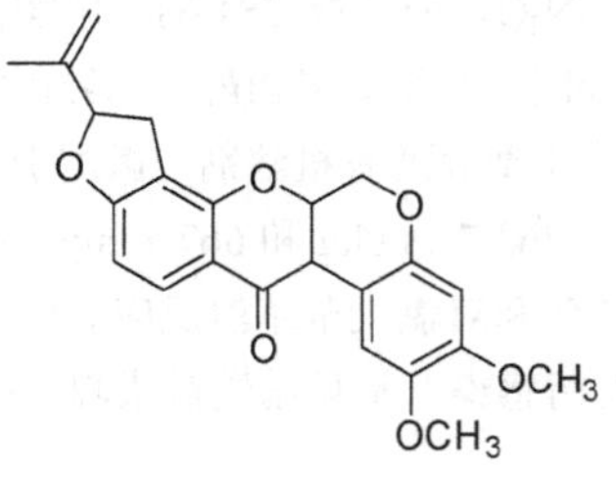

羽扇豆烷[类] [lupane] 具有图示基本骨架的五环三萜类化合物。其中 A/B、B/C、C/D、D/E 环均为反式连结，C-19 具有 α-异丙基。

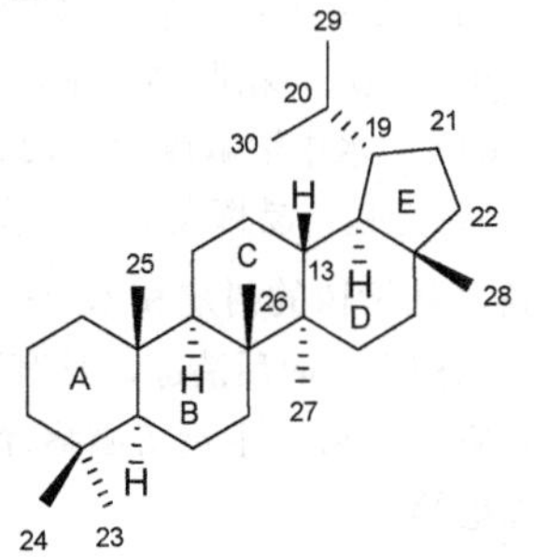

育亨宾 [yohimbine] 又称育亨宾碱。化学式 $C_{21}H_{26}N_2O_3$，分子量 354.44。针状晶体(水、醇)，熔点 247～248℃，比旋光度 $[\alpha]_D^{20}$ +51.8°(c=0.54，乙醇)。不溶与水，可溶于乙醇、氯仿及热的苯，微溶于乙醚。其盐酸盐为平板状晶体，易溶于水、乙醇。分离于非州西部植物育亨宾树及印度蛇根树中。能够阻断突触前 α-2 肾上腺受体，具有治疗性功能障碍的作用。

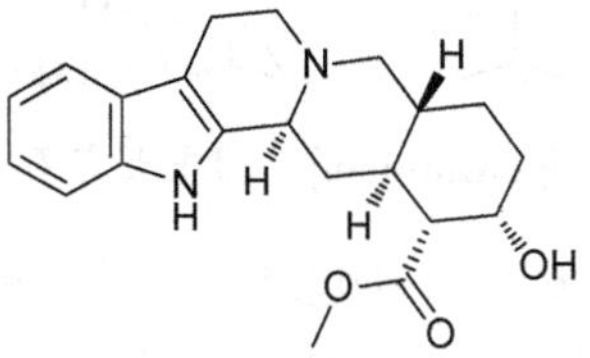

育亨宾碱 [yohimbine] 即育亨宾。

原小檗碱类生物碱 [protoberberine alkaloid] 图示结构的由 2 个异喹啉环稠合形成的生物碱。如小檗碱(黄连素 **1**，berberine)、四氢巴马汀(延胡索乙素 **2**，tetrahydropalmatine)等。

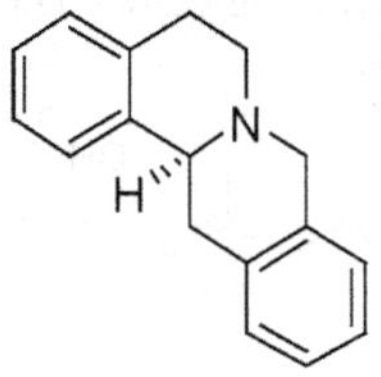

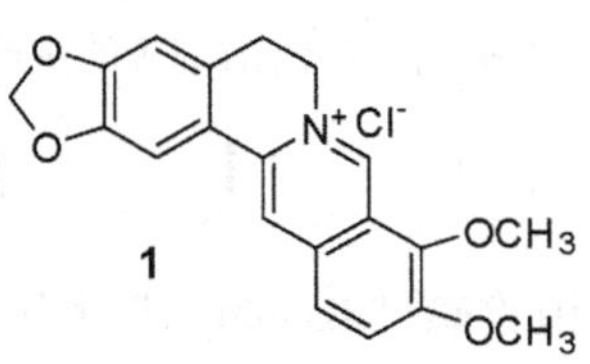

1

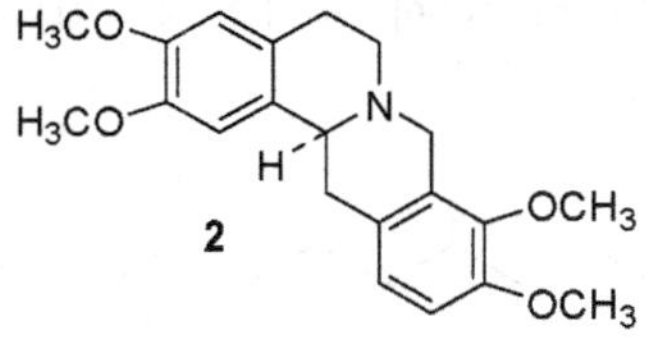

2

圆叶肿柄菊素 [tagitinin] 即肿柄菊内酯。

芸香甙 [rutin] 即芸香苷。

芸香苷 [rutin] 又称芦丁、维生素 P、芸香甙。化学式 $C_{27}H_{30}O_{16}$，分子量 610.52。熔点 195℃。在水中的溶解度约为 0.10 g/L，难溶于氯仿、苯、二硫化碳和石油醚。能溶于二甲基亚砜、吡啶和碱性溶液，微溶于乙醇、丙酮和乙酸乙酯。无气味，在光的作用下逐渐变暗。通常含 3 分子结晶水，在 95～97℃失去 2 分子结晶水，在 110℃、1.33 kPa 下 2 h 会变成无水物，在 214～215℃分解，无水物易吸潮。广泛存在于植物体内，是一种黄酮醇配糖体，可使人体维持毛细管正常抵抗力，能防止动脉硬化，具有平喘、止咳和抗菌等功效，在医药上一直作为辅助药物和营养增补剂，用来治疗心血管系统疾病。

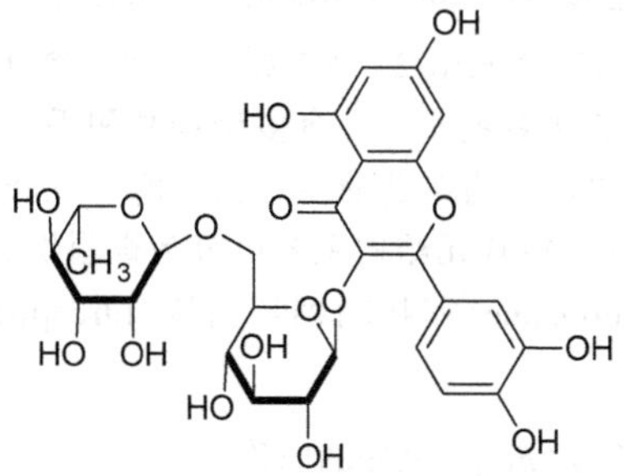

孕酮 [progestenne] 即黄体酮。

孕甾生物碱 [pregnane alkaloid] 具有孕甾烷结构的甾体生物碱。如丰土明碱(funtumine)。

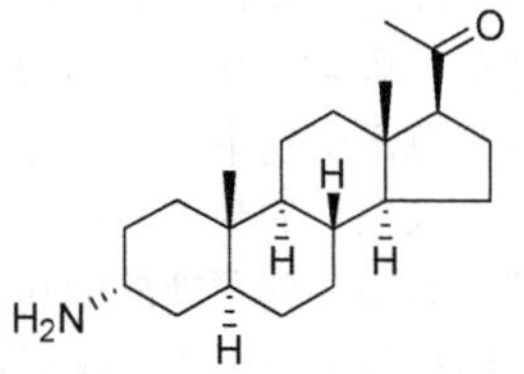

孕甾烷[类] [pregnane] 具有图示环戊烷并多氢菲 21 碳骨架结构的甾体化合物。

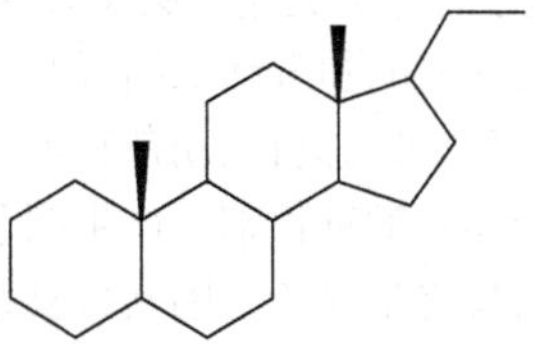

甾体 [steroid] 结构上都含有氢化程度不同的 1,2-环戊烯并菲甾核，通常在 C-10、C-13 位连有角甲基，C-17 位连有含两个以上碳原子的碳链或某些含氧、氮的取代基。按其天然来源和生理作用，可分为甾醇类、胆酸类、甾族激素类、强心苷类、蟾毒、甾族皂苷、甾族生物碱等；按照侧链的情况，可分为甾烷、雌甾烷类、雄甾烷类、孕甾烷类、胆酸烷类、胆甾烷类、麦角甾烷类、豆甾烷类等。

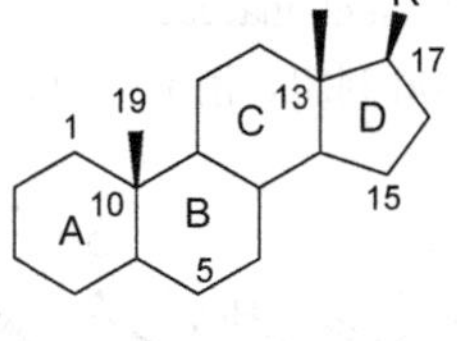

甾体生物碱 [steroid alkaloid] 具有环戊烷并氢化菲甾核母核结构的生物碱。按甾核骨架可分为孕甾烷生物碱、环孕甾烷生物碱、胆甾烷生物碱。氮原子可连在环外或构成杂环，但不存在于甾体母核内。

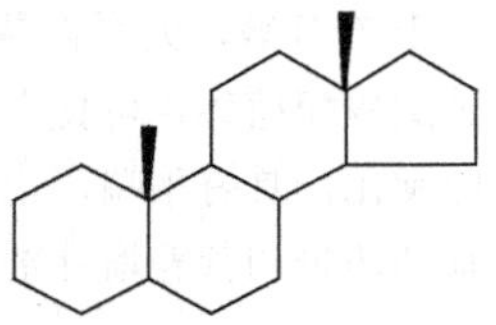

甾体皂苷 [steroid saponin] 由甾体皂苷元和糖组成的皂苷。甾体皂苷元由 27 个碳原子组成，含有甾体母核结构——环戊烷并多氢菲，含有多个羟基和手性碳原子，不含羧基，呈中性。为医药业生产黄体酮、性激素及皮质激素的重要原料。按苷元结构主要可分为螺甾烷(spirostane)、呋喃甾烷(furostane)和呋喃螺环甾烷(furospirostane)类甾体皂苷。

皂甙 [saponin] 皂苷的旧称。

皂苷 [saponin] 曾称皂甙。苷类化合物。与水混合振荡时能产生似肥皂溶液的泡沫，故而得名。其结构是由甾族或多环三萜为配基与寡糖(或糖醛酸)的苷基组成的一类糖苷。主要分布于陆地高等植物中，许多中药中都含有该成分，如人参、三七、甘草、远志、知母、桔梗和柴胡等，也少量存在于海星和海参等海洋生物中。一个皂苷分子内可以含有一个或多个糖基。组成皂苷的糖常见的有葡萄糖、半乳糖、鼠李糖、阿拉伯糖、木糖、葡萄糖醛酸和半乳糖醛酸等。皂苷元按皂苷配基的结构可分为两类：①甾族皂苷，皂苷元是螺甾烷的衍生物，多由 27 个碳原子组成，甾体的 17 位上连一螺环构，如薯蓣皂苷元，主要存在于薯蓣科、百合科和玄参科等。②三萜皂苷，皂苷元是三萜化合物，多由 30 个碳原子组成，又分为四环三萜和五环三萜(例如甘草次酸)，主要存在于五加科、豆科、远志科及葫芦科等。向皂苷的乙酸酐溶液中加入浓硫酸和乙酸酐试剂，产生颜色变化，三萜式最后为蓝色，甾族的最终呈绿色。因其构复杂，仍多由植物中提取。可用作清洁剂。有些有解热、镇痛、抗癌作用，有些有提高免疫能力和调节代谢功能。

查露沙宁 [econazole] 即益康唑。

獐牙菜苦苷 [swertiamarin] 又称獐牙菜苦素。是一种环烯醚萜苷。化学式 $C_{16}H_{22}O_{10}$，分子量 374.34。白色片状晶体。熔点 104~106℃，比旋光度 $[\alpha]_D^{22}$ −129° (c = 0.46，甲醇)。易溶于甲醇、乙醇等有机溶剂，微溶于水，不溶于氯仿、石油醚。从部分龙胆科(Gentianaceae)獐牙菜属(*Swertia* L.)植物中提取得到。具有清肝利胆、消炎抑菌、缓解痉挛、降血脂、镇痛等作用。

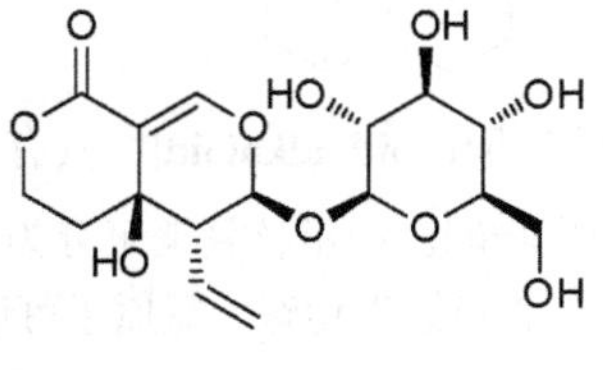

獐牙菜苦素 [swertiamarin] 即獐牙菜苦苷。

樟脑 [camphor] 化学名 1,7,7-三甲基二环[2.2.1]庚烷-2-酮。单萜类化合物。化学式 $C_{10}H_{16}O$，分子量 152.23。白色结晶性粉末或无色透明硬块，粗制品略带黄色，熔点 179℃，沸点 204℃，闪点 64℃，水中溶解度为 0.12 g/100 mL(25℃)，相对密度 d_4^{20} 0.99。有光亮，易挥发。若加少量乙醇、乙醚或氯仿则易研成白粉。从樟树的树皮和木质中蒸馏制得。具穿透性的特异芳香，味初辛辣而后清凉。具有通关窍、利滞气、除湿杀虫，温散止痛的功效。主治疥癣瘙痒、跌打伤痛、牙痛、水火烫伤、冻疮等。

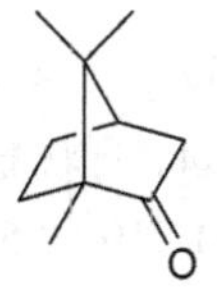

樟烷类 [camphane] 又称莰烷类。具有图示[2.2.1]桥环基本骨架结构的二环单萜类化合物。如樟脑(camphor)。

正泰霉素 [gentamicin] 即庆大霉素。

植醇 [phytol] 又称叶绿醇。一种开链二萜化合物。化学式 $C_{20}H_{40}O$，分子量 296.53。自然界中主要为 *E*-植醇。油状液体，沸点 203～204℃，相对密度 d_4^{25} 0.8506，折射率 n_D^{22} 1.4636，比旋光度 $[\alpha]_D^{20}$ +0.7° (c = 0.12，氯仿)，不溶于水，溶于常见有机溶剂。广泛分布于植物中，是叶绿素的组成部分。在人体内可被代谢为植酸。具有抗分枝杆菌活性。是人工合成维生素 E 和维生素 K_1 的重要原料，也被用于香精、化妆品、洗护用品和清洁剂等的生产之中。

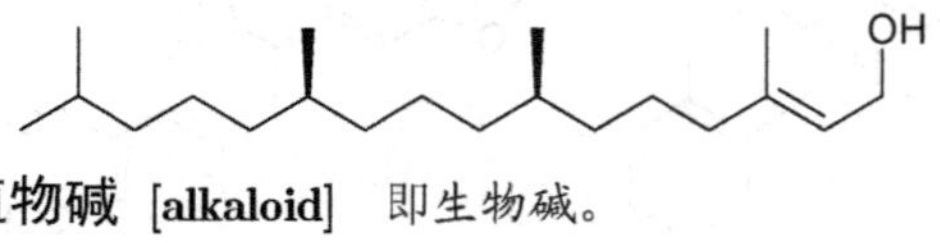

植物碱 [alkaloid] 即生物碱。

植物烷[类] [phytane] 4 个异戊二烯首尾相连而成的链状二萜类化合物。

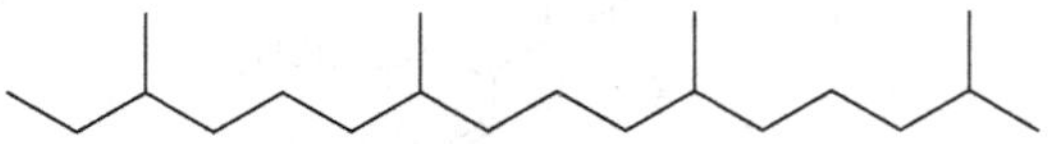

肿柄菊内酯 [tagitinin] 又称肿柄菊素、圆叶肿柄菊素。化学式 $C_{19}H_{24}O_6$，分子量 348.40。1976 年由帕尔(Pal)等人首次从肿柄菊属植物(*Tithonia tagitiflora* Desf)中分离得到肿柄菊内酯 A~F。也存在于肿柄菊(*Tithonia diversifolia*)等植物中，是一类倍半萜内酯化合物，现已分离出肿柄菊内酯 A～I。无色晶体或胶状物。肿柄菊内酯 C 具有显著的细胞毒性，对神经胶母细胞瘤 U373 (IC_{50} = 6.1±0.1 μg/mL)、肝细胞瘤

Hep-G2 (IC_{50} = 2.0±0.1 μg/mL) 都有较好的抑制活性。肿柄菊内酯 A、G、I 具有一定的降血糖功能。图示为肿柄菊内酯 C。

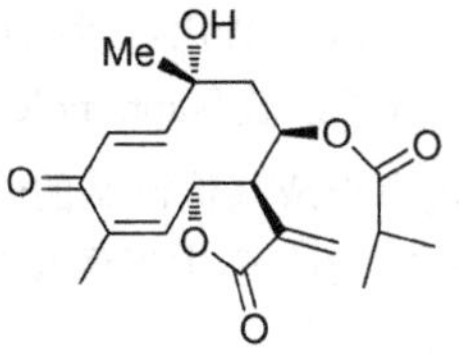

肿柄菊素 [tagitinin] 即肿柄菊内酯。

苎烷类 [thujane] 又称侧柏烷。具有图示基本骨架结构的二环单萜类化合物。如侧柏醇 (thuyl alcohol)。

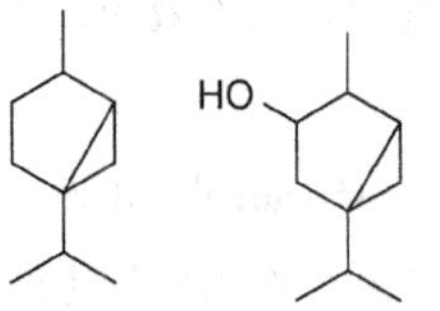

侧柏醇

注射用天花粉 [trichosanthin] 即天花粉蛋白。

紫草醌 [shikonin] 即紫草素。

紫草宁[shikonin] 即紫草素。

紫草素 [shikonin] 又称紫草醌、紫草宁。化学式 $C_{16}H_{16}O_5$，分子量 288.31。紫色片状结晶或结晶性粉末，熔点 148～149℃，比旋光度 $[\alpha]_D^{20}$ +135.6° (*c* = 0.05，苯)，LD_{50} (小鼠一次经腹腔注射) 为 20 mg/kg。不溶于水，易溶于乙醇等有机溶剂以及植物油和碱水，遇酸析出沉淀。可从紫草科植物紫草的根或新疆紫草等植物中分离得到的，也可以由紫草的细胞培养得到。具有抗癌、抗炎、抗菌等作用。临床用于急性黄疸型或无黄疸型肝炎、慢性肝炎、扁平疣等的治疗，对肝硬变 (腹水)、寻常疣也有效，此外还应用于治疗局部烧伤和促进伤口愈合。

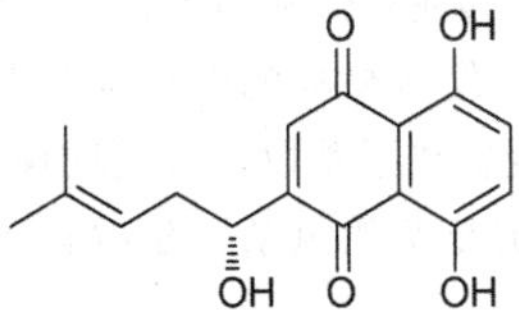

紫堇碱 [corydaline] 又称紫堇灵、延胡索碱、空褐鳞碱。化学式 $C_{22}H_{27}NO_4$，分子量 369.46，无色颗粒柱状结晶，熔点 218～219℃。比旋光度 $[\alpha]_D$ −141° (*c*=1，甲醇)。外消旋体为无色棱柱状结晶，熔点 213~214℃。最早由瓦肯洛德 (Wackenroder) 于 1826 年从罂粟科植物刻叶紫堇的块茎中分离得到，亦存在于水如意等的块茎中。有镇静、止痛、抗钩端螺旋体作用。可保护因四氯化碳、硫代乙酰胺、扑热息痛等所致的小鼠肝损伤，使血清谷丙转氨酶显著降低，减轻肝的病理损伤程度。

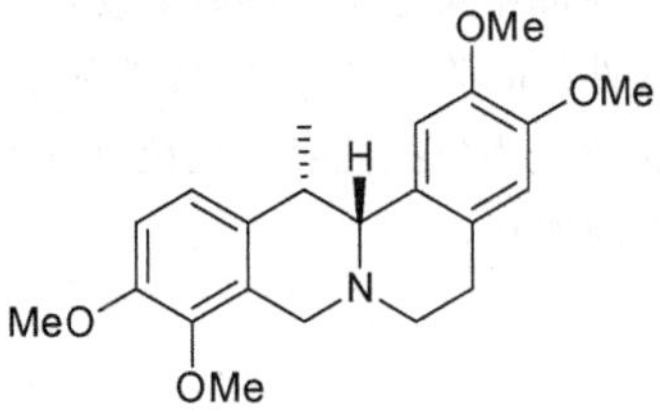

紫堇灵 [corydaline] 即紫堇碱。

紫杉醇 [paclitaxel; taxol] 化学式 $C_{33}H_{40}O_{11}$，分子量 612.66。白色或类白色结晶性粉末，溶于甲醇、乙醇和氯仿，微溶于乙醚，几乎不溶于水。熔点 225.7℃。1967 年由沃尔 (Wall) 和瓦尼 (Wani) 从太平洋紫杉树 (*Taxus brevifolia*) 中分离，属于二萜类有丝分裂抑制剂。能与微管蛋白可逆结合，影响有丝分裂时纺锤体的形成，并引起染色体断裂。临床用于治疗卵巢癌、乳腺癌、肺癌和卡波西肉瘤等癌症，副作用包括恶心、呕吐、食欲减退等等。

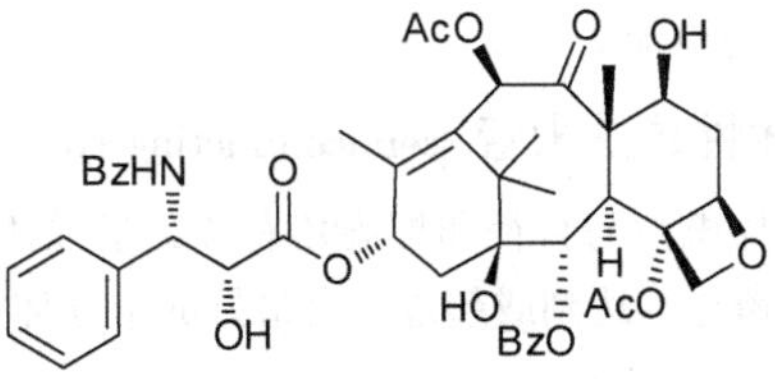

紫杉烷[类] [taxane] 具有图示结构的以 6/8/6 三环稠和的二萜类化合物。该类化合物中的代表分子紫杉醇是自红豆杉 (*Tsxus brevifolia*) 中分离得到的抗白血病和抗肿瘤活性成分。

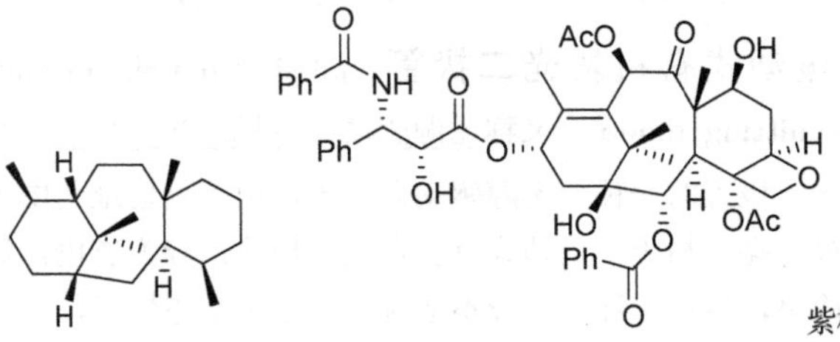

紫杉醇

自力霉素 [mitomycin] 即丝裂霉素。

足叶草毒素 [podophyllotoxin] 即鬼臼毒素。

祖师麻甲素 [daphnetin] 即瑞香素。

左咪唑 [levamisole; tetramisole] 又称左旋驱虫净。化学式 $C_{11}H_{12}N_2S$，分子量 204.29。微黄色针状结晶，味苦，熔点 60～61.5℃。医用盐酸盐为白色针状晶体，熔点 227～227.5℃。易溶于水、乙醇，微溶于氯仿。可由苯乙酮或氧化苯乙烯为起始原料，经不同路线合成外消旋体，经拆分可得左旋体。为广谱驱虫药，用于驱除蛔虫、钩虫、蛲虫及丝虫等。

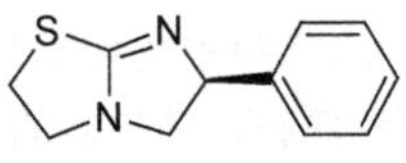

左旋麻黄碱 [ephedrine] 即麻黄碱。

左旋驱虫净 [levamisole] 即左咪唑。

2.7 有机材料化学

2.7.1 基本概念和方法

暗电流 [dark current] 又称无照电流。光伏电池在无光照时，由外电压作用下 PN 结内流过的单向电流。光电倍增管在无辐射作用下的阳极输出电流。器件在反偏压条件下，没有入射光时产生的反向直流电流，包括晶体材料表面缺陷形成的泄漏电流和载流子热扩散形成的本征暗电流。生物学方面，视杆细胞在静息（非光照）状态时，由于胞质内 cGMP 浓度很高，所以感受器细胞外段膜上的钠通道处于开放状态，钠离子流入胞内，形成从视杆细胞外段流向内段的电流。

半导体性碳纳米管 [semiconducting carbon nanotube] 碳纳米管的导电性与直径和螺旋角有关。半导体性碳纳米管的迁移率和跨导可达到或超过现有最好的半导体。

包覆作用 [encapsulation] 即包结作用。

包合作用 [inclusion] 释文见无机化学同名词条。

包结作用 [encapsulation] 又称包覆作用。一个分子对另一个分子或离子的全部或大部分的包裹或覆盖。

被动式有机发光二极管 [passive matrix organic light-emitting diode] 又称无源驱动式有机发光二极管。有机发光二极管的一种，无源驱动方式下，由行列地址选中的单元被点亮。相比于主动式有机发光二极管，较为省电，制程较简单，结构单纯，但较不适合用于显示动态影像，反应速率较慢，较难发展大尺寸面板。可分为静态驱动电路和动态驱动电路。

本体异质结 [bulk-heterojunction] 即体异质结。

并联电阻 [shunt resistance] 并联电路的总电阻，其倒数等于各分电阻的倒数之和。在太阳能电池中，一个用于描述电池特性的基本概念，又称旁漏电阻，记为 R_{sh}。反映电池本身消耗能量的一种表达，反映电池的漏电水平，包括通过 PN 结的漏电流、沿电池边缘的表面漏电流等。影响太阳能电池的开路电压、填充因子等参数。可通过在一定电压范围内测定 I-V 曲线并求其斜率的方法加以测定。

薄膜形貌 [film morphology] 薄膜形貌用于描述利用化学或物理方法制作的薄膜中各组分的存在形式及相互关系。对于常见的半导体薄膜，其描述的内容包括结晶大小、结晶规整度、结晶之间距离以及薄膜平整度等。用于表征薄膜形貌的手段主要包括掠入式 X 射线衍射（GIXRD）、原子力显微镜（AFM）、透射电子显微镜（TEM）等。

超分子 [supermolecule] ❶两个或两个以上分子或离子通过非共价键作用产生的有序多组分集合体。1937 年由德国化学家沃尔夫（K. L. Wolf）提出，最早是形容由氢键键连的乙酸二聚体。❷指超分子组装（supramolecular assembly），是由两个或多个彼此没有形成共价键结的分子（一般是高分子）所组成的络合物。❸在生物化学中指像肽及寡聚核苷酸等由生物分子组成的络合物。

超分子化学 [supramolecular chemistry] 分子以上层次的化学；研究通过分子间非共价键作用形成的超分子体系的化学。其研究对象是一些较弱且较具可恢复性的分子间作用，例如氢键、金属配位、疏水效应、范德瓦耳斯力以及重叠作用等。

串联电阻 [series resistance] 串联电路的总电阻，等于串联电路中各分电阻之和。在太阳能电池中，包括电池的体电阻、表面电阻、电极电阻、电极与硅表面接触电阻等，记为 R_s。直接影响太阳能电池的输出电流、填充因子、电池效率等参数。其大小与材料、PN 结和电极接触的性质有关。可利用 I-V 曲线比较法、四探针法等方法加以测定。

单线态 [singlet state] 自旋多重度为 1 的电子状态。分子或原子中总的电子自旋量子数 S=0，其多重性 M=2S+1=1，这种电子状态称为单线态，其能级不受外界磁场影响而分裂。

淡色效应 [hypochromic effect] 即减色效应。

氮杂冠醚 [azacrown ether] 冠醚中的氧原子（或部分氧原子）被氮原子取代形成的化合物。氮杂冠醚是冠醚化学的一个非常重要的研究领域。氮原子不仅是较氧原子软的碱，给电子能力强，对多种金属离子及有机离子都有良好的配合能力，而且是其他取代基的生长点。功能基的引入及三维空间结构特点，使冠醚环的配位能力及选择性均得到提高。这类冠醚在金属离子萃取，液膜迁移以及合成双冠醚、穴醚及其他结构更复杂的氮杂冠醚等许多领域中都有广泛的应用。

低温熔融盐 [low temperature molten salt] 在室温或较低温度下为液体的熔融体系。如：离子液体。

狄拉克点 [Dirac point] 指电子状态符合狄拉克方程中线性色散关系的状态。由狄拉克方程描述的粒子，如果符合线性色散关系，粒子需要满足其静止质量为零。在特殊晶体中，如果倒易空间中某处电子的有效质量为零。则其能量和动量也满足线性色散关系 $E=pV_f$（V_f 为粒子的费米速度），在这种情况下称该处为狄拉克点。狄拉克点可以在完美石墨烯的费米能级处观测到。

电致发射光谱 [electroluminescence emission spectra] 测量电致发光现象产生的光谱图的技术。电致发光(electroluminescent，EL)又称电场发光，是通过加在两电极的电压产生电场，被电场激发的电子碰击发光中心，而引致电子能级的跃进、变化、复合导致发光的一种物理现象。有机发光二极管中，光谱发射峰位置可体现器件的发光颜色，而半峰宽值可体现光颜色的纯度。

电子纸 [electronic paper] 又称数码纸。是一种超薄、超轻的显示屏，可理解为像纸一样薄、柔软、可擦写的显示器，是一种传统纸质图书的替代品。

短路电流 [short circuit current] 电力系统运行中，相与相或相与地(或中性线)之间发生短路时流过的不同于正常运行值的电流。其值远大于额定电流，大小取决于短路点距电源的电气距离。会对电力系统的正常运行造成严重影响和后果。太阳能电池中，短路电流指在光照下正负极短路时的电流，即太阳能电池的最大输出电流。

π-π 堆积 [π-π stacking] 一种芳香环之间的弱相互作用。常见的堆叠方式有两种：面对面和面对边。面对边相互作用可以看作是一个芳环上轻微缺电子的氢原子和另一个芳环上富电子的π电子云之间形成的弱氢键。

堆积作用 [stacking] 芳香体系或基团间的一种特殊空间堆积排布。常见的堆积作用分为两种：错位面对面堆积作用(offset face-to-face)，两个芳香体系基本平行；边对面堆积作用(edge-to-face)，两个芳香体系互相垂直。

发光电化学池 [light-emitting electrochemical cell] 一种电致发光的固态装置。一般由两个金属电极及连接它们的包含自由离子的有机半导体组成，结构类似于有机发光二极管，但相较下具有以下优点：可以在较低电压下工作；有机电致发光层厚度要求较不严格；生产工艺较廉价；可以直接观测内部的结构。

反铁电液晶 [antiferroelectric liquid crystal] 具反铁电性的液晶，层间的电偶极子呈反平行排列，导致各层的自发极化方向也相反，施加电场时，根据电压的极性，反铁电液晶材料可以有三个不同的稳定态，且在切断电压时能保持原来的状态，称为三稳态。

正是这种三稳态的特性使得反铁电液晶材料具有存储显示的功能，与铁电材料相比，反铁电材料具有容易取向排列、排列机械稳定性好等优点。

范德瓦耳斯力 [van der Waals force] 又称分子力、分子间引力。是分子极化产生的分子间的静电作用力，是一种电性引力。范德瓦耳斯力在化学中指分子之间非定向的、无饱和性的、较弱的相互作用力，根据荷兰物理学家约翰尼斯·迪德里克·范·德·瓦耳斯命名。范德瓦耳斯力比化学键或氢键弱得多，通常其能量小于5 kJ/mol。氢键作用的大小与分子的大小成正比。

范霍夫奇点 [van Hove singularity] 指晶体(一维、二维、三维)中态密度的奇点，一般出现在布里渊区的高对称点。如布里渊区的中性、特殊边界点。在范霍夫奇点，态密度连续不可微，在图像上往往表现为一个尖峰或者尖谷。范霍夫奇点可以在石墨烯和单壁碳纳米管的态密度曲线中观测到。

仿生[的] [biomimetic] 通过模拟生物结构和功能的人工分子结构和性能设计，观察、研究和模拟自然界生物各种各样的特殊本领，包括生物本身结构、原理、行为、各种器官功能、体内的物理和化学过程、能量的供给、记忆与传递等。从而为科学技术中利用这些原理，提供新的设计思想、工作原理和系统架构的技术科学。

非共价键 [non-covalent bond] 非金属原子间不是通过共有一对电子的方式产生的相互作用，主要依赖正负电荷间的吸引力。非共价键主要出现于超分子化学中，主要包含有离子键、氢键、疏水相互作用及范德瓦耳斯力等，一般数量级在1～5 kcal/mol(约4～21 kJ/mol)之间。

分子带 [molecular ribbon] 一维的平面性的分子结构。由于尺寸效应，这类结构分子具有丰富的光电子性质。

分子机器 [molecular machine] 通过外部刺激能够实现其特定组成单元可逆运动的分子装置。分子机器是一种特殊的分子器件，在分子机器中各个分子元件的相对空间位置可以在某些外界刺激存在的条件下发生改变。

分子机器中各个元件的相对的运动比较的复杂，大致上可以分为：旋转运动、分子的穿梭-脱梭运动、线性运动、索烃的运动；根据这几种不同的运动类型对应大致不同类型的分子种类，例如，旋转运动对应分子马达，分子的穿梭-脱梭运动对应准轮烷，线性运动对应轮烷，索烃的运动对应索烃。

分子间力 [molecular force] 即范德瓦耳斯力。

分子结 [molecular knot] 具有宏观的结的特征的互相锁连的分子或分子结构。例如常见的金属/分子/金属(MMM)分子结具有良好的分子电化学应用，MMM分子结包含了中心具有特定功能的有机分子或金属配合物以及连接在分子两端的用于与外界电路相连的金属电极，整个MMM分子结的电学性质主要取决于有机分子，因此对MMM分子结的电学性质研究将主要反映出中心分子的电学性质。在实际研究中，MMM分子结的电学性质会受到很多因素的影响，如金属电极与分子的接触方式、分子的长度、共轭程度以及分子的末端链接基团等。

分子开关 [molecular switch] 利用分子的双稳态或多稳态之间的性质差别实现信息的处理和存储。其开关控制的方式有光控、温控和电控等类型。在生物体系中已发现有大量分子开关，执行着多种生理功能，如新陈代谢物质通过细胞膜的迁移、神经信号的传递、蛋白质通过氧化还原发生折叠等。分子开关是在分子水平上的分子电子计算机的关键部件之一。

分子力 [molecular force] 即范德瓦耳斯力。

分子马达 [molecular motor] 能通过消耗能量发生特定机械运动的分子装置。在自然界中最为重要天然分子马达是ATP的合成酶。人工合成的旋转分子马达能够在外部输入能量(如光能)的作用下进行单向和重复的旋转运动。这种人工合成的分子马达要实现其目的非常困难，因为其很难满足单向旋转的要求。而一般认为这种单向旋转的体系只能通过设计精密的手性化合物中的碳碳双键的光致旋转得到。

分子钳 [molecular clamp] 具有夹子一样形状的能够包合特定分子或离子的分子。主要结构特征是坚硬的分子骨架作隔离基(spacer)，连接芳(杂)环构成刚性受体(rigid receptor)，功能化基团汇聚于分子钳内与其互补的底物形成夹心配合物。这类受体不仅结构上具有相当于天然受体的空腔，而且可根据需要设计成不同大小、不同种类的官能化受体，通过对分子裂缝的进一步化学修饰，即可提供一个与底物恰当互补的微环境，从而借助于氢键、静电引力、范德瓦耳斯力、疏水作用以及π-π堆积作用等非共价作用实现对各种客体的识别作用。

分子识别 [molecular recognition] 生物和化学体系区分不同分子和产生选择性作用的能力或过程。该概念最初是被有机化学家和生物学家用来在分子水平上研究生物体系中的化学问题而提出，用以描述有效的并且有选择的生物功能，而更加广义上的分子识别已经发展为表示主体(受体)对客体(底物)选择性结合并产生某种特定功能的过程。

分子梭 [molecular shuttle] 一类可以让分子或离子在两个位置上来回穿梭的分子机器。分子水平上的机械装置(inechallical device)，是构成分子机器的基础，是超分子化学中一个刚刚兴起的研究领域，由哑铃型组分(dumbbell-shaped component)和一环状化合物如冠醚通过非键作用(noncovalent interaction)白组装而成。哑铃型组分和环状组分的自组装，是通过π-π堆积作用以及氢键作用形成的。在分子梭中，当哑铃型组分上的分子识别点相同时，环状组分则在这些分子识别点上来回梭动。对于分子梭中环状组分运动的调控是研究的一个重要的方面。目前文献所报道的主要是在哑铃型组分上设置不同的分子识别点，使冠醚或环酰胺与它们的作用力大小有一定的差异，这样可以通过光电或酸碱来实现调控。另一方式是在两个分子识别点间设置一个可控的障碍。

分子探针 [molecular probe] 能通过光谱信号探测物种结构和选择性相互作用等生物和化学现象的分子。分子探针在分子影像学中是指对某一特定生物分子(如蛋白质、DNA、RNA)具有特异性靶向的、并能够进行体内或(和)体外示踪的标记分子，这些标记分子能够在体内或(和)离体反映其靶生物分子的量和(或)功能，通常由信号组件和亲和组件两部分组成。

扶手椅型碳纳米管 [armchair carbon nanotube] 根据碳纳米管中碳六边形与轴向的不同取向可以分为三种类型：扶手椅型碳纳米管、锯齿型碳纳米管和手性碳纳米管。扶手型单壁碳纳米管六边形网格和轴向的夹角为0°，不产生螺旋，没有手性。通常认为扶手椅型碳纳米管表现为金属性质。参见物理化学同名词条。

氟油 [fluorocarbon oil] 泛指烷烃或环烷烃分子中与碳原子连结的氢原子全部被氟原子取代所得到的液态全氟烷烃或全氟环烷烃。无色无味液体，密度为相应烃的2倍多，分子量大于相应烃的2.5～4倍，凝点较高。

高色效应 [hyperchromic effect] 即增色效应。

功函数 [work function] 释文见分析化学同名词条。

功率效率 [power efficiency] 简称效率。电致发光器件中，单位电功率输入下器件的光输出功率。单位为cd/A lm/W。典型的白炽灯泡的功率效率约为15 lm/W。

供体-受体相互作用 [donor-acceptor interaction] 富电子和缺电子物种间的静电吸引作用。1989年，Stoddart等首次成功利用并入富电性的二烷氧基苯环蕃和缺电性的紫精衍生物之间的电子供体-受体相互作用组装出互相锁连的索烃(catenane)，之后，该相互作用一直是有机超分子化学的一个重要热点，并在超分子自组装体系中得到广泛应用。

共轭聚合物 [conjugated polymer] 具有长程共轭主链的高分子化合物。共轭聚合物具有刚性的主链，其中性态具有本征半导体的特征，它们的电子结构、光及电学性质由共轭的骨架结构和侧链结构决定，可以通过化学的方法方便地进行调控。共轭聚合物的溶液涂覆成膜工艺适合大面积薄膜生长、喷墨打印技术的利用，可实现图案化的薄膜生长。半导体共轭聚合物在传统无机半导体器件如发光二极管、固体光泵浦激光、光伏电池、图像传感、场效应晶体管等之上显示出独特的性质和广泛的应用潜力。

固态照明 [solid-state lighting] 一种全新的照明技术，由无机发光二极管、有机发光二极管和聚合物发光二极管等作为光源的固体器件照明，而不是采用灯丝、等离子体或气体作为照明光源。光电转换效率较高，具有节能、环保、反应速度快、体积小、可平面封装等特点。

红移效应 [bathochromic effect] 吸收峰向长波长区域移动的作用。物体的光或者其他电磁辐射可能由于运动、引力效应等被拉伸而使波长变长。因为红光的波长较长，所以这种拉伸对光学波段光谱特征的影响是将它们移向光谱的红端，于是这些过程被称为红移。

葫芦脲 [cucurbituril] 一类通过亚甲基(—CH_2—)链接甘脲单体(═$C_4H_2N_4O_2$═)而成大环化合物。氧原子位于边缘，但微微向里倾斜，形成半封闭的空穴，形状像南瓜或葫芦，内腔能络合金属离子或有机铵离子，图示为最常见的葫芦[6]脲。葫芦脲能通过分子自组装形成轮烷或准轮烷，因此在分子开关、分子梭、信息存储等方面，以及葫芦脲主客体化学在生物体以及药物缓释等方面都具有潜在的价值。通过官能团化，可合成多种葫芦脲衍生物从而扩展了葫芦脲在各领域的应用，比如在离子通道、囊泡、色谱固定相、离子选择性电极、药物传输和抗生素制备。

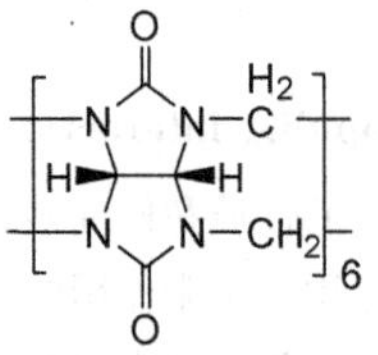

环蕃 [cyclophane] 一类苯环上不相邻的两个位置上有一条或多条脂肪链的化合物，可以形成笼状的结构。由于分子具有张力，分子构象比较特殊。

环糊精 [cyclodextrin; cycloamylose; cycloglucan] 淀粉经过环糊精糖基转化酶水解，得到的无底桶状低聚糖。通常由 6～8 个糖单位的 D-吡喃葡萄糖经 α-1,4 -糖苷键结合而成，分别称为 α-、β-和 γ-环糊精。桶的上端外侧是葡萄糖分子的两个羟基，下端是羟甲基，C3 和 C5 上的两个氢原子和糖苷键的氧伸向内侧，因而外部是亲水性的，内侧是亲脂性的。无还原性，对酸较稳定，一般酶不能水解。

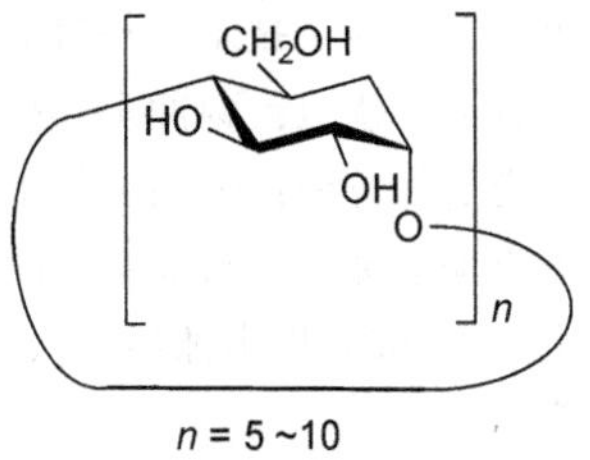

n = 5 ~10

各种环糊精都有一定的孔径，可选择性地和一些有机化合物形成包合物，溶解度和比旋光度也不同，其中 β-环糊精在水中溶解度最小。环糊精遇碘显不同颜色，α 型呈青色，β 型呈黄色，γ 型呈紫褐色。形成的包合物能溶于极性溶剂，可用作相转移催化剂，可使所包含的客体分子一部分露在外面，提供了反应中的区域选择性，而用于有立体选择性的合成中。

活性层 [active layer] 有机半导体器件中的有机半导体层。有机半导体器件的核心部分，可以传输空穴或电子。

减色效应 [hypochromic effect] 又称淡色效应。降低吸收光谱强度的作用。分析化学中，减色效应是指化合物结构改变或其他原因，使吸收强度减弱的效应。分子光谱中减色效应指有机化合物的特定发色团吸收峰摩尔吸光系数降低，而且其吸收峰位置产生向蓝位移。如在相等物质的量的核苷酸溶液中，游离核苷酸在 260 nm 处的吸光率较单链 DNA 高，而单链 DNA 的吸光率又比双链 DNA 高的现象，这是由于多核苷酸链结构中碱基自由旋转受阻所致。

介电层 [dielectric layer] 场效应晶体管中在电场作用下可以发生极化的绝缘层。在电场作用下，电荷不会通过介电层，而是会在介电层沿电场方向的两侧聚集产生电荷。

金属性碳纳米管 [metallic carbon nanotube] 碳纳米管的导电性与直径和螺旋角有关，当碳纳米管管径小于 6nm 时，可以被看成具有良好导电性能的一维量子导线。金属性碳纳米管的导电率和最大电流密度可达到或超过现有最好的金属。

静电作用 [electrostatic interaction] 带电荷和带部分电荷的物种间的吸引或排斥作用。静电作用是离子键形成的本质，无方向性、饱和性。

聚合物发光二极管 [polymer light-emitting diode] 一种有机发光材料为高分子聚合物的有机发光二极管，以其较高的发光效率，柔性大面积显示为主要优势。但由于产品寿命较短，目前市场上的产品较少。

卷曲 [coiling] 线型分子降低表面积的行为。常用于描述蛋白质二级结构，在蛋白质领域具有许多生物学功能。

开路电压 [open circuit voltage] 电池没有外部负载时的端电压。大小等于断路时正负电极电势之差，通常小于电池电动势，依电池正负极材料而异。实际计算时可视为开路处连有一个伏特表，其读数即为开路电压。

客体 [guest] 占据主体分子结构形成的内穴，与主体形成络合物或包结在主体晶体结构内穴中的分子或离子。

蓝移效应 [hypsochromic effect] 吸收峰向短波长区域移动的作用。蓝移是一个移动的发射源在向观测者接近时，所发射的电磁波频率会向电磁频谱的蓝色端移动，亦即波长缩短的现象。这种波长改变的现象在相互间有移动现象的参考坐标系中就是一般所说的多普勒位移或是多普勒效应。

离子-偶极相互作用 [ion-dipole interaction] 离子和具有偶极作用的中性分子间的吸引作用，最典型的例子是冠醚和碱金属离子形成冠醚配合物等。

离子通道 [ionic channel] 仅允许离子通过的跨膜分子或大分子体系。是一种成孔蛋白，通过允许某种特定类型的离子依靠电化学梯度穿过该通道，来帮助细胞建立和控制质膜间的微弱电压压差。具有如下三个基本特征：①选择性；②调节性；③离子流具有饱和现象。

离子液体 [ionic liquid] 释文见无机化学同名词条。

两可[的] [ambident] 具有两个能相互影响的反应位点的分子。

两亲体 [amphiphile] 同时带有亲水和亲脂性基团的物种。

硫杂冠醚 [thiacrown ether] 冠醚中的氧原子(或部分氧原子)被硫原子取代形成的化合物。硫杂冠醚可以和比碱金属、碱土金属更软的阳离子(即重金属、过渡金属离子)形成稳定的配合物。此外，硫杂冠醚可作为一类新型的气相色谱固定相，具有一定的热稳定性，在一定温度下，对难分离的含有苯环的常规物质对以及含苯环的位置异构体均具有很好的分离效果。

笼状化合物 [cage compound] 一类包合物，按照其主体内部空间的形状可以分为两类。一类主体分子内的空间是长的管道或隧道形状的包合物，另一类主体分子内的空间是完全闭合的，被形象地称为笼形化合物或笼状化合物。

漏电极 [drain electrode] 场效应晶体管中载流子从导电沟道中流出时通过的电极。

逻辑门 [logic gate] 又称数字逻辑电路基本单元。是在集成电路上实现逻辑运算的基本组件。简单的逻辑门可由晶体管组成。这些晶体管的组合可以使代表两种信号的高低电平在通过它们之后产生高电平或者低电平的信号。高、低电平可以分别代表逻辑上的“真”与“假”或二进制当中的1和0，从而实现逻辑运算。常见的逻辑门包括“与”门、“或”门、“非”门、“异或”门。逻辑门可以组合使用实现更为复杂的逻辑运算，广泛用于计算机、通信、控制和数字化仪表中。

内建电场 [built-in electric field] 又称自建电场。半导体或绝缘体中由于内部作用而形成的电场。通常由载流子的扩散和漂移形成。

能量转化效率 [power conversion efficiency] 一个能量转换设备所输出可利用的能量，相对其输入能量的比值。一般而言是一个介于0到1之间的无量纲数字，有时也会用百分比表示。在太阳能电池中，表明入射光的能量有多少转化为有效的电能，即最大输出功率与入射光的光照强度之比，是表征太阳能电池光伏性质的重要物理量。

能量转移 [energy transfer] 能量从一个主体或者材料转移到另一个上的过程。通常通过如下途径实现：辐射能(热辐射)、热传导、热对流(热空气流)、物质转移(热物质转移到另一个位置)、电子能量转移(携带电流的导线)、机械功。

浓色效应 [hyperchromic effect] 即增色效应。

漂移迁移率 [drift mobility] 半导体中载流子在单位外加电场作用下的迁移速率，单位是 $m^2/(V \cdot s)$。漂移迁移率受制于固体中的碰撞以及晶格散射，因此远小于载流子随机运动的速度。通常情况下同种材料中电子和空穴的漂移迁移率不同。场效应迁移率是有机场效应晶体管中最重要的性能参数之一，决定了器件的开关速度。

亲水[的] [hydrophilic] 分子实体或取代基与极性溶剂，尤其是水，或其他极性基团作用的性能特征。具有该性质的分子能够透过氢键和水或其他极性溶剂分子形成短暂键结的物理性质。一个极常见的例子是：肥皂拥有亲水性和疏水性两端，以使其可以溶解在水里，也可以溶解在油里。

亲水作用 [hydrophilic interaction] 释文见物理化学同名词条。

亲脂作用 [lipophilic interaction] 溶解于弱极性溶剂或与弱极性分子相接触的性质和倾向性，属于有机分子中常见的一种分子间弱相互作用。亲脂作用的产生是由于有机分子往往是非极性较强的分子，所以对水或其他极性溶剂具有一定的排斥作用，而对脂类溶剂或非极性溶剂则体现出相容性。

氢键 [hydrogen bond] 释文见物理化学同名词条。

柔性电子学 [flexible electronics] 将电子器件安装在柔性衬底上组成薄膜微电子器件与集成电路的技术科学。柔性电路可在聚合物、塑料、超薄不锈钢等柔性衬底上，利用多层沉积法或者照相平板印刷技术来制备，它具有柔性和轻便等优点，已在照相机、计算机键盘制造、有机发光二极管及卫星的太阳能电池等方面应用。

柔性显示 [flexible display] 显示装置由柔软的材料制成，可变形、可弯曲的显示技术。与普通的刚性显示器相比，柔性显示器具有诸多优点：耐冲击、抗震能力更强；重量轻、体积小、携带更加方便；采用类似于报纸印刷工艺的卷带式工艺、成本更加低廉等。目前主要的柔性显示器件大致可分为三种：电子纸(或柔性电泳显示)、柔性有机发光二极管和柔性液晶等。

入射光子-电子转化效率 [incident photon to current conversion efficiency (IPCE)] 即外量子效率。

色度 [chromaticity] 用来评价色质刺激的参数，其值由色度坐标或主波(或补色波长)和纯度确定。

色温 [color temperature] 表示光源光谱质量最通用的指标，一般用 T_c 表示，单位为K(开尔文)。色温是按绝对黑体来定义的，光源的辐射能量分布与某一热力学温度下的标准黑体辐射能量分布相同时，其光源色度与此黑体辐射的色度相同，此时光源色度以所对应的黑体热力学温度表示，此温度称为色温。

疏水[的] [hydrophobic] 非极性分子间或分子的非极性基团间的吸引力导致对水或其他极性溶剂排斥的、疏远的的性能特征。疏水[的]产生机制源于极性基团在水性环境中的缔合；或者，在某些大离子的水溶液中，离子的电荷中心上的功能团与水分子相互作用的倾向，小于水分子之间相互作用的倾向。

疏水作用 [hydrophobic interaction] 释文见物理化学同名词条。

树枝状化合物 [dendrimer] 具有枝枝状结构的有机分子。树枝状结构分两种，一种是理想完美状态的树枝状结构；还一种是有缺陷的树枝状结构的有机分子，这类结构通常称之为超支化分子。

数码纸 [electronic paper] 即电子纸。

数字逻辑电路基本单元 [logic gate] 即逻辑门。

塑料太阳能电池 [plastic solar cell] 即有机太阳能电池。

体异质结 [bulk-heterojunction] 又称本体异质结。两种不同的半导体混合形成的一种结构。常用于有机太阳能电池中。异质结通常指两种不同半导体之间的界面，而体异质结则顾名思义，异质结存在于整个结构的体内。

填充因子 [fill factor] 太阳能电池最大输出功率与入射光功率之比。在工作曲线上体现为最大输出功率点上的电流和电压的乘积与短路电流和开路电压乘积的面积比。体现电池的输出功率随负载的变动特性。其值越大，太阳能电池的质量越高，通常处于 60%～85%之间，并由太阳能电池的材料和器件结构决定。

铁电液晶 [ferroelectric liquid crystal；ferroelectric LC] 具有铁电性质的液晶材料。具铁电性的液晶，层间的电偶极子呈平行排列。铁电性质的产生是由于材料本身固有电偶极矩，受热时，自发极化取向发生变化，材料表面带电，此时施加电场，进一步引起极化方向反转。

铁电材料具有光电效应、非线性光学效应、反常光生伏打效应、光折变效应等，因此该类材料是非常重要的功能材料。1975 年 Meyer 等发现铁电液晶，Clark 等提出表面稳定铁电液晶(surface stabilized ferroelectric liquid crystals，SSFLC)模式后，铁电液晶进入显示行列，并迅速展示出响应速度快、视角大、双稳特性的显示优势。

外量子效率 [external quantum efficiency] 又称入射光子-电子转化效率。指在某一给定波长照射下每一个入射的光子所产生的能够发送到外电路的电子的比例，亦即入射光子转化成电流的效率。

无源驱动式有光发光二极管 [passive matrix organic light-emitting diode] 即被动式有机发光二极管。

无照电流 [dark current] 即暗电流。

显色指数 [color rendering index] 对光源照射下人眼感知的颜色的数字化描述，大小在 0～100，100 代表真实色彩。其值越高，越能真实呈现被照物的颜色，照明光源要求其值大于 80。

效率 [efficiency] 功率效率的简称。

穴蕃 [cryptophane] 一类人工合成的用于研究分子封装或识别的有机超分子。在太阳能机动车的燃气(如氢气)的封装和储存有潜在的应用。也可为有机反应提供微小反应空间。由于其独特的分子识别性质，可以研究有机小分子与底物的相互作用，在生物或生物化学领域有广泛引用。

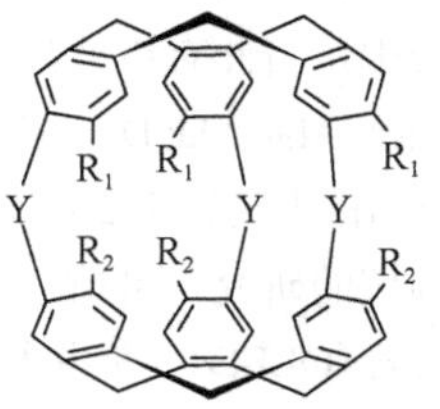

穴醚 [cryptand] 一类人工合成的、可以与阳离子发生配位的双环和多环多齿配体。整个分子是一个三维的结构。因此与单环的冠醚相比，穴醚配合物更加稳定，对底物分子的选择性也更强。

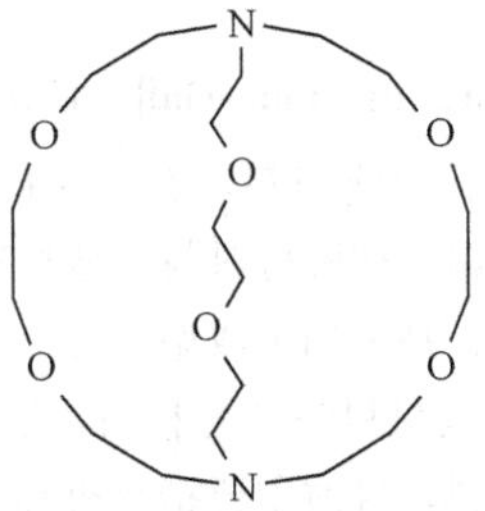

穴醚络合物 [cryptate] 穴醚与阳离子等发生配位后形成的复合物，与单环的冠醚相比，穴醚配合物更加稳定，对底物分子的选择性也更强。形成的复合物具有脂溶性。唐纳德·克拉姆、让-马里·莱恩和查尔斯·佩特森通过对穴醚和冠醚进行研究，开创了超分子化学的先例，并因此获得了 1987 年的诺贝尔化学奖。

异质结 [heterojunction] 两种固态材料的界面，固体材料可以是导体、半导体、离子导体或是绝缘体，并且可以是晶态或者非晶态。传统的异质结主要是两种能隙不同的半导体材料的界面。异质结广泛应用于固态电子学器件，包括半导体激光器、太阳能电池及晶体管中。

铟锡氧化物 [indium tin oxide (ITO)] 释文见能源化学同名词条。

印刷电子学 [printed electronics] 利用印刷术在多种衬底上制造电子器件的方法。印刷电子学中常用丝网印刷、柔性版印刷、凹版印刷、胶印和喷墨印刷等方法。具有电学功能的材料或光学墨水被沉积在衬底之上，形成有源或无源器件，例如薄膜晶体管或电阻器。印刷电子学有望在低成本、高性能的电子器件如滚动条显示器和射频识别器件等中得到应用。

有机半导体 [organic semiconductor] 具有π-电子结构，具备特殊光、电、磁等半导体性质的有机材料，包括小分子、寡聚物、有机聚合物。小分子有机半导体(芳香烃)包括多环芳烃化合物比如并五苯、蒽、红荧烯；聚合物有机半导体包括聚三己基噻吩、聚对苯乙炔和聚乙炔及其衍生物等，这些都是典型的有机半导体材料。1987年，柯达公司的邓青云(C. W. Tang)等首次将八羟基喹啉铝作为发光材料应用在有机薄膜发光二极管中，自此有机半导体材料的应用愈发蓬勃。尤其是Alan Heeger、Alan MacDiarmid和Hideki Shirakawa因为在导电聚合物方面的发现，于2000年被授予诺贝尔化学奖，更促进了这一领域的研究。目前，有机半导体材料主要应用在有机发光二极管(OLED)、有机场效应管(OFET)、有机光伏电池(OPV)等电子学器件上。

有机薄膜晶体管 [organic thin film transistor] 以有机半导体材料作为传输活性层的场效应晶体管，其中有机活性层以薄膜形态存在，薄膜形态一般可以通过蒸镀或溶液加工等方法实现。

有机材料 [organic material] 由碳、氢、氮、氧等几种元素组成的有机化合物材料。有机材料、无机材料和金属材料并称为三大材料。有机材料与其他材料相比具有密度小、比强度高、耐腐蚀、易于加工成型等特点。按照其性能分类，有机材料可分为结构材料与功能材料，前者是指以力学性能作为应用性能的材料，目前主要指有机高分子材料，如橡胶、塑料和纤维等；后者是指具有优良电学、磁学、光学、热学、声学和生物学等功能的高技术材料，如具有光电功能的有机半导体材料，主要应用于有机发光二极管(OLED)、有机场效应管(OFET)、有机光伏打电池(OPV)等。

有机场效应晶体管 [organic field-effect transistor (OFET)] 将有机半导体用于场效应晶体管的通道中。场效应晶体管(field-effect transistor, FET)用电场控制半导体材料中某一种载流子的电导率，因此又被称为单极晶体管。一个典型的有机场效应晶体管由如下几个部分组成：半导体层、绝缘层、栅电极、源漏电极。对于场效应晶体管的操作类似于电容，由两块极板组成：一块极板在两个欧姆接触中作为导电通道，称为源漏接触；另一块极板用于控制电荷，称为门电极。载流子传输的方向从源极到漏极。要求以绝缘层隔开栅电极和半导体层，而源漏电极与半导体层相连。基于这样的设计要求，有机场效应晶体管的器件结构可以分为：底栅/底电极、底栅/顶电极、顶栅/底电极和顶栅/顶电极四种结构。其工作原理为：将电压施加在栅极和漏极上，由栅极的在半导体层和绝缘层界面诱导电荷，诱导出来的空穴或电子由源极注入。诱导出空穴或电子与栅压的正负有关，正栅压诱导出电子，负栅压诱导出空穴。衡量OFET器件优劣的参数有：载流子迁移率(最为重要的参数)、阈值电压、开关比。根据有机半导体层的加工工艺不同，可以分为：有机单晶场效应晶体管、有机薄膜场效应晶体管。有机场效应晶体管使用芳香和共轭材料作为活性半导体层，包括小分子，如红荧烯、并四苯、并五苯、四氰基对苯醌二甲烷(TCNQ)等；聚合物，如聚三己基噻吩(P3HT)、聚对苯撑乙烯 (PPV)、聚芴等。目前，红荧烯类OFET的迁移率最高可达20～40 $cm^2/(V \cdot s)$，聚合物材料的OFET的迁移率也超过了1 $cm^2/(V \cdot s)$。

有机电路 [organic circuit] 以有机材料为主体制成的电子器件，按一定方式联结起来而形成的总体结构，它能为电荷流通提供路径。对比无机电路，尤其是硅基电路而言，有机电路从材料上说有更多的选择，且由于有机材料价格低廉、成膜方式简单，因此能够得到低成本的电路元件，从而使得有机电路在将来的电路发展中有更多的应用方向。例如可用于制备低成本的电子标签、智能卡片、显示屏等，又或是用作“一次性”消费电路的开发等。同时，有机材料由于具有柔性，能被应用于多种不规则表面，或是被制成具有卷曲特性的电子产品。

有机电致发光 [organic electroluminescent] 由电能激发有机材料而发光的现象。通过加在两电极的电压产生电场，被电场激发的电子碰击有机材料的发光中心而引致电子的能级跃迁、变化、复合导致发光的一种物理现象。用作电致发光的有机材料应在可见光区内具有较高的荧光量子产率或较高电导率，能有效地传递电子或空穴，有较好的成膜性，具有良好的稳定性和机械加工性能。

有机电子学 [organic electronics] 电子学中处理高聚物、塑料或小分子电导电子学的一个分支。之所以称为“有机”电子学，是因为高分子和小分子是以碳为基的。这和传统依赖无机导体和半导体的电子学不同。

有机电子学不仅包括有机半导体，也包括有机电介质、导体和光发射体。有机导电分子比无机导体较轻，较软和较便宜，有望通过印刷的方式进行器件加工，有可能得到无机电子学所没有的新应用。有机电子学在有机电子学器件、塑料太阳能电池等新兴科学中得到应用。

有机发光二极管 [organic light-emitting diode (OLED)] 用有机材料作为发光层制成的发光二极管。诞生于1979年，由邓青云博士及其同事范斯莱克发明。发光原理是：当元件受到直流电所衍生的顺向偏压时，外加之电压能量将驱动电子与空穴分别由阴极与阳极注入元件，当两者在传导中相遇、结合，即形成电子-空穴复合，释放荧光或磷光。基本结构是薄而透明的铟锡氧化物阳极，结构层再加上另一个金属阴极，形成如三明治的结构。整个结构层中包括空穴传输层、发光层与电子传输层。按照分子大小可分为小分子OLED和高分子OLED两类。优点有工艺简单、驱动电压低、节能性强、无辐射、反应速度快、柔软轻薄、成本低等。但同时也存在着寿命短、色度不足、尺寸小等问题。

有机固体化学 [organic solid state chemistry] 研究功能有机小分子和高分子的聚集态结构及其光、电、磁等物理性能的学科。其具体研究内容包括有机半导体和光导体、有机导体与超导体、导电高聚物、有机铁磁体、有机与高分子非线性光学材料以及分子器件等。

有机光伏 [organic photovoltaic] 基于有机半导体材料将光辐射能转变成电能的一种发电方法。这种发电方法是近20年发展起来的不同于无机光伏的新型太阳能技术。其主要的优点在于有机分子成本较低并且结构可调，同时有机分子的吸光系数较高，因此单位质量的活性分子吸收的光更多。但是相比起无机光伏，有机光伏器件也有效率较低，稳定性不足及强度不够等缺点。

有机光检测器 [organic photodetector] 由有机材料作为活性层的光检测器。目前较为成熟的有机光检测器主要为光伏型光检测器，其主要器件结构为“金属/供体：受体/金属”，器件在反向偏压下，对光生载流子有很高的收集效率，具有良好的光电性能。目前不同有机材料制备的有机光检测器的检测波长范围覆盖了从紫外到红外的大部分波段。有机材料独特的性质使其可以在室温下，用简单的镀膜或印刷工艺来制备柔性基片上的光检测器，包括用于检测具有复杂可变波长光波的大尺寸光敏器件或者用于成像的大尺寸有机光电传感矩阵。

有机太阳能电池 [organic solar cell] 又称塑料太阳能电池。一种以导电有机高分子或者小分子作为活性层，基于光伏效应将光能转化为电能的电子学器件。常见的器件结构为多层夹心结构。经典的有机太阳能电池两极分别为金属电极和透明的氧化铟锡电极(ITO)，中间包括导电高分子的修饰层(PDOT：PSS)及n型和p型有机半导体形成的体异质结活性层。

有源矩阵有机发光二极管 [active matrix organic light-emitting diode] 即主动式有机发光二极管。

源电极 [source electrode] 场效应晶体管中载流子从外电路流入导电沟道时通过的电极。

载流子注入 [carrier ejection] 半导体通过外界作用而产生非平衡载流子的过程。利用光照在半导体内引入非平衡载流子的方法称为载流子的光注入。除光照外，还可以利用电的或其他能量传递方式在半导体中注入载流子，最常用的是电的方法，称作载流子电注入。电注入载流子现象的发现直接导致半导体放大器的发明。

增色效应 [hyperchromic effect] 又称高色效应或浓色效应。是指增加吸收光谱强度的作用。分析化学中，增色效应是指由于化合物结构改变或其他原因，使吸收强度增加的效应。

栅电极 [gate electrode] 场效应晶体管中与源电极和漏电极通过介电层分隔开的电极。可以通过向栅电极施加电压制造或者消除源极和漏极之间的导电沟道，从而允许或者阻碍电荷载流子流过。

折叠体 [foldamer] 受非共价键作用诱导产生一定折叠构象的聚合物或寡聚物。其作为超分子化学的一个重点研究领域开始建立并得到发展。折叠体是介于共价键分子和非共价键超分子之间的一类分子，其紧密和稳定的构型基础是构筑人工折叠体系的重要推动力。由于折叠体和天然生物大分子在二级结构上的紧密联系，使得折叠体研究已经成为超分子研究领域中最重要且最活跃的研究领域之一。

这类分子可以模拟蛋白质、核酸和聚糖等折叠成螺旋或β型构象，其研究涉及分子自组装、分子识别和主客体化学。

脂质体 [liposome] 释文见2.5节生物有机化学同名词条。

主动式有机发光二极管 [active matrix organic light-emitting diode] 又称有源矩阵有机发光二极管。有机发光二极管的一种，有源驱动方式下，发光单元在薄膜晶体管驱动下点亮。一种应用于电视和移动设备中的显示技术，相比传统的液晶面板，具有反应速度较快、对比度更高、视角较广等特点。2011年来，该技术被广泛应用于移动电话和媒体播放器上，并朝低功耗、低成本、大尺寸方向发展。

主客体化学 [host-guest chemistry] 研究两个或更多分子通过非共价键形成的有一定结构特征的络合物的化学。主客体化学是基于研究冠醚与穴状配体能够选择性地结合或包埋较小的空间互补的小分子，及分子自组织的研究(如膜和胶束)和有机半导体与导体方面的研究而发展起来的。研究分子间相互作用，天然产物的选择性积聚，进而形成分子配合物和膜等。相对于最初研究，主客体化学已经从低级结构向高级结构发展，从环状分子向多种结构的分子发展，并已同结构生物学、介观物理交叉在超分子层次形成了超分子科学。

主体 [host] 与有机或无机客体形成络合物的分子物种，或在其晶体结构的内穴中能包结客体的化学物种。主体能够选择性地结合或包埋较小的空间互补的小分子，通常为大环类化合物，如冠醚、穴状配体、环糊精等。

转移积分 [transfer integral] 在有机半导体中载流子的传输主要是由跳跃机理(hopping mechanism)描述的，认为载流子在 HOMO 或 LUMO 轨道产生后，由于分子间轨道的重叠，载流子能够在分子间跳跃传输。分子间轨道重叠的程度，由转移积分描述。分子间的转移积分可以由直接法、位能修正法、光谱曲线拟合法计算。

自建电场 [built-in electric field] 即内建电场。

自组装 [self-assembly] 是指两个或两个以上物种通过非共价键作用产生最低能量的超分子体系的方法或过程。它是用来形容无序系统在没有外部干预时，由个别部件间的相互作用(如吸引和排斥，或自发生成化学键)，而组成一个有组织的结构的过程。近年自组装特别吸引注意，因它提供自下而上(bottom-up)、可控制的方法组装原子或分子形成较大的结构(像纳米结构、分子机器等)。

2.7.2 重要的有机材料化合物

奥林匹亚环 [olympiadane] 由五个大环结构顺次相扣形成的[5]-索烃，由 F. J. Stoddart 等在 1994 年合成得到。索烃类化合物有可能被用来构建分子计算机，尽管奥林匹亚环的实际应用还没有报道。

苝 [perylene] 释文见 2.8.2 节重要的有机化合物同名词条。

吡咯并吡咯二酮 [diketopyrrolopyrrole] 即并吡咯二酮。

并苯 [acene] 由多个苯环两两共用 2 个碳原子所构成的一类线型化合物，结构如图。

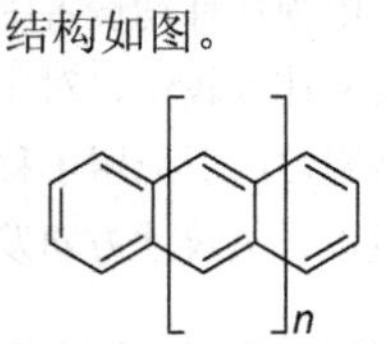

并吡咯二酮 [diketopyrrolopyrrole] 又称吡咯并吡咯二酮。其中 3,6-二芳基取代的并吡咯二酮类衍生物是红色颜料，外观为红色晶体，难溶于水。1986 年实现商业化。并吡咯二酮具有优异的耐光性、耐热性和高透明性，在颜料工业得到广泛应用，逐渐取代蒽醌类染料用于滤光片、油墨、着色剂、感光树脂的制备。近年来在有机电子学领域得到广泛研究，发展出了一系列性能优异的材料。并吡咯二酮可以通过芳基腈与溴乙酸酯和金属锌的反应制备，常用的路线是丁二酸二酯与芳基腈在碱性条件下进行反应。

并四苯 [tetracene] 化学式 $C_{18}H_{12}$，分子量 228.29，多环芳香化合物，浅黄色粉末，熔点 357℃，不溶于水。是有机半导体器件的常用材料。

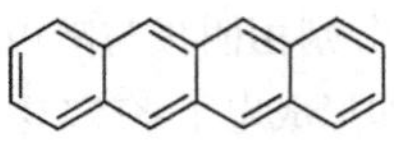

并五苯 [pentacene] 化学式 $C_{22}H_{14}$，分子量 278.35，蓝紫色固体，熔点 373℃，不溶于水，不溶于大部分有机溶剂，微溶于热的苯溶液。易氧化，应密闭保存。主要应用于有机薄膜晶体管的制备。

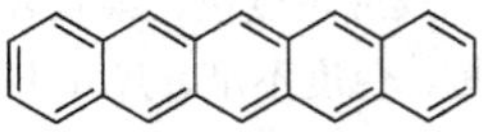

稠二萘 [chrysene] 即䓛。

红荧烯 [rubrene] 5,6,11,12-四苯基四苯。红色至浅棕色结晶或结晶性粉末，属于多环芳烃簇(PHA)化合物。红荧烯由四并苯环和四个苯基组成，由于四个苯环之间的位阻效应使得四个苯基旋出分子平面，并使四并苯环旋转，红荧烯分子的这种结构特性使得它在气态下具有轴向手性。已成功地应用于有机发光二极管和有机场效应晶体管中。它是一种高效的荧光材料，它能通过未占据态到占据态电子的跃迁而发出可见黄光。

聚苯 [polyphenyl] 主链完全由对苯基连接的一类刚性链聚合物。黑色结晶，不熔不溶，难成型加工。耐高温性优良，氮气中 900℃时失重率小于 10%，可在 300～400℃长期使用。耐辐射，耐化学腐蚀，耐摩擦，有良好的电性能。可由苯进行傅-克反应或由聚环己二烯芳构化制得，或在低分子量聚苯预聚物中加入固化剂交联成型，或烧结成型。可作为高温离子交换树脂，耐高温、耐辐照涂料及胶黏剂、高温耐磨零部件等。在苯环上引入取代基，则可降低熔融温度、改善溶解性，有利成型加工。聚苯不仅通过电化学掺杂可成为 p 型导电体，还因为它具有电子受体的性质，也能成为 n 型导电体。

聚-3-己基噻吩 [poly-3-hexylthiophene-2,3-diyl (P3HT)] 一种 3-己基噻吩的聚合物，主要用于有机薄膜晶体管和有机太阳能电池，该聚合物在 20 世纪 80 年代被合成后，发展非常迅速，目前由 P3HT 和 PCBM 共同组成的有机太阳能电池效率已经达到 5 %以上。该聚合物合成中需要用到多种金属作为反应物，因此金属杂质比较难去除，通常采用色谱法和索氏提取器联合进行提纯。3-己基噻吩在高温聚合过程中容易产生多种聚合形态，己基方向整齐度越高光电性能越好。

聚(3,4-亚乙基二氧噻吩) [poly(3,4-ethylenedioxythiophene)(PEDOT)] 以 3,4-亚乙基二氧噻吩为重复片段的导电聚合物。具有导电率高、稳定性好、氧化状态下透明等特点。本身为不溶性聚合物，通过与水溶性高分子聚苯乙烯磺酸钠(PSS)掺杂解决了加工问题。获得的 PEDOT/PSS 膜具有高电导率、高机械强度、高可见光透射率和优越的稳定性。广泛应用于透明显示、柔性器件等研究方面。可以通过 3,4-亚乙基二氧噻吩的电化学聚合得到。

聚苯乙烯磺酸钠 [poly (sodium-*p*-styrenesulfonate) (PSS)] 以 4-乙烯基苯磺酸钠为重复片段的聚合物。应用于反应性乳化剂、水溶性高分子(凝聚剂、分散剂、容器清洗剂、化妆品等)、水处理剂(分散剂、凝絮剂)、离子交换树脂、写真药剂(膜片)、半导体、影像胶片、热传导产品等方面。

聚噻吩 [polythiophene (PT)] 噻吩聚合生成的高分子化合物。在通过掺杂向其共轭的 π 轨道引入或去除电子时,它可转变为导体。聚噻吩及其衍生物是近些年有机光电材料的研究热点。

蔻 [coronene] 又称晕苯。化学式 $C_{24}H_{12}$,分子量 300.35。黄色针状结晶。熔点 437.4℃,沸点 525℃,闪点 6℃,相对密度 d_4^{25}1.371,折射率 n_D^{20}2.139。微溶于苯,不溶于水和浓硫酸,在有机溶液中发蓝紫色荧光。有毒,吸入、皮肤接触及吞食有害。高度易燃,应远离火源,在阴凉处密封保存。集中存在于煤焦油沥青中,可通过萃取、升华、柱层析等方法分离得到。可用于有机合成,制造抗宇宙辐射材料等。

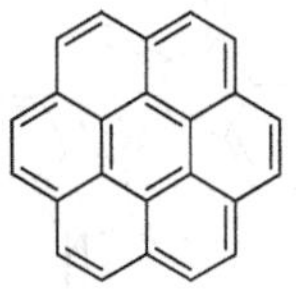

六苯并蔻 [hexabenzocoronene] 化学式 $C_{42}H_{18}$,分子量 522.59,多环芳香化合物,不溶于水。是有机材料广泛使用的中间体。

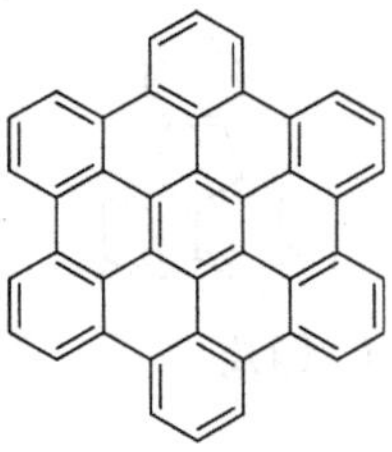

卵苯 [ovalene] 化学式 $C_{32}H_{14}$,由十个苯环稠合而成,分子量 398.45。橙红色化合物。熔点 497℃,相对密度 d_4^{25}1.61,折射率 n_D^{20}2.374。微溶于苯、甲苯和二氯甲烷,不溶于水。有机溶液在紫外灯下呈绿色荧光。有毒,吸入、皮肤接触及吞食有害。易燃,应远离火源,在阴凉处密封保存。主要存在于深海热泉区域和石油加氢裂化的过程当中。可用于有机合成。

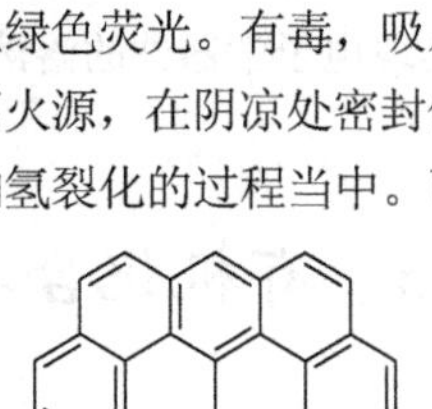

轮烷 [rotaxane] 由一个哑铃状的线型分子穿过一个大环分子形成的一个机械内索型的稳定的超分子体系。由于哑铃状分子的末端要比环状分子的内径要大,所以能够形成稳定的结构。

螺芴 [9,9'-spirobi[fluorene]] 化学式 $C_{25}H_{16}$,分子量 316.39,熔点 202℃,是重要的有机光电材料的合成中间体。

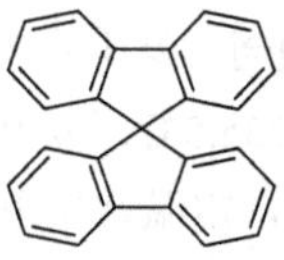

萘酰亚胺 [naphthalimide] 由萘酸酐与胺缩合而成,分子结构中可以进行多位点修饰。其与其衍生物广泛应用于有机染料领域之中,同时也是有机材料的重要合成中间体。

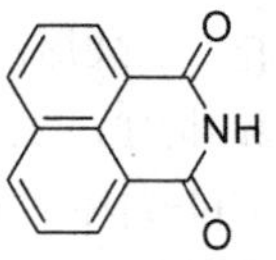

芘 [pyrene] 释文见 2.8.2 节重要的有机化合物同名词条。

苉 [picene] 又称茜。化学式 $C_{22}H_{14}$,分子量 278.35。极淡的黄色至淡黄色晶体粉末。熔点 368℃,沸点 519℃,闪点 264.5℃,相对密度 d_4^{20}1.232,折射率 n_D^{20}1.811。微溶于乙醇、苯、氯仿,溶于浓硫酸,不溶于水。有毒,防止皮肤直接接触和吸入蒸气。易燃,应贮于阴凉通风处。可从石油沥青质渣油或煤焦油中分离提取。结构简单,比并五苯更具有化学稳定性。可应用于对场效应晶体及其他导体和超导体的研究领域。

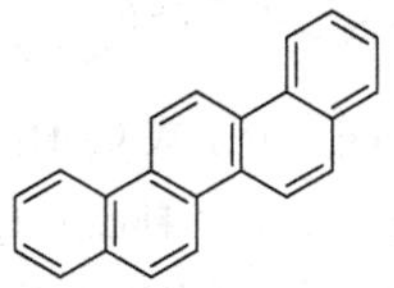

茜 [picene] 即苉。

䓛 [chrysene] 又称稠二萘。化学式 $C_{18}H_{12}$,分子量 228.29。无色或带银色、黄绿色片状结晶,紫外光下有荧光。熔点 255.5℃,沸点 448℃,闪点 209.1℃,相对密度 d_4^{20}1.274,折射率 n_D^{20}1.771。微溶于乙醇、乙醚、二硫化碳、冰乙酸,溶于甲苯,不溶于水。有毒,防止皮肤直接接触和吸入蒸气。易燃,应贮于阴凉通风处。存在于煤焦油中,可用煤焦化中温沥青经蒸馏、萃取、重结晶、洗涤、干燥得到。可用作非磁性金属表面探伤用荧光剂、化学仪器紫外线过滤剂、光敏剂及照相感光剂;可用于染料生产;可代替洗油用作农药的溶剂和增效剂。

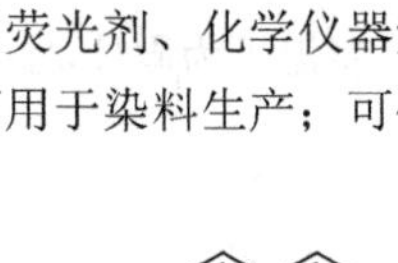

三苯胺 [triphenylamine] 化学式 $C_{18}H_{15}N_1$,分子量 245.32,白色晶体。熔点 127℃,沸点 347~348℃。不溶于水。三苯胺的衍生物有导电性和光电特性,它们通常在 OLED(有机发光二极管)中作为空穴传输材料,同时也可以作为有机染料和药物中间体。目前常用的合成方法是:二苯胺和碘苯为原料，硝基苯为溶剂，反应 20 h 可以以 70%的产率得到白色结晶。

三蝶烯 [triptycene] 分子式 $C_{20}H_{14}$，分子量 254.33，白色晶体，熔点 254～255.5℃，易升华，可溶于热的丁酮、甲苯，难溶于水、甲醇，常温常压下稳定，需要密封储存，避免与强氧化剂接触。它的结构可看做由三个苯环通过桥头堡碳原子之间相互铰链而成的桥环立体分子，具有双环[2.2.2]辛三烯类分子骨架，在空间结构上三个苯环形成互为 120° 的夹角，具有 D_{3h} 点群对称性、独特的三维刚性 Y 型构架以及 3 个开放式的内部自由空腔。三蝶烯及其衍生物合成方法的核心是基于桥环[2.2.2]骨架的构建，方法主要有周环反应：用蒽环和碳碳不饱和键之间的[4+2]环加成反应来构建桥环[2.2.2]骨架；和酸催化脱水成环反应：通过一定结构的蒽醇衍生物在多聚磷酸催化下发生 1,6-脱水成环反应形成三蝶烯衍生物。三蝶烯类化合物具有很大的潜在应用价值，已经在分子机器、材料化学、超分子化学以及有机催化等众多领域表现出诱人的应用前景。

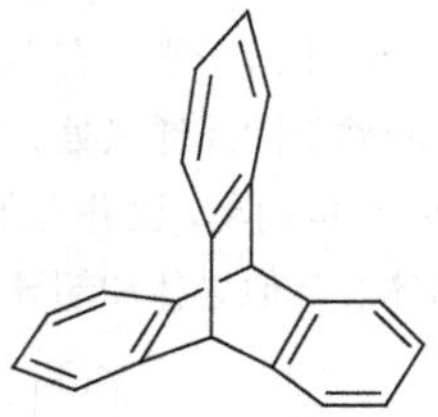

三聚茚 [truxene] 分子式 $C_{27}H_{18}$，分子量 342.43。熔点 370℃，结构如图所示，是一种高度对称的稠环芳烃，是一种良好的液晶材料，同时还被认为是富勒烯衍生物及可作为 C3 型不对称催化材料。对三聚茚进行化学修饰还能够将其运用在有机光电材料领域。

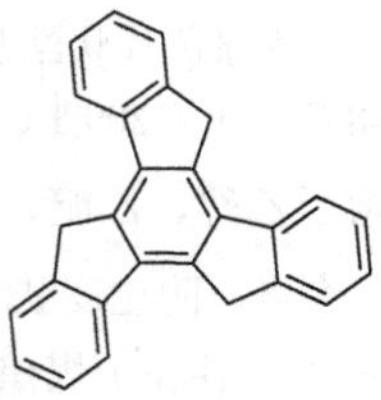

三聚茚酮 [truxenone] 分子式 $C_{27}H_{12}O_3$，分子量 384.38。熔点>300℃，室温下为固体，结构如图所示，三聚茚的衍生物。

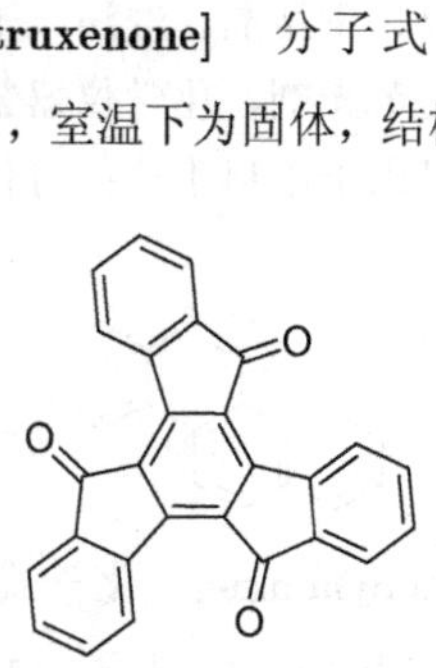

三(8-羟基喹啉)合铝 [tris(8-hydroxyquinolinato) aluminium (Alq3)] 化学式 $C_{27}H_{21}N_3O_3Al$，分子量 459.43，黄色固体。熔点在 300℃以上，不溶于水。有机电致发光材料，可以通过调整喹啉环上的取代基调整发光颜色。

酞菁 [phthalocyanine] 化学式 $C_{32}H_{18}N_8$，分子量 514.54，深蓝色、紫色至黑色晶体。熔点>300℃，沸点 550℃(升华温度)。难溶于水，溶于硫酸。使用时，应避免吸入粉尘，防止接触皮肤和眼睛。通常，酞菁通过邻苯二酰衍生物(邻苯二甲酸、邻苯二甲酸酐、邻苯二甲酰亚胺、邻苯二腈等)的环化四聚合反应得到。以邻苯二腈和异吲哚啉两种前体在高沸点有机溶剂中合成酞菁是目前最常用的方法，该方法易提纯，产率较高。酞菁常用作搪瓷塑料、漆布、橡胶制品的染料。目前三明治型金属酞菁配合物作为新型分子材料(分子导体和分子磁体)、分子电子元器件材料、信息存储材料、非线性光学材料等有越来越重要的作用。

异靛青 [isoindigo] 靛青染料的同分异构体。化学式 $C_{16}H_{10}N_2O_2$，分子量 262.26，是一种重要的染料，并在有机光电器件领域(如有机场效应晶体管、有机太阳能电池)中获得重要应用。

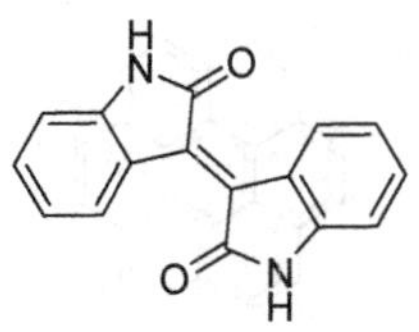

荧蒽 [fluoranthene] 化学式 $C_{16}H_{10}$，分子量 202.25。黄绿色针状或片状结晶，熔点 111℃，沸点 375℃。可作为染料中间体、医药中间体、有机材料中间体。

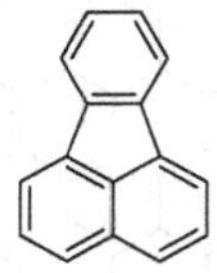

晕苯 [coronene] 即蔻。

PCBM [[6,6]-phenyl-C_{61}-butyric acid methyl ester] 富勒烯 C_{60} 的衍生物，或缩写为 $PC_{61}BM$。化学式 $C_{72}H_{14}O_2$，分子量 910.88。其合成于 1995 年被首次报道。作为电子受体材料广泛应用于有机电子学研究。在有机溶剂中的溶解度比富勒烯更高，可以实现电子学器件的溶液加工。

2.8 有机化合物

2.8.1 基本概念和化合物类型

氨基甲酸酯 [carbamate] 一类具有—NH(CO)O—官能团的有机化合物的统称，它们是氨基甲酸(NH_2COOH)的酯类。习惯上把氨基上有取代基的氨基甲酸酯通称为 *N*-氨基甲酸酯，例如 *N*-苄基氨基甲酸乙酯 $C_6H_5CH_2NHCOOC_2H_5$；把氨基上没有取代基的称为 *O*-氨基甲酸酯，例如 *O*-氨基甲酸苄酯，$H_2NCOOCH_2C_6H_5$。氨基甲酸酯可由氯代甲酸酯与氨或胺反应制得，也可由氨基甲酰氯与醇或酚反应制得。异氰酸酯与醇或酚的反应，也是氨基甲酸酯的简便制法。氨基甲酸酯是一类重要的有机合成试剂及制造医药的原料。其主要商业用途是农药，特别是杀虫剂，此外也被用于医药。

氨基酸 [amino acid]　释文见 2.5 节生物有机化学同名词条。

胺 [amine]　氨(NH_3)分子中的氢被烃基取代后的衍生物。R 为脂肪烃基时称为脂肪胺，R 为芳基时称为芳香胺。也可以按取代烃基的数目分类为一级胺(伯胺)、二级胺(仲胺)、三级胺(叔胺)、四级铵盐(季铵盐)。高级胺为固体，低级胺为液体或气体。都有类似氨的气味或有鱼腥臭味。化学性质似氨，都具有碱性。一级、二级胺可发生酰化反应生成酰胺；芳香族一级胺与亚硝酸反应生成重氮盐。胺类化合物是重要的有机原料、中间体及产物，季胺盐是表面活性剂。

胺缩醛 [aminal]　在同一个碳上连有两个胺的化合物，与缩酮类似，是将缩酮结构中的两个氧原子换为氮原子所形成的化合物，常见于 Fischer 吲哚合成。其结构如图。

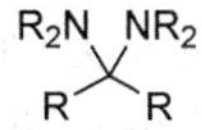

胺氧化物 [amine oxide]　又称氧化胺。是一类通式为 $R_3N^+\text{-}O^-$(也写作 $R_3N{=}O$ 或 $R_3N{\rightarrow}O$)的有机化合物。狭义上的胺氧化物指的是叔胺(包括含氮杂环芳香化合物，比如吡啶)的 *N*-氧化物，广义上的胺氧化物也包含伯胺和仲胺生成的 *N*-氧化物。氧化胺有很强的极性，低级的氧化胺大多是熔点高，不溶于苯、乙醚，易溶于水的化合物。氧化胺有弱碱性，胺氧化物可用作胺类的保护基和有机合成中的中间体。可以由三级胺或吡啶衍生物被过氧化氢(H_2O_2)、过硫酸或有机过酸(如 *m*CPBA)氧化而得。

八面体化合物 [octahedral compound]　核心骨架结构呈八面体构型的化合物。

半胺缩醛 [hemiaminal]　在同一个碳上同时连有一个胺和一个羟基的化合物，是合成亚胺化合物的中间体。其结构通式如图。

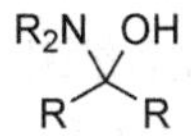

半缩醛 [hemiacetal]　一分子醛与一分子醇以醚键的形式相结合形成的化合物是半缩醛。半缩醛可以与醇继续反应形成缩醛。其结构通式如图。

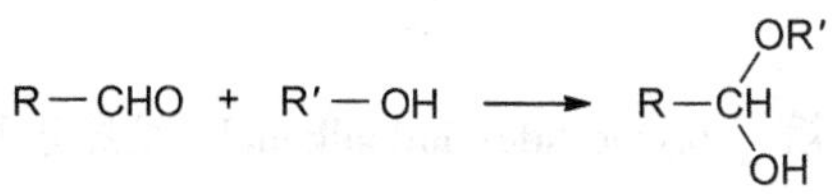

半缩酮 [hemiketal; hemiacetal]　一分子酮与一分子醇反应形成的化合物，可以与醇继续反应生成缩酮。其结构通式如图。

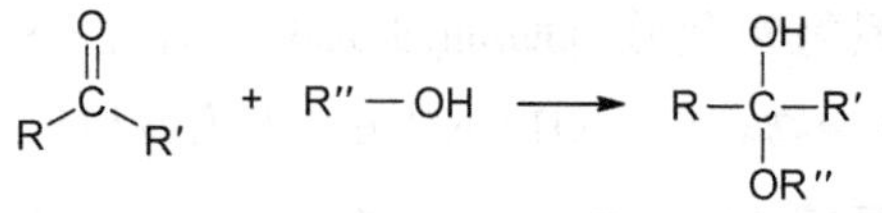

苯基 [phenyl group]　六边形的苯环(C_6H_6)每个角都有一个氢原子，苯分子中去掉任何一个碳上的一个氢原子后，剩下的一价基团，分子式为 C_6H_5，常用 Ph 表示，是常见的有机官能团。

苯甲基 [phenyl methyl group]　即苄基。

苯醌 [benzoquinone]　苯环上的 2 个—CH═基转化为—C(═O)—基，同时发生必需的双键重排而生成的化合物。根据—C(═O)—基的相对位置可有邻苯醌和对苯醌两种化合物。

苯醌具有恢复成苯环结构的强烈趋势，具较强氧化性，能将碘化钾的酸性溶液氧化成碘，本身还原成对苯二酚。对苯醌可由氯酸钠和硫酸氧化对苯二酚制备；工业上可由苯胺或苯酚氧化制得；苯直接电解氧化也可制得苯醌。邻苯醌可由氧化银氧化邻苯二酚制得。苯醌是有机合成工业的原料，其还原产物对苯二酚是还原剂，可作底片的显影剂和聚合反应的阻聚剂。苯醌的蒸气对眼角膜和黏膜有刺激作用。

苄基 [benzyl group]　又称苯甲基。甲苯分子的甲基碳上去掉一个氢原子后得到的一价基团，分子式为 $C_6H_5CH_2$—，缩写为 Bn。有机合成中经常被用来保护羟基。

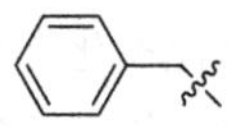

苄位[的] [benzylic]　与苯环相邻的第一个碳原子所处的位点，一般特指该碳为 sp^3 杂化。该位点的氢或其他取代基团脱去得到的碳正离子中间体在苯环的给电子作用下趋于稳定，因此可发生一些特征反应。

卟啉 [porphyrin]　一类以卟吩为母体的杂环化合物，即有取代基的卟吩。许多卟啉以与金属离子配合的形式存在于自然界中，如叶绿素(chlorophyll)、血红素(heme)、维生素 B_{12}(vitamine B_{12})等。它们在生物体内都有着重要生理功能，人体内卟啉积累过多时会造成卟啉病，又称紫质症。卟啉也是一类高灵敏度的有机试剂。

重氮氨基化合物 [diazoamino compound]　含有—N═N—NH_2 的有机化合物。

重氮化合物 [diazo compound]　一类含有连续的两个氮原子作为端位取代基的有机化合物的总称，其通式为 $R_2C{=}N_2$。最简单的重氮化合物为重氮甲烷。重氮化合物的中间氮原子带有正电，而端位的氮原子和连接重氮基团的碳原子带负电。大部分重氮化合物都有爆炸性，只有当与 N_2 基相连的碳原子连接吸电子基团诸如酯基和羰基的时候才比较稳定，如商业可得的重氮乙酸乙酯。

重氮氢氧化物 [diazohydroxide] 含有—N═N—OH的有机化合物。与—NH—NO 互为互变异构体。

重氮烷 [diazoalkane] 一类含有重氮基团的烃的衍生物，大多有爆炸性，不稳定，多以乙醚溶液的形式进行保存，在有机合成中有着广泛的用途。重氮烷常见的反应包括和含活泼氢的化合物发生烷基化反应，和环酮反应发生扩环反应。例如重氮甲烷可以和羧酸、苯酚等反应生成甲酯及苯甲醚，重氮乙烷和环己酮反应生成2-甲基环庚酮。

重氮盐 [diazonium salt] 含有重氮基(—N≡N^+)的盐类。干燥的重氮盐不稳定，受热或震动易爆炸，但是也有例外，也就是所谓的稳定重氮盐，例如氟硼酸重氮盐，吡唑重氮内盐以及三蝶烯重氮盐。芳基重氮盐一般由芳香胺(如苯胺)与亚硝酸钠或亚硝酸在低温及过量无机酸存在下发生重氮化反应制取。重氮盐正离子可以与酚和三级芳胺发生芳环上的亲电取代反应，生成偶氮化合物。

稠核化合物 [fused ring compound] 即稠环化合物。

稠环化合物 [fused ring compound] 又称稠核化合物。两个或两个以上的苯环或杂环以共有环边所构成的多环有机化合物。可分为稠环芳[香]烃(由几个苯环稠合在一起的有机物)、苯稠杂环化合物(由苯环与杂环化合物稠合而成的有机物)和稠杂环化合物(由几个杂环稠合而成的有机物)。自然界天然有机物中含有此类化合物，它们大多是由生物体的代谢活动或各种生物化学过程产生的污染物。人类生活和生产活动中产生大量的稠环化合物，主要来自燃煤、炼焦、炼油、木材干馏等工业部门和汽车、柴油车的排气以及烟草烟雾。

醇 [alcohol] 一类脂肪烃或芳烃侧链上的氢被羟基取代的化合物。一般用通式ROH表示。羟基与饱和碳原子相连的醇可以稳定存在。羟基与碳-碳双键直接相连的醇称为烯醇，绝大多数烯醇是不稳定的，很容易异构化为醛、酮，如图所示。

烯醇式　　醛式

醇可以按不同的方式分类。按烃基分类：羟基与脂肪烃基相连的是脂肪醇，与脂环相连的是脂环醇，与芳烃侧链相连的是芳香醇；按分子中所含羟基的数目分类：含一个羟基的为一元醇，含两个羟基的为二元醇，含三个或三个以上羟基的为多元醇；按与羟基相连的碳原子的级别分类：羟基与一级碳原子相连的为一级醇(伯醇)，羟基与二级碳原子相连为二级醇(仲醇)，羟基与三级碳原子相连为三级醇(叔醇)。

十二个碳原子以下的饱和一元醇为无色液体，高级醇为蜡状固体。液体醇有特殊的气味和辛辣的味道，高级醇无臭、无味，多元醇常带有甜味。醇分子中含有氢键，沸点比多数分子量相近的其他有机化合物为高，如甲醇，分子量32，沸点65℃，而乙烷分子量30，沸点–88.6℃。醇类沸点的变化规律一般是随分子量的增大而增高；在相对分子质量相同的同分异构体中，随着支链数目的增加沸点降低。饱和一元醇的相对密度比相应的烷烃大，但比水轻。醇在水中的溶解度随分子量的增加而降低，甲醇、乙醇、正丙醇、异丙醇、三级丁醇、乙二醇、甘油都能与水混溶，而正丁醇、仲丁醇、正戊醇仅能部分溶于水，高级脂肪醇基本不溶于水。

醇分子中的羟基化学性质非常活泼，可发生许多重要的反应，如与氢卤酸反应，羟基被卤原子取代生成卤代烷；在强酸催化下可脱水生成烯烃或醚；与有机酸、酰卤或酸酐反应生成酯；与醛或酮在无水氯化氢作用下生成半缩醛(酮)或缩醛(酮)；与活泼金属，如钾、钠、钙等生成醇盐并放出氢气；醇可被氧化或脱氢生成醛、酮；等等。

醇可用发酵法，烯烃水合法等制得，也可用醛、酮、羧酸及其酯加氢还原制得，还可用醛、酮、羧酸酯与格氏试剂加成、水解制得。醇类的用处极为广泛，可用作溶剂，也可用于有机合成，制备卤代烷、烯、醚、醛、酮、羧酸、羧酸酯等。

大环 [large ring；macrocycle] 有机化合物中由12个以上原子构成的环。

单硫缩醛 [monothioacetal] 缩酮化合物中一个氧原子被硫原子取代形成的化合物，可以通过酮类化合物与硫醇反应制得。其结构通式如图所示。

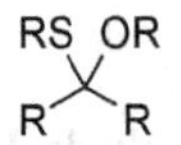

单硫缩酮 [monothioketal] 一类化合物的通称，化学通式(R^1、R^2、R^3为有机官能团，如烷基、芳基，但不为氢，R^3、R^4均不为氢)，是酮与硫醇的缩合产物。单硫缩酮可以看做缩酮的硫类似物，缩酮中一个氧原子被S替代。乙二硫醇与酮的反应室温下即可进行，常用来保护羰基，单硫缩酮在中性pH条件下可以用来制备缩酮。在反应性上，缩硫酮与酮相比，羰基碳的极性翻转，由亲电性转变为亲核性，可以受到亲电试剂的进攻。

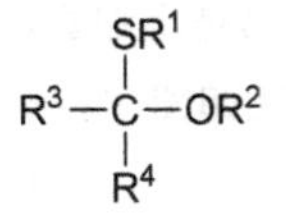

碘代烷 [alkyl iodide；iodoalkane] 烷烃分子中的一个或多个氢原子被碘原子取代后的化合物。

对位 [*para* position]　以苯环上一个带有取代基的碳原子为标准，与它间隔两个碳原子的位置，即六元环上相对的位置，称为对位。

多面体烷 [polyhedrane]　由次甲基组成的具有三维多面体结构的烷烃。

二醇 [glycol; diol]　含有两个羟基的化合物。两个羟基须分别位于相邻或相隔一个或者多个碳的碳原子上，如果两个羟基位于同一个碳原子上，则迅速失水，形成羰基。根据两个羟基的位置可以分为醛水合物、邻二醇、二酚等。其中邻二醇可以由烯烃通过过氧化水解得到，也可以用四氧化锇对烯烃进行氧化直接得到。邻二醇可以特征地和高碘酸反应生成碳碳键断裂的两个醛分子。最为工业化的二醇是乙二醇，一种黏度很高的液体，常用于防冻液和溶剂。二醇在自然界存在极少，只在糖及其类似物的各种发酵物中得到少量低级脂肪二醇，如1,3-丙二醇、2,3-丁二醇等。但未发现有乙二醇、环二醇和芳香二醇。

二硫缩醛 [dithioacetal]　一类化合物的通称，化学通式(R^1、R^2、R^3、R^4均为有机官能团，如烷基、芳基，但不为氢，R^3、R^4至少一个为氢)。是醛与硫醇在酸性条件下的缩合产物，二硫缩醛可以看做缩醛的硫类似物，缩醛中两个氧原子被S替代。在反应性上，缩硫醛与醛相比，羰基碳的极性翻转，由亲电性转变为亲核性，可以受到亲电试剂的进攻。

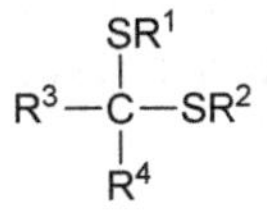

二硫缩酮 [dithioketal]　一类化合物的通称，化学通式(R^1、R^2、R^3、R^4均为有机官能团，如烷基、芳基，但不为氢，R^3、R^4均不为氢)。是酮与硫醇在酸性条件下的缩合产物，二硫缩酮可以看作缩酮的硫类似物，缩酮中两个氧原子被S替代。在反应性上，二硫缩酮与醛相比，羰基碳的极性翻转，由亲电性转变为亲核性，可以受到亲电试剂的进攻。

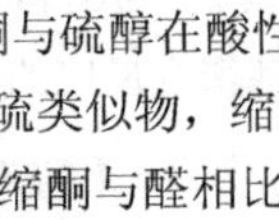

二炔 [diyne]　含有两个碳碳三键的一类有机化合物。根据两个碳碳三键是否共轭可以分为共轭二炔与孤立二炔。共轭二炔可以在光照条件下聚合，生成共轭聚合物。孤立二炔的性质与炔烃类似。

二噻烷 [dithiane]　环己烷中两个碳原子被硫原子取代所形成的六元环状化合物。可以分为1,2-二噻烷，1,3-二噻烷和1,4-二噻烷。其中1,3-二噻烷是常见的对羰基化合物进行保护的方式，其分子结构分别如图所示。

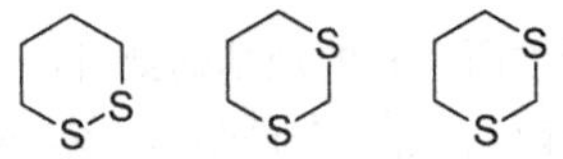

二烯 [diene]　分子中含有两个碳碳双键的碳氢化合物。根据两个双键位置的不同，二烯烃又可分为：累积二烯烃(两个双键相邻)、共轭二烯烃(两个双键中间有一个单键)、孤立二烯烃(两个双键相隔两个以上单键)。

芳基 [aryl group]　指任何从简单芳香环衍生出的官能团或取代基，是芳烃分子的芳环碳上去掉一个氢原子后得到的一价基团的总称，通常用Ar—表示，如苯基、对甲苯基、1-萘基等。

芳香化合物 [aromatic compound]　原指植物胶中取得的具有芳香气味的物质，现指有芳香性的化合物。

芳香烃 [arene]　芳香族化合物中只含有碳和氢两种元素的为芳香烃。芳香烃一般都含有苯环或含有$C_6H_n(n<6)$的结构单元，不含有苯环结构，但却具有芳香性的称为非苯芳烃。根据芳香烃分子中所含有苯环的数目以及苯环之间的连接方式分为三大类：单环芳烃、多环芳烃和稠环芳烃。单环芳烃是指分子中只含有一个苯环，如苯、甲苯、二甲苯、苯乙烯等。多环芳烃指分子中含有两个或两个以上的苯环，苯环之间是以单键相连的为联苯类，如二联苯、三联苯，通过烷基相连的称为多苯代脂烃，如二苯甲烷、三苯甲烷等。稠环芳烃指分子中含有两个或两个以上的苯环，苯环之间彼此公用两个相邻的碳原子，如萘、蒽、菲。苯及其低级同系物是无色液体，多环芳烃多是晶状固体，稠环芳烃除茚外都是固体。熔点一般是随相对分子质量增大而增高，同分异构体中分子对称的熔点较高。沸点是随相对分子质量增大而增高。液态芳烃均比水轻，相对密度小于1。芳烃一般都易溶于有机溶剂，如醇、醚、石油醚等，不溶于水。易燃。燃烧时产生带浓烟的火焰。一般均有毒性，主要对中枢神经及血液的毒害较强。某些稠环芳烃有致癌作用。芳烃是一类比较稳定的化合物，不易被氧化也不易发生加成反应，但易在苯环上发生芳香亲电取代反应，如硝化反应、卤化反应、磺化反应、傅氏烷基化和酰基化反应。芳烃主要来自煤和石油，可从煤焦油中制得，也可从石油中得到的链烃和环烃经重整和异构化制得。液体芳烃中的苯、甲苯、二甲苯等均可用作溶剂，也可用作合成树脂、合成纤维、合成橡胶的原料；高级烷基苯可用作表面活性剂的原料；稠环芳烃，如萘可用作染料和增塑剂的原料。芳烃是有机化工的重要基础原料，除芳烃本身的用途外，还可合成多种多样的芳香族化合物。

非环化合物 [acyclic compound]　又称链状化合物。链状烃类及其衍生物的总称。有机化合物按碳链分类中的一种。涵盖有机化合物中所有品种，如烯类、烷烃类、醇类、醛类、酮类、酸类、酯类等。石油和天然气是其主要来源。

酚 [phenol]　指羟基直接连在苯环上的化合物。通式为

ArOH。根据分子中所含有的羟基的数目，分为一元酚(含有一个羟基)、二元酚(含有两个羟基)、多元酚(含有三个或三个以上的羟基)。除少数的酚是液体外，多数酚都是固体。酚具有特殊的气味。纯净的酚一般为无色，但由于酚易被氧化生成有色的杂质，通常酚都带有不同程度的黄色或红色。酚能溶于乙醇、乙醚、苯等有机溶剂，一般微溶于水，有些酚，如苯酚、甲苯酚等部分溶于水，酚羟基数目增多，水溶性增大。酚的化学性质比较活泼，可发生酚羟基和苯环上的反应。酚具有弱酸性，可与氢氧化钠等碱性溶液反应生成酚盐，与酰氯和酸酐反应生成酚酯，与卤代烷在碱性溶液中反应生成酚醚；由于酚羟基对苯环的活化影响，苯环上的芳香亲电取代反应更容易进行。多数酚与三氯化铁溶液可发生特殊的颜色反应，在浓硫酸中，加入亚硝酸钾后也会发生显色反应。酚很容易被氧化，但产物复杂。纯苯酚系无色结晶，在空气中放置后，就能逐渐氧化变为粉红色、红色或暗红色。酚可从煤焦油中制得，也可用芳香磺酸的碱熔融法制得，还可用芳香卤代物或芳香重氮盐的水解制得。酚化合物的用途广泛，酚类化合物是非常重要的化工原料，可用作制造酚醛树脂、胶黏剂、医药、农药、染料等。如苯酚、甲苯酚具有很强的杀菌能力，可制做杀菌防腐剂；间苯二酚可用于合成染料、树脂黏合剂；邻苯二酚、对苯二酚可用作显影剂、阻聚剂等。

酚盐 [phenolate] 即酚氧化合物。

酚氧化合物 [phenoxide] 又称酚盐。酚的盐或类似的金属衍生物，酚分子中羟基的氢被金属原子取代而成的化合物，与酸溶液作用时分解为原来的酚。工业生产，如焦炭的生产过程中会产生大量的酚盐，会对环境产生很大的危害，必须进行后处理。

砜 [sulfone] 含有硫酰基的一类有机化合物，其通式为 RS(═O)$_2$—R′。砜可由对应的硫醚经过氧化反应得到，氧化的中间产物是亚砜。砜可以消去二氧化硫生成烯烃。工业上最常见的砜类化合物是环丁砜，可以用于从石油中提取苯-甲苯-二甲苯混合物(BTX)。

砜烯 [sulfene] 一类性质活泼的化学物质，其通式为 $R_2C{=}SO_2$，其中最简单的化合物是 $CH_2{=}SO_2$。砜烯可以由甲基氯化砜和三乙胺反应通过消除氯化氢获得。砜烯和烯胺、炔胺、1,3-环戊二烯等反应生成环丁砜、环丁烯砜、第尔斯-阿尔德加合物等的衍生物。

氟代烷 [alkyl fluoride；fluoroalkane] 烷烃分子中的一个或多个氢原子被氟原子取代后的化合物。全氟代烷对氧气的溶解度较高，对人体无毒，可用作人造血液。

冠醚 [crown ether] 分子中含有多个氧原子(4,5 及更多)的大环醚。结构特征是分子中含有三个以上—CH_2CH_2O—的结构单元，形状像西方的王冠，故因此称之为冠醚。其名称用 *m*-冠-*n* 表示，*m* 代表成环的总原子数，*n* 为所含氧原子数，如 18-冠-6。饱和冠醚为无色黏稠液体或低熔点的固体，含芳环的冠醚是无色结晶。室温下难溶于水、醇及一般溶剂，较易溶于二氯甲烷、氯仿、吡啶、甲酸等。含 5～10 个氧原子的冠醚可与锂、钠、钾、铷、铯、金、银、汞、镉、钙、锶、钡等金属正离子形成稳定的络合物，不同冠醚的空穴大小不同，故可与不同的金属正离子络合。冠醚有毒，对眼睛及皮肤有刺激作用，并能被皮肤吸收。化学性质与普通醚相似，性质较稳定，在高温和熔融时醚键易被氧化。可用二羟基醚与二卤代醚反应制得。可用于有机反应历程的研究、光学异构体的拆分，也可用于分离各种金属离子混合物，还可用作相转移催化剂。

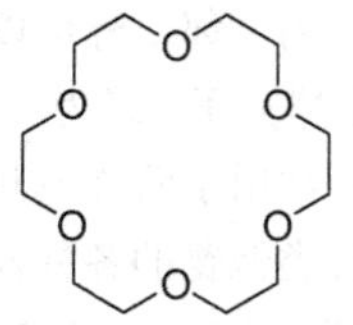

过酸 [peroxy acid] 过氧酸的简称。

过氧酸 [peroxy acid] 简称过酸。是分子中含有过氧基—O—O—的酸类。可以分为无机过氧酸和有机过氧酸两类。有机过氧酸一般是有机酸中的—OH 被—OOH 替换后形成的化合物，即过氧化氢中的一个氢原子被酰基所取代后形成的化合物。最常见的有机过氧酸是过氧羧酸，通式为 R—C(═O)—O—OH。过氧酸能形成较强的分子内五元环氢键和分子间氢键，其酸性较相应的羧酸弱。过氧酸是一类很强的氧化剂，它能将醛氧化为酸，酮氧化为酯。低级的过氧酸不够稳定，受热后有强烈爆炸的危险，特别在浓度较高时更要注意安全操作。

过氧酸酯 [perester] 分子中含有过氧键的酯类有机化合物，通式为 $R^1C({=}O)OOR^2$，其中 R^2 不是氢原子(若 R^2 为氢原子则分子为过氧酸)。过氧键易发生断裂形成自由基 $R^2O\bullet$，因此常用作自由基聚合反应的引发剂。

环多醇 [cyclitol] 一类多羟基取代的环状烃的衍生物。每个碳原子上至多有一个羟基。环多醇常见于植物中，有的环多醇是生物活性分子的组成部分。

环烷烃 [cycloalkane] 含有脂环结构的饱和烃。脂环可以是一个或者多个，最简单的环烷烃是环丙烷。按碳数的多少可以分为大环、中环、小环烷烃；按环的多少可以分为单环、双环、多环烷烃；按环的结合方式可以分为螺环、桥环、稠环烷烃等。环烷烃的熔点、沸点、相对密度都比相应的直链烷烃高。在室温和常压下，环丙烷和环丁烷为气体，环戊烷至环十一烷为液体，环十二烷以上为固体。环烷烃的化学性质与成环的碳原子数目有关。

环烯烃 [cycloalkene] 环上有碳碳双键的脂环烃。根据碳碳双键的数目可分为环状单烯烃，环状多烯烃。简单的环状单烯烃包括环丙烯、环丁烯、环戊烯和环己烯等，环状多烯烃则有环丁二烯、环戊二烯等。

环氧化合物 [epoxy compound; oxirane; epoxide] 分子中具有由两个碳原子和一氧原子组成的三元环化合物，可以看成是环氧丙烷的衍生物。由于环张力的存在，环氧化合物具有很高的反应活性，对酸和亲核试剂都很敏感，可与卤化氢、水、醇、胺、格氏试剂等多种试剂发生反应而开环，是合成β-卤代醇、1,2-二醇、β-羟基胺、聚醚和高级醇的原料，是有机合成的重要中间体。可以由烯的催化氧化或以过酸氧化的方法制备，也可由β-卤代醇与碱作用制得。

黄原酸 [xanthic acid] 一类含硫有机化合物，通式为RO—C(═S)—SH。黄原酸可以由黄原酸盐酸化得到，并不稳定，会继续分解为二硫化碳和醇。

黄原酸盐 [xanthate; xanthonate] 一类通式为$ROCS_2^-M^+$的含硫有机酸盐。黄原酸的钾盐可以由对应的醇和二硫化碳、氢氧化钾反应得到。

黄原酸酯 [xanthate; xanthonate] 一类通式为RO—C(═S)—SR′的含硫有机化合物。黄原酸酯由黄原酸盐和对应的卤代烃发生亲核取代反应得到。

磺酸 [sulfonic acid] 一类含硫的有机化合物，通式为$RS(=O)_2$—OH。磺酸基团是一个强水溶性基团，连接磺酸基团可以增加化合物在水中的溶解度。磺酸是比羧酸更强的有机酸，例如常见的4-甲基苯磺酸是在水中完全电离的强酸。芳香族磺酸分子是制备酚、芳香腈的前体。长链磺酸的钠盐是一类洗涤剂。

间位 [*meta* position] 以苯环上一个带有取代基的碳原子为标准，与它间隔一个碳原子的位置，称为间位。

近位 [*peri* position] 在稠环体系中，以一个碳为标准，编号与它相邻的碳的位置为近位。如图所示，对1号位而言，2号位置和8号位置都是它的近位。

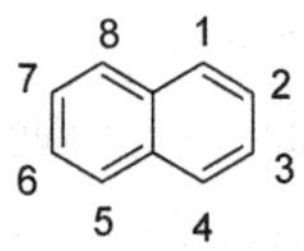

腈 [nitrile] 氢氰酸(HCN)的氢被烃基置换的化合物。低碳数的腈为液体，高碳数的腈为固体。有特殊臭味，有毒，毒性较氢氰酸弱得多。可发生多种反应。由卤代烃与氰化钠(或钾)反应或羧酸的酰胺脱水制备。易被还原成胺，水解成酸，故腈是有机合成的重要中间体。

腈硫化物 [nitrile sulfide] 具有通式R—CNS的一类有机化合物。氮原子上有部分正电荷，硫原子带部分负电荷。

腈亚胺 [nitrilimine] 一类含氮有机化合物，通式为R_2C═N—CN。可通过亚胺化合物与氯化氰反应得到。是有机合成原料的一种。在用热分解的方法加热2-四唑释放氮气的过程中首次被发现。目前主要的用途在杂环合成方面。

腈氧化物 [nitrile oxide] 具有通式R—CNO的一类有机化合物。氮原子上有部分正电荷，氧原子带部分负电荷。

醌 [quinone] 具有完全共轭的环二酮结构的化合物，如对苯醌。由芳香化合物通过偶数个—CH═基转化为—C(═O)—基，同时发生必需的双键重排而生成。包括多环和杂环类似物。最简单的醌是苯醌，包括对苯醌(1,4-苯醌)。醌是一大类醌染料的母体，主要用于染料工业、鞣革、照相等。

蜡 [wax] 长链脂肪酸和长链醇或固醇形成的酯。在室温下为固态，具有可塑性。包括植物蜡、动物蜡、矿物蜡、石油蜡及合成蜡等。在广义上讲，蜡通常是在指植物、动物或者矿物等所产生的某种常温下为固体、加热后容易液化或者气化、容易燃烧、不溶于水、具有一定的润滑作用的物质。

类似物 [analog; analogue] 在化学结构、物理性质、化学性质上具有一定相似性的一类化合物，它们彼此之间可以称为类似物。

累积多烯 [cumulene] 分子中具有超过一对相邻碳碳双键(累积双键)的烯烃。丁三烯是最简单的累积多烯。累积多烯的反应与孤立双键类似。

联烯 [allene] 分子中含有一对相邻碳碳双键(即有一个碳原子通过两个双键与相邻两个碳原子连接)的一类二烯烃。最简单的联烯是丙二烯。虽然丙二烯等联烯是稳定的，但大多数的联烯不稳定，活泼程度比一般的烯烃更强，与炔烃相近。联烯可由偕二卤代环丙烷和有机锂化合物发生斯卡特伯尔(Skattebol)重排反应得到，或者由末端炔烃与甲醛、溴化铜和碱反应得到，特定二卤化物的脱卤化氢反应也可得到联烯。

链状化合物 [acyclic compound] 即非环化合物。

邻位 [*ortho* position] 以苯环上一个带有取代基的碳原子为标准，与它相邻的碳原子的位置称为邻位。

流变分子 [fluxional molecule] 内部原子在对称的位置上不停交换的分子。一般来说，当一个分子的光谱信号因为化学交换作用存在超出海森堡不确定原理所预测的行展宽时，即可称其为流变分子。如甲鎓离子(CH_5^+)和某些1,5-二烯基化合物。

流变结构 [fluxional structure] 分子中可以发生结构变换的结构。具有该结构的分子一般具有较强的化学活性，如π-烯丙基金属络合物。

硫醇 [thiol; mercaptan] 包含巯基官能团(—SH)的一类非芳香化合物。一般用通式 RSH 表示。可以看成醇中的氧原子被硫替换。

除甲硫醇在室温下为气体外，其他硫醇均为液体或固体。硫醇分子间的偶极吸引力小于醇分子间的偶极吸引力，硫醇分子间无明显的氢键作用或缔合作用。硫醇的沸点比分子量相近的烷烃高，比分子量相近的醇低。硫醇在水中的溶解度比相应的醇小得多。常温下，乙硫醇在水中的溶解度仅为 1.5 g/100mL。低级的硫醇有强烈且令人厌恶的气味，乙硫醇的臭味尤其明显，常用作为天然气中的警觉剂，用以警示天然气泄漏。随着分子量的增加，硫醇的臭味渐弱，九碳以上的硫醇则有令人愉快的气味。巯基是硫醇化学性质的主要体现。S—H 键较弱，硫醇具有酸性。硫上还有孤对电子，所以巯基也可被氧化。硫醇的酸性比相应的醇强，可溶于氢氧化钠的乙醇溶液中生成比较稳定的盐，通入二氧化碳又变回硫醇。硫醇可与一些重金属盐生成不溶于水的硫醇盐。硫醇很容易被氧化。弱氧化剂(如空气、碘、氧化铁、二氧化锰等)即可将硫醇氧化为二硫化物。生成的二硫化物中的二硫键在维持蛋白质空间结构方面有重要作用。硫醇用强氧化剂(如高锰酸钾、硝酸、高碘酸)氧化，经过中间物次磺酸、亚磺酸，最终生成磺酸。此法可用于脂肪磺酸的制备。对硫醇催化加氢，可实现脱硫，产生相应的烃。石油炼制中的加氢脱硫即是基于此反应。此外，硫醇还可发生一些与醇相似的反应，例如与羧酸生成硫醇酯，与醛、酮生成缩硫醛酮。硫醇可通过卤代烃与硫氢化钠(或其他碱金属硫氢盐)反应得到。生成的硫醇与硫氢盐进一步反应，产生硫醇盐。硫醇也可通过二硫化物(R—S—S—R')还原得到。还原剂可以是氢化铝锂、液氨中的金属锂，或锌加酸(如乙酸)。另外，用硫脲与卤代烃反应，生成 *S*-烷基异硫脲盐，后者易水解生成尿素和硫醇，也是实验室制备硫醇的常用的方法，反应产率高。

硫醇盐 [thiolate] 硫醇分子中巯基的氢被金属离子取代的化合物。碱金属的硫醇盐是固体，水解生成原来的硫醇和氢氧化物。硫醇盐具有亲核性，可以作为亲核试剂发生取代反应。

硫代半缩醛 [thiohemiacetal] 一类半缩醛的硫类似物，半缩醛的氧由硫替代。硫代半缩醛可以由硫醇与醛缩合得到，是醛与一分子硫醇缩合的产物。化学通式为 $R_2C(SR')OH$ 或 $R_2C(OR')SH$。

硫代半缩酮 [thiohemiketal] 一类半缩酮的硫类似物，半缩酮的氧由硫替代。硫代半缩酮可以由硫醇与酮缩合得到，是酮与一分子硫醇缩合的产物。

硫代酸酯 [thioester] 一类通式为 R$\leftarrow$CS$\rightarrow$O—R'的有机化合物，可看作酯类化合物的酰氧被硫原子取代的衍生物，也即硫羰酸的酯。

硫醚 [sulfide; thioether] 一类具有通式 R—S—R 的化合物，与醚具有相似的化学结构和性质。由硫化钾(或钠)与卤代烃或硫酸酯反应而得。硫醚不溶于水，有刺激性气味，常为液体。易氧化生成亚砜或砜，与卤代烃作用生成锍盐(硫鎓盐)。分子中硫原子影响下，*α*-碳原子可形成碳正、负离子或碳自由基，从而进行多种化学反应。硫醚多为有机合成原料。

硫羟酸 [thiol acid] 一类通式为 R$\leftarrow$CO$\rightarrow$SH 的有机化合物，可看做羧酸的羟基氧原子被硫原子取代的衍生物。该类酸不能以游离形式存在，在水溶液中与硫羰酸处于快速平衡之中。

硫氰酸盐 [thiocyanate] 硫氰酸根离子 SCN^-所成的盐，常见的包括无色的硫氰酸钾、硫氰酸钠、硫氰酸铵和硫氰酸汞。可由硫或硫代硫酸盐与氰化物反应制备。

硫氰酸酯 [thiocyanate] 一类通式为 R—SCN 的有机化合物，可看作硫氰酸 HSCN 所成的酯。一般为无色或浅黄色透明液体，有强烈的刺激性气味，剧毒，毒作用与氰化物类似。重要的有硫氰酸甲酯、硫氰酸乙酯等。

硫醛 [thioaldehyde] 一类有机化合物的通称，是醛的硫类似物，醛的氧由硫替代。硫醛比硫酮反应性更强，更活泼。不含有位阻基团的硫醛由于反应性过强以至于不能被分离。如 $H_2C{=}S$，冷凝后成为环状的三聚体：1,3,5-三噻烷。尽管硫醛的反应性很强，但热稳定性极强，甚至可以在星际中发现。而含有位阻基团的硫醛则反应性降低，可以分离得到硫醛的单体。

硫缩醛 [thioacetal] 一类缩醛的硫类似物，由硫醇与醛缩合得到，其中分为单硫缩醛和二硫缩醛，缩醛中分别有一个、两个氧被硫替代。单硫缩醛是醛与一分子醇、一分子硫醇缩合的产物，二硫缩醛是醛与两分子硫醇缩合的产物，这些反应通常需要路易斯酸作为催化剂。在反应性上，硫缩醛与醛相比，羰基碳的极性发生翻转，由亲电性转变为亲核性，可以受到亲电试剂的进攻。

硫缩酮 [thioketal] 一类缩酮的硫类似物，由硫醇与酮缩合得到，复杂的缩硫酮也可从科里-泽巴赫(Corey-Seebach)反应合成。反应很容易进行，乙二硫醇室温就可与酮起反应。其中分为单硫缩酮和二硫缩酮，即缩酮中分别有一个、两个氧被硫替代。单硫缩酮是酮与一分子醇、一分子硫醇缩合的产物，二硫缩酮是酮与两分子硫醇缩合的产物，这些反应通常需要路易斯酸作为催化剂，反应可用于羰基的保护。在反应性上，硫缩酮与酮相比，羰基碳的极性发生翻转，由亲电性转变为亲核性，可以受到亲电试剂的进攻。

硫羰酸 [thio acid] 一类通式为 R$\leftarrow$CS$\rightarrow$OH 的有机化合物，可看作羧酸的酰氧被硫原子取代的衍生物。该类酸不能以游离形式存在，在水溶液中与硫羟酸处于快速平衡之中。

硫酮 [thioketone] 是酮的氧原子被硫原子取代后形成的一类有机硫化合物，通式为 $R-C(=S)-R'$。氧族元素中，由酮、硫酮再到硒酮，稳定性显著下降。大多数酮都是稳定的。而相比之下，位阻较小的硫酮大多不稳定，容易成环或生成聚合物。例如，二苯甲酮是个稳定的白色固体；二苯甲硫酮是一个深蓝色较稳定的化合物，可溶于有机溶剂，露置于空气中时光解为二苯甲酮和硫；但再往下的二苯甲硒酮不稳定，可与 1,3-二烯发生第尔斯-阿尔德反应，且会发生可逆性的聚合。

卤代醇 [halohydrin haloalcohol] 一类其中一个碳原子上带有卤素取代基同时与之相邻的碳原子上带有羟基的有机化合物，同时具有卤素取代基和羟基的性质。氯代醇和溴代醇是卤代醇类化合物中比较常见的两类物质，一般通过卤化相应的醇或者在水中卤化相应的烯而得到。在碱的作用下很容易发生关环反应生成相应的环氧丙烷类化合物，是一种重要的有机合成中间体。

卤代烷 [alkyl halide；haloalkane] 烷烃分子中的一个或多个氢原子被卤原子取代后的化合物。根据所连的卤原子不同，有氟代烷、氯代烷、溴代烷和碘代烷。根据分子中所含卤原子的数目，有一卤代烷、二卤代烷和多卤代烷。也可根据分子中卤原子所在的位置不同分类，两个卤原子连在同一个碳原子上的称为偕二卤代烷，两个卤原子连在两个相邻碳原子上的称为邻二卤代烷。根据卤原子所连的碳原子级数的不同，有一级卤代烷或称伯卤代烷、二级卤代烷或称仲卤代烷、三级卤代烷或称叔卤代烷。卤代烷大多为液体，一氟和一氯代烷密度小于 1，其他大于 1。卤代烷均不溶于水，而溶于大多数有机溶剂。卤代烷很活泼，能发生很多化学反应而生成许多其他类型的有机化合物。卤代烷对肝脏有毒，并被怀疑有致癌作用。在工业上卤代烷可由烷烃在高温下卤化制得，在实验室可由醇与无机酰氯，如氯化亚砜、五氯化磷反应，或由醇与氢卤酸反应制得，或用烯烃与卤化氢加成制得。卤代烷主要用作溶剂、干洗剂、冷冻剂，也可用作杀虫剂、工程及医用塑料等。

氯代烷 [alkyl chloride；chloroalkane] 烷烃分子中的一个或多个氢原子被氯原子取代后的化合物。

轮烯 [annulene] 含有十个以上碳原子的单环共轭多烯烃称为轮烯。通式为 C_nH_n 或 $(CH)_n$，一般 $n\geqslant10$。已合成出来的最大的轮烯是[30]轮烯。轮烯可以看作是苯的插烯系的同类物，其命名是根据碳原子的数目，如含有十个碳原子的五烯称之为[10]轮烯。合成最早、研究得最清楚的是[18]轮烯。[18]轮烯含有 18 个 π 电子，符合休克尔的 $4n+2$ 规则，具有芳香性，可发生典型的芳香亲电取代反应。轮烯的合成常用一个两端是炔基的链烃，经氧化偶联形成闭环体系，然后在碱如叔丁醇钾的作用下，异构化为共轭体系，再部分地氢化即得到轮烯。

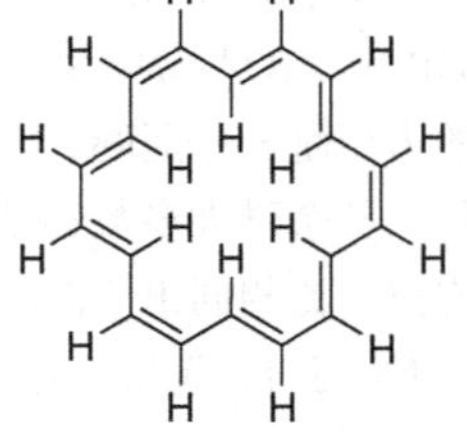

[18]轮烯

螺环化合物 [spiro compound] 分子中至少有两个环共用一个原子的化合物，共用的原子称为螺原子。螺环的编号是从与端螺原子相连的小环上的碳开始顺序编号，从第一个环顺序编到第二个环，命名时先写词头螺，再在方括弧内按编号顺序写出除螺原子外的碳原子数，数字之间用圆点隔开，最后写出包括螺原子内的碳原子数的烷烃名称。

螺环烃 [spirane] 即螺烷烃。

螺桨烷 [propellane] 螺桨烷指的是由三个碳环通过共用一个碳碳共价键形成的多环的碳氢化合物。当分子中三个桥环足够大时，性质与一般桥环化合物相似；而小螺桨烷分子中包含反向四面体构型的碳，空间张力大且反应活性高，因此在有机化学中被广泛研究。化合物的名字来源于螺旋桨，因为化合物的碳骨架很像螺旋桨，即共用碳碳共价键的三个碳环像三个螺旋桨的叶片，共用的碳碳共价键像是螺旋桨的轴。文献中，三个环共用的键称为"桥"，三个环中不包括桥上的碳原子数分别为 x、y、z，所以此类化合物的命名为[x,y,z]螺桨烷，显然 x、y、z 的最小值是 1，此类化合物的分子式通式为 $C_{2+x+y+z}H_{2(x+y+z)}$。常见的螺桨烷结构如图所示。

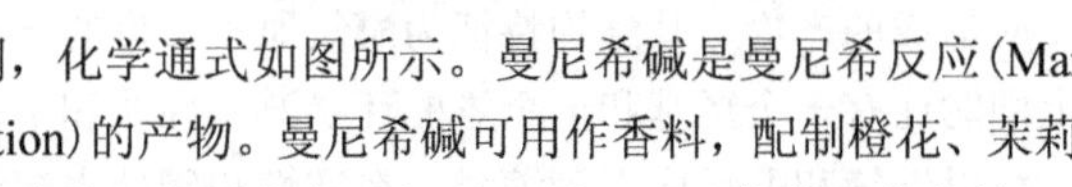

[1,1,1] 螺桨烷　[2,2,2] 螺桨烷　[2,3,3] 螺桨烷

螺烷烃 [spirane] 又称螺环烃。两个碳环共用一个碳原子的脂环烃。脂环烃的一种。

曼尼希碱 [Mannich base] 简称曼氏碱。是一种 β-氨基酮，化学通式如图所示。曼尼希碱是曼尼希反应(Mannich reaction)的产物。曼尼希碱可用作香料，配制橙花、茉莉等花香型香精，也用作定香剂，配制干酪、草莓、葡萄等。

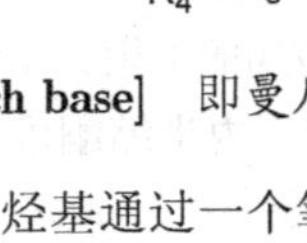

曼氏碱 [Mannich base] 即曼尼希碱。

醚 [ether] 两个烃基通过一个氧原子连接起来的化合物，两个烃基相同称为单纯醚，两个烃基不同称为混合醚，醚中的烃基可以是烷基、烯基、芳基。根据烃基的结构，醚一般分为三类：脂肪醚，指两个一价烃基都是脂肪烃基，用通式 ROR′表示；芳香醚，指两个烃基中至少有一个是芳香烃基，通常用通式 ArOR 或 ArOAr 表示；环醚，指环氧化合物及含有多个氧原子的大环醚——冠醚。除甲醚、甲乙醚和甲基乙烯基醚是气体外，其余醚大多数都是无色、易挥发、易燃的液体。它们的沸点要比相同组成的醇的沸点低得多，绝大多数醚的相对密度都小于 1，除几个简单的环醚，如四氢呋喃，1,4-二氧六环可与水完全混溶外，多数醚都不溶或难溶于水，而溶于有机溶剂和强酸中，有很多的有机化合物能溶于醚中。醚的化学性质比较稳定，是一类相当不活泼的化合物，尤其是对碱性物质不起任何反应，如在室温下与金属钠不起作用，与有机试剂也均不发生反应。醚与空气长时间接触或经光照，可生成不易挥发的过氧化物；在高温下，氢卤酸可使醚键断裂，生成一分子醇和一分子卤代烷；与三氟化硼、三氯化铝等可生成络合物。三、四元环的环醚是非常活泼的化合物，能起很多反应，如可与水、醇、氢卤酸、胺、格氏试剂等反应分别生成二元醇、单醚、卤代醇、醇胺、醇等。两个烷基相同的醚可由醇的分子间失水制得，两个烷基不同的醚可由卤代烷与醇钠反应制得。醚的用途广泛，可用作有机溶剂，也可用作化工原料，冠醚可用作相转移催化剂等。

脒 [amidine] 分子中含有脒基的一类化合物。脒主要由腈与氨反应制得，可将腈溶于无水乙醇中通入氯化氢，然后与氨反应得到；也可在加压条件下直接由腈合成：一级胺和二级胺可代替氨用于上述反应，制得相应的取代脒。脒可作为合成中间体用于含氮杂环化合物的合成。许多脒化合物可作为药物使用。低级的脒常有刺激性，脒的毒性一般大于胍和脲。脒还是甲脒类紫外线吸收剂的主要构成部分，脒的 NH 或 NH_2 中的某一个 H 或者多个 H 被取代基取代后会形成多种紫外线吸收剂。例如 NP_3 是一种广泛应用于聚氨酯(TPU)和氨纶行业的紫外线吸收剂。脒遇酸易成盐，水解时生成羧酸。

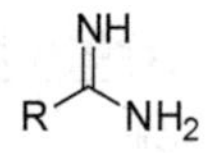

内半缩醛 [lactol] 同一分子内的醛基与羟基发生半缩醛反应形成的产物，其结构特征为醚氧原子邻位的一个碳原子上同时连有一个羟基和一个氢的环状醚。性质和半缩醛类似，可以继续和醇反应得到缩醛，在酸性和碱性水溶液中不稳定。多见于环状结构的糖分子中。

内半缩酮 [lactol] 内半缩酮是分子内同时存在羟基和酮羰基，羟基对羰基进行亲核加成得到的产物。在酸性条件下会达到半缩酮和醇/酮的平衡。平衡的移动取决于形成环的大小和其他构型因素。内半缩酮可以被氧化成内酯，和还原剂反应可以得到环醚。

内羟亚胺 [lactim] 内酰胺发生互变可以得到内羟亚胺，是含有—C(—OH)═N—结构的环状化合物。羟基上的氢具有一定的酸性。

内酰胺 [lactam] 一类环状酰胺的总称。四元环到七元环的内酰胺比较稳定。内酰胺可以通过贝克曼(Beckmann)重排由环酮肟得到。内酰胺在合适的条件下可以发生开环聚合反应得到聚酰胺。

内酯 [lactone] 环状结构的酯，由一化合物中的羟基和羧基发生分子内缩合环化得到。性质与开链羧酸酯相似，与水(酸或碱存在下)、醇或氨反应，生成相应的羟基酸、羟基酸酯或羟基酰胺。分子内环数小的低级内酯为具有香味的液体，易溶于水、乙醇及乙醚。分子内环元数较大的大环内酯有很多是药物的成分。

脲基甲酸酯 [allophanate] 一类通式为 R—O(CO)—NH(CO)NH_2 的有机化合物，脲基甲酸(NH(CO)NH_2—COOH)的酯。一般为白色或浅黄色固体，可溶于水、醇类。

偶氮化合物 [azo compound] 含有偶氮基—N=N—的化合物，通式为 R—N=N—R′，R 和 R′可以是芳香族或者烷基基团。常用作染料，有几千种化合物，例如甲基橙可以作为酸碱指示剂。通常由苯胺与亚硝酸盐制成重氮盐，再与带有活化基团的酚或芳胺偶联制成。也有将亚硝基苯与苯胺缩合制偶氮苯的。具有光致异构行为，有顺式和反式两种异构体，通常反式比顺式稳定。两种异构体在光照或加热条件下可相互转换。

偶氮亚胺 [azo imide] 偶氮化合物的 *N*-亚胺，与氧化偶氮化合物类似，具有离域结构 $RN{=}N^{+}(R)N^{-}R \longleftrightarrow RN^{-}N^{+}(R){=}NR$。

偶姻 [acyloin] *α*-羟基醛或酮的总称。偶姻可以通过用羧酸酯与钠发生双分子还原的方法制得，也可以在亲核试剂的催化下由醛缩合得到。

普通环 [common ring] 有机化合物中由五个、六个原子构成的环，即五元、六元环。

羟腈 [cyanohydrin] 即氰醇。

羟醛 [aldol] *β*-羟基醛或 *β*-羟基酮的总称，这类化合物可以由对应的醛或酮通过碱性条件下的羟醛反应得到。羟醛反应最早在 1872 年由法国化学家 Charles-Adolphe Wurtz 发现。羟醛可以在弱碱性的条件下发生逆羟醛反应，反应的方向取决于空间位阻和产物的相对稳定性。

桥环体系 [bridged-ring system] 分子中的任意两个环共用两个不相邻的碳原子，形成的多环体系。共用的碳原子称为桥头碳原子。将桥环烃变为链状化合物时，需要断裂碳链，根据断裂碳链的次数确定环数，例如可以分为二环、三环、四环等。

氢化偶氮化合物 [hydrazo compound] 含氢化偶氮基(—NHNH—)的化合物，如氢化偶氮芳烃及其 *N*-取代衍生物 ArNRNRAr。氢化偶氮化合物和芳香胺在氧化剂[如 NaOBr、$CuCl_2$、MnO_2 和 $Pb(OAc)_4$ 等]存在下，可被氧化为相应的偶氮化合物。

氰醇 [cyanohydrin] 又称羟腈。一类有机化合物的通称，化学通式如图所示。由醛或酮中的羰基在 NaCN 存在下发生氰化氢加成反应得到。氰醇经由水解反应得到 *α*-羟基酸，经由脱水反应得到 *α*, *β*-不饱和酸，因此氰醇是工业制备羧酸和羟基酸重要的前驱体。当 R,R′均为甲基时，该化合物称为丙酮氰醇，在实验室中是重要的 HCN 源，因此可以作为制备其他氰醇的原料。在工业上是制备甲基丙烯酸甲酯的中间体。

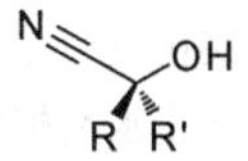

醛 [aldehyde] 分子中含有醛基—CHO 的化合物。按与醛基相连的烃基不同分为脂肪醛、芳香醛。除甲醛在室温下是气体外，十二个碳原子以下的醛都是液体，高级的醛是固体。低级醛带有刺鼻的气味，中级醛则有花果的香味。一般醛的沸点比分子量相近的醇要低得多，但比醚要高。脂肪醛相对密度小于 1，而芳香醛大于 1。低级醛可与水混溶，但随着相对分子质量的增加在水中的溶解度减少，微溶或不溶；醛都溶于有机溶剂。醛的化学性质非常活泼，能与许多试剂发生化学反应：与氢气加成生成醇，与氰化氢加成生成 *α*-羟基腈，与亚硫酸氢钠加成生成羟基磺酸钠(甲醛除外)，与格氏试剂加成、水解生成二级醇，与氨及其衍生物缩合生成肟、腙、缩氨脲等，与醇在无水氯化氢或无水强酸催化下生成半缩醛或缩醛；含有 *α*-活泼氢的醛可发生羟醛缩合反应生成 *β*-羟基醛，无 *α*-活泼氢的醛在浓碱作用下可发生岐化反应生成相应的羧酸和醇；醛可被许多氧化剂如土伦试剂、费林试剂、过酸、铬酸、高锰酸钾等氧化生成羧酸，也可被一些还原剂如氢化锂铝、硼氢化钠等还原生成醇。可用醇和芳香烃经氧化反应制得，也可用羧酸衍生物经还原反应制得。醛是有机合成中极为重要的化工原料和试剂。

醛水合物 [aldehyde hydrate] 醛的水合物，其结构通式如下：

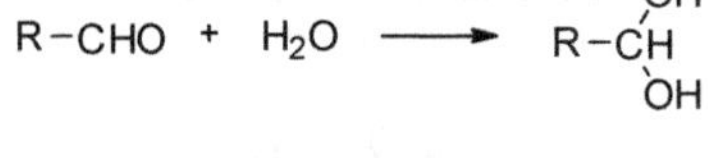

醛肟 [aldoxime] 肟的一种，化学通式如图所示。R^1、R^2 一个为烃基，另一个为 H 时，此时形成的肟为醛肟。由于 N 的孤对电子的存在，肟有 *syn* 和 *anti* 两种异构体，醛肟(除芳香醛)均以 *syn* 存在。醛肟通常以晶体存在，有确定的熔点，如乙醛肟熔点 47℃，可用来鉴别醛。醛肟的制备方法以及其参与的反应见肟。

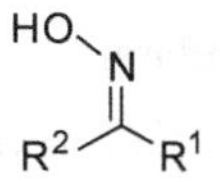

醛亚胺 [aldimine] 亚胺的一种，化学通式如图所示。可看作醛的氮类似物，即醛中的羰基氧被氮替代。R^1、R^2 一个为烃基，另一个为 H 时，此时形成的亚胺为醛亚胺，一级亚胺形成的醛亚胺称为一级醛亚胺，二级亚胺形成的醛亚胺称为二级醛亚胺。醛亚胺的制备方法以及其参与的反应见亚胺。

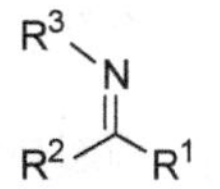

炔胺 [ynamine] 一类化合物的通称，化学通式如图所示，即氨基氮原子与炔键碳原子相连的有机化合物。因其分子中含有炔键，因此可以发生炔类参与的反应。此外，炔胺通过水解反应生成酰胺，通过环加成反应生成烯胺(详见烯胺)。

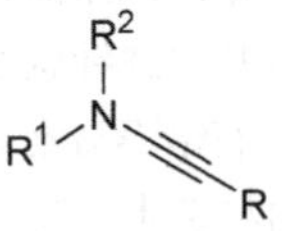

炔化物 [acetylide; alkynide] 炔氢被金属离子取代的一类化合物。可以通过炔氢与强碱(如丁基锂)的反应制备。碱金属或碱土金属的乙炔化物(如碳化锂、碳化钙)可以通过金属氧化物与碳高温加热得到，与水反应可以用于制备乙炔气体。炔化物可以作为亲核试剂发生亲核反应，炔铜化合物可以进行偶联反应。

炔[烃] [alkyne] 含有 C≡C 键(碳碳三键)的碳氢化合物。属于不饱和烃，其通式为 C_nH_{2n-2}，其中 *n* 为非 1 正整数。简单的炔烃的熔点、沸点、密度均比具有相同碳原子数的烷烃或烯烃高一些。这是由于炔烃分子较短小、细长，在液态和固态中，分子可以彼此很靠近，分子间的范德瓦耳斯力很强。炔烃不易溶于水，易溶于乙醚、苯、四氯化碳等有机溶剂。炔烃可以和卤素、氢、卤化氢、水发生加成反应，也可发生聚合反应。最简单的炔烃是乙炔，分子式为 C_2H_2。炔烃三键中的碳均为 sp 杂化，每个碳还各剩两个互相垂直的 p 轨道，每个轨道上都有一个电子。两个三键碳原子各用一个 sp 杂化轨道经轴向重叠形成一个碳碳 σ 键，再各用两个 p 轨道经侧面重叠形成两个碳碳 π 键。

炔基 [alkynyl group] 炔烃分子从形式上减掉一个炔碳上的氢原子所形成的基团，通式为 C_nH_{2n-3}。如乙炔基 CH≡C—。

溶纤剂 [cellosolve glycol ethers] 一种可以溶解树胶、树脂、纤维素脂等类别物质的溶剂的总称。主要由乙二酯的不同烷基化酯所组成，在涂料工业中应用十分广泛，这类溶剂具有很高的沸点，但又同时具有小分子醇类或酯类溶剂所具有特点。

三氟甲磺酸盐 [triflate] 一种阴离子为 $CF_3SO_3^-$的无机盐。因为在水中稳定性较好，常在有机化学中作路易斯酸。通常热力学稳定，其钠、硼、银的无水盐熔点超过 350℃。

三氟甲磺酸酯 [triflate] 一类具有化学式 CF_3SO_3R 的化合物，其中 CF_3SO_3—是良好的离去基团。该类化合物常用于有机反应中的亲核取代反应，钯催化的偶联反应等。制备以及储存时需避免接触水、空气。

三烯 [triene] 分子中含有三个碳碳双键的化合物。

石蜡 [paraffin wax] 固态高级烷烃混合物的俗名，分子式为 C_nH_{2n+2}，其中 n=18～30。主要组分为直链烷烃(约为 80 %～95 %)，还有少量支链的烷烃和带长侧链的单环环烷烃(两者合计含量 20 %以下)。石蜡通常是白色、无色无味的蜡状固体，熔点在 47～64℃。它是从原油蒸馏所得的润滑油馏分经溶剂精制、溶剂脱蜡或经蜡冷冻结晶、压榨脱蜡制得蜡膏，再经溶剂脱油、精制而得的片状或针状结晶。它不溶于水，但可溶于醚、苯和某些酯中。石蜡不与常见的化学试剂反应，但可以燃烧。纯石蜡是很好的绝缘体，其电阻率为 10^{13}～10^{17} Ω·m，比除某些塑料外的大多数材料都要高。石蜡是蜡烛的主要成分。

双反式环烯 [betweenanene] 共用一个碳碳双键的两个反式环烯烃组成的桥环烃。这类化合物中第一个被人类认知的是[10.10]双反式环烯。

酸酐 [anhydride] 某酸脱去一分子水或几分子水，所剩下的部分称为该酸的酸酐。一般无机酸是一分子的该酸，直接失去一分子的水就形成该酸的酸酐，其酸酐中决定酸性的元素的化合价不变。而有机酸是两分子该酸或多分子该酸通过分子间的脱水反应而形成的。只有含氧酸才有酸酐。无氧酸是没有酸酐的。

羧酸 [carboxylic acid] 烃类分子中的氢原子被羧基(—COOH)取代而生成的化合物称羧酸。可用 RCOOH 代表其化学结构，R 代表烃基或氢原子。根据与羧酸相连的烃基的种类，可以分为脂肪族羧酸(如乙酸 CH_3COOH)和芳香族羧酸(如苯甲酸 C_6H_5COOH)。按烃基上碳键的性质可分为饱和酸(如丙酸 CH_3CH_2COOH)与不饱和酸(如丙烯酸 $CH_2CHCOOH$)。按所含羧基数目可分为一元羧酸、二元羧酸及多元羧酸。饱和一元酸中，三个碳原子以下的是有强烈酸味和刺激性的油状液体，可溶于水；含 4～9 个碳原子的为有恶臭的油状液体，部分溶于水；10 个碳原子以上的则为蜡状固体，无味，不溶于水；芳香酸是结晶固体，在水中溶解度不大；二元酸及多元酸为固体，易溶于水。羧酸分子之间形成稳定的氢键，在固态和液态时缔合成二聚体，低级酸在气相时仍为双分子缔合。因此其沸点远比含同碳数的醇高。含偶数碳原子的羧酸比相邻的两个含奇数碳原子的酸的熔点高。羧酸的化学性质活泼，具有酸的通性。分子中的羟基可被卤原子、羧酸根、烷氧基及氨基取代，分别生成酰卤、酸酐、酯及酰胺。在强还原剂作用下可还原为醇。芳香酸的芳环可以进行卤化、硝化、取代等反应。羧酸可用作染料、药物、香料等工业的原料。

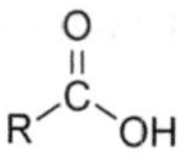

羧酸酯 [carboxylic acid ester] 羧酸分子中能电离的氢原子被烃基取代，失去一分子水而生成的化合物称羧酸酯。命名时可根据生成酯的酸和醇而称为某酸某酯，例如 $CH_3COOC_2H_5$ 称为乙酸乙酯。酯的沸点比相应的酸和醇都低，而与含同数碳原子的醛、酮相近。酯类都难溶于水，易溶于乙醇和乙醚等各种有机溶剂，密度一般比水小。酯主要由羧酸与醇直接反应制得，这一反应在室温下进行时速率很慢，在酸的催化下可大大加速。酯化反应是一平衡反应，为了提高酯的产率，常用共沸蒸馏或加脱水剂把反应生成的水去掉，也可在反应时加过量的酸或醇，使反应向产物方向移动。酯还可用酰卤或酸酐与醇反应，或由羧酸盐与卤代烃反应制得。

低分子量的酯是许多有机化合物的溶剂，通常是有芳香味的液体，存在于各种水果和花草中。高碳数的酯不溶于水，例如油是高级脂肪酸的甘油酯，蜡是高级醇的酯，可用作溶剂、香料、香精、化妆品、肥皂和药品等工业。还可用作化工原料。例如甲基丙烯酸甲酯是制造有机玻璃(聚甲基丙烯酸甲酯)的单体。聚酯树脂主要用于纤维和油漆工业，也可制成压塑粉。许多带有支链的醇形成的酯是优良的润滑油。

缩氨基脲 [semicarbazone] 一类有机化合物的通称，化学通式如图所示。亚胺的衍生物，由醛或酮与氨基脲的端基—NH_2 基团发生缩合反应得到。因此缩氨基脲与亚胺类似。该类化合物通常以晶体存在，有确定熔点，因此可以通过测定不同化合物熔点判断相应的醛或酮。当缩氨基脲中的氧原子被硫原子替代时，称为硫代缩氨基脲，这类化合物由于能够与细胞中的铁或铜结合而具有抗癌、抗病毒活性。

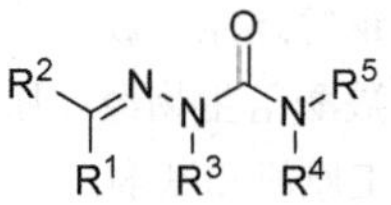

缩丙酮化合物 [acetonide] 由二醇和丙酮缩合而成的化合物，是有机化学中常见的对 1,2-二醇和 1,3-二醇进行保护的方法。脱保护的方法主要为稀酸条件下水解。其结构通式如图所示。

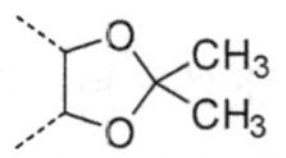

缩醛 [acetal] 一分子醛与两分子醇以醚键的形式相结合形成的化合物是缩醛。缩醛比醛要稳定，通常利用形成缩醛的方式对活泼的醛基进行保护。其结构通式如图所示。

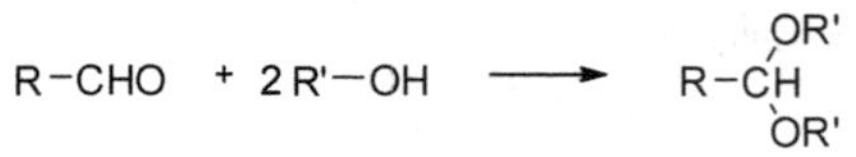

缩酮 [ketal; acetal] 一分子酮与两分子醇反应形成的化合物，也可以通过一分子半缩酮与一分子醇反应得到。其结构通式如下：

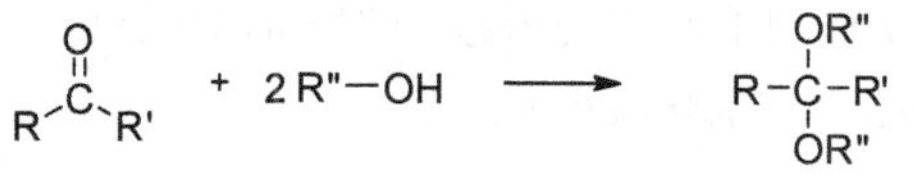

索烃 [catenane] 即索烷。

索烷 [catenane] 又称索烃。由两个或多个互锁烃环所组成的，彼此穿过的几个烃环之间不依赖共价键结合，却能够成一个整体，被称为“没有化学键的分子”。索烷是一类极为有趣的分子体系，随着互锁环数的增多，体系的复杂性及连接方式的可能种类会迅速增大。索烷类分子因其特殊的拓扑学几何图形以及在超分子识别和分子电子器件材料等方面的潜在应用价值而备受关注。

碳二亚胺 [carbodiimide] 一类通式为 R—N═C═N—R′ 的有机化合物，一般由硫脲失硫化氢或脲失水制备，是一类常用的脱水剂，在有机合成中主要用于活化羧基，促使酰胺和酯的生成。其水解得到脲衍生物。

碳氟化合物 [fluorocarbon] 由碳元素和氟元素构成的化合物。碳氟化合物是以氟取代烷烃等碳氢化合物里所含氢的一部分或全部而得到的一种化合物。该类化合物起源工业，是一种具有多种应用途径合成化合物。

碳氟化合物与氟利昂类似，但其分子中没有氯，在生产中被广泛使用。由于其分子结构中牢固的碳-氟键，使得碳氟化合物具有很强的防水性，因此它主要被用于防水服装和特氟龙炊具。此外，该类化合物具有很高的溶解氧气的能力，故而是人造血液中一种重要的基础组成部分。然而，由于其能对臭氧层造成破坏，属于一种温室气体，因此国际协定对这种产品进行了严格管控，禁止把碳氟化合物释放至大气里。

碳硼烷 [carborane] 由 C 和 B 组成的原子簇化合物，其分子结构为同硼烷一样的多面体骨架结构，一般含有两个碳原子。依据其构造可以分类为封闭形 $C_2B_{n-2}H_n$、开形 $C_aB_{n-a}H_{n-a+4}$ 或$[C_aB_{n-a}H_{n-a+2}]^{2-}$和网式 $C_aB_{n-a}H_{n-a+6}$ 等。碳硼烷相对于硼烷的毒性小，对水和空气的稳定性大，而连接在碳原子上的氢容易失去而显示酸性。

碳氢化合物 [hydrocarbon] 又称烃。仅由碳和氢两种元素组成的有机化合物。烃包含了烷烃、烯烃、炔烃、环烃及芳烃等，是所有有机化合物的母体。其他各类有机化合物可以看作是烃分子中一个或多个氢原子被其他元素的原子或原子团取代而生成的衍生物。烃类皆难溶于水，在完全燃烧下可转化为二氧化碳和水。它在人类生产生活中具有重要的应用，是重要的能源燃料和化工原料。

梯[形]烷 [ladderane] 含有两个或多个稠合四元环的环烷烃。有 n 个环的梯烷化学式为 $C_{2n+2}H_{2n+6}$。其空间构型张力很大，但已在生物体内被发现。

烃 [hydrocarbon] 即碳氢化合物。

同分异构体 [isomer] 简称异构体。两种或多种分子式相同、结构和性质不同的有机化合物互为同分异构体。这种现象称为同分异构现象。例如，分子式为 C_5H_{12} 的戊烷有三种同分异构体：$CH_3CH_2CH_2CH_2CH_3$（正戊烷）、$CH_3CH_2CH(CH_3)_2$（异戊烷）、$C(CH_3)_4$（新戊烷），它们的物理性质，如熔点、沸点、相对密度等均不相同。同分异构体的分类可归纳如下：

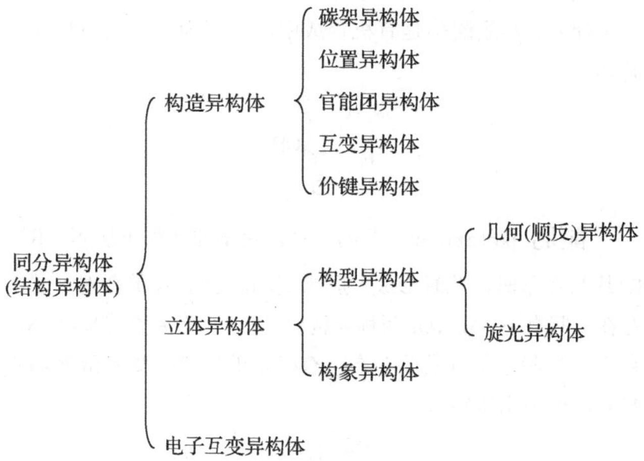

同素环状化合物 [homocyclic compound] 结构为环状，且组成环骨架的元素为同种元素的化合物。如环丙烷、苯。

同系物 [homolog; homologue] 结构相似，而在分子组成上相差一个或者若干个某种原子团(或复合体)的许多化合物组成一个系列，称为同系列。同系列中的各化合物互为同系物。例如，直链烷烃的组成可以用一个通用的式子 C_nH_{2n+2} 来表示。符合这个式子的许多化合物组成了一个系列——直链烷烃系列。该系列中的各化合物，如甲烷、乙烷、丙烷等在分子组成上相差一个或者若干个 CH_2 原子团，它们互为同系物。一类同系物的物理性质随着碳原子数目和分子量的增加而呈现有规则的递变。

酮 [ketone] 羰基与两个烃基相连的化合物。根据分子中烃基的不同，酮可分为脂肪酮、脂环酮、芳香酮、饱和酮和不饱和酮。芳香酮的羰基直接连在芳香环上，按羰基数目又可分为一元酮、二元酮和多元酮。羰基嵌在环内的，称为环内酮，例如环己酮。一元酮中，羰基连接的两个烃基相同的称单酮，例如丙酮(二甲基甲酮)。互不相同的为混酮，例如苯乙酮。酮分子间不能形成氢键，其沸点低于相应的醇，但羰基氧能和水分子形成氢键，所以低碳数酮(低级酮)溶于水。低级酮是液体，具有令人愉快的气味，高碳数酮(高级酮)是固体。

酮水合物 [ketone hydrate] 酮的水合物，其结构通式如图所示。

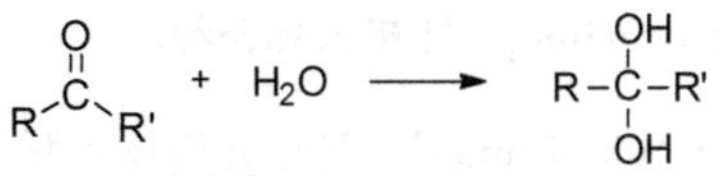

酮酸酯 [keto ester] 酯的α-碳原子上被氧取代的化合物，可通过酯与次氯酸钠反应得到。是有机合成的重要原料之一。分为α-酮酸酯和β-酮酸酯。α-酮酸酯是合成各种生物碱和酶抑制剂的重要中间体，可应用于丝氨酸蛋白酶抑制剂、血管紧张肽转移酶抑制剂、高脱氧三尖杉酯碱、脱氧三尖杉酯碱等多种化合物的合成，对癌症、高血压等的治疗有一定疗效；β-酮酸酯是有机合成中应用极为广泛的原料和中间体。

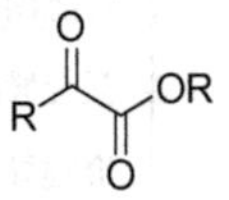

酮肟 [ketoxime] 肟的一种，化学通式如下所示。R^1、R^2均为烃基时，此时形成的肟为酮肟。由于N的孤对电子的存在，肟有 *syn* 和 *anti* 两种异构体，醛肟(除芳香醛)均以 *syn* 存在。醛肟通常以晶体存在，有确定的熔点，如乙醛肟熔点47℃，可用来鉴别醛。

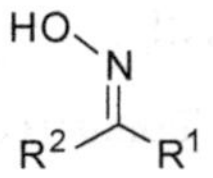

酮亚胺 [ketimine] 亚胺的一种，化学通式如图所示。可看作酮的氮类似物，即酮中的羰基氧被氮替代。R^1、R^2均为烃基时，此时形成的亚胺为酮亚胺，一级亚胺形成的酮亚胺称为一级酮亚胺，二级亚胺形成的酮亚胺称为二级酮亚胺。酮亚胺的制备方法以及其参与的反应见亚胺。

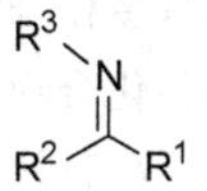

烷基 [alkyl group] 一类仅含有碳、氢两类原子的链状有机官能团，形式上是由烷烃分子C_nH_{2n+2}减去一个氢原子而成，其通式为C_nH_{2n+1}。烷基命名方式与烷烃类似，根据所含碳原子数的不同以及碳链结构排布的不同而命名，如甲基、乙基、异丁基；大于十个碳原子的烷基则用汉字加上“烷基”两字来命名，如十三烷基。

烷[烃] [alkane] 只有碳碳单键和碳氢键的碳氢化合物，是最简单的一类有机化合物。烷烃分子里的碳原子之间以单键结合外，其余化合价全部为氢原子所饱和。烷烃分子中，氢原子的数目达到最大值。链烷烃的通式为C_nH_{2n+2}，可以分为链烷烃和环烷烃，分子中每个碳原子都是sp^3杂化。烷烃的密度皆小于1。它们不溶于水，但溶于有机溶剂。熔点与沸点随着分子量增大和碳链增长而升高，同碳数的烷烃，支链越多沸点越低。一般情况下，碳数小于5的烷类(甲烷到丁烷)为气态，5～17之间的烷类(戊烷到十七烷)为液态，18个碳(十八烷)以上的烷类为固态。烷烃可用作燃料，在完全燃烧下可转化为二氧化碳和水。

肟 [oxime] 一类有机化合物的通称，化学通式如下所示，R^1、R^2一个为烃基，另一个为H时，此时形成的肟为醛肟，R^1、R^2均为烃基时，此时形成的肟为酮肟。肟通常以晶体存在，有确定的熔点，因此可用熔点辨别不同的肟类化合物，如乙醛肟熔点47℃，丙酮肟熔点61℃。由于N的孤对电子的存在，肟有 *syn* 和 *anti* 两种异构体，醛肟(除芳香醛)均以 *syn* 存在，酮肟两种异构体均存在，但可以分离提纯。肟可以由醛或酮与羟胺反应得到。酮肟在酸性催化剂(如硫酸)或可产生强酸的催化剂(如亚硫酰氯)发生贝克曼(Beckmann)重排反应产生酰胺。肟水解可以得到相应的醛或酮，还原可以得到胺。

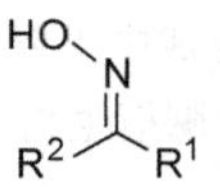

烯胺 [enamine] 一类化合物的通称，化学通式如图所示，可看作烯醇的氮类似物，由醛或酮与二级胺缩合得到。R^4、R^5一个为H，则烯胺与亚胺为互变异构体(类似醛或酮与烯醇的互变异构)，R^4、R^5均不为H，则该烯胺为稳定化合物，类似于烯醇醚。烯胺-亚胺互变异构与酮-烯醇互变异构类似，一般情况下平衡倾向于亚胺一边，但也有少数例外情况(例如苯胺)。烯胺具有两位反应性，烯胺碳与氮在烷基化反应中具有竞争关系，用活泼卤代烷(如苯甲型卤化物、烯丙型卤化物、碘甲烷、α-卤代酯等)时，主要在碳上发生反应。

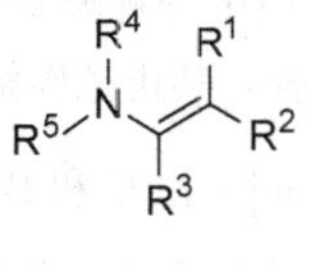

烯[烃] [alkene；olefin] 含有C═C键(碳碳双键)的碳氢化合物。属于不饱和烃，分为链烯烃与环烯烃。按含双键的多少分别称单烯烃、二烯烃等。单链烯烃分子通式为C_nH_{2n}。常温下C_2～C_4烯烃为气体；C_5～C_{18}为易挥发液体；C_{19}以上为蜡状固体。在正构烯烃中，随着分子量的增加，沸点升高。同碳数正构烯烃的沸点比带支链的烯烃沸点高。相同碳架的烯烃，双键由链端移向链中间，沸点，熔点都有所增加。反式烯烃的沸点比顺式烯烃的沸点低，而熔点高，这是因反式异构体极性小，对称性好。与相应的烷烃相比，烯的沸点、折射率，水中溶解度，相对密度等都比烷的略大些。双键基团是烯烃分子中的官能团，具有反应活性，可发生氢化、卤化、水合、卤氢化、次卤酸化、硫酸酯化、环氧化、聚合等加成反应，还可氧化发生双键的断裂，生成醛、羧酸等。最简单的烯烃是乙烯(C_2H_4)。

烯丙基 [allyl group] 丙烯分子中 sp^3 杂化的碳原子上去掉一个氢原子后形成的基团，结构式为 $CH_2{=}CH_2{-}CH_2{-}$。大部分具有此基团的化合物可进行一些特殊的反应，如烯丙位重排，烯丙位氧化反应，烯(ene)反应，特罗斯特(Trost)不对称烯丙位烷基化反应等。

烯丙位[的] [allylic] 含有 C═C 双键的有机分子中，与双键碳直接相连的 sp^3 碳所处的位点。

烯醇 [enol] 一类化合物的通称，指羟基与双键碳相连的化合物，烯醇与羰基化合物为互变异构体，通常在两者平衡中，更为稳定的羰基化合物占大多数，因为氧的电负性强于碳，C═O 稳定性大于 C═C。随着羰基化合物 α-H 酸性的增强，C═C 的稳定性逐渐增强，两种互变异构体中，烯醇的比例增加。酮和烯醇的稳定性受到溶剂极性的影响，烯醇在非质子溶剂中易形成，非质子溶剂有利于烯醇式的稳定，如乙酰乙酸乙酯的烯醇式含量在乙醇中为 10%～13%，而在正己烷中为 49%。

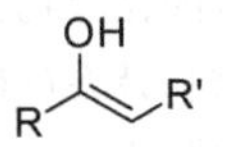

烯醇化物 [enolate] 酮-烯醇互变异构过程中，酮发生去质子化，并形成一种阴离子，称为烯醇化物。反应过程如图所示。

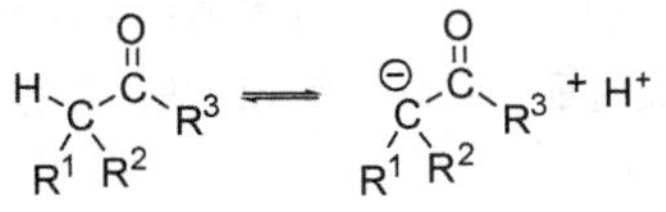

烯醇化物是酮-烯醇互变过程中的中间体，其存在如下的共振式。

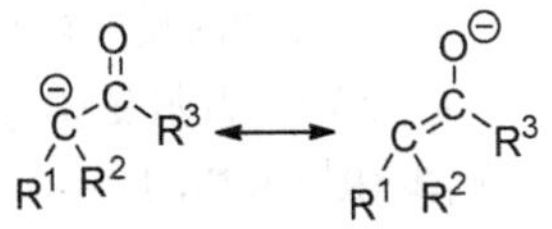

烯醇化物中负电荷离域在氧原子和碳原子上，这样的离域化作用一定程度上增加了烯醇化物的稳定性。

烯醇醚 [enol ether] 一类化合物的通称，R_1 为烃基，即烷氧基与双键碳相连的化合物。可以通过卤代醚在碱性条件下脱卤化氢得到，也可经由炔或醇在碱性条件下加成得到。烯醇醚在酸性条件下易转化为醛或酮。烯醇质子化或烷基化后能形成氧鎓盐(正电荷在氧上)，将双键活化，可发生第尔斯-阿尔德(Dids-Alder reaction)等化学反应。

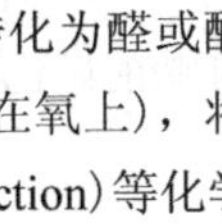

烯醇酯 [enol ester] 一类化合物的通称，化学通式如图所示，即酯基与双键碳相连的化合物。由于烯醇式在醛或酮的互变异构的平衡中比例较小，因此烯醇酯通常不能用烯醇酰化反应制备。如醋酸乙烯酯由乙炔在汞盐作用下与乙酸加成制备，丙酮与乙烯酮生成乙酸乙丙烯醇酯。

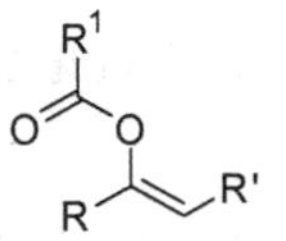

烯基 [alkenyl group] 烯烃分子从形式上减掉一个氢原子所形成的基团，通式为 C_nH_{2n-1}。如乙烯基 $CH_2{=}CH{-}$，丙烯基 $CH_3CH_2{=}CH{-}$。

烯炔 [enyne] 含有共轭的碳碳双键和碳碳三键的化合物。

烯酮 [ketene] 含有 $R_2C{=}C{=}O$ 结构的有机化合物的统称。由于积聚双键的存在，性质很活泼，易加成及聚合。最简单的烯酮是乙烯酮，分子中两个 R 都是氢原子。乙烯酮是无色有强烈气味的气体，刺激性和毒性很大。

酰胺 [amide] 羧酸中的羟基被氨基(或胺基)取代而生成的化合物，也可看成是氨(或胺)的氢被酰基取代的衍生物。通式为 R—C(O)—N(R)R。酰胺通常是中性化合物，除甲酰胺以外，大部分为固体。在羧酸衍生物中，酰胺具有最强的稳定性，其水解反应一般需要在强酸性或碱性条件下回流。相较于一般胺类，酰胺在水溶液中几乎不体现碱性，其共轭酸的 pK_a 在–0.5 左右。酰胺可以通过铵盐加热部分失水制备；也可以从酰氯、酸酐、酯氨(胺)解来制备，还可以通过腈来制备。酰胺可以被水解成为羧酸，被还原可以生成胺。另外，酰胺也可以脱水生成腈。酰胺的脱水剂主要有三氯氧磷、亚硫酰氯、五氧化二磷、五氯化磷等。有些酰胺也可以直接加热脱水。酰胺脱水是制备腈的主要方法之一。同一个分子内的羧基和氨基结合失去一分子水形成的环状化合物称为内酰胺。例如，ε-氨基己酸的羧基和氨基脱水形成 ε-己内酰胺。ε-己内酰胺是高分子工业制备聚己内酰胺纤维的原料。

酰碘 [acyl iodide] 含有—C(═O)I 官能团的化合物，属于酰卤的一类，是羧酸中的羟基被碘替换后形成的羧酸衍生物，不稳定。

酰叠氮 [acyl azide] 即酰基叠氮化物，叠氮的酰基取代物。可通过烷基或芳基酰氯与叠氮化钠水溶液反应得到。有机叠氮化合物的端基氮具有亲核性，并且不稳定容易放出氮气。可以发生 Curtius 重排

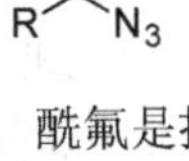

酰氟 [acyl fluoride] 酰氟是指含有—C(═O)F 官能团

的化合物，属于酰卤的一类，是羧酸中的羟基被氟替换后形成的羧酸衍生物。酰氟也指各种无机含氧酸的衍生物，通式为—M(═O)F。M 一般为非金属元素，如 C、P、S 等。

酰基过氧化物 [acyl peroxide] 含有酰基过氧基—C(═O)—O—O—的有机化合物，比过氧酸酯包含的化合物更广泛。

酰腈 [acyl cyanide] 通式为 R—COCN 或 R—SO_2CN 的化合物。低熔点固体。常见的 R—SO_2CN 称为磺酰腈(sulfonyl cyanides)，由亚磺酸钠(RSO_2Na)与氯化氰(ClCN)在乙醚中反应而得。是有机合成原料的一种。

酰肼 [hydrazide] 肼类的酰基取代物。可以通过肼及衍生物与酰氯或酯反应制备。酰肼在有机合成中常见，常见的酰肼有：对甲苯磺酰肼、1,3,5-三异丙基苯磺酰肼、异烟肼、*N*, *N*′-二乙酰肼、苯磺酰肼、乙酰肼。醛酮转化为烯烃的夏皮罗(Shapiro)反应中使用到了对甲苯磺酰肼。

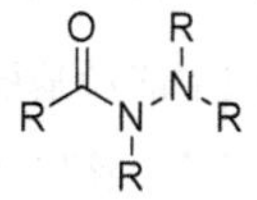

酰卤 [acyl halide] 是含氧酸的羟基被卤素取代的衍生化合物。若酸为羧酸，则酰卤化合物含有一个—C(═O)X 官能团：由羰基连接一个卤素原子组成。这类酰卤的通式为：RC(═O)X(R 可以是烷基，C═O 代表羰基，X 代表卤素如氯原子)。酰卤可分为：酰氟、酰氯、酰溴和酰碘(不稳定)。其中酰氯为最常用之酰卤，也是常用的酰化剂，而酰碘也曾是工业生产中规模最大的一类酰卤化合物。酰卤是非常活泼的化合物，不存在于自然界，只能通过化学合成制得。其中以酰氯最为重要。磺酸的羟基可同样被卤素取代而生成相应的磺酰卤。

酰氯 [acyl chloride] 含有—C(═O)Cl 官能团的化合物，属于酰卤的一类，是羧酸中的羟基被氯替换后形成的羧酸衍生物。酰氯也指各种无机含氧酸的衍生物，通式为—M(═O)Cl。M 一般为非金属元素，如 C、P、S 等。酰氯是有机合成的重要酰化试剂，也可用于有机化合物中羟基或氨基的测定。低级的酰氯为具有刺鼻气味的无色液体，高级酰氯为无色固体。酰氯与酸酐近似，易发生水解、醇解和氨解反应，生成酸、酯和酰胺。酰氯可由羧酸与无机酸的酰氯如三氯化磷、五氯化磷、亚硫酰氯($SOCl_2$)作用制得。草酰氯$(COCl)_2$也是合成其他酰氯的有效试剂。

酰溴 [acyl bromide] 含有—C(═O)Br 官能团的化合物，属于酰卤的一类，是羧酸中的羟基被溴替换后形成的羧酸衍生物。酰溴也指各种无机含氧酸的衍生物，通式为—M(═O)Br。M 一般为非金属元素，如 C、P、S 等。

酰亚胺 [imide] 氮原子与两个羰基相连，通式为 R_1—C(O)—N(R_2)—C(O)—R_3。它一般由氨或伯胺与羧酸或酸酐反应制备。常见的酰亚胺如邻苯二甲酰亚胺、琥珀酰亚胺、*N*-溴代琥珀酰亚胺、戊二酰亚胺、马来酰亚胺，有很多是用于制取聚酰亚胺的单体。DNA 的氢键配对也涉及酰亚胺的结构，氮作电子给予体，羰基氧作电子接受体。若通式中的 R 为氢，则该氢原子具有一定的酸性，原因是氮上的孤对电子可以和两个羰基发生共轭，从而部分转移到氧上，使得负离子形式更加稳定。酰亚胺也可通过异酰亚胺的 Mumm 重排反应制备。

硝胺 [nitramine] 一类含氮有机化合物，又称 *N*-硝基胺，通式为 $R_2N—NO_2$，可通过胺的硝化反应制得。很多炸药都含有硝胺的结构，例如奥克托今、黑索金和特屈儿。受硝基的吸电子效应影响，硝胺的另一个氮原子并不具有碱性，并且它与一个氢相连时(R—NH—NO_2)，形成的化合物反而为弱酸($pK_a \approx 5.6$)。

硝基化合物 [nitro compound] 硝基(—NO_2)的氮原子与烃基的碳原子相连接的化合物。随着烃基结构的不同，可分为脂肪族硝基化合物和芳香族硝基化合物，例如硝基甲烷，硝基苯等。脂肪族硝基化合物多为无色的高沸点液体，芳香族硝基化合物多为黄色的结晶固体或高沸点液体。硝基化合物主要来自烃的硝化反应，脂肪族的硝化多为游离基型取代反应，不易控制；芳香烃的硝化多为离子型亲电取代反应，反应顺利，便于操作。芳香族硝基化合物可还原为芳香胺，是有机合成的重要原料。多元硝基化合物常可作为炸药，如 TNT、苦味酸等。

硝酮 [nitrone] 一类有机化合物的通称，化学通式如图所示，R^3 不为 H，是亚胺的 *N*-氧化物。硝酮作为 1,3 偶极子可以与烯烃进行 1,3-偶极环加成反应得到异噁唑啉。这类反应的一个典型例子是贝里斯-希尔曼(Baylis-Hillman)加成物与 *C*-苯基-*N*-甲基硝酮(R^1=苯基，R^2=氢，R^3=甲基)加成为异噁唑啉的反应。硝酮在铜盐存在下与末端炔烃发生 Kinugasa 反应生成 *β*-内酰胺。

硝亚胺 [nitrimine] 一类含氮有机化合物，通式为 $R_2C═N—NO_2$。可通过亚胺的硝化反应制得。很多炸药都含有硝亚胺的结构。

小环 [small ring] 有机化合物中由三个、四个原子构成的环，即三元、四元环。

溴代烷 [alkyl bromide；bromoalkane] 烷烃分子中的一个或多个氢原子被溴原子取代后的化合物。

亚氨基酸 [imino acid] 同时含有亚氨基和羧基的有机化合物，主要用于和氨基酸对应。氨基酸氧化酶可以将氨基酸转化为亚氨基酸。典型结构如下：

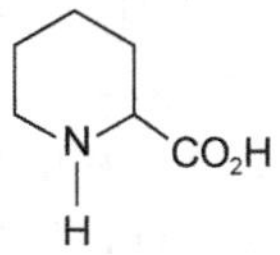

亚胺 [imine] 一类含有 C═N 双键官能团的有机化合物，化学通式如图所示，亚胺又可看作为酮或醛的羰基氧被氮替代，是酮或醛的氮类似物。根据 R^3 取代基的不同对亚胺进行分类：R^3=H，一级亚胺，R^3=烃基，二级亚胺。如果 R^3=OH，则该化合物称为肟，R^3=NH_2，该化合物称为腙。制备亚胺的方法有：伯胺与醛的缩合反应、烯烃与叠氮酸的施密特反应等。亚胺可以发生类似于醛或酮的反应，如与共轭双烯发生第尔斯-阿尔德反应、被间氯过氧苯甲酸(*m*CPBA)氧化成为氧氮杂环丙烷等。亚胺可通过氢化反应还原为胺。同时，亚胺是一类具有弱碱性的化合物，可通过质子化得到亚胺鎓离子盐。亚胺参与的最重要的反应为水解反应，即合成相应的胺与羰基化合物的反应。在配位化学中，亚胺是常见的配体。水杨醛与乙酰丙酮发生的缩和反应可得到含有亚胺的螯合试剂，如：salen 配合物。在立体化学上，一方面由不对称酮衍生得到的亚胺具有前手性，因此常用来合成手性胺类化合物，另一方面为得到立体化学单一的亚胺化合物，通常利用齐格勒(Ziegler)反应来控制 C═N 的立体结构。

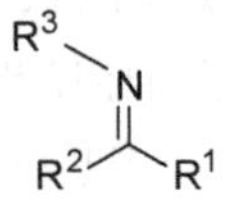

亚砜 [sulfoxide] 含有亚硫酰基的一类有机化合物的总称，其通式为 RS(═O)—R′。可以由对应的硫醚来氧化得到。亚硫酰基中氧原子带负电，而硫原子带正电。由于硫原子上有一对孤对电子，并且构型转换所需能量相当高，因此在常温下不对称亚砜的对映体是相对稳定的。最简单的亚砜是二甲亚砜，是一种常见的有机溶剂。

亚砜烯 [sulfine] 即 *S*-氧化硫酮。

亚脒 [imidine] 分子中含有亚脒基的一类化合物，常见的脒基·亚硝氨亚脒基肼是一种炸药。

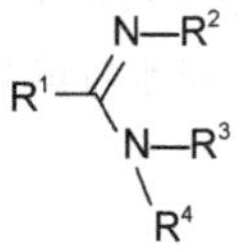

亚烷基 [alkylidene group；alkylene] 烷烃分子在某个碳原子上或在某两个碳原子上同时失去两个氢后的结构单位，通式为 C_nH_{2n}。如亚甲基—CH_2—。

亚硝胺 [nitrosamin] 即亚硝基胺。

亚硝基胺 [nitrosamine] 又称亚硝胺。具有通式 R_2N—NO。亚硝酸盐可与胺结合生成亚硝胺。亚胺化合物引起科学家注意始自 20 世纪 60 年代，最早因实验动物喂以含高量亚硝酸钠的鱼粉而发生肝衰竭现象，才开始研究。由于亚硝酸盐可与胺结合成亚硝胺，所以认为 *N*-亚硝基二甲胺(*N*-nitrosodimethylamine)为引起肝衰竭的物质。*N*-亚硝胺不易水解，在碱性和中性环境中较稳定，但在特定条件下也发生还原，氧化，水解、加成等反应。*N*-亚硝胺是世界公认的三大致癌物质之一，其中低分子量的 *N*-亚硝胺在常温下为黄色油状液体，高分子量的 *N*-亚硝胺多为固体。

亚硝基化合物 [nitroso compound] 一类有机化合物的通称，化学通式为：R—N═O，即化合物中含有亚硝基(—NO)的化合物。根据 R 基团的不同，亚硝基化合物又可以分为：N 与 C 相连，称为 *C*-亚硝基化合物(如 R—N═O，R 为烃基)；N 与 S 相连，称为 *S*-亚硝基化合物(如亚硝基脲，RS—N═O)；N 与 N 相连，称为 *N*-亚硝基化合物(如亚硝胺，R_2N—N═O)；N 与 O 相连，称为 *O*-亚硝基化合物(如亚硝酸酯，RO—N═O)。亚硝基化合物可以通过硝基化合物还原或者羟胺类化合物发生氧化反应得到。

衍生物 [derivative] 在有机化学中，将烃分子中一个或几个氢原子被其他元素的原子或原子团取代后的生成物称为烃的衍生物。例如，烃分子中的氢原子被卤素原子取代后的生成物称为卤代烃，烃分子中的氢原子被羟基取代后的生成物称为醇，烃分子中的氢原子被醛基取代后的生成物称为醛，烃分子中的氢原子被羧基取代后的生成物称为羧酸。卤代烃、醇、醛、羧酸都是烃的衍生物，有机化学中其他各种类化合物也都是烃的衍生物。各类烃的衍生物都具有自己特有的化学性质，这些特有的化学性质主要是由取代氢原子的原子或原子团决定的。

氧代羧酸 [oxo carboxylic acid] 羧酸的碳原子上被氧取代的化合物，可通过羧酸的缩合反应得到。是有机合成的重要原料之一。

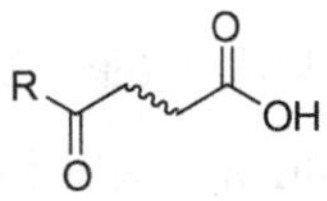

氧化胺 [aminoxide] 即胺氧化物。

***S*-氧化硫酮** [thioketone *S*-oxide] 又称亚砜烯。一类含有结构 R_2C═S═O(R≠H)的化合物，可以由硫酮氧化或者单氯化的亚砜和碱通过消去氯化氢得到。*S*-氧化硫酮很容易发

生多聚或聚合反应，和砜烯的反应类似。

氧化偶氮化合物 [azoxy compound] 偶氮化合物的*N*-氧化物，结构式为 $RN{=}N^{+}(O^{-})R$。如氧化偶氮苯 $PhN{=}N^{+}(O^{-})Ph$。氧化偶氮化合物和硝基化合物在还原剂[如 $(C_6H_5)_3P$、$LiAlH_4$ 等]存在下，也可被还原为偶氮化合物。

异构体 [isomer] 同分异构体的简称。

异腈 [isocyanide; isonitrile; carbylamine] 又称异氰化物。是通式为 $R{-}N{\equiv}C$ 的一类有机化合物，—NC 基团的氮原子与其他基团相连，以与异构体腈($R{-}C{\equiv}N$)区别。碳-氮以三键连接，氮原子上有部分正电荷，碳原子带部分负电荷。一般为液体，沸点低于相应的腈，有恶臭。毒性较腈大。在酸性溶液中水解生成一级胺；用氢化锂铝还原得到二级胺；与水作用生成甲酰胺衍生物；也可与醇、硫醇、胺等发生加成反应。可由一级胺与氯仿在碱溶液中作用或由卤代烃和氰化银作用而制备。

异腈化物 [isonitrile] 即异氰。

有机化合物 [organic compound] 简称有机物，是含碳化合物或碳氢化合物及其衍生物的总称。大多数有机化合物除含碳元素外，还经常包括氧、氮、硫、磷、卤素等。有机化合物数目众多，可达几千万种，其原子间以共价键相连。有机物是生命产生的物质基础，地球上的绝大多数生命过程都涉及到有机化合物的转变。有机物也在人类的生产生活中扮演着重要的角色，如石油、天然气、棉花、染料、橡胶、纤维、食品、药物等都主要由有机化合物构成。

有机物 [organic compound] 有机化合物的简称。

原酸酯 [ortho ester] 酯类的一种，化学通式为 $RC(OR')_3$，R 为氢或烷基，R′为烷基。即原酸形成的脂类。原酸是在同一碳原子上含有三个羟基的有机化合物，原酸中的羟基均被烷氧基取代得到的化合物称为原酸酯。最简单的原酸酯是原甲酸酯。原酸酯在有机合成中作为酯的保护基团。原酸酯由腈(R—CN)与醇类在酸性条件下反应得到，反应除产生原酸酯外还有等当量的氨气释放。原酸酯对碱稳定，在酸性条件下水解产生酯。

原酰胺 [ortho amide] 含有 $RC(NH_2)_3$ 或 $(R_2N)_4C$ 结构的假想化合物，这个说法已经很少使用。

远位 [amphi position] 稠环体系中以一个碳原子为标准，编号不与它相邻的碳原子的位置为远位。由近位的定义衍生而来。

杂化物 [hybrid [compound]] 一类化合物与另一类化合物相结合获得的新型化合物。如有机-无机杂化物。

杂环化合物 [heterocyclic compound] 由非碳原子-杂原子(hetero atom)参与构成的有机环状化合物。是数目最庞大的一类有机化合物。构成环的原子除碳原子外至少含有一个杂原子，包括氧、硫、氮、硒、硼、硅等，最常见的是氮、氧、硫。按环的大小可以分为三类：小环(三、四元环)，中环(五、六、七元环)，及大环(八元及以上环)。杂环化合物中，最小的杂环为三元环，最常见的是五、六元环，其次是七元环。按照杂环电性可分为脂杂环和芳杂环两大类。芳杂环具有芳香性，称为芳香杂环，可视为苯的衍生物。杂环化合物广泛存在于自然界，与生物学有关的重要化合物多数为杂环化合物，包括核酸、生物碱、抗生素、激素、色素和某些维生素等。同时在医药、农药、染料、功能材料等方面合成了多种多样具有各种重要用途的杂环化合物。

脂肪族化合物 [aliphatic compound] 链状烃类(开链烃类)及除芳香族化合物以外的环状烃类及其衍生物的总称。脂肪族化合物中，碳原子以直链、支链或环状排列，分别称为直链脂肪烃、支链脂肪烃及脂环烃。脂肪族化合物涵盖有机化合物的所有品种，如烯类、烷烃类、醇类、醚类、酮类、醛类、酯类等。根据结构和性质，又可分为饱和化合物(如甲烷、环己烷及其衍生物)和不饱和化合物(如乙烯、乙炔及其衍生物等)。最简单的脂肪族化合物是甲烷(CH_4)。

脂环化合物 [alicyclic compound] 含有环烃的化合物。其分子中含有由 3 个以上碳原子连接成的碳环，环内两个相邻碳原子之间可以是单键、双键或三键，环的数目可以是一个或多个。包括脂环烃及其衍生物，性质与相似的链状化合物类似。根据不饱和度可分为环烷烃、环烯烃、环炔烃。饱和的脂环化合物通式为 C_nH_{2n}。脂环化合物广泛存在于自然界中，如植物香精油中含有不饱和脂环烃及其含氧衍生物；石油中含有环己烷、甲基环己烷等饱和脂环烃及其衍生物。

酯 [ester] 一类有机化合物的通称。化学通式如图所示，由羧酸与醇发生酯化反应得到，羧酸中的—OH 被烷氧基取代。酯广泛地存在于自然界中，例如乙酸乙酯存在于食醋、酒和某些水果中；乙酸异戊酯存在于香蕉、梨等水果中；高级和中级脂肪酸的甘油酯是动植物油脂的主要成分。酯难溶于水，易溶于乙醇、乙醚等有机溶剂，密度小于水。低级酯无色、易挥发具有芳香气味的液体，高级酯无色、无味固体。酯在碱性和酸性条件下均可水解成相应的羧酸和醇，且在碱性条件下水解更完全。

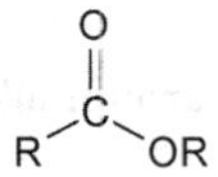

中环 [medium ring] 有机化合物中由 7～12 个原子构成的环。

缀合物 [conjugate] 一般指碳水化合物。常见于化学生物学研究。例如，糖缀合物(glycoconjugates)是指糖与蛋白质、多肽、核酸等以共价键相互结合形成的化合物。

腙 [hydrazone] 一类有机化合物的通称，化学通式如下所示，可以看作是醛或酮中的羰基氧被-N-NH_2基团所替代。肼与醛或酮反应常用来制备腙。二硝基苯肼法是利用腙的生成检验羰基化合物，除此之外，腙还可用来发生碘化反应、夏皮罗(Shapiro)反应以及班福德-史蒂文斯(Bamford-Stevens)反应生成乙烯基化合物。

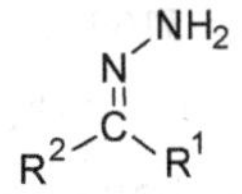

2.8.2 重要的有机化合物

吖丙因 [azirine] 氮杂环丙烯的旧称。

吖丁 [azete] 氮杂环丁二烯的旧称。

吖丁啶 [azetidine] 氮杂环丁烷的旧称。

吖啶 [acridine] 即二苯并[*b*,*e*]吡啶。

9-吖啶酮 [9-acridone] 蒽酮分子中的 10-位环亚甲基(—CH_2—)被亚氨基(—NH—)置换的三环稠合环系。是合成吖啶类染料的中间体。黄色针状或片状结晶。分子式 $C_{13}H_9NO$，分子量 195.22，熔点 361～362℃。能溶于热乙酸、热醇、氢氧化钾和醇溶液，不溶于水、醚、苯和氯仿。在醇溶液中显蓝色荧光。在有机合成中使用广泛。

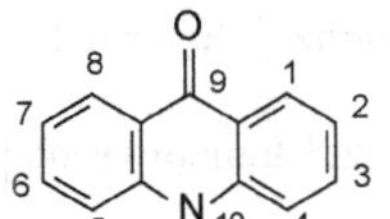

吖辛因 [azocine] 氮杂环辛四烯的旧称。

阿拉明 [aramine] 即间羟胺。

安替菲布林 [antifebrin] 即乙酰苯胺。

安息香 [benzoin] 即苯偶姻。

安息香醛 [benzoic aldehyde] 即苯甲醛。

安息香酸 [benzoic acid] 即苯甲酸。

氨基苯 [aniline] 即苯胺。

氨基甲醛 [formamide] 即甲酰胺。

氨基甲酸 [carbamic acid] 化学式 NH_2COOH，分子量 61.04。白色结晶，熔点 161℃，沸点 223℃(101.325 kPa)，相对密度 1.408(20℃)，易溶于水和乙醇。其酯在农药中有重要的应用。

氨基甲酰脲 [biuret] 即缩二脲(缩氨脲)。

1-氨基萘 [1-aminonaphthalene] 即*α*-萘胺。

2-氨基萘 [2-aminonaphthalene] 即*β*-萘胺。

8-氨基-1-萘磺酸 [8-aminonaphthalene-1-sulfonic acid] 又称1-萘胺-8-磺酸、周位酸。分子式 $C_{10}H_9NO_3S$，分子量 223.25。白色针状结晶，熔点大于 350℃。溶于 4800 份冷水、240 份热水，易溶于冰醋酸。遇三氯化铁呈紫色。由 1-萘磺酸经硝化成 1-硝基萘-8-磺酸，再经还原制得。可用于制造一系列染料及中间体，如苯基和甲苯基周位酸、氨基 C 酸-芝加哥酸、海军灰和硫化暗绿 3GW 等。

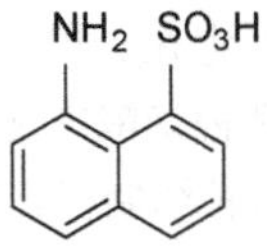

氨基脲 [semicarbazide] 又称氨脲。分子式CH_5N_3O，分子量75.07。为白色结晶。熔点96℃。溶于水，不溶于醚。易潮解。可以由尿素和水合肼缩合而成。是医药、农药等有机合成的中间体，用于生产呋喃西林、硝基呋喃妥因等药物。

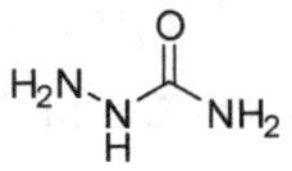

2-氨基乙醇 [2-aminoethanol] 即乙醇胺。

氨脲 [amino-ure] 即氨基脲。

氨缩脲 [carbamyl urea] 即缩二脲(缩氨脲)。

巴比妥酸 [barbituric acid] 即丙二酰脲。

巴豆醇 [crotyl alcohol] 即2-丁烯-1-醇。

巴豆醛 [crotonaldehyde] 即(*E*)-2-丁烯醛。

巴豆酸 [crotonic acid] 即(*E*)-2-丁烯酸。

白啶 [perimidine] 萘并[1,8-*de*]嘧啶的旧称。

白藜芦醚 [catechol dimethyl ether] 即藜芦醚。

杯芳烃 [calixarene] 一类有机化合物的统称。1942 年由金克(Zinke, 奥地利)首次合成得到，因其分子性状与希腊圣杯相似，故而得名。绝大多数的杯芳烃熔点较高，在 250℃以上。在常用的有机溶剂中的溶解度很小，几乎不溶于水。具有大小可以调节的“空腔”，能够形成主-客复合物，与环糊精、冠醚相比，是一类更具广泛适应性的模拟酶，被称为继冠醚和环糊精之后的第三代主体化合物。迄今为止，杯芳烃的应用主要是基于其可作为离子载体，用作离子交换剂、相转移催化剂及作为涂料、黏合剂等的组分。

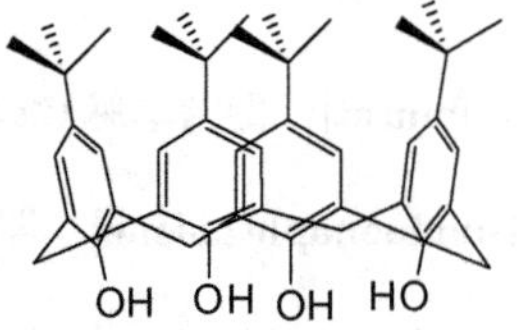

苝 **[perylene]** 分子式 $C_{20}H_{12}$，分子量 252.32。无色或黄色晶体。熔点 276～279℃，沸点 350～400℃，相对密度 d_4^{20} 1.35。易溶于酮、氯仿、二硫化碳中，微溶于乙醇、丙酮、乙醚，适量溶于苯、不溶于水，难溶于石油醚。溶于浓硫酸成绿色溶液，后又很快转变为蓝绿色至紫红色。低毒。对皮肤、黏膜有刺激作用。高浓度接触能引起肝、肾、肺等器官的损害。易燃。遇明火、高温有燃烧危险。可氢化及进行第尔斯-阿尔德(Diels-Alder)反应。储存时能逐渐聚合和氧化，需加微量对苯二酚作为稳定剂。存在于煤焦油中，可从沥青馏出液中提取制得，也可由菲和丙烯醛在无水氟化氢作用下反应制得，还可以重质苯为原料精馏制得。可用作油漆的溶剂，也可用于有机合成，合成人造树脂等。

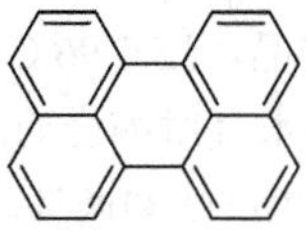

苯 **[benzene]** 分子式 C_6H_6，分子量 78.11。无色透明液体。熔点 5.5℃，沸点 80.1℃，相对密度 d_4^{20} 0.87865，折射率 n_D^{20} 1.5011。易溶于乙醇、乙醚、丙酮、氯仿、四氯化碳、乙酸等有机溶剂，微溶于水。有毒。其蒸气有强烈的毒性。急性中毒时出现酒醉状态、眩晕、瞳孔放大、视网膜出血、皮肤苍白、体温和血压下降、脉搏微弱，终因呼吸麻痹、痉挛而死亡。慢性中毒能使造血功能发生障碍，引起贫血。空气中若混有 2%的苯蒸气时，5～10 min 可使人受到致命的毒害。大鼠口服 LD_{50} 5700 mg/kg。液体苯有脱脂作用，可被皮肤吸收而使人中毒，应避免与皮肤接触。可发生加成、取代及开环反应。苯环比较稳定，与硝酸、高锰酸钾、重铬酸盐等氧化剂不发生反应。极易挥发。蒸气与空气能形成爆炸性混合物，爆炸极限为 1.3%～7.1%(体积分数)，易燃。燃烧时产生浓烟。可与卤素、浓硝酸、浓硫酸及酰氯、酸酐反应得苯的相应衍生物。主要来源于煤焦油及石油裂解产品的重整和芳构化。可用于生产苯酚、氯苯、硝基苯、顺丁烯二酸酐等许多重要化工原料、溶剂；也可用于合成染料、香料、农药、照相胶片以及石油化工制品的原料等。

苯胺 **[aniline]** 又称氨基苯。分子式C_6H_7N，分子量 93.13。油状液体。新蒸馏时无色，暴露于空气和光中逐渐变暗，最后呈棕黑色。具特殊气味。熔点-6.2℃，沸点184～186℃，闪点70～76℃。相对密度 d_4^{20} 1.022，折射率 n_D^{20} 1.5863。具有弱碱性。易溶于乙醇、苯、氯仿和其他大多数有机溶剂，只微溶于水，可随水蒸气挥发。易燃。有毒。使血色素变质，吸入体内引起头晕，周身无力。大鼠口服LD_{50} 440 mg/kg。化学性质活泼，能与酸成盐，并可发生卤化、酰化、重氮化等反应。应置密封避光处保存。由硝基苯还原制备。用于制备染料、药物及橡胶硫化促进剂等，也用于有机合成。

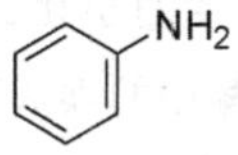

1-苯丙醇 **[1-phenyl-1-propanol]** 又称α-苯丙醇、α-乙基苯甲醇。分子式$C_9H_{12}O$，分子量136.19。无色油状液体，微芳香，味辛甜。沸点219℃，107℃/2 kPa，闪点90℃，相对密度 d_4^{20} 0.9915，折射率 n_D^{20} 1.5169。能与甲醇、乙醇、乙醚、苯、甲苯等混溶，微溶于水。口服有害，应避免与眼睛和皮肤接触。大鼠口服LD_{50} 1.59 g/kg。可由苯丙酮经硼氢化钾还原制得。可用于香料行业，用作传热介质，也是一种利胆药。

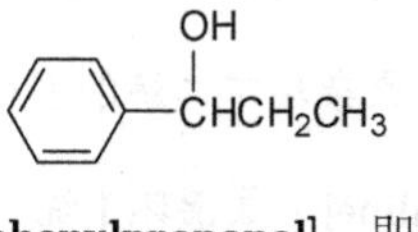

***α*-苯丙醇** **[α-phenylpropanol]** 即1-苯丙醇。

苯丙烯醇 **[3-phenyl-2-propen-1-ol]** 即肉桂醇。

***β*-苯丙烯醛** **[β-phenylacrolein]** 即肉桂醛。

苯并[*b*]吡啶 **[benzo[*b*]pyridine]** 即喹啉。

苯并[*c*]吡啶 **[benzo[*c*]pyridine]** 即异喹啉。

苯并[*b*]吡咯 **[benzo[*b*]pyrrole]** 即吲哚。

苯并[*c*]吡咯 **[benzo[*c*]pyrrole]** 即异吲哚。

2,3-苯并吡咯 **[2,3-benzopyrrole]** 即吲哚。

苯并吡喃 **[benzopyran]** 俗称色烯。苯环和吡喃环中的一个碳碳双键边并合构成的稠合不饱和环醚类化合物。分子式 C_9H_8O，分子量 132.16。分子中的亚甲基(—CH_2—)在2-位时称 *α*-色烯，在 4-位的称 *γ*-色烯，在 1-位的称异色烯，其结构式分别如下，其中前两种较为常见。

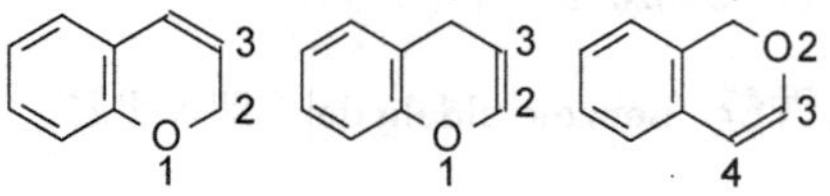

苯并-*α*-吡喃，无色液体，沸点 92～92.5℃(1.99 kPa)。相对密度 1.0993。苯并-*γ*-吡喃，沸点 77℃(1.19 kPa)。

α-色烯和 *γ*-色烯分子中的烯键、醚键和丙烯位亚甲基的性质，通常都与相应的苯取代化合物很类似。这两种化合物本身并不重要，但它们的某些衍生物却很重要。例如，许多花的颜色物质，即花色素，是苯并吡喃盐的衍生物。苯并吡

喃的羰基衍生物——苯并-α-吡喃酮和苯并-γ-吡喃酮就存在于许多天然化合物的结构中。

2*H*-苯并吡喃-2-酮 [**2*H*-benzopyran-2-one**] 又称2*H*-色烯-2-酮，俗称香豆素。苯环和α-吡喃酮分子中的*e*-边（碳碳双键）并合构成的含不饱和内酯型的稠杂环化合物。它的*c*-边并合异构体称异香豆素，都是天然香料的有效成分。其结构式分别如下：

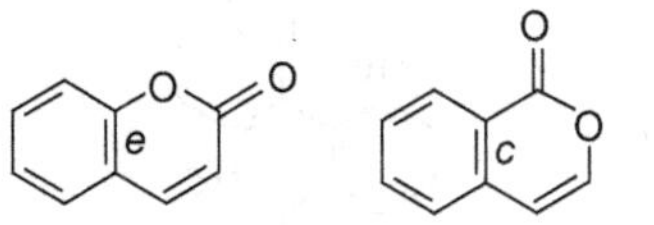

香豆素是具有升华性的白色性结晶，有香茅香气，并略有药香香韵。分子式 $C_9H_6O_2$，分子量 146.14，不溶于冷水，溶于热水、乙醇、乙醚、氯仿。熔点 68～73℃，沸点 298℃，相对密度 0.935，闪点 162℃，水溶性 1.7 g/L（20℃），冰箱保存。于 1820 年在黑香豆中发现。以苷的形式存在于许多植物中。具有黑香豆的浓重香味，亦具有新刈草甜香及巧克力气息，留香长久。新鲜的干草香气在很大程度上是由于在干燥新刈草过程中，苷在发酵分解时生成并释出香豆素。可用于制造香料。

4*H*-苯并吡喃-4-酮 [**4*H*-benzopyran-4-one, chromone**] 又称 4*H*-色烯-4-酮，俗称色酮。苯环和 γ-吡喃酮分子中的一个碳碳双键边并合构成的稠环环系。分子式 $C_9H_6O_2$，分子量 146.14。是多种天然产物分子的基本结构单元。无色针状晶体，熔点 59℃。溶于乙醇、乙醚、氯仿、苯和热水中。可升华。溶于浓硫酸显紫色荧光。与高锰酸钾作用得水杨酸。由邻羟基苯乙酮与甲酸乙酯在碱存在下缩合，产物再经酸催化闭环

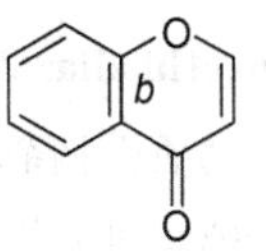

制取。苯并-γ-吡喃酮的衍生物广泛存在于植物中，有些为有色物质，故称其母体为色酮。

苯并吡喃盐 [**benzopyranium salt**] 具有 1-氧杂萘结构的芳香性阳离子。分子式 $C_9H_7O^+$，分子量 131.15。它和它的取代衍生物是天然花色素的基本结构单元。

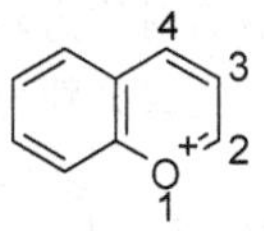

苯并[*b*]吡嗪 [**benzo[*b*]pyrazine**] 又称 1,4-苯并二嗪，曾称喹喔啉。一个苯环和吡嗪分子的碳碳双键边并合的芳香性稠杂环环系。白色结晶。分子式 $C_8H_6N_2$，分子量 130.15，熔点 29～30℃，沸点 229℃，相对密度 1.1334（40/4℃），折光率 1.6231（40℃）。易溶于水、醇、醚、苯。其一水合物熔点 37℃。可用于抗结核药物吡嗪酰胺的中间体。

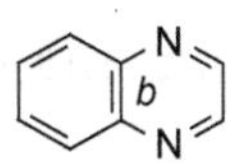

1*H*-苯并吡唑 [**1*H*-benzopyrazole**] 俗称吲唑。吡唑分子中的一个碳碳双键边和苯环并合构成的芳香性稠杂环化合物。分子式 $C_7H_6N_2$，分子量 118.14。其中较稳定的是 1*H*-异构体。白色针状结晶。熔点 146.5℃，沸点 267～270℃（99 kPa）。易溶于稀酸，溶于醇、醚和热水。常用于有机合成，一般通过邻氨基苯甲酸经重氮化、还原、环合、氯化得到 3-氯吲唑。然后，将 3-氯吲唑、红磷和氢碘酸混合回流 24 h，再经后处理精制而得。

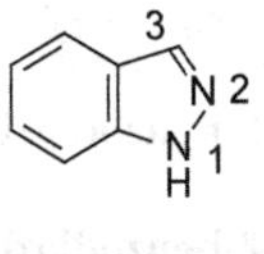

苯并哒嗪 [**benzopyridazine**] 又称 1,2-苯并二嗪。一个苯环和哒嗪分子的碳碳双键边并合的芳香性稠环环系。分子式 $C_8H_6N_2$，分子量 130.15。如：苯并[*c*]哒嗪，曾称“噌嗪”（cinnoline）；苯并[*d*]哒嗪，俗称“酞嗪”（phthalazine）。其结构式分别为

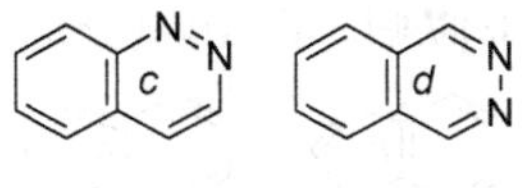

噌嗪可以与一分子乙醚共结晶，形成白色丝状管状固体，熔点 24～25℃，沸点 263.4℃，密度 1.183 g/mL。

酞嗪，浅黄色针状结晶，生化试剂，易溶于水，溶于乙醇、甲醇、乙酸乙酯、苯，微溶于乙醚，不溶于石油醚，熔点 90～91℃，沸点 315～317℃。

苯并代菲 [**pyrene**] 即芘。

苯并噁二唑 [**benzoxadiazole**] 噁二唑分子中的碳碳双键边和苯环并合构成的芳香性稠杂环环系。分子式 $C_6H_4N_2O$，分子量 120.11，密度（1.294±0.06）g/mL，沸点 186℃，闪点 70.8℃。

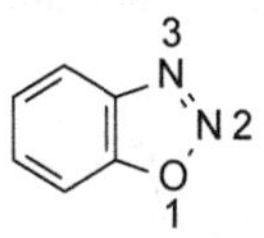

苯并噁嗪 [**benzoxazine**] 一个苯环和噁嗪分子中的碳碳双键边并合的稠杂环环系。分子式 C_8H_7NO，分子量 133.15。如：4*H*-1,4-苯并噁嗪，2*H*-1,3-苯并噁嗪，其结构式分别为

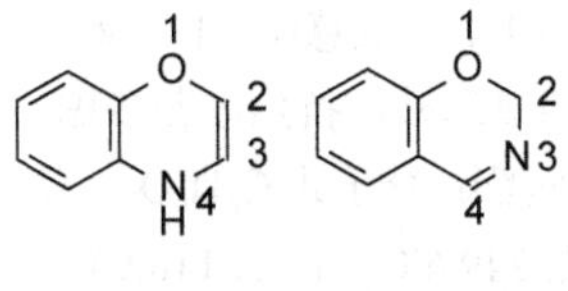

4*H*-1,4-苯并噁嗪，密度 1.14 g/mL，沸点 201.5℃，闪点 71.0℃。

2*H*-1,3-苯并噁嗪，密度 1.15 g/mL,沸点 228.8℃，闪点 77.9℃。

苯并噁唑 [benzoxazole] 一个苯分子和噁唑分子中的碳碳双键边并合时构成的芳香性稠杂环化合物。分子式 C_7H_5NO，分子量 119.12。无色棱柱状结晶。熔点 27～30℃，沸点 182～182℃，闪点 58℃，不溶于水，溶于乙醇。可燃，燃烧产生有毒氮氧化物烟雾。与稀酸易开环成邻甲酰胺基苯酚或邻氨基苯酚。可用作有机合成试剂。一些增感染料分子中也含有苯并噁唑环，例如彩色胶片的感绿增感剂等。

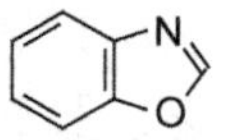

1,2-苯并二嗪 [1,2-benzodiazine] 即苯并哒嗪。

1,3-苯并二嗪 [1,3-benzodiazine] 即苯并嘧啶。

1,4-苯并二嗪 [1,4-benzodiazine] 即苯并[*b*]吡嗪。

苯并呋喃 [benzofuran] 曾称氧茚。一个苯环和一个呋喃环通过共用两个环碳原子并合而成的芳香性稠杂环体系。苯环和呋喃环的 2,3-边并合时称为苯并[*b*]呋喃；与其 3,4-边并合时称为苯并[*c*]呋喃。其结构式分别为

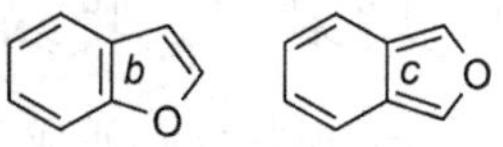

苯并[*b*]呋喃：分子式 C_8H_6O，分子量 118.13，密度 1.110 g/cm^3，沸点 174.0℃，闪点 56.1℃，无色油状液体，具有芳香味。不溶于水，可混溶于苯、石油醚、乙醇、醚。可用于乙胺碘呋酮及氧茚树脂的中间体以及有机合成中间体，制茚-古马隆树脂。

苯并[*c*]呋喃：分子式 C_8H_6O，分子量 118.13，密度 1.110 g/cm^3，沸点 190.8℃，闪点 68.4℃。

苯并呋喃酮 [benzofuranone] 一个苯分子和一个呋喃酮分子共用碳碳双键边时构成的稠环体系。如：1-苯并[*c*]呋喃酮(俗称"酞内酯"，phthalide)和 3-苯并[*b*]呋喃酮。其结构式分别为

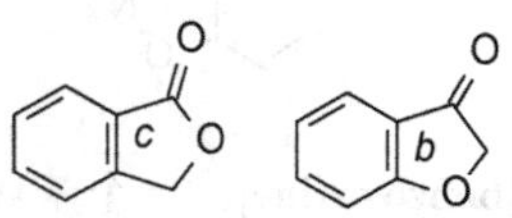

1-苯并[*c*]呋喃酮：分子式 $C_8H_6O_2$，分子量 134.13，密度 1.264 g/cm^3，沸点 290.0℃，闪点 124.8℃。白色固体，难溶于水，溶于甲苯等有机溶剂。可用作有机合成中间体，也可用于生产染料中间体 1,4-二氯蒽醌、1-氯蒽醌，抗凝血药苯基茚满二酮，杀菌剂四氯苯酞，抗焦虑药多虑平等。

3-苯并[*b*]呋喃酮：分子式 $C_8H_6O_2$，分子量 134.13，密度 1.264 g/cm^3，沸点 249.6℃，闪点 118.9℃。

苯并[*b*]喹啉 [benzo[*b*]quinoline] 即二苯并[*b*,*e*]吡啶。

苯并[*c*]喹啉 [benzo[*c*]quinoline; phenanthridine] 俗称菲啶。菲分子中的 9(10)-位环次甲基(═CH═)被氮原子置换的芳香性稠杂环。是一大类天然生物碱分子的基本骨架结构。无色针状晶体。分子式 $C_{13}H_9N$，分子量 179.22，熔点 107～109℃。沸点 349℃。微溶于水，溶于乙醇、乙醚、氯仿、苯和二硫化碳。水溶液呈蓝荧光。pK_a 3.30(50%乙醇水溶液)，碱性弱于喹啉及吖啶。其苦味酸盐熔点 235℃。

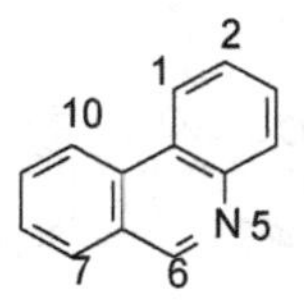

苯并咪唑 [benzimidazole] 咪唑分子中的碳碳双键边和苯环的一个边并合构成的芳香性稠杂环化合物。是多种药物(如维生素 B_{12})分子中的重要结构单元。苯并咪唑是片状结晶，分子式 $C_7H_6N_2$，分子量 118.14，熔点 169～171℃，沸点 360℃，闪点 360℃，溶于水和乙醇。苯并咪唑可用于制备杀菌剂抑霉唑、咪鲜胺等的中间体咪唑。有机合成中间体。测定钴的试剂。用于合成维生素 B_{12} 等药物和制备高分子化合物等。

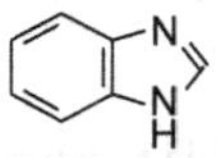

苯并嘧啶 [benzopyrimidine] 又称 1,3-苯并二嗪，曾称喹唑啉。一个苯环和嘧啶环的碳碳双键边并合的芳香性稠杂环环系。分子式 $C_8H_6N_2$，分子量 130.15，熔点 45～48 ℃，沸点 243 ℃，闪点 106 ℃。

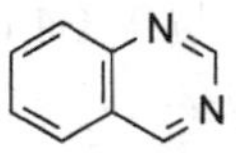

苯并噻二唑 [benzothiadiazole] 噻二唑分子中的碳碳双键边和苯环并合构成的芳香性稠杂环环系。分子式 $C_6H_4N_2S$，分子量 136.1744，密度 1.368 g/mL，熔点 42～44℃，沸点 206℃，闪点 81.4℃。常用于有机合成，需要阴凉处保存。

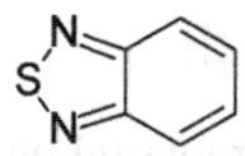

苯并噻吩 [benzothiophene] 曾称硫茚。一个苯环和一个噻吩环通过共用两个环碳原子并合而成的芳香性稠环体系。苯环和噻吩的 *b* 边并合时称为苯并[*b*]噻吩；与 *c* 边并合时称为苯并[*c*]噻吩。其结构式分别为

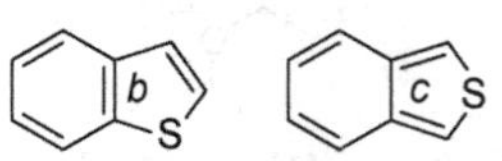

苯并[*b*]噻吩：分子式 C_8H_6S，分子量 134.20，密度 1.149 g/cm^3，沸点 221.0℃，闪点 62.0℃。可用作模型化合物、有机硫源、药物组合物如雷洛昔芬和抗骨质疏松剂等，用作光致变色材料和光学记录介质，还可作为制备前列腺素衍生物的中间体以及抗肿瘤制剂的反应剂，也可用于制备杂环氨

磺酰类的起始原料和合成无环硫代铂类化合物。

苯并[*c*]噻吩：分子式 C_8H_6S，分子量 134.20，密度 1.187 g/cm^3，沸点 231.2℃，闪点 66.8℃。

苯并噻嗪 [**benzothiazine**] 一个苯环和噻嗪分子中的碳碳双键边并合的稠杂环环系。分子式 C_8H_7NS，分子量 149.21。如：4*H*-1,4-苯并噻嗪，2*H*-1,4-苯并噻嗪。其结构式分别为

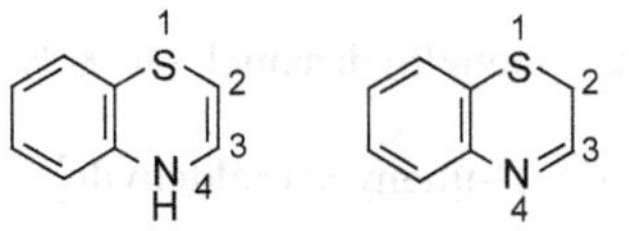

4*H*-1,4-苯并噻嗪，密度 1.193 g/mL，沸点 231.3℃，闪点 93.7℃。

2*H*-1,4-苯并噻嗪，密度 1.20 g/mL，沸点 285.7℃，闪点 126.6℃。

苯并噻唑 [**benzothiazole**] 噻唑分子中的碳碳双键边和苯环的一个边并合构成的芳香性稠杂环化合物。分子式 C_7H_5NS，分子量 135.19。无色液体，呈喹啉似气味。熔点 2 ℃，沸点 227～228℃，闪点≥100℃。相对密度 d_4^{20} 1.2460。几乎不溶于水，溶于乙醇、丙酮和二硫化碳。冰箱保存。用作照相材料、有机合成中间体，也可用作农业植物资源研究的试剂。

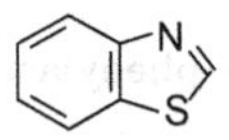

苯并三嗪 [**benzotriazine**] 一个苯环和三嗪分子中的碳碳双键边并合的芳香性稠杂环环系。分子式 $C_7H_5N_3$，分子量 131.13。如：1,2,3-苯并三嗪和 1,2,4-苯并三嗪。其结构式分别为

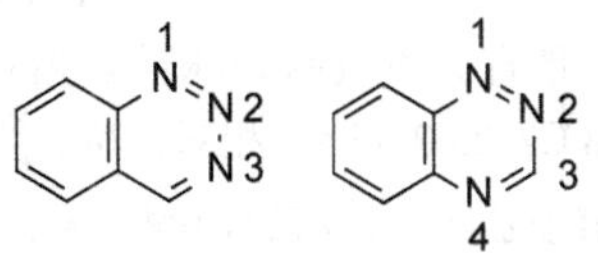

1,2,3-苯并三嗪：密度 1.270 g/mL，沸点 283.2℃，闪点 135.0℃。

1,2,4-苯并三嗪：密度 1.270 g/mL，沸点 283.4℃，闪点 105.6℃。

苯并三唑 [**benzotriazole**] 苯环和 1,2,3-三唑环中的碳碳双键边并合而成的芳香性稠杂环。分子式 $C_6H_5N_3$，分子量 119.12。如：1*H*-苯并三唑和 2*H*-苯并三唑。其结构式分别为

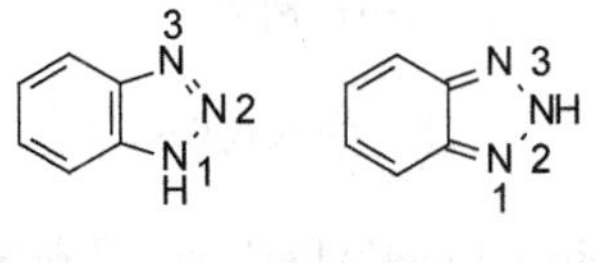

白色到浅粉色针状结晶，熔点 98.5 ℃，98～100 ℃升华。沸点 201～204 ℃(2.0 kPa)，159 ℃(0.267 kPa)。溶于醇、苯、甲苯、氯仿、*N*,*N* 二甲基甲酰胺及多数有机溶剂，微溶于水，易溶于热水、碱性水溶液中。

广泛用于金属的防锈和缓蚀剂，多用于铜及铜合金的气相缓蚀剂循环水处理剂，汽车防冻液，照相防雾剂，高分子稳定剂，植物生长调节剂，润滑油添加剂，紫外线吸收剂等。也可与多种阻垢剂，杀菌灭藻剂配合使用。

苯并异噁唑 [**benzisoxazole**] 异噁唑分子中的一个碳碳双键边和苯环并合构成的芳香性稠杂环化合物。分子式 C_7H_5NO，分子量 119.12。如：苯并[*d*]异噁唑和苯并[*c*]异噁唑。其结构式分别为

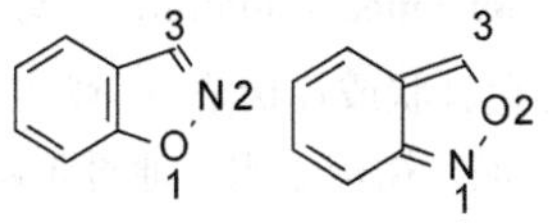

苯并[*d*]异噁唑，沸点 90～92℃(1.999 kPa)，密度 1.174 g/mL，折射率 1.5610；具弱碱性，溶于浓酸；硝化与溴化反应发生在 5 位；催化氢化或遇碱均易开环；由邻羟基苯甲醛的乙酰肟(O-$HOC_6H_4CH{=}NOOCCH_3$)加热脱乙酸制取。

苯并[*c*]异噁唑，黄色或红棕色透明液体，沸点 101～102℃(1.999 kPa)，相对密度 1.1827，折射率 1.5840。与 H_2 反应还原为邻氨基苯甲醛；在碱性溶液中加热生成邻氨基苯甲酸。由邻硝基苯甲醛用金属锡及盐酸小心还原制取。可用作有机合成试剂。

苯醋酸 [**phenylacetic acid**] 即苯乙酸。

1,3-苯二酚 [**1,3-dihydroxybenzene**] 即间苯二酚。

1,4-苯二酚 [**1,4-dihydroxybenzene**] 即氢醌。

苯酚 [**phenol**] 分子式 C_6H_6O，分子量 94.11。无色针状结晶或白色固体，有特殊气味。熔点 43℃，凝固点 41℃，沸点 181.75 ℃，相对密度 d_4^{20} 1.0576，折射率 n_D^{20} 1.5418。可与丙酮、四氯化碳、热苯和热水等任意混溶，易溶于乙醚、乙醇，溶于水、氢氧化钠溶液、氯仿和二硫化碳等，不溶于石油醚。属高毒类。有腐蚀性。能灼伤皮肤。显露在空气中或在光照下易变为红色，碱性条件下变色更快。可与三氯化铁反应呈紫色，其水溶液可与溴水定量反应生成白色沉淀，易被氧化，苯环上可发生芳香亲电取代反应，如卤化，硝化，磺化，弗-克烷基化、酰基化等；与碱作用能生成酚盐；酚羟基可烷基化、酰基化；可与甲醛发生缩合、聚合得酚醛树脂；在一定条件下与二氧化碳反应生成水杨酸。可由煤焦油经分离得到，也可由苯磺酸碱熔或氯苯的水解制得，还可经异丙苯的氧化重排制得。可用作消毒剂，广泛用于制造酚醛树脂、环氧树脂、锦纶纤维、增塑剂、显影剂、防腐剂、杀虫剂、杀菌剂、染料、医药、香料和炸药等。

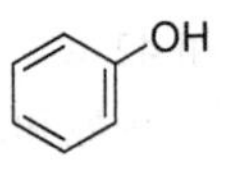

苯酐 [phthalic anhydride] 即邻苯二甲酸酐。

苯过氧甲酸 [perbenzoic acid] 分子式 $C_7H_6O_3$，分子量 138.11。无色或白色棱柱形结晶体，熔点 42℃，微溶于水，不溶于甲醇，溶于乙醇、乙醚、氯仿。具有强氧化性，遇热源和明火有燃烧爆炸的危险。与还原剂、促进剂、有机物、可燃物等接触会发生剧烈反应，有燃烧爆炸的危险。

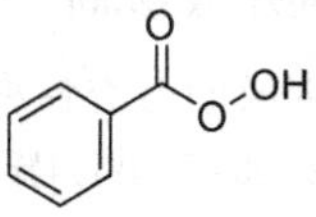

苯磺酰胺 [benzenesulfonamide] 分子式 $C_6H_7NO_2S$，分子量 157.19。白色针状或片状结晶。熔点 156℃，溶于热乙醇、乙醚，易溶于碱，微溶于水。通过苯磺酰氯氨化制得。它是有机合成、医药中间体。

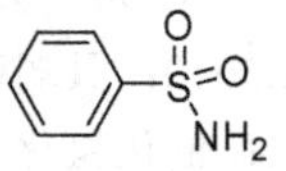

苯磺酰氯 [benzenesulfonyl chloride] 分子式 $C_6H_5ClO_2S$，分子量 176.61。无色油状液体。熔点 14.5℃，沸点 251～252℃(分解) 120℃/1.33 kPa，相对密度 d_4^{15} 1.3482。不溶于冷水，易溶于乙醇、乙醚。属有机有毒品，刺激眼睛、皮肤，引起化学灼伤，有腐蚀性。可由苯和氯磺酸反应制得。可用作农药、染料、医药的中间体，用于冰染染料色基如红色基 B、红色基 GL 及磺胺药物的制造，也可用作检定胺类的试剂。

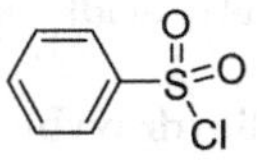

苯基苯 [phenylbenzene] 即联苯。

3-苯基-1-丙醇 [3-phenyl-1-propanol] 又称氢化肉桂醇。分子式$C_9H_{12}O$，分子量136.19。无色或浅黄色油状液体，有香味。沸点235℃，119℃/1.6 kPa，闪点109℃，相对密度 d_4^{20} 0.995，折射率 n_D^{20} 1.5357。能与乙醇、乙醚等混溶，微溶于水。可由肉桂酸乙酯经催化氢化制得，也可以由氯化苄制得格氏试剂，再与环氧乙烷反应，然后再水解制得。可用于香料的合成，以及药物中间体的合成。

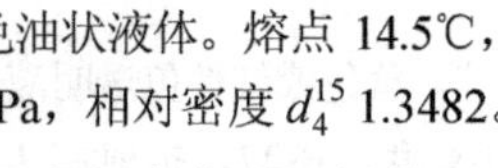

3-苯基丙烯 [3-phenyl-1-propene] 即烯丙苯。

3-苯基丙烯醛 [3-phenylacrolein] 即肉桂醛。

3-苯基-2-丙烯酸 [3-phenyl-2-propenoic acid] 又称肉桂酸。分子式 $C_9H_8O_2$，分子量 148.16。微有桂皮气味，是从肉桂皮或安息香中分离出的有机酸。有顺式和反式两种异构体，顺式、反式两种在自然界都存在。顺式有三种晶形，熔点分别为 68 ℃、58 ℃和 42 ℃，第一种结晶最稳定。微溶于冷水，溶于热水、乙醇、丙酮和冰醋酸。受热可脱羧成苯乙烯，经辐射作用后变为二聚体。反式可由苯甲醛与乙酸酐、乙酸钠缩合反应生成。可以作为配香原料，也可作为配香剂；医药上用于制局部麻醉剂、止血药、杀菌剂和作驱虫剂；还可用作测定铀、钒及分离钍的试剂等。

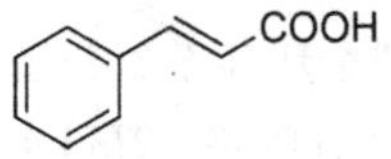

苯基甲烷 [phenylmethane] 即甲苯。

苯基联胺 [phenylhydrazine] 即苯肼。

2-苯基乙醛 [2-phenylacetaldehyde] 又称苯乙醛。分子式C_8H_8O，分子量120.14。无色油状液体。具有洋水仙的优雅香气。熔点33～34℃，沸点195℃，78℃/1.33 kPa，闪点86℃。相对密度 d_4^{20} 1.027，折射率 n_D^{20} 1.5293。溶于乙醇、乙醚，微溶于水。口服有害。对呼吸系统和皮肤有刺激性，使用时应避免吸入其蒸气，避免与眼睛和皮肤接触。具有醛的化学性质，不稳定，放置可聚合变稠。可由苯乙酸经催化还原制得，也可由2-苯乙醇在金属铜作用下用氧气氧化或铬酸氧化制得，还可由苯乙烯、苯基环氧乙烷、桂酸及其酯类作原料制得。可用作调和多种花香香精的原料，也可用于有机合成。

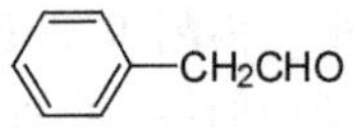

苯基乙烷 [phenylethane] 即乙苯。

***N*-苯基乙酰胺** [*N*-phenylacetamide] 即乙酰苯胺。

4-(2-苯基异丙基)苯酚 [4-(2-phenylisopropyl)phenol] 即 4-枯基酚。

苯甲醇 [benzyl alcohol; phenylcarbinol] 又称苄醇、*α*-羟基甲苯。含有苯基的脂肪醇。分子式 C_7H_8O，分子量 108.15。无色透明液体，带有芳香气味，味苦。熔点−15.3℃，沸点 205.35 ℃，105.8℃/ 2.67 kPa，相对密度 d_4^{20} 1.0419，折射率 n_D^{20} 1.5396。能溶于乙醇、乙醚、丙酮、苯、甲醇和氯仿中，微溶于水。低毒，有麻醉作用，对眼睛和呼吸道黏膜有刺激作用。大鼠口服 LD_{50} 3.1 g/kg。遇火、高温、强氧化剂及酸类有引起火灾的危险。化学性质活泼，能发生一系列醇的化学反应，在空气中易被氧化成苯甲醛。苯甲醇可由氯化苄在碳酸钠或碳酸氢钠水溶液中加热水解制得。可用于制备其他含有苄基的化合物，也可用于配制香料、香精及用作涂料、染料、纤维素脂、酪蛋白、圆珠笔油和油脂的溶剂，还可用于医药针剂中的附加剂及药膏、药液的防腐剂，尼龙、塑料薄膜的干燥剂，聚氯乙烯的稳定剂等。

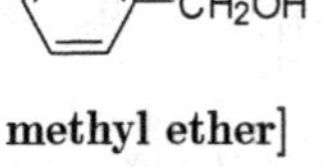

苯甲醚 [phenyl methyl ether] 即茴香醚。

苯甲醛 [benzaldehyde] 又称安息香醛、人造苦杏仁油。分子式 C_7H_6O，分子量 106.12。无色或微黄色的液体。略带苦杏仁味。强折光性。熔点-26℃，凝固点-56.5℃，沸点178℃，闪点 62℃。相对密度 d_4^{20} 1.0415，折射率 n_D^{20} 1.5463。可与乙醇、乙醚、氯仿混溶，微溶于水。低毒。对神经有麻醉作用，对皮肤有刺激性。大鼠口服 LD_{50} 1.3 g/kg。可随水蒸气挥发，在空气中易被氧化生成苯甲酸，受日光照射时更为明显，通常需密封和避光保存。具有芳香醛的化学性质，可被空气氧化成苯甲酸，在光线照射下更甚，可被硝酸银的氨溶液氧化，即发生银镜反应；可被还原成苯甲醇；歧化反应生成苯甲酸和苯甲醇等。广泛存在于蔷薇科植物中，可由甲苯经氯化、水解制得或经直接氧化制得，也可由苯甲醇经重铬酸钠氧化制得，还可由苯在三氯化铝作用下与一氧化碳和氯化氢加压反应制得。可用作医药、染料、香料的中间体，如制备肉桂醛、肉桂酸、苯甲酸苄酯、苄叉丙酮等，也可用于测定臭氧及羰基旁的亚甲基，检定酚及生物碱，还可用于调和皂用香精、食用香精等。

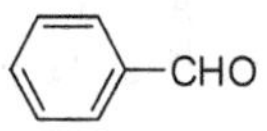

苯甲酸 [benzoic acid] 又称安息香酸、苯酸、苯蚁酸等。分子式 $C_7H_6O_2$，分子量 122.12。白色片状或针状晶体。熔点 122.4℃，沸点 249.2℃，相对密度 d_4^{20} 1.321，于 100℃左右开始升华。对皮肤有轻度刺激性。蒸气对上呼吸道、眼和皮肤产生刺激。在一般情况下接触无明显的危害性。遇高热、明火或与氧化剂接触，有引起燃烧的危险。微溶于水，溶于乙醇、氯仿、乙醚、苯、二硫化碳等。能随水蒸气挥发。在370℃时可分解为二氧化碳和苯，同时有少量分解为苯酚和一氧化碳。将甲苯以二氧化锰氧化或在乙酸钴催化下以空气进行液相氧化制得，也可用水蒸气将邻苯二甲酸酐脱羧制备。苯甲酸及其钠盐是食品最重要的防腐剂，也用于生产对苯二甲酸，合成染料和药物中间体，用作媒染剂、增塑剂和香料等。

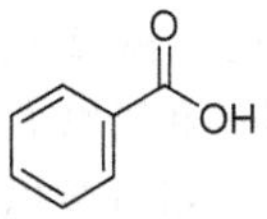

苯甲酰氯 [benzoyl chloride] 分子式 C_7H_5ClO，分子量 140.57。无色透明易燃液体，暴露在空气中即发烟。有特殊的刺激性臭味。蒸气刺激眼黏膜而催泪。凝固点-1.0℃，熔点-1.0℃，沸点 197.2℃，71℃(1.2 kPa)，相对密度 1.2120(20/4℃)，溶于乙醚、氯仿和苯。遇水或乙醇逐渐分解，生成苯甲酸或苯甲酸乙酯和氯化氢。可用作有机合成、染料和医药原料，制造引发剂过氧化二苯甲酰、过氧化苯甲酸叔丁酯、农药除草剂等。

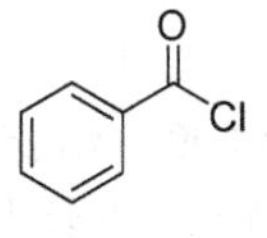

苯肼 [phenylhydrazine] 又称苯基联胺。分子式 $C_6H_8N_2$，分子量108.14。浅黄色油状液体。熔点19.5℃，沸点243.5℃(分解)，闪点88℃。相对密度 d_4^{20} 1.0986，折射率 n_D^{20} 1.6084。微溶于水和石油醚，溶于稀酸，能与醇、醚、氯仿和苯混溶，暴露置空气中或见光易变为褐色。有毒，吸入体内因溶血作用引起贫血和黄疸，能刺激皮肤引起皮炎。大鼠口服LD_{50} 188 mg/kg。由苯胺经重氮化、还原、酸析得苯肼盐酸盐，再经中和而得。是染料、医药、农药的中间体，用于生产色酚AS-G 、药物安替比林等。也可用作分析试剂。

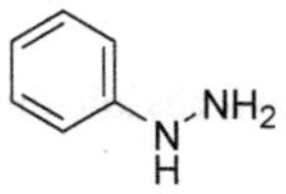

1,2-苯醌 [1,2-benzoquinone] 即邻苯醌。

1,4-苯醌 [1,4-benzoquinone] 即对苯醌。

苯醚 [phenyl ether] 即二苯醚。

苯偶姻 [benzoin] 又称安息香、二苯基乙醇酮、1,2-二苯羟乙酮。分子式 $C_{14}H_{12}O_2$，分子量 212.24。是一种类白色结晶粉末，熔点为 134～137℃。该化合物常用作光固化胶黏剂的光引发剂，适用于不饱和聚酯树脂、丙烯酸树脂等体系，但与树脂混合后的体系在暗处室温下储存时，易交联固化，固化物受紫外光或阳光辐照后会变成明显黄色。其用于合成时的最大特点是成本较低，它是最早用于紫外光固化体系的引发剂。近年来发展了一些新型光引发剂，如可见光引发剂、水溶性引发剂等。

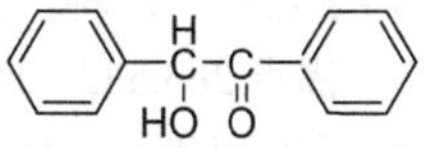

1,2,3-苯三酚 [benzene-1,2,3-triol] 即连苯三酚。

1,2,4-苯三酚 [benzene-1,2,4-triol] 又称羟基氢醌。分子式$C_6H_6O_3$，分子量126.11。从乙醚中提取得到的为片状结晶，由水中得叶片状或片状结晶。熔点140.5℃。不溶于三氯甲烷、苯，易溶于水、乙醚、乙醇。有毒。对皮肤、黏膜有很强的刺激性，而且能引起中毒。具有多元酚的化学性质。由对苯醌和乙酸酐制得1,2,4-苯三酚三乙酸酯，再在盐酸溶液中水解制得。可用于有机合成中间体，也可用作气体分析吸收剂。

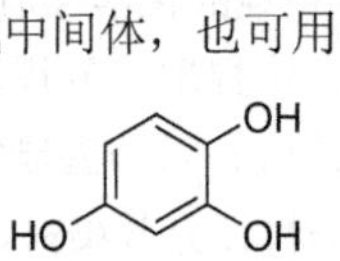

苯酸 [benzoic acid] 即苯甲酸。

苯氧基苯 [phenoxybenzene] 即二苯醚。

2-苯乙醇 [2-phenylethanol] 又称*β*-苯乙醇、苄基甲醇、*β*-羟基乙基苯。分子式$C_8H_{10}O$，分子量122.17。无色油状液体，有玫瑰香味。凝固点-27℃，沸点218.2℃，相对密度 d_4^{20}

1.0202，折射率 n_D^{20} 1.5325。能与乙醇、乙醚、丙酮等混溶，微溶于水。低毒，有麻醉作用。对眼睛、呼吸系统及皮肤有刺激性。遇火种、高温、强氧化剂有燃烧的危险。具有一级醇的化学性质，苯环上可发生硝化、磺化及卤化等芳香亲电取代反应；苯环上加氢可生成环己基乙醇；羟基可被卤原子取代；与有机酸发生反应生成酯。可由苯乙酸乙酯用乙醇和金属钠还原制得。可用作香料、香精，用于肥皂化妆品等行业，也可用于药物的调合剂及防腐剂，以及用于有机合成。

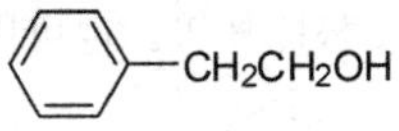

β-苯乙醇 [**β-phenylethylalcohol**] 即2-苯乙醇。

苯乙醛 [**benzeneacetaldehyde**] 即2-苯基乙醛。

苯乙炔 [**phenylacetylene**] 又称乙炔基苯。分子式 C_8H_6，分子量 102.14。无色油状液体。熔点-44.8℃，沸点 142.4℃，闪点 31℃。相对密度 d_4^{20} 0.9281，折射率 n_D^{20} 1.5470。可与乙醇、乙醚混溶，溶于丙酮、苯，不溶于水。易燃。具有类似于苯和炔烃的化学性质，可在苯环上发生芳香亲电取代反应，三键上发生加成、聚合等反应。可由 1-苯基-2-溴乙烯或 1,1-二溴苯乙烯与氢氧化钾反应或在液氨中与氨基钠反应，经脱卤化氢制得。可用于有机合成。

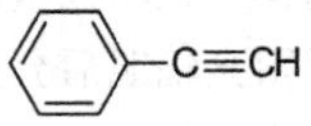

苯乙酸 [**benzeneacetic acid**] 俗称苯醋酸。结构式 $C_6H_5CH_2COOH$，分子式 $C_8H_8O_2$，分子量 136.15。无色片状结晶。易溶于热水，溶于乙醇、乙醚，微溶于冷水。相对密度 1.091。熔点 76.5℃。沸点 265.5℃。低毒，半数致死量(大鼠，经口) 1680 mg/kg。有刺激性。可用于有机合成，制造香料、植物生长刺激素。

苯蚁酸 [**phenylformic acid**] 即苯甲酸。

芘 [**pyrene**] 又称苯并代菲。分子式 $C_{16}H_{10}$，分子量 202.26。淡黄色单斜晶或片状结晶。熔点 151.2℃，沸点 404℃，相对密度 d_4^{23} 1.271。溶于醇、醚、苯、二硫化碳、甲苯、石油醚等有机溶剂中，不溶于水。吸入或口服有害。避免与皮肤及眼睛接触。具有芳香烃的化学性质。可被氧化生成 1,4,5,8-萘四甲酸。可从煤焦油中提取、硬煤脱氢，也可以二蒽油为原料，经真空精馏、萃取、重结晶制得。可用于有机合成，制备合成树脂、还原染料、分散染料、杀虫剂等。

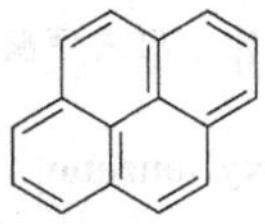

吡啶 [**pyridione**] 又称氮杂苯。苯分子中的一个次甲基(═CH—)被置换为氮原子，并具有类似苯环的六个环电子组成的大 π 键共轭体系的芳香性六元杂环。分子式 C_5H_5N，分子量 79.10。熔点-42～-40℃，沸点 115℃，闪点 20℃，密度 0.978 g/cm³。无色液体，有恶臭。溶于水、乙醇、丙酮、乙醚和苯、乙醚等多数有机溶剂，本身也可作溶剂。

吡啶的许多衍生物中，有些是重要的药物，有些是维生素或酶的重要组成部分。在工业上可用作变性剂、助染剂，以及合成一系列产品的起始物，包括药品、消毒剂、染料、食品调味料、黏合剂、炸药等。吡啶有毒，吸入、摄取或皮肤接触可导致男性生育能力降低，也可致癌。

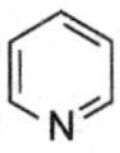

吡啶并[2,3-*b*]吡啶 [**pyrido[2,3-*b*]pyridine**] 俗称萘啶。萘分子中的 1,8-位两个环次甲基(═CH—)置换成两个氮原子时的具二氮杂萘结构的化合物。是类似于萘的芳香性稠杂环化合物。分子式 $C_8H_6N_2$，分子量 130.15，密度 1.183 g/mL，熔点 99.8～99.9℃，沸点 248.9℃，闪点 107.8℃。

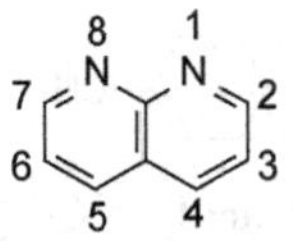

吡啶并[3,4-*b*]吲哚 [**pyrido[3,4-*b*]indole**] 俗称 β-咔啉。吡啶环一个碳碳边和吲哚环的 *b*-边并合的稠杂环类化合物。当 2-位环节原子是氮原子时，俗称 β-咔啉。浅黄色结晶。分子式 $C_{11}H_8N_2$，分子量 168.19，熔点 119～201℃，具碱性，与酸成盐。可用作有机合成试剂。

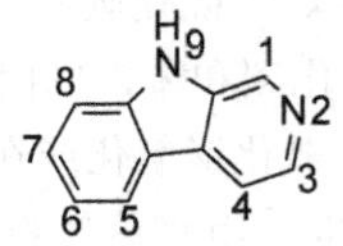

吡啶酮 [**pyridinone**] 分子中含有一个亚氨基(—NH—)、两个碳碳双键(—CH═CH—)和一个羰基(—CO—)的六元不饱和杂环化合物。分子式 C_5H_5NO，分子量 95.10。分子中的羰基和氮原子互为邻位时，称 2-吡啶酮；互为对位时，称 4-吡啶酮。此外也还有羰基和氮原子互为间位的 2*H*-3-吡啶酮和 6*H*-3-吡啶酮，但它们实际上主要以 3-羟基吡啶的形式存在。

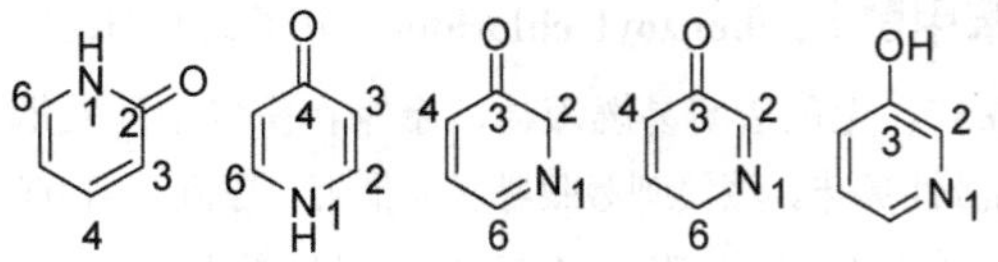

吡咯 [**pyrrole；azole**] 又称氮杂环戊二烯、氮杂茂、一氮唑。含有一个氮原子和两个共轭双键，并具有类似于苯环的六个 π 电子大共轭体系的五元芳香性杂环。其结构式为

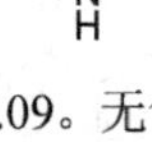

分子式 C_4H_5N，分子量 67.09。无色至带黄色液体，在长期储存过程中易受光的作用而聚合并转为棕色。具有甜果味。沸

点 130℃（分解），闪点 39℃，熔点–24℃。相对密度 d_4^{20} 0.967。折射率 n_D^{20} 1.508。溶于乙醇、乙醚、苯、稀酸和大多数非挥发性油，几乎不溶于水和稀碱。高毒，遇明火、高温、氧化剂较易燃；燃烧产生有毒氮氧化物烟雾。

对氧化剂不稳定。弱酸性，酸性比苯酚弱。可与浓碱成盐，不溶于稀碱。工业上来自煤焦油和骨焦油。可用 1,4-二羰基化合物与氨反应制取，或者由丁炔二醇与氨在催化下制备。其衍生物具有重要的生理作用，如叶绿素、血红素等。同时广泛用作有机合成、医药、农药、香料、塑胶工业等的原料。

吡咯啉酮 [pyrrolinone] 又称氮杂环戊烯酮。具有二氢-吡咯酮式结构的一类五元不饱和杂环。分子式 C_4H_5NO，分子量 83.09。如：5*H*-吡咯啉-2-酮，又称 3-吡咯啉-2-酮。

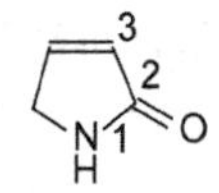

吡咯嗪 [pyrrolizine] 为吡咯并[1,2-*a*]吡咯，即两个吡咯环共用一个碳氮（C—N）边键的二环稠合环系。如：1*H*-吡咯并[1,2-*a*]吡咯和 3*H*-吡咯并[1,2-*a*]吡咯，其结构式分别如图所示，它们是一大类天然产物分子的基本结构单元。

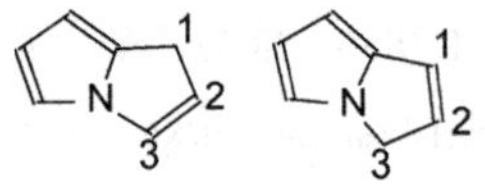

1*H*-吡咯并[1,2-*a*]吡咯：分子式 C_7H_7N，分子量 105.14，密度 1.06 g/mL，沸点 150.4℃，闪点 44.8℃。

3*H*-吡咯并[1,2-*a*]吡咯：分子式 C_7H_7N，分子量 105.14，密度 1.06 g/mL，沸点 186.5℃，闪点 66.6℃。

吡咯烷 [pyrrolidine] 即四氢吡咯。

α-吡咯烷酮 [α-pyrrolidone; α-pyrrolidinone] 即 2-氮杂环戊酮。

吡喃 [pyran] 环已二烯分子中的一个亚甲基（—CH_2—）被置换为氧原子，具有环状烯醚型结构的六元氧杂环化合物。分子式 C_5H_6O，分子量 82.10。分子中的亚甲基在 2-位时称为 α-吡喃（2*H*-吡喃），在 4-位时称为 γ-吡喃（4*H*-吡喃），都是天然产物的基本结构单元。其结构式分别为

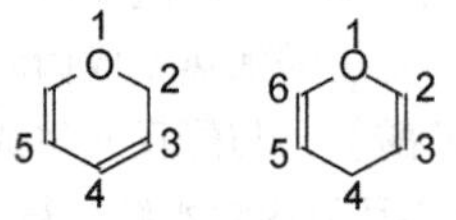

γ-吡喃为油状液体，沸点 80℃，折射率 n_D^{20} 1.4559。吡喃是多数苷类化合物（如葡萄糖，阿拉伯糖等）的基本结构。γ-吡喃可用丙烯醛和乙酸乙烯酯为原料合成。α-吡喃至今尚未合成，其衍生物可以合成，但一般不稳定。含吡喃环的衍生物已经在液晶材料中得到了广泛的应用。

吡喃酮 [pyranone] 环已二烯酮分子中的亚甲基（—CH_2—）被置换为氧原子后的六元不饱和含氧杂环。分子式 $C_5H_4O_2$，分子量 96.04。分子中的羰基在环氧原子的邻位时，称为 α-吡喃酮；在其对位时，称为 γ-吡喃酮。其结构式分别为

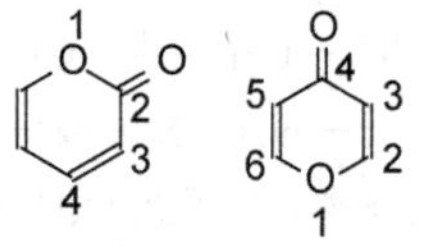

吡喃盐 [pyranium salt] 具有氧杂苯结构（六电子大 π 键共轭体系）的、含氧盐的芳香性正离子。是多种天然产物的基本结构单元。

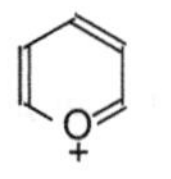

吡嗪 [pyrazine] 又称 1,4-二嗪、对二氮杂苯。具有 1,4-二氮杂苯型的结构，并有类似苯分子的六个环电子组成的大 π 键共轭体系的芳香性杂环化合物。分子式 $C_4H_4N_2$，分子量 80.09，熔点 50～56℃，沸点 115～116℃，密度 1.031 g/cm^3（25℃）。易燃，可溶于水。弱碱。芳香性与吡啶类似。工业上由哌嗪气相脱氢制得。吡嗪衍生物可由 1,2-二羰基化合物与乙二胺缩合，或由 α-氨基羰基化合物自身缩合后脱氢制得。可用作医药中间体，香精、香料中间体，主要用于合成配制肉类、巧克力、花生和爆玉米花等的多种香精，同时，又可作为合成抗结核药吡嗪酰胺、利尿药氨吡酰胍和口服降糖药格列吡嗪等多种医药和农药的中间体。

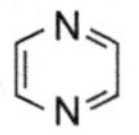

吡唑 [pyrazole] 又称 1,2-二唑。环戊二烯分子中的亚甲基（—CH_2—）置换为亚氨基（—NH—），其邻位的次甲基（═CH—）置换为氮原子，并具有类似于苯环的六电子大π键共轭体系的五元芳香性杂环。

分子式 $C_3H_4N_2$，分子量 68.08。熔点 67～70℃，沸点 186～188℃，闪点 186～188℃，密度 1.22 g/mL。吡唑的衍生物吡唑啉是医药和染料的重要中间体。

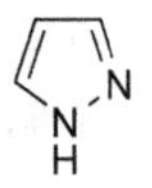

吡唑啉 [pyrazoline] 又称二氢吡唑。分子中含有两个相邻的氮原子和一个环内双键的五元不饱和杂环。按其环内双键的位置不同，有三种异构体：1-吡唑啉、2-吡唑啉和 3-吡唑啉，其结构式分别为

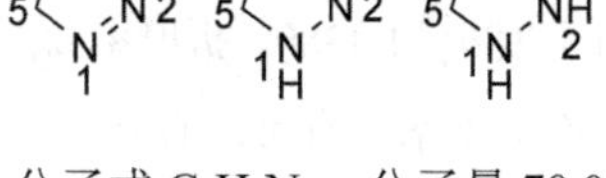

1-吡唑啉：分子式 $C_3H_6N_2$，分子量 70.09。

2-吡唑啉：分子式 $C_3H_6N_2$，分子量 70.09。沸点 142～144℃，密度 1.021 g/mL（20℃）。

3-吡唑啉：分子式 $C_3H_6N_2$，分子量 70.09。

吡唑啉酮 [pyrazolone]　又称吡唑酮。环戊烯酮分子中的—CH═CH—、—CH$_2$—CH═或—CH$_2$—CH$_2$—结构单元分别对应地被—N═N—、—NH—N═或—NH—NH—置换的一类不饱和五元杂环化合物。分子式 $C_3H_4N_2O$，分子量：88.11。如：2-吡唑啉-5-酮，又称“5（4*H*）-吡唑酮”。

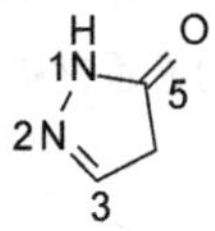

吡唑酮 [pyrazolone]　即吡唑啉酮。

吡唑烷 [pyrazolidine]　又称四氢吡唑。环戊烷分子中的一个亚乙基（—CH$_2$CH$_2$—）被一个 1,2-亚肼基（—NHNH—）置换后的饱和五元杂环化合物。分子式 $C_3H_8N_2$，分子量 72.11。熔点 10～12℃，沸点 138℃，闪点-9℃，密度 0.9952 g/cm^3（20℃）。

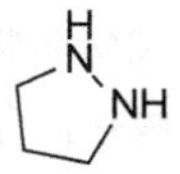

苄胺 [benzylamine]　分子式C_7H_9N，分子量107.16。液体。沸点185℃，相对密度 d_4^{19} 0.983，折射率 n_D^{20} 1.5401。易溶于水、乙醇、乙醚。对皮肤、黏膜有强刺激性。强碱。由氯化苄与氨反应制备。是重要的有机合成试剂。

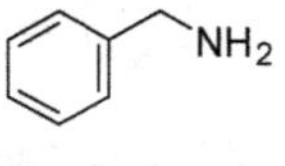

苄醇 [benzalcohol]　即苯甲醇。

苄基苯 [benzylbenzene]　即二苯甲烷。

苄基甲醇 [benzyl carbinol]　即2-苯乙醇。

苄基氯甲基醚 [benzyl chloromethyl ether]　称氯甲基苄基醚。分子式 C_8H_9ClO，分子量 156.61。无色液体。沸点 103℃/1.733 kPa、53～56℃/0.200 kPa，相对密度 d_4^{20} 1.1350，折射率 n_D^{20} 1.5192。有毒，具有催泪性。可由苄醇、甲醛、氯化氢反应制得。可作为有机合成中间体。

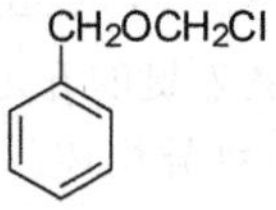

苄基溴 [benzyl bromide]　又称 *α*-溴代甲苯。分子式 $C_7H_{17}Br$，分子量 171.04。无色液体。熔点-3℃，沸点 201℃，闪点 86℃，相对密度 d_4^{20} 1.4380，折射率 n_D^{20} 1.5752。与乙醇、乙醚、苯混溶，不溶于水。有毒。有强烈的催泪性，能刺激皮肤、眼睛及黏膜，并能破坏中枢神经系统。在水中可缓慢地水解。具有一级卤代烷的化学性质，溴原子可被羟基、氨基、烷氧基等取代生成醇、胺、醚等。可由甲苯与溴在加热或光照下反应制得。可用作有机合成的中间体，制备各种苄基化合物，也可用作发泡剂。

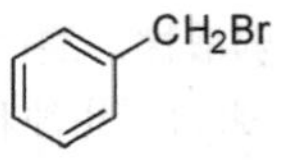

苄硫醇 [benzyl mercaptan; toluenethiol]　又称甲苯硫醇、硫代苄醇。分子式 C_7H_8S，分子量 124.20。无色液体。有葱臭味。沸点 194～195℃，闪点 70℃，相对密度 d_4^{20} 1.058，折射率 n_D^{20} 1.5751。易溶于乙醇和乙醚，溶于二硫化碳，不溶于水。有毒。吸入或口服有害。应避免吸入其蒸气，避免与眼睛及皮肤接触。在空气中易氧化成二硫化二苄。可由苄基异硫脲盐在碱性条件下水解，再经酸化制得。可用作有机合成的中间体。

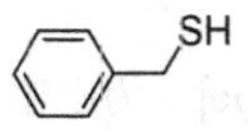

1-丙醇 [1-propanol]　又称正丙醇。分子式C_3H_8O，分子量60.10。无色透明液体，有芳香气味。易流动，易挥发，略有乙醇样气味。熔点-127℃，沸点97.2℃，相对密度 d_4^{20} 0.8053，折射率 n_D^{20} 1.3856。能与乙醇、乙醚、水互溶，有较低毒性，大鼠经口服LD_{50} 1.87 g/kg。具有饱和一元醇的化学性质，可被氧化或脱氢生成丙醛，可用浓硫酸脱水生成丙烯。可由丙醛经催化氢化制得。可直接用作制备正丙胺，以及植物油类、树脂类、天然橡胶等合成的溶剂，也可用于涂料溶剂及印刷油墨、化妆品等，还可用于生产医药、农药、食品添加剂、香料等。

$CH_3CH_2—CH_2OH$

1,2-丙二醇 [1,2-propanediol]　又称 1,2-二羟基丙烷、甲基乙二醇。分子式 $C_3H_8O_2$，分子量 76.11。无色透明黏稠液体，微辛辣味和甜味。熔点-59℃，沸点 189℃，96.4℃/2.67 kPa，闪点 107℃，相对密度 d_4^{20} 1.0361，折射率 n_D^{20} 1.4324。可与水、醇等任意比例混溶，溶于乙醚和苯。无毒，对人体皮肤、眼睛及黏膜无刺激作用。大鼠口服 LD_{50} 25 mg/kg。易吸潮，常温下较稳定，150℃以上易被氧化。具有饱和二元醇的化学性质，可与二元酸生成聚酯，与盐酸反应生成氯代醇，与硝酸反应生成硝酸酯，与稀硫酸加热生成丙醛，以及被某些氧化剂氧化生成草酸、乙酸等，与醛反应生成缩醛，可失水生成氧化丙烯等。可由 1,2-环氧丙烷水解制得。可用作制备不饱和聚酯、增塑剂、表面活性剂的原料，还可用作医药、食品工业、化妆品工业中的溶剂、乳化剂、防霉剂、润湿剂、防冻剂、脱水剂等。

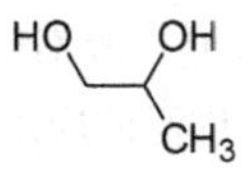

丙二酸 [**propanedioic acid**] 分子式 $C_3H_4O_4$，结构式 $CH_2(COOH)_2$，分子量 104.06。白色细小晶体，熔点 135.6℃，在真空中可升华。相对密度 d_4^{20} 1.63，易溶于水、乙醇、乙醚、吡啶等。对皮肤、黏膜有强烈刺激作用。由氰基乙酸或丙二酸二乙酯经水解制得。可用作铝的表面处理剂，香料和树脂的添加剂、黏合剂，用于制备巴比妥酸盐、维生素及其他药物等。

丙二烯 [**propa-1,2-diene**] 分子式 C_3H_4，分子量 40.06。无色气体。熔点–136℃，沸点–34.5℃，相对密度 d_4^{20} 1.787，折射率 n_D^{25} 1.416。溶于苯、石油醚，不溶于水。为一直线型分子，两个 π 键相互垂直。是一不稳定的化合物，易异构化为丙炔：

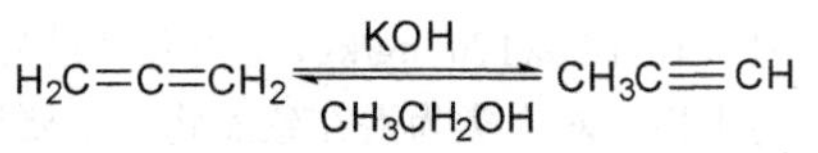

与稀硫酸作用生成丙酮，能给出铜、汞盐的沉淀，可与溴加成，也可进行环加成和聚合反应。可由 2,3-二氯丙烯在锌粉作用下脱卤素制得。可用于制备环丁烷及环辛烷的衍生物。

丙二酰脲 [**malonyl urea**] 俗称巴比妥酸。由丙二酸和脲缩合环化生成的六元环内酰脲。2,4,6-三羟基嘧啶的酮式互变异构体。分子式 $C_4H_4N_2O_3$，分子量 128.09。白色结晶性粉末，无臭。易溶于热水和醚，难溶于冷水和醇。熔点 248～252℃(分解)，沸点 260℃(分解)，闪点 150℃，水溶性 142 g/L(20℃)。易燃。可用作有机合成原料、医药、塑料和染料中间体。是巴比妥、维生素 B_{12} 等药品的中间体，也可用作聚合催化剂和制取苯并咪唑酮类有机颜料。还可用作比色法测定糖醛及多缩戊糖的试剂。

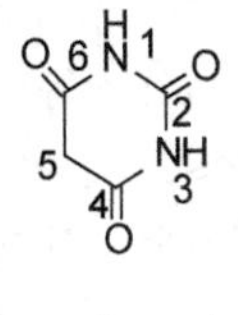

β*-丙内酯** [β*-lactone; 2-oxetanone**] 环氧原子和羰基为邻位的环内酯化合物。分子式$C_3H_4O_2$，分子量72.06。无色有刺激气味的液体。熔点–33.4℃，沸点162.3℃(分解)、80.0℃(6.65 kPa)、61℃(2.26 kPa)、51℃(1.33 kPa)，相对密度1.1460(25℃)，折光率1.4131，闪点70℃。能与丙酮、乙醚和氯仿混溶，在水中溶解为37%，其水溶解迅速全部水解。可用作药物、树脂和纤维改性剂的中间体，也可用作杀菌消毒剂，用于血浆和疫苗的杀菌，衍生物β-巯基丙酸是PVC稳定剂和医药的原料，灭活疫苗中的灭活剂。

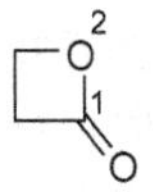

丙醛 [**propionaldehyde**] 分子式 C_3H_6O，分子量 58.08。无色透明液体，有窒息的刺激性气味。熔点–81℃，沸点 48.8℃，闪点–9.4℃，相对密度 d_4^{20} 0.8058，折射率 n_D^{20} 1.3636。溶于水，可与乙醇、乙醚混溶。低毒，大白鼠口服 LD_{50} 1.4 g/kg。一级易燃液体，与空气可形成爆炸性混合物，爆炸极限为 2.9%～17%(体积分数)。具有醛的一般性质，可发生加成、缩合、聚合、氧化、还原等反应；在紫外光、碘或热的影响下，易被分解为二氧化碳和乙烷。可由乙烯、一氧化碳和氢气在催化剂作用下制得，也可用丙醇经重铬酸盐氧化制备，还可用环氧丙烷在钒铬催化下异构化制得。可用作消毒剂、防腐剂、杀菌剂等；也可用于有机合成，制备丙酸、三羟甲基乙烷等化工产品及眠尔通、乙胺嘧啶、乙噻嗪等药物和除草剂、杀虫剂等农药。

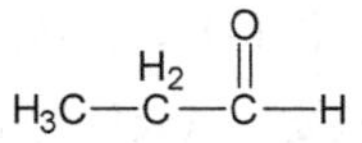

丙炔 [**propyne**] 又称甲基乙炔。分子式 C_3H_4，分子量 40.65。常温下是气体。熔点–105℃，沸点–23.3℃，凝固点–110℃，相对密度 $d_4^{23.3}$ 0.6714，折射率 n_D^{20} 1.3746。溶于乙醇、乙醚、氯仿、苯等，微溶于水。具有刺激性。易燃，化学性质和乙炔相似，能与许多物质发生反应，生成一系列中间化合物，炔氢具有酸性，可被金属置换。可由丙烯和卤素加成得二卤丙烷，在苛性钾的醇溶液存在下脱卤化氢制得；也可由丙醛与三溴化磷作用制得二卤化物，再经氢氧化钾脱卤化氢制得；还可由碘甲烷与乙炔的格氏试剂反应制得。可用作气相色谱对比样品，也可用作制备丙烯酸、丙烯醛、异丙醇等的原料。

$$CH_3—C≡CH$$

丙三醇 [**1,2,3-panetriol**] 即甘油。

丙酸 [**propanoic acid**] 分子式 $C_3H_6O_2$，分子量 74.08。无色油状液体，有刺激味和不愉快味。熔点–20.8℃，沸点 141℃，相对密度 d_4^{20} 0.9930，折射率 n_D^{20} 1.3809。溶于乙醇、乙醚和氯仿等，与水混溶。是木材干馏时的副产物，可由丙醇或丙醛经氧化生成，或以细菌发酵木浆废液制备。也可由乙醇与一氧化碳在高温高压下以三氟化硼催化反应得到，或由乙烯、一氧化碳和水蒸气在压力下，于 300～400℃用磷酸催化制得。纯丙酸可由丙腈制备。是重要的精细化学品，作食品和饲料添加剂，用于制备香料生产上用的丙酸酯，用作硝酸纤维素的溶剂和增塑剂。

$$CH_3CH_2COOH$$

丙酮 [**acetone**] 即 2-丙酮。

2-丙酮 [**2-propanone**] 又称丙酮、二甲酮。分子式 C_3H_6O，分子量 58.08。无色、易燃和易挥发液体，有刺激性的特殊气味，略有甜味。熔点–95.35℃，沸点 56.2℃，相对密度 d_4^{20} 0.7899，折射率 n_D^{20} 1.3588。蒸气能与空气形成爆炸性混合物，能与水、乙醇、乙醚、苯等混溶，能溶解油脂、树脂、橡胶等。有中等毒性。工业上由异丙苯经空气自动氧化，然后水解而得丙酮和苯酚，也可用粮食发酵法、木材干馏法和异丙醇催化氧化法等方法制备。丙酮是优良的溶剂和提取剂，广泛用于油漆工业、炸药、电影胶片的生产及化学纤维纺丝，也是生产药物及环氧树脂、聚碳酸酯、异戊橡胶和有机玻璃等的重要原料和试剂。是常用的溶剂。

丙烷 [propane] 分子式 C_3H_8，分子量 44.09。无色易燃气体。燃烧时光亮且有烟雾，与空气形成爆炸性混合物，爆炸极限 2.4%～9.5%(体积分数)。熔点–189.9℃，沸点–42.7℃。气体的相对密度 1.56(空气=1)，液体的相对密度 d_4^{25} 0.493。微溶于水。化学性质稳定。从天然气和石油的催化裂化气中分出。既是燃料和冷冻剂，也是制造乙烯和丙烯的原料。

$CH_3CH_2CH_3$

丙烯 [propene] 分子式 C_3H_6，分子量 42.08。无色易燃气体。熔点–185.2℃，沸点–47.8℃，液体的相对密度 d_4^{20} 0.5139。溶于乙酸、乙醇、水。与空气混合可形成爆炸性混合物，爆炸极限为 2.0%～11.1%(体积分数)。在高浓度时对人体有麻醉性。空气中最高容许浓度为 3.0 mg/m^3。化学性质活泼，可与氢气、卤素、卤化氢、水、无机酸、乙硼烷等发生亲电加成反应，生成丙烷、二卤丙烷、卤代丙烷、异丙醇、正丙醇等；与氯水加成生成 1-氯 2-丙醇；在路易斯酸的催化下与苯反应生成异丙苯，进一步反应生成丙酮和苯酚；通过氨氧化法可生成丙烯腈；甲基上的氢可发生 α 卤化反应；可聚合成聚丙烯。在工业上丙烯可由石油热裂解、经分馏制得，在实验室可由异丙醇与热的浓硫酸经脱水反应制得。是液化气的主要成分，是重要的化工原料，可用于制备丙烯醛。丙烯醛是制备烯丙醇、甘油醛、羟基乙醛及食品和饲料添加剂蛋氨酸的原料；也可用于制备丙烯腈，是合成纤维、合成橡胶及塑料的原料；还可用于制备烯丙醇、氯丙腈，是制备环氧树脂、氯醇橡胶、表面活性剂等的原料。

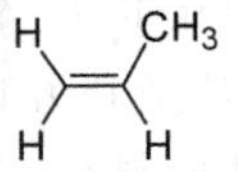

丙烯醛 [acrolein] 又称烯丙醛。分子式 C_3H_4O，分子量 56.06。无色或者淡黄色液体。易挥发，有强烈的刺激性气味。熔点–87.7℃，沸点 52.5℃。相对密度 d_4^{20} 0.8410，折射率 n_D^{20} 1.4017。能与大多数有机溶剂，如甲醇、乙醇、氯仿、乙酸乙酯、丙酮、乙酸、甲苯、二甲苯等混溶，可溶于水。剧毒品。对眼、鼻有刺激感觉、流泪。大鼠口服 LD_{50} 46 mg/kg。一级易燃液体。与空气可形成爆炸性混合物，爆炸极限为 2.8%～31%(体积分数)。具有醛基和双键的化学性质，化学性质不稳定，在光照射下，变成半透明的固体，能与酸、碱、胺、二氧化硫、硫脲、金属盐类、氧化剂等猛烈反应；在光照或在碱及强酸存在下容易聚合成二聚丙烯醛；易氧化成丙烯酸；可发生共轭加成反应。可加入 0.2%的对苯二酚作稳定剂。可由甘油及硫酸氢钾或硫酸镁、硼酸、三氯化铝在 215～235℃共热脱水制得，也可由甲醛与乙醛催化气相缩合制得，还可由丙烯空气催化氧化制得。主要用作油田注入水的杀菌剂，以抑制水中细菌的生长；也可用作有机合成的中间体，如制造饲料添加剂的蛋氨酸及其他医药的中间体，还可用于从钴、锰、镍中分离锌。

$H_2C{=}CH{-}CHO$

丙烯酰胺 [acrylamide] 分子式 C_3H_5NO，分子量 71.08。无色片状结晶。熔点84.5℃，沸点125℃/3.3 kPa，相对密度 d_4^{20} 1.122。易溶于水、氯仿、乙醇、乙醚和丙酮。有毒，有刺激性。小鼠口服LD_{50} 170 mg/kg，室内允许量为0.3 mg/m^3。对动物致癌为阳性，对人类为潜在致癌物。主要通过丙烯腈的水解制得，工业上主要有硫酸水合法和催化水合法。主要用于生产溶于水的聚合物，也可用作絮凝剂、增厚剂和造纸助剂。也是感光聚合物的一个组分，并可与其他的单体聚合制得多种用途的聚合物。

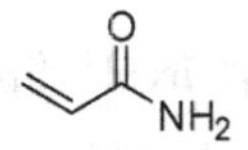

卟吩 [porphine] 分子式 $C_{20}H_{14}N_4$，分子量 310.34。深红色片状晶体，加热到 360℃变黑，但不熔化。易溶于吡啶、二氧六环和苯酚，微溶于氯仿、冰醋酸，不溶于甲醇乙醚和丙酮。是由四个吡咯环通过四个次甲基连成的平面分子，具封闭的连续的共轭体系，因此分子结构稳定，是一类大环吡咯色素卟啉的母体。由吡咯和甲醛在吡啶中共热或由 2-吡咯甲醛与甲酸回流制备。分子中的四个氮原子易与金属离子配位生成晶体状的金属络合物，形成各种极重要的天然存在的卟啉类物质，如叶绿素、血红素等。

草醛 [oxalaldehyde] 即乙二醛。

草酸 [oxalic acid] 即乙二酸。

橙花醛 [neral] 又称柠檬醛B、(Z)-3,7-二甲基-2,6-辛二烯醛。分子式$C_{10}H_{16}O$，分子量152.24。无色或橙黄色油状液体。有强烈的柠檬气味。沸点91～92℃/0.25 kPa，120℃/2.67 kPa，闪点101℃。相对密度 d_4^{20} 0.8869，折射率 n_D^{20} 1.4869。可与乙醇、乙醚混溶，不溶于水。为香叶醛的几何异构体。具有α,β-不饱和醛的化学性质，与香叶醛一样可被氧化银、臭氧、高锰酸钾等氧化剂氧化生成不同的产物。可由柠檬草油、柑橘油或山苍子油等经分离制得，也可用橙花醇经氧化制得。从天然产物中得到的柠檬醛、橙花醛占10%，而香叶醛占90%。可用于香料、化妆品及维生素A的制备。

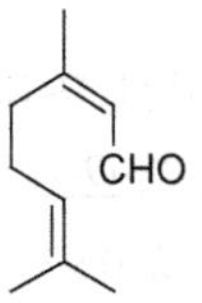

醋醛 [acetaldehyde] 即乙醛。

醋酸 [acetic acid] 即乙酸。

醋酸酐 [acetic anhydride] 即乙酸酐。

醋酸钠 [sodium acetate] 又称乙酸钠。结构式 CH_3COONa，分子式 $C_2H_3NaO_2$，分子量 82.03。无水醋酸钠是白色易潮解的粉末。三水合醋酸钠是无色无味的结晶体，在空气中可被风化，可燃。易溶于水，微溶于乙醇，不溶于乙醚。123℃时失去结晶水。但是通常湿法制取的有醋酸的味道。水中发生水解，呈碱性。主要用于印染工业、医药、照相、电镀、化学试剂及有机合成等。

醋酸乙酯 [ethyl acetate] 即乙酸乙酯。

醋酸正丁酯 [*n*-butyl acetate] 即乙酸正丁酯。

哒嗪 [pyridazine] 又称1,2-二嗪。具有1,2-二氮杂苯型的结构，并有类似苯分子的六个π电子组成的大π键共轭体系的芳香性杂环化合物。其结构式为

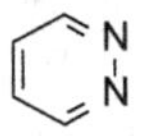

是含氮六元杂环吖嗪类杂环化合物，与嘧啶、吡嗪互为异构体。分子式 $C_4H_4N_2$，分子量 80.09，熔点−8℃(lit)，沸点 208℃，密度 1.103 g/cm³ (25℃)。不溶于石油醚，易溶于甲醇、乙醇和乙醚，与水、苯和二甲基甲酰胺混溶。弱碱，能与苦味酸、盐酸等形成盐；不容易发生芳香族的亲核和亲电取代反应；对高锰酸钾也很稳定；用钠或醇可被还原开链，转变为1,4-二氨基丁烷。广泛用作医药原料，例如长效磺胺SMP即为哒嗪的衍生物，抗疟药4-氨基噌啉、降血压药肼苯哒嗪等均是以哒嗪为原料制成的；也用作农药原料，制备除草剂“杀草敏”“乙氨哒酮”“溴杀草敏”“哒草醚”“抑芽丹”“哒草灭”“达草止”“杀虫剂”“打杀磷”等。

氮丙啶 [aziridine] 即氮杂环丙烷。

氮杂苯 [pyridine] 即吡啶。

10-氮杂蒽 [10-azanthracene] 即二苯并[*b*,*e*]吡啶。

氮杂环丙烷 [azacyclopropane; azirane; aziridine] 又称氮丙啶。含有一个氮原子和一个1,2-亚乙基(—CH_2CH_2—)的饱和三元环状仲胺。分子式 C_2H_5N，分子量 43.06。常温下为无色液体，有氨味。熔点−74℃，沸点 55～56℃，折射率 n_D^{25} 1.4123。能与水混溶，溶液呈碱性，遇酸或吸收二氧化碳易聚合。

该化合物是制备氨基甲酸脂类杀虫剂的中间体；在农药及医药合成中，是很有用的氨乙基化试剂。

氮杂环丙烯 [azacyclopropene; azirine] 曾称吖丙因。含有一个双键和一个氮原子的不饱和三元杂环。分子式 C_2H_3N，分子量 41.05。分子中的氮原子饱和时，称为1*H*-氮杂环丙烯；不饱和时，称为3*H*-氮杂环丙烯，其结构式分别为

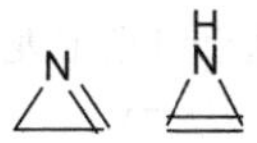

氮杂环丁二烯 [azacyclobutadiene; azete] 曾称吖丁。含有一个氮原子和两个环内双键的四元杂环化合物。分子式 C_3H_3N，分子量 53.06。

氮杂环丁酮 [azacyclobutanone; azetidinone] 含有一个氮原子和一个羰基的四元杂环化合物。当环氮原子在羰基的邻位时，为环内酰胺，俗称β-丙内酰胺，又称2-氮杂环丁酮(2-azetidinone)。分子式 C_3H_5NO，分子量 71.08。熔点 74～76℃，沸点 106℃，储存温度 2～8℃。是青霉素等一大类抗生素分子的基本骨架结构。

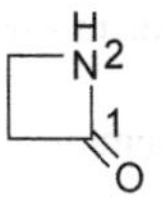

氮杂环丁烷 [azacyclobutane; azetidine; azetane] 又称三亚甲基亚胺，曾称吖丁啶。分子中含有一个亚胺基和一个1,3-亚丙基(—$CH_2CH_2CH_2$—)的四元环状胺类化合物。分子式 C_3H_7N，分子量 57.09。沸点 61～62℃，密度 0.847 g/mL/25℃，折射率 1.432。

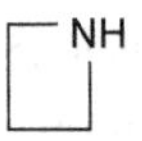

氮杂环庚三烯 [azacycloheptatriene; azepine] 又称氮杂䓬。含有一个氮原子和三个环内双键的七元环状不饱和胺类化合物。如：1*H*-氮杂䓬，2*H*-氮杂䓬和3*H*-氮杂䓬等，其结构式分别为

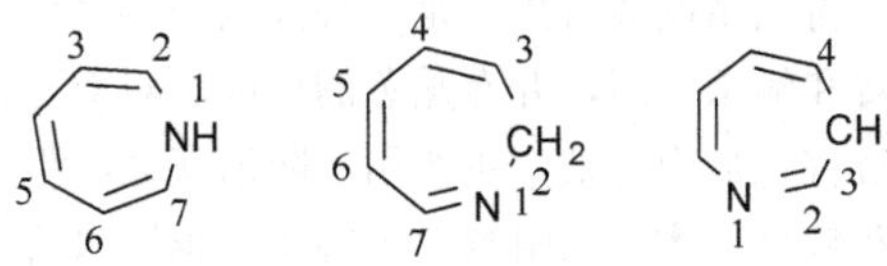

1*H*-氮杂䓬：分子式 C_6H_7N，分子量 93.13，密度 0.930 g/cm³，沸点 199.5℃，闪点 79.9℃；

2*H*-氮杂䓬：分子式 C_6H_7N，分子量 93.13，密度

0.88 g/cm³，沸点 180.6℃，闪点 54.3℃；

3*H*-氮杂草：分子式 C_6H_7N，分子量 93.13，密度 0.88 g/cm³，沸点 180.6℃，闪点 54.3℃。

氮杂环戊二烯 [azacydopentadiene] 即吡咯。

2-氮杂环戊酮 [2-azacyclopentanone] 俗称 α-吡咯烷酮。由 4-氨基丁酸分子内环化生成的五元环状内酰胺。分子式 C_4H_7NO，分子量 85.10。无色结晶。能与水、醇、醚、氯仿、苯、乙酸乙酯和二硫化碳混溶，难溶于石油醚。熔点 24.6℃，沸点 245℃，相对密度 1.116(25/4℃)，折光率 1.4870。可用作溶剂和有机合成中间体，用于合成树脂、农药、多元醇、油墨和碘的溶剂，也可用于制造尼龙-4 及乙烯基吡咯烷酮等。

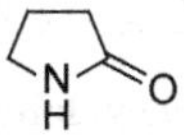

氮杂环戊烯酮 [4-azacydopent-2-on-1-one] 即吡咯啉酮。

氮杂环辛四烯 [azacyclooctatetraene; azocine] 曾称吖辛因。含有一个氮原子和七个次甲基(═CH—)的八元环状不饱和胺类化合物。是非平面的、不具有芳香性的分子。分子式 C_7H_7N，分子量 105.14，密度 0.86 g/cm³，沸点 217.7℃，闪点 77.0℃。

氮杂茂 [azacyclopentadiene] 即吡咯。

9-氮杂芴 [9-azafluorene] 即二苯并[*b*,*d*]吡咯。。

氮杂草 [azacycloheptatriene] 即氮杂环庚三烯。

敌百虫 [trichlorphon] 又称 *O*,*O*-二甲基-(1-羟基-2,2,2-三氯乙基)磷酸酯。分子式 $C_4H_8Cl_3O_4P$，分子量 257.43。白色结晶粉末。熔点 83～84 ℃，沸点 100℃/13.3 Pa，相对密度 d_4^{24} 1.73，10%水溶液的折射率 n_D^{20} 1.3439。蒸气压(20℃) 1×10⁻⁶ Pa。25℃水中的溶解度 15.4 g/100 mL，乙醚中为 17.0 g/100 mL，氯仿中为 75 g/100 mL。不溶于脂肪烃。在中性或弱酸性介质中稳定，在碱性溶液中转化成敌敌畏。对金属有腐蚀作用。雄大白鼠急性经口毒性 LD_{50} 630 mg/kg，雌大白鼠 560 mg/kg。可由甲醇与三氯化磷反应生成亚磷酸二甲酯，再与三氯乙醛进行缩合反应生成敌百虫。工业纯敌百虫用甲醇-水重结晶，得到精制敌百虫。是一种高效低毒杀虫剂，具有强烈的胃毒和触杀作用，并有熏蒸的性能。对双翅目、鳞翅目、鞘翅目害虫最为有效。主要用于防治蔬菜、果树、茶、桑、棉花和粮食作物上的咀嚼口器害虫，也用来防治卫生害虫。对多种作物一般不产生药害，但对高粱、大豆易发生药害。精制敌百虫作畜用驱虫药及抗丝虫病药。

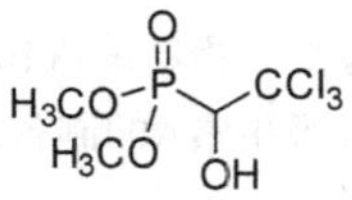

敌敌畏 [*O*,*O*-dimethyl-*O*-2,2-dichlorovinyl phosphate (DDVP)] 又称 *O*,*O*-二甲基-*O*-(2,2-二氯乙烯基)磷酸酯。分子式 $C_4H_7Cl_2O_4P$，分子量 220.97。无色至琥珀色液体，有芳香味。沸点 374℃，熔点–60℃，闪点 75℃，相对密度 d_4^{35} 1.415，折射率 n_D^{35} 1.4523。室温下水中的溶解度约为 10 g/L，在煤油中溶解 2%～3%，能与大多数有机溶剂混溶。对热稳定，但能被水解。具有熏蒸、胃毒和触杀作用，对咀嚼口器害虫(如蚜虫、红蜘蛛等)和刺吸口器害虫(如菜青虫、黄条跳甲等)均有良好的防治效果。其蒸气压较高，对害虫有极强的击倒力。施药后易分解，持效期短。使用方法多种多样、简便易行，颇受欢迎。适用于防治棉花、果树、蔬菜、甘蔗、烟草、茶、桑等作物上的多种害虫。对蚊、蝇等家庭卫生害虫以及仓储害虫米象、谷盗等也有良好的防治效果。但因毒性较大，许多国家已禁止生产和使用。

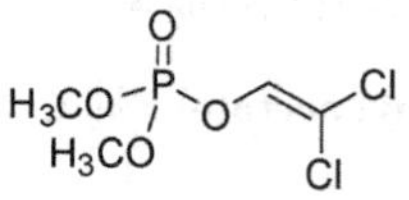

碲吩 [tellurophene] 环戊二烯分子中的亚甲基(—CH_2—)被碲原子置换的五元芳香性杂环。分子式 C_4H_4Te，分子量 179.68。熔点–36℃，沸点 150℃，密度 2.13 g/mL。

碘仿 [iodoform] 又称三碘甲烷、海碘仿、黄仿。分子式 CHI_3，分子量393.73。淡黄色有光泽的结晶或粉末，有滑腻感，刺激的辛辣气味。熔点123℃，沸点218℃，相对密度 d_4^{20} 4.008。溶于热乙醇、乙醚、丙酮、氯仿、二硫化碳和乙酸等，不溶于水和苯。能随水蒸气挥发，加热温度超过熔点时分解并析出碘。有毒性。可由乙醇、丙酮等与碘在氢氧化钠溶液中加热反应制得。主要用作医药和生物化学中的防腐剂和消毒剂。

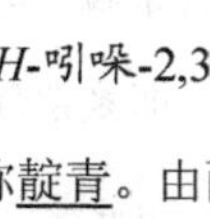

靛红 [isatin] 即 1*H*-吲哚-2,3-二酮。

靛蓝 [indigo] 又称靛青。由两个吲哚酮分子在其 2-位以双键连接而成的二聚体。是一类天然染料的基本骨架结构。分子式 $C_{16}H_{10}N_2O_2$，相对分子质量 262.26。蓝色粉末。无臭，微溶于水、乙醇、甘油和丙二醇，不溶于油脂。0.05%的水溶液呈深蓝色。耐光性、耐热性、耐酸性、耐碱性、耐盐性、耐氧化性、耐细菌性都差，且还原时褪色，但染着力好。最大吸收波长(610±2) nm。熔点>300℃，密度 1.01g/cm³(20℃)。靛蓝铝色淀为带紫的蓝色细粉末，无臭。不溶于水和有机溶剂。耐光、耐热性比靛蓝好。主要用于棉纱、棉布、羊毛或丝绸的染色。还原靛蓝主要用于染棉纱、棉布，是染蓝色牛仔布的主要染料。也用于羊毛、丝绸染色以及作为食用色素和有机颜料。

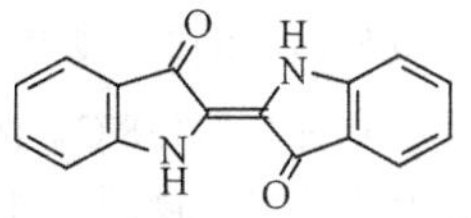

靛青 [indigo]　即靛蓝。

蝶啶 [pteridine]　由嘧啶和吡嗪两个六元单杂环通过它们的碳碳边键并合而成的，具有类似于萘环的大 π 键共轭体系的芳香性稠杂环。是多种天然产物分子的基本骨架结构。分子式 $C_6H_6N_4$，分子量134。淡黄色片状结晶。熔点137～138.5℃。溶于水及乙醇。自然界存在的蝶啶，以含有氨基和羟基的衍生物最重要，一般很难溶于有机溶剂，但溶于稀盐酸和氢氧化钠溶液。从蝴蝶翅膀上提取到的黄蝶呤、白蝶呤等，都是蝶啶环的衍生物。可由4,5-二氨基嘧啶与乙二醛反应制取。可用于合成和生化研究。

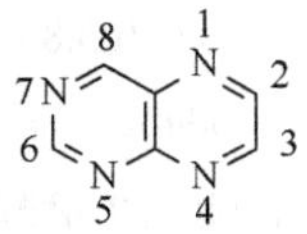

丁撑氧 [tetramethylene oxide]　即四氢呋喃。

1,4-丁二醇 [1,4-butanediol]　又称1,4-二羟基丁烷。分子式 $C_4H_{10}O_2$，分子量90.12。无色无臭黏稠油状液体，低温时为针状结晶，味苦，有吸湿性。熔点20.1℃，沸点235℃，闪点121℃，相对密度 d_4^{20} 1.0171，折射率 n_D^{20} 1.4460。与水可任意混溶，溶于乙醇，微溶于乙醚。有毒，口服有害、有刺激性。人接触后产生麻醉作用。易燃。具有饱和二元醇的化学性质，与稀硝酸反应可生成丁二酸，遇碳酸钾溶液可产生沉淀。可由乙炔与甲醛反应，再经高压氢化制得，也可由顺丁烯二酸酐加氢制得。可用作气相色谱的固定液，也可用作溶剂、交联剂、湿润剂，还可用于生产四氢呋喃及生产工程塑料、树脂、纸张、橡胶和医药的原料等。

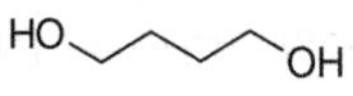

1,3-丁二炔 [1,3-butadiyne]　又称二乙炔。分子式 C_4H_2，分子量 50.06。常温下是气体，低温下是液体或固体。熔点–36～–35℃，沸点 9.5～10℃，相对密度 d_4^0 0.7364，折射率 n_D^{25} 1.4386。溶于苯、石油醚、四氯化碳、二硫化碳等，不溶于水。极易爆炸。在空气中的爆炸极限为 1.5%～100%。是一种没有爆炸上限的危险性物质。一般不把其作为产品进行出售、运输或储存。是带有三键的高度不饱和碳氢化合物，非常活泼，能与金属离子生成盐，可与氢氧化钠反应生成炔钠，与亲核试剂，如甲醇、胺等加成，容易聚合。可由乙炔为原料，乙炔铜为催化剂与甲醛作用制得2-丁炔-1,4-二醇，再经氯化得1,4-二氯-2-丁炔，再在氢氧化钾溶液中脱氯化氢制得；也可从乙炔的裂解气中回收二乙炔。还可由把乙炔通入氯化亚铜的氨溶液中得乙炔铜，再加入氯化铜溶液得二乙炔铜，再加酸制得。可作为聚合物的单体，也可用于有机合成。

$$HC\equiv C—C\equiv CH$$

丁二酸 [butanedioic acid]　俗称琥珀酸。分子式 $C_4H_6O_4$ 或 $(CH_2COOH)_2$，分子量 118.09。白色棱状晶体，有酸味。熔点 188℃，沸点 235℃(分解)，相对密度 d_4^{25} 1.572，折射率 n_D^{20} 1.450。溶于水、乙醇、甲醇、甘油、丙酮，不溶于苯、四氯化碳、石油醚等。是重要的有机试剂。氧化脂肪或将酒石酸发酵均可生成丁二酸，也可由顺丁烯二酸或顺丁烯二酸酐经催化氢化制备。可用于制有机颜料、醇酸树脂、橡胶硫化促进剂、表面活性剂、植物生长促进剂、农药杀菌剂、喷漆、染料。医药上用作巴比土酸的解毒剂、抗痉挛剂、祛痰剂和利尿剂等。

丁二酸酐 [succinic anhydride]　即二氢-2,5-呋喃二酮。

丁二酮 [butanedione]　即2,3-丁二酮。

2,3-丁二酮 [2,3-butanedione]　又称丁二酮。分子式 $C_4H_6O_2$，分子量86.09。黄色油状液体，有酯的气味，稀溶液有奶油气味，是黄油和其他一些天然产物香味的主要成分。熔点–2.4℃，沸点88℃，相对密度 d_4^{20} 0.990，折射率 n_D^{20} 1.3951。溶于约4倍量的水中，与乙醇、乙醚相混溶。可还原为丁二醇，与两分子羟胺作用生成的丁二酮肟是鉴定镍离子的重要试剂。丁二酮存在于奶油和茴香油中，工业上可由甲基乙基酮与亚硝酸作用，再用稀硫酸水解制得。或将乙烯基乙炔通入硫酸汞溶液，然后经水解制得。实验室中可用二氧化硒氧化丁酮制取。用作奶油、人造奶油、干酪和糖果等食品的增香剂，照相黏合剂以及作明胶的硬化剂。

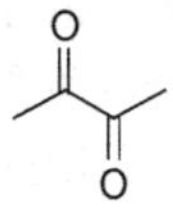

1,3-丁二烯 [1,3-butadiene]　又称乙烯基乙烯。分子式 C_4H_6，分子量 54.09。带有微弱芳香味的无色气体，易气化。熔点–113℃，冰点–108.9℃，沸点–4.41℃，闪点–76.1℃，相对密度 d_4^{20} 0.6211，折射率 1.4223。自燃温度 804℃。溶于醇和醚，不溶于水。毒性较小。其毒性与乙烯类似，但对皮肤和黏膜的刺激性较强，经呼吸道和消化系统吸收影响神经系统，严重者失去知觉，高浓度时呈麻醉作用。液态丁二烯低温可造成冻伤。工作场所最高允许浓度为 2.2 g/m³。在空气中的爆炸极限 2.16%～11.47%。易燃。应防火、防热储存。避免与强氧化剂、卤素、强酸、氧化物等接触。化学性质活泼，易与卤素、卤化氢以及含氧、氮、硫等化合物发生加成反应，能发生双烯加成反应，与芳烃可发生烷基化反应。在有氧气存在下容易聚合，工业品常含有阻聚剂以防止在运输和储存期间自动聚合。以乙醛经羟醛缩合后，加氢再失水制得。也可经丁烷、丁烯脱氢或由四碳馏分经分馏制得。可用作色谱分析标准物，也可用于合成制备人造橡胶、丁钠橡胶、顺丁橡胶、丁苯橡胶等，还可用于合成树脂。

$$CH_2{=}CH{-}CH{=}CH_2$$

丁二酰亚胺 [succinimide] 即琥珀酰亚胺。

丁基乙烯 [butylethylene] 即1-己烯。

丁醚 [butyl ether] 又称二丁醚、二正丁醚、正丁醚。分子式 $C_8H_{18}O$，分子量 130.23。无色液体，微有乙醚气味。熔点–95.2℃，沸点 142℃，闪点 37.8℃，相对密度 d_4^{20} 0.7704，折射率 n_D^{20} 1.3992。不溶于水，易溶于丙酮，可与乙醇、乙醚等多种有机溶剂混溶。毒性较小，对眼睛、呼吸系统及皮肤有一定刺激性。具有醚的一般性质，较稳定，可形成过氧化物；与磷酸、五氧化二磷及碘化钾的混合物加热时，生成碘代丁烷；与四氯化钛一起加热时，生成氯化物；氯化时，生成氯代丁醚。可由正丁醇在浓硫酸作用下反应制得。可用作天然及合成油脂、树脂、橡胶、有机酸酯、生物碱等萃取和精制的溶剂及多种有机反应的溶剂；也可用作分离稀土元素的溶剂，测定铋的试剂等。

$$CH_3CH_2CH_2CH_2OCH_2CH_2CH_2CH_3$$

γ-丁内酯 [γ-butyrolactone] 即1-氧杂环戊-2-酮。

丁酸 [butanoic acid] 又称酪酸。分子式$C_4H_8O_2$，分子量88.11。无色透明油状液体，有不愉快的酸败气味。干酪腐败时的发酵产物，在牛奶中以甘油酯的形式存在。熔点–4.5℃，沸点165.5℃，相对密度 d_4^{20} 0.9577，折射率 n_D^{20} 1.3980。与水、乙醇、醚等混溶。与水成共沸物，沸点99.4℃，含丁酸18.6%。可由淀粉和糖适宜发酵制备，也可将丁醛或丁醇氧化得到。可用于制造丁酸纤维素，合成各类丁酸酯，为甜酒、汽水、糖果等的香料成分，并用于鞣制皮革。还可作阻燃剂、医药防霉剂等。

$$CH_3CH_2CH_2COOH$$

丁酮 [butaone] 即2-丁酮。

2-丁酮 [2-butanone] 又称丁酮、甲乙酮。分子式 C_4H_8O，分子量72.11。无色易燃液体，有丙酮气味。熔点–86.3℃，沸点79.6℃，相对密度 d_4^{20} 0.8054，折射率 n_D^{20} 1.3788。溶于约4倍的水中，与醇、醚、苯、氯仿等混溶。与水形成恒沸点混合物，含丁酮88.7%，沸点73.4℃。蒸气与空气能形成爆炸性混合物，爆炸极限体积分数为2.0%～12.0%。低毒，蒸气刺激眼、鼻，长期接触可致皮炎。可由2-丁醇经催化脱氢或选择性氧化制得，也可由1-丁烯和苯反应生成二级丁基苯，再经氧化、重排制得丁酮和苯酚。主要用作硝化纤维、乙烯基树脂和涂料的溶剂，也用作润滑油的脱蜡剂及有机合成的原料等。

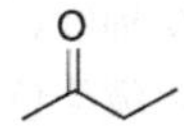

丁烷 [butane] 分子式 C_4H_{10}，分子量 58.12。无色气体。熔点–138.4℃，沸点–0.5℃，相对密度 d_4^{20} 0.5788，气体的相对密度 d=2.046(空气=1)，闪点–138℃。溶于醇、醚、氯仿和水。易燃，与空气形成爆炸性混合物，爆炸极限 1.6%～8.5%(体积分数)。化学性质比较稳定，但在高温或光照条件下，可发生卤化、硝化、磺化等自由基取代反应，产物为混合物。高浓度时使人麻醉，是简单的窒息剂。存在于石油、天然气和石油裂化气中。实验室用丁烯催化加氢及卤代乙烷的偶联反应制备。丁烷和丙烷的混合物是液化石油气，用作燃料；工业上丁烷用于乙烯、丙烯及丁二烯的生产。

$$CH_3CH_2CH_2CH_3$$

2-丁烯 [2-butylene；2-butene] 分子式 C_4H_8，分子量 56.11。无色气体。(*Z*)-2-丁烯：熔点–139.3℃，沸点 3.72℃，闪点–37.7℃，燃点 323.89℃，相对密度 d_4^{20} 0.6213，折射率 n_D^{20} 1.3931。(*E*)-2-丁烯：熔点–105.8℃，沸点 0.88℃，相对密度 d_4^{20} 0.6042，折射率 n_D^{20} 1.3848。二者均溶于苯、乙醇、乙醚，不溶于水。属低毒类，能引起弱的麻醉和刺激作用。极易燃。与空气混合能形成爆炸性混合物，爆炸极限为 1.8%～9.7%。具有典型的烯烃的化学性质，能发生加成、异构化反应。在铂、钯等催化剂的作用下加氢生成丁烷。可由石油裂解制得。可用作燃料、溶剂、有机化工原料及高聚物单体。

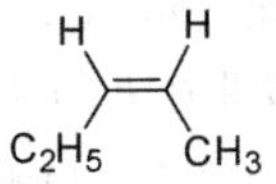

(*Z*)-2-戊烯

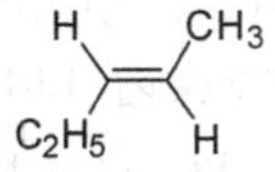

(*E*)-2-戊烯

2-丁烯-1-醇 [2-buten-1-ol] 又称巴豆醇。分子式 C_4H_8O，分子量72.10。无色透明液体，有特殊臭味，有顺式、反式两种异构体。顺式巴豆醇：熔点–90.15℃，沸点122℃，闪点37℃，相对密度 d_4^{20} 0.8662，折射率 n_D^{20} 1.4342。反式巴豆醇：熔点–30℃，沸点121.2℃，闪点37℃，相对密度 d_4^{20} 0.8521，折射率 n_D^{20} 1.4288。两种异构体都能与醇混溶，溶于水。可燃，有中等毒性，吸入或与皮肤接触有害。大鼠口服 LD_{50} 0.93 mL/kg。可由乙醛经羟醛缩合，再经脱水、加氢制得。可用于有机合成，制备增塑剂、土壤熏蒸剂、除草剂、药物和涂料等。

$$H_3C{-}CH{=}CH{-}CH_2{-}OH$$

3-丁烯-1-醇 [but-3-en-1-ol] 即高烯丙醇。

(*E*)-2-丁烯醛 [(*E*)-2-butenal] 又称巴豆醛、β-甲基丙烯醛。分子式 C_4H_6O，分子量 70.09。无色或略带黄色的透明液体。有刺激性气味。熔点–74℃，沸点 104～105℃，闪点 8℃。相对密度 d_4^{20} 0.8495,折射率 n_D^{20} 1.4366。可与苯、甲苯混溶，易溶于乙醇、乙醚、丙酮，溶于水。中等毒性。对眼睛、皮肤、黏膜有强刺激性。长期接触会引起记忆力衰退。可催泪。易燃。可与空气形成爆炸性混合物，爆炸极限为 2.95%～15.5%(体积分数)。具有碳碳双键、醛、α,β-不饱和醛的化学性质。化学性质活泼。受空气和光线影响会变成淡黄色。易形成树脂状的二聚体，可被空气氧化生成巴豆酸。可由乙醛经羟醛缩合反应、脱水制得。可用于制备丁醛、正丁醇、2-乙基己醇、山梨酸、丁烯酸等产品，也可用于制备发泡剂、抗氧剂、硫化促进剂、防腐剂、杀虫剂以及军用化学品等，还可用作测定铜以及矿物油纯化的溶剂。

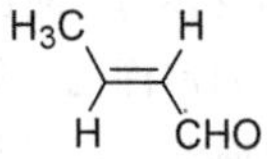

1-丁烯-3-炔 [1-butene-3-yne] 即乙烯基乙炔。

(*E*)-2-丁烯酸 [(*E*)-2-butenoic acid] 俗称巴豆酸。分子式 $C_4H_6O_2$，分子量 86.09。白色针状或棱柱形晶体。熔点 71.4～71.7℃，沸点 184.7℃，相对密度 d_4^{20} 1.018。溶于水、乙醇、丙酮等。为不饱和脂肪酸。可由巴豆醛经空气或氧气氧化制备，或由乙醛与丙二酸在无水乙醚中在吡啶存在下反应生成。可用作合成橡胶的软化剂；还可用作增塑剂、药物及制造各种树脂、杀菌剂、表面涂料的原料。巴豆酸与乙酸乙烯酯的共聚物广泛用于纸张生产和纸张产品的处理等。

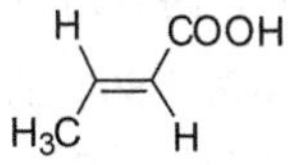

豆蔻酸 [myristic acid] 即十四烷酸。

对氨基苯磺酸钠 [sodium 4-aminobenzenesulfonate] 分子式 $C_6H_6NO_3SNa$，分子量 195.17。闪光的片状晶体，工业制得品带两分子结晶水。易溶于水，其水溶液为中性。由对氨基苯磺酸和碳酸钠作用制得。可制取酸性染料、直接染料、反应染料及防染剂 H、助溶盐 B、增白剂 BG 等助剂。还可用作农药敌锈钠，主要用于防治小麦锈病。

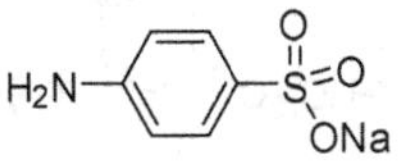

对氨基苯磺酰胺 [4-aminobenzene sulfonamide] 分子式 $C_6H_8N_2O_2S$，分子量 172.20。白色颗粒或粉末状结晶，无臭，味微苦。熔点 165～166℃，相对密度 1.08。微溶于冷水、乙醇、甲醇、乙醚和丙酮，易溶于沸水、甘油、盐酸、氢氧化钾及氢氧化钠溶液，不溶于氯仿、乙醚、苯、石油醚。由乙酰苯胺经氯磺化、胺化、水解、中和制得。除用来制取结晶磺胺供外用消炎外，还可以合成其他磺胺类药物，如磺胺脒、磺胺甲氧嗪、磺胺甲基嘧啶等。

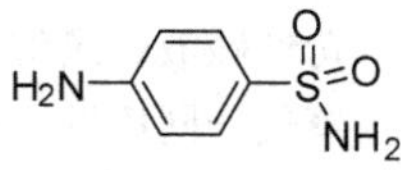

对苯二酚 [hydroquinone] 即氢醌。

对苯醌 [*p*-benzoquinone] 又称 1,4-苯醌。分子式 $C_6H_4O_2$，分子量 108.10。纯的对苯醌为亮黄色晶体，带有与氯气相似的刺激性气味，熔点为 115～117℃，溶于乙醇、乙醚、热石油醚，易溶于热水，不溶于冷水；不纯的样品常由于醌氢醌(对苯醌与氢醌所形成的 1∶1 电荷转移络合物)的存在而颜色黯淡。有毒，对眼睛、呼吸系统和皮肤有刺激性，长期接触可引起眼晶状体浑浊。可以和一分子或两分子溴加成生成二溴或四溴化物，也可以和共轭双烯发生双烯加成反应。工业上用苯胺于稀硫酸中以二氧化锰氧化或由对苯二酚的氧化制备。对苯醌含有非芳香性的六元环，是氢醌(对苯二酚)的氧化产物。对苯醌有多种反应性：既表现出酮的性质(可以形成肟)，又可以表现出氧化性(还原产物为氢醌)，还表现出烯的性质(可以发生加成反应，尤其是 α,β-不饱和酮的典型反应)。在强的无机酸或强碱存在下都不稳定，发生缩聚与分解等反应。醌是一大类醌染料的母体，主要用于染料工业、鞣革、照相等。

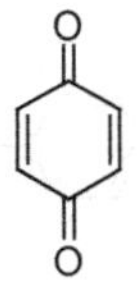

对称二氯乙烷 [sym-dichloroethane] 即二氯乙烷。

对二氮杂苯 [pyrazine] 即吡嗪。

对二甲苯 [*p*-xylene (PX)] 又称 1,4-二甲基苯。分子式 C_8H_{10}，分子量 106.17。无色透明液体。熔点 13.3℃，沸点 138.3℃，闪点 25℃，相对密度 d_4^{25} 0.8567，折射率 n_D^{20} 1.4933。与醇、醚和其他有机溶剂混溶，不溶于水。一级易燃液体。在车间空气中最高允许浓度为 100 mg/m^3。大鼠口服 LD_{50} 5 g/kg。稀硝酸氧化可生成对甲基苯甲酸，继续氧化生成对苯二甲酸，与其他氧化剂的作用和邻二甲苯类似。对二甲苯在碳酸钠水溶液和空气存在下，于 250℃、6 MPa 压力下生成对甲基苯甲酸、对苯二甲酸。用钴盐催化，在 120℃经空气液相氧化生成对甲基苯甲酸。氯化反应也与其他二甲苯类似。可用作溶剂，也可用于制造对苯二甲酸和对甲基苯甲酸。

对茴香醛 [*p*-anisaldehyde] 即 4-甲氧基苯甲醛。

对甲苯酚 [*p*-cresol] 又称 4-甲基苯酚、4-羟基甲苯。分子式 C_7H_8O，分子量 108.14。无色棱柱状结晶。有苯酚的气味。熔点 34.77℃，沸点 201.9℃，117.7℃/5.33 kPa，88.6℃/1.3 kPa，闪点 86℃。相对密度 d_4^{40} 1.0185，折射率 n_D^{20} 1.5312。

微溶于水，溶于热水、苛性碱液、氯仿，可与乙醇、乙醚、丙酮、苯混溶。能与水蒸气一同挥发。有毒。有刺激性。能引起头痛、呕吐、高血压、震颤，尿中排酚量增多等症。大鼠口服 LD_{50} 207 mg/kg。可燃。可被生物降解。具有与苯酚类似的化学性质，可由甲苯与硫酸磺化，生成对甲苯磺酸，再经碱熔、酸化制得，也可从煤焦油副产品粗酚中分馏制得。可用作合成抗氧剂、橡胶防老剂、塑料的增塑剂、农药及染料的原料，也可在医药工业中用作消毒剂等。

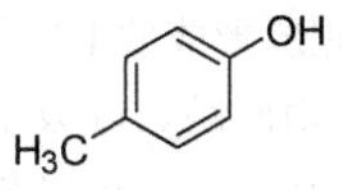

对甲苯磺酸 [*p*-toluenesulfonic acid] 又称4-甲基苯磺酸。分子式 $C_7H_7O_7S$，分子量 172.20。白色叶状或柱状结晶。熔点 106～107℃，沸点 140℃/2.67 kPa。易溶于水，溶于醇和醚，难溶于苯和甲苯。有时以含 1 分子或 4 分子结晶水的形态存在。具有中等毒性，对皮肤、眼睛和结膜有刺激性，其钠盐无毒。可用作医药(如强力霉素)、农药(如三氯杀螨醇)、染料等的中间体。也可用于洗涤剂、塑料、涂料等方面。其相应的钠盐，对甲苯磺酸钠($CH_3C_6H_4SO_3Na$)可用作碳酸氢铵的防结块添加剂，以及在合成洗涤剂生产中用作料浆的调理剂。

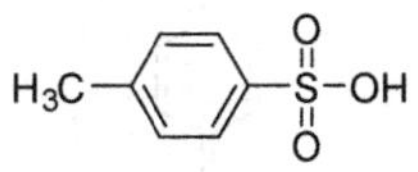

对甲苯磺酰胺 [4-methylbenzenesulfonamide] 分子式 $C_7H_9NO_2S$，分子量 171.21。白色结晶。熔点 138.5～139℃，其水合物的熔点是 105℃，溶于乙醇，微溶于水和乙醚。高温分解，产生有毒气体。通过对甲苯磺酸与氨水反应制得。用于制造染料、增塑剂、合成树脂、涂料、消毒剂、木材加工光亮剂。

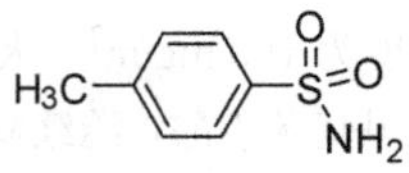

对甲苯磺酰氯胺钠 [chloramine T] 即氯胺T。

对甲基苯甲醇 [4-methylbenzyl alcohol；4-methylphenyl carbinol] 又称4-甲基苄醇。分子式 $C_8H_{10}O$，分子量122.17。无色针状晶体。熔点61～52℃，沸点217℃，相对密度 d_4^{20} 0.98。溶于醇、醚、氯仿，微溶于水。具有一级醇以及苄醇的化学性质。可由甲苯经氯甲基化得对甲基氯化苄，再经水解制得。可用作有机合成的中间体，用来制备增塑剂、表面活性剂、香料等；也可作为溶剂，如涂料的高沸点溶剂、圆珠笔的油溶剂等，还可用于羊毛等的染色助剂、橡胶的再生剂、照相化学品等方面。

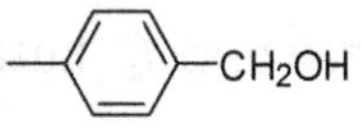

对甲氧基苯甲醛 [*p*-methoxybenzaldehyde] 即4-甲氧基苯甲醛。

对硫磷 [parathion；*O*,*O*-diethyl *O*-(4-nitrophenyl) phosphorothioate] 又称乙基1605、乙基对硫磷、一六〇五。分子式 $C_{10}H_{14}NO_5PS$，分子量 291.26。无色油状液体，有蒜臭。熔点 6℃，沸点 375℃，闪点 174℃，相对密度 d_4^{25} 1.2656，折射率 n_D^{25} 1.5370。水中溶解度为 24 mg/L(25℃)，微溶于石油醚及煤油，可与多数有机溶剂混溶。在碱性介质中迅速地水解；在中性或微酸性溶液中较为稳定；对紫外光与空气都不稳定。由二乙基硫代磷酰氯在三甲胺催化下与对硝基酚钠合成而得。为广谱性杀虫剂，具有触杀、胃毒、熏蒸作用，无内吸传导作用，但能渗入植物体内。对昆虫作用很快，高温时杀虫作用显著增快，可用于防治棉花、苹果、柑橘、梨、桃等果树害虫，地下害虫及麦红蜘蛛等。对温血动物毒性高，大鼠口服 LD_{50} 3.5～12.5 mg/kg。不得与碱性农药混用，不可用于防治蔬菜和卫生害虫，粮食作物及果树收获前 30 天禁止使用。

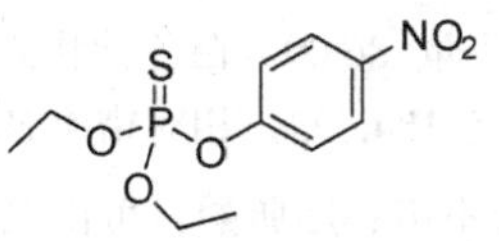

对三联苯 [*p*-terphenyl] 即1,4-二苯基苯。

对叔丁基邻苯二酚 [*p*-*tert*-butylcatechol] 又称4-叔丁基-1,2-苯二酚。分子式 $C_{10}H_{14}O_2$，分子量166.22。无色晶体。熔点54(2)℃，沸点285℃，闪点130℃，相对密度 d_4^{60} 1.049。不溶于冷水和石油醚，微溶于80℃的水，溶于甲醇、四氯化碳、苯、甲苯、乙醚、乙醇、丙酮、三氟乙酸。高毒。有腐蚀性。对眼睛及呼吸系统均有刺激性。能灼烧和强烈刺激皮肤。易吸潮，吸潮后即变为黏稠状液体。易氧化。可燃。应置于阴凉、通风、干燥处，远离火及热源。隔绝氧化剂、苛性碱，避光保存。可由邻苯二酚与叔丁醇在二甲苯、磷酸介质中反应制得，也可由邻苯二酚与异丁烯在磷酸催化下反应制得。可用作烯烃单体蒸馏或储运时的高效阻聚剂，也可用作抗氧剂、杀虫剂的稳定剂和烯烃聚合的抑制剂等。

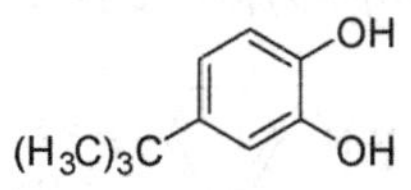

对乙酰氨基苯乙醚 [*p*-acetophenetidide] 又称非那西汀、对乙氧基乙酰苯胺。分子式 $C_{10}H_{13}NO_2$，分子量 179.22。白色有光泽的鳞片状结晶或白色结晶性粉末。无臭，味微苦。熔点 137～138℃，折射率 n_D^{20} 1.5710。难溶于冷水，略溶于沸水，微溶于乙醚，溶于乙醇和氯仿；溶于浓硫酸时不显颜色，向溶液中滴入硝酸后即呈橙黄色。可由乙酰氨基苯酚与乙醇钠、碘乙烷作用制得，也可由对氨基苯乙醚与乙酸酐反应制得。可用作有机合成的原料及药物中间体。

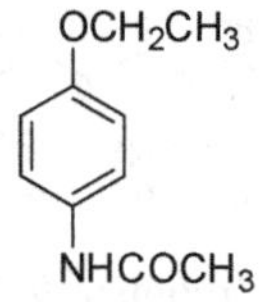

对乙氧基乙酰苯胺 [*p*-ethoxyacetanilide] 即对乙酰氨基苯乙醚。

噁吖啶 [oxaziridine] 氧氮杂环丙烷的旧称。

噁丙环 [oxirane] 环氧乙烷的旧称。

噁二唑 [oxadiazole] 含有一个氧原子、两个氮原子和两个次甲基(═CH—)，并具有 $4n+2$ 型大 π 键共轭体系的五元芳香性杂环。分子式 $C_2H_2N_2O$，分子量 72.06。分子中的杂原子位置按氧、氮顺序号标在名称中，如：1,2,5-噁二唑、1,3,4-噁二唑，其结构式为

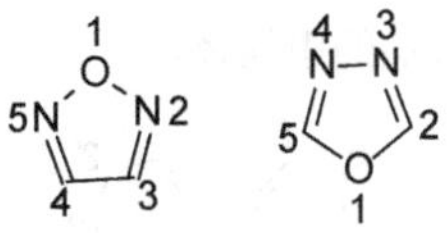

噁嗪 [oxazine] 一类具有氧氮杂环己二烯结构的不饱和六元杂环化合物。如 4*H*-1,4-噁嗪。分子式 C_4H_5NO，分子量 83.09。密度 1.037 g/cm³，沸点 151.9℃，闪点 43.0℃。

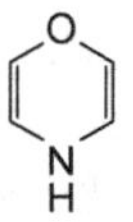

噁唑 [oxazole] 又称1,3-噁唑。环戊二烯分子中的亚甲基(—CH_2—)置换为氧原子、其间位次甲基(═CH—)置换为氮原子，并具有类似于苯环的六电子大π键共轭体系的五元芳香性杂环。分子式C_3H_3NO，分子量69.06。熔点–87～–84℃，沸点69～70 ℃，闪点19 ℃，密度1.05 g/mL。

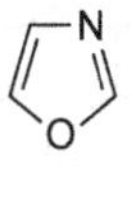

1,2-噁唑 [1,2-oxazole] 即异噁唑。

1,3-噁唑 [1,3-oxazole] 即噁唑。

噁唑啉 [oxazoline；dihydroxazole] 又称二氢噁唑。分子中含有一个氧原子、一个间位氮原子和一个环内双键的五元不饱和杂环。分子式 C_3H_5NO，分子量 71.08。按其环内双键的位置不同，有三种异构体：2-噁唑啉、3-噁唑啉和 4-噁唑啉，其结构式分别为

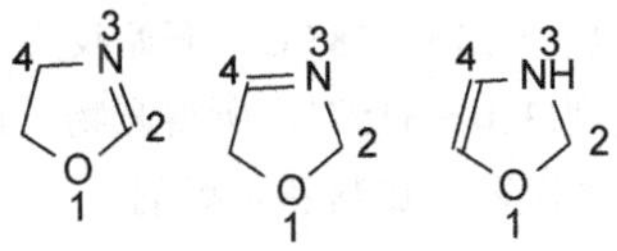

其中 2-噁唑啉较常见。为具有类似吡啶气味的液体。沸点 96～98℃，闪点 48℃，密度 1.04 g/cm³。与水互溶。与沸水共热，开环成 *N*-甲酰基乙醇胺。

噁唑啉酮 [oxazolinone] 又称噁唑酮。具有互为间位的、氧氮杂环戊烯酮结构的一类不饱和五元杂环化合物。分子式 $C_3H_3NO_2$，分子量 85.06。如 2-噁唑啉-5-酮，或称 5(4*H*)-噁唑酮、2-噁唑啉-4-酮，或称 4(5*H*)-噁唑酮。

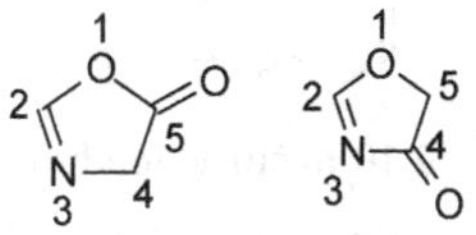

噁唑酮 [oxazolone] 即噁唑啉酮。

2-噁唑酮 [2-oxazolidone] 即 2-噁唑烷酮。

噁唑烷 [oxazolidine] 又称四氢噁唑。环戊烷分子中的1,3-位的两个亚甲基(—CH_2—)被一个氧原子和一个亚氨基(—NH—)置换后的饱和五元杂环化合物。分子式 C_3H_7NO，分子量 73.09。熔点 124～126℃，密度 1.064 g/mL(20℃)。与噁唑和噁唑啉相比，噁唑烷的全部碳都被还原了。一些衍生物如噁唑烷二酮被用作抗惊厥剂。

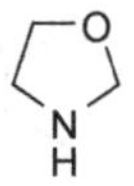

噁唑烷酮 [oxazolidone] 具有互为间位的、氧氮杂环戊酮结构的一类五元杂环化合物。其分子中都含有环内酯或环内酰胺的结构单元。分子式 $C_3H_5NO_2$，分子量 87.07。如：噁唑烷-2-酮，又称 2,5-氧氮杂环戊酮，熔点 83～87℃，沸点 220℃/48 mmHg。

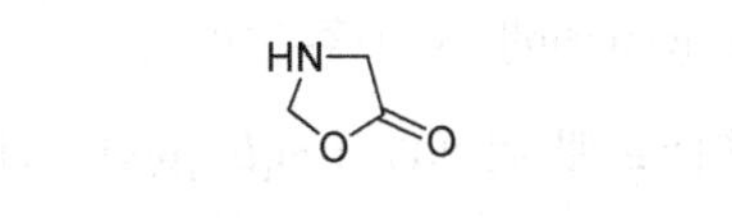

2-噁唑烷酮 [2-oxazolidone] 又称 2-噁唑酮。分子式 $C_3H_5NO_2$，分子量 87.08。晶体。熔点 83～87℃，沸点 220℃/6.4 kPa。由乙醇胺与尿素环合而得。可用于广谱抗癌药物卡氮芥和环已亚硝脲的合成。

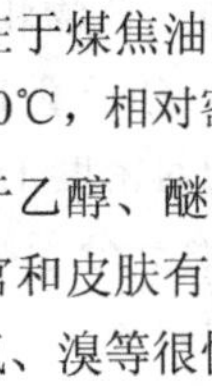

蒽 [anthracene] 分子式 $C_{14}H_{10}$，分子量 178.24。白色片状晶体，纯品带有淡蓝色荧光，若含少量杂质则显黄色或灰绿色荧光。是一种存在于煤焦油中的重要稠环芳烃。熔点 216.2～216.4℃，沸点 340℃，相对密度 d_4^{20} 1.283。溶于热苯、热甲苯、热丙酮，微溶于乙醇、醚等，不溶于水，在真空中升华。有毒。对呼吸器官和皮肤有刺激作用，有腐蚀性。化学性质与萘相似。能与氢、溴等很快反应，分别生成 9,10-二氢化蒽和 9,10-二溴化蒽；能与顺丁烯二酸酐发生双烯合成反

应；与浓硝酸、浓硫酸及酰氯等发生芳香亲电取代反应；与氯气发生加成反应；在五氧化二钒催化下被空气氧化成蒽醌或邻苯二甲酸酐。主要来源于煤焦油和石油化工产品中，可以煤焦油为原料，经蒸馏及处理制得。可用于制造分散染料及还原染料的中间体蒽醌，也可用于生产苯酐、塑料、绝缘材料的原料，还可用于涂料、橡胶助剂、杀虫剂等。

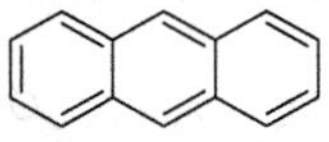

9,10-蒽二酮 [9,10-anthracenedione]　又称9,10-蒽醌。分子式$C_{14}H_8O_2$，分子量208.22。淡黄色单斜针状晶体。熔点284～286℃，沸点379～381℃，相对密度d_4^{20} 1.438。能升华，易溶于热苯、热甲苯，能溶于浓硫酸，不溶于水，微溶于乙醇、乙醚和氯仿。有毒，接触皮肤可引起过敏。不易被氧化，能进行硝化、磺化和溴化反应。工业上可用蒽进行气相催化氧化或经重铬酸钾和稀硫酸氧化制得，也可用邻苯二甲酸酐与苯反应制得。主要用于生产染料，是媒染染料、酸性染料和还原染料的主要原料；还可用作棉织物印花的导氧剂。

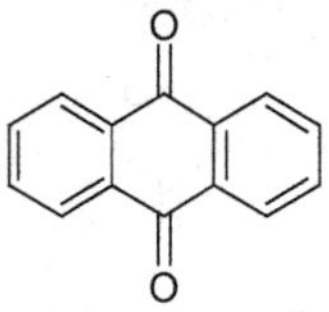

蒽醌 [anthraquinone]　蒽环上的2个—CH═基转化为—C(═O)—基，同时发生必需的双键重排而生成的化合物。分子式 $C_{14}H_8O_2$，分子量 208.21。最常见的蒽醌为 1,4-蒽醌和 9,10-蒽醌两种化合物。

常温下为固体，熔点 284～286℃，沸点 379～381℃。不易被氧化，能发生硝化、磺化和溴化反应，其中磺化反应的应用最为广泛。是有机合成中高级染料中间体，如阴丹士林类还原染料、酸性染料、部分活性染料重要原料。在工业中常用作造纸蒸煮剂及双氧水原料等，可降低用碱量，缩短蒸煮时间。

9,10-蒽醌 [anthraquinone]　即9,10-蒽二酮。

儿茶酚 [catechol]　即邻苯二酚。

二苯并[*b,e*]吡啶 [dibenzo[*b,e*]pyridine]　又称苯并[*b*]喹啉、10-氮杂蒽，俗称吖啶。一个氮原子置换了蒽环中的 10-位环次甲基(═CH—)，具有氮杂蒽结构的芳香性稠环化合物。是合成染料、药物和天然产物分子的基本结构单元。分子式 $C_{13}H_9N$，分子量 179.22。无色针状固体，为石油精炼产物之一。相对密度 1.005，熔点 106～109℃，沸点 346℃。盐酸吖啶含有一分子结晶水，淡棕黄色棱形晶体，溶于水而成黄色溶液。

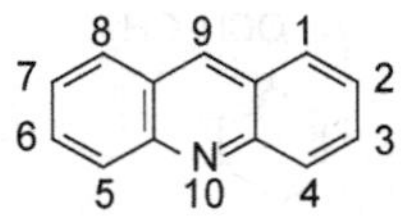

二苯并[*b,d*]吡咯 [dibenzo[*b,d*]pyrrole]　又称 9-氮杂芴，俗称咔唑。芴分子中的亚甲基(—CH_2—)被置换为亚氨基(—NH—)的一类三环稠合芳香性化合物。是多种生物碱分子的基本结构单元。分子式 $C_{12}H_9N$，分子量 167.20。白色单斜片状晶体，有特殊气味。易溶于丙酮，微溶于苯、乙醚、乙醇，难溶于氯仿、乙酸、四氯化碳及二硫化碳，不溶于水。溶于液态二氧化硫或浓硫酸中呈黄色。熔点 243～246℃，沸点 355℃，相对密度 1.1，蒸气压 400 mmHg(323℃)，闪点 220℃，2～8℃存储，19℃时溶解度小于 0.1 g/100 mL。是煤焦油中经济价值最高的成分之一，世界上 90%的咔唑是从煤焦油中得到的。可用于生产染料、颜料、光电导体、感光材料、特种油墨等，还可用作生产 *N*-乙烯咔唑塑料、四硝基咔唑、氯化咔唑等杀虫剂的中间体。

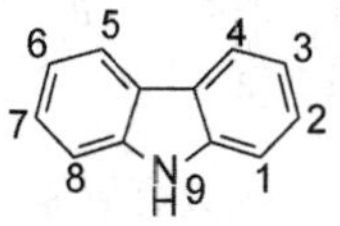

二苯并[*b,e*]吡喃 [dibenzo[*b,e*]pyran]　俗称呫吨。*γ*-吡喃分子中的两个碳碳双键边和两个苯环并合的环系。具有10(9*H*)-氧杂蒽的结构。分子式 $C_{13}H_{10}O$，分子量 182.21。是一类合成染料的基本结构单元，如荧光黄等。白色叶状晶体。属二苯并吡喃类或氧杂蒽类化合物。沸点 310～312℃，熔点 100.5℃。不溶于水，微溶于乙醇、乙酸、石油醚，溶于乙醚、苯、氯仿。在水蒸气中挥发，氧化成呫吨酮。可用适当的苯酚衍生物环化合成。本身没有特殊用途，但它是一大类染料(呫吨染料)和荧光物质的基本母体化合物，也是一些合成药物的基本骨架。

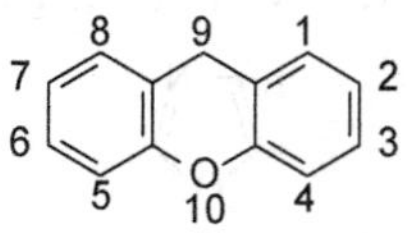

二苯并[*b,e*]吡喃酮 [dibenzo[*b,e*]pyranone]　俗称 9-呫吨酮。天然产物中统称“口山”酮。*γ*-吡喃酮分子中的两个碳碳双键边和两个苯环并合的三环环系。具有 10-氧杂蒽酮的结构。是天然色素和合成染料分子的基本结构单元。分子式 $C_{13}H_8O_2$，分子量 196.19。白色至浅黄色针状结晶。熔点 174℃，沸点 349～350℃(97.3 kPa)、143～146℃(0.4 kPa)。易溶于氯仿，溶于乙醇、乙醚、氯仿、苯，微溶于石油醚，不溶于水。溶于浓硫酸呈黄色并显浅蓝色荧光。制备方法：将水杨酸苯酯加热至 275～285℃，开始反应并馏出生成的苯酚，继续升温达到 350～355℃，所得产物经精制可得。常用于有机合成，制备医药、染料和杀蛹剂。

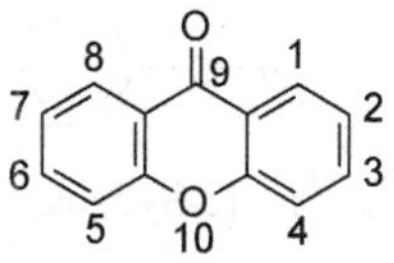

二苯并[*b,e*]吡嗪 [**dibenzo[*b,e*]pyrazine**] 俗称吩嗪。蒽分子中的 9,10-位的两个环次甲基(═CH—)被两个氮原子置换的芳香性稠杂环化合物。是合成染料和药物分子的基本骨架结构。分子式 $C_{12}H_8N_2$，分子量 180.21。无色或淡黄色针状晶体。熔点 172～176℃，沸点 360℃以上。几乎不溶于水，稍溶于乙醇、乙醚和苯，溶于无机酸成黄色至红色溶液。主要用于染料、医药、有机合成中间体及生化研究。

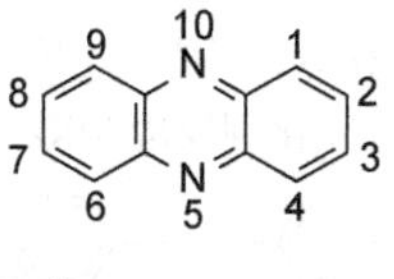

二苯并[*b,e*]噁嗪 [**dibenzo[*b,e*]oxazine**] 俗称吩噁嗪。蒽分子中的 9,10-位两个环次甲基(═CH—)分别被氧原子和亚氨基(—NH—)置换的稠杂环化合物。是吩噁嗪类合成染料分子的基本骨架结构。分子式 $C_{12}H_9NO$，分子量 183.21。叶片状结晶。熔点 158～159℃。溶于乙醇、苯等有机溶剂和浓硫酸，溶液显示紫色或者紫红色的荧光。醇溶液加入三氯化铁后显蓝绿色。其乙酰化衍生物，熔点 142℃；10-甲基吩噁嗪，熔点 35～37℃(其苦味酸盐熔点 101～102℃)；10-乙基吩噁嗪，熔点 46～47℃(其苦味酸盐熔点 93.5～94℃)和 10-苄基衍生物，熔点 127.5～128℃。主要用于有机合成。

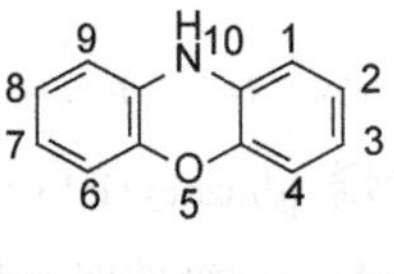

二苯并呋喃 [**dibenzofuran**] 又称氧芴。呋喃分子分别以其 *b,d* 两个边和两个苯环并合而成的一类三环稠合芳香性化合物。是多种天然产物分子的基本结构单元。分子式 $C_{12}H_8O$，分子量 168.19。浅黄色晶体。沸点 154～155℃ [20 mmHg (lit)]，熔点 80～82℃，密度 1.3 g/mL，闪点 130℃，存储条件 2～8℃，在 20℃时溶解度小于 0.1 g/100mL。用于医药，消毒剂，防腐剂，染料；合成树脂及高温润滑剂等的原料。

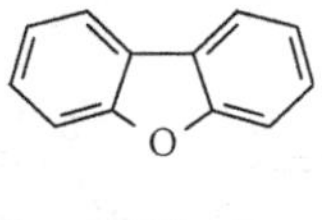

二苯并噻吩 [**dibenzothiophene**] 又称硫芴。噻吩分子分别以其 *b,d* 两个边和两个苯分子并合而成的一类三环稠合芳香性化合物。分子式 $C_{12}H_8S$，分子量 184.26。是存在于煤焦油和石油中的一类有机硫化物。针状白色结晶。熔点 97～100℃，沸点 332～333℃，闪点 170℃。有良好的溶解性。存在于煤焦油的蒽油馏分中。具有联苯及苯硫醚结构，性质稳定。可发生硝化、磺化、卤化、酰基化等亲电取代反应，取代基主要进入 3 位或 6 位。用丁基锂锂化时，反应发生在 1 位或 8 位。与过氧化氢反应生成砜，熔点为 232℃。用联苯和硫粉在三氯化铝存在下加热制取。可用作有机合成中间体，制备二苯并噻吩的各种衍生物。

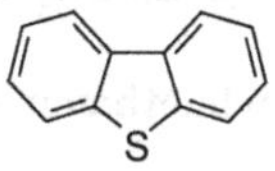

二苯并[*b,e*]噻喃酮 [**dibenzo[*b,e*]thiapyranone**] 俗称 9-噻吨酮。γ-噻喃酮分子中的两个碳碳双键边和两个苯环并合的三环环系。具有 10-硫杂蒽酮的结构。分子式 $C_{13}H_8OS$，分子量 212.27。存在于石油等天然产物中。橙黄色粉末。熔点 210～213℃，沸点 371～373℃/715 mmHg，闪点 371～373℃/715 mmHg，密封保存于通风干燥环境中。

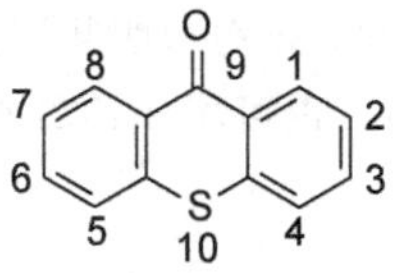

二苯并[*b,e*]噻嗪 [**dibenzo[*b,e*]thiazine**] 俗称吩噻嗪。蒽分子中的 9,10-位两个环次甲基(═CH—)分别被硫原子和亚氨基(—NH—)置换的稠杂环化合物。是吩噻嗪类合成染料的基本骨架结构。分子式 $C_{12}H_9NS$，分子量 199.27。灰绿色洁净性粉末。熔点 184 ℃，沸点 371℃。不溶于石油醚、氯仿和水，溶于乙醚和热乙酸。空气中遇光会被氧化。是药物、染料等精细化学品的中间体，其本身是丙烯酸及丙烯酸酯类、甲基丙烯酸及酯类单体的高效阻聚剂。也用于果树杀虫剂和兽用驱虫药。

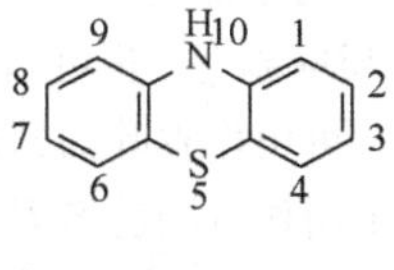

1,4-二苯基苯 [**1,4-diphenylbenzene**] 又称对三联苯。分子式 $C_{18}H_{14}$，分子量 230.31。白色片状晶体。熔点 212～213℃，沸点 250℃/6.0 kPa，闪点 207℃，相对密度 d_4^0 1.234。溶于水和热苯，微溶于醚和二硫化碳，极难溶于乙醇和乙酸，427℃升华。使用时避免吸入其粉尘，避免与眼睛及皮肤接触。具有芳香烃的化学性质，苯环上可发生芳香亲电取代反应，卤化，硝化，磺化，弗-克烷基化、酰基化反应。工业上可从生产联苯的副产物中分离得到。实验室可由苯胺进行重氮化，再加入联苯的氯仿溶液反应制得。也可由联苯经硝化、还原、乙酰化，制得对乙酰氨基联苯，再与三氧化二氮反应生成 *N*-亚硝基对乙酰氨基联苯，然后再与苯反应制得。可用于有机合成，用作有机闪烁试剂，是闪烁计数器的发光物。

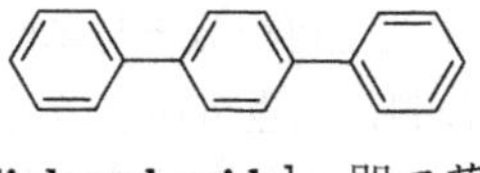

二苯基氧 [**diphenyl oxide**] 即二苯醚。

二苯基乙醇酮 [**2-hydroxy-1,2-diphenyletanone**] 即苯偶姻。

1,2-二苯基乙二酮 [1,2-diphenylethanedione] 即偶苯酰。

1,2-二苯基乙炔 [1,2-diphenylacetylene] 即二苯乙炔。

二苯甲酮 [diphenylmethanone] 又称二苯酮。分子式 $C_{13}H_{10}O$，分子量182.22。无色有光泽棱型晶体。熔点47～51 ℃，能升华，不溶于水，溶于乙醇、乙醚和氯仿，有甜味，具玫瑰香味。其醇溶液在光照下不稳定，可生成频哪醇类化合物。可由苄氯与苯反应再经硝酸氧化而得，或由苯与四氯化碳进行弗-克反应再经水解而得。实验室中可在三氯化铝催化下由苯甲酰氯与苯反应制得。可用作紫外线吸收剂、颜料、医药、香料、杀虫剂的中间体，医药工业用于生产双环己哌啶、苯甲托品氢溴酸盐、苯海拉明盐酸盐等。是苯乙烯聚合抑制剂和香料定香剂。也可用作乙酰基及乙酰基丁基纤维素的增塑剂。

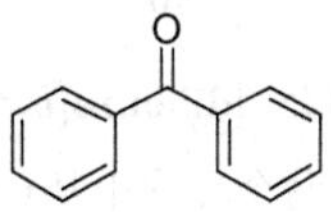

二苯甲烷 [diphenylmethane] 又称苄基苯。分子式 $C_{13}H_{12}$，分子量 168.24。无色斜方针状晶体或液体，有香叶油和甜橙油香气。熔点 24.5～26℃，沸点 264.5℃、186.3℃/13.3 kPa、157.8℃/5.33 kPa、139.8℃/2.67 kPa，相对密度 d_4^{26} 1.006，折射率 n_D^{20} 1.5768。易溶于醇、醚、氯仿、苯和己烷，不溶于水。苯环上可发生卤化，硝化，磺化，弗-克烷基化、酰基化等芳香亲电取代反应。由苄氯与苯在铝汞齐(或无水三氯化铝，或氯化锌)催化下反应制得，也可由苯与二氯甲烷在三氯化铝催化下反应制得。可用作香叶油的代用品，适于配制皂用香精和香水等；也可用作气相色谱固定液；还可用作有机合成的中间体，生产医药苯海拉明盐酸盐等。

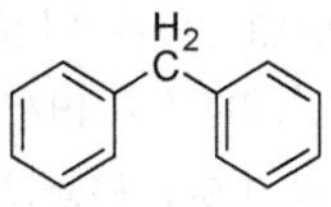

二苯醚 [diphenyl ether] 又称二苯基氧、苯醚、苯氧基苯。分子式 $C_{12}H_{10}O$，分子量 170.20。无色单斜结晶或黄色液体，有天竺葵气味或具有香叶和洋海棠的香气，也带有甜橙和洋水仙的香味。熔点 26℃，沸点 259℃，闪点 115℃，相对密度 d_4^{20} 1.073，折射率 n_D^{20} 1.579。不溶于水，能溶于醇、醚、苯和乙酸。对眼睛、呼吸系统及皮肤有刺激性。具有醚的化学性质，对碱性较为稳定，加热时醚键容易断裂，分解为苯酚；在与浓硝酸反应时苯环上的氢可被硝基取代，生成4,4-二硝基二苯醚。工业上可由氯苯与苯酚在氢氧化钾溶液中以铜作为催化剂缩合制得，也可由氯苯与苯酚在氢氧化钠溶液中制得；在实验室可由溴苯和苯酚钾盐在铜粉存在下加热制得。主要用作有机高温载体的组分之一，也常用于调配皂用香精或用作香叶油的代用品，也可用作有机合成的中间体，合成香料、树脂等。

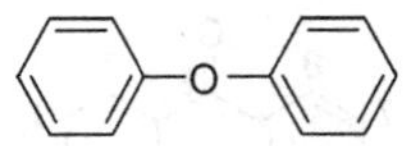

1,2-二苯羟乙酮 [2-hydroxy-1,2-diphenyletanone] 即苯偶姻。

二苯酮 [benzophenone] 即二苯甲酮。

二苯乙炔 [diphenylacetylene；tolane] 又称 1,2-二苯基乙炔。分子式 $C_{14}H_{10}$，分子量 178.23。无色片状晶体。熔点 59～61℃，沸点 300℃，相对密度 d_4^{100} 0.9657。溶于热乙醇及乙醚，不溶于水。应密封在 0～4℃保存。化学性质活泼。在苯环上可发生卤化、硝化、磺化、弗-克反应，弗-克烷基化、酰基化等芳香亲电取代反应，三键上可发生各种加成反应。可由二苯乙烯溴化后再与氢氧化钾反应制得。可用于有机合成。

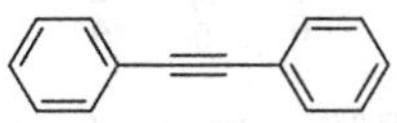

二氮杂环丙烷 [diaziridine] 又称亚甲基肼。含有两个氮原子和一个亚甲基(—CH_2—)的饱和三元环状化合物。分子式 CH_4N_2，分子量 44.05。

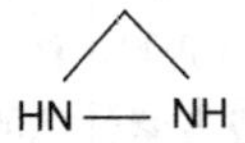

二氮杂环丙烯 [diazirine] 重氮甲烷的环状同分异构体，是三元环状二胺化合物。分子式 CH_2N_2，分子量 42.04。分子中含有一个饱和氮原子时，称为 1*H*-二氮杂环丙烯；不含有饱和氮原子时，称为 3*H*-二氮杂环丙烯。其结构式分别为

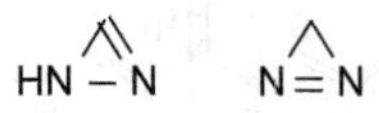

二氮杂环丁二烯 [diazacyclobutadiene；diqzete] 含有两个氮原子和两个环内双键的四元杂环化合物。分子式 $C_2H_2N_2$，分子量54.05。如1,3-二氮杂环丁二烯，其结构式为

二氮杂环庚三烯 [diazacycloheptatriene；diazpine] 又称二氮杂䓬。含有两个氮原子和三个环内双键的七元环状不饱和胺类化合物。如：1*H*-1,4-二氮杂䓬和 3*H*-1,2-二氮杂䓬，其结构式分别为

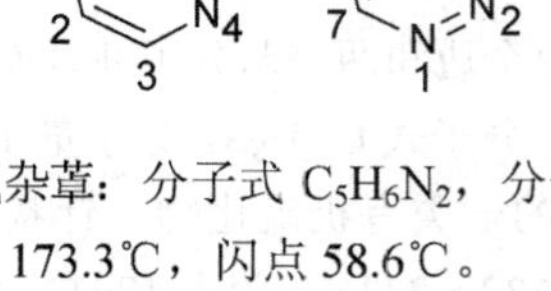

1*H*-1,4-二氮杂䓬：分子式 $C_5H_6N_2$，分子量 94.11，密度 1.11 g/cm³，沸点 173.3℃，闪点 58.6℃。

3*H*-1,2-二氮杂䓬：分子式 $C_5H_6N_2$，分子量 94.11，密度 1.00 g/cm³，沸点 149.0℃，闪点 35.1℃。

1,4-二氮杂环己烷 [1,4-diazacyclohexane] 又称六氢

吡嗪，俗称哌嗪。具有1,4-二氮杂环己烷结构的饱和六元杂环。分子式$C_4H_{10}N_2$，分子量86.14，密度0.874 g/cm^3，沸点146℃，闪点65℃，无色结晶，具有氨的气味，有强吸湿性。溶于水、甲醇、乙醇，微溶于苯、乙醚。作为医药中间体，主要用于合成磷酸哌嗪、氟奋乃静和利福平等，也用于制润湿剂、乳化剂、分散剂、抗氧剂等。

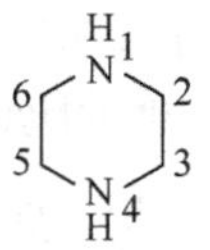

1,3-二氮杂环戊二烯 [1,3-diazole] 即咪唑。

二氮杂䓬 [diazepine] 即二氮杂环庚三烯。

1,3-二氮唑 [iminazole] 即咪唑。

二丁醚 [dibutylether] 即丁醚。

二噁英 [dioxin] 即2,3,7,8-四氯代二苯并[*b*,*e*][1,4]-二噁英。

二环己基碳二亚胺 [dicyclohexylcarbodiimide (DCC)] 分子式$C_{13}H_{22}N_2$，分子量206.33。白色蜡状结晶性固体。熔点34～35℃，沸点154～156℃/1.466 Pa。可溶于大多数有机溶剂，几乎不溶于水。有刺激性，皮肤接触引起皮炎。通过环己胺与二硫化碳反应生产*N,N'*-二环己基硫脲，再脱硫化氢制得；也可用*N,N'*-二环己基脲与P_2O_5在吡啶中得到。可用作脱水缩合剂，也用于酸酐、醛、酮的合成。是合成肽类的偶联剂。

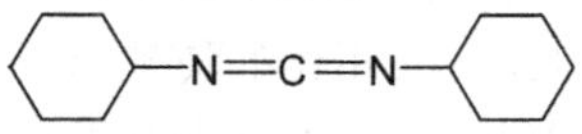

1,2-二甲基苯 [1,2-dimethylbenzene] 即邻二甲苯。

1,3-二甲基苯 [1,3-dimethylbenzene] 即间二甲苯。

1,4-二甲基苯 [1,4-dimethylbenzene] 即对二甲苯。

2,2-二甲基-1,3-丙二醇 [2,2-dimethyl-1,3-propanediol] 又称新戊二醇。分子式$C_5H_{12}O_2$，分子量104.15。白色针状晶体，无臭，有吸湿性。熔点126～128℃，沸点208℃、125～130℃/2.00 kPa，相对密度d_4^{20} 1.066。可溶于水和丙酮，微溶于苯、甲苯。低毒，对皮肤刺激性较小，但是大量误食会刺激神经中枢，而引起人体一系列的症状，严重者还可能导致死亡。可由异丁醛与甲醛发生羟醛缩合反应，再与甲醛发生坎尼扎罗反应制得。可用于增塑剂、添加剂，用于生产聚酯树脂、醇醛树脂、聚氨酯泡沫塑料等，也可用作有机合成的中间体，生产香料、医药、农药等，还可用作溶剂，用于芳烃和环烷烃碳氢化合物的选择分离。

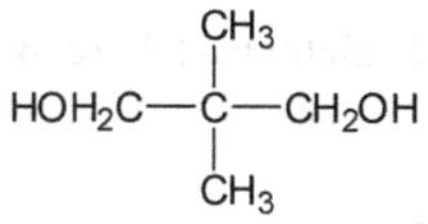

2,2-二甲基丙烷 [dimethylpropane] 又称新戊烷。分子式C_5H_{12}，分子量72.15。无色气体或挥发性液体。熔点–19.8℃，沸点9.5℃。相对密度d_0^0 0.613(液)，d_4^{15} 0.613(液)，折射率n_D^{20} 1.342。溶于乙醇和乙醚，不溶于水。易燃，与空气混合形成爆炸性气体，爆炸极限为1.4%～8.3%(体积分数)。在高温或光照下可发生卤化等自由基取代反应。存在于石油和天然气中，是汽油的主要成分。

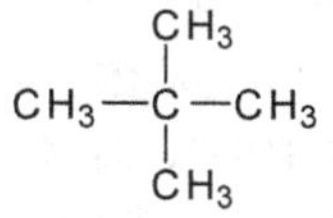

2,3-二甲基-2,3-丁二醇 [2,3-dimethyl-2,3-butanediol] 即频哪醇。

3,3-二甲基-2-丁酮 [3,3-dimethyl-2-butanone] 又称频哪酮。分子式$C_6H_{12}O$，分子量100.16。无色液体，有薄荷和类似樟脑味。熔点–52.5℃，沸点106℃，相对密度d_4^{20} 0.8012，折射率n_D^{20} 1.3952。蒸气易挥发，微溶于水，溶于乙醇、乙醚和丙酮等。有毒。用频哪醇的水合物在稀硫酸作用下经重排制得。可用于合成三唑类杀菌剂和植物生长调节剂，也可用于生产除草剂及医药品，还可用作溶剂和萃取剂。

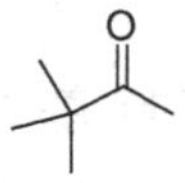

***O,O*-二甲基-*O*-(2,2-二氯乙烯基)磷酸酯** [*O,O*-dimethyl-*O*-2,2-dichlorovinyl phosphate] 即敌敌畏。

***N,N*-二甲基甲酰胺** [*N,N*-dimethyl formamide (DMF)] 又称甲酰二甲胺。分子式C_3H_7NO，分子量73.10。无色液体，有微弱的特殊气味。熔点–61℃，沸点152.8℃，闪点57℃，相对密度d_4^{20} 0.95，折射率n_D^{20} 1.4304。可以与水混溶，可混溶于多数有机溶剂。可引起急性中毒，产生头痛、恶心、呕吐等症状。小鼠口服LD_{50} 3.75 g/kg，空气中最高允许浓度为30 mg/m^3。最早用甲酸与二甲胺反应制得。目前工业上以二甲胺/一氧化碳法为主，醇钠催化。小规模可以用二甲胺和三氯乙醛反应，再分馏脱除氯仿制得。主要用作有机化学反应溶剂，可作为多种高聚物的良好溶剂。在医药工业上用于生产维生素、激素，也用于制造杀虫剂。也可用作极谱分析的非水溶剂，非水溶液滴定溶剂等。

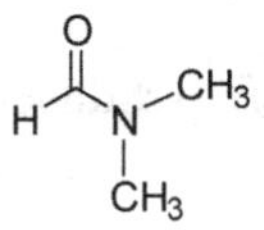

***O,O*-二甲基-(1-羟基-2,2,2-三氯乙基)磷酸酯**

[*O*,*O*-dimethyl-(2,2,2-trichloro-1-hydroxyethyl)phosphonate] 即敌百虫。

二甲基溶纤剂 [dimethyl cellosolve] 即乙二醇二甲醚。

3,7-二甲基-2,6-辛二烯醛 [3,7-dimethyl-2,6-octadienal] 即柠檬醛。

(*Z*)-3,7-二甲基-2,6-辛二烯醛 [3,7-dimethyl-2,6-octadiene] 即橙花醛。

二甲基亚砜 [dimethyl sulfoxide (DMSO)] 分子式C_2H_6OS，分子量77.13。无色液体，具有吸湿性。可燃，几乎无臭，带有苦味。沸点189℃，凝固点18.4℃，闪点95℃，相对密度d_4^{20} 1.1014，折射率n_D^{20} 1.4783。介电常数48.9。溶于水、乙醇、丙酮、乙醚、苯和氯仿。是溶解能力很强的非质子性极性溶剂，常用作有机合成反应的溶剂。具有很高的选择性抽提能力，可用作烷烃与芳烃分离的提取溶剂，如用于芳烃、丁二烯抽提，稀有金属提取等。是生产丙烯酸树脂及聚砜树脂的聚合和缩合溶剂，腈纶纺丝，氯仿及丙烯腈共聚纤维溶剂，涂料、塑料溶剂及有机合成染料、制药等工业的反应介质。也可用作医药原料及载体，电容介质，防冻剂，刹车油。

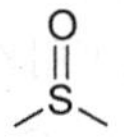

2,2-二甲基-3-亚甲基二环[2.2.1]庚烷 [2,2-dimethyl-3-methylenebicy-clo[2.2.1]heptanes] 即莰烯。

二甲硫醚 [dimethyl sulfide] 分子式C_2H_6S，分子量62.13。无色透明易挥发液体，易燃，易爆，高毒，有难闻的气味。溶于乙醇和乙醚，不溶于水。相对密度d_4^{20} 0.845，熔点-98℃，沸点37.5℃，折射率n_D^{20} 1.4438，自燃点206.1℃，闪点-36℃，在空气中可燃范围2.2%～19.7%(体积分数)。是生产二甲基亚砜、蛋氨酸及农药的中间体。可用作有机合成、聚合反应和氰化反应的溶剂，也可用于分析实验，聚丙烯腈和其他合成纤维纺丝及液压油方面。还可用作城市煤气的赋臭剂、工业净化剂、涂料脱膜剂、电池底温防腐、农药渗透剂等。在血液药品、植物病理学和营养物中也有应用。

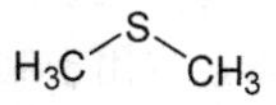

二甲酮 [dimethyl ketone] 即2-丙酮。

1,2-二甲氧基乙烷 [1,2-dimethoxyethane] 即乙二醇二甲醚。

二硫杂环戊烷 [dithiolane] 环戊烷分子中的一个亚乙基(—CH_2CH_2—)置换为联硫基(—S—S—)的五元饱和杂环化合物。分子式$C_3H_6S_2$，分子量106.21，密度1.211 g/cm^3，沸点150.5℃，闪点84.7℃。

4,4′-二氯二苯砜 [4,4′-dichloro-diphenyl sulfone] 分子式$C_{12}H_8Cl_2O_2S$，分子量287.16。白色单斜结晶体。熔点143～146 ℃，沸点250℃[10mmHg(lit)]。相对密度d_4^{20} 1.54。

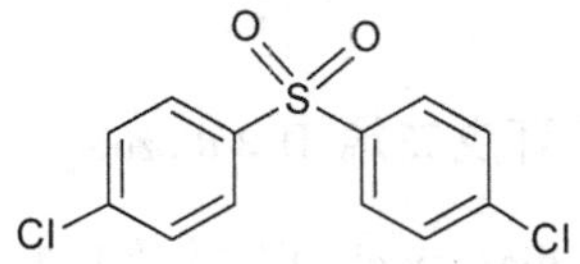

不溶于水，微溶于冷乙醇。工程塑料聚砜的主要中间体，也是医治麻疯病药物4,4′-二氨基二苯砜的原料。

二氯乙烷 [1,2-dichloroethane] 又称对称二氯乙烷。分子式$C_2H_4Cl_2$，分子量98.96。无色透明油状液体，有类似氯仿气味，有甜味，易挥发。熔点-35.36℃，沸点83.47℃，闪点13℃，相对密度d_4^{20} 1.2569，折射率n_D^{20} 1.4449。微溶于水，与乙醚互溶，溶于醇、丙酮、苯氯仿等大多数常用有机溶剂。二氯乙烷易燃，与空气可形成爆炸性混合物，爆炸极限为5.9%～15.9%(体积分数)。有毒。对人体呼吸道和眼睛有刺激作用，空气中最高容许浓度25 mg/m^3。可与水、氨、氰化钠等发生亲核取代反应，分别生成乙二醇、乙二胺、丁二腈；与苯发生弗-克反应生成二苯乙烷；高温下可发生消除反应生成氯乙烯和氯化氢；与强碱加热也发生脱氯化氢反应，生成氯乙烯和氯化氢。可由乙烯和氯气经加成反应直接制得。可用作萃取剂、洗涤剂，以及油脂、橡胶、树脂等的溶剂，还可用于制备氯乙烯、乙二胺及一些药物的中间体。

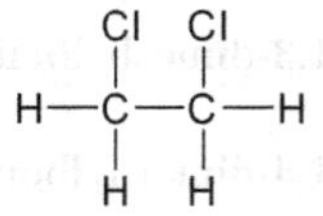

1,2-二羟基苯 [1,2-dihydroxybenzene] 即邻苯二酚。

1,3-二羟基苯 [1,3-dihydroxybenzene] 即间苯二酚。

2,4-二羟基苯并[*g*]蝶啶 [2,4-dihydroxybenzo[*g*]pteridine] 俗称咯畊。苯环和蝶啶环的碳碳边键并合的三环稠合环系。其2,4-二羟基衍生物通常是以酮式异构体存在于天然产物分子中。分子式$C_{10}H_6N_4O_2$，分子量214.18。黄色固体。DMSO中溶解度11 mg/mL。

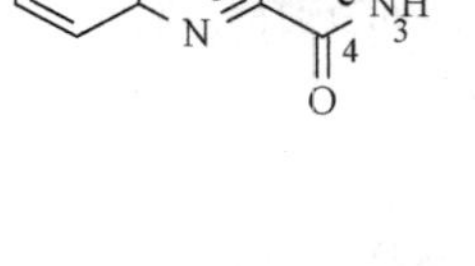

3,4-二羟基苯甲醛 [3,4-dihydroxybenzaldehyde] 又称原儿茶醛。分子式$C_7H_6O_3$，分子量138.12。无色至浅黄色片状双晶型结晶，存在一些香兰素中。熔点153～154℃。易溶于乙醇(78℃，79 g/100 mL)、乙醚，溶于水(20℃，5 g/100 mL；99℃，33 g/100 mL)。有刺激性。使用时应避免吸入其粉尘，避免与眼睛和皮肤接触。具有酚和芳醛的化学性质，可与金属离子络合显色。可由3,4-亚甲基二氧基苯甲醛与五氯化磷氯化、水解制得，也可由香兰素在三氯化铝作用下脱去甲基制得。可用于有机合成。

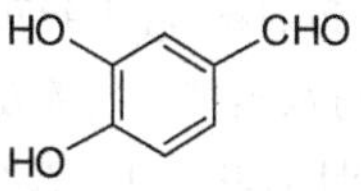

1,2-二羟基丙烷 [1,2-dihydroxypropane] 即1,2-丙二醇。

3,6-二羟基哒嗪 [3,6-dihydroxypyridazine] 分子式$C_4H_4N_2O_2$，分子量 112.09。熔点 299～301℃。鼠口服 LD_{50} 3 g/kg。顺丁烯二酰肼的互变异构体。由顺丁烯二酸酐与水合肼反应制得。可用于磺胺类药磺胺甲氧嗪的合成，也用于合成农药除草剂。

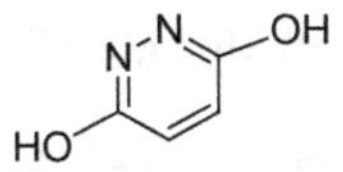

1,4-二羟基丁烷 [1,4-dihydroxybutane] 即1,4-丁二醇。

2,2-二羟基-1*H*-茚-1,3(2*H*)-二酮 [2,2-dihydroxy-1*H*-indene-1,3(2*H*)-dione] 又称茚三酮、水合茚三酮。分子式$C_9H_6O_4$，分子量178.14。白色或浅黄色结晶性粉末，带一分子结晶水，见光或露置在空气中逐渐变色，吸潮结块。熔点241～243℃(分解)。溶于水、醇、丙酮等。高毒。在弱酸性介质中与氨基酸共热时发生反应，产生紫色物质，称为茚三酮反应，广泛应用于氨基酸的定性、定量分析技术中，大多数α-氨基酸都有此反应，任何含有游离氨基酸的蛋白质或其水解产物也均有显色反应，但脯氨酸、*β*-氨基酸、*γ*-氨基酸等均不反应。可将邻苯二甲酸二乙酯与乙酸乙酯在金属钠存在下反应生成苯并戊二酮甲酸乙酯，经酸化失羧、氧化制得。

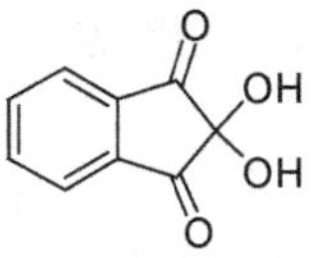

1,2-二嗪 [1,2-diazine] 即哒嗪。

1,3-二嗪 [1,3-diazine] 即嘧啶。

1,4-二嗪 [1,4-diazine] 即吡嗪。

2,3-二氢苯并吡喃 [2,3-dihydrobenzopyran] 俗称色满。具有 1-氧杂-1,2,3,4-四氢合萘结构的环醚类化合物。无色油状液体。熔点 4.8℃，沸点 214℃(98.92 kPa)、98～99℃(2.39 kPa)。溶于乙醇等有机溶剂。对氧化剂稳定，在硫酸中呈红色。由苯酚的烯丙基醚经克莱森重排(Claisen rearrangement)得邻烯丙基苯酚，后者再经加热环化制取。可用作有机合成试剂。

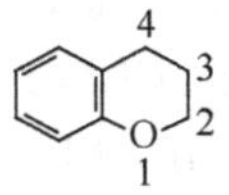

二氢吡唑 [dihydropyrazole] 即吡唑啉。

二氢噁唑 [dihydroxazole] 即噁唑啉。

二氢-2,5-呋喃二酮 [dihydro-2,5-furandione] 又称丁二酸酐、琥珀酸酐。分子式$C_4H_4O_3$，分子量100.07。白色晶体。熔点119.6℃，沸点261℃，相对密度d_4^{20} 1.2340。溶于醇、氯仿、四氯化碳，极微溶于醚和水。在115℃(0.67 kPa)升华。可由顺丁烯二酸酐于160℃在钯催化剂存在下加压氢化或将丁二酸用一般精馏装置于260℃左右加热脱水或在脱水剂乙酸酐、五氧化二磷、三氯氧磷存在下反应制得。可用于制造医药、染料、有机颜料、橡胶硫化促进剂、醇酸树脂、黏合剂、润滑剂、造纸化学品、植物生长促进剂、照相化学品、表面活性剂、离子交换树脂及农用杀菌剂。

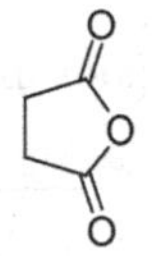

二氢咪唑 [dihydroimidazole] 即咪唑啉。

二氢噻唑 [dihydrothiazole] 即噻唑啉。

2,3-二氢吲哚-3-酮 [2,3-dihydroindol-3-one] 即吲哚酮。

2,3-二氢茚 [2,3-dihydroindene] 即茚满。

2,5-二羰基哌嗪 [2,5-dioxopiperazine] 又称2,5-哌嗪二酮。一种具有双内酰胺结构(交酰胺)的六元氮杂环化合物。分子式$C_4H_6N_2O_2$，分子量114.10。密度1.246 g/cm³，沸点573.7℃，闪点301.9℃。它和它的衍生物可由两个*α*-氨基酸分子缩合环化生成。可用作生化试剂。被碱、酸或热水水解可得甘氨酰甘氨酸。

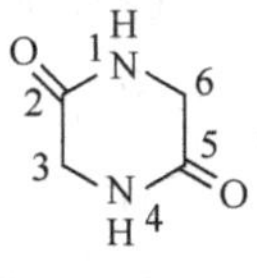

2,5-二酮吡咯烷 [pyrrolidine-2,5-dione] 即琥珀酰亚胺。

二亚苯基甲烷 [diphenylenemethane] 即芴。

二氧化噻吩烷 [sulfolane] 即环丁砜。

二氧化三碳 [carbon suboxide] 分子式为 C_3O_2，分子量 68.03。无色刺激性气体，有芥末味。具有高折射率（折射率为 1.4538），密度 1.114 g/cm^3（0℃），熔点–111.3℃，沸点 6.8℃。分子中含有四个累积双键，分子为直线形。易聚合、加热易分解。遇水生成丙二酸。与氨反应生成丙二酰胺。需要在 13.3 kPa 压强以下储存。用于制丙二酸盐，改进纤维染色性能等。可以通过加热干燥的五氧化二磷和丙二酸或丙二酸酯衍生物的混合物来制备。所以二氧化三碳也可视为丙二酸的酸酐，即丙二酸酐，也就是丙二酸脱水两次的产物。

O═C═C═C═O

二氧六环 [dioxane] 即 1,4-二氧杂环己烷。

1,4-二氧六环 [1,4-dioxane] 即 1,4-二氧杂环己烷。

二氧杂环丙烷 [dioxirane] 曾称过氧化酮。具有二氧杂环丙烷结构的三元环状化合物，是一类氧化剂。分子式 $C_3H_6O_2$，分子量 74.07。如二甲基二氧杂环丙烷，是唯一有工业应用的双环氧乙烷衍生物，用于烯烃的环氧化等反应中。

1,4-二氧杂环己烷 [dioxane] 俗称二氧六环、1,4-二氧六环、乙二醇二乙醚、环氧二乙烷。环己烷分子中的 1,4-位两个亚甲基（—CH_2—）被两个氧原子置换的饱和六元环醚化合物。分子式 $C_4H_8O_2$，分子量 88.11。熔点 11.8℃，沸点 101℃，闪点 12℃，密度 1.03 g/mL。无色液体。能与水及多数有机溶剂混溶。当无水时易形成爆炸性过氧化物。有清香的酯味。在医药、化妆品、香料等特殊精细化学品制造，以及科学研究中作为溶剂、反应介质、萃取剂使用。其次应用较多的是作为聚氨酯合成革、氨基酸合成革等的反应溶剂。溶解能力强，与二甲基甲酰胺相近，比四氢呋喃强。对皮肤、肺、黏膜有刺激性。严重中毒时损害肝、肾。与一般醚的化学性质类似，比较稳定，不易发生化学反应。可由乙二醇在硫酸或磷酸作用下经脱水制得，也可由环氧乙烷在硫酸或三氟化硼等酸性催化剂作用下二聚制得。可用作硝化纤维素、赛璐璐、纤维素树脂、植物油、矿物油、油溶性染料及色谱分析、非水滴定等的溶剂，也可用作萃取剂，还可用于制备清漆、增塑剂、润湿剂、抛光剂、香料及医药用品等。

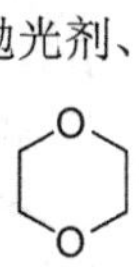

二乙胺 [diethylamine] 又称N-乙基乙胺。分子式 $C_4H_{11}N$，分子量73.14。易挥发，无色液体。熔点–50℃，沸点 55.4℃，闪点–23℃。相对密度 d_4^{20} 0.7056，折射率 n_D^{20} 1.3864。溶于乙醚、四氯化碳，易溶于水，与乙醇互溶。易燃。毒性，大鼠口服LD_{50} 540 mg/kg。保存于密闭容器中。碱性，与无机酸形成可溶于水的盐类。由乙醇、氨和氢气在镍催化剂存在下经气相反应制得。或由乙醛、氨和氢气在镍催化剂存在下反应制得。用于橡胶、石油工业，并用于生产医药、染料和杀菌剂等。

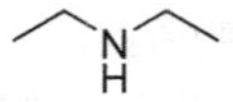

二乙醇胺 [diethanolamine] 又称双(2-羟乙基)胺。分子式$C_4H_{11}NO_2$，分子量105.14。无色黏稠液体（无色棱形结晶）。具氨的气味。熔点27.9℃，沸点268.8℃，闪点137℃，相对密度 d_4^{20} 1.0966，折射率 n_D^{20} 1.4776。微溶于乙醚、苯，易溶于水、乙醇。不与水蒸气一同挥发，有吸湿性。具有碱性，0.1 mol水溶液的pH 11.0。由环氧乙烷或氯乙醇与氨作用制得。可用于焦炉气等工业气体的净化（除去CO_2，H_2S等）；也可用于制洗涤剂、润滑剂、软化剂、表面活性剂等；还可用于有机合成。

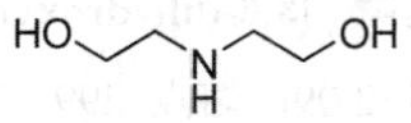

二乙基己烯雌酚 [diethylstibesterol] 即己烯雌酚。

二乙基溶纤剂 [diethyl cellosolve] 即乙二醇二乙醚。

二乙基乙二醇 [diethyl glycol] 即乙二醇二乙醚。

二乙醚 [diethyl ether] 即乙醚。

二乙炔 [diacetylene] 即1,3-丁二炔。

二乙烯醚 [divinyl ether] 即乙烯醚。

1,2-二乙氧基乙烷 [1,2-diethoxyethane] 即乙二醇二乙醚。

二异丁烯 [di-*iso*-butylene] 又称2,4,4-三甲基-1-戊烯。分子式C_8H_{16}，分子量112.21。无色液体，有特臭。熔点–93.6℃，沸点101.2℃，闪点–6℃，相对密度 d_4^{20} 0.72，折射率 n_D^{20} 1.4079。溶于乙醚、苯、氯仿，不溶于水。高度易燃，应远离火种。采取放静电措施并在通风良好处密封保存。具有烯烃的化学性质，可发生加成、聚合、氧化等反应。工业上从碳四馏分分离制得。可用作制取橡胶的增黏剂、各种表面活性剂、酚树脂和环氧树脂的改性剂、紫外线吸收剂、阻聚剂、聚氯乙烯稳定剂、增塑剂等。也可用来生产对辛基酚、异壬基醇的中间体。

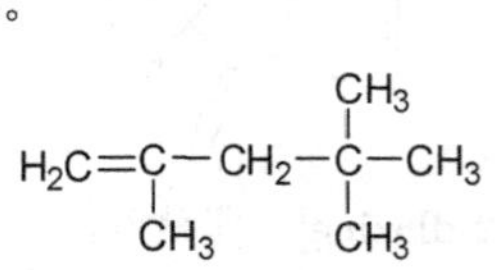

二正丁醚 [*n*-dibutyl ether] 即丁醚。

1,2-二唑 [1,2-diazole] 即吡唑。

1,3-二唑 [1,3-diazole] 即咪唑。

发泡剂 AC [**azobisformamide**] 即偶氮二甲酰胺。

反-2-丁烯二酸 [**(*E*)-2-butenedioic acid**] 俗称富马酸。分子式 $C_4H_4O_4$，分子量 116.07。白色针状或片状晶体，熔点 286～287℃(封管内)，于 165℃(17mmHg)时升华，相对密度 d_4^{20} 1.635。微溶于冷水，较易溶于热水，溶于乙醇，微溶于乙醚、苯、氯仿和四氯化碳等。在 250～300℃时转化为马来酸酐。工业上用葡萄糖发酵制备，或在催化剂存在下将苯氧化生成顺丁烯二酸或顺丁烯二酸酐，再经催化异构为反丁烯二酸。实验室可于五氧化二钒存在时，以氯酸钠氧化糠醛来制备。用于生产不饱和聚酯、树脂。制药中用来生产解毒药二巯基丁二酸钠等。在饮料中可作为酸味剂。也可用作抗氧剂和媒染剂。富马酸对眼睛有刺激作用，若不慎入眼应立即用大量清水冲洗并送医治疗。

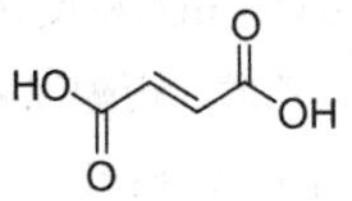

非那西汀 [**phenacetin**] 即对乙酰氨基苯乙醚。

菲 [**phenanthrene**] 分子式 $C_{14}H_{10}$，分子量 178.24。是一种存在于煤焦油中的稠环芳烃，与蒽为同分异构体。白色单斜片状结晶。熔点 101℃，沸点 340℃，相对密度 d_4^{25} 1.179，折射率 n_D^7 1.5942。溶于乙醇、乙醚、丙酮、苯、甲苯、二硫化碳、氯仿、四氯化碳及乙酸等，几乎不溶于水，能在高真空中升华。口服有害。对眼睛、呼吸系统和皮肤有刺激性。对机体有不可逆损伤的可能性。化学性质与萘相似。可发生溴化反应得 9-溴菲，可被氧化成菲醌或联苯二甲酸。主要来源于煤焦油，也可通过有机合成来制备。可用作纸浆防雾剂、硝化甘油炸药和硝化纤维的稳定剂，也可用于制造染料，如 2-氨基菲醌，硫化还原染料蓝 BO、黑 BB 等，还可用于医药的中间体，如吗啡、咖啡因等。

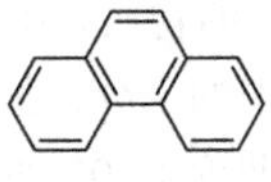

菲啶 [**phenanthridine**] 即苯并[*c*]喹啉。

菲醌 [**phenanthrenequinone**] 又称9,10-菲醌。菲环上的 2 个—CH═基转化为—C(═O)—基，同时发生必需的双键重排而生成的化合物。最常见的菲醌为菲环上 9,10 位的 2 个—CH═基转化为—C(═O)—基，同时发生必需的双键重排而生成的化合物。分子式 $C_{14}H_8O_2$，分子量 208.21。橙红色针状结晶。熔点 207℃，沸点 360℃。可溶于乙醇、冰醋酸、苯和硫酸，不溶于水，与亚硫酸氢钠生成可溶于水的加成物。具有抑菌能力，用于拌种可防止谷物黑穗病、棉花苗期病，还可作为纸浆防腐剂。经氢氧化钠处理后可制得多效能的植物生长调节剂整形素；亦可用作光导材料、光敏阻焊剂和纸张防腐剂。在有机合成中，可用来生产苯绕蒽酮。

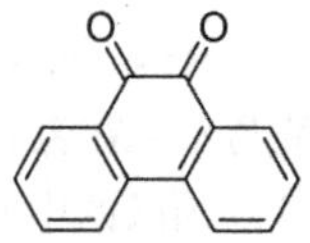

9,10-菲醌 [**9,10-phenanthrenequinone**] 即菲醌。

菲咯啉 [**phenanthroline**] 菲分子中的两个环次甲基(═CH—)被两个氮原子置换的芳香性稠杂环化合物。如：1,7-二氮杂菲和 1,10-二氮杂菲(俗称邻菲咯啉)，其结构式如下所述。在以上两种同分异构体中，邻菲咯啉使用较广。

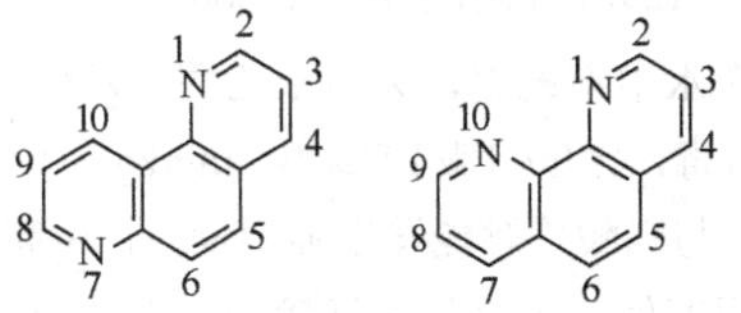

邻菲咯啉一水物为白色结晶性粉末。分子式 $C_{12}H_8N_2$，分子量 180.20，熔点 93～94℃，无水物熔点为 117℃。溶于 300 份水，70 份苯，溶于醇和丙酮。闪点>330℃，微溶于水。可作电镀添加剂、分析试剂和测定亚铁的灵敏试剂。

肥酸 [**adipic acid**] 即己二酸。

吩噁嗪 [**phenoxazine**] 即二苯并[*b*, *e*]噁嗪。

吩噁噻 [**phenoxthine；phenoxathiine**] 蒽分子中的 9,10-位两个环次甲基(═CH—)分别被氧和硫原子置换的稠杂环化合物。是吩噁噻类合成染料分子的基本骨架结构。分子式 $C_{12}H_8OS$，分子量 200.26。熔点 52～56℃，沸点 150～152℃/5 mmHg，密度 1.278 g/mL。稳定性较好，与强氧化试剂接触易燃。

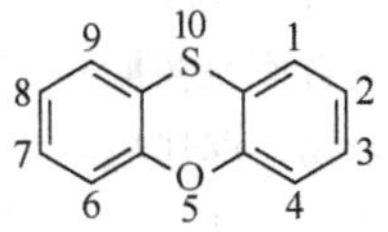

吩嗪 [**phenoxazine**] 即二苯并[*b*,*e*]吡嗪。

吩噻嗪 [**phenothiazine**] 即二苯并[*b*, *e*]噻嗪。

呋喃 [**furan**] 含有一个氧原子的五元芳杂环化合物。分子式C_4H_4O，分子量68.07。无色、易挥发液体。有特殊的气味。沸点32℃，闪点–35.6℃，相对密度 $d_4^{19.4}$ 0.9371，折射率 n_D^{20} 1.4216。不溶于水，溶于乙醚和乙醇等有机溶剂。有麻醉和弱刺激作用。易燃。对碱稳定，遇酸聚合成树脂。工业上由糠醛高温催化失一氧化碳制得。实验室由*γ*-二羰基化合物脱水关环制得。应用于医药、农药和有机合成等。

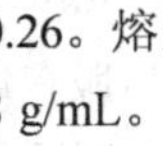

2-呋喃丙烯醛 [**2-furylacrolein**] 分子式$C_7H_6O_2$，分子量122.12。黄色或白色针状结晶。有肉桂样的香味。熔点54℃，沸点135℃/1.87 kPa，闪点99℃。溶于醇、醚和热水，难溶于冷水。可随水蒸气挥发。具有醛、α,β-不饱和羰基化合物及呋喃的化学性质。可由糠醛与乙醛在氢氧化钠作用下缩合制得。可用作合成抗血吸虫药呋喃丙胺的中间体。

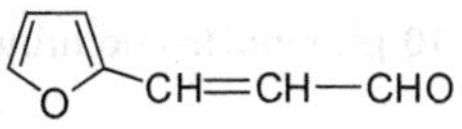

2-呋喃甲醇 [2-furancarbinol] 又称糠醇。分子式 $C_5H_6O_2$，分子量 98.10。是无色易流动液体，遇空气颜色变深，具特殊苦辣气味。熔点–29℃，沸点 171℃/100 kPa，闪点 75℃，相对密度 d_4^{20} 1.1296，折射率 n_D^{20} 1.4868，自燃点 490.5℃。与水混溶，但在水中不稳定，易溶于乙醇、乙醚、苯和氯仿等有机溶剂。有毒，大鼠口服 LD_{50} 275 mg/kg。可燃。与氧化剂可发生反应。与强酸接触能发生强烈反应，引起燃烧或爆炸。密封储藏于阴凉处，不可与空气接触。工业由糠醛经加氢还原而得。为有机合成原料，同时可制备各种呋喃型树脂、糠醇-脲醛树脂、酚醛树脂、防腐漆、防腐胶片及增塑剂等。是呋喃树脂、清漆、颜料的良好溶剂。

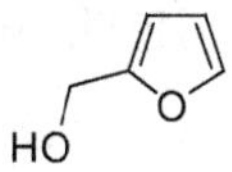

呋喃甲醛 [2-furancarboxaldehyde] 又称糠醛、2-呋喃甲醛。分子式$C_5H_4O_2$，分子量96.09。无色或浅黄色油状液体。有苯甲醛的气味。熔点–38.7℃，沸点161.7℃，103℃/13.33 kPa，67.8℃/2.67kPa，闪点60℃，相对密度 d_4^{20} 1.1594，折射率 n_D^{20} 1.5261。易溶于醇、醚、热水、丙酮，溶于苯和氯仿。能刺激皮肤和黏膜。吸入或口服有毒害。对机体有不可逆损伤的可能性。使用时应避免与眼睛和皮肤接触。大鼠口服LD_{50} 657 mg/kg。暴露在空气中受氧的作用颜色变成棕色，同时受光和热的影响也容易聚合而呈树脂状。可随水蒸气挥发。与空气可形成爆炸性混合物，爆炸极限为2.1%(体积分数)。有类似苯甲醛的化学性质。工业上用水解玉米芯、大麦壳、高粱秆等农作物制得，也可由多缩戊糖经水解、脱水蒸馏制得。可用作溶剂，如用于精制润滑油、提炼油脂、溶解硝基纤维素等，也可作为医药、农药、兽药、染料、香料、防腐剂、合成树脂等许多精细化学品的原料，如制备马来酸酐、糠醇、四氢呋喃、呋喃树脂、糠醛树脂、糠酮树脂等。

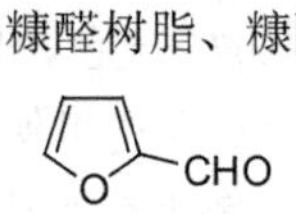

2-呋喃甲醛 [2-furaldehyde] 即呋喃甲醛。

氟利昂 [freon] 又称氟氯烷。是一类含有氟、氯的烷烃的商业名称。广泛用于制冷剂，但是对大气臭氧层有破坏作用。比如氟利昂-11 为一氟三氯甲烷，分子式 $CFCl_3$；氟利昂-12 为二氟二氯甲烷，分子式 CF_2Cl_2；氟利昂-13 为三氟一氯甲烷，分子式 CF_3Cl；氟利昂-22 为二氟一氯甲烷，分子式 CHF_2Cl；氟利昂-112 为二氟四氯乙烷，分子式 $CFCl_2$-$CFCl_2$；氟利昂-113 为三氟三氯乙烷，分子式 $CFCl_2$-CF_2Cl；氟利昂-114 为四氟二氯乙烷，分子式 CF_2Cl-CF_2Cl。其中，氟利昂-12 较为常用，分子量 120.91。无色、无味、无刺激性气体。熔点–158℃，沸点–29.8℃，相对密度 d_4^{-115} 1.75。能溶于醇、醚、乙酸，不溶于水。无毒，不燃、无腐蚀，易压缩成液体。化学性质不活泼，在 200℃以下不与金属、酸及氧化剂作用，在水存在时与碱缓慢起作用。可由四氯化碳与氟化氢在五氯化锑催化下反应制得，可用作制冷剂及气溶胶喷雾剂，如杀虫剂、喷发胶、空气清新剂、加压容器中使用的喷射剂等，也可用作聚四氟乙烯树脂的原料。

氟氯烷 [freon] 即氟利昂。

福尔马林 [formalin] 又称甲醛溶液。含甲醛约 37%的水溶液(通常还加入 8%～12%的甲醇以防聚合)。无色液体，有刺激性气味。沸点 96℃，相对密度 d_4^{20} 1.081～1.085，折射率 n_D^{20} 1.3746。能与水、乙醇、丙酮混溶。其蒸气对黏膜有强烈的刺激作用，有潜在的致癌作用。低温放置时易生成三聚甲醛沉淀，蒸发时会有部分甲醛气体逸出，但大部分变成三聚甲醛。具有很强的还原性，在空气中能被缓慢氧化而变成甲酸。可由甲醇经氧化或脱氢生成甲醛气体，再用水吸收制备。可用作防腐剂、杀菌剂、消毒剂、还原剂等，也可用于有机合成，制备酚醛树脂、染料、医药和炸药等。

富马酸 [fumaric acid] 即反-2-丁烯二酸。

甘醇 [glycol] 即乙二醇。

甘油 [glycerol] 又称丙三醇、1,2,3-三羟基丙烷。分子式 $C_3H_8O_3$，分子量 92.11。常用多元醇，无色透明黏稠液体，无气味，有甜味。熔点 47℃，沸点 290℃(分解)，相对密度 d_4^{20} 1.2613，折射率 n_D^{20} 1.4746。可与水、乙醇任意混溶，微溶于乙醚，不溶于苯、氯仿、四氯化碳、二硫化碳和石油醚等。被公认为无毒、安全的物质。小鼠口服 LD_{50} 31.5 g/kg。有吸湿性，能吸收空气中的水分，又能吸收硫化氢、氰化氢和二氧化硫等气体。长期置于 0℃低温处，能够形成熔点为17.8℃的有光泽的斜方晶体。与酸反应生成酯；与强的氧化剂，如三氧化铬、氯酸钾和高锰酸钾等接触会引起爆炸；与醛、酮反应生成缩醛和缩酮；用稀硝酸氧化生成甘油醛和二羟基丙酮；用高碘酸氧化生成甲酸和甲醛。可由天然油脂经碱性水解制得，也可由丙烯经高温氯化、次氯酸加成、碱性水解制得。可用于食品、烟草中的防腐剂、抗冻剂；日用化妆品、牙膏、食用香精的添加剂；纺织和印染中的吸湿剂，润滑剂，防缩、防皱处理剂，扩散剂，渗透剂等；医药制剂的溶剂；涂料工业中用以制造各种醇酸树脂、聚酯和环氧树脂等；还可用于制造炸药，如硝化甘油及许多药物。

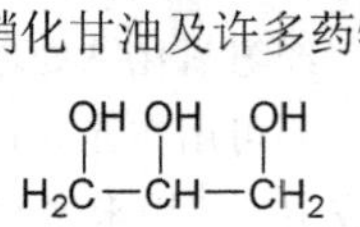

高烯丙醇 [homoallylic alcohol] 又称 3-丁烯-1-醇。在

烯丙醇的烯键与羟甲基之间多一个 CH_2 的同系物。分子式为 C_4H_8O，分子量 72.11。无色液体，可溶于水，沸点 112～114℃，闪点 32℃，相对密度 d_4^{20} 0.8424，折射率 n_D^{20} 1.4224。主要用于有机合成。

根皮酚 [phloroglucinol] 即间苯三酚。

枸橼酸 [citric acid] 即 2-羟基丙烷-1,2,3-三羧酸。

咕啉 [corrin] 又称可啉。在四个还原或部分还原的吡咯环的2,5-位上，分别用三个次甲基(═CH—)和一个单键连接而成的一个大环分子。是维生素B_{12}等天然化合物分子的基本结构单元。分子式$C_{19}H_{22}N_4$，分子量306.41。

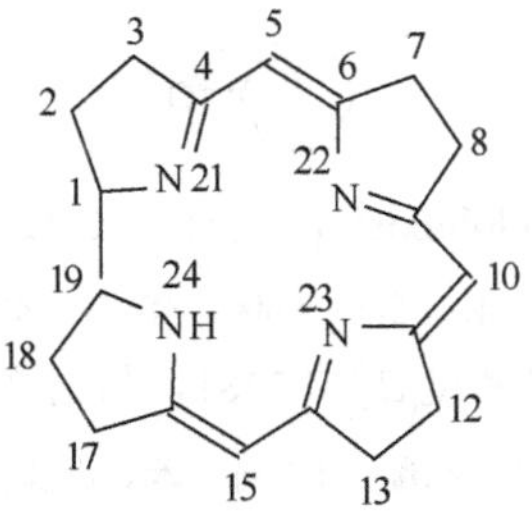

胍 [guanidine] 又称亚氨脲。分子式CH_5N_3，分子量59.07。无色结晶。熔点约50℃。极易溶于水及醇。有潮解性，易从空气中吸收二氧化碳，呈强碱性。加热至160℃时分解为三聚氰胺及氨。兔口服致死量LD_{50} 500 mg/kg。由氰氨化钙与碘化铵作用或由尿素与氨在加压下反应制得。可用作有机合成中间体。主要用于制造磺胺药物和染料。因为游离胍难于分离，所以一般商品是其盐类，如盐酸胍、硝酸胍、碳酸胍、硫酸胍等。

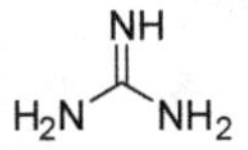

光气 [phosgene] 即碳酰二氯。

硅杂苯 [silabenzene] 苯分子中的一个次甲基(═CH—)被置换为硅氢基团(═SiH—)的芳香性六元杂环。分子式C_5H_6Si，分子量 94.19。

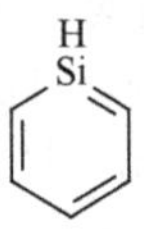

桂皮醇 [styrylic alcohol] 即肉桂醇。

桂皮醛 [cinnamic aldehyde] 即肉桂醛。

过氧化酮 [dioxirane] 二氧杂环丙烷的旧称。

过氧乙酸 [peracetic acid] 结构式 CH_3COOOH，分子式 $C_2H_4O_3$，分子量 76.05。熔点 0.1℃，沸点 105℃，相对密度 1.15。无色液体，有强烈刺激性气味，溶于水、醇、醚、硫酸。属强氧化剂，极不稳定，完全燃烧能生成二氧化碳和水；具有酸的通性；可分解为乙酸、氧气；能溶于水，溶于乙醇、乙醚、乙酸、硫酸。主要用作纸张、石蜡、木材、织物、油脂、淀粉的漂白剂，医药工业用作饮水、食品和防止传染病的消毒剂。也用作有机合成中的氧化剂。

海碘仿 [iodoform] 即碘仿。

海因 [hydantoin] 即咪唑烷-2,4-二酮。

琥珀酸 [succinic acid] 即丁二酸。

琥珀酸酐 [succinic anhydride] 即二氢-2,5-呋喃二酮。

琥珀酰亚胺 [succinimide] 又称丁二酰亚胺、2,5-二酮吡咯烷。分子式 $C_4H_5NO_2$，分子量 99.09。白色、浅黄色片状或斜方状双锥体结晶。几乎无气味，味甜。熔点 126～127℃，沸点 287～288℃，相对密度 d_4^{20} 1.412。易溶于水、乙醇、NaOH 水溶液，不溶于醚、氯仿。有毒。大鼠口服 LD_{50} 14 g/kg。通过丁二酸与氨反应制得。主要用于有机合成。

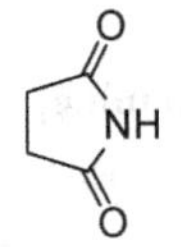

环吖嗪 [cyclazine] 以一个三价氮原子作为三个并合环共用的中心环节原子的三环稠合的芳香性杂环。具有 $4n$+2 型的环电子结构。如：[2,2,3]环吖嗪、[3,3,3]环吖嗪，其性质分别为[2,2,3]环吖嗪：分子式 $C_{10}H_7N$，分子量 141.17，密度 1.19 g/mL，熔点 64～65℃；[3,3,3]环吖嗪：分子式 $C_{12}H_9N$，分子量 167.21，密度 1.22 g/mL，熔点 140～142℃，沸点 472.7℃。

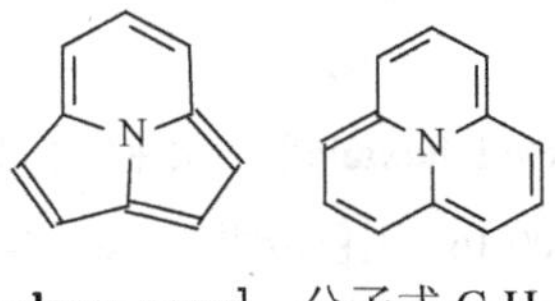

环丙烷 [cyclopropane] 分子式 C_3H_6，分子量 42.08。无色气体，有类似石油醚的气味。熔点–127℃，沸点–33℃。在 0.4～0.6 MPa 下可液化。相对密度 d_4^{-79} 0.720，绝对密度 1.879 g/L (1atm, 0 ℃)，标准状况下 1 L 环丙烷重 1.879 g。微溶于水，易溶于乙醇、乙醚、苯、石油醚等。易燃。与空气形成爆炸性混合物，爆炸极限 2.4%～10.3%（体积分数）。化学性质活泼，易形成开链化合物；与溴反应生成 1,3-二溴丙烷；催化氢化生成丙烷；易被浓硫酸吸收；铂催化下，热至 50℃，重排为丙烯。可由 1,3-二溴丙烷与锌粉共热制备。用于有机合成，医药上用作吸入麻醉剂。

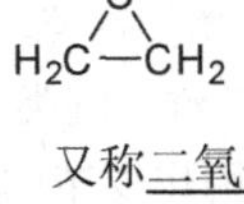

环丁砜 [sulfolane] 又称二氧化噻吩烷、四亚甲基噻吩砜。分子式 $C_4H_8O_2S$，分子量 120.17。无色液体或结晶。熔点

27.4～27.8℃，沸点 285℃，153～154℃/2.4 kPa，闪点 165℃。相对密度 d_4^{30} 1.2606，折射率 n_D^{20} 1.4840。能与水、丙酮、甲苯、二甲苯、甲硫醇混溶。大鼠口服 LD_{50} 1.94 g/kg。环丁砜是一种对质子非常稳定的溶剂。工业上主要用作芳烃抽提的萃取剂，也用于天然气、炼厂气、合成气的净化脱硫，以及作为橡胶、塑料的溶剂和纺织印染助剂。

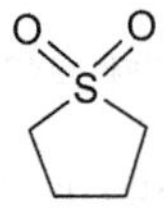

环丁烷 [cyclobutane] 分子式 C_4H_8，分子量 56.11。无色易挥发性气体。熔点–90.7℃，沸点 12.5℃/101.325 kPa。液体相对密度 $d_4^{12.5}$ 0.7025，折射率 n_D^0 1.37520。不溶于水，溶于乙醇、乙醚、丙酮、苯。易燃。燃烧时有光焰。化学活性低于环丙烷，在较高温度可催化氢化为正丁烷，与碘化氢反应生成 1-碘丁烷。可由环丁烯催化加氢，环丁烷羧酸失羧，1,4-二溴丁烷与锂汞齐反应关环等方法来制备。

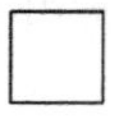

环己胺 [cyclohexylamine] 分子式 $C_6H_{13}N$，分子量 99.18。无色液体。有鱼腥味。熔点–17.7℃，沸点133.6(0.5)℃，闪点31℃。相对密度 d_4^{20} 0.8191，折射率 n_D^{15} 1.4625。溶于水、四氯化碳，易溶于乙醇，与乙醚、丙酮、苯互溶。可随水蒸气挥发，并可与水形成共沸混合物。易燃。有毒，大鼠腹膜内注射 LD_{50} 200 mg/kg致死。由环己醇氨解，或苯胺在高温高压下加氢制备。是合成染料、乳化剂、杀虫剂等的原料，也用于其他有机合成。

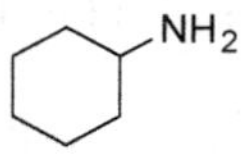

环己醇 [cyclohexanol] 又称六氢苯酚。分子式 $C_6H_{12}O$，分子量100.16。无色透明油状液体，凝固后为白色结晶，有樟脑气味。熔点24℃，凝固点25.15℃，沸点161.10℃，闪点41℃，相对密度 d_4^{20} 0.9493，折射率 n_D^{20} 1.4648。能与乙醇、乙醚、丙酮、氯仿、二硫化碳和苯混溶，溶于水。毒性比苯强，吸入其蒸气可对中枢神经和肌肉有麻痹作用；对皮肤和黏膜有刺激作用；能引起动物肝、肾、血管的病变。大鼠 LD_{50} 2.06 g/kg。可燃性物质，易吸潮。在空气中允许极限为200 mg/m^3，爆炸极限为1.32%～11.1%(体积分数)。具有仲醇的化学性质，与金属钠反应可生成醇钠，氧化可生成环己酮，继续氧化可生成己二酸。环己醇可由苯酚经加氢制得，也可由环己烷在钴盐催化下或在硼酸催化下或在无催化剂的空气氧化下制得。可用于生产己二酸、己二胺、己内酰胺及纤维的整理剂、杀虫剂、增塑剂等，也可用作肥皂的稳定剂，以及橡胶、树脂、硝基纤维、醚类、油类、酯类等的溶剂，涂料的掺合剂等，还可用作皮革的脱脂剂、干洗剂、擦亮剂等。

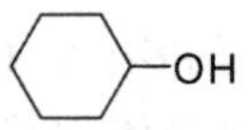

环己基氯 [chlorocyclohexane] 即氯代环己烷。

环己酮 [cyclohexanone] 分子式 $C_6H_{10}O$，分子量 98.14。有类似丙酮气味的无色液体。熔点–16.4℃，沸点155.6℃，相对密度 d_4^{20} 0.9478，折射率 n_D^{20} 1.507。溶于乙醇、乙醚和其他普通有机溶剂，微溶于水。蒸气有毒。与空气混合可形成爆炸性混合物，爆炸极限3.2%～9.0%(体积分数)。工业上用苯在压力下进行气相氢化生成环己烷，再在钴盐存在下于8～12 atm下氧化成环己醇，然后于200℃在 $CuCr_2O_4$ 存在下脱氢制备环己酮，或以苯酚催化氢化制取。环己酮经氧化可得己二酸，是制备尼龙66的原料；还可作为油漆、树脂、农药、染料、橡胶等的溶剂和稀释剂。

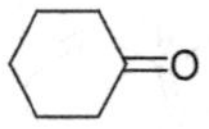

环己烷 [cyclohexane] 分子式 C_6H_{12}，分子量 84.16。无色易挥发透明液体。有汽油味。熔点 6.47℃，沸点 80.7℃，闪点–18℃，相对密度 d_4^{20} 0.7781，折射率 n_D^0 1.4264。不溶于水，易溶于乙醇、乙醚、丙酮、苯、四氯化碳等有机溶剂。易燃。空气中燃烧极限 1.3%～8.4%(体积分数)。毒性小于苯。化学性质稳定，可氧化成环己醇、环己酮、己二酸等；于 300～320℃可用钯炭脱氢成苯。存在于石油中由石油分馏获得，或由苯催化氢化制取。主要用于生产尼龙 6 及尼龙 66，是工业中广泛应用的溶剂，如作为树脂、丁基橡胶的溶剂等。

环己烯 [cyclohexene] 又称四氢化苯。分子式 C_6H_{10}，分子量 82.15。无色液体。熔点–103.5℃，沸点 82.98℃，闪点–12℃，相对密度 d_4^{20} 0.8102，折射率 n_D^{20} 1.4465。溶于乙醇、乙醚、丙酮、苯、四氯化碳、石油醚等，不溶于水。中等毒性。对中枢神经系统有抑制作用，高浓度具有麻醉作用，对皮肤和黏膜有刺激作用。一级易燃液体。遇高热、明火有引起燃烧的危险。应储于阴凉处，避光、密封保存。具有烯烃的化学性质，可与氢气、卤素、卤化氢和硫酸发生加成反应，也可发生聚合、氧化等反应。可由环己醇在硫酸或磷酸存在下，加热经脱水制得环己烯。可用作有机合成的原料、溶剂、催化剂溶剂、石油萃取剂、高辛烷值汽油稳定剂，也可用作有机合成的原料，制备丁二烯、己二酸和马来酸等。

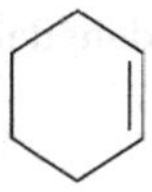

环硫丙烯 [thiete] 即硫杂环丁烯。

环硫乙烷 [thiirane] 即硫杂环丙烷。

环硫乙烯 [thiirene] 即硫杂环丙烯。

环戊醇 [cyclopentanol] 又称羟基环戊烷。分子式 $C_5H_{10}O$，分子量86.13。无色黏稠油状液体，有令人愉悦的气味。熔点–19℃，沸点139～140℃，闪点51℃，相对密度 d_4^{20} 0.9488，折射率 n_D^{20} 1.4575。易燃，溶于乙醇，微溶于水。可由己二酸在氢氧化钡作用下经加热脱羧制得环戊酮，再经四氢锂铝还原或催化氢化制得；也可由环戊酮在铜铬催化剂作用下加氢制得。可用于药物和香料的溶剂，也可以作为制备香料、染料、医药的中间体。

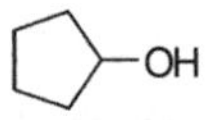

环戊二烯 [cyclopentadiene] 又称1,3-环戊二烯。分子式 C_5H_6，分子量 66.10。无色液体。熔点–97.2℃，沸点 40.0 ℃，相对密度 d_4^{20} 0.8024，折射率 n_D^{20} 1.4440。溶于乙醇、乙醚、苯、丙酮、四氯化碳等有机溶剂，不溶于水。毒性中等。对黏膜有强烈的刺激作用。大量吸入可引起急性中毒。加热或日光下久置能聚合成二聚环戊二烯，常压蒸馏可解聚。一般在–20℃的低温下保存。化学性质活泼。常温下自发地聚合成双环戊二烯，受热仍变成环戊二烯。几乎能与所有的不饱和化合物，如乙烯及其衍生物、乙炔等发生第尔斯-阿尔德加成反应。还能发生卤化、氧化、亚甲基化等缩合反应。可从粗柴油或轻柴油裂解的副产物 C_5 馏分中制得，也可由频哪醇（四甲基乙二醇）经氢溴酸催化脱水制得；还可由环戊烷和环戊烯经脱氢制得。用于制备树脂、合成橡胶、塑料、农药、增稠剂、增塑剂、防锈剂、高等烃类燃料及一些名贵香料。也可用来合成倍半萜烯、生物碱、樟脑及某些金属衍生物，如二茂铁等。

1,3-环戊二烯 [1,3-cyclopentadiene] 即环戊二烯。

环戊烷 [cyclopentane] 分子式 C_5H_{10}，分子量 70.13。无色流动的液体。熔点–94.4℃，沸点 49.3℃，相对密度 d_4^{20} 0.7460，折射率 n_D^{20} 1.4068。不溶于水，易溶于烃类溶剂、乙醇、乙醚等。小鼠空气中致死浓度为 109.0 g/m³，可燃。化学性质稳定。存在于石油中。可在铝存在下，经高温高压使环己烷热裂，或还原环戊二烯制得；也可通过克莱门森(Clemmensen)还原环戊酮制得，还可用 1,5-二溴戊烷与锌作用制备。用于有机合成。

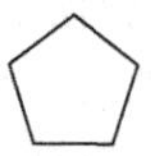

环戊烯 [cyclopentene] 分子式 C_5H_8，分子量 68.12。无色液体。熔点–135℃，沸点 45～46℃，闪点–34℃，相对密度 d_4^{20} 0.7720，折射率 n_D^{20} 1.4225。能与乙醇、乙醚、苯、丙酮、氯仿等混溶，不溶于水。高度易燃。口服或与皮肤接触有害。对皮肤和眼睛有刺激性。具有烯烃的化学性质，可发生加成、聚合、氧化等反应。可由环戊二烯经催化加氢制得，也可由环戊醇经脱水反应制得，还可从石油裂解的副产物 C_5 馏分中经抽提分离制得。可用于生产聚戊烯橡胶、1,2-环戊二醇等，也可用于制备药物氯胺酮等。

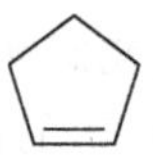

环辛四烯 [cyclooctatetraene] 又称 1,3,5,7-环辛四烯。分子式 C_8H_8，分子量 104.15。金黄色液体。熔点–4.7℃（凝固点–7℃），沸点 142～143℃，闪点 22℃，相对密度 d_4^{20} 0.9206，折射率 n_D^{20} 1.5381。溶于醇、醚、酮、苯等有机溶剂，不溶于水。易燃。对眼睛、呼吸系统和皮肤有刺激性。是典型的多烯烃。无芳香性。和许多其他环烯烃一样，可与一氧化碳和氢气进行氢化、氧化、环氧化等反应，也可和顺丁烯二酸酐进行第尔斯-阿尔德环加成反应，还可进行光化学、卤化和聚合反应。可由四个乙炔分子在氰化镍的存在及加压下（THF 作溶剂）发生环化反应制得，也可在己烷溶剂中由环辛二烯在丁基锂和络合剂四甲基乙二胺的作用下生成环辛三烯，再继续反应生成环辛四烯锂化物，最后以二氯化镉作催化剂氧化即可制得。可用于制造合成纤维、染料、药物等。

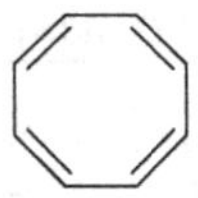

1,3,5,7-环辛四烯 [1,3,5,7-cyclooc tatetraene] 即环辛四烯。

环氧丙烷 [1,2-epoxypropane] 又称甲基环氧乙烷、1,2-环氧丙烷。分子式 C_3H_6O，分子量 58.08。无色液体，有乙醚气味。熔点–112.3℃，沸点 34.4℃，相对密度 d_4^{20} 0.8590，折射率 n_D^{20} 1.3670。可与乙醇、乙醚混溶。易燃，低毒，大鼠口服 LD_{50} 1.14 g/kg。对皮肤、眼睛、气管黏膜有刺激作用，其水溶液对皮肤的刺激作用强烈。化学性质与环氧乙烷类似，反应活性稍低，可与多种含活泼氢的试剂，如水、醇、氨（胺）、酸等试剂反应，也可与格氏试剂、三氟化硼、四氢铝锂等反应。可由丙烯与次氯酸反应，再在石灰乳作用下制得。用作硝化纤维素、醋酸纤维素及各种树脂的溶剂，也可用于润湿剂、洗涤剂、乳化剂等，还可用作化工原料制备丙二醇、甘油、聚氨酯等一系列产品。

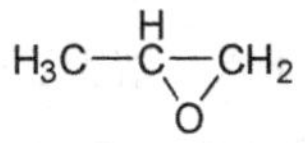

1,2-环氧丙烷 [1,2-epoxypropane] 即环氧丙烷。

环氧丙烯 [oxetene] 即氧杂环丁烯。

环氧丁烷 [butylene oxide] 即四氢呋喃。

环氧二乙烷 [dioxane] 即 1,4-二氧杂环己烷。

环氧乙烷 [epoxyethane; oxirane] 又称1,2-环氧乙烷、氧化乙烯、氧杂环丙烷，曾称噁丙环。分子式 C_2H_4O，分子量44.05。最简单的环醚。无色气体，有醚味，高浓度有刺激性气味。熔点–111℃，沸点13.5℃，相对密度 d_4^{20} 0.8694，折射率 n_D^{20} 1.3597。可溶于水，溶于乙醇、乙醚、丙酮和苯等有机溶剂。有毒，蒸气可刺激眼、鼻。易燃。化学性质非常活泼，易与许多含活泼氢的试剂，如水、醇、氨(胺)、酸等发生反应，也可与格氏试剂、硝酸银等反应。可由乙烯与氧气在银催化作用下氧化制得；也可由乙烯与次氯酸反应，再在石灰乳作用下制得。主要用作化工原料、医药中间体，也可用于合成洗涤剂、非离子表面活性剂、乳化剂、增塑剂、润滑剂、溶剂、饲料添加剂、抗冻剂等，还可用作材料的气体杀菌剂、粮食保存的熏蒸剂、火箭和喷气推进器的燃料等。

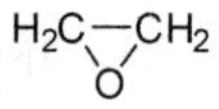

1,2-环氧乙烷 [1,2-epoxyethane] 即环氧乙烷。

环氧乙烯 [oxirene] 即氧杂环丙烯。

黄仿 [iodoform] 即碘仿。

黄樟醚 [safrole] 又称黄樟脑、黄樟素、4-烯丙基-1,2-亚甲基二氧基苯、萨富罗尔。分子式 $C_{10}H_{10}O_2$，分子量162.19。无色或微黄色液体，有樟木气味。熔点11.2℃，沸点234.5℃，相对密度 d_4^{20} 1.1000，折射率 n_D^{20} 1.5383。存在于黄樟油和松脑油中。不溶于水，易溶于乙醇，能与乙醚、氯仿等混溶。对人体毒害较大，有较弱的致肝癌作用。可从本樟树、油樟树或芳樟树的树根中提取原樟油，再经精馏冷冻制得。可用作皂用香精、医药杀菌剂、防腐剂，也可用来制备胡椒醛和香兰素。

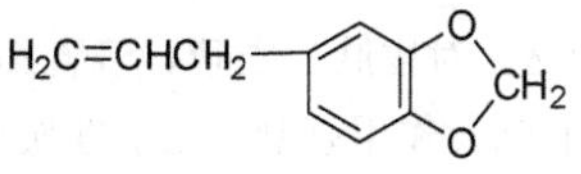

黄樟脑 [safrole] 即黄樟醚。

黄樟素 [safrole] 即黄樟醚。

茴香醚 [anisole] 又称苯甲醚、甲基苯基醚、甲氧基苯。分子式 C_7H_8O，分子量108.14。无色透明液体，有芳香气味。熔点–37.5℃，沸点155℃，闪点40℃，相对密度 d_4^{20} 0.9961，折射率 n_D^{20} 1.516。不溶于水，溶于乙醇和乙醚，易溶于丙酮和苯。中低毒，大鼠口服 LD_{50} 3.7 g/kg。在加热及浓的氢卤酸作用下可发生醚键的断裂，生成苯酚和卤代甲烷，反应可定量完成；也可在苯环上发生芳香亲电取代反应，如卤化，硝化，磺化，弗-克烷基化、酰基化等。可由苯酚钠与氯甲烷反应制得，也可由苯酚与硫酸二甲酯在氢化钠存在下反应制得。可用作溶剂，也可用于配制许多花香型香精，还可用作啤酒抗氧剂、乙烯聚合物紫外线稳定剂和肠内杀虫剂的原料。

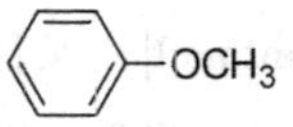

茴香醛 [aubepine anisic aldehyde; 4-anisaldehyde] 即4-甲氧基苯甲醛。

1,6-己二胺 [1,6-hexanediamine] 分子式 $C_6H_{16}N_2$，分子量116.20。白色片状结晶。有六氢吡啶气味。熔点42℃，沸点205℃。微溶于水，易溶于乙醇和苯。具碱性，能吸收空气中的水和 CO_2。由己二酸与氨反应生成己二腈，进一步加氢制成。是生产尼龙的原料。

己二酸 [hexanedioic acid] 俗称肥酸。分子式 $C_6H_{10}O_4$，结构式 $HOOC(CH_2)_4COOH$，分子量146.14。白色结晶粉末。熔点153℃，沸点332.7℃，相对密度 d_4^{25} 1.360。微溶于水，溶于热水，易溶于甲醇、乙醇、丙酮等。能升华，可用硝酸重结晶。可用重铬酸钾或高锰酸钾的酸性溶液氧化环己酮制备，或在碱性溶液中以空气氧化环己醇再酸化制得，或以氧化环己烷的方法制备。可氢化成己二醇。与己二胺缩合可得到尼龙，是制造尼龙66的一种重要原料。用作食品的增酸剂，用于合成增塑剂己二酸二辛酯及制杀虫剂和黏合剂。

己内酰胺 [caprolactam] 又称卡普隆。分子式 $C_6H_{11}NO$，分子量113.16。白色鳞片状固体，熔点69.3℃，沸点269℃。相对密度 d_4^{75} 1.01，折射率 n_D^{20} 1.4935。易溶于水、乙醇、甲醇、醚、DMF，能溶于氯代烷、环己烯和石油馏分。有吸湿性。长期吸入可引起慢性中毒，如神经衰弱、头昏、出鼻血等。对皮肤有腐蚀作用。小鼠口服 LD_{50} 930 mg/kg，空气中最高浓度为10 mg/m^3。可通过环己酮羟胺合成(又称肟法)、甲苯法(SNIA法)、光亚硝化法(PNC法)、己内酯法(UCC法)、环己烷硝化和环己酮硝化法制得。最新的方法为环己酮氨化氧化法。用于生产聚己内酰胺，后者用于生产合成纤维和塑料，也可用于涂料、增塑剂以及少量用于合成赖氨酸。

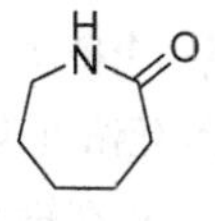

己烷雌酚 [hexestrol] 分子式 $C_{18}H_{22}O_2$，分子量270.37。无色或白色针状结晶。无味。熔点186.5℃。易溶于乙醚、乙醇、丙酮，溶于甲醇、植物油及碱性溶液中，不溶于水。溶于硫酸中形成无色或淡黄色的溶液，微溶于苯和氯仿，不溶于水。具有酚类化合物的性质，具有雌性激素的各种作用。可用1-甲氧基-4-烯丙基苯为原料，经缩合反应和脱甲基反应而制得。可治疗由于缺乏雌性激素而引起的病症，如闭经、绝经期综合征等，大剂量可用于治疗前列腺癌。

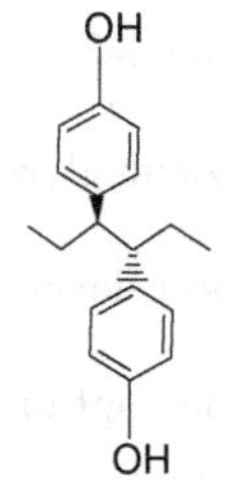

1-己烯 [1-hexene]　又称丁基乙烯。分子式 C_6H_{12}，分子量 84.16。无色液体。熔点–139.8℃，沸点 63.35℃，相对密度 d_4^{20} 0.6731，折射率 n_D^{20} 1.388，闪点–6℃。能溶于醇、醚、苯、石油醚和氯仿，不溶于水。高度易燃。遇高热、明火、强氧化剂有引起燃烧和爆炸的危险。其蒸气能与空气形成爆炸性混合物。应储存于阴凉通风处，远离火种、热源，防止阳光直射。不宜久储，防止变质。使用时应避免吸入其蒸气。具有烯烃的化学性质，与 86%的硫酸作用得 2-己醇和硫酸氢-2-己醇酯，与高锰酸钾反应生成甲酸和戊酸。可由相应的醇经脱水制得。可用于有机合成、合成树脂、香料和染料等。

$$CH_3(CH_2)_3CH{=}CH_2$$

己烯雌酚 [stilbestrol]　又称二乙基己烯雌酚。分子式 $C_{18}H_{20}O_2$，分子量268.35。无色结晶或白色结晶性粉末。无味。熔点169～172℃。能溶于乙醇、乙醚、氯仿及稀碱性溶液中，几乎不溶于水。具有与苯酚类似的化学性质，遇1%三氯化铁溶液即显紫色，然后慢慢成黄色；加硫酸溶解，溶液呈橙黄色，催化加氢得己烷雌酚。可由茴香脑经加成、缩合、碱分解制得；可用于雌性激素缺乏症的替补治疗，作为雌激素类药物使用，用于治疗妇女因激素分泌不足而引起的各种疾病，如不育症、闭经、老年阴道炎及月经不调等症；也可用于治疗胃和十二指肠溃疡及闭塞性动脉内膜炎等。

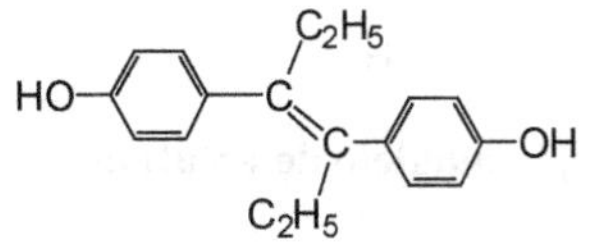

甲胺 [methylamine]　分子式 CH_5N，结构式 $CH_3—NH_2$，分子量31.058。无色气体。有氨的气味。熔点–93.5℃，沸点–6.8℃，闪点–18℃，相对密度 d_4^{20} 0.66。溶于乙醇、丙酮、苯，易溶于水，与乙醚互溶易燃。与空气可形成爆炸性混合物。弱碱性，与无机酸生成易溶于水的盐。由氨和甲醇在高温高压和催化剂作用下制得。用于合成药物、染料和炸药等，并在制革工业中用作鞣革剂。

甲苯 [toluene]　又称苯基甲烷。分子式 C_7H_8，分子量 92.15。无色液体，有类似苯的气味。熔点(凝固点)–95℃，沸点 110.6℃，相对密度 d_4^{20} 0.8669，折射率 n_D^{20} 1.4969。与乙醇、乙醚、苯和二硫化碳可任意混溶，溶于丙酮，不溶于水。甲苯属低毒类。具有麻醉作用。对皮肤的刺激比苯强，可通过皮肤吸收。长期吸入低浓度的甲苯可引起慢性中毒。大鼠口服 LD_{50} 5000 mg/kg。空气中最高允许浓度 375 mg/m³。易燃。与空气能形成爆炸性混合物，爆炸极限为 1.2%～7.0%(体积分数)。燃烧时产生浓烟。能与卤素、浓硝酸、浓硫酸及酰氯、酸酐反应生成各种芳香化合物，易被强氧化剂，如高锰酸钾、重铬酸钾、硝酸氧化生成苯甲酸。主要来源于煤焦油的分馏或石油催化重整和烃类裂解。可用作溶剂和高辛烷值汽油的添加剂，也用在电子工业上作为清洗剂，还可用于有机合成，制备医药、农药、染料、香料、炸药、助剂和涂料等。

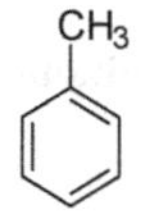

甲苯硫醇 [benzyl mercaptan]　即苄硫醇。

甲醇 [methanol]　又称木醇、木精。分子式 CH_4O，分子量32.04。无色透明液体。易流动，易挥发，略有乙醇样气味，是最简单的饱和一元醇。熔点–98℃，沸点64.96℃。相对密度 d_4^{20} 0.7914，折射率 n_D^{20} 1.3292，闪点11℃。能与水、乙醇、醚、苯和丙酮混溶，溶于氯仿，并且能溶解多种无机盐类，如碘化钠、氯化钠、氯化铵、硝酸铵、硝酸银和硫酸铜等。能与多种化合物如苯、丙酮、甲苯、二硫化碳、四氯化碳、正戊烷、正己烷等形成共沸混合物。甲醇易燃，燃烧时生成蓝色火焰。与空气可形成爆炸性混合物，爆炸极限为 6.0%～36.5%(体积分数)。有毒，大鼠经口服 LD_{50} 13 g/kg，空气中最高允许浓度3 mg/m³。服入或吸入其蒸气或经皮肤吸收，均可引起中毒症状。误饮5～10 mL就会严重中毒导致眼睛失明，饮用30 mL左右即导致死亡。具有饱和一元醇的化学性质，因只有一个碳原子，也具有一些特有的反应。可与氯化钙形成结晶状物质，称结晶醇，如 $CaCl_2·4CH_3OH$；可被氧化成甲酸，进一步被氧化则生成二氧化碳和水；与碱、石灰一起加热，产生氢气和甲酸钠。可由一氧化碳在锌、铬催化下，在300～500 atm下加氢制得。可用作溶剂、防冻剂及飞机燃料，也可用来制备甲醛、甲醇钠、丙烯酸甲酯、硫酸二甲酯、聚乙烯醇等化工原料，还可用于制备糖精、强力霉素、争光霉素、长效磺胺等药物及杀虫剂、杀螨剂、敌白虫、乐果等农药。

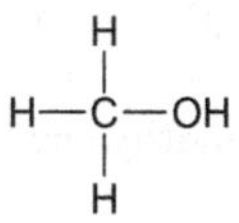

4-甲基-2-氨基-5-氯苯磺酸 [5-amino-2-chloro-4-methyl benzenesulfonic acid]　分子式 $C_7H_8ClNO_3S$，分子量 221.66。白色结晶。以间硝基甲苯为原料，经氯化，结晶还原精制，磺化而制得成品。可用作染料中间体，用于制造大红色淀 C、立索尔大红 IG；广泛用于配制油墨。

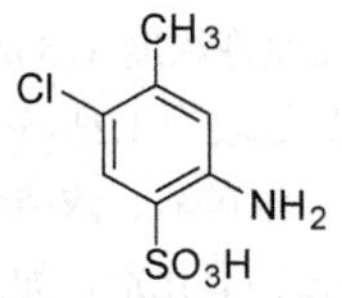

2-甲基苯酚 [*o*-cresol] 即邻甲苯酚。

3-甲基苯酚 [*m*-cresol] 即间甲苯酚。

4-甲基苯酚 [*p*-cresol] 即对甲苯酚。

4-甲基苯磺酸 [*p*-toluenesulfonic acid] 即对甲苯磺酸。

甲基苯基醚 [methylphenyl ether] 即茴香醚。

2-甲基吡啶 [2-methylpyridine] 又称*α*-皮考林。分子式 C_6H_7N，分子量 93.13。具有强烈不愉快吡啶气味的无色油状液体。熔点-90℃，沸点 129.5℃，闪点 38.9℃，相对密度 d_4^{20} 0.9462，折射率 n_D^{20} 1.4957，自燃点 537.8℃。与水混溶，溶于多数的有机溶剂。蒸气与空气形成爆炸性混合物，爆炸极限 1.3%～8.7%(体积分数)。中毒。鼠口服 LD_{50} 0.7 g/kg。以前从煤焦化副产物中回收。现在合成法生产甲基吡啶不断发展，包括乙醛法、乙炔法、乙烯法、丙烯腈法等。用途包括制取 2-乙烯基吡啶、医药、染料、化肥增效剂、除草剂、兽药、橡胶促进剂等。

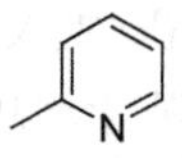

4-甲基苄醇 [4-methyl benzalcohol] 即对甲基苯甲醇。

2-甲基丙烷 [2-methylpropane] 又称异丁烷。分子式 C_4H_{10}，分子量 58.12。无色气体。熔点-159.4℃，沸点-11.73℃，相对密度 d_4^{20} 0.549。溶于醇、醚、氯仿，微溶于水。可燃，与空气形成爆炸混合物，爆炸极限 1.9%～8.4%(体积分数)。自石油气、天然气和裂化气中分出。用于制备异辛烷，也可作冷冻剂。

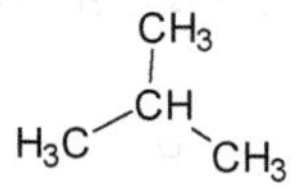

β-甲基丙烯醛 [β-methyacrolein] 即(*E*)-2-丁烯醛。

2-甲基-1,3-丁二烯 [2-methyl-1,3-buadiene] 即异戊二烯。

甲基环氧乙烷 [methyl epoxyethane] 即环氧丙烷。

甲基氯 [methyl chloride] 即氯甲烷。

甲基氰 [acetonitrile] 即乙腈。

2-甲基-1,3,5-三硝基苯 [1,3,5-trinitrotoluene] 即三硝基甲苯。

甲基溴 [methyl bromide] 即溴甲烷。

甲基乙二醇 [propylene glycol] 即1,2-丙二醇。

甲基乙炔 [methylacetylene] 即丙炔。

甲硫醇 [methyl mercaptan; methanethiol] 分子式 CH_4S，结构式 CH_3SH，分子量 48.10。常温下为无色易燃气体，低温下为无色液体，具有令人不愉快的臭味。熔点(凝固点)-121～-123℃，沸点 5.9℃，闪点<71℃，相对密度 d_4^{20} 0.8865。微溶于水，易溶于醇、醚、石油醚等。能与空气形成爆炸性混合物，爆炸极限 3.9%～21.8%(体积分数)。有机合成原料，可用于合成染料、医药(蛋氨酸)、农药(倍硫磷)等。

甲醛 [formaldehyde] 又称蚁醛。分子式 CH_2O，分子量 30.03。无色气体，有强烈刺激性和窒息性气味。熔点-92℃，沸点-20℃，相对密度 d_4^{20} 0.8150。溶于水、乙醇、氯仿等，可与乙醚、丙酮、苯等混溶。中等毒性，大鼠经口 LD_{50} 0.8 g/kg，可经呼吸道及消化道吸收，对黏膜有强烈的刺激性并有催泪作用，能使蛋白质凝固，触及皮肤易使皮肤发硬甚至局部组织坏死。化学性质活泼，可与多种物质发生化学反应，例如与苯酚反应生成立体交联的高分子化合物酚醛树脂；有较强的还原性，在碱性溶液中能使金属盐和金属氧化物还原为金属。可由甲醇在 600～700℃和催化浮石——银作用下经氧化或脱氢制得，也可由烃类与空气在 600～680℃、铁和铜等的氧化物催化下直接氧化，再经分离制得。可用作消毒剂和防腐剂，也可用于制备酚醛树脂、脲醛树脂、三聚氰胺树脂、乌洛托品、季戊四醇等多种产品。

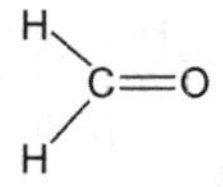

甲醛溶液 [formaldehyde solution] 即福尔马林。

甲三醇 [methanetriol] 又称原甲酸。分子式 CH_4O_3 分子量 78.07。为一假想的化合物，当羟基上的氢原子被烷基取代后得到的酯才是实际存在的化合物。如原甲酸三甲酯 $HC(OCH_3)_3$，无色液体，沸点 100.6℃，可由氯仿和甲醇在钠存在下制得；遇水分解，溶于乙醇、乙醚和苯。

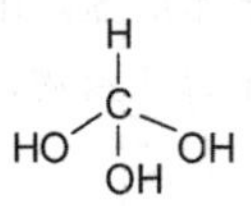

甲酸 [formic acid] 分子式 CH_2O_2，结构式 HCOOH，分子量 46.03。有刺激性气味，无色液体。熔点 8.4℃，沸点 100.7℃，相对密度 d_4^{20} 1.220，折射率 n_D^{20} 1.3714。溶于水、乙醇、乙醚等。酸性较强；有还原性，易被氧化成水和二氧化碳，能与银氨溶液发生银镜反应，也能与费林试剂作用产生氧化亚铜的砖红色沉淀。热至 160℃以上分解成二氧化碳和氢气。腐蚀性较强。可将一氧化碳与氢氧化钠在压力下加热生成甲酸钠，再以稀硫酸分解制得，也可由一氧化碳和水蒸气在200～300℃、催化剂作用下制得。基本有机化工原料之一，用于农药、纺织、医药、印染工业中，可用作酸性还原剂、橡胶凝聚剂，用于合成染料和酯类，并用作饲料添加剂、消毒剂和防腐剂。

甲烷 [methane] 分子式CH_4，分子量16.04。无色无味气体。熔点-182℃，沸点-161.4℃，相对密度d_4^0 0.554(空气=1)。微溶于水，溶于醇、醚、苯等有机溶剂。易燃，燃烧热39.77 MJ/m^3。与空气形成爆炸混合物，爆炸极限3%～14.0%(体积分数)，是矿井瓦斯爆炸的原因。化学性质稳定，但在光照或高温(250～400℃)下，与氯、溴、浓硝酸、浓硫酸等发生剧烈的自由基取代反应，产生多种取代甲烷产物。广泛存在于自然界，是天然气、沼气及油井气的主要成分。工业上自天然气获得；实验室用乙酸钠与氢氧化钠共热制备。甲烷是重要的无公害能源，燃烧热值高、燃烧产物为无毒害的二氧化碳和水；是重要的化工原料，可制备氢气、氢氰酸、氨、乙烯、乙炔、甲醇、甲醛、四氯化碳、氯仿、二氯甲烷、一氯甲烷、硝基甲烷等。

甲酰胺 [formamide] 又称氨基甲醛。分子式CH_3NO，分子量45.04。无色透明油状液体。熔点2.55℃，沸点210.5℃，闪点154℃，在180℃时分解成一氧化碳和氨气。相对密度d_4^{20} 1.134，折射率d_D^{20} 1.4475。能与水、醇、丙酮、乙酸、二氧六环、苯酚、乙二醇等混溶，极微溶于苯和醚。略有氨臭。有毒，对皮肤有刺激，容易吸潮、易燃。需密封保存。可以通过甲酸与甲醇酯化，然后氨解得到。工业上直接用一氧化碳和氨气在催化剂作用下经一步反应得到。也可以用甲酸和尿素反应来制得。甲酰胺具有活泼的反应性和特殊的溶解能力，可以作有机合成原料、纸张处理剂、纤维工业的柔软剂等。在有机合成中，医药方面的用途居多。在染料、颜料和香料助剂方面也有用途。

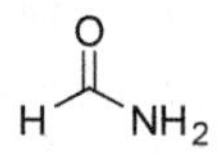

甲酰二甲胺 [*N,N*-dimethylformamide] 即*N,N*-二甲基甲酰胺。

甲氧基苯 [methoxybenzene] 即茴香醚。

2-甲氧基苯酚 [*o*-methoxyphenol] 即邻羟基苯甲醚。

4-甲氧基苯甲醛 [4-methoxybenzaldehyde] 又称对甲氧基苯甲醛、对茴香醛、茴香醛。分子式$C_8H_8O_2$，分子量136.15。无色油状液体或结晶。具有持久的山楂香气。熔点-1℃，沸点248℃、144～200℃/28.00 kPa、134～135℃/1.60 kPa、83℃/2.67 kPa，闪点108℃，相对密度d_4^{20} 1.1191，折射率n_D^{20} 1.5730。能与乙醇、乙醚混溶，易溶于丙酮和氯仿，溶于苯，不溶于水。能随水蒸气挥发。对皮肤、黏膜有刺激作用。有腐蚀性。能引起烧伤。大鼠口服LD_{50} 1.51 g/kg。具有芳醛和芳醚的化学性质，存在于茴香油、小茴香油、莳萝油、金合欢花油、香荚兰浸膏等中。可从以上的天然原料中提取制得；也可由苯酚用硫酸二甲酯经甲基化、氯甲基化，再经水解制得；还可用对甲基苯酚经甲基化制得对甲基苯甲醚然后再经氧化制得。可用作主体香料，也可用于日用香精和食品香精，还可用于制备抗微生物的药物羟氨苄基青霉素及抗组胺药物等。

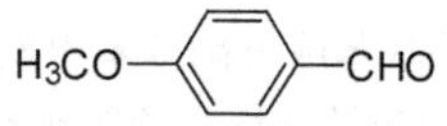

2-甲氧基酚 [2-methoxyphenol] 即邻羟基苯甲醚。

甲乙酮 [ethylmethyl ketone] 即2-丁酮。

假枯烯 [pseudocumene] 即1,2,4-三甲苯。

间氨基苯磺酸 [*m*-aminobenzenesulfonic acid] 又称间胺酸。分子式$C_6H_7NO_3S$，分子量173.19。纯品为白色片状结晶，熔点142℃。相对密度d_4^{20} 1.512。溶于水、碱液和浓盐酸，微溶于乙醇、乙醚。吸湿性强。在水中得到的结晶物分解温度为302～304℃。可由硝基苯用发烟硫酸磺化成间硝基苯磺酸，再经还原制得。可用以制取偶氮染料、活性染料、酸性染料、硫化染料及其他染料。也用以制取香兰素及农药(防治麦锈病药)，在医药工业中用以制取抗结核药的中间体间氨基酚。

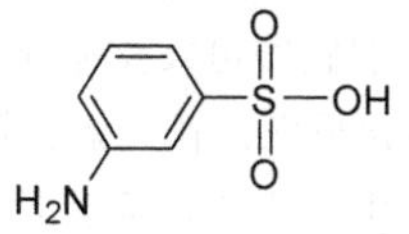

间胺酸 [metanilic acid] 即间氨基苯磺酸。

间苯二酚 [*m*-benzenediol] 又称雷琐酚、1,3-二羟基苯、1,3-苯二酚。分子式$C_6H_6O_2$，分子量110.11。白色结晶，在苯中提取得到针状结晶，在水中提取得到片状结晶，略有甜味。熔点109.8(0.4)℃，沸点280(2)℃，闪点127℃，相对密度d_4^{20} 1.278，折射率n_D^{25} 1.578。微溶于苯、氯仿，溶于乙醇、乙醚，易溶于四氯化碳、水。中等毒性，能在低于共沸点的温度下挥发，刺激皮肤和黏膜，可经皮肤吸收而引起中毒症状。大鼠经口服LD_{50} 301 mg/kg。暴露空气中、见光或接触铁可变成粉红色。具有和苯酚类似的化学性质，可与酸酐反应成酯，与钠汞齐、水反应生成二氢间苯二酚(1,3-环己二酮)，进一步反应生成肟，与邻苯二甲酸酐反应生成荧光染料荧光黄等。由间苯二磺酸与过量的氢氧化钠共熔制得；或由苯磺酸用发烟硫酸磺化，再经碱共融制得；也可由间二异丙苯氧化得到。用于鉴定亚硝酸盐、硝酸盐的比色测定；糠醛、糖的比色测定；木质素、重氮化物的鉴定。也可用于合成橡胶黏合剂、合成树脂、染料等，还可在医药上可用作防腐剂，添加于化妆品及皮肤病药物中。

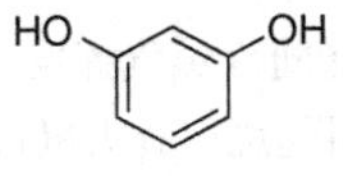

间苯三酚 [*m*-benzenetriol] 又称根皮酚、1,3,5-三羟基苯。分子式$C_6H_6O_3$，分子量126.11。白色或浅黄色菱形结晶，或结晶性粉末，有甜味。见光易变色，能升华并部分水解。熔点216(1)℃，沸点280℃，相对密度d_4^{20} 0.80，折射率n_D^{20} 1.365。微溶于水，溶于吡啶，易溶于乙醇、乙醚、苯、吡啶。有毒，有刺激性。具有多元酚的化学性质，与重氮甲烷反应可生成1, 3, 5-苯三甲酚醚，与乙酸酐反应生成三乙酸1, 3, 5-苯三酚酯。可由三硝基苯或三硝基苯甲酸经还原、水解制得。用作晒图纸的显色剂和骨骼标本的脱钙剂，也可用作生产染料、药物和树脂的原料，还可用作检测香草素、木质素、糠醛、多缩戊糖及胃中游离态HCl的试剂。

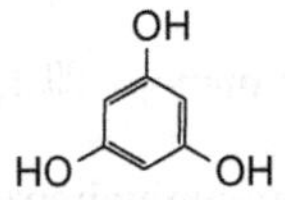

间二氮茂 [glyoxaline] 即咪唑。

间二甲苯 [*m*-xylene] 又称 1,3-二甲基苯。分子式C_8H_{10}，分子量 106.17。无色透明液体。熔点–47.872℃，沸点139.103℃，闪点 25℃，相对密度 d_4^{25} 0.8599，折射率 n_D^{20} 1.497。与醇、醚、氯仿等混溶，室温下可溶解苄醇、糠醇、2-氯乙醇、乙二醇、乙酸乙酯、糠醛等，不溶于水。一级易燃液体。在空气中最高允许溶度为 100 mg/m³。铬酸氧化可生成间甲基苯甲酸。与发烟硝酸可发生硝化反应，生成二硝基二甲苯；与硫酸发生磺化反应；在三氯化铝作用下能发生弗-克反应。和邻、对位二甲苯相比，需要量比较少，因此常常将其通过异构化转变成其他异构体。可用作溶剂，也可用作医药、香料和染料中间体及彩色电影油溶性成色剂，还可用作制造间二甲基苯甲酸的原料。

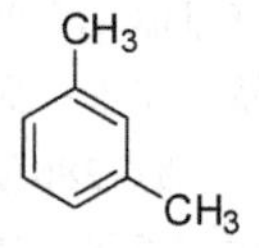

间甲苯酚 [*m*-cresol] 又称 3-甲基苯酚、间羟基甲苯。分子式 C_7H_8O，分子量 108.14。无色或浅黄色液体。有特殊的气味。见光或露置于空气中逐渐变色。熔点 10℃，沸点202.5℃，闪点 86℃，相对密度 d_4^{20} 1.034，折射率 n_D^{20} 1.541。易溶于乙醇、乙醚、丙酮、苯、四氯化碳，溶于氢氧化钠水溶液，微溶于水。有强烈腐蚀性和毒性。其毒性与邻甲酚相同。苯环上可以发生卤化、硝化、磺化、烷基化等取代反应。可以进行氧化、加氢、醚化等反应。可用甲酚经高效分馏制得，也可用邻二甲苯在烷基酸钴的催化下，空气氧化再脱羧转化制得。可用于制作电影胶片，也可用于制备高效低毒农药的中间体，如杀虫剂杀螟松、速灭威等，还可用于合成树脂、增塑剂和香料等的中间体。

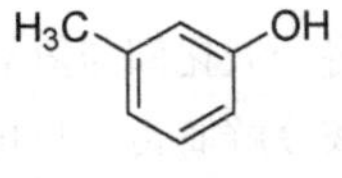

间羟胺 [metaraminol] 又称阿拉明、间羟苯基丙醇胺。分子式$C_9H_{13}NO_2$，分子量167.21 。常用品为酒石酸氢盐，晶体或白色结晶粉末，熔点176～177℃。易溶于水、微溶于乙醇，不溶于乙醚，氯仿。盐酸盐、吸湿性晶体，比旋光度$[\alpha]_D^{20}$ –19.75°。易溶于水。小白鼠腹膜内LD_{50} 440 mg/kg。草酸盐二水合物，晶体，熔点190℃；比旋光度$[\alpha]_D^{20}$ –21.66°；溶于水。可由间羟基苯丙酮肟制取或由1-间羟苯基乙酰基甲醇为原料制成。用作拟交感神经药，可增加脑及冠状动脉血流量及加强心脏收缩能力，但高血压病及糖尿病患者慎用。

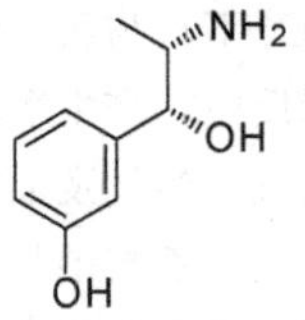

间羟苯基丙醇胺 [α-(*m*-hydroxyphenyl)-β-aminopropanol] 即间羟胺。

间羟基甲苯 [*m*-cresol] 即间甲苯酚。

焦可啉 [indolizine] 吲哚嗪的旧称。

焦三唑 [tetrazole] 即四唑。

焦性没食子酸 [pyrogallor] 即连苯三酚。

角鲨烯 [squalene] 又称三十碳六烯。分子式 $C_{30}H_{50}$，分子量 410.72。为一链形分子，重要的三萜，无色油状液体。有令人愉快的气味。熔点–75℃，沸点 285℃(25 mmHg)，相对密度 d_4^{20} 0.8584，折射率 n_D^{20} 1.494。溶于乙醚、丙酮、四氯化碳等，不溶于水。对眼睛、呼吸系统和皮肤有刺激性。大量使用应穿适当的防护服。在酶的作用下经氧化、脱氢及甲基重排可得到羊毛甾醇。在自然界分布很广。可从鲨鱼的肝、酵母、麦芽、橄榄油和茶子油中提取得到，也可人工合成得到。主要用于气相色谱固定液，分析分离烃类化合物；也可用作杀菌剂及医药、染料的中间体。

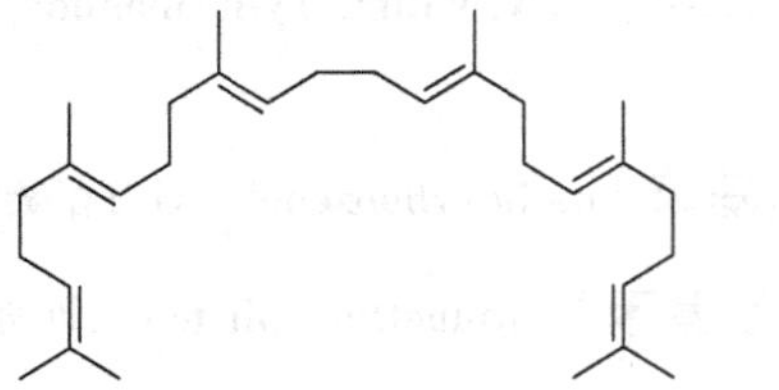

金刚烷 [adamantane] 系统命名三环[3.3.1.1^{3,7}]癸烷。分子式 $C_{10}H_{16}$，分子量 136.23。骨架结构相当于金刚石中碳原子的排列，分子高度对称，在晶格中可紧密堆积，故熔点很高。于–30℃形成晶体，经丙酮重结晶或升华提纯，得到针状结晶。熔点 269.6～270.8℃。溶于苯。其桥头碳上的氢较活泼，可被氯、溴、硝基等取代。存在于石油中，可从石油直接分离出或由四氢二聚环戊二烯在无水三氯化铝催化下异构化制得。在医药上用于抗病毒。

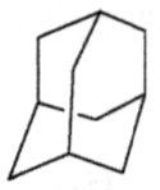

鲸蜡醇 [cetyl alcohol] 即十六醇。

肼 [hydrazine] 又称联氨。分子式H_4N_2，结构式$H_2N—NH_2$，分子量32.05。无色油状液体。空气中发烟，有类似于氨的气味。熔点2℃，沸点113.5℃，56℃/946.4 Pa，相对密度d_4^{25} 1.0036，折光率$n_D^{22.3}$ 1.4698、n_D^{25} 1.4644，闪点52℃，临界温度380℃，临界压力14 atm。与水、甲醇、乙醇、丙醇等混溶。与水能形成沸点为120.3℃的恒沸物，其中含68.5%（质量分数）的肼。燃烧时呈紫色火焰。蒸馏时有空气存在或紫外线照射都会引起爆炸，不可与氧化剂、金属氧化物、多孔材料放在一起。封管中可保存数年。可溶解许多无机物。极毒！对皮肤和黏膜有强腐蚀作用，吸入会引起眩晕、恶心，能引起眼睛延迟性发炎。在动物体内引起肝、肾损伤和肺水肿。由水合肼与氢氧化钠蒸馏或氨解肼盐制成，也可将氯气、氢氧化钠、氨或尿素在水溶液中作用生成。用作显影剂、抗氧剂、还原剂、制泡剂；可作喷气发动机和火箭燃料；用于制异烟肼等药物，有机合成中用于制肼衍生物。

均三甲苯 [mesitylene; sym-trimethylbenzene] 即1,3,5-三甲苯。

***β*-咔啉** [*β*-carboline] 即吡啶并[3,4-*b*]吲哚。

咔唑 [carbazole] 即二苯并[*b*,*d*]吡咯。

卡普隆 [caprolactam] 即己内酰胺。

莰烯 [camphene] 又称2,2-二甲基-3-亚甲基二环[2.2.1]庚烷。是萜烯的一种。分子式$C_{10}H_{16}$，分子量136.23。无色结晶。有两种旋光异构体。右旋体：针状结晶，熔点52℃，沸点160～162℃，相对密度d_4^{50} 0.8450，折射率d_4^{25} 1.4570，比旋光度$[\alpha]_D^{17}$ +103.9°（乙醚，c=4）；左旋体：结晶，熔点52℃，沸点158℃，相对密度d_4^{54} 0.8446，折射率n_D^{54} 1.4546，比旋光度$[\alpha]_D^{19}$ −106°（乙醚，c=4）。易溶于醇、醚、环己烷、环己烯、氯仿和二氧六环，不溶于水。毒性为樟脑的1/30。使用时应避免吸入其粉尘和蒸气，避免与眼睛及皮肤接触。置于空气中易挥发。存在于多种精油中，如松节油含(−)型、(+)型，柏属植物精油及樟科属植物所得樟脑油中含(+)型，也存在于香柠檬油、香茅油、橙花油、生姜和缬草属植物中。在80℃，于冰醋酸加热数小时无变化，而与稀乙酸加热则可得异冰片和乙酸异冰片酯；在乙酸酐和四氯化碳中与三氧化铬反应可得(±)莰尼酮、(±)莰尼醛和(±)莰尼酸。可以优级的松节油为原料，经减压蒸馏、提取*α*-蒎烯，再在水合氧化钛或酸性白土作用下，于135℃下进行异构化反应，再经减压分馏制得。可用作合成樟脑、香料、农药、硫氰乙酸异莰酯、乙酸异莰酯等的原料。

糠醇 [furfuryl alcohol; 2-furylcarbinol; 2-hydroxymethylfuran; furfuralcohol] 即2-呋喃甲醇。

糠醛 [furufural] 即呋喃甲醛。

可啉 [corrin] 即咕啉。

4-枯基酚 [*p*-cumylphenol] 又称4-(2-苯基异丙基)苯酚。分子式$C_{15}H_{16}O$，分子量212.29。白色结晶。有苯酚气味。熔点74～76℃，沸点335℃，189～191℃/1.3 kPa，闪点160℃。溶于甲醇、丙酮、苯、乙烷、四氯化碳等。有刺激性。与五氯酚相比，毒性小得多。具有酚的化学性质。与环氧乙烷加成得到非离子型表面活性剂，与甲醛反应得烷基苯酚树脂。可由苯酚与甲基苯乙烯缩合制得。杀菌、防霉能力强，可用作杀菌、防腐剂，也可用作表面活性剂、涂料、黏合剂等的原料，还可用作环氧树脂的分子量调节剂、反应性稀释剂、增量剂及塑料、杀虫药和润滑剂的中间体。

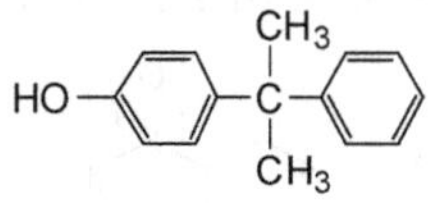

枯烯 [cumene] 即异丙苯。

苦味酸 [picric acid] 又称2,4,6-三硝基苯酚。分子式$C_6H_3N_3O_7$，分子量229.10。淡黄色结晶，在水中提取结晶为叶片状，在乙醇中提取为片状，在乙醚中提取为棱柱状。味苦。密度1.763 g/cm³，熔点121℃。微溶于水，溶于乙醇、乙醚、苯、氯仿，易溶于丙酮。有毒，有强爆炸性（迅速受热或撞击时爆炸，易与多种重金属作用生成更易爆炸而且危险的苦味酸盐。需保存在冷处并远离火源。由三硝基苯氧化或由苯酚磺酸经硝化而得。用于制酸性染料、照相药品、炸药及农药等；实验室用于有机碱的离析和提纯；医药上用作外科收敛剂。

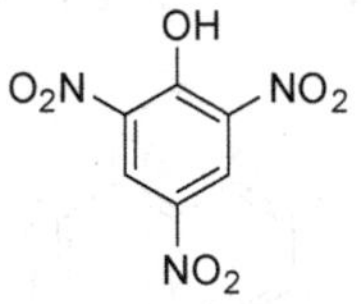

喹啉 [quinoline] 又称苯并[*b*]吡啶。具有1-氮杂萘的结构，有类似萘环的10个环电子大π键共轭体系的芳香性稠杂环。它和它的衍生物是广泛存在于自然界的一大类生物碱。分子式C_9H_7N，分子量129.16。无色液体。熔点−15.6℃，沸点238.05℃，114℃（2.27 kPa），相对密度1.0929（20/4℃），折光率1.62683。闪点101℃，能与醇、醚及二硫化碳混溶，易溶于热水，难溶于冷水。具吸湿性，能从空气中吸收水分，至含水 22%，能随水蒸气挥发。具有弱碱性。有毒性，短时间暴露在喹啉蒸气中会导致鼻子、眼睛和呼吸道被腐蚀，也可能导致头昏和恶心。长时间暴露的影响还不确定，与肝损伤有一定的关系。遇明火、高热可燃。与氧化剂可发生反应。受热分解放出有毒的氧化氮烟气。大鼠口服 LD_{50} 460mg/kg。

是一种由含有苯和吡啶环的芳香性化合物，热、酸或碱都不能使之开环，可进行取代反应。煤焦油中含有少量喹啉，许多药物、燃料，以及天然生物碱分子内都有喹啉环系，例如抗疟疾药物奎宁。合成中最重要的是斯克劳普(Skraup)法，即用苯胺、甘油、硫酸以及硝基苯或其它氧化剂一起加热制成。喹啉及其衍生物是制药和合成燃料的重要原料。可作酰化反应和烯烃聚合反应的催化剂，可溶性酚醛树脂的固化剂、金属防腐剂等。用于制备烟酸类及羟基喹啉类药物、菁蓝色素和感光色素、橡胶促进剂以及农药 8-羟基喹啉酮等产品。还可用于酸、溶剂、防腐剂等。

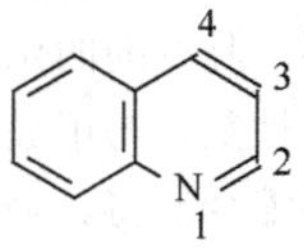

喹诺酮 [quinolone] 苯环和吡啶酮分子中的一个碳碳双键边并合的稠合环系。分子式 C_9H_7NO，分子量 145.16。如：2-喹诺酮、4-喹诺酮和异喹诺酮等，其结构式分别为

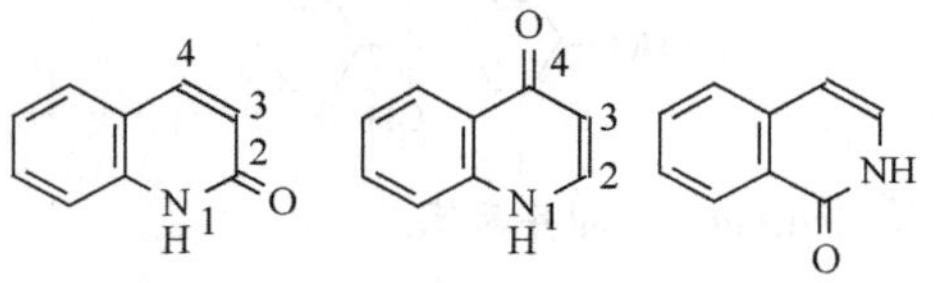

喹诺酮常指一类人工合成的含 4-喹诺酮基本结构的化合物，它们是对细菌 DNA 螺旋酶具有选择性抑制的抗菌剂。1962 年，最早的喹诺酮类药物萘啶酸首先用于临床，但因其抗菌谱窄、口服吸收差、副作用高等，现在已很少使用，当前应用的喹诺酮大多为含有氟原子的氟喹诺酮类。

喹嗪 [quinolizine] 由吡啶衍生物环化生成的一类类似二氢合萘型结构的杂环化合物，分子中的氮原子是两个环的一个共用环节原子。如：4*H*-喹嗪，其结构式如下图所示。分子式 C_9H_9N，分子量 131.17。密度 1.09 g/mL，沸点 292.6℃，闪点 119.4℃。

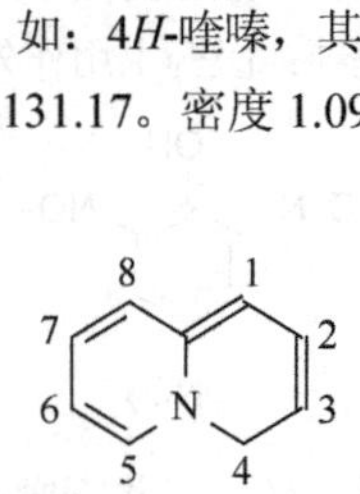

喹喔啉 [quinoxaline] 苯并[*b*]吡嗪的旧称。

喹唑啉 [quinazoline] 苯并嘧啶的旧称。

醌氢醌 [quinhydrone] 一分子醌与一分子相应氢醌的分子复合物。暗绿色晶体，有金属光泽，向光观察是红棕色。密度 1.388 g/cm³，熔点 170～171℃，升华时部分分解。微溶于冷水，易溶于热水，溶液呈红棕色；溶于乙醇和乙醚时呈黄色，溶于氨时呈绿色，微溶于氯仿。可用于制氢醌电极等，而制备可通过氢醌重铬酸钠氧化，或将苯醌和氢醌的乙醇溶液混合反应得到。

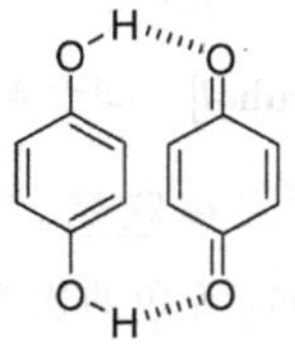

酪酸 [butyric acid] 即丁酸。

雷琐酚 [resorcinol] 即间苯二酚。

藜芦醚 [veratrole] 又称邻二甲氧基苯、邻苯二酚二甲醚、白藜芦醚。分子式 $C_8H_{10}O_2$，分子量 138.16。无色液体或结晶。熔点 15℃，沸点 206℃，相对密度 d_{23}^{23} 1.0842，折射率 n_D^{20} 1.533。微溶于水，溶于乙醇、乙醚。易燃，低毒，吸入或口服有害，大鼠口服 LD_{50} 890 mg/kg。可与氢氧化钾在加热、加压条件下生成邻甲氧基苯酚和甲醇，与氢碘酸反应生成邻苯二酚和碘代甲烷，与三氯化铝或三溴化铝加热可分解生成卤代甲烷和邻苯二酚盐。可由邻苯二酚或愈创木酚在碱性条件下与硫酸二甲酯反应制得。可用作防腐剂和检测甘油的试剂，也可用于检测血液中乳酸的含量，还可用于合成延胡索乙素、异搏定等药品。

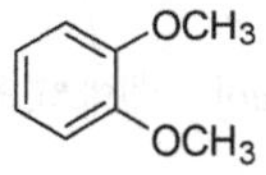

连苯三酚 [*o*-benzenetriol] 又称1,2,3-苯三酚、1,2,3-三羟基苯、焦性没食子酸。分子式$C_6H_6O_3$，分子量126.11。白色有光泽的片状或针状结晶。无味(有苦味)。熔点 125.5(0.5)℃，沸点307(4)℃，相对密度 d_4^4 1.453，折射率 n_D^{134} 1.561。不溶于苯，溶于丙酮，易溶于水、乙醇、乙醚、氨水。剧毒。对皮肤、黏膜有强烈的刺激作用，可通过皮肤吸收。误服后，能引起严重的消化器官、肝、肾的损伤，造成溶血、昏睡、虚脱甚至死亡。慢慢加热可升华，水溶液暴露于空气中时，颜色逐渐变暗，而用苛性碱溶液则变色较快。化学性质类似苯酚，可由2,3,4-三羟基苯甲酸经加热脱羧制得。用于检测某些金属，如锑、铋、金、银、钛等，以及铌、钽、钛、铁、钒的微量检定，也用于金属的还原剂、吸氧剂、红外照相的热敏剂、苯乙烯阻聚剂、电影胶片的显影剂、合成医药和染料的中间体。

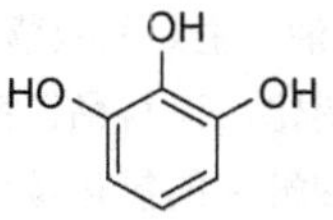

连三甲苯 [1,2,3-trimethylbenzene] 即 1,2,3-三甲苯。

联氨 [hydrazine] 即肼。

联苯 [diphenyl；biphenyl] 又称苯基苯。分子式 $C_{12}H_{10}$，分子量 154.21。白色鳞片状或浅黄色晶体。熔点 69～71℃，沸点 255.9℃，闪点 113℃，相对密度 d_4^{20} 0.992，折射率 n_D^{20} 1.475。易溶于苯、四氯化碳、二硫化碳、甲醇，溶于乙醇和乙醚，不溶于水。低毒。对人有刺激性。对神经系统、消化系统和肾脏有一定毒性。大鼠口服 LD_{50} 3500～5000 mg/kg。对热稳定，化学性质与苯类似，但不如苯活泼。可由苯胺经重氮化，所得重氮盐加入苯在氢氧化钠溶液中反应制得。可以作为热载体使用，也可用作染色载体，还可用作水果包装纸的浸渍剂及用于有机合成。

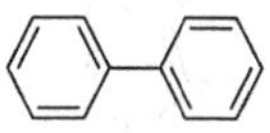

联吡啶 [bipyridyl；bipyridine] 两个或多个吡啶环之间，通过一个共价键连接起来的化合物。如：2,2′-联吡啶，4,4′-联吡啶，其结构式分别为

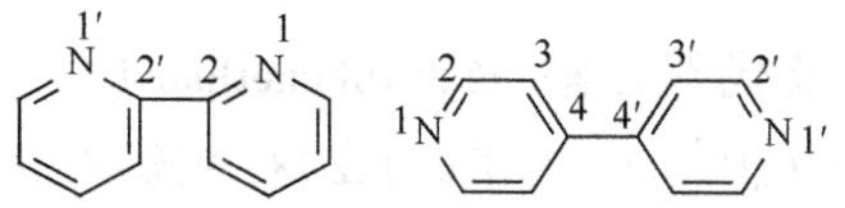

2,2′-联吡啶：白色至浅红色结晶性粉末。分子式 $C_{10}H_8N_2$，分子量 156.18。熔点 69.5℃，沸点 272.5℃。易溶于乙醇、乙醚、苯、氯仿和石油醚，1 份本品约溶于 200 份水。稳定性较好，可常温储存。可燃，燃烧产生有毒氮氧化物烟雾。可作分析试剂，用于检定亚铁、银、镉、钼，还可作氧化还原指示剂；用于有机合成、医药中间体；化学镀铜添加剂，与亚铁氰化钾配合使用，可有效控制铜沉积速度，避免氧化亚铜形成。

4,4′-联吡啶：无色结晶。分子式 $C_{10}H_8N_2$，分子量 156.18。熔点 111.0～112.0℃。易溶于乙醇和乙醚、不溶于水。高毒性，可燃；燃烧产生有毒氮氧化物烟雾。用于有机合成和医药中间体。

邻苯二酚 [1,2-benzenediol] 又称儿茶酚、1, 2-二羟基苯。分子式 $C_6H_6O_2$，分子量 110.11。单斜片状或棱形结晶。熔点 104.6(0.3)℃，沸点 246(1)℃、176℃/ 13.3 kPa、118.3℃/ 1.3kPa，闪点 127℃，相对密度 d_4^{20} 1.344，折射率 n_D^{20} 1.604。溶于氯仿，易溶于水、乙醇、苯、乙醚、丙酮、吡啶和苛性碱溶液。有毒。接触皮肤可引起湿疹、皮炎。对中枢神经、呼吸系统有刺激作用。大鼠口服 LD_{50} 260 mg / kg。能升华。随水蒸气挥发，在空气中见光变色。具有和苯酚类似的化学性质。可以苯酚为原料，经氯化、水解制得，也可由邻氯苯酚在碱性条件下加压水解制得，还可由苯或苯酚与双氧水直接氧化制得。用于比色测定钛、钼、钨、钒、铁，可用来制造黄连素和肾上腺素等医药中间体，也可用于制造抗氧剂、显影剂、杀菌剂、橡胶助剂、电镀添加剂、特种墨水、光稳定剂、染料、香料等。

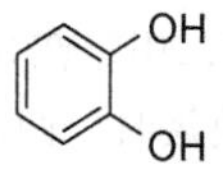

邻苯二酚二甲醚 [pyrocatecholdimethyl ether] 即藜芦醚。

邻苯二甲酸酐 [phthalic anhydride] 简称苯酐。邻苯二甲酸分子内脱水形成的环状酸酐。分子式 $C_8H_4O_3$，分子量 148.12。白色针状晶体。熔点 131.2℃，沸点 295℃，闪点 151.7℃，相对密度 d_4^{20} 1.53。稍溶于冷水，溶于热水并水解为邻苯二甲酸，溶于乙醇、苯和吡啶等多数有机溶剂，稍溶于乙醚。邻苯二甲酸酐在工业上是在五氧化钒催化下，由萘与空气在 350～360℃进行气相氧化制得，也可用空气氧化邻二甲苯制得。可以用于标定碱的标准溶液。从仲醇、叔醇中分离伯醇。根据熔点不同，鉴别伯胺和芳香族烃。除去苯中的噻吩。此外还是重要的工业原料，用于制作染料、药物、聚酯树脂、醇酸树脂、增塑剂等。

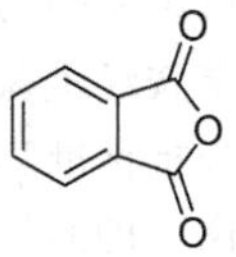

邻苯二甲酰亚胺 [*o*-phthalic imide] 又称酞酰亚胺、异吲哚-1,3-二酮。分子式 $C_8H_5NO_2$，分子量 147.13。白色结晶，能升华。熔点 238℃。微溶于水、乙醇、苛性碱溶液和沸乙酸，不溶于苯。遇热分解。工业上以苯酐为原料通过碳铵法、尿素法来制备。可作染料、农药、医药、橡胶助剂，是许多精细化学品的中间体，可生产苯酞、邻苯二甲腈等。

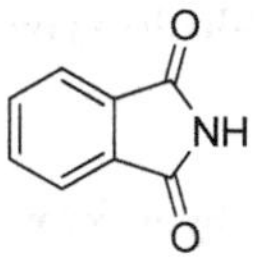

邻苯醌 [*o*-benzoquinone] 又称 1,2-苯醌。分子式 $C_6H_4O_2$，分子量 108.10。不稳定，自动转变成酮式。酮式为红色片状或棱状晶体，熔点 60～70℃(分解)。溶于乙醚、丙酮和苯。可发生亲电加成、亲核加成、环加成反应。易于还原成邻苯二酚。可由邻苯二酚、邻苯二胺或邻氨基苯酚氧化制备。

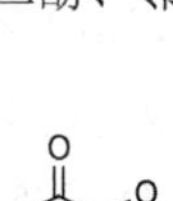

邻二甲苯 [*o*-xylene] 又称 1,2-二甲基苯。分子式 C_8H_{10}，分子量 106.17。无色透明液体。熔点–25.2℃，沸点 144.4℃，闪点 17℃，相对密度 d_4^{20} 0.8760，折射率 n_D^{25} 1.50295。与乙醇、乙醚、氯仿等混溶，不溶于水。为一级易燃液体。在空气中最高允许浓度为 100 mg/m^3。大鼠口服 LD_{50} 4300 mg/kg。稀硝酸氧化可生成邻甲基苯甲酸，高锰酸钾氧化得邻苯二甲酸和邻甲基苯甲酸。以五氧化二钒为催化剂，在 480℃气相氧

化生成邻苯二甲酸酐。将二甲苯在光催化下煮沸并通入氯气，生成氯代二甲苯，继续通氯时，两侧链上的氢可依次被氯取代。可用作溶剂，也可用于制备邻苯二甲酸酐、邻苯二甲腈、二甲苯酚和二甲苯胺等，还可用作航空汽油添加剂。

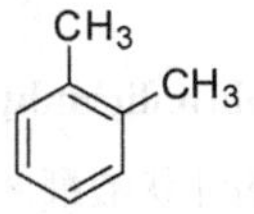

邻二甲氧基苯 [*o*-dimethoxybenzene] 即藜芦醚。

邻甲苯酚 [*o*-cresol] 又称2-甲基苯酚、邻羟基甲苯。分子式 C_7H_8O，分子量 108.14。无色液体或白色结晶。有苯酚的气味。久置或见光逐渐变为棕色。熔点 30.9℃，沸点 190.95℃，闪点 81℃。相对密度 d_4^{20} 1.0273，折射率 n_D^{20} 1.5361。易溶于乙醇、乙醚、苯和四氯化碳，微溶于水。有毒。其蒸气或烟雾可引起皮肤损伤。吸入时引起肾炎和神经障碍，主要作用于中枢神经，严重时甚至致死。具有与苯酚类似的化学性质，可由苯酚与甲醇在催化剂作用下烷基化制得，也可由邻甲苯胺经重氮化、水解制得。可用作消毒剂、防腐剂、色谱分析标准物，也可在定性分析中用以检验硝酸盐、五氯化锑、砷酸等，还可在有机合成中用于制造农药二甲四氯除草剂、癸二酸的稀释剂、香料、树脂、增塑剂及医药中间体等。

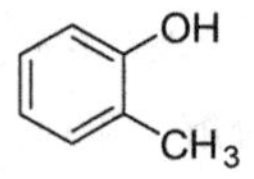

邻甲氧基酚 [*o*-methoxyphenol] 即邻羟基苯甲醚。

邻羟基苯甲醇 [2-hydroxybenzenemethanol] 即2-羟基苯甲醇。

邻羟基苯甲醚 [*o*-hydroxyanisole] 又称2-甲氧基酚、2-甲氧基苯酚、邻甲氧基酚、邻羟基茴香醚、1-羟基-2-甲氧基苯、愈创木酚。在自然界中存在于愈创树脂或松油中，是木材干馏所得杂酚油的主要成分。分子式 $C_7H_8O_2$，分子量 124.14。无色或淡黄色六边形结晶或无色至浅黄色液体，有特殊气味。熔点 32℃，沸点 205.05℃，相对密度 d_4^{21} 1.1287，折射率 n_D^{20} 1.5429。微溶于水，溶于乙醇、乙醚、甘油、氯仿和冰乙酸。有酚类的毒性，对皮肤和眼睛有刺激性，大量误食甚至可以致死，大鼠口服 LD_{50} 725 mg/kg。在空气中见光颜色渐暗，遇三氯化铁变蓝色。可由邻硝基氯苯制成邻硝基苯甲醚，再还原为邻氨基苯甲醚，再经重氮化、水解制得。主要用于生产香料，也可用于医药工业，如制备祛痰镇咳药——愈创木酚磺酸钾；还可作为制备香料香豆素、人造麝香的中间体。

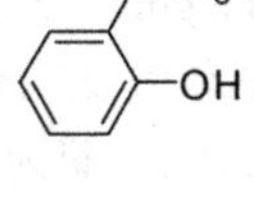

邻羟基苯甲醛 [*o*-hydroxybenzaldehyde; 2-hydroxylbenzaldehyde] 即水杨醛。

邻羟基茴香醚 [*o*-hydroxyanisole] 即邻羟基苯甲醚。

邻羟基甲苯 [*o*-cresol] 即邻甲苯酚。

磷杂呋喃 [phosphafuran] 呋喃分子中的一个次甲基(═CH—)置换为磷氢基(═PH_2—)时的五元芳香性杂环。分子式 C_3H_5PO，分子量 88.04。如：3-λ^5-磷杂呋喃等，其结构式为

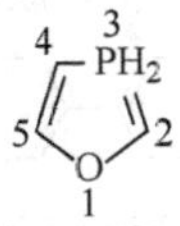

硫代苄醇 [benzyl mercaptan] 即苄硫醇。

硫代尿素 [thiocarbamide] 即硫脲。

2,2′-硫代双乙醇 [2,2′-thiodiethanol] 又称硫二甘醇。分子式 $C_4H_{10}SO_2$，分子量 122.18。糖浆状的无色透明液体。有特殊气味。易燃，低毒。沸点 283℃，闪点 160℃，凝固点–10℃，相对密度 d_4^{20}1.1852，折射率 n_D^{20}1.52217。溶于丙酮、乙醇、氯仿、微溶于苯、乙醚、四氯化碳。可作溶剂和有机合成中间体。用以制备增塑剂、橡胶促进剂、防老剂、杀虫剂、除草剂、驱避剂、染料助剂、油墨溶剂和印染助剂等。与盐酸作用可制造芥子气。

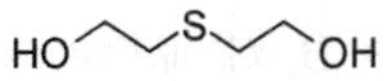

1-硫代乙二醇 [2-mercaptoethanol] 即2-巯基乙醇。

硫二甘醇 [2,2′-thiodiethanol] 即2,2′-硫代双乙醇。

硫脲 [thiourea] 又称硫代尿素。分子式 CH_4N_2S，分子量 76.12。白色有光泽斜方或针状结晶。熔点 180℃，相对密度 d_4^{20} 1.405。溶于水和醇，几乎不溶于乙醚。在真空下，150～160℃时升华，味苦。挪威野鼠口服 LD_{50} 1.83 g/kg。用于重氮感光纸、染色助剂、催化剂、金属防锈防蚀剂、医药、合成树脂涂料、阴离子交换树脂、家畜育肥剂、发芽促进剂、杀菌剂、金属矿物浮选剂、橡胶硫化促进剂等许多方面。也可作为化肥使用。

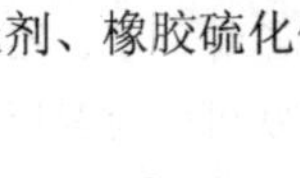

硫羟乳酸 [2-mercaptopropionic acid] 即2-巯基丙酸。

硫酸二甲酯 [dimethyl sulfate] 分子式 $C_2H_6O_4S$，分子量 126.13。无色或淡黄色油状液体。凝固点–27℃，沸点 188℃(分解)，76℃/20 kPa，闪点 83℃，相对密度 d_4^{20} 1.3283，折射率 n_D^{20} 1.3874。易溶于乙醇、乙醚、苯、二氧六环、丙酮等有机溶剂，微溶于水。能被水和碱逐渐分解。有洋葱臭味。为

剧毒品，对呼吸系统、黏膜和皮肤有强腐蚀刺激作用，影响神经系统和血液系统，能损害心、肺、肝、肾等功能。中毒时出现肺水肿，呼吸道窒息死亡。空气中含1%的硫酸二甲酯气体，吸入人体就有致命的危险。大鼠口服 LD_{50} 440 mg/kg，中毒时常用氨水作解毒剂。是农药、染料、医药、香料工业等有机合成中广泛应用的甲基化剂。用于制造二甲基亚砜、咖啡因、可待因、安乃近、氨基吡啉、甲氧苄氨嘧啶、香草醛以及农药乙酰甲胺磷。

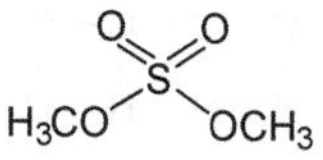

硫芴 [**dibenzothiophene**] 即二苯并噻吩。

硫茚 [**thianaphthene**] 苯并噻吩的旧称。

硫杂丙环 [**thiirane**] 硫杂环丙烷的旧称。

硫杂环丙烷 [**thiacyclopropane；thiirane**] 又称环硫乙烷，曾称硫杂丙环。含有一个硫原子和一个 1,2-亚乙基(—CH_2CH_2—)的三元环状硫醚。分子式 C_2H_4S，分子量 60.11。有恶臭的无色至淡黄色液体。难溶于水，易溶于丙酮、氯仿等有机溶剂。折射率 1.4935，沸点 55～56℃，密度 1.037 g/cm^3。易致癌。受热或遇酸时会发生开环反应，产生有毒气体。常用作有机合成原料。

硫杂环丙烯 [**thiacyclopropene；thiirene**] 又称环硫乙烯。环丙烯分子中的亚甲基(—CH_2—)被硫原子置换的化合物。是一种三元环烯硫醚。分子式 C_2H_2S，分子量 58.09。

硫杂环丁酮 [**thiacyclobutanone**] 含有一个硫原子和一个羰基的四元杂环化合物。分子式 C_3H_4OS，分子量 88.12。如 2-硫杂环丁酮，其结构式见下图为

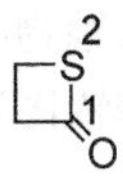

硫杂环丁烷 [**thiacyclobutane；thietane**] 分子中含有一个硫原子和一个 1,3-亚丙基(—$CH_2CH_2CH_2$—)的四元环状硫醚类化合物。分子式 C_3H_6S，分子量 74.14。

硫杂环丁烯 [**thiacyclobutene；thiete**] 又称环硫丙烯。分子中含有一个硫原子和一个 1,3-亚烯丙基(—CH═CH—CH_2—)单元的四元环状烯硫醚。分子式 C_3H_4S，分子量 72.12。

硫杂环庚三烯 [**thiacycloheptatriene；thiepine**] 含有一个硫原子和三个环内碳碳双键的七元环状烯硫醚类化合物。分子式 C_6H_6S，分子量 110.18，密度 1.064 g/cm^3，沸点 200.4℃，闪点 74.0℃。

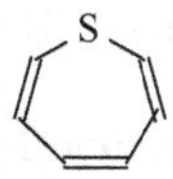

硫杂环戊二烯 [**thiofuran；thiofuxfuran；thiole；thiotetrole；divinylene sulfide**] 即噻吩。

六甲苯 [**hexamethylbenzene**] 分子式 $C_{12}H_{28}$，分子量 162.28。无色片状晶体。熔点 166～167℃(166.5℃)，沸点 265℃，相对密度 d_4^{25} 1.0630。易溶于乙醇和苯，溶于乙醚、丙酮和乙酸，不溶于水。有毒。使用时应避免吸入本品的粉尘。避免与眼睛及皮肤的接触。可由苯酚与甲醇在活性氧化铝催化下，于 530℃反应制得。可用于有机合成。

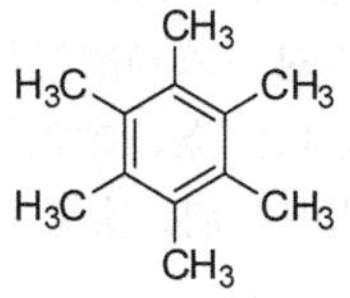

六六六 [**hexachlorocyclohexane**] 又称六氯环己烷。分子式 $C_6H_6Cl_6$，分子量290.83。有八种立体异构体，其中丙体杀虫效力最强，构象式为白色针状晶体，熔点112.5～131℃，沸点323.4℃。易溶于苯，溶于丙酮、二氯乙烷、氯苯、乙醚等有机溶剂，不溶于水。纯品无臭味，工业品中因含有杂质而有味，其中含丙体约为12%～14%，可通过各个异构体之间溶解度的不同加以提纯。对酸稳定，在加热到120℃时开始分解，在碱性溶液中或在某些金属，如铁、锌、锡等存在时分解加速，受潮或日晒也会使其失效。可由苯与氯气在紫外光照射下反应制得。有毒，可用作广谱杀虫剂，属高残留农药，在20世纪50～60年代曾广泛使用，现由于其毒性及对环境的污染，已被禁用。

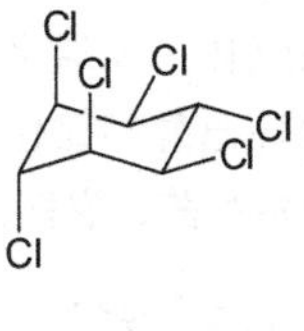

六氯环己烷 [**hexachlorocyclohexane**] 即六六六。

六氢苯酚 [**hexahydrophenol**] 即环己醇。

六氢吡啶 [**hexahydropyridine**] 又称哌啶。环己烷分子中的一个亚甲基(—CH_2—)被一个亚氨基(—NH—)置换的六元环状亚胺。分子式 $C_5H_{11}N$，分子量 85.15。熔点−10.8℃，沸点 106℃，闪点 16℃，密度 0.8569 g/cm^3。无色至淡黄色液体。呈氨、鱼似令人厌恶气味。用于制造局部麻醉药、止痛药、杀菌剂、润湿剂、环氧树脂固化剂、橡胶硫化促进剂等，是杀菌剂苯锈啶和植物生长调节剂甲哌鎓的中间体。还可用作分析试剂，在有机合成中用作缩合剂及溶剂。

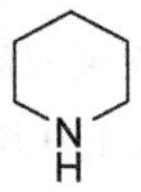

六氢吡嗪 [piperazine] 即1,4-二氮杂环己烷。

六亚甲基四胺 [hexamethylene-tetramine] 即乌洛托品。

氯胺T [chloramine T] 又称N-氯代对甲苯磺酰胺钠盐、对甲苯磺酰氯胺钠、氯胺基甲基砜钠、氯亚明T。分子式$C_7H_7ClNNaO_2S$，分子量227.64 。棱柱状结晶,有一个或三个分子结晶水，加热至95～100℃时即失去而不分解。无水物在175～180℃时剧烈分解爆炸。有效氯含量23%～26%。受空气和光的作用逐渐分解。不溶于苯、氯仿和乙醚，溶于水。在乙醇中分解。干燥中失水，在空气中慢慢分解。有刺激性。粉尘吸入后，引发体温升高、流涕、气喘等症状。是生产糖精时的一种副产品，由对甲苯磺酰氯经胺化、成盐、氯化而得。作为医药，用于创口洗涤、黏膜消毒、饮水消毒等。在印染上作漂白剂和氧化退浆剂。实验室中用作供氯试剂。

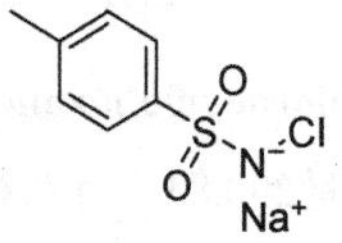

氯胺基甲基砜钠 [chloramine T] 即氯胺T。

***N*-氯代对甲苯磺酰胺钠盐** [chloramine T] 即氯胺T。

氯代环己烷 [chlorocyclohexane] 又称环己基氯。分子式$C_6H_{11}Cl$，分子量118.61。无色透明液体，有窒息性的气味。熔点-44℃，沸点142℃，闪点28℃，相对密度d_4^{20} 1.000，折射率n_D^{20} 1.4626。能与乙醇、乙醚、丙酮和苯混溶，易溶于氯仿，不溶于水。对眼睛、呼吸系统及皮肤有刺激性。易燃。高温受热分解产生有毒气体；如遇水及受热即分解，产生盐酸并使颜色变黄。可由环己醇经氯化反应制得。可用于有机合成，制备环己烯，制备医药、农药的中间体。

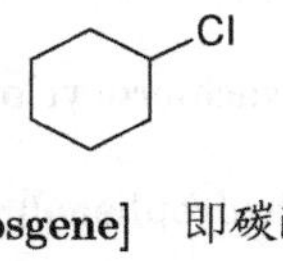

氯代甲酰氯 [phosgene] 即碳酰二氯。

1-氯丁烷 [1-chlorobutane] 又称正氯丁烷、正丁基氯。分子式C_4H_9Cl，分子量92.57。无色液体。熔点-123.1℃，沸点78.5℃，闪点-6.7℃，相对密度d_4^{20} 0.8862，折射率n_D^{20} 1.4021。可与乙醇、乙醚等有机溶剂混溶，不溶于水，能溶解蜡、多种橡胶、天然树脂等。有毒。对皮肤有刺激性。吸入、摄入或经皮肤吸收对身体有害。大鼠经口LD_{50} 2670 mg/kg。易燃，受热会产生剧毒的光气。与空气可形成爆炸性混合物，爆炸极限1.85%～10.1%(体积分数)。遇明火、高温能引起燃烧爆炸。与氧化剂能发生强烈反应。受高温分解可产生有毒气体，加热至500℃可脱去氯化氢而生成1-丁烯(20%)和2-丁烯(80%)，与苯胺反应可生成N-丁基苯胺和N,N-二丁基苯胺，与苯在无水三氯化铝催化下可发生弗-克烷基化反应，生成二级丁基苯。可由正丁醇与浓盐酸在无水氯化锌作用下反应制得。可用作溶剂，也可用于有机合成，如制备药物保泰松、丁基纤维素、动物驱虫剂等。

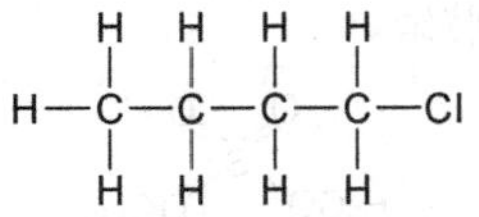

氯仿 [chloroform] 又称三氯甲烷。分子式$CHCl_3$，分子量119.38。无色具强折光性的透明液体，易挥发，有特殊气味，味甜。熔点-63.5℃，沸点61.7℃，相对密度d_4^{20} 1.4890，折射率n_D^{20} 1.4467。可与醇、酮、醚、苯、石油醚任意混溶，不溶于水。对光敏感，光照或与空气中的氧作用逐渐分解产生剧毒的光气，因此通常加入0.6%～1%的乙醇作稳定剂；有麻醉性，早期医药上用作麻醉剂，能刺激黏膜，能引起慢性中毒。空气中氯仿最高容许浓度为50 mg/m³。在无水三氯化铝催化下与过量的苯反应，可生成三苯甲烷。可由甲烷的氯化来制得，也可由乙醇、乙醛和三氯乙醛与漂白粉作用来制得。主要用作溶剂、萃取剂；也可用于制备制冷剂、染料、塑料、医药等；还可用作肝功能实验中的防腐剂、血清中无机磷的测定、防火液体等。

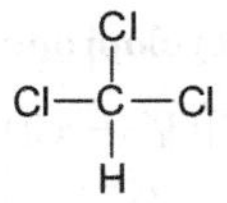

氯化亚砜 [sulfurous oxychloride] 又称亚硫酰氯。化学式$SOCl_2$，分子量118.97。无色或淡黄色易挥发液体，具有强烈的窒息性气味。熔点-104.5℃。沸点76℃，相对密度d_4^{20} 1.638，折射率n_D^{20} 1.517。当加热至140℃以上，则分解成Cl_2、SO_2和S_2Cl_2。与苯、氯仿和四氯化碳混溶。能水解而生成SO_2和HCl。是一级无机酸性腐蚀物品，需要密封保存。重要的有机合成试剂，用于将羧酸转化为酰氯，将有机化合物中的羟基或者巯基转化为氯。

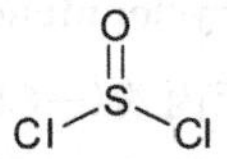

氯甲基苄基醚 [chloromethyl benzyl ether] 即苄基氯甲基醚。

氯甲烷 [chloromethane] 又称一氯代甲烷、甲基氯。分子式CH_3Cl，分子量50.49。无色气体，有乙醚的气味和甜味。熔点-97.7℃，沸点-24.2℃，闪点-50℃，相对密度d_4^{20} 0.9159，折射率n_D^{20} 1.3389。可与乙醚、丙酮、苯、氯仿、乙酸等大多数有机溶剂混溶，溶于乙醇，不溶于水。易燃气体。与空气可形成爆炸性混合物，爆炸极限8.15%～18.7%(体积分数)。对中枢神经系统有刺激和麻醉作用，能损害肝和肾。小鼠口服 LD_{50} 3.15 g/kg。可与水、氨(胺)、醇钠、氰化钠等发生亲核取代反应，可在金属钠作用下生成乙烷，与金属镁反应生成格氏试剂甲基氯化镁。可由甲烷直接氯化制得，也可由甲醇和氯化氢反应制得。可用作溶剂、提取剂、局部麻醉剂、制冷剂等，也可用于制备甲基氯硅烷、四甲基铅及一些农药、医药、香料等。

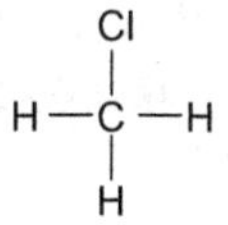

氯醛 [chloral] 即三氯乙醛。

氯亚明T [chloramine T] 即氯胺T。

2-氯乙醇 [2-chloroethanol] 又称β-氯乙醇、乙撑氯醇。分子式C_2H_5ClO，分子量80.52。无色透明液体，略有醚类气味。熔点–67.5℃，沸点128℃，闪点60℃，相对密度 d_4^{20} 1.197，折射率 n_D^{20} 1.4419。与水可形成共沸物，与水、乙醇、酸及其他多种有机溶剂混溶，微溶于醚。有毒，吸入其蒸气或经皮肤接触吸收可引起中毒，严重时可致死。大鼠口服LD_{50} 95 mg/kg。高温可分解产生光气，遇水或水蒸气会反应产生有毒、有腐蚀性的气体。易燃。遇火种、高温及强氧化剂有发生火灾的危险。氯乙醇含有氯原子和羟基两个官能团，因此具有氯代烷和醇的双重化学性质，可以被还原生成乙醇，被氧化生成氯代乙酸，脱去氯化氢生成环氧乙烷等。可由乙烯和氯气在水中反应制得，也可由环氧乙烷与盐酸反应制得。可用作溶剂，甘蔗催芽剂等；也可用作化工原料，如制备环氧乙烷、乙二醇、乙醇胺等；还可用作聚硫橡胶的原料以及染料，药物中的磷酸哌嗪、呋喃唑酮、四咪唑、驱蛔灵和普鲁卡因等的中间体。

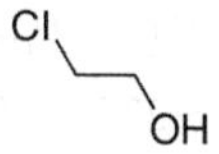

***β*-氯乙醇** [*β*-chloroethanol] 即2-氯乙醇。

氯乙酸 [chloroacetic acid] 结构式 $ClCH_2COOH$，分子式 $C_2H_3ClO_2$，分子量 94.50。白色吸湿性晶体。剧毒，对皮肤和黏膜有刺激性。遇明火、高热可燃。受高热分解产生有毒的腐蚀性烟气。与强氧化剂接触可发生化学反应。遇潮时对大多数金属、橡胶和软木塞有强腐蚀性。有α、β和γ三种固体的变体，熔点分别为63℃、55～56℃及50℃。易溶于水，溶于乙醇、氯仿、苯等。在有小量硫磺或碘存在时，或在日光下氯化冰醋酸制备。用作除草剂及化学试剂，并用于制造染料等。是制备丙二酸酯的原料。

氯乙烷 [chloroethane] 又称乙基氯。分子式 C_2H_5Cl，分子量 64.52。无色液体。常温常压下为气体，低温或加压为无色液体。极易挥发。有类似乙醚样的气味和灼烧味。熔点–136.4℃，沸点 12.3℃，闪点–50℃，相对密度 d_4^{20} 0.8970，折射率 n_D^{10} 1.3742。溶于乙醇、乙醚、四氯化碳等多种有机溶剂，微溶于水，能溶解油脂、树脂、蜡等多种有机物，也可溶解硫、磷等无机物。在卤代烷中毒性最低。对肝脏有损伤。液态氯乙烷，刺激眼睛，有麻醉性。易燃。遇明火、高温能引起燃烧爆炸。与空气可形成爆炸性混合物，爆炸极限为 3.6%～14.8%。加热至 400～500℃时可部分分解成乙烯和氯化氢，金属、金属氯化物和金属氧化物能加速其分解；在醇的碱性溶液中易脱去氯化氢而生成乙烯。可由乙烯与氯化氢加成反应制得，也可由乙醇与氯化氢在氯化锌作用下反应制得。可用作磷、硫、油脂、蜡、树脂等的溶剂，也可用作有机合成的乙基化剂、冷冻剂、麻醉剂、杀虫剂、汽油抗震剂等，还可用作聚丙烯的催化剂，是制备四乙基铅、乙基纤维素的原料。

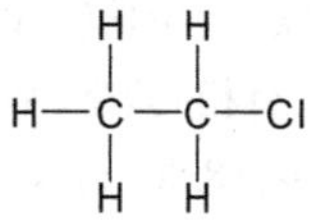

螺戊烷 [spiropentane] 系统命名为螺[2.2]戊烷。由两个三元环通过共用一个碳原子形成的一个螺环结构的分子。

螺[2.2]戊烷 [spiropentane] 即螺戊烷。

咯肼 [alloxazine] 即 2,4-二羟基苯并[*g*]蝶啶。

马来酸 [maleic acid] 即顺-2-丁烯二酸。

马来酰亚胺 [maleimide] 又称顺丁烯二酰亚胺。分子式 $C_4H_3NO_2$，分子量 97.07。为片状晶体。易升华。熔点 93～95℃，溶于水、乙醇、乙醚。有刺激性。用吡咯和重铬酸钾可以制得。用于有机合成。

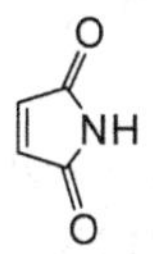

吗啉 [morpholine] 具有 1,4-氧氮杂环己烷结构的饱和六元杂环。无色吸水性油状液体。分子式 C_4H_9NO，分子量 87.12。具氨臭。溶于水及甲醇、乙醇、苯、丙酮、乙醚、乙二醇等常用的溶剂。熔点–5℃，沸点 129℃，密度 1.000 g/cm^3 (20℃)。与水互溶，易燃。含有仲胺基团，具有仲胺基团的所有典型反应特征。与无机酸反应生成盐，与有机酸反应生成盐或酰胺，可进行烷基化反应，还可以与环氧乙烷、酮反应。是具有重要商业用途的精细石油化工产品之一，可用于制备橡胶硫化促进剂、防锈剂、防腐蚀剂、清洁剂、除垢剂、止痛药、局部麻醉剂、镇静剂、呼吸系统与血管兴奋剂、表面活化剂、光学漂白剂、水果保鲜剂、纺织印染助剂等。医药方面用于生产吗啉胍、病毒灵、布洛芬、咳必定、萘普生、二氯苯胺、苯乙酸钠等多种重要药物。

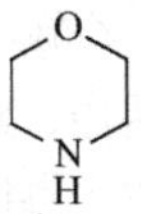

牻牛儿醛 [geranial] 即柠檬醛。

咪唑 [imidazole] 又称1,3-二唑、1,3-二氮杂环戊二烯、1,3-二氮唑、间二氮茂。环戊二烯分子中的亚甲基(—CH_2—)置换为亚氨基(—NH—)、其间位的次甲基(═CH—)置换为氮原子，并具有类似于苯环的六电子大π键共轭体系的五元芳香性杂环。分子式$C_3H_4N_2$，分子量68.08。熔点89～92℃，沸点256℃，闪点145℃，密度1.01 g/mL(20℃)，折射率n_D^{101} 1.4801。无色棱形结晶，呈弱碱性。易溶于水、乙醇、乙醚、氯仿、吡啶，微溶于苯，难溶于石油醚。咪唑环中存在互变异构现象：1-位氮原子上的氢可以转移到3-位氮原子上，所以，分别在4-位与5-位有相同取代基的咪唑衍生物是互变异构体。有毒。鼠口服LD_{50} 18.80 mg/kg。储存在阴凉、通风、干燥处。可由乙二醛经环合、中和而得。也可用邻苯二胺与甲酸环合生成苯并咪唑，再经双氧水反应开环，最后脱羧制得。可用作环氧树脂固化剂、医药原料、农药原料、分析试剂、有机合成中间体。

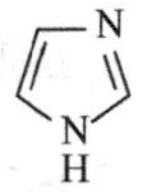

咪唑啉 [imidazoline] 又称二氢咪唑。分子中含有两个互为间位的氮原子和一个环内双键的五元不饱和杂环。按其环内双键的位置不同，有三种异构体：2-咪唑啉、3-咪唑啉和4-咪唑啉，其结构式分别为

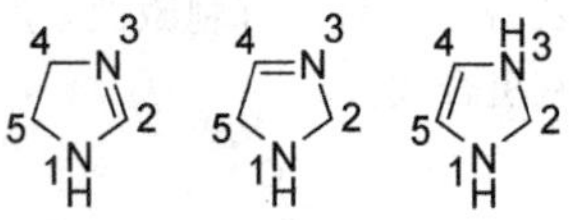

2-咪唑啉，分子式$C_3H_5N_2$，分子量70.09。熔点52～55℃。

3-咪唑啉，分子式$C_3H_5N_2$，分子量70.09。

4-咪唑啉，分子式$C_3H_5N_2$，分子量70.09。

咪唑烷 [imidazolidine] 又称四氢咪唑。环戊烷分子中的1,3-位的两个亚甲基(—CH_2—)被两个亚氨基(—NH—)置换后的饱和五元杂环化合物。分子式$C_3H_8N_2$，分子量72.11。熔点115～117℃。

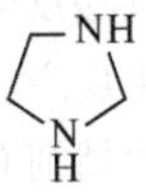

咪唑烷-2,4-二酮 [imidazolidine-2,4-dione] 又称乙内酰脲，俗称海因。由脲基取代乙酸的分子内环化生成的内酰胺型五元杂环化合物。是多种天然和合成药物分子的基本结构单元。分子式$C_3H_4N_2O_2$，分子量100.08。熔点222～223℃。无色晶体，微溶于水。可用于有机合成，化工、医药、纺织、生化等领域。

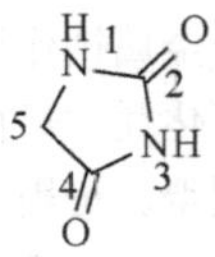

咪唑烷酮 [imidazolidone] 具有互为间位的二氮杂环戊酮结构的一类五元杂环化合物。它们的分子中都含有环内酰胺或环脲结构单元，如：咪唑烷-2-酮，又称“2,5-二氮杂环戊酮”。

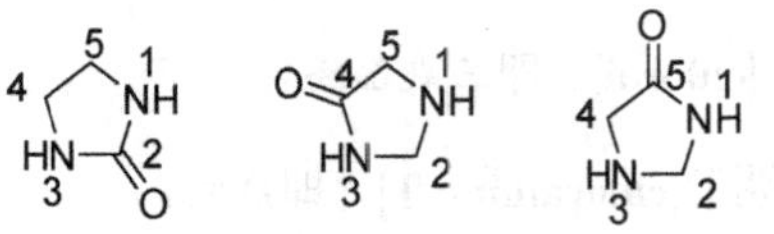

咪唑烷-2-酮　咪唑烷-4-酮　咪唑烷-5-酮

咪唑烷-2-酮，分子式$C_3H_6N_2O$，分子量86.09。白色透明针状结晶。熔点133℃，可溶于水和热乙醇，难溶于乙醚；由乙二胺与二氧化碳热压反应而得，也可将乙醇胺、乙二胺或乙二醇甲醚与尿素和水进行缩合闭环。该产品主要用于：①各类除醛领域，如高性能甲醛清除剂、家居空气甲醛强效活力酶、甲醛长效融解媒、胶用除醛剂、光触媒、地板除味护理蜡、家具除味剂、车用除味剂、纺织助剂除醛中间体、树脂除醛等；②在医药工业中，可作为多种新型抗生素中间体，如美洛西林、阿洛西林，也可以作为抗血吸虫病药的中间体，并可作为第三代青霉素的基础原料；③用于织物抗皱整理剂和脱醛剂，在橡胶、树脂、尼龙6等中作交联剂。

嘧啶 [pyrimidine] 又称1,3-二嗪。具有1,3-二氮杂苯型的结构，并有类似苯分子的六个环电子组成的大π键共轭体系的芳香性杂环化合物。一类带碱性有一个碳氮环的含氮化合物。DNA的嘧啶组成是胞嘧啶和胸腺嘧啶；RNA的嘧啶组成是胞嘧啶和尿嘧啶。无色结晶或液体。分子式$C_4H_4N_2$，分子量80.09，熔点19～22℃，沸点123～124℃，密度1.016 g/cm³(25℃)，折射率n_D^{20} 1.4998。与水互溶，溶于乙醇、乙醚。由1,3-二羰基化合物与含N—C—N的化合物(如脲、硫脲、脒等)缩合制备。也可以四氯嘧啶为原料还原而得。可用作医药中间体、感光剂的原料等。

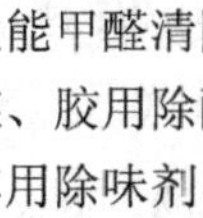

棉酚 [gossypol] 分子式$C_{30}H_{30}O_8$，分子量518.54。黄色结晶粉末。存在三种不同的晶型。从乙醚中得到的结晶，熔点184℃；从石油醚中得到的结晶，熔点214℃；从氯仿中得到的结晶，熔点199℃。不溶于水，微溶于石油醚，溶于甲醇、乙醇、乙醚、氯仿和二甲基甲酰胺等，易溶于稀氨水和碳酸钠溶液。毒性，大鼠口服LD_{50} 2.57 g/kg。具有与酚类似的化学性质，可与不同的试剂产生不同的颜色，如与硫酸作

用产生猩红色，与三氯化铁作用产生暗橄榄绿色，与乙酸镍作用产生紫色，与氯化锡作用产生暗红色。密封于0～4℃保存。是棉子油中的成分，可由棉子油经提取制得。可用作男性不孕剂，也可用于治疗妇科疾病，还可用抗肿瘤药物，如治疗胃癌、肝癌、肺癌等。

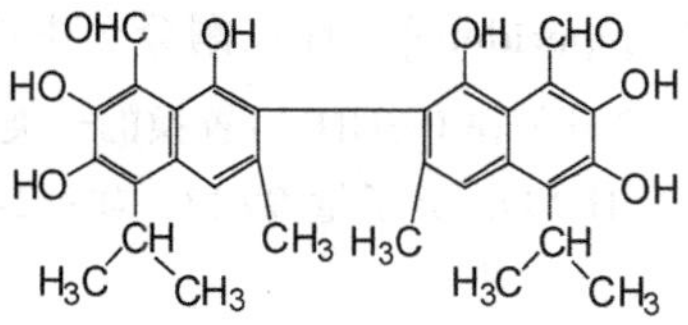

木醇 [wood alcohol] 即甲醇。

木精 [wood spirit] 即甲醇。

萘 [naphthalene] 分子式 $C_{10}H_8$，分子量 128.16。白色片状晶体，有特殊气味。熔点 80.6℃，沸点 218℃，相对密度 d_4^{20} 1.0523，折射率 n_D^{85} 1.5898。易溶于丙酮、苯、二硫化碳、四氯化碳、氯仿等，能溶于甲醇、乙醇、甲苯和乙酸，不溶于水。萘的化学性质与苯类似，但比苯活泼。在适当条件下可与卤素、浓硝酸、浓硫酸及酰氯等发生芳香亲电取代反应，与氢气、氯气发生加成反应，在五氧化二钒催化下被空气氧化成邻苯二甲酸酐。可由煤的干馏物或石油的流出物经分离制得。可用作溶剂，也可用于生产苯酐及染料的中间体、橡胶助剂、杀虫剂等。

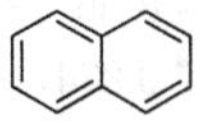

α-萘胺 [α-naphthylamine] 又称1-氨基萘。分子式 $C_{10}H_9N$，分子量143.18。无色针状晶体。空气中变为淡红或红色，有难闻气味。可升华，能与水气蒸发。熔点50℃，沸点301℃，闪点157℃，折射率 n_D^{51} 1.6703，相对密度 d_{22}^{55} 1.123。微溶于水，易溶于乙醇、乙醚。能还原热的硝酸银氨溶液。对人体有害，为致癌物。盐酸盐为结晶粉末，空气中和光照下变蓝。苯磺酸盐为针状晶体，熔点225℃。将萘经硝化制成α-硝基萘，再以铁和盐酸还原得到，或以1-萘甲酸与羟胺制成。用于制染料；可与铈配成印染品。

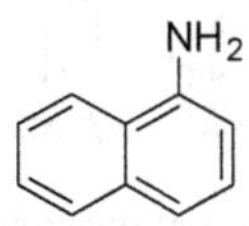

β-萘胺 [β-naphthylamine] 又称2-氨基萘。分子式 $C_{10}H_9N$，分子量143.18。白色至淡红色晶体。熔点111.5℃，沸点306℃，折射率 n_D^{98} 1.6493，相对密度 d_4^{98} 1.0619。溶于热水、乙醇、乙醚、苯。能随水蒸气挥发。能还原硝酸银氨溶液。避光密封保存。为致癌物，急性中毒引起高铁血红蛋白血症或急性出血性膀胱炎。乙酸盐为白色至淡黄色片状晶体，略带乙酸气味，易溶于水、乙醇。盐酸盐为片状晶体，熔点254℃。将β-萘酚与亚硫酸氢铵及氢氧化铵于150℃时及压力下反应制成。可用作染料中间体及橡胶的抗氧剂。

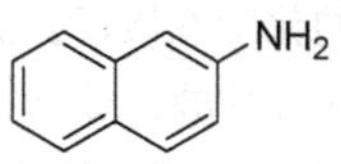

1-萘胺-8-磺酸 [peri acid] 即 8-氨基-1-萘磺酸。

萘并[1,8-*de*]嘧啶 [naphtho[1,8-*de*]pyrimidine] 又称萘嵌间二氮杂苯，曾称白啶。萘环的两个边和嘧啶环的两个碳碳边键并合，通过共用三个环节碳原子的稠杂环类化合物。如：1*H*-萘并[1,8-*de*]嘧啶等。分子式 $C_{11}H_8N_2$，分子量 168.19，密度 1.26 g/mL，沸点 371.1℃，闪点 178.2℃。

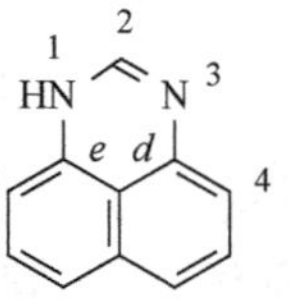

萘啶 [naphthyridine] 即吡啶并[2,3-*b*]吡啶。

1-萘酚-5-磺酸 [1-naphthol-5-sulfonic acid] 即 1-羟基-5-萘磺酸。

萘醌 [naphthoquinone] 萘环上的 2 个—CH═基转化为—C(═O)—基，同时发生必需的双键重排而生成的化合物。分子式 $C_{10}H_6O_2$，分子量 158.15。根据—C(═O)—基的不同位置可有 1,2-、1,4-、1,5-、1,7-萘醌和 2,6-萘醌 5 种化合物。最常见的萘醌是 1,4-萘醌，如图例所示，为黄色三斜晶体，具有与对苯醌相似的气味，在冷水中难溶，在石油醚中微溶，在大多数有机溶剂中易溶。碱性条件下 1,4-萘醌呈红棕色，由于其具有芳香族化合物的稳定性，1,4-萘醌的衍生物广泛用于抗菌与抗肿瘤的药物，如 2,3-二氯萘醌是一种重要的农用杀菌。很多天然产物中存在 1,4-萘醌结构，最重要的有维生素 K。

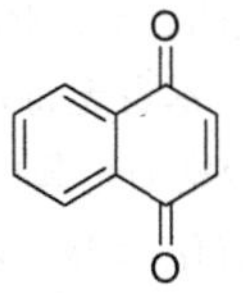

萘嵌间二氮杂苯 [1*H*-perimidin-2-amine] 即萘并[1,8-*de*]嘧啶。

柠檬醛 [citral] 又称牻牛儿醛、3,7-二甲基-2,6-辛二烯醛。分子式 $C_{10}H_{16}O$，分子量 152.24。有顺反两种异构体，其中顺式柠檬醛即柠檬醛 B，也称橙花醛、β-柠檬醛；反式柠檬醛即柠檬醛 A，也称香叶醛或 α-柠檬醛。二者均为无色油状液体。有强烈的柠檬气味。顺式柠檬醛沸点 120 ℃/2.7 kPa，相对密度 d_4^{20} 0.8869，折射率 n_D^{20} 1.4869；反式柠檬醛沸点 118～119℃/ 2.7 kPa，相对密度 d_4^{20} 0.8888，折射率 n_D^{20} 1.4898；顺反异构体的混合物沸点 229℃，96～97℃/0.87 kPa，相对密度 d_4^{15} 0.8918，折射率 n_D^{20} 1.4872。可与乙醇、乙醚、苯甲酸苄酯、邻苯二甲酸二乙酯、甘油、1,3-丙二醇等混溶，不溶于水。具有烯、α,β-不饱和醛的化学性质，可与溴加成生成四溴化物；被氧化银温和氧化得到香叶酸；被高锰酸钾等强氧化剂氧化则生成丙酮、4-羰基戊酸和草酸；被臭氧氧化则生成丙酮、乙酰丙醛和乙二醛。可由柠檬草油、柑橘油或山苍子油等经分离制得，也可用香叶醇在苯中与三苯酚铝反应，或在减压及加热下与异丙醇铝反应制得。可用于食用香精、皂用香精及化妆品香精的配方中，也可用于制造紫罗兰酮等香料及维生素 A、E 等。

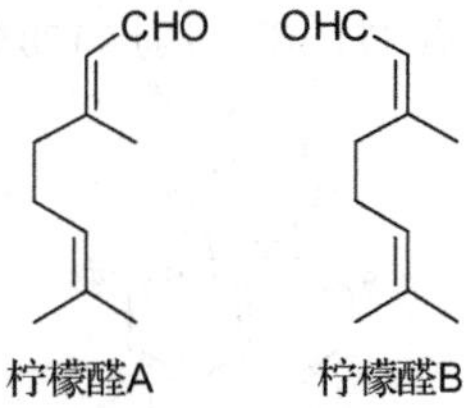

柠檬醛A　　柠檬醛B

柠檬醛B [citral B]　即橙花醛。

柠檬酸 [citric acid]　即 2-羟基丙烷-1,2,3-三羧酸。

偶苯酰 [benzil]　又称 1,2-二苯基乙二酮。分子式是 $C_{14}H_{10}O_2$，分子量 210.23。淡黄色晶体。熔点 94～97℃，相对密度 1.521 g/cm³。能溶于醇、醚、氯仿、乙酸乙酯、苯、硝基苯等，不溶于水。常用于制备安息香双甲醚以及医药中间体，也用于杀虫剂。亦可用作光固化胶黏剂的光引发剂，适用于不饱和聚酯树脂、苯乙烯类树脂、丙烯酸树脂等体系。

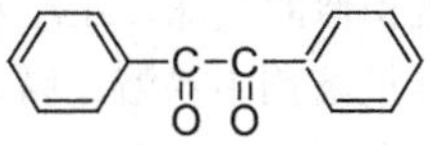

偶氮二甲酰胺 [azodicarbonamide; azobisformamide]　又称发泡剂 AC。分子式 $C_2H_4N_4O_2$，分子量 116.08。白色或淡黄色粉末。熔点 220～225℃(分解)，相对密度 d_4^{20} 1.66。溶于碱，不溶于酸、醇、汽油、苯、吡啶和水。120℃以上分解，放出氮气。室温下稳定。本身无毒，但是在大量储存时应防止分解产生的一氧化碳聚集而引起中毒。通过水合肼、尿素、硫酸缩合成联二脲，再氧化而得。是通用型发气量大的发泡剂，广泛用于聚氯乙烯、聚乙烯、ABS 等多种合成材料。

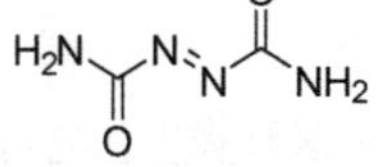

偶氮二异丁腈 [azodiisobutyronitrile; azobisisobutyronitrile (AIBN)]　分子式 $C_8H_{12}N_4$，分子量164.21。在乙醇和水的混合溶剂中结晶得白色晶体，分解点107℃。有毒。易燃。不溶于水，溶于乙醇、乙醚、甲苯、甲醇。在动物体内能生成氢氰酸。小白鼠口服 LD_{50} 500.7 g/kg。由丙酮、水合肼和氢氰酸作用或由丙酮、硫酸肼和氰化钠作用后，再经氧化制成。也可由2,2′-二氯-2,2′-偶氮丙烷与氰化钠作用制成。用作泡沫塑料和泡沫橡胶的发泡剂。由于其易分解成自由基，故多用于自由基聚合的引发剂。

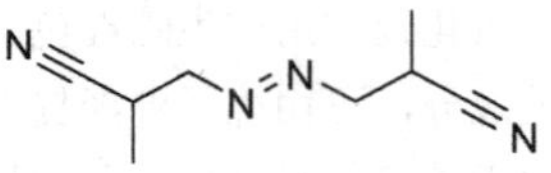

哌啶 [piperidine]　即六氢吡啶。

哌啶酮 [piperidone]　环己酮分子中的一个亚甲基(—CH_2—)被一个亚氨基(—NH—)置换的一类六元氮杂环化合物。分子式 C_5H_9NO，分子量 99.13。如：2-氮杂环己酮，又称 2-哌啶酮。

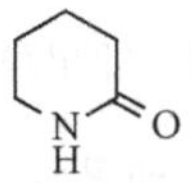

哌嗪 [piperazine]　即 1,4-二氮杂环己烷。

2,5-哌嗪二酮 [piperazine-2,5-dione]　即 2,5-二羰基哌嗪。

蒎烯 [pinene]　又称 2,6,6-三甲基-双环[3.1.1]-2-庚烯。分子式 $C_{10}H_{16}$，分子量 136.24。有两种异构体，α-蒎烯和 β-蒎烯。无色液体。具有松节油的特殊气味。有左旋体和右旋体。(−)-α-蒎烯：熔点−55℃，沸点 155～156℃，相对密度 d_4^{20} 0.8590，折射率 n_D^{20} 1.4662，比旋光度 $[\alpha]_D^{19}$ −51.28°；(+)-α-蒎烯：熔点−55℃，沸点 155～156℃，相对密度 d_4^{20} 0.8591，折射率 n_D^{20} 1.4663，比旋光度 $[\alpha]_D^{19}$ +51.14°。(−)-β-蒎烯：沸点 162～163℃，相对密度 d_4^{14} 0.874，折射率 n_D^{15} 1.4872，比旋光度 $[\alpha]_D^{19}$ −22.4°。(+)-β-蒎烯：沸点 164～166℃，相对密度 d_{20}^{20} 0.8654，折射率 n_D^{20} 1.4739，比旋光度 $[\alpha]_D^{19}$ +28.59°。溶于乙醇、乙醚、氯仿、冰醋酸等有机溶剂，几乎不溶于水。具有烯烃的一般性质，在空气中放置可被氧化。易燃。能强烈刺激皮肤、黏膜和神经系统，对肝、肾有损害。α-蒎烯可由松节油经分离提纯制得，β-蒎烯可由 7-氯蒎烷、α-蒎烯经提取制得。可用于合成冰片、樟脑、萜烯树脂和维生素 E，也可用作清漆和蜡等的溶剂。

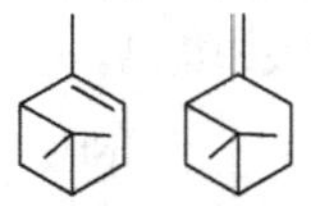

α-蒎烯　β-蒎烯

硼杂环己烷 [boracyclohexane; borinane]　环己烷分子中的一个亚甲基(—CH_2—)被硼氢基团(—BH—)置换的六元饱和杂环化合物。分子式 $C_5H_{11}B$，分子量 81.95。白色晶体。熔点 52～54℃。

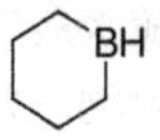

α-皮考林 [2-picoline]　即 2-甲基吡啶。

嘌呤 [purine]　又称普林。由咪唑和嘧啶两个单杂环通过共用一个碳碳边键并合而成的稠杂环环系。是有类似于萘环的大 π 键共轭体系的芳香性杂环。是新陈代谢过程中的一种代谢物。是一种带有四个氮原子的杂环芳香有机化合物。嘌呤和嘧啶是核酸中最重要的组成部分，是多种天然生物碱的基本骨架结构(DNA 以及 RNA 碱基的结构单元之一)。它不按通常的系统命名法命名。

分子式 $C_5H_4N_4$，分子量 120.11。熔点 214℃，水溶性 400 g/L。经过一系列代谢变化，最终形成的产物为 2,6,8-三氧嘌呤，又称尿酸。其来源分为内源性嘌呤，80%来自核酸的氧化分解；外源性嘌呤主要来自食物摄取，占总嘌呤的 20%。尿酸在人体内无生理功能，在正常情况下，体内产生的尿酸，2/3 由肾脏排出，余下的从肠道排出。

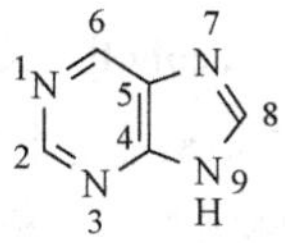

频哪醇 [pinacol] 又称2,3-二甲基-2,3-丁二醇、四甲基乙二醇。分子式$C_6H_{14}O_2$，分子量118.17。片状或针状晶体。若带有六分子结晶水，分子式$C_6H_{14}O_2 \cdot 6H_2O$，分子量226.17，片状晶体，熔点47℃。无水物熔点38℃，沸点175℃。易溶于热水、醇、醚，微溶于冷水和二硫化碳。在酸的作用下，可发生分子重排反应生成频哪酮，即3,3-二甲基-2-丁酮。可由丙酮在金属镁的作用下发生双分子还原制得。可用于制备频哪酮、二甲基丁二烯，也可用于高分子有机化合物的制备等。

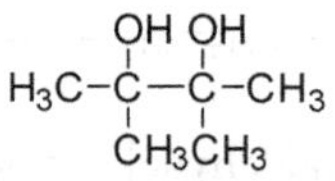

频哪酮 [pinacolone] 即3,3-二甲基-2-丁酮。

普林 [purine] 即嘌呤。

羟胺 [hydroxylamine] 分子式H_3NO，结构式$H_2N—OH$，分子量33.03。不稳定的白色片状或针状结晶，易吸湿。熔点7℃，沸点70℃/7998 Pa，相对密度d_4^{25}1.078、d_4^{40} 1.204。易溶于水、液氨和甲醇，微溶于苯、乙醚、二硫化碳和氯仿。在室温，特别在潮湿的空气中迅速分解。有腐蚀性。遇热易爆炸并易燃烧。有毒。可发生正铁血红蛋白血症。由电解还原硝酸或用亚硫酸氢钠与硝酸钠反应制得羟胺盐酸盐，与碱经真空蒸馏得到羟胺。是有机合成和分析化学的重要试剂，还可用作还原剂和显像剂。

2-羟基苯甲醇 [2-hydroxybenzyl alcohol] 又称水杨醇、邻羟基苯甲醇。分子式$C_7H_8O_2$，分子量124.14。白色片状或针状晶体。熔点87℃，100℃升华，相对密度 d_4^{20} 1.16。易溶于醇、醚、氯仿，溶于水、苯，不溶于石油醚。有刺激性，应避免吸入其粉尘，避免与眼睛及皮肤接触。具有一级醇和酚的化学性质。遇硫酸呈红色。可由苯酚与甲醛在乙酸锌的作用下制得，也可由水杨醛与甲醛在硝酸银作用下制得。可用作局部麻醉剂，也可用于制药工业等，还可作为生产医药、农药及香料的中间体。

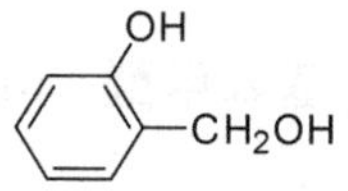

2-羟基苯甲酸 [2-hydroxybenzoic acid] 又称水杨酸。分子式 $C_7H_6O_3$，分子量 138.12，白色针状或单斜晶体。熔点 157～159℃，相对密度 d_4^{20} 1.443，热至 76℃时升华。微溶于冷水，易溶于沸水、乙醇、乙醚和氯仿。有解热镇痛作用，但毒性较大，对皮肤、黏膜有刺激性。可燃，具有刺激性。摄入需催吐就医，接触须用大量清水冲洗后就医。急剧加热时分解为苯酚和二氧化碳。用萘的微生物发酵方法制备，也可由苯酚钠盐与二氧化碳在压力下羧基化后再酸化而得。作为医药中间体，用于阿司匹林、水杨酸钠和水杨酰胺等的生产；橡胶工业中用于生产紫外吸收剂、发泡助剂；可用作酚醛树脂固化剂、印染业的促染剂；其酯类可用作香料等。

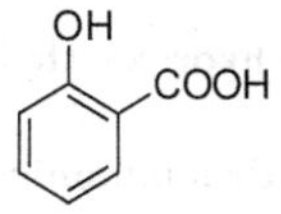

2-羟基丙烷-1,2,3-三羧酸 [2-hydroxypropane-1,2,3-tricarboxylic acid] 俗称柠檬酸、枸橼酸。分子式 $C_6H_8O_7$，分子量 192.12。有两种形式：①无水物(自热的浓水溶液中析出)，半透明无色晶体，熔点 153℃，相对密度 d_4^{20} 1.665，在潮湿空气中微有潮解性。②一水物(自冷水溶液中析出)，无色半透明晶体，75℃时软化，约 100℃时熔化，相对密度 d_4^{20} 1.542，在干燥空气中可失水。强有机酸，溶于水、乙醇和乙醚。可由糖蜜、淀粉的水溶液经发酵制备。柠檬酸可燃，粉末与空气可形成爆炸性混合物，遇明火、高热或与氧化剂接触，有引起燃烧爆炸的危险。柠檬酸浓溶液对黏膜有刺激作用，接触可引起湿疹。

天然柠檬酸在自然界中分布很广，存在于植物如柠檬、柑橘、菠萝等果实和动物的骨骼、肌肉、血液中。很多种水果和蔬菜，尤其是柑橘属的水果中都含有较多的柠檬酸，特别是柠檬和青柠含有大量柠檬酸，在干燥之后，含量可达 8%(在果汁中的含量大约为 47 g/L)。人工合成的柠檬酸是用砂糖、糖蜜、淀粉、葡萄等含糖物质发酵而制得的。在食品工业中，可用作饮料、糖果的酸味剂，抗氧剂的增效剂及用以加强防腐剂的功效。在医药中其钠盐可用作血液防凝剂、利尿剂，铁盐可用作补血剂。也用于生产家用洗涤剂、金属清洁剂及媒染剂等。

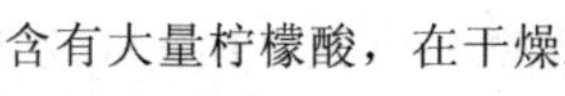

羟基环戊烷 [hydroxycyclopentane] 即环戊醇。

4-羟基甲苯 [*p*-cresol] 即对甲苯酚。

α-羟基甲苯 [α-hydroxytoluene] 即苯甲醇。

1-羟基-2-甲氧基苯 [1-hydroxy-2-methoxybenzene] 即邻羟基苯甲醚。

4-羟基-3-甲氧基苯甲醛 [4-hydroxy-3-methoxybenzaldehyde] 即香草醛。

1-羟基-5-萘磺酸 [5-hydroxynaphthalene-1-sulfonic acid] 又称1-萘酚-5-磺酸。分子式 $C_{10}H_8O_4S$，分子量 224.24。灰白至带红色膏状物。熔点 110～112℃。溶于水，易吸潮。由 1-萘胺-5-磺酸经重氮化、水解、中和而得。为直接染料、有机染料的中间体。

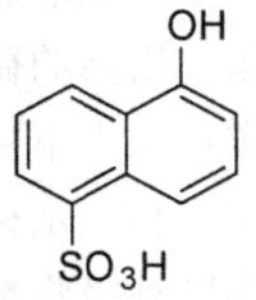

羟基氢醌 [1,2,4-benzenetriol] 即1,2,4-苯三酚。

β-羟基乙基苯 [β-hydroxyethylbenzene] 即2-苯乙醇。

氢化肉桂醇 [hydrocinnamic alcohol] 即3-苯基-1-丙醇。

氢醌 [hydroquinone] 又称1,4-苯二酚或对苯二酚。分子式 $C_6H_6O_2$，分子量 110.11。固体氢醌为白色针状晶体，可燃，熔点 172～175℃，沸点 285～287℃，相对密度 1.328(15℃)，闪点 165℃。易溶于热水、乙醇及乙醚，微溶于苯。在空气中见光易变成褐色，在碱性溶液中氧化得更快。其主要用途是用作照相的显影剂，以及工业中用在橡胶和汽油中作为抗氧剂。其衍生物在工业生产中也有很大的用途，如对苯二酚一甲醚是食用油抗氧剂BHA的中间体；对苯二酚二甲醚是染料、有机颜料和香料的中间体；对苯二酚二乙醚是感光色素、染料的中间体。

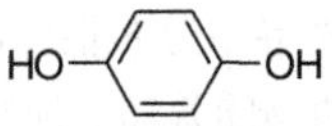

2-巯基丙酸 [2-thiolpropionic acid; 2-mercaptopropionic acid] 又称硫羟乳酸。分子式 $C_3H_6O_2S$，分子量 106.13。具有大蒜臭味的黏稠液体。沸点 140℃/5.32 kPa，相对密度 d_4^{25} 1.2385，折射率 n_D^{25} 1.5720。水中溶解度为 80%(体积分数)(部分分解)。溶于苯酚、甲醇、氯仿、苯、苯酸苄酯、植物油，不溶于脂肪油。遇金属变色。可作为解毒剂，对于砷以及汞、铋、金、镉、锑等重金属离子中毒(如盐酸二氯萘砷等中毒)有解毒作用，但对铅、钒、铀与钛等的中毒无解毒作用。

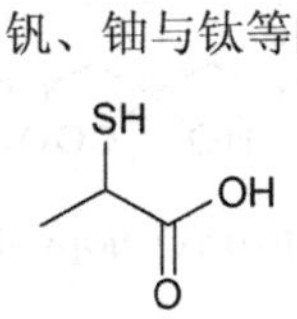

2-巯基乙醇 [2-mercaptoethanol; 2-mercaptoethan-1-ol] 又称1-硫代乙二醇。分子式 C_2H_6OS，分子量 78.13。无色透明液体，有特臭。凝固点<100℃，沸点 157～158℃(微有分解)，闪点 73℃，相对密度 d_4^{20} 1.1143。折射率 n_D^{20} 1.4996。易溶于水，乙醇和乙醚等有机溶剂，与苯可以任意比例混溶。由氯乙醇与硫氢化钠反应制得。可用于合成中间体，用于合成农药、医药和染料等；在橡胶、纺织、塑料、涂料工业中亦可用作助剂。

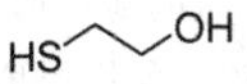

人造苦杏仁油 [artificial essential oil of almond] 即苯甲醛。

肉桂醇 [cinnamyl alcohol] 又称桂皮醇、苯丙烯醇。分子式 $C_9H_{10}O$，分子量134.18。白色针状或块状结晶，有温和、舒适且持久的香气，香味优雅。有顺式、反式两种异构体，其中天然产物为反式异构体，也是用途较为广泛的异构体。反式异构体熔点34℃，沸点257.5℃、127～128℃/1.33 kPa，闪点大于101℃，相对密度 d_4^{20} 1.0440，折射率 n_D^{20} 1.5819。能溶于乙醇、乙醚等大多有机溶剂，在甘油、水中溶解度低。口服有害。对眼睛有刺激性，接触皮肤能引起过敏。具有一般烯醇的化学性质，在光、热或久置空气的条件下可逐渐被氧化生成肉桂醛。可由桂酸肉桂酯经皂化反应制得，也可由肉桂醛经还原制得。可用作定香剂、除臭剂，也可用于化妆品及香精中，还可用于有机合成。

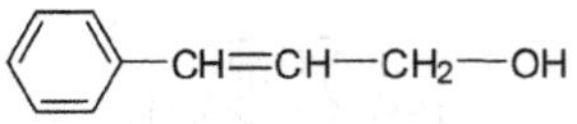

肉桂醛 [cinnamaldehyde] 又称桂皮醛、3-苯基丙烯醛、β-苯丙烯醛。分子式 C_9H_8O，分子量 132.17。无色或淡黄色的油状液体。有强烈的肉桂香味，是重要的香料之一，是桂皮油和肉桂油的主要成分。熔点-75℃，沸点 253℃(部分分解)，相对密度 d_4^{20} 1.0497，折射率 n_D^{20} 1.6195。溶于乙醇、乙醚，微溶于水。能随水蒸气挥发。具有烯、醛及 α, β-不饱和醛的化学性质，暴露在空气中易被氧化成肉桂酸。可从肉桂油、桂皮油等天然油中经提取、分离制得，也可用苯甲醛与乙醛在稀碱作用下经羟醛缩合反应制得，还可由肉桂醇的氧化制得。可用于食品香料而使食品有肉桂香味，也可用于调制素馨、玫瑰等日用香精，还可用作医药的中间体。

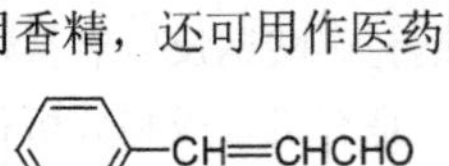

肉桂酸 [cinnamylic acid] 即 3-苯基-2-丙烯酸。

软脂酸 [palmitic acid] 即十六酸。

萨富罗尔 [safrole] 即黄樟醚。

9-噻吨酮 [9-thiaxanthone] 即二苯并[b,e]噻喃酮。

噻二唑 [**thiadiazole**] 含有一个硫原子、两个氮原子和两个次甲基(═CH—)，并具有 $4n+2$ 型大 π 键共轭体系的五元芳香性杂环。分子式 $C_2H_2N_2S$，分子量 88.12。分子中的杂原子位置按硫、氮顺序号标在名称中，如：1,3,4-噻二唑；1,2,4-噻二唑等，其结构式分别为

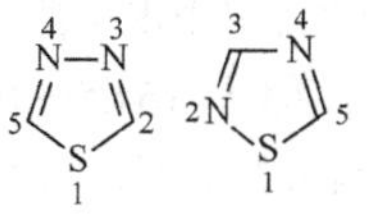

噻吩 [**thiophene**] 又称<u>硫杂环戊二烯</u>。含有一个硫原子和两个环内共轭双键，并具有类似于苯环的六个 π 电子大共轭体系的五元芳香性杂环。芳香性略弱于苯。分子式 C_4H_4S，分子量 84.15。无色液体。易燃。有恶臭，能催泪。熔点–38℃，沸点 84.2℃，闪点–6.7℃，相对密度 d_4^{20} 1.0649，折射率 n_D^{20} 1.5289。不溶于水，可混溶于乙醇、乙醚等多种有机溶剂。经皮肤吸收或吸入其蒸气均可引起中毒。主要是刺激中枢神经，血液毒性强度为苯的 1/5。易燃，储运中要防火防爆。存在于煤焦油和页岩油中，由煤焦油分馏得到的粗苯中含约 0.5%。工业上由丁烷脱氢后与硫成环制备。实验室由 γ-二羰基化合物与 P_2S_5 共热制备。广泛应用于合成医药(如噻乙吡啶、噻嘧啶、先锋霉毒等)、农药、染料、化学试剂、高分子助剂等。还可用作铀等金属的提取分离试剂。

噻喃 [**thiopyran**] 环已二烯分子中的一个亚甲基(—CH_2—)被硫原子置换的六元环状不饱和硫醚化学式 C_5H_6S，分子量 98.16，当环硫原子和环亚甲基互为邻位时，称 α-噻喃；互为对位时，称 γ-噻喃，其结构式分别为

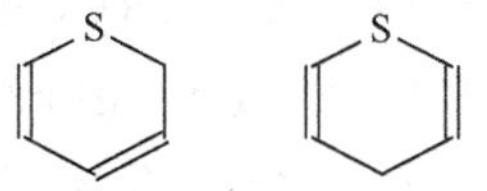

噻嗪 [**thiazine**] 一类具有硫氮杂环已二烯结构的不饱和六元杂环化合物。如：2*H*-1,3-噻嗪和 4*H*-1,4-噻嗪等，其结构式分别为

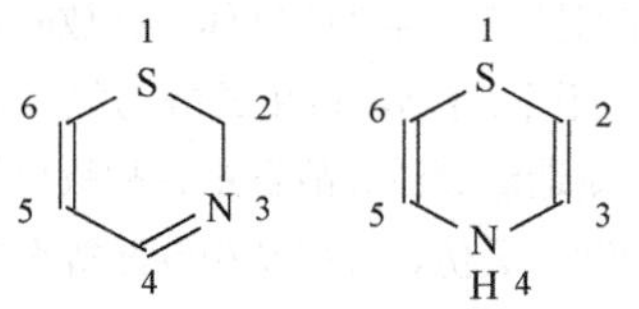

2*H*-1,3-噻嗪：分子式 C_4H_5NS，分子量 99.15，密度 1.13 g/cm³，沸点 206.4℃，闪点 78.6℃；

4*H*-1,4-噻嗪：分子式 C_4H_5NS，分子量 99.15，密度 1.119 g/cm³，沸点 169.8℃，闪点 56.5℃。

噻唑 [**thiazole**] 又称<u>1,3-噻唑</u>。环戊二烯分子中的亚甲基(—CH_2—)置换为硫原子、其间位次甲基(═CH—)置换为氮原子，并具有类似于苯环的六电子大π键共轭体系的五元芳香性杂环。

分子式 C_3H_3NS，分子量85.13。熔点–34℃，沸点117～118℃，闪点22℃，密度1.19 g/mL。无色或淡黄色液体，有恶臭气味。微溶于水，易溶于乙醇、乙醚及丙酮。有极弱的碱性，能与酸生成稳定的盐。可与金、汞和铂的氯化物形成化合物。其衍生物广泛存在于自然界，如维生素B_1、博莱霉素等。由碳链中含有氮的1,4-二羰基化合物在五硫化磷作用下环化制备。可用作有机合成试剂，用于合成药物、染料、橡胶促进剂、胶片成色剂等。

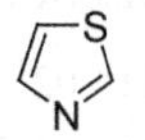

1,3-噻唑 [**thiazole**] 即噻唑。

1,2-噻唑 [**isothiazole**] 即异噻唑。

噻唑啉 [**thiazoline**] 又称<u>二氢噻唑</u>。分子中含有一个硫原子、一个间位氮原子和一个环内双键的五元不饱和杂环。按其环内双键的位置不同，有三种异构体：2-噻唑啉、3-噻唑啉和 4-噻唑啉，其结构式分别为

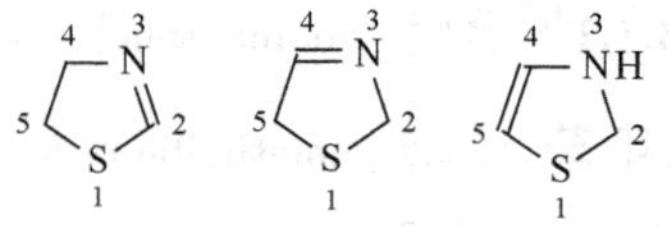

2-噻唑啉较为常见，分子式 C_3H_5NS，分子量 87.14。沸点 138℃。

噻唑烷 [**thiazolidine**] 又称<u>四氢噻唑</u>。环戊烷分子中 1,3-位的两个亚甲基(—CH_2—)被一个硫原子和一个亚氨基(—NH—)置换后的饱和五元杂环化合物。分子式 C_3H_7NS，分子量 89.16。熔点 105～107℃，沸点 164～165℃，闪点 56℃，密度 1.131 g/mL。

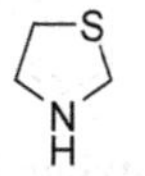

三苯甲烷 [**triphenylmethane**] 分子式 $C_{19}H_{16}$，分子量 244.34。无色斜方针状晶体。是一种多环芳香烃。熔点 91.5～93.5℃，沸点 358～359℃、170℃/0.133 kPa，相对密度 d_4^{25} 1.014，折射率 n_D^{99} 1.5955。易溶于乙醚、三氯甲烷、二硫化碳、吡啶，溶于苯，微溶于乙醇，不溶于水。毒性与三连苯相似。不爆炸、不自燃。可储存在阴凉干燥处。防止雨淋和阳光照晒。其苯环上可发生各种取代反应，但取代产物比较复杂，而甲基的 C—H 键，能与氨基钠反应生成三苯甲基钠，能被卤化生成三苯卤甲烷，能被氧化生成三甲醇。可由四氯化碳和苯反应得到三苯基氯甲烷，再经还原反应得到三苯甲烷；也可由三氯甲烷与苯在无水三氯化铝催化下得到三苯甲烷。可用作气相色谱的固定液，也可用于芳香烃衍生物及一般烃类的分离。还可用于染料合成。

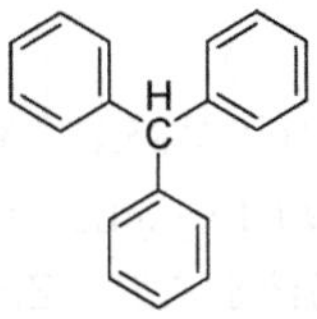

三氮杂苯 [**triazine**] 即三嗪。

三碘甲烷 [**triiodomethane**] 即碘仿。

三噁烷 [**trioxane**] 即1,3,5-三氧杂环己烷。

三氟乙酸 [**trifluoroacetic acid**] 结构式为CF_3COOH，分子式$C_2HF_3O_2$，分子量114.02。强刺激性无色液体。与水、氟代烃、甲醇、乙醇、乙醚、丙酮、苯、四氯化碳、己烷混溶，可部分溶解二硫化碳和六碳以上烷烃，是蛋白质和聚酯的优良溶剂。受吸电子性的三氟甲基的影响而有强酸性。能被硼氢化钠或氢化铝锂还原为三氟乙醛和三氟乙醇。在205℃以上稳定，酯类和酰胺类衍生物容易水解，因此能以酸或酸酐的形式，制取糖类、氨基酸和肽类衍生物。容易在五氧化二磷作用下脱水为三氟乙酸酐。在苯胺存在下分解为氟仿和二氧化碳。

三环[3.3.1.1^{3,7}]癸烷 [**adamantane**] 即金刚烷。

1,2,3-三甲苯 [**1,2,3-trimethylbenzene**] 又称连三甲苯。分子式C_9H_{12}，分子量120.20。无色透明液体。熔点-25.37℃，沸点176.1℃，闪点48℃，相对密度d_4^{25} 0.8944，折射率n_D^{20} 1.5139。与乙醇、乙醚、丙酮、苯、四氯化碳和石油醚相混溶，不溶于水。毒性与二甲苯相似。有刺激性。使用时避免吸入其蒸气，避免与眼睛及皮肤接触。易燃。应密封远离火源。可由2,3-二甲基苄基三甲基碘化铵和钠汞齐反应制得。可用作色谱分析的标准物质。

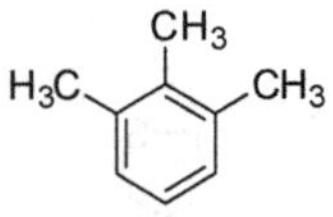

1,2,4-三甲苯 [**1,2,4-trimethylbenzene**] 又称假枯烯。分子式C_9H_{12}，分子量120.20。无色液体，有特殊气味。熔点-43.8℃，沸点169.35℃，闪点48℃，相对密度d_4^{25} 0.8758，折射率n_D^{20} 1.5048。能与乙醇、乙醚、丙酮、苯等相混溶，不溶于水。易燃。有毒。对眼睛、呼吸系统及皮肤有刺激性。在工业上可用芳烃重整后所得产品，经蒸馏分离得到。可用作气相色谱标准物质，也可用于有机合成，制造香料、树脂原料、制药等。

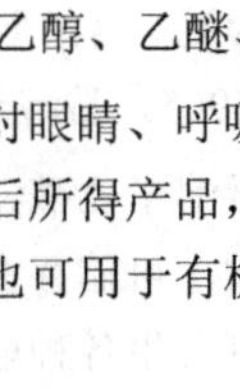

1,3,5-三甲苯 [**1,3,5-trimethylbenzene**] 又称均三甲苯。分子式C_9H_{12}，分子量120.20。无色透明液体。有特殊气味。熔点-44.8℃，沸点164.7℃，闪点36℃，相对密度d_4^{25} 0.8637，折射率n_D^{20} 1.4967。能与苯、乙醚等有机溶剂混溶，不溶于水。有毒，比苯的毒性小。二级易燃液体。在空气中燃烧极限浓度范围为1.1%～7.0%(体积分数)，应远离火源，置于阴凉处密封保存。严禁和氧化剂一起存放。在空气中最低燃烧温度为529℃。可由煤焦油芳烃馏分提取二甲苯后剩余的塔底残油，经精馏收集164.5～165.5℃馏分制得，也可由偏三甲苯经异构化后分馏制得。可用作溶剂、色谱分析标准物、抗氧剂、环氧树脂固化剂、聚酯树脂稳定剂等，也可用于有机合成。

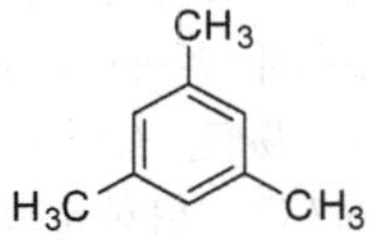

1,7,7-三甲基二环[2.2.1]-庚烷-2-酮 [**1,7,7-trimethylbicyclo[2.2.1]heptan-2-one**] 释文见2.6节樟脑。

2,6,6-三甲基-双环[3.1.1]-2-庚烯 [**2,6,6-trimethylbicyclo[3.1.1]hept-2-ene**] 即蒎烯。

2,2,4-三甲基戊烷 [**2,2,4-trimethylpentane**] 即异辛烷。

2,4,4-三甲基-1-戊烯 [**2,4,4-trimethyl-1-pentene**] 即二异丁烯。

三聚甲醛 [**1,3,5-trioxane**] 即1,3,5-三氧杂环己烷。

三氯甲烷 [**trichloromethane**] 即氯仿。

三氯乙醛 [**trichloroacetaldehyde**] 又称氯醛、无水三氯乙醛。分子式C_2HCl_3O，分子量147.39。无色油状液体，有刺激性气味。熔点-57.5℃，沸点97.8℃，相对密度d_4^{20} 1.5121，折射率n_D^{20} 1.4557。溶于乙醚和氯仿，溶于水时生成水合三氯乙醛，溶于醇时生成醇合三氯乙醛。有毒，有麻醉性，吸入过量可引起兴奋或导致深度麻醉，甚至死亡；有腐蚀性，能灼伤皮肤；不燃烧。化学性质活泼，见光及有硫酸存在时，能形成三聚体(白色固体)，与浓碱作用则分解生成氯仿和甲酸钠，受热也会分解成有催泪性及腐蚀性的气体。存放时可加入0.02%～0.05%的对苯二酚作稳定剂。可由乙醇与氯气或乙醛与氯气反应制得。可用于制造滴滴涕、敌百虫、敌敌畏等农药，也可用于制造三氯乙酸钠、氯仿、二甲基甲酰胺等有机化工产品，还可用于制造氯霉素、合霉素等医药品。

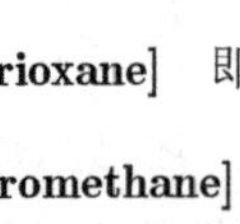

三氯乙酸 [**trichloroacetic acid**] 结构式CCl_3COOH，分子式$C_2HCl_3O_2$，分子量163.39。无色结晶；熔点α型58℃，β型49.6℃，沸点197.5℃，相对密度d_4^{25} 1.62。易溶于水、醇、醚中。具有强腐蚀性，能刺激皮肤起泡，其酸性比乙酸强得多，与盐酸相似。受热分解成氯仿和二氧化碳；与碱共热生成氯仿和碳酸盐。其氯原子很容易被氢取代。在水溶液中，以钠汞齐还原三氯乙酸，可生成乙酸。可用硝酸或高锰酸钾氧化三氯乙醛制取；也可在碘或三氯化磷催化和光照下直接氯化乙酸制得。是医药上的除疣剂和收敛剂，也是蛋白质的沉淀剂。是选择性除草剂。

1,2,3-三羟基苯 [pyrogallol] 即连苯三酚。

1,3,5-三羟基苯 [phloroglucinol] 即间苯三酚。

1,2,3-三羟基丙烷 [1,2,3-trihydroxypropane] 即甘油。

三嗪 [triazine] 又称三氮杂苯。含有三个氮原子和三个次甲基(═CH—)，并具有六个环电子组成的大π键共轭体系的六元芳香性杂环化合物。如：1,2,4-三嗪和1,3,5-三嗪等，其结构式分别为

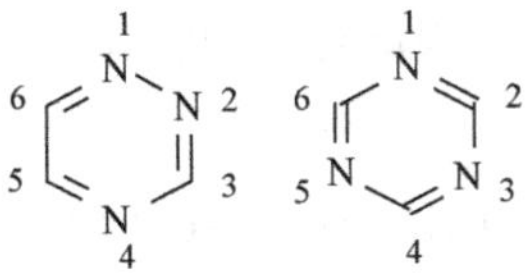

1,2,4-三嗪：分子式$C_3H_3N_3$，分子量81.08，密度1.173 g/cm^3，沸点197.2℃，闪点92.0℃；

1,3,5-三嗪：分子式$C_3H_3N_3$，分子量81.08，密度1.38 g/cm^3，沸点114.0℃，闪点31.1℃，对水分敏感。

三十碳六烯 [(6*E*,10*E*,14*E*,18*E*)-2,6,10,15,19,23-hexamethyl-2,6,10,14,18,22-tetracosahexaene] 即角鲨烯。

2,4,6-三硝基苯酚 [picric acid] 即苦味酸。

三硝基甲苯 [2,4,6-trinitrotoluene] 又称2-甲基-1, 3, 5-三硝基苯、梯恩梯。分子式$C_7H_5N_3O_6$，分子量227.13。黄色正交晶体(乙醇中提取)(无色针状结晶)。熔点80.9℃，沸点280℃(爆炸)，相对密度d_4^{25} 1.654。不溶于水，微溶于乙醇，溶于乙醚，易溶于丙酮、苯。蒸气有毒，短期内吸入高浓度三硝基甲苯粉尘，可在数天后发生紫绀、胸闷、呼吸困难等高铁血红蛋白的血症，长期暴露于三硝基甲苯会增加患贫血症和肝功能不正常的机会。是爆炸性芳香族硝基化合物，爆炸力比苦味酸略小；因三个硝基的影响，芳环上的甲基氢十分活泼，可与醛试剂缩合；与还原剂反应猛烈。由甲苯经浓硝酸、浓硫酸硝化制得。主要用作炸药，和硝酸甘油不同，它对摩擦、振动不敏感，即使是受到枪击，也不容易爆炸；因此，需要雷管来启动，使用较安全，可单独或与其他炸药混合使用。每公斤TNT炸药可产生420万焦耳的能量。有关爆炸和能量释放的研究，常常用“公斤TNT炸药”或“吨TNT炸药”为单位，以比较爆炸、地震、行星撞击等大型反应时的能量。也可用作染料和照相药品的原料。

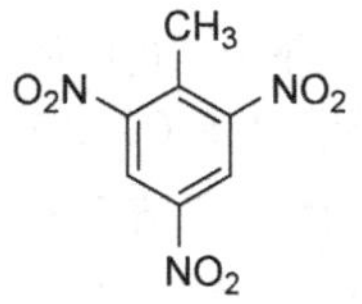

三亚甲基亚胺 [azetidine] 即氮杂环丁烷。

1,3,5-三氧杂环己烷 [1,3,5-trioxacyclohexane; trioxane] 俗称三噁烷、三聚甲醛。其母体化合物是由三个分子的甲醛聚合生成的六元环醚化合物。分子式$C_3H_6O_3$，分子量90.08。熔点64℃，沸点115℃，闪点45℃，密度1.39 g/cm^3。白色结晶，在46℃升华，易燃。易溶于水(18℃时17.2 g/100mL，25 ℃时21.1 g/100mL)、醇、醚、丙酮、氯仿、二硫化碳、芳香烃及其他有机溶剂，微溶于石油醚和戊烷。与水能成共沸物，沸点91.4℃，含70%(质量分数)的三氧六环。可用作工程塑料聚甲醛及其他化学品的中间体，并可用作消毒剂等。

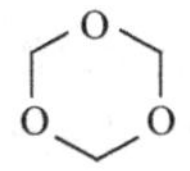

三乙 [ethyl-3-oxobutanonate] 3-氧代丁酸乙酯的简称。

三唑 [triazole] 含有二个氮原子、一个亚氨基(—NH—)和两个次甲基(═CH—)，并具有4*n*+2型大π键共轭体系的五元芳香性杂环化合物。分子式$C_2H_3N_3$，分子量69.06。有两种同分异构体：1,3,4-三唑、1,2,3-三唑，其结构式分别为

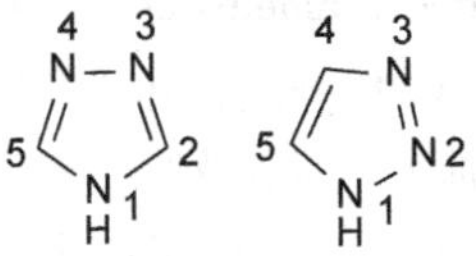

色满 [chromane] 即2,3-二氢苯并吡喃。

色酮 [chromone] 即4*H*-苯并吡喃-4-酮。

色烯 [chromene] 即苯并吡喃。

2*H*-色烯-2-酮 [2*H*-chromen-2-one] 即2*H*-苯并吡喃-2-酮。

4*H*-色烯-4-酮 [4*H*-chromen-4-one] 即4*H*-苯并吡喃-4-酮。

十八碳酸 [stearic acid] 俗称硬脂酸。分子式$C_{18}H_{36}O_2$，结构式$CH_3(CH_2)_{16}COOH$，分子量284.48。有光泽的白色叶片状固体。熔点71～72℃，沸点360℃(分解)，相对密度d_4^{20} 0.9408，折射率n_D^{80} 1.4299，80～100℃时会慢慢挥发。不溶于水，溶于乙醇，易溶于苯、四氯化碳和氯仿等有机溶剂。可由牛脂或羊脂经水解制备。用于生产食品工业中的润滑剂、消泡剂、食品添加剂，可作橡胶工业中的硫化活性剂，医药上用于配制软膏、栓剂等，也用于制化妆品、软化剂、防水剂等。

1-十八烯 [1-octadecene] 分子式$C_{18}H_{36}$，分子量

252.49。无色液体，低温下为白色固体。熔点 18 ℃(17.5 ℃)，沸点 179 ℃/2.2 kPa，闪点 148 ℃，相对密度 d_4^{20} 0.7891，折射率 n_D^{25} 1.4448。溶于热丙酮，不溶于水。使用时应避免吸入其蒸气，避免与眼睛及皮肤接触。具有烯烃的化学性质，可发生加成、聚合、氧化等反应。可由十八醇经脱水制得。可用作气相色谱中的对比样品，也可用于有机合成生产表面活性剂、香料、药物和聚合物等。

$$CH_3(CH_2)_{15}CH{=}CH_2$$

十二醇 [1-dodecanol]　又称月桂醇、椰油醇。分子式 $C_{12}H_{26}O$，分子量186.34。无色片状晶体或浅黄色液体，有紫罗兰的芳香气味。熔点26 ℃，沸点255～259 ℃、192 ℃/13.33 kPa、150 ℃/2.67 kPa、134.7 ℃/1.33 kPa。相对密度 d_4^{24} 0.8309，折射率 n_D^{20} 1.444。溶于乙醇、乙醚，不溶于水，具有高级伯醇的化学性质。可由椰子油以铜铬为催化剂连续加氢，经分离制得；也可由椰子油在氢氧化钾作用下与甲醇酯交换制得；还可由十二酸乙酯在乙醇中用金属钠还原制得。可用于玫瑰型、紫罗兰型、百合水仙型的香精中；也可用于制备高效洗涤剂、表面活性剂、乳化剂、发泡剂、增塑剂、浮选剂、杀菌剂、植物生长调节剂、纺织油剂、皮革加工、润滑油添加剂等。

$$CH_3(CH_2)_{10}—CH_2OH$$

十二醛 [dodecyl aldehyde]　又称月桂醛。分子式 $C_{12}H_{24}O$，分子量 184.32。无色液体或白色蜡状固体。天然存在于松叶油及芸香油中，有刺激性气味，稀释时有类似紫罗兰的持久香味。熔点 44.5℃，沸点 184～185℃/13.33 kPa，142～143℃/2.93 kPa，闪点 96℃，相对密度 d_{15}^{15} 0.8388，折射率 n_D^{20} 1.4344。不溶于水，溶于 90%的乙醇。具有醛的一般性质，可被氧化成月桂酸，也可被还原成月桂醇，暴露在空气中易聚合成二聚体。可由十二醇经氧化制得，也可由十二酸经还原制得。可用作香料，如用在茉莉、月下香、铃香及紫罗兰香精中以增加香气；也可用作有机合成的中间体。

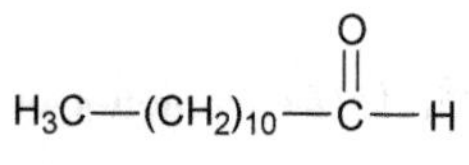

十二碳酸 [dodecanoic acid]　俗称月桂酸。分子式 $C_{12}H_{24}O_2$，结构式 $CH_3(CH_2)_{10}COOH$，分子量 200.32。白色针状结晶，有轻微的桂花味。熔点 44℃，沸点 131℃/1 mmHg，相对密度 d_4^{50} 0.8679，折射率 n_D^{50} 1.4304。不溶于水，溶于醇、酮、苯、乙醚等有机溶剂。可由椰子油、棕榈核仁油、山苍子核仁油等经皂化或高温高压分解后分馏得到。广泛用于表面活性剂工业，其衍生物作消毒杀菌剂。也用于塑料助剂、食品添加剂、香料及制药工业中。

十二碳烯 [1-dodecylene]　即 1-十二烯。

1-十二烯 [1-dodecene]　又称十二碳烯。化学式 $C_{12}H_{24}$，分子量 168.32。无色液体。熔点-33.6℃，沸点 213℃、92～95℃/2.2 kPa，闪点 77℃，相对密度 d_4^{20} 0.760，折射率 n_D^{25} 1.4327。溶于醇、醚、丙酮、石油醚，不溶于水。对眼睛、呼吸系统、皮肤有刺激性。具有烯烃的化学性质，可发生加成、聚合、氧化等反应。可由丙烯四聚制得。可用于有机合成，生产表面活性剂、洗涤剂、润滑油添加剂及增塑剂等。

$$CH_3(CH_2)_9CH{=}CH_2$$

十六醇 [1-hexadecanol]　又称鲸蜡醇。分子式 $C_{16}H_{34}O$，分子量242.45。无色晶体，有玫瑰的芳香气味。熔点50 ℃，沸点344 ℃、190 ℃/2.00 kPa、150 ℃/2.67 kPa、134.7 ℃/ 1.33 kPa，相对密度 d_4^{20} 0.8176，折射率 n_D^{20} 1.4283。易溶于乙醚、苯、氯仿，溶于丙酮，不溶于水。属微毒类。对皮肤有轻微刺激作用。易与有机酸及无机酸生成酯类化合物。可由油脂还原制得，也可由十六酰氯经硼氢化钠还原制得。其作为基质应用广泛，也用于气相色谱中的固定液、乳化剂，以及香料、化妆品、洗涤剂等的合成。

$$CH_3(CH_2)_{14}—CH_2OH$$

十六酸 [hexadecanoic acid]　俗称软脂酸、棕榈酸。分子式 $C_{16}H_{32}O_2$，结构式 $CH_3(CH_2)_{14}COOH$，分子量 256.43。白色带有珠光的鳞片状结晶。熔点 63 ℃，沸点 350 ℃，相对密度 d_4^{20} 0.8527，折射率 n_D^{20} 1.4335。不溶于水，微溶于冷乙醇，溶于热乙醇、乙醚及氯仿等。可由棕榈油水解、分馏而成。也可用于制蜡烛、肥皂、润滑剂、软化剂、乳化剂、增塑剂、消泡剂、食品添加剂和合成洗涤剂等。

十氢化萘 [decahydronaphthalene]　分子式 $C_{10}H_{18}$，分子量 138.25。有顺式和反式两种构象异构体。无色液体，有芳香气味。顺式：熔点-43.06 ℃，沸点 195.7 ℃，相对密度 d_4^{20} 0.8965，折射率 n_D^{20} 1.4810。与乙醇、苯可以任意比例混溶，易溶于乙醚、丙酮和氯仿，不溶于水。反式：熔点-30.4 ℃，沸点 187.3 ℃，相对密度 d_4^{20} 0.8699，折射率 n_D^{20} 1.4695。与苯可以任意比例混溶，易溶于乙醇、乙醚、丙酮和氯仿，微溶于甲醇，不溶于水。低毒。蒸气刺激眼和鼻，吸入后尿成绿色。接触皮肤可引起皮炎。高剂量可引起肝、肾损害。大鼠口服 LD_{50} 4.2 g/kg。对酸碱比较稳定，可被高锰酸钾、钒酸锡氧化成酸和酸酐。反式十氢化萘可发生硝化反应。与空气可形成爆炸性混合物。可由萘经镍催化加氢制得，顺式和反式异构体可通过精馏制得。可用作萘、脂肪、树脂、蜡、油等的溶剂，也可在油漆、鞋油、漆地板蜡等配方中代替松节油，还可用作内燃机的燃料，窑用专用燃料、润滑油等。

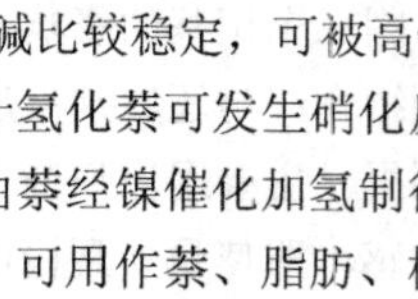

反　　顺

十四烷酸 [tetradecanoic acid]　又称豆蔻酸。分子式

$C_{14}H_{28}O_2$，结构式 $CH_3(CH_2)_{12}COOH$，分子量 228.38。白色结晶。熔点 58.5℃，沸点 326.2℃，不溶于水，溶于乙醇、乙醚、苯、氯仿。可由椰子油或棕榈仁油所得的混合脂肪酸或其甲酯进行真空分馏制得；实验室由甘油三(十四酸)酯和 10%氢氧化钠溶液皂化后用盐酸酸化制备。广泛用于肥皂、香料及皮革等工业。

4-叔丁基-1,2-苯二酚 [**4-*tert*-butylcatechol**] 即对叔丁基邻苯二酚。

双(2-羟乙基)胺 [**diethanolamine**] 即二乙醇胺。

水合茚三酮 [**ninhydrin**] 即 2,2-二羟基-1*H*-茚-1,3(2*H*)-二酮。

水杨醇 [**salicyl alcohol**] 即2-羟基苯甲醇。

水杨醛 [**salicyaldehyde**] 又称邻羟基苯甲醛。分子式为 $C_7H_6O_2$，分子量 122.12。无色澄清油状液体。有苦杏仁味和焦灼味。熔点−7℃，沸点 196～197℃，闪点 76℃，相对密度 d_4^{20} 1.167，折射率 n_D^{20} 1.570。溶于乙醇、乙醚和苯，微溶于水。大鼠皮下注射最低致死量(MLD) 1.0 g/kg。遇硫酸可呈橙红色，与金属离子可形成有色螯环配合物，遇三氯化铁呈紫色。具有酚和醛的化学性质。天然存在于绣线菊和其他植物中的一种香油。可由苯酚和氯仿在氢氧化钠作用下反应制得，也可以邻甲苯酚为原料在光照下经氯化、水解制得。可用作有机合成的中间体，如作为生产香豆素的原料，也可用于检验镍、铜及杂醇油与酮类的恶臭，还可用于配制香料等。

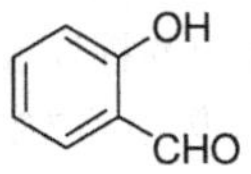

水杨酸 [**salicylic acid**] 即 2-羟基苯甲酸。

顺-2-丁烯二酸 [**(*Z*)-2-butenedioic acid**] 俗称马来酸。分子式 $C_4H_4O_4$，分子量 116.07。无色棱状晶体。熔点 138～139 ℃(水中重结晶)，130～131 ℃(乙醇和苯中重结晶)，相对密度 d_4^{20} 1.590。溶于水、乙醇、丙酮和冰醋酸，微溶于乙醚，不溶于苯和四氯化碳。有腐蚀性，能刺激皮肤、黏膜和眼睛。温度高于熔点时部分转化为反丁烯二酸，加热至 160 ℃失水形成顺丁烯二酸酐。可于五氧化二钒存在时高温氧化苯制得。工业上由顺丁烯二酸酐水解得到。可用于合成树脂和毛、棉及丝制品的染色和精制，并用于制酒石酸、反丁烯二酸、琥珀酸和农药等，也可作为油脂防腐剂使用。

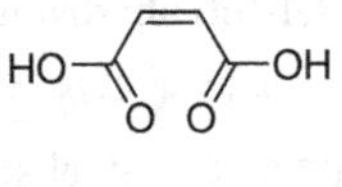

顺丁烯二酰亚胺 [**maleimide**] 即马来酰亚胺。

顺-9-十八碳烯酸 [**(*Z*)-9-octadecenoic acid**] 俗称油酸。分子式 $C_{18}H_{34}O_2$，分子量 282.47。室温下为无色液体。熔点 16.3℃，沸点 286℃/13.3 kPa，相对密度 d_4^{20} 0.8905，碘值 89.87，酸值 198.63。不溶于水，溶于乙醇、苯、氯仿、乙醚等。含一个碳碳双键的不饱和脂肪酸，双键为顺式。长期暴露于空气中会发生自氧化而变成黄至棕色，并有哈喇味。以氧化氮、硝酸亚汞及亚硫酸或单独以亚硝酸处理时，会转变为反式油酸，熔点 51℃。氢化时可得硬脂酸，氧化时则得壬二酸和壬酸。可由橄榄油的尿素加成物分出，或将油脂经水解、压榨后分离得到。可用于制肥皂、润滑剂、金属矿物浮选剂和油酸盐等，也可用作塑料增塑剂和农药乳化剂。油酸的 75%酒精溶液可以用作除锈剂。

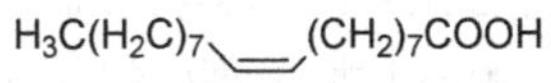

顺,顺-9,12-十八碳二烯酸 [**(*Z*,*Z*)-9,12-octadecadienoic acid**] 俗称亚油酸。分子式 $C_{18}H_{32}O_2$，分子量 280.44。无色油状液体。熔点−5 ℃，沸点 228 ℃/1.86 kPa，相对密度 d_4^{18} 0.9038。易溶于乙醚，溶于绝对乙醇和氯仿，与二甲基甲酰胺混溶，不溶于水和甘油。为不饱和脂肪酸，维生素 F 的主要脂肪酸成分，以甘油酯的形式存在于多种植物油内。氢化时先变为 12-十八碳烯酸和油酸，进一步氢化则变为硬脂酸，在空气中易发生自氧化。可由亚麻籽油水解制得，或由大豆油脂皂角经皂化、酸化、分馏后制得。是人和动物营养中必需的脂肪酸，是合成动物前列腺素的前体。可用于制肥皂、油漆、清漆、乳化剂等，医药上用于治疗动脉硬化症等。对人皮肤有刺激作用，摄入可引起恶心和呕吐。采用不锈钢或铝桶包装。储存时应加入一定的抗氧化剂 VE(或叔丁基对羟基茴香醚)。储存于阴凉通风处，避免日光直接照射，远离热源和氧化剂。

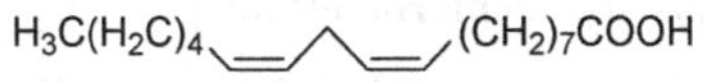

顺,顺,顺-9,12,15-十八碳三烯酸 [**(*Z*,*Z*,*Z*)-9,12,15-octadecatrienoic acid**] 又称亚麻酸。分子式 $C_{18}H_{30}O_2$，分子量 278.44。无色油状液体。熔点−11.3℃，沸点 230～232℃/2.26 kPa，相对密度 d_4^{20} 0.9164，折射率 n_D^{20} 1.4800。不溶于水，溶于乙醇、乙醚、苯等。酸值 201.5，碘值 273.5，可氢化为硬脂酸，加热即聚合固化。可从植物油中低温分馏提取。可用作油漆溶剂、催化剂、硬化油等，还可以用于降血压、减肥、抗炎、保护视力等医药方面。

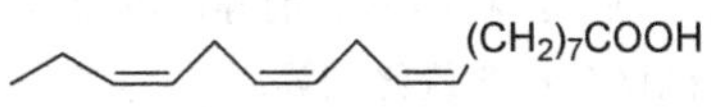

四甲基乙二醇 [**tetramethylethylene glycol**] 即频哪醇。

四硫代富瓦烯 [**etrathiafulvalene**] 两个 1,3-二硫杂环戊烯分子，在其 2-位上，通过一个碳碳双键连接起来的杂环环系。是多种光电功能分子的基本骨架结构。分子式 $C_6H_4S_4$，分子量 204.36。熔点 116～119℃(lit.)。对光和空气敏感。四硫富瓦烯虽然看上去是 14π 的平面系统，但缺乏环状共轭，所以不具芳香性。它可被氧化为自由基阳离子及双阳离子，均是热力学稳定和具芳香性的物种，氧化反应分步且可逆。是强 π 电子供体，与受体如 TCNQ 形成的盐类是分子导体的典型代表，此类盐具高各向异性的导电性。

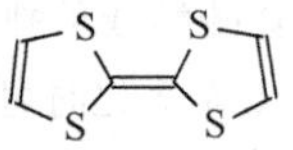

2,3,7,8-四氯代二苯并[*b*,*e*][1,4]-二噁英 [**2,3,7,8-tetrachlorodibenzo[*b*,*e*][1,4] dioxin**] 俗称二噁英。生产除草剂过程中的一种有毒副产物。无色无味、毒性严重。分子式 $C_{12}H_4Cl_4O_2$，分子量 321.971。这类物质非常稳定，熔点较高，约为 303～305℃。难溶于水，可以溶于大部分有机溶剂，是一种脂溶性物质，所以非常容易在生物体内积累。

常以微小的颗粒存在于大气、土壤和水中，主要的污染源是化工冶金工业、垃圾焚烧、造纸以及生产杀虫剂等产业。日常生活所用的胶袋、PVC(聚氯乙烯)软胶等物都含有氯，燃烧这些物品时便会释放出二噁英，悬浮于空气中。自然界的微生物和水解作用对二噁英的分子结构影响较小，因此，环境中的二噁英很难自然降解消除。它的毒性十分大，是氰化物的 130 倍、砒霜的 900 倍，有“世纪之毒”之称。国际癌症研究机构已将其列为人类一级致癌物。

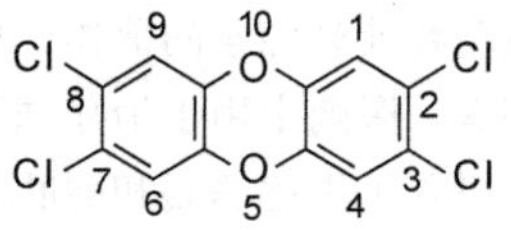

四氯化碳 [**carbon tetrachloride; perchloromethane**] 即四氯甲烷。

四氯甲烷 [**tetrachloromethane**] 又称四氯化碳。分子式CCl_4，分子量153.81。无色透明液体，易挥发，不燃烧，有特殊芳香气味。熔点–22.99℃，沸点76.54℃，相对密度d_4^{20} 1.5940，折射率n_D^{20} 1.4601。能与乙醚、苯、氯仿、石油醚等任意混溶，溶于乙醇和丙酮，不溶于水。有湿气存在时逐渐分解成光气和氯化氢，有毒，饮入可急性中毒致死，吸入蒸气可慢性中毒，引起眼睛损害、胆脏肿大等症状。大鼠经口服半数致死量LD_{50} 2.92 g/kg，空气中最高容许浓度25 mg/m^3。可由甲烷与氯气在高温下反应制得，也可由二硫化碳与氯气反应制得。常用作有机溶剂，还可用作灭火剂、织物的干洗剂、谷物的蒸熏剂、药物的萃取剂等，以及合成制冷剂、医药、染料、有机化合物的氯化剂等。

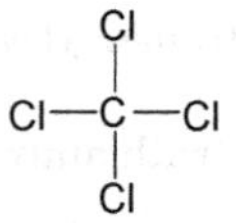

四氢吡咯 [**tetrahydropyrrole; pyrrolidine**] 又称吡咯烷。环戊烷分子中的一个亚甲基(—CH_2—)置换为亚氨基(—NH—)后的饱和五元环状胺化合物。

分子式 C_4H_9N，分子量 71.12。无色透明液体，有特殊气味，见光或潮湿空气易变黄色，易溶于水，乙醇。具有腐蚀性及易燃性。熔点–63℃，沸点 87.0～88℃，闪点 2.8℃。高毒，遇明火、高温、氧化剂易燃；受热产生有毒氧化氮气体。可用于制备药物、杀菌剂、杀虫剂等。

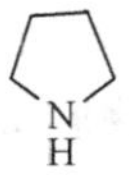

四氢吡喃 [**tetrahydropyran**] 环己烷分子中的一个亚甲基(—CH_2—)被置换为氧原子的六元饱和环氧化合物。分子式 $C_5H_{10}O$，分子量 86.13。熔点–49.2℃，沸点 88.2℃，闪点–15.6℃，密度 0.879 g/mL。常温下为无色易燃液体，有特殊气味。可混溶于水乙醇、乙醚及其他有机溶剂。光照下生成爆炸性的有机过氧化物。主要用作硝基喷漆、橡胶、格氏反应的溶剂、医药中间体。含四氢吡喃环物质存在于很多天然产物中。是吡喃糖的结构核心。海洋生物毒素刺尾鱼毒素(maitotoxin)分子中就含有 28 个四氢吡喃环。

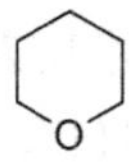

四氢吡唑 [**tetrahydropyrazole; pyrazolidine**] 即吡唑烷。

四氢噁唑 [**oxazolidine**] 即噁唑烷。

四氢呋喃 [**tetrahydrofuran (THF)**] 又称一氧五环、丁撑氧、亚丁基氧、环氧丁烷。环戊烷分子中的一个亚甲基(—CH_2—)被置换为氧原子后的五元环状醚化合物。分子式 C_4H_8O，分子量 72.11。无色易挥发液体，有类似乙醚的气味。溶点–108.3℃，沸点 67℃，闪点–17.2℃，相对密度 d_4^{20} 0.8892，折射率 n_D^{20} 1.4050。一种环醚类化合物，最强的极性醚类之一，在化学反应和萃取中常用作中等极性溶剂。易溶于乙醇、乙醚、丙酮和苯等多种有机溶剂。在空气中能形成爆炸性的过氧化物，尤其在光照和无水的条件下更易形成。化学性质较稳定，在许多有机反应中可用作溶剂。可由糠醛制得，也可由 1,4-丁二醇经脱水环合制得，还可由顺丁烯二酸酐催化加氢制得。主要用作溶剂，也可作为合成丁二烯、聚丁二醇醚、γ-丁内酯、聚乙烯吡咯烷酮等化合物的中间体。

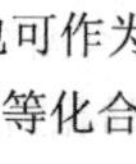

四氢化苯 [**1,2,3,4-tetrahydrobenzene**] 即环己烯。

四氢化萘 [**1,2,3,4-tetrahydronaphthanlene**] 分子式 $C_{10}H_{12}$，分子量 132.21。无色或浅黄色透明液体，有辛辣味。熔点–35.79℃，沸点 207.57℃，相对密度 d_4^{20} 0.9702，折射率 n_D^{20} 1.5414。易溶于醇、醚，溶于丙酮、氯仿、苯、苯胺等，不溶于水。低毒。对眼睛、皮肤和黏膜有刺激性。蒸气在高浓度时具有麻醉性。能随水蒸气挥发，久置空气中能产生四氢化萘过氧化物。与空气可形成爆炸性混合物，爆炸极限0.8%～5.0%(体积分数)。化学性质与苯类似。可由萘经镍催化选择加氢制得，或用钠和醇还原制得。是一种良好的溶剂，可用作萘、硫、碘、油脂、树脂和蜡等的溶剂，也可用于锰的比色测定，还可用作低沸点有机化合物蒸气的吸收剂。

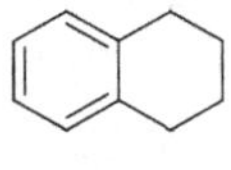

四氢咪唑 [tetrahydroimidezole; imidazolidine] 即咪唑烷。

四氢噻吩 [tetrahydrothiophene; thiophane] 噻吩经催化氢化后得到一种含硫饱和杂环化合物。噻吩被还原为四氢噻吩后，不再具有共轭体系和芳香性，因此显示出一般硫醚的性质，易于氧化为亚砜和砜(环丁砜)。分子式 C_4H_8S，分子量 88.17。低毒易燃液体，遇明火、高温、氧化剂易燃；燃烧产生有毒硫氧化物烟雾。溶于乙醇、乙醚及其他有机溶剂，不溶于水。熔点-96℃，沸点 121.12℃，闪点 13℃，相对密度 d_4^{20} 1.0，折射率 n_D^{20} 1.504。具有强烈的不愉快气味。它产生的臭味稳定、不易散发，空气中存在 0.01 mg/mL 就能闻到，对煤气设备、运输管道垫片等材质没有腐蚀性，对人体嗅觉不会产生习惯钝化，因此用作城市煤气、天然气等气体燃料的泄漏警告剂，被少量加到气体燃料中，取缔了原来使用的乙硫醇等赋臭剂。此外也可用作医药、农药以及有机合成原料等。

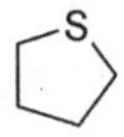

四氢噻唑 [tetrahydrothiazole; thiazolidine] 即噻唑烷。

四氢异噁唑 [isoxazolidine] 即异噁唑烷。

四亚甲基噻吩砜 [tetramethylene sulfone; sulfolane] 即环丁砜。

四唑 [tetrazole; pyrrotriazole] 俗称焦三唑。含有三个氮原子、一个亚氨基(—NH—)和一个次甲基(═CH—)，并具有 4*n*+2 型大 π 键共轭体系的五元芳香性杂环。有两种互变异构体。分子式 CH_2N_4，分子量 70.05。熔点 155.5℃，沸点 (220.2 ± 23) ℃ (760Torr)，闪点 5℃，密度 (1.477+0.06) g/cm³ (20℃)。白色砂粒状结晶。可用作药物西洛他唑中间体。

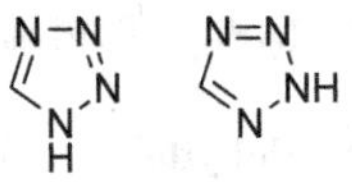

蒜醇 [allyl alcohol] 即烯丙醇。

缩二脲(缩氨脲) [birret] 又称氨缩脲、氨基甲酰脲。分子式$C_2H_5N_3O_2$，分子量103.08。白色片状晶体。熔点190℃(分解)，相对密度 d_4^{20} 1.467，可带有四个结晶水，110℃失水。易溶于醇，极微溶于醚。将尿素、水、磷酸氢二钠混匀，加热溶解即可制得。主要用于动物饲料中，与尿素共同作为饲料添加剂，比尿素安全。

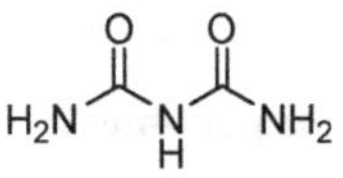

酞酰亚胺 [*o*-phthalimide] 即邻苯二甲酰亚胺。

碳酰二氯 [carbonyl dichloride] 俗称光气，又称氧氯化碳、碳酰氯、氯代甲酰氯等。分子式 $COCl_2$，分子量 98.91。一种无色剧毒气体，是无色或略带黄色气体(工业品通常为已液化的淡黄色液体)，浓缩时，具有强烈刺激性气味或窒息性气味。微溶于水并逐渐水解，溶于芳烃、四氯化碳、氯仿等有机溶剂。是一种重要的有机中间体，在农药、当今医药、工程塑料、聚氨酯材料以及军事上都有许多用途。

碳酰氯 [phosgene] 即碳酰二氯。

梯恩梯 [TNT] 即三硝基甲苯。

呫吨 [xanthene] 即二苯并[*b,e*]吡喃。

9-呫吨酮 [9-xanthenone] 即二苯并[*b,e*]吡喃酮。

退热冰 [acetanilide] 即乙酰苯胺。

乌洛托品 [urotropin] 又称六亚甲基四胺。分子式$C_6H_{12}N_4$，分子量140.19。颗粒或粉末状白色晶体。无臭无味。263℃升华并开始分解，在较低温度有些挥发。相对密度 d_4^{25} 1.27。能溶于水、乙醇、氯仿，不溶于乙醚。0.2 mol水溶液pH 8.4。燃烧时火焰无色。对皮肤有刺激作用。毒性，大鼠皮下注射LD_{50} 1200 mg/kg。由甲醛和氨水作用制得。可用作树脂和塑料的熟化剂，橡胶的硫化促进剂，纺织品的防缩剂；是尿道消毒剂，并用于制药工业，与苯酚钠、烧碱混合，用于防毒面具的光气吸收剂。

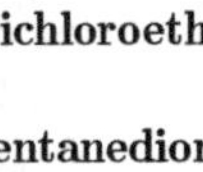

无水三氯乙醛 [trichloroethanal] 即三氯乙醛。

2,4-戊二酮 [2,4-pentanedione] 又称乙酰丙酮。分子式$C_5H_8O_2$，分子量100.12。无色透明易燃液体，有酯的气味。熔点-23 ℃，沸点139 ℃/746 mmHg，相对密度 d_4^{20} 0.9721，折射率 n_D^{20} 1.4494。溶于水、乙醇、乙醚、氯仿、苯等。有麻醉作用，中等毒性。能与羟胺、肼、苯肼等反应应形成肟、腙、苯腙等，也可与碱溶液共热水解成丙酮和乙酸。可由乙酸乙酯和丙酮在金属钠存在下进行缩合反应制备，也可由乙酸酐和丙酮在三氟化硼存在下反应制备。可与金属形成金属有机化合物，是汽油和润滑油的添加剂；能与铜、铝和一些稀土金属离子形成螯合物，是重要的分析试剂。可用作催化剂和助催化剂，还可作为有机合成的中间体和乙酸纤维素的溶剂。

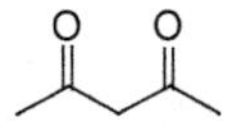

戊烷 [pentane; *n*-pentane] 分子式 C_5H_{12}，结构式 $CH_3CH_2CH_2CH_2CH_3$，分子量 72.15。无色、易燃液体。熔点 −129.7 ℃，沸点 36.1 ℃，相对密度 d_4^0 0.64529、d_4^{20} 0.62638、d_4^{30} 0.6163，折射率 n_D^{20} 1.35768。不溶于水，溶于乙醇、乙醚和许多有机溶剂。

1-戊烯 [1-pentene] 分子式 C_5H_{10}，分子量 70.13。熔点−165 ℃，沸点 30 ℃，闪点−45 ℃，相对密度 d_4^{20} 0.6405，折射率 n_D^{20} 1.3714。能与乙醇、乙醚、苯混溶，不溶于水。对皮肤和黏膜有刺激作用，使用时应避免吸入其蒸气，避免与皮肤接触。极易燃。与空气混合可发生爆炸。具有烯烃的化学性质，可发生加成、氧化、*α*-氢卤化等化学反应。可从 1-卤代烷失卤化氢制得。可用作气相色谱标准物及有机试剂。

$CH_3CH_2CH_2CH{=}CH_2$

2-戊烯 [2-pentene] 分子式 C_5H_{10}，分子量 70.13。2-戊烯有一对顺、反异构体：顺-2-戊烯，也称(*Z*)-2-戊烯；反-2-戊烯，也称(*E*)-2-戊烯。二者皆为无色液体。顺 2-戊烯：熔点 −178～−180 ℃，沸点 36.9 ℃，相对密度 d_4^{20} 0.6556，折射率 n_D^{20} 1.3813；反-2-戊烯：熔点−135～−136 ℃，沸点 36.3 ℃，相对密度 d_4^{20} 0.6482，n_D^{20} 1.3792。顺反异构体都可与乙醇、乙醚、苯混溶，不溶于水。对眼睛、皮肤和黏膜有刺激作用。高度易燃。与空气混合可发生爆炸。可发生加成、氧化、*α*-氢卤化等化学反应。顺-2-戊烯可由 2-乙基-3-碘丁酸在喹啉存在下制得。反-2-戊烯可由 2-乙基-3-碘丁酸在碳酸钠存在下制得。也可从相应的醇脱水或相应的卤代烷失卤化氢制得。可用于有机合成。

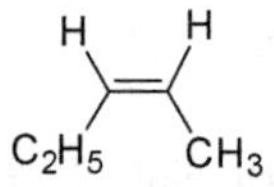

(*Z*)-2-戊烯

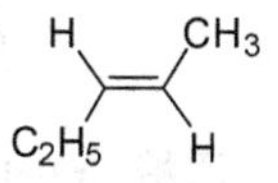

(*E*)-2-戊烯

芴 [fluorene] 又称二亚苯基甲烷、2,2′-亚甲基联苯。分子式 $C_{13}H_{10}$，分子量 166.22。白色叶状或小片状结晶，是一种存在于煤焦油中的稠环芳烃。熔点 116～117℃，沸点 293～295℃，相对密度 d_4^{20} 1.203。溶于乙醚、丙酮、苯、二硫化碳、四氯化碳、乙酸、吡啶、甲苯等，微溶于醇，不溶于水，能在高真空中升华。对皮肤有刺激性。应避免吸入粉尘，避免与眼睛及皮肤接触。可从煤焦油中分离制得，也可用 2,2-二溴二苯甲烷与水合肼在钯存在下反应制得，还可用乙炔和氢通过红热管中或木炭在发烟硫酸中煮沸制得。可用作湿润剂、洗涤剂、液体闪光剂及消毒剂等，也可用作树脂、杀虫剂、除草剂等，还可用于有机合成原料，合成染料、医药等。

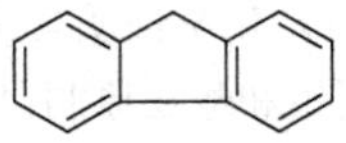

硒吩 [selenophene] 环戊二烯分子中的亚甲基(—CH_2—)被硒原子置换的五元芳香性杂环。分子式 C_4H_4Se，分子量 131.04。熔点−38℃，沸点 110℃，闪点−2.8℃，密度 1.6003 g/mL。

烯丙苯 [allyl benzene] 又称 3-苯基丙烯。分子式 C_9H_{10}，分子量 118.18。无色液体。熔点−40 ℃，沸点 156 ℃，47 ℃/1.73 kPa，相对密度 d_4^{20} 0.8920，折射率 n_D^{20} 1.5131。溶于乙醇、乙醚、四氯化碳、氯仿、苯等，不溶于水。有刺激性。置于阴凉处密封保存。苯环上可发生卤化，硝化，磺化，弗-克烷基化、酰基化等芳香亲电取代反应，侧链上的双键可发生加成、聚合、氧化反应等。可由溴苯和镁制成苯基溴化镁，在乙醚存在下和 3-溴丙烯反应制得。可用于有机合成。

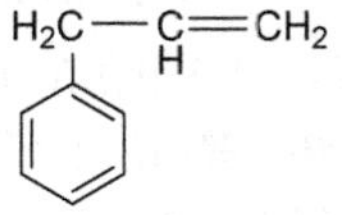

烯丙醇 [allylic alcohol] 又称蒜醇。分子式 C_3H_6O，分子量 58.08。有刺激性气味，可以与水互溶的无色液体。熔点 −129℃，沸点 96.9℃，闪点 21℃，相对密度 0.85。分子中具有醇类羟基和烯烃双键，可与醚、酯、缩醛等化合物进行反应，是重要的有机合成中间体，生产甘油、医药、农药、香料和化妆品的中间体。具有比一般简单醇类更高的毒性。对眼、鼻黏膜有强烈刺激作用，并有较强的全身毒性，导致肝、肾损害和内脏出血，有害影响将在体内长期积累。尽量防止与液体接触。烯丙醇蒸气与空气可形成爆炸性混合物，遇明火、高热极易燃烧爆炸。与氧化剂接触猛烈反应。遇氯磺酸、硝酸、硫酸、氢氧化钠、亚磷酸二烯丙酯，可形成不稳定产物。其蒸气比空气重，能在较低处扩散到相当远的地方，遇火源会着火回燃。

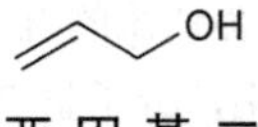

4-烯丙基-1,2-亚甲基二氧基苯 [4-allyl-1,2-methylenedioxybenezene] 即黄樟醚。

烯丙醛 [allyl aldehyde] 即丙烯醛。

香草醛 [vanillic aldehyde] 又称 4-羟基-3-甲氧基苯甲醛、香兰素。分子式 $C_8H_8O_3$，分子量 152.15。白色或乳白色针状晶体，有愉快的香荚兰气味。熔点 77～79℃，沸点 285℃，相对密度 d_4^{20} 1.056。易溶于乙醇、乙醚、冰醋酸和吡啶，溶于热水和碱溶液。暴露在湿空气中易被缓慢氧化。水溶液与三氯化铁作用呈蓝紫色。可由 *N*, *N*-二甲基苯胺用盐酸和亚硝酸钠作用得对亚硝基 *N*, *N*-二甲基苯胺盐酸盐，然后与愈创木酚、甲醛缩合制得；也可从精油中得到的丁子香酚在强碱溶液中在 220℃发生反应生成异丁香酚，再经乙酰化和氧化制得。可用作食用、烟用、酒用、化妆品用的香精以及饮料和食品的重要增香剂；也用于检验蛋白质氮杂茚、间苯三酚和单宁酸、铁离子；还可用于生产降压药甲基多巴、儿茶酚类药物多巴胺等。

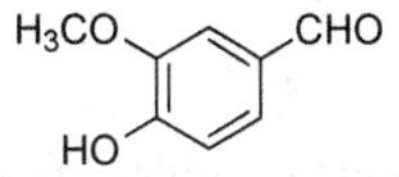

香豆素 [coumarin] 即 2*H*-苯并吡喃-2-酮。

香兰素 [vanillin] 即香草醛。

硝基苯 [nitrobenzene] 分子式$C_6H_5NO_2$，分子量123.11。无色或淡黄色油状液体。有苦杏仁味。熔点5.65 (0.07) ℃，沸点210.7 (0.3) ℃，闪点88 ℃，相对密度d_4^{20} 1.2037，折射率n_D^{20} 1.5562。微溶于水、四氯化碳，易溶于乙醇、苯、乙醚、丙酮。剧毒。小鼠口服LD_{50} 640 mg/kg。化学性质比较稳定，常作有机合成的溶剂。由苯与浓硝酸、浓硫酸反应制得。是制备苯胺、联苯胺、偶氮苯等多种医药和染料中间体的原料。

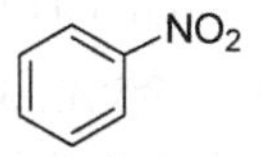

硝基甲烷 [nitromethane] 分子式CH_3NO_2，分子量61.04。无色油状液体。有令人不愉快的气味。熔点–28.7℃，沸点101.2 ℃，闪点35 ℃，相对密度 d_4^{20} 1.1371，折射率n_D^{20} 1.3817。溶于水、乙醇、乙醚、丙酮、四氯化碳、碱。剧毒！小鼠口服LD_{50} 1.44 g/kg。因受硝基吸电子的影响，甲基上的氢具酸性，化学反应性强。由氯代乙酸钠和亚硝酸钠反应制备，工业上由甲烷直接气相硝化生产。是重要的化学合成试剂；可用于制炸药、火箭燃料、医药、农药、染料、表面活性剂和助燃剂，也用作硝酸纤维素、醋酸纤维素、聚合物和蜡制品等的溶剂。

缬草酸 [valeric acid] 即正戊酸。

1-辛烯 [1-octene] 分子式 C_8H_{16}，分子量 112.22。无色液体。熔点–102℃，沸点 122℃，61.7℃/1.3 kPa，闪点 21℃，相对密度d_4^{20} 0.7109，折射率n_D^{25} 1.4087。能与乙醇、醚混溶，几乎不溶于水。高度易燃。具有刺激性。具有烯烃的化学性质，可发生加成、聚合、氧化等反应。可由溴戊烷先与金属镁反应制得格氏试剂，再与 3-溴丙烯经偶联反应制得。可用于有机合成。

$$CH_3(CH_2)_5CH{=}CH_2$$

新戊二醇 [neopentylglycol] 即2,2-二甲基-1,3-丙二醇。

新戊烷 [neopentane] 即2,2-二甲基丙烷。

***N*-溴代丁二酰亚胺** [*N*-bromosuccinimide (NBS)] 即 *N*-溴代琥珀酰亚胺。

***N*-溴代琥珀酰亚胺** [*N*-bromosuccinimide (NBS)] 又称N-溴代丁二酰亚胺。分子式 $C_4H_4BrNO_2$，分子量 177.99。白色斜方结晶。熔点 180～183℃，在 173.5℃(分解)，相对密度 d_4^{20} 2.098。微溶于水、乙醚、苯、四氯化碳、氯仿、乙酐，易溶于丙酮，乙酸乙酯。对眼、皮肤、黏膜有强烈的刺激性，遇热分解。通过丁二酰亚胺溴化制得。是有机合成原料，用于溴化反应，也用于生产橡胶助剂和医药品。

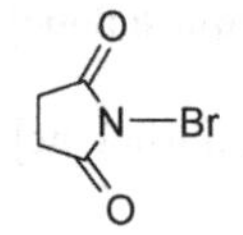

***α*-溴代甲苯** [benzyl bromide] 即苄基溴。

溴甲烷 [bromomethane] 又称甲基溴、一溴代甲烷。分子式 CH_3Br，分子量 94.94。常温下为无色气体。冷冻下为无色透明液体，极易挥发，有甜味。熔点–93℃，沸点 3.6℃，闪点小于–40 ℃，相对密度 d_4^{20} 1.7368～1.7457，折射率n_D^{20} 1.4218。与乙醇、乙醚、氯仿等多数有机溶剂混溶，不溶于水。属中等毒性。主要损伤人的中枢及周围神经。对皮肤黏膜、肝、肺、肾等也有损害。吸入高浓度的蒸气可引起头痛、眩晕、呕吐，严重时可引起神智昏迷，甚至死亡。其蒸气与空气可形成爆炸性混合物。在空气中不燃烧，而在氧气中燃烧。遇明火、高温能引起爆炸燃烧。遇活泼金属，如镁、铝等发生反应，引起分解。可由甲醇和溴化硫反应制得，也可由氯甲烷和氢溴酸在溴化铝存在下反应制得。可用作杀虫熏剂、冷冻剂、灭火剂等，也可用作药物合成的原料。

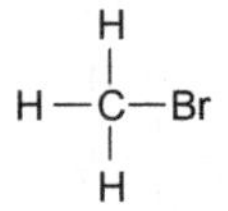

1-溴萘 [1-bromonaphthalene] 又称 *α*-溴萘。分子式 $C_{10}H_7Br$，分子量 207.07。无色或淡黄色油状液体，有萘的气味。熔点–1.8℃，沸点 281.2～281.6℃，闪点 110℃，常压蒸馏后会变黑色，减压蒸馏后能保持无色。相对密度 d_4^{20} 1.4826，折射率 n_D^{20} 1.6580。能与醇、醚、苯和氯仿混溶，不溶于水。能随水蒸气挥发。具有芳香卤代烷的化学性质。可由萘与溴在四氯化碳中反应制得。可用作有机合成的中间体，也可用作分析试剂，如测定聚乙烯聚合度的指示剂以及折射率的测定，还可用作干燥物的传热体、冷冻剂以及分子量大的物质的溶剂。

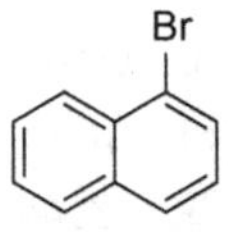

2-溴萘 [2-bromonaphthalene] 又称<u>β-溴萘</u>。分子式$C_{10}H_7Br$，分子量207.07。白色或浅黄色片状晶体。熔点59℃，沸点281～282℃、147℃/2.40 kPa，闪点110℃，相对密度d_4^{20} 1.605，折射率n_D^{20} 1.6382。易溶于苯、醚、氯仿和二硫化碳，能溶于醇，微溶于水。具有芳香卤代烷的化学性质，萘环上可发生芳香亲电取代反应。可由2-萘酚与溴在三苯基膦与乙腈的混合物中反应制得。可用作有机合成如染料的中间体等。

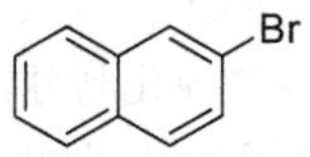

α-溴萘 [α-bromonaphthalene] 即 1-溴萘。

β-溴萘 [β-bromonaphthalene] 即2-溴萘。

溴乙烷 [bromoethane] 又称<u>乙基溴</u>、<u>一溴代乙烷</u>。分子式C_2H_5Br，分子量108.97。无色易挥发的透明液体，有类似氯仿的气味。熔点–119℃，沸点38.4℃，闪点小于–23℃，相对密度d_4^{20} 1.4612，折射率n_D^{20} 1.4244。溶于乙醇、乙醚等多数有机溶剂，微溶于水。有毒。具有麻醉作用。可引起肺部刺激和肝、肾、心脏的损害。长期接触可有头痛、嗜睡、眩晕、下肢无力等症状。急性中毒会引起头痛、眩晕、面部潮红、瞳孔放大、脉搏加速等症状。严重者会四肢震颤、呼吸困难、发绀、虚脱、呼吸麻痹等症状。其蒸气与空气可形成爆炸性混合物，爆炸极6.8%～11.3%(体积分数)。遇明火、高热能引起爆炸燃烧。遇强氧化剂可发生反应，高温分解能产生有毒的溴化氢和碳酰溴；与强碱反应生成乙烯；在弱碱中水解生成乙醇。可由乙醇和溴化钠在硫酸存在下反应制得，也可由乙醇和溴在硫酸及硫的作用下反应制得。可用作溶剂、麻醉剂、制冷剂等，也可用于有机合成，合成医药，如巴比妥、农药、染料、香料等的中间体。

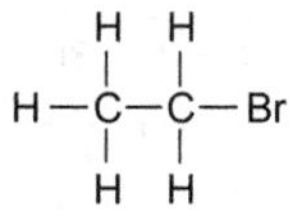

亚氨脲 [carbamidine] 即胍。

亚丁基氧 [butylene oxide] 即四氢呋喃。

亚甲基肼 [hydrazimethylene; diaziridine] 即二氮杂环丙烷。

2,2′-亚甲基联苯 [2,2′-methylemebiphenyl; fluorene] 即芴。

亚磷酸三苯酯 [triphenyl phosphite] 分子式$C_{18}H_{15}O_3P$，分子量310.28。无色油状液体。有刺激性气味。熔点25℃，沸点360℃。能与醇、醚、苯和丙酮等有机溶剂混溶，不溶于水。由苯酚和三氯化磷反应得到。辅助抗氧剂，具有光稳定效果，适用于聚氯乙烯、聚丙烯、聚苯乙烯、聚酯、ABS树脂、环氧树脂等。在聚氯乙烯制品中作螯合剂，能使制品保持透明度，并能抑制颜色变化。也可用于亚磷酸三甲酯的生产。

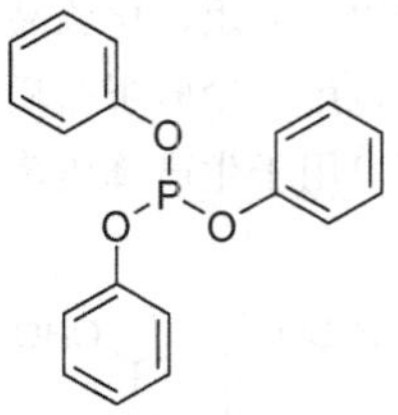

亚硫酰氯 [thionyl chloride] 即氯化亚砜。

亚麻酸 [linolenic acid] 即顺,顺,顺-9,12,15-十八碳三烯酸。

亚油酸 [linoleic acid] 即顺,顺-9, 12-十八碳二烯酸。

羊蜡酸 [capric acid] 即正癸酸。

3-氧代丁酸乙酯 [ethyl-3-oxobutanonate] 又称<u>乙酰乙酸乙酯</u>，简称<u>三乙</u>。乙酰乙酸的乙醇酯。结构式$CH_3COCH_2COOC_2H_5$，分子式$C_6H_{10}O_3$，分子量130.14。有果香及朗姆酒香味的无色透明液体。为酮式(92.3%)和烯醇式(7.7%)两种互变异构体的平衡混合物。沸点180.8℃，熔点–45℃，相对密度d_4^{20} 1.025，折射率n_D^{20} 1.4192。易溶于水，与一般有机溶剂混溶。由乙酸乙酯在金属钠或醇钠催化作用下缩合、酸化后蒸馏得到或由双乙烯酮以浓硫酸为催化剂与无水乙醇进行反应制得。可用作溶剂和食用香精，为有机合成的重要原料，用于合成吡啶、嘌呤等各种杂环化合物，是合成止咳酮、潘生丁等药物的中间体，还可作为染料工业的原料、清色漆及漆用稀释溶解溶剂。

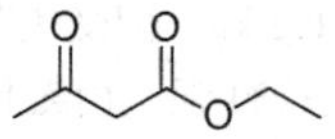

氧氮杂环丙烷 [oxaziridine] 曾称<u>噁吖啶</u>。含有氧和氮两种杂原子的饱和三元杂环化合物。分子式CH_3NO，分子量45.04。它和它的衍生物可通过向碳氮双键(>C═N—)中加成一个氧原子，或向碳氧双键(>C═O)中加成一个氮原子等加成反应合成。

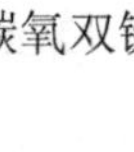

氧氮杂环丁烷 [oxazacyclobutane; oxazetidine] 含有一个氮原子和一个氧原子的饱和四元杂环。如1,2-氧氮杂环丁烷等。分子式C_2H_5NO，分子量59.07。

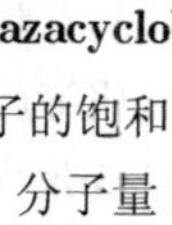

氧化乙烯 [ethylene oxide] 即环氧乙烷。

氧硫化碳 [carbomyl sulphide; carbon oxide sulfide] 分子式COS，分子量60.08。无色无味的气体，熔点–138.8℃，沸点–50℃，液体相对密度 d_4^{17}1.028，气体密度 2.688 g/L (25℃)，临界压力 5.98 MPa。溶于醇。为有机合成中间体，农药工业中用于合成除草剂、杀草丹、燕麦敌、杀虫剂巴丹等。

O═C═S

氧氯化碳 [phosgene] 即碳酰二氯。

氧芴 [dibenzofuran] 即二苯并呋喃。

氧茚 [benzofuran] 苯并呋喃的旧称。

氧杂环丙烷 [oxacyclopropane; epoxyethane; oxirane] 即环氧乙烷。

氧杂环丙烯 [oxacyclopropene; oxirene] 又称环氧乙烯。是一种三元环烯醚。相当于环丙烯分子中的亚甲基(—CH_2—)置换为氧原子。是一种假想的杂环化合物，目前还不确定此分子是否只会在化学反应的过渡态中出现，主要是利用分子模拟评估此物质。分子式 C_2H_2O，分子量 42.03。

氧杂环丁酮 [oxacyclobutanone] 含有一个氧原子和一个羰基的四元杂环化合物。

3-氧杂环丁酮 [3-oxetanone] 分子式$C_3H_4O_2$，分子量72.06。沸点140℃，闪点53℃，密度1.231。可用作药物中间体合成。

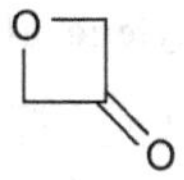

氧杂环丁烷 [oxacyclobutane; oxetane] 分子中含有一个氧原子和一个 1,3-亚丙基(—$CH_2CH_2CH_2$—)的四元环醚类化合物。分子式C_3H_6O，分子量58.08，密度：0.893 g/cm^3，沸点 49℃/760 mmHg。可由羰基化合物与碳碳双键分子的[2+2]加成反应或由 3-氯代丙醇醋酸酯环化反应合成。

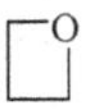

氧杂环丁烯 [oxacyclobutene; oxete; oxetene] 又称环氧丙烯。分子中含有一个氧原子和一个 1,3-亚烯丙基(—CH═CH—CH_2—)单元的四元环状烯醚类化合物。分子式C_3H_4O，分子量 56.06。

氧杂环庚三烯 [oxacycloheptatriene; oxepin] 含有一个氧原子和三个环内碳碳双键的七元环状烯醚类化合物。与环氧化苯是互变异构体，如：

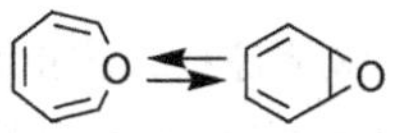

分子式 C_6H_6O，分子量 94.11，密度 0.989 g/cm^3，沸点183.1℃，闪点 56.1℃。

1-氧杂环戊-2-酮 [2-oxacyclopentanone] 又称 γ-丁内酯。4-羟基丁酸分子内环化生成的五元环状内酯型化合物。分子式 $C_4H_6O_2$，分子量 86.09，熔点–45℃，沸点 204～205℃，相对密度 d_4^{25} 1.12。折射率 n_D^{20} 1.436。无色透明液体。与水及一般有机溶剂可以互溶。在脂肪烃中微溶。中等毒性。遇热，明火易燃；可与氧化剂反应；热分解排出有毒辛辣刺激烟雾。

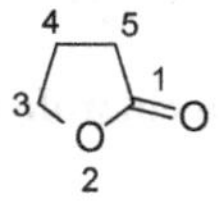

椰油醇 [lauryl alcohol] 即十二醇。

一氮唑 [1*H*-pyrrole; azole; imidole; divinylenimine] 即吡咯。

一六〇五 [orthophos] 即对硫磷。

一氯代甲烷 [monochloro methane] 即氯甲烷。

一溴代甲烷 [monobromomethane] 即溴甲烷。

一溴代乙烷 [monobromoethane] 即溴乙烷。

一氧五环 [butane, alpha, delta-oxide] 即四氢呋喃。

乙胺 [ethylamine] 分子式C_2H_7N，结构式$CH_3CH_2NH_2$，分子量45.08。易挥发性液体。有氨的气味。熔点–81℃，沸点16.6℃，闪点–16℃，相对密度 d_4^{15} 0.689，折射率 n_D^{20} 1.3663。与水、乙醇、乙醚互溶。易燃。燃烧时火焰呈浅蓝色。有毒。大鼠口服LD_{50} 400 mg/kg。碱性，与无机酸生成易溶于水的盐。由乙醇与液氨加压催化反应或氯乙烷与氨的乙醇溶液反应或由乙腈还原制备。用于生产染料、医药、表面活性剂、除草剂、橡胶硫化剂及作萃取剂等。

乙苯 [ethylbenzene] 又称苯基乙烷。分子式 C_8H_{10}，分子量 106.16。无色透明液体。具有芳香气味，蒸气略重于空气。熔点–94.975℃，沸点 136.187℃，闪点 15℃，相对密度 d_4^{20} 0.867，折射率 n_D^{20} 1.4959，自燃点 432.2℃。溶于乙醇、苯、四氯化碳及乙醚，几乎不溶于水。属低毒类。对皮肤的刺激性比甲苯、二甲苯更强，可经呼吸道、皮肤、消化道吸收。其蒸气在呈现毒害作用的浓度以下时，刺激眼睛、呼吸器官和黏膜，同时能使中枢神经系统先兴奋，而后呈麻醉状态。常温下，动物吸入饱和的乙苯蒸气 30～60 min 即可致死。1%浓度即刺激黏膜，在 2～3 h 内，因对中枢神经作用而引起神经错乱，麻醉而死。对小鼠的致死浓度为 17.8mL/kg，大鼠口服 LD_{50} 为 3500 mg /kg。对人体，在 4.35 g/m^3 时就对人的眼睛、皮肤有强烈的刺激。工作场所最高允许浓度为

870 mg/m³。应放于通风阴凉处，防止暴晒和受热。在空气中的燃烧极限为 0.99%～6.7%(体积分数)。化学性质比较稳定，氧化可生成苯乙酮或苯甲酸；脱氢可生成苯乙烯；在铂、氧化硅-氧化铝催化下，可发生异构化反应生成二甲苯；苯环上也可发生芳香亲电取代反应，如硝化，卤化，磺化，弗-克烷基化、酰基化等。可用作溶剂，也可用于生产苯乙烯、苯乙酮、对硝基苯乙酮等化工产品，还可作为生产合霉素和氯霉素的中间体。

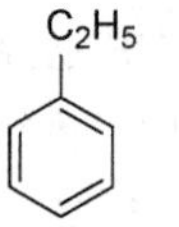

乙撑氯醇 [ethylene chlorohyrin] 即2-氯乙醇。

乙醇胺 [ethanolamine] 又称2-氨基乙醇，分子式C_2H_7NO，分子量61.08。无色黏稠强吸湿性液体，挥发性小。具有氨的气味。熔点10.4℃，凝固点25.15℃，沸点170.3℃，闪点86℃。相对密度 d_4^{20} 1.0180，折射率 n_D^{20} 1.4541。微溶于乙醚、苯、石油醚，溶于氯仿，与水、乙醇互溶。毒性，大鼠口服LD_{50} 2.1 g/kg。具有碱性，能与无机酸和有机酸成盐，与酸酐、酰卤、卤代烷等反应。工业上是由环氧乙烷与氨在压力下合成。用于除去天然气、石油气和其他气体中的酸性气体(如二氧化碳、硫化氢等)。是重要的有机合成中间体，用于制造非离子型洗涤剂、乳化剂等，也是重要的有机合成原料。

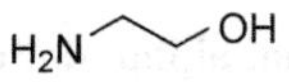

乙二胺 [ethylenediamine] 分子式$C_2H_8N_2$，分子量60.10。无色透明黏稠的液体。具有氨的气味。熔点8.5℃，沸点118℃，相对密度 d_4^{25} 0.899，折射率 n_D^{26} 1.4540。可随水蒸气挥发。易溶于水并形成水合物，微溶于乙醚，不溶于苯。具强碱性，可吸收空气中的CO_2，与无机酸形成可溶于水的盐。乙二胺一水合物的毒性，大鼠口服LD_{50} 0.5 g/kg。由1,2-二氯乙烷与氨反应制备。可用于制染料、橡胶硫化促进剂、药物等，也用作清蛋白、纤维蛋白溶剂。

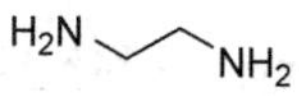

乙二醇 [ethylene glycol] 又称甘醇、1,2-乙二醇。分子式$C_2H_6O_2$，分子量62.07。最简单的邻二醇，无色透明微黏稠液体，有甜味，有吸水性，能降低水的凝固点。熔点–11.5℃，沸点198℃，相对密度 d_4^{20} 1.1155，折射率 n_D^{20} 1.4318。可与水、乙醇、丙酮和乙酸等任意比例混溶，溶于乙醚和氯仿，微溶于苯，不溶于氯代烃、石油醚。毒性较小，对皮肤无刺激性。对中枢神经系统、黏膜和眼睛有刺激作用，对肾脏有损害。大鼠LD_{50} 5.5～8.5 mL/kg。乙二醇为可燃性液体。可与有机酸或无机盐反应生成酯；与硫酸烷基酯和氢氧化钠反应生成醚；与醛或酮在酸性催化剂作用下生成环状缩醛或缩酮；与碱金属或碱性氢氧化物反应生成醇化合物；与环氧乙烷反应生成各种甘醇；还可发生氧化反应、脱水反应等。乙二醇可由乙烯在银催化下得环氧乙烷，再用水吸收制得，也可直接用环氧乙烷与水反应制得。主要用于配制高空仪器航空工业中防冻剂，以及生产聚对苯二甲酸乙二酯(涤纶)的原料，也用于生产其他合成树脂、表面活性剂、润滑剂、柔软剂、增湿剂、载冷剂等，其硝酸酯是爆炸药。

1,2-乙二醇 [1,2-ethane diol] 即乙二醇。

乙二醇二甲醚 [ethylene glycol dimethyl ether] 又称1,2-二甲氧基乙烷、二甲基溶纤剂。分子式 $C_4H_{10}O_2$，分子量 90.12。无色透明液体，有强烈醚样气味。熔点–69℃，沸点 83～84℃，闪点 0℃，相对密度 d_4^{20} 0.8629，折射率 n_D^{20} 1.3796。能溶于水、乙醇、乙醚、丙酮、苯和氯仿等有机溶剂。有毒，蒸气吸入有害，使用时应避免与眼睛及皮肤接触。化学性质较稳定，长期存放有可能产生过氧化物，与氧化剂及四氢锂铝反应剧烈。易燃，能形成爆炸性混合物，遇高温、明火易燃烧爆炸。可由乙二醇单甲醚和氯甲烷、金属钠反应制得，也可由乙二醇单甲醚与硫酸二甲酯作用制得。可用作硝化纤维素、树脂等物质的溶剂，也可用作有机反应溶剂。

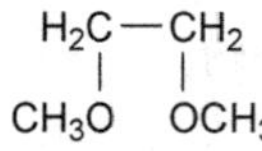

乙二醇二醚 [ethylene glycol monoethyl ether] 即1,4-二氧杂环己烷。

乙二醇二乙醚 [ethylene glycol diethyl ether] 又称二乙基溶纤剂、1,2-二乙氧基乙烷、二乙基乙二醇。分子式$C_6H_{14}O_2$，分子量 118.18。无色液体，有乙醚气味。凝固点–74℃，沸点 121.4℃，闪点 35℃，相对密度 d_{20}^{20} 0.8417，折射率 n_D^{20} 1.3922。能与乙醇、乙醚、丙酮、甲苯、乙酸乙酯混溶，能溶解乙基纤维素、聚乙酸乙烯酯、聚苯乙烯、聚甲基丙烯酸甲酯等。具有刺激性，使用时应避免吸入其蒸气，避免与眼睛及皮肤接触。化学性质与乙二醇二甲醚类似，与氧可形成过氧化物；对稀酸稳定，对强酸不稳定；与卤化氢、三氯化铝、三溴化铝等作用可发生醚键的断裂。可由环氧乙烷与乙醇反应制得。可用作硝化纤维素、橡胶、树脂等物质的溶剂，也可作为有机反应的溶剂，还用作清洁剂、稀释剂等。

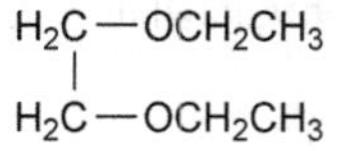

乙二醇一乙醚 [ethylene glycol monoethyl ether] 即乙二醇乙醚。

乙二醇乙醚 [glycol ethyl ether] 又称乙二醇一乙醚、2-乙氧基乙醇、乙基溶纤剂。分子式 $C_4H_{10}O_2$，分子量 90.12。

无色液体。凝固点–70℃，沸点135℃，闪点44℃，相对密度 d_4^{20} 0.9297，折射率 n_D^{20} 1.4080。可与水、乙醇、乙醚任意混溶，易溶于丙酮，能溶解多种油类、树脂和蜡等。易燃，低毒，大鼠口服 LD_{50} 为3 g/kg。具有一般醇、醚的化学性质，可由环氧乙烷与乙醇反应制得。可用作硝基赛璐璐、假漆及天然和合成树脂的通用溶剂，也可用作皮革着色剂和乳化液的稳定剂，还可用作有机合成的中间体。

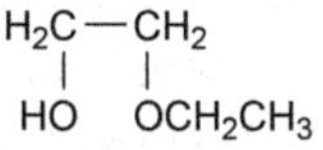

乙二醛 [glyoxal] 又称草醛。分子式 $C_2H_2O_2$，分子量58.04。无色液体，凝固后为黄色棱状结晶或不规则块状固体，水溶液为淡黄色液体。熔点15℃，沸点50.4℃，相对密度 d_4^{20} 1.14，折射率 n_D^{20} 1.3826。易溶于乙醇、乙醚、水等。蒸气为绿色，有毒，轻微刺激皮肤和黏膜，白鼠口服 LD_{50} 20200 mg/kg。具有醛的一般性质，可与氨、醛等化合物进行加成及缩合反应。可用乙二醇在氧化铜催化下经空气氧化制得，也可用乙醛在硝酸铜催化下经硝酸氧化制得。可用作明胶、动物胶、乳酪的不溶性黏合剂，及用作人造丝的阻缩剂、聚丙烯纤维的整理剂，也可用于有机合成。

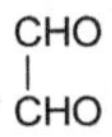

乙二酸 [ethanedioic acid] 俗称草酸。分子式 $C_2H_2O_4$ 或 $(COOH)_2$，分子量90.04。无水草酸由冰醋酸中重结晶后呈白色斜方形晶体，有吸湿性，熔点189.5℃(分解)，相对密度 d_4^{17} 1.900，于100℃时开始升华，温度高于157℃时逐渐分解为二氧化碳、水、一氧化碳和甲酸。通常以二水物的形式存在，为无色透明晶体，熔点101～102℃，相对密度 d_4^{20} 1.653，熔化时失水并开始升华。溶于水、乙醇和乙醚。不能形成酸酐。有毒。腐蚀皮肤和黏膜。工业上将甲酸钠热至360℃脱氢生成草酸钠，然后用稀硫酸酸化来制得，也可将乙二醇控制氧化及丙烯氧化来制备。可用作标定高锰酸钾溶液浓度的分析试剂，制造抗菌素和冰片等药物。用于棉布印花和染色、织物的漂白以及提炼稀有金属等。

乙基1605 [ethyl orthophos] 即对硫磷。

α-乙基苯甲醇 [α-ethylbenzyl alcohol] 即1-苯丙醇。

乙基对硫磷 [ethyl-parathion] 即对硫磷。

乙基氯 [ethyl chloride] 即氯乙烷。

乙基溶纤剂 [cellosolve] 即乙二醇乙醚。

乙基溴 [ethyl bromide] 即溴乙烷。

N-乙基乙胺 [N-ethyl ethylamine] 即二乙胺。

乙腈 [acetonitrile] 又称甲基氰。分子式 C_2H_3N，分子量41.05。无色液体。有乙醚气味。熔点–44℃，沸点81.6℃，闪点2℃，相对密度 d_4^{20} 0.7857，折射率 n_D^{20} 1.3442。20℃时偶极矩 129.34×10^{-30} C·m。可与水、乙醇、乙醚、丙酮、苯、四氯化碳混溶。易溶于水、甲醇、乙酸甲酯、乙酸乙酯、丙酮、乙醚、乙酰胺溶液、氯仿、四氯化碳、二氯乙烷和很多不饱和烃。有毒，小鼠口服 LD_{50} 2730 mg/kg。易燃，燃烧时有发光火焰。水解生成乙酸，加氢生成乙胺，聚合成二聚物和三聚物。小量存在于煤焦油中；是生产丙烯腈的副产物；可由乙酰胺脱水或硫酸二甲酯与氰化钠作用制备。是有机合成的重要原料；是重要的非质子极性有机溶剂。

$$CH_3—C\equiv N$$

乙醚 [ethyl ether] 又称二乙醚。分子式 $C_4H_{10}O$，分子量74.12。无色透明液体，有略甜的特殊气味。极易挥发，易流动。沸点34.51℃，凝固点–116.2℃，闪点–45℃，自燃点160℃，相对密度 d_4^{20} 0.7138，折射率 n_D^{20} 1.3526。微溶于水，溶于氯仿、石油醚和油类，易溶于丙酮，可与乙醇、苯混溶。低毒，有麻醉性，空气中最高容许浓度1.2 g/m³。化学性质稳定，在100℃以下与酸、碱等都不发生反应，在许多化学反应中可作溶剂使用。在空气和光的作用下可形成爆炸性的过氧化物，其蒸气可与空气形成爆炸性混合物，与10倍体积的氧混合后遇火花即可发生剧烈爆炸，爆炸极限为1.85%～36%；与不含水的硝酸、浓硫酸和浓硝酸的混合物反应也会发生猛烈爆炸。可由乙醇在浓硫酸作用下(140℃)脱水制得。可用作油脂、树脂、蜡、橡胶、生物碱、有机金属化合物等物质的溶剂，也可用作萃取剂，还用作外科手术的麻醉剂。

$$CH_3CH_2OCH_2CH_3$$

乙内酰脲 [hydantoin] 即咪唑烷-2,4-二酮。

乙醛 [acetaldehyde] 又称醋醛。分子式 C_2H_4O，分子量44.05。无色易挥发、易流动的液体，有刺激性气味。熔点–121℃，沸点20.8℃，闪点–38℃，相对密度 d_4^{18} 0.7834，折射率 n_D^{20} 1.3316。可与乙醇、乙醚、苯、甲苯、二甲苯、丙酮、汽油及热水混溶。易燃，与空气可形成爆炸性混合物。具有醛的一般性质，可与氢氰酸、亚硫酸氢钠、格氏试剂、醇、氨(胺)及其衍生物发生加成，也可发生聚合、氧化、还原等。可由乙醇经氧化或脱氢制得，也可由乙烯在氯化钯、氯化铜盐酸水溶液催化下直接氧化制得，还可用乙炔在汞催化下或非汞催化剂作用下直接水合制得。主要用于生产乙酸、乙酸酐、丁醇、季戊四醇、聚乙醛、三氯乙醛等许多重要的有机化工原料，也可在比色法测定醛时用作标准溶液，还可用于玻璃镀镜、硬化纤维等。

乙炔 [acetylene] 分子式 C_2H_2，分子量26.04。是含有

碳碳三键的最简单的化合物。纯乙炔为无色有芳香气味的气体，工业乙炔(含磷化氢)有臭味。熔点–80℃(119.3 kPa)，沸点–84℃，相对密度 0.6181，折射率 n_D^{20} 1.0005。溶于丙酮、苯、氯仿和二硫化碳等，微溶于水和乙醇。易燃。与空气形成爆炸性混合物，爆炸极限为 2.1%～80.0%(体积分数)，在空气中燃烧产生极亮的火焰。可与卤素、卤化氢、水、氰化氢、乙醇、甲醇、乙酸等发生加成反应，也可被氧化、聚合，与强碱如氨基钠反应则生成炔钠。可由碳化钙与水反应制得，也可由甲烷的氧化偶联制得。可用作氧炔焰焊接和切割金属，也可用于合成乙醛、乙酸、丁醇、氯乙烯、2 氯-1,3 丁二烯、乙酸乙烯酯等，还可用于制造醋酸纤维、聚乙烯醇缩醛树脂等高分子材料、涂料等。

$$CH\equiv CH$$

乙炔基苯 [acetylenyl benzene] 即苯乙炔。

乙酸 [acetic acid] 又称醋酸。分子式 C_2H_4O，结构式 CH_3COOH，分子量 60.05。有刺激味的无色液体。熔点 16.6℃，沸点 117.9℃，相对密度 d_4^{20} 1.0492，折射率 n_D^{20} 1.3716。与水、醇、甘油、乙醚、四氯化碳等混溶。纯乙酸在 16℃以下凝成冰状固体，称冰醋酸。普通乙酸约含乙酸 36%。对皮肤有腐蚀作用，对眼睛有害。可由甲醇与一氧化碳于水-乙酸介质中在催化剂作用下制备；或由乙醇经氧化制得，也可由乙炔加水成乙醛，经氧化制得；干馏木材也可得到。可用发酵法制取食用醋。是重要的大宗化工产品，食品工业中作酸化剂、增香剂和香料。还可用作氧化反应的溶剂。

乙酸酐 [acetic anhydride] 又称醋酸酐。分子式 $C_4H_6O_3$，分子量 102.09。无色透明液体，有强烈的醋酸味。熔点–73℃，沸点 139℃，相对密度 d_4^{20} 1.0820。有折射性，折射率 1.3904。闪点 49℃。自燃点 400℃。在水中慢慢溶解，生成乙酸。溶于乙醇，并慢慢生成乙酸乙酯，溶于乙醚、苯和氯仿。可由乙醛在乙酸钴存在时氧化制备，或由乙炔与乙酸在有氧化汞存在下反应得到。是良好的溶剂和重要的乙酰化剂，用于制乙酸纤维、塑料、染料、医药等及用于香料生产中。由乙酸酐制造的过氧化乙酰，是聚合反应的引发剂和漂白剂。

乙酸钠 [sodium acetate] 即醋酸钠。

乙酸乙酯 [ethyl acetate] 又称醋酸乙酯。分子式 $C_4H_8O_2$，分子量 88.10。具有水果香味的无色透明液体，易挥发，沸点 77℃，熔点–83℃，相对密度 d_4^{20} 0.902，折射率 1.3719。易燃。与空气混合后可形成爆炸气体，微溶于水，溶于醇、酮、醚、氯仿等多数有机溶剂。为低毒、快干性溶剂。可由乙酸或乙酐与乙醇在有硫酸存在时加热制备，或在乙醇铝催化下由两分子乙醛反应制得。可用作清漆、人造革、硝酸纤维、氯化橡胶和某些乙烯类树脂的溶剂，也可用作染料、药物和香料的原料。

乙酸正丁酯 [*n*-butyl acetate] 又称醋酸正丁酯。分子式 $C_6H_{12}O_2$，分子量 116.16。无色透明可燃性液体，有愉快水果样香气。熔点–77.9℃，沸点 125～126℃，相对密度 d_4^{20} 0.8824，折射率 n_D^{20} 1.3951。较低级同系物，微溶于水，与乙醇、乙醚相混溶，溶于苯、丙酮以及大多数烃类化合物。可与水成恒沸液，沸点 92.0℃，含乙酸正丁酯 71.3%。蒸气与空气可形成爆炸性气体。以硫酸催化，使乙酸与正丁醇酯化反应，然后精馏制得。可用作食用香料、石油和医药工业中的萃取剂及用作清漆、织物、人造革和塑料等生产过程中的溶剂。

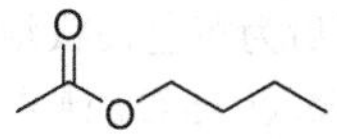

乙烷 [ethane] 分子式 C_2H_6，分子量 30.07。无色无味气体。熔点–183.3℃，沸点–88℃。气体的相对密度 1.0493(空气=1)，液体的相对密度 d_4^{20} 0.446。微溶于水。易燃，与空气形成爆炸性混合物，爆炸极限 3.12%～16%(体积分数)。由石油气分离得到。可用于生产乙烯，用作燃料和冷冻剂，并用于制造氯乙烷、溴乙烷等。

$$H_3C—CH_3$$

乙烯 [ethene] 分子式 C_2H_4，分子量 28.05。含有两个碳原子的烯烃，具有香甜气味的无色气体。熔点–169℃，沸点–103.7℃，相对密度 d_4^{20} 0.5699。自燃温度 543℃。溶于乙醚、丙酮、苯中。乙烯对眼睛和呼吸系统无刺激作用，短期接触对人体无害，但在高浓度下长期吸入体内会发生麻醉现象，使人失去知觉，甚至窒息。易燃。在常压下空气中的爆炸极限为 2.7%～36.0%(体积分数)。可与氢气、卤素、卤化氢、水、无机酸、乙硼烷等发生亲电加成反应，分别生成乙烷、1,2-二卤乙烷、卤代乙烷、乙醇等；在银的催化下可被空气氧化生成环氧乙烷，被过酸氧化再经水解得乙二醇，聚合为高压聚乙烯及低压聚乙烯，烯烃可使溴水及高锰酸钾溶液褪色。大量的乙烯来自石油的裂解，是目前生产量最大的有机化工产品。小量的乙烯可由乙醇与浓硫酸经脱水反应制备。乙烯有着极重要的用途，可用来合成环氧乙烷、乙醛、1,2-二溴乙烷、氯乙烷、1,2-二氯乙烷、乙酸、乙二醇等，还可用于生产多种多样的化工产品的中间体，如塑料树脂、纤维、弹性体、溶剂、表面活性剂、涂料、增塑剂、抗冻剂等。

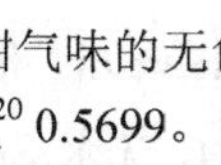

乙烯基乙炔 [vinylacetylene] 又称 1-丁烯-3-炔。分子式 C_4H_4，分子量 52.08。无色气体。沸点 5.1℃，相对密度 d_4^{20} 0.7095，折射率 n_D^{20} 1.4161。溶于苯，不溶于水。化学性质活泼，与空气能形成爆炸性混合物，爆炸极限 2%～100%(体积分数)。

具有烯和炔的化学性质，易发生加成和聚合反应。易燃。有毒。对人体有刺激和麻醉作用。可由两分子的乙炔在氯化亚铜和氯化铵的催化作用下二聚制得。可用作氯丁橡胶的原料，也可用作制备二乙烯基醚和甲基乙烯基酮为单体的多聚体。

$$H_2C{=}CH{-}C{\equiv}CH$$

乙烯基乙烯 [vinylethylene] 即1,3-丁二烯。

乙烯醚 [vinyl ether] 分子式 C_4H_6O，分子量 70.09。无色易挥发液体。熔点–101℃，沸点 28℃，相对密度 d_4^{20} 0.7730，折射率 n_D^{20} 1.3989。可与乙醇、乙醚、丙酮、氯仿等有机溶剂混溶，不溶于水。易燃，不稳定，在光照或酸作用下可生成乙醛及聚合物。可由二氯乙醚与苛性碱反应制得。主要用作麻醉剂。

$$H_2C{=}CH{-}O{-}CH{=}CH_2$$

乙烯酮 [ethenone] 分子式C_2H_2O，分子量42.04。无色有强烈激性气味的气体。熔点–151℃，沸点–56℃/746 mmHg。易溶于丙酮、乙醇，溶于水，微溶于乙醚、芳烃和卤代烃等。毒性与光气、氢氰酸相近，长时间吸入或吸入高浓度气体时，刺激呼吸器官，侵入神经中枢，产生肺气肿及毛细血管充血，乃至死亡。化学性质极为活泼，能与含活泼氢的化合物反应，与醇、胺、水反应分别生成酯、酰胺、乙酸。极不稳定，易于自身聚合为双乙烯酮，须在–80℃的低温保存。通常用α-溴代酰溴和锌粉共同加热，失去两个溴原子后得到烯酮，工业上用乙酸蒸气催化热解脱水制得或用丙酮热裂法制备。主要用作乙酰化剂，以制备乙酸酐、乙酸乙酯。

$$H_2C{=}C{=}O$$

乙酰氨基苯 [acetylaminobenzene] 即乙酰苯胺。

乙酰苯胺 [acetanilide] 又称退热冰、*N*-苯基乙酰胺、乙酰氨基苯、安替菲布林。分子式C_8H_9NO，分子量135.17。白色鳞片状晶体或粉末，微有辛辣味，95℃升华。熔点113～115℃，沸点304～305℃，相对密度 d_4^{20} 1.2190。微溶于水、乙醇、氯仿、乙醚、丙酮。碱性很弱，遇酸或碱性水溶液易分解成苯胺和乙酸。有毒，刺激中枢神经，引起皮炎。小鼠口服LD_{50} 800 mg/kg。由苯胺经乙酸乙酰化制得。是磺胺类药物的原料。可用作止痛剂、退热剂和防腐剂。可用来制造燃料中间体——对硝基乙酰苯胺、对硝基苯胺和对苯二胺。

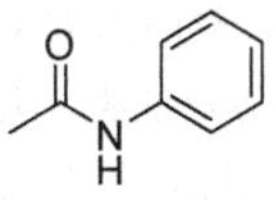

乙酰丙酮 [acetylacetone] 即2,4-戊二酮。

乙酰氯 [acetyl chloride] 分子式 C_2H_3ClO，分子量78.50。蒸汽压 12.1 kPa/0℃，熔点–112℃，沸点 51℃。氯乙酰为无色液体；有刺激性臭气；能发烟，易燃；对皮肤及黏膜有强刺激性；遇水或乙醇引起剧烈分解。在氯仿、乙醚、苯、石油醚或冰醋酸中溶解。

乙酰乙酸乙酯 [ethyl acetoacetate] 即 3-氧代丁酸乙酯。

2-乙氧基乙醇 [2-ethoxyethanol] 即乙二醇乙醚。

蚁醛 [methanal] 即甲醛。

异丙苯 [*iso*-propylbenzene] 又称枯烯。分子式 C_9H_{12}，分子量 120.19。无色液体。熔点–96℃，沸点 152.4℃、32.8℃/1.3 kPa，闪点 38.9℃，相对密度 d_4^{20} 0.8618，折射率 n_D^{20} 1.4915。能与乙醇、乙醚、苯、丙酮、四氯化碳和石油醚以任意比例混溶，不溶于水。有毒。有麻醉性。能通过皮肤吸收，能抑制中枢神经系统。比苯、甲苯、二甲苯或乙基苯吸收速度快。由于排泄缓慢，有累积作用。空气中允许极限浓度250 mg/m^3。易燃，在空气中燃烧极限浓度0.9%～6.5%（体积分数），在空气中最低燃烧温度 424℃。大鼠口服 LD_{50} 1.4 g/kg。应远离火源。在阴凉处密封保存。在空气中长期放置会被氧化，苯环上可发生硝化，磺化，卤化，弗-克烷基化、酰基化等反应，在硅酸铝的作用下分解为苯和丙烯。可由苯和正氯丙烷经三氯化铝催化下制得，也可由苯和丙烯在磷酸作用下制得。可用作溶剂，提高燃料油辛烷值的添加剂，聚合反应的引发剂；也可用于有机合成，生产苯酚、丙酮、甲基苯乙烯，合成香料等。车间空气最高容许浓度 40 mg/m^3，居住区大气 2.4 mg/m^3。

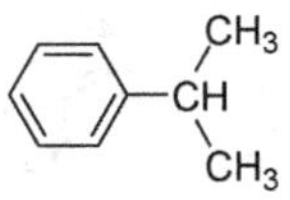

异丁烷 [isobutane] 即 2-甲基丙烷。

异丁烯 [*iso*-butylene; *iso*-butene] 分子式 C_4H_8，分子量 56.11。无色气体。熔点–140.3℃，沸点–6.9℃，闪点–76℃，相对密度 d_4^{25} 0.5879，折射率 n_D^{20} 1.3926。自燃温度465℃。溶于醇、醚、硫酸，不溶于水。毒性不大，类似丙烯。对皮肤和黏膜有刺激和麻醉作用。其毒性，工作场所最高允许浓度 100 mg/m^3。易燃易爆。与空气能形成爆炸性混合物，爆炸极限 1.7%～9.0%（体积分数）。采用耐压钢瓶储存。易液化、易聚合。可与氢气、卤素、卤化氢和硫酸等发生加成反应，也可被臭氧、高锰酸钾氧化，还可与芳烃进行弗-克烷基化反应。可由异丁烷用氧化铬氧化铝催化脱氢制得，也可由甲基叔丁基醚在酸性催化剂作用下分解制得。主要用于生产聚异丁烯及与异戊二烯共聚生产丁基橡胶，也可用作生产汽油添加剂、烷基化汽油等原料。

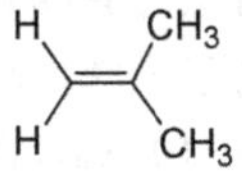

异噁唑 [isoxazole] 又称1, 2-噁唑。环戊二烯分子中的

亚甲基(—CH_2—)置换为氧原子、其邻位次甲基(═CH—)置换为氮原子，并具有类似于苯环的六电子大π键共轭体系的五元芳香性杂环。分子式C_3H_3NO，分子量69.06。沸点94℃，闪点19℃，密度1.07 g/mL。类似吡啶的液体，室温下溶于6倍的水中。

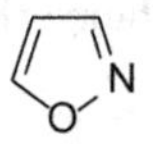

异噁唑烷 [isoxazolidine]　又称四氢异噁唑。环戊烷分子中的一个亚乙基(—CH_2CH_2—)被一个氧原子和一个亚氨基(—NH—)置换后的饱和五元杂环化合物。分子式 C_3H_7NO，分子量 73.09。

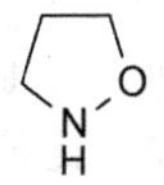

异喹啉 [isoquinoline]　又称苯并[*c*]吡啶。具有 2-氮杂萘的结构，有类似萘环的 10 个环电子大 π 键共轭体系的芳香性稠杂环。它和它的衍生物是广泛存在于自然界的一大类生物碱。无色片状结晶或液体。分子式 C_9H_7N，分子量 129.16。有苦杏仁和茴香油似香气，有甜味。熔点 23℃，沸点 243℃，密度 1.099 g/mL(25℃)。易溶于乙醇和非挥发性油，溶于稀的无机酸和大多数有机溶剂，微溶于水。易燃液体，遇高温、明火、强氧化剂燃烧，释放有毒氮氧化物。主要用以配制香草香精，以及用于农药、医药、橡胶促进剂、彩色影片增感剂、染料等产品的生产等。

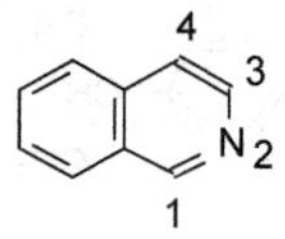

异噻唑 [isothiazole]　又称1,2-噻唑。环戊二烯分子中的亚甲基(—CH_2—)置换为硫原子、其邻位次甲基(═C—)置换为氮原子，并具有类似于苯环的六电子大π键共轭体系的五元芳香性杂环。分子式C_3H_3NS，分子量85.13。沸点114℃，密度1.17 g/mL。具有类似吡啶气味的无色液体。微溶于水，易溶于乙醇、苯等有机溶剂。一些药物、除草剂、杀菌剂等都具有异噻唑环。

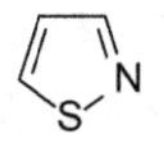

异戊二烯 [isoprene]　又称 2-甲基-1,3-丁二烯。分子式 C_5H_8，分子量 68.114。常温下是液体。熔点–145.95℃，沸点 34.067℃，闪点–48℃，自燃点 220℃，相对密度 d_4^{20} 0.6809，折射率 n_D^{20} 1.42194。溶于大多数烃、醇、醚等有机溶剂，不溶于水。对眼、鼻、上呼吸道黏膜有刺激作用。可经呼吸道和消化系统吸收，影响神经系统，严重的会失去知觉。易燃易爆。爆炸极限为 1.0%～10.0%。在空气中易被氧化生成危险的过氧化物，应避免和强氧化剂，如卤素、强酸等接触。在运输存放过程中必须加阻聚剂。对金属无腐蚀性，但对橡胶、聚乙烯、塑料等有不同程度的溶涨作用。具有共轭烯烃的化学性质。化学性质活泼，可与卤素、含卤化合物、氢等类化合物发生加成反应，还可发生取代反应、双烯合成反应。可由异戊烷及异戊烯经脱氢制得。可用于合成橡胶、涂料、聚酯改良剂、香料、医药等。

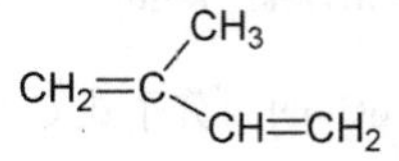

异辛烷 [isooctane]　又称 2,2,4-三甲基戊烷。分子式 C_8H_{18}，分子量 114.23。无色透明流动性液体，汽油气味。熔点–107.4℃，沸点 99.3℃，闪点–7℃，相对密度 d_4^{20} 0.69194，折射率 n_D^{20} 1.39157。偶极矩 0。不溶于水，略溶于乙醇，溶于乙醚、苯、甲苯、二甲苯、氯仿、二硫化碳、四氯化碳、DMF 等有机溶剂。高度易燃。可发生卤化等自由基取代反应。精炼石油时可产生；由异丁烯在酸催化下二聚后氢化制备。是测定汽油抗震度的标准(将其辛烷值定为 100，将抗震性能很差的正庚烷的辛烷值定为 0)；亦可作为车用汽油、航空汽油等的添加剂；可用作溶剂及汽油稀释剂等。

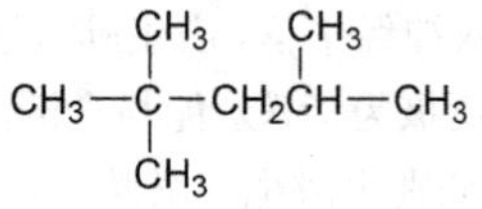

异吲哚 [isoindole，benzo[*c*]pyrrole]　又称苯并[*c*]吡咯。一个苯分子和一个吡咯分子的 3,4-边(*c* 边)的两个环碳原子并合而成的芳香性稠环化合物。是一些天然产物和酞菁类染料分子的基本结构单元。分子式 C_8H_9N，分子量 119.16，熔点 17℃，沸点 221℃，密度 1.05 g/cm^3(25℃)，闪点 94.4℃。

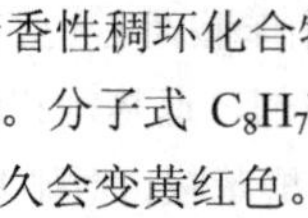

异吲哚-1,3-二酮 [1,3-isoindoledione]　即邻苯二甲酰亚胺。

吲哚 [indole；benzo[*b*]pyrrole]　又称苯并[*b*]吡咯、2,3-苯并吡咯。一个苯分子和一个吡咯分子的 2,3-边(*b* 边)的两个环碳原子并合而成的芳香性稠环化合物。是一大类天然产物分子中的基本结构单元。分子式 C_8H_7N，分子量 117.1479。片状白色晶体，遇光日久会变黄红色。沸点 253～254℃，熔点 53℃，相对密度 1.22，凝固点大于 51℃。溶解性溶于 2 体积 70%乙醇，溶于丙二醇及油类，几乎不溶于石蜡油和水。吲哚浓时具有强烈的粪臭味，扩散力强而持久；高度稀释的溶液有香味，可以作为香料使用。

可广泛用于茉莉、紫丁香、橙花、栀子、忍冬、荷花、水仙、依兰、草兰、白兰等花香型香精。也常与甲基吲哚共用来拟配人造灵猫香，极微量可用于巧克力、悬钩子、草莓、苦橙、咖啡、坚果、乳酪、葡萄及果香复方等香精中。

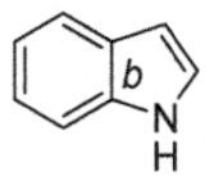

1*H*-吲哚-2,3-二酮 [1*H*-indole-2,3-dione] 又称吲哚满二酮，俗称靛红。一个苯环和 2,3-吡咯二酮分子共用碳碳双键边构成的一类杂环化合物。是合成多种染料、药物的中间体。分子式 $C_8H_5NO_2$，分子量 147.13。橙红色单斜棱柱结晶。熔点 203.5℃(部分升华)闪点 220℃。易溶于热乙醇，微溶于乙醚，溶于热水、苯、丙酮，溶于碱金属氢氧化物。溶液呈紫红色，放置后变成黄色，碱性极弱。有苦味。常温储存，稳定，194℃开始分解，与强酸剧烈反应。可用作染料和医药的中间体，用于生产药物辛可芬等；在化学分析中，是测定亚铜离子、硫醇、噻吩、尿蓝母的试剂。

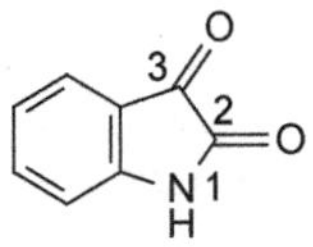

吲哚满二酮 [indole-2,3-dione] 即 1*H*-吲哚-2,3-二酮。

吲哚嗪 [indolizine] 曾称中氮茚、焦可啉。为吡咯并[1,2-*a*]吡啶。由吡啶环和吡咯环的碳氮边键并合而成的中性稠环环系，分子中的氮原子是两个环的一个共用环节原子。是具有类似于萘的环电子结构的芳香性化合物。分子式 C_8H_7N，分子量 117.15，密度 1.02 g/mL，沸点 205℃，熔点 75℃。

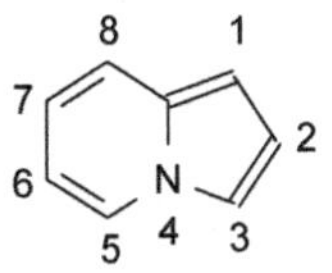

吲哚酮 [indolone] 又称 2,3-二氢吲哚-3-酮。一个苯环和一个吡咯酮分子共用碳碳双键边时构成的稠环化合物。它是 3-羟基吲哚的酮式互变异构体。分子式 C_8H_7NO，分子量 133.15，密度 1.198 g/cm^3，沸点 282.5℃，闪点 139.9℃。

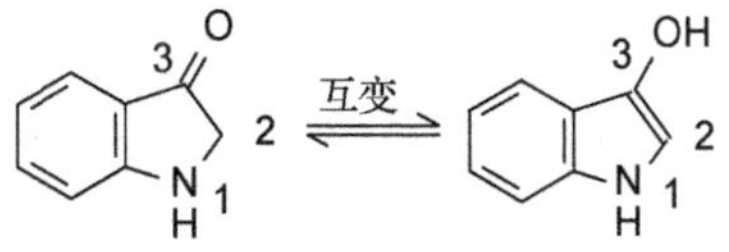

吲哚酮 3-羟基吲哚

吲唑 [indazole] 即 1*H*-苯并吡唑。

茚 [indene] 分子式 C_9H_8，分子量 116.16。无色油状液体。熔点–1.8℃，沸点 181.8℃，相对密度 d_4^{20} 0.9968，折射率 n_D^{20} 1.5786。可与乙醇、乙醚混溶，溶于丙酮、苯、吡啶、二硫化碳等，不溶于水。低毒。对皮肤、黏膜有刺激作用。高浓度接触能引起肝、肾、肺等器官的损害。易燃。遇明火、高温有燃烧危险。储存时能逐渐聚合成树脂状产物。易被氧化，故需加微量对苯二酚作为稳定剂，与浓硫酸作用形成聚茚，与钠和乙醇作用生成茚满，与硫作用生络合物。可以由重质苯为原料精馏制得，也可由乙炔通过活性炭或四氢化萘在二氧化硅三氧化铝催化剂作用下制得。可与其他液态烃类混合用作油漆的溶剂，也可用于茚树脂的合成。

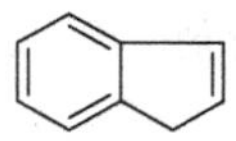

茚满 [indane] 又称 2,3-二氢茚。分子式 C_9H_{10}，分子量 118.18。无色液体。熔点–51.4℃，沸点 176.5℃，闪点 50℃，相对密度 d_4^{20} 0.9639，折射率 n_D^{20} 1.5222。能与醇、醚混溶，不溶于水。使用时应避免吸入其蒸气，避免与眼睛及皮肤接触。易燃。可从煤焦油的重质苯中提取获得，也可由茚经兰尼镍催化氢化制得。可用作航空燃料的防震剂，也可用作有机合成的原料和溶剂。

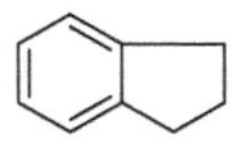

茚三酮 [ninhydrin] 即2,2-二羟基-1*H*-茚-1,3(2*H*)-二酮。

硬脂酸 [stearic acid] 即十八碳酸。

油酸 [oleic acid] 即顺-9-十八碳烯酸。

愈创木酚 [guaiacol] 即邻羟基苯甲醚。

原儿茶醛 [protocatechualdehyde] 即3,4-二羟基苯甲醛。

原甲酸 [orthoformic acid] 即甲三醇。

月桂醇 [dodecyl alcohol] 即十二醇。

月桂醛 [lauric aldehyde; dodecanal; lauraldehyde] 即十二醛。

月桂酸 [lauric acid] 即十二碳酸。

正丙醇 [*n*-propyl alcohol] 即1-丙醇。

正丁基氯 [*n*-butyl chloride] 即 1-氯丁烷。

正丁醚 [*n*-butyl ether] 即丁醚。

正癸酸 [decanoic acid] 又称羊蜡酸。分子式 $C_{10}H_{20}O_2$，分子量172.27。白色有恶臭味的固体。熔点31.5℃，沸点270℃，相对密度 d_4^{20} 0.8858，折射率 n_D^{20} 1.4288。不溶于水，溶于乙醇、乙醚、氯仿、二硫化碳和苯等，溶于稀硝酸，加水后又沉淀析出。椰子油中约含7%～10%。椰子油、月桂油等经水解后分馏可得。用于制造具有水果香味的酯及作合成润湿剂、增塑剂、食品添加剂的原料。

$$CH_3(CH_2)_8COOH$$

正氯丁烷 [*n*-chlorobutane] 即 1-氯丁烷。

正戊酸 [pentanoic acid] 又称缬草酸。分子式

$C_5H_{10}O_2$，分子量102.13。无色液体，有难闻气味。熔点–33.8℃，沸点186℃，相对密度 d_4^{20} 0.9391，折射率 n_D^{20} 1.4085。微溶于水，溶于乙醇、乙醚等。可由正戊醇氧化制备。用于生产雌激素药雌醇戊酸酯及消毒剂，用作合成香料的原料及塑料工业的增塑剂。

$$CH_3CH_2CH_2CH_2COOH$$

中氮茚 [indolizine] 吲哚嗪的旧称。

周位酸 [peri acid] 即 8-氨基-1-萘磺酸。

棕榈酸 [palmitic acid] 即十六酸。

三

分析化学

分析化学 [analytical chemistry] 化学的一个重要分支学科。是研究和发展化学相关的测量原理、方法与技术，研制分析仪器，以精准获取物质的组成、含量、分布、形态、结构等信息的学科。按分析任务可分为定性分析、定量分析、形态分析和结构分析；按分析方法可分为化学分析和仪器分析；按分析对象可分为无机分析、有机分析、生化分析、环境分析、药物分析等；按试样用量可分为常量分析、半微量分析、微量分析和超微量分析。

分析化学起源于古代的分析检验。17 世纪 60 年代英国化学家玻意耳(R. Boyle，1627—1691)首次提出了“分析化学”名称。18 世纪中叶，分析化学从定性检验步入定量分析时代。20 世纪初，基于化学热力学和化学动力学理论，分析化学从一门实验技术发展成为一门学科。现代分析化学与数学、物理学、生物学、电子学、计算机科学及信息科学等不断交叉融合，发展了分析化学原理以及各种分析仪器与分析方法。

分析化学未来将继续研究和发展分析化学原理；研发自动化、智能化、信息化、仿生化、多模态、可遥控、实时在线、无损分析的新型分析仪器及技术；创建高灵敏度、高选择性、准确、快速、简便、实用的分析方法；更好地解决生物医学、临床诊断、医药卫生、食品安全、环境监测、工农业、国防以及资源开发等领域中的复杂的分析化学问题，充分发挥其在国家安全、国家重大需求及经济社会发展中的重要作用。

3.1 一般术语

斑点分析 [spot analysis] 即斑点试验。

斑点试验 [spot test] 又称斑点分析。将溶液滴在滤纸或瓷板上，加化学试剂，通过观察反应后产物的颜色以确定某种元素是否存在的一种分析方法。操作简便、迅速，对某些元素灵敏度较高，在鉴定工作中经常使用。如在临床疾病诊断中常用的斑点免疫结合试验、T 细胞斑点试验、免疫酶斑点试验等。

半定量分析 [semiquantitative analysis] 只需给出试样中组分含量范围或多、中、少量级别的一类分析方法的总称。准确性比定量分析稍差，特点是简单、迅速、费用低。多用于：金属材料的分类；希望得知成分的大致含量，以便进一步选择合适的精确定量分析方法；只要求分析速度快，不太追求成分的准确含量；试样较少，没有理想的定量方法可采用等的场合。

半微量分析 [semimicro analysis] 对固体样质量为 0.01～0.1 g、液体样体积 1～10 mL 的样品进行的分析。兼有常量分析和微量分析的优点，所需试样少、节省试剂、操作方便。

半微量天平 [semimicro [analytical] balance] 称量一般在 20～100 g，分度值小于称量的 10^{-5} 的天平。

保证试剂 [guarantee reagent (G.R.)] 即优级纯试剂。

背景 [background] 又称本底。❶分析测量中非被测组分产生的信号值；❷化学分析中空白溶液产生的空白值。为了获得准确的测量结果，通常需要对背景信号进行校正。

本底 [background] 即背景。

比色分析法 [colorimetric analysis] 基于比较或测量有色物质颜色深浅以确定试样中被测组分含量的分析方法。其中目视比色法是用眼睛辨别溶液颜色的深浅以确定被测组分的含量。常用标准系列法，操作简便，灵敏度也较高，适用于限界分析，但准确度差；用分光光度计测定溶液的吸光度，用工作曲线法测定吸光物质的浓度可以获得高的灵敏度和准确度。

比重瓶 [gravity bottle] 测量液体密度的专用玻璃量器。也包括用于测定固体粉末的比重瓶。置于恒温水浴中，并保持一定温度。比重瓶本身的质量为 w，装满纯水时总质量为 W，装满所要测量液体时的总质量为 W'，则液体的比重为 $(W'-w)/(W-w)$。

表面分析 [surface analysis] 对固体表面进行的分析。在超高真空条件下，以一定能量的电子、离子、光子等与固体表面相互作用，分析受激样品表面所产生的次级粒子的能量、质量及其分布与信号强度，以获得表面形貌、元素组成、化学状态及电子结构。包括离子探针分析、俄歇电子能谱分析和 X 射线光电子能谱分析，还有离子中和谱、离子散射谱、低能电子衍射分析、电子能量损失谱、紫外线电子能谱等技术，以及场离子显微镜分析等。

病毒分析 [virus analysis] 以生物病毒为研究对象的分析过程。生物病毒是一类个体微小、结构简单、只含单一核酸(DNA/RNA)、必须在活细胞内寄生并以复制方式增殖的非细胞型微生物。研究病毒的结构和功能常用的分析化学手段有凝胶电泳、电子显微镜和免疫测定等技术。

玻璃垂熔漏斗 [glass vertical melting funnel] 即[烧结]玻璃砂[滤]坩埚。

布氏漏斗 [Buchner funnel] 一种形状为扁圆筒状的过滤用品。圆筒底面上开了很多小孔，下连一狭长的筒状出口，一般为陶瓷器皿，也有用塑料制作的，用来在真空或负压力抽吸过滤。使用的时候，一般先在圆筒底面垫上湿滤纸，将漏斗插进布氏烧瓶上方开口并将接口密封(例如用橡胶环)。布氏烧瓶的侧口连抽气系统抽气减压。然后将欲分离的固体-液体混合物倒进上方，液体成分在负压力作用下被抽进烧瓶，固体留在上方。常用于有机化学实验中提取结晶，过滤完成后可以在上方用少量纯溶剂洗掉晶体表面的杂质。

参比溶液 [reference solution] 在仪器分析实验中，被用来校正仪器的空白溶液。

层析法 [chromatographic analysis] 色谱分析的旧称。

差减法称量 [subtraction weighting] 即减量法称量。

常量分析 [macro analysis] 对试样用量大于 0.1 g，液体样体积大于 10 mL 的样品进行的分析。常量组分(含量>1%)的分析也称常量分析。定量化学分析常用常量分析法，方法简单，结果准确。

超痕量分析 [ultratrace analysis] 对被测定组分的含量小于 1 μg/g 的样品进行的分析。应用超痕量分析技术，甚至可测定 pg(10^{-12} g)或 fg(10^{-15} g)的痕量组分。用于生物样品中的痕量元素、高纯物质中的杂质等的分析测定。常用等离子体质谱、等离子体原子发射光谱、X 射线荧光光谱、中子活化分析等分析方法。

超微量分析 [ultramicro analysis] 对固体样质量小于 0.1 mg、液体样体积小于 0.01 mL 的样品进行的分析。如对高纯材料、高新技术材料的组成、分布、结构等进行表征；生命科学中蛋白质、核酸等生物大分子的组成、结构与功能间关系的研究，从分子水平上了解生物过程；对单根人发、体液、法检试样、单个细胞甚至细胞膜的分析等。一般采用现代仪器分析方法。

超微量天平 [ultramicro [analytical] balance] 最大称量约 2～5 g，标尺分度值小于称量的 10^{-6} 的天平。可读性 0.1 μg。

称量 [weighing] 用天平测量物质质量的过程。是分析化学实验的基本操作。称量方法有两种：①增量法，先将容器(如小皿、烧杯等)的重量称出，再将被称物质加入容器中，称得其重量；②减量法，将被称物质置于称量瓶中，先称出总重量，然后取出称量瓶，按规定操作倾倒出适量被称物后再作称量，通过几次倾倒，最后称得一份符合预定要求重量的样品。这一方法适用于称量不能暴露于空气中的物质(如易吸潮的物质和挥发性液体等)，定量分析中的试样和基准物质大都用此法称量。

称量瓶 [weighing bottle] 分析实验中用来称取试样的具磨口塞的圆筒形小玻璃器皿。使用时应当用纸条套住，再用手指捏住纸条拿取。称量试样一般采用减量法，即先将大致量的样品加入称量瓶，在分析天平上精确称量后，用瓶盖轻敲瓶口上沿，转移样品至接收容器中。估计倾出的样品已够量时，再边敲瓶口边扶正瓶身，盖好瓶盖后将称量瓶移至天平中称量。两次称量之差即为称得样品的质量。

成品分析 [product analysis] 按规定的要求和方法对产品进行的化学成分分析。是所有企业的产品在出厂上市前都必须进行的质量鉴定。

储备溶液 [stock solution] 配制成的通常比使用时浓度高 1～3 个数量级并为储存用的试剂溶液。使用前需要稀释至合适的浓度。在微量分析中，测定物质的含量较低，使用的标准溶液一般是 μg/mL 级。稀溶液保存的有效期短，常配制储备溶液，根据要求临用前进行稀释。

吹管定性分析试验 [blow pipe qualitative analysis test] 即吹管试验。

吹管试验 [blow pipe test] 又称吹管定性分析试验。将少量试样或试样与熔剂混合物放入木炭的凹穴中，用吹管(一细玻璃或金属管)向着试样吹进还原焰或氧化焰，使其燃烧发生反应的操作。通过观察试样的燃烧特征，判断可能存在的化合物。例如，发生突燃的现象，可能是硝酸盐、亚硝酸盐、氯酸盐及过氯酸盐等；燃烧的残渣为白色并产生蒜臭味，可能是含砷的氧化物。该方法适用于矿石的预测试验。

瓷坩埚 [porcelain crucible] 用于沉淀灼烧和称量、试样的分解或灰化的截圆锥形器具。可耐 1200℃高温，适用于 $K_2S_2O_7$ 等酸性物质熔融样品。一般不能用于以 NaOH、Na_2O_2、Na_2CO_3 等碱性物质作熔剂熔融，以免腐蚀瓷坩埚。瓷坩埚不能和氢氟酸接触。灼烧前应先烘干，再逐渐升高温度。高温处理后，将坩埚和样品在干燥器中冷却，然后再称量。全程用干净的坩埚钳夹取。

单分子分析 [single molecule analysis] 检测灵敏度可达到分子水平的一系列高灵敏检测技术。是针对微观个体的测量，可以探测分子个体的行为和特征。单分子技术包括单分子荧光、光镊和扫描探针显微镜，使得在单个活细胞或培养物中测量和操纵单个生物分子成为可能。这些研究方法为生物学功能的研究，包括在分子水平揭示生物分子的作用机理、结构和功能，以及在活细胞中追踪单个分子的行为提供有效手段。

单盘天平 [single pan balance] 横梁上只有一个支点刀，用以承载悬挂系统，内含砝码和秤盘都在这一悬挂系统中的不等臂天平。横梁的另一端挂有配重砣和阻尼活塞，并安装了缩微标尺。其称量原理是用被称物替代悬挂系统中的内含砝码，即替代称量法。单盘天平的特点是感量恒定、没有不等臂性误差、称量速度快。

单细胞分析 [single cell analysis] 以单个细胞为对象的分析方法。研究单个细胞的生长、分化、代谢、繁殖、运动、联络、衰老、死亡、遗传与进化等生命过程。包括毛细管电泳，微流控芯片，多种光学显微镜、扫描电化学显微镜、质谱成像、原子力显微镜、扫描隧道显微镜图像分析，阿达马变换显微光谱及成像，肿瘤电化学及免疫分析，动力学分析，荧光及发光探针，纳米技术。是分析化学、生物学和医学之间渗透发展形成的跨学科前沿领域。

蛋白质测定 [determination of protein] 确定试样蛋白质含量的分析操作。常用的方法有凯氏定氮法(Kjeldahl method)、双缩脲法(biuret method)、福林(Folin)-酚试剂法(Lowry method)、紫外吸光光度法、考马斯亮蓝法(Bradford method)等。凯氏定氮法比较复杂，但结果准确，可测定各种形态的样品，因而被公认为是测定食品、药品、饲料、种子和生物制品中蛋白质含量的标准分析方法。

蛋白质分析 [protein assay] 基于蛋白质的检测手段来研究蛋白质的结构、功能、翻译以及蛋白质之间的相互作用的分析方法。定性分析以确定蛋白质的种类，定量分析测定蛋白质总量、特定蛋白质含量。常用方法有凯氏定氮法、双缩脲法、福林(Folin)-酚试剂法、紫外光谱(A_{280})吸收法、考马斯亮蓝法、BCA(bicinchoninic acid)法等。

点滴法 [drop method] 又称点滴试验。用毛细管在点滴板或滤纸上分别滴加试液，致使其显出色斑的定性分析法。参见斑点试验。

点滴试验 [drop test] 即点滴法。

碘瓶 [iodine flask] 碘量滴定法中使用的一种具有磨口塞，且可对塞口进行液封的锥形反应瓶。使用时，槽中加纯水可以形成水封，防止瓶中反应产生的 I_2、Br_2 等逸失。

[电]磁搅拌器 [magnetic stirrer] 化学实验室中利用电磁力驱动磁棒进行溶液搅拌的装置。常用于实验室对试液进行均匀的搅拌。可以加热，温度可以自由设置。

电化学分析 [electrochemical analysis] 应用电化学的基本原理和实验技术，依据物质的电化学性质来测定物质组成及含量的分析方法。此法分为三大类：①不涉及电双层现象和电极反应，如电导分析法、高频滴定法；②涉及电双层现象，但不需考虑电极反应，如表面张力法、非法拉第导纳法；③有电极反应，并施加恒定激发信号，如电位分析法、电解分析法、库仑分析法、极谱法和伏安法等。

电离度 [degree of ionization] 一般指溶液中电离的电解质分子与其总分子数之比，用符号 a 表示。溶液浓度越稀，电离度越大；弱酸或弱碱的电离度越大，其酸性或碱性越强。等离子体研究中也用到电离度的概念。在原子光谱研究和分析中，在高温下原子失去外层电子变为离子，电离度为变成离子的原子数与总原子数之比。

电热板 [hot plate] 实验室中使用的一种电炉。炉面为一加热板，需加热的物品可以直接放在板上。电热板是用电热合金丝作发热材料，用云母软板作绝缘材料，外包以薄金属板(铝板、不锈钢板等)进行加热。

电子天平 [electronic balance] 用电磁力平衡被称物体重力的天平。其特点是称量准确可靠、显示快速清晰并且具有自动检测系统、简便的自动校准装置以及超载保护等装置。按精度可分为电子分析天平和精密电子天平。

定量分析 [quantitative analysis] 测定物质中有关组分(元素、离子、基团或化合物等)的含量，或确定物质中各组成部分的计量关系的分析。它是分析化学的主要组成部分。可分为化学分析和仪器分析两大类。一般要经过以下步骤：采样，试样的预处理(包括试样的分解、分离富集和消除干扰等)，制样，按被测组分的性质、含量和对分析结果的要求选择合适的方法进行测定，计算分析结果。

定性分析 [qualitative analysis] 根据物质的物理性质、化学性质来确定物质的组成(元素、无机离子和有机官能团、化合物等)而进行的分析。物质的物理性质主要指颜色、气味、密度、硬度、熔点、沸点、焰色等；化学性质是指物质参加化学反应时表现出来的性质。目前常常根据物质特征的红外光谱、紫外光谱、原子光谱、X 射线光谱、激光拉曼光谱、核磁谱、质谱等物理化学性质，利用仪器分析的方法进行定性分析，确定物质的组成。

动力学分析 [dynamic mechanical analysis; kinetic analysis] 通过测定反应速率及监测反应的物理或化学动力学过程来实现的分析方法。动力学分析法的选择性好，适于混合物中性质十分相似组分的同时测定。其中，催化法(包括酶催化法)是以催化反应为基础来测定催化剂、活化剂或抑制剂的浓度，灵敏度极高并有特效性；非催化法是通过测定非催化反应的速率来确定反应混合物中各组分浓度，灵敏度低于催化法，常用于有机物分析；速差法是基于各种相似组分与同一试剂反应速率的差异，选择性较高。

对照试验 [contrast test] 以标准物质、标准溶液或标准方法为参照检查分析结果准确度或(和)精密度所进行的试验。是检查分析过程中有无系统误差与评估随机误差大小的有效方法。常用以下方法进行对照试验：①测定组成与试样相近的标准试样，将结果与标准值比较，用统计方法来确定有无系统误差；②采用标准方法与所选方法同时测定某一试样，将两方法的测定结果进行统计检验；③采用标准加入法进行对照试验，由加入量的回收情况来确定有无系统误差。

二级品试剂 [two grade reagent] 即分析纯试剂。

砝码 [weights] 具有精确质量值、在称量时用于测量物质质量量值的标准量具。是质量传递和溯源的工具。质量量值以保存在法国国际计量局的铂铱合金千克原器实物为唯一基准量器。各国均将砝码分为国家千克基准、国家千克副基准、千克工作基准以及由千克的倍量和分量构成的工作基准组和各等级的工作标准砝码。国家千克基准各国均只有一个。中国的国家千克基准是1965年由国际计量局检定、编号为60的铂铱合金千克基准砝码。

费林试剂 [Fehling's reagent] 由硫酸铜溶液(费林溶液A)和酒石酸钾钠的氢氧化钠溶液(费林溶液B)于使用前临时混合配制的试剂。其中与酒石酸配位的二价铜离子能氧化脂肪醛和还原糖而产生黄色或红色氧化亚铜沉淀。可用于区别脂肪醛与芳香醛及酮类，还原糖与非还原糖。检查糖尿病时用此法检测葡萄糖(还原糖)。

分光光度滴定法 [spectrophotometric titrimetry] 即光度滴定法。

分析纯试剂 [analytical reagent (A.R.)] 又称二级品试剂。纯度很高，主成分含量99.7%以上，杂质含量很低，略次于优级纯的试剂。适合于重要分析及一般研究工作。使用红色标签。

分析天平 [analytical balance] 定量分析中直接用来准确称量样品质量的仪器。利用杠杆原理，分度值在1 mg以下，常用分析天平可称准至0.0001 g。按构造不同，可分为半自动电光天平、全自动电光天平、单盘天平和电子天平等。天平是精密仪器，使用时要严格遵守操作规程，使用前和使用一段时间后要进行检查和校正。

分析物 [analyte] 分析过程中所涉及的含待测组分的物质，也即被分析物质。

峰底宽 [peak width at base] 即峰宽。

峰高 [peak height] 从谱峰顶点至峰底的距离。一般与组分的质量或浓度呈正比，可作为定量测定的依据。

峰宽 [peak width] 在色谱分析中又称峰底宽。从色谱峰两侧拐点作切线与基线相交的两点之间的距离。它可有3种单位：①记录纸的距离(mm或cm)；②时间(min或s)；③体积(mL)。峰宽等于4倍标准偏差。在原子吸收光谱中，则用半宽度(即最大吸收系数一半处的谱线轮廓上两点间跨越的频率或波长差)表征谱线宽度。

峰面积 [peak area] 色谱峰轮廓线与基线之间的面积。一般与组分的质量或浓度呈正比，可作为定量测定的依据。分离得好的对称峰其峰面积等于峰高乘半峰宽，不规则峰的面积计算较难，误差较大。现多采用电子积分仪或计算机软件处理数据，使测量精度大为提高。

干法分析 [dry method analysis] 利用固相反应进行分析的一类方法。将固体试样与适当的固体试剂混合加热或进行研磨，根据所发生反应的现象来鉴定某些组分的存在，通常有焰色反应、硼砂珠试验、吹管分析和研磨分析等。或进行定量分析，如火试金法。

钢铁分析 [iron and steel analysis] 对钢铁中C、S、P、Si、Mn及其他金属组分进行测定的总称。C是确定钢铁型号及用途的主要指标，Si、Mn直接影响钢铁性能，S、P是有害成分。因此，对于生铁和碳素钢，这5种元素的含量必须严格控制。

格里斯试验 [Griess test] 在乙酸介质条件下，用对氨基苯磺酸和α-萘胺与NO_2^-反应，生成红色偶氮化合物的反应以鉴定NO_2^-的试验。此为鉴定NO_2^-的特效反应。对氨基苯磺酸和α-萘胺乙酸酸性混合溶液称为格里斯试剂。

铬酸洗液 [chromic acid lotion] 浓硫酸-重铬酸钾洗液。容量分析仪器因具有准确的容积不能用刷子刷洗，目前大多采用(5 g $K_2Cr_2O_7$ +100 mL H_2SO_4)配制的洗液来洗涤。洗液具有强酸性和强氧化性，不要溅到皮肤和衣物上。

古蔡试砷法 [Gutzeit test] 即古蔡试验。

古蔡试验 [Gutzeit test] 又称古蔡试砷法。一种鉴定含砷化合物的斑点试验。金属锌与酸作用产生新生态的氢，新生态的氢与药物中微量砷盐反应，生成具挥发性的砷化氢气体，遇溴化汞试纸产生黄色至棕色的砷斑，通过与一定量标准砷溶液在同样条件下生成的砷斑比较，来判定药物中砷盐的含量。

光度滴定法 [photometric titration] 又称分光光度滴定法。基于监测滴定过程中体系吸光度的突变来确定化学计量点的滴定分析方法。随着滴定剂的加入，溶液中吸光物质(待测物质或反应产物)的浓度不断发生变化，因而溶液的吸光度也随之变化。以吸光度A对滴定剂加入量V作图，就得到光度滴定曲线。这是一条折线，两直线段的交点或两直线段延长线的交点即为化学计量点。

光谱分析 [spectral analysis] 以测定辐射与物质相互作用时所产生的吸收、发射或散射光谱为基础的一类光学分析方法。用于分析的光谱包括原子吸收光谱、原子发射光谱、紫外-可见光谱、红外光谱、拉曼光谱、荧光光谱、核磁共振波谱、顺磁共振波谱、X射线荧光光谱、穆斯堡尔谱等。各种物质都有自己的特征光谱，可借此进行成分分析、定量分析和结构分析。

过程分析 [process analysis] 在工业生产过程中的实时自动控制分析。涉及对原料检验、中间产物分析以及最终产品的质量检验。一般包括温度、压力、折射度、密度、黏度、浊度、沸点、闪点、雾点和液流等物理量的测量和化学成分量的测定。通过对原料、中间产物以及最终产品的监测，可随时进行工艺流程条件的优化，以获得最大产率和最佳的产品质量。

过滤器 [liter] 用于常压或减压过滤的器具。包括玻璃漏斗、布氏漏斗、玻璃滤器、小型抽滤管、滴管过滤装置等。分析实验中常用的是玻璃滤器。

含湿量 [moisture content] 又称水分含量。物质中所含的水分，不包括结晶水和缔合水，通常是以试样失水前后的质量差与原质量之比的百分数来表示。

合成洗涤剂 [synthetic detergent] 主要指洗衣粉、洗涤灵、洗洁精等。可有效地洗去油污及某些有机化合物，用于一般实验用玻璃仪器的洗涤。

痕量分析 [trace analysis] 对含量为 10^{-4}%～0.01%的物质成分及其含量的分析。测量对象涉及生物体中的微量元素和环境中的有害物质，如农药残留物、大气污染物、化学致癌物及超纯物质中的杂质等。主要采用仪器分析方法，如等离子体原子发射光谱、X 射线荧光光谱、质谱和中子活化分析等。

烘箱 [oven; drying oven] 加热使物质干燥的器具。烘箱根据性能可分为可编程烘烤箱、精密烘箱、真空烘箱、防爆烘箱、电热鼓风干燥箱、热风循环烘箱等。温度高于 300℃的烘箱称为高温烘箱。

化学纯试剂 [chemically pure reagent(C.P.)] 又称三级品试剂。主成分含量≥99.5%。适用于工矿、学校一般分析工作及要求较高的合成实验。使用蓝色(深蓝色)标签。

化学分析 [chemical analysis] 以物质的化学反应(酸碱中和反应、络合反应、沉淀反应和氧化还原反应)为基础进行定性或定量分析的方法。准确度高，无需特殊的仪器设备。例如，加入沉淀剂使被测组分生成沉淀，通过称量生成沉淀的量而确定被测组分含量的重量分析法；按一定的化学计量关系定量反应，根据测量反应溶液的体积而测定被测组分含量的滴定分析法，均属于化学分析。通过化学反应而显示出某种物理性状，如色、味、沉淀等的定性分析也属化学分析。

环境监测 [environmental monitoring] 对环境如大气、水体、土壤以及生物体中各种污染物的监管与检测。是通过对人类和环境有影响的各种物质的含量、排放量的检测，跟踪环境质量的变化，确定环境质量水平，为环境评价、环境管理、污染治理等工作提供基础数据和依据。通常包括背景调查、确定方案、优化布点、现场采样、样品运送、实验分析、数据收集、分析综合等过程。主要手段包括物理手段(对于声、光的监测)、化学手段(各种化学和仪器分析方法)和生物手段(监测环境变化对生物及生物群落的影响)。

环试验 [ring test] 反应产物在试管内两种液体界面处形成鲜明的环状特征色带的定性试验。例如：一氧化氮和硫酸亚铁反应即生成深棕色的硫酸亚硝酰铁$[Fe(NO)]SO_4$，利用硫酸亚硝酰铁棕色的生成，可用于鉴定 NO_3^- 和 NO_2^-。

灰分 [ash] 物质经高温灼烧而留下来的残留物。灰分的测定在食品、中草药、煤炭等的鉴定中有着重要意义。

活体分析 [*in vivo* analysis] 对活体体内发生反应的特定部分进行在线、原位或在体的分析方法。其目的在于直接探讨生命活体中各种生物分子的生命功能。活体分析内容包括发展针对活体动物的微扰、微损乃至无损的取样方法；构建适合于分析方法研究的动物模型；研发针对复杂生物样品的高选择性分析方法，如各种化学与生物识别技术；光、电、生物传感与探测技术，多组分、多参数、高通量的分析与鉴定方法，如毛细管电泳、微流控技术、生物色谱、生物质谱、表面等离子体共振成像(SPRi)、联用技术等；活体生物中的一些基础化学问题研究，如活性分子的时-空关系及其对应生物功能探讨，活性生物大分子局域结构探测等。

火试金法 [fire assaying] 通过熔融、焙烧测定矿物和金属制品中贵金属组分含量的方法。主要步骤为：将粉碎好的试样与适当的熔剂如碳酸钠、硼砂、玻璃粉、一氧化铅、食盐、面粉等按一定的配比混匀，加热熔融。一氧化铅还原为金属铅并和贵金属一起沉入容器底部，冷却后变成一个含有贵金属、大量金属铅和其他金属杂质的金属小球(俗称铅扣)。将所得金属小球放入一骨灰(或素烧瓷)制的烤钵中于特制的能提供强氧化气氛的炉子里加热(称为灰吹)。此时球中的铅和金属杂质被氧化成为炉渣，而与不被氧化仍保持金属状态的金、银等贵金属分开。取出含金、银小球，冷却，洗净烘干后称量，即为金银合量。然后用热稀硝酸处理此试样，银被溶解。不溶解的残渣经洗净烘干后再称重，即为金的质量。

甲基红试验 [methyl red test] 利用甲基红作为指示剂，鉴定产气肠杆菌的试验。某些细菌在糖代谢过程中分解葡萄糖产生丙酮酸，丙酮酸进一步分解可产生乳酸、乙酸和甲酸等大量酸性产物，使培养基 pH 下降至 4.5 以下，使甲基红指示剂变红，为甲基红试验阳性。若细菌分解葡萄糖产酸量少，或产生的酸进一步转化为其他物质(如醇、酮、醚、气体和水等)，则培养基的酸度仍在 pH 6.2 以上，故加入甲基红指示剂呈黄色，是为阴性。主要用于鉴别大肠埃希菌与产气肠杆菌，前者为阳性，后者为阴性。此外肠杆菌科中沙门菌属、志贺菌属、枸橼酸杆菌属、变形杆菌属等为阳性，而肠杆菌属、哈夫尼亚菌属则为阴性。

价态分析 [valence analysis] 对特定物质的各种化合价态分别进行测定的分析。不同价态的元素，其化学、生物效应和毒性差别很大，决定了它们在生态环境中和生物体内的化学行为，表现出不同的效应。例如 As(Ⅲ)的毒性和致突变性远大于 As(Ⅴ)，即砷的毒性与其价态密切相关。因此价态分析对了解多价态元素在生态环境中迁移、转化和归宿、生态效应，以及在生物体内的生物效应具有重要的意义。元素价态分析要求分析方法有强的分离能力与高的检测灵敏度。

减量法称量 [weight reduction method] 又称差减法称量。这是分析实验中最常用的称量方法，常需用称量瓶进行称量。称量时，将样品装入称量瓶内，盖好盖子，准确称量后，将称量瓶中的样品倒出所需的量到小烧杯中，再次称取称量瓶质量，两次质量之差即为倒出样品的质量。参见称量。

检测 [detection] 定性分析中通过观察物理和化学反应现象确定试样中某种成分有或无的过程。分析化学中用化学分析或仪器分析方法检测某物质时，当检测的物质含量低于检出限时，即为未检出。

检测管法 [detection tube method] 借助装有浸渍显色剂的真空玻璃检测管定性检出试样中微量组分的分析方法。显色剂与被测物快速定量反应产生有色化合物，其颜色深浅与被测物含量成正比，通过电子比色计可直接读出溶液中被测物的含量。

鉴定 [identification] 通过比较试验或用其他方法试验后，确认试样中未知物质是什么，或该试样中含有哪些成分的操作。

结构分析 [structural analysis] 对物质的分子结构或晶体结构的分析。研究物质结构与性质的关系，为制备新的化学物质提供可靠的依据。推测化合物的分子结构包括判别物质的异构体：顺反异构体、开链和成环互变异构体、旋光异构体、空间异构体等；推测化合物的共轭体系和部分骨架，区分化合物的构型和构象等。对于复杂物质，必须将光谱、色谱、红外、质谱、波谱等多种仪器联合使用才能进行结构分析。

界面分析 [interface analysis] 对两相界面进行的分析。超高真空条件下，测量两相界面附近受激后所产生的次级粒子的能量、质量及其分布与信号强度，以获取界面元素组成、化学状态及电子结构等。

进样量 [sample size] 通过手工或自动进样器导入分析仪器系统的样品质量或体积。在色谱分析中，通常采用μL或nL表示进样量。

可靠性 [reliability] 按照统计学规律在给定条件下达到预期分析结果的概率。仪器的可靠性是指仪器保持其所有性能(准确度、精密度和稳定性)的能力。分析方法的可靠性是指用该方法获得所需要的准确度和精密度的测定数据的能力。分析结果的可靠性由分析方法和测量系统的可靠性共同决定，取决于分析方法和测量系统存在的系统误差和随机误差大小。

空白溶液 [blank solution] 含有在测试中加入的所有试剂但不含被测组分的溶液。为提高测定结果的准确性，应从试样测定量值中扣除空白值。

空白值 [blank value] 按试样的分析步骤和操作条件测得空白溶液的量值。

[空气]阻尼天平 [air-damped balance] 在天平的吊挂系统中增加了套筒式空气阻尼器的天平。这种天平在称量时能使横梁迅速停止摆动，便于快速定点准确读数。

快速分析法 [fast analysis] 在保证一定精确度的前提下，操作简单并能在尽可能短的时间内给出结果的分析方法。可使用商品化的检测盒及检测仪，如有毒气体的检气管测定套件，用于有机膦类毒物中毒的便携式胆碱酯酶测定仪，应用传感器探头进行监测的毒物检测仪，便携式气相色谱仪和分光光度计，化学分析和免疫化学分析试剂盒等，这些快速检测技术和仪器具有快速、简便，适于现场使用的特点。

矿物分析 [analysis of mineral] 矿物成分、含量、物相和结构分析的总称。通过矿物分析，可以了解矿物成分和共生规律，评价矿物的品位，评估开采价值，阐明矿物的成因及其在不同地质作用下的富集规律等。

例行分析 [routine analysis] 按照已有的分析操作程序进行的常规分析。如一般工厂的化验室为配合生产或例行检测所进行的日常分析。

临床分析 [clinical analysis] 以临床病例为研究对象的分析过程。通过分析化学手段和方法对临床上某种疾病病例的临床表现、分型等进行分析、诊断，对治疗方法和疗效等进行分析评估，进而帮助查找疾病的病因，提出治疗及预防建议，以提高临床疗效。

磷印试验 [phosphorus printing] 用硫代硫酸钠和硫酸氢钾溶液腐蚀试样并与溴化银相纸作用以检验钢中磷分布的试验。磷有强烈的固溶强化作用，使钢的强度、硬度增加，但塑性、韧性则显著降低。通常情况下，磷也是有害的杂质。

硫化氢分析系统 [systematic separation method with hydrogen sulfide] 以硫化物溶解度不同为基础的阳离子定性系统分析法。在不同条件(温度、酸度、附加试剂等)下通入硫化氢气体使试样溶液中的金属离子先后形成硫化物沉淀而实现分离和鉴定。

硫印检验法 [sulphur print test method] 即硫印试验。

硫印试验 [sulphur print test] 又称硫印检验法。借助生成硫化氢并与相纸上的溴化银反应生成硫化银以检验钢中硫化物分布状况的试验。硫酸与钢中所含硫化物(FeS、MnS)发生作用放出硫化氢气体，硫化氢与感光相纸上的溴化银作用生成棕褐色的硫化银沉淀，在相纸相应的位置上形成黑色或褐色斑点。可用来显示钢锭、连铸坯中心裂纹、偏析线、低倍结构和夹杂分布等。

漏斗 [funnel] 灌注、过滤或分离液体的器具。通常以玻璃、不锈钢或塑胶制造，但纸制漏斗亦有时被使用于难以彻底清洗的物质。漏斗的种类很多，常用的有普通漏斗、热水漏斗、高压漏斗、分液漏斗和安全漏斗等。按口径的大小和颈的长短，可分成不同的型号。

滤纸 [filter paper] 不含填料能使水渗透的质地均匀的多孔性过滤用纸。分析化学实验室中常用滤纸按灼烧后残留灰分的多少可分为定性滤纸及定量滤纸两种。定量滤纸的灰分很低，在重量分析法中可以忽略不计。因滤纸密度不同而过滤速度不同，又分快速、中速和慢速滤纸。滤纸的选择应考虑硬度、过滤效率、容量和适用性这 4 种因素。

免疫分析 [immunoassay] 利用免疫反应中抗体与抗原的特异性结合作用来选择性地识别和测定相应抗体或抗原的分析过程。抗体是指对抗原有特异性结合作用的蛋白质，抗原是指可以诱导免疫反应的分子。通过放射性标记、光散射粒子标记、荧光或化学发光标记和酶标记等手段，研究抗体抗原之间的结合作用。免疫分析的选择性非常高，样品中其他干扰物不产生免疫性识别。

耐酸漏斗 [acid proof funnel] 即[烧结]玻璃砂[滤]坩埚。

内标法 [internal standard method] 一种定量方法。将一定量的内标物加到一定量的被分析样品中，然后对含有内标物的样品进行分析，分别测定内标物和样品中被测组分的信号值，用内标物与样品中被测组分信号值的比值对样品中被测组分含量建立校正曲线，或求得相对校正因子以进行定量的方法。

内标物 [internal standard] 加入到待测样品中作为测定待测组分含量的参照标准的已知质量纯物质。

扭力天平 [torsion balance] 利用弹性元件扭转变形的力与被称量物体质量平衡原理，通过测量重力场变化而测得物质质量的天平。用钨丝悬挂一根两端有小球的金属杆构成。重力场变化时，金属杆会发生偏转。多用于精确测量物质质量(如 5 mg、10 mg)。

浓度灵敏度 [concentration sensitivity] 某方法对单位浓度被测物质变化所产生的响应量的变化程度。它可以用仪器的响应量或其他指示量与对应的被测物质的浓度之比来表示。对于分析校正曲线，方法的浓度灵敏度越高，则工作曲线的斜率越大。

硼砂珠试验 [borax-bead test] 又称熔珠试验。一种定性分析方法。用铂丝圈蘸取少许硼砂($Na_2B_4O_7 \cdot 10H_2O$)，灼烧熔融，使生成无色玻璃状小珠，再蘸取少量被测试样的粉末或溶液，继续灼烧，小珠即呈现不同的颜色，借此可以检验某些金属元素的存在。此法是利用熔融的硼砂能与多数金属元素的氧化物及盐类形成各种不同颜色化合物的特性。继硼砂之后最重要的是磷酸氢钠铵，它是磷酸珠试验的基础。

气体分析 [gasometric analysis] 以气体物质为分析对象的分析方法的总称。包括对不同空间、各种状态及不同组成的气体成分的分析，确定气体中的某些组分是什么、有多少。气体分析的方法有化学分析法、物理分析法和物理化学分析法。其中化学分析法包括吸收法(吸收体积法、吸收滴定法、吸收称量法)和燃烧法等。

全分析 [full analysis] 按特定要求，对试样中全部组分进行测定的分析。包括主要成分和杂质。例如在地质分析中一般理解为对样品中主、次量组分和个别微量元素的分析。全分析可为地质工作者解释地质现象提供依据，对陶瓷工业、玻璃工业等指导配料亦甚重要。

权威分析 [authority analysis] 即仲裁分析。

热力学分析 [thermodynamic analysis] 从热力学的基本定律出发，应用状态函数，经过数学推演得到系统平衡态的各种特性的相互联系。主要有能量平衡法、熵分析法、有效能分析法等。

热重法 [thermogravimetry (TG)] 一种热分析法。是在程序控制温度下，测量试样质量与温度或时间关系的一种分析技术。分为等温(或静态)热重法和非等温(或动态)热重法，以后者应用较多。根据质量与温度的函数关系图，即热重曲线或热谱图，可以得到定性或定量的信息，测定相图和升华热焓等。在研究物质，特别是高聚物的热分解过程和机理以及材料的热稳定性等方面有重要的应用。

[容]量瓶 [volumetric flask] 有精确体积刻度标线的细长颈梨形平底具塞玻璃容器。容量瓶均为量入式，其容量为20℃时充满至标线所容纳水的体积。用来配制准确浓度的溶液或定量地稀释溶液。对玻璃有腐蚀性的溶液，尤其是碱性溶液，不可在容量瓶中久存。

熔炼分析 [melting analysis] 钢液浇铸过程中按规定方法采取样锭，制成试样并对其进行的化学成分分析。分析结果表示同一炉(罐)钢液的平均化学成分。

熔融 [fusion; melting] 温度升高时，分子的热运动能增大，导致结晶破坏，物质由晶相变为液相的过程。此液相物质有液体的某些物理性质，称作该物质的熔融状态。

熔珠试验 [bead test] 即硼砂珠试验。

三级品试剂 [three grade reagent] 即化学纯试剂。

散射比浊法 [scatter turbidimetry] 即浊度法。

扫描隧道显微术 [scanning tunnelling microscopy (STM)] 利用量子理论中的隧道效应探测物质表面结构的

一种研究技术。能实时、原位观察样品最表面层的局域结构和获得相关的信息，能达到原子级的高分辨率。所使用的仪器称为扫描隧道显微镜，它可以让科学家观察、精确操纵和定位单个原子。

色层法 [chromatographic analysis] 色谱分析的旧称。

色度分析 [colorimetrical analysis] 色度是衡量颜色深浅的指标，与物质的含量相关。常用的测定方法有铂钴标准比色法、稀释倍数法和分光光度法等。每升水中含有1 mg铂和0.5 mg钴时所具有的颜色称为1度，作为标准色度单位；稀释倍数法是将水样用蒸馏水稀释至接近无色时的稀释倍数表示颜色的深浅；分光光度法是用水样的主波长、色调、明度和纯度4个参数来表示水样的颜色。

色谱分析 [chromatographic analysis] 曾称色层法或层析法。一种利用混合物中诸组分在两相间的分配差异获得分离并进行检测的方法。经典的色谱法有柱色谱、纸色谱和薄层色谱。现代色谱法按照流动相的不同分为气相色谱法和液相色谱法。按色谱分离机理可分为吸附色谱、分配色谱、离子交换色谱、凝胶色谱和亲和色谱等。具有效率高、快速、灵敏等特点，特别适用于性质相似的多组分和复杂混合物的分离分析。

[筛]目 [mesh] 表示标准筛的筛孔尺寸的大小。在泰勒标准筛中，目就是2.54 cm(1 in)长度中的筛孔数目。

[烧结]玻璃砂[滤]坩埚 [sintered-glass filter crucible] 又称耐酸漏斗、玻璃垂熔漏斗。坩埚式过滤器。砂芯滤板是用烧结玻璃料制成的，可以过滤酸液和用酸类处理。新购置的坩埚使用前需用酸溶液进行抽滤，并用蒸馏水冲洗干净烘干。滤器使用后须进行洗涤处理,以免因沉淀物堵塞而影响过滤功效。

生化分析 [biochemical analysis] 对生物物质所做的分析。以生物学、化学、物理学的理论和实验技术为基础，检测、研究生物物质的成分、结构和生物功能之间的关系。包括酶法分析、蛋白质分析、免疫分析、核酸分析、氨基酸分析、糖分析、生物大分子分离纯化技术等。为临床上对疾病的诊断、治疗和预后及健康状态提供信息依据。

生物体液原态分析 [analysis of original organism in body fluid] 以血液、淋巴液等生物体液为测试对象，不经任何预处理的分析操作。原位、实时的形态分析可以更加真实地反映生物体的生理状况。

湿法分析 [wet analysis] 基于试样中被测组分和试剂在溶液中反应的一类分析方法。先将试样分解，使被测组分定量地转入溶液中再进行分析测定。是分析化学中最常用的方法。分解试样的方法有溶解法(溶剂有水、酸、碱及有机溶剂等)、熔融法(在高温下用酸熔或碱熔分解后再用水或酸浸取)及干法灰化法(先将待测物质加热分解，转化成易于溶解的氧化物，再用适当的溶剂溶解)。

石英晶体微天平 [quartz crystal microbalance] 基于压电石英晶体电极表面质量在一定范围内的微小变化引起压电晶片振动频率的改变的灵敏传感器构造的超微量天平。石英晶体微天平系统主要由电子振荡电路、频率计数器和压电石英晶体3部分组成。

食品防腐剂分析 [food preservative analysis] 食品中防腐剂成分、含量以及毒性等分析的总称。防腐剂是指天然或合成的化学成分，用于加入食品、药品、颜料、生物标本等，以延迟微生物生长或化学变化引起的腐败。规定使用的防腐剂有苯甲酸、苯甲酸钠、山梨酸、山梨酸钾、丙酸钙等。亚硝酸盐及二氧化硫也是常用的防腐剂。

食品分析 [food analysis] 以食品为研究对象的分析方法。包括食品的元素分析、化合物分析、添加剂分析、毒物与药物残留分析、食品色香味品质分析、营养分析、快速检测分析、微生物检验和有关食品基础研究与新食品开发分析等。

食品添加剂分析 [food additive analysis] 食品中添加剂成分、含量以及毒性等分析的总称。食品添加剂是为改善食品色、香、味等品质，以及为防腐和加工工艺的需要而加入食品中的化合物或者天然物质。目前我国食品添加剂有23个类别，2000多个品种，包括酸度调节剂、抗结剂、消泡剂、抗氧化剂、漂白剂、膨松剂、着色剂、护色剂、酶制剂、增味剂、营养强化剂、防腐剂、甜味剂、增稠剂、香料等。

试剂 [reagent] 实现化学反应、分析化验、研究试验、化学配方所使用的化学物质。在分析化学中应用极为广泛。根据试剂的纯度、杂质含量、提纯的难易，以及各项物理性质，在中国国家标准(GB)中，将一般试剂分为3个等级：一级品为优级纯，二级品为分析纯，三级品为化学纯。专用试剂根据用途来定级，例如基准试剂(用于配制或标定标准溶液)、光谱纯试剂、色谱纯试剂，以及pH标准试剂等。

试剂瓶 [reagent bottle] 用于盛放化学试剂的无色或棕色瓶子。按材质分为玻璃和塑料试剂瓶，有广口、细口，磨口、无磨口等多种。广口瓶用于盛固体试剂，细口瓶盛液体试剂，棕色瓶用于盛放避光的试剂，磨口塞瓶能防止试剂吸潮和浓度变化。试剂瓶不耐热。瓶口带有磨口滴管的试剂瓶称为滴瓶。

试液 [test solution] 试样经溶解或分解后配制成的溶液，或为分析而取得的溶液。用于被测组分的分析测定。

试纸 [test paper] 用指示剂或特定试剂浸过的干纸条。可用以检验溶液的酸碱性和某种化合物、原子、离子的存在。如石蕊试纸、碘化钾淀粉试纸、广泛pH试纸等。

pH 试纸 [pH test paper] 检验溶液酸碱性的试纸。按测量精度可分为 0.2 级、0.1 级、0.01 级或更高精度级。测量范围为 pH 1～14 的称广泛试纸，测量范围较窄的为精密试纸。检验溶液的酸碱度时，取一小块试纸在表面皿或玻璃片上，用洁净的玻璃棒蘸取被测液点滴于试纸的中部，观察变化稳定后的颜色，与标准比色卡对比，判断溶液的酸碱性质；检验气体的酸碱度需先用蒸馏水把试纸润湿，粘在玻璃棒的一端，再送到盛有被测气体的容器口附近，观察颜色的变化，判断气体的酸碱性质。

双份法 [duplicate] 平行测定两份同一试样以评价所用分析方法的性能。该方法能够对检测系统的稳定性进行检测，同常规室内质控相互补充使检验质量得以提高。

水分含量 [moisture content] 即含湿量。

水浴 [water bath] 化学实验室中以水作为传热介质的加热器具。有的附加温度控制器，可保持某一固定温度，称为恒温水浴。若以水蒸气作传热介质，则称蒸气浴。

酸雨分析 [analysis of acid rain] 对 pH<5.6 的大气降水中各种组分测定的总称。引起酸雨的阴离子主要包括：硫酸根、亚硫酸根、硝酸根、亚硝酸根、氯根等。酸雨由于采集的地点、环境等不同，其采样的具体情况也有很大的差别。被称为“空中死神”的酸雨，就像无形杀手，侵害着我们的身心健康，影响人类的生活。

特效试剂 [specific reagent] 又称专一试剂。仅能与试样中一种组分发生特征反应的试剂。其他共存组分没有干扰反应。

体内分析 [*in vivo* analysis] 不经任何处理在生命体内原位对生命物质或其组织特征结构分析的总称。例如体内药物分析是通过分析人或动物体液及各组织器官中药物及其代谢物浓度，了解药物在体内数量和质量的变化，获得药物代谢动力学的各种参数和转变，以及代谢的方式、途径等信息，从而有助于药物的研究、临床合理用药等。

体外分析 [*in vitro* analysis] 在离体状态下实际验证生命物质或生物体内所发生的某种特定反应的分析的总称。是以放射性核素或其他非放射性物质标记的配体为示踪剂，以配体和结合体的结合反应为基础，在试管内进行的微量生物活性物质的检测技术。具有灵敏度高、特异性强、精密度好、应用面广、方法简便等优点。

土壤分析 [soil analysis] 土壤的物理学、化学、矿物学、微生物学、酶学特性及肥力性质测定的总称。是对土壤的组成和(或)物理、化学性质进行的定性、定量测定。是进行土壤生成发育、肥力演变、土壤资源评价、土壤改良和合理施肥研究的基础工作，也是环境科学中进行环境质量评价的重要手段。土壤化学分析方法很多，经典的方法有重量法、容量法和比色法。现代实验室多采用自动化、半自动化仪器进行土壤常规分析。

外标法 [external standard method] 一种定量方法。用一定量的纯物质作为外标物，在与样品相同的实验条件下单独进行测定，将测得的外标物与样品中被测组分的信号值的比值对样品中被测组分含量建立校正曲线，或求得相对校正因子以进行定量的方法。

微波炉 [microwave oven] 用微波来加热的器具。微波加热的原理是：当物体中的极性水分子吸收了微波的能量后，分子偶极即以每秒数十亿次的高速旋转产生热效应，使物体的温度上升。微波加热为内加热方式。加热速度快、受热体系温度均匀。微波炉的输出功率通常为 700～1000 W。

微量分析 [micro analysis] 对微量试样(固体样质量为 0.1～10 mg、液体样体积为 0.01～1 mL)的样品进行的分析。对于含量为 0.01%～1%的组分称微量组分分析。微量分析要求测定方法的灵敏度高，多采用仪器分析。

微量天平 [micro [analytical] balance] 称量一般在 3～50 g，分度值小于称量的 10^{-5} 的天平。可读性 1～2 μg。

无机分析 [inorganic analysis] 无机组分的定性、定量、结构及形态分析。如天然产物和工业制品中的无机物：岩石、矿物、陶瓷、金属、无机酸碱等的分析；有机物质中的无机元素及无机化合物的分析；生命物质中的无机物的存在形式及含量的测定等。

无机离子定性检测 [inorganic ion qualitative detection] 检出试样中无机离子的操作。以化学方法为基础的定性分析是依据物质的化学反应，如果反应是在溶液中进行，这种方法称为湿法；如果反应是在固体之间进行的，这种方法则称为干法，如焰色反应、熔珠反应、粉末研磨法、原子发射光谱法等。一个理想的分析实验应选择分辨率较好、灵敏度和选择性高的作为鉴定反应。

稀释 [dilution] 在溶液中加入溶剂并混匀，使溶液浓度降低的操作。

洗涤剂 [detergent] 洗涤被各种污物污染的器皿的溶液。如铬酸洗液、氢氧化钠-乙醇溶液、硝酸-氢氟酸溶液、盐酸-乙醇溶液以及合成洗涤剂等。要视不同情况谨慎选用。

洗瓶 [wash bottle] 分析实验中盛放洗涤溶液的一种容器，并配有发射细液流的装置。常用的有吹出型和挤压型两种。吹出型由平底玻璃烧瓶和瓶口装置一短吹气管和长的出水管组成；挤压型由塑料细口瓶和瓶口装置出水管组成。洗瓶用于溶液定量转移及沉淀的洗涤和转移过程中吹洗容器壁。

系统分析 [systematic analysis] 对所有组分进行定性分析。定性化学分析中，根据物质的性质先用几种试剂将试样溶液中性质相近的组分进行分组，然后再用适当的反应对每一组中离子、元素、官能团等逐个检出。

细胞分析 [cell analysis] 研究细胞的生长、分化、代谢、繁殖、运动、联络、衰老、死亡、遗传与进化等生命过程的分析方法。为药物研发、毒理学、肿瘤、医学微生物和病毒学等的研究提供基础数据和资料。

显微结晶分析 [micro crystal analysis] 即显微镜分析。

显微镜分析 [microscopic analysis] 又称显微结晶分析。将被测溶液与试剂溶液滴于载玻片上进行化学反应，在显微镜下观测其产物的结晶性质(如颜色、结晶外形、界面角等)，从而鉴定试样中所含的成分。此法试样用量少，操作简便快速。

现场分析 [field assay] 在取样场所对试样进行的及时分析。有一系列的现场快速的检测方法、商品化的检测盒及检测仪可供使用。现代仪器分析方法的应用使现场分析进入了一个高分离度、高特异性和高灵敏度时代，应用最多的是光谱分析法和色谱法。分析方法的选用要考虑被测物性质、分析要求(定性、定量)、时效性、准确性及经济性等。

兴奋剂分析 [doping analysis] 对运动员体液试样中兴奋剂进行的分析。包括刺激剂(如咖啡因、可卡因、麻黄素)、麻醉剂(如吗啡、度冷丁)、β-阻断(如心得安、萘羟心安)、利尿剂(如速尿、双氢克尿塞)、肽类激素(如生长激素、促肾上腺皮质激素)等滥用药物的分析。旨在保证竞技活动的公平进行并避免运动员身体健康受损害。

选择性 [selectivity] 表征一个反应和分析方法抗干扰能力的参数。样品中能与被检测分析物产生相同或相似响应的共存组分数目越少，允许共存组分的量越大，表示该反应或分析方法的选择性越高。

选择[性]试剂 [selective reagent] 只与有限的化学物质产生反应的试剂。能与之发生反应的物质的数目越少表示该试剂的选择性越高，则干扰因素就越少。应用选择性试剂可以减少干扰，简化分析的操作步骤。合理选择和优化反应条件可以改善或提高选择性。

焰色反应 [flame reaction] 即焰色试验。

焰色试验 [flame test] 又称焰色反应。将试样置于火焰中，使火焰显出所含组分特征颜色以确定试样所含金属组分的定性分析操作。原理是每种元素都有其特征的光谱。以一条清洁且呈化学惰性的金属线(如铂或镍铬合金)盛载样本(粉或小块)，再放到本生灯的无光焰(蓝色火焰)中。由于钠的金黄色火焰容易盖过其他金属的焰色，所以常用钴蓝玻璃观察其他金属的焰色。

药物分析 [pharmaceutical analysis] 对药物及其代谢产物的分析。运用化学、物理、生物以及微生物学等的方法和技术，对合成药物、天然药物、制剂，以及其代谢产物进行分析与测定。涉及药物稳定性、生物利用度、药物临床监测、中草药鉴定、兴奋剂检测、成瘾药物检查以及毒品分析等，以确保药品的质量和病人用药安全。

一级品试剂 [first quality ware] 即优级纯试剂。

仪器分析 [instrumental analysis] 以物质的物理性质或物理化学性质为基础，使用光、电、电磁、热、放射能等测量仪器进行分析的方法。包括光学分析、电化学分析、色谱分析、热分析、放射化学分析以及质谱法和能谱法等。具有灵敏度高、分析速度快、重现性好、试样用量少等特点。可以通过测量能表征物质的某些物理或物理化学性质的参数及其变化，来确定物质的组成、成分含量及化学结构。进行状态分析、形态分析、表面分析、微区分析、有关物质化学参数的测定等。

仪器联用技术 [hyphenated techniques of instruments] 将两种或多种仪器结合起来的分析技术。如色谱-色谱、色谱-原子光谱、色谱-傅里叶变换红外光谱、色谱-核磁共振波谱、气相色谱-质谱、毛细管电泳-质谱及串联质谱等。仪器联用技术综合各仪器的功能和优点，能够解决单体仪器不能解决的问题，在解决复杂、疑难问题方面发挥着重要作用。

吲哚试验 [indole test] 生成吲哚以检测细菌分解色氨酸能力的试验。有些细菌如大肠埃希菌、变形杆菌、霍乱弧菌等能分解培养基中的色氨酸生成吲哚(靛基质)，经与试剂中的对二甲基氨基苯甲醛作用，生成玫瑰吲哚而呈红色，是为吲哚试验阳性。可根据细菌能否分解色氨酸产生吲哚来鉴定菌种。

茚三酮反应 [ninhydrin reaction] 以茚三酮为主要试剂检测 α-氨基酸的反应。2,2-二羟基-1,3-茚三酮与氨基酸、肽类或蛋白质的自由 α-氨基或其他氨基化合物产生一种可定量的显色反应。所呈现的颜色随反应的条件(酸度、温度、盐浓度、铜、镉离子等)不同而异。用于氨基酸和肽的层析及定量测定。

优级纯试剂 [guaranteed reagent (G.R.)] 又称一级品试剂或保证试剂。主成分含量很高(>99.8%)、纯度很高的试剂。适合于重要精密的分析实验和科学研究，有的可作为基准物质。使用绿色标签。参见试剂。

油脂酸败试验 [rancidity test of fat] 利用间苯三酚试纸法或过氧化值测定法等检验油脂是否含有醛或发生酸败的试验。油脂酸败指油脂和含油脂的食品在储存过程中经生物、酶、空气中的氧的作用产生的酸、醛、酮类以及各种氧化物等发生颜色、气味的改变，常可造成不良的生理反应或食物中毒。

游码 [rider] 放置在天平横梁标尺上、并可在天平的横梁上移动起着最小砝码作用的物件。通过移动游码平衡天平，以确定被称物体的质量的最小一位的值。这最小一位值的具体单位取决于衡器的种类(灵敏度)。

有机分析 [organic analysis] 有机组分的定性、定量、结构及构象分析。如石油、有机染料、塑料、橡胶、食品、中草药等的分析。有机分析除了对组成物质的元素进行元素分析外，更重要的是有机官能团的分析及结构分析。生命物质的分析，如生化分析、临床分析等也基本上属于有机分析。

有机显色剂 [organic chromogenic reagent] 与被测组分反应生成在紫外或可见光区具有较大吸光度物质的有机试剂。在紫外-可见吸光光度法中常用有机显色试剂与被测组分反应，生成在紫外或可见光区具有较大吸光度的物质再进行测定。有机显色剂的特点是分子中含有生色团和助色团。生色团常常是共轭双键体系，能吸收紫外光和可见光；助色团一般是具有未成键的电子对的基团，能使生色团的吸收波长变长(红移)。

元素分析 [elemental analysis] 对样品中元素的组成和含量进行定性检测和定量分析。常用的分析方法有原子发射光谱法、原子吸收光谱法、X 射线荧光光谱法、放射化学分析法和无机质谱法等。

原位分析 [*in situ* analysis] 在取样部位对试样进行的分析。是无需人工取样、制样，就地进行分析的技术。主要是指采用一些现代技术对物质选定区域进行包括成分、含量和分布在内的微区分析。如激光光谱(LAES)、激光等离子体质谱(LA-ICP-MS)、二次离子探针质谱(SIMS)、电子探针(EMPA)和各类电镜分析技术。

原子力显微术 [atomic force microscopy (AFM)] 研究固体材料表面结构的一种技术。它是使用原子力显微镜通过检测样品表面和敏感元件之间的原子间相互作用力来研究物质的表面结构及性质。主要包括生物细胞的表面形态观测及图像分析；生物大分子(蛋白质、脱氧核糖核酸、核糖核酸、核酸与蛋白质复合物、细胞、病毒等)的结构及其他性质的观测研究；生物分子之间力谱曲线(力与距离间的函数关系曲线)的观测。

增量法称量 [incremental weighting] 又称直接法称量。在天平盘上放上盛放样品的器皿(如干净的小烧杯、表面皿或不吸湿的纸舟)，精确称取质量，然后向其中加入样品，再次精确称量，两次质量之差即为称取的样品的质量。此法适用于不吸湿的样品的称量，如金属粒、合金等。参见称量。

增效分析试剂 [enhanced analytical reagent] 对分析分离方法有增溶、增敏、增稳及改善条件以改善体系分析性能的试剂的总称。物质特性的表现既决定于物质的本性，也受物质所处环境的影响。各类表面活性剂、环糊精、聚电解质、水溶性高分子等，在单独或按适当比例混合使用时，常能给分析物质提供性质特异的介质环境，从而起着增效作用。

真空泵 [vacuum pump] 减压过滤用的仪器。包括油泵、一般的水泵、电动循环水泵等。过滤时应先减压后倾泻溶液，停止过滤时应先从安全瓶放气，恢复常压后再取下滤器，关闭真空泵。

直接法称量 [direct method weighting] 即增量法称量。

质量灵敏度 [mass sensitivity] 某方法对单位质量被测物质变化所产生的响应量的变化程度。它可以用仪器的响应量或其他指示量与对应的被测物质的质量之比来表示。对于分析校正曲线，方法的质量灵敏度越高，则工作曲线的斜率越大。

仲裁分析 [referee analysis; arbitration analysis] 又称权威分析。为在某一问题上争执不决的各方进行调解，做出裁决，以国际标准、国家标准分析方法或公认的权威分析方法，提供公正、准确、权威的分析测试数据所进行的分析。主要用于对外贸易仲裁以及国内商事和民事上的争议。仲裁分析由仲裁机构委托专门机构或经有关部门考核、认证的实验室来执行。

逐级稀释 [stepwise dilution] 用溶剂依次将高浓度溶液稀释到适合需要的低浓度溶液的操作。

专一试剂 [specific reagent] 即特效试剂。

锥形瓶 [erlenmeyer flask] 由硬质玻璃制成的纵剖面呈三角形状，口小、底大的容器。通常滴定操作都在锥形瓶中进行。带有磨口玻璃塞和水槽的锥形瓶称为碘量瓶，用于碘量法，可防止瓶中溶液反应生成的气体(Br_2、I_2蒸气)逸失。

浊度法 [nephelometry] 又称散射比浊法。根据在入射光束垂直方向测量该光束通过悬浮液后被悬浮微粒散射出的光强度确定悬浮物质含量的方法。如通过光度法测定浑浊溶液的吸光度，对 AgCl 进行定量分析。

自动滴定法 [automatic titration] 借助电子技术使滴定(包括酸碱、络合、氧化还原和沉淀滴定)过程实现部分或全部自动进行的操作。

自动进样 [automatic sample] 通过自动进样器将样品导入分析仪器的进样方式。例如色谱分析中使用的自动进样器多为六通进样阀，可以用完全装液或部分装液的方式进样。自动进样可以减少体力劳动，增加样品处理量，提高日常工作精度。

组试剂 [group reagent] 系统分析法中利用某些组分的共性，将其分组测定所使用的试剂。如在硫化氢系统分析阳离子时要按照一定的顺序加入若干种试剂，将离子按组逐一沉淀出来。其中，第一组阳离子包括 Ag^+、Hg_2^{2+}、Pb^{2+}，它们能与盐酸生成氯化物沉淀，HCl 即为组试剂。

3.2 标 准 物 质

标准 [standard] 为在一定的范围内获得最佳秩序，对活动或其结果规定共同的和重复使用的规则、导则和特性的文件。它以科学、技术和实践经验的综合成果为基础，经有关方面协商一致制定和一个公认机构批准，作为共同遵守的准则和依据。按照标准的适用范围，分为国际标准，由国际标准化组织通过并公开发布的标准；区域标准，由区域标准化组织通过并公开发布的标准；国家标准，由国家标准化机构通过并公开发布的标准；地方标准，在国家某个地区一致通过并公开发布的标准，涵盖部门标准、行业标准和企业标准。按照标准化对象的特性分类，分为基础标准，具有广泛的普及范围或包含一个特定领域的通用规定的标准；术语标准，与术语有关的标准，通常带有定义，有时还附有注释、图表、示例等；试验标准，与试验方法有关的标准，有时补充有与试验有关的其他的规定，例如抽样、统计方法的应用等；过程标准，规定一个过程应符合的要求以保证其适用性的标准；产品标准，规定一个产品或一类产品应符合的要求以保证其适用性的标准；包装标准，为保障物品在储藏、运输和销售中的安全和科学管理的需要，以包装的有关事项为对象所制定的标准；服务标准，规定一项服务应符合的要求以保证其适用性的标准；安全标准，为保护人和物的安全为目的所制定的标准；卫生标准，为保护公共的健康，对食品、医药和其他方面的卫生要求所制定的标准；环境保护标准，为保障环境和有利于生态平衡，对大气、水、土壤、噪声、振动等环境质量、污染源、检测方法以及其他事项所制定的标准；技术标准，对标准化领域中的需要协调统一的技术事项所制定的标准；管理标准，对标准化领域中需要协调统一的技术事项所制定的标准等。

标准方法 [reference method] 用实验很好地确定了其精密度和准确度，并由国家主管部门、国际组织(如国际标准化组织)或公认权威机构(如美国材料试验协会)颁布的方法。它在技术上不一定是最先进的，但是获得广泛认可、可靠的成熟的方法。国家质量监督检验检疫总局(简称质检总局)颁布的分析检验标准方法，按性质分为三类：强制性标准、推荐性标准和行业标准。它可以直接用于高准确度的测量，标准物质的定值，仲裁分析和评价其他方法的准确度。

标准化 [standardization] 为获得最佳秩序和社会效益，在经济、技术、科学及管理等领域内，对实际的或潜在的问题制定共同的和重复使用的规则的活动。通过制定、发布和实施标准，可以达到规范社会商品市场，维持正常的经济秩序，提高产品质量，改进服务的适用性，保护消费者的正当权益，防止贸易壁垒，促进国际间和国内各部门各单位之间的正常经济来往、科学技术交流和合作。标准化的级别分为国际标准化，所有国家有关机构都可参与的标准化；区域标准化，仅世界某个地理、政治或经济区域内的国家的有关机构均可参与的标准化；国家标准化，在某个国家一级进行的标准化；地方标准化，在某个国家的某个地区一级进行的标准化，也包括在一个行业(如：各个部委)，地方一级，行业协会及公司一级，独立的工厂、车间和业务室进行的标准化。

标准物质 [reference material (RM)] 具有足够均匀和稳定特性、已确定其一种或几种特性量值，用于校准测量器具、评价测量方法或确定材料特性量值的物质。是国家计量部门颁布的一种计量标准，具有均匀性、稳定性和准确的定值的基本属性。可以是纯的或混合的气体、液体或固体，也可以是一件制品或图像。按标准物质被定值的特性(如酸度、燃烧热、聚合物分子量等)，分为物理或物理化学性质标准物质，用于物理化学计量器具的刻度、校准和计量方法的评价；化学成分标准物质，经准确测定具有确定的化学成分，主要用于成分分析仪器的校准和分析方法的评价；工程特性(如粒度、橡胶的类别等)标准物质，用于技术参数和特性计量器具、计量方法的评价及材料与产品的技术参数的比较。根据其特性量值的定值准确度，分为一级标准物质和二级标准物质。

标准物质参考值 [information value of reference material] 用准确可靠的测量方法所确定的、只给出了平均值而未给出在一定置信水平的不确定度的标准物质的特性量值。可以作为参考值使用。

标准物质保质期 [storage-term of reference material] 在标准物质生产者规定储存条件下，标准物质特性的稳定时间间隔。

标准物质标准值 [certified value of reference material] 即标准物质认定值。

标准物质稳定性 [stability of reference material] 在规定的储存条件下，在规定的时间间隔内标准物质特性量值保持在规定的限值范围内的能力。是标准物质的基本特性之一。标准物质制备之后，要定期对其特性量值进行复测，以确定标准物质的保存期或有效期。

标准物质有效期 [expiration date of reference material] 在规定的储存和使用条件下，保持标准物质特性量值的变化不超出标准物质定值不确定度的最长期限。用准确度较高的方法，测定标准物质的特性量值随时间的变化，以新制备的标准物质的特性量值为参比，在不同时间间隔内测得的特性量值与参比值之差不超过在一定置信水平下标准物质定值的不确定度，认为标准物质在试验的时间间隔内是稳定的，可正常地使用。

标准物质定值 [certification of reference material] 对与标准物质预期用途有关的一个或多个物理、化学、生物或工程技术等方面的特性量值及其不确定度测定的全部操作。量值准确是标准物质的基本属性之一，是进行量值传递的基础。标准物质经均匀性检验合格后方可进行定值，定值通常有三种方式：①在一个实验室采用一种权威方法定值，要求由两个或两个以上的分析者独立进行操作，最好使用不同的实验装置；②在一个实验室采用两种或两种以上不同原理的准确可靠的分析方法定值；③由多个(6～15个)具有同等能力的实验室采用一种或多种准确可靠的分析方法协作定值。定值的结果以平均值及其在一定置信水平的不确定度表示，作为标准物质的保证值给出。对某一个或几个特性量值只给出其平均值，而没有给出其不确定度，但对用户尚有参考价值，可作为参考值给出；若某个或某些值可靠性更差，可作为信息值发布。

标准物质均匀性 [homogeneity of reference material] 与标准物质一种或多种特性相关的具有相同结构(和)或组成的状态。从一定规格的、同一或不同包装样品中取样测定，其特性值都落在规定的不确定度范围内。均匀性是标准物质的基本属性之一，是保证标准物质特性量值一致的基础及进行定值和稳定性检验的前提。

标准物质均匀性检验 [homogeneity test of reference material] 从标准物质中随机抽取有代表性的样品，用准确度较高的方法，由同一操作人员在一致的仪器和实验条件下，对有代表性的特性量进行测定和对测定结果进行统计检验，以确定标准物质是否均匀的操作。当特性量值的变动性相对于测量误差可以忽略不计时，或者相对于标准物质的使用要求，在规定的允许误差之内，可以认为标准物质是均匀的；否则认为标准物质是不均匀的，应将不均匀性所引起的误差计入标准物质的总不确定度中。当总体单元数 N 少于500时，抽取样品数为15～25个，总体单元数 N 大于500时，抽取样品数为 $3\sqrt[3]{N}$ 个。每个样品重复测定次数一般不少于2次。并应注明保证均匀性的最小取样量。

标准物质认定值 [certified value of reference material] 又称标准物质标准值。有证标准物质认定证书上标明的附有不确定度的量值。

标准物质稳定性检验 [stability test of reference material] 从在规定的保存条件下保存的标准物质中随机抽取一定数量的样品，用准确度较高的方法，对标准物质易变的和有代表性的特性量进行测定，以新制备的标准物质的特性量值为参比，考察标准物质的特性量值随时间的变化，以确定标准物质的特性量值是否稳定的操作。当在不同时间间隔内测得的特性量值与参比值之差不超过标准物质的不确定度时，可认为在试验的时间间隔内标准物质是稳定的。稳定性检验的目的是确定标准物质的保存期或有效期。保存期是指在所规定的保存条件下标准物质的稳定期限，有效期是指在使用条件下标准物质的有效使用期限。对于气体化学成分标准物质，既要检验特性量值随时间的变化，又要检验特性量值随压力的变化。

测定 [determination] 取得物质特性量值的操作。参见测量。

测量 [measurement] 通过实验获得并合理赋予被测量量值的全部操作。在分析化学中，称之为测定。包括对测量值进行的数学处理和对测量不确定度的估计。测试和计量亦属于测量的范畴。测试是为求得准确测量结果在正式测量之前所进行的优化试验条件和测量参数这类具有试验性质预测量，当测试已经具有确定的方法和程序，测试就转变为测量。计量是为了使量值能溯源到计量标准器具、计量基准器具，要求测试方法和量值进行统一，并相应建立了标准。测试是测量的先导，测量是计量的前提，计量是开展测试和测量工作的基础，为测试和测量提供保证，使单位统一，量值准确一致。

SI 词头 [SI prefix] 用于构成SI单位的十进倍数与十进分数单位的词头。目前共有20个词头表示 10^{-24}～10^{24} 的倍数。10个十进倍数SI词头是：10^{1}(da,十)、10^{2}(h,百)、10^{3}(k,千)、10^{6}(M,兆)、10^{9}(G,吉)、10^{12}(T,太)、10^{15}(P,拍)、10^{18}(E,艾)、10^{21}(Z,泽)和 10^{24}(Y,尧)。10个十进分数SI词头是：10^{-1}(d,分)、10^{-2}(c,厘)、10^{-3}(m,毫)、10^{-6}(μ,微)、10^{-9}(n,纳)、10^{-12}(p,皮)、10^{-15}(f,飞)、10^{-18}(a,阿)、10^{-21}(z,仄)和 10^{-24}(y,幺)。由SI词头加SI单位构成SI单位的十进倍数与十进分数单位。

代用标准物质 [surrogate reference material] 基体成分不同、被测元素和组分含量相同或相近的标准物质。参见标准物质。

导出单位 [derived unit] 由基本单位或辅助单位导出的具有专门名称和符号量纲一的量的单位。以代数形式表示，符号中的乘和除采用数学符号。例如速度的SI单位为米每秒(m/s)。

二级标准物质 [secondary reference material] 采用准确可靠的方法或直接与一级标准物质相比较的方法测量其特性量值，均匀性、稳定性和测量准确度能满足现场和例行分析工作的计量需要，经国家有关计量主管部门批准颁布和授权生产并附有证书的标准物质。直接用作工作标准，评定与研究现场标准方法，实验室内与实验室之间的质量保证，评定日常分析操作的测量不确定度等。

法定计量单位 [legal unit of measurement] 国家法律、法规规定使用的单位。我国法定计量单位以国际单位制为基础，包括全部国际单位制单位，同时沿用了某些非国际单位制单位。由这些单位按数学形式构成的组合单位，以及它们由SI词头构成的倍数与分数单位都是法定单位。参见国际单位制。

非强制检定 [optional verification] 由计量器具使用单位自己或委托具有社会公用计量标准或授权的计量检定机构，依法进行的一种检定。是对强制性检定范围以外的计量器具所进行的一种依法检定，是计量器具法制管理的另一种形式。它与强制性检定的区别在于：强制性检定由政府计量行政部门实施监督管理，非强制性检定由使用单位自行依法管理，政府计量行政部门对其进行监督检查。

辅助单位 [supplementary unit] 国际计量大会未将平面角单位弧度(rad)与立体角单位球面度(sr)归入基本单位或导出单位，而将它们称为辅助单位。GB 3101—1993 将它们列入具有专门名称和符号量纲一的量的导出单位；如果将它们作为基本量，即成为基本单位。

副计量基准 [secondary standard of measurement] 通过与国家计量基准比对或校准来确定其量值，并经国家鉴定、批准的计量器具。其在国家计量鉴定系统中的位置仅在国家计量基准之下。

工作计量基准 [working standard of measurement] 通过与国家计量基准或副计量基准比对或校准来确定其量值，用以检定计量标准的计量器具。工作计量基准在国家计量鉴定系统中的位置仅在国家计量基准和副计量基准之下。设立工作计量基准的目的是为了不使国家计量基准和副计量基准由于使用频繁而遭受损坏，从而丧失其应有的计量学特性。

国际单位制 [international system of units (SI)] 由国际计量大会(CGPM)批准采用的国际量制单位制。它由 SI 单位、SI 词头和 SI 单位的十进倍数与十进分数单位三部分组成，包括基本单位、辅助单位和导出单位。基本单位有七个，即长度单位米(m)；质量单位千克(kg)；时间单位秒(s)；电流单位安培(A)；热力学温度单位开尔文(K)；物质的量单位摩尔(mol)；发光强度单位坎德拉(cd)。辅助单位有两个，即平面角单位弧度(rad)与立体角单位球面度(sr)。导出单位由基本单位和辅助单位导出，力学、声学、热学、电学、磁学、光学、物理化学、原子和分子物理学等各种物理量除了用基本单位和辅助单位表示之外，几乎都可用导出单位表示。国际单位的组成，如下：

- 国际单位制(SI)
  - SI单位
    - SI基本单位
    - SI导出单位
      - 包括SI辅助单位在内的具有专门名称的SI导出单位
      - 组合形式的SI导出单位
  - SI单位的十进倍数和十进分数单位

国际单位制消除了用同一单位表示不同的物理量和用不同的单位表示相同的物理量的混乱现象，多种单位制混用或并用的不统一的现象，适用于所有的专业领域。

国家计量基准 [national primary standard of measurement] 在特定的计量领域内复现和保存计量单位并具有最高计量学特性，经国家鉴定、批准作为统一全国量值最高依据的计量器具。

基本单位 [base unit] 构成国际单位制的基础单位。包括长度单位米(m)；质量单位千克(kg)；时间单位秒(s)；电流单位安培(A)；热力学温度单位开尔文(K)；物质的量单位摩尔(mol)；发光强度单位坎德拉(cd)等 7 个。

基础标准 [basic standard] 具有广泛的普及范围或包含一个特定领域的通用规定的标准。它在一定范围内作为其他标准的基础而普遍使用，是制订其他标准的依据。如计量单位、技术术语、图形符号、文件格式等标准。

基体标准物质 [matrix reference material] 基体和被测样品的基体相同的标准物质。大多数标准物质都属于这一类，用这种标准物质校准测量器具、评价测量方法或确定物料特性量值，可以获得最佳的效果。参见标准物质。

基准试剂 [primary reagent] 化学组成恒定、纯度高、稳定性好，可直接用来配制或标定标准溶液浓度的一类化学试剂。

基准物质 [primary reference material] 由国家计量研究机构用权威(或绝对)方法准确测定其特性量值，并给出了包括物质变动性在内的总不确定度的估计值的标准物质。基准物质是量值传递的依据，其特性量值的总不确定度应达到最高水平。目前国际上公认的基准物质有：用库仑法定值的纯度标准物质，用同位素稀释质谱法定值的无机痕量元素标准溶液，用重量法准确配制的标准气体等。

计量 [metrology] 为使量值能溯源到计量标准器具、计量基准器具，建立标准所进行的活动。参见测量。

计量管理 [metrological management] 为国民经济各个领域提供计量保证所开展的各项管理工作。从工作性质上可以分为法制的、行政的、经济的和技术的计量管理。从工作内容上可以分为计量单位、计量科研、计量法规、计量认证、计量检定、计量器具管理等。

计量监督 [metrological supervision] 按照计量法律和计量法规的要求所进行的带强制性的计量管理。包括计量单位制的使用，计量器具的检定、制造、修理、销售、进口和使用，计量认证，仲裁检定，调解计量纠纷，对违法行为的处罚等。

计量检定 [metrological verification] 为评定计量器具的计量特性，查明和确认其是否符合法定要求所进行的活动。确保量值的统一和溯源性，是确保计量器具准确一致的重要措施。

计量检定规程 [metrological verification regulation] 对计量器具的计量性能、检定目的、检定方法、检定周期以及检定数据的处理所做的技术规定。包括国家计量检定规程、地方和部门计量检定规程。它是国家法定性技术文件，是国家对计量器具实施监督和进行技术检定的依据，以确保计量器具准确一致、量值能在允许差范围内溯源到国家计量基准。

计量认证 [metrological accreditation] 政府计量行政主管部门对向社会提供公正数据的技术机构的计量检定和测试的能力、可靠性和公正性所进行的考核和证明。经计量考核合格，并获得政府计量行政主管部门授权的技术机构，证明其有为社会提供公证数据的资质，由它提供的数据具有法律效力。计量认证合格的单位设有专门的标志。

技术法规 [technical regulation] 由权力机构通过的有约束力的规定技术要求的法律性文件。它直接规定或引用包括标准、技术规范或规程的内容而提供技术要求的法规。有时还包括一些方法性条文，简述符合法规要求所采取的某些方法的技术指导。

技术规范 [technical specification] 规定产品、工艺或服务过程应满足的技术要求的文件。它可以是标准、标准的一部分或与标准无关的独立的文件。其中还规定了是否满足技术要求的检查和检验方法。

检定 [verification] 通过检查证实所规定的要求已经得到满足的管理程序(包括检查、加标记和出具检定证书)。提供测量仪器的示值和相对应的被测量的已知值之间的偏差，以及有关测量设备的管理标准、规程和规范中所规定的最大允许误差，并根据检定结果做出该测量仪器恢复使用、调整、修理、降级或报废的决定。

检验 [test] 按照规定的程序，为了确定被检产品、材料、设备、生物体、物理现象、工艺过程或服务的一种或多种特性或性能的技术操作。检验时所使用的规定技术程序，称为检验方法。

检验方法 [test method] 按照技术规范检查产品、过程或服务是否达到应满足的技术要求所使用的方法。参见检验。

校准 [calibration] 依照所规定的技术程序，确定测量仪器、测量系统的示值或实物量具与相对应的被测量的已知值之间关系的一种操作。用于评定测量仪器、测量系统或实物量具的示值误差，给任何标尺上的标记赋值，确定其他计量特性等。校准结果用校准因素或以校正曲线形式表达的一系列校准因素来表示。

量值 [value of quantity] 由数值与计量单位的乘积表示的特定量的大小。同一量因采用单位不同而得到不同的数值。1 kg 的量，采用 g 为单位，表示为 1000 g 或 10^3 g，而量值本身的大小并未变化，与选择的单位无关。量值可以是正值、零值或负值。

模拟标准物质 [simulated reference material] 基体和被测样品的基体相近的标准物质。按照样品组成在基体中加入一定量的常量组分与痕量组分制成的标准物质。如在纯水内加入一定量的常量元素钾、钠、钙、镁、铝、氯离子和被测定痕量元素，以及稳定剂制备成水质标准物质。

强制检定 [compulsory verification] 由政府计量行政主管部门所属的法定计量检定机构或授权的计量检定机构，对社会公用计量标准，部门和企业事业单位使用的最高计量标准，依法进行的一种检定。用于贸易结算、安全防护、医疗卫生和环境监测四方面列入《中华人民共和国强制检定的工作计量器具明细目录》的工作计量器具，实行定点定期的一种检定。

权威方法 [definitive method] 在用于测量有关量值的所有方法中，已经消除了系统误差或将系统误差控制在相对于随机误差可以忽略不计的水平，准确度最高的测量方法。可直接用权威方法进行高准确度的测量，对标准物质定值和评价其他测量方法的准确度。

修正因数 [correction factor] 为消除或减少系统误差，对未修正的量值所乘的数值因数。因修正值含有不确定度，故经修正后所得到的量值仍含有不确定度。

一贯计量单位制 [coherent system of unit of measurement] 在给定的单位制中，每个导出量的测量单位均为一贯导出单位的单位制。在国际单位制中，全部 SI 导出单位都是一贯计量单位，如在国际单位制中，米和秒都是基本单位，而速度单位米/秒就是通过比例系数为 1 的公式，用基本单位表示的单位，是一个一贯计量单位。但按约定比率由给定单位组成的 SI 单位的倍数单位(如 1 h 等于 3600 s，小时是秒的非十进倍数的单位)与按约定比率由给定单位组成的 SI 单位的分数单位(如 1 m 等于 1000 mm)，都不是一贯计量单位。CGS 制和国际单位制都是一贯计量单位制。参见国际单位制。

一级标准物质 [primary reference material] 用权威测量方法或其他两种及两种以上不同原理的准确可靠的方法测量其特性量值，测量准确度达到国内最高水平，经国务院计量行政部门批准、颁布并授权生产，并附有证书的标准物质。它主要用来为二级的标准物质定值，检定高准确度的计量仪器，评定与研究标准方法，做仲裁分析的标准等。

质量保证 [quality assurance (QA)] 为使人们确信某一产品、过程或服务质量能满足规定的质量要求所必需的，有计划有系统的全部活动。是整个质量管理的一部分。

质量管理 [quality management (QM)] 对为确定和达到质量要求所必需的全部职能和活动的管理。它是全部管理职能的一个方面，包括质量政策的制订、所有内部外部产品、过程或服务质量方面的质量保证和质量控制的组织和实施。

质量监督 [quality supervision] 根据政府法令或规定，为保证满足质量要求，由用户或第三方对程序、方法、条件、产品、过程和服务进行连续评价，并按规定标准或合同内容进行分析的活动。是质量保证的组成部分,目的是为了保证产品质量和企业的质量管理体系持续地保持认证时的水平。

质量检验 [quality inspection] 对产品、过程或服务的一种或多种特性进行测量、检查、试验、计量，并将这些特性与规定的要求进行比较的活动。它与质量控制不同，是一种事后检验，而质量控制是以预防产品、过程或服务质量出现问题，是一种事前控制。参见质量控制。

CGS 制 [CGS system of units] 以长度厘米(cm)、质量克(g)和时间秒(s)三者为基本单位的一贯计量单位制。CGS的导出单位不得与 SI 单位并用。

3.3 化学分析

3.3.1 一般术语

被滴定液 [titrand] 用以接收滴定剂并与之发生化学计量反应的溶液。通常是待测物质溶液，也可以是用于标定滴定剂(标准溶液)的有准确浓度的基准物质溶液。

比对 [comparison] 通过对比试验确定和评价分析方法的可靠性、实验室的水平以及分析者技能的操作。是确定实验室的检测能力，保证实验室数据准确，检测结果有效和持续可靠而进行的一项试验活动。比对试验的形式较多，如人员比对、设备比对、方法比对等。

标称浓度 [nominal concentration] 即分析浓度。

标定 [standardization] 确定所制备标准溶液准确浓度的操作。很多试剂不符合基准物质的条件，不能直接配制有准确浓度的标准溶液，就需要先配成大致浓度的溶液，再利用该试剂与基准物质(或已知准确浓度的另一溶液)的反应来确定其准确浓度。

标准溶液 [standard solution] 具有准确浓度的溶液。其配制方法有两种：①直接法，称取一定量的基准物质，溶解并稀释至一定体积，根据试剂的质量及溶液的体积计算出溶液的准确浓度；②间接法，又称标定法, 先大致配制所需浓度的溶液，然后取一定体积的该溶液，用基准物质标定其浓度。

表面皿 [watch glass] 中间稍凹的圆形玻璃片。可以用来蒸发液体；也可以作盖子，盖在蒸发皿或烧杯上，防止灰尘落入；还可以作容器，暂时盛放固体或液体试剂，方便取用；有时也作承载器，用来承载 pH 试纸，使滴在试纸上的酸液或碱液不腐蚀实验台。

沉淀重量法 [precipitation gravimetry] 重量分析法之一。利用沉淀反应使待测组分以微溶化合物的形式沉淀出来，经过滤、洗涤与溶液中的其他组分分离。再通过烘干、灼烧等操作使之转化为称量形式进行称量。根据称量形的质量确定待测组分的含量。

称大样 [weighing for multiple titrations] 称取几份试样的总量。为使称量误差在±0.1%以内，可以称取 4 倍(或 10 倍)量的样品溶解并定容在 100 mL(或 250 mL)容量瓶中，然后用移液管分别移取 3 份 25.00 mL 进行标定。这种方法俗称称大样，可以减小称量误差。

称小样 [weighing for single titration] 分别称取几份试样。若物质的摩尔质量较大，或被标定溶液的浓度较大，其单份称样质量大于 0.2 g，称量误差≤0.1%，则可分别称取 3 份试样进行平行滴定，俗称称小样。若称量误差允许，称小样的测定结果更为可靠。

纯水 [purified water] 从原水(自来水等)中部分或完全去除无机离子、有机物、微粒子(包括微生物)等杂质的水。分析化学实验对水的质量要求较高，应根据分析的任务与要求合理选用适当规格的纯水。电导率是评价纯水的综合指标。实际工作中人们常用电阻率来衡量水的纯度。常用的制备纯水的方法有蒸馏法、离子交换法、电渗析法、反渗透法、电去离子法等。

单标线吸量管 [one mark pipet] 即移液管。

等物质的量规则 [rule of equal amount of substance] 反应物质之间物质的量相等。按照反应中得失电子数或转移质子数(z_A、z_B)确定基本单元，则反应达到平衡时两反应物 A 和 B 之间物质的量相等，即 $n(A/z_A) = n(B/z_B)$，称作等物质的量规则。

滴定[法] [titration] 一种定量分析的方法。将标准滴定溶液装在滴定管中(称为滴定剂)，通过滴定管逐滴加入到盛有一定量被测物溶液的锥形瓶(或烧杯)中进行测定。通过指示剂的颜色变化指示滴定终点，根据消耗标准溶液的浓度和体积及滴定剂与被测物的计量关系计算分析结果。

滴定百分数 [titration percentage] 即滴定分数。

滴定度 [titer] 标准溶液浓度的一种表示方法。每毫升滴定剂(标准溶液)相当于试样中待测组分的质量(g、mg)，用 $T_{B/S}$ 表示。例如，$T(Fe/K_2Cr_2O_7)$=0.005585 g/mL，表示与 1 mL 该 $K_2Cr_2O_7$ 标准溶液反应的 Fe 为 0.005585 g。若滴定消耗 $K_2Cr_2O_7$ 标准溶液体积 V(mL)，则样品中铁的质量 $m(Fe)=T\cdot V$(g)。滴定度计算方便，常用于生产单位的例行分析，但不是法定计量单位。

滴定分数 [titration percentage] 又称滴定百分数。滴定过程中被测组分中已发生滴定反应的物质的量与被测组分总物质的量的比值。例如在酸碱滴定中滴定分数表示待测酸(碱)被中和的部分占总量的分数。

滴定分析法 [titrimetric analysis] 又称容量分析法。通过滴定操作，按照两种溶液的定量反应来确定试样中待测组分含量的分析方法。根据所依据的化学反应，可分为 4 类：酸碱滴定法、沉淀滴定法、络合滴定法和氧化还原滴定法。要求反应必须按一定的反应式进行，具有确定的计量关系，反应的完全度高、速度快，有适当的方法确定滴定终点。滴定分析法简单、快速且准确度高。

滴定管 [buret] 具有精确容积刻度，下端带有控制开关，用于测量滴定过程中所加滴定液体积的管状玻璃器具。分为酸式滴定管和碱式滴定管。酸式滴定管的下端为一玻璃活塞，用于盛放对橡皮有腐蚀作用的溶液；碱式滴定管的下端用橡皮管连接一支带有尖嘴的小玻璃管，用于盛放对玻璃管有腐蚀作用的液体。还有一种通用型滴定管，它是带有聚四氟乙烯旋塞的滴定管。

滴定剂 [titrant] 装在滴定管中用于滴定的溶液。通常是具有准确浓度的溶液，即标准溶液。而未知浓度的待测溶液被滴定时一般盛放在锥形瓶或烧杯中。

滴定曲线 [titration curve] 滴定过程中滴定剂体积(或滴定分数)与测量参数的关系曲线。通常以加入标准溶液的体积(或滴定分数)为横坐标，以反映滴定过程被测物质含量变化的特征参数为纵坐标绘制。曲线呈“S”形，由曲线化学计量点附近的变化、突跃大小及所处范围可以判定能否用指示剂确定终点，并据此选择合适的指示剂。

滴定误差 [titration error] 即终点误差。

滴定终点 [titration end-point] 在滴定分析中停止滴定的那一点。滴定终点常借助于指示剂颜色的变化来确定。理论上应在化学计量点停止滴定，但实际上很难做到，所以滴定终点和化学计量点常常不一致。在选择指示剂时，应尽可能使用变色点接近化学计量点的指示剂。确定滴定终点的方法还有电位法、光度法、电导法等，这些方法都要借助于相应的仪器。

点滴板 [spot plate] 较厚的带有阵列孔穴(凹槽)用于点滴试验的黑(白)釉瓷板、玻璃板或塑料板。在化学定性分析中做显色或沉淀点滴试验时用。点滴反应在孔穴(凹槽)中进行，有显色反应的用白瓷板，白色或黄色沉淀用黑瓷板。点滴板有 6 孔、9 孔、12 孔等规格，因此在同一块板上便于作对照试验，便于洗涤但不能用于加热反应。

淀帚 [policeman] 一种带橡皮头的玻璃棒，是擦扫沉淀的工具。沉淀重量法中，沉淀转移到漏斗中后，如仍有少量沉淀黏附在杯壁上，可用淀帚将其擦扫收集，用水冲洗至漏斗内。

对数滴定法 [logarithmic titration] 滴定分析中产生变化的特定化学量的对数值随滴定剂滴入的体积呈“S”形曲线变化的一类滴定分析法的总称。

二级水 [secondary water] 纯水的一种。可用离子交换或多次蒸馏等方法制备。其电导率必须在线测量，电导池常数为 0.01～0.1，电阻率则应大于或等于 1 MΩ·cm 。

返滴定法 [back titration] 又称回滴法。试样中加入过量标准溶液与待测组分反应，再用另一种标准溶液滴定剩余部分进而计算试样中待测组分含量的滴定分析法。当化学反应较慢、缺乏合适指示剂或反应物是固体时，如以酸碱滴定法测定 $CaCO_3$，以 EDTA 络合滴定法测定 Al^{3+}，均是采用返滴定法。

分步滴定法 [stepwise titration] 通过选择性地滴定测定体系中待测组分含量的分析方法。用强碱(强酸)滴定多元弱酸(多元弱碱)或混合弱酸(混合弱碱)溶液时，在一定条件下可滴定到某一步。分步滴定能否实现以及滴定到哪一步由被滴定物质的性质决定。例如，当 $K_{ai} / K_{ai+1} \geqslant 10^5$ 时，可以用酸碱滴定法分步滴定多元弱酸到第 i 步(即第 i 个化学计量点)，滴定误差约为 0.5%。在络合滴定中，分步滴定两种金属离子 M 和 N 混合溶液中的 M 的条件是 $c(\text{M})K(\text{MY})/c(\text{N})K(\text{NY}) \geqslant 10^6$。

分度吸量管 [graduated pipet] 吸量管的全称。

分析浓度 [analytical concentration] 又称标称浓度。指最初称量一定物质所制备溶液的初始浓度。物质在溶液中可能发生离解、质子化、络合等化学反应，分析浓度则为该物质所有形态的浓度之和，常用 c 表示。例如 0.010 mol/L 的 HAc 溶液，其分析浓度 $c(\text{HAc})=[\text{HAc}]+[\text{Ac}^-]=0.010$ mol/L。

高纯试剂 [high purity reagent] 纯度最高的一类化学试剂。其特点是杂质含量很低(比优级纯或标准试剂都低)，主体含量一般与优级纯试剂相当。主要用于微量或痕量分析中试样的分解及试液的制备。

拐点 [inflection point] ❶滴定曲线中由平坦上升或下降至发生滴定突跃的转折点。❷在数学上指改变曲线向上或向下方向的点，直观地说拐点是使切线穿越曲线的点(即曲线的凹凸分界点)。若该曲线图形的函数在拐点有二阶导数，则二阶导数必为零。

广域指示剂 [universal indicator] 即通用指示剂。

化学计量点 [stoichiometric point] 标准试剂的量与被测物质的量之比刚好等于反应的计量比的那一点。例如化学反应：$a\text{A}+b\text{B} \rightleftharpoons c\text{C}+d\text{D}$，当反应物 A 和 B 按物质的量比 a/b 反应时，表示达到了化学计量点，此时 $n(\text{A})=\dfrac{a}{b}n(\text{B})$，$n(\text{B})=\dfrac{b}{a}n(\text{A})$ (n 表示物质的量，mol)。

化学试剂 [chemical reagent] 一大类具有各种纯度标准的化学物质。是进行化学研究、成分分析的相对标准物质。

广泛用于物质的合成、分离、定性和定量分析。按其用途，可分为标准试剂、一般试剂、高纯试剂、专用试剂、生化试剂等。

换算因数法 [conversion factor method] 化学反应中的一种计算方法。以反应物的分子为基本单元，根据反应方程式中的系数得出反应物之间的物质的量的关系。例如物质A与B之间的反应为：$aA+bB \rightleftharpoons cC+dD$，则 $n(A)=\frac{a}{b}n(B)$，$n(B)=\frac{b}{a}n(A)$。

回滴法 [back titration] 即返滴定法。

基本单元 [elementary unit] 计算物质的量的单位。可以是组成物质的任何自然存在的原子、分子、电子、离子、光子等粒子，也可以是按需要人为地将物质进行分割或组合而实际上并不存在的个体或单位。基本单元的选取通常与该物质参与的反应相关。例如在酸碱反应中是指得(失)一个质子时所对应的组分，因此 NaOH 的基本单元为分子本身，而 H_2SO_4 则以 1/2 H_2SO_4 为基本单元；在氧化还原反应中是指得(失)一个电子时所对应的组分，$K_2Cr_2O_7$ 被还原为 Cr^{3+} 时得到 6 个电子，则以 1/6 $K_2Cr_2O_7$ 为基本单元，而 $KMnO_4$ 被还原为 Mn^{2+} 时得到 5 个电子，则以 1/5 $KMnO_4$ 为基本单元。这样选取基本单元后，按照等物质的量规则就很方便计算。选取的基本单元不同其摩尔质量就不同，质量相同时该物质的量和分析浓度的值也不同，因此在用到物质的量及其导出单位时必须指明基本单元。

碱式滴定管 [basic buret] 又称无塞普通滴定管。管身与下端的细管之间用乳胶管连接，胶管内放一粒玻璃珠。可盛放碱性溶液，不宜盛放对乳胶管有腐蚀作用的溶液，如 $KMnO_4$、$AgNO_3$ 等。使用前先排净乳胶管中的气体，并注意滴定过程中不再产生气体，以免造成体积读数误差。

间接滴定法 [indirect titration] 将某些不能与滴定剂直接反应的物质，通过一定的化学反应定量地转变成能与滴定剂反应的物质而被滴定的方法。例如，Ca^{2+} 不能用氧化还原法直接滴定，但沉淀为 CaC_2O_4 后，用 $KMnO_4$ 溶液滴定 $H_2C_2O_4$，从而间接测定了 Ca^{2+}；又如使 PO_4^{3-} 以 $MgNH_4PO_4$ 形式沉淀，用 EDTA 测定 Mg^{2+}，即测得了 PO_4^{3-} 的量。

具塞普通滴定管 [piston buret] 即酸式滴定管。

绝对容量校准 [absolute calibration of volumetric glassware] 容量仪器的校准方法之一。做法是：称量被校准的量器中量入或量出纯水的表观质量，再根据当时水温下的表观密度(纯水在空气中的密度)计算出该量器在 20℃时的实际容量。

刻度吸移管 [graduated pipet] 即吸量管。

连续滴定法 [sequential titration] 在同一份试样中，通过改变反应条件，在滴定分析中依次测定多种组分的方法。例如，在质子自递常数小($pK_s>30$)的甲基异丁基酮中可以连续滴定 5 种强度不同的酸；在络合滴定中铅铋合金的测定，以二甲酚橙为指示剂，在 pH 1.0 用 EDTA 标准溶液滴定 Bi^{3+} 至化学计量点，再加六次甲基四胺调溶液的 pH 为 5.0，继续用 EDTA 标准溶液滴定 Pb^{2+}。

量筒 [volumetric cylinder] 普通的玻璃量器。精度不及移液管等容量仪器，分为量出式和量入式两种。量筒越大，管径越粗，其精确度越小，由视线的偏差所造成的读数误差也越大。所以，实验中应根据所取溶液的体积，尽量选用能一次量取的最小规格的量筒。

敏锐指数 [sharpness index] 滴定曲线斜率的变化率，即被滴定溶液某种特性量与滴定分数微小变量的比值。酸碱滴定中指示剂变色的敏锐程度直接和化学计量点附近pH的变化率有关，也就是和滴定曲线的斜率有关。史密斯(T. B. Smith)把酸碱滴定曲线斜率的表达式命名为敏锐指数，以η表示。敏锐指数与体系的缓冲指数成反比，即曲线斜率小则缓冲容量大，敏锐指数就小。当 $pH=pK_a$ 时缓冲容量最大，敏锐指数最小；化学计量点附近发生 pH 突跃，滴定曲线斜率改变最大，即敏锐指数最大。

目视滴定法 [visual titration] 滴定分析中，用肉眼观察指示剂的颜色变化来确定滴定终点的方法。该法比使用仪器确定终点的方法简便，但当指示剂的变色不敏锐时误差较大。

平衡浓度 [equilibrium concentration] 物质在溶液中可能发生离解、质子化、络合等化学反应，当这些反应达平衡时，各形态浓度称作平衡浓度，常将各种形态用方括号([ ])括起来表示。例如，HAc 在溶液中发生离解，所以 HAc 的分析浓度 $c(HAc)=[HAc]+[Ac^-]$。[HAc]和$[Ac^-]$分别代表 HAc 的酸形和碱形的平衡浓度。

平行测定 [replicate determination] 在相同的实验条件下，用同样的方法对同一试样进行的重复测定。一般分析实验需对同一试样进行 4～6 次平行测定，以测定的平均值报告结果，可减小随机误差。

容量分析法 [volumetric analysis] 即滴定分析法。

三级水 [tertiary water] 纯水的一种。可用蒸馏、去离子(离子交换及电渗析法)或反渗透等方法制备。其电导池常数为 0.1～1，电阻率则应大于或等于 0.2 MΩ·cm 。

生化试剂 [biochemical reagent] 用于生物化学实验的试剂。英文符号为 B.R.，试剂标签用咖啡色。其中生物染色剂的标签用玫瑰红色。

实验试剂 [laboratory reagent (L.R.)] 即四级试剂。

四级试剂 [fourth-class reagent] 又称实验试剂。用于一般化学实验的试剂。英文符号为 L.R.，试剂标签用棕色。

酸式滴定管 [acid buret] 又称具塞普通滴定管。可以盛放各种非碱性溶液的管状玻璃器具。使用前需检查旋塞的密合性。

通用指示剂 [universal indicator] 又称广域指示剂。将多种酸碱指示剂按一定比例混合所形成的指示剂。可在较宽 pH 范围介质中应用。例如常用的广泛 pH 试纸可以指示 pH 为 1～14 范围溶液的酸碱性。

无塞普通滴定管 [pinchcock buret] 即碱式滴定管。

物质的量 [amount of substance] 描述宏观物质中所含有的微粒数目多少的一个物理量。SI 制中 7 个基本物理量之一，符号为 n，单位为摩[尔]，简称摩。单位符号为 mol。物质的量的大小取决于所选取的基本单元，使用物质的量必须指明基本单元，如 $n(1/2\ H_2SO_4)$、$n(NaOH)$、$n(1/5\ KMnO_4)$ 等。

物质的量浓度 [molarity] 单位体积溶液中某物质的量。符号为 c，常用的单位为 mol/L。使用这个量必须指明基本单元，如 $c(1/2H_2SO_4)$、$c(NaOH)$、$c(1/5\ KMnO_4)$ 等。物质的量浓度 c(mol/L)=溶质的物质的量 n (mol)/溶液的体积 V(L)。

物质的质量 [mass of substance] 物体中所含物质多少的量的量度。一般常用质量单位来代替重量，质量的符号为 m。常用的质量单位有：微克(μg)、毫克(mg)、克(g)、千克(kg)等。

吸量管 [measuring pipet] 分度吸量管的简称，又称刻度吸移管。是带有分刻度且下端有尖嘴的，用以准确移取不同体积液体的量出式直形玻璃管，用于移取非固定量的溶液。

线性滴定法 [linear titration] 滴定曲线为直线的滴定分析法。对于反应不够完全或溶解度较小的体系，因滴定突跃太小无法用指示剂确定终点时，可以采用其他仪器分析方法，例如光度滴定法。以吸光度对滴定剂加入量作图，就得到光度滴定曲线，该滴定曲线为一折线，两直线段的交点或两直线段延长线的交点即为化学计量点。

相对容量校准 [relative calibration of volumetric glassware] 容量仪器的校准方法之一。在分析化学实验中，经常用容量瓶配制溶液，并用移液管移取其中的一部分进行测定，此时重要的不是二者各自的准确容量，而是二者容量的准确倍数关系。用移液管准确移取去离子水至干净、干燥的容量瓶中 n 次，若液面与容量瓶标线间的体积小于容量瓶容积的 0.1%，则此两件器皿可配套使用，即进行了相对校准。

一般试剂 [general reagent] 实验室最普遍使用的试剂。包括通用的一、二、三、四级试剂及生化试剂、指示剂等。

一级水 [super fine water] 纯水的一种。可用二级水经过石英设备蒸馏或离子交换混合床处理后，再经 0.2 μm 微孔滤膜过滤来制备。其电导率必须在线测量，电导池常数为 0.01～0.1，电阻率则应大于或等于 10 MΩ·cm 。

移液管 [transfer pipet; volumetric pipet] 又称单标线吸量管。用来准确移取一定体积的溶液的量器。移液管是一种量出式仪器，只用来测量它所放出溶液的体积。它是一根中间有一膨大部分的细长玻璃管。其下端为尖嘴状，上端管颈处刻有一条标线，是所移取的准确体积的标志。

有机试剂 [organic reagent] 用于化学试验的有机化合物的总称。有机试剂在分析化学中可用作指示剂、沉淀剂、滴定剂、显色剂、萃取剂、吸附剂和掩蔽剂等；在化工、石油、医疗、制药、军事、卫生、防疫等领域也被广泛应用。

蒸发皿 [evaporating dish] 用于蒸发浓缩溶液或融化固体的器皿。口大底浅，有圆底和平底带柄的两种。最常用的为瓷制蒸发皿，也有玻璃、石英、铂等制成的。质料不同，耐腐蚀性能不同，应根据溶液和固体的性质适当选用。蒸发皿对酸、碱的稳定性好，可耐高温，但不宜骤冷。

蒸馏水 [distilled water] 通过蒸馏除去水中的非挥发性杂质所制得的纯水。也为三级水，是最普遍使用的纯水。

直接滴定法 [direct titration] 用标准溶液直接滴定样品溶液中被测物质的方法。它是最常用的滴定方式，其主要特点是简便、快速，滴定中引入的误差小等。在化学反应按一定的计量关系、定量(99.9%以上)并快速(瞬间)地进行及具备准确确定终点的简便方法的情况下，才可以采用直接滴定法。

指示剂 [indicator] 一类因溶液的某些性质(如酸碱性、氧化还原电位等)的改变或某种物质的存在而改变自己颜色的化学试剂。在滴定分析中用于指示滴定终点。有酸碱指示剂、氧化还原指示剂、吸附指示剂和金属指示剂等多种类型。

指示剂变色点 [indicator transition point] 滴定终点到达时与指示剂颜色突变相应的滴定体系溶液的特性量值。例如在酸碱滴定中，可见溶液的颜色是在指示剂的 $pH=pK_a-1$ 到 $pH=pK_a+1$ 的范围内变化的，这个范围称为指示剂的变色范围即变色域，$[In^-]/[HIn]=1$ 即 $pH=pK_a$ 时为指示剂理论上的变色点。由于人的视觉对各种颜色的敏感程度不同，实际观察的变色点和变色范围与理论值有差别，应该以实际观察的指示剂变色点来确定滴定终点。

指示剂空白 [indicator blank] 在无试样存在下，按与试样分析相同的条件和操作进行滴定时指示剂本身所消耗的滴定剂量。在滴定分析中，指示剂变色要消耗滴定剂，若被滴定组分浓度较小时，会造成误差，因此需准确测定并减去指示剂空白。通常在相同条件下进行标定和滴定，指示剂空白的影响则不需考虑。

指示剂离解常数 [indicator dissociation constant] 表征指示剂离解反应的浓度平衡常数。常用的指示剂离解常数测定方法有分光光度法和电位滴定法等。

质量分数 [mass fraction] 待测组分在样品中的含量。$w(\mathrm{A})=m(\mathrm{A})/m_s$，其中 $m(\mathrm{A})$ 为待测组分 A 的质量，m_s 为样品质量，$w(\mathrm{A})$ 为组分 A 在试样中的质量分数，通常以百分数表示。也可以用不等的两个单位之比，如 mg/g 表示。

质量浓度 [mass concentration] 单位体积中某种物质的质量。可以用 g/L、mg/L 或 mg/mL 等表示。

置换滴定法 [replacement titration] 基于置换反应的滴定分析法。在化学反应没有一定的计量关系，或伴随有严重的副反应，或无合适指示剂的情况下，可选择合适的试剂与被测物定量反应，使之转变成另一种物质，该物质能与滴定剂按一定的化学计量关系定量反应从而被滴定，由此确定被测物的量。

终点误差 [end point error] 又称滴定误差。由于滴定终点和化学计量点不一致而引起的误差。其大小取决于滴定终点和化学计量点接近的程度，二者越接近误差越小；也与滴定体系的反应完全度有关，只有反应完全度满足要求的体系才有可能使终点误差符合分析要求。

重量分析法 [gravimetric analysis] 将试样中待测组分与其他组分分离后测定其质量的分析方法。它与容量分析法统称为化学分析法。根据分离方法的不同，大致可分为沉淀法、挥发法和电解法，其中沉淀法用得最普遍。它适用于含量在1%以上的常量组分的测定，测定结果准确可靠，常用作仲裁分析。缺点是过程长、操作繁琐。

专用试剂 [special reagent] 具有专门用途的试剂。如，色谱分析标准试剂、光谱纯试剂、核磁共振分析用试剂等。其主体含量高，杂质含量很低。与高纯试剂的区别是，在特定的用途中只需控制杂质不产生明显干扰。

3.3.2 酸碱滴定

百里酚蓝 [thymol blue] 又称麝香草酚蓝。一种酸碱指示剂及药用有机化合物。$pK_{a1}=1.65$，$pK_{a2}=8.9$；变色间隔为 1.2(红)～2.8(黄)，8.0(黄)～9.6(蓝)。结构简式为

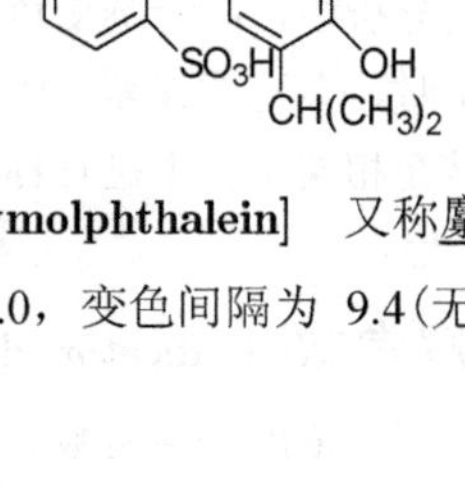

百里酚酞 [thymolphthalein] 又称麝香草酚酞。一种酸碱指示剂。$pK_a=10.0$，变色间隔为 9.4(无)～10.6(蓝)。结构简式为

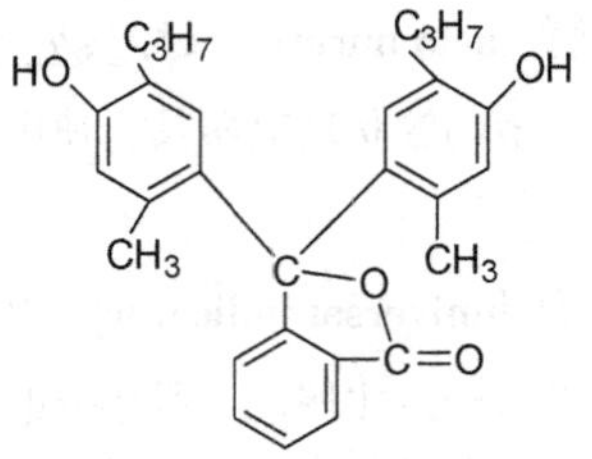

变色间隔 [color change interval] 又称变色区间。指示剂的变色间隔是人通过目视确定的，理论上处在 $pK_a-1<pH<pK_a+1$ 的范围内。当指示剂酸形的量是碱形的量的 10 倍以上时，溶液主要呈现酸形的颜色；其酸形的量是碱形的量的 1/10 以下时，主要呈现碱形的颜色。人眼对不同颜色的敏感程度不同，实际的指示剂变色范围与理论值常有所差别。不同的人对颜色敏感程度不同，观察的变色间隔也不同。

变色区间 [color transition range] 即变色间隔。

标准缓冲溶液 [standard buffer solution] 用于校准 pH 计的具有准确量值的缓冲溶液。它的 pH 是在一定温度下经过实验准确测定的。这类溶液可以由直接配制的共轭酸碱对组成，如 $H_2PO_4^- - HPO_4^{2-}$、硼砂等。或由逐级离解常数相差较小的两性物质组成，如酒石酸氢钾、邻苯二甲酸氢钾。还可用强碱单独配制，如 $Ca(OH)_2$。

布朗斯特酸碱定义 [Brønsted concept of acids and bases] 分析化学中常用的对酸碱的定义。凡能给出质子(H^+)的物质是酸，能接受质子的物质是碱，酸(HA)给出质子后变成它的共轭碱(A)，碱(A)接受质子后便变成它的共轭酸(HA)，两者构成一共轭酸碱对，称为酸碱质子理论。弱酸或弱碱既可以是分子型的，如 HAc、HF、NH_3、NH_2OH 等，也可以是离子型的，如 NH_4^+、HSO_4^-、CN^-、CO_3^{2-} 等。既能给出质子作为酸，也能接受质子作为碱的物质称为两性物，如 H_2O、HSO_3^-、HCO_3^-、HS^-、$H_2PO_4^-$ 等。能给出多个质子的物质称为多元酸，如 H_3PO_4、H_2CO_3、H_3AsO_4、H_2S 等。能接受多个质子的物质称为多元碱，如 $H_2N\text{-}NH_2$、PO_4^{3-}、S^{2-} 等。酸的强弱不仅取决于酸本身释放质子的能力，同时也取决于溶剂接受质子的能力。同理，碱的强弱取决于碱本身接受质子以及溶剂释放质子的能力。

参考水准 [reference level] 又称零水准。在处理酸碱平衡问题时，常用质子条件式表达酸碱之间质子转移的数量关系。要列出质子条件式先要选择适当的物质作为参考，即参考水准，以它作为考虑质子转移的起点。作为参考水准的物质通常是大量存在并参与质子转移的物质。以一元弱酸 HA 的离解为例，溶液中大量存在并参加质子转移的物质是 HA 和 H_2O，则以此两种物质为起点，考虑它们相互之间的质子转移情况。

滴定突跃 [titration break] 滴定分析中，在化学计量点附近加入少量滴定剂即引起反应物浓度急剧变化，滴定曲线急剧上升或下降。通常将化学计量点前后 0.1%范围内的滴

定突跃称为突跃范围，它是选择指示剂的依据。变色点的 pH 处于滴定突跃范围内的指示剂才能准确指示滴定终点的到达，使终点误差控制在要求的范围内。

滴定指数 [titration index] 滴定分析中，在指示剂的变色区间内颜色变化特别明显的那一点。例如甲基橙，当 pH=4.0 时呈显著的橙色，这一点也就是实际的滴定终点，称为指示剂的滴定指数，用符号 pT 表示。当指示剂的酸形与碱形的颜色对人的眼睛同样敏感时，指示剂理论上的颜色转变点就是 pT。

电荷平衡 [charge balance] 又称电中性规则。溶液中各种荷正电物质所带单位正电荷的总量必等于各种荷负电物质所带单位负电荷的总量，即处于平衡状态的水溶液总是电中性的。物料平衡和电荷平衡是处理溶液平衡的基础。

电中性规则 [rule of electroneutrality] 即电荷平衡。

定氮烧瓶 [Kjeldahl flask] 即凯氏烧瓶。

惰性溶剂 [inert solvent] 不直接参加体系化学反应的溶剂。这类溶剂不具酸碱性质或酸碱性极弱，如苯、氯仿、乙腈、甲基异丁基酮等，质子转移反应直接发生在被滴物和滴定剂之间。

非极性溶剂 [non-polar solvent] 由非极性分子构成的溶剂。非极性溶剂只能够溶解非极性的共价化合物。常用的非极性溶剂有氯仿、苯、液状石蜡、植物油、乙醚等，介电常数很低。非极性溶剂对非极性物质的溶解是由于溶质和溶剂分子间的范德瓦耳斯力作用的结果，溶剂分子内部产生的瞬时偶极克服了非极性溶质分子间内聚力而致溶解。

非水溶剂 [non-aqueous solvent] 水以外所有溶剂的总称。非水溶剂可分为两大类：①两性溶剂，既有酸的性质又有碱的性质，具有质子自递作用。按酸碱性的不同，又分为中性溶剂、酸性溶剂和碱性溶剂。②惰性溶剂，不具酸碱性或酸碱性极弱，不参与质子转移过程。

非水酸碱滴定法 [non-aqueous acid-base titration] 在非水溶剂中进行酸碱滴定的方法。某些在水溶液中太弱或溶解度小而不能准确滴定的酸或碱有可能用非水滴定的方法来测定。滴定弱碱应选用碱性弱的溶剂(常用的是冰醋酸)，用强酸($HClO_4$)作滴定剂；滴定弱酸应选用酸性弱的溶剂(如乙二胺、正丁胺、吡啶等)，用强碱作滴定剂(如甲醇钠)。连续测定混合物中强度不同的酸或碱，应选用酸性及碱性都很弱的溶剂(如甲基异丁基酮等)。

酚酞 [phenolphthalein] 一种常用的酸碱指示剂。$pK_a \approx 9.1$，变色间隔为 8.0(无)～9.8(红)。结构简式及酸碱反应式为

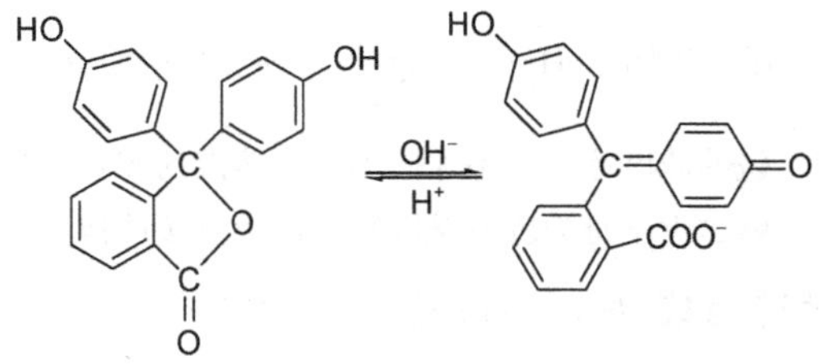

格兰函数 [Gran function] 各类滴定体系滴定液加入量与体系特性变量(pH、电位等)关系的函数。

格兰图 [Gran plot] 依据格兰函数绘制的曲线图。

给质子溶剂 [protogenic solvent] 在体系中给出氢离子的溶剂。如水、冰醋酸等。

广域缓冲溶液 [universal buffer solution] 又称全域缓冲溶液。在很宽的 pH 范围内具有缓冲作用的溶液。由几种 pK_a 不同的弱酸混合后加入不同量的强酸或强碱制备得到。例如 Britton-Robinson(布里顿-罗宾森)缓冲溶液就是由浓度均为 0.04 mol/L 的 H_3PO_4、H_3BO_3 和 HAc 混合而成的全域缓冲溶液，向其中加入不同体积的 0.2 mol/L NaOH 即可获得所需 pH 的缓冲溶液。

缓冲范围 [buffer range] 缓冲溶液的有效缓冲范围约在 pH 为 $pK_a \pm 1$ 的范围，即约有 2 个 pH 单位。最大缓冲容量是在$[H^+]=K_a$时，即弱酸与其共轭碱的浓度相同时。因此选择缓冲溶液时应选择弱酸的 pK_a 接近于所需的 pH，并控制弱酸与其共轭碱的浓度比接近于 1∶1，所用缓冲物质的总浓度应当大一些(一般在 0.01～1 mol/L 之间)。

缓冲容量 [buffer capacity] 又称缓冲指数。表示溶液的缓冲能力。可根据缓冲溶液的组成由测量或计算获得。弱酸和其共轭碱组成缓冲溶液，其缓冲容量用β 表示，β 越大缓冲能力越强。

$$\beta = \frac{db}{dpH} = -\frac{da}{dpH}$$

式中，db 为使 1 L 溶液的 pH 增加 dpH 单位时所需加入的强碱的物质的量；da 为使 1 L 溶液的 pH 减少 dpH 单位时所需加入的强酸的物质的量。酸增加使 pH 降低，故式前加一负号。缓冲物质总浓度越大其缓冲容量也越大。当弱酸和其共轭碱的浓度相等时体系的缓冲容量最大，此时溶液的 pH 等于弱酸的 pK_a。

缓冲溶液 [buffer solution] 又称酸碱缓冲溶液。能对酸碱度起稳定作用的溶液。该溶液的 pH 不因外加少量酸、碱或溶液稀释等因素而显著变化，对化学、生物化学和生理学等有特别重要的意义。缓冲溶液由弱酸及其共轭碱组成，如 HAc-NaAc、$NH_3 \cdot H_2O$-NH_4Cl 等。基于弱酸的离解平衡来控制

溶液的 pH，溶液的 $pH=pK_a+\lg\dfrac{c_b}{c_a}$。外加少量酸或碱时，其共轭酸、碱的浓度比变化不大，因而使溶液的 pH 变化不大。强酸、强碱由于本身酸度或碱度较高，也有缓冲作用。

缓冲指数 [buffer index] 即缓冲容量。

混合常数 [mixed constant] H^+或 OH^-用活度表示，其他组分用浓度表示，计算获得的反应平衡常数。混合常数不仅与温度有关，还随离子强度或活度系数而改变。由于在实际工作中往往用电位法测定溶液的 pH，即 $-\lg a(H^+)$，使用混合常数进行计算就很方便。

混合指示剂 [mixed indicator] 两种变色间隔邻近的指示剂混合，或一种酸碱指示剂与惰性染料的混合物。在一些弱酸或弱碱的滴定中，滴定突跃很小，需要用变色间隔窄、颜色变化敏锐的指示剂指示终点。混合指示剂利用颜色的互补作用使变色间隔变窄，颜色变化敏锐，因此能够准确地指示滴定终点。

活度常数 [activity constant] 又称热力学常数。化学反应达到平衡时生成物活度乘积与反应物活度乘积之比。它仅随温度变化。

极性溶剂 [polar solvent] 含有羟基或羰基等极性基团的溶剂。其分子中正负电荷中心不相重合，极性强，介电常数大。溶剂种类与物质溶解性的关系可以被概括为“相似相溶”。极性溶剂能够溶解离子化合物以及能离解的共价化合物，而非极性溶剂则只能够溶解非极性的共价化合物。

甲基橙 [methyl orange] 一种常用的酸碱指示剂。pK_a=3.4，变色间隔为 3.1(红)～4.4(橙)。结构简式为

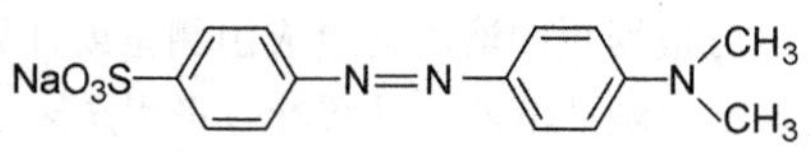

甲基红 [methyl red] 又称甲烷红。一种酸碱和吸附指示剂。pK_a=5.0，变色间隔为 4.4(红)～6.2(黄)。结构简式为

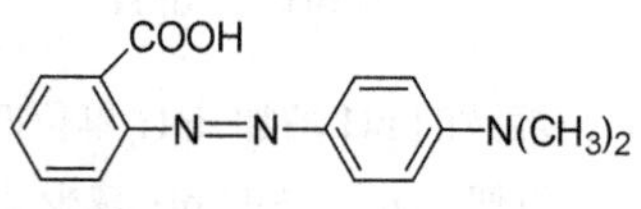

甲基紫 [methyl violet] 即结晶紫。

甲醛[滴定]法 [formaldehyde method] 测定铵盐的滴定分析法。铵盐(NH_4^+)是弱酸(pK_a=9.24)，不能用 NaOH 直接滴定。在 NH_4^+溶液中加入甲醛，则发生如下反应：

$$4NH_4^+ + 6HCHO \rightleftharpoons (CH_2)_6N_4H^+ + 3H^+ + 6H_2O$$

生成的强酸及 $(CH_2)_6N_4H^+$ (pK_a=5.13) 均可被 NaOH 滴定。终点产物是 $(CH_2)_6N_4$，应选酚酞为指示剂。铵盐中常含有游离酸，甲醛中常含有甲酸，反应前应预先中和除去。

甲烷红 [methyl red] 即甲基红。

碱度 [alkalinity] 在规定条件下，100 g 试样中所含碱性物质相当氢氧根离子的物质的量(mmol)。碱度是指水中能与强酸发生中和作用的物质的总量。这类物质包括强碱、弱碱、强碱弱酸盐等。主要表示水样中存在的碳酸盐、重碳酸盐及氢氧化物。碱度可用盐酸标准溶液进行滴定，当滴定至甲基橙指示剂由黄色变为橙红色时，溶液的 pH 为 4.4～4.5，表明水中的重碳酸盐已被中和，此时的滴定结果称为“总碱度”。

碱离解常数 [base dissociation constant] 弱碱A在水溶液中的离解反应及平衡常数为

$$A^- + H_2O \rightleftharpoons HA + OH^- \qquad K_b = \frac{a(HA)\cdot a(OH^-)}{a(A^-)}$$

平衡常数 K_b 是衡量碱强弱的尺度，称为碱离解常数（或称碱度常数），仅随温度变化。在稀溶液中溶剂 H_2O 的活度取为 1，不包括在式中。K_b 越大，表示该碱越强。多元碱逐级离解，因此有多个离解常数。

碱量法 [alkalimetry] 基于碱标准溶液与酸定量反应的滴定分析法。用碱标准液滴定酸，根据耗用碱物质的量来计算酸的含量。

碱性溶剂 [alkaline solvent] 即亲质子溶剂。

结晶紫 [crystal violet] 又称甲基紫。一种酸碱指示剂，变色间隔为 0.15(黄)～0.32(绿)、1.0(绿)～1.5(蓝)、2.0(蓝)～3.0(紫)。也可用作染料、消毒剂。结构简式为

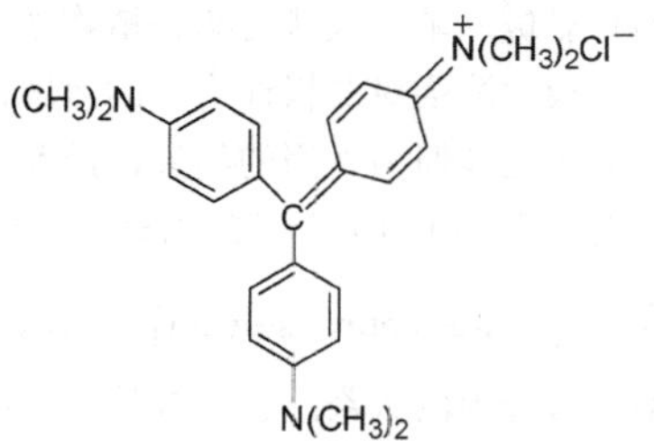

凯氏定氮法 [Kjeldahl method] 有机物中氮含量的滴定分析法。通常需先将含氮试样与浓硫酸和催化剂一同加热消解使其中的氮转化为铵。将含铵试液置于蒸馏瓶中，加浓碱使 NH_4^+ 转化为 NH_3，然后加热蒸馏。用过量的 HCl 标准溶液吸收 NH_3，再以 NaOH 标准溶液返滴过量的 HCl，采用甲基红或甲基橙为指示剂。也可以用过量硼酸溶液吸收 NH_3，再用 HCl 标准溶液滴定产生的 $H_2BO_3^-$，以甲基红为指示剂。

凯氏烧瓶 [Kjeldahl flask] 又称定氮烧瓶。长颈斜口、耐高温的圆底茄形烧瓶，专用于凯氏定氮法消解样品，以分析有机物的含氮量。

可离子化基团 [ionogen] 在水溶液中可离解或可结合某种离子的基团。

拉平溶剂 [leveling solvent] 具有拉平效应的溶剂。根据酸碱质子理论，一种物质在某种溶剂中表现出的酸性或碱

性的强弱，不仅与酸碱物质本身有关，也与溶剂的性质有关。例如，水是$HClO_4$、H_2SO_4、HCl和HNO_3的拉平溶剂，这些酸的浓度不是太大时在水中全部离解，即被H_2O拉平到H_3O^+的水平。液氨是HCl和HAc的拉平溶剂，在液氨中二者的强度差异消失，即被液氨拉平到NH_4^+的强度水平。

离解常数 [dissociation constant] 溶液中酸或碱的离解反应常数。弱酸或弱碱在溶液中部分离解，在温度和其他相关条件恒定下，离解反应达到平衡时，生成物活(浓)度乘积与反应物活(浓)度乘积之比即为弱酸、碱的活(浓)度常数。活度常数仅与温度有关，浓度常数还与溶液的离子强度有关。若H^+(或OH^-)用活度表示，其他组分用浓度表示，就得到混合常数。

离子化溶剂 [ionizing solvent] 介电常数较高的一类溶剂。溶质在其中溶解后，基本上以自由离子形式存在，离子对和离子缔合物所占的分数很少。一般认为介电常数大于40的溶剂中离子对形成的可能性较小，室温下水的介电常数为78.5，显然是很好的离子化溶剂。

两性化合物 [amphiprotic compound] 既能在酸碱反应中提供质子，又能在酸碱反应中接受质子的物质。如H_2O、HSO_3^-、HCO_3^-、HS^-、$H_2PO_4^-$、H_5Y^+等。

两性溶剂 [amphoteric solvent] 既有酸性又有碱性，具有质子自递作用的溶剂。其中酸碱性和水差不多的称为中性溶剂，如甲醇、乙醇等；酸性明显大于水的称为酸性溶剂，如甲酸、乙酸等；碱性明显大于水的称为碱性溶剂，如液氮、乙二胺等。质子自递反应为：$SH+SH \rightleftharpoons SH_2^+ + S^-$ $K_s=a(SH_2^+)\cdot a(S^-)$。各种溶剂的酸碱性不同，质子自递常数($K_s$)也不同。如25℃时，水的质子自递常数$K_w$=14.00，乙醇的$K_s$=19.1。$K_s$是溶剂的重要特性，由$K_s$可以了解在该溶剂中酸碱滴定反应的完全程度和混合酸或混合碱有无连续滴定的可能性等。

零水准 [zero level] 即参考水准。

浓度常数 [concentration constant] 化学反应达到平衡时生成物浓度乘积与反应物浓度乘积之比。浓度常数不仅与温度有关，还随离子强度或活度系数而改变。一般手册中仅列出离子强度为0.1时的浓度常数，如果需要可以根据活度常数和活度系数计算。

浓度对数图 [logarithmic diagram of species concentration] 表示在酸(碱)分析浓度和离子强度不变的条件下，酸(碱)各种形态浓度的对数值随pH变化的情况。弱酸的形态分布图表明了各形态随pH变化的情况，缺点是无法表示小量形态。若取浓度的对数值作浓度对数图就能克服这个缺点。

亲质子溶剂 [protophilic solvent] 又称碱性溶剂。这类溶剂接受质子的倾向比水大，其溶剂化质子比H_3O^+的酸性弱。例如乙二胺、液态氨等。

区分溶剂 [differentiating solvent] 具有区分效应的溶剂。例如$HClO_4$、H_2SO_4、HCl和HNO_3在水溶液中强度相等，但在冰醋酸中，它们的强度就有了差别，即可被冰醋酸区分开来，因此，冰醋酸是上面4种酸的区分性溶剂。

区分效应 [differentiating effect] 能区分酸或碱强弱的作用。例如在水中，比H_3O^+弱的酸(HAc、H_2CO_3、HCN、NH_4^+等)离解程度不同，其酸性强弱得以区分。又如在碱性比水弱的冰醋酸介质中，H_2SO_4、HCl和HNO_3的离解程度就有差别，可以分辨强弱，得以区分。

全氮分析 [total nitrogen analysis] 即总氮分析。

全域缓冲溶液 [universal buffer solution] 即广域缓冲溶液。

热力学常数 [thermodynamic constant] 即活度常数。

溶剂化质子 [solvated proton] 与溶剂分子结合并被其包围的、脱离了阴离子束缚的质子与溶剂的加合物。例如在水溶液中，H^+不能单独存在，而是与4个H_2O结合成$H_9O_4^+$，通常简写为H_3O^+或H^+。

溶剂极性 [solvent polarity] 溶剂和溶质分子以4种方式(色散、偶极、氢键、介电)相互作用的能力。含有羟基或羰基等极性基团的溶剂，分子中正负电荷中心不相重合，其极性强，介电常数大，称为极性溶剂；由非极性分子构成的溶剂介电常数很小，称非极性溶剂或惰性溶剂。

麝香草酚蓝 [thymol blue] 即百里酚蓝。

麝香草酚酞 [thymolphthalein] 即百里酚酞。

石蕊试纸 [litmus paper] 附着有石蕊的、具有测定溶液酸碱性功能的滤纸条。有红色石蕊试纸和蓝色石蕊试纸两种。碱性溶液使红色试纸变蓝，酸性溶液使蓝色试纸变红。严格讲，pH高于8.3时红色石蕊试纸才会变蓝，而pH低于4.5时蓝色石蕊试纸才会变红，在pH为4.5～8.3时石蕊试纸不变色。是检验溶液酸碱性最古老的方法。

疏质子溶剂 [protophobic solvent] 又称酸性溶剂。酸性显著比水强的溶剂。如甲酸、乙酸、硫酸、氢氟酸、三氯乙酸等。

水的活度积 [activity product of water] 参见质子自递常数。

水的质子自递反应 [autoprotolysis reaction of water] 水既可以作为酸给出质子，也可以作为碱接受质子，在水溶液中存在质子自递反应。水的质子自递反应及平衡常数是：

$H_2O+H_2O \rightleftharpoons H_3O^+ + OH^-$ $K_w=a(H_3O^+)\cdot a(OH^-)=1.00\times 10^{-14}$(25℃)

式中，K_w称为水的质子自递常数，也称水的活度积，温度越高数值越大。水溶液中任何一对共轭酸碱的离解常数的乘积($K_a \cdot K_b$)都等于水的质子自递常数(K_w)，据此可以从酸或碱的离解常数计算其共轭碱或共轭酸的离解常数。

酸度 [acidity] 在规定条件下，100 g 试样中所含酸性物质相当氢离子的物质的量(mmol)。环境化学中，酸度指水样中能与强碱发生中和作用的物质的总量，包括无机酸、有机酸、强酸弱碱盐等。酸度可用 NaOH 标准溶液进行滴定，以甲基橙或酚酞为指示剂。以酚酞为指示剂测得的酸度称“总酸度”。

酸度常数 [acidity constant] 即酸离解常数。

酸(碱)标准溶液 [standard solution of acid (base)] 用于酸(碱)滴定的具有准确浓度的强酸(强碱)溶液。最常用的是 HCl 和 NaOH 溶液，它们不能直接配制，要用基准物质标定其准确浓度。标定 HCl 的基准物质常用的有无水碳酸钠(Na_2CO_3)、硼砂($Na_2B_4O_7 \cdot 10H_2O$)等；标定 NaOH 的基准物质常用的有邻苯二甲酸氢钾($KHC_8H_4O_4$)、草酸($H_2C_2O_4 \cdot 2H_2O$)等。

酸碱滴定法 [acid-base titration] 又称中和滴定法。以酸碱反应为基础的滴定方法。滴定时，溶液中 H^+浓度随滴定剂(强碱或强酸)的加入而改变，在化学计量点附近，加入很少量的滴定剂即引起 H^+浓度发生急剧变化(滴定突跃)，由指示剂的颜色改变或 pH 玻璃电极电位的突变来指示滴定终点。酸碱滴定的主要类型有：强酸、强碱的滴定；弱酸、弱碱的滴定以及混合酸、混合碱和多元酸、多元碱滴定。常用的滴定剂(标准溶液)是 HCl 和 NaOH 溶液，均需要进行标定。

酸碱滴定反应常数 [acid-base titration constant] 滴定反应常数用 K_t 表示。强酸与强碱之间的滴定反应为

$$H^+ + OH^- \rightleftharpoons H_2O \quad K_t = \frac{1}{a(H^+) \cdot a(OH^-)} = \frac{1}{K_w} = 10^{14.00} \quad (25℃)$$

强碱滴定一元弱酸：

$$OH^- + HA \rightleftharpoons H_2O + A^- \qquad K_t = \frac{K_a}{K_w}$$

强酸滴定一元弱碱：

$$H^+ + A^- \rightleftharpoons HA \qquad K_t = \frac{K_b}{K_w}$$

反应完全度最高的是强酸与强碱之间的反应；强碱(酸)滴定弱酸(碱)的反应进行的程度 K_t 取决于弱酸(碱)的强弱。弱酸(碱)的酸(碱)性越强反应进行得就越完全。

酸碱滴定曲线 [acid-base titration curve] 在酸碱滴定过程中，以溶液的 pH 对滴定剂加入的体积(或中和百分数)作图得到的曲线。它能很好地表示滴定过程中溶液 pH 的变化，显示滴定突跃并为指示剂的选择提供依据。

酸碱反应 [acid-base reaction] 溶液中酸、碱的离解反应及中和反应。按照酸碱质子理论，酸给出质子的反应、碱接受质子的反应均称作酸碱半反应，半反应均不能单独发生，即酸只有与接受质子的碱共存时才能给出质子，碱也必须与能给出质子的酸共存时才能接受质子。酸碱反应实际上是两个共轭酸碱对共同作用的结果，其实质是质子的转移。水溶液中存在着酸或碱的离解反应，例如乙酸(HAc)在水中的离解：$HAc + H_2O \rightleftharpoons H_3O^+ + Ac^-$，作为溶剂的水($H_2O$)起碱的作用，接受 HAc 给出的 H^+成为它的共轭酸 H_3O^+，HAc 给出质子后成为它的共轭碱 Ac^-；H_2O 既可以作为酸给出质子，也可以作为碱接受质子，在水溶液中存在着水的质子自递反应：$H_2O + H_2O \rightleftharpoons H_3O^+ + OH^-$。在酸碱滴定中，通常是强酸与强碱的中和反应，或强酸与弱碱、强碱与弱酸的反应。

更广义的酸碱反应是以路易斯(Lewis)理论为基础，碱具有未共享的电子对，酸是能与碱的未共享电子对形成共价键的分子或离子。因此酸碱反应就是电子对的授受反应，即碱提供电子对，酸接受碱提供的电子对形成化学键的反应。

酸碱缓冲溶液 [acid-base buffer solution] 即缓冲溶液。

酸碱平衡 [acid-base equilibrium] 溶液中酸、碱的离解反应及中和反应的动态平衡。强酸(HCl)、强碱(NaOH)在水溶液中几乎全部离解。弱酸或弱碱则部分离解，当离解反应达到动态平衡时，其离解(平衡)常数仅随温度变化；水的质子自递常数也仅随温度改变；酸碱反应进行的程度可以用反应的平衡常数来衡量，平衡常数越大反应越完全。

酸(碱)溶液的 pH [pH of acid (base) solution] 酸(碱)溶液中氢离子活度的负对数，$pH = -\lg a(H^+)$。当溶液很稀时，可以用氢离子的浓度$[H^+]$代替活度 $a(H^+)$，即 $pH = -\lg[H^+]$。在分析化学计算中常忽略离子强度的影响，所以计算 pH 就是计算$[H^+]$的问题。可以将溶液中平衡形态之间的三大平衡关系，即物料平衡、电荷平衡和质子条件结合起来推导出计算各类酸碱溶液氢离子浓度的计算式。最简单而又最常用的方法是通过质子条件式推导出氢离子浓度的精确计算式，再根据具体条件进行合理地近似计算。

酸碱指示剂 [acid-base indicator] 用于指示酸碱滴定终点的一类指示剂。酸碱指示剂本身是有机弱酸或有机弱碱，它的酸形和碱形具有不同的颜色，酸形和碱形的浓度比值随溶液的 pH 改变，因而引起溶液颜色的变化，通过颜色的突变指示滴定终点。指示剂理论上的变色间隔为 $pK_a - 1 < pH < pK_a + 1$。由于人眼睛对于颜色的敏感程度不同，指示剂实际的变色间隔与理论值有所不同，但总是发生在指示剂的 pK_a 的两侧。甲基橙、甲基红和酚酞是常用的酸碱指示剂。有时使用混合指示剂，通过颜色互补作用使终点更明显。应根据滴定终点的 pH 来选择合适的指示剂。

酸离解常数 [acid dissociation constant] 又称酸度常数。弱酸 HA 在水溶液中的离解反应的平衡常数，用 K_a 表示。

弱酸 HA 的离解反应及平衡常数为

$$HA+H_2O \rightleftharpoons H_3O^++A^- \qquad K_a=\frac{a(H_3O^+)\cdot a(A^-)}{a(HA)}$$

在稀溶液中溶剂 H_2O 的活度取为 1，不包括在式中。K_a 仅随温度变化。此值越大，表示该酸越强。多元酸逐级离解，因此有多个离解常数。

酸量法 [acidimetry] 基于酸标准溶液与碱定量反应的滴定分析法。用酸标准液滴定碱，根据耗用酸物质的量来计算碱的含量。

酸性溶剂 [protogenic solvent] 即疏质子溶剂。

酸值 [acid value] 在试验条件下中和 1 g 试样中的酸性物质所需氢氧化钾的毫克数。表示油脂类、聚酯类、石蜡等有机物质中含有游离酸的一种指标。用酸碱滴定法测定，常选用酚酞指示剂确定其终点。

物料平衡 [material balance] 又称质量平衡。溶液中某一组分的分析浓度等于该组分各形态的平衡浓度之和。它的数学表达式称作物料平衡式。例如，分析浓度为 c 的 HAc 在水溶液中以分子形式 HAc 和离子形式 Ac^-存在，溶液的物料平衡式为

$$c=[HAc]+[Ac^-]$$

式中，[HAc]和$[Ac^-]$分别表示分子和离子的平衡浓度。物料平衡式将物质的平衡浓度与分析浓度联系起来，在溶液平衡计算中经常用到。

形态分布 [relative concentration distribution] 弱酸(碱)体系中物种存在的多种形态。溶液中的氢离子浓度改变时会影响平衡的移动，改变各种形态的平衡浓度比。控制溶液 pH，就可以控制溶液中各形态的浓度分布。例如一元弱酸 HAc，$pH=pK_a$ 时摩尔分数 $x(HAc)=x(Ac^-)$，即两种形态各占一半。$pH<pK_a$ 时，以酸形(HAc)为主；$pH>pK_a$ 时，以碱形(Ac^-)为主。

形态分布图 [relative concentration distribution diagram] 溶液中各物种形态的摩尔分数随酸度改变的关系曲线。例如一元弱酸 HAc，$x(HAc)$ 随 pH 增大而减小，$x(Ac^-)$ 则随 pH 增大而升高。两曲线相交于 $pH=pK_a$ 这一点。此时 $x(HAc)=x(Ac^-)$，即两种形态各占一半。图形以 pK_a 点为界分成两个区域：当酸度高时$(pH<pK_a)$，以酸形(HAc)为主；酸度低时$(pH>pK_a)$，以碱形(Ac^-)为主；在过渡区 $pH\approx pK_a$ 处，两种形态都以较大量存在。任何一元弱酸(碱)的形态分布图形状都相同，只是图中曲线的交点随其 pK_a 大小不同而左右移动。在络合平衡体系中情况类似，以 pL 和 lg$K$ 相关联。

溴甲酚蓝 [bromocresol blue] 即溴甲酚绿。

溴甲酚绿 [bromocresol green] 又称溴甲酚蓝。一种酸碱指示剂。pK_a=4.9，变色间隔为 3.8(黄)～5.4(蓝)。结构简式为

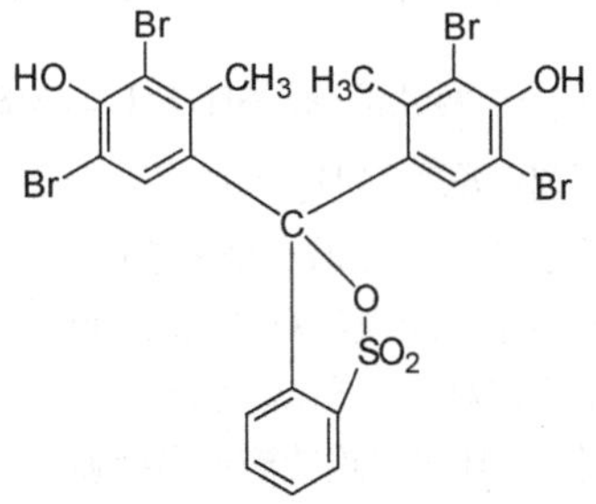

优势区域图 [predominance-region diagram] 表征若干关联物质在同一溶液中随溶液pH或pL变化的浓度分布图。是形态分布图的简化形式。在酸碱溶液中，以酸的逐级离解常数为界分为各种形态占优势的区域，由溶液的 pH 即可知哪种形态占优势。而在络合平衡体系中，则是以络合物的逐级稳定常数为界分为各种形态占优势的区域，由溶液的 pL 就可知哪种形态占优势。

皂化值 [saponification number] 在规定条件下，1 g 油品试样完全皂化时所消耗的氢氧化钾毫克数。是酯值与酸值的总和。皂化值的高低表示油脂中脂肪酸分子量的大小(即脂肪酸碳原子的多少)。皂化值愈高，说明脂肪酸分子量愈小，亲水性较强，易失去油脂的特性。

pH 值 [pH value] 溶液中氢离子活度的常用对数的负值。$pH=-\lg a(H^+)$。是溶液中氢离子活度的一种标度，也就是通常意义上溶液酸碱程度的衡量标准。pH 值越大，碱性越强，pH 值越小，酸性越强。25℃时，pH=7.0 为中性。

质量平衡 [mass balance] 即物料平衡。

质子化溶剂 [protic solvent] 能提供质子与溶质分子以氢键相缔合或形成配位阳离子的一类溶剂。一般为含有羟基或胺基的化合物，如：H_2O、C_2H_5OH、HCOOH、CH_3COOH、$C_2H_5NH_2$ 等。更加笼统地说，任何可以给出 H^+的溶剂都可以称为质子溶剂。

质子条件 [proton condition; proton balance] 在酸碱反应达到平衡时溶液中得失质子数相等，称为质子条件，它的数学表达式称作质子条件式。质子条件式的一般写法是：以起始物质和水为零水平，将其得质子的形式写在等式左边，失质子的形式写在等式右边，注意将相应的形式乘上得失质子的数目。由溶液的质子条件出发，可以推导出计算溶液氢离子浓度的计算式。

质子自递常数 [autoprotolysis constant] 同种两性物质分子间的质子传递反应达到平衡时的平衡常数。例如水的质子自递常数 $K_w=a(H_3O^+)\cdot a(OH^-)=1.00\times10^{-14}$(25℃)。$K_w$ 也称水的活度积，仅随温度变化，温度越高数值越大。

质子自递作用 [autoprotolysis] 两性溶剂自身分子之间的质子传递作用。例如水的质子自递反应及平衡常数是

$$H_2O+H_2O \rightleftharpoons H_3O^++OH^- \quad K_w=a(H_3O^+)\cdot a(OH^-)=1.00\times10^{-14}(25℃)$$

用 SH 表示任一两性溶剂，$SH+SH \rightleftharpoons SH_2^+ \ S^-$，用 K_s 表示质子自递常数，$K_s=a(SH_2^+)\cdot a(S^-)$。在两性溶剂中，强酸就是溶剂化质子 SH_2^+，强碱就是溶剂阴离子 S^-。因此在两性溶剂中强酸碱滴定反应的常数 $K_t=1/K_s$，可见溶剂的 K_s 越小，滴定反应的完全度就越高。在 K_s 小的溶剂中（pK_s 大），由于可用的 pH 范围大，还可以连续滴定多种强度不同的酸(碱)混合物。例如甲基异丁基酮的 pK_s 大(>30)，以它为溶剂可以连续滴定 5 种强度不同的酸($HClO_4$、HCl、水杨酸、HAc、苯酚)。

中和滴定法 [neutralization titration] 即酸碱滴定法。

中性点 [neutral point] 强酸与强碱中和反应恰好完全，溶液 pH 为 7.0 时滴定曲线上对应的测量点。

中性红 [neutral red] 一种酸碱及氧化还原指示剂，也作为活体及细胞染色剂。变色间隔为 6.8(红)～8.0(黄)，结构简式为

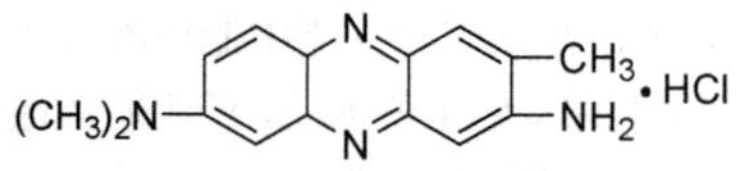

总氮分析 [total nitrogen analysis] 又称全氮分析。所有无机态氮(硝酸盐氮、亚硝酸盐氮、氨氮)和有机态氮总量的分析。例如水样中氨、铵盐、亚硝酸盐以及大部分有机氮化合物在 120～124℃碱性介质中，加入过硫酸钾氧化成硝酸盐后，以硝酸盐氮的形式采用紫外分光光度法进行总氮的测定。也可以分别用凯氏定氮法测定有机氮化物含量、用甲醛(滴定)法测定铵盐含氮量。

3.3.3 络合滴定

氨基紫色酸 [murexide] 即紫脲酸铵。

氨三乙酸 [nitrilotriacetic acid (NTA)] 一种氨羧络合剂。测定 Ca^{2+}、Mg^{2+}、Fe^{3+}、Fe^{2+} 等阳离子的试剂，在 Co^{2+}、Cu^{2+}、Ni^{2+}等和稀土金属离子络合滴定中作为络合剂和金属掩蔽剂。结构简式为

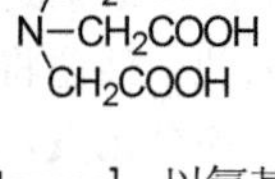

氨羧络合剂 [complexone] 以氨基二乙酸[—$N(CH_2COOH)_2$]为母体的一类衍生物的总称。分子中含有氨氮和羧氧配位原子，几乎能与所有金属离子络合，生成稳定且配位比简单的螯合物。可用于多种金属离子的络合滴定。

螯合滴定法 [chelatometry; chelatometric titration] 基于生成螯合物的滴定分析法。有机络合剂分子中常含有两个以上可键合原子，与金属离子络合时形成低配位比的具有环状结构的螯合物。它比同种配位原子所形成的简单配位络合物稳定得多。用氨羧络合剂作滴定剂时，其分子中含有氨氮和羧氧配位原子，几乎能与所有金属离子生成稳定的螯合物。其中 EDTA 是最常用的螯合滴定剂。

1-(2-吡啶偶氮)-2-萘酚 [1-(2-pyridylazo)-2-naphthol (PAN)] 络合滴定指示剂，pK_{a1}=2.9，pK_{a2}=11.2。PAN 与 Cu^{2+} 的显色反应非常灵敏，以 Cu-PAN 为间接金属指示剂可测定多种金属离子。Cu-PAN 可在很宽的 pH 范围(pH 1.9～12.2)内使用，因此可以在同一溶液中连续指示终点。由于 PAN 在水中溶解度小，易发生指示剂的僵化，用作指示剂时常加入乙醇或在加热下滴定。它也是一种显色剂，用于萃取比色测定 Co^{2+}、Ni^{2+}、 Zn^{2+}、Pb^{2+} 等。结构简式为

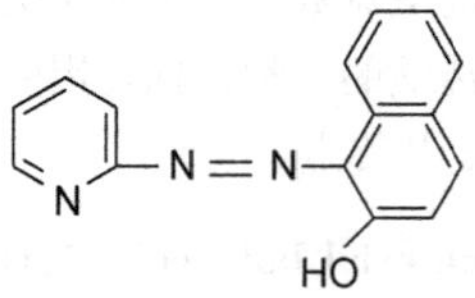

超分子络合物 [supermolecular complex] 具有两个(含)以上原子基团，借助分子间作用力结合而形成的具有一定结构和功能的络合物。

沉淀掩蔽法 [precipitation masking method] 加入一种沉淀剂(A)与干扰离子 N 生成沉淀，并在沉淀存在下直接进行络合滴定的消除干扰的分析方法。例如钙、镁的氢氧化物的溶解度相差较大，若在 pH>12 滴定 Ca^{2+}，镁形成 $Mg(OH)_2$ 沉淀不干扰 Ca^{2+}的测定。

缔合常数 [association constant] 缔合反应达到平衡时，反应产物浓度与反应物离子浓度乘积之比。两个或两个以上较为简单的组分可逆形成复杂化合物称缔合反应。例如阳离子和阴离子通过静电引力相结合形成离子缔合物。

电荷转移作用 [charge-transfer interaction] 当具有电子给予特性的物质分子与具有电子接受特性的物质分子相互接近时，两分子间发生电荷转移而形成稳定结合的作用。

多配基络合物 [polyligand complex] 又称多配基配合物。由多个相同配体与某一种中心离子形成的配合物。无机配体中仅含 1 个可键合原子，与金属离子反应即形成多配位的络合物，如 $Cu(NH_3)_4$。

多配基配合物 [polyligand complex] 即多配基络合物。

多酸络合物 [polyacid complex] 由两种(含)以上简单分子的酸组成的至少含一个中心离子的络合物。

二甲酚橙 [xylenol orange (XO)] 酸性溶液中许多金属离子络合滴定所使用的极好指示剂。二甲酚橙为多元酸，6 级离解常数，pK_{a2}～pK_{a6} 分别为 2.6、3.2、6.4、10.4 和 12.3。

在 pH 0～6.0 之间指示剂本身为黄色，它与金属离子形成的络合物为红色。结构简式为

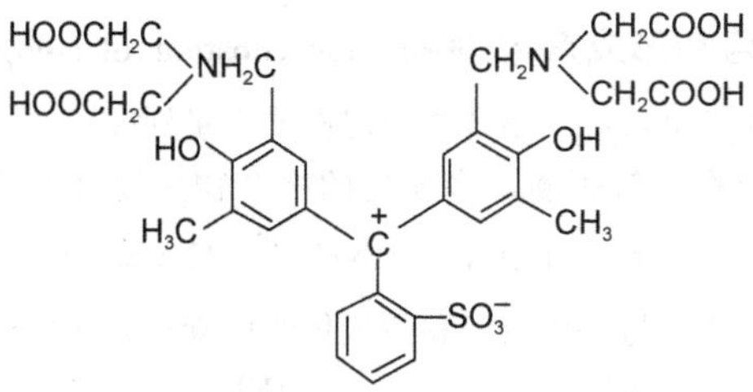

辅助络合剂 [auxiliary complexing agent] 络合滴定中，为防止待测金属离子在低酸度下水解沉淀而加入的络合剂。例如在弱碱性溶液中用 Zn^{2+}标定 EDTA 时，常加入氨性缓冲溶液控制溶液的 pH，此时氨和 Zn^{2+}络合，防止 Zn^{2+}发生水解，即为辅助络合剂。辅助络合剂与金属的副反应会导致 K'(MY)降低，必须控制其用量，否则 K'(MY)太小，将无法准确滴定。

副反应系数 [side reaction coefficient] 在络合滴定中，表征副反应(除了滴定反应这一主反应以外的其他反应)进行的程度，用符号α 表示。滴定剂的副反应系数$\alpha_Y=[Y']/[Y]$，若溶液中无其他金属离子时$\alpha_Y=\alpha_{Y(H)}$；金属离子的副反应系数$\alpha_M=[M']/[M]$，当溶液中存在其他 p 种与 M 作用的络合剂时，$\alpha_M=\alpha_{M(A1)}+\alpha_{M(A2)}+\cdots+\alpha_{M(AP)}+(1-p)$，式中$\alpha_{M(A)}=1+[A]\beta_1+[A]^2\beta_2+\cdots+[A]^n\beta_n$，[A]为游离络合剂的平衡浓度；当溶液的酸性或碱性较高时，络合物也会发生副反应，副反应系数表示为$\alpha_{MY(H)}$或$\alpha_{MY(OH)}$，酸式络合物与碱式络合物大多不太稳定，一般计算中可忽略不计。

钙试剂 [calcon] 又称铬蓝黑 R。络合滴定指示剂。pK_{a1}～pK_{a3}分别为 1、7.3 和 13.5。在氨性缓冲溶液中测定 Ca^{2+}、Mg^{2+}、Zn^{2+}，指示剂本身为蓝色，络合物为粉红色。结构简式为

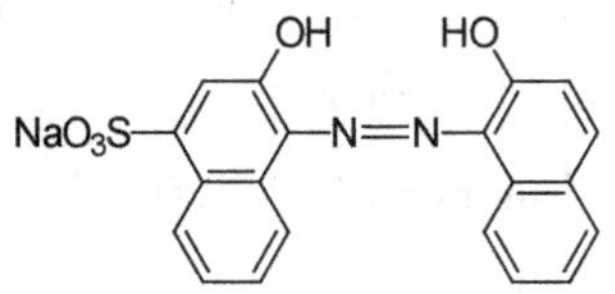

钙羧酸指示剂 [calconcarboxylic acid] 即钙指示剂。

钙指示剂 [calconcarboxylic acid] 又称钙羧酸指示剂。测定钙的金属指示剂。pK_{a1}～pK_{a4}分别为 1～2、3.8、9.4 和 13～14。在 pH>12 的 KOH 或 NaOH 溶液中呈蓝色，与 Ca^{2+}形成酒红色络合物，$\lg\beta=5.0$。结构简式为

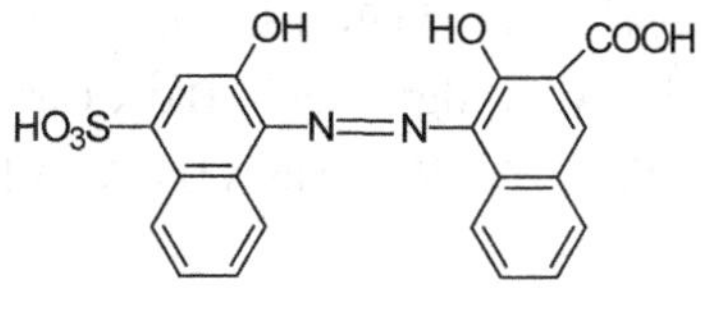

铬黑 T [eriochrome black T (EBT)] 一种偶氮类染料。pK_{a1}～pK_{a3}分别为 3.9、6.4 和 11.5。在氨性缓冲溶液中用作 EDTA 滴定 Mg^{2+}、Zn^{2+}、Pb^{2+}、Cd^{2+}等的指示剂，指示剂本身为蓝色，络合物为红色。结构简式为

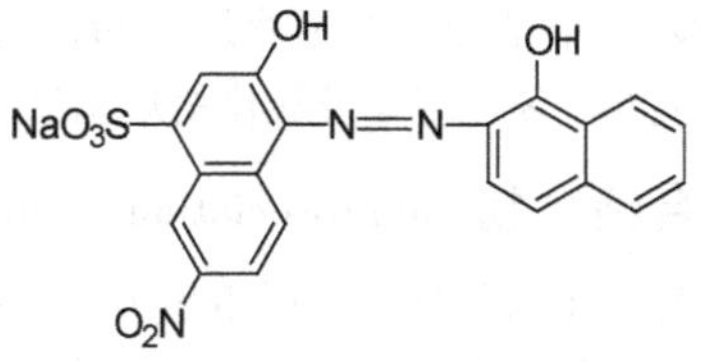

铬蓝黑 R [eriochrome blue black R] 即钙试剂。

汞量法 [mercurimetry] 基于二价汞盐与卤素反应生成络合物的滴定分析法。例如，Hg^{2+}与 Cl^-可生成稳定的 1∶2 络合物 $HgCl_2$，用二苯卡巴腙等为指示剂，与 Hg^{2+}形成有色络合物指示终点。

环己二胺四乙酸 [cyclohexanediamine tetraacetic acid (CyDTA)] 一种金属络合剂。结构简式为

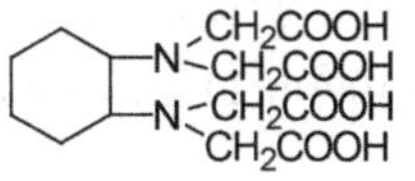

磺基水杨酸 [sulfosalicylic acid] $pK_{a1}=2.6$，$pK_{a2}=11.7$，在 pH 1.5～3 用作滴定 Fe^{3+} 的指示剂，指示剂本身无色，络合物为红紫色。也可用于脑脊液、尿蛋白和 Al^{3+}、Be^{2+}、Ni^{2+}、Zn^{2+}、UO_2^{2+} 以及硝酸盐等的检测。结构简式为

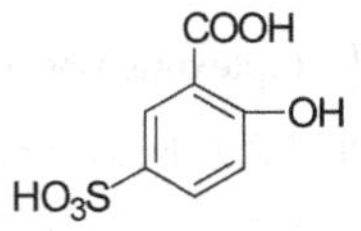

胶束包合络合物 [micellar inclusion complex] 溶液中表面活性剂超过一定浓度时，所形成的团状或束状簇合物，包围在金属络合物分子或其他有机物分子周围而产生的一类物质。

解蔽 [demasking] 将被掩蔽的物质通过化学反应重新释放出来。例如，欲测定溶液中 Pb^{2+}、Zn^{2+}二者的含量，可先在氨性酒石酸溶液中用 KCN 掩蔽 Zn^{2+}，用 EDTA 滴定 Pb^{2+}，然后加入甲醛破坏 $Zn(CN)_4^{2-}$，释放出的 Zn^{2+}继续用 EDTA 滴定。

金属离子的副反应系数 [side-reaction coefficient of metal ion] 即络合效应系数。

金属离子缓冲溶液 [metal ion buffer solution] 由金属络合物(ML)和过量的络合剂(L)所组成的缓冲溶液。具有控制金属离子浓度稳定在很低数值的作用。当过量络合剂与络合物浓度相等时，缓冲能力最大。选用不同络合剂，控制合适 pH，调节溶液中[L'](未与金属离子络合的络合剂总浓度)与[ML]的比值，就可配制不同 pM 的金属离子缓冲溶液。

金属指示剂 [metallochromic indicator] 能够指示溶液中金属离子变化的有机试剂。金属指示剂也是络合剂，它与金属离子形成的络合物的颜色与试剂本身的颜色不同，因而可以用于指示络合滴定的终点。金属指示剂多是有机弱酸，颜色随溶液 pH 变化，因此必须控制合适的 pH 范围。还要注意指示剂的封闭现象、僵化现象及氧化变质现象。

离子缔合络合物 [ion-association complex] 由金属配位离子与带异性电荷的离子以静电引力作用结合而成的电中性化合物。主要分为 3 类：①络阴离子-大阳离子缔合，通式为$[ML_n]^{m-}[(Q^+)_m]$；②络阳离子-大阴离子缔合，通式为$[MB_m]^{n+}[(A^-)_n]$；③络阳离子-络阴离子缔合，通式为$[MB_m][M'L_n]$。

林博姆曲线 [Ringbom's curve] 络合滴定中的 pH～lg*K*(MY)关系曲线。曲线中纵坐标为金属-EDTA 的 lg*K*(MY′)达到 8.0(能准确滴定的稳定常数)的最低 pH，横坐标为络合物的 lg*K*(MY)，可由之查得各种离子准确滴定的最低 pH(即最高酸度)。必须注意，此最低 pH 是相应于如下条件：$\Delta pM=\pm 0.2$，$c_{sp}(M)=10^{-2}$ mol/L，$E_t=0.1\%$，金属离子未发生副反应。

笼形化合物 [clathrate compound] 分子结构呈笼形的化合物的总称。一类主体分子内的空间是长的管道或隧道形状，另一类主体分子内的空间是完全闭合的。组成分子的原子以中空立体结构排列，形成多面体或多环笼形。

络合滴定法 [complexometric titration; complexometry] 又称配位滴定法。以络合反应为基础的滴定方法。利用乙二胺四乙酸(EDTA)与金属离子形成稳定的螯合物(chelate)的反应进行滴定，是常用的络合滴定法。在络合滴定体系中，由于溶液的酸度、其他络合剂及干扰离子的存在均影响反应的完全度，所以常用条件稳定常数表示溶液中的平衡关系。

络合物的条件稳定常数 [conditional stability constant of complex] 即络合物的条件形成常数。

络合物的条件形成常数 [conditional formation constant of complex] 又称络合物的条件稳定常数。用络合剂 EDTA 滴定金属离子 M 时，除 Y 与 M 的主反应外，同时还可能发生多种副反应，此时稳定常数 $K(MY)=\dfrac{[MY]}{[M][Y]}$不能正确表示反应进行的程度，只有条件稳定常数 $K'(MY)=\dfrac{[(MY)']}{[M'][Y']}$才能符合实际情况。式中，[M′]、[Y′]分别为未形成络合物的金属离子和络合剂的总浓度；[(MY)′]为形成的络合物的总浓度。通过副反应系数的计算可以将[M′]、[Y′]、[(MY)′]和[M]、[Y]、[MY]联系起来，由 *K*(MY)计算 *K*′(MY)。

络合物稳定常数 [stability costant of complex] 即络合物形成常数。

络合物形成常数 [formation constant of complex] 又称络合物稳定常数。络合物稳定性的定量标度。络合物在水溶液中存在离解平衡，多配位的络合物是逐级形成的，如 $Ag^+ + NH_3 \rightleftharpoons Ag(NH_3)^+$，$Ag(NH_3)^+ + NH_3 \rightleftharpoons Ag(NH_3)_2^+$。络合物的浓度与金属离子和配位体浓度乘积之比即为形成常数：$K_1=\dfrac{[Ag(NH_3)^+]}{[Ag^+][NH_3]}$，$K_2=\dfrac{[Ag(NH_3)_2^+]}{[Ag(NH_3)^+][NH_3]}$。逐级形成常数累积相乘即得到累积常数：$\beta_1=K_1$，$\beta_2=K_1\cdot K_2$。形成常数(稳定常数)越大络合物越稳定。

络合效应系数 [coefficient of complexation effect] 又称配位效应系数或金属离子的副反应系数。络合剂 A 引起副反应时的副反应系数，以 $\alpha_{M(A)}$表示。

$$\alpha_{M(A)}=\frac{[M]+[MA]+[MA_2]+\cdots+[MA_n]}{[M]}$$
$$=1+[A]\beta_1+[A]^2\beta_2+\cdots+[A]^n\beta_n$$

式中，A 可能是滴定时所需的缓冲剂或为防止金属离子水解所加的辅助络合剂，也可能是为消除干扰而加的掩蔽剂。在高 pH 下滴定时，OH^-与 M 形成金属羟基络合物，A 就代表 OH^-。如果金属离子同时发生 *p* 个副反应，金属离子的总的副反应系数用 α_M 表示

$$\alpha_M=\alpha_{M(A1)}+\alpha_{M(A2)}+\cdots+(1-p)$$

络合掩蔽法 [complexation masking method] 加入一种掩蔽剂(A)与干扰离子 N 起反应，则溶液中的[N]降低，使 N 对待测离子 M 的干扰作用减小以至消除的方法。它是选择性滴定最常用的方法。为提高掩蔽效率，需选择能与干扰离子 N 生成稳定络合物的试剂，还要注意控制掩蔽剂的量和溶液的 pH。常用的掩蔽剂有三乙醇胺、氟化物、乙酰丙酮、邻二氮菲、氰化物、碘化物等。

络合作用 [complexation] 金属离子以配位键与配位体联结的反应和作用。

配位滴定法 [coordination titration] 即络合滴定法。

配位效应系数 [coordination effect coefficient] 即络合效应系数。

8-羟基喹啉 [8-hydroxyquinoline] 一种重要的金属络合剂和萃取试剂，$pK_{a1}=5.00$，$pK_{a2}=9.66$。用于重量法、容量法、比色法测定 Al^{3+}、Mg^{2+}、Zn^{2+}、Ba^{2+}、Cd^{2+}、Cu^{2+}、Co^{2+}、Ga^{3+}、In^{3+}、Ti(IV)、Zr(IV)、Mo(VI)、W(VI)等。结构简式为

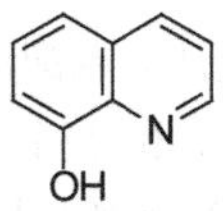

2-羟乙基乙二胺三乙酸 [2-hydroxyethylethylenediamine triacetic acid (HEDTA)] 一种氨羧络合剂。结构简式为

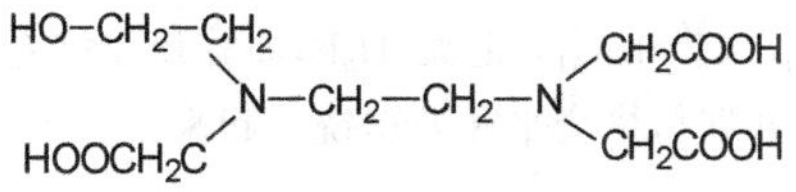

氰量法 [cyanometric titration] 基于氰化物与某些金属离子反应生成络合物的滴定分析法。例如，用 $AgNO_3$ 滴定 CN^- 的反应为 $Ag^+ + 2CN^- \rightleftharpoons Ag(CN)_2^-$，化学计量点后，过量的 Ag^+ 与 $Ag(CN)_2^-$ 形成 $Ag[Ag(CN)_2]$ 沉淀，指示终点到达。

双偶极离子 [dual-dipole ion] 分子中有两个偶极的化合物。如 EDTA，在水溶液中分子的 2 个羧酸上的氢转移到氮原子上形成双偶极离子。其结构式为

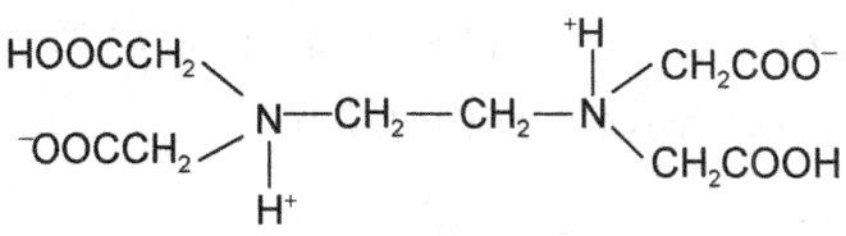

水硬度 [water hardness] 水中钙盐和镁盐的总含量，用以表征水体特性的一项指标。以铬黑 T 为指示剂，用 EDTA 滴定法测定钙、镁离子的总量，经换算后以每升水中碳酸钙的质量表示总硬度。我国《生活饮用水卫生标准》中规定硬度(以 $CaCO_3$ 计)不得超过 450 mg/L。

酸效应系数 [coefficient of acid effect] 氢离子引起副反应时的副反应系数，常用符号 $\alpha_{L(H)}$ 表示，L 为任意配位阴离子。络合滴定中酸效应系数特指滴定剂 EDTA 的副反应系数，用 $\alpha_{Y(H)}$ 表示，Y 是 EDTA 的阴离子 Y^{4-} 的简写。

$$\alpha_{Y(H)} = \frac{[Y]+[HY]+[H_2Y]+\cdots+[H_6Y]}{[Y]} = 1+[H]\beta_1^H+[H]^2\beta_2^H+\cdots+[H]^6\beta_6^H$$

式中，β_1^H、β_2^H、…、β_6^H 表示 Y^{4-} 与 H^+ 质子化反应的各级累积形成常数。$\alpha_{Y(H)}$ 仅是[H]的函数，酸度越高酸效应系数越大。

无机络合剂 [inorganic complexing agent] 分子中仅含 1 个可键合原子，与金属离子逐级地络合形成 ML_n 型的简单配位络合物。这类络合物中络合剂分子之间没有联系，络合物的逐级稳定常数比较接近，多数络合物不稳定。因此，常用作掩蔽剂、辅助络合剂和显色剂等。

析出法 [liberation method] 用滴定剂使多种组分全部反应后，再加入某试剂与待测组分反应，析出等物质的量的滴定剂，通过测得析出滴定剂的量得到待测组分的量的滴定分析法。以测定 Al^{3+} 为例。若其中还有 Pb^{2+}、Zn^{2+}、Cd^{2+} 等金属离子，采用返滴定法测定的是 Al^{3+} 与这些离子的总量。若在返滴定至终点后，再加入能与 Al^{3+} 形成更稳定络合物的选择性试剂 NaF，在加热情况下生成 AlF_6^{3-}，析出与铝等物质的量的 EDTA。溶液冷却后再以 Zn^{2+} 标准溶液滴定析出的 EDTA，即得 Al^{3+} 的含量。

选择性络合滴定法 [selective complexometric titration] 通过控制酸度、加掩蔽剂及选择合适的滴定剂等消除共存的其他离子的干扰，选择性地滴定某种离子。若浓度相近的两种金属离子形成的络合物稳定常数相差足够大时(一般要求 $\Delta \lg K \geq 6$)，则可以在高酸度下准确滴定稳定常数大的离子($\Delta pM = \pm 0.2$，$E_t = \pm 0.1\%$)，然后调节酸度，在较低酸度滴定稳定常数小的离子。若两种金属离子形成的络合物稳定常数相差不大，则需选择合适的试剂掩蔽干扰离子后测定，常用的掩蔽剂是络合剂，有时也用*氧化还原掩蔽法*和*沉淀掩蔽法*。

掩蔽 [masking] 分析化学中常用的消除干扰的手段。在测定过程中如果存在干扰物质 N，则加入某些试剂与干扰物质发生反应，使它的平衡浓度[N]降低到不干扰测定的程度，就可以准确测定待测物质。常用的掩蔽方法有*络合掩蔽法*、*沉淀掩蔽法*和*氧化还原掩蔽法*等。

掩蔽剂 [masking agent] 能改变试样溶液中干扰物质存在形式的物质。常用的是络合剂，与干扰物质形成稳定的络合物，降低甚至消除干扰。例如滴定 Zn^{2+}、Al^{3+} 混合液中的 Zn^{2+} 时可用 KF 掩蔽 Al^{3+}，F^- 可以和 Al^{3+} 形成稳定的络合物 AlF_6^{3-}，$[Al^{3+}]$ 降低至不干扰测定；也可用沉淀剂，如以氢氧化物为掩蔽剂沉淀 Mg^{2+}，滴定 Ca^{2+}；改变离子价态，如在 Bi^{3+}、Zr^{4+} 等高价金属离子与三价铁离子共存时，用还原剂抗坏血酸或盐酸羟胺将 Fe^{3+} 还原为 Fe^{2+} 即可消除其干扰。

掩蔽指数 [masking index] 对掩蔽效率的定量表征，用 $\lg\alpha_{N(A)}$ 表示。其值越大，表明掩蔽效率越高。$\alpha_{N(A)}$ 是干扰离子与掩蔽剂 A 的副反应系数，其值越大，游离的干扰离子浓度[N]越小，Y 与 N 的副反应系数就越小。当 $\alpha_{Y(N)} > \alpha_{Y(H)}$ 时，掩蔽剂的作用使得 $\lg K(MY')$ 增大了 $\lg\alpha_{N(A)}$ 单位。

氧化还原掩蔽法 [redox masking method] 加入一种氧化还原试剂，使之与干扰离子发生氧化还原反应以消除干扰的方法。例如，加入抗坏血酸或盐酸羟胺将 Fe^{3+} 还原为 Fe^{2+}。由于 FeY^{2-} 的稳定性较 FeY^- 差，不干扰 Zr^{4+}、Th^{4+}、Bi^{3+}、In^{3+}、Hg^{2+} 等的测定，即消除了 Fe^{3+} 的干扰。

乙二胺四乙酸 [ethylenediaminetetraacetic acid (EDTA)] 化学式 $(CH_2COOH)_2NCH_2CH_2N(CH_2COOH)_2$。分子中含有 4 个可离解的 H，用 H_4Y 表示。在水溶液中，分子中 2 个羧酸上的氢转移到氮原子上形成双偶极离子：

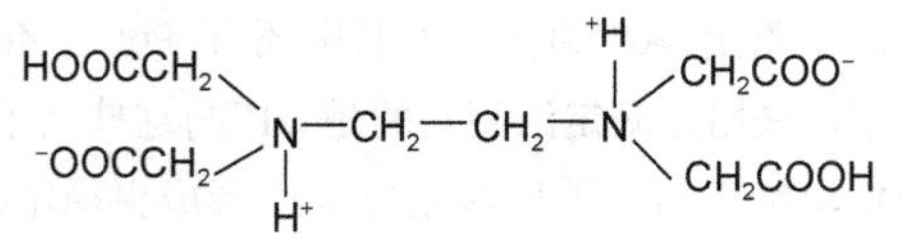

H_4Y 的 2 个羧酸根可再接受 H^+，形成 H_6Y^{2+}，即 EDTA 相当于一个六元酸，有六级离解常数，pK_{a1}～pK_{a6} 分别为 0.9、1.6、2.07、2.75、6.24 和 10.34。EDTA 具有广泛的络合性能，几乎能与所有金属离子形成稳定的络合物，是络合滴定中最常用的滴定剂。由于 EDTA 的溶解度较小，常用 EDTA 的二钠盐配制标准溶液，也简写作 EDTA。

乙二醇-双(2-氨基乙醚)四乙酸 **[ethyleneglycol bis (2-aminoethylether) tetraacetic acid (EGTA)]** 一种重要的氨羧络合剂。EGTA 钙络合物很稳定[$\lg K(Ca^{2+}$–EGTA$)=11.0$]，而 EGTA 镁络合物很不稳定[$\lg K(Mg^{2+}$–EGTA$)=5.2$]，因此在 Mg^{2+}存在下滴定 Ca^{2+}，选用 EGTA 作滴定剂有利于提高选择性。结构简式为

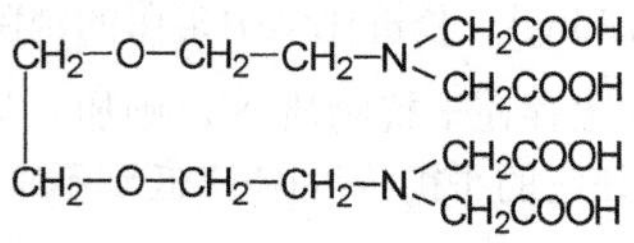

有机络合剂 **[organic complexing agent]** 分子中含有 2 个以上可键合原子的有机化合物，与金属离子络合时形成低络合比的具有环状结构的螯合物。螯合物要比同种配位原子所形成的简单配位络合物稳定得多，且消除了分级络合现象，因此适于络合反应。络合滴定中广泛应用的氨羧络合剂就是一类含有氨氮和羧氧配位原子的有机络合剂。

[指示剂]封闭 **[blocking of indicator]** 络合滴定中，滴定剂不能与金属离子指示剂发生基团交换而使终点附近无明显的变色发生的现象。原因是金属-指示剂络合物(MIn)较相应的金属-EDTA 络合物（MY）更稳定，需要加入过量的 EDTA 才能将指示剂置换出来，因而不能正确指示终点，则此指示剂不能作为滴定该金属的指示剂。有时也可以用返滴定法解决这个问题，例如 Al^{3+}会封闭二甲酚橙指示剂，用 EDTA 滴定 Al^{3+}时可先加入过量的 EDTA，待反应完全后再加二甲酚橙，用 Zn^{2+}标准溶液返滴过量的 EDTA 即可测得 Al^{3+}的量。若溶液中存在封闭指示剂的干扰离子，被滴定的离子即使达到化学计量点溶液的颜色也不会改变，致使终点无法确定。解决的办法是加入掩蔽剂，使干扰离子生成更稳定的络合物而不再与指示剂作用。

[指示剂]僵化 **[ossification of indicator]** 指示剂或金属-指示剂络合物在水中的溶解度太小，使得滴定剂与金属-指示剂络合物交换缓慢，而致终点拖长的现象。解决的办法是加入有机溶剂或加热，以增大其溶解度。例如用 PAN 作指示剂时，经常加入乙醇或在加热下滴定。

[指示剂]氧化 **[oxidation of indicator]** 某些含双键的金属指示剂易被日光、氧化剂或空气所分解，在水溶液中不够稳定，日久会氧化变质。若配成固体混合物则较稳定，保存时间较长。例如铬黑 T 和钙指示剂，常用固体 NaCl 或 KCl 作稀释剂配制(按 1∶100 的质量比混合)。

质子化常数 **[protonation constant]** 如果将酸(H_nL)看作酸根(L)与氢离子(H^+)形成的络合物，其各级形成常数即为质子化常数，用 K_n^H 表示。其值为相应的离解常数的倒数，如 $K_1^H=1/K_{an}$，$K_n^H=1/K_{a1}$。把酸(H_nL)看作质子络合物，就可以把酸碱平衡处理与络合平衡处理统一起来。

逐级稳定常数 **[stepwise stability constant]** 即逐级形成常数。

逐级形成常数 **[stepwise formation constant]** 又称逐级稳定常数。若络合剂分子中仅含 1 个或两个可键合原子，与金属离子络合时是逐级地形成 ML_n 型配位络合物，配位体数目由少到多，则存在 n 级形成常数，称逐级形成常数，用 K_n 表示。

紫脲酸铵 **[murexide]** 又称氨基紫色酸。pK_{a1}～pK_{a5} 分别为 1.6、8.7、10.3、13.5 和 14。测定 Ca^{2+}、Cu^{2+}、Co^{2+}、Ni^{2+} 等的金属指示剂。结构简式为

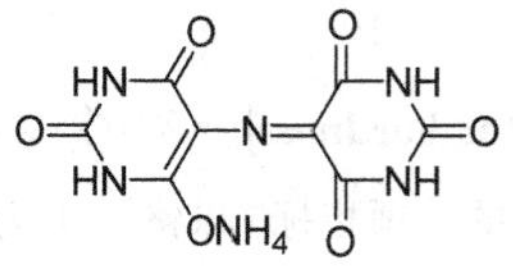

总稳定常数 **[overall stability constant]** 络合物各级稳定常数的乘积，通常用β_n 表示，也可用 K 表示。$\beta_n = K_1 \cdot K_2 \cdot K_3 \cdots K_n = \dfrac{[ML_n]}{[M][L]^n}$。

3.3.4 氧化还原滴定

倍增反应 **[multiplication reaction]** 又称放大效应。利用多个彼此间存在化学计量关系的化学反应，将被测物的量放大若干倍的反应。利用倍增反应可以测定被测物中的微量组分。例如，先用 Cl_2 氧化 I^-到 IO_3^-，煮沸除去过量 Cl_2，加入 KI 并酸化，然后以 $Na_2S_2O_3$ 标准溶液滴定 I_2，则 1 mol I^-消耗 6 mol $Na_2S_2O_3$，放大了 6 倍。如果用 CCl_4 萃取生成的 I_2，再将 I_2 反萃入水相，重复用 Cl_2 氧化，碘的量又被放大 6 倍，因此可以测定极微量的碘化物。

重铬酸钾[滴定]法 **[potassium dichromate method]** 以重铬酸钾($K_2Cr_2O_7$)为滴定剂的氧化还原滴定法。在酸性溶液中，重铬酸钾的还原产物为 Cr^{3+}，条件电位约 1 V。它可以直接滴定许多还原性物质。$K_2Cr_2O_7$ 可以制得很纯，能直接配制标准溶液，溶液非常稳定。$K_2Cr_2O_7$ 不氧化氯离子，可以在 HCl 介质中滴定 Fe^{2+}。重铬酸钾法中常使用二苯胺磺酸钠或邻苯氨基苯甲酸作指示剂。

次甲基蓝 [methylene blue] 即亚甲蓝。

滴定碘法 [iodometry] 又称间接碘量法。基于碘离子作为还原剂与试样中氧化剂反应生成单质碘(以 I_3^- 存在)，再用硫代硫酸钠($Na_2S_2O_3$)标准溶液滴定单质碘的碘量法。I_2 与 $S_2O_3^{2-}$ 的反应是最重要的反应，要控制溶液酸度(弱酸至弱碱性)以保证准确的计量关系。酸度过高 $S_2O_3^{2-}$ 会分解，碱性过高则 I_2 会部分歧化。$Na_2S_2O_3$ 标准溶液应当用新煮沸并冷却的去离子水配制，以除去水中溶解的 CO_2 和 O_2 并杀死细菌。常以 $K_2Cr_2O_7$、KIO_3 等基准物采用间接法标定其浓度。滴定碘法用途广泛，可以用来测定许多氧化性物质。

碘滴定法 [iodimetric titration] 又称直接碘量法。用碘溶液(以 I_3^- 存在)作为氧化剂直接滴定强还原剂，如 $S_2O_3^{2-}$、As(III)、SO_3^{2-}、Sn(Ⅱ)、维生素C等。I_2 的挥发性强，准确称量较困难，一般是配成大致浓度的溶液再标定。先将一定量的 I_2 溶于KI的浓溶液中，然后稀释至一定体积。碘溶液常用 As_2O_3 基准物标定，也可用已标定好的 $Na_2S_2O_3$ 溶液标定。为防止 I_2 歧化，一般要求溶液的 pH<9。

碘量法 [iodimetric method] 利用碘的氧化性及碘离子的还原性的氧化还原滴定法。碘量法又分碘滴定法和滴定碘法。碘量法所用指示剂是淀粉。

二苯胺磺酸钠 [sodium diphenylaminesulfonate] 一种氧化还原指示剂。常用于 $K_2Cr_2O_7$ 滴定 Fe^{2+}。试剂以无色的还原态存在，与氧化剂作用时，先不可逆地被氧化成无色的二苯联苯胺磺酸，再进一步被可逆地氧化成紫色的二苯联苯胺磺酸紫。结构简式为

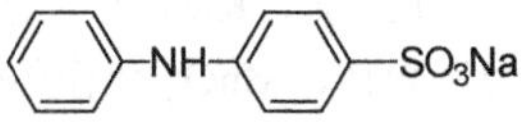

放大效应 [amplification effect] 即倍增反应。

高碘酸盐滴定法 [periodate titration] 基于高碘酸根离子(IO_4^-)具有选择性氧化两相邻碳原子上带有羟基的有机化合物这一特性建立的滴定分析法。

高锰酸钾[滴定]法 [potassium permanganate method] 以高锰酸钾($KMnO_4$)为滴定剂的氧化还原滴定法。高锰酸钾是强氧化剂，能直接滴定许多还原性物质，也可用返滴定法测定氧化性物质，还可以用间接法测定与 $C_2O_4^{2-}$ 定量沉淀的金属离子，还常用于测定有机物。高锰酸钾不能直接配制标准溶液，用于标定高锰酸钾的基准物有 $Na_2C_2O_4$、As_2O_3 等，滴定时要注意溶液的酸度、温度和滴定速度。

高锰酸盐指数 [permanganate index] 在规定条件下，用 $KMnO_4$ 作为氧化剂测定水样中的某些有机物及无机还原性物质，与所消耗高锰酸根的量相当的氧量，以 I_{Mn} (以 O_2 计，mg/L)表示。是反映水体被微量有机物及无机可氧化物质污染程度的常用指标。

化学需氧量 [chemical oxygen demand (COD)] 在规定条件下，氧化水体中还原性物质所消耗氧化剂的量，以 $mg(O_2)/L(H_2O)$ 表示。COD值较低的水样，一般以高锰酸盐指数来反映水体被还原性物质污染的程度，而工业废水和污染严重的环境水则应采用重铬酸钾(滴定)法测定COD。

间接碘量法 [indirect indometry] 即滴定碘法。

卡尔·费歇尔[滴定]法 [Karl Fischer method] 滴定样品中痕量水的方法。根据有关反应中生成水或消耗水的量，还可以间接测定多种有机物的含量，如醇类、羧酸类、羰基化合物、胺类、腈类等。卡尔·费歇尔标准溶液是 I_2、SO_2、C_5H_5N 和 CH_3OH 的混合溶液。总的滴定反应为

$$C_5H_5N{\cdot}I_2+C_5H_5N{\cdot}SO_2+C_5H_5N+H_2O+CH_3OH \rightleftharpoons 2C_5H_5N\cdot HI + C_5H_5NHOSO_2OCH_3$$

溶液由浅黄色变为红棕色为滴定终点。

卡尔·费歇尔试剂 [Karl Fischer reagent] 碘、二氧化硫、吡啶按摩尔比1∶3∶10溶于无水甲醇配制而成的液体试剂。能与水定量反应。试剂呈红棕色(I_2)，与水反应后呈浅黄色，溶液由浅黄色变为红棕色即为滴定终点。

兰多尔特反应 [Landolt reaction] 抗坏血酸还原 I_2 的反应。在抗坏血酸存在下，体系生成的单质碘(I_2)被还原为碘离子(I^-)，当体系中所有的抗坏血酸消耗尽时，继续释放出的单质碘即显现出蓝色的反应。

邻二氮菲亚铁(离子) [ferroin] 一种氧化还原指示剂。其可逆性好，终点变化敏锐。由于变色点电位高，多用于以强氧化剂(如 Ce^{4+})为滴定剂的体系。结构简式为

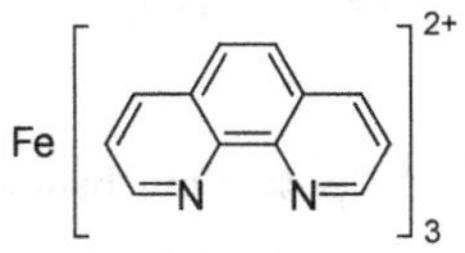

溶解氧 [dissolved oxygen] 溶解于水中的氧气的质量，以 $mg(O_2)/L(H_2O)$ 表示。水质分析中溶解氧的测定，国际标准指定了两种方法：碘量法和电化学探头法。碘量法简单、准确，适用于溶解氧浓度为0.2 mg/L至小于饱和度两倍(约20 mg/L)的水样。电化学探头法选择性较高，测定速度快，并且可连续监测，适于测定水中饱和度0%～100%的溶解氧。

生化需氧量 [biochemical oxygen demand (BOD)] 又称生物耗氧量。是表示水中有机物等需氧污染物质含量的一个综合指标，它说明水中有机物由于微生物的生化作用进行氧化分解时所消耗水中溶解氧的总数量。以 $mg(O_2)/L(H_2O)$ 或百分率表示。一般生化需氧量以被检验的水样在20℃下，5天内的耗氧量为代表，称其为5日生化需氧量，简称 BOD_5，清净河流的 BOD_5 不超过2 mg/L。工业、农业、水产用水等

应小于 5 mg/L，而生活饮用水则应小于 1 mg/L。

生物耗氧量 [biological oxygen demand]　即生化需氧量。

铈量法 [ceriometry]　用高价铈(Ce^{4+})溶液作为滴定剂的氧化还原滴定法。Ce^{4+}是强氧化剂，在 1 mol/L 的 H_2SO_4 中，Ce^{4+}/Ce^{3+}的标准电势为 1.44 V。铈量法可以直接测定许多还原性物质，如 Fe^{2+}、H_2O_2、Sn^{2+}、$S_2O_3^{2-}$、Sb(III)等。可以用铈盐配制溶液后以 As_2O_3 等标定。Ce^{4+}标准溶液稳定，副反应少。铈量法常用的指示剂是邻二氮菲亚铁(离子)。

特殊指示剂 [specific indicator]　能与滴定剂或被测组分作用并产生特殊颜色，因而可指示滴定终点并确定特定物质存在的一类指示剂的总称。例如，可溶性淀粉与 I_3^- 生成深蓝色吸附化合物，反应特效而灵敏，蓝色的出现与消失指示终点。又如以 Fe^{3+}滴定 Sn^{2+}时可用 KSCN 为指示剂，当溶液出现 Fe(III)-硫氰酸络合物的红色时即为终点。

条件电位 [conditional potential; formal potential] 在一定的介质条件下，氧化态和还原态的分析浓度都是 1 mol/L 时的氧化还原电对的电极电位。影响条件电位的因素有溶液的离子强度、酸度、沉淀剂、络合剂等，大多数条件电位是由实验测定的，与标准电位常有较大差别，在实际工作中应当使用条件电位处理氧化还原问题。

无汞定铁法 [mercury-free determination of iron] 不用 $HgCl_2$ 试剂的测定铁的方法。无汞定铁法是将试样分解后，先用 $SnCl_2$ 还原大部分的 Fe^{3+}，再以钨酸钠作指示剂，滴加 $TiCl_3$ 还原剩余的 Fe^{3+}后，稍过量的 $TiCl_3$ 还原 W(VI)为 W(V)。出现蓝色的钨蓝表示 Fe^{3+}已被定量还原。然后用水稀释溶液，并在 Cu^{2+}催化下，利用空气或滴加 $K_2Cr_2O_7$ 至蓝色褪去，其后的滴定测定步骤与单独使用 $SnCl_2$ 还原相同。此法避免了汞盐对环境的污染。

溴酸钾[滴定]法 [potassium bromate method]　以溴酸钾($KBrO_3$)为滴定剂的氧化还原滴定法。可用 $KBrO_3$ 直接滴定还原剂，也可将标准 $KBrO_3$ 溶液与过量 KBr 混合，酸化时发生反应：$BrO_3^- + 5Br^- + 6H^+ \rightleftharpoons 3Br_2 + 3H_2O$。生成的 Br_2 可与有机物发生加成反应或取代反应，溴酸钾法常与碘量法配合使用，用于有机物的测定。

亚甲蓝 [methylene blue]　又称次甲基蓝。一种氧化还原指示剂。其条件电位为+0.52，还原态无色，氧化态蓝色。也可用于配制酸碱混合指示剂。是光度法测定 Hg^{2+}、Sn(IV)、B 等的显色剂，也用作生物染料。结构简式为

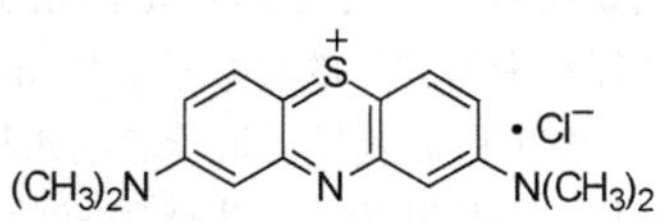

氧化还原[滴定的]预处理 [pretreatment of redox titration]　在氧化还原滴定前，将被测物转变为可以滴定的一定价态的形式的操作。用作预处理的氧化剂或还原剂称为预氧化剂或预还原剂。预氧化剂或预还原剂必须能将被测组分定量氧化或定量还原，并且具有一定的选择性，过量的预氧化剂或预还原剂要易于除去。

氧化还原滴定法 [redox titration]　以氧化还原反应为基础的滴定方法。若两电对的条件电位相差 0.4 V 以上，氧化还原反应即可定量进行。但是由于氧化还原反应的历程较复杂，必须注意反应条件和反应速度。最常用的氧化还原滴定方法有高锰酸钾法、重铬酸钾法、碘量法、铈量法和溴酸钾法等。

氧化还原指示剂 [redox indicator]　能够指示氧化还原滴定终点的试剂。按照指示剂的作用原理可分为 3 类：①氧化还原指示剂，其氧化态和还原态颜色不同，在化学计量点附近被氧化或还原而导致溶液颜色发生改变以指示终点；②自身指示剂，依靠自身的颜色变化而确定终点，如 $KMnO_4$；③特殊指示剂，例如淀粉，能与碘(I_3^-)生成深蓝色的吸附络合物，可用作碘量法的指示剂。

银还原器 [silver reductor]　将金属银浸于 1 mol/L HCl 溶液中而成。Ag^+/Ag 电对的 $\varphi^\ominus$=0.80 V，在 1 mol/L HCl 溶液中由于生成 AgCl 沉淀，极大地降低了$[Ag^+]$，电对的电位显著降低(此时 $\varphi^{\ominus\prime}$=0.23 V)。因此，在 HCl 溶液中，金属 Ag 是相当强的还原剂，能还原多种物质。

诱导作用 [inducing action]　由于一个反应的发生促进了另一个反应进行的现象。例如，$KMnO_4$ 氧化 Cl^-的速度很慢，但当 $KMnO_4$ 氧化 Fe^{2+}时，$KMnO_4$ 氧化 Cl^-的速度加快了许多，此例中 Fe^{2+}为诱导体，MnO_4^- 为作用体、Cl^-为受诱体，诱导作用多消耗了 $KMnO_4$ 而导致滴定误差。为了防止诱导作用的发生，可加入防止溶液。在有机化学中诱导反应是电子效应的一种。由于组成共价键的两个原子的电子电负性不同，形成共价键的一对电子总是偏向电负性较大的原子的一边，使电负性较大的原子带部分负电荷，而电负性较小的原子带部分正电荷。

预还原剂 [pre-reducing agent]　在氧化还原滴定前进行预还原处理，使欲测组分处于一定的可测价态的试剂。例如，测铁矿石中全铁含量时，试样用热浓 HCl 溶解后可先用 Sn^{2+} 作为预还原剂将 Fe^{3+}预还原成 Fe^{2+}，然后再用 $K_2Cr_2O_7$ 滴定。

预氧化剂 [pre-oxidizing agent]　在氧化还原滴定前进行预氧化处理，使欲测组分处于一定的可测价态的试剂。例如，测定某试样中 Mn^{2+}、Cr^{3+}的含量，很难找到电位更高的氧化剂进行直接滴定。但是，若用$(NH_4)_2S_2O_8$ 将 Mn^{2+}、Cr^{3+} 分别氧化成 MnO_4^- 和 $Cr_2O_7^{2-}$，就可以用还原剂标准溶液(如 Fe^{2+})进行滴定。$(NH_4)_2S_2O_8$ 则称为预氧化剂。

直接碘量法 [direct iodometry] 即碘滴定法。

自身指示剂法 [self indicator method] 滴定剂与被滴定物作用即可产生颜色突变指示终点的滴定分析法。例如 MnO_4^- 本身显紫红色，而被还原的产物 Mn^{2+} 几乎无色，所以用 $KMnO_4$ 滴定无色或浅色还原剂时不必另加指示剂，化学计量点后稍过量的 MnO_4^- 即使溶液呈现粉红色，指示终点到达。

3.3.5 沉淀滴定

沉淀滴定法 [precipitation titration] 以沉淀反应为基础的滴定方法。滴定突跃的大小取决于沉淀的溶度积 K_{sp}，K_{sp} 越小突跃越大。沉淀滴定法终点的确定依据指示剂作用原理的不同，分为 3 种情况：形成有色沉淀、形成有色络合物、指示剂被吸附而引起沉淀颜色的改变。

法扬斯[滴定]法 [Fajans method] 又称吸附指示剂法。用吸附指示剂指示终点的银量法。吸附指示剂(如荧光黄或曙红)是一些有机染料，它被沉淀吸附时发生颜色变化而指示终点。在滴定时，要控制溶液的 pH 以使指示剂以离子形式存在，加入糊精等保护胶体以增加沉淀的吸附能力，避光以防止卤化银分解。还要注意沉淀对指示剂的吸附能力要略低于对被测离子的吸附能力。

福尔哈德[滴定]法 [Volhard method] 用铁铵矾 $[NH_4Fe(SO_4)_2]$ 作指示剂的银量法。直接法是以铁铵矾为指示剂，在 HNO_3 介质中用 NH_4SCN 标准溶液滴定 Ag^+，终点时由于生成 $FeSCN^{2+}$ 而变成红色。返滴定法是在被测卤素离子的溶液中，加入过量的 $AgNO_3$ 标准溶液，然后以铁铵矾为指示剂，用 NH_4SCN 标准溶液返滴定剩余的 $AgNO_3$。溶液的酸度一般大于 0.3 mol/L，因此弱酸根离子不干扰测定，选择性较好。

莫尔[滴定]法 [Mohr method] 以铬酸钾(K_2CrO_4)为指示剂的银量法。以测定 Cl^- 为例，溶液中含有大量 Cl^- 及加入的作为指示剂的 CrO_4^{2-}，滴加 $AgNO_3$ 标准溶液后，AgCl 开始沉淀出来，在化学计量点附近，砖红色的 Ag_2CrO_4 沉淀生成，表示 Cl^- 定量沉淀从而指示终点。莫尔法最突出的优点是简单、方便。溶液的酸度应控制在 pH 6.5～10.5(如果有 NH_4^+ 存在，pH 应在 6.5～7.2 之间)。

吸附指示剂 [adsorption indicator] 沉淀滴定中，因吸附相关组分或自身被吸附而发生颜色突变的指示剂。它的阴(阳)离子在溶液中容易被带正(负)电荷的胶状沉淀所吸附，结构变形而引起沉淀颜色变化，从而指示终点。例如，用 $AgNO_3$ 滴定 Cl^- 时，用荧光黄(用 HFI 表示)作指示剂。在 pH 7～10 的溶液中荧光黄以黄绿色的阴离子 FI^- 存在，化学计量点前，AgCl 沉淀胶粒吸附溶液中未被沉淀的 Cl^-，溶液呈黄绿色；化学计量点后，AgCl 沉淀胶粒吸附过量的 Ag^+ 而带正电荷，则溶液中的 FI^- 被吸附，沉淀变为粉红色，指示终点到达。

吸附指示剂法 [titration with an adsorption indicator] 即法扬斯[滴定]法。

银量法 [argentimetry] 基于生成难溶银化合物以测定 Cl^-、Br^-、I^-、SCN^-、CN^- 以及 Ag^+ 的沉淀滴定分析法，$Ag^+ + X^- \rightleftharpoons AgX$。根据所用指示剂的不同，按创立者的名字命名，银量法有 3 种方法：莫尔(Mohr)法、福尔哈德(Volhard)法及法扬斯(Fajans)法。

3.3.6 沉淀重量法

包藏共沉淀 [occlusion coprecipitation] 即吸留共沉淀。

保干器 [desiccator] 即干燥器。

玻璃滤器 [glass filter] 通过加热烧结玻璃颗粒使之黏结制成。滤器多孔滤板的孔径分级和滤器的形状、规格不同，其用途也不同。分析实验室常用的有坩埚式和漏斗式两种，常用规格为 P40 号(旧牌号为 G_3，滤板孔径 16～40 μm)和 P16 号(旧牌号为 G_4A，滤板孔径 10～16 μm)。玻璃滤器不宜过滤较浓的碱性溶液、热浓磷酸及氢氟酸溶液，也不宜过滤易堵塞孔而又无法洗掉的残渣溶液。

沉淀法 [precipitation method] 基于生成沉淀的分析方法。通常是在溶液状态下加入适当的沉淀剂制备沉淀物，再将沉淀物进行干燥或煅烧，获得相应的称量形固态物质。称取称量形的质量，依据称量形与待测组分的关系计算待测组分的质量或含量。根据沉淀方式的不同可分为直接沉淀法、共沉淀法、均相沉淀法和水解沉淀法等。

沉淀剂 [precipitant] 能与待测物质发生沉淀反应的试剂。为适于沉淀重量分析，反应要完全，沉淀的纯度要高，溶解度要小，便于过滤和洗涤。

沉淀形 [precipitation form] 在重量分析法中，向被测溶液中加入沉淀剂所生成的沉淀。它与称量形可能相同，也可能不同。对沉淀形的要求是溶解度要小，以免因沉淀溶解的损失影响测定的准确度，纯度高并且易于过滤和洗涤。

陈化 [aging] 将沉淀与母液一起放置时，沉淀内部将发生不可逆的结构变化的现象。陈化时，包藏在沉淀内部的杂质被释放出来，晶体结构变得更完整。由于小颗粒沉淀的溶解度比大颗粒的大，故陈化使小颗粒溶解，大颗粒长大，更便于过滤和洗涤。

称量形 [weighing form] 沉淀经过滤、洗涤、烘干或灼烧后在天平上进行称量的物质。它与沉淀形可能相同，也可能不同，干燥条件不同还可以获得不同的称量形。对称量形的要求是有确定的化学组成，性质稳定，不受空气中水分、CO_2 和 O_2 等的影响，摩尔质量要大，以便减少称量误差得到准确的分析结果。

纯度 [purity] 主成分在一定化学物质中的质量百分数。

丁二酮肟 [dimethylglyoxime] 又称二甲基乙二醛肟。pK_a=10.54。用作测定 Ni^{2+}、Pb^{2+}、Pd^{2+}、Bi^{3+}等的有机沉淀剂或比色剂。结构简式为

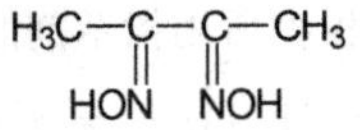

二甲基乙二醛肟 [dimethylglyoxime] 即丁二酮肟。

分步沉淀 [fractional precipitation] 当一种沉淀剂与溶液中几种组分所生成沉淀的溶度积不同时，控制沉淀的条件(温度、酸度、沉淀剂浓度或加入络合掩蔽剂等)使溶液组分分别沉淀而分离的过程。

干燥剂 [desiccant] 具有物理吸附或化学吸收水蒸气功能的物质。根据放入保干器中物质的吸湿性的不同，选用不同强度的干燥剂。常用的干燥剂有变色硅胶、无水 $CaCl_2$。其他还有 $CaSO_4$、Al_2O_3、浓 H_2SO_4 等。P_2O_5 和 $Mg(ClO_4)_2$ 是吸湿性最强的干燥剂，但应用较少。

干燥器 [desiccator] 又称保干器。具有磨口顶盖，内置干燥剂以保持其内储物干燥的密封厚壁玻璃容器。干燥器的身与盖子之间应均匀地涂抹一层凡士林。搬动干燥器时要用拇指按住盖子以防滑落，打开或盖上盖子时要平推。

坩埚 [crucible] 用于熔融试样或灼烧沉淀的上大下小形如截圆锥的容器。坩埚是用极耐火的材料(如黏土、石墨、瓷土、石英或较难熔化的金属铁等)制造，比玻璃器皿更能承受高温，当有固体要以大火加热时使用。一般需要架在泥三角上以火直接加热，将坩埚盖斜放在坩埚上，以防止受热物溅出，并接触空气以进行可能的氧化反应。坩埚加热后不可立刻将其置于冷的金属台面上，以避免因急剧冷却而破裂。

共沉淀 [coprecipitation] 在一定操作条件下，某些物质本身并不能单独析出沉淀，但当溶液中另一种物质形成沉淀时，它便随同生成的沉淀一起析出的现象。例如沉淀 $BaSO_4$ 时，可溶盐 Na_2SO_4 或 $BaCl_2$ 则会被 $BaSO_4$ 沉淀带下来。共沉淀的形式有吸附、生成混晶、包藏及后沉淀。可富集分离含量极低的组分，再用其他方法进行测试。

构晶离子 [ions forming crystal structure] 通过静电作用能够缔合形成晶核的离子。例如 $BaSO_4$ 沉淀，Ba^{2+}和 SO_4^{2-} 即为构晶离子。

固有溶解度 [intrinsic solubility] 以分子形式存在的溶解度。以难溶化合物 MA 为例，在水溶液中的平衡关系为：MA(固) $\rightleftharpoons$ MA(水) $\rightleftharpoons$ M^++A^-，其中 MA(水)可以是不带电荷的分子 MA，也可以是离子对 M^+A^-。[MA(水)]在一定温度下是常数，称固有溶解度，常以 s^0 表示。大多数电解质的 s^0 都较小，可以忽略。但有的化合物的固有溶解度相当大。例如 $HgCl_2$ 饱和溶液中溶度积 K_{sp}=2×10^{-14}，而 $HgCl_2$ 分子的浓度约为 0.25 mol/L。

过饱和度 [super-saturability] 加入沉淀剂瞬间溶液中溶质的总浓度(Q)与晶核溶解度(s)之差。

过饱和溶液 [super-saturated solution] 溶质浓度超过该温度及相关条件下其饱和溶液浓度时的溶液。

过滤 [filtration] 固液混合物经由过滤器具分离的操作。有重力过滤、加压过滤、真空过滤和离心过滤等多种方法。

恒湿器 [hygrostat] 保持某特定空间内湿度恒定的装置。例如，为防止硼砂失水，需放在装有 NaCl 和蔗糖饱和溶液的干燥器中以保持 60%相对湿度。

恒重 [constant weight] 试样连续两次干燥或灼烧后的质量差异在所允许的范围内。在重量分析法中，经烘干或灼烧的坩埚或沉淀，前后两次称重之差小于 0.3 mg(《中华人民共和国药典》规定为 0.3 mg)，则认为达到了恒重。注意在每次干燥后应立即取出放入干燥器中，待冷却至室温后称量(各次干燥后的冷却时间要一致)。为防止沉淀受潮，称量速度要快，平衡后马上读数。

后沉淀 [postprecipitation] 一种组分沉淀后随母液共同静置过程中，另一可溶或微溶组分从母液中析出的现象。它是沉淀沾污的原因之一。其杂质量随沉淀放置时间的延长而增加，温度越高后沉淀现象越严重。缩短沉淀的陈化时间可以减少后沉淀。

化合水 [combined water] 即结构水。

换算因子 [conversion factor] 两种相互关联的化学物质互相折算时所采用的基准数值。在沉淀重量法中根据沉淀质量计算待测组分的质量时，常用到换算因数。例如蛋白质中氮的质量换算为蛋白质质量的换算因子为 6.25，用凯氏定氮法测得试样中的氮含量后就很容易计算出蛋白质的含量。

灰分测定 [ash determination] 有机试样经灼烧后留存在灼烧器具内的残留物的测定。在总灰分中包括水溶性灰分、水不溶性灰分、酸溶性灰分和酸不溶性灰分。灰化的时间和温度因样品不同而有差异。

回火 [flash back] 火焰由燃烧器喷口向燃烧器内部传播的现象。

混晶共沉淀 [mixed-crystal coprecipitation] 杂质代替构晶离子生成的沉淀。如果溶液中杂质离子与沉淀构晶离子的半径相近、晶体结构相似，在沉淀过程中杂质离子占据目标物质沉淀中某些晶格位置或晶格空穴，进而与目标物质共同沉淀。减少或消除混晶生成的最好方法是将杂质预先分离除去。

活度积常数 [activity product constant] 难溶化合物在水溶液中达到沉淀溶解平衡时，化合物离子的活度乘积。在一定温度下其为一常数，用 $K_{sp}^{\ominus}$ 表示，$K_{sp}^{\ominus}$ 仅随温度变化。例如沉淀 $MA \rightleftharpoons M^{+}+A^{-}$，$K_{sp}^{\ominus}=a(M^{+})\cdot a(A^{-})$。

胶溶作用 [peptization] 沉淀状态的凝胶受温度变化或加入电解质的影响，增加流动性而成溶胶的作用。例如，已经凝聚好的 $Fe_2O_3\cdot xH_2O$ 沉淀在过滤洗涤时，由于电解质浓度降低，胶体粒子又重获电荷而相互排斥，使无定形沉淀变成了胶体而穿透滤纸。为防止沉淀胶溶，应当用稀的易挥发的电解质热溶液(如 NH_4NO_3)作洗涤液。

胶状沉淀 [gelatinous precipitate] 粒径<0.02 μm 的胶粒聚集形成的含有大量水分的沉淀物。这类沉淀的含水量一般并不确定。

结构水 [water of constitution] 又称化合水。以 H^{+}、OH^{-}、$(H_3O)^{+}$等形式存在于化合物或矿物晶格中的水。这些离子在晶格中占有确定的位置，数量上与其他元素成一定的比例，只有在较高温度(一般为数百摄氏度至 1000 ℃之间)下，当晶格被破坏时，它们才组成水分子从矿物中析出。

结合水 [bound water] 即结晶水。

结晶水 [water of crystallization] 又称结合水。作为物质组成部分的水，在晶格中具有固定的位置，起着构造单元的作用，以中性水分子存在，水分子的数量与其他成分之间呈简单比例。

晶型沉淀 [crystalline precipitate] 粒径在 0.1～1 μm、晶格排列规则、结构紧密的沉淀物。如 $BaSO_4$、CaC_2O_4、$MgNH_4PO_4$ 等。

酒精喷灯 [alcohol blast burner] 即麦克灯。

聚集速度 [aggregation velocity] 在沉淀形成过程中，溶液中的构晶离子互相结合聚集生成微小晶核的速度。在晶核长大过程中，如果聚集速度大于定向排列速度，即得到无定形沉淀。反之，若定向排列速度大于聚集速度，则得到晶型沉淀。

均相沉淀 [homogeneous precipitation] 即均匀沉淀。

均相成核 [homogeneous nucleation] 在过饱和溶液中，构晶离子由于静电作用而缔合起来自发形成晶核的过程。一般认为晶核含有 4～8 个构晶离子或 2～4 个离子对。若溶液的相对过饱和度超过临界值，沉淀就以均相成核为主，导致大量细小的微晶出现。

均匀沉淀 [homogeneous precipitation] 又称均相沉淀。均相溶液中缓慢形成结构紧密大颗粒沉淀的过程。

络合效应 [complexation effect] 络合剂与金属离子的作用。若溶液中存在的络合剂与沉淀中的金属离子形成络合物，会促进沉淀-溶解平衡向溶解方向移动，从而增加沉淀的溶解度，甚至使沉淀完全溶解。有些沉淀剂本身就是络合剂，沉淀剂过量时既有同离子效应，又有络合效应，因此沉淀剂不能过量太多。

马弗炉 [muffle furnace] 实验室中使用的高温电炉。是一种通用的加热设备。依据外观形状可分为箱式炉、管式炉、坩埚炉，最高温度可达 1200 ℃。在分析化学中用于测定水分、灰分、挥发分、灰熔点分析、灰成分分析、元素分析以及进行水质分析、环境分析等领域的样品处理。也可以作为通用灰化炉使用。

麦克灯 [Meker burner] 又称酒精喷灯。一种以酒精为燃料的喷灯。

凝乳状沉淀 [curdy precipitate] 粒径在 0.02～0.1 μm 的沉淀物。如 AgCl 沉淀。

潘-法-罕吸附规则 [Paneth-Fajans-Hahn adsorption rule] 沉淀滴定中，吸附指示剂的吸附能力遵循随其所形成盐的溶解度增大而减小的规律。

喷灯 [blast burner] 预热盆内少量可燃液体点燃后产生热量，使灯座内的可燃液体气化并由灯管排出后点燃的实验室热源。最常用酒精作燃料，故也称酒精喷灯。火焰温度可达 800～1000℃。

倾析 [decantation] 使浑浊液体所含固体颗粒下沉而得到澄清液后，将上清液倾入漏斗过滤的操作。

热陈化 [thermal aging] 沉淀形成后，随母液在加热条件下陈化的过程。

热分析图 [thermogram] 又称热降解曲线。以特定的控温程序控制样品加热，并依据检测加热过程中产生的各种物理、化学参数变化值而绘制的曲线图。例如沉淀在灼烧时组成会发生一系列变化，用热天平称量沉淀在不同温度下的质量，以沉淀质量对温度作图，即为热分析图。

热降解曲线 [thermal degradation curve] 即热分析图。

溶度积常数 [solubility product constant] 难溶化合物在水溶液中达到沉淀溶解平衡时，化合物离子的浓度乘积。用 K_{sp} 表示，$K_{sp}=[M^{+}][A^{-}]=\dfrac{K_{sp}^{\ominus}}{\gamma(M^{+})\cdot\gamma(A^{-})}$，$\gamma$ 为活度系数，与溶液的离子强度有关。因此该常数除随温度变化外，还与溶液中离子强度有关。

湿存水 [hygroscopic water] 固体样品微粒表面所吸附的、不参加晶格，可在 105～110℃烘干的水分。呈水分子状态。

条件溶度积 [conditional solubility product] 在一定条件下的浓度积。难溶化合物 M_mA_n 在水中达到溶解平衡时，满足溶度积关系：$K_{sp}=[M]^m[A]^n$。如果金属离子发生水解或酸根发生质子化，溶解度就会增加(忽略离子强度的影响)，这时可用条件溶度积表示：

$$K'_{sp}=[M']^m[A']^n=K_{sp}\alpha_M^m\alpha_A^n$$

式中，[M′]、[A′]分别为 M、A 的总浓度，α_M、α_A 分别为 M、A 的副反应系数。

同离子效应 [common ion effect] 在电解质溶液平衡体系中加入一种或多种已存在离子后，体系重建新的化学平衡的现象。例如，在沉淀重量法分析中，总是要加入过量的沉淀剂以使待测物沉淀更完全。通过 $BaSO_4$ 沉淀测定 Ba^{2+}时，用稀 H_2SO_4 为洗涤液，利用同离子效应减少了洗涤过程中沉淀溶解的损失。

无定形沉淀 [amorphous precipitation] 粒径<0.02 μm 的沉淀物。如 $Fe_2O_3\cdot xH_2O$。

无机共沉淀剂 [inorganic coprecipitant] 可引发共沉淀的无机化合物试剂的总称。氢氧化物、磷酸盐、硫化物、硫酸盐、金属氟化物等是常用的无机共沉淀剂。

吸附共沉淀 [adsorption coprecipitation] 由于主沉淀物表面的吸附功能，致使试样溶液中的杂质附着于其表面的现象。首先吸附溶液中的构晶离子，即过量的沉淀剂。为保持电中性，还需要吸附异电荷离子作为抗衡离子。吸附规则是：浓度相同时优先吸附与构晶离子形成溶解度最小或离解度最小的化合物的离子，离子价数越高，浓度越大，越易被吸附。此外，吸附杂质的量还与沉淀的比表面积、杂质的浓度、溶液的温度有关。洗涤沉淀可以减少沉淀表面吸附的杂质。

吸留共沉淀 [occlusion coprecipitation] 又称包藏共沉淀。沉淀过程中，如果沉淀生长太快，杂质或母液就可能被包藏在沉淀内部。包藏的程度也符合吸附规则，是造成晶型沉淀沾污的主要原因。由于杂质被包藏在结晶内部，不能用洗涤方法除去，应当通过沉淀陈化或重结晶的方法减少。

相对过饱和度 [relative super-saturability] 过饱和度 $(Q-s)$ 与晶核溶解度 s 的比值。按照 von Weimarn(冯·韦曼)的经验公式：沉淀初始速度$=K\left(\frac{Q-s}{s}\right)$，式中 K 为常数，与沉淀的性质、温度、介质等有关。沉淀初始速度，即晶核形成速度与溶液的相对过饱和度成正比，相对过饱和度越小晶核形成速度越慢，可望得到大颗粒的晶型沉淀。

研钵 [mortar] 和研杵一道用来压碎、研磨和混合固态物质的器具。常用的为瓷制品，也有玻璃、玛瑙、氧化铝、铁的制品。其规格用口径的大小表示。

盐效应 [salt effect] 即异离子效应。

异离子效应 [diverse ion effect] 又称盐效应。在弱电解质或难溶电解质溶液中加入非同离子的强电解质，使之电离度或溶解度增大的现象。强电解质的浓度越大，所带电荷越多，溶液中离子强度也就越大，沉淀物的溶解度随之增大。

异相成核 [heterogeneous nucleation] 在沉淀过程中，借助试剂溶液中微小固体杂质或器皿壁上微小颗粒形成晶核的现象。控制溶液的相对过饱和度在临界值以下，沉淀就以异相成核为主，常常能得到大颗粒沉淀。

有机沉淀剂 [organic precipitant] 可与某些物质生成沉淀的一类有机试剂的总称。按其作用原理，大致可以分为生成盐类的有机沉淀剂和生成螯合物的有机沉淀剂两类。与无机沉淀剂比较其优点是：可供选择的试剂种类多，可以大大提高沉淀的选择性；沉淀的溶解度一般很小，有利于被测物沉淀完全；沉淀对无机杂质吸附少，易于获得纯净的沉淀；沉淀物组成恒定，经烘干后即可称量，且称量形摩尔质量大，有利于提高分析的准确度。

有机共沉淀剂 [organic coprecipitant] 能够诱发原本不会形成沉淀的组分与可沉淀组分同时生成沉淀的有机试剂。在微量组分测定中往往利用共沉淀现象来分离和富集那些含量极微的不能用常规方法分离出来的组分。例如，8-羟基喹啉、明胶、单宁酸等是常用的有机共沉淀剂。

载体沉淀 [carrier precipitation] 以共沉淀方式或简单的机械载带作用，使痕量待测组分被捕集到沉淀物上的现象。常用的载体有 $Fe(OH)_3$、$Al(OH)_3$ 等。

沾污 [contamination] 在一定测试条件下，外界向分析对象引入杂质的现象。在沉淀重量法中，沉淀中引入杂质的主要原因是共沉淀，包括表面吸附共沉淀、包藏共沉淀和混晶共沉淀。后沉淀也是造成沾污的原因之一。

重量因数 [gravimetric factor] 即重量因子。

重量因子 [gravimetric factor] 又称重量因数。具有一定组成的称量形物质，待测组分的分子量(或原子量)与称量形分子量之比为常数，常用 F 表示。例如以 $Mg_2P_2O_7$ 为称量形测试样中 MgO 的含量，$F=\frac{M(MgO)}{M(Mg_2P_2O_7)}$。由称得的称量形质量 $m(Mg_2P_2O_7)$、重量因子 F 及所称试样的质量 m_s，就可方便地求出被测组分(MgO)的含量：

$$w(MgO) = \frac{m(Mg_2P_2O_7) \cdot F}{m_s} \times 100\%$$

灼烧 [ignition] 将试样置于高温环境中(马弗炉或煤气灯加热)，使之充分干燥分解的操作。

3.4 样品预处理

采样 [sampling] 即取样。

超临界流体萃取 [supercritical fluid extraction] 用超临界状态流体作萃取剂，从固体或液体中萃取可溶组分的分离技术。超临界流体是物质的一种状态，当物质处于临界温度和临界压力以上，成为均匀相之流体，具有气体和液体的双重特性，其密度与液体相近，黏度与气体相近，但扩散系数约比液体大 100 倍。由于溶解过程包含分子间的相互作用与扩散，因而超临界流体对许多物质有很强的溶解能力，是一种非常好的萃取剂。萃取完成后，通过减压即可将超临界流体与溶质分开，溶剂残留少。二氧化碳是常用的超临界流体萃取剂之一，其临界温度为 31℃，临界压力为 7.38 MPa。

沉淀分离 [precipitation separation] 利用沉淀反应，使溶液中的某组分以微溶化合物的形式沉淀出来，与其他组分分离的方法。根据沉淀剂的不同，可以分为用无机沉淀剂的分离法、用有机沉淀剂的分离法和共沉淀分离富集法。沉淀分离法主要用于常量组分的分离；而共沉淀分离法主要用于痕量组分的分离。

沉淀吸附浮选 [flotation by precipitation adsorption] 基于将待测组分形成沉淀后再进行浮选分离的方法。向体系中按化学计量加入所需的沉淀剂，使体系中待测组分形成沉淀，再加入表面活性剂覆盖沉淀颗粒的部分表面，使之吸附于气泡上而在其疏水面析出并分离。脱除或回收水溶液中金属离子时，大多数使其形成氢氧化物或硫化物沉淀，有时也采用碳酸盐或磷酸盐沉淀形式。

吹扫捕集 [purge and trap (PAT)] 一种从液态样品中分离挥发性组分并使之被捕集于固体吸附剂上的操作。吹扫的目的是将一种或多种挥发性组分从液体样品中分离出来；捕集的目的是将这些“吹扫”出来的样品浓缩富集，以用于进一步的分析，如气相色谱分析。吹扫捕集技术广泛应用于环境分析，如饮用水或废水中的优先控制有机污染物分析，也用于食品中挥发物(如气味成分)的分析。

萃取浮选法 [extraction flotation] 基于有机络合剂与待测组分形成沉淀物漂浮于液相表面的萃取分离法。

顶空采样 [headspace sampling] 将待测样品置入一密闭容器中，加热升温，使挥发性组分从样品基体中挥发的一种分离采样技术。一般与气相色谱法联用，挥发性组分直接顶空进样分析。在动态顶空中，挥发性组分随连续通过的惰性气体进入气相色谱进样器；在静态顶空中，顶空的挥发性组分经过一定时间累积，直接进入气相色谱进样器。

反相胶束萃取 [reversed-phase micellar extraction; reversed micellar extraction] 基于在非极性溶剂中加入表面活性剂形成反相胶束的液-液萃取分离技术。当表面活性剂在非极性溶液中形成胶束或微胶团时，表面活性剂的排列方向正好与在极性溶剂中的情况相反，即疏水性基团朝外，亲水性基团则朝内形成一个极性核区，由于这种微胶团结构与正常微胶束结构相反，所以称这种微胶束为反相微胶束。在反相胶束萃取过程中，蛋白质或酶等生物大分子存在于反相微胶束的极性核心内，受周围水层和极性基团的保护，避免了与有机溶剂直接接触，在整个萃取过程中保持生物大分子的活性。

分离因数 [separation factor] 干扰组分与待测组分回收率的比值。是分析物与干扰物分离效果的量度。理想的分离效果是待测组分的回收率为 100%，干扰组分的回收率是 0%，分离因数是 0；对于有大量干扰存在下的痕量物质的分离，分离因数应小于等于 10^{-7}；当待测组分和干扰组分存在的量相当，分离因数应小于等于 10^{-3}。

分配常数 [distribution constant] 又称分配系数。一种物质在两种互不相溶的溶剂中溶解且没有达到饱和，当分配达到平衡时，其某一确定化学形态在两种溶剂中的平衡浓度之比在一定温度和压力下是一常数，称为分配常数。在萃取分离中，分配常数为待分析物在有机相和水相中的平衡浓度之比。

分配系数 [partition coefficient] 即分配常数。

浮选 [flotation] 水溶液中的目标组分与某些试剂作用生成的物质借助上升气泡流漂浮到溶液表面，进而使其与水体分离的操作。是利用矿物表面物理化学性质的差异来选分矿石的一种方法，在选金生产中应用最广泛。它适于选别 0.5 mm 至 10 μm 的金矿粒。矿物颗粒自身表面具有疏水性或经浮选药剂作用产生或增强疏水性，可在液-气或水-油的界面发生聚集。经过一系列工艺处理后的金矿粒虽然密度大却能与气泡和浮选剂亲合而浮于矿液表面从而被回收。

干法灰化 [dry ashing] 在空气氛中加热分解试样中有机成分的操作。在高温有氧条件下，将待测物质转换成易于溶解的氧化物并用适当的溶剂溶解。不用熔剂分解样品，空白值低，对微量元素分析有重要意义。易挥发元素的测定可使用低温灰化操作装置来测定，如生物样品中 As、Se、Hg 等元素。有机样品中的卤素、S、B、P 等元素的测定则可用氧燃烧瓶法。

干扰成分 [interfering substance] 与被测组分同处于试样中，在其特定浓度下和一定置信水平上，给分析结果带来系统误差的其他组分。

固定膜界面萃取 [supported liquid membrane extraction] 即膜萃取。

固相萃取 [solid phase extraction (SPE)] 基于被萃取组分与试样基质及其他成分与固定相作用不同，利用选择性吸附与选择性洗脱使之分离的萃取分离技术。是一种液-固萃取技术。较常用的方法是使液体样品溶液通过固相吸附剂，保留其中待测物质，再用适当强度溶剂冲去杂质，然后用少量溶剂迅速洗脱待测组分，从而达到快速样品净化与浓缩的目的。也可选择性吸附干扰杂质，而让被测物质流出，或同时吸附杂质和被测物质，再使用合适的溶剂选择性洗脱被测物质。

固相微萃取 [solid phase microextraction (SPME)] 一种集采样、萃取、浓缩和进样于一体的无溶剂样品微萃取技术。是在固相萃取技术上发展起来的一种技术。萃取相可以是非挥发性高分子液体，也可以是固体吸附剂，体积小，通常为 1 μL，样品体积可以很大。最常使用涂布有非挥发性高分子的熔融石英纤维直接从水溶液或样品顶空直接萃取有机分析物的技术，通过萃取头上的固定相涂层对样品中的待测组分进行萃取和预富集，不需溶剂洗脱，萃取后可直接进行气相或液相色谱分析。使用固相微萃取通常不能实现定量萃取，但是可充分利用待测组分与干扰物在萃取相与样品介质中分配常数的不同实现选择性分离。

固-液萃取 [solid-liquid extraction] 又称浸取。通过溶剂萃取将固态试样中的待测组分与试样基体分离抽提到溶液中的操作。传统的浸取方法有煎煮法、浸渍法、回流法、索氏抽提法等；超声提取、微波萃取和超临界流体萃取法等也得到了广泛应用。

灰化 [ashing] 干或湿的矿化法制备并富集痕量组分样品的操作。在测定样品中某些组分时,由于试样成分较复杂,往往不能直接进行测定，而需要根据被测物性质进行一定的处理，除去有机基质并富集痕量待测组分。可分为干法灰化和湿法灰化两种操作。

挥发 [volatilizaion] 将液体或固体样品中的组分转化为气态的热分离过程。

回收率 [recovery] 分析化学与制备化学中使用的术语，用于衡量分离分析过程中被测组分损失的程度。等于分析分离操作后样品中剩余被测组分的量占分离操作前被测组分量的百分比。实际操作中测定的是加标回收率，测定方法是：取两份相同的样品，其中一份加入定量的待测组分标准溶液，将两份样品按相同的步骤进行分离分析操作。加标的一份样品所得的结果与未加标一份样品所得结果的差值同加入待测组分的量之比即为样品的加标回收率。在无标准物质和标准方法对照的情况下，它是最常用来检验分析结果系统误差(基底影响以及样品制备带来的损失)的方法。对于常量组分，回收率应大于 99.9%；对于含量在 1%以上的组分，回收率应大于 99%；对于微量组分，回收率应在 95%～105%之间。如果回收率小于 80%，则需改进方法以提高回收率。

加标回收率 [spike recovery] 参见回收率。

浸取 [leaching] 即固-液萃取。

均相萃取 [homogeneous liquid-liquid extraction] 又称均相液-液萃取。基于某些水溶性有机溶剂在较高温度时在水中的溶解度很高，可迅速与水形成均一的混溶体系，而在室温下有机相与水相分离成两相，从而实现目标组分分离的萃取技术。在高温时，有机溶剂分子可自由进入水相，改变水相结构，调控溶质分子的微环境，从而提高萃取能力。碳酸丙烯酯(4-甲基-1,3-二氧戊环-2-酮)在 73℃以上与水可以无限混溶，是常用的均相萃取有机溶剂。

均相液-液萃取 [homogeneous liquid-liquid extraction] 即均相萃取。

空白试验 [blank test] 在不加待测组分的情况下，按照分析待测组分同样的条件和操作进行的试验。空白试验可以消除因试剂、蒸馏水及器皿引入的杂质所造成的系统误差。

离子浮选法 [ion flotation] 某组分的水溶液与络合剂和表面活性剂混合，反应后其中的目标离子转化成能依靠气泡漂浮的疏水物，再向溶液中通入氮气或空气，将此疏水物富集在溶液表面的浮渣或溢流的泡沫层中，从而实现微量组分分离和富集的方法。

连续萃取法 [continuous extraction] 连续地或重复地让萃取相通过试样的操作。需使萃取相与样品接触时间足够长，直至达到定量萃取，例如索氏萃取法。

膜萃取 [membrane extraction] 又称固定膜界面萃取。利用微孔膜将有机相与水相隔开，在微孔膜与两相接触界面上实现萃取或反萃取的分离技术。

泡沫浮选法 [foam flotation] 将空气导入液体形成大量气泡，使液体中待测组分附着于气泡并随之浮于液体表面而得以从液体中分离的方法。起泡剂是具有亲水基团和疏水基团的表面活性剂分子，定向吸附于水-空气界面，降低水溶液的表面张力，使充入水中的空气易于弥散成气泡并可稳定存在。捕收剂是改变目标组分表面疏水性，使浮游的组分黏附于气泡上的浮选剂。起泡剂和捕收剂一起吸附于矿物颗粒表面，使矿粒上浮。

前处理 [pretreatment] 即样品预处理。

取样 [sampling] 又称采样。按一定程序从大量物品或材料中抽取少数或小量能代表试样组成的样品的操作。

热萃取 [thermal extraction] 基于特殊高温体系的萃取分离技术。

溶剂萃取 [solvent extraction] 即液-液萃取。

湿法灰化 [wet ashing] 又称湿法消解。在一定温度和压力等条件下以合适溶液使试样分解的操作。常用酸、氧化剂或两者的混合物(如浓盐酸、浓硫酸、浓硝酸、高锰酸钾、次氯酸等)处理样品，使被测物质呈离子状态留在溶液中。

湿法消解 [wet digestion] 即湿法灰化。

试剂空白 [reagent blank] 所用试剂含有的微量待测组分或其他干扰组分对试样测定所产生的附加响应值。

试样 [sample] 又称样品。从大量物品或材料中抽取的少数或小量具有代表性的用于试验的物质。

双水相萃取 [aqueous two-phase extraction; aqueous biphasic extraction] 基于溶质在两种不相混溶的水溶液中溶解度不同而进行分离的溶剂萃取技术。双水相体系通常是由两种不相溶的亲水性聚合物的水溶液混合，或一种亲水性聚合物与一种盐溶液混合而成的溶液两相系统。其上下两相均为水溶液(含水量一般在 70%～90%)，因此均具有水溶液的性质。该技术的应用研究主要集中于生物大分子、细胞颗粒的分离与纯化，也用于中草药有效成分的提取分离，以及金属离子的分离富集等领域中。

索氏抽提法 [Soxhlet extraction method] 即索氏萃取法。

索氏萃取法 [Soxhlet extraction method] 又称索氏抽提法。应用索氏提取器提取固体试样组分的连续萃取方法。将固体样品置于萃取室内，烧瓶内的溶剂加热沸腾后，通过导气管上升，冷凝后滴入萃取室中。当萃取室液面超过虹吸管最高处时发生虹吸，含有溶质的溶液流入烧瓶。固体物质每一次都能被纯的溶剂所萃取。通过反复的溶剂回流和虹吸，样品中的可溶物被富集到烧瓶内，萃取效率很高。

透析 [dialysis] 一种扩散控制，以浓度梯度为驱动力的，基于半透膜的膜分离方法。溶液中的小分子物质可通过半透膜，而大分子物质则不能通过半透膜，从而使小分子物质与大分子物质分离。例如分离和纯化皂苷、蛋白质、多肽或多糖等物质时，可用透析法以除去无机盐、单糖、双糖等杂质。反之也可将大分子杂质留在半透膜内，而将小分子通过半透膜转入膜外溶液中而加以分离提纯。

微波萃取 [microwave extraction] 又称微波辅助溶剂萃取或微波辅助萃取。一种利用微波能加热溶剂强化溶剂萃取，有效萃取固体试样中某些目标组分的技术。将样品与液体萃取相放入封闭的消化管中，以微波炉加热。封闭消化管可以实现高温高压萃取，有效缩短萃取时间，节约溶剂，并可同时操控多个样品。

微波辅助萃取 [microwave-assisted extraction] 即微波萃取。

微波辅助溶剂萃取 [microwave-assisted solvent extraction] 即微波萃取。

吸附分离法 [adsorption separation] 利用吸附剂对物质的选择吸附作用，通过吸附将试样中待测组分与其他组分分离，达到浓缩和提纯的目的。

样品 [sample] 即试样。

样品预处理 [sample pretreatment] 又称前处理。从样品采集后到测定前对其进行的所有化学、物理操作。包括样品干燥、溶解、提取与富集等。

液膜分离 [liquid membrane separation] 一种以液膜为分离介质，以溶质浓度差为驱动力的膜分离操作。分离体系由外相、膜相以及内相组成：外相为含有被分离组分的料液，内相为接受被分离组分的溶液，外相和内相之间的成膜液体称为膜相。在液膜分离过程中，被分离组分从外相进入膜相，再转入内相，浓集于内相。如果工艺过程有特殊要求，也可将料液作为内相，接受液作为外相，被分离组分从内相转入外相。液膜分离系统的外相(料液)、膜相(萃取剂)和内相(萃取剂)三相共存，萃取和反萃取操作在同一装置中进行，接受液用量可以很少，在萃取分离的同时实现浓缩。

液-液萃取 [liquid-liquid extraction] 又称溶剂萃取。利用化合物在两种互不相溶(或微溶)的溶剂中溶解度或分配常数的不同，使化合物从一种溶剂转移至另一种溶剂中，以分离和提取待测组分的操作。

预富集 [preconcentration] 从大量母体物质中收集待测微量或痕量组分，以提高其相对含量的操作。

在线预富集 [on-line preconcentration] 释文见 3.5.8 节同名词条。

蒸馏 [distillation] 利用液体混合物中各组分沸点的差异，使低沸点的组分通过蒸发-再冷凝得以分离的操作。是蒸发和冷凝两个操作的联合。蒸馏可将低沸点组分与高沸点组分分离，也可将沸点不同的液体混合物一一分离，但各组分的沸点必须相差较大(>30℃)才能获得较好的分离效果。蒸馏法不需外加溶剂，因而不会引入新杂质。

3.5 仪器分析

3.5.1 光谱分析

3.5.1.1 原子光谱分析

半定量光谱分析 [semiquantitative spectral analysis] 根据元素原子光谱线强度估测试样中被测元素近似含量。测定准确度比定量分析差，但分析的速度快，成本低，可以在较短的时间内得到多种元素的大致含量的信息。

背景吸收 [background absorption] 由非被测元素(组分)引起的对入射辐射的吸收。包括在原子化过程中产生的气体、氧化物、盐类等分子对入射辐射的吸收。火焰发射、谱线重叠和精细结构也会造成背景信号增强。背景吸收导致测量的吸光度值偏高，影响测定结果的准确度。

背景校正 [background correction] 对叠加在原子吸收分析线上的背景进行校正的操作。在原子吸收光谱分析中，采用吸光度相减扣除背景。常用校正背景吸收的方法有非吸收线校正法、氘灯校正法、塞曼效应校正法和自吸收校正法等。在原子发射光谱分析中，采用强度相减扣除背景。

标准加入法 [standard addition method] 又称增量法。在试样中依次加入不同量的标准样，按同样分析程序测量分析信号，以分析信号对标准样加入量(或浓度)建立校正曲线进行定量分析的方法。以标准样加入量(浓度)系列为横坐标，被测组分分析信号为纵坐标制作校正曲线，外推校正曲线与横坐标轴相交，由交点至校正曲线原点的距离求算样品中被测组分的量或浓度值。优点是能自动匹配基体，补偿样品基体的物理和化学干扰，提高测定结果准确度，但不能提高测定灵敏度和补偿宽带分子光谱背景的影响。应用此法的必要条件是校正曲线必须是线性的，而且测定中不存在比例系统误差，即校正曲线的斜率不能随加入的被测组分量而改变。此法利于成分复杂的样品分析。

标准曲线法 [standard curve method] 又称校正曲线法。用已知浓度(含量)的标准系列制作的分析信号响应值对浓度(含量)变化的曲线，根据测得的未知样品的分析信号响应值从标准曲线求得被测定组分浓度(含量)的方法。制作标准曲线使用的标准系列应与实际样品具有相同或相似的组成。

波长色散X射线荧光光谱仪 [wavelength dispersive X-ray fluorescence spectrometer] 利用分光晶体衍射分离样品中的多色辐射的荧光光谱仪。由X射线光管、分光晶体、测角仪、探测器、样品室、准直器、计数电路和计算机组成。用正比计数器检测轻元素，闪烁计数器探测重元素。顺序式仪器通过顺序改变分光晶体的衍射角可以获得全范围的光谱信息，灵活性强；多通道仪器可同时获得多种元素的信息，快速简便。

参比线 [reference line] 即内标线。

层流火焰 [laminar flame] 均匀混合的燃气、助燃气在缝型燃烧器的喷口上方呈层流状态平稳燃烧形成的火焰。特点是火焰受到的扰动小，火焰稳定，自由原子在气相中横向扩散效应小,噪声低，可以获得较高的灵敏度。

层流燃烧器 [laminar flow burner] 产生层流火焰的燃烧器。优点是燃烧稳定，火焰基本上不受气流扰动，自由原子在气相中横向扩散效应小，噪声低，有效吸收光程长，可以获得较高的灵敏度。

超声雾化器 [ultrasonic nebulizer] 利用超声波振动和空化作用将试液雾化为气溶胶并引入原子化器的装置。优点是：雾化效率高，可高达 75%；没有载气流速的影响；产生气溶胶的密度更大、粒径分布范围更窄的均匀气溶胶。缺点是溶质蒸发干扰和记忆效应较大。

持久化学改进剂 [permanent chemical modifier] 石墨炉原子吸收光谱分析中，经热解还原沉积法、阴极溅射法和电沉积法将高熔点铂系金属和易生成碳化物难熔金属，涂渍于石墨管内制成的长寿命化学改进剂。使用寿命可高达300～800次。能用作持久化学改进剂的元素，包括高熔点铂系金属(PGM)Ir、Pd、Pt、Rh、Ru，生成难熔化合物的Hf、Mo、Nb、Re、Ta、Ti、V、W、Zr及生成“共价”碳化物的元素B、Si等。中等挥发性的贵金属Ag、Au、Pd与其他低挥发PGM形成化(混)合物如Pd-Ir、Pd-Rh 和Au-Rh后，或在碳化物涂层表面结合形成Pd-Zr、Pd-W键提高了其热稳定性之后也能用作持久化学改进剂。持久化学改进剂的局限性是：出现双峰；产生“过稳定”现象，引起峰拖尾，降低灵敏度；管与管之间重复性差；为避免和减少化学改进剂的损失。使用的热解、原子化和净化温度较低。主要用于较简单基体中高挥发性分析物及蒸气发生-原子吸收光谱分析。

单色器 [monochromator] 又称分光器。将光谱谱线色散分开的装置。由入射狭缝、准直镜、色散元件、物镜和出射狭缝组成。其核心是色散元件，通常为光栅。由入射狭缝进入的光，经准直光镜变成平行光束，投射到色散元件，经色散后，不同波长的光以不同的角度进入成像光路，聚焦于光谱成像焦面上。

氘灯校正背景 [deuterium lamp background correction] 利用空心阴极灯锐线光源与氘灯连续辐射光源两次分时测得吸光度相减扣除背景吸收。1965年由柯伊蒂汉(S. R. Koirtyohann)提出。原子吸收线是锐线光谱，宽度远小于仪器的光谱通带宽度，在分析线波长被测原子吸收氘灯辐射的光强，只约占其总入射光强的1%～2%，可以忽略不计。用氘灯测得的吸光度A_b可近似看作是背景吸收。用空心阴极灯锐线光源测得的是原子吸收和背景吸收的总吸光度A_{L+b}，两次分时测得吸光度相减便得到扣除了背景吸收后的谱线吸光度，$A_L=A_{L+b}-A_b$。氘灯发射较强的波长区是190～350 nm，原子吸收光谱测定的大多数元素的共振吸收线都处在这一波段，因此氘灯校正背景法得到了广泛的应用。其优点是：在紫外区对吸光度小于1的非结构背景校正效果较好，对测定灵敏度影响较小(约为1%～2%)，仪器结构简单，价格便宜。不足之处是：①氘灯能量较弱，校正背景能力受到限制，对吸光度大于1的背景吸收，校正效果较差；②只能校正分子吸收和光散射引起的宽带吸收，不能校正结构背景；③由于背景时间和空间分布的特性、前后两次分时测得的背景值有差异，氘灯测得的背景值是以分析线为中心光谱通带内的平均背景与分析波长处的真实背景也有差异，容易引起背景校正过度或校正不足；④测定分析线的光源是阴极溅射放电灯，氘灯是气体放电灯，两光源放电性质、能量分布和光斑大小不同，通过石墨炉内的光束不严格重合，影响背景校正效果。

倒数线色散率 [reciprocal linear dispersion] 在光谱仪成像焦面上单位长度所容纳的波长数，记为 $d\lambda/dl$，单位为nm/mm。是表示光谱仪线色散率大小的一个参数。其值越小，表示两谱线在焦面上分开的距离越大。

等离子体光源 [plasma source] 外观类似火焰的一类气体放电光源。广义上，电离度大于 0.1%的正、负电荷相等的电离气体都称为等离子体。常压下的电弧放电、电火花放电、高频电感耦合放电和低压下的辉光放电等都是等离子体光源。

等离子体炬管 [plasma torch tube] 简称炬管。等离子体光源中实现等离子体放电和限制等离子体形状与大小的部件。常用的炬管由三层同心石英管构成。在高频电磁场作用下，流经石英管的载气(通常是氩气)电离而形成能自持的稳定等离子体。增加频率时，由于趋肤效应，等离子体形成环状结构，从而获得良好的光谱分析性能。对等离子体炬管的要求是：易点燃、易获得稳定的环状等离子体、功率转换效率高、氩气消耗量小、功耗低。

等离子体原子荧光光谱法 [plasma atomic fluorescence spectrometry] 以等离子体为激发光源产生原子荧光的原子荧光光谱法。用电感耦合等离子体作为原子荧光激发光源，既产生原子荧光，又产生离子荧光。具有很强的检测能力，谱线没有明显的自吸，也少有谱线重叠干扰。

等温原子化 [isothermal temperature atomization] 又称恒温原子化。在石墨管壁与管内气相温度达到平衡后，试样从石墨表面蒸发进入气相实现原子化的过程。在石墨管升到原子化温度的整个加热过程中，炉温随时间而变化，炉内不同区域的温度分布亦不均匀，引起背景吸收、基体干扰、记忆效应和多峰的出现。实现等温原子化的方法：①采用电容脉冲放电和最大功率升温，提高升温速率，使基体化合物分子迅速完全解离并逸出石墨炉，以消除分子吸收和光散射的干扰；②平台原子化和探针原子化，延迟原子吸收峰出峰时间，使吸收峰出现石墨炉内管壁与炉内气相温度达到基本恒定的平衡温度区内，以避免已分解的分子重新结合和凝聚。

低温原子化 [low-temperature atomization] 利用某些元素(如 Hg)本身或元素氢化物的易挥发性，将其导入原子化器内在较低的温度下实现原子化的方法。一般不受原试样中存在的基体的干扰，进样效率高，具有很高的灵敏度和很低的检出限。用于汞、氢化物发生元素、蒸气发生元素的测定。

低压交流电弧光源 [low-voltage alternating current arc source] 由高频电火花引弧与低压电弧电路构成的一种常用的原子发射光谱分析光源。既具有电弧放电特性，又具有火花放电特性，调节电路中电容和电感，可以改变电弧电路的放电特性。低压交流电弧放电具有间歇性、脉冲性和周期性。电极温度相对较低，弧温较高，放电稳定性好；电极上每一次高频引弧都接触一个新取样点，取样具有良好的代表性，测定精密度优于直流电弧，分析灵敏度接近直流电弧。用石墨或炭为电极时产生氰带光谱，通常背景比较浅。

电感耦合等离子体光谱仪 [inductively coupled plasma spectrometer] 以电感耦合氩等离子体为激发光源的原子发射光谱仪。由氩等离子体发生器及炬管、溶液进样系统及光谱仪组成。主要有三种类型：由多色仪和光电倍增管构成的多道 ICP 光谱仪，特点是可以同时进行多元素测定；由单色器和光电倍增管构成的顺序扫描 ICP 光谱仪，可以进行单元素测定或顺序扫描多元素测定；最近发展的由中阶梯光栅分光系统和电荷耦合器件固体检测器构成的全谱直读ICP 光谱仪。

电感耦合等离子体光源 [inductively coupled plasma source (ICP)] 又称高频等离子体光源。由高频发生器、感应线圈和炬管、供气系统和试样引入系统构成，在感应线圈内通电流后产生轴向磁场，在垂直于磁场方向截面上感生出流经闭合路径的涡流，形成具有环状结构的高温等离子炬的激发光源。特点是：等离子体温度高(4000～12 000K)，有利于蒸发试样、被测元素原子化和激发电位高的谱线激发，检出限一般为 ng/mL 数量级；稳定性好；谱线自吸效应小，校正曲线动态范围宽，达 5～6 个数量级；可同时或快速顺序测定试样中的主、次和痕量元素；能适用于固、液、气态样品分析；基体效应和化学干扰小，一套标样可用于不同试样的分析；不用电极，避免了电极沾污。

电感耦合等离子体原子发射光谱法 [inductively coupled plasma atomic emission spectrometry (ICP-AES)] 用电感耦合等离子体为激发光源的原子发射光谱分析方法。

具有同时或顺序检测多元素的能力，检出限低，测定灵敏度高，精密度和准确度良好，基体效应和化学干扰小，线性动态范围宽，可测定的元素多，应用范围广，特别适用于分析样品类型多、样品量大的分析实验室。

电荷耦合检测器 [charge coupled detector (CCD)] 由许多光敏像元按一定规律排列为线型或面型的阵列，以电荷量表征光量大小，用耦合方式传输电荷量的固体光学多道检测器件。特点是灵敏度高，可对单个光子计数，噪声低，光谱范围宽，性能稳定,可靠性高，线性范围宽达 10^5～10^6 量级，可实现多道同时采集信号，获得三维谱图。

电荷注入检测器 [charge injection detector (CID)] 以硅-氧化硅半导体(MOS)电容器为检测单元、准确测量积累电荷的固体多道光学检测器件。灵敏度比电荷耦合检测器高一个数量级，更适合于弱光的检测；最大光谱响应位于 800 nm 处，在紫外区仍有良好的量子效率；价格便宜。与 CCD 的区别是，CID 的读出过程是非破坏性的。

电弧光谱 [arc spectrum] 以直流或交流电弧为激发光源获得的原子发射光谱。包括电极与试样产生的原子和离子谱线、试样中含有的未解离的和在电弧放电时产生的化合物的分子谱带以及灼热固体辐射的连续光谱。主要用于光谱定性分析、粉末、矿石矿物等难熔样品及稀土、铌、钽、锆、铪等难熔元素的定量分析。

电弧光源 [arc source] 在两电极间隙发生电弧放电产生的高温蒸发样品、使被测元素原子化、激发原子发射光谱的激发光源。按供电方式分为直流电弧光源和交流电弧光源。按供电电压分为高压电弧光源和低压电弧光源。

[电]火花光源 [spark source] 通过击穿控制火花隙产生电火花放电、激发原子光谱的一种原子发射光谱激发光源。火花光源作用于电极表面积小，时间短，电极温度低；激发温度高，能激发激发电位很高的原子线和离子线；火花放电能精密控制，稳定性好。适合用于分析丝状和箔状样品，不宜于分析粉末和难熔样品。在紫外区产生较深的光谱背景；电极表面经火花冲击产生灼热，接着又迅速冷却，使电极表面结构和状态发生变化，需经一定时间放电过程才能稳定，进行定量分析时需经较长的预燃和曝光时间；第三组分对分析结果影响较大。

电离电位 [ionization potential] 一个电子从原子中离去成为自由电子所需能量(电离能)相应的电位，单位为 eV。当获得足够大的能量，原子中的一个或两个光学电子就会脱离原子核的束缚成为自由电子，原子因失去电子而成为离子，称为电离。原子失去一个电子，称为一次电离；失去二个电子称为二次电离。二次电离比一次电离所需的能量更大，相应的电离电位更高。

电离干扰 [ionization interference] 由于原子在高温下电离而引起的干扰。电离电位低的碱金属元素在高温下几乎完全电离。电离使自由原子数目减少，导致原子发射线强度和原子吸收信号降低。从电离平衡移动的观点考虑，加入大量电离电位更低的碱金属元素可以抑制电离电位较高的被测元素原子的电离，从而减小或消除电离干扰。

电热原子化器 [electrothermal atomizer] 以电热方法使石墨炉或石英管内样品中的分析物实现蒸发、热解和原子化的装置。1959 年苏联科学家里沃夫(Б. В. Львов)首次使用碳坩埚蒸发-石墨炉原子化器，用两个独立的电源分别控制试样蒸发和原子化过程：一个电源用于盛样碳坩埚电极与另一辅助电极之间产生直流电弧放电，将碳坩埚加热到 2500℃，使碳坩埚内的试样蒸发进入石墨管内；另一电源用于加热管式石墨炉，使分析物原子化，开创了石墨炉原子吸收光谱法。商品化仪器使用的多是改进后的更为实用的马斯曼(Massmann)型管式石墨炉原子化器，电阻发热体通以低电压大电流，发热产生高达 3000℃的高温，使盛于原子化器内的试样蒸发和原子化。广泛使用的电热原子化器有管式石墨炉、平台石墨炉和探针石墨炉。此外，还有坩埚石墨炉、碳丝原子化器、金属原子化器等。随着横向加热原子化器的出现，又开发了其他形式的石墨炉，特点是炉内温度分布均匀。石英管电热原子化器，在石英管外缠电炉丝，通电发热使管内分析物蒸发和原子化，用于挥发性物质的原子吸收光谱与氢化物原子荧光光谱分析。电热原子化器的优点是：①绝对灵敏度高；②选择性好；③样品用量小；④适用元素范围广。

电热原子吸收光谱法 [electrothermal atomic absorption spectrometry (ETAAS)] 以电热为原子化能源的原子吸收光谱法。包括石墨炉原子吸收光谱法与石英炉原子吸收光谱法。

电容耦合微波等离子体光源 [capacitively coupled microwave plasma source (CMP)] 由微波电源、矩管、供气系统及连接线路组成，微波能量通过由内导体相对大地构成的电容耦合到工作气体中，获得微波等离子体的一种原子发射光谱光源。优点是：激发能力强，可以高灵敏地测定非金属元素，在低功率下运行，容许的进样量小，以 Ar、He 和 N_2 为工作气体，气体消耗量小。但金属元素测定检出限较 ICP 差，化学干扰和基体影响比较严重。

定向光栅 [blazed grating] 即闪耀光栅。

端视电感耦合等离子体光源 [end-view inductively coupled plasma source] 又称轴向电感耦合等离子体光源。炬管水平放置的感耦合等离子体光源。在放电顶端沿轴向观测原子发射光谱。主要优点是：所有被测元素在整个中心通道内发射的辐射都照射到光谱仪狭缝上，不仅谱线强度增大，而且又避开了感应区强烈的背景辐射，信背比得到改善，检出能力可提高 1～10 倍。不存在侧视式等离子体光源观测高度的选择问题。缺点是：自吸收效应较侧视式等离子体光源严重,不宜用于较高含量成分的分析，校正曲线线性动态范围较窄，中心通道温度梯度的影响难于完全避免。

断续电弧光源 [interrupted arc source] 在直流电弧或交流电弧光源的线路中接上机械断续器或适当的控制线路，使电弧放电时断时续的一种原子发射光谱激发光源。表征断续电弧性能的参数是断续比(燃弧时间和熄弧时间的比值)和断续频率。断续电弧激发光谱，取样量少，对试样损伤小，常用于低熔点、薄膜、细丝试样的原子发射光谱分析，具有较低的检出限和较好的测定精密度。

多普勒展宽 [Doppler broadening] 又称热展宽。由原子无序热运动产生的多普勒效应引起的谱线展宽现象。处于无序热运动中的原子，即使每个原子发出光的频率相同，检测器接收背离其运动的原子发出的光频率较静止原子发出光频率低；接收朝向其运动的原子发出的光频率较静止原子发出的光频率高，由此出现频移，导致谱线展宽。多普勒宽度为

$$\Delta\nu_D = 2\sqrt{2\ln 2}\frac{\nu_0}{c}\sqrt{\frac{KT}{m}}$$

式中，ν_0是谱线轮廓的中心频率，c是光速，K是玻尔兹曼常量，T是热力学温度，m是原子质量。在通常的火焰原子化条件下，多普勒展宽值在10^{-4}～10^{-3} nm量级，比谱线自然宽度大约两个数量级。

反射光栅 [reflection grating] 能将复合光色散为单色光并反射至焦面形成按波长排列的光谱的光学元件。没有色差，从红外到紫外整个光谱区无吸收。现代光谱仪器都采用反射光栅。

反斯托克斯原子荧光 [anti-Stokes atomic fluorescence] 处于高于基态的原子吸收辐射跃迁到能量更高的激发态后以辐射方式去活化回到基态，或者被测原子吸收辐射由基态跃迁到中间能态再热激发到能量更高的激发态后以辐射方式去活化回到基态所发射的原子荧光，其波长小于激发辐射波长的原子荧光。图中A和B分别是起源于中间能态和基态的热助反斯托克斯原子荧光；0为基态，1、2、3为激发态能级。

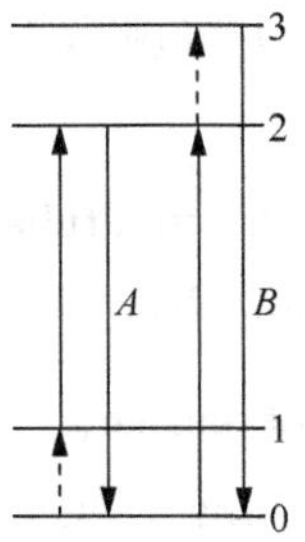

非辐射跃迁 [non-radiative transition] 原子或分子以非辐射方式获得或释放能量而产生的跃迁。如原子受到加热或与其他较高能量粒子(电子、原子、离子、分子)进行非弹性碰撞吸收能量后，由基态跃迁到激发态；激发态原子通过与其他粒子碰撞将其一部分内能转移为其他粒子的平移动能，由较高激发态回到较低激发态或基态。参见跃迁。

非色散原子荧光光谱仪 [non-dispersive atomic fluorescence spectrometer] 无色散元件的原子荧光光谱分析仪器。由激发光源、原子化器、光学系统和检测系统组成。特点是：仪器结构简单，光路短，荧光辐射能量损失小；无色散系统，光源辐照立体角大，荧光信号强；采用日盲光电倍增管为检测器，在紫外区有最佳的检测灵敏度。同一元素几条荧光谱线的总强度与分析元素含量成正比，通过同时测量几条荧光谱线的总强度能大大地提高测定灵敏度。原子荧光是各向同性发射，非色散仪器能同时进行多元素测定。但易受杂散光的影响。

非吸收线校正背景[法] [correcting background with non-absorption line] 利用分析线邻近的非吸收线校正背景的方法。1964年由斯莱文(W. Slavin)提出。用非共振吸收线校正背景有两种方式：①使用双通道仪器，一个检测器检测来自空心阴极灯的、通过原子化器的共振线，测定分析原子和背景吸收的总吸光度，另一个检测器检测来自同一光源或另一光源的非吸收线，测定背景吸收的吸光度，两测定值相减，获得校正背景后的被测元素原子的吸光度。②使用单通道仪器，需进行两次原子化操作与测定，由于背景的时间特性，不同时间产生的背景吸收不可能完全相同，引起较大的背景校正误差。分析线和非吸收线的波长必须尽量靠近，在＜200 nm波段区波长差＜5 nm，在＞200 nm波段区波长差＜20 nm，以减少不同波长处背景差异所带来的不良影响。该法只适用于分析线附近背景分布较均匀、无谱线结构背景的场合。现代原子吸收光谱仪器都配备了背景校正装置，此法现已极少应用。

分光器 [spectrometer] 即单色器。

分馏效应 [fractionation effect] 在原子发射光谱法中，用深孔电极分析粉末试样时各组分因沸点差别引起的在弧焰中蒸发速度不同产生的先后蒸发的现象。各元素及其化合物的蒸发顺序(或称挥发顺序)不仅依赖于它们的沸点，还与试样在电极内发生的高温化学反应有关。利用分馏效应得到的光谱背景较浅，中等挥发元素和难挥发元素谱线很少出现，避免了它们的干扰，可改善易挥发元素的检出限。

分析线 [analytical line] 用于原子光谱定性和定量分析的谱线。在光谱定性分析中，选用灵敏线为分析线。在光谱定量分析中，需视分析元素含量高低，选用不同强度的谱线为分析线。用内标法定量时，应选用均称线对为分析线对，

可以避免激发条件波动对谱线强度的影响，从而获得良好的精密度和准确度。在原子吸收光谱分析中，通常选择共振吸收线为分析线。分析高浓度试样时，常选用次灵敏线为分析线，以保持校正曲线有足够宽的线性动态范围。As、Bi、Hg、Pb、Se 等元素的共振吸收线位于远紫外区，受到背景、谱线吸收的影响光能量损失大，宜选用它们的非共振吸收线为分析线。

分析线对 [analytical line pair] 采用内标法进行光谱定量分析时，分析线和内标线组成的线对。分析时，用分析线对的强度比 R 或 $\lg R$ 对分析元素浓度 c 或 $\lg c$ 建立校正曲线，以消除激发条件波动产生的影响。要求内标线没有自吸或自吸很小，且不受其他谱线的干扰。用原子线组成分析线对时，要求两谱线的激发电位相近；若选用离子线组成分析线对，要求两线的激发电位相近，内标元素与分析元素的电离电位也相近。用一条原子线与一条离子线组成分析线对是不合适的。分析线和内标线的波长尽量相近，两谱线都位于检测器的线性响应区。内标法可以消除由于光谱激发条件变动对分析线对强度比的影响，提高光谱定量分析的精密度和准确度。

分析线对强度比 [intensity ratio of analytical line pair] 即分析线对相对强度。

分析线对相对强度 [relative intensity of analytical line pair] 又称分析线对强度比。内标法原子发射光谱定量分析中由分析线与内标线组成的分析线对的强度比。

分子吸收 [molecular absorption] 分子对辐射的吸收。在原子吸收光谱分析过程中产生的分子，如OH、CH、CN、C_2、NH、CO、H_2O等，在相当宽的波段内有分子吸收带，形成宽带背景。OH在309～330 nm和281～306 nm，CH在387～410 nm，C_2在468～474 nm有分子吸收带。碱金属卤化物在200～400 nm，硫酸盐和磷酸盐在<240 nm区有强的分子吸收。分子吸收具有波长、时间和温度特性，利用这些特性可以避免和消除分子吸收对测定的影响。分子吸收形成宽带背景导致测定结果偏高。在实际分析中需对它进行校正。

峰背比 [peak-to-background ratio] 被测组分吸收峰吸光度与背景吸光度之比。在原子吸收光谱分析中，指分析线峰高或峰面积吸光度与背景吸相应吸光度之比；在原子发射光谱分析中，指分析线与背景两者强度之比。它决定了一个分析方法实际可测定的下限含量或浓度。

峰高测量法 [method of peak height measurement] 又称峰值测量法。石墨炉原子吸收光谱分析中用谱峰高度表征分析信号大小的测量方法。若在很短时间 τ_A 快速原子化，原子在吸收区的平均停留时间 τ_R 足够长，在完全原子化的瞬间 $t=\tau_A$，分析区内的自由原子数达到峰值 N_p，

$$N_p = N_0\frac{\tau_R}{\tau_A}\left(1-e^{-\tau_A/\tau_R}\right)$$

式中，N_0 是试样中被测元素的原子数。当 $\tau_A/\tau_R \leqslant 1$，$1-e^{-\tau_A/\tau_R} \approx \tau_A/\tau_R$，则 $N_p \approx N_0$。用峰高测量法可以获得稳定的测定结果，并具有最高的测定灵敏度。快速升温原子化是应用峰高测量法的必要条件。

峰面积测量法 [method of peak area measurement] 石墨炉原子吸收光谱分析中用谱峰面积表征分析信号大小的一种测量方法。若在原子化的全部时间内原子滞留吸收区内，而积分时间 τ 足够长，测得的积分原子数为

$$N = \int_0^{\tau_i} N_t\mathrm{d}t \approx N_0\tau_R$$

式中，N_t 是任一时刻 t 进入吸收区的原子数，N_0 是试样中被测元素的原子数，τ_R 是自由原子在吸收区的平均停留时间。只要被测元素全部原子化，N_0 和 τ_R 保持不变，测得的原子吸收信号只与试样中被测元素的原子数 N_0 呈正比。峰面积测量法测量的是总吸收信号，可用记录器连续记录或用电容器累积正比于原子吸收信号的电流的方法记录分析信号。

峰值测量法 [method of peak value measurement] 即峰高测量法。

峰值吸收系数 [peak absorption coefficient] 最大吸收波长处的原子吸收系数。沃尔什(A. Walsh)从理论上证明，使用锐线光源和实验条件一定的情况下，峰值吸收系数 k_0 与气相中吸收光程上单位体积内能吸收频率为 ν 特征辐射的原子数 N 存在线性关系，即

$$k_0 = \frac{2}{\Delta\nu_D}\sqrt{\frac{\ln 2}{\pi}}\frac{\pi e^2}{mc}f_{0i}N$$

式中，$\Delta\nu_D$ 是多普勒宽度；e 是电子电荷；m 是电子质量；c 是光速；f_{0i} 是吸收振子强度，定义为每个原子吸收特征辐射的平均电子数，是由跃迁矩所得到的吸收强度的理论量度。沃尔什提出通过测量原子吸收线轮廓中心波长的吸收系数确定试样中被测元素含量，避免了测定原子积分吸收系数的困难，为原子吸收光谱法的实际应用提供了理论依据。在给定的实验条件下，蒸气相中原子数 N 与试样中被测元素含量 c 成正比，因此，通过测量峰值吸收系数就可确定试样中被测元素的含量。

缝管原子捕集 [slotted-tube atom trap technique (STAT)] 参见原子原位捕集技术。

缝式燃烧器 [slot burner] 具有缝型燃烧口的燃烧器。用大块不锈钢或钛钢制作，以防止燃烧缝在高温下变形。燃烧缝的宽度和长度取决于火焰的燃烧速度，燃烧速度快的火焰，需使用较窄的缝宽和较短的缝长。对于空气-乙炔火焰，

保证不发生回火的最大允许缝宽约为 0.63 mm。为安全起见，常用缝宽为 0.5 mm，缝长为 100 mm；用于氧化亚氮-乙炔火焰的缝长为 50 mm。常用的是单缝燃烧器，还有双缝和三缝燃烧器。多缝燃烧器允许使用较高含盐量试液，可减少周围空气扰动对测定的影响，降低了火焰噪声，但燃料消耗量大，发热量大，易引起燃烧缝变形，为此需用水冷却燃烧器。缝式燃烧器通常与同心雾化器、预混合室共同构成预混合型原子化器。优点是：燃烧稳定，产生层型火焰，火焰基本上不受气流扰动，噪声小，有效吸收光程长，可以获得较高的灵敏度。

复制光栅 [replica grating] 由原刻光栅复制的光栅。先在刻制光栅上涂一薄层硅油，然后用真空镀膜法镀一层铝膜，将铝膜揭下，用黏结剂将铝膜黏结在基板玻璃上形成复制光栅。其性能较原刻光栅差，但制造成本大为降低。

富燃火焰 [fuel-rich flame] 又称还原性火焰。燃气的量比按化学计量所需要的量有富余的可燃混合物燃烧所形成的火焰。富含有 CH、CO、CN、C、C_2 等还原性物质，O、OH 等氧化性组分的分压低，火焰具有强烈的还原性。有利于易形成单氧化物、难解离氧化物的元素的原子化，是分析测定中最常用的火焰。富余燃气过多，会造成背景加深。

富氧空气-乙炔火焰 [enriched oxygen air-acetylene flame] 以乙炔为燃气、空气为助燃气并加有部分氧气的可燃混合物燃烧形成的高温火焰。特点是：随着助燃气中氧气含量的增加，火焰温度逐渐提高，温度在 2300～2950℃范围内可调；处于富燃状态的火焰，燃烧速度较慢，不易回火，使用安全；火焰稳定。对于大多数元素，在微富燃状态（黄羽毛高度约 20 mm）进行测定，具有较高的灵敏度。富氧空气-乙炔高温火焰可有效地用于 Be、Si、Y、La、Sm、Eu、Ti、Zr、V、W 等元素的测定。

高分辨连续光源原子吸收光谱仪 [high resolution continuum source atomic absorption spectrometer] 以高聚焦短弧氙灯连续光源、石英棱镜和高分辨率大面积中阶梯光栅组成的双单色器与高性能CCD线阵检测器构成的一种新型高分辨原子吸收光谱仪。2004 年，德国耶拿分析仪器股份公司首先推出了这种类型的原子吸收光谱商品仪器。工作波长范围 190～900 nm；能同时记录 1～2 nm 波段内的全部光谱信息，分辨率达到 0.002 nm（280 nm 处），少数中心像素用来测定原子吸收光谱信号，其他像素可用来校正灯强度和测定条件的波动；实现了利用内标元素谱线进行校正的可能性，测定准确度良好；光源强度大，信噪比高，检出限低；能测定谱线轮廓两翼的吸收，选用 2～3 条不同灵敏度的谱线进行快速顺序分析，线性动态范围可扩展到 5 个数量级浓度；能进行快速顺序扫描多元素测定；可得到时间-波长-信号的三维信息，实时进行背景扣除。

高频等离子体光源 [high frequency plasma source] 即电感耦合等离子体光源。

高频[电]火花光源 [high frequency spark source] 由小功率高频放电产生的微弱火花激发原子光谱的光源。试样损伤面积小、深度浅，基体效应小，激发温度高，在火花光谱中出现大量的离子谱线。适于微区分析和表面分析，特别适于细丝、薄片、矿物颗粒和金属机件的光谱定性和定量分析。

高强度空心阴极灯 [high-intensity hollow cathode lamp] 带有一对辅助电极可分别控制原子溅射过程和光谱激发过程的一种空心阴极灯锐线光源。用灯内一对辅助电极分别控制原子溅射和光谱激发过程，使放电过程分为两个阶段进行。第一阶段是空心阴极与阳极之间的辉光放电，从空心阴极溅射出来的自由原子在阴极腔口形成自由原子云。第二阶段是阳极与辅助电极在腔口前发生低压大电流的电弧放电（电流可达 300～400 mA）。放电产生的自由原子与载气离子、电子相互碰撞受到激发，发射特征光谱，共振线的强度可提高 30～50 倍。特点是：①光谱发射强度大；②提高了信噪比，改善了检出限；③减少或避免了离子谱线干扰；④避免了自吸和谱线展宽效应，扩宽了校正曲线的线性动态范围；⑤结构比普通空心阴极灯复杂，且需要辅助电源。

高性能空心阴极灯 [high-performance hollow cathode lamp] 一种新型三级结构高性能空心阴极灯。特点是用空心阴极代替普通高强度空心阴极灯辅助热丝阴极，用空心阴极放电代替阳极与辅助电极在腔口前发生低压大电流的电弧放电，既保持了普通高强度空心阴极灯的优点，又简化了其结构。

共振线 [resonance line] 原子中电子在激发态和基态之间直接跃迁产生的谱线。激发电位最低的激发态和基态之间直接跃迁产生的强度大、最灵敏的谱线称为第一共振线。

共振原子荧光 [resonance atomic fluorescence] 原子吸收辐射跃迁到激发态再发射与激发辐射相同波长的原子荧光。当原子的基态是单一态，不存在中间能级，即可以观察到共振原子荧光；如果原子经热激发到中间能级后，再吸收辐射跃迁到激发态，然后以辐射方式去活化，发射相同波长的共振原子荧光，此种共振荧光称为热助共振原子荧光。在共振原子荧光中，激发辐射与荧光辐射跃迁的高能级、低能级相同。下图中A为共振原子荧光，B为热助共振原子荧光；0为基态，1、2为激发态能级。

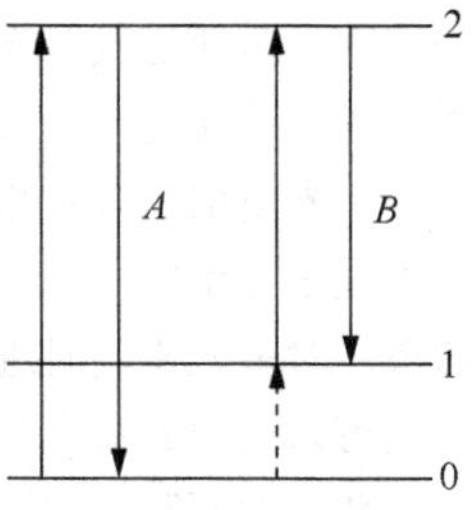

共振展宽 [resonance broadening] 即霍尔兹马克展宽。

管壁原子化 [tube-wall atomization] 样品置于石墨管壁上，石墨管作为电阻发热体，两端与支持在水冷金属外套内的石墨锥紧密接触，通低电压大电流发热升温，分析物自管壁蒸发、解离和原子化的方法。是广泛应用的一种原子化方法。不足之处是炉内存在径向和轴向的不等温性。炉内气相靠石墨管壁辐射热加热升温，气相升温迟后于管壁升温，在管壁温度趋向稳定后还需再经历一些时间才能达到稳定。石墨炉内温度沿径向和轴向存在温度梯度，管中心温度高于管壁和两端，当管壁温度达到元素的原子出现温度时，大量试样自管壁蒸发进入温度比原子出现温度低的气相和经过石墨管的两端时，原子、分子再凝聚，或者，自由原子通过高温化学反应重新结合生成分子化合物，产生背景吸收；凝聚在管两端的分析物在下次原子化时重新蒸发和原子化，引起基体干扰和记忆效应，造成多峰的出现。

光电倍增管 [photomultiplier] 基于二次电子发射的倍增作用将微弱光信号转换为电信号并将微弱电流放大的光电管。由光电阴极、聚焦阴极、电子倍增极、阳极(收集极)和真空管(外壳)等组成。当光子撞击真空管内的光电阴极时，光电阴极产生光电子发射，光电子被聚集电极收集后引向倍增极，撞击倍增极(亦称打拿极)产生多个次级电子，使电子数目倍增。次级电子再撞击下一级倍增极，发射的电子数再次得到倍增，经过9～14级倍增极，电子数倍增到10^6，最高可达到10^9。已倍增的电子流由阳极收集，以电流方式输出光强信号。输出的阳极电流与入射光强度及光电倍增管的增益成正比。表征其特性的参数有：①光谱响应波长范围；②阴极光谱灵敏度，是对一定波长辐射光的灵敏度；③阴极积分灵敏度，取决于光电阴极的材料，还与施加于光电阴极和第一级倍增极之间的电压有关；④阳极光照灵敏度；⑤蓝光灵敏度与红/白比；⑥电流增益；⑦阳极暗电流。光电倍增管检测器的特点是：对波长很敏感，对紫外和可见辐射特别灵敏，响应速度快，且在适用波长区有恒定的响应；在放大10^6倍范围内响应直接正比于辐射功率；操作稳定；易于放大。

光电直读光谱仪 [photoelectric direct reading spectrometer] 又称光量计。由光谱激发光源、凹面光栅分光器、光电测量装置及数据处理和控制装置几部分构成的、直接测量谱线强度的直读式多通道发射光谱仪器。分为单通道、多通道和无通道三类。单通道光谱仪器是在每一个出射狭缝的后面，各装有一个光电倍增管和相应的积分器构成一个通道，可进行单元素或多元素顺序测定。多通道光谱仪器可同时安装几十个通道，对多元素同时进行测定。真空光电直读光谱仪的工作波段可以延伸到真空紫外光谱区，能用于碳、磷、硫的灵敏线检测，是钢铁炉前快速分析的有效工具。用中阶梯光栅分光系统和电荷耦合器件固体检测器可以构成无通道全谱直读光谱仪。

光度计 [photometer] 能提供两束电磁辐射比值或该比值函数的仪器。通过与参比光束辐射功率进行比较来测量另一光束的辐射功率。

光二极管阵列检测器 [photodiode array detector (PDA)] 以小型硅光二极管为光敏元件的新型多通道一维光电转换器件。每个光二极管并联一个10 pF的存储电容，构成一个光二极管-存储电容对，通过N-bit移位寄存器和转换器开关顺序地连接到输出电路上。特点是扫描速度快，能同时记录全谱，但灵敏度、动态范围和信噪比都不如光电倍增管。限制PDA线性范围下限的是其噪声，限制其上限的是其饱和水平；在紫外区特别是在<250 nm光谱区响应特性差；噪声不可忽略，需使用低噪声A/D转换电路抑制，在–15℃制冷条件下工作，可以有效地消除暗电流；读出信噪比较低。PAD的电晕倾向虽比CCD器件轻，但在测定强信号时，仍出现电晕倾向，强信号向相邻阵元扩展而造成信号模糊。

光量计 [quantometer] 即光电直读光谱仪。

光谱纯 [spectroscopical pure; specpure] 能达到光谱分析要求的一种专用试剂纯度。用光谱方法分析光谱纯物质时其光谱中不出现或很少出现杂质元素的谱线。

光谱定性分析 [qualitative spectrometric analysis] 根据原子光谱中元素的特征波长确定分析物中所含有的元素。

光谱干扰 [spectral interference] 不欲检测的辐射进入光谱通带内，与分析元素吸收的辐射同时被检测引起的干扰效应。光谱干扰的主要来源有：①谱线重叠；②非吸收光；③光源气体辐射分子谱带；④颗粒物引起的光散射；⑤分子吸收；⑥谱线轮廓展宽，分析线的两翼与相邻谱线出现部分重叠；⑦原子化器的直流发射等。光谱干扰产生背景吸收，引起灵敏度降低、检出限和测定限变差以及校正曲线弯向浓度轴。减少和消除干扰的方法有：采用与试样基体相匹配的标样制作校正曲线；选用性能优良的光源，使用更大色散率和分辨率的仪器，减小光谱通带宽度；优化测定条件，优选分析线波长和应用时间分辨技术；加入化学改进剂；使用光谱、化学性质与分析元素相近的内标元素和内标线，用内标法定量；化学分离干扰元素；用化学计量学方法进行校正等。

光谱缓冲剂 [spectral buffer] 在原子发射光谱分析中，加入到试样中以减小分析元素谱线强度对干扰物浓度、激发条件变化的敏感程度的低沸点、低电离电位、谱线简单的高纯度物质。其作用是控制电极和电弧等离子体温度、电子密度、元素的电离度以及分析物的蒸发行为等。常用的光谱缓冲剂是碱金属化合物。分析难挥发性元素，常使用中等挥发性物质如碳酸钙、氧化铜、二氧化硅、二氧化锗、碳粉等作为光谱缓冲剂。

光谱载体 [spectroscopic carrier] 用电弧光源原子发射光谱法分析粉末样品时，特意加入到试样中以控制弧温、加强分馏效应、提高被测元素谱线强度或抑制基体元素谱线出现的物质。其作用：①加强分馏效应，使易挥发(或中等挥发度)的被测元素与难挥发的基体元素在不同的时间进入等离子区；②使分析元素转化为更易挥发的化合物，加快分析元素进入等离子区的速度；③控制弧温，建立适于被测元素激发的弧温；④改变元素在等离子中的空间分布，延长原子在等离子区中的停留时间。常用载体有 AgCl、NaF、NaCl、Ga_2O_3等。

光栅 [grating] 利用多缝衍射原理使光发生色散的光学元件。

光栅光谱仪 [grating spectrometer] 以光栅为色散元件的光谱仪。色散均匀，可以得到均匀排列的光谱；分辨率高；集光本领大。以中阶梯光栅为色散元件的光谱仪工作光谱区宽；采用双色散元件，只需很小的接收面积就能容纳190～800 nm 全范围的光谱；仪器结构紧凑；造价低。

光栅效率 [grating efficiency] 某一波长衍射光强度与被反射镜反射到该波长位置而未经色散的光强度之比，以百分数表示。品质优良的闪耀光栅能将 80%以上的光能量集中到闪耀光谱区。

鬼线 [glost line] 光栅刻线机螺杆螺纹距周期性误差与螺杆每转一周机械零件重复产生的弹性变形引起光栅刻线间距周期性变化，导致在光栅衍射产生的光谱母线两旁出现的对称的假线。参见全息光栅。

恒温原子化 [constant temperature atomization] 即等温原子化。

横向加热原子化器 [transversely heated graphite atomizer (THGA)] 沿石墨管垂直方向加热的石墨炉原子化装置。1990 年美国 Perkin Elmer 公司推出世界上第一台横向加热石墨炉原子吸收光谱仪，使用组合式石墨炉，依靠辐射热加热原子化器，炉内的温度梯度大幅度减少，恒温区大幅度扩大，有效克服了纵向加热马斯曼炉的时间、空间不等温性，使沿光束方向的石墨管温度均匀一致，在近似等温条件下实现原子化。显著地降低了基体效应和记忆效应；消除了峰“拖尾”现象，改善了吸收峰峰形；可降低原子化温度达几百摄氏度，提高了原子化效率；延长了石墨炉的寿命。

弧焰稳定剂 [arc stabilizing agent] 加入到电弧内以稳定电弧、减小或消除试样组成影响的物质。电弧温度主要取决于电弧等离子体中元素的电离电位，当在电弧等离子体内引入较大量低电离电位元素时，弧温主要受加入到电弧内的低电离电位元素控制，起到稳定电弧光源的作用。常用的弧焰稳定剂有氯化钠、碳酸钠等。

化学改进剂 [chemical modifier] 石墨炉原子吸收光谱分析中，为改善试样的物理、化学特性加入到试样中的某种物质。化学改进技术最早起源于基体改进剂，1972年由埃迪格(R. D. Ediger)提出，加入基体改进剂NH_4NO_3使NaCl转化为$NaNO_3$和NH_4Cl，在<400℃挥发驱除之，有效地消除了高含量NaCl的干扰，用石墨炉原子吸收光谱分析法成功地测定了海水中的铜和砷。随着化学改进技术的发展，基体改进剂涵义不断得到丰富。不仅使基体转化为易挥发的化学形态，也可使被测元素转化为更加稳定的化学形态，阻止分析物生成难熔化合物，形成强还原性环境改善原子化过程，改善基体的物理特性以阻止被测元素被基体包藏以及减少凝聚相和气相干扰。它体现了对电热石墨炉原子化过程多方面的效应，因此，使用术语化学改进剂比基体改进剂更能确切地反映其所起的作用。据此IUPAC建议，将化学改进剂定义为：为了以所希望的方式影响原子化器内发生的过程而加入的试剂。化学改进技术实际上是一种在线化学处理技术。

化学干扰 [chemical interference] 在液相或气相中被测元素与共存组分之间的化学作用而影响被测元素蒸发、解离、原子化行为的现象。它是一种选择性干扰，不仅取决于分析元素和干扰元素的性质，还与实验条件有密切关系。既可增强分析信号，亦可降低分析信号，前者称为增感，后者称为干扰。化学干扰的原因很复杂，因此，没有消除化学干扰的通用方法，需视具体情况采用不同的方法。常用方法有：样品预分离；使用化学改进剂、稀释剂、保护剂或缓冲剂；采用基体匹配的标准样品；应用标准加入法；优化测定条件等。

化学计量火焰 [stoichiometric flame] 又称中性火焰。燃气和助燃气的组成符合其反应化学计量关系的可燃混合物燃烧所形成的火焰。特点是温度高、背景浅、噪声小。

还原性火焰 [reducing flame] 即富燃火焰。

辉光放电光源 [glow discharge source] 通过低气压高电压小电流辉光放电形成的正离子，在电场作用下高速撞击试样表面溅射出原子进入等离子体中激发发光的非热激发光源。辉光放电光源能激发元素高激发电位的谱线。特点是：稳定性高；分析精密度好；可进行分层溅射，适合用于表面分析和逐层分析。

火花光谱 [spark spectrum] 以电火花为激发光源获得的原子发射光谱。包括电极及分析物的离子和原子谱线，离子电子复合时所辐射的连续光谱背景。

火焰背景 [flame background] 由于火焰发射、火焰及其燃烧产物对入射辐射吸收以及火焰不完全燃烧产生的微粒对辐射的散射而产生的背景。火焰及其燃烧产物在<250 nm短波区有明显的吸收，OH 在 309～330 nm、CH 在 387～410 nm、C_2在 309～330 nm 有吸收带；火焰中微粒对辐射的散射使入射辐射偏离正常光路，使检测到的光强减小，产生“假吸收”。

对于分子吸收和散射产生的背景，采用校正背景方法可消除其影响。

火焰的透射性 [transmissibility of flame] 火焰透射辐射的特性。取决于火焰的类型，决定了它所应用的波长范围。烃类火焰在>230 nm 波长区是透明的，火焰发射强度也很低；在<220 nm 的短波紫外区有较强的吸收，直接影响了光源能量的有效利用，测定的检出限差。氩-氢火焰在<220 nm 的短波紫外区比烃火焰有更好的透射性能。测定分析波长位于<220 nm 区域的 As、Se、Hg、Pb、Zn 等元素时，要考虑火焰吸收对测定的影响。

火焰光度法 [flame photometry] 即火焰光度分析。

火焰光度分析 [flame photometry] 又称火焰光度法。以化学火焰为激发光源的一种原子发射光谱分析方法。某些元素在火焰中受激发射一定波长的谱线，其强度与试样中该元素的含量成正比，谱线经滤光片投射到光电池上，检测其强度，通过比较试样溶液与标准溶液的谱线强度，求得化合物中被测元素的含量。早年采用不含分光(色散)元件的火焰光度计检测火焰发射光谱。近年采用火焰分光光度计检测火焰发射光谱，即火焰分光光度法。

火焰光度计 [flame photometer] 测定元素火焰发射光谱谱线强度的仪器。由雾化器、燃烧器、光学系统、检测器和显示系统构成。简单的专用火焰光度计常使用滤光片。主要用于碱金属和碱土金属的测定。

火焰燃烧速度 [flame burning velocity] 可燃气体混合物内某一点的温度达到着火温度开始燃烧，并以恒定的速度传播到整个可燃气体混合物，使燃烧反应持续下去的速度。空气-乙炔火焰和氧化亚氮-乙炔火焰的燃烧速度分别为 158 cm/s 和 160 cm/s。燃烧速度取决于可燃气体混合物的性质、组成、初始压力、温度以及燃烧器的结构等，直接影响到火焰燃烧的稳定性和安全性。为保证稳定燃烧和安全使用，可燃混合气的供气速度要大于等于燃烧速度，供气速度过小，易产生回火；供气速度过大，火焰飘离燃烧器，变得不稳定，甚至灭火。

火焰特性 [properties of flame] 火焰的基本属性。包括火焰类型、着火极限、着火温度、火焰温度、火焰燃烧速度和火焰的透射性能。火焰类型由燃气和助燃气的性质决定，常用的化学火焰是空气-乙炔火焰、氧化亚氮-乙炔火焰，其次是氩-氢火焰。对于特定类型的火焰，可燃混合物中燃气与助燃气的组成比，决定了火焰的氧化还原特性，即使同一火焰，在不同的火焰区氧化还原特性亦不同，直接影响到分析元素化合物分解和原子化，难解离化合物的形成与自由原子在火焰中的平均寿命。可燃混合气体开始燃烧产生热量除了热辐射和热传导的损失之外，还能使邻近的可燃混合气温度提高到着火温度，才能使燃烧持续下去，扩展到整个可燃混合气，形成火焰。此时可燃气混合物百分含量范围称为着火极限，空气-乙炔火焰和氧化亚氮-乙炔火焰的着火极限分别为 2.5%～80%和 2.2%～67%。在着火极限内，燃烧自发地扩展到整个可燃混合物的最低温度，称为着火温度。着火极限和着火温度直接影响火焰的安全性，着火极限的下限越低，极限范围越宽，着火温度越低，则容易形成火焰，同时也增加了发生安全事故的可能性。

火焰温度 [flame temperature] 处于热平衡状态的火焰真实能量的量度。火焰温度由火焰内发生化学反应所产生的热量与消耗的热量共同决定，是表征火焰特性的主要指标。实际的火焰体系并非整个处于热平衡状态，在火焰的不同区域温度不同。常用的空气-乙炔预混合层型火焰，明显呈现三个区域：焰心区、内焰区和外焰区。在焰心区，由于样品溶液通过这一区域时，溶剂蒸发消耗大量的热量，导致火焰温度相对较低；在外焰区，由于热量散失快，火焰温度有所下降；火焰的最高温度通常出现在内焰区距火焰前沿不远的某一位置，且温度变化相对比较平缓，自由原子密度也最大，原子吸收光谱几乎都是在这一区域内进行测定。燃气与助燃气的组成比例对火焰温度和氧化还原特性有明显影响，需优选最佳燃气与助燃气的比例。火焰温度高有利于样品溶剂蒸发、分子解离和被测元素的原子化，但温度过高会使原子电离增加，自由原子数减少，火焰发射增强，分析线多普勒展宽效应增强，气体膨胀因数增大，导致测定灵敏度下降。

火焰原子化 [flame atomization] 以化学火焰为热源使试样中被测物质转变为自由原子蒸气的过程。对化学火焰的基本要求是：①足够高的火焰温度，空气-乙炔火焰的温度可达 2500 K，近 30 种元素可有效原子化；氧化亚氮-乙炔火焰的温度可达 2990 K，使约 70 种元素原子化。②适当的燃烧速度，过快的燃烧速度要求更高的供气速度，否则会产生回火。空气-乙炔火焰和氧化亚氮-乙炔火焰的燃烧速度约为 160 cm/s。③燃烧稳定。④良好的透射性能，有机烃类火焰在<220 nm 的短波紫外区有较强的吸收，直接限制了它的应用。⑤背景噪声较低。⑥使用安全。⑦操作方便。常用的化学火焰是空气-乙炔火焰、氧化亚氮-乙炔火焰，其次是氩-氢火焰。在使用火焰原子化方法时要优化燃气/助燃气比例，选择最佳火焰观测高度及试液进样量。

火焰原子吸收光谱法 [flame atomic absorption spectrometry (FAAS)] 以化学火焰为原子化器的原子吸收光谱分析法。1965 年威里斯(J. B. Willis)将氧化亚氮-乙炔火焰引入原子吸收光谱分析，使可测定元素达 70 种之多。优点是灵敏度高，选择性好，抗干扰能力强，应用范围广，设备简单，操作方便。不足之处是原子化器的雾化效率低与火焰的稀释作用使测定灵敏度受到影响。

霍尔兹马克展宽 [Holtsmark broadening] 又称共振展宽。同种元素基态原子之间的碰撞引起的谱线展宽现象。

引起的强度分布类似于洛伦茨展宽，但不引起谱线的非对称化和分布极大的红移。在通常光谱分析条件下，被测原子浓度都很低，共振展宽的谱线宽度 $\Delta\nu_R \approx 10^{-5}$nm，可以忽略不计。

积分吸收系数 [integrated absorption coefficient] 在原子吸收光谱谱线轮廓内各种频率 ν 辐射的吸收系数 k_ν 的总和。积分吸收系数

$$\int k_\nu \mathrm{d}\nu = \frac{\pi e^2}{mc} f_{0i} N$$

式中，e 是电子电荷；m 是电子质量；c 是光速；f_{0i} 是吸收振子强度，定义为每个原子吸收特征辐射的平均电子数，是由跃迁矩所得到的吸收强度的理论量度；N 为吸收光程上单位体积内吸收频率为 ν 特征辐射的原子数目。积分吸收系数与原子数目成正比，是原子吸收光谱法定量分析的基础。

基态 [ground state] 原子或分子处在其所有可能能级中的最低能级状态。在正常的温度下，原子主要处于基态，一部分原子处于激发态，原子在各能态的分布由玻尔兹曼关系式决定，即

$$N_i = \frac{g_i}{g_0} N_0 \exp\left(-\frac{E_i}{KT}\right)$$

式中，N_0 和 N_i 分别是原子在基态和激发态的布居数，g_0 和 g_i 分别是基态和激发态的统计权重，E_i 是激发态能量，K 是玻尔兹曼常量，T 是光源温度。

基体改进剂 [matrix modifier] 石墨炉原子吸收光谱分析时，加入到试样中借以改善基体与分析元素物理化学特性和行为的物质。包括：①无机基体改进剂，常用有硝酸铵、磷酸氢二铵、硝酸镍、硝酸钯等，钯已作为通用基体改进剂获得广泛应用；②有机基体改进剂，常用有抗坏血酸、EDTA、酒石酸、柠檬酸等；③混合基体改进剂，将无机和有机基体改进剂组合起来使用，如硝酸钯-抗坏血酸，硝酸钯-Triton X-100以及硝酸铵，镁、锶、钯、镍等硝酸盐与柠檬酸铵组合为混合基体改进剂使用；④活性气体改进剂，常用者有氧气和氢气等。

基体干扰 [matrix interference] 试样中高含量基体组分对低含量或痕量元素测定产生的干扰。在性质上可能是物理干扰，也可能是光谱干扰或化学干扰。大量基体的存在，会改变试样的物理性质，影响形成气溶胶的粒度及其分布、进样速度、蒸发状况；或者在挥发和蒸发过程中，夹带被测元素共挥发和共蒸发，造成分析元素的损失；挥发物冷凝后在下次测定循环中再重新蒸发，产生严重的记忆效应，这些效应可视为物理干扰。基体挥发产生的气态分子和微粒，引起分子吸收和光散射，产生背景吸收，又是光谱干扰。若基体是化学活性的，在蒸发、灰化、原子化过程中，与被测元素形成易挥发或难解离的化合物，引起被测元素的损失、原子化效率下降，这又是化学干扰。由此可见，基体干扰的情况比较复杂，可以产生多种性质的干扰。

基体效应 [matrix effect] 除被测定组分之外，样品中所有其他组分对被测组分检测的影响。包括改变分析元素的蒸发特性，解离行为，已原子化的原子重新复合，分析元素以分子形式逃逸测量区，大量基体分子存在造成的散射。在实验中应尽量避免和消除基体效应。化学分离和加入基体改进剂是消除基体效应的有效措施。

激发电位 [excitation potential] 原子从基态跃迁到某种激发态所需要的、以电子伏特表示的激发能量。各种元素原子被激发到最低激发态所需要的激发能，称为该元素的第一共振电位。从此激发态跃迁到基态所发射的光谱线，称为共振线，是该元素最易激发和强度最大的谱线，是光谱定性分析和痕量元素光谱定量分析的灵敏线。

激发光源 [excitation light source] 原子光谱分析中，为样品蒸发、分析物解离和原子化、激发原子光谱提供所需能量的装置。要求激发光源有足够强的能量，产生的光谱背景小、稳定性好、灵敏度高、操作安全便捷。

激发态 [excited state] 释文见物理化学同名词条。

激光激发原子荧光光谱法 [laser excited atomic fluorescence spectrometry] 以激光为激发光源产生原子荧光的原子荧光光谱法。1971年登顿(M. B. Denton)和弗雷泽(L. M. Fraser)首先将染料激光用作原子荧光光谱的激发光源。激光功率大，既可激发原子荧光，又可激发离子荧光。多数元素的检出限比其他激发光源所得到的检出限低，甚至可以检测单个原子；线性动态范围宽，可达4～7个数量级；光谱干扰少。另外，染料激光器输出波长在一定范围内连续可调，工作寿命长。缺点是激光光源难以实现多元素同时测定，且价格昂贵。

激光诱导击穿光谱法 [laser induced breakdown spectrometry(LIBS)] 采用脉冲激光为激发光源的新型发射光谱分析技术。由布雷克(F. Brech)于1962年提出。将聚焦强脉冲激光汇聚于分析物表面，使被测物质原子化，被分析原子吸收光子而电离，形成一定数量的初始自由电子，电子在激光作用下被加速，轰击原子产生更多自由电子，使其不断加速电离，产生雪崩电离过程，使电子迅速成倍剧增，最终产生高温、高热的激光等离子体。在等离子体区被测物质被激发，用光谱仪接收和检测被测原子发射的特征谱线波长和强度，得到被测物质的元素组成及浓度等信息。方法的优点是：①样品制备简单，多数情况下无需对样品进行预处理，分析速度快；②产生的等离子体温度(10 000～60 000 K)和电子密度(10^{15}～10^{19}/cm)远远大于 ICP 和普通电弧光源，分析灵敏度高；③对样品损坏很小或无破坏；④采用小体积的激光器与光谱仪组成便携式分析系统，可用于现场分析；⑤可

在恶劣环境条件下进行无接触及遥测分析，实现原位、在线、实时检测；⑥一次进样可测量多种组分，分析成本低等；⑦可分析气体、固体、液体样品，尤其是难熔物质的分析。缺点是：LIBS 是一种点测量技术，测定结果受基体物理化学特性(如粗糙度、硬度、化学组成不均匀性等)的影响，基体效应较大。在等离子体形成初期，有很强的轫致辐射，造成大的连续光谱背景。检出限稍差。LIBS 技术在痕量元素分析、环境污染实时监测、材料表面改性、材料加工的在线控制，以及艺术品鉴定等领域中具有极广的应用前景。

记忆效应 [memory effect] 原子吸收光谱分析中，前次测定的被测定元素未能完全清除而造成对随后测定的影响。火焰原子吸收光谱分析中，当需要测定多个样品时，应先测定低含量样品，或在测定一个样品之后用溶剂或空白溶液清洗雾化系统。否则，高浓度的溶液在雾化室壁和燃烧器内的残留物会造成对后续试样测定的影响。在石墨炉原子吸收光谱分析中，因某些元素形成难离解碳化物或难熔氧化物残留在石墨炉内，或者已蒸发出来的试样又在温度较低的石墨管两端冷凝，而在原子化后的净化阶段又未能将冷凝残留物完全除去，使得在下次测定其他试样时又逐渐蒸发出来，导致原子吸收信号峰拖尾，延时返回基线。通过高温空烧、通气净化等操作，可减小或消除记忆效应。空烧净化温度通常要高于原子化温度100～200℃。

间接原子吸收光谱法 [indirect atomic absorption spectrometry(IAAS)] 利用被测元素或组分与原子吸收光谱法方便测定的元素产生化学反应，再用原子吸收光谱法测定反应产物中或未能反应的过量的可方便测定的元素，基于化学计量关系间接计算被测元素或组分含量的方法。1968 年由克里斯蒂安(G. D. Christian)和费尔德曼(F. J. Feldman)等提出。通常利用沉淀反应、置换反应、络合反应、氧化还原反应、杂多酸的“化学放大”效应以及干扰效应进行间接原子吸收光谱分析。用于不能用原子吸收光谱法直接测定的阴离子、有机化合物、直接测定灵敏度不高的难熔元素和稀土元素、共振吸收线位于远紫外区的元素如 F、C、Br、I、S、P、As、Se 等的测定。它可以提高某些元素的测定灵敏度，扩展了原子吸收光谱法的应用范围。

浆液进样 [slurry sampling] 即悬浮液进样。

交流电弧光源 [alternating current arc source] 交流供电产生的电弧激发光源。按供电电压分为高压电弧光源和低压电弧光源。高压交流电弧可以自动引燃，但操作不很安全，现已很少使用。低压交流电弧光源，操作比较安全，但需附加引弧装置。电弧光源的温度为 4000～7000 K。电弧光源激发的谱线以原子线为主，也还有部分离子线。

角色散率 [angular dispersion] 波长相差 $d\lambda$ 的两条谱线在空间分开的角度 $d\delta$，记为 $d\delta / d\lambda$，单位为弧度每纳米(rad/nm)。表征棱镜和光栅分光器件的色散能力。棱镜的角色散率为

$$\frac{d\theta}{d\lambda}=\frac{d\theta}{dn}\cdot\frac{dn}{d\lambda}$$

式中，θ 是两条波长相差 $d\lambda$ 的谱线被分开的角度；n 是折射率；$\frac{dn}{d\lambda}$ 表示折射率随波长的变化，与棱镜材质有关。石英棱镜在紫外光谱区有较高的角色散率，透射性能良好，但在可见光谱区色散率较小，适用于紫外光谱区。玻璃棱镜的角色散率较大，但在紫外光谱区透射性能不好，适用于可见光谱区。随着波长增加，棱镜角色散率迅速减小，对各波长光谱的色散不均匀。光栅的角色散率为

$$\frac{d\beta}{d\lambda}=\frac{n}{d\cos\beta}$$

式中，β 是衍射角，d 是光栅常数，n 是光谱级次(其值为±1，±2，…)，λ 是波长。d 越小，即每 mm 内的刻痕数越多，光谱级次越高，角色散率越大。衍射角一般很小，在光栅法线附近，$\cos\beta\approx1$，$d\beta/d\lambda=n/d$，同一级光谱，角色散率几乎不随波长而变化，近似于均匀色散。

S-H 校正背景法 [Smith-Hieftje background correction method] 即自吸收校正背景法。

校正曲线法 [calibration curve method] 即标准曲线法。

阶跃线原子荧光 [stepwise-line atomic fluorescence] 受激原子在发射荧光之前先以碰撞去活化方式损失了部分能量回到另一能量较低的激发态，再以辐射方式去活化，或者基态原子先激发到较低的中间能态，接着热激发到能量更高的激发态，再以辐射方式去活化，发射出的原子荧光。阶跃线原子荧光与激发辐射的高能级不同，低能级可以相同或不同，原子荧光的波长比激发辐射波长长。如下图所示，A 为正常阶跃线荧光；B 为热助阶跃线荧光；0 为基态，1、2、3 为激发态能级。

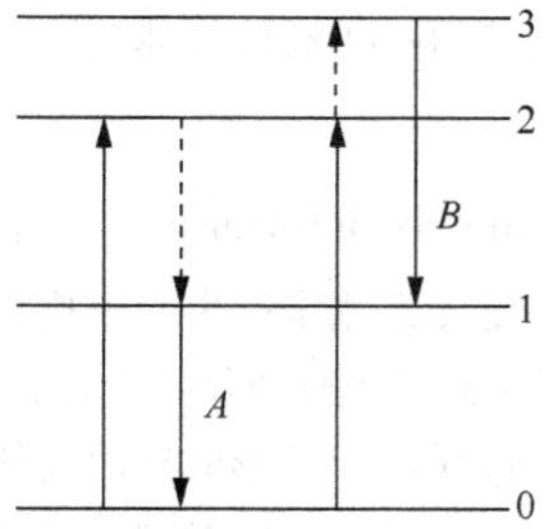

介质阻挡放电 [dielectric barrier discharge(DBD)] 又称无声放电。有绝缘介质插入放电空间在大气压气体中产生的一种典型的非平衡态交流气体放电。DBD 的装置包括两个电极，电极之间至少有一个绝缘体作为介质，或紧贴电极，或悬挂于电极之间。交流电源电压通过电介质电容耦合到放电间隙形成电场，空间电子在这一电场作用下获得能量，与

周围气体分子发生非弹性碰撞，电子从外界电场获得能量转移给气体分子。气体分子被激励后，发生电子雪崩，形成空间电荷。由于外加电场方向可以反向，放电中产生的电荷在逃逸出放电空间之前就被反向而滞留和累积在放电空间内，提高了电荷密度。因此，可在较低的电压下(几十至几百伏特)得到稳定的均匀地分布在整个放电空间中微放电脉冲。电介质有效地限制了带电粒子的运动，防止放电电流无限制地增长，避免在放电间隙形成火花放电或弧光放电，有利于获得大量的低温等离子体。介质阻挡放电的特点是：操作简单，功率小能耗低，低温，小体积，无需抽真空设备，更换样品快捷等。广泛用于等离子体显示、臭氧制造、发光、废水处理、材料表面改性等。用于原子光谱技术中，作为小巧紧凑的原子化器和激发光源，有利于发展小型化原子光谱分析仪器。

金属原位分析 [original position analysis for metal (OPA)] 对被分析对象原始状态的化学成分和结构进行分析的一项技术。根据该项技术研制成功的首台金属原位分析仪于2002年问世。采用单次放电数字解析技术，通过对无预燃、连续扫描激发的火花放电所产生的原子发射光谱信号进行直接放大和高速数据采集，得到样品表面不同位置原始状态下的化学成分和含量以及表面结构信息，进而实现样品的成分分析、缺陷判别与分析，以及由多通道联合解析进行的夹杂物的定性和定量分析。主要优点是能得到常规化学分析手段和一些能谱与探针技术所不能得到的金属材料中较大尺度范围内成分、状态分布及结构的定量统计信息。金属原位分析仪由连续激发同步扫描定位系统、激发光源系统、分光系统、单次火花放电信号高速采集系统、分析软件与控制系统构成。特点是：①样品前处理简单，只需处理一个平整的表面，无需抛光及其他处理；②分析速度快，一次扫描即可得到元素成分、偏析度、疏松度和夹杂物的定量分布结果；③可直接用于冶炼炉前临线快速分析；④能长时间连续稳定运行，特别适合于恶劣环境下的使用；⑤操作简单方便。分析结果可以列表、二维和三维图形等多种形式显示。

炬管 [torch tube] 等离子体炬管的简称。

绝对分析 [absolute analysis] 即无标[样]分析。

均称线对 [homogeneous line pair] 采用内标法进行光谱定量分析时分析线与内标线的强度比不受或少受分析条件变动影响的分析线对。

空气-乙炔火焰 [air-acetylene flame] 以乙炔为燃气、空气为助燃气的可燃混合物燃烧形成的火焰。室温下，可燃极限的上限、下限分别为80%和2.5%，最低着火温度623 K，最大燃烧速度158 cm/s，最高火焰温度计算值是2523 K，测量值是2500 K。火焰燃烧产物中含有CH、CO、CN、C等还原性组分，有利于元素的原子化。对<230 nm的辐射有明显吸收，透射性不很好。燃烧稳定，噪声低，使用安全。调节燃气与助燃气比例，可获得不同氧化还原特性的火焰，以适于不同元素的测定。除易形成难解离氧化物的元素B、Be、Al、Ti、Zr、Hf、V、Nb、Ta、W、Th、U以及稀土元素等外，对多数元素都有足够高的测定灵敏度。

空心阴极灯 [hollow cathode lamp(HCL)] 用被测元素或含有被测元素的高纯材料制成的空心圆柱形阴极，在高电压小电流作用下，与阳极之间发生冷阴极辉光放电，产生被测元素极窄特征谱线的锐线光源。辉光放电集中在阴极腔内，从阴极溅射出来的原子积聚在空心阴极腔内，通过与电子、离子以及原子产生非弹性碰撞获得能量受到激发，发射分析元素的特征共振线。原子吸收光谱分析中使用的空心阴极灯普遍采用方波、脉冲供电，使其发出的光按调制波形变化，仪器检测系统的交流放大器只接收和放大检测器所产生的调制电信号，不放大原子化器产生的直流发射信号。空心阴极灯光源的优点是易于在广泛的光谱区获得锐线光谱，光谱强度大，稳定，工作寿命长。

棱镜光谱仪 [prism spectrometer] 以棱镜为色散元件的光谱仪。在光谱短波区有很大的色散率；没有光谱谱级重叠现象；容易校正像差。缺点是：工作光谱范围较窄，不同棱镜光学材料的工作光谱范围差别较大；色散率随波长而改变，长波区的色散率和分辨率低；光强弱；谱线弯曲较大。

冷原子非色散原子荧光光谱法 [cold vapor and non-dispersion atomic fluorescence spectrometry] 用冷蒸气发生法使汞原子化、汞空心阴极灯激发汞原子荧光、日盲光电倍增管检测的测定痕量汞的方法。Hg是常温下唯一呈液态的金属，具有很高的蒸气压，其他汞化合物也容易还原生成汞蒸气，用载气将其导入石英炉原子化器，检测汞发射的荧光强度，有很高的检测灵敏度，很低的检出限。是目前原子光谱法测定汞最灵敏的方法之一。非色散原子荧光光谱仪光路短，荧光辐射能量损失小，测定汞的检出限比有色散原子荧光光谱仪降低1～2个数量级。

冷蒸气原子吸收光谱法 [cold vapor atomic absorption spectrometry (CV-AAS)] 基于汞化合物还原为金属汞产生汞蒸气，或将汞化合物转化为易分解的化合物形态，再热分解产生汞蒸气，用载气将汞蒸气导入原子吸收池低温原子化的原子吸收光谱分析法。1963年波卢埃克托夫(N. S. Poluektov)等首先将氯化亚锡还原汞的反应应用于火焰原子吸收光谱法。现多用硼氢化钠(钾)还原汞，反应速度快，以还原过程中产生的氢气作为载气，直接将汞蒸气载入氩氢火焰进行测定。方法具有很高的测定灵敏度。

离子线 [ionic line] 离子由激发态向低能态或基态跃迁所发射的谱线。

理论分辨本领 [theoretical resolving power] 即理论分辨率。

理论分辨率 [theoretical resolution] 又称理论分辨本领。在光谱仪狭缝无限窄和光学无像差的条件下，单色器能分辨相邻两条强度相等谱线的能力，以 R 表示。

$$R=\frac{\lambda}{\Delta\lambda}$$

式中，λ 是两谱线的平均波长，$\Delta\lambda$ 是根据瑞利判据恰能分辨两条强度相等谱线的波长差。理论分辨率是达不到的。实际分辨率与狭缝宽度有关，随着狭缝的变宽，谱线也变宽，分辨率减小。减小狭缝宽度，可提高实际分辨率，但使光能量减小。

连续光谱 [continuous spectrum] 由炽热的固体、液体、高压气体、电子离子复合或激发态分子解离等发射或吸收的在一定波长范围内波长连续分布的连续辐射。

连续光源 [continuous source] 发射连续光谱的光源。在原子吸收光谱分析中，常用的连续光源有氘灯和氙灯。前者用于紫外区背景校正，后者用作激发光源。灯内封有低压氘气和氙气，在两电极之间发生电弧放电使氘气和氙气受电能激发，回到低能级时以辐射形式释放其能量。由于严重的压力展宽，使氘灯和氙灯发射连续光谱。氘灯工作波长范围是200 ～370 nm；氙弧灯工作波长范围波长是 220 ～850 nm。2004 年德国耶拿分析仪器股份公司推出了高聚焦短弧氙灯连续光源，工作波长扩展到 190 nm 的远紫外区，波长范围为 190～900 nm，每 pm 带宽的光谱辐射率至少比空心阴极灯大一个数量级，工作稳定，是多元素同时测定仪器比较理想的光源。该公司在这一年推出世界上首台以高聚焦短弧氙灯连续光源、石英棱镜和高分辨率大面积中阶梯光栅组成双单色器与高性能 CCD 线阵检测器构成的高分辨原子吸收光谱仪。

灵敏线 [sensitive line] 激发电位较低、跃迁概率较大、试样中元素含量很低时仍能出现的一些谱线。激发电位最低的第一共振线的谱线强度最大，是最灵敏线。一般来说，元素的最后线也是它的最灵敏线。但最灵敏线未必一定是最后线，如在直流电弧光源中，原子蒸气密度大，谱线自吸严重，导致谱线中心严重减弱，甚至自蚀，因此，灵敏线不一定是最后消失的谱线。

洛伦茨展宽 [Lorentz broadening] 被测原子与气态中其他粒子(原子、离子和分子等)相互碰撞引起的谱线展宽现象。在碰撞的瞬间使辐射过程中断，导致激发态原子寿命缩短，引起谱线展宽。

$$\Delta\nu_{\mathrm{L}}=\frac{\sigma_{\mathrm{L}}^2 N}{\pi}\sqrt{2\pi RT\left(\frac{1}{M_1}+\frac{1}{M_2}\right)}$$

式中，σ_{L}^2 是洛伦茨碰撞截面，R 是摩尔气体常数，T 是热力学温度，M_1 是其他粒子的原子量，N 是单位体积内其他气态粒子的数目，M_2 是被测原子的原子量。

洛伦茨展宽既引起谱线展宽，也同时引起谱线轮廓非对称化和分布极大的红移。当其他气态粒子的浓度高时，洛伦茨展宽与多普勒展宽的谱线宽度是同一数量级。参见多普勒展宽。

马斯曼高温炉 [Massmann high-temperature furnace] 电加热石墨管高温原子化器。1968 年由马斯曼提出。1970 年美国 PerkinElmer 公司首先将马斯曼原子化器商品化，生产出世界上第一台电加热 HGA-70 型石墨炉原子化器。石墨管作为电阻发热体，支持在水冷金属外套内的石墨锥上，用 10 V、500 A 的低电压大电流电源供电，石墨管发热升温，在 5 s 内可将石墨管加热到 2500℃，最高温度可达 3000℃。除加热装置外，还有氩保护气系统，氩气沿石墨管内、外气路流过，沿管外壁流过的氩气，保护石墨管在加热过程中不被空气烧蚀，内气路的氩气在石墨管内由管两端流向管中央，并由管中心的小孔流出，以有效地除去在试样干燥、灰化过程中产生的基体蒸气，同时保护已原子化了的原子不重新被氧化。在原子化阶段，控制系统自动切断内气流，避免原子蒸气受到稀释，延长自由原子在石墨管内的平均停留时间，以提高原子吸收信号强度。石墨炉使用的石墨管，有普通石墨管、热解涂层石墨管和全热解石墨管。后两者具有致密不透气、导热性良好、抗氧化性强、耐化学腐蚀、记忆效应小、使用寿命长等优良性能。商品马斯曼高温炉存在着时间和空间的不等温特性，引起基体干扰和记忆效应。

敏化原子荧光 [sensitized atomic fluorescence] 激发态原子通过碰撞将自身的激发能转移给另一原子使之激发，后者再以辐射去活化方式而发射的荧光。其发光过程如下所示：

$$\mathrm{A}+h\nu \longrightarrow \mathrm{A}^*$$

$$\mathrm{A}^*+\mathrm{M} \longrightarrow \mathrm{A}+\mathrm{M}^*$$

$$\mathrm{M}^* \longrightarrow \mathrm{M}+h\nu$$

只有A的浓度足够大时才能观察到M的敏化原子荧光。

内标法 [internal standard method] 释文参见 3.1 节同名词条。可以补偿因激发条件的波动而带来的影响，提高原子发射光谱定量分析的精密度和准确度。

内标线 [internal standard line] 又称参比线。用内标法进行原子光谱定量分析时，由内标元素提供的、在分析线对中用作比较线的谱线。

内标元素 [internal standard element] 在用内标法进行的原子光谱定量分析中提供内标线的元素。可以是基体元素或者是特意加入到标准样品和分析试样中的某一元素。对内标元素的要求是：①内标元素与被测元素化合物在光源作用下具有相似的蒸发性质；②内标元素含量必须适量和固定；③若内标元素是外加的，要求内标化合物中不得含有被测元素，或所含被测元素的量可以忽略不计。

难熔金属碳化物涂层石墨管 [graphite tube coated with refractory metal carbide] 石墨管内壁覆盖了一层钽、锆、镧、钨、钼、钛等难熔金属碳化物薄层的石墨管。1973 年库佐夫列夫将 $TaCl_5CH_3CN$ 或 $NbCl_5CH_3CN$ 固体装填在原子化器内，在 2500℃热解形成碳化钽和碳化铌薄层，改善测定硼的灵敏度。石墨管内形成碳化物薄层的方法有物理蒸气沉积法(阴极溅射法和高温蒸发金属法)和溶液处理法(常压溶液处理法和减压溶液处理法)。常压溶液处理法最方便，将石墨管浸渍在难熔金属盐溶液中，干燥后加热到高温，转化为碳化物。经难熔金属碳化物改性的石墨管增强了抗氧化性和抗酸性，改善了表面结构，延长了石墨管使用寿命；抑制和减少了基体干扰与记忆效应，提高了测定灵敏度。

浓度直读[法] [concentration direct reading] 在分析中通过仪器内置校正曲线直接将测量信号换算为含量或浓度显示的方法。测定结果的准确度取决于分析试样的基体、测定条件与制作内置校正曲线所用试样基体、测定条件的相似程度。浓度直读法的准确度不及校正曲线法和标准加入法。

碰撞展宽 [collision broadening] 又称压力展宽。被测原子与气态中同种元素基态原子或与其他粒子(原子、离子和分子等)之间相互碰撞引起的谱线展宽现象。包括霍尔兹马克展宽和洛伦茨展宽。

贫燃火焰 [fuel-lean flame] 又称氧化性火焰。可燃混合气中助燃气含量大于按化学计量所需量燃烧所形成的具有氧化性的火焰。火焰富含 OH、O_2、O、NO 等氧化性物质，氧原子浓度较高，呈氧化性。燃烧完全，背景浅，信噪比高，但不稳定。适用于氧化物稳定性差的元素(如金、银、铂、铑等)的测定，不宜用于易生成单氧化物、难解离氧化物的元素的测定。

平台原子化 [platform atomization] 在马斯曼石墨管内水平放置一石墨或金属薄片，也称平台，由炽热的石墨管内壁辐射热加热平台，使置于平台上的分析物，蒸发、分解和等温原子化的一种方法。1978 年由苏联学者里沃夫(Б. В. Лъвов)提出。平台放在石墨管进样孔的正下方，试样由进样孔注入到平台上。炽热的石墨管内壁辐射热加热石墨平台升温，由于平台升温滞后于管壁升温，当平台达到分析元素化合物蒸发、分解和原子化温度时，管内气相温度已高于该温度，并基本达到恒定。分析物从平台蒸发进入温度基本恒定的气相，因不存在时间和空间上的温度梯度，减少或克服了管壁原子化的记忆效应和基体干扰。

平行光管 [collimator] 即准直管。

屏蔽火焰 [shielded flame] 利用氮气或氩气惰性气体或氧气在火焰周围形成屏蔽鞘，使其与周围的大气隔离的一种火焰。避免了火焰受到空气的扰动，CO、OH 产生的发射带显著减弱，减小了检测器的靴噪声，改善了信噪比。用氧气屏蔽的火焰在外焰区氧化乙炔产生大量的热形成高温，使火焰温度升高，而整个火焰仍保持富燃状态，内焰区呈现强还原性，可用于铝、铍、钒、钡、钛、钨等易形成难解离氧化物的元素的测定，但燃烧器结构复杂，未能得到广泛应用。

谱线半宽度 [spectral line half width] 谱线轮廓中最大峰值强度或最大吸收系数一半处的谱线宽度。以频率差 $\Delta\nu$ 或波长差 $\Delta\lambda$ 表示。谱线并不是严格几何意义上的线，而是占据着有限的相当窄的频率或波长范围，即谱线有一定的宽度，通常用半宽度表征。谱线宽度受多种展宽因素的影响。参见谱线轮廓。

谱线的精细结构 [fine structure of spectral line] 由于原子中电子的自旋与轨道运动相互作用使单一的原子谱线分裂为两条或多条谱线而形成的多重结构。如钠黄光，用分辨率足够高的仪器进行观察，发现它实际上是由 Na 588.996 nm 和 Na 589.593 nm 双线组成的。

谱线轮廓 [line profile] 光谱线在相当窄的频率或波长范围内谱线强度随频率(或波长)变化的曲线。表征谱线轮廓的参数是谱线的中心频率(或中心波长)与谱线的半宽度。在谱峰的中心频率处，强度最大，其两侧谱线强度迅速下降，逐渐趋于零。通常情况下，谱线的总宽度是谱线的自然宽度 $\Delta\nu_N$、多普勒宽度 $\Delta\nu_D$ 和洛伦茨宽度 $\Delta\nu_L$ 的加和。

谱线强度 [spectral line intensity] 单位时间、单位体积内被测原子发射或吸收辐射的总能量。原子从高能级 j 向低能级 i 跃迁时，其发射谱线强度 I_{ji} 为

$$I_{ji} = A_{ji}N_j h\nu_{ji}$$

原子由基态 i 向高能态 j 跃迁时，其吸收谱线强度 I_{ij} 为

$$I_{ij} = B_{ij}N_i\rho_{\nu_{ij}}h\nu_{ij}$$

式中，N_i 和 N_j 分别是基态或低能态与高能态的原子布居数，ν_{ji} 是发射线频率，$\rho_{\nu_{ij}}$ 是频率为 ν_{ij} 的辐射能量密度，h 是普朗克常量，A_{ji} 和 B_{ij} 分别是自发发射系数和受激吸收系数。谱线强度由发生跃迁的激发态原子数目决定，在一定条件下和一定含量范围内，谱线强度与原子浓度成正比。

谱线自然宽度 [natural width of spectral line] 由发生跃迁的激发态能级有限平均寿命 τ 决定的谱线宽度。用线型函数两翼半高度处相应的频率 ν(或波长 λ)之间的跨度 $\Delta\nu_N$ 或 $\Delta\lambda_N$ 表征。根据海森伯测不准关系式，只有当 $\tau_N\to\infty$，能级的能量不确定度 $\Delta E\to 0$ 有严格确定的能量 E，谱线才是单色辐射；τ_N 为有限值时，ΔE 亦是非零的有限值，能级的能量必有一定的宽度。激发态原子的平均寿命 τ_N 约为 $10^{-7}\sim10^{-9}$ s，按海森伯测不准关系式计算，$\Delta\nu_N$ 约为 $10^7\ s^{-1}$，$\Delta\lambda_N$ 约为 10^{-5} nm 量级。

谱线自蚀 [spectral line self-reversal] 由于谱线严重自吸导致谱线中心几乎完全被吸收而使原来的一条谱线近乎

分裂为两条谱线的现象。

谱线自吸 [spectral line self-absorption] 被测元素原子发射的特征辐射被周围温度较低的同种原子所吸收的现象。自吸程度随周围原子浓度增高而增大，导致谱线强度降低。谱线中心吸收系数最大，自吸程度比谱线两翼严重，使自吸后的谱线呈现“凹”形。

气动雾化器 [pneumatic nebulizer] 由气动力作用将试液分散形成细小雾珠和气溶胶的雾化器。广泛用于火焰原子吸收光谱仪器中的气动雾化器是同心雾化器。

氢化物发生-原子吸收光谱法 [hydride generation-atomic absorption spectrometry (HG-AAS)] 氢化物发生法进样与原子吸收光谱法检测相结合的原子吸收光谱分析法。1969 年霍拉克(W. Holak)首次采用 Zn-HCl 体系产生 AsH_3，液氮冷冻预收集和热释放 AsH_3，以空气-乙炔火焰原子化方法测定砷。1973 年库德森(E. J. Kundson)等开发了氢化物发生-石墨炉原子吸收光谱法。HG-AAS 的特点是：被测组分与基体分离并得到富集；氩氢火焰内实现原子化，背景吸收低；在石英管式炉或石墨管原子化器内原子化，原子在分析区的平均停留时间延长，测定灵敏度提高；与流动注射技术联用在线分离基体，试剂用量少，分析速度快，易于实现自动化；在石墨炉原子化器内原位富集可获得很低的检出限、很高的灵敏度；可用于元素形态分析。

氢化物发生-原子荧光光谱法 [hydride generation-atomic fluorescence spectrometry (HG-AFS)] 用氢化物发生法进样，原子荧光光谱法检测的原子光谱分析方法。结合了氢化物发生法与原子荧光光谱法的优点。①在氢化物发生过程中，基体得到分离，被测元素得到富集，消除了基体干扰，提高了测定灵敏度，降低了检出限。②氢化物在常温下为气态，进样效率高，分解温度低，能瞬间原子化，背景辐射低。③分析元素的荧光谱线位于紫外区，正是日盲光电倍增管的灵敏检测区。④很宽的工作曲线动态范围。⑤可进行元素形态分析和多元素同时测定。采用连续氢化物发生系统，易于实现自动化。是测定Ge、Sn、Pb、As、Sb、Bi、Se、Te等元素及其形态分析的有效方法。

氢化物原位捕集 [hydride trap *in situ*] 即氢化物原位富集。

氢化物原位富集 [hydride concentration *in situ*] 又称氢化物原位捕集。将发生的氢化物在线捕集于修饰过的石墨管或石墨平台表面，然后快速升温原子化，从而获得更大的原子吸收信号，并消除氢化物发生动力学对分析信号的影响，显著地改善测定的灵敏度和精密度。1982 年由李(D. S. Lee)首先提出。钯是最常用的氢化物捕集剂，钯化合物还原生成金属态钯，覆盖在石墨表面，将氢化物吸附捕集，或者，以钯合金或金属间化合物捕集氢化物。锆也是常用的氢化物捕集剂。钯的捕集效率优于锆，但钯在原子化高温下不稳定，使用温度不能超过 1500℃，每次测定都需要重新进行涂层处理，而用锆为捕集剂的涂层管的使用寿命可连续使用数十次。

趋肤效应 [skin effect] 当交流电通过导体时，由于感应作用引起导体截面上电流密度分布不均匀，越接近导体表面，电流密度越大的现象。电流频率越高，趋肤效应越显著。在电感耦合高频等离子体中，趋肤效应在等离子体的表层形成环形高温加热区，有利于试样气溶胶通过温度较低中心通道进入等离子体内，不扩散到周围，可防止形成冷蒸气层，避免谱线自吸，从而获得 4～6 个数量级的线性动态范围。

全热解石墨管 [completely pyrolytical graphite tube] 由全热解石墨制成的石墨管。升温速度快，灵敏度和稳定性都优于热解涂层管。

全息光栅 [holographic grating] 利用光学干涉技术和全息照相法将激光干涉条纹成像于光敏材料涂层上，使光敏物质感光，经显影、定影、复制等过程制成的衍射光栅。全息光栅没有鬼线，杂散光很小，光栅效率可高达 90%。

热解涂层石墨管 [pyrolytically coated graphite tube] 在 10% CH_4 和 90% 氩的混合气流中用高温热解甲烷，在普通石墨管表面涂敷一层致密热解石墨的特殊石墨管。其特点是降低了石墨的多孔性，试液不再渗入石墨内层；改善了石墨管的特性，大大降低了与被测元素发生化学反应的活性；导热性良好；抗氧化性强，升华温度高达 3700℃，使用寿命长；能减少记忆效应，改善检出限。

热展宽 [thermal broadening] 即多普勒展宽。

热助直跃线原子荧光 [thermally assisted direct-line atomic fluorescence] 参见直跃线原子荧光。

乳化进样法 [emulsion sampling] 用有机溶剂溶解油脂类样品，加入乳化剂制成乳化液，直接进样测定的原子吸收光谱的方法。优点是样品预处理操作简便、快速。准确度在很大程度上依赖于乳化液的稳定性以及试液与样品空白溶液黏度的差异。

沙哈方程 [Saha equation] 表示电离度 x 与被测元素的电离电位 V_i、火焰温度 T 和火焰中原子的总蒸气压 $p = p_{M^+} + p_M$ 之间关系的方程，

$$\lg\frac{x^2}{1-x^2} = -\lg p - \frac{5040V_i}{T} + \frac{5}{2}\lg T - B$$

式中，B 是常数。电离度 x 随 V_i 减小、温度 T 升高、原子总蒸气压 p 减小而增大。电离常数 K_i 越大，原子的电离趋向越大。在通常使用的空气-乙炔火焰中，电离电位 V_i<5 eV 的碱金属易电离，V_i=5.21～6.11 eV 的碱土金属不易电离，V_i≥7.5 eV 的元素很少电离或不电离。

塞曼效应校正背景[法] [Zeeman effect background correction] 基于塞曼效应造成谱线分裂后波长不同与光的偏振特性校正背景的方法。由普鲁格(M. Prugger)和托尔格(R. Torge)于1969年提出。塞曼效应校正背景分为光源调制法和吸收线调制法两大类，以后者应用较广。吸收线调制法分恒定磁场和可变磁场两种调制方式。恒定磁场调制方式是在原子化器上施加一垂直于光束方向的恒定磁场，在磁场作用下，吸收线分裂为π和$\sigma_{\pm}$组分，前者平行于磁场方向，与吸收线波长相同，后者垂直于磁场方向，波长偏离吸收线波长。光源共振发射线经过起偏器后变为偏振光，随着起偏器的旋转，某一时刻有平行于磁场方向的偏振光通过原子化器，测得原子吸收和背景吸收的总吸光度；在另一时刻有垂直于磁场方向的偏振光通过原子化器，由于偏振方向不同，不产生原子吸收，但仍产生背景吸收，测得的只是背景吸光度。两次测得的吸光度之差，便是扣除了背景吸收后的原子吸收的吸光度。可变磁场调制方式是原子化器上加一电磁铁，电磁铁仅在原子化阶段被激磁。在零磁场，测得原子吸收和背景吸收的总吸光度；当激磁时，固定的检偏器除去平行于磁场方向的偏振光组分，只让垂直于磁场方向的偏振光组分通过原子化器，测得背景吸收的吸光度。两次测得的吸光度之差，便是扣除了背景吸收后的原子吸收的吸光度。优点是：①基线稳定性好，测量光束和参比光束来自同一光源，精确地通过同一光路，获得了双光束仪器的效果。不仅能补偿光源的波动和漂移，而且也能补偿火焰波动的影响。②噪声低，有利于提高信噪比，降低检出限。③精密度好，相对标准偏差一般为2%～5%，有时小于1%。④能在190～900 nm全波长范围内校正背景；因测量光束与参比光束具有相同的波长与光学特性，吸光度高达1.4～2.0的背景吸收以及谱线结构背景，都能得到精确的校正。⑤用谱线分裂后的π和$\sigma_{\pm}$组分分别进行吸收测定，可以扩展工作曲线的线性动态范围。缺点是校正曲线有翻转现象，采用恒定磁场调制方式，有些元素的测定灵敏度比常规原子吸收光谱法有所降低；采用可变磁场调制方式，测定灵敏度已基本接近于常规原子吸收光谱法。

塞曼原子吸收光谱法 [Zeeman atomic absorption spectrometry (ZAAS)] 利用塞曼效应校正背景的原子吸收光谱法。1976 年日本日立公司推出第一台直流塞曼效应校正背景的原子吸收光谱仪。1990 年美国 PerkinElmer 公司生产了世界上第一台交流横向加热纵向磁场调制的塞曼效应石墨炉原子吸收光谱仪，靠辐射热加热石墨炉，炉内温度分布均匀，获得了最佳的等温原子化条件，降低和避免了基体效应和记忆效应，能有效地校正背景，同时分析灵敏度又没有损失。

塞曼原子吸收光谱仪 [Zeeman atomic absorption spectrometer] 利用塞曼效应校正背景的原子吸收光谱仪。其基本组成与普通原子吸收光谱仪相同，但在光源或原子化器上安装了磁场装置(现代商品仪器都是将磁场加在原子化器上)，在磁场作用下实现塞曼效应扣除背景。1974 年，日本日立公司生产的 501 型塞曼效应测汞仪商品仪器问世，1976 年该公司又推出了第一台塞曼效应校正背景的原子吸收光谱仪。1990 年美国 PerkinElmer 公司生产了世界上第一台横向加热纵向磁场调制石墨炉原子吸收光谱仪(PE-4100ZL)。我国于 1980 年研制成了第一台塞曼效应原子吸收光谱仪(ZM-Ⅰ型)。

三棱镜 [triangular prism] 主截面呈三角形的玻璃、石英或金属卤化物晶体制成的色散元件。它们分别用于可见光谱区、紫外光谱区和红外光谱区。其折射率随波长 λ 减小而增大，多色光通过棱镜分解为按波长顺序排列的单色光。三棱镜的折射顶角一般取 α=60°。用三棱镜为色散元件，狭缝与三棱镜边平行、光线与三棱镜主截面平行，平行光束以最小偏向角通过三棱镜，得到的谱线质量最好，谱线最清晰。

色散型原子荧光光谱仪 [dispersive atomic fluorescence spectrometer] 装有分光器的原子荧光光谱仪。与非色散型原子荧光光谱仪相比，多了一个分光系统，减小了杂散光的影响。光路长，荧光辐射能量损失大，荧光信号强度减弱，不能进行多元素同时测定。

沙伊贝-洛马金公式 [Scheibe-Lomakin formula] 光谱定量分析基本关系式。参见*原子光谱定量分析*。

闪耀波长 [blaze wavelength] 在闪耀光栅中获得最大光强的波长，记为 λ_b。当规定 λ_b 的闪耀效率为 1 时，闪耀效率不低于 0.4 的闪耀波长范围为

$$\lambda_n=\frac{\lambda_{b(1)}}{n\pm0.5}$$

式中，$\lambda_{b(1)}$ 是光栅的一级闪耀波长，λ_n 是第 n 级光谱适用的上限波长或下限波长。对于闪耀波长为 300 nm 的光栅，由上式计算得到的第一级光谱适用的上限波长与下限波长分别为 600 nm 和 200 nm，这正是原子光谱分析最常用的波长范围。质量优良的闪耀光栅可将 80%以上的光能量聚集到所需要的波长范围内。

闪耀光栅 [blazed grating] 又称定向光栅。具有一定形状刻槽，能将其能量聚集到所需波长范围的衍射光栅。每一刻痕的小反射面与光栅平面成一定角度，使单缝衍射的中央主最大不与零级主最大重合，而移至由刻痕形状决定的反射光方向，使反射光光谱变强。

闪耀角 [blaze angle] 闪耀光栅中光栅刻槽小反射面与光栅平面之间的夹角。

X 射线原子荧光光谱 [X-ray fluorescence spectrum] 由强 X 射线光子或其他微观粒子激发被测物质中的原子内层电子，跃迁所产生的二次 X 射线特征光谱。

石墨炉原子化器 [graphite furnace] 以石墨管、石墨棒、石墨杯盛放试样，用电加热至高温使分析物蒸发和转化为自由原子的一种电热原子化器。商品仪器中采用的石墨原子化器多是马斯曼(H. Massmann)于 1968 年提出的石墨管式高温炉(马斯曼炉)。作为石墨炉原子化器使用的石墨管有普通石墨管、热解涂层石墨管、全热解石墨管、耐高温金属涂层石墨管及衬金属石墨管等。

石墨炉原子吸收光谱法 [graphite furnace atomic absorption spectrometry (GFAAS)] 以电热石墨炉为原子化器的原子吸收光谱法。1959 年，由苏联学者里沃夫(Б. В. Львов)首先提出。商品仪器使用的多为改进的马斯曼(Massmann)型管式石墨炉原子化器。GFAAS 的绝对灵敏度高，特征浓度可达 10^{-14} g；选择性好；样品用量小，液体进样量通常为 5～20 μL，固体进样量为 0.1～10 mg；适用范围广。它与质谱分析、活化分析并列为痕量与超痕量分析的主要方法。缺点是石墨炉总发热量较小，炉内温度分布存在时间、空间不均匀性，基体干扰较严重。主要用于痕量单元素测定。

石英管原子化器 [quartz tube atomizer] 以火焰或电加热石英管实现原子化的一种原子化器。特点是制作简单，吸收光程长，原子在炉内的平均停留时间长，有利于提高测定灵敏度；使用氩氢火焰温度低，降低了背景吸收；电加热石英炉易于控制原子化温度。主要用于汞、氢化物、易挥发性元素化合物以及金属有机化合物的原子化。在蒸气发生法、冷原子捕集法和色谱-原子吸收光谱或原子荧光光谱联用技术中得到广泛应用。

释放剂 [releasing agent] 能从分析元素与干扰组分形成的难解离化合物中将分析元素释放出来的物质。其作用是与干扰组分(元素)生成更稳定的配合物。如加入锶或镧，与磷酸根生成更稳定的磷酸锶和磷酸镧，将钙从磷酸钙中释放出来，消除磷酸根对测定钙的干扰。

受激发射跃迁 [stimulated emission transition] 处于高能态 j 的激发态原子，在频率为 v 的入射辐射诱导下跃迁到较低能态 i，同时发射与入射辐射频率相同、相位相同、偏振方向和传播方向相同的相干辐射的过程。在 dt 时间内，受激发射的原子数 dN_{ji} 与处于高能态 j 的原子数 N_j 及频率为 v 的入射辐射密度 ρ_v 成正比：

$$\mathrm{d}N'_{ji} = B_{ji}\rho_v N_j \mathrm{d}t$$

式中，B_{ji} 是受激发射系数，表示单位时间内在单位入射辐射密度作用下，原子通过受激发射从高能态 j 跃迁到低能态 i 的概率。

受激吸收跃迁 [stimulated absorption transition] 处于基态或低能态的原子从辐射场中吸收特征能量后跃迁到较高能态的过程。当频率为 v、入射辐射密度(单位体积内的辐射能)为 ρ_v 的辐射照射单位体积内的原子蒸气时，在 dt 时间内，原子吸收能量由低能态 i 跃迁到更高能态 j 的原子数 dN_{ij} 与入射辐射密度 ρ_v 及处于 i 能态的原子数 N_i 成正比：

$$\mathrm{d}N_{ij} = B_{ij}\rho_v N_i \mathrm{d}t$$

式中，B_{ij} 是受激吸收系数，是单位时间内在单位入射辐射密度作用下原子通过受激吸收从低能态 i 跃迁到高能态 j 的概率。

双电弧法 [double arc method] 同时使用两个电弧放电，分别控制试样蒸发和光谱激发过程的原子发射光谱法。由于分别控制蒸发过程和激发过程，有效地增强了基体和被测元素的分馏效应，改善了易挥发被测元素的检出限。

双光束原子吸收光谱仪 [double-beam atomic absorption spectrometer] 来自辐射光源的光束被分成样品光束和参比光束，样品光束通过原子化器，产生被测元素的共振吸收，参比光束不通过原子化器，两光束交替地通过分光系统进入检测器的一种原子吸收光谱仪器。双光束仪器可以避免光源波动所带来的影响，稳定性好；缺点是仪器结构复杂和随之而来的成本提高，光能量损失严重。新型的双光路仪器采用半透过半反射镜，使光学元件数量与单光束仪器相同，光强损失减少，有效地改善了仪器的信噪比。现代商品仪器主要是单光束原子吸收光谱仪器。

双光子激发原子荧光 [two-photon excited atomic fluorescence] 由两个光子依次将自由原子激发到中间能态和高能态，然后以辐射方式去活化发射的原子荧光。

水冷原子捕集 [water-cooled atom trap (WCAT)] 参见*原子原位捕集技术*。

探针原子化 [probe atomization] 将盛有烘干后的分析物的片状或丝状石墨或金属探针迅速由石墨炉的进样口插入已达到设定温度的石墨炉内，使分析物蒸发、解离和等温原子化的一种方法。1978 年由苏联学者里沃夫(Б. В. Львов)等提出的实现等温原子化三种途径之一。特点是可以分别控制试样灰化与原子化过程。由于是在等温的条件下实现原子化，减少以至避免了管壁原子化时空间、时间不等温性所引起的基体干扰；升温速度快；石墨炉可以多次重复使用，保证了分析数据的可比性；探针便于进行各种表面处理且易于更换。

特征浓度 [characteristic concentration] 能产生 1% 吸收或 0.0044 吸光度所需要的被测元素的浓度。它表征校正曲线在低浓度区的斜率。分析方法最低检出能力直接依赖于测量噪声，而特征浓度与测量噪声无关，因此特征浓度不适合用来表征某一分析方法对被测元素的最低检出能力。

特征质量 [characteristic mass] 能产生 1%吸收或 0.0044 峰面积吸光度 A_s 所需要的分析元素的质量，记为 m_0，单位为 pg。

$$m_0 = \frac{0.0044}{s} = \frac{0.0044m}{A_s}$$

式中，s 是斜率，pg^{-1}；A_s 是积分吸光度；m 是分析元素的质量，pg。

同心雾化器 [concentric nebulizer] 由同心的外管和吸液毛细管内管组成的、两管之间形成环形喷口的气动雾化器。基于流体力学原理，以大于等于音速的高速载气气流经环形喷口喷出时形成负压，空吸作用使试液沿内层毛细管上端口喷出，分散形成细小雾珠，即湿气溶胶。在火焰原子吸收光谱仪的预混合型原子化器内，在雾化器喷嘴前端 2～3 mm 处安装有碰撞球或扰流器。由雾化器出来的气溶胶撞击在碰撞球或扰流器时，进一步被细化为平均直径更小的气溶胶。表征雾化器特性的参数有试液提升量、雾化效率和气溶胶粒度分布。同心雾化器的优点是结构简单，价格便宜，使用方便，应用广泛，但雾化效率低，仅有 10%～15%；雾化毛细管很细，容易被堵塞，不适合用于高含盐量溶液。

统计权重 [statistical weight] 表征多重线中各谱线的强度比的参数。其数值等于简并在同一能级中的量子态数目，记为 g。

微波激发无极放电灯 [microwave excited electrodeless discharge lamp] 由微波高频电场激发的无极放电灯锐线光源。将放电管放在微波谐振腔内，微波电磁场通过波导管提供激发能量，可在广泛的范围内调节放电条件，既能调谐，使谐振腔的频率调至微波频率，又能进行耦合调节，使腔负载与微波发生器匹配。合适的放电管尺寸取决于被测元素的蒸气压与微波波导管的特性。只要各元素的金属或其化合物在放电管工作温度下有着相同或相近的蒸气压，放电管有相同的尺寸。在平衡条件下，管内所有组分均为气相，不存在选择性蒸发，便于制作多元素灯。此种灯光强大，使用寿命长。

微波诱导等离子体光源 [microwave induced plasma source (MIP)] 由微波电源、矩管、供气系统及连接线路组成的、能量通过电场(E)或磁场(H)耦合到工作气体中获得的小体积微波等离子体光源。优点是：激发能力强，尤其是以 He 为工作气体的微波等离子体，可激发包括卤素在内的几乎所有元素的光谱；非金属测定检出限低；光谱较简单，光谱干扰较小；背景较浅；耗气量和耗电量小，功率只有几十到数百瓦，容许的进样量小，一般为微克数量级；线性动态范围 3～4 个数量级；化学干扰、电离干扰和基体效应较严重。对进样时引入的水蒸气的承受能力差，需去溶剂。

微波诱导等离子体原子发射光谱法 [microwave induced plasma atomic emission spectrometry (MIP-AES)] 用微波诱导等离子体为激发光源的原子发射光谱法。激发光源的电子温度高，激发能力强，有利于激发绝大多数元素，特别是非金属元素，检出限低；精密度良好；动态范围可达 3～4 个数量级；光谱干扰比电感耦合等离子体原子发射光谱法小。但因微波功率低，导致等离子体的气体温度低，分析组分难以充分原子化，基体效应明显，化学干扰较严重，对进样时引入的水蒸气的承受能力差，需除去溶剂。

微波诱导等离子体原子吸收光谱法 [microwave induced plasma atomic absorption spectrometry (MIP-AAS)] 以同轴表面波激励器在“T”形和“L”形放电吸收管内形成的常压低功率氩微波等离子体作为原子化器的原子吸收光谱分析技术。优点是：维持等离子体工作的气体流量小，避免了气流对原子浓度的过度稀释；功率低，电离能力较弱，不利于离子的生成，有利于自由原子的存在；吸收光程长。进样方法有电热蒸发进样、超声雾化-浓 H_2SO_4 吸收去溶剂进样或气动雾化法进样。缺点是样品量承受力低，基体效应严重。

稳定温度石墨炉平台技术 [stabilized temperature plateau furnace (STPF)] 斯莱文(W. Slavin)提出的一种综合利用多种技术的石墨炉原子吸收光谱分析方法。这些技术包括使用高质量热解涂层石墨管、全热解石墨管或玻碳管，消除碳管在高温时的反应活性；使用快速升温电源和里沃夫石墨平台，使分析物在炉内温度达到恒温后才蒸发进入气相迅速原子化；使用快速响应电路，避免吸收峰形畸变；采用积分吸收测量信号，避免和消除原子化速度变动、石墨管老化、基体改变等引起峰宽和峰高变化的影响；应用化学改进剂，在灰化阶段除去基体，将分析物稳定到更高的原子化温度；原子化阶段停止通氩气，避免原子浓度受到稀释；使用塞曼效应校正背景方法。该技术特别适用于复杂样品分析。

无标[样]分析 [standardless analysis] 又称绝对分析。不使用标准物质校正，通过基本物理常数将分析信号与分析物质的量相联系的分析方法。1980年，斯莱文(W. Slavin)提出用特征质量m_0表征石墨炉原子吸收光谱分析的灵敏度。1986年，里沃夫(Б. В. Львов)提出了计算分析元素特征质量的理论模型，1990年又提出了修正模型，特征质量理论值为

$$m_{0\text{cal}} = 5.08\times10^{-13}\frac{MD\Delta\nu_D}{H(a,\omega)\delta\gamma' f}\frac{Z(T)}{g_i\exp(-E_i/KT)}\frac{r^2}{l^2}$$

式中，M 是被测元素的摩尔原子质量(g/mol)；D 是被测元素原子蒸气在氩气中的扩散系数(cm^2/s)；$\Delta\nu_D$ 是谱线的多普勒宽度；$H(\alpha, \omega)$ 是距离吸收线轮廓中心(ω=0.72α)的 Viogt 函数积分值，α 是 Viogt 轮廓的阻尼；δ 是邻近线影响因子；γ'是考虑光源发射线展宽校正时的吸收线超精细结构校正因子；f 是吸收线的振子强度；$Z(T)$ 是分析原子在温度 T 时的配分函数；

g_i 和 E_i 分别是原子基态的统计权重和能量；K 是玻尔兹曼常量(1.38×10^{-23} J/K)；r 是石墨管内径(cm)；l 是石墨管长度(cm)。里沃夫(Б. В. Лъвов)使用精确的物理常数计算了 35 种元素的特征质量，其中 32 种元素的特征质量的理论值 m_{0cal} 与实验值 m_{0exp} 之比在 0.85±0.10 以上。其他许多实验结果亦证实，在最佳操作参数和原子化温度下，不同实验人员用同一类型的仪器在不同时间测得的 m_0 基本相同，测定结果与标准物质的标准值相符。采用现代石墨炉原子化技术，有望实现石墨炉原子吸收光谱无标分析。

无极放电灯 [electrodeless discharge lamp (EDL)] 将盛有分析物(通常是卤化物)和充有几百帕压强的惰性气体的石英放电管置于射频或微波高频电场中，借助高频火花引发放电，升温，使管内分析物(金属或卤化物)蒸发、解离，分析物原子与惰性气体原子发生非弹性碰撞而被激发发射特征辐射的一种光源。用 100 Hz～100 MHz 的射频激发，光源稳定性高，自吸很小；用大于 100 MHz 的微波激发，输入光源的功率转为辐射的效率高，输出强度大，使用寿命长。为保证良好稳定性，要求放电管内的物质在 200～400℃具有百帕以上压强的蒸气压，这使许多元素的无极放电灯的制造受到限制。目前制造的无极放电灯仅限于那些本身或其化合物具有较高蒸气压的元素，如砷、镉、锑、硒、锡、铊、锌等。无极放电灯的谱线发射强度大、光谱纯度高、谱线窄。易挥发、低熔点元素的无极放电灯，其性能优于空心阴极灯。但需要专用电源。

无声放电 [silent discharge] 即介质阻挡放电。

雾化器 [nebulizer] 在动力作用下将试液分散为气溶胶的液体进样装置。常用的雾化进样装置是同心雾化器。对雾化器的基本要求是喷雾稳定，雾化效率高，形成的气溶胶粒径细，且粒径分布范围窄。液体雾化进样是等离子体原子发射光谱分析和火焰原子吸收光谱分析的主要进样方式。

雾化效率 [nebulization efficiency] 以雾珠或气溶胶形式进入火焰或等离子体的试样量与吸喷试液总量之比。雾化效率既依赖于雾化器的类型和结构，也依赖于被雾化试液的性质，如液体黏度、表面张力等。

狭缝 [slit] 由精密加工的两矩形颚片构成的宽度固定或可调的让光源的光进入光谱仪的缝口装置。由光谱仪分光而得到的每一条谱线都是狭缝的像。狭缝宽度影响谱线的强度和光谱仪的实际分辨率。光谱仪只有入射狭缝，单色仪既有入射狭缝，又有出射狭缝，多色仪则有多个出射狭缝。

线色散率 [linear dispersion] 波长相差 dλ 的两条谱线在光谱成像焦面上分开的距离 dl，记为 dl/dλ，单位是 mm/nm。光栅和棱镜的线色散率分别是

$$\frac{\mathrm{d}l}{\mathrm{d}\lambda}=\frac{mf}{d\cos\beta}$$

和

$$\frac{\mathrm{d}l}{\mathrm{d}\lambda}=\frac{f}{\sin\varepsilon}\frac{\mathrm{d}\delta}{\mathrm{d}\lambda}$$

式中，d 是光栅常数，m 是光栅级次，f 为物镜焦距，β 是光栅衍射角，ε 是焦面对波长 λ 的主光线的倾斜角，$\frac{\mathrm{d}\delta}{\mathrm{d}\lambda}$ 是棱镜的角色散率。

线状光谱 [line spectrum] 电子在原子能级之间跃迁所产生的呈线状的光谱。线状光谱并不是严格意义上的几何线，具有相当窄的有限宽度。在不存在导致谱线展宽的因素时，激发态原子的有限寿命决定谱线的自然宽度。激发态原子的平均寿命约为 10^{-8} s，谱线的自然宽度约为 10^{-5} nm 量级。

形态分析 [speciation analysis] 对元素在试样中存在的特定化学形式及其分布进行定性和/或定量分析的过程。包括元素的价态、形态和赋存状态的分析。色谱技术是元素形态分离的基础，色谱-光谱联用综合了色谱高分离效率与原子光谱检测专一性和高灵敏度的优点，是分析元素形态的有效手段。1966年，科尔布(B. Kolb)等首先采用GC-FAAS分析了汽油中的烷基铅。2005年，北京普析通用仪器有限责任公司与清华大学分析中心和国家标准物质中心合作，开发出我国第一台HPLC-HG-AAS砷元素形态分析专用商品仪器AS-90砷元素形态分析仪。

形态分析原子荧光光谱仪 [species-analyzed atomic fluorescence spectrometer] 用于元素形态分析的原子荧光光谱仪。由样品消解器、形态分离器、氢化物发生器、气液分离器、接口装置和非色散型原子荧光光谱仪组合而成。样品采用温和的紫外消解法，以保持元素的原有形态。消解后的样品经气相色谱、高效液相色谱或离子色谱分离各元素形态，再引入氢化物发生器。经气液分离器净化后的分析元素的氢化物通过在线联用接口进入氩氢火焰原子化器内原子化，检测原子荧光信号。由于非色散仪器良好的检测能力，能获得很高的检测灵敏度、很低的检出限和满意的准确度。

悬浮液进样 [suspension sampling] 又称浆液进样。将细小粒度的固体试样制成足够稳定的悬浮液引入原子化器的一种简便的固体进样方法。在样品中加入化学性质稳定的亲水性阴性多糖高分子黄原胶、Triton X-100(辛基苯氧基聚乙氧乙醇)、甘油、琼脂作为稳定剂，将细粒度的固体制成稳定的悬浮液，直接进样进行测定。优点是不需消解样品，省去了样品化学预处理过程，减少或避免了试样制备过程中的污染；可用水溶液标准系列制作校正曲线。仪器原有的液体进样系统基本上可用于悬浮液进样。缺点是进样不易重复，精密度、准确度难于保证。

压力展宽 [pressure broadening] 即碰撞展宽。

衍射光栅 [diffraction grating] 由一组精密刻制的等距等宽平行排列的刻痕构成的、通过单缝衍射与多缝干涉作

用将复合光色散为按波长排列的单色光的光学色散元件。光谱仪器多采用反射光栅，分平面反射光栅和凹面反射光栅。光栅的色散率依赖于单位长度内的刻痕数，刻痕数越多，色散率越大；分辨本领取决于刻痕总数。

氧化性火焰 [oxydizing flame]　即贫燃火焰。

氧化亚氮-乙炔火焰 [nitrous oxide-acetylene flame]　以乙炔为燃气、氧化亚氮为助燃气的可燃混合物燃烧所形成的高温火焰。计算的最高火焰温度为 3152 K，实验测定值是 2990 K，最高燃烧速度是 160 cm/s，在室温下着火下限和上限分别为 2.2%和 67%(体积比)。主要的特点是火焰温度高，燃烧速度低，火焰的红色内焰区富含 CN、NH 等还原性物质，有利于易形成难解离氧化物的高温元素的原子化，是当前在火焰原子吸收光谱分析中获得广泛实际应用的高温火焰。缺点是在某些光谱波段区有很强的自发射噪声和高温引起的原子的电离。使用该高温火焰要特别注意安全，点火时，先点燃空气-乙炔火焰，再过渡到氧化亚氮-乙炔火焰；在熄灭火焰时，要先将氧化亚氮-乙炔火焰转换为空气-乙炔火焰后再熄灭火焰。

预混合型火焰原子化器 [premix flame atomizer]　又称预混合型燃烧器。由同心雾化器、预混合室和缝型燃烧器及相应气路构成的一种层流火焰燃烧器。试液进入燃烧器之前，粒度大的气溶胶和雾珠沿预混合室锥形室壁顺畅流入泄液管排走，细小的湿气溶胶与燃气、助燃气均匀混合后进入火焰，减少了火焰扰动。缝型燃烧器产生层型火焰，使进入火焰的气溶胶脱溶、蒸发、热解和原子化。此种燃烧器的优点是：产生层型火焰，能提供可重复性燃烧条件，火焰稳定；噪声低；吸收光程长，有足够的灵敏度；使用安全。缺点是：消耗的试样量多；样品利用效率低；气溶胶直径分布范围较宽，从<5 μm 到 25 μm 或更大。

预混合型燃烧器 [premix burner]　即预混合型火焰原子化器。

原位富集 [concentration *in situ*]　在原子吸收光谱分析过程中以适当方式将分析物在线捕集后再原子化的操作。1976 年劳(C. Lau)等提出水冷原子捕集技术，1977 年沃特林(R. J. Watling)提出缝管原子捕集技术。1982 年李(D. S. Lee)提出氢化物原位富集法。原位富集是减小或消除共存组分干扰、提高原子吸收光谱分析灵敏度的有效途径。

原子发射光谱 [atomic emission spectrum(AES)]　被热能、电能或其他能量激发的原子从激发态跃迁至较低激发态或基态时，以辐射的形式释放能量，所发射的特征谱线按波长(或频率)顺序排列形成的光谱。可用谱线数目、谱线波长、谱线轮廓、谱线强度和谱线精细结构来表征。

原子发射光谱法 [atomic emission spectrometry (AES)]　利用原子或离子在一定条件下受激而发射的特征光谱的波长与强度对被测元素进行定性、定量分析的方法。优点是检出限低、选择性好、准确度较高、线性动态范围宽，具有多元素同时检测能力。

原子光谱 [atomic spectrum]　原子内的电子在不同能级之间跃迁产生的光谱。原子外层价电子在不同能级之间跃迁产生的光谱，位于紫外和可见光波段，包括原子吸收光谱、原子发射光谱和原子荧光光谱。在通常的情况下，原子处于能量最低的基态。自由基态原子选择性吸收特征频率的辐射，由基态跃迁到激发态，产生原子吸收光谱；基态原子受到热能、电能、非弹性碰撞等作用，吸收能量而跃迁到激发态，再以自发发射的形式去活化，回到能量较低的能态或基态，产生原子发射光谱；自由原子吸收了特征波长辐射或特征波长辐射与热能由基态或低能态跃迁到更高能级的激发态，再以辐射方式去活化发射原子荧光。如果外界供给原子的能量足够大，使原子的内层电子激发，在不同能级之间跃迁而产生的光谱，位于 X 射线波段，则称为 X 射线光谱。原子光谱以谱线波长、谱线轮廓、谱线强度和谱线精细结构来描述其属性。原子光谱主要用于物质中元素的定性和定量分析以及结构分析，也可以通过元素测定间接分析金属有机化合物及有机化合物。其优点是灵敏度高、检出限低、选择性好，广泛地应用于各个领域。原子光谱仪已成为现代分析检测实验室必备的主要检测工具之一。

原子光谱定量分析 [quantitative atomic spectrometric analysis]　根据元素原子光谱谱线强度确定物质中元素的含量。光谱定量分析所依据的基本关系式是沙伊贝-洛马金(Scheibe-Lomakin)公式：

$$I = ac^b$$

式中，I 是谱线强度；c 是被测元素的浓度；a 是与实验条件有关的常数；b 是自吸收系数，其值在 0～1 之间，在无自吸收的情况下，b=1。光谱定量分析的基本方法是校正曲线法。为提高光谱定量分析的准确度，通常采用内标法。

原子光谱分析 [atomic spectral analysis]　基于物质与能量相互作用使物质内部发生量子化能级之间跃迁而产生的发射、吸收或散射光谱的波长、强度和精细结构对物质进行定性、定量与结构分析的方法。包括原子发射光谱、原子吸收光谱和原子荧光光谱、X 射线荧光光谱分析。

原子光谱仪 [atomic spectrometer]　由光入射系统、色散系统、检测系统、成像及其显示或记录系统、控制和数据处理系统构成的用来获得、记录、分析复色光分解为单色光光谱的科学仪器。按色散元件，分为棱镜光谱仪和光栅光谱仪，包括中阶梯光栅光谱仪。

原子化 [atomization] 将试样中被测元素或其化合物转化为自由原子的过程。原子化是整个原子吸收光谱分析中最关键的环节。常用的原子化方法有：①火焰原子化法，以化学火焰为热源实现原子化，应用最广的火焰是空气-乙炔火焰和氧化亚氮-乙炔火焰。②电热原子化法，以低电压大电流供电的管式石墨炉作为热源使试样分解和被测元素原子化。③低温原子化法，利用某些元素本身或其氢化物在低温下的易挥发性，将其导入原子化器内在较低温度下产生原子蒸气的方法，包括氢化物发生法、蒸气发生法和冷蒸气汞原子化法。④非热原子化法，不使用热源的原子化方法，研究最多并已商品化的是通过辉光放电产生阴极溅射实现原子化。

原子化器 [atomizer] 用火焰、电热或非热方式实现分析物蒸发和元素原子化的装置。

原子化曲线 [atomization curve] 在电热原子化过程中，被测元素吸光度随原子化温度变化的曲线。由原子化曲线可以确定最佳原子化温度，结合物理化学常数可以研究元素的原子化机理。

原子化效率 [atomization efficiency] 原子化过程中产生的自由原子数与包括原子、离子、激发态原子、处于结合状态的原子等各种形态的总原子数之比。是决定测定灵敏度和准确度的主要因素，取决于被测元素性质及其所处的结合状态，也受共存组分、雾化效率、原子化条件等多种因素的影响。对火焰原子化来说，原子化效率还随火焰空间的组分与温度分布而异，因此，原子化效率只有针对特定的火焰区域而言才有意义。对于电热原子化，直接进样于石墨炉内，样品利用效率高，自由原子在炉内平均停留时间比火焰内长约 1000 倍，因此，电热原子化法的灵敏度比火焰原子化法高约 3 个数量级。

原子能级 [atomic energy level] 原子内存在的一些能量取一定的确定值、由基态自下向上排列为阶梯状的分立状态。表示能量的不连续性，通常用能级图表示。

原子能级图 [atomic energy level diagram] 原子能级的图形表示。每种原子都有一组反映其原子结构特征的能级图，图中的纵坐标表示能量(电子伏特或波数)，水平线表示原子体系内所有可能存在的、按照其能量高低排列的能级。原子基态的能量最低，画在原子能级图的最下面，相当于零电子伏特。由基态激发到高于基态的各激发态所需要的能量为激发能，相应的电位称为激发电位。能级的能量与主量子数 n 的平方(n^2)成反比，随 n 增大，能级排布越来越密。$n=\infty$ 的状态相当于电子脱离原子核而电离，原子处于电离状态，其能量相应于原子的电离能和光谱系的极限频率 ν_∞。当原子电离之后，它的总能量等于电离能与电子的动能之和，电子的动能不是量子化的，电子可以具有任意的动能，因此，在原子能级图中，在 $n=\infty$ 以上出现一个非量子化的连续光谱区。在原子能级图中，将能级按角量子数 L 分类，把 L 相同的能级画在同一列内。各能级间可以允许的跃迁，用连线连接。能级间的垂直距离表示跃迁时以电磁辐射形式释放的能量。

原子吸收分光光度法 [atomic absorption spectrophotometry] 即原子吸收光谱法。

原子吸收分光光度计 [atomic absorption spectrophotometer] 即原子吸收光谱仪。

原子吸收光谱 [atomic absorption spectrum] 自由基态原子吸收共振辐射跃迁到第一激发态产生的吸收光谱。以谱线波长、谱线轮廓、谱线强度来描述其属性。原子吸收光谱的波长 λ 和频率 ν 由产生跃迁的两能级的能量差 ΔE 决定。原子吸收光谱只是基态向第一激发态跃迁产生的共振吸收，谱线数目少。

在常压和温度 1000~3000 K 条件下，吸收线的轮廓主要受多普勒效应和洛伦茨效应共同控制。多普勒效应主要控制谱线线型的中心部分，洛伦茨效应主要控制谱线线型的两翼。吸收线的强度 I_a 由单位时间内基态原子吸收的光子数决定，

$$I_a = \mathrm{d}N_0 h\nu = B_{0j}\rho_\nu N_0 h\nu$$

式中，N_0 是单位体积内的基态原子数，B_{0j} 受激吸收系数，ρ_ν 是入射辐射密度。吸收线的强度与基态原子数成正比。

原子吸收光谱法 [atomic absorption spectrometry (AAS)] 又称原子吸收分光光度法。基于被测元素的自由基态原子对特征辐射的吸收程度进行定量分析的仪器分析方法。1955 年，澳大利亚沃尔什(A. Walsh)、荷兰阿肯麦德(C. T. J. Alkemade)和米拉茨(J. M. W. Milatz)分别独立发表了原子吸收光谱分析的论文，开创了火焰原子吸收光谱法。按使用的原子化方法不同，分为火焰原子吸收光谱法(FAAS)、石墨炉原子吸收光谱法(GFAAS)或称电热原子吸收光谱法(ETAAS)以及低温原子吸收光谱法。其优点：①检出限低，FAAS 可达 10^{-6}～10^{-9} g/mL，GFAAS 可达 10^{-10}～10^{-14} g；②选择性好；③精密度高；④分析速度快；⑤用样量少；⑥应用范围广。直接原子吸收光谱法可以测定周期表中的大多数金属和准金属元素，间接原子吸收光谱法可以测定非金属、高温难熔元素和有机化合物，以及分析元素的同位素。不足之处是校正曲线的线性动态范围较窄，目前主要还是多用于单元素测定。

原子吸收光谱仪 [atomic absorption spectrometer (AAS)] 又称原子吸收分光光度计。用于原子吸收光谱分析和研究的仪器。由光源、原子化器、分光系统、检测器、信号处理和读出装置 5 个基本部分构成。产生的被测元素分析信号，输入到检测器(通常是光电倍增管)，将光信号转换为电信号，信号经放大、调制等处理后，由信号记录和显示装置将电信号转为便于被人们理解与处理的信息。原子吸收光谱仪分为火焰、电热和非热原子吸收光谱仪三大类，分别使

用化学火焰、电热(主要是石墨炉)及阴极溅射原子化器。美国 PerkinElmer 公司于 1961 年和 1970 年分别推出了世界上第一台火焰原子吸收光谱仪和石墨炉的原子吸收光谱仪。1970 年，北京科学仪器厂生产了我国第一台单光束火焰原子吸收光谱仪。原子吸收光谱仪主要用于痕量和超痕量无机元素的直接测定，应用间接原子吸收光谱法也可分析阴离子和有机化合物以及共振吸收线位于远紫外区的元素如 F、C、Br、I、S、P、As、Se 等。应用范围广泛，是现代分析检测实验室必备的检测仪器。

原子吸收线 [atomic absorption line] 基态原子从辐射光源吸收共振辐射从基态跃迁至第一激发态产生的吸收谱线。在不存在导致谱线展宽的因素时，原子吸收线的自然宽度，约为 10^{-5}nm 量级。

原子吸收线轮廓 [absorption line profile] 在有限的相当窄的频率 v 或波长 λ 范围内原子吸收谱线强度(原子吸收系数 k_v 或 k_λ)随频率(或波长)的分布曲线。在常压和温度 1000～3000 K 条件下，吸收线的轮廓主要受多普勒效应和洛伦茨效应共同控制，多普勒效应主要控制谱线线型的中心部分，洛伦茨效应主要控制谱线线型的两翼。

原子吸收线强度 [intensity of atomic absorption line] 单位时间内单位吸收体积中分析原子吸收辐射的总能量。在原子吸收光谱分析中，仅涉及基态原子对入射辐射的吸收。吸收辐射的总能量等于单位时间内基态原子吸收的光子数(亦即产生受激跃迁的基态原子数)与光子能量的乘积。

$$I_a = dN_0 h\nu = B_{0j}\rho_\nu N_0 h\nu$$

式中，N_0 是单位体积内的基态原子数，B_{0j} 受激吸收系数，ρ_ν 是入射辐射密度，h 是普朗克常数，v 是吸收光子的频率。通常的火焰和石墨炉原子化器的原子化温度高约 3000 K，在此条件下，处于激发态的原子数与基态原子数相比可以忽略不计，除了强烈电离的碱金属和碱土金属元素之外，可以将基态原子数视为等于总原子数。因此，原子吸收线的强度与总原子数成正比，$I_a = B_{0j}\rho_\nu N h\nu$，是原子吸收光谱定量分析的基础。

原子线 [atomic line] 中性原子激发态与低能态或基态之间跃迁所产生的原子发射线与原子吸收线。

原子荧光 [atomic fluorescence] 自由原子吸收了特征波长辐射或特征波长辐射与热能由基态或低能态跃迁到更高能级的激发态，再以辐射方式去活化发射荧光。属冷激发发光，原子荧光发射是各向同性发射。1905年伍德(R. W. Wood)首次观察到了钠原子的共振荧光。原子荧光分共振原子荧光、非共振原子荧光(包括直跃线原子荧光、阶跃线原子荧光和反斯托克斯原子荧光)与敏化原子荧光。

原子荧光饱和效应 [saturation effect of atomic fluorescence] 原子荧光强度不再随光源强度增加而增大的效应。当激发辐射强度增加到一定程度时，原子荧光高能级与低能级之间的跃迁原子数达到动态平衡，激发态原子数不再随光源强度而增加。使用激光为激发光源，易产生饱和效应。

原子荧光测汞仪 [atomic fluorescence mercury-measured spectrometer] 利用原于荧光光谱法测定汞含量的仪器。先用还原剂$SnCl_2$或硼氢化钾(钠)将汞离子还原为元素态汞，用载气将汞蒸气带入低温原子化器中，测量汞蒸气产生的原子荧光强度，按校正曲线确定汞的含量。测定汞的检出限可达pg/mL数量级。

原子荧光猝灭效应 [quenching effect of atomic fluorescence] 激发态原子通过与其他粒子(如分子、原子、离子或电子)碰撞将激发能转移给其他粒子，或以非辐射形式释放能量跃迁至低能级导致被测原子荧光量子效率降低、荧光强度减弱的现象。猝灭粒子浓度越大，猝灭截面越大。体系温度越高，猝灭效应越严重。

原子荧光光谱 [atomic fluorescence spectrum (AFS)] 分析物质的基态原子吸收电磁辐射或/和热能之后跃迁到激发态，受激原子以辐射形式去活化，沿各个方向(各向同性)发射波长与激发波长相同或不同的光谱。是一种光致发光，属冷激发发光。当激发光源停止辐照分析物质后，分析物荧光发射立即停止。

原子荧光光谱法 [atomic fluorescence spectrometry (AFS)] 通过被测元素原子蒸气在辐射能激发下从基态激发到高能态，再回到基态所发射的原子荧光强度进行元素定量分析的仪器分析方法。1905 年伍德(R. W. Wood)首次观察到了钠原子的共振荧光；1962 年阿肯麦德(C. T. J. Alkemade)提出原子荧光光谱法作为化学分析方法的可能性；1964 年温福德纳(J. D. Winefordner)和维克斯(T. J. Vickers)等第一次成功地用原子荧光光谱法测定了锌、镉和汞；1974 年楚瑞(K.Tsujü)和库加(K. Kuga)首先将氢化物发生进样技术引入火焰原子荧光光谱分析，测定砷。在中国，1975 年杜文虎等首次用自制非色散冷原子测汞仪测定了河水和废水中的汞。1980 年最早研制成功了单道氢化物发生非色散原子荧光光谱仪用于矿物岩石中痕量砷、铋、锑、汞、硒和碲的测定。氢化物发生-原子荧光光谱法已成为原子荧光光谱法在我国发展的重要特色，在国际上居于领先地位。原子荧光光谱法的特点是：①谱线简单，基本无光谱干扰，使用非色散型仪器，辐照立体角大，光谱通带宽，集光本领大，荧光信号强；②检出限低；③校正曲线的线性动态范围宽，达 4～7 数量级；④可进行多元素同时测定；⑤因 AFS 是冷激发，受温度波动影响较小；⑥仪器结构简单，但散射光影响大。

原子荧光光谱仪 [atomic fluorescence spectrometer] 通过测量元素原子蒸气在辐射能激发下所发射的原子荧光进行元素定量分析的仪器。分为色散型和非色散型两大类。国产商品仪器多为非色散型原子荧光光谱仪。由激发光源、色散元件(或无色散元件)、原子化器、检测器、信号与数据处理显示系统组成。激发光源采用高强度空心阴极灯，采用滤光片来分离分析谱线和降低背景，氩氢低温火焰为原子化器，紫外灵敏的日盲光电倍增管为检测器。与原子吸收光谱仪的主要差别是检测器与激发光束不在同一直线上，通常成直角配置，以避免激发光源对检测原子荧光信号的影响。在我国发展最快和得到广泛应用的原子荧光光谱仪器是氢化物发生-原子荧光光谱仪，特别是蒸气发生进样技术和相应的装置发展较快，开发了诸如顺序注射进样、连续流动-间隙进样、注射泵进样、断续流动进样等，独具特色。在这一分析仪器和分析技术领域，中国一直居于国际领先地位。

原子荧光量子效率 [quantum efficiency of atomic fluorescence] 单位时间内受激原子发射荧光的量子数与原子从激发辐射中吸收的光量子数之比，记为ϕ。

$$\phi=\frac{A_{ji}}{A_{ji}+\sum A_{jk}+\sum p_i}$$

式中，A_{ji}是受激原子由激发态j跃迁能态i发射原子荧光的爱因斯坦自发发射系数，$\sum A_{jk}$是受激原子由激发态j跃迁到所有其他可能能态k的爱因斯坦自发发射系数之和，$\sum p_i$是各种猝灭粒子猝灭效应系数之和。当体系中不存在猝灭粒子和其他跃迁时，$\phi=1$，通常$\phi<1$。

原子原位捕集技术 [atom trapping technique *in situ*] 利用石英管冷表面原位预富集分析元素以提高火焰原子吸收光谱分析灵敏度的技术。包括水冷原子捕集、缝管原子捕集和二者相结合的组合原子捕集技术。在贫燃火焰中喷雾试液，产生的气态分析物原位富集在用水、气冷却的石英管表面，然后转为富燃火焰加热使富集物瞬时释放和原子化。原子原位富集，省去了化学预处理，避免和减少了沾污的可能性，使分析原子得到高度富集。若在石英管内原子化可延长分析原子在测量光路中的平均停留时间，从而增大管内原子浓度，获得增强的原子吸收信号。捕集物加热时顺序释放，有可能对元素原子吸收信号进行时间分辨。由于原子捕集延长了分析时间，样品消耗量大，熔点较高的元素虽能原位捕集，但不能迅速原子化，碱金属和碱土金属腐蚀石英管，故石英管不能用于它们的测定。原子原位捕集是提高FAAS灵敏度的有效途径，而贫燃火焰高效捕集和富燃火焰瞬间释放原子化，产生脉冲信号，是原子在线捕集技术获得高灵敏度的关键。

跃迁 [transition] 微观粒子组成的系统从一个状态过渡到另一个状态的过程。如基态原子受到加热、吸收辐射或与其他较高能量粒子(电子、原子、离子、分子)进行第一类非弹性碰撞而吸收能量，由基态迁移到较高的能态；激发态原子通过与其他粒子进行第二类非弹性碰撞，将其一部分内能转移为其他粒子的平移动能、共振辐射、发射荧光、受激发射等，由较高的激发态回到较低的激发态或基态。按照爱因斯坦的辐射量子理论，电子在原子内能级间的跃迁分为受激吸收跃迁、受激发射跃迁和自发发射跃迁。

跃迁概率 [transition probability] 单位时间内从一个能级跃迁到另一个能级的原子数与跃迁前处于原能级上的原子总数之比。分为受激吸收跃迁概率、受激发射跃迁概率和自发发射跃迁概率。

增感效应 [enhancement effect] 在试液中加入某一物质使被测元素分析信号增强的现象。是光谱分析中用以提高被测元素灵敏度的方法之一。能够产生增感效应的物质称为增感剂，由于测定体系的多样性，能产生增感作用的物质也是多种多样的。如在火焰原子吸收光谱分析中，常用的增感剂有表面活性剂、有机络合剂、有机溶剂和无机盐增感剂等。

增量法 [addition method] 即标准加入法。

振子强度 [oscillator strength] 表征原子吸收或发射特定频率辐射的能力，直接正比于原子对特定频率辐射的吸收或发射概率。吸收振子强度f_{ij}与爱因斯坦受激吸收系数B_{ij}之间的关系是

$$f_{ij}=\frac{hm_e\nu}{\pi e^2}B_{ij}$$

发射振子强度f_{ji}与自发发射系数A_{ji}的关系是

$$f_{ji}=\frac{m_e c}{8\pi^2\nu^2e^2}A_{ji}$$

式中，h是普朗克常量；ν是谱线的频率；c是光速；m_e和e分别是电子质量和电子电荷。

蒸发曲线 [evaporation curve] 分析元素谱线强度随曝光时间而变化的曲线。通过蒸发曲线可以了解分析元素和内标元素化合物的蒸发特性(如蒸发的起始时间和持续时间，蒸发顺序)、背景随时间的变化情况、激发条件和试样量选择是否合适，以及光谱缓冲剂或载体对分析元素蒸发特性的影响，对测定条件的选择与优化都有指导意义。

蒸气发生原子吸收光谱法 [vapour generation-atomic absorption spectrometry (VG-AAS)] 将被测元素通过化学反应转化为挥发性物质，引入原子化器内进行测定的原子吸收光谱分析方法。包括汞蒸气发生-原子吸收光谱法、氢化物发生-原子吸收光谱法和挥发性化合物发生-原子吸收光谱法。蒸气发生-原子吸收光谱法的优点是在蒸气发生过程中，被测元素与基体元素分离并得到富集，一般不受原试样中基体成分的干扰，能获得高的信噪比和低的检出限；进样

效率高，灵敏度高；基于被测元素不同价态的氢化物、挥发物发生行为的差异，可获得形态分析信息。蒸气发生法突破了过去用氢化物发生法只能测定Ge、Sn、Pb、As、Sb、Bi、Se、Te及Hg 9个元素的局限性，已扩展到Ag、Au、Cd、Cr、Cu、In、Ni、Tl、Zn等的测定。

正常分析区 [normal analytical zone] 等离子体焰炬内最适合于观测的区域。等离子体焰炬分为三个区域：焰心区(又称预热区)、内焰区、尾焰区。其中内焰区是最适合于分析的区域，位于感应圈上方10～20 mm的淡蓝色半透明炬焰区，温度为6000～8000 K。分析元素在此区域内原子化和受激激发，发射很强的原子线和离子线。

直流等离子体光源 [direct current plasma source (DCP)] 以氩气为工作气体，由直流电源供电形成等离子体的原子发射光谱激发光源。特点是：不需要专用高频电源，无高频辐射；电功率较电感耦合等离子体(ICP)低，电能利用率较ICP高；温度约8000～10 000 K；直流电弧约束在一个狭窄的通道内，使之具有很高的电流密度；雾化试液的氩气流量较大，雾化器不易堵塞，但总氩气消耗量只及ICP耗气量的一半。分析特性是：检出限与ICP相近或稍差；精密度不如ICP好；线性动态范围比ICP窄，为3～4数量级；有电极污染，需经常更换电极；基体效应比ICP严重。

直流电弧光源 [direct current arc source] 直流供电产生的电弧激发光源。引弧方法有高频引弧和两电极接触引弧。特点是电极温度高，有利于消除试样组成的影响和分析物蒸发，分析绝对灵敏度高，适用于定性分析和难熔元素的定量分析。缺点是电弧不稳定，测定重现性较差；有分馏效应，导致弧焰内组成随时间而变化；弧层较厚，自吸现象较严重；对试样损伤较大。

直跃线原子荧光 [direct-line atomic fluorescence] 原子由基态激发到高能态，再由高能态跃迁到较低能态，或先热激发到较低的高能态，再激发到更高的能态，然后直接跃迁到高于基态的另一能量较低的激发态所发射出的原子荧光。后者称为热助直跃线原子荧光。直跃线原子荧光与激发辐射的高能级相同，低能级不同，荧光波长比激发辐射的波长长。只有原子基态为多重态时，才能观察到直跃线原子荧光。如下图所示：其中A为直跃线原子荧光；B为热助直跃线原子荧光；0为基态，1、2、3为激发态能级。

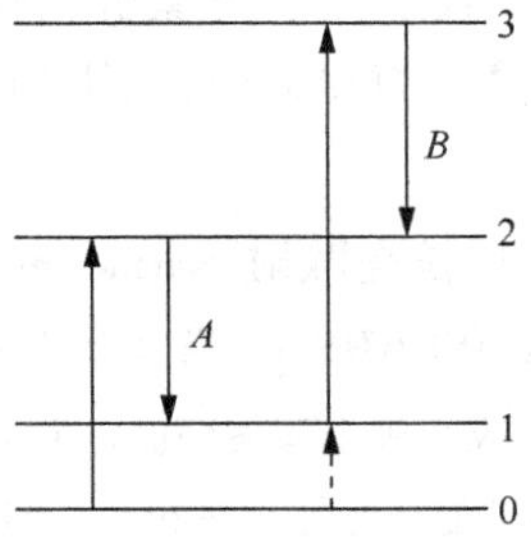

中阶梯光栅 [echelle grating] 具有精密刻制的宽平刻槽(宽度是其高度的数倍)，阶梯间距是被色散波长的10～200倍，大闪耀角的特殊衍射光栅。特点是：①通过增大闪耀角β(60°～70°)和利用高光谱级次n(40～200)提高线色散率。②依靠增大闪耀角β、光栅常数d和光谱级次n提高分辨率。光栅角度变化相当小，所有波长的光谱都在或接近于最合适的闪耀角进行检测，加之物镜焦距短，从而获得最大的光能量。③与低色散光栅或棱镜组成二维色散系统，避免了不同级次光谱之间的重叠，可获得二维色散的光谱图。

中性火焰 [neutral flame] 即化学计量火焰。

轴向电感耦合等离子体光源 [axial inductively coupled plasma] 即端视电感耦合等离子体光源。

准直管 [collimator] 又称平行光管。在光谱仪器中将经狭缝入射的光准直为平行光束再投射到色散元件(棱镜或光栅)的一种光学器件。光谱仪的狭缝位置必须处于准直管的焦点处。用透镜作准光镜时，由于透镜材料存在色差，只能使从狭缝来的光辐射中某一波长的光成为平行光束，其他波长的光只是接近平行光，因此常采用复合透镜组作准直管，加以改善，或采用凹球面反射镜作为准直镜，以消除色差。

自发发射跃迁 [transition of spontaneous emission] 没有入射辐射的诱导，处于较高能态的激发态原子各自独立地自发跃迁到较低能态或基态时伴随发射辐射的过程。原子受到激发时，遵从玻尔兹曼公式分布在各级激发态，处于激发态j的原子的平均寿命很短，约为10^{-8} s，即使没有入射辐射的诱导，也要通过自发发射跃迁到低能态i。在dt时间内，自发发射的原子数dN_{ji}与处于高能态j的原子数N_j成正比，

$$dN'_{ji}=A_{ji}N_j dt$$

式中，A_{ji}是自发发射系数，表示单位时间内原子通过自发发射由高能态j自发跃迁到低能态i的概率。自发发射跃迁的特点是，处于各级激发态的原子各自独立地、自发地发射各自的特征谱线，彼此之间没有固定的位相关系，偏振方向和传播方向是随机的。发射谱线数目与其能级数的平方成正比，谱线波长由发生跃迁的上、下能级的能量差决定。

自吸收校正背景法 [self-absorption background correction method] 又称S-H校正背景法。基于谱线自吸收效应的校正背景方法。1983年由史密斯(S. B. Smith)和希夫杰(Jr. G. M. Hieftje)提出。元素空心阴极灯以低电流脉冲供电时发射的锐线光谱用于测量原子吸收与分析谱线附近背景吸收的总吸光度，接着以大电流脉冲供电时，元素灯空心阴极腔内积聚的原子浓度足够高，发射线产生自吸，测得分析谱线附近背景吸收的吸光度，两次测得的吸光度相减得以校正背景吸收。主要特点是：①可在190～900 nm校正背景吸收。②用同一个空心阴极灯发射的锐线光谱与自吸或自蚀宽带光

谱分别测量分析原子线与背景吸收的吸光度，两束光性质相同，不存在光轴不一致引起的校正误差，背景校正精度优于氘灯法。③校正背景能力强，可扣除吸光度高达2A的背景吸收，而且能够校正谱线结构背景。④与塞曼效应扣背景法比，不使用偏振器，没有能量损失。⑤装置简单，不需要增加任何的光机结构。⑥产生的高浓度原子云，须经历一定的时间才能消失，供电周期较长(50 ms)，两次分时测量吸光度差异较大，影响背景校正的准确度。⑦只适用于高电流脉冲下分析线产生严重自吸的元素。高熔点元素的空心阴极灯自吸很弱，校正背景的效果差，测定灵敏度降低。自吸收校正背景法目前基本上是作为氘灯校正背景的补充而与其配合使用。

自吸展宽 [self-absorption broadening] 同种原子自吸效应引起的谱线展宽现象。是同种原子相互碰撞引起的压力变宽，随原子浓度增高而增大。随着谱线展宽，谱线强度减小，但减小的程度并不是原子浓度的线性函数，其结果导致校正曲线弯向浓度坐标轴。

最大功率升温 [maximum power temperature[-rise] program] 在极短时间内用最大功率加热石墨炉升温至原子化温度的一种快速升温技术。使基体分子完全解离，被测元素化合物分子完全解离和原子化，可获得更大的自由原子密度，原子化脉冲信号全部或大部分出现在原子化温度-时间曲线的等温部分。其优点是，能减少和消除基体干扰与光散射的影响，降低许多元素的原子化温度，改善原子吸收信号峰形，提高难熔元素峰高测量的灵敏度，延长石墨管的使用寿命，改善分析精密度。

最后线 [persistent line] 在试样中被测元素的含量逐渐降低到很低时，该元素的大部分谱线在光谱中消失，所剩下的几条或一条最后消失的谱线。共振线大部分属于最后线。定性分析时利用各元素的最后线来判断低含量元素在试样中是否存在。

3.5.1.2 分子光谱分析

倍频谱带 [overtone band] 即泛频谱带。

比尔定律 [Beer law] 朗伯-比尔定律的简称。

比色计 [colorimeter] 用可见光作光源，对有色溶液的颜色深度进行比较或测量的分析仪器。用于比色分析。一般分为目视比色计和光电比色计。前者用人眼观察比较，误差较大，但简便易行，适合于准确度要求不高的生产质量控制或大批量试样分析。光电比色计用光电池或光电管检测，准确度稍高。

比吸光系数 [specific absorptivity] 表征光度分析灵敏度的一种参数，用符号 $A_{1\text{cm}}^{1\%}$ 表示。数值上 $A_{1\text{cm}}^{1\%}$ 等于一束单色辐射垂直通过液层厚度为 1cm，被测物质的质量分数为 1% 时的吸光度值。比吸光系数与吸光系数 a 和摩尔吸光系数 ε 的关系为

$$A_{1\text{cm}}^{1\%} = 10a = \frac{10\varepsilon}{M}$$

式中，M 为吸光物质的摩尔质量。比吸光系数便于比较不同摩尔质量的吸光物质的光度分析灵敏度。

比旋光度 [specific rotatory power] 在一定温度(t)下，一定波长(λ)的偏振光透过每毫升中含有 1 g 旋光性物质的溶液 1 dm 长度时旋光计所旋转的角度。用符号 $[\alpha]_\lambda^t$ 表示。是衡量旋光性物质的旋光能力的度量。通常用钠光D线(589.3 nm)在 20 ℃下测量，记为 $[\alpha]_\text{D}^{20}$ 或 $[\alpha]_{589.3}^{20}$。晶体的比旋光度通常用 1 mm 厚的晶体所引起的偏振面旋转角度来表示。也常用摩尔旋光度(molar optical rotation) $[\varphi]_\lambda^t$ 代替比旋光度：

$$[\varphi]_\lambda^t = \frac{[\alpha]_\lambda^t M}{10}$$

式中，M 是旋光性物质的摩尔质量。

比浊法 [turbidimetry; turbidimetric method] 又称透射比浊度法。根据测量透过悬浮液后透射光的强度来定量测定悬浮物质含量的光学分析法。目视比浊法是先配制标准浊度系列，通过目视比较来确定物质的含量。浊度测定法是在浊度计上测定浊度来求得悬浮液的浓度。该法用于测定能形成悬浮体的物质，如微量的磷、硫、钙、氯等，适用于环境分析等领域。

比浊荧光光度计 [nefluorophotometer] 基于测量与入射光光路呈一定角度(通常呈 90°)的散射荧光强度实现浊度测定的荧光光度计。

变形振动 [deformation vibration] 即弯曲振动。

标准光谱 [standard spectrum] 由符合某些特定要求的、已知其组成的标准样品测得的光谱。其可为定性分析提供参比光谱和信息。

标准光谱集 [collection of standard spectra] 用标准物质(或纯物质)和标准方法，经认证过的实验机构测得的大量化合物及商品的光谱图集。可为光(波)谱分析提供信息。常附有化合物名称字顺、分子式、官能团字顺、分子量、谱带峰位排序、核磁共振化学位移等索引。例如萨德勒(Sadtler)标准光谱集，奥尔德里奇(Aldrich)红外图谱库，奥尔德里奇核磁共振谱库等。

表面增强共振拉曼散射 [surface-enhanced resonance Raman scattering (SERRS)] 当具有共振拉曼效应的分子被吸附在粗糙的银或金等金属表面时，其共振拉曼信号显著增强的现象。共振拉曼信号比常规拉曼信号要强几个数量级，并能抑制荧光干扰。

表面增强拉曼光谱法 [surface-enhanced Raman spectrometry（SERS）] 在金属良导体、金属溶胶或掺和物等活性基质的粗糙表面上，吸附分子在单色光照射下产生的拉曼信号显著增强，利用所得的表面增强的拉曼光谱进行测定的光谱法。它能将拉曼信号强度提高 10^4～10^7 倍，克服了常规拉曼散射截面低的缺点，消除了荧光干扰，是一种有效的单分子检测手段，也是一种很好的表面研究技术。在纳米颗粒银上测得单分子的表面增强拉曼光谱，增强因子高达 10^{14}～10^{15}。其增强的机理是基态化学增强和电荷转移共振拉曼增强。

布格-朗伯定律 [Bouguer-Lambert law] 当吸收介质的浓度恒定时，一束垂直入射单色光被介质吸收的程度与介质的厚度呈正比。该定律由布格(P. Bouguer)和朗伯(J. H. Lambert)于 1730 年提出。

参比光束 [reference beam] 双光束分光光度计中光源发出的光，经单色器分光后被反射镜分解为等强度的两束光，其中一束通过参比池，作为通过样品池光束参照的光束。利用参比光束能自动消除光源强度变化所引起的误差。

差分拉曼光谱 [Raman difference spectroscopy（RDS）] 在差示液池中装入相比较的两种样品(1)和(2)，由拉曼光谱仪的差比发生器分别记录实时的拉曼信号(S)，并经计算机处理得到两个样品的信号差(S_1–S_2)和信号比 S_1/S_2，即得差分拉曼光谱。这种光谱能抑制荧光的干扰，非常适用于对单个气液包裹体的化学成分和相态的无破坏性测量，消除了主体物对包裹体的干扰。

超拉曼散射 [hyper Raman scattering] 又称三光子散射。当频率为 ν_0，强度超过某一阈值的超激光束照射分子体系时，分子振动基态连续吸收两个频率为 ν_0 的激光光子到达虚态，又从虚态以频率为 $2\nu_0$ 的超瑞利散射返回基态。同时产生频率为 $2\nu_0-\nu_R$ 的超斯托克斯拉曼散射和频率为 $2\nu_0+\nu_R$ 的超反斯托克斯拉曼散射。其中 ν_R 为体系分子中某一拉曼活性振动频率。为区别于 $\nu_0\pm\nu_R$ 的正常拉曼散射，这种效应称为超拉曼散射。超拉曼光谱可以得到正常拉曼光谱和红外光谱得不到的振动光谱信息。

池入-池出法 [cell in-cell out method] 当样品仅有几个独立的红外吸收峰时的一种简便的红外光谱定量分析法。选择一定的分析条件，依次在同一吸收池内测定纯溶剂、已知浓度的标准溶液、样品溶液的透射比，利用比尔定律求得样品溶液浓度。该法适用于单光束红外光谱仪。

猝灭室温磷光法 [quenched room temperature phosphorimetry（Q-RTP）] 利用被测物(猝灭剂)与某种发光体的激发三线态作用，根据室温磷光的猝灭程度测定被测物含量的方法。被猝灭的可以是发光体本身的室温磷光信号，也可以是产生的敏化室温磷光信号。

催化比色法 [catalytic colorimetry] 以比色法作检测手段，利用待测组分浓度与催化化学反应速率之间的定量关系，通过测量与反应速率呈比例关系的吸光度，定量测定待测组分。待测组分可以是催化反应的产物、反应物或催化剂。

催化动力学分光光度法 [catalytic kinetic spectrophotometry] 利用被测组分对均相化学反应的催化作用，通过测量反应物浓度与反应速率之间的定量关系，测定催化剂(或活化剂、抑制剂、解阻剂和酶)浓度的分光光度法。在直接法中待测组分起着催化剂的作用，在间接法中则起着抑制剂或活化剂作用。其特点是灵敏度高，达 ng～pg 级，是动力学分析法的主要方法，广泛用于高纯物质、生物样品和环境样品中痕量物质的分析。

催化荧光分析法 [catalytic fluorimetry] 利用待测组分或其衍生物对某荧光反应的催化作用，在给定时刻荧光的增强或降低程度与待测组分含量的关系，测定待测组分的方法。

萃取催化动力学光度法 [extraction-catalytic kinetic spectrophotometry] 利用萃取技术分离、富集被测组分，然后基于它对某个显色反应的催化作用，根据一定条件下加入被测组分前、后吸光度的变化与被测组分含量的关系进行测定的方法。催化作用可以加速或抑制显色反应。

萃取分光光度法 [extraction spectrophotometry] 将被测组分或其形成的有色配合物萃取到有机相后对有机相进行光度测定的分析法。此法将萃取分离与光度测定结合起来，对被测组分有富集、分离作用，减小基体成分，灵敏度高、选择性好、操作简便，可用于测定某些无机离子。

萃取阻抑动力学光度法 [extraction-inhibition kinetic spectrophotometry] 利用萃取技术先分离、富集被测组分，然后基于它对某个显色反应的抑制作用，利用一定条件(温度、反应时间等)下在显色体系中加入被测组分前、后吸光度的差值与被测组分含量的关系进行测定的方法。

单光束分光光度计 [single beam spectrophotometer] 经单色器分光后的一束平行单色光，交替通过参比溶液和样品溶液，进行吸光度测定的分光光度计。这种简易型仪器结构简单，操作方便，适用于常规分析。

导数分光光度法 [derivative spectrophotometry] 利用以吸光度对波长(波数)的导数为纵坐标，以波长(波数)为横坐标的导数光谱进行测定的分光光度法。导数光谱对吸收强度随波长(波数)的变化很敏感，对重叠谱带有较好的分辨能力，能选择性地放大窄而弱的吸收带，从而能从较强的干扰背景中检测出较弱的信号，提高分析灵敏度。适合于多组分同时测定、浑浊样品、消除背景干扰、强化光谱精细结构和复杂光谱的解析等。

导数光谱 [derivative spectrum] 光谱信号(吸光度或发射强度等)对波长(波数)求导所得导数值随波长(波数)变化的曲线。有1～4阶甚至更高阶导数光谱。导数值与吸光物质的浓度仍呈线性关系，可以进行定量分析。优点是提高了光谱分辨率，可多组分同时测定，适合胶体或悬浊样品测定。能消除背景干扰，强化光谱精细结构，有利于解析复杂光谱。

导数同步荧光光谱法 [derivative synchronous fluorescence spectrometry] 将同步扫描技术所得的同步光谱对波长求导后作纵坐标，并以波长为横坐标制成荧光光谱，对待测物进行分析的光谱法。该法可以改善分辨能力，排除基体干扰，有利于提高灵敏度，适合于混合组分的分析。

等能量同步荧光分析法 [constant energy synchronous fluorimetry] 在两个单色器的同步扫描过程中，始终保持激发波长和发射波长之间能量差恒定的同步荧光分析法。适合于多环芳烃的鉴别与测定，因为在室温和低温下多环芳烃的振动谱带间隔基本相同，大约为几十个波数，该值与光谱区域无关。若与低温技术配合，可以获取更多的光谱特征。

低温磷光光谱法 [low-temperature phosphorescence spectrometry (LTPS)] 将待测物溶于提纯后的乙醚、异戊烷、乙醇等组成的混合溶剂中，在液氮温度(77 K)下测定所形成的明净刚性玻璃体的磷光光谱特性，进行物质的定性或定量分析的方法。该法能防止激发态分子从激发三线态转移到基态的内转换去活化，减少激发态分子与周围的溶剂分子发生分子间碰撞或发生光化学反应而去活化的概率，因而提高了磷光量子产额。

低温荧光光谱法 [low-temperature fluorescence spectrometry] 利用低温(<77 K)条件下测得的荧光光谱特性(激发和发射波长、强度、寿命、偏振等)建立的荧光分析法。荧光物质在低温下荧光效率和荧光强度比在室温下有显著的增强，提高了分析方法的灵敏度和选择性。有机化合物的多种同分异构体和衍生物，在低温下往往能给出尖锐的荧光谱线，可对荧光物质进行指纹识别或对混合物中某些组分进行定量测定。该法多采用激光光源。

电荷转移吸收光谱 [charge-transfer absorption spectrum] 某些分子同时具有电子给体部分和电子受体部分，在外来辐射激发下，使电子从给予体外层轨道向接受体的一个电子轨道上跃迁，在紫外-可见区产生吸收谱带。无机配合物的电荷转移过程中，一般金属离子是电子接受体，配位体是电子给予体。具有电子给予特性的分子A与具有电子接受特性的分子B，也能发生A向B电荷转移而形成共轭结构的离子对 A^+B^-。这种光谱的摩尔吸光系数一般大于 10^4 L/(mol·cm)，且随配位共轭程度的增大而增大。有较高的灵敏度，适合微量金属的检出和测定。

动力学比色法 [kinetic colorimetry] 基于测量反应物浓度与反应速率之间的定量关系实现试样组分定量测定的比色法。由于被测元素往往起催化作用，故常用的是催化比色法。与一般比色法相比，具较高的灵敏度。

动力学分光光度法 [kinetic spectrophotometry] 基于反应物浓度与化学反应速率之间的定量关系，通过测定与反应速率呈比例关系的吸光度，来测定相关组分含量的分光光度法。分为非催化动力学分光光度法(包括速差动力学分析法)和催化动力学分光光度法(包括酶催化动力学分析法)两大类。其特点是：①反应的选择性好，有时甚至是特效的；②灵敏度高，达 10^{-12}～10^{-16} mol/L；③扩大了可利用的化学反应范围，较适用于慢反应或有副反应的反应；④易于实现数据采集和处理的自动化。广泛用于高纯物质、生物物质的测定和临床医学的诊断。

动态红外光谱法 [dynamic infrared spectrometry] 利用傅里叶变换红外光谱仪和时间分辨光谱技术连续、快速地监测红外光谱，动态跟踪表征样品状态的红外光谱随反应时间变化的光谱法。适合于体系变化较慢(如10 min或更长)的假稳定过程，也适合于时间分辨率在秒级的快变化过程，更适合于非常快的过程，其组成变化或瞬变寿命的时间短于光谱仪的一次扫描时间。

多波长分光光度法 [multiple wavelength spectrophotometry] 采用多个(两个以上)测量波长的分光光度法。通常等间隔地选择测量波长，在整个波谱区内测量点可以多达几百个。可以较全面地获得分析体系的测量数据，若再结合化学计量学方法，对测量数据进行解析，便可获得复杂多组分体系的定量、定性和分子结构等信息。

多维荧光光谱 [multi-dimensional fluorescence spectrum] 即三维荧光光谱。

多元线性回归分光光度法 [multiple linear regression spectrophotometry] 采用多元线性回归分析技术处理多组分复杂体系吸光度测量数据的计算分光光度法。该法建立在最小二乘法的基础上，可分为两类。一类是 ***K*** 矩阵法，把吸光度表示为浓度的函数，需进行两次矩阵求逆运算，能利用全波谱数据，但浓度的计算误差可能增大。另一类是 ***P*** 矩阵法，把浓度表示为吸光度的函数，只需进行一次求逆运算，但要增加标准样品的数目。用这种校正方法，当组分波谱间重叠严重时，会引起共线性问题，系数矩阵易呈病态。

多组分分光光度法 [multicomponent spectrophotometry] 泛指能同时测定两个或两个以上组分的分光光度法。由于各组分的波谱相互会重叠，要采用多元线性回归技术来处理测量数据。

二色性 [dichroism] 又称二向色性。某些晶体和光学各向异性的介质具有双折射性，能使入射光变成寻常光和非常光两束特性不同的光的现象。寻常光仍保持入射光的特性，遵守光的折射定律。非常光不遵守折射定律，其折射率与寻常光不一样。具有双折射性的晶体对寻常光和非常光的吸收率也不同，使出射光中某一成分的光强，而另一成分的光弱甚至无出射。

二维红外相关光谱 [two dimensional infrared correlation spectrum] 又称二维相关红外光谱。对样品施加特定的微扰(包括机械拉伸力、温度、压力、浓度、磁场、光照等)，用随时间变化的动态红外光谱记录样品对扰动的响应，并进行相关分析后所得到的光谱。其反映的是样品中各组分或微观结构单元相应于外界微扰的变化情况，以及这些变化之间相互的联系。目前应用最广泛的是以温度为变量的二维相关红外光谱技术。包括同步相关谱和异步相关谱。二维相关谱能提高光谱分辨率，区分在一维光谱上被覆盖的小峰和弱峰，从而提高光谱的解析能力。通过谱峰之间相关性来分析分子内部与分子之间的相互作用。检测光谱强度的变化次序，能有效地对化学反应过程和分子振动的动力学过程进行详细的研究。可以在不同类型的光谱之间(如红外光谱和拉曼光谱)进行相关分析，从而获得通常光谱所不能获得的信息。在聚合物、蛋白质、食品、药物结构、中药真伪鉴定等领域有广泛应用。

二维相关红外光谱 [two dimensional correlation infrared spectrum] 即二维红外相关光谱。

二向色性 [dichroism] 即二色性。

发光分析法 [luminescence analysis] 利用荧光、磷光、化学发光、生物发光等发光现象对物质进行定性、定量分析等的方法。分子、原子或离子等吸收光、X 射线、放射线、电子束或化学反应等能量后，在 4～500℃的温度下以紫外或可见光的形式发射能量，这种过程称为发光。根据吸收的能量的形式不同，可分为光致发光、化学发光、生物发光、X 射线荧光等。由于发光检测的高灵敏度、高选择性，以及发光光谱、发光强度、发光寿命等发光特性对研究体系的局部环境因素的敏感性，发光分析法在生物、医学、药学、环境科学、基因分析以及光学分子传感器等领域都有广泛应用。

发光强度 [luminous intensity] 描述点光源在给定方向上发光强弱的一个基本度量，用符号 I 表示。一个点光源在某一方向的元立体角 $d\Omega$ 内发送的光通量 $d\Phi$，定义为：$I=d\Phi/d\Omega$。单位为坎[德拉]，符号 cd。该光源发出频率为 540×10^{12} Hz 的单色辐射，且在此方向上的辐射强度为 1/683 (W/sr)。

泛频谱带 [overtone band] 又称倍频谱带。红外光谱中分子由振动基态跃迁到第二激发态、第三激发态所产生的吸收峰。其强度比基频谱带要弱得多，且多出现在近红外区，但具有鉴别分子结构的特征性。

非线性激光光谱 [non-linear laser spectroscopy] 在高强度、高单色性的激光束与物质微粒的相互作用中，产生了各种可观测的非线性光学效应(如光学谐波、受激光散射、光学混频等)，由此对物质进行微区或定点光谱分析的方法。如饱和吸收光谱法、双光子光谱法等。适用于光谱精细结构研究，如相变、超导、元激发、液晶、表面物理、高温等离子体等。

非线性拉曼效应 [non-linear Raman effect] 在聚焦的强激光束作用下由于介质的非线性极化而产生的效应。这种强入射光的电场很大，产生了对分子感生偶极矩的非线性贡献，由此产生非线性拉曼散射效应。超拉曼效应、受激拉曼效应、逆拉曼效应、相干反斯托克斯拉曼效应等都是非线性拉曼效应。

费米共振 [Fermi resonance] 当一基团振动的倍频或组合频与另一基团振动的基频有相近的振动能级时，由于其相互作用而产生强吸收峰或发生谱峰分裂的现象。该现象由费米在研究 CO_2 分子的红外光谱时首次发现，故称为费米共振。CO_2 在 1350 cm^{-1} 处的对称伸缩振动与 672 cm^{-1} 处弯曲振动的第一倍频 1344 cm^{-1} 相近，产生费米共振，在 1286 cm^{-1} 和 1388 cm^{-1} 处产生两个强度相等的分裂的谱峰。

分光光度计 [spectrophotometer] 采用分光元件(如光栅等)进行分光的光谱分析仪器的总称。用一个可以产生多个波长的光源，通过系列分光装置，产生特定波长的单色光，单色光透过测试的物质后，部分光线被吸收，测量物质吸收单色光后某些光学性质与波长之间的关系的光谱分析仪器。如，测量物质吸收单色光后的吸光度或透射比，产生的荧光、磷光强度等。由光源、单色器、样品池、检测器和信号指示与数据处理系统等主要部件组成。根据所测量的光谱，有紫外-可见分光光度计、红外分光光度计、荧光(或磷光)分光光度计和原子吸收分光光度计等几类。

分束器 [beamsplitter] 用来分裂光束使之产生干涉的部件。它是一种几十纳米厚的半透膜，能让光透过一半，反射一半。在不同的红外光谱区要选用不同的膜材料，如在中红外区可选用锗镀在能透过红外光的基体上。由于基体会使光路不平衡，要用另一块同样的基体作为补偿板。

分子光谱 [molecular spectrum] 分子从一种能态改变到另一种能态时产生的吸收或发射光谱。分子中电子能级的跃迁产生电子光谱，同一电子能态中不同振动能级之间跃迁产生振动光谱，同一电子能态和同一振动能级的两个不同的转动能级间跃迁产生转动光谱。由于分子总是同时处于这 3 种运动状态，因此实验测得的一系列光谱线一般包含振动光谱、振动-转动光谱、电子-振动-转动光谱等，宏观上形成带光谱。分子光谱的波长可以从远红外到近紫外的宽阔范围。从分子光谱可以得到分子结构、振动频率、原子核间距、转动惯量和电子能量等信息。分子光谱分析也是仪器分析的重要部分。

分子光谱分析 [molecular spectroanalysis] 利用分子从一种能态改变到另一种能态产生的吸收或发射光谱，对物质进行定性、定量和结构分析的光谱分析法。基于分子外层电子能级跃迁的光谱法有紫外-可见吸收光谱法、分子荧光光谱法、分子磷光光谱法、化学发光分析法等。基于分子转动、振动能级跃迁的光谱法有红外光谱法。基于分子拉曼散射效应的有拉曼光谱法。以激光为辐射源，分子产生吸收、声压效应的有激光吸收光谱法、激光光声光谱法、激光热透镜光谱法等。

分子荧光分析法 [molecular fluorescence analysis] 直接或间接利用分子的荧光强度、荧光光谱等特性进行物质定性、定量分析的分子发光分析法。其灵敏度比紫外-可见吸收光谱法要高2～3个数量级。在稀溶液中，荧光强度与被测物的浓度呈正比。大多数能发出荧光的物质都含有芳香环或杂环，或具有刚性平面结构的分子。芳环上取代基的类型或位置会影响荧光的强度和荧光峰的位置。温度、溶剂的极性和pH、溶解氧等也会影响荧光量子产额和荧光强度。广泛用于生化分析、生理医学、临床检验以及药物分析等领域。

浮选分光光度法 [flotation spectrophotometry] 将浮选分离、富集和光度测定相结合的分析法。常用泡沫浮选和萃取浮选两种方法。泡沫浮选使用起泡剂(如表面活性剂)，使待测组分以离子或配合物形式随泡沫一起与试样溶液分离，加入消泡剂消泡后将浮选物溶于溶剂后进行光度测定。萃取浮选又称溶剂浮选，用有机溶剂作浮选剂，将待分离组分以离子缔合物形式浮选于两相界面形成第三相，分离后溶于溶剂进行光度测定。该法分离系数大(>10^3)、回收率高、选择性好、灵敏度高。

傅里叶变换红外光谱仪 [Fourier transform infrared spectrometer (FTIR)] 经干涉仪调制的红外光通过样品后，对检测到的红外光干涉图进行傅里叶变换，从而得到样品红外吸收光谱的仪器。它也能测定样品的红外发射光谱。这种仪器没有色散元件，采用干涉调频分光。优点是扫描速率快，测量时间短，可以同时获得整个红外区光谱的全部信息，灵敏度高，分辨率高，波数精度达0.005 cm^{-1}。适用于对快速反应过程的跟踪，便于与色谱仪联用。

傅里叶变换红外光声光谱法 [Fourier transform infrared photoacoustic spectrometry (FTIR-PAS)] 利用光声效应检测物质的光谱法。红外光经过迈克尔逊干涉仪后被调制成频率为音频范围的红外光，该光束被在光声池中的样品(固、液、气体)吸收后产生热，导致在样品表面的气体产生音频振动(振动频率与调制频率一致)，由微音器接收得到光声信号，经放大后进行傅里叶变换得到光声光谱。光声信号含有光-热-声过程，其大小不仅取决于物质对光吸收的大小，还取决于物质的热学性质。适用于测定强吸收、高分散的样品，如深色催化剂；制样困难的样品，如橡胶和一些高聚物；需要进行无损分析的样品。

傅里叶变换拉曼光谱仪 [Fourier transform Raman spectrometer; FT-Raman] 近红外激光照射样品产生并经瑞利散射过滤器后的拉曼散射光，由迈克尔逊干涉仪调制成拉曼散射光的干涉图，再对检测到的干涉图信号进行傅里叶变换得到样品拉曼光谱的仪器。用近红外激光(λ=1064 nm)为光源，大大降低了荧光干扰，以迈克尔逊干涉仪达到分光的目的，增大了辐射通量，提高了灵敏度。

干涉仪 [interferometer] 将来自光源的一束光分成两个或多个分光束，使之以可控制的光程差相互干涉，获得干涉图的装置。单色光的干涉图是一条余弦曲线，多色光的干涉图是其所包含的多种单色光产生的余弦曲线的加合。经计算机进行傅里叶变换的数学处理，将干涉图复原成光谱图。干涉光谱仪常采用较高谱级的光谱，因此可达到几十万或几百万的分辨率。

共聚焦显微拉曼光谱法 [confocal microprobe Raman spectrometry] 通过调节共聚焦激光拉曼光谱仪光阑上针孔的大小，改变激光的聚焦平面，从而在样品的同一微区内，实现深度不同的“光学切片”式的拉曼光谱检测的光谱法。是非破坏性分析方法，激光光斑直径≤2 μm。适用于细胞与组织等生物分析，聚合物的组成与结构分析，宝石鉴定，矿物、岩层及包裹体分析，考古及古化石研究，碳纤维和碳纳米管分析。

共振光散射 [resonance light scattering] 当光散射位于或接近于分子吸收带时，因产生散射-吸收-再散射过程而使散射强度大大增加的现象。与液/液界面的全内反射结合，发展了全内反射共振光散射技术。将共振光散射信号经电感耦合装置收集处理，发展了共振光散射成像技术。20世纪90年代中期已用于分析化学领域。

共振拉曼光谱法 [resonance Raman spectrometry] 测定拉曼光谱时，采用的激光频率接近或等于待测物的电子吸收频率，从而使待测物中与生色团相关的振动被有选择地增强的光谱法。特别适用于生物物质的结构与功能关系的研究，因为生物样品的活性部位往往与生色团相关。

共振瑞利散射 [resonance Rayleigh scattering] 当散射光频率接近或等于散射分子的电子吸收带频率时，某些瑞利散射强度会急剧提高的现象。这主要是散射与吸收的共振作用，产生了吸收-再散射的多次重复过程，从而使散射光强度提高几个数量级。

共振增强拉曼光谱法 [resonance-enhanced Raman spectrometry] 当改变激发光的波长并使之接近或等于待测物的电子吸收光谱的波长时，待测物中与生色团相关的振动被有选择地增强，是一种区别于正常拉曼光谱法的技术。某些拉曼谱带的强度要比正常的拉曼散射大好几个数量级，因此能表征物质内部的微观结构和反映物质电子态密度信息。所需样品少，对样品无损伤。

固体表面化学发光 [solid surface chemiluminescence] 固体表面的化学发光现象。泛指发生在固-液界面、固-气界面的化学发光现象。如薄层色谱-荧光法、固体基质室温磷光法等中的发光。

固体基质室温磷光法 [solid-substrate room temperature phosphorimetry (SS-RTP)] 将微升级试样点在滤纸或层析基质、固体盐粉末等固体基质上，干燥后使磷光体被强烈夹持在基质上以保持刚性，然后进行室温磷光测量的磷光分析法。由于被分析物牢固地束缚在基质表面或基质中，减小激发三线态的碰撞猝灭等非辐射去活化过程。所用的基质有纤维素载体(滤纸、玻璃纤维)、无机载体(硅胶、氧化铝)以及有机载体(高分子聚合物)等，它们本身不产生磷光背景。

固体荧光分析 [solid fluorescence analysis] 将试样与适当试剂一起熔融制成熔球或熔片，或将试样吸附在固体表面，再进行荧光测定的方法。后者常与薄层色谱法或高效薄层色谱法联用。有反射式和透射式两种。反射式的激发光源和荧光检测器在样品同一侧，一般互成45°角。透射式的光源和检测器分处样品的两侧。

固相分光光度法 [solid phase spectrophotometry] 利用固相载体(离子交换树脂、泡沫塑料、凝胶、萘或滤纸)对待测组分进行分离、富集，并在固相载体上显色后直接测定固相吸光度以确定待测组分含量的分光光度法。始于20世纪80年代初。有固相透射光度法和固相反射光度法两种测定方式。前者测定其总吸光度，经空白吸附相的吸光度校正后可得有色配合物的吸光度。常用双波长法或导数光度法测定吸光度，可降低或消除固相背景吸收的影响。固相反射光度法是选择一定波长的入射光照射到固相表面，测定反射-散射光强度，入射光强度与反射光强度之比的对数称为反射吸光度 A_R，A_R 与固相中待测物浓度在一定的范围内呈线性关系。该法将富集与显色结合在一起，简化了分析步骤，还提高了灵敏度和选择性。

固相荧光免疫分析 [solid phase fluorescence immunoassay] 基于固相抗原或抗体上标记荧光化合物，反应后测定抗原-抗体结合物荧光强度的免疫分析法。如在免疫反应的载体上固定过量的抗体(Ab)，加入一定量的抗原(Ag)，免疫反应后再加入过量的标记抗体(Ab-L),形成“三明治”式夹心免疫复合物。样品中存在的Ag越多，结合的Ab-L也越多，夹心复合物的标记荧光信号就越强。蛋白质芯片免疫分析利用免疫原理和荧光检测手段，是研究蛋白质的重要工具。

光程 [light path] 光在均匀介质中传播时所经过的路径的几何长度 l 与该介质对此波长光的折射率 n 的乘积。用 L 表示，$L=ln$。在真空中 $n=1$，则 $L=l$。同一介质对不同波长的光具有不同的折射率，所以光程与光波长有关。

光导光度法 [light guide spectrophotometry] 采用光导吸收池的光度法。是光导纤维光度法的一种类型。由于在光导吸收池中，可大幅度地增大有效光程，使光度测定的灵敏度能超数量级地提高。光导吸收池可采用全反射长光路毛细吸收管，其长度可达1 m。应用纤维光学理论，光导光度法测得的吸光度仍服从朗伯-比尔定律修正公式。

光电池 [photocell] 在光的照射下可直接产生光电流的半导体元件。其结构简单，最常用为硒光电池。将硒沉积在铁或铜的金属基板上，硒表面再覆盖一层金、银或其他金属的透明金属层。金属基板是光电池的正极，与金属薄膜相连接的金属收集环是光电池的负极。受光照射后半导体硒内产生自由电子和空穴，自由电子向金属薄膜流动，而空穴则移向另一极。所产生的自由电子通过外电路与空穴复合而产生电流。外电路的电阻不大时，这一电流与照射的光强具有线性关系，其大小为10～100 μA数量级，可直接测量，无需放大装置。但受强光照射或使用时间过长会产生“疲劳”现象。适用波长范围为300～800 nm，最灵敏区为500～600 nm。

光度法 [photometry] 紫外-可见吸收光谱法的简称。

光声光谱法 [photoacoustic spectrometry (PAS)] 利用光声效应获得的光声光谱进行分析测试的吸收光谱法。以声波变化来分析、研究物质的性能。常用稳定的并能连续可调的激光照射光声池中的样品，使其因光声效应而产生压力源，被高灵敏度的微音器或压电探测器接收而转变为电信号，可用积分平均器来检测。应用于生物、环境保护、地质、医药等领域。

光声光谱仪 [photoacoustic spectrometer] 利用光声效应，通过测量光声光谱获得与试样特性相关信息的光谱分析仪器。由光源系统、光声池(包括样品室、微音器等)、光声信号检测及其数据处理系统3个主要部分组成。光声光谱仪可对试样作成分分析和结构分析，尤其是能测定深色或不透明的试样或生物活体试样。

光声拉曼光谱法 [photoacoustic Raman spectrometry] 将物质受激后产生的拉曼散射信号转换为声信号，用光声光谱技术检测而获得的拉曼光谱的分析方法。

光致发光 [photoluminescence] 物质吸收紫外或可见光后，再以紫外、可见或近红外光的形式发射能量的过程。

大致经过光吸收、能量传递及光发射 3 个主要阶段。光的吸收及发射都发生于能级之间的跃迁，而能量传递则是由于激发态的运动。一般指荧光和磷光现象。

红外波数校准 [infrared wave number calibration] 用某些稳定易得、在校准波数范围内吸收谱带多(特别是尖锐谱带)的物质，对红外光谱仪测定的波数进行校准。如用厚度为 0.04 mm 的聚苯乙烯标准膜校准仪器，用 3027 cm^{-1}、2851 cm^{-1}、1601 cm^{-1}、1028 cm^{-1}、907 cm^{-1} 处的吸收峰，在 3000 cm^{-1} 附近波数误差应小于 ± 5 cm^{-1}，在 1000 cm^{-1} 附近应小于 ± 1 cm^{-1}。峰 2851 cm^{-1} 与谷 2870 cm^{-1} 之间的分辨深度不小于 18%透射比，峰 1583 cm^{-1} 与谷 1589 cm^{-1} 之间的分辨深度不小于 12%透射比。

红外分光光度计 [infrared spectrophotometer] 用于测量物质红外吸收光谱或发射光谱的分析仪器。有色散型和傅里叶变换两种类型。主要由光源、吸收池、单色器(或干涉仪)、检测器、记录显示和数据处理等部件组成。

红外光分束器 [infrared beam splitter] 在傅里叶变换红外光谱仪中，用来分裂光束使之产生干涉的部件。由半透膜组成，能将光源来的光分为相等的两部分，透过一半，反射一半。由光路系统动镜的移动，使两束光的光程差发生连续变化而产生干涉现象，到达检测器记录到呈余弦变化的干涉图。

红外光谱法 [infrared spectrometry] 利用物质的红外吸收光谱、红外发射光谱或其相关特性进行组成、结构鉴定和成分测定的光谱法。主要研究在分子振动中伴随有偶极矩变化的化合物。红外光谱区的波数范围为 12 800～10 cm^{-1}(波长范围为 0.75～1000 μm)，分 3 个区：近红外区(0.75～2.5 μm)，中红外区(2.5～25 μm)和远红外区(25～1000 μm)。分析化学中应用最广的是中红外区。红外光谱的特征性强，根据峰位(波数)、峰形、峰宽和峰的强度等，能鉴别有机化合物，测定其组成和结构，测定其含量。还能研究化学反应动力学，材料的晶变、相变和结构瞬变的动态过程。能进行工艺流程和大气污染的连续在线检测。对于复杂谱图，常采用数学处理方法，如二维相关分析、导数法、去卷积分峰法等提高表观分辨率，以获取更多结构信息。可以与色谱法等联用。

红外光源 [infrared source] 能在较大波长范围内发射连续、高强度红外辐射的器件。常用的有：①能斯特灯，由锆和钇(或铈)的混合氧化物组成，掺杂少量氧化钍和氧化铈，在 1800 K 工作，寿命长，体积小，效率高。②硅碳棒，由碳化硅制成的棒，工作温度为 1200～1500 K，表面发射比较均匀，长波区的能量稍高。③高压石英汞灯，适用于波长大于 70 μm 的远红外区。④涂有稀土化合物的镍铬丝陶瓷电热器，在 1200～1500 K 工作，稳定性高，寿命长。

红外活性分子 [infrared active molecule] 分子吸收了一定频率的红外光，能产生振动能级跃迁，并伴随有偶极矩变化的分子振动为红外活性振动，该分子就是具有红外活性的分子。

红外检测器 [infrared detector] 红外光谱仪中将红外辐射转换为可测物理量的部件。分为热检测器和光子检测器两种类型。主要有：①热电偶，属热检测器。吸光后引起温差变化，导致温差电动势的改变。②气动式检测器(戈莱盒)。小气室的一面壁为能吸收红外光的膜，吸收光后使小气室中的气体受压，压力增大，使小气室的另一面壁柔软反射镜变形，变形的程度与接受红外辐射强度成比例。③光子检测器，如三甘氨酸硫酸酯(TGS)晶体，受红外光辐照后其介电常数改变。它的响应速度快，噪声小，用于快速扫描的光谱仪中。④碲镉汞检测器，有光导型和光伏型两类。灵敏度高，适于快速扫描测量和 GC/FTIR 联机检测。

红外吸收池 [infrared absorption cell] 红外光谱分析中用于盛装流体(气体和液体)样品的容器。因玻璃、石英等材料不能透过红外光，红外吸收池要用可透过红外光的 NaCl、KBr、CsI、KRS-5(TlI 58%，TlBr 42%)等材料制成窗片。

红外吸收强度 [infrared absorption intensity] 以摩尔吸光系数、吸光度或透射比来衡量红外吸收谱带强度的级别。决定于分子振动时偶极矩变化的大小，基团极性越大，吸收谱带越强。根据摩尔吸光系数 ε 的大小可以估计吸收峰的强度，如 $\varepsilon \geqslant 200$，级别为很强(用 vs 表示)；$\varepsilon = 75 \sim 200$，级别为强(s)；$\varepsilon = 25 \sim 75$，级别为中等强(m)；$\varepsilon = 5 \sim 25$，级别为弱(w)；$\varepsilon = 0 \sim 5$，级别为很弱(vw)。羰基的特征峰在红外谱峰中是最强的谱峰之一。红外吸收强度不仅可用于定量分析，也是定性分析的主要依据。

红外显微术 [infrared microscopy] 利用红外显微镜和红外显微图像分析系统，对微小样品或样品上的微区进行红外光谱分析的技术。能同时获得物质的光谱和空间各点的组成和结构信息。该技术始于 20 世纪 90 年代中期，是一种快速、无损检测技术。具有微区化、可视化、高精度和高灵敏度等优点。在生物医学、微生物学、法庭学、材料学、农产品质量检测等领域有广泛应用。

红移 [red shift] 化合物的光谱，如紫外-可见吸收光谱、红外光谱、分子荧光光谱等，其峰位向长波长(较低频率)方向移动的现象。一般发生在所测物质的分子中引入了取代基，或测试时使用不同的溶剂所致。

呼吸化学发光 [respiration chemiluminescence] 生物体在呼吸过程中自发发射光子的过程。源于空气中存在氧自由基等活性基团，使生物体在呼吸过程中能发生化学发光反应。每吸入 1 L 空气，大约能发射几百个光子。

化学发光 [chemiluminescence] 由化学反应产生的发光现象。物质分子吸收了化学反应产生的能量后跃迁到激发态，当其返回基态时以光的形式辐射能量。化学发光反应必须满足 3 个条件：①反应必须释放出足够的能量，才能引起发光体的电子激发；②反应的历程应有利于激发态产物的形成；③产物的激发态分子能以辐射跃迁的方式返回基态。化学发光物质多数是有机化合物，只有反应速率相当快的放热反应，如氧化还原反应，才能将反应中产生的化学能部分地转化为光能。产生于生物体系的化学发光，专称为生物发光。有气相化学发光、液相化学发光、异相化学发光、自氧化化学发光等类型。20世纪50年代化学发光现象应用于分析化学，产生了化学发光分析法，其特点是灵敏度极高，如 NO 与臭氧的气相化学发光反应，鲁米诺与 H_2O_2 的液相化学发光反应，检测灵敏度可达 10^{-9}～10^{-6} mol/L 量级，能用于环境分析等领域。

化学发光标记 [chemiluminescence label] 将一种化学发光效率较高的发光试剂用有机合成的方法以共价键形式与被标记物偶联，使被标记物具有了化学发光能力的技术。以此可以用化学发光法检测被标记物。标记技术有碳二亚胺缩合法、过碘酸钠法、重氮化法等。可以测定 DNA 和蛋白质等生物物质。

化学发光成像分析法 [chemiluminescence imaging analysis] 利用照相机、摄像机、电荷耦合器件(CCD)成像系统等进行图像采集、显示、处理和分析，以获取参加化学发光反应的靶分子信息的分析技术。化学发光反应所释放的能量通过电荷耦合器件，用高分辨率的相机以合成的形式拍摄下来，提供直观图像，可用在不同空间层次或时间过程中，能产生光学图像的动态信息。

化学发光分析 [chemiluminescence analysis] 利用化学发光反应所产生的发光信号的强弱对物质组分进行测定的方法。该法灵敏度高(达 μg 或 ng 级)、专一性强、线性范围宽、仪器设备简单。可用于环境分析、医学和分子生物学以及免疫学等领域。

化学发光量子产额 [quantum yield of chemiluminescence] 即化学发光效率。

化学发光酶联免疫分析法 [chemiluminescence enzyme-linked immunoassay] 利用特定的酶标记抗原或抗体并与待测物进行酶联免疫反应后，测量化学发光强度来确定待测物含量的免疫分析法。如标记葡萄糖氧化酶、过氧化物酶的化学发光酶联免疫分析。

化学发光免疫分析法 [chemiluminescence immunoassay] 以能进行化学发光反应的试剂标记抗原或抗体并与待测物进行免疫反应，通过测定化学发光强度来计算待测物含量的免疫分析法。标记物可以是发光剂，也可以是能催化某一化学发光反应的催化剂，如辣根过氧化物酶等。该法把高特异性的免疫反应与高灵敏度的化学发光检测技术相结合，检出限可达 10^{-12}～10^{-15} mol/L。

化学发光效率 [chemiluminescence efficiency] 又称<u>化学发光量子产额</u>。产生化学发光的分子数与参与化学发光反应的总分子数的比值。

环糊精诱导室温磷光法 [cyclodextrin induced room temperature phosphorimetry (CD-RTP)] 基于外部重原子试剂和磷光分子同时进入环糊精(CD)空腔时形成的CD-重原子-磷光体三分子包结物，由光致激发时诱导的室温磷光信号进行物质的定性或定量分析的流体室温磷光法。由于外部重原子效应提高了分子系间穿越概率，CD 空腔保护作用减少非辐射跃迁概率和其他的猝灭作用，可以在室温下实现磷光测定。

缓发荧光 [delayed fluorescence] 即延迟荧光。

基频谱带 [fundamental frequency band] 红外光谱中由基态跃迁到第一振动激发态所产生的吸收谱带。这种能态跃迁的概率大，谱带强度相对较大。发生在 4000～200 cm^{-1} 波数范围。

基团频率 [group frequency] 又称<u>特征频率</u>。具有相同基团的化合物在红外或拉曼光谱中都在同一频率区间呈现该基团的吸收谱带或拉曼谱带，此谱带的频率即为基团频率。波数在 4000～1300 cm^{-1} 的区域称为基团频率区、官能团区或特征区，由化学键伸缩振动产生的吸收带。波数在 1300～400 cm^{-1} 的区域称为指纹区，主要由单键的伸缩振动和变形振动产生的谱带。基团频率主要由组成化学键的原子质量及原子间的力常数所决定，分子内部结构和外部环境改变都会使其频率发生变化。基团频率是红外光谱定性分析和确定分子结构的依据。

基线法 [baseline method] 一种红外光谱定量分析方法。通过向吸收谱带两侧的峰谷引切线获得基线，以消除两个吸收池的不匹配、杂散光引起的背景吸收所产生的误差和相邻吸收谱带叠加的干扰，以获得谱带的真实强度。用基线法来扣除该分析峰不存在时的背景吸收线，以代替记录线上的 100%透射比线。

激光低温荧光光谱法 [laser low temperature fluorescence spectrometry] 采用激光作激发光源，并在低温进行荧光光谱测定的荧光分析法。分子荧光光谱在 77 K 或更低温度下，其宽峰光谱变为准线状光谱，谱带宽度≤10 cm^{-1}，选择性高，可对样品中的荧光体进行指纹识别。主要有冷却溶液光谱、基质隔离光谱、荧光窄线光谱和超声喷射光谱 4 种。在环境科学、毒物学和有机地球化学等领域中用于多环芳烃、杂环芳烃的同分异构体及代谢产物的测定，探讨它们的致癌机理和判断沉积物来源。

激光电离光谱 [laser ionization spectrum] 在高功率密度激光作用下，原子或分子通过吸收多个光子而电离，产生自由电子与正离子时所得的光谱。用它可研究光与物质的相互作用，获得物质结构的信息。分析化学中应用较多的是激光增强电离光谱法、激光共振电离光谱法和激光质谱法。

激光共振电离光谱法 [laser resonance ionization spectrometry (LRIS)] 用可调谐激光器实现原子或分子的多光子共振激发，检测共振激发诱导产生的电子和离子，利用所得光谱进行光谱学研究和分析测试的方法。当被分析元素原子受激后从基态跃迁到激发态，在回到基态之前，可以从同一激光源或另一激光源吸收足够的能量进行电离，产生的电子和正离子被检测得到光谱。该法于1975年问世，1977年就达到了单原子检测。可以检测除氦、氖以外的所有元素，还能用作液相色谱检测器。

激光光谱 [laser spectrum] 泛指采用激光作激发光源诱导产生的各类光谱。创始于20世纪60年代。基于激光与物质作用产生的散射、发射、吸收、电离等特性，建立了各类激光光谱，如激光显微光谱、激光拉曼光谱、激光诱导荧光光谱、激光光声光谱、激光光热光谱等。由于激光的高亮度、高单色性、高相干性和高指向性等优越性，这些光谱为物质的物性研究和检测提供了强有力的研究手段。

激光光热干涉光谱法 [laser photothermal interference spectrometry] 通过探测样品的干涉信号进行分析测试的激光光热光谱法。其将光热效应与光学干涉测量技术结合起来。采用激光作加热光束辐照样品，在样品中产生一个类似柱透镜的光折射变化区域。如果该样品置于一干涉仪的信号臂中，折射率变化引起的信号光束光程变化将导致干涉场中干涉条纹发生变化。用探测器测量条纹变化，就可以获得被测样品的结构、热学和光学性质等信息。

激光光热光谱法 [laser photothermal spectrometry] 基于物质吸收激光辐射或其他能量束后，通过无辐射弛豫所产生的热效应(如光热折射率变化，表面变形等)的吸收光谱法。这种热效应使样品中光束辐照区域内产生的热是梯度分布的，热梯度导致样品或与样品临近的介质的折射率的梯度分布。探测光束通过这些区域时所产生的光束偏转、发散、衍射或干涉等光热效应，所得到的光谱是对气态或凝聚态物质的高灵敏度的检测技术。常用的有激光热透镜光谱、激光热偏转光谱和激光热位移谱等。

激光光热检测器 [laser photothermal detector] 根据激光光热信号的强度与入射于样品上的激光束强度和样品的吸收成正比的原理的检测器。当一束激光入射于样品时，样品吸收激光产生受激态，受激态的无辐射弛豫对样品加热导致温度梯度分布，使加热区产生折射率的梯度分布。如果有另一束光(探测束)通过该样品区域，其传播特性就会受到微扰，产生光束的折射、衍射或偏转。这就是激光光热效应，相应得到激光热折射光谱、激光热衍射光谱或激光热偏转光谱等。

激光光热偏转光谱法 [laser photothermal deflection spectrometry] 基于热偏转效应的光热光谱法。采用激光作加热束，在样品内或与样品相邻介质中产生折射率梯度分布，使通过其中的探测光束传播方向偏转，产生光热偏转效应。基于测量这种光热偏转效应所得激光光热偏转光谱，是高灵敏度、非破坏性检测微弱吸收物质的手段之一。

激光光热折射光谱法 [laser photothermal refraction spectrometry] 采用激光作加热束，在样品中产生交叉束热透镜(一个类似柱透镜的光学元件)，通过测量这种交叉束热透镜效应所得到光谱的光热光谱法。属于激光热透镜光谱法的一种特例。

激光光声光谱法 [laser photoacoustic spectrometry] 一种吸收光谱分析法。物质在激光照射下受激并通过无辐射跃迁返回基态时将激发能转变为热能，热能再激发出声波信号，通过声敏元件检测获得光谱。灵敏度比一般吸收光谱分析高几个数量级。能提供样品表面不同深度、不同部位结构信息的无损分析法。适用于测量弱吸收、不透明、高反射、高散射的晶体、粉末、气体或液体样品。如 SO_2、NO_2、NO等空气污染物的检出限达ng/g级，乙烯甚至可达pg/g级。可以与色谱法联用，例如经液相色谱分离后的试样，用毛细管流动光声池来检测。

激光光源 [laser source] 又称激光器。利用光照、加热、放电等手段使特定物质内部发生受激辐射的振荡过程而产生的一种单色性、相干性、方向性极好，亮度极高的电光源。创始于20世纪60年代初，1964年根据钱学森教授的建议将laser汉语译名定为激光。光源由工作物质、泵浦激励源和谐振腔3部分组成。按工作物质不同，可分为固体激光器、气体激光器、液体激光器和半导体激光器4种类型。如红宝石激光器、钕-钇铝石榴石激光器、He-Ne激光器、Ar离子激光器等。输出波长范围从短波紫外直到远红外。用于激光加工(切割、打孔、刻线、热处理等)、核聚变、同位素分离、医疗仪器(手术刀、凝固器等)、检测器、舞台美术、光纤通信光源、全息摄影光源、激光视频、激光传真、激光排版印刷、光学计算机、激光武器等。

激光拉曼光谱法 [laser Raman spectrometry] 激光作光源，基于拉曼散射效应的一种分子光谱分析法。拉曼光谱是分子振动转动光谱，自20世纪60年代初引入激光光源后，与红外光谱相配合，成为分子结构分析的有力工具。拉曼特征频率是定性鉴定的依据，谱图上谱带频率(拉曼位移)、谱线形状和光谱强度将分子振动与基团所处的化学环境联系起来，提供分子结构的重要信息。激光束的聚焦部位只有0.2～

2 mm，只需少量样品即可测得常规拉曼光谱。由于水的拉曼散射很弱，拉曼光谱是研究水溶性生物物质和化合物的理想工具。

激光拉曼光声光谱法 [laser Raman photoacoustic spectrometry] 将受激拉曼散射与光声检测相结合而形成的一种非线性光谱技术。受激拉曼散射用来产生分子的内激发，随后在样品中发生诱导振动弛豫，所形成的压力波用光声检测。对气体和只有微弱吸收的液体样品的检测，可显著提高灵敏度。一些气体的检出限可达 10^{-9} 量级，甚至 10^{-12} 量级。可与色谱法联用。应用于化学、环境监测和生物医学等领域。

激光器 [laser] 即激光光源。

激光热透镜光谱法 [laser thermal lens spectrometry (LTLS)] 应用激光束使试样产生热效应进行元素痕量分析的光谱法。激光束聚焦到溶于溶剂中的样品时，试样吸收光能，经非辐射弛豫转化为热能，使试样溶液以激光束为中心向外形成很强的温度径向梯度分布，从而导致试样溶液折射率的径向梯度分布，即在激光光斑附近形成一个类似于光学透镜的光热透镜。通过测量透射过来的入射光所得的光热透镜光谱，可实现痕量离子、微量气体的测定。其灵敏度比紫外-可见吸收光谱要高 2～3 个数量级。以热透镜信号为主的共轴式光热显微镜已实现水溶液中单个活细胞的分析。能与流动注射、液相色谱和毛细管电泳法等联用。

激光烧蚀共振电离光谱法 [laser ablation-resonance ionization spectrometry] 分析固体样品时，采用两个波长不同的激光脉冲分别作激光烧蚀和共振电离。第一个激光脉冲烧蚀样品，产生中性原子，经合适的延迟(通常为微秒级)后，用第二个激光脉冲实现中性原子的共振电离，发射各自的特征谱线，此即激光烧蚀共振电离光谱。具有高灵敏度和高选择性，可实现单原子检测。用于表面分析、原子光谱测量和薄膜深度分析等领域。

激光微探针 [laser microprobe] 用于微区分析的聚焦激光束，由激光器与光学显微镜组成。分析直径在 10～300 μm，不破坏样品，基体效应小。可用于表面分析，能在反应条件下测量物质的结构。能快速灵敏地获得血浆、血清和其他生物医学样品的原子特征的信息。已有共聚焦激光拉曼微探针、激光微探针质谱等多种分析方法。

激光诱导分子荧光光谱法 [laser-induced molecular fluorescence spectrometry] 采用激光作激发光源，利用分子荧光光谱特性(激发和发射波长、强度、寿命、偏振等)建立的荧光分析法。Boxcar 取样积分器、光学多道探测器和时间相干单光子计数等检测技术提高了激光诱导分子荧光光谱法的灵敏度、选择性，并实现了多波长同时测定，已达单分子检测的水平。特别适用于分析生化样品，也适用于分析无机化合物(如稀土元素等)、气体(如 NO_2)和游离基样品。利用大功率的红外激光器的红外荧光光谱，已用于环境污染物检测。该方法还能与液相色谱联用。

激光诱导光声光谱法 [laser-induced photoacoustic spectrometry] 借助光声光谱仪，以可调谐激光光源照射样品，利用光声效应获得的光声光谱进行测试的光谱法。

激光增强电离光谱法 [laser-enhanced ionization spectrometry] 基于光电流效应，将激光波长调谐到待测元素的某一能级来增强激发态原子在原子化器中热离子化比率，直接测定加在原子化器上的电场因元素电离所产生的信号，即得光谱。除了火焰原子化器外，已扩展到石墨炉、等离子体以及微波等原子化器。因检测的是光电离信号，能避免光散射和背景发射的干扰，提高了选择性和灵敏度。多数元素的检出限在 ng/mL～pg/mL 范围。能用于 40 多种元素的检测。

计算分光光度法 [computational spectrophotometry] 用数学方法处理分光光度法测量数据，并完成测定的光度法。用适当的化学计量学方法处理相互干扰的共存组分体系的吸光度数据，以“数学分离”代替或部分代替化学分离，达到多组分同时测定的目的。常用的数学方法有多元线性回归法(MLR)、主成分回归法(PCR)、偏最小二乘法(PLS)、卡尔曼滤波(KF)等。

间接荧光法 [indirect fluorimetry] 间接测定非荧光物质的方法。其有：通过化学反应将非荧光物质转变为荧光衍生物的荧光衍生法，利用待测物对某种荧光化合物荧光的猝灭作用的荧光猝灭法，使待测物受激后将能量转移给某种荧光物质使其敏化发光等。可用于不发荧光或荧光量子产额很低的物质的测定。

简正振动 [normal vibration] 由 n 个原子组成的多原子分子振动分解成的多个简单的基本振动。其特点是：分子质心保持不变，整体不转动，每个原子都在其平衡位置附近做简谐振动，其振动频率和相位都相同。分子中任何一个复杂振动都可以看成是这些简正振动的线性组合。对线型分子有 $3n-5$ 种振动形式，而对非线型分子则有 $3n-6$ 种。

胶束增敏动力学光度法 [micelle-sensitized kinetic photometry] 将表面活性剂胶束对显色反应体系的增敏作用与动力学光度分析法相结合，基于测量表面活性剂胶束水溶液中反应物浓度与反应速率之间的关系，对被测组分定量测定的方法。参见*胶速增溶分光光度法*和*动力学分光光度法*。

胶束增敏流动注射分光光度法 [micelle-sensitized flow injection spectrophotometry] 基于表面活性剂对显色反应体系的增敏作用与流动注射分析技术相结合建立的，兼具灵敏度高和分析速度快等优点的光度分析法。参见*胶束增溶分光光度法*和*流动注射分光光度法*。

胶束增敏荧光分析法 [micelle-sensitized fluorimetry] 荧光体系中引入表面活性剂，基于其胶束的增溶、增稳，特别是增敏作用而建立的荧光分析法。表面活性剂胶束为荧光物质提供了保护性微环境，可以减少分子间碰撞失活或猝灭作用，有利于提高荧光强度。

胶束增敏作用 [micellar sensitization] 因表面活性剂胶束的存在使测定灵敏度明显提高的作用。当分子内含有两个或两个以上可离解质子取代基(如羟基)的螯合剂与金属离子形成的螯合物，并通过表面活性剂作用形成对比度大、灵敏度高的增敏型有色胶束包合络合物，能明显提高光度分析的灵敏度。

胶束增溶分光光度法 [micellar solubilization spectrophotometry] 基于表面活性剂胶束的增溶、增敏、增稳、褪色、析相等作用，以提高显色反应灵敏度、对比度或选择性，改善显色反应条件，并在水相中直接进行光度测定的方法。其表观摩尔吸光系数≥10^6，属超高灵敏度的显色反应测定体系。该法现在已不再限于使用表面活性剂，已扩展到水溶性高分子、聚电解质、经修饰的环糊精及其衍生物等有序分子组合体等的显色体系。

胶束增溶作用 [micellar solubilization] 物质在含表面活性剂胶束的水溶液中的溶解度比在纯水中的溶解度明显增加的作用。这是胶束的一个重要性质。由于表面活性剂是两亲分子，一端为亲水基团，另一端为亲油基团，亲油基团借色散力等向内聚拢，亲水基团就朝外呈发射状。根据“相似相溶”的原理，憎水的化合物就能溶于胶束内部的碳氢链“液相”中。

胶束增稳室温磷光法 [micelle stabilized room temperature phosphorimetry (MS-RTP)] 利用表面活性剂胶束为磷光体提供一种更为刚性、有序的保护性微环境，通过化学除氧来实现流体室温磷光测量的磷光分析法。由于胶束的多相性，改变了磷光体的定向束缚力，减小了内转换和碰撞能量损失等非辐射去活化过程，增加了激发三线态的稳定性。利用胶束稳定的因素，结合重原子效应，并对溶液除氧，是 MS-RTP 的 3 个要素。

校正荧光光谱 [corrected fluorescence spectrum] 通过对光源、单色器、检测器的光谱特性进行校正，将实际测得的表观荧光光谱转变为比较真实的校正荧光光谱。目前大多荧光光谱仪都带有光谱校正的软件。

近场光谱仪 [near-field spectrometer] 以扫描近场显微镜作外光路与摄谱仪组合而成的，其光谱空间分辨突破衍射限制，可在超高光学分辨率下进行纳米尺度光学成像和纳米尺度光谱研究的仪器。具有纳米局域光谱测量和表征的功能，用于纳米尺度样品的荧光光谱、光致电致发光光谱、拉曼光谱的测量，可以得到纳米精度的整幅样品的形貌图。探针增强的近场光谱仪是纳米技术研究和纳米材料分析的有效手段。

近场激光热透镜光谱法 [near field laser thermal lens spectrometry] 利用激光束在近距离内(近场，<10 mm)照射试样，使之产生光热透镜效应，通过测量光热透镜光谱进行元素痕量分析的光谱法。该法以适当的光学结构，使样品池与光电检测器件的距离大大缩短，更易实现仪器微型化。

近红外傅里叶变换表面增强拉曼光谱法 [near-infrared Fourier transform surface-enhanced Raman spectrometry (NIR-FT-SERS)] 用近红外傅里叶变换拉曼光谱仪进行表面增强拉曼光谱的检测进行光谱分析的方法。将前者检测速度快、无荧光干扰等优点，与表面增强拉曼光谱的增强效应结合起来。已用于电化学原位测定、腐蚀机理研究等领域。

近红外光谱法 [near infrared spectrometry (NIR)] 在 780～2500 nm 波长范围(波数为 12 821～4000 cm^{-1})，由于分子振动的非谐振性使分子振动从基态向高能级跃迁所产生的吸收光谱。主要反映的是含氢原子的官能团，如 C—H、O—H、N—H、S—H 等伸缩振动光谱的倍频及组合频吸收，具有丰富的结构和组成信息。与中红外光谱的基频信息相比，NIR 的吸收带较宽且重叠严重，强度较弱，必须采用化学计量学方法建立较复杂的校正模型才能得到准确的结果。它具有快速、高效、无损和适合在线过程分析等优点，利用光纤可实现遥测和恶劣环境下的样品分析。可实现多组分同时定量分析。

近红外漫反射光谱法 [near infrared diffuse reflection spectrometry] 使用漫反射附件测量近红外区间的红外漫反射光谱，对物质(主要是粉末样品和浑浊的液体)进行定性或定量分析的光谱法。近红外光进入样品内部后，经过多次反射、折射、衍射、吸收，与样品内部分子发生了相互作用后返回到检测器检测，它包含了样品的结构和组成的信息。不需要对样品作化学处理，可直接测定粉末状、纤维状等不规则样品。

拉曼非活性 [Raman inactivity] 分子的某一基频振动频率不在拉曼光谱中出现。从理论上说，如果某一简正振动对应于分子的极化率的改变为零，则是拉曼非活性的。

拉曼活性 [Raman activity] 分子的某一基频振动谱带出现在拉曼光谱中。从理论上说，如果某一简正振动对应于分子的极化率的改变不为零，则是拉曼活性的。饱和烃和不饱和烃的有限键和环的骨架振动，在拉曼光谱中特征性很强。

拉曼散射 [Raman scattering] 即拉曼效应。

拉曼位移 [Raman shift] 一束单色光照射到样品发生拉曼散射时，入射光频率与散射光频率之差。位移为正数的称斯托克斯拉曼位移，位移为负数的称反斯托克斯拉曼位移。它们完全对称地分布在瑞利线的两侧，通常在拉曼光谱中只记录强度强的斯托克斯线。拉曼位移与入射光频率无关，只与分子振动能级跃迁有关。不同物质的分子具有不同的振动能级，因此拉曼位移是特征的，是研究分子结构的重要依据。

拉曼效应 [Raman effect] 又称拉曼散射。光子的非弹性散射现象。一束单色光照射到样品上产生散射时，部分散射光不仅改变了光的传播方向，且其频率亦不同于入射光频率的现象。由印度物理学家、诺贝尔物理学奖得主拉曼(C. V. Raman)于1928年发现。如果频率变化很小(0.1～2 cm^{-1})，则称为布里渊(Brillouin)散射。一种光波和声波在传播时相互作用产生的光散射作用，也属于拉曼散射。

蓝移 [blue shift] 化合物的光谱，如紫外-可见吸收光谱、红外光谱、分子荧光光谱等，其峰位向短波长(较高的频率)方向移动的现象。一般由分子中取代基的改变或测试体系溶剂的改变所引起。

朗伯-比尔定律 [Lambert-Beer law] 简称比尔定律。当一束平行的单色光通过均匀的稀溶液时，该溶液对光的吸收程度与吸光物质的浓度和光通过液层的厚度的乘积呈正比。数学表达式为

$$A=\varepsilon lc=-\lg(I/I_0)$$

式中，A为吸光度；ε为摩尔吸光系数，L/(mol·cm)；l为液层厚度，cm；c为吸光物质的量浓度，mol/L；I_0和I分别为入射光和透射光的强度。其中，$(I/I_0)\times100\%$为百分透射比，以$T\%$表示。该定律是吸收光谱定量测定的基础。

磷光发射光谱 [phosphorescence emission spectrum] 简称磷光光谱。磷光物质在一定波长激发光照射下所测得的不同波长磷光强度的谱图。发射光谱的波长比激发光谱的长，称为斯托克斯(Stokes)位移。发射光谱的形状与激发光波长无关。

磷光分光光度法 [spectrophosphorimetry] 基于物质受光照射后所发生的磷光特性(光谱、强度、寿命、偏振和各向异性等)，对物质进行定性或定量分析的光谱法。磷光强度与磷光物质的浓度呈正比，可进行定量分析。磷光是一种光致发光，对含有重原子的稠环芳烃和顺磁性离子极敏感。主要用于测定稠环芳烃和杂环化合物等有机物和生物物质，如核酸、氨基酸、石油产品、药物、农药等。在分析对象上与荧光分光光度法相互补充。

磷光光谱 [phosphorescence spectrum] 磷光发射光谱的简称。

磷光激发光谱 [phosphorescence excitation spectrum] 选择磷光最大发射波长为测量波长，记录磷光物质在不同波长激发光照射下所测得的磷光强度的谱图。激发光谱的形状与吸收光谱极为相似。

磷光计 [phosphorimeter] 磷光分析中用于测定磷光强度的仪器。其构造大体上与荧光分光光度计类似。有光源、激发光单色器、样品池、发射光单色器、检测器和显示读数装置等部件。还配有使激发光、荧光与磷光分离的装置，即磷光镜，以及配有低温测定磷光的装置。采用脉冲氙灯为光源，在脉冲间隔的时段切断荧光而检测磷光，即时间分辨技术。

流动注射分光光度法 [flow injection spectrophotometry] 流动注射分析技术与带有微量流动池的分光光度计检测相结合的一种微量溶液快速自动分析方法。前者作为样品前处理和化学反应的手段，后者作为检测手段。适用于在线分析、微量分析和过程分析，也可用于研究化学反应速率、测定平衡常数和扩散系数等。

漫反射傅里叶变换红外光谱法 [diffuse reflectance-Fourier transform infrared spectrometry (DR-FTIR)] 在傅里叶变换红外光谱仪上，利用漫反射附件测得的载有样品分子结构信息的漫反射光谱，对物质进行定性或定量分析的光谱法。

漫反射光谱法 [diffuse reflection spectrometry (DRS)] 基于入射光束与样品分子相互作用获得的载有样品分子信息的表面漫反射光谱，对物质(主要是粉末样品和浑浊的液体)进行定性或定量测定的光谱法。常用的是紫外-可见光漫反射和近红外漫反射。用于催化剂结构研究，过渡金属离子及其化合物结构、活性组分与载体的相互作用等研究。

酶催化动力学分光光度法 [enzyme catalytic kinetic spectrophotometry] 以酶对某些反应的催化性，或某些物质能促进或阻抑酶催化反应的性质所建立的一类测定酶、底物、激活剂和抑制剂的分光光度法。酶催化反应的初始速率正比于酶的浓度(活性)。当底物的浓度较低时，反应速率正比于底物浓度，借此测定酶和底物。低浓度时催化反应的初始速率与激活剂浓度呈正比，可测定激活剂。抑制剂能使酶催化反应速率降低，起始反应速率随抑制剂浓度的增大而减小，由此可以测定抑制剂的浓度。特点是：酶催化反应有高度的专一性，故方法的选择性好；酶催化反应的速率大，具极高的灵敏度，达 10^{-12} g/mL；反应条件温和，一般在20～40℃、pH 4～9的水溶液中进行。

敏化室温磷光法 [sensitized room temperature phosphorimetry (S-RTP)] 一种基于能量转移的液体室温磷光法。本身无磷光或磷光很弱的物质(分析物、供体)被激

发到三线态，将其能量转移给另一种能发磷光的物质(受体)，利用受体三线态的室温磷光发射特性实现对供体的测定。要满足两个条件：①受体三线态能量低于供体三线态能量，且有高的磷光量子产额；②在供体的激发波长处受体无吸收或吸收可忽略。

摩尔吸光系数 [molar absorptivity] 表征光度分析灵敏度或显色反应灵敏度的一种参数。用符号 ε 表示，单位为 L/(mol·cm)。数值上 ε 等于一束单色辐射垂直通过液层厚度为 1 cm，浓度为 1 mol/L 的溶液时所产生的吸光度值。ε 随单色辐射的波长而变，也随吸光物质的性质而变。一般认为，$\varepsilon=10^4\sim5\times10^4$ 属中等灵敏度，$\varepsilon=6\times10^4\sim10^5$ 属高灵敏度。

内重原子效应 [internal heavy atom effect] 磷光分子自身所含的高原子序数原子有利于磷光发射和提高磷光量子产额的效应。重原子的高核电荷增强了磷光分子的自旋-轨道耦合作用，从而增大其 $S_0\rightarrow T_1$ 吸收跃迁和 $S_1\rightarrow T_1$ 系间窜越的概率，即增加了 T_1 态粒子的布居数。

能量转移化学发光 [energy transfer chemiluminescence] 化学反应产生的能量给予体分子将一部分或全部能量转移给另一种能发光的能量接受体分子，使其发光的过程。当能量给予体分子与能量接受体分子相距的距离很近(2～5 nm)，且两者的基态及第一电子激发态的振动能级的能量差相互适应，就会发生能量转移，使能量接受体激发。如果接受体的发光量子产率为零，发光熄灭。

逆胶束增稳室温荧光分析法 [reversed micelle-stabilized room temperature fluorimetry] 利用表面活性剂在非极性溶剂中形成极性头朝内、疏水部分朝外的逆胶束作保护性介质，以增强体系的稳定性，减少荧光的猝灭，从而改善分析性能的荧光分析法。该法还能克服试剂与被测物溶解度不同的问题。

逆拉曼效应 [inverse Raman effect (IRE)] 分子体系同时被波数为 $\tilde{\nu}_0$、强度超过某一阈值的强脉冲激光束和另一束波数为 $\tilde{\nu}_0\sim(\tilde{\nu}_0+3500\ \mathrm{cm}^{-1})$ 的连续波激光照射时，在连续光中能观察到波数为 $\tilde{\nu}_0+\tilde{\nu}_R$ 的吸收($\tilde{\nu}_R$ 为对应于体系分子中某一拉曼活性振动波数)，另外分子体系还发射波数为 $\tilde{\nu}_0$ 的光，这就是逆拉曼效应。如连续波激光延续到小于 $\tilde{\nu}_0$ 的范围，连续光中也可观察到 $\tilde{\nu}_0-\tilde{\nu}_R$ 的吸收。逆拉曼效应是研究短寿命物质的一种技术。

耦合反应化学发光 [coupling reaction chemiluminescence] 一个非发光反应的反应物或产物参与某一化学发光反应而产生的化学发光。例如：氨基酸与氧在氨基酸氧化酶的作用下生成 H_2O_2，然后 H_2O_2 与鲁米诺进行化学发光反应，由发光强度来测定氨基酸的含量。

偏光荧光计 [polarization fluorimeter] 用偏振光作激发光源的荧光计。用于实时检测分子间的相互作用，并不局限于平衡结合状态。可以评价溶液的 pH、温度和盐浓度改变对分子结合的影响。检出限低，可达亚纳摩尔级。用于病毒基因检测、荧光免疫分析等领域。

偏振分光光度计 [polarizing spectrophotometer] 装备有光偏振器附件，采用偏振光作光源的分光光度计。能测量各向异性样品的偏光透射谱，获取它们的偏光信息。

偏振光谱仪 [polarization spectrometer] 又称旋光光谱仪。基于偏振光通过含有旋光性物质的液体或气体时，其偏振面绕着光轴向左或向右旋转的方向和度数，用于区分某些物质的旋光性、检测物质的纯度或杂质含量的仪器。由光源、准直镜、斩光器、被测样品架和接受焦等部件组成，起偏器和检偏器置于被测样品架的左右两侧，三者光轴在同一水平线上，波长范围为 190～900 nm。

偏振红外光技术 [polarization infrared technique] 基于分子有序排列的结晶样品对红外偏振光的吸收与化学键振动跃迁矩的矢量方向和偏振光电矢量方向是否在同一方向的原理，测定样品的偏振红外光谱，获得分子结构信息的技术。可以测定样品的红外二向色性，研究分子的排列定向，单晶的结构、分子链的构象和取向，橡胶、塑料等高聚物的精细结构，官能团在晶体、聚合物和吸收层中的取向等。

偏最小二乘回归分光光度法 [partial least squares regression spectrophotometry] 采用偏最小二乘回归法处理多组分复杂体系吸光度测量数据的计算分光光度法。该法对标准样的吸光度矩阵和浓度矩阵同时进行主成分分解，然后在吸光度的分矩阵和浓度的分矩阵间建立回归关系。计算出回归系数矩阵，建立偏最小二乘回归模型，并对未知样品的浓度进行预测。该法能较好地消除非线性加和与背景引起的干扰。

气相化学发光 [gas phase chemiluminescence] 反应物的状态为气体的化学发光。有三种类型：室温下的均相反应、火焰均相反应和气-液或气-固界面异相反应。主要有 O_3、NO、S 的化学发光反应，灵敏度很高，可用于监测大气中的 O_3、NO、NO_2、H_2S、SO_2 和 CO 等。

全反射长毛细管吸收池分光光度法 [total reflection long capillary cell (TR-LCC) spectrophotometry] 通过加长吸收光程来提高灵敏度的光度分析法。将待测溶液充入长毛细管吸收池(LCC)中，只有当溶剂的折射率大于 LCC 材料的折射率时，才能在 LCC 中实现光的全反射。长达几十米的毛细管可以做成螺旋线光路，测定其中溶液极其微弱的吸收。

瑞利散射分光光度法 [Rayleigh scattering spectrophotometry] 基于瑞利散射原理，利用共振瑞利散射强度在一定条件下与溶液中散射分子的浓度成正比的关系，实现物质痕量分析的方法。共振瑞利散射是当散射光频率接近或等于散射分子的电子吸收带频率时，某些瑞利散射强度会急剧提高的现象，而且会出现新的特征散射峰。是 20 世纪 90 年代发展起来的分析方法，适用于生物大分子和无机离子等的测定。

三重态 [triplet state] 即三线态。

三光子散射 [three-photon scattering] 即超拉曼散射。

三维荧光光谱 [three dimensional fluorescence spectrum] 又称多维荧光光谱或总发光光谱。能提供激发波长和发射波长同时变化时荧光强度信息的荧光光谱。可以在荧光计上，保持一定的激发波长增量，重复扫描发射光谱，再采集数据作图而得。或者用多色光照射样品，用二维多道检测器检测荧光信号，用计算机实时采集数据作图得到。可用于多组分混合物的定性和定量分析，作为光谱指纹识别技术用于环境监测、法庭判证和临床辅助诊断等。

三线态 [triplet state] 又称三重态。占据同一分子轨道的两个电子自旋方向平行，从而电子自旋量子数的代数和为 1，自旋多重度为 3 的状态，用 T 表示。根据洪德定则，处于分立轨道上的非成对电子的平行自旋要比成对自旋更稳定些，因此三线态能级总比相应的单线态能级略低。

三元络合物 [ternary complex] 泛指由 3 种或 3 种以上不同化学组分形成的络(配)合物。中心离子分别与两种配位体发生络合反应，由于分子内不同组分间的相互作用使三(多)元络合物具备不少新性能，如提高稳定性、提高反应的选择性、协同增色、协同萃取、协同催化等，是提高光度分析灵敏度的有效途径。包括混配络合物、离子缔合络合物、表面活性胶束包合络合物、多核络合物和超分子络合物等类。

桑德尔指数 [Sandell index] 一种表示光度分析灵敏度的参数。用符号 S 表示，单位为 μg/cm^2。数值上 S 等于在一定波长处产生 0.001 吸光度时，1 cm^2 截面积的液层中能检出的被测物质的最低含量。S 越小，光度分析方法越灵敏，一般比较灵敏的显色反应的 S 大多在 0.01～0.001 μg/cm^2。S 与摩尔吸光系数 ε 的关系为：$S = M/\varepsilon$，其中 M 是被测物质的摩尔质量(g/mol)。

伸缩振动 [stretching vibration] 原子沿连接它们的化学键键轴方向做周期性的伸和缩的振动，键长发生变化而键角不变。两个化学键在同一平面内均等地同时向外或向内伸缩振动，称为对称伸缩振动。若一个化学键向外伸展而另一个化学键向内收缩，称为不对称伸缩振动。在红外光谱中，由不对称伸缩振动产生的吸收峰波数一般比对称伸缩振动的要高。

生物发光免疫分析 [bioluminescence immunoassay] 用生物发光物(如萤火虫荧光素酶、细菌发光素酶等)或用辅助因子(三磷腺苷等)标记抗原或抗体并与待测物进行免疫反应后，通过直接或间接发光反应来测定待测物含量的免疫分析法。生物发光量子产额一般要比化学发光高。

声光可调滤光器 [acousto-optical tunable filter (AOTF)] 建立在光学各向异性介质的声光衍射原理上的电调谐滤光器。通过改变施加在某种晶体(常用 TeO_2)上的射频频率来改变通过滤光器的光的波长；而改变射频的功率，可精确、快速地调节通过滤光器的光的强度。通过 AOTF 光的波长范围很窄，分辨率高，达 0.0125 nm 或更小。用于光谱分析，特别是近红外光谱(NIR)领域，被认为是 20 世纪 90 年代 NIR 最突出的进展。也已被用于原子光谱法和多维光谱仪。

声光效应 [acoustooptic effect] 光通过某一受到超声波扰动的介质时发生衍射的过程。超声波通过某些光学各向异性的介质时，会造成介质局部压缩和伸长而产生弹性应变(光弹效应)，使介质的折射率发生周期性变化，形成一个“相位光栅”。当光束通过这种介质(称为声光晶体)时被衍射成向不同方向出射、偏振面正交的线偏振光。声光效应为控制激光束的频率、方向和强度提供了一个有效的手段。用于制作声光调制器件、声光偏转器件、声光调 Q 开关、可调谐滤光器等。在光信号处理和集成光通信方面应用甚广。

时间分辨傅里叶变换红外光谱法 [time-resolved Fourier transform infrared spectrometry (TR-FTIR)] 利用傅里叶变换红外光谱仪中干涉仪的步进扫描等技术，通过物质在毫秒、微秒、纳秒以至皮秒级的超短时间内产生的红外光谱变化来研究分子的瞬变过程及其瞬变产物的光谱法。可以获得许多物理和化学变化的动态过程中的结构信息。如高聚物薄膜在周期性拉伸下分子的滑动、微晶的再取向、化学反应中的瞬变中间体等。

时间分辨光谱法 [time-resolved spectrometry (TRS)] 依据待测组分的光谱信号随时间衰减特性的差异进行选择测定的分析技术。可以用来跟踪化学反应的过程，获得物理和化学变化的动态过程中的结构、瞬变中间体等的信息。

时间分辨光声谱技术 [time-resolved optoacoustic technique] 即时域光声谱技术。

时间分辨激光诱导荧光光谱法 [time-resolved laser-induced fluorimetry] 采用脉冲激光作激发光源，依据待测组分与共存组分的荧光衰减特性或荧光寿命差异，利用时间分辨技术进行选择测定的荧光光谱法。不同的荧光体有不同的荧光寿命，较长的可达微秒级，较短的为纳秒级，可利用荧光寿命的不同来区分化合物。这种方法既可消除瑞利散射和拉曼散射对荧光分析的干扰，也可对不同荧光寿命的多组分进行同时测定。根据荧光强度可进行定量分析，从荧光衰减曲线可测定荧光寿命。

时间分辨荧光光谱法 [time-resolved fluorescence spectrometry] 基于不同化合物的荧光寿命不同，使用一脉冲光源，选择合适的延迟时间和门时间，区别和测定不同化合物的荧光分析法。该法可以消除杂质与背景荧光的干扰，提高信噪比。当多组分的荧光寿命仅有几个纳秒的区别时，就可以对其进行同时测定。

时间分辨荧光免疫分析法 [time-resolvied fluorescence immunoassay] 利用标记抗原或抗体与样品背景荧光寿命的不同，采用快速脉冲光源，用门控检测系统检测背景荧光信号消失后的荧光信号，以实现免疫分析的方法。该法可以提高信噪比，消除溶剂拉曼散射和瑞利散射的影响。

时域光声谱技术 [time domain optoacoustic technique] 又称时间分辨光声谱技术。时间分辨技术与光声检测相结合的光谱分析技术。物质吸收激光束光能产生周期性热流使周围的介质热胀冷缩而激发声波，利用时间分辨技术获得确定时间的光声光谱，进行分析测试。

示差分光光度法 [differential spectrophotometry] 当样品中被测组分浓度过大或过小(吸光度过高或过低)时，采用浓度比样品稍低或稍高的标准溶液代替试剂空白来调节仪器的 100%透射比(对浓溶液)或 0%透射比(对稀溶液)，以提高分光光度法精确度和灵敏度的方法。可分为高吸光度示差法、低吸光度示差法、精密示差法和全示差法等。

室温磷光法 [room temperature phosphorimetry (RTP)] 能在室温下进行的磷光分析。只要增加磷光化合物的刚性，减小内转换和碰撞猝灭等非辐射去活化过程，增加三线态的稳定性，就能实现测量室温磷光。根据超分子化学原理，主体对客体(磷光体)的包络作用可增强物质对光的吸收，同时提高客体分子的刚性和磷光量子产额，对室温磷光起到增敏作用。

受激拉曼散射 [stimulated Raman scattering] 当超过某一阈值强度，频率为 v_0 的强激光照射分子体系时，其第一斯托克斯拉曼散射光($v_0 - v_R$)的强度具有与入射光的强度按指数规律放大的特性(v_R 对应于体系分子某一拉曼活性振动频率)。此强度很高的拉曼散射光可成为新的激发光源并产生新的拉曼散射。如此继续，可使拉曼散射光达到与入射光相比拟的强度，而且具有良好的单色性和方向性。

受激拉曼散射效应 [stimulated Raman scattering effect] 当入射激光强度大于某一阈值时，它产生的拉曼散射光的强度很大，且又作为一种激发光源作用于分子产生次级的拉曼散射。如此继续，可以产生一系列的拉曼散射的效应。受激拉曼散射线的强度可与激发线的强度相当。

衰减全反射 [attenuated total reflection (ATR)] 一定条件下，在折射率不同但在光学上又是互相衔接的两种介质界面处产生的光衰减现象。当光以大于临界角的入射角从折射率高的介质抵达界面时，大部分被反射回高折射率介质，少部分进入低折射率介质表面层(约 1～5 μm)衰减后再反射回去。常用的折射率大的晶体材料是 TlI 和 TlBr 的混合晶体(折射率 n=2.4)、AgCl (n=2)和 Ge(n=4)等。用样品制成低折射率介质附着在晶体表面。

衰减全反射红外光谱法 [attenuated total reflection infrared spectrometry (ATRIR)] 一种研究表面结构与性能的红外光谱法。样品以薄膜形式置于衰减全反射棱镜表面的两侧，调整红外光的入射角，使入射光深入到样品一定深度(从<1 μm 到 5 μm)并在试样薄膜之间发生多次(如 30～50 次)全反射。样品对红外光选择性吸收，从棱镜反射出来的这些波长的光减弱，此即衰减全反射。红外光减弱的程度与样品对其的吸收性能和穿透深度有关。改变反射棱镜的材料和调整入射角，可以研究样品不同深度的表面结构。是一种无损分析，适用于难溶解和不熔融物，以及难粉碎的弹性体或黏性物质，如橡胶、树脂、聚氨酯泡沫等高分子材料以及催化剂表面特性的研究等。

双波长分光光度计 [dual wavelength spectrophotometer] 能实现两束不同波长的单色光交替通过同一试样，由该试样在这两个波长处的吸光度差值进行光度分析的分光光度计。适用于多组分混合物、混浊试样(如生物组织液)分析，以及存在背景干扰或共存组分吸收干扰等情况。该法能提高测定的灵敏度和选择性。

双光束分光光度计 [double beam spectrophotometer] 光源经单色器分光后得到的一定波长的光，再被分解为强度相等的两束光，一束通过参比溶液，另一束通过样品溶液，以此测得被测组分吸光度的分光光度计。由于采用双光路方式，两束光同时分别通过参比溶液和样品溶液，操作简单，能消除因光源强度变化所引起的吸光度误差。

双光束光零点红外分光光度计 [double beam optical-null infrared spectrophotometer] 一种色散型双光束红外分光光度计。当检测样品时，样品光束和参比光束的光强度不相等，检测器上产生的交流信号经伺服马达调整减光器位置，直到两束光强度相等，达到光路系统的光学零位平衡。这时检测器不再输出信号，伺服马达停止运动，减光器的位置给出样品的透射比。

速差动力学分析法 [differential reaction rate kinetic analysis] 基于各待测组分与同一试剂反应速率的差异，不经预先分离实现相似组分同时测定的方法。各反应物结构上的微小差别，与同一试剂反应的速率可能存在明显的差别，借此进行动力学分析。反应速率对温度、溶剂等的变化也较为敏感，通过反应条件的优化可进一步扩大反应速率的差别。可采用形成、氧化-还原、催化(包括激活、抑制)、分解、缩合、金属置换、配位置换、协同萃取、光化学反应等反应类型。

特征频率 [characteristic frequency] 即基团频率。

停流分光光度法 [stopped-flow spectrophotometry] 利用流动注射技术中的停流技术，通过反应产物的吸光性质进行物质定量测定的分光光度法。在试样带进入流通池的某一确切时刻停泵，记录反应混合物在静态条件下进一步反应的参数(如吸光度)。该法增大了试样与试剂反应的完全程度，提高了测定灵敏度。特别适合于样品基体的背景值差异很大的应用领域，如临床化学、生物工程和过程控制等。停流时间内物理参数的变化即是反应速率的标志，因此也能用于测定一级或准一级的化学反应速率。

同步荧光分析法 [synchronous fluorimetry] 荧光计的两个单色器同时扫描，根据恒定波长差、恒定能量差或可变角(或可变波长)等同步扫描条件下所得同步荧光光谱进行物质定性、定量分析的方法。常指激发和发射两个单色器在同时扫描过程中使激发波长和发射波长彼此保持恒定的波长间隔，即恒定波长差同步扫描荧光分析法。该法的优点是能简化光谱、谱带变窄、减少光谱重叠和减小散射光的影响等。

透射比 [transmittance] 一束平行的单色光通过任何均匀、非散射的固体、液体或气体介质时，透过光的强度与入射光的强度之比。用符号 T 表示。常用百分数表示，T%为百分透射比。透射比与透光试样的性质有关，也与入射光的波长有关。

透射比浊度法 [turbidimetry; turbidimetric method] 即比浊法。

外重原子效应 [external heavy atom effect] 磷光测定体系中加入含有重原子的试剂或溶剂，从而有利于磷光发射和提高磷光量子产额的效应。因重原子的高核电荷增强了磷光分子的自旋-轨道耦合作用，导致 T_1 态粒子的布居数增加。

弯曲振动 [bending vibration] 又称变形振动。基团键角发生周期变化而键长不变的振动。分为面内弯曲振动和面外弯曲振动两类。键角在分子所在平面内张开合拢的振动为剪式；基团在平面内同时向左或向右摆动，称为面内摇摆。基团的几个化学键的异端同方向离开平面的摆动为面外摇摆；基团的几个化学键的异端反方向离开平面的振动称为扭曲。在红外光谱中，同一基团的弯曲振动产生的吸收峰波数一般比伸缩振动的要小。

微乳状液增稳室温磷光法 [microemulsion-stabilized room temperature phosphorimetry (ME-RTP)] 由一定量水、非极性溶剂、表面活性剂和助表面活性剂混合形成的微乳状液作为保护性介质，辅以重原子微扰剂和化学除氧等手段，利用被测组分(或其衍生物)室温磷光发射，对其进行定量测定的流体室温磷光法。微乳状液是一种液滴直径约为10～100 nm 的分散相，具热力学稳定性，离心不分层，耐稀释作用。对非极性的难溶物质，如多环芳烃等有很好的增溶作用，故常用作测定这类物质的增溶、增稳、增敏介质。

吸光度 [absorbance] 表示物质对光的吸收程度的一种量度。用符号 A 表示。定义为

$$A = -\lg T = \lg(I/I_0)$$

式中，T 为透射比，I_0 为入射光强度，I 为透射光强度。A 值越大，表示物质对光的吸收越强。吸光度具有加和性，在多组分体系中，如果各吸光物质间没有相互作用，总吸光度等于各组分的吸光度的加和。

吸光系数 [absorptivity] 表征光度分析灵敏度的一种参数。用符号 a 表示，单位为 L/(g·cm)。数值上 a 等于一束单色辐射垂直通过液层厚度为 1 cm，1 L 溶液中含有 1 g 被测物质时所产生的吸光度值。

析相液-液萃取分光光度法 [phase separation liquid-liquid extraction spectrophotometry] 析相液-液萃取法与分光光度法相结合的一种提高光度分析灵敏度的方法。有形成凝聚体的析相法和浊点析相法两种类型。前者为被分析物的离子在离子型表面活性剂溶液中，或蛋白质、高聚物和微乳液介质中会发生凝聚作用形成沉淀成絮凝析出，实现分离与富集。浊点析相法是根据聚氧乙烯型非离子型表面活性剂胶束溶液加热至浊点以上时可分为两相，使被增溶物与胶束相一起浓集于小体积胶束相中析出，实现分离与富集。析相后再进行分光光度测定。

细菌发光 [bacterial luminescence] 一种生物发光。细菌荧光素酶，在氧气存在下催化某些化学发光体系的发光反应并发光。如：还原态的黄素核苷酸 $FMNH_2$ 与长链的脂肪醛的氧化还原反应，产生黄素单核苷酸(FMN)和长链脂肪酸并发光，由此可以测定黄素核苷酸。

显微拉曼光谱法 [microscopic Raman spectrometry] 利用显微分析装置，将激光束聚焦到很小的特定区域，测定其拉曼光谱。束斑面积可小到 1 μm^2。适用于不均匀物质的分析，以及半导体、陶瓷、生物活体分析。

相干反斯托克斯拉曼散射 [coherent anti-Stokes Raman scattering (CARS)] 一种特殊的三阶非线性混频现象。频率为 v_1 和 v_2 且强度超过某一阈值的两束相干强激光同时照射分子体系时，它们在体系中混频产生频率为 $v_3=2v_1-v_2$ 的相干光，如 v_1 保持不变，只改变 v_2，使得 $v_1-v_2=v_R$，此时获得频率为 $v_3=v_1+v_R$ 的相干反斯托克斯拉曼散射。其中 v_R 为

对应于体系分子中某一拉曼活性振动频率。由于 v_3 出现在大于 v_1 的高频侧，可避免荧光干扰，其强度可以比正常拉曼散射强度高 10^4～10^5 倍，是生物化学研究的一种很有价值的手段。

小波变换分光光度法 [wavelet transform spectrophotometry] 从傅里叶变换发展起来的用于光度分析信号优化的方法。将信号分为高频和低频两部分，而各频率成分在时间轴上的位置保持不变。所分离的不同频率部分又继续分为高频和低频部分，直至将不同频率成分从原始信号中"解离"出来，得到具有不同频率特征的基元信号。可以在时域和频域同时具有较好的分辨率，可以将分析信号中的误差成分与吸收峰信号进行分离，从而得到扣除基线后的光度信号，提高了信噪比。常用于多组分测定，解决分析信号的异常点，降低噪声，以获得稳定、平滑的波谱。

协同显色效应 [synergistic chromatic effect] 两种或两种以上的显色试剂参与的、显色效果比各试剂单独使用时的显色效果的总和要大的效应。由于形成了混配配合物，受辐射激发后，强化了受激电子的转移生色作用，使吸收红移，同时灵敏度提高。

旋光光谱仪 [polarization spectrometer] 即偏振光谱仪。

旋光计 [polarimeter] 测定物质旋光性的仪器。由起偏振器和检偏振器两个主要部件构成。当它们处于一定的位置时，视场的两半照度相等。如果在它们中间放置旋光性物质，则视场的两半照度发生变化，旋转检偏振器使两半照度重新相等，由旋转角度的大小计算出被测物质的比旋光度。旋光计常用于检定物质的纯度，测定溶液的浓度以及鉴别光学异构体等。旋光测糖计或糖量计是专门用于测定糖溶液浓度的一种旋光计。

旋光性 [optical rotation; optical activity] 能使平面偏振光的偏振面旋转的性质。当一束平面偏振光透过含有各向异性的晶体或有机液体时，偏振平面从原来位置旋转一定的角度。用旋光计观测时，若某旋光物质能使透射过它的偏振面顺时针方向旋转，该物质具有右旋光性，用(+)表示。而反时针方向旋转的具有左旋光性，用(–)表示。

延迟荧光 [delayed fluorescence] 又称缓发荧光。比一般荧光的发光寿命长的发光。其寿命为 10^{-3} s 甚至更长，与一般荧光光谱的形状、位置完全相同。荧光物质分子受激后，由 S_1 态经无辐射跃迁到 T_1 态，经热激发或两个三线态分子相互作用产生第一激发单线态 S_1 后，经辐射跃迁到 S_0 时而发光。延迟荧光在激发光源熄灭后可拖延一段时间，其寿命与该发光物质分子的磷光相当，但与磷光又有本质区别。

衍生室温磷光法 [derivatization room temperature phosphorimetry (D-RTP)] 通过衍生试剂与待测组分的化学反应，使原本不能发磷光的待测组分转变为具有磷光性质的物质，继而通过各种室温磷光分析技术实现磷光测量的方法。该法能扩大 RTP 测定的范围。

遥感傅里叶变换红外光谱法 [remote sensing Fourier transform infrared spectrometry] 将红外光谱检测和遥感技术相结合，用于远距离对待测物(主要是气体)的定性鉴别和定量分析的探测技术。可监测城市空气质量，也是一种分子转动光谱测量气体温度的方法。无需取样和样品前处理等繁杂步骤，特别适用于那些事先无法知道的待测对象。在军事科学、地质学、气象学、大气化学、工业在线监测、森林火灾报警、研究火山爆发释放出来的气体等领域有广泛应用。

液相化学发光 [liquid phase chemiluminescence] 反应物的状态为液体的化学发光。鲁米诺、洛粉碱等液相化学发光反应能被很多金属离子催化，使发光强度增加，借此可测定废水和天然水中的金属离子，如 Cu、Mn、Co、V、Fe、Cr、Ce、Hg 等。鲁米诺化学发光体系还可用于许多生化反应研究，这些反应常涉及产生 H_2O_2 或 H_2O_2 参与的反应。

液芯光纤分光光度法 [liquid core optical fiber spectrophotometry] 将待测样品溶于折射率大于石英折射率的溶剂中，该溶液充入空心石英光纤中，通过加长吸收光程提高测量灵敏度的分光光度法。入射光进入液芯光导管后，在管内发生全内反射而向前传输，加长了有效光程长度，根据比尔定律，提高了测定的灵敏度。

异相化学发光 [heterophase chemiluminescence] 反应物的状态不一致的化学发光，包括气体与固体、液体与固体或互不相溶的两个液体表面之间产生的化学发光过程。如臭氧与吸附在硅胶片上的罗丹明 B 进行的化学发光反应来测定臭氧等。

抑制褪色分光光度法 [inhibition discoloring spectrophotometry] 利用被测组分对某褪色反应的抑制作用进行定量分析的光度法。被测组分往往催化褪色反应中某一反应物进行其他反应，抑制了褪色反应，使吸光度回升，而回升的量值与被测物的浓度呈线性关系，借此定量测定。

荧光标记分析 [fluorescence labeled analysis] 利用有机合成的方法使荧光性物质与非荧光性物质以共价键形式偶联，通过荧光检测以测定非荧光性物质含量的方法。如在生命科学和分子生物科学中，常用荧光基团共价键合到蛋白质、核酸等生物分子上。荧光基团应具有合适的激发和发射波长范围，高的光稳定性和荧光量子产额，如 *N*-羟基琥珀酰亚胺(NHS)-荧光素、NHS-罗丹明、荧光素-5-马来酰亚胺等。

现已发展了如稀土螯合物、有机染料等纳米颗粒标记的荧光免疫分析。

荧光标准物质 [fluorescence standard substance] 用于荧光波长、强度校准，测定荧光量子产额，质量控制或荧光分析灵敏度表征等的某些易于纯化、水(醇)溶性好、对光稳定、且具特征荧光光谱的物质。如硫酸奎宁、荧光素、罗丹明 B 等。

荧光猝灭常数 [fluorescence quenching constant] 又称荧光猝灭速率常数。表示处于激发态的荧光分子与猝灭剂分子因碰撞去激活而引起的荧光猝灭作用程度大小的一个常数。反映了体系中分子的彼此扩散和相互碰撞对荧光分子荧光寿命衰减速率的影响。

荧光猝灭法 [fluorescence quenching method] 利用某种物质对某一种荧光物质的荧光猝灭作用对该猝灭剂进行分析的方法。随着起猝灭作用的被分析物浓度的增加，溶液荧光强度降低。一些化学反应能导致荧光强度降低，也是一种荧光猝灭法。可用于测定卤素离子、过渡金属离子、氧分子、硝基化合物、重氮化合物、羰基和羧基化合物等。

荧光猝灭速率常数 [fluorescence quenching rate constant] 即荧光猝灭常数。

荧光猝灭效应 [fluorescence quenching effect] 由于荧光分子与溶剂分子或其他共存溶质分子的相互作用导致荧光强度降低、或使荧光强度不与荧光物质浓度呈线性关系、荧光量子产额显著减小的现象。引起荧光猝灭的物质称为荧光猝灭剂。激发单线态荧光分子与猝灭剂分子碰撞使其荧光猝灭，称为动态猝灭或碰撞猝灭。基态荧光分子与猝灭剂分子生成非荧光的配合物，称为静态猝灭。激发单线态分子在发射荧光之前与未激发的荧光分子碰撞引起荧光猝灭，称为自猝灭，一般发生在浓度较高的溶液中，因此又称为浓度猝灭。

荧光发射光谱 [fluorescence emission spectrum] 将激发光波长设置在最大激发波长处，并固定其强度，然后扫描发射波长，所测到的不同发射波长处荧光强度变化的曲线。荧光发射光谱是定量分析时选择合适测定波长的依据。

荧光分光光度法 [fluorescence spectrophotometry] 根据物质分子吸收单色光后所发射荧光的强度和光谱特性等进行定性或定量测定的方法。一定条件下，荧光强度与被测物的浓度呈正比关系，可进行定量分析。根据激发光谱和发射光谱的特性进行定性鉴定。根据荧光强度、荧光量子产额、荧光寿命、荧光偏振等光谱信息可以跟踪化学反应、分子结构变化、分子周围微环境的变化等。

荧光分光光度计 [spectrophotofluorometer] 又称荧光计。测定不同波长处的荧光相对强度或其他相关性质(荧光量子产额、荧光寿命、荧光偏振等)的仪器。由激发光源、激发和发射单色器、样品池及检测系统等组成。光源可以用氙弧灯、高压汞灯或激光器。由于荧光强度比较弱，要求检测器有较高的灵敏度，常用光电倍增管、二极管阵列检测器、电荷耦合器件以及光子计数器等。检测器与激发光方向应呈直角，以消除入射光和散射光的影响。激发光波长在 190～650 nm，发射光波长在 200～800 nm。

荧光分析 [fluorescence analysis] 利用某些物质受光照射时所发射的荧光的特性和强度，进行物质的定性或定量分析的方法。有原子荧光法、分子荧光法和 X 射线荧光法等。

荧光分子平均寿命 [average life of fluorescence molecule] 当激发光截断后，处于激发态的荧光分子数目因去激活而减少为原来的 1/e 所经历的时间。其值约为 10^{-8} s 量级，也是第一单线态的寿命。

荧光共振能量转移 [fluorescence resonance energy transfer (FRET)] 在满足一定距离(小于 10 nm)和能级适应等条件下，受激后处于激发态的某种原子或分子(供体生色团)，通过偶极-偶极耦合作用，非辐射性地将能量转移给共存的另一种物质的原子或分子(受体生色团)，并由后者发射荧光的过程。这种能量转移称为福斯特共振能量转移，由德国化学家福斯特(T. Förster)于 1948 年发现。这是一种近场传输，反应的作用距离远小于激发光的波长。

荧光计 [fluorimeter] 即荧光分光光度计。

荧光量子产额 [fluorescence quantum yield] 又称荧光效率或荧光量子效率。荧光物质吸收光能后所发射的光量子数与所吸收的激发光的量子数之比。数值上等于荧光强度与吸收的光强度之比。其值在 0～1 之间，它表示物质发射荧光的能力。荧光物质分子吸收了激发光后，必须具有一定的荧光量子产额才能发射荧光。

荧光量子效率 [fluorescence quantum efficiency] 即荧光量子产额。

荧光免疫分析 [fluorescence immunoassay (FIA)] 利用荧光性物质(荧光探针)标记抗原或抗体，通过荧光检测跟踪抗原抗体反应，从而测定抗原或抗体含量的方法。常用的荧光物质有异硫氰酸荧光素、四乙基罗丹明、四甲基异硫氰基荧光素等。它们具有高的荧光强度，发射的荧光与背景荧光有明显区别，与抗原或抗体的结合不破坏其免疫活性，标记过程简单、快速、水溶性好，免疫复合物稳定等优点。现已发展了如稀土螯合物、有机染料等纳米颗粒标记的荧光免疫分析。

荧光强度 [fluorescence intensity] 荧光物质在一定强度光源照射下所发射的荧光强弱的一个基本度量。荧光强度 I_f 与荧光物质的浓度 c、激发光强度 I_0 的关系为：$I_f=\varphi_f I_0(1-e^{-2.3\varepsilon lc})$，在稀溶液中：$I_f=2.3\varphi_f I_0\varepsilon lc$。式中：$\varphi_f$ 为荧光量子产额，ε 为摩尔吸光系数，l 为样品池光程。当 I_0 与 l 一定时，荧光强度与荧光物质浓度呈正比。

荧光探针 [fluorescence probe] 在紫外-可见-近红外区有特征荧光，且其荧光性质(激发和发射波长、强度、寿命、偏振等)可随所处环境的性质，如极性、折射率、黏度等的改变而灵敏地改变的一类荧光性分子。常用于荧光免疫法中标记抗原或抗体，亦用于表面活性剂胶束、双分子膜、蛋白质活性位点等微环境特性的探测。要求探针的摩尔吸光系数大，荧光量子产额高，荧光发射波长处于长波且有较大的斯托克斯位移。

荧光显微成像分析 [fluorescence microscopic imaging analysis] 利用荧光显微镜与带有电荷耦合器件摄像系统的，或带有阿达马(Hadamard)变换多通道成像系统的荧光光谱仪耦合而成的分析系统，进行图像采集、显示、处理和分析，以获取显微荧光图像、微区荧光强度及荧光寿命等信息的测定方法。可用于细胞DNA定量分析及肿瘤倍性分析等领域。也可以研究液面上有机物单分子层膜的状态与结构。

荧光显微法 [fluorescence microscopy] 以紫外光作激发光源，并在显微镜的视野内施行荧光反应的一种显微分析法。常用于某些细胞生物组织、矿物等物质的分析。也是研究液面上单层膜的状态和结构的手段。

荧光效率 [fluorescence efficiency] 即荧光量子产额。

诱发的生物发光 [induced bioluminescence] 由理化因素诱发生物发光的过程。将自发的超微弱发光，诱发增强发光强度。物理法有：X射线、γ射线、快电子、紫外线、超声波、超氧压等。在这些因素作用下，一些生物分子吸收能量离解产生自由基，或使分子处于激发态，在能量转移和耗散的过程中部分能量以光子的形式释放出来。化学法可加入 H_2O_2 或有机过氧化物等诱发产生单线态氧，以增强脂类过氧化，催化自由基反应，增强发光强度。用诱发生物发光可测到亚细胞器、线粒体、脂质体等的发光。

预共振拉曼光谱 [preresonance Raman spectroscopy] 当单色激光束的频率和化合物的电子跃迁频率接近，但还没有超过分子的跃迁频率时，发生的某些拉曼谱带增强的效应。它与共振拉曼光谱的区别就在于激发光的频率与电子吸收跃迁频率是否完全一致。

远红外光谱法 [far infrared spectrometry] 波长在25～1000 μm(波数在400～10 cm^{-1})区间的红外光谱法。此光谱区内的吸收谱带主要有3类：①分子内部的振动，常涉及重原子之间的伸缩振动和弯曲振动，气体和液体分子的弯曲振动和环状分子的环变形振动；②分子间的振动，包括分子间氢键振动和晶格振动等；③气体分子的纯转动。具有指纹识别的特性。用于芳香族化合物异构体、有机金属化合物、脂肪族烃类、氢键、吸附现象等研究。此类光谱法的研究相对较少。

增色团 [hyperchrome; hyperchromic group] 分子中能增大辐射吸收强度的基团。通过这些基团，可以形成多核配合物、胶束包合配合物、离子缔合配合物、超分子配合物等。改变了分子的结构，增强了对辐射的吸收。

折射率 [refractive index] 对非吸收介质，真空中电磁波传播的速率与介质中特定频率的电磁波传播的速率之比。用符号 n 表示。某物质的折射率数值，常以20℃时用钠光谱的D线测得的折射率 n_D^{20} 表示，一般都大于1。它是衡量光线折射程度的一个参数，随介质的性质和密度、光线的波长、温度而变化。

折射仪 [refractometer] 基于折射定律制成的，测定物质折射率的仪器。常用的有阿贝(Abbe)折射仪，使单色光透过试样后再通过棱镜而进入空气，可直接读出试样的折射率。可用于确定物质的分子结构及近似分子量，检测物质的纯度，检测溶液的浓度等。

振动能级 [vibrational energy level] 由分子中各原子的相对运动，即振动产生的振动能所形成的能级。其能量是不连续的，具有量子化的性质。振动能级中含有分子围绕它的质心转动产生的转动能级。任意两振动能级之间的能量差所对应的频率位于红外光区。

振动-转动光谱 [vibration-rotation spectrum] 分子受激后，其振动能态(分子中原子在平衡位置的振动)与转动能态(分子绕轴转动)同时发生改变而产生的光谱。是带光谱，位于红外光区，波长为0.78～1000 μm，波数为12 800～10 cm^{-1}。常用于鉴别分子结构或定量分析，测定分子的键力常数、键长、键角，提供分子对称性、核自旋等信息。

脂质体发光 [liposome luminescence] 不饱和脂肪酸的自氧化，使脂质体膜自发产生发光的过程。是诱发的生物发光。基于脂质体在形成过程中能包容上万个标记物分子，溶解过程释放出内含标记物而指示抗原抗体反应的发光免疫分析，有很强的信号放大作用。具高灵敏度、均相、快速等特点。脂质体的不稳定性是该法实用化的最大障碍。

指纹区 [fingerprint region] 位于中红外光谱波数为1400～600 cm^{-1} 的区域。所有单键的伸缩振动，部分含氢基团的弯曲振动的特征峰都出现在该区域，反映了有机化合物分子的特征，犹如人的指纹。如甲基的C—H对称弯曲振动，C—O的伸缩振动，由苯环C—H面外弯曲振动来判断苯环的取代类型等。

重原子效应 [heavy atom effect] 磷光测定体系中，原子序数较大的原子有利于磷光发射和提高磷光量子产额的效应。由于重原子的高核电荷增强了磷光溶质分子的自旋-轨道耦合作用，从而增大了 $S_0 \rightarrow T_1$ 吸收跃迁和 $S_1 \rightarrow T_1$ 体系间窜越的概率，即增加 T_1 态粒子的布居数。重原子效应一般会使荧光减弱或猝灭。

主成分回归分光光度法 [principal component regression spectrophotometry] 基于主成分分析的化学计量学方法处理多组分复杂体系吸光度测量数据的计算分光光度法。是一种重要的多元校正方法。该法先对标准样品的吸光度矩阵进行主成分分析计算各个主成分，再利用某些方法选择一定数量的主成分，组成新变量。最后利用多元线性回归方法对新变量进行回归，获得回归系数，利用回归系数对未知样本进行预测。该法能克服多元线性回归法中的共线性问题。

浊度 [turbidity] 悬浮液浑浊程度的度量。一束强度为 I_0 的入射光垂直照射到悬浮液，由于悬浮微粒对光的吸收和散射，出射光强度为 I。当微粒浓度很小，不发生二次散射时，定义浊度 $A_t = -\lg T = \lg(I_0/I)$，其中 T 为透射比。影响浊度的因素有：悬浮微粒的含量，形成悬浮液的条件，如酸度、温度、溶剂等。由浊度能求得悬浮物质的浓度。

紫外反射光谱法 [ultraviolet reflectance spectrometry] 又称紫外-可见漫反射光谱法。根据被测物质分子对紫外波段范围单色光的反射光谱特性进行物质的定性、定量或结构分析的光谱法。通过仪器中的积分球装置来测定反射光谱。适用于不透明物质，难溶物质或溶解后结构就会改变的物质。样品可以是平面固体、粉末、柔软物质、乳浊液、悬浊液等。可以作为常用的紫外-可见吸收光谱的补充。

紫外激光共振拉曼光谱 [ultraviolet laser resonance Raman spectrum] 选取与物质的紫外吸收峰波长接近或相等的激光作光源时所测得的共振拉曼光谱。它能显著增强拉曼效应，大大提高了拉曼光谱的灵敏度。

紫外-可见分光光度法 [ultraviolet-visible spectrophotometry] 即紫外-可见吸收光谱法。

紫外-可见分光光度计 [ultraviolet-visible spectrophotometer] 采用紫外光或可见光作光源的分光光度计。检测的波长范围为 180～780 nm。氘灯是常用的紫外光源，碘钨灯用作可见光源。单色器有棱镜或光栅，典型的光栅有平面反射光栅、闪耀光栅、中阶梯光栅和全息光栅等。检测器有光电池、光电管、光电倍增管、硅二极管阵列等。信号处理器能放大检测器的输出信号，执行某些信号的数学运算，如微分、积分或转换成对数等。

紫外-可见漫反射光谱法 [UV-vis diffuse reflectance spectrometry] 即紫外反射光谱法。

紫外-可见吸收光谱法 [ultraviolet-visible absorption spectrometry] 又称紫外-可见分光光度法，简称光度法。研究分子在 190～400 nm（近紫外区）和 400～780 nm（可见区）波长范围内的吸收光谱法。产生于物质分子的价电子吸收光能后，从低电子能级向高电子能级的跃迁。测量在不同波长处的吸光度或透射比，得到吸收光谱图。是一种电子光谱，呈带状。根据比尔定律，分析物的浓度与吸光度呈正比，由此进行定量分析。根据谱峰的位置、形状、数目和相对强度，对不饱和有机化合物（具共轭体系）进行定性和结构分析，或无机配合物键合理论研究。该法设备简单、适用性广、准确精密，且结果直观。开发新的显色试剂、离子和分子识别试剂、人工模拟酶和增效试剂，与液相色谱法、流动注射法、毛细管电泳等分离手段联用，与化学计量学、仿生学等结合，以及新型分光光度计的研制，将弥补传统光度法的不足，使它以全新的面貌成为一种常用的重要分析手段。

自氧化化学发光 [auto-oxidation chemiluminescence] 化合物通过自身的氧化还原反应获得能量，激发反应过程中生成的某一过渡中间体，该中间体返回到基态时，以光子的形式释放能量的发光过程。这种自身的氧化还原反应，可以是催化反应，也可以是非催化反应。

总发光光谱 [total luminescence spectrum] 即三维荧光光谱。

阻抑动力学分光光度法 [inhibition kinetic spectrophotometry] 利用某组分对某催化显色反应速率的阻抑作用，基于吸光度的变化测定该组分的光度分析法。

组合导数分光光度法 [combined derivative spectrophotometry] 以双波长 K 系数法作为多组分同时测定的数学模型，用于解析不同阶次导数光谱数据的分光光度法。可以消除一般光谱和导数光谱的严重干扰，应用于两种组分或多组分体系的同时测定。

3.5.2 电分析化学

安培滴定法 [amperometric titration] 又称电流滴定法。是在电解池中测量溶液的电流变化以确定滴定终点的方法。分为单一极化电极安培滴定法和双安培滴定法。安培滴定法可用于沉淀反应、络合反应和氧化还原反应。

氨气敏[感]电极 [NH_3 gas-sensing electrode] 以 pH 玻璃电极作为指示电极，银-氯化银电极为参比电极，NH_4Cl 为内电解质溶液构成的复合电极。需在碱性溶液中使用。通常在 pH 大于 10.5 的情况下，才能使样品中的铵盐转化为氨，游离态的氨气透过一层半透膜，进入到氨气敏电极的内部参与化学反应：$NH_3+H_2O \longrightarrow NH_4^+ +OH^-$，从而改变电极内部电解液的 pH，pH 的变化量与氨气浓度的对数呈线性关系，由此可确定样品中氨氮的含量。

半波电位 [half-wave potential] 在极谱法或伏安法中，极谱波或伏安曲线的上升部分，当总电流与残余电流之差等于极限扩散电流的一半时的电极电位，即 $i=1/2i_d$ 时，$E=E_{1/2}$。当温度和支持电解质浓度一定时，某物质的半波电位具有一定的数值，与该物质的浓度和所使用仪器的性能无关，这是极谱法或伏安法定性分析的依据。

表面电位 [surface potential] 由于电荷分离而造成的两个不同的物相接触时产生的电位差。它与双电层的形成有关。

玻璃电极 [glass electrode] 以玻璃薄膜作为敏感材料的一类离子选择电极。根据玻璃成分不同，其对离子响应的特性也不同，对氢离子响应的电极称为 pH 玻璃电极，对钠离子响应的电极称为 pNa 玻璃电极等。

pH 玻璃电极 [pH glass electrode] 对溶液中氢离子的活度具有选择性响应的玻璃电极。由一种特殊类型的玻璃(Na_2O, CaO, SiO_2)制成球泡状的敏感膜，球内盛有内充液和 Ag/AgCl 内参比电极。由于膜电位随 H^+的活度而变化，因而通过离子选择性膜的膜电位可测定溶液的 pH。其不受溶液中氧化剂、还原剂及其他活性物质的影响，可在浊性、有色或胶体溶液中使用，少量的溶液即可进行 pH 测定。但缺点是球泡极薄、易碎及阻抗太高，需配合高阻抗电位计才能使用。

铂电极 [platinum electrode] 以金属铂片或铂丝为基体材料的一种惰性金属电极。铂本身不参加电极反应，但能传导电流。由于铂具有化学性质稳定、氢过电位小、高纯度的铂易得到、容易加工等特点，是实验室中最常用的一种电极材料。既可作为工作电极，又可作为辅助电极。

不对称电势 [asymmetry potential] 对于离子选择性电极，根据膜电势公式，膜两侧溶液待测离子的活度相等，膜电势应为零。实际上，仍有一微小的电位差(一般在几毫伏到几十毫伏的范围内波动)存在，这个电位差称为不对称电势。不对称电势的存在，是电位法测量误差的来源之一。而且对于同一离子选择性电极，它的数值往往随使用时间而变化。

不可逆极谱波 [irreversible polarographic wave] 极谱电流受电极反应速率控制，电极反应的进行表现出明显的超电势的极谱波。其特征是当电极电位达到去极化剂的还原或氧化电位以后，电流随电位负移或正移而缓慢上升，极谱波上升部分的斜率远小于可逆极谱波。

残余电流 [residual current] 在电解空白溶液(即不含有被研究的对象的溶液)时，在工作电极任意电位处所获得电流。其包括溶液中存在微量的电活性杂质在电极上反应所引起的电解电流以及电极的充电(电容)电流。

差分脉冲极谱[伏安]法 [differential pulse polarography [voltammetry]] 又称微分脉冲极谱[伏安]法、示差脉冲极谱[伏安]法。当滴汞电极的汞滴面积增长到一定时刻，在直流线性扫描电压上叠加一个 2～100 mV 的恒定脉冲电压，脉冲持续时间为 40～80 ms，在脉冲加入前测量电流 i_1，在脉冲后期测量电流 i_2，记录电流的差值 i_2-i_1 作为电流信号的一种极谱分析方法。此法得到的是一阶导数曲线图形。其特点是使干扰的电容电流和毛细管噪声电流充分衰减，使测定的灵敏度和分辨力得到提高。广泛用于痕量物质的分析，如无机物的分析，能测定很多种金属离子，可使测定下限达 10^{-8} mol/L，与溶出法结合，测定下限能低于 10^{-9} mol/L，而且一次能同时测定多种离子，也能测定许多无机非金属离子；还广泛用于有机物、药物的分析。若使用固体电极或表面静止的液体电极作为工作电极，则称为微分脉冲伏安法。

常规脉冲极谱法 [normal pulse polarography] 当滴汞电极的汞滴生长到一定面积时，在恒定的直流电压的基础上，叠加一振幅随时间增加的脉冲电压，然后在脉冲电压后期测量电流的分析方法。其极谱图呈“台阶”形。常用于电极过程的可逆性和吸附性的研究。

超微电极 [ultramicroelectrode] 直径小于 100 μm 的电极。其又可分为微米电极和纳米电极。具有传质快、响应迅速、*iR* 降小以及信噪比高等优良的电化学性质，适合于微区和痕量分析、进行快扫伏安和电极过程动力学研究，可用于活体分析。

催化氢波 [catalytic hydrogen wave] 由于氢离子在汞电极上有很大的超电位，某些物质能加速氢离子的放电，即能降低氢的超电位，使氢离子在比正常氢波为正的电位下还原所形成的极谱波。这些物质称为催化剂。催化氢波测定催化剂的灵敏度比较高，一般可达 10^{-8}～10^{-6} mol/L，有时可达 10^{-10}～10^{-9} mol/L；选择性比较好；往往具有吸附性，极谱波常呈峰形。可用于无机离子和有机化合物的测定。

单扫描示波极谱法 [single-sweep oscillopolarography] 又称线性扫描示波极谱法。是在一个汞滴生长的后期，将一锯齿波扫描电压快速施加于极谱电解池的工作电极上，并用示波器记录在一个汞滴上所得的电流-电压曲线而进行分析的方法。由于汞滴后期面积变化率最小，可消除因面积变化带来的残余电流的影响。该极谱波是峰形，分辨力较高。

单一极化电极安培滴定法 [amperometric titration with one polarized electrode] 仅有一个电极作为极化电极的安培滴定法。若极化电极用的是滴汞电极则称极谱滴定法。

蛋白成膜伏安法 [protein-film voltammetry] 一种蛋白质电化学研究方法。蛋白质溶解在一定的介质中后，将一定的电化学电极浸入该蛋白质溶液中，一定时间后，该蛋白质溶液在电极表面形成稳定单层或多层膜，用伏安法研究固定在电极表面的单层或多层蛋白质分子形成的膜。该方法可研究蛋白质电子传递行为，进而揭示相关的生物学过程。

等效电路 [equivalent circuit] 为模拟实际电路元件的作用所采用的阻抗参量的组合。在电分析化学中，将某一电极反应过程中串联与并联步骤所涉及的能量，按反应阻抗用一种由电阻、电容和电感等元件组成的电子电路来描述，当它得到实际电极过程所测得的各个参数的验证时，便称之为该电极过程的等效电子电路。

滴汞电极 [dropping mercury electrode] 极谱法中所使用的工作电极。汞从毛细管中流出，形成汞滴并有规律地滴落。滴汞能经常保持新鲜的电极表面，不受生成物和不纯物吸附的影响，因此不必进行电极的磨光或洗净等前处理，电极的重现性好。具有很大的氢过电位，在一般金属电极上难以还原的化学物质，可利用滴汞电极研究其还原特性。

电穿孔 [electroporation] 在一定的电场作用下，细胞生物膜的通透性发生了较大的变化，形成许多微孔的一种技术。形成的微孔允许一些物质如核酸、蛋白质及其他分子进入细胞；当电场消失时，膜将恢复原来的状态。电穿孔的技术已经用于生物给药、基因治疗等领域。

电导滴定法 [conductometric titration] 一种将标准溶液滴入被测物质的溶液，利用滴定反应所引起溶液电导的变化以确定反应的化学计量点的方法。可以测定指示剂法或电位法无法直接准确测定的相当弱的弱酸或弱碱以及弱酸盐或弱碱盐。

电导分析法 [conductometric analysis; conductometry] 通过对试样溶液电导的测定获得有关体系的物理、化学信息的一种电化学分析方法。例如可根据电导率的变化进行自动监测；在容量滴定分析中可利用电导的变化指示终点，进行电导滴定；在电化学中也常用电导的方法来进行物理化学常数的测定。其可分为直接电导法和电导滴定法。

电分析 [electroanalysis] 电分析化学的简称。

电分析化学 [electroanalytical chemistry] 简称<u>电分析</u>。根据溶液中物质的电化学性质及其变化规律，建立在以电位、电导、电流和电量等电学量与被测物质某些量之间的计量关系的基础之上，对组分进行表征和测量的仪器分析方法。所有能在界面上氧化还原，吸附脱附，能进行或导致离子转移、传输的无机和有机物质都可作为研究对象，且能做现场、实时、活体和在线分析。其优点是价廉、简便、灵敏、可靠、响应时间短、仪器简单、体积小、可微型化，并能与许多光谱方法和其他方法联用。

根据国际纯粹与应用化学联合会的建议，电分析化学的实验方法可分为 5 大类：

①不考虑双电层和电极反应，如电导分析法等。

②有双电层现象但不考虑电极反应，如表面张力测定、非法拉第阻抗测量等。

③有电极反应，并于工作电极上施加恒定的激励信号：$i=0$，电位分析法；$i\neq0$，如计时电流法、计时电位法、电解分析法等。

④有电极反应，并于工作电极上施加可变的大振幅激励信号，如线性扫描伏安法、单扫描示波极谱法等。

⑤有电极反应，并于工作电极上施加可变的小振幅激励信号，如脉冲伏安法、交流伏安法、方波伏安法等。

除各种方法外，化学修饰电极、超微电极、自组膜、离子选择性电极、电化学生物传感器、有机相生物传感器、电化学免疫分析、光谱电化学、色谱电化学、毛细管电泳电化学、液/液界面电化学、波谱电化学、扫描电化学显微镜、电化学扫描隧道显微镜、电化学原子力显微镜、电化学石英晶体微天平、芯片毛细管电泳电化学检测和微全分析系统电化学检测(μ-TAS-EC)等现代电分析化学方法正日益引人注目，尤其是其应用到生命科学领域中有关问题的研究，如生物、医学、药物、人口与健康等，为解决生命现象中的某些基本过程和分子识别作用显示出潜在的应用价值。

电化学 DNA 传感器 [electrochemical DNA sensor] 利用单链 DNA(ssDNA)或基因探针作为敏感元件固定在固体电极表面，加上识别杂交信息的电活性指示剂(称为杂交指示剂)共同构成的检测特定基因的装置。其工作原理是利用固定在电极表面的某一特定序列的 ssDNA 与溶液中的同源序列的特异识别作用(分子杂交)形成双链 DNA(dsDNA)，同时借助一能识别 ssDNA 和 dsDNA 的杂交指示剂的电流响应信号的改变来达到检测基因的目的。用于检测基因及一些能与 DNA 发生特殊相互作用的物质。

电化学当量 [electrochemical equivalent] 在一个电极反应中，相当于 1 mol 电子的、参与反应的物质的质量。

电化学发光免疫分析 [electrochemiluminescence immunoassay] 将电化学发光技术与免疫反应相结合而形成的分析方法。该方法具有很高的灵敏度和特异选择性，且快速方便，广泛应用于生化研究和检测。

电化学腐蚀 [electrochemical corrosion] 金属表面与离子导电的电解质溶液发生电化学作用形成腐蚀电池，产生电流而使金属逐渐损耗。金属/电解液界面上阳极区的金属进行溶解破坏被腐蚀的同时，还伴随着腐蚀环境中某些氧化剂在金属表面的还原。

电化学缓冲溶液 [electrochemical buffer solution] 电化学中可以使电解液保持一定的 pH 且同时承担支持电解质功能的一类溶液。

电化学疗法 [electrochemotherapy] 利用电化学技术改变肿瘤组织的生物生理学状态，达到对肿瘤进行治疗的方法。例如，在一定的电场下，使位于两电极之间的肿瘤组织发生极化、氧化、变性以及发生一系列反应导致肿瘤组织的衰竭，从而起到治疗肿瘤的作用。

电化学免疫分析 [electrochemical immunoassay] 将免疫技术和电化学检测相结合的一种有标记的免疫分析法。其标记物有酶和电活性物两类。可应用于测定各种抗原、半抗原或抗体。

电化学扫描隧道显微技术 [electrochemical scanning tunneling microscopy (ECSTM)] 将扫描隧道显微镜与电化学电解池结合，用于大气环境、溶液条件下电化学反应过程中清晰地表征固体表面分子、原子的结构特征的一种显微技术。适用于水溶液电极表面结构、特殊离子吸附和金属沉积，以及在固液界面有机分子和超分子的吸附等方面的研究。

电化学生物传感器 [electrochemical biosensor] 由生物材料作为敏感元件，电极(固体电极、离子选择性电极、气敏电极等)作为转换元件的一种传感器。根据敏感元件所用生物材料的不同，分为酶传感器、微生物传感器、电化学免疫传感器、组织与细胞传感器、电化学 DNA 传感器等。由于其具有高度选择性，因此是快速、直接获取复杂体系组成信息的理想分析工具。其已在生物技术、食品工业、临床检验、医药工业、生物医学、环境分析等领域获得实际应用。

电化学石英晶体微天平 [electrochemical quartz crystal microbalance (EQCM)] 将电化学电极与石英晶体组合在一起，通过电极下石英晶体的振荡频率的变化来测定电化学电极表面上质量的变化的一种电化学技术。电化学电极表面上质量的变化将改变电极下石英晶体的振荡频率，是一种非常灵敏的检测方法，它能够测量 10^{-9} g 数量级的变化。目前该方法已应用于表面电化学研究。例如，测量固体电极表面层中的质量、电流和电量随电位变化的关系，进而探讨界面电化学反应过程、电极上膜内物质的传输、存在于膜内的化学反应、膜生长过程动力学研究等。

电化学探针 [electrochemical probe] 一种作为电化学反应的标记物且本身具有电化学活性的物质。通过其在电化学上发生的变化以指示电化学反应的发生过程。电化学探针广泛用于分离与检测，尤其是生物大分子的分离与检测。

电化学现场激光拉曼光谱法 [electrochemical *in situ* laser Raman spectroscopy] 用激光拉曼光谱技术现场研究电化学体系的方法。是利用物质分子对入射光所产生的频率发生较大变化的散射现象，将单色入射光(包括圆偏振光和线偏振光)激发于受电极电位调制的电极表面，通过测定散射回来的拉曼光谱信号(频率、强度和偏振性能的变化)与电极电位或电流强度等的变化关系进行研究的方法。主要用来确定电化学反应过程中的中间物和最终产物的结构。还可以研究电极过程的动力学和电极/溶液界面的性质。

电化学阻抗谱法 [electrochemical impedance spectroscopy (EIS)] 即交流阻抗法。

电极活性物质 [electroactive substance] ❶在伏安法和类似的方法中，在电荷转移(即电极反应)一步中，或改变氧化态或还原态，或断裂或形成化学键的物质都称电极活性物质。❷在离子选择电极电位法中，含有被检测离子或与被检测离子处于离子交换平衡状态的物质称为电极活性物质。电极活性物质作为离子选择性电极敏感膜的主要成分，通常被结合到一个惰性基体，如硅橡胶或聚氯乙烯中。

电解分析法 [electrolytic analysis] 又称电重量分析法。将被测溶液置于电解装置中进行电解，使被测物质以能被称量的形式析出，由电解所析出的质量求算出其含量的方法。有时作为一种分离的手段，方便地除去某些杂质。

电解抛光 [electrolytic polishing] 释文见物理化学电抛光。

电解食盐法 [brine electrolysis] 在盛有精制食盐饱和溶液的电解槽内通过直流电时，即发生电解反应。在阳极生成氯气，在阴极生成烧碱溶液和氢气。烧碱溶液经蒸发后可制得液体或固体烧碱。氯气和氢气可合成盐酸分别加以利用。此法所用的电解槽以隔膜式电解槽为最普通，较为先进的是离子交换膜电解槽，水银电解槽则用于制造高纯度烧碱。该方法是制造氢氧化钠(烧碱)和氯气的重要方法，是氯碱工业的主要内容。

电解水 [electrolysed water] 在含电解质的水中放入两个电极，然后在两端加上电压，接电源正极的电极上产生氧气，接电源负极的电极上产生氢气。

电聚合高分子包埋法 [electropolymerized macromolecule induced embedment] 将单体和生物功能物质同时混合于电解液内，通电使单体在电极表面电聚合成高分子化合物，同时将生物功能物质包埋于高分子膜内，直接固定于电极表面，以构成生物传感器的方法。

电流滴定法 [current titration] 即安培滴定法。

电流分析法 [current analysis] 在电化学分析法中，以测量工作电极上产生的电流的大小或电流的改变来测定某一物质含量的方法。例如极谱分析法等。

电流效率 [current efficiency] 在一定的外加电压条件下，被测物质电极反应所消耗的电解电流占通过电解池的总电流的比例，以百分比表示。

电毛细管曲线 [electrocapillary curve] 研究电极电位与金属-溶液间的表面张力关系的曲线。一般呈近似的抛物线图形。滴汞落下时间与电极电位的关系曲线和电毛细管曲线相同，是研究汞电极表面结构及吸附的重要手段。

电容免疫传感器 [capacitance immunosensor] 基于双电层电容，因分子识别作用而发生变化所制成的免疫传感器。通常生物分子都具有电荷，当通过特异亲和力接到电极表面时引起双电层电容的变化，借此可以测定反应物的浓度。它也可以通过连续地监测电容的变化来研究在电极表面发生的反应动力学过程，从而研究分子之间的相互作用。

电势滴定法 [potentiometric titration] 即电位滴定法。

电势滴定曲线 [potentiometric titration curve] 即电位滴定曲线。

电势溶出法 [potentiometric stripping analysis] 即电位溶出法。

电双层 [electrical double layer] 即双电层。

电位滴定法 [potentiometric titration] 又称电势滴定法。是向试液中滴加能与被测物质进行化学反应的已知浓度的试剂，在滴定过程中监测指示电极电势的变化，若反应按化学计量进行，根据反应达到计量点时被测物质浓度的突变而引起电极电位的突跃来确定滴定终点的方法。它属于容量分析范畴，必须满足下列条件：①所依据的化学反应必须是定量的，有适当的滴定剂；②反应有较快的速率；③有合适的指示电极，以确定反应的终点。在酸碱滴定中一般采用pH玻璃电极为指示电极；氧化还原滴定可采用惰性金属电极为指示电极；在沉淀滴定和络合滴定中可采用离子选择性电极为指示电极。电位滴定法可用于有色、浑浊溶液或缺乏合适指示剂的沉淀反应的滴定体系，也可用于离解常数小于 5×10^{-9} 的弱酸或弱碱的滴定。

电位滴定曲线 [potentiometric titration curve] 又称电势滴定曲线。在电位滴定法中，绘制滴定过程的电池电动势对加入的相对应的滴定剂体积的关系曲线。曲线突跃转折点即为滴定终点。

电位分析法 [potentiometric analysis] 在几乎无电流通过的条件下，利用测定电池的电动势来测定物质的活度(或浓度)的电化学分析法。由于电极电位与溶液中物质的活度之间的关系可用能斯特方程表示，因而通过测量电极电位，就可确定物质的活度(或浓度)。电位分析法分为直接电位法和电位滴定法。它是一种经典的分析方法，可以测定其他方法难以测定的许多种离子，如碱金属和碱土金属离子、无机阴离子和有机离子等；使用的仪器比较简单，操作比较方便，易于实现分析的自动化，在测定平衡常数方面也是个重要的手段。

电位阶跃法 [potential step method] 控制工作电极的电势在一恒定值或控制工作电极的电势按预先确定的方式随时间变化，同时测量电极电流对时间或电势的变化或电量对时间的变化的方法。可用于计算有关的动力学参数或电极等效电路有关的元件数值。

电位溶出法 [potentiometric stripping analysis] 又称电势溶出法。在恒电位下预电解富集，将待测物质富集到工作电极上，然后利用恒电流或利用化学试剂(氧化剂或还原剂)的氧化或还原作用使其溶出，同时记录电极电势(E)-时间(t)或dt/dE-E 曲线，由此进行定性定量分析。此法具有高灵敏度和高分辨率，特别适合于分析痕量金属和混合金属。

电位-pH图 [potential-pH diagram] 又称普贝图。用以表示水溶液中金属及其化合物热力学稳定性的电位和 pH 的函数关系图。用以分析电极反应中各组分生成的条件及稳定存在的pH-电位的范围，也可用以估计各种金属在不同的电位、离子浓度与pH下所能存在的形态。

电致化学发光 [electrochemiluminescence] 通过在电极上施加一定波形的电压或电流信号进行电解，反应的产物之间或与体系中共存组分之间通过电子传递形成激发态，由激发态返回到基态产生发光现象。是电化学与化学发光方法的结合。电致化学发光技术可用于化学分析、生物检测和传感研究中。

电重量分析法 [electrogravimetric analysis] 即电解分析法。

对电极 [counter electrode] 即辅助电极。

多孔玻碳电极 [reticulated vitreous carbon electrode] 一种具有网状多孔结构的玻璃碳材料制成的电极。若将其切成薄片，光线可从网孔中通过，还可做成与网栅电极性质相似的光透电极。

二电极体系 [two-electrode system] 由两个半电池组合而成的体系。加上电压电解即有电流通过，可得知两电极之间的电位差，但无法知道电极在怎样的电位下发生的反应。

法拉第电流 [Faradaic current] 在电极上由于某种化学物质的氧化或还原而产生的电流。遵守法拉第电解定律，即电极反应产生的电流与电活性物质的浓度呈正比。

方波伏安法 [square wave voltammetry] 将一个低频率小振幅(一般≤50 mV)的方波交流电压叠加在电解池工作电极的外加直流电压上面，并在方波电压改变方向前的瞬间记录电解池的特定的交变电流成分与相应的直流电位关系的方法。其优点是能消除或者减少双电层充电电流的影响，信噪比高。是目前电化学分析法中测定灵敏度比较高的方法之一。

非法拉第电流 [non-faradaic current] 当改变外加电压时，不因电化学反应而产生的电流，是向双电层充电所产生的电流。电量不符合法拉第电解定律。利用双电层电流可以研究电极界面的吸附。

分解电势 [decomposition potential] 即分解电压。

分解电位 [decomposition potential] 即分解电压。

分解电压 [decomposition voltage] 又称分解电势、分解电位。引起电活性物电解的最低外加电压。各种电活性物的分解电压随电解条件(温度、电流密度、溶液浓度、电极材料等)的不同而异。此外，实际需要的分解电压常高出理论计算所得的分解电压。

峰电流 [peak current] 在线性扫描伏安[极谱]法、循环伏安法以及类似的方法中，在一次扫描时由于物质的还原或氧化而产生的电流峰的最大值。

峰电位 [peak potential] 在线性扫描伏安法、循环伏安法及类似的方法中，出现峰电流时对应的工作电极电位。

伏安法 [voltammetry] 使用固体电极或表面静止的液体电极作为工作电极，如悬汞电极、玻碳电极、金属电极等，记录电解过程中电流-电位关系曲线的一类电化学方法。

辅助电极 [auxiliary electrode] 又称对电极。在三电极体系中，与工作电极组成一个让电流畅通的回路的电极。通常用惰性金属制作。

复合电极 [composite electrode] ❶将指示电极和参比电极组合在一起的电极。如把 pH 玻璃电极和参比电极组合在一起就是 pH 复合电极，其优点是使用方便。❷超过一种金属的复合金属电极。

高分子膜吸附法 [macromolecular film adsorption] 先在电极表面上修饰一层合成高分子或生物高分子物质，然后将生物功能物质吸附到高分子膜上，制备成感应膜，以构成生物传感器的一种方法。

高分子载体包埋法 [macromolecular carrier embedment] 将生物功能物质与合成高分子(如 Nafion)或生物高分子(如丝素蛋白)经溶剂混合而使酶包埋于其中，制备成具有酶活性的感应膜，再把它覆盖到转换器即电极的表面，以构成生物传感器的一种方法。

高频滴定法 [high frequency titration] 利用几兆周至几百兆周的高频电流通过滴定池进行电导滴定的电化学分析法。滴定过程中滴定池的电导与电容发生变化。根据测量的方式不同可以分为总阻抗法、损耗法和频拍法。总阻抗法是在滴定过程中，溶液的电导改变，使总阻抗值也随着变化，所以可以用通过滴定池的高频电流的大小对加入滴定剂的量作图，画出滴定曲线。损耗法是溶液电导的改变，引起电路中高频电能损耗的改变。通过高频电能损耗的测量对加入滴定剂的量作图，画出滴定曲线。频拍法是溶液电导的改变，引起滴定池的等效总电容的改变，使电路的振荡频率也跟着改变。可以用一个并联的可变电容器来抵偿此电容的改变，使电路回复到原来的振荡频率，以抵偿电容的改变对加入滴定剂量作图，画出滴定曲线。高频滴定法有突出的优点，其一是电极不与溶液直接接触，避免电极上发生电解，产生极化作用。电极的某些催化作用也不存在。沉淀覆盖电极也被消除，所以很多沉淀反应常常用高频法来指示终点。另一优点是能测定电容的变化。非水溶剂常常是低频电导变化不大，而溶液介电常数变化较大，电容值的改变比较大，宜用高频滴定。高频电导测量也被用于动力学的研究及测定介电常数的变化。

工作电极 [working electrode] 提供电化学响应物反应场所的电极。在电分析化学研究过程中，有电极反应发生并伴随有电流通过，电极表面溶液浓度随电极反应发生变化的电极。

共振拉曼光谱电化学法 [resonance Raman spectroelectrochemistry] 将共振拉曼光谱技术与电化学相结合的一种研究方法。对于监测电化学反应产物是一种非常有用的方法，已在光合成的一些重要反应及有机金属化合物研究中获得良好的应用。特别适用于光电化学领域中对半导体电极的研究。

固体支撑双层磷脂膜 [solid supported bilayer lipid membranes (s-BLM)] 又称自组装双层磷脂膜。以固体金属，通常为铂和不锈钢为支撑载体形成的双层磷脂膜。它在分子尺寸、组织模型和膜的自然形成方面类似于天然生物双层膜，构成了仿生超分子体系。

光导纤维生物传感器 [optical fiber biosensor] 又称光极。将具有分子识别和换能作用的固定化指示剂如染料、酶、辅酶、生物受体、抗原、抗体、核酸、DNA、动植物组织或细胞、微生物等的敏感膜安装在光导纤维、平面波导或毛细管波导上，对样品中的待测物质进行选择性的分子识别，再转换成各种光信息，如紫外、可见及红外光的吸收和反射、荧光、磷光、化学发光和生物发光、拉曼散射、光声和表面等离子体共振等信号输出，以这种方法制成的生物传感器。它已成功地用于生产过程和化学反应的自动控制，炸药和化学战争制剂的遥测分析，新型环境自动监测网络的建立，生命科学和临床化学中多种无机物、有机物、蛋白质、酶、核酸、DNA 及其他生物大分子和生物活性物质分析、活体成分分析和免疫分析等。

光电化学过程 [photoelectrochemical process] 光作用下的电化学过程，即分子、离子及固体等因吸收光使电子处于激发态而产生的电荷传递的过程。是光能与电能和化学能的转换过程。

光极 [optode] 即光导纤维生物传感器。

光-声-电多维联用传感技术 [multi-dimensional optic acoustic-electric sensing technology] 即压电光谱电化学。

光透电极 [optically transparent electrode] 由导电材料如 SnO_2、In_2O_3、Au、Pt 等涂或镀一薄膜于透明体(玻璃或石英)上而制成的电极，或是由金属丝如 Au、Pt 编制网状而成的电极。是光谱电化学中常用电极。透光性好。

过渡时间 [transition time] 在计时电位法及其有关的方法中，由开始电解至被测物在电极表面的浓度降为零，引起电位降所消耗的时间。

恒电流库仑法 [constant current coulometry] 即控制电流库仑法。

恒电位库仑法 [constant potential coulometry] 即控制电位库仑法。

红外光谱电化学法 [infrared spectroelectrochemistry] 红外光谱与电化学技术相结合而形成的一种光谱电化学方法。测定待测物质的电化学信号，并同时记录其红外光谱。其已广泛应用于各种电化学界面过程以及机理的研究。

化学修饰光透电极 [chemically modified optically transparent electrode] 在光透电极上通过化学修饰的方法如吸附、电化学聚合等形成一层特性薄膜而制备的电极。如在金网栅电极表面修饰一层紫精聚合物后，该电极可以催化菠菜铁氧化还原蛋白和肌红蛋白的还原。

还原电流 [reduction current] 由电化学还原反应在工作电极上产生的电流。

还原电位 [reduction potential] 当存在氧化物，电子从电极向氧化物迁移时，还原电流开始流出的电位。

活化剂 [activator] 又称去钝化剂。具有活化(去钝化)作用的化学试剂。

激光光谱电化学法 [laser spectroelectrochemistry] 激光光谱与电化学相结合用于研究和表征电化学反应、机理、双电层结构以及分子结构等信息的方法。它包括电化学现场激光拉曼光谱法等。

极化电势(位) [polarization potential] 释文见物理化学超电势。

极谱波 [polarographic wave] 当外加电位变化到被测溶液中某物质能在滴汞电极上还原或氧化时，便能观察到明显的电流通过检流计或其他电流测量装置，记录的“S”形的电流-电位曲线。

极谱波方程 [equation of polarographic wave] 极谱波上任一点滴汞电极的电位与电流的关系式。如 $E=E^{\ominus}+\dfrac{RT}{nF}\ln\dfrac{(D')^{1/2}}{D^{1/2}}+\dfrac{RT}{nF}\ln\dfrac{\bar{i}_d-\bar{i}}{\bar{i}-\bar{I}_d}$，即为阳-阴极波方程。式中，$E^{\ominus}$ 为该电极反应的标准电极电位，D'和 D 分别是还原态物质和氧化态物质的扩散系数，$\bar{i}_d$ 和 $\bar{I}_d$ 分别是阴极波、阳极波的极限扩散电流，E 表示极谱波上任一点滴汞电极电位，$\bar{i}$ 表示极谱波上任一点的电流，n 为电极反应的电子转移数，其他符号具有一般意义。

极谱催化波 [polarographic catalytic wave] 极谱电流的大小既不取决于电活性物的扩散速率，又不取决于电极反应的速率，而取决于电极表面反应层内的平行于电极反应的化学反应速率的极谱波。是动力波中的一种，其灵敏度高于扩散波。目前极谱催化波有三种类型：平行催化波、催化氢波和配位体催化前波。

极谱法 [polarography] 使用滴汞电极或其他表面周期性更新的液体电极作为工作电极，并根据电解过程中所得的电流-电压曲线进行定性和定量分析的方法。经典极谱法即直流极谱法，是 1922 年捷克斯洛伐克化学家海洛夫斯基(J. Heyrovsky)发明的。1918 年 Heyrovsky 从事研究电解质溶液中汞表面张力随电位变化的电毛细管曲线，后来在其装置的线路中串入一灵敏的检流计，研究电流与电位的关系，于是便创立了极谱法，并经数十年的不懈努力，于 1959 年获诺贝尔化学奖。

极谱极大 [polarographic maximum] 在极谱图上，电解开始后，电流随电位的增加而迅速上升到一个极大值，然后下降到扩散电流区域，电流恢复正常，这种异常的电流峰称为极谱极大。

极谱极大抑制剂 [polarographic maximum suppressor] 抑制出现极谱极大现象的物质。一般用表面活性物质或染料，如动物胶、Triton X-100 等。

极限催化电流 [limiting catalytic current] 当电极反应的速率随着外加电位的改变而增加时，催化电流达到一个极限值，此时的电流值与电位无关。这一电流值被称为极限催化电流。

极限电流 [limiting current] 当电极反应的速率随着外加电位的改变而增大时，法拉第电流达到一个极限值，称之为极限电流。在一定的电位范围内，极限电流的大小与电位无关。其可以是吸附电流、催化电流、扩散电流或动力电流，也可能包括电迁移电流。

极限动力电流 [limiting kinetic current] 当电极反应的速率随着外加电位的改变而增大时，动力电流达到极限值，此时的电流值与电位无关，受与电极反应偶联的化学反应速率控制，这一电流值被称为极限动力电流。

极限扩散电流 [limiting diffusion current] 仅受扩散传质过程所控制，不受电极反应(电子交换步骤)或均相溶液化学反应所控制而达到的极限电流，其与残余电流的差值被称为极限扩散电流。它与溶液中被测物质的浓度成正比，可作为极谱定量分析的依据。当工作电极的电势维持在极限电流区域，这时传质达到电极表面的电活性物质立刻被还原或氧化殆尽，电极表面附近薄层溶液内的电活性物质浓度趋于零。

极限迁移电流 [limiting migration current] 当电极反应速率随外加电位的改变而增加时，迁移电流达到一个极限值，这个值被称为极限迁移电流。其受电解液中离子在电场中的迁移过程所控制。

极限吸附电流 [limiting adsorption current] 当电活性物质的还原或氧化速率随着外加电位的改变而增加时，吸附电流能够达到的极限值，这个值被称为极限吸附电流。此时它的大小与电位无关，与电活性物在电极表面的吸附富集过程有关。

计时电量法 [chronocoulometry] 即计时库仑法。

计时电流法 [chronoamperometry] 在电分析化学中，对工作电极施加电位阶跃，记录电流-时间关系的方法。一般用于分析测定和电极过程动力学的研究。

计时电势法 [chronopotentiometry] 即计时电位法。

计时电位法 [chronopotentiometry] 又称计时电势法。在电分析化学中，对工作电极施加电流阶跃，记录电极电位-时间关系的方法。可用作分析测定、电极反应及电极表面现象的研究以及化学动力学的研究。

计时分析法 [chronometric analysis] 建立在测量电化学信号(如电流、电量或电位)与时间关系基础上的方法。可分为计时电流法、计时电位法和计时库仑法等。

计时库仑法 [chronocoulometry] 又称计时电量法。在电分析化学中，对工作电极施加电位阶跃，记录电量-时间关系的方法。一般用于电极过程动力学的研究，常用于研究电活性物质的吸附作用。

交流伏安法 [alternating current voltammetry] 将一个小振幅(几个到几十个毫伏)低频正弦电压叠加在外加直流电压上并作用于电解池，然后测量通过电解池的交流电流与直流电位关系曲线而进行分析的方法。该法可用于无机物的测定，有机物的分析和电极过程的研究(即电极反应机理的研究，电极反应速率常数的测定以及电极反应转移系数的测定)。

交流示波极谱法 [alternating current oscillopolarography] 在普通极谱直流电压上叠加一恒振幅交流电压(±1V)，用示波器观察电极电位随时间变化的分析方法。是由海洛夫斯基于1941年提出的。

交流阻抗法 [alternating current impedance method] 又称电化学阻抗谱法。将一个小振幅(几个到几十个毫伏)低频正弦电压叠加在外加直流电压上并作用于电解池，然后测量电解池中极化电极的交流阻抗，从而确定其与被测定物质的电化学特性之间的关系。该法已成为研究电极过程动力学以及电极界面现象的重要手段。

阶梯扫描伏安法 [staircase sweep voltammetry] 在极化电极上施加的电位随时间的变化呈小等分恒定阶梯形，然后选择合适的方式和时间进行电流采样，记录电流-电位关系曲线的方法。该法有利于提高信噪比，从而提高方法的灵敏度，也更有利于电化学仪器的微机化。

金属电极 [metallic electrode] 以金属材料作为基体的电极。根据金属在电极反应中的化学作用，可分为四类：①第一类电极是活性金属电极，它是由金属与该金属离子溶液组成，如铜浸入含铜离子的溶液中，电极可用 Cu/Cu^{2+} 符号表示；②第二类电极是由金属、该金属的难溶盐和该难溶盐的阴离子所形成的电极，如甘汞电极等；③第三类电极是由金属与两种具有相同阴离子的难溶盐(或难离解的配合物)，再与含有第二种难溶盐(或难离解的配合物)的阳离子组成的电极体系；④惰性金属电极，金属只起导电和载体作用，提供电子交换的场所，具有抗腐蚀性，且不与水反应，如铂电极插在含 Fe^{3+} 及 Fe^{2+} 离子的溶液中，可用 $Pt/Fe^{3+}, Fe^{2+}$ 表示。

卷积伏安法 [convolution voltammetry] 半积分和半微分电分析法的统称，是以记录电流对时间的半积分值或半微分值与电位的关系曲线为基础的方法。已应用于多种伏安技术，如线性扫描伏安法、循环伏安法、阶梯扫描伏安法、方波伏安法和阳极溶出伏安法等。这种方法灵敏度高，分辨率好；仪器结构简单，操作方便；记录速度快，尤其适用于快速分析和快速电极反应的研究；支持电解质浓度很低，甚至不存在电解质的情况下也能顺利地测定；所得曲线多为对称峰形，且与外加电压的性质无关。这对于 A-D(模-数)和 D-A(数-模)转换是很方便的，有利于计算机(或微处理机)控制操作过程和处理结果。该方法不仅用于分析测定，也用于电极过程的研究，测定电极反应速率常数、络合物的稳定常数等。

开路电位 [open circuit potential] 电流密度为零时的电极电位，即不带负载时工作电极和参比电极之间的电位差。

科特雷尔方程 [Cottrell equation] 在控制电位的实验中，描述电流随时间的变化的方程。一体系在外加电压的作用下，发生以下反应：O + ne═R，去极剂 O 在电极表面还原为 R, O 与 R 均溶解于溶液中。假定电解前溶液中只有物质 O，其浓度为 C_O^*，没有 R。在电解过程中，电极表面 O 的浓度迅速降低，离电极表面愈远的地方，O 的浓度愈大，于是就产生 O 的扩散。其扩散方向朝着电极表面，产物 R 的扩散方向则为离开电极表面。由于溶液伸展到无限远的距离(实际上是接近于无限远)，这个条件如得到满足，则称为"半无限"扩散。其他的假定为溶液中存在大量的支持电解质，溶液保持静止状态，因而电迁移和对流作用可以忽略不计，此外，O 和 R 均不在电极上被吸附。该电极上的扩散是垂直于电极表面一个方向的一维扩散，其扩散方程为

$$\frac{\partial c}{\partial t}=D\frac{\partial^2 c}{\partial z^2} \qquad (1)$$

实验条件的不同，决定了求解式(1)的初始和边界条件，设离电极表面的距离为 z，电解时间为 t，初始条件：t=0, z=0, $c_O(z,\ t)=C_O^*$, c_R=$(z,\ t)$=0；其描绘了电解前(t=0)溶液中的情况。$c_O(z,t)=C_O^*$, c_R=(z,t)=0，表示溶液中原来不存在 R，只存在 O，其浓度为 C_O^*。边界条件：$t>0$，z=0, $c_O(z,t)$=0; $t>0$, $z\to\infty$, $c_O(z,t)=C_O^*$；其描绘了电解开始后的情况。$t>0$ 代表电解开始以后，z=0, $c_O(z,t)$=0，指电极表面 O 的浓度立即降至零，说明外加电压加到了产生极限电流的位置。$z\to\infty$, $c_O(z,t)=C_O^*$，表示"半无限"的条件得到满足。根据拉普拉斯变换法(method of Laplace transformation)，求解上述偏微分方程，即得科特雷尔方程：

$$i_d=\frac{nFAD_O^{1/2}c_O^*}{\pi^{1/2}t^{1/2}} \qquad (2)$$

式中，i_d 为平面电极线性极限扩散电流，n 为电极反应的电子转移数，F 为法拉第常数，A 为电极面积，D_O 为去极剂 O 的扩散系数，C_O^* 为溶液本体浓度。从式(2)可见，在一定的实验条件(包括一定形状和大小的静止平面电极)下，极限扩散电流 i_d 和物质的浓度 C_O^* 成正比，这是伏安法定量的基础。

科特雷尔方程是伏安法的一个基本公式，也是许多近代伏安法的理论基础，利用这个公式，已知电极反应的 n，还可求得扩散系数 D_O。

可逆极谱波 [reversible polarographic wave] 又称扩散波。电极反应可逆，极谱电流仅受电活性物质在溶液中的扩散速率控制的极谱波。

克拉克氧电极 [Clark oxygen electrode] 又称氧电极。由阴极、阳极、电解液以及阴极表面上的氧透过性膜构成的膜式氧传感器。它利用氧扩散透过膜在阴极表面发生电化学还原，产生的电流正比于氧的分压，从通过的电流值可测定气相中氧的浓度。

控制电流电重量分析法 [controlled-current electrogravimetric analysis] 通过调节外加电压使电解电流恒定，使被测物质以能称量的形式析出，由电解所增加的质量求算出被测物质的含量的方法。此法可测定多种金属。装置较简单，准确度可达 0.2%，分析时间较短，但选择性较差。

控制电流库仑法 [controlled-current coulometry] 又称恒电流库仑法、库仑滴定法。由电解进行的时间和电流强度求算出被测物质含量的方法。由恒电流发生器产生的恒电流通过电解池，用计时器记录电解时间，被测物质直接在电极上反应或在电极附近由于电极反应产生一种能与被测物质起作用的试剂，当被测物质作用完毕后，由指示终点的仪器发出信号，立即关掉计时器。该法能用于容量分析的各类滴定，可用于有机化合物和金属络合物的反应机理及电极过程的研究，也可用于络合平衡的研究。

控制电位电解法 [controlled-potential electrolysis] 通过控制电解电位使其恒定，只让被测物质在工作电极上电解析出，由称重电解所增加的质量求算出被测物质含量的方法。该法也可用于提纯分析试剂、分离干扰杂质，特别适用于除去试样的基体，测定其中的微量组分。

控制电位库仑法 [controlled-potential coulometry] 又称恒电位库仑法。电解时，用恒电位装置控制工作电极电位，以 100%的电流效率进行电解，当电流的变化趋于零时，由库仑计测得电量，从而求出被测物质含量的方法。该法适用于混合物质的测定，可用于多种元素及其化合物的测定，在有机和生化物质的合成和分析方面的应用也很广泛，同时也是研究电极过程、反应机理等的有效方法。

库仑滴定法 [coulometric titration] 即控制电流库仑法。

库仑分析法 [coulometry] 通过测量被测物质在 100%电流效率下电解所消耗的电量进行定量分析的方法。其理论基础是法拉第电解定律，是在电解分析法的基础上发展起来的一种分析方法。1938 年由柴北勒德(L. Szebelledy)和索摩盖(Z. Somogyi)首先提出。库仑分析法有两种形式：一种是恒电位库仑法，相当于控制电位电解；另一种是恒电流库仑法，也称控制电流库仑法。

库仑计 [coulometer] 控制电位库仑分析装置中的一个重要组成部分。其被用来测量电解过程所消耗的电量。常见的有银库仑计、氢氧库仑计、氢氮库仑计等。

醌氢醌电极 [quinhydrone electrode] 由一片清洁光亮的铂片或金片浸到醌和氢醌的等摩尔的饱和溶液中构成。此电极常用来测定溶液的 pH。在 25℃时，其标准电位为：0.699 92 V 及 0.699 61 V(平均值为 0.699 76 V，相对于标准氢电极)。由于醌氢醌电极易制备，电位很快达到平衡、电阻低等优点，应用较广。但要注意以下几点：①只能应用于 pH 低于 8 的溶液，pH 在 8 以上作为弱酸的氢醌开始解离或被氧化成醌，引

起误差。②当溶液中有强氧化性或还原性物质如重铬酸盐、高锰酸盐、二价锡、亚硫酸盐、硫代硫酸盐等时，会引起醌和氢醌的比例变化而产生误差。同时也不能用于硼酸盐的测定。③有中性盐时，要产生“盐误差”，因为盐对氢醌和醌的活度系数影响不同。在离子强度低于 0.5 mol/kg 溶液中，盐误差不超过 0.03 个 pH 单位。

扩散波 [diffusion-controlled wave] 即可逆极谱波。

离子传感器 [ion transducer] 即离子选择性电极。

离子通道免疫传感器 [ion channel switch immunosensor] 一种基于仿生膜的离子通道开关的超灵敏的免疫传感器。它由双层脂膜组成，下半层膜通过硫醇固定在金电极表面，上半层膜可以滑动，上半层膜中置入 2 个短杆菌肽离子通道并连接着抗体，这种结构在膜和电极间形成了一个离子容器。当溶液中没有敏感物存在时，在外加电压下溶液中的离子大量流过离子通道开关而导电；当溶液中有敏感物如抗原存在时，因抗体/抗原的特异结合而拉动上层膜使离子通道开关关闭，停止离子流过膜(以几百万离子/秒速率)。由此可见，仅靠被测的一个生物分子的识别作用就使之放大到可测量的电导(或电流)信号，因此非常灵敏(pmol)。已应用到血型检定，细菌、病毒、DNA、药物、抗体、蛋白质、肽和血液电解质等的检测，方法简便且稳定。

离子选择性场效应晶体管 [ion-selective field-effect transistor] 能够敏感离子的微型半导体电子器件。它将离子敏感性膜直接结合在场效应晶体管的栅极位置上，用绝缘性能良好的黏胶密封，只露出离子敏感膜，并引出相应的电极导线。也能利用现代电子技术的成就制备离子敏感的微型探针，把化学敏感材料淀积在微小硅片上，甚至阵列数个敏感材料，和放大器结合，做成集成电路，成为全固态的多元微型探针。对于电分析化学、生物学和医学等的研究，特别是体内测量具有重要意义。

离子选择性电极 [ion-selective electrode] 又称离子传感器。能对溶液中的特定离子产生选择性响应的一种电化学传感器。其电位与溶液中相应离子的活度之间的关系可用能斯特(Nernst)方程表示。可用于测定溶液中的多种离子，特别适用于进行连续监测和过程控制。

卢金毛细管 [Luggin capillary] 在有电流通过测量电池时，两电极之间的溶液存在欧姆电位降，为了尽量减少其对电势测量的影响，将参比电极溶液端的玻璃管拉成毛细管，作为电解池辅助结构的有参比电极的连液管，即卢金毛细管。并使之尽量靠近工作电极，使参比电极的测量回路中几乎没有电流通过，这样可用高阻伏特计测得较准确的电势数据。

脉冲伏安法 [pulse voltammetry] 在线性扫描或阶梯扫描电压上(通常为慢扫描)叠加一个矩形脉冲电压，测量电解池中极化电极上由于脉冲电压所产生的电流与直流电位关系的方法。分为常规脉冲伏安法和微分脉冲伏安法。该法广泛用于痕量物质的分析和电极过程(如可逆性和吸附性)的研究。

毛细管 [capillary] 内径很细的管子。通常是指内径等于或小于 1 mm 的细管，因管径细如毛发而称其为毛细管。

毛细管常数 [capillary constant] 极谱分析中使用滴汞电极，液态汞在储汞瓶中受重力的作用，从直径为 0.05～0.1 mm 的玻璃毛细管底端连续地形成大小相同的汞滴。汞在毛细管中的流速 m (mg/s) 和滴落时间(每滴间隔时间) t (s) 是毛细管特性，而伊尔科维奇方程 $i_d = 607nD_O^{1/2}m^{2/3}t^{1/6}C_O^*$ 中的乘积 $m^{2/3}t^{1/6}$ 称为毛细管常数。当汞柱高度增加时，汞流速 m 增大，滴落时间 t 减小，但两者的乘积几乎不变。当试液的浓度 C_O^* 一定时，极限扩散电流 i_d 的大小取决于 $m^{2/3}t^{1/6}$。因此对于同一试液，使用不同的毛细管，测得的 i_d 不同。m 和 t 都可以由实验测得，为了对不同毛细管的扩散电流进行比较，极谱分析报告中应注明 $m^{2/3}t^{1/6}$ 的数值。毛细管常数除了受毛细管本身的几何形状、汞柱高度的影响外，滴汞时间 t 还受外加电位的影响，因为滴汞和溶液间的界面张力受汞滴电荷而变化。但是，扩散电流只随 $t^{1/6}$ 而变化，因此在一较小的电位范围内，这种变化可以忽略。

毛细管的屏蔽效应 [shielding effect at the capillary wall interface] 在推导滴汞电极上的扩散电流方程时，假定滴汞悬浮于溶液中，去极化剂从四面八方对称地向滴汞表面扩散。但在滴汞的顶端是毛细管，其所遮盖的区域就没有扩散，因此，实际所得的电流值比利用扩散电流方程预期的理论值稍为小些的效应。

毛细管电泳电化学法 [electrochemical detection methods in capillary electrophoresis] 将毛细管电泳和电化学检测相结合的分离分析方法。常用的有电导、安培、库仑等检测器，并配有碳纤维等电极。它具有灵敏度高(检测限可达 10^{-15}～10^{-19} mol/L)，分离速度快，分离效率高(柱效可达几十万理论塔板数)，而且取样体积小(1～10 nL)，可获得大量信息等优点。可用于有机、无机物，糖类及高聚物的分离和分析，特别是用于多种药物的手性拆分和测定，为手性药物的合成、筛选和药效研究提供了简便有效的手段。

毛细管噪声电流 [capillary noise current] 在极谱法中，当汞滴滴下时，毛细管中的汞向上回缩，毛细管管口的溶液渗透进入毛细管，在汞线和毛细管管壁之间形成不规则的溶液薄膜。这部分汞线的电势随滴汞电极电势的变化，产生了不规则的充电电流和溶液薄膜中物质的氧化还原反应所产生的毛细管电流。液膜的厚度和汞回缩高度对每一滴汞是不规则的，因此使体系的电流发生变化，形成噪声电流。

酶电极 [enzyme electrode] 表面修饰有生物酶的电极。例如，将酶覆盖在通常的离子选择性电极的敏感膜上，试液中被测物向酶膜扩散，并与酶层接触发生反应，引起被测物或产物活度的变化，被离子选择性电极所响应。酶电极由于酶催化反应的选择性很强，在生化分析中具有重要的意义。

免疫传感器 [immunosensor] 由偶联抗原/抗体分子的生物敏感膜与信号转换器组成的，基于抗原抗体特异性免疫反应而进行检测的一种生物传感器。由于抗原抗体的特异性反应，免疫传感器在生化分析中具有重要的意义。

免疫电极 [immunity electrode] 将抗原或抗体以一定的方式固定于电极表面，利用抗原抗体之间的特异性结合反应，用电化学法测定抗体或抗原而制成的电极。

纳米电极 [nanoelectrode] 电极的有效直径在 1～100 nm 的电极。呈现出不寻常的传质过程，乃至发生量子现象，带来许多新的性质，集中反映在极高的传质速率和极高的分辨率两个方面。纳米电极适于高阻体系，超临界液体、固体甚至气体介质的研究，有利于异相和均相快速电化学反应研究，还可用在液/液界面的研究。

逆向脉冲极谱法 [reverse pulse polarography] 与常规脉冲极谱的扫描方向相反，起始电位维持在相当负的值，即在极限扩散控制的电位区域，加正向脉冲，使加入脉冲的电位越来越正，记录得到逆向常规脉冲极谱图的方法。该方法可用于研究电极过程机理，特别适合于不稳定电极反应产物的研究。

普贝图 [Pourbaix diagram] 即电位-pH 图。

气敏电极 [gas sensing electrode] 即气体敏感膜电极。

CO_2 气敏电极 [CO_2 gas-sensing electrode] 以 pH 玻璃电极作为指示电极，银-氯化银电极为参比电极，碳酸氢钠为内电解质溶液构成的复合电极。由于二氧化碳与水作用生成碳酸，影响碳酸氢钠的电离平衡，进而改变电极内部电解液中的氢离子活度，其与试样中二氧化碳的分压成正比，故由 pH 的变化可确定样品中 CO_2 的含量。

气体敏感膜电极 [gas-sensitive membrane electrode] 又称气敏电极。对某种气体具有选择性响应的电极。基于一些气体溶于水溶液中生成了能用离子选择性电极检测的离子。用离子选择性电极指示溶液中由于发生化学反应而引起的某一离子活度的变化。气敏电极已获得较多的应用，CO_2 气敏电极用在临床化验，如血的分析。NH_3 气敏电极用在电厂水汽系统监测，印染厂污水和氮肥厂空气监测，以及硝酸盐用节瓦尔德合金还原为氨后的分析。SO_2 气敏电极用于石油产品的分析，氢氰酸电极用于农药生产废水分析等。

去钝化剂 [depassivator] 即活化剂。

去极剂 [depolarizer] 能在电极上发生氧化反应或还原反应，使电极电势维持在其平衡值附近的物质。发生阴极反应的物质称为阴极去极剂，发生阳极反应的物质称为阳极去极剂。

溶出伏安法 [stripping voltammetry] 通过预电解将被测物质电沉积在电极上，然后施加反向电压使富集在电极上的物质重新溶出，根据溶出过程的极化曲线进行分析的方法。该方法灵敏度极高，在痕量分析中具有重要意义；仪器结构简单，价格便宜，便于推广；应用范围广，在周期表中，有多种元素可进行阳极溶出分析或阴极溶出分析，可同时测定多种含量在 10^{-9} mol/L 甚至 10^{-12} mol/L 范围内的元素，而不必预先分离。

三电极体系 [three-electrode system] 由工作电极、对电极和参比电极三电极构成的电化学体系。

扫描电化学显微术 [scanning electrochemical microscopy (SECM)] 通过驱动非常小的电极探针在靠近样品处进行扫描，样品可以是导体、绝缘体或半导体，记录针尖上的法拉第电流，从而获得对应的微区电化学和相关图像信息的扫描显微技术。目前可达到的最高分辨率约为纳米级。其可用于观察样品表面的化学或生物活性分布、亚单分子层吸附的均匀性，测量快速异相电荷传递的速率、一级或二级随后反应的速率，研究酶-中间体催化反应的动力学，研究膜中离子扩散，研究溶液/膜界面以及液/液界面的动力学过程。还可用于单分子的检测，酶和脱氧核糖核酸的成像，光合作用的研究，腐蚀研究，化学修饰电极膜厚的测量，纳米级刻蚀、沉积和加工等。

色谱电化学法 [chromatography-electrochemical method] 将液相色谱的高分离能力和电化学检测的高灵敏性相结合的方法。弥补了传统电化学方法选择性的局限，并为液相色谱提供高灵敏度的检测器。是目前多组分复杂样品的痕量分析的一个重要手段。

生物催化电极 [biocatalyzed electrode] 利用生物膜的专一性、选择性识别底物，催化底物反应；利用电化学电极对产物电化学活性的检测实现对底物的分析的一种生物电极。例如酶电极、微生物电极。

生物电化学 [bioelectrochemistry] 释文见物理化学同名词条。

生物功能物质 [biological functional materials] 具有识别能力的生物分子。例如酶、抗原和抗体、结合蛋白质等，具有很高的选择性。

生物功能物质的固定化 [immobilization of biological functional materials] 将具有分子识别能力的生物

功能物质，如酶、抗原和抗体等，包藏、吸附或键合于某些高分子材料、生物高分子或无机材料内制备成感应器。

示波极谱法 [oscillopolarography] 用示波器观测极谱曲线的分析方法。包括单扫描极谱法和交流示波极谱法。

示差脉冲极谱[伏安]法 [differential pulse polarography [voltammetry]] 即差分脉冲极谱[伏安]法。

双安培滴定法 [biamperometry] 又称死停终点法。两个电极都作为极化电极的安培滴定法。

双电层 [double electric layer] 又称电双层。任何两个物相接触，过剩电荷集中于界面，形成双电层。它是在电极与溶液间进行电极反应的很薄的一个表面层，是电极电势存在的位置所在。相界电势的形成是由于：①外电源通过辅助电极对电极充电，使电极金属将带净电荷，此时电极的溶液相将带符号相反的等量电荷；②界面上极性分子(包括溶剂分子)，如水的偶极子的吸附或定向排列；③离子在界面上的吸附；④电极界面存在氧化还原电对，它们的氧化还原倾向表现为电极电势。以上电势产生的原因可以相互重叠，总的效果是在界面上产生正、负电荷的空间分离，但由于正、负电荷相吸引，故它们将比较紧密地或疏松地在电极界面排列，形成正、负两层或多层。双电层的结构和性质将对电极反应速率产生重要的影响。

死停终点法 [dead-stop titration] 即双安培滴定法。

碳电极 [carbon electrodes] 以碳素材料为导电基体的电极的统称。石墨电极、玻碳电极和碳糊电极等都是碳电极。

碳糊固定法 [carbon paste immobilization] 将酶用石蜡油等溶剂调匀，再加入石墨粉调制成糊状物，填充于玻璃管内制备成碳糊电极的方法。可用于制作生物传感器。

碳纤维微盘电极 [carbon fiber micro-disk electrode] 将碳纤维封入绝缘毛细管中，然后抛光露出盘形端面，由此制成的电极。

瓦尔堡阻抗 [Warburg impedance] 一个与频率有关的电阻和赝电容的串联所形成的阻抗。

微电极 [microelectrode] 电极直径在 100 μm 以下的电极。如微型化离子选择性电极，用于直接观察体液甚至细胞内某些重要离子的活度变化。微型化的工作电极可用于活体或组织内电活性物质的检测。

微分脉冲极谱[伏安]法 [differential pulse polarography [voltammetry]] 即差分脉冲极谱[伏安]法。

微生物电极传感器 [microbial electrode sensor] 将微生物(常用的主要是细菌和酵母菌)作为敏感材料固定在电极表面构成的电化学生物传感器。其工作原理大致可分为三种类型：其一，利用微生物体内含有的酶(单一酶或复合酶)来识别分子；其二，利用微生物对有机物的同化作用，通过检测其呼吸活性(摄氧量)的提高，即通过氧电极测量体系中氧的减少，间接测定有机物的浓度；其三，通过测定电极敏感的代谢产物间接测定一些能被厌氧微生物所同化的有机物。微生物电极传感器在发酵工业、食品检验、医疗卫生等领域都有应用。例如：在食品发酵过程中测定葡萄糖的佛鲁奥森假单胞菌电极；测定甲烷的鞭毛甲基单胞菌电极；测定抗生素头孢菌素的弗氏柠檬酸细菌电极；等等。

微生物燃料电池 [microbial fuel cell] 一种利用微生物将有机物中的化学能直接转化成电能的装置。其基本工作原理是：在阳极室厌氧环境下，有机物在微生物作用下分解并释放出电子和质子，电子依靠合适的电子传递介体在生物组分和阳极之间进行有效传递，并通过外电路传递到阴极形成电流，而质子通过质子交换膜传递到阴极，氧化剂(一般为氧气)在阴极得到电子被还原与质子结合成水。

吸附溶出伏安法 [adsorptive stripping voltammetry] 一种以吸附作为富集手段的溶出伏安分析法，即在一定的条件下，使被测物质以自发扩散或强制对流吸附在工作电极上，然后采取一定的扫描电压方式，使被测物质发生电化学氧化或还原从电极溶出，根据所得的伏安曲线测定物质的浓度。已用于有机化合物、药物、生物物质及无机元素的测定。

析出电位 [deposition potential] 电解时被电解的物质开始在电极上析出时所对应的电位。

细胞传感器 [cytosensor] 将细胞生物生理过程的行为(如新陈代谢，配体与受体的作用等)所反映出的电化学信息的变化转换成电信号，从而实现对细胞代谢活性、配体与受体的作用、药物对细胞的作用等进行分析的传感器。

细胞电化学 [cell electrochemistry] 以电化学的基本原理和实验方法从整体上对细胞进行分析和表征，研究或模拟研究细胞荷电物质或电活性物质能量传递的运动规律及其与细胞功能的关系和影响。是生物电分析化学的一个重要分支。细胞是构成生命有机体的基本单位，对有机体的生长发育以及生理功能的维护起着至关重要的作用。由于细胞中的各种生理活动多伴随着电荷的定向传递、传导或者转移，因此，结合电分析化学技术的简单、便捷、灵敏以及快速的优势，为细胞活性分析、疾病诊治以及药物筛选等研究提供了越来越多的理论支持，并奠定了重要的实验基础。

线性扫描伏安法 [linear sweep voltammetry] 将一快速线性变化电压施加于电解池上，并根据所得的电流-电压曲线进行分析的方法。可作为定性定量分析方法，也可用于研究电极过程的动力学性质。

线性扫描示波极谱法 [linear sweep oscillographic polarography] 即单扫描示波极谱法。

响应时间 [response time] 离子选择性电极由一种活度值的试液转入另一活度值试液时，建立平衡电势值所需的时间。按IUPAC推荐，定义实际响应时间为离子选择性电极与参比电极接触试液开始，到电极电势与稳态值相差1 mV所需的时间。

相敏交流伏安法 [phase sensitive alternating current voltammetry] 依据法拉第电流和充电电流的相位不同，利用相敏检波有选择地测定不同相位时的交流电流，以获得测定的最佳选择，即信号电流最大、充电电流的影响最小的一种交流伏安法。利用该法可以提高测定灵敏度。

修饰双层磷脂膜 [modified bilayer lipid membrane] 由于双层磷脂膜具有高度的生物相容性，可将生物组分，如离子、核酸、酶、蛋白、抗原、抗体等掺入双层膜内，形成修饰双层磷脂膜。可用来研究这些组分的电化学特性以及对相应物质的响应特性。

旋转环-盘电极 [rotating ring-disk electrode (RRDE)] 一种双工作电极。在盘电极的周围加上一圈环电极，旋转时溶液从盘到环的方向对流。使用旋转环-盘电极分别设定环与盘的电位后可在环电极上将盘电极上的生成物检出。使用旋转环-盘电极不仅可有效研究电极反应机理，还可用于光谱电化学分析、生物发酵反应、微量成分的定性定量分析、半导体电极反应中的光电极反应、金属或合金溶解或钝化反应、络合物的电极反应、有机电解、催化反应以及无机化合物的电解。

选择性系数 [selectivity coefficient] 表示电极相对主要响应离子 i，对干扰离子 j 的选择性。是离子选择性电极性能的重要参数。对于离子选择性电极，当试液中除电极的主要响应离子 i 外，其他共存离子可能影响电势值。其影响程度可由扩充的能斯特公式描述：

$$E = E^{\ominus} \pm 2.303\frac{RT}{z_iF}\lg\left[a_i + \sum_j K_{ij}^{\text{pot}} a_j^{z_i/z_j}\right]$$

式中，a_i 和 a_j 分别为主要离子和干扰离子的活度；$\sum_j$ 为共存的所有干扰离子之和；z_i 和 z_j 分别为主要离子和干扰离子的电荷数；K_{ij}^{pot} 称为离子 i 对离子 j 的电势选择性系数，或简称选择性系数。K_{ij}^{pot} 大，共存离子 j 的干扰就大，K_{ij}^{pot} 小，则其干扰较小。一支优良的离子 i 的选择性电极，选择性系数越小越好。

循环伏安法 [cyclic voltammetry] 控制电极电势以不同的速率，随时间以三角波形一次或多次反复扫描，电势范围是使电极上能交替发生不同的还原和氧化反应，并记录电流-电势曲线的一类伏安法。该法完成一次扫描可同时得到氧化过程和还原过程的信息，可用于研究电活性物的电极反应机理，研究双电层、吸附现象和电极反应动力学。是一种常用的电化学研究方法。

压电 DNA 传感器 [piezoelectric DNA sensor] 在传感器的压电晶体上，用适当方法固定单链DNA（ssDNA）或具有特异性序列的寡聚核苷酸片段（称探针分子），根据碱基序列配对互补原理，压电敏感元件上的探针分子与试液中的目标ssDNA（称靶DNA）分子间互补杂交，引起传感器振荡频率及阻抗等参数发生变化，由此实现DNA检测的传感器。它可用于研究染料分子与DNA分子之间的嵌入作用，或抗癌药物与DNA的相互作用等。

压电光谱电化学 [piezoelectric spectroelectrochemistry] 又称光-声-电多维联用传感技术。将光谱电化学和压电石英晶体传感检测有机地结合起来，可同时获取来自光谱、压电及现代电化学的多维、动态或实时的信息的技术。主要提供以下三类信息：电极电位与电流，参与反应的物质的吸光度以及电极表面沉积膜的质量变化，溶液本体与晶体电极界面上所发生化学反应过程中涉及的电量等电学信息，与红外、紫外或拉曼光谱等有关的光谱学信息，以及压电晶体的多种频率、等效阻抗/导纳、相位、质量因子等压电学信息，或与表面声波传感器件有关的诸种频率、频谱信息，从而对界面化学过程提供全面的描述。

压电化学 [piezoelectric chemistry] 利用以压电材料为基底的体声波器件在厚度剪切模式振荡过程中与周边环境的相互作用，由器件超高频声波的声电阻抗谱、频谱或相位等参量变化，对环境介质包括质量、黏弹性、导纳、介电或流变特性、离子溶剂传输等物理、化学性能作出相关应答并转换为相应传感检测信号，获取有关组分或多元组分体系的成分、性状的一维或多维信息，以求得对象的全面、动态、实时或在位描述的传感检测的技术。需样量可小至μg或μL级。可用于气相传感检测，液相、液/固界面或固相表面的研究；测定低到ng级质量或pmol/L～nmol/L级的痕量组分；用于实时或在线检测；可用作流动注射分析和液相或气相色谱中微量样品组分的灵敏检测器。除了各种无机物和有机物的痕量或微量分析之外，它也可用于药物、食品、冶金样品、酶、微生物，免疫体系、环境污染物、血液组分和血液流变特性以及其他临床医学检测。

压电酶传感器 [piezoelectric enzyme sensor] 由酶膜和压电敏感元件密切接触构成的压电传感器。主要用于测定样液中的底物或酶反应产物，也可用于测定酶的活性。

压电免疫传感器 [piezoelectric immunosensor] 利用抗体（或抗原）对抗原（或抗体）的特异性识别功能和压电晶体的高灵敏质量响应而制成的压电传感器。用于测定抗体和抗原。

压电微生物传感器 [piezoelectric microbial sensor] 在压电石英晶体表面交联固载待测微生物的相应抗体，通过抗体与微生物的特异性结合，导致晶体质量负载增加，使谐振频率发生变化，从而可对微生物进行检测的压电传感器。

盐桥支撑双层磷脂膜 [salt bridge supported bilayer lipid membrane (sb-BLM)] 是以通常在电化学中用作盐桥的水凝胶，即琼脂或琼脂糖为支撑载体形成的双层磷脂膜。凝胶的高黏度性可为薄层膜提供稳定的支撑，同时它也可作为水相界面，使得离子可以通过。是固定生物活性物质的理想材料。

阳极去极剂 [anodic depolarizer] 参见去极剂。

阳极溶出伏安法 [anodic stripping voltammetry] 被测物质在工作电极上电解富集过程为电还原，溶出测定过程为电氧化的溶出伏安法。一般用于测定能生成汞齐的金属离子。

氧电极 [oxygen electrode] 即克拉克氧电极。

氧化电流 [oxidation current] 在电极上发生氧化反应产生的电流。

氧化电势溶出法 [oxidation potentiometric stripping analysis] 利用化学氧化剂或恒定的氧化电流将预电解富集的金属或汞齐化的金属氧化，使之溶出，记录电位-时间曲线的方法。适合于分析痕量金属和混合金属。

氧化电位(势) [oxidation potential] 氧化电流开始流出时的电位，即物质发生氧化反应的临界电位，受实验条件的变化而变化。是衡量电极反应趋势的参数和判断氧化反应能否进行的依据。

氧化还原电位(势) [redox potential] 衡量电极反应进行趋势的一个参数。可用作给定的氧化还原反应进行方向的判据。当电极的金属部分浸在该金属的盐类溶液中时，金属表面的原子在溶剂作用下有离开晶格转变为溶剂化正离子进入溶液的倾向；同时在电极上负电场的吸引下，溶液中的金属离子也有在电极的表面还原的趋势。从而电极表面因聚积电子而带负电，靠近电极表面的溶液中因聚积着金属离子而带正电，形成所谓的双电层，电极和溶液之间构成一定的电势差。其数值因金属材料和金属盐的浓度而不同，称为电极电势，但至今尚无法测定其绝对值。经约定，以 1.013 25×10^5 Pa 氢气所饱和的铂黑电极与含有 1 mol/L 的氢离子的溶液之间的电极电势定为零作为基准，与待测体系构成电池，所测得的该电池的开路时的电动势，数值上即等于待测电极电势的值。其符号由该电池电流方向所决定。电子流向外电路的电极，其电极电势定为负值。并将在 25℃时 1.013 25×10^5 Pa 下，溶液中参加电极反应的离子活度为 1 mol/L 时的电极电势称为标准电极电势，即在标准状态下这个电池的电动势值便是 M/M^{n+} 电势，记作 $E^{\circ}_{M/M^{n+}}$。用来表示电极反应为：$M \rightleftharpoons M^{n+} + ne$ 时的标准电极电势，即氧化(还原)电势。非标准状态下的氧化(还原)电势，可根据能斯特方程 $E = E^{\circ} + \frac{RT}{nF}\ln\frac{c_1}{c_2}$ 进行计算。式中，E° 是标准氧化(还原)电势，R 为摩尔气体常数，T 为热力学温度，n 为这一氧化反应中电子转移数，F 为法拉第常数，c_1 为氧化态物质浓度，c_2 为还原态物质浓度。利用氧化(还原)电势进行比较，可以准确无误地判断各氧化剂(或还原剂)的氧化(还原)能力的高低。

氧化还原酶 [oxidoreductase] 在两分子间的氧化还原反应中起催化作用的酶的总称。包括氧化酶和脱氢酶等。如葡萄糖氧化酶、乳酸脱氢酶、细胞色素氧化酶及过氧化氢酶等。

伊尔科维奇方程 [Ilkovic equation] 滴汞电极上的扩散电流方程。1934 年由伊尔科维奇(D. Ilkovic)提出。滴汞电极上的扩散过程有两个特点：①滴汞呈球形，属于球形扩散；②电极面积不断增长，引起溶液发生对流运动。因此，滴汞电极附近任一点物质浓度随时间的变化取决于两个因素：球形扩散和溶液对流。由于滴汞电极附近的扩散层厚度很薄，比电极的半径小得多，几乎可以忽略不计，因此可将滴汞电极的球形扩散当作面积不断变化的平面电极的线性扩散来处理。利用拉普拉斯变换法进行求解，由菲克第二定律求得伊尔科维奇方程：

$$i_d = 607nD_O^{1/2}m^{2/3}t^{1/6}C_O^*$$

式中，i_d 为平均极限扩散电流；n 为电极反应的电子转移数；D_O 为去极剂 O 的扩散系数；m 为汞的流速；t 为汞滴寿命；C_O^* 为溶液本体浓度，参数的量纲分别为：i_d(A)、D_O(cm^2/s)、m(g/s)、t(s)、C_O^* (mol/mL)，或者 i_d(μA)、C_O^* (mmol/L)、m(mg/s)。由该方程得知，用同一毛细管在恒定的汞柱高度时，极限扩散电流与溶液中被测物质的浓度成正比，这是极谱定量分析的基础。而且扩散电流与汞柱高度的平方根成正比，这一线性关系不仅进一步验证了伊尔科维奇方程的有效性，也是判断纯扩散控制电流的实验依据。

阴极去极剂 [cathodic depolarizer] 参见去极剂。

阴极溶出伏安法 [cathodic stripping voltammetry] 电解富集过程是电氧化，溶出测定过程是电还原的溶出伏安法。用于测定由溶液中阴离子和电极材料组成的难溶盐中的阴离子和有机生物分子。

银-氯化银电极 [silver-silver chloride electrode] 一种常用的参比电极。在银丝(或银片)上镀上一层 AgCl，一般先把银丝(或银片)用 3 mol/L HNO_3 溶液浸洗，水洗后在 0.1 mol/L HCl 溶液中进行阳极极化，用此方法制作的电极浸在浓度一定的盐酸盐溶液中即构成 Ag /AgCl/Cl^- 电极，其电极反应为

$$AgCl+e \rightleftharpoons Ag+Cl^-$$

电极电势决定于氯离子的浓度，电极反应可逆，它具有容易处理、电位重现性好等特性。

有机电化学 [organic electrochemistry] 电化学的一个分支。将电化学的方法用于研究有机化合物，内容包括有机物的定性鉴定和混合物的定量分析；以及有机反应的物理现象研究，如测定反应速率，结构式的鉴定，顺反异构和互变异构平衡的研究等；进行有机合成；观察反应过程，测量其动力学与机理，确定反应的终产物，研究有机化合物的一些性质，研究反应中间体(自由基)等；并可直接进行生物活体的研究工作。

圆二色谱电化学法 [circular dichroism spectroelectrochemistry] 一种将圆二色光谱与电化学相结合，研究在电化学过程中分子构象(特征手性)变化与电化学行为之间关系的方法。

暂态法 [transient method] 考虑了时间因素，利用各基本过程对时间的不同响应，通过改变电极电势(或电流)得到电流(或电势)随电势(或电流)和时间变化的信息，达到研究各基本过程和控制电极总过程的目的的方法。主要用于研究电极过程动力学和电极反应机理。常用的暂态方法有计时分析法、线性扫描伏安法、循环伏安法以及交流技术等。

支持电解质 [supporting electrolyte] 在电化学实验中，主要用来消除迁移电流影响的电解质。其在溶剂中有相当大的溶解度，离子强度通常远大于溶解的电活性物质的浓度，使电解液具备足够的导电性，自身不参与电化学反应，不与体系中的其他成分发生反应，不影响界面双电层的变化。

直接电导法 [direct conductometry] 通过测定溶液的电导值，根据溶液的电导与溶液中待测离子的浓度之间的定量关系确定待测离子的含量的方法。

直接电位法 [direct potentiometry] 在几乎无电流通过的条件下，通过测量电池电动势来确定指示电极的电位，然后根据能斯特方程由所测得的电极电位值计算出被测物质的含量的方法。属于电位分析法的一种。

直流极谱法 [direct current polarography] 由滴汞电极(每滴 3～7 s)和参比电极组成的电解池，以缓慢线性变化(0.1～0.2 V/min)的直流电压通过电位计加于电解池上，并记录其电解电流，根据所得到的电流-电位曲线进行分析的方法。直流极谱法适用于分析在汞电极上还原或氧化的有机物或无机物。

指示电极 [indicator electrode] 电位法中电极电位与分析物活度的对数成比例关系，被用作与参比电极一起测量待测液电池电动势的电极。

准可逆波 [quasi-reversible wave] 电活性物质的电极反应是准可逆的，电流同时受扩散速率和电极反应速率控制的伏安曲线。

自组装膜修饰电极 [self-assembly film modified electrode] 利用自组装技术使电极表面获得具有功能性的分子层的修饰电极。通常用于生物分子识别、分子器件，以及生物分子氧化还原电子传递的研究。

自组装双层磷脂膜 [self-assembled bilayer lipid membranes] 即固体支撑双层磷脂膜。

3.5.3 色谱分析

安培检测器 [ampere detector] 测定色谱柱流出物的氧化或/和还原电流的电化学检测器。

氨基键合相 [amino-bonded phase] 填料表面键合了氨基的液相色谱固定相。

氨基酸分析仪 [amino acid analyzer] 专门用于分析氨基酸的液相色谱仪。

螯合离子色谱法 [chelating ion chromatography] 在流动相或固定相中引入离子螯合试剂或基团，根据其与样品离子形成螯合物的稳定常数差异实现样品离子组分分离的液相色谱方法。

斑点定位法 [localization of spot] 利用显色剂和其他化学、物理、生物等方法确定分离的组分在纸或薄层板上位置的方法。

半峰宽 [peak width at half height] 半高峰宽的简称。

半高峰宽 [peak width at half height] 简称半峰宽。峰高一半处的色谱峰宽度。

保护柱 [guard column] 预柱的一种。其所含固定相与分析柱的固定相相同或类似，主要作用是截留来自流动相或样品中的颗粒物或强保留组分，防止或减少分析柱的污染，从而起到保护分析柱、延长其使用寿命的作用。

保留间隙 [retention gap] 一段 5～10 m 长的未涂固定相的空石英毛细管，使用时连接在毛细管气相色谱仪的进样口和分析柱之间，以利于实现样品组分的溶剂聚焦。

保留时间 [retention time] 样品组分在色谱柱中滞留的时间，即从进样到色谱峰最大值出现所经历的时间。

保留体积 [retention volume] 色谱分离过程中色谱峰的保留时间所对应的流动相体积。

保留温度 [retention temperature] 在程序升温色谱分析中，样品组分的保留时间所对应的色谱柱温度。

保留因子 [retention factor] 又称容量因子。样品组分在固定相中滞留时间(相对于在流动相的时间)的度量。数学表达为调整保留时间和死时间之比。

保留值定性法 [retention qualitative method] 对照标准物质和未知物在相同色谱条件下的保留值进行色谱峰定性鉴定的方法。

保留指数 [retention index] 气相色谱定性分析中的一个重要参数。将样品组分"折合"成某种标准物,用该组分的调整保留时间相对于其前和其后流出的两个标准物的调整保留时间的一个内插值表示。

保留指数定性法 [retention index qualitative method] 利用保留指数对未知物色谱峰进行定性鉴定的方法。

背景电解质 [background electrolyte (BGE)] 毛细管电泳中作为分离介质的电解质溶液。

苯基键合相 [phenyl-bonded phase] 填料表面键合了苯基的液相色谱固定相。

比保留体积 [specific retention volume] 物质在单位质量固定液上,且校正到 273 K 温度下的净保留体积。

比例阀 [proportional valve] 可以控制通过阀上不同通道流体的流速比例的阀。

比移值 [R_f value] 即 R_f 值。

壁涂开管柱 [wall coated open tubular column (WCOT)] 内壁上直接涂渍固定液的开管柱。

便携式色谱仪 [portable chromatograph] 便于人员携带进行野外分析的小型色谱仪。

$$x_i = A_i \cdot s / (A - A_i)$$

式中,x_i 为待测样品中组分 i 的含量(浓度);A_i 为待测样品未加标准物时组分 i 的峰面积(或峰高);s 为加入样品的标准物的质量;A 为待测样品中加入标准物后组分 i 的峰面积。

表观电泳淌度 [apparent electrophoretic mobility] 简称表观淌度。在毛细管电泳条件下测得的淌度值,用符号 μ_a 表示。是有效电泳淌度 μ_e 与电渗淌度 μ_{EOF} 的矢量和。

表观淌度 [apparent electrophoretic mobility] 表观电泳淌度的简称。

薄层板 [thin layer plate] 薄层色谱中的固定相。

薄层层析法 [thin layer chromatography (TLC)] 即薄层色谱法。

薄层扫描仪 [thin layer chromatogram scanner] 实现扫描薄层色谱分析的仪器装置。

薄层色谱法 [thin layer chromatography (TLC)] 又称薄层层析法。是以涂敷了固定相的薄板为分离介质的液相色谱方法,属于平面色谱。

薄壳型填料 [pellicular packing] 在惰性实心球的外面包裹一层固定相的填料。

补充气 [makeup gas] 又称尾吹气。毛细管气相色谱分析中从色谱柱出口处引入检测器的气体。

不对称因子 [asymmetric factor] 定量描述不对称峰的一个参数,等于 10%峰高处的峰宽被峰高切割成前后两线段之比,用符号 A_s 表示。

不分流进样 [splitless sampling; splitless injection] 相对于分流进样而言,进样时关闭分流出口,使气化后的绝大部分样品组分都进入色谱柱的进样方式。

层析[法] [chromatography] 即色谱[法]。

场放大进样 [electrical field magnified injection] 毛细管电泳分析中的一种进样方式,即进样前先在入口端引入一段低电导溶液或水,再用电动进样方式进样。这样就可利用进样端局部电场强度放大的作用实现样品浓缩。

场流分级法 [field flow fractionation (FFF)] 一种分离技术。由吉丁斯(J. Calvin Giddings)于 1976 年提出。含有样品的溶液或悬浮液在压力的作用下流经一个窄而长的通道,在与流动方向垂直的方向上施加力场(如重力、离心力、电力、磁力、交叉流动或热梯度),由于不同组分分子或颗粒的物化性质不同,导致所受力场的作用也不同。通道截面上不同位置的流速不同,中心的流速最快,通道壁处最慢,这样不同的组分就会扩散到不同流速区,从而实现分离。FFF 一般没有固定相,故不同于一般色谱技术,其特点是可以分析质量范围很广的大分子化合物、胶体或颗粒物。

场流分离仪 [field flow fractionation system] 实现场流分级分析的仪器装置。

超高效液相色谱 [ultra-high performance liquid chromatography (UHPLC)] 又称超高压液相色谱。色谱柱使用粒度小于 2 μm 的填料,系统压力 100 MPa 以上的液相色谱技术。特点是分离效率高、分析速度快。

超高压液相色谱 [ultra-high pressure liquid chromatography (UHPLC)] 即超高效液相色谱。

超临界流体色谱[法] [supercritical fluid chromatography (SFC)] 以处于超临界状态的流体(接近或高于临界温度和临界压力)作为流动相的一种色谱方法。

超临界流体色谱仪 [supercritical fluid chromatograph] 实现超临界流体色谱分析的仪器装置。

超载 [overcarry] 进入色谱柱的样品组分质量超过柱容量的现象。

程序变流 [programmed flow] 又称程序流速。流动相流速按照程序设定随分析时间进行线性或非线性变化的技术。

程序流速 [programmed flow] 即程序变流。

程序升[电]压 [programmed voltage] 毛细管电泳中分析电压按照程序设定随分析时间进行线性或非线性变化的技术。

程序升[气]压 [programmed pressure] 色谱柱前压力按照程序设定随分析时间进行线性或非线性变化的技术。

程序升温 [programmed temperature] 色谱柱的温度按照程序设定随分析时间进行线性或非线性变化的技术。

程序升温进样 [programmed temperature sampling] 气相色谱中采用程序升温蒸发器气化样品的进样方式。

程序升温气相色谱法 [temperature-programmed gas chromatography] 色谱柱温度采用程序升温技术的气相色谱方法。

程序升温蒸发器 [programmed temperature vaporizer (PTV)] 一种气相色谱进样系统的器件，可按照程序设定以一定的速率升高温度，使其中的样品组分按照沸点高低依次气化。

尺寸排阻色谱法 [size exclusion chromatography (SEC)] 又称体积排阻色谱法或分子排阻色谱法。以化学惰性的多孔性凝胶为固定相，根据被分析物的分子尺寸或分子量大小实现分离的一类色谱方法。根据固定相的性质不同，可分为凝胶渗透色谱和凝胶过滤色谱，常用于聚合物和生物大分子的分离分析。

重建离子流电泳图 [reconstructed ion electrophoregram] 在毛细管电泳-质谱联用分析中，将质谱检测器得到的、并已储存在计算机中的不同离子的强度随时间的变化曲线加和起来的总离子流电泳图。

重建离子流色谱图 [reconstructed ion chromatogram] 在色谱-质谱联用分析中，将质谱检测器得到的、并已储存在计算机中的不同离子的强度随时间的变化曲线加和起来的总离子流色谱图。

传质速率 [rate of mass transfer] 样品组分(溶质)在流动相中和固定相中以及通过二者之间的界面转移的速率。

传质阻力 [mass transfer resistance] 被分离样品组分(溶质)在流动相和固定相中的传质过程所受到的阻力。

大体积进样 [large-volumn injection] 毛细管气相色谱分析中，通过采用程序升温蒸发器或冷柱头进样配合保留间隙管，一次或多次注射，使进样体积可高达毫升级的进样方式。

单向阀 [one-way valve] 又称止逆阀。流体只能在一个方向上通过的阀。

氮-磷检测器 [nitrogen-phosphorus detector (NPD)] 又称热离子检测器。由火焰离子化检测器(FID)发展而来，和FID的差异只是在喷嘴与收集极之间加一个碱源——铷珠，工作时，铷珠通过镍丝电流加热，将氢分子分解成活性氢原子，再与氧气反应。样品进入后，生成电负性的离子碎片，离子化后由收集极收集检测。NPD 特别适合于含氮和含磷化合物的检测。

倒峰 [negative peak] 即负峰。

等电聚焦电泳 [isoelectric focus electrophoresis] 一种基于物质的等电点不同而进行分离的电泳模式。被分析物(如蛋白质)加入到具有 pH 梯度的分离介质中，在外加电场的作用下，不同等电点的样品组分就迁移到接近其等电点的 pH 处并聚集停留，从而实现分离。

等度洗脱 [isocratic elution] 流动相组成不变的洗脱方式。

等速电泳 [isotachophoresis] 分离过程中样品区带之前是前导电解质(其电泳淌度大于样品中任何离子)，样品区带之后是尾随电解质(其电泳淌度小于样品中任何离子)，在电场作用下电泳达到平衡后，各区带相随迁移，分成清晰的界面以等速移动，并逐渐形成独立的溶质区带而得到分离的电泳方法。

低压梯度 [low-pressure gradient] 又称外梯度。一种实现梯度洗脱的方式。采用电磁比例阀在常压下将流动相的不同组分混合，然后再用高压输液泵送入色谱柱，梯度组成由比例阀控制。

点样 [sample application] 平面色谱中将样品加载到分离介质上的操作。

点样器 [sample spotter; spot applicator] 将样品定量加载到色谱纸、薄层板或色谱棒上的器件。

电导检测器 [conductivity detector] 测定色谱柱流出物的电导或电阻变化的电化学检测器。

电动进样 [electrokinetic injection] 又称电迁移进样。毛细管电泳分析中的一种进样方式，即进样时将毛细管入口端插入样品瓶中，然后在毛细管两端施加一定的电压，靠电渗流将样品带入毛细管。

电化学检测器 [electrochemical detector] 测定色谱柱流出物的电化学性质的检测器。主要有安培检测器、库仑检测器、极谱检测器和电导检测器。

电歧视效应 [effect of electrical discrimination] 毛细管电泳电动进样时，因混合样品中各组分的淌度不同，随电渗流进入毛细管的迁移速率不同，使进入毛细管的样品组成与原来样品组成不同的现象。

电迁移进样 [electromigration injection] 即电动进样。

电渗泵 [electroosmotic pump] 利用电渗流驱动液体流动的泵。

电渗流 [electroosmotic flow (EOF)] 在通道(如石英毛细管)中充满电解质溶液，在一定 pH 条件下，通道内壁带有负电荷(如硅基羟基解离)，溶液中的正离子就会聚集在通道表面附近形成双电层。当通道两端施加直流电场时，通道内壁附近的正离子(水合离子)就在库仑力的作用下向负极移动，从而带动整个溶液向负极流动。

电渗流速度 [electroosmotic velocity] 描述电渗流大小的参数之一，用 v_{EOF} 表示。

电渗淌度 [electroosmotic mobility] 描述电渗流的大小的参数之一，用 μ 表示。

电泳图 [electrophoretogram] 毛细管电泳分离过程中，检测器的响应信号强度随时间的变化曲线。

电致化学发光检测器 [electrochemiluminoscene detector] 由电化学方法导致被分析物化学发光的检测器。原理是通过电极对含有化学发光物质的化学体系施加一定的电压或通过一定的电流，导致：①发生能释放能量以激发发光物质化学发光的化学反应；或者②利用电极提供能量直接使发光物质进行氧化还原反应，生成某种不稳定的中间态物质，该物质迅速分解导致发光。

电子捕获检测器 [electron capture detector (ECD)] 一种放射性的离子化检测器。多用 ^{63}Ni 或 ^{3}H 放射源，含电负性基团的有机物通过捕获电子而离子化，在电场中形成离子流。它是检测含卤素、硫、磷、氰、氧、氮等基团的电负性物质的高灵敏度选择性检测器。

顶空气相色谱法 [headspace gas chromatography (HSGC)] 简称顶空色谱法。通过对固体或液体样品上方的气体进行分析，从而测定样品本身组成的气相色谱方法。顶空色谱法有静态和动态顶空两种形式，静态顶空色谱是抽取平衡状态下的顶空气体进行分析；而动态顶空分析是通过向样品中通入气体(如氮气)将挥发性成分吹扫出来，经过捕集浓缩后进入气相色谱分析，因此又称吹扫-捕集进样分析。

顶空色谱法 [headspace gas chromatography (HSGS)] 顶空气相色谱法的简称。

顶替色谱法 [displacement chromatography] 即置换色谱法。

定量环 [sample loop] 进样阀上的定量管或样品环。是六通阀进样器上用来控制进样体积的金属管或 PEEK 管，其容积是固定的。

动态范围 [dynamic range] 流动相中某种物质的浓度或质量流速范围。在此范围内，进入检测器的样品组分浓度或流动相中组分的质量流速增加时，检测器的响应值随之增加。

对流电泳 [countercurrent electrophoresis] 又称逆流电泳或对流免疫电泳。一种将双向扩散和电泳技术结合起来的免疫分析方法。

对流免疫电泳 [countercurrent immunoelectrophoresis] 即对流电泳。

多次展开[法] [multiple development] 展开剂前沿移动到薄层板或色谱纸的预定位置后，除去展开剂，再用同一展开剂或不同的展开剂在相同的方向多次重复展开的方法。

多孔层开管柱 [porous layer open tubular (PLOT) column] 内壁上沉积吸附剂或惰性固体的开管柱。

多维色谱法 [multi-dimensional chromatography] 通过一定的接口将两种或两种以上分离机理不同的色谱技术组合起来，用以分离分析复杂样品的方法。

二维色谱法 [two-dimensional chromatography] 通过一定的接口将两种分离机理不同的色谱柱串接在一起，将第一根色谱柱分离的部分或全部组分转移到第二根色谱柱作进一步分离分析的方法。在平面色谱中，是指样品组分先在一个方向上展开，然后再用另一种展开剂在垂直方向上展开的方法。

反吹 [back flushing] 改变色谱柱中流动相的方向的操作。即在感兴趣的样品组分流出色谱柱后，将载气反向通过色谱柱，从而将保留在色谱柱中的强保留组分反吹出色谱柱入口，以缩短分析时间，延长色谱柱寿命。

反气相色谱法 [inverse gas chromatography (IGC)] 又称逆相气相色谱。将要研究的对象作为固定相的气相色谱方法。如研究大分子和小分子的相互作用时，可将大分子作为固定相，小分子作为“探针”样品，根据小分子的保留时间可以计算它与大分子的相互作用参数。

反相高效液相色谱法 [reversed phase high performance liquid chromatography (RP-HPLC)] 以疏水性填料作固定相，以亲水性溶剂或混合物作流动相，流动相极性大于固定相极性的液相色谱方法。

反应色谱 [reaction chromatography] 样品组分在进入色谱柱前或流出色谱柱进入检测器前，或在色谱柱中涉及化学反应的色谱分析方法。

范第姆特方程 [van Deemter equation] 又称速率理论方程。表示了理论塔板高度 H 与载气线速度 u 以及影响 H 的 3 项主要因素之间关系。

$$H=A+B/u+Cu$$

式中，A 为涡流扩散项；B 为纵向扩散项(或称为分子扩散项)；C 为传质阻力项；u 为流动相平均流速。

放射性检测器 [radioactivity detector] 通过检测组分分子中不稳定原子核转变为其他原子核过程中发射的 α、β 或 γ 射线强度来测定具有放射性组分的检测器。

非极性键合相 [non-polar bonded phase] 填料表面键合了非极性基团(如十八烷基)的液相色谱固定相。

非破坏性检测器 [non-destructive detector] 不使样品发生化学变化的检测器，如紫外吸收检测器。

非水毛细管电泳 [nonaqueous capillary electrophoresis (NACE)] 以非水溶剂(如甲醇、乙腈、甲基甲酰胺等)为分离介质的毛细管电泳方法。

非线性色谱 [non-linear chromatography] 在色谱分离过程中，当溶质在流动相和固定相中的浓度增加时，溶质的吸附等温线处于非线性区域，呈现出凹形、凸形、“S”形、台阶形等不同形状。此时溶质的色谱行为不仅与自身性质有关，还与它在两相中的浓度以及与此浓度对应的吸附等温线的曲率有关，分离结果的峰形是不对称的。

分步展开[法] [stepwise development] 用两种或两种以上不同组成的展开剂沿薄层板或色谱纸先后各自移动一定距离的展开方法。

分离度 [resolution] 表征相邻两峰分离程度的参数，为相邻两色谱峰的保留时间之差与两色谱峰峰底宽(以时间表示)平均值的比值。

分离数 [separation number (SN)] 气相色谱图上两个碳原子数相差 1 的正构烷烃之间能够容纳的色谱峰数。

分离因子 [separation factor] 即选择性因子。

分裂峰 [split peak] 单一组分的色谱峰出现的分叉现象。

分流比 [split ratio] 分流进样时进入色谱柱部分与放空部分之比。

分流进样 [split sampling; split injection] 毛细管气相色谱的一种进样方式，即样品在气化室中完全气化并与载气充分混合后，一部分进入色谱柱，其余部分放空。

分流器 [splitter] 将一路流量较大的流体按比例分为两路或多路流量较小的流体的器件。

分配色谱法 [partition chromatography] 根据混合物中各组分在流动相和固定相中分配系数的差异来实现分离的一类色谱法。气-液色谱法和液-液色谱法一般均为分配色谱法。

分子排阻色谱法 [size exclusion chromatography (SEC)] 即尺寸排阻色谱法。

封端 [endcapping] 即封尾。

封尾 [endcapping] 又称封端。专指采用硅烷化试剂与硅胶基键合固定相上残留的硅羟基反应，以减少或消除残留硅羟基引起的二次保留作用。

峰底 [peak base] 连接色谱峰起始点和终止点的直线。

峰容量 [peak capacity] 一个色谱系统所能分离的色谱峰的最大数目。

负峰 [negative peak] 又称倒峰。与通常色谱峰的出峰方向相反的色谱峰。

改性剂 [modifier] 色谱分析中改善固定相或流动相分离性能的试剂。

干法柱填充 [dry column packing] 将固体填料直接以干的固体形式装填到色谱柱中的方法。

高分子多孔小球 [porous polymer beads (GDX)] 多孔球形苯乙烯-二乙烯基苯共聚物或其他聚合物。可用作气液色谱载体和吸附色谱固定相。

高斯峰 [Gaussian peak] 符合高斯分布的对称的色谱峰。

高效液相色谱法 [high performance liquid chromatography (HPLC)] 又称高压液相色谱法。是相对于经典液相色谱而言的，主要指采用小粒度(<10 μm)的分离填料，使用高压输液泵驱动流动相的现代液相色谱法。

高效毛细管电泳法 [high performance capillary electrophoresis] 即毛细管电泳[法]。

高压输液泵 [high pressure pump] 液相色谱仪的关键部件之一，是在较高的压力条件下以稳定的流速将流动相输送到色谱柱的装置。目前的市售仪器多采用活塞泵或注射泵。

高压梯度 [high-pressure gradient] 又称内梯度。一种实现梯度洗脱的方式。采用两个或两个以上的高压输液泵输送两种或两种以上的溶剂或溶液，不同的溶剂或溶液在泵后的高压状态下进入梯度混合室混合形成梯度洗脱流动相，然后进入色谱柱。梯度组成由不同高压泵的流速比例确定。

高压液相色谱法 [high pressure liquid chromatography (HPLC)] 即高效液相色谱法。

隔膜泵 [diaphragm pump] 以隔膜的运动驱动液体流动的高压输液泵。

工业色谱[法] [industrial chromatography] 制备样品量为公斤级以上的，应用于工业生产的色谱分离技术。

固定相 [stationary phase] 色谱分离过程中被固定在色谱柱内或薄层板上的相对静止的一相。

固定液 [stationary liquid] 在分析温度下为液态的气液色谱的固定相，吸附或键合在载体表面构成填充柱的固定相，或者涂渍在毛细管的内壁，形成开管柱的固定相。

固定液的相对极性 [relative polarity of stationary liquid] 固定液相对于某一种或几种物质的极性。常用罗尔施奈德常数和麦克雷诺常数来度量。

管式炉裂解器 [tube furnace pyrolyzer] 一种电加热炉裂解器。采用电热丝加热的石英管，当管中温度达到平衡温度时,将盛有被测样品的铂舟送入炉管内使样品裂解。

冠醚固定相 [crown ether stationary phase] 填料表面键合了冠醚基团的色谱固定相。

贯流色谱法 [perfusion chromatography] 采用贯流填料、以对流传质取代扩散传质的液相色谱方法。所谓贯流填料是一种高分子微球，球的内部分布着两种孔道，一种是贯穿整个颗粒的特大孔，称为贯通孔或对流孔；另一种是连接这些特大孔的较小的孔，称为扩散孔或连接孔。

光离子化检测器 [photo-ionization detector (PID)] 利用密封的 UV 灯发射的紫外光，使色谱柱流出的样品组分电离，在电场作用下形成电流的检测器。适合于多环芳烃的高灵敏度检测。

光散射检测器 [light scattering detector] 测定色谱柱流出物的散射光强度的检测器。

归一化法 [normalization method] 一种色谱定量分析方法。即某一组分的含量等于该组分的峰面积与校正因子的乘积除以所有组分的峰面积与校正因子的乘积之和。

硅胶 [silica gel] 参见无机化学同名词条。

鬼峰 [ghost peak] 即假峰。

过程气相色谱仪 [process gas chromatograph] 用于生产过程的在线实时控制，作为工业生产流程组成部分的色谱仪。

过程色谱 [process chromatography] 用于生产工艺过程在线实时控制的色谱技术。

氦离子化检测器 [helium ionization detector] 一种用于永久性气体超微量分析的高灵敏度检测器。工作原理是以高纯氦气作为载气，进入电离室后，在强电场作用下，与具有高能量的 β 粒子发生碰撞，由基态跃迁至激发态，当色谱柱流出的组分经过时即与此亚稳态的氦原子发生碰撞而被电离。

恒流泵 [constant flow pump] 输送流体过程中保持流速恒定的输液泵。

恒流量洗脱 [isorheic elution] 在分析过程中流动相流量保持不变的洗脱方法。

恒压泵 [constant pressure pump] 输送流体过程中保持压力恒定的输液泵。

红外总吸光度重建色谱图 [total infrared absorbance reconstruction chromatogram] 色谱-傅里叶变换红外光谱联用分析中不同波数的总吸光度随时间的变化曲线。

虹吸进样 [siphon injection] 毛细管电泳分析中的一种进样方式，即进样时将毛细管入口端的样品瓶升高，靠入口端和出口端液面差所形成的虹吸作用将样品吸入毛细管。

化学发光检测器 [chemiluminescence detector (CLD)] 测定色谱柱流出物的化学发光强度的检测器。当被分析物流出色谱柱后，与适当的试剂混合，发生化学发光反应，发光强度与溶质的浓度成正比。

环形展开[法] [circular development] 将样品加载到薄层板或色谱纸的中心，在此处引入展开剂后其前沿呈同心圆状向外移动的展开方法。

混合床离子交换固定相 [mixed-bed ion exchange stationary phase] 由阳离子交换剂和阴离子交换剂混合组成的固定相。

活塞泵 [piston pump] 又称柱塞泵。以活塞的往复运动直接驱动液体的高压输液泵。

活性氧化铝 [activated aluminium oxide] 经化学处理后，表面存在大量活性羟基的氧化铝微粒，可用作吸附色谱和离子色谱的固定相。

火焰光度检测器 [flame photometric detector (FPD)] 利用富氢火焰使有机物分解，形成激发态分子，当它们回到基态时，发射出一定波长的光，发射光由光电倍增管转换成电信号。是对含磷、硫化合物有高选择性和高灵敏度的质量型检测器，由燃烧系统和光学系统两部分组成。

火焰离子化检测器 [flame ionization detector (FID)] 又称氢火焰检测器。是以氢气在空气中燃烧的火焰作为离子化源，样品在其中发生离子化反应，在外加电场的作用下，形成离子流。是质量型检测器，主要由喷嘴、点火线圈、极化极和收集极组成。

积分型检测器 [integral type detector] 响应值取决于进入检测器组分的累积量的检测器。

基线 [baseline] 在实验条件下，只有流动相通过色谱柱时检测器的响应曲线。

基线漂移 [baseline drift] 基线随时间朝一定方向缓慢变化的现象。

基线噪声 [baseline noise] 由于各种因素引起的基线波动。

畸峰 [distorted peak] 不对称或不规则的色谱峰，如前伸峰和拖尾峰。

激光裂解器 [laser pyrolyzer] 以激光作为高温能源的裂解器。激光器发射的光束经透镜聚光后射到裂解室内的样品上，样品通过多光子吸收或电子隧道效应，吸收一部分激光光能，迅速裂解为小分子碎片。

激光诱导荧光检测器 [laser-induced fluorescence detector (LIF)] 通过激光诱导被分析物发射荧光的检测器。

极性键合相 [polar bonded phase] 填料表面键合了极性基团(如二醇基)的液相色谱固定相。

记忆效应 [carryover] 即携流效应。

加压薄层色谱法 [pressured thin layer chromatography] 在加压条件下进行展开的薄层色谱方法。

假峰 [ghost peak] 又称鬼峰。不是正在分析的样品组分产生的色谱峰。如进样口橡胶隔垫降解产物进入色谱柱后产生的色谱峰。

假固定相 [pseudostationary phase] 即准固定相。

肩峰 [shoulder] 较大色谱峰一侧未完全分离的小峰。

检测器 [detector] 色谱仪器的组成部件之一，是测量色谱柱流出物的物理和/或化学性质的变化，并将其转换为电信号的装置。

减尾剂 [tailing reducer] 又称去尾剂。加入流动相中以减少峰拖尾的试剂。

间接检测 [indirect detection] 在色谱和毛细管电泳分析中，如果样品组分在检测器上没有响应，就可以在分离介质中加入有较强检测器响应的物质，这样就造成很强的背景信号，当样品组分进入检测器时，背景信号降低，出现负峰，此即间接检测。

键合固定相 [bonded stationary phase] 简称键合相。通过化学反应将功能基团共价键合到基质(如硅胶或聚苯乙烯-二乙烯苯树脂小球)表面或柱管内表面后得到的色谱固定相。

键合相 [bonded stationary phase] 键合固定相的简称。

键合相色谱 [bonded phase chromatography] 以键合相为固定相的液相色谱。

交换容量 [exchange capacity] 单位质量离子交换剂所能交换的离子物质的量。

胶束电动色谱 [micellar electrokinetic chromatography (MEKC)] 毛细管电泳的一种分离模式。在背景电解质溶液中加入浓度高于临界胶束浓度的表面活性剂[如十二烷基硫酸钠(SDS)]，基于被分析物在水相和胶束相间分配系数的不同以及淌度的不同而得到分离的方法。

校正保留体积 [corrected retention volume] 经压力梯度校正因子修正后的保留体积。

校正因子 [correction factor] 单位浓度(或质量)的物质进入检测器所产生的信号值(峰面积或峰高)。

阶梯升温程序 [stepped temperature program] 温度-时间曲线呈台阶状的温度变化程序。

金属配合物离子色谱法 [metal complex ion chromatography (MCIC)] 在流动相或固定相中引入金属离子配位试剂或基团，基于其与金属离子形成配合物的稳定常数差异实现金属离子分离的液相色谱方法。

进样阀 [injection valve] 将样品准确定量地导入色谱系统的多通阀。最常用的是六通阀进样器。进样体积由定量环确定。操作时先将阀柄置于“取样”位置，此时进样口只与定量环接通，处于常压状态，用微量注射器吸取比定量管体积稍多的样品注入定量管。将进样器阀柄转动至“进样”位置时，流动相与定量环接通，样品被流动相带入色谱柱中。

进样口 [inlet; injector] 色谱仪上将样品引入色谱仪系统的器件。

进样器 [sample injector] 将样品定量而快速地引入分析系统的器件，通常指微量注射器或进样阀。

进样体积 [injection volume] 引入色谱系统的样品的体积。

径向展开[法] [radial development] 薄层色谱法中，将点样原点附近的部分固定相刮去，使展开剂只能通过原点附近较窄的部分向前移动，展开剂前沿呈弧形的展开方法。

净保留时间 [net retention time] 用压力梯度校正因子修正后的调整保留时间。

净保留体积 [net retention volume] 经压力梯度校正因子修正后的调整保留体积。

居里点裂解器 [Curie point pyrolyzer] 一种电磁加热的裂解器。其加热元件是由铁磁性物质制成丝状，片状或管状，样品负载到置于高频电场中的加热元件上，当到达铁磁一顺磁转变点(居里点)时,温度达到平衡并在较小的范围内保持稳定，样品在居里点温度下裂解。

开管柱 [open tubular column] 又称空心柱。即将分离材料固定(涂敷或键合)在柱管内壁上的色谱柱。根据分离材料的状态和柱制备技术，分为涂壁开管柱、多孔层开管柱和载体涂渍开管柱。

空心柱 [open tubular column] 即开管柱。

孔径 [pore size] 多孔色谱填料上所有孔的平均直径。

孔体积 [pore volume] 填充色谱柱中多孔填料的所有孔隙中流动相所占的体积。

快速气相色谱法 [fast gas chromatography] 泛指采用短而细的毛细管色谱柱进行快速分离分析的气相色谱方法。

快速色谱法 [high-speed chromatography; fast chromatography] 泛指采用短而细的色谱柱实现快速分离的色谱方法。

老化 [conditioning] 色谱柱或分离通道的预处理过程。在气相色谱中一般是在升高温度的同时给色谱柱通载气，以除去色谱柱中的残留溶剂和易挥发性杂质，并使固定相分布更均匀，性能更稳定；在液相色谱中，常常是用流动相通过色谱柱，在毛细管电泳中则是用运行缓冲溶液通过毛细管，从而使分离介质适应后续的分离操作条件。

冷柱上进样 [cool on-column injection] 将色谱柱前端置于低温下(用干冰或液氮控温)的柱上进样方式。

离心制备薄层色谱法 [centric-preparation TLC] 即旋转薄层色谱法。

离子对色谱法 [ion pair chromatography (IPC)] 使用正相或反相色谱柱分离离子和中性化合物的方法。这种方法是选择合适的反电荷离子(称为对离子)加入到流动相中，与样品中被分析离子形成中性或弱极性的离子对，因其不易在水中离解而被萃取至有机相中，依靠离子对在流动相和固定相之间的分配差异来实现分离。

离子交换色谱法 [ion exchange chromatography (IEC)] 基于在一定酸度条件下被分离的离子和固定相上离子交换剂基团的作用来实现分离的色谱方法。离子交换色谱柱的填料是阴、阳离子交换剂。流动相一般是含盐的水溶液，通常是缓冲溶液。

离子排阻色谱法 [ion exclusion chromatography (IEC)] 采用高容量离子交换树脂固定相排阻离子化样品组分，以从样品的大量离子组分中分离出分子组分的液相色谱方法。

离子色谱法 [ion chromatography (IC)] 分离测定离子的色谱方法，是在离子交换色谱的基础上发展起来的，采用小粒径、低交换容量填料的色谱柱和电导或光谱检测器。

离子抑制色谱法 [ion suppressed chromatography] 通过调控流动相的pH来抑制离子型化合物的电离，从而分离测定离子型化合物的液相色谱法。

理论塔板高度 [height equivalent to a theoretical plate (HETP)] 塔板理论中单位塔板的高度。

理论塔板数 [number of theoretical plates] 用于评价色谱柱分离效率的参数，即色谱柱长度与理论塔板高度之比。

连续床柱 [continuous bed column] 即整体柱。

连续展开[法] [continuous development] 展开剂前沿移动到薄层板或色谱纸的预定位置时不断将其除去，如此连续进行展开的方法。

裂解气相色谱法 [pyrolysis gas chromatography (PGC)] 又称热解气相色谱法。反应色谱的一种特例。一般是在严格控制的操作条件下，样品在高温裂解器中按一定的规律裂解成易挥发的小分子组分，再随载气进入色谱柱进行分离分析。

流出液 [effluent] 从色谱柱流出的流动相液体。

流动池 [flow cell] 即流通池。

流动相 [mobile phase] 色谱分离过程中携带样品通过固定相并影响分离结果的流体。

流速 [flow rate] 单位时间通过色谱柱的流动相体积，或单位时间流动相在色谱柱中移动的距离。

流体力学进样 [hydrodynamic injection] 毛细管电泳分析中的一种进样方式，即通过在毛细管进样端加气压，或者出口端抽真空将样品引入毛细管，也可以用虹吸的方式进样。

流通池 [flow cell] 又称流动池。是液相色谱检测器采集样品信号的器件。

馏分收集器 [fraction collector] 接收色谱柱流出物的装置。接在色谱柱或检测器的出口处，将色谱柱分离后的某些组分按照出峰顺序和时间收集在容器(如试管)中，以制备纯样品或对某些组分做进一步分析。

罗尔施奈德常数 [Rohrschneider constant] 采用苯(电子给体)、乙醇(质子给体)、甲乙酮(定向偶极力)、硝基甲烷(电子受体)和吡啶(质子受体)在100℃下测定保留指数，并采用这些物质在被测固定相和一种非极性固定相上的保留指数之差来度量固定相相对极性大小的参数。

络合色谱法 [complexation chromatography] 基于络合作用实现分离的液相色谱法。

麦克雷诺常数 [McReynold constant] 采用苯、丁醇、2-戊酮、硝基丙烷和吡啶在120℃下测定保留指数，并采用这些物质在被测固定相和一种非极性固定相上的保留指数之差来度量固定相相对极性大小的参数。

脉冲火焰光度检测器 [pulse flame photometric detector (PFPD)] 采用了脉冲火焰的火焰光度检测器。

脉冲阻尼器 [pulse damper] 液相色谱仪上用来减缓液流脉冲的装置，一般连接到高压输液泵之后。最常见和最简单的脉冲阻尼器是将内径0.2～0.5 mm的不锈钢管绕成弹簧状，利用其绕性来阻滞压力和流量的波动，起到一定的缓冲作用。

毛细管等电聚焦 [capillary isoelectric focusing (CIEF)] 一种基于物质的等电点不同而进行分离的毛细管电泳模式。先通过毛细管内壁涂层使电渗流减到最小，再将样品和两性电解质混合进样，两个电极槽中分别为酸和碱，加高电压后，在毛细管内建立了pH梯度，溶质在毛细管中迁移至各自的等电点，形成明显区带，聚焦后用加压等方法使溶质通过检测器进行分析。

毛细管等速电泳 [capillary isotachophoresis (CITP)] 一种不连续介质毛细管电泳模式。分离过程中毛细管中样品区带之前是前导电解质(其电泳淌度大于样品中任何离子)，样品区带之后是尾随电解质(其电泳淌度小于样品中任何离子)，在电场作用下毛细管电泳达到平衡后，各区带相随迁移，分成清晰的界面以等速移动，并逐渐形成独立的溶质区带而得到分离的电泳方法。

毛细管电色谱 [capillary electrochromatography (CEC)] 毛细管电泳和液相色谱相结合的一种分离分析技术。在毛细管中填充或在管壁涂布、键合类似HPLC的固定相，在毛细管的两端施加直流电压后，电渗流(而非高压泵)驱动流动相通过色谱柱，溶质根据它们在流动相与固定相中分配系数不同和/或自身电泳淌度的差异得以分离。

毛细管电泳[法] [capillary electrophoresis (CE)] 又称高效毛细管电泳法。以充满电解质溶液的毛细管(内径25～150 μm)为分离介质，在毛细管两端施加直流电压后，样品混合物在电渗流驱动下，根据不同组分电泳淌度的差异而发生差速迁移，从而实现分离。根据分离原理的不同，CE可分为6种分离模式，包括毛细管区带电泳(CZE)、毛细管凝胶电泳(CGE)、毛细管等电聚焦(CIEF)、毛细管等速电泳(CITP)、毛细管胶束电动色谱(MEKC)和毛细管电色谱(CEC)。

毛细管电泳仪 [capillary electrophoresis system] 实现毛细管电泳分析的仪器装置。

毛细管电泳-质谱联用仪 [capillary electrophoresis-mass spectrometer (CE-MS)] 实现毛细管电泳-质谱联用分析的仪器装置。主要由毛细管电泳仪、接口、质谱检测器和数据系统组成。

毛细管凝胶电泳 [capillary gel electrophoresis (CGE)] 毛细管电泳的一种分离模式。在毛细管内填充凝胶或其他筛分介质，如交联或非交联的聚丙烯酰胺，尺寸不同的分子经过筛分介质网状结构时因受阻力不同导致其迁移速度不同，从而得以分离。

毛细管区带电泳 [capillary zone electrophoresis (CZE)] 基于溶质在自由溶液中的淌度差异实现分离的毛细管电泳模式。

毛细管液相色谱法 [capillary liquid chromatography] 一般指色谱柱内径≤75 μm的液相色谱方法，可以使用填充柱或开管柱。

毛细管有效长度 [effective length of capillary] 毛细管电泳中从毛细管入口到检测窗口的距离。

毛细管柱 [capillary column] 内径为0.05～1 mm的色谱柱，有填充柱和开管柱之分。习惯上毛细管柱多指开管柱。

免疫电泳 [immuno electrophoresis] 基于抗原-抗体相互作用实现高选择性分离的电泳方法。

免疫亲和色谱法 [immunoaffinity chromatography (IAC)] 基于抗原和抗体相互作用实现高选择性分离的液相色谱法。

纳流控 [nanofluidics] 在微流控和纳米科技基础上发展起来的、研究在纳米结构通道(尺寸一般为 1～100 nm)中流体的行为和控制的交叉学科。在分离分析中也有广泛的应用。

内梯度 [high pressure gradient] 即高压梯度。

逆流电泳 [countercurrent electrophoresis] 即对流电泳。

逆流色谱法 [countercurrent chromatography (CCC)] 液液分配色谱的一种特殊模式。物理性质(密度、黏度和表面张力)不同的两种液相(称为上相和下相)作对流运动，样品组分依据在两相间的分配系数不同而实现分离的方法。

逆相气相色谱 [inverse gas chromatography (IGC)] 即反气相色谱法。

凝胶电泳 [gel electrophoresis] 采用凝胶介质，基于被分离组分的分子尺寸不同实现分离的电泳方法。

凝胶过滤色谱法 [gel filtration chromatography (GFC)] 以水或水溶液作为流动相的尺寸排阻色谱方法，其固定相多采用聚丙烯酰胺凝胶。

凝胶色谱法 [gel chromatography] 以凝胶为固定相的排阻色谱方法。

凝胶渗透色谱法 [gel permeation chromatography (GPC)] 以有机溶剂及其混合物作为流动相的尺寸排阻色谱方法。其固定相多采用苯乙烯-二乙烯基苯共聚物多孔凝胶。

浓度敏感型检测器 [concentration sensitive detector] 响应值与进入检测器的组分浓度成正比的检测器，如热导检测器。

配体交换色谱法 [ligand exchange chromatography] 基于配体交换原理实现分离的液相色谱法。

平板色谱 [planar chromatography] 即平面色谱。

平面色谱 [planar chromatography] 又称平板色谱。将固定相涂布于平面载板上，流动相通过毛细管作用流经固定相，使被分析物质分离并保留在固定相上的色谱方法。按照介质不同，平面色谱可分为纸色谱和薄层色谱等。

破坏性检测器 [destructive detector] 使样品发生化学变化的检测器，如质谱检测器。

谱带 [band] 在色谱分析过程中，色谱柱中的一个区域，一个或多个样品组分位于其中。

谱带展宽 [band broadening] 色谱分析过程中，样品组分在色谱系统中由于分子扩散、涡流扩散、传质阻力、吸附以及柱外效应等因素造成的谱带变宽现象。

气[相色谱]-质[谱]联用仪 [gas chromatograph-mass spectrometer (GC-MS)] 实现气相色谱-质谱联用分析的仪器装置。

气动泵 [pneumatic pump] 以气体压力作为动力推动隔膜或活塞来驱动液体的高压泵。

气固色谱法 [gas-solid chromatography (GSC)] 在分析条件下固定相为固态的气相色谱法。常用多孔性固体材料作为固定相。属于吸附色谱。

气化室 [vaporizer] 气相色谱仪上使液体样品气化的部件。

气相色谱法 [gas chromatography (GC)] 以气体如氮气、氢气或氦气等作为流动相(称为载气)，利用物质的沸点、极性及吸附性质的差异实现混合物分离的柱色谱方法。

气相色谱-傅里叶变换红外光谱联用仪 [gas chromatograph coupled with Fourier transform infrared spectrometer (GC-FTIR)] 实现气相色谱-红外光谱联用分析的仪器装置。

气液色谱法 [gas-liquid chromatography (GLC)] 在分析条件下固定相为液态的气相色谱法。属于分配色谱。

迁移时间 [migration time] 电泳中从起始位置迁移到终止位置所需的时间。在毛细管电泳中，是指组分从进样口迁移至检测点所需的时间。

前伸峰 [leading peak] 前沿平缓后部陡峭的不对称色谱峰。

前沿色谱法 [frontal chromatography] 又称迎头色谱法。是将待分离的混合物样品连续注入色谱柱头，随着流动相的冲洗，在色谱柱中形成混合物组分的浓度梯度，在固定相上保留最弱的组分首先流出色谱柱，其他组分依次流出，检测器显示台阶式的流出曲线。这一方法现在主要用于纯化某一样品的组分，也可以用于研究组分之间或样品与固定相之间的相互作用。

前置柱 [precolumn] 即预柱。

强碱型离子交换剂 [strong base type ion exchanger] 在树脂、纤维素、葡聚糖、硅胶等基质材料上键合了如 $—CH_2N^+(CH_3)_3$、$—C_2H_4N^+(C_2H_5)_3$、$—C_2H_4N^+CH_3$ 等强碱性阳离子基团的离子交换剂。

强酸型离子交换剂 [strong acid type ion exchanger] 在树脂、纤维素、葡聚糖、硅胶等基质材料上键合了如—SO_3^-、—$CH_2SO_3^-$、—$C_2H_4SO_3^-$ 等强酸性阴离子基团的离子交换剂。

亲和毛细管电泳 [affinity capillary electrophoresis (ACE)] 一种基于抗原-抗体相互作用的毛细管电泳模式。将抗体或配体(蛋白质, 肽及其他小分子)固定于毛细管内表面, 作为抗原或受体的被分析物通过毛细管时, 由于它们与抗体或配体间存在不同的作用力或不同的结合常数而形成具有不同荷质比的配合物, 从而实现分离的电泳方法。

亲和色谱法 [affinity chromatography] 将能被生物大分子识别和可逆结合的生物特异性物质(配体或抗体)共价键合到载体上作为固定相, 使其与生物大分子发生可逆的高选择性相互作用, 利用不同的亲和力进行分离的液相色谱法。

氢火焰检测器 [hydrogen flame ionization detector] 即火焰离子化检测器。

氰基键合相 [cyano-bonded phase] 填料表面键合了氰基的液相色谱固定相。

区带 [zone] 在毛细管电泳分析过程中, 毛细管中的一个区域, 一个或多个样品组分位于其中。

区带电泳 [zone electrophoresis] 基于溶质在自由溶液中的淌度差异实现分离的电泳模式。

区带扩展 [zone spreading] 毛细管电泳分析过程中, 样品组分在毛细管中由于分子扩散、吸附以及柱外效应等因素造成的区带变宽现象。

区带压缩 [zone compression] 毛细管电泳分析中为了降低方法的检测限而采用的在线浓缩技术, 包括样品堆积和推扫等。

去尾剂 [tailing reducer] 即减尾剂。

全二维色谱 [comprehensive two-dimensional chromatography] 利用特殊接口将第一维色谱柱分离后所有流出峰都转移到第二维色谱柱上进行进一步分离的方法。其中第一维色谱柱和第二维色谱柱的分离机理是不同的, 最好是正交的。

热导检测器 [thermal conductivity detector (TCD)] 基于被分离物质与载气的热导率之差实现检测的气相色谱通用型、浓度型检测器, 由池体、热敏元件和测量电桥组成。

热解气相色谱法 [thermolysis gas chromatography] 即裂解气相色谱法。

热解吸气相色谱法 [thermal desorption gas chromatography] 先将样品捕集在吸附剂上, 然后将吸附剂置于热解吸进样装置中, 快速升温使样品组分解吸后随载气进入气相色谱进行分离分析的方法。

热离子检测器 [thermionic detector] 即氮-磷检测器。

热丝裂解器 [filament pyrolyzer] 一种电热丝(或带)加热的裂解器。所用的热丝材料为铂丝和镍铬丝或带, 丝绕成螺旋管状, 样品直接附在热带上, 或置于石英管中, 再放到螺旋管中, 热丝(带)通电流后发热, 到达平衡温度时样品裂解成小分子碎片产物。

容量因子 [capacity factor] 即保留因子。

溶剂强度 [solvent strength] 液相色谱流动相组成溶剂的洗脱强度, 常用吸附溶剂强度参数、溶解度参数、溶剂极性参数等表示。

溶解度参数 [solubility parameter] 1 mol 理想气体冷却变成液体时所释放的凝聚能与液体摩尔体积比值的平方根。是一种表征溶剂极性的参数, 用符号 δ 表示。

溶质性质检测器 [solute property detector] 仅对被分析物有响应、对流动相本身没有响应的检测器, 如气相色谱的火焰离子化检测器。

蠕动泵 [peristaltic pump] 采用挤压富有弹性的软管的方式来输送液体的泵。它的流量和转速之间是线性相关的, 故通过控制转速就能实现流速的控制。

弱碱型离子交换剂 [weak base type ion exchanger] 在树脂、纤维素、葡聚糖、硅胶等基质材料上键合了如—$C_2H_4N^+H_3$、—$CH_2C_6H_6N^+H_3$ 等弱碱性阳离子基团的离子交换剂。

弱酸型离子交换剂 [weak acid type ion exchanger] 在树脂、纤维素、葡聚糖、硅胶等基质材料上键合了如—COO^-、—CH_2COO^-等弱酸性阴离子基团的离子交换剂。

塞式流型 [plug flow] 毛细管电泳中电渗流驱动的背景电解质溶液的流速在径向上各点基本是相等的, 像是液体活塞的流动。

扫描薄层色谱法 [scanning thin layer chromatography] 采用光学扫描仪检测的薄层色谱法。将分离后形成样品斑点的薄层板置于薄层扫描仪中, 用一定波长范围和强度的光束扫描, 通过测量最大吸收波长下透射光、反射光或者荧光的强度变化, 从而获得被分离物质的含量信息。

色谱[法] [chromatography] 又称层析[法]。一类基于物理化学原理的仪器分析方法的总称。1903 年由俄国植物学家茨维特(M. S. Tswett)提出。当流动相(气体、液体或超临界流体)携带溶于其中的混合样品流经一定结构的固定相(固体或液体)时, 样品中各组分在两相间进行多次分配(或吸附),

由于各组分在性质或/和结构上的差异，导致它们与固定相的相互作用不同，从而造成不同组分流经固定相的移动速度不同，最后实现分离。色谱法可以分离各种复杂的混合物，包括有机和无机化合物，小分子和大分子化合物。

根据分离原理，色谱可分为吸附色谱、分配色谱、离子交换色谱与排阻色谱等；根据流动相和固定相的状态或性质，可分为纸色谱法、薄层色谱法、柱色谱法、气相色谱法、液相色谱法、超临界流体色谱法等；根据分离的规模，可分为分析色谱和制备色谱。

需要指出，传统上人们将电泳和毛细管电泳法看作是色谱的类似方法，都属于分离科学的范畴。

色谱峰 [chromatographic peak] 当样品组分流出色谱柱进入检测器时，检测器的响应值随之发生变化，这部分色谱图就是色谱峰。

色谱工作站 [chromatographic workstation] 用于控制仪器参数、记录色谱信号、处理数据并输出分析报告的计算机系统，包括与色谱仪连接的接口硬件(模数转换器和数模转换器以及网卡等)和实现仪器控制、数据采集和处理、报告编辑和打印，以及网络连接等功能的软件。

色谱数据系统 [chromatographic data system] 用于记录色谱信号、处理数据并输出分析报告的计算机系统，通过接口(模数转换器)将色谱仪检测器的模拟输出信号转换为数字信号，以实现数据采集和处理、报告编辑和打印等功能。

色谱图 [chromatogram] 柱色谱分离过程中，检测器的响应信号强度随时间的变化曲线。在平面色谱中，色谱图可以是载有分离区带的薄板或纸的照片。

色谱仪 [chromatograph] 实现色谱分离分析和制备的仪器装置。主要由流动相输送系统、进样系统、柱系统、检测系统、数据系统以及控制系统组成。

色谱-原子吸收光谱联用仪 [chromatography-atomic absorption spectrometer] 实现色谱-原子吸收光谱联用分析的仪器装置。

色谱柱 [chromatographic column] 色谱仪中连接在进样口和检测器之间、实现样品分离的核心部件。通常是填充或涂渍了分离材料(固定相)的不锈钢、石英玻璃或塑料柱管。

筛板 [frit] 填充色谱柱两端的筛网状不锈钢或硅酸盐烧结板，其作用是防止填料流出色谱柱，柱入口的筛板还可以阻止外部大的颗粒物进入色谱柱。

闪蒸气相色谱法 [flash gas chromatography] 裂解气相色谱的一种特例。通过快速加热至一定温度使液体或固体样品中的挥发性组分气化(不发生样品组分的分解)，再随载气进入色谱柱进行分离分析。

上行展开[法] [ascending development method] 展开剂从纸或薄层板的下端开始不断向上移动的展开方法。

升温速率 [temperature rate] 单位时间内温度变化的数值。色谱分析中指温度变化的快慢。

升温速率曲线 [heating-rate curve] 程序升温过程中，温度随时间的变化曲线。根据升温速率的设定，一般有3种形式：凸形、凹形和线性。

生物色谱 [biological chromatography] 用于生物分子分离检测或研究生物分子相互作用的色谱方法。

生物医学色谱 [biomedical chromatography] 用于生物和药物分子分离检测或研究生物和药物分子相互作用的色谱方法。

生物自显影法 [bioautography] 展开后不用转移或洗脱组分，直接在纸或薄层板上进行测定的方法。

湿法柱填充 [wet column packing] 即匀浆填充[法]。

石墨化炭黑 [graphitized carbon black] 石墨状细晶碳材料。用作吸附剂或气固色谱固定相。

示差折光检测器 [differential refractive index detector] 又称折光指数检测器。基于纯流动相与含有被分析物的流动相之间折光指数的不同实现检测。输出信号是柱流出物的折光指数与纯流动相折光指数的差值。

手动进样器 [manual injector] 一般指微量注射器和/或阀，通过手工操作将样品引入分析系统。

手性固定相 [chiral stationary phase] 具有手性选择性的固定相。

手性流动相 [chiral mobile phase] 含有手性选择性试剂的流动相。

手性毛细管电泳 [chiral capillary electrophoresis (CCE)] 用于分离光学异构体的毛细管电泳方法。

手性色谱 [chiral chromatography] 用于旋光异构体分离分析的色谱方法。

手性选择剂 [chiral selector] 在手性分离中具有手性选择作用的试剂。

手性液相色谱法 [chiral liquid chromatography] 分离旋光异构体的液相色谱方法。多采用键合了手性选择性基团的固定相，也可采用含有手性选择性试剂的流动相，或者二者结合使用。

疏水相互作用色谱 [hydrophobic interaction chromatography] 采用适度疏水性的固定相，以含盐的水溶液为流动相，基于疏水相互作用分离生物大分子化合物的液相色谱方法。

双向展开[法] [two-dimensional development method] 先在一个方向上展开，然后将固定相板旋转 90°，再在与第一次展开分析垂直的方向上，用另一种不同的展开剂进行第二次展开的一种平面色谱的多维分析方法。

双柱定性法 [double-column qualitative method] 对照标准物质和未知物在两根极性不同的色谱柱上的保留值进行色谱峰定性鉴定的方法。

死时间 [dead time] 在固定相上没有保留作用的分子从色谱柱入口到色谱柱出口所需要的时间。

死体积 [dead volume] 色谱柱中不被固定相占据的空间为色谱柱的死体积；色谱系统的死体积则是整个系统包括色谱柱、进样系统、管线和检测器的总死体积。

速率理论 [rate theory] 描述色谱分离性能与色谱参数关系的理论。其核心是采用随机行走模型描述样品组分分子在色谱柱中的运动过程，将 H 定义为单位柱长的离散度：$H=\sigma^2/L$。式中 σ 为高斯峰形的标准偏差，L 为柱长。并假设：①纵向扩散是造成谱带展宽的重要原因，必须予以考虑；②传质阻力是造成谱带展宽的主要原因，它使平衡成为不可能；③对填充柱有涡流扩散的影响。

速率理论方程 [van Deemter equation] 即范第姆特方程。

塔板理论 [plate theory] 借助化工原理中的塔板概念来描述溶质在色谱柱中的浓度变化，将色谱柱看成是由许多单级蒸馏的小塔板组成的精馏塔，并假设每一块塔板的高度足够小，以致在此塔板上溶质在流动相和固定相之间的分配能在瞬间达到平衡。对于一定长度的色谱柱来说，这种假设塔板的高度越小，塔板数就越多，意味着溶质在色谱柱上反复进行的分配平衡次数越多，分离效率就越高。

塔板理论方程 [plate theory equation] 由塔板理论导出的色谱流出曲线方程。

梯度洗脱 [gradient elution] 液相色谱分析中，流动相的组成(洗脱能力)随时间进行梯度变化的洗脱方法，目的是使保留性能相差很大的多种成分在合理的时间内全部洗脱并实现相互分离。在仪器配置上分低压梯度和高压梯度。

梯度液相色谱 [gradient liquid chromatography] 采用梯度洗脱技术的液相色谱方法。

提取离子色谱图 [extracted ion chromatogram] 在色谱-质谱联用中，计算机从质谱仪采集的全扫描数据中按照选定离子的质量提取其离子流强度随时间的变化曲线。这是后处理得到的离子流色谱图。

体积排阻色谱法 [size exclusion chromatography (SEC)] 即尺寸排阻色谱法。

填充柱 [packed column] 在不锈钢、塑料柱管或石英毛细管中填充了分离材料的色谱柱。

填料 [packing material] 装填在色谱柱中的颗粒状固定相。

填料粒度 [particle size] 填料颗粒的平均直径。

调整保留时间 [adjusted retention time] 色谱峰的保留时间与死时间之差。

调整保留体积 [adjusted retention volume] 色谱峰的保留体积与死体积之差。

停流技术 [stopped-flow technique] 分析过程中让流动相暂时停止流动，以便进行柱前或柱后衍生化，或者让流出色谱柱的组分停留在检测器中进行进一步分析的技术。

通用型检测器 [common detector] 对几乎所有化合物都有响应的检测器。如气相色谱的热导检测器，液相色谱的示差折光检测器。

涂布器 [spreader] 在薄层板上涂布固定相的装置。

涂渍 [coat] 将固定液涂敷到载体表面或毛细管内表面，以制备色谱柱的过程。

推扫 [sweeping] 胶束电动毛细管色谱采用的区带压缩技术。即样品区带和背景电解质区带具有相近的电导率，通常情况下，采用相同种类和浓度的缓冲试剂但不含有十二烷基硫酸钠(SDS)胶束的背景电解质溶液来溶解样品。用不含有 SDS 胶束的背景电解质溶液预冲洗毛细管，进样口为含有 SDS 胶束的推扫缓冲液，出样口的缓冲液则不含 SDS 胶束。在毛细管两端施加负电压，带负电的 SDS 胶束将进入毛细管，定向移动通过样品带，胶束与样品相互作用并带动样品一起运动，从而使样品区带压缩并实现富集。

拖尾峰 [tailing peak] 前沿陡峭后部平缓的不对称色谱峰。

拖尾因子 [tailing factor] 定量描述不对称峰的一个参数，等于 5%峰高处的峰宽的一半除以峰极大值到基线的垂线与峰宽线的交点到峰前沿的距离。

脱气装置 [degasser] 在液相色谱分析中，流动相进入高压泵之前脱去其中溶解气体的装置。

外梯度 [low-pressure gradient] 即低压梯度。

微波等离子体发射光谱检测器 [microwave plasma emission spectroscopic detector] 是将微波诱导等离子体原子发射光谱作为色谱的检测器。

微分型检测器 [differential type detector] 响应值取决于进入检测器组分的瞬时量的检测器。

微库仑检测器 [microcoulometric detector] 将有机样品组分中的N、S和卤素分别转化为NH_3、SO_2和HX等，然后通过特制的库仑池吸收进行检测的检测器。

微流控 [microfluidics] 集微加工、物理、化学、生物工程、纳米科技等为一体的分析技术，早期被称为微全分析系统。主要是在芯片上设计和制造由尺寸在微米级的微泵、微阀和微通道等单元组成的微系统，用于精确控制液体的流动。早期用在喷墨打印头、DNA芯片、芯片实验室等技术的研发领域，后来越来越多的用于生物分离分析。可以将实验室的功能集成在一个微流控系统中，实现流体或样品在微通道的混合、反应、分离、检测等操作。

微炉裂解器 [microfurnace pyrolyzer] 一种微型电加热炉裂解器。原理与管式炉裂解器相同，但采用了立式设计。

微乳液电动色谱 [microemulsion electrokinetic chromatography (MEEKC)] 毛细管电泳的一种分离模式。背景电解质溶液为含有微乳液的缓冲溶液。基于被分析物在微乳液滴和水相之间的分配系数不同以及电泳淌度不同而实现分离的方法。

微型色谱仪 [micro-chromatograph] 可安装在航空、航天、航海和军事装备，以及民用检测车辆上的结构微小的色谱仪。

微柱液相色谱法 [micro-column liquid chromatography] 一般指色谱柱内径≤1 mm的液相色谱方法。可以使用填充柱或开管柱。

尾吹气 [makeup gas] 即补充气。

涡流扩散 [eddy diffusion] 在填充柱色谱中，当被分离样品组分经过色谱柱时，由于流动相受到固定相颗粒阻碍，不断改变流动方向，形成紊乱的类似“涡流”的流动，样品组分分子经过不同的路径运动造成的谱带展宽。

吸附溶剂强度参数 [adsorption solvent strength parameter] 溶剂分子在单位吸附剂表面上的吸附自由能，是一种表征溶剂分子对吸附剂的亲和程度的参数，用符号 ε° 表示。

吸附色谱法 [adsorption chromatography] 以液体或气体为流动相，以固体吸附剂为固定相，利用样品组分在吸附剂上吸附性质的不同而实现分离的色谱方法。气固色谱法和液固色谱法通常均为吸附色谱法。

洗出液 [eluate] 洗脱过程得到的溶液。

洗脱能力 [eluting capacity] 即洗脱强度。

洗脱强度 [eluting power] 又称洗脱能力。表征液相色谱流动相在一定的分离模式下从固定相上将被分离组分洗脱下来的能力。

洗脱色谱法 [elution chromatography] 样品注入色谱柱头后，在随流动相通过色谱柱的过程中，各样品组分在达到平衡的流动相和固定相之间分配，依据保留作用的不同而实现分离。这是最常见的一种分析色谱方法。

下行展开[法] [descending development method] 展开剂从纸或薄层板的上端开始不断向下移动的展开方法。

线速度 [linear velocity] 色谱柱中流动相单位时间内运动的距离。

线性色谱 [linear chromatography] 在色谱分离过程中，当溶质在流动相和固定相中的浓度增加时，溶质的吸附等温线一直处于线性区域。

相比 [phase ratio] 色谱柱中流动相体积与固定相体积之比。

相对保留值 [relative retention value] 在一定色谱条件下两个色谱峰的保留值之比。

相对校正因子 [relative correction factor] 一种物质的校正因子与标准物质的校正因子之比。

相对R_f值 [relative R_f value] 某一物质的比移值与参比物的比移值之比。

响应因子 [response factor] 进入检测器产生单位信号值所需要的样品浓度(或质量)。

向心展开[法] [centripedal development] 将样品以环状加载到薄层板或色谱纸的外沿，在此处引入展开剂后其前沿向圆心处移动的展开方法。

携流效应 [carryover] 又称记忆效应。色谱系统(如进样器或色谱柱)中残留的以前进样的样品组分对当前或以后分析的干扰。

芯片电泳 [chip electrophoresis] 在芯片的微通道中进行的电泳分析。

芯片毛细管电泳 [chip capillary electrophoresis] 在芯片上进行的毛细管电泳技术。采用微电子加工技术在玻璃、石英或硅片等材质的芯片表面形成微通道，在这样的通道中实现电泳分离的方法。

芯片液相色谱 [chip-liquid chromatography; chip-LC] 在芯片上微通道中进行的液相色谱分离技术。

旋转薄层色谱法 [rotating thin layer chromatography] 又称离心制备薄层色谱法。一种旋转离心、连续洗脱的圆形薄层色谱技术。将样品点在圆心处，圆盘固定相旋转的同时从圆心处连续加入展开剂，混合物的不同组分逐渐分离后依次移动到圆盘的边沿，然后进行收集。

旋转薄层色谱仪 [rotating thin layer chromatograph] 实现旋转薄层色谱分离分析的仪器装置。

选择离子电泳图 [selective ion electrophoregram] 在毛细管电泳-质谱联用分析中，当质量分析器选择目标化合物的一个或数个特征离子进行监测时得到的质量色谱图。

选择离子色谱图 [selective ion chromatogram] 在色谱-质谱联用分析中，当质量分析器选择目标化合物的一个或数个特征离子进行监测时得到的质量色谱图。

选择性因子 [selectivity factor] 又称分离因子。一定色谱条件下难分离物质对保留时间长的组分与保留时间短的组分的调整保留值或保留因子(容量因子)之比。

选择性检测器 [selective detector] 仅对某一类或几类化合物有响应的检测器。如荧光检测器和电化学检测器。

循环色谱法 [recycling chromatography] 将色谱柱流出液经过再循环装置送入色谱体系进行再分离，以增加分离度的色谱方法。

压力梯度校正因子 [pressure gradient correction factor] 用于校正气相色谱柱中压力梯度的因子。

氩离子化检测器 [argon ionization detector] 一种用于永久性气体超微量分析的高灵敏度检测器。工作原理是以高纯氩气作为载气，进入电离室后，在强电场作用下，与具有高能量的 β 粒子发生碰撞，由基态跃迁至激发态，当色谱柱流出的组分经过时即与此亚稳态的氩原子发生碰撞而被电离。

阳离子交换剂 [cation exchanger] 在树脂、纤维素、葡聚糖、硅胶等基质材料上键合了阴离子基团(如—SO_3^-、—PO_3^-、—COO^-)的离子交换剂。

样品堆积 [stacking] 色谱和毛细管电泳分析中一种在线样品浓缩的方法。如果样品溶液的电导率较背景电解质溶液的电导率低，样品区带的电场强度就大，离子在样品区带的迁移速率就高，当进入分离介质时，速率就会减慢，因而在样品区带与分离介质之间的界面上样品就会堆积起来，使样品区带变窄。

液固色谱法 [liquid-solid chromatography] 在分析条件下，固定相为固态的液相色谱法，属于吸附色谱。

液相色谱法 [liquid chromatography (LC)] 流动相为液体的色谱方法。根据固定相的状态，可分为液-固色谱和液-液色谱法；根据固定相的形状；可分为薄层色谱、纸色谱和柱液相色谱；根据流动相操作压力；可分为低压、中压和高压液相色谱，以及超高效液相色谱；根据分离机理，可分为正相色谱、反相色谱、离子色谱、体积排阻色谱等模式；根据分离样品的规模，可分为分析液相色谱和制备液相色谱。

液相色谱-傅里叶变换红外光谱联用仪 [liquid chromatography-Fourier transform infrared spectrometer (LC-FTIR)] 实现液相色谱-傅里叶变换红外光谱联用分析的仪器装置。

液相色谱-核磁共振谱联用仪 [liquid chromatograph-nuclear magnetic resonance spectrometer (LC-NMR)] 实现液相色谱-核磁共振谱联用分析的仪器装置。

液相色谱-质谱联用仪 [liquid chromatography-mass spectrometer (LC-MS)] 实现液相色谱-质谱联用分析的仪器装置。

液液色谱法 [liquid-liquid chromatography] 在分析条件下，固定相为液态的液相色谱法。属于分配色谱。

移动界面电泳 [moving boundary electrophoresis] 使用两种缓冲体系形成使所有被分离区带等速迁移的电泳。被分离区带像夹心面包一样，被夹在前导电解质和尾随电解质之间。

抑制柱 [suppressed column] 离子色谱中，利用离子交换反应抑制色谱柱后流出液中流动相的高电导率离子的柱管。

阴离子交换剂 [anion exchanger] 在树脂、纤维素、葡聚糖、硅胶等基质材料上键合了阳离子基团[如—$CH_2N^+(CH_3)_3$、—$C_2H_4N^+H(C_2H_5)_2$、—$CH_2C_6H_6N^+H_3$]的离子交换剂。

迎头色谱法 [frontal chromatography] 即前沿色谱法。

荧光薄层板 [fluorescent thin layer plate] 固定相中含有荧光物质的薄层板。

荧光检测器 [fluorescence detector] 用于连续测定液相色谱柱流出物荧光性质的检测器。

有效塔板高度 [effective plate height] 色谱柱长与有效理论塔板数之比，即单位有效理论塔板的高度。

有效塔板数 [number of effective plates] 用调整保留值而不是保留值来计算的理论塔板数。

有效淌度 [effective mobility] 在毛细管电泳条件下表观淌度 μ_a 与电渗淌度 μ_{EOF} 的矢量差，用 μ_e 表示。

预柱 [precolumn] 又称前置柱。一般指连接到色谱仪的分离柱之前实现某种功能的短柱(柱长 3～50 mm)。

原位定量 [*in situ* quantitation] 展开后用感光板或放射性计数装置确定含放射性同位素化合物含量的方法。

匀浆填充[法] [slurry packing] 又称湿法柱填充。将固体填料在一定的溶剂中形成匀浆，然后装填到色谱柱中的方法。

杂化固定相 [hybrid stationary phase] 由有机和无机化合物杂化而成的固定相。

载气 [carrier gas] 气相色谱的流动相。常用氦气、氢气或氮气。

载体 [support] 多为惰性的多孔固体颗粒物质。是气液色谱填充柱固定相的一部分，用来承载固定液，也可直接作为气固色谱的固定相。

载体涂渍开管柱 [support coated open tubular (SCOT) column] 内壁上沉积载体后涂渍固定液的开管柱。

皂膜流量计 [soap film flowmeter] 以皂膜在玻璃管中移动一定时间通过的体积来测定气体流量的装置。

展开 [development] 平面色谱的分离过程。即在点样后的薄层板或色谱纸上引入展开剂，带动样品组分在固定相上移动，由于各组分具有不同的移动速率，最终得以分离的过程。

展开槽 [developing tank] 薄层色谱或纸色谱分析中展开样品组分所用的盛有展开剂的玻璃器皿。

展开槽饱和 [chamber saturation] 在薄层色谱或纸色谱分析中，将点样后的薄层板或色谱纸置于展开槽中，但不接触展开剂(即流动相)，盖上密封盖静置一定时间，使展开剂在展开槽中达到气液平衡的过程。

展开剂 [developing solvent] 平面色谱中的流动相。

折光指数检测器 [refractive index detector] 即示差折光检测器。

阵列毛细管电泳 [array capillary electrophoresis (ACE)] 将多根毛细管排列成阵列同时进行毛细管电泳的分离分析方法。

蒸发光散射检测器 [evaporative light-scattering detector (ELSD)] 测定色谱柱流出物的光散射性质的检测器。它由雾化器、溶剂蒸发室(加热漂移管)、激光光源和光检测器等部件构成。色谱柱流出液导入雾化器，被载气雾化成微细液滴；液滴通过加热漂移管时，溶剂被蒸发掉，只留下溶质(样品)；激光束照在溶质颗粒上产生光散射，光收集器收集散射光并通过光电倍增管转变成电信号。

整体性质检测器 [integral property detector] 反映色谱柱流出物(流动相+被分析物)整体性能的检测器，如示差折光检测器。

整体柱 [monolithic column] 又称连续床柱。固定相是一个整体多孔材料的色谱柱。多采用将聚合单体、致孔剂和引发剂等直接加入柱管内进行原位聚合方法获得。此类色谱柱通透性好，柱压降小，有利于实现快速高效分离。

正相高效液相色谱法 [normal phase high performance liquid chromatography] 以亲水性填料作固定相、以疏水和(或)与水混溶的有机溶剂做流动相，固定相极性大于流动相极性的液相色谱法。

R_f 值 [R_f value] 又称比移值。溶质移动距离与流动相前沿移动距离之比。是平面色谱的基本定性参数。

止逆阀 [check value] 即单向阀。

纸层析法 [paper chromatography] 即纸色谱法。

纸电泳 [paper electrophoresis] 在纸上进行的电泳分析。

纸色谱法 [paper chromatography] 又称纸层析法。以滤纸为分离介质的液相色谱法，属于平面色谱。

制备气相色谱法 [preparative gas chromatography] 以制备纯物质为目的、需采用大内径色谱柱的气相色谱法。

制备色谱 [preparative chromatography] 以制备纯物质为目的的色谱法。一般采用大直径柱可分离制备相对大量(>0.1 g)的纯组分。根据色谱柱的压力降可分为低压、中压和高压制备色谱。

质量电泳图 [mass electrophoregram] 在毛细管电泳-质谱联用分析中，特定质荷比的一个或多个离子的强度随时间的变化曲线。

质量敏感型检测器 [mass sensitive detector] 响应值与进入检测器的组分的质量流速成正比的检测器，如火焰离子化检测器。

质量色谱图 [mass chromatogram]　在色谱-质谱联用分析中，特定质荷比的一个或多个离子的强度随时间的变化曲线。

质谱检测器 [mass spectrometric detector (MSD)]　作为色谱检测器的专用质谱仪。其原理是将色谱柱流出物引入质谱离子源，实时测定被分析物的质谱图或某些特征离子，以获得总离子流色谱图或质量色谱图，从而实现定性定量分析。采用质谱检测器的色谱分析一般称为色谱-质谱联用分析。

置换色谱法 [displacement chromatography]　又称顶替色谱法。是将样品置于色谱柱头，在流动相中加入一种顶替剂组分，顶替剂在固定相中的保留比待分离样品中的任何组分都强。这样在分离过程中样品中的强保留组分就会将弱保留组分从固定相中置换出来，顶替剂再把样品中的强保留组分从固定相中顶替出来，顶替剂最后流出色谱柱。这一技术较多用于制备分离。

中心切割 [heart-cutting]　一种多维色谱方法，即通过阀接口将第一维色谱柱流出的某个或某几个色谱峰切换到第二维色谱柱上进行进一步分离的方法。

注射泵 [syringe pump]　结构类似注射器的高压输液泵。柱塞相当于注射器的芯，缸体积较大，通常为数百毫升。柱塞与一个由伺服马达驱动的螺杆相连接，流速由马达的转速控制。

柱长 [column length]　色谱柱管含有固定相部分的长度。

柱后反应器 [post column reactor]　置于色谱柱下游的反应器。可对流出色谱柱的样品组分进行处理，如柱后衍生化等。

柱后衍生化 [post-column derivatization]　被分离的样品组分流出色谱柱后，加入衍生化试剂对样品组分进行衍生化处理的技术。

柱流失 [column bleeding]　由热降解、氧化降解、溶解和流动相冲洗等因素引起的色谱柱固定相的流失。

柱内径 [column internal diameter]　色谱柱管的内径。

柱前衍生化 [pro-column derivatization]　样品进入色谱柱分离前，加入衍生化试剂对样品进行衍生化处理的技术。

柱切换 [column switching]　通过阀的动作将一根色谱柱的流出物引入到另一根色谱柱的过程。也指一个进样口通过阀并联连接多根色谱柱，根据被分析物的需要选择某一根或几根色谱柱进行分析的过程。

柱容量 [column capacity]　样品组分在色谱柱固定相上达到饱和的质量，或者柱效下降不超过10%的情况下色谱柱允许的某一组分的最大进样量。

柱塞泵 [piston pump]　即活塞泵。

柱色谱[法] [column chromatography]　将色谱固定相装填或涂敷在柱状管内形成色谱柱来实现分离分析的色谱方法。根据色谱柱的尺寸、结构和制作方法的不同，又可分为填充柱色谱和开管柱(或毛细管柱)色谱。

柱上检测 [on-line detection]　利用紫外、荧光或电化学等高灵敏度检测技术，对经过分离介质末端处的样品组分进行直接检测，能够减少分离介质和检测器之间的柱外效应导致的峰展宽。

柱上进样 [on-column injection]　采用特殊注射器将样品直接引入到色谱柱上或者保留间隙管中的进样方式。

柱上衍生化 [on-column derivatization]　将样品和衍生化试剂同时引入色谱柱，在分离的同时实现样品衍生化的技术。

柱外效应 [extra-column effect]　色谱系统中色谱柱以外的死体积，包括色谱进样系统、连接管线和接头、检测池死体积等因素所引起的谱带展宽效应。

柱温箱 [column oven]　将色谱柱置于其中以控制柱温的装置。

柱效 [column efficiency]　色谱柱对被分离物质所具有的分离效能，通常用特定化合物的理论塔板数或理论塔板高度来表示。

柱再生 [column regeneration]　通过高温烘烤、溶剂冲洗或修补等措施使色谱柱恢复性能的过程。

准固定相 [pseudostationary phase]　又称假固定相。专指胶束电动色谱中由表面活性剂形成的胶束，它在分离中起着类似色谱固定相的作用。

紫外-可见光检测器 [ultraviolet-visible light detector]　又称紫外-可见光吸收检测器。实际上就是紫外-可见分光光度计接在色谱柱出口，以连续测定色谱柱流出物的紫外-可见吸光度的变化。所检测的波长范围由光源决定，一般为190～800 nm。根据波长是否可以调节还分为单波长紫外-可见吸收检测器、多波长紫外-可见吸收检测器和可变波长紫外-可见吸收检测器，还有可以采集在线紫外光谱图的二极管阵列检测器。

紫外-可见光吸收检测器 [ultraviolet-visible light absorption detector]　即紫外-可见光检测器。

紫外吸收检测器 [ultraviolet absorption detector]　只安装紫外灯的光吸收检测器,波长范围为190～360 nm。

自动进样器 [automatic sampler] 用计算机控制的阀或注射器将样品自动引入分析系统的装置。

总离子流电泳图 [total ion electrophoregram] 在毛细管电泳-质谱联用分析中，质谱检测器的总离子流强度随时间的变化曲线。

总离子流色谱图 [total ion chromatogram] 在色谱-质谱联用分析中，质谱检测器的总离子流强度随时间的变化曲线。

纵向扩散 [longitudinal diffusion] 色谱分离过程中的分子扩散。被分离样品组分进入色谱系统随着流动相经过色谱柱时，由于样品谱带与其前后的流动相之间存在浓度梯度引起的样品分子在色谱柱轴向上向前和向后的扩散。

最低检测浓度 [minimum detectable concentration] 以进入检测器的样品组分的浓度表示的检测限。

最小检出量 [minimum detectable quantity] 以进入检测器的样品组分的质量表示的检测限。

3.5.4 核磁共振波谱分析

饱和转移 [saturation transfer] 当选择性饱和照射某一特定频率的磁性核时，与此照射频率不同的磁性核信号亦出现饱和的现象。饱和转移通常发生在空间距离相近的磁性核之间。

波导管 [waveguide tube] 传输微波的金属管。截面多呈矩形，一般为铜制并内壁镀银。在ESR谱仪中，由微波桥发出的微波通过矩形波导管进入谐振腔(样品腔)。波导管的尺寸根据微波波段的不同而不同。对于常见的X波段ESR谱仪，其微波波长是3 cm左右。相应的矩形波导管的标准尺寸是：内壁宽边的长度a=22.86 mm，内壁窄边的长度b=10.16 mm。a稍大于b的2倍。

布洛赫方程 [Bloch equation] 用来描述主体原子核在磁场中经过射频场作用产生的宏观磁化强度矢量的运动过程。由布洛赫于1946年首先用经典理论描述核磁共振现象时提出。

采样间隔时间 [dwell time] 在采集时域自由感应衰减信号时每两个相邻数据点所间隔的时间。

采样时间 [acquisition time] 采集一个信号所需要的时间。数值上等于采样间隔时间与所采的数据点数的乘积。

参比物 [reference compound] 放置在试样中，产生的谱线作为化学位移基点的化合物。

超导核磁共振波谱仪 [NMR spectrometer with superconducting magnet] 采用超导磁体产生磁场的核磁共振波谱仪。通常其磁场要比永磁体产生的磁场强度高很多，因此可以获得更高的灵敏度和分辨率的核磁共振信号。

超精细耦合常数 [hyperfine coupling constant] 在电子自旋体系中未成对电子除受外磁场的作用外，还受具有(或分享)此未成对电子的原子核(I不为0)的核磁矩的作用，使其能级进一步发生分裂，如原子核的自旋为I，它在外磁场中有$2I$+1个不同的取向，因此使电子自旋的每一个能级分裂为($2I$+1)个次能级。结果便产生服从选择定则$\Delta m_s=\pm1$，$\Delta m_1=0$的($2I$+1)条等距的ESR吸收峰；若有n个等价的原子核共享一个未成对电子、则将产生$2nI$+1条等距的吸收峰。这些由原子核的核磁矩引起的多重峰通常称之为超精细结构。而这些谱线间的间距就是超精细耦合常数。

弛豫试剂 [relaxation reagent] 能与试样中某些基团络合而使临近基团的弛豫加速但不产生位移的试剂的总称。此类物质含有未成对电子，因而形成弛豫加速的现象。常用的弛豫试剂包括Cu(EDTA)，Gd(DOTA)，Mn^{2+}等。核磁共振实验中，弛豫试剂的加入可缩短再循环时间的设置，因此提高单位时间灵敏度。

冲零 [zero filling] 利用向FID信号中增加一段空白信号来增加信号量，经傅里叶变换后提高核磁共振谱图分辨率的方法。对时域信号进行FID数字采样后的数据处理方法。在有限点数的后端填充零数据。

[磁]饱和 [saturation] 通过核磁共振激发，使得磁性核在高能级与低能级布居数相同，宏观磁化矢量消失，进而共振信号消失的现象。

磁化率 [magnetic susceptibility] 一些特定的物质在外磁场的作用下会产生感应磁场，其磁化强度和磁场强度成正比关系的比例系数。

磁化强度 [magnetization] 描述磁介质磁化矢量的物理量，单位为A/m。

磁量子数 [magnetic quantum number] 描述微观粒子在外加磁场下行为的基本物理量。在外加磁场下微观粒子的轨道角动量和自旋角动量具有各自特定的方向，即在外磁场方向上的投影只能取间隔为1的数值，即为磁量子数。

磁全同 [magnetic equivalence] 以质子为例，如果有一组化学等价质子，当它与组外的任一磁核耦合时，其耦合常数相等，该组质子称为磁等价质子。

磁性核 [magnetic nucleus] 核自旋量子数不为零的原子核。磁性核有核磁共振信号。

磁旋比 [gyromagnetic ratio] 又称回磁比、旋磁比。微观粒子的基本性质之一，表征微观粒子自旋所产生的磁矩与其角动量之比。用符号γ表示，其量纲为rad/(T·s)。决定微观粒子在磁场中的进动频率、弛豫时间，以及微观粒子之间耦合作用的强度。绝大多数微观粒子的磁旋比为正数，包括质子以及大多数磁性核。少数微观粒子的旋磁比为负数，如电子、^{15}N 等。磁旋比的正负号表示微观粒子自旋产生的核磁矩方向与自旋角动量方向一致或方向相反。

单峰 [singlet] 当 n 个 I=1/2 的 X 核与 A 核耦合，则 A 核产生 n+1 个峰，当 n=0 时即为单峰。

氘代溶剂 [deuterated solvent] 用氘取代各种有机试剂中氢的溶剂。

氘交换 [deuterium exchange] 核磁共振测量时，样品中与氧、氮、硫等相连的活泼氢会出现信号，加进重水后，活泼 ^1H 与 D 发生交换而被取代，从而该信号减弱或者消失的现象。

电子-核双共振 [electron-nuclear double resonance (ENDOR)] 先用通常的方法观察到 ESR 谱，把磁场固定在其中一条谱线的中心，加大微波功率，使 ESR 谱饱和。然后，在垂直磁场的方向，加一个频率可调的射频电磁场，用来激发核自旋能级间的跃迁，即当射频场的能量等于核自旋两能级之差时，则发生核磁共振(NMR，跃迁定则是：$\Delta M_s=0, \Delta M_I=\pm1$)，从而使原来已饱和的 ESR 谱线强度发生变化，即为 ENDOR 谱。

电子顺磁共振波谱 [electron paramagnetic resonance spectroscopy (EPRS)] 又称电子自旋共振谱。改变外加磁场或辐射频率则可获得受不同环境影响的电子自旋共振分布波谱。

电子自旋共振谱 [electron spin resonance spectroscopy (ESRS)] 即电子顺磁共振波谱。

多重峰 [multiplet] 由于自旋耦合效应等造成的峰裂分形成的峰。

多道谱仪 [multi-channel spectrometer] 安装多个频率通道的波谱检测器，同时获得多种谱线信号的仪器。

多核磁共振 [multi-nuclear magnetic resonance] 研究不同类型磁性核特别是可以发生相互作用的磁性核而获得相关结构和动态作用信息的核磁共振方法。

多维核磁共振 [multidimensional NMR] 采用多个射频，使复杂的 NMR 信号展开到多个频率轴上。

二级图谱 [second order spectrum] 在自旋耦合系统中，两核间化学位移差以 Hz 计，其数值与它们之间的耦合常数相近时产生的图谱。

4,4-二甲基-4-硅代戊磺酸钠 [sodium 4,4-dimethyl-4-silapentane-1-sulfonate (DSS)] 又称三甲基硅丙磺酸钠。结构式为：$(CH_3)_3SiCH_2CH_2CH_2SO_3Na$。白色固体粉末，较易溶于水，用作 NMR 测量时的内标。

二维 *J* 分解谱 [*J*-resolved spectroscopy] 又称 δ-J 谱。把化学位移 δ 和耦合常数 J 值同时在两个频率轴上展开得到的谱图。包括同核 J 分解谱和异核 J 分解谱。

二维化学位移相关谱 [chemical shift correlation spectroscopy (COSY)] 利用双重化学位移相关效应获得的图谱。可以观察到化学位移之间的相关性。

二维交换谱 [exchange spectroscopy (EXSY)] 相同类型磁性核间交换了它们的化学位置而引起了核间磁化传递的二维谱。

二维 NMR 谱 [two-dimensional spectrum (2D NMR)] 将化学位移、耦合常数等 NMR 参数以独立频率变量的函数在两个频率轴构成的平面上展开所得到的谱图。时间也是 NMR 参数动态谱不是 2D 谱。

二维 NOESY 谱 [nuclear Overhauser effect spectroscopy (NOESY)] 测定分子中 NOE 效应的二维核磁谱图方法。可用于分析分子的空间结构。

范德瓦耳斯效应位移 [Van der Waals shift] 由于分子内(外)两基团范德瓦耳斯力作用而改变了相应的核的电子云屏蔽，导致产生的化学位移的改变。

辐射阻尼 [radiation damping] 由于辐射，谐振子受到阻尼力的作用，辐射出的电磁波的振幅不断衰减的现象。

高斯线型 [Gaussian lineshape; Gaussian profile] 波谱(光谱)的谱线的形状主要取决于样品的性质及其环境所形成的谱线轮廓。理论上，谱的线型可分为高斯线型和洛伦茨线型两种。而固体样品则近于高斯线型。高斯线型峰相对不尖锐，在基线附近快速趋于基线。

功能磁共振成像 [functional magnetic resonance imaging (fMRI)] 使用核磁共振成像来测量在大脑的活跃部分发生的迅速、极微小新陈代谢变化的一个相对的新方法。

核磁共振 [nuclear magnetic resonance (NMR)] 核自旋量子数不为 0 的原子核，在静磁场中由于核磁矩和静磁场相互作用形成分裂的能级，在射频的作用下，核自旋态在能级间发生跃迁而出现的共振现象。

核磁共振波谱法 [nuclear magnetic resonance spectroscopy; NMR spectroscopy] 利用核磁共振现象获取物质内分子结构，排列和相互作用的方法。是化学、物理、生命科学、材料科学、食品科学等研究领域的重要分析方法；

化合物结构分析的重要方法，也在药物定量、代谢学、生物大分子动态构象等方面有重要的应用。核磁共振波谱法的特点为无损性，可以实现样品的原位分析；可以分析气体、液体、固体样品。液体核磁波谱法以溶解样品为研究对象；固体核磁共振波谱法以固体粉末或半固体状态样品为研究对象。

核磁共振波谱仪 [nuclear magnetic resonance spectrometer] 用来观察核磁共振信号的仪器，一般由磁体、探头、机柜、温控系统和信号记录处理设备组成。其中机柜集成了射频发生系统、射频接收系统、锁场控制单元等。

核磁共振成像 [NMR imaging (NMRI)] 若对试样施加一个已知的线性梯度磁场，试样中处于垂直于此梯度方向的平面中的核处于这一特定的磁场强度中，具有相同的共振频率，这一特定频率的NMR信号强度正比于该平面中的核自旋数。此时的NMR谱信号便是核自旋密度的投影。沿梯度方向上不同垂直平面内的核处于不同的磁场中，有不同的共振频率。沿着梯度方向依次扫描，获取试样核自旋体密度的分布情况，此时梯度磁场场强便成为成像截面的标志。当梯度磁场施加在互相垂直的两个方向或3个方向上，经扫描便可获得平面或立体的NMR自旋密度的分布图，称为自旋密度成像。现已发展了许多成像方法，如投影重建成像、灵敏点(或线)扫描成像、选择激发成像、场聚焦成像、傅里叶变换核磁共振成像等。

核磁矩 [nuclear magnetic moment] 表征核的性质之一，由核内质子和中子的自旋磁矩和轨道磁矩所组成。反映了核内电荷分布状况，与核内核子的运动状态有关，它的绝对值取决于自旋量子数。

核的旋进 [spin precession] 即进动。

核电四极耦合张量 [nuclear electric quadrupole coupling tensor] 当核自旋量子数$I \geqslant 1$时，原子核具有电四极矩，核自旋与其周围晶格产生的电场梯度存在相互作用，这种相互作用可用核电四极耦合张量来描述。其耦合张量值为$-eqV/h$，其中V为电场梯度张量，eq为核电四极矩。

核间双共振 [internuclear double resonance (INDOR)] 利用核磁共振方法研究原子核之间相互作用的一种技术。在连续波核磁共振谱仪上实现时，核间双共振法所记录的共振频率与一般的NMR谱有很大的区别。它是将观测射频频率v始终固定在某一要研究的峰尖，同时存在辐照场B_2，在线宽范围之内，连续改变B_2的频率，扫过全谱，记录观测峰的谱线幅度的变化，一般这个变化大约是峰高的20%～50%，这就是INDOR信号。改变观测谱峰可获得一系列INDOR谱。它的特点是：①被监视的谱线与被干扰的谱线若无共同能级时，无INDOR信号；有共同能级时，才出现INDOR信号；②INDOR信号有正有负，由两谱线所涉及的跃迁的3个能级关系所确定。一般是前进式跃迁关系出现正INDOR信号，反射式跃迁出现负的INDOR信号。INDOR实验可以简化弱耦合复杂体系的图谱。直接测定耦合常数和确定其相对符号。发现重叠信号中所隐藏的谱线，便于谱线的归属和结构的分析。也可在PFT-NMR上实现。

核欧沃豪斯效应 [nuclear Overhauser effect (NOE)] 磁性核之间的弛豫作用，当一个核的信号被饱和时，另一个与其有交叉弛豫作用的磁性核的信号强度增强或减弱的现象。NOE效应常用于检测分子内磁性核之间的距离，也常用于描述分子的局部快速运动。

核四极共振 [nuclear quadrupole resonance (NQR)] 核自旋量子数$I>1/2$的原子核具有核四极矩。在分子内不均匀电场中，因电场梯度的作用，具有核四极矩的原子核的$2I+1$重简并能级发生裂分，其能级间的跃迁一般是磁偶极矩跃迁，可发生射频范围的共振吸收。若同时加上外磁场B，当B较小时，可观测到共振吸收的塞曼效应；当B较大时，可观测到塞曼能级的核四极矩位移。通过这些测定，能够得到核四极矩、分子内部微观电场梯度等信息。

核四极矩 [nuclear quadrupole moment] 四极核中的核磁矩；四级核中正电荷在原子核表面呈椭球对称分布，相当于在正电荷均匀球对称分布的基础上又加上了一对电偶极矩。这种椭球对称的电荷分布使原子核具有核四极矩。

横向弛豫 [transverse relaxation] 又称自旋-自旋弛豫。体系中非平衡态核的能量转移给低能级同类核，各能级核的总数和核的磁化强度矢量总和不变，只是自旋体系内部核与核间的能量交换的现象。宏观磁化矢量模型中，横向弛豫描述射频照射后，宏观磁化矢量在与磁场方向正交的平面上衰减的过程。横向弛豫的快慢由纵向弛豫时间表征(transverse relaxation time)，符号T_2，单位为s；也可以用纵向弛豫速率表征(transverse relaxation rate)，符号R_2，单位为s^{-1}。$T_2=1/R_2$。通常条件下，横向弛豫时间远小于纵向弛豫时间；影响纵向弛豫的因素均影响横向弛豫；分子内局部的构象平衡现象和化学交换现象，会大幅缩短横向弛豫时间，因此横向弛豫时间常用于大分子的动态学研究；横向弛豫时间与相关时间近似成反比，相关时间短的分子，横向弛豫时间长；实验测量方面，横向弛豫时间与核磁谱线宽度成反比，横向弛豫时间过短不利于核磁共振信号的采集。

化学交换 [chemical exchange] 在分子内或分子间有氢键或有配合物的形成、流变分子的平衡、分子构象的平衡等情况中，由于分子内或分子间基团的重排旋转导致被观测核的位置发生交换的现象。

化学全同 [chemical equivalence] 一些核处在相同的化学环境，表现出相同的化学位移。

化学位移 [chemical shift] 处于同一磁场中的某种磁性核，由于其在分子中所处的化学环境不同，对核的屏蔽作用不同，于是共振频率不同产生共振。这种频率的差异为化学位移。

化学位移各向异性 [chemical shift anisotropy (CSA)] 由于电子云的不对称性，核外电子对原子核形成的屏蔽效应与分子在磁场中的取向相关，进而表现出的化学位移与分子空间取向的关联。溶液中，分子随机热运动将化学位移各向异性平均，因此液体核磁检测到的是平均后的各向同性化学位移，而在固体样品中，由于分子运动受限，可以检测到化学位移各向异性。

化学诱导动态电子极化 [chemically induced dynamic electron polarization (CIDEP)] 在时间分辨ESR波谱中，通常会呈现异常的谱线强度。这表示自旋各能级尚未达到热平衡时的布居状态，这种现象的产生是由于样品受激发(通常是光激发)后顺磁物种的快速生成(或消失)使未偶电子的塞曼能级偏离了热平衡时的布居状态，在静磁场方向上产生异常大的电子自旋的极化。其结果会产生异常的微波吸收。相应的谱线称作吸收谱线 A；甚至也会伴随着发射微波的现象，相应的谱线称作发射谱线 E。以上现象称为化学诱导动态电子极化。化学诱导动态电子极化一般可用三重态机理或自由基对机理解释。

回磁比 [gyromagnetic ratio] 即磁旋比。

极化转移 [polarization transfer] 某些能级的自旋布居数，将通过适当的体系内部机制(如弛豫)和(或)外部(如脉冲序列)作用恢复到热平衡状态，同时又导致其他一些能级的自旋布居数偏离了热平衡时的布居数，则称发生极化转移。

假象[简单]图谱 [deceptively simple spectrum] 在ABX体系中，当A与B的化学位移接近到小于J耦合常数时，发生谱线重叠或简并的现象，导致谱图近似简单耦合关系的图谱。当使用高场谱仪时，此现象常会减弱或消失。

进动 [precession] 又称核的旋进。磁性核旋转时产生磁场，当这个自旋核置于磁场中时，核自旋产生的磁场在外加磁场作用，会产生进动状态；即磁性核绕其自旋角动量轴旋转的同时，自旋角动量轴绕外磁场轴线方向旋转。

局域场 [local field] 某一核自旋系统或小体积元受到周围环境或交互作用力变化，所感受到的区域磁场。由于构成分子的各种基团及其化学键或者电子云的分布及其运动或磁性核的自旋运动会对其周围环境产生一定的磁场，描述核体系的宏观磁化强度矢量$\boldsymbol{M}$在静磁场$\boldsymbol{B}_0$并同时有一个射频场$\boldsymbol{B}_1$的作用下的运动方程，通常引进旋转坐标系($OX'Y'Z'$)来解释，简单，直观，此时可视为该$\boldsymbol{M}$受到一个由$\boldsymbol{B}_0$、$\boldsymbol{B}_1$核虚构场ω/r三者矢量和所构成的合成场作用。这个合成场称为有效场。

抗磁位移 [diamagnetic shift] 电子自旋轨道(s)产生的诱导磁场与外磁场方向相反，从而导致的共振位移的现象。

宽带去耦 [broad band decoupling] 用第二个宽带射频场(对核体系的双照射技术，除了对照核比如^{13}C施加射频场外，同时对与分子中与碳核相耦合的可与^{1}H核的耦合作用全部消除，为此施加一个一定强度宽带的覆盖所有^{1}H的共振频率的射频场，致使^{13}C谱的信号无与^{1}H耦合峰，便于解析进行双照射，从而把所有在^{13}C核旁边的^{1}H耦合作用全部去掉，使^{13}C的信号以单峰出现。

拉莫尔频率 [Larmor frequency] 顺磁性微观粒子受恒磁场的作用产生的力矩使其绕恒磁场方向做的旋转运动为旋进，或进动(拉莫尔进动)，其频率称为拉莫尔频率，单位为Hz。拉莫尔频率的公式为$\omega^0=-\gamma B^0$，其中γ为旋磁比，B^0为外磁场强度，正负号代表旋进的方向；核磁共振波谱仪器通常以^{1}H核的拉莫尔频率进行标注，如400 MHz核磁共振谱仪，指在该谱仪的磁场下，^{1}H核的拉莫尔频率为400 MHz。

连续波核磁共振[波谱]仪 [continuous wave NMR spectrometer] 射频以连续波方式变化获得NMR谱信息的仪器。分为两种方式：扫频和扫场。

量值谱 [magnitude spectrum] 脉冲傅里叶变换核磁共振所得的谱图。其谱峰不用统一调整成纯吸收峰图谱，而是吸收与色谱的混合型，为此统一将它们处理，变化后给出不考虑相位变化的M_{xy}磁场方向吸收值相对频率的变化图谱($\sqrt{u^2+v^2}$模式)，其图谱称为量值谱。

六甲基二硅烷 [hexamethyldisilane (HMDS)] 在核磁共振测量时，可以替代四甲基硅烷作为内标物质，分子式为$(CH_3)_3Si{-}Si(CH_3)_3$。

洛伦兹线型 [Lorentzian lineshape; Lorentzian profile] 波谱(光谱)的谱线形状主要取决于样品的性质及其环境所形成的谱线轮廓。理论上，谱的线型可分为高斯线型和洛伦兹线型两种。溶液样品的谱线一般是洛伦兹线型，此种线型峰尖锐，但在基线附近缓慢趋于基线。一般情况下是这两种线型的混合。

脉冲傅里叶变换电子自旋共振仪 [pulsed Fourier transform ESR spectrometer] 测量电子自旋共振(电子顺磁共振)信号的磁共振仪。其模/数变换方式是利用脉冲傅里叶变换法。

脉冲傅里叶变换核磁共振[波谱]仪 [pulsed Fourier transform nuclear magnetic resonance spectrometer] 脉冲技术及傅里叶变换检测试样的核磁共振信息的仪器。脉冲傅里叶变换核磁共振仪一般包括 5 个主要部分：射频发射系统、探头、磁场系统、信号接收系统和信号处理与控制系统。

脉冲间隔 [pulse interval] 两个射频脉冲序列之间间隔的时间。

脉冲宽度 [pulse width] 对核自旋体系施加射频激发脉冲的持续时间；通常指待测核宏观磁化矢量翻转 90°的射频激发脉冲时间。

脉冲倾倒角 [pulse flip angle] 在特定的射频脉冲作用下，核磁共振体系的待测核宏观磁化强度矢量翻转的角度。

脉冲梯度场 [pulsed field gradient (PFG)] 在均匀磁场中采用脉冲方式施加一个梯度磁场，再施加一个完全反向的脉冲(强度的绝对值相同，作用时间相同，只是方向相反)，形成恰好相反的梯度磁场，使体系中散相的磁化矢量按空间位置又重新聚相的方法。这样便可使散相了的信号重聚得到检测。

脉冲序列 [pulse sequence] 在脉冲傅里叶变换核磁共振研究中，根据实验要求而设计的一系列各种不同宽度、不同相位、不同形状、不同时间间隔射频脉冲的组合。

脉冲延迟 [pulse delay] 在采用脉冲傅里叶变换核磁共振实验中，设定脉冲后一定时间进行信号采集的方法，相应时间称为脉冲延迟时间。

门控去耦 [gated decoupling] 在脉冲傅里叶变换 NMR 实验脉冲序列中，在适当时刻，用控制辐照通道射频发射机的开与关(门)，对体系观测相耦合核进行去耦和不去耦的方法。随照射通道的开启时间的不同有门控去耦与反门控去耦。

内标物 [internal standard] 与试样同时溶于溶剂中，并处于磁场相同位置特定化学位移的参比物。

内锁 [internal lock] 使用溶在试样中，与被测试核处在磁极间同一位置上的核(一般为氘)，提供锁信号，进行锁场达到稳定磁场的目的。

偶极耦合 [dipole-dipole coupling] 磁性核通过偶极矩形成的相互作用。其强度与相互作用磁性核的磁旋比成正比，与外磁场强度成正比，与磁性核之间距离的三次幂成反比。偶极耦合是直接耦合，与是否形成化学键无关。在表征磁性核空间距离关系方面有重要的应用。偶极耦合对磁性核的弛豫性质有显著的影响。偶极耦合为矢量，强度与磁性核连线与外磁场方向的夹角相关。在溶液中，分子的随机热运动，将偶极耦合平均为 0；在固体样品中，分子的运动受限，偶极耦合残留，导致谱线增宽，因此通常采用魔角旋转的方式消除磁性核之间的偶极耦合。

耦合 [coupling] 核磁共振中相邻的原子核上磁不等价的核之间相互作用导致信号分裂的现象。

耦合常数 [coupling constant] 表征两磁性核的自旋通过成键电子传递的间接相互作用大小的物理量。AB 两核相隔 n 个化学键的耦合常数记以 J_{AB}，量纲为 Hz。

偏共振 [off resonance] 用于检测(或去耦)的射频发射频率略微偏离检测核(或去耦核)共振频率的试验，此时称为偏共振。

频域信号 [frequency domain signal] 描述事件所含频率成分及其幅度的信号。频率图描述了信号的频率结构及频率与该频率信号幅度的关系。

屏蔽常数 [shielding constant] 原子核外电子的运动使原子核受到一定的屏蔽，这时该核对外界的静电作用力减少到以有效核电荷 Z''计。Z''可以表示为 $Z''=Z-\sum\sigma_i$，式中 σ_i 是核外第 i 个电子对核的屏蔽常数，$\sum\sigma_i$ 是核外各电子对核的屏蔽作用的总和。

δ-*J* 谱 [*J*-resolved spectroscopy] 即二维 J 分解谱。

去屏蔽 [deshielding] 质子核磁共振中，某基团附近由于有一个或几个吸电子基团存在或者该基团处于磁场各向异性基团的特定区域时，使该基团中质子周围的电子云密度降低，屏蔽效应也随之降低的现象。

溶剂峰消除技术 [solvent elimination technique] 又称溶剂峰抑制技术。高分辨 NMR 谱的获得需要将试样制成溶液，对于试样量少尤其是生物大分子试样，被测核的量远小于实际中氘代后残余的 ^{1}H 量，于是强度过大，需要抑制，使溶质峰显现出来的技术，也是消除谱图中溶剂峰的技术。

溶剂峰抑制技术 [solvent suppression technique] 即溶剂峰消除技术。

溶剂位移 [solvent shift] 由于被分析物质与溶剂发生相互作用导致有关核的共振位移现象。

塞曼分裂 [Zeeman splitting; nuclear Zeeman splitting] 在磁场的作用下，自旋量子数不为 0 的原子核的核基态裂分为 $2I+1$ 个非简并态，其中 I 为核自旋量子数。自旋 1/2 核分裂为两个非简并态；四极核分裂为大于两个非简并态；0 自旋核无塞曼分裂。塞曼分裂相邻能级之间的能量差与核的内在性质以及外加磁场的强度相关；外磁场越高，能级间的能量差越大。核自旋态在塞曼分裂的非简并能级之间的跃迁是核磁共振信号的来源。

三重峰 [triplet] 当 n 个 I=1/2 的 X 核与 A 核耦合，则 A 核产生 n+1 个峰，当 n=2 时即为三重峰，强度为 1∶2∶1。

三甲基硅丙磺酸钠 [sodium trimethyl silapentane sulfonate] 即4,4-二甲基-4-硅代戊磺酸钠。

扫场模式 [field sweep mode] 固定射频频率而不断连续改变外加磁场强度，使欲研究的核自旋体系所有有关核依次达到共振的方法。

扫频模式 [frequency sweep mode] 固定外加磁场强度而不断改变射频频率，使欲研究的核自旋体系所有有关核依次达到共振的方法。

色散型谱 [dispersion spectrum] 在检测核磁共振信号时，共振点频率为零，偏离共振点两侧信号一正一负，共振点皆回复为零的峰型为色散型(u模式)，可以反映不同频率的峰的相位变化，所得图谱称为色散谱。

[射频发射器的]偏置 [off-set] 核磁共振信号的共振频率与样品观测的射频参考频率之差值。在正交检测模式中，为使激发射频脉冲(常称射频器偏量)的频率要设在谱宽的中心，大概在δ_H=7处。无数字锁场靠氘核锁场的仪器，则根据所使用的氘代溶剂而设定的偏量。仪器可制作的磁体可产生的磁场强度是一定的，为使射频脉冲的频率对准可观测的谱中心而设定的偏量。

剩余耦合常数 [residual coupling constant] 偏共振去耦谱中，所观察到的比真实耦合常数小的耦合常数。其大小与去耦功率和频偏大小有关。

时间平均法 [time averaging method] 在时域中从混有噪声干扰的信号（例如样品量少时）中提取周期分量，采用多次累加以取得合适信噪比谱图的方法。

时域信号 [time domain signal] 自变量是时间，即横轴是时间，纵轴是信号强度的变化。在核磁共振中，通过观察所有相关核被脉冲激发后回到基态过程中的自由衰减信号来获得相应的时域信号。时域信号经过傅里叶变换可转变为频域信号，即核磁共振波谱。

手性位移试剂 [chiral shift reagent] 一些镧系元素(如Pr、Eu、Yb等)离子与β-双酮络合合成的六配位的手性试剂。金属离子与一对对映体之间形成不同配合物导致它们的化学位移不同，而达到识别分离效果。用这种方法可以确定对映体的过剩值*ee*。

双峰 [doublet] 当n个I=1/2的X核与A核耦合，则A核产生n+1个峰，当n=1时即为双峰。

双双峰 [double doublet] 某磁性核受两个I=1/2的核的耦合，且耦合常数不等时，所呈现的谱线。

顺磁共振[波谱]仪 [EPR spectrometer] 测量电子在磁场作用下电子自旋能级发生分裂而形成的顺磁共振(电子自旋共振)信号的磁共振仪。

顺磁屏蔽 [paramagnetic shielding] 当核外电子云呈非球形时，此种电子环流产生的一定空间分布局部磁场，某种程度上阻碍了电子云的自由转动，或者说在磁场的诱导下使基态电子掺有激发态的成分而导致这种电子屏蔽作用增强，是顺着外磁场方向(同向)使场强增加，这种屏蔽称为顺磁屏蔽。

顺磁位移 [paramagnetic shift] 电子自旋轨道(p、d、…)产生的诱导磁场与外磁场方向相同，从而导致的共振位移的现象。

顺磁物质 [paramagnetic substance] 分子结构中至少含有一个未成对电子，在外加磁场作用下可以诱导产生使外磁场强度增加的物质。

顺磁效应 [paramagnetic effect] 分子中未成对电子的存在，如自由基、含未成对电子的金属离子等，在外加磁场作用下可以诱导产生使外磁场强度增强的现象。顺磁效应包括顺磁弛豫增强效应(paramagnetic relaxation enhancement)、伪接触位移效应(pseudocontact shift)、残留偶极耦合效应(residual dipolar coupling)等。

顺磁性位移试剂 [paramagnetic shift reagent] 含有未成对电子的物质，可使待测物发生顺磁性位移，从而将化学位移重叠的核磁信号分开的一类试剂。常用的顺磁性位移试剂为镧系金属络合物。

四重峰 [quartet] 当n个I=1/2的X核与A核耦合，则A核产生n+1个峰，当n=3时即为四重峰。

四极核 [quadrupolar nuclei] 自旋量子数大于1/2原子核的总称。

四甲基硅烷 [tetramethylsilane (TMS)] ^{1}H和^{13}C化学位移基准物，结构式为$(CH_3)_4Si$。四甲基硅烷中^{1}H和^{13}C的化学位移均定义为0 ppm(10^{-6})。

探头 [probe] 位于磁极间隙或螺旋磁线圈中，由发射线圈和接收线圈、调谐、匹配及滤波电路组成的信号监测系统的部件。

碳-13核磁共振 [^{13}C nuclear magnetic resonance (^{13}C-NMR)] 研究^{13}C核的核磁共振现象进行结构和相互作用分析的方法。

调制边带 [side band] 核磁观察到的信号的边缘部分，可以反映相位的变化和一些相互作用的信息。参见主带。

同核去耦 [homonuclear decoupling] 调制边带使去耦射频频率跟随主磁场同步变化，从而实现对某一谱线的连续辐照，达到同核去耦。

同位素边峰 [isotope side band] 碳同位素 C-13 的自旋量子数 I=1/2，可将与之相连的氢谱分裂为二重峰，对称地分布在主峰的两边，称为同位素边峰，其实仍属氢的共振峰。

外标物 [external standard] 预置于探头中但紧挨试样的外面的特定 δ 的参比物。

外锁 [external lock] 使用放在试样之外，与被测试核不处在磁极间同一位置上的核(一般为氘)，提供锁信号，进行锁场达到稳定磁场的目的。

位移试剂 [shift reagent] 当少量加到被测试样的溶液中，与待测物形成弱相互作用，使被测试样分子中某些化学基团有关核的化学位移有不同程度移动的试剂。使原先重叠的峰展开可分辨。

吸收型谱 [absorption spectrum] 在检测核磁共振信号时，共振信号随频率由零到极大(共振点)返回到零的过程，此种共振峰型为吸收型(v 模式)，所得共振图谱为吸收型谱。观测时通常采用吸收谱。

相干转移路径 [coherence transfer pathway] 在特定组合脉冲作用下，相干作用之间发生转移的途径。

相关函数 [correlation function] 用来表征分子从一种状态转变到另一种状态所需的平均时间客观规律的函数。其与相关时间 τ 密切相关，反映分子内相互作用。

相关时间 [correlation time] 分子的相关时间是反映分子在随机(热)运动状况的一个微观物理量，用来表征分子从一种状态转变到另一种状态所需的统计平均时间，通常用 τ 表示。在溶液中，分子的相关时间与分子的转动速度相关，也与温度、溶液的黏度等因素相关；与分子的大小相关，分子越大，相关时间越长。溶液中分子的相关时间通常在 ns 量级。在固体样品中，分子随机运动受限，相关时间更多地表现为分子内部的局部运动。相关时间是弛豫时间的决定因素之一，待检测体系的运动状态直接影响磁性核之间的偶极耦合和磁性核的弛豫时间。相关时间也是用来解释 NOE 效应的一个重要参数。

相位 [phase] 反映共振核与脉冲相互作用时的一种状态的物理量。

信号平均累加器 [computer of average transients] 将所获得的信号按一定特征进行累加的方法。

虚拟远程耦合 [virtual long-range coupling] 在强耦合体系中，可能发生峰形畸变或谱线分裂数目及裂距异常等现象，一个长碳直链的端甲基，三重峰畸变，左外侧峰强，右外侧峰不明显的现象，好像多个 CH_2 对它有耦合的现象，此时连接端甲基的 CH_2 与若干个 CH_2 的 δ 值很接近，形成一个大的强耦合体系。这种现象称为虚拟远程耦合。

旋磁比 [gyromagnetic ratio] 即磁旋比。

旋转边带 [spinning sideband] 核磁管旋转时，由于它所在的磁场不均匀性而引起距主峰两侧各以旋转频率的位置出现对称的边峰。

旋转与多脉冲相关谱 [combined rotation and multiple pulse spectroscopy (CRAMPS)] 在固体核磁共振实验中，将魔角旋转实验结合多脉冲照射，得以有效去除 ^1H 强偶极耦合作用的一种实验方法。

旋转坐标系的欧沃豪斯[增强]谱 [rotating frame Overhauser-enhancement spectroscopy (ROESY)] 在旋转坐标系下，将磁化向量锁定在横向(X'-Y'平面)，经过一段演化周期后，观察 NOE 效应的一种实验方法。

选择性脉冲 [selective pulse] 只对某些频率窄区进行激发而其余频率区间不激发的脉冲。常使用场强比较弱的方形脉冲来实现，也可以使用其他形状脉冲替代方形脉冲实现。

一级图谱 [first order spectrum] 在自旋耦合系统中，两核间化学位移差以 Hz 计，其数值远大于它们的耦合常数时产生的图谱。一级谱图的裂分遵循 $2nI+1$ 规则，这样的自旋耦合系统为简单耦合系统。

异核化学位移相关谱 [heteronuclear chemical shift correlation (HETCOR)] 利用不同类型磁性核之间化学位移相关效应获得的图谱。可以观察到不同类型磁性核化学位移之间的相关性。此类谱图通常用于获取化学键相连的或间隔两个化学键的磁性核的连接信息。常用的异核化学位移相关谱包括 HSQC、HMBC、HMQC 等。

异核去耦 [heteronuclear decoupling] 同时对所需去耦的核(通常为 ^1H)的全谱进行连续辐照，消除所有被去耦核对观测核的耦合，使得被测谱(通常为 ^{13}C、^{15}N 等)中由异核耦合所引起的多重谱线合并为单一谱线，简化了图谱，增强了谱线强度。

***g* 因子** [*g*-factor] 电子自旋共振波谱中描述电子的一个重要参数，表征磁场的共振位置，其与未成对电子在原子结构或者分子的某化学键上的位置有关。自由电子 g_e=2.002 32，不少有机自由基的 g 因子很接近此值。多数过渡金属离子及其化合物的 g 因子则远离 g_e，因电子轨道角动量有较大贡献，通常 g 因子是各向异性的，应以 g 张量表示。

有效场 [effective field] 外场存在时，电介质中作用在分子、原子上使之发生电极化的场。

远程耦合 [long-range coupling] ❶在质子核磁共振中，核间相隔 4 个或 4 个以上键之间的耦合；❷在碳-13 核磁共振中，则为相隔两个或者两个以上键之间的耦合。

匀场 [shimming] 核磁共振谱的获得对外加磁场的均匀度要求极高，任何制作的磁体均不可能理想地均匀，必须使用匀场线圈调节其中电流大小产生各种空间分布的磁场梯度来补偿磁体磁场的不均匀性。

匀场线圈 [shim coil] 通常由一组线圈组成。当每一支线圈有电流通过时，则产生特定空间分布梯度磁场，而各线圈可产生的梯度场空间分布函数大多数是相互改变的。

章动 [nutation] 用一个单脉冲作用于自旋体系，此时微观带电粒子自旋体系在外磁场下，受到来自不同于磁场方向的共振频率电磁波的作用。体系除了在绕外磁场进动的同时也绕共振频率电磁波磁场进动，这种兼绕两个不同方向磁场下的运动称为章动。

折叠[效应] [folding; fold back effect] 根据奈奎斯特(Nyquist)取样法则，当取样频率小于检测谱宽，原来理应落在检测范围外的信号折叠到谱图中的效应。

δ值 [δ-value] 化学位移标度的标记，并规定零点左侧为正，右侧为负。量纲为1，常用ppm(10^{-6})表示相对位移。

τ值 [τ-value] 过去文献中采用的化学位移表示符号，以TMS的值为10，与IUPAC建议的δ值关系为$\delta=10-\tau$。现已不用。

质子核磁共振 [proton magnetic resonance (PMR)] 通常称^{1}H NMR，是最常见和应用最广的核磁共振波谱分析方法。是利用^{1}H核的核磁共振现象进行分子结构和相互作用分析的实验方法。

质子噪声去耦 [proton noise decoupling] 采用宽频带照射，以随机噪声函数的射频产生以^{1}H共振频率为中心的宽频带，使氢质子饱和，去耦使峰合并，强度增加。

主带 [main band] 核磁共振测量中用声频的交变电磁场叠加到静磁场$\boldsymbol{B}_0$或对射频频率进行声频调制时，NMR谱线会出现未经调制的NMR信号及其两侧对称的间隔为调整频率的强度呈衰减的信号。中间的信号称为主带，两侧的信号称为边带。

自旋标记 [spin label] 抗磁性化合物是没有ESR信号的。如果将一顺磁性的报告基团(一般多为氰氧自由基基团)以共价键的形式与之相结合，借助于报告基团的ESR波谱信息来反映该报告基团周围环境的变化，从而了解抗磁化合物的物理、化学性质。

自旋捕捉 [spin trap] 有不少像·OH、·OOH一样的在常温下ESR很难检测出来的不稳定自由基，这种短寿命自由基通过与中性分子或离子的不饱和键反应被捕捉，可转换成相对稳定的自由基，从而通过解析该新自由基的ESR谱图，鉴定原来的不稳定自由基。

自旋1/2核 [spin 1/2 nuclei] 自旋量子数为1/2的原子核。是核磁共振研究中的重要原子核类型。常用的自旋1/2核，包括有机元素中的^{1}H、^{13}C、^{15}N、^{19}F、^{31}P等同位素，惰性元素中的^{3}He和^{129}Xe等同位素，以及过渡金属中的部分同位素，如^{107}Ag和^{109}Ag等。碱金属和碱土金属的天然同位素中无自旋1/2核。

0自旋核 [zero-spin nuclei] 自旋量子数为0的原子核，此类原子核无核磁共振信号。

自旋回波 [spin echo] 对自旋体系施加一个$(\pi/2)x'$-t-$\pi x'$(或$\pi y'$)-t的射频脉冲序列，产生一个对称于第二个时刻而在此又达到最大值随后又逐渐衰减的信号，该类脉冲序列为自旋回波脉冲序列，该现象为自旋回波现象。

自旋回波相关谱 [spin echo correlated spectroscopy (SECSY)] 采用双脉冲序列，SECSY的脉冲序列为90°-t_1/2-90°-t_1/2-回波-t_2，这里有两个演化期t_1/2，第2个演化t_1/2后会形成回波，t_2为检测期，此时采集的是回波数据，经两次傅里叶变换就可得到SECSY。

自旋回波重聚[焦] [spin echo refocusing] 通过90°-τ-180°-τ的自旋回波脉冲序列，将散相的磁化矢量横向分量重聚。利用它可消除磁场不均匀性影响。

自旋角动量 [spin angular momentum] 自旋是微观粒子的基本属性之一。微观粒子的自旋角动量是量子化的，数值为$S=\dfrac{h}{2\pi}\sqrt{s(s+1)}$，式中$S$为自旋角动量，$s$为自旋量子数。$s$可以取的数值为奇半整数或整数。在外加磁场下，微观粒子角动量裂分为$(2s+1)$个非简并能级；无外加磁场，微观粒子的角动量能级是简并的。

自旋-晶格弛豫 [spin-lattice relaxation] 即纵向弛豫。

自旋去耦 [spin decoupling] 用第2个射频磁场，使它的频率对准相互耦合的核中的一种共振频率，使这种核被扰动而不断往返于两种自旋状态之间，这种操作也称为双照射或双共振技术。

自旋锁定 [spin locking] 在旋转坐标系($X'Y'Z'$)中，沿x'轴上施加一个90°脉冲B_1，体系磁化强度M转到y'轴，随即将射频场B_1的相位角移动90°，使B_1沿y'轴。由于M与B_1平行，M不受任何力矩，而被停留在y'轴上，此现象和技术被称为自旋锁定。

自旋微扰 [spin tickling] 一种双共振技术。当干扰射频场B_2强度比较小，只干扰一条谱线，受B_2干扰的能级不仅粒子的布居数发生变化，而且会使该能级发生分裂，从而使被观测谱也发生分裂的现象。

自旋-自旋弛豫 [spin-spin relaxation] 即横向弛豫。

自旋-自旋耦合 [spin-spin coupling; *J*-coupling; indirect spin-spin coupling; indirect dipole-dipole coupling] 磁性核之间通过分子内成键电子传递的间接相互作用；自旋-自旋耦合仅存在于化学键连接的顺磁核之间，包括氢键；自旋-自旋耦合包括同核耦合，即相同类型磁性核之间的耦合，和异核耦合，即不同类型磁性核之间的耦合；自旋-自旋耦合对表征化合物分子化学键的连接有重要的应用；磁性核因自旋-自旋耦合而使得核磁信号出现分裂；自旋-自旋耦合的强度与分子的自身性质相关，包括磁性核的类型、分子结构、相互作用磁性核间隔化学键的个数等因素，与分子在溶液中的运动无关，快速运动不能将自旋-自旋耦合平均化；与外磁场强度无关；自旋-自旋耦合为标量，与分子的取向无关。

自由感应衰减 [free induction decay (FID)] 经激发后的自旋核的磁化矢量强度回到基态的过程，随时间而衰减。

总相关谱 [total correlation spectroscopy (TOCSY)] 给予一个分子链上所有质子彼此的全部相关信息。包括化学位移相关谱给予的具有同碳或邻碳核自旋耦合的一般的氢的相关，也包括 RCOSY(同核接力位移相关谱)得出的沿着标量耦合自旋体系进一步的氢的相关。

纵向弛豫 [longitudinal relaxation] 又称自旋-晶格弛豫。处于非平衡态的自旋核将能量以非辐射方式转移给周围分子(通过固体的晶格或液体的分子、溶剂分子)而变为热，使高能级的核数目减小，总能量下降的现象。宏观磁化矢量模型中，纵向弛豫描述宏观磁化矢量方向在偏离外磁场方向后，恢复到与外磁场方向平行的过程。纵向弛豫的快慢由纵向弛豫时间(longitudinal relaxation time)表征，符号 T_1，单位为 s；也可以用纵向弛豫速率(longitudinal relaxation rate)表征，符号 R_1，单位为 s^{-1}。$T_1=1/R_1$。纵向弛豫时间与旋磁比、磁场强度、温度等因素相关，也与分子热运动速度、分子内局部运动的特性、相邻顺磁核相互作用的强度等因素相关。在同一分子内，不同类型磁性核的弛豫速率不同；相同类型的磁性核，因化学环境与局部运动性质的差异，也会造成纵向弛豫时间的差异。在高分子以及生物大分子研究中，纵向弛豫常用于表征分子的整体运动性质，以及表征大分子内的局部快速运动。实验设置方面，纵向弛豫时间是再循环时间的参考，通常再循环时间设置为 T_1 时间的 5 倍以上。

组合峰 [combination line] 由于有多重核相互作用导致的信号峰。

最佳倾倒角 [optimum pulse flip angle] 在有限实验时间内能更有效地获取最大稳态 NMR 信息所采用的倾倒角。化学环境不同的核有不同的弛豫时间，各有一个最佳倾倒角。

3.5.5 质谱分析

本底质谱图 [background mass spectrum] 没有进样时质谱仪所测得的谱图。由样品的记忆、仪器的残留溶剂、真空泵油蒸气、色谱柱流失、载气以及各种污染所产生的质谱图。它会成为样品谱图中的背景谱图，严重时会干扰谱图的识别，必须扣除本底质谱图，才能得到真正的样品质谱图。

闭壳层离子 [closed-shell ion] 即偶电子离子。

标称质量 [norminal mass] 设定 ^{12}C 的原子量为 12，并以此为单位表示组成某一离子或粒子的各种原子的质量之和的整数值。是质谱法中常用的 3 种质量，即平均质量、标称质量和精确质量之一。

表面诱导解离 [surface-induced dissociation (SID)] 质谱法的一种离子活化方式。加速的离子与固体靶表面碰撞被活化并碎裂，碎裂的程度与碰撞能量和靶的材质有关。由于在碰撞过程中能量分布较窄，易于控制转化的内能。多用于生物质谱中产生碎片离子，根据肽段的碎片离子之间的质量差推测氨基酸序列。

表面增强激光解吸离子化 [surface-enhanced laser desorption ionization] 一种特殊的基质辅助激光解吸离子化方法。是将样品靶表面进行化学修饰以使其对特定分析对象具有专一性的亲和力，从而可富集该分析对象，有利于进一步进行基质辅助激光解吸离子化过程。常与飞行时间质量分析器或蛋白质芯片技术结合，用于生物质谱分析。

场致解吸 [field desorption (FD)] 涂敷于长有大量晶须的发射体表面的样品在加热并施加高电场时，因隧道效应、离子分子反应、热融解等效应而离子化，并从发射体尖端释放到气相的过程。适用于热稳定性差的或不易气化的化合物，是一种软离子化技术，得到的主要是分子离子。

场致离子化 [field ionization (FI)] 用高电场移去样品分子的电子而使其离子化为正分子离子。将金属丝或金属针加上高电压，形成 10^7～10^8 V/cm 的高场强，流经电极之间的样品分子由于价电子的量子隧道效应而离子化。这种软离子化技术适用于可以气化的有机化合物的离子化，主要生成分子离子和质子化的分子离子，碎片离子很少。

重建离子色谱 [reconstructed ion chromatography] 从质谱仪反复扫描所得并已储存在计算机中的质谱数据，按不同需求进行处理，重新画出一个或数个离子的强度随时间变化的曲线。如总离子流色谱，选择离子质量色谱等。

重排反应 [rearrangement reaction] 又称分子重排。在离子碎裂过程中，离子中发生原子排列顺序或基团的连接位置改变，或电子云密度重新分布，环的扩大或缩小，碳架发生改变等一类反应。重排反应同时至少涉及两个键的变化，既有键的断裂，又有键的生成。从反应机理上分为亲核重排、亲电重排、游离基重排和周环重排等。

重排离子 [rearrangement ion] 质谱中经重排反应生成的离子。它是比较稳定的在原化合物中不存在的离子，在质谱中呈现重排离子峰。从离子质量数的奇偶性可以区分经简单断裂产生的碎片离子和脱离中性小分子所产生的重排离子。

串级质谱法 [tandem mass spectrometry (MS/MS)] 又称串联质谱法。将两个或两个以上的质谱分析过程按时间或空间序列串联起来，在前级分析过程中一般采用软离子化技术选取前体离子(或称母离子)，用碰撞或电子捕获等技术使其裂解生成子离子，再对这些子离子进行次级质谱分析。由母离子谱和子离子谱提供离子裂解过程的亲缘关系，有助于推断复杂化合物的结构，提高定量分析的专一性，进行反应动力学研究等。串级质谱法也是一种亚稳离子的测量技术。此外母离子扫描、中性碎片丢失扫描和多离子反应监测等方式均是串级质谱法的延伸功能。

串级质谱仪 [tandem mass spectrometer] 将两个或两个以上的质谱仪单元连接起来，使离子按空间或时间顺序通过其中得到进一步的碎裂或分离，以获得更多待测物结构信息的组合式质谱仪。常用 MS/MS 或 MS^n 表示。分空间串级和时间串级。空间串级是用第一级质谱选出要研究的离子，使其进入碰撞区与惰性气体碰撞，经过碰撞产生的产物由第二级质谱分析。时间串级是用同一台质谱仪，按时间顺序进行 MS^n 分析，只有用离子阱质谱仪和傅里叶变换离子回旋共振质谱仪才能实现。串级质谱仪可以获得子离子谱、母离子谱、恒定中性碎片丢失谱和多离子反应监测等。

串联质谱法 [tandem mass spectrometry] 即串级质谱法。

磁场扫描 [magnetic field scan] 在质谱仪上，利用改变磁感应强度以形成动量谱的方法。以一定速率运动的离子进入磁场后，当改变磁感应强度，可使不同质荷比的离子因洛伦兹力的作用使运动方向发生偏转，按不同的曲率半径运动，从而达到聚焦不同离子的目的。

磁分析器 [magnetic analyzer] 通过改变磁感应强度以选择不同质荷比的离子的一种质量分析器。常做成一个扇形的磁场，带电粒子加速进入磁场后，在洛伦兹力的作用下运动方向发生偏转，其曲率半径的大小与离子的质荷比有关。不同质荷比的离子经磁场后可以分开。具有相同质荷比和相同初速率的离子，如以不同角度进入磁场，经磁场偏转后，此离子束可以聚焦在一起。此种分析器仅对离子进行方向聚焦，分辨率也较低，一般不大于 5000。

从头测序 [*de novo* sequencing] 通过对蛋白质或多肽进行串级质谱法(MS/MS)分析蛋白质一级结构，即氨基酸残基序列测定的一种传统方法。基于“从头计算”的方法，选择某一离子峰，从该离子峰开始，向高和低的质荷比方向寻找对应的相差氨基酸残基的碎片峰。如此循环下去，可以得到一系列的氨基酸序列。这样，可以给出碰撞诱导解离(CID)谱图中所有的氨基酸序列的可能，充分利用谱图上的各种碎片信息，给出科学的得分计算公式。

大气压化学离子化 [atmospheric pressure chemical ionization (APCI)] 大气压离子化的一种，由电喷雾离子化派生出来。在大气压下样品通过喷嘴被氮气流雾化，以电晕或放射源进行离子化的方式。由电晕放电产生的试剂离子与样品分子发生分子-离子反应，通过质子转移、形成加合物或电荷抽出反应生成样品分子的质子化分子或加合离子。主要用于小分子分析，例如，食品中残留农药的定性与定量，药物在生物体内的代谢过程动力学研究等。可用作与液相色谱联用的接口。

大气压离子化 [atmospheric pressure ionization (API)] 在大气压状态下进行离子化的总称。通常指大气压化学离子化、电喷雾离子化、大气压光致离子化等。常用作高效液相色谱与质谱联用的离子源。

单分子离子分解 [unimolecular ion decomposition] 在高真空条件下，处于高激发态的分子离子可自身分解成为一个离子和中性碎片的反应。从实验的角度研究化合物的质谱断裂机理，解释其裂解规律。

单聚焦质谱仪 [single focusing mass spectrometer] 仅使用扇形磁场为质量分析器的质谱仪。带电离子加速进入磁场后，在洛伦兹力的作用下作圆周运动，其曲率半径的大小与质量/电荷比有关。因此不同质荷比的离子经过磁场后即可分离开，具有相同质荷比和相同初始速率的离子束聚焦在一点。

氮规则 [nitrogen rule] 又称N律。有机化合物如果不含氮或含偶数个氮原子，则其分子离子的质量数将是偶数；如果化合物含有奇数个氮原子，则其分子离子的质量数将是奇数。该规则也适用于所有离子，可表述为：若含有偶数个氮原子的奇电子离子，其质量数必将是偶数；同理，含有偶数个氮原子的偶电子离子，其质量数必为奇数。

等离子体解吸 [plasma desorption] 又称锎-252 等离子体解吸离子化。利用 ^{252}Cf 核素产生的高能裂变粒子轰击涂有样品的金属或纤维素薄膜的背面以导致各种离子生成并解吸的方法。在高真空下，由 ^{252}Cf 源产生的高能量(MeV 级)裂变碎片经过样品表面的微区，可形成 10^4 K 的高温等离子体，由于过程极短(10^{-13} s)、功率密度极高(10^{13} W/cm^2)，能量来不及传递，避免分子裂解，主要产生正和负的准分子离子。质谱分析时多用飞行时间质量分析器，样品的分子质量可高达 20 ku。主要用于难挥发的、热稳定性差的生物大分子的离子化，如氨基酸、肽、核苷酸等。

低丰度蛋白质 [low abundance protein] 在基因组学和蛋白质组学研究中，密码子偏性系数小于 0.2 的基因所编码的蛋白质。通常也泛指蛋白质组中相对含量低，难于检测的蛋白质。需要通过与特定配基的结合，或纳米颗粒富集等方式，使低丰度蛋白质富集和浓缩，再用基质辅助激光解吸质谱测定。也可利用高效液相色谱-质谱联用法测定。

低能碰撞 [low-energy collision] 在串联质谱系统中，离子以几十电子伏动能与碰撞气体进行碰撞发生自身碎裂产生次级离子。一般发生在四极杆质谱或离子阱类型的质谱仪，产生的碎片较少，因而信息量不如高能碰撞多。

低压电弧离子源 [low-voltage arc ion source] 使用低压电弧的离子源。用于无机质谱中的导电样品分析。样品靶作为一个电极，一般用钽块作另一个电极，在两电极之间的放电产生电弧，使样品蒸发、原子化、离子化。

第二无场区 [second field-free region (2nd FFR)] 在双聚焦质谱仪中，离子的通路上处于电场和磁场之间既无电场又无磁场的一段区间。

第一无场区 [first field-free region (1st FFR)] 在双聚焦质谱仪中，离子的通路上处于离子加速区与质量分析器之间既无电场又无磁场的一段区间。

电场扫描 [electric field scanning] 在双聚焦质谱仪中，离子通过同轴扇形柱面电极施加的静电场，因离子动能的不同产生不同的飞行轨道偏转。在双聚集质谱仪中起动能聚集的作用。

电感耦合等离子体质谱 [inductively coupled plasma mass spectrometry (ICP-MS)] 20 世纪 80 年代中期诞生的一种无机元素、同位素质谱定量分析方法。它是电感耦合等离子体技术与质谱的结合。被分析物在等离子体 5000～10 000 K 的高温下有很高的蒸发、解离效率，多数元素原子的电离度接近 100%，产生的主要是一价离子，以此作为离子源引入质谱仪。主要优点是灵敏度高(可检测 10^{-12}～10^{-15} g/mL)，分辨率高(10^2～10^3)，线性范围宽(4～6 个数量级)，可进行多元素快速定量分析，能在常压下进行测定。广泛用于地球科学、环境科学、材料科学、化学和核科学等领域。

电荷交换离子化 [charge-exchange ionization (CEI)] 又称电荷转移反应。通过电子在反应物离子和样品分子间转移而导致的一种化学离子化反应方式。

电荷数 [charge number] 一个离子的总电荷与元电荷之比的整数值。单位为 1。其数值等于核电荷数减去核外电子数，带正负号。

电荷转移反应 [charge transfer reaction] 即电荷交换离子化。

电流体动力学离子化 [electrohydrodynamic ionization (EHI)] 将碘化钠、乙酸铵或其他电解质溶于甘油中并用电喷雾法雾化，所形成的钠离子和多电荷的甘油分子簇用作碰撞离子使样品离子化的过程。因其离子化机理涉及电流体动力学单极性荷电流体与电场之间的相互作用，故称它为电流体动力学离子化。

电喷雾串联质谱仪 [electrospray ionization mass spectrometry-mass spectrometry (ESI-MS-MS)] 使用电喷雾离子源的串联质谱仪。其串联功能可以通过源内碰撞诱导解离(CID)，离子阱的空间串联或者四级杆时间串联等实现。利用飞行时间、离子阱或傅里叶变换离子回旋共振等质量分析器进行分析检测。多用于生物质谱分析，如蛋白质准确分子量的测定，多肽序列分析等。微喷雾和纳喷雾技术的引入使其进样量降至 fmol(10^{-15} mol)甚至 amol(10^{-18} mol)水平。

电喷雾接口 [electrospray interface] 利用电喷雾离子源使液相色谱等与质谱连接的装置。主要有一个 3～8 kV 电压的电源和一根内径为 0.1 mm 左右的金属毛细管喷嘴。毛细管喷嘴为多层套管，最内层是色谱流出物，外层是辅助喷射气体。

电喷雾离子化 [electrospray ionization (ESI)] 在流经样品的毛细管出口端施加数千伏的直流电压，样品溶液在高电场作用下喷出并进一步雾化、离子化。一种质谱的软离子化技术。在强电场作用下，毛细管出口端样品生成带多电荷的液滴，在干燥气体作用下液滴迅速去溶剂化，电荷密度增大，引发液滴自发分裂，称为“库仑爆炸”。对小分子化合物，主要得到$[M+H]^+$、$[M-H]^-$、$[M+Na]^+$、$[M+K]^+$等单电荷离子。对蛋白质等一类生物大分子，可以产生大量的多电荷离子，可以用一组多电荷离子计算出化合物的分子量。

电喷雾离子化质谱 [electrospray ionization mass spectrometry (ESI-MS)] 使用电喷雾离子源的质谱。1989 年应用于有机质谱。在进样的毛细管出口端施加数千伏的直流电压,样品溶液在高电场作用下喷出并进而雾化、离子化。其独特之处是多肽、蛋白质等生物分子有多个可质子化的基团，在 ESI 中形成多质子化分子(多电荷离子)。绝对灵敏度在 pmol～fmol 水平，能与液相色谱或毛细管电泳联用。

电子动能 [electron kinetic energy] 用电子束轰击样品分子使其离子化时，电子所具有的动能。它对应于加速电子时的电位差，单位为 eV。

电子俘获化学离子化 [electron capture chemical ionization (ECCI)] 用化学离子源中产生的低能电子与样品分子的相互作用以产生初级负离子的方法。是一种负化学离子化过程中发生的分子-离子反应。

电子轰击离子化 [electron impact ionization] 即电子离子化。

电子离子化 [electron ionization (EI)] 又称电子轰击离子化。质谱最常用的一种离子化方式。通常以加速至 70 eV 的电子束直接轰击样品分子，使其外层电子激发并逸出而离子化。质谱图中碎片离子峰的相对强度较大，可以提供样品的分子量和结构信息。常用这种离子化方式获得标准质谱图，与化学离子化源获得的质谱图构成互补关系。

动力学位移 [kinetic shift] 因动力学因素导致的离子相对丰度的改变。从热力学考虑，在离子源内部，离子内能达到一定值(E_0)时就会发生碎裂。如果要求离子在源内完成碎裂反应，还需要有一定的碎裂反应速率，即要求离子具有略高的内能(E_S)，E_S 与 E_0 的差值即为动力学位移。

动力学效应 [kinetic effect] 分子离子反应中，升高反应内能以提高预期产物离子的产率的现象。

动能释放 [kinetic energy release (KER)] 在亚稳态离子碎裂过程中，离子的部分内能可转化为动能，并导致亚稳峰展宽的现象。应用离子动能谱和动能释放等方法可研究化学反应动力学，如反应机理、反应的过渡态等。

动态二次离子质谱法 [dynamic secondary ion mass spectrometry (DSIMS)] 在二次离子质谱测定中，使用 mA/cm^2 级的初级离子流密度，使被轰击的样品表面不断被更新以进行深层分布分析的质谱法。初级离子流的能量约为 10^3～10^4 eV，束斑可达微米量级。对固体样品表面的分析是一个连续剥离过程中的、深层的动态成分分析。

多重去质子分子 [multiply deprotonated molecule] 在电喷雾离子化负模式过程中，待测分子失去多个质子而形成的多电荷负离子。

多重质子化分子 [multiply protonated molecule] 在电喷雾离子化正模式过程中，待测分子结合多个质子而形成的多电荷正离子。由于分析中得到一组质荷比连续变化的分子离子峰，通过对它们的质量计算可以得到高度准确的平均分子量。这些多重质子化的分子离子可以通过进一步诱导碰撞解离，进行串联质谱分析。

多离子反应监测 [multiple ion reaction monitoring (MIRM)] 串联质谱的一种扫描方式。由第一级质谱选择一个或几个特定离子，经碰撞碎裂之后，由其子离子中选出一特定离子，只有同时满足第一级和第二级质谱选定的一对离子时，才有信号产生。这种扫描方式的优点是增加了选择性，即使是两个质量相同的离子同时通过了第一级质谱，但仍可以因其子离子的不同而在第二级质谱中将其分开。非常适合从很复杂的体系中选择某特定质量，用于微小成分的定量分析。

二次离子质谱法 [secondary ion mass spectrometry (SIMS)] 在高真空中用氩离子(Ar^+)或氧离子(O^+或 O^-)等一次离子束轰击样品，通过测定所产生的二次离子对固体样品表面进行分析的质谱法。可测定表面层有关元素、同位素、化合物的组成，提供分子结构和表面结构的信息。通过逐层剥蚀，还可得到各种成分的深度分布。检测深度在几个原子层，灵敏度高，不损伤样品表面。常用于表面分析和表面反应的研究。可分为动态二次离子质谱法、静态二次离子质谱法和二次中性粒子质谱法。

二次中性粒子质谱法 [secondary neutral mass spectrometry (SNMS)] 又称溅射中性粒子质谱法。广义的二次离子质谱法的一种。将溅射出的中性粒子进行后离子化，再进行质谱分析。基质效应较小，灵敏度更高，再现性好。适合于表面(或表层)微量元素和组分的定量分析。

法拉第杯收集器 [Faraday cup collector] 质谱仪中用于离子束强度测量的杯形电极。离子束流经过抑制栅极进入杯中时，将产生电流，经转换成电压后进行放大记录。结构简单，可以检测 10^{-15}A 的离子流。但只适用于加速电压小于 1 kV 的质谱仪。

反射模式 [reflection mode] 在飞行时间质谱中，离子通过离子镜的反射以增加飞行路程、提高分辨率的检测模式。反射检测模式能很好补偿空间位置分散和初始能量分散，可以达到很高的分辨率。垂直引入方式更能使离子传输率接近 100% 。

反射式飞行时间质谱 [reflection time-of-flight mass spectrometry] 为改善直线式飞行时间质谱分辨率低的一种飞行时间质谱法。因为离子在离开离子源时初始能量不同，使具有相同质荷比的离子到达检测器的时间有一定分布，造成分辨率下降。在线性检测器前加一组静电场反射镜，将自由飞行中的离子反推回去，初始能量大的离子由于初始速率快，进入静电场反射镜的距离长，返回的路程也长，初始能量小的离子返回的路程短。这样就会在返回路程的一定位置聚焦，改善了分辨能力，飞行管越长，达到的分辨率越高。目前质量分辨率能达到 2000～5000。

反应气离子 [reaction gas ion] 在化学离子化过程中直接用于样品分子离子化的、由反应气产生的离子。化学离子化过程中首先要使反应气(如 CH_4)电离，被电离的反应气离子与被分析物分子发生分子-离子反应，使被分析物离子化。

反置双聚集质谱仪 [reverse double focusing mass spectrometer] 磁场置于前级，静电场置于后级的双聚焦质谱仪。除了与顺置型有相同的功能外，还可分析检测质量分析离子动能谱(MIKES)等的独特功能。在双聚焦系统第Ⅱ无场区将加速电压和磁感应强度固定不变，仅扫描静电场电压，由母离子找子离子的一种亚稳测定方法。

方向聚集 [direction focusing] 质谱仪的双聚焦质量分析器中，利用一个扇形磁场，使具有相同质荷比和动能，但运动方向略有差异的离子流汇聚于一个“点”上。

放电离子化 [discharge ionization] 利用低压和高压气体中的放电现象的离子化。包括发光、电弧、焰炬、电晕和火花放电等方法。

飞行时间质谱仪 [time-of-flight mass spectrometer (TOFMS)] 采用飞行时间质量分析器的质谱仪。其工作原理是在无场区初始动能相同，质荷比不同的离子飞越给定距离所需时间的差异。由离子源产生的离子经高频(约 10 kHz)脉冲电场加速，导入长约 1 m 的无场漂移管，在管中离子“飞行”的速率与它们质量的平方根呈反比，轻离子将早于重离子到达检测器。飞行时间约为 1～30 μs。有直线式和反射式两种模式。

菲尔德规则 [Field rule] 适用于偶电子离子的规则。不同的偶电子离子碎裂反应生成相应的偶电子离子产物时，形成质子亲和能较低的中性产物在能量上是有利的。

分析器 [analyzer] 即质量分析器。

分子重排 [molecular rearrangement] 即重排反应。

分子分离器 [molecular separator] 用于气相色谱与质谱联用的接口。使在大气压下操作的色谱柱压降到质谱仪离子源的高真空($\leqslant 1.3\times10^{-2}$ Pa)，并使样品与载气分离，得到富集。从色谱柱出来的载气和样品分子经一小孔加速喷射到喷射腔中，具有较大质量的样品分子将在惯性作用下继续直线运动而进入捕捉器中，载气(通常为氦气)由于质量较小扩散速率较快，容易被真空泵抽走。经多次喷射后，达到降压和浓集样品的目的。

分子离子 [molecular ion] 分子失去电子或捕获电子而生成的离子，是奇电子离子，以 M^+表示。质谱中分子离子的质荷比相当于该化合物的分子量。若不考虑同位素的影响，分子离子应该具有最高质量。根据氮规则，分子中若含有偶数个氮原子，分子离子的质量数将是偶数，反之，将为奇数。用化学离子化、快原子轰击、基质辅助激光解吸等软离子化方法获得的质子化分子，以$(M+H)^+$表示。

丰度 [abundance] 质谱仪测得的离子强度。一般以相对丰度，即相对于基峰强度的百分比表示。

峰匹配法 [peak matching] 用双聚焦质谱仪测定化合物精确质量的方法。将待测样品和标准样品(一般用全氟煤油)同时送入离子源，在仪器分辨率得到满足的条件下(5000～10 000)，通过改变离子源的加速电压，使显示的标准样品离子峰与待测样品离子峰重合，根据对应的两个加速电压值和全氟煤油峰的已知精确质量，计算出未知峰的精确质量。根据测定的精确质量，利用计算机系统的软件，可模拟出多种可能的元素组成，再按已知的各种信息，挑出唯一合理的元素组成。

负离子质谱 [negative ion mass spectrum] 在负离子化模式下，将产生的不同丰度负离子按质荷比的大小加以分离和测量得到的质谱。适合于用负离子化学离子化源鉴别天然有机产物、同分异构体以及电子亲和能较高的金属元素的成分定量和结构分析。质谱图相对于正离子质谱比较简单，但灵敏度稍差。

傅里叶变换离子回旋共振质谱法 [Fourier transform ion cyclotron resonance mass spectrometry (FTICR-MS)] 基于傅里叶变换数学法则，利用离子回旋共振原理设计的质量分析器进行分析的质谱法。对磁场中的离子施加垂直于磁场的高频电场，离子在高频电场和磁场的共同作用下，在垂直于磁场的平面上作同步回旋运动，其频率与质荷比 m/z 的倒数有关。测量共振离子回旋运动产生的像电流的衰减信号相干的图谱，并数字化储存，这种时域衰减信号经傅里叶变换后成为频域的图谱，即不同 m/z 的图谱。该法扫描速率快，适合与色谱法联用；能获得分子质量的高分辨率($>10^6$)及较大分子量的信号，并能用于分子反应动力学研究。

高分辨质谱 [high resolution mass spectrum (HRMS)] 以分辨率 10 000 以上的质谱仪测得的质谱图。如用双聚焦质谱仪或傅里叶变换离子回旋共振质谱仪等。其质量精度可达 mu(毫原子质量单位)，根据测得的精确质量数据可推导出离子的元素组成。

高压辉光放电离子源 [high-voltage glow-discharge ion source] 利用高压辉光放电现象进行离子化的离子源。多用于无机质谱法。由待测元素或它的化合物制成阴极，阴、阳两极放在 10～1000 Pa 的低压氩或氖的气氛中，两极间施加 5～20 kV 的电场，使气体击穿，电子和正离子向带相反电荷的电极加速运动，形成放电等离子体。气体离子与阴极碰撞，使其表面物质离子化并使原子、离子和电子溅射释出。可用四极质谱仪对样品离子进行质荷比测定，获得样品的元素组成。

共振稳定化 [resonance stabilization] 因共振使含双键离子的稳定性提高，进而使质谱仪测得的离子相对丰度提高的现象。

光离子化 [photo-ionization (PI)] 又称光诱导离子化。光直接照射到样品时分子吸收电磁能而发生离子化的现象。有多种途径，如：①被测组分分子吸收光子直接电离成正离子，并放出电子。②组分分子吸收光子至激发态然后离子化并失去能量回到基态。③载气分子吸收光子至激发态，然后与被测分了碰撞，使组分分子离子化。

光诱导离子化 [photo-induced ionization] 即光离子化。

归一化强度 [normalized intensity] 指定质谱中某一个峰的强度为100%，计算其余峰的相对强度。通常以质谱中强度最大的峰(基峰)为100%。

合理中性丢失 [logical neutral loss] 即中性丢失。

化学离子化 [chemical ionization (CI)] 通过反应气离子与样品分子反应产生新离子的现象。一种质谱软离子化方法。利用一些惰性的反应气(如甲烷、丙烷、丁烷、异丁烷等)在高能电子轰击下电离产生反应气离子(如甲烷电离产生CH_5^+，CH_3^+等)，这些离子再与中性的试样分子(用M表示)反应，得到$(M+H)^+$或$(M-H)^+$准分子离子。例如：

$$M+CH_5^+ \longrightarrow (M+H)^+ + CH_4$$

$$M+CH_3^+ \longrightarrow (M-H)^+ + CH_4$$

质谱图上准分子离子峰的相对强度较大，可提供化合物分子量的信息。而碎片离子峰的数目较少，简化了质谱图。

绘制肽谱 [peptide mapping] 测定蛋白质序列的一种重要方法。将蛋白质进行酶解，酶解产物用质谱分析，得出各肽段的分子量。根据酶解的选择性，将各组分与已知系列的多肽对照，或用串联质谱法将各片段肽进行测序，然后推导整个蛋白质序列。常用电喷雾或基质辅助激光解吸作为质谱离子源。

火花放电离子化 [spark discharge ionization] 又称火花源。利用电容器放电产生的火花而发生的样品离子化过程。一种无机质谱离子化方法，常与双聚焦质量分析器联用。样品直接(或与石墨粉混压)制成电极置于真空中，在试样电极和参比电极间隙施加 10^4 V的脉冲高频(MHz)电压，发生火花放电，使电极上的样品蒸发并离子化。离子化效率高，主要用于非挥发性的无机样品，如金属、矿样等的离子化。

火花源 [spark source] 即火花放电离子化。

火花源质谱法 [spark source mass spectrometry] 采用高频火花放电离子源的质谱分析法。将待测导电样品制成针状电极，施加 30 kV 以上高压电场以产生高频火花等离子体，并使样品离子化。离子化效率高，样品不需进行预处理，适用各种材料在较宽浓度范围内同时检测全部元素。主要用于非挥发性的无机样品，如金属、矿物等。

基础电荷 [elementary electric charge] 单一电子或质子所携带的最小的电荷量，用作最基本最小的电荷单位。如：电子的荷电量为$-1.602\ 19\times10^{-19}$ C，电子电量常用 e 表示，电子带一个单位的负电荷。质子的荷电量为 $1.602\ 19\times10^{-19}$ C，带一个单位的正电荷。

基峰 [base peak] 在质谱图中强度最大的离子峰。可作为测定离子峰相对强度的计算基准，将基峰的相对强度定为 100%。

基体 [matrix] 即基质。

基质 [matrix] 又称基体。试样中除被测组分之外的其他组分。它对被测组分的测定有时会有明显影响，常采用标准加入法消除其影响。

在快原子轰击、液相二次离子、基质辅助激光解吸、液相离子化等质谱模式中，用以发挥接受反应气质子、吸收并缓冲电子轰击的能量、承载激光照射等功能的有机溶剂、黏稠液体、晶体、金属粉末或它们的混合物。在基质辅助激光解吸离子化过程中，基质的作用是吸收激光能量并使被测分子分离成单分子状态，使其发生解吸离子化。另外，基质效应是质谱分析中常见的一种干扰因子，必须在质谱测定时加以修正。

一般将在酶作用下发生变化的分子或化合物称为这种酶的基质。酶对基质分子的结构具有特异识别选择性。

色谱固定相的基质又称载体。

基质辅助等离子体解吸 [matrix-assisted plasma desorption (MAPD)] 在基质的存在和辅助下，借助等离子体使溶于液体或固体基质中的样品解吸的过程。如：将样品溶于用作基质的硝化纤维素中，涂布在 0.5～1 mm 厚的铝或镍箔上，用放射性同位素的核裂变碎片从背面穿过金属箔，把大量能量传递给样品分子，使其解吸并离子化。

基质辅助激光解吸飞行时间质谱仪 [matrix-assisted laser desorption ionization time of flight mass spectrometer (MALDI-TOFMS)] 以基质辅助激光解吸作为离子化方式，用飞行时间质量分析器的质谱仪。样品与基质共结晶，在基质吸收激光能量导致化合物解吸附并同时离子化。特点是准分子离子峰很强，几乎无碎片离子。测定的分子量上限高。为提高分辨率，可采用静电反射器和离子延迟引出技术。可用于测定多肽、蛋白、糖蛋白、DNA 片断、多糖及合成高分子产物等。可与液相色谱和毛细管电泳联用。

基质辅助激光解吸离子化 [matrix-assisted laser desorption ionization (MALDI)] 在基质的存在和辅助下以激光导致化合物解吸附，并同时进行离子化的方法。创始于 1988 年。将试样溶液与过量的能吸收激光的基质混合均匀并涂敷到金属探针表面，干燥后即有晶体形成。用脉冲激光照射就产生分析物的离子。主要是质子化分子、阳离子化分子、多电荷离子或多聚体离子。常用的基质有烟酸、芥子酸、2,5-二羟基苯甲酸、4-羟基吡啶甲酸、琥珀酸、阿魏胶等。基质的最大吸光频率应与激光(常用 337 nm 的紫外激光)的频率一致。特别适用于生物大分子的分析。

激光多光子离子源 [laser multiphoton ion source] 以激光照射原子或分子样品，令其逐步吸收多个光子，直至超过电离能，逐出其电子而使其离子化的离子源。结合飞行时间质谱，可研究有机分子在激光作用下的多光子电离离解的过程和机制。是 20 世纪 70 年代末发展起来的一种与质谱联用的激光离子源。

激光解吸 [laser desorption] 即激光离子化。

激光解吸离子化 [laser desorption ionization (LDI)] 样品无烧蚀过程，而仅通过激光解吸而导致的离子化。大气压激光解吸离子化(APLDI)是一种常压敞开式离子化方式，不需要加载高电压，也不需要引入其他溶剂或气体辅助离子化。能量高，指向性强，可获得很强的准分子离子峰。可与离子阱质谱仪等联用。

激光离子化 [laser ionization] 又称激光解吸。一种质谱光离子化方法。用脉冲激光直接照射固体样品并使其产生气相离子的离子化方式。激光的强度大，能聚焦到样品的特定表面。是傅里叶变换质谱和飞行时间质谱理想的离子源。常得到样品分子与钠、钾离子的加成离子。20 世纪 80 年代后期发展的基质辅助激光解吸离子化方式，大大提高了灵敏度和选择性。

激光离子源 [laser ion source] 利用激光电离现象的离子源。紫外激光实用性强，但由于能量较高，容易产生较多的碎片离子。红外激光相对能量较低，产生碎片离子少，适合生物大分子样品，且容易找到合适的基质。

加速器质谱法 [accelerator mass spectrometry (AMS)] 用能量为百万电子伏级的串列静电加速器作为离子源的质谱法，并用多电荷离子和电荷交换过程进行工作的一种核分析技术。主要用于测量作为示踪剂或年代测量计时器的长寿命放射性核素的同位素丰度比或进行同位素示踪。应用于地球科学、考古学、环境科学和生命科学等。

溅射中性粒子质谱法 [sputtered neutral mass spectrometry] 即二次中性粒子质谱法。

解吸电子离子化 [desorption electron ionization (DEI)] 加热涂有样品的探针，并置于电子束的轰击下使样品气化并离子化的过程。不仅能得到较大相对丰度的分子离子，而且对长链化合物还能反映出取代基团的丢失规律。

解吸化学离子化 [desorption chemical ionization] 在化学离子化源中，用碰撞或加热等方式使涂在探针表面上的样品气化，并发生化学离子化的过程。选择合适的电离试剂(如水、乙酸、氨气、甲烷等)，通过载气将它们引入内嵌探针的毛细管中，在高电压的作用下产生电晕放电，在毛细管口产生大量试剂的正/负离子，在电场和载气作用下获得能量碰撞固体样品的表面，发生解吸并使固体表面待测物离子化。

解吸离子化 [desorption ionization (DI)] 处于凝聚相中的分子不经过气化，直接解吸逸出凝聚相而成为离子的离子化过程。如：场致解吸、快原子轰击、激光解吸、基质辅助激光解吸等。

静电分析器 [electrostatic analyzer] 使用静电场的质量分析器。具有能量分布的离子束进入具有恒定电位差的静电场中，受静电力的作用发生偏转，离子依能量的高低排序而被分辨开。常做成同轴扇形柱面形式，与扇形磁分析器联用构成双聚焦质量分析器。

静态二次离子质谱法 [static secondary ion mass spectrometry (SSIMS)] 使用较低的初级离子流密度的二次离子质谱法。在分析过程中，每一溅射剥离的量均非常少，剥离速率很慢，近似静态。初级离子的能量小于 5 keV，离子流密度约为 nA/cm^2 级。主要用于样品表面单原子层的成分分析及化合物的结构分析。

绝热电离 [adiabatic ionization] 由原子或分子生成基态离子的电离过程。其所需的能量为绝热电离能，用紫外光电子能谱的振动精细结构可以测量绝热电离能。

锎-252 等离子体解吸离子化 [^{252}Cf plasma desorption ionization] 即等离子体解吸。

可靠性顺序 [reliability ranking] 使用概率法匹配系统解析质谱结果时，对多个可能的结果按其置信度进行排序。通常将测得的质谱数据采用概率匹配算法与质谱数据库进行比较，得出它们的相似度情况。

空间电荷效应 [space-charge effect] 集聚的离子在空间形成电场，并影响离子运动轨迹的现象。其原因是离子间的库仑相互作用。如在飞行时间质谱法中，这种相互作用导致离子动能分布范围的扩展，从而使采集到的质谱峰变宽，降低了仪器的分辨率。

快速粒子轰击 [fast-particle bombardment (FPB)] 质谱中以加速至 2～30 kV 动能的原子、分子或离子轰击样品使其离子化的总称。如快速原子轰击、二次离子质谱等。

快速热解吸 [rapid thermal desorption] 即闪解吸。

快速原子轰击离子源 [fast-atom bombardment (FAB) ion source]　用于质谱的一种软离子化离子源。始于1981年。样品溶于液体基质中并涂布于金属靶上，以加速至2～30 kV动能的中性原子轰击产生离子的离子源。生成的主要是准分子离子和少量碎片离子。适用于难挥发、热不稳定、强极性、大分子的有机化合物。快原子轰击离子源的出现被誉为质谱学跨入生命科学领域的里程碑。

离子传输率 [ion transmission efficiency]　离子在质谱仪中经传输到达检测器的离子比率。是质谱仪的性能指标之一，影响质谱仪的灵敏度。

离子动能谱 [ion kinetic energy spectrum (IKES)]　在反置双聚焦质谱仪中通过静电场扫描获得的动能/电荷之比进行分析的质谱法。可用于由母离子寻找相应子离子的一种亚稳离子的检测法。

离子对离子化 [ion pair ionization]　同时生成正离子和负离子，且形成离子对的离子化过程。

离子光学 [ion optics]　研究离子在电场、磁场中的运动轨迹的学科。通常在质谱仪中对离子进行聚焦、加速，形成稳定的、能量连续可调的离子束流的装置称为离子光学系统。

离子化 [ionization]　在质谱分析中将固态、液态或气态样品转化为气态正离子和负离子的过程。

离子化截面 [ionization cross section]　原子或分子与电子或光子相互作用时生成离子的概率。不同元素同一能级的离子化截面，随原子序数增大而减小；同一元素，愈是内层电子，结合能愈大，相应的离子化截面也愈小。

离子化室 [ionization chamber]　在质谱仪的离子源中样品与粒子束或反应气离子相互作用，生成样品离子的场所。

离子回旋共振 [ion cyclotron resonance]　在磁场和电场的共同作用下，离子可在垂直于磁场的平面上作回旋运动。当对此离子施加高频交变电场时，离子从与其匹配的交变电场中吸收能量，并达到同步回旋即共振状态，使它的运动半径和速率增加。停止电场后，离子运动半径又变为恒定，并能观测到共振离子回旋运动产生的像电流。

离子回旋共振质谱仪 [ion cyclotron resonance mass spectrometer (ICR-MS)]　基于离子回旋共振现象的质谱仪，现在多采用傅里叶变换技术。在磁场和电场的共同作用下，离子可在垂直于磁场的平面上作回旋运动。在磁场强度恒定时，回旋频率仅与离子的质荷比相关。当对此离子施加高频交变电场时，离子可吸收与其匹配的高频电场能量并达到共振回旋状态而被检出。当停止电场后，能观测到共振离子回旋运动产生的像电流。用计算机记录并储存由不同质荷比离子产生的像电流衰减信号相干的图谱，经傅里叶变换后成为频域的图谱，即不同 m/z 的图谱。扫描速率快，能与色谱法联用，能获得高分辨率的、较大分子量的信息。

离子阱 [ion trap]　一种质谱质量分析器。利用交变电场将离子约束在特定空间，在此空间中离子可沿二维或三维封闭轨道进行振动运动。由一个环形电极和上下两个呈双曲面形的端电极构成。在环形电极上施加射频电压，离子被“储存”在一个稳定轨道上。逐渐增大射频电压，使阱中质荷比(m/z)递增的离子依次具有不稳定轨迹而从上下端电极上的小孔被排入电子倍增器检测。不仅可以分析离子源产生的离子，而且在阱内通过电子轰击离子化或化学离子化，可以分析其碎片离子或分子离子。因此具有多级质谱的功能。

离子阱质谱法 [ion trap mass spectrometry]　利用高频电场将气相离子控制或“储存”在真空状态下的离子阱中，改变高频电场，将离子按质荷比递增的次序排出离子阱进入检测器检测的质谱法。检出限低，能分析高分子量的样品，可以与色谱法联用和进行串联质谱分析。

离子阱质谱仪 [ion trap mass spectrometer (ITMS)]　以离子阱为质量分析器的质谱仪。创始于20世纪80年中期，现已成为一种常规和标准分析方法。通过改变施加在离子阱环形电极上的射频电压，使得不同质荷比的离子在阱内的稳定运动状态依次被破坏进而被排出，到达检测器进行检测，从而分辨不同质荷比的离子。灵敏度可达 pg(10^{-12} g)级，分辨率≥3000，可与气相色谱和液相色谱联用，可以通过空间串联的方式实现多级串联质谱分析。

离子束 [ion beam]　由大量离子形成的具有一定速率、方向和动能的粒子流。在表面分析中，常用稀有气体离子束等与靶表面原子作用，溅射和激发出次级离子，继而进行质谱分析，或发生弹性碰撞产生离子散射谱。离子束的主要指标是束斑大小和束流密度。

离子碎裂机理 [mechanism of ion fragmentation]　离子碎裂生成次级离子的原理和途径。分子中电离能最低的电子最容易丢失，生成的正电荷和游离基就定域在丢失电子的位置上。离子具有过剩的能量和带有的正电荷或不成对电子是它发生碎裂的原因和动力。产物离子的相对丰度主要由它的稳定性决定。

离子探针质量分析器 [ion microprobe mass analyzer (IMMA)]　以聚焦的高能一次离子束为激发源照射样品表面以溅射出二次离子，将其按质荷比进行分析的器件。用于微量元素的高灵敏度的微区分析，适用于元素周期表上的全部元素，绝对灵敏度为 10^{-5}～10^{-19} g，随不同的元素而异。离子溅射发生在样品表面的原子层或吸附层上(50～200 nm)。且可用于同位素分析。

离子源 [ion source] 质谱分析中用于样品离子化的部件。它的作用是使被分析物离子化，形成分子离子或碎片离子。主要有电子轰击源(EI)、化学离子化源(CI)、热离子化源(TI)、射频火花源(RFS)、电感耦合等离子体离子化源(ICP)、场致离子化源(FI)、场解吸离子化源(FD)、快原子轰击离子化源(FAB)、激光解吸离子化源(LD)、热喷雾离子化源(TSI)、电喷雾离子化源(ESI)等。

离子-中性复合物 [ion-neutral complex] 在碰撞诱导解离过程中离子与碰撞气体碰撞形成的复合物。这种复合物是有机质谱碎裂过程中的中间体，特别是亚稳离子会影响解离过程的速率和反应过程。应用亚稳离子技术也能作分子结构分析。

裂解质谱法 [pyrolysis mass spectrometry] 用高温使聚合物裂解，将裂解产物送入气相色谱-质谱的分析方法。裂解反应是在严格控制的条件下进行的，它遵循一定的规律裂解为可挥发的小分子产物，经色谱分离后进入质谱仪检测。裂解产物的组成和相对含量与被测物质的结构、组成有一定的对应关系。适用于分子量大、沸点高、难挥发的样品。

N 律 [nitrogen rule] 即氮规则。

脉冲离子引出 [pulse ion extraction (PIE)] 又称延迟引出。是基质辅助激光解吸离子化飞行时间质谱仪中提高质谱分辨率的一种技术。在激光辐照靶的瞬间，若靶电极和与其相对的离子引出电极处于相同的电位，即两电极之间形成无场区，被解吸的离子以不同的初始速率在无场区内运动。经过一段延迟时间(几十纳秒)后，速率高的离子远离靶，速率低的离子离靶近，然后以脉冲方式在瞬间使靶与引出电极处于不同电位，由此产生的电场将离子引出，经聚焦后飞出离子源。离靶近的离子比离靶远的离子具有更大的动能，适当选择延迟时间及靶与引出电极间的电位差，可以有效补偿离子的初始动能分散，显著提高飞行时间质谱仪的分辨率。

膜导入质谱法 [membrane introduction mass spectrometry(MIMS)] 即膜进样质谱法。

膜进样质谱法 [membrane inlet mass spectrometry (MIMS)] 又称膜导入质谱法。将样品通过具有一定分离特性的膜材料引入离子化室的质谱法。常用的膜有聚乙烯、聚四氟乙烯、硅橡胶等。利用膜的透过特性，有选择性地将样品导入。

母离子 [parent ion] 即前体离子。

母离子扫描 [parent ion scan] 串联质谱的一种扫描方式。在第二级质谱中选定目标子离子，由第一级质谱扫描选定子离子的所有前体离子，得到母离子谱。追溯子离子的来源，对产生某种特征碎片离子的化合物进行筛选、鉴别。

偶电子规则 [even-electron rule] 从热力学角度考虑，一个偶电子离子碎裂而生成偶电子碎片离子及中性分子，是有利反应；一个偶电子离子碎裂而生成奇电子碎片离子及中性游离基，则是不利反应。

偶电子离子 [even-electron ion] 又称闭壳层离子。无未成对电子的离子，其外壳层电子全部成对。缩写为 EE，右上角标以“+”，如 EE^+，$CH_3CH_2^+$。质谱中用软离子化方法，如化学离子化法，得到的分子离子多为偶电子离子。

喷雾离子化 [spray ionization] 以加热、高速气流或高电场驱动从毛细管末端流出的样品液或溶液喷雾雾化，并产生气化离子的离子化方法。如热喷雾、电喷雾离子化。适用于生物大分子脉冲离子引出的离子化。

彭宁离子化 [Penning ionization (PI)] 基于彭宁效应的一种离子化方法。处于激发态的中性原子或分子与样品分子相互作用，导致样品分子的离子化。要求处于激发态的中性粒子的内能大于样品分子的电离能，而且激发态的寿命比相互作用时间长。

碰撞活化 [collisional activation] 又称碰撞激发。具有一定动能的离子与碰撞气体或其他物质碰撞时，其动能的一部分可转化为内能并导致离子的电子、转动和振动形式的活化。

碰撞激发 [collisional excitation] 即碰撞活化。

碰撞诱导解离 [collision induced dissociation (CID)] 碰撞活化引起的离子的碎裂。质谱法中常用的技术，碰撞活化解离在碰撞室内进行，带有一定能量的离子进入碰撞室后，与室内稀有气体(或高纯氮)的分子或原子发生碰撞，离子发生碎裂。多用于串联质谱的源后解离，进行生物大分子的测序，或用于飞行时间质谱研究原子团簇。

平均分子[质]量 [average molecular weight] 由组成该化合物各元素原子的各种同位素质量及其所占比例计算得到的分子[质]量。在质谱分析中，对分子[质]量大于 1000 u 的，常使用平均分子[质]量。对小于 1000 u 的，习惯上使用标称质量。

气相色谱-质谱法 [gas chromatography-mass spectrometry (GC-MS)] 又称气质联用。样品以气相色谱进行预分离后通过接口导入质谱仪进行分析的技术。将气相色谱的高效分离能力与质谱的高灵敏度检测、高分子结构鉴别能力相结合。联用分析可得到色谱保留值、总离子流色谱图、质量色谱图、选择离子监测图和质谱图等信息。

气质联用 [GC-MS] 即气相色谱-质谱法。

前体离子 [precursor ion] 又称<u>母离子</u>。能产生其他离子的初始离子。在串联质谱法中特指前一级质谱过程中选出的离子在下一级质谱过程中继续进行碎裂和分析的离子。若A离子碎裂产生B离子，则A离子称为B离子的母离子，B离子是A离子的子离子。

去质子化分子 [deprotonated molecule] 中性分子失去一个质子后形成的负离子。其去质子化的难易程度可以用质子离解常数K_a来描述，即pK_a值低的化合物为酸性，容易给出质子生成碱。其共轭碱的稳定性是影响中性分子去质子的重要因素之一。

热表面离子化 [thermal surface ionization (TSI)] 原子或分子撞击灼热(约1000℃)的钽或铼等高熔点金属表面时，导致离子化的方法。碰撞后，一部分原子或分子改变运动方向飞离金属，另一部分原子或分子则损失(或得到)电子成为正离子(或负离子)，并飞离金属表面。常用作同位素质谱的离子源。

热电离同位素质谱法 [thermal ionization isotope mass spectrometry] 测定金属或非金属元素的同位素比值或丰度及其相关技术的质谱法。经分离纯化的试样涂在铼、钽、铂等高熔点、高功函数金属表面上，通过高温(1000～1500 ℃)加热产生热致电离，形成正和负的热电离离子。可以用硅胶和磷酸作为电离增强剂和固定剂，用于高精度的岩石、矿物、陨石、月岩、土壤等样品的元素同位素比值测定，以及矿物、岩石绝对年龄测定。在同位素年代学、同位素示踪研究、宇宙化学、地球化学、海洋科学、生命科学等领域有广泛应用。

热喷雾 [thermospray] 将含有少量电解质的样品溶液导入金属毛细管，毛细管被加热时，样品在毛细管出口处体积急剧膨胀，形成喷雾的过程。可将此喷雾导入离子化室，在低真空(几百帕)下以电解质离子作为碰撞气体离子与样品发生离子–分子反应而导致喷雾离子化。

热喷雾离子化 [thermospray ionization (TSI)] 利用热喷雾方式的离子化方法。将样品溶液通过加热毛细管，在毛细管出口形成热喷雾，借助电晕放电使这些雾滴带电，随着雾滴中溶剂蒸发，产生样品离子。能与液相色谱联用，对热稳定的和低挥发性的化合物特别有效。质谱图中主要是分子离子峰和同位素峰，碎片离子峰极少。适用于对肽、蛋白质、低聚核苷酸、低聚糖等的分析。

软离子化 [soft ionization] 质谱法的一类离子化技术。相对于硬离子化法，可使用较低的能量使试样中的分子、原子离子化。在获得的质谱图中，分子离子峰或质子化、去质子化的离子峰的强度很大，碎片离子峰较少且强度低，因而可得到精确的分子量。化学离子化、场致解吸、等离子体解吸、快原子轰击、基质辅助激光解吸以及适用于液相色谱和质谱联用的热喷雾和电喷雾法等都是软离子化法。但软离子化法一般不发生具有结构特征的断裂反应，若与串联质谱法结合就能用来阐明分子结构。软离子化法适用于极性的、非挥发性的和热不稳定的化合物的质谱分析。也多用于生物质谱的离子源。

三阶四极质谱仪 [triple-stage quadrupole mass spectrometer (TSQ-MS)] 由三组四极杆质量分析器组成的串联质谱仪。属于空间串联型质谱仪。通常在第一级中选出前体离子，第二级作为碰撞室，而在第三级对前体离子产生的碎片离子进行检测。扫描速率快，适合与气相色谱、液相色谱联用。与碰撞诱导解吸(CID)结合，用于蛋白质鉴定。

闪解吸 [flash desorption] 又称<u>快速热解吸</u>。样品先以快速加热方式蒸发或解吸，然后再进行离子化的方法。

扇形磁式质谱仪 [magnetic sector-type mass spectrometer] 使用扇形磁场，或磁场和电场组合作为质量分析器的单聚焦或双聚焦质谱仪。是最早使用的质谱仪。利用不同质荷比的带电离子在磁场中运动时受到不同的洛伦兹力作用而具有不同的运动轨迹的现象来分辨各质荷比的离子。当加速电压固定不变时，不同的磁感应强度对应不同的质荷比的离子，连续改变磁感应强度(磁场扫描)，便可在接收狭缝处测到一组质荷比依次改变的信号。特点是质量范围宽(可达几万原子质量单位)。但单聚焦质谱仪的分辨率稍低，一般最高达5000。

生物质谱法 [biological mass spectrometry (BMS)] 研究生命科学中有关生物活性物质的质谱法。多借助软离子化技术，分析高极性、难挥发和热不稳定性样品。主要用于测定生物分子，特别是蛋白质、核酸和多糖等的结构、分子量以及序列分析。在临床医学领域，可进行生物组成、药物及其代谢物、微生物的分析鉴定、生化、生理学和基础医学研究，以及疾病的诊断等研究。

声波喷雾离子化 [sonic spray ionization (SSI)] 在常压下样品溶液仅利用(超)声波的作用，从毛细管末端喷出并产生离子的方法。是一种既不需加热也不需高电场的大气压离子化法。

史蒂文森规则 [Stevenson rule] 从能量角度出发，描述奇电子离子单键断裂时支配电荷保留或转移的规则。奇电子离子$ABCD^{+}$发生A⋯BCD单键断裂时，若A·游离基的电离能低于BCD·游离基的电离能，则该单键断裂生成A^{+}离子和中性碎片更为有利；反之，则生成BCD^{+}离子更为有利。

双同位素稀释质谱法 [double isotope dilution mass spectrometry] 一种同位素质谱技术。用被测元素的两个高丰度同位素作稀释剂，配制稀释剂样品、被测样品和按最佳稀释比配制二者的混合样品。通过在特定的时间区段测得的被测样品、稀释剂样品和二者的混合样品的同位素比值，建立基本方程，并在一定条件下求解，求得测量同位素比值的真值和被测元素的含量。被测元素要有 3 个或 3 个以上的同位素，用作稀释剂的两个高丰度同位素必须对应于被测元素的两个低丰度同位素。主要用于校正同位素分馏效应，若对稀释剂进行标定测量，也可同时获得被测元素的同位素比值的修正值及其含量。

四极质谱仪 [quadrupole mass spectrometer (QMS)] 使用横断面为双曲线或等效双曲线的四极杆，在其上施加高频电压和直流电压，按质荷比分离离子的质谱仪。经加速的离子束穿过四根极杆之间的准直小孔，在射频场中受到电场力作用，只有合适的质荷比的离子才会通过稳定的振荡进入检测器。电喷雾离子化源或基质辅助激光解吸离子化源与四极质谱仪联用，非常适用于有机质谱和生物质谱。传输效率高，可快速进行全扫描，适用于与色谱联用。

搜索算法 [search algorithm] 应用液相色谱-串联质谱获得质谱数据，结合蛋白质库搜索软件进行蛋白质鉴定的方法。首先将蛋白质序列中的蛋白质依据酶解理论酶解成理论多肽分子，然后结合裂解规律建立多肽分子的理论质谱。将理论质谱与进入序列数据库的实验质谱进行匹配评分，得到每一个理论多肽的第一分值，再对该分值重新评估打分，得分最高的被认为是该实验质谱所对应的多肽。最后由定性得到的多肽序列反推蛋白质序列，从而使蛋白质得到定性鉴定。完整的序列数据库的可得到性、质谱分析手段的发展以及结合序列数据搜索算法，成为一种成熟的、有效的、灵敏的蛋白质鉴定技术，并且构成了蛋白质组学的基础。

碎片峰 [fragment peak] 质谱中由碎片离子产生的峰。通过对各种碎片峰的解析，可获得分子结构的信息。

碎片离子 [fragment ion] 待测分子碎裂后生成的离子。碎片离子随离子化方式不同而不同，有些分子可能经多次碎裂，并经重排反应等形成最终的产物离子。有机化合物的碎裂方式很多，但仍有一定的经验规律可循。

肽序列标签 [peptide sequence tag (PST)] 先以串联质谱测定目标蛋白质中部分肽段的序列，结合此段序列前后离子的质量数和肽谱母离子质量，通过数据库检索鉴定蛋白质的方法。具有较高的鉴别准确度。

肽指纹谱 [peptide mapping fingerprinting (PMF)] 以专一性蛋白水解酶水解蛋白质，经高效液相色谱分离，以质谱学方法测定水解产物混合肽而得到的具有该蛋白序列特征的质谱图。根据所得到的质谱图，进行数据库检索，用于蛋白质鉴定。

特征离子 [characteristic ion] 在某类化合物的质谱图中均出现的离子峰，而且其强度相近，则该离子可视为该类化合物的特征离子。在化合物的质谱图中，某个离子峰的质荷比及相近的强度，出现在所有已有的质谱图中的概率越低，则以该离子作为该化合物的特征离子的合理性越高。

同位素编码亲和标签 [isotope-coded affinity tag (ICAT)] 一种用于定量蛋白质组学分析的技术。利用人工合成的，能专一性与半胱氨酸作用、带有不同氢同位素分子链段且具有生物素基团的试剂，即同位素编码亲和标签。对蛋白质进行标记后进行酶解，使用以亲和素为配基的亲和色谱分离出被标记的肽段，进而以质谱技术实现蛋白质的定量分析。它的优点是能分离、纯化含半胱氨酸残基的蛋白质，但局限性是仅能分析含半胱氨酸残基的蛋白质。此外，已发展了 ^{18}O 标记的定量蛋白质组学方法。

同位素簇离子 [isotopic cluster ion] 具有相同元素组成但同位素组成不同的一组离子。质谱中的分子离子峰和碎片离子峰实际上由同位素峰簇组成。同位素峰簇中不同的峰以 M、M+1、M+2…表示，峰的数目和各峰的强度比由同位素丰度比和原子数目决定。

同位素分馏效应 [isotope fractional distillation effect] 质谱法测定的同位素丰度比随着测定时间的延续不断变化的现象。在特定能量的驱使下，粒子，包括原子、分子、离子、分子离子的热运动速率与它们的质量平方根成反比。因此，随测定时间的延续，质量轻的同位素优先蒸发，质量重的同位素逐渐被浓缩，所以测定的同位素丰度比随时间不断变化。这是热电离同位素质谱测定同位素丰度比的主要系统误差来源。适当增加分析样品用量，严格掌握和控制测定条件，可减小这种误差。另外，气体稳定同位素的相对丰度并非一成不变，由于同位素分子之间在物理和化学性质上的差异，造成同位素在不同矿物或不同物相间分布不均匀，这也是同位素分馏效应。

同位素峰 [isotope peak] 离子的元素组成相同，但含有不同的同位素所构成的一组离子峰簇。同位素峰的相对强度之比与它们的天然丰度有关。可以通过同位素峰的统计分布来推测有机分子的元素组成。

同位素示踪质谱法 [isotope tracing mass spectrometry] 使用人工富集或贫化的同位素示踪剂标记待测物，通过质谱分析辨认同位素示踪物，测定其数量上的变化，显示出它们的行踪和产物的质谱法。或者利用天然同位素在自然状态经历过程中，产生同位素丰度变异，并与标准样品比较，求得变异值，追踪天然物质或其前体的来源、产地。常用的稳定同位素示踪剂有 ^{13}C、^{18}O、^{2}H、^{15}N、^{34}S 等。21 世纪初，还创立了同位素编码亲和标签和可视同位素编码亲和标签，用于复杂蛋白质组和氨基酸混合物的定量测定。通过质谱测定不同分析样品中蛋白质标记同位素对的同位素丰度比值，确定其相对强度，从而得到蛋白质的定量结果。

同位素稀释质谱法 [isotopic dilution mass spectrometry (IDMS)] 一种质谱定量方法。通过往样品中加入已知量的同位素稀释剂的标准溶液，借助于同位素质谱的精密测量与化学计量的准确称量，测量样品中某元素或某同位素标记化合物的浓度或绝对值。向样品中加入已知量的同位素稀释剂的标准溶液，添加的同位素一般为分析元素天然丰度较低的某种稳定同位素或长寿命的放射性同位素。将两者混匀，使样品和添加同位素之间发生完全的同位素交换。经同位素稀释的元素被分离出来后，测定添加同位素与分析元素的最高丰度同位素的信号强度比来进行定量分析。由于用分析元素的同位素作内标，许多由物理和化学性质而异所引起的干扰都得以克服，因此分析精度较高。1995 年，国际化学计量委员会的物质量咨询委员会(CIPM-CCQM)确认了同位素稀释质谱是具有权威性的化学测量方法之一。在地质年代学、核工艺学、环境科学、生命科学和临床医学等领域广泛应用。

同位素质谱法 [isotope mass spectrometry] 通过测定稳定同位素的丰度和质量来研究同位素化学的质谱法。一般指稳定同位素质谱。方法的灵敏度和精确度高，当样品量在 μg～ng 级时，精确度可达 0.01%～0.006%。测定相对原子质量能达到小数点后 6～8 位有效数字。元素周期表中元素的相对原子质量已大多更新为质谱法测定值。随同位素稀释法和稳定同位素标记技术等的发展，同位素质谱法在生命科学、临床医学、药物学、农学和环境科学等方面应用广泛。

线性模式 [linear mode] 在飞行时间质谱中，离子以自然轨迹和路程飞行、分离并检测的模式。为提高分辨率，并消除中性粒子和散射离子的影响，可在与入射离子垂直的方向配置滞阻电极。

相对丰度 [relative abundance] 质谱图中各峰的峰高(或峰面积)与同一图中某一指定峰的峰高(或峰面积)的比值。反映了质谱图中各离子之间的相对含量。通常将基峰(最强峰)的峰高(或峰面积)定为 100%，其他峰与它相比，得到相应的百分数。

相对灵敏度系数 [relative sensitivity coefficient] 在火花放电离子源质谱中，某一元素谱线强度与指定的标准元素谱线强度之比。

相对强度 [relative intensity] 质谱图中某一特定离子的强度与此次测定中最强离子强度之比。

选择离子监测 [selected ion monitoring (SIM)] 又称选择离子检测。质谱法常用的一种扫描方式。预先选定若干个能表征某目标化合物的特征离子，用质量分析器进行跳跃式扫描，并向检测器仅传输选定离子的信号，有效地消除了非目标化合物离子的干扰，提高了检测灵敏度。适用于痕量分析。

选择离子检测 [selected ion detection] 即选择离子监测。

亚稳峰 [metastable peak] 处于激发态的离子离开离子源后，自身发生裂解，在质谱图上产生略为加宽的离子峰。亚稳离子的表观质量比正常裂解的碎片离子要小。由于激发态离子在裂解反应时，部分内能转换为动能，亚稳离子的峰会有不同程度的扩散，因此峰略宽且较弱。另外，激发态离子可能有多种裂解方式，也增加了亚稳离子质量的不确定性。

亚稳离子 [metastable ion] 被分析物的离子在离开离子源后，受到电场加速，在飞行途中到达质量分析器之前，由于碰撞等原因发生裂解丢失中性碎片而形成的离子。其寿命在 10^{-5}～10^{-6} s。在质谱中呈现亚稳离子峰，由于它的离子峰较宽(2～5 个质量单位)、相对强度低、质荷比不为整数等特点，很容易从质谱图中辨认出来。通过对亚稳离子峰的观察和测量母离子质量和子离子质量，确定离子的亲缘关系，从而确认裂解途径。

亚稳离子衰减 [metastable ion decay (MID)] 亚稳离子的解离，其质谱为亚稳离子分解谱。由母离子找子离子，或由子离子找母离子来确定离子间的亲缘关系，为探究质谱裂解机理，研究分子、离子结构，提供实验证据。

延迟引出 [delayed extraction] 即脉冲离子引出。

液相二次离子质谱法 [liquid secondary ion mass spectrometry (LSIMS)] 一种二次离子质谱法。将样品溶于液体基质中，涂在金属平面靶上，用几千到几万电子伏的一次离子(如 Ar^+、Xe^+、Cs^+等)进行轰击产生样品的二次离子。所得到的谱图与快原子轰击离子源质谱类似。通常用于有机物的分析。

液相色谱-质谱法 [liquid chromatography-mass spectrometry (LC-MS)] 样品以液相色谱进行预分离后通过接口导入质谱仪进行分析的技术。在样品引入质谱仪时，通常根据被分析物的性质可选择不同的接口。非极性到中等极性分析物采用大气压化学离子化接口；极性、离子型和大分子分析物采用连续流动快原子轰击和电喷雾接口。质谱仪则有很多选择，如四极杆、离子阱、飞行时间和傅里叶变换离子回旋共振质谱仪等。

有机二次离子质谱法 [organic secondary ion mass spectrometry] 一种静态二次离子质谱法。将有机化合物涂敷于金属靶上，以一次离子轰击有机样品产生二次离子，用于对有机化合物进行分析。

有机质谱法 [organic mass spectrometry (OMS)] 测定有机化合物的分子量、确认合理的化学式并为其结构解析和裂解机理提供信息的质谱法。除了对有机小分子进行定性、定量分析外，应用快原子轰击、电喷雾等软离子化技术，还能对生物大分子(如蛋白质、核酸、聚糖等)进行研究。色谱与质谱联用，以分析生物复杂体系中的痕量组分。离子阱和飞行时间质谱仪可达到更高的灵敏度。生物大分子质谱分析只需 10^{-12}～10^{-15} mol 样品，测定分子量误差小于 4×10^{-6}，可以分析高达40余万原子质量单位的蛋白质。广泛用于有机、生化、药物、药理、环保、香料、植物化学、食品与营养、毒品和兴奋剂检测等领域。

原子量测定 [determination of relative atomic mass] 原子量的测定经历从19世纪初期至20世纪中期的化学测量法，20世纪40～60年代的相对质谱测量法和20世纪60年代至今的绝对质谱测量法3个发展阶段。质谱法测量的原理是：多同位素元素的原子量 A_r 等于同位素的丰度与其相应的原子质量乘积的集合：$A_r(\mathrm{E})=\sum_{i=1}^{n} f_i m_i$，式中E代表被测元素，它有 n 个同位素，f_i 是第 i 同位素的丰度，m_i 是第 i 同位素的原子质量。用双聚焦质谱仪，采用质量双线和峰匹配法准确测量原子质量，用同位素质谱法准确测量同位素丰度，用上式计算的原子量能准确到小数点后6～8位数。元素周期表中元素的原子量值已大多更新为质谱法测量值。从1991～2002年，以中国科学家张青莲教授领衔的团队，已重新测定了铟、锑、铈、铕、锗、钐、铒、镝、铱、锌等10种元素的原子量，均已经IUPAC评审并确认为国际新标准。国家标准物质研究中心测量的钕的原子量，也于2005年通过IUPAC的评审并被确认。

原子质量单位 [atomic mass unit] 表示原子质量的计量单位，符号为u。定义为核素 ^{12}C 的一个中性原子处于基态时静止质量的1/12。1 u=1.660 538 9×10^{-27} kg。1960年IUPAP和1961年IUPAC分别予以确认。过去曾用道尔顿(dalton, Da)，1 Da=1 u，我国现已不用。

源后分解 [post source decay (PSD)] 基质辅助激光解吸-反射式飞行时间质谱仪的一种碎片产生的模式。在离子产生的过程中，分子离子获得足够的能量，在飞行反射场的过程中发生断裂，并释放出多余的能量。所产生的碎片离子进入反射场中，由于质量大的离子具有较高的动能，因此可以进入反射场较深的位置，而质量小的离子，由于动能较小，进入反射场较浅的位置。碎片离子具有相同的能量和速率，因质量不同，具有不同的动能，从而导致在反射场中的行为不一样。不同动能的离子飞向检测器的时间不同，分别给予检测。应用PSD技术可以得到多肽、蛋白质等生物分子一级结构的信息。

在束电子离子化 [in-beam electron ionization] 固体样品涂敷于金属丝或晶体发射器上，将其置于离子化室电子束中或近旁进行离子化的过程。

在束化学离子化 [in-beam chemical ionization (IBCI)] 固体样品涂敷于金属丝或晶体发射器上，并将其置于离子源内的反应气中进行化学离子化的过程。

质荷比 [mass-to-charge ratio] 离子的质量与其电荷之比，表示为 m/z。在质谱图中常以 m/z 为横坐标，离子的相对强度为纵坐标。当离子所带的电荷数为1时，m/z 的值就等于离子的质量。

质量标尺 [mass marker] 与检测磁场强度的霍尔元件相结合，用以校正质荷比刻度的部件。用于质谱数据采集过程中将每个质谱峰位置转换为离子质量。

质量标样 [mass standard] 又称质量标准。用以校正质谱仪确定的质荷比而使用的标准样品，一般采用全氟煤油、全氟三丁胺等为质量标样。生物质谱可用蛋白质标准数据并结合数理统计方法。

质量标准 [mass standard] 即质量标样。

质量分析离子动能谱 [mass analyzed ion kinetic energy spectrum (MIKES)] 由特定质量的离子生成碎片离子的动能谱。一种质谱亚稳测定技术。在静电场与磁场倒置型的双聚焦质谱仪中，用磁场选择某一指定质量的前体离子，若在磁场与静电场之间的无场区发生亚稳跃迁，产生碎片离子，再用静电场扫描生成的离子动能谱。

质量分析器 [mass analyzer] 又称分析器。以不同的原理将离子源产生的离子按其质荷比(m/z)加以分离，并使其可检测的、质谱仪的核心组成部分。常用的有：磁分析器，磁场和电场组合的双聚焦分析器，四极杆分析器，飞行时间分析器，离子回旋共振分析器，离子阱分析器等。

质量色散 [mass dispersion] 用质量分析器使能量相同而质荷比不同的离子束，按质荷比大小分离开来的程度，即单位质量差所分开的距离。

质量碎片谱图 [mass fragmentogram] 具有某一类化合物特征的一组或一系列碎片离子的质谱图。利用特征离子，尤其是奇电子离子，来鉴定未知化合物的结构是很有效的方法。

质谱法 [mass spectrometry (MS)] 通过将样品转化为气态离子并按质荷比(m/z)大小进行分离检测的分析方法。以离子流的相对强度/绝对强度对 m/z 作图得到质谱图，或将数据以列表形式表示为质谱表。按研究试样的性质或应用领域，质谱法有以下几类：无机质谱，也称原子质谱，是质谱技术的起源，研究无机元素的天然同位素组成与丰度，相对原子质量的测定，元素化学形态的识别和定量分析。有机质谱，是现代质谱的主体，测定有机化合物的分子量，为其结构解析、裂解机理和分子式的确认提供信息。生物质谱，是现代质谱的前沿，研究生命科学中有关的大分子生物活性物质。20世纪80年代随着快原子轰击、电喷雾、基质辅助激光解吸离子化等软离子化技术的发展，不挥发、热稳定性差的生物大分子，如多肽、蛋白质、核酸及多糖等的离子化成为可能，并进而测定其结构、分子量以及序列分析。质谱法的特点是：灵敏度高，小于 10^{-15} mol；快速，几分钟甚至几秒钟即可完成测试；能同时提供样品的精确分子量和结构信息；可用于定性和定量分析；能有效地与各种色谱法和毛细管电泳法联用，用于复杂体系分析。质谱法是化学、化工、生物、医药、天然产物、环境、食品、法庭科学等领域定性、定量分析和化合物分子结构鉴定的重要方法之一。

质谱肽谱 [MS peptide charting]　通过测定肽和蛋白质的分子质量，加上已知蛋白质和DNA序列的信息，来分析组织或体液中存在的肽和蛋白质的方法。通常的步骤为：①从生物组织提取多肽和蛋白并分馏提取液；②测定提取液中各组分的分子质量；③从肽和蛋白质的计算机库中搜索被测分子质量是否符合特定的肽或蛋白质的质量；④进一步分析确认。可用于研究对疾病、药物治疗、内源调节子或环境压抑的响应中，肽和蛋白质的整体响应轮廓的规则。

质谱图 [mass spectrum]　以峰型图或棒状图(或数据列表形式)表示的质谱仪测量的结果。通常采用直角坐标系，横坐标表示离子的质荷比(m/z)，纵坐标则标出离子流的强度或相对强度，即把最强的离子峰强度定为100%，其他离子的强度以其百分数表示。质谱图中各离子峰反映了被分析物的属性，是定性、定量分析的依据。

质谱仪 [mass spectrometer]　将不同质量-电荷比(质荷比，m/z)的离子分开，进行检测、记录的分析仪器。由进样系统、离子源、质量分析器、检测器、计算机系统、真空系统等部分组成。按用途可分为有机质谱仪、无机质谱仪和同位素质谱仪。按质量分析器可分为磁质谱、四极杆质谱、飞行时间质谱、傅里叶变换离子回旋共振质谱、离子阱质谱等。

质子化分子 [protonated molecule]　物质分子(M)与一个或多个质子(H^+)加合后形成的离子，用$[M+nH^+]^{n+}$表示。

质子桥接离子 [proton-bridged ion]　两个相同或不同的离子通过一个质子结合而成的二聚体离子。

质子亲和能 [proton affinity]　用于衡量分子与质子结合的倾向，指从一个分子或离子中夺去一个质子的质子化反应的热焓，亦称分子与质子结合反应的 $-\Delta H^{\ominus}$。单位为eV。因质子化时释放出能量，因此 $\Delta H^{\ominus}$ 前冠以负号。

中性丢失 [neutral loss]　又称合理中性丢失。分子离子失去一个中性小分子碎片的现象。例如 H_2O、HF、CO、NO、CH_3OH、CH_3、C_nH_{2n+1} 等为较常见的合理碎片，而失去质量数为4～14或21～25的中性碎片的可能性则很小，据此来解析分子离子峰的碎裂过程。

中性化再离子化质谱法 [neutralization-reionization mass spectrometry (NRMS)]　多用于有机离子中间产物分析的一种质谱法。在离子化室中生成的离子导入含有气体的碰撞室中令其中性化，然后在另一碰撞室中以碰撞诱导解离方式解离并进行质谱分析。

中性碎片丢失扫描 [neutral fragment loss scanning]　串级质谱法的一种扫描方式。串级的两个质谱仪同时扫描，两者始终保持一定的固定质量差(即中性丢失质量)。只有满足相差固定质量的离子才得到检测。可以快速寻找具有特定官能团的一类化合物。

重离子诱导解吸 [heavy ion induced desorption (HIID)]　利用百万电子伏的高能原子或分子束的粒子，轰击样品并使其离子化的方法。可用 ^{252}Cf 或加速器产生的快速重离子束轰击样品，并结合飞行时间质量分析器获得质谱。特别适用于生物大分子的质谱分析。

主同位素 [principle isotope]　相对丰度最高的同位素。大多数的天然元素都是由几种同位素组成，即存在质子数相同而中子数不同的几种原子。其中相对丰度最大的是主同位素。

子离子扫描 [daughter ion scan]　串联质谱常用的一种扫描方式。第一级质谱进行质量分离，选出并捕获目标离子，即母离子。将母离子送入碰撞室，进行碰撞诱导解离(CID)或碰撞活化解离(CAD)，产生碎片离子，即子离子，进入第二级质谱分离、检测、记录。从得到与母离子相关的信息来推导化合物的结构。

自发解吸质谱法 [spontaneous desorption mass spectrometry (SDMS)]　利用置于离子化室中的样品表面自发地解吸出离子的质谱法。

总离子检测 [total ion detection]　质谱法常用的一种扫描方式。离子源产生的所有离子或某一质荷比范围内所有离子的连续检测。质量分析器以固定时间间隔重复扫描，检测系统连续不断地得到变化着的质谱信号。经计算机收集存储，并对每次扫描的离子流求和，获得总离子流，其随时间变化的图谱为总离子流图。

总离子流色谱 [total ion chromatography (TIC)]　在色谱-质谱联用技术中，以质谱的总离子流强度随时间变化而构成的色谱图。在一定的质量范围内连续重复扫描，经数据处理系统采集并将每次扫描检测到的全部离子强度加和，获得各次扫描对应时间变化的总离子流强度。它反映了色谱柱流出物的浓度变化，类似于色谱图。

3.5.6 电子能谱分析

阿贝极限 [Abbe limit]　即衍射极限。

背散射电子 [backscattered electron] 当电子束与固体表面相互作用后，其中部分未被靶样吸收，而被固体表面的原子散射出来的电子。弹性背散射电子完全改变了入射电子的运动方向，但基本不改变入射电子的能量；非弹性背散射电子不仅改变了入射电子的运动方向，还可以不同程度地损耗部分能量。背散射电子一般来自表面层几个微米的深度范围，携带有体相材料的特性，其产额随原子序数的增加而增大。它不仅显示了样品表面的形貌，还显示元素分布状态以及不同相成分区域的轮廓。

表面化学位移 [surface chemical shift] 在二维表面或垂直表面法线方向上，由于样品结构不均匀或存在荷电效应不均匀引起的相同元素内层电子结合能位移的现象。这是由于内层电子的结合能除主要决定于原子核电荷外，还受周围价电子的影响。化学位移与元素化合价和电负性有关。可用于研究固体表面吸附反应、界面扩散反应和润滑膜的结构等。

表面态分析 [surface state analysis] 超高真空条件下，通过光、电等初级粒子束对试样的激发，以获得受激表面价带电子能量分布(状态密度)的分析方法。常用真空紫外光电子能谱和X射线光电子能谱的价带谱可以获得固体样品的表面电子状态信息。

场发射俄歇电子能谱法 [field emission Auger electron spectroscopy] 用肖特基场发射电子源激发样品所获得的俄歇电子能谱对样品进行分析的电子能谱法。与通常热电离电子源的AES相比，具有纳米尺寸的分析束径和极高的亮度，从而大大提高谱仪的空间分辨率。是显微分析的一种技术，可对微尺度样品进行点、线、面的元素组分及元素化学态分析。应用于微电子器件检测，纳米薄膜材料等领域。

场离子显微术 [field ion microscopy (FIM)] 利用场电离原理，可以观察尖端表面的单个原子的显微方法。超高真空条件下，通过对金属尖端施加高压电场使尖端表面吸附的气体分子电离，所形成带正电的气体离子沿针尖径向被加速并打在荧光屏上形成斑点，由此显示针尖表面原子的几何图像。

成像X射线光电子能谱法 [image X-ray photoelectron spectroscopy] 通过设定能量窗口，以获得试样表面元素及其化学状态二维分布图像的X射线光电子能谱法。当X射线辐照样品表面时，用光电子能谱成像器获得这种图像。

弛豫能 [relaxation energy] 原子失去电子后，因自身及与其相结合的相关原子这两者电子结构的重排，所引起的内层轨道结合能的变化。原子内弛豫能，指自由原子内部电子的重新调整所产生；原子外弛豫能，即某一离子由于受周围环境中电子的库仑引力作用所降低的能量。用弛豫能模型能更好地解释俄歇化学位移现象。

弛豫势能模型 [relaxational potential model] 考虑非稳态体系中各种电子相互作用时，以计算弛豫中各种能量关系所建立的数学物理模型。用它计算原子轨道上的电子的化学位移时，要考虑芯电子引起的弛豫能的变化。对于气体自由分子，弛豫势能模型比电荷势能模型能更好地解释化学位移现象。对于固体，则应考虑到被研究原子周围点阵的原子对它产生的外弛豫效应。

弛豫效应 [relaxational effect] 泛指体系由激发态到稳态所引起的体系物理化学变化。在光致电离过程中，由于体系电子结构的重新调整而导致元素电子结合能的变化的效应。它可使光电子谱线向低结合能方向位移。弛豫效应由光电离后的正空穴所引起，可分为原子内弛豫和原子外弛豫。

出现电势谱 [appearance potential spectrun] 即始现电势谱。

次级电子 [secondary electron] 又称<u>二次电子</u>。由原粒子束与弱束缚导带电子相互作用所产生的，并能够离开表面的能量低于50 eV的电子。主要来自样品表面层0.5～5 nm的深度，对样品表面状态很敏感，表面粗糙度可以引起次级电子产率的差异，从而产生次级电子像的衬度，可以进行表面形貌观察。

等离体子损耗峰 [plasmon loss peak] 在X射线光电子能谱中，部分出射的特征光电子与样品中原子的价电子发生集合振荡，产生一定频率的等离体子因而损耗能量，并导致在光电子能谱主峰高结合能一侧呈现一系列等间距的峰，其强度逐渐减弱。具有指纹特征，反映物质表面氧化的信息。可以分为表面等离体子损耗峰和体相等离体子损耗峰。

低能电子衍射 [low energy electron diffraction (LEED)] 超高真空条件下，利用能量为40～500 eV的低能电子束与有序排列的固体表面原子产生的衍射现象。从衍射图像测量衍射斑点分布并经空间变换得到表面原子相对于基底的原子排列结构和晶格参数；通过测量衍射束强度(*I-V*曲线)，并经散射动力学计算以确定表面原子的确切位置。低能电子束的波长约0.05～0.4 nm，与原子间的距离相当，将产生来自样品表面0.5～1 nm深度的弹性散射电子。可获得单晶表面结构、表面吸附和表面反应过程引起表面结构变化等信息。

低能离子散射谱法 [low energy ion scattering spectroscopy (LEISS)] 超高真空条件下，利用较低能量(几百至几千电子伏)的单质稀有气体离子(He^+、Ne^+、Ar^+)与靶样品表面的散射作用，在一定的散射角度方向上测量被散射离子的产额随其能量变化的特征谱线，以获得散射表面原子组成的方法。是一种单原子层检测技术，可以获得表面第一层原子的种类及三维晶格排列的信息。应用于多相催化剂、原子扩散、氧化、腐蚀等研究领域。

电子能量分析器 [electron energy analyzer] 对应于一定的参数，只允许一种能量的电子通过，使电子按能量分离的装置。是表面分析用的电子能谱仪的核心部件，能精确测定电子结合能。其原理是电子在一定电场中偏转，对电场强度进行扫描，就可以使不同能量的电子通过并进行检测。为避免被分析的低能电子受杂散磁场影响而偏离原来的轨道，能量分析器要有磁屏蔽装置。

电子能量损耗谱法 [electron energy loss spectroscopy (EELS)] 超高真空条件下，测量进入特定角度范围内(高能)非弹性散射电子的能量损耗分布，或测量从表面反射的非弹性散射(低能)电子能量及角度分布的电子能谱法。入射电子的能量在几十电子伏以下，测得低能电子能量损耗谱，可以获得表面吸附物的振动结构信息、表面等离子体、表面电子态等信息。高能电子能量损耗谱能提供原子轨道电子的特征损耗信息，在分析透射电子显微镜中用于化学成分测定。

电子能谱仪 [electron spectrometer] 用来测量电子数或与其成正比的信号强度随电子动能而变化的仪器，其核心部件是电子能量分析器。它是利用光电效应产生的光电子的动能与其数量的关系，对固体表面进行微区成分分析、元素分布以及元素的含量测定。可以测定除氢和氦以外的所有元素，还可以研究原子的状态、原子周围的状况以及分子结构。在表面化学、结构化学、催化剂、新材料等领域有广泛应用。

电子探针微区分析 [electron probe micro-analysis (EPMA)] 高真空条件下，以聚集的高能电子束轰击样品，通过次级电子成像及对所选微区所激发出的特征 X 射线波长或能量色散分析而获得表面微区元素组成的分析方法。是物质微结构化学表征的有力手段，可分析原子序数从 3～92 的所有元素。例如：金属中的残渣、地质材料中的物相、有毒的尘埃粒子的鉴别等。

俄歇参数 [Auger parameter] X 射线光电子能谱中的一个重要参数。用符号 α 表示。同一样品的 X 射线光电子能谱中某元素最尖锐俄歇电子峰对应的动能 E_{wxy} 减去该元素最强光电子峰的动能 $E_{k(w)}$，即 $\alpha=E_{wxy}-E_{k(w)}$。俄歇参数的值取决于 X 射线的能量。俄歇参数的化学效应比俄歇电子动能要明显些，因此可用于鉴别元素的化学态。俄歇参数可以消除荷电效应的影响，对某些荷电样品不需进行荷电校正。

俄歇电子 [Auger electron] 当原子失去一个内层电子时，由外层电子填充到该空位所释放的能量导致更外层的轨道发射出的电子。常用电子束或光子束来激发产生。俄歇电子的能量与激发源的能量无关，只与所涉及的电子轨道的能量有关。

俄歇电子产额 [Auger electron yield] 受激原子退激时存在发射 X 射线荧光和俄歇电子这两种相互竞争的机制，其中产生俄歇电子的概率对两种退激发概率之和的比率，定义为俄歇电子产额。俄歇电子产额与激发源的能量和原子序数有关，低原子序数的原子(原子序数小于 33)其俄歇电子产额较高，高原子序数的原子其 X 射线荧光产额较高。

俄歇电子动能 [kinetic energy of Auger electron] 等于所涉及的某元素内层电离轨道 w、弛豫轨道 x 及出射俄歇电子轨道 y 三者能量之差，可用 $E_{wxy}=E_w-E_x^*-E_y^*$ 表示，其中“*”表示激发态时轨道能量。俄歇电子动能的单位常用 keV 表示，表征原子性质的特征能量，是俄歇电子能谱定性分析的依据。

俄歇电子能谱法 [Auger electron spectroscopy (AES)] 超高真空条件下，用电子能谱仪测量受激样品表面原子发射的俄歇电子能量分布，以此测定周期表中除氢和氦以外的所有元素的电子能谱法。是研究和分析固体表面(1 nm 厚度)的一种重要技术，如表面元素氧化态、聚集态及表面污染等。与离子枪结合还可以获得深度剖析的信息。由于电子束的可聚焦性，AES 可以进行微区分析、进行线扫描或元素面分布分析。

俄歇化学位移 [Auger chemical shift] 因原子化学环境变化而引起的俄歇峰能量的变化。是俄歇电子能谱进行化学状态分析的主要手段之一。影响因素有电荷势效应、电负性效应以及原子弛豫效应。实验上，俄歇化学位移值等于样品中某一俄歇跃迁电子的能量减去纯元素的相同俄歇跃迁电子的能量。

俄歇化学效应 [Auger chemical effect] 涉及原子价电子的俄歇跃迁谱，因原子所处化学环境不同而出现谱峰位移及峰形变化的现象。由于化学态的变化，使得各轨道能级的能量发生微小变化，形成了化学位移和峰形变化。由于电子相互作用，尤其是多电子过程，还会影响俄歇跃迁概率的变化，使某些俄歇峰的出现也和元素的化学环境有关。俄歇化学效应包涵了大量的化学信息。

俄歇基体效应 [Auger matrix effect] 原子因所处的物理化学环境变化而导致受激后所产生俄歇谱线形状及谱线强度变化的现象。物理环境包括晶态/非晶态、薄层/厚层、粗糙/平滑表面等。使俄歇谱峰加宽、峰形不对称，但不影响峰的位置，对信号强度的影响较大。

俄歇深度分辨率 [Auger depth resolution] 俄歇电子能谱的纵向深度分辨能力。用俄歇电子能谱和 X 射线光电子能谱对样品进行深度剖析时，通常取特定样品(Ta_2O_5/Ta，SiO_2/Si)深度剖析曲线特征信号的 20%～80%所跨越的横坐标距离定义为深度分辨率。也有人取深度剖析曲线特征信号的 16%～84%所跨越的横坐标距离表示深度分辨率。该值理论上可达 1～2 nm，其主要取决于俄歇电子的能量和样品材料的性质。

俄歇深度剖析 [Auger depth profiling] 超高真空条件下，用氩离子枪对样品表面进行逐层溅射，同时或交替收集被溅射表面有关元素的俄歇信号强度随深度变化的俄歇电子能谱法。可以获得元素及其化学态沿深度方向的分布情况，是分析薄膜材料界面的最有效的方法。

俄歇图 [Auger map] 即俄歇像。

俄歇线扫描 [Auger line scan] 扫描俄歇电子能谱仪的一种微分析方法。用电子束逐点对样品表面某一直线方向进行扫描，同时利用电子能量分析器获得特定能量的俄歇电子的信号。从俄歇信号强度沿着样品表面某指定线的分布图，可研究样品的微区及在很大的空间范围内的元素分布，是微电子器件和纳米材料常用的研究方法。

俄歇像 [Auger image] 又称俄歇图。用电子枪在样品表面进行光栅式扫描，通过设定的能量窗口所测得的对应元素在二维表面上的强度分布图。其分辨率取决于俄歇电子能谱仪的空间分辨率。

俄歇效应 [Auger effect] 受激原子以无辐射跃迁方式退激发并释放出特定能量电子的过程。由法国物理学家俄歇(P. V. Auger)于1925年发现，并以他的名字命名。该效应使原子、分子成为高价离子，是伴随一个电子能量降低的同时，另一个(或多个)电子能量增高的跃迁过程。是研究核子过程(如捕捉过程和内转换过程)的重要手段。

俄歇信号强度 [Auger signal intensity] 俄歇电子能谱法中的一个重要参数。在俄歇电子能谱的微分谱中，以俄歇特征线的峰-峰高度值表示俄歇信号强度。在积分谱中俄歇信号强度用扣除本底后的俄歇峰高或峰面积度量。俄歇信号强度是定量分析的依据。它与原子的电离截面、激发产率、俄歇产率、元素含量、电子束强度等有关，一般难以用绝对定量的方式表达。

俄歇跃迁 [Auger transition] 原子内层电子被击出后留下空穴，外层轨道电子填补该空穴并通过耦合以多余的能量将另一个外层轨道电子击出的过程。俄歇跃迁的特点是至少涉及两个能级3个电子，并同激发源的性质无关。用相关的3个轨道来表示，第一个字母表示含有初始空位的轨道，后两个字母表示含有因俄歇发射而涉及的轨道，如KLL、LMM和MNN等。俄歇跃迁与发射X射线荧光是相互竞争的过程。

二次电子 [secondary electron] 即次级电子。

反射式高能电子衍射 [reflection high energy electron diffraction (RHEED)] 超高真空条件下，用10～30 keV高能电子束以小于5°掠射角入射平整晶面，并与表面原子产生很强的衍射的现象。通过测量反射方向上衍射条纹的几何结构并经换算，从而确定表面基元晶格形状和大小。可以检测晶格生长过程的结晶的情况，研究一些从表面向体内发展的化学吸附和表面反应，如腐蚀、氧化、碳化等，以及表面组分从表面至内部有所不同的多组分体系，如硬化、钝化等。

非对称参数 β [asymmetry parameter β] 表征非偏振X射线从孤立原子击出的光电子与入射X射线成角度γ对不同轨道光电子强度分布影响的一个因子。

高能离子散射谱法 [high energy ion scattering spectroscopy (HEISS)] 又称卢瑟福背散射谱。超高真空条件下，用高能(MeV)单质稀有气体离子(He^+、Ne^+、Ar^+)与样品表面的弹性散射作用，通过在设定散射角度方向上测量背散射离子的能量以识别样品原子质量及其深度分布的分析方法。主要用于对较厚的薄膜的无损、定量分析，并可获得晶格结构的信息。

功函 [work function] 即功函数。

功函数 [work function] 又称功函、逸出功。金属中电子克服原子核的束缚，从固体内部刚刚移动到物体表面所需的最小能量。半导体的功函数定义为：在热力学零度时，真空中静止电子的能量与费米能级的能量之差。非金属固体常用接触势来表达。单位为电子伏。功函数越大，表示电子在金属中受到的束缚越强，通常随原子序数的增加，功函数呈周期性的变化。其大小由材料性质决定，约为金属自由原子电离能的一半。在电子学中功函数对于设计肖特基二极管、发光二极管非常重要。常采用光电发射光谱(PES)或紫外光电子能谱(UPS)来测定金属的功函数。

光电发射 [photoemission] 固体表面吸收一定能量的光子而发射电子的现象。这是一种光电效应，只要入射光的能量超过电子的结合能，就能把原子价轨道甚至内层轨道的电子激发出来。

光电离过程 [photoionization process] 中性原子或分子受光子激发而变成带正电荷离子的过程。只要原子或分子吸收光子的能量大于其电子结合能，就会产生该过程。从原子电离出一个电子而不改变其余电子的量子数。

光电子能谱法 [photoelectron spectrometry (PES)] 以光作激发源的电子能谱法。采用某种光源(如X射线、紫外光)或电子束照射样品，将原子或分子中的电子击出，探测这些电子(即光电子)的能量分布、强度分布和空间分布等的能谱分析方法。以原子或分子的电离能或电子结合能为横坐标，以单位时间内发射的光电子数为纵坐标，得到光电子能谱。光电子能谱是分子轨道理论的实验基础之一。按照辐射源的不同，分为紫外光电子能谱法(UPS)、X射线光电子能谱法(XPS)和俄歇电子能谱法(AES)。由光电子能谱可测定原子或分子的电离能，能直接测定原子轨道或分子轨道能级的高低，可区分轨道的类型(成键轨道、反键轨道、非键轨道)。光电子能谱还能对固体进行表面结构和表面化学分析，推算元素的价态。

化学分析电子能谱法 [electron spectroscopy for chemical analysis (ESCA)] 超高真空条件下，用电子能谱仪测量受激原子内层轨道电子结合能及其化学位移与原子所处化学环境的对应关系，从而获得表面元素化学态的非破坏性的表面分析法。其主要应用有：①测定绝热电离能，校正弛豫能，进而检验由量子化学计算得到的轨道能；②通过测定内层电子的结合能，进行样品元素分析；③通过测定化学位移，推测原子的化学环境和化学态，从而了解分子结构；④对样品 10 nm 厚度的表面进行半定量分析。

价带结构 [valence band structure] 费米能级以下的电子数按能级分布的状态。常用紫外光电子能谱研究薄膜的价带结构，价带结构是影响材料光、电等物理性质及化学催化活性的关键。对于人工改性半导体材料很有指导意义。

价带谱 [valence band spectra] 超高真空条件下，用能量小于 50 eV 的单色光(如紫外光)激发样品，所获得的费米能级附近的状态密度分布。价带谱反映了固体价带结构的信息，可提供固体材料电子结构信息。

角度相关X射线光电子能谱法 [angular dependent X-ray photoelectron spectroscopy (AD-XPS)] 通过改变光电子相对于表面法线的出射角度，以非破坏性方式测量受激元素所发射的光电子强度与出射角函数关系的一种分析方法。可探测样品表面的不同深度。

结合能 [binding energy] 将特定能级的电子移到固体费米能级或移到自由原子或分子的真空能级所需的能量，理论上用修正的自洽场单电子波函数的本征值表示。常用 eV 为单位。分子中的电子被束缚在各原子轨道或分子轨道上，各具有一定的电子结合能，价轨道的电子结合能为几个电子伏，而内层轨道电子的结合能从几百到上千电子伏。

近场光学显微术 [near field optical microscopy] 利用表面近场光子隧道效应，能获得超高光学分辨率图像及进行纳米尺度光谱学研究的分析方法。把具有强光子通量(如光纤)的细小光学探针放置在距离样品几个纳米(一个波长)以内的近表面，进行扫描成像。传统光学显微镜的分辨率受到光学衍射极限的影响，分辨率不超过该波长尺度范围。近场光学显微镜采用亚波长尺度(孔径在 20～90 nm)探针，能得到更高的分辨率，达到波长的几十分之一。还用于纳米尺度光学微加工与光刻、生物样品原位与动态观察。与近场光谱和时间分辨相结合，能分辨单一分子，观察单一分子发出的荧光光谱，获得与时间分辨(10^{-15} s)相结合的介观体系信息。

离子散射谱法 [ion scattering spectroscopy (ISS)] 超高真空条件下，利用稀有气体离子(He^+、Ne^+、Ar^+)与样品表面的散射作用，在一定的散射角度上测量被散射离子的能量分布，以获得样品表面元素组成的分析方法。灵敏度极高，约 10^8～10^9 个原子/cm^2，是一种无损表面成分分析技术。

离子束分析 [ion beam analysis (IBA)] 超高真空条件下用离子束轰击样品表面，通过测量所击出的次级粒子的衍射图、能量和质量分布等获得表面原子分布、化学组成及电子结构的分析方法。常用的方法有次级离子质谱、离子散射谱、离子探针、背散射技术、质子诱导 X 射线荧光光谱等。

离子探针微区分析 [ion probe microanalysis] 超高真空条件下以聚集的高能离子束轰击样品，通过次级离子成像及对所选微区离子的荷/质比分析而获得表面微区化学结构的分析方法。离子探针在分析深度、检测灵敏度、可分析元素范围和分析时间等方面均优于电子探针。

离子中和谱法 [ion-neutralization spectroscopy (INS)] 超高真空条件下，利用稀有气体离子(He^+、Ne^+、Ar^+)与金属表面复杂的电子交换作用，从表面的原子中获得一个电子而被中和，并测量从表面出射的电子能量分布，从而获得金属表面电子结构、吸附状态、成分和能带等信息的电子能谱法。

卢瑟福背散射谱 [Rutherford backscattering spectroscopy (RBS)] 即高能离子散射谱法。

魔角 [magic angle] 精确定义的一个特殊的角度。设定 X 射线光电子能谱系统中入射 X 射线束的轴线与电子能量分析器透镜主轴成 54°44′(54.7356°)角度，可避免不同轨道电子光电离时轨道非对称参数 β 对电离截面的影响。把这个特殊设计的 54°44′(54.7356°)角度称为魔角。

内标碳基准 [internal carbon reference] 将被测样品中特定含碳基团的 C 1s 结合能与其标准结合能进行对比，确定该样品表面荷电电位，以此校正非导体样品 X 射线光电子能谱分析荷电效应对实测结合能的影响。样品中的烃基团常用于此目的。

能量色散 X 射线分析 [energy-dispersion X-ray analysis (EDX)] 高真空条件下，以电子束轰击样品，并对受激原子退激所产生的特征 X 射线进行能量色散分析而获得表面元素组成的分析方法。不同的元素所产生的特征 X 射线光量子能量不同，根据 X 射线光量子能量与脉冲高度成正比的特性，用脉冲高度分析器加以区别，就可以鉴别不同的元素。

球形偏转能量分析器 [spherical deflection analyzer] 采用同心球扇形或半球形电极的电磁场结构所形成的一种具有较高能量分辨率的能量色散装置。改变内外两球面的电位差，就能使不同能量的电子依次通过分析器。记录每一种动能的电子数，并与其对应的电子能量作图，就得到电子能谱图。

热脱附谱学 [thermal desorption spectroscopy (TDS)] 在大气或真空条件下对试样逐步升温，同时利用色谱或质谱法测量并记录表面脱附产物的特征信号随温度的分布，据此研究表面吸附及反应机制的分析方法。能研究吸附热、吸附动力学、表面覆盖度等表面状态。

韧致辐射 [bremsstrahlung] 入射高速电子由于受到靶材的减速作用而发射的能量连续的光辐射。泛指带电粒子与原子或原子核发生碰撞时骤然减速发出的辐射。由于减速过程中的能量损耗可取任意值，因而发射能量连续的光辐射，其强度在很宽的频谱范围内缓慢变化。如X射线管中高速电子轰击金属靶骤然减速，产生高能X射线束。韧致辐射的强度与靶核电荷的平方成正比，与带电粒子的质量的平方成反比。

扫描俄歇微探针 [scanning Auger microprobe (SAM)] 超高真空条件下，用聚焦电子束对样品表面进行扫描取得显微二次电子像，根据所选微区进行俄歇电子能谱分析的方法。将电子束聚焦到要分析的位置，采集俄歇信号，得到样品上指定局域点、线、面的元素信号。可进行深度分析、化学态研究。用于纳米薄膜材料、微电子材料的表面和界面研究以及摩擦化学研究。

扫描近场光学显微术 [scanning near-field optical microscopy (SNOM)] 利用表面近场光子隧道效应，将具有强光子通量的细小光学探针在距离样品一个波长以内对近表面进行光学扫描，获得样品表面二维显微成像的方法。其光学图像分辨率不受衍射极限的半波长限制，可以达到波长的几十分之一。获得局域化学与相分析信息，如单分子荧光光谱观测，量子结构的荧光光谱诊断，半导体及光电介质中的缺陷结构与折射率分布，以及用于碳光介质光存储，微加工和光子印刷术等。

X射线光电子能谱法 [X-ray photoelectron spectroscopy (XPS)] 超高真空条件下，用电子能谱仪测量X射线光子辐照样品表面时所发射的光电子及俄歇电子能量分布，以此测定周期表中除氢、氦以外所有元素及其化学态的一种非破坏性表面分析法。常用的激发源是能量较高、但本征半宽度较窄的软X射线，它既可电离外层电子，也可电离内层电子，并常激发出俄歇电子。探测的主要参数是原子或分子内层电子的结合能及其化学位移。

X射线光电子能谱小面积分析[法] [small area analysis by X-ray photoelectron spectroscopy] 通过降低电子能量分析器输入透镜光阑或缩小入射X射线束径，只接收样品表面小面积出射的光电子信号而获得小面积元素、化学态及电子结构的表面分析法。

X射线激发俄歇电子 [X-ray excited Auger electron (XAE)] 用X射线击出原子内层电子形成空穴，随后经俄歇跃迁所发射的电子。激发出的俄歇电子能量与激发所采用的X射线的能量无关，仅与俄歇跃迁过程中所涉及的原子轨道的能量有关。与电子束激发俄歇电子相比，其能量分辨率更高，信背比也较高，但信号强度相对较弱。

X射线微区分析 [X-ray microanalysis] 高真空条件下，通过测量尺度小于或等于微米级受激表面所产生的特征X射线能量及强度分布，以获得微区元素组成的分析方法。根据特征X射线的能量(或波长)可知元素种类；根据特征X射线的强度可知元素的含量。一般检测下限是10^{-6}级，使用同步辐射源可降到10^{-12} g/g。能测定元素的表面分布和体积分布，可小到0.5～1.0 μm的束斑范围。

始现电势谱 [appearance potential spectrum (APS)] 又称出现电势谱。以能量逐渐增长(50～1500 eV)的电子束轰击固体样品表面，测定次级粒子流强度与入射电子能量关系得到相当于芯能级束缚能的谱。当入射电子的能量超过某一阈值(相当于某一始现电势)，使原子的内层电子激发而出现空穴，测量产生空穴所需的最低能量(对应于入射电子的最低加速电势)。空穴的产生可通过填补这个空穴所涉及的俄歇过程或发射软X射线过程来探测。前者称俄歇电子始现电势谱，后者称软X射线始现电势谱。俄歇电子或软X光子的能量与原子的壳层结构有关，并因元素而异。故利用始现电势谱可鉴别原子的种类，测定元素电子束缚能，研究表面电子结构等。

受激发射损耗显微术 [stimulated emission depletion (STED) microscopy] 通过受激发射效应来实现减小有效荧光发光面积，突破衍射极限的限制，实现超分辨显微的远场光学技术。显微系统中有两束照明光，其中一束为激发光，另一束为损耗光。当激发光的照射使其衍射斑范围内的荧光分子被激发，其中的电子跃迁到激发态后，损耗光使部分激发光斑外围的电子以受激发射的方式回到基态，其余位于激发光斑中心的被激发电子则不受损耗光的影响，继续以自发荧光的方式回到基态。由于在受激发射过程中所发出的荧光和自发荧光的波长及传播方向均不同，因此真正被检测器所接收到的光子都是由位于激发光斑中心部分荧光样品通过自发荧光方式产生的。由此，有效荧光的发光面积得以减小到小于衍射极限，提高了系统的分辨率。实现超分辨的另一个关键在于受激发射与自发荧光相互竞争中的非线性效应，当损耗光照射在激发光斑的边缘位置使得该处样品中的电子发生受激发射作用时，部分电子不可避免地仍然会以自发荧光的方式回到基态。然而当损耗光的强度超过某一阈值之后，受激发射过程将出现饱和，此时以受激发射方式回到基态的电子将占绝大多数，而以自发荧光方式回到基态的电子则可以忽略不计。因此通过增大损耗光的强度，使得激发光斑范围内更多范围的自发荧光被抑制，可以提高STED显微术的分辨率。该技术由德国科学家黑尔(S. W. Hell)于1994年首先提出，并因此与美国科学家贝齐格(E. Betzig)和莫纳(W. E. Moerner)共享2014年诺贝尔化学奖。该技术让人类能以更精确的视角窥探微观世界，能对荧光纳米颗粒、荧光标记的生物细胞等样品进行强度成像。应用于生物医学、材料学等领域。

特征能量损耗谱 [characteristic energy loss spectrum] 超高真空条件下，测量电子束与表面发生特殊作用(如单电子激发、带间跃迁、声子激发、等离子体激发等)后非弹性散射电子按能量损耗分布，在谱图中主峰低动能一侧将出现不连续的伴峰，即特征能量损耗谱。它与入射电子的能量无关，仅与激发的原子轨道有关，因此能提供表面元素的信息。

筒镜能量分析器 [cylinder mirror analyzer (CMA)] 采用同轴双筒电极的电磁场结构所形成的一种具有较大接收角，但能量分辨率比半球形能量分析器较低的能量色散分析装置。在两个同轴圆筒的外筒加负电压，内筒接地。受内外筒之间径向场作用，相同能量的电子聚焦于出口狭缝，进入检测器检测。该分析器对俄歇电子有较高的传输效率。

外来碳基准 [adventitious carbon reference] 将被测样品表面吸附的碳氢化合物的C 1s结合能与其标准结合能进行对比，确定该样品的表面荷电电位，以此校正非导体样品X射线光电子能谱分析荷电效应对实测结合能的影响。目前采用公称值284.8 eV作为相关C 1s谱峰的结合能。

显微结构分析 [microstructure analysis] 超高真空条件下，测量受激表面所产生的次级粒子空间分布及能量分布，以获得表面微区相结构、化学组成的分析方法。研究表面的原子排列，如平滑单晶表面或其吸附层周期排列原子单元网格的形状和大小，单晶表面原子的三维排列等。

显微形貌分析 [micromorphology analysis] 高真空条件下，测量受激表面所产生的次级粒子空间分布，以获得表面微区形态特征的分析方法。如获得物体表面的几何形状和大小，组织结构及分布等。常用的有透射电子显微术、扫描电子显微术、扫描探针显微术等，形成二次电子像和背散射电子像，二次电子的强度分布反映了样品表面的形貌信息。

修正俄歇参数 [modified Auger parameter] X射线光电子能谱中，某元素w轨道的结合能$E_{b(w)}$与相应俄歇谱峰的电子动能E_{wxy}的加和，用符号α^*表示，即$\alpha^* = E_{wxy} + E_{b(w)}$。它与激发源的能量、样品荷电电位以及参比能级选择无关，是X射线光电子能谱中识别元素化学态常用的一个参数。

衍射极限 [diffraction limit] 又称阿贝极限。由于光学元件的衍射效应，常规光学显微镜的分辨率限制在可见光波长的一半左右。可见光中波长最短的紫光的波长为400 nm左右，因此分辨率的极限是200 nm左右。一个理想物点经光学系统所成的像是一个弥散斑，两个弥散斑之间的距离如小于200 nm将无法分辨。这个观念是德国物理学家阿贝于19世纪末提出的。衍射极限使人们无法更深入地了解微观世界，如病毒、生物分子等。电子显微镜、荧光显微镜以及由近场或远场光学技术发展起来的近代单分子显微技术能突破衍射极限的限制，实现纳米级的超分辨显微技术。

逸出功 [work function] 即功函数。

真空紫外光源 [vacuum ultraviolet photosource] 受激稀有气体(He、Ne等)退激发时产生的共振线，其能量在10～50 eV，自然线宽仅几个毫电子伏的低能光子源。这类紫外线是在真空放电时产生的，故称为真空紫外光源。由于这种光子能量能使固态物质中的价电子激发，在大气中又易被吸收，故只能在真空中传播。

紫外光电子能谱法 [ultraviolet photoelectron spectroscopy (UPS)] 超高真空条件下，用电子能谱仪测量紫外光子辐照时从样品表面发射的光电子能量分布，以获得样品价层电子结构的光电子能谱法。由于激发源的能量一般不超过50 eV，只能击出分子的价电子。因此紫外光电子能谱得到的是价层电子的信息，如价层分子轨道能级的高低，被占分子轨道的性质，即成键轨道、非键轨道和反键轨道。分辨率达0.03～0.005 eV，能分辨分子的振动精细结构。

自电离光谱学 [autoionization spectroscopy] 处于电离能以上的激发原子能通过无辐射跃迁过程释放出能量不连续的电子，测量仅发生在价电子层中出射的电子能量分布，从而获得表面电子结构信息的光电子能谱法。自电离过程与共振吸收、与组态相互作用有关。

3.5.7 热分析

差热分析 [differential thermal analysis (DTA)] 在程序控温和一定气氛下，测量试样和参比物温度差与温度(扫描型)或时间(恒温型)关系的技术。物质在加热或冷却过程中如发生结构、相态或化学性质的变化，就会观测到温度差。可用于高温材料的研究，适用于矿物、金属等无机材料的分析。

差示扫描量热分析 [differential scanning calorimetry (DSC)] 在程序控温和一定气氛下，测量输给试样和参比物的热流速率或热功率差与温度或时间关系的技术。适用于有机物和高分子材料的分析，可定量测定热力学参数(如热焓和比热等)和动力学参数。

功率补偿式差示量热扫描分析 [power compensation DSC] 在程序控温并保持试样和参比物温度相等时，测量输给试样和参比物的加热功率与温度或时间的关系。试样和参比物各用一个独立的加热器和温度检测器，当试样由于吸热或放热效应使试样与参比物产生温差时，通过功率补偿使两者的温度保持相等,补偿的功率精确地等于吸热或放热的热量。

加热或冷却曲线测定 [heating or cooling curve determination] 通过测量样品温度与程序控制变化的温度关系获得相关信息随温度变化的曲线，是热分析绘制凝聚体相图的重要依据，曲线的平台和转折点表征某一温度下发生相变的信息。

控温程序 [temperature programme] 在热分析中，通过程序控制温度变化的方式。一般指线性升温或线性降温，也可以恒温或非线性升温或降温。

热传声法 [thermoacoustimetry] 即热声分析。

热磁分析 [thermomagnetometry] 在程序控温和一定气氛下，测量物质的磁化率与温度的关系的技术。主要是利用物质的磁性或顺磁性进行研究，如涉及加热过程中产生顺磁性中间体的过程和机理，制作氧分析仪等。

热分析 [thermal analysis (TA)] 在程序控温和一定气氛下，测量试样的某种物理性质与温度或时间关系的一类分析技术。国际热分析协会(ICTA)建议，热分析按质量、温度、焓、尺寸、声、光、电、磁和力可分为9类17种。例如：热重法、差示扫描量热法、差热分析、热机械法、热膨胀法、热声学法、热光学法、热电学法、热磁学法等。它们之间可相互组合、联用，也可与色谱、质谱等技术联用。

热光分析 [thermooptometry] 在程序控温和一定气氛下，测量物质的光学特性与温度的关系的技术。物质的光学特性包括透射、反射、双折射和发光等，因此有热反射光法、热发光法等。可研究高聚物的氧化过程、热分解机理、结晶现象等。

热声分析 [thermoacoustimetry] 又称热传声法。在程序控温和一定气氛下，测量通过物质后的声波特性与温度的关系的技术。采用某一恒定频率的声波脉冲通过试样，检测其传播速率和振幅的变化，可以获得物质(如聚合物)黏弹特性的信息。

热重分析 [thermogravimetry (TG); thermogravimetric analysis (TGA)] 在程序控温和一定气氛下，测量试样的质量与温度或时间关系的技术。通过记录质量或质量分数与温度或时间的关系获得热谱图或热重曲线。如果记录质量变化速率与温度的关系，即将质量对温度求导，称为微分热重法(DTG)。只要物质受热时发生质量变化，就可以用热重法来研究其热稳定性和组分。如热分解反应(分解温度)、蒸发、升华、脱水、腐蚀、氧化、还原、固相反应、反应动力学和纯度等。

逸出气分析 [evolved gas analysis (EGA)] 在程序控温条件下，测量从物质中释放出的挥发性产物的性质和(或)数量与温度的关系的一种热分析技术。用来分析逸出气的方法有气相色谱法、红外光谱法、质谱法等，其中质谱法应用最广。常用于热裂解研究，特别是和其他热分析方法，如热重法、差示扫描量热法等联用，可有效地研究相变过程。

3.5.8 流动注射分析

FIA采样阀 [FIA injection valve] 即流动注射进样阀。

初生态试剂 [nascent reagent] 又称瞬态试剂。生成迅速，响应信号强烈，但瞬间消失，寿命很短的物质。对于氧化还原过程中产生的瞬态试剂[如 Ag(Ⅱ)、Cr(Ⅱ)或V(Ⅱ)]，由于其本身固有的不稳定性，在通常的分析条件下是不能对其进行检测的，但在流动注射分析(FIA)体系中可以提供保护性环境，形成并应用这些试剂。

定时重现 [timing reproduction] 在确定的时间点重复出现。在样品通过分析流路时，以完全相同的方法顺序处理所有的样品。流动注射体系中准确体积样品的注入、重现和精确的定时进样以及从注入点到检测点体系的完全相同的操作(所谓控制或可控分散)，形成注入样品的浓度梯度(由区带分散的物理过程形成，不是均相混合)，从而产生瞬间的、但可精确重现的记录信号，使得流路中的任何一点都能像稳态一样准确测量。

多相转换 [multiple phase transformation] 一种将气体扩散、渗析、溶剂萃取、离子交换或固定化酶等操作与相应管线结合的技术。通过多相转换技术可将样品成分转变成可检测的物质，提高分析测定的选择性。

分散 [dispersion] 由一种(或几种)物质的微粒(分子、离子或分子集合体等)分布在另一种物质中而形成混合物的过程。如形成溶液、胶体、悬浊液和乳浊液等。

分散系数 [dispersion coefficient] 分散前的样品浓度与分散后给出分析读数的流体单元中样品浓度的比值。主要受注入的样品体积、载流流动速度和反应管的长度影响。注入的样品体积越大，分散系数越趋向于1，即没有发生样品稀释；载流流速增加会引起对流扩散的增强和留存时间的减少，这两种因素对分散度的作用效果是相反的。因载流流速增加引起的分散度增加程度远小于因留存时间缩短引起的分散度减小程度，所以载流速度增加时分散系数下降；从样品注入到检测器流经的管长增加，试样塞在管道中扩散混合的时间也增加，分散程度增大。此外，反应管的内径和反应管的形状也会影响分散系数。

高度分散 [large dispersion] 分散系数 $D>10$ 的一类分散。高度分散用于将样品稀释至适于测量的范围。

功能组合块 [function block] 即化学块。

固定化酶反应器 [immobilized enzyme reactor] 将固定化酶填充到小的柱型反应器中组合而成的一种反应器。不仅能提供选择性、经济性和由于固定化而获得的稳定性，而且也保证了严格的重现性，从而保持了分析周期之间固定的转换程度。另外，通过小体积内高浓度的固定化酶，可以使底物在样品稀释度最小时充分而快速地转化，小的分散系数又能降低检测下限。

化学块 [chemical block] 又称功能组合块。连接管道，并使液流按需要分支或集合的装置。在化学块的管道连接处可以产生径向效应，使试样与试剂有效地混合，因而提高进样频率和分析灵敏度。

径向扩散 [lateral diffusion；radial diffusion]　与流动方向垂直方向上的扩散。在流速较慢时，径向扩散可能是样品带分散的主要原因，以致可形成对称的分析状态。从管壁朝向中心的径向扩散使分析物基本上脱离了管壁，因此可消除样品之间的交叉污染。

流动分析 [flow analysis]　在流动状态下进行化学分析的方法。它的基本方法是将各种化学分析所要用的试剂和试样按一定的顺序和比例用管道和泵输送到一定的反应区域，进行混合，完成化学反应，最后经检测器检测。可实现管道化的自动连续分析，克服手工分析操作繁杂、速度慢及化学药品影响健康等缺点。流动分析仍建立在化学平衡的基础上，分析速度受到限制。

流动注射滴定法 [flow injection titration]　又称梯度滴定法。在流动注射装置中可以连续滴定。将待滴定的样品直接加入到滴定剂载流中，在混合室中混合并产生适当的浓度梯度，在这分散的试样带的头部和尾部均存在着使待测物和滴定剂达到化学计量点、分散系数相同的流体单元。两流体单元的距离随注入样品浓度的增大而增大，随载流中滴定剂浓度的增大而减小。当固定滴定剂的浓度时，滴定曲线的半峰宽与被滴定物质的浓度呈正比。

流动注射分析 [flow injection analysis (FIA)]　热力学非平衡条件下，将微量试液注入连续流动的适当液体载流并流经检测器且连续记录所测结果的自动分析方法。该概念是丹麦技术大学的鲁日奇卡(J. Ruzicka)和汉森(E. H. Hansen)于1974年提出的。在流动注射分析中，试样溶液直接以“试样塞”的形式注入到一流动的、非间隔连续载流中，注入的样品形成一个带，被传送到检测器。检测器连续地记录样品通过流通池时引起的吸光度、电极电位或其他物理量的变化。由于混合状态及反应时间高度的重复性，可以容许反应在未达到平衡的状态下由适当的检测器进行测量。摆脱了传统的必须在稳态条件下操作的观念，大大提高了分析速度。从样品注入到检测器响应的时间间隔很短，设备较简单灵活，操作简便。由于样品与试剂用量甚微，又在封闭系统中完成测定，因此极大地降低了有机试剂对人体的毒害和对环境的污染。流动注射分析技术不仅适用于大批量样品的常规分析，也适用于少量非常规样品的自动测定，并适用于在线分析。

流动注射分析仪 [flow injection analyzer]　采用流动注射分析方法进行分析的仪器。一般由流体驱动单元、进样阀、反应管道和检测器组成。在流动注射体系中，最常见的是用蠕动泵驱动溶液。蠕动泵可以进行几个管子的同时操作，特别适于应用多种试剂但又不能预先混合的情况。也可以用活塞泵，但价格较贵，且只允许单流路传送。进样阀用得最多，且效果最令人满意的是旋转式六通阀。反应管道多数是由细孔径的聚乙烯管和聚四氟乙烯管组成。流动注射分析仪可以与多种类型的检测器相匹配，如AAS、AES、分光光度计、荧光光度计、电化学系统、折射仪等。

流动注射进样阀 [FIA injection valve]　又称FIA采样阀、FIA注入阀、FIA注射阀。用得最多且效果最令人满意的是类似于高效液相色谱(HPLC)中所用的旋转式六通阀。注入样品的体积可以为5～200 μL，典型的是10～30 μL，用具有适当长度和内径的外部环管计量。这种“塞式”注入的进样方式对载流流动干扰很小，取样和注入过程均可精确重复。

流动注射转换技术 [FIA conversion technique]　借助适当的样品预处理、试剂生成或基体改性，通过动力学控制的化学反应使不能被检测的物质转化成可被检测的成分的过程。

手工分析 [manual analysis]　一种传统的溶液化学分析方法。将被测物与试剂均匀混合，让反应达到化学平衡状态，根据反应过程中的化学计量关系以及试剂(滴定剂标准溶液)的用量或生成物的量(沉淀的质量、有色物质的浓度等)确定试样中被测组分的含量。

受控扩散 [control diffusion]　在控制作用下的扩散。样品被注入到试剂载流后，在载流载带下通过管道移动时，就发生带展宽或扩散。这里存在两类扩散：径向扩散和轴向扩散。由于从注入点到检测点体系的完全相同的操作，这种扩散是可定时、重现的，即可控的。

瞬态试剂 [transient reagent]　即*初生态试剂*。

梯度滴定法 [gradient titration]　即*流动注射滴定法*。

停流技术 [stopped-flow technique]　在流动注射法的基础上发展起来的动力学研究方法之一。在试样带进入流通池的某一确切时刻停泵，记录反应混合物在静态条件下进一步反应的参数，以检测反应进程。当记录的物理量达到一定值时就可以启动蠕动泵继续测定。在停泵时间内分散基本不变而反应趋向完全。每次测量时，只要保证泵停止和启动时间不变，就能获得很好的重现性。

有限分散 [limited dispersion]　分散系数D=1～3的一类分散。采用有限分散系统，可将样品以未被稀释的形式被运载到检测器，也就是将流动注射分析(FIA)体系用作将样品严格而准确地运载到检测装置(如离子选择电极、原子吸收分光光度计等)的工具。

在线分析 [on-line analysis]　将传感器或检测器置于生产过程中，直接对反应过程特定项目的量值进行检测。可以定时或连续将样品送入测量系统，直接进行检测。或者将化学传感器直接安装在主流程中实时进行检测。也有的探测器不与样品接触，而是靠敏感元件把被测介质的物理性质与化学性质转换为电信号进行检测，称非接触在线分析，特别适用于远距离连续监测。在线分析得到的是实时的分析数据，能真实地反映生产过程的变化，可立即用于生产过程的控制和最优化。

在线预富集 [on-line preconcentration] 将较大体积的试样注入流路，通过微型填充反应器时将待测组分保留在那里，然后用少量洗脱剂将反应器中的待测组分洗脱下来的富集方法。预富集后流入检测器的样品浓度可能比注入样品的浓度大得多。也可以通过共沉淀富集再溶解的方法进行分离。例如饮用水中痕量 Se (Ⅳ)或 As(Ⅲ)的测定，在共沉淀预浓缩的同时也与基体组分分离了。该方法的主要优点是在从注入到检测器的所有时间内，所有的样品和标准均准确地得到相同的处理。由于任何时候流路的几何构型和随后可能发生的化学反应都受到严格的控制而保持重现，因此待测组分被吸附的完全程度并不重要，但紧接着进行的洗脱必须是定量的，否则将发生样品的交叉污染。

中度分散 [medium dispersion] 分散系数 D=3～10 的一类分散。中度分散系统用于待测物与载液混合并发生反应以形成要检测的产物。在流动注射分析中最常应用的是中度分散。

轴向扩散 [axial diffusion] 与流动方向平行的扩散。在细管道中一般不重要。

FIA 注入阀 [FIA injection valve] 即流动注射进样阀。

FIA 注射阀 [FIA injection valve] 即流动注射进样阀。

3.5.9 微纳流控分析

层流 [laminar flow] 流体内的所有微粒均在各自的层面上作定向运动的流体运动形式。在雷诺数小于 2300 的通道内，流体通常分层流动，互不混合，其质点沿着与管轴平行的方向作平滑直线运动，也被称为滞流或直线流动。

电湿润 [electrowetting] 通过改变液体与固体平面之间的电压，调节固、液之间的表面张力等宏观性质，来改变液体在固体平面上的润湿性(即接触角)，用来在固体平面上操纵液滴(产生、移动、分裂、合并等)的方法。电润湿可以使疏水性表面变得更亲水。

多通道辅助进样 [multichannel-assisted injection] 在微流控芯片上通过设置多条辅助通道，对进样量及样品区带等进行精细调节的进样方法。如双“T”型进样、双十字进样等。

多相层流扩散 [multiphase laminar flow diffusion] 由于离子、小分子和粒子的扩散速率的不同，在微尺度下并行流动、互不相混的流体间的物质扩散程度不同而导致的穿过两相界面进入另一相的程度不同的现象。

负压进样 [negative pressure injection] 使用注射泵提供负压，驱动样品池中的样品进入分离通道的进样方法。

光刻法 [photolithography] 以光为能量源，将设计的微尺度结构转移到基片上，再通过物理或化学的方法在基片上形成微尺度结构的方法。该方法主要包括曝光、显影和刻蚀 3 个步骤。

激光辅助进样 [laser-assisted injection] 利用强激光选择性漂白样品的荧光，在分离通道内形成样品带的进样方法。具体方法是先用强激光束漂白样品为非荧光化合物，形成基线，进样时，光闸挡住强激光，未被漂白的荧光样品进入分离通道，形成样品带。

集成毛细管电泳芯片 [integrated capillary electrophoresis chip (ICEC)] 又称毛细管阵列式电泳芯片。将各种微流体通道、电极槽、检测流动池等集成在同一个芯片(硅片、玻璃或聚合物)内的超高速电泳仪。它是一种多功能化的快速、高效、高灵敏度和低耗的微型装置。

夹流进样 [pinched injection] 芯片上一种改进的电动进样方式。上样时，给样品池、缓冲液池和缓冲液废液池均施加电压，样品废液池接地。当样品流向样品废液池的同时，来自缓冲液池和缓冲液废液池的溶液也随样品一起向样品废液池移动，形成保护性液流，防止了样品向其他方向的扩散。进样时，只给缓冲液池施加电压，缓冲液废液池接地，二者之间的电场将十字交叉口处的样品带推入分离通道。与悬浮进样法相比，夹流进样法对进样量的控制更加精确，实验重现性更好。

静压力进样 [hydrostatic injection] 以芯片上样品池与样品废液池之间的液面高度差所产生的静压力作为上样驱动力，无需机械泵，在缓冲液池与缓冲液废液池间施加电场使储存在十字交叉口的样品进入分离通道的进样方法。

雷诺数 [Reynolds number] 流体力学中表征流体动力学规律的一个无量纲参数。是流体流动时的惯性力和各质点间的黏性力(内摩擦力)之比，以符号 Re 表示。雷诺数相同的流体有相同的动力学特征。雷诺数大，惯性力大于黏性力，流体流动不稳定，流体为湍流状态；雷诺数小，黏性力大于惯性力，流体流动稳定，质点平行于管轴有规则的流动，为层流。

毛细管阵列式电泳芯片 [capillary array electrophoresi chip (CAEC)] 即集成毛细管电泳芯片。

门进样 [gated injection] 由“门”的开闭控制进样的进样方法。这里的“门”有电动门、压力电动门、静压力门和光门等，进样量取决于“门”开启的时间。

微/纳流控技术 [microfluidic/nanofluidic technology] 在微(纳)米级尺度下对纳升至皮升体积流体进行精确操控和研究的技术。与宏观流体相比，微(纳)米尺度下的流体在表面张力和能量耗散等方面表现出特殊的性质，如在 100 nm 到几百微米的通道中，雷诺数变得很小，出现几束流体并行、流体间只有分子扩散而不相互混合的现象。对微纳尺度流体进行驱动的方式有压力驱动、毛细管作用力、电驱动等。微/纳流控技术是涉及物理、化学、生物、工程、材料和微加工等多个学科交叉领域的技术。

微泵 [micro pump] 微流控芯片上用于驱动流体流动的结构。分为机械泵(置换泵和动力泵)和非机械泵。

微阀 [micro valve] 微流控芯片上通过控制通道闭合和开启来操控流体流动的结构。由腔室、阀座和触动器组成。按照是否需要外界驱动力，分为有源阀和无源阀。无源阀不需要外部的动力，利用流体本身流向和压力的变化来控制阀的开启和关闭；有源阀则是利用外界动力来实现阀的开启和关闭。

微流控单细胞分析 [microfluidic single cell analysis] 利用微流控芯片微尺度的优势，通过芯片结构的设计，在芯片上对单个细胞进行分选、捕获、培养、分析等的技术。

微流控反应器 [microfluidic reactor; microreactor] 微流控芯片上进行生物和化学反应的结构。其反应空间尺度为微米量级，基本特征是传质、传热速率快，温度均一，停留时间短，比表面积大。

微流控混合器 [microfluidic mixer；micromixer] 微流控芯片上用于实现流体之间混合功能的结构。可以通过改变通道流路的几何形状或引入外加扰动来实现流体混合。分为被动混合器和主动混合器，也被称为静态混合器和动态混合器。

微流控聚合酶链反应(PCR)芯片 [microfluidic polymerase chain reaction chip] 一种用于DNA扩增反应的微流控芯片。微流控PCR芯片采用先进的微机电加工技术，最大限度地将DNA扩增的步骤集中在芯片上。由于PCR芯片热容量小，比表面积大，极大地缩短了PCR所需时间，可实现快速、并行、微量和低耗的PCR扩增过程。

微流控芯片 [microfluidic chip] 实现微流控技术的平台和技术装置。其基本特征是容纳流体的有效结构(通道、反应室和其他功能部件)至少在一个维度上为微米级尺度，具有液体流动可控、消耗试样和试剂极少、分析速度快等特点，可以在线实现样品的预处理及分析全过程。

微全分析系统 [micro total analysis system (m-TAS)] 又称芯片实验室。采用微机电加工技术构建微小尺度的通道和结构，将生物和化学等研究中涉及的样品制备、反应、分离和检测等基本操作单元集成到一块几平方厘米甚至更小的芯片上，通过微通道构成网络，以可控流体贯穿整个系统，用以取代常规生物或化学实验室的各种功能的一种研究手段。微全分析系统的概念最早于1990年由瑞士Ciba-Geigy公司的曼茨(A. Manz)和威德默(H. M. Widmer)提出。基本特点是以芯片为操作平台，以分析化学为方法基础，以微机电加工技术为依托，以微通道网络为结构特征，以生命科学研究为主要应用对象，具有多种单元技术灵活组合和大规模集成的优势，能以极少量的样品获得极大的信息量。

微液滴技术 [microdroplet-based technology] 在微流控芯片上利用互不相溶的液体制备皮升至纳升体积的微液滴并操控(分选、分裂和融合等)的技术。微液滴具有更快的传质传热效率，试剂需求量小，个体独立，不易污染。

芯片封接 [chip sealing] 将具有结构和功能单元的基片与盖板或另一块具有一定结构和功能单元的基片熔合或共价键合在一起，形成微管路，组装成微流控芯片成品的过程。基片材质不同，封接方法不同。

芯片刻蚀 [chip etching] 根据芯片的结构设计，通过化学或物理的方法选择性地移除基片表面或表面沉积层的特定部分，在基片表面形成特定微结构的工艺。芯片刻蚀分为化学刻蚀和物理刻蚀，还可分为湿法刻蚀和干法刻蚀。

芯片实验室 [lab on a chip (LOC)] 即微全分析系统。

“T”型进样 [T injection] 芯片上一种改进的电动进样方式。通道为“T”型设计，只有一个废液池与缓冲液池构成分离通道，样品池与分离通道间由上样通道以“T”型接口相连。上样时，给样品池施加电压，缓冲液池悬浮，废液池接地，则样品由样品池流向废液池，进入分离通道；一段时间后，使样品池悬浮，给缓冲液池施加电压，废液池接地，则通道中的样品带在分离通道中得到分离。该方式的进样量依赖于进样时间。

悬浮进样 [floating injection] 芯片上一种简单的电动进样方式。上样时，给样品池施加一定电压，样品废液池接地，缓冲液池和缓冲液废液池悬浮(即不加电压)，样品即由样品池流向废液池，充满十字交叉口处。之后，给缓冲液池施加电压，缓冲液废液池接地，样品池和样品废液池悬浮，十字交叉口处的样品便会流向缓冲液废液池，实现将样品推入分离通道。

掩模 [mask] 在图形区和非图形区设置的具有不同光透过能力的胶片或铬板。当光透过掩模照射到基片上时，基片上只有特定区域有光照射，从而使后续的刻蚀只在这部分区域或这部分区域以外的区域发生。

3.5.10 芯片分析

并行分子遗传学分析 [parallel molecular genetic analysis] 在芯片上设计多条平行阵列，通过DNA杂交、cDNA表达、基因连锁分析等，实现多个基因表达及其序列信息的同时准确测定的分析技术。

反应离子刻蚀 [reaction ion etching] 在真空系统中利用等离子体对基片或薄膜进行各向异性刻蚀的技术。利用了化学活性物种和高能离子轰击的协同作用，是一种干法刻蚀技术，用于制作预定结构的生物芯片。

覆瓦阵列 [tiling array] 针对基因组序列设计的高密度芯片。根据基因组DNA序列，从头至尾每隔一定间距设计一个相应的探针，探针所含碱基数目一定，间隔碱基数相等。这种等间距、碱基似叠瓦片一样的探针设计不再局限于针对基因编码区，而是几乎覆盖了目标DNA的全部序列，是一类分辨率很高的基因芯片。它可用于全转录组分析，用于寻找普通基因组注释软件无法预测的新基因以及一些非编码RNA区域检测，用于转录因子或其他DNA结合蛋白质在全基因组结合位点分析，用于组蛋白修饰、DNA甲基化等表观遗传调控特征分布，以及单核苷酸多态性研究等多个领域。

光导原位合成 [light-directed *in situ* synthesis] 一种原位合成方法。先在芯片的固相基质表面铺上一层连接分子，其羟基上带有光敏保护基团，之后用特制的光刻掩模保护芯片上不需要合成的部位，而暴露出的合成部位在光照下除去羟基上的保护基团，游离的羟基通过化学反应加上第一个反应单体(核苷酸或氨基酸)，该单体亦带有光敏保护基团，用于下一步合成。重复上述过程，即可根据预先设定的单体种类得到所需长度的生物探针(寡核苷酸或多肽链)。该方法可在小区域内大量合成不同探针，实现高通量芯片检测。对于寡核苷酸探针，光导原位合成法一般可以合成15～25个碱基长度的探针片段。

基因芯片 [gene chip] 将大量DNA片段通过原位合成或点样的方法按一定的排列方式固定在表面的芯片。通过碱基互补配对原理与样品中荧光标记的DNA分子进行杂交，利用激光共聚焦显微扫描技术检测每个探针分子的杂交信号强度获取样品分子的数量和序列信息。通过设计不同的探针阵列和使用特定的分析方法，可用于基因表达谱测定、基因突变检测、基因多态性分析、基因组文库作图和DNA杂交测序等。具有使用试剂少、快速、自动化等优点。

抗体微阵列 [antibody microarray] 即抗体芯片。

抗体芯片 [antibody chip] 又称抗体微阵列。将大量抗体蛋白分子有序固定在表面的芯片。抗体芯片是发展最早的一类蛋白质芯片，通过特异性的免疫反应捕获待测样品中的抗原分子，可一次性地检测大量抗原目标物。具有特异性强、敏感性高、检测范围广、通量高等优势。

染色质免疫共沉淀芯片 [chromatin immunoprecipitation-on-chip; ChIP-on-chip] 用于研究细胞内DNA与蛋白质相互作用的芯片。是在活细胞状态下固定细胞内蛋白质-DNA复合物，并将其随机切断成为一定长度范围内的染色质片段，之后通过免疫反应特异性沉淀、富集此复合体，通过对目的片段的纯化与检测，获得蛋白质与DNA相互作用信息的方法。染色质免疫共沉淀芯片是将染色质免疫共沉淀(CHIP)与基因芯片相结合，可以将捕获的复合体中的DNA进行放大扩增、标记并将其杂交在DNA微阵列上，从而实现染色质免疫共沉淀过程。这为确定特定蛋白质的目标位点提供了良好、快速、高效的方法。广泛用于特定靶基因的高通量筛选，在基因表达调控研究中发挥重要的作用。

生物芯片 [biological chip] 又称微阵列芯片。将大量生物探针分子(核酸、多肽、蛋白质等)固定于硅片、玻璃片等芯片支持物表面形成生物分子阵列，然后在芯片表面与标记的样品分子进行反应，通过生物分子间特异性的相互作用实现对细胞、核酸、多肽和蛋白质等的快速、高通量检测。

微阵列芯片 [microarray chip] 即生物芯片。

细胞微阵列 [cell microarray] 即细胞芯片。

细胞芯片 [cell chip] 又称细胞微阵列。用于高通量细胞分析的一种生物芯片。在芯片上对细胞进行捕获、固定和特异性修饰，通过生物化学反应实现对细胞样品原位、连续、多参数的信号检测和细胞组分的理化分析等。

悬浮式生物芯片技术 [suspension biochip technology] 即液相芯片技术。

压电打印法 [piezoelectric printing] 主要用于原位合成寡核苷酸的打印合成方法。其原理与喷墨打印机相似，喷印头可在整个芯片上移动并根据芯片上不同位点探针的序列需要将特定的碱基喷印在芯片上特定位置，然后冲洗、去保护，经过多轮合成循环，最终形成所需的寡核苷酸探针。打印原位合成法一般可以合成达40～50个碱基的探针片段。

样品制备芯片 [sample preparation chip] 用于生物样品制备过程的一种生物芯片。利用各种物理、化学和生物手段从粗级生物样品中分离或提取目标物质，并完成样品试剂的混合、标记等步骤，使之适用于直接的生物信息检测。

药物筛选芯片 [drug screening chip] 用于检测药物对基因及其表达产物作用的芯片。药物筛选芯片可以省去大量的动物试验，缩短药物筛选所需的时间，提高效率，降低风险，实现大规模、高通量的药物筛选，加快新药研发进程。

液相芯片技术 [liquid chip technology] 又称悬浮式生物芯片技术。一种以混悬在液相中、结合了特定生物分子(蛋白、多肽或核酸)的荧光编码聚苯乙烯微球作为反应载体，结合流式细胞技术，在通道内利用激光对同一样品中多种不同目标分子进行快速、高通量和高灵敏度检测的技术。

杂交测序技术 [sequencing by hybridization] 在芯片表面固定大量序列已知的寡核苷酸探针，与生物样品中带有荧光标记的靶核酸序列进行分子杂交，根据产生的杂交谱图(即杂交信号的强度及分布)排列出靶核酸序列，从而实现生物样品的DNA测序的技术。杂交测序技术是基因芯片在生物学研究中的一种重要应用。

组织微阵列 [tissue microarray] 即组织芯片。

组织芯片 [tissue chip] 又称组织微阵列。用于高通量组织分析的一种生物芯片。将许多不同个体组织标本以规则阵列方式排布于同一芯片表面上，进行同一指标的原位组织学研究。

3.5.11 其他分析

波长色散X射线荧光光谱仪 [wavelength dispersive X-ray fluorescence spectrometer] 一种X射线荧光光谱仪。样品发射的X射线荧光经色散元件使其按波长进行空间色散后进入检测器，通过色散元件或检测器的扫描，依次检测待测元素的特征谱线及其强度。由X射线激发源、分光晶体和检测器3个主要部分构成。常配备几种可以互换的分光晶体，以便测定各种不同元素。常用的分光晶体有LiF(422，420，200)，ADP(112)(磷酸二氢铵)、PET(002)(异戊四醇)、EDDT(020)(右旋-酒石酸乙二胺)等。

次级X射线荧光光谱法 [secondary X-ray fluorescence spectrometry] 以能量足够高的X射线照射样品，激发产生次级X射线荧光，根据荧光的波长和强度进行元素定性和定量分析的方法。入射的X射线既可以用X射线单色特征谱线激发样品中特定元素指定谱系的特征谱线；也可以多色连续光谱，以激发同一样品中的不同元素，常规X射线荧光分析大多采用这种激发方式。该法因韧致辐射引起的本底荧光强度低，具有较高的峰背比。

带电粒子激发X射线荧光光谱法 [charged particle excited X-ray fluorescence spectrometry] 以带电粒子(质子、电子等)为激发源产生X射线荧光，根据荧光的波长(或能量)和强度对元素进行定性、定量分析的光谱法。

单晶X射线衍射法 [single crystal X-ray diffractometry] 利用单晶体对X射线的衍射效应测定晶体结构的方法。衍射晶体一般为直径0.1～1 mm的完整晶体，用四圆衍射仪测定衍射强度，计算出晶胞参数，了解系统消光和晶体对称性。利用结构振幅和相角数据计算电子密度函数，得到电子密度图，图中各极大值点即和原子的坐标位置对应，求得它们在晶胞中的坐标参数，测定晶体的结构。

单色X射线吸收分析 [monochromatic X-ray absorption analysis] 基于朗伯-比尔定律，物质对单一波长的X射线束的吸收对试样中的待测元素进行定量测定的分析方法。单波长法选择待测元素吸收限的短波侧，且具有较高强度的特征谱线的波长。双波长法的两个波长选择在待测元素吸收突变最大的吸收限两侧。适用于基体效应小的试样。

电子激发X射线荧光光谱法 [electron excited X-ray fluorescence spectrometry] 以聚焦的高速电子束轰击样品表面微区产生X射线荧光进行元素定性、定量光谱分析的方法。可以获得样品表面组成、元素的分布和富集等信息。缺点是用电子束为激发源产生的韧致辐射本底影响了其测定的灵敏度。

多道X射线荧光光谱仪 [multi-channel X-ray fluorescence spectrometer] 一种X射线荧光光谱仪。有多个固定的检测通道对特定元素的特征谱线同时进行测定。样品发射的X射线荧光经色散元件使之按其波长进行空间色散后进入检测器。分光晶体可以移动以进行光谱扫描，通道固定在与给定分析线相应的角度，各检测器有自己的放大器、脉冲高度分析器、计数器或积分器，并由计算机控制仪器、处理数据、显示结果。可同时对试样中几十种元素进行分析。

多色X射线吸收分析 [multi-chromatic X-ray absorption analysis] 基于朗伯-比尔定律，物质对X射线源发射的未经色散的初级X射线束的吸收对试样中的待测元素进行定量测定的分析方法。

粉末X射线衍射法 [powder X-ray diffractometry] 利用多晶样品对X射线的衍射效应测定样品中的物相组成和晶体结构的分析方法。试样为晶体粉末，是一种常用的多晶X射线衍射法。测定的基本数据是衍射面间距离 d 和衍射强度 I 值，利用这些数据进行物相分析，可精确测定晶胞参数，测定简单晶体的结构以及粉末样品中平均晶粒大小等。

X光 [X-ray] X射线的俗称。

光散射分析 [light scattering analysis] 一种光学分析法。利用适当的光学手段检测物质引起的散射光的各种参数，如强度、方向、偏振、散射光谱等，来获得物质的分析信息，如表面粗糙度、光泽度、散射微粒的大小和形状以及散射物质的成分、浓度、分子结构等。是胶体化学研究的一种手段，如测定胶体质点的分子量，质点质量的分布，质点的平均扩散系数，质点间相互作用的第二位力系数等。也用于纳米材料等新技术领域。

晶体单色器 [crystal monochromator] X射线光谱仪中用于X射线分光的部件，用于波长色散型光谱仪。晶体质点之间的距离与X射线波长属同一数量级，利用晶体的衍射作用，可使不同波长的X射线荧光色散，从而选择被测元素的特征X射线荧光进行测定。常用凹面晶体，它比平面晶体的衍射强度要大得多。仪器上常配有两个以上可更换的晶体，如LiF(420)、Ge等，用于不同波长范围。

伦琴射线 [Röntgen ray] 即X射线。

莫塞莱定律 [Moseley law] X射线光谱分析中的一条基本定律。莫塞莱发现，元素特征 X 射线的波长 λ 与元素的原子序数 Z 有关，其数学表达式为

$$\left(\frac{1}{\lambda}\right)^{1/2}=K(Z-S)$$

式中，K 和 S 为与线系有关的常数。因此，只要测出特征 X 射线的波长，就可以知道元素的原子序数 Z，这是 X 射线定性分析的基础。

穆斯堡尔谱 [Mössbauer spectroscopy] 以穆斯堡尔效应为基础，即由原子核无反冲条件下的 γ 射线共振吸收所形成的光谱。一种微观结构分析方法。将 γ 射线源(如 ^{57}Co)相对于样品以一定速率往返运动，调节 γ 射线频率，测定 γ 射线的相对透射率，即得到穆斯堡尔谱。由谱的化学位移、四极矩分裂和磁超精细分裂等参数，研究物质的微观结构。如原子的氧化态、化学键和原子周围的电子云分布、原子核所处的有效磁场等。

穆斯堡尔效应 [Mössbauer effect] 原子核无反冲地发射 γ 射线，并被同种原子核共振吸收的现象。德国物理学家穆斯堡尔(R. L. Mössbauer)于 1957 年首先发现该现象。实现 γ 射线共振吸收的关键在于消除反冲效应，因此实验时要将发射和吸收 γ 射线的原子核置于固体晶格中并在液氮或液氦温度下进行。应用该效应可以研究原子核与周围环境的超精细相互作用。已观察到 40 余种元素的 90 余种同位素的穆斯堡尔效应，这类原子核称为穆斯堡尔核。在室温下只有 ^{57}Fe 和 ^{119}Sn 研究最多。

能量色散 X 射线荧光光谱仪 [energy dispersive X-ray fluorescence spectrometer] 一种 X 射线荧光光谱仪，是测量 X 射线荧光能谱图的仪器。样品中所有元素发射的 X 射线荧光同时进入检测器，分别产生一个高度正比于光子能量的电流脉冲，经放大和多道脉冲高度分析器处理，按脉冲高度的大小分别统计脉冲数，脉冲高度可以用光子的能量来标度，从而得到强度随光子能量分布的曲线，即能谱图。与波长色散型仪器比较，无需色散，检测器和样品之间的距离减小，增大了检测器接受样品荧光的立体角，荧光强度大；仪器结构小型化、轻便化，适合现场分析；可以一次测定分析样品中的所有元素；但分辨率较差。

偏振法 [polarimetry] 研究偏振光通过透明物质使偏振面旋转的一种光学方法。根据旋转的方向和程度(旋光度)对光学活性物质进行定性和定量分析，并提供化学结构的信息。许多天然产物，如氨基酸、生物碱、糖类、甾类化合物等，旋光度是它们的一种基本物理参数，因此，测量旋光度可以作为鉴定物质的定性方法。根据偏振光通过糖溶液后偏振面的旋转角度来测定糖的浓度，专门设计了糖量计。

全反射 X 射线荧光分析 [total reflection X-ray fluorescence analysis (TRXF)] 用于表面分析和微量、痕量分析中的一种较新的技术。初级 X 射线束以低于或接近于全反射临界角投射到反射体，经全反射后再投射到样品，激发分析元素产生特征 X 射线荧光，被垂直放置的 Si(Li)探测器检测，对痕量元素进行定性、定量分析。由于采用了全反射技术，检出限低，基体效应可忽略，能测定原子序数从 11(Na)到 92(U)的所有元素，线性范围达 3～4 个数量级。

散射分析仪器 [instrument of scattering analysis] 用于对散射光进行观测、分析的仪器。静态光散射测量在光散射光度计中进行，动态光散射用光散射谱仪测定。主要部件有光源(汞灯、激光)，准直系统，起偏器和检偏器，散射池和恒温浴，检测器，信号和数据处理系统等。有通用的和专用的散射分析仪器，如光泽度计、浊度计、激光散射粒度仪等。

散射光的频移 [frequency shift of scattering light] 由于散射质点的布朗运动，从多普勒效应可知，会引起散射光频率的微小移动的现象，即散射光以入射光频率为中心而展宽。它与恒压下熵涨落引起的密度涨落有关。根据散射光的频移，可以测定质点的扩散系数，求算球形质点的半径等。

散射函数 [scattering function] 描述光散射内干涉效应的函数，以 $P(\theta)$ 表示，θ 为散射角。定义为质点的散射光强度与无内干涉时的散射光强度之比。当散射质点或分子的尺寸与入射光波长为同一数量级时，同一分子的各部分产生的散射分波间有相位差而出现干涉，使散射光减弱，称为内干涉。$P(\theta)\leqslant 1$，当 $\theta=0°$或质点尺寸小于入射光波长的 1/20 时，$P(\theta)=1$。

X 射线 [X-ray] 又称伦琴射线，俗称 X 光。1895 年由德国物理学家伦琴(W. C. Röntgen)发现，是波长在 0.001～10 nm 的电磁波，可由高速电子流轰击金属阳极靶而获得。这样产生的 X 射线包含两种成分：①因金属使电子减速而产生的波长连续变化的韧致辐射；②因原子内层轨道的电子跃迁而产生的具有特定波长的 X 特征谱线。X 射线光谱法常用的波长是 0.01～2.5 nm，它能使照相乳胶感光、气体电离、穿透金属薄片，并能使晶体产生衍射效应。广泛用于晶体结构分析、医疗诊断、金属探伤等。

X 射线的散射 [scattering of X-ray] X 射线在传播过程中遇到散射介质时，在传播方向以外形成光强分布。分相干散射和非相干散射。相干散射也称瑞利(Rayleigh)散射或弹性散射，由波长较长的 X 射线与原子中束缚较紧的电子作弹性碰撞产生。散射 X 射线的频率和相位与入射 X 射线相同，但方向改变了。元素的原子序数愈大，相干散射作用也愈大。非相干散射也称康普顿(Compton)散射或非弹性散射，由波长较短的 X 射线或 γ 射线与结合能较小的电子或自由电子发生非弹性碰撞产生。非相干散射 X 射线的波长变长，且方向也

发生了改变。相干散射现象是X射线在晶体中产生衍射的物理基础，可用来研究物质结构。非相干散射随原子序数增加而减弱，轻元素产生强的康普顿峰，会干扰相干谱峰的测量。

X射线的吸收 [absorption of X-ray] 一束平行X射线垂直入射到一均匀吸收体，由于物质的吸收和散射，使其强度衰减。衰减率与其穿过的厚度呈正比。比例系数常用质量衰减系数μ_m(单位为cm^2/g)，表示X射线穿过截面积为1 cm^2的1 g物质时，X射线强度的衰减程度，μ_m与X射线波长的三次方和物质的原子序数Z的四次方有关。波长较长的X射线和原子序数较大的物质的散射作用与吸收作用相比可以忽略不计。

X射线的衍射 [diffraction of X-ray] 一束X射线以某一角度射到晶体表面时，在晶体各原子层产生相干散射波的叠加效应。衍射的条件是：①原子层的间距必须与X射线的波长相当；②散射中心的空间分布必须非常规则。X射线衍射法是测定晶体结构的重要手段。

X射线干涉法 [X-ray interferometry] 利用X射线相继通过多块布拉格衍射晶体后产生的干涉现象来研究晶体缺陷和测量晶体基本参数的测量方法。可以观察晶体缺陷所引起的微小点阵参数失配，晶体点阵的微小角偏移，精确测定位错的伯格斯矢量，精确测量晶体的X射线折射率、晶胞参数等。

X射线光源 [X-ray source] 能够发射具有特定参数的X射线辐射，也是X射线光谱仪中产生X射线的部件。有以下几种：①最常用的是X射线管，由高速电子流轰击金属(钨、铬、铜、钼等)阳极靶，产生连续的X射线，也称初级X射线；②用初级X射线照射某些纯金属靶，产生特征X射线，也称X射线荧光；③放射性核素衰变过程产生X射线，如^{125}I源产生0.046 nm的谱线，^{55}Fe源产生0.21 nm的谱线；④同步加速器辐射源。X射线光束参数有波长(或能量)分布、通量强度、传播方向与发散聚焦状况、偏振状态和脉冲时间结构等。

X射线计算机断层扫描术 [X-ray computed tomography] 即X射线计算机体层摄影术。

X射线计算机体层摄影术 [X-ray computed tomography; X-ray CT] 又称X射线计算机断层扫描术。一种医学影像诊断技术。以X射线束从多个方向沿身体某一选定断层面进行照相，测定透过的X射线强度，数字化后经计算机处理得出该层层面组织各个微体积元的吸收系数后，即可重建断层图像。CT装置主要由3部分组成：①扫描装置，由X射线管和测量X射线透射强度的探测器组成；②计算机，收集和存储扫描装置测得的原始数据，对其进行处理后重组图像；③图像显示装置。得到的影像清晰、直观，能对全身各个解剖部位进行检查。广泛用于基础医学研究和临床诊断。

X射线检测器 [X-ray detector] 将X射线的能量转化为电信号的装置。常用的有三种：①正比计数器。这是一种充气型检测器，X射线能使工作气体(Ar、Kr等)电离，使辐射能转变为电能而测量。②闪烁计数器。X射线照射到闪烁晶体[NaI(Tl)]上时，闪烁体能瞬间发出可见光，再经光电倍增管将这种闪烁光转换为电脉冲。③半导体计数器。常用的是掺有锂的硅(或锗)半导体构成，当入射X射线撞击锂漂移区时，在其运动途径中形成电子-空穴对，电子-空穴对在电场作用下，分别移向n层和p层，形成电脉冲，脉冲高度与X射线能量呈正比。优点是检测效率和能量分辨率高，适用的能量检测范围大。主要缺点是对所用的半导体材料要求较高，制作工艺复杂，需在液氮低温下工作。前两种探测器用于波长色散X射线光谱仪，后一种探测器用于能量色射X射线光谱仪。

X射线晶体结构分析 [X-ray crystal structure analysis] 测定晶态物质在原子水平上的结构的一种最重要的技术。用四圆衍射仪或平面探测器等仪器进行晶体的X射线的衍射，将衍射数据经过修正、处理、还原，推引出各个衍射的结构振幅，再利用帕特森(Patterson)函数法或直接法定出各衍射的相角，通过傅里叶变换，计算电子密度图，测定晶体结构。能提供晶体中原子间的结合方式、分子结构式、键长、键角、扭角、分子的立体构型和构象、分子间的堆积和相互作用、各个原子的热振动幅度等信息。

X射线吸收边 [X-ray absorption edge] 即X射线吸收限。

X射线吸收限 [X-ray absorption edge] 又称X射线吸收边。物质的质量吸收系数随入射X射线波长改变而变化的曲线上的突变点。它是特征X射线谱系的临界激发波长。每个元素都有对应于各能级的吸收限，越靠近原子核，其吸收限波长越短。对于同一个能级，吸收限波长随原子序数的增加而变短。

X射线吸收限光谱法 [X-ray absorption edge spectrometry] 根据X射线吸收光谱中吸收限位置(波长)进行定性分析，根据吸收突变的大小进行定量测定的分析方法。

X射线小角散射 [small angle X-ray scattering (SAXS)] 发生在直射光束附近几度范围内的一种相干散射现象。对应于尺寸为1～100 nm范围内电子密度的起伏与结构的一种散射。测定样品的小角散射强度，不仅能研究颗粒的大小和形状，还能得到形变和再结晶过程的动态信息。测定载体催化剂的比表面积，研究高聚物或填料的分散体系。对于非晶态结构物质，根据原子扩散、迁移、同类原子的偏聚情况等，可获得非晶体内部亚微观结构范围内的电子密度变化等信息。

X 射线衍射物相分析 [phase analysis by X-ray diffraction] 根据多晶样品的 X 射线衍射效应，对物质的相组分、相含量及其分布情况等进行分析的 X 射线常规分析方法。在粉末 X 射线衍射图上，多晶物质衍射线条的数目、位置及强度，是某种物质的特征，是鉴别物相的标志。比较试样与标准图谱，进行 X 射线物相定性分析。衍射线强度与其含量呈正比，据此可以测定各化学成分(相)的含量。

X 射线荧光 [X-ray fluorescence] 当能量高于原子内层电子结合能的 X 射线轰击原子时，逐出一个内层电子而形成空穴，位于较高能级的外层电子在 10^{-12}～10^{-14} s 内自发跃入内层空穴，所释放能量的一部分以辐射形式产生次级 X 射线，即 X 射线荧光。X 射线荧光的波长比相应的初级 X 射线要长。原子序数大于 11 的元素，产生 X 射线荧光的产额大于俄歇产额。X 射线荧光的能量或波长与元素原子序数有一一对应的关系，是定性分析的基础。如果激发源是质子或同步加速器产生的同步辐射，则相应产生质子 X 射线荧光或同步辐射 X 射线荧光。

X 射线荧光光谱法 [X-ray fluorescence spectrometry] 一种 X 射线荧光分析方法。基于 X 射线荧光光谱的波长和强度进行元素定性和定量分析。X 射线荧光波长取决于物质中元素原子的种类，据此对物质定性。X 射线荧光强度与荧光产额、激发源强度、样品中被测元素原子的含量、俄歇效应和基体效应等因素有关，在一定实验条件下，荧光强度与样品中被测原子的含量有关，可作定量分析。该法的特点是：不存在连续的背景；检出限低，达 10^{-7}～10^{-9} g/g；可测定元素周期表中原子序数大于 3 的元素；可测浓度范围宽；是一种无损分析。应用计算机技术开发的一些数学方法，如经验系数法、基本参数法等，能进一步提高精确度。该法已被定为国际标准化组织(ISO)分析方法之一。广泛用于金属、合金、矿物、环境保护、空间技术等领域。

X 射线荧光光谱仪 [X-ray fluorescence spectrometer] 一种射线式分析仪器。是通过测量试样的 X 射线荧光的波长和强度对元素作定性、定量分析的光谱仪。根据分光原理的不同，分为波长色散型、能量色散型、非色散型和全反射型等。根据激发方式不同，分为管激发(X 射线管)和源激发(电子源、质子源、同位素源等)两类。波长色散型仪器由 X 射线管、试样室、晶体分光器、检测器(正比计数器、闪烁计数器、半导体检测器等)、计数及数据处理系统等主要部件组成。能量色散型仪器不用晶体分光系统，配以脉冲高度分析器将不同能量的脉冲分开并测量。非色散型仪器是通过选择激发、选择滤波和选择探测等方式测量分析线而排除其他能量谱线的干扰，适用于简单试样中某几个元素的常规分析。这类光谱仪能快速测试元素周期表中从硼到铀的全部元素，精密度高，动态线性范围宽，应用广泛。

同步辐射激发 X 射线荧光光谱法 [synchrotron radiation excited X-ray fluorescence spectrometry] 利用电子同步加速器或电子储存环发射的同步辐射为激发源产生 X 射线荧光，对物质中元素进行定性、定量分析的光谱法。同步辐射作为光源的优点是强度大，稳定性、准直性和偏振性好，光谱范围宽和能量连续可调。该光谱法是一种无损分析，可获得试样的动态、瞬变信息。

同位素激发 X 射线荧光光谱法 [isotope excited X-ray fluorescence spectrometry] 以同位素为激发源产生 X 射线荧光，对物质中元素进行定性、定量分析的光谱法。放射性同位素在衰变过程中产生 β 或 γ 射线，可用作产生 X 射线荧光的单能量激发源。优点是性能稳定、体积小，可制成便携式仪器。缺点是 X 射线荧光的强度和产额较低，只能用作能量色散谱仪的光源。常用作激发源的同位素有 ^{55}Fe、^{57}Co、^{155}Eu、^{109}Cd、^{125}I、^{241}Am 等。

质子激发 X 射线荧光光谱法 [proton excited X-ray fluorescence spectrometry] 用质子束为激发源产生 X 射线荧光，根据荧光的波长(或能量)和强度对元素进行定性和定量分析的方法。是以带电粒子激发 X 射线荧光分析中应用最多的一种高灵敏度痕量元素分析技术。当样品受到由加速器产生的高速质子束辐照后，质子按一定概率从原子内层逐出一个电子，留下空穴，位于较高能级的电子自发跃入内层空穴，产生 X 射线荧光。如果将质子束聚焦成几微米的细束，对样品逐点进行扫描测定，可以得到空间分辨的元素含量分布图。

浊度计 [turbidimeter; nephelometer] 测量胶体体系或悬浮体浊度及其变化的仪器。主要有两类：一类是检测光线入射和出射试样前后强度的差异的比浊计，因试液中悬浮微粒的光散射和光吸收使光强度减弱。另一类是检测入射光被悬浮微粒散射，在与入射光呈 90° 的方向检测散射光强度的浊度计。激光散射浊度计的灵敏度极高，能检测出体系浊度的微变化。

3.6 化学计量学

巴特利特检验法 [Bartlett's test method] 一种检验多个方差一致性的统计方法。检验统计量是

$$B=\frac{2.303}{C}\left(f\lg\overline{s}^2-\sum_{i=1}^{m}f_i\lg s_i^2\right)$$

式中，$C=1+\frac{1}{3(m-1)}\left(\sum_{i=1}^{m}\frac{1}{f_i}-\frac{1}{f}\right)$，$\overline{s}^2=\frac{\sum_{i=1}^{m}f_is_i^2}{\sum_{i=1}^{m}f_i}$，$f=\sum_{i=1}^{m}f_i$，

其中，$f_i=n_i-1$，n_i 是计算方差 s_i^2 的测量次数，m 是被比较的方差数目。当由样本数据计算的 B 值大于由 χ^2 分布表中

查得在约定显著性水平 α 的临界值 $\chi^2_{\alpha,(m-1)}$ 值，表明各方差之间有显著性差异，应将具有最大方差的一组数据剔除，不能参与最后测量结果的计算。该检验法可用于不等测定次数所得到的多个方差一致性的统计检验。

包含因子 [coverage factor] 又称覆盖因子。扩展不确定度与合成标准不确定度之比。

保证值 [certified value] 又称标准值。用准确可靠的测量方法所确定的以平均值及其在一定置信水平的不确定度表示的标准物质的特性量值。应在标准物质证书中确认。它是校准测量器具、评价测量方法、确定材料特性量值和量值传递的依据。

备择假设 [alternative hypothesis] 根据样本测量数据进行假设检验时，当原假设 H_0 与事实有显著性矛盾而被拒绝时，予以采用的与 H_0 同时设立且对立的备用假设，记为 H_1。如检验总体参数平均值 μ 时，需事先作出两种统计假设：一种是假设被检验的两个平均值来自同一总体，记为 H_0 ：$\mu_1=\mu_2$；另一种是假设被检验的两个平均值非来自同一总体，记为 H_1 ：$\mu_1\neq\mu_2$ 。如果根据某一次抽样检验所获得的样本数据，按照一定的统计检验程序证实在一定显著性水平 α 与原假设 H_0 没有显著性矛盾，就接受事先所作的统计假设 H_0；反之，若在一定显著性水平 α 下与原假设 H_0 有显著性矛盾时，就拒绝原假设 H_0，而接受另一备用假设 H_1 。因为在进行统计检验时，总是先假设它们是来自同一总体，所以，将 H_0 称为原假设，而将 H_1 称为备择假设。

比对试验 [comparison experiment] 一种通过对比试验来评价和确定分析质量和分析能力的方法。将已知或未知特性量值的样品分发给各分析人员或实验室，各自独立地进行测定，通过对各测量结果进行统计分析，从而对分析人员或实验室的工作质量和检验能力作出评定。如用两种分析方法测定同一标准样品来评价两种分析方法的等效性；由两个或多个实验室或分析人员分析同一样品或标样，检查各实验室和分析人员测定结果的精密度和准确度，以评价其分析测试水平和能力。

在计量工作中，比对是指在规定的条件下，对相同准确度等级的同种计量基准、标准或工作计量基准之间的量值进行的比较。主要用于现场没有更高准确度计量器具的情况。比对和检定在概念上是不同的，比对是通过比较来考核参与比对的各计量器具量值的一致性和统一它们的量值。检定是用高一等级准确度的计量器具与低一等级准确度的计量器具相比较，以评定被检定的低一准确度等级的计量器具的计量性能是否合格。

比例抽样 [proportional sampling] 不考虑被抽检样品层变异性大小，对样品总体的各样品层都按照同一的比例抽取样本。在事先不知道样品层变异性大小的情况下，通常都按照同一的比例从各样品层抽取样本。在知道样品层变异性大小的情况下，应根据各样品层内样品变异性的大小确定各样品层应抽样本的大小，对变异性大的样品层多抽样，变异性小的样品层少抽样。

变异系数 [coefficient of variation] 即相对标准偏差。

变异性 [variability] 总体中各个个体之间在某个或某些方面的差异。在测量中，由于各种因素综合作用使得各测量值之间出现的差异。

标准不确定度 [standard uncertainty] 用标准偏差表示的不确定度，用符号 u 表示。标准不确定度除以测得量值的绝对值，称为相对标准不确定度。

标准化四分位距 [normal interquartile range; Norm IQR] 四分位距乘以因子 0.7413 的值。稳健统计技术中的一个统计量，表征一组数据的离散程度。在数值上等于正态分布中的标准偏差 σ。可由测定量值数列直接或通过数据之间的内插求得。参见四分位距。

标准回归系数 [standardized regression coefficient] 消除了因变量 y 与自变量 x 所取量纲的影响之后的回归系数。在多元回归分析中，各自变量的回归系数大小与其所用单位有关，其大小不能直接反映它们对因变量 y 的影响程度。通过下式将各回归系数 $b_i(i=1,2,\cdots,m)$ 转换为标准回归系数 b_i' 后，

$$b_i'=b\sqrt{\frac{\sum_{j=1}^{n}(x_{ij}-\bar{x}_i)^2}{\sum_{j=1}^{n}(y_j-\bar{y})^2}}$$

b_i' 绝对值的大小直接反映了 x_i 对 y 的影响程度。将影响大的自变量保留，影响很小的自变量可以略去，从而可以得到最优回归方程。

标准偏差 [standard deviation] 又称均方根偏差。表征测定值离散性的参数，是测量偏差平方和除以测量次数 n 减 1 的方根值。特点是：①全部测定值都参与标准偏差的计算，充分利用了所得到的所有信息；②对离散性大的离群值反应灵敏，当一组测量中出现偏差大的离群值时，标准偏差随即明显变大；③是总体标准偏差 σ 的无偏估计值，用 s 估计 σ 不存在系统误差，用 s 来量度测定的精密度是最有效的；④不具有加和性，不能用多个标准偏差的算术平均值来表征测定值的平均精密度。

标准偏差的标准偏差 [standard deviation of standard deviation] 表征标准偏差 s 离散性的参数，记为 s_s。

$$s_s = \frac{s}{\sqrt{2(n-1)}}$$

式中，n 为样本容量。标准偏差是一个随机变量，由不同的样本得到的标准偏差不同，它的离散性用其标准偏差表示，称之为标准偏差的标准偏差。当测定值的数目 $n<51$ 时，s_s/s 大于 10%，即标准偏差的第二位数已是不确定的。在通常的分析测试中，测定次数 $n<51$，标准偏差最多只能取两位有效数字。

标准偏差控制图 [*S*-control chart] 用在较长时期内积累的预备数据建立起来的，以特性量值的标准偏差为纵坐标，抽样时间或样本序号为横坐标，用以监控特性量值变动性的控制图。以各样本标准偏差的平均值 $\bar{s}$ 为中心控制线，当各个样本容量相同时，以 $UCL=B_4\bar{s}$ 与 $LCL=B_3\bar{s}$ 分别为上控制限、下控制限，其中 B_3 和 B_4 分别是与样本容量有关的系数，可从有关的统计书或手册中查到。建立控制图的样本数 m 要求不得小于 25 个。

标准正态分布 [standard normal distribution] 期望值 $\mu=0$、方差 $\sigma^2=1$ 的正态分布，记为 $N(0,1)$。标准正态分布概率密度函数为

$$\varphi(u) = \frac{1}{\sqrt{2\pi}}\exp\left(-\frac{u^2}{2}\right)$$

它不再依赖于原来测量数据的平均值和方差。对任何遵从正态分布的测量数据 x，经过变量变换 $u=\frac{x-\mu}{\sigma}$，都可变为标准正态分布数据。

标准值 [certified value] 即保证值。

并合标准[偏]差 [pooled standard deviation] 按加权方式计算出的各组测量值方差的统计平均值的平方根值，记为 $\bar{s}$。

$$\bar{s} = \sqrt{\frac{\sum_{i=1}^{m} f_i s_i^2}{\sum_{i=1}^{m} f_i}}$$

式中，m 是分组数，s_i^2 为第 i 组的方差 $(i=1,2,3,\cdots,m)$，$f_i=n_i-1$ 为第 i 组的自由度，n_i 是第 i 组的测定次数。

并合方差 [pooled variance] 按加权方式计算的各组测定值的方差的统计平均值，记为 s^2。

$$s^2 = \frac{\sum f_i s_i^2}{\sum f_i}$$

式中，f_i 是计算 s_i^2 的自由度，$f_i=n_i-1$。

不可控因素 [uncontrollable factor] 其水平不可人为地严格加以调控的、无法通过试验选择出其最佳水平的因素。如农业试验中的土质和肥力、日照条件，在分析测试中的仪器性能、人员素质等等很难人为严格控制。在设计试验时，要尽量将不可控因素随机化安排，使其影响相互抵偿，从而突出被考察的主因素的效应。

不确定度 [uncertainty] 测量不确定度的简称。

步长 [step size; step width] 在单纯形优化过程中，依试验结果和图形对称性原理，沿试验点与单纯形的形心点的连线方向每次移动试验点的距离。在优化过程中，可以采用固定步长，或依据试验结果采用可变步长推移单纯形。

采样 [sampling] 即抽样。

参数估计 [parameter estimation] 若随机变量分布函数已知，用样本测试数据对总体分布未知参数进行点估计和区间估计。

参数检验 [parameter test] 基于样本来自正态分布总体的假设，用样本测量数据计算的统计量对总体未知参数进行的检验。先由测得的样本数据计算检验统计量，若其落入约定显著性水平 α 的拒绝域内，说明被检参数之间在所约定的显著性水平 α 在统计上有显著性差异；反之，若其落入约定显著性水平 α 的接受域内，说明被检参数之间在统计上没有显著性差异,是同一总体的参数估计值。

残差 [residual] 在回归分析中，测定值 y 与按回归方程预测的值 Y 的差值，记为 δ，$\delta=y-Y$。残差平方的加和，称为残差平方和，记为 $Q_e=\sum(y_i-Y_i)^2$。残差平方和与残差自由度 $f=n-m-1$ 之比，称为残差方差，记为 s_e^2。

$$s_e^2 = \frac{\sum(y_i-Y_i)^2}{n-m-1}$$

式中，n 是建立回归方程的实验点的数目，m 是回归方程中自变量的数目，s_e^2 表示回归方程的精度。利用残差方差可以检验和确定异常实验点。

残差方差 [residual variance] 在回归分析中，测定值 y 与按回归方程预测的值 Y 之差的平方和除以自由度的商，记为 s_e^2。

$$s_e^2 = \frac{\sum_{i=1}^{n}(y_i-Y_i)^2}{f}$$

式中，$f=n-m-1$，n 是建立回归方程的实验点的数目，m 是回归方程中自变量的数目。一元线性回归分析，自变量为 1，$m=1$；二元线性回归分析，自变量为 2，$m=2$。

残差平方和 [sum of squares of residues] 在回归分析中，各实验点实测值 y_i 与按回归方程预测值 Y_i 之差的平方和，记为 Q_e。

$$Q_e = \sum (y_i - Y_i)^2$$

表征用回归方程拟合该组实验数据的优劣程度。残差平方和与残差自由度之比，称为残差方差。

残差自由度 [residual degree of freedom] 在回归分析中计算回归方程残差平方和的独立项的数目。其值 $f = n - m - 1$，其中 n 是建立回归方程的实验点的数目，m 是回归方程中自变量的数目。

测定[下]限 [determination limit] 又称定量限。定量分析方法以一定置信度实际可能测定的某组分含量(浓度)的下限。它既受测定噪声(随机误差)的限制，又受空白背景绝对水平(系统误差)的限制。只有当分析信号比噪声和空白背景大到一定程度时才能可靠地分辨与检测出分析信号。噪声和空白背景越高，实际能测定的浓度就越高，说明高的噪声和空白背景值使测定限变坏。在现在的文献与标准中，以公认的 3 倍空白噪声(3σ 准则)确定检出限，以 3 倍检出限(9 倍空白噪声)为确定定量限的准则，也有用 10 倍空白噪声作为确定定量限的准则，至今尚无公认的定量限统一判断准则。

测量不确定度 [measurement uncertainty] 简称不确定度。根据所获得的信息，表征赋予被测量值分散性的非负参数。是对测试结果质量的定量表征,可以作为判定测试结果可比性和可靠性的指标和量值溯源的依据，也为评判实验室和实验人员检测能力提供了客观的标准。

测量值 [measured value] 即观测值。

差方和 [sum of deviations squares] 测量值 x 与测量平均值 $\bar{x}$ 之差的平方和，记为 Q。写为

$$Q = \sum_{i=1}^{n} (x_i - \bar{x})^2$$

差方和的加和性 [additivity of sum of deviations squares] 又称平方和加和性。在一组测量数据中总差方和等于各部分的差方和之和。如果一个测定结果受多个因素的影响,每个因素及试验误差都要对测定的总偏差作出相应的贡献。当用偏差平方和来表征测定结果的偏差大小时，则总偏差平方和等于试验误差与各因素所产生的偏差平方和之总和。它是进行方差分析的基础。

长期稳定性 [long term stability] 在长时期内不同的时间段，用该仪器在确定的条件下对一样品成分的量值相继进行测量所得到的测量值保持一致的能力，以各时间段内测量值的并合标准偏差表征。

重复性 [repeatability] 同一实验室，同一分析人员，用同一分析仪器，同一分析方法，在短时间内对同一试样相继进行多次重复测量时，得到各测量值一致的程度。定量的定义：在上述同样的条件下，对同一试样进行两个单次测量时得到的测量值按指定概率的重复性用 r 表示。$r = 2\sqrt{2}s_r = 2.83s_r$。若在重复性条件下分别进行 n_1 和 n_2 次测量，得到两个平均值的重复性为

$$r_n = r\sqrt{\frac{1}{2n_1} + \frac{1}{2n_2}}$$

不另加说明时，通常指定概率为 0.954。式中，2 是置信概率为 0.954 时的置信系数，$\sqrt{2}s_r$ 是两个单次重复测量值的差值的标准偏差，s_r 是单次测量的标准偏差。重复性用来检查重复测定的精密度是否符合要求，若两个单次测量得到的测量值的差值绝对值小于 r，n_1、n_2 次测量的两个平均值的差值绝对值小于 r_n，则认为测量的精密度合格；若差值绝对值分别大于重复性 r 和 r_n，则认为测量的精密度不合格。

抽样 [sampling] 又称采样。从欲研究的总体中抽取一部分样品单位(统计上称为样本)的操作。抽样是科学试验、质量检验、生产控制、社会调查普遍采用的一种经济而有效的研究方法与工作方式。抽样的基本要求：①代表性，对于不均匀性样品(如固态的地质矿样、沉积物、悬浊液、中草药等)，要从样品的不同部位采集试料，以便从所抽取的样本的分析与研究结果来估计与推断全部样品的特性。②时效性，对于组成和含量随时间变动的样品检测，如大气、江河、海洋环境监测，特别是环境事故监测，施药后药效的检查、药代动力学的研究、刑事侦破中事发现场残留物的检查等要特别注意时效性。③采样量足够大。采样量的大小，取决于被测组分在样品中的含量和分布的均匀性、测定方法的检出限或测定限、所要求达到的测定准确度和精密度。采样方法取决于被检验样品的特性与分析测试的目的。对于均匀性较好的样品，宜采用随机取样方法；对于均匀性不好的样品，需采用分层随机取样；对于某些特殊检验，如枪击残留物检验、古物鉴定、污染事故仲裁等需有针对性地采集典型性样品。

抽样检查 [sampling inspection] 即抽样检验。

抽样检定 [verification by sampling] 从一批相同的计量器具中抽取有限数量的样品，作为代表该批计量器具所进行的一种检定。它适用于数量大、结构简单或性能可靠的且没有必要对全部产品逐个进行检定的情况。

抽样检验 [sampling test] 又称抽样检查。从一批物料或产品中随机抽取少量物料或产品样本进行检验，应用概率统计理论由检验所得到的物料或产品平均质量指标去估计和推断被检的该批物料或产品总体是否合格的一种统计检验方法。根据抽样检验的目的，分为抽样控制和抽样验收。

抽样控制 [sampling control] 预防性抽样检验。在生产过程中进行抽样检查，考察产品质量的变化趋势，并根据其变化趋势及时调整生产过程，预防产品质量的重大波动。

抽样误差 [sampling error] 在抽样检验和抽样调查过程中，由于样本的随机波动性，由抽出的样本所得到的估计值来估计总体参数时引起的误差。当样品总体很大时，可能抽取的样本很多，没有必要列出所有样本的抽样误差，而用平均抽样误差来表征各样本的抽样误差的平均水平。

抽样验收 [sampling acceptance] 一种事后抽样检验。对成品进行抽查，以确定已生产的产品是否合格。

粗差 [gross error] 即过失误差。

单侧检验 [one-side test] 又称单尾检验。以置信概率 $p=1-\alpha$（α 为显著性水平）进行统计检验时，由样本数据计算的待估总体参数的统计量值落在 $\geqslant k_\alpha$ 或落在 $\leqslant -k_\alpha$ 的拒绝域内才能否定原假设 H_0 的统计检验。k_α 和 $-k_\alpha$ 分别是拒绝域的上边界值和下边界值。从大于 $-k_\alpha$ 或小于 k_α 所包含的区间，称为单侧置信区间。

单纯形 [simplex] 在 n 维空间中由 $(n+1)$ 个顶点构成的体积不为零的一种超多面体凸图形。

单纯形优化 [simplex optimization] 一种多因素序贯优化方法。1962 年由斯彭德利（W. Spendley）等首先提出。基于单纯形，按照每个试验点所确定的试验条件进行试验，以试验效果最差的试验点（顶点）为反射基点，依据图形对称性原理沿该点与单纯形的形心点的连线方向作固定步长或可变步长的反射，得到新的试验点，循此进行，不断在空间中有规则地推进单纯形，直至所得到的效果最好与最不好的试验指标值的差值小于试验误差或事先规定的允许差，停止单纯形推移。1965 年内尔德（J. A. Nelder）等在单纯形推移规则中，引入了可变步长，反射、扩大、收缩与整体收缩规则，加速了优化进程，形成了改进单纯形优化法。此法的优点是不受因素数目的限制，计算简便，只需进行少数实验就可找到最佳的试验条件。

单尾检验 [one-tailed test] 即单侧检验。

单因素轮换试验 [single factor alternate experiment] 即单因素试验。

单因素试验 [one factor experiment] 又称单因素轮换试验。固定共存的其他因素的水平，依次改变其中某一因素的水平进行试验，由各因素轮换试验得到的优化条件组合为最终的最佳条件。优点是试验设计简单，操作方便，数据处理工作量少。缺点是忽略了因素之间的交互效应，得到的优化条件是局部而非全局最优条件。只有在各因素之间不存在相互影响时，它才是可行和有效的。

单值-移动极差控制图 [x-R_s control chart] 以各样本测量值的平均值 $\bar{x}$ 为中心控制线，以 $UCL=\bar{x}+2.66\bar{R}_s$ 与 $LCL=\bar{x}-2.66\bar{R}_s$ 分别为上控制限、下控制限；以移动极差平均值 $\bar{R}_s$ 为中心控制线，以 $UCL=3.27\bar{R}_s$ 为上控制限（不考虑下控制限）建立单值-移动极差控制图。控制图的纵坐标分别是产品特性量值 x 与 R_s，横坐标是抽样时间或样本序号。单值控制图在上，移动极差控制图在下。以监控产品特性量值的变动性。

等距抽样 [isometry sampling] 即系统抽样。

狄克松检验法 [Dixon's test method] 利用检验统计量 γ 检验一组按大小顺序排列的测量值中最大测量值 x_n 和最小测量值 x_1 是否为异常值的一种统计检验方法。当 $n=3\sim7$，检验统计量是

$$r_{10}=\frac{x_n-x_{n-1}}{x_n-x_1} \text{ 和 } r'_{10}=\frac{x_2-x_1}{x_n-x_1}$$

由样本值计算的统计量值大于狄克松检验临界值表中相应显著性水平 α 和测量次数 n 的临界值 $\gamma_{\alpha,n}$，则将 x_1 和 x_n 判为异常值，否则，不能判为异常值。当测量次数 n 为其他值时,则按另外相应的统计量公式计算检验统计量值。该检验法可用于一组测量值中多个异常值的连续检验和剔除。

第二类错误 [error of the second kind; type Ⅱ error] 又称纳伪错误。在统计检验时，当原假设 H_0 非真而接受原假设的错误。有时原假设 H_0 并不正确，而由样本数据计算统计量值仍有一定的概率 β 落入接受域内，从而错误地接受了原统计假设 H_0。β 是限制犯第二类错误的保证，β 越小，犯第二类错误的概率就越小。

第一类错误 [error of the first kind; type Ⅰ error] 又称拒真错误。在统计检验时，当原统计假设 H_0 为真时而拒绝原统计假设的错误。检验统计量是随机变量，具有波动性，即使 H_0 为真,由样本数据计算的统计量值仍有一定的概率 α 落入拒绝域内，从而错误地拒绝 H_0。α 称为显著性水平，为犯第一类错误的概率。$1-\alpha$ 是原统计假设 H_0 为真而作出正确判断的概率。α 越小，犯第一类错误的概率就越小。

点估计 [point estimation] 用样本观测数据求出的统计量来估计总体平均值、总体方差等未知参数。估计值不正好等于待估参数的真值，而只是其近似值，其近似的程度通常以估计值±置信限所构成的置信区间表征。

定量限 [quantification limit] 即测定[下]限。

短期稳定性 [short time stability] 在短时间内用该仪器在确定的条件下对一样品成分的量值相继进行测量所得到的测量值保持一致的能力，以标准偏差表征。

对数正态分布 [logarithmic normal distribution] 随机变量 x 取对数后的值 $\lg x$ 的正态概率分布函数。对数正态随机变量 x 的概率密度函数为

$$\varphi(x)=\frac{1}{\sigma_{\lg x}\sqrt{2\pi}}\exp\left[-\frac{1}{2}\frac{(\lg x-\mu_{\lg x})^2}{\sigma_{\lg x}^2}\right]$$

式中，$\mu_{\lg x}$ 与 $\sigma_{\lg x}^2$ 分别为随机变量 x 取对数后 $\lg x$ 的平均值与方差。在分析测试中，特别是在痕量分析中，在不少情况下，测量值不遵循正态分布，而是遵循对数正态分布。

多重比较 [multiple comparison] 在多因素水平试验中，对任何两水平效应显著性所进行的统计检验。在多因素水平试验中 F 检验确定因素效应是显著性的，并不说明任何两因素水平之间效应均有显著性差异，要确定哪些因素水平之间效应有显著性差异，需分别对各因素水平效应进行多重比较。多重比较所用的统计量为

$$d_{\mathrm{T}}=q_{\alpha(m,f)}\sqrt{\frac{s_{\mathrm{e}}^2}{n}}$$

式中，m 是因素水平数；n 是得到每个平均值的重复测定次数；$f=m(n-1)$ 是计算试验误差 s_{e}^2 的自由度；$q_{\alpha(m,f)}$ 是在显著性水平 α 时的置信系数，可由统计手册中查到；d_{T} 是在显著性水平 α 时随机效应所产生最大差值，当任何两平均值之差 $\Delta\bar{x}$ 大于 d_{T}，表示该两因素水平变化的效应是显著的。

多项式回归 [polynomial regression] 用多项式描述关系不明确的因变量与自变量时，通过变量变换将多项式化为多元线性回归方程，建立因变量与自变量对应关系的一种多元回归分析方法。由于回归系数之间存在相关性，每剔除一个自变量，回归系数都要重新进行计算。

多元线性回归 [multivariate linear regression (MLR)] 用最小二乘法拟合一个因变量 y 与多个自变量 $x_1,x_2,x_3,\cdots,x_n$，估计回归参数，建立多元线性回归方程的方法。

0.618 法 [0.618 method] 即黄金分割法。

反向传播法 [back propagation algorithm] 又称逆推学习算法，简称 BP 算法。在人工神经网络求解过程中，根据输出值与期望值之间的误差信号，自动地从后向前修正各神经网络层神经元之间的连接权重，以使误差减小，依此不断地多次进行，直到误差满足要求为止的一种算法。

方差 [variance] 标准偏差的平方，记为 s^2。单次测量值 x_i 与测量平均值 $\bar{x}$ 的偏差的平方和的统计平均值。

$$s^2=\frac{\sum_{i=1}^{n}(x_i-\bar{x})^2}{n-1}$$

式中，n 是测量值的数目。是表征一组测量值离散性的一个参数。

方差分析 [analysis of variance] 基于差方和的加和性和自由度加和性原理及 F 检验，处理多因素试验测量数据的一种数理统计方法。当测量受到多种因素的影响时，总的偏差平方和等于各种因素所形成的偏差平方和的加和。在对总偏差平方和分解的基础上，分别求出各因素效应、因素间交互效应和误差效应形成的偏差平方和及其相应的方差估计值，在一定显著性水平 α 下将交互效应、因素效应对误差效应的方差比进行 F 检验，若方差比 F 值大于该显著性水平 α 和自由度下的临界值 $F_{\alpha(f_1,f_2)}$，则判定交互效应和因素效应是显著的；反之亦然。通过方差分析可以了解和确定各因素效应、各因素间交互效应的相对大小，估计误差，从而为优选和有针对性地控制试验条件提供科学依据。

方差估计值 [estimator of variance] 根据样本测量值求出的用来估计总体方差的估计值，记为 s^2。s^2 以总体方差 σ^2 为其期望值。

非参数检验 [nonparameter test] 用对是否来自正态分布总体没有严格要求的样本测量数据计算的统计量对总体未知参数进行的检验。例如符号检验、秩和检验和游程检验。

***F* 分布** [F-distribution] 描述统计量 $F=s_1^2/s_2^2$ 的概率分布。其概率密度函数为

$$\varphi(F)=\frac{\Gamma\left(\frac{f_1+f_2}{2}\right)}{\Gamma\left(\frac{f_1}{2}\right)\Gamma\left(\frac{f_2}{2}\right)}f_1^{\frac{f_1}{2}}f_2^{\frac{f_2}{2}}\frac{F^{\frac{f_1-2}{2}}}{(f_1+f_2F)^{\frac{f_1+f_2}{2}}}$$

式中，f_1 与 f_2 分别是计算方差 s_1^2 与 s_2^2 的自由度。用于方差检验、方差分析和回归分析。

***t* 分布** [t-distribution] 描述有限次测量数据统计量 $t=\frac{\bar{x}-\mu}{s_{\bar{x}}}$ 的概率分布（$s_{\bar{x}}$ 是样本平均值 $\bar{x}$ 的标准偏差）。其概率密度函数是

$$\varphi(t)=\frac{1}{\sqrt{\pi f}}\frac{\Gamma\left(\frac{f+1}{f}\right)}{\Gamma\left(\frac{f}{2}\right)}\left(1+\frac{t^2}{f}\right)^{-\frac{f+1}{2}}\quad(-\infty<t<+\infty)$$

该分布关于 $t=0$ 对称；在 $t=0$ 处概率密度达到极大；在 $t=\pm\sqrt{f/(f+2)}$ 处有拐点；当 $f\to\infty$，t 分布趋向于标准正态分布；当 $f>30$，可用正态分布来近似 t 分布。用于对总体平均值 μ 作假设检验与区间估计。在分析测试中，用来检验系统误差。

χ^2 分布 [χ^2-distribution] 由正态分布引出的正态随机变量 $\chi^2=(n-1)\frac{s^2}{\sigma^2}$ 的连续型概率分布。其概率密度函数为

$$\varphi(\chi^2)=\frac{1}{2^{f/2}\Gamma\left(\frac{f}{2}\right)}(\chi^2)^{\frac{f}{2}-1}\mathrm{e}^{-\frac{1}{2}\chi^2}\qquad(0\leqslant\chi^2\leqslant\infty)$$

式中，s^2 与 σ^2 分别是样本与总体的方差，$f=n-1$，n 是计算 s^2 的测量值的数目。该分布可用于分布参数的假设检验和区间估计，检验总体方差的变化，确定方差和标准偏差的置信区间等。

分布的数字特征 [numerical characteristic of distribution] 又称分布的特征数。表示测量值概率分布特征的参数。测量值是一个以概率取值的随机变量，通常遵循正态分布。当表征测量值分布集中趋势的参数 μ 与离散特性的参数 σ 确定后，就可以计算出任意 x 值出现的概率。因此，可用 μ 和 σ 两个基本参数来表征正态分布，记为 $N(\mu,\sigma^2)$。在实际分析测试中，样本平均值 $\bar{x}$ 和标准偏差 s 又分别是 μ 和 σ 的最优估计值，因此，用 $\bar{x}$ 和 s 表述测量结果，就等效于了解了全部样本测量值的分布特性。这就是用 $\bar{x}$ 和 s 表述和报告分析测试结果的理论依据。

分布的特征数 [characteristic numbers of distribution] 即分布的数字特征。

分层抽样 [stratified sampling] 又称分类抽样或类型抽样。依据主要影响因素将样品总体划分为若干个同质层，再在各同质层内随机抽样或系统抽样的一种抽样方法。特点是将科学分组法与随机抽样或系统抽样法结合在一起，分组减小了各样品层变异性的影响，随机抽样或系统抽样保证了所抽取的样本具有足够的代表性。

分类抽样 [cluster sampling] 即分层抽样。

峰度 [peakness] 表征概率密度分布曲线在平均值处峰值高低的参数，以 C_e 表示。

$$C_e=\frac{\frac{1}{n}\sum_{i=1}^{n}(x_i-\bar{x})^4}{\left[\frac{1}{n}\sum_{i=1}^{n}(x_i-\bar{x})^2\right]^2}$$

式中，x_i 为测量值，$\bar{x}$ 为算术平均值，n 为测量值的数目。正态分布的峰度为 3。$C_e<3$，表明分布曲线具有不足的峰度，测定值在平均值附近的分布比正态分布更分散；$C_e>3$，表明分布具有过度的峰度，测定值在平均值附近的分布比正态分布更集中。可用其来检验测量值分布的正态性。

否定域 [rejection region] 即拒绝域。

复相关系数 [total correlation coefficient] 即全相关系数。

覆盖因子 [coverage factor] 即包含因子。

概率 [probability] 表征随机事件发生可能性大小的量，是事件本身所固有的不随人的主观意愿而改变的一种属性。当试验条件可以重复，试验次数无限增加时，一个事件发生的频率趋于一个稳定的数值。

概率密度 [probability density] 连续随机变量的分布函数的导数。若连续随机变量 X 落在 x 与 $x+\mathrm{d}x$ 之间的概率为 $p|x<X<x+\mathrm{d}x|=p(x)\mathrm{d}x$，则称 $p(x)$ 为随机变量 X 的概率密度。

高斯分布 [Gaussian distribution] 即正态分布。

高斯误差函数 [Gaussian error function] 简称误差函数。以各个测量值相对于总体平均值 μ 的误差 ε 为横坐标，误差的概率密度 $f(\varepsilon)$ 为纵坐标的高斯分布函数。数学表达式是

$$f(\varepsilon)=\frac{1}{\sigma\sqrt{2\pi}}\mathrm{e}^{-\frac{1}{2}\left(\frac{\varepsilon}{\sigma}\right)^2}$$

格鲁布斯检验法 [Grubbs' test method] 利用检验统计量 $G=\frac{|x_d-\bar{x}|}{s}$ 检验一组按大小顺序排列的测量值中与测量平均值 $\bar{x}$ 的偏差最大测量值 x_d 是否为异常值的一种统计检验方法，其中 s 为标准偏差。若由样本测量值计算的 G 值大于格鲁布斯检验临界值表中给定显著性水平 α 下的临界值 $G_{\alpha,n}$，则可在显著性水平 α 将 x_d 判为异常值。在一组测量值中只有一个异常值时，该法有较高的检验功效。

个体 [individual] 构成总体的一个单位。可以是一个定性或定量的观测值，或是可以对其进行观测的一定数量的物质，或是可以对其进行观测的一件具体的物体。

工作曲线 [working curve] 即校正曲线。

估计量 [estimator] 即估计值。

估计值 [estimator] 又称估计量。根据样本测量值求出的用来估计总体的某个未知参数的统计值。

固定因素 [fixed factor] 其水平可以完全控制的确定性因素。固定因素水平变化引起试验指标的变化，由试验所作出的结论，只适用于已试验过的因素水平，而不能从已试验过的因素水平效应从统计上去推断该因素未经试验的其他水平的效应。如在分析测试中，试剂浓度、溶液酸度、反应温度、反应时间等均为固定因素。

观测值 [observed value] 又称测量值。通过测量或测定所得到的样本值。

管理样 [management sample] 即质量控制样。

过失误差 [gross error] 又称粗差。由于测量人员的主观原因或粗枝大叶造成的测量或计算的误差，在测量过程中出现的明显超出指定条件下所预期的随机误差和系统误差的误差。它因人而异,无规律可循。不管造成过失误差的具体原因是什么,只要确知它存在，就应将含有过失误差的测量值从一组测量值中剔除。

哈特莱检验 [Hartley test] 利用统计量 $F_{\max}=\dfrac{s_{\max}^2}{s_{\min}^2}$ 检验多个总体方差一致性的一种统计检验方法。其中 $s_{\max}^2$ 与 $s_{\min}^2$ 分别是被检验的 m 个方差中的最大方差与最小方差。当由样本数据计算的 $F_{\max}$ 大于哈特莱检验临界值表中给定显著性水平 α 与相应自由度 $f=n-1$ 时的临界值 $F_{\alpha(m,f)}$，则判 $s_{\max}^2$ 与其他方差之间存在显著性差异。本检验法只适用于测量次数 n 相同的各方差的检验。

合成标准不确定度 [combined standard uncertainty] 当测量结果由若干个其他量的值求得时，按各量值的方差和协方差计算得到的标准不确定度，以 u_c 表示。由 A 类标准不确定度和 B 类标准不确定度按不确定度传播律合成。

化学计量学 [chemometrics] 又称化学统计学。化学与数学、统计学、信息科学、计算机技术相结合而形成的化学分支学科。主要研究化学中的统计学与统计方法、试验设计和优化方法、化学信号处理、模型和参数估计、校正理论、化学模式识别、定量构效关系、人工智能和专家系统、数据库检索和系统软件等。其任务是应用化学测量的理论与方法学，科学地设计化学试验，选择最优的测量方法，最有效地获取体系有用的特征数据，并通过解析测量数据最大限度地从中提取有关物质的定性、定量、形态、结构等信息。是一门正在发展的新兴学科。

化学统计学 [chemical statistics] 即化学计量学。

黄金分割法 [golden cut method] 又称 0.618 法。利用数学中黄金分割原理安排试验的求单峰函数极值点的一种优化方法。将长度为 L 的优化区 $[a, b]$ 分割为长的一段 x，短的一段 $(L-x)$，且 $\dfrac{x}{L}=\dfrac{L-x}{x}=0.618$。若两个试验点分别设置在距优化区两端 0.618 处时,无论经过试验之后舍去哪一个试验点，保留的试验点始终位于新试验区的 0.618 处。用这种方法设置试验点，可以加快优化进程。

回归分析 [regression analysis] 利用数理统计原理研究随机变量与固定变量之间相关关系的一种方法。如果变量之间具有相随变动的关系，则称变量之间相关。变量之间相随变动的数量关系分函数关系与统计关系，前者表示变量之间数量上的确定性关系，后者表示变量之间相随变动时在数量上的统计规律性。回归分析是找出描述随机变量与固定变量相关性的数学表达式回归方程，对所确定的数学表达式进行统计检验，确定最优回归方程，根据各自变量的取值对因变量进行预报和控制。

回归平方和 [regression sum of squares] 按回归方程预测的值 Y_i 与各试验点响应值 y_i 的平均值 $\overline{y}$ 之差的平方和；记为 $Q_g=\sum(Y_i-\overline{y})^2$。反映了自变量与因变量之间的相关程度。$Q_g$ 越大，y 与 x 之间的相关性越好。

回归系数 [regression coefficient] 在回归方程中表示自变量 x 对因变量 y 影响大小的参数。回归系数越大表示 x 对 y 影响越大，正回归系数表示 y 随 x 增大而增大，负回归系数表示 y 随 x 增大而减小。

回归线精密度 [precision of regression curve] 由同一总体抽取不同的样本建立回归曲线(回归方程)时的一致性。回归曲线的离散性，以回归曲线的残余方差 s_e^2 或残余标准偏差 s_e 表征，

$$s_e^2=\frac{\sum_{i=1}^{n}(y_i-Y_i)^2}{n-2}$$

式中，y_i 是测量值，Y_i 是按回归方程的计算值，n 是建立回归方程的试验点数目。由 x_0 产生的分析信号 y_0 的波动性不但由 s_e^2 引起，还受到斜率和截距变动性的影响，其方差是三种方差的加和，记为 $s(y_0)^2$。

$$s(y_0)^2=s_e^2\left(\frac{1}{p}+\frac{1}{n}+\frac{(x-\overline{x})^2}{\sum_{i=1}^{n}(x_i-\overline{x})^2}\right)$$

式中，p 是每一个试验点重复测量次数，x_i 和 $\overline{x}$ 分别是试验点自变量值与其平均值。回归曲线的精密度的分布如图所示。回归线中间部分精密度优于两端部分。

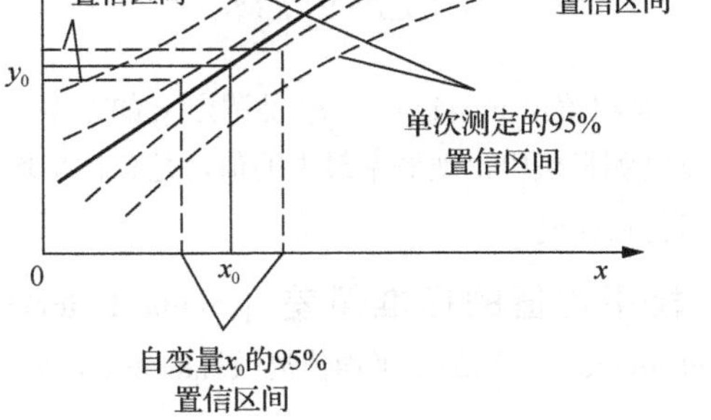

机械抽样 [mechanical sampling] 即系统抽样。

极差 [range] 又称全距。一组测定的量值中最大测量值与最小测量值之差，记为 R。表征该组测量值的最大离散程

度。用极差表征一组测量值的离散特性的优点是简便，缺点是只指明了测量值的最大离散范围，不能精细地反映测量值的分布状况。是总体标准偏差的有偏估计值，当乘以校正系数之后，可以用来估计总体标准偏差。

极差控制图 [*R*-control chart] 用在较长时期内积累的预备数据建立起来的，以监控产品特性量值的极差为纵坐标，抽样时间或样本序号为横坐标，监控产品特性量值极差变动性的控制图。当各个样本容量 n 相同且不大于 10 时，以各样本极差的平均值 $\overline{R}$ 为中心控制线，以 $\mathrm{UCL}=D_4\overline{R}$ 与 $\mathrm{LCL}=D_3\overline{R}$ 分别为上控制限、下控制限，绘制极差控制图，其中 D_4 和 D_3 分别是与样本容量有关的系数，可从有关的统计书或手册中查到。它通常与平均值控制图联合起来使用。

极值 [extremum value] 在异常值检验中，将由于随机因素极端波动而产生的偏差很大的、接近于统计检验临界值但仍在合理误差范围以内的测量值。极值不是异常值。在数学上，将相应于函数 $f(x)$ 的极大点 $x_{\max}$ 或极小点 $x_{\min}$ 的函数值 $f(x_{\max})$ 和 $f(x_{\min})$ 称为极值。

几何标准偏差 [geometric standard deviation] 表征一组遵从对数正态分布的测量值离散性的参数，记为 s_G。

$$s_G=\lg^{-1}\sqrt{\frac{\sum_{i=1}^{n}(\lg x_i-\overline{\lg x})^2}{n-1}}$$

式中，$\lg x$ 是遵从对数正态分布的测量值 x 的对数值，$\overline{\lg x}$ 是对数值的平均值，n 是样本容量。

几何平均值 [geometric mean] 表征一组遵从对数正态分布测量值集中趋势的特征参数，其值为被测定量的 n 个测量值乘积的 n 次方根，记为 $\overline{x}_G$。

$$\overline{x}_G=\sqrt[n]{x_1\cdot x_2\cdots\cdot x_n}$$

加权平均值 [weighted mean] 一组不等精度测量值中，用加权方式计算出的平均值，记为 $\overline{x}_w$。

$$\overline{x}_w=\sum_{i=1}^{n}w_ix_i/\sum_{i=1}^{n}w_i$$

式中，w_i 是权值，$w_i=1/s_i^2$，s_i^2 是测定 x_i 的方差。它是一组不等精度测量值中出现概率最大的值，是总体平均值 μ 的无偏和最佳估计值。

加权平均值的标准偏差 [standard deviation of weighted mean] 表征加权平均值离散性的参数，记为 s_w。

$$s_w=\sqrt{\frac{1}{\sum_{i=1}^{m}\frac{n_i}{s_i^2}}}$$

式中，s_i^2 和 n_i 分别是测定 m 个平均值中第 i 个平均值的方差与其测量次数。当一个分析人员用几种不同精度的仪器、不同的分析方法或几个分析人员分别用同样的仪器和方法分析同一样品，各人所得到的测定平均值具有不同的精密度，应用加权平均值和加权标准偏差报出结果。

加权最小二乘法 [weighted least square method] 对精密度不同的各试验点赋予与它们精密度相应的权值，基于使各测量值的加权平方和最小，通过求极小，为一组不等精度的测量值建立加权回归方程的方法。

假设检验 [hypothesis test] 根据样本数据在约定的显著性水平 α，检验对关于总体分布类型、参数的原假设 H_0。以对原假设 H_0 作出接受或拒绝的判断。

检出限 [detection limit] 能产生一个确证在试样中存在被测组分的分析信号所需要的该组分的最小含量或最小浓度。检出限的定量定义是：在测量误差遵从正态分布的条件下，能用该分析方法以适当置信度(通常取置信度 99.7%)检出被测组分的最小量或最小浓度。可由最小检测信号值与空白噪声导出，最小检出量和最小检出浓度分别以 q_L 和 c_L 表示：

$$q_L=\frac{\overline{A}_L-\overline{A}_b}{b}=\frac{3S_b}{b}$$

$$c_L=\frac{A_L-A_b}{b}=\frac{3S_b}{b}$$

式中，$\overline{A}_L$ 是分析样品在检出限水平时测得的分析信号的平均值；$\overline{A}_b$ 是对空白样品进行足够多次(例如 20 次)测量所测得的空白信号平均值；s_b 是测量的标准偏差；b 是低浓度区校正曲线的斜率，它表示被测组分含量或浓度改变一个单位时分析信号的变化量，即灵敏度。检出限是表征分析方法检测能力的一个参数，是评价分析方法的一个基本指标。

***F* 检验** [*F*-test] 用遵从 F 分布的统计量 $F=\frac{s_1^2}{s_2^2}$ ($s_1^2\geqslant s_2^2$)检验两正态总体方差一致性的一种统计检验方法。其中，s_1^2 与 s_2^2 分别是总体方差 σ_1^2 与 σ_2^2 最优估计值。若由样本值计算的统计量值 F 大于在一定显著性水平 α 时的临界值 F_α，则有理由认为 s_1^2 与 s_2^2 不是同一总体的方差估计值，$\sigma_1^2\neq\sigma_2^2$。反之，若由样本值计算的统计量值 F 小于在一定显著性水平 α 时的临界值 F_α，表明 s_1^2 与 s_2^2 在统计上没有显著性差异，两方差为同一总体方差的估计值，$\sigma_1^2=\sigma_2^2=\sigma^2$。

***t* 检验** [*t*-test] 用服从 t 分布的统计量 $t=\frac{\overline{x}-\mu}{s_{\overline{x}}}$ 检验两个正态总体平均值一致性的一种方法。可用来检验测量平均值与给定值是否相符合、两个平均值之间是否有显著性差异、成对测量平均值的一致性，估计总体平均值的置信区间，检

查回归曲线的变动等。

χ^2 检验 [χ^2-test] 又称卡方检验。利用服从 χ^2 分布的统计量 $\chi^2 = \frac{(n-1)s^2}{\sigma^2}$ 对总体方差 σ^2 进行统计检验的一种方法。其中，s^2 为样本方差，n 为样本容量。

若根据样本数据计算的统计量 χ^2 值，$\chi^2 \leqslant \chi^2_\alpha$（$\chi^2_\alpha$ 是在显著性水平 α 的临界值），落在接受区内，没有理由怀疑原假设 $H_0: \sigma^2 = \sigma_0^2$ 的正确性，就应接受原假设。说明方差没有显著性差异。若 $\chi^2 > \chi^2_\alpha$，落入拒绝区内，就可以在显著性水平 α 否定原假设。说明方差有显著性变化。

检验统计量 [test statistic] 简称统计量。用于统计检验与统计推断的随机变量。是不包含任何未知参数的样本函数，用概率密度函数已知的样本值计算。

交叉检验 [cross validation] 即交互检验。

交互检验 [cross validation] 又称交叉检验。通过随机抽取校正集数据的一部分来建立校正模型，用校正集的另一部分数据来检验所建模型对未知数据集的预测能力。

校正 [calibration] 确定输入量与输出量之间关系参数的过程。现今大多数分析方法都是相对测定法，相同量的被测组分输入到分析系统中，在不同的条件下，得到不同的响应输出，因此，需通过实验找出被测定组分量与响应输出量之间的关系，确定校正系数。如在光度分析中，被测定组分的浓度与响应输出量吸光度之间的关系(比尔定律)已知,但需确定在不同测定条件下的摩尔吸光系数。回归分析是分析工作者最常用来建立校正关系的数学工具，通过回归分析建立校正曲线。

校正曲线 [calibration curve] 又称工作曲线。用组成相同的或相似的标准试样经历全分析过程制作的、用以表征在给定分析条件下被测组分量或浓度与响应输出量之间关系的曲线。严格地说，它与用纯标准溶液系列制作的标准曲线是有区别的，标准曲线未考虑样品中共存组分的影响，常常不能适用于复杂的实际样品的校正。

接受域 [acceptance region] 在统计检验中，原统计假设 H_0 为真时，以显著性水平 α 正确接受 H_0 的概率区间。在对 H_0 进行统计抽样检验时，即使 H_0 不正确，在某一次抽样检验时，所得到的统计量值仍有可能以一个小的概率 β 落在接受原统计假设的区域，从而错误地接受 H_0；反之，即使 H_0 正确，在某一次抽样检验时，所得到的统计量值也可能以一个小的概率 α 出现在拒绝 H_0 的区域，从而错误地拒绝了原统计假设 H_0。$(1-\alpha)$ 是原假设 H_0 为真时正确接受它的概率。

截距精密度 [precision of intercept] 由同一总体不同样本测量值所得到的回归方程截距 a 的一致性。a 是随机变量，由一组确定的样本测量值拟合的回归方程，a 是常数；用不同样本测量值拟合回归方程时，将得到不同的 a 值，a 的波动性用其方差 s_a^2 表示，

$$s_a^2 = s_e^2 \left(\frac{\sum_{i=1}^{n} x_i^2}{n\sum_{i=1}^{n}(x_i - \bar{x})^2} \right)$$

式中，x_i 与 $\bar{x}$ 分别是自变量值及其平均值，n 是建立回归方程的 (x_i, y_i) 数据对的数目，s_e^2 是残余方差，

$$s_e^2 = \frac{\sum_{i=1}^{n}(y_i - Y_i)^2}{n-2}$$

式中，y_i 与 Y_i 分别是因变量响应值及按回归方程计算的响应值。

精密度 [precision] 在规定条件下多次重复测量同一量时各测量值彼此相符合的程度。可用标准偏差或相对标准偏差、极差、算术平均差表示。精密度与被测定量值的大小及测定次数有关，因此，在报告精密度时，应指明获得该精密度的被测定量值或浓度的大小与测定次数。系统误差的存在不影响测定量值的精密度，但影响测定量值的准确度。

局部优化 [local optimization] 在优化过程中,只是在优化空间的某一子空间而不是在全空间达到最优条件和获得最优值。

拒绝域 [rejection region] 又称否定域。在统计检验中原假设 H_0 为真时，以显著性水平 α 拒绝原假设 H_0 的概率区间。若约定的显著性水平为 α，在分析测试中，通常取 $\alpha = 0.05$，是一个小概率，即原假设 H_0 正确而拒绝接受它的概率是一个不易发生的小概率事件。$(1-\alpha)$ 是原假设 H_0 为真时正确接受它的概率。

拒真错误 [error of rejecting true] 即第一类错误。

聚类分析 [cluster analysis] 研究“物以类聚”的一种统计分析方法。在事先不知道样本类别信息的情况下，依据样本数据内在的相似性规律(如特征空间中相似性距离)将样本进行分类的方法。聚类开始，将每个样本各自构成一类，选择距离最小、相似性最大的两个样本合成一个新类；再计算该新类与其他所有各类的距离，将距离最小、相似性最大的两类再合并为另一个新类，依次进行，直到所有样本归类完为止。

[绝对]偏差 [absolute deviation] 单次测量值与测量平均值之差。参见偏差。

绝对误差 [absolute error] 简称误差。测得的量值 x 与被测定量的真值 μ 之差，记为 ε。表征测定结果的准确度。

均方根偏差 [root-mean-square deviation] 即标准偏差。

均匀设计 [homogeneous design] 一种基于试验点在试验区内充分地均衡分散的原则，用规格化均匀设计表安排试验的一种多因素试验设计方法。由我国数学家方开泰提出，他根据数论方法设计了多种均匀设计表。突出的优点是试验点均衡地分布在整个试验区内，试验工作量比正交试验设计少得多。由于试验次数少，试验精密度较差，为提高试验的精密度，可选用试验次数较多的均匀设计表来重复安排试验因素各水平的试验。均匀设计表中各列的地位是不同的，不能随意变动，试验数据失去了整齐可比性，需用回归分析法处理均匀设计的试验数据。它是一种高效试验优化方法，特别适宜对多因素多水平的优化试验。

卡方检验 [chi-square test] 即 χ^2 检验。

柯奇拉检验法 [Cochrane test method] 利用统计量 $C=\dfrac{s_{\max}^2}{\sum\limits_{i=1}^{m}s_i^2}$ 检验多个总体方差一致性的一种统计检验方法，其中 s_i^2 和 $s_{\max}^2$ 分别为第 i 个方差和最大方差。当由样本数据计算的 C 值大于柯奇拉检验临界值表中给定显著性水平 α 与相应自由度 $f=n-1$ 时的临界值 $C_{\alpha,f}$，则判 $s_{\max}^2$ 与其他方差之间存在显著性差异。本检验法适用于测量次数相同的各方差中异常方差的连续检验和剔除。

可控因素 [controllable factor] 直接影响试验指标，其水平可以人为地加以调控的因素。通过试验可确定其最佳水平。如分析测试中影响分析结果的酸度、试剂浓度、温度等都是可控因素，它们的水平在试验中都可以根据需要加以改变。

控制图 [control chart] 一种以预防异常情况发生为目的、将样本统计量的值以特定顺序(通常是时间顺序、样本顺序、试验顺序)描点绘出的图。实现对产品或试验质量的控制。

扩展不确定度 [expanded uncertainty] 合成标准不确定度与一个大于 1 的包含因子 k 的乘积表示的不确定度。包含因子 k 取决于测量模型中输出量的概率分布类型及所选取的包含概率。k 值一般取 2～3。在测量值遵从正态分布的条件下，被测定的量值有 95.44%～99.73%包含在此区间内。用来评定和表达由于测定误差而导致被测定量的量值不确定的程度。

拉丁方设计 [Latin square design] 使用拉丁方安排试验的一种试验设计方法。用 n 阶拉丁方的行和列分别表示两个因数的 n 个水平，用拉丁符号表示第三因素的 n 个水平，构成有 n^2 种处理的三因素试验设计。任何两个因素的水平组合都出现，且只出现一次。优点是试验次数减少，因数之间搭配均匀，试验数据处理简单，能给出试验误差估计。

行因素	列因素			
	1	2	3	4
1	A	B	C	D
2	B	C	D	A
3	C	D	A	B
4	D	A	B	C

A 类标准不确定度 [type A standard uncertainty] 根据一系列直接测量值，用统计方法对标准不确定度进行评定，所得到的用标准偏差表征的不确定度。用符号 μ_A 表示。

类型抽样 [typical sampling] 即分层抽样。

B 类标准不确定度 [type B standard uncertainty] 用不同于对测定值进行统计分析的方法，而根据经验或其他信息(如先前的测定数据、说明书中的技术指标、检定证书提供的数据、手册中的参考数据)假设的概率分布，来评定并以标准偏差表征的不确定度。用符号 μ_B 表示。

累积概率 [accumulative probability] 概率分布在某一区间的概率的加和。$p(u\geqslant k_\alpha)=\dfrac{1}{\sqrt{2\pi}}\int_{k_\alpha}^{\infty}e^{-\frac{u^2}{2}}du$ 是标准正态分布在区间$[k_\alpha,\infty]$内的累积概率。

累积频数 [cumulative frequence] 在一组测量值中，将测量值小于某一指定数值的测量值数目的总和。

离差 [dispersion] 即偏差。

理论真值 [theory true value] 公认的理论上的真值。如三角形的内角之和等于 180°。

量值传递 [dissemination of quantity value] 通过计量器具的检定或校准，将国家基准所复现的计量单位量值通过各等级计量标准传递到工作计量器具，以保证对被测定量值的准确和一致。它能够溯源到国际或国家计量基准，使不同单位对同一量的测量值具有可比性。

临界值 [critical value] 在统计检验中为确定是否接受原统计假设 H_0 而确立的接受域或拒绝域的界限值。若由样本数据计算的检验统计量值大于临界值而落在拒绝区域内，表明 H_0 与现有的样本据有显著性矛盾，应拒绝它，接受备择假设 H_1；若由样本值计算的检验统计量值小于临界值而落入接受域内，表明 H_0 与现有的样本据没有显著性矛盾，没有理由拒绝它，换言之，应该接受它。

灵敏度 [sensitivity] 被测组分含量或浓度改变一个单位时分析信号的变化量。它依赖于检测器的灵敏度和放大倍数，且没有考虑测量噪声的影响。有时灵敏度提高，伴随着噪声增大，信噪比与检出限未必得到改善。由于灵敏度没有考虑测量噪声的影响，不宜于用它表征一个分析方法的检测能力。

对于线性响应分析仪器，灵敏度是指输出量 R 与输入量 Q 之比，常用 $s=R/Q$ 表示。对于非线性相应仪器，则用输出量导数 dR 对输入量的导数 dQ 之比 $s=\mathrm{d}R/\mathrm{d}Q$ 表示。

零假设 [null hypothesis] 即原假设。

模糊正交设计 [fuzzy orthogonal design] 用正交表安排试验，模糊数学方法表述和分析试验结果的一种多因素试验设计方法。

模式识别 [pattern recognition] 一种从大量信息和数据出发，根据已有的若干模式，用计算机和数学推理方法，将对象(形状、模式、曲线、数字、字符格式和图形)自动正确判定应属于哪一种模式的过程。包括学习与实现(识别)两个相互关联的阶段，前者是对样本进行特征选择，寻找分类的规律，后者是根据分类规律对样本集进行分类与识别。

母体 [parent] 即总体。

纳伪错误 [error of accepting false] 即第二类错误。

拟合优度 [goodness of fit] 回归线(或回归方程)拟合优劣的程度。在回归分析中，所建立的回归线(或回归方程)有意义，但未必是最优的。因为除了被研究的因素 x 对 y 的线性影响之外，还存在 x 对 y 的非线性影响以及其他因素对 y 的影响，使实验点偏离回归线，产生的失拟平方和 $Q_{\mathrm{d}}=\sum p(\overline{y}_i-Y_i)^2$，$p$ 是在同一实验点重复测定次数，$\overline{y}_i$ 是对应于 x_i 的响应平均值，Y_i 是由回归线计算的响应值。如果其他因素以及 x 对 y 的非线性影响可以忽略不计，每一个实验点都落在回归线上，$Q_{\mathrm{d}}\to 0$，说明不存在失拟情况，拟合的回归线(或回归方程)是最优的。

拟合优度检验 [goodness of fit test] 以失拟方差 s_{d}^2 和残余方差 s_{e}^2 之比 $F=\dfrac{s_{\mathrm{d}}^2}{s_{\mathrm{e}}^2}$ 为统计量对回归线线性拟合优度进行检验，以正确地确定回归线的线性范围的一种统计方法，其中 s_{d}^2 和 s_{e}^2 分别是失拟方差与试验误差效应引起的方差。当由测量值计算的 F 小于给定显著性水平 α 与相应自由度 f_{d} 和 f_{e} 时的临界值 $F_{\alpha,(f_{\mathrm{d}},f_{\mathrm{e}})}$，说明不存在明显的失拟情况，$x$ 对 y 的非线性影响和其他因素对 y 的影响可以忽略不计，回归曲线的线性良好。通过拟合优度检验可以正确地确定其线性范围。

拟水平 [pseudo level] 在试验设计中，为保持所需要的因素水平数而为水平数较少的因素所设置的虚拟水平。在正交试验设计中，有时没有现成合适的因素水平数的正交表可供使用，或为保持所需要的因素水平数有困难时，常将水平数较少的因素的某个或某些水平重复设置，以使因素水平数与所选用的正交表所需要的水平数相等。

逆推学习算法 [back propagation algorithm] 即反向传播法。

偶然误差 [accidental error] 随机误差的旧称。

判别分析 [discriminant analysis] 在事先已知类别特征的情况下，建立判别模型对被研究对象进行类别归属的过程。如一个病人肺部有阴影，可能是肺结核、良性肿瘤或肺癌，医生对照病人肺部阴影特点及肺结核、良性肿瘤或肺癌所形成阴影的特征，判别病人患的究竟是肺结核、良性肿瘤或肺癌。

偏差 [deviation] 又称离差。测量列中单次测量值与该测量列的平均值之差。反映了测量的精密度。在计量检定中，偏差指计量器具实际值与标称值之差。分绝对偏差和相对偏差，

$$[绝对]偏差=单次测量值-平均值$$

和

$$相对偏差=\frac{偏差}{平均值}$$

偏度 [skewness] 表征概率密度分布曲线相对于平均值不对称程度的特征参数，以 C_{s} 表示。

$$C_{\mathrm{s}}=\frac{\dfrac{1}{n}\sum_{i=1}^{n}(x_i-\overline{x})^3}{\left[\sqrt{\dfrac{1}{n}\sum_{i=1}^{n}(x_i-\overline{x})^2}\right]^3}$$

式中，x_i 为测量值，$\overline{x}$ 为测定值的算术平均值，n 为测定值的数目。正态分布的偏度为 0。$C_{\mathrm{s}}<0$ 称分布具有负偏离，表示小于平均值的测定值分布离散较大；$C_{\mathrm{s}}>0$ 称分布具有正偏离，表示大于平均值的测定值分布离散较大。可用其来检验测定值的分布是否偏离正态分布。

偏回归系数 [partial regression coefficient] 在多元回归分析中，随机变量(响应值)对各个自变量(影响因素)的回归系数，表示各自变量对随机变量的影响程度。

偏态分布 [skew distribution] 测量值分布的一种形式。其偏度不为 0。在分析测试中，当测定对象的量值分布范围很宽时，测量值有时呈现偏态分布。测量值 x_i 分布是否偏离正态分布，可用偏度 C_{s} 进行检验。正态分布的偏度为 0。若由测量值计算的偏度 C_{s} 的绝对值大于约定显著性水平 α 的偏度临界值，表示测量值分布偏离正态分布。

偏相关系数 [partial correlation coefficient] 在多元回归分析中，在消除其他因素影响的条件下，所计算的某两变量之间的相关系数。表征 y 与每个自变量的相关程度。

偏倚 [bias] 由系统误差产生的实际测量值对被测量真值的偏离。分固定偏倚和相对偏倚。固定偏倚是每个测量量值都增加或减少某一个同样的量，相对偏倚是每个测量值

都沿着相同的方向改变一个固定的百分比。影响测量结果的准确度，多次重复测量不能消除偏倚。

偏最小二乘法 [partial least square method] 在多元线性回归分析中，将量测矩阵 $\boldsymbol{Y}$ 与浓度矩阵 $\boldsymbol{X}$ 同时进行正交分解，基于使偏差平方和达到极小对参数作最优估计，以主成分拟合因变量与自变量函数关系的一种方法。

频率分布曲线 [frequency distribution curve] 测量值数目增加到足够多、测量值分组分得极细所得的平滑的频数分布曲线。

频数 [frequence] 在一组依数值大小排序的测量值中，按一定的组距将其分组时出现在各组内测量值的数目。

频数分布曲线 [frequence distribution curve] 频数随测量值的变化曲线。

频数分布图 [distribution chart of frequency] 即*直方图*。

平方和加和性 [additivity of sum of deviations squares] 即*差方和加和性*。

平均抽样误差 [average sampling error] 各个样本抽样误差的平均值，

平均值 [mean value] *算术平均值*的简称。

平均值控制图 [$\bar{x}$ -control chart] 用在较长时期内积累的预备数据建立起来的，以监控产品特性量值平均值的变化趋势的控制图。建立控制图的样本数 m 不得小于 25 个。控制图的纵坐标是产品特性量值的平均值，横坐标是抽样时间或样本序号，以各样本平均值 $\bar{x}_i$ 的平均值 $\bar{\bar{x}} = \sum \bar{x}_i/m$ 为中心控制线，当各个样本容量相同时，以 UCL=$\bar{\bar{x}} + A\bar{s}$ 与 LCL=$\bar{\bar{x}} - A\bar{s}$ 分别为上控制限、下控制限，绘制平均值控制图，其中 $\bar{s}$ 是样本标准偏差的平均值，A 是与样本容量有关的系数，可从统计书和手册中查得。优点是稳定性好。因为平均值是多个单次测量值的平均值，个别测量值的波动对其影响较小，不管单次测量值原来具有什么样的分布，而其平均值总是遵从正态分布。用来监控产品特性量值平均值的变化趋势，预防不合格产品的出现。

期望值 [expectation value] 随机变量 x 一切可能取值，依概率加权的统计平均值，记为 $E(x)$。$E(x)$ 等于总体平均值 μ，表征一组测定值概率分布的中心位置。

区间估计 [interval estimation] 根据来自于总体的样本值，在一定置信水平构造出表征总体的分布参数或参数的函数的真值所处的一个区间。使它有较大的可能性包含未知参数的真值。

曲线拟合 [curve fitting] 根据一组离散的实验点的分布特点，选择适当函数的连续曲线(回归曲线)拟合这一组实验点，以尽可能完善地表示被描述的变量之间的相关性。

曲线平移 [parallel displacement of curve] 由校正曲线截距变化引起曲线整体向上或向下的移动。表明存在固定系统误差。如果校正曲线发生转动，表明存在相对系统误差。

全局最优化 [global optimization] 在优化过程中，在全空间达到最优条件和获得最优值。

全距 [range] 即*极差*。

全相关系数 [complete correlation coefficient] 又称总相关系数或复相关系数。表示多元回归分析中因变量 y 与一组自变量 $x_1, x_2, \cdots, x_n$ 整体之间相关程度的参数。它不能确切表征 y 与每个自变量 x_i 的相关程度。

舍入误差 [round-off error] 即*修约误差*。

实验设计 [design of experiment] 即*试验设计*。

试验设计 [design of experiment] 又称实验设计。以数理统计原理为指导，科学地安排试验、研究因素效应和进行数据分析的一种方法论。

室间精密度 [precision between laboratory] 不同实验室由不同分析人员在不同的条件下重复测定某一量所得到的测量值彼此之间相符合的程度。

室内精密度 [precision within laboratory] 一个分析人员在同一条件下于短期内相继重复测定某一量所得到的测量值彼此之间相符合的程度。

数据处理 [data handling; data processing] 通过对数据的解析，提取蕴含在数据中的原始信息并转化为人们所需要的数据、信息和知识，并以适当的形式表示或显示的一系列操作。数据蕴含着信息，但不等于就是信息，信息是经数据处理后所得到的知识和对研究对象规律性的认识。

双侧检验 [two-side test] 又称双尾检验。以置信概率 p=1−α(α 为显著性水平)进行统计检验时，由样本数据计算的待估总体参数的统计量值，不管落在≥k_α 或≤−k_α 的拒绝域内都否定原假设 H_0 的统计检验。k_α 和−k_α 分别是拒绝域的上边界值和下边界值。−k_α 和 k_α 之间的区间，称为参数的双侧置信区间。

双尾检验 [two-tailed test] 即*双侧检验*。

四分位距 [interquartile range (IQR)] 一组由小到大按顺序排列的测量值中位于 3/4 处的量值 $x_{3/4}(Q_3)$ 与 1/4 处量值 $x_{1/4}(Q_1)$ 之差。是稳健统计技术中的一个参数。

溯源性 [traceability] 通过连续的比较链使测量结果或计量标准的量值能够以给定的不确定度与国家计量基准或国际计量基准联系起来的特性。溯源是量值传递的逆过程，目的是保证量值的统一和准确。这种溯源可以是国际单位制的基本单位(例如安培)，无量纲的质量分数，定义的标度(例如 pH 或硬度)或在国家、国际标准中所描述的一种方法。如果是物理特性标准物质，通过经国家计量实验室校准的仪器，或通过溯源到国家计量实验室的仪器，通常可溯源到国际单位制(SI 单位制)。

对于化学成分标准物质建立溯源性比较困难，因为一种化学成分的测定需经一系列的操作过程，每一个操作过程都是溯源链中的一个环节，都带有自身的不确定度。只有正确地评定了每一个环节的不确定度，才能使所测定的标准物质化学成分量值溯源到相应的 SI 基本单位。各种分析结果的溯源，通过正确使用标准物质得以实现。

BP 算法 [back propagation algorithm] 反向传播法的简称。

[算术]平均偏差 [arithmetic average deviation] 在测量列中各次测量偏差绝对值的算术平均值。可以用来表征一组测量值彼此相符合的程度。其计算不如极差简便，表征精密度的准确程度又远不如用标准偏差合适。现在已很少使用。

算术平均值 [arithmetic mean] 简称平均值。在等精度测量中，一个被测定量 n 个测量值的代数和除以 n 而得到的商，记为 $\overline{x}$。

$$\overline{x}=\sum_{i=1}^{n}\frac{x_i}{n}$$

式中，x_i 是单次测量值。在等精度测量中，它是一组测量值中出现概率最大的值，是总体平均值 μ 的无偏估计值和最优估计值。因此，常用它来表征测定结果。

随机变量 [random variable] 按一定概率可以在一个有限或无限区间取所有的值的变量。其值在试验之前是无法完全预言的，但不同的值出现的概率遵从统计规律。分析测试中的测量值是一个以概率取值的随机变量，某一次测量之前，无法知道会出现什么测量值，但测量之后得到的测量值是确定的，多次重复测量所得到的测量值具有统计规律性，通常遵从正态分布。

随机抽样 [random sampling] 样品总体中每个样品单位以相同的概率被抽中的一种抽样形式。特点是既排除了抽样时人的主观随意性,也排除了人的主观能动性。当总体变异性大时，从总体中随机抽得的随机样本的代表性较差。

随机区组设计 [randomized block design] 按照局部控制与随机排列的原则，将整个试验划分为若干组(区组)，在同一区组内随机安排各因素的试验顺序的一种试验设计方法。优点是，在同一区组内条件比较相近，试验精度较高，易于排除某些因素的干扰，有利于判断因素效应；随机安排试验顺序能使某些系统误差转化为随机误差，利用随机误差相互抵偿的特性，减小试验误差。

随机误差 [random error] 曾称偶然误差。在同一被测量的多次测量过程中，由于诸多未能控制或无法严格控制的因素随机作用而形成的、具有相互抵偿性和统计规律性的测量误差。在多次重复测量中，绝对值相同的正、负误差出现的概率大致相同，出现大误差测量值的概率比出现小误差测量值的概率小。由于随机误差中正、负误差相互抵偿的特性，多次测量平均值的随机误差要比单次测量值的随机误差小，当测定次数足够多时，测定的随机误差的平均值趋向于零，不影响测定的准确度。它使测量值产生随机波动，影响测量结果的精密度。是不可避免的，可以设法将其减小，但不能完全消除。在过去的化学文献中，将随机误差称为偶然误差，这种称谓往往会使人产生误解，以为随机误差是偶然产生的，实际上随机误差是不可避免的。有鉴于此，建议不使用偶然误差这一术语。

随机样本 [random sample] 从总体中随机抽取的样本。按某种方式随机从总体中抽取部分个体，每个个体都有相等的机会被抽取到样本。

随机因素 [random factor] 其水平可由许多可能的水平中随机选取、可由已试验过的因素水平效应从统计上去推断尚未试验过的其他水平的效应的因素。

统计假设 [statistical hypothesis] 对一个或多个随机变量总体未知分布或分布中所含未知参数的假设。以字母 H 表示一个统计假设。

统计检验 [statistical test] 检验和判别给定原假设是否成立的过程。包括假设检验和参数检验。常用的检验方法有 t 检验、F 检验、χ^2 检验、偏度-峰度检验、夏皮罗-威尔克检验、科尔莫戈罗夫检验、秩和检验、符号检验、游程检验等。在分析测试中，用上述这些方法来检验异常值、系统误差、精密度的一致性、测量值的分布类型、校正曲线的相关系数和线性范围等。

统计量 [statistic] 检验统计量的简称。

统计推断 [statistical inference] 根据样本测量数据，依据概率统计理论的原理，对有关总体分布函数或总体分布参数从统计上以一定置信概率做出的推断。包括假设检验与参数估计。前者是根据样本数据来检验总体分布参数，以判断关于总体分布的假设是否正确；后者是指随机变量分布函数已知，根据样本数据估计总体参数的值。

图解统计分析 [graphical-statistical analysis] 使用反映测试对象特性的图形(如质量控制图)进行统计分析的方法。

稳定性 [stability] 在规定的条件下计量仪器保持其计量特性恒定(不随时间而变化)的能力。分短时间稳定性和长期稳定性。对分析测量而言，是指从同一总体抽取不同样本制作的校正曲线的斜率 b 和截距 a 保持一致的特性，即各校正曲线的斜率和截距在指定的显著性水平 α 没有显著性变化，分别控制在 $b\pm t_{\alpha}s_b$ 和 $a\pm t_{\alpha}s_a$ 范围内，其中 t_{α} 是置信度 p=1–α 时的置信系数，s_b 和 s_a 分别是 b 和 a 的标准偏差。

稳健 Z 比分数 [robust Z score] 一组由小到大按顺序排列的测定量值中，任一测量值 x_i 与中位值 $\tilde{x}$ 之差除以标准化四分位距。

$$Z=\frac{x_i-\tilde{x}}{\text{Norm IQR}}$$

可用来检验 x_i 是否与其他测量数据有显著性差异。当 $|Z|\leqslant 2$，表示 x_i 与其他测量值没有显著性差异；$2<|Z|<3$，表示测量值存在问题，需进行复查；$|Z|\geqslant 3$，表示测量值与其他测量值有显著性差异。

稳健回归 [robust regression] 统计学中稳健估计中的一种方法。基于使待估参数拟合残差趋于最小的原理，用总体的中心位置稳健估计值(如中位值)拟合回归方程的一种有偏回归算法。在误差为正态分布时，稳健回归估计比最小二乘估计稍差一点；在误差为非正态分布时，则比最小二乘估计要好；在有异常值存在时，所得结果远优于最小二乘估计。这种对误差项分布的稳健特性，能有效排除异常值干扰。因最小二乘估计包括离群数据(很可能是异常值)，它对残差平方和有非常大的影响，对于参数估计相当敏感。

稳健统计技术 [robust statistical technique] 极端测量值对平均值和标准差估计值的影响最小的具有稳健性的统计技术。基于测量值服从正态或近似正态分布的假设。基本属性是：①当假定模型成立时，估计值具有良好的性能，接近最优；②当实际数据与假定模型有较小的差别时，估计值性能变化较小，是次优的；③当实际情况偏离假定模型较大时，估计值性能也不会变得很差。受离群值的影响较小，具有稳健性。

无偏估计量 [unbiased estimator] 即无偏估计值。

无偏估计值 [unbiased estimator] 又称无偏估计量。用来估计待估参数没有系统误差。通过平均消除估计误差，其期望值就是待估参数真值的估计值。

误差 [error] 测量值 x 与被测定量真值 μ 之差，记为 ε。按性质分为随机误差、系统误差和过失误差；按产生的原因可分为仪器误差、方法误差、试剂误差、操作误差和环境误差等。测定值经过误差校正之后更接近于真值，但还不是真值，因为校正值本身也含有误差。随机误差影响测量结果的精密度，系统误差影响测量结果的准确度。

误差传递 [error propagation] 各直接测量值的测量误差向最后测量结果的传递转移。若测量结果 y 是由多个独立直接测定量 $x_1,x_2,\cdots,x_n$ 得到，$y=f(x)$，则最后测量结果的方差为

$$\sigma_y^2=\left(\frac{\partial f}{\partial x_1}\right)^2\sigma_{x_1}^2+\left(\frac{\partial f}{\partial x_2}\right)^2\sigma_{x_2}^2+\cdots+\left(\frac{\partial f}{\partial x_n}\right)^2\sigma_{x_n}^2$$

式中，$\sigma_{x_i}^2$ 是测定 x_i 的方差，$\left(\frac{\partial f}{\partial x_i}\right)^2$ 是 x_i 的方差 $\sigma_{x_i}^2$ 传递给 y 的误差传递系数。

误差函数 [error function] 高斯误差函数的简称。

析因试验设计 [factorial experiment design] 用各因素所有不同水平的全部可能组合构成的试验条件进行试验，以考察各因素主效应及因素之间交互效应的一种试验设计方法。

系统抽样 [systematic sampling] 又称等距抽样或机械抽样。将总体中的各样品按照某种标志顺序如时间顺序、地区顺序或其他的人为顺序排列，然后依照一定方式如时间顺序或其他人为顺序来抽样。优点是：保证样本单位在总体中均匀地分布，抽样方法简便，易于实施。

系统误差 [systematic error] 由于仪器结构不完善或测量环境改变，对同一被测定量进行无限多次测量所得到的平均值与被测量真值之差。产生偏倚。按其出现的规律分为：①固定系统误差，对一组测量值的影响是相同的，使全部测定值都增加或减少某一固定量值，不影响测定结果的精密度；②比例系统误差，使一组测量值中每一个测量值都按同样的比例增加或减少，但相对误差保持不变；③ 服从其他规律的系统误差，如周期性系统误差。重复测定不能发现和减少系统误差，只有改变试验条件才能发现它，系统误差是可以设法校正和避免的。

显著性差异 [significant difference] 被检验参数之间的差异超过一定显著性水平 α 时所允许的合理误差范围。

显著性检验 [significance test] 根据样本数据建立的统计量，为判断事先所做出的关于总体参数、分布类型的原假设 H_0 同随机样本值之间在一定显著性水平 α 是否存在显著性差异所进行的统计检验。如果由样本值计算的统计量值小于一定显著性水平 α 时的临界值而位于接受域内，表明 H_0 与样本值之间不存在显著的矛盾,就接受 H_0。反之，如果由样本值计算的统计量值超过一定显著性水平 α 时的临界值而落入拒绝域内，则称被检验的参数之间在统计上有显著性差异，就拒绝 H_0，而接受另一个备择假设 H_1。

显著性水平 [level of significance] 统计检验时，当确定拒绝域或临界值时，要限制犯第一类错误的概率不超过一

个预定的数 α。在某些情况下，即使原假设同客观事实并没有显著的矛盾，由样本值计算的统计量值仍有一定的概率落入拒绝域内，从而拒绝原假设。α 越小，由样本值计算的统计量值落入拒绝区的概率就越小，如果由样本值计算的统计量值仍然落入拒绝域内，表明原假设同样本值的矛盾越显著，故将 α 称为显著性水平。

线性动态范围 [dynamic range of linearity] 在一定显著性水平下通过相关性检验的回归线两端点所跨越的量值区间。通过相关性检验说明所建立的回归线是有意义的，在所试验的被测物量值范围内，分析信号 y 基本上随被测物的量值 x 呈线性变化，但在接近回归线两端的区域可能或可以有某种程度的弯曲。确定回归线动态范围的相关系数检验是回归方差对重复测量的误差效应方差的检验，没有考虑 x 对 y 的非线性和其他因素对 y 的影响；确定回归线线性范围的拟合优度的检验是拟合方差对误差效应方差的检验，考虑了 x 对 y 的非线性和其他因素对 y 的影响。可见线性动态范围与线性范围是有区别的，通常线性动态范围大于线性范围，有时两者是一样的。

线性范围 [linearity range] 在一定显著性水平下进行拟合优度检验不存在失拟的条件下回归线两端点所跨越的量值区间。

相对标准偏差 [relative standard deviation] 又称变异系数。比较测量数据相对离散程度的参数，记为 RSD。

$$\mathrm{RSD}=\frac{s}{\bar{x}}\times 100\%$$

式中，s 是标准偏差，$\bar{x}$ 是平均值。特别适合用来表征在量纲或数量级上不同的测量数据的相对离散程度。在现在的分析文献中也已很少使用变异系数一词。

相对偏差 [relative deviation] 偏差与测定平均值之比。

相对频数 [relative frequence] 出现在各组内的测量值的数目与测量值的总数之比。

相对误差 [relative error] 测量的绝对误差 ε 与被测定量真值 μ 之比，以 RE 表示。

$$\mathrm{RE}=\frac{\varepsilon}{\mu}\times 100\% \qquad (1)$$

在测量值遵循正态分布的条件下，多次测量的平均值 $\bar{x}$ 接近于真值 μ，是 μ 的无偏最优估计值，因此，在实际工作中常将相对误差表示为

$$\mathrm{RE}=\frac{\varepsilon}{\bar{x}}\times 100\% \qquad (2)$$

相对真值 [relative true value] 在测量值遵循正态分布的条件下，用排除了所有测量上的缺陷、通过完善的测量所得到的量值的平均值。充分接近于真值，是真值的无偏和最优估计值。在不确定度的评定中，其不确定度值往往小到可以忽略的程度，对于给定的目的可用以替代真值使用。如标准物质证书上给出的值可以作为相对真值。

相关分析 [correlation analysis] 研究变量之间统计关系的数学方法。回归分析是相关分析的一种特殊情况。两者的区别在于，相关分析是研究一个或一组变量与另一个或一组变量之间的统计关系，诸变量之间没有因变量和自变量之分。回归分析是研究因变量对一个或一组自变量的统计关系，因变量是具有概率分布的随机变量，而自变量为无概率分布的非随机变量(固定变量)。

相关系数 [correlation coefficient] 表征变量之间相关程度的一个参数，记为 r。

$$r^2=\frac{\left(\sum_{i=1}^{n}(x_i-\bar{x})(y_i-\bar{y})\right)^2}{\sum_{i=1}^{n}(x_i-\bar{x})^2\sum_{i=1}^{n}(y_i-\bar{y})^2}$$

式中，n 是拟合回归方程的实验点数目；x_i 和 y_i 分别自变量和因变量的值；$\bar{x}$ 和 $\bar{y}$ 分别是 x_i 和 y_i 的平均值。r 的绝对值在 0～1 的范围内变动，r 值越大，表示变量之间相关的程度越大。当 y 随 x 增大(减小)而增大(减小)，称 y 与 x 为正相关，r 为正值；当 y 随 x 增大(减小)而减少(增大)，称 y 与 x 为负相关，r 为负值。

相关性检验 [correlation test] 利用相关系数检验因变量 y 与自变量 x 之间相关程度的一种数理统计方法。当由测量值计算的相关系数 r 值大于相关系数检验表中相应显著性水平 α 下的临界值 r_α 时，表明所建立的回归曲线(回归方程)是有意义的。

斜率精密度 [precision of slope] 由同一总体不同样本测量值所得到的回归方程斜率 b 的一致性。b 是随机变量，由一组确定的样本测量值拟合的回归方程，b 是常数；用不同样本测量值拟合回归方程时，将得到不同的 b 值，b 的波动性用其方差 s_b^2 表示，

$$s_b^2=\frac{s_\mathrm{e}^2}{\sum_{i=1}^{n}(x_i-\bar{x})^2}$$

式中，x_i 与 $\bar{x}$ 分别是自变量值及其平均值，n 是建立回归方程的 (x_i, y_i) 数据对的数目，s_e^2 是残余方差。

信背比 [signal-background ratio] 信号强度与背景强度的比值。影响测定限，只有分析信号比背景信号大到一定程度时才能从背景信号中分辨出来和有效地检测。在分析测试中要设法尽量降低背景和空白值。

信息 [information] 根据信息论的观点，信息是对事物认识“不确定性”的减小。是指将试验数据、信号中所蕴含的意义，经过加工处理变为人们所接受的知识。对于概率 $p=1$ 确定事件，不确定性为 0，这种事件的发生不会给人们带来任何信息。事件发生的概率越小，人们对事件认识所包含的“不确定性”越大，发生这种事件所带来的信息越多。

信息比价 [specific information price] 获得单位信息量所需消耗的费用，记为 $c(p,p_0)$。

信息量 [information content] 若事件发生的概率为 p，则信息量 $I=-\log_2 p$。它是概率的单调递减函数。信息量具有统计特性，通常考察所研究对象包含的各个事件出现的平均信息量。在分析测试之前，对被测对象的认识是不确切的，这种验前“不确定性”用概率密度函数 $P_0(x)$ 表示，通常假定为均匀分布；得到的测试结果是随机变量，具有不确定性，验后不确定性用一个概率密度函数 $P(x)$ 表示，根据误差理论，它为正态分布。通过试验所得的信息量是

$$I_{(P,P_0)}=\int_{-\infty}^{\infty}P(x)\ln\frac{P(x)}{P_0(x)}\mathrm{d}x$$

信息效率 [information efficiency] 信源(分析方法)实际提供的信息量与该信息源能提供的最大信息量之比，记为 $E(0\leqslant E\leqslant 1)$。

信息效益 [information profitability] 评价分析方法对具体分析任务适用性的指标，记为 P。

$$P=\frac{E}{\tau}M$$

式中，E 是信息效率，τ 是获得所有组分的信息量 M 所需的成本。

信息增益 [information gain] 通过试验所获得的信息量，等于试验前、后信息量之差。

信噪比 [signal-to-noise ratio] 信号与测量噪声的比值。噪声干扰分析信号的检出，只有分析信号比噪声大到某一定程度时，才能可靠地检出分析信号。根据 IUPAC 的建议，将信噪比等于 3 确定为可靠检出分析信号的阈值。信噪比越高，越有利于信号的检出，在分析测试中，所获得的检出限就越好。

休哈特控制图 [Shewhart’s control chart] 一种简便而行之有效的以预防异常情况发生为主的统计管理技术。1924 年由美国休哈特(W. A. Shewhart)首先提出。最初用于工业产品的质量控制，20 世纪 40 年代开始用于实验室质量控制和管理。控制图由实线表示的控制中心线 CL，虚线表示的上控制限 UCL、下控制限 LCL 构成。有时在 CL 与 UCL、LCL 之间加上虚线表示的上警告限 UWL 和下警告限 LWL。CL 代表所控制产品特性量值的平均值，UWL、LWL 预示被控制的产品特性量值存在统计失控征兆的界限值，UCL、LCL 是允许被控制的产品特性量值的平均值波动的上、下限值。质量控制图的本质是区分影响产品与工作质量的偶然因素与系统因素，如果只是偶然因素的影响，产品与工作质量处于统计控制状态，反之，如果产品与工作质量出现异常，表明存在系统因素的影响，生产和工作出现了或将要出现统计失控的情况。通过质量监控及时发现生产和分析测试过程中的异常情况及其有关的信息，为质量管理和决策提供依据。

修约误差 [round-off error] 又称舍入误差。由于在数据处理和运算过程中，按修约规则对数字取、舍产生的误差。

修正值 [correction value] 为消除或减少系统误差，用代数法加到未修正的量值上的值，其值的大小等于已定系统误差，但符号相反。因修正值含有不确定度，故经修正后所得到的量值仍含有不确定度。

序贯抽样 [sequential sampling test] 事先不规定样本的大小，每次只从产品中抽检一个单位产品，在每抽检一个单位产品之后，根据已抽检的单位产品的检验结果，适时地做出继续抽检或终止抽检的判断的一种抽样方法。优点是在抽检单位产品数尽可能少的条件下，仍能满足既限制将合格产品判为不合格产品的概率，又限制将不合格产品判为合格产品的概率。序贯抽样特别适用于破坏性检验、武器检验、医学试验及其他费用高的检验。

序贯寻优 [sequential search] 每进行一次或少数几次试验后，根据试验结果确定下次试验，循此进行，直到获得最佳值或最佳条件的优化方法。

选控图 [selective control chart] 选控质控图的简称。

选控质控图 [selective control chart for quality] 简称选控图。是我国学者张公绪在休哈特控制图的基础上提出的一种改进质控图。休哈特控制图是全控制，只能控制产品的总质量，不能控制产品的工序质量。在休哈特控制图中，将影响产品质量的因素区分为随机因素与系统因素，选控图又进一步将系统因素区分为欲控系统因素和非控系统因素，通过找出产品的特性量值与非控系统因素之间的关系，建立两种类型的控制图，分别显示欲控与非控系统因素对产品质量的影响，根据控制图的诊断理论实现对产品总质量和工序质量的分别控制。

样本 [sample] 又称子样。从总体所包含的全部个体中抽取的一部分个体的集合。可以用作提供关于总体信息和可能作出对总体某种判断的基础。

样本标准偏差 [standard deviation of sample] 表征样本测量值离散性的一个参数，是样本单次测量值 x_i 与测量平均值 $\bar{x}$ 的偏差的平方和除以样本测量值的数目 n 减 1 的方根值，记为 s。

$$s=\sqrt{\frac{\sum_{i=1}^{n}(x_i-\overline{x})^2}{n-1}}$$

样本大小 [sample size] 即样本容量。

样本方差 [sample variance] 样本标准偏差的平方，记为 s^2。表征样本值离散性的参数。

样本偏差 [sample deviation] 样本单次测量值 x_i 与其测量平均值 $\overline{x}$ 之差。

样本平均值 [sample mean] 表示样本数据分布位置特征的统计量。在有限次测定中，对样本进行多次重复测量所得到的样本平均值，在等精度测量中，是算术平均值 $\overline{x}$；在非等精度测量中，是加权平均值 $\overline{x}_w$。样本平均值是基于全部样本信息计算出来的，是一组测量值中出现概率最大的值。$\overline{x}$ 和 $\overline{x}_w$ 是总体平均值 μ 的最优估计值，不仅是无偏的，用来估计总体平均值没有系统误差，且具有最小的方差。因此，用它来表征和报告测定结果。

样本容量 [sample capacity] 又称样本大小。样本中所包含个体的数目。

样本值 [sample value] 从统计总体中抽出样本进行测定所测得的量值。它是一个随机变量，由不同的样本所得到的样本值可能是不同的。在测量值遵从正态分布的条件下，样本值以指定的概率落在 $(\overline{x}-u\sigma,\overline{x}+u\sigma)$ 区间内，其中 u 为与指定概率有关的系数，可从正态分布表中查到。

移动极差 [moving range] 相邻两次单个抽检样品测量值之差的绝对值，记为 R_s。$R_s=|x_i-x_{i+1}|$，$(i=1,2,\cdots)$。当每一批产品或每一抽样时间间隔内只能获得一个样品的测量值，无法求得极差和标准偏差，就可以计算移动极差 R_s。用以建立单值-移动极差控制图或移动极差控制图。

遗传算法 [genetic algorithm] 释文见理论与计算化学同名词条。

异常值 [outlier] 样本中的个别测量值明显偏离它所属样本的其余测量值。它可能是由于试验条件和试验方法的偶然偏离，测量、计算、记录中的失误所产生。一组测量值中与平均值的偏差超过两倍标准差的测量值为异常值，与平均值的偏差超过三倍标准差的测量值为高度异常的异常值。在处理数据时，应剔除高度异常的异常值。异常值是否剔除，视具体情况而定。在统计检验时，指定为检出异常值的显著性水平 α=0.05，称为检出水平；指定为检出高度异常的异常值的显著性水平 α=0.01，称为舍弃水平，又称剔除水平。但在分析测试中，通常将异常值剔除，或者虽不剔除，但不参与数据处理和运算。

因素交互效应 [factor interaction] 在试验中两个或多因素联合起作用对试验指标产生的附加的影响。它不是因素之间不同水平组合时所产生的总效应，因为总效应中除了因素之间的交互效应之外，还包括了各因素的主效应。如在火焰原子吸收光谱分析中，调节燃气流量，吸光度改变了 A_1，调节空气流量，吸光度改变了 A_2，此 A_1,和 A_2 分别为燃气和空气流量改变产生的主效应。如果同时调节燃气和空气流量，吸光度改变了 A_3，此 A_3 为同时改变燃气和空气流量所产生的总效应。燃气和空气流量的交互效应则为 $\Delta=A_3-(A_1+A_2)$。

因素水平 [level of factor] 在试验中影响试验指标的因素所处的状态。如考察试剂浓度对产率的影响，产率为试验指标，试剂浓度即因素，试剂浓度的变化即因素水平改变。因素水平改变的次数，即水平数。因素水平的变化引起试验指标的变化。

因素效应 [factorial effect] 所研究因素对试验指标的影响。包括因素的主效应、因素之间的交互效应。

因素主效应 [main effect of factor] 在无其他因素协同作用的条件下，所研究因素本身水平变化对试验指标的影响。

因子分析 [factor analysis] 多元统计分析中降维的一种方法。通过对数据矩阵进行特征分析、旋转变换等操作，研究和分析复杂的或是数据量庞大的测量数据以确定影响该矩阵测量数据的因子数，获得对测量数据物理化学本质的定性和定量的解释。用少数几个不可观测的特殊因子数来表征大量、复杂的测量数据而基本上不损失数据原来所包含的信息，并能对因子给出明确物理与化学意义的解释，通过目标检验可进一步进行定量研究。

有效数字 [significant figure] 对于所记录的没有小数位且以若干个零结尾的数值，从非零数字最左一位向右数得到的位数减去无效零(仅为定位用的零)的个数；对于其他的十进位数从非零数字最左一位向右数得到的位数。在实验中，记录分析测试数据时，记录的数据与表示结果的数值所具有的精确度应与所使用的测量仪器和工具的精确度相一致。所记录的数除最后一位数字具有不确定性外，其余各位数字都应是准确的。对测试数据进行取舍时，应遵守有效数字的修约规则。

有效数字修约规则 [round-off rule of significant figure] 根据测量仪器和方法的误差与对测量数据精确度的要求，对实际测量数据的位数进行舍、入所依据的原则。现在采用“四舍六入五单双”的修约规则：有效数字后面的第一位为 4，则舍去；若为 6，则在前一位进 1；若恰为 5，而 5 之后的数字不全为 0，则在 5 的前一位进 1；若 5 之后全为 0，且 5 之前的一位数字为奇数，则在 5 的前一位进 1，5 之前的一位数字为偶数，则舍去不计。所拟舍弃的数字为两位以上数字时，不得连续进行多次修约，应根据所拟舍弃数字中左边第一个数字的大小按修约规则一次完成数字修约。该修约规则的优点是保持了进舍项数平衡性与进舍误差的平衡性。

原假设 [null hypothesis] 又称零假设。根据样本测量数据进行统计检验时，事先作出的关于总体未知分布或总体未知参数的统计假设，记为 H_0。

约定真值 [conventional true value] 对于给定目的具有适当不确定度的、被认为充分接近真值，可以代替真值的量值；或约定采用的量值。如计量标准器所复现的量值以及国际会议、国际标准化组织或国际上公认的量值。

允许偏差 [allowable deviation] 在测量中所允许的偏差极限值。

允许误差 [permissible error] 技术标准、检定规程对计量器具所规定的允许误差的极限值。在分析测试中所允许的测量误差极限值。

再现性 [reproducibility] 不同的实验室，不同分析人员，用不同仪器设备，在不同或相同的时间内，用同一分析方法对同一试样进行测量时，所得到的测量值一致的程度。定量的定义：在上述条件下，对同一试样进行两个单次测量得到的测量值按指定概率的再现性用 R 表示。

$$R = 2\sqrt{2}s_{\rm R} = 2.83s_{\rm R}$$

不另加说明时，通常指定概率为 0.954。式中，2 是置信概率为 0.954 时的置信系数，$s_{\rm R}$ 是两分析人员间测量的标准偏差，$\sqrt{2}s_{\rm R}$ 是两分析人员所得到的测量值的差值的标准偏差。若两分析人员分别进行 n_1、n_2 次重复测定，再现性

$$R_n = \sqrt{R^2 - r^2\left(1 - \frac{1}{2n_1} - \frac{1}{2n_2}\right)}$$

式中，r 是重复性，由两分析人员得到的室内方差 s_i^2 按方差加和原理计算 $s_{\rm r}$ 求得。

$$s_{\rm r} = \sqrt{\frac{\sum_{i=1}^{2}(n_i-1)s_i^2}{\sum_{i=1}^{2}(n_i-1)}}$$

若两分析人员各进行一次测定所得到的测量值的差值绝对值小于再现性 R 或 n_1、n_2 次重复测量所得到的两平均值之间的差值绝对值小于 R_n，则认为测量的精密度合格；若差值绝对值分别大于再现性 R 或 R_n，说明测量的精密度不合格。参见重复性。

真值 [true value] 被测定量的真实量值。真值是一个理想的概念，一般来说是不可能准确知道的。通常所说的真值，是指理论真值、约定真值和相对真值。

整群抽样 [cluster sampling] 将样品总体中各单位划分为若干样品群，再从各样品群中随机抽取整群样品。例如，进行产品检验，每隔四小时或八小时抽取一小时生产的全部产品进行检验。优点是抽样方法简便，缺点是抽取的样本在总体中分布不均匀，代表性差。

整体收缩 [whole contraction] 单纯形优化中推移单纯形的一种操作。当试验点的试验效果比沿试验点与单纯形的形心点的连线上各点的效果都好，单纯形向试验点与单纯形的形心点的连线之间的空间移动。

正交表 [orthogonal table; orthogonal layout] 基于正交性(均衡分散性和整齐可比性)原理，利用组合理论设计出来的安排多因素试验的表格。

正交多项式回归 [orthogonal polynomial regression] 用正交多项式表安排试验与回归分析处理试验数据的一种试验设计方法。与用最小二乘法配置的一般多项式回归不同，其回归系数的估计是相互独立的。若统计检验某一因素没有显著性影响，只要从正交多项式回归方程中删除该因素的回归系数项，而无需对其他的回归系数重新进行计算，大大地减少在建立最优回归方程过程中的数据处理工作量。

正交试验法 [orthogonal experiment] 即正交试验设计。

正交试验设计 [orthogonal design of experiment method] 又称正交试验法。用正交表安排试验、方差分析处理数据的一种多因素试验设计方法。特点是：①试验点分布均匀。因素之间搭配均匀，试验点分布均衡，相对于全面试验而言，虽然它只是部分试验，但对其中任何两因素来说，它又是具有相同重复次数的全面试验，得到的试验结果能基本上反映全面试验的情况，但试验工作量大大减少。②试验数据整齐可比性。试验中各因素水平按一定顺序有规律地变化，各个因素的各水平出现次数相同，而由于非均衡分散性可能带来的其他因素对欲考察因素的影响相互抵偿，只要简单比较因素各水平的平均值便可以估计因素各水平的主效应，数据处理工作大大简化。③获得的信息丰富。采用方差分析解析数据可以同时考察因素主效应及其之间的交互效应和估计试验误差。④获得的优化条件实用性好。优化条件是样品各共存因素各种可能组合条件下获得的，符合的实际分析情况。

正态分布 [normal distribution] 又称高斯分布。由数学期望值 μ、方差 σ^2 确定的连续随机变量的概率分布，记为 $N(\mu,\sigma^2)$。其概率密度函数为

$$f(x) = \frac{1}{\sigma\sqrt{2\pi}}{\rm e}^{-\frac{(x-\mu)^2}{2\sigma^2}} \quad (-\infty < x < +\infty, \sigma > 0)$$

它是单峰曲线,关于 $x=\mu$ 对称，在 $x=\mu$ 时有最大值，在 $x=\mu\pm\sigma$ 处有两个拐点，当 $x\to\infty$ 时, $f(x)\to 0$，曲线与 x 轴所夹的面积为 1。可用 μ 和 σ^2 两个基本参数来表征它，μ 确定了分布曲线中心在 x 轴上的位置，σ 表征测定值的离散特性。给定了 μ 与 σ，就可以估计各种测量值出现的概率。当 $\mu=0$ 与 $\sigma=1$ 时，此时的正态分布称为标准正态分布，记为 $N(0,1)$。正态分布是大量测量值的理论分布曲线，当测定值数目大于 30 时，通常可用正态分布近似描述测量值和测量误差的分布特性。

正态性检验 [normality test] 利用样本数据判断总体是否服从正态分布的检验。在进行数据处理时，若事先不知道测量值的分布类型，需先对测量值进行正态性检验。检验的方法有：正态概率纸法；夏皮罗-威尔克检验法，适用于样本容量 $3<n<50$ 的场合；χ^2 检验法，适用于样本容量 $n>50$ 的场合；偏度-峰度检验法，适用于样本容量 $7<n<5000$ 的场合；科尔莫戈罗夫检验法与维斯捷利乌斯置信带法，既适合于大样本又适合小样本的检验。当样本容量 $n<10$ 时，各种检验方法的检验效果都不够理想。

直方图 [histogram] 又称频数分布图。一种整理数据以显示其频数分布的图形。将一组总数为 n 依数值大小顺序排列的测量值，按一定组距细分为 $m=1.52(n-1)^{2/5}$ 组，以每一量值组的边界值(即量值范围)为矩形宽度作为横轴、以测量值出现在某一量值范围的频数或相对频数为矩形高度作为纵轴所绘出的图形。以频数为纵坐标的频数分布直方图、各组频数之和等于测量值的总数；以相对频数为纵坐标的相对频数分布直方图，各组相对频数之和为 1。用线段连接频数或相对频数直方图各矩形上方的中点得到的曲线，相应地称为频数和相对频数分布曲线。

质量控制 [quality control (QC)] 在生产和科学试验中为保持产品、过程或服务质量满足规定的质量要求所采取的全部有计划有系统的作业技术和活动。用统计的方法对产品进行抽样检验，根据抽检产品质量的检验结果，对产品质量及其变化趋势做出统计判断和估计，及时发现存在的或隐含的问题，采取有效改进措施使生产和试验过程始终处于统计控制状态。在分析测试中，常使用标准物质、管理样品、密码样品、空白试验与严格的统计检验进行质量控制，以保证分析测试数据的可靠性和可比性。质量控制是整个质量管理的一部分，其核心是预防为主，防止产品、过程或服务质量出现问题，是一种事前控制。

质量控制样 [quality control sample] 又称管理样。为确定分析测量中的不确定度、用于日常例行分析质量控制与管理而专门制备的样品。它可以是不同级别的标准物质，亦可以是本部门或本单位研制的、用准确方法测定了其特性量值，并经本部门或本单位计量管理机构批准的用于日常例行分析质量控制的样品。

置信度 [degree of confidence] 在进行统计检验和统计推断时，做出的统计结论所具有的可信程度。不指明置信度和置信概率所做出的统计结论是没有意义的。在分析测试中，通常取置信度 95%或 99.7%，置信概率为 0.95 或 0.997。

置信范围 [fiducial range] 即置信区间。

置信概率 [confidence probability] 以概率表示的置信度。

置信区间 [confidence interval] 又称置信范围。在一定的置信概率 $p=1-\alpha$ 水平由上、下两个置信限定出的参数区间。它表示待估参数真值在一定概率 p 下被包含在内的区间。具有统计含义，指从总体中抽取一大批容量相同的样本，并就每个样本求得真值的置信区间，这时大约有 p 个置信区间包含真值。对于一个特定的置信区间，要么包含真值，概率为 1；要么不包含真值，概率为 0，而不能说真值落在该置信区间的概率为 p。

置信系数 [confidence coefficient] 在一定概率下限定被估参数不确定程度的系数。置信系数越大，置信区间越宽，统计判断失误的机会越小，但被估参数的不确定程度变大；置信系数越小，置信区间越窄，统计判断失误的机会越大，但被估参数的不确定程度变小。置信系数取多大合适，需根据实际工作要求而定。在分析测试工作中，如果不加特殊说明，通常选用置信概率为 0.95 所相应的置信系数。

置信限 [confidence limit] 在约定显著性水平 α 由样本值推断总体参数时，限定真值估计量的置信区间两侧的界限值。

中位值 [median] 在一组依序排列的数目为奇数的测量值中居于中间位置的测量值，数目为偶数的测量值中是居于中间位置的两测量值的算术平均值，记为 $\tilde{x}$。在数据遵从正态分布的情况下，算术平均值 $\bar{x}$ 等于中位值 $\tilde{x}$。在数据呈偏态分布时，二者不相等，数据分布右偏时，$\tilde{x}<\bar{x}$；数据分布左偏时，$\bar{x}<\tilde{x}$。$\tilde{x}$ 是一个被广泛采用的一个优良的稳健统计量，受离群值影响很小。当总体分布为正态时，样本算术平均值比样本中位数明显好；但当总体分布偏离正态分布时，样本算术平均值的方差增加很快，而样本中位值的方差则相对比较平稳。

众数 [mode] 一组测量值中出现概率最大的测量值，记为 M_0。在数据分布对称的情况下，算术平均值 $\bar{x}$、中位值 $\tilde{x}$ 与众数 M_0 三者完全相等。在数据呈偏态分布时，三者不相等，数据分布右偏时，$M_0<\tilde{x}<\bar{x}$；数据分布左偏时，$\bar{x}<\tilde{x}<M_0$。在数据分布偏斜程度不是很显著时，三者的关系是：$M_0=3\tilde{x}-2\bar{x}$。它最常用来表示随机变量分布的集中位置。若众数只有一个，随机变量的概率分布是单峰的，若概率分布是多峰的，则有两个或两个以上的众数。

逐步回归 [stepwise regression] 一种线性回归模型自变量选择方法。在建立多元回归方程时，逐个引入自变量并对每个自变量的偏相关系数进行统计检验，保留效应显著的自变量，删除效应不显著的自变量，循此再遴选下一个自变量，直到不再引入和删去自变量得到最优的回归方程的一种多元回归分析方法。

主成分分析法 [principal component analysis(PCA)] 从一批变量中通过矩阵分解降维，寻找数目较少的一组由原变量线性组合而成的新的正交变量(主成分)，但仍能最大限度地保留原变量集所包含的信息的多元统计分析方法。

主成分回归法 [principal component regression method (PCR)] 在多元线性回归分析中，先对量测矩阵 Y 进行正交分解得到主成分，用主成分代替原有变量与浓度矩阵 X 进行回归分析的方法。

准确度 [accuracy] 在一定测量条件下测量值与被测定量的真值之间一致的程度。表征系统误差的大小，以误差或相对误差表示。已定系统误差可用修正值来修正，未定系统误差可用不确定度来估计。在实际工作中，通常用标准物质或标准方法进行比对试验，在无标准物质或标准方法时，常用加入被测定组分的纯物质进行回收试验来估计与确定准确度。测量精密度好是获得好的准确度的先决条件。

子样 [subsample] 即样本。

自由度 [degree of freedom] 释文见理论与计算化学同名词条。

总体 [population] 又称母体。所考察或研究对象的全体。总体的基本属性是：①大量性，是指总体必须是由许多个体所组成；②同质性，是指总体中各个体在某一或某些方面具有共同的性质；③变异性，是指总体中各个体之间在某一或某些方面存在差异性。由于总体具有上述基本属性，因此，在个体的行为上，呈现出波动性，在总体上，又表现出统计规律性。

总体标准偏差 [standard deviation of population] 表征总体测量值分布离散性的参数，记为 σ 。

$$\sigma=\sqrt{\frac{\sum_{i=1}^{n}(x_i-\mu)^2}{n}}$$

式中，x_i 是测量值，μ 是总体平均值，n 是测量值的数目。

总体方差 [population variance] 表征总体测量值离散性的参数，记为 σ^2 。

$$\sigma^2=\frac{\sum_{i=1}^{n}(x_i-\mu)^2}{n}$$

式中，x_i 是单次测量值，μ 是总体平均值，n 是测量值的数目。在有限次测定中，得到的样本方差 s^2 是总体方差 σ^2 的一个无偏和最佳估计值。

总体偏差 [population deviation] 测量列中单次测量值与总体平均值之差。

总体平均值 [population mean] 表示总体测量数据分布位置特征的统计量，是全部测量值的代数和除以测定量值的数目而得到的商，记为 μ。是测定值中出现概率最大的值。对于一个特定的总体，μ 是一个常数。

总体容量 [population capacity] 组成总体的个体数目。可以是无限的，也可以是有限的，相应地称为无限总体与有限总体。前者所包含的个体的数目是无限的，后者所包含的个体的数目是有限的。

总相关系数 [total correlation coefficient] 即全相关系数。

组间变异 [variation between laboratories] 用相同的方法在不同测量条件下(不同的操作者、不同的实验室或不同的时间)对同一被测定量进行多次测量时，所得到的各测量值之间的差异。

组间方差 [variance between laboratories] 用相同或不同的方法在不同测量条件下(不同的操作者、不同的实验室或不同的时间)对同一被测定量进行多次测定时所得到的方差。

组内变异 [variation within laboratory] 在短时间内用相同的方法在相同的测量条件下对同一被测定量进行连续多次测量时，所得到的各测量值之间的差异。

组内方差 [variance within laboratory] 同一操作者在短时间内用相同的方法在相同的测量条件下对同一被测定量进行连续多次测量时所得到的方差。

最佳无偏估计量 [best unbiased estimator] 即最佳无偏估计值。

最佳无偏估计值 [best unbiased estimator] 又称最佳无偏估计量。具有充分性、有效性、无偏性和一致性的估计值。它是充分利用了样本信息对待估参数做出的估计，估计值具有最小的方差，在待估参数的真值附近波动，不存在系统误差。当样本容量趋于无穷大时，估计值越接近于总体参数值。

最小残差法 [minimum residual method] 在回归分析中，判断异常试验点的一种方法。若残差 $\delta_i=(y_i-Y_i)$ 遵从正态分布 $N(0,\sigma^2)$，则标准化残差 $\delta_i'=\delta_i/\sigma$ 遵从标准正态分布 $N(0,1)$，概率 $P(|\delta_i'|\geqslant 2)=0.0455$，是小概率事件。据此可将

$\delta_i^{'}>2$ 的试验点判为异常点。若以残差 δ 为纵坐标、自变量 x 为横坐标、[-2,2]为允许区间建立残差控制图，当某一试验点的标准化残差 δ^* 落在[-2,2]区间之外，有 95%的置信度将其判为异常点，不能参与回归曲线的拟合。

最小二乘法 [least square method] 根据一组对应的测量数据 $(x_1,y_1),(x_2,y_2),\cdots,(x_n,y_n)$，基于使偏差平方和 $\sum_{i=1}^{n}(y_i-Y_i)^2$ 达到极小的原理对参数作最优估计，拟合因变量 y 与自变量 x 函数关系 $y=f(x)$ 的一种方法。式中，y_i 与 Y_i 分别为对应于自变量 x_i 的测定值与按回归方程计算的值。

最优估计 [optimal estimation] 从参数的多个无偏估计值中，找出具有最小方差的最佳无偏估计值的一种参数估计方法。用样本值来估计总体平均值 μ 和总体方差 σ^2，用不同估计方法所得到的估计值是不同的。评价估计值优劣的标准是一致性、无偏性、有效性和充分性。一致性是指随着样本容量增大，估计值越接近于待估参数，当样本容量趋于无穷大时，估计值依概率收敛于总体参数。无偏性是指用估计值估计待估参数不存在系统误差，估计值在待估参数附近波动。有效性是指用估计值估计待估参数具有最小的方差。充分性是指估计值用全部样本信息获得的。如样本平均值 $\bar{x}$ 和样本方差 s^2 是由全部样本值计算出来的，用来估计总体平均值 μ 和方差 σ^2 是无偏的，没有系统误差，且具有最小的方差。因此，平均值 $\bar{x}$ 和方差 s^2 分别是总体平均值 μ 和总体方差 σ^2 的最优估计值。而中位值 $\tilde{x}$ 和极差 R 只是利用了极少量的样本值，故不是 μ 和总 σ^2 的最佳估计值。

最优值 [optimal value] 在优化过程中所有可能得到的各种量值中的最佳值。

四

物理化学

物理化学 [physical chemistry] 化学的重要分支学科。是从物质的物理现象和化学变化的联系来探讨化学反应的基本规律的学科。

4.1 热力学(含统计热力学)

阿伏伽德罗常量 [Avogadro constant] 旧称阿伏伽德罗常数。物理学和化学中的一个重要常量。符号为 L 或者 N_A。指 1 mol 任何物质所含有的基本单元数。其值等于 0.012 kg ^{12}C 中包含的 ^{12}C 原子的数量。该值为 $(6.022\ 141\ 29 \pm 0.000\ 000\ 27) \times 10^{23}$，一般计算时取 6.02×10^{23} 或 6.022×10^{23}。历史上，之所以将 ^{12}C 选为参考物质是因为它的原子量可以测量得相当精确。

阿伏伽德罗常数 [Avogadro number] 阿伏伽德罗常量的旧称。

阿伏伽德罗定律 [Avogadro law] 该定律表述为：在相同的温度和压强下，相同体积的任何气体含有相同的分子数。这是意大利化学家阿伏伽德罗(A. Avogadro)于 1811 年提出的假说，后经大量实验证实为定律，并求得标准状况下气体的摩尔体积 $V_m = 22.41$ L/mol。这一定律揭示了气体反应的体积关系，可用以说明气体分子的组成，并为气体密度法测定气态物质的分子量提供了依据。

阿马加定律 [Amagat law] 即分体积定律。

爱因斯坦模型 [Einstein model] 用于解释固体热容的原子振动的简单模型。爱因斯坦在 1907 年提出该模型，假设：①固体内原子均以同一特征频率(ν_E)做独立的、互不相干的简谐振动；②每一原子具有三个振动自由度；③简谐振动的性质可用黑体辐射的普朗克公式来描述。应用这个模型得出固体的摩尔等容热容为

$$C_{V,m} = 3R\left(\frac{\theta_E}{T}\right)^2 \frac{\exp\left(\frac{\theta_E}{T}\right)}{\left[\exp\left(\frac{\theta_E}{T}\right)-1\right]^2}$$

式中，R 为摩尔气体常数；θ_E 为爱因斯坦温度($=h\nu_E/k_B$)；T 为热力学温度。当 $T \gg \theta_E$ 时，$C_{V,m} \approx 3R$，这与经验规律(杜隆-珀蒂定律)及经典的能量均分定理的结果一致。当 $T\to0$ 时，$C_{V,m}\to0$，从而第一次能够预言实验上所观察到的热容在低温下趋于零的趋势。这与光电效应一起成为需要量子化的最重要的证据之一。不过，热容趋于零是遵守幂定律，而爱因斯坦模型却错误预言为指数趋近于零。这个缺陷后来由德拜模型所纠正。

昂萨格倒易关系 [Onsager reciprocal relation] 不可逆热力学过程线性唯象定律中各系数间所满足的关系。它是粒子运动的微观可逆性在宏观尺度上的反映，1931 年由昂萨格(L. Onsager)提出。对于一个不可逆热力学过程，热力学流 $\dot{x}_i$ 与热力学力 X_j 之间可用线性唯象关系描述：

$$\dot{x}_i = \sum_j L_{ij} X_j$$

昂萨格倒易关系指出，系数 L_{ij} 满足：

$$L_{ij} = L_{ji}$$

此式表明当热力学流 i 受热力学力 X_j 影响时，流 j 也以同样的唯象系数受力 X_i 的影响。

饱和蒸气压 [saturated vapor pressure] 一种物质的气相与其液相或固相处于平衡时的气体压力。不同物质的饱和蒸气压不同，易挥发物质的饱和蒸气压较大。同一物质在不同温度下有不同的蒸气压，并随着温度的升高而增大，可用克拉珀龙-克劳修斯方程描述。饱和蒸气压是液体的一项重要物理性质，液体的沸点、液体混合物的相对挥发度等都与之有关。

比热 [specific heat] 单位质量物质的热容。

闭系 [closed system] 封闭系统的简称。

遍历假说 [ergodic hypothesis] 统计热力学中的基本假设之一。认为一个孤立系统从任一初态出发，经过足够长的时间后将经历一切可能的微观状态。因此，宏观性质的对时间的平均值(时间平均)可以用对各种可能的微观状态的平均值(系综平均)来代表。

标准摩尔等压反应热 [standard molar isobaric heat of reaction] 即标准摩尔反应焓。

标准摩尔反应焓 [standard molar enthalpy of reaction] 又称标准摩尔等压反应热。反应物和产物均处于标准态时的摩尔反应焓。符号为 $\Delta_r H_m^\ominus$，单位通常为 kJ/mol。在实验中通常用量热法测量。

标准摩尔反应吉布斯自由能 [standard molar Gibbs free energy of chemical reaction] 按化学反应计量方程，在指定温度下由标准状态的反应物进行反应生成标准状态的产物所引起的系统吉布斯自由能的变化。对化学反应 $0=\sum_B \nu_B B$，其标准摩尔反应吉布斯自由能定义为

$$\Delta_r G_m^\ominus = \sum_B \nu_B \mu_B^\ominus$$

式中，ν_B 为物质 B 的化学计量数；$\mu_B^{\ominus}$ 为 B 在标准状态下的化学势。它和标准平衡常数 $K^{\ominus}$ 之间的关系为

$$\Delta_r G_m^{\ominus} = -RT\ln K^{\ominus}$$

式中，T 为热力学温度；R 为理想气体常数。利用此式即可由热力学数据求算标准平衡常数。

标准摩尔焓函数 [standard molar enthalpy function] 任意温度 T 的摩尔焓和参考温度 T_0 下的摩尔焓之差，即

$$H_m^{\ominus}(T) - H_m^{\ominus}(T_0)$$

纯物质的焓函数可由量热实验数据或用统计热力学方法计算得到，并可用于计算化学反应的标准摩尔反应焓。

标准摩尔吉布斯自由能函数 [standard molar Gibbs free energy function] 任意温度 T 的摩尔自由能和参考温度 T_0 下的摩尔自由能之差，即

$$G_m^{\ominus}(T) - G_m^{\ominus}(T_0)$$

纯物质的自由能函数可由量热实验数据得到，经常在物理化学手册中给出。可进一步用于计算化学反应的标准摩尔反应吉布斯自由能。

标准摩尔燃烧焓 [standard molar enthalpy of combustion] 又称标准燃烧热。在标准压力和指定温度下 1 mol 物质完全燃烧时的反应焓变。符号为 $\Delta_c H_m^{\ominus}$，单位通常为 kJ/mol。完全燃烧是指物质中的 C 变成 $CO_2(g)$，H 变成 $H_2O(l)$，N 变成 $N_2(g)$，S 变成 $SO_2(g)$，Cl 变成 HCl(水溶液)，Si 变成 $SiO_2(s)$等。任意反应 $0=\sum_B \nu_B B$ 的标准摩尔反应焓($\Delta_r H_m^{\ominus}$)和反应物及产物的 $\Delta_c H_m^{\ominus}$ 的关系如下：

$$\Delta_r H_m^{\ominus} = -\sum_B \nu_B \Delta_c H_m^{\ominus}(B)$$

式中，ν_B 为物质 B 的化学计量数。

标准摩尔生成焓 [standard molar enthalpy of formation] 又称标准生成热。由稳定单质生成该化合物时的标准摩尔反应焓。符号为 $\Delta_f H_m^{\ominus}$，单位通常为 kJ/mol。稳定单质的 $\Delta_f H_m^{\ominus}$ 均为零。T=298.15K 时，液体水的 $\Delta_f H_m^{\ominus}$ 等于 −285.83 kJ/mol。对化学反应 $0=\sum_B \nu_B B$，可用反应物和产物的标准摩尔生成焓按下式计算其标准摩尔反应焓 $\Delta_r H_m^{\ominus}$：

$$\Delta_r H_m^{\ominus} = \sum_B \nu_B \Delta_f H_m^{\ominus}(B)$$

标准燃烧热 [standard heat of combustion] 即标准摩尔燃烧焓。

标准生成热 [standard heat of formation] 即标准摩尔生成焓。

标准态 [standard state] 用于确定物质的热力学性质时所用的标准参考状态。由于物质及化学反应的性质受外部条件的影响，因此规定了物质的标准的热力学参考状态，以作为确定相关热力学基本数据的基点，通常用符号“$\ominus$”表示。我国国家标准中规定 100 kPa 为标准压力，用 $p^{\ominus}$ 表示，再进一步规定各种系统的热力学标准态。标准态没有特别指明温度，通常用的是 298.15 K。如为其他温度，则需标出该温度数值。对于气体，当压力为 $p^{\ominus}$ 时，即为标准态；对液体和固体，其标准态是纯液体和固体中最稳定的晶态。处于标准压力下的理想溶液，浓度为标准浓度 $C^{\ominus}$=1 mol/L 时的状态，即为该溶液的标准态。

冰点降低 [freezing point depression] 又称凝固点降低。溶质加入溶剂时，溶剂的冰点出现降低的现象。如在水中加入盐或乙醇，都将导致冰点下降。对于理想溶质，冰点降低的程度仅取决于溶液浓度(因而是一种依数性)，而且可由如下线性关系描述：

$$\Delta T_f = K_f bi$$

式中，K_f 为冰点降低常数，只取决于溶剂性质；b 为质量摩尔浓度；i 为范托夫因数(每个溶质分子可以电离出的离子个数)。对于水，K_f = 1.853 K·kg/mol。

玻恩-哈伯循环 [Born-Haber cycle] 用于计算离子晶体晶格能(晶体解离为离子时的能量变化，实验上没法直接测量)的热化学循环。由玻恩与哈伯提出，主要利用晶体的生成焓、单质的升华焓以及原子的电离焓进行计算。如图是用于计算 NaCl(s) 晶格能的循环过程，根据赫斯定律，有

$$\Delta H_1 = \Delta H_2 + \Delta H_3 + \Delta H_4 + \Delta H_5 + \Delta H_6$$

式中，ΔH_1 为 NaCl(s) 的生成焓；ΔH_2 为 Cl—Cl 键焓的二分之一；ΔH_3 为 Na(s) 的升华热；ΔH_4 为 Na(g) 的电离焓；ΔH_5 为 Cl(g) 的电子亲和焓；ΔH_6 为 NaCl(s) 的晶格焓。利用已知的 ΔH_1，…，ΔH_5 就可计算出 ΔH_6。

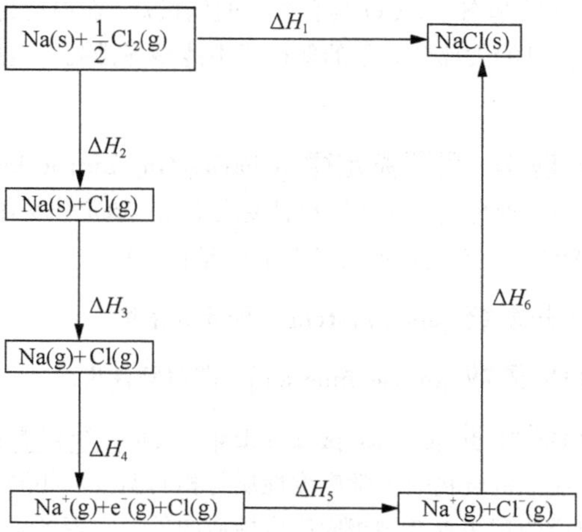

玻恩-哈伯循环

玻尔兹曼分布律 [Boltzmann distribution law] 麦克斯韦-玻尔兹曼分布律的简称。

玻尔兹曼熵公式 [Boltzmann entropy formula] 孤立系统的熵 S 和其微观状态数 Ω 之间的关系式：

$$S = k_B \ln \Omega$$

式中，k_B 为玻尔兹曼常量，$k_B=1.38062\times10^{-23}$ J/K。玻尔兹曼熵公式给出了熵的最为普适的微观解释。

玻意耳点 [Boyle point] 即玻意耳温度。

玻意耳-马略特定律 [Boyle-Mariotte law] 温度保持不变时，理想气体的压强和体积成反比。该定律由玻意耳与马略特分别于 1662 年与 1676 年独立提出。

玻意耳温度 [Boyle temperature] 又称玻意耳点。实际气体的 p-V 行为比较接近理想气体时的温度。在某温度 T 时，以 pV 对 p 作图，使偏导数 $\left[\partial(pV)/\partial p\right]_{T,p\to0}=0$ 的温度称为玻意耳温度 T_B。不同气体有不同的 T_B。对范德瓦耳斯气体，$T_B=a/Rb$，其中 a 与 b 为范德瓦耳斯气体方程中的常数，R 为普适气体常量。

不可逆过程 [irreversible process] 不管用什么方法都不能逆转并使系统和环境完全复原的过程。是相对于可逆过程而言的。一切实际过程严格讲都是不可逆过程。

不可逆过程热力学 [thermodynamics of irreversible process] 即非平衡态热力学。

不相合熔点 [incongruent melting point] 又称转熔温度。固体化合物在其熔点以下就分解为熔液和另一种固体时所对应的温度。

步冷曲线 [cooling curve] 即冷却曲线。

残余熵 [residual entropy] 物质在温度无限接近绝对零度时具有非唯一的微观状态而保持的非零熵。这可能是因为系统在零度时具有简并的基态，或者是因为系统未能弛豫到真正的基态。如 CO 具有很小的偶极矩，在温度为零时，CO 晶体里的大部分分子的偶极矩不能整齐排列，造成残余熵的存在。

查理-盖·吕萨克定律 [Charles-Gay-Lussac law] 压力不变时，理想气体的体积和温度成正比。该定律是盖·吕萨克在 1802 年发布的，但他参考了查理的研究。

敞开系统 [open system] 即开放系统。

超额函数 [excess function] 即超额性质。

超额性质 [excess properties] 又称超额函数或过量性质。实际混合物热力学广度性质与相同温度、相同压力、相同组成的理想混合物相应广度性质的差。它表征了实际混合物和理想混合物的整体偏差。主要的超额性质有：超额体积、超额焓、超额熵和超额吉布斯自由能。其中，超额体积(即混合体积)和超额焓(即混合热)是可以直接测量的。

超临界流体 [supercritical fluid] 温度 T 高于临界温度 T_c，压力 p 大于临界压力 p_c 的流体。密度和溶剂化能力接近液体，而传递性质如黏度和扩散系数则类似于气体。此外，零表面张力使它有利于渗入多孔性物质之中。根据这些特性发展了一系列新兴技术，如超临界流体萃取、超临界液体色谱、超临界化学反应和超细颗粒的制备等。

单粒子配分函数 [single-particle partition function] 即分子配分函数。

道尔顿分压定律 [Dalton law of partial pressure] 混合气体的压强 p 等于各组分的分压强 (p_i) 之和，即 $p=\sum_i p_i$。该定律首先由道尔顿于 1801 年提出，是理想气体压强公式的必然结果，因此对于不符合理想气体的一些实际气体可能不适用。

德拜模型 [Debye model] 计算固体比热的原子振动模型之一。德拜(P. Debye)在 1912 年对爱因斯坦模型进行改进而提出的。主要是假设原子振动类似于弹性介质的振动，但存在一频率上限。根据模型可导出计算原子晶体摩尔等容比热的德拜公式：

$$C_{V,\mathrm{m}}(T)=9R\left(\frac{T}{\theta_D}\right)^3\int_0^{\theta_D/T}\frac{x^4 e^x}{\left(e^x-1\right)^2}dx$$

式中，$x=h\nu/k_BT$，ν 为晶体中原子振动频率；$\theta_D=h\nu_D/k_B$ 称为德拜温度，ν_D 为原子振动频率的上限，称为德拜频率。在温度很低时上式化为德拜立方定律：

$$C_{V,\mathrm{m}}(T)\approx\frac{12\pi^4R}{5}\left(\frac{T}{\theta_D}\right)^3$$

德拜模型在低温极限和高温极限下都是准确的，但在中间的温度不太准确。

等概率原理 [principle of equal a priori probability] 统计热力学基本假设之一。对于处在平衡状态的孤立系统，系统各个可能的微观状态出现的概率是相同的。

等容热容 [heat capacity at constant volume] 系统在等容过程的热容，用符号 C_V 表示。

等压热容 [heat capacity at constant pressure] 系统在等压过程的热容，用符号 C_p 表示。

低共熔点 [eutectic point] 即最低共熔点。

第二类永动机 [perpetual motion machine of the second kind] 假想的能够从单一热源(海洋、大气、宇宙等)

吸取热能而不断运动并且对外做功的机械。由于违反热力学第二定律而不可能实现。

第一类永动机 [perpetual motion machine of the first kind] 假想的不消耗能量而能够不断运动并且对外做功的机械。由于违反热力学第一定律而不可能实现。

定域粒子 [localized particle] 只能在固定位置附近运动的粒子。在统计热力学中可当成可分辨粒子来处理。例如固体中的原子。

独立粒子 [independent particle] 相互之间除弹性碰撞外没有其他相互作用或相互作用极弱而可以忽略不计的粒子。例如，理想气体分子就是独立粒子。低压下的气体分子也可以近似作为独立粒子处理。

杜隆-珀蒂定律 [Dulong-Petit law] 法国化学家杜隆(P. L. Dulong)和珀蒂(A. T. Petit)于1819年提出的经典定律：晶体的摩尔等容比热约等于3R(其中R为理想气体常数)，与晶体种类无关。

对比态原理 [principle of corresponding state] 即对应状态原理。

对比体积 [reduced volume] 流体的实际体积和临界体积的比值。

对比温度 [reduced temperature] 流体的实际温度和临界温度的比值。

对比性质 [reduced properties] 又称约化性质。系统的某物理性质和参考状态下该性质的值的比。用于表征实际状态和指定的参考状态之间的距离。研究发现对比性质具有十分简单的规律性。若以临界点为参考状态，则得到对比压力 $p_r=p/p_c$，对比体积 $V_r=V/V_c$，以及对比温度 $T_r=T/T_c$。其他对比性质有对比密度、对比压缩因子和对比第二位力系数等。

对比压强 [reduced pressure] 流体的实际压强和临界压强的比值。

对称数 [symmetry number] 分子的等价取向的数目。用 σ 表示。是对分子对称性的一种描述，等于分子绕各个独立的对称轴旋转时所得到的等价取向的数目之和。例如，异核双原子分子 σ=1，同核双原子分子 σ=2。计算对称数大于1的分子的转动配分函数时，需进行等同性修正：

$$q_r=\frac{8\pi^2 Ik_BT}{\sigma h^2}=\frac{T}{\sigma\theta_r}$$

式中，I为分子转动惯量；$\theta_r=h^2/8\pi^2 Ik_B$，为转动特征温度。

对应状态原理 [principle of corresponding states] 又称对比态原理。不同的物质如果具有相同的对比压力和对比温度，就是处于对应状态，这时它们的各种物理性质都具有简单的对应关系。实验表明，当组成结构、分子大小相近的物质处于对应状态时，它们的许多对比性质如体积、压缩性、膨胀系数、黏度系数、折射率等将大致相同。例如，在 p-V-T 关系的计算中，范德瓦耳斯方程可以转化为不含特性参数的普遍化状态方程：

$$\left(p_r+\frac{3}{V_r^2}\right)(3V_r-1)=8T_r$$

此方程不再包含与气体性质相关的常数。也可将压缩因子和对比温度、对比压力的关系绘制成普遍化压缩因子图。利用对应状态原理，只需知道物质的临界温度和临界压力，就可进行 p-V-T 关系的近似计算。而且流体的黏度、热导率、分子扩散系数等物性参数，以及位力系数、逸度系数、焓、热容等热力学参数，也可以根据对应态原理估算，并已编绘出相应的普遍化图表以供查考。因此，对应态原理在工程设计中得到广泛应用。对应态原理最初是受临界点时各种气体的压缩因子近似相等这一事实的启示而发现的，也可应用统计力学原理从理论上导出。严格地讲，对应态原理仅适用于由球形小分子组成的简单流体。

二级相变 [second-order phase transition] 释文见无机化学同名词条。

反渗透 [reverse osmosis] 当对溶液施加一个大于其渗透压的额外压力时，溶剂自溶液向纯溶剂侧逆向扩散的现象。

反应进度 [extent of reaction] 描述化学反应进行程度的物理量。用符号 ξ 表示，具有与物质的量相同的单位。对化学反应计量方程为 $0=\sum_B \nu_B B$ 的反应系统，在时间间隔 dt 内各物质的量的变化记为 dn_B，则反应进度 ξ 定义为

$$d\xi=dn_B/\nu_B$$

积分上式得反应系统各物质的物料衡算式：

$$n_B(\xi)=n_B(0)+\nu_B\xi$$

式中，$n_B(0)$表示反应进料中B的物质的量；$n_B(\xi)$表示反应进度为 ξ 时的反应系统中B的物质的量。反应进度是描述化学反应系统状态的重要参数。采用反应进度这一概念时必须与化学反应的计量方程对应(即必须给出反应式)。

反应热 [heat of reaction] 在指定温度下伴随化学反应吸收或放出的热，即等温反应的热效应。反应热可以用量热计直接测量。反应热有多种形式。系统保持体积不变时的反应热称为等容反应热，它等于反应过程中系统热力学能的变化，用 Δ_rU 表示。系统压力保持不变时的反应热称为等压反应热，等于反应过程中系统焓的变化，用 Δ_rH 表示。

反应热效应 [heat effect of reaction] 伴随化学反应而发生的吸收或放出热的效应。

范托夫方程 [van't Hoff equation] 范托夫 1884 年提出的描述反应的平衡常数随温度变化的方程。方程如下：

$$\frac{\mathrm{d}\ln K^{\ominus}(T)}{\mathrm{d}T}=\frac{\Delta_r H_m^{\ominus}}{RT^2}$$

式中，$\Delta_r H_m^{\ominus}$ 是标准摩尔反应焓。对于吸热反应，$\Delta_r H_m^{\ominus}>0$，因此平衡常数随温度升高而增大。对于放热反应，$\Delta_r H_m^{\ominus}<0$，温度升高，因此平衡常数随温度升高而减小。

非定域粒子 [nonlocalized particle] 可以在整个系统空间中运动的粒子。在统计热力学中必须按照不可分辨粒子来处理。例如气体分子。

非独立粒子 [interacting particle] 又称相依粒子。相互之间存在不可忽略的相互作用的粒子。其内能除了各粒子能量之和外，还包括粒子间相互作用的势能。实际气体分子或液体、固体物质中的分子、离子等均是非独立粒子。

非理想混合物 [non-ideal mixture] 即实际混合物。

非平衡态热力学 [non-equilibrium thermodynamics] 又称不可逆过程热力学。宏观系统的非平衡态和不可逆过程的热力学。通常考虑整体非平衡但局部平衡(在足够小的部分里可以应用平衡热力学原理)的系统，从某种意义上讲它可以看作是经典热力学的延伸。但在非平衡态热力学里，熵是最重要的量。非平衡态热力学的主要内容包括线性非平衡态热力学、热力学稳定性理论和耗散结构理论等。早期所发现的非平衡态系统为 BZ 化学振荡器。

非体积功 [non-volumetric work] 又称有用功或可用功。除体积功以外的功。

非自发过程 [nonspontaneous process] 需要外界干预才能发生的过程。在此过程中系统的自由能升高。例如，石头从山下滚到山顶，热从低温物体传给高温物体。所有自发过程的逆过程都是非自发过程。

沸点升高 [boiling point elevation] 含有非挥发性溶质的溶液的沸点比纯溶剂沸点升高的现象。沸点升高的程度仅取决于溶液浓度：

$$\Delta T_b=K_b b_B$$

式中，b_B 为质量摩尔浓度(需考虑溶质的电离)；K_b 称为沸点升高常数，仅由溶剂性质决定。因此，理想溶液的沸点升高和溶质的数量(b_B)成正比，与溶质的性质无关，是一种依数性。

分布 [distribution] 在不同能级上或处于不同量子态的粒子的数目分配情况。相应于某个宏观状态可以有不同的分布。平衡系统的分布依粒子性质和外界条件的不同包括：麦克斯韦-玻尔兹曼分布、费米-狄拉克分布、玻色-爱因斯坦分布。

分配定律 [distribution law] 能斯特在 1891 年提出的描述溶质在两个互不相溶的液体中的分配的定律。该定律认为溶质在两个液相中的浓度之比为常数：

$$K_{\mathrm{Dx},i}=x_i^{\alpha}/x_i^{\beta}$$

式中，x_i^{α} 和 x_i^{β} 分别为物质 i 在 α 相和 β 相的摩尔分数；$K_{\mathrm{Dx},i}$ 称为分配常数或分配系数。$K_{\mathrm{Dx},i}$ 不仅是温度和压力的函数，而且和两个液相的性质有关。上式只有在稀溶液以及物质 i 在两个液相中的分子形态相同时才成立。分配定律是液液平衡计算的基础。分配定律对利用吸收方法来分离气体混合物的工艺有指导作用，也可用来定量计算萃取分离时被提取物的质量或吸收一定量的物质所需的液体量。

分体积定律 [law of partial volume] 又称阿马加定律。该定律表述为：混合气体的总体积等于各组分的分体积之和。由阿马加(E. Amagat)于 1880 年提出，适用于理想气体，有时也适用于低压下的真实气体混合物。高压下，该定律可能不再适用，需引入偏摩尔体积的概念。

分子配分函数 [molecular partition function] 又称单粒子配分函数。单个分子的配分函数。其表达式为

$$q=\sum_i g_i\exp(-\varepsilon_i/k_BT)=\sum_j\exp(-\varepsilon_j/k_BT)$$

式中，$\sum_i$ 表示对所有的能级求和；$\sum_j$ 表示对所有的量子态求和；g_i 是能级 i 的简并度。分子的运动有平动、转动、振动以及电子运动和核旋转运动等形态，若这些运动自由度相互独立，则分子配分函数可分解成各运动自由度的配分函数的乘积。质量为 m 的分子在体积 V 内自由运动时的平动配分函数为

$$q_t=\left(\frac{2\pi mk_BT}{h^2}\right)^{\frac{3}{2}}V$$

转动惯量为 I 的刚性异核双原子分子的转动配分函数在 $T\gg\theta_r$ 时为

$$q_r=\frac{T}{\theta_r}=\frac{8\pi Ik_BT}{h^2}$$

式中，$\theta_r=\dfrac{h^2}{8\pi Ik_B}$ 称为转动特征温度。双原子分子的内部振动可用频率为 ν 的一维谐振子模型描述，振动配分函数为

$$q_v=\sum_{n=0}^{\infty}\exp\left[-\frac{(n+1/2)h\nu}{k_BT}\right]=\frac{\exp(-\theta_v/2T)}{1-\exp(-\theta_v/T)}$$

式中，$\theta_v=\dfrac{h\nu}{k_B}$ 被称为振动特征温度。

分子热力学 [molecular thermodynamics] 以大量分子的集合体作为研究对象，运用经典热力学和统计力学的方法来研究分子体系宏观性质的学科。

封闭系统 [closed system] 简称闭系。和环境之间没有物质交换但可以有能量交换(包括热的交换和功的交换)的系统。其中，如果只有功的交换而没有热的交换，则称为绝热系统。

盖斯定律 [Hess's law] 即赫斯定律。

杠杆规则 [lever rule] 在相图中计算处于平衡的两相的相对数量的规则。设相图(见图)中代表共存两个相的点为 V 和 L，当系统的代表点位于 VL 连线中任意一点 O 时，则该系统中 V 相和 L 相数量反比于它们与 O 之间的距离，即 V 相∶L 相=OL∶VO。因此，V 相和 L 相数量的关系好似以 O 点为支点的杠杆一样。

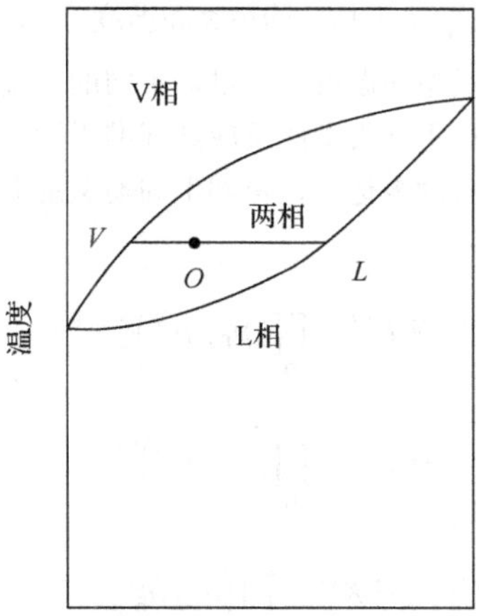

功 [work] 力对物体作用的空间累积的物理量，也是能量传递的一种形式。功是标量，符号为 W，在物理学中定义为广义力与其广义位移的内积。例如，体积功就等于外压 p_0 和广义位移(体积变化 ΔV 的负数)的乘积：

$$W = -p_0\Delta V$$

而在热力学中把系统和环境间的除热以外的能量传递都归属为功。一般把体积功以外的功称为非体积功(或其他功、有用功、可用功)。对同样的始态和终态而言，经过不同的过程，其功是不同的。因此功是过程的属性，而非系统的状态性质。而且，可逆过程的功最大，称为可逆功或最大功。

共轭溶液 [conjugated solution] 在二组分或多组分液-液平衡系统中，处于相平衡的两个或多个共存液相组成的溶液体系。例如，20℃时，水-异丁醇系统在达到液-液平衡时的共轭溶液分别为：水相含异丁醇 8.5%和异丁醇相含异丁醇 83.6%(质量分数)。在液-液平衡相图中连接两个共轭相的代表点的线称为连接线，并可用杠杆规则计算这两个相的数量。

孤立系统 [isolated system] 完全不受环境的影响，和环境之间没有任何物质或能量交换的系统。

广度性质 [extensive properties] 其数值大小与系统中物质的量成正比的性质。即整体的性质是组成整体的各部分的性质之和，如，质量、体积、内能、自由能、焓、熵、热容等。

广义力 [generalized force] 即热力学力。

广义流 [generalized flux] 即热力学流。

规定熵 [conventional entropy] 在规定绝对零度时完整晶体的熵为零的基础上所求得的纯物质的熵。它等于从绝对零度加热到指定状态的过程的熵变，一般可利用量热实验数据或统计热力学方法求得。通常热力学数据表中给出的熵就是规定熵。

过程 [process] 又称热力学过程。系统在内部与外部条件作用下从一个状态转变为另一个状态的一系列变化。即热力学状态随时间的变化。按照过程所经历的中间状态是否处于平衡，可分为准静态过程(平衡过程)和非静态过程(非平衡过程)。按照过程是否可逆，可分为可逆过程和不可逆过程。也可以按照过程中参数的变化特点来分类，如等温过程(温度不变)、等压过程(压力不变)、等容过程(体积不变)、等焓过程(焓不变)和等熵过程(熵不变)等。

过量性质 [excess properties] 即超额性质。

亥姆霍兹函数 [Helmholtz function] 即亥姆霍兹自由能。

亥姆霍兹自由能 [Helmholtz free energy] 又称亥姆霍兹函数。由法国物理学家亥姆霍兹(H. Von Helmholtz)首先提出反映可逆等温等容条件下体系做功本领的热力学状态函数。用 F 表示，其定义为

$$F = U - TS$$

式中，U 为系统的热力学能；T 为热力学温度；S 为熵。F 是广度性质，具有能量的量纲。在封闭系统中发生等温等容过程且无其他功(非体积功)时，则

$$\Delta F_{T,V} \leqslant 0$$

上式表明，在无其他功时，等温等容封闭系统的亥姆霍兹自由能在可逆过程中保持不变，在不可逆过程中总是减少，直到最小时系统达到平衡状态。这被称为亥姆霍兹自由能减少原理，是在等温等容条件下过程是否可逆(即封闭系统是否达到平衡)的判据。在统计热力学中，亥姆霍兹自由能和正则配分函数 Z 直接关联：$F = -k_BT\ln Z$ 。其中 k_B 为玻尔兹曼常量，T 为热力学温度。

焓 [enthalpy] 系统的一个热力学状态函数。用符号 H

表示，定义为：

$$H = U + pV$$

式中，U 为系统热力学能；p 为压力；V 为体积。焓是广度性质，具有能量的量纲。焓在许多实际过程，特别是等压过程和敞开系统稳流过程中具有重要的意义。例如，在等压和只做体积功的条件下发生的过程，系统的焓变就等于该过程的热 Q_p，即 $\Delta H = Q_p$。

耗散结构 [dissipative structure] 在远离平衡的非线性区通过不断与外界交换物质或能量所形成的稳定的宏观有序结构。是比利时科学家普里高津(Prigogine)在研究非平衡热力学时提出的重要概念。典型的例子是在反应-扩散系统中形成的浓度随空间规则变化的状态(浓度花纹)和浓度随时间周期变化的状态(化学振荡)以及浓度随空间和时间规则变化的状态(化学波)。生命的发生、物种的进化、宇宙的演化都是从低级到高级，从无序到有序，从无结构到有结构。这些在表面上看都与热力学第二定律所确定的方向完全相反，但用耗散结构理论可以加以解释。

赫斯定律 [Hess's law] 又称盖斯定律。赫斯(G. H. Hess)在 1836 年提出的关于反应热的加成性定律：在一个等容或等压的化学反应过程中，总的反应热只与始态和终态有关，与中间步骤无关。如果一个总反应由 R 个子反应组成，则赫斯定律可写成

$$\Delta_r H_{m,A} = \sum_{i=1}^{R} \nu_i \Delta_r H_{m,i}$$

式中，$\Delta_r H_{m,i}$ 表示反应 i 的等压摩尔反应热；ν_i 为子反应加和组成总反应时反应 i 所乘的系数。上式表明，总反应 A 的等压摩尔反应热等于 R 个子反应的等压摩尔反应热的代数和。利用赫斯定律，使一些不易测准或无法测量的反应热可通过易测量的反应热来间接计算。例如，炭的燃烧很难控制反应停留在产物为一氧化碳阶段，因此 $C + \frac{1}{2}O_2 \longrightarrow CO$ 的反应热很难直接测量。但利用赫斯定律，可从 $C + O_2 \longrightarrow CO_2$ 及 $CO + \frac{1}{2}O_2 \longrightarrow CO_2$ 两个反应热来计算得到。

亨利定律 [Henry's law] 1803 年亨利(W. Henry)研究气体在液体中的溶解度而总结出的规律：对一定温度下的稀溶液，当与溶液平衡的蒸气压力不大时，溶质的蒸气分压和溶液中溶质的浓度成正比，即

$$p_B = k_{Hx,B} x_B$$

式中，$k_{Hx,B}$ 为亨利常数，其单位和压力相同。温度不同，亨利系数不同，温度升高，挥发性溶质的挥发能力增强，亨利系数增大。

宏观状态 [macro state] 又称热力学状态。系统在宏观层次上表现出来的状态。处于一定状态下的热力学系统具有确定的宏观性质，而与到达此状态的历史无关。系统的宏观状态通常是由一些宏观的性质如质量、温度、压力、体积或组成等来描写和规定的。

化学反应标准平衡常数 [standard equilibrium constant of chemical reaction] 根据物质在标准状态下的性质确定出来的反映各组分平衡浓度之间关系的常数。对于化学反应 $0 = \sum_B \nu_B B$，标准平衡常数定义为

$$K^{\ominus} = \exp\left(-\frac{\sum_B \nu_B \mu_B^{\ominus}}{RT}\right) \text{或} K^{\ominus} = \prod_B \left(\lambda_B^{\ominus}\right)^{-\nu_B}$$

式中，$\mu_B^{\ominus}$ 和 $\lambda_B^{\ominus}$ 分别为标准状态下物质 B 的化学势和绝对活度。由于 $\mu_B^{\ominus}$ 仅取决于物质的种类和温度，所以标准平衡常数仅取决于反应类型和温度。不过，不同的系统所选取的标准状态不同，所以不同类型的反应其标准平衡常数有不同的内涵。根据化学势的表达式，得到不同类型反应标准平衡常数的表示为

理想气体反应 $K^{\ominus} = \prod_B \left(p_B / p^{\ominus}\right)^{\nu_B}$

实际气体反应 $K^{\ominus} = \prod_B \left(f_B / p^{\ominus}\right)^{\nu_B}$

液体或固体反应 $K^{\ominus} = \prod_B \left(a_B / a_B^{\ominus}\right)^{\nu_B}$

式中，p_B，f_B 和 a_B 分别为化学反应平衡系统中 B 的分压、逸度和活度；$p^{\ominus}$ 为标准压力；$a_B^{\ominus}$ 为 B 的标准活度。标准平衡常数 $K^{\ominus}$ 是反映化学反应所能达到的限度的热力学量，它可通过热力学关系式由各物质的热力学性质数据计算。标准平衡常数是量纲为 1 的热力学量，而实验平衡常数的量纲可以是 1，也可以不为 1。

化学反应等温方程 [chemical reaction isotherm] 用来表达非标准状态下化学反应自由能变化之间关系的等式。在指定温度下，化学反应 $0 = \sum_B \nu_B B$ 的摩尔反应吉布斯自由能变化可表示为

$$\Delta_r G_m = RT \ln(J/K)$$

上式称为化学反应等温方程。对理想气体反应，$J = J_p = \prod_B p_B^{\nu_B}$，称为分压比，又称压力商；$K = K_p$，是以分压表示的平衡常数。对其他反应系统，$J$ 和 K 也有相应的定义和表达式。化学反应等温方程表明化学反应的方向和限

度可用 K 和 J 之间的关系来判断：

$J<K$，$\Delta_r G_m < 0$，系统未达平衡，反应正向进行；

$J=K$，$\Delta_r G_m = 0$，系统已达平衡；

$J>K$，$\Delta_r G_m > 0$，系统未达平衡，反应逆向进行。

化学反应计量方程 [chemical stoichiometric equation] 表示化学反应系统中各物质的量间的关系式。化学反应计量方程通常写成

$$0 = \sum_B \nu_B B$$

式中，ν_B 称为物质 B 的化学计量数。例如，合成氨反应：

$$0 = -N_2 - 3H_2 + 2NH_3$$

$$\nu_{N_2} = -1,\ \nu_{H_2} = -3,\ \nu_{NH_3} = 2$$

化学反应计量方程仅表示反应过程中各反应物和产物物质的量变化之间的比例关系，可作为该系统物料衡算的依据，但并不代表实际的反应历程与微观机理。

化学反应亲和势 [affinity of chemical reaction] 为了研究化学平衡而引入的一个辅助热力学函数。它的定义为：

$$A = \left(\frac{\partial G}{\partial \xi}\right)_{T,p}$$

式中，G 为系统的吉布斯自由能；ξ 为反应进度。对于化学反应 $0 = \sum_B \nu_B B$，可得到

$$A = -\sum_B \nu_B \mu_B$$

式中，μ_B 为化学势。根据热力学原理，$A>0$ 时，化学反应正向自动进行；$A<0$ 时，化学反应逆向自动进行；$A=0$ 时，达到化学平衡。化学反应亲和势越大，反应正向进行的推动力越大。

化学计量 [stoichiometry] 物质系统的成分信息，及化学反应中各物质变化的比例关系。例如，对于合成氨反应 $N_2 + 3H_2 \longrightarrow 2NH_3$ 的 N_2，H_2，NH_3 计量比为 1∶3∶2。

化学平衡 [chemical equilibrium] 在宏观条件一定的可逆反应中，化学反应正逆反应速率相等，宏观上反应物和生成物各组分浓度不再改变的状态。根据勒夏特列原理，如一个已达平衡的系统被改变，该系统会随之改变来抗衡该改变。

化学热力学 [chemical thermodynamics] 物理化学和热力学的一个分支学科。以经典热力学的三个基本定律为基础，研究化学反应和相变等过程的方向和进行的限度以及伴随的能量-功-热转换的性质。主要内容包括热化学、化学平衡、相平衡和溶液理论等。

化学势 [chemical potential] 每增减单位数量分子时体系自由能的变化量。通常以吉布斯自由能对分子数量的偏微分来表示，定义为

$$\mu_i = \left(\frac{\partial G}{\partial n_i}\right)_{T,p,n_{j\neq i}}$$

其物理意义是在指定温度和压力下除物质 i 外其余物质的量保持不变时，在极大量的系统中加入 1 mol 物质 i 引起的系统吉布斯自由能的变化。化学势是强度性质。化学势在处理相变和化学反应的问题时具有重要意义，它决定了物质流动的方向和限度，物质自动地(以扩散、相变或化学反应等方式)向化学势低的方向流动，直至各处化学势相等为止。另外，还有以 U，H，F 定义的化学势，实质上与以 G 定义的化学势是等价的。

环境 [surrounding] 存在于系统之外的，并以一定方式与系统相互作用着的所有外界物体的总称。

活度 [activity] 用来表征溶液中的有效浓度的一个辅助性热力学函数。物质 B 的绝对活度 λ_B 的定义为

$$\lambda_B = \exp(\mu_B / RT)$$

式中，μ_B 是物质 B 的化学势。绝对活度和化学势相似，其大小指示物质迁移的方向。由于化学势的绝对值无法知道，需要选择一个标准态作为计算化学势相对值的基点。物质 B 在标准态的绝对活度与标准态化学势的关系为

$$\lambda_B^{\ominus} = \exp\left(\mu_B^{\ominus} / RT\right)$$

物质 B 的绝对活度与其标准态绝对活度之比称为相对活度(relative activity)，简称活度，用 a_B 表示，即

$$a_B = \lambda_B / \lambda_B^{\ominus} = \exp\left[\left(\mu_B - \mu_B^{\ominus}\right) / RT\right]$$

活度是无因次量。标准态的活度值等于 1，任何实际状态活度的数值和 1 的差异描述了实际状态与标准态的偏离程度。

活度系数 [activity coefficient] 释文见有机化学同名词条。

活度因子 [activity factor] 即活度系数。

基尔霍夫定律 [Kirchhoff's law] 描述反应热随温度变化规律的定律。最重要的是摩尔等压反应热(即摩尔反应焓)与温度的关系式：

$$\left(\frac{\partial \Delta_r H_m}{\partial T}\right)_p = \Delta_r C_{p,m}$$

式中，$\Delta_r H_m$ 为摩尔等压反应热；$\Delta_r C_{p,m}$ 为反应前后摩尔等压热容的变化，对化学反应 $0 = \sum_B \nu_B B$ 而言，

$$\Delta_r C_{p,m} = \sum_B \nu_B C_{p,m,B}$$

式中，$C_{p,m,B}$ 为物质 B 的摩尔等压热容。摩尔等容反应热和摩尔等容热容之间也有类似的方程式。利用基尔霍夫公式就可以从一个温度的反应热计算另一个温度的反应热。

吉布斯-杜安方程 [Gibbs-Duhem equation] 描述系统中不同组分的偏摩尔量之间关系的方程。温度压力一定时，其通式为

$$\sum_i n_i \mathrm{d}L_i = 0 \text{ 或 } \sum_i x_i \mathrm{d}L_i = 0$$

式中，L_i 为广度性质 L 的偏摩尔量；n_i 为物质的量；x_i 为摩尔分数。因此，不同组分的偏摩尔量变化之间不是彼此无关的，而是表现为互为盈亏的关系。

吉布斯-亥姆霍兹方程 [Gibbs-Helmholtz equation] 描述吉布斯自由能和亥姆霍兹自由能随温度变化的方程。其表达式为

$$\left[\partial\left(\frac{G}{T}\right)\Big/\partial T\right]_p = -\frac{H}{T^2}$$

$$\left[\partial\left(\frac{\Delta G}{T}\right)\Big/\partial T\right]_p = -\frac{\Delta H}{T^2}$$

$$\left[\partial\left(\frac{F}{T}\right)\Big/\partial T\right]_v = -\frac{U}{T^2}$$

$$\left[\partial\left(\frac{\Delta F}{T}\right)\Big/\partial T\right]_v = -\frac{\Delta U}{T^2}$$

式中，G 和 F 分别为吉布斯自由能和亥姆霍茨自由能；H 和 U 分别为焓和热力学能；Δ 表示等温过程(相变、混合、溶解和化学反应等)的相应量的变化。利用以上表达式可以从一个温度下的 ΔG 或 ΔF 求另一温度下的 ΔG 或 ΔF。

吉布斯函数 [Gibbs function] 即吉布斯自由能。

吉布斯相律 [Gibbs phase rule] 即相律。

吉布斯自由能 [Gibbs free energy] 又称吉布斯函数。吉布斯(J. W. Gibbs)首先提出的热力学状态函数，用于描述系统减少的内能中可以转化为对外做功的部分。用符号 G 表示，其定义为

$$G = H - TS$$

式中，H 为焓；T 为热力学温度；S 为熵。吉布斯自由能是广度性质，具有能量的量纲。根据热力学基本定律，可以导出封闭系统中发生等温等压过程时，

$$(\Delta G)_{T,p} \leqslant W'$$

式中，W' 是非体积功，等号表示可逆过程，不等号表示不可逆过程。若系统不做其他功，则

$$(\Delta G)_{T,p} \leqslant 0$$

上式表示，在无其他功时，等温等压封闭系统的吉布斯自由能在可逆过程中保持不变，在不可逆过程中总是减少，直到最小时系统达到平衡状态。这被称为吉布斯自由能减少原理，是在等温等压条件下，封闭系统中过程是否可逆(即系统是否达到平衡状态)的判据。其优点是只需根据系统的吉布斯自由能即可判断。

贾尔金斯基恒等式 [Jarzynski equation] 1997 年贾尔金斯基提出的叙述平衡态和非平衡态之间自由能差异的等式。在热力学里，使系统从一个状态 A 变化到另一个状态 B 所需要做的功 W 将大于或等于系统自由能的增加：

$$\Delta F \leqslant W$$

其等号只在可逆过程中才成立。贾尔金斯基恒等式则进一步对任一指定过程给出：

$$\exp(-\Delta F/k_B T) = \overline{\exp(-W/k_B T)}$$

上式右边的横线表示对指定过程的多次实现所做的平均。贾尔金斯基恒等式是非平衡统计中的重要结果。恒等式在大体系中很难观测，但在很小的体系(如单分子实验)中可以观测及证实。

键焓 [bond enthalpy] 化学键形成或断裂时系统的焓变。

键裂解能 [bond dissociation energy] 化学键断裂时需要吸收的能量。

键能 [bond energy] 化学键形成时放出的平均能量或化学键断裂时吸收的平均能量。用于描述化学键的强度。通常给出的键能数值实际上是键焓，是化学键形成或断裂时系统的焓变。利用键焓的数值，可以估算化学反应的热效应。

焦耳气体自由膨胀实验 [Joule experiment of free expansion of gas] 又称焦耳实验。1845 年焦耳(J. P. Joule)进行的气体自由膨胀实验。实验装置是用活塞连接的两个容器，一个充以气体，另一个抽成真空。容器浸入温度为 T 的水中，达到热平衡后，开启活塞，气体自由膨胀。用温度计测量水温 T 的变化来观察气体热力学能(内能)与体积 V 变化之间的关系。一般把热力学能不变过程中因气体自由膨胀时

体积改变而引起温度变化的现象称为焦耳效应，把两者的比值称为焦耳系数 λ，即

$$\lambda=\left(\frac{\partial T}{\partial V}\right)_U=-\frac{1}{C_V}\left(\frac{\partial U}{\partial V}\right)_T$$

在当时的实验条件下，没有观察到气体温度的变化，因此 $\lambda=(\partial U/\partial V)_T=0$，说明气体的热力学能仅是温度的函数，与体积无关，称为焦耳定律。以后更精确的实验证明，只有理想气体才严格服从焦耳定律。

焦耳实验 [Joule experiment] 即焦耳气体自由膨胀实验。

焦耳-汤姆孙效应 [Joule-Thomson effect] 气体经绝热节流过程后发生温度变化的现象。这一现象是 1852 年焦耳(J. P. Joule)和汤姆孙(W. Thomson)通过气体多孔塞膨胀实验首先观察到的。他们的实验装置是在一个多孔塞的两边各有一个绝热活塞。左边活塞中的气体维持较高压力 p_1，温度为 T_1，右边活塞中的气体维持较低压力 p_2，温度为 T_2。在保持两边压力不变的情况下，缓慢地将左边活塞中气体推向右边活塞，这种过程称为绝热节流过程。绝热节流膨胀前后系统的焓相等。在实验时用灵敏的温度计测出温度的差异，气体温度在绝热节流过程中随压力的变化称为焦耳-汤姆孙效应，定义焦耳-汤姆孙系数为

$$\mu_{\text{J-T}}=\left(\frac{\partial T}{\partial p}\right)_H$$

若 $\mu_{\text{J-T}}>0$，即气体经节流膨胀后温度降低，称为致冷效应或正焦耳-汤姆孙效应；若 $\mu_{\text{J-T}}<0$，即气体经节流膨胀后温度升高，称为致热效应或负焦耳-汤姆孙效应；若 $\mu_{\text{J-T}}=0$，气体温度无变化，则称为零焦耳-汤姆孙效应。理想气体在任何温度和压力时均表现出零焦耳-汤姆孙效应。实际气体则可表现出或正或负的焦耳-汤姆孙效应。负焦耳-汤姆孙效应可应用于气体的液化。

节流[膨胀]过程 [throttle [expansion] process] 参见焦耳-汤姆孙效应。

经典热力学 [classical thermodynamics] 即热力学。

经典统计 [classical statistics] 统计热力学中的一种研究方法。将经典力学定律运用于微观粒子，用相空间的连续分布来描述粒子或系统的微观状态，然后通过统计平均求得宏观性质。一般采用麦克斯韦-玻尔兹曼分布律。

局域平衡假设 [local equilibrium hypothesis] 非平衡态热力学中的一个假设。为了将经典热力学推广应用到非平衡系统，将系统划分成许多小体积元，称为子系统。子系统在宏观上足够小，因此其中的温度、压力和组成是均匀的。但子系统在微观上又足够大，即包含有足够数目的微观粒子。局域平衡假设认为每个子系统达到平衡态的速率远比整个系统达到平衡态的速率快得多，因此在子系统之间尚未达到平衡态(即整个系统处于非平衡态)时，每个子系统内部均已达到平衡态，于是经典热力学的概念和热力学关系式等可以在每个子系统的局域范围中应用。例如，可以为每个子系统严格定义热力学函数，研究其不可逆过程，整个系统的变化即为所有子系统不可逆过程之和。严格地讲，局域平衡假设只能适用于偏离平衡态不太远的非平衡态。

巨热力学势 [grand thermodymic potential] 简称巨势。系统的亥姆霍兹自由能 F 与吉布斯自由能 G 之差，用符号 Ω 表示：$\Omega=F-G$。巨热力学势在研究粒子数可变但化学势确定的系统的性质时具有重要意义。

巨势 [grand potential] 即巨热力学势。

巨正则系综 [grand canonical ensemble] 为研究恒温恒容的开放系统而提出的系综。巨正则系综中每一个系统的温度 T、体积 V 及化学势 μ 恒定。系统与环境能够发生热量及粒子的交换，因此粒子数和能量均有涨落。假设系统的某一微观状态 j 具有能量 E_j，粒子数 N_j，则其分布概率

$$\rho\left(E_j,N_j\right)=\frac{1}{\Xi}\exp\left(-\frac{E_j-N_j\mu}{k_BT}\right)$$

式中，Ξ 为归一化常数(巨正则配分函数)。

绝对活度 [absolute activity] 参见活度。

绝对零度不能达到原理 [principle of the unattainability of absolute zero] 即热力学第三定律。

绝热系统 [adiabatic system] 和环境之间没有物质和热的交换但可以有功的交换的系统。

均方根速度 [root mean square speed] 参见平均速度。

均方速度 [mean square speed] 速度平方的平均值。它等于均方根速度的平方。

卡末林-昂内斯状态方程 [Kamerlingh-Onnes equation of state] 即位力状态方程。

卡诺定理 [Carnot theorem] 又称卡诺原理。卡诺(S. Carnot)在研究热机效率时总结出来的规律：在相同温度的高温热源和低温热源间工作的热机以可逆热机(指工作物质进行的是可逆循环的热机)的效率最高。根据热力学第二定律可以证明卡诺定理的正确性。从卡诺定理可以得出如下推论：在相同温度的高温热源(T_1)和低温热源(T_2)间工作的可逆热机，其热机效率都相同($\eta=1-T_2/T_1$)，与工作物质的性质无关。由此也知道第二类永动机不可能实现。

卡诺循环 [Carnot cycle] 1824 年卡诺在研究如何提高热机效率时提出的一个理想循环过程。卡诺循环由两个可逆

等温过程和两个可逆绝热过程构成：工作物质从起始状态1开始，先在高温T_1从高温热源吸热而等温可逆膨胀到状态2，然后可逆绝热膨胀到状态3，再向低温(T_2)热源放热而到达状态4，再经过可逆绝热压缩回到状态1。卡诺循环的特点是从一个高温热源吸热和只向一个低温热源放热。工作物质进行卡诺循环的热机称为卡诺热机，卡诺热机的热机效率为$\eta=1-T_2/T_1$，是在所有工作于T_1与T_2热源间的热机中效率最高的。

卡诺原理 [Carnot theorem] 即卡诺定理。

开放系统 [open system] 又称敞开系统，简称开系。和环境之间有能量和物质交换的系统。

开系 [open system] 开放系统的简称。

可逆过程 [reversible process] 可以逆转进行并使系统和环境完全复原的过程。热力学系统由某一状态出发，经过某一过程到达另一状态后，如果存在另一过程，它能使系统和环境完全复原(系统回到原来状态，同时又完全消除原来过程对外界所产生的一切影响)，则原来的过程称为可逆过程。可逆过程是一种在无限接近平衡并且没有任何耗散效应(如摩擦、阻尼、黏滞等)条件下进行的理想过程。例如，摩擦力可忽略时气体的准静态膨胀或压缩过程。

可用功 [available work] 即非体积功。

克拉珀龙方程 [Clapeyron equation] 单组分系统两相平衡时温度和压力之间的关系式。通式为

$$\frac{dP}{dT}=\frac{\Delta_\alpha^\beta H_m}{T\Delta_\alpha^\beta V_m}$$

式中，$\Delta_\alpha^\beta H_m$和$\Delta_\alpha^\beta V_m$是从α相转变为β相的摩尔焓变和摩尔体积变。对凝聚系统可将$\Delta_\alpha^\beta H_m$和$\Delta_\alpha^\beta V_m$当成常数，积分上式得

$$\ln\frac{T_2}{T_1}=\frac{\Delta_\alpha^\beta V_m}{\Delta_\alpha^\beta H_m}(p_2-p_1)$$

式中，T_1和T_2分别为压力在p_1和p_2时的相变温度。若β相为气相，而且可当作理想气体时，即化为克拉珀龙-克劳修斯方程。

克拉珀龙-克劳修斯方程 [Clapeyron-Clausius equation] 克拉珀龙和克劳修斯提出的用于描述饱和蒸气压随温度变化的方程。具体形式为：

$$\frac{d\ln p}{dT}=\frac{\Delta_{vap}H_m}{RT^2}$$

式中，$\Delta_{vap}H_m$为摩尔蒸发焓或摩尔升华焓；p为饱和蒸气压；T为热力学温度；R为理想气体常数。

克劳修斯不等式 [Clausius inequality] 即克劳修斯定理。

克劳修斯定理 [Clausius theorem] 又称克劳修斯不等式。克劳修斯在1855年提出的热力学不等式。给出了在热力学循环中系统热的变化及温度之间的关系：

$$\oint\frac{\delta Q}{T}\leqslant 0$$

在可逆过程中，上式中的等号成立；不可逆过程则小于号成立。此公式以数学的方式说明了热力学第二定律，并且可以解释熵并提供其量化的定义。

拉乌尔定律 [Raoult's law] 拉乌尔(F. M. Raoult)在1887年提出的稀溶液中溶剂蒸气压下降的定律。一定温度下稀溶液的溶剂的蒸气分压p_A等于相同温度下纯溶剂的饱和蒸气压p_A^*与稀溶液中溶剂的摩尔分数x_A的乘积：

$$p_A=p_A^*x_A$$

该定律表明稀溶液中溶剂蒸气压随溶质浓度线性变化，与溶质种类无关，是一种依数性。

勒夏特列原理 [Le Chatelier principle] 又称平衡移动原理。勒夏特列在1888年提出的定性预测系统中因条件变化而引起的化学平衡移动的规律。如果一个处于化学平衡的封闭系统中的浓度、温度、压力或体积等发生了变化，那么平衡将向与这些变化相反的方向移动，直到生成新的平衡。推而广之，平衡系统中的任何变化都会使平衡向相反方向变化。

冷冻机 [refrigerating machine] 即制冷机。

冷冻系数 [coefficient of refrigerating performance] 即制冷系数。

冷机 [refrigerating machine] 即制冷机。

冷却曲线 [cooling curve] 又称步冷曲线。在进行热分析实验时，将系统缓慢冷却所得到的温度随时间变化的曲线。通过分析冷却曲线的形状(拐点或平台)可以推断系统中发生相变的温度，用来绘制相图。获得可靠的冷却曲线的关键是系统冷却速度要均匀而且足够缓慢，使得系统随时处于或接近于平衡状态。

理想混合物 [ideal mixture] 又称理想溶液。所有组分在所有浓度范围内都满足拉乌尔定律的混合物。各物质分子大小相同并且分子间相互作用也相同，在形成混合物时没有热效应和体积变化，是一种理想化的模型。混合物各组分的化学势满足下式：

$$\mu_i(T,p,x_1,x_2,\dots,x_n)=\mu_i^*(T,p)+RT\ln x_i$$

式中，$\mu_i^*(T,p)$为组分i在纯相的化学势；x_i为摩尔分数。进行适当修正之后可以用于描述实际混合物。分子结构大小和

性质十分相近的物质形成的混合物接近于理想混合物，例如，苯和甲苯，C_2H_5I 和 C_2H_5Br，水和重水等所形成的混合物。

理想气体 [ideal gas] 又称完全气体或完美气体。气体分子本身的体积和分子间作用力都可以忽略不计的气体。是一种对实际气体行为加以简化的理想模型，其行为比较简单。温度 T、压力 p、体积 V 之间符合理想气体状态方程：

$$pV = nRT$$

式中，n 为气体的物质的量(mol)；R 为气体常数，R=8.314 510 J/(K·mol)。理想气体的内能是温度的单一函数。在高温和低压下，实际气体的行为接近于理想气体。否则，与理想气体不同。

理想气体常数 [ideal gas constant] 即气体常数。

理想气体定律 [ideal gas law] 即理想气体状态方程。

理想气体状态方程 [ideal gas equation of state] 又称理想气体定律。理想气体所服从的状态方程。压力 p、体积 V 和热力学温度 T 满足如下关系：

$$pV = nRT$$

式中，n 为物质的量；R 为气体常数，是一个普适常数，R=8.314 510 J/(K·mol)。若用摩尔体积 V_m 表示，则关系式为：

$$pV_m = RT$$

理想气体状态方程是由克拉珀龙(B. P. E. Clayperon)在结合了玻意耳-马略特定律和查理-盖·吕萨克定律之后于 1834 年提出，故有时又称克拉珀龙方程。

理想溶液 [ideal solution] 即理想混合物。

理想稀溶液 [ideal dilute solution] 简称稀溶液。溶剂服从拉乌尔定律，溶质服从亨利定律的溶液。微观特征是溶液中各物质的分子大小不同，相互作用也各不相同，溶质浓度很低，因此只考虑溶剂之间、溶剂与溶质之间的分子作用力。其热力学关系比较简单，是一个简化的模型。修正后可以用于描述实际溶液。

粒子 [particle] 简称子。物理学中表述为具有特定性质的小的有形物质。其满足如下特点：自身体积很小或者可以忽略不计，或者其结构以及几何性质对于研究的问题没有影响。在统计热力学模型中其范围包括电子、质子、中子、原子、分子、离子等。

连续相变 [continuous phase transition] 即二级相变。

量热计 [calorimeter] 又称量热仪。测定热量的仪器。可用于测定物质的热容及各种反应热。可分为绝热式量热计、等温式量热计和热导式量热计等。

量热学 [calorimetry] 测量物理和化学过程的热效应，并根据热效应研究物理和化学变化的规律的学科。属于热力学的一个分支。基本原理是通过已知热容物质的温度变化或已知相变潜热的物质状态变化求出热量。可以用于测量物质的热容、气化热、溶解热、熔化热以及化学反应热等。随着科学发展需要已进一步派生出微量量热学、燃烧量热学、滴定量热学、反应量热学等分支学科。

量热仪 [calorimeter] 即量热计。

量子统计 [quantum statistics] 用量子定律描述微观粒子运动，考虑量子效应导致的分立能级效应，并应用微观粒子的量子统计分布规律(玻色-爱因斯坦统计或费米-狄拉克统计)求统计平均，从而由粒子微观性质获得系统宏观性质的统计力学方法。

临界点 [critical point] 即临界状态。

临界共溶温度 [consolute temperature] 两个共轭溶液由于互溶度增加而最终变成完全互溶而成为一相时所对应的温度。在二组分液-液平衡系统中，共存的两个液相(如图中的 i 点和 j 点)称为共轭相或共轭溶液。一般说来，随着温度升高，共轭相的组成越来越接近，直到某个温度，共轭相的组成相等，即两个相完全会溶成为一相。此点称为会溶点(图中 C 点)，其温度(T_C)称为上部临界共溶温度。温度高于此温度时，系统均呈单相。例如，水-异丁醇系统的上部临界共溶温度为 132.8℃。实验发现也有某些单相系统加热后反而分层成为两相共存的。此种系统的会溶点在低温的位置，其温度称为下部临界共溶温度。

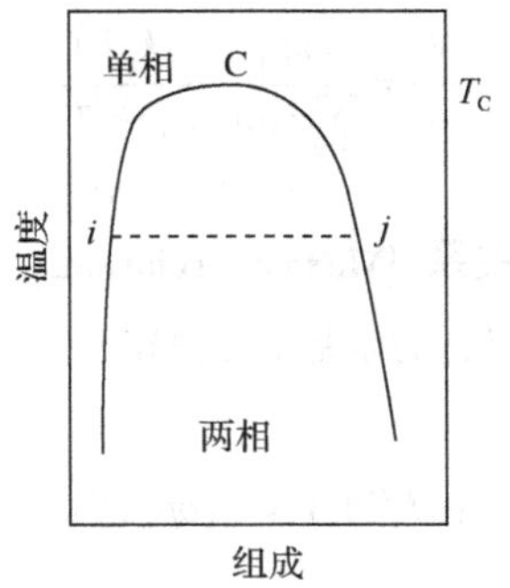

上部临界共溶温度

临界温度 [critical temperature] 临界状态时的温度。

临界压力 [critical pressure] 即临界压强。

临界压强 [critical pressure] 又称临界压力。临界状态时的压强。

临界状态 [critical state] 又称临界点。纯物质的气、液两相平衡共存的极限热力学状态。在该状态，液体密度与其饱和蒸气密度相同，气液两相的界面消失，因而没有表面张力，气化潜热为零。描述该状态的参数称为临界参数，包括临界温度 T_c、临界压力 p_c 和临界体积 V_c 等。对二氧化碳，T_c=304.21 K，p_c=7.383 MPa。温度高于临界温度时称为超临界流体。

路易斯-兰德尔规则 [Lewis-Randall rule] 混合物中组分逸度系数等于同温同压下纯物质的逸度系数，而与混合物组成无关。可用来估算混合物中组分逸度。

露点 [dew point] 在等压下冷却一定组成蒸气的过程中凝结出第一个液滴时的温度。也即一定组成的蒸气与液体达到气液平衡时的温度。对于空气而言，就是空气中的水蒸气变为露珠时候的温度。气液两相平衡时，气相的露点即液相的泡点。纯物质处于气液平衡时，气液两相组成相同，露点和泡点相同。混合物在气液两相平衡时，两相组成一般并不相同。因此，一定组成的混合物的露点和泡点并不相同。

麦克斯韦-玻尔兹曼分布律 [Maxwell-Boltzmann distribution law] 简称玻尔兹曼分布律。独立粒子系统在处于热平衡时遵从的一种统计分布规律。其数学表达式为：

$$\frac{N_i}{N}=\frac{g_i\exp(-\varepsilon_i/k_BT)}{\sum_i g_i\exp(-\varepsilon_i/k_BT)}$$

式中，N_i 为处于能级 ε_i 的粒子数；N 为系统总粒子数；g_i 为能级 ε_i 的简并度；T 为热力学温度；k_B 为玻尔兹曼常量，k_B=1.38065×10^{-23}J/K。如果用 N_j 代表所有处于量子态 ε_j 的粒子数目，则分布可写成：

$$\frac{N_j}{N}=\frac{\exp(-\varepsilon_j/k_BT)}{\sum_j \exp(-\varepsilon_j/k_BT)}$$

麦克斯韦关系 [Maxwell relations] 根据热力学函数的全微分性质，从热力学基本方程导出的一组数学关系式。其形式为：

$$(\partial T/\partial V)_S=-(\partial p/\partial S)_V$$

$$(\partial T/\partial p)_S=(\partial V/\partial S)_p$$

$$(\partial S/\partial V)_T=(\partial p/\partial T)_V$$

$$(\partial S/\partial p)_T=-(\partial V/\partial T)_p$$

该关系式可以把不能直接测量的热力学量的关系转化为可直接测量的热力学量的关系。

麦克斯韦速度分布律 [Maxwell's law of distribution of velocity] 由大量气体分子组成的体系达成平衡时，气体分子质心运动的经典统计速度分布。其数学表达式为

$$f(u_x,u_y,u_z)\mathrm{d}u_x\mathrm{d}u_y\mathrm{d}u_z=\left(\frac{m}{2\pi k_BT}\right)^{3/2}\exp\left[-\frac{m(u_x^2+u_y^2+u_z^2)}{2k_BT}\right]\mathrm{d}u_x\mathrm{d}u_y\mathrm{d}u_z$$

式中，$f(u_x,u_y,u_z)$ 为麦克斯韦速度分布函数；u_x，u_y，u_z 为分子速度的分量；m 为分子质量；k_B 为玻尔兹曼常量；T 为热力学温度。另一种数学表达式为

$$\frac{\mathrm{d}N}{N}=4\pi\left(\frac{m}{2\pi k_BT}\right)^{3/2}\exp\left[-\frac{mu^2}{2k_BT}\right]u^2\mathrm{d}u$$

式中，dN 为速率间隔在 u 和 u+du 之间的分子数。根据上式可知对气体分子速率产生影响的是温度和分子质量。

摩尔气体常数 [molar gas constant] 即气体常数。

内能 [internal energy] 即热力学能。

能量均分定理 [equipartition theorem] 系统每一个微观自由度的平均能量都相等，均为 $k_BT/2$，其中 k_B 为玻尔兹曼常量，T 为热力学温度。一般而言，对于具有哈密顿能量函数 H 及微观自由度 x_n 的系统，

$$\left\langle x_m\frac{\partial H}{\partial x_n}\right\rangle=\delta_{mn}k_BT$$

该定律只在满足经典极限条件的情况下才成立。

能量守恒定律 [law of conservation of energy] 即热力学第一定律。

能斯特热定理 [Nernst heat theorem] 即热力学第三定律。

凝固点降低 [freezing point depression] 即冰点降低。

凝固焓 [enthalpy of solidification] 又称凝固热。物质由液相转变为固相的焓变。也即凝固过程放出的热。用 $\Delta_l^sH_m$ 或 $\Delta_{sol}H_m$ 表示。其数值与熔化焓相等，符号相反。

凝固热 [heat of solidification] 即凝固焓。

凝华焓 [enthalpy of deposition] 又称凝华热。物质由气相转变成固相的焓变。其数值与升华焓相等，符号相反。

凝华热 [heat of desublimation] 即凝华焓。

泡点 [bubble point] 一定组成的液体在等压下加热过程中出现第一个气泡时的温度。也即液体与蒸气达到气液平衡时的温度。泡点随液相组成和压力而改变。在泡点和液相组成关系上出现极大值或极小值时，此极值温度称为最高恒沸点或最低恒沸点。在恒沸点，气相组成和液相组成相同，

称为恒沸混合物。气液两相平衡时，液相的泡点即气相的露点。纯液体在一标准大气压下的泡点就是沸点。泡点对蒸馏过程至关重要。

配分函数 [partition function] 又称状态和。统计热力学中的一个基本量，所有热力学量都可以由其求算。定义为所有微观状态的统计分布权重(不考虑归一化常数)之和。根据所处理系统的特点可以分为分子配分函数、微正则配分函数、正则配分函数和巨正则配分函数等。

配分函数的分离 [separation of partition function] 按照分子运动自由度对系统配分函数进行分离的方法。在很多情况下，分子的各种运动(平动、转动、振动、电子运动和核自旋运动等)是彼此独立的，此时分子的能量是各种运动形态所具有能量的加和，而能级简并度是各种运动形态简并度的乘积：

$$\varepsilon=\varepsilon_t+\varepsilon_r+\varepsilon_v+\varepsilon_e+\varepsilon_n$$

$$g=g_t g_r g_v g_e g_n$$

则配分函数可以被分解为各运动形态的配分函数的乘积：

$$\begin{aligned}q&=\sum_i g_i e^{-\frac{\varepsilon_i}{k_BT}}\\&=\left(\sum_t g_t e^{-\frac{\varepsilon_t}{k_BT}}\right)\left(\sum_r g_r e^{-\frac{\varepsilon_r}{k_BT}}\right)\left(\sum_v g_v e^{-\frac{\varepsilon_v}{k_BT}}\right)\\&\quad\left(\sum_e g_e e^{-\frac{\varepsilon_e}{k_BT}}\right)\left(\sum_n g_n e^{-\frac{\varepsilon_n}{k_BT}}\right)\\&=q_t q_r q_v q_e q_n\end{aligned}$$

因此体系的热力学函数也可以写成各运动形态的贡献之和。

膨胀功 [expansion work] 即体积功。

偏摩尔量 [partial molar quantity] 系统广度量对某一组分的物质的量的偏导数。由于系统广度量 $L=L(T,p,n_1,n_2,\cdots,n_K)$ 是关于各组分物质的量 $n_1,n_2,\cdots,n_K$ 的一次齐函数，根据齐函数的欧拉定理则有：

$$L=\sum_{i=1}^{K}n_i\left(\frac{\partial L}{\partial n_i}\right)_{T,p,n_{j\neq i}}$$

式中，$\left(\frac{\partial L}{\partial n_i}\right)_{T,p,n_{j\neq i}}$ 即为物质 i 的偏摩尔量。偏摩尔量是状态函数、强度量。它与纯物质的相应的量在大小上经常并不相等。例如，50 mL 水和 50 mL 乙醇相混，总体积将小于 100 mL。这也是必须在混合物中引入偏摩尔量的原因。

平动熵 [translation entropy] 分子平动对熵的贡献。在统计热力学里，其计算公式为沙克尔-特鲁德公式：

$$S_t=\frac{5}{2}Nk_B+Nk_B\ln\frac{(2\pi mk_BT)^{3/2}V}{h^3N}$$

式中，N 为分子数；m 为分子质量；V 为系统体积；h 为普朗克常量；T 为热力学温度。

平衡常数 [equilibrium constant] 化学反应达到平衡时，反映各组分的数量之间关系的一个常数。对于化学反应 $0=\sum_B \nu_B B$，每个产物浓度的系数次幂的连乘积与每个反应物浓度的系数次幂的连乘积成正比，这个比值就是平衡常数，用符号 K 表示，即

$$K=\prod_B[B]^{\nu_B}$$

式中，[B]为物质 B 的有效浓度(分压、浓度、摩尔分数、逸度、活度等)。反应进行得越完全，平衡常数就越大。

平衡过程 [equilibrium process] 即准静态过程。

平衡判据 [criterion of equilibrium] 判断系统是否处于热力学平衡的判据。在不同的条件下有不同的判据：孤立系统是熵最大；等温等容系统是亥姆霍兹自由能最小；等温等压系统是吉布斯自由能最小。

平衡态热力学 [equilibrium thermodynamics] 以处于平衡状态或准平衡状态的系统为研究对象的热力学。一般所说的热力学主要就是指平衡态热力学。

平衡移动原理 [principle of equilibrium shifting] 即勒夏特列原理。

平均速度 [mean speed] 大量气体分子组成的体系中气体分子运动速度的统计平均值。大量气体分子组成的体系，分子运动的速度千差万别。为求算某些物理量(动量、能量等)，可以采用不同的统计平均值来代替实际分子的速度。由于求算物理量需求不同，又有不同的平均速度。例如，在玻尔兹曼分布律下，对于三维气体，有：

平均速度 $\langle u\rangle=\sqrt{\frac{8k_BT}{\pi m}}$ (常用于动量计算)

均方根速度 $\sqrt{\langle u^2\rangle}=\sqrt{\frac{3k_BT}{m}}$ (常用于动能计算)

最概然速度 $u_{mp}=\sqrt{\frac{2k_BT}{m}}$，即所有分子速度中概率最大的速度，或是速度分布曲线最高点对应的速度。

平均自由程 [mean free path] 分子在两次碰撞之间经过距离的平均值。对于气体分子，一个近似的计算公式为：

$$l=\left(\sqrt{2}\pi d^2 n\right)^{-1}$$

式中，d 为两个分子的最小间距(约等于分子直径)；n 为分子数密度。其在常温常压下比分子的线度大很多，又比容器的体积小很多，因此分子从容器的一边至另一边要经过许多次碰撞。在极低压力下可以与气体容器的大小相比拟，因而分子有可能从容器的一边无碰撞地运动到另一边。这对有器壁效应的气相反应中是很重要的。

普适气体常数 [universal gas constant] 即气体常数。

气体常数 [gas constant] 又称理想气体常数、摩尔气体常数或普适气体常数。用符号 R 表示，定义为理想气体的压力 p 和摩尔体积 V_m 的乘积与热力学温度 T 的比值：

$$R=pV_m/T$$

其数值为 8.314 510 J/(K·mol)。R 与玻尔兹曼常量 k_B 和阿伏伽德罗常量 L 之间的关系为 $R=k_BL$。

气体动力论 [kinetic theory of gases] 又称气体分子运动论。以分子模型为基础，利用经典力学和统计力学的定律来解释和预期宏观气体性质的理论。最简单的分子模型为质点模型，能够给出理想气体状态方程，但对于与分子间碰撞有关的性质(如黏度、传热等)就无能为力了。最常用的模型是硬球分子模型，假设气体分子是刚性硬球，发生的碰撞是完全弹性的(碰撞前后系统的动能和动量守恒)，还假定分子间除碰撞瞬间以外无相互作用力。改进的气体动力论认为分子是有内部结构和自由度(如转动、振动等)，分子间的作用表现为势能。该模型是气相化学反应的微观反应动力学的理论基础之一，在特定情况下可简化为硬球分子模型。

气体分子运动论 [kinetic theory of gases] 即气体动力论。

气液平衡 [gas-liquid equilibrium] 气相和液相之间的相平衡。通过实验测定或者理论计算得到的气液平衡的温度-压力-组分关系用图表示就得到气液平衡相图，是蒸馏和精馏设计计算的基础。

汽化焓 [enthalpy of vaporization] 又称蒸发热或汽化热。物质从液相转变成气相的焓变，用 $\Delta_l^g H_m$ 或 $\Delta_{vap}H_m$ 表示。由于蒸汽状态比液体状态分子热运动更加剧烈，并且汽化时体积膨胀对外做功，因此汽化过程需要吸热才能保持等温，所以汽化焓恒为正值。其值随温度上升而减小，在临界状态时为零。

汽化热 [heat of vaporization] 即汽化焓。

强度性质 [intensive properties] 系统中不随系统大小或所含物质多少而改变的性质。其数值取决于体系自身的特性，如温度、压力、密度、黏度等。

热 [heat] 又称热量。热力学的一个核心的量。系统和环境之间由于温度差别而导致的能量转化过程中所转移的能量。而该转化过程称为热交换或热传递。热是过程的属性而不是系统的状态性质，符号为 Q，国际单位为焦耳(J)。

热泵 [heat pump] 一种利用工作物质不断进行逆向循环的仪器或装置。其目的是不断从低温物体(如环境)吸热供给高温物体(如建筑物)，从而使后者温度逐渐升高。

热化学 [thermochemistry] 研究物理和化学变化过程中伴随的热的学科，是物理化学的分支。以热力学第一定律为基础，以利用量热计直接测量热效应为主要实验手段。基本规律为赫斯定律和基尔霍夫定律，它们提供了热效应预测和相互推算的方法。所获得的热化学数据在热力学计算、工程设计和科学研究中有重要的实验价值和意义。由于微量量热技术的发展已经使得测量生命过程热量成为可能，从而扩展了热化学的研究领域。

热化学循环 [thermochemical cycle] 计算不易测准或无法测量的化学反应过程的热效应而设计的包含若干个化学反应的循环。其中除了待求的化学反应外，其余各个过程的热效应是已知的或可以准确测量的。根据热力学原理，构成循环的各个过程的焓变之和为零，亦即循环过程的总热效应为零，以此即可求出待求化学反应的热效应。典型例子是用于计算离子晶格能的玻恩-哈伯循环。

热机 [heat engine] 利用工作物质不断进行循环过程并把从环境吸收的热转化为对外界做功的机器或装置。例如，蒸汽机、内燃机等。其循环过程称为热机循环。在循环过程中工作物质从高温热源吸热，把其中一部分转化为对外界做的功，其余部分转化为热释放给低温热源并回到起始状态。

热机效率 [efficiency of heat engine] 在一个热机循环中，对外所做的功和从高温热源吸收的热之比。用 η 表示，公式为

$$\eta=-W/Q_1=1+Q_2/Q_1$$

式中，W 是对外做的功(为负值)；Q_1 是从高温热源吸收的热(为正值)；Q_2 是向低温热源放出的热(为负值)。由于从高温热源吸收的热不可能全部转化为功，η 的数值永远小于 1。例如蒸汽机 $0.1<\eta<0.3$，内燃机 $0.2<\eta<0.5$。

热寂论 [heat death theory] 又称热寂说或热死论。把热力学第二定律推广应用到宇宙终极命运猜想的一种假说。由克劳修斯(R. Clausius)提出。认为宇宙的熵会随着时间的流逝而增加，由有序变无序，当宇宙的熵达到最大值时，所有的有效能量都转化为热能，所有物质温度达到热平衡。这种状态称为热寂。这样的宇宙中再也没有任何可以维持运动与生命的能量存在。现代大爆炸宇宙学的结论与热寂论不同。它认为，如同一次规模巨大的爆炸，宇宙正在不断地膨胀，

从热到冷，并非从冷到热；宇宙的演化由于引力的影响也并不一定趋向静止稳定的平衡态，有可能趋向动态的、非稳定的、远离平衡态的非平衡状态。

热寂说 [heat death theory] 即热寂论。

热力学 [thermodynamics] 从宏观角度研究物质的能量转化性质及其普适规律的学科。广义上包括平衡态热力学和非平衡态热力学，但一般来讲主要指平衡态热力学，又称经典热力学。热力学并不追究由大量微观粒子组成的物质的微观结构，而只关心系统在整体上表现出来的热现象及其变化发展所遵循的基本规律。它用少数几个宏观状态量(如温度、压强、体积、浓度等)来描述系统所处的状态，基于大量热现象的观测和实验结果总结出基本的热力学定律(即热力学第零、第一、第二和第三定律)，通过严密的逻辑推理和数学推演，得出物质系统(称为热力学系统)各种宏观性质之间的关系和宏观物理过程进行的方向和限度等。热力学理论不涉及系统的微观结构和微观粒子间的相互作用，属于唯象理论，由它引出的结论具有高度的可靠性和普遍性。但由热力学得到的结论与物质的具体结构无关，故在实际应用时还必须结合研究体系的必要的实验观测数据或模拟计算数据，才能得到定量的结果，这是热力学研究的一个局限性。

热力学第二定律 [second law of thermodynamics] 热力学基本定律之一。它是关于热力学过程不可逆性的总结，给出了过程的可能变化方向。它有多种表述方式：

(1)所有自发过程都是不可逆的。即任何一个自然界能自发进行的过程所产生的后果，无论用什么方法也不能使其消除。或者说，不能使参与过程的系统和环境完全恢复原状，同时不引起其他变化。这种表述方式称为“后果不可消除原理”。

(2)不可能以热的形式将低温物体的能量传到高温物体，而不引起其他变化。这种表述方式称为“克劳修斯(Clausius)说法”。

(3)不可能以热的形式将单一热源的能量转变为功，而不发生其他变化。即第二类永动机是不可能造成的。这种表述方式称为“开尔文(Kelvin)说法”。

(4)在孤立系统中所发生的一切实际过程，总是使整个系统的熵值增大。这种表述方式称为“熵增原理”。

这些表述方式之间是等价的。以一个说法为前提，就可推出其他说法。热力学第二定律使人们认识到自然界中进行的涉及热现象的宏观过程都是具有方向性的。

热力学第零定律 [zeroth law of thermodynamics] 又称热平衡定律。热力学的基本定律之一。如果两个热力学系统同时与第三个热力学系统处于热平衡，则这两个系统也必定处于热平衡。热力学第零定律的重要性在于它给出了温度的定义和温度的测量方法。两个处于平衡的系统其温度必然相等。

热力学第三定律 [third law of thermodynamics] 又称绝对零度不能达到原理或能斯特热定理。热力学基本定律之一。是对系统在接近绝对零度时的性质的总结。通常有如下几种表述方式：

(1)热力学温度趋于零时，凝聚相系统在等温过程中的熵变也趋于零。这一说法又称能斯特热定理，是1906年能斯特(W. H. Nernst)在研究了低温下各种凝聚系统中的化学反应后首先提出的。

(2)在热力学温度为零度时，一切完整晶体的量热熵为零。

(3)不能通过有限的步骤使物体冷却到热力学温度的零度，即绝对零度不能达到。

这几种表达方式是等价的。热力学第三定律给出了一个公共的熵的零点，提供了利用量热数据和光谱数据来计算指定条件下物质熵值的方法。在统计物理学上，热力学第三定律反映了微观运动的量子化，而且基态是无简并的。

热力学第一定律 [first law of thermodynamics] 又称能量守恒定律。热力学的基本定律之一。不同形式的能量在传递与转换过程中保持守恒。具体地，在任何过程中，系统热力学能的增量 ΔU 等于从环境获得的热 Q 和环境对系统所做的功 W 之和，即

$$\Delta U = Q + W$$

对于孤立系统，有 $Q = 0$ 和 $W = 0$，故 $\Delta U = 0$，即孤立系统热力学能不变。热力学第一定律给出了热力学过程中必须遵循的一个基本约束。它是在19世纪中期，在长期生产实践和大量科学实验的基础上，由德国的迈尔(J. R. Mayer)与英国的焦耳(T. P. Joule)等人最先提出的。

热力学概率 [thermodynamic probability] 一定的宏观状态所拥有的微观状态数。常用 Ω 表示。其数值往往非常巨大。Ω 和熵函数 S 之间的联系由玻尔兹曼熵公式给出。

热力学过程 [thermodynamic process] 即过程。

热力学函数 [thermodynamic function] 又称状态函数或热力学状态函数。表征系统平衡状态的一系列物理量。即由状态唯一决定的函数。当系统从一个平衡状态变到另一个平衡状态时，状态函数值可能发生变化，但其变化值只取决于系统的始态和终态，与变化所经过的过程无关。常用的热力学函数包括体积、压强、温度、熵、热力学能、焓、亥姆霍兹自由能、吉布斯自由能等。后四个因为有能量的量纲而被称为热力学势。

热力学基本方程 [fundamental equation of thermodynamics]　描述主要的热力学函数(热力学能 U，焓 H，熵 S，亥姆霍茨自由能 F，吉布斯自由能 G，化学势 μ)和可以测量的状态参数(温度 T，压力 p，体积 V 及物质的量 n)之间全微分关系的一组方程。对于只做体积功的封闭系统，其形式为：

$$dU = TdS - pdV$$

$$dH = TdS + Vdp$$

$$dF = -SdT - pdV$$

$$dG = -SdT + Vdp$$

对于均相且只做体积功但组成可变的系统(敞开系统或包含有化学反应的封闭系统)，上述每个式子右边将加上一项：$\sum_i \mu_i dn_i$，代表由于系统组成变化对系统热力学性质造成的影响。

热力学力 [thermodynamic force]　又称广义力。推动不可逆过程行进的动力，用 X_k 或 x_k 表示。其推动的不可逆过程速率称为热力学流，又称广义流，用 J_k 或 j_k 表示。广义力与广义流的例子如：电场-电流、温度梯度-热流、化学亲和势-反应速率、化学势梯度-扩散流等。

热力学流 [thermodynamic flux]　又称广义流。用于表征不可逆过程进行速率的量。用 J_k 或 j_k 表示。与广义力相对。例，电流、热流、化学反应速率、扩散流等。

热力学能 [thermodynamic energy]　又称内能。系统内部各种形式能量的总和。包括分子的动能、分子之间相互作用的势能、分子内电子运动的能量、原子核内的能量等。但一般不包括系统与环境相互作用引起的能量，如在重力场中的势能。热力学能是状态函数、广度性质，符号为 U，国际单位为焦耳(J)。

热力学平衡 [thermodynamic equilibrium]　系统的宏观热力学性质不随时间而改变。处在一定环境条件下的系统，经过一定时间后，其所有宏观性质都不随时间而变化，而且当此系统与环境隔离后，也不会引起系统任何宏观性质的变化。这称为热力学平衡。此时的状态称为热力学平衡态，简称平衡态。系统处于平衡态时，描述其宏观性质的变量有确定的数值。

热力学平衡态 [thermodynamic equilibrium state]　参见热力学平衡。

热力学势 [thermodynamic potential]　具有能量量纲的可用于有效表征系统平衡状态的一系列热力学函数。常用的包括热力学能 U、焓 H、亥姆霍兹自由能 F、吉布斯自由能 G、巨势 Ω 等，它们都可以通过对 U 进行勒让德变换而得到。

热力学系统 [thermodynamic system]　即系统。

热力学性质 [thermodynamic properties]　热力学系统的宏观性质。一般用热力学参数或热力学函数来表征。可大体分为广度性质与强度性质两种。

热力学状态 [thermodynamic state]　即宏观状态。

热力学状态函数 [thermodynamic state function]　即热力学函数。

热量 [heat]　即热。

热平衡定律 [law of thermal equilibrium]　即热力学第零定律。

热死论 [heat death theory]　即热寂论。

热效应 [heat effect]　在等温和只做体积功的情况下，系统内发生相变或化学反应等过程而引起的系统和环境之间的热交换的效应。

溶解度参数理论 [solubility parameter theory]　即正规溶液理论。

熔化焓 [enthalpy of fusion]　又称熔化热。物质由固相转变为液相过程的焓变。用 $\Delta_s^l H_m$ 或 $\Delta_{fus} H_m$ 表示。

熔化热 [heat of fusion]　即熔化焓。

三相点 [triple point]　单组分系统中，气相、液相和固相三相平衡共存时的温度和压强。纯物质的三相点通过实验测定，或由联立任意两个描述两相平衡的克拉珀龙方程求算。下表是一些物质的三相点：

物质	氨	二氧化碳	水
T(K)	195.4	216.55	273.16
p(kPa)	6.075	517.29	0.6105

沙克尔-特鲁德公式 [Sackur-Tetrode equation]　参见平动熵。

熵 [entropy]　一种重要的热力学状态函数。是判断过程进行的方向性和限度的状态函数之一，也是体系状态无序程度的一种度量。热力学中，熵用符号 S 表示，可通过下式定义：

$$dS = \delta Q_{rev}/T$$

式中，δQ_{rev} 是系统以可逆的方式从环境吸收的微量热；$\delta Q_{rev}/T$ 称为热温商；dS 即系统相应的微小熵变。熵是广度性质。对封闭系统中发生的不可逆过程，系统熵的微小变化 dS 总是大于不可逆过程的热温商 $\delta Q_{ir}/T$。因此，可以将 dS 和热温商的关系综合写成

$$dS \geqslant \delta Q/T$$

式中，等号适用于可逆过程，不等号适用于不可逆过程。对于孤立系统，系统和环境没有任何热交换，因此

$$dS \geqslant 0 \quad (\text{孤立系统})$$

上式表示孤立系统的熵总是增加，直到达到平衡状态熵不再变化为止。这一结论通常称为熵增原理。开放系统的熵变可分成两部分：

$$dS = d_eS + d_iS$$

式中，d_eS 为由于系统和环境发生物质交换和能量交换引起的熵变(熵流)，它可能为正也可能为负。d_iS 是由于系统内部发生不可逆过程而引起的熵变(熵产生)，它不可能为负值，因此

$$d_iS = dS - d_eS \geqslant 0 \quad (\text{开放系统})$$

上式中等号表示可逆过程，不等号表示不可逆过程。

从微观角度理解，熵是系统内微观粒子的热运动杂乱程度的度量，可以用玻尔兹曼熵公式给出：$S = k_B \ln \Omega$，其中 k_B 是玻尔兹曼常量，Ω 为系统的热力学微观状态数。

熵产生 [entropy production] 由于系统内部的不可逆过程，如扩散，热传导和化学反应等所引起的系统的熵的改变。熵产生项一般用 d_iS 表示。系统的熵产生不可能为负值，在可逆过程中为零，在不可逆过程中大于零。

熵流 [entropy flux] 指系统和环境通过界面进行能量和物质交换(流动)时引起系统熵的变化，用 d_eS 表示。熵流可能为正也可能为负。

熵增原理 [principle of entropy increase] 热力学第二定律的一种表达方式。通常的表述为：在孤立系统中所发生的一切实际过程总是使系统的熵增大。这一原理的更一般的表述为：当系统经绝热过程由一种状态变为另一种状态时，系统的熵永不减小；熵在可逆过程中不变，在不可逆过程中增加。严格地说，上述结论只适用于过程始态和终态都是平衡状态的情况，否则作为系统状态函数的熵可能没有意义。但如果系统的状态偏离平衡状态的程度不是很大，则可以将系统分成许多子系统，每一个子系统可以近似地认为处于平衡状态，因而在每一个子系统中熵有确定的定义。系统的总熵可以认为等于各子系统熵的加和，熵增原理仍然成立。

渗透压 [osmotic pressure] 用半透膜(只允许溶剂分子透过的多孔膜，如火棉胶薄膜、羊皮纸、细胞膜等)把两种不同浓度的溶液隔开时发生渗透现象(溶剂会自动地由浓度低的一侧向另一侧扩散)，到达平衡时半透膜两侧溶液产生的压力差。稀溶液渗透压公式为：

$$\pi = \frac{n_B RT}{n_A V_{m,A}^*}$$

式中，π 为是渗透压；n_A 和 n_B 分别为溶剂和溶质的物质的量；$V_{m,A}^*$ 为纯溶剂的摩尔体积。上式表明稀溶液的渗透压和溶质的数量(n_B)成正比，与溶质的性质无关，是一种依数性。当对溶液施加一个大于其渗透压的额外压力时，溶剂自溶液向纯溶剂侧逆向扩散，称为反渗透。利用反渗透技术可实现海水淡化。

升华焓 [enthalpy of sublimation] 又称升华热。物质从固相转变成气相的焓变。用 $\Delta_s^g H_m$ 或 $\Delta_{sub} H_m$ 表示。一般升华焓实验很难测准。在三相点时，升华焓严格等于相同条件下的熔化焓和汽化焓之和。偏离三相点时，近似相等，可用于升华焓的近似求解。

升华热 [heat of sublimation] 即升华焓。

实际混合物 [real mixture] 又称非理想混合物。不符合理想混合物定义的实际存在的混合物。由于构成混合物的各种物质的分子结构大小和性质各不相同，所以在形成混合物时一般都会吸热或放热(称为混合热)，并伴随有体积的变化。实际混合物的热力学关系比较复杂，在进行热力学性质研究时，需要在理想混合物热力学关系式的基础上进行修正，引进活度等新的热力学函数。

实际溶液 [real solution] 不满足理想稀溶液定义的溶液。实际溶液中的溶剂不一定服从拉乌尔定律，溶质也不一定服从亨利定律，在进行热力学研究时一般以上述两个定律为基础，通过引入溶剂的活度和溶质的活度等新的热力学函数，获得适合于实际溶液的简明实用的热力学关系式。

体积功 [volume work] 又称膨胀功。系统由于体积改变而与环境交换的能量。计算公式为

$$W = -p_0 \Delta V$$

式中，W 为体积功；p_0 为外界压强；ΔV 为系统体积的变化。

体系 [system] 即系统。

统计平均等效性原理 [equivalence principle of statistical average] 统计热力学基本假设之一。该假设认为，系统的宏观力学量是各微观状态相应微观量的统计平均值。力学量是指能在分子水平上找到相应微观量的宏观性质，如能量、密度、压力等。若力学量 B 的某一微观状态 j 对应的微观量为 B_j，则

$$B = \langle B \rangle = \sum_j B_j P_j$$

式中，$\langle B \rangle$ 表示统计平均值；P_j 为微观状态 j 出现的概率。

统计热力学 [statistical thermodynamics] 宏观热力学现象的微观理论。统计热力学从粒子的微观结构和粒子间相互作用出发，以粒子遵循的力学定律(牛顿力学或量子力学)为理论基础，使用统计的方法推求大量粒子运动的统计平均结果，从而说明或预测由大量微观粒子组成的热力学系统的宏观性质及其规律性。由于考虑了物质的具体结构及粒子之

间的相互作用，因此能够解释具体系统的个性差异，这是其超出宏观热力学的一个优点。

统计系综 [statistical ensemble] 即系综。

完美气体 [perfect gas] 即理想气体。

完全气体 [perfect gas] 即理想气体。

微观状态 [microstate] 系统内大量微观粒子的运动状态。它通过各个微观粒子微观性质的参数（如粒子质量、运动速度、动能、粒子相互作用力和位能等）来描述。显然，描述包含大量微观粒子的热力学系统的微观状态需要大量的微观性质参数。根据统计热力学的原理，系统的宏观性质是相应微观性质的统计平均值。

微正则系综 [microcanonical ensemble] 为研究孤立系统（粒子数 N、能量 E 和体积 V 恒定的系统）的平衡态性质而建立的系综。微正则系综中每一个符合要求的微观状态出现的概率相等，即

$$P_j = \frac{1}{\Omega}$$

式中，Ω 为微观状态数。

维里系数 [virial coefficient] 位力系数的旧称。

维里状态方程 [virial equation of state] 位力状态方程的旧称。

位力系数 [virial coefficient] 旧称维里系数。位力状态方程中的展开系数。

位力状态方程 [virial equation of state] 旧称维里状态方程，又称卡末林-昂内斯状态方程。1901 年由卡末林-昂内斯（Kamerlingh Onnes）首先提出的实际气体状态方程，将 pV 值表述成压力或体积的级数形式：

$$Z = \frac{pV_{\mathrm{m}}}{RT} = 1 + \frac{B}{V_{\mathrm{m}}} + \frac{C}{V_{\mathrm{m}}^2} + \frac{D}{V_{\mathrm{m}}^3} + \cdots$$

或者

$$Z = \frac{pV_{\mathrm{m}}}{RT} = 1 + B'p + C'p^2 + D'p^3 + \cdots$$

式中，Z 为压缩因子。$B(B')$，$C(C')$，$D(D')$ 分别称为第二、第三和第四位力系数，它们都是温度的函数，其数值可从实验测定或从统计热力学理论计算。有实际应用价值的是截止到第二或第三位力系数的截止型位力方程，能适用于较高压力下的实际气体。

温标 [temperature scale] 温度的数值表示法。是对温度的基点和分度方法所做的一种规定。常用的温标有三种：

(1) 热力学温标，又称绝对温标，是我国法定的温标。它是开尔文提出的基于卡诺循环而不依赖于任何测温物质的温标。用热力学温标确定的温度称为热力学温度，用 T 表示。它的单位是开尔文，简称开，用 K 表示。按照规定，水的三相点的热力学温度为 273.16 K，1 K 等于水的三相点的热力学温度的 1/273.16。

(2) 摄氏温标，又称百分温标。由摄耳修司（A. Celsius）提出，以标准大气压下纯水的冰点为 0 度，沸点为 100 度，用水银作测温物质。用摄氏温标确定的温度称为摄氏温度，用 t 表示。它的单位是摄氏度，用℃表示。现在摄氏温度的定义是：t/℃=T/K–273.15，且 1℃等于 1 K。

(3) 华氏温标。由华伦海特（G. D. Fahrenheit）提出，以标准大气压下纯水的冰点为 32 度，沸点为 212 度，中间分为 180 等份。用华氏温标确定的温度称为华氏温度，用 t_{F} 表示。它的单位是华氏度，用°F 表示。华氏温度 t_{F} 和摄氏温度 t 的换算关系为

$$t/°\mathrm{F} = 32.0 + \frac{9}{5}t/℃$$

物态方程 [equation of state] 即状态方程。

物系 [system] 即系统。

稀溶液 [dilute solution] 理想稀溶液的简称。

稀溶液的依数性 [colligative properties of dilute solution] 非挥发性溶质溶解在溶剂中形成溶液，其稀溶液的蒸气压下降、沸点升高、凝固点降低和渗透压等的数值只和稀溶液中溶质分子的数量有关而与溶质的性质无关，称为稀溶液的依数性。例如，根据拉乌尔定律，可得到稀溶液中溶剂 A 的蒸气压下降和溶质 B 的摩尔分数的关系为

$$\Delta p_{\mathrm{A}} = p_{\mathrm{A}}^* - p_{\mathrm{A}} = p_{\mathrm{A}}^* x_{\mathrm{B}}$$

式中，p_{A}^* 是纯溶剂的饱和蒸气压。上式表明溶剂蒸气压下降只和溶质的数量成正比，与溶质种类无关，是一种依数性。

系集 [assembly] 大量粒子的集合体。粒子之间可以没有相互作用（独立粒子）或存在不能忽略的相互作用（非独立粒子）；粒子可能只在固定位置附近运动（定域粒子，例如固体中的原子），也可能可以在整个空间运动（非定域粒子，如气体分子）。系集实际上是经典热力学系统加上某些简化假设后得到的统计热力学模型。因此，系统和系集两个名词常常通用。

系统 [system] 又称体系或物系。由大量微观粒子组成，并与其周围环境（外界）以一定方式相互作用着的宏观客体。是热力学研究的对象，所以又称热力学系统。系统和环境之间由真实的或虚拟的界面相隔开。根据系统与环境相互作用的情况可将系统分成孤立系统（与环境间没有物质和能量交换）、封闭系统（与环境间没有物质交换但有能量交换）和

开放系统(与环境间有物质和能量交换)。也可根据系统是否处于平衡进行分类，处于热力学平衡状态的系统称为平衡系统，未达到平衡的系统称为非平衡系统。还可以根据组成系统的物质的化学性质对系统进行分类：由一种化学组分构成的系统称为单元系；由两种或两种以上的化学组分构成的系统称为多元系。或者根据系统的均匀性进行分类：各部分的所有性质完全一样的系统称为均匀系，又称单相系；当系统的各部分的性质有差异时，称为非均匀系；如果整个系统是不均匀的，但可分成若干个均匀的部分，则称为复相系。

系综 [ensemble] 又称统计系综。在一定的宏观条件下，大量性质和结构(宏观状态)完全相同的、处于各种微观运动状态的、各自独立的系统的集合。根据统计热力学的基本假设，系统的宏观力学量是各相应的微观量的统计平均值，求统计平均是对所有可能的微观状态进行的。引入系综概念后，对所有可能的微观状态进行统计平均就可以用对系综中所有系统求统计平均代替。对于粒子间存在相互作用等复杂的体系，引入系综的方法可把对时间平均的热力学性质变为与时间无关的系综平均，处理大为简化。根据系统宏观状态条件的不同，系综分为微正则系综(粒子数 N、能量 E 和体积 V 恒定)，正则系综(粒子数 N、温度 T 和体积 V 恒定)，巨正则系综(温度 T、体积 V 和化学势 μ 恒定)和等温等压系综(粒子数 N、温度 T 和压力 P 恒定)等。

线性唯象关系 [linear phenomenological relation] 系统中不可逆过程的热力学流和热力学力之间的经验型的线性依赖关系。热力学系统中可能存在多个不可逆过程，且存在着互相影响，例如，温度梯度不仅推动热传导，也可能对扩散等产生影响。线性唯象关系即反映的是这种规律。线性唯象关系的数学表达式为

$$J_k = \sum_i L_{ki} X_i$$

式中，J_k 是第 k 个流，即第 k 个不可逆过程的速率：X_i 为第 i 个热力学力。L_{ki} 称为唯象系数，代表第 i 种力对第 k 种流的影响，它可能与状态变量有关，但与它所关联的力和流的大小无关。当 $i=k$ 时，L_{kk} 反映对应的力对流的直接影响，如扩散系数、热传导系数、黏度系数等，它们恒为正值；当 $i \neq k$ 时，L_{ki} 代表第 i 种力对其他流的影响，如温度梯度可以影响扩散(即热扩散)、浓度梯度可以影响热传导等，它们可正可负。

相 [phase] 系统内部物理性质和化学性质完全均匀的部分。热力学系统处于平衡态时，内部可能分割为若干物理性质与化学性质均匀的部分，部分之间有明显的界面。每一均匀部分就是系统的一个相。这些各自明显分开的相，可以用常用热力学参量描述，这些参量也称为该系统的内参量。各相之间具有不同的性质。系统中相的数目用 Φ 表示。$\Phi=1$，均相系统(单相系统)；$\Phi=2$，两相系统；$\Phi=3$，三相系统；其余依此类推。

相胞 [phase cell] 即相格。

相变 [phase transition] 物质从一种相转变为另一种相的过程。蒸发、冷凝、熔化、凝固、升华、凝华和晶型转变等都是相变过程。转变前后的两个相如果处于热力学平衡状态(相平衡状态)，则称为可逆相变；反之，则为不可逆相变。例如，液体在等温下转变为与其相平衡的饱和蒸气就是可逆相变；液体向真空蒸发就是不可逆相变。若非特别指明，相变一般是指等温的可逆相变过程。物质的相变一般可分为一级相变和二级相变两种类型，它们各有其特点。

λ 相变 [lambda phase transition] 即二级相变。

相变焓 [enthalpy of phase transition] 即相变潜热。

相变潜热 [latent heat of phase transition] 又称相变热或相变焓。一级相变时吸收或放出的热。即系统发生一级相变时的焓变。若相变是从 α 相转变为同温同压下的 β 相，则此过程的相变焓用 $\Delta_\alpha^\beta H_m$ 表示。

相变热 [heat of phase transition] 即相变潜热。

相格 [phase cell] 又称相胞。相空间中代表粒子一个运动状态的微小体积。经典力学认为相空间中的一个点对应于粒子的一个运动状态，但按照量子力学的测不准关系式，每一个广义坐标 q_i 和它对应的广义动量 P_i 的不确定量 Δq_i 和 ΔP_i 必定满足：

$$\Delta q_i \Delta P_i \approx h \ (i=1，2，\cdots，r)$$

式中，r 为粒子的运动自由度；h 为普朗克常量。因此，应该以一个大小为 h^r 的微小体积来表示粒子的一个状态。相空间中体积为 h^r 的微小空间称为相格。粒子的代表点落在相格内的任意一个位置上，其运动状态和能量相同，即处于同一个微观态或量子态。

相合熔点 [congruent melting point] 相图中由两种物质生成的化合物在熔解时固相与液相组成相同的点。此时熔解行为与纯组分物质类似，不会分解出成分不同的固体。

相空间 [phase space] 用以表示系统所有可能状态的空间。由广义坐标和广义动量为坐标轴构成的概念空间，用来描述粒子或系统的运动状态。n 个自由度的系统的相空间是 $2n$ 维的。

相律 [phase rule] 又称吉布斯相律。吉布斯(J. W. Gibbs)提出的用于计算系统的自由度跟其他变量的关系的定律，是相图的基本原理之一。相律指出，等温等压下多相平衡系统的自由度 f 与组分数 K 和相数 Φ 之间的关系为：

$$f = K - \Phi + 2$$

相律是各种多相平衡系统都必须服从的规律，它对相平衡及化学平衡问题的研究有重要的指导意义。例如对于单组分两相平衡系统，$K=1$，$\Phi=2$，根据相律知 $f=1$，即此系统的温度 T 和压力 p 只有一个可在一定范围内自由变化而不引起旧相消失或新相产生。

相平衡 [phase equilibrium] 多相系统中所达到的相与相之间没有任何物质与能量转移的平衡状态。相平衡的热力学条件是各相的温度和压力相等，且任一组分在各相的化学势相等，即

$$\mu_i^{(\alpha)} = \mu_i^{(\alpha)} = \cdots = \mu_i^{(\Phi)}$$

式中，下标表示组分，上标表示不同的相；Φ 是系统的相数。相平衡按照系统所包含的不同相态可区分为：气液平衡、气固平衡、液液平衡、液固平衡、固固平衡及气液固平衡等。

相依粒子 [dependent particle] 即非独立粒子。

撷取最大项法 [picking maximum term method] 只考虑最概然分布的统计热力学处理方法。

循环过程 [cyclic process] 经过一系列的变化系统回到原来状态的过程。系统经历一个循环过程后，其所有的热力学状态函数的值都不变。如果一个循环所包含的过程都是可逆过程，则称为可逆循环，在系统的状态图上表示为一条封闭曲线。如果循环过程对外做功为正值，则称为正向循环，在 p-V 图上是沿顺时针方向进行的；如果为负值，则称为逆向循环，在 p-V 图上是沿逆时针方向进行的。

压缩率 [compressibility] 即压缩因子。

压缩系数 [compressibility coefficient] 即压缩因子。

压缩因子 [compressibility factor] 又称压缩系数或压缩率。描述真实气体的性质的一个常用的状态函数。符号为 Z，定义为：

$$Z = \frac{pV}{nRT} = \frac{pV_m}{RT}$$

式中，n 为物质的量；R 为气体常数；p 为压强；V 为气体体积；V_m 为摩尔体积。理想气体的压缩因子 Z=1，而实际流体的压缩因子会偏离 1。因而，压缩因子是一个定量地表示实际流体和理想气体行为差别的物理量。根据气体临界状态的性质可以定义对比态与对比性质。一般而言，各种气体在相同的对比温度与对比压力下具有相同的压缩因子。根据这一原理制成了压缩因子图，可用以简便地估算实际气体的性质。

液固平衡 [liquid-solid equilibrium] 液相和固相的相平衡。液态混合物或液态溶液冷却达到某一温度时，开始析出固体，这时系统就处于液固平衡。通常根据析出固体的不同，将系统作如下分类：

(1)析出纯组分的系统：如铋-镉，邻硝基氯苯-对硝基氯苯等。

(2)析出固体化合物的系统：如 H_2O-H_2SO_4、四氯化碳-对二甲苯和氟化钙-氯化钙等。

(3)析出固溶体的系统：如铜-镍、金-银、铜-金、铝-氯化铜等。

研究液固平衡主要是通过热分析和溶解度测定等实验方法绘制相图，或把实验数据关联成活度系数方程供液固平衡计算使用。液固平衡计算主要用于：结晶分离或提纯工艺开发、形成最低共熔混合物以降低系统的熔点、区域熔炼操作条件的确定等。

液化焓 [enthalpy of liquefaction] 又称液化热。物质液化过程(物质从气相转变为液相的过程，或称冷凝、凝结，是蒸发的逆过程)中的焓变。也即液化过程放出的热。用 $\Delta_g^l H_m$ 或者 $\Delta_{liq} H_m$ 表示。液化焓的数值大小与汽化焓相同，符号相反。

液化热 [heat of liquefaction] 即液化焓。

液液平衡 [liquid-liquid equilibrium] 由不完全互溶的物质构成的系统内共存的几个液相间的相平衡。常见的是两个液相间的相平衡，在多组分系统中可能有三个或更多液相共存。压力对液-液平衡影响并不显著，液-液平衡主要研究温度对平衡组成的影响。二组分系统液-液平衡相图是描述温度和相互溶解度的关系。相图上的曲线即溶解度曲线，曲线所包的范围内两个液相共存，曲线以外是单相区。三组分系统通常在恒定温度下研究三个组分间的相互溶解度，用三角形坐标绘制的相图上的溶解度曲线划分了两相共存区(部分互溶区)和单相区(完全互溶区)。

依数性 [colligative properties] 指溶液所具有的一类性质，这类性质只取决于溶质相对于溶剂分子的数量，而不取决于溶质分子本身的特性。溶液的依数性包括：蒸气压降低、沸点上升、熔点下降以及渗透压。通过测量稀的非离子水溶液(例如尿素或葡萄糖的水溶液)中的依数性，可以求得溶质的分子量的精确值。测量离子溶液的依数性则可以估计溶质电离的百分比。

逸度 [fugacity] 用于描写实际气体有效压强的热力学函数。它等于相同条件下具有相同化学势的理想气体的压强。在与化学势有关的描述理想气体性质的热力学式子中用逸度代替活度，即可得到相应的描述实际气体性质的关系式。实际气体混合物中组分 i 的逸度定义为

$$f_i = p^{\ominus} \exp\left[\frac{\mu_i(T,p,x_i) - \mu_i^{\ominus}(T)}{RT}\right]$$

式中，$\mu_i(T,p,x_i)$ 为温度 T、总压 p 和混合物中摩尔分数为 x_i 的组分 i 的化学势；$\mu_i^{\ominus}(T)$ 为其标准态(标准压力时的纯理

想气体)的化学势。f_i的单位和压力相同，它和压力的关系为：f_i=$\phi_i p x_i$。$\phi_i = f_i / p$ 是混合物中组分 i 的逸度系数(又称逸度因子)，它取决于温度、压力和混合物的组成，是实际气体混合物和理想气体行为偏差的表征。理想气体混合物中，各组分的逸度系数都等于 1，即其逸度就等于其分压。在某些情况(如气液平衡研究)中，逸度概念也推广应用于液相。

逸度系数 [fugacity coefficient] 参见逸度。

永动机 [perpetual motion machine] 假想的不消耗能量或在仅有一个热源的条件下能够不断运动并且对外做功的机械。由于违反热力学基本原理而不可能实现。第一类永动机是最古老的永动机概念，试图以机械的手段在不获取能源的前提下持续地向外界输出能量。在热力学第一定律问世后，人们认识到能量是不能被凭空制造出来的，于是有人提出设计，试图从单一热源(海洋、大气、宇宙等)吸取热能并驱动永动机转动而输出功，这就是第二类永动机。但是这违反了热力学第二定律或卡诺定理，因而也是不可能实现的。

有用功 [available work] 即非体积功。

约化性质 [reduced properties] 即对比性质。

涨落 [fluctuation] 系统的宏观物理量在每一时刻的实际值并不都精确地等于其统计平均值，而是或多或少有些偏差，这些偏差称为涨落。涨落是杂乱无章的、随机的。若以 B 代表某宏观物理量，以 $\langle B\rangle$ 代表其系综平均值，则其涨落 σ_B 定义为

$$\sigma_B^2 = \left\langle \left(B - \langle B\rangle\right)^2 \right\rangle$$

或定义相对涨落为 $r_B = \sigma_B / \langle B\rangle$。将正则系综的公式代入即可知能量在正则系综中的相对涨落具有 $1/\sqrt{N}$ 的数量级。由于系统粒子数 N 的数值很大，所以能量的相对涨落极小，即能量的实际观察值与其正则系综平均值偏差极小。因此，用正则系综平均值代表观察值在通常情况下是可行的。

振动熵 [vibration entropy] 分子内部振动对熵的贡献，用 S_v 表示。双原子分子振动熵的计算公式为

$$S_v = Nk_B\left\{\left[\frac{\theta_v}{T}\cdot\frac{1}{\exp(\theta_v/T)-1} - \ln\left[1-\exp(-\theta_v/T)\right]\right]\right\}$$

式中，N 为分子数；$\theta_v = \dfrac{h\nu}{k_B}$ 是振动特征温度，可由光谱数据求得。

蒸发热 [heat of evaporization] 即汽化焓。

正规混合物 [regular mixture] 又称正规溶液。各组分在混合时没有体积变化，且超额熵为零的混合物。分子大小和形状相近的物质所形成的混合物一般属于规则混合物。例如，90.7 K 下的 CO-CH_4 混合物，以及 343.15 K 下的苯-正庚烷混合物。

正规溶液 [regular solution] 即正规混合物。

正规溶液理论 [regular solution theory] 又称溶解度参数理论。阐述正规溶液特性的理论。由 J. H. Hildebrand 于 1929 年提出。正规溶液的形成(混合)热不为零，而混合熵为理想溶液的混合熵，更接近实际溶液。该理论的成就在于以纯组分的摩尔体积和溶解度参数来计算溶液的超额吉布斯函数以及活度系数，所导出的超额吉布斯函数恒大于零。该理论广泛应用于非电解质溶液，尤其对许多合金溶液的应用更为合适，不适用于对理想溶液负偏差的溶液。

正则系综 [canonical ensemble] 为研究恒温恒容封闭体系而建立的系综。正则系综中每一个系统的粒子数 N、体积 V 和温度 T 恒定，因此有时被称为 NVT 系综。系统与环境能够发生热量交换。假设系统的某一微观状态 j 具有能量 E_j，则其分布概率满足麦克斯韦-玻尔兹曼分布律：

$$\rho\left(E_j\right) = \frac{1}{Q}\exp\left(-\frac{E_j}{k_B T}\right)$$

式中，Q 为归一化常数(配分函数)。

制冷机 [refrigerating machine] 又称冷机或冷冻机。利用工作物质作循环过程，并在循环过程中从环境中获得功，同时不断从低温物体吸热传向高温物体(环境)使得低温物体温度不断降低的机器或装置。冰箱就是典型的制冷机。制冷机中工作物质进行的循环称为制冷循环，制冷机是通过消耗功来实现将热从低温物体传给高温物体的，所以并不违反热力学第二定律。

制冷系数 [coefficient of refrigerating performance] 又称冷冻系数。描述制冷机工作效率的物理量。定义为制冷机在一个工作循环中从低温物体中吸收的热 Q_2 与从环境中吸收的功 W 的比值，即

$$\varepsilon = Q_2 / W$$

制冷系数越大则制冷机工作效率越高。而且制冷系数是可能大于 1 的。

转动熵 [rotation entropy] 分子转动对熵的贡献。用符号 S_r 表示。在 $T \gg \theta_r$ (经典近似条件)时，线型分子转动熵的计算公式如下：

$$S_r = Nk_B\left(1+\ln\frac{T}{\sigma\theta_r}\right)$$

式中，N 为分子数；σ 为分子对称数；$\theta_r = \dfrac{h^2}{8\pi I k_B}$ 为转动特征温度，可由转动光谱数据求得，其中 I 为分子转动惯量。

转熔温度 [peritectic temperature] 即不相合熔点。

状态 [state] 系统在某一时刻所处的状况。按层次可以分为宏观状态和微观状态两种，但一般是指宏观状态。

状态方程 [equation of state] 又称物态方程。处于平衡态的系统中各热力学参数(状态函数)之间所满足的函数关系。处于一定状态下系统具有各种各样的宏观性质，但这些性质往往不是独立的，而是相互之间满足一定的关系。因此，只需要数目较少的一组独立变量即可描述系统的状态，其他性质可通过状态方程表示成这些独立变量的函数。例如，对于流体，可用温度 T，压力 p，体积 V 和物质的量 n 来描述系统的状态，但它们中只有三个是独立的，因此有

$$p = f(V,T,n)$$

这就是状态方程。例如，对于理想气体，有 $pV=nRT$，其中 R 为普适气体常数。状态方程可通过实验来测定，也可以利用统计热力学方法得到。状态方程是计算各种热力学性质的基础。

状态函数 [state function] 即热力学函数。

状态和 [sum over state] 即配分函数。

准静态过程 [quasi-static process] 又称平衡过程。所有中间状态都无限接近于平衡状态的过程。即过程进行得无限缓慢，过程中系统偏离平衡状态无限小并且随时恢复平衡状态。它是一种理想过程。任何实际过程总是在有限的时间内完成的，严格讲都不是准静态过程，但如果与弛豫时间相比进行得足够缓慢，则可以近似当作准静态过程来处理。例如，转速为 1500 r/min 的四冲程内燃机的整个压缩冲程的时间为 2×10^{-2}s，与压强的弛豫时间相比要小得多，因而可以当作准静态过程来处理。准静态过程的每一个中间状态都有确定的状态参数值，因而在描述系统状态的图(状态图)上就有相应的一条连续线来代表这个过程。反之，非平衡过程就没有相应的代表线。

子 [particle] 粒子的简称。

自发过程 [spontaneous process] 在一定条件下，无需借助外力帮助就能自动发生的过程。在此过程中系统的自由能降低。例如，热从高温物体传给低温物体、气体向真空膨胀、溶质从高浓度向低浓度扩散等。

自由度 [degree of freedom] 释文见理论与计算化学同名词条。

组分 [component] 确定平衡系统中所有各相组成所需要的最少数目的独立物质称为独立组分，简称组分或组元。系统中的组分数目用 K 表示。若系统中含有 S 种能单独存在的纯化学物质，这些物质间可能发生的独立的化学反应数为 r，并且在同一相内存在着 r' 个独立的浓度限制关系(如电中性关系、浓度或组分间的比例关系)，则组分数 $K = S - r - r'$。K=1，单组分系统(单元系统)；K=2，二组分系统(二元系统)；K=3，三组分系统(三元系统)；其余依此类推。

最低共熔点 [eutectic point] 又称低共熔点。在固态完全不互溶或部分互溶的系统中，按固定组成比例所有固相同时熔化的最低温度。此温度比任何纯组分的熔点都低，称为最低共熔点。相应的固定比例的两种或两种以上纯组分固体(或固溶体)构成的系统称为最低共熔混合物。例如，纯铋(Bi)熔点是 271.3℃，纯锡(Sn)熔点是 231.9℃，纯铅(Pb)熔点是 327.3℃，它们的最低共熔混合物 Bi(51%)-Sn(16%)-Pb(33%)的熔点最低，等于 96℃。

最概然分布 [most probable distribution] 又称最可几分布。拥有微观状态数最多即热力学概率最大的分布。系统某宏观状态的热力学概率的对数 $\ln\Omega$ 与此宏观状态中包含的各种分布中的最概然分布的热力学概率的对数 $\ln\omega_{max}$ 之间的差别随着系统中粒子数的增大而越来越小。因此，对于含有大量粒子的系统，$\ln\Omega$ 可用 $\ln\omega_{max}$ 来代替。这称为撷取最大项法。这种方法的运用使得统计热力学的数学关系式大为简化，只需通过对最概然分布规律的研究，就能得出可靠的统计平均结果。麦克斯韦-玻尔兹曼分布、玻色-爱因斯坦分布和费米-狄拉克分布都是最概然分布。

最概然速度 [most probable speed] 参见平均速度。

最可几分布 [most probable distribution] 即最概然分布。

最小熵产生原理 [principle of minimum entropy production] 在恒定的约束条件(边界条件)下，与约束条件相适应的定态(不随时间变化的状态)的熵产生率具有极小值。这是线性非平衡态热力学中的一条原理。其数学表达式为

$$P = \frac{d_iS}{dt} \geqslant 0 \quad \text{(等式适用于平衡态)}$$

$$\frac{dP}{dt} \leqslant 0 \quad \text{(等式适用于定态)}$$

上式表明处于非平衡态的系统中发生的不可逆过程趋向于使系统的熵产生率随时间而降低，并达到最小值。

4.2 结构化学

埃瓦尔德衍射球 [Ewald diffraction sphere; Ewald reflection sphere] 用于判断衍射出现条件和确定衍射方向的特定圆球。在倒易空间中，以衍射晶体位置为球心，$\frac{k}{\lambda}$ 为半径(常数 k 通常取 1 或 2π，λ 为激发源波长)，确定埃瓦尔

德衍射球。

本征方程 [eigen value equation] 若某算符作用于一函数等于常数乘以该函数，则该方程称为该算符的本征方程。其中函数称为算符的本征函数，常数是算符对应于本征函数的本征值。

变分法 [variation method] 量子力学中用以寻找体系基态及某些激发态的近似波函数的一种方法。通常先选取一变分函数，然后通过求极值的方法确定其中的参数。

表面弛豫 [surface relaxation] 理想解理面所对应的表面二维周期点阵结构，在晶体表面或亚表面区域的各个原子层相对于原体相结构分别向下或向上发生不同程度整体位移，从深层到表面，相邻原子层间距越来越明显改变的现象。

表面重构 [surface reconstruction] ❶在一定外界条件下，表面(或吸附表面)相对于原晶体理想解理面，在二维点阵结构的原子组成；❷网格大小、形状、方位、对称性；❸原子结构中键长、键角、配位数等方面发生变化的表面结构再造现象。

表面晶体学 [surface crystallography] 晶体的体相原子、离子和电子在表面“突然终结”，相对连续的体相形成最大“缺陷”，使表面偏离维系原体相理想解理面所对应的结构，针对此表面和深达几纳米的亚表面区域情况的晶体学科学。

表面空位 [surface vacancy] 温度 0 K 以上，由于原子、离子或分子热运动，晶体表面偏离理想解理面，在表面不同部位形成不同形式和不同程度的微观结构聚集状态，其表面原子或离子空缺后所形成的微观形貌结构(见图)。

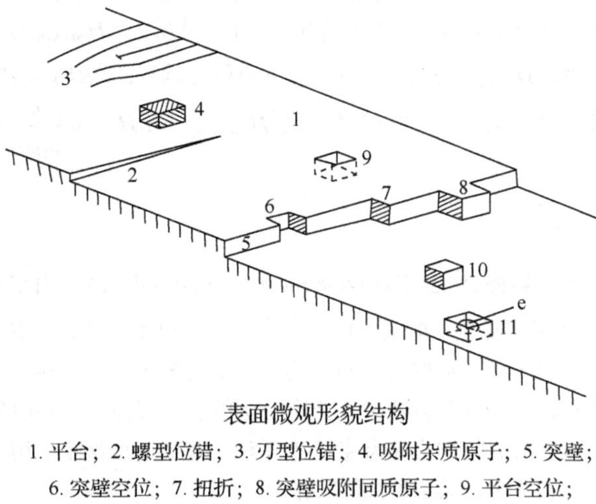

表面微观形貌结构

1. 平台；2. 螺型位错；3. 刃型位错；4. 吸附杂质原子；5. 突壁；6. 突壁空位；7. 扭折；8. 突壁吸附同质原子；9. 平台空位；10. 吸附同质原子；11. 平台空位俘获单电子

表面偏析 [surface segregation] 表面和体相原子由于热运动可以相互流动或交换，当达到热力学平衡时，某元素原子或原子基团在表面的定量组成，或增或减地有别于体相定量组成的现象。

表面褶皱 [surface rumpling] 晶体表面或亚表面区域，属于原体相结构的同层原子、同层正负离子或吸附状况不同的原子等，产生上下相对位置变化，偏离原有同层分布的现象。

玻尔原子模型 [Bohr model of atom] 丹麦物理学家尼尔斯·玻尔于 1913 年提出的关于氢原子结构的模型，很好地解释了氢原子光谱。玻尔模型引入量子化的概念，假定核外电子只能在有确定半径和能量的轨道上运动，电子在不同轨道间跃迁时，原子会吸收或辐射出光子。

玻色子 [boson] 自旋量子数为整数的粒子，如光子。不遵守泡利不相容原理，在低温时可以发生玻色-爱因斯坦凝聚。

不对称单位 [(crystallographic) asymmetric unit] 一个晶胞内无对称元素联系的原子组成的单位。由其中的原子坐标参数出发，经空间群全部对称操作后能得到晶胞内全部原子的坐标参数。

不可约表示 [irreducible representation] 通过相似变换无法继续约化的对角方块矩阵。表示对称操作群的变换矩阵群称为相应对称操作群的表示。设 $\boldsymbol{A}$ 为任意矩阵，$\boldsymbol{S}$ 为适当的变换矩阵，进行相似变换(即 $\boldsymbol{S}^{-1}\boldsymbol{AS}$ 操作)，$\boldsymbol{A}$ 变成对角方块矩阵，此相似变换过程被称为矩阵的约化。对角方块矩阵通过相似变换无法继续约化了，得到不可约矩阵或不可约表示。一个群可有多个可约表示，但只有几个不可约表示。

不确定度关系 [uncertainty principle] 又称不确定度原理、测不准关系。由微观粒子本质特性决定的物理量间相互关系的原理，比如一个粒子坐标的不确定度与动量的不确定度的乘积约为普朗克常量 h 的数量级。是由海森伯(W. Heisenberg)于 1927 年首先提出的。

不确定度原理 [uncertainty principle] 即不确定度关系。

布拉格-布伦塔诺型衍射仪 [Bragg-Brentano diffractometer] 多晶、单晶膜等材料衍射和散射最常用的仪器，其激发源为波长固定的 X 射线束等，它的入射束和衍射束相对样品呈等距对称聚集几何光路，根据实验要求，可有多种工作模式进行扫描，从而收集衍射和散射数据的衍射仪。

布拉格角 [Bragg angle] 在布拉格方程的衍射几何光路中，对于(hkl)点阵面和 $H=nh$, $K=nk$, $L=nl$ 衍射，其入射束和衍射束分别与点阵面夹角(锐角)相等，此夹角 $\theta_{nh,nk,nl}$ 称为布拉格角。布拉格角的数值为入射束与衍射束夹角的一半。

布拉维点阵型式 [Bravais-lattice type] 对于三维点阵结构，依据布拉维平行六面体晶格单位几何特征和带心情况的不同，所划分出的 14 种点阵类型，称为布拉维点阵型式

(见下表)。对于二维和一维情况，分别有 5 种和 1 种布拉维点阵型式。

三维晶体的晶族、晶系和布拉维点阵型式

晶族及符号	晶系	晶格参数限制条件	布拉维点阵型式记号*
三斜(a)	三斜	无	aP
单斜(m)	单斜	如果 b 为唯一性轴 $\alpha=\gamma=90°$，习惯取 $\beta \geqslant 90°$	mP mS(mC, mA, mI)
正交(o)	正交	$\alpha=\beta=\gamma=90°$	oP oS(oC, oA, oB) oI oF
四方(t)	四方	$a=b$ $\alpha=\beta=\gamma=90°$	tP tI
六方(h)	三方	$a=b$ $\alpha=\beta=90°, \gamma=120°$ (六方晶轴系)	hP
		$a=b=c$ $\alpha=\beta=\gamma$ (用三方晶轴系表达) $a=b$ $\alpha=\beta=90°$, $\gamma=120°$ (用六方晶轴系表达)	hR
	六方	$a=b$ $\alpha=\beta=90°, \gamma=120°$	hP
立方(c)	立方	$a=b=c$ $\alpha=\beta=\gamma=90°$	cP cI cF

*第一位小写字母为晶族种类，第二位大写字母为晶格带心类型。其中 S 为面心立方(side-face centred lattice)的缩写，代表其后括号内等当的两种底心和一种体心，三者只是晶轴取法不同。另外，三方和六方的 hP 归为一种布拉维点阵型式，然而特征对称元素不一样，从而属于不同晶系

布拉维晶格 [Bravais lattice] 按照布拉维三项原则，从空间点阵点所划分的具有特定类型平行六面体晶格单位的晶格。布拉维三项原则：①所选平行六面体应能反映晶体对称性；②晶胞参数中轴的夹角 α, β, γ 为 90°数目应最多，不为直角时，应尽可能接近于直角；③在满足上面两个条件下，所选的平行六面体的体积最小。

测不准关系 [uncertainty principle] 即不确定度关系。

超晶格 [superlattice] 从超结构点阵所划分出的更大周期晶格。

程差 [path difference] 又称光程差。从同一波源出发，以不同路径到达同一位置的两列波的路程长度之差。用于讨论波在干涉或衍射时的相互叠加问题。

单电子近似 [one electron approximation] 用单电子波函数描述多电子体系中单个电子运动状态的近似方法。认为体系中各个电子都分别在某个势场中独立运动，犹如单电子体系一样。

单电子原子 [single electron atom] 核外只有一个电子的原子或离子，如 H 原子、He^{+}离子等。

单键 [single bond] 原子间共用一对电子形成的键级为一的共价键。

单晶 [single crystal] 原子、离子或分子基本上按同一套三维(或二维、一维)空间点阵或同一特定结构规律有序排列和取向，而连续分布为一个整体结构的晶体。实际经典的三维单晶体经常为镶嵌结构并且可能有不同程度的某些缺陷等。

单斜晶系 [monoclinic system] 特征对称元素为 2 重旋转轴或 2 重反轴(即镜面)的晶系。此 2 重轴在 b 方向上，即 2 重旋转轴平行于 b 方向，2 重反轴(镜面)垂直于 b 方向。

倒易晶格 [reciprocal lattice] 倒易空间中的点按照每个点被八个平行六面体共用的方式连接成的格子。对理解晶体的 X 射线衍射有重要作用。

倒易空间 [reciprocal space] 在晶胞基矢量 $\boldsymbol{a},\boldsymbol{b},\boldsymbol{c}$ 确定已知的基础上，满足下列矢量标积(或称矢量点乘)关系：$\boldsymbol{a}^* \cdot \boldsymbol{a} = k\boldsymbol{a}^* \cdot \boldsymbol{b} = 0\boldsymbol{a}^* \cdot \boldsymbol{c} = 0$，$\boldsymbol{b}^* \cdot \boldsymbol{a} = 0\boldsymbol{b}^* \cdot \boldsymbol{b} = k\boldsymbol{b}^* \cdot \boldsymbol{c} = 0$，$\boldsymbol{c}^* \cdot \boldsymbol{a} = 0\boldsymbol{c}^* \cdot \boldsymbol{b} = 0\boldsymbol{c}^* \cdot \boldsymbol{c} = \boldsymbol{k}$(常数 k 通常取 1，2π 或激发源波长数值 λ)，所导出的 $\boldsymbol{a}^*,\boldsymbol{b}^*,\boldsymbol{c}^*$ 基矢量，其所描述的三维矢量空间称为倒易空间。它对应于特定的正空间，是经数学抽象的概念空间。它是研究晶体衍射性质的重要概念和数学工具。

倒易矢[量] [reciprocal vector] 在一组点组成的倒易点阵中，从原点指向坐标为 $H=nh, K=nk, L=nl$ 的倒易点矢量 $\boldsymbol{H}_{HKL} = H\boldsymbol{a}^* + K\boldsymbol{b}^* + L\boldsymbol{c}^*$ 或 $\boldsymbol{H}_{nh\,nk\,nl} = nh\boldsymbol{a}^* + nk\boldsymbol{b}^* + nl\boldsymbol{c}^*$(其中 h,k,l 为三个互质整数)。倒易矢[量]有两个重要性质：①$\boldsymbol{H}_{nh\,nk\,nl}$ 的方向定理：$\boldsymbol{H}_{nh\,nk\,nl}$ 与指数为($h\ k\ l$)的点阵面垂直；②$\boldsymbol{H}_{nh\,nk\,nl}$ 的长度定理：$\boldsymbol{H}_{nh\,nk\,nl}$ 的矢量长度 $\left|\boldsymbol{H}_{nh\,nk\,nl}\right| = n\left|\boldsymbol{H}_{hkl}\right| = \dfrac{n}{d_{(hkl)}} = \dfrac{1}{d_{nh\,nk\,nl}}$。

德拜-谢乐法 [Debye-Scherrer method] 波长固定的 X 射线束等垂直入射到细棒状多晶样品，相互作用后产生衍射，有时为了晶粒取向分布更均匀，细粉末棒可以沿棒中心轴转动，检测屏是以粉末棒为中心轴的静止圆筒，此种收集多晶衍射数据的方法称为德拜-谢乐法。德拜-谢乐法主要用于多晶物相鉴定、晶胞参数等工作。

等效点 [equivalent point] 在对称图像或结构中，由空间群或点群的对称操作所联系、处于等当位置的几何位点。

等效点系 [equivalent point system] 在对称图像或结构中，能充分反映图像或结构对称性以及单元组成数目，由空间群或点群的所有对称操作所联系的全部等效点的集合。

等效点不坐落在任何对称元素上，称为一般等效点系，而坐落在对称元素上称为特殊等效点系。

点缺陷 [point defect] 在晶体内，一个质点或几个质点区域内，原子排列偏离晶体点阵结构，所形成的原子尺度缺陷，如空位、间隙原子、杂质原子等。

点阵 [[point] lattice] 对于空间无限周期重复的图像或结构，相对各基元等当位置上分别抽象出一个几何点，如果按连接其中任意两个点的矢量进行整体平移后，而能使图像或结构以及点阵点自身复原，由此所形成周期排布的无限个全同点的集合。每一套点阵必由数目无限，且周围环境相同的点组成。它是对实际周期性结构的科学抽象。点阵分为一维点阵(直线点阵)，二维点阵(平面点阵)和三维点阵(空间点阵)。

点阵面 [lattice plane] 对于三维点阵，按某一可能取向，通过全部点阵点所形成的一组相互平行，且等间距的平面。对于二维点阵，只有一个点阵面。

点阵面间距 [lattice interplanar spacing] 又称面间距，在晶体三维点阵结构中，通过所有点阵点可以形成平行且等间距的平面组，其两个相邻点阵平面间垂直距离。在处理衍射问题时，相邻面间距公式的 $d_{(hkl)}$与布拉格方程中的 $d_{(hkl)}$等，皆为素格子数值。这是由于衍射点指标化是在素晶格基础上，去掉因带心引起消光的衍射点，而不是重新考虑点阵格子带心后，使衍射指数命名和点阵面间距数值发生的新变化。

点阵矢[量] [lattice vector] 在一组点阵点组成的点阵中，连接其中任意两点所形成的矢量。

电子晶体学 [electron crystallography] 电子显微镜技术与计算机图像处理技术相结合，获取晶体中原子分辨结构的科学。它更多地指生物大分子晶体研究。

电子密度函数 [electron-density function] 具有周期点阵结构的晶体，以三个晶轴为坐标系，描述电子在三维空间连续分布的周期函数。在晶体结构分析中，连续的电子密度函数用以描述一个个孤立原子分布。它与结构因子互为傅里叶变换和反变换关系。

电子缺陷 [electron defect] 在非金属晶体中，由于电子获得能量后产生跃迁，使电子结构中出现定位的附加空穴和附加电子，从而分别带正电荷和负电荷，此时虽然晶体中原子仍保持原有排列，然而在原子周围形成了一个附加电场，进而引起原有周期性势场的畸变，使晶体因电荷原因，造成不完整性而产生的缺陷。电子缺陷材料的组成往往有偏离化学计量的现象。

电子自旋 [electron spin] 描述电子运动的一个量子力学概念，有 α, β 两种状态。

定态薛定谔方程 [stationary Schrödinger equation] 不含时间或不随时间改变状态的薛定谔方程。

定域分子轨道 [localized molecular orbital] 轨道中的电子局限于分子中某两个原子之间的分子轨道。

短程有序 [short-range order] 由于原子、离子、分子间相互作用，仅在短程(大约<1 nm)甚至中程(大约 1～2.5 nm)有限区域，保持真正的有序结构，或在统计意义上的随机分布，这种在有限区域，所保持的结构和成分的有序化特征。

堆垛层错 [stacking fault] 在晶体结构中，原子面的正常堆垛结构由于插入或缺少某层原子面，从而打乱原有顺序而产生的缺陷。

对称操作的特征标 [character of symmetric operation] 对称操作表示矩阵对角元之和，即对称操作矩阵的迹，常用(R)表示操作 $\boldsymbol{R}$ 的特征标。

对称中心 [center of symmetry] 对称结构中存在的一个几何点，据此点进行反演(倒反)对称操作后，结构能复原。记号为$\bar{1}$。

对角滑移面 [diagonal glide plane] 又称 n 滑移面。基本滑移矢量为 $\frac{1}{2}(a+b)$， $\frac{1}{2}(b+c)$， $\frac{1}{2}(a+c)$ 等的滑移面。记号为小写英文字母 n。

多重键 [multiple bond] 两个原子或离子之间键数大于 1 的共价键。如乙炔中的 C≡C 三重键，$Re_2Cl_8^{2-}$中的 Re≡Re 四重键。

多晶 [polycrystal] 由大量小晶粒组成的散粒体系，或由大量小晶粒聚集而成的片、丝、棒、膜等体系。

多晶衍射法 [diffraction method for polycrystal] 利用多晶样品进行衍射以获取有关结构信息的方法。

多中心键 [multicenter bond] 由多个原子参与形成的化学键。如硼烷中存在的 BHB 三中心两电子键。

反对称波函数 [antisymmetrical wave function] 交换两粒子的全部坐标后反号的波函数，即$(q_1, q_2)=-(q_2, q_1)$。

反键[分子]轨道 [antibonding [molecular] orbital] 原子轨道线性组合成分子轨道时能级比相应原子轨道高的分子轨道。

反演 [inversion] 将某点与对称中心连线并延长相同距离使图像或结构自身整体复原的对称操作。

反映 [reflection] 将某点向镜面做垂线并延长相同距离使图像或结构自身整体复原的对称操作。

反轴 [rotoinversion axis; rotation-inversion axis] 进行旋转反演对称操作所依据的对称元素。n 重反轴记号为 $\bar{n}$（其中 n 为整数数字），基本操作为：绕轴逆时针旋转 $\frac{360°}{n}$，接着进行反演操作。

非刚性转子 [nonrigid rotator] 转动过程中核间距发生改变的转子。

非极性键 [non-polar bond] 由电负性相同的两个原子形成的正负电荷中心重合的共价键。

非键［分子］轨道 [nonbonding [molecular] orbital] 原子轨道线性组合成分子轨道时能级与相应原子轨道相比基本不变的分子轨道。

非晶态合金 [amorphous alloy] 金属原子占据的位置偏离有序晶体结构，呈短程或中程随机有序化分布的合金物相。

费米子 [fermion] 自旋量子数为半整数的微观粒子，如电子。

分子的电子组态 [electronic configuration in molecule] 分子中的电子在不同能级上的排布情况。

分子的对称性 [symmetry of molecule] 分子中的原子在各种对称操作下所表现的特性，可由分子所属点群准确表示。

分子轨道对称守恒原理 [principle of symmetrical conservation of molecular orbits] 即*伍德沃德-霍夫曼规则*。

分子轨道能级 [molecular orbital energy level] 分子轨道所处能量的相对高低。

分子几何构型 [molecular geometry] 分子中原子的空间排布情况，包括分子中化学键的键长、键角等。

分子间作用力 [intermolecular force] 分子之间的弱相互作用，作用能一般小于 50 kJ/mol，主要包括范德瓦耳斯力、疏水相互作用、氢键等。

粉晶 [powder crystal] 粉状的散粒多晶，特别是经研磨等操作，使团聚的颗粒散开和粒度变小，甚至外形遭到破坏，有粉化现象的多晶。

粉末法 [powder method] 以多晶粉末或多晶聚集体（片、棒、膜……）等材料为研究对象，以便获取各类有关结构等信息的衍射方法。

粉末衍射卡片 [powder diffraction file] 以已知多晶物相实验（或已知结构计算）的多晶 X 射线衍射数据为主要内容，由计算机管理的档案资料信息库。早期以卡片形式颁布，故中文译名为粉末衍射卡片。

复晶胞 [multiple cell] 对于具有三维点阵结构的晶体，每个平行六面体晶格单位（或二维情况的平行四边形网格单位）含一个以上的点阵点时，其所对应的晶胞。

刚性转子 [rigid rotator] 转动过程中核间距不变、原子质量集中在原子核上、势能为零的理想模型转子。

共价键 [covalent bond] 原子通过共用电子对而形成的化学键。具有方向性和饱和性。

共结晶 [cocrystallization] ①从溶液相、熔融相或气相中，同时产生两种或两种以上晶相的晶体析出现象。②结晶过程中，利用各种相互作用力、相溶性、包覆作用，携带有其他组分固体物相的晶体析出现象。

光程差 [path difference] 即*程差*。

光子晶体 [photonic crystal] 释文见 4.7 节同名词条。

轨道对称性守恒 [conservation of orbital symmetry] 单分子反应体系从反应物、中间态到产物，分子轨道始终保持某一点群的对称性。

轨道角动量 [orbital angular momentum] 电子轨道运动的角动量，大小由角量子数 l 决定，有 $2l+1$ 个不同的空间取向。

其中 n 为主量子数。

$$|M| = \sqrt{l(l+1)}\frac{h}{2\pi} \qquad l = 0, 1, 2, \cdots, n-1$$

轨道量子数 [orbital quantum number] 描述电子轨道运动的量子数，包括主量子数 n（1，2，3，…），角量子数 l（0，1，2，…，n–1）和磁量子数 m（0，±1，±2，…，±l）。

国际记号 [international symbol] 即*赫曼-摩干记号*。

核自旋 [nuclear spin] 描述原子核运动的一种量子概念。由核自旋量子数 I 及核自旋磁量子数 m_I 决定。

赫曼-摩干记号 [Hermann-Mauguin symbol] 又称国际记号。❶点群的赫曼-摩干记号：按规定分方位用 1 组、2 组或 3 组对称元素记号，表达点群对称元素的空间分布，这种可以反映各种点群的共性及区别，用于标记点群的记号，称为点群的赫曼-摩干记号。它有完整记号（full symbol）和缩写记号（short symbol）两种可能的表达形式。❷空间群的赫曼-摩干记号：第一部分为格子带心类型；第二部分按规定分方位用 1 组、2 组或 3 组对称元素记号，表达空间群对称元素的空间分布，这种可以反映各种空间群的共性及区别，用于标记空间群的记号，称为空间群的赫曼-摩干记号。它有完整记号（full symbol）、缩写记号（short symbol）和扩展记号（extended symbol）

三种可能的表达形式。

黑体辐射 [radiation of black body] 黑体发出的电磁辐射。黑体是一种能全部吸收照射到它上面的各种波长辐射的理想吸收体。它也是理想的发射体，同样温度下，黑体放出的能量最多。物理学家在研究黑体不同温度下辐射出的能量分布曲线时引入能量量子化的概念。

滑移反映 [glide reflection] 通过一平面进行反映，再沿平行于此面的特定矢量进行整体平移一定距离的复合操作。

滑移面 [glide plane] 进行滑移反映对称操作所依据的对称元素。依据滑移矢量的不同，分为多种不同类型滑移面。

***d* 滑移面** [*d* glide plane] 即金刚石型滑移面。

***n* 滑移面** [*n* glide plane] 即对角滑移面。

回摆法 [oscillation method] 波长固定的X射线束等通常以垂直角度入射，它与旋转或往复回摆的单晶样品相互作用产生衍射，然后由静止的圆筒检测屏收集衍射数据，各层倒易点阵面的衍射点分布在一条条对应的平行线上，此种收集单晶衍射数据的方法称为回摆法。主要用于单晶体取向定位、晶胞参数、晶格类型和对称性等工作。

混晶 [mixed crystal] 成分和结构不全同的晶体混合体系。

畸变 [distortion] 由于外力、残余内应力、缺陷、热振动等原因，晶体的原子偏离平衡位置，使晶胞大小和形状发生的变化。

极射赤[道]面投影 [stereographic projection] 将空间三维不同方位有关性质或空间中的图像，从球面投影的形式，转化为采用极射投影到二维赤道面或其平行面的投影方法。

极限球 [limited sphere] 在倒易空间中，以倒易晶格原点为球心，$\frac{2k}{\lambda}$ 为半径(常数 k 通常取 1，2π 激发源波长数值 λ)，用于判断哪些衍射可能出现的特定圆球(只有极限球内的倒易点所对应的衍射，在一定条件下，才有可能出现)。

极性键 [polar bond] 由两个原子形成的正负电荷中心不重合的共价键。

价电子 [valence electron] 原子或分子中能级较高的外层电子。

简单晶格 [primitive lattice] 每个平行六面体晶格单位仅含一个点阵点的晶格(记号为 P)。点阵点坐标为 0,0,0。

键 [bond] 分子或晶体中两个或多个原子间的一种强烈相互作用，以使分子或晶体能稳定存在。

键级 [bond order] 释文见理论与计算化学同名词条。

键强度 [bond strength] 用键级表示的化学键相对强弱。

结构化学 [structural chemistry] 研究原子、分子和晶体的微观结构、运动规律以及微观结构和宏观性能关系的化学分支学科。微观结构包括上述微粒的几何结构、电子结构、能级及相关物理量的分布等。

结构化学首先是一门直接应用现代实验手段测定分子和晶体的静态、动态结构和静态、动态性能的实验科学，X 射线衍射、中子衍射和电子衍射等提供了数以十万计的分子和晶体的结构数据，包括原子半径、离子半径、键长、键角等基本参数。分子光谱、磁共振谱和电子能谱等实验手段给出了关于电子能级和运动状态的丰富信息。

结构化学又是一门与理论化学密切相关的学科，量子力学是它的主要理论基础。量子力学的价键理论、分子轨道理论和配位场理论，不但能用来阐明分子的构成及原子的空间排布，而且能阐明微观结构和宏观性能之间的联系。

迄今结构化学的研究主要包括下列领域：新构型化合物的结构化学，其中以原子簇结构化学和金属有机化合物结构化学的研究最为活跃；与各类材料相联系的结构化学；成为多相催化反应基础的表面结构化学；与快速动态结构和快速化学反应动态过程相关的激光光谱学和激光化学；结构化学信息工程，包括扩展数据库，建立新的研究方法和测试手段，探索新的结构化学理论，实现分子设计。

结构基元 [structural motif] 在点阵结构中，按照一定周期重复排列的最小单位。是点阵点所代表的具体内容。

结构因子 [structure factor] 晶体中的原子与X射线等相互作用，其一个晶胞内，各个原子散射波在衍射方向相干叠加的合成波的复数表达形式。即 $F(hkl)=\sum_{j=1}^{N} f_j \exp[2\pi i(hx_j+ky_i+lz_i)]=|F(hkl)|\exp[i\alpha(hkl)]$，其中，$f_j$ 和 $(x_j\ y_j\ z_j)$ 分别为晶胞内原子 j 的原子散射因子和此原子的分数坐标；N 为晶胞内原子数目；hkl 为衍射指数；$|F(hkl)|$ 为结构因子 $F(hkl)$ 的结构振幅；$\alpha(hkl)$ 为结构因子 $F(hkl)$ 的相角。

结构振幅 [structure amplitude] 复数结构因子的模 $|F(hkl)|=\sum_{j=1}^{N} f_j \exp[2\pi i(hx_j+ky_j+lz_j)]$。结构振幅的平方作为理论计算强度，它正比于实验强度。

金刚石型滑移面 [diamond glide plane] 又称<u>*d* 滑移面</u>。记号为小写英文字母 d。基本滑移矢量为 $\frac{1}{4}(a\pm b)$，$\frac{1}{4}(b\pm c)$，$\frac{1}{4}(a\pm c)$。

金属固溶体 [metallic solution] 金属与金属所形成的，有两种或两种以上元素但仍保持一种物相，且主体具有金属键和金属通性的合金。原子分别有序占据晶体不同结构位置，为有序固溶体；原子无区别地随机占据晶体不同结构位置，为无序固溶体。

金属间化合物 [intermetallic compound] 金属与金属或类金属之间所形成的化合物。其中化学键有别于金属键，具有某种程度的共价键或离子键成分。一定程度保留金属通性。结构与其组分的电负性、原子尺寸及电子浓度有关，其成分常在一定范围变化，且原子价难以确定。

金属键 [metallic bond] 金属中将自由电子与正离子吸引在一起的结合力。

晶胞 [crystal cell] 按照晶体内部结构的周期性划分出的大小和形状完全相同的平行六面体单位，是晶体结构的基本重复单位。

晶胞参数 [cell parameter; cell constant] 又称晶格参数。描述晶胞的大小和形状所用的六个标量参数 a，b，c；α，β，γ。其中 a，b，c 分别为晶轴 $\boldsymbol{a}$，$\boldsymbol{b}$，$\boldsymbol{c}$ 的矢量长度，α，β，γ 分别为晶轴矢量夹角 $\boldsymbol{b}\wedge\boldsymbol{c}$，$\boldsymbol{c}\wedge\boldsymbol{a}$，$\boldsymbol{a}\wedge\boldsymbol{b}$。对于低维情况，其标量参数分别为 a，b，$\boldsymbol{a}\wedge\boldsymbol{b}$(二维)和 a(一维)。

晶带 [crystallographic zone] 一组同时平行于同一条直线方向，且可以相交成棱的两个或两个以上晶面(或点阵面)的合称。

晶格 [[line] lattice] 空间点阵按照确定的平行六面体单位连线划分出的一套直线网格。

***R* 晶格** [rhombohedral lattice] 三方晶系用六方晶轴表达的带心晶格。每个平行六面体晶格单位含三个点阵点，坐标分别为 0,0,0；$\frac{2}{3},\frac{1}{3},\frac{1}{3}$；$\frac{1}{3},\frac{2}{3},\frac{2}{3}$ [正转安置(obverse setting)]或 0,0,0；$\frac{1}{3},\frac{2}{3},\frac{1}{3}$；$\frac{2}{3},\frac{1}{3},\frac{2}{3}$ [反转安置(reverse setting)]。

晶格参数 [lattice parameter; lattice constant] 参见晶胞参数。

晶格能 [lattice energy] 0 K 时，1 mol 离子化合物的正、负离子，由相互远离的气体离子结合成离子晶体时所放出的能量。

晶核 [crystal nucleus] 在结晶过程自发形成或外界提供的晶体生长核心。

晶棱 [crystal edge] 晶体具有自范性，它可以自发形成封闭的凸多面体外形，此多面体外形中相邻晶面间相交所形成的直线称为晶棱。

晶面 [crystal face; crystal plane] 晶体具有自范性，它可以自发地形成封闭的凸多面体外形，此多面体外形中的平面称为晶面。宏观晶面的形成是以晶体内部微观粒子的周期规则排列为基础，此宏观外在表现的晶面平行于微观的点阵面。

晶面间距 [spacing between planes in crystal] 晶体内部一组平行的点阵面中两个相邻平面间的距离。

晶面指标 [indices of plane in crystal] 用以表征晶体内部一组平行点阵面取向的参数(hkl)。$h:k:l=1/r:1/s:1/t$，r, s, t 分别为点阵面在三个晶轴上的截数。

晶态 [crystalline state] 原子、离子或分子按照一定周期，在一维、二维或三维空间呈有序排列和取向所形成的物相状态。

晶体 [crystal] 一般指由原子、离子或分子在三维空间以一定周期，呈长程有序排列和取向(即具有三维点阵结构)所形成的固态物相。

晶体表面结构 [surface structure of crystal] 晶体表面所呈现的不同于体相情况的结构。广义的表面晶体结构包括表面元素种类、定量组成及原子结构、表面物相、化学态及化学键、电子态、电荷分布等。

晶体工程学 [crystal engineering] 从微观角度深入研究晶体或类晶体的合成、结构、性质和应用的关系，以特定的功能为导向，在微观水平上，实现未知晶体或类晶体的理性结构设计和有针对性的定向组装合成，从而获得具有预期物化性质和所需功能晶体或类晶体的科学。

晶体化学 [crystal chemistry] 晶体学与化学相互交叉的一门科学。从化学角度，揭示原子、离子、分子形成晶体及类晶体时所遵循的规律与原理，研究在制备组装、结构键型、性质功能和应用等晶体学中的化学问题。

晶体结构 [crystal structure] 晶体中原子、离子、分子按照一定周期，在一维、二维或三维空间呈长程有序排列和取向构成的结构。

晶体生长 [crystal growth] 物质在一定温度、压力、介质浓度、pH 值等条件下，由气相、液相或固相转化析出新晶相的过程。

晶体形态学 [crystal morphology] 研究单晶体外形生成规律、分类、性质以及应用等的科学。一组或几组由点对称操作相互联系的等同晶面所围成的单晶体外形称为晶体形态。

晶体学 [crystallography] 研究晶体及类晶体的制备组装、成分结构、性质功能和生产应用，以及它们之间的相互关系和在不同外部条件下的动态变化的科学。由五部分组成：晶体生长学，几何结晶学，晶体衍射学，晶体物理学与化学，晶体工程学。

晶体学对称性 [crystallographic symmetry] 一切涉

及晶体的各种变换对象，经对称操作变换所体现的对称性。对称性变换的对象可以是宏观理想晶体外形、宏观晶体各向异性的物理化学性质、衍射现象、晶体微观原子坐标、晶体的电子波函数等。

晶系 [crystal system] 根据晶体的特征对称元素所划分成的晶体类型(参见布拉维点阵型式的附表)。晶系对晶胞参数有制约，但判断晶系种类的唯一标准是特征对称元素。

晶形 [crystal form] 发育完好单晶体所具有的特征外形。

晶须 [whisker] 一种直径为 0.1～1.0 μm 的纤细丝状(或须状)的单晶体。

晶轴 [crystal axis] 在晶体结构中用以标记原子的位置和平面取向，按右手定则所选取的 3 个不共面的矢量 $\boldsymbol{a}$，$\boldsymbol{b}$ 和 $\boldsymbol{c}$。晶轴坐标系的选法并不唯一，通常是按晶系规定选取。对于六方晶族，在某些场合选用 $\boldsymbol{a}$，$\boldsymbol{b}$，$(\boldsymbol{a}+\boldsymbol{b})$ 和 $\boldsymbol{c}$ 四轴坐标系。对于二维点阵结构，晶轴选不共线的基矢量 $\boldsymbol{a}$，$\boldsymbol{b}$；对一维点阵结构，选一个基矢量 $\boldsymbol{a}$。

晶族 [crystal family] 根据正当晶胞的几何特征所划分成的 6 种类别(参见布拉维点阵型式的附表)。分别为三斜晶族 a(anorthic)、单斜晶族 m(monoclinic)、正交晶族 o(orthorhombic)、四方晶族 t(tetragonal)、六方晶族 h(hexagonal)和立方晶族 c(cubic)。鉴于三方晶系中的一部分为简单六方晶格，而另一部分为 R 心六方晶格(参见布拉维点阵型式的附表)，统一归入六方晶族(参见布拉维点阵型式的附表)。

径向分布函数 [radial distribution function] 释文见理论与计算化学同名词条。

径向函数 [radial function] 原子轨道波函数中的径向部分，用 $R_{nl}(r)$ 表示。

镜面 [mirror plane] 进行反映操作所依据的平面，记号为小写英文 $m(=\bar{2})$。

空间群 [space group] 使三维无限的点阵结构自身整体复原的全部独立对称操作的集合。三维空间群共有 230 种。

空隙占有率 [interstice occupation factor(SOF)] 晶体中多面体空隙被占据的分数。

劳厄点群 [Laue point group] 在晶体衍射中表现出来的具有对称中心的 11 个点群。

劳厄法 [Laue method] 波长连续的 X 射线等与静止单晶样品相互作用产生衍射，依据样品吸收情况的不同，可采用透射法或背散射法，在平面检测屏收集单晶衍射数据的方法。主要用于研究单晶体取向和劳厄点群对称性等工作。

劳厄方程 [Laue equation] 基于晶体三个基矢量方向上，三组互相贯穿的一维直线点阵同时满足衍射条件，所推导出的可以判断衍射出现条件和确定衍射方向的联立方程。劳厄方程有矢量式和三角函数式两种等当的表达式：

$$\begin{cases} a\cdot(s-s_0)=H\lambda & H=0,\pm1,\pm2,\cdots \\ b\cdot(s-s_0)=K\lambda & K=0,\pm1,\pm2,\cdots \\ c\cdot(s-s_0)=L\lambda & L=0,\pm1,\pm2,\cdots \end{cases}$$

$$\begin{cases} a(\cos\alpha-\cos\alpha_0)=H\lambda & H=0,\pm1,\pm2,\cdots \\ b(\cos\beta-\cos\beta_0)=K\lambda & K=0,\pm1,\pm2,\cdots \\ c(\cos\gamma-\cos\gamma_0)=L\lambda & L=0,\pm1,\pm2,\cdots \end{cases}$$

式中，a, b, c 为特定晶胞对应的三个非同时共面基矢量长度；s, s_0 为入射束和衍射束方向上的单位矢量；$\alpha_0, \beta_0, \gamma_0$ 为 s_0 与 a, b, c 矢量的夹角；α, β, γ 为 s 与 a, b, c 矢量的夹角；HKL 为衍射指标；λ 为入射束(X 射线束、电子束或中子束等)波长。

劳厄指数 [Laue index] 衍射指标。

类氢原子 [hydrogen-like atom] 核电荷数为 Z，核外只有一个电子的离子，如 He^+，Li^{2+}等。

离域分子轨道 [delocalized molecular orbital] 其中的电子并不定域在多原子分子中的某两个原子之间，而是在几个原子间离域运动的分子轨道。

离域键 [delocalized bond] 电子填充到离域分子轨道中形成的化学键。

离子键 [ionic bond] 正负离子之间由静电作用力结合形成的化学键。无方向性和饱和性。

理想晶体 [ideal crystal] 原子、离子或分子严格按照一定周期在一维、二维或三维空间呈长程有序排列和取向形成的晶体。

立方晶系 [cubic system] 有 4 个按立方体体对角线取向的 3 重旋转轴的晶系。立方体 3 个互相垂直的边即 $\boldsymbol{a}$，$\boldsymbol{b}$，$\boldsymbol{c}$ 方向。还可有 4 重轴和对称面。

量子晶体 [quantum crystal] 原子或分子质量小，相互作用弱，在量子基态具有很大的零点能，此量子效应可以决定性地影响其微观与宏观性质的晶体。

量子效应 [quantum effect] 量子体系所表现出来的效应。包括存在多种运动状态，能量等物理量不连续，存在零点能，无经典运动轨迹，波函数存在节点等。

六方晶系 [hexagonal system] 特征对称元素为 6 重对称轴的晶系。此 6 重对称轴平行于 $\boldsymbol{c}$ 方向，$\boldsymbol{a}$，$\boldsymbol{b}$ 方向还可有 2 重轴和对称面。

孪晶 [twin crystals; bi-crystals] 组成与结构皆相同而

取向不同或互为对映异构体的两个单晶个体通过结合面形成的双体。

螺旋旋转 [screw rotation] 旋转和平移的联合操作。按基转角 $\frac{360°}{n}$ 绕轴旋转，再沿轴方向平移一定距离，使结构复原。对于经典的晶体，由于受平移对称操作的制约，只能出现轴次 n=1,2,3,4,6 的螺旋旋转，平移量只能为 $\frac{p}{n}\boldsymbol{t}$（其中 p=1,2,…,n–1；矢量 $\boldsymbol{t}$ 为平行于螺旋轴的单位矢量）。

马德隆常数 [Madelung constant] 在离子晶体的晶格能计算公式中，与晶体结构类型有关的比例常数。

米勒指数 [Miller indice] 晶体中点阵面在三个晶轴上的倒易截数(即与晶轴相交的分数坐标的倒数)之比，被约化出的三个互质整数(hkl)。对于一组平行点阵面的每一个面皆有同一互质整数比，从而用于表征一组平行的微观点阵面取向或相应宏观晶面取向。对于六方晶系的晶体也常用($hkil$)表示，其中 $i=-(h+k)$。

密堆积 [close packing] 在金属原子、惰性气体原子、离子、球形分子或可以通过空间旋转成球形的分子等组成的晶体结构中，不受彼此成键方向性制约，为了提高空间利用率，降低体系能量，形成稳定结构，依据不同原子、离子或其基团尺寸，以等径或非等径刚性圆球紧密排列，所形成的各种类型结构。

面间距 [interplanar spacing] 即点阵面间距。

面心晶格 [all-face centered lattice] 平行六面体每个面心都有点阵点的晶格，记号为 F。每个晶格单位含 4 个点阵点，坐标分别为 0,0,0；$\frac{1}{2},\frac{1}{2},0$；$0,\frac{1}{2},\frac{1}{2}$；$\frac{1}{2},0,\frac{1}{2}$。

扭折 [kink] 温度 0 K 以上，由于原子、离子或分子热运动，晶体表面偏离理想解理面，在表面不同部位形成不同形式和不同程度的微观结构聚集状态，有时突壁面并非笔直，在平整的突壁面所形成的弯折台阶形貌结构(参见表面空位的附图)。

平面群 [plane group] 使二维点阵结构整体复原的全部独立对称操作的集合称为平面对称操作群。晶体学平面群共有 17 种。

平台 [terrace] 温度 0 K 以上，由于原子、离子或分子热运动，晶体表面偏离理想解理面，在表面不同部位形成不同形式和不同程度的微观结构聚集状态，其大量原子、离子或分子所形成的微观等高度平整表面形貌结构(参见表面空位的附图)。

平移 [translation] 按矢量所规定的方向和距离进行整体移动，从而使结构整体复原的对称操作。

平移矢量 [translation vector] 在对称操作中，指明结构整体平移方向和长度的矢量。

屏蔽效应 [shielding effect] 核外电子因其他电子的排斥而使其感受到的有效核电荷数减小的效应。

前线[分子]轨道 [frontier [molecular] orbital(FMO)] 在反应中优先起作用的分子轨道，包括已填电子的能量最高轨道(HOMO)和能量最低的未占满轨道(LUMO)。

氢键 [hydrogen bonding] 氢原子与电负性高的 X 原子结合，导致出现带正电的氢原子，它强烈地受另一个高电负性的 Y 原子吸引而形成的化学键：X—H…Y。

球谐函数 [spherical harmonic function] 拉普拉斯方程的球坐标系形式的解，即单电子原子波函数的角度部分。

群的阶 [order of group] 群中元的数目。对于对称操作群来说即其中独立对称操作的数目。

热电晶体 [pyroelectric crystal] 温度变化可引起某方向上电荷位移的晶体。晶体在温度变化的热胀冷缩过程中，引起内部带电离子或基团相对位移，产生极化或改变原有自发极化强度，使晶体在特定方向两端的表面产生数量相等，符号相反的束缚电荷。

三方晶系 [trigonal system] 特征对称元素为 3 重对称轴的晶系。此 3 重对称轴平行于 $\boldsymbol{c}$ 方向，$\boldsymbol{a}$，$\boldsymbol{b}$ 方向还可有 2 重轴和对称面。

三键 [triple bond] 原子间共用 3 对电子形成的共价键。

三斜晶系 [triclinic system;anorthic system] 仅有 1 重旋转轴或 1 重反轴(即对称中心)的晶系。

三中心键 [three center bond] 由三个原子同时提供轨道共用电子形成的化学键。如硼烷中的 BHB 三中心二电子键。

色散力 [dispersion force] 由电子相对于原子核的瞬间位移而产生的相互作用力。

X 射线峰宽化 [X-ray peak broadening] 由于晶体试样偏离三维长程、周期有序的点阵结构(如小晶粒、缺陷、晶格畸变、结晶度降低等)而引起的 X 射线衍射峰的宽化。根据宽化程度可计算小晶粒的尺寸。

X 射线结构分析 [X-ray structure analysis] 利用 X 射线与物质的各种相互作用，最终获取各种结构信息的实验和解析工作。

X 射线物相分析 [X-ray phase analysis] 利用 X 射线对不同晶体产生不同的衍射图谱来鉴定物相的分析方法。分为定性分析和定量分析。

X 射线衍射 [X-ray diffraction(XRD)]　具有短波长的 X 射线电磁波的交变电场与原子的核外电子相互作用，从而使带电电子受迫振动，成为发射球面电磁波的波源。这种散射波通常继承原入射束的波长和相位(反常散射有相位改变)，使有序结构的每个原子的散射波彼此相干叠加，在空间一些特定方向上，形成具有一定强度的 X 射线束，这种现象称为 X 射线衍射。作为一个重要的技术方法，可以为材料提供各种结构等信息。

X 射线衍射学 [X-ray diffractometry]　基于 X 射线与晶体及类晶体等体系相互作用的衍射科学。

X 射线源 [X-ray source]　释文见分析化学 X 射线光源。

实物微粒 [microscopic particle of matter]　静止质量不为零的微观粒子。如电子、质子、原子、分子等。

双键 [double bond]　原子间共用两对电子形成的共价键。

斯莱特行列式 [Slater determinant]　释文见理论与计算化学同名词条。

四方晶系 [tetragonal system]　特征对称元素为 4 重轴的晶系。此 4 重对称轴平行于 ***c*** 方向，***a***，***b*** 方向还可有 2 重轴和对称面。

四圆衍射仪 [four-circle diffractometer]　单晶衍射工作最常用的衍射仪。其激发源为波长固定的 X 射线束等，关键的测角仪是由可绕各自转轴独立运动的 4 个圆(ϕ圆、χ圆、ω圆和 2θ圆)组成，前 3 个圆控制单晶方位，后 1 个圆控制检测器位置。

素晶胞 [primitive cell]　只含一个结构基元的晶胞。

塑晶 [plastic crystal]　晶体内分子基本保持三维点阵的周期性结构，然而基于分子间仅存在微弱无方向性的作用力，特别是分子接近于球形，旋转势垒较低的特殊情况，分子可以在平衡位置产生与旋转对应的取向无序状态，从而使分子间较易产生滑动而导致呈现一定塑性的晶体。

台阶 [step]　温度 0 K 以上，由于原子、离子或分子热运动，晶体表面偏离理想解理面，在表面不同部位形成不同形式和不同程度的微观结构聚集状态，其两个相邻不同落差高度平台所形成的微观形貌结构(参见表面空位的附图)。

体缺陷 [bulk defect]　晶体中三维方向上尺寸较大的区域内所存在的缺陷。

体心晶格 [body centered lattice]　在顶点和体心有点阵点的晶格，记号 *I*。每个晶格单位含两个点阵点，坐标分别为 0,0,0；$\frac{1}{2},\frac{1}{2},\frac{1}{2}$。

填充原理 [aufbau principle; building-up principle]　原子中核外电子在不同轨道上分布所遵循的原理。包括泡利不相容原理、能量最低原理、洪特规则等。

填隙缺陷 [interstitial defect]　释文见无机化学同名词条。

调制结构 [modulated structure]　晶体中在一定条件下经周期性微调的结构。形成原子特性(位移、占有率、密度、成分或磁性质等)周期分布。若这个调制波长与晶格常数呈简单整数比为公度调制结构，否则称为无公度调制结构。

同步辐射 [synchrotron radiation(SR)]　释文见放射化学与辐射化学同名词条。

同质多晶 [polymorphism]　在不同的物理化学条件(温度、压力、介质和外场等)下，同一物质可以形成不同结构型式晶体的现象。

外延生长 [epitaxial growth]　在单晶衬底上沿其晶相连续生长或组装具有特定参数要求的单晶薄膜的形成过程。

弯键 [bent bond]　参见有机化学同名词条。

微观粒子 [microscopic particle]　具有波粒二象性的粒子，只能用量子力学描述其运动状态。如电子、原子、分子、光子等。

微晶 [microcrystal; crystallite]　晶粒尺寸大约 10～200 nm 范围的微小晶体。

位点对称性 [site symmetry]　在空间群等效点处，与空间群所属点群(特有或非特有)的子群同形的点群对称性。

魏森贝格法 [Weissenberg method]　收集单晶衍射数据的一种方法。波长固定的 X 射线束等以特定角度入射，与 360°回摆单晶样品相互作用产生衍射，此时检测屏圆筒同步往复运动，通过屏蔽不需要衍射点，使回摆法某一层倒易点阵点的衍射，由线分布展现为没有重叠的二维分布。

无公度结构 [incommensurate structure]　无法找到公共平移尺度 *T* 的结构。在同一结构的同一方向上，有两个不同重复周期，两个周期基矢量长度之比为无理数 $\frac{|t_1|}{|t_2|}=n$，于是不能用同一平移 $T=t_1=nt_2$ 使全部结构整体复原。

伍德沃德-霍夫曼规则 [Woodward-Hoffmann's rule]　又称分子轨道对称守恒原理。利用分子轨道的对称性分析电环化反应的条件(加热或光照)和方式(顺旋或对旋)的规则。

吸附原子 [adatom]　温度 0 K 以上，由于原子、离子或分子热运动，晶体表面偏离理想解理面，在表面不同部位形成不同形式和不同程度的微观结构聚集状态，在表面各种可能部位，附着吸附于基底的原子或外来原子(参见**表面空位**的附图)。

系统消光 [systematic extinction] 在微观结构的空间群对称性中，因存在带心晶格，螺旋轴或滑移面而使相应的某些衍射强度有规律地、系统地为零的现象。

线缺陷 [line defect] 晶体中沿某一条线周围的局部区域内，原子排列偏离晶体点阵结构所形成的缺陷。

A* 心晶格** [*A*-face centered lattice] 垂直于 ***a 方向的面心上有点阵点的晶格(记号为 *A*)。每个平行六面体晶格单位含两个点阵点，坐标分别为 0, 0, 0； $0,\frac{1}{2},\frac{1}{2}$。

B* 心晶格** [*B*-face centered lattice] 垂直于 ***b 方向的面心上有点阵点的晶格(记号为 *B*)。每个平行六面体晶格单位含两个点阵点，坐标分别为 0,0,0； $\frac{1}{2},0,\frac{1}{2}$。

C* 心晶格** [*C*-face centered lattice] 垂直于 ***c 方向的面心上有点阵点的晶格(记号为 *C*)。每个平行六面体晶格单位含两个点阵点，坐标分别为 0,0,0； $\frac{1}{2},\frac{1}{2},0$。

型变 [polymorphic modification] 化学式属于同一类型的系列化合物，随着化学成分有规律的改变，由于离子半径和极化性能逐渐变迁，引起化学键型和晶体结构发生明显有规律的变化。

熊夫利记号 [Schoenflies symbol] 表示点群或空间群种类的记号。点群的熊夫利记号：按点群引申的思路，采用旋转群 $\boldsymbol{C}_n$，$\boldsymbol{D}_n$，$\boldsymbol{T}$ 或 $\boldsymbol{O}$ 为基本符号，下角用 *h*, *v* 或 *d* 表明镜面种类，对于只有一个反轴的点群采用规定符号，这种可以反映各种点群的共性以及之间区别，用于标记点群的记号称为点群的熊夫利记号。空间群的熊夫利记号：若干个空间群的宏观对称性为同一点群时，在点群的熊夫利记号的右上角用序列号加以区别，表示从属于同一点群的不同空间群，这种可以反映各种空间群的共性以及之间区别，用于标记空间群的记号称为空间群的熊夫利记号。

旋进法 [precession method] 收集单晶衍射数据的一种方法。波长固定的 X 射线束等与单晶样品相互作用产生衍射，旋进运动晶体的待测倒易面始终与平面检测屏联动平行，通过屏蔽不需要衍射点，最后可以得到如实反映某一层倒易点阵点分布的衍射图。

旋转 [rotation] 以逆时针转动为正转角，按基转角 $\frac{360°}{n}$ 绕轴转动。对于经典的晶体，由于受平移对称操作的制约，只能出现轴次 *n*=1,2,3,4,6 的旋转对称操作。

旋转反演 [rotation-inversion] 使晶体结构复原的一种复合操作。以逆时针转动为正转角，按基转角 $\frac{360°}{n}$ 绕轴旋转，再通过轴上的一点进行反演。对于经典的晶体，由于受平移对称操作的制约，只能出现 *n*=1,2,3,4,6 的旋转反演对称操作，其中 *n*=1 和 2 分别为反演和反映对称操作。

旋转轴 [rotation axis] 进行旋转对称操作所依据的几何轴线。若旋转操作基转角为 $\frac{360°}{n}$，称为 *n* 重旋转轴，记号为整数 *n*。

压电晶体 [piezoelectric crystal] 应力变化引起某一晶面上电荷位移的晶体。某些晶体受到外界压力或张力(即拉力)作用时，会发生形变而引起内部带电离子或基团相对位移，在晶体受力方向上的两个晶面，产生数量相等，符号相反的电荷。

衍射方向 [diffraction direction] 晶体在入射线照射下产生的衍射线偏离入射线的角度。

衍射级数 [order of diffraction] 劳厄方程的每个点阵点所联系的原子衍射，其相邻点阵点的光程差，相对于入射波波长(也即与其相等的衍射波波长)的整倍数 *H*, *K* 和 *L*=0, ±1, ±2, …称为衍射级数。布拉格方程的平行等间距(*hkl*)点阵面组，其所联系的原子产生的 *H*=*nh*, *K*=*nk*, *L*=*nl* 衍射，对于同一个点阵面为等程面，而相邻点阵面的光程差，相对入射波波长(也即与其相等的衍射波波长)的整倍数 *n*=0,±1,±2，…称为衍射级数。

衍射强度 [diffraction intensity] 表征各衍射方向上衍射线强弱的参数，与结构因子的平方成正比。

衍射群 [diffraction group] 依据衍射数据的劳厄点群对称性和系统消光规律，从 230 个空间群推导出的 120 种独立的衍射类型。

衍射图 [diffraction pattern] 晶体在入射线照射下产生的衍射线的强度在空间的分布花样。

衍射指标 [index of diffraction] 又称衍射指数或劳厄指数，用以区分和命名不同衍射的一组整数。一维、二维、三维点阵结构所联系的原子衍射指标分别用 *H*(一维)、*HK*(二维)、*HKL*(三维)表示。

衍射指数 [index of diffraction] 即衍射指标。

有理指数定律 [law of rational indice] 在点阵结构中，任何一个点阵面在三个晶轴上的倒易截数(即与晶轴相交的分数坐标的倒数)恒为 3 个有理数，而 3 个有理数之比一定可以约化为 3 个简单互质整数之比，这一规律称为有理指数定律。

有序合金 [ordered alloy] 不同原子分别有序地占据晶体中不同位置所形成的合金。

有序-无序转变 [order-disorder [phase] transition; order-disorder [phase] transformation] 在一定条件下有序物相获得能量而无序化的过程。在组成不变的情况下，最终转变为长程无序(常保留统计意义短程或中程有序)物相，甚至引起凝聚态的改变。

原子[分数]坐标 [atomic [fractional] coordinate] 以晶胞的 3 条边为坐标轴，用单位矢量 $\boldsymbol{a}, \boldsymbol{b}, \boldsymbol{c}$ 表达原子位置 $\boldsymbol{r} = x\boldsymbol{a} + y\boldsymbol{b} + z\boldsymbol{c}$ 时的参数 (x, y, z)。

原子轨道的杂化 [hybridization of atomic orbitals] 一个原子中不同原子轨道的线性组合。

原子轨道轮廓图 [contour plot of atomic orbital] 在直角坐标系中反映原子轨道的大小、轮廓和正负等空间分布情况的图。

原子轨道能 [atomic orbital energy] 和单电子原子轨道相应的能量。原子的总能量近似等于各电子的原子轨道能的加和。

原子轨道能级 [atomic orbital energy level] 即电子结合能。在中性原子中，当其他电子均处于可能的最低能态时，将某电子从指定的轨道上电离时所需能量的负值。

原子轨道线性组合 [linear combination of atomic orbitals(LCAO)] 对称性匹配的原子轨道线性叠加形成杂化轨道或分子轨道的过程。

原子结构 [atomic structure] 主要包括原子核外电子的运动状态(用波函数描述)及相应的物理量，以及有关的结构参数，如原子半径、电离能、电负性等。

跃迁能 [transition energy] 微观粒子在相邻能级之间跃迁吸收或放出的能量。

占有率 [occupancy; site occupation factor(SOF)] 晶胞内某元素原子或离子在应占有位置的占有分数。

正当晶胞 [unit cell having maximum symmetry and minimum size] 能体现晶体对称性的最小晶胞。

正交归一化函数 [orthonormal function] 满足如下关系式的一组波函数：

$$\delta_{ij} = \int \psi_i^* \psi_j \mathrm{d}\tau = \int \psi_j^* \psi_i \mathrm{d}\tau$$

$$\delta_{ij} = \begin{cases} 0 & i \neq j \\ 1 & i = j \end{cases}$$

正交晶系 [orthorhombic system] 特征对称元素为 3 个相互垂直的 2 重轴或两个相互垂直的对称面的晶系。2 重轴平行于 $\boldsymbol{a}$，$\boldsymbol{b}$，$\boldsymbol{c}$ 方向，对称面垂直于 $\boldsymbol{a}$，$\boldsymbol{b}$，$\boldsymbol{c}$ 方向。

正则分子轨道 [canonical molecular orbital] 处理由分子中单个电子的行为所决定的性质的分子轨道，是标准本征方程(Hartree-Fock 方程)的解，有明确的数学意义，是分子点群不可约表示的基，具有正确的变换性质。最显著的特点是离域化。

枝晶 [dendritic crystal] 晶体在成长过程中所形成的具有树枝状外形的晶体。

中心力场近似 [central field approximation] 一种单电子近似。是将原子中其他电子对第 i 个电子的排斥作用看成是球对称的、只与径向有关的力场的一种近似处理方法。

中子衍射 [neutron diffraction] 用中子束作为入射线的衍射方法。具有一定强度的中子与晶体的原子核相互作用产生核散射，以及中子磁矩与原子磁矩相互作用，产生磁散射。是一种重要的结构分析技术，能在较大范围内探测材料的晶体结构和磁结构等信息。

轴向滑移面 [axial glide plane] 基本滑移矢量为 $\frac{1}{2}\boldsymbol{a}$、$\frac{1}{2}\boldsymbol{b}$ 或 $\frac{1}{2}\boldsymbol{c}$ 的滑移面。又分别称为 a 滑移面、b 滑移面和 c 滑移面，记号分别为小写英文字母 a, b 和 c。

转动光谱 [rotational spectrum] 分子由一种转动状态跃迁至另一种转动状态时吸收或发射相应能量的光而产生的光谱。

准对称性 [quasisymmetry] 准周期性晶体表现出来的对称性。可用正多面体对称性的投影来表示。

准晶 [quasicrystal] 准周期晶体的简称。其中原子的排布具有严格的位置序，但没有平移周期性，因此存在晶体周期性点阵所不允许的五重轴、八重轴、十重轴及十二重轴等。

准周期晶体 [quasiperiodic crystal] 简称准晶。

准周期性 [quasiperiodicity] 具有严格长程位置序但无平移周期性的排布特性。准周期性点阵可由高维周期性点阵按特定方式投影得到。

自旋成对 [spin pairing] 两个自旋相反的电子配对占据同一轨道的状态。

自旋轨道 [spin orbital] 描述自旋态的波函数，用 α 和 β 表示。

自旋角动量 [spin angular momentum] 释文见分析化学同名词条。

自旋-自旋耦合 [spin-spin coupling] 释文见分析化学同名词条。

钻穿效应 [penetration effect] 电子钻到离核很近的地方，有效地避开其他电子的屏蔽，使体系能量降低的效应。

最大子群 [maximal subgroup] 按照某些规律相互联系着，且满足群的 4 个基本性质的全部组元的完整集合称为群。当群中部分组元也能够形成封闭群时，称为母群中的子群。子群中还可能有更小子群，如果母群和子群之间不能插入更大(即组元更多)的子群，称此子群为该母群最大子群。

最小母群 [minimal supergroup] 若一个母群 ***G*** 的最大子群是群 ***g***，那么这个母群 ***G*** 相对于最大子群 ***g***，称为最小母群。

4.3 动 力 学

阿伦尼乌斯活化能 [Arrhenius activation energy] 又称实验活化能。阿伦尼乌斯在研究反应速率与温度的关系时，于 1889 年提出的经验规律。其数学表达式为 $k=A\exp(-E_a/RT)$。式中，k 为反应速率常数；A 为指前因子；R 为普适气体常数；T 为热力学温度；E_a 为阿伦尼乌斯活化能。阿伦尼乌斯认为，反应体系中普通分子必须吸收一定的能量 E_a 后才能成为真正地参与反应的“活化分子”。由于提出了活化分子和活化能的概念，为从理论上阐明化学动力学规律并预示化学反应速率奠定了基础。大量事实证明，并不是所有反应都遵守阿伦尼乌斯公式，E_a 也不是一定大于零，即有的反应随温度升高反应速率反而下降。这使人们认识到，对于含有多个基元反应的总包反应，E_a 并不具有前述的物理意义，E_a 仅仅是反应速率常数与温度关系的一个经验常数。由于提出了修正的阿伦尼乌斯公式：$k=A\,T\,n\exp(-E/RT)$，可以导出实验活化能 E_a 与温度的关系，即 $E_a=E+nRT$，式中，n 为实验数据拟合的经验常数。1920 年，托尔曼应用统计力学证明基元反应层次上活化能 E_a 的物理意义是活化分子的平均能量与一般分子平均能量的差值。

埃罗费夫方程 [Erofeev equation] 固体热分解等单个固相反应的动力学方程。由于反应分为诱导期、加速期和衰减期。不可用一个方程把整个过程的动力学规律加以概括。当核无规地生成，且孤立地向三维方向生长，其动力学方程为 $(1-\alpha)=\exp(-kt)^n$，此即埃罗费夫方程。对于衰减期常用立方收缩方程 $[1-(1-\alpha)^{1/3}]=kt$ 来描述。式中 α 为反应时间 t 时刻反应物的转化率。

鞍点 [saddle point] 在数学上称在一个方向为极大，而在另一个方向上为极小的奇异点为鞍点。在化学动力学中构作的势能面图上，由反应物 R 方向沿反应坐标 RTP 有一势能最高点 T，而与反应坐标垂直方向上该点为势能最低点，该点即为鞍点，势能面图形如马鞍(如图)。鞍点处之分子构型为过渡态，而势垒高度与阈能及活化能有关。

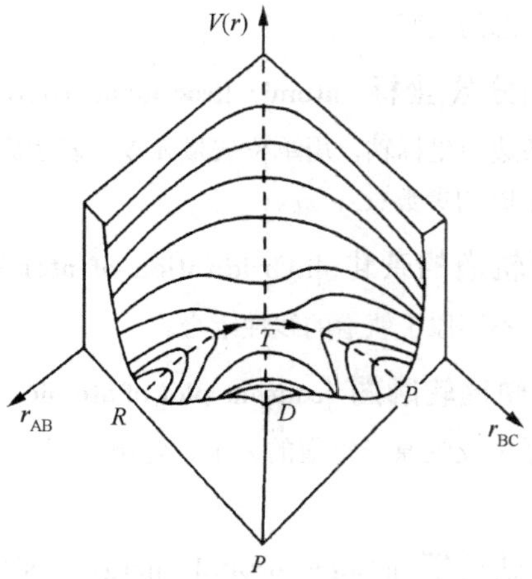

暗反应 [dark reaction] 即次级反应。

半寿期 [half life] 即半衰期

半寿期法 [half-life method] 参见半衰期。

半衰期 [half life] 又称半寿期。初始浓度降低一半所需的反应时间。以 $t_{1/2}$ 表示。对于单组分 n 级反应，$t_{1/2}$ 是一个特征量，如对 aA→…反应，n=1，即一级反应时，$t_{1/2}=0.693/ak$，即与初始浓度无关，仅与反应速率常数 k 成反比。当 n=2，即二级反应时，$t_{1/2}$ 与初始浓度的一次方成反比，即 $t_{1/2}\propto C_0^{-1}$，当为 n 级反应时，$t_{1/2}\propto C_0^{1-n}$，由此可求得反应级数，称为求反应级数的半衰期法。若速率方程与多个组分之浓度有关，一般来说不存在半衰期，因为对 A 降低初始浓度一半的时间与 B 的不一样。但以下两种情况存在反应半衰期：①当 $C_{A,0}\gg C_{B,0}$，则有 B 的半衰期；②A，B 的初始浓度为化学计量系数比，两者按相同比例下降。

鲍威尔曲线图 [Powell curve diagram] 采用无因次变量 $\alpha=C/C_0$ 或 $\tau=kC_0^{n-1}t$(式中 C_0 为初始浓度，t 为时间，k 为反应速率常数，n 为反应级数)，τ 属无量纲时间参数。将单组分 n 级反应的速率方程简化，当一级反应时 $\ln C/C_0=-kt$ 变为 $\ln\alpha=-\tau$，当 n 级反应时，$C^{1-n}-C_0^{1-n}=kt$ 转变为 $\alpha^{1-n}-1=(n-1)\tau$。由于 $\ln\tau=\ln t+\ln kC_0^{n-1}$，在以 α 对 $\ln t$ 作图时，无论 C_0，k 为何值，仅仅只是使坐标平移，故在相同反应级数 n 时的 α-$\ln t$ 图具有相同的曲线，如图所示。由此只需根据实验数据作 α-$\ln t$ 图，与鲍威尔曲线图对照即可求得反应级数，该方法称为鲍威尔作图法，是求反应级数较快捷的方法，可给出反应级数的近似值，供精确求解时参考。

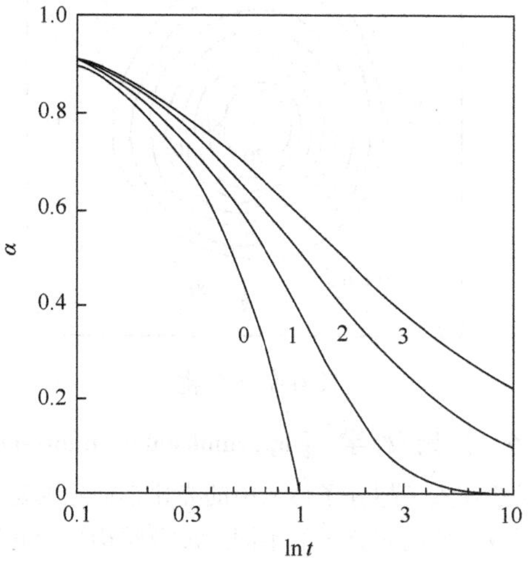

爆炸界限 [explosion limit] 温度一定时，发生爆炸反应的混合气体发生爆炸的压力极限。图中是 H_2+O_2 混合气爆炸界限示意图。爆炸即反应速率为无限大，图中与纵坐标反应速率的平行线即爆炸界限，共有三个。当在低始压时反应以稳态的有限速率发生，始压升到 p_1 发生爆炸，此为爆炸下限。当始压在较高压力下，反应以有限速率进行，降低始压为 p_2 时反应以爆炸速率发生，p_2 为爆炸上限，p_1 与 p_2 间反应处于爆炸区。由于氢氧反应为强放热反应，混合气处于高压时，反应速率快，放热速率大于散热速率，使体系温度升高，反应速率更高，温度上升更快，以致引起爆炸，此为热爆炸界限 p_3。存在爆炸下限与上限的原因是因为断链机理不同造成的，下限是器壁断链为主，上限是体相断链为主。爆炸界限是支链反应的特征。另一种爆炸界限，是指混合爆炸气体发生爆炸反应的体积比的上下限，在此界限之内为可爆气体，而在界限之外，则不会发生爆炸，如 CH_4 在空气中的爆炸界限为 5.4%～14%，氢气在空气中的爆炸极限则为 4%～74%。这种爆炸极限在化学与化工安全生产中很有参考价值。

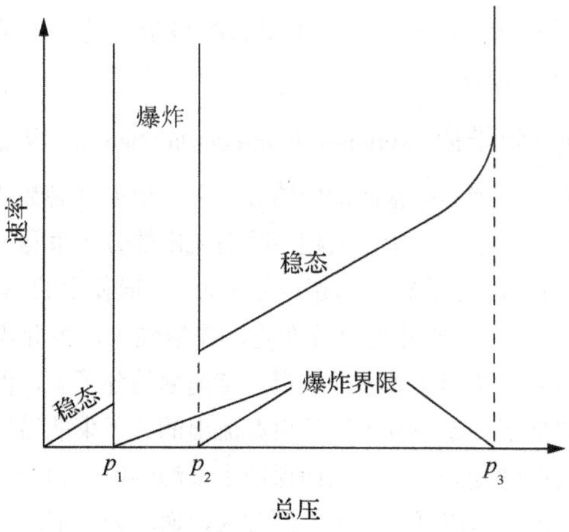

剥离机理 [stripping mechanism] 又称旁观者夺取模型，产物分子相对于反应物分子入射方向属向前散射的反应模型。其特点是过渡态寿命短且多为近似直线状的几何构型，产物的能量大部分进入转动、振动等内部自由度。如 $K+I_2$ 反应的散射示意图，在质心坐标系中，产物 KI 分子散射方向相对于反应物 K 的入射方向为向前散射，好像钾原子将碘分子中的一个碘原子剥离而去，而另一个碘原子如一个旁观者。

布居反转 [population inversion] 释文见无机化学*布居数反转*。

彩色照相化学 [colour photographing chemistry] 研究感光材料在光的作用下形成彩色图像过程的化学分支，主要研究其中的化学原理、化学材料的特性等。彩色照相有三个阶段：照相；显影、定影；印相。首先要制成能感受红绿蓝三种颜色的照相底片，感光层溴化银作为感蓝层感光材料，只对蓝色敏感，在感绿、感红层中添加相应的分别对绿色红色感光的增感剂，而在感蓝与感绿感红层之间又加一层黄滤色层，以阻挡其补色蓝光透过。彩色底片即根据以上感光原理而制成。显影是在照相底片上染成原色的补色，溴化银经曝光后在不同的感色层上分解为黑色的银粒($AgBr \longrightarrow Ag+1/2Br_2$)，彩色胶卷的每一感色层都加入了成色剂(如萘酚)，当遇到显影剂(如 *N*, *N*-二乙基对苯二胺)生成一种染料，反应如图所示。使照相曝光时在感光层上显影形成黑色。印相是将彩色底板与照相纸叠合再曝色，这是照相与显影的逆过程，而彩色照相纸的构造与彩色胶卷底片一样。彩色照相需要各种不同功能的材料，涉及乳化作用、流变作用等胶体化学原理。所以彩色照相化学是综合了化学多个学科的成果并转化为技术的交叉学科分支。

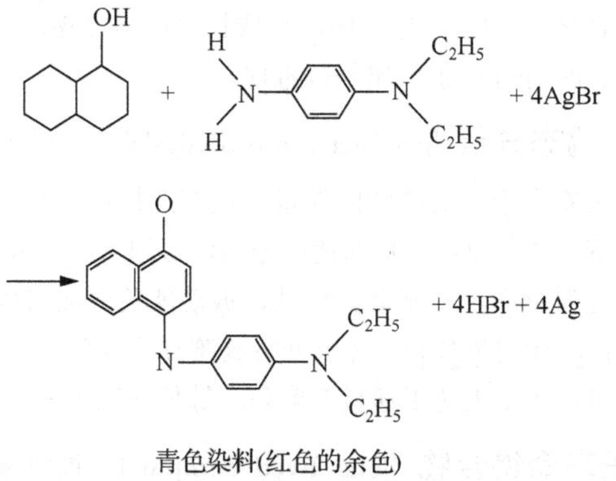

青色染料(红色的余色)

产物的角分布 [product's angular distribution] 将交叉分子束实验观测到的产物分子散射角换算到质心坐标系中，有三种基本类型：向前散射、向后散射和前后对称散射，如图所示。三种类型对应两种反应模式和过渡态构型与寿命。直接模式中的剥离和回弹机理，产物分子角分布是各向异性的，非对称性的在某些方向特别集中，而活化络合物的寿命短于其转动周期。复合模式反应产物分子角度分布是对称的各向同性的，其活化络合物寿命比自身的转动周期长，体系的能量可以分散到不同运动模式上，使反应物分子的初始“记忆”消失，衰变时则以旋转轴为中心，随机地向前后对称飞散开。

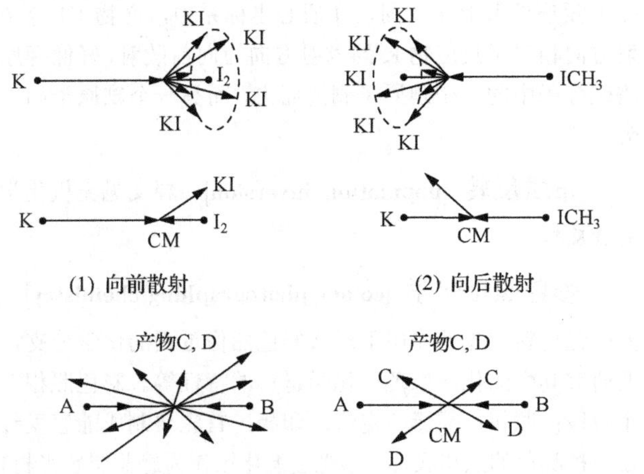

(1) 向前散射　(2) 向后散射

(3) 前后对称散射

产物的能量分布 [product's energy distribution] 态-态反应实验中研究产物分子初生态能量能态(平动、转动、振动)的分配。实验发现，绝大部分放能反应的初生态产物能量分配有特殊性，如在能量形式上总自由能，主要进入产物的内自由度(特别是振动)，从能态上分布往往是非玻尔兹曼分布，即布居反转，如 $H+Cl_2$ 反应发现高能态上粒子数比低能态上多。据此预言了化学反应可以获得激光输出，而且 1965 年发明了 HCl 化学激光器。对反应产物分子内能态分布的精细结构可以推测反应机理，如 $H+ICl \longrightarrow HCl+I$，其中 HCl 在指定振动能级上有两种转动态分布。由此可推断有两种机理：H 攻击 HCl 分子的 Cl 端，直接夺走 Cl 原子生成低转动态的 HCl，此为直接机理；H 原子跳跃或振动靠近 HCl 中之 Cl 端，H 插入 Cl 与 I 原子间，形成长寿命络合物，最后形成高转动态的 HCl 分子，属复合机理。

产物态分析 [product state analysis] 研究态-态反应的分子束实验中，对产物的能量和能态的检测分析。一般可获得如下一些信息：产物的速度分布，可知平动能占的比例；产物的能量分布，如平动、转动、振动能的分配可以推断反应机理；产物的角分布，可以分析过渡态的寿命及几何构型。态分析可以集中表达于通量速度角度等值线图上。

长寿命络合物 [long lived complex] 过渡态寿命较自身转动周期长的为长寿命络合物，又称持久络合物。在研究态-态反应时，发现有的反应产物为向前向后散射，如反应 $O_2^+ + D_2 \longrightarrow O_2D^+ + D$ 的通量-速度-角度等值图(见图)，产物离子O_2D^+的散射方向几乎是各向同性的。这只有一种可能，活化络合物转动时，体系的能量可以分散在不同的运动模式上，使反应物分子的初始记忆消失，一旦衰变，产物分子以旋转轴为中心，按随机方式前后对称飞散开。分子反应动态学中称形成长寿命络合物的反应机理为复合模式反应。

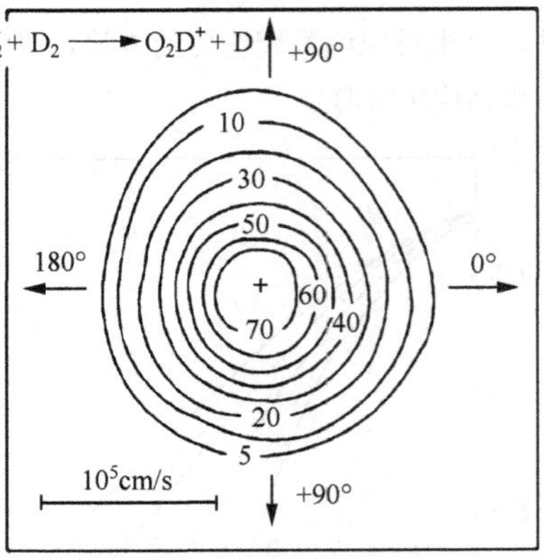

长寿命络合物

超分子光化学 [supermolecular photo-chemistry] 以研究天然及人工超分子体系中的光化学问题而建立起来的一门新领域。依据超分子的不同组成及结构分为几种不同的研究方向，在绿色植物的叶绿体内发生的光合作用以及在生物的视觉器官中所发生的视紫质对光的敏感行为属于天然超分子体系中发生的光化学反应。另一类是作为底物或客体分子处于特定组织结构的环境或主体内的超分子体系的光化学反应，如团簇、胶束、囊泡、冠醚、环糊精、杯芳烃、LB 膜、分子筛、黏土矿物及高聚物材料等造成的特殊环境，可以这些材料的内腔或表面为主体。这类超分子体系的光化学反应产物大多具有特定的立体专一性，是合成特定化合物的新方法。在广义上也常将化学上相对独立而又有“互扰”的几个部分构成，但又不足以成为大分子化合物的这种组合体系也作为超分子体系，例如为人工模拟光合作用研究合成的一系列新的超分子化合物，如卟啉/醌、卟啉/醌/胡萝卜素等。这些体系在光照下可使卟啉激发，通过分子内电子向醌转移形成醌与卟啉的离子自由基对，研究表明光电转换效率高，因此这类化合物是光化学分子器件的基础。由不同部分组成的分子内共轭的超分子化合物是另一类超分子体系，由于具有电子的推拉结构，是一系列荧光染料、激光染料、非线性光学材料、有机光导及超导材料的基础。超分子光化学是当前活跃的科学领域，不仅有一系列重大的科学问题，也是一系列高技术材料的基础。

超声分子束 [supersonic molecular beam] 从超声喷嘴射出向真空做绝热膨胀而形成的分子束。根据马赫数 *Ma* 的定义，*Ma*=束流速度/声束，由超声喷嘴流出的分子束马赫数达到几十(超音速)，由此得名为超声分子束。一般使用的热束源(加热产生气体)，由于热速度分布宽，发散性大，为此需要经狭缝、准直孔、选速器等才能获得一定速率的分子束，但束流强度大大降低了。超声分子束从束源流出的分子束能沿轴线方向飞行使发散性受到抑制，从而保证了束源强度；由于向真空绝热膨胀，温度可降低，甚至小到 20K，速度分布窄。

弛豫动力学 [relaxation kinetics] 所有近平衡的反应，无论其是二级或更高级的复杂动力学关系，都能表示为与平衡偏离的某变数的一级动力学关系，这是测定快速反应的弛豫法的基础。由于是快速反应，体系一旦混合即处于平衡，今利用温度、压力或电场的单独一次突然改变，或通过超声波、交变电场周期性的扰动，浓度或其他性质如电导稍微偏离平衡态，体系向新平衡态的弛豫是一级过程，且弛豫时间 τ 是趋向平衡的一级速率常数的函数。弛豫方法最早在物理学科中提出，如力学或声学中的动力学过程，欧根等出色地将其应用于化学动力学中。其研究方法的关键必须远低于弛豫时间的时间内实现扰动，造成对平衡态的偏离。如用大电容放电使 1mL 溶液在 10^{-7}s 内造成 6℃的温度跃升，但此时体系的其他性质尚处于未升温前 292K 的状态，而与 298K 时之新平衡性质不同。

弛豫时间 [relaxation time]　体系反应从旧平衡到达新平衡态整个途径的 1/e 所需的时间，以 τ 表示。例如化学反应中某一反应物在温度 T_1 时之平衡浓度为 $C_{R,1}$，温度跃升至 T_2 时，相应的平衡浓度应为 $C_{R,2}$，即微扰初始对平衡的最大偏离为 $\Delta_{max}=C_{R,2}-C_{R,1}$，当某一时刻对平衡的偏离 $\Delta=\Delta_{max}/e$ 时，该时刻即弛豫时间 τ。弛豫时间是一个特性值，如对一弱酸离解反应 $HA+H_2O \underset{k'}{\overset{k}{\rightleftharpoons}} H_3O^++A^-$，可以推导得到 $\tau^{-1}=\{k+k'x_e\}$，k 与 k'分别是正逆向反应速率常数，x_e 是 H_3O^+或 A^-的平衡浓度，即 τ 只与反应的速率常数和平衡浓度有关，只要测定弛豫时间就可求出反应速率常数。

持久络合物 [persistent complex]　即长寿命络合物。

穿透系数 [penetration coefficient]　又称传递系数。用量子力学理论对传统的过渡态反应速率常数 k_{TST} 进行修正，乘以系数 κ，如 $k=\kappa\cdot k_{TST}$，κ 即穿透系数。低温时较大，且依温度上升而下降，其数值可大于或小于 1。有一类小分子，如氢，能量低于势垒仍有一定概率实现反应，好像本来要经由山口而翻山，而现在则通过反应路径下的一条隧道而完成反应，这种现象称为隧道效应，也是把 κ 称为穿透系数的一种依据，且可能大于 1 的主要原因，如 $H+H_2$ 反应。

传递系数 [transfer coefficient]　即穿透系数。

次级反应 [secondary reaction]　又称暗反应。光初级过程以后所发生的任何步骤均为光次级反应。严格地讲与其他次级过程并无区别，如光解(初级过程)形成的自由基引发链反应，与由于热作用产生的自由基引发链反应完全一样。又如氧分子光解为氧原子是初级过程，而氧原子与氧分子结合为臭氧的反应，氧原子和大气中的碳氢化合物进行一系列反应等均为次级反应。

猝灭 [quenching]　双分子能量衰变过程。在光作用下分子被激发成活化分子，当与另一种组分(猝灭剂)相碰撞，活化分子失活，丧失辐射衰变或化学反应能力，称活化分子被猝灭。可用一个简单的模型示意如下，此处设 F 为发荧光的分子而 Q 为猝灭剂：① $F+h\nu \longrightarrow F^*$；② $F^* \xrightarrow{k_f} F+h\nu_f$；③ $Q+F^* \xrightarrow{k_Q} F+Q^*$；由于过程③中猝灭剂使激发态的 F^* 消失，以致过程②的荧光难以发生，使荧光被猝灭。

单分子反应 [unimolecular reaction]　反应分子数为 1 的反应。而一般所说的单分子反应 A→P 包括两个步骤：①A→A*；②A*→P。其中，①是反应物分子 A 经碰撞被活化为激发态 A*；②是 A*进行反应生成产物 P。其中步骤②是真正的单分子反应，但习惯上常将①+②的总体反应也称为单分子反应。严格而论，包括反应物分子的活化步骤在内的单分子反应应称为准单分子反应。

单分子反应速率理论 [unimolecular reaction rate theory]　解决活化分子的来源以及双分子碰撞活化和反应速率的一级反应行为的统一等关键问题的理论。为解决上述问题，并解决定量或半定量计算动力学参数(速率常数、活化能、指前因子)，相应出现了一系列单分子反应速率理论，如林德曼时滞论、欣谢尔伍德理论、RRKM 理论和斯莱特理论等。

等动力学温度 [isokinetic temperature]　当活化焓 $\Delta^{\neq}H_m$ 与活化熵 $\Delta^{\neq}S_m$ 具有线性关系时，$\Delta^{\neq}H_m$ 对 $\Delta^{\neq}S_m$ 作图时的直线斜率是温度，在此温度下，所有符合此线性关系的反应具有相同的反应速率，此温度称为等动力学温度。一个反应系列如果存在等动力学图，则在等动力学温度以上及以下，温度对反应速率有相反的影响。如果一个反应在反应系中，在低于等动力学温度时具有最小的反应速率，则在温度升到等动力温度以上时，它的反应速率常数在全反应系列中是最高的，如图所示。在等动力学温度下为活化焓控制区，在等动力学温度上是活化熵控制区。

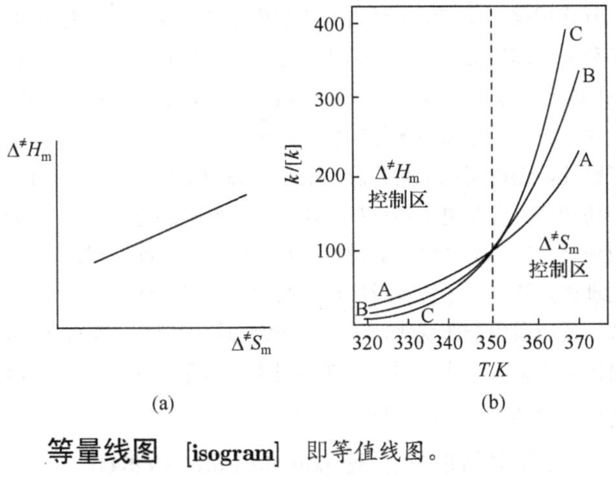

(a)　(b)

等量线图 [isogram]　即等值线图。

等值线图 [contour diagram]　又称等量线图。以相等数值点的连线表示连续分布且逐渐变化的数量特征的一种图型。在化学动力学的理论和实验研究中，可仿照地理学中的方法将某物理量等值点连线投影于二维坐标图上形成等值线图，如势能面中的等势能线，交叉分子束实验中产物分子的等通量线等。图形简单直观，物理意义明确，规律性强，是科学研究中通用的方法。

电子激发态 [electron excited state] 光化学初级过程中分子吸收光子使电子激发到较高能级但尚未电离的状态。当原子和分子处于激发态时，电子云的分布会发生变化，分子的平衡核间距离略有增加，化学反应活性增大。所有的光化学反应都是通过分子被激发后进行的。单线态基态写作 S_0，而第一电子激发态为 S_1，依此类推。S_2，S_3，…为第二、第三……电子激发态，统称为高电子激发态。激发态越高，寿命越短，以致来不及发生化学反应，故光化学主要与低电子激发态有关。电子激发态单分子能量衰减分有辐射衰减及无辐射衰减的单分子过程，双分子能量衰减有猝灭与光敏。电子激发态分单线态与三线态，前者寿命较短，后者寿命较长。

电子交换反应 [electron exchange reaction] 不同化合价的同种金属离子间发生电子交换的反应，如 $Fe^{2+}+Fe^{3+} \longrightarrow Fe^{3+}+Fe^{2+}$ 这类反应由于不存在化学变化，正逆反应速率相等，标准反应吉布斯自由能变近似为零，即 $\Delta_r G_m^{\ominus} \approx 0$，因为反应熵值可能略有变化，也需活化能用于分子与溶剂化层及配位体的重组。研究此类反应的目的，主要是通过同位素标记反应物之一，探测反应机理，采用的检测技术为核磁共振与电子自旋共振。

电子转移反应 [electron transfer reaction] 在均相(如溶液)及复相(两相间有界面)的体系中发生电子(e)从给体(D)转移到受体(A)的过程，即 $A+D \longrightarrow A^{-}+D^{+}$，如溶液内金属离子的氧化还原引起价态的变化，在电极界面上的电极反应，在生命体系中绿色植物的光合作用，即是受光激发通过叶绿素进行的电子转移过程。一般分为绝热与非绝热两种。两反应物相互作用强、反应势垒低者为绝热电子转移反应，如有机电子转移反应即属此类，反之则为非绝热电子转移反应。无机配合物的电子转移反应又分为外层与内层两种，前者金属离子内配位层不变，即金属与配体间化学键维持稳定，只发生简单的电子跃迁，而内层电子转移反应的过渡态中配体与金属离子间有一桥相连，并为电子转移提供轨道，因此外层与内层电子转移反应又分别称为非键与成键电子转移反应。马库斯提出了系统的理论，认为电子转移反应速率取决于电子给体与受体间的距离、反应自由能的变化，以及反应物与周围溶剂重组能大小，给出了定量关系式，预言了许多规律，如存在反应速率的反转区，于 1992 年获得诺贝尔化学奖。

动力学同位素效应 [kinetic isotope effect] 在一个反应物分子中的某一个原子用它的同位素取代后，在同样条件下，反应速率将发生变化的效应。如果同位素取代的原子是与在反应中要断裂或生成的键相连的原子，这种效应称为初级动力学同位素效应。如果同位素取代的不是在反应中涉及键中的原子，这种效应称为次级动力学同位素效应，而后者的效应比前者小得多。以氘(D)取代氢(H)为例，R—D 与 R—H 比较 R—H 键断裂速率常数，$k_H/k_D \approx 8.8$，而次级动力学同位素效应为 $k_H/k_D \approx 1$。动力学同位素效应常被用作验证反应机理的重要方法。

动力学盐效应 [kinetic salt effect] 由于溶液中加入不直接参加反应的盐类化合物而又引起化学反应速率变化或反应机理改变的效应。盐在溶剂中离解为离子，从而改变了溶液的离子强度，随之反应物及过渡态的活度系数也将变化，离子强度对反应速率的影响常称为动力学原盐效应。在稀溶液时，同号离子间的反应速率可随离子强度的增大而加速，称为正盐效应；异号离子间的反应速率会随离子强度增大而减速，称为负盐效应，而离子强度的变化对离子与中性分子间反应速率无影响。研究动力学盐效应的作用是调控反应速率和探讨反应机理。

断链反应 [chain termination reaction] 即链终止，参见链反应。

对称散射 [symmetry scattering] 反应 $A+B \longrightarrow C+D$，在质心坐标系中产物 C 和 D 的散射相对于入射反应物方向是前后对称分布的。如图所示，反应 $O+Br_2 \longrightarrow OBr+Br$ 在质心坐标系中产物相对于入射方向是前后对称的。此类反应过渡态的最优构型呈直线状，其寿命较长。

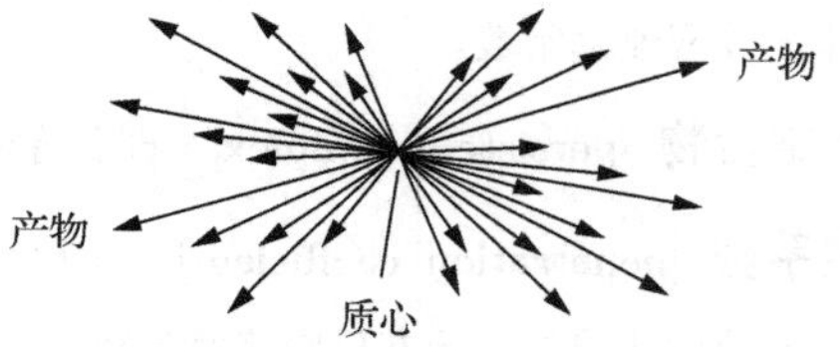

反应 $O+Br_2 \longrightarrow OBr+Br$ 中，产物分子的散射示意图

对峙反应 [opposing reaction] 在实验条件下，正向和逆向都能进行的反应。最简单的如 1-1 级对峙反应 $A \underset{}{\overset{k_f, k_r}{\rightleftharpoons}} B$，其总反应速率应是正、逆向反应速率之差，即 $r=-dC_A/dt=k_f C_A-k_r C_B$，当达到平衡时，正逆向反应速率相等，$k_f C_A=k_r C_B$ 或 $C_B/C_A=k_f/k_r=K$(平衡常数)。由上可知，对峙反应存在两个重要的关系：①任何时刻 $C_{A,0}+C_{B,0}=C_A+C_B=C_{A,e}+C_{B,e}$，其中 $C_{A,0}$，C_A，$C_{A,e}$ 分别是 A 的初始浓度、t 时刻浓度及平衡浓度，B 与之类似；②$C_{B,e}/C_{A,e}=K$。推求速率方程应充分利用上述关系。

有人将对峙反应又称为可逆反应(reversible reaction)，但由于在热力学中对可逆反应有特定的含义，只有达平衡时才是，故宜慎用。动力学规律往往指未达平衡前的反应速率规律，当正逆向反应速率相差悬殊时，如逆向可忽略，即成为单向反应。

多光子激发 [multiphotonic excitation] 在高强度光(激光)作用下，分子在初级过程中可以吸收两个或多个光子而跃迁到相应的激发态，一般有两种情况：①由于吸收光子后激发态寿命较长而接着吸收第二个光子，此为两步(多步)激发；②一步激发，激光光源具有相干性，采用特殊的装置使处于基态分子吸收两个以上的光子而被激发。

在高强度红外激光作用下，与分子振动能级匹配的频率的光子多次共振吸收，逐步跃迁到相应的振动能级上，称为选择性多光子激发。

多光子激发过程的研究发展迅速，范围逐渐扩大，包括红外多光子解离、多光子异构化、可见紫外多光子激发、解离和电离及其动力学机理、分子能量转移过程等。

反应比速 [specific reaction rate]　参见反应速率常数。

反应独立共存原理 [independent coexistence principle]　一基元反应的反应速率常数和速率方程等动力学规律不因其他基元反应的存在而有所不同。

19 世纪末，对此原理的描述为“任一反应的速率与其他反应的存在与否无关”。如对峙反应平衡时正向反应速率并不因逆反应而受影响。但是进一步研究表明，不受影响的应是反应速率常数，因为反应速率受浓度、溶剂的影响等。

根据此原理，基元反应速率常数、活化能、指前因子都不因其他组元或基元反应存在与否而受影响。

反应分子数 [molecularity of reaction]　基元反应方程式中反应物计量系数之和的绝对值。单分子反应，如分子的异构化或裂解，如$(CH_2)_4$(环)$\longrightarrow 2C_2H_4$，顺$C_4H_8 \longrightarrow$反C_4H_8，双分子反应，如$Br+H_2 \longrightarrow HBr+H$，$H+Br_2 \longrightarrow HBr+Br$，三分子反应有两类：自由原子或小自由基复合(如$I+I+M \longrightarrow I_2+M$，M 为第三体取走复合时释放的能量)，涉及 NO 的一些反应(如$2NO+O_2 \longrightarrow 2NO_2$，$2NO+Cl_2 \longrightarrow 2NOCl$)。四分子反应至今尚未发现，因为 4 个反应物分子碰在一起的概率几乎为零。

由于质量作用定律可应用于基元反应，故基元反应分子数与反应级数是一致的，如双分子反应肯定是二级反应，但反过来未必是如此。

反应概率 [reaction probability]　参见微分反应截面。

反应机理 [reaction mechanism]　又称反应历程。构成复杂反应的基元反应的顺序。以乙烯在 Hg(气)存在下的加氢反应为例，其总包反应为$C_2H_4+H_2 \xrightarrow{Hg} C_2H_6$，实际上按下列反应历程进行：$Hg+H_2 \longrightarrow Hg+2H$，$H+C_2H_4 \longrightarrow C_2H_5$，$C_2H_5+H_2 \longrightarrow C_2H_6+H$，$H+H+Hg \longrightarrow H_2+Hg$。揭示反应历程必须找到反应速率方程，推测可能的反应历程，对中间物(自由基或活泼中间物)进行检测等一系列实验，或由分子反应动态学的实验直接得到反应历程。历史上曾经有人提出：不能证明一个反应历程的成立，只能反证一个反应历程的不成立。反映了相当长时间内寻找反应历程曲折复杂的状况，但分子反应动态学的理论和交叉分子束等实验技术已为真正揭示反应历程提供了直接的方法，许多反应历程的细节已较明确。

反应级数 [order of reaction]　反应速率方程若为浓度项的连乘函数形式，则浓度项上的指数即为该组分的反应级数，各指数的总和为反应总级数。以下是一些速率方程的具体形式：

化学反应	反应速率方程	反应级数
(1) $H_2+I_2 = 2HI$	$r_1 = kC_{H_2}C_{I_2}$	1,1
(2) $H_2+Cl_2 = 2HCl$	$r_2 = kC_{H_2}C_{Cl_2}^{\frac{1}{2}}$	1,1/2
(3) $H_2+Br_2 = 2HBr$	$r_3 = \dfrac{kC_{H_2}C_{Br_2}^{\frac{1}{2}}}{1+k'\dfrac{C_{HBr}}{C_{Br2}}}$	/
(4) $H_2O_2 \overset{I^-}{=} H_2O+\frac{1}{2}O_2$	$r_4 = kC_{H_2O_2}C_{I^-}$	1,1
(5) $Hg_2^{2+}+Tl^{3+} = 2Hg^{2+}+Tl^+$	$r_5 = kC_{Hg_2^{2+}}C_{Tl^{3+}}/C_{Hg^{2+}}$	1,1,–1
(6) $CO+NO_2 = CO_2+NO$	$r_6 = kC_{NO_2}^2 \cdot C_{CO}^0$	2,0

由上可见反应级数可正可负可整数可分数，与反应式中的计量系数无联系，纯属实验量，如催化剂I^-计量系数为零，而反应级数为 1，又如对反应物 CO 级数为零，而有时产物进入速率方程。有的反应有反应级数，而有的反应如(3)因不具有连乘形式，没有反应级数可言。

反应级数对揭示反应历程具有重要作用，如 1/2 级反应，则反应历程中必包含有分子的裂解。

反应截面 [reactive cross section]　以反应物分子 A 为圆心，以碰撞分子对的半径之和为半径($D_{AB}=r_A+r_B$)作圆即碰撞截面。如图中的虚线大圆。

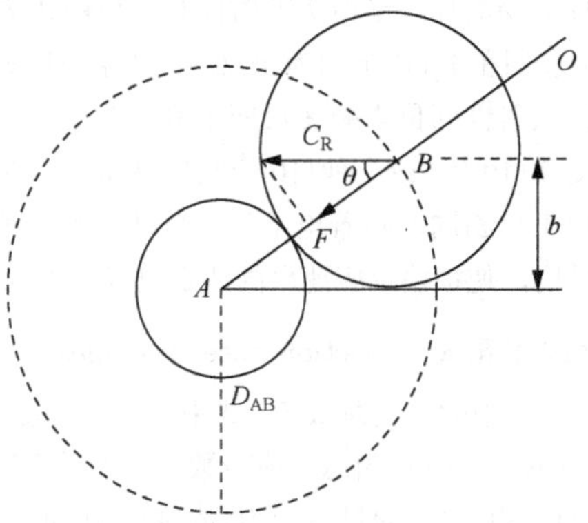

发生化学反应的体系，分子间相对运动速度C_R与连心线间有一夹角θ，因为只有相对平动能ε_R在连心线方向上的分量ε'_R大于临界能ε_c的碰撞才是反应性碰撞，若折合质量为μ，则根据力学原理可得

$$\varepsilon'_R = \frac{1}{2}\mu(C_R\cos\theta)^2 = \frac{1}{2}\mu C_R^2(1-\sin^2\theta)$$
$$= \varepsilon_R\left[1-\frac{b^2}{D_{AB}^2}\right] \geqslant \varepsilon_c$$

令 $\varepsilon'_R=\varepsilon_c$ 时之撞击参数 $b=b_R$，可得反应截面 σ_R 的表示式为

$$\sigma_R = \pi b_R{}^2 = \pi D_{AB}{}^2(1-\varepsilon_c/\varepsilon_r)$$

应指出，反应截面最小只能为零，即 $\varepsilon_R<\varepsilon_c$ 时，$\sigma_R=0$，反应没有发生。而 $\varepsilon_R=\varepsilon_c$ 时，$\sigma_R=\pi D_{AB}{}^2$，反应截面等于碰撞截面。反应截面越大，反应发生的概率就越大。

反应历程 [reaction mechanism] 即反应机理。

反应速率 [reaction rate] 对于一化学反应 $0=\Sigma\upsilon_B B$，反应速率 r 定义为单位体积内反应进度 ξ 随时间 t 的变化率，即 $r=\mathrm{d}(\xi/V)/\mathrm{d}t$。

以合成氨气相反应 $N_2+3H_2=\!=\!=2NH_3$ 为例，可写为 $0=-N_2-3H_2+2NH_3$，υ_B 为 B 的化学计算数，对反应物 $\upsilon_B<0$，如 $\upsilon_{N_2}=-1$，$\upsilon_{H_2}=-3$，对生成物 $\upsilon_{NH_3}=2>0$，根据反应进度 ξ 定义为 $\xi=[n_B(t)-n_B(O)]/\upsilon_B$，在体积保持一定的反应体系，$r=\frac{1}{\upsilon_B}\frac{\mathrm{d}(\xi/V)}{\mathrm{d}t}=\frac{1}{\upsilon_B}\frac{1}{V}\frac{\mathrm{d}nB(t)}{\mathrm{d}t}=\frac{1}{\upsilon_B}\frac{\mathrm{d}c_B}{\mathrm{d}t}$，$c_B$ 为体积摩尔浓度。合成氨的反应速率可表示为 $r=-\frac{\mathrm{d}c(N_2)}{\mathrm{d}t}=-\frac{1}{3}\frac{\mathrm{d}c(H_2)}{\mathrm{d}t}=\frac{1}{2}\frac{\mathrm{d}c(NH_2)}{\mathrm{d}t}$ 如果仅以单位时间内物质的量的改变定义反应速率，则存在两个不足，一是反应体积大，物质的量改变也大；二是同一个反应，不同的物种所表示反应速率也不同，如氢的消耗 3 倍于氮的消耗。现在定义的反应速率只要体积一定，反应速率以任何一个参与反应的物种表示都一定。对于反应过程中有体积改变的反应，如高分子聚合反应体积收缩率很大，此时的反应速率还应包括由于体积变化对浓度的改变的影响。反应速率有时还以反应物消耗一半所需的时间(半衰期)来表征反应之快慢，如半衰期在 1 s 以下的为快反应。化学反应速率千差万别，如有的放射性同位素蜕变反应半衰期为几千年，而有的反应却以皮秒(10^{-12}s)或飞秒(10^{-15}s)计，因此研究反应速率的实验方法也不尽相同，随着电子学、自动监测技术、激光等高技术的采用，使极快反应速率的测定已成为可能。

反应速率常数 [reaction rate constant] 反应速率方程 $r=kC_A{}^{\alpha}\cdot C_B{}^{\beta}$ 中的比例系数 k。式中 α，β 是物质 A，B 的反应级数，$\alpha+\beta+\cdots=n$ 称为总反应级数。由于反应速率的量纲为浓度/时间，由此 k 的量纲应为(浓度)$^{1-n}$/时间。例如，以 $\mathrm{mol/dm^3}$ 表示浓度，时间以秒(s)计，则对二级反应(n=2)，k 的量纲为($\mathrm{mol^{-1}\cdot dm^3\cdot s^{-1}}$)。

k的物理意义是温度一定时，反应速率方程中各组分为单位浓度时之反应速率，故又称为反应比速。其大小反映化学反应快慢或难易的程度。

据阿伦尼乌斯公式，k 与 T 之关系为 $k=A\mathrm{e}^{-E_a/RT}$，E_a 为反应的实验活化能。由方程可知，若 E_a 大，反应不易发生，k 值小，若 E_a 小，反应容易发生，k 值大，由此，k 值之大小又是反应难易程度的度量。

由于 k 与反应级数之间有确定的关系，如一级反应时，$k=0.623/t_{1/2}$，$t_{1/2}$ 为反应物消耗一半所需时间，称为半衰期，即当 k 与初始浓度无关，与 $t_{1/2}$ 成反比关系，可确定该反应为一级反应。对二级反应有另外的确定关系。

反应速率方程 [reaction rate equation] 表述反应速率与浓度的函数关系式。根据实验研究，在温度一定时，其反应速率方程一般可表示为 $r=kC_A{}^{\alpha}\cdot C_B{}^{\beta}$，式中 k 为反应速率常数，α，β 分别为反应物 A，B 的反应级数，而 $\alpha+\beta+\cdots=n$ 称为反应的总级数，反应级数是由实验数据拟合的结果，与反应方程式中之计量系数不一定相同。

有时反应速率方程较复杂，如 $H_2+Br_2=\!=\!=2HBr$，$r=kC_{H_2}\cdot C^{1/2}{}_{Br_2}/[1+k'C_{HBr}\cdot C^{-1}{}_{Br_2}]$，此时无反应级数可言，但当 $k'C_{HBr}\cdot C^{-1}{}_{Br_2}\gg 1$ 时，该速率方程可简化为 $r=(k/k')C_{H_2}\cdot C^{3/2}{}_{Br_2}/C_{HBr}$，即对 H_2 为一级，对 Br_2 为 3/2 级，对 HBr(产物)为负一级，可见 HBr 对化学反应起减速作用。

由于基元反应可直接应用质量作用定律，因此，反应级数就是反应方程式中反应物的计量系数的绝对值，如基元反应 $a\mathrm{A}+b\mathrm{B}\longrightarrow\cdots$，则反应速率方程为 $r=KC_A{}^{\alpha}\cdot C_B{}^{\beta}$。

反应物分子平均寿命 [mean life of reactant molecular] 某反应物全部分子消耗经历的平均时间。反应始态体系处于平衡态，按平衡分布处在不同的能量状态，高能的活化分子反应能力强，寿命短，低能的分子经历千百万次碰撞而活化发生反应，寿命长。因此取其寿命统计平均而得平均寿命。

以单组分一级反应为例，根据统计平均的计算，可得平均寿命 τ 为 $1/k$，k 为一级反应速率常数。如反应物 A 在初始及某时间的浓度为 $C_{A,0}$ 及 C_A，则 $1/k$ 也是反应物浓度 C_A 达到 $C_A=C_{A,0}/\mathrm{e}$ 的时间(e 为自然对数的底，e=2.7183)，也即弛豫时间。显然 k 越大，τ 越小，反应快。因此，平均寿命也是反应速率快慢的一种度量。

对于多组分反应物的反应，如不是以化学计量系数比配成初始浓度，必然造成低于计量比的反应物消耗快，而其他组分不会被消耗光，因之不存在平均寿命。由此，只有单组分一级反应讨论平均寿命才是有意义的。

反应物能量选择性 [reactant's energy selectivity] 不同形式能量对反应有不同影响，不同能级对反应也有不同

的影响，即反应能量消耗的选择性。

按照微观可逆性原理，反应物分子能量消耗的选择性和产物分子能量分配的特殊性相互对应。大量实验证明，对正向反应，如其产物主要是振动激发，则对逆向反应的反应物提供振动能比平动能更有利于促进该逆反应，反之相似。

以平动能为例，有三种情况，离子与分子反应 $Ar^{+}+D_2 \longrightarrow ArD^{+}+D$ 及自由基重合反应，无阈能，且随平动能增加反应截面反而降低；大多数反应属于有阈能，且平动能比阈能大对反应有利；热原子反应，如 $T+D_2$ 及高能的离子与分子反应($Br^{-}+CH_4$)，当平动能足够高时，随平动能增加，反应截面反而下降。其他如转动激发与振动激发均有各种不同的情况，并不是能量越高越有利于反应，即不仅能量要足够，更要能量形式相匹配，这是微观反应动力学研究取得的新进展。

反应性轨线 [reactive trajectory] 势能面是势能与反应体系分子构型关系的图形，用一个代表点的初始条件(初速、势能、分子构型)作为力学运动点的初始条件，根据运动方程求解在势能面上的运动轨迹，即轨线。当轨线由反应区进入产物区，则为越过势能面的轨线，即反应性轨线，只要计算反应性轨线的分率即可得到微观反应速率常数，绝大部分轨线与反应坐标一致。非反应性轨线一般由弹性散射或有的非弹性散射所造成。

反应性散射 [reactive scattering] 反应性散射是导致分子内部运动和相对运动能量的交换、分子间原子的重新组合或重排的散射。散射与碰撞不同，碰撞分子在碰撞前后具有不变的质量，碰撞时球形分子直接接触。散射则不同，散射时只要分子接近到分子间力作用范围即能相互作用，且运动状态(如平动、转动、振动等)、分子形态和结构均可发生变化。从反应性散射观点看，化学反应不能发生的原因可能是能量不大或能量虽高但能量形式不匹配、碰撞方位不合适或碰撞时间太短，以至于来不及发生核位移碰撞即告结束，而不像碰撞理论那样简单归属于能量不足。

反应坐标 [reaction coordinate] 在势能面上描述化学反应进程连续变化的参数。其每一个值都对应于沿反应途径各原子的相对位置。根据势能面图，从反应入口处沿势能上升到最高点鞍点，再沿势能降低到出口处(反应产物)是能量最低的反应途径，该路径穿过每一条等值线，称为最低能量途径，沿反应坐标的势能作图如图所示。由于是能量最低，故发生反应的概率最大，该路径犹如经山口翻越大山一样。

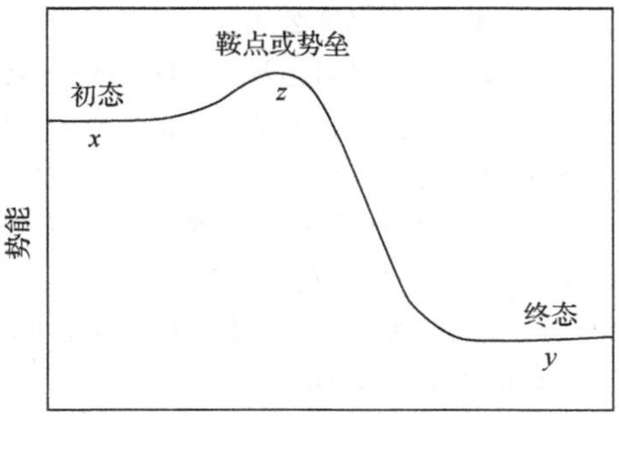

范托夫规则 [van't Hoff rule] 温度每升高 10℃，反应通常加速 2～4 倍。这是研究温度对反应速率影响时早期的经验规律，由范托夫于 1884 年提出，从阿伦尼乌斯公式可知，该规则适用于活化能为 50～100 kJ/mol 的反应。此规则已被后来的阿伦尼乌斯公式所取代。

方位因子 [steric factor] 又称空间因子。由于简单碰撞理论过于简化，提出的速率常数 k 的计算公式与实验值有差别，为此在公式中引入一修正参数 p，该参数 p 即称为方位因子。其意义是认为判据有效碰撞不仅有能量限制，更应考虑碰撞的方位及空间取向，因为分子不是硬球，更不是球形对称的，这个修正已为后来的交叉分子束实验所证实。

鉴于 p 的计算公式为 $p=A(\text{实验})/A(\text{计算})$，$A$ 为指前因子，因此，p 不仅仅是一个方位因子，而且也包括碰撞理论中所固有的其他简化误差，更确切地就称为 p 因子为好。

相当多的反应 $p<1$，但有一些反应 $p>1$，如 $K+Br_2 \longrightarrow KBr+Br$，即分子反应动态学中提出的鱼叉机理。

飞秒化学 [femto chemistry] 在分子反应层次上，以飞秒(10^{-15}s)为时间标度去研究化学反应机理的实验及理论的学科分支。要想了解化学反应的全过程及其本质，必须了解分子的激发、过渡态的形态、产物的能态等。然而其中每一个阶段(能量的传递、能量状态)都是极快的，往往是皮秒、飞秒数量级，只有超短脉冲宽度(～6 fs)的激光使这种研究成为可能。一般需要两束飞秒脉冲激光，以 HI+OCO 反应为例，首先让 HI 与 CO_2 形成分子团簇(不是化学键力，而是范德瓦耳斯力结合的聚集体)，让第一束激光解离 HI，形成 H 与 CO_2 的反应体系，启动化学反应，生成 HOCO 的过渡态；第二束激光为探测光，在不同延时之后作用于体系，给体系照“快照”，得到反应过程的演变信息。如 HOCO 是如何解体，产物 HO，CO 具有什么样能态，朝什么方向飞行，改变探测光的波长可以得到化学反应中不同物种或能量的信息。由此可以将化学反应的细节像动画片似的展现出来。飞秒化学研究观测到，在飞秒时间标度的断键之前，大量的可资用能并没有在反应物的所有自由度内重新均匀分配，而是制约在反应坐标附近的振动模式中，由此可以利用超短脉冲诱导使选键化学反应的研究成为可能。

1999 年诺贝尔化学奖获得者泽维尔是飞秒化学的开拓者，飞秒化学使人们进一步了解发生在气相、液相、固相、团簇和界面中分子的动力学行为，了解生物体系中的化学变化，以及在量子态态相互作用层次上对化学反应过程实时控制提供了可能性，由此对人类认识世界产生了深远的影响。

非弹性碰撞 [inelastic collision]　参见弹性碰撞。

非弹性散射 [inelastic scattering]　在散射前后粒子内部运动状态(转动、振动、电子运动)及相对运动速度发生变化，但化学组成不变的相互作用。

在研究化学反应时的传能过程与非弹性散射有关，如化学激光、激光分离同位素等。

分数寿期 [fractional-life period]　若反应物A在反应某时刻的浓度 C_A 是初始浓度 $C_{A,0}$ 的某一分数 θ，即 $\theta=C_A/C_{A,0}$，则反应物消耗了(1–θ)分数所需的时间 $t_{(1-\theta)}$ 称该时间为(1–θ)分数寿期。如某时刻 θ=2/3，反应物消耗了 1–θ=1/3，此反应时间即为(1/3)寿期。当 θ=1/2 时，即为半寿期(或半衰期)。根据反应速率方程，对于 $a\text{A}\xrightarrow{k}\text{P}$ 的反应，反应级数为 n 时之分数寿期公式为

$$n=1\quad t_{1-\theta}=\frac{1}{ak}\ln\left[\frac{1}{\theta}\right]$$

$$n\neq 1\quad t_{1-\theta}=\frac{1}{(n-1)ak}\frac{1}{C_{A,0}^{n-1}}\left\{\frac{1}{\theta^{n-1}}-1\right\}$$

由上式可知，当 n=1，即一级反应时 $t_{1-\theta}$ 与初始浓度无关，与反应速率常数成反比，当为非一级反应时，$t_{1-\theta}$ 与初始浓度 $C_{A,0}$ 的(n–1)方成反比。根据以上规律，从一次动力学实验浓度时间曲线关系上取多个 θ 值(如 1/5，1/4，1/3，1/2，2/3，4/5，…)代入上式，求出 n 值(反应级数)，这是最简便快速求反应级数的方法。

对于多个反应物的反应，应采取隔离法或准级数方法将化学动力学方程变成单组分 n 级反应才能应用上法求反应级数。

分子反应动态学 [molecular reaction dynamics]　以态–态反应为研究重点，从微观层次(微观能态、分子与光子、电子相互作用、瞬间构型等)认识元反应的基本规律，故又称微观反应动力学。

和传统化学动力学相比，其有两大特点：①是介于物理、力学、化学之间的边缘学科，要大量应用分子物理、激光物理、经典力学、量子力学、统计力学等知识，研究对象为化学反应；②是开发新技术、发展新学科分支所必需的前沿知识，如激光化学、同位素分离、等离子体化学、分子催化、分子裁剪等。

主要实验手段是分子束与激光，具体的方法为交叉分子束、激光诱导荧光、红外化学发光等。

从目前的研究进展看，已可对化学反应的深层次问题作出解答，如什么样的碰撞才能导致旧键断裂、新键生成？分子应有什么样的碰撞方位？活化络合物有什么特征(构型、寿命)？产物散射方向有什么规律？多大能量和什么样的能态激发才有利于促进反应？反应释放出的能量在产物的各个自由度(平动、转动、振动……)上怎样分配?激光可以剪断分子中指定的化学键吗？因此也为人们控制化学反应提供建议，无论在理论上还是在实际上均具有深远的意义。正因为如此，近二三十年中有一批科学家相继获得诺贝尔化学奖，如 1986 年的波兰义、赫希巴尔、李远哲及 1999 年的泽维尔。

分子剪裁 [molecular tailoring]　又称选键反应。通过外因的作用，按照所选的化学键发生改组，使化学反应朝指定的方向发生，犹如量体裁衣一样来调控化学反应。

按照传统的观念，在宏观长的时间内，激发态的分子在分子内能量的重新布居快于化学反应的速率，一般分子中最弱的键发生化学反应的可能性较大，因此认为任意的分子剪裁是不可能的。但是现代化学实验证明，以上的观念及认识在特定的条件下并非如此。据报道，以第一束激光作用于环丁酮分子，断开与羟基相连的C—C键，成为具有化学活性、振动激发的分子；第二束飞秒脉冲激光用来探测该激发态分子，通过两束激光不同延迟时间获得的质谱信号强度求得单分子反应速率，发现该反应呈现非统计分布行为，即飞秒时间尺度的断键之前，大量的可资用能并没有在反应物分子的所有自由度内重新布居，而是制约在反应坐标附近的某振动模式之中，因此证明了能量并不一定均匀分布于分子的各个自由度上，证明了在振动能量重新布居情况下，利用超短激光脉冲诱导的选键化学反应是可能的。

通过分子剪裁实现控制化学反应的可能已经取得了初步成果，如卤代烷烃的选键光解，用 210 nm 的光子产生 CH_2BrI 中的C—Br键的 $n\rightarrow\sigma^*$ 跃迁，使较强的C—Br键裂解，而较弱的C—I键不遭破坏。

辐射跃迁 [radiative transition]　物质吸收或发射光子改变能量状态(能级)的过程。处于低能级(如基态)的分子吸收光子被激发成电子激发态，经由自发辐射或经外辐射场的诱导下发射光子回到低能态，此种释放光能的辐射有荧光、磷光。无论是吸收光子还是放出光子均应遵守辐射的基本规律，即两能级间的级差 $\Delta\varepsilon$ 应与辐射能相匹配，以数学式表示为 $\Delta\varepsilon=h\upsilon$，式中 υ 为光子的频率。

负活化能 [negative activation energy]　小于零的反应活化能。通常有两种情况：①有些反应的速率有负温度系数，如果一定要用阿伦尼乌斯公式去处理其动力学数据可得 E_a 为负值。这类反应大多是自由基复合反应或有NO存在的三分子反应。有一种意见认为并非真正的三分子反应，因为直接三分子碰撞概率太小，实际上仍可能是分两步发生的反应，其中有一步为强放热反应($\Delta_r H_m \ll 0$)，使 $E_a<0$。②按托尔曼定义，基元反应活化能 $E_a=\langle E^*\rangle-\langle E\rangle$，其中 $\langle E^*\rangle$、$\langle E\rangle$ 分别是活化分子(或过渡态)、一般分子平均能量，当 $\langle E^*\rangle<\langle E\rangle$ 时，$E_a<0$。如自由基 HO_2 与NO分子反应，彼此吸引

不断放出能量，形成过渡态[HO…O…NO]，结构紧密、寿命长，平均能量〈E*〉低于反应物分子平均能量〈E〉，过渡态将演变为 HOONO，或分解为产物 $HO+NO_2$。

负活化能的反应在反应机理中起着超催化作用。

负温度系数 [negative temperature coefficient] 根据阿伦尼乌斯公式，$E_a=RT^2\cdot \mathrm{dln}k/\mathrm{d}\cdot T$，式中 E_a 为活化能，k 为速率常数，T 为热力学温度，R 为普适气体常量，因而也可将活化能看成是反应速率常数的温度系数。$E_a>0$ 为正温度系数，即反应速率常数随温度而升高；$E_a<0$ 为负温度系数，即反应速率常数随温度升高而降低。

从总包反应层次上看，由于温度区间不同有不同的反应历程，有的反应会出现温度系数由大于零变为小于零，甚至更复杂，究其原因是因为在一定的温度区间催化剂失活或反应历程改变或者有强放热的元反应，使之产生负温度系数。有人也称为负活化能。

从态-态反应层次上看，由于过渡态的能量有时低于反应物，据活化能的定义可得活化能为负，也称为负活化能。

复合模式反应 [complex-mode reaction] 参见长寿命络合物。

复杂反应 [complex reaction] 由若干步基元反应组合成的反应，普遍地可以表述为

$$A \underset{k_{-1}}{\overset{k_1}{\rightleftharpoons}} B \underset{k_{-2}}{\overset{k_2}{\rightleftharpoons}} C$$

(1) 平行反应：当 $k_1 \ll k_{-1}, k_2 \gg k_{-2}$，可简化为

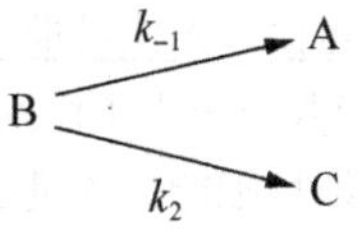

一种或多种相同的反应物同时进行不同的、但相互独立的反应为平行反应。

(2) 对峙反应：$k_2 \approx 0, k_{-2} \approx 0$，则为 $A \underset{k_{-1}}{\overset{k_1}{\rightleftharpoons}} B$ 在实验条件下正逆向同时进行的反应。

(3) 单向连续反应：$k_{-1} \ll k_1, k_{-2} \ll k_2, A \xrightarrow{k_1} B \xrightarrow{k_2} C$，中间物 B 是第一步反应的产物，又是第二个反应的反应物。

(4) 上述各类反应的某种组合，如连续对峙反应。

复杂反应是普遍存在的，如 BZ 振荡反应初步研究有 26 个中间物、80 个反应物组成，煤、石油、天然气燃烧反应也是十分复杂的反应。复杂反应动力学是现代化学动力学研究的重大课题，激波管、激光、大型计算机为复杂反应动力学的研究提供了先进的工具。

感光材料 [sensitive material] 即光敏材料。

感光度 [sensitivity] 表示感光材料对光线作用的敏感程度，又称感光速度。为在胶片上达到一定的光密度值，感光快的需要的曝光量就小，而感光慢的所需的曝光量就大，即感光度与曝光量成反比。

目前国际上尚无统一的感光度标准。在中国的国家标准(GB)，如 GB 18℃，GB 21℃，每隔 3 个数字感光度就大一倍，曝光时光圈差一级。

感光速度 [photographic speed] 即感光度。

格鲁西斯-特拉帕定律 [Grohus-Draper law] 即光化学第一定律。

固-固相反应动力学 [solid-solid reaction kinetics] 研究两种固态反应物生成固态生成物反应的速率与机理的规律。在研究材料合成中存在大量的固-固相反应，如 $Fe_2O_3+NiO \longrightarrow Fe_2NiO_4$(镍铁氧体)，钢铁在高温处理时的渗碳和脱碳。由于生成物将两个固体反应物隔开，因此反应速率取决于反应物穿过反应界面和生成物质层的速率。受扩散定律制约，为了类比于气相或液相反应动力学规律，将反应速率常数 k 与温度 T 之关系写成 $\ln k=-E/RT$，应指出式中之 E 不具活比能之意义，称之为阿伦尼乌斯值。

固体热分解反应动力学 [thermo decomposition kinetics of solid] 有机或无机固态化合物受热分解的动力学规律。热分解反应，如石灰石煅烧分解 $CaCO_3 \longrightarrow CaO+CO_2$，反应总是从晶体的活性中心(缺陷、位错、杂质等缺少对称性的地方)为核心开始，因此核的形成速度及核的生长和扩展速度决定了固相分解反应速率，也决定了固相分解反应的动力学曲线呈 S 状(如图所示)。诱导期发生核生成阶段，呈缓慢的，几乎是线性的气体生成反应；然后是加速段；最后反应逐渐减慢。分解反应的研究方法有测定分解产物的气体压力随时间的变化，也可用热重分析法测定等温等压下试样质量变化。

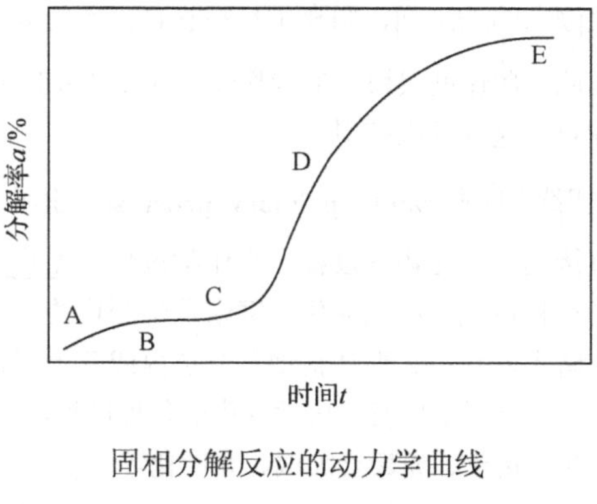

固相分解反应的动力学曲线

固相反应动力学 [solid phase reaction kinetics] 研究由固相反应物参与的化学反应速率的宏观和微观动力学规

律的学科。属于固相反应的，如固相间的反应，固相热分解反应，固液相间的反应，固气相间的反应(如潮湿空气中金属生锈)，但固相催化剂表面吸附气体间的反应一般不属固相反应范围，因固相是催化剂，不是反应物。固相反应研究有其重要意义，如水泥的固化、酶的固定化及许多新材料的制备均与此有关，原子簇处于气相与凝聚相之间，其生成、分解及其参与的反应都是当今研究的热点。由于固相反应存在扩散，物理状态及结构的变化，固相内和界面间反应等，因此其动力学行为往往是非常复杂的，如多为非线性，且存在双稳态、分岔、混沌等现象。与气相和液相反应中以浓度表示反应速率方程形式不同，固相反应动力学方程没有固相反应物浓度，因为决定反应速率的因素是固态物质的晶体结构、内部的缺陷及组分的能量状态等。

固相复分解反应模型 [model of solid decomposition reaction] 固相复分解反应为 AX+BY══AY+ BX，如 ZnS+CuO══CuS+ZnO，乔斯特(Jost)和瓦格纳(Wagner)规定复分解反应发生的两个条件是：参加反应的各组分之间的交互溶解度很小；阳离子的迁移速率远大于阴离子的迁移速率，并分别提出双层模型与镶嵌式模型(如图所示)。

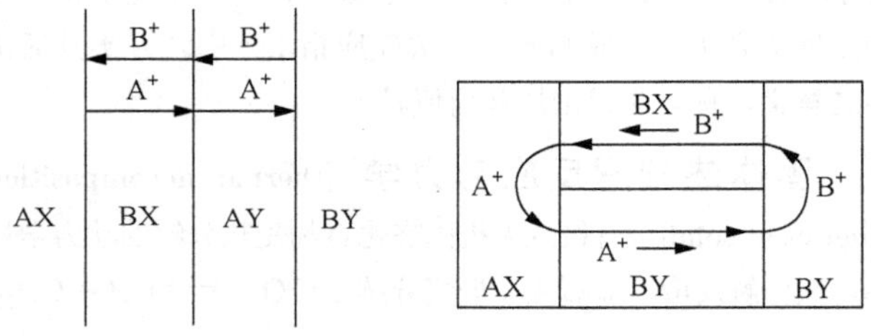

(a) 乔斯特提出的双层模型　(b) 瓦格纳提出的镶嵌式模型

固态复分解反应的机理

固态乔斯特模型认为：反应物 AX 和 BY 是被产物 BX 和 AY 所隔开，由于阳离子扩散较快，形成的致密层 BX 紧贴 AX 上，AY 致密层紧贴在 BY 上，只有当 A 能在 BX 层中溶解并迁移，B 能在 AY 层中溶解并迁移时，反应才能继续进行。瓦格纳提出镶嵌模型，复分解反应所生成的两个产物构成两个镶嵌块[如图(b)所示]，阳离子只在它自己所组成的晶体中运动，因此扩散速度很快，如置换反应 Cu+AgCl ⟶ Ag+CuCl，就符合这种反应模型。

光初级过程 [photo primary process] 物质与光相互作用所直接发生的光物理过程与光化学过程。光物理过程指吸收光子后物质化学组成或化学键未发生变化的基元过程，如荧光、磷光、猝灭、振动弛豫、分子内或分子间传能。光化学过程指吸收光子后发生化学变化的各种过程，如光解离、光重排、光异构化、光聚合加成、光敏化等。

光蛋白 [photoprotein] 无需酶催化，能与氧、过氧化氢或其他氧化剂结合时发光的蛋白质，如多管水母素在有钙或锶离子存在时即可发光，光蛋白发射的光也属冷光。

光电效应 [photoelectric effect] 当紫外光或可见光照射于金属或其化合物表面上时外层电子逸出，产生电流的现象。产生光电效应的光能应与电子逸出功(使电子逸出的能量)相匹配。

光度计 [photometer] 又称化学露光计。释文见分析化学同名词条。

光合作用 [photosynthesis] 释文见有机化学同名词条。

光化当量定律 [photochemical equivalence law] 参见光化学第二定律。

光化学 [photochemistry] 研究光和化学物质相互作用而引起永久性化学效应的化学分支学科。光化学所采用的光波范围为 100～1000 nm，即紫外至近红外波段，而γ射线、X 射线所引起的光电离和化学变化属辐射化学分支，远红外或电磁波一般不足以引起光化学过程，不属于光化学范围。光化学与一般热化学相比有如下不同之处：①热化学过程在温度压力一定下，只有反应吉布斯自由能变 $\Delta_r G_m<0$ 才能进行，而光化学中由于光能(有用功)的作用，即使 $\Delta_r G_m>0$ 的反应也能进行；②热化学体系能量服从玻尔兹曼平衡分布，而光化学体系中分子能量分布属于非平衡分布；③热化学过程与温度关系密切，而光化学过程，只要波长适当，能为物质吸收，即使在低温(如液氦温度下)光化学过程也能进行。光化学过程是地球上最普遍、最重要的过程，如光合作用、照相、光刻、材料改性、光催化等，因而是近期十分活跃的领域。

光化学第二定律 [the second law of photochemistry] 又称斯塔克-爱因斯坦定律，光化当量定律。在光作用下，每一个反应物分子只能吸收一个光子而发生活化。这是 1908 年斯塔克和 1912 年爱因斯坦把能量的量子概念应用到光化学反应上提出的量子活化原则，即分子的光吸收是单光子过程，在初始的光化学过程中一个光子活化一个分子。由于大多数光化学反应，在反应物吸收光子而活化后，常常发生次级过程，并不是全部都发生化学反应，因此这类反应就不服从一个光子引起一个反应物分子的化学反应，即化学反应的量子产率并不等于 1，所以该定律只是对初级过程才是对的。光化学第二定律产生于激光发现以前，即普通光源的情况下，激发态的寿命较短时一个分子不会吸收 2 个光子。在高强度的激光作用下，一个反应物分子有可能吸收 2 个光子或多至 20～40 个光子，此时光化学第二定律就不成立了。

光化学第一定律 [the first law of photochemistry] 又称格鲁西斯-特拉帕定律。只有被物质吸收的光才能产生光化学反应。该定律发表于 1818 年，由格鲁西斯和特拉帕提出。该定律明确指出并不是光照射全部被反应物吸收，照射的光有被吸收、反射、透射等多种作用。

光化学反应 [photochemical reaction] 由于紫外光、可见光或红外辐射而引发的化学反应，最常见的如光合作用，大气臭氧层的破坏与保护，照相时底片上的氯化银、溴化银微粒受光作用而发生分解转化为金属银。目前研究得较多的光化学反应有：光致电离(激发态电子迁离原子或分子，剩下带电荷的粒子即离子)、光解离(光激发所在的化学键断裂使分子解离、分子内重排形成异构体等)、光引发的链反应、光能转化为化学能的光化学反应(太阳能电池中化学反应)，而态-态反应动力学中的许多反应，如皮秒化学、飞秒化学也属于光化学反应范围。光化学反应与热化学反应不同，如热化学反应只有在温度、压力一定时化学反应吉布斯自由能变 $\Delta_r G_m<0$ 才能进行，而光化学反应则由于光能的作用，即使 $\Delta_r G_m>0$ 的反应也能发生，如光合作用是由 CO_2 与 H_2O 在叶绿素的作用下合成葡萄糖，即是 $\Delta_r G_m$ 远远大于零的反应。此外，光化学反应由于光量子能量是量子化的，可选择与发生化学反应的键能相匹配的光波照射，因此光化学反应具有专一性或高选择性。由于光化学反应的发生取决于光能，而与温度无关，因此一些反应在低温下也能进行，如制备稳定的自由基。光化学反应的特性使在科研及生产上得到广泛的应用，日益受到重视。

光化学分子器件 [photochemical molecular device] 分子器件是分子水平上完成信息和能量的检测、转换、传输、存储和处理等功能的化学和物理系统，或者说分子器件是在分子水平上具有特定功能的超微型器件。光化学器件是应用光能，达到上述功能的超微型化学体系。如分子导线、分子开关、分子整流器、分子存储器、分子计算机，与传统的电子器件相比有许多优点，特别是超小型化。分子电子芯片比硅芯片小 3 个数量级，而计算能力提高百万倍，人工智能将成为现实，这是由于分子电子器件是以分子作为载体，一系列有机物和高聚物通过光化学转换达到电子的给予与接受的作用的电子器件。

光化学腐蚀 [photochemical etching] 又称光刻。在器件表面涂以感光树脂、增感剂、抗蚀剂等，利用光照后树脂溶解性的显著变化，对光照区进行控制，使表面得到所需图像的一种方法。感光后用溶剂将不需要的抗蚀剂除去，将具有一定图形的涂层进行固化，再用腐蚀剂对加工的材料进行保护性腐蚀。一般有两类：一为涂层曝光显影后，曝光部分溶解，未曝光部分留下；另一为未曝光部分溶解，曝光部分留下。目前光化学腐蚀方法在电子工业中被广泛利用，如集成电路的制造等。

光化学光源 [light sources for photochemistry] 为光化学研究或生产提供光能的设备，具有高强度、长寿命、光强输出稳定、易点燃等特点。封闭式的气体放电灯，如汞弧光灯是广泛应用的光源，灯内充以适量的汞蒸气和氩气；按气压大小分为高压、中压和低压汞灯。还有氙弧灯、脉冲氙灯、激光器及太阳光等。按光的波长可分为可见光源、紫外或红外光源。此外，还有连续光源、线状光源和脉冲光源(瞬时放出高强度光能)。

光化学过程 [photochemical process] 参见光初级过程。

光化学探针 [photochemical probe] 利用一种化合物的光物理(如荧光)和光化学性质在分子水平上去检测另一体系的物理和化学过程。如可探测表面活性剂溶液中胶束的形成和临界胶束浓度，高分子溶液中分子的构象变化等。由于探针技术方法准确、简便和灵敏，已得到广泛的应用。光化学探针的工作原理涉及多学科领域，解决的问题也是多种多样。如荧光探针，要了解探针化合物的光物理行为，与周围环境分子的相互作用，在此基础上正确地选择或合成有效的探针化合物，以达到检测和研究目的。

光还原 [photoreduction] 在光照射下产生激发态而发生的还原反应。一般有两类反应：①一个或几个电子加成到光激发的组分；②物质的光化学加氢。

光活化农药 [photoactivated pesticide] 存放时并无毒性，但进入生物体后可被光激活而对摄入者起毒杀作用的农药。其优点是安全和高选择性，对哺乳类动物的危害极低，在自然界中能迅速降解，不会对水源造成污染，不会通过食物链的传递而富集，不会对使用者和环境造成污染。光活化农药实质上是一种光敏化氧化过程，光活化农药是一种光敏剂，在光照和分子氧存在下，产生对有机体细胞和病毒的伤害作用，或在该条件下对生物分子诱发化学修饰作用，即光诱导氧化作用，是农药产生毒性的化学基础。对生物体的伤害作用：细胞组成物被光敏化氧化，膜的渗透性会变化，导致细胞功能的巨大改变；对昆虫繁殖能力的影响。经研究发现，呋喃香豆素对食草牲畜有光致毒性，赤藓红 B 能有效地对家蝇、蚊子等害虫起毒害作用，光活化除草剂只杀杂草而不伤害农作物，具有较好的选择性。

光降解 [photodegradation] 在光作用下高聚物发生结构破坏、聚合度下降、分子量变小，从而导致聚合物的物理机械性能降低，使用寿命缩短等的作用。光降解的作用有利有弊：如果在土地上使用的地膜光降解差则会加剧白色污染，但有时又不希望发生光降解，以提高塑料制品使用寿命。

光解 [photodissociation] 分子吸收光后导致化学键断裂分解成较小的单元(如自由基)的化学过程。这种过程广泛地存在于实际过程，如碘化氢光解 $2HI \longrightarrow H_2+I_2$，经光照 Cl_2 分解为 2Cl 由此引发链反应 $Cl+ H_2 \longrightarrow HCl+H$；又如照相过程 $AgBr \longrightarrow Ag+1/2Br_2$，均有光解反应。闪光光解是应用光解于研究快速反应的新方法，第一次闪光把吸光化合物分解成短寿命的分子碎片，第二次闪光提供鉴定这些碎片的手段。光解是光化学中最基本的化学过程，一般碰撞反应前半部分先生成过渡态，随后分解为产物、而光解反应是分子吸收光子后生成激发态再转变为过渡态，再分解为产物，因此光解反应是与碰撞反应的后半部分相似，故又称半碰撞反应。光解反应产物还与分子吸收的光子能量有关，如 OClO 光解，有的光为 O+ClO，而有的光解为 O+Cl。

光刻 [photoetching] 即光化学腐蚀。

光量子 [light quantum] 即光子。

光敏材料 [photosensitive material] 又称感光材料。在光照射下能发生物理、化学变化，对光敏感、能以影像形式记录目标形象的材料。目前有银盐感光材料与非银盐感光材料，前者是以卤化银为基体的各种感光材料，如普通用的胶卷，X 射线透视的胶片等。非银盐感光材料有电照相材料、热型及光塑录像材料、重氮照相材料、光聚合与自由基照相材料等。如重氮照相材料，利用碱性条件下和酚类化合物因发生偶联反应而生成偶氮染料的不同色度来显示影像，或利用重氮盐光解成像。自由基成相体系是在光辐射下使感光层产生自由基，并与其他组分生成染料或破坏染料而成像的方法。

光敏化 [photosensitization] 利用一种能吸收光的物质(光敏剂)，并能把吸收的光能传递给发生反应的物质使反应发生的过程。最常见的光敏剂是汞。如乙烯光解生成乙炔和氢，$C_2H_4 \longrightarrow C_2H_2+H_2$，当用光照射时并不发生反应，当用光照射汞与乙烯的混合气时，汞吸收光发生电子跃迁，与乙烯碰撞时把能量传给乙烯，被激发的乙烯发生分解反应，而汞回到基态又可吸收光能。这里的乙烯分解反应被汞光敏化，汞是光敏剂，可作光敏剂的还有镉、稀有气体、二苯甲酮及许多有机染料。作为光敏剂要求其激发态必须具有足够长的寿命，以完成能量传递。光敏化扩充了光化学反应的光吸收波长、提高光化学反应的效率和改善光敏材料的性能，是具有理论和实际应用的研究方向据研究，光敏化有两种机理：能量转移光敏化及电子转移光敏化，后者要求光敏剂有较低的氧化电位和较高的还原电位。

光敏化氧化作用 [photosensitized oxidation] 以光活化农药为光敏剂，在氧存在的条件下，经光照后对有机体细胞和病毒产生伤害作用或对生物分子诱发化学修饰，使农药产生毒性，属于光动力作用。农药作为敏化剂在光照下成为激发态敏化剂(单线态或三线态)，然后有两种途径发生作用：途径Ⅰ是激发态敏化剂直接与底物分子反应生成自由基，在氧分子存在下以多种形式进行反应，产物是底物氧化物；途径Ⅱ是激发态敏化剂分子先与氧作用，生成激发态氧 $^1O_2$，再与多种生物组织或分子发生反应。在此过程中敏化剂回到基态参与下一轮反应。较有效的光敏剂有两类：天然的有卟啉、叶绿素、生物碱等，人工合成的有吖啶、蒽醌、酞菁等。

光能储存 [photoenergy storage] 光能(一般指太阳能)转换为电能或化学能进行储存。光能储存为电能是应用光电化学电池将光能转换为可储存的化学能，再通过储能体系中的电化学氧化还原反应转换为电能。利用太阳能驱动一系列反应自由能大于零$(\Delta_r G_m)_{T,p}>0$ 的光化学反应将光能直接转换和储存为化学能。如从廉价材料或废物(如水、二氧化碳、氮气)为起始原料进行光合成，制备有用的洁净燃料和精细化工产品，如氢气、甲烷、醛、醇等，这种光能储存方法成本低无污染，有广阔的应用前景。半导体纳米超微粒和纳晶多孔薄膜由于量子尺寸效应和高比表面，产生了许多不同于半导体材料的物理化学特性，利用其作为光电转换的新型材料，对光化学转换和储能研究产生了极为重要的作用。

光强 [light intensity] 单位时间、单位面积通过的光子数，以 I 表示。$I=nc$，c 为光速，n 为光子密度(单位体积中的光子数)，I 的单位可表示为 $cm^{-2}\cdot s^{-1}$。如一般光源的光强为 $10^{15}\ cm^{-2}\cdot s^{-1}$，而激光光源的光强为 $10^{25}\ cm^{-2}\cdot s^{-1}$。但一般光化学实验中，常把每秒的光子数也作为光强(受光面积乘以光子流强度)。应指出，光强与光量子能量高低无关。光子能量 ε 取决于波长或频率，因 $\varepsilon=h\nu$，h 为普朗克常量，ν 为光子频率。由于 λ(波长) $=c/\nu$ 及 ω(波数)$=1/\lambda$，如 $\lambda=400$ nm 相当于 $\omega=2\times5\times10^4\ cm^{-1}$，$\nu=7\times4\times9\times10^{14}s^{-1}$，$\varepsilon=3\times10$ eV=299 kJ/mol。同一能量水平的光量子激光光强 I 远远大于普通光源的光强。

光物理过程 [photophysical process] 参见光初级过程。

光氧化 [photooxidation] 在光照射下产生激发态而发生的氧化反应。属光化学反应的一种，经常有两类反应：激发态的反应物 R*与基态的氧反应 $R \xrightarrow{h\nu} R^* \xrightarrow{O_2} RO_2$；激发态的氧与基态的反应物 R 反应 $O_2 \xrightarrow{h\nu} O_2^* \xrightarrow{R} RO_2$。氧分子具有高化学能、高活性、低能的激发态，且在反应体系中作为很难除尽的“杂质”无处不有，所以它是光氧化反应的重要参加者。光氧化反应与人类息息相关，是引起生物体发光、高分子降解、染料褪色以及材料机械性能遭到破坏的重要原因，也可对肿瘤等疾病进行光疗，更是合成有机化合物的重要手段。为了进行光氧化反应，要获得激发态氧分子即单线态氧，常使用光敏剂，如亚甲基蓝、曙红、卟啉及芳香酮类化合物。

光致变色 [photochromism] 一种光对于物质的作用形式，在光作用下物质的本色发生了改变，常可分为有机和无机光致变色体系。有机变色体系常伴随有异构化、电环化、环加成、裂解、氧化还原等反应，如偶氮化合物的顺反异构化，现在已有商业化的有机变色染料。无机光致变色体系，一般将具有光致变色特性的无机物作为杂质掺入某些离子型的晶体中制备无机光致变色材料。光致变色的研究有广泛的应用前景，如可以光子方式记录信息，实现高速存储和大容量化。

光致电离 [photo-ionization] 电磁辐射与物质的相互作用，使该物质离解为荷电粒子的效应。如光电效应，另一类涉及在光照时共价键断裂而生成带正负电荷的碎片，这属于光化学反应的初级过程。光电离产生的离子质谱、光电子能谱及光电离光谱统称为光电离谱，是研究分子激发态、离子激发态和分子离子反应等重要手段，故分子的光致电离也是分子反应动力学的重要内容。

光助催化 [photo-assisted catalysis] 利用光激发催化剂或光激发反应物分子与催化剂络合使反应加速的作用。有均相和多相之分，多相光催化的催化剂多为半导体，吸收光后产生高能量的电子及空穴转移到电极表面或固体颗粒形成活性中心，使吸附物种发生氧化或还原反应；均相光催化的催化剂为可溶性的金属络合物，催化剂吸收一个光子成为含有高能量电子和空穴的激发态，再与溶液中的物种进行氧化还原反应。

光子 [photon] 又称光量子。电磁辐射中最基本的粒子和光能量的最小单位，其能量取决于辐射的频率。从高能的 γ 射线、X 射线到可见光、低能量的红外线、无线电波都存在各自不同能量的光量子。所有的光子均以光速运行，光子属玻色子、中性不带电、没有静止质量。

轨线 [trajectory] 参见反应性轨线。

轨线计算 [trajectory calculation] 运用经典力学或量子力学的方法对反应体系的代表点（分子构型）在初始条件下，计算该力学点的运动轨迹以模拟化学反应，并经统计方法计算微观和宏观速率常数、反应概率等。由于计算机的发展，在获得化学反应的势能面后，应用轨线计算方法取得化学反应的微观和宏观信息是一个有效的方法。目前的计算方法有经典散射理论、半经典量子散射理论和量子散射理论。

过渡区物种 [transition region species] 过渡态理论的一部分，又称过渡态物种。分子反应时，由反应物向产物演变过程中，反应体系中所呈现的全部核构型。在过渡态理论中假设沿反应坐标势能最高点的核构型为过渡态，这种物种往往及其不稳定，存在时间很短。在实验上，往往使用皮秒化学、飞秒化学等手段来研究反应过程，捕捉过渡态物种。

过渡态 [transition state] 又称活化络合物。在势能面中沿反应坐标方向势垒顶端一段小而又是任意距离 δ 内的分子构型。化学反应本质上是反应物中某些旧键的断裂及生成具有新键的生成物，其间必然出现一系列变化着的反应体系的分子构型，有人将此统称为过渡区物种，但只有处于势垒顶端小范围的反应体系的分子构型才称为过渡态。分子反应动态学已用实验探测到过渡态的存在，飞秒化学也常被用来捕捉过渡态物种。

过渡态化学 [transition state chemistry] 激光化学的一种，使用激光直接作用于过渡区物种，用于影响反应的性质或检测过渡态的性质。通常，激光用于制备指定能态的反应物分子，或用于检测指定能态的产物分子，或同时进行这两件事。而过渡态化学则是用激光直接作用于过渡区物种。过渡态化学以检测到过渡态物种为目标，皮秒化学和飞秒化学都属于过渡态化学。

过渡态理论 [transition state theory (TST)] 将量子力学及统计力学理论应用于化学反应速率的理论。假设任何跨过势垒的过渡态必将继续前进生成反应产物，并假设处于不同能态中的物质的能量分布遵守玻尔兹曼分布律，从而导出元反应的速率常数的理论计算公式，此即元反应速率的过渡态理论。由于过渡态又称活化络合物，故又称活化络合物理论，又因速率常数的理论计算公式及势能面的构作完全是根据分子光谱所得的参数，如振动频率、转动惯量、离解能等，而无需进行化学动力学实验即可计算动力学参数，故又称绝对反应速率理论。

该理论的假设之一是存在过渡态，这已被微观反应动力学的实验所证实。假设之二是化学反应体系仍遵守玻尔兹曼平衡分布，理论计算证明，只要反应速率比由于分子碰撞使能量的重新分布速率要慢，这种平衡假设在大多数情况下是一个好的近似，如对热反应，活化能为 E_a，当 E_a/RT=5 时，预言能量分布的玻尔兹曼分布的最大偏差为 8%，对极快反应平衡假设不成立。

过渡态理论的创立是化学动力学理论发展的一个里程碑，由此许多化学反应的速率理论相继建立，并为化学动力学由宏观向微观过渡奠定了基础。

过渡态物种 [transition state species] 即过渡区物种。

哈米特关系 [Hammett relation] 哈米特关系属于一种具体的线性自由能关系。在研究取代基对不同类型有机化学反应速率的影响时，哈米特总结了著名的相关式 $\lg(K_x/K_o)=\rho\sigma_x$ 或 $\lg(k_x/k_o)=\rho\sigma_x$ 式中，k_x，K_x 分别为取代共族化合物的反应速率常数和平衡常数，k_o 及 K_o 为未取代化合物的反应速率常数和平衡常数，σ_x 为与取代基有关的常数，称取代常数，ρ 为特定类型反应的常数，称为反应常数。哈米特曾定义：在 298K 水溶液中，苯甲酸电离反应的 ρ=1。通过一系列相同取代基、不同反应类型，或相同反应类型、不同取代基的研究，测定了各个 ρ 及 σ 值，列于相关数据手册中备查。经过成百种共族化合物研究验证，绝大多数反应符合哈米特关系，只有有位阻效应的邻位化合物及其某些酚类化合物的取代效应不合适。这表明 σ 一定量度了反应中取代基所表现出的某种重要性质，如取代基的电子效应（诱导效应与共轭效应），以至于影响到反应中心上相对电子云密度的大小，当 $\sigma<0$ 时，表示取代基的斥电子效应，而 $\sigma>0$ 的取代基表现为吸电子作用。

黑白照相化学 [black white photographing chemistry] 将图像以黑白两色记录的化学原理及所需材料的功能研究的

化学。照相有感光(光学成像)、显影定影、印相几步，每一步均有特定的化学原理及材料。黑白照相的底片是在片基材料(玻璃及聚酯材料)上涂布卤化银(如 AgBr)的乳剂。感光过程是 AgBr 的分解过程($AgBr \longrightarrow Ag^{+}+Br+e^{-} \longrightarrow Ag+Br$)在光作用的底板上留下银粒，而未作用部分仍为 AgBr。显影剂是一种化学还原剂，利用已曝光和未曝光部分被显影剂还原的速率不同(控制显影时间及温度)，使曝光部分及时地还原成银粒。这类显影剂是带有两个羟基和氨基衍生物，如米杜尔(*N*-甲基对氨基酚)、对二苯酚、对二苯胺。定影剂是硫代硫酸钠，发生如下反应：

$$AgBr+2S_2O_3^{2-} \longrightarrow Ag(S_2O_3)_2^{3-}+Br^-$$

以上显影及定影过程所用的试剂还有促进剂(碱性物质)、抑制剂(KBr)、亚硫酸盐等。印相即曝光的反过程，利用照相底板与印相纸叠合光照即得。黑白照相的材料及相片底板的制备还涉及合成化学、乳化剂涂布的胶体化学原理(乳化作用、流变作用、表面活性剂等)。

红外化学发光 [infrared chemiluminescence] 一种化学反应发光的形式，当化学反应产生的能量使产物处于振动、转动能级激发，且以红外光波长范围的辐射放出能量，即红外化学发光。通过对红外化学发光的探测，可以了解化学反应的能量在新生态产物中的振动、转动能量的分配，从而推测化学反应的微观过程。

后势垒 [late barrier] 即排斥型势能面。

化学动力学 [chemical kinetics] 研究化学反应速率及机理的物理化学分支学科。

化学动力学唯象规律 [phenomenological rule of chemical kinetics] 一种化学动力学常用的研究方法。在总包反应及基元反应层次上根据实验现象总结浓度、温度及其他组分如催化剂等，对反应速度影响的规律，而不去探究其原因。作为化学动力学唯象规律主要有三个定律：①质量作用定律，讨论浓度对反应速率的影响；②阿伦尼乌斯定律，讨论温度对反应速率的影响；③反应独立共存原理，讨论其他反应存在的影响。

化学反应的热动力学 [thermokinetics of chemical reaction] 即热化学动力学。

化学激光 [chemical laser] 按照产生方式划分的一种激光。利用化学反应造成布居反转，从而产生的激光。一般体系按统计分布，平动较易激发，而转动、振动次之。比如，当研究如 $Cl_2+H \longrightarrow HCl + Cl$ 放热反应时，其中振动能占40%，这是非平衡分布，即布居反转，在高能态上粒子数比低能态上多。科学家曾预言化学反应也能获得激光输出，五年后发明了 HCl 化学激光器，后来发现 F_2+H_2 反应产生化学激光，并已制成大功率连续运转的激光器。

化学露光计 [chemical actinometer] 即光度计。

化学振荡 [chemical oscillation] 一种特殊的化学现象。对于远离平衡态的化学反应体系，在开放条件下并不趋向稳态，而是围绕稳态呈现一种不稳态的振荡，这种现象即化学振荡。

研究得最多的化学振荡是别罗索夫-扎保汀斯基反应(BZ 反应)，净化学反应是丙二酸被溴酸盐氧化，其反应式为

$$3H^+ + 3BrO_3^- + 5CH_2(COOH)_2 \xrightarrow[H_2SO_4]{Ce^{4+}/Ce^{3+}} 3BrCH(COOH)_2 + 2HCOOH + 4CO_2 + 5H_2O$$

作为中间物的 Br^-可通过某些反应消耗，又可通过另外一些反应再生，因此，在一定条件下发生振荡。通常用溴离子选择电极电势测定 Br^-浓度，以铂电极电势测定 Ce^{4+}及 Ce^{3+}的浓度，附图即实验测定结果。类似的振荡在生物体系中也存在。体系中存在自催化或反馈型反应是产生化学振荡的必要条件。

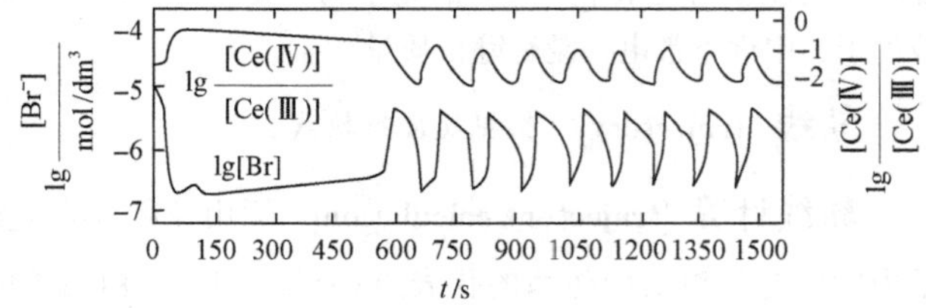

至于空间振荡，则是由于变价离子颜色变化在反应体系不被搅动时出现不同颜色相间的区域所得的结果。化学振荡反应的发现，说明远离平衡态的化学反应体系，在开放条件下并不能趋向稳态，而是围绕稳态呈现一种不稳定的振荡现象，这是自组织现象，是无序中有序的表现，因而是化学混沌的一种形式。

回弹反应机理 [rebound reaction mechanism] 即回弹机理。

回弹机理 [rebound mechanism] 碰撞理论的组成之一，又称回弹反应机理。当产物分子散射方向相对于反应物之一的入射方向是向后散射的反应机理，如 $K+CH_3I$ 反应的散射示意图(如图)，在质心坐标系中，产物 KI 分子散射相对于反应物之一的 K 入射方向是向后。此类反应机理的过渡态的最优构型近似直线状，反应的总资用能大部分进入产物的相对平动能。

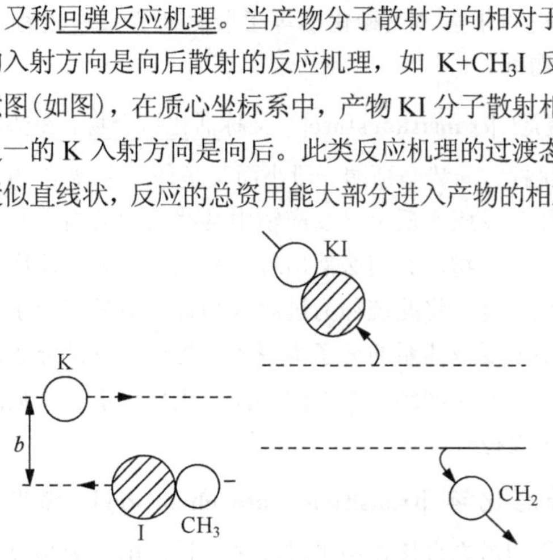

(a) 反应前 (b) 反应后

活化焓 [enthalpy of activation] 过渡态理论定义的过渡态与反应物状态的焓变表示为 $\Delta^{\neq}H_m=H^{\neq}{}_m-H_R$，式中符号“≠”表示过渡态，$H$ 为热力学函数焓。过渡态理论中有一个平衡假设，借助反应平衡原理来处理化学动力学问题，在速率常数计算公式中，活化焓与活化能相联系，因此通过活化焓可计算反应活化能，以判断化学反应难易程度。只有基元反应才能活化焓的概念，总包反应没有活化焓问题。

活化吉布斯自由能 [Gibbs free energy of activation] 活化过渡态与反应物状态的吉布斯自由能的差值。表示为 $\Delta^{\neq}G_m=G^{\neq}{}_m-G_R$，式中符号“≠”表示过渡态，R 表示反应物，$G$ 为热力学函数吉布斯自由能。过渡态理论中有平衡假设，据此借用化学热力学的平衡关系来讨论反应动力学问题，由此又引出活化熵及活化焓概念，分别讨论指前因子及活化能问题，以提供反应本性及过渡态结构信息。但这种方法讨论的活化热力学函数只有形式上的意义，理论上也无法严格计算。

活化控制反应 [activation controlled reaction] 溶液中当反应物 A 和 B 分子在溶剂笼中形成偶遇对，由于活化能高，反应进行难，总反应速率受偶遇对反应速率控制，属活化控制反应。除离子间或自由原子间反应为扩散控制反应外，多数反应属于活化控制反应。

活化络合物 [activated complex] 即过渡态。

活化络合物理论 [activated complex theory] 即过渡态理论。

活化能 [activation energy] 化学动力学中最重要的概念之一，最早来自于阿伦尼乌斯公式，其意义为使普通分子成为有能力发生反应的活化分子需要吸收的能量。由于阿伦尼乌斯公式是从总包反应层次上总结的规律，实际上反应方程式中的反应物分子并未直接碰撞而发生反应，故活化能只表示反应速率的温度系数，不具有上述的物理意义。在基元反应层次上反应物分子碰撞而发生反应，托尔曼定义活化能为具有反应能力的反应物活化分子平均能量与一般反应物分子的平均能量的差值。在态-态反应层次上，影响反应速率不仅有能量的量上的要求，而且对能量的形态(平动、转动、振动等)有特定的要求，对需要振动激发的反应，增加平动能未必对反应有利。

活化能的经验估算 [empirical estimation of activation energy] 在大量实验基础上总结的基元反应活化能估算方法，目前已有多种精度不同的估算方法。用键能估算活化能的办法包括：①分子分解为自由基的基元反应：活化能即为所断裂的键的键能。②自由基复合反应活化能为零。③自由基 A 与分子 BC 间的反应 $A+BC \longrightarrow AB+C$，放热方向的活化能只为改组键的键能的 5%，即 $E_a=0.05(E_{B\text{-}C})$。④分子间的反应 $AB+CD \longrightarrow AC+BD$，若为放热反应，活化能为，即 $E_a=0.3(E_{AB}+E_{CD})$。⑤由于正逆反应活化能之差在放热方向等于焓变，即 $\Delta_rH_m=E_a'-E_a$ 为放热方向之活化能，由此可得吸热方向之活化能。

活化熵 [entropy of activation] 过渡状态与反应物状态的熵差，以 $\Delta^{\neq}S_m=S^{\neq}{}_m-S_R$ 表示，式中符号“≠”代表过渡态，S 为熵函数。活化熵与反应速率常数中的指前因子相联系，因此活化熵可以提供有关反应本性及过渡态结构的信息。如 $\Delta^{\neq}S_m>0$，意味着过渡态的结构比反应物分子松散，常称为松散过渡态，如分解反应；相反，$\Delta^{\neq}S_m<0$ 时，过渡态结构比反应物紧凑，常称为紧凑过渡态，如成环反应及双分子反应。

当两个化学反应的活化焓相同时，活化熵对化学反应速率也有决定性影响。应注意，总包反应不存在活化熵的概念。

活化体积 [activation volume] 活化络合物偏摩尔体积与反应物偏摩尔体积之差。在高压下，温度一定研究压力对液相反应速率常数 k 的影响时，可得如下之关系式 $(\partial \ln k/\partial p)_T=-\Delta^{\neq}V_m/RT$ 式中，p 为压力，$\Delta^{\neq}V_m$ 即为活化体积，在液相中一般变化很小，约 10 cm^3/mol.液相单分子反应，ΔV_m 很小且大于零，意即活化络合物结构比反应物松散。双分子反应活化络合物较反应物分子数目减少，故 $\Delta V_m<0$，但由于活化络合物松散，因此 ΔV_m 不会比零小得太多，这类反应常称为“正常”双分子反应。当双分子反应的活化络合物形成环或导电性离子相互吸引等原因使其结构紧凑时，ΔV_m 比零小得较多，这类反应称为双分子“慢”反应。

活化中间物 [active intermediate compound] 反应物转变为产物过程中生成的中间物，而在反应终了时不复存在，如自由原子、自由基等。一般寿命短(以微秒、纳秒、皮秒、飞秒计)、反应活性高、浓度低。因此实验检测活性中间物需有高灵敏度的方法，如顺磁共振法、质谱法等。

获能度 [endcergicity] 即释能度。

基元反应 [elementar reation] 化学反应式多数情况下不能说明反应的过程。现实中有的反应是一步完成的，而多数的反应需要经历若干个步骤才能完成。在反应中一步直接转化为产物的反应称为基元反应，又称简单反应。化学反应一般分为简单反应和复杂反应。

基元反应活化能 [activation energy of elementary reaction] 基元反应活化能 E_a 是有资格发生反应的活化分子的平均能量〈E*〉与全部反应物分子平均能量的差值。用数学式表示为 $E_a=\langle E^*\rangle-\langle E\rangle$，符号〈〉代表对分子求平均值，如图所示。

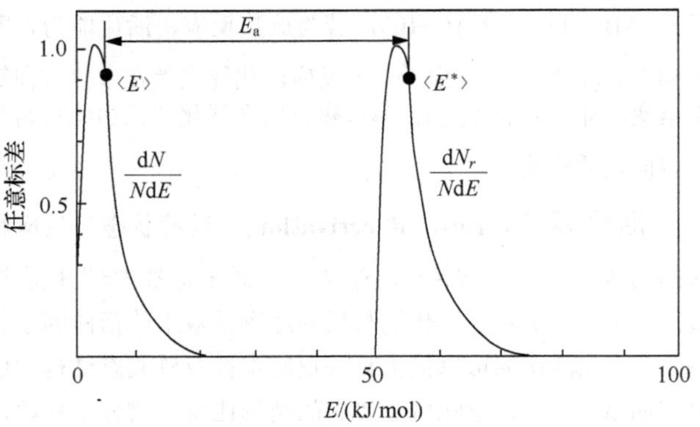

T=300 K, E_0=50 kJ/mol, E_a=51.25 kJ/mol

基元反应活化能

由图可知，无论活化分子还是一般分子能量是不同的，服从玻尔兹曼分布。就某一个分子演变为活化分子，其能量差可以大于或小于活化能。因此 E_a 是统计平均值，不是分子水平的能量。

基元反应速率理论 [**rate theory of elementary reaction**] 借助物理学的理论及方法在元反应层次上描述反应过程的物理模式及提供计算元反应速率常数的理论。由于理论必须经实践检验，因此元反应速率理论不断改进与深化。至今典型的理论有：应用气体分子运动论于化学反应的简单碰撞理论；应用统计力学与量子力学于化学反应的过渡态理论；单分子反应速率理论有林德曼时滞论、RRKM 理论等。

激波管 [**shock tube**] 用一张隔膜把一种高压惰性气体和另一种低压反应气体分开，当隔膜破裂时，由高压气体所引起的压力波绝热地压缩低压气体产生激波，在波阵面上产生几千度高温的实验装置。对介质施加的高压的变化引发密度、温度的急剧增加和以超音速(～10 马赫)传播的不连续面即激波。化学动力学研究时应用激波管，就是应用瞬时局部产生高温，激波推进时应用分光光度计等手段检测不同时间的反应物、活泼中间物及产物的浓度，以此研究高温反应动力学。如在激波管中 1300～1700 K 温度范围内研究 H_2+Br_2 和 D_2+Br_2 体系，反应用分光光度法观察 500 nm 处 Br_2 的光谱，得到了高温条件下速率常数及同位素效应。

激波管法类似于单脉冲的温度跳跃弛豫方法，所不同的是施加在预混平衡体系上的扰动是极其剧烈的，体系是远离平衡态的，如温度跃升中温升仅 5～10 K，激波管中瞬时即可温升达 10^3～10^4 K，而又不需附加的热源。

激发态 [**excited state**] 原子或分子吸收一定的能量后，电子被激发到较高能级但尚未电离的状态。激发态一般是指电子激发态，气体受热时分子平动能增加，液体和固体受热时分子振动能增加，但没有电子被激发，这些状态都不是激发态。当原子或分子处在激发态时，电子云的分布会发生某些变化，分子的平衡核间距离略有增加，化学反应活性增大。所有光化学反应都是通过分子被提升到激发态后进行的化学反应，因此光化学又称激发态化学。电离辐射(或电磁辐射)与物质作用中，当转移到原子或分子的能量低于其电离电位而又足以使电子跃迁到较高能级时，原子或分子处于激发态。激发态和基态具有不同的位能曲线和平衡核间距。

激光 [**laser**] 由受激辐射而强化的光，是 light amplification by stimulated emission of radiation 的缩写和简称。激发态的原子或分子可通过辐射跃迁(荧光、磷光)或无辐射跃迁(内转变、振动弛豫、系间窜越)而失活，回到基态。自发辐射跃迁发射的光是指向各个方向的。所谓受激发射，是指处在较高能级的激发态原子或分子受光激励而回到低能级的过程，同时发射出与激励光同频率，同位相、同方向和同偏振的辐射，即激光。

显然、受激发射的光波的能量比入射波增加了 1 倍。产生激光的条件是必须制造能量分布的布居反转，即制造出非热平衡体系，高能级上的分子数多于低能级上的，但不能靠加热或用高强光照射的简单方法。如果被激发至高能态(S_1 态)通过系间窜越的无辐射跃迁方式变为 T_1(三线态)，此时用频率相当于 $T_1 \rightarrow S_0$(基态)的激励光即可产生激光。也可通过化学反应造成布居反转，此即化学激光器。

近代激光器是利用"谐振腔"以达到放大的目的，如果激励能源是连续地供给功率，激光输出也是连续的，如果激励光是断续地供给功率，得到的则是脉冲激光。激光的优点是具有高强度、高单色性和方向性。高单色性可用来分离同位素，选择性地活化分子，造成高度选择性的化学反应。

激光分离同位素 [**laser isotope separation**] 释文见放射化学与辐射化学激光同位素分离[法]。

激光控制化学反应 [**laser control of chemical reactions**] 参见分子剪裁。

激光诱导化学反应 [**laser induced chemical reaction**] 在常温常压下不能进行但在激光作用下可被诱发的化学反应。这类反应具有高选择性，是热反应所不能比拟的，为推进化学动力学和新材料研究起了很重要的作用。如激光引发氯乙烯聚合和激光合成聚四氟乙烯。

激光诱导荧光 [**laser induced fluorescence**] 荧光是电子激发态单线态在无线度变化时由辐射衰变能量的过程，但只有在小分子和低气压下才发生，信号弱，常用来检测反应中产生的活性组分。为增强检测信号，把分子束中的待检测分子有选择地用可调谐激光(泵浦)照射制造电子激发态，进而诱发电子激发态回到基态而发射荧光，称为激光诱导荧光。由于荧光信号大大加强，可利用这种技术获得许多化学反应的微观信息，因为这种荧光与照射激光有相同的频率、方向、偏振态。

n* 级反应** [n* order reaction**] 反应速率与反应物浓度

的 n 次方成正比的反应。反应速率方程若为浓度联乘的函数形式，并与某组分浓度的 n 次方成正比，则该反应对该组分为 n 级反应，若浓度项指数之总和为 n，则该反应总级数为 n 级反应。如反应 $a\text{A}+b\text{B}\longrightarrow d\text{D}+\cdots$，$r=kC_{\text{A}}^{\alpha}C_{\text{B}}^{\beta}/C_{\text{D}}^{\gamma}$，若 $\alpha=n$，则反应对 A 为 n 级反应，若 $\alpha+\beta+\gamma=n$，则反应总级数为 n 级反应。对于单组分 $n\neq1$ 级反应，则具有以下一些规律：①积分速率方程 $C_{\text{A}}^{1-n}-C_{\text{A},0}^{1-n}=akt$，$C_{\text{A},0}$ 为 A 之初始浓度，即以 C_{A}^{1-n} 对 t 作图为一直线，由斜率可求速率常数；②以反应物 A 初始浓度降低到 $C_{\text{A},0}/2$ 时间为半衰期 $t_{1/2}$，则 $t_{1/2}=1/a(n-1)kC_{\text{A},0}^{n-1}$，由此也可由 $t_{1/2}$ 求反应级数及反应速率常数；③反应速率常数 k 的量纲为(浓度)$^{1-n}$·时间$^{-1}$，如 $(\text{mol}\cdot\text{dm}^{-3})^{-1}\cdot\text{s}^{-1}$ 是 2 级反应 k 的量纲。

简单反应 [simple reaction] 即基元反应。

简单碰撞理论 [simple collision theory] 又称硬球碰撞理论，这是早期的元反应速率理论，应用物理学的气体分子运动论提出了反应的模型及计算元反应速率常数 k 的公式。其理论要点是：作为发生化学反应的分子是硬球，分子发生碰撞是反应的必要条件，而碰撞分子对在连心线方向上的相对平动能必须超过临界能 E_{c} 才是能发生反应的有效碰撞，为了提出速率常数的计算公式又假定化学反应的非平衡体系也遵守玻尔兹曼能量分布定律。由此提出元反应 A+B $\longrightarrow$ P 的速率常数的计算公式为 $k=\pi D^2(8k_{\text{B}}t/\pi\mu)^{1/2}\exp(-E_{\text{c}}/RT)$。式中，$D$ 为碰撞半径[$D=(r_{\text{A}}+r_{\text{B}})$]，$k_{\text{B}}$ 为玻尔兹曼常量，μ 为分子折合质量[$\mu=m_{\text{A}}\cdot m_{\text{B}}/(m_{\text{A}}+m_{\text{B}})$]，$R$ 为气体普适常量，T 为热力学温度，E_{c} 为临界能。此公式与阿伦尼乌斯公式基本一致，当以 E_{a}(实验活化能)代作 E_{c} 的计算结果，在当时与实验结果基本相符，但经大量的实验结果对照，发现有的差别相当大，于是提出了一个修正因子 p，认为是把分子当硬球简化处理及未考察碰撞的空间效应造成的误差，称 p 为概率因子、方位因子或空间因子。由于没有从理论上解决 E_{c} 及 p 的计算问题，故该理论只能属于半经验半理论性质，但它为化学反应速率理论奠定了初步基础，特别是分子束实验及分子反应动态学的发展，其基本思想源于碰撞理论，而实验结果也证明其合理性，如 p 因子表示碰撞方位的影响，因此不能抹杀碰撞理论的功绩。

降变现象 [falling-off phenomenon] 单分子反应在高压下表现为一级反应，而在低压下表现为二级反应，随压力的降低，反应由一级向二级过渡，单分子速率常数也随之降低的现象。降变区表现为非一非二级反应行为，正是定量地研究降变现象才发现林德曼理论之不足，相应地提出了许多修正的模型，如欣谢尔伍德修正，以致发展为较完整的 RRKM 理论。

交叉分子束 [crossed molecular beam] 微观反应动力学研究工作的主要实验装置，主要有三部分组成：束源、反应室、检测器。

分子束是指一束分子间几乎没有碰撞的分子流，束源是制备分子束的装置，要求达到准直、匀速、选态、取向的分子束，供研究用从狭缝中射出的隙流束源或从喷嘴中喷出的超声束源经准直孔及切口旋转圆盘选速器后可得到准直和速度分布极窄的分子束。由于是在高真空条件下平均自由程很长(约 1 m)，因此在反应室前，束内分子不会碰撞，直到反应室前分子束能态及运动方向保持不变。如果要进行分子碰撞方向及振动、转动能态选择的研究，在束源装置中还应加激光及电磁场等。但由于装置过于庞大，一般根据研究目标选择准直、匀速、取向、选态中的几项而不是全部要求的分子束。定量表征束流强度的物理量是束强，即单位时间内通过与束流方向垂直的单位面积的粒子数。

反应器是两束互相垂直的分子束在反应室中相碰撞而发生反应的装置，并产生不同能态及散射方向的产物分子流。检测器有三个方面的检测目的：绕反应器(散射中心)转动的四极杆质谱仪，由于可分辨质量数，故可检测产物分子类型、产物的散射强度及不同方向上产物的角分布；通过飞行时间谱仪可得产物的速度分布；通过分子光谱(如激光诱导荧光)测定反应产物的振动、转动等内部能量状态分布。通过这一装置可研究单次分子碰撞的反应机理、过渡态的结构与寿命等，已成为分子反应动态学的最基本、最重要的实验研究方法。

交换反应 [exchange reaction] 反应物间发生原子、离子、电子交换的反应。属于交换反应的如 A+BC $\longrightarrow$ AB+C 或 A+BC $\longrightarrow$ AC+B，发生原子交换；气相中 $K^+ + Br_2 \longrightarrow K^+ + Br_2^+$ 或溶液中 $Fe^{2+}+Fe^{3+}\longrightarrow Fe^{3+}+Fe^{2+}$，发生的是电子交换反应。此外还有离子交换反应。化合物间相互作用还有能量交换，如弹性碰撞平动能交换。如平动能转变为转动能或振动激发 A+BC $\longrightarrow$ A+BC$(j,\ v)$，j 为转动量子数，v 为振动量子数，也可能发生碰撞诱导解离，A+BC $\longrightarrow$ A+B+C。以上均不属于交换反应之列。

角-速度-等流线图 [angle-velocity-flux contour map] 在交叉分子束实验中，通过质谱仪、飞行时间谱等探测器在不同的角度测得的平动速度、通量及转动、振动等内部能态绘制于质心坐标系的平面图上，形成不同角度分布的等速度线、等通量线，如图所示。图中虚线大圆是据能量守恒原理产物分子的最大平动速度，图中的实曲线是等通量线，线上的数字表示通量的相对高低。由图可知，接近虚线大圆的等通量线上数字最小(0.5)，说明平动速度大的很少，平动能在产物中不是主要的。极角小的等通量线数字很大如(9，7，5…)，说明最大通量区靠近质心的小极角范围，其产物的能量以振、转等内部能量形式分布在产物分子内。根据 $K+I_2$ 反应的角速度等流线图可以对该反应的微观模型作出判断。在产物能量分布中，反应总资用能绝大部分进入振动、转动等内部自由度上，从产物散射方向看是相对于钾(K)原子前进方向，即向前散射，通过最大的区域是极角极小的钾原子前进方向，故过渡态的最优几何构型主要是三原子共线构型的过渡态。

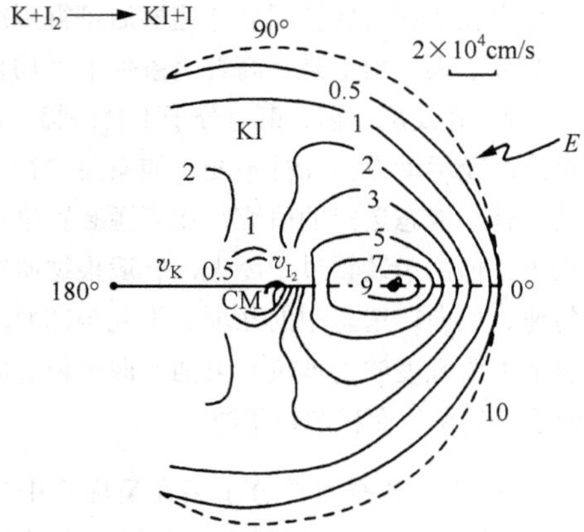

从以上所述，初步可见通过角-速度-等流图可以给出丰富的微观反应信息。

紧凑过渡态 [tight transition state]　参见活化熵。

精细平衡原理 [principle of detailed balance]　在平衡体系中，每个分子过程在正向和逆向上进行的速率平均来说是相等的。“分子过程”意即元反应而不是总包反应，这是原理的适用范围。“平均来说”，意即大量分子过程的统计性质，是宏观体系的平均结果。该原理如图所示，A，B，C是某一物质的三种异构体，它们互相转变设想有两种途径：单向循环Ⅰ A→B→C→A 及双向循环Ⅱ。按照本原理，要求每个化学步骤自身必须达到平衡，即 A→B 及 B→A 的速率相等，余类推。尽管途径Ⅰ也可使A，B，C的浓度不随时间而变，但违反微观可逆性原理及精细平衡原理。

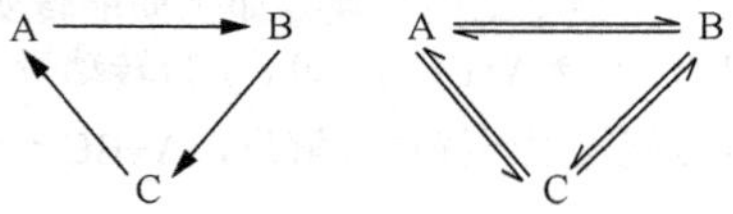

局域规整反应 [topotaxial reaction]　固体反应速率不受化学组成、浓度等因素的制约，而取决于物质的晶体结构(晶棱、晶粒间界面)内部的缺陷、形貌(粒度、孔隙度、表面状况)、位错、杂质等局部化学因素(topo-chemical factors)的反应。

固相反应往往总是从某一点活性中心开始，然后扩展到其他部分，如分解反应，最初发生在某一局域点上，然后，相邻的星星点点的分解产物积聚为新物相的核，直至整个固相分解。如氧化反应，在表面上吸着氧分子发生氧化，在表面上生成氧化物，然后在金属与氧化物及氧化物与氧化物之间的界面进行。由上可见，决定反应的内在因素是结构和能量因素。因而这类反应往往要求成核相与原有物相间有结构的相似性(如结构尺度的相似性)。

决速步 [rate determine step]　又称速控步。在非链反应的连续反应中，最慢或最难进行、总反应速率受其控制的一步反应。

例如反应 $2NO_2+F_2 \longrightarrow 2NO_2F$，反应历程为 $NO_2+F_2 \longrightarrow NO_2F+F$(慢)，$F+NO_2 \longrightarrow NO_2F$(快)，第二步反应中有氟原子这个反应能力极强的中间物参与，活化能低，反应容易发生，速率快，因此总反应速率取决于最难进行的第一步双分子反应，此即为决速步。对于链反应，链的引发反应活化能最高，最难进行，而链反应速率取决于链传递反应，故引发反应不是链反应的决速步。平行反应的总速率取决于反应速率最快的反应系列，因此决速步概念只适用一般连续反应。

绝对反应速率理论 [absolute rate theory]　即过渡态理论。

可变级数反应 [changeable order reaction]　非基元反应，反应级数可能随反应条件而变更，在某些情况下，可能没有简单级数。臭氧分解反应 $2O_3 \longrightarrow 3O_2$ 并不是基元反应，该反应是分步进行的，其反应有以下基元反应组成：$O_3 \xrightarrow{k_1} O_2+OH_2$，$O+O_2 \xrightarrow{k_{-1}} O_3$，$O+O_3 \xrightarrow{k_2} 2O_2$。

对于总包反应，反应级数有时会随反应条件而变，但是对于基元反应，在较大范围内，改变温度、浓度时，其级数和速率方程是不变的，这也可作为判断是否为基元反应的一个依据。

可见光源 [visible light source]　能发射400～720 nm波长的光源。常见有白炽灯、钨灯、碳弧灯等。一般天然光源及白炽灯发射的光是连续光谱，需要单色光或窄波长时常需加滤光片或分光镜，而气体放电的灯发射的光为分立的线状光谱。

空间因子 [steric factor]　即方位因子。

快速反应 [fast reaction]　反应物半衰期在秒以下的反应。化学反应速率有快有慢，慢的在有限的时间里检测不出反应的发生，如有的放射性元素衰变半衰期有几千年。有的反应极快，如水溶液中氢离子和氢氧离子的中和反应弛豫时间为37 μs。因此区分反应之快慢常用寿命或半衰期来描述。快速反应已不能通过一般的研究方法(混合，定时取样、分析浓度)去测定反应速率了。研究快速反应的方法有很多，如各种流动法、激波管法、弛豫方法、闪光光解法。由于激光技术的发展，使快速反应的研究向极快反应(纳秒、皮秒、飞秒)领域发展，总之快速反应已是化学动力学研究的一个极为重要的前沿方向。

对于含有质子的交换反应，可利用原子核具有核磁矩，并在不同的化合物中或不同基团中质子的化学位移不同，通过核磁共振线宽的变化来研究快速反应动力学。

以交换反应 $AH \underset{k_r}{\overset{k_f}{\rightleftharpoons}} BH$ 为例，其核位移为 $v_A - v_B$，正逆反应的弛豫时间分别为 τ_f 及 τ_r，则由 $\tau(v_A-v_B)$ 得到的不同形状的核磁共振曲线下的面积分别给出质子分数：$p_f=\tau_f/(\tau_f+\tau_r)$，$p_r=\tau_r/(\tau_f+\tau_r)$，据此求出 τ_f 及 τ_r，由于 $\tau_f=1/k_f$，$\tau_r=1/k_r$，从而测得 k_f 及 k_r，再由线宽与温度的关系可求出活化焓及活化熵。与弛豫动力学相比，弛豫法只能求出正逆反应速率常数之和，只有借助平衡常数关系才能求得各个速率常数，且是近线性的速率方程，而核磁共振法可直接求出正逆反应速率常数，且速率方程是完全线性的，测量的时间范围更宽。

扩散控制反应 [diffusion-controlled reaction] 速率取决于反应物通过扩散而接近的反应。溶液中的反应物被溶剂分子包围，溶液反应可表示为两个阶段：

$$A+B \longrightarrow A:B$$

$$A:B \longrightarrow p$$

第一步为 A，B 分子扩散至发生反应的溶剂笼中，生成偶遇对 A∶B；第二步为偶遇对或发生反应，或者分解而分别进入另一个笼中。如偶遇对反应能力很强，则反应速率取决于反应物 A，B 通过扩散在溶剂笼中形成偶遇对的速率。如酸碱中和反应，氢离子和氢氧离子反应能力极强，“一触即发”，因此中和反应取决于氢离子和氢氧离子通过扩散形成偶遇对的速率，类似的例子还有碘原子在正己烷中的复合反应，这类反应即扩散控制反应。

冷光 [cold light] 释文见分析化学同名词条。

离子分子反应 [ion-molecule reaction] 离子与中性分子间的反应。由于离子与离子间反应的理论模型及定量计算公式较完善，因此常把离子与中性分子的反应，当成离子与零价“离子”的反应。根据理论和实验证明，介电常数的增加使离子分子反应速率略降低。如卤代烷 RX 与 OH^- 或 $RX+X^-$(卤素离子)即属此类。从理论上讲，离子分子间反应不受离子强度的影响。事实上只有稀溶液时才表现出这个规律。在不属稀溶液范围内，介电常数一定的情况下，反应速率常数与离子强度具有线性关系，符合这一规律的如乙烯基乙缩醛和其他乙缩醛的水解反应，环氧乙烷的水合反应等。

类反应的反应级数有一级及二级，如亲核取代反应(S_N)，$RX+Y^- \longrightarrow X^-+Y$，二级反应 S_{N2} 为 Y^- 直接进攻 RX，生成 RX 的对映体，而一级反应 SN_1 中 $RX \longrightarrow R^++X^-$ 为决速步。

离子交换反应 [ion exchange reaction] 反应物之间进行离子交换，致使晶体结构、组成及性能发生变化的反应。如分子筛为晶体硅铝酸盐，其分子式为 $M_{2/n}O \cdot Al_2O_3 \cdot xSiO_2 \cdot yH_2O$，式中 M 为金属离子，一般为 Na^+，n 为离子价，x，y 为 SiO_2 及结晶水在分子筛中的含量，这是一种具有均匀的窄小的相互贯通的孔道网络状骨架的晶体结构，是制备催化剂的极好材料，为了获得特定的催化活性，常在保持原有的晶体基本结构的基础上，将溶液中的金属离子去交换分子筛中的金属离子。这类反应除了受动力学控制外，常常受离子在分子筛内孔中扩散速率影响，故需较高的反应温度，至于离子交换的程度则受热力学平衡决定。

RRKM 理论 [Rice-Ramsperger-Kassel-Marcus theory] 由四位科学家赖斯、拉姆斯佩格、卡塞尔、马库斯共同提出、发展、完善的单分子反应速率理论。此理论结合过渡态理论，将林德曼机理修改为 $A \rightleftharpoons A^* \longrightarrow A^{\neq} \longrightarrow p$ 其中，A，A^*，$A^{\neq}$ 分别为反应物的一般分子、富能分子和活化络合物，p 为产物。该机理表明富能分子 A^* 不一定会发生反应，它必须通过分子内能量的重新分配成为活化络合物分子 $A^{\neq}$ 才能发生反应。为了定量计算，该理论还提出以下三点假设：①振动能可以在各振动模式间自由流动，故分子所有的内部能态都可达到，且对形成产物是有贡献的；②富能分子所获得的能量会在各振动模式间重新分配，且其弛豫速率比反应速率快得多，高能分子的寿命与能量有关；③强碰撞假设，即碰撞活化与去活化是极有效的，每次碰撞都能进行有效的能量传递。由于 RRKM 理论作了许多改进，比较满意地解释了许多实验结果，对于像环丙烷异构化、乙烷分解等这样一些单分子热反应都得到很好的结果，对于活化控制反应，离解反应时产物的能量分配等理论与实验结果相符，是最成功的单分子反应速率理论，而且其基本假设对大多数单分子的热反应和部分化学活化反应是合理的。其理论观点，对于非单分子反应也可以借鉴引用，当其形成活化络合物或碰撞集合体后，其反应过程也可当作单分子过程处理。

连串反应 [consecutive reaction] 即连续反应。

连续反应 [consecutive reaction] 又称连串反应。前一个反应的产物是后一个反应的反应物的复杂反应。有两类：单向的连续反应及含有对峙反应的连续反应，如 $A \xrightarrow{k_1} B \xrightarrow{k_2} C$。实际上的连续反应比上述复杂。由于连续反应的普遍性，其动力学行为是研究的重要内容。以单向连续反应为例，中间物 B 生成速率大于消耗速率时，浓度由低到高直至最大时消耗速率大于生成速率，此后 B 浓度开始下降，达到最大浓度 $C_{B\cdot\max}$ 的时间 $t_{\max}$ 仅与 k_1 及 k_2 之相对比值有关，特别是 $k_2 \gg k_1$ 时，几乎是在反应一开始就迅即达到最大值，且 $C_{B\cdot\max}$ 基本不变，达到稳态，这就是连续反应近似的数学处理方法(稳态近似、平衡近似)的依据。

链长 [chain length] 链反应速率(r)与链引发速率(r_0)之比定义为链长 l，数学表示式为 $l=r/r_0$。由于直链反应引发速率与终止速率相等，因此链长就相当于引发反应产生的自由基在链终止前链传递的次数，次数越多，链越长，生成的产物越多，反应速率越快故链长具有反应速率的意义。实际上每一个引发的自由基传递的链长短不一，上述链长的定义是统计平均值。

链传递 [chain propagation] 参见链反应。

链反应 [chain reaction] 复杂反应活性中间物A(自由原子和自由基)不仅由外因诱发，主要靠反应自身不断再生，使反应连续进行的反应。链反应历程示意如下图。

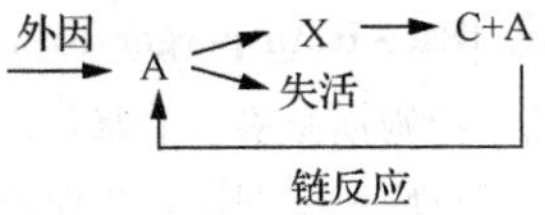

链反应中按各元反应所起的作用可分为以下几种。

(1)链引发：体系中产生原始自由基或自由原子的反应，可通过加热、光照等方法。由于涉及分子的裂解，一般活化能很高，也是链反应中活化能最高的元反应。

(2)链传递：自由原子或自由基的再生，一般是反应能力很强的自由基与饱和分子的反应，故活化能很低。这又有以下两类：一个自由基进入反应产生一个新的自由基，如 $Cl+H_2 \longrightarrow HCl+H$，$H+Cl_2 \longrightarrow HCl+Cl$，这是直链反应的特征。若一个自由基进入反应产生多于一个新的自由基的称为支化反应，如 $H+O_2 \longrightarrow OH+O$，$O+H_2 \longrightarrow OH+H$，这是支链反应的基本条件。

(3)链终止：又称断链反应，是自由基消亡的反应，有体相断链与器壁断链，如 $Cl+Cl+M \longrightarrow Cl_2+M$，$H+O_2+M \longrightarrow HO_2$(稳定的自由基)$+M$ 或 $Cl+S$(器壁)$\longrightarrow Cl^-S$。器壁效应是链反应的一个特点，改变反应器的形状或表面涂层及填充材料等观察对反应速率的影响，是判断是否链反应的重要方法。

燃烧反应、有机物裂解、烯烃的聚合都具有链反应的特征，链反应在化学上具有普遍意义。链反应历程的提出使化学动力学由宏观的总反应层次进入元反应层次，也打开了研究快速反应的新领域，为了表彰苏联的谢苗诺夫和英国的欣谢尔伍德对链反应研究的杰出贡献，1956 年他们同时获得了诺贝尔化学奖。

链引发 [chain initiation] 参见链反应。

链终止 [chain termination] 参见链反应。

量子产率 [quantum yield] 为了衡量一个光量子引致指定的物理或光学过程的效率，定义 φ_i 为指定过程 i 量子产率，φ_i=指定过程发生变化的分子数/被吸收的光子数=指定过程的速率/吸收光子速率$=r_i/I_a$. I_a 为被吸收的光强度(光子数/秒)，可用物理或化学方法(露光计)测量，而指定过程的速率也可直接测量，因此量子产率可从实验测得。应当注意的是，定义中指定过程可以是初级过程或次级过程，但分母总是吸收光的速率。

量子产率 φ 是了解光化学反应历程的关键因素。

林德曼理论 [Lindemann's theory] 1922 年林德曼首先提出的一个较系统的单分子反应的时滞论。认为反应物分子间碰撞导致分子活化，且具有一定寿命，既可发生单分子反应，也能由于碰撞而去活化。该理论可表示为如下反应历程：

$$A+A \xrightarrow{k_1} A+A^*$$

$$A+A^* \xrightarrow{k_{-1}} A+A$$

$$A^* \xrightarrow{k_2} P$$

式中，A 与 A^* 分别代表一般分子和活化分子；P 为产物。其间从获得能量生成活化分子到发生化学反应有一时间间隔，即时滞。应用这一历程，定性地解释了如活化分子的来源、反应级数等问题，但定量结果不能令人满意。之后的单分子反应速率理论均是在林德曼理论的基础上发展和完善的。

临界能 [critical energy] 在化学反应的碰撞理论中，有效的反应性碰撞的判据是，在碰撞瞬间，指向碰撞分子对中心连线的两个分子接近的相对平动能的分量必须超过某一临界值，此能量的临界值即临界能。由于碰撞理论未解决临界能的理论计算方法，往往以实验活化能代用，但二者概念有本质上的差别，元反应活化能是活化分子平均能量与全部分子平均能量的差值，而临界能是发生反应的能量的下限，是理论值，是分子水平的能量。

磷光 [phosphorescence] 电子激发态为三线态(自旋平行)经由辐射衰变为单线态电子基态，此种辐射即磷光，可表示为 $S_0 \rightarrow S_1 \rightarrow T_1 \rightarrow S_0+h\nu_p$，式中 S_0，S_1 为单线态的电子基态和激发态，T_1 为三线态的电子激发态，ν_p 为磷光频率。发生磷光必须经过电子自旋反转。磷光寿命较长，从 10^{-4} s 到几天不等。

为了观察磷光，必须溶于适当的溶剂中冷至低温，使溶剂冻成玻璃态，为的是防止在磷光发射前由于碰撞耗散掉分子激发能。

此处所指的磷光与由磷氧化而发光的“鬼火”不同，是分子内激发能衰变的过程。

零度活化能 [activation energy at 0 K] 势能曲线中能量零点是势能曲线的最低点，而绝对零度时的基态能量是 $\frac{1}{2}h\nu_0$，在势能-反应坐标图中，过渡态与反应物的零点能差值为 E_b，称为势垒，而绝对零度时两者基态能量的差值为 E_0，称为零度活化能。因此两者之间的关系为 $E_0=E_b+\frac{1}{2}h(\nu^{\neq}-\nu_0)\cdot L$，式中$\nu^{\neq}$为过渡态的基频，而$\nu_0$为反应物的基频，$h$为普朗克常量，$L$为阿伏伽德罗常数。

流动法 [flow method] 为解决快速反应中时间测量困难而提出的实验方法。如管式流动法。反应液在管中流动，将已知流速的两个反应液混合后进入流动管中，在一定距离处测定体系中某反应物浓度，反应时间由距离和流速计算。这样就把反应时间测量转化为流速与距离的测量。这个方法要求混合时间极短，管中无纵向间的扩散、对流等不同部位间发生的混合。目前，管式流动法又发展为停止流动法、加速流动法、积分流动法等。

笼效应 [cage effect] 溶液反应时反应物分子被大量溶剂分子所包围，像笼一样。如图所示，溶剂分子 A 与邻近分子发生一次次碰撞，A 分子在笼中往复运动，如振动一样，进行能量交换，当 A 获得足够的能量后，即从溶剂分子间挤出去，进入另一个笼中，或与另一个反应物分子 B 在笼中反应。因此笼效应实指两个方面：传递能量和形成 A：B 反应组合进行反应。笼效应是溶液反应的重要模型。

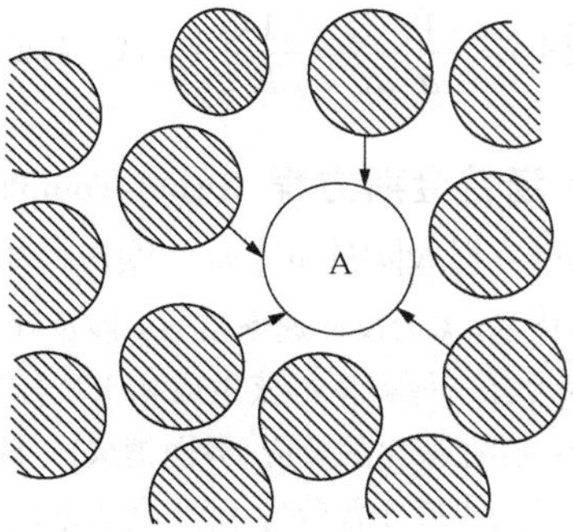

纳米材料光化学 [photochemistry of nanosized material] 研究纳米级功能材料的结构以及光物理与光化学性质的科学。涉及新型光电智能材料和光电子学器件的开发，太阳能的光化学转化与储存，光催化与环境化学等科学技术领域。

纳米材料与大颗粒材料在物理和化学性质上有巨大差异；纳米材料有高度分散性及表面原子比例偏高，因而比表面大，表面能高；由于颗粒小产生量子尺寸效应，光照后产生的光生载流子表现了粒子和波动两重性；制备条件、表面状态和所处微环境，对其电子结构有明显影响。

纳米材料光化学与超分子光化学相结合取得了重大进展，如纳米尺寸的TiO_2微粒包覆具有电荷转移工程的燃料单分子层，制成了高效光接受系统，为太阳能光电化学转化研究开创了新路。

内转变 [internal conversion] 这是线度不发生改变的无辐射能量衰变过程，以 ic 表示，见下图。如$S_2{}^3 \xrightarrow{vr} S_2{}^0 \xrightarrow{ic} S_1{}^3 \xrightarrow{vr} S_1{}^0 \cdots$。其中$S_2{}^3$为电子第二激发态的振动激发态经振动弛豫 vr 衰变为电子激发态的振动基态，又经等能的内转变成为$S_1{}^3$(第一电子激发态的高振动激发态)。还有另一种内转变，如$S_1{}^0 \rightarrow S_0{}^0$即第一电子激发态无辐射衰变为电子基态。在三线态内也同样有内转变。

能量随机化 [energy randomization] 通过碰撞使反应物分子获得能量超过临界能的分子为赋能分子。赋能分子尚未形成过渡态，由于振动使伸长的键具有回收力，而过渡态没有回收力。赋能分子所获得的能量可在各振动模式间流动而重新分配，这种分子内能量传递和随机化称为能量随机化。其中有一种模式，分子能量在某个振动模式(化学键)上集中使其缺乏回收力，即生成过渡态。这些假说是单分子反应理论的基本内容，且有实验验证。

偶遇 [encounter] 反应物分子经扩散会聚于同一溶剂笼中，生成偶遇对的现象。在同一笼中的偶遇对或发生化学反应，或通过扩散又分开。参见笼效应。

排斥型势能面 [repulsive potential energy surface] 又称后势垒或晚势垒。过渡态分子构型与产物相近，而与反应物差别较大，在势能面中反应途径势能最高的鞍点处于产物一侧的势能面(见下图)。

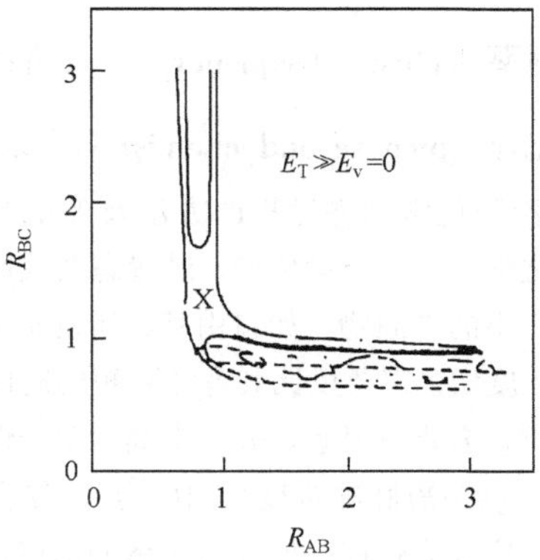

旁观者夺取模型 [spectator-stripping model] 即剥离机理。

碰撞 [collision] 两个粒子从相互远离处接近，接触之后又远离的过程。

相对速度与接触点连心线的夹角为 0°的碰撞称为正碰撞，简称正碰，又称直接碰撞。夹角为 180°的为切近碰撞，又称轻擦碰撞，介于二者之间的称为斜碰撞，简称斜碰。

碰撞与散射的区别是碰撞只考虑分子的动能，而散射不仅有动能，还有相互作用的势能，如化学反应有分子(或离子)间相互作用势能。碰撞一定发生接触，而散射未必一定接触，也可能由于接近到一定距离，排斥能占主导而又相互离去，因此散射是比碰撞更宽的概念。

碰撞方位 [collision position] 交叉分子束实验证明，反应物分子间碰撞有方向性，碰撞的方向及位置不合适，即使能量足够，且品种对头，反应仍可能不发生。

以 $Rb+CH_3I \longrightarrow RbI+CH_3\cdot$ 为例（如图所示），有一个45°角的非反应性锥体，在此锥体内，甚至瞄准距离为0时都不会发生反应，只有在锥体外的碰撞才会生成RbI，且是向后散射。这从实验上证明了化学反应的空间位阻效应。

研究碰撞方位的影响必须有造成一定取向的交叉分子束，其实验手段有六极电场、偏振光等。

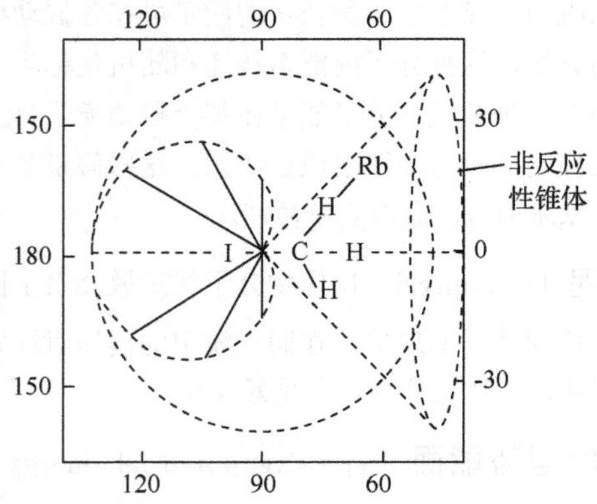

碰撞截面 [collision cross section] 参见反应截面。

碰撞理论 [collision theory] 参见简单碰撞理论。

碰撞频率 [collision frequency] 参见有效碰撞频率。

皮秒化学 [pico second chemistry] 以皮秒（10^{-12}s）为时间标度探测化学动态过程的方法及理论的化学分支学科。在研究化学反应、能量传递、过渡态及反应控制等一系列过程时，产生的中间物，如自由基、激发态分子、过渡态等寿命短、浓度低，需要以比其寿命更短的时间标度才能进行实时的检测，需要更灵敏、分辨率高、专一性强的检测方法，激光可提供超短脉冲宽度（～10^{-12}s），使直接研究绝大部分瞬态元反应成为可能，如等离子体的形成和衰变、分子内电荷传递、光合作用、光解离、分子内氢键、分子内能量分布等。激光的超高功率使对许多极弱的高阶非线性现象的观察成为可能。

锁模激光器具有皮秒量级的超短脉冲持续时间，是皮秒化学重要的研究工具。

平衡假设 [equilibrium hypothesis] 参见平衡近似。

平衡近似 [equilibrium approximation] 这是化学动力学处理复杂反应微分方程的近似方法，认为如果反应历程中存在决速步，则可认为决速步前后各反应均保持化学平衡关系，且总反应速率仅取决于决速步及它以前的平衡过程。例如反应

$$A \xrightarrow{k_1} B$$

$$B \xrightarrow{k_{-1}} A$$

$$B \xrightarrow{k_2} C$$

反应平衡近似成立的条件除必须满足稳态近似的条件（$k_2 \gg k_1$）外，尚要满足 $k_{-1} \gg k_2$，即生成中间物过程的逆反应与中间物反应生成产物的速率相比必须是非常快的。因此平衡近似容包于稳态近似之中，绝不是独立于稳态近似之外的近似方法。应指出，平衡近似并不意味着决速步以外的反应真正达到了平衡，仅是当作平衡简化的近似方法。据应用平衡近似处理与实验真实结果相对照，发现有的反应只是在反应的中后阶段相吻合。

平行反应 [parallel reactions] 一种或多种相同反应物同时进行的不同但相互独立的反应组合。有相同级数的和不同级数的平行反应。

如相同级数的平行反应：

$$aA + bB \begin{cases} \xrightarrow{k_1} C \\ \xrightarrow{k_2} D \end{cases}$$

总反应速率 $r = -\dfrac{1}{a}\dfrac{dC_A}{dt} = -\dfrac{1}{b}\dfrac{dC_B}{dt} = (k_1+k_2)C_AC_B = kC_AC_B$。

普劳特-汤普金斯方程 [Prout-Tompkins equation] 热分解反应速率方程 $\lg[\alpha/(1-\alpha)]=kt$。其中 α 为反应时刻 t 时的反应物的转化率，k 为反应速率常数。涉及固体热分解等单个固相的反应常有三种类型：核生成和干扰控制的反应；扩散控制的反应；存在液化的反应（界面消失）。除扩散控制外，实验发现动力学规律遵守普劳特-汤普金斯方程。

气固反应动力学 [gas-solid reaction kinetics] 研究有气体参加的固相反应化学动力学的科学。气固反应主要有金属锈蚀反应、化学气相输运反应、无机微粒的气相合成反应等。

以金属锈蚀反应为例，其反应过程及影响速率的因素可分析如下：开始气固反应速率很快，形成锈蚀产物层就会阻挡金属离子与氧的相互扩散，若产物层是疏松层，则反应速率与薄膜相的厚度无关，若是致密层，则会受到包括薄膜层内的物质输运速率的限制。根据实验已经总结出下列形式的反应速率公式。

层厚小于100nm，有四种规律：①立方规律 $x^3=k_ct$；②对数规律 $x=k_1-k_2\ln t$；③对数倒数规律 $1/x=k_3-k_4\ln t$；④抛物线规律 $x^2=2At$。

层厚大于100nm，有两种规律：①直线规律 $x=Bt$；②抛物线规律 $x^2=2At$。式中 x 代表反应时间 t 内锈蚀产物的质量，其他均为实验系数。

强碰撞假设 [strong collision assumption] 活化分子通过一次碰撞即失去能量而去活化的假设。当活化分子通过碰撞而活化后，或者发生化学反应，或者通过碰撞去活化。后者因无需活化能，在没有位阻效应时，每次碰撞均能有效地去活化，因而计算去活化反应速率时只需计算碰撞频率，从而可以通过实验数据求得其他元反应或步骤的动力学参数。因此强碰撞假设是单分子反应速率理论的基本假设。

热化学动力学 [thermokinetics of chemical reaction] 又称化学反应的热动力学。在量热体系中观察一个化学反应在等温等压条件下放热速率和各种因素对其的影响，从中研究化学反应的动力学和热力学规律的科学。

由于热焓变化正比于反应进度，热焓的吸收随时间的改变率正比于反应速率，因此通过自动量热计连续准确地监测记录热谱曲线，可提供热力学和动力学信息，由于对溶剂性质、光谱性质和电学性质无任何限制，热化学动力学方法具有独特的优势。在物理有机化学、生物物理化学、溶液化学、配位化学、化学工程等领域得到广泛应用，如人工模拟光合作用、筛选催化剂、电池自放电速率预测存储寿命、癌细胞生长热谱研究抗癌药物等。

溶剂萃取动力学 [solvent extraction kinetics] 化学动力学的分支。通过一些慢萃取过程的考察，找出萃取速率控制步骤、寻找加速萃取的途径，借助萃取物种在萃取速率上的差异，探讨改善相关物种分离的规律。控制萃取动力学模式有扩散控制模式、动力学控制模式等，通过研究判定属何种动力学模式可以改变萃取速率、改善分离效果。

溶剂电缩作用 [electrostriction of solvent] 溶液反应中反应物与过渡态均为溶剂化层所包围，若过渡态的极性较反应物大，由于过渡态与溶剂化层的静电相互作用，体积收缩，导致活化体积减小，称为溶剂电缩作用，是负活化体积的微观原因之一。

溶液反应 [reaction in solution] 在溶液中进行的反应，是化学动力学最早研究的反应。溶液存在溶质（一般指反应物及催化剂）和溶剂（介质）。与气相反应相比，溶剂起着重要的作用。在物理作用方面有三类：①离解作用。如氯化氢（HCl）在气相中以分子形态存在，而在水溶液中则离解为氢离子（H^+）及氯离子（Cl^-）；②传能和传质作用；③溶剂的介电性质对离子反应有影响。在溶剂的化学作用方面有两种：①催化作用，如均相酸碱催化中溶剂水离解的氢离子（H^+）和氢氧根粒子（OH^-）分别作为酸和碱催化剂；②溶剂参与反应，即溶剂分子不是反应的旁观者，而是直接作为反应物参与反应。因此，溶剂效应成为溶液反应研究的重要内容。

溶致变色 [solvatochromism] 由于溶剂介质的影响，化合物的吸收光谱的波长位置、吸收强度及谱带形状发生改变的现象。产生该效应的原因在于吸收光的分子或发色团的基态与激发态具有不同的溶剂分子作用引起的。当溶剂极性增加，溶剂对分子基态的稳定作用大于对激发态时，则产生负性效应，反之为正性效应，而微观机理则是因为分子偶极矩的变化及形成氢键而引起变色效应。

溶致变色效应的应用有两个方面：一是经验性地定量描述溶剂的极性，得到一个经验性的溶剂参数 $E_T(30)$ 值。另一应用是非线性光学材料研究中利用溶致变色效应测量分子的二阶极化率，是一个简单可行的方法。

三分子反应 [trimolecular reaction] 在一次化学行为中三个分子同时碰撞并直接生成产物的过程。如

$$A+B+C \longrightarrow P+Q$$

迄今为止只发现有两类气相反应可能属于此类反应：

(1)涉及 NO 的一些反应，例如：

$$2NO+O_2 \longrightarrow 2NO_2$$

$$2NO+Br_2 \longrightarrow 2NOBr$$

$$2NO+Cl_2 \longrightarrow 2NOCl$$

(2)原子或小自由基复合反应，例如：

$$I+I+M \longrightarrow I_2+M$$

式中，M 为第三体，其作用是取走复合物反应释放的能量，使 I_2 稳定存在。

三分子反应的特征是反应活化能几乎为零或有负值。由于三分子碰撞的概率小，特别是在气相中，故有人提出三分子反应并不是真正的元反应，可能为两个双分子反应的连续过程。如传能历程：$I+I \longrightarrow I_2^*$（富能碘原子对），$I_2^*+M \longrightarrow I_2+M$，或媒介物历程 $A+M \rightleftharpoons AM^*$，$AM^*+A \longrightarrow A_2+M$，以上机理可解释负活化能现象（存在强放热效应）。

三角反应 [triangular reaction] 物质在均相中以三个异构体 A，B，C 的形式存在，并能单向转变构成如图左方循环，经过一定时间后，A，B 和 C 浓度不随时间而改变，各个异构体的生成和消耗速率相等，即体系达到稳态。这种单向的循环平衡并不违反热力学定律，依据精细平衡原理，这个循环平衡是不允许的；在平衡体系中，每一个分子过程在往正向和逆向的平均变化速率是相等的，即要求每一个化学反应步骤自身必须达到平衡，即 A→B 与 B→A 之转变速率必须相等，即三角反应必须以右方之方法来表述。这也是微观可逆性原理在宏观平衡上应用的必然结果。

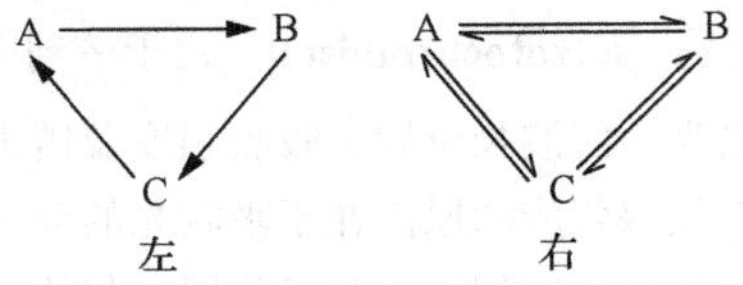

散射截面 [scattering cross section]　在力场作用下，一束入射粒子以散射中心为原点呈球形散射，单位时间、单位立体角中测量到的散射粒子数与单位时间、单位面积入射的粒子数之比，以 σ 表示，因具有面积的量纲，故称为散射截面。如果按弹性散射、非弹性散射、反应性散射测量散射粒子数，则所得各类型散射的微分散射截面表示各类型散射占总散射实验中发生的概率。若对各种可能的散射方向积分，可得总散射截面 S。

闪光光解 [flash photolysis]　采用强的闪光来产生浓度数千倍于通常体系中的瞬时存在的物种的方法。产生的物种如自由基或激发态分子。

闪光是大功率电容器对装有惰性气体的石英管放电来产生，在起始闪光滞后一时间间隔后的另一较弱的闪光用来测定瞬时存在物种的光谱。用改变滞后时间的办法获得一系列反应混合物的光谱，可提供瞬时存在的物种浓度在微秒至毫秒时标内的信息，本方法可测定大到 $10^5 s^{-1}$ 的一级速率常数和 $10^{11} mol^{-1} \cdot cm^3 \cdot s^{-1}$ 的二级速率常数，在气相和溶液中进行的反应均可应用此法测定。

生物发光 [bioluminescence]　生物体自身发光或生物提取物在实验室中发光的现象。

生物发光是由化学反应引起的，如生物体内可发生氧化反应的有机分子荧光素[底物在荧光素酶的催化作用下与氧发生氧化反应而产生光，常见于萤火虫及许多鱼类(灯笼鱼、斧头鱼等)]。生物发光将化学能直接转化为辐射能，转变效率几乎为 100%，由于几乎无热量产生，又称为冷光。

时滞 [time lag]　林德曼单分子反应速率理论认为单分子反应的活化分子是由碰撞传递能量，从获得能量成为活化分子到发生化学反应，其间有一个时间滞后。如果 A 是一个复杂的多原子分子，它获得足够的能量后，并不一定能立即分解。其原因在于：如果通过分子内振动使其获取能量分布均匀化，化学键是不会断裂的，所以需要把能量集中到要破坏的键上去，反应才能发生，而分子中原子数目越多，这种能量集中的概率越少，需要的时间越长。据粗略估算，在分子的两次碰撞之间发生了约 2 万次振动，其间有不同的分子构型，而其中有一个正好是相应于在要破坏的键上有过剩能量的构型，使反应发生，这就是 A 分子获能形成活化分子 A^* 及 A^* 分解的过程之间有一时间的滞留的原因。

实验活化能 [experimental activation energy]　即阿伦尼乌斯活化能。

实验室坐标系 [laboratory coordinate system]　参见质心坐标系。

势垒 [potential barrier]　在势能面上，发生反应概率最大的反应路径上势能曲线的最高点的高度。这是一个理论量，属分子水平的能量，而活化能是实验量，是宏观量，但两者有联系，对于同一元反应，两者在数值上相近。

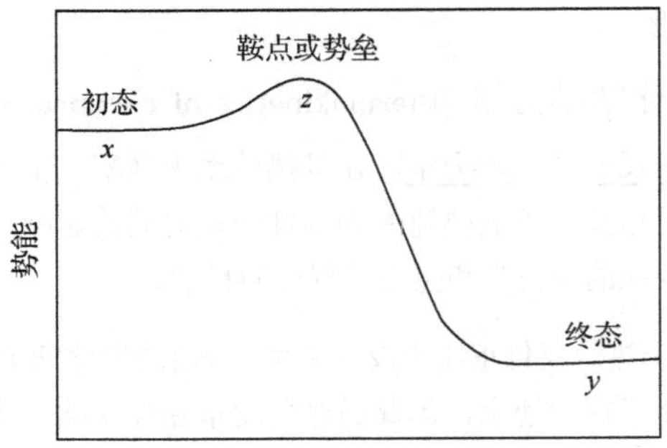

势能面 [potential energy surface (PES)]　将量子力学应用于由全部参与反应的粒子的所有核和电子的相互作用能的计算，以能完全指定所有核的相对位置所必需的独立变量及相互作用能(即势能)为坐标构作的图形。以反应 F+H—H′ ⟶ F—H+H′为例，三个原子相互作用有三个核间距为变量的势能，完整的图形应是四维空间，很难表示。若采用选择两个键长并固定它们之间的夹角，所得的势能面的立体图形不仅难以在平面上展现，且几乎提供不了定量信息。为此模仿地理学中的等高线图，将等势能线投影到平面上，表示为以核间距 r_{FH} 和 $r_{HH'}$ 为函数的势能值图，如图所示。图中 W 区代表 F，H 和 H′完全分开，即相距无限远，势能不随 r_{FH} 及 $r_{HH'}$ 变化的那种构型，W 区是一个高地。X 区相应于 F 远离 H—H′，是一个具有陡峭山坡的近于平坦的谷地，是反应物 F+H—H′入口能谷，Y 区是 H′远离 F—H 的区域，是反应产物的出口通道，Z 区为三个原子靠拢在一起，势能从 X 到 Z 为上坡和从 Z 到 Y 为下坡的途径，它穿过每一条等值线，称为反应路径或反应坐标，而 Z 点在反应路径上是势能的最高点，而 W ZW' 的方向上又是势能的最低点，故 Z 点称为鞍点。它具有极大及极少的两重性，而鞍点超过起始点的高度是能垒

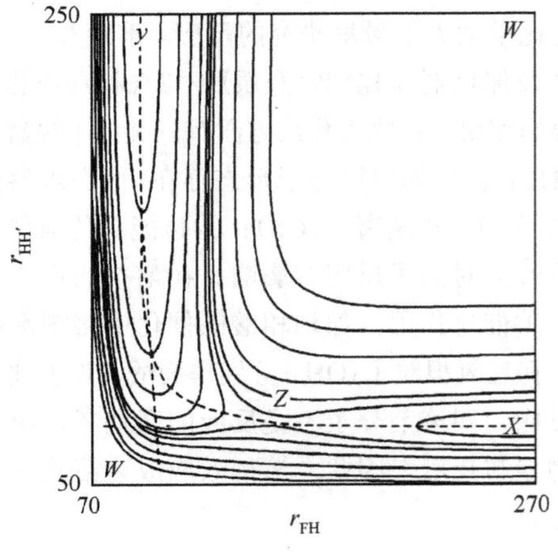

的高度，是与活化能或阈能相关的，而在鞍点处的分子构型称为活化络合物。由上所述，势能面图给出了化学反应发生的全过程的细节。我国物理化学家孙承谔教授参与了第一张势能面图的研制工作。

表示反应 F+H—H′ ⟶ F—H+H′的一个定角面(θ=180°)的等值线图

势能剖面 [potential energy profile] 三维势能面中沿反应坐标作一剖面的构成的平面图。横坐标为反应路径，纵坐标为势能。如图所示。由该图可直观地表示出整个反应过程势能的变化情况，并由图可求得反应势垒及反应焓变。

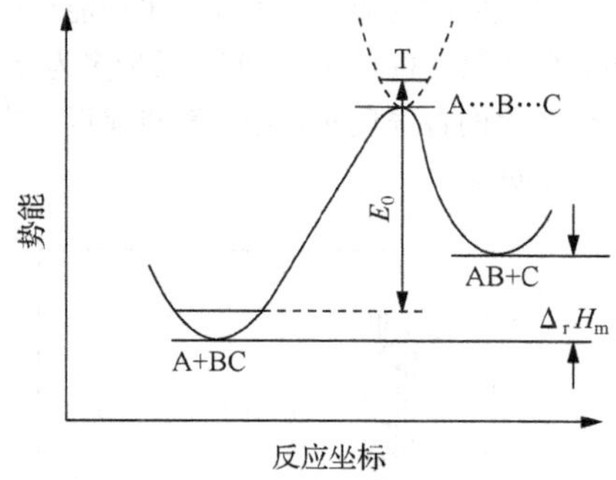

势能剖面图

视觉过程光化学 [photochemistry of vision process] 光通过眼内折光系统成像于视网膜上，再将光信息转变为神经信息传到大脑产生视觉。视网膜是一个光敏元件，其中有一种视紫红质的复杂分子，在光照射下发生光异构化，由粉红色变为黄色，光异构化反应极快，几乎与温度及激发波长无关。目前对视觉过程的化学过程了解还很不深入。

释能度 [exoergicity] 又称获能度。产物能量 E_P 与反应物能量 E_R 的差值，以 $Q=E_P-E_R$ 表示。Q 对了解碰撞或反应细节很有参考作用。如平动能 E_T(以下角 T 表示)，若 $Q_T=E_{P,T}-E_{R,T}\approx$O，说明反应物的平动能主要仍以平动能转移到产物。若 $Q_T\approx E_{R,T}$，则反应物的平动能几乎转移到产物的内部自由度上。这是早势垒的特点，反应需要平动激发，其逆反应需振动激发，这说明反应能量的选择性。

斯塔克-爱因斯坦定律 [Stark-Einstein law] 即光化学第二定律。

松散过渡态 [loose transition state] 参见活化熵。

速控步 [rate controlling step] 即决速步。

隧道电流 [tunneling current] 两个导体表面相互之间很接近的时候，两者之间具有一定电势差，在它们相接触之前，如相距 1 nm 左右的距离时，就已经开始有电流流过，这电流称为隧道电流。

塔甫关系 [Taft relation] 将哈米特关系中取代常数 σ_x 区分为极化及位阻两类，从而形成新的关系 $\lg(k/k_o)=\rho^*\sigma^*+E_s$。式中，$k$ 及 k_o 分别为所研究取代基的反应和基准化合物反应的速率常数，基准化合物芳香族为苯甲酸、脂肪族为乙酸乙酯；ρ^*为反应常数(与哈米特关系中相同)；σ^*为改变取代基的极化参量；E_s为位阻参量，常见取代基的 σ 及 E_s 可从手册中查到。当反应不存在极化效应时，则位阻参量可从 $\lg(k/k_o)=E_s$ 求算。

态-态反应 [state to state reaction] 从指定能态的反应物转变为指定能态产物的化学反应，也可以是一个能态到另一个能态的分子碰撞传能过程，故又称基元化学物理过程。从广义上讲，与传统的宏观反应动力学不同，宏观化学动力学主要集中研究温度、压力、浓度和流速等宏观因素对总包反应和元反应速率的影响，其速率常数是能量按玻尔兹曼分布的统计平均值，而态-态反应动力学是从微观层次(如分子碰撞及其特征运动时间、微观能态、分子与光子、电子相互作用、瞬间构型等)认识元反应的基本规律。一个反应如果没有发生，在宏观动力学看来仅仅是能量不够。但从态-态反应观点来看可能是如下的一个或几个原因：碰撞能不够高；能量足够，但能量形式(平动、转动、振动)不合适；碰撞方位不恰当；相对平动能太高，导致碰撞时间太短，没有引起足够核位移；轨道对称性不守恒。由以上可见，态-态反应是从微观、更深层次上来研究化学反应。

弹性碰撞 [elastic collision] 粒子在碰撞时只交换平动能而内部量子态保持不变，因而碰撞前后动能或动量保持不变的一种碰撞。因此弹性碰撞不能激发原子或离子。若碰撞前后不遵守动量守恒、动能守恒，则为非弹性碰撞，此时分子内部运动状态(转动、振动)将发生改变。在研究能量传递时常应用弹性碰撞模型，而研究反应时常采用非弹性碰撞。

停止流动法 [stopped flow method] 反应液快速混合，用自动控制的方法使流动至反应管中的反应液突然停止流动，并用仪器(如分光光度计)跟踪测量反应物的浓度时间的变化，同时用自动记录仪收集数据。这个方法的优点是避免了反应液的大量流失，特别对很贵重而又难合成的试剂，每次仅需 0.2～1 mL 试液，但又利用了快速混合的优点，目前已有成套的设备，见示意图。

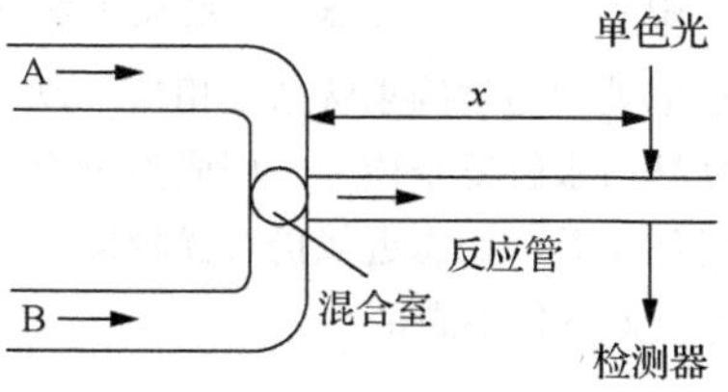

流动法

通量速度角度分布 [flux velocity angle distribution] 参见角-速度-等流线图。

瓦格纳机理 [Wargner mechanism] 参见固体复分解反应模型。

晚势垒 [late barrier] 即排斥型势能面。

微分反应截面 [differential reaction cross section] 单位立体角中散射的反应产物分子数与通过垂直于入射方向的截面积的反应分子数之比。

微分散射截面 [differential scattering cross section] 参见散射截面。

微观反应动力学 [microscopic reaction kinetics] 即分子反应动态学。

微观可逆性原理 [principle of microreversibility] 一个元反应的逆反应也必然是元反应，正反应和逆反应通过相同的过渡态，这是该原理在化学动力学上的表述。究其根本，它是力学中的一个基本原理，在一个经典的或量子的力学方程中，时间变量 t 当用 $(-t)$ 表示时，整个方程等式仍然成立，称为力学方程的时间反演对称性，表示力学过程是可逆的。如果把元反应看成是反应物分子碰撞的力学行为，服从力学定律，这就是化学反应的微观可逆性原理，可表示为以下反应过程：A+B C$\longrightarrow$[A⋯B⋯C]，A B+C 即无论是 A+B C，还是 A B+C，反应途径相同，只是方向相反，都形成相同的过渡态[A⋯B⋯C]。

温度跃升 [temperature jump] 体系的温度在极短时间内（微秒）突然升高，是弛豫动力学的扰动方法之一。一般是由高压电容短时放电使导电溶液通过电流升温，可实现在 10^{-6}s 内使反应体系温度上升 2～10℃。对于非导电溶液常用微波脉冲升温，但其升温系数较小，技术上比较困难。

稳态近似 [steady state approximation] 存在有活性中间物 B 的连续反应，在整个反应进程中，可采用活性中间物浓度对时间的导数为零（d C_B/dt=0）以代替解复杂的微分方程。如反应 A$\xrightarrow{k_1}$B$\xrightarrow{k_2}$C 稳态近似成立的条件是中间物 B 的反应活性远高于反应物，即反应速率常数 k_2 远大于 k_1（如 $k_2\approx10^8k_1$ 是常有的），即使活性中间物 B 的浓度很低，也可达到 B 的生成速率 k_1[A]与 B 的消耗速率 k_2[B]相当，即 k_1[A]=k_2[B]，此时 d[B]/dt=0，即达到稳态，[B]不随反应时间而变，此时，[B]=k_1[A]/k_2。稳态近似避免了求解复杂的微分方程，而且近似处理与精确求解结果相当一致。快速电子计算机的发展使严格求解复杂微分方程成为可能，但从计算工作量及所需时间来看，稳态近似仍有优越性。对于如燃烧爆炸反应，稳态近似条件不满足。

无辐射跃迁 [radiationless transition] 物质吸收或发射光子改变能量状态（能级）的过程。处于低能级（如基态）的分子吸收光子被激发成电子激发态，经由自发辐射或经外辐射场的诱导下发射光子回到低能态，此种释放光能的辐射有荧光、磷光。无论是吸收光子还是放出光子均应遵守辐射的基本规律，即两能级间的级差 $\Delta\varepsilon$ 应与辐射能相匹配，以数学式表示为 $\Delta\varepsilon=h\nu$，式中 ν 为光子的频率。

无量纲时间参数 [dimensionless time parameter] 参见鲍维尔曲线图。

吸引型势能面 [attractive potential energy surface] 过渡态的分子构型若与反应物相比变化不大，势能面上沿反应路径上势能最高处的鞍点较靠近反应物入口处的曲线（见图）。具有该势能面的反应需要很高的平动能形成过渡态，而所得产物的振动能级高，小分子间的反应多为这类势能面，是制备化学激光器的首选反应。由于鞍点靠近反应物一侧，称为预势垒或早势垒。

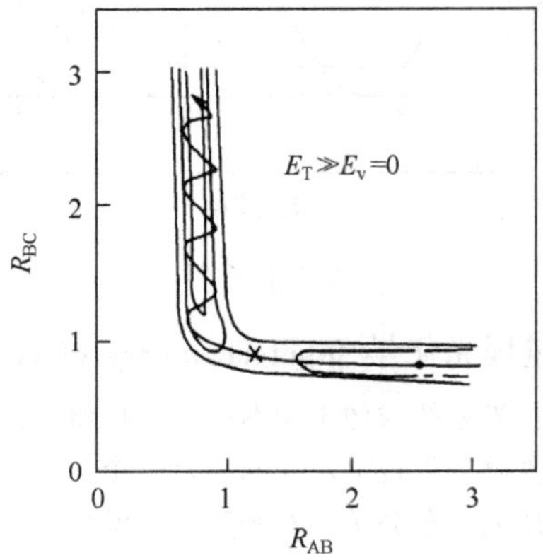

吸引型势能面

系间窜越 [intersystem crossing] 不同线度间无辐射的转变。如由单线态转变为三线态，或由三线态转变为单线态，用 isc 表示。由于相同电子激发态，单线态的能量高于三线态，因此 S_0^1（电子激发态的振动基态的单线态）$\xrightarrow{\text{isc}}$ T_1^2（电子激发态的高振动激发的三线态），这就是系间窜越过程，可参见雅布隆斯基图。

线性自由能关系 [linear free energy relation] 释文见有机化学同名词条。

选键反应 [bond selected reaction] 即分子剪裁。

选速器 [velocity selector] 使分子束速度分布达到某一设计的均一速度的装置。一般在同一转动轴上安装若干个带有缺口的圆盘，调节各圆盘的转速及缺口相对位置，使各缺口处在同一束流方向上，则具有某一速度的分子可通过各缺口，而大于或小于该速度的分子流均被圆盘挡住。这种装置虽然可保证产生具有均一流速的分子束，但是降低了分子束强度。为克服这一缺点，又研究了超声分子束。

压力跃变 [pressure jump] 压力在微秒量级的时间内由高压突然降至常压的变化，是弛豫动力学的一个实验方法。一般对于压力变化引起反应速率有改变的反应采用此法，可测定活化体积、推测过渡态，求反应速率常数等。具体办法为向有安全膜的高压室内注水增压(～10^8Pa)，膜破裂，压力很快降至一般压力(～10^5Pa)，测定弛豫时间。本方法较灵敏，已有成套设备，如图所示。

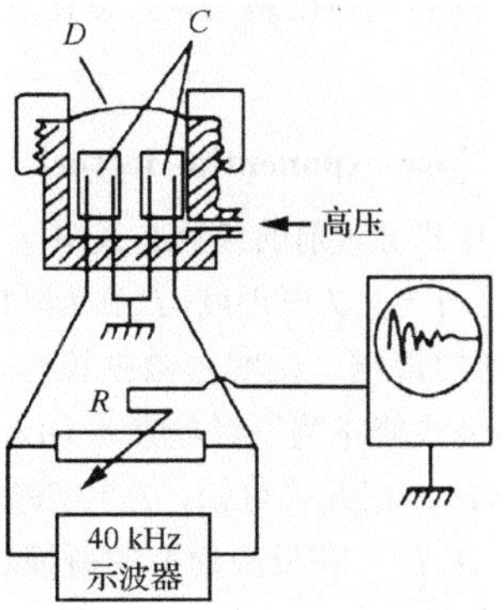

压力跃变

雅布隆斯基图 [Jablonski diagram] 分子吸收光子成激发态后所发生的单分子光物理过程的示意图。

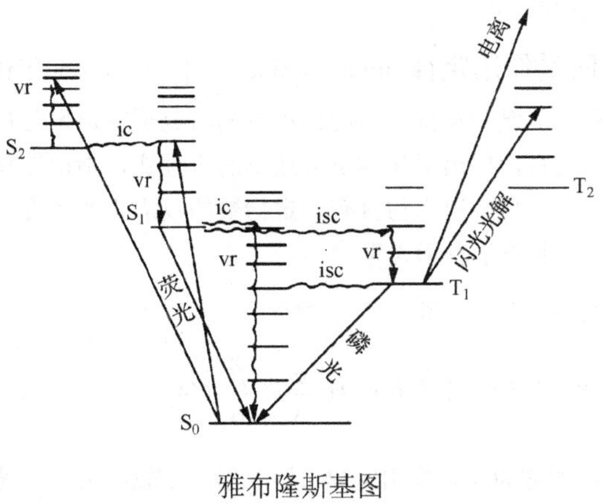

雅布隆斯基图

一级反应 [first order reaction] 反应速率方程中与某组分浓度的一次方成正比，则总反应对该组分为一级反应。具体有两种情况：①aA→⋯，$r=kC_A$；②aA+bB→⋯，$r=kC_A\cdot C_B$当$C_{B,0}\gg C_{A,0}$(初始浓度)，则C_B在A组分反应完后仍基本保持不变。即$r=kC_A\cdot C_B=k'C_A$，$k'=kC_B$，反应速率方程表现为一级反应的行为，称为准一级反应。

一级反应具有以下的规律：①积分速率方程为$\ln(C_{A,0}/C_A)=akt$，即以$\ln C_A$对时间作图为一直线，其斜率为$-ak$，由此可求速率常数；②半衰期$t_{1/2}=0.693/ak$，是一个特征量，仅与速率常数成反比，而与初始浓度大小无关；③速率常数之量纲为(时间)$^{-1}$，如秒$^{-1}$。以上这些规律是求反应级数之依据。

许多反应具有一级反应之行为，最典型的是放射性衰变反应。

荧光 [fluorescence] 一种光致发光的冷发光现象。当某种常温物质经某种波长的入射光(通常是紫外线或X射线)照射，吸收光能后进入激发态，并且立即退激发并发出比入射光的波长长的出射光(通常波长在可见光波段)；而且一旦停止入射光，发光现象也随之立即消失，具有这种性质的出射光就被称之为荧光。

硬球碰撞理论 [hard sphere collision theory] 即简单碰撞理论。

有效碰撞 [effective collision] 能使化学反应发生的碰撞。分子碰撞有两种作用，一是交换能量称为传能，一为发生化学反应。根据碰撞理论，凡是相对平动能在连心线方向上的分量超过临界能(E_c)的碰撞为有效碰撞，由此可以计算有效碰撞占碰撞总数的分率$q=\exp(-E_c/RT)$，如设E_c=120kJ/mol，T=300K，则$q=1.3\times10^{-21}$，即发生$q^{-1}=7.7\times10^{20}$次碰撞才有一次碰撞是有效的，可见有效碰撞是极小一部分。

有效碰撞分数 [effective collision fraction] 即有效碰撞频率。

有效碰撞频率 [effective collision frequency] 又称有效碰撞分数。单位时间单位体积内分子碰撞的次数为碰撞频率。研究化学反应速率要计算发生反应的碰撞。根据简单碰撞理论模型，只有相对平动能在连心线方向上的分量超过临界能E_c的碰撞才是有效碰撞，根据气体分子运动论可以求得反应性碰撞的有效分数$q=\exp(-E_c/RT)$，式中R为普适气体常量，T为热力学温度。若E_c=50kJ/mol，T=298K，$q=10^{-9}$即一亿次碰撞中才有一次是有效碰撞。设碰撞频率为Z_{AB}，则有效碰撞频率Z'_{AB}应为$Z'_{AB}=Z_{AB}\cdot q$，即单位时间单位体积内发生反应性碰撞的次数。

鱼叉反应 [harpoon reaction] 碱金属原子与卤素反应有比一般化学反应大几十倍的反应截面。经研究其反应机理为：第一步碱金属(K，Na，Cs)把价电子(鱼叉)抛出去，送给电子亲和势大的卤素(Cl_2，Br_2)。即使反应物分子相距很远，传递一个“轻”的电子是可能的，一旦发生这种电子传递，将生成离子对K^+与Br_2^-，离子对的强力吸引(鱼叉上的绳子)把两个离子拉到一起，反应发生，形成稳定的KBr，向前推斥另一个Br或向后抛出Br，此即鱼叉反应。这类反应的活化络合物寿命短，产物散射方向为向前，产物能量为非统计平衡分布，较多的分布于内部自由度(转动、振动)。鱼叉反应属直接反应模式，参见剥离机理。

预势垒 [early barrier] 参见吸引型势能面。

阈能 [threshold energy] 对于不同的化学反应速率理论，阈能有不同的意义。

简单碰撞理论认为，碰撞的双分子，只有在其连心线上的相对平动能大于某一临界值E_c时，化学反应才能发生，称E_c为临界能，也称阈能E_{th}，它是发生反应时连心线上相对平动能的最小值，是一个能量值，不是能量的差值，和活化能不同，在过渡态理论中，阈能即反应路径中鞍点的势垒高度。

在现代分子碰撞理论中，阈能是分子碰撞时能发生指定态-态反应所需要的最低能量，是一个微观的、分子水平的量，对于同一基元反应的不同态-态反应，其阈能是不同的。

约斯特机理 [Jost mechanism] 参见固体复分解反应模型。

振动弛豫 [vibrational relaxation] 在光作用下，不仅电子被激发，而且振动也常伴随激发，由振动激发转变为振动基态的能量衰减过程为振动弛豫，以vr表示。如$S_1^* \xrightarrow{vr} S_1^0$，右下角标1表示电子第一激发态，而右上角*及0分别表示振动激发态及振动基态。一般振动弛豫能在10^{-13}～10^{-15}s内完成，与其他能量衰变过程相比是最快的，故在光作用下分子被激发时，无论在哪一级电子激发态，总是最先发生振动弛豫，然后再发生其他过程，如内转变、系间窜越、荧光、磷光等。

支链反应 [branched chain reaction] 链反应中的链传递反应若存在支化反应，即一个自由价(以“·”表示)生成一个以上的自由价的反应。以氢氧混合气的反应为例，支化反应为

$$\left.\begin{array}{l} H\cdot + O_2 \longrightarrow \cdot OH + \dot{O}\cdot \\ \dot{O}\cdot + H_2 \longrightarrow \cdot OH + H\cdot \end{array}\right\} \text{支化反应}$$

可将支链反应表示如下:

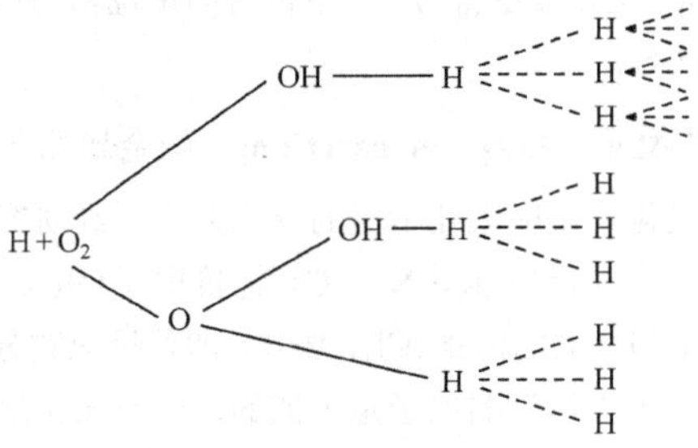

支链反应

与原子核反应中一个中子产生3个新中子一样，这里一个原子H新产生3个原子H，H数目指数的增加，引起爆炸，核爆炸与化学爆炸十分相似，同样有稳态及爆炸两种现象，只是条件不同而已。

直接反应模式 [direct reaction model] 参见鱼叉反应。

直接碰撞 [direct collision] 两个粒子从相互远离处接近、接触又远离的过程。相对速度与接触点连心线的夹角为零度(0°)的碰撞为正碰，也称直接碰撞。

直链反应 [straight chain reaction] 链传递反应中自由价保持不变，即消耗一个自由基仅生成一个新的自由基的链反应。如HCl合成反应中，链传递反应为$Cl+H_2 \longrightarrow HCl+H$，$H+Cl_2 \longrightarrow HCl+Cl$，其中只有自由基的更迭$Cl \longrightarrow H \longrightarrow Cl\ldots$，而未增加自由基的数量。

直链反应时对自由基可应用稳态近似，而且可以推得，直链反应中链引发反应速率等于链终止反应速率。

烃类裂解、高聚物自由基聚合、氯化氢、溴化氢合成反应均为直链反应。

指前因子 [pre-exponential factor] 阿伦尼乌斯公式$k=A\exp(-E_a/RT)$中指数项前的参数A。式中，k为反应速率常数，R为普适气体常量，T为热力学温度，E_a称为阿伦尼乌斯活化能。

A与k有相同的量纲，由实验数据拟合而得。在大量实验基础上将上述公式修正为三经验参量(A，E_a，n)公式，即$k=A'T^n\exp(-E/RT)$，据此式可知，E_a与T有关，$E_a=E+nRT$，A也与T有关，$A=A'T^n$。在反应速率的碰撞理论中，$n=1/2$，且A表示一定温度下的碰撞频率(单位时间内碰撞次数)，而过渡态理论认为A与活化熵$\Delta^{\neq}S_m$有关，$n=1$，$A\infty T\exp(\Delta^{\neq}S_m/R)$，而微观反应动力学又揭示出指前因子$A$与分子碰撞的取向有关。不同的反应速率理论均为从理论上阐明经验参数A作出了贡献。

质量作用定律 [mass action law] 19世纪60年代挪威科学家古德堡和瓦格历经约15年时间研究反应速率与反应物浓度的关系，提出了化学反应速率的方程式，指出在反应温度一定时，反应速率与具有一定指数的反应物的浓度的乘积成正比，其数学表示式为

$$\text{化学反应}\alpha A+\beta B+\gamma C \longrightarrow$$

$$\text{化学反应速率方程}r=kC_A^{\alpha}\cdot C_B^{\beta}\cdot C_C^{\gamma}$$

此即称为质量作用定律，式中比例系数k称为反应速率常数，也称比速，指数α，β，γ称为反应分子数，以后的研究表明对于一总包反应，指数不一定是化学反应物的计量数，须由实验确定，后改称为反应级数。

现已从理论和实验两个方面证明，只有基元反应才能直接应用质量作用定律，此时反应级数与反应分子数是一致的。

质心坐标系 [center of mass coordinate system] 分子碰撞或散射的力学描述采用实验室坐标系和质心坐标系。前者为互相垂直的分子束A及BC向静止的反应区(原点)运动，产物按某种角度离开反应器。后者是以A与BC分子的质心(CM)为坐标原点，由于A与BC向质心前进，相互距离在变化，因而质心是动的坐标原点，交叉分子束A与BC碰撞后离质心而散射开。如图所示。

交叉分子束实验总是将实验室坐标系所测得的数据转化为质心坐标系的结果，其规律更简洁且有明确的物理图像。

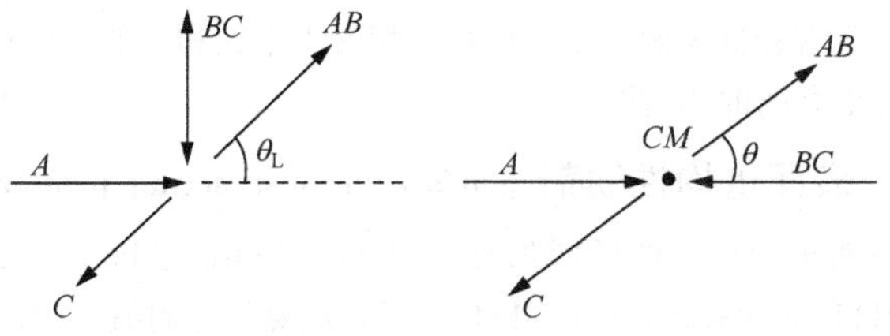

实验室坐标系　　　　质心坐标系

质子转移反应 [proton transfer reaction]　质子给体（广义酸）和质子受体（广义碱）间有质子转移的反应，又称酸碱反应，常可表示为两种反应历程：

质子转移历程（protolytic mechanism），$S+HB \longrightarrow SH^{+}+B^{-}$，$SH^{+}+H_2O \rightleftharpoons$ p（产物）$+H_3O^{+}$，质子由广义酸（HB）转移到特殊酸（H_3O^{+}）上。

质子变移历程（prototropic mechanism），$S+HB \rightleftharpoons SH^{+}+B^{-}$ $SH^{+}+B^{-} \longrightarrow p+HB$，质子由HB经由$SH^{+}$又返回HB。

这类反应一般速率快，属扩散控制反应，可用弛豫技术及核磁共振技术研究其反应速率。但也有的反应是慢的质子转移过程，如过渡金属的氢化物，$H_2Fe(CO)_4 \rightleftharpoons H^{+}+HFe(CO)^{-}_4$，这种慢的质子转移过程是由于非极性M—H键和伴随质子得失的广泛重排的结果。

撞击参数 [impact parameter]　瞄准距离是两条直线间的距离，每一条都平行于相对速度矢量并通过它们碰撞前的分子的中心。如图所示。D_{AB}是最接近的距离，相对接近速度为C_R的两个硬球碰撞，碰撞瞬间，速度矢量与中心连线的夹角为θ，b是瞄准距离。则$\sin\theta=b/d_{AB}$。设总相对动能$E_R=\mu C^2_R/2$，则中心联线上的分量为$E_R(1-b^2/D^2_{AB})$，当$b=D_{AB}$时，总相对动能导致的碰撞最轻微，故b称撞击参数，$b=0$时，碰撞最激烈，属头对头碰撞。

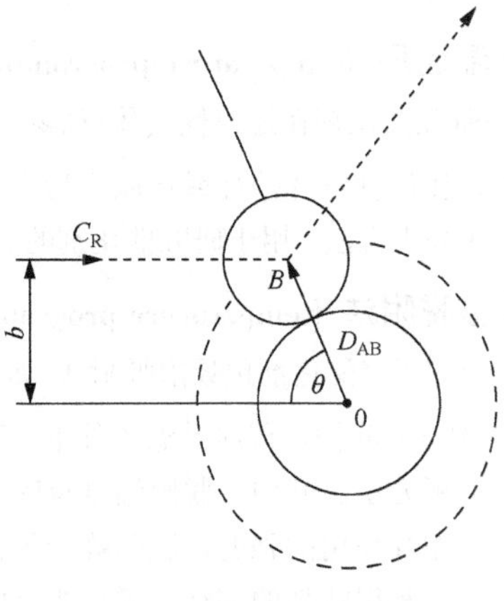

瞄准距离

准单分子反应 [pseudo-unimolecular reaction]　参见单分子反应。

准级数反应 [pseudo order reaction]　对于含有多个组分的浓度的反应速率方程，如$r=kC^{\alpha}_{A}C^{\beta}_{B}$，在下列情况下可以简化：①当其中某一组分浓度在反应进程中始终保持常数，如缓冲溶液中的H^{+}浓度、A或B是溶剂、A或B中有一项初始浓度很大，如$C_{A,0}\approx 100C_{B,0}$，则速率方程可演化为$r=kC^{\alpha}_{A,0}\cdot C^{\beta}_{B}=k'C^{\beta}_{B}$，此时该反应的动力学行为表现为对B为$\beta$级反应，称为准$\beta$级反应；②当化学反应$a\mathrm{A}+b\mathrm{B} \longrightarrow$中反应物A，B初始浓度以化学计量比进行反应，在反应进程中C_A，C_B始终保持同一比例$C_A/C_B=a/b$，速率方程可简化为$r=k\left(\dfrac{a}{b}\right)^{a}C^{\alpha+\beta}_{B}=k''\ C^{\alpha+\beta}_{B}$，或$k''=k\left(\dfrac{a}{b}\right)^{a}$，则称该反应为对A或对B为准$n$级反应（$n=\alpha+\beta$）。

以上原理经常应用于化学动力学求反应级数的实验研究中，采用准级数反应的方法可分别求得反应总级数n及分级数α，β。

准直器 [collimator]　分子束装置中制备沿直线方向基本平行飞行并在反应室前互不碰撞的束流的设备。可示意如图从束源飞出的分子束，由于压力极低，分子平均自由程很长，互不发生碰撞，但飞行方向很分散。经过束源狭缝后，在狭缝外的分子被阻挡，再经一准直孔，使射出的分子基本上沿同一方向飞行而彼此不碰撞，保持平动能态进入反应室。

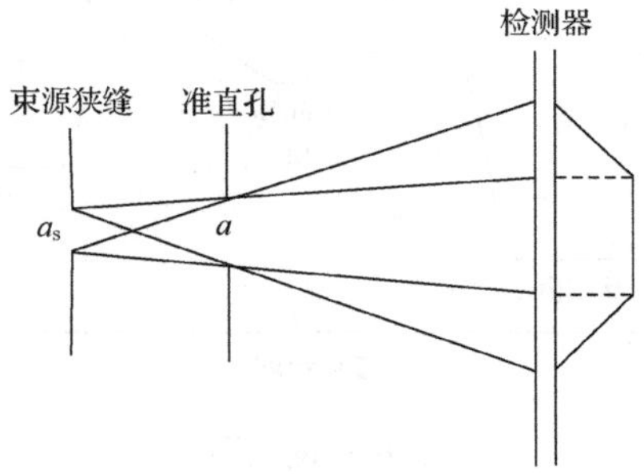

准直器

紫外光源 [ultraviolet light source]　发射光波波长短于可见光紫端至X射线波长之间的光源，按波长又可分为近紫外（300～400 nm）、远紫外（200～300 nm）及真空紫外（150～200 nm）。常用的低压、中压、高压汞灯发射的光一般在近紫外和远紫外波段，如低压汞灯（λ=185 nm，254 nm），中压汞灯（200 nm～可见光）、高压汞灯（240 nm～可见光）。真空紫外光区的光源，如氢灯（117～124 nm）、氙灯（130～147 nm）。以上灯源均为气体电弧灯，灯内充填的是稀有气体或有挥发性的单质的蒸气，产生的是原子发射谱线区的光。

以石英玻璃做成的加有卤素的卤钨灯可以提供波长低至200 nm的紫外光，为连续光谱。

自旋捕捉技术 [spin trapping technique]　用反磁性化合物与短寿命、低浓度的活泼自由基通过加成反应形成较稳定的、可用电子自旋共振方法在常温下进行检测的顺磁性自旋加合物的技术。无需借助其他特殊设备即能获得活泼自由基结构、反应性等重要信息。技术要求上述加成反应速率要快于自由基的各种消除反应速率。目前已有亚硝基类化合物、硝酮类化合物、醌类化合物等可作为自旋捕捉剂，但尚无适合任何条件下的万能自旋捕捉剂。

目前，这一技术与磁共振波谱、色谱、质谱、光谱等联用，在化学、生物及医药等学科领域得到广泛应用，如在照相过程中银盐及非银盐感光化学过程中与电子传递，能量转移相关的活泼自由基的研究，以了解成像机理，对提高分辨率及灵敏度等有重要作用，又如核酸与酶、药物分子、金属离子等作用过程中活泼自由基的研究，以了解癌变、衰老等。

自由能剖面图 [free energy profile] 化学反应的势能面是分子反应势能随反应进度的变化关系，对于由大量粒子组成的体系，则可用相应的热力学函数，如吉布斯自由能作纵坐标，以反应进程(或反应程度)为横坐标来作图，即自由能剖面图，对于反应A→ $A_1^{\neq}$ →M→ $A_2^{\neq}$ →B的自由能剖面图如图所示，其中 $A_1^{\neq}$ ， $A_2^{\neq}$ 是两步元反应的过渡态，M是较稳定的中间物。由该图可计算各元反应之速率常数及平衡常数，也可从正向反应的历程来推测逆向反应历程。

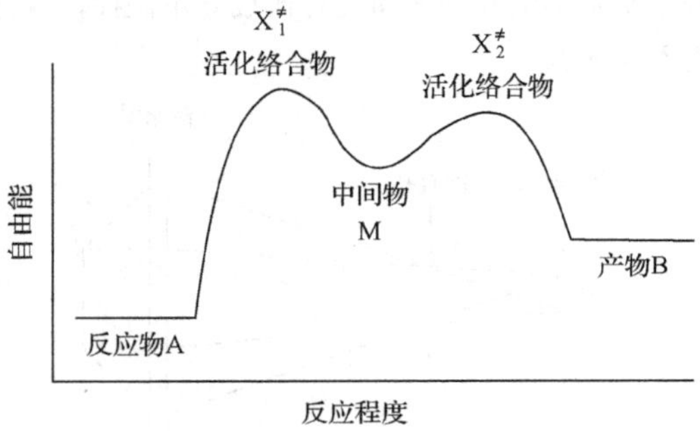

自由能剖面图

总包反应 [overall reaction] 原则上稳定反应物的化学反应总是分若干步才完成，若干步实际进行的反应总和为总包反应。以 $H_2+\frac{1}{2}O_2 \longrightarrow H_2O$ 为例，据研究共有12个实际发生的反应，如 $H_2 \longrightarrow 2H$， $O_2+O_2 \longrightarrow O_3+O$， $H+O_2 \longrightarrow OH+O$， $O+H_2 \longrightarrow OH+H$。由此可知，$H_2+O_2$ 生成水，并不是 H_2 与 O_2 分子间直接作用的结果，其反应式仅表明反应物生成何种产物及其计量关系。质量作用定律对总包反应不适用。

最低能量途径 [minimum energy path (MEP)] 参见*反应坐标*。

4.4 催化化学

表面原子配位数 [coordination number of surface atom] 表面上与某一个原子相连接(配位)的相邻原子的数目。具有较低表面原子配位数、相对“不饱和”的表面往往具有更高的催化活性。

表面重构性助剂 [surface reconstructing promoter] 起表面重构作用的助催化剂。例如α-Al_2O_3能使Fe更多地以Fe(111)晶面存在，而Fe(111)正是合成氨反应的活性相。

表面中间物 [surface intermediates] 在多相催化反应过程中，反应物在催化剂表面经吸附、解离等表面过程，与催化剂表面物质或其他反应物相结合形成的催化反应中间产物。反应物需要经过一系列表面中间物转变成为最终产物。在催化机理的研究中，对表面中间物的确认非常重要。

补偿效应 [compensation effect] 许多催化反应系列当反应体系固定而催化剂不同，如在不同金属催化剂上的乙烯加氢反应，或者在相同催化剂上，如Ni上的各种烃类氢解反应，反应的指前因子和活化能常常是同方向变化的，这种效应称为补偿效应。可用下式检验是否存在补偿效应：$\ln A=bE+c$。式中，A，E分别表示指前因子和活化能；b，c皆为常数。

成键性助剂 [bonding promoter] 对催化剂活性组分或载体起电子配位体效应的助催化剂。它调变活性组分或载体的氧化态，电子性质等。例如合成氨催化剂中所含的 K_2O 由于它的价电荷转移到金属 Fe 的 d 能带，使 Fe 的功函数随之减少，增强了 Fe 吸附 N_2 的能力，从而增强了氮加氢反应活性。

程序升温 [programmed temperature] 多相催化研究的重要方法，包括*程序升温脱附*、*程序升温还原*、*程序升温氧化*等多种方法。其本质是一种温度谱，研究催化剂化学性能随设定温度程序的变化情况，从而获得吸附质与催化剂位点的作用强弱，催化剂活性成分生成温度，催化反应的活化能的高低等相关信息。

程序升温还原 [temperature-programmed reduction (TPR)] 一种研究催化剂在还原性气体(如氢气)的吹扫及程序升温条件下，还原性气体消耗或还原产物生成与体系温度之间的关系的热分析方法。用于研究催化剂的氧化还原性能。

程序升温脱附法 [temperature-programmed desorption(TPD)] 一种研究催化剂预吸附吸附质(如 CO，H_2)，在惰性气体(N_2，He)的吹扫及程序升温条件下，吸附质脱附与温度关系的热分析方法。其中，脱附温度反映了吸附质与催化剂表面吸附位相互作用的强弱，脱附峰面积则反映了表面吸附位点的数量。利用特别的探针分子作为吸附质进行程序升温脱附反应可以研究催化剂某些特定的性质，如 CO_2 和 NH_3 进行 TPD 可以分别测定催化剂表面的碱性和酸性。

程序升温氧化法 [temperature-programmed reduction (TPO)] 程序升温技术的一种研究催化剂在氧化性气体(如

O_2/N_2)的吹扫及程序升温条件下，氧化性气体的消耗或氧化产物生成与体系温度之间的关系的热分析方法。用于研究催化剂的氧化还原性能。

催化 [catalysis] 催化剂在化学反应过程中所起的作用和发生的有关现象。催化剂参与到化学反应的基元步骤中，与反应物形成中间体，通过新反应路径改变反应势垒(活化能)来影响化学反应速率。催化不会改变化学反应的热力学性质。其最重要功能是控制反应的速率和方向，正是这些功能使其成为与化学有关的各种工业过程的核心。

催化重整 [catalytic reforming] 在催化剂作用下，使烃类分子结构进行重新排列生成新的分子结构的过程。石油炼制中的重要过程之一，可使轻汽油组分转变成富含支链烃和芳烃的高辛烷值汽油，提高汽油品质并生产出高附加值的石油化工原料。

催化反应 [catalytic reaction] 有催化剂参与的化学反应。分为结构敏感反应和结构不敏感反应，由催化剂活性中心的结构和催化反应之间的关系决定。催化反应在基本的生理活动和工业生产中都有着重要的作用，根据催化剂的类型，可以将催化反应分为多相催化(异相催化)、均相催化(匀相催化)和酶催化。

催化剂 [catalyst] 一种通过基元步骤不间断地重复循环参加并加速热力学上可行的反应过程，而在循环的最终步骤再生为其原始状态的物质。可见，催化剂虽然参加反应过程，但在过程中不被消耗。

构成催化剂的材料以固态物质为主，其次是液态物质，只有极少数是气态物质。按化合物性质分类，催化剂有金属催化剂、氧化物催化剂、酸碱性催化剂、碱性催化剂、硫化物催化剂和酶催化剂等。

催化剂比表面积 [specific surface area of catalyst] 单位质量催化剂具有的表面积。所谓催化剂表面积是指催化剂孔内表面积和孔外表面积的总和。多数催化剂内孔结构复杂，内表面积很大，而相对孔外面积较小。

催化剂失活 [catalyst deactivation] 催化剂在使用过程中活性逐渐衰退的现象。其原因通常包含以下几种不同情况：

①中毒，指强吸附物种在催化剂活性中心稳定吸附或与活性中心发生化学作用导致催化剂失去活性的现象。

②阻塞，指反应过程中在催化剂表面形成不挥发或难挥发沉积物，比如炭沉积，或产物把活性中心覆盖住，导致催化剂全部或部分失去催化活性的现象。

③烧结，指具有特定结构或物性的活性中心，因在高温反应过程中由具有高活性结构转化成低活性结构(如合成氨 Fe 催化剂的活性相 α-Fe 变成别的晶型的 Fe)；或由具有大比表面积的活性表面转化成小比表面积的活性表面，导致的催化剂全部或部分失去催化活性的现象。

④活性组分耗损，指催化剂在使用过程中由于机械磨损或其他作用导致活性组分不断消耗掉，催化剂活性下降的现象。

催化剂寿命 [catalyst life] 催化剂保持一定活性水平和稳定生产能力的时限。工业上要求催化剂的寿命越长越好，但是催化剂由于使用过程中会遇到种种不利因素(如中毒、烧结等)致使其不可能长期维持其原有的活性水平。

催化剂选择性 [catalyst selectivity] 反应物消耗于生成主产物的百分数，反映催化剂加速主要反应的程度。催化反应一般是多步骤的，可同时进行几种并行的反应或进行经过生成中间产物的串行反应，从而使反应出现主要反应和副反应之分，相应地反应产物也有主产物和副产物之分，由此也就产生催化剂的选择性问题。

催化剂再生 [catalyst regeneration] 使催化作用效率已经衰退的催化剂重新恢复其效率的过程。催化剂由于使用过程中会遇到种种不利因素(如中毒、烧结等)致使其不可能长期维持其原有的活性水平，到一定时候其活性达不到合格水平，这时就需要采取一些措施，比如烧掉催化剂上的积碳，补充损失的活性组分等，使催化剂恢复或大部分恢复其活性。

催化加氢 [catalytic hydrogenation] 释文见有机化学催化氢化。

担体 [support] 即载体。

担体效应 [support effect] 即载体效应。

氮化物催化剂 [nitride catalyst] 氮的化合物催化剂。主要为金属氮化物催化剂，如 Mo_2N、W_2N 等，非金属氮化物如 N 掺杂石墨烯、C_3N_4 等也有一些催化性能。

电催化 [electrocatalysis] 使电极、电解质界面上的电荷转移加速反应的一种催化作用。电催化剂的范围仅限于金属和半导体等的电性材料。电催化作用覆盖电极反应和催化作用两个方面，因此电催化剂必须同时具有两种功能：①能导电和比较自由的传递电子；②能对底物进行有效的催化活化作用。设计电催化剂的可行办法是修饰电极，将活性组分以某种共价键或化学吸附的形式结合在能导电的基底电极上，达到既能传递电子，又能活化底物的目的。

电子配位体效应 [electronic ligand effect] 不同原子之间发生电子转移而影响到催化剂性质的效应。催化作用的本质是化学作用。催化剂的活性中心和反应分子发生化学吸附时反应分子发生化学键的变异和重排而导致催化反应的进行，催化剂活性中心的这种功能常常受到其周边的配位原子、原子基团的影响，周边的配位原子、原子基团通过电子作用影响活性中心的成键性质，这种对活性中心的局部效应就是所谓的电子配位体效应。催化剂的电子配位体效应是普遍存在的，例如合金催化剂中不同金属原子之间的相互作用，负载型金属催化剂载体和金属组分之间的相互作用，助催化剂和活性组分或载体之间的相互作用等。

毒物 [poison] 存在于反应物或在催化剂制备过程中混入的少量使催化剂在使用过程中部分失去或完全失去活性的物质。对金属催化剂来说，硫和卤素是常见的毒物。

多相催化 [heterogeneous catalysis] 又称异相催化。催化剂与反应底物处于不同物相的催化反应，多表现为以固体催化剂催化流体(气体或液体)的反应。属于这种催化作用的有金属催化、氧化物催化、酸碱催化、择形催化、膜催化、光催化、碳一化学催化等，常用的催化剂种类有金属催化剂、氧化物催化剂、酸碱催化剂、分子筛催化剂、超强酸碱催化剂、膜催化剂和光催化剂等。重要的催化反应有催化加氢脱氢、氧化还原、烷基化、异构化、催化裂化、加氢裂解、加氢脱硫、脱氮和氧化偶联等。

反应转换频率 [turnover frequency] 催化剂活性的一种量度，指单位活性位点在单位时间内转化反应物的个数(单位为 s^{-1})。

非晶态催化剂 [amorphous catalyst] 作为催化剂用于催化反应过程的非晶体材料。非晶态固体宏观上表现为各向同性，熔解时无明显的熔点，只是随温度的升高而逐渐软化，黏滞性减小，并逐渐过渡到液态。常见的非晶态固体有高分子聚合物、氧化物玻璃、非晶态金属和非晶态半导体等。非晶态合金具有长程无序、短程有序的结构特征，既均匀又充满缺陷，非晶态合金由于具有各向同性、化学和结构环境均一、表面高度不饱和性等特点，而蕴藏着巨大的催化潜力。史密斯于 1980 年首次报道了非晶态合金催化剂的制备及应用，现在在许多领域取得了较大进展，尤其在不饱和化合物的选择加氢方面已取得重大突破。

非稳态动力学 [unstable state kinetics] 研究非稳态过程(反应体系从一个平衡态过渡到另一个平衡态)的一瞬间，即历程中各步骤的速率彼此不一定相等时的动力学规律的一门学科。

沸石膜 [zeolite membrane] 分子筛微晶在微孔支撑体上均匀连续生长而形成的膜，兼有无机膜与分子筛两者的物化性能特点，既具有分子筛孔径均一、比表面积大、吸附能力强、可交换的阳离子以及可调变的固体酸/碱性等结构特点，又具有一般无机膜耐高温、抗化学侵蚀、机械强度高等优点，这使得沸石膜具有良好的分离性能及广泛的应用。在吸附、分离、择形催化、离子交换等工业领域具有广阔的应用前景。20 世纪 90 年代，H. Suzuki 首先在无机多孔支撑体表面上合成了 NaA 型和 FAU 型分子筛膜。根据优先吸附性的不同，沸石膜可分为亲水性和疏水性两种。

费-托催化工艺 [Fischer-Tropsch catalytic process] 即费-托催化过程。

费-托催化过程 [Fischer-Tropsch catalytic process] 又称费-托催化工艺，煤间接液化反应之一，是以合成气(CO 和 H_2)为原料在催化剂和适当反应条件下合成以高碳烃为主的液体燃料的工艺过程。1923 年由德国化学家 Franz Fischer 和 Hans Tropsch 开发，第二次世界大战期间投入大规模生产。其反应过程可以用下式表示：$n\mathrm{CO}+2n\mathrm{H_2}\longrightarrow\!\left[\mathrm{CH_2}\right]_n\!+n\mathrm{H_2O}$。烃类生成物一般满足 Anderson-Schulz-Flory 分布，铁系化合物是费-托合成催化剂研究的重点。煤间接液化总的工艺流程主要包括煤气化、气体净化、变换和重整、费-托合成和产品精制改质等部分。合成气中的氢气与一氧化碳的摩尔比要求在 2～2.5。反应器采用固定床或流化床两种形式。如以生产柴油为主，宜采用固定床反应器；如以生产汽油为主，则用流化床反应器较好。此外，近年来正在开发的浆态反应器，则适宜于贫氢的合成气。

分散度 [degree of dispersion] 金属分布在表面的原子数占总的金属原子数的比例。

分子筛 [molecular sieve] 释文见无机化学同名词条。

分子筛催化剂 [zeolite catalyst] 以分子筛为催化剂活性组分或主要活性组分之一的催化剂。分子筛具有离子交换性能、均一的分子大小的孔道、酸催化活性，并有良好的热稳定性和水热稳定性，可制成对许多反应有高活性、高选择性的催化剂。应用最广的有 X 型、Y 型、丝光沸石、ZSM-5 以及钛硅分子筛等类型的分子筛。工业上主要应用于石油裂解以及择形催化等方面。

工业化学 [industrial chemistry] 研究由各种原料，如油、金属、植物、矿物、水及空气等天然资源，经过化学和物理处理，加工成各种生产资料和生活资料的基本原理、生产方法和过程的学科。化学工业包括生产各种工业化学品，是当代世界经济的核心之一。工业化学将原材料转化成超过 70 000 种不同的产品。一般可以分为无机化学工业、基本有机化学工业、高分子化学工业和精细化化学工业。工业化学的基本任务是研究物质发生化学变化的基本规律，比较不同工艺路线和流出的技术经济指标，确定工艺条件，进行设备选型。

固体超强碱 [solid superbase] 具有碱强度 $H_0>26$(参见哈米特酸度函数)的固体碱性物质。碱金属氧化物具有强碱性，但其 $H_0<26$。将碱金属如Na，K，Cs蒸发到碱性氧化物比如MgO表面可以得到 $H_0>35$ 的超强碱。

固体超强碱能促进 C—H 键断裂和形成，因而是烃类转化反应的优良催化剂。例如异丙苯和乙苯在该类催化剂上能快速和选择性地转化成 α-甲基苯乙烯和苯乙烯。固体超强碱催化剂对烯烃的双键转移和顺式反式转化两种异构化反应也有非凡活性，它们在室温下就能使1-丁烯，1-戊烯和1-己烯发生异构化反应，且产物的顺/反比特别高。固体超强碱化剂还能有效地催化甲酸甲酯分解成一氧化碳和甲醇。

固体超强酸 [solid superacid] 具有酸强度 $H_0<-16$(参见哈米特酸度函数)，即酸强度比 100%H_2SO_4($H_0=-12$)大几万倍的固体酸性物质。

固体超强酸催化剂具有很强的酸催化反应活性，在较低温度下就能活化 C—H 和 C—C 键，促使饱和烃发生裂解、异构化、烷基化和氯化等，而一般固体酸催化剂却需要几百摄氏度才能发生上述反应。因此，固体超强酸催化剂是很有工业应用前景的新型催化剂。

固体超强酸主要是通过两个途径制得的，一种是在酸性固体上添加某种质子酸或路易斯酸以便提高固体酸的酸性，例如用 H_2SO_4 浸渍 TiO_2，ZrO_2，WO_3-ZrO_2 等。另一种是将液体超强酸固载化，例如将 AsF_5 和 SbF_5 固载到石墨上。

固体核磁共振 [MAS NMR] 核磁共振现象源于核自旋和磁场的相互作用，1945年由Edward Mills Purcell和Felix Bloch分别发现。在核磁共振中，有许多核自旋的相互作用，每一种都可能包含着丰富的结构和动力学信息，加上能够定量分析、对样品无损伤以及可针对特定的原子(核)等特点，使核磁共振成为一种十分理想的强大的分析手段。在核磁共振的这些相互作用中，有一些是各向同性的相互作用，另一些则是各向异性的相互作用。它们的区别在，前者对核磁共振信号频率的影响与分子的空间取向无关，而后者则有关，故后者可能因为被测分子空间取向的不同而造成谱线的宽化，导致分辨率和灵敏度的降低。在液体中，由于分子的快速翻滚运动，消除了各种可能使谱线宽化的各向异性的核磁共振相互作用。因此，液体核磁共振谱图中的共振信号十分尖锐，有很高的分辨率，这是液体核磁共振成为测定溶液中化合物结构的最强大的方法的原因之一。但在固体中，由于上述分子运动的缺失导致核磁共振信号受到各向异性的相互作用影响而被展宽，分辨率和灵敏度低。如果希望得到类似液体核磁共振所给出的信息，必须通过高分辨率固体核磁共振技术才能实现。固体核磁共振中的一些重要相互作用主要包括纵向静磁场：塞曼作用(Zeeman Interaction)；横向振荡磁场：射频作用(Radiofrequency Interaction)；化学屏蔽作用(Chemical Shielding Interaction)；直接偶极作用(Direct Dipolar Interaction(Dipole-Dipole Interaction)；四极作用(Quadrupolar Interaction)；与实验仪器相关的外部相互作用，包括静磁场和射频场，往往大于内部相互作用。这意味着，在核磁共振谱学中，相比于自身的分子环境，核自旋体系与外部实验仪器的作用或者说“耦合”更强。这和绝大多数谱学方法中靠外部微弱的作用对体系进行扰动得到信息是完全不同的。在核磁共振中，不仅可以改变磁场的强弱，而且还能根据需要选择不同的脉冲序列来自由操纵核自旋体系，以获得我们所关心的信息，因此其潜力是无穷的。在固体核磁应用中通过魔角旋转(magic angle spinning(MAS)，交叉极化(Cross polarization (CP)，魔角旋转下的偶极重耦(Dipolar Recoupling under MAS)，四极核的高分辨率核磁共振：多量子魔角旋转等技术减弱谱线的宽化，提高信噪比可以得到与液体核磁类似的高分辨谱，并且可以研究很多溶液中不存在的固体分子间的相互作用，具有非常高的应用前景。

光催化 [photocatalysis] 在光的辐射作用下进行的催化反应。光催化分为多相光催化和均相光催化两类。多相光催化的反应过程在半导体固体粉末上进行，当半导体吸收能量等于或大于其禁带宽度(Eg)的光子，把价带的电子激发到导带，由于固液或固气界面半导体能带弯曲造成的电位差，驱使光生的高能量电子e^-和空穴h^+转移到固体颗粒表面的不同活性位上，导致不同吸附物种发生氧化还原反应。

均相光催化的催化剂为可溶性的金属络合物，如双核铑络合物、双核锰络合物、金属卟啉、钌络合物等，反应在均相溶液中进行，首先是金属络合物分子吸收光子，使最高占据轨道(HO MO)的电子跃迁到最低空轨道(LU MO)，生成激发态的高能量电子和空穴，它们分别和溶液中的不同物种进行氧化还原反应。光催化在环境保护领域得到广泛而有效的应用，例如工业废水中的有害金属离子，有机卤化物，CN^-，酚等的光催化消除，大气中污染气体，如 H_2S，SO_2，NO 的光催化净化。光催化在精细化学，癌细胞杀伤方面的应用也可望得到进展。

哈米特酸度函数 [Hammett acidity function] 体系中酸碱指示剂的酸度常数负对数值与该指示剂在体系中两种型体平衡浓度比值的对数值之和。

$$H_0 = pK^+_{BH} - \lg([BH^+]/[B])$$

式中，B 是一个指示剂碱；BH^+是其质子化形式；pK^+_{BH} 是 BH+ 电离常数的负对数；$[BH^+]/[B]$可用分光光度法测定。

合成气 [synthetic gas; syngas] 以氢气、一氧化碳为主要组分供化学合成用的一种原料气。由含碳矿物质如煤、石油、天然气以及焦炉煤气、炼厂气、污泥和生物质等转化而得。生物质和污泥在热解或者气化时也会产生大量的合成气，从形成的气体成分区分的，按合成气的不同来源、组成和用途，它们也可称为煤气、合成氨原料气、甲醇合成气(见甲醇)等。合成气的原料范围极广，生产方法甚多，用途不一，组成(体积分数)有很大差别：H_2 32%～67%、CO 10%～57%、CO_2 2%～28%、CH_4 0.1%～14%、N_2 0.6%～23%。

制造合成气的原料含有不同的 H/C 摩尔比：对煤来说约为 1∶1；石脑油约为 2.4∶1；天然气最高，为 4∶1。由这些原料所制得的合成气，其组成比例也各不相同，通常不能直接满足合成产品的需要。例如，作为合成氨的原料气，要求 $H/N_2=3$，需将空气中的氮引入合成气中(见合成氨原料气)；生产甲醇的合成气要求 $H_2/CO\approx2$ 或 $(H_2-CO_2)/(CO+CO_2)\approx2$；用羰基合成法生产醇类时，则要求 $H_2/CO\approx1$；生产甲酸、草酸、乙酸和光气等则仅需要一氧化碳。为此，在合成气制得后，尚需调整其组成，调整的主要方法是利用水煤气反应（变换反应），以降低一氧化碳，提高氢气的含量。

合金催化剂 [alloy catalyst] 能够改变化学反应速率但不改变反应总吉布斯自由能的金属合金。在反应条件下其实际形式不一定是合金，目前在实际催化反应中还普遍应用如岛状结构、层状结构、核壳结构的合金催化剂。合金催化剂的应用旨在提高催化反应的活性和选择性，其活性比任意一种单金属或两种金属的单纯加和明显提高。合金催化剂一般由活性金属与惰性金属或两种活性金属组成，它能够显示一种金属被另一种金属稀释的几何或集团效应，以及电子相互影响的“配位体”效应。如 Pt 催化剂加入 Sn 或 Re 合金化后，可以提高烷烃脱氢环化和芳构化的活性和稳定性。Pt 中加 Ir 催化剂使石脑油重整在较低压力下进行，且使较重的馏分油生成量增加。Cu 中加 Ni 的合金化使环己烷的脱氢活性不变，但可显著降低乙烷的氢解活性。

化学工程 [chemical engineering] 研究化学工业及其他过程工业（例如石油精炼、冶金、食品加工、印染工业及生物制药等）生产中发生的化学、物理和生物的一般规律和原理，应用这些规律并结合应用数学和经济学，来解决过程及装置的开发、设计、操作及改善问题的工程技术学科。化学工程涉及的过程工业既包括传统化工制造（金属材料、塑料合成和催化制造等），也包括现代化工（生物工程、纳米技术和生物制药等），后者在近年来发展非常迅速。化学工程涵盖工厂设计和操作的方方面面：安全与危险评估，过程设计和分析，控制工程，化学反应工程，施工规范和操作规程等。实验研究、理论分析和科学计算已经成为当代化工研究中不可或缺的三种主要手段。

活性集团 [ensemble] 参见活性中心。

活性相 [active phase] 参见活性中心。

活性中心 [active center] 存在于催化剂表面的一些在几何和电子结构上不均匀，对特定反应具有催化活性的特定部位。催化剂活性中心或活性部位常由一定数目具有一定结构的原子（比如金属催化剂）或由具有一定组成的基团（比如氧化物催化剂）构成，所以活性中心又称活性集团。有些催化剂，比如氧化物催化剂，硫化物催化剂等只在其特定晶相中有活性，则称此类晶相为活性相。

积炭 [carbon deposition] 催化剂在催化反应过程中表面生成、沉积焦或炭的现象。一般催化剂积碳会影响催化剂的活性，使得催化效果下降。根据导致积炭的气体成分，积炭分为两类：CH_4、CO、H_2还原气氛引起的积炭和不饱和烃类聚合或缩合引起的结焦。当气氛中含有CH_4、CO、H_2等气体时，温度不同会引起以下不同反应的发生，导致碳的产生。

当碳生成速率远大于碳气化速率，产生的碳将沉积在催化剂上，堵塞催化剂毛孔，导致催化剂失活。

烃类裂解结焦的机理主要有以下 3 种：①催化结焦，即烃类气体在反应器表面的 Fe、Ni 等金属的催化作用下结为细丝状焦；②气相结焦，即在气流主体中生成焦；③自由基结焦，即以上述两种机理形成的焦为母体，其表面自由基发生反应生成的热解焦。

集团效应 [ensemble effect] 又称结构效应。催化化学中的一种重要结构效应。反应分子和催化剂活性中心相互作用（化学吸附）而生成具有活性的不稳定的某种中间络合物时，要求反应分子和活性中心之间有某种结构适应性，例如对烃类加氢裂解反应有活性的部位是由多于三个金属原子组成的活性原子集团，合成氨反应的活性集团由7个Fe原子组成，因外界因素（如助催化剂、载体）的作用使活性中心的结构发生变化并导致催化剂的性能改变，这种效应称为集团效应。催化剂的结构涵盖的内容有：①表面原子配位数（对金属催化剂）；②分散度或颗粒度（对金属催化剂）；③表面形貌，指暴露在表面的金属晶面、晶角、晶棱、晶边、皱折、台阶等（指金属催化剂）；④晶型、晶格参数等。

碱性催化剂 [basic catalyst] 具有碱性（可以接受质子或给出电子对）的催化剂。碱性催化剂可以与反应物分子之间通过酸碱作用，形成活泼的负碳离子中间化合物，继而分解为产物。碱金属、碱土金属和部分稀土元素的氧化物或盐是碱性催化剂。分子筛主要是作酸性催化剂，但有一定碱性，经离子交换后也可主要作碱性催化剂。

结构不敏感反应 [structure insensitive reaction] 催化剂活性组分固定后，催化剂的转化速率和催化剂结构无关的反应。属于此类反应的有：烃类加氢、脱氢、异构化反应，CO 加氢生成甲醇反应等。

结构敏感反应 [structure sensitive reaction] 又称强求反应或温顺反应。催化剂活性组分固定后，催化剂的转化速率随催化剂结构的改变而变化的一类反应。属于此类反应的有，烃类加氢裂解反应、积炭反应、合成氨反应、费–托合成反应、CO 甲烷化反应等。

结构效应 [structure effect] 即集团效应。

结构性助剂 [structural promoter] 对催化剂活性组分起集团效应或结构效应的助催化剂。例如金属催化剂表面吸附的硫因吸附在活性很强的金属原子部位［比如在表面皱折（kink site）］，起到屏蔽这部分活性位的作用，而达到抑制氢解反应促进其他反应（加氢脱氢、异构化等）的效果。结构性助剂可使金属颗粒均匀分散以有利于氢解或异构化反应，因为它使活性组分彼此相互分隔从而可以避免活性组分因高温而烧结，例如合成氨催化剂中的 α-Al_2O_3 对活性组分 α-Fe

起的就是这种作用。

介孔[分子筛]催化剂 [**mesoporous** [**molecular sieve**] **catalyst**] 含介孔(孔径在 2～50 nm 之间)结构的催化剂。介孔分子筛由美国Mobile公司1992年成功合成,孔径为1.5～10 nm,比表面积很大。

金属催化剂 [**metal catalyst**] 应用最早、最多的一类催化剂。无论在理论研究还是在实际应用方面都是最重要的一种催化剂。作为催化剂的大部分金属的共性是它们属于过渡金属，其基本特征是其 d 轨道未满，这是过渡金属具有广泛催化活性的重要因素之一。金属表面上的活性中心的密度很高，所以其催化活性很高，但由此也带来负面影响，即降低反应选择性。如以金属为催化剂的重要反应有合成氨反应(以Fe为催化剂),生产汽油的烃类重整反应(以Pt为催化剂),汽车尾气催化剂(以 Pt、Pd、Rh 为催化剂)等。

晶粒度 [**crystalline size**] 又称颗粒度。固体催化剂晶体颗粒或负载于载体上的金属颗粒的尺寸。

均相催化 [**homogeneous catalysis**] 又称匀相催化。催化剂和反应物同处在均匀的物相(如气相或液相)中所进行的催化作用。均相催化剂有可溶性过渡金属化合物(配合物和盐类)催化剂和酸碱催化剂两大类。以酶为催化剂的酶催化本来也属于均相催化，但习惯上把它单独列为酶催化。

下面为两个重要的均相催化的例子：

丙烯氢甲酰化反应：以水溶性铑膦配位催化剂，如 $HRh(CO)[P(m\text{-磺酸钠苯基})_3]_3$，这种催化剂既保留了均相配位催化剂高活性高选择性的优点，又克服了原先催化剂与产物成一相而要靠蒸馏来分离的缺点，使产品与催化剂成容易分离的两相；另外，用水取代有机溶剂可以减少对环境的污染和对人体的危害。

丙烯定向聚合反应：丙烯定向聚合的高活性催化剂有：外消旋乙烯桥连二茚基锆二氯化物 $Et(Ind)_2ZrCl_2$ 及其四氢化物 $Et(H_4Ind)_2ZrCl_2$，内、外消旋乙烯桥连二茚基钛二氯化物 $Et(Ind)_2TiCl_2$ 及其四氢化物 $Et(H_4Ind)_2TiCl_2$，主体刚性与手性兼备的 $Et(Ind)_2ZrCl_2$/MAO 及 $Et(H_4Ind)_2ZrCl_2$/MAO。

颗粒度 [**particle size**] 即晶粒度。

孔分布 [**pore size distribution**] 催化剂的孔体积随孔径大小的变化而改变的分布规律。

孔径 [**pore size**] 催化剂孔的尺寸大小，常用平均孔直径 d 或孔分布来表示：

$$d=4V_g/S_g$$

孔隙率 [**porosity**] 催化剂孔体积占催化剂颗粒体积的百分数，以 θ 表示：

$$\theta=V_{孔}/(V_{孔}+V_{真})$$

朗缪尔-欣谢尔伍德机理 [**Langmuir-Hinshelwood mechanism**] 一种反应机制。在催化反应中，当两种反应分子同时化学吸附在催化剂表面，它们彼此相互反应，而且其速率是此反应的速率控制步骤的历程。

里迪尔-依利历程 [**Rideal-Eley mechanism**] 在催化反应中，两种反应分子中的一种化学吸附在催化剂表面而另一种处于气相或在表面物理吸附，它们相互反应而且其速率是整个反应的速率控制步骤的历程。

粒子大小分布 [**particle size distribution**] 不同粒子大小范围内颗粒的个数(或质量或表面积)所占的比例。目前的测量方法主要有激光衍射法、放散射法和显微镜法等。各种方法的比较如下表所示：

方法		典型适用粒子形态	典型测量范围	特点
激光衍射		粉末	0.1～100 μm	1.宏观方法；2.可进行实时探测；3.通常用于化学和制药工业；4.测量原理基于Fraunhofer和Mie散射理论
光散射	动态光散射(DLS)	粉末	5 nm～2 μm	1.宏观方法；2.通常用于化学和制药工业；3.需要在液体媒质中测量，理论根据是布朗运动；4.需要预估值
光散射	小角度X射线散射(SAXS)或小角度中子射线散射(SANS)	粉末，晶体	SAXS: 1 nm～3 μm SANS: 1 nm～10 μm	1.宏观方法；2.应用范围广泛；3.产品化程度低
显微镜	透射电子显微镜(TEM)	粉末，气溶胶	5 nm～500 μm	1.单个粒子微观测量方法；2.样品准备过程复杂；3.成像是样品的二维投影；4.需在真空中完成实验；5.是一种破坏性实验方法
显微镜	扫描电子显微镜(SEM)	粉末，气溶胶	50 nm～1 cm	1.单个粒子微观测量方法；2.应用范围广泛；3.通常需在真空中完成实验；4.成像放大范围大
显微镜	原子力显微镜(AFM)	粉末，气溶胶	1 nm～8 mm	1.单个粒子微观测量方法；2.三维成像；3.可对样品进行操作；4.样品要紧贴平面
微分迁移率分析仪(DMA)		气溶胶	5 nm～1 μm	1.宏观方法；2.能对规定直径分布粒子进行分选。
沉淀(sedimentation)		粉末	>0.1 μm	1.宏观方法；2.粒子必须在液体媒质中测量；3.须严格控制测量温度湿度；4.测量结果通常偏小
筛选(sieves)		粉末	2～100 μm	1.宏观方法；2.测量可重复性差；3.测量误差较大；4.价格低廉

硫化物催化剂 [**sulfide catalyst**] 具有氧化还原功能及酸碱催化作用的金属硫化物。主要应用在加氢脱硫和重油的催化加氢精制过程中，通过加氢反应将原料或杂质中会导

致催化剂中毒的部分除掉。活性相一般是将其氧化物母体在所需的温度下进行高温焙烧形成所需的结构后，再在还原气氛下硫化得到。还原后含硫量越高，催化活性越好。反应过程中，催化剂中硫的流失可以通过重新硫化再生。

裸露率 [exposity] 即分散度。

脉冲催化色谱技术 [pulse chromatography technique use for catalysis study] 在有载气带动的流动反应条件下反应物以脉冲方式注入催化剂床层，反应产物在载气带动下进入和反应床相连的色谱仪进行分析的技术。

脉冲断流色谱技术 [pulse stop flow chromatography] 一种研究催化反应的技术。在有载气带动的流动反应条件下的反应器中装有兼有催化和分离功能的催化剂，反应物脉冲注入后，经一定时间后停止通载气实现断流，过一定时间后又通载气，如此反复进行，和催化剂床相连的产品分析仪(比如色谱仪、质谱仪等)就可以记录到一系列的断流峰。

酶催化 [enzyme catalysis] 介于均相与非均相催化反应之间的一种催化反应。既可以看成是反应物与酶形成了中间化合物，也可以看成是在酶的表面上首先吸附了反应物，然后再进行反应。在催化反应专一性，催化效率以及对温度、pH 值的敏感等方面表现出一般工业催化剂所没有的特性。在许多情况下，底物分子中微小的结构变化会丧失一个化合物作为底物的能力。酶催化反应还表现出一种在非酶促反应中不常见到的特征，即可与底物饱和。当底物浓度增加时，酶反应速率达到平衡并接近一个最大值 V_m(见图)。

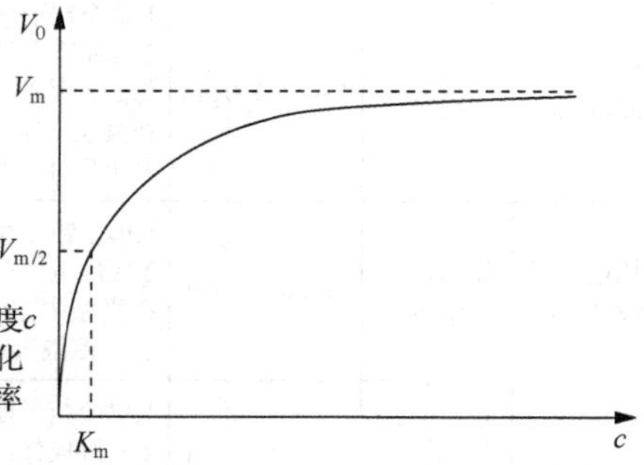

底物浓度c对酶催化反应速率的影响

K_m 称为迈克利斯常数，代表在给定的酶浓度下，反应速率达到最大值的一半时所需的底物浓度。

膜催化 [membrane catalysis] 利用膜(主要是无机膜)作为催化剂的催化过程。用于膜催化的膜有三种类型：①具有催化活性的膜；②无催化活性的膜，用于负载活性组分，膜起了选择性分离壁垒的功能；③兼有催化活性和分离壁垒功能的膜。膜催化在光催化和精细合成方面也得到很好的应用。

膜催化剂 [membrane catalyst] 用于膜催化过程的催化剂。膜催化剂按其材质可分为金属及其合金膜催化剂，金属氧化物膜涂于玻璃或陶瓷载体上的非对称膜催化剂，陶瓷膜催化剂，玻璃膜催化剂等。

纳米粒子催化剂 [nanosized catalyst；nanocatalyst；nanoparticle catalyst] 一种催化剂活性相尺寸处于纳米尺度的催化剂，指的是由纳米粒子构成的催化剂，既包括负载型纳米粒子催化剂，也包括由自由的纳米粒子构成的催化剂。

内循环反应器 [inner recycle reactor] 一种气固相反应器。在反应器中借助于叶轮或催化剂的高速度转动使反应气体因强制对流而具有完全返混性质，这时反应气在催化剂床中的浓度分布也是无梯度的。

黏结剂 [binding agent] 对催化剂形成一定尺寸的颗粒进行黏结的物质，可以提高催化剂机械强度。

汽车尾气催化剂 [auto-exhaust catalyst;catalyst for automobile exhaust] 按照用途来区分的一类催化剂，指的是专业用于汽车尾气进行处理的催化剂，一般被安装在汽车尾气管的末端，起到分解未燃烧完全的碳氢化合物，净化氮氧化合物，氧化一氧化碳等净化汽车尾气作用的催化剂。

强求反应 [demanding reaction] 即结构敏感反应。

氢溢流效应 [spill-over hydrogen effect] 由氢原子参加的溢流效应，是氢气首先在一个较易于解离氢气的活性中心解离成为氢原子，然后活性氢原子迁移到另外的活性中心上参与催化过程的现象。由Khoobier在1964年首次观察到，后被Sierfelt和Teicher试验验证。氢溢流现象的发生，首先需要一个易于解离氢气的活性中心，其次原子态的氢需要能够迁移到另外的活性中心上。氢溢流现象可以用来解释催化剂和载体之间的相互作用和合金效应对于催化反应的影响。

三效催化剂 [three-way catalyst] 具有三种效能的催化剂的简称。特指用于分解未燃烧完全的碳氢化合物、净化氮氧化合物、氧化一氧化碳等净化汽车尾气作用的催化剂，是一种最重要也是最常用的净化汽车尾气催化剂。

势能曲线 [potential energy curve] 能量随键长变化的曲线。它是分子的能量与分子内原子坐标的对应关系，比如随着分子内某一键的变化，能量会随着变化。

水煤气变换 [water-gas shift reaction] 一定条件下，CO(g)还原 H_2O(g)、H_2(g)还原 CO_2(g)的反应。即

$$CO(g)+H_2O(g) = CO_2(g)+H_2(g)$$

$$\Delta_r H_m(298.15K) = -41162\ J/mol$$

$$\Delta_r G_m(T) = [-30459.5+28.14(T/K)]\ J/mol$$

在比较宽的温度范围内，K 值与 1 接近，是一个可逆反应。反应前后，气体的体积没有变化，故该反应的平衡只受温度影响，与压力无关。其平衡组成易于实验测定，常选作为 C-H-O 系的独立反应。

酸碱催化 [acid-base catalysis] 以酸性物质或碱性物质为催化剂的催化反应。广泛应用于石油化工和精细化工领域。早期酸碱催化用主要是一些无机酸，如硫酸、磷酸、三氯化铝等，由于在均相操作或腐蚀性大，难以得到发展。发现了固体酸催化剂以后酸碱催化在石油工业得到迅速发展。其中重要的催化剂有沸石催化剂(分子筛催化剂)、杂多酸、阳离子交换树脂等。炼油工业过程中最重要的酸催化过程有石油裂化、烷基化等。

酸性催化剂 [acid catalyst] 具有质子酸性或路易斯酸性的催化剂。质子酸能给出质子，包括液体无机酸，以及一些固体酸如高岭土、膨润土、硅酸铝、沸石、杂多酸等；能接受电子的物质称为路易斯酸，如氧化铝、氟化硼等。现在酸催化反应一般极少用液体酸，工业上尤其如此，因为它有极强的腐蚀性。用固体酸为催化剂的工业过程主要是一些炼油工业过程，比如催化裂化、烷基化过程用酸性(分子筛)沸石催化剂。

碳分子筛 [carbon molecular sieve(CMS)] 主要成分为元素碳、外观为黑色柱状固体的分子筛。因含有大量直径为 4 A°的微孔，该微孔对氧分子的瞬间亲和力较强，可用来分离空气中的氧气和氮气，工业上利用变压吸附装置(PSA)制取氮气。碳分子筛制氮量大、氮气回收率高，使用寿命长，适用于各种型号的变压吸附制氮机，是变压吸附制氮机的首选产品。

碳分子筛是20世纪70年代发展起来的一种新型吸附剂，是一种优良的非极性碳材料，制氮碳分子筛用于分离空气富集氮气，采用常温低压制氮工艺，比传统的深冷高压制氮工艺具有投资费用少、产氮速度快、氮气成本低等优点。因此，它是目前工程界首选的变压吸附(PSA)空分富氮吸附剂，这种氮气在化学工业、石油天然气工业、电子工业、食品工业、煤炭工业、医药工业、电缆行业、金属热处理、运输及储存等方面广泛应用。

碳化物催化剂 [carbide catalyst] 能够改变化学反应速率但不改变吉布斯自由能的碳化物。碳化物是由碳和金属所形成的“间充性合金”，即体积较小的碳原子占据金属原子密堆积层的空隙，形成的往往具有简单的晶体结构。

它们倾向于形成组成可在一定范围内变动的非计量间隙化合物。其中的金属原子形成面心立方(*fcc*)，六方密堆积(*hcp*)或简单六方(*hex*)，而碳原子进入金属原子间的间隙位。过渡金属碳化物作为一种催化新材料得到了人们广泛的关注，在催化加氢、烷烃异构化、脱氢、脱氮(HDS)、脱氮(HDN)和重整及氧化反应等方面，表现出优良的催化活性和选择性。

烷基化反应 [alkylation reaction] 有机化合物分子中连在碳、氧和氮上的氢原子被烷基所取代的反应。

微分反应器 [differential reactor] 当管式反应器中的催化剂床很薄(即催化剂量很少)时，反应混合物组成沿催化剂床轴向的变化近似为线性，反应转化率小于 5%，这种反应器称为微分反应器。

温顺反应 [facile reaction] 即结构敏感反应。

稳态动力学 [stable state kinetics] 研究在稳态条件下，即反应历程中各个步骤的速率彼此相等时的动力学规律的一门学科。

形貌 [morphology] 催化剂的微观几何结构。催化剂的形貌影响着催化剂的活性、选择性、稳定性等诸多性能，例如分子筛催化剂的介孔形貌使其具有择形催化等特性。催化剂的形貌研究是催化剂物理性质表征中的一部分，目前主要有扫描电子显微镜、透射电子显微镜、扫描隧道显微镜等研究手段。

选择氧化 [selective oxidation] 使反应物分子在催化剂作用下高选择性地氧化为其中一种氧化产物的反应。例如乙烯在银催化剂作用下被高选择性地氧化为环氧乙烷而在氯化钯催化剂作用下被高选择性地氧化为乙醛。

氧化还原催化 [redox catalysis] 使用催化剂的氧化还原反应。目前工业上重要的氧化还原催化过程有烃类氧化、氨氧化等。主要使用金属和金属氧化物催化剂，例如乙烯氧化制备环氧乙烷过程使用金属银催化剂，乙苯氧化制备苯乙烯使用三氧化二铁催化剂或氧化镁-五氧化二钒催化剂。

氧化还原催化的过程复杂而多样，目前未形成比较成熟的理论，Mars 和 Van Krevelen 根据萘在五氧化二钒催化剂上氧化动力学的研究结果提出了两步反应机理：①萘与氧化物反应，萘被氧化，氧化物被还原；②还原了的氧化物与氧气反应恢复到初始状态。此机理可以解释一部分氧化还原催化反应的动力学。

氧化物催化剂 [oxide catalyst] 以金属氧化物作为活性相的催化剂。金属氧化物催化剂应用极其广泛，主要应用于两类反应，即氧化还原反应和酸碱反应。绝大多数氧化物催化剂是从金属氢氧化物或碱性碳酸盐脱水后制备成，所以其表面常存在 OH^-，氧离子(O^{2-})，金属离子(M^{n+})，如果 M 是过渡金属，则氧化物常成为非计量化合物，除了 M^{n+}可变价形成 $M^{(n+1)+}$或 $M^{(n-1)+}$之外，还会出现各种缺陷，如氧空位、间隙氧离子、氧离子空位、间隙阳离子、自由电子和空穴等，金属氧化物中的这些内在物种，都有可能单独或组合成活性位，例如 OH^-中的 H^+和 M^+可成为质子酸或路易斯酸中心(如 Al_2O_3、分子筛)，而 O^{2-}和 OH^-即为碱中心如 MgO、水滑石)，它们构成酸碱催化反应的活性中心。变价金属离子可成为电子的受体或供体，各种氧物种 O^{2-}、O^-，O^{2-}可以起去氢、加氧及传递电子的作用，它们是催化氧化还原反应的活性中心

(V_2O_5、钙钛矿型氧化物)。

工业上重要的丁烯氧化脱氢生产丁二烯，丙烯氨氧化生产丙烯腈用钼、铋、磷等组成的复合氧化物，汽车尾气催化剂，烃类燃烧用含镧铈锰铜等的钙钛矿型氧化物催化剂。

异相催化 [heterogeneous catalysis] 即多相催化。

溢流现象 [spillover phenomena] 在第一相上吸附或产生的活性物种迁移到在相同条件下不可能吸附或产生该活性物种的另一相表面上的过程。例如，常见及最重要的氢物种，首先在金属表面吸附解离成原子态氢，然后迁移到像金属氧化物、活性炭和其他固体表面上并与氢的接受体形成新的键。现在已经知道不仅氢物种能够发生溢流，氧、一氧化碳、分子碎片 NCO 等也可能发生溢流。溢流现象不仅发生在金属与氧化物之间，也可以发生在金属与金属之间，氧化物与氧化物之间或氧化物与金属之间。

溢流现象在催化过程中起了很重要作用，例如：

(1) 消除金属表面的积炭。炼油重整催化剂 Pt/Al_2O_3，在使用过程中难免有积炭生成，但伴随着反应过程所产生的氢溢流现象可以减缓积炭的生成；在催化剂再生过程中伴随有氧的溢流，它起了促进积炭燃烧的过程。

(2) 烃类加氢脱硫反应使用了 $Co-Mo/Al_2O_3$ 催化剂，Co 的助催化作用中的一个重要作用就是通过溢流而实现的，Co 促进了氢溢流到 Mo^{6+}中心的过程，使 Mo^{6+}被还原而成为活性中心。

(3) 合成甲醇过程中，H 从 Cu 活性组分或从载体 ZnO 迁移到其他表面上，除了还原 Cu 表面外，还可部分还原 ZnO，这种部分还原的 ZnO 具有储存 H 的作用，而储存氢溢流出和吸附的 CO 反应生成甲醇。

有机金属催化剂 [orgametal catalyst] 具有催化能力的金属有机化合物。有机金属化合物在催化过程中的反应主要有三种类型：①配体取代或交换，金属有机化合物的配体被另一种配体所取代的过程；②氧化加成，一类配体加成至金属原子并使金属价态升高的过程；③插入反应，一个原子或分子插入两个初始键合的金属-配体间。

有机金属催化剂在化工生产中应用广泛，如 α-烯烃加氢甲酰化过程和 Ziegler-Natta 过程都使用有机金属催化剂。

匀相催化 [homogeneous catalysis] 即均相催化。

杂多酸催化剂 [heteropolyacid catalyst] 一类含有氧桥的多核配位化合物催化剂。主要是 1∶12 系列的 Keggin 型结构如 $H_3[PMO_{12}O_{14}]\cdot xH_2O$ 等，它具有强酸性和氧化性。其酸性一般比组成杂多酸各组分的含氧酸的酸性强，作为氧化剂时极易氧化其他物质，使自身呈还原状态而又极易再生。体相内的杂多离子之间有一定空隙，有些极性分子可进出，使固体杂多酸如同以浓溶液作催化剂一样，有均相催化反应的特点，称此为“假液相”。

杂原子分子筛催化剂 [heteroatomic-incorporated molecular sieve catalyst] 一类掺杂杂原子来取代硅原子的分子筛催化剂。不同杂原子的引入会给材料带来很多新的性质，如稳定性的变化、亲疏水性质的变化以及催化活性的变化等等。

载体 [carrier] 又称担体。催化剂中含量大大多于活性组分并作为活性组分支撑体的物质。含载体的催化剂称为负载型催化剂，其中以负载型金属催化剂最为重要。

载体金属强相互作用 [support-metal strong interaction(SMSI)] 负载型金属催化剂经过高温氢处理(温度高于 500℃)后，金属的颗粒度没有变大，但其吸附 H_2、CO 的性能被抑制，而其反应性能反而增强的现象。负载在 TiO_2 上的过渡金属，例如 Ni 催化剂是出现 SMSI 现象的最典型的催化剂。产生 SMSI 的主要原因之一是，TiO_2 因部分还原而生成少量的 Ti^{3+}离子，它“爬”到与其相邻的 Ni 原子上，虽然因此而屏蔽了部分金属原子但却增强了金属与载体的界面能，所以反应活性增强了。存在 SMSI 的标志是：①对某一种反应，相对于在单纯金属催化剂，在负载型金属催化剂上的反应活化能发生变化，一般变小。②载体影响金属的形态，典型的是金属在载体表面呈现筏形。③载体和金属前驱体存在强相互作用时金属前驱体变得难以被还原，还原后因还原不完全常有未还原的低价态金属残留在载体上。

载体效应 [carrier effect] 又称担体效应。载体对活性组分的状态、性质以及催化性能所起的调变作用。载体对金属催化剂的效应有集团效应和电子配位体效应两类。

择形催化 [shape selective catalysis] 对反应底物结构有选择性的催化过程。例如分子筛催化剂上的催化反应，反应主要是在晶体内进行，因此只有那些尺寸和形状与分子筛孔道相匹配，能够扩散进出孔道的分子才能成为反应物或产物。具有择形催化功能的催化剂称为择形催化剂，例如沸石分子筛、磷酸铝分子筛和柱撑分子筛等。

作为择形分子筛应具备两个条件：具有活性位(例如酸位)和分子筛分效应的孔道。依据孔尺寸能否限制反应分子进入和反应产物分子离开或某种反应过渡态的形成，择形催化反应有以下几种类型。

①反应物选择性：有选择地使某种反应分子通过孔道而进行反应；

②产物选择性：和孔道尺寸相当的产物分子离开孔道而形成最终产物；

③约束过渡态选择性：对一些需要生成大的反应中间态的反应，会因分子筛孔道小而被抑制；反之，需要生成小的反应中间态的反应则因不受孔道的约束而得以进行。

中毒 [poisoning] 因反应物中混入的杂质强吸附在催化剂活性中心或与活性中心起化学作用而导致催化剂失去活

性的现象。

助催化剂 [promoter] 一种催化物质，当其少量加入催化剂时，可以调变催化剂的结构和性质而使催化剂的活性、选择性和稳定性大为改善。助催化剂按其性质可分为结构性助剂、成键性助剂和表面重构性助剂等。

助催化效应 [promoter effect] 助催化剂对催化剂的调变作用。包括对催化剂活性组分起集团效应或结构效应、表面重构作用、电子配体效应。参见助催化剂。

阻化剂 [stopping agent] 在生产过程中加入以降低催化剂活性的物质。当改善选择性成为主要矛盾时，加入阻化剂就有必要。

阻塞 [retardation and fouling] 催化剂在反应过程中表面形成不挥发沉积物，比如炭沉积，或产物把活性中心覆盖住，因而失去催化活性的现象。

4.5 电 化 学

阿伦尼乌斯电离理论 [Arrhenius ionization theory] 阿伦尼乌斯于1883～1887年根据电解质稀溶液的依数性和导电性的关系提出的电离学说。主要内容为酸、碱、盐在水溶液中自动地部分离解为带不同电荷的离子，而不需要借助电流的作用产生离子。离解形成的正、负离子不停地运动，相互碰撞又可结合成分子，所以溶液里电解质可能只是部分电离，电离的百分率称为电离度。在无限稀释的溶液中，电解质接近百分之百离解。阿伦尼乌斯电离理论发表后，遭到大多数科学家的反对，经过范托夫(J. H. van't Hoff)和奥斯特瓦尔德(F. W. Ostwald)的支持，才获得公认。电离理论是物理化学发展初期的重大发现，是物理和化学之间的一座桥梁，对物理化学的发展作出了重大贡献。根据电离理论，阿伦尼乌斯认为凡是在水溶液能够电离产生H^+离子的物质称为酸，能电离产生 OH^-离子的物质称为碱。他的酸碱观点是建立酸碱理论过程中的一个重大进展。

巴特勒-福尔默方程 [Butler-Volmer equation] 电极反应中电子交换步骤为速控步骤时的动力学公式。即当离子的扩散过程较电化学反应过程快得多时，电解质在电极表面的浓度与在溶液本体中的浓度视为相等，此时电流与超电势之间有下列关系：

$$i = i^0 \exp\left[-\frac{\alpha nF\eta_{ct}}{RT}\right] - i^0 \exp\left[\frac{(1-\alpha)nF\eta_{ct}}{RT}\right]$$

此即为巴特勒-福尔默方程，它由巴特勒 1924 年提出，1930 年经福尔默等改进而得。式中，i 为电极极化电流密度(可以反映电化学反应速率的大小)；i^0 为交换电流密度；α 为传递系数；η_{ct} 为迁跃超电势；n 为反应电子数；F，R，T 分别为法拉第常数、气体常数和热力学温度。公式全面反映了电极反应中电子迁跃步骤的特性：当电极反应达平衡时可得平衡电势的能斯特方程；当电极处于强极化区($|\eta_{ct}| > 0.1$ V)时，公式可简化为 $\eta_{ct} = a + b\lg i$ 即塔菲尔方程；在弱极化区，可简化为 η_{ct} 与 i 成正比。

半导体光电化学 [semiconductor photoelectrochemistry] 研究以半导体材料作为电极的光电化学体系中所进行的光电化学过程的一个电化学分支学科。电导率在金属与绝缘体之间的物质称为半导体(如 Si，GaAsV，InP，GaP，CdS，ZnO，TiO_2 以及 SiC 等)。以半导体为电极，以固体能带理论为基础，研究在光照射下半导体电极材料或电极附近溶液发生的因吸收光使电子处于激发态而产生的电荷传递过程的学科，属于光化学与电化学的交叉学科。1972 年 A. Fujishima 发现光照 n-TiO_2 电极可以将水分解为氢气和氧气，从而将光能转换为化学能，为光电化学的发展做出了重要贡献。半导体光电化学涉及的主要内容有半导体光电化学电池、半导体光催化、电化学发光和光合成模拟等。近年能源和环境问题的日益严重，使得太阳能与电能和化学能间的转换成为当今研究的热点。

半电池 [half cell] 一个导电体(如金属)同离子导体(如电解质溶液)连接构成的系统。

半电池电动势 [electromotive force of half cell] 即电极电势。

饱和甘汞电极 [saturated calomel electrode] 由表面附着甘汞(HgCl)层的金属汞，浸于Cl^-离子的饱和溶液中构成的电极，表示式为 Hg-Hg_2Cl_2/Cl^-。电极制备简单，电势稳定，重现性好，常用作电化学测量的参比电极。高温下甘汞不稳定，故一般适用于 70℃以下的测量。不适用于易和Cl^-起作用的溶液。

标准电池 [standard cell] 电池电动势测量中通常将韦斯顿电池(Weston cell)用作标准电池。电池构造为

$$\mathrm{Cd(Hg,12.5\%)|CdSO_4\cdot\frac{8}{3}\,H_2O|Cd^{2+}(sat),}$$
$$\mathrm{Hg_2^{2+}(sat),SO_4^{2-}|Hg_2SO_4|Hg}$$

电池高度可逆，电池电动势十分稳定，温度系数小，重现性好，20℃时为 1.01864 V。为保持标准电池的良好性能，应注意维护。使用时避免光照和振动，绝不能倒置、短路或用电压表测量，通过电池的电流不能大于微安级。

标准电动势 [standard electromotive force] 参见能斯特方程。

标准电极 [standard electrode] 即参比电极。

标准电极电势 [standard electrode potential] 某一电极与氢标准电极组成电池，且反应物的活度为 1 时所测电动势为该电极的标准电极电势。电极电势是反映电极反应趋势的参数，也是判定氧化还原反应能否进行的依据。为使用方便起见，常常将标准电极电势列成表，以便参考。

标准电极反应速率常数 [standard rate constant of an electrode reaction] 电极反应正、逆向速率常数之比，$k = k_f / k_b$。当电极电势为反应体系的标准平衡电势及反应离子为单位浓度时的速率常数称为标准电极反应速率常数。k 的量纲是“cm/s”，与质量平动速度的量纲相同，故可将 k 看作 $\varphi = \varphi^0_{平}$ 时反应粒子越过活化能垒的速率。

标准氢电极 [standard hydrogen electrode] 将镀了铂黑的铂片插入氢离子活度为 1 mol/dm^3 的溶液中，并通入标准压力的纯净氢气拍打到铂片上，所构成的电极。其电极反应为：$H^+ + e^- \rightleftharpoons 1/2\ H_2(g)$，并规定在任何温度下，标准氢电极的平衡电势 $\varphi^{\ominus}_{H^+/H_2} = 0$。在固体物理学中，采用将一个电子从无穷远处的真空中(作为零参考点)移到电极上所做的功，称为该电极的真空电子标准电极电势。氢标准电极电势较真空电子标准电极电势的值为–4.5 V ± 0.2 V。

表面电化学 [surface electrochemistry] 研究固/气界面中固体表面侧的结构形貌、电活性粒子的氧化还原反应以及电荷的转移和输运过程的电化学分支学科。是电化学极为活跃的前沿领域。各种谱学和扫描探针技术的原位检测，推动了在分子乃至原子水平上对电化学表面及其反应过程的深入认识。

玻璃电极 [glass electrode] 释文见分析化学同名词条。

不极化电极 [nonpolarizable electrode] 参见理想不极化电极。

参比电极 [reference electrode] 又称参考电极或标准电极。在测量电极电势时用作参照比较的电极。在绝大多数的情况下，可以将参比电极的电势与其他标度(例如标准氢电极)联系。在参比电极上进行的电极反应必须是单一的可逆反应，交换电流密度较大，制作方便，重现性好，即使有几微安电流通过，也会保持电极电势稳定以及在实验过程中不会被极化。常用的参比电极有氢电极、甘汞电极、银|氯化银电极、汞|氧化汞电极和汞|硫酸亚汞电极。

参考电极 [reference electrode] 即参比电极。

超电势 [overpotential; overvoltage] 又称过电势、极化电势。电极电势偏离平衡电势的数值。当电流流过电极时，电极电势(φ)对平衡电势(φ_e)产生偏离，称为极化。极化的程度用超电势 η 来量度，$\eta = \varphi - \varphi_e$。给定一个电流密度，就有一定的超电势值。它是电极反应各不同反应步骤超电势的总和。如包括物质传递超电势 η_m，电荷转移(或电化学活化)超电势 η_{ct}，以及电流通过时电极的接触电阻、溶液电阻所产生的欧姆电势降 η_R。所以 $\eta = \eta_m + \eta_{ct} + \eta_R$。

超级电容器 [supercapacitor] 又称双电层电容器、电化学电容器。是一种电化学元件，具有高比电容。其电极具有非常高的比表面积，并且往往伴随有电极表面的可逆氧化还原反应。

充电电流 [charging current] 电极/溶液界面双电层电容充电的电流，是一种非法拉第电流。

充放电曲线 [charge/discharge curve] 表示电池充放电电流与电池电压关系或电极充放电电流与电极电势关系的曲线。

充放电效率 [charge/discharge efficiency] 放电容量和充电容量之比。

传递系数 [transfer coefficient] 改变电极电势对阴极和阳极反应活化能影响程度的无量纲参数，用 α 表示对阴极反应的影响程度，β 表示对阳极反应的影响程度，α，β 均为小于 1 的正值，且 $\alpha + \beta = 1$。对于单电子电极反应，传递系数又称对称因子，反映正、逆向过程的对称性。

丹尼尔电池 [Daniel cell] 英国化学家丹尼尔(J. F. Daniel，1790～1845 年)提出的。由铜、锌两个可逆电极组成的电池(–) Zn |H_2SO_4(aq)| Cu(+)。但这个电池的电极反应不可逆，后改进为(–) Zn | $ZnSO_4$(aq) ‖ $CuSO_4$(aq)| Cu(+)，电池反应为 $Zn + CuSO_4 \rightleftharpoons Cu + ZnSO_4$，实验中用盐桥“‖”连接两液相以“消除”液接电势，使正、负极反应可逆，常被视为可逆电池的典型例子。

当量电导 [equivalent conductance] 含有 1 当量电解质量溶液的电导。据国际单位制(SI)的规定，当量概念不再在化学中使用，可参考摩尔电导率。

德拜-休克尔理论 [Debye-Hückel theory] 释文见理论与计算化学同名词条。

电沉积 [electrodeposition] 通过电化学还原或氧化在电极上发生的沉积过程。

电池 [cell] 广义上，一种将化学能、光能、热能、核能等直接转换为电能的装置。有化学电池、太阳电池、温差电池、核电池等。通常指化学电池，发生电化学反应的装置，包括电极、电解液和容纳它们的容器。

电导 [conductance] 表示某一种导体传输电流能力强弱程度，是体系电阻值的倒数。其单位为西门子(S)。

电导池常数 [cell constant] 对于测量电解液电导的

电池，由其两电极间距离与电极面积之比确定的常数。是衡量一个电导池导电性能的一个重要物理常数。

电导率 [electrolytic conductivity] 长 1 m，截面积为 $1\ m^2$ 的导体的电导称为电导率，用 κ 表示，单位是 S/m 或 $\Omega^{-1}\cdot m^{-1}$。物体的导电能力可以用电阻 R 或电导 G 表示。电阻与电导互为倒数。对于电解质溶液，电导率指电极面积为 $1\ cm^2$，电极间距 1 cm 时的电导，又称比电导，常用单位是 S/cm。溶液电导的测定，可以用来检验水的纯度，计算弱电解质的电离度和离解常数，测定难溶盐的溶解度以及进行电导滴定等。

电动势 [electromotive force] 原电池的各相间没有带电粒子的净转移时各相间电势差的总和，即电池的开路电压。

电镀 [electroplating] 将被镀导电件作为阴极，在外加电压下使金属离子在其表面还原形成金属沉积层的过程。

电合成 [electrosynthesis] 通过电化学反应进行的合成。

电化学 [electrochemistry] 研究电信号和化学效应之间关系以及化学能和电能间转换关系的一个化学分支学科。

电化学传感器 [electrochemical sensor] 利用敏感材料与被测物质中的分子、离子或生物物质相互接触时所产生的电极电势、表面化学势的变化，直接或间接地将其转换成电信号，从而达到有选择性地测出某种含量很少的特定物质的仪器。电化学传感器实际上是各种不同的专用电极。传感器的种类很多，在矿山开发、石油化工、医学和日常生活中应用广泛。有以 pH 传感器为代表的各种离子传感器，有可以检出 O_2，CO_2，H_2，CH_4 等的气体传感器和利用生物特性制作的生物传感器、酶传感器等。例如将葡萄糖氧化酶作为底物葡萄糖的敏感膜，与过氧化氢电极组装在一起，便构成检测葡萄糖的电化学传感器。

电化学电容器 [electrochemical capacitor] 即超级电容器。

电化学动力学 [electrochemical kinetics] 研究电极反应的速率和机理等动力学行为的学科，是电化学的主要组成部分。由于电化学反应是在电极与电解质溶液的界面上进行，又称电极过程动力学。主要内容包括研究电极反应的各分部步骤和组合顺序；找出组成电极反应的各分部步骤中，决定整个电极反应速度的控制步骤；测定控制步骤的动力学参数(即整个电极反应的动力学参数)，如超电势、交换电流密度、反应速率常数、传递系数等。电化学动力学在化工、能源、材料、环境保护和生命科学等领域有广泛的应用。

电化学发光 [electrochemiluminoscene; electrogenerated chemiluminescence(ECL)] 溶液中由于电化学反应而产生荧光的现象。电化学反应生成的中间产物经历一个高的放能反应而处于电子激发态，然后以发光的形式放出能量，回到低能态。

电化学反应速率 [rate for electrochemical reaction] 在化学反应中，用反应物或生成物的浓度变化率来表示反应速率，如 $r=\dfrac{dc_B}{dt}$。在电化学反应中，反应的速率与单位面积、单位时间内流过的电量有关。对于电极反应：O(氧化态)+ne^- ══ R(还原态)

若化学反应速率以 υ 表示，$\upsilon=\dfrac{dQ}{Adt}$，而 $\dfrac{dQ}{dt}=I$，$\upsilon=\dfrac{dQ}{Adt}=\dfrac{I}{A}=i$，$Q$ 为电量，A 为电极表面积，i 为电流密度，也就是电化学反应速率。

电化学极化 [electrochemical polarization] 当电极上有电流流过时，电极上的平衡状态遭到破坏，使电极电势偏离平衡值的现象。通常将电极反应由电化学步骤控制的极化称电化学极化，又称活化极化。其原因是阳极反应或阴极反应所需的活化能较高，电极电势必须向正移或负移才能使电极反应按一定速度进行。电化学步骤最基本的特征是电极电势与电流密度的对数间存在线性关系(塔费尔极化曲线)。

电化学抛光 [electrochemical polishing] 即电抛光。

电化学热力学 [electrochemical thermodynamic] 用热力学方法研究平衡状态下电化学反应热力学性质的学科分支。如可逆电池、电极电势、可逆电池电动势与热力学函数间的关系。比如通过测量的电池电动势计算电池反应的焓变、熵变以及吉布斯自由能的变化，各种平衡常数(难溶盐的沉淀平衡常数、络合平衡常数、氧化还原平衡常数)以及离子或电解质溶液的活度、活度系数等，由于测量的精度高，是研究热力学问题的重要方法。

电化学势 [electrochemical potential] 在恒温恒压下，将电荷数为 z_i 的 1 mol i 组分，从无穷远处移到具有电位为 φ_α 的实物 α 相内，并保持相中各组分浓度不变的情况下，附加能量的变化为 $z_iF\varphi_\alpha$(F 为法拉第常数)，则该粒子 i 在实验相 α 中的电化学势为 $\tilde{\mu}_i$，$\tilde{\mu}_i=\mu_i+z_iF\phi_\alpha$，式中 μ_i 为化学势。即电化学势是由电能和化学能两部分构成，是判断 i 粒子在 α 相中稳定性和研究其平衡性质的重要特性。在金属或半导体中，电子的电化学势相当于其费米能级。

电化学稳态 [electrochemical steady-state] 电极反应过程中，电化学步骤很快，扩散步骤为电极反应的速控步骤。此时反应粒子的消耗和由此导致的粒子扩散两种对立因素共同作用，使得电极界面附近某点的反应粒子浓度不随时间变化，达到稳态扩散。稳态扩散时浓度梯度依然存在，只是维持不变，称为电化学稳态。用数学语言表达，则是 $\dfrac{dc_i}{dt}=0$，

$\frac{dc_i}{dx}$=常数。

电化学液流电池 [electrochemical flow cell] 即氧化还原液流电池。

电化学暂态 [electrochemical transient] 又称非稳态扩散。电极反应过程中，从浓度极化产生、发展至稳态扩散到达之前的状态。

电极电势 [electrode potential] 又称电极势、电极电位或半电池电动势。指电极体系中电子导电相(如金属)相对于溶液中离子导电相(如电解质溶液)的相间电势差。单个电极的电势无法直接测量，因此采用标准氢电极的相对平衡电势为零作为参考点，将这样给出的电极电势称为氢标准电极电势，简称为电极电势。

电极电位 [electrode potential] 即电极电势。

电极反应 [electrode reaction] 在电极/溶液界面发生的、伴有电子得失的化学反应。获得电子的电极反应称为阴极反应；失去电子的电极反应称为阳极反应。

电极过程动力学 [kinetic of electrode processes] 即电化学动力学。

电极势 [electrode potential] 即电极电势。

电解 [electrolysis] 在电场作用下电极上发生的化学(分解)反应。

电解池 [electrolytic cell] 在外加电源的作用下，将电能转变成化学能的电池。

电解抛光 [electrolytic polishing] 即电抛光。

电解质 [electrolyte] 能在溶剂中或在高温熔融时离解成正负离子而导电的一类化合物。通常分为强电解质和弱电解质。强电解质指能完全或基本完全电离成为离子的化合物。弱电解质指能部分电离成为离子的化合物。

电聚合 [electropolymerization] 在施加电势或电流的条件下在电极上发生的聚合反应。

电流密度 [current density] 电极单位表面积上通过的电流。电化学反应中常以电流密度表示反应速率，参见电化学反应速率。

电毛细现象 [electrocapillary phenomenon] 电极界面上的界面张力(又称表面张力，表面自由能)与界面两侧的过剩电荷密度以及界面上离子和分子的吸附量有关，并影响与此相关的毛细管现象，称为电毛细现象。反映表面张力与界面电势差之间的关系。外加电势与汞/溶液界面张力间的关系曲线(γ–E)通常呈抛物线形状，称为电毛细曲线。

电抛光 [electropolishing] 又称电化学抛光或电解抛光，在适当的溶液中电解，使作为阳极的金属或合金表面获得平整和光亮的处理过程。

电势 E-pH 图 [potential-pH diagram] 以电极电势为纵坐标，以介质的pH为横坐标所构成的关系曲线。许多氧化还原电极的电势不仅与溶液中离子的浓度有关，而且也与溶液的pH有关。即电极电势是溶液浓度和酸度的函数。当溶液浓度一定时，电极电势只与溶液的pH有关。由此可以得到一系列的等温等浓度的电势 E-pH 曲线，即为 E-pH 图。它反映了反应中各组分生成的条件和组分稳定存在的范围。对在水溶液中发生的化学反应和平衡问题，例如在元素的分离，湿法冶金和金属的腐蚀与防护等方面有广泛的应用价值。

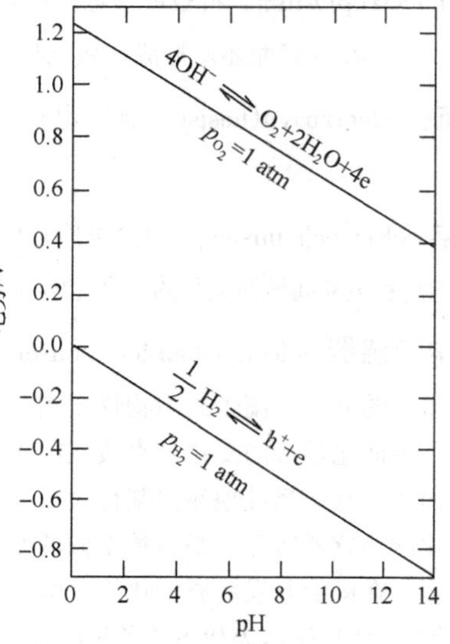

氧电极与氢电极的 E-pH 图

电子给体 [electron donor] 又称电子供体。在电子传递过程中给出电子的物质和接受氧化的物质。

电子供体 [electron donor] 即电子给体。

电子受体 [electron acceptor] 在电子传递过程中接受电子的物质和被还原的物质。

对称因子 [symmetry factor] 参见传递系数。

二次电池 [secondary battery] 又称蓄电池。放电之后可再充电反复使用的电池。

法拉第常数 [Faraday constant] 1 mol电子所带电量的绝对值，用 F 表示。$F=N_Ae=6.0221\times10^{23}\ mol^{-1}\times1.60218\times10^{-19}\ C=9.6485\times10^4\ C/mol$，式中，$N_A$ 为阿伏伽德罗常量，e 为电子的电荷，C为库仑。通常将 9.6485×10^4 C称为1法拉第电量。

法拉第电解定律 [Faraday law of electrolysis] 阐明电和化学反应物质间相互作用定量关系的定律。1833年

Faraday 据精密实验测量总结出的电解规律：当电流流过电极时，电极上发生电化学反应，电极上发生化学变化的物质的量 n 与流过电极的电量成正比；如将几个电解池串联，通入一定电量 Q 后，在各个电解池的电极上发生电化学反应的物质的量也一定相等，即 $n = Q/z\,F$。其中 z 为离子价，F 称为法拉第常数。

法拉第电流 [Faradaic current] 电极上发生氧化或还原反应而产生的电流。净法拉第电流是流过指示电极或工作电极的所有法拉第电流的代数和。

法拉第阻抗 [Faradaic impedance] 当电流流过电极时，界面上将发生电极反应(法拉第过程)。从电学的角度，可以用电阻、电容等电学元件组成的电路来模拟电极反应，称为等效电路。因电极反应表现出的阻抗称为法拉第阻抗，以区别于电流通过时双电层结构变化、吸附等表现出的非法拉第阻抗。通过法拉第阻抗测量可以获得电极反应的各种参数并探讨其机理。测量时一般用交流电方法或其他暂态方法，并需注意双层电容及其他非法拉第阻抗的影响。

放电能量密度 [discharge energy density] 单位体积或单位重量的放电能量。单位一般为 W·h/L 或 W·h/kg。

放电容量 [discharge capacity] 电池在指定电压范围内可以放出的电量，单位一般为 A·h 或 mA·h。

非稳态扩散 [unsteady state diffusion] 即电化学暂态。

腐蚀电化学 [corrosion electrochemistry] 研究金属腐蚀电化学行为的一个电化学分支学科。

腐蚀抑制剂 [corrosion inhibitor] 即缓蚀剂。

伽瓦尼(可逆)电池 [Galvanic cell] 通过自发的氧化还原反应产生电能的电池。1780 年意大利解剖学家伽瓦尼(L. Galvani , 1737～1798 年)解剖青蛙时发现，不同金属的两端接触青蛙时有电流通过，称之为“动物电”。同国物理学家伏打(A. Volta)注意到这个现象，进行了补充实验，制成了第一个电化学电池“伏打电堆”，为赞美伽瓦尼的功绩，把这种电池称为伽瓦尼电池。这是一个正、逆向电极反应都是热力学可逆又无液体接界的可逆电池。

高分子电解质 [polymeric electrolyte] 即聚合物电解质。

固态电化学 [solid state electrochemistry] 研究固态体系电化学行为的一个电化学分支学科。

光伏电池 [photogalvanic cell] 即太阳能电池。

光谱电化学 [spectroelectrochemistry] 从分子水平上研究电化学动力学的分支领域。在传统的电化学反应的研究中，是依靠电极电势或电流的测量，获得电化学反应的宏观动力学参数，以此推测电化学反应的可能机理，却不能提供反应产物和中间体鉴定的直接信息。在电极/电解质溶液界面结构的研究中，是利用电容的测量和计算得到理论值，并不能从分子水平上得到信息。20 世纪 70 年代 R.N. Adams，T. Kuwana，Fleishmann 等学者分别将紫外、红外、拉曼和核磁共振等光谱技术应用于电化学反应的原位研究，可以从中得到有关反应中间体，电极表面的性质，如吸附取向、排列次序和覆盖度等信息，称为光谱电化学。

过电势 [overpotential] 即超电势。

化学修饰电极 [chemically modified electrode(CME)] 由导体或半导体制作的电极，在电极的表面涂敷了单分子的、多分子的、离子的或聚合物的化学物薄膜，借 Faraday(电荷消耗)反应而呈现出薄膜的化学的、电化学的以及/或光学的性质。这里薄膜的选择性化学基团是按人们意图设计，并赋予电极某种预定的性质，如化学、电化学、光学、电学和传输性等。即是功能化的。

缓蚀剂 [corrosion inhibitor] 又称腐蚀抑制剂，以适当的浓度和形式存在于介质中，可以防止或减缓腐蚀速率的化学物质或复合物

活化超电势 [activation overpotential] 又称活化过电位，参见迁越超电势。

活化极化 [activation polarization] 即电化学极化。

极化 [polarization] 电流通过电极时，电极电势偏离平衡电势的现象。

极化电势 [polarization potential] 即超电势。

极化欧姆电势降 [Ohmic potential drop] 因电极和电解液电阻引起的实际电极电势与施加电势的偏差。

极化曲线 [polarization curve] 表示电极反应电流与过电势关系的曲线。

极限摩尔电导率 [limiting molar conductivity] 参见离子摩尔电导率。

碱性蓄电池 [alkaline accumulator; alkaline secondary battery] 使用碱性电解液的蓄电池的总称。

交换电流密度 [density of exchange current] 表征电极反应动力学的重要参数。当电极处于平衡状态时，电极上没有电流通过，但在微观上电极正、逆方向反应速度相等。对于还原反应 $B^+ + e^- \rightleftharpoons B$，此时它的正向阴极电流密度与逆向阳极电流密度相等，此电流密度称为交换电流密度 i^0，即 $i^0 = i_c = i_a$。

接触电势 [contact potential] 两块不同的金属导体 A

和 B 相互接触，由于金属的费米能级不同，相互接触时发生电子交换，达到平衡后两块金属间产生接触电势差。

界面电化学 [interfacial electrochemistry] 涵盖电化学界面微观结构、电极界面吸附、电化学界面动力学和理论界面电化学等的学科，构成了电化学的基础。传统电化学研究的是固/液界面，20 世纪 90 年代扫描探针技术的高速发展，液/液界面电化学进入微型化阶段，成为一个介于现代传感器和传统电化学间的全新电化学分支学科。

金属电沉积 [metal deposition] 通过电化学氧化或还原在电极上形成金属或合金镀层的过程。

金属钝化 [metal passivation] 金属表面状态变化所引起的金属电化学行为使它具有低的腐蚀速率、正的电极电势的现象。

金属腐蚀 [corrosion of metal] 金属与介质因发生电化学反应而引起材料变质和损坏。

金属空气电池 [metal-air cell] 以空气(氧)作为正极活性物质，金属作为负极活性物质的电池的统称。如锌空气电池。

聚电解质 [polymeric electrolyte] 即聚合物电解质。

聚合物电解质 [polymeric electrolyte] 又称聚电解质、高分子电解质。是一类高聚物的离子导体，在其分子中重复的结构单元中含有可离解的离子基团。按导电离子的类型，可分为阴离子、阳离子或双离子聚合物电解质。

科尔劳许离子独立运动定律 [Kohlraushi law of the independent migration of ions] 参见离子独立运动定律。

可逆电池 [reversible cell] 满足以下两个条件的电池称为可逆电池：①电极上的化学反应可向正、反两个方向进行。如将电池与一外加电池 $E_{外}$并联，当电池的 E 稍大于 $E_{外}$时，电池将进行电化学反应而放电；反之，当 $E_{外}$稍大于 E 时，电池成为电解电池，将通过逆向电化学反应而充电。②如果通过的电流很微小，电池可在接近平衡状态下工作，并做最大有用功，如作为电解电池则消耗的能量最小，即电池的能量转换完全是可逆的。

可逆电极 [reversible electrode] 以下三种类型的电极属于可逆电极。

第一类电极：由金属浸在含有该金属离子的溶液中，如金属 Zn 浸在 $ZnSO_4$ 溶液中，$Zn|Zn^{2+}$。

第二类电极：金属表面覆盖一薄层该金属的难溶盐，并浸在含有该难溶盐负离子的溶液中。如银|氯化银电极，$Ag|AgCl|Cl^-$。又称难溶盐电极。

第三类电极：又称氧化还原电极，由惰性金属，如铂插入含有某种离子的不同氧化态的溶液中所构成。在这里，金属仅作为导体，氧化还原反应在溶液中进行。如，$Pt|Fe^{3+}(a_1)$，$Fe^{2+}(a_2)$。

快离子导体 [fast ionic conductor] 释文见无机化学同名词条。

扩散超电势 [diffusion overpotential] 由于电活性物质的扩散速度缓慢，使电极附近溶液的浓度与溶液本体浓度不同而引起的超电势。在电极反应的过程中，如果电化学反应的速度较快，而反应物或产物在溶液中的传递速度比较缓慢，则该电化学反应受物质传递过程控制。物质在液相中的传递有三种方式，即对流、扩散和电迁移。考虑到在电极附近的薄层液体中，对流的影响可忽略，主要起作用的是扩散和电迁移，若在溶液中加入大量支持电解质，则电迁移的影响也可以忽略。此时，可认为电极表面附近薄层液体中仅存在扩散传质过程。当反应由扩散控制时，由于电化学反应速度较快，电极表面附近的浓度趋近于 0，电流达到极限值，用极限电流 $i_{d,1}$ 表示。可以推导出在稳态时的扩散超电势：

$$\eta_d = \varphi_{eq} - \varphi = \frac{RT}{nF}\ln\left(\frac{i_{d,l}}{i_{d,l} - i}\right)$$

扩散电流 [diffusion current] 当电极反应可逆，电极过程受扩散控制时的电流在极谱中称扩散电流。这类极谱称扩散波或可逆波。

扩散电势 [liquid junction potential] 即液体接界电势。

离子缔合 [ionic association] 在电解质稀溶液中，离子间的相互作用以静电力为主。如果两个带不同符号电荷的离子之间彼此接近到某一临界距离，它们之间的库仑吸引能显著大于溶液中物种的热运动能，在一定时间内形成离子对甚至三离子体。可以认为它们是具有一定电离常数，与正、负离子达成平衡的实体。这种生成非化学键合的离子对过程称为离子缔合。由于离子的缔合作用减少了溶液中的离子数，因此溶液的电导率降低。在无限稀释的极限条件下，离子的缔合度趋于 0。

离子独立运动定律 [the law of the independent migration of ions] 在无限稀释的溶液中，每一种离子都是独立运动的，不受其他离子影响。例如 HCl 与 HNO_3；KCl 与 KNO_3；LiCl 与 $LiNO_3$ 三对电解质的 Λ_m^∞ 差值相等，与正离子无关。同样在具有相同负离子的三组电解质溶液中，Λ_m^∞ 的差值也相等，与负离子无关。因此，可以认为在无限稀释的电解质溶液中，每一种离子都是独立运动的，不受其他离子的影响，每一种离子对电解质的 Λ_m^∞ 的贡献是恒定的。所以电解质溶液的无限稀释摩尔电导率 Λ_m^∞ 应是这两种离子的摩尔电导率之和，可表示为 $\Lambda_m^\infty = \Lambda_{m,+}^\infty + \Lambda_{m,-}^\infty$。

离子氛 [ionic atmosphere] 又称离子云。处理电解质溶液中离子相互作用的一种模型。在溶液中由于静电作用力的影响，每一个离子都被与它电荷相反的离子所包围，异号离子的分布服从泊松静电公式和波尔兹曼统计规则，有如弥散的、很快淡化的云雾。即在这中心离子的周围，距离中心离子越近，同电荷的密度越小，而相反电荷的密度就越大，结果在中心离子的周围，部分正负电荷互相抵消，其结果是在这中心离子周围分布着大小相等而符号相反的电荷，这一层呈球体状分布的电荷称为离子氛。这是德拜-休克尔理论的核心，空心球体的半径 d 常称为德拜厚度或离子氛厚度。

离子互吸理论 [theory of ionic interactions] 释文见理论与计算化学德拜-休克尔理论。

离子活度 [ionic activity] 由于电解质溶液中离子之间以及与溶剂之间的作用，使离子性能（活度系数、化学势等）的有效浓度与实际浓度有所偏离，为了使实际溶液也能用理想溶液的相关公式，必须对浓度进行校正。这种校正的浓度称为活度，即以一个修正因子乘以实际浓度：

$$a_i = \gamma_i \frac{c_i}{c_i^{\ominus}}$$

式中，a_i 为 i 离子的活度；c_i 为 i 离子的实际浓度，$c_i^{\ominus}$ 为 i 离子的参考态；γ_i 为 i 离子的活度系数。

离子活度系数 [ionic activity coefficient] 又称离子活度因子，衡量溶液中离子 i 的实际浓度 c_i 与理想溶液中该离子浓度 a_i 偏差程度的数值，即 $a_i = \gamma_i c_i$。对理想溶液 $\gamma_i = 1$，相对理想溶液有正偏差时，$\gamma_i > 1$；如果有负偏差时，则 $\gamma_i < 1$。因此是溶液中离子非理想程度的一种表示法。

离子活度因子 [ionic activity factor] 即离子活度系数。

离子摩尔电导率 [ionic molar conductivity] 相距 1 m、电极面积为 1 m^2 的两平行板电极之间含有 1 mol 某电解质的溶液电导，用 Λm 表示其单位为 $S \cdot m^2/mol$。使用摩尔电导率必须明确电解质的基本单元。溶液的摩尔电导率固定的是物质的量而不是浓度，当浓度降低时。由于粒子间相互作用力减少，正负离子的运动速度增加，因而摩尔电导率增加。当浓度逐步降到一定程度后，强电解质溶液的摩尔电导率变化极微，而弱电解质溶液的摩尔电导率仍在继续变化。德国化学家科尔劳许（Kohlraushi）根据实验结果发现在浓度极稀时，强电解质溶液的摩尔电导率 Λm 与浓度的平方根 $c^{1/2}$ 成线性关系。由此外推获得的溶液在无限稀释条件下的摩尔电导率称为极限摩尔电导率 Λ_m^{∞}。

离子-偶极相互作用 [ion-dipole interaction] 释文见有机化学同名词条。

离子迁移率 [ionic mobility] 又称离子淌度。在单位电场强度下，某种离子在一定温度和一定介质中移动的速率。电解质溶液的电导是由离子引起的，不同溶液的导电能力取决于单位体积中离子的数量、每个离子所带的电荷数以及离子移动的速度。所以溶液的电导率 κ 与溶液中各种离子的体积摩尔浓度 c_i（mol/dm^3），离子价 z_i 和离子的淌度 U_i 有关。

$\kappa_i = c_i|z_i|U_iF/1000$，$F$ 为法拉第常量，κ 的单位为 S/cm。

离子强度 [ionic strength] 在稀溶液中，影响活度系数 $\gamma^{\pm}$ 的因素是离子的总浓度和离子的总电荷（即离子价），而与离子的本性无关。综合考虑离子的总浓度和离子电荷的影响，提出了离子强度的概念。它等于溶液中每种离子 i 的质量摩尔浓度（m_i）乘以该离子价（z_i）的平方所得的各项之和的一半。用公式表示为

$$I = \frac{1}{2}\sum_i m_i z_i^2$$

式中，m_i 是 i 离子的真实质量摩尔浓度，若是弱电解质，其真实浓度用它的浓度与电离度相乘而得。在稀溶液中离子强度 I 与活度系数 $\gamma^{\pm}$之间的关系：$\lg\gamma_{\pm} = Az_+z_-\sqrt{I}$，即德拜-休克尔极限公式，式中 A 是与温度有关、与浓度无关的常数。

离子溶剂化 [ionic solvating] 当强电解质溶于溶剂后，离解成自由离子，由于静电作用，溶液中每个离子都被一定数量溶剂分子所包围，这些溶剂分子随离子在溶液中整体流动。这种作用称为离子溶剂化，它是离子在溶液中的重要特性。当溶剂是水时，溶剂化作用就称为水化作用。

离子水化 [hydration of ion] 参见离子溶剂化。

离子淌度 [ionic mobility] 即离子迁移率。

离子云 [ion cloud] 即离子氛。

理想不极化电极 [ideal depolarized electrode] 当电流流过电极时，电极电势不发生变化的电极称为不极化电极，即不随电流改变而具有恒定电势的电极。这种电极的交换电流密度趋于无穷大，无论通过多大的净电流也不会引起电化学极化。这种电极称为理想可逆电极，或称为理想不极化电极。一般用作参比电极。大面积的汞池构成的饱和甘汞电极，在小电流的情况下，可以看成是理想不极化电极。

理想极化电极 [ideal polarized electrode] 通电时外界输入的全部电量都用来改变电极界面的结构，而不发生电化学反应的电极体系。在一定的电势范围内，可以找到符合这种条件的实际电极体系，例如在纯净的汞电极在仔细去除氧和氧化剂的 KCl 溶液中，当电极电势在 0.1～1.2 V（相对氢标准电极）的范围内变化时，汞的溶解，钾和氢的析出都不可能发生，常用来研究界面的双电层结构。因此，这个电极体系可以近似地看成是理想极化电极。

量子电化学 [quantum electrochemistry] 应用量子力学的原理和方法从微观层次研究电极过程的电化学分支学科。由于电极过程中涉及的电子、质子均是量子(微观)粒子，则电荷的迁移可当作微观粒子的运动，就可以用量子力学的方法处理。比如电子在两个等能量的能级间的转移速率，可用与时间有关的微扰理论来处理，从而可求出电子在界面的跃迁概率。由此从微观层次上阐明电化学的基本规律，此即为量子电化学。

零点荷电位 [potential at zero charge (PZC)] 即零电荷电势。

零电荷电势 [potential of zero charge] 又称零点荷电位。理想极化电极上电毛细曲线最高点($dq/d\varphi = 0$)所对应的电势，用 φ_0 表示。零电荷电势是一个实际可测的参数，其位置与溶液中无机盐的阴离子有关。对于稀溶液，可通过微分电容曲线的最小值准确获得固体电极的零电荷电势 φ_0。

膜电化学 [membrane electrochemistry] 美籍华人物理化学家田心棣(H. Ti Tien)定义膜电化学就是电化学在生物膜中的应用，以及膜内的输运过程。由于生物膜的复杂性，Tien 开创了人工双层脂质膜(BLM)的电化学研究。

膜电势 [membrane potential] 又称唐南电势。当不同浓度的电解质 MX 溶液，用一个只允许 M^+透过，而不允许 X^-透过的半透膜，在膜的两侧由于 M^+浓度不同而引起的电势差，称为膜电势。定量表示为

$$E = \Delta\phi = \phi_{内} - \phi_{外} = \frac{RT}{F}\ln\frac{a_{M^+}(外)}{a_{M^-}(内)}$$

利用这个原理做成的电极称为膜电极。它广泛应用于玻璃电极，离子选择性电极，生物膜电极等。膜可以用来测定溶液中某种离子的活度。在生物学中，利用 K^+在细胞膜两边浓度不等可以测出神经细胞膜电势约为–70 mV。

摩尔电导率 [molar conductivity] 单位浓度电解质溶液的电导率。

纳米电化学 [nanoelectrochemistry] 纳米尺度上的电化学，包括电化学理论对纳米技术发展的影响、各种形状、结构的纳米材料的电化学制备和纳米材料的电化学性能，以及纳米尺度上电化学理论的发展等内容。例如电沉积制备半导体量子点、超晶格，多孔氧化铝、多孔硅的阳极氧化制备，TiO_2 纳米晶薄膜显著提高了染料敏化太阳能电池的转换效率，以及富勒烯、碳纳米管、石墨烯在光伏电池、锂离子电池中的应用等。纳米电化学是当今电化学研究中最前沿、最活跃的领域。

能斯特方程 [Nernst equation] 描述电池电动势对参加反应物质的性质、浓度和环境条件(温度、大气压等)依赖的关系式。能斯特(W. H. Nernst)1889 年从热力学推导而得。若反应温度为 T，电池反应为：$aA + bB == gG + hH$，则电池电动势为

$$E = E^{\ominus} - \frac{RT}{nF}\ln\frac{a_G^g a_H^h}{a_A^a a_B^b}$$

式中 R，T，F 分别为气体常数、热力学温度、法拉第常数；a 为活度；$E^{\ominus}$ 为标准电动势，即参与电池反应的物质都处于标准状态(a=1)时的电动势；n 为反应电子数。能斯特方程是电化学中一个重要的基本关系式。

浓差超电势 [concentration overpotential] 即浓差过电位。

浓差电池 [concentration cell] 两个电极组成相同，但电解质溶液的浓度不同或气体分压不同所构成的电池。浓差电池可分为有液接和无液接浓差电池。

浓差过电位 [concentration overpotential] 因浓度极化导致的与平衡电势间的差值，又称浓差超电势。

浓差极化 [concentration polarization] 即浓度极化。

浓度极化 [concentration polarization] 又称浓差极化。当电极表面上进行电化学反应时，反应粒子不断在电极表面消耗，产物不断在表面生成，因粒子扩散的迟缓性而导致电极表面附近离子浓度与溶液中的本体浓度不同，从而使电极电势发生偏离平衡电势的现象。

平均离子活度系数 [mean activity coefficient of ions] 又称平均离子活度因子。在电解质溶液中，正、负离子总是同时存在的，目前不能用严格的实验方法测定出单个离子的活度和活度系数，而平均离子活度 $a_\pm$和活度系数 $\gamma_\pm$可以通过实验测出。对于强电解质 $M_{\nu_+}^{z+}X_{\nu_-}^{z-}$，

$$a_\pm^\nu = a_+^{\nu_+} \cdot a_-^{\nu_-}，\ \nu = \nu_+ + \nu_-，\ \gamma_\pm^\nu = \gamma_+^{\nu_+} \cdot \gamma_-^{\nu_-}$$

式中，ν_+，ν_-，z_+，z_-分别为正、负离子的计量数及离子价。$\gamma_\pm$可以用实验测定或用德拜-休克尔公式计算。在一般情况下，$\gamma_\pm$小于 1，当浓度增加到一定程度时，$\gamma_\pm$可随浓度增大而变大，甚至大于 1；对于相同价型的电解质，在稀溶液中，离子的平均活度系数的值相差很小；而对不同价型的电解质，当浓度相同时，正、负离子价数的乘积越高，则 $\gamma_\pm$对 1 的偏离越大，说明与理想溶液的偏差越大。

平均离子活度因子 [mean activity coefficient of ions] 即平均离子活度系数。

气体电极 [gas electrode] 有气体参与电极反应的电极，如氢电极、氧电极等。气体分子与溶液中相应立足在气/

液相之间的惰性金属上接受电子，从而建立电极反应平衡。近年在燃料电池、金属-空气电池等研究中开发了载有催化剂的气体扩散电极，拓展了气体电极的应用。

迁移电流 [migration current] 在电场的作用下，溶液中带电离子各自向与其所带电荷符号相反的电极方向运动而产生的电流。如果在所研究的电化学体系中加入大量的支持电解质(即惰性电解质)，则电迁移的影响可以忽略。

迁跃超电势 [charge transfer overpotential] 电子交换步骤为电极反应速控步骤时的超电势。由于该步骤中电荷要在电极/溶液界面迁跃，又称电荷转移超电势或电化学活化超电势，用 η_{cht} 表示。它与电流密度之间的关系为

$$i = i^0 \exp\left[-\frac{\alpha nF\eta_{ct}}{RT}\right] - i^0 \exp\left[\frac{(1-\alpha)nF\eta_{ct}}{RT}\right]$$

式中，n 为电极反应转移的电子数；i^0 为电极平衡电势下的交换电流密度；α 为对称因子又称传递系数；R 为摩尔气体常数；T 为反应温度。此即巴特勒-福尔默公式。

欠电势沉积 [underpotential deposition(UPD)] 对于电化学沉积反应，如果发生电化学沉积反应的电势低于由能斯特公式预期的反应物离子活度为 1 时的电势，则称为欠电势沉积。

嵌入电极 [intercalation electrode] 外来原子、离子或分子可以可逆嵌入到电极的晶格中或从晶格结构中脱嵌，电极的晶格原子只发生位移而不产生扩散性重组的电极。

强电解质 [strong electrolyte] 能完全或基本完全电离成为离子的化合物。参见电解质。

氢超电势 [hydrogen overpotential] 当电极反应产生氢气时所产生的超电势。不同的金属，氢超电势不同。是氢在电极金属表面上析出难易程度的度量。例如，在 Pt，Fe 上，氢超电势较低，出氢容易，而在汞、铅等金属上氢超电势很高，出氢就很难。氢超电势在工业上有重要影响，如电解水制氢时，要求出氢容易，应选氢超电势小的金属作为电极金属材料，当以水溶液体系电解时，则应选氢超电势高的金属为电极金属材料，以抑制氢的析出。

氢电极 [hydrogen electrode] 参见标准氢电极。

去极化电极 [depolarized electrode] 电极电势在电解过程中保持恒定，在电化学测量过程中始终不变的电极。

熔融盐电解质 [fused salt electrolyte] 包含离子、离子缔合体和一定自由体积的盐类熔融体。根据工作温度分为高温熔融盐电解质(如 LiCl-KCl 共熔体系)和室温熔融盐电解质(如 $AlCl_3$ 熔盐体系)。

熔盐电化学 [electrochemistry of fused salts] 研究熔融盐电解质电化学行为的一个电化学分支学科。

弱电解质 [weak electrolyte] 能部分电离成为离子的化合物。参见电解质。

生物电化学 [bioelectrochemistry] 应用电化学的基本原理和实验方法研究生物系统在分子和细胞水平上电荷和能量传输运动规律的分支学科。它涉及生物系统的各种氧化还原反应(呼吸链、光合链等)的热力学，生物膜和人工模拟膜上电荷与物质的分离和转移，以及酶传感器、微生物燃料电池、DNA 电化学传感器和蛋白质芯片等应用生物电化学。

生物氧化还原体系标准状态 [biological redox standard state] 生物系统中，许多氧化还原过程除了电子得失以外还同时涉及 H^+ 离子的转移，$A + H^+ + ne^- \longrightarrow B$。由于在生物系统中的反应大部分是在接近中性的条件下进行的，因此选择 $a(H^+)=10^{-7}$ 作为生物氧化还原体系的标准状态，称为生化标准态。凡是涉及 H^+ 离子参与的反应，其标准电极电势应该用生化标准电极电势，用 $\varphi^{\oplus}$ 表示。

双电层 [electric double layer] 释文见分析化学同名词条。

双电层电流 [double-layer current] 电极/溶液界面双电层电容充放电的电流，是一种非法拉第电流。

双电层电容 [double layer capacitance] 在一定电势差下电极/溶液界面双电层的电荷储藏量。

双电层电容器 [double layer capacitor] 即超级电容器。

塔费尔方程 [Tafel equation] 1905 年，塔费尔(Tafel)提出电极氢析出反应的超电势 η 与电化学反应电流密度 i 的经验公式：$\eta = a + b\lg|i|$

对于阴极极化：$a = \dfrac{2.3RT}{\alpha nF}\ln i^0$；$b = \dfrac{2.3RT}{\alpha nF}$

对于阳极极化：$a = -\dfrac{2.3RT}{\beta nF}\ln i^0$；$b = \dfrac{2.3RT}{\alpha nF}$

从上述公式中可见，在比较大的超电势 η 下，η 与外加电流密度 i 的绝对值的对数呈线性关系。以 $\eta \sim \ln|i|$ 作图，其直线部分称为塔费尔斜率，通过斜率 b 可求传递系数 α、β，当 $\ln i = 0$ 时，从 a 可求交换电流密度 i^0。

太阳能电池 [solar cell] 又称光伏电池。通过光电效应或者光化学效应直接把光能转化成电能的装置。包括 p-n 结、有机薄膜、有机-半导体杂化等固态太阳能电池和半导体/电解质溶液结的光电化学太阳能电池。主要原理是当受太阳光照射时，半导体界面产生光生电子-空穴对，界面势垒使电

子移向半导体内部，而空穴移向界面外部，当外接负载，即可输出电能。由于太阳能无限量，射入地表的总量非常大，无环境污染的问题，目前需要解决的是如何提高光电转换效率和降低成本。

唐南电势 [Donan potential] 即膜电势。

修饰电极 [modified electrode] 参见化学修饰电极。

蓄电池 [storage battery] 即二次电池。

旋转环-盘电极 [rotating ring-disk electrode] 释文见分析化学同名词条。

盐桥 [salt bridge] 一般是用饱和的KCl溶液与琼脂装在倒置的U形管中构成。放在两种溶液之间，代替两种溶液的直接接触，由于KCl的浓度远大于两边的电解质溶液的浓度，界面上主要是K^+、Cl^-同时向溶液扩散。因K^+、Cl^-运动速度相近，迁移数几乎相等，产生的液体接界电势接近于零，降低了电池的液体接界电势。但应注意，组成电池中的电解质不能与盐桥中的电解质发生化学反应或生成沉淀的离子。如银盐电解液则需用NH_4NO_3、KNO_3盐桥。

阳极 [anode] 电池或电解池中发生氧化反应即失去电子的电极。

阳极保护 [anodic protection] 通过提高可钝化金属腐蚀电势到相应于钝态之电势值所实现的电化学保护。

氧化还原液流电池 [redox flow cell;redox flow battery] 又称电化学液流电池，其电活性物质是含氧化还原对的液态流体电解质溶液，是利用正负极电解液分开，各自循环的一种高性能蓄电池。如正极(V^{5+}/V^{4+})和负极(V^{2+}/V^{3+})全使用钒盐溶液的全钒液流电池。

液体接界电势 [liquid junction potential] 又称扩散电势。两种不同溶质或溶质相同而浓度不同的溶液接触面上存在的电势差。是由于离子的迁移速率不同而引起的。由于离子的扩散过程是不可逆的，如果电池电动势的测量中包含液接电势，则很难得到稳定和准确的数值。因此，在需要准确测定电池电动势时，必须避免使用有液体接界的电池，常用盐桥来消除或减小液接电势的影响。

氧化还原电极 [redox electrode] 发生氧化还原反应的氧还对处在同一液相中，而惰性电极金属(如铂)只起供应和吸取电子的作用，如 $Pt|Fe^{2+}$，Fe^{3+}；$Pt|Mn^{2+}$，MnO^{4-}，H^+等。这类电极/溶液界面上只有电子可以迁越，这是与金属电极的主要区别。电极Pt只是提供电子交换的场所，实际应用时可以采用任何惰性的金属。

一次电池 [primary battery] 即原电池。

阴极 [cathode] 电池或电解池中发生还原反应即得到电子的电极。

阴极保护 [cathodic protection] 通过降低腐蚀电势而达到的电化学保护。

原电池[组] [primary battery] 又称一次电池。放电之后不可再充电的化学电源。

4.6 胶 体 化 学

爱因斯坦黏度公式 [Einstein viscosity equation] 描述刚性球形粒子的稀分散体系内部摩擦大小的公式，形式为：$\eta=\eta_0(1+2.5\phi)$。式中，ϕ为分散相粒子的体积分数。该公式在如下四个条件下适用：①介质是连续的，分散相为球形粒子，粒子远大于介质分子；②粒子是刚性的，完全介质润湿；③体系为稀分散体系(ϕ<2%～3%)，粒子间无相互作用；④层流。

奥氏熟化 [Ostwald ripening] 即奥斯特瓦尔德熟化。

奥斯特瓦尔德熟化 [Ostwald ripening] 又称奥氏熟化。溶胶中小粒子逐渐溶解，大粒子逐渐长大的现象。

保护作用 [protection] 即空间稳定作用。

比表面 [specific surface area] 1g固体所具有的总表面积。固体的总表面积包括内表面和外表面两部分。无孔实体如金属晶体只具有外表面，多孔固体如硅胶还具有内表面。外表面是指固体粒子外部的几何面积；内表面是指粒子内部细孔和裂缝的表面积。对于多孔性物质，其内表面通常比外表面要大几个数量级。固体的比表面有大(可达1000 m^2/g)有小(<1 m^2/g)，大的比表面一般有内孔壁表面积的贡献。比表面常用m^2/g为单位，计算公式为：

$$A_0=\frac{A_s}{m}$$

式中，A_s为物质的总表面积；m为物质的质量。测定固体总表面积最常用的方法是低温气体吸附法，层厚法和染料吸附法等。这些方法都必须先测出物质在固体表面上的吸附量，由吸附量来推算固体的比表面，实际上这是以吸附质分子的表观截面积为最小尺寸来度量而得出的相对数值，而不是精确的“绝对”数值。所选用的吸附分子大小、形状不同，所得结果不同。现在统一采用由−195.8℃(液氮温度)吸附N_2气，按其分子截面积16.2 $Å^2$计算的结果。负载型金属催化剂的金属比表面需用氢选择化学吸附法测定，此法中氢不被载体吸附。

比表面是表征固体吸附剂和固体催化剂的物化性能的重要参数，是研究吸附机理，推测复相催化反应历程的依据。

同一化学成分而比表面不同的催化剂在复相催化、石油炼制等过程中会得到不同的结果。

比孔容 [specific pore volume] 是单位重量固体(吸附剂)中微孔的容积，常以 cm^3/g 或 mL/g 为单位。

比浓黏度 [reduced viscosity] 单位浓度的溶质对黏度的贡献，即 η_{sp}/c，定义为 $\eta_{sp}/c=(1/c)[(\eta-\eta_0)/\eta_0]$。其中，$\eta_0$ 为纯溶剂的黏度，η 为溶液的黏度，η_{sp} 为增比黏度，表示溶液与纯溶剂的黏度差与溶剂黏度的比值，即 $\eta_{sp}=(\eta-\eta_0)/\eta_0$。

表面电势 [surface potential] 释文见分析化学表面电位。

表面过剩 [surface excess] 参见吸附量。

表面化学 [surface chemistry] 即界面化学。

表面化学吸附 [surface chemisorption] 被吸附分子与固体表面间发生电子的交换、转移或共有，形成化学键的吸附。由于吸附质与吸附剂之间有化学作用，吸附是不可逆的；吸附速度也比较慢，解吸困难；吸附是单分子层的，而且有明显的选择性；其吸附热近似于化学反应热，约为 80～400 kJ/mol，且随吸附量增加而变化。化学吸附可看成是表面上的化学反应，需要一定的活化能，吸附温度也较高。化学吸附是多相催化的前提，反应物分子吸附在催化剂表面上，形成活化中间态，降低了反应活化能，加快了反应速率并能控制反应方向。研究化学吸附有助于了解催化反应历程，为改进催化剂性能，寻求新催化剂提供理论根据。

表面活性 [surface activity] 物质强烈吸附于表界面的性质。若一种物种能够降低某一液体(通常是水)的表面张力，即称该物种对这一液体具有表面活性。在合金体系中，一种成分也可以对另一种成分具有表面活性。因此，表面活性可以表现在液体体系，也可以表现在固体体系。

表面活性剂 [surfactant] 在很低浓度时就可以显著降低水的表面张力的物质。当表面活性剂浓度增大到某一数值以后，溶液的表面张力通常不再变化。表面活性剂的分子都是由亲水(或憎油)的极性基团和亲油(或疏水)的非极性基团组成。亲水基使它能溶于水，亲水基越强，水溶性越佳；疏水基使它有逃离水的趋势。其亲水、亲油基团的强弱可用亲水亲油平衡值(HLB 值)来衡量，HLB 值高，分子亲水性强，这在表面活性剂的实际应用中有一定的参考价值。表面活性剂的这种两亲性结构特征使它在浓度很低时能在界面吸附并定向排列；在浓度超过一定值时在溶液内形成胶团(胶束)。

根据化学组成，可以分为碳氢表面活性剂、碳氟表面活性剂、硅表面活性剂等；根据结构，可以分为传统表面活性剂、bola 型表面活性剂、双子型(gemini)表面活性剂、超支化表面活性剂等；根据表面活性成分荷电性质不同，可以分为离子型表面活性剂、非离子表面活性剂、两性表面活性剂等。

表面活性剂的生物降解 [biodegradation of surfactant] 利用微生物把表面活性剂分解转化为二氧化碳和水的过程。此过程可分为三个阶段：改变物质特性的初级生物降解；达到对环境无不良影响程度的中级生物降解；转变成 CO_2 和 H_2O 等无机物的最终生物降解。世界经济合作与发展组织规定：初级生物降解>80%，最终生物降解>70%的表面活性剂才允许使用。从表面活性剂的化学结构来看，酯基比芳基、直链比支链易降解；极性基团中羧基、磺酸基、硫酸基和乙氧基易降解。因此，直链烷基化合物、烷基醇聚氧乙烯类化合物、烷基多苷类以及生物表面活性剂易降解。表面活性剂生物降解机理各不相同。对于直链烷基苯磺酸钠先是烷烃终端甲基、烷基链逐步连续氧化，然后脱磺基、破苯环，最终降解为 CO_2、H_2O 和 SO_4^{2-} 等产物。烷基醇聚氧乙烯类化合物通常要经酯酶、脱氧酶、醚酶等的作用。随着人类环保意识的增强，设计、生产、使用易生物降解的表面活性剂是今后的发展方向。

表面活性剂双水相 [aqueous surfactant two phases (ASTP)] 表面活性剂在水中形成的两个互不相溶、平衡共存的水相。其中一相为表面活性剂富集相，另一相为表面活性剂贫瘠相。两相的密度差别很小，一般小于 1%。哪一相密度较高没有一定规律。一般通过油溶性染料加溶实验区别两相。能够增溶油溶性染料的为表面活性剂富集相。表面活性剂富集相一般具有非牛顿型流变行为，贫瘠相黏度与水相近。双水相的成因主要是由于体系中尺寸较大的表面活性剂聚集体之间范德瓦耳斯力等作用强，导致大聚集体凝聚，形成表面活性剂富集相。富集只是相对贫瘠而言；两相其实都是稀的表面活性剂溶液。

表面活性物质 [surface active agent] 能够降低水的表面张力的物质的统称，通常是两亲分子。表面活性剂一定是表面活性物质，但只有表面活性很高，在较低浓度下就可以显著降低水的表面张力的物质才是表面活性剂。其他表面活性物质通常缓慢降低水的表面张力。

表面黏度 [surface viscosity] 气液界面上由于膜的存在而引起的表面层黏度的变化，是膜的表面黏度与水面黏度的差值，其值在 10^{-3}～10^{-1} Pa·s 之间。表面黏度是单分子膜强度的一个反映，其值与成膜分子排列的紧密程度、成膜分子间作用力的大小和是否有结构形成等相关。表面黏度可分为扩展黏度和切变黏度。前者反映表面膨胀或压缩时，表面张力梯度对单分子膜形变的影响；后者是单分子膜发生切变变形、膜内部相对运动时阻力大小的衡量。单分子膜的表面黏度通常随表面压和表面浓度增加而增加。表面切变黏度的测定可为膜中的相变、膜中分子间的相互作用、离子在膜上的吸附，膜上化学反应的进行提供重要信息，这对研究蛋白质的结构和构型十分有用。表面扩展黏度的测定对研究泡沫、乳状液及各种液膜的稳定性有重要意义，与一些生物表面活性剂的功能也密切相关。

表面物理吸附 [surface physisorption] 吸附剂表面与被吸附分子间的作用力是范德瓦耳斯力的吸附。在物理吸附中被吸附分子和固体表面组成都不会改变，其相互作用类似于气体分子在吸附剂表面上凝聚，因而其吸附热与气体的液化热相近，约为 $10^2 \sim 10^3$ J/mol。任何气体在其临界温度下皆可在任何固体上液化，故物理吸附无选择性，气体越易液化，吸附量越大。物理吸附不需要活化能，因此吸附、脱附速率都很快，而且是可逆的。吸附可以是单分子层或多分子层。

物理吸附不仅在化学、石油加工、医药等领域，而且在农业、环境保护等部门都有广泛应用。它涉及气、液体的净化、分离、提纯等过程。它也是多相催化的重要步骤之一，因而在催化剂的制备、选择、改进、再生等方面都起着重要作用。

表面压 [surface pressure] 表面吸附膜对单位长度浮片所施的力，以 π 表示。若不溶或难溶于水的极性有机物(如高级脂肪醇、酸、酯等)在水面上展开形成单分子层膜，膜对水面上的浮物有推动力。表面压就是成膜分子作用于单位长度浮物上的力，其值等于因形成单分子膜使水的表面张力降低的数值：$\pi = \gamma_0 - \gamma$。式中，γ_0 为纯水的表面张力，γ 为成膜后水的表面张力。原则上讲，任何测定表面张力的方法都可用来测定表面压。但最常用的是 Langmuir 膜天平法，直接测定作用在把有膜和无膜表面分开的浮片上的力。

表面张力 [surface tension] 垂直通过液体表面上任一单位长度、沿着与液面相切的方向收缩表面的力，以 γ 表示，单位为 mN/m。液体与气体形成的界面称作表面。表面张力是液体分子间相互作用力的一种体现，是液体的基本物理化学性质之一。一定成分的液体在一定温度、压力下有一定的表面张力值。通常在 $10^{-1} \sim 10^3$ mN/m 之间。例如 1K 时液氦的表面张力为 0.365 mN/m；熔融的铁在其熔点 1823K 时表面张力为 1880 mN/m；水在 298K 时的表面张力为 72 mN/m。常温下液体金属汞表面张力最高(485 mN/m)；饱和碳氢化合物较低(8～30 mN/m)；碳氟化合物最低(～10 mN/m)。一般来说，液体表面张力随压力变化不大，与温度及组成相关。纯液体表面张力随温度上升而下降，可用一些经验式表示。当温度接近临界温度时，气、液两相界面逐渐消失，表面张力为零。测定表面张力的方法有许多种，如吊片法、吊环法(de Nouy ring)、毛细上升法、气泡最大压力法、滴体积法、滴重法等。表面张力和表面自由能分别是从力平衡和能量角度来描述液体表面性质的一对物理量，它们的量纲相同，采用相应单位时数值也相同。通常在讨论受力平衡时常用表面张力，讨论热力学时用表面自由能概念。

表面张力曲线 [surface tension curve] 表面活性剂溶液的表面张力 γ 随其浓度 c 的变化曲线，如图所示。开始时 γ 随 c 迅速下降，到一定 c 值后 γ 几乎不再改变。γ-c 曲线转折点的表面张力 γ_{cmc} 和浓度分别表示该表面活性剂降低水表面张力的程度以及所需表面活性剂的浓度，是表面活性剂的主要性能参数。转折点的浓度称作临界胶团浓度，用 cmc 表示。cmc 值越小，表面活性越高。

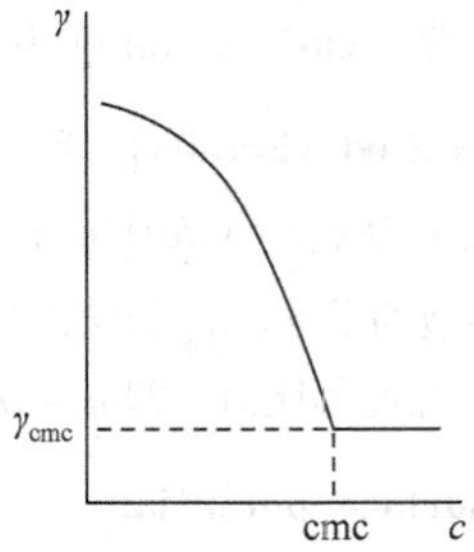

表面活性剂水溶液的表面张力曲线

表面自由能 [surface free energy] 在恒温、恒压下增加单位表面积时体系吉布斯自由能的增加值，单位为 mJ/m²。表面自由能是指与体相比较时表面多出的那部分能量，是一种过剩量，故又称表面过剩自由能。如图所示。处于液体内部的分子受周围分子的吸引，平均来说是对称的，就同一分子而言其合力为零。而处于表面的分子受到下面液相分子的吸引比气相分子的吸引大得多，这就使表面分子受到一个指向内部的合力，使液体表面有自动收缩的趋势。若将分子由液体内部移至表面，就需对抗此吸引力而做功。这就是说表面分子所具有的能量比内部分子的能量大。增加液体的表面积就是将一定数量的内部分子变为表面分子，体系的能量必然增加，这增加的能量就是表面自由能。

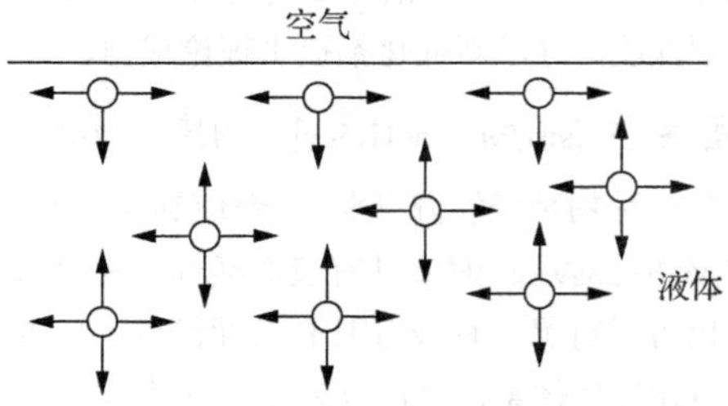

分子在液体内部和表面所受吸引力场的不同

冰山结构 [iceberg structure] 当疏水基团处在水环境中时，水分子在其周围形成的高度有序的结构。冰山结构是 H. S. Frank 和 M. W. Evans1945 年时为解释两亲分子形成胶束这一现象而提出的理论解释。因两亲分子在水溶液中形成胶束是熵驱动的自发过程，该过程中两亲分子的有序度增加，故只能认为溶剂水的有序度降低，由此认为当两亲分子在水溶液中分散时，在其疏水基团周围会形成高度有序的冰山结构，该结构会随着胶团的形成而解体，从而使体系的熵增加。该结构的存在并未得到实验证实。

波朗尼吸附势理论 [Polanyi adsorption potential theory] 1914 年波朗尼提出的处理多分子层吸附的理论。该理论认为吸附剂表面附近存在着吸附力场，分子“落入”此场就会被吸附。由于吸附力场有一定的空间范围(称作吸附空间)，吸附可以是多分子层。将 1 mol 吸附质从无限远处吸引到吸附空间某一点所需做的功称作该点的吸附势，用 ε 表示。吸附空间中吸附势相等各点构成等势面，各等势面与固体表面间所包含的体积称为吸附体积，用 V 表示。吸附势 ε 与吸附体积 V 的关系曲线称为特性曲线。吸附等温式中吸附量平衡压力关系用吸附势吸附体积关系代替。

实验证明，对指定的吸附体系，所有温度下的 V_i-ε_i 曲线都落在同一条特性曲线上。同一吸附剂吸附不同吸附质的特性曲线上，吸附体积相同时各吸附质吸附势之比值恒定，称为特性曲线的亲和系数。因此，吸附剂一定时，只要测定一种吸附质在一个温度下的吸附等温线，利用特性曲线和亲和系数，原则上可得到其他吸附质在任意温度时的吸附等温线。

吸附势理论适用于液相吸附，也可用于混合物吸附。

不规则聚沉 [irregular coagulation] 用电解质使胶体聚沉时，随着电解质浓度增加，胶体出现聚沉、沉淀重新分散、又聚沉的现象(如图所示)，这种现象以用大离子或高价离子为聚沉剂时最为明显。

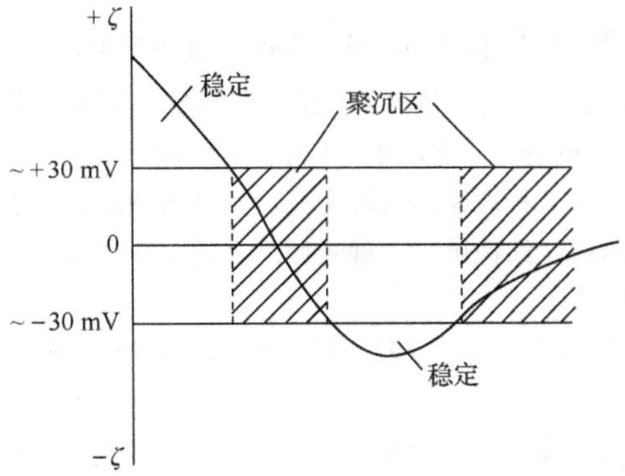

不规则聚沉示意图

对于靠静电稳定的疏液胶体，存在一个临界电动电势 ζ_0，多数胶体 ζ_0 在 30 mV 左右。只要质点的电动电势 $|\zeta|>\zeta_0$，体系稳定；若 $|\zeta|<\zeta_0$，胶体聚沉。当大或高价反离子浓度超过聚沉值时，质点的 ζ 电势下降，胶体聚沉。

浓度再大，质点会吸附过量的大或高价离子而使 ζ 电势反号，绝对值增加，使 $|\zeta|>\zeta 0$，胶体重新稳定。再加入电解质，由于反离子的作用又使溶胶聚沉。此时，体系内电解质浓度已经很大，质点表面对大或高价离子的吸附已经饱和，再增加电解质浓度也不能使沉淀重新分散。

布朗运动 [Brownian motion] 1872 年英国植物学家 Brown 在显微镜下观察悬于水中的花粉时发现的、微粒所做的永不停息的无规则运动。悬浮在液体中的质点时刻要受到液体分子的撞击，由于质点很小，在某一瞬间它所受到的来自各个方向的撞击力未必能完全抵消，质点就在介质中不停地做速度和方向均无规则的布朗运动。在一定条件下，质点沿某一方向的平均位移却具有一定的数值。1905 年爱因斯坦把布朗运动与扩散相联系得出有名的 Einstein 布朗运动公式

$$\overline{\Delta} = (\overline{x^2})^{\frac{1}{2}} = (2Dt)^{\frac{1}{2}}$$

式中，Δ 为质点在时间 t 内沿 x 方向的平均位移，用 x 方向上位移的均方根值表示，D 为扩散系数。此式揭示了布朗运动与扩散的内在联系，即扩散是布朗运动的宏观表现，而布朗运动是扩散的微观基础。测定质点沿某一方向的平均位移，可计算在此方向上的扩散系数。

层状相 [smectic phase] 特征是分子形成单分子层或双分子层。在每一层分子当中分子具有长程排列取向有序性。

超低界面张力 [ultralow interfacial tension] 通常指数值在 10^{-3}mN/m 以下的界面张力。数值在 10^{-2}～10^{-1} mN/m 的称作低界面张力。超低界面张力的体系通常由水、油、表面活性剂(或其混合物)、盐组成。油相可以是烷烃、芳烃、环烷烃等各种烃类及其混合物；表面活性剂种类很多，最常用的是石油磺酸盐以及助表面活性剂；盐类包括各种水溶性无机盐如氯化钠。体系的界面张力对各组分的性质及含量十分敏感。任一组分的性质或含量稍有变化可使超低界面张力特性消失。超低界面张力可用旋滴法测定，当转速为 1200～24000 r/min 时，可测低达 10^{-6} mN/m 的界面张力。超低界面张力最主要应用于提高原油采收率和形成微乳状液。

超离心沉降 [sedimentation in a ultracentrifugal field] 悬浮在流体中的质点在超离心力场中的定向运动。重力场中的沉降分析只适用于粗分散体系，对于半径小于 1 μm 的分散体系，必须用超离心力(重力的万倍以上)代替重力才能用沉降法来测定质点的大小。超离心沉降分沉降速度法和沉降平衡法两种。

超显微镜 [ultra-microscope] 一种根据丁铎尔效应、具有很强的侧向照明光源、采用暗视野观察的显微镜，主要用于观察胶体粒子的存在和运动。

普通显微镜分辨极限为 200 nm，看不见粒径为 1～100 nm 的胶体粒子，再加上胶体粒子的散射光受到透射光的干扰，因此，用普通显微镜观察胶体溶液犹如白天看星星，一无所见。超显微镜采用侧向光源，避开了入射光的干扰，又以暗视野作背景，因此置胶体溶液于超显微镜下就可看到一些闪烁的亮点。不过观察到的不是质点的本身而是它的散射光，但这可以确定质点的存在和位置。用超显微镜观察质点的布朗运动可以测定其扩散系数或计算阿伏伽德罗常量；在已知质点的重量浓度和密度情况下，在超显微镜中对一定体积中的质点计数可以算出质点的大小；用它观察质点乳光的变化也可间接推断质点的形状(亮度恒定的为球形，闪烁的为非球形)。但是要确定胶体粒子的真正大小和形状，必须借助于电子显微镜；对于折光指数差值较小的大分子溶液，超显微镜并不适用。

超支化表面活性剂 [hyper surfactant] 多头多尾型表面活性剂。

沉降电势 [sedimentation potential] 在外力作用下(主要是重力)分散相粒子在分散介质中迅速沉降，在液体介质的表面层与其内层之间产生的电势差。参见电动现象。

沉降分析 [sedimentation analysis] 利用重力沉降测定质点大小及其分布的方法。质点在介质中受重力作用沉降，其运动速度不大时，所受的黏滞阻力 F 与运动速度 v 成正比：$F = fv$，f 为阻力系数；当质点在重力场中所受净力与阻力达到平衡时，$V(\rho-\rho_0)g = fv$。v 为质点等速沉降时的速度，V 为单个质点的体积，ρ 和 ρ_0 分别为质点和介质的密度，g 为重力加速度。对于球形质点，根据斯托克斯公式可知 $f = 6\pi\eta R$；η 为介质的黏度，R 为质点的半径。即 $R=\sqrt{\dfrac{9\eta v}{2(\rho-\rho_0)g}}$，只要测定质点的沉降速度就可以求出质点的半径。但应用此公式时应满足斯托克斯公式的条件，即：①质点是刚性球形质点，无溶剂化作用；②质点沉降速度很慢，保持层流；③质点浓度很稀，质点间无相互作用；④与质点的大小相比，介质可看作是连续的。

沉降平衡法 [method of sedimentation equilibrium] 把分散体系置于离心力≈10^4g 的离心力场中，此时由浓差产生的扩散不可忽略。当离心引起的沉降与其方向相反的扩散达平衡时，质点的分布由开始时浓度均匀的状态变成有一定浓梯差别的平衡状态，此时，离转轴不同距离 x 处的浓度分布有一定值。用动力学方法可导出沉降平衡法的基本公式。

$$M=\frac{2RT\ln\frac{c_2}{c_1}}{(1-\bar{V}\rho_0)\omega^2(x_2^2-x_1^2)}$$

式中，M 为分子量，ω 为离心机的角速度，c_1 和 c_2 分别为达平衡时离转轴 x_1 和 x_2 远处的质点浓度。沉降平衡法是测定 M 的独立方法，只要测出平衡时离转轴不同距离处的浓度就可计算出 M。但真正达到平衡需要很长时间，特别是当分子量大或质点形状很不对称时达平衡所需时间更长。平衡法不涉及质点的迁移，故不能提供质点形状的数据。对于多分散体系，不能直接求得分子量的分布，只能得到其平均值。而沉降速度法可由纯溶剂与分散体系界面的变宽求出分子量的分布。平衡法测定的分子量范围一般应小于 10^6，沉降平衡法的应用不如沉降速度法广泛。

沉降速度法 [method of sedimentation velocity] 求粒子大小的方法。半径为 r 的球形粒子在重力场中发生沉降，向下受到重力作用，下降过程中又受到分散介质向上的阻力。二者大小相等时，粒子下降速度恒定。沉降时粒子所受的阻力为 $f\dfrac{dx}{dt}$，f 为摩擦系数(frictional coefficient)。根据斯托克斯(Stokes)定律，球形粒子的摩擦系数 $f = 6\pi\eta r$，$\dfrac{dx}{dt}$ 为沉降速度。所以，沉降时粒子所受的阻力=$6\pi\eta r\dfrac{dx}{dt}$，沉降时粒子所受的重力=$\dfrac{4}{3}\pi r^3(\rho_{粒子}-\rho_{介质})g$ 当以恒定速度沉降时，

$$\frac{4}{3}\pi r^3(\rho_{粒子}-\rho_{介质})g = 6\pi\eta r\frac{dx}{dt}$$

$$r=\sqrt{\frac{9}{2}\frac{\eta dx/dt}{(\rho_{粒子}-\rho_{介质})g}}$$

根据上式，若已知密度和黏度，则可以由测定粒子沉降的速度来计算粒子的半径。

衬托染色法 [negative staining] 即负染色法。

储能模量 [storage modulus] 又称弹性模量。黏弹性材料复数模量中的实部，为应力峰值与应变峰值同相位时的分量，通常记为 G'。表征材料存储弹性形变能量的能力。

触变性 [thixotropy] 即切稀。

触变性流体 [thixotropic fluid] 在恒定剪切速率下，黏度具有时间依赖性的流体。参见非牛顿流体。

触变作用 [thixotropic effect] 在恒定剪切速率下，流体的黏度具有时间依赖性的现象。有些凝胶在外力(摇动或振动)作用下可变为液态，外力解除静置一段时间后又可自动地变为凝胶，这种现象称为触变。这是外力使凝胶分散相质点间形成的网状结构破坏，静置后质点间重新交联使原结构自动恢复所致。

分散相的性质、分散介质的黏度、网状结构破坏程度等都对触变作用有影响。

触变现象在自然界和工业生产中经常遇到，草原上的沼泽地、可塑性黏土、混凝土注浆时都会出现触变。

粗分散体系 [coarse dispersion] 分散相颗粒大于 100 nm 的分散体系。乳状液、悬浮液、泡沫等都是粗分散体系。体系中颗粒较大，一般不能透过滤纸或半透膜，不扩散、不渗析，普通显微镜看不见。其粒子大小不在胶体范围之内，但体系具有很大的界面，属于热力学不稳定体系，在动力性质，表面带电以及聚沉不稳定性方面与胶体体系相似，因而也属于胶体化学讨论的内容。

单层囊泡 [unilamellar vesicles(ULV)] 仅由一个封闭的双分子层包裹内水相形成的囊泡。

单分子膜 [monomolecular film] 两亲分子在气液界面定向吸附形成的单分子厚度的表面膜。将不溶或难溶于水的极性有机物(如高级脂肪醇、酸、酯等)溶于有机溶剂中，滴加此溶液于洁净的水面上，有机溶剂挥发后极性有机物在水面上自动展开，形成单分子层膜。物质在油水、固气、固液界面上吸附也可形成单分子膜。但用于研究的主要是水面上的单分子膜。水面上成膜后其表面性质，如表面张力、表

面层黏度、对光的吸收等发生了变化。测定这些性质变化可对表面膜的结构、分子在膜中的取向、膜中分子的相互作用、相变等进行检测和研究。单分子膜的结构和状态与成膜物质相关，也受底液水相中的添加物影响。有的溶解成分可通过吸附、静电、络合、疏水等相互作用而附着在不溶膜上或穿透到膜中形成复合膜，改变膜的性质并赋予膜新的功能，这在材料和生命科学中有重要意义。

利用高分子形成的气态膜可测定高分子的分子量，提供其结构、分子间相互作用等信息，也是研究蛋白质等物质的性质、结构以及生理活性与功能的有效方法。许多化学反应在膜上进行时与在体相进行时不仅反应速度不同，甚至产物也不相同。利用单分子膜可以研究表面、界面化学反应；可以模拟在生物膜上进行的生化反应。利用粒子化膜可制备纳米材料。在微量天然产物的分析鉴定，复杂分子的结构确定等方面也有一定作用。此外，它能抑制水的蒸发，提高膜下水的温度，这对沙漠地区保护水资源，提高农作物产量方面都很有意义。将不溶物单分子膜转移到固体基质上可形成在微电子学和分子电子学中极有意义的 LB 膜。

胆甾相液晶 [cholesteric liquid crystal] 分子呈扁平层状排列的液晶。分子长轴平行于层平面，层内各分子长轴互相平行(对应方向)，相邻两层内的分子长轴方向有微小扭转角，各层分子指向矢，沿着层的法线方向连续均匀旋转，使液晶整体结构形成螺旋结构，螺旋扭转 360°的两个层面的距离称为螺距，用 L 表示，通常 L 为 100 nm 的数量级。这种特殊的螺旋状结构使得该种晶体具有明显的旋光性、圆偏振光二向色性以及选择性光散射等特殊光学性质。因此，常将胆甾相液晶作为控制液晶分子排列的添加剂或直接作为变色液晶膜。

蛋白质电泳 [electrophoresis of protein] 蛋白质在电场作用下的电泳行为。蛋白质是一种两性电解质。在外电场作用下，处于非等电状态的蛋白质分子将向与其电性相反的电极移动，即电泳。电泳速度 u 用单位电场强度下蛋白质的移动速度表示，u 也称作泳动度或迁移率，其值约为 0.1×10^{-4}～1.0×10^{-4} $cm^2/(V\cdot s)$。在同一电场下不同蛋白质具有不同的泳动度，其数值以及 pH 和离子强度对泳动度的影响都反映了蛋白质的特性，因而可用于分离和鉴定分析。u 值与蛋白质的净电荷对摩擦系数的比值成正比，而摩擦系数与质点的大小、形状和介质黏度相关。因此，利用电泳可获得蛋白质分子的有关信息。蛋白质电泳不仅是分离蛋白质混合物和鉴定蛋白质的重要手段，也是研究蛋白质性质的有效方法。

德拜半径 [Debye radius] 释文见分析化学同名词条。

德拜长度 [Debye length] 释文见分析化学德拜半径。

低能表面 [low-energy surface] 表面能小于 100 mN/m 的固体表面。对于低能表面固体，存在一个临界表面张力 γ_c，是表征低能表面固体润湿性的一个经验参数。只有表面张力小于 γ_c 的液体才能在该固体表面上铺展。因此，γ_c 越低，能在该固体表面上铺展的液体就越少，可润湿性越差。高能表面吸附了表面活性剂分子可以变成低能表面而不易被润湿。

低温电镜技术 [cryo transmission electronic microscopy (cryo-TEM)] 一项电子显微技术。对样品进行快速冷冻固定后进入透射电子显微镜进行观察。与常规透射电镜技术相比，低温电镜技术能够最大限度地维持样品的原位状态，从而能够实现对样品精细结构的观察。常用于生物样品或溶液中的两亲分子有序组合体的观察与表征。

滴体积法 [drop volume method] 一项测定液体表面张力的方法。当液体从管口滴落时，其表面张力与重力平衡。故此时仅需测定液滴的体积，根据液体密度、管口周长等量，即可求算表面张力。计算公式如下：

$$\gamma = F\frac{V\rho g}{R}\Phi$$

式中，γ 为表面张力；V 为每滴体积；R 为滴头半径；ρ 为溶液密度(对所测较稀的密度用水的密度代替)；g 为重力加速度；F 为校正因子(是 R 和 V 的函数)；Φ 为滴体积管的校正参数。

滴外形法 [drop shape method] 一项测定液体表面张力的方法。在重力场中，当表面张力与重力平衡时，悬挂的液滴将形成轴对称的液面。此时通过测定悬挂液滴的外形参数，可推算出液体表面张力。根据 Laplace 公式可导出描述外加力场中轴对称液面的 Bashforth-Adams 方程：

$$\frac{\sin\theta}{x}+\frac{1}{R_1}-2+\beta z$$

$$\beta=\frac{\Delta\rho g b^2}{\gamma}$$

式中，β 为形状因子；$\Delta\rho$ 为两相密度差；g 为重力加速度；R_1 为通过曲面上某点的曲率半径；θ 为该点法线与对称轴夹角；z 为该点与液滴最低点的垂直距离；b 为最低点处液面的曲率半径；γ 为表面张力。该方程可通过外形比较法、选面法等计算出液体表面张力的解。

滴重法 [drop weight method] 根据液体自毛细管端口滴落时所形成液滴的大小(体积或重量)与其表面张力的关系测定表面张力的方法，如图所示。当液滴本身的重量与作用在垂直于毛细管口圆周的表面张力相等时，液滴就会落下，收集液滴测定一定滴数液体的重量或体积，按下式计算液体表面张力 γ：

$$\gamma=\frac{Fmg}{R}=\frac{FV\Delta\rho g}{R}$$

式中，m 和 V 为一个液滴的平均质量和平均体积；$\Delta\rho$ 为液面两

侧流体的密度差 $\rho_{液}-\rho_{气}$，对于气液界面可用液体密度代替；R 为毛细管外半径；g 为重力加速度；F 为由于表面张力的作用方向并不完全垂直和液滴并未全部落下(部分残留管口)而引入的校正因子。已知 F 是 $R \cdot V^{-1/3}$ 的函数，其值可由滴重法校正系数表查得。此法简便、准确，对接触角无严格限制，但液面难以完全平衡，还需使用经验的校正因子，故此法带有经验性。

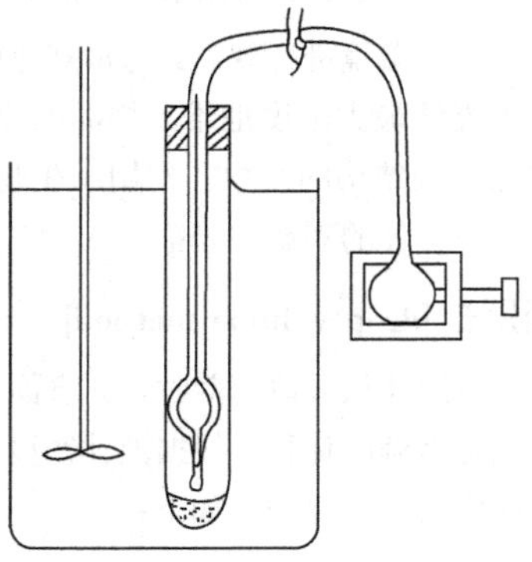

滴重法测定表面张力

第二位力系数 [second virial coefficient] 对于非理想溶液，渗透压偏离线性关系。这种情况下，渗透压通常写成浓度 C 的级数形成(位力级数)：$\frac{\Pi}{RT}=\frac{C}{M}+B_2\left(\frac{C}{M}\right)^2+B_3\left(\frac{C}{M}\right)^3+\ldots[\mathrm{mol/m^3}]$，其中系数 B_2，$B_3\cdots$ 为第二、第三……位力系数。当浓度很低时(理想溶液)，仅第一项出现，第一位力系数为1。非理想性由粒子间的相互作用引起，所以位力系数可以用来衡量粒子间的相互作用。第二位力系数 B_2 是两个粒子相互作用的量度。

缔合胶体 [association colloid] 参见胶体分散体系。

电动电势 [electrokinetic potential] 即ζ电势。

电动现象 [belectrokinetic phenomena] 在外电场作用下，胶体的分散相粒子在液体介质中做定向移动，称为电泳。若构成胶体粒子的固相不动而液体介质在电场作用下发生定向流动，称为电渗。在无外加电场情况下，使分散相粒子在分散介质中急剧下降，在分散介质的上层和底层之间会产生电位差，此即沉降电势；若在压力下使液体流过毛细管或多孔性物质时，在毛细管或多孔塞两端产生电位差，此即流动电势。电泳与沉降电势，电渗与流动电势都互为逆过程。

电动现象说明悬浮在液体中的质点是带电的，而质点表面带电对胶体的动力学性质、光学性质、流变性质等均有影响。更重要的是胶体质点表面带电是憎液胶体，尤其是以水为分散介质的憎液胶体稳定的重要原因之一。因此，电动现象的研究为胶体稳定性理论发展奠定了基础，除此之外，电动现象尤其是电泳和电渗有广泛的实际应用。例如，电泳应用于生物化学，可分离各种氨基酸和蛋白质；研究细胞的电泳行为可为了解癌肿的病因、发生、发展规律以及诊断防治提供信息。工业上应用的电泳电镀、静电除尘、原油的油水分离、制陶器所用高岭土的精炼，工程用泥土和泥炭的脱水等都基于电动现象。

电荷决定离子 [charge determination ion] 又称电势决定离子。决定胶体表面所带电荷的离子。其在胶体与溶液间的分布决定了胶体粒子的化学电势。如 FeS 胶体中，电荷决定离子为 Fe^{2+} 和 S^{2-}。

电镜技术 [electron microscopy (EM)] 以电子束与电子透镜为基础的显微技术。利用电子束在电子透镜的作用下聚焦成像。与光学显微镜相比，由于电子的波长远小于光的波长，所以能够得到具有更高放大倍率的图像，其分辨率可达数纳米。常用的有透射电子显微镜(transmission electron microscope, TEM)和扫描电子显微镜(scanning electron microscope, SEM)。

电黏滞效应 [electroviscous effect] 电荷存在使胶体分散系黏度增加的效应。带电质点由于双电层的存在使其有效体积变大；流动时扩散层与质点分开，静电作用力使流动阻力增加，使体系黏度增加。

研究胶体稀溶液的黏度可获得质点大小和形状、质点与介质相互作用的信息，测定大分子溶液的黏度可算出其分子量。

电渗 [electroosmosis] 液体介质在电场作用下相对于固相的带电表面发生定向移动的现象。液体移动的方向与固相性质相关。对于水溶液，若用滤纸、棉花或玻璃毛细管作固相，水向阴极移动；若用氧化铝、碳酸钡等物质的多孔膜作固相，水向阳极移动，这是固相表面所带电荷不同所致。

在双电层结构中，电渗是扩散层内的反离子在电场作用下带着液体向与其电荷相反的电极方向移动，移动的速度与体系的ζ电势、液体的黏度 η、介电常数 ε 以及所加的电场强度等因素相关。在单位电场强度下，由于电渗造成的液体流速称为电渗速度，用 V_E 表示

$$V_E=\frac{\zeta\varepsilon}{\eta}$$

通常是测出液体的电渗速度，计算固液之间的ζ电势。

ζ电势 [zeta-potential] 又称电动电势。带电粒子或固体与液体介质发生相对运动时，实际运动界面与液体内部的电势差。分散在介质中的胶体质点由于表面基团解离、选择性吸附离子或电子转移而表面带电。因静电吸引，质点周围介质中总存在着与其表面电荷数量相等而符号相反的反离子。其中一部分反离子和极化了的溶剂分子紧紧附着在质点表面上形成固定吸附层，称为施特恩层；其余反离子由于热运动扩散地分布在界面附近的液体中，形成扩散层。在外加电场作用下，自质点的固定吸附层(施特恩层)与溶液的界面

(即滑动面)到溶液内部的电位差称作电动电势或ζ电势。

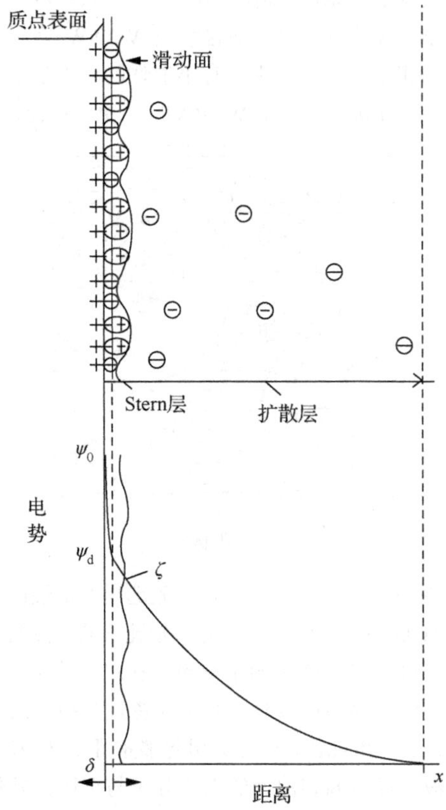

扩散双电层和ζ电势

实际运动界面与粒子或固体表面不同。从表面到液体内部电势为零处的电势差称为表面电势，用 φ_0 表示。而与电泳、电渗等电动现象密切相关的是 ζ 电势而不是表面电势。两者的数值不等，变化规律也不相同。表面电势只与使质点表面带电的离子在溶液中的浓度有关，而 ζ 电势还与溶液中电解质的性质及浓度相关。增加溶液中电解质浓度可增加固定层中反离子的数量，导致 ζ 电势降低和双电层变薄。加入高价或大的反离子，由于易被吸附到固定层内，会使 ζ 电位显著降低，甚至使其呈反号。

电势决定离子 [potential determination ion] 即电荷决定离子。

电泳 [electrophoresis] 在外电场作用下，分散相质点相对于分散介质做定向运动的现象。在胶体质点的双电层中，电动电势 ζ 与质点的电泳速度密切相关，其定量关系为 $U_E=\dfrac{\zeta\varepsilon}{\eta}$。式中，$\varepsilon$ 为介质的介电常数，η 为介质的黏度，U_E 为电泳速度，是单位电场强度下质点的移动速度。显然，影响 ζ 电势的因素对 U_E 都有作用，例如在胶体体系中加入电解质可压缩双电层的厚度，降低 ζ 电势甚至可使 ζ 电势反号，电泳速度也相应受影响。

测定电泳速度有界面移动法，显微电泳法等多种方法。界面移动法测定溶胶或大分子溶液与分散介质的界面在外加电场作用下的移动速度；显微电泳法在显微镜下直接测定单个质点在外电场作用下的移动速度。用惰性的固体或凝胶作为欲测样品的载体进行电泳称为区带电泳，可用于生物胶体的分离与分析。例如纸上电泳、凝胶电泳，由于实验简便易行，分离效率高、用量又少，已成为分析与分离蛋白质的基本方法。

吊片法 [Wilhelmy plate method] (如图所示)以云母片、铂片或玻璃片代替环，通过测定吊片刚好脱离液面时所需之力 F 来测量表面张力的方法。此力应等于液体的表面张力 γ 与吊片周长之乘积，故

$$\gamma=\frac{F}{2(l+d)}$$

式中，l 和 d 分别为吊片的宽度和厚度。此法操作简便，又无需校正因子而且具有完全平衡的性质，是目前最常用的方法之一。但所测液体必须润湿吊片。将吊片表面打毛有助于润湿，可使接触角接近于零。此法为德国科学 Wilhelmy 在 1863 年首先使用，故又称 Wilhelmy 吊片法。

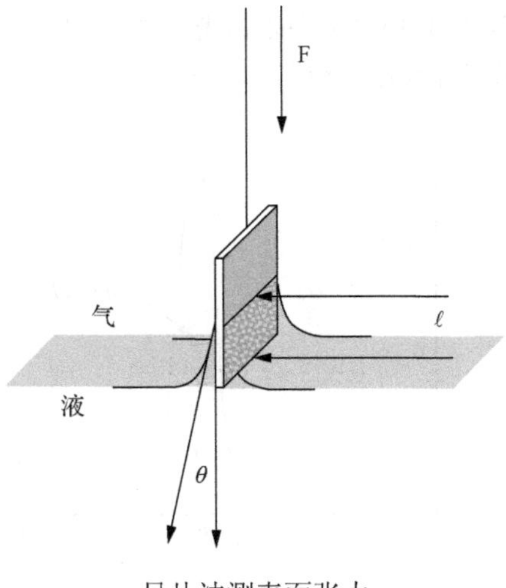

吊片法测表面张力

Wilhelmy 吊片法 [Wilhelmy plate method] 即吊片法。

丁铎尔效应 [Tyndall effect] 光束通过胶体溶液时，在与入射光垂直的方向上可以看到一个浑浊发亮的光柱，这种乳光现象是 1869 年英国物理学家丁铎尔(J. Tyndall)发现的，称为丁铎尔效应。它是胶体粒子强烈地散射光的结果。当一束光通过分散体系而不被吸收时，可以发生反射、透射、散射现象，这与体系中质点大小有关。当体系中质点直径远大于入射光波长时，主要发生反射；远小于入射光波长时，主要发生透射；与入射光波长相近时，主要发生散射。

胶体质点大小在 $10^{-9}\sim10^{-7}$m 之间，与可见光波长 $4\times10^{-7}\sim7.6\times10^{-7}$m 相近，故散射明显。丁铎尔效应是胶体体系的一个重要特征，也是区别胶体与真溶液的一种方便方法。

动表面张力 [dynamic surface tension] 当液体产生新的表面后，在达到新的平衡前所具有的随时间变化的表面张力。

动态光散射 [dynamic light scattering] 由于质点的布朗运动引起散射光频率的展宽或散射光强涨落的现象。散射光频率与入射光相同的散射称作弹性光散射，用它测得的是散射光强的平均值，反映体系的平衡性质，故又称静态光散射，而动态光散射给出的是反映质点运动状况的动态性质。在实际体系中，质点总是不停地做布朗运动。当入射光照射体系时，由于多普勒效应，运动着质点的散射光频率与入射光不同，亦即会发生频移，频移的幅度与质点的运动速度相关。质点运动速度有快有慢，频率就有一个分布，以入射光频率 ω_0 为中心而展宽(如图所示)，故称为准弹性光散射。展宽的程度通常用图上峰的半高半宽(又称线宽)来表示。理论分析表明，线宽 Γ 与描述质点布朗运动强度的扩散系数 D 相关。$\Gamma=DK^2$，其中 $K=\dfrac{4\pi}{\lambda_0}\sin\dfrac{\theta}{2}$，$K$ 称为散射矢量，式中 λ_0 为入射光波长，θ 为散射角。

线宽与原场频率相比非常小，远小于单色仪的分辨极限，只有当单色性和相干性很好的激光出现后才可能利用光拍技术测出，故又称激光光散射。

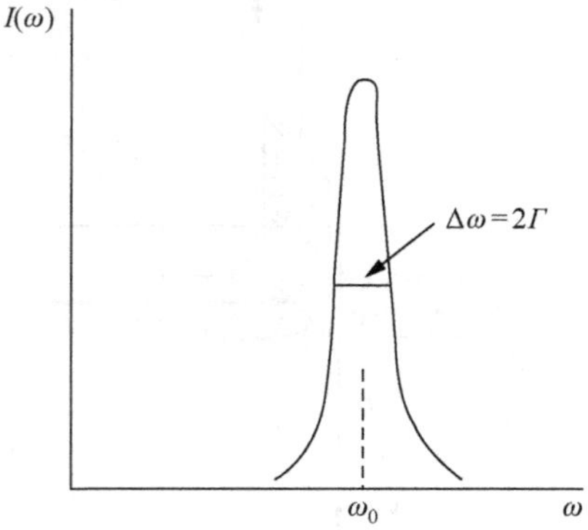

质点运动引起的散射光频率的展宽

此方法能快速、准确地测得溶液中大分子或胶体粒子的平动扩散系数，由此可得出质点的流体力学半径。它具有不干扰、不破坏原有状态的优点。对于多分散体系，它能提供有关质点大小分布的信息。在一定条件下，它也可用于测定非球形质点的转动扩散系数，由此研究大分子的构象变化、胶束的球棒转变，双分子反应动力学、电泳淌度等。适用的质点范围是 1 nm～1 μm。

多层囊泡 [multilamellar vesicles (MLV)] 由多个封闭的双分子层包裹内水相而形成的同心球状的囊泡。

多分散度 [degree of polydispersity] 聚合物重均分子量(M_w)和数均分子量(M_n)的比值。表征聚合物分子量分布的不均匀性。

多重乳状液 [multiple-phase emulsion] 具有多重内相的乳状液分散体系。(如图所示)。油分散在水相中，而油滴中又有小水珠的称作水包油包水型(W/O/W)多重乳状液；水分散在油相中，而水滴中又有小油珠的称作油包水包油型(O/W/O)多重乳状液。其中 W/O/W 应用更为广泛。

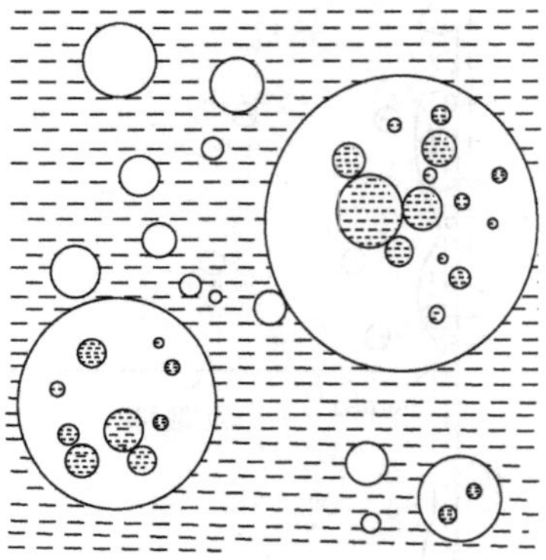

多重乳状液

要制备 W/O/W 型乳状液，首先选用亲油性的乳化剂制备稳定的 W/O 型乳状液，称之为原始乳状液。然后再用适于形成 O/W 型乳状液的亲水性乳化剂，在水中乳化上述原始乳状液，经缓慢搅动即可得到。必须注意过分搅动或用超声波等方式进行后一步乳化，可能会引起多重乳状液液滴的聚结。多重乳状液内部水滴和油滴的大小分布与选用的乳化剂和制备技术有关。

多重乳状液是热力学不稳定体系。外部油滴聚结、内部小水珠聚结、内部水珠被赶出油滴或通过油相逐渐扩散到外水相都可使 W/O/W 乳状液破坏。由于悬浮在水中的油滴中又有水珠存在，水又可以透过油层渗透，表面活性剂也可能发生迁移，多重乳状液的稳定性比较复杂，有待于进一步研究。现有用含聚合物所形成的水凝胶代替水相制备凝胶微相 O/W 或 W/O 凝胶体系，既保持了油层使水珠与水连续相的隔离从而阻碍物质的迁移，又提高了体系的稳定性，在缓释药物上很有意义。

发泡剂 [foamer] 一种能掺入聚合物或组合料、在加工过程中适时释放出气体、促使形成微孔结构的物质。

物理发泡剂是一些气体(如氧气、二氧化碳等)、低沸点易挥发液体(如 C4～C7 的各种烷烃、卤代烃等)或易升华固体。常用于聚氨酯、聚苯乙烯树脂等发泡。它们来源充足，价格低廉，但有的易燃，有的有毒，有的破坏大气臭氧层，再加上需要设备，操作要求高，应用不便。

化学发泡剂是一些在一定温度下能分解，释放出气体的物质。碳酸氢钠、碳酸氢铵、碳酸铵、硼氢化物以及无机叠氮化合物等属于无机发泡剂。含“—N═N—”或“—N—N—”基团的化合物，如偶氮化合物(如偶氮二甲酰胺、偶氮二异丁腈、偶氮二甲酸二异丙酯)、酰肼类化合物(如 4, 4'-二磺酰肼二苯醚，对甲苯磺酰肼)、*N*-亚硝基类化合物(如 *N'*, *N'*-二亚硝基五亚甲基四胺，*N*, *N'*二甲基-*N*, *N'*-二亚硝基对苯二甲酰胺)、尿素衍生物等属于有机发泡剂。

作为发泡剂，它们自身或分解放出的气体和残留物必须无毒、无臭味、无腐蚀性并且不影响聚合物(或组合物)的物理、化学性质；它们要能很好地分散或溶于聚合物中；蒸发或分解速率快并能加以控制，而且来源充足价格低廉。它们常用于橡胶、各种树脂(环氧树脂、酚醛树脂、有机硅树脂等)、各种聚合物(聚乙烯、聚丙烯、聚苯乙烯、聚氯乙烯等)等材料的发泡。无机发泡剂常用于消防灭火。

反胶束 [reverse micelle; inverse micelle] 又称反胶团。在非极性溶剂或弱极性溶剂中，两亲分子以疏水基向外，亲水基向内的形式形成的胶束(团)结构。其结构与水溶液中的胶束相反：亲水基聚集在一起形成内核，疏水基构成外层(如图所示)。反胶束的聚集数较小，常在10左右；形成胶束的浓度区域很宽，没有一个非常明显的临界胶束浓度cmc 。所形成的聚集体的形状和大小与表面活性剂的类型、浓度、反离子及溶剂的本质密切相关。对于碳原子数相同的不同类型表面活性剂，反胶束聚集数顺序是非离子表面活性剂<阳离子表面活性剂<阴离子表面活性剂。

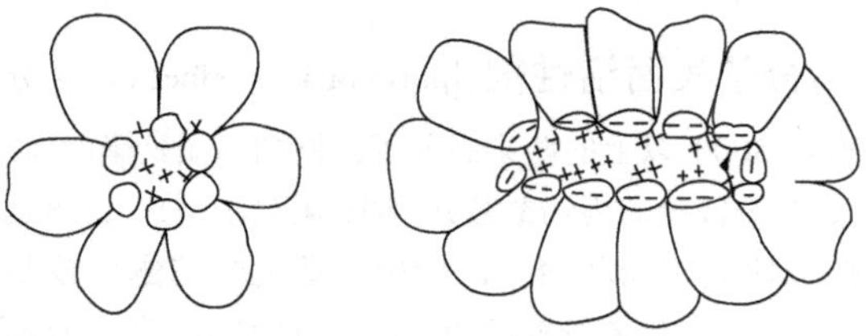

两亲分子反胶束

反胶束中也可以加溶水和一些极性有机物。加溶了一定量水的反胶束内核类似于酶中的极性囊，为底物的增溶及相互作用提供了一个独特的微环境。这种微环境为纳米材料的制备、酶催化反应的研究创立了最佳条件。反胶束的加溶作用是干洗技术中去除极性污物的主要途径。

反胶团 [reverse micelle] 即反胶束。

非离子表面活性剂 [nonionic surfactant] 极性基团不带电的表面活性剂。主要有聚氧乙烯类化合物、多元醇的部分脂肪酸酯(如甘油酯、失水山梨醇酯等)、链烷醇胺缩合物(如椰油酸、月桂酸、油酸、硬脂酸等脂肪酸与乙醇胺的缩合物)、聚氧乙烯、聚氧丙烯嵌段聚醚或烷基聚苷等。非离子表面活性剂的亲水性来自含氧基团与水中的氢原子形成氢键。因此，含氧基团量越多，其临界胶束浓度(cmc)越大。少量极性强或大的有机物可使其cmc 降低；分子量低的有机物，如尿素、甲酰胺等可使其cmc升高，而电解质对其影响不大。升高温度不利于氢键的形成，可使其cmc下降。非离子表面活性剂由于不电离，其溶液稳定性高，不易受电解质影响，也不受酸、碱影响。它与其他类型表面活性剂相容性好，可复配使用。它在水和有机溶剂中都能溶解，都可使用。但在固体表面上吸附不强。它大部分以液态或浆状存在，可广泛用作农药、油漆、乳胶的乳化剂、食品和化妆品的乳化、增溶剂，也可用作纺织工业的抗静电剂、柔软剂。目前大力推广的烷基聚苷由于其水溶液不会由于温度升高而浑浊，生物降解性好，备受重视。

非牛顿流体 [non-Newtonian fluid] 切应力τ与切变速度D间关系不符合牛顿公式$\tau=\eta D$的流体。根据其表观黏度与时间的关系可分为非时间依赖性流体和时间依赖性流体两类。前一类流体的切变速度与切应力间不是简单的正比关系，但它们的函数关系$\tau=f(D)$与流体发生切变的时间长短无关；而后一类流体的表观黏度不仅与切变速度大小有关，与体系经受切变的时间长短相关。

非时间依赖性流体按$\tau=f(D)$的函数关系又可分为三类：塑性流体、假塑性流体、胀流体。

时间依赖性流体可分为触变性流体、震凝性流体。

菲克扩散定律 [Fick's law of diffusion] 参见扩散。

分散体系 [dispersion system] 一种或几种物质分散在另一种物质中所构成的体系。其中被分散的物质称作分散相，另一种物质称作分散介质。分散体系可按不同的方法分类。若按分散相与分散介质的聚集状态来分，情况如下表所示。

按分散相和分散介质的聚集态对分散体系的分类

分散相	分散介质	体系名称或实例
液	气	气溶胶，如雾
固	气	气溶胶，如烟、尘
气	液	泡沫，如灭火泡沫
液	液	乳状液，如牛奶、原油
固	液	溶液、悬浮液与凝胶，如油漆、泥浆
气	固	固体泡沫，如泡沫塑料、浮石
液	固	珍珠、某些宝石
固	固	合金、有色玻璃

若按分散相质点大小来分，情况如下表所示。

类型		颗粒大小/nm	主要特征
非均相分散体系	粗分散体系 (悬浮液) (乳状液)	>100	颗粒不能通过滤纸，不扩散，不渗析(不能透过半透膜)，一般显微镜下可见
均相分散体系	胶体分散体系 (溶胶) (大分子溶液) (胶束溶液)	100～1	颗粒能通过滤纸，扩散极慢，不能渗析，一般显微镜下看不见，在超显微镜下可以看见
	分子与离子分散体系 (溶液)	<1	颗粒能通过滤纸，扩散很快，能渗析，普通显微镜下及超显微镜下都看不见

胶体化学研究包括粗分散体系。

分子有序组合体 [molecular organized assembly] 由表面活性剂分子或离子以其极性基向着水、非极性基远离水或向着非水溶剂并聚集在一起形成的体系。表面活性剂分子在溶液中发生自聚集，或称自组装，形成分子排列有序的多种不同结构、形态和大小的聚集体，包括胶束、蠕虫状胶束、囊泡、液晶、微乳等。

分子自组装 [molecular self-assembly] 分子通过氢键、范德瓦耳斯力、静电和疏水等非共价相互作用自发地缔合，形成结构和功能确定的聚集体的过程。分子晶体、胶束、囊泡、液晶等都是分子自组装形成的。分子的自组装要遵循以下原则：分子形状互补、接触面积尽可能大、能形成多重或多种非共价相互作用以使结构稳定。按这些原则组装的聚集体具有一定的功能。例如，热原体属嗜酸菌蛋白酶由α和β两类不同的亚基组成。实验证明，单独的α亚基或β亚基，甚至α亚基的聚集体都不具备催化活性，只有α, β亚基正确地自组装成蛋白酶聚集体时才呈现显著的催化活性。又如D-和L-氨基酸交替排列的环八肽，在氢键作用下可自组装成内径为7.5 Å的纳米管，改变环肽大小可改变纳米管的孔径，可用于模拟离子通道研究K^+、Na^+或药物分子的跨膜传输。一些金属离子与吡啶配位可自组装成不同的双螺旋结构，用于研究自组装过程的协同作用。两亲分子自组装成的聚集体可用作微反应器，模拟在生物体系中进行的生化反应。例如，双分子膜和囊泡可用于研究光诱导跨膜电子转移；胶束、液晶等可实现空间间隔化来模拟能量转换、物料输运、信息传递等生命过程中的一些基本问题。高分子自组装成的液晶可用作显示材料和非线性材料。把分子识别与分子自组装结合起来可用于制备新型纳米材料，组建高性能的生物传感器。

弗罗因德利希吸附公式 [Freundlich adsorption equation] 弗罗因德利希根据实验结果得出的经验方程式：

$$a = kp^{\frac{1}{n}} \text{ 或 } \ln a = \ln k + \frac{1}{n}\ln p$$

式中，a为平衡压力p时的吸附量；k为与温度、吸附剂性质有关的常数；n为与温度有关、大于1的常数。由上述可知，若以$\ln a$对$\ln p$作图可得一直线，由直线的斜率和截距求出n和k值。

该公式由于简单方便，应用相当广泛，适用于中等压力吸附，压力大时偏差明显。理论上应用热力学和统计热力学也可导出此式。

弗洛里-哈金斯参数 [Flory-Huggins parameter] 即相互作用参数。

负触变性 [negative thixotropy] 即切稠。

负染色法 [negative staining] 又称衬托染色法。使样品在电子显微镜下易于观察的制样方法。用磷钨酸钠、乙酸双氧铀等电子密度高的物质，吸附在样品膜结构上，使其具有较高的对比度以便观察。并非原有意义上的物质染色，与通常在电子显微镜中所得的阳面物像不同，是阴面物像，因而称为负染色。

附着功 [work of adhesion] 即黏附功。

复合黏度 [complex viscosity] 又称复数黏度。用于表示非牛顿性的黏弹性流体在交变力场作用下的黏弹性。为复数，包括黏性贡献的实部和弹性贡献的虚部。表达为$\eta = \eta' - i\eta''$，式中，η'称为动态黏度，与损耗模量相关，表示黏性的贡献；η''为虚数黏度，与储能模量相关，表示弹性的贡献。

复数黏度 [complex viscosity] 即复合黏度。

感胶离子序 [lyotropic series; Hofmeister series] 同价数离子对胶体聚沉能力的顺序。一定量电解质加入到胶体溶液中会使胶体发生聚沉，同价数的反离子聚沉效率相近但仍有差异，按其聚沉能力排序，即为感胶离子序。例如对于一价阳离子，聚沉能力为$H^+>Cs^+>Rb^+>NH4^+>K^+>Na^+>Li^+$；对于一价阴离子，聚沉能力为$F^->IO_3^->H_2PO_4^->BrO_3^->C1^->C1O_3^->Br^->I^->CNS^-$。

高分子表面活性剂 [polymeric surfactant] 分子量在2000～3000以上的两亲高分子。例如木质素磺酸盐(阴离子型)、含季铵盐的丙烯酰胺共聚物(阳离子型)、聚氧乙烯聚氧丙烯嵌段共聚物和聚苯乙烯聚乙烯吡咯烷酮接枝共聚物(非离子型)以及聚乙烯亚胺甜菜碱类(两性型)等。改变亲水、亲油组分的比例可获得系列表面活性剂。高分子表面活性剂能降低水的表面张力，也能在水中形成胶束，有的能形成单分子胶束。但由于分子量高，浓度低，临界胶束浓度很难测准。高分子表面活性剂由许多链节构成，胶束的形成以及它在界面上的吸附与分子结构、分子量、温度、溶剂性质等诸多因素相关。应用最广泛的是非离子型高分子表面活性剂，主要是A-B型、A-B-A型嵌段共聚物和由疏水骨架与亲水分支(或相反)形成的接枝共聚物。常用作胶体分散体系的稳定剂或絮凝剂。高分子表面活性剂分散能力强、低毒、价廉、品种多、系列全。尤其是非离子型对pH和电解质不敏感，还能与各种表面活性剂相容，又可用于非水体系，因而广泛应用于工矿企业。近几年耐高温、耐酸碱、安全性高、功能强的新型结构高分子表面活性剂相继问世，如聚四甲基聚甘油共聚型、聚醚变性硅酮系列、环状亚胺醚的开环共聚物等。以烷基多苷为代表的蔗糖酯类，由于可生物降解、符合环保要求，更受人们欢迎。

高能表面 [high energy surface] 表面能高于100 mN/m的固体表面。高能表面更容易被液体润湿。根据润湿方程$\gamma_{sg} - \gamma_{sl} = \gamma_{lg}\cos\theta$，式中$\gamma_{sg}$、$\gamma_{sl}$、$\gamma_{lg}$分别表示固气、固液、液气界面的界面能，固气界面能或固体表面能γ_{sg}越大，接触角θ越小，固体越容易被润湿。常见的金属及其氧化物、卤化物及各种无机盐的表面能在500～5000 mN/m，属于高能表面，而高聚物等有机固体属于低能表面。

固气吸附 [adsorption of gases by solids] 气体与固体表面接触时，气体原子或分子附着在固体表面的现象。其中固体为吸附剂，被吸附气体为吸附质。固气吸附分为物理吸附和化学吸附。物理吸附由吸附质与吸附剂之间的范德瓦耳斯力引起，结合较弱，吸附热小，易脱附；化学吸附由吸附质与吸附剂分子间的价键作用引起，结合较强，吸附热与一般化学反应热效应相同。

吸附是自发进行的放热过程。吸附热可直接用量热计测定，也可用吸附等温线计算。

综合大量实验结果，气体吸附等温线主要有五种类型（如图所示）。

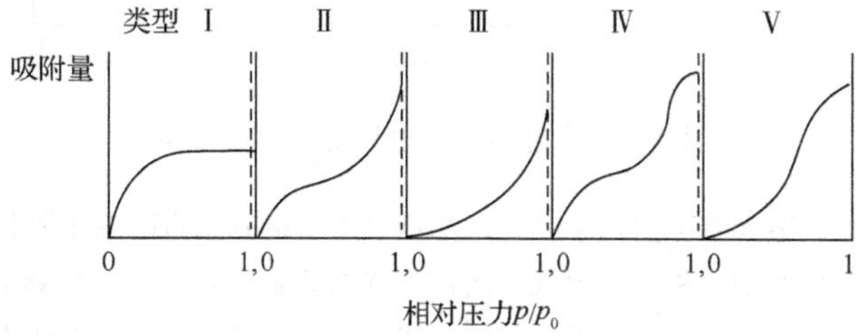

气体吸附等温线的物种基本类型

固气吸附是气相色谱法的理论基础，气体混合物在流经固定相吸附剂时是靠它们被吸附能力的不同而被分离和检测的。固气吸附是多相催化反应的必经步骤，因此研究吸附、脱附的特性和规律可为改进催化剂性能、寻找新催化剂提供理论根据。利用固气吸附可以求算固体的比表面、平均孔径及孔径分布，还可从气体混合物中提取、回收有用组分或除去无用甚至有害成分。防毒面具、干燥剂等就是最常见的应用实例。

固体表面改性 [surface modification of solids] 在保持固体材料原性能的前提下，采用化学或物理的方法改变固体表面的化学成分或组织结构，赋予表面新的性能，如亲水性、生物相容性、抗静电性能、染色性能等。表面改性的方法有很多，可以分为表面化学反应法、表面接枝法、表面复合化法、表面涂层等。广义地讲，传统的热处理、化学处理、电镀，近期的化学气相沉积、激光照射、等离子体等技术都可用于固体表面处理和修饰，改变固体表面的性质。聚合物的表面接枝反应、碳纤维的表面催化氧化、电解氧化等也都可用于改变难混溶体系中各组分的表面性质，提高其相容性。但这些方法都需要一定的设备，成本也较高。而固体经过吸附作用（主要指吸附表面活性剂）而改变其表面组成、结构和性质十分简便、有效，备受重视。无机化合物固体表面强吸附重金属皂类、高碳脂肪酸、有机胺盐、有机硅化合物、含氟表面活性剂等物质后变成低能表面、不易被润湿。有机固体表面吸附表面活性剂分子后也可改善其润湿性能。这在矿石浮选及金属氧化物在高聚物上的黏附中很有用处。

固体孔结构 [pore structure of solid] 多孔性固体孔的容积、形状、孔隙率、孔半径和孔径分布的统称。这些孔有的是由微粒堆积而成（如硅胶和活性氧化铝）、有的是在烧蚀过程中形成的树枝状毛细管（如活性炭）、有的是由晶体基本结构单元连接而形成的规则孔穴（如分子筛、层柱黏土）。孔结构与固体物质的性质、晶体骨架结构、微粒的堆积方式及其制造过程（如烧蚀温度等）相关。

孔的形状通常可由吸附等温线和脱附等温线不重合而构成的吸附滞后环形状反映出来。吸附滞后环大致可分为五类，各对应于一定的孔结构（如图所示）。A 类对应于两端开口的毛细孔；B 类对应于由平行板构成的狭缝毛细孔；C 类对应于两端开口的锥形或双锥形毛细孔；D 类对应于四壁开放的尖劈形毛细孔；E 类对应于瓶形细颈孔。

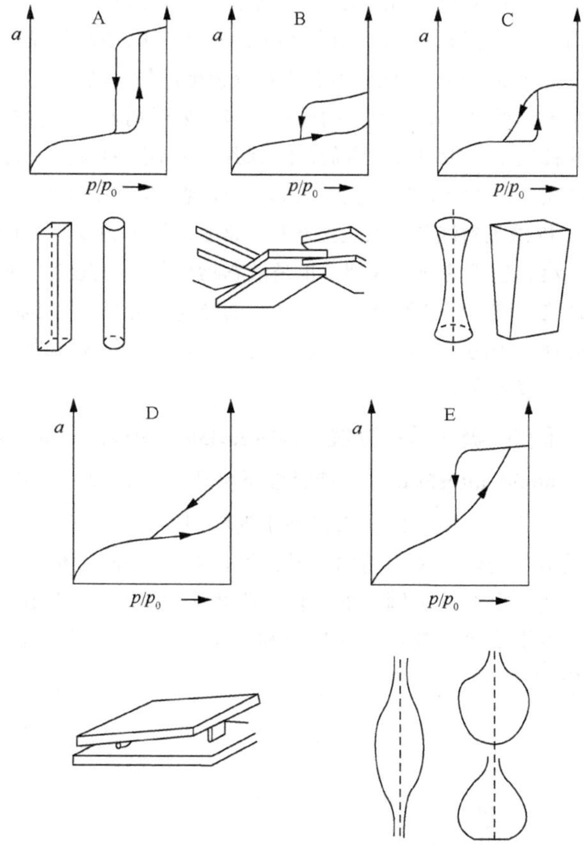

五类吸附滞后环及相应的孔结构

按孔径大小的不同，可分为微孔（孔径小于 2 nm）、介孔（孔径 2～50 nm）和大孔（孔径大于 50 nm）。是催化剂常用物性指标，不同孔结构的催化剂会直接影响反应级数、反应速率常数、活化能等一系列动力学参数。

固体粒子稳定乳液 [Pickering emulsion] 又称皮克林乳液。由吸附到两相界面的固体颗粒稳定的乳状液。该现象于 1903 年由 W. Ramsden 首先发现，S. U. Pickering 在 1907 年进一步描述了该现象。油水混合的乳状液中，油滴会发生聚并以降低体系能量；加入固体粒子后，粒子结合在油水界面防止液滴聚并，从而使乳状液稳定。

固液吸附 [adsorption of liquids on solids] 溶液中的溶质在固体/溶液界面上富集的现象。固液吸附涉及溶质、溶剂和吸附剂之间错综复杂的相互作用，实质上是溶液中各组分争夺吸附剂表面的结果。固液吸附有正、负吸附现象，也有物理、化学吸附之分。但其吸附速度比固气吸附慢得多，尤其对于微孔固体，吸附达平衡需要很长时间。稀溶液吸附等温式与固气吸附大致相同，最常用的是朗缪尔方程和费罗因德利希方程：

$$\theta=\frac{bc}{1+bc} \text{ 和 } \theta=kc^{\frac{1}{n}}$$

式中，θ 为溶质的表面覆盖分数；c 为溶质的平衡浓度；b，k，n 均为常数。

影响固液吸附的因素有：①吸附是放热过程，因此温度升高吸附量下降。②溶质在溶剂中溶解度越大，吸附量越小。③若把溶剂、溶质和吸附剂都大致分为极性和非极性两大类，则基本遵循“相似相吸”的原则，即与吸附剂表面性质相近的易被吸附。④同一吸附剂常因制备方法不同而有不同的吸附性质。这些因素都不是孤立的，上述规律也都是经验总结。

固液吸附涉及工农业生产和日常生活许多领域。固液吸附是液相色谱的理论基础，也是液态物质分离、提纯、净化的理论基础。湿法冶金中稀土元素的分离与提纯、污水的净化处理、去污洗涤、矿物浮选、石油开采、固体表面改性等都与固液吸附密切相关。

固液吸附等温线 [adsorption isotherms at the solid-liquid interface] 一定温度下吸附量与浓度之间的平衡关系曲线。表示出体系最基本的吸附性质，也是进一步的吸附理论研究和应用的基础。固液吸附包括固体自二元互溶液体全浓度范围内的浓溶液吸附和固体自稀溶液的吸附。对于浓溶液吸附，有 U 型和 S 型两种表观吸附等温线(如图 1 所示)。

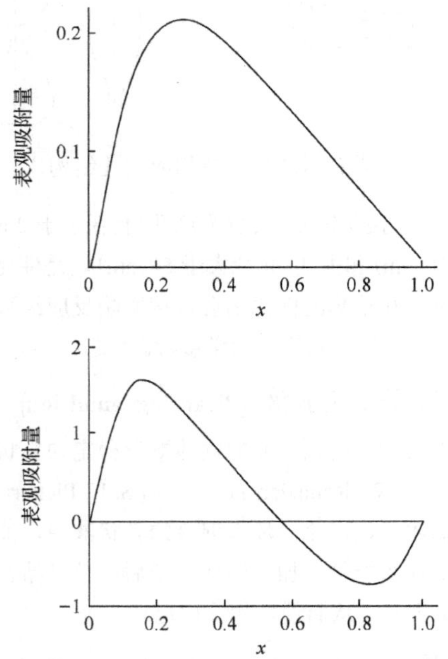

图 1　两种类型的表观吸附等温线

这种等温线实际上是两种组分个别吸附等温线的复合结果，又称复合吸附等温线。其形状取决于吸附剂表面性质、孔大小及溶液性质。

对于固体自稀溶液中的吸附，由于溶质的表观吸附量与其真实吸附量极相近，其复合和个别吸附等温线重合。吸附等温线类型大致有 S，L，H，C 型四类(如图 2 所示)。

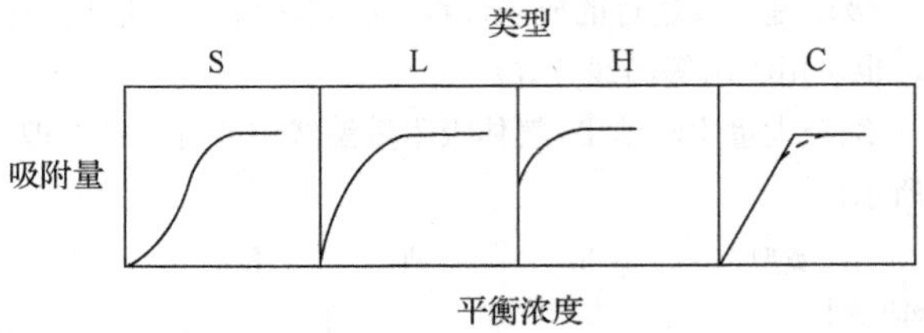

图 2　固体自稀溶液中吸附等温线分类

溶剂有强烈竞争吸附，溶质以单一端基垂直吸附于固体表面时出现 S 型等温线；溶剂无强烈竞争吸附，溶质平躺于固体表面时出现 L 型等温线；化学吸附、离子交换吸附或大分子、离子型表面活性剂吸附时呈现 H 型等温线；物质在纺织物或聚合物上吸附时可能出现 C 型等温线。

光散射 [light scattering] 光通过不均匀介质时在入射光以外的方向上观测到光辐射的现象。光通过存在不均匀区域的介质时，每个小区域为散射中心，向四面八方发出次波，这些次波在某方向上的非相干叠加形成该方向上的散射光。光波在散射中没有发生频率位移的为弹性光散射；散射光发生频率位移的为非弹性光散射；由于多普勒效应，散射光发生微小频率位移和角度依赖性的为准弹性光散射。

海绵相 [sponge phase] 又称 L_3 相。表面活性剂溶液的一种相态。其结构是有序双层无序排列的，即水相和油相均为连续的，且相互交错。可通过表面活性剂稀溶液的层状 L_α 相改变体系物理化学参数而形成，也可在嵌段共聚物溶液中形成。具有低黏度(黏度低于 4 mPa·s)，弱振荡下产生强烈双折射纹理的特点。

互沉现象 [mutual coagulation] 在含多种固体粒子的胶体溶液中，由于表面电荷相反的粒子间静电吸引作用而导致胶体聚沉的现象。胶体粒子的表面具有双电层，同种粒子由于表面电荷符号相同发生静电排斥而不易聚集，若胶体溶液中含有两种表面电荷符号相反的粒子则会发生聚集从而降低体系的自由能。

互沉现象并不限于疏液胶体，缔合胶体(如正离子与负离子皂)，大分子胶体(如带正电与负电的蛋白质等)皆有此性质。明矾净水就是明矾水解产物、带正电的 $Al(OH)_3$ 胶体与水中带负电的悬浮物互沉的结果。

环法 [ring method] 通过测量圆环与液面脱离所需之力 F 来测量表面张力的方法。如图所示，将一铂制圆环平置在液面上，测定使环脱离液面时所需的拉力 F。使环从液体表面脱开所需的力应等于其表面张力 γ 及环周长之乘积。由此可得

$$\gamma = \frac{\beta F}{4\pi R}$$

式中，R 为环的内、外半径平均值；β 为由于表面张力的方向不严格垂直，以及环脱离液面时拉起的液体形状复杂而引入的校正因子，其值与环的尺寸和表(界)面品种有关，可由环法校正系数表查得。用此法测定表(界)面张力操作简便，但所用的铂金丝必须严格保持水平，使用前需用酸洗并用火烧以保证液体能润湿环。测定界面张力时，环必须为下层液体优先润湿，若下层是疏水液体，必须用疏水环。环法应用校正系数，故其方法带有经验性。所得结果还受平衡时间、接触角等因素的影响。这一方法是法国物理学家 du Noüy 在 1925 年发表的工作中首先使用的。

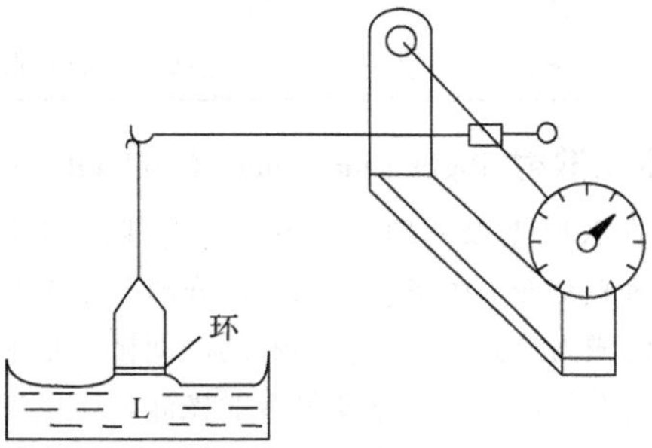

环法测表面张力

积分吸附热 [integral heat of adsorption] 达到吸附平衡时，被气体吸附质所覆盖的吸附剂表面所产生的平均吸附热。它表示在吸附过程中，较长期间内热量变化的平均值，随吸附质浓度的大小而变化。一般用于区分物理吸附和化学吸附的吸附热。

激光光散射 [laser light scattering] 利用激光照射胶体或高分子溶液时产生的散射光来分析粒子相关性质的方法。包括静态光散射和动态光散射。

吉布斯膜 [Gibbs film] 又称朗缪尔膜。表面活性剂分子在气-液界面(溶液表面)或液-液界面上由于吸附而形成的吸附膜。由美国物理化学家吉布斯(J. W. Gibbs)于 1875 年从经典的吸附热力学研究得出其吸附公式，因而以吉布斯命名这种吸附膜。

吉布斯吸附等温式 [Gibbs adsorption isotherm] 1876 年由美国物理化学家吉布斯(J. W. Gibbs)用热力学方法导出的、描述一定温度下溶液表面吸附量与表面张力、溶液浓度关系的公式。若以 Γ 表示溶质在单位表面上的吸附量；γ 为溶液的表面张力；a 为溶液中溶质的活度；R 为气体常数；T 为热力学温度，那么吉布斯吸附式为:

$$\Gamma = -\frac{a}{RT}\left[\frac{\partial \gamma}{\partial a}\right]_T = -\frac{1}{RT}\left[\frac{\partial \gamma}{\partial \ln a}\right]_T$$

实验测得一定温度下，溶液表面张力随浓度变化的曲线，由 $\left[\frac{\partial \gamma}{\partial \ln a}\right]_T$ 可计算在温度 T 时的吸附量 Γ。Γ 是单位面积实际表(界)面所含溶质量与体相中所含溶质量之差，是过剩量，不是单位表(界)面上溶质的真正浓度。

当浓度很低时，可用浓度 c 代替活度 a，Γ 可近似看作表面浓度。原则上此式可适用于一切界面上的吸附现象。但由于固体界面张力随溶液浓度变化不易测定，故不能用于计算固气、固液界面上的吸附量。在液液界面上，可测定界面张力来计算界面吸附量。

假塑性流体 [pseudoplastic fluid] 无屈服应力，且表观剪切黏度随剪切速率的增加而减小的一种非牛顿流体。其特征是：表示切应力和切变速率关系的流变曲线通过远点，但二者不呈直线关系，切变速率比切应力增加得更快，具有剪切稀化现象。高分子熔体和浓溶液大都属于假塑性流体。

剪切速率 [shear rate] 垂直于液体流动方向上的速度梯度。将流体视作多层的平行板，对上板施加一个推力 F，使其产生一个速度变化 dv，液体的黏性将此力层层传递，各层液体相应运动形成速度梯度即为剪切速率 D=dv/dy，单位为 s^{-1}，式中，dy 为垂直于液体流动方向上的位移。

剪切应力 [shear stress] 作用于单位面积流体液层上的切向作用力。表示为 $\tau = F/A$，单位为 N/m^2，式中，F 为作用于液层的切向力，A 为作用面积。

胶凝作用 [gelation] 溶胶或高分子溶液在适当条件下转变为凝胶的过程。胶凝作用对于氢氧化铝、氢氧化铁等溶胶，可看作是聚沉过程的一个特殊阶段。加入适量电解质，体系失去了聚结稳定性，但不生成沉淀而形成凝胶。对于高分子溶液，胶凝与结晶过程相似。降低温度，溶液中出现高分子形成的微晶结构，体系失去流动性，呈半固体状态。但发生胶凝作用没有固定的转变温度，微晶区的大小和数目与胶凝时的外界条件、胶凝程度相关。

影响胶凝过程的重要因素是：溶胶或溶液的浓度、温度和电解质的性质、数量。对于每个体系，在一定温度下有一个最低浓度值，低于此浓度，质点间距离太大，不能胶凝。降低温度有利于胶凝，但每一种浓度的溶液在一定温度下才能胶凝。浓度加大则胶凝最低温度可升高。电解质的影响比较复杂，对于溶胶，主要与离子价数、浓度及水化程度相关；对于高分子溶液，主要与中性盐的阴离子相关。SO_4^{2-}等可加速胶凝，但大量 I^-及 SCN^-存在阻止胶凝。

胶束 [micelle] 又称胶团。表面活性剂分子在溶液表面达到吸附饱和后，于溶液内部自动聚集而形成的有序组合体。

其形成主要基于疏水作用，亲水基团向外，疏水基团向内而形成胶体大小的粒子。胶束结构包括内核和外层(如图所示)。内核由表面活性剂疏水基构成，具有与液烃相似的性质，对不同结构的憎水分子都有良好的溶解能力。外层由水化的表面活性剂极性基组成。由于表面活性剂分子的热运动，胶束表面是粗糙的、波动的。胶束的大小可用聚集数来衡量。胶束的形状随浓度而变，浓度小时为球形，浓度大时趋于椭球、棒状甚至层状。

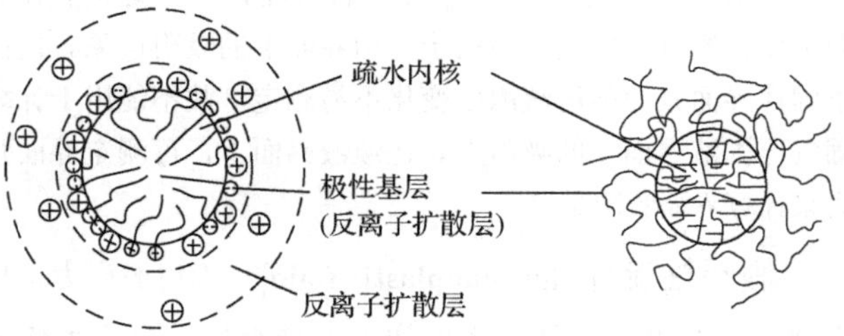

(a) 离子型胶束　　(b) 非离子型胶束

胶束结构示意图

胶束的形成是在水溶液中创立了一个疏水的微环境，有利于在两相或界面上进行的化学反应。因此在乳液聚合、胶束催化、酶催化等方面有重要作用。尺寸有限的微环境可为纳米粒子的制备创造条件。

胶束催化 [micelar catalysis]　溶液中由于胶束的存在改变化学反应速率的现象。例如酯的水解反应，在阳离子表面活性剂溴代十六烷基三甲铵胶束溶液中进行时，其速率常数是无胶束时的95倍，而在阴离子表面活性剂十二烷基硫酸钠胶束中进行时，则为 0.4 倍。胶束的存在对化学反应速率的影响主要是：①胶束的增溶作用、带电胶束对具相反电性反应物的静电作用使反应物在胶束附近的局部浓度增加，因而加速反应；②胶束的形成是在原介质中创立了一个与其极性不同的微环境，改变了反应状态，有利于反应进行。有些情况下胶束能与底物形成复合物，直接参与反应，或能改变反应途径，增加立体化学选择性。

胶体 [colloid]　即胶体分散体系。

胶体分散体系 [colloidal dispersion]　又称胶体。大小在 1～100 nm 之间的质点分散于介质中形成的分散体系。以液体为分散介质的体系称为胶体溶液，它可分为三种基本类型。一种是由若干数量低分子构成的固体质点分散在液体中形成的溶胶。由于分散相与分散介质互不溶解，两者无亲和力，称为憎液胶体。

它是个多相体系，存在着很大的相界面，也是个热力学不稳定体系。另一种是大小在胶体范围之内的大分子溶于适当溶剂中形成的大分子溶液。分散相与分散介质间有亲和力，故又称为亲液胶体。它是均相真溶液而非多相体系，是热力学稳定体系。第三种是由一些表面活性剂分子在浓度大于一定值后缔合成胶束而形成的缔合胶体。本质上也属于亲液胶体，是热力学稳定体系。这三种胶体质点大小都在胶体范围之内，有分散相扩散慢、不能透过半透膜等相同之处，但也有一些不同的性质。表中列出了憎液胶体与大分子溶液的一些性质差别。

憎液胶体与大分子溶液性质的比较

憎液胶体	大分子溶液
一些小分子组成的质点分散于介质中	大分子溶解于介质中
多相分散体系	均相真溶液
分散相与分散介质间无亲和力	溶质与溶剂间有亲和力
热力学不稳定体系，需第三组分作稳定剂	热力学稳定体系，无需第三组分
非平衡体系	平衡体系，有一定的溶解度
对电解质很敏感	对电介质不敏感
丁铎尔效应强	丁铎尔效应弱
黏度小(与水相近)	黏度大
聚沉后再加分散介质不可复原	聚沉后加分散介质能复原

胶体光散射 [light scattering of colloid]　光束通过胶体介质时在入射光以外的各个方向上都能检测到光强的现象。在入射光交变电磁场的作用下，介质分子中的电子出现强迫振动而成为电偶极子。振动着的电偶极子是个次波源，向各个方向发射电磁波，这就是散射光波。产生光散射的必要条件是介质具有光学不均匀性。不均匀性越显著，散射越强。引入折光率与介质不同的胶体质点或是热运动引起浓度或密度的局部涨落都可造成光学上的微观不均匀性，分别是憎液胶体和大分子溶液光散射的起因。实际上纯液体由于分子密度的局部涨落也产生光散射，只是散射光十分微弱，须用灵敏的检测器才能测出。对于稀溶胶(小质点)、大分子溶液大质点散射、有不同的理论处理。

胶体化学 [colloid chemistry]　物理化学的一门重要分支学科。研究胶体、大分子溶液及乳状液等分散体系和与界面现象相关联的体系的性质及规律的学科。其内涵广阔，既涉及化学中最基础的理论，又具有极广泛的实用性，且与众多学科相互交叉。胶体化学已成为一门独立学科。因为胶体现象很复杂，有它独特的规律性，更重要的是它几乎与国民经济的各个部门都有密切关系。冶金、石油、轻纺、橡胶、塑料、食品、感应材料、日用化工等工业以及农业、军事等部门在一些关键环节上都离不开胶体化学。生物与环境科学也广泛涉及胶体化学的一些基本原理和方法。

胶体晶模板法 [colloid crystal template method]　以胶体晶体为模板复制得到具有“反胶体晶体”结构的二维或三维有序材料的方法。胶体晶体是由单分散胶体粒子组装而成的二维或三维长程有序结构。以其为模板制备得到的材料能够复制其有序结构，同样也构成一类光子晶体。一般需要结合其他的材料制备方法进行，如溶胶凝胶法、电化学沉积、化学气相沉积等。

胶体流变性 [rheological behavior of colloid] 胶体在外力作用下流动和变形的行为。在流体稳定流动(层流)时，各流层的速度是不一样的。在相邻流层的接触面上就有与其平行而与流动方向相反的阻力，称为内摩擦力 F，是流层之间存在吸引力所致。作用在单位面积上的内摩擦力 F/A 称为切应力，用 τ 表示。两流层速度之差 du 与两流层间距离 dx 之比称为速度梯度。垂直于流动方向上的速度梯度 du/dx 称为切变速度，用 D 表示。在层流条件下，切应力与切变速度成正比，可写成

$$\frac{F}{A}=\eta\frac{du}{dx}，即\ \tau=\eta D$$

式中，η 为比例系数，称为流体的黏度，单位是帕·秒(Pa·s)，代表液体流动时内摩擦力的大小，这就是著名的牛顿公式。若用切应力 F/A 对切变速度 du/dx 作图，可得到一系列描述体系流变特性的曲线，称作流变曲线。

凡符合牛顿公式的流体，如纯液体、小分子溶液称为牛顿流体。它的黏度只与温度有关，不受切速影响，其流变曲线是一条通过原点的直线。直线斜率越小，流体黏度越大。对于牛顿流体，只用黏度就足以表示其流变特性。不符合牛顿公式的称为非牛顿流体，其切应力与切变速度之比称为表观黏度，它不是常数而是速度梯度的函数。

胶体分散体系的流变性质与诸多因素相关，其流变现象十分复杂，但非常实用，在钻井泥浆、油漆、陶瓷制造等许多工业部门占有重要地位。研究大分子溶液的流变性质可以测定大分子的分子量，了解大分子与介质间的相互作用，推断大分子在溶液中的形态。对血液流变的研究在生理学和医学上很有实用价值，根据血液流变性质的变化可以发现和判断一些血液病。

胶体制备法 [method of colloid preparation] 获得稳定的胶体分散体系的物理或化学方法。基本可以分为分散法和凝聚法两类。

分散法主要有三种方式：机械分散、超声分散和胶溶分散。机械分散是利用球磨机、胶体磨、振动磨、乳化泵等机械装置将粒子磨细到 1 μm 左右。超声分散是利用高频率的超声波对分散相产生的撕碎力制得纯净的溶胶或乳状液。胶溶分散是在一些刚形成的新鲜沉淀中加入稳定剂或洗去多余的电解质使暂时聚集在一起的胶体粒子重新分开而形成溶胶。分散时通常要加入分散剂，如表面活性剂，以加快分散过程，增加所形成分散体系的稳定性。

凝聚法主要有化学反应法和更换介质法。基本原则是形成过饱和溶液，控制条件使不溶物以胶体粒子大小析出。凡能生成不溶物的复分解反应、水解反应以及氧化还原反应均可用于制备溶胶。改换介质法是利用同一物质在不同溶剂中溶解度相差悬殊的特性，使溶解于良溶剂中的溶质在加入不良溶剂后因其溶解度下降而以胶体粒子大小析出。改变实验条件，如降低温度也可形成胶体。

在气相中制备胶体粉末可用化学气相沉积法(CVD 法)和物理气相沉积法(PVD 法)。CVD 法是用等离子体、激光等作热源使气相中单一化合物分解，或使几种物质发生气相反应。PVD 法是用高温加热或其他方法使物质强制蒸发，然后急骤冷凝。利用这些方法可以生产纯度高、粒度均匀、分散性好的超微粉末。

利用多孔玻璃、分子筛等多孔性固体的孔道限制生产粒度确定而且均匀的胶体粒子是近几年发展起来的制备胶体粒子的新技术。已用于金属和半导体粒子的合成。制得的溶胶常含有一些杂质影响其稳定性，必须纯化。常用半透膜渗析法。要提高渗析速度可用热渗析或电渗析法。

胶体质点分散度 [polydispersity of colloidal particles] 用于表示胶体质点尺寸均匀程度的参数。胶体体系通常是多分散的，即胶体质点的大小不等，不同质点尺寸越相近则分散度越小，尺寸相差越大则分散度越大。分散度表示为 $d=M_r$(质均)/M_r(数均)，即为其质均分子量与数均分子量的比值。

胶体质点形状 [shape of colloid particles] 胶体质点的外形。胶体质点按其形状可分为球形、多面体形、片状、线形等，质点的形状在决定胶体体系的各种性质上有重要的作用。

胶团 [micelle] 即胶束。

胶团催化作用 [micellar catalysis] 即胶束催化。

接触角 [contact angle] 将一液体滴于干净、平滑的固体表面，当系统达平衡时，在气、液、固三相交界处，自固液界面经液体内部到气液界面的夹角，通常用 θ 表示。如图所示，接触角是液体表面张力 $\gamma_{l\text{-}g}$ 与液-固界面张力 $\gamma_{l\text{-}s}$ 间的夹角，数值由三种界面张力的相对大小决定，存在如下关系：$\gamma_{s\text{-}g}=\gamma_{l\text{-}s}+\gamma_{l\text{-}g}\cos\theta$（杨氏润湿方程，1805 年由 T. Young 提出)，根据 θ 的数值可看出液体对固体的润湿程度：① $\theta=0°$，完全润湿；② $\theta<90°$，固体能被液体润湿；③ $\theta>90°$，固体不能被液体润湿。接触角的测量方式多不复杂，但要得到准确的结果却很困难，其中表面处理和测量时的环境污染是影响测量准确度的最重要因素。

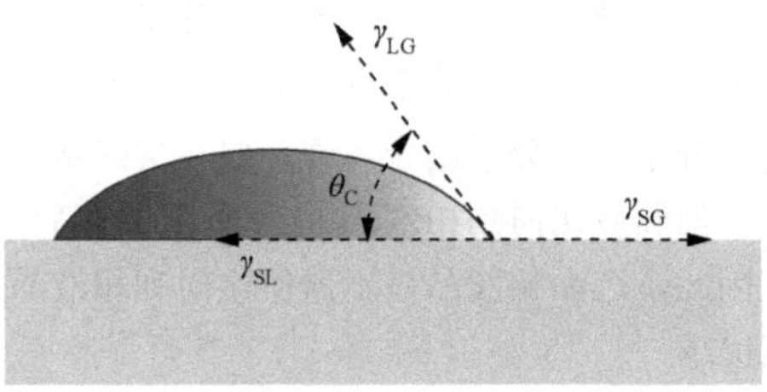

解吸 [desorption] 即脱附。

介晶 [mesogenic phase]　又称液晶相，具有高度不对称外形的有机化合物在一定温度和浓度时表现出的介于液态和晶态间的有序流体状态。在宏观方面兼有某些晶体和流体的物理性质；在微观方面则至少在一个方向上高度有序排列。液晶相中分子取向易受外界环境影响，从而改变其颜色、透明度和电性质等。可分为热致液晶和溶致液晶两大类，前者在一定温度范围内才可形成，后者多由表面活性剂在一定温度和浓度下形成。液晶广泛用于图像显示、测温、无损探伤等技术。

界面化学 [interface chemistry]　又称表面化学或界面物理化学。以相界面和表(界)面活性剂为研究对象的物理化学。是研究物质在多相体系中界面的特征和界面发生的物理和化学过程及其规律的科学。研究内容不仅仅局限于化学过程和规律，对界面体系特征和物理过程和规律也进行研究。界面是两相交界之处，随两相性质不同，可分为气液界面、气固界面、液液界面、固液界面和固固界面。界面也存在于一些多孔物体的内部，如分子筛就是含有大量界面的多孔结构。通常把与气相组成的界面称作表面。由于界面上分子的性质与内部分子不同，对具有巨大界面面积的胶体分散体系的物理化学性质(如蒸气压、溶解度、相变温度、化学反应性等)以及一些物理化学过程(如电极过程、色谱分离过程等)都有一定的影响。胶体体系的电学、流变、光学、动力学性质及其稳定性与界面性质相关。一些非胶体体系的性质与功能也与界面化学相关，例如，电极表面的修饰、色谱分析、晶体的成核与生长等。近年来，由于纳米科技的兴起，表面化学对材料性质的影响越来越受到重视。

界(表)面化学研究的内容主要包括：表面张力与表面能、物质在气液、液液、气固、液固界面上的吸附、不溶物单分子膜、表面活性分子在界面上形成的吸附膜，包括单分子膜、双分子膜、LB膜、自组装膜、粒子化膜等多种膜结构，以及润湿、黏附、铺展等。

界面化学广泛应用于生物科学(如生物膜的模拟)、能源科学(如石油开采)、材料科学(如纳米粒子制备)及矿物浮选、催化、印染、农药、食品、日用化学品等工业部门。

界面物理化学 [physical chemistry of interfaces]　即表面化学。

近晶相液晶 [smectic liquid crystal]　分子排列成层状的液晶。每层分子长轴方向一致，但分子长轴与层面都呈一定的角度。层的厚度约等于分子的长度，各层之间的距离可以变动。分子层内分子结合力强，层与层间结合力弱，具有流动性，但黏度比向列相液晶大。近晶相液晶具有正性双折射性，因此，近晶相液晶显示器件比向列相液晶显示器件的特性更优越。

浸润功 [work of immersional wetting]　参见润湿。固体浸入液体过程中，当浸湿面积为单位值时，过程的自由能降低值为：$-\Delta G=\gamma_{\text{s-g}}-\gamma_{\text{s-l}}=W_i$，$W_i$为浸润功，反映液体在固体表面上取代气体(或另一种与之不相混溶的流体)的能力，$W_i>0$是浸湿过程能否自动进行的判据。

静态光散射 [static light scattering]　一种通过散射光强度的测量得到大分子重均分子量M_{w}、第二位力系数A_2、均方旋转半径R_{g}的技术。忽略粒子间的相对运动，对溶液中所有粒子引起的辐射频率的多普勒频移进行积分，得到粒子散射光的绝对光强，是平均结果。对于稀溶液，有$\dfrac{HC}{R_\theta}=\dfrac{1}{M_{\text{w}}}\left(1+\dfrac{q^2R_{\text{g}}^2}{3}\right)+2\text{A}_2\text{C}$，其中$H=\dfrac{4\pi^2n_0^2(\text{d}n/\text{d}c)^2}{\lambda^4N_{\text{A}}}$（为常数），$\text{d}n/\text{d}c$为溶液折射率随浓度的变化率，$q=\dfrac{4\pi n}{\lambda}\sin\dfrac{\theta}{2}$，为尺寸较大的粒子引入的结构因子，$R_\theta$为瑞利比，$C$为浓度。最常见的为齐姆(Zimm)图，即通过测量不同浓度和不同角度下样品的散射光强，以$\dfrac{HC}{R_\theta}$对$\sin^2\dfrac{\theta}{2}+aC$（$a$为适当选择的常数)作图，通过浓度外推($C\rightarrow 0$)可得$M_{\text{w}}$和$R_{\text{g}}$，通过角度外推($\theta\rightarrow 0$)可得$M_{\text{w}}$和$A_2$。

聚沉 [coagulation]　在电解质作用下胶体质点聚结而沉淀的现象。分散体系，特别是水基分散体系常因质点带电而稳定，但这种体系对电解质特别敏感，介质中电解质浓度高到一定程度时就会聚沉。在指定条件下使胶体聚沉所需电解质的最低浓度称为该电解质的聚沉值，通常用毫摩尔/升(mmol/L)表示。显然，聚沉值是电解质对胶体聚沉能力的衡量，是一个与实验条件有关的相对数值，聚沉能力越大，聚沉值越小。

实验发现，起聚沉作用的主要是与质点带相反电荷的反离子，反离子价数越高，聚沉能力越强。聚沉值大致与反离子价数的6次方成反比，这称为舒尔策-哈代规则。同价离子的聚沉能力虽然相近，但仍有差别，一价离子的差别尤为明显。同价离子聚沉能力的排序称为感胶离子序，一价正离子的顺序是$Cs^+>Rb^+>NH_4^+>K^+>Na^+>Li^+$；一价负离子的顺序是$F^->IO_3^->H_2PO_4^->BrO_3^->Cl^->ClO_3^->Br^->I^->CNS^-$

上述次序和离子水化半径由小到大的次序大致相同。故聚沉能力的差别主要与水化离子的大小有关，水化离子半径越小，越易靠近胶体质点，聚沉能力就高一些。但此规律只适用于无机小离子，混合电解质的聚沉作用则较为复杂。

与胶体质点电荷相同的同号离子，特别是大的有机离子，由于其强吸附性，会影响反离子的聚沉值。一般来说，大的或高价正(负)离子对于带正(负)电的胶体有一定的稳定作用，使负(正)离子的聚沉值略有增加。

聚沉的敏化作用 [coagulative sensitization]　参见空间稳定作用。高分子的存在使溶胶对电解质的聚沉值减小。在溶胶中加入的高分子的量小于起保护作用所需的最小值时，对溶胶无保护作用，反而使溶胶对电解质更为敏感，即电解质对该溶胶的聚沉值减小。

聚沉值 [coagulation value] 参见聚沉。在指定情形下，使溶胶聚沉所需电解质的最低浓度，聚沉值大致与反离子价数的六次方成反比。

聚集数 [aggregation number] 缔合成一个胶团的表面活性剂分子或离子的平均数目，以 n 表示，用于表征胶团的大小(见表)。常用光散射法测出胶团的“分子量”，除以表面活性剂的分子量来确定胶团的聚集粒 n。其他如扩散法、渗透压法、超离心法等也可测定。表中列出了一些表面活性剂溶液中胶团的聚集数。聚集数 n 与表面活性剂分子结构有关，也受外界因素的影响。增大分子的疏水基可使 n 增加，而增长亲水基，如聚氧乙烯链，使非离子型表面活性剂 n 降低。加入无机盐可减小离子头基间的静电排斥，使离子型表面活性剂 n 升高。而升高温度使非离子表面活性剂亲水性下降，因而使其 n 增加。

一些表面活性剂溶液的胶团聚集数

表面活性剂	温度/℃	n	表面活性剂	温度/℃	n
$C_{12}H_{25}SO_4Na$	23	71	$C_{14}H_{29}N(C_4H_9)_3Br$	25	35
$(C_{12}H_{25}SO_4)_2Mg$	60	107	$C_{12}H_{25}O(EO)_6H$	15	140
$C_{12}H_{25}SO_4Na$ (0.1 mol/L NaCL)	25	112	$C_{12}H_{25}O(EO)_6H$	25	400
$C_{12}H_{25}N(CH_3)_3Br$	25	50	$C_{10}H_{21}O(EO)_6H$	25	260
$C_{12}H_{25}NH_3Cl$	25	55.5	$C_{14}H_{29}O(EO)_6H$	34	16 600
$C_{14}H_{29}N(C_2H_5)_3Br$	25	55			

注：EO 为(OC_2H_4)，下同。

开尔文公式 [Kelvin equation] 表明弯曲液面的液体蒸气压与液面曲率半径关系的公式。通常所说一定温度下的饱和蒸气压是指与平液面液体呈平衡时的蒸气压。对于具有弯曲液面的液体，其饱和蒸气压不仅与液体性质、温度相关，还与弯曲液面的曲率半径相关。其关系可用开尔文(Kelvin)公式表示：

$$\ln\frac{p}{p_0}=\frac{2\gamma M}{RTr\rho}$$

式中，γ 为液体的表面张力；M 和 ρ 分别为液体的摩尔质量和密度；T 为热力学温度；R 为气体常数；p 和 p_0 分别为曲率半径为 r 的小液滴和平液面的平衡蒸气压。此式表明，对于凸液面(如液滴)，r 为正，其饱和蒸气压比平液面高，而且液滴半径越小，蒸气压越大；对于凹液面(如气泡)，r 为负，其饱和蒸气压比平液面低，气泡越小，蒸气压越低。开尔文公式也可应用于晶体物质，即微小晶体的饱和蒸气压恒大于普通晶体的饱和蒸气压，由此得出晶体颗粒越小其溶解度越大。

应用开尔文公式可以解释毛细凝结现象，阐明人工降雨的原理。也可说明新相难以在物系中生成而引起的各种过饱和现象，即按照相平衡条件，应当凝结而未凝结的过饱和蒸气；应当沸腾而不沸腾的过热液体；应当凝固而未凝固的过冷液体；应当有晶体析出而未析出的过饱和溶液等。此外，应用开尔文公式，由毛细凝结现象测得 p/p_0值，可计算出多孔性催化剂的孔径大小。有时需保持过饱和状态下的亚稳状态(如金属淬火)达到产品所要求的质量。

抗聚沉 [anticoagulation] 利用高分子或者其他方法阻止胶体粒子发生聚沉。

抗泡剂 [antifoaming agent] 即消泡剂。

抗絮凝 [antiflocculation] 利用空间作用或者静电作用防止絮凝过程的发生。

可逆性胶体 [reversible colloid] 即亲液胶体。

克拉夫特点 [Krafft point] 离子型表面活性剂的溶解度在温度升到一定值 T_K 时会陡然上升，这个温度 T_K 称作该表面活性剂的克拉夫特点(见表)。温度在克拉夫特点以下，溶液浓度增加到一定程度后就析出固体，出现表面活性剂饱和溶液与其固相平衡的两相区而不能形成胶束。体系温度在克拉夫特点 T_K 以上时才能形成胶束。胶束溶液中表面活性剂单体浓度保持在临界胶束浓度(cmc)水平，不致析出表面活性剂固体。从表面活性剂的应用来看，克拉夫特点越低越好。

一些表面活性剂的 Krafft 点

表面活性剂	Krafft 点/℃
$C_{12}H_{25}SO_4Na$	9
$C_{12}H_{25}SO_3Na$	38
$(C_{12}H_{25}SO_4)_2Ca$	50
$(C_{12}H_{25}SO_4)_2Mg$	25
$(C_{12}H_{25}SO_4)_2Ba$	105
$C_8H_{17}COONa$	8
$C_8H_{17}COOLi$	<0
$C_8H_{17}COOK$	25.6
$C_8H_{17}COOH$	20

空间稳定作用 [steric stabilization] 又称保护作用。加一定量高分子化合物到溶胶或悬浮液中，显著提高其聚结稳定性的现象。高分子化合物在质点表面上形成一定厚度的吸附层，在质点相互接近时因吸附层交联而相互排斥。阻止了质点的聚结，提高了体系的稳定性。

最有效的高分子稳定剂是分子长链中既有与质点有很强亲和力的“停靠”基团，又有与溶剂有很强亲和性的“稳定” 基团的接枝或嵌段共聚物。而且这两种基团在分子中的比例要适当。高分子分子量越高，在质点表面上形成的吸附层越厚，稳定效果越好，低于临界分子量的高分子无保护作用。其用量应足以在质点表面上形成一饱和吸附层。浓度太低，非但不起稳定作用，反而因一个高分子搭桥连接多个胶体质点使溶胶的稳定性降低，即发生敏化作用，甚至导致絮凝。溶剂的优劣、温度等对其稳定作用有影响。

考虑空间稳定作用的存在，质点间总的相互作用能 E_T 应该是质点间范德瓦耳斯吸引能 E_A、静电排斥能 E_R 以及空间稳定作用产生的排斥能 E_S 的加和，即 $E_T=E_A+E_R+E_S$，总能量随质点间距离变化曲线如图所示。由于质点相近时 E_S 很大，此时总能量 E_T 迅速增大。质点不可能进一步靠近而使体系稳定。

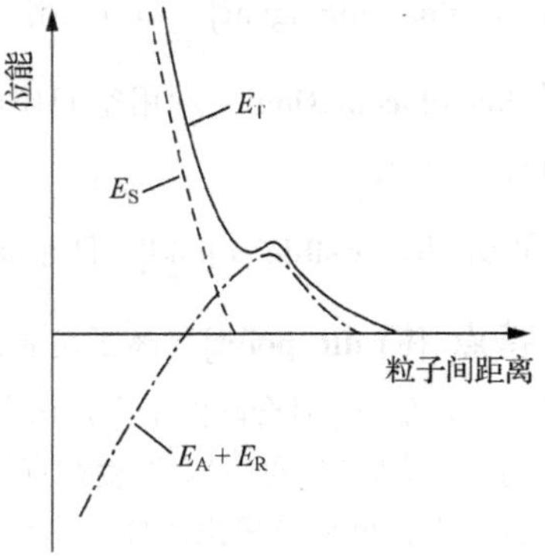

空间稳定的位能曲线

空间稳定作用可用于盐含量高的分散体系；能稳定很浓的分散体系；而且在水及非水体系中均可起作用，故可广泛应用于各个领域。在墨汁、油漆、磁浆、照相乳剂等制作过程中都利用了空间稳定作用保护分散体系。生物体系中，血、乳液中的磷酸钙、胆红素钙等都由于蛋白质、胆盐等生物大分子的空间稳定作用而不聚结，否则就会生病。

孔径分布 [pore size distribution] 孔体积随孔径大小的变化而改变的分布规律。一般以 $\frac{\Delta V}{\Delta r}$ 对 r 作图，用曲线描述孔径分布的规律，其中 ΔV 是孔体积的增值，Δr 是孔径的增值，r 为测得的孔径。国际上，一般把这些孔按尺寸大小分为三类：孔径≤2 nm 为微孔，孔径在 2～50 nm 范围为中孔，孔径≥50 nm 为大孔，其中中孔具有最普遍的意义。常用氮吸附法测定中微孔孔径分布，压汞法适用于大孔的测定。

孔容 [pore volume] 单位质量多孔固体所具有的细孔总容积，是多孔结构吸附剂或催化剂的特征值之一。孔容一般用四氯化碳法测定，在一定的四氯化碳蒸气压力下，四氯化碳在多孔固体的内孔凝聚，把孔充满，此凝聚了四氯化碳的体积就是吸附剂孔的体积。孔容不一定等于孔体积，因为孔容中不包括粗孔而孔体积包括了所有孔的体积。

扩散 [diffusion] 质点自浓度大的区域移向浓度小的区域，在没有外力场的条件下，最后达到浓度均匀的状态。只要有浓差存在就有扩散。扩散可在物质的一相或多相中进行，也可在不同气、液、固体间进行，直到同一相内各部分浓度均匀或各相内浓度达平衡为止。

扩散在物理、化工和生理等过程中都起着极重要的作用。1855 年德国生理学家菲克发现了扩散现象的菲克定律。

菲克第一定律：$\mathrm{d}m=-DA\frac{\mathrm{d}c}{\mathrm{d}x}t$

此式表明，经过某一截面的扩散物质量 dm 与该处的浓度梯度 dc/dx、面积大小 A、时间 dt 成正比。比例系数 D 称为扩散系数。式中负号表示物质自高浓度区向低浓度区移动。此定律描述了扩散速度与浓度梯度间的关系，可用于计算扩散系数 D。

考虑扩散过程中浓度梯度随时间而变化，讨论扩散方向上位置 x 处的浓度随时间的变化，得出菲克第二定律：

$$\frac{\partial c}{\partial t}=D\left(\frac{\partial^2}{\partial x^2}\right)$$

此微分方程是实验测定扩散系数的基础。

扩散层 [diffusion layer] 带电粒子或固体与介质的界面附近反离子分布的区域。参见ζ电势。

扩散系数 [diffusion coefficient] 表征物质扩散能力的物理量。用单位浓度梯度下，在单位时间内流经单位截面积的溶质量表示，单位为 $\mathrm{m^2/s}$。小分子的扩散系数数量级为 $10^{-9}\ \mathrm{m^2/s}$，胶体质点的扩散系数为 $10^{-11}\ \mathrm{m^2/s}$ 。扩散系数 D 的大小又是质点在介质中运动速度的反映，与质点运动时受到的阻力系数 f 相关。根据爱因斯坦导出的关系式 $D=RT/Nf$（式中 R 为气体常数，N 为阿伏伽德罗常量，T 为热力学温度）以及对于半径为 r 的球形质点 $f=6\pi\eta r$（式中 η 为介质黏度），可由扩散系数计算出球形质点的半径以及质点量。

若已知等效圆球的扩散系数 D_0，由不对称因子 D_0/D 还可确定质点的形状。测定大分子的扩散系数可得知大分子分子量及其结构信息。

拉普拉斯方程 [Laplace equation] 描述弯曲液面上附加压力 p_s 的基本公式。$p_s=\gamma\left(\frac{1}{R_1'}+\frac{1}{R_2'}\right)$，其中 R_1' 和 R_2' 为曲面的两个曲率半径，γ 为液体表面张力。曲面为球形时，$R_1'=R_2'=R'$，$p_s=\frac{2\gamma}{R'}$；若为平面，R_1' 和 $R_2'\to\infty$，$p_s\to 0$。是毛细现象的理论依据。

朗缪尔膜 [Langmuir film] 即吉布斯膜。

朗缪尔吸附等温式 [Langmuir adsorption equation] 朗缪尔在 1918 年提出的单分子层吸附等温式。其基本假设是：①吸附热与覆盖度无关，即吸附剂表面是均匀的。②分子吸附或脱附的概率都不受邻近分子的影响，即吸附分子间无相互作用。③只有撞在空白表面上的分子才可能被吸附，即吸附是单分子层的。在此基础上由吸附达平衡时，气体分子被吸附的速率与脱附速率相等，导出了吸附等温式：

$$a=a_m\frac{bp}{1+bp}$$

式中，a 为气体平衡压力 p 时的吸附量；a_m 为单分子层饱和吸附量；b 为与温度和吸附热有关的常数。朗缪尔吸附等温式能较好地代表Ⅰ型等温线，但在压力很低时吸附量实验值常比公式预示值高；在温度低时可能发生多分子层吸附。必须注意，单分子层吸附一般可用朗缪尔吸附等温式描述，但能用此等温式描述的并不一定是单分子层吸附。例如，在微孔吸附剂(如活性炭、分子筛等)上的吸附结果可用此等温式处理，但吸附却是2或3分子层的。

冷冻蚀刻技术 [**freeze fractured method**] 一种将断裂和复型相结合的透射电子显微镜样品制备技术。立体感强，观察到的生物样品更接近活体状态，可原位表征聚集体结构。操作程序为：①冷冻：利用制冷剂(液氮)将样品快速冷冻；②断裂：样品在冷冻条件下变得又硬又脆时，用刀劈裂样品，暴露出观察面；③蚀刻：将断裂面上的冰升华，表面稍稍降低，一些膜状结构，颗粒状结构就凸出于表面，使三维结构更加明显。蚀刻的深度与温度、真空度和时间有关，蚀刻太浅，超微结构被冰掩盖不能充分暴露出来，观察效果差，如蚀刻太深，超微结构高低相差悬殊，会因支持力不足而变形；④复型：在断裂面上喷镀一层铂膜和碳膜。先用铂与断裂面成45°角喷镀，由于断裂面凹凸不平，在斜向喷镀时形成的复型膜上造成反差，能显出立体形像。由于铂膜太薄，机械强度不够，所以再喷镀一层碳膜，喷碳方向与样品垂直；⑤清洗和捞膜：将样品放入水中(生物样品有时需要腐蚀液)，使膜漂浮在水面上，用载网(常用400目铜网)捞取复型膜，干燥后即可观察，制得的样品可长期保存。②③④需在低温的真空条件下进行。有时生物样品需要醛预固定和冷冻保护剂的浸泡预处理以防止冷冻对样品的损伤。

离浆作用 [**syneresis**] 即脱水收缩作用。

离子型表面活性剂 [**ionic surfactant**] 具有带电亲水头基的表面活性剂。按离子类型可分为阳离子型、阴离子型和两性型。阳离子型表面活性剂具有带正电的极性基，如季铵盐(RNR'_3A^-)、烷基吡啶盐($RC_5H_5N^+A^-$)、胺盐($R_nNH_m^+A^-$，$m=1\sim3$，$n=1\sim3$，n 个R基可以不同)。阴离子型表面活性剂具有带负电的极性基，如羧酸盐($RCOO^-M^+$)、磺酸盐($RSO_3^-M^+$)、硫酸盐($ROSO_3^+M^+$)、磷酸盐($ROPO_3^-M^+$)等。两性型表面活性剂分子中带有两种亲水基团，一个带正电，一个带负电。其中正电性基团主要是氨基和季铵基；负电性基团主要是羧基和磺酸基。例如，氨基丙酸($RN^+H_2CH_2CH_2COO^-$)、咪唑啉(R—C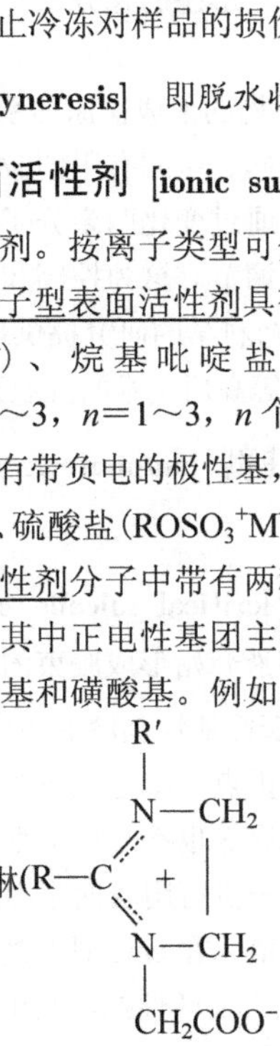)、甜菜碱($RN^+(CH_3)_2CH_2COO^-$)、牛磺酸($RN^+(CH_3)_2(CH_2)x\,SO_3^-$)等。两性表面活性剂的性质与等电点(pI)相关。当溶液pH<pI时，表现像阳离子表面活性剂；当溶液pH>pI时，表现像阴离子表面活性剂；接近等电点时，以两性离子形式存在。离子型表面活性剂除了具有表面活性外，还存在克拉夫特点(如图所示)。

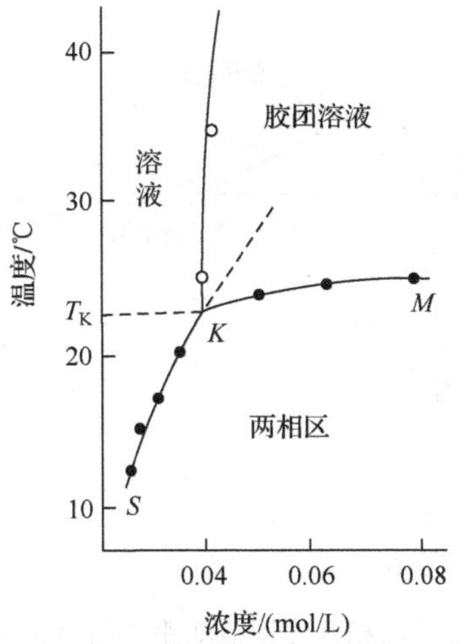

离子型表面活性剂溶液相图

离子型表面活性剂在生产、科研和日常生活中广泛应用。肥皂(脂肪酸(钠)盐)、洗衣粉中烷基苯磺酸钠都是阴离子表面活性剂，具有良好的去污能力；石油磺酸盐可用于提高石油采收率；烷基萘磺酸盐可用作纺织、印染、农药的润湿剂及分散剂等。阳离子表面活性剂除有表面活性外，还有很强的杀菌消毒能力，对织物、染料、金属、矿石有强吸附能力，可用作织物的柔软剂、抗静电剂、染料固定剂、金属防锈剂、矿石浮选剂、沥青乳化剂等。

DLVO理论 [**DLVO theory**] 憎液胶体的稳定性理论。20世纪40年代，苏联学者Deijaguin和Landau与荷兰学者Verwey和Overbeek分别提出的关于憎液胶体稳定性的定量理论，以他们名字的第一个字母简称DLVO理论。此理论指出，胶体粒子因范德瓦耳斯力而相互吸引，但在粒子相互接近时又因双电层的重叠而相互排斥，胶体的稳定性就取决于这两种作用的相对大小。DLVO理论计算了各种形状质点之间的范德瓦尔斯吸引能与双电层排斥能随质点间距离的变化。在质点相互接近的过程中，如果在某一距离上质点间的排斥能大于吸引能，胶体将具有一定的稳定性；若在所有距离上吸引皆大于排斥，则质点间的接近必导致聚结，胶体发生聚沉。溶液中的离子浓度或反离子的价数增加时，质点间的范德瓦耳斯力几乎不受影响，但双电层的排斥能却因双电层的压缩而大大降低，因此胶体的稳定性下降，直至发生聚沉。对于球形粒子，彼此之间的范德瓦耳斯吸引能 E_A 与质点间距离成反比，而双电层排斥能 E_R 是质点间距离的指数函数。胶体粒子的总相互作用能 $E_T=E_A+E_R$ 随粒子间距离的变化曲线如图所示。

由图可以看出，两质点相距较远时，双电层尚未重叠，只是吸引能在起作用，总能量 E_T 为负值。随着距离的缩短，双电层重叠，排斥能开始起作用，总能量逐渐上升为正值。但随着

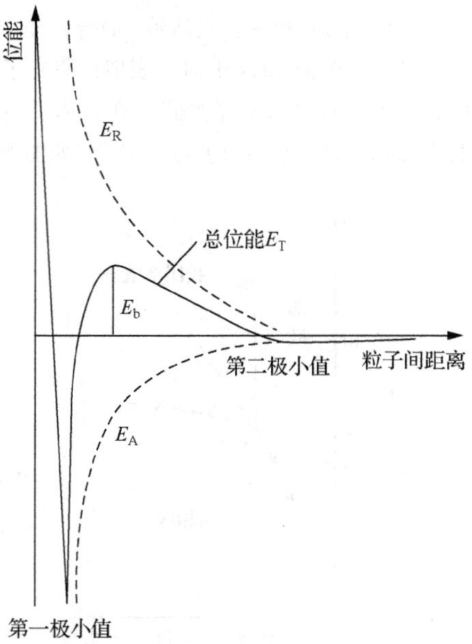

粒子间相互作用能随距离的变化图

距离进一步缩小，排斥能近似趋于定值，而吸引能却无限增大，总能量 E_T 开始下降。当距离极小时，由于电子云重叠排斥能迅速增加，总能量又急剧上升。这样，由于 E_A 和 E_R 随粒子间距离变化程度的不同，在总能量曲线上出现一个极大值 E_b（能垒），并在距离很小与很大处出现两个极小值，分别称为第一和第二极小值。能垒的存在阻止了绝大部分粒子的接近，使胶体具有一定的稳定性。若质点动能大到足以越过能垒，将在引力作用下在第一极小处聚结。第二极小值深度很浅，但若其深度足以抵挡粒子的动能，则粒子可在第二极小处聚结。由于此时粒子间距离较大，形成的结构松散。习惯上将第一极小处发生的聚结称为聚沉，在第二极小处发生的聚结称为絮凝。

范德瓦耳斯吸引能是物质的特性，外界因素，如体系中电解质浓度，对它影响很小，但电解质浓度能强烈地影响质点间的排斥能。增大溶液中电解质浓度或反离子价数可压缩双电层，降低粒子的 ζ 电势，减小质点间的排斥能。结果减小了总能量曲线上的能垒，降低了胶体的稳定性。当电解质浓度达某一值时，总能量曲线的最高点恰为零，此时能垒消失，体系由稳定转为聚沉，这时的电解质浓度即为聚沉值。当其他条件相同时，电解质对溶胶的聚沉值与反离子价数的 6 次方成反比，这与由实验总结出来的舒尔策-哈代规则相一致，也说明了 DLVO 理论的正确性。

DLVO 理论已被稀溶胶的大量实验结果所证实，但用于浓分散体系还有不少问题，对于非水体系，此理论的应用受到很大限制。

立方相 [cubic phase] 一种液晶相。由椭球形或短棒状胶束作立方点阵排列而成。各向同性，无双折射性质。聚集结构中不存在结构单元容易相对滑动的面，因此黏度比层状液晶和六方液晶大。

粒子化膜 [particulate film] 通过不溶物表面化学反应在不溶物单分子膜的极性基和底液界面上形成的、由纳米粒子堆积而成的多孔膜。通常先在含一种反应物（如镉离子）的溶液表面上铺展不溶物单分子层（如花生酸凝聚态膜），再加入另一种反应物（如硫化氢气体）在界面上进行反应。由于界面物质量及反应条件的限制，产物（硫化镉）形成纳米级粒子，它们彼此相连，形成多孔薄膜。膜中粒子大小为 2～8 nm、膜的极限厚度约为 30 nm。此膜有一定的刚性和稳定性，可转移到基片上。粒子化膜是制备纳米材料的一种新方法，由于设备简单、操作方便，膜稳定性好又便于纳米粒子与反应介质的分离，具有广阔的应用前景。

两亲分子 [amphiphile] 同时具有亲水基团和亲脂基团的分子。亲水基团一般由极性基团构成，而亲脂基团一般由长的脂肪链或芳香环构成。

两亲分子自组织 [self-organization of amphiphilic molecule] 具有一端亲水、一端亲油结构的两亲分子在表（界）面上吸附并定向排列，在体相中自相缔合形成聚集体。吸附层和聚集体的结构皆为定向有序排列：亲水端朝向水、亲油端朝向空气、油相或互相缔合，称作两亲分子自组织。

两亲分子自组织可分为两类：一类是在表（界）面上形成的超薄膜，如单分子膜、LB 膜、双层类脂膜（BLM）等；另一类是在溶液中形成的胶束、囊泡、溶致液晶等聚集体。微乳状液、主客体系及聚电解质等就其疏水缔合本质而言，亦可视为分子自组装。这些自组装具有各式各样与未缔合的两亲分子完全不同的物理化学性质。大小、形态、结构不同的两亲分子自组织结构（一级排列）还可以作为基本单元进一步自组合（二级排列）形成特定形态的超分子结构，使体系显示出一些独特的性质与功能。

两亲分子自组织结构的形成在原体系中创立了一个与其性质（极性、黏度等）不同、空间有限的微环境，此微环境的形状、大小和性能还可通过变化两亲分子的组成、结构、形成条件等方式来控制和调节。这为控制和影响各种化学或生化反应创造条件，为生命科学的研究提供最适宜的模拟系统，也为材料、能源、环境等高新技术的发展开辟了新的途径。

两性型表面活性剂 [amphoteric surfactants] 参见离子型表面活性剂。

临界胶束浓度 [critical micelle concentration (cmc; CMC)] 表面活性剂溶液开始形成胶束的浓度，它是表面活性剂的主要性能参数。表面活性剂溶液的表面张力 γ 随浓度 c 的变化曲线存在一个转折点。测定溶液的其他性质，如渗透压、冰点降低、摩尔电导等也都在一个很窄的浓度范围内发生突变（见图）。利用这一点可用表面张力法、电导法、光谱法、光散射法测定 cmc 值。在 cmc 时溶液中开始形成胶束，在 cmc 以上，继续增加表面活性剂，其单个分子的浓度不再增加，而胶团浓度或胶束数目增加。离子型表面活性剂 cmc 为 10^{-3}～10^{-2} mol/L；非离子型为 10^{-5}～10^{-4} mol/L。

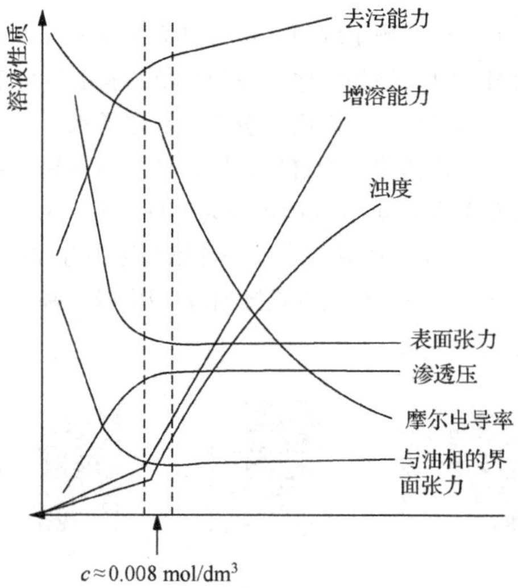

十二烷基硫酸钠水溶液的各种性质与浓度的关系

临界聚集浓度 [critical aggregation concentration (cac; CAC)]　分子在溶液中开始形成聚集体的浓度。

流变特性 [rheological behavior]　外力作用下物质的流动与变形性质。不仅是单个粒子性质的反映，而且是粒子与粒子之间以及粒子与溶剂之间相互作用的结果。许多重要的生产问题(如油漆、钻井用泥浆、照相乳剂的涂布、陶土的成形等)都与胶体的流变性质有关。

流动电势 [streaming potential]　参见电动现象。又称流动电位，是一种电动现象。液体介质相对于静止带电表面流动而产生的电势差，是电渗作用的伴随现象。当电解质溶液在一个带电荷的绝缘表面流动时，表面的双电层的自由带电荷粒子将沿着溶液流动方向运动。这些带电荷粒子的运动导致下游积累电荷，在上下游之间产生电位差。与此相应，带电荷粒子的运动产生的电流称为流动电流。流动电流的一个重要应用是测量 ζ 电势。

流动电位 [streaming potential]　即流动电势。

流动偏光 [flow birefringence]　是聚合物本体、溶液或分散体之类的流体流动时，因分子链或其他各向异性单元沿流动方向取向而使流体具有双折射度的现象。在胶体颗粒呈棒状或板状的条件下，这种胶体溶液的流动使其颗粒的长轴向液流方向统计性地平行排列，因此即使颗粒本身不具有光学的异向性，有时也出现双折射。这种双折射，称为流动双折射。利用此现象可以了解颗粒子的长度及其分布。

六方相 [hexagonal phase]　常见介晶的一种，其结构为紧密排列的柱状组合体。X射线衍射结果证明其具有二维的六方格子式的排列。核磁共振结果显示其疏水基是处于柱状体的核心，并且处于似液状态。它的结构单元是长棒状胶束。理论上说，这些柱状组合体的轴向尺寸是无限的；其直径则受分子长度的限制，约比表面活性剂分子伸展长度的两倍少10%～30%。六方液晶具有各向异性，有双折射性质。所以可以借助偏光显微镜观察时，呈现出特征的扇形花样来鉴别。它的另一个明显特点是具有比较高的黏度。这归因于构成它的结构单元彼此间只能沿着轴向滑动，其余方向上滑动都需要克服位阻。由于高黏度，在应用表面活性剂的工业生产中，需要适当控制操作的浓度和温度，以避免出现六方液晶相。否则就可能出现管道堵塞或者物料黏结在设备中的严重问题。

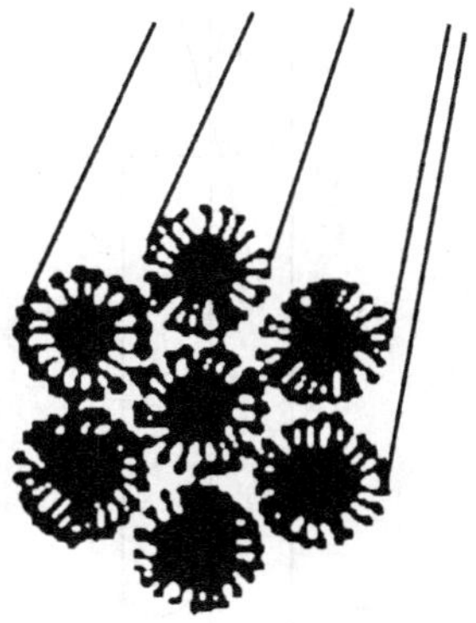

孪连表面活性剂 [Gemini surfactant]　即 Gemini 型两亲分子。

落球式黏度计 [falling ball viscometer]　基于 Hoeppler 测量原理，对透明牛顿流体进行简单而精确的动态黏度测量。核心理念就是测量落球在重力作用下，经倾斜成一个工作角度的样品填充管降落所需要的时间。该样品填充管装配在一个允许样品管自身可做180°快速大翻转的中心轴承上，因而可以立即进行重复测量。测量结果采用3次测量中落球降落所花的平均时间。再通过一个转换公式将时间读数换算成最终的黏度值。

毛细上升 [capillary rise]　毛细管中的水表面是一个弯月面，从而使其表面积增大，而一旦液面增大，水的表面张力和收缩作用，促使液面要恢复水平，于是使得毛管内水随之上升，以减少表面积，这样直到表面张力向上的拉引作用与管内升高的液柱重量达到平衡为止，管内的水才停止上升。这种现象称为毛细上升。毛管力与毛细管半径成反比，毛管愈细毛管力愈大，毛细上升高度愈高。

毛细上升法 [capillary rise method]　利用毛细上升现象测定液体表面张力的方法(见图)。将一毛细管插入能完全润湿其管壁的液体中，管中液件上升至一定高度，液面呈半球形凹月面。由此可得

$$\gamma=\frac{1}{2}\Delta\rho ghR$$

式中，γ 为液体的表面张力；R 为毛细管半径；$\Delta\rho$ 为弯液面两边的密度差；h 为毛细管中液面上升的高度；g 为重力加速度。测定毛细管半径 R 和毛细上升高度 h 可求得液体的表面张力。若液体不能完全润湿管壁，有一定的接触角 θ，则上式可写成

$$\gamma = \frac{\Delta\rho ghR}{2\cos\theta}$$

但迄今为止接触角测定的准确度难以满足测定表面张力的要求，这是此法的主要缺点。对于 $\theta=0$ 的液体，只要毛细管干净、均匀、配有足够精度的测高仪和恒温装置，可得到准确结果。毛细上升法是一种设备简单、结果精确的测量表面张力的方法，常用作其他测定方法的标准。

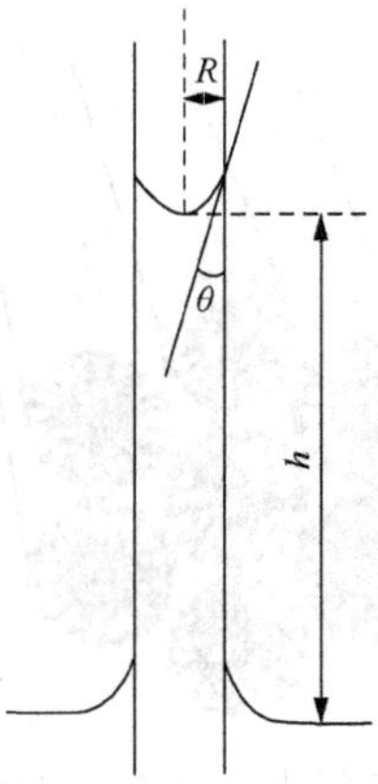

毛细上升法测定表面张力示意图

毛细下降 [capillary depression] 参见毛细现象。

毛细现象 [capillarity] 由于液面曲率不同导致液体内部压力不等而发生的液体从压力高处向压力低处流动的现象。若把一毛细管插入液体中，当液体润湿毛细管时，毛细管内呈凹液面。由于液体内部压力低于外压，毛细管内液体上升，直到上升液柱的重力等于压力差 Δp 为止，称为毛细上升现象。若液体不润湿毛细管，呈凸液面，则发生毛细下降现象。附加压力 Δp 也称为毛细压力。毛细现象是弯曲液面具有附加压力的必然结果。连续液体具有不同曲率的液面就会产生毛细现象。一堆粉末或一束纤维的空隙就是一束毛细管，有液体存在就会出现毛细现象。

毛细现象普遍存在。土壤中存在着的众多毛细管可使地下水上升至地表，松土切断了地表的毛细管可阻止土地内水分的毛细蒸发。原油和水在地层中的流动、纺织品的润湿和渗透性，泡沫和乳状液的稳定性等都与毛细现象相关。毛细上升法可用于测定液体表面张力。采用表面化学方法改变体系的界面张力和液面曲率以改变毛细压差，有利于提高三次采油的效率。

毛细效应 [capillarity effect] 浸润液体在毛细管里升高的现象和不浸润液体在毛细管里降低的现象。

LB膜 [Langmuir-Blodgett film] 由美国科学家Langmuir和 Blodgett 创立的、将不溶物膜转移到固体基片上形成的单分子层或多分子层有机超薄膜。用垂直提拉法将固体基片（玻璃或金属片等）多次插入或提出具有不溶膜的水面，可使定向排列的单分子层按预定顺序一层一层叠加在基片上。由于各单层膜的组成以及叠加顺序、叠加层数和膜的厚度都可以在分子水平上加以控制，因而可按要求在分子水平上组建有序结构，构筑各种新的功能材料。根据多层累积膜中各层之间分子排列方式的不同，LB 膜可分为三种类型：X 型，Y 型，Z 型。X 型多分子层中膜分子以基片尾头尾头方式排列；Y 型膜中分子以基片尾头头尾方式排列；Z 型中膜以基片头尾头尾方式排列（如图所示）。

LB 膜类型示意图

LS 膜 [Langmuir-Schaefer film] 朗缪尔-舍费尔膜的简称。在 LB 膜技术建立后，舍费尔（Schaefer）提出的将两亲分子不溶膜水平地转移至固体基底形成的单层或多层分子膜。

模板法 [template method] 预先根据合成材料的大小和形貌设计模板，基于模板的空间限域作用和模板剂的调控作用对合成材料的大小、形貌、结构、排布等进行调控的一种制备方法。

囊泡 [vesicle] 两亲分子或无机粒子分子形成的封闭式球形或椭球形的单层或多层结构。只有一个封闭球形的称作单层（室）囊泡；由多个封闭球形组成洋葱式结构的称作多层（室）囊泡，它们的中心和各层间都含水，但这些水是彼此分开的。由两亲分子形成的囊泡每一封闭的球形多为双分子层结构。

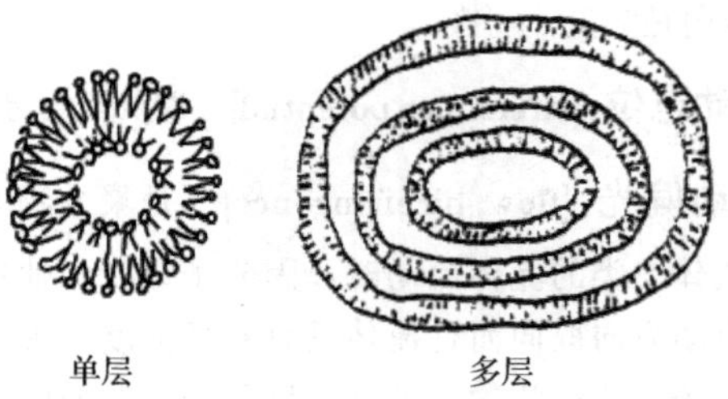

囊泡

囊泡能经受热致相变，具有渗透收缩、溶胀性质，能捕集、包容多种分子并与它们相互作用，有明显的表面电势。由两亲分子形成的囊泡可用于模拟生物膜的研究，还可为一些化学或生化反应提供适宜的微环境，为仿生研究提供有效途径。

黏弹性流体 [viscoelastic fluid] 流动时同时具有黏性与弹性特征的流体。当外力作用于这类流体上时，一部分能量消耗于内摩擦，以热的形式放出；一部分作为弹性储存。体系的形变既不像弹性体那样立即完成，也不像黏性体那样不再复原，而是随时间逐渐发展，最后达到一个平衡形变，这个过程称为蠕变。一些高分子溶液和熔体属黏弹性流体。

黏度 [viscosity]　将两块面积为 1 m^2 的板浸在液体中，两板距离为 1 m，若加 1N 的切应力，能将两板的相对速度为 1 m/s，则此液体的黏度为 1 Pa·s。液体在流动时，在其分子间产生摩擦的性质，称为液体的黏性，黏性的大小用黏度来表示是用来表征液体性质相关的阻力因子。也可定义为单位剪切速率下，单位面积和单位时间内所消耗的能量。对于牛顿流体，在一定温度下黏度为一常数，但随着温度的升高纯液体的黏度减小，而气体的黏度增大。

对于胶体分散体系，体系中有质点存在，流体经过质点时受到干扰，要消耗额外的能量，因而黏度增加。体系的黏度值与质点的浓度、质点的大小和形状、质点之间以及质点与分散介质之间的相互作用等诸多因素有关。对于刚性、球形质点构成的稀溶胶和悬浮液，爱因斯坦(Einstein)在 1906 年从流体力学得出如下公式：

$$\eta = \eta_0(1 + 2.5\varphi)$$

式中，η 和 η_0 分别为溶液和溶剂的黏度；φ 为分散相质点的体积分数。

对于较浓的胶体(φ>0.02)，必须考虑质点间的相互干扰而修正，若质点不对称，则在切变速率作用下质点还可以发生转动，需要消耗更多的能量，再加上不对称质点之间的相互干扰，使黏度增加。当质点间相互作用形成网状结构时，拆散网状结构或使其变形都需要能量，因而体系的黏度更高。例如大分子溶液的黏度 η 由牛顿黏度 $\eta_{牛}$和结构黏度 $\eta_{结}$组成：$\eta=\eta_{牛}+\eta_{结}$，$\eta_{结}$是由结构形成而引起黏度的增加，它随切应力增加而减小。

黏度表示法 [expression of viscosity]　黏度有多种表示法以适应研究黏度变化的需要。若以 η_0，η 分别表示纯介质和分散体系的黏度，C 表示溶质浓度，各种黏度的定义和含义都列在下表中。

常用几种黏度的定义

名称	定义	含义
相对黏度	$\eta_r = \eta / \eta_0$	溶液黏度比溶剂黏度增大的倍数
增比黏度	$\eta_{sp} = \dfrac{\eta - \eta_0}{\eta_0} = \eta_r - 1$	溶液黏度比溶剂黏度增加的分数，代表溶质对黏度的贡献
比浓黏度	$\dfrac{\eta_{sp}}{c} = \dfrac{\eta_r - 1}{c}$	单位浓度的溶质对黏度的贡献
特性黏度	$[\eta] = \lim\limits_{c\to 0}\dfrac{\eta_{sp}}{c} = \lim\limits_{c\to 0}\dfrac{\ln \eta_r}{c}$	c→0 时比浓黏度的极限值，代表单个溶质分子对黏度的贡献

习惯上，这些都称为黏度，其实它们不是黏度，相对黏度和增比黏度都是无量纲的纯数值；比浓黏度和特性黏度的量纲都是浓度的倒数。

黏度的测量既简便，又精确，故广泛用于研究大分子与胶体。测定不同浓度溶液的黏度 η 及 η_0，以 η_{sp}/c 对 c 和以 $\ln\eta_{rc}$ 对 c 作图可得到两条直线，外推后与纵坐标交于同一点，其截距为特性黏度[η](见图)。根据经验公式，$[\eta]=KM^{\alpha}$ 可求得大分子的黏均分子量 M。式中 K，α 是两个常数，可从有关手册中查到或由其他方法测得。鉴于[η]值对分子形状异常敏感，故测定[η]可确定大分子在溶液中的形态，获得大分子构象的信息。例如可用于区分分子为卷曲状还是棒状。对于分子量 M 已知的大分子溶液，测得[η]后，可由上式得出与分子形态有关的常数 α：$\alpha=0$，分子为球形；$\alpha=2$，分子为棒状；$\alpha>0.5$，线型大分子比较松弛(在良性溶剂中)；$\alpha\approx0.5$，无规线团紧缩(在不良溶剂中)。

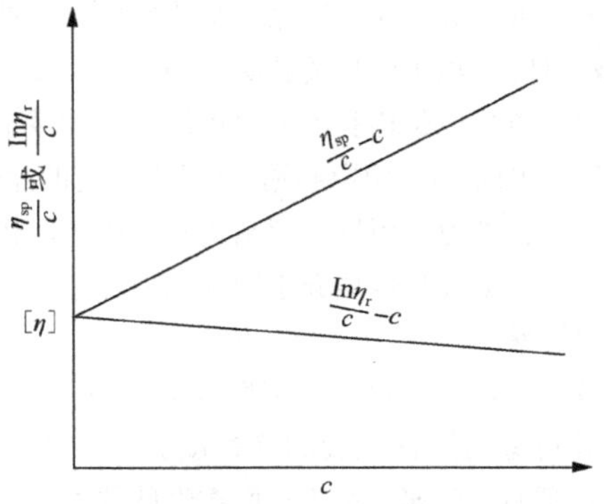

外推法求特性黏度[η]]

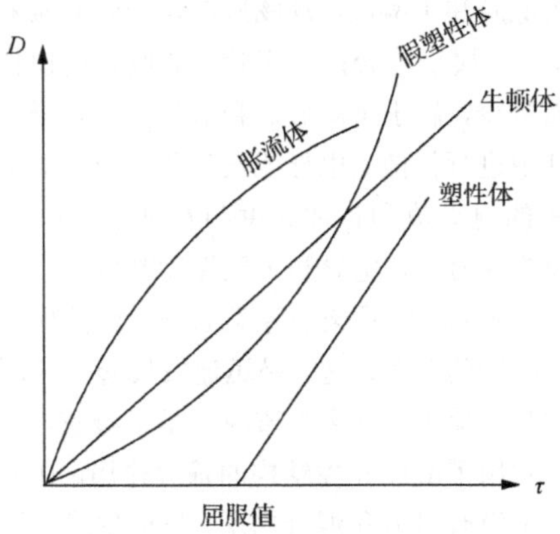

几种主要流型

纯液体和大多数小分子溶液，在层流条件下其切应力和切速率成正比：

$$\tau=\eta D$$

这是牛顿公式，其中 η 为黏度，τ 为切应力，D 为切速率。

黏附功 [work of adhesion]　又称附着功。将单位截面积的固-液接触面拉开所做的功。它可表示为 $W=\sigma_{1\cdot2}(1+\cos\theta)$。式中：$\sigma_{1\cdot2}$ 为润湿相的表面张力；θ 为润湿接触角。

或者设形成的接触面积为单位值，此过程中体系的自由能降低值($-\Delta G$)应为：$-\Delta G=\gamma_{sg}+\gamma_{lg}-\gamma_{sl}=W_a$，式中，$\gamma_{sg}$为气固界面自由能；$\gamma_{lg}$为液体表面自由能；$\gamma_{sl}$为固液界面自由能。$W_a$称为黏附功，是沾湿过程体系对外所能做的最大功；也是将接触的固体和液体自交界处拉开，外界所需做的最小功。显然，此值越大则固体和液体结合越牢。估W_a值反映固液界面结合能力及两相分子间相互作用力的大小。根据热力学第二定律，在恒温恒压条件下，$W_a>0$的过程为自发过程。这也就是沾湿发生的条件。

黏性模量 [viscous modulus] 材料在发生形变时，由于黏性形变(不可逆)而损耗的能量大小，反映材料黏性大小。

凝胶 [gel] 溶胶或高分子溶液在外界条件(如温度、电解质浓度等)变化时所形成的一种特殊的半固态分散体系。凝胶中胶体质点或高分子相互联结，形成空间网状结构，分散介质(液或气体)充填于结构的孔隙之中。与溶胶(或溶液)不同，凝胶中质点形成结构且不能自由运动。体系不仅失去了流动性还显示出固体的力学性质，如具有一定的弹性、强度、屈服值等。但在外力作用下，此结构易于破坏，体系变成可以流动。因此，凝胶是性质介于固体和液体之间的一种特殊形式的分散体系。

根据分散相质点的性质(刚性或柔性)和所形成的结构强度，凝胶可分为刚性凝胶和弹性凝胶。多数无机物，如SiO_2，V_2O_5等的凝胶属于前者；而柔性的线型高分子，如橡胶、明胶、琼脂等形成的凝胶属于后者。根据含液量多少，凝胶可分为冻胶和干凝胶。动物胶冻，凝固的血液等含液量在90%以上，属于冻胶；干明胶、硅胶、动植物组织中的薄膜等含液量少，属于干凝胶。和液体一样，凝胶也可作为介质而在其中进行扩散、电导或发生化学反应。小分子在低浓度凝胶中的电导值和扩散速度与在纯液体中几乎没有差别。随凝胶浓度增大，电导和扩散速度都降低，对于大分子则更为明显。利用凝胶骨架空隙类似分子筛的作用可以有效地分离大小不同的分子，这就是迅速发展起来的凝胶电泳和凝胶色谱的基本原理。许多半透膜都是干凝胶，半透膜的渗析作用也是利用了凝胶孔性结构的筛分作用。在凝胶中进行化学反应由于没有对流和混合作用，反应生成的不溶物呈现周期性分布的层状或环状结构，称为Liesegang环。自然界中玛瑙和玉石中的条纹、树木上的年轮、动物体内胆石的层状结构都与此类似。

许多重要的工业产品，如硅胶、明胶、半透膜等都是凝胶。橡胶的软化、皮革的鞣制、纸浆的生产等都与凝胶性质相关。生物体内的血管、细胞膜，动物的皮肤、毛发、指甲等都是不同形式的凝胶。血液的凝固、人体的衰老等也都与凝胶性质有关。20世纪末，美国宇航局着力研究液氢、液氧、煤油中掺加铝粉形成的凝胶——胶体推进剂应用于运载火箭和导弹系统。

凝聚 [coacervation] 在胶体化学领域又称絮凝。用来指胶体颗粒的聚集。

牛顿流体 [Newtonian fluid] 符合牛顿公式的流体。其特点是黏度只与温度有关，与切变速率无关。水、乙醇等大多数纯液体、轻质油、低分子化合物溶液以及低速流动的气体等均为牛顿流体；高分子聚合物的浓溶液和悬浮液等一般为非牛顿流体。

排空效应 [depletion effect] 当大颗粒被半径为R的小颗粒包围时，小颗粒能把大颗粒推到一起，以使小颗粒自身的熵最大。如果两个表面精确匹配，则相应的单位接触面积上的自由能减少为：$\Delta F/A=ck_BT\times 2R$，其中$ck_BT$是平衡渗透压的范托夫关系，$c=N/V$是溶质分子数密度，$k_B$为玻尔兹曼常数，$T$为温度。

疏水作用比起其他3个次级键，目前还未找到比较有效的计算方法，主要是模拟水和有机溶剂中的溶质，通过转移自由能ΔG来计算分配系数$\log p$。$\Delta G_{液体\to水溶液}=-RT\ln(X_{aq}/X_{liq})$，$X_{aq}$、$X_{liq}$为水溶液和与之接触非极性液体平衡浓度。

泡沫 [foam] 气体分散在液体或固体中形成的粗分散体系，内相(气体)的体积分数一般大于90%。分散介质为固体的称为固体泡沫，如泡沫塑料、泡沫橡胶、泡沫玻璃等。在固体组合材料中压入惰性气体或加入低沸点液体或能在加工过程中释放或产生气体的物质，经混匀、加工、升温、稳定后可制得这种带微孔结构的材料。但通常所说的泡沫是指被液膜隔开的气泡聚集体。向含有起泡剂(表面活性剂或高分子化合物等)的溶液中通入气体，在溶液表面就有泡沫生成。气泡很容易破灭，它是一种多相的热力学不稳定体系。

泡沫在生产实际中有很多应用。工业上，用泡沫浮选富集贵重金属；用泡沫泥浆、泡沫驱油剂增加原油采收率；用泡沫染整降低纺织纤维的烘干能耗，提高产品质量。泡沫塑料、泡沫玻璃、泡沫水泥具有质量轻、隔音保温性能好等优点。泡沫在食品工业中也大有用处。但在许多场合泡沫也会带来操作不便、影响产品质量等问题，故需要消泡。高速离心、超声波处理、交替加热与冷却、反复加压与减压等物理方法可以使泡沫破灭，但最常用的是化学法，即加消泡剂。

膨胀作用 [dilatation] 弹性凝胶吸收液体后自身体积明显增大的现象。膨胀的最终结果是完全溶解成溶液，称为无限膨胀；若只是体积增大并不转变成溶胶，称为有限膨胀。升高温度或改变介质成分可使凝胶从有限膨胀变成无限膨胀。

凝胶膨胀刚开始时是溶剂分子钻入凝胶中与大分子相互作用形成溶剂化层，然后是液体的渗透。溶剂化过程伴有放热，此即膨胀热。液体分子渗入凝胶结构时，产生膨胀压。膨胀压数值相当可观，特别是在膨胀开始时。古埃及人利用木头遇水后产生的膨胀压开采建造金字塔的石料，即所谓湿木裂石。

温度、盐类、介质的 pH 都影响膨胀作用的大小，例如，纤维在碱性溶液中膨胀度最大。利用这一点可在碱性溶液中制得高分散的纸浆液。植物种子遇水膨胀发芽生长，人体组织器官含水量的变化都与膨胀作用密切相关。

皮克林乳液 [pickering emulsion] 即固体粒子稳定乳液。

平均孔径 [average pore diameter] 表征多孔材料的主要性能之一，催化剂的孔体积与比表面积的比值。

平台模量 [plateau moduls] 在应力松弛(或振荡剪切)实验中发现的，在某一很宽的时间或频率内模量几乎为常数的现象，是大分子存在缠结的证明。例如在动态测试得到动态主曲线中储存模量和损耗模量交叉后，出现一个平台区。平台区对应的模量值就是 G_n 或 G_e。

求得的平台区模量可以估算缠结分子量 M_e，它们之间的关系：

$$G_e = \rho RT/M_e$$

式中，ρ 为聚合物密度；R 为气体常数；T 为热力学温度。

屏蔽长度 [shielding length] 即德拜长度。

破乳 [demulsification] 乳状液的分散相小液珠聚集成团，形成大液滴，最终使油水两相分层析出的过程。原油脱水、污水去油、牛奶脱脂等都是破乳过程。破乳的方法可分成物理法和化学法。

物理法包括离心分离、泡沫分离、加压过滤、外加电场等。

化学法主要是加入化学试剂以消除或降低原乳化剂的保护能力，使两相分离。将酸加到用碱金属皂稳定的乳状液中，使皂变成没有乳化能力的脂肪酸可以破乳。加入表面活性更强，但不能形成坚固保护膜的物质(破乳剂)，将原有的乳化剂顶替出来，大大降低乳状液稳定性亦可破乳。加一些乳化能力弱但能使固体完全为一相所润湿的润湿剂，可使用粉末作乳化剂的乳状液破乳。破乳是一个实用而又比较复杂的问题，目前还没有一个普遍规律可循。实际应用时总是几种方法综合使用以使油水分离。

破乳剂 [demulsifier] 一类能破坏乳状液，使油水两相分离的物质。水、溶剂、无机盐类电解质以及各种表面活性剂等都可用作破乳剂。

加水或溶剂降低体系的黏度或乳化剂浓度；加电解质压缩双电层厚度；加酸使乳化剂金属皂变成没有乳化能力的脂肪酸等都可以破坏乳状液，但真正称作破乳剂的是一些界面活性相当高，能在油水界面上吸附、顶替原来存在的乳化剂而又不能在界面上紧密排列成牢固界面膜的表面活性剂。用这种破乳剂破乳，用量少、速度快。市售破乳剂品种很多，但其主体绝大多数是环氧乙烷和环氧丙烷的嵌段共聚物。

由于所用引发剂不同、聚合方式和组成不同，破乳剂品种繁多。引发剂分子中活泼氢多，形成的破乳剂支链就多，它所形成的界面膜强度差，常用作原油破乳剂。分子中环氧乙烷、环氧丙烷含量不同，或其排列方式不同，破乳效果亦不同；应用时可根据实际体系选用。

原油脱水、污水中除油珠、牛奶中提取奶油时都要使用破乳剂。

铺展 [spreading] 液体在另外一种不互溶的液体表面自动展开成膜的过程。当液体滴到固体表面后，新生的液-固界面在取代气-固界面的同时，气-液界面也扩大了同样的面积，这一过程称为铺展。

铺展系数 [spreading coefficient] 当铺展面积为单位值时体系自由能降低为

$$-\Delta G = \gamma_{sg} + \gamma_{lg} - \gamma_{sl} = S$$

式中，S 称为铺展系数。在恒温恒压下，$S>0$ 时液体可以在固体表面上自动展开，连续地从固体表面上取代气体。

气凝胶 [aerogel] 气体分散在由胶体粒子或大分子相互聚结而形成的多孔网络结构中形成的高分散体系。目前一种由纳米粒子聚集而成的、固体孔隙率达 80%～99.8%、孔大小在 1～100nm 之间的气凝胶，由于材料密度低、孔隙率高、微孔分布均匀很受化学家、物理学家和材料学家的重视。

气凝胶的制备一般可分为两步：首先通过溶胶凝胶过程制得湿凝胶，然后通过超临界干燥缓慢释放出介质而制得。湿凝胶中的液体被气体取代而不产生皱缩，可形成具有一定形状和网络结构的气凝胶。

气凝胶由于密度、折射率、热导率都较低，而透光率很高且吸附性能优良，在高科技领域很有实用价值。它轻得被称作“冻结的烟雾”，却能抵御炸弹爆炸，它能隔绝极端温度，又是“最佳海绵”，可用于处理污水。低密度硅气凝胶可用作太阳能利用系统的隔热材料；掺有遮光剂的气凝胶可用作航空航天器上的隔热层。气凝胶比表面大(可达 1000 m^2/g)，其孔与外界相通，是很好的吸附剂、气体过滤剂和催化剂载体。碳气凝胶由于其良好的导电性能及巨大的比表面，可望制成电容量大、电导率高、体积小的可充电电池。有机气凝胶，其宏观密度可低达 30 kg/m^3，对氘、氚具有良好的吸附性能，可用于受控热核聚变反应。此外，纳米级气凝胶的动力学、低温热学等特性已成为当今凝聚态物理研究的前沿课题。

气泡最大压力法 [bubble pressure method] 通过测

定惰性气体通过接触液面的毛细管出口时的最大压力差来计算表面张力的方法。将一平整的毛细管口(3)刚好与待测液液面接触，通入惰性的气体向毛细管加压，管端将在液体内形成一气泡。控制所加压力，使气泡在毛细管端口与液面接触处一个个均匀地形成(如图所示)。对于能润湿管壁的液体，气泡长大的过程是其曲率半径由大变小，再变大的过程(如图)，当它恰好等于毛细管口半径时其值最小，泡内外压力差最大。根据拉普拉斯公式：

$$\Delta p = p_{泡内} - p_{泡外} = \frac{2\gamma}{R} \quad \gamma = \frac{1}{2}R\Delta p$$

测定毛细管端口的半径R，由压力计上测定最大压差Δp，可求得液体的表面张力γ。此法设备简单，计算方便，也可用于测定熔融金属和熔盐的表面张力。但不适用于达到平衡慢的体系。

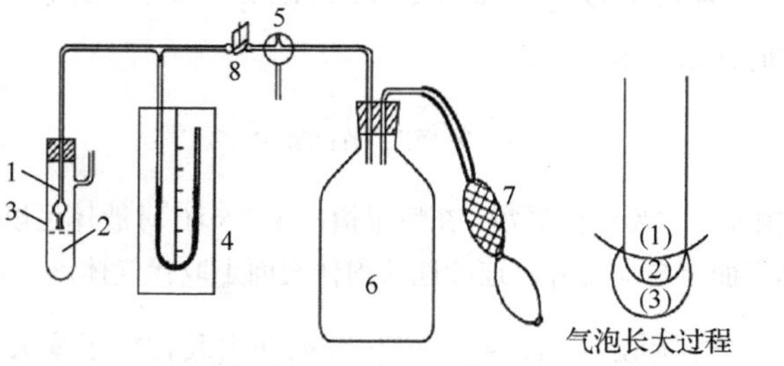

气泡最大压力法测定表面张力装置示意图

1. 毛细管；2. 待测液；3. 带支管试管；4. 压力计；5.三通活塞；6. 储气瓶；7. 梨形充气球；8. 螺旋夹

气溶胶 [aerosol] 固体或液体的小质点(10^{-7}～10^{-3}cm)分散在气体中所形成的胶体分散体系。分散相为液体的称为雾；分散相为固体的称为烟或尘。天空中的云、雾、尘埃；未燃尽的燃料所形成的烟；生产加工时形成的粉尘都是气溶胶。

气溶胶可由分散法或凝聚法制备。机械研磨或液体喷雾为分散法，所制得的气溶胶分散程度不高。凝聚法是先将分散相物质气化，冷却形成过饱和蒸气，然后凝聚成胶体质点，或通过气相化学反应产生蒸气压小的产物，达到过饱和而凝聚。气溶胶通常很不稳定。大质点由于与气体介质密度差大，容易沉降；小质点由于布朗运动剧烈，极易聚结；居于中间大小的质点较为稳定，存留时间较长。

气溶胶在自然界、人类生活和科学技术中都起着很大的作用。自然界中水的循环、植物花粉的传播、人工降雨等都与气溶胶相关。农药喷射成气溶胶使用可提高药效，降低消耗；液体燃料喷成雾状，固体燃料制成粉状可加快燃烧速率并使燃烧完全；催化剂流态化可提高催化效率；国防上可利用气溶胶技术制信号弹和遮蔽烟幕。但是，城市上空的烟雾、工厂和矿井中的粉尘污染环境，对人体健康危害极大。例如，长期吸入含硅酸盐的粉尘可引起硅肺、石棉沉着病。高度分散、具有很大表面能的粉尘在一定的条件下可引起燃烧和爆炸。此时需要破坏气溶胶。工业上常用改变气溶胶的流动方向与速度(惯性沉降)、过滤、超声或电场处理、引入种核等方法破坏气溶胶。旋风分离器可使气溶胶在金属圆筒由不断改变方向和速度，导致分散相质点沉积在器壁上而使空气净化。让气溶胶通过金属网、布、纸或其他纤维性材料过滤，可借助机械阻留作用破坏气溶胶。静电除尘器是利用高压电场使气体电离并使气溶胶质点荷电，然后在电极表面放电沉积而除去悬浮在气体中的尘粒。在化学、燃料、冶金等工业中，破坏气溶胶不仅能满足工业生产的需要，还可回收有价值物质，改善环境。

乔姆金吸附方程式 [Temkin adsorption equation] 乔姆金提出的、只适用于化学吸附的等温式。化学吸附的吸附热常随吸附量的增加而变化。当吸附热随覆盖度的增加呈直线下降时，在中等覆盖度，即θ=0.5 时可得 Temkin 等温式：

$$\theta = \frac{V}{V_m} = \frac{1}{a}\ln(Ap)$$

式中，V为平衡压力p时之吸附量；V_m为单层饱和吸附量；θ为覆盖度；a 和 A 是与温度及吸附体系有关的常数。若以 θ 或 V 对 ln$p$ 作图应得一条直线，由直线的斜率和截距可求得常数a和A。乔姆金等温式的应用不涉及固体表面是否均匀、吸附时吸附分子是否解离等。在处理催化过程，如合成氨过程常用到此式，但在θ近于 1 或 0 时不适用。

切稠 [shear thickening] 又称负触变性，在一定切变速率下，切应力随时间而增大。即在外切力作用下，体系的黏度迅速上升，静止后又恢复原状的现象。

切稀 [shear thinning] 又称触变性。在一定切边速率下，切应力随时间而减小的现象。这种体系在搅拌时为流体，而静止后慢慢变稠甚至胶凝。

亲水亲油平衡值[hydrophile lyophile balance value (HLB)] 衡量表面活性剂亲水、亲油性质的数值。HLB 值低，表示分子亲油性强；HLB 值高，则亲水性强。各种表面活性剂的 HLB 值在 1～40 范围内变动。实验测定 HLB 值十分麻烦。1957 年 Davies 提出由表面活性剂分子的化学组成计算 HLB 值的方法。他把表面活性剂分子结构分解为一些

表面活性剂 HLB 值与性能的关系

HLB 值	性能
1～3	消泡作用
3～6	乳化作用(油包水)
7～9	润湿作用
8～18	乳化作用(水包油)
13～15	去污作用
15～18	增溶作用

基团，从实验总结出代表各个基团的 HLB 值(可从相关手册中查阅)，由此计算出表面活性剂的 HLB 值。表面活性剂的 HLB 值与其性能、用途相关(如下表所示)，对选择表面活性剂有一定的参考价值。但它只考虑了化学结构与性质的关系而忽略了其他因素(如温度等)的影响，因此单靠 HLB 值来选择还是不够的。

亲水性 [hydrophilicity] 带有极性基团的分子，对水有大的亲和能力，可以吸引水分子，或溶解于水。这类分子形成的固体材料的表面，易被水所润湿。具有这种特性都是物质的亲水性。

亲水作用 [hydrophilic interaction] 极性分子间或分子的极性基团间的吸引力。导致这些基团在非极性性环境中的缔合。

亲液胶体 [lyophilic colloid] 又称可逆性胶体。亲液胶体是处于平衡状态的高分子溶液，属于热力学上稳定体系。过去曾不恰当的称为乳胶，实质上和一般的乳状液毫无相似之处。亲液胶体是分子分散体系，和真溶液一样，不同的是这些分子胶体的分散物是分子量至少在 10000 以上的天然或人工合成的高分子或高聚物。在适当的溶剂中，形成具有胶体性质的溶液(如卵蛋白在水中，硝化纤维在丙酮或其他有机溶剂中)，这些溶液的性质决定于溶解物的摩尔质量、特殊形状和结构。

亲液胶体溶解物的溶剂化程度较高，有转化为凝胶的性质，在胶凝后或聚沉后加温或加溶剂，能使其再恢复成为分散状态。

轻水灭火剂 [light water fire extinguish agent] 消防泡沫液(水成膜泡沫灭火剂)又称轻水泡沫灭火剂。由氟碳表面活性剂、碳氢表面活性剂和改进泡沫性能的添加剂(泡沫稳定剂、抗冻剂、助溶剂以及增稠剂等)及水组成。利用表面张力和界面张力低的特点来灭火。

屈服值 [yielding point] 又称塑性值。塑性流体开始产生流动所需达到与超过的临界应力值。在这个应力以下，材料呈弹性行为，在这个应力以上，材料呈塑性行为。屈服值越大，表明该物体的韧性越大，越结实。

热致液晶 [thermotropic liquid crystal] 是指由单一化合物或由少数化合物的均匀混合物形成的，在一定温度范围内才显现液晶相的物质。典型的长棒形热致液晶的分子量一般在 200～500 g/mol 左右，分子的轴径比大约在 4～8 之间。按照棒形分子排列方式把热致晶体分为三种：向列相液晶，近晶相液晶，胆甾相液晶。某些有机小分子化合物(如胆甾醇酯类)和某些高分子化合物(如聚对苯二甲酸乙二醇酯与对乙酰氧基苯甲酸熔融缩聚制得的共聚酯等)均为热致液晶。

溶胶 [sol] 以液体、固体或气体为分散相，液体为分散介质所形成的胶体溶液。

溶胶的老化 [sol maturation] 又称溶胶的熟化。溶胶中胶粒随时间推移逐渐增大，最终导致沉淀的过程。这是一个系统表面能减低的自发过程。

溶胶的熟化 [sol aging] 即溶胶的老化。

溶液吸附 [Gibbs adsorption] 溶液内作用力场弱的分子在表(界)面上聚集，导致溶液表(界)面浓度与体相浓度不同的现象。溶质在溶液表(界)面上的浓度大于、等于或小于体相浓度分别称为正吸附、不吸附和负吸附。与固气、固液吸附不同，溶液吸附的吸附量是单位表(界)面上的溶质与溶液内部相比时多出(或减少)的量，是过剩量。其值由吉布斯吸附公式求得。从溶液表(界)面张力曲线求出不同浓度 c 时溶液表(界)面的吸附量 Γ 后，可得到实验温度下 Γ-c 曲线——吸附等温线。通常可用朗缪尔公式表示：

$$\Gamma = \Gamma_{\mathrm{m}} \frac{kc}{1+kc}$$

式中，k 为吸附常数；Γ_{m} 为饱和(或极限)吸附量。根据 $A=\frac{1}{N\Gamma}$，(式中 N 为阿伏伽德罗常量)，由吸附量可算出每个吸附分子在表(界)面上平均占据的面积 A，推测它们在溶液表(界)面吸附层中的取向。由同系物饱和吸附量计算可推测，饱和吸附时，吸附分子在表(界)面上单层定向排列，极性基团插入水中，非极性基团朝向空气(或伸入另一相)。

分子，尤其是表面活性剂分子在溶液表(界)面上的定向排列显著影响表(界)面的性质，是乳状液和泡沫稳定存在的基础。

溶致液晶 [lyotropic liquid crystal] 由两亲分子与溶剂组成的、在一定条件下既有液态的流体性质，又有晶态的各向异性的一种分子有序组合体。其中两亲分子包括各类表面活性剂、两亲性高分子聚合物和磷脂等生物大分子；溶剂通常为水，若是极性有机物，如甘油或甲酰胺等则可形成非水溶致液晶。随两亲分子结构、浓度和温度的变化，溶致液晶可有层状相(lamellar phase)、六方相(hexagonal phase)、立方相(cubic phase)等不同类型(如图所示)。随着水含量的不同，液晶态间可互相转变。

液晶是短程无序而长程有序的介晶态。除立方相各向同性外，层状和六方相都具有各向异性结构，都显示双折射性质。溶致液晶有很高的体相黏度，其大小是立方相大于六方相大于层状相。利用偏光显微镜、小角 X 射线衍射、核磁共振等方法可以确定液晶的结构类型。三角相图或立体相图在研究液晶态时十分有用。

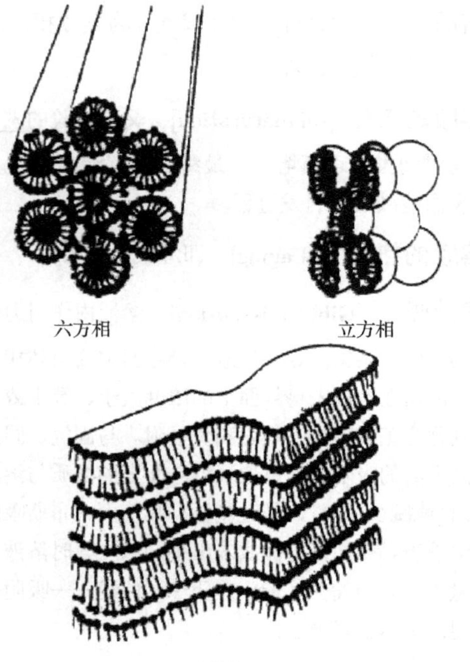

表面活性剂溶致液晶的结构

$$固体 \underset{-H_2O}{\overset{+H_2O}{\rightleftharpoons}} 层状液晶 \underset{-H_2O}{\overset{+H_2O}{\rightleftharpoons}} 立方液晶$$

$$\underset{-H_2O}{\overset{+H_2O}{\rightleftharpoons}} 六方液晶 \underset{-H_2O}{\overset{+H_2O}{\rightleftharpoons}} 胶束 \underset{-H_2O}{\overset{+H_2O}{\rightleftharpoons}} 溶液$$

生物体系中存在着大量液晶态结构。许多生物器官和组织，如动物的皮肤和肌肉、昆虫的角质、植物的叶绿体中都有液晶态的有序排列。当生物组织中的液晶积聚时，就会有诸如血管粥样硬化、胆结石、癌症等病发生。因此，研究生物体内的液晶结构对了解生理现象，探索生命过程有重要意义。模拟生物体内多肽液晶的螺旋结构可设计能高度取向排列的线型大分子，制成高强度纤维和薄膜。油水界面上存在的液晶对乳状液和泡沫的稳定性有显著影响。

蠕变 [creep] 在一定温度和较小恒定外力作用下，材料形变随时间增加而逐渐增大，最后达到平衡的现象。

蠕虫状胶束 [wormlike micelle] 表面活性剂球状胶束沿非轴向一维增长形成的热力学平衡态聚集体。

乳化剂 [emulsifier] 能使两种不相混溶的纯液体(水和油)形成稳定乳状液所必须加入的第三组分。乳化剂一般可分为合成表面活性剂、天然产物和固体粉末三大类。①合成表面活性剂是最重要的一类，其中阴离子型表面活性剂应用最广；非离子型表面活性剂因其不怕硬水，也不受介质pH的限制，故发展很快；阳离子型表面活性剂用得不多，但它可以兼作高效消毒剂。它们的作用主要是降低界面张力，并在界面上吸附、定向排列形成界面薄膜。②天然产物乳化剂，包括动植物胶(如明胶、阿拉伯胶)、磷脂类(如卵磷脂)、甾类(如胆甾醇)、羊毛脂等。它们的表面活性不大，但可在界面上形成牢固的弹性膜，也可增加外相黏度阻止液珠合并。这类物质易水解，对pH敏感，也易被细菌和微生物分解，故常作辅助乳化剂，与其他乳化剂混合使用。③固体粉末，如$Al(OH)_3$、SiO_2、白土、炭黑、石墨等都可用作乳化剂。它们虽不降低界面张力，但可在油水界面上聚集，减小了油水界面面积，而且所形成的“围墙”可防止液滴的聚结。乳化剂的性质不仅决定乳状液的稳定性，也决定乳状液的类型。对于常用的两亲分子类乳化剂，常用其亲水亲油平衡(HLB)值来估测所形成的乳化剂类型：HLB值低，易形成W/O(油包水)型；HLB值高，易形成O/W(水包油)型乳状液。对于指定的油水体系，有一个最佳HLB值，乳化效果最好。其他因素，如温度等对乳状液类型也有影响，对非离子型表面活性剂的乳化效果尤为明显。温度低时，形成O/W型；温度高时，形成W/O型乳状液。用固体粉末作乳化剂时，水、油对粉末润湿性的强弱决定乳状液的类型：水对粉末润湿性高，形成O/W型；油对粉末润湿性高，形成W/O型乳状液。

乳状液 [emulsions] 一种或多种液体以液珠形式分散在另一种与其不相溶的液体中所构成的粗分散体系。分散的液珠(直径>0.1μm)称为内相(分散相)，另一连续相称为外相(分散介质)。通常乳状液中一相是水，另一相是与水不相溶的有机液体，统称为油。外相为水、内相为油的称为水包油型乳状液，用O/W表示，如牛奶；外相为油、内相为水的称为油包水型乳状液，用W/O表示，如原油。此外若内相液珠中还有许多由外相物质形成的微珠，称为多重乳状液。

W/O型和O/W型乳状液在外观上难以区别，但可用稀释法、电导法、染色法等方法鉴别。稀释法的根据是乳状液易于与其外相相同的液体混合。将一滴乳状液滴入水中，若很快混合则为O/W型。电导法的依据是O/W型乳状液比W/O型乳状液导电能力强，测定其电导率可用于判断何者为外相。染色法是加少量只溶于油而不溶于水的染料到乳状液中，充分摇荡，在显微镜下观察。若整个乳状液皆被染色，为W/O型；若只是液珠带色，则为O/W型。

乳状液是一种相界面很大的热力学不稳定体系。液珠有自发合并、分层以降低体系总界面能的倾向。要得到稳定的乳状液必须加入第三种物质——乳化剂。近年来发现，一些乳状液中在分散相外围存在着表面活性剂形成的溶致液晶相(第三相)。改变体系中油水含量，液晶状态发生改变，可出现自发乳化，并能制得内相比高、稳定性好的乳状液。

在生产和日常生活中常会遇到乳状液，如含水原油、动植物乳汁等。有时需要制备稳定的乳状液，如农药、涂料乳化等；有时需要破乳，如原油脱水、废水净化等。近年来在液膜分离技术中使用了多重乳状液，有效地分离了其他方法难以分离的混合物。

软模板法 [soft template method] 以两亲分子有序聚集体，如液晶、胶团、微乳状液、囊泡、LB 膜、自组装膜等作为模板进行材料合成的方法。

瑞利散射 [Rayleigh scattering] 1871 英国物理学家瑞利(Rayleigh)研究光散射时导出了溶胶的光散射公式：

$$I = K\frac{Nv^2}{\lambda^4}\left[\frac{(n_1^2-n_0^2)}{(n_1^2+2n_0^2)}\right]^2 I_0$$

式中，I 和 I_0 分别为散射光和入射光强度；n_1 和 n_0 分别为分散相与介质的折射率；λ 为入射光波长；N 为单位体积内的散射质点数；V 为胶体质点的体积；K 为与质点形状、散射角、散射距离相关的常数。由此式可看出：①散射光强与入射光波长的 4 次方成反比。波长越短，散射光越强。②散射光强与分散相和介质的折射率之差有关，相差越大，散射光越强。③散射光强(即乳光强度)与单位体积内质点数成正比，这是浊度法测胶体浓度的依据。④散射光强与粒子体积的平方成正比，这是光散射法测定胶体粒子大小的依据。

此公式导出时假设：①散射质点比入射光波长小得多；②溶胶很稀，质点间无相互作用；③质点为各向同性，属非导电体，不吸收光。因此，瑞利散射公式只适用于气体或由球形非导电体小质点构成的稀溶胶或稀溶液。

润湿 [Wetting] 固体表面上一种流体被另一种与之不相混溶的流体取代的过程。润湿可细分为沾湿、浸湿和铺展三类(如图所示)，都是变液气和(或)固气界面为固液界面的过程。液体对固体的三类润湿能力都可用单位固液接触面积所引起体系表面自由能的降低值来表示，对应于沾湿、浸湿和铺展分别称黏附功 W_a、浸润功 W_e 和铺展系数 S。若以 γ_{SG}，γ_{LG} 和 γ_{SL} 分别表示固气、液气和固液界面张力，则

$$W_a=\gamma_{SG}+\gamma_{LG}-\gamma_{SL};\quad W_e=\gamma_{SG}-\gamma_{SL};$$

$$S=\gamma_{SG}-\gamma_{SL}-\gamma_{LG}。$$

在等温、等压情况下，$W_a \geq 0$，$W_e > 0$ 分别表示沾湿、浸湿过程可自发进行；$S>0$ 表示液体可在固体表面上自动铺展。通常以 S 为体系润湿性指标，凡能自行铺展的体系，其他润湿过程皆能自动进行。润湿是最常见的现象之一，也是人类生活与生产中的重要过程。但是由于 γ_{SG} 和 γ_{SL} 都无可靠的测定方法，故实际上真正用于判断能否润湿的是测定液体在固体表面上形成的接触角。

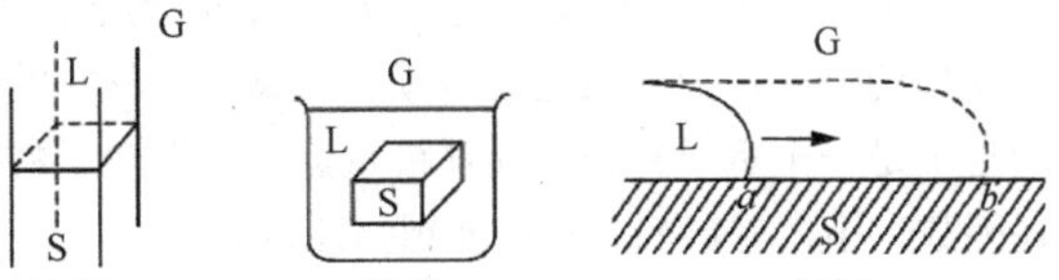

沾湿、浸湿和铺展

S 代表固体，L 代表液体，G 代表气体

润湿热 [wetting heat] 将一固体浸入一液体中所放出的热量。可用于表征固液体系的润湿性能，还可提供固体表面自由能的数据。润湿热可用量热法直接测定，其数量级为每平方米几百毫焦。极性固体在极性液体中比在非极性液体中润湿热大，例如，金红石在水中润湿热为 550mJ/m^2，在正己烷中为 135mJ/m^2。但非极性固体在极性和非极性液体中润湿热差别不大，例如石墨化碳黑在甲醇中为 110mJ/m^2，在正己烷中为 103mJ/m^2。润湿热反映了固体与液体分子间相互作用的强弱，其值越大，固液间亲和力越强。

渗析 [dialysis] 利用胶体质点不能透过半透膜，而离子或小分子能透过半透膜，从制得的胶体中除去多余小分子电解质或其他杂质而纯化胶体的一种方法。常用的半透膜有火棉胶膜、乙酸纤维膜等。将装有溶胶的膜袋浸在溶剂中。膜内的离子或小分子因浓差而向外迁移，不断搅拌和更换溶剂，带走低分子量杂质而纯化胶体。对于离子性杂质，可在渗析室两侧加一电场，加快离子的迁移速度，提高渗析速度，此即电渗析。增加半透膜两边浓度差、扩大半透膜面积或适当提高温度等也可使渗析加速。但必须注意温度过高或电解质渗析过多会影响溶胶的稳定性。

生物表面活性剂 [biosurfactant(BS)] 由细菌、酵母、真菌等微生物在选定的碳源、氮源有机营养物、适当的 Ph、温度等特定条件下生长繁殖过程中，分泌并排出体外的、具有表面活性的代谢产物。它的疏水部分是碳氢链；亲水基团是天然脂类的酯基或醇基、脂肪酸或氨基酸的羧基、磷脂的磷酸盐部分或糖脂的糖部分。例如鼠李糖脂类和海藻糖脂类、槐糖脂类、黑粉菌酸等。它们都是非离子或阴离子表面活性剂。

生物表面活性剂能降低水的表面张力到约 25mN/m，降低正十六烷水界面张力到约 1mN/m，有的甚至能降低油水界面张力到 10^{-5}～10^{-4}mN/m。它们在水中能形成胶团，临界胶束浓度(cmc)在 5～200mg/dm^3 范围内。它们也具有乳化、润湿、分散、增溶、去污、消泡等能力。生物表面活性剂由于无毒、临界胶团浓度低、能生物降解、有一定的稳定性，已被食品、制药、化妆品等一些特殊的化学工业所利用。生物表面活性剂生产设备简单、成本低廉，有着巨大的发展潜力。

生物膜模拟 [biomembrane mimetic] 采用化学模拟的方法寻找和建立各种模拟体系以便了解生物膜中发生的各种过程。用作生物膜模拟的模型主要有胶束、反向胶束、单分子层、双分子膜、LB 膜、微囊、脂质体以及微乳体系等。这些两亲分子聚集体内的分子阵列所提供的微环境与天然生物膜具有相似性，可能模拟生物膜具有的某些功能和特征。生物膜主要由蛋白质(包括酶)、脂质(主要是磷脂)、多糖类组成，还含有水、金属离子等。膜中脂质分子以双分子

排列，非极性链伸向膜中心，极性端面向膜两侧水相；蛋白质呈不对称分布，或镶在双层表面，或嵌入其内，有的横跨整个膜。膜中分子以静电力、疏水作用力和范德瓦耳斯引力相互作用。细胞膜为活性物质提供了一个大小、形状、性质一定的微环境，细胞的识别、渗透、融合，物质输运和信息传递等功能都以细胞膜为媒介而进行。由疏水、亲水基团构成的两亲分子在水溶液中可自发形成大小不等、形状各异的有序组合体，如胶团，单或双分子膜，囊泡、微乳等(如图所示)。它们可用作生物膜模拟剂，可使反应物增溶、浓集、分隔、组织化和定域化；改变化学反应途径和速率；改变氧化、还原电势；改变电离势、离解常数等。因此，膜模拟剂可用于反应性控制、光化学太阳能的转换和储存、分子的识别和输运，药物胶囊化，并为底物和酶提供独特的微环境。为生命科学的研究，为材料、能源等领域高新技术的发展提供了新的途径。

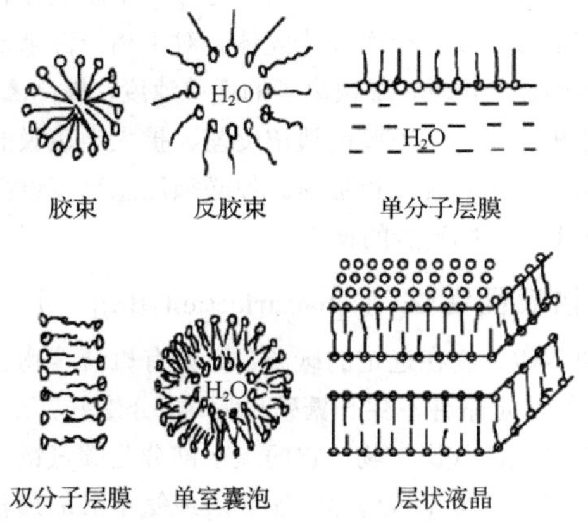

两亲分子形成的自组装结构

施特恩层 [Stern layer] 双电层中溶液一侧与电极直接接触的带相反电荷的离子薄层。参见ζ电势。

舒尔策-哈代规则 [Schulze-Hardy rule] 参见聚沉。

疏水效应 [hydrophobic effect] 即疏水作用。

疏水性 [hydrophobicity] 非极性分子与水互相排斥的物理性质。

疏水作用 [hydrophobic interaction] 又称疏水效应。非极性分子的一种性质，这些分子在水溶液中表现出自聚集(self-associate)的特性。

双层类脂膜 [bilayer lipid membrane] 由两亲分子类脂在水溶液中自发定向排列形成的双分子层薄膜。肥皂膜就是在气相介质中形成的、极性基指向膜内而碳氢链指向气相、定向排列形成的双分子膜。但通常所说的双层类脂膜是指类脂在水溶液中形成的碳氢链指向膜内而极性基指向水中的双分子膜。此种膜厚约为5～10nm左右，小于可见光波长，几乎没有反射，故又称为黑膜。膜的厚度可用电子显微镜法、电容法、光反射系数法来测定。

由类脂形成的水溶液/双层类脂膜/水溶液结构与细胞内液/细胞膜/细胞外液相似，可用于对生物膜的通透性、离子选择性、物质和能量的传递规律等进行研究，受到极大的关注。人们通过膜的光电效应模拟光合作用；通过膜与药物的相互作用研究药物的药理作用。在固体基质上形成的双分子膜可用于研究包括生物传感器在内的分子电子器件。

双连续相 [bicontinuous phase; double continuous phase] 微乳液中水相和油相均为连续相的现象。一般的双连续相微乳液是在油相与水相含量相当，在乳化剂与助乳化剂存在下形成的一种热力学稳定体系。

双水相 [aqueous two phase] 某些物质的水溶液在一定条件下自发分离形成两个互不混溶的水相的现象。在聚合物与聚合物，聚合物与无机盐，以及正负离子表面活性剂混合体系等体系中在适当条件下可能出现这一现象。

双折射现象 [birefringent phenomenon] 光束入射到各向异性的晶体，分解为两束振动方向互相垂直的线偏振光而沿不同方向折射的现象。光在非均质体中传播时，其传播速度和折射率值随振动方向不同而改变，折射率值不唯一，因此发生双折射现象。

双子型表面活性剂 [Gemini surfactant] 即Gemini型两亲分子。

双子型两亲分子 [Gemini amphiphile] 一类分子结构中含有两个疏水链和两个亲水基团(通常是离子或极性基团)的两亲分子。极性头基之间由链接链连接。

水包油型乳状液 [oil in water emulsion(O/W)] 外相为水相、内相为油相的乳状液。在乳状液中通常水相是指水或其他极性液体，油相是指与水不混溶的非极性液体。

水化半径(流体力学半径) [hydrodynamic radius] 在流体中与胶体粒子具有相等扩散速率的实心硬球的半径。

塑性流体 [plastic fluid] 参见非牛顿流体。

塑性值 [plastic point] 即屈服值。

损失模量 [loss modulus] 黏弹性材料复数模量中的虚部，与材料在每一应力或应变周期内以热的形式损耗的能量成正比。描述材料产生形变时能量散失(转变)为热的现象，是能量损失的量度，为一阻尼衰减项。在黏弹性材料的力学性能测量中是一个重要参数。损耗模量愈小，表明材料的阻尼损耗因数也小，材料就愈接近理想弹性材料。

弹性模量 [elastic modulus] 即储能模量。

唐南平衡 [Donnan equilibrium] 对于大分子电解质，当半透膜存在时，由于离解的大离子不能透过膜，而能透过膜的小离子受大离子电荷的影响，平衡时在膜两边的浓度不等，这种不平均分布的平衡称作唐南平衡。

生物体内细胞膜是一种带有生理活性的半透膜，细胞内的蛋白质和细胞外体液内的小离子呈唐南平衡。研究唐南平衡发现：①细胞膜对一些离子的通透性并不完全决定于膜孔的大小，而与膜内蛋白质浓度相关。②唐南平衡影响小离子在膜两边的分布，因而影响渗透压的数值。蛋白质溶液的渗透压，不仅与蛋白质浓度有关，还受膜外电解质浓度的影响。在测定大分子电解质溶液的渗透压，计算其摩尔质量时，应尽量消除唐南平衡对测定结果的影响。③存在唐南平衡时膜两边所建立的电势差称为道南电势，膜电势是唐南电势和扩散电势联合作用的结果，只有当大分子电解质浓度很小时才能忽略唐南电势的数值。

唐南平衡对于研究电解质在体液中的分配，控制生物体内的离子平衡和信息传递有重要意义，与各种 pH 指示电极和离子选择性电极的电极电势也密切相关。

停滴法 [sessile drop method] 根据在重力场中停于水平表面的液滴的形状因子与液体的表面张力之间的定量关系从液面形状数据推算出液体表面张力的表面张力测量方法。分为外形比较法、赤道参数法、等腰三角形法等。液滴的形状受重力和表面张力的影响。通常把液滴简单看作轴对称形状，用形状因子 β 表征。描述液体界面张力与液滴形状间基本关系的方程称作 Bashforth-Adams 方程。它是一个复杂的二阶微分方程，难以给出分析解。为此，Bashforth 和 Adams 提供了数值解，即 B-A 表。根据此表，由实验所得的液滴外形找出表征此外形的形状因子 β，再由下式推算出液体的表面张力 γ。

$$\gamma = \frac{\Delta\rho g b^2}{\beta}$$

式中，$\Delta\rho$ 为两相密度差；g 为重力加速度；b 为轴对称液面顶点 O 处的曲率半径(如图 1 所示)。

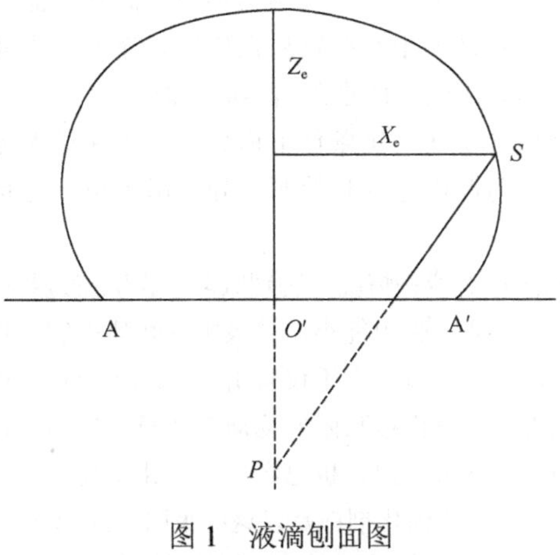

图 1　液滴刨面图

O 为液滴曲面顶点；X_e 为赤道半径；Z_e 为赤道中心至顶点的距离

用摄影或投影的办法得到实测的液滴外形曲线。与液滴的标准外形曲线图(图 2)相比较，找出 β 值。应用 B-A 表得出 b 值。用所得的 β 值和 b 值按上述公式求出液体的表面张力。此法精确，可远距离操作，也可在高温、高压等特殊条件下测定液体的表面张力，但比较麻烦。

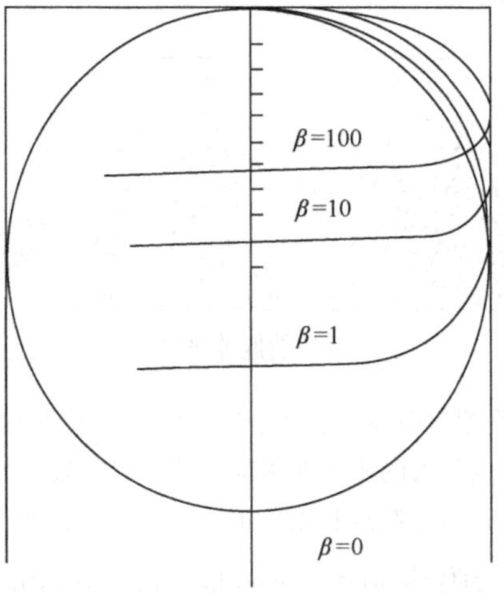

图 2　轴对称液面标准外形曲线

统计学 [statistics] 将一个有序的随机变量系列与其自身相比较，这就是自相关函数在统计学中的定义。每个不存在相位差的系列，都与其自身相似，即在此情况下，自相关函数值最大。如果系列中的组成部分相互之间存在相关性(不再是随机的)，则由以下相关值方程所计算的值不再为零，这样的组成部分为自相关。

$$R(k)=\frac{E[(X_i-\mu_i)(X_{i+k}-\mu_{i+k})]}{\sigma^2}$$

式中，E 为期望值；X_i 为在 $t(i)$ 时的随机变量值；μ_i 为在 $t(i)$ 时的预期值；X_{i+k} 为在 $t(i+k)$ 时的随机变量值；μ_{i+k} 为在 $t(i+k)$ 时的预期值；σ^2 为方差。

所得的自相关值 R 的取值范围为[–1，1]，1 为最大正相关值，–1 则为最大负相关值，0 为不相关。

透析 [dialysis] 释文见分析化学同名词条。

透析液 [dialysate] 进行透析时，半透膜外侧的液相。通过半透膜扩散出来的离子和杂质进入透析液中。

脱附 [desorption] 又称解吸，吸附的逆过程。使已被吸附的组分达到饱和的从吸附剂中析出，吸附剂得以再生的操作过程。即被吸附于界面的物质在一定条件下，离逸界面重新进入体相的过程。

脱水收缩作用 [syneresis] 又称离浆作用，凝胶在老化过程中分离出液体，自发收缩的作用。此作用的原因是刚生成的凝胶网状结构骨架胶体粒子仍可继续相互作用，进一步靠拢，使骨架收缩，同时挤出液体介质。多数凝胶的脱水收缩作用为不可逆过程。凝胶放置长久后，一部分液体自动地从凝胶中分离出来，凝胶自身体积缩小但仍能保持其最初的几何形状(如图所示)。离浆不是由于干燥引起的脱水，而是凝胶中分散相质点在一定条件下相互靠近，将部分分散介质排出造成的。

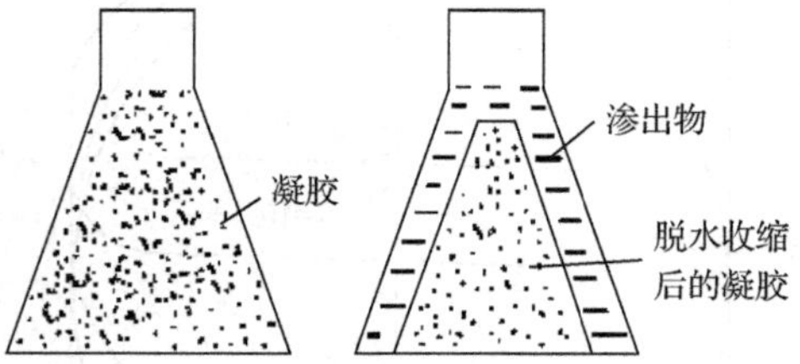

凝胶的脱水收缩

脱水收缩作用与生物体中许多现象相关。血块放置后有血清分出、老年人的皮肤变皱等都是离浆现象。实际生产中，如纺织工业、人造纤维和糖果工业也都与此有关。

微分吸附热 [differential heat of adsorption] 吸附质的浓度保持一定的情况下，用相对大量的吸附剂进行吸附，单位质量的吸附剂每吸附1mol的吸附质引起焓值的改变(即吸附剂上增加吸附极少量的吸附质时，引起的吸附热的变化值)。吸附剂接近完全饱和时，微分吸附热的最高值趋近于正常的冷凝热。

微乳 [microemulsion] 微乳状液的简称。

微乳状液 [microemulsion] 液体以极微小的液珠(直径为 5～50nm)自发地分散在另一种液体中所形成的热力学稳定的分散体系，简称微乳。它实际上是自发形成的、稳定的、均匀透明、低黏度的油、水和表面活性剂混合物。在乳状液中增加表面活性剂量、加入助表面活性剂可形成微乳；在胶团溶液中适当调整表面活性剂的亲水亲油性亦可形成微乳。因此，微乳是一种介于乳状液与胶团溶液之间的分散体系。但在微乳中表面活性剂量很大，占体系质量的10%～30%。微乳可有水包油型(O/W)、油包水型(W/O)和双连续相 M 三种类型(如图所示)。

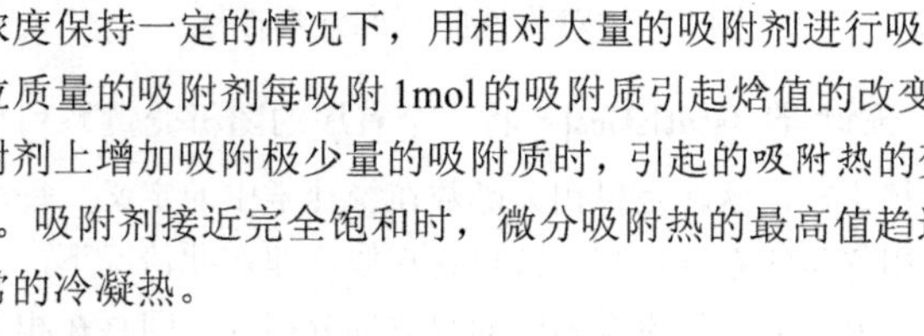

微乳相结构示意图

由于微乳能自发形成，制备容易；它又是热力学稳定体系，能长久存放不分层；它拥有巨大界面积，因而有极好的吸附，传热、传质等界面功能；它与油、水皆能相互增溶，具有亲水、亲油两重性；再加上它透明，可用光谱检测以及低黏度、低界面张力等普通乳状液所不及的特性，使它在日常生活和科技领域中有广泛应用前景。可用于制备高档化妆品、液体上光剂、全能清洁剂。还可制成微乳剂型药品，超滤膜成膜剂等。利用微乳技术可分离分子量十分接近而不易分离的蛋白质，还可作为反应介质完成需在界面上进行的化学反应、酶反应等。

微小乳状液 [miniemulsion] 液滴直径为 0.1～0.5 μm 的乳状液，是一种介于乳状液和微乳状液之间的分散体系。乳状液液滴直径一般>1 μm，是热力学不稳定体系，极易絮凝和分层；微小乳状液液滴直径<0.1 μm，是热力学稳定体系，但在稀释时极易遭到破坏，而且制备时需用大量表面活性剂。微小乳状液由于液滴较小，其扩散作用明显而重力沉降很慢，由沉降造成的体系不均匀基本上可被扩散作用消除；又不易絮凝。因此，微小乳状液有较好的聚结和动力稳定性，在实际应用上，性能比一般乳状液优越。制备时所需的表面活性剂量为制备微乳时所需量的 1/10～1/100；而且，一旦形成，可在很大浓度范围内稀释而不影响其稳定性。微小乳状液在医药、日用化工、食品，尤其在石油工业中有极大的应用价值。微小乳状液可自发乳化或基本上自发乳化形成；所需乳化剂用量不多；可节省设备及乳化过程中的能量消耗；稳定性又好，具有广阔的应用前景。

雾点 [cloud point] 即浊点。

西格特方程 [Siegert equation] $g^2(q;\Gamma)=\dfrac{\langle I(t)I(t+\Gamma)\rangle}{\langle I(t)\rangle^2}$。

式中，$g^2(q;\Gamma)$ 为自相关函数；q 为波矢；Γ 为弛豫时间；I 为强度。

吸附 [adsorption] 当流体与多孔固体接触时，流体中某一组分或多个组分在固体表面处产生积蓄的现象，也指物质(主要是固体物质)表面吸住周围介质(液体或气体)中的分子或离子的现象。气相中物质在固体表面上浓集称作固气吸附；液相中某些物质在气液、液液和固液界面上浓集分别称为溶液表面吸附、液-液界面吸附和固-液界面吸附。被吸附分子在一定条件下逃离界面重新进入体相称为脱附。吸附与脱附速率相等时达到吸附平衡，它是一种动态平衡。

吸附过程有两种情况：物理吸附，在吸附过程中物质不改变原来的性质，吸附能小，被吸附的物质很容易再脱离。化学吸附，在吸附过程中不仅有引力，还运用化学键的力，吸附能较大，要逐出被吸附的物质需要较高的温度，而且被吸附的物质即使被逐出，也已经产生了化学变化，不再是原来的物质了，一般催化剂都是以这种吸附方式起作用。

溶液吸附，尤其是表面活性剂的吸附与分散体系的稳定性密切相关；是起泡、消泡、润湿、铺展、乳化、破乳等实际应用的基础。固气、固液吸附在石油、化工、轻工、农业等领域有广泛应用。吸附是多相催化、色谱分析的基础，是分离、回收气、液体中有用物质或除去某些杂质的重要手段，是改变固体界面性质的有效方法。

吸附等温式 [adsorption isotherm equation] 在等温条件下发生吸附时，表面覆盖度或表面浓度与压力之间的关系式。表面浓度=平衡吸附量/饱和吸附量。根据理论推导或拟合实验数据，已经得到多种吸附等温式，如多相催化动力学常用朗缪尔吸附等温式，测定吸附剂或催化剂的比表面，常用 BET 吸附等温式。

BET 吸附等温式 [BET adsorption equation] 描述固体表面发生多层吸附规律的方程。1938 年由 S.Brunauer，P.H.Emmett 和 E.Teller 扩展了朗缪尔单分子层吸附理论，提出多分子层吸附模型而导出的方程。基本假设是：吸附可以是多分子层的，但第二层以上各层靠气体分子间范德瓦耳斯力而被吸附，吸附热与吸附质的液化热相近。在此基础上得出 BET 二常数公式为

$$\frac{p}{V(p_0-p)}=\frac{1}{V_{\mathrm{m}}c}+\frac{(c-1)}{V_{\mathrm{m}}c}\cdot\frac{p}{p_0}$$

式中，V 和 V_{m} 分别为气体分压为 p 和单分子层饱和吸附时，气体在标准状态下的体积；p_0 为气体在吸附温度下的饱和蒸气压；c 为与吸附热有关的常数。若以 $\frac{p}{V(p_0-p)}$ 对 $\frac{p}{p_0}$ 作图，应得一直线，由直线的斜率和截距可求得 V_{m} 和 c 值。若知每个吸附分子的截面积，即可由 V_{m} 算得吸附剂的比表面积。

BET 公式的适用范围在 $\frac{p}{p_0}$ 为 0.05～0.35 之间。$\frac{p}{p_0}<0.05$ 时，实验吸附量较理论值偏高，估计是吸附表面不均匀造成的；$\frac{p}{p_0}>0.35$ 时，需用更复杂的 BET 三常数公式。

BET 方程是应用最为广泛的吸附方程，常用于计算吸附剂的比表面。

吸附剂 [adsorbents] 能有效地从气相或液相中吸附一种或几种组分的固体物质。有实用价值的吸附剂通常有相当大的比表面、发达的孔性结构、良好的机械强度和热稳定性、不与溶剂或吸附质发生化学反应、在吸附条件下不蒸发、不升华、不溶解，又易制造和回收等特点。吸附剂大致可分为极性和非极性两大类：极性的主要是非金属和金属氧化物，如硅胶、分子筛、活性氧化铝等；非极性的以炭为主体，如活性炭、炭黑等。

表征吸附剂性质的物理量如下：①比表面积 S，单位质量吸附剂所具有的表面积。②比孔容 V_{p}，单位质量孔性固体所含孔的总体积。③平均孔径 $\bar{r}$ 和孔径分布，吸附剂常为多孔性物质，其孔径大小不一，常以测得的吸附剂比孔容 V_{p} 与比表面 S 之比，即 $\bar{r}=\frac{V_p}{2S}$ 作为平均孔径。孔径分布是孔体积按孔尺寸大小的分布。

常用的吸附剂有大孔、中孔或细孔的活性炭或硅胶以及各种型号的分子筛等。

吸附量 [adsorbed amount; adsorbance] 泛指单位质量(或面积)吸附剂上吸附物质的量，它与温度、溶液浓度、吸附剂、吸附质性质相关。在一定温度下，平衡吸附量与被吸附物平衡浓度(或压力)的关系曲线称为吸附等温线；压力一定时，吸附量与温度的关系曲线称为吸附等压线；吸附量一定时，平衡压力与温度的关系曲线称为吸附等量线，它们之间可以互相换算。描写吸附等温线的方程式称为吸附等温线方程。利用这类方程可以得到吸附层结构、吸附过程特点以及吸附剂、吸附质的有用信息。

在液-气和液-液界面上，吸附量是指某单位面积表(界)面相含有的某溶质组分的量(质量或物质的量)与该表面相中所含溶剂在体相中所拥有的该溶质组分的量之差，此种吸附量又称表面过剩或相对吸附量。

吸附热 [enthalpy of adsorption] 吸附过程中所放出的热量。吸附是一个放热过程。吸附热是表征吸附剂表面对吸附分子作用强弱的重要参数，与它们自身的性质、吸附的类型和吸附的强度相关。一般情况下，物理吸附热与气体的液化热相近(<40 kJ/mol)；化学吸附热与化学反应热相近(约 80～400 kJ/mol)。吸附热可分为积分吸附热和微分吸附热两类。测定化学吸附热可知道催化剂表面的不均匀情况，也能反映出吸附成键的类型以及吸附分子间的相互作用，是选择催化剂的一个重要因素。

吸附质 [adsorbate] 在吸附过程中被吸附剂吸附的物质。

细胞电泳 [electrophoresis of cell] 指在外电场作用下，细胞在细胞与细胞外液形成的分散体系中的移动的现象。生物细胞因表面的蛋白质、脂类或多糖等组分电离而表面带电，能偶发生电泳。电泳速度 u 与细胞表面电荷所产生的 ζ 电势关系为

$$u=\frac{\zeta\varepsilon E}{\eta}$$

式中，η 为介质的黏度；E 为电位梯度；ε 为介质的介电常数。

细胞电泳是研究细胞表面的分子结构与功能细微差异的有效分析方法，在生物和医学研究中有广泛应用。研究癌细胞的电泳行为为了解癌肿的病因、发展规律以及诊断防治提供线索。研究血细胞的电泳图可从电泳图的变异情况判断出各种血液疾病。研究血红细胞、血小板电泳性质可了解血凝与血栓形成的原因。

相对吸附量 [relative adsorption amount] 参见吸附量。

相互作用参数 [interaction parameter; χ-parameter] 又称弗洛里-哈金斯参数。高分子-溶剂体系中溶剂能力的量度，溶剂愈良，χ 值愈小。χ 值随温度的降低而单调上升，降低温度会产生相分离，从而能说明上临界溶解温度的存在。$\chi=Z\Delta\varepsilon/kT$（$k$ 为玻尔兹曼常数；$\Delta\varepsilon$ 为形成一个链段-溶剂接触点所需的能量；Z 为晶格配位数；T 为热力学温度）。

L_3 相 [L_3 phase] 即海绵相。

向列相 [nematic phase] 如没有外部取向（即表面边界和场）的影响，分子长轴基本上保持平行，但质心位置比近晶相更混乱的结构。向列相与近晶相相比，具有相当大的流动性。热能会引起向列相分子取向的波动。

向列相液晶 [nematic liquid crystal] 局部区域内分子趋向于沿同一方向排列的液晶。分子短程相互作用比较弱，其排列和运动比较自由，分子这种排列状态使其黏度小、流动性强。向列相液晶的主要特点是具有单轴晶体的光学性质，对外界作用非常敏感，是液晶显示器件的主要材料。

消泡剂 [defoamer] 称抗泡剂，具有较低表面张力和较高表面活性、能抑制或消除液体中泡沫的物质。其中有的能降低液膜的表面张力，迅速在表面上展开，同时带走部分液体使液膜变薄；有的能大大降低液膜的表面黏度，加快排液速度；有的能顶替原起泡剂，而本身又形不成稳定的液膜，这些都降低了气泡的稳定性，使气泡破裂。消泡剂通常由防泡剂、辅助防泡剂、载体、乳化剂或展开剂、稳定剂等多种成分组成，每种成分都有它的基本功能。防泡剂是消泡剂中的主要成分，通常是一些既不溶于起泡介质也不溶于载体的颗粒状物质，如疏水的二氧化硅、石蜡、脂肪胺、脂肪酸、脂肪酸酯等。消沧剂常制成油型、膏脂型、乳液型、分散体型、固体或粉末型等。

信号处理 [signal processing] 在信息分析中，通常将自相关函数称之为自协方差方程。用来描述信息在不同时间 τ 的，信息函数值的相关性。

$$R_f(\tau)=f(\tau)*f^*(-\tau)=\int_{-\infty}^{\infty}f(t+\tau)f^*(t)\mathrm{d}t=\int_{-\infty}^{\infty}f(t)$$

$f^*(t-\tau)\mathrm{d}t$ 。其中“*”是卷积算符，$(-)^*$ 为取共轭。

bola 型表面活性剂 [bola surfactant] 即 bola 型两亲分子。

Gemini 型表面活性剂 [Gemini surfactant] 即 Gemini 型两亲分子。

bola 型两亲分子 [bolaamphiphile] 又称 bola 型表面活性剂。两个亲水基团以足够长的疏水链连接而成的双亲水端基的两亲分子。因形似南美土著人的武器流星锤（bola）而得名。亲水头基可以相同，即对称型 bola；也可以不同，即为非对称 bola。疏水链可以为单链、双链或半环形。

Gemini 型两亲分子 [Gemini amphiphile] 又称 Gemini 型表面活性剂、孪连表面活性剂、双子型表面活性剂。双头双尾型两亲分子。

絮凝 [flocculation] 高分子化合物长链上同时吸附多个胶体质点使其聚结而沉降的现象。将高分子化合物加入到分散体系中，当高分子浓度较稀时，吸附在一个质点表面上的高分子长链可能同时吸附在另几个胶体质点表面上，通过“搭桥”的方式将多个胶体质点聚在一起而沉降。

用作絮凝剂的可以是电性与胶体相反的高分子，也可以是不带电，甚至电性与胶体相同的高分子电解质。但其结构中应具有既能吸附于固体表面又亲水的基团，如—COONa，—$CONH_2$，—OH，—SO_3Na 等，而且多是链状结构的均聚物。分子量一般在 10^4 左右，分子量太小不利于“搭桥”，太大会因链段间重叠而相互排斥，削弱“搭桥”作用，降低絮凝效果。加入量有一个最佳值，约为使吸附的高分子覆盖质点表面一半时所需的量，过多的絮凝剂会使絮凝效果降低，甚至起保护作用。

高分子絮凝剂由于用量少、效率高、沉降快、易分离，在合适的条件下还可进行选择性絮凝等优点，广泛应用于污水处理、矿泥回收、土壤改良以及造纸、钻井等工艺中。最常用的高分子絮凝剂是聚丙烯酰胺、聚苯乙烯磺酸钠、聚乙烯胺以及聚乙烯醇、聚乙二醇等。

悬滴法 [pendant drop method] 测定悬挂着的液滴外形参数，应用相关方程推算出液体表面张力的方法。最有实用价值的是 Andreas 等在 1937 年提出的选面法（见图）。测定悬滴外形图上的最大直径 d_e，在与悬滴顶点 O 垂直距离等于 d_e 处作最大直径的平行线，与液滴外形曲线相交，设此处直径为 d_s，定义

$$S=\frac{d_s}{d_e}\,;\qquad H=-\beta\left(\frac{d_e}{b}\right)^2$$

查悬滴选面法参数表（不同 S 值时的 $1/H$ 值），得出与已知 S 值相对应的 $1/H$ 值，由下式得出表面张力 γ 值：

$$\gamma=\frac{\Delta\rho g d_e^2}{H}$$

此法同样可远距离操作，也便于在高温、高压等特殊条件下测定液体的表面张力，但对防震要求很高。$S\sim 1/H$ 是测定各种形状、大小的电导水滴而得，具有经验性，但已证实结果可靠。

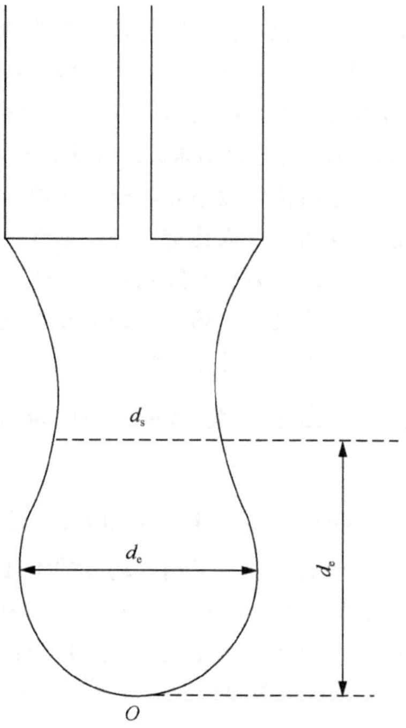

悬滴选面法示意图

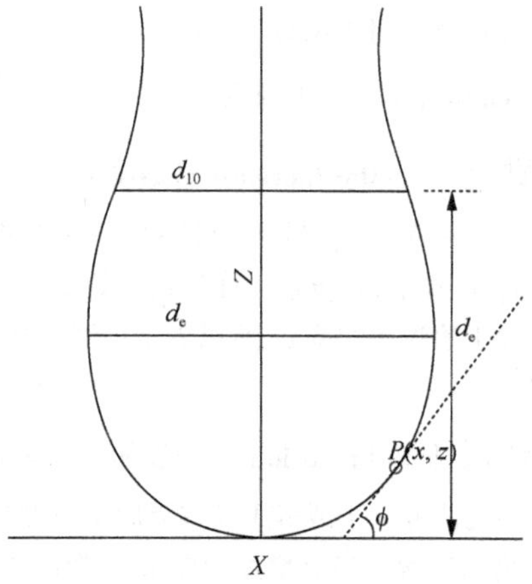

$$2-\beta\left(\frac{z}{b}\right)=\frac{1}{R/b}+\frac{\sin\phi}{x/b}$$

上式中(参见图)，b 为悬滴底端(apex)的曲率半径，R 为悬滴轮廓上一点，$p(x，z)$，在纸平面上的主曲率半径(principle radius of curvature)，f 为轮廓线上 $p(x，z)$ 点处的切线与 x-轴的夹角。b 是体系的 Bond number，在这里往往被称为液滴的形状因子(shape parameter)，因为它的值直接决定了液滴的形状(注意：是指形状，不涉及其大小)：

$$\beta=\frac{b^2\cdot\Delta\rho\cdot g}{\gamma}=\frac{b^2}{\alpha^2},\quad \alpha=\sqrt{\frac{\gamma}{\Delta\rho\cdot g}}$$

$\Delta\rho$ 为液滴相与周围相之间的密度差；g 为重力加速度；g 为表面/界面张力；a 为体系的毛细管常数(capillary constant)。

从上面的方程式可以看出：一个悬滴在达到静力(界面张力对重力)平衡时，其轮廓可通过悬滴底端(apex)的曲率半径，b，和液滴的形状因子，b，来确定。反之亦然：若能够确定 b 和 b，也就确定了悬滴的轮廓。

Andreas 在 1938 年(通过对由水形成的各种形状的悬滴的直接测量)引入了经验较正因子，使得可通过测量悬滴轮廓两极限位置处的尺寸来计算出液体的表面张力，也即所谓的 Selected-Plane Method(选面法)。测量通常是通过对液滴拍照，然后通过对照片上液滴几处选择平面上尺寸的测量，再通过查表，就可获得表/界面张力的值(当界面两相的密度差已知时)。

悬浮液 [suspension] 固体质点(粒径>0.1 μm)分散在液体介质中所形成的粗分散体系。悬浮液的质点与溶胶一样是由很大数目的分子或原子构成的，但其粒径比溶胶大得多。因此，它没有布朗运动以及与布朗运动有关的扩散、渗透压等动力性质，稳定性也较溶胶小，易沉淀析出。它散射光很弱，但能自发地吸附溶液中的离子形成双电层，也能吸附溶剂形成溶剂化层，使悬浮液稳定。加入高分子化合物可对悬浮液起保护作用，使大质点稳定。

悬浮液是由大小不同的质点组成的多分散体系，质点的分散度对其性能和质量有很大影响，通常用沉降分析法测定其粒度及分布。

悬浮液在自然界和工农业生产中都可遇到，如江河中的泥沙悬浮物；钻井工程中用作润滑剂的黏土悬浮液；由可燃性粉末悬浮于液体燃料中而制成的悬浮燃料；制陶瓷、耐火材料用的硅酸盐黏稠浆料等。但在污水处理、矿泥回收、土壤结构改良等情况下常使用聚沉剂或絮凝剂使悬浮质点聚结沉降。

阳离子型表面活性剂 [cationic surfactant] 参见离子型表面活性剂。

杨-拉普拉斯公式 [the equation of Young and Laplace] 表明弯曲液面的曲率半径与液面下的液体或气体所承受的附加压力关系的公式。由于表面张力的作用，弯曲液面下的流体承受大于其液面外的压力，液面内外的压力差 Δp 称作附加压力。其值与液体的表面张力 γ，弯曲液面的曲率半径 R_1 和 R_2 相关，即

$$\Delta p=\gamma\left(\frac{1}{R_1}+\frac{1}{R_2}\right)$$

此式即著名的杨-拉普拉斯公式。若表面为球形，$R_1=R_2=R$，则

$$\Delta p=\frac{2\gamma}{R}$$

若液面呈凸形(如液滴)，R_1 和 R_2 均为正值，$\Delta p>0$，液

内压力高于外压；液面呈凹形(如气泡)，R_1和R_2均为负值，$\Delta p<0$，液内压力低于外压；对于平液面，R_1，R_2为无穷大，$\Delta p=0$，液内外压力相等。它是解释众多毛细现象的基本公式，也是毛细管上升法测定液体表面张力的理论基础。

杨氏方程 [Young's equation]　即杨氏润湿方程。

杨氏润湿方程 [Young's wetting equation]　描述固、液、气三相交界处γ_{SG}，γ_{SL}，γ_{LG}三个界面张力平衡关系的方程。1805年Young将接触角的形成看作在固、液、气三相交界处γ_{SG}，γ_{SL}，γ_{LG}三个界面张力平衡的结果：$\gamma_{SG}=\gamma_{SL}+\gamma_{LG}\cos\theta$。这样，测定液体的表面张力$\gamma_{LG}$和接触角$\theta$就能对各种润湿过程作出判断。接触角越小，润湿性越佳。习惯上常将$\theta=90°$定为润湿与否的标准，$\theta>90°$不润湿；$\theta<90°$润湿，$\theta=0$或不存在，则为铺展。固体表面不均匀和表面粗糙都会影响润湿性质。表面被污染或吸附了其他物质可以改变体系的润湿性质。

液晶 [liquid crystal]　相态的一种。是一种在一定温度范围内呈现既不同于固态、液态，又不同于气态的特殊物质态，它既具有各向异性的晶体所特有的双折射性，又具有液体的流动性。一般可分热致液晶和溶致液晶两类。液晶的组成物质是一种有机化合物，也就是以碳为中心所构成的化合物。同时具有两种物质的液晶，是以分子间力量组合的，它们的特殊光学性质，又对电磁场敏感，极有实用价值。因为其特殊的物理、化学、光学特性，20世纪中叶开始被广泛应用在轻薄型的显示技术上。

液晶态 [liquid crystal state]　温度中度升高时极性脂质分子呈现的几种相态之一。有两种主要的类型：①片层相或Lα相；②六角相。液晶态脂质分子的堆砌较松，其脂酰链能获得较晶态为多的流动性。

液晶相 [liquid crystal phase]　即介晶。

液膜分离技术 [liquid membrane separation technology (LMS)]　利用具有选择透过性液膜，以外界能量或化学势差为动力，对多组分体系进行分离、提纯或富集的技术。所用液膜有支撑型液膜、大块液膜和乳状液液膜。支撑型液膜是使含萃取剂的有机溶液附着在惰性的高分子多孔膜上而形成的人工液体薄膜，体系由载体、稀释剂和支撑体组成。该体系有效传质面积小，因而传质效率较低，但选择性高，单级操作中分离系数大且可进行多级分离；操作简便、处理容量大；载体可循环使用故成本低，消耗少；与乳状液膜相比无需破乳工艺，后处理容易。主要用于实验室研究。大块液膜一般由流动载体和有机溶剂组成。该体系传质面积也小，膜层较厚，传质效率低；但其过程简单，易建立模型，常用于载体筛选实验和基础理论研究。乳状液液膜是美籍华人黎念之于1986年发明的。通过包有内相的乳状液(油包水型或水包油型)与被分离的外相混合形成的多重乳状液(水/油/水或油/水/油)中的液膜(油膜或水膜)实现物质的传输与分离。经液膜提取后被萃取物进入乳状液内相，需要破乳才能分离出来。此方法具有仿生膜特点，有效传质面积大因而传质效率高，处理快速，但工艺较复杂，需要既能使界面上形成稳定性好、强度高的液膜又易破乳的表面活性剂。目前已开发聚胺、磺化聚异丁烯、谷氨酸二烷基酯、磺化聚丁二烯等亲油链较长或具有双烷基链的表面活性剂，实际应用还不普遍。

阴离子型表面活性剂 [anionic surfactant]　参见离子型表面活性剂。

泳动度 [electrophoretic mobility]　带电颗粒在单位电场强度下泳动的速度。影响泳动度的主要因素：颗粒所带净电荷的数量，大小及形状；电位梯度即单位长度(每一厘米)支持物体上的电位降；溶液的pH值；溶液的离子强度，离子强度越高，带电颗粒泳动速度越慢，反之越快；电渗作用。

油包水型乳状液 [water in oil emulsion]　外相为油、内相为水的乳状液，用“W/O”来表示。

云点 [cloud point]　即浊点。

增比黏度 [specific increase viscosity]　参见黏度表示法。η_{sp}表示溶液黏度η_r较溶剂黏度η_0增加的倍数，即$\eta_{sp}=\eta-\eta_0/\eta_0=\eta_r-1$(式中$\eta_r=\eta/\eta_0$，称为相对黏度)。因为增比黏度的数值依赖于溶液的浓度c，所以表示溶液的黏度时必须有浓度的数据。

增溶作用 [solubilization]　当表面活性剂在某一介质(通常为水)中的浓度大于或等于其临界胶束浓度(cmc)时，原不溶或微溶物的溶解度显著增加的现象。增溶与乳化不同，它所形成的是热力学稳定的均相体系。增溶物进入胶团内核或其他部位使胶束胀大，但溶液中质点数变化不大，溶液的渗透压、冰点等依数性变化不大。增溶方式随表面活性剂和增溶物而异。非极性有机物(如烃类)增溶于胶束内核[如图(a)]；极性有机物(如长链的醇或胺)穿插于表面活性剂分子之间[如图(b)]；有些(如染料)被吸附于胶束表面[如图(c)]；有些(如酚类)结合于聚氧乙烯基形成的胶束外壳[如图(d)]。增溶作用应用十分广泛。在洗涤过程中油污增溶在洗涤剂形成的胶束中被水冲走。

在乳液聚合中，反应物增溶于胶束之中，聚合在胶束内进行。在石油工业中，利用“胶束溶液”提高原油的采收率。溶液中存在胶束可提高化学反应的速度(称作胶团催化)也是反应物增溶所起的作用。微乳的形成，生物体内的一些生理现象都与增溶作用密切相关。

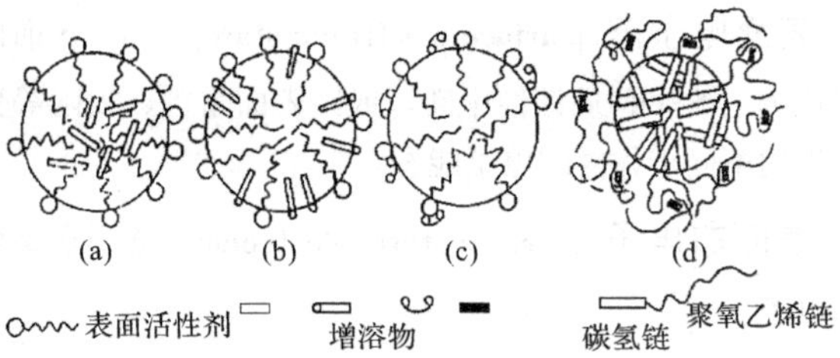

胶束增溶的几种方式

憎液胶体 [lyophobic colloid]　参见胶体分散体系。和亲液胶体均属于胶体分散体系。难溶物质分散在介质中形成的，其粒子由很大数目的分子构成，这种体系有很大的相界面，是热力学不稳定体系。

胀流体 [dilatant fluid]　非牛顿流体的一种。其特征是：反映切应力与切变速度关系的流变曲线（D-τ 曲线）通过原点，但二者不呈直线关系，τ 比 D 增加得更快，流体的表观黏度随切变速度的增加而增大这称作剪切稠化现象。胀流体的流变性质像假塑体一样，也可用经验式 $\tau=KDn$ 表示，其中 $n>1$。

振荡射流法 [oscillating jet technique]　液流在椭圆形管口喷出时，射流可作周期性振动，形成一连串的波形。波形的产生是由于液体表面张力有使液流由椭圆形变为圆形的倾向和射流惯性力的相互作用。通过射流动表面张力公式，自射流波长和射流速度可测得表面张力与表面老化时间的对应关系。对于时间很短的动表面张力，可以采用振荡射流法，该法测定的时间范围可低达 1 ms 左右。

震凝性流体 [rheopectic fluid]　参见非牛顿流体。在恒温和恒剪切速率作用下剪切应力随时间递增的流体。

正负表面活性剂混合体系 [catanionic surfactant mixed systems]　表面活性剂的一种。分子中带有两个亲水集团，一个带正电，一个带负电。最主要的有四类：氨基丙酸、咪唑啉、甜菜碱和牛磺酸。

重力沉降 [sedimentation under gravity]　悬浮在流体（气体或液体）中的质点在重力场中的定向（下降）运动。利用重力沉降测定质点大小及其分布的方法称为沉降分析。考虑质点在介质中所受的净力（重力和浮力）与其沉降时所受的黏滞阻力平衡，对于球形质点得出：

$$r=\left[\frac{9\eta v}{2(\rho-\rho_0)g}\right]^2$$

式中，v 为质点等速沉降速度；η 为介质黏度；r 为质点半径；ρ 和 ρ_0 分别为质点和介质的密度；g 为重力加速度。这是用沉降分析测分散体系粒度分布的基本公式，测定质点在介质中的沉降速度即可求出质点半径，进而可求得平均质点量。由上式可看出：调节密度差（$\rho-\rho_0$）可适当控制沉降过程；改变介质黏度可加快或抑制沉降。若已知小球半径；可由球的下落速度来确定介质的黏度，这就是落球式黏度计的原理。对于质点大小不一的多分散体系，实验中常用“沉降天平”，每隔一定时间测定已沉积质点的累积重量，作出沉降速度曲线，由此得到悬浮质点的大小和粒度分布。

浊点 [cloud point]　也称云点或雾点。非离子型表面活性剂水溶液的溶解度随温度上升而降低，在升至一定温度时出现浑浊，经放置或离心可得到两个液相时的温度。非离子表面活性剂分子主要靠它的极性基与水形成氢键而溶解于水，温度升高不利于氢键的形成。升高到一定程度，氢键断裂，体系浑浊。下表中是一些非离子表面活性剂的浊点。加入一定量电解质到溶液中，由于电解质的盐析作用可以降低非离子表面活性剂的浊点。

一些表面活性剂的浊点

表面活性剂	浊点/℃
$C_{12}H_{25}(EO)_3OH$	25
$C_{12}H_{25}(EO)_6OH$	52
$C_{10}H_{21}(EO)_6OH$	60
$C_8H_{17}(EO)_6OH$	68
$C_8H_{17}C_6H_4(EO)_{10}OH$	75

自相关函数 [autocorrelation function]　自相关函数在不同的领域，定义不完全等效。在某些领域，自相关函数等同于自协方差。

自憎现象 [autophobic phenomenon]　一般无机物固体及金属表面的表面能大（称为高能表面固体），低表面张力的两亲性有机液体应能在这些固体表面上铺展。但是，由于这些液体的分子可在高能表面固体上吸附形成疏水的碳氢基团朝向气相的定向吸附膜，使原来的高能表面变为低能表面，此表面的 γ_c 可低于这些有机液体的表面张力，使得它们不能在载有有机物吸附膜的高能固体表面上铺展的现象。

自组装超分子体系 [self-assembled supramolecular system]　由多个分子通过氢键、静电、范德瓦耳斯力、疏水等非共价相互作用、相互识别和自组装而形成的、具有特殊结构和性能的有组织体系。其中一类是由受体和底物根据分子识别原理结合而成的、确定的、可分离的寡分子，如碱金属冠醚的配合物、DNA 双螺旋结构等。另一类是由数目不定的组元靠分子自组装和协同作用而形成的有序组合体，称作自组织超分子体系，如胶束、单（双）分子膜、囊泡、液晶等，它们也具有一定的络合客体分子的能力。由于组元分子间的作用力较弱、它们在热力学上不如共价键分子稳定，但柔性较大。

自组装超分子体系具有比较明确的微观结构和宏观特征。与寡分子一样，它们也具有识别、催化和传输功能。特点是：①不同结构的自组装超分子体系可提供不同的微环境，具有不同的反应性，具有分子识别能力。例如，在手性功能表面活性剂形成的聚集体内，不同部位可形成不同的反应对映体，亦即此聚集体可控制对映选择性。②自组装超分子体系可催化反应，加快反应速率。例如，辛酸乙酯在 NaOH 溶液中的水解速率很低，但一旦水解生成的辛酸钠在溶液中形成胶束，水解速率迅速上升，而且体系是自催化的。③自组织分子体系如单、双分子膜、囊泡等可作载体，有选择性地传输物质，模拟细胞膜传送信息、物质和能量的过程。

自组装超分子体系是微多相体系，与生命、能源、材料、环保等科学密切相关，在模拟生物体系和开发新材料中将发挥越来越大的作用。

自组装膜 [self-assembled membrane] 将合适的基底浸入表面活性剂的有机溶液中后，分子自发地通过化学键牢固地吸附在基底表面而形成的超薄有序有机分子膜。例如，在 SiO_2/Si，Al_2O_3/Al，玻璃等羟基化表面上形成有机硅烷膜；在 Au，Ag 或 Cu 表面上形成烷基硫醇膜；在 Pt 表面上形成醇和胺膜；在 Al_2O_3，Ag 表面上形成羧酸膜等。若表面活性剂分子的另一端也带有反应活性，它可与适当的功能分子继续组装，如此重复可形成同质或异质的多层膜。

自组装膜在结构上与 LB 膜有相似之处，但由于其端基是通过化学键与基底结合，层与层之间也以化学键相联结，十分牢固，稳定性高，克服了 LB 膜稳定性较差、易脱落等缺点。自组装膜由于膜与基底、层与层之间以化学键相连，链与链之间有范德瓦耳斯力相互作用，故结构紧密。单层中分子呈“结晶态”，易于用近代物理和化学技术表征，便于研究和调控膜结构与性能的关系。用自组装膜处理过的基片可用作 LB 膜的疏水基底，用于固定酶、用于气或液相色谱。自组装膜修饰的电极可用于跨膜的多相电子传输机理和反应动力学研究，在电催化、光电转换、电化学传感器及微量分析等方面也有一定的实用价值。

4.7 纳 米 化 学

表面等离激元 [surface plasmon] 是金属纳米结构中自由电子的共谐振荡，具有一系列新奇的光学性质，例如对光的选择性吸收和散射、局域电场增强、电磁波的亚波长束缚等。

表面电子态 [surface electronic state] 晶体表面由于原子排列三维平移周期性中断，或因表面重构、吸附等变化而产生的不同于体内的电子能态。

表面态电子 [surface-state electrons] 处于表面电子态的电子。

表面增强拉曼散射 [surface-enhanced Raman scattering] 当一些分子被吸附到某些粗糙的金属(如金、银)表面时，在激光照射下产生的拉曼信号显著增强的现象。吸附在粗糙化金属膜或纳米结构表面的分子由于局域表面等离激元被激发所引起的电磁增强(即物理增强)，以及分子与结构之间的电荷相互作用导致分子有效极化率增加(即化学增强)，这两者的作用使被测定物的拉曼散射产生极大的增强效应。

薄膜临界厚度 [critical film thickness] 薄膜在界面上不出现失配位错的生长层的最大厚度，是一个重要的工艺控制参量。

层间相互作用 [interlayer interaction] 在层状物质或分子聚集体中，存在的 π-π 相互作用、范德瓦耳斯相互作用和库仑静电相互作用等。

场效应晶体管 [field effect transistor] 微电子学中一种常见的三端器件，通常由源极、漏极和栅极构成，通过栅极、栅极绝缘层以及沟道材料的电容效应形成了一种利用栅极电压来控制晶体管源漏之间电流变化的晶体管。

超分子自组装 [supramolecular self-assembly] 在不受外力介入的情况下，分子通过分子间相互作用形成具有有序结构的聚集体。

成核 [nucleation] 薄膜生长中的一个阶段，涉及材料生长的初期，团簇、分子、原子等在成核点聚集、结晶以及逐步长大的过程。

尺寸效应 [size effect] 物质的某些物理化学性质强烈地依赖于尺寸的效应。例如，纳米粒子的熔沸点与其粒径大小的依赖性。

尺寸依赖性 [size dependence] 物质的某些物理化学性质强烈地依赖于形成该物质的聚集体之尺寸的性质。

传感器 [sensor] 一种检测装置，能感受到被测量的信息，并能将其按一定规律变换成为电信号或其他所需形式的信息输出，以满足信息的传输、处理、存储、显示、记录和控制等要求。

单壁碳纳米管 [single-walled carbon nanotube] 由 sp^2 杂化碳原子层卷曲构成的单壁准一维管状结构。参见碳纳米管。

单层石墨烯 [monolayer graphene; single-layer graphene]　由一层以苯环结构(即六角形蜂巢结构)周期性紧密堆积的碳原子构成的一种二维碳材料。

单电子纳米电子学 [single-electron nanoelectronics]　涉及单个电子输运过程的纳米电子学研究。

弹道输运 [ballistic transport]　导电介质中的电子在输运过程中几乎不会遇到散射的特殊现象，呈现出极高迁移率的电子传输过程。在碳纳米管、石墨烯等材料中常会涉及这种电子输运现象。

氮化硼纳米管 [BN nanotube]　类似于碳纳米管，是氮化硼以硼、氮原子 sp^2 杂化成键并卷曲形成的一维管状结构，其表现形态有单壁氮化硼纳米管、多壁氮化硼纳米管等。参见碳纳米管。

导热系数 [thermal conductivity]　又称热导率。热流密度与温度梯度之比，即在单位温度梯度下物体内所产生的热流密度。

低能电子显微镜 [low-energy electron microscopy]　利用低能(1～30 eV)电子的弹性背散射使表面实空间实时成像，具有高的横向(～15 nm)和纵向(原子级)分辨率，且易与低能电子衍射及其他电子显微术相结合。近年来它已有效地应用于金属和半导体表面的形貌观测、表面相变、吸附、反应和生长过程的研究。

电洞 [hole]　即空穴。

电子迁移率 [electron mobility]　单位场强下的电子迁移的平均速率。

电子束曝光技术 [electron beam lithography]　利用电子束在涂有感光胶的晶片上直接描画或投影复印图形的技术，主要适用于 0.5 μm 以下的超微细加工，可以实现数十纳米线条的曝光。目前已经广泛应用于制造新型微纳结构、高精度光刻掩模版以及纳米压印的印模等。

电子束曝光技术是光刻技术的延伸应用，光刻技术的精度受到光子在波长尺度上的散射影响。使用的光波长越短，光刻能够达到的精度越高。根据德布罗意的物质波理论，电子是一种波长极短的波。这样，电子束曝光的精度可以达到纳米量级，从而为制备超细纳米结构提供了很有用的工具。

多壁碳纳米管 [multi-walled carbon nanotube]　由多层石墨片卷曲而成的准一维同轴管状结构。参见碳纳米管。

多晶体 [polycrystalline]　由许多杂乱无章排列的小单晶体组成的物体。如常用的金属多属于多晶体。原子在整个晶体中不是按统一的规则排列的，无一定的外形，其物理性质在各个方向都相同。

多孔材料 [porous material]　含一定数量孔洞的固体。它是一种由相互贯通或封闭的孔洞构成网络结构的材料，孔洞的边界或表面由支柱或平板构成。

二维超晶格 [two-dimensional superlattice]　即量子阱。

二维结构 [two-dimensional structure]　原子或离子基团中的原子或离子具有在空间沿二维方向延伸并作有规律排布的结构。

二维原子晶体 [two-dimensional atomic crystal]　单原子或几个原子厚度的二维晶体材料。本质上讲更像一种巨大的二维分子。

二维组装 [two-dimensional assemblies]　利用表面自组装的方法，构筑二维的周期性结构。

发射光谱 [emission spectrum]　当一个元素被激发时，在相对于电磁辐射的每一个频率中，某些频率的辐射强度增加的现象。当化学元素中的电子被激发时，它会跃迁至能量较高的轨道上，而当这个电子离开激态，返回低能量的轨道时，能量会被再辐射出来，辐射谱线的组合就是发射光谱。

非均质性 [anisotropy]　即各向异性。

分子半导体 [molecular semiconductor]　具有半导体性质的分子材料。例如芳香族化合物并五苯、蒽、红荧烯。

分子传输 [molecular transport]　分子的扩散、渗透以及其他相关过程。

分子电子学 [molecular electronics]　分子水平上的电子学。其目标是用单个分子、超分子或分子簇代替硅基半导体晶体管等固体电子学元件组装逻辑电路，乃至组装完整的分子计算机。研究内容包括各种分子电子器件的合成、性能测试以及如何将它们组装在一起以实现一定的逻辑功能。

分子二极管 [molecular diode]　在分子层次上实现电流的单向导通的分子器件。在实验上往往利用分子结(电极/分子/电极)结构的非对称来实现。

分子工程学 [molecular engineering]　根据某种特定功能的需求，在分子水平上实现结构的设计与施工，与此同时，揭示与发展功能、结构和合成三者之间关系的新原理的学科。分子工程种类繁多，但均涉及三个共通的问题：首先，如何依据需求的功能设计结构；其次，选择或创制什么基元，以构筑所要的结构；最后，采用或建立何种方式组装基元，实现预定的功能。三个问题有机联系，形成了实施分子工程的三个环节，它们皆以功能、结构和合成三者之间关系的原理为理论基础。

分子间库仑斥力 [intermolecular Coulomb repulsion]　相邻分子间同种电荷之间的库仑斥力。

分子束外延 [molecular beam epitaxy]　一种物理沉积制备单晶薄膜的方法。在超高真空腔内源材料经高温蒸发，产生分子束流，入射分子束与衬底交换能量后，经表面吸附、迁移、成核、生长成膜。

分子组装 [molecular assembly] 同种或异种分子的长程组织，其结构比较固定，并能提供特殊的结构和性能。一般由分子间氢键、范德瓦耳斯力、络合等次价力方式结合。

扶手椅型碳纳米管 [armchair carbon nanotube] 沿着石墨烯的扶手椅型方向同轴卷曲而形成的碳纳米管。参见手性碳纳米管。

富勒烯 [fullerene] 完全由碳组成的中空的球形、椭球形、柱形或管状分子的总称。在结构上含有六元环和五元环，偶尔还有七元环。结构式为 $C_{2n}(n\geqslant12)$。所有富勒烯结构的五边形个数为 12 个，六边形个数为 n–10 个。包括巴基球、富勒体、内嵌富勒烯、低对称性富勒烯、手性富勒烯等。

高定向热解石墨 [highly oriented pyrolytic graphite (HOPG)] 一种新型高纯度碳，是热解石墨经高温高压处理后制得的一种新型石墨材料，其性能接近单晶石墨。主要应用包括 X 射线单色器、中子滤波器和单色器、石墨基本性能研究、大尺寸石墨层间化合物基本研究等。

各向异性 [anisotropy] 又称非均质性，材料在各方向的物理性能呈现差异的特性。物体的全部或部分物理、化学等性质随方向的不同而各自表现出一定的差异，即在不同的方向所测得的性能数值不同。

功能化石墨烯 [functionalized graphene] 功能化石墨烯是指在石墨烯中含有异质原子/分子(如氢、氟、氯、含氧基团等表面修饰成键，氮、硼等元素替位掺杂，异质原子/分子插层等)的一种二维碳材料。

共振拉曼效应 [resonant Raman effect] 激发线频率与电子跃迁频率相一致时的拉曼散射效应。当改变激发线的波长并使之接近或落在化合物的电子吸收光谱带内时，某些拉曼谱带的强度将大大增强，是电子态跃迁和振动态相耦合作用的结果。

光导电性 [photoconductivity] 吸收光时能产生电荷载流子的性质。在具有光导电性的试样两端加静电压，光照下导电率增加，产生光电流。例如酞菁类、偶氮类、芘类、菁类、蒽醌类等染料或颜料中有许多具有光导电性的化合物。

光刻胶 [photoresist] 又称光致抗蚀剂，由感光树脂、增感剂和溶剂三种主要成分组成的对光敏感的混合液体。感光树脂经光照后，在曝光区能很快地发生光固化反应，使得这种材料的物理性能，特别是溶解性、亲和性等发生明显变化。经适当的溶剂处理，溶去可溶性部分，得到所需图像。根据其化学反应机理和显影原理，可分负性胶和正性胶两类。基于感光树脂的化学结构，光刻胶可以分为光聚合型、光分解型、光交联型。

光漂白 [photobleaching] 在光的照射下荧光物质所激发出来的荧光强度随着时间推移逐步减弱乃至消失的现象。荧光成像的质量很大程度上依赖于荧光信号强度，提高激发光强度可以提高信号强度，但当激发光的强度超过一定限度时，光吸收就趋于饱和，并会不可逆地破坏激发态分子。

光学显微镜 [optical microscope] 利用光学原理，把人眼所不能分辨的微小物体放大成像，以供人们提取微细结构信息的光学仪器。

光致抗蚀剂 [photoresist] 即光刻胶。

光子晶体 [photonic crystal] 具有光子带隙特性的人造周期性电介质结构。

光子晶体传感器 [photonic crystal sensor] 利用光子晶体独特的光学特性制造而成的光学传感器。它由于具有宽光谱响应，特定光谱范围响应，不受电磁干扰，灵敏度高等特点。

光子态密度 [photonic density of states] 单位体积内某频率附近单位频带宽度上的光子本征态的数目。

光子液晶 [photonic liquid crystal] 折射率随光波波长周期性巨大变化的人工液晶材料，与光子晶体同属光子带隙材料。电磁波在光子带隙材料中传播时，由于存在布拉格散射而受到调制形成能带结构，并导致光子带隙的出现。

核壳结构 [core-shell structure] 由一种纳米材料通过化学键或其他作用力将另一种纳米材料包覆起来形成的纳米尺度的结构。

化学气相沉积 [chemical vapor deposition] 释文见无机化学同名词条。

化学图案化 [chemical patterning] 基于模板辅助的化学反应，对自组装膜、特殊材料等体系进行图案化的剪裁、修饰等。

还原氧化石墨烯 [reduced oxide of graphene] (通过化学或热处理等方法)不完全去除氧化石墨烯中的含氧官能团(基团)后得到的一种二维碳材料。

激子 [exciton] 释文见无机化学同名词条。

晶格缺陷 [lattice defect] 在实际的晶体中，由于晶体形成条件、原子的热运动及其他条件的影响，原子的排列往往存在偏离了理想晶体结构的区域。这些与完整周期性点阵结构的偏离就是晶体中的缺陷，它破坏了晶体的对称性。缺陷对晶体的物理性质具有极其重要的影响，可分为面缺陷、线缺陷和点缺陷三种。

晶格失配 [lattice mismatch] 在由两种晶体材料构成的界面附近，由于两种材料的晶格常数不完全相同，使晶格连续性受到破坏的现象。

晶界 [grain boundary] 结构相同而取向不同晶粒之

间的界面。在晶粒界面上，原子排列从一个取向过渡到另一个取向，故晶界处原子排列处于过渡状态。

锯齿型碳纳米管 [zigzag carbon nanotube] 碳纳米管是由石墨片卷曲形成的空心圆柱体，可以由向量 $\boldsymbol{C}$ 进行唯一的描述。对应石墨烯的单位向量 $\boldsymbol{a}_1$ 和 $\boldsymbol{a}_2$，该向量有一组整数 (n, m) 表示，$\boldsymbol{C}=m\boldsymbol{a}_1+n\boldsymbol{a}_2$，当 $m=0$ 时，称为锯齿型碳纳米管。参见手性纳米管。

空心结构 [hollow structure] 组成物体的部分有空腔或孔洞状态。

空穴 [hole] 又称电洞。在固体物理学中指共价键上流失一个电子，在共价键上留下空位的现象。即共价键中的一些价电子由于热运动获得一些能量，从而摆脱共价键的约束成为自由电子，同时在共价键上留下空位，这些空位称为空穴。

量子尺寸效应 [quantum size effect] 当粒子尺寸下降到某一数值时，费米能级附近的电子能级由准连续变为离散能级或者能隙变宽的现象。或者是纳米半导体粒子存在不连续的最高被占据分子轨道(HOMO)和最低未被占据分子轨道能级(LUMO)，能隙变宽的现象。当能级的变化程度大于热能、光能、电磁能的变化时，导致了纳米粒子磁、光、声、热、电及超导特性与常规材料有显著的不同。

量子点 [quantum dot] 通常是一种把激子在三个空间方向上束缚住的半导体纳米结构，尺寸小于或者接近激子波尔半径(一般直径不超过 10 nm)，具有明显的量子效应。量子点具有分离的量子化的能谱。所对应的波函数在空间上位于量子点中，但延伸于数个晶格周期中。

量子阱 [quantum well] 通常由带隙宽度不同的两种薄层材料交替生长在一起，而且窄带隙薄层被包夹在宽带隙材料中间的一种微结构。其中，窄带隙势阱层材料在 Z 方向上的特征尺寸与电子的德布罗意波长($\lambda_D = h/(2mE)^{1/2}$)或电子的平均自由程($L_{2DEG} = h\mu/q \cdot (2\pi n_s)^{1/2}$)相比拟或更小，载流子在 XY 平面方向上可以自由运动，而在 Z 方向上则受到约束，电子的能级变成分立的量子化能级。有时又称二维超晶格。

量子隧穿效应 [quantum tunneling] 又称隧穿效应、势垒贯穿。根据量子力学原理，由于粒子存在波动性，当一个粒子处在一个势垒之中时，粒子越过势垒出现在另一边的概率不为零的现象。是由微观粒子波动性所确定的量子效应。

量子限域效应 [quantum confinement] 当半导体纳米粒子的粒径 $r < r_B$[激子玻尔半径：$r_B = h^2\varepsilon/e^2\ (1/m_{e-} + 1/m_{h+})$]时，电子的平均自由程受小粒径的限制，局限在很小的范围。费米能级附近的电子能级由连续态分裂成分立能级。当能级间距大于热能、磁能、静电能、静磁能、光子能或超导态的凝聚能时，会出现纳米材料的量子效应，从而使其磁、光、声、热、电、超导电性能变化。

量子线 [quantum wire] 能使电子在空间两个方向(如 x，y 方向)上的运动均受到约束，只能沿长度方向(z 方向)自由运动的低维结构。

模板合成 [template synthesis] 将具有纳米结构、价廉易得、形状容易控制的物质作为模板(template)，通过物理或化学的方法将相关材料沉积到模板的孔中或表面，而后除去模板，得到具有模板规范形貌与尺寸的纳米材料的过程。通常可分为硬模板法和软模板法。硬模板法是指所用模板剂的结构相对较“硬”，即结构刚性的物质，如碳材料或无机粒子等固体材料。软模板法是指所用模板剂的结构相对较“软”，软模板剂是指具有“软”结构的分子或分子的聚集体，主要包括双亲分子形成的各种有序聚合物，如液晶、胶团、微乳状液、囊泡、LB 膜、自组装膜等，以及高分子的自组织结构和生物大分子等。

纳接触印刷术 [nanocontact printing] 一种利用高分子弹性印章和自组装单分子膜技术在基片上印刷图案的方法，能够形成高质量微结构，可直接用于制作大面积的简单图案，适用于微米至纳米级图形的制作。

纳米棒 [nanorod] 一种尺度从几纳米到上百纳米的棒状纳米颗粒。

纳米材料 [nanomaterial] 基本结构单元至少有一个维度处于纳米尺度范围(一般在 1～100 nm)，并由此具有某些新特性的材料。

纳米彩虹 [nanorainbow] 由于材料本身的纳米结构使得材料对另外一种材料或者环境具有明显的光响应，呈现出不同的颜色或者发出不同颜色的荧光。

纳米带 [nanoribbon] 在二维方向上为纳米尺度，长度比其他二维的尺寸大得多，甚至为宏观量的带状纳米材料，如石墨烯纳米带、氮化硼纳米带等。

纳米点阵列 [nanodot array] 以纳米点为单元组成的周期有序结构。

纳米电子学 [nanoelectronics] 以纳米尺度材料为基础的器件制备、研究和应用的电子学领域，是纳米科学与技术这一新兴学科的重要组成部分，代表微电子学的发展趋势，并将成为下一代电子科学与技术的基础。纳电子学还经常被用于指代特征尺寸很小的电子器件，在这些器件中，原子间相互作用和微观粒子的量子效应不可忽略。

纳米多孔硅 [nanoporous silicon] 具有纳米级孔径的硅多孔结构。参见多孔材料。

纳米反应器 [nanoreactor] 化学反应所处的受纳米尺度调制的介观环境，如反应的介质、载体、界面等。它一般分成两类，一类是在分散相中能自组装的分子形成有序聚集体，如胶束、囊泡等；另一种是天然存在或合成的分子，如纳米管。均利用其内部的孔隙作为纳米反应器。

纳米复合材料 [nanocomposite] 某一组元具有纳米尺度并具有纳米效应的复合材料。通常是以树脂、橡胶、陶瓷和金属等基体为连续相，以纳米尺寸的金属、半导体、刚性粒子和其他无机粒子、纤维、纳米碳管等改性为分散相，通过适当的制备方法将改性剂均匀地分散于基体中，形成单一相含有纳米尺寸材料的复合体系。

纳米管 [nanotube] 在二维方向上为纳米尺度，长度比其他二维的尺寸大得多，甚至为宏观量的管状纳米材料，如碳纳米管。

纳米管异质结 [nanotube junction] 由两种不同元素或不同成分的纳米管构成的结。

纳米化学 [nanochemistry] 研究尺度为原子以上、100 nm 以下的纳米世界中的各种化学问题及其应用的科学。其研究对象是至少一个维度的尺寸在 100 nm 以下的原子或分子的集合体，主要任务是研究纳米材料与结构的化学制备方法，探索有限原子或分子体系的性质及反应规律等。

纳米机器人 [nanorobot] 根据分子水平的生物学原理为设计原型，设计制造可对纳米空间进行操作的功能分子器件。

纳米技术 [nanotechnology] 在纳米尺度空间内研究物质和材料的电子、原子和分子运动规律、特性的高新技术学科。

纳米结构 [nanostructure] 由三维空间中至少有一维处于纳米尺度范围(1～100 nm)的结构。

纳米晶 [nanocrystal] 结晶相体积比高于 45%的纳米材料。

纳米粒子 [nanoparticle] 尺寸在 1～100 nm 之间的颗粒状物质，其尺寸大于原子簇，小于通常的微粉。

纳米片 [nanoplate] 厚度为纳米尺度的二维纳米材料，如石墨烯纳米片。

纳米球光刻技术 [nanosphere lithography] 利用纳米球状物作为掩模板进行光刻，制备单元尺寸可控的纳米点阵列的方法。

纳米团簇 [nanocluster] 又称物质的“第五态”。由几个至上千个原子、分子或粒子组成的相对稳定的聚集体，尺寸通常不超过 1 nm。

纳米线 [nanowire] 一种具有在横向上被限制在 100 nm 以下(纵向没有限制)的一维结构。

纳米杂化材料 [hybrid nanomaterial] 从分子水平上将两种或两种以上材料复合化，综合几种材料的优点获得的新型材料。

纳米针尖 [nanotip] 是一种纳米尺度的针尖，针尖半径一般为几到几十纳米，是原子力显微镜探针等的关键结构，其性能取决于纳米针尖的曲率半径和针形，针尖纵横比越大，曲率半径越小，分辨率越高。

能态密度 [density of states] 固体物理中的重要概念，即能量介于 E～$E+\Delta E$ 之间的量子态数目 ΔZ 与能量差 ΔE 之比：$N(E)=\lim_{\Delta E\to 0}\dfrac{\Delta Z}{\Delta E}$。$N$-$E$ 关系反映出固体中电子能态的结构，固体中的性质如电子比热，顺磁磁化率等与之关系密切。在技术上，可利用 X 射线发射光谱方法测定态密度。

取向生长 [oriented growth] 材料沿特定方向(晶面取向)生长，例如晶体的取向生长，晶面能量越高，原子堆积速度越快，垂直该晶面方向的生长速度就快。

热导率 [thermal conductivity] 即导热系数。

热膨胀系数 [coefficient of thermal expansion] 固体在温度每升高 1 K 时长度或体积发生的相对变化量。分为线膨胀系数和体膨胀系数。

人造原子 [artificial atom] 通常是指由一定数量的实际原子组成的具有显著量子力学特征的人造“原子集合体”，尺寸一般小于 100 nm。人造原子是 20 世纪 90 年代提出来的一个新概念，美国加州大学物理系的 McEuen 把人造原子的内涵扩大为：准零维的量子点、准一维的量子线和准二维的量子圆盘，甚至把 100 nm 左右的量子器件也看成人造原子。在人造原子中电子波函数的相干长度与人造原子的尺度相当时，电子不再可能被看成是在外场中运动的经典粒子。电子的波动性在输运中得到充分发挥，这将导致普适电导涨落、非局域电导等。因此，研究人造原子中电子的输运特性，特别是该系统表现出的独有的量子效应将为设计和制造新一代纳电子器件奠定理论基础。

软刻蚀技术 [soft lithography] 一类基于自组装和复制模塑等原理的非光刻微米和纳米加工方法，是通过表面带图案的弹性模板来实现图案的转移的图形复制技术，如微接触印刷、复制模塑、转移微模塑、毛细微模塑等。

扫描隧穿式显微镜 [scanning tunneling microscope] 即扫描隧道显微镜。

扫描电镜 [scanning electron microscope (SEM)] 扫描电子显微镜的简称。

扫描电子显微镜 [scanning electron microscope (SEM)] 一种利用电子束扫描样品表面从而获得样品信息的电子显微

镜。它能产生样品表面的高分辨率图像，且图像呈三维，扫描电子显微镜能被用来鉴定样品的表面结构。简称扫描电镜。

扫描隧道成像 [scanning tunneling spectroscopy] 一种利用扫描隧道显微镜为手段的分析方法。参见*扫描隧道显微镜*。

扫描隧道谱 [scanning tunneling spectrum (STS)] 一种利用扫描隧道显微镜在原子尺度上探测材料的带隙和局域电子态密度的实验技术，可获取电流或与电流相关信息。

扫描隧道显微镜 [scanning tunneling microscope (STM)] 又称扫描穿隧式显微镜、隧道扫描显微镜，一种根据量子力学中的隧穿效应原理，通过探测固体表面原子中电子的隧道电流来分辨固体表面形貌的新型显微装置。其分辨率可达原子水平，即观察到原子级的图像。

扫描探针显微镜 [scanning probe microscope] 利用探针与样品的不同相互作用来探测表面或界面在纳米尺度表现出的物理性质和化学性质的显微装置，空间分辨率可达纳米尺寸。是基于扫描隧道显微镜的基本原理设计出的一系列接触式或非接触式扫描高分辨率显微装置，主要包括原子力显微镜(AFM)、磁力显微镜(MFM)、弹道电子发射显微镜(BEEM)、光子扫描隧道显微镜(PSTM)、扫描电容显微镜(SCAM)、扫描近场光学显微镜(SNOM)、扫描近场声显微镜、扫描近场热显微镜、扫描电化学显微镜等。

少层石墨烯 [few-layer graphene; multi-layer graphene] 由 3～10 层以苯环结构(即六角形蜂巢结构)周期性紧密堆积的碳原子层以不同堆垛方式(包括 ABC 堆垛，ABA 堆垛等)堆垛构成的一种二维碳材料。

X 射线反射率 [X-ray reflectivity] 物质表面对 X 射线的反射能力，它与物质的晶体结构，表面粗糙度，反射率等密切相关。

X 射线光电子发射显微术 [X-ray photoelectron emission microscopy] 以 X 射线来激发固体表面原子中的电子，对表面结构、电子态、化学反应等表面物理化学性质进行原位、动态研究的技术。

石墨烯 [graphene] 一种二维碳材料，是*单层石墨烯*、*双层石墨烯*和*少层石墨烯*的统称。

石墨烯材料 [graphene materials] 石墨烯材料泛指与石墨烯相关的、不多于 10 个碳原子层的二维碳材料。石墨烯材料包括单层石墨烯、双层石墨烯、少层石墨烯以及功能化石墨烯。

势垒贯穿 [barrier penetration] 即*量子隧穿效应*。

手性角 [chiral angle] 一般指碳纳米管手性角，为石墨片层结构卷积时的卷曲矢量 C_h 与基矢 a_1 之间的夹角 θ，通常取 $0°\leqslant\theta\leqslant30°$。

手性碳纳米管 [chiral carbon nanotube] 单壁碳纳米管管壁具有卷曲的石墨片层结构，卷曲时根据碳六边形沿轴向的不同取向方式可表现为金属性或者带隙不同的半导体性，可以用手性指数(n, m)进行唯一标识。当 $n=m$ 时为扶手椅型碳纳米管，$m=0$ 为锯齿型碳纳米管，$n\neq m$ 时为螺旋型碳纳米管，其中螺旋型碳纳米管具有手性，而锯齿型碳纳米管和扶手椅型碳纳米管没有手性。

双壁碳纳米管 [double-walled carbon nanotube] 由 sp^2 杂化碳原子层卷曲构成的双壁准一维管状结构。参见*碳纳米管*。

双层石墨烯 [bilayer graphene; double-layer graphene] 由两层以苯环结构(即六角形蜂巢结构)周期性紧密堆积的碳原子层以不同堆垛方式(包括 AB 堆垛，AA 堆垛，AA′堆垛等)堆垛构成的一种二维碳材料。

水热合成法 [hydrothermal synthesis] 一种常用的无机材料的合成方法，在特制的密闭反应容器里，采用水溶液作为反应介质，通过对反应容器加热，创造一个高温(100～1000℃)、高压(1～100 MPa)的反应环境，使得通常难溶或不溶的物质溶解并重结晶。按研究对象和目的的不同，水热法可分为水热晶体生长、水热合成、水热反应、水热处理、水热烧结等，分别用来制备各种单晶，制备超细、无团聚或少团聚的粉体材料。

隧穿效应 [tunneling] 即*量子隧穿效应*。

隧道扫描显微镜 [scanning tunneling microscope] 即*扫描隧道显微镜*。

探针分子 [probe molecule] 在特定条件下，用性质已知的分子与被研究样品相互作用可以间接得到该样品的信息，在此方法中，该分子被称为探针分子。

碳纳米管 [carbon nanotube] 与金刚石、石墨、富勒烯、石墨烯、石墨炔一样，是碳的一种同素异形体。由石墨片层按照一定矢量方向卷曲而成的准一维管状纳米材料。它是一种管状的碳分子，管上每个碳原子采取 sp^2 杂化，相互之间以碳-碳 σ 键结合起来，形成由六边形组成的蜂窝状结构作为碳纳米管的骨架。每个碳原子上未参与杂化的一对 p 电子相互之间形成跨越整个碳纳米管的共轭 π 电子云。按照管的层数不同，碳纳米管可以分为单壁碳纳米管、双壁碳纳米管和多壁碳纳米管。

透射电镜 [transmission electron microscope] *透射电子显微镜*的简称。

透射电子显微镜 [transmission electron microscope

(TEM)] 简称透射电镜。一种重要的显微分析工具。通过将聚焦的电子束投射到薄样品上，并使经过样品后的电子束在荧光屏或相机上聚焦，得到透射像、衍射花样等，从而分析样品的形貌、成分、晶态等信息，分辨率一般可达 0.1 nm。在许多领域有广泛应用，如物理学、材料科学、生物学、医学等。

团簇 [cluster] 少量原子或分子组成的聚集体，尺寸一般在数纳米到数百纳米之间。

退火 [annealing] 材料由高温以低冷却速率降温的热处理方法，通常用于改变材料的微观结构和结晶性。

拓扑绝缘体 [topological insulator] 一种内部绝缘、界面允许电荷移动的新型量子材料。拓扑绝缘体具有拓扑非平庸的绝缘性体电子结构和受时间反演对称性保护的金属性表面态，有可能在未来信息技术如自旋电子学、容错量子计算、信息存储、光电器件、热电器件和非线性光学等领域有重要应用。

无定形石墨 [amorphous graphite] 无序的类石墨碳原子堆积而成的碳单质，没有固定的晶体结构。

无定形碳 [amorphous carbon] 无序的碳原子堆积而成的碳单质，没有固定的晶体结构。

物理气相沉积 [physical vapor deposition] 一种利用物理过程来沉积薄膜的方法。首先将待沉积组分挥发为气相，然后将其引入到目标表面上令其冷凝，从而使目标表面覆盖上该组分的薄膜相。

小尺寸效应 [small size effect] 当粒子的尺寸与光波波长、德布罗意波长以及超导态的相干长度或透射深度等物理特征尺寸相当或更小时，晶体周期性的边界条件将被破坏；非晶态纳米粒子的颗粒表面层附近原子密度减小，导致声、光、电、磁、热、力学等特性呈现新的小尺寸效应。

亚晶格 [sublattice] 与原晶格排列方式相同，但仅拥有其晶胞中部分原子的一种晶格。

氧化石墨烯 [oxide of graphene] 在石墨烯中至少有一个碳原子层的表面和边界连接有含氧官能团(基团)的一种二维碳材料。

液晶纳米结构 [liquid crystal nanostructure] 一种兼具液体与晶体性质的纳米结构。其中分子的排列方式是规则有序的，但可以像液体一样流动。

一维结构 [one-dimensional structure] 在一个方向上无限延伸，另外两个方向上有限的一种结构。例如碳纳米管。

原子力显微镜 [atomic force microscope] 扫描探针显微镜的一种。是纳米科学领域重要的分析工具。通过机械探针在压电陶瓷驱动下靠近待分析表面，使得探针与表面原子间发生作用力，引起探针的形变，进而得到样品表面的形貌高度、与针尖作用力细节等信息，其分辨率 *X*、*Y* 方向最高可达 0.1 nm，*Z* 方向一般达 0.01 nm。可以在大气下、真空中或溶液中操作，但最大扫描尺寸受限。可以与其他形式的扫描探针组合，形成如导电原子力显微镜(cAFM)等其他类型。

蘸笔纳米刻蚀技术 [dip-pen nanolithography] 利用扫描探针显微镜的针尖蘸取分子或溶液，在基底表面上以类似书写的方式形成规则纳米结构的一种技术。

针尖化学 [tip chemistry] 从化学角度出发，利用扫描探针显微镜(SPM)局域场或局域物理量，并通过功能性设计与修饰使 SPM 针尖具有化学识别功能、化学响应功能或其他化学、物理特性，从而对纳米尺度物理化学问题的研究，统称为针尖化学。例如：①将特定官能团修饰到原子力显微镜(AFM)针尖上，可以对表面进行化学组分成像，或跟踪表面上发生的化学反应，给出局域的化学反应性质；②将特定分子(如生物分子)分别修饰到针尖和样品表面，定量研究分子之间的相互作用，研究单个化学键的强度等；③SPM 针尖还可以作为“反应透镜”使用，将化学反应限域在纳米尺度的空间内进行，研究有限分子体系的反应特性，也可用于纳米尺度的表面加工或存储信息；④特定修饰的 SPM 针尖可以用于提高成像分辨率和成像质量。

逐层自组装 [layer-by-layer self-assembly] 自组装过程中，基本单元组装成二维结构后，继续向上叠加形成多层结构的现象。

自旋极化 [spin polarization] (电子)自旋按照特定方向排列的一种现象。可以由材料自身磁性、外加磁场或自旋轨道耦合等因素产生。

自组织 [self-organization] 初始无序的系统通过其物种间的局域相互作用形成全局有序结构的一种现象。例如结晶。

自组装单分子膜 [seft-assembled monolayer] 通过自组装过程在基底表面上形成的规则有序的二维结构。

五

理论与计算化学

计算化学 [computational chemistry] 化学的一个分支。利用理论化学发展的方法和程序，通过计算机计算解释和预测化学体系的电子结构、分子结构和各种物理性质。因此也可称为“计算机实验”。

理论化学 [theoretical chemistry] 化学的一个分支。根据量子力学、经典力学、统计力学和动力学原理，发展与化学相关的概念、理论模型、理论方法与算法、计算软件等。

理论与计算化学 [theoretical and computational chemistry] 化学的重要分支，是一门基于热力学、统计力学和量子力学的基本原理和数值计算技术，发展针对化学体系的理论方法和计算程序，利用高性能计算，从理论计算的角度研究化学问题、构建化学概念和规律的学科。一般而言，强调理论方法发展的研究，被称为理论化学，而将理论化学所发展的方法和程序应用于具体的化学问题的研究，被称为计算化学。由于理论化学和计算化学在很多情况下的区分不是很明显，因此，通常统称为理论与计算化学。根据研究对象和方法的不同，理论与计算化学一般被划分为电子结构理论、统计力学和理论化学动力学三个主要的领域。电子结构理论，有时也称量子化学，其核心问题是给定体系的几何结构(即原子核位置)求解相应的多电子体系的薛定谔方程或狄拉克方程(对相对论效应显著的体系)。电子结构理论最重要的结果是描述原子间相互作用的势能函数(也称势能面)。基于势能函数考察化学键的形成断裂、能量转移等动力学过程的理论研究被称为理论化学动力学。当研究的问题涉及包含大量自由度的体系在有限温度条件下的性质时，则必须发展统计力学的方法。理论化学所发展的理论概念和计算方法被广泛应用到化学各个分支领域。

5.1 量子化学

埃瓦尔德方法 [Ewald method] 周期性体系中计算经典静电作用能和静电势的方法。由于库仑作用的长程性，直接计算周期性体系中的经典库仑作用存在收敛困难的问题。埃瓦尔德方法将库仑作用分解为长程部分和短程部分，它们对静电能和静电势的贡献，前者可表达为对倒易空间格矢的加和，后者则表达为对实空间格矢的加和，两者都可以迅速收敛。

半经验量子化学方法 [semi-empirical quantum chemistry method] 将量子化学矩阵方程中的重要矩阵元，包括近邻原子轨道之间的哈密顿矩阵元和重叠积分，通过拟合实验数据或更高精度从头计算结果的方式来确定，并忽略其他次要矩阵元贡献而建立的近似量子化学方法。使用该方法可将计算量降低若干数量级，从而显著增加所能处理的体系的复杂性。另一方面，半经验方法的精度依赖于确定参数所采用的训练集，应用时需要根据研究体系的具体情况进行选择。这类方法包括基于哈特里-福克方法的扩展休克尔方法(EHM)、AM1 和 PM3 等，以及基于密度泛函理论的密度泛函紧束缚(DFTB)方法等。

半局域泛函 [semi-local functionals] 依赖于电子密度梯度、二阶梯度或非相互作用动能密度的近似泛函的统称。

本征函数 [eigenfunction] 在数学中，某个函数空间上线性算子 A 的本征函数，是该空间中一个非零函数 f，A 作用在 f 上得到函数 f 的标量倍数，即 $Af = \lambda f$，其中 λ 是标量，对应本征值。

本征值 [eigenvalue] 见本征函数。

标量相对论效应 [scalar relativistic effect] 与自旋无关的相对论效应，如重元素内层 s 和 p 壳层的收缩，d 和 f 壳层的伸展等。

波函数 [wave function] 量子力学中用来描述微观粒子的状态函数。给定时刻，粒子在空间某点的波函数的模平方值与该粒子此刻在该点出现的概率密度相关。

波函数理论 [wave function theory] 在量子化学中，指采用多电子波函数为基本变量所发展的一系列求解多电子体系量子力学方程的理论方法。主要包括作为基础的哈特里-福克自洽场方法和组态相互作用、微扰理论、耦合簇理论、量子蒙特卡罗等后哈特里-福克(post-Hartree-Fock)方法。

波粒二象性 [wave-particle duality] 微观粒子基本属性之一。指微观粒子同时具备波和粒子的双重特征。经典力学的研究对象分为波和粒子两类，前者如机械波等是物质的一种运动状态，后者则构成物质。杨(T. Young)的实验证实光具有波的特性，如干涉、衍射等。1905 年，爱因斯坦对光电效应的光量子解释使人们意识到光同时具有粒子的特性。1924 年，德布罗意(L. de Broglie)提出“物质波”的假设，认为任何微观粒子都具有波粒二象性。例如电子，衍射实验证明电子具有波的特性。

玻恩-奥本海默近似 [Born-Oppenheimer approximation] 用量子力学描述分子或固体时，将电子和原子核运动自由度分离的近似。最早由玻恩(M. Born)和奥本海默(J. R. Oppenheimer)于 1927 年提出，是理论与计算化学中的基本近似。基于电子质量远小于原子核质量的事实，在描述电子运动状态时，原子核可近似处理为处于静止状态，从而把包含原子核与电子坐标的全波函数分解为以原子核坐标作为参数的电子波函数和原子核波函数的简单乘积，两者各自满足相应的薛定谔方程。求解前者所得到的电子基态或激发态总能量作为原子核坐标的函数，即原子核薛定谔方程中的势能项，称为势能面。势能面描述了一定电子态中原子核所感受的有效势场。

玻尔半径 [Bohr radius] 物理常量，其值大约为0.5292Å，对应于在玻尔氢原子模型中用以描述基态电子绕核运动的半径。玻尔半径在原子单位制中被作为长度的自然单位(参见原子单位)。

玻尔氢原子理论 [Bohr's theory of hydrogen atom] 采用量子概念描述氢原子结构的理论，该理论将氢原子描述为由带正电的原子核和带负电的电子云所构成的模型。由玻尔(N. Bohr)于1913年提出，该理论认为电子绕核运动的轨道半径是量子化而非任意的；因此原子也只能处于一系列能量不连续的状态中，每一个稳定状态称为定态；原子从一个定态过渡到另一个定态，伴随光子的辐射或吸收，这些光子的能量由两种定态的能量差决定。该理论可较好地解释氢原子光谱规律。它的提出是原子物理学的一步重要迈进，但也有其局限性：在解决核外电子运动时引入了量子化概念，但又同时采用了“轨道”等在微观领域不适用的经典概念，因此在其他问题上遇到了很大的困难。对于原子结构的解释，玻尔模型只是由经典理论向量子理论迈进的一个过渡理论。

不确定性关系 [uncertainty relation] 又称测不准关系。在量子力学中，粒子的位置与动量不可同时被确定，位置的不确定性 Δx 与动量的不确定性 Δp 遵守不等式 $\Delta x \Delta p \geqslant \hbar/2$，其中，$\hbar$ 为约化普朗克常量。海森伯(W. Heisenberg)1927年发表的论文首先给出这一原理的启发性描述。同年稍后，肯纳德(E. H. Kennard)给出了这一关系的严格数学描述。类似的不确定关系也存在于“能量和时间”、“角动量和角度”等物理量之间。

布里渊区 [Brillouin zone] 周期性体系中对应于倒易空间中的维格纳-塞茨(Wigner-Seitz)原胞。其边界由如下方式确定：从倒易空间原点出发，画出原点与近邻倒格矢连线的垂直平分面，这些面所围成的区域即是布里渊区。布洛赫定理表明，用来表征单电子波函数的晶体周期平移特征的波矢的取值可限定在布里渊区内。在固体电子结构理论中，很多重要物理量，包括总能量、电子密度等的计算都涉及对布里渊区中的波矢的数值积分。如何选取离散的波矢，以及如何提高积分的数值精度是一个很重要的问题。最常用的方法是蒙克霍斯特-帕克(Monkhorst-Pack)布点法和四面体(tetrahedron)方法。

测不准关系 [uncertainty relation] 即不确定性关系。

超软赝势 [ultrasoft pseudopotential] 由范德比尔特(D. Vanderbilt)发展的比模守恒赝势更为平缓(“软”)的赝势。其核心思想是放开模守恒条件，只要求原子赝波函数在一定的截断半径之外与全波函数相等，但在截断半径内的模平方的积分并不要求与全波函数相等，由此导致的电子数不守恒问题则通过引入局域辅助函数来予以克服。对于具有2p、3d或4f价层电子的元素，其模守恒赝势由于模守恒条件的限制，仍然比较“硬”，导致在使用平面波基组展开时需要很高的截断能量才能收敛。超软赝势比模守恒赝势能在保证数值精度的情况下使用更“软”的赝势形式，因此可以显著提高处理复杂体系的计算效率。另一方面，相对于模守恒赝势来说，使用超软赝势的科恩-沈方程的求解要更为复杂。目前很多流行的材料体系第一性原理计算软件，如VASP，CASTEP，CPMD，Abinit，QUANTUM ESPRESSO等均支持超软赝势。

成键轨道 [bonding orbital] 参见分子轨道。

尺寸延展性 [size extensivity] 在量子多体理论中表示一种方法的计算结果对体系电子数目有正确的依赖行为的性质。哈特里-福克(Hartree-Fock)方法、多体微扰理论、耦合簇方法都具有尺寸延展性，而截断的组态相互作用方法则不具有尺寸延展性。对于不具有尺寸延展性的方法，随着体系所含电子数目的增多，误差会以更快的速度增大。

尺寸一致性 [size consistency] 由无相互作用的部分所构成的体系(如距离无限远)作为一个整体计算和各部分分开计算获得的能量一致的性质。这种性质往往是针对某种方法而言的。例如：A和B是两个无相互作用的体系。如果某方法是尺寸一致的，那么该方法得到的体系A-B的能量等于体系A的能量计算结果与体系B的能量计算结果之和。在处理分子解离等问题时，方法是否满足尺寸一致性尤其重要。

磁量子数 [magnetic quantum number] 描述原子轨道角动量在空间某一指定方向(通常选 z 轴方向)分量的量子数。同一亚层(角量子数相同)的几个原子轨道在空间的取向是不同的，不同的轨道磁量子数对应于不同的取向。磁量子数的取值受角量子数制约：对于给定的角量子数 l，磁量子数 m 可取的值为 $-l, \cdots, -2, -1, 0, 1, 2, \cdots, l$，共 $2l+1$ 个值。

从头计算 [*ab initio* calculation] 不使用任何经验参数，只根据量子力学基本原理，从体系的化学组成和几何结构出发通过理论计算得到体系的性质。狭义的从头计算方法主要包括哈特里-福克(Hartree-Fock)自洽场方法和组态相互作用、多体微扰理论、耦合簇理论等后哈特里-福克(post-Hartree-Fock)方法，但广义的从头计算方法也包括密度泛函理论。“*ab initio*”来自于拉丁语，其对应的英文即first-principles，后者常翻译成第一性原理。两者有完全相同的语义，但在有些文献中常用从头计算代表波函数方法，而用第一性原理方法来指代密度泛函理论。

从头计算分子动力学 [*ab initio* molecular dynamics] 释文见5.2节同名词条。

带隙问题 [band gap problem] 一般而言指在密度泛函理论框架中，采用局域密度近似或广义梯度近似等密度泛函近似时存在的严重低估绝缘性材料（半导体或绝缘体）带隙的问题。具体来说，密度泛函理论在局域密度近似、广义梯度近似或其他半局域近似下，由科恩-沈最高占据轨道和最低未占据轨道能所得到的带隙与实验测量得到的基本带隙（fundamental band gap）相比，表现出系统性的显著低估。绝缘性材料的基本带隙可以定义为其电离势与电子亲和能之间的差值。理论分析表明，即使在精确的密度泛函理论处理中（即假定精确的交换-相关势已知），从科恩-沈单电子轨道能量所得到的带隙（常被称作科恩-沈带隙）也不等于基本带隙，两者之间相差一个被称为交换相关泛函导数不连续性的量（记作Δ_{xc}），后者定义为交换-相关势在体系电子数改变时所具有的不连续性。可以证明，对于精确的交换-相关泛函，Δ_{xc}在绝缘性体系中不为零。当交换-相关能近似为电子密度的显式泛函（如局域密度近似或广义梯度近似），由于电子密度是电子数的连续光滑函数，故$\Delta_{xc}=0$，这是这些近似泛函无法给出正确的基本带隙的理论根源。当采用杂化泛函或屏蔽交换等依赖于轨道的近似泛函时，带隙问题可以在一定程度上得到克服，但所得到的带隙强烈依赖于这些泛函中一些关键参数，如哈特里-福克交换能所占比重或屏蔽参数等。目前最为准确的描述带隙的第一性原理方法是基于格林函数的多体微扰理论中的GW方法。如何在密度泛函理论框架内解决带隙问题仍是目前非常活跃的前沿课题。

单参考态电子相关方法 [single reference electron correlation methods] 以哈特里-福克单斯莱特行列式波函数作为出发点考虑电子相关效应的电子相关方法。

单电子波函数 [single-electron wave function] 描述单个电子运动状态的波函数。量子力学中以波函数来描述粒子的运动状态，而多粒子体系的波函数通常难以精确求解。相比之下，单电子在一些特定势场下的波函数则可精确解出，如库仑势场、一维无限深势阱。在量子化学中，单电子波函数常指多电子体系中，在平均场近似下，单个电子在原子核势场和其余电子的有效势场中的波函数，又称轨道。

单电子基函数 [single electron basis function] 即基组。

狄拉克方程 [Dirac equation] 相对论量子力学中用以描述自旋为1/2的相对论性粒子（如电子）微观状态所满足的波函数方程。由英国物理学家狄拉克（P. A. M. Dirac）于1928年建立，该方程同时遵循狭义相对论与量子力学的原理。该方程预言了反粒子的存在，随后，1932年由安德森（C. D. Anderson）发现了正电子（positron）而证实。从该方程还可导出电子的自旋量子数应为1/2，以及电子自旋磁矩与自旋角动量之比的朗德g因子为轨道角动量情形时朗德g因子的2倍。电子的这些性质都是过去从分析实验结果中总结出来的，并没有理论的来源和解释。该方程却自动地导出这些重要基本性质，是理论上的重大进展。

狄拉克记号 [Dirac notation] 量子力学中广泛应用于描述量子态的一套标准符号系统。在该套系统中，每一个量子态对应于希尔伯特空间中的一个态矢量，定义为右矢（ket），记作$|a\rangle$；每一个右矢的共轭定义为其左矢（bra），记作$\langle a|$。这是狄拉克将bracket（括号）这个词拆开后所造的。狄拉克符号在量子力学理论表述中有两个优点：①可以无须采用具体表象来讨论问题；②运算简捷，特别是适用于表象变换。

第一性原理 [first principles] 参见从头计算。

电子结构 [electronic structure] 在量子化学中，指电子在静止原子核产生的静电场中的运动状态。电子结构的核心是求解固定原子核近似下电子的量子力学方程，得到电子波函数和对应的能量。电子结构问题起源于玻恩-奥本海默近似，与原子核的动力学问题合起来是用量子力学方法研究分子性质的两个基本步骤。除了可以解析求解的类氢原子外，电子结构问题的求解大多要依赖于计算机的数值计算。

电子结合能 [electron binding energy] 分子或固体的给定轨道中解离一个电子所需要的能量。

电子能带结构 [electronic band structure] 有时简称能带结构。广义而言，指具有周期性的扩展体系中，由于无限多原子轨道之间的相互作用使得电子态在一定的能量范围内表现为连续分布，而在另外一些能量区间，由于周期性势场的作用导致电子态的完全消失，从而电子态在能量上表现为带状分布，而不像在有限体系（分子或团簇）中表现为分立的能级。狭义而言，指周期性体系在单电子理论框架中，单电子轨道能量对波矢$\boldsymbol{k}$的依赖关系，后者一般通过沿着连接布里渊区中各主要高对称点的路径作图表示，被称为能带图（band diagram）。

电子配对法 [valence bond theory] 即价键理论。

电子相关 [electron correlation] 超越哈特里-福克方法之外的电子-电子相互作用效应。多电子体系中，由于电子之间的瞬时库仑相互作用以及对称性限制，电子运动不是相互独立的，而存在相互关联。而在哈特里-福克（Hartree-Fock）近似下，电子-电子之间的库仑（Coulomb）相互作用被一个平均场代替，因而无法描述电子运动的瞬间的相互关联性。目前，主要用来描述电子相关的量子化学方法包括组态相互作用、微扰理论、耦合簇理论等后哈特里-福克（post-Hartree-Fock）方法以及密度泛函理论。

电子相关方法 [electron correlation methods] 用来描述被哈特里-福克平均场近似所忽略的电子运动关联效应的各种理论方法。主要包括以哈特里-福克近似作为出发点的组态相互作用、多体微扰理论、耦合簇理论等后哈特里-福克(post-Hartree-Fock)方法以及密度泛函理论。

电子相关能 [electron correlation energy] 给定基组下，完全组态相互作用(full CI)所计算得到的体系总能量和采用哈特里-福克方法计算得到的总能量的差值。由于哈特里-福克方法的变分性质，电子相关能是一个负值。

电子-正电子对 [electron-positron pair] 相对论量子力学中因真空涨落所形成的正电子与电子的配对。狄拉克的假设把真空看成是所有负能级都已填满电子的负能电子海，根据泡利不相容原理，正能电子不能跃迁进入负能电子海，从而是稳定的。然而，只要有大于正负能态能隙的能量传递给负能电子，就可以把一个负能电子激发到正能态，从而在负能电子海中产生一个空穴。这个负能电子海中的空穴相当于一个正能粒子，它除了电荷和磁矩与电子相反外，质量、自旋及其他性质均与电子相同，称为正电子(positron)。1932年，安德森(C. D. Anderson)在宇宙线中观测到了正电子。正电子与电子碰撞时会产生湮灭现象，这一过程遵守电荷守恒、能量守恒、动量守恒和角动量守恒。在高能情况下，湮灭会生成其他基本粒子。在低能情况下，正负电子湮灭主要生成两个或三个光子(有时也会生成更多光子)。另外，电子和正电子在湮灭之前有时会形成亚稳定的束缚态，即电子偶素。

电子组态 [electron configuration] 原子、分子或者其他物理结构中的电子在原子或者分子轨道上的分布形态。比如氖原子的电子组态是 $1s^2 2s^2 2p^6$。

定域键 [localized bond] 成键的电子对被限制在两个原子核之间的化学键。

动态相关 [dynamical correlation] 又称瞬时相关。由于库仑排斥导致两个电子不能同时出现在空间一点的电子间相互制约的作用。

冻芯近似 [frozen core approximation] 电子结构理论计算中，假定组成分子或固体的原子，其内层电子的状态不随化学环境的改变而变化，因而可用自由原子的内层电子波函数来描述的近似处理方法。冻芯近似是赝势和投影缀加波方法的基础。在量子化学方法中，冻芯近似指在计算电子相关效应时，内层轨道被冻结，并且不考虑内层电子激发对于相关能的贡献。

独立粒子模型 [independent particle model] 又称平均场近似。将多粒子体系近似为相互独立的粒子运动的模型，粒子之间的相互作用通过一种平均场来描述。

对称操作 [symmetry operation] 参见空间对称性。

多参考态电子相关方法 [multi-reference electron correlation method] 以多个斯莱特行列式波函数的线性组合所构成的近似多电子波函数作为出发点来考虑更高阶电子相关效应的波函数方法，如多参考态组态相互作用、多参考态微扰理论等。

多参考组态相互作用方法 [multi-reference configuration interaction (MRCI)] 以多组态自洽场方法给出的近似基态多电子波函数为基础，通过对多个参考态进行激发得到的激发组态波函数的线性组合来描述电子相关的波函数方法，简称 MRCI。常用的 MRCI 方法为 MRCISD，即只考虑包含单激发和双激发的组态函数。

多电子基函数 [*n*-electron basis function] 用以求解多电子薛定谔方程的一组基函数。一般由给定的单电子轨道按不同占据方式构建的一组斯莱特行列式波函数组成。

多体微扰理论 [many-body perturbation theory] 以哈特里-福克(Hartree-Fock)理论或类似平均场近似为基础，以精确哈密顿算符与平均场近似哈密顿算符之差作为微扰，采用微扰理论逐阶考虑电子相关效应的电子相关方法。

多组态自洽场方法 [multi-configurational self-consistent field (MCSCF)] 用多个斯莱特行列式波函数的线性组合作为对精确多电子波函数的近似，并同时对组合系数和单电子轨道进行变分计算的电子相关方法。它是基于单斯莱特行列式波函数的哈特里-福克方法的推广。在 MCSCF 中轨道被分为三类：①内层轨道，由两个电子占据；②活性轨道，被部分占据；③空轨道，不被占据。由于除去内层轨道的电子，余下的电子在活性轨道中的分布有一定的自由度，因此，体系的波函数可以由多个组态波函数线性通过线性组合得到。优化时既改变组态态函数前的线性组合系数，也改变每一个组态态函数里面的单电子函数，以使能量达到最小值。MCSCF 方法主要用于在哈特里-福克和密度泛函理论不足以给出良好的参考态函数的时候(例如，在键断裂过程中，或者分子基态与低激发态能量近简并的情形)，通常用作多参考组态相互作用或多参考态微扰理论(如完全活性空间微扰理论)计算的参考态。

反键轨道 [antibonding orbital] 参见分子轨道。

范德瓦耳斯密度泛函 [van der Waals density functional] 直接从电子密度出发，显式地考虑范德瓦耳斯色散作用的近似电子相关泛函，特别是指由朗格雷斯(D. C. Langreth)与伦德奎斯特(B. I. Lundqvist)及其合作者发展的具有如下形式的非局域电子相关泛函 $E_c^{nl}=\iint d^3rd^3r'\rho(\boldsymbol{r})\varphi(\boldsymbol{r},\boldsymbol{r}')\rho(\boldsymbol{r}')$，其中相互作用核 $\varphi(\boldsymbol{r},\boldsymbol{r}')$ 没有简单的解析表达式，但可以由数值计算得到。该泛函的计算涉及对坐标的双重数值积分，直接计算量非常大，早期只能用于相对简单体系中给定电子密度。

近年来在计算方法上有重要突破，使其计算量可与一般的广义梯度近似泛函的计算量相当，使得在自洽迭代和结构优化中都能以比较高效的方式考虑进来。目前很多常用的第一性原理计算软件，包括 VASP，QUANTUM ESPRESSO，SIESTA 等都已实现了该泛函。在实际应用中，该泛函能显著改进对弱相互作用体系的描述，但其精度仍然存在很大的不确定性，对很多体系倾向于高估结合能。

DFT-D 方法 [DFT-D method] 即经验范德瓦耳斯修正。

Xα方法 [Xα method] 即哈特里-福克-斯莱特方法。

非动态相关 [non-dynamical correlation] 又称静态相关。与电子态的简并或近简并相联系，导致不能用单个斯莱特行列式作为电子基态的零阶近似的电子相关效应。

非键轨道 [nonbonding orbital] 参见分子轨道。

非局域泛函 [non-local functional] ❶广义上，所有考虑了电子密度的非均匀性的交换-相关泛函的统称。包括依赖于电子密度梯度的广义梯度近似等半局域泛函。❷狭义上，指空间任一点 $\boldsymbol{r}$ 的电子交换-相关能依赖于电子密度在其他区域 $\boldsymbol{r}'$ 的值，因此不包括广义梯度近似。常见的非局域泛函包括权重密度近似(weighted density approximation)、精确交换、杂化泛函、范德瓦耳斯泛函、随机相位近似相关能等。

非线性芯修正 [nonlinear core correction] 赝势方法中对含半芯层电子的原子的一种改进方法。使用赝势来处理内层电子对价层电子的有效作用时，假定价层电子和芯层电子密度对交换-相关势的贡献满足简单线性关系，这一近似对于具有能量接近价电子的半芯层电子的元素，比如碱金属元素、前过渡金属元素(如 Sc、Ti、V 等)以及镧系元素等，会带来较大的误差。为克服这一误差，路易(S. G. Louie)等发展了非线性芯修正方法，通过在交换-相关势的计算中考虑平缓化处理后的芯层电子密度的贡献，从而显著提高了赝势的可迁移性。

费米包 [Fermi heap] 两个自旋相反的电子形成单重态时，对应的空间波函数取对称和，导致发现相互靠近的概率远大于三重态对应的反对称空间波函数的量子现象。

费米孔 [Fermi hole] 受泡利(Pauli)不相容原理限制，自旋相同电子不可能在空间的同一点出现，使得每个电子周围发现另外一个相同自旋的电子的概率下降，相当于在电子周围形成一个电子分布的空穴，被称为费米孔。

费米相关 [Fermi correlation] 由泡利不相容原理所导致的具有相同自旋的电子不能出现在空间同一点的电子相关效应。费米相关一般也称为交换作用。

分段收缩 [segmented contraction] 高斯型基组中的概念，指将一组角动量相同的原始高斯函数分成若干片段，每个片段中的高斯函数分别取线性组合形成收缩高斯函数。常见的分段收缩基函数如 STO-3G，3-21G 等。分段收缩计算量小，被大量用于非相对论的量子化学计算中。

分子的偶极矩 [dipole moment of molecules] 全称分子电偶极矩。描述分子中正负电荷分布情况的物理量，其数值等于分子的正、负电荷中心位矢与电量乘积的代数和。常用来衡量分子极性的大小，判断分子的空间结构。单位是德拜。

分子点群 [molecular point group] 分子中全部对称操作的集合构成的群。能够系统地概括分子的空间对称性，点群的阶是对称操作的数目。称其“点”，是因为所有的对称操作都保持至少一个点不动；称其“群”，是因为分子中全部对称操作的集合满足群的四个条件。

分子电偶极矩 [electric dipole moment of molecules] 分子的偶极矩的全称。

分子轨道 [molecular orbital] 在平均场近似下描述分子中电子的波动行为的数学函数。通过分子轨道可以计算分子的化学和物理性质，如在空间特定区域发现电子的概率大小。分子轨道一般由分子中原子的原子轨道线性组合构成，可以通过求解哈特里-福克方程或者科恩-沈方程给出定量近似。原子轨道之间的相互作用会形成三种类型的分子轨道：成键轨道、反键轨道和非键轨道。成键轨道是原子轨道间的同相位相互作用的结果，成键轨道能量比构成它的原子轨道的能量低。反键轨道是原子成键轨道异相位相互作用的结果，反键轨道的能量比构成它的原子轨道的能量高。非键轨道由无相互作用的原子轨道构成，非键轨道的能量与构成它的原子轨道的能量相同。成键轨道上的电子云大部分处于两个原子核之间的区域，反键轨道上的电子云大部分处于两个原子核之外的区域。电子占据成键轨道会使分子稳定，占据反键轨道上会使分子不稳定。

分子结构 [molecular structure] 建立在光谱学数据之上，用以描述分子中原子的三维排列方式。分子结构在很大程度上影响了化学物质的反应性、极性、相态、颜色、磁性和生物活性。

分子量子力学 [molecular quantum mechanics] 即量子化学。

福井函数 [Fukui function] 电子密度函数在固定外势场条件下对电子数的微分。其与福井谦一的前线轨道相联系，因此被称为福井函数。

负能态 [negative energy states] 考虑静止质量能后，本征值为负值的狄拉克方程能量本征态。1928 年，狄拉克提出了满足洛伦兹协变条件的单电子相对论波动方程——狄拉克方程，其能量本征值既可以为正，又可以为负；其中能量本征值为负的态被称为负能态，为正的态被称为正能态。由于负能态的能量没有下限，电子可以无限制地跃迁下去。为了克服这个困难，狄拉克在1930年提出了电子海和空穴理论。

概念密度泛函理论 [conceptual density functional theory] 又称化学反应性理论。从密度泛函理论中提炼与化学相关的概念，特别是应用于诠释化学中的唯象概念，从而赋予后者定量意义的理论方法研究。其重要的结论包括把电负性归结为总能量对电子数(在固定外势场下)导数的负值，而把体系的硬度归结为总能量对电子数的二阶导数。

格吕林-列维微扰理论 [Görling-Levy perturbation theory] 即科恩-沈微扰理论。

共振结构 [resonant structures] 价键理论中，对分子内成键有贡献的各种不同电子配对方式所对应的价键结构的集合。对于很多分子，特别是存在离域电子的分子，用共价键或离子键等单一的电子配对方式无法给出恰当的描述，常用多个可能的电子配对结构的共振来表述其成键状况。其中相邻原子各提供一个不成对电子配对形成的结构称为共价结构；由一个原子提供孤对电子、另一原子提供空轨道所构成的成键电子构型称为离子结构。

广义收缩 [generalized contraction] 高斯型基组中的一个概念，指将所有角动量相同的原始高斯函数组合为多个收缩基函数，每个收缩基函数包含相同的原始高斯函数，但使用不同的组合系数。广义收缩函数常被用于相对论量子化学计算中。

广义梯度近似 [generalized gradient approximation] 考虑电子密度梯度校正的近似交换-相关能泛函。实际的多电子体系均为非均匀电子体系，相对于均匀电子气模型的偏离可以用电子密度梯度(即对电子密度函数的一阶导数)来表征。如直接考虑把交换-相关能表达为对电子密度梯度的泰勒展开，得到的交换相关能泛函虽在梯度趋于零时有正确的物理行为，但应用于实际的非均匀电子体系时得到的结果精度甚至还不如局域密度近似。Becke、Yang、Perdew 等提出了各种广义梯度校正，取得了对局域密度近似较为显著的改进。现有的广义梯度近似大致可以分为“第一性原理型”和“经验型”两大类，前者以 Perdew 和合作者的工作为代表，其发展的思路是根据精确的交换相关能泛函所应具有的一些性质猜测交换-相关能作为电子密度及其梯度的泛函的近似数学表达式，其中包含的参数通过要求其满足一些精确的极限行为(如高密度极限、低密度极限、高密度梯度极限、低密度梯度极限等)或标度关系来确定。而后者以 Becke 的工作为代表，其基本思路是基于物理的考虑猜测一定的泛函形式，其中的参数通过拟合较为可靠的实验数据(主要是一些典型小分子的热化学数据)来确定。

归一化 [normalization] 在全空间内，找到粒子的概率等于 1 的性质。量子力学里，表达粒子量子态的波函数必须满足归一化条件。

π 轨道 [π orbital] 相邻原子轨道以“肩并肩”形式进行轨道重叠而成、存在一个通过键轴的节面的分子轨道。常见的 π 轨道包括(取键轴方向为 z 轴) p_x-p_x (或 p_y-p_y)，d_{xy}-d_{xy} 等。

σ 轨道 [σ orbital] 由两个原子各提供一个轨道沿键轴方向以“头碰头”形式相互重叠而构成，且具有绕键轴旋转不变性的分子轨道。常见的 σ 轨道有 s+s, p_z+p_z, s+p_z (z 定义为键轴)。如果轨道在两个原子之间没有节面，则是成键 σ 轨道，否则是反键 σ 轨道。

轨道泛函 [orbital functional] 表达为依赖于单电子轨道波函数的近似交换-相关泛函。在科恩-沈方法框架内，由于科恩-沈轨道完全由依赖于电子密度的有效势决定，因此依赖于轨道的泛函仍然是密度的泛函，有时称作隐式泛函(implicit functional)。在严格的科恩-沈框架中，对应于轨道泛函的交换-相关势必须通过*最优有效势方法*得到。轨道泛函也可以在广义科恩-沈方法(参看*广义科恩-沈方法*)框架内使用，这时相应的交换-相关势在空间上是非局域的。最简单的轨道泛函就是*精确交换*和与之相关的*杂化泛函*。meta-GGA 由于依赖于动能密度，因此也是一类轨道泛函。更为复杂的轨道泛函包括随机相近似相关能。

轨道能 [orbital energy] 电子在特定轨道上运动所具有的能量。量子力学理论认为电子只能在特定的、分立的轨道上运动，各个轨道上的电子具有分立的能量。

哈密顿算符 [Hamiltonian] 量子力学中对应于体系能量的厄米算符。其本征值对应于体系的能量可能取值。在含时问题中，哈密顿算符决定体系状态随时间的演化。

哈特里-福克不稳定性 [Hartree-Fock instability] 由于哈特里-福克方程的解对应于相应变分空间中的鞍点而非极小值点所导致的数值不稳定性。

哈特里-福克方法 [Hartree-Fock method] 求解多电子体系薛定谔方程的近似方法。其核心是将 N 电子波函数近似为由 N 个单电子波函数(分子轨道)所构成的斯莱特(Slater)行列式波函数，应用变分原理可以到一组关于分子轨道的耦合单电子自洽方程，其中体现电子间的相互作用效应的势函数除了经典库仑势之外，还有源于电子交换对称性的交换势。哈特里-福克方法是第一个得到广泛应用的从头计算方法，也是其他更高级量子化学方法的基础。哈特里-福克方法给出的近似基态总能量相对于精确值的差别被定义为电子相关能。

哈特里-福克-斯莱特方法 [Hartree-Fock-Slater method] 又称 Xα方法。由斯莱特(J. C. Slater)提出的、把哈特里-福克方程中的非局域交换势近似为依赖于电子密度函数的局域势的近似方法。为了克服采用由均匀电子气模型导出的交换势的不足，斯莱特引入额外的经验参数α来近似地描述所忽略的关联效果，当α取值在 2/3 左右时给出最优的结果。在密度泛函理论的框架下，Xα方法可以看作一种简单的局域密度近似下的密度泛函理论方法。在现代密度泛函理论方法出现之前，Xα方法是针对材料体系最为广泛应用的电子结构理论方法。

哈特里近似 [Hartree approximation] 由哈特里(D. R. Hartree)于 1927 年提出的求解多电子薛定谔方程的最简单近似方法。对于 N 电子体系，假定其波函数可写为 N 个单电子波函数(分子轨道)的简单乘积，应用变分原理可得到每个单电子波函数所满足的薛定谔方程，即所谓的哈特里方程，其中的势能函数除包含原子核的作用外，还包括其他电子的经典库仑排斥。哈特里方程中的哈密顿算符依赖于所要求解的单电子波函数，因此哈特里方程必须通过迭代的方式自洽求解，被称为自洽场方程。哈特里近似最大的局限性在于其波函数不满足电子交换反对称性，即泡利不相容原理。

含时密度泛函理论 [time-dependent density functional theory] 将密度泛函理论扩展到描述随时间变化外势场中的多电子体系性质与动力学的量子力学理论，可用来计算多电子体系的激发态性质、频率依赖的响应函数、光吸收谱等性质。其理论基础是龙格-格罗斯(Runge-Gross)定理：对于存在含时外势场的体系，给定初始态波函数，除了一个仅依赖于时间的常数不确定性之外，含时电子密度可唯一确定含时外势场，因而原则上可以决定体系所有性质；体系的作用量可以定义为含时密度的泛函，真实的含时密度对应于该作用量泛函的稳定点。类似于密度泛函理论，可以定义一个与真实相互作用体系有相同含时电子密度的虚拟非相互作用体系，即含时科恩-沈体系，由此可引入一组含时单电子轨道，后者满足含时科恩-沈方程。含时密度泛函理论主要用来在线性响应理论的框架内计算体系的激发态能量(参见*线性响应含时密度泛函理论*)，但也可以通过实时演化含时科恩-沈方程来研究体系在实时外场(如强激光场等)作用下的动力学行为(参见*实时含时密度泛函理论*)。

赫定方程 [Hedin equation] 量子多体理论中，由赫定(L. Hedin)在 1965 年第一次系统性地推导得到的联系单体格林函数、自能、屏蔽库仑相互作用、极化函数、顶点(vertex)函数等重要多体物理量的一套积分-微分方程。是描述固体电子能带结构的准粒子理论的基础。

化学反应性理论 [theory of chemical reactivity] 即*概念密度泛函理论*。

化学键 [chemical bond] 存在于原子之间的一种吸引的、能使两个或更多的原子结合成化学物质的相互作用。来源于相反电荷之间的吸引，有电子与原子核的吸引，也有偶极吸引力。不同种类化学键的强度差别很大，强化学键有金属键、离子键和共价键，弱化学键有偶极-偶极相互作用、伦敦色散力和氢键。

霍恩伯格-科恩定理 [Hohenberg-Kohn theorems] 密度泛函理论的理论基础，证明了多电子体系的基态电子密度与外势场之间存在一一对应关系，基态能量可以表达为电子密度的泛函；后者满足变分原理，可以通过求解能量泛函对电子密度的最小值得到精确的电子密度和基态总能量。该定理为使用电子密度作为基本变分变量求解多电子体系基态总能量提供了理论基础，但并未给出总能量泛函具体的表达式。

基组 [basis set] 又称单电子基函数。自洽场计算中用以线性展开表示单电子轨道，使相应的自洽场微分方程转化为矩阵方程的一组线性无关的数学函数集合。分子体系计算一般选取一组有限的以原子为中心、类似于原子轨道的数学函数作为基组，被称为原子型基组，常用的函数形式有高斯型轨道、斯莱特型轨道以及数值原子轨道等；周期性体系计算通常使用平面波函数作为基函数。

激发态斯莱特行列式 [excited Slater determinant] 从哈特里-福克基态行列式波函数出发，将其中若干占据轨道用未占据(空)轨道替换所得的新行列式波函数。如只考虑一个占据轨道的激发，称为单激发态斯莱特行列式，考虑两个占据轨道的激发，称为双激发态斯莱特行列式，依此类推。激发态斯莱特行列式波函数构成了组态相互作用(CI)等电子相关方法中的多电子基函数。

极化函数 [polarization function] 原子型基组中角动量大于价电子最高轨道角动量的基函数。例如 C 原子，价电子最高角动量为 l=1，对应于 p 函数，如果基组包含 d(l=2)轨道函数，即为极化函数。

价键结构 [valence bond structure] 类似于路易斯(Lewis)结构，价键理论中用来描述原子间成键状态的结构，常用图形表示。

价键理论 [valence bond theory] 又称电子配对法。获得分子体系薛定谔方程近似解、描述化学成键的处理方法之一。它是历史上最早发展起来的化学键量子理论。价键理论主要描述分子中的共价键，核心思想是电子配对形成定域化学键。1916 年，路易斯(G. N. Lewis)就提出了化学键和路易斯结构式的概念，用于解释简单分子的结构。1927 年，随着薛定谔方程的提出，最早的基于量子力学的化学键理论，解释氢分子成键的海特勒-伦敦模型成功地揭示了化学键的本质。然而，这个简单的理论无法直接用于氢分子以外的其他更复杂的分子。鲍林(L. C. Pauling)通过引入共振结构式、轨道杂化等概念，将海特勒-伦敦理论成功推广到更大的分子中，发展了系统的价键理论。几乎与此同时，价键理论的主要竞争者分子轨道理论也被提出了。价键理论具有更加清楚的物理意义，更加契合已有的唯象化学键理论，所以广为实验化学家，尤其是有机化学家所青睐，并基于价键理论开发出大量定性或半定量方法，对理解化学反应起到非常重要的作用。然而，实践证明，分子轨道理论具有更为简单的数学结构，与价键理论相比，更容易利用现代计算机技术的发展实现对一般分子体系的定量数值计算。另外，早期价键理论认为电子对必须由原子轨道的杂化产生，制约了价键理论的精度。20 世纪中叶之后，几乎所有的量子化学计算都是采用分子轨道理论进行的。这种局面在 20 世纪末与 21 世纪初发生了一定的变化。现代价键理论采用原子轨道线性组合产生价键轨道的方法，可以达到和分子轨道理论方法相似的精度。然而，由于价键轨道的非正交性等原因，价键理论的数学结构依然比分子轨道理论复杂得多，程序比较少，而相同精度的计算往往需要更多计算资源，所以价键理论目前仍然不太常用。

简并度 [degeneracy] 见简并性。

简并态 [degeneration state] 见简并性。

简并性 [degeneracy] 量子力学中，不同量子态对应相同能量的现象。这一组能量相同的态称为简并态，线性独立的简并态的个数称为简并度。简并性通常与体系的对称性有关，当对称性被破坏时，对应的简并性会消除。

建造原理 [aufbau principle] 即原子的电子排布原理。

π 键 [π bond] 电子占据 π 轨道而形成的共价键。

σ 键 [σ bond] 电子占据 σ 轨道而形成的共价键。

键级 [bond order] 一对原子之间的化学键的数目。它可以不是整数。例如对乙炔分子 H−C≡C−H，两个碳原子之间的键级是 3，碳氢原子之间的键级是 1。键级可以表征化学键的键长和稳定程度，通常键级越大时键长越短，化学键越稳定。在分子轨道理论中，键级被定义为占据成键轨道的电子的数目与占据反键轨道的电子数的差的一半。

交换-相关核 [exchange-correlation kernel] 交换-相关泛函对电子密度的二阶泛函微分，在线性响应含时密度泛函理论用来描述随机相近似之外的电子间相互作用效应对体系响应性质的贡献。在精确的理论描述中，交换-相关核既是空间的非局域函数，同时也依赖于频率，后者被称作交换-相关核的记忆效应，但在目前广泛应用的绝热局域密度近似中，交换-相关核是空间局域函数，且不依赖于频率(等价于假定含时交换-相关势是时间的局域函数，即没有记忆效应)。

交换-相关能泛函 [exchange-correlation energy functional] 密度泛函理论的核心概念之一，被定义为基态总能量中除去了与原相互作用体系相对应的具有相同基态电子密度的非相互作用体系动能、电子与外势场之间的作用能以及电子间的经典库仑作用能(即哈特里能)之外所剩下的能量贡献。具体可以看作两项贡献的加和，一项是相互作用体系与非相互作用参考体系动能之差，另一项是相互作用体系电子相互作用能与电子经典库仑作用能之差。交换-相关能泛函的具体解析表达式未知，但可通过理论分析得到该泛函所应满足的一系列精确约束条件，这些有助于发展近似的交换-相关泛函。后者也是密度泛函理论中最为核心的任务之一。

角量子数 [azimuthal quantum number] 对应于轨道角动量平方算符的本征态的量子数，它决定了电子空间运动的角动量，以及原子轨道的形状，在多电子原子中与主量子数共同决定电子能量的高低。从经典力学可知，任何旋转体都有绕轴的角动量，当其变化是量子化而非连续时，会取一系列离散的值，这些离散值的大小由一系列可取的角量子数决定：$L=\frac{\hbar}{2\pi}\sqrt{l(l+1)}$，其中 L 为角动量，l 即为角量子数。对于特定的主量子数 n，l 可取 0,1,2,3,⋯, $n-1$ 等共 n 个值，相应表示为 s,p,d,f 等。一个 n 值可以有多个 l 值，如 n=3 表示第三电子层，l 值可有 0,1,2，分别表示 3s,3p,3d 亚层，它们的电子云形状分别为球形、哑铃型和四瓣梅花型。对多电子原子而言，n 值一定时，l 值越大，亚层能级越高。

角向相关 [angular correlation] 多电子原子中两个电子在角向相互避免出现在同一区域的相互关联效应。

紧束缚近似 [tight-binding approximation] 释文见无机化学同名词条。

近简并性 [near degeneracy] 即准简并性。

GW 近似 [GW approximation (GWA)] 在赫定方程中对顶点函数取最简单的零阶近似，由此得到的自能函数可表达为单粒子格林函数(G)与屏蔽库仑作用(W)的简单乘积，因此被称为 GW 近似。在实际应用中，G 和 W 一般都从某个参考单电子哈密顿量的本征函数和本征能量计算得到，这被称为 G_0W_0 方法，最为常见的是基于局域密度近似(LDA)或广义梯度近似(GGA)的 G_0W_0 方法。近年来也发展了一些自洽 GW 方法，其计算量要大很多。GW 近似主要用于计算材料的电子能带结构，对很多半导体材料，基于 LDA 或 GGA 的 G_0W_0 方法给出的带隙与实验有非常好的符合，因此是描述材料体系电子能带结构最为准确的第一性原理方法。近年来也有研究者将 GW 方法应用于计算分子体系的能级性质。

经验范德瓦耳斯修正 [empirical van der Waals correction] 又称 DFT-D 方法。针对常用近似交换-相关泛函，包括局域密度近似、广义梯度近似和杂化泛函，不能正确描述范德瓦耳斯色散作用的问题，在原近似泛函基础上引入具有伦纳德-琼斯(Lennard-Jones)势形式(C_6/R_{ij}^6)的修正项，同时引入一个适当的衰减函数以保证当两个原子间距离小于两者范德瓦耳斯半径之和时修正项的作用消失。该方法的主要困难在于如何选择衰减函数以及如何确定 C_6 系数。对于后者，最为常用的是格里梅(S. Grimme)采用经验方法确定的一组涵盖所有元素的参数。近年来也有很多人致力于发展 C_6 系数的从头计算方法，主要目标是以非经验的方式考虑 C_6 系数对化学环境的依赖性。

精确交换 [exact exchange] 在密度泛函理论的框架内，用科恩-沈单电子轨道所计算出的福克交换能，有时也用作福克交换能的同义词。

径向相关 [radial correlation] 多电子原子中两个电子在径向分布上相互避免出现在同一区域的相互关联效应。

静态相关 [static correlation] 即非动态相关。

局域密度近似 [local density approximation] 最简单的交换相关能泛函近似。交换-相关能被表达为仅依赖于空间每个点的电子密度值的函数的积分。

$$E_{\mathrm{xc}}^{\mathrm{LDA}}=\int \varepsilon_{\mathrm{xc}}\big(\rho(\boldsymbol{r})\big)\rho(\boldsymbol{r})\mathrm{d}\boldsymbol{r}$$

其中，$\varepsilon_{\mathrm{xc}}\big(\rho(\boldsymbol{r})\big)$ 是由均匀电子气模型体系得到的交换相关能密度。$\varepsilon_{\mathrm{xc}}$ 可以分解为交换能和相关能密度两部分，交换能密度具有精确可知的解析表达式，而相关能密度没有精确表达式，但可以通过对基于量子蒙特卡罗计算得到的高度准确的数值结果进行拟合(参见均匀电子气模型)得到近似的解析形式。

局域相关方法 [local correlation methods] 通过利用体系的局域信息，如局域的分子轨道波函数、局域密度矩阵等，来降低大分子计算的标度(scaling)，能够对大分子体系进行量子化学从头计算的电子相关方法。

绝对硬度 [absolute hardness] 在密度泛函理论的框架中基态能量对电子数在固定外势场条件下的二阶导数。在物理意义上可以和软硬酸碱理论中化合物的“软硬性”相联系，并对其赋予了定量的意义，因此被称为绝对硬度。

绝热局域密度近似 [adiabatic local density approximation] 认为任意时刻的含时交换-相关势由该时刻的局域电子密度决定，而与电子密度的梯度以及该时刻之前的电子密度无关(即无记忆效应)。是含时密度泛函理论中对含时交换-相关泛函最简单和常用的近似。

绝热连接 [adiabatic connection] 又称耦合常数积分。密度泛函理论中用来推导交换-相关能泛函精确表达式的一种方法。其基本思想是引入一个控制电子间相互作用强度的参数λ(称作耦合常数)，把λ以无限缓慢的方式由 0 增加到 1，并假定在此过程中保持基态电子密度不变。λ=0 表示电子间无相互作用，对应于科恩-沈非相互作用体系；λ=1 表示电子间有完全的相互作用，即要求解的原相互作用体系。通过海曼-费恩曼定理可以把交换-相关能表达为对λ从 0 到 1 的积分。进一步基于二阶约化密度矩阵引入交换-相关孔(exchange-correlation hole)的概念，用来表示由电子之间的交换和相关作用导致的每个电子周围其他电子出现概率的降低；在此基础上，交换-相关能可以表达为电子密度与耦合常数平均的交换-相关孔之间的库仑作用能。绝热连接所给出的交换-相关能表达式虽不能用于直接求解，但提供了发展近似泛函非常有用的出发点。

均匀电子气模型 [homogenous electron gas model] 又称凝胶模型。关于固体特别是简单金属的最为简单的电子相互作用模型体系，其核心是把原子核所带的离散正电荷用均匀分布的正电荷来代替，电子在均匀的正电荷背景中运动。由于电子-电子间的经典库仑排斥、正电荷背景之间的库仑排斥以及电子-正电荷背景之间的库仑吸引完全互相抵消，使得该模型中的电子相互作用效应为纯粹的交换-相关作用。均匀电子气模型的交换能作为电子密度的函数有精确的解析表达式，相关能仍不可精确得到，但可以通过高精度的量子蒙特卡罗计算得到数值结果。

科恩-沈方程 [Kohn-Sham equation] 密度泛函理论中的基本方程。是与真实多电子体系具有相同基态电子密度的非相互作用体系所满足的单电子薛定谔方程。霍恩伯格-科恩(H-K)定理在理论上证明了多电子相互作用体系的电子基态总能量可以表示为电子密度$\rho(\boldsymbol{r})$的泛函，且满足变分原理，对应于真实基态电子密度的总能量即为精确的基态总能量，但 H-K 定理未给出能量泛函的具体形式。科恩(W. Kohn)和沈(L. J. Sham)假定存在一个与真实相互作用体系具有相同基态电子密度的虚拟非相互作用体系，也称科恩-沈单参考体系。应用霍恩伯格-科恩定理，该非相互作用体系的有效外势场可由电子密度唯一确定。在此基础上，把相互作用体系的基态总能量表达为非相互作用体系的动能、电子与外势场的作用能、电子之间的经典库仑作用能，以及所有其他剩余贡献的加和，后者被称为交换-相关能，记为 $E_{\mathrm{xc}}[\rho(\boldsymbol{r})]$。由于非相互作用体系的电子密度和动能可由一组单电子轨道波函数(称为科恩-沈轨道)以简单方式获得，原相互作用体系的基态总能量可表达为科恩-沈轨道的泛函；应用变分原理可以得到科恩-沈轨道所满足的单电子薛定谔方程，即为科恩-沈方程。其中的局域有效势，除了外势场和对应于$\rho(\boldsymbol{r})$的经典库仑势(也称哈特里势)之外，还有一项对应于 $E_{\mathrm{xc}}[\rho(\boldsymbol{r})]$对$\rho(\boldsymbol{r})$微分的交换-相关势。后者包含了所有哈特里势之外的电子相互作用效果。科恩-沈方程把多电子相互作用体系映射到一个非相互作用参考体系，且这样的对应关系在原则上是精确的。虽然 $E_{\mathrm{xc}}[\rho(\boldsymbol{r})]$ 的形式仍然未知，但由于其对于总能量贡献远小于其他各项，使得即使看似很简单的近似，就能给出很准确的结果。

科恩-沈微扰理论 [Kohn-Sham perturbation theory] 又称格吕林-列维微扰理论。以科恩-沈非相互作用体系作为零阶参考的多体微扰理论。考虑一阶修正时便得到精确交换，二阶修正则给出用科恩-沈轨道计算的 MP2 相关能。在理论上，该方法可用来以系统性的方式推导包含更高精度交换-相关效应的近似轨道泛函。

N-可表示性 [N-representability] 电子密度或约化密度矩阵的可能属性之一。凡对应于满足交换反对称性的任意N-电子波函数的电子密度或约化密度矩即具有N-可表示性。

v-可表示性 [v-representability] 电子密度或约化密度矩阵的可能属性之一。对应于N-电子的电子密度$\rho(\boldsymbol{r})$，如存在某个局域外势场$v(\boldsymbol{r})$，其对应的N-电子相互作用体系的基态电子密度为$\rho(\boldsymbol{r})$，则该电子密度具有v-可表示性。类似的概念也可用于表征约化电子密度矩阵的属性。

空间对称性 [spatial symmetry] 对体系（分子或晶体）经过某种空间操作（比如旋转、镜面或中心反演）后，与未经操作的体系无法分辨的性质的统称，相应的空间操作称为对称操作。可以预测或解释许多分子的化学性质，例如分子振动、分子的偶极矩和它的光谱学数据。在量子力学计算中常利用分子的对称性而使计算简化。

库仑相关 [Coulomb correlation] 两个电子由于瞬时库仑排斥而导致的不可能在空间的同一点出现的运动相关性。自旋相同的电子之间除了库仑相关，还存在费米相关，并以后者为主；自旋相反的电子之间则只存在库仑相关。

类氢离子 [hydrogen-like ion] 原子核外只有一个电子的离子。如He^+、Li^{2+}等。类氢离子的薛定谔方程有解析解，称作类氢原子轨道。

里德伯常量 [Rydberg constant] 光谱学中与原子光谱相关的物理常量。1913年里德伯（J. Rydberg）从实验上经验性地拟合出了这个常量，之后玻尔（N. Bohr）发现其值可以通过玻尔氢原子模型计算出来。里德伯常量对应着从氢原子中电离一个电子所需光子的最小能量，符号标记为Ry。

量子电动力学 [quantum electrodynamics (QED)] 量子场论发展中历史最长和最成熟的一个分支。量子电动力学结合了量子力学与狭义相对论，用量子场的方法来描述粒子间的电磁相互作用，概括了原子物理、分子物理、固体物理、核物理和粒子物理各个领域中的电磁相互作用的基本原理。它起源于1927年狄拉克（P. Dirac）将量子理论应用于电磁场量子化的研究工作，经过施温格、费恩曼、朝永振一郎和戴森等完善和发展，成为迄今为止建立的最成功的物理理论之一。量子电动力学发展过程中建立的重整化理论，对量子场论、凝聚态物理和粒子物理都产生了深远的影响。

量子电动力学效应 [quantum electrodynamic effect] 超出相对论量子力学描述范围，需要用量子电动力学才能描述的一些效应，如真空极化和电子的自能等。

量子化 [quantization] 物理量只能采取某些离散数值的特征。量子力学的基本概念，由玻尔（N. Bohr）首先提出。经典物理学认为体系物理量是可以连续变化的，变化的大小没有任何限制。但在量子力学中，在很多情况下物理量只能以确定的大小一份一份地变化，视体系所处状态而定。变化的最小份额称为量子。

量子化学 [quantum chemistry] 又称分子量子力学。应用量子力学的规律和方法来研究化学问题的学科。将量子理论应用于原子体系还是分子体系是区分量子物理与量子化学的标准之一。人们普遍认为最早的量子化学计算是1927年布劳（Ø. Burrau）对H_2^+离子以及同年海特勒（W. Heitler）和伦敦（F. London）对H_2分子的计算。经过后续的发展，量子化学已经成为化学家们广泛应用的一种理论方法。

量子力学 [quantum mechanics] 研究微观粒子运动规律的物理学分支学科。是研究原子、分子、凝聚态物质以及原子核和基本粒子的结构、性质和相互作用关系的基础理论。

量子力学基本假设 [basic assumptions in quantum mechanics] 构成量子力学理论基础的基本假设。量子力学基本假设在不同文献中有不同的阐述，常见的一种表述包括：①对于一个微观体系，其运动状态可用波函数完全描述。波函数是体系的状态函数，是体系中所有粒子的坐标和时间的函数。②微观体系的每个可观测量，都对应一个厄米算符（也称自伴算符）。③若某一物理量A所对应的算符$\hat{A}$作用于某一状态函数ψ，等于某一常数a乘以ψ，满足本征方程的形式。那么对ψ描述的这个微观体系的状态，物理量A具有确定的数值a，a称为物理量算符$\hat{A}$的本征值，ψ称为$\hat{A}$的本征态或本征函数。④若ϕ_1，ϕ_2，…，ϕ_n为某一微观体系的可能状态，则由它们线性组合所得的ψ也是该体系可能存在的状态，即态叠加原理。⑤描述多电子体系轨道运动和自旋运动的全波函数，对任意两粒子的全部坐标（空间坐标和自旋坐标）进行交换，一定得反对称的波函数。也就是说，在同一原子轨道或分子轨道上，最多只能容纳两个电子，这两个电子的自旋状态必须相反。即泡利不相容原理。

量子力学算符 [quantum mechanical operator] 量子力学中作用于表示体系状态的线性矢量（态矢）的算符。量子力学算符将某个态矢变换为另一个态矢。

量子蒙特卡罗方法 [quantum Monte Carlo] 通过把量子多体问题的求解以某种形式转化为应用蒙特卡罗方法计算高维数值积分问题的一类数值计算方法，其应用对象既可是基于格点的模型哈密顿问题，也可以是包含所有电子自由度的从头计算问题。有好几种不同的量子蒙特卡罗方法，最为常见的包括变分蒙特卡罗方法（variational Monte Carlo）、扩散蒙特卡罗方法（diffusion Monte Carlo）、路径积分蒙特卡罗方法（path integral Monte Carlo）等。

量子数 [quantum number] 表征量子系统中动力学

守恒量本征值和本征态的数。最广泛使用的量子数是量子力学中用于描述类氢原子中电子运动状态的一组整数或半整数，包括主量子数 n、角量子数 l、磁量子数 m 和自旋量子数 m_s 四种。

零场分裂 [zero field splitting (ZFS)] 包含多个不成对电子、总自旋大于 1/2 的体系在没有外磁场的情况下对应于不同磁自旋量子数的电子态由于旋轨耦合导致的能级分裂。零场分裂是重要的相对论效应，通常在电子自旋共振谱中有显著的体现。

零点能 [zero-point energy] 量子力学所描述的物理系统所具有的最低能量。此时系统所处的态称为基态。零点能这个概念源于量子谐振子处于基态时，虽然量子数为零，但量子谐振子仍然具有能量 $h\nu/2$。

流密度泛函理论 [current density functional theory] 将密度泛函理论推广到处理含电子与任意强度外磁场作用体系的理论方法。在自旋密度泛函理论框架内只能考虑电子自旋与外磁场之间的塞曼(Zeeman)作用，因此只适合于处理弱磁场。流密度泛函理论进一步考虑了电子轨道运动与外磁场的耦合，因此适用于处理和任意强度外磁场作用的体系。其中的交换-相关泛函不仅依赖于电子密度，还依赖于顺磁流密度。与标准的密度泛函理论相比，其理论上的困难在于除了相应的局域近似之外，更难于得到高阶的半局域或非局域修正。流密度泛函理论的一个重要应用是二维量子点与外磁场的作用。也有人利用流密度泛函理论的概念构建密度泛函理论中的非局域交换-相关能泛函近似。

弥散函数 [diffuse function] 原子型基组中为了描述弥散的电子云分布而引入的具有与价电子轨道相同角动量、并在径向部分延伸更远的基函数。弥散函数对于保证负离子分子体系或激发态计算的数值精度有重要意义。

密度泛函近似 [density functional approximation] 对交换-相关能泛函各种近似的统称。有时也用来作为对直接表示为电子密度的显式泛函的各种近似的统称。

密度泛函理论 [density functional theory] 电子结构理论的基础理论之一，也是目前针对大分子体系(100 个原子以上)和材料体系(如固体、表面)最为广泛使用的第一性原理电子结构理论方法。其核心思想是：多电子体系的基态总能量可以表示为电子密度函数的泛函，后者满足变分原理(参见霍恩伯格-科恩定理)。科恩与沈吕九进一步通过建立真实相互作用体系与一个具有相同电子密度的假想非相互作用体系之间的映射关系，使得基态总能量和电子密度可通过求解一组单电子薛定谔方程，即所谓的科恩-沈方程，来得到(参见科恩-沈方程)。在密度泛函理论的科恩-沈表述中，所有未知的相互作用效应都包括在交换-相关能泛函中，密度泛函理论的核心就是发展各种对于交换-相关能泛函的近似，目前最为常用的包括局域密度近似、广义梯度近似和杂化泛函。

密度泛函微扰理论 [density functional perturbation theory] 在密度泛函理论的框架下，通过以自洽迭代的方式计算电子密度对结构变化或外加扰动的响应来计算包括极化率、声子谱、拉曼和红外光谱、可见－紫外光吸收谱等体系响应性质的理论方法。

模守恒赝势 [norm-conserving pseudopotential] 材料体系电子结构理论中广泛使用的第一性原理(非经验性)赝势。基于如下模守恒条件构建：对于具有给定电子占据构型的原子参考态，采用赝势描述得到的价层本征态与全电子价层本征态有相同的轨道能量，且在一定的截断半径 r_c 之外有相等的轨道波函数，而在截断半径内波函数模平方的积分相等。模守恒赝势的实际构建有多种不同的方案，早期 Hamann、Schluter 和 Chiang(HSC)先假定赝势采取某种函数形式，通过调整其中的参数使其满足模守恒条件。之后，Kerker 发展了更为便捷的方案，先构建满足模守恒条件的赝波函数，再通过对相应的原子径向薛定谔方程求逆来得到赝势，这成为后来构建赝势的标准方法。对模守恒赝来说，截断半径越大，所构建的模守恒赝势在空间的变化就越缓慢(软)，计算效率就越高，但相应的描述实际体系的精度就越差。

默勒-普莱塞特微扰理论 [Møller-Plesset perturbation theory (MPPT)] 量子化学中处理电子相关的理论方法之一，应用瑞利-薛定谔(Rayleigh–Schrödinger)微扰论来处理电子相关。由于感兴趣的是获得相关能的微扰展开，所以选择哈特里-福克(Hartree-Fock)哈密顿量作为零阶哈密顿量来做瑞利-薛定谔微扰处理，该方法最早发表于默勒(C. Møller)和普莱塞特(M. S. Plesset)1934 年的文章中，因此被称为默勒-普莱塞特微扰理论。二阶的默勒-普莱塞特微扰理论，简称 MP2，因其相对较小的计算量和较为准确的计算精度而成为最为广泛应用的电子相关方法之一。

能带结构 [energy band structure] 参见电子能带结构。

凝胶模型 [jellium model] 即均匀电子气模型。

耦合常数积分 [coupling constant integral] 即绝热连接。

耦合簇方法 [coupled-cluster method] 一种常用的后哈特里-福克(post-Hartree-Fock)方法，该方法最早是克斯特尔(F. Coester)等发展用来研究核物理现象，后来在量子化学中得到了长足的发展和广泛的应用。它的特点是采用指数簇算符来构造多电子波函数，$|\Psi\rangle = e^{\hat{T}}|\Phi_0\rangle$，其中 $|\Phi_0\rangle$ 为哈特里-福克(Hatree-Fock)单斯莱特行列式波函数，$\hat{T}$ 是激发算符，可以表示为单(S)激发、双(D)激发、三(T)激发等不同阶次激发算符的加和。根据对激发算符所包含阶次的截断，

耦合簇方法具体可分为CCS、CCSD、CCSD(T)、CCSDT等不同类型。对于闭壳层分子，CCSD(T)方法(对波函数考虑到双激发贡献，并以微扰方式考虑三激发对能量的贡献)一般可以给出非常准确(接近化学精度)的结果，因此常被用作基准方法来衡量其他近似方法的准确性；但因其计算量随体系的大小以 $O(N^6)$ 的标度关系增长，目前只适合于结构相对较简单的中小型分子体系。

泡利不相容原理 [Pauli exclusion principle] 由泡利(W. E. Pauli)于1925年总结出来的量子力学的基本原理。该原理指出，将全同费米子体系中任何两个粒子对调，波函数的符号改变，即全同费米子的波函数是交换反对称的。泡利不相容原理说明两个全同费米子在同一个系统中永远无法占据同一量子态。

屏蔽库仑相互作用 [screened Coulomb interaction] 多电子体系中因多体效应导致的电子之间被削弱的有效相互作用，一般用 W 表示。如在一个多电子体系中引入一个试探负电荷，则周围电子倾向于尽可能离开该电荷，从而形成一个有效正电荷分布，后者会屏蔽所引入的负电荷，使其对远处电子的作用随距离迅速衰减为零。这种屏蔽效应使得多电子体系中任意两个电子之间的有效相互作用弱于裸库仑相互作用。在量子多体理论中，屏蔽库仑作用具有动态特征(即依赖于能量)，并可根据体系的极化函数严格定义。

前线[分子]轨道理论 [frontier molecular orbital theory] 分子轨道理论一种简化形式，它认为分子的许多性质主要由分子中的前线轨道，即最高已占分子轨道(HOMO)和最低未占分子轨道(LUMO)决定。20世纪50年代，福井谦一提出这一理论，其依据是：在分子中，HOMO上的电子能量最高，所受束缚最小,所以最活泼,容易变动；而LUMO在所有的未占轨道中能量最低，最容易接受电子，因此这两个轨道决定着分子的电子得失和转移能力，决定着分子间反应的空间取向等重要化学性质。

壳层结构 [shell structure] 多电子原子中原子轨道及其填充方式的表征。原子轨道根据其主量子数(n)和角量子数(l)分成不同的壳层和亚壳层。根据泡利不相容原理和能量最低原理填充电子时，当同一主量子数和角量子数的不同轨道全部填充满时，称为形成一个壳层。

入侵态 [intruder state] 在微扰理论中，当激发组态波函数的零阶能量与参考态波函数的零阶能量在量级上可比拟的时候，微扰修正项的分母接近于零，导致出现数值奇异性，微扰展开发散。该激发组态称为入侵态。

瑞利-薛定谔微扰理论 [Rayleigh-Schrödinger perturbation theory] 一种定态微扰理论，该理论最早出现在薛定谔(E. Schrödinger)1926年的一篇文章中。在此文中他引用了瑞利(J. W. S. Rayleigh)较早的一篇关于受一个微小扰动的简谐振动的弦的研究的文章。因此，常把这种微扰论称作瑞利-薛定谔微扰理论。

实时含时密度泛函理论 [real-time time-dependent density functional theory] 通过数值求解在一定初始条件下的含时科恩-沈方程来研究体系在含时外势场作用下物理和化学性质的理论方法。该方法可用于描述真实过程中体系的动力学演化，比如强激光场与分子的相互作用，也可通过计算一定初始扰动下体系含时演化过程中的偶极矩相关函数，来得到电子态的激发能量。另外，该方法也可用于模拟同时考虑电子与原子核的动力学演化。

收缩基组 [contracted basis set] 高斯型基组中的一个概念，指为了弥补高斯型函数在原子核附近的错误渐进行为，用多个高斯函数(即原始基函数)的线性组合作为基函数参与变分计算。收缩基组既可充分利用高斯函数计算简单的优点，又可弥补其不足，有效减少变分空间的大小，在基于高斯基组的量子化学计算中被大量使用。

瞬时相关 [instantaneous correlation] 即*动态相关*。

斯莱特行列式 [Slater determinant] 根据物理学家斯莱特(J. C. Slater)的名字命名，由一组不同的单电子轨道波函数根据行列式规则组合构成的多电子波函数，是最简单的满足交换反对称性的多电子波函数表示形式。将斯莱特行列式波函数作为对精确多电子波函数的近似进行变分，即可得到哈特里-福克方程。

素基函数 [primitive basis function] 即*原始基函数*。

随机相近似 [random phase approximation] 又称<u>无规相近似</u>。由博姆(D. Bohm)和派因斯(D. Pines)于20世纪50年代发展的用来描述多电子体系，特别是金属中电子间屏蔽库仑作用的近似方法，被广泛应用于描述多电子体系中的动态线性响应性质。在含时密度泛函理论中，随机相近似指完全忽略交换-相关核的贡献的近似处理，等价于含时哈特里近似方法。基于涨落-耗散绝热连接定理，随机相近似也被应用于计算电子基态相关能。

态叠加原理 [superposition principle] 见*量子力学基本假设*。

态密度 [density of states] 多电子体系中，在一定能量处单位能量间隔内电子态的数目。通常可以和光电子能谱实验观测谱信号强度作为能量的函数相对应，因此常用来表征多电子体系的能带结构特征。如在计算态密度时考虑对某个局域原子态的投影的权重，便得到投影态密度，这可以和X射线发射谱(XES)和X射线吸收谱(XAS)相对应；如考虑在实空间的投影，便得到局域态密度，可以与扫描隧道显微谱相对应。

投影缀加波 [projector augmented waves] 固体材料

电子结构理论计算中描述内层电子对价电子作用的重要近似方法之一。为了避免引入一般赝势方法中对芯层电子与价电子的线性化近似，但同时又避免对高度振荡的全电子轨道直接做基组展开，通过引入一组以原子为中心的投影函数，定义一个全电子轨道空间与赝轨道(在空间变化比较缓慢)空间的变换。后者作为变分空间，可用较少的平面波基组来表示。另一方面，通过与全电子轨道空间的变换，又可从赝轨道得到全电子密度。投影缀加波方法是一种基于冻芯近似的全电子方法，既继承了模守恒赝势和超软赝势方法的优点，同时又避免了其局限性，因此对轻元素和重元素体系都能获得较好的描述精度。目前几个主要的材料第一性原理计算软件如VASP、QUANTUM ESPRESSO、Abinit等都实现了对投影缀加波方法的支持。

托马斯-费米模型 [Thomas-Fermi model] 由托马斯(L.Thomas)和费米(E. Fermi)在1927年提出的描述多电子体系基态能量作为电子密度的泛函的半经典模型，可看作是最简单的近似密度泛函理论。该模型中总能量包括动能、电子之间的经典库仑排斥能以及电子与外势场的相互作用能等三项。其中，动能项表达为自由电子气模型下动能密度(即平均每个电子的动能)作为电子密度函数的积分，因此是电子密度的局域泛函。该模型能定性描述体系的电荷分布，但存在包括无法描述原子壳层结构、无法描述化学键等严重问题，因此并没有成为一个实际有用的模型。狄拉克进一步引入局域密度近似下的交换能，被称为托马斯-费米-狄拉克模型。

完全活性空间二阶微扰论 [complete active space perturbation theory of second order (CASPT2)] 最早由鲁斯(B. O. Roos)等提出的以CASSCF基态波函数作零阶参考态，采用二阶微扰论来描述电子相关的波函数方法。除基态性质之外，CASPT2被广泛应用于较为准确地计算分子体系的电子激发态性质。

完全活性空间自洽场 [complete active space self-consistent field (CASSCF)] 在波函数展开式中考虑活性电子在活性轨道上所有可能分布所得的组态状态函数的多组态自洽场方法。相应的波函数称为完全活性空间波函数。例如，对一氧化氮分子进行CASSCF(11,8)计算意味着波函数展开式中包含11个价电子在8个分子轨道上自由分配所能得到的全部状态态函数。

万尼尔函数 [Wannier functions] 晶体中在空间上具有定域性同时又互相正交的单电子轨道波函数。万尼尔函数可以从布洛赫波函数对波矢的傅里叶变换得到。由于存在幺正变化的不确定性，万尼尔函数不能唯一确定，近年来一个重要进展是在一定的定域化标准下通过变分计算得到的最大局域化万尼尔函数。万尼尔函数在很多物理问题中有重要的应用，包括模型哈密顿量的第一性原理构建、化学键分析、激子的描述、晶体的极化等。万尼尔函数在分子量子化学中也被称为局域化分子轨道(localized molecular orbital)。

维里定理 [virial theorem] 位力定理的旧称。

位力定理 [virial theorem] 曾称维里定理。设粒子处于势场$V(\boldsymbol{r})$中的定态，其平均值有如下关系$2\overline{T}=\overline{\boldsymbol{r}\cdot\nabla V}$。作为特例，单中心库仑势场中，电子动能和势能的平均值有关系$\overline{V}=-2\overline{T}$。

无规相近似 [random phase approximation] 即随机相近似。

无虚对近似 [no virtual pair approximation] 在狄拉克-库仑-布莱特电子哈密顿算符(Dirac-Coulomb-Breit electronic Hamiltonian，简称DCB哈密顿算符)中，对电子-电子相互作用只考虑正能态之间的相互作用，而忽略负能态的贡献的近似。

显相关方法 [explicitly correlated methods] 基于显式地依赖于电子间距离的近似多电子波函数的电子相关方法。传统的电子相关方法通过构造占据不同单电子轨道的斯莱特行列式的线性组合来描述电子相关，但这种多电子基函数并不能有效地描述两个电子在相互靠近时波函数的渐进行为。为了改进这一缺陷，可在近似波函数中加入显式地依赖于电子间距离r_{ij}的项，由此所得到的电子相关方法称为显相关方法。

限制性搜索表述 [constrained search formulation] 密度泛函理论的表述方式之一，并扩展了基态能量作为电子密度泛函的定义域。霍恩伯格-科恩定理只对具有v-可表示性的电子密度成立，而理论分析表明很多形式的电子密度函数均不满足v-可表示性要求。列维(M. Levy)从基态能量对多粒子波函数的变分原理出发，把对波函数的最小化变分分解为两步，首先对限制在具有确定电子密度的波函数空间求解最小值，然后再对电子密度求变分。前者即定义了针对具有N-可表示性电子密度的能量泛函。因此该表述把密度泛函理论中电子密度的变分空间由v-可表示的电子密度扩展到N-可表示的电子密度。

线性标度方法 [linear scaling methods] 也称$O(N)$方法，指电子结构理论中针对大分子体系发展的计算量随体系大小成线性增长关系的计算方法。电子结构理论的标准方法都有较高的计算标度，计算量最低的哈特里-福克方法与密度泛函理论方法的计算标度是$O(N^3)$，使得这些方法很难应用于大分子体系。线性标度方法的物理基础是量子力学中物理性质的科恩近视原理(Kohn's principle of nearsightedness)，即一定空间区域的性质受相距较远的其他区域的影响很小，在一定条件下可以忽略。线性标度方法一般都基于局域化函数(比如万尼尔函数)、一阶约化密度矩阵或局域分子轨道，目前仍是一个非常活跃的前沿领域。

线性响应含时密度泛函理论 [linear response time-dependent density functional theory] 在含时密度泛函理论的框架内，将含时外场对体系的影响作为微扰处理来计算体系动态响应函数，从而进一步得到激发态性质的理论方法。动态响应函数在频率域中的极点(poles)对应于体系的电子激发能量。通过引入电子-空穴对表示，卡西达(M. E. Casida)把动态响应函数所满足的戴森方程转化为一个易于求解的矩阵方程(常被称作卡西达方程)，使线性响应含时密度泛函理论成为分子体系激发态能量的高效计算方法。

线性缀加平面波 [linearized augmented plane waves (LAPW)] 为克服缀加平面波基组的能量依赖性导致的计算上的困难，由安德森(O. K. Andersen)所发展的对缀加平面波的线性化近似方法。其基本思想是对应于每个角动量分量 l，选择一定的参考能量 ε_l (常称为线性化能量)，把径向部分表示为该参考能量的径向函数 $u_l(r,\varepsilon_l)$ 和径向函数对能量一阶导数 $\dot{u}_l(r,\varepsilon_l) \equiv \mathrm{d}u_l(r,\varepsilon_l)/\mathrm{d}\varepsilon$ 的线性组合，组合系数根据基函数在 muffin-tin 半径处连续且一阶导数连续的条件来确定。线性缀加平面波基组不再依赖于所求解的轨道能量，因此可以很方便地应用于实际体系，并由于其不依赖于冻芯近似，而是一个真正的全电子方法，因此是目前处理固体材料电子结构问题最为准确的基组，常被用来提供检验其他近似方法的基准数据。

相对论分子量子力学 [relativistic quantum molecular quantum mechanics] 即相对论量子化学。

相对论量子化学 [relativistic quantum chemistry] 又称相对论分子量子力学。量子化学的一个分支。应用相对论量子力学研究化学问题，特别是对于含有元素周期表中重元素的体系。

相对论量子力学 [relativistic quantum mechanics] 将量子力学与狭义相对论联系到一起的理论，如描述无自旋粒子的克莱因-戈登方程，和描述自旋 1/2(电子和反电子)的狄拉克方程。

相对论密度泛函理论 [relativistic density-functional theory] 相对论范畴下的密度泛函理论。该理论的建立，是基于如下事实：体系所处的外加四维势(电势和磁矢势)，在除去规范变换带来的自由度之后，与体系的基态四维流密度有一一对应的关系。从而，体系的基态四维流密度完全确定了体系的基态能量，后者是前者的泛函。可以证明，当不存在外磁场时，体系的基态流密度的三个矢量分量是基态密度的泛函。在这种情况下，体系的基态能量由体系的基态密度唯一确定。为了使得相对论密度泛函理论能应用于实际计算，可以借鉴非相对论密度泛函理论的思想，通过引入一个与真实体系有相同流密度的无相互作用体系，来构建相对论性的科恩-沈方程。由于交换相关泛函如何依赖于四维流密度并不清楚，在实际计算中，常常借用非相对论交换相关泛函的表达式。

相对论效应 [relativistic effect] 量子化学中的相对论效应指在计算中未考虑相对论而与真实值产生的差异甚至矛盾。早期的量子化学从薛定谔方程出发，假定电子速度远远低于光速，相对论造成的影响可以忽略。实际上，重元素中内层 s 轨道和 p 轨道上电子运动速度可与光速相比拟，根据狭义相对论，s 和 p 电子相对论质量增加，运行轨道收缩。电子的 s 和 p 轨道收缩后，又会屏蔽原子核，间接导致 d 轨道和 f 轨道伸展。这些相对论效应导致的原子轨道变化可以解释汞常温下呈液态，金的颜色呈黄色。此外，相对论效应还导致自旋-轨道耦合，从而导致原子的核外电子亚层分裂，实验上可观测到光谱谱线分裂，例如钠光谱的双黄线。

休克尔分子轨道理论 [Hückel molecular orbital theory] 用简化的近似分子轨道模型处理共轭分子中的 π 电子态的半经验量子化学方法，1931 年由休克尔(E. Hückel)提出,简称 HMO。这是一种最简单的分子轨道理论，在有机化学中获得广泛应用，用以研究共轭分子的结构、性质和反应性。休克尔提出，考虑共轭分子的电子结构性质时只需考虑每个原子参与形成 π 键的一个 p 轨道，其他 p 轨道参与碳原子之间，及碳原子和氢原子之间的σ键，后者决定分子的骨架结构。休克尔进一步假定：对应于各个碳原子上 p 轨道的对角哈密顿矩阵元都相同，记为 α，对应于相邻原子轨道间的哈密顿矩阵元都相等，用 β 表示，而非相邻原子轨道间的哈密顿矩阵元都等于零；不同原子轨道间的重叠积分为零；在这种近似下，把 α 和 β 当作经验参数，久期方程变得异常简单，容易求解。对于由 N 个 p 轨道参与的共轭体系可以得到 N 个 π 分子轨道能量，进而可以确定各个 π 分子轨道的组合系数。容易把上述近似推广到包含杂原子的共轭体系。在 HMO 方法中，分子的 π 电子能量等于各个 π 电子所占据的 π 分子轨道能量的加和，由此，便可以讨论共轭分子的物理和化学性质的变化规律。HMO 方法形式简单，图像清晰，容易掌握，应用广泛，也是量子化学启蒙和演示的好方法，连著名的分子轨道对称守恒原理起初也建立在 HMO 方法的基础上。

旋轨耦合 [spin-orbit coupling] 自旋轨道耦合的简称。

薛定谔方程 [Schrödinger equation] 用于描述量子体系微观状态的运动方程。是量子力学的基本假定之一，其正确性只能靠实验来检验。由奥地利物理学家薛定谔在 1926 年提出，该方程是将物质波的概念和波动方程相结合建立起来的二阶偏微分方程，原则上可描述微观粒子的运动，每个微观系统都有一个相应的薛定谔方程式，通过解方程可得到波函数的具体形式以及对应的能量，从而了解微观系统的性质。

赝势 [pseudopotential] 电子结构理论中近似描述包含芯层电子与原子核在内的离子实对价层电子作用的有效势。其基础是冻芯近似，忽略芯层电子对化学环境变化的依赖。通过使用赝势，不需显式处理内层电子，而价层电子可用没有径向节点、空间平缓变化的赝波函数来描述，从而可以显著减少波函数表示所需要的基组数目(特别是在使用平面波基组时)，同时也可以大大简化相对论效应的处理。目前广泛应用的赝势可分为模守恒赝势、超软赝势和投影缀加波赝势。量子化学中，赝势一般也称作有效芯势。

有限温度密度泛函理论 [finite temperature density functional theory] 推广到有限温度的密度泛函理论。在霍恩伯格-科恩工作的基础上，默明(N. D. Mermin)证明，对于给定有限温度 T 和化学势 μ 的多电子巨正则体系，电子密度可唯一性地确定外势场。相应的巨势可表达为电子密度的泛函，且满足变分原理。类似于标准的密度泛函理论，可以定义有限温度下的科恩-沈方程。有限温度密度泛函理论提供了考虑电子温度效应的理论处理方法，但由于实际体系中电子温度效应较弱，因此实际应用并不是很多。在金属性体系的密度泛函理论计算中，也会引入有限温度的概念，并依据给定温度的费米分布填充单电子轨道，但这主要作为一种加快自洽场迭代收敛性的技巧而使用。

有效哈密顿算符 [effective Hamiltonian] 存在一个从全体态矢量空间的某个子空间到一个模型空间的一一映射，该映射将定义于子空间的原始哈密顿量变换为定义于模型空间的有效哈密顿量。有效哈密顿量可通过微扰逐级构造。

有效芯势 [effective core potential] 见赝势。

原始基函数 [primitive basis function] 又称素基函数。高斯型基组中的一个概念，指高斯型基组中包含的单个高斯函数。

原子单位 [atomic units] 广泛应用于量子力学和原子物理中构成自然单位制的那些单位。其运用大大方便了计算。有两种不同的原子单位：①哈特里单位；②里德伯单位。两者的主要区别在于质量单位与电荷单位的选取。其中，哈特里单位制在量子化学中最常用。在哈特里单位制中，以下四个基本物理常量的数值均被定义为 1：电子的静质量 m_e、基元电荷 e、约化普朗克常量 $\hbar = h/(2\pi)$ 和库仑常量 $1/(4\pi\varepsilon_0)$。

原子的电子排布原理 [building-up principle for electron of atom] 又称建造原理。用以决定原子、分子或离子的电子组态的原理。该原理假定了一个逐渐增加电子以“建造”原子的过程，在增加电子的过程中，假定原子核与已经添加的电子总是处于最稳定的状态。电子总是先填充低能级的轨道再填充高能级的轨道，每个轨道上的最大电子数目要满足泡利不相容原理，当出现简并能级时，可用洪德规则来判断轨道的填充顺序。

杂化 [hybridization] 原子轨道重新组合的方式，由鲍林(L. C. Pauling)于 1931 年提出。由于原子间的相互影响，同一原子中几个能量相近的不同类型的原子轨道(即波函数)，可以进行线性组合，重新分配能量和确定空间方向，组成数目相等的新原子轨道。

杂化泛函 [hybrid functionals] 通过把局域密度近似或广义梯度近似下的交换相关能与哈特里-福克交换能按一定比例混合所得到的近似交换相关能泛函。

正交性 [orthogonality] 内积线性空间中两向量的内积为 0 的性质。在量子力学中，属于同一厄米算符的不同本征值的本征函数互相正交。

正能态 [positive energy states] 考虑静止质量能后，与负能态对应的本征值为正值的狄拉克方程能量本征态，参见负能态。

主量子数 [principal quantum number] 类氢原子中核外电子波函数的四个量子数中的一个，确定电子的能量。主量子数只能取正整数，随其增大，原子轨道角动量可选范围会增大，处于轨道上的电子离核更远。主量子数是玻尔氢原子模型所引入的唯一一个量子数。

缀加平面波 [augmented plane waves (APW)] 由斯莱特(J. C. Slater)发展的求解固体单电子薛定谔方程的一种基函数形式。其基本思想是把固体中的空间分为以原子为中心的松饼盘(muffin-tin)球区和间隙区两部分，基函数在间隙区具有平面波的形式，而在 muffin-tin 球内具有原子轨道的形式，即表示为径向波函数与球谐函数乘积的线性组合，其展开系数可由基函数在 muffin-tin 球半径处连续的条件来确定。由于muffin-tin球内径向函数对应于相应单电子轨道能量的原子径向薛定谔方程的解，因此缀加平面波基组具有能量依赖性，使得用缀加平面波基组展开得到的矩阵方程不是一个简单的线性本征方程，因而实际计算比较复杂，因此没有成为主流方法而得到广泛应用。

准简并性 [quasi-degeneracy] 又称近简并性。几个态能量很接近的情况。

自伴算符 [self-adjoint operator] 又称自共轭算符。希尔伯特空间中表示矩阵与其复共轭相等的线性算符。量子力学中与物理可观测量所对应的算符都对应于自伴算符，如位置、动量、角动量和自旋等。

自共轭算符 [self-conjugate operator] 即自伴算符。

自能 [self-energy] 在基于格林函数的量子多体理论中用来描述除经典库仑排斥之外的电子间相互作用效应的函数。自能是理论物理中一个重要概念，一般地，凡是粒子与其所属的体系其他部分的相互作用所导致的对该粒子的能量的贡献，均称为自能。

自相互作用误差 [self-interaction error] 密度泛函

理论中，近似交换相关泛函未能完全抵消哈特里能(电子经典库仑排除能)中所包含的电子自身相互作用所导致的误差。其最直接的表现是：对于单电子体系，精确的交换-相关能应该与哈特里能量完全抵消，但在各种近似交换相关泛函，特别是局域密度近似或广义梯度近似中，仍残存相当一部分电子相互作用能。自相互作用误差是很多常用近似泛函的重要误差来源，密度泛函理论方法的很多根本缺陷都与此相关，包括：分子体系中的交换相关势在远离分子区域的渐进行为表现出定性的错误，导致用最高占据轨道能量计算得到的电离势显著低于实验值；不能描述很多实验发现能稳定存在的负离子；根据局域密度近似或广义梯度近似的描述，很多固体材料中的缺陷态电子分布过于离域，等等。理论上，自相互作用误差只能在单电子体系中严格定义，对于多电子体系某种意义上只具有定性意义，很难严格定义。近年来，杨伟涛及其合作者引入了离域化误差(delocalization error)的概念来表征电子自相互作用误差。也有一些人提出了多电子自相互作用误差的概念，用来表征近似交换-相关泛函不能正确描述总能量对电子数的分段线性依赖关系的误差。

自相互作用修正 [self-interaction correction] 用来克服交换-相关泛函中自相互作用误差的修正方法。很多情况下特指佩德尤(J. Perdew)和宗格尔(A. Zunger)在1981年提出的修正方法，其基本思想是在局域密度近似或广义梯度近似下的基态总能量中减去对应于每个占据轨道的电子密度所贡献的哈特里(Hartree)能与交换-相关能，在文献中，常被称为LDA-SIC 方法。该方法能克服单电子体系的自作用误差，但对多电子体系存在一定的任意性，并不能有效修正多电子自相互作用误差。该方法在理论上的一个严重缺陷是，其总能量不具备单电子轨道酉变换(也称幺正变换)不变性。将其应用于实际体系时，在自洽场方程迭代过程中还需要额外考虑对分子轨道的局域化。这些困难都限制了LDA-SIC 方法的实际应用。

自旋磁量子数 [spin magnetic quantum number] 自旋角动量在某一指定方向(通常选取 z 轴方向)分量的量子数，通常标记为 m_s，其取值为+1/2 和−1/2，对应两个能量简并的态。在施加外磁场后，这两个态的能量会分裂。

自旋对称化 [spin symmetrization] 即自旋匹配。

自旋非限制 [spin unrestricted] 量子化学自洽场计算(包括哈特里-福克方法和密度泛函理论)中不要求自旋向上(α)和自旋向下(β)的单电子轨道具有相同的空间部分。

自旋轨道耦合 [spin-orbit coupling] 简称旋轨耦合。描述电子空间轨道运动与自旋运动之间的相互作用，是最为重要电子运动相对论效应之一。在旋轨耦合的作用下，电子的自旋不再是好的量子数。

自旋量子数 [spin quantum number] 描述微观粒子内禀角动量的量子数，通常标记为 s，对于电子取值为 1/2。是微观粒子的内禀属性，表征其自旋特征。

自旋匹配 [spin adaptation] 又称自旋对称化。将多个斯莱特(Slater)行列式波函数进行线性组合，使其具有确定自旋(即同时为总自旋角动量算符的平方 $\hat{S}^2$ 及其在 z 方向分量 $\hat{S}_z$ 的共同本征态)的过程。

自旋限制 [spin restricted] 要求量子化学自洽场计算(包括哈特里-福克方法和密度泛函理论)中自旋向上(α)和自旋向下(β)的单电子轨道具有相同的空间部分的限制。

组态相互作用 [configuration interaction (CI)] 通过将一组由不同的确定单电子轨道所构建的斯莱特行列式波函数进行线性组合，并利用变分原理决定组合系数的近似求解基态及激发态多电子波函数的电子相关方法。所考虑的斯莱特行列式波函数一般通过对哈特里-福克理论中的基态行列式波函数进行激发的方式构建，根据所考虑激发的阶次，可分为CIS(单激发)、CISD(考虑到双激发)、CISDT(考虑到三激发)等。给定单电子轨道基组，如将所有可能的斯莱特行列式波函数都纳入变分计算中，称为完全组态相互作用(full CI)方法，可给出该基组条件下电子基态和所有激发态的数值精确解。有限阶次的CI方法不满足尺寸一致性要求，因此在实际计算中应用有限。

最优有效势方法 [optimized effective potential method] 使用轨道泛函时求解相应的局域交换-相关势的方法。在科恩-沈方法框架内，单电子有效势必须是空间局域函数。当交换-相关能泛函依赖于单电子轨道，从而是电子密度的隐式泛函时，通过链规则可以得到相应的关于交换相关势所满足的积分方程，被称为最优有效势(OEP)方程。历史上，OEP 方法最早是作为对哈特里-福克(Hartree-Fock)方法的近似在20世纪50年代被提出来，并在密度泛函理论建立后被赋予了新的含义。

左右相关 [left-right correlation] 占据同一空间轨道的两个自旋相反的电子处于距离较远时的相互关联，如 H_2 解离时两电子的相互关联。

5.2 分子力学

埃伦菲斯特分子动力学 [Ehrenfest molecular dynamics] 见从头计算分子动力学。

安德森热浴法 [Andersen thermostat] 在分子动力学模拟中用于体系等温控制的一种方法。1980 年由安德森(H. C. Andersen)提出，在模拟中随机选取体系中某个粒子施以随机碰撞(碰撞概率事先给定且认为两次碰撞之间彼此独立)，碰撞之后的速度从热浴温度 T 的麦克斯韦-玻尔兹曼速度分布中取得，未发生碰撞的粒子不受影响。一般说来，安德森热浴法适合模拟体系的静态性质但不太适合模拟体系的动态性质。

标度法 [scaling method] 分子动力学模拟中用于体系等温或等压控制的一类简单方法。即通过对所有粒子的速度(位置)乘一个标度因子从而使体系的温度(压力)趋近或等于设定的热浴温度(外压)。在伍德科克(Woodcock)方法中，每次调整后体系的温度(压力)都等于热浴温度(外压)。在贝伦德森(Berendsen)方法中，每次调整时体系的温度(压力)根据弛豫规律趋近热浴温度(外压)，即趋近的速度正比于当前温度(压力)与指定的热浴温度(外压)之差。标度法简单方便，但缺点是不知道模拟得到的数据属于哪种统计系综。

玻恩-奥本海默分子动力学 [Born-Oppenheimer molecular dynamics] 见从头计算分子动力学。

从头计算分子动力学 [*ab initio* molecular dynamics] 分子动力学的一类，模拟中原子核的演化服从牛顿运动定律，其所受的力通过电子的从头计算方法获得。常见的从头计算分子动力学有如下三种。

(1)埃伦菲斯特分子动力学。采用平均场近似，即假设电子和核分别在通过对对方自由度作量子平均得到的平均场中运动，并对核自由度做经典近似。演化方程为

$$M_I \frac{d^2 \boldsymbol{R}_I}{dt^2} = -\nabla_I \langle \psi | \hat{H} | \psi \rangle$$

$$i\hbar \frac{\partial \psi}{\partial t} = \hat{H} \psi$$

式中，M_I和$\boldsymbol{R}_I$是原子核的质量和位置，ψ是电子波函数，$\hat{H}$是体系的哈密顿量。此方法中核和电子同时演化。由于电子演化的时间步长较短，因此严重限制了该方法能够模拟的时间长度。

(2)玻恩-奥本海默分子动力学。基于玻恩-奥本海默近似，每步演化中电子总是处于基态。方程为

$$M_I \frac{d^2 \boldsymbol{R}_I}{dt^2} = -\nabla_I \min_{\psi} \langle \psi | \hat{H} | \psi \rangle$$

$$\hat{H} \psi = E \psi$$

此方法中不存在电子的动力学演化，时间步长由核的运动决定，故模拟时可采用较长的时间步长。但是，每步均需自洽求解电子基态，这大大增加了计算量。

(3)卡尔-帕里内洛分子动力学。把电子波函数ψ看作是与原子核位置$\boldsymbol{R}_I$类似的自由度，并认为电子的演化也满足牛顿运动定律。方程为

$$M_I \frac{d^2 \boldsymbol{R}_I}{dt^2} = -\nabla_I \langle \psi | \hat{H} | \psi \rangle$$

$$\mu \frac{d^2 \psi}{dt^2} = -\frac{\delta E(\psi; \boldsymbol{R})}{\delta \psi^*} + \Lambda \psi$$

式中，μ是人为引入的用于描述ψ演化快慢的有效质量，Λ是为了保证ψ归一化而引入的拉格朗日因子。此方法结合了前两种方法的优点，在实际中得到广泛的应用。

粗粒化模型 [coarse-grained model] 忽略分子中某些基团的精细运动而用其平均来近似描述的模型。可以通过简单地删除一些对体系影响不大的自由度或用一个等效原子代替一个基团来实现。粗粒化模型能够拓展模拟体系所能达到的空间与时间尺度。

单纯形法 [simplex method] 函数极小化的一种零级导数算法，可在分子模拟中用于能量极小化计算。N 维空间里的N+1 个点组成的多面体称为单纯形。对于含 N 个独立变量的函数，构造一个单纯形，并对单纯形进行各种操作使其不断趋近函数的极小值点：函数值最高的点相对于其他 N 个点组成的平面做反射操作；函数值最高的点向其他 N 个点收缩；其他 N 个点向函数值最低的点收缩。单纯形法不用求导数，简单易用，但计算效率较低且收敛慢。在能量极小化中常与其他方法联合使用，如先用单纯形法找到一个合适构型再用其他方法。

定量构效关系 [quantitative structure-activity relationships (QSAR)] 全称定量结构-活性关系。一种借助分子的理化性质参数或结构参数，利用数学和统计学手段定量研究有机小分子生物活性的方法。在药物设计中有重要的应用。通常将化合物的活性近似定义为ϕ=lg(1/C)，其中 C 指能够产生某种特定的生物效应所需的化合物浓度，如半致死剂量等。方法认为小分子的活性与其结构或者理化性质存在某种经验的函数关系(线性、抛物线型等)，因此可以通过已知药物的数据拟合出函数的参数，再把未知活性的其他化合物的性质代入函数就可预测其活性。经典 QSAR 方法包括汉施(Hansch)方法和弗里-威尔逊(Free-Wilson)方法等，它们或采用分子的整体性质作为自变量，或采用药物分子的二维结构作为自变量。后来考虑到分子三维立体结构的因素发展出三维 QSAR 方法，如比较分子场分析法(comparative molecular field analysis，CoMFA)。定量构效关系研究具有计算量小、预测能力不错等优点，但它不能明确给出回归方程的物理意义以及药物-受体间的作用模式。

定量结构-活性关系 [quantitative structure-activity relationships (QSAR)] 定量构效关系的全称。

多时间步长方法 [multiple time-step method] 对特征时间相差较大的几种相互作用采取不同积分步长的分子动力学模拟方法。由于选取了不同的积分步长，特征时间长的相互作用不用像特征时间短的相互作用一样频繁地计算，所以提高了计算效率。

非键相互作用 [non-bonded interactions] 释文见有机化学同名词条。

分子表面 [molecular surface] 分子的表面或表面积。由于电子云的存在，分子表面并不是一个严格定义的概念。而且，它也不是实验可测量量。因此，存在多种不同的分子表面的定义。常用的定义有下面几种：①范德瓦耳斯表面，即组成分子的每个原子用范德瓦耳斯半径的硬球表示时没有重叠而露在外面的表面；②可及表面，即用一个探针分子在范德瓦耳斯表面滚动(保证探针分子范德瓦耳斯表面与靶分子范德瓦耳斯表面外切)时探针分子中心运动轨迹形成的表面；③探针分子在范德瓦耳斯表面滚动时其范德瓦耳斯球运动轨迹所形成的形体的内表面，有时简称为分子表面。通常选取水为探针分子，其范德瓦耳斯半径为 1.4 Å。不同定义的分子表面有不同的用途。例如，溶剂可及表面描述的是可以接触到溶剂的分子表面区域，可用于隐式溶剂化模型中溶剂化能的计算。

分子动力学 [molecular dynamics] 应用经典力学运动定律和数值积分方法研究多体体系性质的学科。假设组成粒子(原子)的运动遵守经典力学定律(如牛顿运动定律)，从而可以通过求解相应的运动方程来得到体系的运动轨迹及各种平衡和动态性质。能处理各种统计系综；当模拟步长足够小时可以逼近真实体系的时间演化，故可以处理平衡与非平衡态的问题。

分子动力学积分方法 [integration methods of molecular dynamics] 分子动力学方法中求解体系演化的微分方程式时所使用的数值积分方法。常用的积分方法包括韦尔莱法(Verlet method)、蛙跳法(leapfrog method)、速度韦尔莱法(velocity Verlet method)、比曼法(Beeman method)、吉尔法(Gear method，又称“预估—校正法”)等。例如，韦尔莱法的表达式如下：

$$\boldsymbol{r}(t+\Delta t)=2\boldsymbol{r}(t)-\boldsymbol{r}(t-\Delta t)+\boldsymbol{a}(t)(\Delta t)^2+O(\Delta t)^4$$

式中，$\boldsymbol{r}$ 表示原子的位置；$\boldsymbol{a}$ 为加速度，可根据牛顿第三定律由力或势能函数给出；Δt 为积分步长。不同的积分算法在简单性及精确性等方面会有所不同。

分子可视化 [molecular visualization] 利用构建模型直观地表示分子的三维结构及各种性质。可以通过用球棍等构建实物模型或用成像软件生成虚拟影像等方法来实现。分子可视化将抽象的分子结构等信息转换为肉眼直接可见的画面，对于理解和利用分子的各种性质具有重要作用。

分子力学 [molecular mechanics] 利用经典力学的相关概念和方法来研究分子性质的学科。在玻恩-奥本海默近似下，分子势能仅是核的位置的函数，分子体系具有势能面，可以用经典力学描述与求解。并且进一步假设分子势能面可以表示为一些简单模式的贡献之和。通常选取一个具有标准键长、键角、二面角且忽略非键相互作用的理想的“标准分子”，令其势能为零，则真实分子势能(力场函数)可以表示成下面几项的和：键伸缩能(化学键在键轴方向上的伸缩运动所引起的能量变化)；键角弯曲能(键角变化引起的分子能量变化)；二面角扭转能(键旋转引起分子骨架扭曲所产生的能量变化)；非键相互作用(包括范德瓦耳斯力、静电相互作用)。这些项在不同分子之间具有较好的可转移性，如各种分子中的碳-碳单键的性质都是类似的。一种简单的力场函数可用下式表示：

$$\begin{aligned}V&=V_{\mathrm{b}}+V_{\theta}+V_{\mathrm{t}}+V_{\mathrm{elec}}+V_{\mathrm{vdW}}\\&=\sum_{\mathrm{b}}\frac{k_{l,i}}{2}\left(l_i-l_{i,0}\right)^2+\sum_{\theta_i}\frac{k_{\theta,i}}{2}\left(\theta_i-\theta_{i,0}\right)^2\\&\quad+\sum_{\mathrm{t},n}\frac{V_{n,i}}{2}\left[1+\cos\left(n\omega_i-\gamma_{n,i}\right)\right]\\&\quad+\sum_{\mathrm{elec}}\frac{q_iq_j}{4\pi\varepsilon_0r_{ij}}+\sum_{\mathrm{vdW}}4\varepsilon_{ij}\left[\left(\frac{\sigma_{ij}}{r_{ij}}\right)^{12}-\left(\frac{\sigma_{ij}}{r_{ij}}\right)^{6}\right]\end{aligned}$$

式中，V 为体系总势能，V_{b}、V_{θ}、V_{t}、V_{elec}、V_{vdW} 分别为键伸缩能、键角弯曲能、二面角扭转能、静电能与范德瓦耳斯相互作用能，l_i、θ_i、ω_i 分别为分子中的键长、键角与二面角，q_i 与 q_j 是原子所带的部分电荷，r_{ij} 是原子之间的距离，ε_0 是真空介电常数，其他的量是力场中的参数。通过引入更复杂的势能函数或增加不同项间的耦合可给出更好的计算结果。在此基础上求解体系性质时常运用能量极小化、分子动力学、蒙特卡罗模拟、分子构象分析等方法。用这种方法给出的描述分子体系的模型有时也称为力场模型或经验性力场模型。与量子力学计算相比，分子力学方法的计算量小。虽然分子力学方法比较粗糙近似，但在某些情况下可给出与高精度量子力学计算相近的结果。不过不能给出分子的电子性质，故常用于给出大致处于势能最低的核骨架，或用于药物、团簇体系和生物大分子等体系的研究。

分子力学能 [steric energy] 即空间能。

分子模拟 [molecular modeling] 利用各种理论方法与计算技术，模拟出分子的行为或性质的方法。在计算化学、药物设计、计算生物学及计算材料学中应用广泛。核心内容是构建原子级的分子系统的描述。对电子则可采用隐式(分子力学方法)或显式(量子化学方法)的处理方式。常用到分子动力学模拟与蒙特卡罗模拟。

副本交换方法 [replica-exchange method] 即副本交换模拟。

副本交换模拟 [replica-exchange simulations] 又称副本交换方法。一种提高分子构象空间采样效率的模拟方法。对同一体系在不同温度下的多个副本同时进行模拟，并在系综平衡分布的限制下随机交换不同温度下的构象。由于高势能构象在高温下有更大概率出现，故副本交换模拟避免了低温下模拟分子易陷入势能局部极小值导致的模拟效率低下的问题，提高了采样效率。

广义玻恩模型 [generalized Born (GB) model] 用于近似计算静电作用引起的溶剂化自由能的一种模型。将适用于单个离子溶剂化能计算的玻恩模型推广到有多个离子相互作用时情况。公式为：

$$\Delta G_{\text{elec}} = -\left(1-\frac{1}{\varepsilon}\right)\sum_{i=1}^{N}\sum_{j=i+1}^{N}\frac{q_i q_j}{r_{ij}} - \frac{1}{2}\left(1-\frac{1}{\varepsilon}\right)\sum_{i=1}^{N}\frac{q_i^2}{a_i}$$

式中，q_i与a_i分别是第i个离子的电荷与玻恩半径；r_{ij}为离子间的距离；ε为溶剂的介电常数。广义玻恩模型常被用于隐式溶剂化模型的计算中。

黑塞矩阵 [Hessian matrix] 力学中又称力常数矩阵。在数学上，是一个自变量为向量的实值函数的二阶偏导数组成的方块矩阵。如对于函数$f(x_1, x_2,\cdots, x_n)$，其黑塞矩阵$\boldsymbol{H}$的矩阵元为

$$H_{ij} = \frac{\partial f(x_1, x_2, \cdots, x_n)}{\partial x_i \partial x_j}$$

应用牛顿法解决大规模优化问题时经常会用到黑塞矩阵。当被用于分子力学方法里面的能量极小化时，H_{ij}等于力矢量的第i个分量对原子位置的第j个分量的偏微分，因此$\boldsymbol{H}$也被称为力矩阵。

缓慢生长法 [slow growth method] 一种用于计算体系自由能的方法。为了计算两个体系X与Y的自由能之差，引入一个虚拟变量λ，使体系在λ=0时对应于体系X，λ=1时对应于体系 Y。在一个分子动力学模拟或蒙特卡罗模拟里，使λ缓慢而连续地从0变到1，即体系从X变到Y，则根据统计热力学原理，有

$$\Delta F \equiv F_{\text{Y}} - F_{\text{X}} = \sum_{i=1;\lambda=0}^{i=N;\lambda=1}\langle E_{i+1} - E_i\rangle_i$$

式中，N是模拟的总步数。由于λ变化时体系的响应存在哈密顿滞后(Hamiltonian lag)，缓慢生长法的计算效率并不高，现在已经较少直接使用。

吉布斯系综蒙特卡罗模拟 [Gibbs ensemble Monte Carlo simulation] 一种能够有效处理相平衡与相共存的蒙特卡罗模拟方法。模拟时同时考虑两个分开的单相体系，并对体系施加下列三类扰动：①单相体系内部的常规的蒙特卡罗扰动，使单相内部达到平衡；②在保持总体积不变的条件下对两个相的体积进行扰动，使两个相之间达到压力平衡；③在两个相之间随机地转移或交换粒子，使两相的化学势达到平衡。该方法在处理气-液平衡及液-液平衡方面效率非常高，但不太适合有稠密相(如固相)参与的相平衡研究。

几何优化 [geometry optimization] 即能量极小化。

加斯泰格尔-马尔西利方法 [Gasteiger-Marsili method] 一种被广泛应用的在分子力学研究中用于快速计算部分电荷的方法。核心思想是假设轨道电负性(χ)与带电量成二次函数关系，计算部分电荷时使电子在键合原子之间转移从而使轨道电负性趋向平衡，迭代公式为

$$\Delta Q_{\text{B}\to\text{A}}(k) = \alpha^k\,\frac{\chi_{\text{B}}(k) - \chi_{\text{A}}(k)}{\chi_{\text{A}^+}}$$

式中，$\Delta Q_{\text{B}\to\text{A}}(k)$为第$k$轮迭代中由B向A转移的电荷；$\alpha^k$是迭代系数，一般取为0.5；$\chi_{\text{A}^+}$是A的阳离子的电负性。一般迭代4到5轮即可，不能让电负性完全平衡，否则无法反映键合关系对部分电荷的影响。

简正振动分析 [normal mode analysis] 又称正交模分析。在分子模拟中对分子简正振动的频率、能量、振动方式等特征进行分析。分子的简正振动可以通过下列方程进行求解

$$m_i\frac{\mathrm{d}^2 u_i}{\mathrm{d}t^2} = -\sum_j H_{ij}u_j$$

式中，u_i是第i个坐标偏离平衡位置的值，m是原子质量，H_{ij}是黑塞矩阵的矩阵元。简正振动分析在红外光谱、振动熵、分子位置涨落分析以及生物分子构象分析等方面有广泛应用。

降维 [dimension reduction] 即维数约简。

进化算法 [evolutionary algorithms] 模拟生物进化过程与机制的自适应的全局优化算法。包括遗传算法、遗传规划、进化策略和进化规划四种典型方法。需要对优化问题的解进行编码，以便进行复制、重组和变异等操作实现对当前解的改造。一般是先给定一组初始解；再从中选出一些解进行改造；然后根据这些解的性能选择一些解进入下一轮迭代(即性能好的解有更大的生存可能)。进化计算是一种具有高鲁棒性和广泛适用性的全局优化方法，在分子构象分析、药物设计等领域有重要应用。

经验型力场模型 [empirical force field models] 参见分子力学。

精细平衡 [detailed balance] 即细致平衡。

距离几何法 [distance geometry method] 一种产生分子构象及进行构象搜索与分析的方法。对于一个分子体系，所有原子两两之间的距离所组成的矩阵，被称为距离矩阵。为了产生一个分子构象，距离几何法先对距离矩阵在允许的距离范围内随机赋值，再将距离矩阵按一定算法转换成原子坐标。距离矩阵赋值时需考虑一系列的约束条件，如键长、范德瓦耳

斯球碰撞导致的直接约束，以及由三角几何关系导致的间接约束等。距离几何法常用于构象分析，以及利用核磁共振数据来确定蛋白质结构。在生物信息学中，距离矩阵用来表示与坐标系无关的蛋白质结构，可方便地进行结构比对。

卡尔-帕里内洛分子动力学 [Car-Parrinello molecular dynamics] 见从头计算分子动力学。

可及表面 [accessible surface] 又称溶剂可及表面。参见分子表面。

空间能 [steric energy] 又称空间位阻能、分子力学能。在力场模型中，描述分子势能的力场函数给出的相对于一个具有标准键长、键角、二面角且忽略非键相互作用的理想的“标准分子”的相对势能。空间能并不包括键形成能的贡献，而只反映键长伸缩、键角弯曲、键二面角扭曲以及非键原子之间的范德瓦耳斯力与静电相互作用所导致的能量。因此，空间能的比较一般只能在同一分子的不同构象之间进行。

空间填充模型 [space-filling model] 又称 CPK 模型。用于表现分子的三维空间分布的一种可视化模型。原子用半径正比于真实原子半径(如范德瓦耳斯半径)的球体来表示，原子核间距正比于真实原子核之间的距离，不同化学元素的原子用不同的颜色显示。空间填充模型对原子使用“全尺寸”球模拟，这区别于其他 3D 表示(例如球棍模型、骨骼模型)。空间填充模型对于分子形状和相对尺寸的可视化有很大的用处。但是，该模型没有明确地显示原子之间的化学键和第一层以外的分子结构。

空间位阻能 [steric energy] 即空间能。

力常数矩阵 [force constant matrix] 即力学中的黑塞矩阵。

力场参数化 [force filed parametrization] 对分子力学的力场函数中的参数进行赋值。一般是通过与分子的热力学与光谱学实验数据以及量子化学的计算结果进行拟合来确定力场参数的数值。各类键长、键角的“本征值”一般取自晶体学、电子衍射或其他谱学数据；键伸缩和角弯曲力常数主要由振动光谱数据确定；扭转力常数通常要从量子化学计算得到的分子内旋转位垒来推算。由于力场的参数众多，因此力场参数化并不是一件容易的事情。力场参数化的质量对力场的性能有非常大的影响。

力场模型 [force field model] 参见分子力学。

联合原子力场 [united-atom force fields] 将原子基团合并考虑的简化力场。如针对长链烷基化合物所设计的力场，可将甲基与亚甲基均视为一原子团，用一个联合原子表示，质量分别为 15 及 14 原子质量单位，位置取在碳原子上。这种处理减少了模拟时的原子数目，而且可以避免由于氢原子运动过快而导致的步长过短的问题。

伦纳德-琼斯势 [Lennard-Jones potential] 用于描述两个分子(原子)之间的作用势能的一个函数。最早由伦纳德-琼斯(J. Lennard-Jones)于 1931 年提出，由于其解析形式简单而被广泛使用。具体形式为

$$V(r)=4\varepsilon\left[\left(\frac{\sigma}{r}\right)^{12}-\left(\frac{\sigma}{r}\right)^{6}\right]$$

式中，r 是两个分子之间的距离；ε与σ是两个参数，ε表示势阱深度，σ是碰撞直径(在这个距离时相互作用能为零)。由上式可求得势阱位置为 $r_{\min}=2^{1/6}\sigma$。因此伦纳德-琼斯势也可写成另一种形式

$$V(r)=\varepsilon\left[\left(\frac{r_{\min}}{r}\right)^{12}-2\left(\frac{r_{\min}}{r}\right)^{6}\right]$$

从物理意义上讲，伦纳德-琼斯势的第一项可认为是对应于两体在近距离时以互相排斥为主的作用，第二项对应两体在远距离以互相吸引(如通过范德瓦耳斯力)为主的作用。因此伦纳德-琼斯势本身是一个近似公式。

米特罗波利斯算法 [Metropolis algorithm] 蒙特卡罗模拟中的一种著名算法。由米特罗波利斯等在 1953 年提出。具体内容为：①给出分子体系的一个初始微观状态；②对当前(旧)状态进行某种扰动，得到试探(新)状态，新旧状态间的能量差为ΔE；③按概率 $P_{\mathrm{acc}}=\min\left[1,\exp\left(-\frac{\Delta E}{k_{\mathrm{B}}T}\right)\right]$ 接受新状态；④重复步骤②～③。可以证明，米特罗波利斯算法是一种满足细致平衡的重要性抽样方法，可以有效地得到正则系综的统计性质。

模拟退火 [simulated annealing] 一种模拟晶体的退火过程而提出的通用的全局优化算法。将目标函数看成能量的负值，在解空间中进行蒙特卡罗采样，初始温度设为很高，并在采样模拟过程中按一定方案(称为冷却进度表)缓慢降温，直至在低温下得到最优解。该算法的实现与系统初始值无关，是一种可以渐近收敛到全局最优解的优化算法。

CPK 模型 [CPK model] 即空间填充模型。

莫尔斯势能 [Morse potential] 一种用于表示双原子分子势能的模型。其表达式为

$$V(r)=-D_{\mathrm{e}}+D_{\mathrm{e}}\left[1-\mathrm{e}^{-a(r-r_0)}\right]^2$$

式中，r 为原子间距离；r_0 为平衡时的键长；D_{e} 为势阱深度，即平衡时分子的势能；a 是反映势阱宽度的参数。相比谐振子模型，该模型隐含地包括了键断裂现象，对于分子振动的精细结构具有良好的近似，可以更好地用于双原子分子势能的

处理。不过，该模型计算量较大，参数也比谐振子模型多。

内部坐标 [internal coordinates] 通过价键的连接关系和键长、键角、二面角信息来表示分子中原子核位置的方法。由于不考虑质心的位置和分子的方位，因此对于 N 个原子的分子共有 $3N-6$ 个参数。该方法与直角坐标法各有优劣，常用于量子力学计算。

能量极小化 [energy minimization] 又称几何优化。对没有处于平衡状态的分子，通过改变核坐标使分子内部势能下降从而逼近稳定分子结构的方法。经过该方法可以得到对应着势能面上局部极小位置的分子结构。根据计算时需要的势能函数导数的情况可以分为零阶导数算法(单纯形法等)、一阶导数算法(最速下降法、共轭梯度法等)和二阶导数算法(牛顿-拉弗森方法等)。

能势-胡佛动力学 [Nosé-Hoover dynamics] 又称能势-胡佛方法。一种利用分子动力学模拟等温体系的方法。于1984年由能势修一(S. Nosé)提出，并于1985年由胡佛(W. G. Hoover)加以完善，是利用分子动力学模拟处理等温体系的重要方法。该方法的思想是在热浴的恒温下，向一个由 N 个粒子构成的体系中引入新的自由度——广义坐标 s 及其对应的广义动量 p_s，以此得到扩展体系。广义坐标 s 对应的广义力使体系与热浴耦合。该扩展体系具有确定的能量，属于孤立体系，用微正则系综进行描述。扩展体系的哈密顿量为：

$$H_{\text{ext}} = \sum_{i=1}^{N}\frac{p_i^2}{2m_i s} + V\left(\{q_i\}\right) + \frac{p_s^2}{2Q} + gk_{\text{B}}T\ln s$$

若取 $s=1$ 则该式还原为绝热体系的哈密顿量。Q 为广义坐标 s 的等效质量，即热浴的等效质量。g 为参量，当取 $g=3N+1$ 时，该体系的微正则系综配分函数在数学形式上严格等价于真实体系的正则系综配分函数。

能势-胡佛方法 [Nosé-Hoover method] 即能势-胡佛动力学。

偏倚抽样方法 [biased sampling techniques] 即偏倚蒙特卡罗方法。

偏倚蒙特卡罗方法 [biased Monte Carlo method] 又称偏倚抽样方法。一种基于蒙特卡罗方法的、通过在取样时附加偏倚函数使得取样过程优化的算法。其要点是在对系统进行扰动以产生试探构象时的概率是该试探构象势能的函数，数学表达式为

$$P_{\text{select}}(\text{old}\rightarrow\text{new}) = f\left[U(\text{new})\right]$$

根据细致平衡的要求，试探构象被接受的概率应满足

$$\frac{P_{\text{accept}}(\text{old}\rightarrow\text{new})}{P_{\text{accept}}(\text{new}\rightarrow\text{old})} = \frac{f\left[U(\text{new})\right]}{f\left[U(\text{old})\right]}\exp\left\{-\frac{U(\text{new})-U(\text{old})}{k_{\text{B}}T}\right\}$$

通过适当选择函数 f 的形式，可以提高试探构象被接受的概率，或使得当新构象的势能远远大于旧构象的势能时，新构象仍有一定的概率被接受，因此能够历经普通的蒙特卡罗算法无法取到的高能量的态。偏倚蒙特卡罗方法的例子包括罗森布卢特(Rosenbluth)生长法、集群翻转(cluster flipping)方法等。

泊松-玻尔兹曼方程 [Poisson-Boltzmann(PB) equation] 描述分子在电解质溶液中的静电性质的微分方程。将除了研究的分子之外的溶液部分用连续介质(具有一定的介电性质)来描述。在高斯单位制下，有

$$\nabla\cdot\varepsilon(\boldsymbol{r})\nabla\phi(\boldsymbol{r}) = -4\pi\rho_{\text{mol}}(\boldsymbol{r}) - 4\pi\sum_i c_i^{(0)}q_i\exp\left[-\frac{q_i\phi(\boldsymbol{r})}{\kappa_{\text{B}}T}\right]$$

式中，ε为介电常数，ϕ为电势，ρ_{mol} 为分子的电荷密度分布，$c_i^{(0)}$ 为溶液中第 i 种离子的浓度，q_i 为第 i 种离子所带电荷量，κ_{B} 为玻尔兹曼常量。求解方程可得到体系中的电势与电场分布，以及体系总的静电作用能。泊松-玻尔兹曼方程在隐式溶剂化模型中有重要应用，被用于快速估算静电作用导致的溶剂化自由能。在分子模拟中常用于计算溶液对蛋白-底物相互作用和蛋白质折叠的影响；在量子化学中，可用来估算溶剂中某些分子的结构及 $\text{p}K_{\text{a}}$。

球-棍模型 [ball-and-stick model] 一种用于显示化学分子的三维空间位置的可视化模型。用实心小球表示原子，用短棍表示化学键，短棍的数目代表化学键的键级。该模型由德国化学家霍夫曼(A. W. von Hoffman)于1865年提出，是分子可视化的重要手段之一。

全原子力场 [all-atom force fields] 力场的一类，对体系中所有原子都给予显式考虑，即在模型中直接包含了所有原子的原子类型和坐标等信息。与之相对的是粗粒化力场。

热力学积分法 [thermodynamic integration method] 分子模拟中计算体系自由能差值的一种方法。其原理为在哈密顿量中引入一个虚拟参数λ，使$\lambda=0$ 时对应于体系 X，$\lambda=1$ 时对应于体系 Y，则体系 Y 与 X 的自由能差可以通过下述积分来计算

$$\Delta F \equiv F_{\text{Y}} - F_{\text{X}} = \int_0^1 \text{d}\lambda\left\langle\frac{\partial H(\lambda)}{\partial\lambda}\right\rangle_{\lambda}$$

热力学微扰法 [thermodynamic perturbation method] 分子模拟中计算体系自由能差值的一种方法。根据统计热力学原理，对于两个体系 X 与 Y，它们的自由能差值可由下式从体系 X 或 Y 的模拟中得到

$$\Delta F \equiv F_{\text{Y}} - F_{\text{X}} = -k_{\text{B}}T\ln\left\langle\exp\left[-\frac{E_{\text{Y}}-E_{\text{X}}}{k_{\text{B}}T}\right]\right\rangle_{\text{X}}$$
$$= k_{\text{B}}T\ln\left\langle\exp\left[-\frac{E_{\text{X}}-E_{\text{Y}}}{k_{\text{B}}T}\right]\right\rangle_{\text{Y}}$$

此方法在体系 X 与 Y 比较接近时的计算效率才比较高。

溶剂化模型 [solvation model] 用于模拟溶剂环境如何影响溶质分子性质的模型。可以分为显式溶剂化模型和隐式溶剂化模型两类。前者直接考虑每一个溶剂分子与溶质分子之间的相互作用；后者将溶剂等效为一个连续介质再考虑其对溶质分子的影响。相对而言，显式溶剂模型计算量较大但精度较高。

溶剂可及表面 [solvent accessible surface] 即可及表面。

伞状抽样 [umbrella sampling] 一种通过修正体系势函数使得体系能量较高的态能够被充分取样的抽样方法。修正过的势函数形式为

$$V'\left(\boldsymbol{r}^N\right)=V\left(\boldsymbol{r}^N\right)+V_{\text{bias}}=V\left(\boldsymbol{r}^N\right)+k\left[J\left(\boldsymbol{r}^N\right)-J_0\right]^2$$

式中，J 是体系的某个一维(广义)变量；$V_{\text{bias}}=k\left[J\left(\boldsymbol{r}^N\right)-J_0\right]^2$ 是在势函数上施加的修正项，能够使 J_0 附近的态得到充分抽样；k 与 J_0 是两个参数；$\boldsymbol{r}$ 为原子坐标。原体系某物理量 A 的系综平均值可通过对修正势下的模拟进行适当的权重调整而得到：

$$\langle A\rangle_V=\frac{\left\langle A\left(\boldsymbol{r}^N\right)\exp\left[V_{\text{bias}}/\kappa_{\text{B}}T\right]\right\rangle_{V'}}{\left\langle\exp\left[V_{\text{bias}}/\kappa_{\text{B}}T\right]\right\rangle_{V'}}$$

式中，κ_{B} 为玻尔兹曼常量。为了对不同部分的态都能充分抽样，一般会选取不同 J_0 值进行多个模拟。

水模型 [water models] 在分子模拟过程中用于处理水分子团簇、液态水以及显式溶剂化模型中溶剂分子的模型。可以根据用于表示单个水分子的所需要的位点数目将其进行分类。例如，可以用一个氧原子和两个氢分子共三个位点来描述水分子。有时候为了更好地描述氢键作用，需要对孤对电子也进行显式描述。常见的水模型包括 SPC/E、TIP3P、TIP4P 等。

随机动力学 [stochastic dynamics] 利用朗之万方程来进行等温模拟或研究溶质在溶剂中的运动的方法。体系中需要模糊处理的部分(热库或溶剂)被放入朗之万方程的耗散项。该方法在遍历性上比能势-胡佛方法要好，在较短时间内就可以达到准各态历经，适用于运动自由度大的体系。

蛙跳法 [leapfrog method] 一种分子动力学积分算法。公式为：

$$\boldsymbol{r}(t+\Delta t)=\boldsymbol{r}(t)+\boldsymbol{v}\left(t+\frac{\Delta t}{2}\right)\Delta t+O\left(\Delta t^3\right)$$

$$\boldsymbol{v}\left(t+\frac{\Delta t}{2}\right)=\boldsymbol{v}\left(t-\frac{\Delta t}{2}\right)+\boldsymbol{a}(t)\Delta t+O\left(\Delta t^3\right)$$

相比传统的韦尔莱(Verlet)法，该方法可以直接计算速度，并且速度和位置的误差都是 $O(\Delta t^3)$。该方法计算得到的位置与速度不在同一时刻，总是相差$\Delta t/2$，形似蛙跳，故名蛙跳法。

韦斯特海默方法 [Westheimer method] 参见分子力学。

维数约简 [dimension reduction] 又称降维。将高维数据的维数降低，但设法保持原有数据的一些主要特征。维数的降低有助于数据的可视化与特征的分析，另外还可以压缩数据以减少存储量。常用的维数约简方法包括主成分分析(PCA)、局部特征分析(LFA)等。维数约简在很多领域都有广泛应用，在分子模拟领域常用于分子构象分析。

系统扩展法 [extended system methods] 分子动力学中用于等温或等压体系模拟的一类方法。通过引入额外的自由度(扩展变量)来表示分子系统所处的环境(例如压力活塞、恒温器等)的影响。这些额外的自由度包含位置、动量或者其他相关变量。引入扩展变量后的系统的微正则系综的性质恰好等于原系统的等温/等压系综的性质，因而给模拟带来很大的方便(因为微正则系综更易于模拟)。例子包括等压体系的安德森(Andersen)系统扩展法、等温体系的能势-胡佛方法等。

细致平衡 [detailed balance] 又称精细平衡。统计力学及动力学中的一个原理。系统处于热力学平衡时，每一个元过程(基元反应、粒子碰撞等)都与其逆过程处于平衡。例如，平衡时宏观体系中每一个基元反应的速率一定等于逆向反应的速率。也就是说，当总包反应达到平衡时，不仅各组元的浓度不变，而且其中每一组对峙反应的正向和逆向反应的反应速率也相等。在统计力学上，则要求平衡时从微观状态 i 转变到微观状态 j 的粒子流等于从 j 到 i 的粒子流：

$$\rho_i P_{i\to j}=\rho_j P_{j\to i}$$

式中，ρ_i 与ρ_j 是状态 i 和 j 的平衡分布，$P_{i\to j}$ 是处于状态 i 的系统在单位时间内转变到状态 j 的概率。细致平衡是设计蒙特卡罗算法时需要遵守的主要限制。

显式溶剂化模型 [explicit solvation models] 参见溶剂化模型。

药物设计 [drug design] 利用经验或理性知识寻找和设计针对某种疾病或相应靶标的药物分子。是分子模拟的重要应用领域之一。主要方法和原理包括分子对接、片段加和法、从头设计生长法、定量构效关系、药效团模型等。近年来，考虑到生物网络的复杂性，还出现了基于系统的药物设计。药物设计技术已经应用到了药物研究的各种环节，提高了药物研发效率。

隐式溶剂化模型 [implicit solvation models] 溶剂化模型的一个类别。在进行模拟时，将溶质以外的体积看作具有一定静电、熵、黏度、介电等性质的连续介质。主要优势是减少体系的粒子数从而降低计算量。主要是利用广义玻恩模型(GB)、泊松-玻尔兹曼方程(PB)以及溶剂可及表面积近似(SA)等进行处理，分为 GB/SA 与 PB/SA 等具体方案。

正交模分析 [normal mode analysis] 即简正振动分析。

重要性抽样 [importance sampling] 按统计权重产生抽样从而提高统计效率的一种方法。在蒙特卡罗模拟中有重要应用。举例来说，如果在分子构象空间均匀随机取样，则系统的某一种性质 A 的计算公式为

$$\langle A\rangle=\frac{\sum_{i=1}^{M}A_i\exp\left[-\frac{E_i}{k_BT}\right]}{\sum_{i=1}^{M}\exp\left[-\frac{E_i}{k_BT}\right]}$$

由于均匀随机取样得到的大部分构象能量很高，在上式中的对应权重 $\exp\left[-\frac{E_i}{k_BT}\right]$ 很小，因此对加权平均的贡献很小，导致计算效率很低。如果能够在采样时使构象被采到的概率正比于 $\exp\left[-\frac{E_i}{k_BT}\right]$，则计算公式变成

$$\langle A\rangle=\frac{1}{M}\sum_{i=1}^{M}A_i$$

每一个采样构象对求和都有较大贡献，计算效率因此得以提高。米特罗波利斯(Metropolis)算法就是一种典型的重要性抽样。

周期性边界条件 [periodic boundary condition] 为减小有限尺寸效应而在模型中引入的等周期扩展的边界条件。即假设一个无限大体系可以分成一些尺寸相同的原胞，不同原胞的微观状态是完全相同的或仅相差一个简单的相位关系。在固体计算与分子模拟中经常用到。

5.3 统 计 力 学

爱因斯坦-斯托克斯关系 [Einstein-Stokes relation] 描述黏度与扩散系数之间的关系。例如对于半径为 r 的刚球质点在稀溶液中扩散的体系，其形式为 $D=\kappa T/6\pi\eta r$，D 为扩散系数，κ 为玻尔兹曼常量，T 为温度，η 为黏度，r 为粒子半径。

昂萨格关系 [Onsager relations] 用来描述不可逆热力学过程中热力学力与其相应的热力学流之间的关系。当热力学力不太强，即偏离平衡态不太远的情况下，实验表明热力学流与热力学力之间遵从线性关系，可表示为 $J=LX$，其中 J 代表流，X 代表热力学力，L 为动力学系数。1931 年由昂萨格(L. Onsager)证明 $L_{ij}=L_{ji}$，此即昂萨格倒易关系。

奥恩斯坦-策尼克方程 [Ornstein-Zernike equation] 统计力学中定义总相关函数中直接部分的积分方程。总相关函数定义为 $h(r_{12})=g(r_{12})-1$，其中 $g(r_{12})$ 为径向分布函数。可将 $h(r_{12})$ 分为直接部分 $c(r_{12})$ 和间接部分，即 $h(r_{12})=c(r_{12})+\rho\int dr_3 c(r_{13})h(r_{23})$。间接部分表示通过另外一个分子 3 而间接引起的分子 1 和分子 2 的作用。该方程和封闭关系一起可用来求得相关函数。

贝叶斯算法 [Bayesian algorithm] 在已知先验概率与条件概率的情况下计算概率的算法。基于贝叶斯(T. Bayes)提出的贝叶斯统计理论提出。贝叶斯统计理论的根本观点，是认为在关于总体分布参数 θ 的任何统计推断问题中，除了使用样本 X 所提供的信息外，还必须对 θ 规定一个先验分布，它是在进行推断时不可或缺的一个要素。贝叶斯学派把先验分布解释为在抽样前就有的关于 θ 的先验信息的概率表述，先验分布不必有客观的依据，它可以部分地或完全地基于主观信念。在先验分布基础上，根据样本 X 的分布 $P(\theta)$ 及 θ 的先验分布 $\pi(\theta)$，用概率论中求条件概率分布的方法，可算出在已知 $X=x$ 的条件下，θ 的条件分布 $\pi(\theta|x)$。因为这个分布是在抽样以后才得到的，故称为后验分布。贝叶斯学派认为：这个分布综合了样本 X 及先验分布 $\pi(\theta)$ 所提供的有关的信息。抽样的全部目的，就在于完成由先验分布到后验分布的转换。

遍历假说 [ergodic hypothesis] 统计力学中的一个基本假说。其抽象形式由伯克霍夫(G. D. Birkhoff)给出。是指运动轨迹均匀地覆盖相空间的允许区域，从而使动力学相互作用对时间的平均可以被相应相空间的平均所取代。考虑函数 f 的时间平均,即从某个初始点 x 开始到时间间隔 T 的取值的平均：

$$\hat{f}(x)=\lim_{n\to\infty}\frac{1}{n}\sum_{k=0}^{n-1}f(T^k x)$$

再考虑 f 的空间平均和相位平均：

$$\bar{f}=\int f\,d\mu$$

式中，μ 是概率空间的测度。

一般来说，时间平均和空间平均可能不同。但是若变换是遍历的，而该测度不变，则时间均值和空间均值几乎处处相等。

玻尔兹曼常量 [Boltzmann constant] 表征温度及能量的物理常量，常用 κ 或 κ_B 表示，数值及单位为：

$\kappa = 1.380\,648\,8(13) \times 10^{-23}\ \mathrm{JK^{-1}}$。

玻尔兹曼方程 [Boltzmann equation] 又称玻尔兹曼输运方程。一种描述热力学系统处于非热力学平衡时的统计特性的方程。在有电场或温度梯度等外场的情况下，根据分布函数因电场、磁场、温度梯度等外场而引起的漂移变化以及因散射而引起的变化，即可建立起非平衡分布函数所满足的玻尔兹曼方程，求解此方程可得到不同条件下的非平衡分布函数，即可求出粒子的各种输运参量。

玻尔兹曼分布 [Boltzmann distribution] 描述理想气体在受保守外力作用，或保守外力场的作用不可忽略时，处于热平衡态下的气体分子按能量的空间位置分布。1868 年，玻尔兹曼推广麦克斯韦的分子速度分布律而建立，认为全同粒子是可分辨的，且处在一个量子态上的粒子数不受限制，根据这一特性，得出了微观粒子在各个能级的分布规律，奠定了量子统计物理学的基础。当分子处于保守力场时，麦克斯韦速度分布律中的指数项应以总能量 $E = E_k + E_p$ 代替动能 $E_k = \frac{1}{2}mv^2$，这样在保守力场中分子的空间分布不均匀。玻尔兹曼计算得到系统在某一微小区域 $x{=}x{+}\mathrm{d}x$，$y{=}y{+}\mathrm{d}y$，$z{=}z{+}\mathrm{d}z$ 及 $v_x = v_x + \mathrm{d}v_x$，$v_y = v_y + \mathrm{d}v_y$，$v_z = v_z + \mathrm{d}v_z$ 的分子数 $\mathrm{d}N$，设 $E_p = 0$ 处分子数密度为 n_0。

$$\mathrm{d}N = n_0\left(\frac{m}{2\pi kT}\right)^{\frac{3}{2}} \mathrm{e}^{-\frac{E_k+E_p}{kT}}\mathrm{d}v_x\mathrm{d}v_y\mathrm{d}v_z\mathrm{d}x\mathrm{d}y\mathrm{d}z$$

玻尔兹曼输运方程 [Boltzmann transport equation (BTE)] 即玻尔兹曼方程。

玻色-爱因斯坦凝聚 [Bose-Einstein condensation (BEC)] 玻色子原子在冷却到绝对零度附近时所呈现出的一种气态的、超流性的物态的现象。1995 年，科罗拉多大学博尔德分校的康奈尔(E. Cornell)、威曼(K. Wieman)使用气态的铷原子在 170 nK(1.7×10^{-7} K)的低温下首次获得了玻色-爱因斯坦凝聚。在这种状态下，几乎全部原子都聚集到能量最低的量子态，形成一个宏观的量子状态。稍后，麻省理工学院的克特勒(W. Ketterle)验证了重要的 BEC 性质。

玻色-爱因斯坦统计 [Bose-Einstein statistics] 玻色子所依从的统计规律。玻色子是自旋为整数的粒子，其本征波函数对称，在玻色子的某一个能级上，可以容纳无限个粒子。因而，对于符合玻色-爱因斯坦统计分布的粒子，当它们处于某一分布$\{n_j\}$时，体系总状态数为：$\Omega_j = \frac{(g_j + n_j - 1)!}{n_j!(g_j - 1)!}$，其中 g_j 为简并能级。最概然分布的数学表达式为：$\{n_j^{\mathrm{BE}}\} = \frac{g_j \mathrm{e}^{\alpha}\mathrm{e}^{\beta\epsilon_j}}{1 - \mathrm{e}^{\alpha}\mathrm{e}^{\beta\epsilon_j}}$。

布朗运动 [Brownian motion] 释文见物理化学同名词条。

超临界态 [supercritical state] 超过临界点的状态。

重整化群理论 [renormalization group theory] 处理包含多种长度标度问题的一种理论。在理论物理中，重整化群指在不同长度标度下考察物理系统变化的数学变换，这些变换构成一个半群。威尔逊(K. G. Wilson)首先利用重整化群研究相变，并因此获得 1982 年诺贝尔物理学奖。在相变的临界点附近，两相在宏观、可见和低至原子尺寸的所有大小标度上相互混杂。重整化群一步一步地处理问题，每种长度标度作为一步。对于临界现象的处理是对所有大小标度的热涨落进行统计平均，重整化群近似就是依次积分掉涨落，从原子标度的涨落，然后依次到更大标度的涨落，直到所有标度的涨落都积分掉为止。

簇展开 [cluster expansion] 即迈耶展开。

德拜-休克尔理论 [Debye-Hückel theory] 用于描述远离理想溶液的强电解质极稀溶液体系的理论。由荷兰物理化学家德拜(P. Debye)和德国物理化学家休克尔(E. Hückel)于 1923 年提出。该理论用离子氛模型静电相互作用理论和玻尔兹曼分布定律定量地说明电解质稀溶液的活度系数。该理论只考虑离子间的库仑力，并假设在强电解质溶液中，溶质完全离解成离子，其中的电荷均匀分布且不被极化；溶剂被看作是连续介质，它的介电常数不会被加入的电解质所影响。根据以上假设可以导出稀溶液中离子的活度系数 r_i 满足：

$$\log r_i = -Az_i^2\sqrt{I}$$

式中，A 为与温度、溶剂有关的常数，z_i 为离子的电荷，I 为离子强度。

等温-等压系综 [isothermal-isobaric ensemble] 正则系综的推广。体系间可交换能量和体积，但能量总和以及体积总和都是固定的。系综内各体系有相同的粒子数、温度和压强。一般表示为 NPT。

等压热膨胀系数 [isobaric coefficient of thermal expansion] 恒压下，衡量体系体积分数随温度变化的热力学量。记为 $\alpha = \frac{1}{V}\left(\frac{\partial V}{\partial T}\right)_p$，其中 V、T 和 p 分别是体积、温度和压力。

电磁平衡 [electromagnetic equilibrium] 平衡状态之一。在外界磁场和电场存在的情况下，感应电场和感应磁场分别与外加电场和外加磁场保持平衡，表现为整个系统的电流和磁通量的变化率不再随时间变化的状态。

***H* 定理** [*H* theorem] 表明如果热力学系统的状态分布不是麦克斯韦分布，随着时间的推移，必将趋向于麦克斯

韦分布。这个定理指明了过程的方向性，和热力学第二定律相当，玻尔兹曼的 H 函数实际上就是熵在非平衡态下的推广。其数学表达式为：$\frac{\partial H}{\partial t} \leqslant 0$。

等温压缩系数 [isothermal compressibility coefficient] 等温下，衡量体系体积分数随压强变化的热力学量。记为 $\kappa_T = \frac{1}{V}\left(\frac{\partial V}{\partial p}\right)_T$，其中 V、T 和 p 分别是体积、温度和压力。

二级相变 [second order phase transition] 释文见无机化学同名词条。

范德瓦耳斯方程 [van der Waals equation] 简称范氏方程。一种实际气体状态方程。由荷兰物理学家范德瓦耳斯(van der Waals)于 1873 年提出。范氏方程是对理想气体状态方程的一种改进，特点在于将被理想气体模型所忽略的气体分子自身大小和分子之间的相互作用力考虑进来，以便更好地描述气体的宏观物理性质。$(p+an^2/V^2)(V-nb)=nRT$，式中 V 为总体积，n 为摩尔数，a 为度量分子间引力的参数，b 为 1mol 分子本身包含的体积之和，R 为普适气体常数。

范氏方程 [van der Waals equation] 范德瓦耳斯方程的简称。

非绝热过程 [non-adiabatic process] 系统与外界发生热量交换的过程。量子化学中指在变化过程中电子的构型会发生变化，即通过弛豫达到更佳电子构型。对于含过渡金属的体系，由于 d 轨道不满，存在着多种电子构型的可能，因此需要考虑一种电子构型向另一种电子构型跃迁的可能，即势能面交叉，所以非绝热过程一般都伴随着势能面的交叉。

非马尔可夫性 [non-Markovianity] 指未来状态的条件概率分布不仅与现在状态有关，也与历史状态有关的随机过程所具有的性质。

费米-狄拉克统计 [Fermi-Dirac statistics] 统计力学中用来描述由大量满足泡利不相容原理的费米子组成的系统中，粒子处在不同量子态上的统计规律。根据费米-狄拉克分布，给定费米子组成的系统中处于量子态 i 上的平均粒子数可以通过下面的式子计算：

$$\bar{n} = \frac{1}{e^{\frac{\varepsilon_i-\mu}{\kappa T}}+1}$$

式中，κ 为玻尔兹曼常量，T 为绝对温度，ε 为量子态上单个粒子的能量，μ 为化学势。

分布函数 [distribution function] 在相空间中描述单位体积内所含有物理量的函数。

封闭系统 [closed system] 释文见物理化学同名词条。

福克尔-普朗克方程 [Fokker-Planck equation] 描述粒子在位能场中受到随机力后，随时间演化的位置或是速度分布函数的方程。例如一维情况下，福克尔-普朗克方程式有两个参数：一个是拖曳参数 $D_1(x,t)$，另一个是扩散参数 $D_2(x,t)$。

$$\frac{\partial}{\partial t}f(x,t) = -\frac{\partial}{\partial x}[D_1(x,t)f(x,t)] + \frac{\partial^2}{\partial x^2}[D_2(x,t)f(x,t)]$$

在 N 维空间中的福克尔-普朗克方程为：

$$\frac{\partial f}{\partial t} = -\sum_{i=1}^{N}\frac{\partial}{\partial x_i}[D_i^1(x_1,\cdots,x_N)f] + \sum_{i=1}^{N}\sum_{j=1}^{N}\frac{\partial^2}{\partial x_i \partial x_j}[D_{ij}^2(x_1,\cdots,x_N)f]$$

式中，x_i 是第 i 维度的位置，此时 D_1 为拖曳向量，D_2 为扩散张量。福克尔-普朗克方程可以用来计算随机过程里随机微分方程式中分布函数的解。一个受随机力的古典粒子，经由朗之万方程可以得到福克尔-普朗克方程。另外再借由福克尔-普朗克方程也可推导薛定谔方程。

格点模型 [lattice model] 将连续空间划分成离散格点的一种物理模型。最早出现于凝聚态物理中，将原子形成的有规律的晶体结构视为格点。而今，该模型在理论与计算物理中十分流行，一些连续模型离散化而转化为格点模型，以便于数值计算。在凝聚态中常用到的格点模型如伊辛(Ising)模型、波茨(Potts)模型、XY 模型和户田(Toda)模型。

共轭变量 [conjugated variables] 在量子力学中，指其算符不对易的一对物理量。若物理量 A 和 B 共轭，其算符不对易满足关系 $\left[\hat{A},\hat{B}\right]\neq 0$，同时还满足海森伯不确定性原理：$\Delta_\psi A \Delta_\psi B \geqslant \frac{1}{2}\left|\left\langle\left[\hat{A},\hat{B}\right]\right\rangle_\psi\right|$。如位置和动量就是一组共轭变量，即表明粒子不可能同时确定其位置和动量。

孤立系统 [isolated system] 释文见物理化学同名词条。

广延量 [extensive quantity] 与系统的总质量成正比，在数值上具有可加和性的物理量。如摩尔数、体积、内能等。

过剩 [excess] 混合溶液的热力学性质与理想溶液热力学性质的差值。这些热力学性质包括自由能(过剩能)、焓(过剩焓)、熵(过剩熵)。表达式为：

$$S^{\mathrm{E}} = \Delta_{\mathrm{mix}}S - \Delta_{\mathrm{mix}}S^{\mathrm{ideal}}$$

$$H^{\mathrm{E}} = n\beta RTx_{\mathrm{A}}x_{\mathrm{B}}\ (\text{对于常规溶液，}\ H^{\mathrm{E}}\neq 0, S^{\mathrm{E}}=0)$$

$$\Delta_{\mathrm{mix}}G = nRT\{x_{\mathrm{A}}\ln x_{\mathrm{A}} + x_{\mathrm{B}}\ln x_{\mathrm{B}} + \beta x_{\mathrm{A}}x_{\mathrm{B}}\}$$

耗散 [dissipation] 能量由一种形式转换到另一种形式，而且后者可做的功少于前者的过程。热力学的耗散过程在本质上是不可逆的，此过程以固定速率产生熵。

宏观态 [macrostate] 由大量粒子组成的热力学体系所处的各种状态的统称。宏观态可以是平衡的或非平衡的。

宏观的平衡态常用粒子数、体积、压强以及温度来进行描述。宏观状态决定了体系的宏观性质。

化学亲和力 [affinity] 度量不同物质间彼此发生反应能力的物理量。采用反应前后热力学势差的大小来作为化学亲和力的度量。对化学过程而言，反应前后的热力学势差越大反应越易进行，而当热力学势差消失时，系统处于平衡状态，化学亲和力等于零。

活度 [activity] 释文见有机化学同名词条。

积分方程 [integral equation] 含有对未知函数的积分运算的方程，与微分方程相对。许多数学物理问题需通过积分方程或微分方程求解。积分方程是近代数学的一个重要分支。积分方程理论的发展，始终与数学物理问题的研究紧密相联，拉普拉斯变换的逆变换以及傅里叶变换的反演问题实际上都是解第一类积分方程。

吉布斯相律 [Gibbs phase rule] 即相律。释文见物理化学同名词条。

吉布斯自由能 [Gibbs free energy] 释文见物理化学同名词条。

焦耳-汤姆孙系数 [Joule-Thomson coefficient] 在等焓变化的节流膨胀中(或是焦耳-汤姆孙作用下)温度随压力变化的速率。数学表达式为

$$\mu_{\mathrm{JT}} \equiv \left(\frac{\partial T}{\partial P}\right)_H = \frac{V}{C_p}(\alpha T - 1)$$

式中，V 为气体体积，C_p 为该气体的等压热容，α 为该气体的热膨胀系数。

金兹堡-朗道理论 [Ginzburg-Landau theory] 即朗道理论。

径向分布函数 [radial distribution function] 描述体系中粒子随着参考粒子距离变化的分布函数，一般用 $g(r)$ 作为符号。与结构因子直接相关，可由 X 射线衍射或中子衍射得到。

巨势 [grand potential] 热力学和统计物理学理论中一个重要的态函数。通常以符号 Ω 表示。对粒子数可变系统,巨热力势为系统的自由能 F 同吉布斯函数 G 之差，即 $\Omega = F - G$。

巨正则系综 [grand canonical ensemble] 释文见物理化学同名词条。

聚类展开 [cluster expansion] 即迈耶展开。

绝对温度 [absolute temperature] 又称热力学温度。用理想气体体积随温度变化标定的温度标度。1802 年法国人盖-吕萨克(J. L. Gay-Lussac)确定了理想气体体积随温度的变化率约为 1/273.15，后来人们起先把这种温度标度称为理想气体温度(温标)，又称为绝对温度(温标)。在热力学形成后，发现该温标有更深刻的物理意义，特别是克劳修斯和开尔文论证了绝对零度不可达到，便改称热力学温度(温标)，并用开尔文(Kelvin)第一个字母 K 为其单位，以绝对零度(0K)为最低温度，规定水的三相点的温度为 273.16K，开(K)定义为水三相点热力学温度的 1/273.16。绝对温度是热力学系统的内禀性质，不需要依赖于特殊物质的具体物理化学性质来定义。

绝热过程 [adiabatic process] 系统与外界无热量交换的过程。在量子化学中绝热是指在变化过程中电子的构型保持不变，例如垂直激发。

绝热压缩性 [adiabatic compressibility] 流体或固体在与外界没有热交换情况下进行的绝热压缩过程中，体积随压力变化而发生改变的性质。衡量绝热压缩性的物理量称为绝热压缩系数，其定义为 $\beta = -\frac{1}{V}\left(\frac{\partial V}{\partial p}\right)$，其中 V 为体积，p 为压力。

均功定理 [virial theorem] 即位力定理。

可逆过程 [reversible process] 释文见物理化学同名词条。

克劳修斯不等式 [Clausius inequality] 释文见物理化学同名词条。

克劳修斯-克拉珀龙方程 [Clausius-Clapeyron equation] 描述单组分系统在相平衡时压强随温度的变化率的方程。以克劳修斯(R. Clausius)和克拉珀龙(B. P. É. Clapeyron)命名。数学形式为：$\frac{\mathrm{d}p}{\mathrm{d}T} = \frac{L}{T\Delta v}$，$\mathrm{d}p/\mathrm{d}T$ 是压强随温度的变化率，L 是相变焓，T 是相平衡温度，Δv 是相变过程中的比容变化。

扩散方程 [diffusion equation] 用来描述扩散现象中物质密度变化的偏微分方程。其数学形式为

$$\frac{\partial \phi(\boldsymbol{r},t)}{\partial t} = \nabla\left(D(\phi,\boldsymbol{r})\nabla\phi(\boldsymbol{r},t)\right)$$

式中，$\phi(\boldsymbol{r},t)$ 表示扩散物质在位置 $\boldsymbol{r}$ 时间 t 处的密度，$D(\phi,\boldsymbol{r})$ 表示扩散系数。

朗道理论 [Landau theory] 又称金兹堡-朗道理论。超导性的唯象理论。是结合了超导体的电动力学、量子力学和热力学特性，为给超导相变做热力学解释而提出的。在该理论中，体系的自由能表达为序参量 ψ 的函数，并采取场论的形式，例如

$$F = F_{\mathrm{n}} + \alpha|\psi|^2 + \frac{\beta}{2}|\psi|^4 + \frac{1}{2m}|(-i\hbar\nabla - 2e\boldsymbol{A})\psi|^2 + \frac{|\boldsymbol{B}|^2}{2\mu_0}$$

式中，F_n 是常规相的自由能，m 为有效质量，$\boldsymbol{A}$ 为磁矢势，$\boldsymbol{B}=\nabla\times\boldsymbol{A}$。$\mu_0$ 为磁矩，e 为单电子电荷，α和β为常数。

勒让德变换 [Legendre transform] 凸函数的一种数学变换。由勒让德(A. M. Legendre)提出。将 x 到 $f(x)$ 的映射变换为经过 x 的斜率为 p、截距为 y 的切线的映射，记为 $f^*(p)$。常用于经典力学和热力学中。例如拉格朗日方程由哈密顿方程(Hamiltonian formulation)通过勒让德变换得到。内能是熵、体积和体系化学组成的显函数，通过勒让德变换得到的亥姆霍兹自由能将熵变量 S 变换成其热力学共轭参量温度 T：$\mathrm{d}U=T\mathrm{d}S-P\mathrm{d}V+\sum\mu_i\mathrm{d}N_i$，$\mathrm{d}A=-S\mathrm{d}T-P\mathrm{d}V+\sum\mu_i\mathrm{d}N_i$，便于实验观测。

累积展开 [cumulant expansion] 统计学中用累积量表述分布函数特征方程的一种数学形式。一个随机变量 Y 的累积展开可由下面的累积产生方程定义

$$\ln G(k)=\sum_{n=1}^{\infty}\frac{(\mathrm{i}k)^n}{n!}g_n$$

而 $G(k)=\sum_{n=1}^{\infty}\frac{(\mathrm{i}k)^n}{n!}\langle Y^n\rangle$ 是 Y 分布函数的特征方程。

理想气体 [ideal gas] 研究气体性质的一个物理模型。忽略气体分子的自身体积，将分子看成是有质量的几何点；假设分子间没有相互吸引和排斥，分子之间及分子与器壁之间发生的碰撞是完全弹性的，不造成动能损失。理想气体方程为：$PV=nRT$。

力学平衡 [mechanical equilibrium] 平衡状态之一。两个压力不同的系统在一恒温箱中被一个能移动的活塞隔开，高压系统将推动活塞向低压系统移动；当两个系统的压力变为相等时，活塞不再移动的状态。

量子刘维尔方程 [quantum Liouville equation] 正则量子化的刘维尔方程。表达式为 $\frac{\partial\rho}{\partial t}=\frac{1}{\mathrm{i}\hbar}[H,\rho]$，其中，$\rho$ 是密度矩阵，H 为哈密顿算符，t 为时间，$\hbar$ 为约化普朗克常量。

临界点 [critical point] 释文见物理化学同名词条。

刘维尔定理(哈密顿力学) [Liouville's theorem (Hamiltonian)] 哈密顿力学的关键定理。由刘维尔(J. Liouville)提出，该定理指出相空间分布函数(测度)沿着系统轨迹是常数，体现出相空间是均匀的。

刘维尔方程 [Liouville equation] 力学系统变化的偏微分方程。考虑动力系统具有广义坐标 q_i 和共轭动量 p_i，相空间分布记为 $\rho(p,q;t)$，则有：$\frac{\mathrm{d}\rho}{\mathrm{d}t}=\frac{\partial\rho}{\partial t}+\sum_i\left(\frac{\partial\rho}{\partial q_i}\dot{q}_l+\frac{\partial\rho}{\partial p_i}\dot{p}_l\right)=0$，也经常用泊松括号表示为：$\frac{\partial\rho}{\partial t}=-\{\rho,H\}$。

马尔可夫性 [Markovianity] 未来状态的条件概率分布只与现在状态有关、与历史状态无关的随机过程所具有的性质。由俄罗斯数学家马尔可夫提出，指对于随机事件 X，概率分布为 $P(X(t+\tau)|X(t))=P(X(t+\tau)P(X(t)))$。常用于生物、地理、数学中的统计学研究。

马休函数 [Massieu function] 又称马休势。热力学自由熵的一种。是熵的热力学势，类比于亥姆霍兹自由能，由熵的勒让德变换得到。马休势的数学形式为：$\Phi=S-U/T$，其中 S 是熵，U 是内能，T 是温度。

马休势 [Massieu potential] 即马休函数。

迈耶展开 [Mayer expansion] 又称簇展开、聚类展开。配分函数的一种级数展开形式。统计力学中，对于经典体系，在研究弱相互作用系统时，将相互作用表示为 $U(\{r_i\})=\sum_{i=1,i<j}^{N}u(|\boldsymbol{r}_i-\boldsymbol{r}_j|)=\sum_{i=1,i<j}^{N}u(\boldsymbol{r}_{ij})$，系统的配分函数为 $Z=Z_0Q$，Z_0 为无相互作用时系统的配分函数，Q 为构型积分，$Q=\frac{1}{V^N}\int\prod_i\mathrm{d}\boldsymbol{r}_i\exp\left\{-\beta\sum_{i=1,i<j}^{N}u(\boldsymbol{r}_{ij})\right\}$，定义迈耶方程 f_{ij} 使得 $\exp\{-\beta u(\boldsymbol{r}_{ij})\}=1+f_{ij}$ 带入 Q 得到 $Q=\frac{1}{V^N}\int\prod_i dr_i\prod_{i=1,i<j}^{N}(1+f_{ij})$。其中 $\prod_{i=1,i<j}^{N}(1+f_{ij})=1+\sum_{i=1,i<j}^{N}f_{ij}+\sum_{\substack{i=1,i<j\\k=1,k<l}}^{N}f_{ij}f_{kl}+\cdots$，这个展开是单粒子项，第二项对应二体相互作用，以此类推。据此物理图像将其命名为簇展开，即每一项代表具有特定粒子数簇内的相互作用。

麦克斯韦-玻尔兹曼统计 [Maxwell-Boltzmann statistics] 描述独立定域粒子体系分布状况的统计规律。统计力学中，在忽略量子效应的前提下，处于不同能量的"可分辨"经典粒子所遵从的分布，处于能量 ε_i 的粒子数期望 $\langle n_i\rangle$ 为 $\langle n_i\rangle=N\mathrm{e}^{-\beta\varepsilon_i}/\sum_r\mathrm{e}^{-\beta\varepsilon_r}$，在 r 态的能量记为 ε_r。是用玻尔兹曼分布描述气体速率分布的特例。

麦克斯韦关系 [Maxwell relations] 释文见物理化学同名词条。

能量 [energy] 度量质量的时空分布的可能变化程度的物理量。也用来表征某一个物理系统对其他物理系统做功的能力。

能量均分定理 [equipartition theorem] 释文见物理化学同名词条。

欧拉定理 [Euler's theorem] 描述齐次函数与其导数关系的数学定理。假设函数 $f:R^n\rightarrow R$ 是可导的，且是 m 次齐次函数，那么：$x\nabla f(x)=mf(x)$，这个数学关系称为欧拉定理。根据欧拉定理，可以讨论广延量的一般性质。如果函数 $f(x_1,\cdots,x_k)$ 满足以下关系

$$f(\lambda x_1,\cdots,\lambda x_k)=\lambda^m f(x_1,\cdots,x_k)$$

这个函数称为 $x_1,\cdots,x_k$ 的 m 次齐函数。将上式对 λ 求导后再令 $\lambda=1$，可得

$$\sum_i x_i\frac{\partial f}{\partial x_i}=mf$$

例如体积是各组元摩尔数的一次齐函数，

$$V(T,p,\lambda N_i,\cdots,\lambda N_k)=\lambda V(T,p,N_i,\cdots,N_k)$$

由欧拉定理可知

$$V=\sum_i N_i\left(\frac{\partial V}{\partial N_i}\right)_{T,p,N_j}$$

配分函数 [partition function] 释文见物理化学同名词条。

偏摩尔体积 [partial molar volume] 等温等压下，一摩尔物质加入到大量混合物中所引起的混合物体积的改变。物质 J 的偏摩尔体积定义为 $V_{\mathrm{J}}=\left(\frac{\partial V}{\partial n_{\mathrm{J}}}\right)_{p,T,n'}$，其中 n' 表示其他物质的量不变。偏摩尔体积随着混合物组成不同而改变。

偏摩尔自由能 [partial molar free energy] 即化学势。

平衡 [equilibrium] 热力学系统的一种稳定的状态。当体系受到多种对立因素的作用，而每一部分都互相抵消，使整体无变化的状态。

平衡常数 [equilibrium constant] 释文见物理化学同名词条。

平均场理论 [mean field theory] 又称自洽场理论。通过简化模型来研究复杂大型随机模型的理论。该简化模型将相互作用的其他粒子对单个粒子的作用平均化，以此将多体问题转化为单体问题。其理论基础是博戈留波夫(Bogoliubov)不等式，即对于哈密顿量为 $\mathcal{H}=\mathcal{H}_0+\Delta\mathcal{H}$ 的体系的自由能有如下上限：$F\leqslant F_0=\langle\mathcal{H}\rangle_0-TS_0$，式中期望为哈密顿量为 $\mathcal{H}_0$ 的参考系统平衡系综的平均。可将无相互作用系统作为参考系统。最小化不等式右边即可得到对真实系统的“最佳估计”，即平均场估计，得到的估计哈密顿量，并由此解得该体系的配分函数。

平均力场 [potential of mean force] 在某一反应坐标下体系自由能的变化。可由分子动力学模拟或者蒙特卡罗模拟得到。

泊松分布 [Poisson distribution] 一种离散的概率分布，由法国数学家泊松(S. D. Poisson)提出，概率分布函数为 $f(k)=\frac{\lambda^k\mathrm{e}^{-\lambda}}{k!}$，其中 λ 为该分布的参数。主要适用于描述单位时间内随机事件发生次数的概率分布。

气体常数 [gas constant] 释文见物理化学同名词条。

强度量 [intensive quantity] 代表物质的内在性质，与总质量无关，在数值上不具有可加和性的物理量。例如压强、温度、密度等。

热力学参数 [thermodynamic parameters] 用于描述宏观状态的状态变量。热力学参数是对热力学状态的宏观描写所必需的。

热力学第一定律 [first law of thermodynamics] 释文见物理化学同名词条。

热力学定律 [thermodynamic laws] 描述、规定热力学中最基本性质的定理。包括热力学第零、第一、第二、第三定律。

热力学体系 [thermodynamic system] 即系统。

热力学温度 [thermodynamic temperature] 即绝对温度。

热容 [heat capacity] 物体在某一过程中，每升高(或降低)单位温度时从外界吸收(或放出)的热量。通常以符号 C 表示，单位 J/K。热容是一个广延量，如果升温是在体积不变条件下进行，该热容称为等容热容，如果升温是在压力不变条件下进行，该热容称为等压热容。单位质量物体的热容称为比热容。设物体的温度由 T_1 升高至 T_2 时吸热为 Q，则 $Q/(T_2-T_1)$ 称为 T_1 至 T_2 温度间隔内的平均热容。

热学平衡 [thermal equilibrium] 平衡状态之一。对于一定的热力学系统，在外界对它既不传热也不做功的条件下，无论该系统的初始状态如何，经过一定时间以后，必将达到的其宏观物理性质不随时间变化的状态。

$S=S_{\max}$ （孤立体系）；

$F=F_{\min}$ （等温等容体系）；

$G=G_{\min}$ （等温等压体系）。

色散关系 [dispersion relation] 描述介质对在其中传播的波产生的弥散作用。通常弥散作用由几何上的边界条件或波与传播介质的相互作用造成。

熵 [entropy] 释文见物理化学同名词条。

随机力 [random force] 最初用来描述布朗运动的一种力。该力体现了粒子在液体中所受的有效碰撞。

态 [state] 热力学体系或微观粒子所处的状态都可以被定义为态。态通常需要一些基本参数进行描述，不同的态具有不同的参数，参数完全相同的态是相同或简并的。根据

态所描述的体系的大小和参数的类型，可以把态分为宏观态和微观态。

态函数 [state function] 又称状态函数。由描述热力学态的状态变量决定，因此只与状态有关，而与变化的路径无关的函数。态函数是一种热力学中特有的变量，常见的热力学态函数如内能、熵、自由能等。

体积膨胀系数 [coefficient of expansion] 物质的几何特性随着温度的变化而发生变化的规律性系数。体积热膨胀系数的常见数学形式为

$$\gamma=\frac{1}{V_0}\left(\frac{\partial V}{\partial T}\right)_p$$

式中，V、T、p 分别是物质的体积、温度和压强。

微观态 [microstate] 释文见物理化学同名词条。

微正则系综 [microcanonical ensemble] 释文见物理化学同名词条。

位力定理 [virial theorem] 又称均功定理。释文见 5.1 节同名词条。

物态方程 [equation of state] 释文见物理化学同名词条。

系统 [system] 释文见物理化学同名词条。

系综 [ensemble] 释文见物理化学同名词条。

相关函数 [correlation function] 描述在不同空间或时间点上的两个随机变量间的统计相关关系的函数，前者称为空间相关函数，后者称为时间相关函数。空间相关函数表示为处于空间位置 $\boldsymbol{r}$ 点的物理量 $A(\boldsymbol{r})$ 和空间位置 $\boldsymbol{r}'$ 点的物理量 $B(\boldsymbol{r}')$ 广义乘积的系综平均值：

$$\langle A(\boldsymbol{r})B(\boldsymbol{r}')\rangle \equiv C_{AB}(\boldsymbol{r},\boldsymbol{r}')$$

时间相关函数用于描述前后不同时刻两个物理量 $B(0)$ 和 $C(t)$ 之间的相关关系：

$$\langle B(0)C(t)\rangle \equiv \lim_{t\to\infty}\frac{1}{T}\int_0^T \mathrm{d}\tau B(\tau)B(\tau+t)$$

相变 [phase transition] 释文见物理化学同名词条。

相空间 [phase space] 释文见物理化学同名词条。

一级相变 [first-order phase transition] 释文见无机化学同名词条。

伊辛模型 [Ising model] 描述物质相变的一种模型。物质经过相变，要出现新的结构和物性。发生相变的系统一般是在分子之间有较强相互作用的系统，又称合作系统。基于此模型，可以通过存在于任意晶格点上的粒子自旋变量(取值 1 或–1)的随机翻转引起的能量变化，模拟研究固体中分子磁矩铁磁性有序化、晶粒长大等问题。

涨落 [fluctuation] 释文见物理化学同名词条。

涨落-耗散定理 [fluctuation-dissipation theorem] 统计物理中联系不可逆过程中能量耗散和热平衡状态热涨落的重要定理。该原理建立在如下假设上：一个处于热力学平衡态的系统对于微小外力的响应等同于对其自发涨落的响应，因此通过该定理可以把某些系统的非平衡性质(涨落)通过平衡性质表示出来。涨落-耗散原理可同时适用于经典体系和量子体系。

正则系综 [canonical ensemble] 释文见物理化学同名词条。

中心极限定理 [central limit theorem] 概率论中讨论随机变量和的分布以正态分布为极限的一组定理。这组定理是数理统计学和误差分析的理论基础，指出了大量随机变量之和近似服从正态分布的条件：从均值为 μ、方差为 σ^2 的任意一个总体中抽取样本量为 n 的样本，当 n 充分大时，样本均值的抽样分布近似服从均值为 μ、方差为 σ^2/n 的正态分布。

状态方程 [equation of state] 释文见物理化学同名词条。

状态函数 [state function] 释文见物理化学同名词条。

准静态过程 [quasi-static process] 一种理想的无限缓慢的热力学过程。

自洽场理论 [self-consistent field theory] 即平均场理论。

自由度 [degree of freedom] 释文见分析化学同名词条。

自由能 [free energy] 在某一个热力学过程中，系统减少的内能中可以转化为对外作功的能量。衡量的是在一个特定的热力学过程中，系统可对外输出的“有用能量”。可分为亥姆霍兹自由能和吉布斯自由能。

5.4 化学动力学

埃伦菲斯特动力学 [Ehrenfest dynamics] 又称平均场方法、经典埃伦菲斯特方法。一种非绝热动力学的近似方法，混合量子-经典动力学方法的一种。原子核受到的作用力是根据电子态波函数求得的在不同电子态上受力的平均。其存在的一个重要问题是，在描述势能面有很大差异的两个电

子态时不符合物理直观。例如，在一个束缚态和解离态耦合的系统中，该方法给出的原子核运动经常无法得到正确的反应分支比。由于类似的原因，该方法的长时间动力学行为不满足细致平衡原理的要求。该方法因为其短时有效性，简单易用的特点有很多应用，但是在使用时应注意其适用范围。

埃农-海利斯模型 [Hénon-Heiles model] 非线性科学中描述非线性不可积体系的一个模型。由埃农(M. Hénon)和海利斯(C. Heiles)于1962年提出。星体围绕银河系中心被限制在平面上做非线性运动时，其受到埃农-海利斯势场的作用，该势能函数为$V(x,y)=x^2/2+y^2/2+x^2y-y^3/3$。它也常被用于研究经典和量子动力学方法。

艾里函数 [Airy function] 艾里微分方程的解构成的一组特殊函数。以英国天文学家、数学家艾里(G. B. Airy)命名。艾里函数是作用力为常数的一维体系或者三角形势阱体系的薛定谔方程的解，常用于WKB理论中拐点附近的半经典近似以及半导体装置模型。

暗态 [dark state] 原子或分子的不能吸收或发射光子的态。量子力学中，不同的态可以有不同的能量，体系可以通过发射或者吸收一个或者多个光子从一个量子态跃迁到另一个量子态。尽管如此，并不是任意态间的跃迁均被允许,不可以吸收入射光子的态即为暗态。

半经典初始值表象方法 [semiclassical initial value representation] 在初始值表象下计算半经典传播子的量子动力学方法。最早的半经典传播子在坐标空间表述，在实际计算中有很大的困难，米勒(W. H. Miller)等发展的初始值表象方法在相空间计算传播子，对于推动半经典方法的发展和应用起到了重要作用。米勒等人发现半经典初始值表象方法可从实时间路径积分的稳相近似推导而来，也称范弗莱克(Van Vleck)半经典传播子。另外一种半经典初始值表象是赫尔曼(M. F. Herman)和克卢克(E. Kluk)在海勒(E. J. Heller)工作的基础上于1984年提出的相干态表示形式，即赫尔曼-克卢克半经典传播子。半经典初始值表象方法对于分子体系可以得到半定量的量子相干效应和隧穿效应。然而将半经典初始值表象方法应用到大体系存在一些困难，例如，稳定性矩阵元素长时间的数值行为不佳，由各条经典轨迹叠加引起的半经典动力学的“符号问题”。

半经典动力学 [semiclassical dynamics] 量子动力学在普朗克常量渐近趋于0下的近似。主要应用半经典传播子(也称范弗莱克传播子)来描述量子动力学效应。米勒(W. H. Miller)等发展的初始值表象(IVR)方法在相空间计算传播子，推动了半经典方法的发展。例如利用高斯波包(或相干态基组)进行演化的赫尔曼-克卢克初始值表象方法(HK-IVR)。在研究非绝热动力学方面，米勒等人利用映射方法将已经量子化的自由度重新映射到连续自由度以方便进行半经典处理。

半经典理论 [semiclassical theory] 在求解给定的量子力学问题时，一类可使用经典量表达的近似解的理论，这个近似解在普朗克常量渐近趋于零时给出的正确结果。例如玻尔-索末菲理论(Bohr-Sommerfeld theory)、WKB近似、半经典初始值表象。量子力学中的半经典方法适用于几乎所有的分子系统，并且常常能给出半定量乃至精确的结果，特别是许多能用半经典方法得到良好结果的问题，恰恰是用传统量子力学计算方法求解时由于计算量巨大或收敛太慢而无法得到正确答案的问题。另外，从量子系统的半经典描述中，往往能直接看到量子力学与经典力学的联系，这一特点使得它特别适合于用来描述各种经典现象的量子表现。

贝里相位 [Berry phase] 又称潘查拉特南-贝里相位或潘查拉特南相位。含时哈密顿量体系在经历循环绝热过程时获得的相位差，来源于哈密顿量参数空间的几何性质。含时哈密顿量通过参量而随时间变化，例如参量表示随时间变化的外磁场或外电场，参量张开一个参数空间。假设参量随时间变化极为缓慢，即绝热近似，波函数(量子态)随时间的演化为了满足薛定谔动力学方程，除了动力学相位因子，还需要添加一个相位因子，即贝里相位。

泵浦-探测光谱 [pump-probe spectroscopy] 一种能检测飞秒级时间尺度信息的光谱。检测时使用强弱两个脉冲，分别称为泵浦脉冲和探测脉冲。泵浦脉冲激发样品，触发所研究的过程，而延迟的探测脉冲则用于监视其光学性质。通过改变泵浦和探测脉冲间的延迟时间，可以得到以时间为变量的一组测试结果。这一方法可用于检测性质(如反射率、吸收强度、荧光、拉曼散射)因泵浦脉冲导致的样本的变化。

波包动力学 [wave packet dynamics] 一种采用波包描述量子动力学的方法。常用的波包多为高斯波包。海勒(E. J. Heller)首先采用冻结的高斯波包方法描述量子动力学，赫尔曼(M. F. Herman)和克卢克(E. Kluk)建立了高斯波包和传统的半经典方法的联系，并对每条轨迹引入了修正因子，其重要缺点是对高维体系的计算量还是太大。

布朗振子模型 [Brownian oscillator model] 随机热力学中把宏观慢变量看作布朗振子，周围热库提供噪声的模型。在布朗运动中，重粒子是人们关心的对象，称之为布朗粒子，其周围的液体就是所谓的热库，如对大量类比成布朗运动的耗散开放系统，那里包含了有限的相关自由度和大量的内禀自由度，二者存在着相互作用而且运动特征时间尺度相差很大。

布洛赫方程 [Bloch equation] 释文见分析化学同名词条。

超快脉冲 [ultrafast pulse] 一种寿命在飞秒量级(10^{-15} s)或更短的电磁脉冲。这样的脉冲有很宽的光学光谱带，并且可以通过锁模(mode-locking)振荡器产生。超快脉冲常与超快过程相联系。

超冷分子 [ultracold molecule] 处于温度接近绝对零度时的分子，温度通常是接近几个微开尔文(μK)。在该温度下分子的量子效应将变得非常明显。超冷分子在精确测量、分子凝聚、相干控制、分子干涉方面有着重要的应用。常用的制备方法有激光冷却、蒸发冷却等技术。

弛豫理论 [relaxation theory] 对弛豫过程进行描述的理论。处在平衡态的体系受到外界的扰动，偏离原有平衡态而向一个新的平衡态过渡，这个过程称为弛豫过程，过程所需的时间称为弛豫时间。

弛豫速率 [relaxation rate] 表征弛豫过程快慢的物理量，一般定义为弛豫时间的倒数。平衡态系统施以扰动(如温度跃变)后，观测物理量对应于新的平衡态有一个初始偏离，在趋近新平衡态过程中的某一时刻其偏离与初始偏离比值等于自然对数底数的倒数时，其对应时间为弛豫时间，其大小反映该过程趋近平衡的速率，弛豫时间短则弛豫速率快，反之则慢。

纯态 [pure state] 量子统计力学中可以用一个波函数进行描述的态。纯态不一定是本征态，也可以是许多量子态的相干叠加，其中所有的量子态对应的概率之和为 1。许多纯态的非相干叠加组成混合态。一个纯态一定可以用一组完备基矢展开，而混合态只能表述成密度矩阵的形式。纯态对应的密度算符为厄米算符，对应的密度矩阵及密度矩阵平方的迹均为 1。

从头计算多次繁衍方法 [*ab initio* multiple spawning method (AIMS)] 使用从头计算方法描述电子运动的自由度，使用高维高斯波包作为基组描述原子核运动的自由度，总的量子力学波函数写成在各个势能面上高斯波包的线性组合。高斯波包的中心做经典运动，因此认为波包不会扩散。高斯波包组可以在任意时刻构成一组超完备的参考基组，所以可以先得到原子核的运动方程，再利用含时变分得到对应各个高斯波包组态系数的运动方程。利用高斯波包描述核运动自由度可以避免混合量子-经典方法中不能正确描述退相干等缺点。主要问题在于高斯波包基组的完备性。在存在较强非绝热耦合的条件下需要不断增加高斯基组的数目来保证计算的收敛性，因此随模拟时间的增加，需要的高斯基组的数目会不断增加。

单分子反应理论 [unimolecular reaction theory] 化学反应速率理论之一。指仅一个反应物分子变成活化复合物并发生反应的理论。其关键是如何计算反应速率常数，主要包含经典力学的斯莱特(Slater)理论、量子力学的光活化反应理论以及 RRKM 理论。单分子可以通过电磁辐射或者分子碰撞进行活化，部分活化后的分子可以迅速发生反应，称为真实单分子反应；而有些分子由于形成有较长寿命的活化复合物，需要较长的时间才能发生反应，称为表观单分子反应。

导热系数 [thermal conductivity] 单位截面、长度的材料在单位温差下和单位时间内直接传导的热量。是衡量物质导热性的参数，表征材料直接传导热量的能力。热导率的单位为瓦每米每开尔文(W/m·K)。物质的导热系数是温度的函数，其倒数称为热阻。

德鲁德振子模型 [Drude oscillator model] 又称经典德鲁德振子模型。用来模拟分子力场中的电子极化效应的模型。该模型中的德鲁德振子是一种无质量虚拟点，带有局域电荷并与单个原子通过谐振弹簧相连。弹簧力常数以及原子上的与德鲁德振子相关的相对局域电荷决定了德鲁德振子对局域电场的响应程度。静电德鲁德模型的响应受限于偶极矩的变化，它的响应不足以模拟有大的场梯度的相互作用。德鲁德振子的运动等效于相应原子上的电荷分布的变化。将德鲁德振子模型推广到量子谐振子的情况即量子德鲁德振子模型(quantum Drude oscillator model)。

电极化 [electronic polarization] 在外电场作用下，电介质中的束缚电荷发生位移或极性转向的现象。一般分为非极性分子的“位移极化”和极性分子的“取向极化”两类。非极性分子在外电场作用下，分子中的正、负电荷中心由原来的重合状态发生位移而形成电偶极子，且沿电场方向排列，因而在电介质表面出现正、负束缚电荷。极性分子中的正、负电荷中心不重合而形成电偶极子，但由于分子热运动而排列不规则，在外电场作用下，这些电偶极子的取向出现不同程度的一致，因而在电介质表面出现正、负束缚电荷。

电子光谱 [electronic spectrum] 分子中电子在电子能级之间跃迁产生的光谱。它包括吸收光谱、发射光谱和反射光谱。应用和研究较多的是吸收光谱。由于同一个电子能级有许多间隔较小的振动能级和间隔更小的转动能级，因此，整个分子的电子光谱是由若干个谱带系构成的，即它实际上是电子-振动-转动光谱。其包含了所有可能的电磁辐射的频率。某一物体的电子光谱有特征意义，即反映了该物体吸收、发射电磁辐射的特征频率分布。它可以用于光谱科学和其他探测科学的研究。

多点相关函数 [multi-point correlation function] 用于描述物理量在空间多点或多个时刻的相互关联。常用于多维光谱领域测量动力学非均匀性，揭示时空结构的非均匀性。多点相关函数可以与多维光谱分析分子极化率和偶极的非线性响应函数相联系。如果动力学是均匀的，在每个时间段上的运动没有关联和耦合，多点相关函数为零；反之，如果动力学是非均匀的，在每个时间段上的运动有关联和耦合，多点相关函数不为零。

多维光谱 [multi-dimensional spectrum] 不同发光模式之间有较强的耦合，光谱的强度与多个频率相关的光谱。

多维光谱可以克服传统的一维光谱不能区分多个跃迁模式是否相关的问题。比如二维光谱的自相关峰出现在对角线上，其大小代表在关联周期中光谱强度动态涨落的总程度；交叉峰位于非对角线上，代表不同频率信号引起吸收频率的变化，表征基团之间的相互作用。多维光谱被广泛应用在高级结构测定、分子动力学研究以及生物分子的光化学研究中。

多组态含时哈特里方法 [multiconfiguration time-dependent Hartree method (MCTDH)] 以单粒子函数的乘积构造多粒子波函数的基组量子动力学方法。MCTDH 的总波函数为多个哈特里(Hartree)波函数的线性组合，然后通过含时变分原理求得单粒子函数以及哈特里展开系数的运动方程。MCTDH 是基组方法，研究体系的尺寸受到很大的制约。在实际模拟过程中有多种数值方法和技巧来减少基组的数目和计算量。后来发展的多层多组态含时哈特里方法(ML-MCTDH 方法)可以进一步地扩大其应用范围。

二次电光效应 [quadratic electro-optic effect] 即克尔效应。

二维电子光谱 [two-dimensional electronic spectrum] 光谱强度与两个频率相关的电子光谱。是通过激发和发射两个事件之间的延迟时间将两者关联得到的光谱图(带宽处于激光脉冲尺度)。其以吸收和发射同时作为波数的函数绘图，当吸收和发射出现交叉峰，表明生色团之间以及能量转移过程中电子发生耦合。二维电子光谱可以很好地预测电子耦合、能量转移、电子转移以及弛豫过程，是研究激发态相干和能量传输的重要手段。

二维红外光谱 [two-dimensional infrared spectrum] 强度和两组测量频率相关的红外光谱。是一种三阶非线性光谱技术。其能够将凝聚态体系中的不同振动模式相关联。它是分子体系对一系列超快红外激光脉冲所作出的一种时域非线性响应(受激振动光子回波)在频率中的双频率表达，能够提供关于体系的分子振动耦合及振动动力学以及振动弛豫过程等信息，反映的是在飞秒至皮秒时间轴上的分子结构动态信息。

二维拉曼光谱 [two-dimensional Raman spectrum] 强度和两组测量频率相关的拉曼光谱。可以定量地得出原子核之间运动的耦合信息，可以测量非谐耦合和在不同的拉曼活性的振动模之间的非线性极化。

反斯托克斯拉曼散射 [anti-Stokes Raman scattering] 散射光频率高于入射光频率的拉曼散射过程。体系从较高能级上被激发，然后弛豫回较低能级，散射光子的能量较之入射光子变高(得到能量，波长蓝移)。由于分子较少布居在较高的振动能级上，反斯托克斯拉曼散射强度相对斯托克斯拉曼散射弱很多。

反应速率 [reaction rate] 释文见物理化学同名词条。

范弗莱克半经典传播子 [Van Vleck semiclassical propagator] 对量子力学传播子的路径积分表示采用位置态表象的稳定相近似得出的表达形式。在半经典近似下，传播子(时间演化算符在位置态表象中的矩阵元)的主要贡献来自经典路径，使用路径积分表达来发展对传播子的半经典近似。对所有的路径积分利用在经典路径附近的二次函数变分构成的一组路径积分进行近似，最终得到范弗莱克半经典传播子。其缺陷是被要求的轨道以一种非自然的方式通过边界条件被指定，结果是这些轨道不唯一，必须通过数值搜索的方法来得到。当时间增长时，由于在求和中轨道的数目变得很大，搜索变得很困难。这个问题在混沌体系中尤其突出，对边界条件的敏感性随时间指数增长。另一个缺陷是：坐标和时间选择某些值时，传播子表达式的分母为零，是一个奇点。这限制了范弗莱克半经典传播子的精确度，可以采用初值表示变换的方式减小数值处理的难度。

范弗莱克变换 [Van Vleck transformation] 用于简化处理简并微扰，将原始哈密顿量变为新的哈密顿量的一种正则变换。在这种变换中，所研究的态与距离研究态较远的态之间的一阶相互作用不予考虑。

非绝热电子迁移 [nonadiabatic electron transfer] 反应体系穿越不同电子势能面时的电子迁移过程。

非绝热动力学 [nonadiabatic dynamics] 研究核在多个耦合绝热势能面上演化运动的学科。目前一般考虑两个势能面耦合或者交叉时，核如何从一个势能面通过交叉点跃迁或者演化到另一个势能面上。非绝热动力学的数学本质是在核动能算符这项中，对电子态的平均，产生了两个非绝热项，即一阶和二阶非绝热项，只有在核的质量远大于电子质量，且运动速度远小于电子速度，即玻恩-奥本海默近似(Born-Oppenheimer approximation)成立时，这两项才可以忽略。在势能面交叉点附近，玻恩-奥本海默近似不成立，需要考虑非绝热动力学。

非绝热耦合 [nonadiabatic coupling] 电子运动与核运动的耦合现象。在量子力学中，根据玻恩-奥本海默近似，电子在一个指定的量子态上运动，因而在各能级上的概率分布恒定不变，这种过程称为电子绝热过程。然而，电子在不同运动状态会被原子核的运动所耦合。在这种耦合诱导下，体系不再严格遵守玻恩-奥本海默近似，而可以从一个电子态转化为另一个电子态，这样的过程称为电子非绝热过程，而该耦合也因而被称为非绝热耦合。

非均匀展宽 [inhomogeneous broadening] 发射光谱展宽的一种，体系中不同量子发射极的涨落不同。这是由以下情况引起的，比如，气体原子不同的速度，或者在固体介质中原子处在不同的晶格位置。例如在固体中经常出现的一种情况是，由于掺杂剂的存在，每一个发射极周围的电场不同，因此斯塔克效应(Stark effect)对能级的改变是不均匀的。

非马尔可夫效应 [non-Markovian effect] 一种由环境影响的记忆效应，体系的信息流向环境，同时环境在有限的时间内把信息也反馈给体系，此时体系的演化将依赖于过去的信息。

非线性光谱学 [nonlinear spectroscopy] 一种光谱分析方法，光谱信号对于外加电磁场的响应不是电磁场强度的线性关系。当光场的电场强度可以和分子中原子间的电场强度(~10^8 V/m)比拟，电介质极化对电场呈现非线性特性，此时不再满足光波独立传播原理，从而展现出异于线性光学的现象。非线性光谱反映不同模式之间的耦合，可以表征基团之间的相互作用。对应的二维或多维频率谱图也被称为二维或多维光谱。多维光谱利用交叉峰可以克服一维光谱的局限。

非线性响应函数 [nonlinear response function] 体系对外场的非线性响应中的系数。体系对外场的响应中，热力学量的变化与外场(扰动)的关系，成正比的为线性响应，其比例系数(一般是个函数)称为线性响应函数，其他高阶项(非正比关系)表示非线性响应，其比例系数称为非线性响应函数。

费米黄金定则 [Fermi's golden rule] 量子力学中描述单位时间内量子体系从一个能量本征态跃迁到一系列能量本征态的跃迁概率与能级差和跃迁矩阵元之间关系的公式。考虑一个系统，给定哈密顿算符和初始态。如果微扰哈密顿量跟时间无关，那系统只会跃迁到与初始态拥有相同能量的其他本征态。如果微扰与时间有关，而且是一个随时间以固定角频率振荡的函数，则系统会跃迁到另一个能量与初始态相差固定角频率所对应的能量的新状态。

分子内振动再分布 [intramolecular vibrational redistribution] 一种处于振动激发态的分子的能量在不同量子态间重新分配的过程。对于理解单分子反应速率理论例如RRKM理论起重要作用。

弗仑克尔激子 [Frenkel exciton] 具较高束缚能的激子。以苏联物理学家弗仑克尔(Y. Frenkel)命名。常由光激励产生，大小约一个晶胞。

弗斯特共振能量转移 [Förster resonance energy transfer (FRET)] 一种描述两种生色团之间的能量转移的机理。处在电子激发态的给体生色团，通过偶极-偶极非辐射耦合转移能量给受体生色团。该能量转移的效率与给体和受体间距离的六次方成反比，使得FRET对于小距离尤其敏感。FRET的测量被用来确定两个发色团的距离。FRET类似于近场通信，相互作用半径小于发射光波长，在近场区域，激发态发色团发射一个虚光子，并立即被受体发色团吸收。这些虚光子是不可探测的，因为它们的存在违背了能量和动量守恒。因此，FRET被认为是一种无辐射机理。在量子电动力学中，无辐射和辐射能量转移分别是统一场下的短程和长程近似。

福克尔-普朗克方程 [Fokker-Planck equation] 释文见5.3节同名词条。

富兰克-康顿原理 [Franck-Condon principle] 光谱学和量子化学中处理电子跃迁吸收强度的一种近似。由于电子运动的时间尺度相较于原子核运动的时间尺度是极短的，可以近似认为电子跃迁对于原子核的运动尺度而言是瞬时的，因而最可能发生的电子跃迁是分子内原子核的位置不发生变化的情况，称为垂直跃迁，由此导致的态称为富兰克-康顿态，实际上是电子激发态对应的核振动态的线性组合。这一原理的量子力学形式是跃迁强度正比于富兰克-康顿因子，即跃迁中所涉及两个态的振动波函数重叠积分的平方。

光谱扩散 [spectral diffusion] 环境涨落产生的随机频率微扰，因具有不同的强度和时间特性而诱导出的一种时间依赖的光谱宽化过程。光谱扩散一般遵循$\left[1-\exp(-W\cdot T_{\mathrm{w}})\right]^x$的形式，$W$是跳变频率，$T_{\mathrm{w}}$为等待时间。

光谱线型 [spectral lineshape] 描述在光谱中谱线的形状。对应原子、分子或者离子能量的改变。理想光谱线型包括洛伦兹线型(Lorentzian)、高斯线型(Gaussian)和沃伊特(Voigt)线型，其参数包括谱线位置、最大高度和半宽度。对于每一个体系谱线形状函数的半宽度随着温度、压力(或者浓度)和相位的改变而改变。凝聚态分子体系的谱线形状蕴含丰富的热力学和动力学信息，十分复杂，往往需要与理论计算相结合进行分析。

广义朗之万方程 [generalized Langevin equation] 朗之万方程的推广形式。用来描述对过去包含记忆的体系，摩擦项与之前若干时刻的“历史”有关，将朗之万方程中的摩擦系数替换为一个记忆函数。

过渡态理论 [transition state theory (TST)] 释文见物理化学同名词条。

亥姆霍兹表示 [Helmholtz representation] 即*亥姆霍兹分解*。

亥姆霍兹定理 [Helmholtz theorems] 流体力学中关于涡旋的动力学性质的三条定理，以德国物理学家亥姆霍兹(H. von Helmholtz)的名字命名。它适用于没有黏性的流体和黏性力的影响小到可以忽略的流体，其表述分别如下所示。

亥姆霍兹第一定理：涡丝的强度沿涡丝保持不变。

亥姆霍兹第二定理：涡丝在流体中不会自行产生或消失，只能首尾相接、延伸至无穷远处或终止于边界处。

亥姆霍兹第三定理：无外力影响下，无旋流动始终保持无旋。

亥姆霍兹分解 [Helmholtz decomposition] 又称亥姆霍兹表示。物理学和数学中的矢量分析基本定理，以德国物理学家亥姆霍兹(H. von Helmholtz)的名字命名。指出任意足够光滑且快速衰减的三维向量场，均可分解为一个无旋度向量场和一个无散度向量场之和。假定 $\boldsymbol{F}$ 为定义在有界区域 $V\subseteq\mathbf{R}^3$ 里的二次连续可微向量场，且 S 为 V 的包围面，则 $\boldsymbol{F}$ 可被分解为无旋度和无散度两部分：$\boldsymbol{F}=-\nabla\Phi+\nabla\times\boldsymbol{A}$，其中

$$\Phi(\boldsymbol{r})=\frac{1}{4\pi}\int_V\frac{\nabla'\cdot\boldsymbol{F}(\boldsymbol{r}')}{|\boldsymbol{r}-\boldsymbol{r}'|}\mathrm{d}V'-\frac{1}{4\pi}\oint_S\hat{\boldsymbol{n}}'\cdot\frac{\boldsymbol{F}(\boldsymbol{r}')}{|\boldsymbol{r}-\boldsymbol{r}'|}\mathrm{d}S',$$

$$\boldsymbol{A}(\boldsymbol{r})=\frac{1}{4\pi}\int_V\frac{\nabla'\times\boldsymbol{F}(\boldsymbol{r}')}{|\boldsymbol{r}-\boldsymbol{r}'|}\mathrm{d}V'-\frac{1}{4\pi}\oint_S\hat{\boldsymbol{n}}'\cdot\frac{\boldsymbol{F}(\boldsymbol{r}')}{|\boldsymbol{r}-\boldsymbol{r}'|}\mathrm{d}S'。$$

如果 $V=\mathbf{R}^3$，且 $\boldsymbol{F}$ 在无穷远处消失得比 $1/\boldsymbol{r}$ 快，则纯量势和向量势的第二项为零，也就是说 $\Phi(\boldsymbol{r})=\frac{1}{4\pi}\times\int_{\text{all space}}\frac{\nabla'\cdot\boldsymbol{F}(\boldsymbol{r}')}{|\boldsymbol{r}-\boldsymbol{r}'|}\mathrm{d}V'$，$\boldsymbol{A}(\boldsymbol{r})=\frac{1}{4\pi}\int_{\text{all space}}\frac{\nabla'\times\boldsymbol{F}(\boldsymbol{r}')}{|\boldsymbol{r}-\boldsymbol{r}'|}\mathrm{d}V'$。

含时哈特里-福克方法 [time-dependent Hartree-Fock (TDHF)] 求解费米子多体问题的一种近似方法，用来描述和计算在含时外场微扰情况下一个费米子多体体系的线性响应。特点是将体系哈密顿量简化为哈特里-福克算符的形式，即运用平均场近似，将每个单个粒子分别考虑。TDHF 方法在 20 世纪 30 年代被提出，但是在 20 世纪 70 年代第一次被应用于核物理问题。TDHF 方法广泛应用于反应动力学，该方法在核结构和反应机理方面的研究上有较大作用，可用来计算激发态。

含时微扰论 [time-dependent perturbation theory] 量子力学中近似计算方法之一，微扰论的一种。相较于不含时微扰论，含时微扰论研究的是不含时的初始哈密顿量受含时微扰影响的结果。因而人们更感兴趣的是含时的性质，例如可观测量的期望随时间的变化以及跃迁概率等。由于将含时微扰项视为小量，人们常用叠加系数迭代的方式求解体系变化，进而可以得到时间演化算符的戴森序列(Dyson Series)形式。费米黄金定则也是含时微扰论的结果之一。

含时薛定谔方程 [time-dependent Schrödinger equation] 量子动力学的基本方程之一，描述处于纯量子态体系的波函数随时间的演化。当体系处于混合态的时候，需要采用密度矩阵的量子刘维尔方程。

赫尔曼-克卢克半经典传播子 [Herman-Kluk semi-classical propagator] 即赫尔曼-克卢克传播子。

赫尔曼-克卢克传播子 [Herman-Kluk propagator] 又称赫尔曼-克卢克半经典传播子、相干态传播子、相干态半经典传播子。对量子动力学中的时间演化算符的一种半经典近似，采用相干态表象。由赫尔曼(M. F. Herman)和克卢克(E. Kluk)在 1986 年提出。其对应于一种冻结高斯波包近似方法，其主要思想是把初始波函数理解为一系列子波的叠加之和，每一个子波都沿着一个经典轨道传播(轨道形状是不变的)，并且这些子波可以直接独立传播。

红外光谱 [infrared spectrum] 分子中的化学键或官能团发生振动吸收，在红外光区产生的光谱。不同的化学键和官能团吸收频率不同从而在谱图上处于不同的位置，通过分析谱图可以得知分子的化学键和官能团的信息。除了振动能级与光子能量的匹配，红外光谱还需要有红外光和分子的耦合作用，这种耦合作用通过分子的振动偶极矩的变化实现，所以只有能改变分子振动偶极的振动模式才能表现出红外活性。在理论计算中，通过偶极相关函数可以计算对应分子的红外光谱。

化学动力学 [chemical dynamics] 物理化学的一个分支。基于原子核和电子运动细节来研究体系随时间变化的现象，如物质或能量转移和反应速率等。化学动力学包括理论和实验两个方面。理论上利用量子力学、经典力学、统计力学等研究化学过程进行的速率和微观机制。如用量子化学理论方法计算反应体系势能面或粒子间的相互作用，用量子动力学阐明体系态-态反应的概率、反应截面、在能级间的跃迁过程以及光谱、过渡态和激发态的行为等。实验上利用分子束、激光等手段来测量体系动态变化及其微观过程等。如交叉分子束装置、[瞬时]红外光谱、拉曼光谱、荧光光谱、光电子能谱等。化学动力学可以研究体系在原子和亚原子层面上的动力学行为，这对理解和预言体系的宏观动力学行为极为重要。

化学反应速率理论 [chemical reaction rate theory] 有关化学反应的速率的理论。始于 19 世纪末阿伦尼乌斯(S. Arrhenius)提出的方程。包括碰撞理论、过渡态理论、单分子反应理论和克拉默斯(H. Kramers)理论等。

混合态 [mixed state] 无法用单一的态矢量来描述而只能用密度矩阵来描述的量子态。归一化过的混合态的密度矩阵的迹为 1，但其平方的迹小于 1。

极化率 [polarizability] 分子体系在电场中感生出的偶极矩与电场强度的比值。固体中的极化率来源于正负电荷在电场作用下的分离，包括电子位移极化率、离子位移极化率、取向极化率和空间电荷极化率。极化率决定了一个束缚体系对外场的动态响应，并且能够提供对分子内部结构的信息。对于非极性分子，极化率越大，由外电场诱导出的偶极矩越大。极性分子具有永久偶极矩，它的极化率是原子极化、电子极化与定向极化的总和。

几何相位 [geometric phase] 一个量子体系绝热地演化一圈回到初始态，会对过程存在“记忆”，初态和末态的区

别以波函数相位的形式被体现，相位差源于哈密顿量在其参数空间中经过的几何形状，即几何相。在数学中它描述了体系内部状态的历史与体系在空间中最终取向之间的关系，在多个物理领域已被实验证实存在，在几何学、天文学、经典力学以及量子理论中都有应用。例如贝里相(Berry phase)就是几何相在量子理论中的一种运用。

简正模式 [normal mode] 体系的所有部分都以相同的频率和固定的相位在平衡位置附近作的简谐振动模式。其对应的频率为简正频率。体系的这些简正频率称为固有频率或共振频率。对于一般体系简正模式是一种将势能泰勒展开，保留到二阶项的近似。

姜-泰勒畸变 [Jahn-Teller distortion] 即姜-泰勒效应。

姜-泰勒效应 [Jahn-Teller effect] 又称姜-泰勒畸变。对于基态有多个简并态的非线形分子，其电子在简并轨道中的不对称占据会导致分子的几何构型发生畸变，从而降低分子的对称性和轨道的简并度，使体系的能量进一步下降的效应。是一种重要的对称性自发破缺。一般该效应指的是一级姜-泰勒效应，另外有准姜-泰勒效应(pseudo Jahn-Teller effect)，又称二级姜-泰勒效应。这是指当分子在非简并的电子基态和低位的近似简并的激发态情况下，其固有的对称性会发生扭曲，导致基态与激发态能级的混合，从而降低了基态的能量，其本质是共价键强度的增强。另外还有动态姜-泰勒效应(dynamic Jahn-Teller effect)、联合姜-泰勒效应(cooperative Jahn-Teller effect)等。

交流克尔效应 [AC Kerr effect] 见克尔效应。

截面 [cross section] 物理学中一个用于表达粒子间发生相互作用可能性的术语。起源于点粒子被射向目标的经典物理图景。假设发射粒子与目标粒子一旦靠近就一定会发生相互作用，否则完全不发生相互作用，则总的相互作用可能性就等于截面与整个目标面积的比值。该概念可以引申到其他情况，例如目标区域呈现 0 至 100%反应概率的情况(因为目标中的物质不完全相同，或者因为不均匀的场使之减弱)。一个特殊的例子就是散射。散射截面用于描述光(或其他形式的辐射)被粒子散射的可能性。

JWKB 近似 [Jeffreys-Wentzel-Kramers-Brillouin approximation] 参见 WKB 近似。

WKB 近似 [Wentzel-Kramers-Brillouin approximation] 又称 JWKB 近似。量子力学里可以用来解析求解薛定谔方程的一种半经典近似，是对可积体系量子化的有用工具。1923 年数学家杰弗里斯(H. Jeffreys)发展了一套求解线性、二阶微分方程的一般方法。1926 年温策尔(G. Wentzel)、克拉默斯(A. Kramers)和布里渊(L. Brillouin)在不知道前人工作的情况下独立地发展了求解薛定谔方程的半经典近似。伽莫夫(G. Gamow)使用该方法，首先正确地解释了 α 衰变。WKB 近似先将量子系统的波函数写成一个指数函数的形式，然后对其做半经典展开。再假设相位相对振幅变化缓慢(即绝热变化)。通过推导可以得到波函数的近似解。WKB 近似是得到一维定态薛定谔方程的近似解的一种技术(它的基本思想同样可应用于许多其他形式的微分方程和三维球对称薛定谔方程的径向部分)。此法对计算束缚态能量和势垒穿透率非常有用。对于含时薛定谔方程，将含时波函数做半经典展开，忽略含约化普朗克常量的 2 次方的量子矫正项，就得到含时 WKB 近似。对于量子动力学而言，更准确的作法是对传播子而非对波函数做含时 WKB 近似。在数学中，一般而言，WKB 近似专门计算一类特殊微分方程的近似解。这类微分方程的最高阶导数项的系数是一个微小参数。

近藤效应 [Kondo effect] 含有极少量磁性杂质的晶态金属在低温下出现电阻极小值的现象。自从 1930 年以来，实验上发现某些掺有磁性杂质原子的非磁性金属(例如，以铜、金、银等为基，掺入杂质铬、锰、铁等的稀固溶体)的电阻- 温度曲线在低温下出现一个极小值。按照通常的电阻理论，稀固溶体的电阻应随温度下降而单调下降，最后趋于由杂质散射决定的剩余电阻，因此，难以理解上述现象。1964 年，日本物理学家近藤淳(Jun Kondo)对该现象率先用自旋散射机制进行三级微扰计算，得出了电阻公式，与实验曲线吻合得较好，指出电阻出现极小值的物理原因是能带电子和局域自旋发生自旋散射。因此人们常把它称作近藤效应。电阻极小值对应的温度称为近藤温度(Kondo temperature)。

经典德鲁德振子模型 [classical Drude oscillator model] 即德鲁德振子模型。

经典动力学 [classical dynamics] 经典力学的一个分支。在给定初始条件情况下，描述体系状态的物理量(如坐标和动量)随时间的演化满足牛顿方程(或欧拉-拉格朗日方程、哈密顿正则方程等，这些形式相互等价)，即体系的运动状态受牛顿力学支配。

局域场近似 [local-field approximation] 将粒子间力表述为有效的局域电场，来处理系综中粒子与电磁场之间相互作用的方法。局域场近似提供了一种简单唯象方法来关联孤立粒子的极化率和宏观磁化系数。它使得系综中粒子对电磁场的响应转化为孤立粒子和局域场之间的相互作用，将复杂的多体问题有效地转换为单体问题。

均匀展宽 [homogeneous broadening] 一种光谱展宽的类型。在激光物理学中展宽是一个影响激光发射的谱线形状的物理现象。激光的发射过程对应于量子体系(如原子、离子)在激发态和基态之间的跃迁。这些态的能量差正比于发射光子的频率。由于能量差有涨落，宏观发射的频率或者波数相对于理想的单色光发射将会有一定的宽度。依赖于能量涨落的本质，展宽可以是均匀和非均匀的。如果造成能量涨落的是一个对所有量子体系作用均相同的现象，称为均匀展宽。如由于能量和时间的不确定性关系导致的自然展宽(natural broadening)和由于碰撞导致的碰撞展宽或压力展宽(pressure broadening)。

康顿近似 [Condon approximation] 计算电子跃迁概率的一种近似。以美国核物理学家康顿(E. Condon)命名。通常电子跃迁的时间尺度与核运动相比很短，电子跃迁过程中可以认为分子本身及其所处环境都没有发生变化，因此电子跃迁概率可以通过固定位置的核计算得到。它是比玻恩-奥本海默近似(核和电子的运动可以分离)更有约束性的近似，因为要求核坐标是固定值。

克尔效应 [Kerr effect] 又称二次电光效应。物质因响应外电场的作用而改变其折射率的一种效应，感应出的折射率改变与外电场平方成正比。最先由苏格兰科学家克尔(J. Kerr)在1878年发现。克尔电光效应又称直流克尔效应，放在电场中的物质，其分子受到电场的作用而发生偏转，呈现各向异性，结果产生双折射，即沿着两个不同方向物质对光的折射率有所不同。折射率差值$\Delta n=\lambda KE^2$，其中λ是光波的波长，K是克尔常数，E是电场。克尔光学效应又称交流克尔效应，光波本身的电场造成了折射率的改变。折射率的变化促成了自聚焦、自调相、调制不稳定性的非线性光学效应，是克尔透镜锁模技术的基础机制。磁光克尔效应：从磁性物质发射出来的光波，其偏振平面会稍微偏转。

克拉默斯反转 [Kramers turnover] 困在势阱中的粒子在随机扰动下跨越邻近势垒的过程中，随着体系与环境之间的阻尼增加，跨越势垒的反应速率先增大再减小的现象。荷兰物理学家克拉默斯(H. A. Kramers)于1940年提出了这一经典反应速率理论。他在欠阻尼和强阻尼两种极限情况下推出了反应速率常数随黏度变化的表达式，指出反应速率常数随黏度的增加先增大后减小。

克拉默斯反转温度 [Kramers turnover temperature] 发生克拉默斯反转时体系所对应的温度。参见克拉默斯反转。

克拉默斯-克勒尼希关系 [Kramers-Kronig relation] 数学上的双向关系，联系复空间上半平面中解析函数的实部和虚部。可以表示为

$$\chi(\omega)=\frac{1}{\mathrm{i}\pi}\mathrm{V.P.}\int_{-\infty}^{\infty}\frac{\chi(\omega')}{\omega'-\omega}\mathrm{d}\omega'$$

式中，χ为上半平面的解析函数，V.P.代表柯西主值积分。该关系式常用于稳定物理系统的响应函数的计算上，如由其虚部计算其实部(或相反)。

库仑阻塞 [Coulomb blockade] 电子在纳米尺度的导电物质间移动时出现的一种现象。若两电极间有绝缘势垒，当两电极间距离变小时，由于隧道效应，电子可以从一极向另一极移动。要移动一个电子，其能量增加，此能量在室温时与热运动能量相比非常小。而当导体尺度极小时，电容变得很小；尤其在低温时，热运动能量也很小，这时该能量的效应就会变得显著。在低偏流电压下，电子的流动受到抑制，体系的电阻不是常数，而是随着偏流电压降低到零而增加到无穷大，这一现象称为库仑阻塞现象。

拉比频率 [Rabi frequency] 在特定光场中特定原子跃迁的振动频率，等于跃迁偶极矩与光电场的内积。激光脉冲打入物质中，引起介质上下能级粒子数周期性反转会产生振荡。此过程发生的前提条件是：脉冲时间小于介质的弛豫时间，且不考虑阻尼。这样可以理解为粒子所处的激发态寿命大于脉冲的作用时间。拉比频率是一个半经典量，因为其概念基于量子化的原子跃迁和经典光场。

拉格朗日函数 [Lagrangian function] 即拉格朗日量。

拉格朗日量 [Lagrangian] 又称拉格朗日函数。描述整个物理系统的动力状态的函数。它是在经典力学的一种等价表达——拉格朗日力学中被提出来的。对于一般经典物理体系，拉格朗日量定义为动能减去势能之差。一般情况下，动能以广义速度为参数，势能以广义坐标和时间为参数。因此，拉格朗日量是广义坐标、广义速度以及时间的函数，满足欧拉-拉格朗日方程(Euler-Lagrange equation)。

拉曼光谱 [Raman spectrum] 散射光与入射光频率不同的一种散射光谱，基于印度科学家拉曼(C. V. Raman)所发现的拉曼散射效应。对物质的拉曼光谱进行分析可以得到分子的振动、转动方面的信息。在理论计算中，通过极化率相关函数可以计算对应分子的拉曼光谱。

莱维移动 [Levy walk] 连续时间上的一种拥有独立平稳增量的满足右连续左极限性质的随机过程。它是一种超扩散、无标度的随机游走(移动)。它可以用于研究由时间和空间的非局域性引起的反常扩散现象。

朗道-齐纳模型 [Landau-Zener model] 一种近似预测两能级量子体系非绝热过程的方法，可用于计算一个电子态到另一个具有相同或不同多重度电子态的跃迁概率。在朗道-齐纳模型中可以定义一个唯象物理量：朗道-齐纳速率，

$$\upsilon_{\mathrm{LZ}}=\frac{\frac{\partial}{\partial t}\left|E_2(q(t))-E_1(q(t))\right|}{\frac{\partial}{\partial q}\left|E_2(q(t))-E_1(q(t))\right|}\approx\frac{\mathrm{d}q}{\mathrm{d}t}$$

式中，q是微扰变量，E_1和E_2分别是两个绝热态的能量。朗道-齐纳速率是态交叉发生的概率的量度。如果它为0，体系会停留在绝热态而不发生态交叉；反之，如果它很大，体系有很大概率发生态交叉。

朗之万方程 [Langevin equation] 统计物理中的一种随机微分方程，由法国物理学家朗之万(P. Langevin)在 1908 年提出，用来描述布朗运动。一般来说，朗之万方程可以描述系统自由度的一个子集(如位置和动量)随时间的演化。这些自由度通常是宏观的变量，相比系统的其他微观变量变化缓慢。微观、快速变化的变量，则体现了朗之万方程的随机性质。实际上，在朗之万方程中，环境对体系的作用一方面体现在随机力项中，另一方面体现在摩擦阻力的摩擦系数中，二者关系由涨落-耗散定理描述。这样的摩擦阻力只与当前速度有关，是无记忆的；随机力在不同时刻没有关联，是白噪声。因此是马尔可夫性的朗之万方程。更一般地，还有非马尔可夫性的广义朗之万方程。

雷德菲尔德理论 [Redfield theory] 由一系列在体系本征态空间的主方程组成的标准弛豫理论。主方程描述基于这样的假设：弛豫过程发生在一个比热库运动还要慢的时间尺度上。在弱耦合极限下，雷德菲尔德理论被证明是收敛与精确的结果。用到二阶微扰理论得到一个时间局域的方程，称为雷德菲尔德方程。该方程并不是一个马尔可夫主方程，因为它依赖于初始条件的选择。

RRKM 理论 [Rice-Ramsperger-Kassel-Marcus theory] 释文见物理化学同名词条。

两点相关函数 [two-point correlation function] 描述系统的物理量在空间两点或者两个时刻涨落的相互关联的函数。前者称为空间相关函数，后者称为时间相关函数。同一物理量的两点时间相关函数积分或傅里叶变换可以分别得到输运系数或线性光谱等。比如速度自相关函数的积分和自扩散系数有关，偶极矩自相关函数的傅立叶变换和红外吸收光谱有关。

量子动力学 [quantum dynamics] 量子力学的一个分支。研究量子体系如何随时间演化。主要内容有基于含时薛定谔方程的波包动力学、密度矩阵动力学、费恩曼(R. Feynman)路径积分、博姆(D. Bohm)量子轨迹、量子相空间动力学等。在经典极限下，量子动力学退化为经典动力学。

量子干涉 [quantum interference] 一种量子现象，由于波粒二象性，量子体系从一个态到另外一个态的跃迁概率不等于中间所有途径跃迁概率的叠加。电子、光子等粒子的双缝衍射实验均证实了量子干涉现象的存在。例如光子双缝衍射实验中，光子到达屏幕某点的概率不等于光子通过上、下缝到达该点的概率的简单求和。不同于经典物理中物质波的干涉，量子干涉描述的是量子物理中概率波的干涉现象。

量子阱 [quantum well] 释文见物理化学同名词条。

量子力学相空间表象 [phase space representation of quantum mechanics] 量子力学的一种基本表象形式。其研究的主要内容之一是建立量子力学与经典力学之间的对应关系，这也是建立量子相空间理论的基本出发点。通过已有的经典相空间概念构造量子相空间，把密度算符通过相应的变换变成坐标和动量的函数，相应的量子概率准分布函数具有经典概率分布函数的某些性质，以便使用经典力学行为来描述量子现象。由于海森伯(Heisenberg)测不准原理，坐标和动量不可能被同时确定，这使得相空间概率准分布函数的形式不唯一。常用的有维格纳(Wigner)分布函数和伏见(Husimi)分布函数等。科恩(L. Cohen)在 1966 年给出了不同相空间表象的统一数学形式。

量子隧穿 [quantum tunneling] 释文见物理化学同名词条。

量子退相干 [quantum decoherence] 非完全孤立的体系在环境影响下，各量子态之间的相干性随时间衰退的过程。具体表现为在环境影响下，各个相干的量子叠加态坍缩到某一个经典态的现象，也就是我们常说的“观测”过程。对量子退相干的原理的研究是量子力学最基础的理论问题之一。

量子线 [quantum wire] 释文见物理化学同名词条。

量子相干 [quantum coherence] 体系由于量子干涉产生的时间或空间上的协同性现象。如玻色-爱因斯坦凝聚(Bose-Einstein condensation)就是体系大量粒子在空间上体现的量子相干效应。

零点能效应 [zero-point energy effect] 量子系统的零点能引起的体系诸多性质与经典模型不相符的现象。零点能来源于量子力学中位置与动量的不确定关系，是量子系统的一个特征性质。通常可以导致反应路径中真实势垒要比势能面落差更低。

路径积分 [path integral] 量子力学的基本表象之一，在该表象下，量子力学中的传播子被表达成一系列路径的加和，把传播子与经典力学中的作用量以及拉格朗日方程联系在一起。1948 年费恩曼(R. P. Feynman)首先为处理实时传播子提出，此时称实时路径积分。1953 年费恩曼又将路径积分引入量子统计力学处理玻尔兹曼算符，使得其可以严格地描述一个真实的多原子系统的原子核在一个特定的玻恩-奥本海默(Born-Oppenheimer)势能面上的量子统计行为，此时称虚时路径积分。该方法与分子动力学/蒙特卡罗方法的进一步结合也使得它在分子模拟领域对原子核的量子效应的描述取得了巨大的发展与突破。实时路径积分由于存在“符号问题”(sign problem)，其实际计算要困难得多，作稳相近似可以得到量子动力学中的半经典初始值表象方法。

路径积分分子动力学 [path integral molecular dynamics (PIMD)] 将路径积分数值方法与分子动力学方法

结合得到的研究核量子统计效应的分子模拟方法。把一个体系映射到一个经典的环形高分子体系，该环形高分子是由许多原系统的复制构成，这些复制又称路径积分“珠子”。每个珠子间用与温度有关的谐振子“弹簧力”连接，通过路径积分技术得到的有效哈密顿量进行分子动力学模拟。在20世纪80年代初期，由于遍历性问题路径积分分子动力学的应用相较路径积分蒙特卡罗方法有所欠缺，分级(staging)和简正模(normal mode)两种坐标变换方法的引入有效解决了其遍历性问题。一些近似量子动力学方法是基于或者采用路径积分分子动力学来帮助构建的，例如，质心分子动力学(centroid molecular dynamics)，环形高聚物分子动力学(ring polymer molecular dynamics)，路径积分刘维尔动力学(path integral Liouville dynamics)等。

路径积分蒙特卡罗法 **[path integral Monte Carlo (PIMC) method]** 将路径积分数值方法与蒙特卡罗方法结合得到的研究核量子效应的分子模拟方法。与路径积分分子动力学一样，通过对温度的虚时处理，使得在分子模拟过程中核量子效应与热效应同时被涵盖。其模拟结果与经典蒙特卡罗方法对比可以清晰地表明核量子效应对多原子体系的统计行为的影响。

马尔可夫过程 **[Markovian process]** 条件概率只与当前状态有关，与过去历史和未来状态都无关的随机过程。在现实世界中，有很多过程都是马尔可夫过程，如液体中微粒所作的布朗运动、传染病受感染的人数、车站的候车人数等，都可视为马尔可夫过程。1951年前后，伊藤清(K. Itô)建立的随机微分方程的理论，为马尔可夫过程的研究开辟了新的道路。1954年前后，费勒(W. Feller)将半群方法引入马尔可夫过程的研究。流形上的马尔可夫过程、马尔可夫向量场等都是正待深入研究的领域。

马格努斯展开 **[Magnus expansion]** 在数学和物理领域中，提供了一阶线性齐次微分方程组的解的指数表示。对于 n 维向量函数 $Y(t)$ 满足的线性常微分方程的初值问题：

$$Y'(t)=A(t)Y(t)$$

$$Y(0)=Y_0$$

可以将解表达为矩阵函数 $\Omega(t)$ 的指数的形式

$$Y(t)=\exp(\Omega(t))Y_0$$

其中的 $\Omega(t)$ 通过级数展开的形式构造

$$\Omega(t)=\sum_{k=1}^{\infty}\Omega_k(t)$$

其中的每项均涉及多重积分和嵌套式对易子，例如前三项为

$$\Omega_1(t)=\int_0^t A(t_1)\mathrm{d}t_1$$

$$\Omega_2(t)=\frac{1}{2}\int_0^t \mathrm{d}t_1\int_0^{t_2}\mathrm{d}t_2\left[A(t_1),A(t_2)\right]$$

$$\Omega_3(t)=\frac{1}{6}\int_0^t \mathrm{d}t_1\int_0^{t_2}\mathrm{d}t_2\left(\left[A(t_1),\left[A(t_2),A(t_3)\right]\right]+\left[A(t_3),\left[A(t_2),A(t_1)\right]\right]\right)$$

马库斯电子迁移理论 **[Marcus electron transfer theory]** 一种电子转移反应速率理论。电子转移指一个电子从电子给体转移或跳跃到电子受体。电子转移的一个后果是电荷的重新排布，这会影响溶剂环境。对于偶极溶剂，分子沿电荷场方向重排(即取向极化)，还有溶剂分子中的原子和电子有微小的位移(原子和电子各自的极化)。该溶剂极化决定了活化(自由)能和反应速率。该理论指出电子转移反应速度取决于电子给体与受体间的距离、反应自由能的变化以及反应物与周围溶剂重组能的大小，并预言电子转移过程的热力学驱动力和过程的活化自由能间存在着抛物线关系，即预示电子转移的速率会随反应放热而加快，并在反应自由能变化值达到一定值后降低。

马斯洛夫指数 **[Maslov index]** 辛矢量空间的一个辛同胚路径可以分配一个马斯洛夫指数。如果路径是闭合的，它是一个整数；一般情况下为一个半整数。最早起源于WKB近似的研究中，并频繁地出现在量子化、辛几何和拓扑学研究中。马斯洛夫最早引入马斯洛夫指数用以克服范弗莱克方程(量子动力学中著名的半经典近似)中的焦散问题(caustics problem)。

迈耶-米勒模型 **[Meyer-Miller model]** 迈耶(H. D. Meyer)和米勒(W. H. Miller)提出的利用经典的连续自由度来描述电子态自由度的哈密顿模型。它将离散表象的哈密顿量(离散电子自由度)映射到连续表象(连续谐振子自由度)，拥有很好的经典对应。后来斯托克(G. Stock)和瑟斯(M. Thoss)利用广义的施温格(Schwinger)角动量理论严格证明了该方法是一个严格的映射模型，而不是一种近似，该模型又被称作MMST模型(Meyer-Miller-Stock-Thoss model)。最新的一篇文章[*Journal of Chemical Physics*, 145, 204105 (2016)]提出了一个统一的理论框架来刻画此类严格映射模型，并指出迈耶-米勒模型只不过是其中的一种模型。

门口波包 **[doorway wavepacket]** 在刘维尔空间生成函数的三个时段中的第一个时段演化的波包。通常与窗口波包联用生成门口-窗口波包表象在泵浦-探测光谱等技术中用来描述非线性光学的特殊性质。

门口-窗口波包表象 **[doorway-window wavepacket representation]** 在泵浦-探测光谱等时域光谱技术中用来描述响应函数的一种方式。假设入射脉冲和门控发射在时间上被很好地分开，可以把过程分成利用泵场制备的门口波包以及这个波包随后在一个指定时间内的传播，最终利用一个由探测仪器产生的窗口波包对它进行观察。通过门口和窗口波

包的维格纳相空间函数，可以最终获得信号的全维格纳表征。通过计算在刘维尔空间这两个波包的重叠来获得信号(或响应函数)。

蒙特卡罗法 [Monte Carlo method] 以概率统计理论为指导的一类非常重要的随机模拟数值计算方法。其基本思想为：利用所求解问题本身具有的内在随机性，或者将所求解问题转化为某种随机分布函数，即将确定性问题变成随机问题，利用统计方法把模型的数字特征估计出来，从而得到实际问题的数值解。

密度矩阵 [density matrix] 量子力学中密度算符的矩阵表示，描述统计系综中力学体系的量子状态的分布。由于基矢选择的不同，密度矩阵表现形式(矩阵元)不同，但是其矩阵的迹一直为1。密度矩阵可以被用来描述纯态或混合态量子系统的物理性质。

面间跳跃模型 [surface hopping model] 即势能面间跳跃模型。

偶极矩 [dipole moment] 正、负电荷中心间的距离与电荷中心所带电量的乘积。偶极矩是矢量，方向由正电中心指向负电中心，常用来度量分子极性。极性分子具有固有的偶极矩。非极性分子固有的偶极矩为零，在外电场作用下产生诱导偶极矩。原子间电负性差值越大，则偶极矩越大。

偶极矩相互作用 [dipole-dipole interaction] 两个原子、分子或者核之间通过电偶极或磁偶极发生的相互作用。相互作用能的大小不仅依赖于两个偶极的作用强度方向，还与连接偶极矢量中心矢径的距离和方向有关。

潘查拉特南-贝里相位 [Pancharatnam-Berry phase] 即贝里相位。

潘查拉特南相位 [Pancharatnam phase] 即贝里相位。

碰撞理论 [collision theory] 化学反应速率理论之一。化学反应的发生总是伴随着电子的转移或重新分配，这种转移或重新分配似乎只有通过相关原子的接触才可能实现。1918年，路易斯(W. C. M. Lewis)根据气体分子运动论，提出了碰撞理论。该理论的要点：①原子、分子或离子只有相互碰撞才能发生反应，或者说碰撞是反应发生的先决条件。②只有少部分碰撞能导致化学反应，大多数反应物微粒之间的碰撞是弹性碰撞。根据气体分子运动论的理论计算，单位时间内分子碰撞的次数是非常大的。碰撞理论比较直观，应用于简单反应中较为成功。但对于涉及结构复杂的分子的反应，这个理论适用性较差。

平均场方法 [Ehrenfest dynamics] 即埃伦菲斯特动力学。

谱密度 [spectral density] 信号或者时间序列的能量或者功率随信号频率的分布。分为能量谱密度和功率谱密度。能量谱密度描述的是信号或者时间序列的能量(或能量变化)如何随着信号频率而分布。而功率谱密度描述的是信号或者时间序列的功率如何随频率分布。

谱线宽度 [spectral linewidth] 电场对应的能量谱密度的宽度。通常用半峰全宽(将谱线强度下降到最大值一半时所对应的波长范围)来表示。引起谱线宽度变换的原因有热变宽、压力变宽、电场或磁场变宽及自吸变宽。谱线宽度由发光物质激发态寿命和光源与观察者之间的相对运动状态决定。

声子 [phonon] 晶格振动的简正能量量子。在晶体、液体等凝聚态体系中，用量子力学处理每个格点的振动元激发，将每一种振动模式视为一种具有特定的频率 ν、波长 λ 和一定传播方向的弹性波，整个系统视为由一系列相互独立的谐振子构成。它们的能量是量子化的，只能取到 $E_n=\left(n+\frac{1}{2}\right)h\nu$。每一个谐波振动都能分解为声子，即振动元。在具有内振动的体系(如晶体)中总声子数目与体系的温度相关。声子概念的应用可使固体中热和电的传导理论简化。如声子与电子间的相互作用，可认为是形成诸如“超导”等现象的原因。

实时动力学 [real time dynamics] 一般意义上的动力学，对应的是时间演化算符中时间为实数的动力学。

势能面 [potential energy surface] 释文见物理化学同名词条。

势能面间跳跃模型 [surface hopping model] 又称面间跳跃模型。一种将量子力学效应结合到分子动力学中的模型，考虑激发态以及态间的跳跃。传统的玻恩-奥本海默近似中，由于电子与核的质量相差极大，当核的分布发生微小变化时，电子能够迅速调整其运动状态以适应新的核势场，而核对电子在其轨道上的迅速变化却不敏感。即电子能“绝热”于核的运动。势能面间跳跃模型则计算出一系列绝热轨道，并允许轨道在给定时间发生跳跃，跳跃概率与势能面的耦合有关。目前该模型最流行的算法是塔利(J. C. Tully)提出的最少面跳跃方法。

受激发射 [stimulated emission] 电子自高能态受到光的激发而跃迁到低能态，同时发射与激发光的相位、偏振方向和传播方向相同的光的过程。受激发射与自发发射最重要的区别在于相干性。自发发射是原子在不受外界辐射场控制情况下的自发过程，大量原子的自发辐射场的相位是不相干的，辐射场的传播方向和偏振态也是无规分布的，而受激发射是在外界辐射场控制下的发光过程。因此，受激辐射场的频率、相位、传播方向和偏振态与外界辐射场完全相同。激光就是一种受激发射的相干光。

输运系数 [transport coefficient] 刻画体系输运性质的物理量，例如电导率和导热系数。从第一性原理计算该类系数是非平衡统计力学的主要目的之一。输运系数给定了体系流的测量方法。

瞬态光栅 [transient grating] 一种测量准粒子传播的光学技术。当光密度低于 10^{-5} 时经典吸收光谱就会失效，这时需要采用瞬态光栅光谱。用两束等强度、处在样品吸收带的相干光束照射样品，在样品内部两者重叠。在交叉区域样品的光学性质发生周期性调整，此时照射样品的探测光束会被产生的光栅状结构所衍射，衍射后的探测光束可以容易地进行所谓“无背景”检测。

斯塔克效应 [Stark effect] 原子或分子的谱线在外电场作用下发生的位移和分裂的现象，分裂和位移量为斯塔克分裂或斯塔克位移。裂距与电场强度成正比，称为一阶斯塔克效应；不存在固有电偶极矩的原子或分子受电场作用，产生感生电矩，在电场中引起能级分裂，与电场强度平方成正比，称为二阶斯塔克效应。一般二阶效应比一阶效应小得多。斯塔克分裂的谱线是偏振的。斯塔克效应是带电粒子谱线的压力展宽的原因。当谱线的分裂或位移出现在吸收线中时称为逆斯塔克效应。

斯托克斯拉曼散射 [Stokes Raman scattering] 拉曼散射的一种。拉曼散射是一种观察体系振动、转动以及其他低频模式的技术。当使用波数在可见光、近红外或者近紫外的激光照射体系时，体系吸收能量被激发到一个虚态能级上。随后体系通过弛豫回到低能级并发射出光子。这个过程就是拉曼散射。如果体系从较低能级激发然后弛豫回较高能级，散射光子的能量较之入射光子变低(失去能量，波长红移)，这种拉曼散射就称为斯托克斯拉曼散射。它的散射强度较之*反斯托克斯拉曼散射*更大一些，这是因为在室温下分子主要分布在较低振动能级上。

斯托克斯位移 [Stokes shift] 电子跃迁光谱中吸收峰和发射峰的峰值的差值(通常以频率为单位)，发射光比吸收光具有更大的波长，即更低的能量。是由于振动态等电子态以外能级的存在而产生，在荧光或拉曼谱中常出现。反之称为反斯托克斯位移(anti-Stokes shift)。

松原频率 [Matsubara frequency] 量子场论中为处理有限温度下的配分函数而引入的一系列离散虚频，对玻色子有周期性，对费米子有反周期性。该频率通常取玻色频率 $\omega_n=\dfrac{2n\pi}{\beta}$ 和费米频率 $\omega_n=\dfrac{(2n+1)\pi}{\beta}$。量子场论中的虚时场积分可以表示成松原频率求和的形式，在低温下频率间隔趋近于零，求和就趋于积分。

算子分裂法 [method of splitting operators] 一类偏微分方程数值解法。是把复杂算子分裂成几个较简单的子算子之积，从而使问题简化的方法。例如，把时间演化算符利用该方法变成仅有势能和动能贡献的动力学因子的乘积。

随机过程 [stochastic process] 一系列随机事件动态关系的定量描述。与确定过程相对应。常用于表征一些随机量或者体系随时间的演化过程。随机过程体系随时间的演化有不确定性，即使在知道初始条件的基础上，仍然不能确定地预测体系按何种方式演化。在概率论中，随机过程由一系列随机变量构成。在概率空间中，指标集合代表时间，以实数形式表示时，称为连续随机过程；以整数表示时，则为离散随机过程。随机过程论与其他数学分支如位势论、微分方程、复变函数论以及力学等有密切的联系，是在自然科学、工程科学及社会科学各领域研究随机现象的重要工具。随机过程论目前已得到广泛的应用。诸如天气预报、统计物理和化学、天体物理、运筹决策、经济数学、安全科学、人口理论、可靠性及计算机科学等很多领域经常用随机过程的理论来建立数学模型。

随机游动 [random walk] 又称无规行走。一类描述发生在整数、实数、平面、高维矢量空间、流形等空间上的一系列随机轨迹的数学模型。它可以是一个马尔可夫链(Markov chain)或马尔可夫过程(Markov process)，也可以是非马尔可夫的。最简单的例子是发生在离散时间点上的一系列随机游动，时间变量以自然数表示，但如果规定游动可发生在一个随机的时间点，那么时间变量可用一个实数表示。化学中随机游动模型应用广泛，例如可描述一个分子在液相或气相中的运动路径。

锁相泵浦-探测吸收光谱 [phase-locked pump-probe absorption spectroscopy (PLPP)] 一种将三脉冲锁相泵浦-探测吸收和光外差探测结合的光谱技术。涉及四个脉冲。前两个是一对频率、波矢、振幅相同，但存在时间延迟 τ' 和固定相位差 ϕ(锁相)的泵浦脉冲。探测脉冲和局域振子脉冲(local oscillator pulse)发生在第二个泵浦脉冲之后 τ 的时间，局域振子脉冲与探测脉冲间存在相位差 ψ。

所得信号是局域振子振幅与锁相脉冲外场诱导产生的三阶极化的乘积对时间的积分：

$$S^{\text{PL-PP}}=-2\text{Im}\int_{-\infty}^{+\infty}\mathrm{d}t\boldsymbol{E}_{\text{LO}}^{*}(t)\boldsymbol{p}_{\text{PL-PP}}^{(3)}(k_{\text{s}},t)$$

与光零差探测相比，光外差探测利用一个强的局域振子 $\boldsymbol{E}_{\text{LO}}(t)$ 增强了信号。与传统的两脉冲泵浦-探测吸收方法相比，利用锁相技术，把两个泵浦脉冲的作用分离，使得对发色团的光学退相(定相)过程的直接、线性测量成为可能。通过改变 $\psi-\phi$ 的值，可以分别确定非线性响应函数的实部和虚部。

锁相自发发光光谱术 [phase-locked spontaneous light emission spectroscopy] 一种光谱测量技术。自发发光发射信号通过一对锁相脉冲产生，第二个脉冲相比第一个脉冲有相移和时间延迟。锁相自发发光信号定义为分别与两个脉冲作用导致的光发射，可从总的自发发光信号中分别提取出二者的贡献。

体系-热库模型 [system-bath model] 耗散量子力学体系中一种简单模型。该模型的总哈密顿量为体系和热库环境哈密顿量以及二者之间的相互作用三项之和，最终通过一些方法，如路径积分、投影算符、随机场等，约化平均掉热库环境的自由度，得到体系的约化动力学。热库经常利用玻色子场或者无穷多个谐振子来描述，也可以扩展到更复杂的形式。

通量自相关函数 [flux autocorrelation function] 现代化学反应速率理论中用于计算化学反应速率的一种标准和广泛应用的函数。在量子力学情况下，是通量算符（$\hat{F}=\frac{i}{\hbar}[\hat{H},\hat{h}(s)]$）的自相关函数，且其对时间积分到无穷大时的极限结果就是反应速率常数。该方法不依赖于分界面(dividing surface)如何选择。

投影算符 [projection operator] 平方等于其本身的厄米算符。矢量空间中，投影算符定义为相同的基右矢乘基左矢。作用于某一右矢相当于将该右矢投影到构成投影算符的基右矢方向上。同理作用于左矢相当于投影到基左矢方向上。投影算符是线性厄米算符，本征值为 0 和 1，具有幂等性。

透射系数 [transmission coefficient] 透射波的强度与入射波的强度的比。在光学中，透射系数表示电磁波穿越一种表面或者一种光学元件的程度。透射系数可以用光波的振幅的平方或强度来计算。量子力学中，透射系数描述一个入射的波，在遇到势垒或势阱后产生的透射波的行为。透射系数也等于透射波的概率通量与入射波的概率通量之比。

瓦尼尔激子 [Wannier exciton] 具较低束缚能的激子。以瑞士物理学家瓦尼尔(G. Wannier)命名。可由光或电激励产生，大小约几个晶胞。

微分前后向半经典动力学 [derivative forward-backward semiclassical dynamics] 一个从包含前后两个方向传播的含时物理量或海森伯算符出发，应用微分表达技巧，基于赫尔曼-克卢克(Herman-Kluk)公式所提出的半经典动力学理论。其基本思想是：合并前向和后向时间演化算符为一个算符，并利用含时量子力学的半经典近似来估计其值。这一理论的优点是计算半经典物理量无需求解稳定性矩阵，仅需计算经典轨迹，而这可由经典分子动力学来实现，因此它可以用来研究大分子体系的量子动力学。微分前后向半经典动力学结合精确的玻尔兹曼算符路径积分描述提供了一个近似的模拟多粒子体系中重要量子效应的方法。该方法和线性化半经典初始值表象方法的精度类似。

维格纳表象 [Wigner representation] 相空间表象的一种形式。由维格纳(E. Wigner)在 1932 年提出的基于对密度矩阵元素进行傅里叶变换产生的相空间表象。常用于波包演化的演示和发展量子动力学近似方法。如线性化半经典初始值表象方法(即线性化路径积分方法)的最后表达形式就采用维格纳表象，所以也称为经典维格纳模型。

维纳-辛钦-爱因斯坦定理 [Wiener-Khinchin-Einstein theorem] 即维纳-辛钦定理。

维纳-辛钦定理 [Wiener-Khinchin theorem] 又称维纳-辛钦-爱因斯坦定理、辛钦-科尔莫戈罗夫定理。如果信号可以看作是宽平稳随机过程，那么功率谱密度就是信号自相关函数的傅里叶变换。在平稳随机过程的理论和应用中是一个非常重要的工具，是联系频域和时域两种分析方法的基本关系式。

稳相近似 [stationary phase approximation] 数学中应用于振荡积分求解的一个基本近似。依据是随着相位的快速变化，正弦(余弦)函数会相互抵消。如果多个正弦函数偶遇相同的相位，那么它们就会产生振幅叠加；如果有一些正弦函数的相位随频率改变快速变化，将它们相加时，振幅的叠加和相消会多次出现。如求积分

$$I(k)=\int_{-\infty}^{+\infty}g(x)\mathrm{e}^{\mathrm{i}kf(x)}\mathrm{d}x$$

在 $k\to\infty$ 时的渐近表达式，由于 k 很大，只需考虑在相位稳定点 x_0 附近的积分。相位稳定点满足：

$$\frac{\mathrm{d}}{\mathrm{d}x}\phi=\frac{\mathrm{d}}{\mathrm{d}x}(kf)=kf'(x_0)=0$$

可将相位在 x_0 点进行泰勒展开至二阶项，再积分：

$$I(k)\approx\sum_{x_0}\int_{-\infty}^{+\infty}g(x_0)\mathrm{e}^{\mathrm{i}k\left[f(x_0)+\frac{1}{2}f''(x_0)(x-x_0)^2\right]}\mathrm{d}x$$

$$=\sum_{x_0}g(x_0)\mathrm{e}^{\mathrm{i}\left[kf(x_0)+\frac{\pi}{4}\right]}\sqrt{\frac{2\pi}{kf''(x_0)}}$$

无辐射跃迁 [radiationless transition] 以热或其他非辐射形式的能量交换过程为特征的跃迁。原子只是通过与外界碰撞或其他与外界能量交换的过程而从一个能级跃迁到另一能级，既不发射也不吸收光子。包括振动弛豫，内转换和系间窜越，俄歇效应(Auger effect)，原子与原子或分子的碰撞激发或去激发等。

无规行走 [random walk] 即随机游动。

细致平衡原则 [principle of detailed balance] 反应动力学中的一个基本原则。在热平衡时，反应动力学体系中的每一个基元过程都和其逆过程达到平衡。以气体分子碰撞

模型为例，碰撞前后正反两种碰撞过程的作用相抵。这个条件成立时，分布函数不因分子碰撞发生改变，气体到达热平衡。可以证明，满足细致平衡条件的分布函数就是麦克斯韦分布。细致平衡是维持总平衡的条件，在 H 定理成立的前提下，细致平衡也是维持总平衡的充分必要条件。细致平衡原则常用在量子跃迁、化学反应、随机过程中。如马尔可夫链蒙特卡罗方法，特别是米特罗波利斯抽样方法(Metropolis sampling technique)。在该抽样法中它是一个简单可靠的判断随机态接受与否的原则。

线性光谱学 [linear spectroscopy] 一种光谱分析方法。光在介质中的传播过程就是光与介质相互作用过程。光谱分析中，入射光与样品相互作用，如果满足线性响应，则称此光谱分析法为线性光谱学。线性光谱中(比如红外吸收光谱)通常只涉及一个入射辐射弱场的光与物质的相互作用，可以看成入射光和物质的一个线性响应。

线性化半经典初始值表象 [linearized semi-classical initial value representation] 半经典初始值表象的一种最简化形式。在对应前向(后向)时间演化算符的范弗莱克(Van Vleck)半经典初始值表象中，对前向和后向经典轨迹的差值做线性化近似，可以得到时间相关函数的经典维格纳模型(classical Wigner model)。该方法结合精确的玻尔兹曼算符路径积分描述提供了一个有效且实际的工具来模拟多粒子体系中重要的量子效应。该方法的主要优势是在短时极限、谐振子极限和经典极限下都能够得到线性或非线性算符精确的热时间相关函数，然而一个重要的不足之处在于这些经典轨迹一般不能保证非谐体系量子平衡分布守恒。

线性响应理论 [linear response theory] 用来描述体系受到外场扰动(如电场、磁场、温度梯度场等)作用后的热力学量的响应的理论。例如在电场作用下，导体中激发电流，电介质的电极化；在磁场作用下，磁介质发生的磁化。由于外界力学扰动的哈密顿量一般比系统不加扰动时的哈密顿量小得多，可把扰动哈密顿量当作一阶微扰来处理，得出系统对某物理量的响应与外场成正比，因此称为线性响应理论，比例系数称为线性响应函数。

相干反斯托克斯拉曼光谱 [coherent anti-Stokes Raman spectroscopy] 又称相干反斯托克斯拉曼散射光谱。相干反斯托克斯拉曼光谱是一种特殊的四波混频效应。其中两束入射光的差频与样品拉曼散射频移相共振，从而使三次非线性电极化率得到共振增强，并产生第四束向高频方向移动的相干波信号，频移值恰好等于介质拉曼光谱的频移值。与拉曼光谱不同，其产生的信号光子之间具有相干性，因此其发射强度比拉曼光谱高几个数量级。由于其输出频率比激发源更高，不容易受到荧光影响，因此是最常用的相干拉曼实验技术。

相干反斯托克斯拉曼散射光谱 [coherent anti-Stokes Raman scattering spectroscopy] 即相干反斯托克斯拉曼光谱。

相干斯托克斯拉曼光谱 [coherent Stokes Raman spectroscopy] 与相干反斯托克斯拉曼光谱原理相似，但相位匹配条件不同，使得相干波向低频而不是高频移动。

相干态半经典传播子 [coherent state semiclassical propagator] 即赫尔曼-克卢克传播子。

相干态传播子 [coherent state propagator] 即赫尔曼-克卢克传播子。

响应函数 [response function] 将热力学量的变化对外场扰动逐级展开，各级展开的比例系数。对系统加上外场，或称对系统施加某种扰动，偏离平衡态，则系统的性质，如热力学量会产生相应的改变，称为响应，变化等于响应函数与外场微扰乘积对时间的积分。在 0 时刻施加扰动外场，响应函数就等于 t 时刻体系的响应。如果外场扰动较小，则可以认为热力学量的变化与外场扰动成正比关系，得到线性响应函数，可以用格林函数来表达。

相位匹配 [phase matching] 在三波非线性耦合中，使得非线性相互作用增强所满足的条件。可以通过调整角度或温度控制实现，最常用的是调整角度。以单轴晶体为例，相位匹配有两类方式，第一类两个低频波段取同偏振，第二类取正交偏振。

辛钦-科尔莫戈罗夫定理 [Khinchin-Kolmogorov theorem] 即维纳-辛钦定理。

虚时动力学 [imaginary time dynamics] 时间演化算符中时间为虚数的动力学。玻尔兹曼算符可以看成时间为纯虚数的时间演化算符，因此可以用虚时动力学的观点来对待量子统计力学。目前常用的虚时动力学方法有路径积分分子动力学、路径积分蒙特卡罗和高斯波包演化。

旋波近似 [rotating wave approximation] 被用于原子光学和核磁共振中的一种近似。在这种近似中，哈密顿量中那些快速振荡项被忽略。这种近似在电磁辐射与原子跃迁共振并且强度较低时有效。在相互作用项中，电磁波与原子共振的频率项被保留(比如，使能量守恒或者粒子数守恒的项被保留，体系失去一个光子，环境吸收一个光子，或反之)，反旋转项被忽略(比如，使能量不守恒或者粒子数不守恒的项被忽略，体系和环境同时各吸收一个光子，或者各失去一个光子)。

伊辛模型 [Ising model] 释文见 5.3 节同名词条。

荧光光谱 [fluorescence spectrum] 释文参见分析化

学荧光发射光谱。

影响泛函 [influence functional] 即作用泛函。

约化密度矩阵 [reduced density matrix] 密度算符对部分子系统取偏迹得到的矩阵。假设由两个子系统 A、B 所组成的复合系统，取其密度算符对子系统 B 的偏迹，便得到子系统 A 的约化密度算符，对某一复合体系的子体系量子态进行描述时必须使用约化矩阵。对于体系和环境构成的闭合大体系的密度矩阵，平均(或约化)掉环境变量的自由度，即得到体系的约化密度矩阵，可用其来描述量子体系在环境影响下的物理性质。

跃迁偶极矩 [transition dipole moment] 联系发生跃迁的两个态的电偶极矩。跃迁偶极矩通常是一个复向量，它的方向代表了跃迁的极化方向，决定了体系如何与给定方向的电磁场作用，它的大小的平方体现了系统电荷分布所导致的作用强度。跃迁偶极矩表达为前后两个态关于位置的重叠积分乘上粒子的电荷，亦即位置算符的非对角元乘以电荷。跃迁偶极矩可以用来判断电偶极相互作用下是否可能跃迁，跃迁偶极矩不为零则跃迁允许。

涨落-耗散定理 [fluctuation-dissipation theorem] 释文见 5.3 节同名词条。

振动光谱 [vibrational spectrum] 分子中同一个电子能态中不同振动能级之间跃迁产生的光谱。分子振动能级间隔约为 0.05～1 eV。振动跃迁通常伴有转动光谱，每一条振动谱带中包含若干条转动谱线。液态和固态样品中分子间作用较强，或者由于仪器记录范围较宽、分辨率较低，往往分辨不出振动谱带中的转动谱线，一个谱带就呈现为一个峰。分子中有多种振动跃迁，整个分子的振动光谱包含若干条谱带。分子振动可能引起分子固有偶极矩的变化，也可能引起分子极化率的变化。这两种变化可以分别产生红外光谱和拉曼光谱。其中，振动红外吸收一般位于近红外和中红外区。

振动能量弛豫 [vibrational energy relaxation] 受外界扰动而跃迁到高量子态能级的系统分布回到麦克斯韦-玻尔兹曼分布(热平衡分布)的过程。在溶液中，该过程伴随着分子内和分子间能量的转移，激发态振动模式的额外能量被转移到相同分子的运动模式或者周围分子上。实验上常用时间分辨光谱来研究振动能量弛豫。

直流克尔效应 [DC Kerr effect] 见克尔效应。

周期性轨道 [periodic orbit] 动力学系统的一种特殊类型的解，即在时间演化下重复相同的轨迹。一个显示稳定周期轨道的动力学系统被称为振子。

主方程 [master equation] 描述系统在不同状态出现概率随时间演化的偏微分方程组，其中转移速率由转移速率矩阵所描述。若转移速率矩阵与时间无关，则演化过程为时齐马尔可夫过程。主方程在刻画输运现象中发挥着重要作用。量子力学中的主方程为约化密度矩阵满足的时间演化方程。

转动光谱 [rotational spectrum] 一个分子的同一个电子态、同一个振动能级的两个不同的转动能级间跃迁所产生的光谱。分子吸收能量匹配的光子后，则发生转动能级的跃迁，而产生转动光谱。分子转动能级的跃迁所需能量很少，纯粹的转动光谱只能在电磁波谱的远红外区及微波区观察到。分子的转动能，主要取决于分子的几何形状、质量等。它仅对气体才有意义，因为气体分子可以自由移动，而对于液体、固体，则由于分子间作用力较大妨碍分子转动，以致通常不易观察到它们的纯转动光谱。

自发发射 [spontaneous emission] 在不存在扰动的外电磁场下处在激发态的原子、分子、纳米晶体或者原子核自发跃迁回较低能级并释放出光子的过程。多粒子体系中的自发发射来自于体系与环境、体系内粒子之间的相互作用，完全无扰动条件的自发发射并不真正存在。对于一个真实样品，环境中的电荷的涨落，就可提供所需要的扰动。

自扩散系数 [self diffusion coefficient] 由不依赖于浓度梯度的扩散所定义的扩散系数，亦即当化学势梯度为零时的扩散系数。表示物质的扩散能力的物理量。

自旋-玻色子模型 [spin-boson model] 用 1/2 自旋来模拟任意一个两态体系，而用无穷多个玻色子(比如谐振子)模拟环境的模型，用来描述耗散的量子两态体系动力学。该模型有许多应用。在量子耗散中，被用来作为一个简单的模型来研究在双势阱中的耗散粒子动力学。在量子计算中，它表示一个与环境耦合的量子比特，产生退相干。在非晶态的研究中，该模型提供了标准理论基准来描述其热力学性质。

最低能量路径 [minimum energy path] 反应势能面上从反应物沿着最低能量到产物的路径。常用于研究基态电子态势能面上的反应，它是使得过渡态理论中反应活化能最小的那条反应路径，可以用于计算反应速率等。在最低能量路径上的每一个点都是其垂直于路径的任意方向上的能量最低点。若在势能面上寻找到鞍点，则可根据梯度下降构筑最低能量路径(MEP)。

作用泛函 [influence functional] 又称影响泛函。1963 年费恩曼(R. P. Feynman)和弗农(F. L. Vernon)提出的一种路径积分方法研究中的有用工具。它是消除掉(积分掉或称平均掉)环境坐标，把问题转换到感兴趣的体系空间中的一个包含所有外部量子体系效应的经典泛函。

作用量 [action] 表征物理体系的演化的量，在经典力学中，是拉格朗日量对时间的积分。作为一种泛函，它以轨迹(或路径)作为参数，并且具有实数值。一般而言，体系演化的路径不同，作用量也就不同。根据哈密顿原理，广义坐标真实的演化是在满足作用量稳定(极小点、极大点或者鞍点)的轨迹上。通过最小作用量原理最终会得到拉格朗日力学的演化方程。

5.5 化学信息学

半柔性对接 [semi-flexible docking] 在对接过程中研究体系尤其是配体的构象允许在一定范围内变化的分子对接。它适合处理大分子与小分子之间的对接，在对接过程中小分子构象允许在一定范围内变化。

比较分子场分析法 [comparative molecular field analysis (CoMFA)] 一种将一系列化合物周围分子场的分布与对应的活性进行定量关联的三维定量构效关系(3D-QSAR)模型。该模型的原理是将被研究的化合物视为一组以相同的空间取向与受体部位发生相互作用，化合物在受体结合部位应以大致相同的空间取向同受体结合，通过对各个化合物的活性构象作适当的叠合，用分子场表示各个化合物与受体的相互作用的特性，分子间的相互作用可用适当的势能参数表征。而且各化合物周围分子场的分布是生物活性强弱的量度。将一系列化合物周围分子场的分布与对应的活性进行定量关联构成 CoMFA 模型。

比较分子相似性指数分析法 [comparative molecular similarity indices analysis (CoMSIA)] 在 CoMFA 基础上发展的一种更有效的三维定量构效关系(3D-QSAR)模型。它的分子场能函数采用与距离相关的高斯函数形式可以有效避免 CoMFA 方法中由静电场及立体场的函数形式引起的缺陷。它用共同的探针计算所叠合的各个分子在空间格点上的静电场、立体场、疏水场和氢键场四种分子特性，再通过计算各个分子与格点上探针的相似性间接地计算出相似性指数，然后用偏最小二乘法处理得到相似性指数，可较精确可靠地揭示构效关系及预测化合物的生物活性。

打分函数 [scoring function] 用于分子对接后预测两个分子非共价相互作用强度(通常称为结合亲和力)的快速近似的数学模型。通常一个分子是有机小分子(例如药物)，另一个分子是药物的生物靶标(例如蛋白受体)。打分函数也发展用于预测两个生物大分子间作用的强弱，例如蛋白质之间的相互作用或蛋白质与核酸分子间的相互作用的强弱。它在药物研究中有重要的应用，如虚拟筛选、全新设计及先导化合物的优化过程。不同的计算程序采用不同的打分函数，大多数打分函数采用对结合有贡献的各项能量的线性加和计算结合自由能。

大数据 [big data] 具有数量巨大(无统一标准，一般认为在 T 级或 P 级以上，即 10^{12} 或 10^{15} 以上)、类型多样(既包括数值型数据，也包括文字、图形、图像、音频、视频等非数值型数据)、处理时效紧、数据源可靠性保证度低等综合属性的数据集合。大数据带给我们的三个新的思维：①需要全部数据样本而不是抽样；②关注效率而不是精确度；③关注相关性而不是因果关系。

第二代力场 [the second generation force field] 在经典力场的基础上增加了涉及描述不同内部变量的耦合“交叉项”等更复杂、更多的力场参数的力场，其主要特点是力场参数化普遍采用量子力学计算结果。第二代力场包括 CFF 力场(包括 CFF91、CFF95 等，可以进行有机小分子、生物大分子及分子筛等诸多体系的计算)，COMPASS 力场(第一个能同时预测气态及凝集态性质的力场，适用于有机小分子、无机小分子及高分子，还可以准确预测晶体的多种性质)和 MMFF94 力场(目前较为准确的力场之一)。第二代力场定义了非常完备的原子类型，适合于小分子及大分子体系。

毒效团 [toxicophore] 与化学品的毒性相关的化学结构或结构的一部分(例如，官能团)。它可以直接作用或可能需要代谢活化产生毒性。大多数毒性物质通过与细胞大分子如(蛋白质或 DNA)的一些相互作用(例如，共价键合、氧化)发挥其毒性。这种相互作用导致正常细胞生物化学和生理学性质的变化。偶尔，毒物基团需要由酶介导产生更具毒性的代谢物。例如，烟草特异性亚硝胺被细胞色素 P450 酶活化以形成毒性更强的物质，其可以与 DNA 共价结合，引起可导致癌症的突变。通常，含有相同毒效团的不同化合物在相同的毒性位点产生相似的毒性作用。

多向药理学 [polypharmacology] 基于化合物对多个靶标结合活性，设计或研究对多种靶或疾病途径起作用的药物的一种药理学途径。药物分子经常与多个靶标相互作用，非预期的药物与靶标相互作用可能引起副作用但跨多个疾病相关靶标或疾病途径的多向药理学可以改善治疗功效，预防药物抗药性或减少治疗靶标相关的不良反应。它为治疗多基因疾病和感染疾病等复杂疾病的药物研究、多靶药物及组合药物的开发、药物再利用等开辟了新的途径。

反应力场 [reactive force field] 用于原子尺度的化学反应动力学模拟的力场，其训练集使用从头计算方法进行力场的参数化。主要的反应力场有 ReaxFF(由 Adri van Duin 等发展的力场，其特点是快及可移植性，适用于几十万个原子的反应体系)和 EVB(由 Warshel 等发展的反应力场，可以模拟不同环境下的化学反应。利用经验势能函数与价键理论结合有效及快速描述化学反应)。

非直接药物设计 [non-direct drug design] 即基于配体的药物设计。

分子对接 [molecular docking] 两个或多个分子之间

通过几何匹配和能量匹配而相互识别的过程。在药物发现、设计及开发过程中有重要的应用。分子对接计算把配体分子放在受体活性位点，按照几何互补、能量互补及化学环境互补的原则通过得分函数评价配体与受体相互作用的强弱，并找到两个分子间的最佳结合模式。分子对接包括刚性对接、半柔性对接及柔性对接。分子对接的软件包括 DOCK、AUTODOCK、FLEXX 等。

分子图形学 [molecular graphics] 利用图像表达及研究分子及其局部或整体性质的技术。如以可视化方法处理分子的三维结构、静电势、化学反应等。

刚性对接 [rigid docking] 一种在对接过程中研究体系(受体与配体)的构象不发生变化的分子对接，适合考察比较大的体系，如蛋白质与蛋白质、蛋白质与核酸之间的对接。

构象分析 [conformational analysis] 释文见有机化学同名词条。

化学空间 [chemical space] 由所有可能的(即能量稳定的)分子和化学化合物所占据的空间。化学空间和分子性质之间的映射关系常常不是唯一的，这意味着可以有结构不同的分子表现出非常相似的性质。药物化学感兴趣的化学空间是基于碳原子的原则上可以创建的所有的有机分子。化学空间包含的化合物数目巨大且多样性丰富，在材料设计和药物发现研究中有重要的应用价值。可以通过广泛的描述符表征化学空间化合物，例如分子量、亲脂性和拓扑特征等,因此化学空间也被定义为总的描述符空间。

化学数据库 [chemical database] 化学数据有组织的集合，是存储大量化学信息的专业数据库,如化学文献、分子结构、晶体结构、核磁谱、化学反应、物理化学性质和热物理等数据。可以通过数据库软件进行数据的处理、共享、管理、检索与使用。

化学信息学 [cheminformatics；chemoinformatics] 理论与计算化学中的一个重要分支。它综合化学、统计学、信息学及计算机科学的方法与技术，整合各种信息源将数据转换为信息，将信息转换为知识，解决各种化学问题，特别是传统化学难以解决的化学问题。它包括化学数据及信息的设计、建立、组织、管理、检索及分析、传播、可视化及使用。广泛用于分子结构及性质的研究及预测，结构与性质关系的研究，分子或药物设计，材料模拟，合成路线及化学过程的设计，化学数据库的建立，专家系统及人工智能方法的应用及开发，也可结合生物信息学用于系统生物学研究。它在化学、材料科学、生命科学、医药、能源、环境、农业与食品科学领域都有广泛的应用。其相关学科包括化学计量学、量子化学、分子模拟、生物统计、生物信息学、系统生物学、系统化学等。

机器学习 [machine learning] 人工智能科学的一个分支，主要研究计算机怎样模拟或实现人类的学习行为，以获取新的知识与技能，重新组织已有的知识结构使之不断改进性能。它主要是用归纳与综合而不是演绎,已广泛用于数据挖掘、计算机视觉、生物特征识别、医学诊断、DNA 测序等许多领域。

基于规则的力场 [rule-based force field] 即通用力场。

基于结构的药物设计 [structure based drug design] 又称直接药物设计。是一种依赖于通过 X 射线衍射或核磁共振法测定的生物靶三维结构信息进行药物设计的计算途径。如果没有实验结构数据也可通过同源蛋白建模的方法获得结构信息。通过分子对接或分子动力学方法评估分子与靶标的结合能力及选择性。选择高结合力及高选择性的化合物作为候选化合物。

基于配体的药物设计 [ligand based drug design] 又称非直接药物设计。在无法得到靶蛋白的三维结构信息时，根据所研究靶的一套已知活性化合物通过建立药效团模型或定量构效关系预测所研究化合物的活性的一种药物设计策略。

基于片段的药物设计 [fragment based drug design] 首先设计一个有效的片段库，从库中筛选出与靶标有亲和力(可能比较弱的亲和力)的片段的药物设计方法。通过片段生长或结合不同的片段，并经结构优化后得到可能有高亲和力的化合物。进入 21 世纪以来基于片段的药物设计结合相关的实验方法已取得显著成效。

计算机辅助分子模拟 [computer-assisted molecular modeling] 使用计算化学及图形可视化技术研究分子的结构与性质。

计算机辅助分子设计 [computer-assisted molecular design] 使用所有计算机辅助技术实现发现、设计以及优化具有所希望的结构及性质的化合物。

计算机辅助合成设计 [computer-assisted synthesis design] 利用计算机程序实现目标化合物的合成反应路线设计。利用计算机集成迅速增长的合成知识与实验数据构建化学反应数据库及专家系统，自动实现反应路线设计。

计算机辅助结构解析 [computer-assisted structure elucidation] 用软件生成与一组特定的谱学数据相对应的所有可能分子结构的技术。谱学数据包括质谱，一维及二维核磁共振数据等，也可以组合各种谱学数据。计算机辅助结构解析可以减少人工干预，大大缩短结构解析所需的时间及提高结果的可靠性。

计算机辅助药物设计 [computer-aided drug design]

一种通过计算机模拟实现药物设计的途径，发展相关的计算方法及技术用于发现、设计和优化具有药用价值的生物活性化合物。包括基于药物靶的结构知识通过计算研究活性分子同靶蛋白的结合模式与选择性(特异性)及预测它们的结合能力，基于系列具有生物活性的已知配体研究药物的构效关系或构建药效团模型预测化合物的生物活性，评估化合物的类药性质及毒性。目标是快速发现命中(苗头)化合物，实现命中(苗头)化合物到先导化合物的转化及先导化合物的优化等。近年来又发展了基于多向药理学的多靶药物设计及基于系统生物学的药物设计。

结构-性质关系 [structure-property correlation] 研究结构特征与物理、化学或生物学性质之间的变化规律。常用方法包括回归分析、模式识别及机器学习等。

经典力场 [classical force field] 第一代力场，其最初的参数化主要基于实验结果，但在力场的扩展过程中也采用量子力学计算结果。这类力场包括 AMBER 力场(广泛用于生物大分子，是目前使用最广泛的力场之一)，CHARMM 力场(是目前广泛使用的力场之一)，CVFF 力场(适用于有机小分子及蛋白质体系，扩展后的 CVFF 力场也能适用无机体系模拟)，MMX 力场(包括 MM2、MM3 和 MM4 等是目前广泛使用的力场)和 GROMOS 力场(采用联合原子力场，主要用于生物大分子)。

聚类分析 [cluster analysis] 释文见分析化学同名词条。

马尔可夫链 [Markov chain] 具有马尔可夫性质的离散事件随机过程。

马尔可夫性质 [Markov property] 指随机过程的无记忆性。它以俄罗斯数学家马尔可夫(A. Markov)命名。它是一个在状态空间实现从一个状态过渡到另一个状态的数学系统，通常是一个表征为记忆的随机过程，仅根据当前状态预测下一个状态，而与当前状态之前的历史状态无关。这种特殊的记忆类型称为马尔可夫性质。状态的改变称为过渡，与不同的状态改变相关的概率称为过渡概率。

片段定位法 [fragment location method] 全新设计的一个重要基础。它通常不是用来设计出和活性位点相匹配的完整配体分子，仅仅用于确定特定原子或片段在活性位点中能提供显著结合能的最佳位置，及允许取向范围。它是全新设计能否成功的一个重要环节。

片段连接法 [fragment connection method] 全新设计的重要方法之一。首先是合理地选择及放置片段，然后通过适当的连接片段同孤立的片段连接。方法成功的前提是放置的孤立片段都能与受体很好地结合，而且连接片段不会对这些孤立片段和受体的结合模式产生显著的影响，因此连接片段不能与受体产生碰撞并具有合适的构象。

亲水性 [hydrophilicity] 释文见物理化学同名词条。

亲脂性 [lipophilicity] 代表分子或片段对脂质环境的亲和力，通常用在两相系统中测定化合物的分配性质，例如在液-液系统正辛醇和水的分配系数，或在固-液系统，如反向高效液相色谱的保留时间，或在薄板色谱系统中的保留行为。

全新药物设计 [*de novo* drug design] 用于发现大分子靶的新配体以及已知配体优化的药物设计策略。它强调全新的概念，一般围绕受体或酶的活性部位的特征产生一系列片段，以增长的方式构建可能有生物活性的配体，产生的配体分子可能是全新的。受体或酶的结构是由 X 射线晶体学数据或核磁共振数据所表征。全新药物设计可分为基于原子的全新设计及基于片段的全新设计。目前比较普遍的策略是基于片段的全新设计，包括片段定位法、位点连接法、片段连接法以及逐步生长法等。

人工神经网络 [artificial neural network] 模仿人脑神经网络结构和功能建立的一种信息处理系统，属于模式识别方法中一类非常重要的技术。它是由数目众多的、功能相对简单的功能单元(神经元)相互连接而成的复杂非线性网络。有别于生物神经网络模型，“人工神经网络”模型是借鉴人脑神经网络并行处理信息的逻辑方式而发展出的一套新型计算模型，而不是试图完全模拟生物神经网络的整个结构。例如，大部分人工神经网络仅仅模拟或实现了某一类或部分生物神经网络的功能。它具有非线性、并行性、容错性和自学习性等特点。这种方法是将输入的信息处理成模型，模型隐含着所输入的性质和分子变量之间的关系。输入的内容是分子结构变量，输出的性质是生物活性强度。计算方法常用反传播网络法和偏最小二乘法。

人工智能 [artificial intelligence (AI)] ❶人为操作的智力能力。❷研究、开发用于模拟、延伸和扩展人的智能的理论、方法、技术及应用系统的一门技术科学。研究的中心问题(或目标)包括推理、知识、规划、学习、自然语言处理(沟通)、感知以及移动和操纵对象的能力。其研究领域包括机器人、语言识别、图像识别、自然语言处理和专家系统等。

柔性对接 [flexible docking] 一种在对接过程中研究体系的构象基本上可以自由变化的分子对接。一般用于精确考虑分子间的识别情况，但计算量很大。

三维定量构效关系 [three dimensional quantitative structure activity relationship (3D-QSAR)] 研究一组结构相似的化合物的生物活性或类药性同其三维空间性质间的定量关系。

生物电子等排体 [bioisostere] 指生物学意义上的具

有相似的物理及化学性质的基团或取代基所产生的大致相似、相关或相反的生物活性的一种物质。电子等排体是指外层电子数目相等的原子、离子、分子，以及具有相似立体和电子构型的基团，例如，—COO—、—CO—、—NH—、—CH_2—等基团是电子等排体。生物电子等排体是指既符合电子等排体的定义，又具有相似或相反的生物学作用的化合物。运用生物电子等排体的概念不但可设计出具有与原药物相同药理作用的新药，而且还可生产该药物的拮抗药，这是因为化学结构高度近似的药物常能与同一受体或酶结合引起相似的效应(拟似药)，或相反地起抑制的作用(拮抗药)。电子等排体和生物电子等排体的概念在分子药理学上有广泛的应用，尤其是借变异的方法或分子改造来设计新的药物时，更经常涉及生物电子等排体。

疏水性 [hydrophobicity]　释文见物理化学同名词条。

数据分析 [data analysis]　用适当的统计分析方法对收集来的大量数据进行分析，提取有用信息和形成结论及对数据加以详细研究和概括总结的过程。其目的是从数据中获得有用的信息，得出结论，做出决策。最重要的数据分析方法有数据可视化、统计分析、数据挖掘和机器学习等。

数据可视化 [data visualization]　关于数据的视觉表现形式的研究，借助于图形学手段，清晰有效地传达与沟通信息。它将数据集转变为数据图像，同时将数据的各个属性值以多维数据形式表示，可以从不同的维度观察数据，从而实现对数据进行更深入的观察和分析。

数据挖掘 [data mining]　计算机科学的跨学科子领域。它是在大型数据集中发现规律及模式的计算过程，处于人工智能、机器学习、统计和数据库系统的交集处。其总体目标是从数据集中提取规律、模式和知识，而不是数据本身的提取。除了原始分析步骤之外，它涉及数据库和数据管理，数据预处理，模型和推理，可视化和在线更新。它是“数据库知识发现”过程的分析步骤，是处理数据和识别该信息中的模式和趋势，高度自动地分析数据并通过归纳性推理做出正确的决策。随着大数据的出现，它将被更加广泛的使用。

随机构象搜索 [random conformational search]　与系统构象搜索相对的构象搜索方法。它可以用单一步完成从构象空间的一个区域移动至完全不连接的新区域。它可以从原先产生的构象中选取一个构象，经随机修饰后再进行优化，如果是一个新的构象则附加到已经发现的构象列表中，不断重复这个过程。对构象的选取通常采用玻尔兹曼(Boltzmann)分布的构象选取方法或非玻尔兹曼方法。前者模拟玻尔兹曼分布，采取米特罗波利斯(Metropolis)原则进行构象取舍。随机构象搜索区别于系统构象搜索之处在于没有一个计算的终点，一般在随机搜索时如果在多次循环后不能得到合适的新构象，则可认为计算已经收敛了，或者已达到计算中定义的足够多的循环次数，即可终止计算。

通用力场 [universal force field]　又称基于规则的力场。它所应用的力场参数是基于原子性质计算得到。用户可以通过自主设定一系列分子作为训练集生成使用的力场参数，具有较好的可移植性，虽然这类力场适用范围广，但计算精度较差。通用力场包括 ESFF 力场(适用于有机、无机及金属有机化合物的结构预测)、UFF 力场(目前应用最广泛的通用力场，它覆盖周期表中所有元素)和 DREIDING 力场(适用于有机分子、生物大分子及主族无机分子)。

网络搜索引擎 [web search engine]　在互联网上应用的软件系统。它以一定的策略在互联网上搜索和发现信息，在对信息进行处理和组织后为用户提供互联网信息查询服务。

网络药理学 [network pharmacology]　在系统生物学、化学生物学、多向药理学和网络科学的进展基础上发展的有特色的新的药理学学科分支。在了解疾病的复杂性的基础上构建相关的生物网络，通过网络分析确定疾病最关键的一组蛋白，然后利用化学生物学方法鉴定能够针对该组蛋白的药物分子。网络药理学有可能提供新的传统方式不能取得令人满意疗效的治疗复杂疾病的新思路。它在研究药物分子-药物靶-疾病三者之间的关系的基础上评估药物的药效及副作用，研究药物作用机制，指导设计高疗效低毒性的新药物。

位点连接法 [site point connection method]　一种根据位点的化学特征及空间位置，在活性口袋中放置合适的配体分子片段，通过连接与生长产生新配体分子的全新设计方法。位点是指在活性口袋中与受体的特征相匹配的配体原子能产生合适相互作用的结构模式。首先是产生位点，然后放置小的片段使其满足一个或更多的位点的合适区域,最后再附加结构模块使其与更多位点叠合。在这些片段的生长与连接之后得到完整的分子。

五规则 [rule of five]　利平斯基(C. A. Lipinski)于 1997 年分析了 2000 余个批准使用的及部分正在做临床试验的小分子药物后提出的用于评估化合物类药性的物理化学性质规则。五规则包括氢键的给体(带有一个或多于一个氢原子的氮或氧原子)不大于 5，氢键的受体数(氮、氧原子)不大于 10，分子量小于 500 及正辛醇-水分配系数(log$P$)不大于 5。

吸收-分布-代谢-排泄 [absorption-distribution-metabolism-excretion (ADME)]　指机体对外源化学物的吸收、分布、代谢及排泄过程。它包括药物进入血液循环的吸收，向各组织和器官的分布，与血浆蛋白或体内成分的非特异性结合，生物转化以及排泄途径等过程。药物的 ADME 性质由其化学结构决定。

系统构象搜索 [systematic conformational search]　构象分析中应用较为广泛的一种方法。首先确定分子的所有可旋转键，然后系统地以某一个步长转动每个可旋转的键，并采集每个新产生的构象，在收集的轨迹文件中得到需要的构象，或者对轨迹文件中的构象进行分子动力学优化，对优化的构象进行聚类分析，得到所需构象。

系统药理学 [systems pharmacology] 系统生物学在药理学领域的应用。它也是系统生物学的新领域。美国国立卫生研究院(NIH)发布的白皮书定义系统药理学为“转化医学的一种途径，它结合计算和实验方法阐明、验证和应用新的药理概念开发与使用小分子和生物药物”。它使用实验和计算方法在分子、生物途径和细胞、组织和生物体等复杂的多尺度水平上研究药物的作用，通过整合多种途径与数据理解药物疗效和药物不良反应的机制，包括了解药物如何作用于不同组织和细胞类型，以及药物对生物途径、生物途径间相互作用的影响。它能帮助确定新的药物靶标，预测不良事件，并可以提高现有药物的安全性和有效性。

先导化合物 [lead compound] 新发现的对特定靶标和模型呈现明确药理活性的化合物。可以是已知的化合物，但其活性应是新发现的；最好是结构新颖的新化合物。先导化合物可以来自天然产物、化学合成或生物合成的化合物。

先导[化合]物优化 [lead optimization] 优化先导化合物物理化学性质和生物活性的过程。先导化合物由于作用强度或特异性不高，以及不适当的药代动力学性质或较强的毒性等原因，一般不能直接成为药物，需要对其结构进行化学改造和修饰以优化物理化学性质和生物活性。

相似性搜索 [similarity searching] 化学信息学中的一种常用技术。它在给定的化合物集中使用某种相似性指标寻找与目标化合物相似的子集。常用的是化学数据库中的子结构匹配搜索(即在数据库中搜索所有包含给定子结构的化合物)。药物设计中的药效团搜索技术也可看作相似性搜索。

效力 [potency] 在药理学领域中，效力是以产生给定强度的效应所需的量表示的药物活性的量度。高效药物(例如芬太尼、阿普唑仑、利培酮)在低浓度下引起给定的反应，而较低效力的药物(例如可待因、地西泮、齐拉西酮)仅在较高浓度下引起相同的反应。效力取决于亲和力和功效。亲和力是药物结合受体的能力。功效是受体占据和在分子、细胞、组织或系统水平上启动反应的能力之间的关系。

效能 [efficacy] 配体与靶标结合时改变靶标的生理表型的性质。也是描述药物相对强度的指标。药物的性质区分为引起与靶标结合的性质(亲和力)和引起产生刺激的性质。效能常用于确定激动剂产生最大效应的水平。最大效应取决于与受体结合的效率，即药物与受体结合后导致被观测到的生物效应所发生的一系列的级联事件。

协同性 [cooperativity] 配体结合于具有多个结合位点的酶或受体生物大分子的一个位点，影响第二个位点的相互作用过程，例如底物在与变构酶的结合位点之间发生的相互影响。亲和力增加称正协同性，亲和力减少称负协同性。

协同作用 [synergy] 在一个系统中多种单元相互作用产生的效应大于单独单元效应的加和。其在物理、化学及生物体系中普遍存在。当两种或多种药物(如复方制剂)以某种方式相互作用导致加强或放大一种或几种效应，称药物的协同作用。

信息检索 [information retrieval] 从多种信息源中获得所需要信息的过程。检索可以基于元数据或全文索引。从文档集合中返回满足用户需求的相关信息的过程涉及信息的获取、表达、存储及访问。

信息检索系统 [information retrieval system] 根据特定的需求而建立起来的一种有关信息搜集、加工、存储和检索的程序化系统。

信息提取 [information extraction] 从观测数据中获得有用的信息的过程。其任务是自动从非结构化或半结构化的机器可读的文档提取结构化信息。带有信息的各种形式的可观测、可传输、可存储的信号均可称为数据。这种数据在传输、存储和变换过程中不可避免地会受到噪声或其他无用数据的干扰。要可靠、高效地从数据中提取信息必须排除这些干扰。

虚拟筛选 [virtual screening] 对化合物库通过分子对接、药效团模型等方法进行计算筛选，鉴定一批可能有药效的化合物。所用化合物库包括小分子晶体结构数据(如剑桥晶体结构数据库 CSD)、已合成化合物数据库(如可用的化学品目录 ACD)、基于组合化学发展的数据库、虚拟数据库和天然产物数据库等，其目标是从化学空间中有效、快速筛选出有应用前景的化合物。

虚拟数据库 [virtual database] 虚拟分子的化学数据库。化学化合物涉及真实的分子或虚拟的分子。可以通过计算模拟途径产生用以探索化学空间及产生可能具有所希望性质的虚拟化合物。虚拟化合物可分为药物、天然产物及定向合成产物等类型。构建虚拟数据库的一种途径是通过化学信息学工具训练各类真实化合物的马尔可夫链(Markov chain)的过渡概率，然后利用马尔可夫链产生相似于子训练集化合物的虚拟新化合物，最终构建虚拟数据库。

药物效应动力学 [pharmacodynamics] 表征药物对机体及病原体的作用。药物在作用部位与生物靶标发生相互作用直接引发生物化学或生物物理变化或者通过放大作用或级联反应导致可以观测的生理效应。如果药物同与疾病相关的靶标发生作用产生所期待的效应后，即获得治疗效果；如果与正常组织的靶标作用，产生不期望的作用，则为不良反应。特别是药物浓度和效应之间的关系。

药效团 [pharmacophore] 与特定的生物靶标显现最佳超分子相互作用，并发生(或阻止)生物活性所必需的立体和电性特性的集合。典型的药效团特征包括疏水性的质心、芳香环、氢键给体或受体、阳离子或阴离子等。

药效团描述符 [pharmacophoric descriptor] 用来定义药效团的各种特征的描述符，包括用原子、环质心、氢键、疏水作用位点和静电作用位点等。

遗传算法 [genetic algorithm] 模拟自然进化的策略，通过遗传与变异进行随机优化的搜索算法。这种算法模拟遗传变异的理论，认为在繁殖过程中保留原代已有模式的基础上，同时自然选择更好的模式，按照适者生存、优胜劣汰的原则，将好的模式储存于子代中。利用编码技术产生称作染色体的二进制字符串，通过有组织的和随机的信息交换重新组合字符串，并利用子代中适应度好的位段产生新的字符串群体，从而得到一组具有快速和容错率高的特点、适用于结构优化及定量构效关系研究的群体。

支持向量机 [support vector machine] 用于统计分类及回归分析的具有分析数据及识别模式功能的学习算法。在解决小样本、非线性及高维模式识别中有许多特有的优势，并能推广到函数拟合等其他机器学习问题中。它首先通过用内积函数定义的非线性变换将输入空间变换到一个高维空间，并在这个空间中得到最优分类面。是一种小样本学习方法，可以避开从归纳到演绎的传统过程，实现高效的从训练样本到预报样本的转导推理。

直接药物设计 [structure based drug design] 即基于结构的药物设计。

逐步生长法 [sequential buildup method] 从一个片段为起点逐步生长得到一个完整的分子的方法。包括原子生长法及片段生长法两大类。大部分逐步生长法是基于能量的评估方法确定配体和受体间的相互作用，但也有少数方法使用经验规则来评估配体与受体的相互作用。

专家系统 [expert system] 一种在特定领域内具有专家水平解决问题能力的智能计算机程序系统。能够有效地运用专家多年积累的有效经验和专门知识，通过模拟专家思维过程，解决需要专家才能解决的复杂问题。它包括知识库与推理引擎，是一个基于知识的计算系统。

六

高分子科学

6.1 一般名词

超分子聚合物 [supramolecular polymer] 重复单元通过氢键、配位作用、主客体相互作用、电荷转移相互作用、π-π 相互作用等非共价键相互作用相互连接而成的类似聚合物的超分子体系。

大分子 [macromolecule] 即高分子化合物。

高分子[化合物] [macromolecule] 又称大分子。分子量很大的分子，一般把分子量一万以上的分子称为高分子。许多高分子的分子量高达几百万至几千万。一种高分子是分子量不等的同系物的混合物，绝大多数高分子的分子量不是均一的，用平均分子量和分子量分布表示高分子分子量及其多分散性。可分为天然高分子和合成高分子。纤维素、蛋白质、核糖核酸、天然橡胶等属于天然高分子。合成高分子是以小分子化合物作为单体，在适当的条件下通过聚合反应得到的。合成高分子种类繁多，包括塑料、纤维、橡胶以及涂料、黏合剂等。在日常生活、工农业生产、交通、航空航天及高科技领域是必不可少的。

高分子材料 [polymer material] 以高分子化合物为基体，再配有其他添加剂(助剂)所构成的材料。按来源分为天然高分子材料和合成高分子材料，按特性分为塑料、纤维、橡胶、高分子涂料、高分子黏合剂和高分子基复合材料，按应用功能分类为通用高分子材料、特种功高分子材料和功能高分子材料。

高分子反应 [polymer reaction] 高分子参与的化学反应，用于高分子改性、新高分子合成和高分子降解等。反应可发生于高分子的端基、侧基及主链。聚合度不变的反应包括端基或侧基与小分子化合物的反应，也包括主链发生的加成反应和消除反应等；端基和侧基与另外一种高分子的反应使高分子的聚合度变大，包括嵌段偶联、接枝和交联等；主链发生断裂的反应是聚合度变小的降解反应。

高分子分类 [classification of polymer] 根据组成、应用、结构、性能等对高分子归类的方法。按组成分为碳链型高分子、杂链高分子、元素高分子、无机高分子；依用途分为塑料用高分子、橡胶用高分子、纤维用高分子、涂料高分子、黏合剂用高分子等；依聚合类型分为加聚物和缩聚物，链式聚合物和逐步聚合物；依含有单体(或结构)单元的多少分为均聚物、共聚物。依微观结构分为线型大分子、分支型大分子、体型大分子、超支化高分子；按热性能分为热塑性高分子、热固性高分子。

高分子合成 [synthesis of polymer] 从小分子化合物原料通过聚合反应得到高分子量化合物的方法和过程。经合成能形成高分子的小分子化合物称为单体，得到的高分子称为合成高分子或聚合物。合成反应按机理分为链式和逐步、加聚反应和缩聚反应等，链式加聚反应分为自由基、负离子、正离子和配位聚合等。能作为聚合单体的化合物有烯烃、炔烃、烯类化合物、环状化合物、双官能团化合物等。合成反应常用到引发剂或催化剂，工业上生产聚合物的合成反应主要是自由基聚合，约占 65%，其次是缩聚反应和齐格勒-纳塔(Ziegler-Natta)聚合。近来发展了茂金属催化聚合、开环易位聚合、活性自由基聚合等新合成方法。聚合物的一级结构，如单体的连接顺序、单体单元的立体结构、单体组成以及聚合物分子量和分子量分布都是在合成时形成的。合成实施方法(聚合方法)分为本体、溶液、乳液、悬浮等聚合方法。单体可以气态、液态或固态进行高分子合成

高分子化学 [polymer chemistry] 化学的重要分支学科。研究高分子化合物的合成方法、化学结构与链结构、聚集态结构、性能与功能、加工及应用的学科门类，现在已成为高分子科学。研究对象包括合成高分子、生物大分子和超分子聚合物等软物质体系。高分子合成化学主要研究从小分子化合物合成高分子化合物的途径、原理，以及高分子化合物的化学反应等。早期仅是对天然高分子的化学改性。高分子化学已发展出自由基聚合、负离子聚合、正离子聚合和逐步聚合反应，带来了合成高分子工业的发展，是塑料、合成纤维、合成橡胶等高分子材料科学与工业发展的基础。研究高分子化合物结构与性能、高分子溶液性质的称为高分子物理；研究高分子合成的生产工艺和高分子材料加工成型工艺的称为高分子工程。高分子科学包括高分子化学、高分子物理和高分子工程三个方面。

高分子加工 [processing of polymer] 高分子科学的分支学科。从树脂或单体制造成使用制品的过程及其方法。通常是聚合物或聚合物与其他添加剂混合物受热流动成一定形状，冷却定型后成制品。热塑性塑料加工主要采用挤出、注射、压延、吹塑等方法。热固性塑料采用模压、铸塑和传递模塑等方法。橡胶加工主要经塑炼、混炼、压延、成型和硫化等过程。纤维是聚合物通过纺丝工艺加工的，包括熔融纺丝和溶液纺丝。集聚合与成型一体的浇铸聚合使单体在模具中聚合直接成型。集反应与加工于一体的反应加工方法，如反应注射成型等简化了聚合物制品生产工艺。另一类反应加工方法是在加工设备中进行聚合物改性，如挤出反应接枝、反应共混、反应复合等。聚合物加工成型涉及聚合物流变学、力化学、聚集态结构与性能等。加工所适宜的聚合物分子量

随不同用途而变化，橡胶在20万左右，纤维在2万左右，塑料介于二者之间。在制品设计中需避免各部分厚薄相差过大以减少内应力。对制品进行热处理可消除内应力。加工成型条件对制品质量影响很大，需根据流变学性能数据和反复实践经验确定。

高分子科学 [polymer science] 高分子科学包括高分子化学、高分子物理和高分子加工三个方面。

高分子命名 [nomenclature of macromolecule] 高分子通常按照所用单体或聚合物的结构来命名。目前常用的线型高分子命名方法有三种：①按原料和制备方法命名，在单体前面加“聚”字，如聚乙烯、聚氯乙烯等。对于共聚物，可以把单体名称都写在前面，后面加“共聚物”而成。例如，由丁二烯、苯乙烯两单体制得的高分子，称丁二烯-苯乙烯共聚物。②按高分子链的结构命名，如聚酯、聚酰胺等。③工业上的商品习惯命名，如尼龙、涤纶等。1972年国际纯粹和应用化学联合会(IUPAC)对线型有机高分子提出结构系统命名法，规定在写出高分子结构式后，对重复结构单元命名，再在前面加一“聚”字。

高分子物理 [polymer physics] 高分子科学的分支学科。用物理的方法和手段，包括计算和模拟，来研究高分子的结构、性能、链松弛行为以及降解和聚合动力学的学科。高分子的结构包括了单分子的结构和凝聚态的结构，对材料的性能有着决定性的影响。高分子材料的性能包括黏弹性、机械强度、耐热性、导电性等。材料的性能不但受分子结构影响，还与高分子链的松弛动力学密切相关。高分子物理的研究领域还包括高分子降解的过程和机理，聚合反应的过程和机理，以及嵌段共聚物的组装过程和结构等。

高附加值高分子 [high added-value polymer] 即精细高分子。

高性能高分子 [high performance polymer] 力学性能优异、稳定性好、可在较高温度下连续使用的一类合成高分子材料。含义很广，大体上可分为两方面：一是指高模量、高强度及耐高温高分子材料等；二是指具有某种重要的功能的高分子材料，如高模量高强度纤维和压电性聚偏氟乙烯。化学结构的特点是组成中有大量的芳环或芳杂环，分子链较刚硬。有热固性和热塑性两大类，后者也称高性能工程塑料，可替代金属作为结构材料，或用作高级复合材料的基体树脂。力学性能的特点是强、韧、刚，是航空、航天和现代科技的关键材料。

工程塑料 [engineering plastic] 强度、模量和韧性等性能较高，且具有较高的使用温度，有较长的使用寿命，可代替金属作结构材料使用的塑料。如聚酰胺、聚碳酸酯、聚甲醛等。可以作为构造用及机械零件用的高性能塑料，耐热性在100℃以上，在工业上有重要应用。

功能高分子 [functional polymer] 具有特定功能的高分子。按功能分为导电高分子、光敏高分子、液晶高分子、磁性高分子、能量转换高分子、医用高分子、生物活性高分子、高分子催化剂、高分子分离膜、高吸水性树脂和离子交换树脂等。与聚烯烃、聚酯、尼龙等通用型高分子比较，功能高分子具有附加值高、用量小的特点。

合成高分子 [synthetic macromolecule] 由小分子单体通过聚合反应得到的高分子，主要区别于存在于自然界的高分子，其性能在很多方面比天然高分子优越，品种更多，用途也更广泛。各种单体通过链式聚合和逐步聚合反应，得到了多种合成橡胶、塑料、纤维等。合成高分子是20世纪化学对人类社会的重大贡献，促进了石油化学工业的发展，为人类提供了丰富多彩的新材料。现代高分子合成化学的发展，则为合成高分子在高新技术领域的应用奠定了更好的基础。

合成树脂 [synthetic resin] 由简单的低分子量有机物经化学合成或由天然产物经化学反应而制得的树脂。按合成方法分为加聚物和缩聚物；前者由单体经加成聚合反应制得，结构单元的化学式与单体的分子式相同，如聚乙烯、聚苯乙烯等；缩聚物由单体经缩合聚合反应制得，结构单元的化学式与单体的分子式不同，如酚醛树脂、聚酯、聚酰亚胺等。

合成弹性体 [synthetic elastomer] 即合成橡胶。

合成纤维 [synthetic fiber] 将以化学原料合成的、具有适宜分子量并具有可溶(或可熔)性的线型聚合物，经纺丝成形和后处理而制得的化学纤维。通常将这类具有成纤性能的聚合物称为成纤聚合物。按主链化学结构分为碳链纤维和杂链纤维两大类。

合成橡胶 [synthetic rubber] 由人工合成的橡胶，又称人造橡胶或合成弹性体。由单体经聚合或共聚合制备的高弹性聚合物。合成橡胶与天然橡胶共同的显著特点是具有高弹性，但只有少数合成橡胶品种的性能与天然橡胶相似，一般均需经过硫化和加工后，才具有使用价值。合成橡胶的分类方法很多，按成品状态可分为液体橡胶、固体橡胶、乳胶和粉末橡胶等。按橡胶制品形成过程可分为热塑性橡胶和硫化型橡胶。按使用特性分为通用型橡胶和特种橡胶两大类。通用型橡胶指可以部分或全部代替天然橡胶使用的橡胶，如丁苯橡胶、异戊橡胶、顺丁橡胶、乙丙橡胶等。特种橡胶是指具有耐高温、耐油、耐臭氧、耐老化和高气密性等特点的橡胶，常用的有硅橡胶、氟橡胶、丁腈橡胶、聚氨酯橡胶和丁基橡胶等，主要用于要求某种特性的特殊场合。

胶黏剂 [adhesive] 即黏合剂。

金属有机聚合物 [organometallic polymer] 包含金属有机化合物结构单元的均聚或者共聚物。其常拥有有机聚合物良好的透明性、稳定、易加工等特点，又有金属化合物较好的光电、催化等性质，广泛应用于电极材料等领域。常用单体有二茂铁基丙烯酸酯、π-铬三羰基苄基丙烯酸酯等，共聚单体包括苯乙烯、醋酸乙烯酯、甲基丙烯酸甲酯等。

精细高分子 [fine polymer] 又称特种高分子、高附加值高分子。除了具备一般高分子所具有的力学性能外，还具有耐热性、高强度、高硬度、高韧性以及其他特殊功能，如导电性、压电性、光电变换性等。具有产量小、价格高、性能优的特点。主要包括含氟聚合物、耐高温高分子、高强高模高分子、功能高分子和液晶高分子。产量大致为通用高分子的千分之一，而价格是通用高分子的百倍以上。

聚合反应 [polymerization] 由几十、上百的小分子化合物相互间形成共价键而得到高分子的过程。产物分为线型长链大分子和三维网状体型大分子。生成的高分子量化合物称为聚合物。线型聚合物的分子量在上万至几百万之间。体型聚合物整块重量就是其分子量。分为链式反应和缩聚反应，前者重复单元与单体组成相同，后者重复单元分子量比单体小。链式反应按机理可分为自由基、正离子和负离子等。单体为烯烃、烯类化合物和环状化合物，其中环状单体环打开形成线型分子的反应称为开环聚合。缩聚反应是带两个(或以上)反应性官能团的化合物脱去小分子缩合形成聚合物的反应。

聚合物 [polymer] 由相对分子质量高的分子组成的物质，主要通过单体聚合形成的由许多重复单元以共价键相连接形成较大相对分子质量的化合物。按相对分子质量大小可分为低聚物(10^3)、准聚物(10^4)和高聚物($>10^4$)或聚合物。由一种单体聚合得到的聚合物为均聚物，由多于一种单体共聚合得到的聚合物为共聚物。

黏合剂 [adhesive] 又称胶黏剂。能将两种物体表面结合在一起的物质。按类型分为无机和有机两类，前者包括硅酸盐、磷酸盐等，后者有淀粉、松香、聚乙烯醇水溶液等。按来源分为天然和合成两类，骨胶、虫胶等属前者，酚醛、聚氨酯是合成黏合剂。按黏结原理分为非反应型和反应型，乙烯-醋酸乙烯酯热溶胶、聚醋酸乙烯酯乳胶属前者，环氧胶、聚酰亚胺黏合剂等归为后者。高分子黏合剂通常由树脂、黏合剂等基料和固化剂、填料等辅料复配而成。黏合剂与被黏物表面的匹配对增加黏合力很重要。

热固性高分子 [thermosetting polymer] 经加热后能通过化学反应形成交联的固体物质结构的高分子的总称。一经形成，不再溶于溶剂、加热也不再软化。常见的有环氧树脂、酚醛塑料、聚酰亚胺、三聚氰胺甲醛树脂、不饱和聚酯树脂等。

热塑性弹性体 [thermoplastic elastomer] 在常温下显示橡胶弹性，在高温下能够塑化成型的高分子材料。热塑性弹性体 TPE/TPR 即合成橡胶。其产品既具备传统交联硫化橡胶的高弹性、耐老化、耐油性各项优异性能，同时又具备普通塑料加工方便、加工方式广的特点。嵌段共聚物 SBS 是工业上最重要的热塑弹性体。

热塑性高分子 [thermoplastic polymer] 经加热后软化流动，冷却后变硬的高分子的总称。可通过加热-冷却反复加工改变制品的形状。主要的热塑性塑料有聚乙烯、聚丙烯、聚苯乙烯、聚甲基丙烯酸甲酯、聚氯乙烯、尼龙、聚碳酸酯、聚氨酯、聚四氟乙烯、聚对苯二甲酸乙二醇酯等。

人造橡胶 [synthetic rubber] 即合成橡胶。

生物大分子 [biomacromolecule] 又称生物高分子。源于生物的天然大分子或高分子。蛋白质、核酸、多糖等是典型的生物大分子。在生命、医学、材料、日常生活等多方面有重要理论和应用价值。如核酸是遗传物质，蛋白质是多数动物及部分植物不可或缺的组成部分，淀粉、纤维素等多糖是众多草食或杂食动物的食物，纤维素还大量用于纺织、建筑等领域。某些由微生物产生的其他大分子类物质亦属此列，如聚羟基丁酸酯可用作降解性包装或医用材料。

生物高分子 [biopolymer] 即生物大分子。

树脂 [resin] 常温下呈固态、半固态或黏稠液态的无定形有机化合物的总称。无固定熔点，受热后有软化或熔融范围，在外力作用下有流动倾向。广义上讲，可作为塑料制品加工原料的任何聚合物都称为树脂。按来源分为天然树脂和合成树脂；前者是自然界中动植物分泌的不挥发无定形有机物质，如松香、琥珀、虫胶等；后者由有机小分子经化学合成或由天然产物经化学反应制备。根据受热后树脂性能的变化，又可分为热塑性树脂(如聚苯乙烯、聚丙烯等)和热固性树脂(如酚醛树脂、脲醛树脂等)。

塑料 [plastic] 以合成树脂或天然树脂为基料，加入(或不加入)各种助剂、增强材料和填料，在一定温度和压强下成型所得到的固体材料或制品。塑料具有柔韧性和刚性，而不具备橡胶的高弹性，一般也不具有纤维那种分子链的取向排列和晶相结构。通常按树脂的固化特点分为热塑性塑料和热固性塑料。热塑性塑料可反复加热软化、冷却固化。热固性塑料在热压下交联固化成型后即成为不溶不熔的物质。按用途又分为通用塑料和工程塑料。通用塑料用途广、产量大、价格低，常用的有聚乙烯、聚丙烯、聚氯乙烯、聚苯乙烯、聚氨酯、酚醛塑料等。工程塑料力学强度和耐热性较好，适用于工程结构，机械零部件和化工设备等，常用的有聚碳酸酯、聚甲醛、聚酰胺、ABS 树脂、聚苯醚、聚酯等。某些增强的通用塑料，其力学性能较好，也可作为工程塑料使用。

塑料合金 [plastic alloy] 利用物理共混或化学接枝的方法而获得的能改善或提高现有塑料的性能并降低成本，通用塑料合金，如 PVC(聚氯乙烯)、PE(聚乙烯)、PP(聚丙烯)、

PS(聚苯乙烯)合金虽然仍有着广泛的使用价值，但因其生产技术被普遍掌握，所以在国外，各大公司专门供应的多是附加值较高的工程塑料合金品种。工程塑料合金泛指工程塑料(树脂)的共混物，主要包括以PC、PBT、PA、POM(聚甲醛)、PPO、PTFE(聚四氟乙烯)等工程塑料为主体的共混体系，以及ABS树脂改性材料。

弹性体 [elastomer] 具有橡胶弹性的材料。在常温下能反复被拉伸至200%以上，当外力除去后能快速恢复到原来长度和形态的高分子物质。呈现这种性质的高分子通常具有如下主要特点：①完全无定形结构，玻璃化转变温度低，高分子链间作用力小；②通过化学或物理方法适度交联。

碳链高分子 [carbon chain polymer] 主链上只有碳原子的高分子量化合物。由乙烯基单体形成的高聚物就是碳链高分子。如聚乙烯、聚丙烯、聚苯乙烯和聚氯乙烯等都是碳链高分子。而主链由几种元素的原子组成时称为杂链高分子。

特种高分子 [speciality polymer] 即精细高分子。

天然高分子 [natural macromolecule] 自然界产生或存在的高分子量化合物。分为天然无机高分子和天然有机高分子。天然无机高分子有云母、石棉、石墨等。天然有机高分子有天然橡胶、纤维素、淀粉、蛋白质、核糖核酸、蚕丝和蜘蛛丝等。生物体内骨骼材料也属此类。有些与生物体内化学反应控制及遗传信息相关。组成可分为葡萄糖作为重复单元的淀粉、纤维素等聚多糖，烃类的天然橡胶、杜仲胶等，硬质蛋白质类的丝、羊毛等。天然高分子存在于动物、植物或矿物内，经物理和化学方法纯化、加工或改性后用作高分子材料，如蚕丝可纺成丝绸、纤维素改性后可制人造丝和醋酸纤维、玻璃纸和塑料，天然橡胶可制造轮胎和医用橡胶制品。在弄清天然高分子结构后，随着合成水平的发展，有些已能人工合成。与天然橡胶结构相同的顺式聚异戊二烯橡胶已实现工业化生产。具有生物活性的天然生物高分子胰岛素和其他激素也能人工合成。

天然树脂 [natural resin] 植物渗(泌)出物的无定形半固体或固体有机物。特点是受热时变软，可熔化，在应力作用下有流动倾向，一般不溶于水，而能溶于醇、醚、酮及其他有机溶剂。主要有松香、大漆、琥珀和玛树脂等；来源于动物者，主要有虫胶，它是紫胶虫的分泌物。

天然纤维 [natural fiber] 自然界生长和存在的可用于纺织或用作增强材料的一类纤维，包括植物纤维、动物纤维和矿物纤维等。

天然橡胶 [natural rubber] 指从巴西橡胶树上采集的天然胶乳，经过凝固、干燥等加工工序而制成的弹性固状物。天然橡胶是一种以顺-1, 4-聚异戊二烯为主要成分的天然高分子化合物，其橡胶烃(顺-1, 4-聚异戊二烯)含量在90%以上，还含有少量的蛋白质、脂肪酸、糖分及灰分等。

通用高分子 [commodity polymer] 能够大规模工业化生产，已普遍应用于人们日常生活、工农业生产、建筑、交通运输等国民经济主要领域的高分子。主要指塑料、橡胶、纤维、黏合剂、涂料等不同类型的高分子。

通用塑料 [commodity plastics] 量大、价格低、用途广的大宗塑料品种。主要包括聚乙烯、聚丙烯、聚氯乙烯、聚苯乙烯、ABS、聚甲基丙烯酸甲酯和氨基塑料等，其产量占整个塑料产量的90%以上。

涂料 [coating] 能涂覆于底材表面并形成坚韧连续膜的液体或固体物质的总称。涂料组成主要包括成膜物，如聚合油脂、天然树脂等，其作用是黏结颜料并能形成坚韧连续的膜；填料，如白色、无色或稍带色的无机颜料，主要作用是提高涂膜强度；此外，还有溶剂用于溶解基料。涂料的种类和用途很广，包括建筑涂料、家具涂料、金属涂料等。根据所含溶剂的不同，可分为油性涂料、水性涂料等。

无机高分子 [inorganic polymer] 主链和侧基均不含碳原子的高分子。合成无机高分子有聚氯化磷腈、缩合磷酸盐、聚硫、聚硒、硼氮高分子、合成沸石、合成云母等。天然无机高分子有石棉、云母、石墨和金刚石等。具有耐燃性和耐热性，有的可制成纤维，有的呈橡胶状。同时由共价键、离子键、配位键混杂形成。

纤维 [fiber] 聚合物经一定的机械加工(牵引、拉伸、定型等)后形成细而柔软的细丝长的材料。纤维具有弹性模量大，塑性形变小，强度高等特点，有很高的结晶能力，分子量小，一般为几万。纤维用途广泛，可织成细线、线头和麻绳，造纸或织毡时还可以织成纤维层；同时也常用来制造其他物料，及与其他物料共同组成复合材料。

橡胶 [rubber] 一类在很宽的温度范围内具有高弹性的聚合物。通常聚合物链通过化学或物理方法交联在一起，其特点是在受外力时，发生形变，外力除去，形变回复。橡胶按原料分为天然橡胶和合成橡胶。天然橡胶的基本化学成分为顺-1,4-聚异戊二烯，弹性好，强度高，综合性能好。合成橡胶主要包括丁苯橡胶，由丁二烯和苯乙烯自由基共聚制得；顺丁橡胶，由丁二烯配位聚合制得；氯丁橡胶，由氯丁二烯聚合制得；丁腈橡胶，由丁二烯和丙烯腈共聚制得，其耐油、耐老化性能好。

油漆 [paint] 能牢固覆盖在物体表面，起保护、装饰、标志和其他特殊用途的化学混合物涂料。用不同的施工工艺涂覆在物件表面，形成黏附牢固、具有一定强度、连续的固态薄膜，涂料一般由成膜物质、填料(颜料)、溶剂、助剂等四部分组成。根据性能要求有时成分会略有变化，如清漆没有颜填料、粉末涂料中可以没有溶剂。

有机高分子 [organic polymer] 主链或侧基含有碳原子的高分子。主链完全由碳组成时称为碳链有机高分子，如聚乙烯、聚丙烯、聚氯乙烯和聚苯乙烯等。主链上除碳原子之外，还有氧、氮、硫等杂原子时称为杂链高分子，如聚酰胺、聚酯等。仅在侧基含有有机基团、主链无碳原子的称为元素有机高分子，如聚有机硅氧烷。自然界存在的称为天然有机高分子，经化学反应从小分子制备的称为合成高分子。可作为橡胶、塑料、纤维、黏合剂、涂料和功能材料使用。易加工成型，生产原料丰富、成本低。工业生产规模很大，按体积已超过金属材料产量的总和。应用遍及各个领域。

元素高分子 [elementary polymer] 主链由非碳原子组成的高分子量化合物。主要有硅、硼、铝、氧、氮、硫和磷等原子组成但侧基是有机基团。当侧基也无碳原子时称为无机高分子。这种高分子兼有无机物的耐热性、耐燃性和可熔性。用作耐高温涂料、塑料、润滑剂等。元素高分子也分为均链高分子和杂链高分子。例如，由一种原子硅组成主链、侧基为有机基团的高分子称为硅链聚合物，由硅和氧原子组成主链，侧基为有机基团的硅氧树脂、硅与碳原子组成主链的高分子称杂链硅高分子。

杂环高分子 [heterocyclic polymer] 主链含有杂环化合物的聚合物。杂环是由碳、氧、氮、硫等原子形成环状结构的化合物。经环化缩聚反应制备，一般先进行平衡缩聚，然后进一步发生不平衡缩聚，缩合成环。三唑、噻唑、咪唑、吡唑、二唑、三嗪、酰亚胺等杂环均可采用环化缩聚反应引入。可用作工程塑料，具有高强度、耐溶剂、耐高温的特点。有些杂环高分子为梯形结构。

杂链高分子 [hetero chain polymer] 主链由两种以上元素的原子组成的高聚物。例如聚酰胺(尼龙)的主链由碳、氮组成，聚酯的主链由碳、氧组成。许多天然高分子都属杂链高分子。与碳链高分子相比，一般化学稳定性略差。

6.2 高分子化学

氨基树脂 [amino resin] 由含有氨基的化合物，如脲或三聚氰胺，与醛类或可生成醛的物质缩聚制得的聚合物的总称。最主要的有脲醛树脂、三聚氰胺树脂等。可用作涂料、黏合剂等，在家具和日用品中广泛使用。

ω-氨基酸 [*ω*-amino acid] 含有一个氨基和一个羧基的有机脂肪酸，结构通式为 NH_2—R—COOH，根据氨基与羧基间隔基碳原子的数目，超过 4 个碳原子的氨基酸统称为 ω-氨基酸。典型的有 6-氨基己酸，11-氨基十一酸，可分别通过缩聚反应得到尼龙 6 和尼龙 11。

螯合聚合物 [chelate polymer] 能与金属离子以配位键形成金属离子螯合物的聚合物。通常由含配位基的低分子化合物经聚合或共聚合制备得到。也可对合成高分子或天然高分子进行化学改性引入配位基。常见的配位原子是原子外层存在未成键孤对电子的第五族至第七族元素，如 O，N，S，P，As，Se 等。主要应用于选择性分离或富集溶液中存在的金属离子。

半合成纤维 [semi-synthetic fiber] 天然高分子化合物(主要指纤维素)通过化学改性处理，使大分子结构发生变化而后纺制得到的化学纤维。重要的有再生纤维素纤维，如黏胶纤维、铜氨纤维和纤维素酯纤维(醋酸纤维素纤维、纤维素硝酸酯纤维)。

半互穿[聚合物]网络 [semi-interpenetrating polymer network(SIPN)] 在构成互穿网络 IPN 的两种聚合物中，仅有一种聚合物是交联的，另一种聚合物是线型非交联的。

半连续聚合 [semi-continuous polymerization] 采取单体分批或连续加入反应器，其他组分一次加入的操作方式进行的聚合反应。半连续乳液聚合是将部分单体和引发剂、乳化剂、分散介质等添加剂投入反应器中，聚合到一定程度后，再将余下的单体、引发剂、还原剂等添加剂连续地加入到反应器中继续进行聚合，直至达到所要求的转化率结束反应。

半柔性链聚合物 [semi-flexible chain polymer] 在溶液中大分子链的局部呈棒状，而从整体看又具有相当柔性的聚合物。

棒状高分子 [rodlike polymer] 大分子链在溶液中能呈现棒状的高分子。包括许多具有螺旋结构的生物大分子和天然高分子以及整个链上弯曲极少的合成高分子。主要特性有：特性黏数与分子量成 1.7～1.8 次方关系，而与均方回转半径成 2 次方关系；在高浓度下易形成溶致液晶。

饱和聚酯 [saturated polyester] 由饱和二元酸(如己二酸、间或对苯二甲酸、邻苯二甲酸酐)与二元醇共缩聚得到的主链无双键、三键的线型聚酯。

饱和橡胶 [saturated rubber] 主链上无双键、三键等不饱和键的橡胶。如二元乙丙橡胶、氯化聚乙烯、氯磺化聚乙烯、氟橡胶等。不能用通常的硫黄硫化，只能用过氧化物、金属过氧化物或胺类化合物等进行交联硫化。

暴聚 [burst polymerization] 闪发聚合的俗称。

本体聚合 [bulk polymerization] 不用溶剂只用单体或单体加少量引发剂进行聚合的方法。能适用于链式聚合和逐步聚合。在链式聚合中，只有单体的聚合体系可用光、热等引发聚合；单体与引发剂组成的体系由引发剂引发聚合。所得聚合物纯度高，可制得透明制品，如有机玻璃、聚苯乙烯板材等。

苯并呋喃-茚树脂 [coumarone-indene resin] 又称香豆酮-茚树脂，由主要含苯并呋喃和茚的煤焦油的 160～185℃馏分经聚合而得的热塑性树脂。因单体组成和聚合条件的差异，产品有些是黏稠液体，有些是脆性固体。主要用于配制绝缘涂料和防锈涂料。也可用作橡胶的软化剂，兼有增黏和增强作用、陶瓷黏合剂、印刷油墨等。

1,3-苯二胺 [1,3-phenylene diamine] 即间苯二胺。

苯酚醚树脂 [phenol ether resin] 一种由芳烷基卤化物或醚与酚类在 Friedel-Crafts 催化剂存在下经缩聚而得耐高温的热固性树脂，能在 150～220℃长期使用。具有良好的机械强度、热稳定性、耐磨性、耐化学品性和优越的电性能。用作玻璃纤维增强的层压材料和电机整流器的绝缘物等。

苯醌聚合物 [quinone polymer] 苯醌与其他小分子化合物(单体)的聚合反应得到的聚合物。由对苯醌与二胺或多元胺反应，通过两个连续的 1,4 加成反应，可得到两端由氨基封端和含醌结构重复单元的线型聚合物，称为苯醌-胺聚合物。苯醌与 2-乙烯基-1,3-丁二烯能进行 Diels-Alder 聚合反应生成梯型聚合物。

1,2,4,5-苯四酸甲酐 [1,2,4,5-benzenetetracarboxylic anhydride] 即均苯四甲酸酐。

苯乙烯 [styrene] 又称乙烯基苯，化学式 C_8H_8，分子量 104.15，沸点 145℃，无色带芳香气味的液体，不溶于水，溶于乙醇、乙醚。易聚合，要加入阻聚剂储存。工业生产由乙苯经催化脱氢制得，用于合成树脂和合成橡胶。工业产品有聚苯乙烯系树脂、ABS 工程塑料、丁苯橡胶、SBS 热塑性弹性体等。

苯乙烯-丁二烯-苯乙烯嵌段共聚物 [styrene butadiene styrene block copolymer (SBS)] 两端为聚苯乙烯硬段，中间为聚丁二烯软段的三嵌段共聚物，是目前世界产量最大、与橡胶性能最为相似的一种热塑性弹性体。通常由三步法或两步法负离子聚合制备得到。广泛用于制鞋业，也是沥青铺路的沥青路面耐磨、防裂、防软和抗滑的优异改性剂。

苯乙烯-异戊二烯-苯乙烯嵌段共聚物 [styrene isoprene styrene block copolymer (SIS)] 两端为聚苯乙烯硬段，中间为聚异戊二烯软段的三嵌段共聚物，是一种热塑性弹性体，具有流动性好、与添加剂相容性好的特点。此外，还有良好的电性能、透光性和透气性，主要用作热熔型压敏胶。

苯乙烯-异戊二烯-丁二烯橡胶 [styrene isoprene butadiene rubber (SIBR)] 由苯乙烯、丁二烯和异戊二烯三种单体在四甲基乙二胺/烷基锂作催化剂下，经溶液聚合制备的新型橡胶。主要用作高速行驶轮胎的胎面胶。

丙交酯 [lactide] 化学式 $C_6H_8O_4$，分子量 144.13，白色针状晶体，熔点 116～119 ℃。溶于氯仿，乙醇，不溶于水，通常由聚乳酸的低聚物热降解制备。经过开环聚合得到乳酸，是一类重要的生物可降解材料，广泛应用于包装材料及生物医学领域。

丙阶酚醛树脂 [resite] 在利用苯酚和甲醛碱催化制备热固性酚醛树脂的过程中，随着反应程度不同，可将热固性酚醛树脂分为甲、乙、丙三个阶段。甲阶酚醛树脂为能溶于乙醇、丙酮的直链与支链型混合物，分子量在 800～1000 之间。乙阶和丙阶树脂均为含有凝胶的树脂，乙阶树脂仍可加热软化，进一步加热变为不熔不溶的丙阶树脂。

丙烯腈 [acrylonitrile] 分子式 $CH_2{=}CHCN$。分子量 53.06，熔点-83.5℃，沸点 77～79℃，相对密度 0.806。稍溶于水，溶于乙醇、乙醚等有机溶剂。为无色液体，有刺激气味，室温下在水中的溶解度为 7.5%(质量分数)。目前工业上都用丙烯的氨氧化法制得。丙烯腈是制备多种聚合物的原料。

丙烯腈-苯乙烯树脂 [acrylonitrile styrene resin (AS)] 以丙烯腈和苯乙烯为原料用自由基悬浮或乳液聚合方法制备而得到的共聚物，是无色透明的热塑性树脂，具有耐高温性、出色的光泽度和耐化学介质性，还有优良的硬度、刚性及尺寸稳定性。

丙烯腈-丁二烯-苯乙烯树脂 [acrylonitrile-butadiene-styrene resin (ABS)] 丙烯腈、1,3-丁二烯、苯乙烯的三元共聚物。是一种强度高、韧性好、易于加工成型的热塑型高分子材料。可与多种树脂配混成共混物，广泛应用于机械、汽车、电子电器、仪器仪表、纺织和建筑等工业领域，是一种用途极广的热塑性工程塑料。

丙烯酸 [acrylic acid] 分子式 $CH_2{=}CHCOOH$，分子量 72.06，沸点 59.4℃，密度 0.958。能与水混溶。制备方法包括：丙烯氧化法和丙烯腈水解法。可在水溶液中自由基聚合得到聚丙烯酸，也是制备丙烯酸酯的重要原料。

丙烯酸 2-羟基乙酯 [2-hydroxyethyl acrylate] 分子式 $CH_2{=}CHCOOCH_2CH_2OH$，分子量 116.08，常温下为液体，溶于乙醇、乙醚、醋酸乙酯等一般有机溶剂，也溶于水。可通过自由基聚合制备得到水溶性聚合物。也可与其他丙烯酸酯类单体共聚制备含侧基羟基的聚丙烯酸酯。

丙烯酸酯 [acrylate]　具有结构通式 CH_2═CHCOOR 的一类化合物的总称。比较重要的包括丙烯酸甲酯、乙酯、正丁酯等，均为无色液体，除丙烯酸甲酯部分水溶外，其他长链酯仅微溶或不溶于水。丙烯酸甲酯可由丙烯酸与甲醇酯化，或由氯乙醇与甲醇在浓硫酸作用下反应而得，其他丙烯酸酯类也可由丙烯酸酯化，与丙烯酸甲酯的酯交换反应等方法制备。主要用来制备聚丙烯酸酯。

丙烯酸[酯]树脂 [acrylic resin]　由丙烯酸酯类和甲基丙烯酸酯类及其他烯类单体共聚制成的树脂。根据组成、配方及生产工艺的不同，可得到热塑性和热固性丙烯酸树脂。

丙烯酸酯橡胶 [acrylate rubber]　以丙烯酸酯为主单体经共聚而得的弹性体，用的主单体有丙烯酸甲酯、丙烯酸乙酯、丙烯酸丁酯和丙烯酸-2-乙基己酯等，其主链为饱和碳链，侧基为极性酯基。具有耐热、耐老化、耐油、耐臭氧、抗紫外线等优点，力学性能和加工性能优于氟橡胶和硅橡胶，其耐热、耐老化性和耐油性优于丁腈橡胶。广泛应用于各种高温、耐油环境中，成为近年来汽车工业着重开发推广的一种密封材料。

丙种纤维素 [γ-cellulose]　即 γ-纤维素。

不饱和聚酯 [unsaturated polyester]　由饱和二元酸（如己二酸、间或对苯二甲酸、邻苯二甲酸酐）和不饱和二元酸（如马来酸酐）的混合酸与二元醇共缩聚得到的线型聚酯。通常采用自由基引发剂同时加入苯乙烯来固化，主要用作制造玻璃钢的黏合剂，也可用于金属、陶瓷等的黏结。

不饱和橡胶 [unsaturated rubber]　高分子链中含不饱和双键，能用硫黄进行硫化的橡胶，包括天然橡胶、三元乙丙橡胶、丁腈橡胶、顺丁橡胶、丁苯橡胶等。

不对称选择性聚合 [asymmetric selective polymerization]　外消旋单体在手性催化剂、手性试剂或者手性环境的影响下，倾向优先聚合一种构型的单体的聚合过程。常和“对映体不对称聚合”混用，可用于手性拆分、制备光学活性聚合物、研究聚合反应机理等。

不对称诱导聚合 [asymmetric induction polymerization]　在手性单体、反应试剂、催化剂或者手性环境的影响下，聚合反应倾向于生成一种优势的对映体或者非对映体聚合物的聚合过程。得到的聚合物一般具有旋光性。

不死的聚合 [immortal polymerization]　即永生[的]聚合。

蚕丝 [silk]　熟蚕结茧时分泌的丝液在空气中固化而成的连续长纤维。化学成分为蛋白纤维，是人类最早利用的动物纤维之一。蚕丝质轻细长，织物光泽好，穿着舒适，导热性差，吸湿透气，主要用于织制各种绸缎和针织品。

侧链型液晶高分子 [side chain liquid crystalline polymer]　液晶性基元处于侧链位置的液晶高分子。结构和性能受液晶性基元在柔性主链上连接方式的影响很大。

插层聚合 [intercalation polymerization]　单体插入有机化的层状硅酸盐或其他层状物质的片层间进行的原位聚合反应。

插入聚合 [insertion polymerization]　单体首先与活性种配位活化，不断插入过渡金属-碳键（Mt—R）中增长形成高分子的配位聚合。

差别纤维 [differential fiber]　普通纤维用化学或物理等手段后，其结构、形态等特性发生改变，从而具有了某种或多种特殊功能的化学纤维。主要包括复合超细纤维、高吸湿透湿纤维、有色纤维、光导纤维、活性炭纤维以及高阻燃、抗熔滴、高导湿、抗静电等多功能复合纤维。

长支链聚乙烯 [long chain branched polyethylene]　有较长支链、分子量大、分子量分布窄的支化聚乙烯。支化结构使其熔体具有剪切变稀的特征，长支链对其结晶性影响不明显。兼具高密度聚乙烯力学性能好和低密度聚乙烯便于加工的优点。可通过茂金属催化乙烯聚合制备。

超导聚合物 [superconductive polymer]　指在某种条件下（如低温、低磁场），材料的电阻为零的聚合物材料。1975 年美国科学家格林（Greene）等在实验中发现链状聚合物——聚氮化硫（PSN）在温度为 0.26 K 时电阻为零，表现出超导性能，这是世界上发现的第一个具有超导的聚合物。根据雷特尔（W. A. Little）的预测，在由一维共轭导电性主链和电子极化率大的侧链的有机聚合物中能够发生超导现象，含有芳香杂环取代的聚乙炔的结构已经比较接近这种理想结构，但是到目前还没有发现超导现象。

超低密度聚乙烯 [ultra low density polyethylene (ULDPE)]　由大量的 α-烯烃和乙烯共聚得到的聚乙烯。比其他聚乙烯更加柔软，广泛用于制备薄膜、管材和挤出瓶。

超高分子量聚乙烯 [ultrahigh molecular weight polyethylene (UHMWPE)]　分子量 150 万以上的无支链的线型聚乙烯。

超支化聚合物 [hyperbranched polymer]　一种在结构上高度支化的聚合物。可由 AB_x 型（$x \geqslant 2$，A，B 为官能团）单体制备，可采用一锅法来合成，对其反应过程中生成的中间产物无需纯化处理，所以易于工业化生产。超支化聚合物分子结构与树枝状分子结构相比较，除了共同具有末端单元和树枝状支化单元外，还多了线型单元。所以这两种聚合物与线型聚合物相比都具有较高的溶解性和较低的黏度。

沉淀聚合 [precipitation polymerization] 聚合物从单体或单体溶液中沉淀析出的聚合反应。为非均相聚合反应。在本体液相聚合、气相聚合中或在溶液聚合中均有沉淀聚合。所得聚合物分子量较高，丙烯腈、氯乙烯的本体聚合、氯乙烯在甲醇中的溶液聚合都是沉淀聚合。

持续自由基 [persistent radical] 一种稳定自由基，如含氮氧自由基的化合物 2,2,6,6-四甲基哌啶-1-氧自由基(TEMPO)，以过氧化二苯甲酰引发的苯乙烯自由基聚合中，加入 TEMPO 则因它不引发单体聚合，但与增长自由基(瞬时自由基)结合成休眠种，受热又分解为瞬时自由基继续与单体增长反应，同时生成氮氧自由基。这是一类活性/控制自由基聚合。

赤型双间同立构聚合物 [erythro-disyndiotactic polymer] 高分子链内相邻两个同种立构中心构型相反，同时在重复单元内这两种立构中心构型相同。常用于环状烯烃的加成聚合物的结构描述。

赤型双全同立构聚合物 [erythro-diisotactic polymer] 高分子链内相邻两个同种立构中心构型相同，同时在重复单元内这两种立构中心构型相同。常用于环状烯烃的加成聚合物的结构描述。

充油橡胶 [oil-extended rubber] 是指在橡胶(包括天然橡胶、合成橡胶)中填充了一定数量矿物油的混合物。充油可以在天然或合成胶乳中进行，也可以在干胶中完成，前者称湿法充油，后者称干法充油。

初级自由基终止 [primary radical termination] 自由基聚合反应中，若引发剂用量过大，分解产生的初级自由基与增长链自由基反应而终止的过程。

初生纤维 [as-spun fiber] 成纤聚合物熔体经喷丝头细孔压出固化制得的尚未经后处理的纤维。这种纤维在结构上还存在取向度和结晶度低的弱点，力学性能较差，不能直接使用，必须经过后处理(如拉伸取向)才能获得可使用的性能。

醇酸树脂 [alkyd resins] 由多元醇、邻苯二甲酸酐和不饱和脂肪酸或油(甘油三脂肪酸酯)缩合聚合而成的油改性聚酯树脂。主要用作涂料、油漆，在金属防护、家具、车辆、建筑等方面有广泛应用，也可用作漆包线的绝缘层，制成油墨大量应用于印刷工业。

磁性高分子 [magnetic polymer] 通过合适的方法使有机高分子与无机磁性或有机磁性基元物质结合起来形成具有一定磁性和特殊结构的高分子。磁性高分子材料通常分为复合型和结构型两种。复合型磁性高分子材料是指以高分子材料与各种无机磁性物质通过混合、黏结、填充复合、表面复合、层积复合等方式制得的磁性体，如磁性橡胶、磁性树脂、磁性薄膜、磁性高分子微球等，目前已具有很好的实际应用价值。结构型磁性高分子材料系指不用加入无机磁性物而高分子自身就具有强磁性的材料，由于比重小、电阻率高，其强磁性来源与传统的无机磁性材料很不相同，具有重要的理论意义和应用前景。

刺激响应性高分子 [stimuli-responsive polymer] 又称智能高分子。物理、化学性质随外界微小刺激而显著变化的高分子。刺激源包括温度、湿度、酸碱度、其他化学或生物分子及离子、电场、磁场、其他电磁辐射、力场等。高分子的性质变化包括溶解性、微观分子拓扑结构或宏观形态、膜渗透性、表面性质、电学性质、光学性质、力学性能及化学性质等。性质随外界刺激呈非线性变化。在医学诊断、治疗、生物医学工程、催化、分离、自修复材料、传感器等方面有应用前景。

pH 刺激响应性聚合物 [pH-responsive polymer] 即 pH 响应性聚合物。

促进硫化 [accelerated sulfur vulcanization] 在橡胶硫化过程加入促进剂和活性剂，从而能加快硫化速度、缩短硫化时间、降低硫化温度、减少硫化剂用量，同时还可以改善硫化胶的物理机械性能的方法。

醋酸纤维素 [cellulose acetate] 即乙酸纤维素。

催化功能高分子 [catalytic functional polymer] 又称高分子催化剂。有催化活性的高分子。分为含金属的和不含金属的高分子催化剂，前者为高分子金属配合物，可克服小分子催化剂分离、回收方面的困难，可重复使用；后者是含催化活性基团的高分子，如高分子电解质型催化剂、氧化还原性高分子催化剂、高分子固定酶催化剂等。

大[分子]单体 [macromonomer; macromer] 带有可聚合端基的线型聚合物，一般分子量在 1000～2000。可由负离子聚合、正离子聚合、基团转移聚合、自由基聚合及缩聚等制备。可聚合端基有苯乙烯基、烯丙基、甲基丙烯酰基、环氧基等。大分子单体发生链式均聚合或与一般单体共聚，可得到接枝共聚物。

大分子引发剂 [macroinitiator] 在分子链上带有可分解成可引发单体聚合的活性中心(主要为自由基)的高分子化合物。

大环高分子 [macrocyclic polymer] 以大单环、大套环等形状存在的高分子。无聚合物链末端，与相同分子量的线型高分子相比，其溶液性质、热学性质以及流变学性质均有明显差别。合成方法主要包括两种，即通过线型高分子在低浓度下环化以及通过扩环聚合反应制备。

大孔树脂 [macroporous resin] 即大网络树脂。

大网络树脂 [macroreticular resin]　又称大孔树脂。由高度交联的聚合物连续相及贯穿其中的孔道结构形成的颗粒状树脂。适量致孔剂或稀释剂存在下通过分散交联聚合制备；干态时具有多孔结构，树脂粒子由海量的小聚合物颗粒粘连而成。基于苯乙烯-二乙烯基苯的大孔树脂是最典型的代表，广泛用于分离、纯化、水处理、催化等领域。

单分散聚合物 [monodisperse polymer]　所有分子都具有相同的聚合度或分子量的聚合物，其多分散度等于1。很多生物大分子，特别是蛋白质、核酸等是单分散的。合成高分子一般是多分散的。用负离子活性聚合可以得到分子量分布窄的聚合物，接近于单分散聚合物。目前合成单分散聚合物主要是通过多步有机反应得到。

单分子终止 [unimolecular termination]　增长活性链单分子引起的终止反应。自由基聚合中，一般为双分子终止。但在丙烯腈的沉淀聚合体系中，由于增长链自由基被包埋在聚合物沉淀中，不能发生双分子终止，表观上视为单分子终止。离子聚合中，增长链离子与反离子形成共价键的终止反应也属于单分子终止。

单体 [monomer]　能与同种或他种分子发生聚合反应的小分子的统称。按聚合反应分为3类：①含不饱和键的单体，如乙烯、乙炔等，通过加成聚合反应得到高分子；②环醚、内酯、内酰胺等环状单体，如环氧乙烷、己内酯、己内酰胺，通过开环聚合反应得到高分子；③可进行缩聚、聚加成等逐步聚合的单体，如二胺、二酸、二异氰酸酯等。

单体竞聚率 [monomer reactivity ratio]　又称竞聚率。在两种单体M_1、M_2的自由基共聚合体系，存在四种链增长反应。单体竞聚率定义为：$r_1 = k_{11}/k_{12}$；$r_2 = k_{22}/k_{21}$。即单体M_1的竞聚率(r_1)是末端为M_1的链自由基分别与M_1及M_2反应的速率常数之比。单体M_2的竞聚率(r_2)是末端为M_2的链自由基分别与M_2及M_1反应的速率常数之比。r_1, r_2是衡量M_1与M_2是否容易进行共聚合的重要参数。

单组分纤维 [homofiber]　采用一种聚合物纺制成的化学纤维。

氮氧自由基调控聚合 [nitroxide-mediated polymerization (NMP)]　在自由基聚合体系中，引入稳定的氮氧自由基(如2,2,6,6-四甲基氧化哌啶自由基)，通过建立增长链和氮氧自由基与增长链的加成物形成的休眠种之间的可逆平衡，从而控制聚合物分子量和分子量分布的聚合反应。

导电高分子 [conductive polymer]　具有导电性的有机高分子。按导电机理分为结构型(或称合成金属)、氧化还原型和聚电解质型。前者具有大Π键结构，依靠离域电子的运动导电，呈半导体或导体性质，掺杂后其导电性可与部分金属导体相近，典型代表包括聚乙炔、聚苯胺、聚噻吩、聚吡咯、聚苯撑、聚苯乙炔等，可用于有机电致发光材料、光伏电池、波导、探针材料等领域。氧化还原类导电高分子的主链或侧链上带有分立的氧化/还原位点，通过邻近的氧化/还原位点的电子交换实现导电性质。聚电解质型导电高分子通过离子迁移实现导电性质，电导率较低；含磺酸盐或季铵盐的高分子属此类，可用做抗静电剂、离子隔膜等。

等离子体聚合 [plasma polymerization]　又称辉光放电聚合。在辉光放电作用下有机小分子经等离子体形成聚合物的过程。适于制备聚合物薄膜或薄膜材料改性。

低聚反应 [oligomerization]　单体经聚合生成低聚物的反应。可以是自由基、正离子、负离子或缩聚反应。如在自由基聚合反应中，加入合适的分子量调节剂，可得到两个端基确定的低聚物。

低聚物 [oligomer]　单体经聚合反应形成的分子量不太高的产物。一般指由10～20个重复单元所组成的聚合物，可以通过链式聚合或逐步聚合制备得到，分子量分布窄的低聚物可通过活性聚合制备得到。具有反应性端基的低聚物是制备嵌段共聚物、交联聚合物的重要原料。如含端羟基的聚醚或聚酯低聚物是制备嵌段聚氨酯弹性体的软段原料，交联固化前的环氧树脂、不饱和聚酯也属低聚物。

低密度聚乙烯 [low density polyethylene (LDPE)]　俗称高压聚乙烯。乙烯在高温高压下通过自由基聚合得到的密度范围在0.910～0.925 g/cm^{3}的聚乙烯。通常以微量氧气或过氧化物作为引发剂。

低压聚乙烯 [low pressure polyethylene]　高密度聚乙烯的俗称。

电荷转移聚合 [charge transfer polymerization]　在链引发或链增长过程中有电荷转移复合物参与的聚合反应。分两类，一类是电子给体(受体)作为聚合单体，电子受体(给体)以引发剂量与单体经电荷转移复合物产生离子自由基，通过不同机理(正离子、负离子、自由基)引发单体聚合；某些体系在光诱导下发生电荷转移聚合。第二类是富电子与缺电子烯类单体经电荷转移过程进行的自由基共聚合，容易生成交替共聚物。

电荷转移引发 [charge transfer initiation]　有电荷转移复合物参与的引发过程。参见电荷转移聚合。

电化学引发聚合 [electrochemically initiated polymerization]　即电解聚合。

电活性聚合物 [electroactive polymer]　在外加电场作用下通过材料内部结构改变而产生伸缩、弯曲、束紧或膨胀等各种形式力学响应的智能高分子材料。根据致动机理，分为电子型和离子型两类。前者具有电容器的特征，依靠静电力驱动，需要较高的驱动电压但无外电场时形变可保持，耗能低；后者依靠聚合物中的离子交换产生驱动力，驱动电压低但形变需要外电场维持，需要导电介质，耗能较多。电子型电活性高分子具有形变尺度大、力学强度高的特点，可用于构筑机器人的“肌肉”；离子型电活性高分子的机械强度低，可用于仿生设备。

电解聚合 [electrolytic polymerization] 又称电化学引发聚合。将含单体的溶液通电电解，产生活性种引发单体聚合的方法。聚合体系中含有溶剂、单体及无机电解质，活性种可以是自由基或离子。电解条件对所得到的聚合物的结构有影响。

电致变色高分子 [electrochromic polymer] 在外加电压时，光吸收或光发射特性发生可逆变化的高分子材料。相对于稳定性较差和力学性能存在缺陷的无机和小分子电致变色材料，有机高分子电致变色材料具有良好的使用和加工性能。如主链共轭型导电高分子有聚苯胺、聚噻吩、聚吡咯和它们的衍生物，在可见光区都有较强的吸收带，在发生氧化还原掺杂时，分子电子轨道能级改变，最大吸收波长变化。主要应用于显示器、智能调光窗等。

电致发光高分子 [electroluminescent polymer] 在两电极间施加一定电压后，电极间的高分子薄膜材料发出一定颜色的光，这种直接将电能转化为光能的现象称为光电效应，又称电致发光。通过高分子载体来实现成这一效应称为电致发光高分子。1990 年英国剑桥大学的弗兰德(Friend)等成功开发出以涂布方式将电致发光高分子应用在有机发光二极管(OLED)上，制备得到高分子发光二极管(PLED)。

丁苯橡胶 [styrene-butadiene rubber(SBR)] 丁二烯与苯乙烯经共聚合得到的合成橡胶，最大的通用合成橡胶品种，也是最早实现工业化生产的橡胶之一。按聚合方法分为乳液丁苯橡胶和溶液丁苯橡胶。丁苯橡胶综合性能优良，是合成橡胶的第一大品种，产量占合成橡胶的 60%。丁苯橡胶主要用作轮胎，以及输送带、胶管、防腐衬里、胶鞋、雨衣等。

丁吡橡胶 [butadiene-vinylpyridine rubber] 丁二烯与乙烯基吡啶或其衍生物经共聚合得到的合成橡胶。最常见的是丁二烯和 2-甲基乙烯基吡啶经乳液聚合而得的共聚物。

丁基橡胶 [butyl rubber] 异丁烯与少量异戊二烯正离子聚合得到的合成橡胶。聚合采用低温溶液聚合，以氯甲烷作稀释剂，三氯化铝作引发剂，−100℃聚合，异戊二烯的用量一般为异丁烯的 15%～4.5%。丁基橡胶最突出的特点是气密性很好，广泛用作汽车和自行车内胎。

丁腈橡胶 [butadiene-acrylonitrile rubber; nitrile rubber (NBR)] 丁二烯和丙烯腈经乳液聚合法制得的合成橡胶。主要采用低温乳液聚合法生产，耐油性极好，耐磨性较高，耐热性较好，黏结力强。其缺点是耐低温性差、耐臭氧性差，电性能低劣，弹性稍低。丁腈橡胶主要用于制造耐油橡胶制品。

定向聚合 [tactic polymerization] 即立构规整聚合。

端基 [terminal group; end group] 高分子链末端基团。在链式聚合反应中，端基的结构取决于高分子链的形成方式和终止机理，除单体自身外，引发剂、分子量调节剂、终止剂或溶剂等都会带来不同的端基；在逐步聚合反应中，端基为剩余的官能团。

断链降解 [chain scission degradation] 高分子主链发生化学键断裂导致高分子的分子量下降的降解方式。断裂方式可分为无规断链和链式解聚两种。无规断链导致高分子的断裂发生于高分子主链的任一弱键上，反应产物的平均聚合度低于原始样品。链式解聚可看成是链式聚合反应的逆过程，它指分子链的某一处或两端一经断裂，即按负增长反应方式不断释出单体。通常，在物理因素影响下发生的降解，往往属于链式解聚，如聚甲基丙烯酸甲酯的热解聚；而在化学因素作用下的降解，则多属于无规断链，如各种不饱和橡胶的臭氧分解。

对苯二胺 [*p*-phenylenediamine] 又称1,4-二氨基苯，化学式 $C_6H_8N_2$，分子量 108.14，熔点 140～147℃。白色晶体，微溶于冷水，溶于热水、乙醇、乙醚、氯仿和苯。是制备偶氮染料的主要中间体，在高分子合成中用于芳纶的制备。

对苯二甲酸 [*p*-phthalic acid] 化学式 $C_8H_6O_4$，分子量 166.131，300℃以上升华。溶于碱溶液，微溶于热乙醇，不溶于水、乙醚、冰醋酸、乙酸乙酯、二氯甲烷、甲苯、氯仿等大多数有机溶剂，可溶于 DMF、DEF 和 DMSO 等强极性有机溶剂。是产量最大的二元羧酸，主要由对二甲苯氧化制得。对苯二甲酸可发生酯化反应，主要用于制备合成聚酯纤维和增塑剂等。

对苯二甲酰氯 [terephthaloyl chloride] 化学式 $C_8H_4O_2Cl_2$，相对分子质量 203.02，熔点 79～81℃。由对苯二甲酸的羧基转化制备得到。用于制备聚芳酯、聚芳酰胺等。如由对苯二甲酰氯与双酚 A 合成的聚芳酯，具有透明、耐燃的特点，力学性能与耐热性良好也非常好，耐冲击性能接近聚碳酸酯。

对映体不对称聚合 [enantioasymmetric polymerization] 常和“不对称选择性聚合”混用，比较强调外消旋的对映体单体在手性引发剂的作用下，倾向优先聚合一种构型的单体的聚合过程。得到的聚合物具有光学活性。

对映体对称聚合 [enantiosymmetric polymerization] 在聚合反应中，含有一定构型(如 R 构型)的活性中心总是倾向于和相同构型(R 构型)的单体进行聚合的过程。最终得到两种构型的聚合物的共混物，常常没有光学活性。

多分散性 [polydispersity] 聚合物通常由一系列相对分子量不同的大分子同系物组成的混合物，用以描述聚合物的相对分子量大小并不相等的专业术语为多分散性。

多分散性聚合物 [polydisperse polymer; non-uniform polymer] 聚合物是分子链长度不等的同系物的混合物，其分子量是同系物的平均值。这种分子量的不均一性称为分子量的多分散性。聚合物分子量多分散性产生的原因主要由聚合物形成过程的统计特性所决定。

多晶型高分子 [polycrystalline polymer] 由于结晶条件的变化，引起分子链构象或者链堆积方式的改变，可以形成两种或多种不同结构的晶体的高分子。如全同聚丙烯(有α、β、γ 三种晶型)、全同聚 1-丁烯(有 1 型、2 型、3 型三种晶型)等。

多元聚合物 [multipolymer] 又称多元共聚物，由三种或更多种单体共聚合反应制得的共聚物，如三元乙丙橡胶，ABS 树脂都是属于多元聚合物。

1,4-二氨基苯 [1,4-diamino benzene] 即对苯二胺。

4,4′-二苯基甲烷二异氰酸酯 [4,4′-methylene diphenyl diisocyanate (4,4′-MDI)] 化学式 $C_{15}H_{10}N_2O_2$，分子量 250.25，熔点 40～41℃。溶于丙酮、四氯化碳、苯、氯苯等有机溶剂，通常由二胺类化合物与光气反应制备得到，是生产聚氨酯最重要的原料之一。

二甲基二烯丙基氯化铵 [dimethyldiallylammonium chloride] 分子式 $(CH_3)_2N^+(CH_2CH{=}CH_2)_2Cl^-$，分子量 161.67。无色透明液体，易溶于水、乙醇、异丁醇，不溶于酯、酮。通过二甲胺和烯丙基氯制备得到。通常采用自由基聚合得到线型结构的水溶性阳离子聚合物。

二甲基硅橡胶 [dimethyl silicone rubber] 由八甲基环四硅氧烷在催化剂作用下开环聚合得到高分子量二甲基聚硅氧烷，经有机过氧化物硫化交联后得到硅橡胶。具有耐高温、低温以及优良的耐候性、绝缘性能、耐油、耐化学试剂特性，在航空、航天及生物医用领域有重要应用。

二聚体 [dimmer] 由 2 个单体聚合反应得到的产物，是一低聚物。是链式聚合或逐步聚合过程中早期的中间产物，一般不分离出来而继续与其他单体聚合为高分子。

二茂金属催化剂 [metallocene catalyst] 又称茂金属催化剂。过渡金属元素(主要采用ⅥB 族元素 Ti、Zr、Hf)和至少一个环戊二烯或者环戊二烯衍生物(如茚基、芴基)为配体形成的有机金属配位化合物。茂金属名称中的“茂”来自于“环戊二烯”中的“戊”字，上加草字头表示配体为具有芳香性的环戊二烯基负离子。茂金属催化剂在甲基铝氧烷作为助催化剂的条件下能够高效地聚合烯烃，是配位聚合领域非常优秀的一类催化剂。具有催化活性高、可适用单体多、单活性位点、聚合物结构可精确控制等优点。

1,1-二取代乙烯单体 [vinylidene monomer] 即 1,1-亚乙烯基单体。

二烯丙基季铵盐聚合物 [diallylammonium salt polymer] 以二甲基二烯丙基氯化铵单体的自由基聚合得到的聚合物。聚合时按交替分子间-分子内的环化聚合，形成主链为环状结构的链节，因无交联结构而溶于水。用于油田助剂、污水处理、造纸、纺织等行业。

二烯丙基聚合物 [diallyl polymer] 由含二烯丙基单体聚合而得到的聚合物。一类是二烯丙基酯单体，如二烯丙基二甘醇碳酸酯，聚合度较低的液态树脂在有机过氧化物存在下，注入模具热固化后即可制得耐磨性优良的无色透明塑料，可用作眼镜片；由间苯二甲酸二烯丙酯自由基聚合能得到一种热固性树脂。另一类是烯丙基季铵盐单体，如二甲基二烯丙基氯化铵，聚合得到水溶性的水溶性阳离子聚合物。

二乙炔聚合物 [diacetylene polymer] 由二乙炔或 1,4-二取代二乙炔单体聚合得到的聚合物。是一具有共轭结构的高分子。可用于导电材料和非线性光学材料。

二乙烯基苯 [divinyl benzene] 由二乙苯的催化脱氢反应制得的混合物，主要是对位和间位二乙烯基。由于含有 2 个乙烯基，与乙烯基单体聚合时发生交联，得到交联的聚合物，可提高树脂的耐溶剂性、硬度和软化温度。主要用作交联剂，广泛用于离子交换树脂制备。

二异氰酸酯 [diisocyanate] 在同一分子中含有两个异氰酸酯基团的有机化合物，结构通式为 O═C═N—R—N═C═O。R 可以是脂肪链、脂肪环或芳环。工业上重要的二异氰酸酯为甲苯二异氰酸酯(TDI)和 4,4′-二苯基甲烷二异氰酸酯(MDI)。通常由二胺与光气反应制备。异氰酸酯基非常活泼，可与氨基、羟基、水等发生剧烈反应。通常与二醇发生反应制备聚氨酯。

二元胺 [diamine] 在同一分子中含有两个氨基的有机化合物，结构通式为 $H_2N—R—NH_2$。R 可以是脂肪链、脂肪环或芳环。短链脂肪族二胺，如乙二胺、丙二胺、丁二胺等可溶于水、乙醇、乙醚等，但长链脂肪胺难溶于水，芳香族二胺难溶于水。通常可由二卤化合物与氨反应或二硝基化合物还原得到。常与二酸缩聚制备聚酰胺。

二元共聚合 [binary copolymerization] 又称二组分共聚合，由两种单体同时参与的聚合，产物为二元共聚物。

二元共聚物 [binary copolymer] 由两种单体同时参与的聚合，称作二元共聚合，产物为二元共聚物。根据大分子中结构单元的排列情况，二元共聚物有四种类型：无规二元共聚物、交替二元共聚物、嵌段二元共聚物、接枝二元共聚物。无规二元共聚物和交替二元共聚物往往呈均相，遵循同一共聚合原理；嵌段二元共聚物和接枝二元共聚物大多数呈非均相，可由多种聚合机理完成。

二元羧酸 [dicarboxylic acid] 在同一分子中含有两个羧基的有机化合物，结构通式为 HOOC—R—COOH。R 可以是脂肪链、脂肪环或芳环。短链脂肪族二酸，如乙二酸、丙二酸、丁二酸等可溶于水、乙醇、乙醚等，但长链脂肪酸难溶于水，芳香族二酸也不溶于水。通常与二元醇或二元胺缩聚得到聚酯和聚酰胺。

二元酰氯 [dicarboxyl chloride] 在同一分子中含有两个酰氯基团的有机化合物，结构通式为 ClOC—R—COCl。R 可以是脂肪链、脂肪环或芳环。通常由二酸与氯化亚砜或三氯化磷等反应制备。短链脂肪族二酰氯，如乙二酰氯、丙二酰氯、丁二酰氯酸等可与水、乙醇等快速反应，但长链脂肪二酰氯和芳香族二酰氯与水和醇反应相对较慢，通常与二元醇或二元胺缩聚得到聚酯和聚酰胺，是比二酸更活泼的缩聚单体。

二元乙丙橡胶 [ethylene propylene rubber (EPR); ethylene propylene monomer (EPM)] 乙烯和丙烯共聚得到的共聚物弹性体，是一饱和橡胶。由于分子链中不含不饱和键，所以不能用硫黄或硫化物进行硫化反应，而是用过氧化物硫化，但硫化速度较慢，目前主要生产可用硫黄硫化的三元乙丙橡胶。

二组分共聚合 [binary copolymerization] 即二元共聚合。

反式聚合物 [*trans*-configuration polymer; *trans*-polymer] 高分子链中含有反式双键重复单元的聚合物。一般可由反式单体的缩聚、烯烃易位聚合或者共轭二烯烃聚合得到，与顺式聚合物对应。天然橡胶为顺式 1,4-异戊二烯聚合物，而反式的异戊二烯聚合物为一个结晶的硬质材料。

反相分散聚合 [inverse dispersion polymerization] 采用可溶解单体和引发剂，但不溶解相应的聚合物的有机溶剂作为介质，用聚合物型分散剂时，在机械搅拌下的分散聚合称为反相分散聚合。

反相乳液聚合 [inverse emulsion polymerization] 以水溶性单体的水溶液作为分散相、与水不混溶的有机溶剂作为连续相，在乳化剂作用下形成油包水型乳液而进行的乳液聚合。反相乳液聚合具有聚合速率快，产物相对分子质量高，相对分子质量分布窄，产品性能好，可以在较低温度下反应等特点。

反相悬浮聚合 [inverse suspension polymerization] 以溶解有水溶性引发剂的水溶性单体(如丙烯酸盐、丙烯酰胺)的水溶液作为分散相、与水不混溶的有机溶剂(如甲苯、环己烷)作为连续相，在乳化剂作用下形成油包水型乳液水相液滴，单体在水相液滴中发生聚合生成聚合物。常用来制备水溶性聚合物的颗粒。

反向原子转移自由基聚合 [reverse atom transfer radical polymerization (RATRP)] 一种与常规 ATRP 相对应的可控自由基聚合方法。RATRP 开始反应时，加入的金属卤化物是高价态的金属卤化物，同时加入了传统自由基聚合引发剂。如以偶氮异丁腈(AIBN)/氯化铜($CuCl_2$)/2,2′-联二吡啶(bpy)引发苯乙烯的聚合聚合为一典型 RATRP。

反应性高分子 [reactive polymer] 带有反应性官能团的高分子。可分为高分子试剂、高分子催化剂和离子交换树脂，具有广泛的应用前景。高分子催化剂与常规催化剂相比，优势明显，如可随时终止反应、稳定性高、可连续操作和反复使用等。尤其是高分子固定化酶催化剂，催化速度为常规催化剂的千百倍。离子交换树脂具有离子交换功能，目前发展方向主要是特种离子交换树脂，如螯合树脂、蛇笼树脂和耐热性离子交换树脂等。

反应性热熔胶 [reactive heat-melting adhesive] 兼具热熔和反应胶黏的胶黏剂。既有热熔胶施胶简便、固化迅速、初黏性高的特点，又有反应型胶黏剂黏结强度高、耐热性好等优点。常用的品种是带异氰酸酯端基的聚氨酯预聚物，多用于金属、木材、玻璃、皮革的塑料的热熔黏结。

芳香族聚醚 [aromatic polyether; poly (aryl ether)] 芳(杂)环通过醚键连接而成的聚合物。典型的为聚苯醚，由 2,6-二甲基苯酚的氧化偶联聚合反应而制得。

芳香族聚酯 [aromatic polyester; polyarylate; poly (aryl ester)] 又称聚芳酯，芳(杂)香族环由酯键连接而成的聚合物，其分子主链上带有芳香族环和酯键。典型的为聚羟基苯甲酸和由对苯二甲酸(酰氯)或间苯二甲酸(酰氯)与双酚

A 或对苯二酚合成的聚芳酯。是一类耐热性好、使用温度较广，阻燃性良好的热塑性工程塑料。

仿生高分子 [biomimetic polymer] 与天然生物大分子结构和功能类似或师法自然合成的非天然高分子。通过对天然生物大分子或材料的观察、分析、模型计算和分子设计，人工合成性质与之相仿的高分子材料，譬如基于聚异戊二烯的合成橡胶、含有邻苯二酚结构的超级“胶水”、基于电活性高分子的人工肌肉等。师法天然大分子的合成过程以调控合成高分子的组成及结构也属仿生高分子的研究范畴。仿生高分子可用于组织工程、纳米药物、智能材料、高性能复合材料等方面。

非共轭单体 [non conjugated monomer] 取代基与双键无共轭的烯类单体，如氯乙烯、乙酸乙烯酯为非共轭单体；而有共轭结构的如苯乙烯、丙烯酸酯、丙烯腈、丁二烯则为共轭单体。自由基聚合中，与共轭单体相比，非共轭单体的活性小，相反其自由基的活性大。这两类单体之间不易进行自由基共聚合反应，

非规则聚合物 [irregular polymer] 由非规则的大分子组成的聚合物。非规则大分子是指大分子中沿着链方向的组成单元不能全部重复。

非环二烯烃易位聚合 [acyclic diene metathesis polymerization (ADMET)] 一种特殊的烯烃易位聚合反应，能够聚合末端二烯烃为聚烯烃。它是逐步增长、缩合聚合机理，与环状烯烃通过链增长、加成聚合机理有着本质区别。非环二烯烃易位聚合的驱动力为释放乙烯气体小分子。

非极性单体 [non-polar monomer] 偶极矩等于零的单体称为非极性单体，如乙烯、2-丁烯等。通常乙烯基单体其取代基是不带极性基团的为非极性单体，如乙烯、丙烯容易进行 Ziegler-Natta 聚合；若是吸电子的负性基团则为负性单体，如丙烯腈、丙烯酸酯容易进行自由基和负离子聚合；若是给电子的正性基团则为正性单体，如乙烯基醚易进行正离子聚合。

非极性聚合物 [non-polar polymer] 高分子链上无极性取代基团或极性取代基团在分子链上呈对称分布的聚合物。非极性聚合物是偶极矩为零的聚合物。聚乙烯、聚丙烯和聚苯乙烯等分子链上没有极性基团，因此聚合物没有极性；带有极性取代基团如酰胺基、腈基、酯基、卤素等的聚合物都具有极性，属于极性聚合物；聚四氟乙烯虽然带有四个极性的氟原子，但结构对称，分子键矩的向量和为零，因此整个聚合物也没有极性，是非极性聚合物。

非均相聚合 [heterogeneous polymerization] 聚合反应在非均相匀体系中进行的聚合反应。如沉淀聚合、乳液聚合、悬浮聚合、气相聚合、固态聚合、淤浆聚合都属于非均相聚合。缩聚反应中的界面缩聚也属于非均相聚合。

分批聚合 [batch polymerization] 即间歇聚合。

分散聚合 [dispersion polymerization] 以水为介质，加入大量(>1%)水溶性分散剂和引发剂，在强烈搅拌下使单体在水中分散成小液滴进行聚合的聚合反应。与悬浮聚合相像，但所用分散剂(如聚乙烯醇)的浓度较高，且采用水溶性引发剂(如过氧化氢)，将难溶于水的单体放入水中并进行剧烈搅拌形成液滴而分散，聚合反应发生在液滴的表面上，生成的聚合物固体粒子直径在 0.01 mm 以下。主要用于生产聚乙酸乙烯酯的“乳胶液”，也可直接用作黏合剂、涂料和纤维、织物、纸张的处理剂等。

分子印迹聚合物 [molecularly imprinted polymer] 以有机分子或生物大分子为模板，通过分子印迹技术制备得到的具有特异性识别和选择性吸附功能的聚合物。一般通过三步过程制备得到。①使印迹分子与功能单体之间通过共价键或非共价键结合，形成主客体配合物；②在配合物中加入交联剂，受引发剂，热或光引发，印迹分子-单体配合物周围产生聚合反应；③将聚合物中的印迹分子通过适当的方法洗脱或解离出来，形成具有识别印迹分子的结合位点。重要的应用领域包括色谱分离、膜分离、固相萃取、药物控制释放、化学传感、环境检测等。

酚醛树脂 [phenolic resin] 由酚和醛缩合聚合而制备得的一类合成树脂，最重要的是由苯酚和甲醛得到的酚醛树脂，是第一个工业生产的合成高分子品种。根据甲醛和苯酚的比例和催化剂的不同，可得到酸性酚醛和碱性酚醛树脂。当甲醛/苯酚(摩尔比)小于 1 时，酸催化可得热塑性酚醛树脂，即线型酚醛树脂。使用时加入六亚甲基四胺为固化剂，混以填料，经加热制备得到模塑粉，俗称电木粉。当甲醛/苯酚(摩尔比)大于 1 时，在碱催化下，随着反应程度的不同，先得到可溶性的甲阶段树脂，加热下继续反应得到乙阶段树脂，又称半溶酚醛树脂，不溶不熔但可溶胀和软化。再进一步反应则得到不溶不熔的体型结构丙阶段树脂，也称不溶酚醛树脂。酚醛树脂主要作为模压和层压塑料、涂料、油漆、胶粘剂，广泛应用在电子、电器、木材工业等，制成增强塑料，也作为烧蚀材料用于空间技术。

酚醛树脂 A [resol] 即甲阶酚醛树脂。

酚醛树脂 B [resitol] 即乙阶酚醛树脂。

粉末橡胶 [powdered rubber] 以粉末状形态为最终成品形态的合成橡胶。

封端[反应] [end capping] 将聚合物的活性端基转化为稳定端基的反应。可提高聚合物的稳定性。如聚甲醛通常会加入乙酸酐把端基的羟基转化为酯基。

呋喃树脂 [furan resin] 结构重复单元含呋喃环的热固性树脂。以具有呋喃环的糠醇和糠醛作原料与甲醛缩聚而得的树脂类的总称，在强酸作用下固化为不溶和不熔的体型结构物体。典型的为糠醇树脂、糠醛树脂、糠酮树脂、糠酮-甲醛树脂等。可制作黏合剂、涂料等。

氟硅橡胶 [fluorosilicone rubber] 主链由硅和氧原子组成，与硅相连的侧基为甲基、乙烯基和三氟丙基，分子量在50万～80万之间的高分子。可由三甲基三(γ-三氟丙基)环三硅氧烷和少量(0.2%～0.4%)四甲基四乙烯基环四硅氧烷在催化剂存在下，进行催化开环聚合来制备。在有机过氧化物作用下，可硫化成各种弹性橡胶制品。除具有一般硅橡胶的特性外，还有优良的耐航空燃料油、液压油、机油、化学试剂及溶剂等性能。

氟醚橡胶 [fluoroether rubber] 四氟乙烯、全氟甲基乙烯基醚与全氟(3-苯氧基丙基)乙烯基醚三元共聚得到的橡胶。适于制作耐高温、耐强腐蚀介质、耐绝大多数溶剂的橡胶密封剂和橡胶制品。还可用于太空飞行和火箭发射等宇航领域。

氟树脂 [fluoroethylene resin] 全部或部分氢原子为氟原子取代的烯烃单体聚合而得的一类热塑性树脂。主要品种有聚四氟乙烯(PTFE)、聚三氟氯乙烯(PCTFE)、聚偏氟乙烯(PVDF)、乙烯-四氟乙烯共聚物(ETFE)、乙烯-三氟氯乙烯共聚物(ECTFE)、聚氟乙烯(PVF)等。具有优异的耐高低温性能、介电性能、化学稳定性、耐候性、不粘性和低的摩擦系数等特性。

氟橡胶 [fluororubber; fluoroelastomer] 指主链或侧链的碳原子上含有氟原子的合成高分子弹性体。氟原子的引入，赋予橡胶优异的耐热性、抗氧化性、耐油性、耐腐蚀性和耐大气老化性，在航天、航空、汽车、石油和家用电器等领域得到了广泛应用。重要的品种包括聚烯烃类氟橡胶、四丙氟橡胶、磷腈氟橡胶以及全氟醚橡胶等品种。

辐射诱导接枝 [radiation induced grafting] 由辐射作用在主干聚合物上形成活性中心，引发单体接枝聚合到主干聚合物上的聚合过程。活性中心主要是自由基，当形成的自由基较为稳定时，可在惰性气体中辐照主干聚合物后再加入单体，这样能避免生成接枝单体均聚物。

负离子电化学聚合 [anionic electrochemical polymerization] 电化学聚合又称电解聚合，负离子电化学聚合是在电解聚合时，采用含$R_4N^+X^-$铵盐电解质单体溶液通电电解，能产生负离子活性种引发丙烯腈负离子聚合。

负离子环化聚合 [anionic cyclopolymerization] 1,6-二烯类化合物(如丙烯酸酐)的负离子聚合，按交替分子间-分子内的环化聚合，形成含有环状结构主链的线型聚合物。

负离子聚合 [anionic polymerization] 增长链端基为负离子的离子型聚合反应。含有吸电子基团的烯类单体(如丙烯腈、丙烯酸酯)，有共轭体系的苯乙烯、丁二烯单体，含有羰基的单体(如甲醛)，以及某些含氧、氮、硅等的环状单体(如环氧乙烷、已内酰胺、环八甲基硅氧烷)都能在一定的条件下被碱性试剂引发，进行负离子聚合。根据单体类型，引发剂的类型不同，聚合过程中要保持无水。无氧条件。

负离子异构化聚合 [anionic isomerization polymerization] 即氢转移聚合。

负离子引发剂 [anionic initiator] 用于引发具有吸电子基的乙烯基单体的负离子聚合的引发剂。主要是碱(亲核剂)，包括烷基金属化合物如烷基锂；弱碱性物质如吡啶、三级叔胺、水、醚；萘-钠；锂、钠碱金属等。按引发方式可把前两者归于碳负离子与氮、氧的弧对电子直接与单体亲核加成方式引发，后两者则属于单电子转移方式引发。

负离子自由基引发剂 [anion radical initiator] 又称自由基负离子引发剂，既带有自由基又带有负离子的分子。如萘-钠是萘与金属钠在四氢呋喃中发生电子转移形成萘负离子自由基。它能引发苯乙烯负离子聚合。其引发过程是先经电子转移，形成单体的负离子自由基，再经自由基偶联成双负离子活性中心，从两端引发单体聚合。

复合引发剂 [complex initiator] 即复合引发体系。

复合引发体系 [complex initiation system] 又称复合引发剂，由两种或多种引发剂组成的引发体系；而由两种可以发生氧化还原反应组分组成的引发体系则称为氧化还原引发体系。复合引发体系可以调节聚合速率和聚合时间，例如，为了提高氯乙烯悬浮聚合速率，可用半衰期短的偶氮二异庚腈与半衰期长的偶氮二异丁腈(AIBN)复合引发体系，它比单独用AIBN时聚合快，可以在较低的温度下引发聚合。

富马酸二烯丙酯 [diallyl fumarate] 分子式$CH_2{=}CHCH_2OOCHC{=}CHCOOCH_2CH{=}CH_2$，分子量196.20。除了可进行加成、氧化、环氧化反应外，还可进行聚合与共聚合反应，用作涂料、黏合剂的原料。

感光高分子 [photopolymer] 光照导致性状变化的高分子。需要共价连接于高分子或低聚物上的吸光基团(烯基、肉桂酰基、芳香偶氮基等)或非共价引入的光引发剂或光敏剂(安息香、二苯酮等)。性状包括溶解性、力学强度、折光率、形状、颜色等，其变化由光致聚合、交联、降解、变构等引发。常用紫外或可见光源。可用于印刷制版、光刻蚀、光固化涂料、齿科材料、3D打印等领域。

刚-柔嵌段共聚物 [rod coil block copolymer] 由一段刚性链高分子和一段柔性链高分子构成的嵌段共聚物。相比于柔-柔嵌段共聚物，其相图明显不对称。由于刚性段的平行排列趋势，也更易于发生微相分离。刚性段在微相分离结构中进一步形成有序结构后，可得到多层次多尺度的本体自组装结构。

刚性链聚合物 [rigid chain polymer] 主链上的键几乎没有内旋转、伸屈困难的一类聚合物。在溶剂中常只微溶或不溶，如芳香族聚酰胺、芳香族聚酰肼、聚对亚苯基、芳香族聚酯以及梯形高分子等。可用作高强度的塑料和耐高温高弹性纤维。

ω高分子 [ω-polymer] 又称米花状高分子，在自由基聚合过程中，因自动加速效应导致聚合急剧加速，生成一堆形似爆米花的交联不溶性聚合物。爆米花的结构膨松，内部含有许多孔洞。在丁二烯及其衍生物，甲基丙烯酸甲酯的聚合中尤其容易发生。

高分子半导体 [semiconducting polymer] 能形成长共轭体系、可改变导电性的高分子化合物。例如，聚乙炔$[CH{=}CH]_n$中—CH═CH—是一个共轭体系，如能形成长共轭体系，聚乙炔就成为高分子半导体。能形成高分子半导体的还有聚丙烯腈、聚蒽、聚酞菁和三氮杂茂等。

高分子表面活性剂 [polymer surfactant] 释文见物理化学同名词条。

高分子催化剂 [polymer catalyst] 即催化功能高分子。

高分子灌浆材料 [polymeric grouting materials] 是一种由单体或低聚物与催化剂所组成的材料，将它化为浆液并借助一定的压力灌入有缺陷的地层或需要处理的建筑物部位后，就地反应生成高分子，可与被灌对象形成整体，以达到防渗、堵漏和加固补强的目的。

高分子金属络合物催化剂 [polymeric metal complex catalyst] 通过物理或化学方法将金属络合物固定在高分子载体上所形成的一种催化剂。

高分子膜 [polymeric membrane] 以有机高分子聚合物为材料制成的具有功能性的薄膜。这类膜的优点是容易加工成型，成本低。缺点是高温，高压和有强吸附组分条件下，性能不稳定。高分子膜包括微滤膜、超滤膜、高分子分离膜、反渗透膜和纳滤膜等。

高分子溶剂 [polymeric solvent] 用作溶剂的高分子的总称。典型代表包括聚环氧乙烷、离子液体类聚合物等。

高分子试剂 [polymeric reagent] 由将起骨架作用的聚合物与起化学反应作用的化合物或活性基团相结合而得到的一类化学试剂。主要特点包括：①将均相反应转变成多相反应，使产物分离纯化过程简化，方便试剂回收再生；②由于高分子骨架的分隔和固定作用，可避免或减小副反应，提高反应的专一性；③利用高分子骨架的立体效应可以实现所谓的“模板反应”，提高选择性；④利用高分子骨架的担载作用实现固相合成，有利于合成反应的自动化。广泛用作催化剂、离子交换试剂、氧化还原试剂、卤化反应试剂等。

高分子絮凝剂 [polymer coagulant] 具有凝集悬浊液中杂质微粒并促进其沉降的高分子量化合物。通常为水溶性多羟基类高分子或聚电解质，如淀粉、聚乙烯醇、明胶、聚丙烯酸钠、聚(磺化苯乙烯顺丁烯二酸)等。用于水处理、其他介质中的沉降、过滤、澄清等。生物高分子酶也有絮凝作用，如凝血酶引起血液凝结。

高分子药物 [polymeric drug] 具有药理活性可作为药用的高分子材料。包括本身具有药理活性的高分子和非药理活性高分子-药理活性物质的共价连接物两类。前者的基本特征在于其药理活性与分子量有关，小分子重复单元无活性；后者利用大分子效应改善原药理活性物质在体内的稳定性、分布及药代动力学，旨在提高其药效，降低毒副作用。前者的典型代表有聚(2-乙烯基吡啶氮氧化合物)、某些聚负离子(含羧酸、硫酸、磺酸、磷酸等)能诱发机体产生干扰素，具有抗病毒性或抑制艾滋病毒性功效；天然存在的聚负离子，如含硫酸基和羧酸基(肝素)、含马来酸基聚多糖最具应用前景。另一类高分子药物是通过在高分子链上以化学键接上具有药理活性的物质形成，如将腺嘌呤、胸腺嘧啶或尿嘧啶等基团接在水溶性高分子上。高分子固定化酶药物可避免体内免疫反应，保持高活性。将抗癌药等毒性较大的药物接在高分子上可降低或消除毒性且不易被排泄；当高分子上同时带有靶向基团时，可提高药物的靶向性和选择性；当高分子链与药物基团连接键断裂后药物基团形成的分子才起作用时，药物高分子化可起到缓释给药作用。

高分子载体 [polymeric carrier] 用于负载药物、生物活性分子、催化剂及其他功能性物质以改善或提高其效能的高分子材料。

高抗冲聚苯乙烯 [high impact polystyrene (HIPS)] 是由弹性体改性聚苯乙烯制成的热塑性材料。由橡胶相和连续的聚苯乙烯相构成的两相体系，是世界上重要的商品聚合物，在冲击性能和加工性能方面有很宽的范围，广泛的应用于汽车、器械、电动产品、家具、家庭用具、电信、电子、计算机、一次性用品、医药、包装等。

高密度聚乙烯 [high density polyethylene (HDPE)] 俗称低压聚乙烯，由乙烯的配位聚合得到的没有支链的聚乙烯。与低密度聚乙烯或线型低密度聚乙烯相比，具有高结晶性，有较高之耐温、耐油性、耐蒸汽渗透性及抗环境应力开裂性，此外电绝缘性和抗冲击性及耐寒性能很好，主要应用于吹塑、注塑等领域。

高压聚乙烯 [high pressure polyethylene] 低密度聚乙烯的俗称。

功能单体 [functional monomer] 即官能单体。

功能涂料 [functional coating] 具有防水、防火、防污、导电、屏蔽电磁波、防静电、防霉、杀菌、防海洋生物黏附、耐高温、示温和温度标记、发光、吸收及放射红外线、吸收太阳能、屏蔽射线、标志颜色、防滑、自润滑、防碎裂飞溅以及防噪声、减震、防结露等功能的涂料。

功能纤维 [functional fiber] 是指除一般纤维所具有的物理机械性能以外，还具有某种特殊功能的新型纤维。如具有卫生保健功能(抗菌、杀螨、理疗及除异味等)、防护功能(防辐射、抗静电、抗紫外线等)、热湿舒适功能(吸热、放热、吸湿、放湿等)、医疗和环保功能(生物相容性和生物降解性)等具有特殊功能的纤维。

功能性单体 [functional monomer] 即官能单体。

共催化剂 [cocatalyst] 即共引发剂。

共单体 [comonomer] 即共聚单体。

共轭单体 [conjugated monomer] 分子中原子之间含有两个双键为一个单键所隔离或单键与双键有规则地交替排列的共轭烯类单体。典型的结构为 $R_1CH═CH—CH═CHR_2$，式中 R_1 和 R_2 可以代表各种烃基及其衍生物。若 R_1 和 R_2 均为 H，结构式为：$CH_2═CH—CH═CH_2$，是最典型的共轭单体，即 1,3-丁二烯。共轭双烯体系的各种单体是合成橡胶、合成树脂的重要原料。

共轭聚合物 [conjugated polymer] 释文见有机化学同名词条。

共混聚合物 [polymer blend] 即聚合物共混物。

共聚单体 [comonomer] 简称共单体，能进行共聚合反应的单体。在二元或三元共聚合反应中，选择其中一个为单体，则与它进行共聚的单体为共聚单体。

共聚合[反应] [copolymerization] 由两种或两种以上单体进行链式共聚合，生成同一分子中含有两种或两种以上单体单元的聚合物的反应。其产物为共聚物。例如丁二烯与苯乙烯经共聚而成丁苯共聚物(丁苯橡胶)。根据各种单体在生成的共聚物链中的排列，可分为无规共聚、交替共聚、嵌段共聚和接枝共聚。

共聚合方程 [copolymerization equation] 又称共聚物组成方程，采用动力学方法堆导出二元共聚时共聚物组成微分方程，包括以摩尔浓度表示的共聚物组成微分方程和以摩尔分数表示的共聚物组成微分方程。是描述低转化率下两种单体共聚时聚合物组成与单体组成及竞聚率之间相互关系的重要方程。

共聚甲醛 [copolyoxymethylene] 由三聚甲醛与 1,3-二氧环戊烷(二氧戊环)开环聚合而得的共聚物。共聚甲醛改进了均聚甲醛的热稳定性，可在–40～104℃下长期使用，但机械强度略有下降。可用热塑性塑料常用的成型方法加工。主要用于做密封圈、齿轮、轴承、阀门等机械零件。通过共混、增强等手段可生产高性能的改性品种。

共聚醚 [copolyether] 由两种环氧单体的开环共聚合形成的产物为共聚醚。如环氧乙烷-环氧丙烷共聚醚、环氧丙烷-四氢呋喃共聚醚。用于制备聚醚润滑剂、聚氨酯泡沫塑料(共聚醚聚氨酯)等。

共聚物 [copolymer] 由两种或两种以上单体共同参加的聚合反应，称共聚合，所形成的聚合物含有两种或两种以上单体单元，这类聚合物称共聚物。如丁苯橡胶是丁二烯和苯乙烯的共聚物。根据各种单体在共聚物分子链中排列方式，可分为无规共聚物、交替共聚物、嵌段共聚物和接枝共聚物。

共聚物组成方程 [copolymer composition equation] 即共聚合方程。

共聚酯 [copolyester] 聚酯合成时，原料中有超过一种的二元酸或者二元醇，称为共聚酯。前者之例为以对苯二甲酸、邻苯二甲酸与乙二醇制得的共聚酯，此共聚酯的玻璃化温度比聚对苯二甲酸乙二酯低，这有利于纤维染色性的提高，因此这种共聚酯可用于制作染色改进性纤维。后者之例为聚对苯二甲酸乙二酯-环己二甲酯，它是由对苯二甲酸二甲酯、乙二醇、1,4-环己二甲醇经酯交换反应然后在高真空度下发生缩聚反应而制得一种非晶型共聚酯。其制品为透明、耐热性好的工程塑料。

共缩聚 [copolycondensation] 结构不同的两种 A-B 型或三种以上 A-A、B-B 和 C-C 型单体进行的缩合聚合反应。其基本规律和方法都与一般的均缩聚反应相同。通过共缩聚改变了缩聚产物的结构，不但能够改进原有聚合物的性能，而且为合成具有指定结构或序列的高分子材料提供了途径。

共引发剂 [coinitiator] 又称共催化剂。在碳–碳双键正离子聚合早期研究中，将 Lewis 酸称为催化剂，但 Lewis 酸并不起有效的催化作用，必须在质子或碳正离子的供给体作为共催化剂或助催化剂的存在下才能发挥其催化功能。共催化剂与 Lewis 酸(如三氟化硼、金属卤化物)形成不稳定的配位化合物，它能进一步分解产生质子 H^+或碳正离子 R^+，这些正离子再与单体作用，从而引发单体聚合。近年来已将正离子聚合催化剂改为引发剂，由于真正引发单体聚合的是质子或碳正离子，所以将质子或碳正离子的供给体称为引发剂，而 Lewis 酸为共引发剂。

骨胶原 [collagen] 即胶原蛋白。

固相缩聚 [solid phase polycondensation] 指将单体或分子量较低的预聚体加热至玻璃化温度以上，熔点以下进行聚合反应的过程。在缩聚反应之前，预聚体要进行结晶造粒，以达到一定的结晶度，防止颗粒黏结。固相缩聚的反应颗粒中存在晶区和非晶区，大分子的重复单元以及非活性反应基团将被冻结在晶区，而链端基团，小分子，以及催化剂组分则被排斥到非晶区，使得反应基团的有效浓度大大增加，基团之间的相互碰撞频率加强，从而加快了聚合反应的速率，生成的小分子副产物则通过真空或者惰性气体流出反应体系，促使反应不断向产物方向进行，使产物分子量不断提高。

官能单体 [functional monomer] 又称功能单体、功能性单体。含有活性基团的乙烯基类单体，碳碳双键聚合后其活性基团能进一步进行反应。如丙烯酸类单体分子中的羧基、羟基、环氧基、氨基等是活性官能团；氯甲基苯乙烯分子中的氯甲基是活性官能团。此外，能合成具有特殊理化性能如导电性、磁性、光学活性、光敏性、催化活性和生物活性等功能高分子，因此称为功能单体。

官能度 [functionality] 单体分子在发生缩合反应时，参加反应的官能团数目称作官能度，也就是在反应体系中实际起反应的单体官能团数。

光导高分子 [photoconductive polymer] 即光致导电高分子。

光导纤维 [photoconductive fiber; optical waveguide fiber; optical fiber] 是一种利用光在玻璃或塑料制成的纤维中的全反射原理而达成的光传导工具。光导纤维从结构上它由纤芯和包层两部分组成；从传输光的方式上，可分为单模光导纤维和多模光导纤维两种。主要应用于光通信技术、大功率激光能量的传输、光纤温度计、光纤传感器，以及光纤面板等方面。香港中文大学前校长高锟首先提出光纤可以用于通讯传输的设想，高锟因此获得 2009 年诺贝尔物理学奖。

光电功能高分子 [optoelectronic functional polymer] 是指在光或者电参数作用下能够对光或者电能进行传输、吸收、储存、转换的一类高分子。包括导电高分子、电致发光高分子、电致变色高分子、压电高分子、光导电材料、光电转换材料、光学塑料与光纤、光能储存材料、光记录材料、光致变色材料和光致抗蚀材料等。

光活性高分子 [optical active polymer] 在光照下，由于分子结构改变而引起物理和(或)化学变化的高分子。光活性高分子包括的范围很广，有感光树脂、光致变色高分子、高分子光敏剂和增感剂、光聚合高分子、光交联高分子、光分解高分子、高分子紫外光吸收剂和稳定剂、光导高分子等。旋光性高分子也可认为是光活性高分子，根据偏振光的旋转方向，有左旋体和右旋体两种，旋光性高分子可以用于旋光异构体的化学拆分，也可以作为气相色谱或者液相色谱固定相，用于色谱拆分。

光交联 [photocrosslinking] 利用光照将线型或支化聚合物转变为具有三维网络结构的交联聚合物的反应。可通过在聚合物链上引入光敏感基团或外加光敏剂、光引发剂的方法实现。

光聚合 [photopolymerization] 利用光照将单体转变为高分子的聚合反应。分为直接光聚合和光引发或光敏聚合。前者无光引发剂或光敏剂存在，聚合效率低，如苯乙烯或丙烯酸酯的直接光聚合；后者需要光引发剂或光敏剂的存在，主要用于光固化涂料、油墨和印刷业。

光敏高分子 [photosensitive polymer] 又称光响应性高分子。光照时发生交联、分解、变色、形变等物理、化学变化的高分子的总称。一般含有至少一种光引发基团、光敏感反应性基团或光致变色基团。广泛用于印刷制版、半导体刻蚀、光固化涂料等领域，也可用于光控开关、光动力学治疗、光致变色材料、生物成像等方面。

光弹性高分子 [photoelastic polymer] 某些透明的固体高分子受到应力作用时会产生光学各向异性，这种性质称为光弹性，具有光弹性的高分子称为光弹性高分子。光弹性高分子可用于材料的应力分析研究，其方法是在被分析材料表面涂布光弹性涂层，然后分析其光力学现象。环氧树脂和某些特别制造的聚酯具有较高的光弹性活性。聚合物液晶光弹性体是一种敏感性更高的新型光弹性材料，在光导印刷线路、压电器件制备等方面具有潜在应用前景。

光响应性高分子 [photoresponsive polymer] 即光敏高分子。

光氧化降解 [photooxidative degradation] 在光和氧的共同作用下发生的高分子链的断裂反应。导致材料老化，性能下降，也可用于光刻蚀领域。

光引发剂 [photoinitiator] 光照下产生能引发单体聚合的自由基或正离子的物质。前者称为自由基光引发剂，包括安息香及其衍生物、二苯酮-叔胺等；后者称为正离子光引发剂，以碘鎓盐和硫鎓盐为典型代表。

光引发聚合 [photoinitiated polymerization] 光引发剂或光敏剂存在下的光聚合。

光引发转移终止剂 [photoiniferter] 光照条件下发挥作用的引发转移终止剂。二硫代氨基甲酸酯类化合物是常见的光引发转移终止剂。

光致导电高分子 [photoconductive polymer] 简称光导高分子。光照条件下导电性能增加的高分子。根据结构分为主链共轭型、侧链光导型、面状层间重叠共轭型高分子及高分子电荷转移复合物。在光伏电池、静电复印、信息存储等领域有广泛应用。

光致发光高分子 [photoluminescent polymer] 光照下能发射荧光或磷光的高分子。一般含芳香基团或其他共轭结构作为发光基元，少数不含共轭结构的树枝状高分子有光致发光性质。

光[致]聚合 [photo-induced polymerization] 用光化学反应使单体聚合的方法，是自由基聚合的一种。单体可以直接受光激发引起聚合，或者由光敏剂、光引发剂受光激发而引起聚合，后者又称光敏聚合。这种方法具有聚合温度低、反应选择性高和易控制等特点，可以发生一般分子不能进行的反应，扩大了获得高分子的手段。

规则聚合物 [regular polymer] 由规则大分子、星形规则大分子或者梳子状规则大分子组成的聚合物。规则大分子是指高分子链由单一的一种重复结构组成，在高分子链中，所有的结构单元连接是等同的。星形规则大分子是臂长和分散度规则的大分子。梳子状规则高分子是侧链的数目，长短，分布规整，主链均一的大分子。

硅酸盐聚合物 [silicate polymer] 又称聚硅酸盐，为硅酸聚合物的盐。硅酸的水溶液通过缩聚得到聚硅酸，经与金属盐作用而得硅酸盐聚合物。硅酸盐聚合物的结构可以是线型聚合物、梯型聚合物以及三维网状结构聚合物。

硅橡胶 [silicon rubber] 指主链由硅和氧原子交替构成，硅原子上通常连有两个有机基团的橡胶。普通的硅橡胶主要由含甲基和少量乙烯基的硅氧链节组成。苯基的引入可提高硅橡胶的耐高、低温性能，三氟丙基及氰基的引入则可提高硅橡胶的耐温及耐油性能。硅橡胶耐低温性能良好，耐热性能也很突出，硅橡胶的透气性好，氧气透过率在合成聚合物中是最高的。硅橡胶还具有生理惰性、不会导致凝血的突出特性，因此在医用领域应用广泛。根据交联方法的不同，分为高温硫化硅胶和室温硫化硅橡胶。

癸二胺 [1,10-decanediamine; 1,10-diaminodecane] 分子式 $NH_2(CH_2)_{10}NH_2$，分子量 172.32，熔点 61.5℃。溶于很多常见有机溶剂。可由癸二腈催化加氢反应制得。除作为有机合成中间体外，可用于制聚酰胺 1010。

癸二酸 [1,10-decanedioic acid; sebacic acid] 分子式 $HOOC(CH_2)_8COOH$，分子量 202.25，熔点 134.5℃。白色片状结晶，微溶于沸水，难溶于苯、石油醚、四氯化碳，易溶于乙醇和乙醚。可由正癸烷发酵或由蓖麻油裂解、酸化制取。主要用来制取聚酯型树脂、聚酰胺纤维等。癸二酸二酯可用作增塑剂。

癸二酸二烯丙酯 [diallyl decanedioate] 分子式 $CH_2{=}CHCH_2OOC(CH_2)_8COOCH_2CH{=}CH_2$，分子量 282.38。不溶于水，可溶于丁酮、酯、烃。酯基可以进行水解、醇解、胺解反应，碳碳双键可进行加成、氧化、环氧化、聚合与共聚合反应。用作涂料、黏合剂、塑料等共聚树脂。

过渡金属催化剂 [transition metal catalyst] 一类过渡金属能与不同的分子或基团生成的过渡金属络合物，如 $RhCl{\cdot}P(C_6H_5)_3$，$Ni(CO)_4$，$SnCl_2{\cdot}H_2PtCl_6$，$HCo(CO)_4$ 等，可用作均相催化氢化反应、烃基羰基化反应、氢甲酰化反应的催化剂。齐格勒-纳塔型催化剂是一类重要的过渡金属催化剂，在烯烃的定向聚合中发挥重要作用。

过硫酸盐引发剂 [persulphate initiator] 通过分子中的过硫酸根受热分解生成负离子自由基的水溶性自由基聚合引发剂。常见的有过硫酸铵、过硫酸钾。

过氧化物交联 [peroxide crosslinking] 用有机过氧化物如过氧化二叔丁基、过氧化二异丙苯作为交联剂，使聚合物形成具有分子间交联的三维结构。其过程包括过氧化物热分解产生的烷氧自由基，它提取聚合物链上的氢而生成高分子碳自由基，高分子碳自由基被此结合而成交联聚合物。经交联的聚乙烯能提高其机械强度、耐热性和透明性。可用于制作电缆、高温管等。

核-壳聚合物 [core-shell polymer] 通过多步复合乳液聚合方法生产的一种具有核-壳特殊结构的聚合物。制备方法为首先用通常的乳液聚合合成核聚合物粒子(称种子乳液)，然后进行种子乳液聚合，在适当的聚合条件下，按一定方式将第二单体加入到种子乳液中进行聚合，即可获得具有核-壳结构的聚合物粒子乳液。核-壳聚合物有两种类型：一是软核硬壳，一是硬核软壳。核-壳聚合物具有常规乳液共聚物所不具备的许多优异性能，可作为抗冲击改性剂和增韧剂以及特种涂料和黏合剂。

恒比共聚物 [azotropic copolymer] 即恒(组)分共聚物。

恒(组)分共聚物 [azotropic copolymer] 又称恒比共聚物，主链重复单元组成比与投料单体组成比相同的共聚物。在二元共聚合反应中，当两种单体的竞聚率等于 1 (r_1=1, r_2=1) 或两种单体的竞聚率都小于 1，且原料中单体 1 的摩尔分数为 $(1-r_1)/(2-r_1-r_2)$ 进行的共聚合反应，在任意比率的单体投料及转化率下，生成的共聚物组成与原料单体的组成总是相同的，称为恒分共聚合。得到的聚合物称为恒比共聚物。

后过渡金属催化剂 [late transition metal catalyst] 由元素周期表Ⅷ族中的 Fe、Ni、Ru、Rh、Pd 等后过渡金属原子为中心的一类金属络合物组成的催化剂。

后聚合 [post polymerization] 通常指低温辐照聚合中，停止辐照后继续进行的聚合反应。

互穿[聚合物]网络 [interpenetrating polymer networks(IPN)] 是由交联聚合物A和交联聚合物B各自交联后所得的网络连续地相互穿插而成的聚合物网络。一般将第二单体连同交联剂和引发剂(或活化剂)一起溶胀入已经交联的聚合物 A 中，使第二单体原位聚合并且交联形成聚合物 B，这样后者就穿插在聚合物 A 的网络中，是一种独特的高分子共混物。IPN 不同于接枝共聚物，因为在 IPN 中聚合物 A 和Ⅱ之间未发生化学键结合。它也不同于相容的共混物，因为聚合物 A 和 B 在 IPN 中存在各自的相。

花菜状高分子 [cauliflower polymer] 又称花椰菜状聚合物，是一树枝状聚合物。具有花菜状结构。

花椰菜状聚合物 [cauliflower polymer] 即花菜状高分子。

化纤 [chemical fiber] 化学纤维的简称。

化学降解 [chemical degradation] 聚合物在化学试剂作用下的降解过程。主要有酸或碱催化的水解、氧化或还原分解。

化学交联 [chemical crosslinking] 将线型或支化聚合物转变为具有三维网络结构的交联聚合物的化学反应。橡胶的硫化、环氧树脂和不饱和树脂的固化、皮革的鞣制、酚醛树脂的制备等均属化学交联过程。

化学纤维 [chemical fiber] 简称化纤。用经化学或物理方法改性的天然聚合物或合成聚合物为原料制成的纤维。因所用高分子化合物来源不同，可分为以天然高分子物质为原料的人造纤维，如黏胶纤维、醋酯纤维和以合成高分子物质为原料的合成纤维，如聚酯纤维、聚酰胺纤维、聚丙烯腈纤维。包括再生纤维、半合成纤维和合成纤维。

环硅氧烷聚合 [cyclosiloxane polymerization] 环硅氧烷开环聚合形成线型聚硅氧烷环的聚合反应。环硅氧烷聚合可采用正离子引发聚合或负离子引发聚合两种方式。八甲基环四硅氧烷(D4)负离子开环聚合，是用碱性引发剂引发 D4 开环聚合，得到线型聚二甲基硅氧烷。

环化聚合 [cyclopolymerization] 由非共轭双烯类单体发生分子间和分子内的加成反应，形成环状结构重复单元的线型聚合物的聚合反应。如 1,6-二庚烯、二甲基二烯丙基氯化铵单体都可进行自由基环化聚合。

环加成聚合 [cycloaddition polymerization] 通过环加成反应如第尔斯 - 阿尔德(Diels-Alder)反应或 1,3-偶极环化加成反应，生成含有环状结构聚合物的聚合。

环烯聚合 [cycloalkene polymerization] 环状烯烃的聚合反应。通常有加成聚合和开环易位聚合两种，分别得到环状聚烯烃和线状含双键的聚烯烃。

环氧氯丙烷 [epichlorohydrin] 化学式 C_3H_5ClO，分子量 92.52，熔点–57℃，沸点 117℃。无色油状有毒性液体。与多数有机溶剂混溶，微溶于水。制备方法是以丙烯为原料，经氯化后生成氯丙烯，再经次氯酸反应生成二氯丙醇，最后用氢氧化钙脱氯化氢制得。用于合成甘油和制作环氧树脂、氯醇橡胶外，也可制作增塑剂、表面活性剂、涂料、胶黏剂、增强塑料及电绝缘制品等。

环氧氯丙烷橡胶 [epichlorohydrin rubber] 即氯醚橡胶。

环氧树脂 [epoxy resin] 分子中含有两个或两个以上环氧基的预聚物及其固化交联产物的总称。由于分子结构中含有活泼的环氧基，使它们可在固化剂存在下发生交联反应而形成不溶的具有三维网状结构固化物的树脂。主要有：缩水甘油醚类环氧树脂、缩水甘油酯类环氧树脂、缩水甘油胺类环氧树脂、线型脂肪族类环氧树脂和脂环族类环氧树脂等。其中最大宗的品种是缩水甘油醚类环氧树脂，通常由双酚 A 与环氧氯丙烷反应制得，简称为双酚 A 型环氧树脂。固化后的环氧树脂具有良好的黏结性、耐热性、耐化学药品性及良好的介电性能、制品尺寸稳定性和柔韧性。可作浇注、浸渍、层压料、黏合剂、涂料等。

环状单体 [cyclic monomer] 在引发剂或催化剂作用下能发生开环聚合反应形成大分子的环状化合物。如环醚、环硫化物环缩醛、内酯、内酰胺、环硅氧烷等。

缓聚剂 [retarder; retarding agent] 在自由基聚合中，能迅速与自由基作用，减慢或抑制链增长反应的物质。它不能停止聚合反应，只是减缓聚合反应。硝基苯对苯乙烯聚合是缓聚剂，而对乙酸乙烯酯为阻聚剂。

缓聚作用 [retardation] 自由基活性链与其他分子反应生成低活性或休眠自由基，使聚合反应速率及聚合度降低的现象。具有缓聚作用的化合物称为缓聚剂。

黄原胶 [xanthate gum] 主链骨架结构为 1,4-β-D-葡萄糖苷重复单元，侧链为一个葡萄糖醛酸和两个甘露糖所组成的多糖。经由野油菜黄单孢菌发酵产生的复合多糖体，通常经由玉米淀粉制造。黄原胶是白色或浅黄色的粉末，具有优良的增稠性、悬浮性、乳化性和水溶性，并具有良好的热、酸碱稳定性，多用于食品加工时的增稠剂、乳化安定剂、黏合剂等。

辉光放电聚合 [glow discharge polymerization] 即等离子体聚合。

回咬反应 [backbiting reaction] 即回咬转移。

回咬转移 [backbiting transfer] 又称回咬反应，是一分子内转移反应。乙烯高压聚合是一自由基聚合反应，聚合过程中活性增长链端自由基发生分子内链转移反应，使生成的聚乙烯带有短支化链，主要为丁基、戊基、己基等支化链。在正离子聚合、负离子聚合中也有类似的分子内转移反应。

活化单体 [activated monomer] 自由基聚合中，由引发剂分解产生的初级自由基(R•)与单体(M)分子的反应产物R—M•。它迅速地与单体发生增长反应生成聚合物。

活化接枝 [activation grafting] 通过辐照在聚合物主链上产生自由基活性点，进而引发单体聚合生成支链的一种接枝共聚合方法。在高能辐照中，产生接枝点的位置难以确定和控制。

活化缩聚 [activated polycondensation] 通过改变可缩聚单体的化学结构，如改变二羧酸二酯的二酸或二酯的结构，增大反应官能团的活性或利用活化剂进行原位活化以提高其反应活性，使本难以进行的缩聚反应成为可能或使缩聚反应能在常温常压下进行。

活性负离子聚合 [living anionic polymerization] 具有活性聚合特征(无链终止与链转移反应，引发速率大于增长速率，产物分子量分布窄，反应终了后聚合链仍是活的，再加单体或另一种单体仍可聚合或共聚合)的负离子聚合反应，是最早发现的一种活性聚合。用萘-钠或烷基锂引发苯乙烯聚合是经典的负离子活性聚合。

活[性]高分子 [living macromolecule] 在无链转移及链终止反应的活性聚合条件下，聚合完成后生长链仍具有活性，加入新单体仍可聚合的高分子。按活性中心可分为负离子、正离子及自由基等活性高分子。若加入另一单体仍能进行聚合反应，则可用来合成嵌段共聚物，也可与多功能团化合物反应制备星形聚合物，还可用来合成遥爪聚合物或大分子单体。

活性聚合 [living polymerization] 无链终止与链转移反应，且引发速率大于增长速率的聚合反应，经这样聚合可制得分子量可控、分子量分布窄的聚合物。反应完成后，增长链仍保持着活性，再加入单体仍可聚合。其典型代表为负离子活性聚合，其特征为：①无链终止；②无链转移；③引发反应比增长反应快，反应终了时聚合链仍是活的。在活性聚合中，链引发、链增长开始后，只要有新单体加入，聚合链就将不断增长，分子量随单体转化率呈线性增加，转化率可达100%，直到只有人为加入终止剂后，才终止反应。这类聚合物制得的分子量可预期计算，且分子量分布很窄。活性聚合是1956年美国科学家Szwarc首先发现：在无水、无氧、无杂质、低温条件下，以四氢呋喃(THF)为溶剂、萘钠为引发剂，进行苯乙烯负离子聚合，得到的聚合物溶液在低温、高真空条件下存放数月后，再加入苯乙烯单体，聚合反应可继续进行，得到分子量更高的聚苯乙烯。

活性开环聚合 [living ring opening polymerization] 具有活性聚合特征的开环聚合。丙交酯(LA)、乙交酯(GA)能用 μ-氧桥双金属烷氧化物催化剂进行活性开环聚合，进一步能与己内酯(CL)共聚合制备三嵌段共聚物。以三氟磺酸萘引发四氢呋喃的正离子聚合也是活性聚合，癸二酰或己二酰氯/高氯酸银体系引发四氢呋喃聚合是一活性开环聚合。将活性链中心由正离子转变为甲基丙烯酸甲酯负离子聚合，可制备得到聚甲基丙烯酸甲酯—聚四氢呋喃—聚甲基丙烯酸甲酯三嵌段共聚物。

活性碳纤维 [active carbon fiber] 又称纤维状活性炭，是性能优于活性炭的高效活性吸附材料和环保工程材料。碳化纤维经活化处理得到表面有大量微孔结构，并有很大比表面积的纤维。其吸附能力比颗粒活性碳高20倍，吸附速度快1000倍。在工业上利用它的超强吸附能力去回收有机溶剂，净化空气，净化用水。

活性正离子聚合 [living cationic polymerization] 具有活性聚合特征的正离子聚合反应。以醚-$TiCl_4$引发异丁烯聚合和以HI-I_2引发乙烯基醚聚合都是活性正离子聚合。

活性种 [reactive species] 具有引发单体进行增长反应能力的各种链长的活性链的活性端基。活性种就是引发剂引发单体后形成的单体自由基或离子，以此为中心进一步链增长，形成高分子链。在自由基聚合中，活性种是单体自由基，在正离子聚合中是单体正离子，负离子聚合中是单体负离子。

基团转移聚合 [group transfer polymerization (GTP)] 甲基丙烯酸酯类单体聚合时，引发剂基团(如烯酮硅烷的不饱和酯基)一边向增长的链端转移，一边进行聚合的反应过程。单体的加成增长反应伴随着基团转移的聚合反应。这是20世纪80年代才发现的新聚合反应。基团转移聚合属于链式聚合，按亲核加成聚合机理反应。例如，甲基丙烯酸甲酯以1-甲氧基-1-三甲基硅氧-2-甲基-1-丙烯为引发剂，在催化剂亲核试剂四丁基二苯甲酸氢铵(TBABB)的作用下，在室温即能发生基团转移聚合。

激光光纤 [laser fiber] 利用光纤技术和激光技术组合，在光纤中掺杂少量稀土元素后成为激光介质，传输激光光源信息，进而可制作成光纤激光器与放大器作为载体。

极性单体 [polar monomer] 含有氧、硫、氮、卤素等杂原子或其取代基的烯类单体，其分子的偶极矩不等于零。氯乙烯、丙烯酸酯、丙烯腈单体的取代基为吸电子基团，容易进行自由基和负离子聚合。乙烯基醚单体的取代基为给电子基，不容易自由基聚合但能进行正离子聚合。

极性聚合物 [polar polymer] 偶极矩大于 0.5D 的聚合物。聚合物的极性与单体单元的偶极矩大小和其结构对称性、电荷分布等有关。例如聚四氟乙烯，虽然单体单元中含极性键但具有对称结构，偶极矩相互抵消，表现出非极性。

集成橡胶 [integrated rubber] 把若干胶种的性能集合于一体，从而兼具几种胶的特性的橡胶。既克服了橡胶共混的不利因素，又可以将不同橡胶的优点集成起来。集成橡胶用途广泛，主要用来制造轮胎胎面胶，直接硫化后便可制得综合性能优异的轮胎胎面。另外，它与其他通用橡胶的共混性能良好，制备性能优良、价格适中的高性能轮胎。集成橡胶的出现拓宽了单独一种橡胶的性能覆盖面，通过兼容并蓄的方式来弥补单一胶种的性能局限和不足。

己二胺 [1,6-hexanediamine] 又称六亚甲基二胺。分子式 $NH_2(CH_2)_6NH_2$，分子量 116.21 ，熔点 42℃。可溶于水、醇、苯等中，有毒。与盐酸成盐，双盐酸盐熔点 248℃。由己二腈催化加氢还原制得。与己二酸一起是合成尼龙 66 的原料。

己二酸二烯丙酯 [diallyl hadipateoate] 分子式 $CH_2{=}CHCH_2OOC(CH_2)_6COOCH_2CH{=}CH_2$，分子量 226.27，沸点 141～142℃/1.1 kPa。溶于醇、酮、酯、烃类有机溶剂，不溶于水。除了可进行加成、氧化、环氧化反应外，还可进行聚合与共聚合反应，用作制备环氧树脂、耐热和耐溶剂的塑料、涂料、黏合剂等的原料。

己内酯 [*ε*-caprolactone; *ε*-hexanolactone] 化学式 $C_6H_{10}O_2$，分子量 114.14，熔点约–5℃。易溶于水、乙醇、苯，不溶于石油醚。可由过乙酸氧化环己酮制备得到。主要用于开环聚合制备聚己内酯。

加[成]聚[合] [addition polymerization] 含不饱和键的单体经加成反应，彼此相连形成高分子的聚合反应，聚合机理为链式聚合。能进行加成聚合的单体主要是烯类单体、炔类单体等。

加[成]聚[合]物 [addition polymer] 单体通过加成聚合得到的聚合物。其元素组成与单体相同。烯类单体的聚合物是最典型的加成聚合物。

甲苯二异氰酸酯 [toluene diisocyanate (TDI)] 由甲苯硝化生成二硝基甲苯，再经还原得到甲苯二胺，甲苯二胺与光气反应即得 TDI，通常是 2,4-TDI 和 2,6-TDI 两种异构体的混合物，以 2,4-异构体为主。有刺鼻气味。与水反应产生二氧化碳。能与乙醇(分解)、乙醚、丙酮、四氯化碳、苯、氯苯、煤油、橄榄油和二乙二醇甲醚混溶。是工业上制备聚氨酯的重要原料。

***α*-甲基苯乙烯** [*α*-methyl styrene] 化学式 C_9H_{10}，分子量 118.18。无色液体，相对密度 0.9062，熔点 23.21℃，沸点 165.8℃。微溶于水，能溶于大多数有机溶剂。工业上由异丙苯催化脱氢制得。在热或引发剂作用下能发生聚合反应得到相应的聚合物。

甲基丙烯酸 [methacrylic acid] 分子式 $CH_2{=}C(CH_3)COOH$，分子量 86.09，熔点 16℃，沸点 163℃，密度 1.015 g/cm^3。能与水混溶。工业上用丙酮氰醇法或异丁烯催化氧化法备。可在水溶液中或极性有机溶剂中自由基聚合得到聚甲基丙烯酸，也是制备甲基丙烯酸酯的重要原料。

甲基丙烯酸 2-二甲氨基乙酯 [(2-dimethylamino) ethyl methacrylate] 分子式 $CH_2{=}C(CH_3)COOCH_2CH_2N(CH_3)_2$，分子量 157.21，沸点 186℃。无色或淡黄色透明液体，可溶于水和大多数有机溶剂。分子中含有叔氨基、酯基和不饱和双键，与酸能生成盐，与氯甲烷反应生成季铵盐。能发生酯基的水解、醇解等反应。不饱和双键能发生加成、聚合、共聚合等一系列反应。用于制作高分子量阳离子絮凝剂、化妆品的助剂，造纸助剂等。

甲基丙烯酸甲氧基聚乙二醇酯 [methoxy poly (ethylene glycol) methacrylate; poly(ethylene glycol) methyl ether methacrylate] 又称甲氧基聚乙二醇甲基丙烯酸酯，聚乙二醇甲醚甲基丙烯酸酯。分子式 $CH_2{=}C(CH_3)COO(CH_2CH_2O)nCH_3$，无色至浅黄色液体。由甲氧基聚乙二醇和过量甲基丙烯酸的酯化反应制得。适用于制作水性汽车涂料、醇酸分散体、水性凝胶、絮凝剂、厌氧胶等。

甲基丙烯酸甲酯 [methyl methacrylate] 分子式 $CH_2{=}C(CH_3)COOCH_3$，分子量 100.12，沸点 100 ℃。无色液体，易挥发，易燃，有强刺激性气味。微溶于水，溶于乙醇、乙醚、丙酮等溶剂。可由丙酮氰醇路线或由异丁烯路线制备得到。在光、热和引发剂存在下易聚合，也易与其他单体共聚。主要用于生产透明塑料聚甲基丙烯酸甲酯(有机玻璃)和其他单体共聚的树脂、涂料等。

甲基丙烯酸 2-羟乙酯 [2-hydoxyethyl methacrylate (HEMA)] 又称甲基丙烯酸 *β*-羟乙酯。分子式 $CH_2{=}C(CH_3)COOCH_2CH_2OH$，分子量 130.14。无色透明液体，可溶于水和大多数有机溶剂。由甲基丙烯酸与环氧乙烷反应而得，用于树脂及涂料的改性、合成医用高分子材料、热固性涂料及黏合剂等。

甲基丙烯酸 β-羟乙酯 [β-hydoxyethyl methacrylate] 即甲基丙烯酸β-羟乙酯。

甲基丙烯酸缩水甘油酯 [glycidyl methacrylate] 化学式 $C_7H_{10}O_3$，分子量 142.15，沸点 189℃。无色液体，不溶于水，溶于乙醇、乙醚、丙酮等溶剂，由于其分子内含有活泼的乙烯基及有离子性反应的环氧基团，既可进行自由基聚合，又可进行离子型反应，因此是一功能性单体。可由甲基丙烯酸钠与环氧氯丙烷反应而得。主要用于丙烯酸粉末涂料、乳胶涂料、纺织皮革整理剂、黏合剂、医药等。

甲基丙烯酸酯 [methacrylate] 具有如下结构通式 $CH_2{=}C(CH_3)COOR$ 的一类化合物的总称。比较重要的包括甲基丙烯酸甲酯、乙酯、正丁酯等，均为无色液体。甲基丙烯酸甲酯可由甲基丙烯酸与甲醇酯化得到，微溶于水，溶于乙醇、乙醚等有机溶剂，主要用来制备聚甲基丙烯酸甲酯。

甲基铝氧烷 [methylaluminoxane (MAO)] 由三甲基铝与水近似 1∶1 反应而得的线型及环型的寡聚物，化学式可表示为$\{Al(CH_3)O\}_n$。常用来作为烯烃聚合使用的高效均相助催化剂。

甲基纤维素 [methyl cellulose] 纤维素的甲醚衍生物。水溶性温敏聚合物，无毒，无致敏性；由纤维素在碱性水溶液中与氯甲烷反应制得，其 LCST 随甲醚化程度而异。作为增稠剂或乳化剂广泛用于食品、化妆品、医药、建筑、造纸及基础科研等领域。

甲基乙烯基硅橡胶 [methyl vinyl silicone rubber] 主链由硅和氧原子交替构成，硅原子上主要连两个甲基外，还少量连一个甲基和乙烯基的硅橡胶。无色透明，分子量 50 万～80 万，乙烯基含量在 0.07%～0.15%(摩尔分数)的硅橡胶有较好的综合性能。引入乙烯基可提高硅橡胶的硫化活性。可由八甲基环四硅氧烷与少量四甲基四乙烯基环四硅氧烷开环共聚合而制取。具有耐高低温(–60～260℃)、耐气候老化、耐臭氧等特性，广泛用于航空、电缆、电子电器、化工、仪表、汽车、机械等工业。

甲阶酚醛树脂 [resol] 又称可溶酚醛树脂或酚醛树脂 A。以碱催化剂将苯酚和甲醛进行加成-缩合反应得到低分子量可溶性树脂。是具有多种羟甲基化合物的混合物，通过加热固化，是热固性酚醛树脂。用于制作黏合剂、涂料等。

甲壳质 [chitin] 又称聚乙酰氨基葡萄糖。释文见有机化学甲壳素。

甲氧基聚乙二醇甲基丙烯酸酯 [methoxy poly (ethylene glycol) methacrylate] 即甲基丙烯酸甲氧基聚乙二醇酯。

甲种纤维素 [α-cellulose] 即α-纤维素。

假正离子活性聚合 [pseudo cationic living polymerization] 近似于活性聚合的正离子聚合，又称准活性碳正离子聚合。在这种聚合中，增长的碳正离子既有一定反应活性，能进行链增长；又有一定的稳定性，能阻止链终止和链转移反应的发生；或是发生可逆链终止，虽然活性链与反离子结合生成共价键或生成非常紧密的离子对，使活性种暂时休眠，但它能再分解形成活性链继续与单体聚合。用连续缓慢加入单体的方法延长增长链活性的寿命，这样单体主要消耗在增长反应过程中，从而使之具有活性聚合的特征。

假正离子聚合 [pseudo cationic polymerization] 一种以正离子引发剂引发的聚合反应，其增长链的活性种不是自由正离子或离子对，而是按共价键形式的活性种进行链增长反应。如高氯酸引发苯乙烯聚合时，增长链是以 C—O 共价键结合的高氯酸酯，而后它与苯乙烯双键发生加成反应而增长。测定聚苯乙烯的分子量分布为双峰，分子量低的是按这一机理增长产物；分子量高的是按离子或离子机理聚合的产物。

假终止 [pseudo termination] 正离子聚合中可逆的链终止或链转移反应。如可逆的自发终止、可逆的反离子结合终止、可逆的向单体的链转移等。存在上述假终止时，可发生假活性正离子聚合。

间苯二胺 [m-phenylene diamine; 1,3-phenylene diamine; 1,3-diamino benzene] 又称 1,3-苯二胺，化学式 $C_6H_8N_2$，分子量 108.14，熔点 64～66℃，白色晶体，在光照和空气中易被氧化变色。溶于水和乙醇。水溶液呈碱性，与无机酸反应生成易溶于水的盐类。用作环氧树脂固化剂及制作偶氮染料，聚芳酰胺纤维。

间规聚合物 [syndiotactic polymer] 即间同立构聚合物。

间同立构聚合物 [syndiotactic polymer] 又称间规聚合物。主链中相邻两个构型单元具有相反构型，且规则排列的聚合物。

间歇聚合 [batch polymerization] 又称分批聚合。将单体和其他组分加入聚合反应器中进行分批聚合的间歇式生产方法。通常用来制备小规模的、多品种的聚合物。

降解性高分子 [degradable polymer] 又称降解性聚合物。可通过共价键断裂分解成低分子量物质的高分子。根据降解条件可分为水解、生物降解、光降解、氧化降解、热降解等多种不同类型；但不包括需要较高温度才能分解的尼龙、聚苯乙烯、聚甲基丙烯酸甲酯等。根据来源分为天然高分子、微生物合成高分子及人工合成高分子三类。淀粉、琼脂、明胶等属第一类，聚羟基丁酸酯主要由发酵方法制备，而聚乳酸、聚原酸酯、聚酸酐等属于第三类。广泛用于环境保护、生物、医学、药学等领域。

降解性聚合物 [degradable polymer] 即降解性高分子。

交叉增长 [cross propagation] 共聚合中活性链末端单体单元与异种单体的增长反应。只有交叉增长时则生成交替共聚物。

交叉终止 [cross termination] 自由基共聚合中，由两个链末端单体单元各异的自由基之间的偶合终止反应。

交联密度 [crosslinking density] 交联的结构单元占总结构单元的分数，即每一结构单元的交联概率。可用下式表示：$q=N/X$。其中，q 为交联密度；N 为每一个高分子链上交联点平均数；X 为以结构单元表示的聚合度。

交联指数 [crosslinking index] 交联聚合物中分子交联的重复单元数，即交联密度和数均聚合度的乘积。

交替共聚合 [alternating copolymerization] 当两种单体或多种单体的竞聚率均趋于零时进行的共聚合反应。在所得到的共聚物主链上两种单体单元交替排列。

交替共聚物 [alternating copolymer] 由两种或多种单体在生成的共聚物主链上交替排列的共聚物。当两种单体的竞聚率都等于零时，得到交替共聚物。两种单体单元在共聚物中各占一半，且与原料组成无关。可用 $r_1 \cdot r_2 \to 0$ 的程度表示一对共聚单体形成交替共聚物倾向的大小。

胶乳 [latex] 聚合物的微粒分散于水介质中所形成的稳定的水乳液体系。主要有树脂胶乳和橡胶胶乳两大类。胶乳可用以制造海绵、浸渍制品、黏合剂、涂料等。

胶原蛋白 [collagen] 又称骨胶原。一种动物天然纤维结构蛋白。由三条富含甘氨酸、脯氨酸和羟脯氨酸的 α-螺旋多肽链构成。主要由成纤维细胞分泌，分布于脊椎动物的皮肤和结缔组织中，细胞外基质的重要成分；对皮肤、血管、骨骼、筋腱、韧带、牙齿、软骨、角膜等组织形成十分重要，约占哺乳动物总蛋白质的三分之一。许多疾病与胶原蛋白有关，如骨质疏松、软骨发育不全、脆骨症等。广泛用于食品、医疗、护肤品等领域，如整容、烧伤外科、组织工程支架用材料。

接枝点 [grafting site] 接枝共聚物中，主干(即主链)聚合物与分枝(即支链)聚合物的连接点。

接枝度 [grafting degree] 聚合物主链上接枝的单体单元的量与所有单体单元总量之比。

接枝共聚合 [graft copolymerization] 合成接枝共聚物的聚合反应。一般由聚合物或共聚物做主干，与另一单体反应，在主干上接上另一种单体的支链的共聚合反应。可分为由主干某位置接出支链的接出法和将支链接到主干某位置上的接到法。也可用大分子单体与乙烯基单体的共聚合，直接得到接枝共聚物。

接枝共聚物 [graft copolymer] 即接枝聚合物。

接枝聚合物 [graft polymer] 又称接枝共聚物，分子主链(主干)上带有与主链组成不同的聚合物为长支链(分枝)的聚合物。

接枝效率 [efficiency of grafting; grafting efficiency] 接枝共聚合反应中，单体接到接枝共聚物上的量与单体均聚产物的量加上单体接到接枝共聚物上的量的总量之比。

解聚 [depolymerization] 高分子分解成单体或单体混合物的过程。热力学有利的一种聚合物降解方式。解聚从链末端开始，以连锁方式进行；一般需要加热、酶催化或辐照等条件促进，在单体合成、聚合物回收再利用等方面有应用价值。

解聚酶 [depolymerase] 催化聚合物降解的酶。底物以核酸、蛋白质、多糖等生物大分子为主。核酸水解酶、内切酶、外切酶、蛋白酶等皆属解聚酶。由生物方法合成的聚酯(如聚羟基丁酸酯)亦可被解聚酶降解。

界面聚合 [interfacial polymerization] 两种单体在互不相溶的两种液体界面处进行的聚合反应。

界面缩聚 [interfacial polycondensation] 两种单体在互不相溶的两种液体界面处进行的缩聚反应。为使反应能迅速进行，需要用高反应活性单体，例如二元酰氯与二元胺制得聚酰胺。前者溶在有机溶剂中，而后者溶在水中，缩聚在两种液体界面处进行，可在低温进行，易得到高分子量聚合物。

精密聚合 [precision polymerization] 在分子水平上能精确控制聚合物结构的聚合反应。

竞聚率 [reactivity ratio] 即单体竞聚率。

聚(β-氨基丙酸) [poly(β-alanine)] 又称聚酰胺 3、尼龙 3。结构重复单元为—CH_2CH_2CONH—的聚合物。由丙烯酰胺用碱引发负离子聚合，按氢转移聚合机理制得。也可通过四元环内酰胺的开环聚合得到。可制成聚酰胺 3 纤维。

聚(ε-氨基己酸) [poly(ε-amino caproic acid); poly(6-amino caproic acid); polycaprolactam] 又称聚己内酰胺、聚酰胺 6、尼龙 6。结构重复单元为—$NH(CH_2)_5CO$—的聚合物，由 ε-己内酰胺开环聚合或由 ε-氨基己酸自缩聚而得。无水己内酰胺在碱金属、碱土金属的存在下，于 220℃以上加热几分

钟后即能聚合得到分子量很大的聚合物，产品称为铸型尼龙。熔点 215～225℃，比尼龙 66 低。溶于甲酸、苯酚、间甲酚、浓硫酸、二甲基甲酰胺等，不溶于乙醇、乙醚、丙酮、醋酸乙酯、烃类。有较好的机械强度、刚度、硬度、韧性高、耐老化性能、机械减振能力好、良好的滑动性等。

聚氨基甲酸酯 [polyurethane] 简称聚氨酯，结构重复单元含—NHCOO—的聚合物。主要由二异氰酸酯和聚醚二元醇或聚酯二元醇及小分子二元醇或二元胺扩链剂等原料制成的聚合物，分为聚醚型聚氨酯或聚酯型聚氨酯二类。聚氨酯大分子中除了氨基甲酸酯外，还可含有醚、酯、脲、缩二脲、脲基甲酸酯等基团。可用于制造塑料、橡胶、纤维(氨纶弹性纤维)、硬质和软质泡沫塑料、黏合剂和涂料等。

聚氨基甲酸酯纤维 [polyurethane fiber] 即聚氨酯弹性纤维。

聚氨基甲酸酯橡胶 [polyurethane rubber] 聚氨酯橡胶的全称。

聚氨酯 [polyurethane] 聚氨基甲酸酯的简称。

聚氨酯弹性纤维 [polyurethane elastic fiber] 又称聚氨基甲酸酯纤维，中国称氨纶。以聚氨酯为原料经干法纺丝或湿法纺丝制得的合成纤维。一般将聚氨酯溶于有机溶剂如二甲基甲酰胺、二甲基乙酰胺或二甲基亚砜中，得到纺丝溶液，经干法纺丝或湿法纺丝成纤，再通过含有脂肪二胺扩链剂的水溶液，得到具有弹性的聚氨酯纤维。具有类似橡胶丝的高弹性回复率和高断裂伸长，其弹性伸长达 400%～700%，当伸长为 500%～600%时弹性回复率为 97%～98%。聚氨酯纤维链段结构中软性链段含量一般不低于 80%～85%，根据软性链段的组分，可分为聚酯型和聚醚型两种。

聚氨酯橡胶 [polyurethane rubber] 全称聚氨基甲酸酯橡胶。主链以氨基甲酸基(—NHCOO—)为结构特征基团的一类聚合物弹性体。通常为含端羟基的低分子量聚醚或聚酯多元醇和二异氰酸酯的缩聚产物，有聚醚型和聚酯型之分。聚氨酯橡胶分子主链由柔性链段和刚性链段镶嵌组成；柔性链段由低聚物多元醇(如聚酯、聚醚、聚丁二烯等)构成；刚性链段由二异氰酸酯(如 TDI、MDI 等)与小分子扩链剂(如二元胺和二元醇等)的反应产物构成。软链段所占比例比硬链段多。软、硬链段的极性强弱不同，硬链段极性较强，容易聚集在一起，形成许多微相分离结构，它的物理机械性能与微相分离程度有很大关系。

聚苯胺 [polyaniline] 将苯胺单体通过化学氧化与电化学聚合方法得到的主链含交替的苯环和氮原子的聚合物，具有特殊的电学、光学性质，经掺杂后可具有导电性。聚苯胺随氧化程度的不同呈现出不同的颜色。完全还原的聚苯胺不导电，为白色，主链中各重复单元间不共轭；经氧化掺杂、酸掺杂后导电，在电子工业、信息工程等领域有多种用途。

聚苯并咪唑 [polybenzimidazole(PBI)] 重复单元以苯并咪唑基为结构特征基团的聚合物。通常苯并咪唑基间通过芳基连接，具有热变形温度高、线胀系数低的特点，是一种高强度的结构材料。聚苯并咪唑由芳族四胺和脂族或芳族二羧酸酯制备。聚烷基苯并咪唑的玻璃化温度 234～275℃，全芳族聚苯并咪唑的玻璃化温度比前者高 100～250℃。聚苯并咪唑最突出的优点是瞬间耐高温性，烷基 PBI 在 465～475℃才完全分解，芳基 PBI 在 538℃尚不分解，900℃失重仅 30%，常期使用温度 300～370℃。此外耐酸碱介质、耐焰和有自灭性、良好的机械和电绝缘性，热收缩极小。

聚苯并噻唑 [polybenzothiazole] 一种杂环高分子。由 1,4-二巯基-2,5-二氨基苯或其盐酸盐与芳族二羧酸或衍生物反应得到。聚合物不溶于普通有机溶剂，只溶于多磷酸、甲磺酸、氯磺酸和浓硫酸。耐高温、耐烧蚀及耐水性能均好。可纺丝得到高取向、高强度的纤维。

聚苯硫醚 [poly phenylene sulfide (PPS)] 全称聚对亚苯硫醚，结构重复单元为—C_6H_4—S—及其衍生结构的聚合物。常用的聚苯硫醚分子量 3000～5000，密度 1.36～1.38 g/cm^3，玻璃化温度 85～100℃，结晶度 50%～75%，熔融温度 285℃。由对二氯代苯与硫化钠在强极性的六甲基磷酰三胺或 *N*-甲基吡咯烷酮等溶剂中缩聚而制得。是一种新型高性能热塑性树脂，具有优良的耐高温、耐腐蚀、耐辐射、阻燃、均衡的物理机械性能和极好的尺寸稳定性以及优良的电性能等特点，被广泛用作结构性高分子材料；通过填充、改性后广泛用作特种工程塑料。同时，还可制成各种功能性的薄膜、涂层和复合材料，在电子电器、航空航天、汽车运输等领域均有广泛应用。

聚苯醚 [polyphenylene oxide (PPO)] 全称聚对亚苯醚，结构重复单元为—C_6H_4—O—及其衍生结构的聚合物。主要品种是聚(2,6-二甲基对亚苯基醚)，英文为 poly(2,6-dimethylphenylene oxide)，商品名也称为聚苯醚，PPO。玻璃化温度约 205～210℃，熔融温度 262～267℃，密度 0.96～1.06 g/cm^3。实用聚苯醚的分子量为 2 万～5 万，结晶度约 50%。最突出优点是高度耐水和耐蒸汽性。具有尺寸稳定性好、蠕变小、高绝缘性等特点，长期使用温度为-127～120℃，无负荷间断工作达 200℃，与一般热固性塑料水平相当。聚苯醚由 2,6-二甲基苯酚在氯化亚铜和胺的络合催化剂作用下，在空气或纯氧中进行氧化偶合聚合而成。能用挤出、注射和模压加工成型。用于制造医疗器械代替不锈钢，能承受蒸汽消毒，也用于机械和电子零部件、绝缘材料等。聚苯醚与聚苯乙烯共混改性物在美国商品名 Noryl，并可加 20%～30%玻璃纤维、碳纤维等增强，是一种性能优良的工程塑料和绝缘材料。

聚苯乙烯 [polystyrene] 苯乙烯的聚合物，是重要的硬塑料材料。通常由苯乙烯热引发自由基聚合制备，采用的方法可以是本体聚合，悬浮聚合等。在悬浮聚合时加入可交联的单体如二乙烯基苯，可形成交联的聚苯乙烯小球，用于离子交换树脂的制备。苯乙烯是重要的共聚单体，通常与其他单体共聚得到含聚苯乙烯的共聚物，如丁苯橡胶，ABS 树脂，SBS 热塑弹性体等。聚苯乙烯主要用于包装材料、建筑材料、电器、汽车零件、管材、仪表、生活用品及玩具等。

聚丙交酯 [polylactide] 即聚乳酸。

聚丙烯 [polypropylene] 结构重复单元为—$CH_2CH(CH_3)$—的聚合物。聚丙烯可有三种立体结构：全同立构（等规）、间同立构（间规）和无规聚丙烯。主要由丙烯通过 Ziegler-Natta 催化剂和茂金属催化剂聚合得到，根据催化剂的和聚合条件的不同，可以得到全同结构的聚丙烯。全同立构聚丙烯熔点为 165℃左右，密度 $0.91g/cm^3$ 左右，它的强度高、电性能好、耐酸碱和许多溶剂。常温下冲击性能较好，但低于玻璃化转变温度时，冲击性能变差。广泛用于制造容器、管道、包装材料、薄膜和纤维，也常用增强方法获得性能优良的工程塑料。其缺点是容易氧化老化，要用添加抗氧剂与紫外光吸收剂等加以改善。

聚丙烯腈 [polyacrylonitrile] 结构重复单元为—$CH_2CH(CN)$—的聚合物。丙烯腈可进行自由基聚合和负离子聚合，工业上多采用自由基引发的溶液聚合或乳液聚合。溶液聚合通常在二甲基甲酰胺溶液（DMF）或浓硫氰化钠（NaSCN）水溶液中进行。聚丙烯腈为白色或略带黄色的不透明粉末；玻璃化温度约 90℃。它溶于二甲基甲酰胺、二甲基亚砜、环丁砜等极性有机溶剂，还能溶于硫氰酸盐、过氯酸盐、氯化锌、溴化锂等无机盐的浓水溶液，以及浓硝酸等特殊溶剂。聚丙烯腈本身非常脆而硬，因此，常用其他单体与它共聚改性。丙烯腈共聚物主要用作纺丝制成腈纶纤维。聚丙烯腈可作为制备碳纤维的原料，产品称为聚丙烯腈基碳纤维。

聚丙烯腈纤维 [polyacrylonitrile fiber] 聚丙烯腈或丙烯腈含量大于 85%（质量分数）的丙烯腈共聚物制成的合成纤维。商品名为腈纶。丙烯腈共聚物，可加入第二单体（丙烯酸甲酯，甲基丙烯酸甲酯）改善其脆性，加入第三单体（衣糠酸等）提高其染色性能。聚丙烯腈纤维的世界产量仅次于聚酯纤维和聚酰胺纤维，为第三大合成纤维。另外，利用聚丙烯腈在高温下的环化反应，可以制备高强度纤维，又称碳纤维，在航空、航天和军事领域具有重要的应用。

聚丙烯酸 [polyacrylic acid] 结构重复单元为—$CH_2CH(COOH)$—的聚合物。工业上通常采用丙烯酸水溶液自由基聚合制备。常用的引发剂有过硫酸铵，过硫酸钾，过氧化氢等。聚合温度可以在 50～100℃。聚丙烯酸可溶解于某些极性溶剂，如甲醇、乙醇、二氧六环、二甲基甲酰胺等，但不溶于丙酮，饱和烷烃，芳香烃和其他非极性溶剂。聚丙烯酸常用作增稠剂，悬浮分散剂，絮凝剂，成膜剂等。交联聚丙烯酸钠或钾盐最近被广泛用做高吸水性树脂，作为卫生材料，节水材料等。

聚丙烯酸酯 [polyacrylate] 结构重复单元为—$CH_2CH(COOR)$—的聚合物。工业上采用丙烯酸酯的自由基溶液聚合和乳液聚合制备。聚丙烯酸酯易溶于丙酮、乙酸乙酯、苯及二氯乙烷，而不溶于水。聚丙烯酸酯有黏合性，可用作压敏性黏合剂和热敏性黏合剂。在纺织工业方面，聚丙烯酸酯可用于浆纱、印花和后整理。另外，聚丙烯酸酯可用于鞣制皮革，可增加皮革的光泽、防水性和弹性。

聚丙烯纤维 [polypropylene fiber] 以丙烯聚合得到的等规聚丙烯为原料纺制而成的合成纤维，在我国的商品名为丙纶。聚丙烯纤维具有强度高、韧性好、耐化学品性和抗微生物性好及价格低等优点，因此广泛用于绳索、渔网、安全带、箱包带、安全网、缝纫线、电缆包皮、土工布、过滤布、造纸用毡和纸的增强材料等产业领域。

聚丙烯酰胺 [polyacrylamide] 结构重复单元为—$CH_2CH(COONH_2)$—的聚合物。通常采用丙烯酰胺在水中自由基聚合得到，所用引发剂有过氧化物（例如过硫酸钾或过硫酸铵）或氧化还原体系（例如过硫酸盐与三乙醇胺或硫酸铜与亚硫酸氢钠）。要制备分子量较低的聚合物时，须加适量的链转移剂，如异丙醇、巯基化合物或某些无机盐。丙烯酰胺在有机溶剂中进行溶液聚合时，则为沉淀聚合，可生成颗粒或粉末状的水溶性聚合物。此外，也可用反相乳液聚合、悬浮聚合和固态聚合等方法来制备。具有亲水性强及对许多物质有良好的附着力等特性，可用于水处理、采油、选矿、造纸、生物医用材料等领域。

聚醋酸乙烯酯 [polyvinyl acetate] 即聚乙酸乙烯酯。

聚电解质 [polyelectrolyte] 释文见物理化学聚合物电解质。

聚丁二烯 [polybutadiene] 由 1,3-丁二烯单体聚合而得的聚合物的总称。按 1,4-聚合得到顺（式）-1,4 和反（式）-1,4，按 1,2-聚合得到等同立构-1,2 和间同立构-1,2 的 4 种结构聚丁二烯。这与所用的聚合方式与反应条件有关。橡胶行业中习惯上将 1,2-结构含量达 60%～80%的称为高 1,2-聚丁二烯橡胶，40%～60%为中 1,2-聚丁二烯橡胶，40%以下为低 1,2-聚丁二烯。高顺丁橡胶为顺（式）-1,4 含量在 96%～98%的聚丁二烯，用 Ziegler-Natta 配位聚合来合成的。例如镍系催化系由环烷酸镍/三异丁基锂/三氟化硼乙醚络合物组成。

聚（1-丁烯） [poly(1-butene)] 结构重复单元为—$CH_2CH(CH_2CH_3)$—的聚合物。由 1-丁烯在钛系 Ziegler-Natta

催化剂作用下，于低温下聚合得到等规聚合物。等规度达98%～99.5%，结晶度约50%，熔点120～136℃，密度0.90～0.95 g/cm^3。具有很好的机械强度、柔韧性好，耐裂纹和环境应力开裂，耐化学试剂等性能。可制作大口径管、薄膜、片材等。

聚对苯二甲酸丁二酯 [poly(tetramethylene terephthalate); poly(butylene terephthalate) (PBT)] 由对苯二甲酸(或酯)与丁二醇经过酯化(或酯交换)后缩聚反应而得的聚合物。是一种乳白色、从半透明到不透明的结晶型热塑性聚合物，是一种综合性能优良的工程塑料。熔点240℃，相对密度1.31。树脂无味、无毒；有优良的强韧性、耐疲劳性、耐磨性，摩擦系数小性能。能耐有机溶剂，不耐强酸、强碱，可燃，高温下分解。广泛用于电器、汽车、飞机制造、通讯、家电、纺织等工业。

聚对苯二甲酸亚苯酯 [poly(p-phenylene terephthalate)] 由对苯二酚钠盐与对苯二甲酰氯的界面缩聚或溶液缩聚制得的聚合物，是最简单的聚芳酯。商品名为U-聚合物的是由双酚A钠盐与间苯二甲酰氯界面缩聚或溶液缩聚制得的聚芳酯。它是高性能工程塑料。主要用作机械、电子、汽车零部件，医疗器械，耐高温管材、板材和绝缘薄膜。

聚对苯二甲酸乙二酯 [poly(ethylene terephthalate) (PET)] 由对苯二甲酸与乙二醇缩聚得到的热塑性饱和聚酯。生产采用对苯二甲酸二甲酯与乙二醇酯交换或以对苯二甲酸与乙二醇酯化先合成对苯二甲酸双羟乙酯，然后再进行缩聚反应制得。为乳白色或浅黄色、高度结晶的聚合物。不溶于普通溶剂，溶于苯酚、间甲酚、浓硫酸、三氯乙酸。熔点255～265℃，玻璃化温度80～120℃，密度1.385 g/cm^3。用于制作电子电器、汽车部件、聚酯纤维(涤纶)、薄膜、各种吹塑瓶等。

聚对亚苯基 [poly(*p*-phenylene)] 又称聚苯。主链完全由对苯基连接的一类刚性链聚合物。由苯进行Friedel-Craft反应或由聚环己二烯芳构化制得。在低分子量聚对亚苯基预聚物中加入固化剂交联成型，或烧结成型。在苯环上引入取代基，则可降低熔融温度、改善溶解性，有利成型加工。具有耐高温、耐辐射、耐化学腐蚀、耐摩擦性能。可用于恶劣条件下的化工结构设备和宇航方面，也可用作耐烧蚀材料。

聚对亚苯硫醚 [poly(*p*-phenylene sulfide)] 聚苯硫醚的全称。

聚对亚苯醚 [poly(*p*-phenylene oxide)] 聚苯醚的全称。

聚二苯醚砜 [poly(diphenyl ether sulfone)] 由4,4'-双磺酰氯二苯醚在无水氯化铁催化下，与二苯醚缩聚制得的聚合物。是一高性能工程塑料，具有优良的耐热性能、物理机械性能、绝缘性能等，特别是具有可以在高温下连续使用和在温度急剧变化的环境中仍能保持性能稳定等突出优点，在电子、电器、机械、汽车、热水、医疗器具、食品加工等领域已经得到广泛应用。

聚(1,1-二氟乙烯) [poly(1,1-difluoroethylene)] 即聚偏二氟乙烯。

聚(1,2-二氯亚乙烯) [poly(vinylene chloride)] 结构重复单元为—CHClCHCl—的聚合物。

聚(1,1-二氯乙烯) [poly(1,1-dichloroethylene)] 即聚偏二氯乙烯。

聚芳砜 [poly(aryl sulfone) (PAS)] 又称聚苯砜，结构重复单元含砜基和芳香环的聚合物，通常是由4,4'-二磺酰氯二苯醚与联苯反应制得。琥珀色透明的热塑性聚合物。玻璃化转变温度288℃，连续使用温度260℃。耐酸、碱、一般有机溶剂、燃料油等。溶于强极性溶剂二甲基甲酰胺、*N*-甲基-2-吡咯烷酮、二甲基亚砜等。当加入聚四氟乙烯、石墨等填充料时，适于用作高温、高负荷的轴承材料。也可用于机械零件、开关、线圈、电缆、配线板、黏合剂、浸渍剂、涂料、薄膜等。

聚芳砜酰胺 [aromatic polysulfonamide (PSA)] 结构重复单元含芳砜基和酰胺基的聚合物。由3,3'-或4,4'-二氨基二苯砜与对或间苯二甲酰氯的溶液缩制得到不同结构的聚芳砜酰胺。具有较高的玻璃化转变温度超过350℃和热分解温度高于420℃，可以用作耐高温材料。用作制造聚芳砜酰胺纤维(芳砜纶)，是一种高性能纤维，以其耐高温、高温尺寸稳定性、阻燃等独特的理化性质，在航空航天、阻燃防护、高温过滤等领域具有重要的应用价值。

聚芳酰胺 [polyaramide; polyarylamide; aromatic polyamide] 由芳香族二酸与芳香族二胺及其衍生物经缩聚而得的聚合物。最早开发的是由间苯二酰氯与间苯二胺溶液缩聚得到的聚间苯二甲酰间苯二胺；其后是以对苯二酰氯与对苯二胺缩聚得到的聚对苯二甲酰对苯二胺，也可以由对氨基甲苯酸直接缩聚而得，并且具有优越性能。芳族聚酰胺与脂肪族聚酰胺相比，具有更高的熔融温度和分解温度，约400～500℃。全芳族聚酰胺聚对苯二甲酰对苯二胺以强酸为溶剂，可采用液晶纺丝技术，经拉伸取向后可以得到高强度高模量的合成纤维，商品名为芳纶。

聚芳酰胺纤维 [aramid fiber; polyaramide fiber] 以聚芳酰胺纺制成的纤维。聚间苯二甲酰间苯二胺可在二甲基乙酰胺溶剂中纺丝，称为HT-1纤维，国外商品名Nomex。其分解温度达370℃，纤维强度0.049牛顿/旦，伸长率30%。它具有耐高温、耐辐射、耐化学腐蚀、高温绝缘性、耐燃抗焰，用于防燃工作服、飞行服、高温工业滤材、电器绝缘纸等。聚对苯二甲酰对苯二胺是全对位结构的聚芳酰胺，属于溶致性液晶高分子，可加工成纤维，具有高强度、高模量、高耐温特点，综合性能优于 Nomex。国际商品名 Kevlar(Du Pont 公司产品)，B 纤维，中国商品名芳纶。

聚芳酯 [polyarylate] 即芳香族聚酯。

聚砜 [polysulfone] 结构重复单元以—SO_2—(砜基)相连的聚合物。通常所说的聚砜为双酚 A 型聚砜，由 4,4′-二氯二苯砜与双酚的钠盐在二甲基亚砜中缩聚反应而得，是浅黄色透明的无定形热塑性聚合物。玻璃化转变温度 190℃，最高使用温度 150～160℃，密度 1.24 g/cm^3。耐酸、碱、一般有机溶剂。溶于芳烃、卤代烃和强极性溶剂二甲基亚砜、二甲基甲酰胺等。具有很好的耐热性、耐低温性、高抗冲强度、突出的抗蠕变性与尺寸稳定性。在机械、电子仪器、电气、汽车、航空航天等工业部门广泛应用。另外有聚芳砜、聚醚砜，其性能要比双酚 A 型聚砜好。

聚氟乙烯 [poly(vinyl fluoride)] 结构重复单元为—CH_2CHF—的聚合物。是白色粉末状部分结晶性聚合物。熔点 190～200℃，分解温度 210℃以上，长期使用温度-100～150℃。是氟塑料中含氟量最低、比重最小、价格也最便宜的一种。大多加工成薄膜制造耐高温、耐腐蚀聚乙烯膜，也可制作具有良好的耐候性，对化学药品具有良好的抗腐蚀性的涂料。

聚甘氨酸 [polyglycine] 结构重复单元为—CH_2CONH—的聚合物，甘氨酸自缩聚产物。

聚谷氨酸 [poly(glutamic acid) (PGA)] 谷氨酸的聚合物，通常通过羧基保护的谷氨酸 NCA 单体开环聚合得到，将聚合物中的保护基去掉后得到侧基含羧基的聚合物，可溶于碱性水溶液，是一种重要的水溶性可降解聚合物。

聚硅酸盐 [polysilicate] 即硅酸盐聚合物。

聚癸二酰癸二胺 [poly(decamethylene sebacate)] 又称聚酰胺 1010，尼龙 1010。结构重复单元为—$NH(CH_2)_{10}NHCO(CH_2)_8CO$—的聚合物，由癸二胺与癸二酸缩聚得到。密度 1.04 g/cm^3，熔点 200～205℃，热变形温度 45℃，热分解温度大于 150℃，脆化温度-60℃，在 80℃下可长期使用。不溶于烃类、酯类、乙醇等，易溶于苯酚、甲酚、浓硫酸等。用于制作纤维和塑料零部件。

聚合促进剂 [polymerization accelerator] 即聚合加速剂。

聚合催化剂 [polymerization catalyst] 正、负离子或配位聚合中，用以引发单体聚合的物质。正离子聚合催化剂主要是三氯化铝、四氯化锡、三氟化硼等 Lewis 酸，其次是高氯酸、硫酸等含氧酸。负离子催化剂有萘钠、烷基锂、格氏试剂，而有机胺等 Lewis 碱是最弱的负离子催化剂。配位聚合 Ziegler-Natta 催化剂是 $TiCl_4$-$Al(C_2H_5)_3$ 和 $TiCl_3$-$Al(C_2H_5)_2Cl$。近年来聚合催化剂已被聚合引发剂所代替。

聚合动力学 [polymerization kinetics] 描述聚合反应速率或聚合物分子量与引发剂浓度、单体浓度、聚合温度等变量之间的定量关系，对影响聚合反应速率的诸因素进行定量描述的一门学科。目的是为了得到一个聚合反应的内在规律，进而有效控制聚合速率、聚合物的分子量等，为聚合物工业生产提供必要的理论依据。

聚合方法 [polymerization method] 单体通过完成一个聚合反应得到高分子所采用的实施方法。因聚合机理不同，所采用的聚合方法也不同。链式聚合所采用的聚合方法有本体聚合、悬浮聚合、溶液聚合和乳液聚合；逐步聚合采用的聚合方法有熔融缩聚、溶液缩聚、界面缩聚和固相缩聚。

聚合极限温度 [ceiling temperature of polymerization] 即聚合最高温度。

聚合加速剂 [polymerization accelerator] 又称聚合促进剂。对聚合反应有促进或活化、催化等作用，从而提高聚合反应速率的化合物，如过氧化二苯甲酰(BPO)引发的自由聚合中，加入 *N*，*N*-二甲基对甲苯胺则可促进 BPO 的分解，从而使聚合速率加快；橡胶硫化促进剂可加速硫化交联速率等。

聚合热力学 [polymerization thermodynamics] 研究聚合反应过程中能量的变化，包括自由能的变化(ΔG)、焓变(ΔH)和熵变(ΔS)，预言单体发生聚合反应的可能性，以及单体转变为聚合物的限度的一门学科。

聚合物层层组装 [polymer layer-by-layer self-assembly] 基于聚合物间弱相互作用，通过聚合物的交替沉积制备复合膜的方法。具有利于实现膜组成和结构的精细调控、制备简单、膜的重现性好等优点。

聚合物的氧化 [oxidation of polymer] 聚合物被氧化剂氧化的反应。

聚合物共混物 [polyblend; polymer blend] 又称共混聚合物、聚合物合金。两种或两种以上聚合物的热力学上不相容而在动力学上相对稳定的混合物。共混的方法有机械共混、溶液共混或乳胶共混等。共混的目的是对已有树脂进行改性，以提高性能满足特殊要求。

聚合物官能基反应 [reaction of polymer functional group] 又称聚合物官能团反应，带有不同活性官能团的聚合物，不论官能团是在侧基或在端基，这些官能团可在一定的条件下进行化学反应。

聚合物官能团反应 [reaction of polymer functional group] 即聚合物官能基反应。

聚合物合金 [polymer blend] 即聚合物共混物。

聚合物降解 [degradation of polymer] 聚合物分子链因共价键断裂变成较小分子的反应。根据聚合物降解的诱因和机理，通常分为热降解、光降解、生物降解、力致降解及各种化学降解，如溶剂解、氧化/还原降解等。聚合物降解利弊参半。改变聚合物的结构、加工工艺、添加各种稳定剂可防止降解，提高其质量和使用寿命。该过程也可用于制备有价值的小分子物质，如蛋白质分解成氨基酸，由纤维素或淀粉制备葡萄糖等；利用降解实现聚合物材料的回收再利用，使用降解性聚合物可减少或避免因大量使用聚合物材料导致的白色污染，有助于生态平衡的维护。

聚合物交联 [crosslinking of polymer] 聚合物大分子链之间发生化学反应形成化学键的过程。聚合物化学交联后，其力学性能、热稳定性、耐磨性、耐溶剂性及抗蠕变性都有不同程度的提高。如果交联反应发生在不同聚合物尤其是互不相容的聚合物之间，可大大提高两种聚合物的相容性，甚至使不相容组分变为相容组分。化学交联通常加入交联剂促进交联反应的发生，如橡胶的硫化、热固性树脂的固化等都有交联剂参与。聚合物也可发生物理交联，此时不形成新的化学键，通过多种非共价键相互作用力形成交联聚合物体系。

聚合物接枝反应 [grafting reaction of polymer] 通过聚合物接枝反应合成接枝聚合物。由聚合物或共聚物做主干，与另一单体反应，在主干上接上另一种单体的支链的聚合反应。可分为由主干某位置接出支链的接出法和将支链接到主干某位置上的接到法。

聚合物老化 [aging of polymer] 聚合物的性能在内外因素作用下缓慢不可逆劣化的现象。由聚合物在加工、储存、运输或使用过程中化学组成、结构及形态发生的物理、化学变化所致。导致老化的因素有很多，如热、光照、潮湿、高能射线、氧化、化学物质、应力、微生物等。老化是多数有机聚合物的共有特征；采取物理共混、化学改性或改变加工工艺等措施可提高材料的耐老化性能，延缓老化的速率，延长材料的使用寿命。

聚合物刷 [polymer brush] 又称刷型高分子，属于接枝高分子。它与梳型高分子之不同在于其支化点更密集，接枝密度更高，接枝链长度更大。当主链和接枝链的长度均很大时，聚合物主链倾向采取伸展链构象，尺寸大，可在电镜下观察到。最早的聚合物刷通常指在平面基底表面上含高密度聚合物链的结构。后来逐渐发展成为为一类特殊拓扑结构的高分子，活性自由基聚合的发展为合成聚合物刷提供了更高效、简单的方法，大大丰富了聚合物刷的结构类型，也为深入研究这种特殊结构的聚合物的性质及应用提供了可能。

聚合最高温度 [ceiling temperature of polymerization] 又称聚合极限温度。聚合与解聚处于平衡状态的温度。在实际应用中，选取聚合物浓度趋近于零(或单体浓度等于纯单体浓度)时的温度为聚合最高温度。

聚环戊二烯 [polycyclopentadiene] 由环戊二烯单体聚合而得的聚合物的总称。其聚合物可按1,4-聚合和1,2-聚合两种方式进行聚合反应。环戊二烯用 $AlCl_3$ 在 30℃下甲苯中聚合得到的为低分子量的热塑性聚合物。耐酸和碱，溶于脂肪烃、芳烃、醚和酯类，不溶于醇和水。用于涂料、黏合剂等。

聚环氧丙烷 [poly(propylene oxide); polyoxypropylene] 又称聚氧化丙烯，结构重复单元为—$OCH_2CH(CH_3)$—的聚合物，由环氧丙烷开环聚合而成的线型聚醚。分子量较低的又称聚1,2-丙二醇，分子量较高的则为聚环氧丙烷。在碱金属氢氧化物和起始剂(水、二元醇、多元醇或胺等含活性氢的化合物)作用下开环聚合生成的聚醚多元醇(polyol)，其分子量为1000～3000。是不挥发性黏稠液体，无色至棕色；分子量较低的溶于水，大都溶于酮、醇、酯、烃类和卤代烃；主要做聚氨酯泡沫塑料或橡胶的中间体。高分子量的聚氧化丙烯是由环氧丙烷在干燥的惰性溶剂中，在催化剂存在下进行配位聚合制得的。聚合催化剂如烷基铝-水-乙酰基丙酮(或乙酰基丙酮锌)催化剂，烷基锌-水体系，三氯化铁与环氧丙烷的反应物和双金属氧桥醇盐等。分子量达 1 万以上，呈优良的橡胶状弹性，称为环氧丙烷橡胶。聚氧化丙烯弹性体具有耐臭氧、耐热老化、耐油等性质。可在–65～120℃范围内使用。

聚环氧氯丙烷 [polyepichlorohydrin] 结构重复单元为—$OCH_2CH(CH_2Cl)$—的聚合物，由环氧氯丙烷开环聚合而成的聚合物。得到的聚环氯丙烷的分子量视所使用的聚合引发体系而异。如使用正离子催化剂时，得到分子量在 800～2000 之间；使用 Ziegler-Natta 催化剂时得到晶态聚合物；使用烷基铝/水催化剂或烷基铝/乙酰丙酮催化剂时，得到非晶态聚合物即环氧氯丙烷橡胶。

聚环氧乙烷 [poly(ethylene oxide); polyoxyethylene] 又称聚氧化乙烯，结构重复单元为—OCH_2CH_2—的聚合物，由环氧氯乙烷开环聚合而成的聚合物。是聚醚的一种。分子量200～20000 的称为聚氧化乙烯，是稠状液体或蜡状固体，溶于水。分子量 10 万～500 万的称为聚环氧乙烷，其中分子量从数十万到数百万的称超高分子量聚氧化乙烯。是一种水溶性的热塑性结晶型树脂，白色可流动粉末状。熔融温度 62～65℃。可用于铸塑加工，或制成薄膜。广泛用于食品、医疗、化妆品、纺织、印刷等行业。

聚己二酰己二胺 [poly(hexamethylene adipamide)] 又称聚酰胺 66，尼龙 66。结构重复单元为-$NH(CH_2)_6NHCO(CH_2)_4CO$-的聚合物，由己二酸与己二胺缩聚而得。工业生产上采用己二胺和己二酸所生成的尼龙 66 盐在 280℃缩聚而得。熔点 260～265℃，玻璃化转变温度 50℃。长期耐热温度 105℃。具有韧性好、刚性大等特点，但易受环境湿度与低温的影响。

主要用于制备纤维和塑料制品。

聚己内酰胺 [poly(*ε*-caprolactam)] 即聚(*ε*-氨己酸)。

聚己内酯 [poly(*ε*-caprolactone) (PCL)] 结构重复单元为—O$(CH_2)_5$CO—的聚合物，由 *ε*-己内酯开环聚合制得的热塑性聚合物。是一种半结晶型聚合物，外表似蜡。熔点 59～64℃，玻璃化温度-60℃。热分解温度 250℃。具有形状记忆的特性，很好的柔韧性、加工性、生物相容性和生物降解性。可制成膜、管、棒材等，亦可熔融纺丝。用作药物缓释载体、手术缝合线和组织工程支架等。

聚加成反应 [polyaddition] 又称逐步加成聚合。单体经多步加成反应，以逐步聚合机理形成高分子的过程。典型的体系为二异氰酸酯与二醇形成聚氨酯，由非共轭二烯烃与二硫醇化合物经自由基反应形成聚硫化物。

聚甲基丙烯酸甲酯 [poly(methyl methacrylate) (PMMA)] 结构重复单元为—$CH_2C(CH_3)(COOCH_3)$—的聚合物，由甲基丙烯酸甲酯的链式聚合得到的聚合物。可用自由基引发剂或负离子引发剂两种方式引发聚合。玻璃化转变温度 105℃，热分解温度大于 200℃，透光率 90%。具有优良的耐候性、电绝缘性、机械强度和韧性。溶于氯仿、甲苯、丙酮、乙酸丁酯等有机溶剂，不溶于水、甲醇等。用本体浇注法可得到片状有机玻璃，用于飞机航空透明材料。悬浮聚合法可得微粒状粉料，用于牙科义齿材料。

聚甲基丙烯酸酯 [polymethacrylate] 结构重复单元为—$CH_2C(CH_3)(COOR)$—的聚合物统称，由甲基丙烯酸酯的链式聚合得到的聚合物，其中的 R 基包括一般的烷基如甲基、乙基至十六烷基等，也包括含有功能基团的结构，如 2-羟乙基、*N,N*-二甲氨基乙基、烯丙基、环氧丙基等。通常用自由基聚合来制得。

聚 4-甲基-1-戊烯 [poly(4-methyl-1-pentene)] 结构重复单元为—$CH_2CH(CH_2CH(CH_3)_2)$—的聚合物。由4-甲基-1-戊烯在 Ziegler-Natta 催化剂作用下引发聚合得到全同构型的聚合物。熔点 240℃，玻璃化温度 40℃，相对密度 0.833。是密度最小的热塑性树脂，外观为无色透明的粒状固体，具有透明性好、介电性、耐化学药品性好等性能。主要用于制造医疗注射器、理化实验器具、电子灶专用食器、烘烤盘、剥离纸、耐热电线涂层等。

聚甲醛 [polyformaldehyde; polyoxymethylene(POM)] 结构重复单元为—CH_2O—的聚合物，由甲醛的聚合得到的聚合物。白色固体，结晶度 70%以上，熔点 175～180℃。具有优异的力学性能，如强度、模量、耐磨性、韧性、耐疲劳性和抗蠕变性，还具有优良的电绝缘性、耐溶剂性和可加工性，是一种重要的工程塑料。均聚甲醛是用非常纯的甲醛经阴离子聚合制得，因易发生热降解，需要通过端羟基与乙酸酐的酯化来提高热稳定性；也可通过三聚甲醛与环氧乙烷的正离子开环共聚反应得到耐热稳定性的共聚甲醛。

聚降冰片烯 [polynorbornene] 降冰片烯通过加成聚合或者开环易位聚合得到的聚合物。具有较高的玻璃化转变温度和光学透明性，广泛应用于橡胶工业。

聚喹喔啉 [polyquinoxaline (PQ)] 指主链结构含苯并吡嗪(即喹喔啉)稠杂环重复单元的一类聚合物。由芳族双邻二胺与二酮化合物缩聚和环化而成，具有较高的分子量和玻璃化温度，软化温度 260～350℃。热氧稳定性高，空气中起始分解温度约 500℃。溶于间甲酚和硫酸。可用作耐高温金属结构胶黏剂、薄膜或纤维增强复合材料基体树脂。复合材料可用作宇宙飞船和新型飞机结构件。

聚赖氨酸 [polylysine] 赖氨酸的聚合物。有两种结构，*ε*-聚赖氨酸(*ε*-polylysine)和 *α*-聚赖氨酸(*α*-polylysine)。前者是由白色链霉菌(*Streptomyces albulus*)发酵生成的含有 25～35 个 L-赖氨酸残基的聚合物。为淡黄色粉末，溶于水，微溶于乙醇。后者由 *ε*-*N*-CBZ-赖氨酸-NCA 的开环聚合得到，经脱除保护基后，得到侧基含氨基的水溶性人工聚多肽。广泛应用于生物医药领域。

聚膦腈 [polyphosphazene] 结构重复单元为—N═P(R)(R′)—的聚合物，由六氯环三磷腈及其衍生物的开环聚合得到的聚合物。其主链由氮、磷单双键交替排列而成，含有有机侧基，是一种无机-有机杂化高分子。可以制成特种橡胶与弹性材料、防火阻燃材料、生物化学、药学与医用材料、光导电高分子材料等。

聚硫醚 [polythioether] 结构重复单元以—R—S—R—相连的聚合物。当与 S 相连的 R 基团是脂肪族烷基时，可以由环硫烷烃开环聚合或以脂肪族烃类的二卤化衍生物与多硫化物缩聚制得，常用作耐油橡胶。当与 S 相连的 R 基团是芳基时，则为聚芳硫醚，其中最常见的是聚苯硫醚，可以由硫化钠与对二卤苯的溶液缩聚，或硫黄和对二氯苯的溶液缩聚制得，是一种综合性能优异的特种工程塑料，广泛用作电气与结构材料及防腐蚀材料。

聚硫橡胶 [polysulfide rubber; Thiokol] 结构重复单元为—$CH_2CH_2S_x$—($x>2$)的聚合物。每个重复单元含有两个到四个硫原子的直链，是主链含有硫原子的特种合成橡胶的总称。通常由脂肪烃、醚类等的二卤衍生物(如二氯乙烷、二氯乙醚等)或它们的混合物和碱金属、碱土金属的多硫化物(如四硫化钠、五硫化钙等)缩聚而得。有优越的耐油和耐溶剂性、低的透气性、良好的低温曲挠性。其缺点是强度不高、加工性能不好，耐寒性、耐热性、耐老化性能较差，有臭味。多与丁腈橡胶并用，制造各种耐油橡胶制品。

聚六氟丙烯 [polylhexafluoropropene] 即聚全氟丙烯。

聚轮烷 [polyrotaxane] 多个环状分子套在一个哑铃状的线型分子上的形成的内锁型超分子体系。常见的聚轮烷含有环糊精、聚乙二醇和封端基团，其中，聚乙二醇以穿串状贯通于环糊精的开口部而被包接；封端基团配置在聚乙二醇的两个末端来防止环糊精脱离。若线型聚乙二醇分子两端没有封端，环状环糊精分子与线型聚乙二醇分子可以自由地离解和缔合，则为聚准轮烷。

聚氯丁二烯 [polychloroprene] 由 2-氯-1,3-丁二烯(即氯丁二烯)聚合而得的聚合物。通常称氯丁橡胶(CR)。多采用乳液聚合制备，分子量 10 万左右，反式-1，4-结构占 85%以上。有优良的耐油、耐燃、耐候、耐臭氧老化性，对多种化学药品稳定，抗拉强度高；缺点是相对密度较大，常温下易结晶变硬，储存稳定性和耐寒性差。与一般合成橡胶不同，它不用硫黄硫化而是用氧化锌、氧化镁等硫化。

聚氯乙烯 [poly(vinyl chloride) (PVC)] 结构重复单元为—CH_2CHCl—的聚合物，由氯乙烯聚合而得的产物。是一个极性非结晶性聚合物，玻璃化转变温度 77～90℃，170℃左右开始分解，对光和热的稳定性差，使用时必须加入稳定剂以提高耐热和耐光性能。聚合方法包括自由基悬浮、溶液、乳液和本体法等。工业上主要用悬浮聚合法，也有少量用乳液聚合法。在建筑材料、工业制品、日用品、地板革、地板砖、人造革、管材、电线电缆、包装膜、瓶、发泡材料、密封材料、纤维等方面均有广泛应用。

聚氯乙烯纤维 [poly(vinyl chloride) fiber] 由线型聚氯乙烯或其共聚物纺制成的合成纤维，商品名为氯纶。是一种含氯纤维，具有自熄性，良好的对酸、碱、氧化剂和还原剂的稳定性，并有较好的保暖性。缺点是耐热性差，不能熨烫，常用于制作舞台幕布、家具装饰织物、过滤材料、工作服等。

聚醚 [polyether] 结构重复单元为—R—O—R—相连的一类聚合物的总称。当与 O 相连的 R 基团是脂肪族烷基时，为脂肪族聚醚，主要制备方法包括羰基的加成聚合，环醚的开环聚合，二醇自身或与其他化合物的缩聚。重要的聚合物包括聚甲醛、聚环氧乙烷、聚环氧丙烷、聚醚二醇等。当与 O 相连的 R 基团是芳基时，则为聚芳醚，其中最常见的是聚苯醚，由苯酚衍生物氧化聚合得到，最重要的是聚(2,6-二甲基1,4-苯醚)，是一种综合性能优异的特种工程塑料。

聚醚氨酯 [poly(ether-urethane)] 又称聚醚型聚氨酯。由两端为羟基的聚醚和二异氰酸酯化合物及二元醇或二元胺扩链剂的反应生成的聚合物。是一多嵌段共聚物，其中聚醚为软段，聚氨酯为硬段。可用于医用高分子材料。

聚醚多元醇 [polyether polyol] 是主链含有醚键、端基或侧基含有大于 2 个羟基的低聚物。是以低分子量多元醇、多元胺或含活泼氢的化合物为起始剂，与环氧丙烷(PO)或环氧乙烷(EO)在催化剂作用下开环聚合而成，根据起始剂所含活性原子的数目可制得不同官能度的聚醚多元醇。产量最多的为以甘油(丙三醇)作起始剂和环氧化物(一般是 PO 与 EO 并用)，生产出各种通用的聚醚多元醇。主要做聚氨酯原料使用。

聚醚砜 [poly(ether sulfone)] 结构重复单元为—$ArOArSO_2$—的聚合物(Ar 为对亚苯基)，由 4-氯-4′-羟基二苯砜的钠盐在极性溶剂中自缩聚而制得。具有良好的尺寸稳定性以及突出的耐热、耐氧化性能，最高使用温度为 150～165℃，可在-100～150℃长期使用。是一种高性能工程塑料，常用作高强度、耐热、抗蠕变的结构件。

聚醚醚酮 [poly(ether-ether-ketone)] 结构重复单元为—ArOArOArCO—(Ar 为对亚苯基)及其衍生结构的聚合物，主链含交替的两个醚键和一个酮键。制备方法包括：4,4′-二氟二苯甲酮与对苯二酚钠盐在二苯砜溶剂中的高温缩聚，芳香族二卤代物与 4,4′-二羟基二苯甲酮的缩聚。具有良好的韧性，可以挤塑和注塑。能与玻璃纤维或碳纤维制成增强材料或复合材料。是一类特种工程塑料，应用于耐高温结构材料、特种涂料、耐磨材料和电绝缘材料等。

聚醚酮 [poly(ether-ketone)] 结构重复单元为—ArOArCO—(Ar 为对亚苯基)及其衍生结构的聚合物，主链含交替醚键和酮键。可由 4-苯氧苯甲酰氯在 Lewis 酸作用下缩聚而得。常用作涂料、增强材料、薄膜材料、绝缘材料等领域。

聚醚酮酮 [poly(ether-ketone-ketone)] 结构重复单元为—ArOArCOArCO—(Ar 为对亚苯基)及其衍生结构的聚合物，主链含交替的两个酮键和一个醚键。可由二苯醚与对苯二甲酰氯在 Lewis 酸作用下缩聚而得。是一类特种工程塑料。可用作耐高温结构材料和电绝缘材料，可与玻璃纤维或碳纤维复合制备增强材料。

聚醚酰胺 [poly(ether amide)] 分子主链中同时含有醚键和酰胺键的聚合物。常见的有聚醚酰胺嵌段共聚物，是一种以脂肪族聚醚为软段和聚酰胺为硬段的结晶型嵌段共聚物，聚醚含量越高其柔韧性越好。由羟基封端的聚乙二醇、聚丙二醇或聚聚四氢呋喃二醇与端基为羧基的聚酰胺如尼龙 6、尼龙 66 等熔融缩聚而制得。具有良好的耐磨性和拉伸强度。

聚醚型聚氨酯 [poly(ether-urethane)] 即聚醚氨酯。

聚脲 [polyurea] 结构重复单元含—NHCONH—的聚合物。通常是由二异氰酸酯与二胺类化合物聚合制得，可用通式表示—$(CH_2)_n$NHCONH—，常见的为 n= 6～11 的亚甲基。如聚亚壬基脲是由壬二胺与尿素缩聚制备，具有防腐、防水、耐磨等性能。可以熔融纺丝，具有良好的耐热性、染色性和耐腐蚀性。

聚脲树脂 [carbamide resin] 又称碳酰胺树脂。由异氰酸酯与端氨基化合物聚合而得的树脂。通常采用双组分体系，甲组分由异氰酸酯与低聚二元醇或三元醇反应制得；乙组分由端氨基聚醚、端氨基扩链剂、颜料、填料和助剂等组成，两者混合后的反应速度极快，因而需要合适的设备有效地控制这一反应的进行。具有附着力强，耐摩擦，硬度强等特点。常用作涂料。

聚偏二氟乙烯 [poly(vinylidene fluoride)] 即聚偏氟乙烯。

聚偏二氯乙烯 [poly(vinylidene chloride)] 即聚偏氯乙烯。

聚偏氟乙烯 [poly(vinylidene fluoride)] 又称聚偏二氟乙烯、聚(1,1-二氟乙烯)，结构重复单元含—CH_2CF_2—的聚合物，由偏氟乙烯自由基聚合制备，最常用的聚合工艺为乳液聚合法和悬浮聚合法。是一种综合性能优良的强韧热塑性工程塑料，具有结晶度高、耐磨、耐辐照、化学惰性、电性能、热稳定性及冲击性能均优异的特点。在石油化工、电子电气和氟碳涂料有广泛应用。

聚偏氯乙烯 [poly(vinylidene chloride)] 又称聚偏二氯乙烯、聚(1,1-二氯乙烯)，结构重复单元含—CH_2CCl_2—的聚合物，由偏氯乙烯的自由基聚合制备。聚合方法有乳液和悬浮聚合。具有耐燃、耐腐蚀、气密性好等特性。但是光、热稳定性差，加工困难。通常可制成片材、管材、模塑件、薄膜和纤维。

聚全氟丙烯 [poly(perfluoropropene)] 又称聚六氟丙烯，结构重复单元含—$CF_2CF(CF_3)$—的聚合物，是全氟丙烯的均聚物，很少单独应用，常见的是其共聚物。四氟乙烯与六氟丙烯的无规共聚物俗称为聚全氟乙丙烯，属于热塑性塑料。具有优异的耐高温性、化学性、腐蚀性和电学性，突出的表面不粘性和较好的机械强度，是一种高性能的材料。用于通信电缆、电线、半导体、化工防腐、医用材料、汽车产业、涂料等领域。

聚乳酸 [poly(lactic acid); polylactide (PLA)] 又称聚丙交酯，结构重复单元含—$OCH(CH_3)CO$—的聚合物，是乳酸的聚合物。主要有三种合成方法，乳酸直接缩聚法；先由乳酸合成丙交酯，再在催化剂的作用下开环聚合； 固相聚合法，将直接缩聚法得到的低分子量树脂在熔融状态下进行聚合反应得到。聚合物的分子链上含有不对称碳原子，选择合适的催化剂能得到立体规整聚合物，具有旋光性。是一类重要的生物降解材料。常用作生物医用材料和包装材料。

聚噻吩 [polythiophene] 结构重复单元含噻吩的聚合物，由噻吩在三氟化硼乙醚络合物存在下或电化学聚合制备得到。聚噻吩不溶，在噻吩C3位引入侧基，可改善其溶解性以及电化学性质。可用于有机太阳能电池、化学传感、电致发光器件等。

聚三氟氯乙烯 [poly(chlorotrifluoroethylene); polytrifluorochloroethylene (PCTFE)] 结构重复单元为—CF_2CFCl—的聚合物，由三氟氯乙烯的自由基聚合得到。具有化学惰性，一定的耐温性，不吸湿性和不透气性。可用作垫圈、阀座、油封、轴套材料等。在电器工业中，可做成绝缘材料、电缆组合线、印刷线路板、线圈芯等。

聚十一酰胺 [polyundecaneamid; poly(11-aminoundecanoic acid)] 学名聚11-氨基十一酸，又称聚酰胺11，尼龙11。结构重复单元为—$NH(CH_2)_{10}CO$—的聚合物，由11-氨基十一酸缩聚而得的一种热塑性树脂。能耐一般酸、碱和氧化剂。吸水性低，尺寸稳定性好，耐磨性和耐油性良好。可用作工程塑料。用于制油管、薄膜、电缆护套等。

聚四氟乙烯 [poly(tetrafluoroethylene) (PTFE)] 结构重复单元为—CF_2CF_2—的聚合物，由四氟乙烯的自由基聚合得到。具有很好的化学惰性，耐强酸、强碱或强氧化剂及有机溶剂；良好的热稳定性，能够在–200～300℃温度范围内使用；良好的减摩性，优异的自润滑性及电气性能，广泛应用于国防军工、原子能、石油、无线电、电力机械、化学工业等领域。

聚四氢呋喃 [polytetrahydrofuran] 又称聚氧化四亚甲基或聚四亚甲基醚，结构重复单元为—$(CH_2)_4O$—的聚合物，四氢呋喃开环聚合得到的聚合物。常见的聚四氢呋喃分子量为 1000～2000，室温时为蜡状固体，当温度超过室温时会变成为无色黏稠液体。玻璃化温度–76℃。工业上用乙酸酐-高氯酸、氟磺酸或发烟硫酸引发聚合，聚合物链端均为羟基，因此可进一步与其他单体缩合。溶于大多数有机溶剂，不溶于水。主要用作嵌段聚氨酯或嵌段聚醚聚酯的软链段。得到的嵌段聚氨酯橡胶用于轮胎、传动带、垫圈、合成革、薄膜和涂料等。嵌段聚醚聚酯则为热塑弹性体。如果聚四氢呋喃平均分子量为2000，可制得聚氨酯弹性纤维，已在医用高分子材料领域获得新的应用。

聚碳酸酯 [polycarbonate] 主链含碳酸酯重复结构单元的一类聚合物。可分为脂肪族、脂肪-芳香族和芳香族3种类型。最常见和具有工业价值的是双酚 A[2.2-二(对羟苯基)丙烷]型聚碳酸酯。工业上采用双酚A钠盐与光气反应通过界面缩聚合成(光气法)，或双酚A与碳酸二苯酯的酯交换反应通过熔融缩聚制备(酯交换法)。透光性好，机械强度(尤其冲击韧性)高，尺寸稳定性好。是一种重要的工程塑料。

聚天冬氨酸 [polyaspartic acid] 天冬氨酸的聚合物，主要制备方法有三种：①L-天冬氨酸在一定条件下缩聚、水解、中和；②马来酸酐的铵盐经缩聚、水解、中和；③β-苄基天冬氨酸-NCA的开环聚合，然后脱除羧基保护基。其中前两种方法得到的聚合物包含有α，β两种结构，第三种方法得到

只含 α 结构的单一聚合物。聚天冬氨酸是水溶性聚合物，广泛应用于绿色水处理剂，肥料增效剂及生物医药领域。

聚芴 [polyfluorene] 全称聚(2,7-芴)，结构重复单元含芴的聚合物。制备方法包括三氯化铁催化的芴聚合以及二价镍和锌催化的2,7-二溴芴偶合反应。在芴C9位上可引入多种取代基，改善其溶解性质及熔融加工性能。是继聚对亚苯基亚乙烯基(PPV)后研究最多的聚合物电致发光材料，是高效蓝光材料。

聚(2,7-芴) [poly(2,7-fluorene)] 即聚芴。

聚烯烃，[polyolefin] 烯烃聚合物的总称。其中以聚乙烯、聚丙烯、聚二烯烃最为重要。其他重要的聚合物包括聚1-丁烯，聚 4-甲基-1-戊烯等。此类聚合物多用定向聚合方法制备， 可通过共聚合改变材料的性能。由于原料丰富，价格低廉，容易加工成型，综合性能优良，因此是一类产量最大，应用十分广泛的高分子材料。

聚酰胺 [polyamide] 俗称尼龙，主链重复单元中含有酰胺基的聚合物总称。主要通过内酰胺开环聚合以及由二元胺与二元酸缩聚等制备得到的。具有良好的综合性能，包括力学性能、耐热性、耐磨损性等，易于加工，通常制备成纤维使用。典型的有尼龙6和尼龙6,6等。

聚酰胺 1010 [polyamide 1010] 即聚癸二酰癸二胺。

聚酰胺 11 [polyamide 11] 即聚十一酰胺。

聚酰胺 3 [polyamide 3] 即聚(β-氨基丙酸)。

聚酰胺 66 [polyamide 66] 即聚己二酰己二胺。

聚酰亚胺 [polyimide] 主链重复单元中含有酰亚胺基的聚合物总称。有重要工业价值的是芳香族聚酰亚胺，通过芳香族二酐和二胺制备得到，二酐与二胺在溶液中先缩合成高分子量的聚酰胺酸，然后逐步加热脱水固化，也可在常温下化学脱水固化。应用最广泛的是由均苯四酸酐和 4,4′-二氨基二苯醚合成的聚酰亚胺，国际商品名 Kapton。是综合性能最佳的特种工程材料，已广泛应用在航空、航天、微电子、纳米、液晶、分离膜等领域。

聚辛烯 [polyoctene] 即聚(1-辛烯)的简称。

聚(1-辛烯) [poly(1-octene)] 简称聚辛烯。结构重复单元为—$CH_2CH((CH_2)_5CH_3)$—的聚合物。用 Ziegler-Natta 催化剂催化 1-辛烯进行配位聚合制得的黏状聚合物。能溶于各种烃类溶剂。高分子量的聚(1-辛烯)作为减阻剂用于原油管道输送，低分子量的可作为润滑油的添加剂。少量 1-辛烯与乙烯共聚合制得线型低密度聚乙烯(LLDPE)。

聚(1,4-亚苯基亚乙烯基) [poly(1,4-phenylene vinylene); poly(p-phenylene vinylene) (PPV)] 是一共轭高分子，用于制作聚合物发光器件。合成方法有多种，通常在主链苯环上引入烷基、烷氧基等基团能提高聚合物的光量子效率，调整其电子结构和光物理性能，以及改善聚合物的溶解性和成膜加工性。

聚氧化丙烯 [poly(propylene exide); polyoxypropylene] 即聚环氧丙烷。

聚氧化四亚甲基 [polytetrahydrofuran] 即聚四氢呋喃。

聚氧化乙烯 [poly(ethylene oxide); polyoxyethylene] 即聚环氧乙烷。

聚乙二醇 [poly(ethylene glycol) (PEG)] 含有 α, ω-双端羟基的乙二醇聚合物的总称，重复结构单元与聚环氧乙烷相同。低分子量的聚乙二醇通常由乙二醇在酸性条件下缩合脱水醚化得到，高分子量的聚乙二醇通常由环氧乙烷的开环聚合得到。是一种水溶性的聚合物。聚乙二醇的端羟基可以与异氰酸酯、酰氯、酸酐等反应，是嵌段共聚物中的软链段，可增加共聚物的柔顺性、弹性。聚乙二醇可用作医用软膏的配合剂、压制药片的黏合剂、脱模剂、化妆品等。

聚乙二醇甲醚甲基丙烯酸酯 [poly(ethylene glycol) methyl ether methacrylate] 即甲基丙烯酸甲氧基聚乙二醇酯。

聚乙炔 [polyacetylene] 乙炔的聚合物。它是最简单的聚炔烃。是一种结构单元为$(CH{=}CH)_n$ 的聚合物。一般通过齐格勒-纳塔聚合得到。经溴或碘掺杂之后表现出高导电性会接近金属水平。白川英树、艾伦·黑格和艾伦·麦克迪尔米德因“发现和发展导电聚合物”获得了 2000 年的诺贝尔化学奖。

聚乙酸乙烯酯 [polyvinyl acetate] 又称聚醋酸乙烯酯，结构重复单元为—$CH_2CH(OCOCH_3)$—的聚合物。英文缩写为 PVAc。通常由自由基引发的本体、溶液、乳液聚合制得，用于醇解制备聚乙烯醇的聚乙酸乙烯酯主要采用以甲醇为溶剂的溶液聚合得到。另外在工业上有重要应用价值的为聚乙酸乙烯酯树脂，主要采用自由基引发的乳液聚合得到，为白色乳状液。优点包括黏合力强，稳定性好，抗老化性好。主要用作木材、纸、纤维、皮革等方面的胶黏剂。

聚乙烯 [polyethylene] 结构重复单元为—CH_2CH_2—的聚合物，由乙烯聚合得到的聚合物，是最重要的塑料产品。早期是通过乙烯的高温高压自由基聚合得到，由于聚合物链上含有短链侧基，所以这样得到的聚乙烯结晶度低、强度小，称为低密度聚乙烯(LDPE)。随着配位聚合的发展，在 Ziegler-Natta 催化剂催化下，乙烯可以在相对低的温度和中等压力(15～30atm)下发生聚合，得到高密度聚乙烯(HDPE)，它的结晶度高，强度大。同样条件下，使乙烯与其他长链 α-烯烃共聚合，可得到线性低密度聚乙烯(LLDPE)，在结构上与 LDPE 类似，但支链的长短和分布可以适当调控。如果用茂金属催化剂聚合，可以得到超高分子量的聚乙烯(UHMWPE)，可用作纤维材料，用来做防弹衣。聚乙烯是重要的热塑性塑料，广泛用作玩具、塑料容器、管材、薄膜等。

聚乙烯醇 [polyvinyl alcohol (PVA)]　结构重复单元为—$CH_2CH(OH)$—的聚合物，聚乙酸乙烯酯水解或醇解而生成的一种聚合物。由于乙烯醇本身不稳定，不能直接聚合得到聚乙烯醇。通常是根据醇解度或聚合度将聚乙烯醇进行分类。聚乙烯醇是白色到浅黄色粉末，其性质随聚合度、醇解度的不同而异；醇解度为98% 以上的聚乙烯醇难溶于冷水，但在加热情况下可溶解于热水中，通常用来缩醛化制备聚乙烯醇缩甲醛或缩丁醛；醇解度为 87%～89% 的聚乙烯醇可在室温下溶于水中，可用来做自由基悬浮聚合的分散稳定剂。聚乙烯醇经缩甲醛化可制成纤维，其性能接近棉纤维，成本较低，可用于服装，也可用于篷盖布、传送带、胶管、帘子线等。

聚乙烯醇缩丁醛 [polyvinyl butyral]　聚乙烯醇中相邻两个羟基与丁醛的缩合反应而得的聚合物。通常是将聚乙烯醇先溶解于水中，在搅拌下加入丁醛和催化剂如盐酸或硫酸，保持在 15～50℃进行缩醛化反应，生成的缩醛化物经水洗、离心、干燥即得聚乙烯醇缩丁醛成品。它是白色粉末；可溶于醇类如甲醇、乙醇、丁醇，酮类如丁酮、环己酮，氯代烃类如氯乙烷、二氯乙烷，芳烃类如苯、甲苯、二甲苯，极易溶于醇-苯混合溶剂；与邻苯二甲酸酯、癸二酸酯等增塑剂，以及硝酸纤维素、酚醛树脂、环氧树脂等有良好的相溶性；具有较高的透明性，耐寒性、耐冲击性、耐紫外线性良好；对金属、玻璃、木材、陶瓷、纤维制品等有良好的黏结力。主要用于制造夹层玻璃(如安全玻璃、防弹玻璃等)的中间膜、涂料及黏合剂等。

聚乙烯醇缩甲醛 [polyvinyl formal]　聚乙烯醇中相邻两个羟基与甲醛的缩合反应而得的聚合物。聚乙烯醇与甲醛在酸催化下缩醛化反应制备聚乙烯醇缩甲醛，由于反应概率的影响，缩醛化反应不能达到 100%，总有大约 14% 左右的羟基残留下来。聚乙烯醇缩甲醛工业上最主要的用途是制作维纶纤维。此外，还可用作发泡剂、研磨材料、黏合剂、电气绝缘材料等。

聚乙烯醇缩甲醛纤维 [formalized poly (vinyl alcohol) fiber]　聚乙烯醇缩甲醛聚合物纺丝制成的合成纤维。商品名维尼纶，中国称维纶。由聚乙烯醇与甲醛在酸性催化剂存在下缩醛化而得，或者是将聚乙酸乙烯酯溶于乙酸或醇中，在酸性催化剂作用下与甲醛进行水解和缩醛化反应制得。其特点是强度高、韧性好、耐磨、耐酸碱、湿强度高、不怕霉蛀等；缺点是耐热性、弹性、染色性和尺寸稳定性较差。主要用来制作衣服，也可用于制造各种缆绳，帆布，农用防风、防寒纱布等。

聚乙烯醇纤维 [polyvinyl alcohol fiber]　以聚乙烯醇为原料纺丝制得的合成纤维。将这种纤维经甲醛处理所得到聚乙烯醇缩甲醛纤维，中国称维纶，国际上称维尼纶。比较低分子量聚乙烯醇为原料经纺丝制得的纤维是水溶性的，称为水溶性聚乙烯醇纤维，实际应用价值不大。

聚乙烯基吡咯烷酮 [polyvinyl pyrrolidone]　全称聚*N*-乙烯基吡咯烷酮，是由 *N*-乙烯基吡咯烷酮自由基聚合制得的水溶性、非离子型聚合物。易溶于水及含卤代烃类溶剂、醇类等，不溶于丙酮、乙醚、脂肪烃和脂环烃等少数溶剂。由于毒性很低、生理相容性好，因而在医药、食品、化妆品等领域广泛应用。

聚(*N*-乙烯基吡咯烷酮) [poly (*N*-vinyl pyrrolidone)]　即聚乙烯基吡咯烷酮。

聚乙烯基咔唑 [poly(1-vinyl carbazole); poly(*N*-vinyl carbazole)]　*N*-乙烯基咔唑自由基聚合制得的无定形结构聚合物。溶于乙酸乙酯、丙酮、苯、甲苯、四氢呋喃等，不溶于乙醇、乙醚、脂肪烃、矿物油等。具有较高的耐热性、耐水性和化学稳定性。其高频电气性能优良，具有光电导性能，主要作为高频绝缘材料、复印机鼓的传输层、全息照相的感光材料等。

聚乙烯基咪唑 [poly(1-vinylimidazole), poly(*N*-vinylimidazole)]　*N*-乙烯基咪唑自由基聚合制得的聚合物。是一种弱碱性线型聚合物，其分子链上含有叔胺官能团，具有离子交换、络合、催化活性、生物生理活性等特性，可用于组织工程、过滤吸附、重金属离子的脱除、药物缓释、催化(模拟水解酶的催化功能的研究)等众多领域。

聚乙酰氨基葡萄糖 [poly(*N*-acetyl glucosamine)]　即甲壳质。

聚异丁烯 [Polyisobutylene]　结构重复单元为—$CH_2C(CH_3)_2$—的聚合物，异丁烯的聚合物。可溶于脂肪烃、芳香烃、汽油、环烷烃、矿物油、氯代烃、一硫化碳中；部分溶于高级的醇类和酯类，不溶于低级的醇类、酮类。通常在低温(–100℃)下正离子聚合制备，通过控制温度控制聚合物的分子量。低分子量聚异丁烯作润滑剂的增黏剂，以适应高温润滑需要。高分子量聚异丁烯与聚乙烯共混作电缆涂层，还可用于防水胶布、防水石、蜡纸以及热熔胶中。如果在聚合时加入少量异戊二烯，得到的聚合物经交联后为丁基橡胶。该橡胶的气密性很好，广泛用作汽车和自行车内胎。

聚异戊二烯 [polyisoprene]　由异戊二烯单体聚合而得的聚合物的总称。可进行自由基、正离子、负离子以及配位聚合和共聚合，负离子聚合和配位聚合能够得到立构规整的聚合物。从理论上讲，可以有六种异构体，即顺 1,4-、反

1,4-，全同1,2-、间同1,2-、全同3,4-和间同3,4-聚异戊二烯；但目前只得到4种。自然界只存在两种异构体，即顺1,4-聚异戊二烯(天然橡胶、三叶胶)和反1,4-聚异戊二烯(杜仲胶、巴拉塔胶)。工业上重要的是顺1,4-聚异戊二烯，又称“合成天然橡胶”或异戊橡胶，于1958年成功合成。主要用于制造轮胎，以及靴鞋、电线、机械、医疗、体育器材、乳胶制品等。反式聚异戊二烯可做高尔夫球壳。

聚酯 [polyester] 结构重复单元以—COOR—相连的聚合物，由多元醇和多元酸缩聚而得的聚合物总称。包括脂肪族聚酯和芳香族聚酯，以及热塑性饱和聚酯和热固性不饱和聚酯。二元酸与二元醇缩聚得到线型聚酯，主要是指聚对苯二甲酸乙二酯(PET)，习惯上也包括聚对苯二甲酸丁二酯(PBT)和聚芳酯(PAR)等线型热塑性树脂。是一类性能优异、用途广泛的工程塑料。也可制成聚酯纤维和聚酯薄膜。此外还有聚酯弹性体(TPEE)一般由对苯二甲酸二甲酯、1,4-丁二醇和聚四氢呋喃二醇聚合而成，链段包括聚酯硬段部分和聚醚软段部分，为热塑性弹性体。此外还有官能度大于2的酸和醇缩合得到体型聚酯，如醇酸树脂。

聚酯树脂 [polyester resin] 由二元醇和二元酸或多元醇和多元酸缩聚而成的高分子化合物的总称。分为饱和聚酯树脂和不饱和聚酯树脂。饱和聚酯是指合成原料中不含除苯环外的不饱和键，常见的有聚对苯二甲酯乙二酯，能制成聚酯纤维、瓶类、薄膜等，广泛应用于包装业、电子电器、医疗卫生、建筑、汽车等领域。不饱和聚酯是一线型高分子，主链中含有—CH═CH—双键，能与苯乙烯、丙烯酸酯、乙酸乙烯酯等混合后，在引发剂和促进剂的作用下，于常温下聚合成不溶、不熔的交联结构产物。用于制作不饱和聚酯涂料、黏合剂。

聚酯纤维 [polyester fiber] 有机二元酸和二元醇缩聚而成的聚酯经纺丝所得的合成纤维。聚对苯二甲酸乙二酯纤维(PET 纤维)，商品名为涤纶，是当前合成纤维的第一大品种。故将其简称为聚酯纤维。其最大的优点是抗皱性和保形性很好，具有较高的强度与弹性恢复能力以及坚牢耐用、抗皱免烫、不粘毛等特性。

均苯四甲酸二酐 [pyromellitic dianhydride] 即均苯四甲酸酐。

均苯四甲酸酐 [pyromellitic dianhydride; 1,2,4,5-benzenetetracarboxylic anhydride] 又称均苯四甲酸二酐、1,2,4,5-苯四甲酸酐，化学式 $C_{10}H_2O_6$，分子量218.12，白色或微黄色块状和粉状固体结晶。熔点283～286℃。在室温下溶于二甲基甲酰胺、二甲基亚砜，*N*-甲基吡咯烷酮、丙酮乙酸乙酯；不溶于氯仿、乙醚、正己烷、苯。暴露在湿空气中水解变成均苯四甲酸。主要用于制备聚酰亚胺树脂。

均聚反应 [homopolymerization] 由一种单体发生的聚合反应。

均聚物 [homopolymer] 由一种单体经聚合而成的聚合物。

均聚增长 [homopropagation] 均聚反应中增长链与单体的加成反应。

均缩聚(反应) [homopolycondensation] 又称自缩聚反应，由一种带有两个不同官能团的单体进行的缩聚反应。如6-氨基己酸的缩聚得到聚己酰胺(尼龙6)。

均相聚合 [homogeneous polymerization] 整个聚合体系自始至终为均相的反应。在聚合反应过程中，单体、引发剂和形成的聚合物均能完全溶解在反应介质中；或引发剂和形成的聚合物均溶于单体的本体聚合；或熔融缩聚反应，整个聚合体系始终为均相的反应。大多数本体聚合和溶液聚合为均相聚合。

均相茂金属催化剂 [homogeneous metallocene catalyst] 在聚合条件下，体系为全溶状态的茂金属催化剂。具有传统茂金属催化剂的优点，不足之处在于催化剂的活性中心易发生双分子缔合而失活，因此必须加入大量甲基铝氧烷(MAO)将活性中心隔离开来。

均相缩聚 [homogeneous polycondensation] 自始至终都是在均一体系中进行的缩聚反应。如由4,4′-二氯二苯砜与双酚的钠盐在二甲基亚砜中缩聚反应而得的聚砜工程塑料。

开环共聚合 [ring opening copolymerization] 两种或多种环状单体，在引发剂或催化剂作用下进行开环共聚合，生成线型共聚物的反应。

开环聚合 [ring opening polymerization] 环状化合物单体在引发剂或催化剂作用下经过开环加成转变为线型聚合物的聚合反应。重要的开环聚合产物有聚环氧乙烷、聚环氧丙烷、聚四氢呋喃、聚环氧氯丙烷、聚甲醛、聚己内酰胺、聚硅氧烷等。

开环聚环烯烃 [polyalkenamer] 通过环状大烯烃开环易位聚合得到的主链含有双键的聚合物。

开环易位聚合 [ring opening metathesis polymerization (ROMP)] 环状烯烃在金属催化剂的条件下，通过交换彼此多重键，逐步聚合成线型聚合物的过程。以释放环状不饱和烃(如环戊烯)的环张力作为反应的驱动力，通过金属卡宾或者卡拜复合物的形成来催化反应进行，常用催化剂包括 $RuCl_3$/EtOH 混合物、Grubbs 催化剂等。研究表明，单体的取代基以及溶剂的选择都会影响所得聚合物的分子量。

糠醛苯酚树脂 [furfural phenol resin] 又称苯酚糠醛树脂，由糠醛与苯酚缩聚而成的一种呋喃树脂。深褐色至黑色固体，可用作塑料和黏合剂。模压制品的耐热性比酚醛树脂好，使用温度可以提高 10～20℃，尺寸稳定性、电性能也较好。

糠醛树脂 [furfural resin] 以糠醇或糠醛为原料制得的呋喃树脂。糠醛在酸性条件下很容易缩聚成树脂。糠醛也可以分别与苯酚、脲、丙酮缩聚分别得糠醛苯酚、糠醛脲、糠醛丙酮树脂。

可控/活性自由基聚合 [controlled/living radical polymerization(CLRP)] 在自由基聚合体系中，引入某种特定的化合物，如稳定自由基、金属络合物催化剂、二硫酯类化合物等，使增长链纯化形成可逆的休眠种，抑制不可逆链终止和链转移反应，控制聚合物分子量，得到分子量分布窄($M_w/M_n<1.3$)和聚合物链末端含有功能性基团(能引发单体聚合或第二单体共聚合)的产物，这类聚合称为可控/活性自由基聚合。可控/活性自由基聚合主要有氮氧自由基调控聚合(NMP)、原子转移自由基聚合(ATRP)、可逆加成断裂链转移聚合(RAFTP)等。

可逆加成断裂链转移聚合 [reversible addition fragmentation chain transfer polymerization(RAFTP)] 在自由基聚合反应中，当有二硫酯类化合物(通式为 Z—C(S)—S—R)，也称为 RAFT 试剂存在时，发生聚合物增长链与二硫酯化合物的可逆加成断裂链转移反应，从而控制聚合物的分子量和分子量分布，具有活性聚合特点的自由基聚合反应。以后有用黄原酸酯为转移剂，称为通过黄原酸酯之间交换的高分子设计(MADIX)聚合。

可溶酚醛树脂 [resol] 即甲阶酚醛树脂。

扩链剂 [chain extender] 又称链增长剂，是能与线型聚合物链上的官能团反应而使分子链扩展、分子量增大的化合物。常用于提高聚氨酯、聚酯等产品的力学性能和工艺性能。如二醇或二胺扩链剂能与异氰酸酯反应，用于聚氨酯的扩链；而二异氰酸酯、酸酐、环氧化物扩链剂能与羧基、羟基反应，用于聚酯的扩链。

扩散控制终止 [diffusion controlled termination] 在自由基聚合中，扩散系数较小的聚合物链自由基之间发生双分子终止。当体系的黏度增大时，链自由基的链段运动困难，活性末端甚至可能被包埋，双基终止困难。此时的终止反应，与聚合物自由基的化学结构相比，扩散系数处于支配地位，因此称为扩散控制终止。在扩散控制终止过程中，表观聚合速率及生成聚合物的分子量增大，温度也升高，此即为凝胶效应。

离子对聚合 [ion pair polymerization] 链增长活性种为离子对形式的离子聚合。离子聚合中链增长活性种的离子化方式有 3 种：紧密离子对、溶剂化离子对、自由离子(溶剂化离子)，它们之间存在平衡关系。以离子对方式时，聚合速率较小，产物立构规整性较好。

离子共聚合 [ionic copolymerization] 释文见无机化学同名词条。

离子交换高分子 [ion exchange polymer] 即离子交换树脂。

离子交换树脂 [ion exchange resin] 又称离子交换高分子。由高分子骨架和若干活性基团组成的具有离子交换功能的三维网状树脂。根据骨架的化学结构分为苯乙烯系列、丙烯酸系列、酚醛类等；根据活性基团的性质分为酸性和碱性两类，即阳离子交换树脂和阴离子交换树脂；同时含酸性和碱性基团的称为两性树脂。按活性基团的酸碱性强弱分为强酸(磺酸)型、弱酸(羧酸)型、强碱(季铵盐)型、弱碱(氨基)型及螯合树脂。最主要的树脂骨架是由苯乙烯在二乙烯基苯存在下悬浮聚合得到的球形粒子；此外，还有离子交换膜。主要用于硬水软化、污水处理、金属离子分离，生化分析、固体酸碱催化剂等。

离子[型]聚合 [ionic polymerization] 是离子型聚合反应的简称，链增长活性种为负离子或正离子的链式聚合反应。离子型聚合分为正离子聚合、负离子聚合、配位离子聚合。离子型聚合反应条件苛刻要求在无水、无氧，通常在较低温度下进行，大多数聚合反应温度低于 0℃，离子型聚合反应的活化能总是小于相应的自由基聚合的活化能，甚至可能是负值，对反应介质的极性和溶剂化能力的变化较敏感。能进行离子聚合的单体有烯类单体、环状单体等。工业化的正离子聚合的产品有聚异丁烯、丁基橡胶、聚甲醛等。用负离子聚合生产的有低顺和高顺丁橡胶、高顺聚异戊二烯橡胶、SBS 热塑性橡胶和聚醚等。

离子印迹聚合物 [ion imprinted polymer] 以离子为模板制备的印迹聚合物。

理想共聚合 [ideal copolymerization] 二元共聚物中两种单体的竞聚率互为倒数的共聚合反应时，共聚物组成与原料组成(投料)呈简单比例关系，由于该组成比与二元理想溶液气相摩尔分率的表达形式类似，曲线图形也类似，所以称为理想共聚合。其实得到的共聚物分子链中以一种单体单元为主，在此单体组成的链段中嵌入另一种单体的链节或极短的链段，并不一定是理想的。

力化学降解 [mechanochemical degradation] 聚合物在机械外力作用下发生的降解。一般能发生力化学降解的聚合物链结构中含有弱的共价键，在外力(超声、剪切、拉伸)下化学键发生断裂而使聚合物发生降解，是目前刺激响应性高分子研究的一个重要方向。早期关于力化学降解的工作也包括碾磨作用下高密度聚乙烯、聚氯乙烯的力化学降解。

立构规整聚合 [stereoregular polymerization; stereospecific polymerization] 又称定向聚合、立体选择聚合。单体形成立构规整性聚合物的聚合过程。可细分为配位聚合、离子型定向聚合和自由基定向聚合等。

立体定向聚合物 [stereospecific polymer] 即有规立构聚合物。

立体选择聚合 [stereospecific polymerization] 即立构规整聚合。

连锁聚合 [chain polymerization] 即链[式]聚合。

连续聚合 [continuous polymerization] 将单体和其他组分连续加入聚合反应器，并连续获得聚合物的聚合方法。工业上用于苯乙烯、乙酸乙烯酯、苯乙烯-丁二烯橡胶、丁基橡胶和尼龙 6 等的聚合，聚合方法可用本体聚合、溶液聚合、悬浮聚合和本体聚合等。

链断裂 [chain breaking] 聚合物链在氧、光、热等作用下发生断裂的现象。聚合物链的断裂导致其机械力学性能等下降。

链[式]聚合 [chain polymerization] 又称连锁聚合，聚合物链的增长完全靠聚合物链端的活性中心(活性链)与单体反应，进而在每一增长步骤结束时产生新的活性中心的链反应。链式聚合反应包括链引发(链的起始反应)，即由引发剂与单体的反应产生活化单体；然后是链增长反应，即活化单体不断地与单体的反应，在每一增长步骤结束时产生新的活性链；最后为活性链的链转移或自身失去活性终止。烯类单体的加成聚合为链式聚合，活性中心可以是自由基、正离子和负离子。

链增长 [chain growth; chain propagation] 链式聚合反应中，由引发反应产生的活性种(活化单体)不断与单体的加成导致聚合度增加的过程。

链增长剂 [chain extender] 即扩链剂。

链支化 [chain branching] 聚合反应中聚合物链中产生支叉结构的过程。在链式聚合中向聚合物的链转移反应，采用 3 个或 3 个以上官能团单体参与的缩聚反应，以及接枝聚合反应都能使聚合物链支化。支化可产生长支链和短支链。支化会改变线型聚合物的性能。

链终止 [chain termination] 聚合反应中活性链失去活性而使聚合反应终止的过程。活性阴离子聚合是无终止的聚合反应，需要人为外加一些化合物使聚合反应终止。自由基聚合存在不可避免的歧化终止和偶合终止，导致活性自由基聚合非常难实现。

链终止剂 [chain termination agent] 参见链终止。聚合反应中加入的一种能使聚合反应中断的化合物。自由基聚合中可加入对苯二酚、DPPH 等。在离子聚合中加入甲醇即可终止反应。负离子活性聚合加入能与活性链末端反应的化合物如 CO_2、环氧乙烷等可使聚合终止而在端基引入官能团。

链转移 [chain transfer] 活性链与其他物质作用，原活性中心终止同时又生成一个新活性链的反应过程。链转移的结果使活性链数目不变。若新活性链活性减小，则使总链式反应减慢。链转移反应可用来控制和调节聚合物的分子量。可与活性链发生链转移反应的有单体、引发剂、溶剂、链转移剂、高分子链等。

链转移常数 [chain transfer constant] 链转移速率常数和链增长速率常数之比(k_{tr}/k_p)，代表链转移反应与链增长反应的竞争能力。

链转移剂 [chain transfer agent] 在链式聚合反应中，能与活性链发生链转移反应，同时生成不降低活性的新活性中心的物质。主要用于控制和调节高分子的端基和分子量。脂肪族硫醇和十二烷基硫醇常用作自由基聚合的链转移剂；水、醇、醚、酸、酯和醌是阳离子聚合的链转移剂；水、二氧化碳、氧、醇和有机酸为阴离子聚合的链转移剂。

两性离子聚合 [zwitterion polymerization] 亲核和亲电单体之间无需添加任何引发剂，就能通过形成两性离子中间体自发聚合。如 2-噁唑啉(2-oxazoline)与 β-丙内酯之间的聚合是通过 2-噁唑啉向 β-丙内酯的亲核进攻，形成两性离子的二聚体而后增长为两性离子的四聚体，以后逐步增长成为更大的两性离子。

邻苯二甲酸二烯丙酯 [diallyl phthalate] 化学式 $C_{14}H_{14}O_4$，分子量 246.26。为无色或淡黄色油状液体，多采用邻苯二甲酸钠与烯丙基氯以叔胺为催化剂制得，也可用邻苯二甲酸（酐或酰氯)与烯丙醇反应制取。可溶于乙醇、乙醚、丙酮、苯等有机溶剂，部分溶解于矿物油、甘油、乙二醇中。主要用于制备聚邻苯二甲酸二丙烯酯树脂，也可用作乙烯基树脂的增塑剂，不饱和聚酯树脂的交联剂等。

硫化橡胶 [vulcanized rubber; vulcanizate] 生胶加入各种配合剂混炼、压延、成型和硫化后制备得到的橡胶制品的总称。硫化后的橡胶强度和弹性都得到明显提高。

硫硫化 [sulfur vulcanization] 用硫黄使橡胶(生胶)硫化的过程。橡胶在加热或室温下与硫黄发生化学反应，使橡胶分子中的不饱和键与硫磺反应彼此交联形成网状或体型的过程。硫化后的橡胶称为硫化胶(或橡皮)。

卤化丁基橡胶 [halogenated butyl rubber] 丁基橡胶经卤化反应制备得到的合成橡胶。包括氯化丁基橡胶和溴化丁基橡胶两类。卤素主要是以烯丙基卤原子的形式结合。

氯醇橡胶 [epichlorohydrin rubber] 即氯醚橡胶。

氯丁二烯 [chloroprene] 分子式 $CH_2{=}CH{-}C(Cl){=}CH_2$，分子量 88.55，沸点 139℃。微溶于水，可与许多有机溶剂混溶。工业上由乙炔或丁二烯为原料制备。容易发生自由基聚合，主要用来制备氯丁橡胶。

氯丁橡胶 [chloroprene rubber] 2-氯-1,3-丁二烯经自由基乳液聚合得到的合成橡胶。有优良的耐油、耐候、耐臭氧老化性，对多种化学药品稳定，抗拉强度高，因此，广泛用于耐水防燃电缆、耐热运输带、耐油耐腐蚀胶管和胶带，以及胶黏剂、密封材料。缺点是耐寒和储存性能差。

氯硅烷 [chlorosilane] 硅烷 SiH_4 中的氢原子被氯原子取代后得到的产物总称。含氯量低时为气体，较高时为液体，无色或黄色。常见的有四氯化硅、三氯硅烷等。能与含活泼氢的化合物进行激烈反应，如与水、醇、酚、硅醇、有机酸等，放出氯化氢。

氯化聚乙烯 [chlorinated polyethylene(CPE)] 聚乙烯中部分氢被氯取代制得的改性聚合物。由高密度聚乙烯经氯化取代反应制得的改性高分子。外观为白色粉末，无毒无味，具有优良的耐候性、耐臭氧、耐化学药品性能与良好的耐油性、阻燃性及着色性能。根据氯含量的不同，可作为树脂和橡胶使用。因与其他高分子材料具有良好的相容性，可以与其他塑料或橡胶共混改性。

氯磺化聚乙烯 [chlorosulfonated polyethylene] 聚乙烯经氯磺化得到的改性聚合物。由低密度聚乙烯或高密度聚乙烯在氯气和二氧化硫存在下经过氯化和氯磺化反应制得的改性高分子。为白色或黄色弹性体，能溶解于芳香烃及氯代烃，不溶于脂肪及醇中，在酮和醚中只能溶胀不能溶解。是一种性能优良的橡胶，有优异的耐臭氧性、耐大气老化性、耐化学腐蚀性等。常用氯磺化聚乙烯来改善其他橡胶的耐臭氧性、耐老化和耐磨性等；与聚氯乙烯共混来改善其抗冲击强度和耐候性。

氯醚橡胶 [epichloro-hydrin rubber] 又称环氧氯丙烷橡胶、氯醇橡胶，侧基上含有氯原子的聚醚型橡胶。由环氧氯丙烷开环聚合或环氧氯丙烷与环氧乙烷开环共聚制得的合成橡胶。主要有单独环氧氯丙烷的均聚氯醚橡胶，环氧氯丙烷与环氧乙烷的二元共聚氯醚橡胶和环氧氯丙烷、环氧乙烷与环氧丙烷的三元共聚氯醚橡胶。具有耐油、耐臭氧性能，耐热性能比丁腈橡胶好，透气性小。适于制作密封垫圈和膜片。

氯乙烯 [vinyl chloride] 分子式 $CH_2{=}CHCl$，分子量 62.5，室温下为气体，难溶于水，易溶于乙醚、乙醇、丙酮等。工业制备方法主要有乙炔法，即由乙炔与氢氰酸加成制备；乙烯法，乙烯氯化生成二氯乙烷，然后脱氯化氢。氯乙烯单体有毒，在引发剂的存在下，可进行自由基聚合反应生成聚氯乙烯。

螺旋型高分子 [helical polymer] 分子具有螺旋链结构的聚合物。其历史可以追溯到天然大分子的螺旋构象的发现。1955 年，纳塔(G. Natta)发现等规立构聚丙烯在固态下呈现螺旋结构，这是合成螺旋型高分子的开端。天然大分子如 DNA、蛋白质等都有螺旋结构，科学家发现其生物活性与螺旋结构有关。因此合成的螺旋型高分子具有独特的性质以及广泛的用途。

马来酸二烯丙酯 [dipropyl maleate] 即顺丁烯二酸二烯丙酯。

马来酸酐 [maleic anhydride] 又称顺丁烯二酸酐，化学式 $C_4H_2O_3$。相对分子质量：98.06，熔点 54～56℃，沸点 200℃。易升华，溶于水、醇、乙醚、乙酸乙酯、丙酮等。通常由顺丁烯二酸脱水制备。本身难自由基均聚合，但可以与苯乙烯等发生自由基共聚合，且主要生成交替结构的聚合物。

茂金属催化剂 [metallocene catalyst] 即二茂金属催化剂。

酶促聚合 [enzymatic polymerization] 又称酶催化聚合。酶催化作用下有机小分子聚合形成高分子的反应。利用或模拟生物合成的方法，一般具有高度区域或立体选择性、专一性强、条件温和、反应速率快等特点。可制备常规化学方法难以得到的规整性、旋光性、窄分布的高分子。酶催化二元酸酯与二元醇的缩聚或内酯、交酯的开环聚合已被用于制备生物可降解聚酯，酚、苯胺也可经酶催化聚合，分别生成聚苯酚和聚苯胺。

酶催化聚合 [enzymatic polymerization] 即酶促聚合。

米花状高分子 [porpcorn polymer] 即 ω 高分子。

蜜胺-甲硅树脂 [melamine-formaldehyde resin] 即三聚氰胺-甲醛树脂。

明胶 [gelatin] 胶原蛋白部分水解产生的肽和蛋白质的混合物。富含甘氨酸、脯氨酸、4-羟基脯氨酸等。可由动物皮、骨等为原料通过预处理、提取和回收等步骤制备，主要用作食品凝胶剂，也用于制药、化妆品等行业。

模板聚合 [template polymerization] 在模板存在下，单体与模板发生某种相互作用而进行的聚合反应。模板包括高分子、低分子晶体或胶束等。单体与模板的相互作用包括共价键和非共价键，得到的高分子能够反映模板的某些信息，如聚合度，分子量分布，组成、序列或立构等。

木质素 [lignin] 释文见能源化学同名词条。

纳米纤维 [nano-fiber] 直径为纳米尺度而长度较大的线状材料。纳米纤维主要包括两个概念：一是严格意义上的纳米纤维，指纤维直径小于 100 nm 的超细纤维。另一概念是将纳米颗粒填充到普通纤维中对其进行改性的纤维。

耐热高分子 [heat-resistant polymer] 能在 150～300℃温度范围内长期使用的高分子材料。主要包括：耐150～200℃的聚砜、聚酯酰亚胺、聚酰胺酰亚胺、耐热酚醛树脂、耐热环氧树脂；耐 200～250℃的聚芳砜、聚苯硫醚、聚二烯丙基邻苯二甲酸酯、可熔性聚酰亚胺(聚醚酰亚胺)、四氟乙烯-六氟丙烯共聚；250～300℃聚酰亚胺、聚四氟乙烯、聚苯基喹噁啉等。

根据应用的要求，选用耐热高分子的原则为：①要求在热或热、氧同时作用下不发生化学变化，一般选用元素高分子(如含氟高分子、有机硅高分子)和芳杂环高分子。② 除用作烧蚀材料外，要求在使用温度下仍保持一定的物理、力学性能，一般选用分子链刚性大的、玻璃化温度较高的材料或适度交联的材料。

内酰胺 [lactam] 释文见有机化学同名词条。

尼龙 [nylon] 聚酰胺的俗称。

尼龙 1010 [nylon 1010] 即聚癸二酰癸二胺。

尼龙 11 [nylon 11] 即聚十一酰胺。

尼龙 3 [nylon 3] 即聚(β-氨基丙酸)。

尼龙 6 [nylon 6] 即聚己二酰己二胺。

黏胶纤维 [viscose fiber] 又称人造丝。黏胶溶液纺丝制得的纤维。黏胶溶液是纤维素经氢氧化钠和二硫化碳处理后所得的纤维素黄原酸盐的水溶液。黏胶纤维属再生纤维素纤维，具有与天然纤维类似的吸湿性好、柔软、透气、抗静电、易染色等特性。原料易得，成本低，但生产过程易造成环境污染。主要用于日用纺织产品，如衣物、床上用品等。通过进一步改性可改善其湿态耐久性和耐磨性差、弹性低、容易起皱等性能。

尿素树脂 [urea resin] 即脲醛树脂。

脲醛树脂 [urea-formaldehyde resin] 又称尿素树脂。尿素与甲醛在催化剂（碱性或酸性催化剂）作用下，缩聚成初期脲醛树脂，然后再在固化剂或助剂作用下，形成不溶、不熔的末期热固性树脂。固化后的脲醛树脂颜色比酚醛树脂浅，呈半透明状，耐弱酸、弱碱，绝缘性能好，耐磨性极佳，价格便宜，它是胶黏剂中用量最大的品种，特别是在木材加工业各种人造板的制造中，脲醛树脂及其改性产品占胶黏剂总用量的 90%左右。

凝胶现象 [gelation] 指一种物质的溶液经化学或物理处理后，逐渐变得黏稠，最后失去流动性而成为具有弹性的胶冻状物质的现象。高分子凝胶现象是高分子在一定条件下互相连接，形成空间网状结构，结构的空隙中充满了作为分散介质的液体(在干的凝胶中也可以是气体)，该分散体系黏稠并失去流动性能，是一种结构凝胶化现象。聚合过程凝胶现象是多官能团单体聚合到某一程度，得到的仍含有活性官能团的线型聚合物，在一定的条件下由于分子间的交联反应使体系的黏度骤然增大而产生凝胶(即不熔不溶的体形聚合物)，渐渐失去流动性，是一种化学凝胶化现象。

偶氮类聚合物 [azo polymer] 分子结构中含有偶氮基—N═N—并与两个结构基元(R，R')相连的聚合物。偶氮基可以在聚合物主链中，也可以在聚合物的侧链中。偶氮类基团的顺反异构化是芳香族偶氮化合物最受关注的性质，即顺式与反式构型之间的相互转变。偶氮类聚合物作为一种具有良好感光性能的物质，在光响应高分子材料的研究中具有重要作用，如在光信息存储、生物应用等方面具有很大的潜在应用价值，因而引发了人们的兴趣。

偶氮[类]引发剂 [azo type initiator] 是分子结构中含有偶氮基—N═N—并与两个烷基(R，R')相连的化合物。通式为 R—N═N—R'，它可在光和热作用下分解而放出氮气，同时生成自由基，是自由基聚合引发剂的一种，也是一类重要的发泡剂。偶氮类引发剂的分解几乎全部为一级反应，只形成一种自由基，没有副反应，在分解过程中生成的氮气可用于泡沫塑料发泡剂及通过氮气排出速率测定引发剂分解速率。常用的有偶氮二异丁腈和偶氮二异庚腈等，适用于中温引发分解反应。带羧基、磺酸基等亲水基团的水溶性偶氮化合物适用于水溶液聚合。

偶合终止 [coupling termination] 自由基聚合终止方式之一。两个自由基相互结合成共价键的终止方式，结果是两个大分子活性链生成一个大分子。自由基聚合中，终止方式与单体中结构密切关联。如在 60℃丙烯腈自由基聚合偶合终止占 100%，苯乙烯占 77%，而醋酸乙烯酯的偶合终止为0%(主要发生歧化终止)。

偶联聚合 [coupling polymerization] 通过氧化反应形成自由基，而后双基偶联形成聚合物的过程。如酚或取代酚的氧化偶联聚合；或通过官能团反应将两个或多个大分子链连接起来的聚合反应。可以是端基聚合物之间的偶联，也可以是加入第三种小分子作偶联剂与聚合物端基的功能团发生偶联反应。偶联聚合可用于合成嵌段和星形聚合物及环氧树脂的固化等。

配位负离子聚合 [coordinated anionic polymerization] 聚合过程中活性链按负离子机理增长的配位聚合。许多重要的高分子产品(如高密度聚乙烯、等规聚丙烯、顺丁橡胶和异戊橡胶等)都是用配位负离子聚合反应制备的。

配位聚合 [coordination polymerization] 又称配位络合聚合。由两种或两种以上的组分所构成的络合催化剂引发的链式聚合反应。它是一个离子型过程，按照其增长链端基的性质可以分为配位负离子和配位正离子聚合，增长反应包括两步：第一步，单体在催化剂上配位并活化；第二步，被活化的单体在过渡金属烷基键 M—R 中间插入而聚合。

配位聚合物 [coordination polymer] 结构重复单元含有金属离子配位键的聚合物，一般通过有机配体和金属离子间的配位键形成，具有高度规整的无限网络结构。配位聚合物的研究需要把有机配体的结构和不同配位能力的给体原子与具有不同配位倾向性的金属离子综合考虑，是无机、有机、固态、材料化学的交叉科学，在非线性光学材料、磁性材料、超导材料及催化等多方面都有极好的应用前景。由有机配体和金属离子形成任何复合物物种原则上都是一个自组装过程，配位聚合物的设计重点在于配体的设计和金属离子的选择，二者相互作用产生重复单元，按被控方式形成确定的结构。

配位络合聚合 [coordination polymerization] 即配位聚合。

配位正离子聚合 [coordinated cationic polymerization] 聚合过程中活性链按正离子机理增长的配位聚合过程。

偏(二)取代乙烯单体 [vinylidene monomer] 即1,1-亚乙烯基单体。

偏氯乙烯 [1,1-dichloroethylene] 分子式 $CH_2{=}CCl_2$，分子量 96.94，沸点 30～32℃。由 1,1,2-三氯乙烷脱氯化氢制备。难溶于水，易溶于乙醚、乙醇、丙酮等。单体有毒，在引发剂存在下，可进行自由基聚合，生成聚偏氯乙烯。

平衡聚合 [equilibrium polymerization] 在烯类单体和环状单体的链式聚合反应过程中，一定条件下(单体浓度、聚合温度)聚合反应与解聚合反应速度相等时即达到平衡聚合。由于大多数单体聚合放热较大，因此在一般聚合温度下，聚合非常完全，是不可逆的，不存在聚合平衡。但对于某些特殊的烯类单体，如α-甲基苯乙烯，聚合放热较小，很容易达到聚合平衡。对于环张力较大的 3,4 元环单体，开环聚合也是不可逆的。但对于环张力较小的 5、6 元环单体，如四氢呋喃，在任何温度下都是平衡聚合。另外，有羧酸合成聚酯、聚酰胺的缩聚反应，也存在聚合平衡，一般称为平衡缩聚。

平均官能度 [average functionality] 有两种或两种以上单体参加的混缩聚或共缩聚反应中在达到凝胶点以前的线型缩聚阶段，反应体系中实际能够参加反应的官能团数与单体总物质的量之比。平均官能度的计算与凝胶点的预测有很大的关系。

齐格勒-纳塔催化剂 [Ziegler-Natta catalyst] 由元素周期表中Ⅳ至Ⅷ族过渡金属化合物与Ⅰ至Ⅲ主族金属有机化合物组成，常常具有引发 α-烯烃进行配位聚合的活性。因德国科学家齐格勒(K. Ziegler)和意大利科学家纳塔(G. Natta)的贡献而得名。齐格勒发现四氯化钛与三乙基铝组成的催化剂能使乙烯在常温低压下得到聚乙烯。纳塔在此基础上发现了这类催化体系使 α-烯烃、共轭双烯烃等形成立构规整聚合物，并发展了一大系列由Ⅳ～Ⅷ族过渡金属(Ti，V，Cr，Co，Ni)和Ⅰ～Ⅲ族碱金属烷基化合物(Al，Zn，Mg，Be，Li)组成的催化剂。按催化剂在聚合体系中是否溶解分为均相催化剂和非均相催化剂。前者在理论研究和生产乙丙橡胶方面有重要价值。非均相催化剂表面结构对生成聚合物立构有控制作用。

齐格勒-纳塔聚合 [Ziegler-Natta polymerization] 由齐格勒-纳塔催化剂催化的聚合反应统称。最重要的包括乙烯的聚合制备高密度聚乙烯，丙烯聚合制备全同聚丙烯，1,3-丁二烯的聚合制备顺丁橡胶，异戊二烯的聚合制备天然橡胶。乙炔也可发生齐格勒-纳塔聚合制备得到聚乙炔。

歧化终止 [disproportionation termination] 自由基聚合的一种终止方式，某一自由基夺取另一自由基的氢原子或其他原子而终止的方式。歧化终止的结果，大分子的聚合度与链自由基的结构单元数相同。自由基聚合中，终止方式与单体结构密切关联。如甲基丙烯酸甲酯，歧化终止占 79%，偶合终止占 21%；醋酸乙烯酯，歧化终止接近 100%。

气相聚合 [gaseous polymerization；gas phase polymerization] 是单体以气态方式加料进行的一种聚合反应。实际上，聚合体系往往在聚合初期为气相，以后则成为液相甚至固相，具体情况随所处的压力和温度等反应条件而定。许多常温常压下以气态形式存在的单体(如乙烯、丙烯和氯乙烯等)，常常采用气相聚合将其转化为聚合物。例如，乙烯在温度为 180～200℃、压力为 150～300 MPa 下，采用氧或有机过氧化物为引发剂进行的聚合反应即为气相聚合的一个实例。

前末端基效应 [penultimate effect] 是指自由基共聚合中，活性链末端倒数第二个基团对活性中心自由基反应性的影响。

嵌段共聚合 [block copolymerization] 两种或两种以上单体分别聚合成链节(或链段)生成嵌段共聚物的一类共聚合反应。主要有：①自由基嵌段共聚合：基本原理与自由基接枝共聚合相似，不同的是接出的位置不同。其主要聚合方法有活性端基的反应、高分子引发剂的嵌段共聚合、活性的自由基嵌段共聚合。②负离子嵌段共聚合：其主要聚合方法有逐步加入单体合成嵌段共聚物、偶联反应合成嵌段共聚物、共聚合反应合成嵌段共聚物。③正离子嵌段共聚合：如四氢呋喃的正离子开环聚合可以得到活的聚合物，继续进行正离子嵌段共聚合。④逐步反应嵌段共聚合：如一分子端基为羟基的聚醚二醇或端基为羟基的脂肪族聚酯二醇与二分子的4,4′-二苯基甲烷二异氰酸酯MDI反应，形成端基为异氰酸酯的预聚物，然后再与二元醇或二元胺进行逐步聚合而成聚醚(或脂肪族聚酯)聚氨酯、聚醚(或脂肪族聚酯)聚脲。

嵌段共聚物 [block copolymer] 两种单体单元各自组成长序列链段而彼此经共价键结合的共聚物。如AB两嵌段共聚物，ABA或ABC三嵌段共聚物，$(AB)_n$多嵌段共聚物等。主要通过嵌段共聚合及高分子端基反应制备。当两个不同链段互不相容时，会发生相分离形成多相体系。工业上重要的产品包括SBS热塑弹性体，聚醚(或脂肪族聚酯)聚氨酯等。

ω-羟基酸 [ω-hydroxyl acid] 含有一个羟基和一个羧基的有机脂肪酸，结构通式为OH—R—COOH，根据羟基与羧基间隔基碳原子的数目，超过4个碳原子的羟基酸统称为ω-羟基酸。

羟乙基纤维素 [hydroxyethyl cellulose] 由纤维素和环氧乙烷(或氯乙醇)经醚化反应制备的非离子型可溶纤维素醚类。是一种白色或淡黄色，无味、无毒的纤维状或粉末状固体。具有良好的增稠、悬浮、分散、乳化、黏合、成膜等特性，已被广泛应用在石油开采、涂料、建筑、医药食品、纺织、造纸以及高分子聚合反应等领域。

桥连茂金属催化剂 [bridged metallocene catalyst; ansa-metallocene] 茂金属催化剂中的两个环戊二烯单元通过桥连基团连接而得。桥连基团限定了环戊二烯的转动和角度，可以调节催化活性中心的空间大小和金属的反应性能，实现对烯烃聚合催化性能的调控。

氢化丁腈橡胶 [hydrogenated butadiene-acrylonitrile rubber(HNBR)] 由丁腈橡胶进行特殊加氢处理而得到的一种高度饱和的弹性体。主要有三种制备方法：乙烯-丙烯腈共聚法、NBR溶液加氢法和NBR乳液加氢法。HNBR具有良好耐油、耐热性能，优良的耐化学腐蚀性能，优异的耐臭氧性能，同时还具有高强度，高撕裂性能、耐磨性能优异等特点，是综合性能极为出色的橡胶之一。

氢化橡胶 [hydrogenated rubber] 不饱和橡胶经加氢饱和双键后得到的高度饱和的弹性体。一般分完全饱和与少量双键残留二类。完全饱和不能用硫黄硫化，能用过氧化物硫化；少量双键残留可以用硫黄硫化。

氢转移聚合 [hydrogen transfer polymerization] 又称质子转移聚合、负离子异构化聚合。是一种有氢离子分子内转移重排的异构化聚合。它是由引发剂的负离子与单体作用，先形成单体的负离子，然后以逐步聚合方式形成聚合物。在此聚合过程中，增长中心既不是负碳离子，也不是自由基，而是单体的氮负离子与单体的双键加成。低聚体的存在以及分子量随反应时间增长而增大，说明反应是逐步进行的。丙烯酰胺负离子聚合是典型的氢转移聚合，由负离子引发剂引发的单体负离子，提取另一单体中酰胺氮上的氢，这酰胺氮负离子可引发单体聚合形成一头带双键的负离子，它又重复提氢与加成反应而增长，产物为聚酰胺3。

琼脂 [agar] 海藻中提取的由琼脂糖和琼脂胶组成的多糖混合物。海藻细胞壁的主要结构支撑成分。琼脂糖(agarose)是由D-吡喃半乳糖和3,6-脱水-L-吡喃半乳糖两种单元交替组成的线型多糖；琼脂胶(agaropectin)为琼脂糖的衍生物，单糖残基不同程度地被硫酸基、甲氧基、丙酮酸取代，取代基的含量显著影响琼脂的凝胶性质。琼脂溶于热水，冷却形成透明凝胶，广泛用作细菌等微生物培养的基底；琼脂糖凝胶常用作电泳的支持介质。琼脂在食品工业中用作果冻、果糕等的胶凝剂，果汁饮料的稳定剂；还用于造纸、化妆品等领域。琼脂可以由麒麟菜、石花菜、鸡毛菜、紫菜等中提取。

全同间同等量聚合物 [equitactic polymer] 相邻两个构型单元具有相同构型的链段和相邻两个构型单元具有相反构型的链段在整个主链上等量分布的聚合物。

全同立构聚合 [isotactic polymerization; isospecific polymerization] 单取代的单体小分子聚合过程中，相邻结构单元上取代基在费歇尔投影式中排布于主链同侧的聚合反应。

全同立构聚合物 [isotactic polymer] 大分子链上的相邻重复单元为内消旋或者说取代基在费歇尔投影式中位于主链同侧的聚合物。

全纤维素 [holocellulose] 植物中纤维素和半纤维素类多糖的总称。可于制备具有较高强度的特种纸(如镜状纸)、纤维二糖和多聚糖等药品的原料。

热电高分子 [pyroelectric polymer] 具有热电性质的高分子。介电高分子的偶极自发或在外场诱导下取向极化可导致热电性。无定形、半结晶及液晶性高分子经极化处理后热电效果增强，但结晶性介电高分子不需取向处理即有热电性。聚偏氟乙烯是最具代表性的热电高分子。

热固性树脂 [thermosetting resin] 由可延展或软的小分子或低分子量预聚物经化学反应形成的、具有不可逆交联网络结构的树脂。加热或辐照固化，不溶、不熔。与热塑性树脂比较，一般强度高、耐热性好，但较脆且不易回收再利用。典型代表包括酚醛树脂、环氧树脂、多数聚酰亚胺、硫化橡胶、三聚氰胺甲醛树脂、脲醛树脂等，广泛用于军工、日用品、汽车制造、涂料、黏合剂等领域。

热降解 [thermal degradation] 聚合物在加热条件下发生的降解。分三类：①侧链消除反应，其特点是主链不断，分子量适度减小但对聚合物力学性能影响不明显；聚氯乙烯受热脱氯化氢属此类。②主链无规降解，其特点是聚合物主链断裂，分子量和力学性能骤降，但质量变化较小；聚乙烯和聚苯乙烯的热降解属此类。③链式降解，从高分子链端开始反应，顺次降解为单体，聚合的逆反应；聚甲基丙烯酸甲酯、聚甲醛的热降解属此类。

热聚合 [thermal polymerization] 无引发剂、无辐照条件下烯类单体的自引发聚合。苯乙烯和甲基丙烯酸甲酯在高纯度条件下可热聚合，工业上用于生产作为电绝缘材料的高纯度聚苯乙烯。

热熔胶 [melt adhesive] 即热熔黏合剂。

热熔黏合剂 [melt adhesive] 又称热熔胶，指加热熔融到一定温度能变为流动且具有一定黏性的液体。乙烯和醋酸乙烯酯在高温高压下共聚而成的即EVA树脂是一类典型的热熔胶树脂。主要用于如状、鞋、帽的生产，纸质包装封箱制备等领域。

热塑性树脂 [thermoplastic resin] 受热后软化或可流动，冷却后硬化，可反复塑制成型的树脂。与热固性树脂对应，聚合物链为线型或支化拓扑结构，分子量大，链间无共价交联网络。特点是易于回收、可多次加工成型，但多数树脂耐热性较差、易形变。加工性质及使用性能受聚合物的化学及拓扑结构、分子量及分布、添加剂的种类及用量、加工过程等因素影响。典型代表包括聚乙烯、聚丙烯、聚氯乙烯、聚苯乙烯、聚酯等，广泛用于建筑、日用品、汽车制造等领域。

热响应性高分子 [thermoresponsive polymer] 又称温度敏感高分子，物理化学性质随外界温度微小改变而显著变化的高分子。属刺激响应性高分子之列。

热氧化降解 [thermooxidative degradation] 氧气存在下的热降解。属于自由基链式反应。

热引发 [thermal initiation] 不加引发剂，单体在热的直接作用下引发聚合的方式。工业上苯乙烯的聚合采用热引发方式。

热引发聚合 [thermally induced polymerization] 单体中不加入引发剂，单体只在热的作用下发生的聚合反应。

热引发转移终止剂 [thermoiniferter] 在热引发或热引发剂引发的自由基聚合过程中同时起引发、转移和终止的一类化合物。

热致液晶高分子 [thermotropic liquid crystalline polymer] 在升降温过程中可在一定温度范围内呈现出液晶行为的高分子。

人造丝 [rayon] 即黏胶纤维。

溶聚丁苯橡胶 [solution polymerized butadiene styrene rubber(SSBR)] 按聚合工艺，丁苯橡胶分为乳聚丁苯橡胶(ESBR)和溶聚丁苯橡胶(SSBR)。由丁二烯、苯乙烯为主要单体，在烃类溶剂中，采用有机锂化合物作为引发剂，引发阴离子聚合制得的聚合物胶液，加入抗氧剂等助剂后，经凝聚、干燥等工序而生产出产品胶为溶聚丁苯橡胶。

溶液聚合 [solution polymerization] 将单体溶于适当溶剂中，加入引发剂(或催化剂)在溶液状态下进行的聚合反应。是高分子合成过程中一种重要的合成方法。如果生成的聚合物也能溶解于溶剂中，是均相溶液聚合；如果生成的聚合物不能溶解于溶剂中，随着反应的进行生成的聚合物不断地沉淀出来，是非均相(或异相)溶液聚合，亦称沉淀聚合。在工业上溶液聚合适用于直接使用聚合物溶液的场合，如涂料、胶黏剂、合成纤维纺丝液等。

溶致液晶高分子 [lyotropic liquid crystalline polymer] 由于溶剂的作用而在一定浓度范围内呈现出液晶行为的高分子。

熔融缩聚 [melt phase polycondensation] 单体和生成的聚合物均处于熔融状态下的缩聚反应。缩聚产物的分子量和产量随时间延长而逐步增长，到达缩聚反应终点的时间需要很长，为避免物料经受长时间高温氧化，整个缩聚反应过程都需要在减压和氮气保护下进行。为加快缩聚反应速度，需要逐步提高真空度，将小分子副产物脱除净，使反应平衡向缩聚产物方向进行。当缩聚反应结束，需要将产物在熔融状态下从缩聚反应器底部流出，经造粒或稀释成产品。如聚酯、聚酰胺、不饱和聚酯等生产都是采用熔融缩聚的方法。

乳液聚合 [emulsion polymerization] 借助乳化剂和机械搅拌，使水不溶单体分散在水中形成乳液，在水溶性引发剂引发下发生的自由基聚合反应。优点：①聚合速度快，产品分子量高；②用水作分散介质，有利于传热控温；③反应达高转化率后乳聚体系的黏度仍很低，分散体系稳定，较易控制和实现连续操作；④胶乳可以直接用作最终产品。工业上用此法生产丁苯橡胶。

三氟氯乙烯 [chlorotrifluoroethene] 分子式 CF_2CFCl，分子量 116.47。无色无臭气体，–26.2℃。溶于苯等有机溶剂。

在空气中的爆炸极限浓度为 28.5%～35.2%。因此操作三氟氯乙烯的场所必须通风，在运输、储存时需要添加阻聚剂。三氟氯乙烯可通过本体聚合制成聚三氟氯乙烯树脂，用于精密仪器的密封等薄膜。

三官能[基]单体 [trifunctional monomer] 单体内含有三个官能基的化合物，如丙三醇是含有三个羟基的单体。

三官能引发剂 [trifunctional initiator] 在同一分子中含有三个能产生自由基的官能团的引发剂。含偶氮、过氧键的化合物是典型的热分解性自由基引发剂，如将它们共同引入到同一分子中，可以得到二官能、三官能引发剂。主要应用是可以通过自由基聚合实现嵌段共聚合及制备嵌段共聚物。

三聚甲醛 [trioxane] 释文见有机化学同名词条。

三聚氰胺-甲醛树脂 [melamine-formaldehyde resin; melamine resin] 又称蜜胺-甲醛树脂。由三聚氰胺和甲醛经缩聚反应而制得的热固性树脂。工业上生产三聚氰胺-甲醛树脂时，甲醛与三聚氰胺的摩尔比为 2～3。其分子是以醚键或亚甲基连接的线型或分枝结构，分子量一般在 800～3000 之间，无色透明，耐光，耐沸水，无毒，自熄，有较好的力学性能，在–20～100℃下性能稳定。广泛用于制作轻质的家具、餐具等。

三聚体 [trimer] 由三个单体聚合反应得到的产物，是一低聚物。是链式聚合或逐步聚合过程中早期的中间产物，一般不分离出来而继续与其他单体聚合为高分子。

三元共聚合 [ternary copolymerization] 由三种不同单体进行共聚合的过程。

三元乙丙橡胶 [ethylene propylene terpolymer (EPT); ethylene propylene diene monomer(EPDM)] 由乙烯、丙烯以及非共轭二烯烃经共聚而成的三元共聚物。二烯烃单体主要包括双环戊二烯、1,4-己二烯等。其主链是饱和的，由二烯烃提供侧基双键，用于进一步硫化交联。具有极佳的耐臭氧、老化及耐热、耐候性能。是最重要的橡胶品种之一。

闪发聚合 [flash polymerization] 俗称暴聚，聚合反应中的一种现象。在反应器的局部地方，反应温度急剧上升，反应速率也急剧上升，甚至引起瞬间快速聚合、快速放热现象，链反应的速率达到失控而剧烈的聚合反应。暴聚是聚合过程中的异常情况，对生产的平稳和产品的质量影响较大，工业生产中往往采取分段聚合控制转化率或连续聚合等措施解决此问题。

烧蚀高分子 [ablative polymer] 具有烧蚀性质的高分子。高温下热裂解产生挥发性物质，发散热量并形成绝热焦层，用作空间飞行器耐热防护层。实用中，以尼龙和酚醛玻纤的复合材料为主。

生物分子响应性高分子 [biomolecule-responsive polymer] 对生物分子敏感的刺激响应性高分子。酶、谷胱甘肽、葡萄糖、抗生物素蛋白等是典型的生物分子类刺激源。

生物活性高分子 [bioactive polymer] 对生命体的新陈代谢活动有影响的高分子的总称。主要指对人体的生理活动有益的高分子。

生物降解 [biodegradation] 微生物或其他生物相关过程导致的物质分解或材料降解。涉及化学、环境、材料、生物、医学、药学等诸多领域。天然动植物体或部分人工合成材料在土壤中的分解、医用材料在人体内的降解、某些有机化合物被微生物代谢或分解等皆属生物降解的范畴。有机化合物或材料在微生物作用下的降解分为有氧消化(aerobic digestion)和厌氧消化(anaerobic digestion)，前者需要氧气参与，后者在无氧或缺氧条件下进行；发酵过程(fermentation)属厌氧消化。

生物可降解高分子 [biodegradable polymer] 又称生物可蚀性高分子。可通过微生物或其他生物相关过程降解的高分子。属降解性高分子之列。部分生物降解性高分子的降解可通过简单的水解或体外酶催化水解进行，如聚乳酸。

生物可蚀性高分子 [bioerodible polymer] 即生物可降解高分子。

生物弹性体 [bioelastomer] 用于生物医学诊断治疗的弹性体。具有三维网状结构、合适的力学强度和弹性。主要用于软组织修复或替代及药物传递。分为降解型和非降解型，前者以脂肪族聚酯为主，后者包括硅橡胶、聚异丁烯橡胶、丁基橡胶等。根据交联方式亦分为物理交联和化学交联，后者以热固化和光固化两种方式为主。

生物吸收性高分子 [bioabsorbable polymer] 生物可降解高分子降解后生成的产物能被生物体吸收代谢的高分子。常见的包括聚乳酸，聚α-氨基酸等，在人体内可通过水解和酶解变成无害的α-氨基酸，乳酸等被逐渐吸收代谢。适用作可吸收缝线、药物载体、人工皮肤和隔离材料等。

生物相容性 [biocompatibility] 生物医用材料发挥其诊断、治疗功能但不对治疗对象的局部或整体产生副作用的性质。评价标准或方法与材料或相关器械的使用位置、功能、尺寸、形状等多种因素有关。一般分为体外(*in vitro*)和体内(*in vivo*)两种评价方式。前者包括细胞毒性(或细胞存活率)、溶血性、突变诱发能力等各种测试，但体内生物相容性评价最终决定材料能否实际应用。体外和体内评价结果差别可能很大。

生物相容性高分子 [biocompatible polymer] 生物相容性好、可用于人体治疗或修复的高分子。按来源分为天然与合成两类，前者包括壳聚糖、透明质酸、骨胶原等，后者包括聚乳酸、医用聚氨酯、聚乙二醇等。按聚合物链的断裂与否分为降解型和非降解型两类，聚己内酯、血清蛋白等属前者，后者包括聚偏氟乙烯、聚醚醚酮等。广泛用于药物或基因传递、医学检测、组织工程、再生医学、医疗器械等领域。

生物医用高分子 [biomedical polymer] 又称医用高分子。生物医药领域用于制备检测、诊断或治疗器械、装置、制剂的高分子材料。包括合成高分子、天然高分子及有机/无机杂化材料。根据用途分为：①用于制造人工组织和器官的高分子；②作为药物或其他活性物质的载体或助剂的高分子；③具有药理或生理活性的高分子；④医疗器械、装置用高分子。根据实际应用，在生物相容性、可降解性、力学性能、光学性质等方面对生物医用高分子的要求不同。

生橡胶 [raw rubber; crude rubber] 又称原胶，指橡胶树体内生物合成的聚异戊二烯未经加工硫化的橡胶。从合成橡胶厂生产出来的、未经配合加工的橡胶也称生橡胶。

石油树脂 [petroleum resin] 是石油裂解所副产的C5，C9馏分，经前处理、聚合、蒸馏等工艺生产的一种热塑性树脂，因来源为石油衍生物而得名。是分子量介于 300～3000 的低聚物，具有酸值低，混溶性好，耐水、耐乙醇和耐化学品等特性，对酸碱具有化学稳定，并有调节黏性和热稳定性好的特点。一般不单独使用，而是作为促进剂、调节剂、改性剂和其他树脂一起使用。

手性高分子 [chiral macromolecule] 化学结构与其镜像对称但是不能完全重合的高分子。

梳型高分子 [comb polymer] 由多个高分子支链接枝在一个主链上形成像梳子的聚合物，它含有一个主链和具有许多三官能支化点，由每一支化点发散出线型侧链，属于接枝高分子。主要通过活高分子链的偶联反应或以端基含双键的大分子单体与其他烯类单体共聚制备。

树胶 [gum] 由热带、亚热带生长部分树木分泌的黏性物质。主要成分为天然多糖，包括阿拉伯糖、半乳糖、糖醛酸等。主要用于黏合剂、药物辅料、化妆品和食品加工等领域。

树[枝]状高分子 [dendrimer; dendritic polymer; tree polymer] 结构清晰、分子量确定的一类高支化聚合物。以氨、丙烯酸甲酯和乙二胺为原料，通过反复的氨(氨基)与丙烯酸酯的 Michael 加成以及随后与胺的缩合反应，可制备不同代的树状聚合物。这种聚合物具有末端单元和树枝状支化单元，具有良好的对称性结构和高度支化而呈球状结构。

刷型高分子 [polymer brush] 即聚合物刷。

双分子终止 [bimolecular termination] 自由基聚合反中，两个活泼自由基相互作用失去活性形成稳定分子而使聚合反应终止的过程。在双基终止反应中，如果两个活泼自由基以共价键相结合，形成饱和分子的反应称双基偶合；若一活泼自由基夺取另一活泼自由基相邻碳原子上的氢原子而互相终止的反应称双基歧化或称歧化终止。

双酚 A [bisphenol A] 学名 2,2-二(4-羟基苯基)丙烷，简称二酚基丙烷。化学式 $C_{15}H_{16}O_2$，分子量 228.3。白色晶体，熔点 156～158℃。工业上双酚 A 系由苯酚和丙酮在酸性介质中缩合制得。主要用于制备环氧树脂(约占 65%)和聚碳酸酯(约占 35%)等多种高分子材料。

双酚 A 环氧树脂 [bisphenol A epoxy resin] 是由双酚 A 和环氧氯丙烷在碱性催化剂 (通常用 NaOH) 作用下缩聚而成的高分子。具有良好的物理机械性能，耐化学药品性，电气绝缘性能，故广泛应用于涂料、胶黏剂、玻璃钢、层压板、电子浇铸、灌封、包封等领域。

双官能[基]单体 [bifunctional monomer] 在同一个单体分子中含有两个能参与聚合反应官能团的化合物。如双丙烯酸酯、二乙烯基苯等可作为双官能基烯类单体与自由基聚合，得到交联聚合物。己二酸、己二胺等可作为双官能基缩聚单体发生缩合聚合，得到尼龙 6,6。

双官能引发剂 [bifunctional initiator; difunctional initiator] 含有两种官能团的引发剂，通常指在同一个自由基引发剂分子中含有两个能分解产生自由基的官能团的化合物。一种是偶氮键，另外一种是过氧键。可用于通过自由基聚合实现嵌段共聚合制备嵌段共聚物。

双甲基丙烯酸乙二醇酯 [ethylene glycol dimethacrylate] 化学式 $C_{10}H_{14}O_4$，分子量 198.22；无色透明液体，不溶于水，溶于部分有机溶剂。通常由乙二醇和甲基丙烯酰氯制备得到。主要用作交联剂，用以制取树脂、涂料和黏合剂等。还可用于塑料溶胶、橡胶改性剂、皮革处理剂、纸处理材料、离子交换树脂、光学材料和牙科材料等。通常商品加有阻聚剂。

双间同立构聚合物 [disyndiotactic polymer] 由 1,2-位有取代的乙烯基单体构成的高分子链，其中两种立构中心取代基各自为间同有规，即相邻两个同种立构中心构型相反。

双金属催化剂 [bimetallic catalyst] 双金属合金催化剂、双组分催化剂或双核单分子催化剂的统称。合金是由两种或两种以上的金属与非金属经一定方法所合成的具有金属特性的物质；双组分催化剂是指两种金属化合物共同完成催化过程的催化剂；双核单分子催化剂是的在同一个分子中含有同时具有两个金属中心的催化剂。

双全同立构聚合物 [diisotactic polymer] 由 1,2-位有取代的乙烯基单体构成的高分子链，其中两种立构中心取代基各自为全同有规，即相邻两个同种立构中心构型相同。

双烯[类]聚合 [diene polymerization] 由双烯类单体(一般为共轭二烯烃单体)参与的聚合反应，是制备合成橡胶的重要聚合反应。例如由 1,3-丁二烯均聚合成顺丁橡胶，与苯乙烯共聚得丁苯橡胶，与丙烯腈共聚得丁腈橡胶。

双烯单体 [diene monomer] 分子结构中含有两个双键的烯类单体。重要的是共轭二烯单体，如丁二烯，既可发生 1,4 加成聚合，生成顺式 1,4 或反式 1,4 聚合物，也可发生 1,2 聚合，生成全同 1,2 和间同 1,2 聚合物。该类单体采用不同的聚合方法可以制得某一结构占优势的聚合物。是工业上制备合成橡胶的重要单体。

双烯聚合物 [diene polymer] 双烯单体通过某种聚合方式，如自由基乳液聚合、负离子聚合和配位聚合等聚合方式获得的具有较高分子量的均聚物或共聚物。这类聚合物经过硫化交联后制备成合成橡胶。

双线聚合物 [double thread polymer] 即梯型高分子。

双组分催化剂 [bicomponent catalyst] 两种不同结构功能的催化剂在使用中调配在一起，对反应物(单体)在反应(聚合)过程时起不同的催化作用，生成不同结构的产物(聚合物)。

水解降解 [hydrolytic degradation] 聚合物通过化学键水解而导致的降解过程。酸、碱、酶等化学、生物物质及热、超声等物理因素可加快降解。聚乳酸等脂肪族聚酯在水中的降解属此范畴。

顺丁烯二酸二烯丙酯 [dipropyl maleate] 又称马来酸二烯丙酯。化学式 $C_{10}H_{16}O_4$，相对分子质量 200.23。无色透明液体，能与乙醚相混溶，微溶于水。通常由马来酸与烯丙醇反应制得，主要于香料合成，制药工业，塑料助剂。在塑料工业中用作交联剂及脂肪、油类的防腐剂，也用作化学合成的原料。

顺丁烯二酸酐 [maleic anhydride] 即马来酸酐。

顺丁橡胶 [*cis*-1,4-polybutadiene rubber(BR)] 全称顺式-1,4-聚丁二烯橡胶。由丁二烯聚合而成的结构规整的合成橡胶，其顺式结构含量在 95%以上。工业生产顺丁橡胶均采用配位溶液聚合的方法制备。是仅次于丁苯橡胶的第二大合成橡胶。与天然橡胶和丁苯橡胶相比，硫化后其耐寒性、耐磨性和弹性特别优异，易与天然橡胶、氯丁橡胶或丁腈橡胶并用。顺丁橡胶特别适用于制造汽车轮胎和耐寒制品，还可以制造缓冲材料及各种胶鞋、胶布、胶带和海绵胶等。

顺式-1,4-聚丁二烯橡胶 [*cis*-1,4-polybutadiene rubber] 顺丁橡胶的全称。

顺式聚合物 [*cis*-configuration polymer；*cis*-polymer] 共轭二烯类单体通过 1,4-聚合反应相互连接构成链状聚合物时，可以是顺式，也可以是反式。如结构相似的基团处于双键同一侧的构型称为顺式聚合物。

死端聚合 [dead end polymerization] 利用低浓度的引发剂或者高活性的引发剂引发聚合，单体未完全聚合就终止，只有部分单体转化为聚合物。工业化生产中利用这一特性进行分步聚合。如氯乙烯间歇本体聚合，第一步预聚合加入限量高活性引发剂，引发单体反应到 7%～11%，此时引发剂在反应中消耗完，成为死端聚合；第二步，在预聚物中加入另一部分引发剂继续聚合，成为高聚物。

四氟乙烯 [tetrafluoroethylene] 分子式 $CF_2{=}CF_2$，分子量 100.03，沸点–76.3℃，不溶于水，易溶于有机溶剂。由二氟氯甲烷或三氟甲烷热解制备。它非常容易聚合，生成聚四氟乙烯。

四中心聚合 [four center polymerization] 配位聚合的一种机理描述。单体首先在亲电性金属中心上配位形成 π 配合物，然后单体经四元环过渡态插入到增长链和金属中心之间。

苏型双间同立构聚合物 [threo-disyndiotactic polymer] 由 1,2-位有取代的乙烯基单体构成的高分子链，其中两种立构中心取代基各自为间同有规，即相邻两个同种立构中心构型相反。并且，重复单元内这两种立构中心构型相反。常用于环状烯烃的加成聚合物的结构描述。

苏型双全同立构聚合物 [threo-diisotactic polymer] 由 1,2-位有取代的乙烯基单体构成的高分子链，其中两种立构中心取代基各自为全同有规，即相邻两个同种立构中心构型相同。同时，重复单元内这两种立构中心构型相反。常用于环状烯烃的加成聚合物的结构描述。

***N*-羧基-*α*-氨基酸酐** [*N*-carboxyanhydride(NCA)] 由 α-氨基酸与光气或三光气环化而形成的五元环内酸酐。其中 γ-苄基谷氨酸-NCA 和 ε-*N*-CBZ-赖氨酸-NCA 最为常见。NCA 最广泛的用途是作为开环聚合的单体制备聚氨基酸(人工聚多肽)。

羧甲基纤维素 [carboxymethyl cellulose] 纤维素的羧甲基醚衍生物。水溶性纤维素衍生物，无毒，低致敏性；由纤维素在碱性条件下与氯乙酸反应制备，性质随主链长度及取代度而异。其钠盐作为黏度调节剂广泛用于食品、日化产品、制药、水基涂料、织物处理、造纸等领域。

缩丁醛树脂 [butyral resin] 化学名为聚乙烯醇缩丁醛，是在酸作催化剂存在下由丁醛与聚乙烯醇的水溶液而制得。主要用于制造无色透明薄膜用于制作安全玻璃的夹层材料等。

缩甲醛树脂 [methylal resin] 化学名为聚乙烯醇缩甲醛，是由聚乙烯醇与甲醛在酸性催化剂存在下缩醛化而制得。主要用于制造耐磨耗的高强度漆包线涂料和金属、木材、橡胶、玻璃层压塑料之间的胶粘剂。

缩聚单体 [polycondensation monomer] 能进行缩聚反应形成高分子量的具有两个或两个以上官能团的单体化合物。

缩聚反应 [condensation polymerization; polycondensation] 具有两个或两个以上官能团的单体，通过缩合反应生成高分子化合物，同时产生简单分子(如H_2O、HX、醇等)的聚合反应。兼有缩合生成低分子和聚合成高分子的双重含义。主要包括熔融缩聚、溶液缩聚、界面缩聚和固相缩聚反应四种。缩聚反应本质可看作为取代反应。是工业上制备高分子材料的重要方法，大多数纤维、工程塑料、特种高分子等都是通过缩聚反应制备得到的。

缩聚物 [condensation polymer] 通过缩聚反应得到的高分子的总称。高分子主链中通常含杂原子，主要的聚合物类型包括聚醚、聚酯、聚酰胺、聚砜、聚碳酸酯等。

缩醛树脂 [acetal resin] 全名聚甲醛树脂，简称聚甲醛。由甲醛聚合而得，均聚物通常是用非常纯的甲醛经阴离子聚合制得。聚合物的热稳定性可通过端羟基与醋酸酐的酯化来提高。共聚物通常由三聚甲醛与环氧乙烷的按阳离子共聚合制备。是重要的热塑性结晶聚合物，作为工程塑料用于轴承等制造。

碳负离子聚合 [carbanionic polymerization] 增长链端基为碳负离子的离子型聚合反应。含有吸电子基团的烯类单体(如丙烯腈、丙烯酸酯)，有共轭体系的苯乙烯、丁二烯单体，含有羰基的单体(如甲醛)都能在一定的条件下被碱性试剂引发进行负离子聚合。通常，负离子聚合用本体聚合或烃类、醚类溶剂的溶液聚合方法。引发剂是亲核试剂，如碱金属及其烷基化物、氨基化物、烷氧基化物、氢氧化物，碱金属的液氨溶液，以及某些电子转移络合物，如萘钠、联苯钠等。聚合体系必须无水、无氧。能用于制备嵌段共聚物和窄分布聚合物。

碳化硼纤维 [boron carbide fiber] 以钨丝为芯、碳化硼为皮层的陶瓷纤维。主要采用化学气相成长法制备，在1200℃以上将三氯化硼、氢和甲烷混合物通入反应室，使反应产物B4C沉积在直径15 μm的移动钨丝上而得。用途是作复合材料增强剂等。

碳纤维 [carbon fiber] 由碳元素构成的无机纤维，通常把含碳量超过90%以上的纤维称为碳纤维。它不仅具有碳材料的固有本征特性，又兼具纺织纤维的柔软可加工性。与传统的玻璃纤维相比，杨氏模量是其3倍多；它与凯芙拉纤维相比，不仅杨氏模量是其2倍左右，而且在有机溶剂、酸、碱中不溶不胀，耐蚀性出类拔萃。一般分为普通型、高强型和高模型三大类。碳纤维是由有机纤维经碳化及石墨化处理而得到的微晶石墨材料。根据制备方法的不同，包括聚丙烯腈基碳纤维，沥青基碳纤维，酚醛基碳纤维等。碳纤维复合材料具有非常优良的综合性能，在民用、军用、航空、航天领域应用广泛。

碳酰胺树脂 [carbamide resin] 即聚脲树脂。

碳正离子聚合 [carbenium ion polymerization; carbocationic polymerization] 增长链端基为碳正离子的离子型聚合反应。含有强给电子基团的烯类单体(如异丁烯、乙烯基醚类)，有共轭体系的苯乙烯、丁二烯单体都能在一定的条件下被酸性试剂引发进行正离子聚合。引发剂包括反离子亲核性小的质子酸、路易斯酸和微量水组成的共引发体系等。

梯度共聚物 [gradient copolymer] 由两种单体单元组成(如A和B)、其单体组成随着相对分子质量的增加沿高分子链方向从A单体单元占主要地位逐渐变成B单体单元占主要地位的一类特殊结构共聚物。与无规共聚物和嵌段共聚物相比具有类似的拓扑结构，但是链内两组成成分的分布却截然不同。无规共聚物的两组分在整个链内是随机分布的，而嵌段共聚物两组分在链内则有明显分界点。梯度共聚物则处于这两个极端之间，其链内的组成呈梯度分布，但是却没有一个两组分的明显分界点。通常可用活性自由基聚合方法制备得到。

梯型高分子 [ladder polymer] 又称双线聚合物，分子链由连续的环状结构所组成的，结构类似梯子的高分子。这类高分子有很好的耐温性，分子链呈一定刚性，熔点很高，加热时不到熔融就分解。梯型结构不易合成，往往存在缺陷。例如聚苯基倍半硅氧烷是由两条硅-氧链组成，每一条链上的硅原子又和另一条链上的硅原子以氧桥连接，形成了一个梯型结构。聚丙烯腈经加热环化后再在高温下氧化脱氢也可得到梯型高分子。

体型高分子 [three-dimensional polymer] 是由许多重复单元以共价键连接而成的网状结构高分子化合物。这种网状结构，一般都是立体的，所以这种高分子既称为体型高分子，又称网状高分子。一般能从官能度大于 2 的单体的聚合制得，也可以通过线型高分子的化学反应，在高分子链之间形成交联键(或桥键)，从而以共价键的形式把高分子链交叉联结起来。如天然橡胶、硅橡胶中加入适当的交联剂，在一定的条件下发生交联(通常称为硫化或熟化)就变成体型的结构。人工合成的最早的体型高分子是用作为电绝缘材料的苯酚-甲醛树脂。体型高分子在性质上不同于线型高分子，在任何溶剂中只能溶胀而不溶解，加热也不熔融。

体型缩聚 [three dimensional polycondensation] 平均官能度大于 2 的缩合聚合反应体系，当反应程度超过凝胶点时得到不溶、不熔体型聚合物的缩聚反应。体型缩聚的聚合反应机理属于逐步聚合反应，整个反应分为两个阶段，先制得分子量在 500～5000 线型或支链形的预聚物，反应活性低，然后在预聚物加入固化剂和加热条件下，继续反应，发生交联固化成体型聚合物。

调聚反应 [telomerization] 在分子量调节剂存在下，以获得低聚物为目的的聚合反应。通常指在自由基聚合反应中，加入链转移常数较大的链转移剂，显著降低聚合物的分子量，但聚合反应速度没有明显降低。在实际生产中，是指在聚合物生产过程中加入适量链转移剂以调节聚合物的分子量，如合成丁苯橡胶用十二碳硫醇；生产低分子量聚氯乙烯用巯基乙醇或三氯乙烯；乙烯或丙烯配位聚合时加入氢气来控制分子量等。

调聚物 [telomer] 通过调聚反应得到的聚合物，分子两端结合的是调聚剂分子的分裂部分。调聚物的分子量较低，主链平均聚合度一般控制在 20 以下。制备调聚物的关键在于使主链的链转移反应与链增长反应以大致相当的速度进行。低分子量的调聚物可用作有机合成的中间体；通过分子两端基团的化学转化成为制备功能性高分子的大单体等。

萜烯树脂 [terpene resin] 由萜烯聚合得到的聚合物。一般分子量较低，无定形态；抗氧化性、耐酸碱性和热稳定性好，易溶于非极性或弱极性有机溶剂，黏附性强。作为增黏剂，广泛用于黏结剂、油漆和打印油墨等方面，也可用作其他聚合物的改性剂。

铁磁高分子 [ferromagnetic polymer] 具有铁磁性质的高分子。在外磁场作用下产生磁性，撤去外磁场后磁性保持；其磁偶极方向随外磁场而变。聚合物具有大的共轭、非定域π 电子体系，呈半导体特性。还原型聚苯胺与四氰基对苯醌二甲烷(TCNQ)形成的掺杂体系具有室温铁电性。目前，铁磁高分子因磁性较弱或产生铁磁性的温度太低尚不具应用价值。

铁电高分子 [ferroelectric polymer] 具有铁电性质的高分子。在外电场作用下发生可逆极化，产生宏观电荷分离，撤去外电场后极化性质保持。诱导极化率随外加电场的变化有滞后现象，介电常数与电场强度及电历史有关。居里温度之上，高分子的铁电性质消失，变为介电材料。一般(但非必须)伴有压电和热电性质。铁电高分子含极性单元(驻极体，electret)，可结晶或具有液晶性。聚偏氟乙烯是最早(1971年)被发现具有铁电性质的高分子。可用于信息存储、薄膜电子器件、传感器、探测器等领域。

烃类树脂 [hydrocarbon resin] 仅含碳、氢两种元素的单体经聚合而成的高分子树脂。包括聚乙烯、聚丙烯、聚苯乙烯等通用合成树脂以及来自煤焦油馏分、石油裂解馏分及松节油衍生的相对不纯单体聚合所得的古马隆-茚树脂、环戊二烯树脂、石油树脂、萜烯树脂等。前者产耗量大，构成热塑性塑料的主体；后者不能单独使用，适宜作沥青和地板的胶黏剂、橡胶和塑料的加工助剂、涂料和油品的添加剂等。

统计[结构]共聚物 [statistical copolymer] 由共聚合反应得到的一种共聚物类型。在二元自由基共聚合中，由于两单体竞聚率和单体投料比的不同，会导致不同时间段生成的聚合物链的组成及两单体单元序列分布差异很大。其结果是得到由共聚物方程控制的不同组成、序列分布的共聚物的混合物。

退化链转移 [degradative chain transfer] 一种特殊的自由基链转移反应。自由基聚合反应中，增长链自由基与特殊的链转移剂发生链转移，生成新的活性低的自由基，不能引发单体聚合的现象。一般使聚合物的分子量显著下降，聚合速度也显著降低。

拓扑化学聚合 [topochemical polymerization] 在一些特殊的固相化学体系如晶体结构中进行的聚合反应，得到的聚合物结构与单体的晶体结构有一定的关联特性，是合成有机高分子材料的一种方法。与传统聚合物合成方法相比，固相拓扑聚合有很多优点，如无需溶剂、环境友好及立体性与区域性反应产率高等，通过有效控制聚合物反应条件得到特殊结构的聚合物。重要的拓扑化学聚合反应包括史肉桂酸的光聚反应及丁二炔的固相拓扑聚合反应。

烷基锂引发剂 [alkyllithium initiator] 用于负离子聚合引发剂的锂的烷基衍生物。结构通式为 RLi，其中 R 为直链或支链的烷基、环烷基或芳基。是一类重要的负离子聚合引发剂，可以用于苯乙烯、丁二烯等单体的负离子聚合，制备债分布的均聚物及嵌段共聚物。

微乳液聚合 [micro emulsion polymerization] 一种制备小粒径乳胶的乳液聚合反应。水溶性单体在大量乳化剂存在下，在油相介质中进行乳液聚合，单体全溶于胶束，不存在单体颗粒，得到粒径非常小的乳胶。

无催化聚合 [uncatalyzed polymerization] 是指不用任何引发剂或催化剂，单体“自发”进行的聚合反应。早期的例子为甲基丙烯酸甲酯与淀粉水溶液放在一起发生聚合。另外的例子是亲核性单体与亲电子性单体之间相互反应，形成两性离子发生的共聚合反应，形成交替共聚物。如 2-噁唑啉与β-丙内酯的无催化交替共聚合反应。

无规断链 [random chain scission] 即无规降解。

无规断裂 [random scission] 即无规降解。

无规共聚合 [random copolymerization] 每一个单体的竞聚率均小于 1，产物中各种单体无规排列的自由基共聚反应。无规共聚合在自由基共聚中最为普遍。共聚物中两种单体基元序列长度分布各自均无规分布。无规共聚通常会破坏链的对称性和规整性，从而使聚合物的结晶能力降低甚至完全丧失。许多无规共聚物都具有很好的性能，如丙烯腈和苯乙烯共聚生成的丙烯腈-乙烯树脂耐热性和强度都较好。

无规共聚物 [random copolymer] 无规共聚所得的产物称为无规共聚物。两种单体在大分子链上无规排列，两单体在主链上呈随机分布，没有一种单体能在分子链上形成单独的较长链段。重要的产品包括丁二烯-苯乙烯无规共聚物（丁苯橡胶）、氯乙烯-醋酸乙烯共聚物等。

无规降解 [random degradation] 又称无规断裂或无规断链。高分子链在机械力、高能辐射、超声波或化学试剂作用下，发生没有固定点的链断裂，产生低分子量聚合物的过程，是聚合物降解的方式之一。高分子链发生无规降解时，分子量下降迅速，聚合物重量损失很少。如聚乙烯、聚丙烯和聚苯乙烯的降解机理主要是无规降解。

无规交联 [random crosslinking] 每一个链节单元具有同样的交联概率，交联位点随机发生，且无规分布的高分子交联反应。

无规立构聚合物 [atactic polymer] 重复单元的空间构型沿着链的方向不能全部重复的高分子链。取代基相对于主链骨架无规则地排列在聚合物的两侧，常导致聚合物的结晶性下降。

无乳化剂乳液聚合 [emulsifier-free emulsion polymerization] 又称无皂乳液聚合，是指在反应过程中完全不加入乳化剂或仅加入微量乳化剂（小于临界胶束浓度 CMC）的乳液聚合过程。无乳化剂聚合乳液的稳定性是通过离子型引发剂残基、亲水性或离子型共聚单体等在乳胶粒表面形成带电层来实现。这种体系通常得到固含量较低。

无皂乳液聚合 [semulsifier-free emulsion polymerization] 即无乳化剂乳液聚合。

吸附聚合 [adsorption polymerization] 是将纤维、纺织品、塑料等基材浸在配制的含引发剂（或催化剂）与单体（如苯胺）的溶液混合物中，使单体（如苯胺）吸附在基材的表面发生的聚合反应。聚合物均匀地“沉积”在基材表面，形成良好的致密膜，制成与基质材料复合的聚合物复合功能膜材料。该聚合是改善聚合物加工性的一种重要方法，同时也是一些普通聚合物和无机材料的电学性能改性的新途径。

吸水高分子 [water absorbent polymer] 泛指能吸收水分的高分子。狭义范围内特指超吸水高分子（superabsorbent polymer，SAP）或超吸水树脂（superabsorbent resin），即能吸收并保持大量水的高分子。通过共价或非共价作用形成交联网络。主要包括离子型（如聚丙烯酸钠）和非离子型（如交联聚丙烯酰胺、聚乙烯醇共聚物、丙烯腈接枝淀粉等），前者受水溶液的 pH 和离子强度及种类影响显著。广泛用于卫生用品、农林保水、污水处理等。

吸油高分子 [oil absorbent polymer] 能吸收油类有机液体的高分子。一般指含疏水（亲油）组分的三维高分子网络。由疏水性单体或低分子量预聚物经聚合、交联制得，也可通过天然或合成高分子的疏水修饰、交联制备。狭义范围内特指高吸油树脂，主要包括橡胶、烯类高分子和改性天然高分子，具有吸油性和保油性好、油水选择性佳的特点。主要用于吸附石油开采或运输、化工生产过程产生的油类污染物。

烯丙基类单体聚合 [allyl polymerization] 具有烯丙基结构的单体（$CH_2=CHCH_2X$）的链式聚合。以自由基聚合机理为主，聚合过程中活性端基易发生向单体的链转移，生成较稳定的烯丙基自由基，难以继续引发单体聚合，使聚合反应慢，产生低分子量聚合物。一般不包括丙烯或其他烷基取代乙烯类单体的配位聚合或非环状双烯类单体的易位聚合。

烯丙基树脂 [allyl resin] 含烯丙基（$CH_2=CHCH_2-$）的单体经加聚反应制得的树脂。主要为耐高温、抗化学腐蚀、尺寸稳定性能良好的热固性树脂。包括烯丙基酚醛树脂、烯丙酯树脂、烯丙基碳酸酯树脂等，主要用于模塑料、纤维增强塑料、黏合剂、涂料等方面。

烯类单体 [vinyl monomer] 可发生链式聚合反应生成高分子的乙烯及其衍生物的统称。狭义范围内，一般指可发生链式聚合反应的乙烯及其单取代衍生物。根据取代基的性质、数量和位置，适用于不同聚合方式。有吸电子或共轭结构取代基的烯类单体容易进行自由基聚合，如苯乙烯、甲基丙烯酸甲酯、丙烯腈、氯乙烯等；给电子取代基使单体容易进行正离子聚合，如异丁烯、烷基乙烯基醚等；含强吸电子取代基或有共轭结构的单体可发生负离子聚合，如丙烯腈、偏二氯乙烯、α-氰基丙烯酸甲酯、甲基丙烯酸甲酯、1,3-丁二烯、异戊二烯、苯乙烯等；α-烯烃或共轭双烯可配位聚合，如乙烯、丙烯、异戊二烯等。

烯烃共聚物 [olefin copolymer(OCP)] 由乙烯或其衍生物通过共聚反应得到的共聚物。主要通过自由基共聚合制备(苯乙烯和丁二烯)，也可通过配位(如乙烯和丙烯及其他α-烯烃)或负离子(丁二烯和苯乙烯)等共聚合方法获得。

烯烃聚合物 [olefin polymer] 由烯烃通过碳碳双键的链式加成或复分解反应制得的烃类高分子。典型代表包括聚乙烯、聚丙烯、聚丁烯、聚异戊二烯。其中，聚乙烯是产量最大的合成高分子，其结构和性能可通过改变聚合方法或与其他长链烯烃共聚调节。

细菌降解 [bacterial degradation] 细菌引发的物质分解或聚合物降解。属微生物降解的范畴。

细乳液聚合 [miniemulsion polymerization] 乳液聚合的亚类。细乳液聚合体系动力学稳定，借助高剪切力形成，由乳化剂和助乳化剂共同提供稳定作用，包括细乳化和聚合两个阶段，引发成核主要在单体纳米液滴中进行。与微乳液聚合相比，乳化剂用量少，乳液粒子尺寸偏大，粒径分散度较宽。

α-纤维素 [α-cellulose] 又称甲种纤维素。再生纤维素的主要成分。天然纤维素经碱溶液处理脱除木质素和半纤维后的高分子量纤维素。通常指 20℃时用 17.5%的氢氧化钠水溶液处理天然纤维素 45 分钟后不溶的部分。

β-纤维素 [β-cellulose] 又称乙种纤维素。天然纤维素中经碱溶液处理可溶但溶液经醋酸酸化后析出的低分子量纤维素。

γ-纤维素 [γ-cellulose] 又称丙种纤维素。天然纤维素中经碱溶液处理可溶且溶液经醋酸酸化后不能析出的纤维素。半纤维素的混合物。

纤维状活性炭 [fiber active carbon] 即活性碳纤维。

限定几何构型茂金属催化剂 [constrained geometry metallocene catalyst] 由单个茂环及与其共价连接的杂原子作为配体的金属络合物。这类络合物中，杂原子的共价连接限制了环戊二烯配体的旋转和角度，使其具有结构上比较开放的金属中心，能够在乙烯共聚合中高效地引入位阻较大的取代烯烃。

线型低密度聚乙烯 [linear low density polyethylene] 乙烯在 Ziegler-Natta 等过渡金属催化剂催化下与其他高碳α-烯烃共聚制得的具有短碳链侧基的线型聚合物。一般简写为 LLDPE。根据共聚单体的沸点，可采用溶液聚合或气相聚合工艺。与低密度聚乙烯(LDPE)比较，LLDPE 的合成温度和压力都较低，分子量分布窄，支化程度低，具有不同的流变学性质。LLDPE 的力学性能兼具 LDPE 和高密度聚乙烯(HDPE)的优点，强度高，韧性好，耐应力撕裂性能突出。可用于制作塑料管材、电缆包覆层、玩具、各种膜材料等。

线型高分子 [linear polymer] 分子链呈线形结构的高分子。由单体通过链式或逐步聚合方式制得。结构单元和化学组成相同或相近时，线型高分子与其他拓扑结构不同的高分子(如刷状、梯型、支化、网状高分子)的性质不同。线型聚苯乙烯、聚丙烯、聚氯乙烯等高分子的侧基较小，不属支化结构。线型和刷状高分子主要区别在于其主链和侧基长度的比值，但目前无明确数值用于区分二者。

香豆酮-茚树脂 [coumarone-indene resin] 即苯并呋喃-茚树脂。

pH 响应性聚合物 [pH-responsive polymer] 又称pH 刺激响应性聚合物，是指在 pH 环境刺激下，物理性质或化学性质发生突变的一类聚合物。聚丙烯酸和聚乙烯基吡啶为典型代表。

相转移聚合 [phase transfer polymerization] 利用相转移催化剂将反应物从一相转移到另一相中进行的聚合反应。季铵盐和冠醚是常用的催化剂，利用静电作用或主客体络合作用实现反应物(单体或引发剂)的相转移。二酰氯与双酚 A 钠盐在季铵盐催化下的界面聚合属相转移聚合。

橡胶胶乳 [rubber latex] 橡胶类聚合物微粒分散在水中形成的稳定乳液。按来源分为天然和人造两类，前者由植物(如橡胶树)直接产生，后者由单体的乳液聚合或橡胶类高分子的乳化制备。也可按聚合物分类，如丁苯胶乳、丁腈胶乳、氯丁胶乳等。用于制备海绵、乳胶管、医用手套、涂料、黏合剂等。

消除聚合 [elimination polymerization] 单体在聚合过程中，其结构中的部分组分脱除掉，从而生成重复单元与单体结构不同的聚合物的反应过程。如 NCA 单体的开环聚合属于脱除 CO_2 的聚合。

硝基纤维素 [nitrocellulose] 即硝酸纤维素。

硝酸纤维素 [nitrocellulose] 又称硝基纤维素。纤维素的硝酸酯衍生物。由纤维素硝化制得，性质随制备工艺和硝化程度而变；高度硝化的产物易燃、易爆。可用于生化分析、涂料等；曾用作推进剂、炸药(俗称“火棉”)、照相底片等。

星型高分子 [star polymer] 这类高分子含有一个支化点，由此发散出线型链，也称作臂。有 n 个线型链连接到支化点的星型高分子称为 *n*-臂星型高分子。

形状记忆高分子 [shape-memory polymer] 具有一定形状的高分子制品，受外部环境的变化，其形状可相应变化，当外部环境因热、光、电等特定方式变化，能使已变的形状恢复为原始形状，这类高分子称为形状记忆高分子。

休眠种 [dormant species] 通过可逆去活化机理进行的可控链式聚合反应过程中，无引发活性但可与增长链活性端快速可逆转换的增长链端基。可控自由基链式聚合过程中的关键物质，使体系中活性自由基保持低浓度，减少链终止和链转移的概率。增长链活性自由基可通过催化可逆偶联(catalyzed reversible coupling)、自发可逆偶联(spontaneous reversible coupling)或退化转移(degenerative transfer)等方式转变为休眠种。

序列共聚物 [sequential copolymer] 单体单元在高分子链中按一定序列规则排列的共聚物的统称。最简单的序列共聚物是由两种单体共聚形成的交替共聚物。

序列结构 [sequence structure] 结构单元或单体单元在高分子链中的排布顺序。可分为均聚物的立体构型序列结构和共聚物的单元序列结构。若均聚物重复单元含有一个位于主链的手性原子，有左旋(L)和右旋(D)两种立体构型。当相邻的两个单元均为 L 或 D 构型时，称为 m(meso)连接；当两个相邻单元分别为 L 和 D 构型时，称为 r(racemic)连接。聚合物链的单元全部以 m 连接者称为全同立构，全部以 r 连接者称为间同立构，m 和 r 连接无规分布者称为无规立构。由 A、B 两种重复单元组成的共聚物(忽略立体构型)，根据其单元序列结构分为交替共聚物(A、B 交替排布)、无规共聚物(A、B 无规排布)、嵌段共聚物(由 A 链段和 B 链段在链端连接而成)和梯度共聚物(A、B 的排布方式介于无规和嵌段共聚物之间)。序列结构可能显著影响聚合物的微观性质和宏观性能。

序列聚合 [sequential polymerization] 能生成不同结构的重复单元精确地按固定序列在高分子链上排列的聚合反应。交替聚合属于最简单的序列聚合。生成多嵌段共聚物的嵌段聚合属于广义上的序列聚合。生物合成蛋白质和核酸的聚合是最精确的序列聚合。

悬浮聚合 [suspension polymerization] 强力搅拌下借助分散剂将含有引发剂的单体液滴分散到与之不相溶的介质中(通常为水)进行的异相聚合。常用于烯类单体的自由基聚合。聚合反应在单体液滴中进行，机理同本体聚合。分散剂(又称悬浮剂)用于防止聚合过程中黏稠液滴的粘连，主要有水溶性大分子或无机盐粉末。水是最常用的分散介质，亦称连续相。与本体聚合比较，散热容易，聚合物分子量分布窄，可直接得到球形粒子，但需要洗涤以除去分散剂。用于制备离子交换树脂、色谱柱填料、泡沫塑料、齿科填料等。若极性单体或其水溶液分散于不相溶的有机连续相中进行聚合反应，称为反相悬浮聚合。

压电高分子 [piezoelectric polymer] 具有压电性质的高分子。在外电场作用下形变(膨胀或收缩)，施压产生宏观电荷分离。一般具有铁电性质，分子中含极性单元，可结晶或具有液晶性。聚偏氟乙烯是最具代表性的压电高分子，其均聚物或共聚物被广泛用于声波探测、麦克风、微电子开关、医用超声仪器、电子血压计及其他各种探测装置。

压敏胶黏剂 [pressure sensitive adhesive] 即压敏黏合剂。

压敏黏合剂 [pressure sensitive adhesive] 又称压敏胶黏剂。轻度压力下能与被黏物牢固黏结的黏合剂。主要包括橡胶、丙烯酸树脂和有机硅三类。一般以长链聚合物为基料，辅以增黏树脂、软化剂及其他填料。用于制造压敏胶带、压敏纸和压敏标签等。

1,1-亚乙烯基单体 [vinylidene monomer] 又称1,1-二取代乙烯单体、偏(二)取代乙烯单体。具有 $CH_2=CX_2$ 和 $CH_2=CXY$ 结构的单体。典型的单体包括偏(二)氯乙烯、偏(二)氟乙烯、α-甲基丙烯酸酯、α-甲基苯乙烯等。这些单体都能进行自由基聚合，α-甲基丙烯酸酯还可以进行负离子聚合。

1,2-亚乙烯基单体 [vinylene monomer] 具有 $XCH=CHX$ 和 $XCH=CHY$ 结构的单体。典型的单体包括顺丁烯二酸、反丁烯二酸、马来酸酐。这类单体一般难通过自由基均聚合得到高分子量聚合物，但很容易与其他烯类单体进行共聚合反应。具有环状结构的马来酰亚胺类单体可以进行自由基均聚合得到高分子量聚合物。

厌氧黏合剂 [anaerobic adhesive] 无氧条件下能发生交联反应的黏合剂。以双甲基丙烯酸酯为主要成分，辅以改性树脂、引发剂、促进剂、阻聚剂、增稠剂等。胶黏强度高，施工方便，可用于黏结铝合金。

氧化还原引发剂 [redox initiator] 通过氧化还原反应产生引发物种的体系。主要特点在于室温或低温下可引发聚合反应，多用于自由基聚合体系。过氧水-亚铁离子、过硫酸钾-三级胺、过氧苯甲酰-三级胺等是典型的氧化还原引发体系，可分别用于水相和有机相自由基聚合。还原剂的存在使过氧化合物的分解温度显著降低。

氧化还原引发聚合 [redox initiated polymerization] 利用氧化还原引发体系进行的聚合。主要用于烯类单体的低温自由基聚合，具有表观活化能低、聚合速率快的特点。水溶性氧化还原引发体系用于水溶液聚合或乳液聚合，油溶性氧化还原引发体系用于本体聚合、悬浮聚合或有机溶剂中的溶液聚合。

氧化聚合 [oxidative polymerization] 某些芳香类化合物在氧化剂或高温作用下脱氢形成自由基中间体，逐步偶合生成聚合物的反应。可用于制备某些高性能聚合物。譬如，在亚铜叔胺复合物催化下 2,6-二甲基酚被氧气氧化生成的聚苯醚是力学性能好、耐热性和绝缘性优异的工程塑料。二氨基苯、二乙炔基苯也可通过氧化聚合形成有导电性的共轭聚合物。对二甲苯高温气相脱氢可通过自由基历程形成其聚合物，熔点高，耐热性优异。吡咯、噻吩在电极上的电化学聚合也属氧化聚合之列。

氧化偶联聚合 [oxidative coupling polymerization] 参见氧化聚合。

μ-氧桥双金属烷氧化物催化剂 [bimetallic μ-oxo alkoxide catalyst] 一类可溶性的烷氧基金属化合物，由一种金属（M1）的烷氧基化合物通过氧桥和另一种二价金属（M2）相连接，通式可表示为 $(RO)_nM1—O—M2—O—M1(RO)_n$。一般用于催化内酯的开环聚合反应。

遥爪聚合物 [telechelic polymer] 分子链两端含有特定反应性官能团的高分子。一般指通过链式聚合，借助合适的引发、转移、终止基团或聚合后修饰反应在两端引入官能团的线型分子。通过进一步反应或扩链，可在端基引入功能基团，制备不同结构的嵌段共聚物、杂臂共聚物或聚合物交联网络。端基含反应性官能团的支化或星状高分子一般不称为遥爪聚合物；通过逐步聚合得到的高分子虽然两端含反应性官能团，但亦不归为遥爪聚合物之列。

液晶高分子 [liquid crystalline polymer] 在一定条件下能以液晶态存在的高分子。同时具有液晶相所特有的分子自组织性和高聚物的特性。可以处于向列相、近晶相、胆甾相等，也可同时有多种液晶相态。多为刚性或半刚性链，加工成型性能好，熔体黏度低，可制成高强度、高模量纤维。可用作显示材料、存储材料、铁电和压电材料等功能材料。

液体橡胶 [liquid rubber] 常温下呈液态，通过交联或其他处理固化成型的橡胶品种。可单独或与其他材料联合使用。与固体橡胶制品比较，便于连续化、自动化使用，具有耗能低、污染少等优势，但材料成本高、制品强度较低。可用作密封剂、黏合剂、增塑剂、封装材料等。

衣康酸酐 [itaconic anhydride] 化学式 $C_5H_4O_3$，分子量 112.19，白色晶体状粉末，熔点 68℃。易溶于水、醇、氯仿，微溶于苯、醚。由衣康酸脱水制备。主要用于制备衣康酸酯，也可与其他烯类单体共聚制备烯类共聚物。与二醇反应制备聚酯，侧基双键可进一步发生交联反应制备交联聚酯。

医用高分子 [biomedical polymer] 即生物医用高分子。

乙交酯 [glycolide] 由两分子羟基乙酸脱除两分子水形成的六元环状酯类化合物。分子内含两个酯基。可通过负离子、正离子或配位聚合机制开环聚合，生成聚羟基乙酸（PGA）；也可与其他交酯、内酯、环碳酸酯等环状单体共聚。PGA 的生物相容性好，可生物降解，曾被用作可吸收手术缝合线，但结晶度高、性脆、降解速率不易调控等不足限制了其应用。与丙交酯的共聚物（PLGA）是目前应用广泛的生物医用可降解聚酯材料，其性质可通过改变聚合物的组成、立构规整度、分子量等参数调控。

乙阶酚醛树脂 [resitol] 又称酚醛树脂 B。将酚醛树脂 A（resol，又称可溶性或甲阶酚醛树脂）进一步加热固化所得的一种中间阶段的酚醛树脂。在丙酮、乙醇等溶剂中不溶但可溶胀，加热后软化但不熔。继续加热，转化为酚醛树脂 C（丙阶酚醛树脂）。

乙炔类聚合物 [acetylenic polymer] 由乙炔或取代乙炔聚合形成的聚合物。最简单的是聚乙炔，经掺杂后得到导电聚合物。其他重要的包括单取代乙炔的聚合物，包括烷基和芳基取代的聚合物，是一类重要的螺旋聚合物。

乙酸纤维素 [cellulose acetate] 又称醋酸纤维素。纤维素的乙酸酯衍生物。由纤维素与乙酸或乙酸酐在硫酸催化下反应制得，性质随酯化程度而异。用于黏合剂、涂料、合成纤维等方面；曾用作胶片基底材料、计算机磁带等。

乙酸乙烯酯 [vinyl acetate] 分子式 $CH_3COOCH{=}CH_2$，分子量 86.09，沸点 72℃，密度 0.934。微溶于水，溶于醇、丙酮、苯、氯仿。工业上用醋酸与乙炔在金属催化下加成制得，也可由乙烯与醋酸经氧气直接氧化制备。主要用于通过自由基聚合制备聚乙烯醇树脂和合成纤维。还能与氯乙烯、丙烯腈、丁烯酸、丙烯酸等共聚制备不同性能的高分子材料。

乙烯基苯 [vinylbenzene] 即苯乙烯。

***N*-乙烯基吡咯烷酮** [*N*-vinyl pyrrolidinone] 化学式 C_6H_9NO，分子量 111.14，沸点 96℃，相对密度 1.04，由吡咯烷酮与乙炔反应制备，与水混溶，也可溶于很多有机溶剂中。通常采用自由基聚合制备聚乙烯基吡咯烷酮。

乙烯基[单体]聚合 [vinyl polymerization] 乙烯基单体发生的链式聚合反应。包括自由基、正离子、负离子及配位聚合。

***N*-乙烯基咔唑** [*N*-vinyl carbazole] 化学式 $C_{14}H_{11}N$，分子量 193.25；熔点 63～65℃。白色结晶状粉末，溶于多数有机溶剂中，不溶于水。由咔唑和乙炔反应制备，能通过热、自由基及正离子聚合制备聚乙烯基咔唑。

***N*-乙烯基咪唑** [*N*-vinylimidazole] 化学式 $C_5H_6N_2$，

分子量 94.11，沸点 39.6℃，相对密度 1.082。能自由基聚合制备聚乙烯基咪唑，是重要的水溶性高分子。

乙烯-乙酸乙烯酯共聚物 [ethylene-vinyl acetate copolymer(EVA)] 由乙烯和乙酸乙烯酯在压力下经自由基聚合制备的共聚物。性质随共聚单元含量而变。可用作塑料、热熔胶、压敏胶、黏合剂等。

乙种纤维素 [*β*-cellulose] 即*β*-纤维素。

***N*-异丙基丙烯酰胺** [*N*-isopropyl acrylamide] 化学式 $C_6H_{11}NO$，分子量 113.16，白色片状晶体，熔点 61～62℃。可溶于丙酮、二甲基甲酰胺等常用有机溶剂。易在自由基引发下进行溶液聚合。其均聚物具有较低的临界溶解温度：在 32℃以下呈水溶性，高于此温度呈水不溶性的特性。主要用于制备温敏功能性聚合物。

异构化聚合 [isomerization polymerization] 单体在聚合反应中发生异构化生成得到的聚合物中重复结构单元不同于单体结构单元的聚合反应。在烯类单体的聚合中通常有两种情况属于异构化聚合。3-甲基-1-丁烯的低温正离子聚合，聚合过程中发生碳正离子重排，生成更稳定的 3 级碳正离子，导致聚合物主链重复结构单元比双键聚合多一个碳原子。另外一种在碱催化下丙烯酰胺的聚合，得到的聚合物不是双键聚合的碳链聚合物，而是聚酰胺。

异戊二烯 [isoprene] 释文见有机化学同名词条。

异戊橡胶 [isoprene rubber] 由异戊二烯在 Ziegler-Natta 催化剂或烷基锂引发下经溶液聚合制备的顺-1,4-聚异戊二烯。顺式-1,4-结构含量为 92%～96%，玻璃化转变温度约为 -70℃，也被称为合成天然橡胶。主要用于制造轮胎。

易位聚合 [metathesis polymerization] 含有多重键的单体在金属催化剂的条件下，通过交换彼此的多重键，逐步聚合成线型聚合物的过程。分为环状单体的开环易位聚合和线型二烯烃、二炔烃的非环易位聚合等。

引发剂 [initiator] 能在一定条件下分解产生活性物种，用于引发链式聚合的物质。分为自由基、正离子和负离子三类。用于引发配位聚合的体系一般称为催化剂。

引发效率 [efficiency of initiation] 参与引发的引发剂量占引发剂分解量的百分数。主要用于描述自由基聚合的引发过程。与引发剂种类、反应条件、单体活性有关。笼蔽效应和诱导分解是引发效率低的主要原因。

引发-转移剂 [initiator transfer agent; inifer] 同时具有引发剂和转移剂功能的化合物。在正离子聚合中，2-氯-2-苯基丙烷在三氯化硼的存在下可引发异丁烯的聚合，增长活性链也能向该化合物发生链转移，得到端基为 3 级氯的聚合物，同时产生新的正离子，可继续引发聚合。是调控正离子活性聚合的一种方法。

引发-转移-终止剂 [iniferter] 具有引发、终止和(或)转移功能的一类特殊引发剂。名称源于引发剂(initiator)、链转移剂(transfer agent)和链终止剂(terminator)三者。主要有光、热两种引发类型，多用于自由基聚合，可用于合成遥爪聚合物或嵌段共聚物。

茚树脂 [indene resin] 由煤炼焦或石油裂解产生的不饱和化合物的混合物(主要成分为茚、苯并呋喃)经质子酸或 Lewis 酸引发聚合得到的树脂。呈淡黄色或棕色，用于替代天然树脂，配制绝缘和防锈涂料；也用作橡胶软化剂、陶瓷胶黏剂、增塑剂、油墨、油毛毡、绝缘胶带和人造皮革等。

硬质胶 [ebonite] 即硬质橡胶。

硬质橡胶 [ebonite] 简称硬质胶。橡胶高度硫化生成的硬材料。含 30%～40%的硫，硬而韧，耐化学腐蚀性及绝缘性好。常用于保龄球、电插座及其他电器材料、烟斗吸嘴或萨克斯风吹嘴、部分腐蚀性化学品容器的内衬等。不易回收，大量使用易造成环境污染。

永生[的]聚合 [immortal polymerization] 又称不死的聚合。由卟啉-铝络合物催化的环氧、内酯等环状单体的开环聚合，能得到分子量窄分布的聚合物，聚合反应保持活性不“死”，称为永生聚合。与活性负离子聚合的机理不同，但可用来制备嵌段共聚物。

有规立构聚合物 [stereoregular polymer; stereospecific polymer; tactic polymer] 又称立体定向聚合物。高分子链中的重复单元含有完全相同的空间构型，或者虽然不完全相同，但却以一种有规律的方式排布的聚合物。前者包括等规聚合物，以及几何构型规整的聚合物，例如，全顺式的聚丁二烯。后者包括间规聚合物。有规立构聚合物常常比对应的无规立构聚合物有着更好的力学性质。

有机硅树脂 [silicone resin] 高度支化、可进一步固化成三维交联网络的聚有机硅氧烷。其组成可描述为 $R_nSiO_yX_m$，其中 R 代表甲基、苯基等惰性基团，X 代表 H、羟基、Cl、烷氧基等反应性基团。由甲基三氯硅烷、苯基三氯硅烷、二甲基二氯硅烷、二苯基二氯硅烷等单体在有机溶剂中共同水解，缩合形成，性质与原料结构、组成、水解/缩合条件相关，其中 R∶Si 的比值对树脂的性能影响显著。催化剂存在下加热，可固化成不溶不熔的交联树脂。耐热性、电绝缘性、耐水性俱佳，可用作耐高温电绝缘材料、耐热/耐候防腐涂料等。

诱导分解 [induced decomposition] 自由基链式聚合过程中增长链自由基等促进引发剂分解的反应。使引发剂分解产生一个新的初级自由基，同时生成一个稳定分子。

增加引发剂的分解速率，但降低引发效率，一般导致聚合度降低。过氧化物引发剂容易发生诱导分解，偶氮类引发剂不易发生。

诱导期 [induction period] 泛指化学动力学中反应初期反应速率为零或缓慢的阶段。诱导期之后，反应速率迅速增加。产生原因随反应体系而异。以常见的过氧化物或偶氮类引发剂引发的自由基聚合为例，氧气或某些其他自由基捕捉剂可与引发剂分解产生的初级或引发自由基反应，产生无或低活性物种，不能引发聚合。当这些阻聚性物质消耗完后，聚合反应开始。可用于测定引发反应速率常数及引发效率等动力学参数。

淤浆聚合 [slurry polymerization] 引发剂(或催化剂)、聚合物不溶于单体和溶剂(或稀释剂)的一种聚合方法。属沉淀聚合的范畴。具有容易散热、聚合反应平稳、后处理简单等特点。主要用于固体催化剂催化的烯烃聚合，譬如Ziegler-Natta催化乙烯或丙烯在烃类溶剂中的聚合，制备高密度聚乙烯或立构规整聚丙烯。

预聚合 [prepolymerization] 单体的初步聚合。用于制备预聚物。热固性树脂缩聚中达到凝胶点前终止反应，得到可溶和(或)可熔的预聚物，浇铸后可进一步固化成型。酚醛树脂、环氧树脂、不饱和聚酯、聚酰亚胺等皆需要预聚合过程。还可用于控制热塑性树脂在聚合成型中因体积收缩导致的裂缝、空隙等，如有机玻璃的制备。

预聚物 [prepolymer] 单体经预聚合反应生成的分子量不大的聚合物前体。有反应性端基，可溶和(或)可熔，通过进一步聚合或交联反应生成高分子量或三维网络状终产物。一般用于制备热固性树脂、橡胶或高性能塑料制品等，便于浇铸或注模。譬如，含羟端基的聚醚或聚酯预聚物可与二异氰酸酯反应制备聚氨酯；含羟甲基的酚醛树脂预聚物经加热可固化成热固性酚醛树脂；端基为羟基或羧基的聚丁二烯预聚物经扩链或交联反应生成橡胶。

原胶 [raw rubber] 即生橡胶。

原纤 [fibril] 构成纤维的纤维状微细组织。根据尺寸大小可分为大原纤维(直径约200 nm)、微原纤维(直径约为6～8 nm，长10～50 nm)和原生原纤(直径约2 nm)。

原子转移自由基聚合 [atom transfer radical polymerization(ATRP)] 引发剂存在下过渡金属催化的可逆去活化(reversible-deactivation)自由基聚合。属可控自由基聚合范畴。自由基去活化包括可逆的原子或基团转移过程。单体、引发剂、催化剂、溶剂是ATRP的关键组分。烷基氯或溴是最常用的引发剂。催化剂包括过渡金属和配体两部分，其中金属应至少有两个氧化态，两者通过单电子转移实现快速转变，与卤素有一定络合作用，不与引发或增长链自由基反应，不催化自由基终止。常用的过渡金属有Cu、Ru、Fe、Ni、Os等。通过合适的配伍，可实现引发速率快、链增长速率较慢、链转移和链终止少的目标，获得分子量可控、分子量分布窄的聚合物。还常用于合成嵌段、接枝、星状等不同拓扑结构的高分子，在表/界面引入聚合物链，对生物分子、细胞等进行高分子化修饰。具有单体适用范围广、反应条件温和、可控性好等优点；不足之处在于使用过渡金属催化剂，不易除去。

再生胶 [reclaimed rubber] 废的硫化橡胶经一系列机械加工、脱硫处理生成的有一定可塑性、能再次使用的类生胶材料。再生过程包括粉碎、脱硫(破坏交联网络)和精炼三个工序。脱硫有直接蒸汽法、蒸煮法、机械法和接枝法。加入软化剂或活化剂有助于脱硫。可用于低档橡胶制品的制作，也可代替部分新生胶制备胶管、胶带、轮胎垫带等橡胶制品。

再引发 [reinitiation] 增长链自由基因链转移反应而产生新自由基的引发作用。链转移剂可以是溶剂、单体或聚合物。链转移导致聚合物分子量降低。根据新生成自由基的引发活性，聚合速率不变或减慢。若新生成自由基(如稳定自由基)不能引发单体聚合，聚合反应终止。广义范围内，其他链式聚合过程中也可能存在再引发现象，譬如内酯、交酯的负离子开环聚合过程中的酯交换反应。

增长链端 [propagating chain end] 链式聚合反应过程中，经引发增长反应形成低聚物或聚合物链的反应性末端基团。能继续与单体反应，使聚合物链增长。根据其结构分为自由基、正离子、负离子、配合物。广义范围内，可控自由基聚合中链末端的休眠种也可看作增长链端，但需要转化为自由基才可继续引发单体聚合。

正离子聚合 [cationic polymerization] 增长链活性端基为正离子(又称阳离子)的离子型链式聚合。适用单体包括含给电子取代基的烯类化合物如乙烯基醚、异丁烯、乙烯基咔唑、苯乙烯等，或杂环类化合物如环氧乙烷、四氢呋喃、噁唑啉、小环内酯等。引发物种或增长链活性端基为高度不稳定的正离子，聚合速率快，但容易发生链转移或链终止。一般链终止或转移的活化能高于链引发或增长，低温有利于生成高分子量聚合物。正离子聚合受溶剂种类和极性、配对负离子影响显著，极性非质子溶剂、弱亲核性配对离子可加快聚合速率，减少链终止。用于制备丁基橡胶、萜烯树脂等工业产品。

正离子引发剂 [cationic initiator] 用于引发正离子(又称阳离子)聚合的化合物的统称。常用的包括质子酸如硫酸、高氯酸、酸性离子交换树脂等，Leiws酸如$AlCl_3$、$ZnCl_2$、BF_3等，稳定碳正离子、氧鎓盐、可光分解的碘鎓盐等。RI/I_2、BF_3/H_2O、HI/ZnI_2、R_2AlCl/R_3CCl等混合物也可用于引发正离子聚合，一般称为正离子引发体系。不同引发剂(体系)适用于不同单体，对聚合速率、聚合物的分子量及其分布、立体构型有影响。

支化度 [degree of branching] 用于描述支化高分子支化程度的参数。定义为主链或支链上支化点处单体单元占总单元的比例。部分支化高分子的支化度可通过核磁共振、红外光谱等方法测定，凝胶渗透色谱或光散射可用于辅助估测。线型高分子和无缺陷树状高分子的支化度分别为 0 和 1，其余拓扑结构的高分子的支化度介于其间。对于结构单元复杂的支化共聚物，可能有不止一种支化度的计算方式。

支化高分子 [branched polymer] 分子链上含长短不一支链的高分子。用于描述高分子的拓扑结构。支链长短和支化点位置影响聚合物的性质。短支链一般影响高分子链堆砌密度，使其玻璃化转变温度降低，不易结晶；长支链对结晶性影响较小，但影响高分子溶液或熔体的流变性质。同分子量时，支化高分子的特性黏数小于相应的线型高分子。当支链上无其他支化位点且长度均一时，可称为刷状高分子。

支链淀粉 [amylopectin] 由葡萄糖单元通过α-1,4-和部分 α-1,6-糖苷键连接而成的支化多糖。占淀粉总量的 70%～80%，具体与淀粉来源有关。与直链淀粉(amylose)相比，支链淀粉的分子量更大，每条链含数千至十万个葡萄糖重复单元；每隔 25～30 个单元有一支化点。不易结晶，易溶于水，易消化；可用作增稠剂或稳定剂，但不适合用作成胶剂、包装材料等。

脂肪族环氧树脂 [aliphatic epoxy resin] 不含芳香结构的环氧树脂。由脂肪醇或多羟基脂肪化合物与环氧氯丙烷反应制得，含有两个或两个以上环氧基团。室温下黏度低，较少单独使用，常作为反应性“稀释剂”，用于降低其他环氧树脂的黏度，便于其使用。广义范围内，包括耐热性更好的脂环族环氧树脂。

脂肪族聚酯 [aliphatic polyester] 主链由脂肪族碳链和酯基构成的聚合物。可通过环状单体的开环聚合或双官能团单体的缩合聚合制备。根据主链是否含碳碳双键分为饱和与不饱和两类，聚乳酸、聚己内酯等属于前者，后者主要用作热固性不饱和聚酯的前体，可通过自由基聚合进一步固化。与聚对苯二甲酸乙二醇酯等芳香族聚酯比较，饱和脂肪族聚酯的强度较低，但可(生物)降解，广泛用作医用植入材料、药物载体、环境友好包装材料等。

直链淀粉 [amylose] 由葡萄糖单元通过α-1,4-糖苷键连接而成的线型多糖。占淀粉总量的 20%～30%，具体与淀粉来源有关；一般每条链含数百至上万个葡萄糖重复单元。与支链淀粉(amylopectin)相比，直链淀粉通常呈有规则的螺旋构象，螺旋链内可结合疏水分子，如碘、脂肪酸、芳香化合物等；易结晶，不溶于水，消化慢，储能密度高，可用作增稠剂、乳液稳定剂、成胶剂、降解性包装材料等。

***e* 值** [*e* value] 自由基共聚合中用于描述烯类单体取代基极性的参数。当 e 值为正时，表示取代基为吸电性的；当 e 值为负时，表示取代基为供电子性。规定苯乙烯的 $e=-0.8$。

***Q* 值** [*Q* value] 自由基共聚合中用于描述单体和自由基共轭效应的参数。Q 值越大，说明单体的共轭程度越高，越容易形成自由基，单体活性越高，反之亦然。规定苯乙烯的 $Q=1.0$。

酯交换缩聚 [transesterification polycondensation] 通过酯交换反应进行的缩合聚合反应。一般需要酸、碱或金属类催化剂催化，高温和高真空度有利于聚合。由对苯二甲酸二甲酯与乙二醇在高温、高真空下缩聚制备聚对苯二甲酸乙二醇酯(俗称“聚酯”)的过程属酯交换聚合。

质子转移聚合 [proton transfer polymerization] 即氢转移聚合。

智能高分子 [intelligent polymer] 即刺激响应性高分子。

终止剂 [terminator] 能有效终止聚合反应的物质。加入反应体系可快速终止聚合反应。常用于动力学研究，也可用于制备遥爪聚合物或嵌段共聚物。稳定的自由基类物质(如某些氮氧自由基)可用作自由基聚合的终止剂。

种子聚合 [seeded polymerization] 在体系中加入“种子”并使聚合反应在种子内部或表面进行的分散聚合。种子多为聚合物或无机纳米或微米粒子。多用于制备粒径分布均匀的微米尺度聚合物粒子，也可用于合成窄分布的嵌段共聚物或具有核-壳结构的聚合物粒子或有机-无机杂化粒子。

周期共聚物 [periodic copolymer] 含有三种或以上重复单元、其排布顺序呈周期性变化的共聚物。

逐步加成聚合 [stepwise addition polymerization] 即聚加成反应。

逐步聚合 [step-growth polymerization] 双或多官能团单体彼此间反应，经历二聚体、三聚体、四聚体乃至多聚体，分子量随时间逐渐增加的聚合反应。包括逐步缩聚和逐步加聚，前者在聚合过程中有小分子副产物生成。不同于链式聚合，逐步聚合过程中单体消失迅速，聚合物分子量初期增加缓慢，后期迅速增大，投料比、反应程度对聚合物分子量影响显著。可用于制备多种工程塑料、纤维、高性能树脂，如酚醛树脂、尼龙、聚酰亚胺、聚酯等。

主链型液晶高分子 [main chain liquid crystalline

polymer] 液晶性基元接在高分子主链上的液晶高分子。一般可用作结构性材料，如高强高模的Kevlar纤维。

铸塑聚合 [cast polymerization] 将液态单体或低黏度预聚物浇注于模具中，在常压下借助引发剂、催化剂、加热或辐照使其聚合并固化的过程。适用于流动性大、聚合过程中体积收缩小的体系，脱模后直接得到成型的制品。常用于制备热固性塑料制品，如酚醛、环氧、不饱和聚酯等树脂，也可用于部分热塑性塑料的制备，如有机玻璃。

准活性碳正离子聚合 [quasi-living carbocationic polymerization] 即假正离子活性聚合。

紫胶 [Shellac] 胶虫吸取寄主树树液后分泌出的紫色天然树脂。主要化学成分是光桐酸(9,10,16-三羟基十六烷酸)和紫胶酸(一种脂肪族稠环二酸)及其酯类衍生物，不溶于水，溶于乙醇和碱性水溶液。紫胶树脂黏着力强，光泽好，对紫外线稳定，电绝缘性能良好，兼具热塑性和热固性；耐油，耐酸，无毒，无刺激，可用作清漆、抛光剂、胶黏剂、绝缘材料和模铸材料等，广泛用于电气、涂料、橡胶、塑料、医药、制革、造纸、印刷、食品等工业部门。

自催化缩聚 [autocayalytic polycondensation] 无外加催化剂下，原料本身既是单体又是催化剂所进行的缩聚反应。常见的是二酸和二醇在无外加酸时进行的酯化缩聚反应。

自动加速效应 [autoacceleration effect] 在自由基聚合反应中，由于体系黏度增加，使得活性增长链间碰撞概率减少，双基终止难以发生，自由基寿命延长，聚合反应速度发生加速的现象。

自发聚合 [spontaneous polymerization] 在无任何外加引发剂条件下，单体能发生聚合反应的现象。

自发终止 [spontaneous termination] 正离子聚合中位于增长链末端的碳正离子发生向反离子的链转移而使聚合反应停止的现象。

自交联 [self crosslinking] 在不加任何交联剂的情况下，聚合物通过自身分子间化学键的交联反应。

自缩合烯类聚合 [self-condensing vinyl polymerization (SCVP)] 又称自缩合乙烯基聚合，采用一种称为引发剂单体(inimer)的聚合与共聚合，合成超支化聚合物的一种聚合方法。以AB*表示引发剂单体，这种单体既有可以发生聚合的双键，又有经活化可以变为能够引发聚合反应的活性点B*(正离子或自由基)。由于每加入一个新的单体都会引入一个活性中心，这样将会增加一个新的引发点；因此，随着聚合反应的不断进行，链段上的支化点不断增加，最终形成超支化聚合物。常见的自缩合烯类聚合可用RAFT聚合、ATRP、正离子聚合等，可以加入其他共聚单体，通过共聚合反应制得功能性高分子。

自缩聚反应 [self condensation polymerization] 即均缩聚(反应)。

自由基捕获剂 [radical trapping agent] 能够与化学反应过程中产生的不能够长时间稳定存在的活性自由基作用形成可长时间稳定存在的自由基或稳定分子的物质。如2，2-二苯基-1-三硝基苯肼(DPPH)、对苯醌、四甲基苯醌、2-甲基-2-亚硝基甲烷以及苯基-*N*-叔丁基硝酮等均能与自由基反应形成稳定的自由基。

自由基负离子引发剂 [radical anionic initiator] 即负离子自由基引发剂。

自由基共聚合 [radical copolymerization] 两种或两种以上的单体以自由基链式聚合机理进行的共聚合反应。通常自由基共聚可得到无规共聚物、交替共聚物、恒比共聚物。除了用大分子与乙烯基单体共聚能形成接枝共聚物外，一般是由高分子与单体进行接枝聚合。只有活性自由基聚合反应能依次将两种单体聚合制取嵌段共聚物。

自由基环化聚合 [radical cyclopolymerization] 非共轭双烯类化合物以自由基链式聚合机理形成具有环状结构重复单元的线型聚合物的聚合反应。二甲基二烯丙基氯化铵单体的自由基聚合，是按交替分子间-分子内的加成与环化反应，形成主链为环状结构的链节的线型聚合物。

自由基聚合 [free radical polymerization] 以自由基为活性中心，引发单体聚合形成高分子的反应。最常用的产生自由基的方法是引发剂的受热分解或二组分引发剂的氧化还原分解反应，也可以用加热、紫外线辐照、高能辐照、电解和等离子体引发等方法产生自由基。聚合过程包含引发、增长和终止基元反应。可进行自由基聚合的单体类型很多，主要是带有吸电子取代基团的烯类单体。在工业上以自由基聚合方式生产的聚合物占相当大的比例。重要的塑料和橡胶制品都是通过自由基聚合制备得到的。

自由基开环聚合 [radical ring-opening polymerization] 以自由基为活性中心，环状单体发生的开环聚合反应。聚合过程中发生自由基的重排，生成更稳定的自由基，得到的聚合物主链重复单元与单体结构不同。主要的单体类型有：不饱和环缩醛，乙烯基环丙烷，不饱和螺环原酸酯等。

自由基链降解 [free radical chain degradation] 以自由基为活性中心进行的聚合物降解作用。是聚合物降解的一种重要方式。如聚合物的热降解、光降解以及氧化降解等均经由自由基反应过程。

自由基寿命 [free radical lifetime] 自由基从产生

到活性完全消失的时间。在自由基聚合反应中，从引发剂分解产生的初级自由基与单体加成后形成增长链自由基。自由基的寿命决定聚合物的聚合度，体系黏度增加，自由基寿命增加。

自由基异构化聚合 [free radical isomerization polymerization] 在自由基聚合反应中由于发生了异构化反应，得到的聚合物中的结构单元与起始单体的结构单元不同的一类聚合反应。典型的例子有乙烯基环丙烷的聚合。

自由基引发剂 [radical initiator] 在光、热或氧化还原条件下，能生成自由基，引发单体聚合的化合物。热引发剂主要包括含弱键的偶氮类或过氧化物；氧化还原引发体系包括过氧化氢和亚铁盐体系，过硫酸盐和脂肪胺体系等，可以是水溶性或油溶性。

自增强高分子 [self-reinforcing polymer] 能以大分子结构或超分子结构的尺度形成增强体的高分子材料。由于它与基体的化学结构完全相同，则称这种增强方式为分子自增强。目前高分子自增强材料有两类：①采用棒状刚性链构造而成的自增强材料，其典型代表是主链液晶高分子；②柔性链高分子，但采用特殊的伸直链方式，使其产生自增强效果。与传统的增强材料相比，分子自增强充分调动了材料内部的潜力，又不存在增强相与基体在化学结构上的界面，所以材料的整体力学性能更好。

自增长 [self propagation] 在共聚反应中，一个活性中心与同种单体加成的链增长反应。

自终止 [self termination] 在大量引发剂存在时的自由基聚合反应中，初级自由基与增长链自由基反应而终止的现象。

阻隔高分子 [barrier polymer] 对气体、液体等渗透物以及光线具有一定屏蔽能力的高分子材料。广泛应用于食品、医药、精密仪器等的包装及中长期保存。

阻聚 [inhibition] 在链式聚合反应中，通过加入阻聚剂使增长链活性中心发生链转移反应迅速失活，导致聚合反应速度迅速降为零的过程。

阻聚剂 [inhibitor] 能使烯类单体的自由基聚合反应完全终止的物质。阻聚剂分子与链自由基反应，形成非自由基物质或不能引发聚合的低活性自由基，从而使聚合反应终止。

6.3 高分子物理

阿夫拉米方程 [Avrami equation] 描述结晶时结晶的量随时间变化的方程。形式为 $1-W_t=\exp(-kt^n)$，W_t 是等温结晶条件下 t 时间的结晶分数，k 是速率常数，n 是阿夫拉米指数，是结晶生长维数和成核过程的时间维数之和，后者可取 0(异相成核)或 1(均相成核)。

半结晶聚合物 [semi-crystalline polymer] 在最适宜结晶的条件下，也不会达到 100%结晶的聚合物。是部分结晶的聚合物，通常结晶度在 30%～80%范围内。

棒状链 [rodlike chain] 呈扁长椭球体、轴比很大的大分子链。特性黏数和旋转扩散常数都是棒的长度和回转半径的函数。如分子链呈螺旋排列的聚多肽、聚异氰酸酯等；又如当原子间电荷的库仑斥力很大时，分子伸展呈线状的高分子电解质。

鲍劳特-克拉特基链 [Porod-Kratky chain] 即蠕虫状链。

本体黏度 [bulk viscosity] 又称体积黏度。可压缩流体在被均匀压缩或膨胀而发生体积变化时(不存在剪切)，内摩擦力会抵制形变，在这种情况下测定的黏度称为本体黏度。只有当流体被快速压缩或膨胀时，本体黏度才显得重要。它度量了形变过程中能量的损失。

比浓对数黏度 [logarithmic viscosity number] 参见特性黏度。

表观分子量 [apparent molecular weight] 即表观摩尔质量。

表观剪切黏度 [apparent shear viscosity] 当剪切速率较大，超出线性黏弹区时，由剪切应力σ和剪切速率 $\dot{\gamma}$ 的比值确定的黏度 $\eta_{app}=\sigma/\dot{\gamma}$ 称为表观剪切黏度。表观剪切黏度与在零剪切速率下的流体黏度存在差别。如果测定的表观剪切黏度随剪切速率增加而降低，则称为剪切变稀，反之则称为剪切变稠。大多数的高分子溶液表现出剪切变稀现象，这是高分子链在剪切作用下发生取向造成的。

表观摩尔质量 [apparent molar mass] 又称表观分子量。高分子的摩尔质量的测定受多种因素影响，如浓度、溶剂，高分子自身的形态等。在未做任何修正时而确定的摩尔质量称为表观摩尔质量，其值与真实摩尔质量存在一定的差别。

宾厄姆流体 [Bingham fluid] 又称宾厄姆塑性流体。应力σ与应变速率 $\dot{\gamma}$ 成正比，但存在屈服应力σ_y 的流体。$\sigma=\eta_\infty\dot{\gamma}+\sigma_y$，其中 η_∞ 为达到稳定流动时的黏度。宾厄姆流体在外加应力低于屈服应力σ_y时，表现出黏塑性的固体性质。

宾厄姆塑性流体 [Bingham fluid] 即宾厄姆流体。

玻尔兹曼叠加原理 [Boltzmann superposition principle] 该原理假设作用在样品上的多个应力引起的总应

变是各个应力单独引起的应变的线性叠加。同样，多个应变导致的总应力的变化也符合线性加和原理。玻尔兹曼叠加原理是研究材料线性黏弹行为的理论基础。

玻璃化转变 [glass transition] 无定形物质从玻璃态到高弹态或液态的转变。对非结晶高分子来说，是从玻璃态到高弹态的转变；对结晶高分子而言，是指其中非晶区的这种转变。是与分子链段运动能力变化相联系的转变，在转变温度以上可以实现较长链段的运动。在转变温度处热容和热膨胀系数等发生不连续变化。转变时高分子的性能特别是力学性能变化很大。

玻璃化[转变]温度 [glass transition temperature] 发生玻璃化转变所对应的温度。指非晶态高分子从玻璃态到高弹态的转变温度或者结晶高分子中非晶部分这种转变的温度。表示为 T_g。有一定的分布宽度，通常定为性能变化速率最大的温度。明显依赖于变温速率和测量的频率。动态方法测得的值高于静态方法的测量结果。主要取决于分子的结构，但也受聚集态结构的影响。

泊松比 [Poisson's ratio] 材料发生压缩或拉伸变形时，横向应变 $d\varepsilon_{横}$ 与纵向应变 $d\varepsilon_{纵}$ 的比值 $\nu = -d\varepsilon_{横}/d\varepsilon_{纵}$。当材料在一个方向被压缩时，往往会在另外两个垂直的方向发生膨胀，这一现象称为泊松现象。泊松比是衡量泊松现象无量纲的物理量。

不良溶剂 [poor solvent] 对高分子具有较弱溶解能力的溶剂。在不良溶剂中，溶剂与高分子链段之间的作用力比较弱，高分子链段间的作用力以吸引力为主，排除体积为负值，高分子链发生塌缩。在高浓度时会有沉淀生成。

不相容性 [incompatibility] 参见相容性。

不相溶性 [immiscibility] 参见相溶性。

插线板模型 [switchboard model] 又称无规折叠模型。弗洛里(P. J. Flory)等提出的一种描述高分子晶态结构的模型。认为一个分子链进入一个片晶后，并不在其近邻位点折回再进入这一片晶，而是进入片晶间的非晶区后以无规方式进入同一片晶，不一定是近邻位点，而且也可能进入其他片晶，最后也可能再回到最初的片晶中。一般认为至少适用于熔体冷凝而成的高分子结晶。

长程分子内相互作用 [long-range intramolecular interaction] 即远程分子内相互作用。

长周期 [long period] 常指单晶中片晶的空间尺度。与晶片层的厚度相关，一般在 10 nm 左右。可用小角 X 射线散射、透射电子显微镜、原子力显微镜等测得。

超瑞利比 [excess Rayleigh ratio] 又称净剩瑞利比。在溶液光散射中，溶质和溶剂对散射都有贡献。溶质自身的瑞利比称为超瑞利比，$R_\theta = I_{ex}r^2 / I_0$，其中 I_{ex} 是在散射角θ，溶液散射光强 $I_{solution}$ 和溶剂散射光强 $I_{solvent}$ 的差值。超瑞利比用于求算溶质的摩尔质量。

扯断伸长率 [elongation at break] 即断裂伸长。

沉淀分级 [precipitation fractionation] 利用高分子溶解度与分子量的依赖性，通过加入与溶剂相溶的沉淀剂的方式，来对多分散样品进行分级的方法。随沉淀剂的加入，首先得到的是高分子量的级分。

沉降平衡 [sedimentation equilibrium] 在重力或离心力的作用下，高分子的沉降速率与由扩散引起的向反方向迁移的速率相等时的状态。

沉降系数 [sedimentation coefficient] 粒子的沉降速度 v_t 与加速度 a 的比值，$s = v_t/a$。如果加速度是由离心提供的，则 $s = v_t/w^2r$，w 是离心转子的角速度，r 是粒子到旋转中心的距离。沉降系数只与粒子的性质和介质有关，单位是时间，常用斯韦德贝里单位(Svedberg unit，或 S 值)来表示，1 斯韦德贝里单位=10^{-13} 秒。

成核[作用] [nucleation] 结晶等相转变过程中一个或一些初始的新相稳定小区在老相中的形成。是新相生长的中心。是局部的有序和无序结构涨落的结果。可以是均相的，也可以是异相的。

弛豫谱 [relaxation spectrum] 描述弛豫过程的曲线。通常指描述弛豫模量与时间关系的弛豫时间谱和描述力学损耗与温度关系的动力学谱。

弛豫[作用] [relaxation] 曾称松弛。物体被施加某种外界扰动从一种平衡状态过渡到另一种平衡状态时，物体的响应在时间上滞后于扰动的现象。是物体内分子运动在宏观上的表现。高分子可以有体积弛豫、力学弛豫、介电弛豫、核磁共振弛豫等。

初级结晶 [primary crystallization] 又称主结晶。高分子结晶时的主要结晶变化过程。发生在结晶变化的初期，大部分的结晶变化都在这一阶段完成，是一个相对较短的阶段。主要包括形成晶核、晶粒生长、组成并长满球晶等变化过程。此阶段的结晶增长在等温结晶时可用阿夫拉米方程描述，由此可得到有关结晶成核和生长特性的信息。

触变性 [thixotropy] 在恒定的剪切速率或剪切力的作用下，流体的黏度随时间的增加而降低的行为。通常因体系中某些松散缔合结构的破坏而引起。这种在静止状态(如储存)时产生的结构能被应力作用破坏。

串晶结构 [shish-kebab structure] 具有羊肉串状外形的结晶形态结构。高分子溶液在流动或搅拌时结晶容易生成。形成过程：首先在取向作用下形成具有伸展链晶体结构的中心线部分，并以此作为晶核引发生成一行行的折叠链片晶。

次级弛豫 [secondary relaxation] 在玻璃化转变温度T_g以下，高分子链上小于链段的不同运动单元所引起的弛豫。通常把无定形聚合物的玻璃化记为α弛豫，而随着温度降低，链上不同运动单元引起的弛豫依次记为β弛豫、γ弛豫等。可以包括局部弛豫模式、曲柄运动、侧链或侧基的运动等。在不同聚合物中所标记的同一弛豫的机理可能相同，也可能完全不同。

脆点 [brittleness point; brittle point] 即脆化温度。

脆化温度 [brittleness temperature; brittle temperature] 又称脆折点、脆点。当降温时高分子不能发生强迫高弹性而像玻璃一样呈脆性破坏的临界温度。用T_b表示。表征塑料的耐寒性。常用低温冲击压缩试验法测定。

脆-韧转变 [brittle-ductile transition] 物体的断裂行为从脆性方式变化到韧性方式的现象。高分子在升高温度时由脆性断裂变为韧性断裂。除温度外也可因应变速率、刻痕、交联和增塑等因素变化而引起。一般认为当物体的屈服应力超过某一临界值时发生。

脆折点 [brittleness point; brittle point] 即脆化温度。

萃取分级 [extraction fractionation] 聚合物分级的一种方法。利用聚合物溶解度的分子量依赖性，通过逐步增加溶剂的溶解能力，借助萃取的方式，得到分子量逐渐增加的级分。萃取分级也用于富集混合物中的某种组分。

单分散性 [monodispersity] 指物质的某一个参数具有均一的性质。单分散性微球是指粒子尺寸较为均一的球体。在高分子中，单分散高分子指所有分子的摩尔质量或组成均相同的高分子。

单体单元 [monomeric unit] 由单一的单体分子提供高分子或低聚物分子的结构中最大组成单元。

单轴取向 [uniaxial orientation] 高分子材料在沿一个方向拉伸等作用下，分子链趋于沿这一方向平行排列的现象。

胆甾相 [cholesteric phase] 液晶相的一种。分子平行排列在平面内，但相邻平面中分子的取向方向稍有变化，沿平面的法线方向作螺旋状周期性变化。由于首先在胆甾醇的酯和卤化物的液晶中观察到而得名。非胆甾类的手性液晶也能呈现。在向列相液晶中加入旋光性物质往往会形成。具有独特的光学性质，有极强的旋光性、明显的圆二向色性和对波长的选择性反射。

等规度 [isotacticity; degree of isotacticity; isotactic index] 又称全同立构规整度，全同立构聚合物链段在聚合物总量中所占的百分数。等规度反映催化剂在聚合物反应中的定向能力的高低。其测定方法有溶解度法、熔点法、相对密度法、核磁共振法、红外光谱法等。

等同周期 [identity period] 又称恒等周期。在链轴向方向，高分子链结构平移的最短距离。在链状高分子的结晶中，常用来计算重复单元的长度。

等效链 [equivalent chain] 自由结合链的均方末端距具有非常简洁的表达式：$\langle h^2\rangle=nl^2$。而真实高分子链的键角是固定的，也不能绕单键自由内旋转，因此不符合自由结合链模型。但是根据高分子链的自相似性，可以把长链划分成N个长度为b的链段，每个链段都近似是自由取向的，这样高分子链具有了自由结合链的特征，且$\langle h^2\rangle=Nb^2$。这种经过重新划分的高分子链称为等效自由结合链，等效链段称为库恩链段，长度b称为库恩长度。

动力学链长 [kinetic chain length] 自由基聚合动力学研究中，将一个活性种自由基从引发到终止所有键接的单体单元数。动力学链长$\upsilon=R_p/R_i=R_p/R_t$，即链增长速率与链终止速率之比。在无链转移条件下，则按双基结合终止时，聚合度DP=2υ；按双基歧化终止则DP=υ；结合与歧化同时存在，υ<DP<2υ。

动态力学性质 [dynamic mechanical property] 物体在交变的应变或应力作用下的力学行为。常用复数形式的力学量如复数模量等来描述。对于高分子而言，可随频率和温度而明显变化。

动态黏度 [dynamic viscosity] 流体在交变应力作用下的黏度。对于高分子熔体，黏性和弹性二者均有贡献，故常以复数形式表示。具有明显的频率依赖性。可用于表征高分子熔体的黏弹性。可通过动态流变仪测定。

动态黏弹性 [dynamic viscoelasticity] 物体在交变的应变或应力作用下的黏弹行为。主要表现为应力和应变的周期变化的不同相位以及复数形式的模量等力学量。

动态转变 [dynamic transition] 高分子在动态载荷作用下力学状态的转变。常用的研究方法有力学损耗法、介电损耗法、宽谱线的核磁共振法等。

端基分析 [end group analysis] 对高分子链末端或两端的官能团的定性、定量测定。端基分析可用于端羟基聚醚、端羟基或端羧基聚酯、端氨基或端羧基聚酰胺等的数均分子量的测定。端基分析还有助于确定聚合过程中引发和终止的方式。常用的端基分析方法是化学滴定法，另外也可采用紫外、红外、^{14}C示踪原子、核磁分析等方法。

短支链 [short-chain branch] 由高分子链生成一低聚

物的分枝。如聚乙烯自由基聚合生成丁基短支链为乙烯的二聚产物。具有短支链的聚合物，其熔点下降，强度略降低，透气性增大，抗冲击性提高。

断裂伸长 [elongation at break] 又称扯断伸长率简称伸长率。试片拉伸至断裂时的伸长率。

二次结晶 [secondary crystallization] 又称后期结晶。初级结晶阶段以后的一个缓慢发展的结晶变化阶段。这一时期的结晶变化明显偏离描述初级结晶的阿夫拉米方程。主要是已有晶粒内和晶粒间细微结构重组、晶粒尺寸增大、结构更加完整。

二单元组 [diad] 由聚合物分子中相邻的两个结构单元构成。如果这个二单元组含有两个手性构型一样的单元，称为内消旋二单元组(meso diad)，类比于内消旋化合物。而如果这个二单元组含有两个手性构型相反的单元，称为外消旋二单元组(racemic diad)，类比于外消旋化合物。

二级结构 [secondary structure] 释文见有机化学同名词条。

非规整嵌段 [irregular block] 不能仅用单一重复单元的单一排列来描述的高分子链段。这里的单一指的是化学结构上的单一，而非立体构型上的单一。与规整嵌段相对应。

非晶区 [amorphous region; non-crystalline region] 结晶高分子中不含有结晶结构的区域。亦即处于非晶态的区域。

非晶取向 [amorphous orientation] 试样总取向中由非晶区贡献的那部分取向。直接测定方法有红外二向色性和激光拉曼散射等。

非晶相 [amorphous phase; non-crystalline phase] 高分子中结构不规则，或结构规整但未达到三维有序程度的部分。对无定形或非结晶性高分子来说，含义等同于无定形态。结晶性高分子除无定形态外，还包括在结晶过程中出现的一些分子堆砌状况已偏离原始的无定形态，但由于分子结构上的或动力学的因素而未能形成结晶结构的区域。也包括液晶高分子在一定条件下形成的各种液晶相。

非溶剂 [non-solvent] 不良溶剂的极限。高分子链段或单体间的吸引力非常强，几乎把所有的溶剂分子都从高分子排除出去。非溶剂是高效的沉淀剂。

非线性黏弹性 [non-linear viscoelasticity] 应力、应变、应变速率等之间不成线性关系，即应力与应变之比依赖于应力本身大小的黏弹行为。此时玻尔兹曼叠加原理不再适用。高分子非常普遍的力学行为，特别是当形变较大或高分子结晶时。

分级 [fractionation] 把一定量的混合物分成几个小级分的分离方法，在每个级分中，组成是按梯度分布的。高分子中常用的是分子量分级和组分分级，以便得到窄分布的样品。

分凝 [segregation] 多组分聚合物形成非均相织态结构的现象。如形成晶相的聚合物从非晶区迁移至晶核或生长晶片上，而形成非晶相的聚合物分子离开晶核或生长晶片。

分子成核作用 [molecular nucleation] 大分子链中很小一部分的初始结晶。在此之后进一步的结晶是热力学上有利的。可以产生新的晶体或者增大已有晶体的尺寸。

分子链大尺度取向 [global chain orientation] 即链大尺度取向。

分子量多分散性 [polydispersity of relative molecular mass] 聚合物中所有分子的分子量的不均一性。高分子样品通常是由不同分子量的同系物组成的混合物。如果所有高分子都具有相同的聚合度，这样的样品是单分散的。许多天然高分子如蛋白质具有单分散性，但合成高分子通常是多分散的，多分散度与采用的聚合方法有关。

分子量多分散性指数 [polydispersity index(PDI) of relative molecular mass] 表征聚合物分子量不均一性的参数。以高分子样品的重均分子量和数均分子量的比值(M_w/M_n)进行表征。单分散样品的$M_w=M_n$，因此PDI＝1。多分散样品的PDI大于1，数值越大，表明分子量分布越宽。

分子量分布 [molecular weight distribution] 高分子样品中各个组分的含量和该组分摩尔质量M_i的关系。可以用图解法，也可以用分布函数来描述。

分子量排除极限 [molecular weight exclusion limit] 体积排除色谱法或凝胶渗透色谱法可测定的高分子分子量的上限。每个体积排除柱都有特定的可分离的分子量范围。分离的下限，也称渗透极限，定义了最小分子量。所有比渗透极限还小的高分子都能够进入到固定相的孔洞中，因此会在相同的时间流出。而所有比排除极限还要大的高分子都不能进入固定相的孔洞中，从而无法得到分离。

弗洛里-哈金斯理论 [Flory-Huggins theory] 由弗洛里(P. J. Flory)和哈金斯(M. L. Huggins)分别提出的关于高分子溶液热力学的模型理论。该理论借助简单的格子模型，推出了n_2摩尔高分子与n_1摩尔溶剂混合的自由能$\Delta F_{mix}=\Delta H_{mix}-T\Delta S_{mix}=RT(n_1\ln\phi_1+n_2\ln\phi_2+\chi\phi_1\phi_2)$。其中$\phi_1$、$\phi_2$分别是溶剂和高分子在溶液中的体积分数。$\chi$称为相互作用参数，反映了高分子与溶剂或高分子与高分子在混合时相互作用能的变化，它是高分子物理中最重要的物理参数之一。弗洛里-哈金斯理论形式简洁，物理意义清楚，定性地描述了高分子溶液的热力学性质，是其他高分子溶液理论的基础。

附生结晶 [epitaxial crystallization] 一种结晶物质在另一种结晶物质上的取向生长。

附生晶体生长 [epitaxial growth] 在结晶基底上另一种结晶物质的取向生长。如在高分子结晶中经常发生的一种高分子伸直链晶体表面上生长同种聚合物折叠链晶体的现象。从广义上说包括除了单晶形成之外的所有高分子结晶。

刚性链 [rigid chain] 因主链的内旋转受阻导致形态呈现棒状结构的一类分子链。包括带有共轭双键的高分子链(如聚乙炔、聚苯)以及某些杂环或梯形高分子。此外，还包括由于分子内氢键的存在而使内旋转困难的天然高分子(如纤维素、蛋白质和核酸等)。

高分子晶粒 [polymer crystallite] 组成多晶体的微小高分子晶体。同一条高分子链的链段可能分别处于若干个晶粒之中，而其余的分子链段则处于非晶区中。尺寸只有几十纳米，可用电子显微镜和X射线衍射法测定。

高分子晶体 [polymer crystal] 高分子链整齐排列形成的具有三维有序的周期性结构。由于高分子长链的结构特点，链上的原子经共价键连接，结晶时链段无法充分自由运动，妨碍分子链规整堆砌排列，因此包含许多缺陷，甚至出现非晶区。在不同结晶条件下，高分子可形成单晶、球晶和树枝晶等结晶，但它们均由具有厚度约为10 nm的片晶组成。

高分子[异质]同晶现象 [macromolecular isomorphism] 不同高分子结晶时具有共同的晶格的现象。常见的是重复单元的同晶型现象，相应的单体单元有类似的晶格常数、晶格角和相同的螺旋结构，在晶格中各种单体单元可以互相取代位置。也有分子链的同晶型现象，可以发生整个分子链相互替代。

高斯链 [Gaussian chain] 末端距的分布函数可以用高斯函数来描述的分子链。高斯链是最典型的柔性链，表示的状态是理想状态，是高分子统计的基础，在高分子物理领域具有非常重要的意义。

高弹态 [elastomeric state] 即橡胶态。

高弹形变 [high elastic deformation] 形变量为100%～1000%，比普弹形变(0.01%～0.1%)大得多，但与时间成指数关系的形变。是分子链通过链段运动逐渐伸展的过程。记为ε_2。$\varepsilon_2=\dfrac{\sigma}{E_2}\left(1-\exp\left(-\dfrac{t}{\tau}\right)\right)$，式中$\tau$是弛豫时间(或称推迟时间)，与链段运动的黏度$\eta_2$和高弹模量$E_2$有关，$\tau=\eta_2/E_2$。

构象 [conformation] 释文见有机化学同名词条。

构象重复单元 [conformational repeating unit] 带有特定构象的最小结构单元，且此结构单元在对称操作下沿着聚合物链重复。

构象无序 [conformational disorder] 具有相同构型单元的聚合物晶体中，由于统计学上共存不同的构象而引起的结构无序。

构型单元 [configurational unit] 至少含有一个有确定的立体异构位点的结构单元。

构型无序 [configurational disorder] 在聚合物晶体中，由于统计学上存在不同构型的重复单元而引起的结构无序。

关联长度 [correlation length] 即相关长度。

规整嵌段 [regular block] 能仅用单一的重复单元来描述的高分子链段。这里的单一指的是化学结构上的单一，而非立体构型上的单一。与非规整嵌段相对应。

哈金斯常数 [Huggins constant] 即哈金斯系数。

哈金斯方程 [Huggins equation] 描述高分子稀溶液黏度的方程，$\eta=\eta_0+[\eta]c+k_H[\eta]^2c^2+\cdots$。式中$\eta$和$\eta_0$分别为溶液和溶剂的黏度，$[\eta]$是特性黏数，$c$为高分子的重量浓度。$k_H$称为Huggins常数，物理意义复杂，数值与高分子种类、选用的溶剂和温度有关，但与分子量无关。

哈金斯系数 [Huggins coefficient] 又称哈金斯常数。用K_H表示。高分子稀溶液黏度方程中二次项的系数。根据定义，与分子量和溶剂无关。通常，线型柔性聚合物-良溶剂体系的值较小，一般在0.3~0.4之间。

恒等周期 [identity period] 又称等同周期。

后期结晶 [secondary crystallization] 即二次结晶。

环带球晶 [ringed spherulite] 具有消光同心圆环的球晶。一般认为消光同心圆环的形成是由于发散状堆砌的晶片的周期性扭曲。

回缩性 [nerviness] 变形物体在外力去除后发生的形变减小的现象或形变减小量。对具有黏弹性的高分子而言，包括去除外力后立即发生的瞬时回复和随时间变化的滞后回复。在分子水平上，指高分子链在外力除去后通过单键的内旋转和链段运动回复到原来的蜷曲状态的性质。

回弹 [resilience] 物体在导致形变的外力撤除后迅速

恢复其原状的程度。可用恢复能，即由形变回缩功与产生初始形变所需要的功之比表示。如果物体是个球，可以简单地用弹跳的高度来测定。

回转半径 [radius of gyration] 又称均方回转半径。表示单根高分子链在空间的伸展程度的一种尺度。定义为下式中 $\left\langle R_g^2 \right\rangle$ 的平方根值：$\left\langle R_g^2 \right\rangle = \frac{1}{N}\sum_{i=1}^{N}\left\langle \left(\vec{r_i} - \vec{r_{cm}}\right)^2 \right\rangle$，表示由 N 个单元组成的高分子链所有单元到分子重心距离平方的平均值，其中 $\vec{r_{cm}}$ 是质心离开原点的矢量，$\vec{r_i}$ 为 i 单元离开原点的矢量。可由光散射实验测得。

基体辅助激光解吸-离子飞行时间质谱 [matrix-assisted laser desorption-ionization time of flight (MALDI-TOF)] 一种新型的软电离质谱，主要由两部分组成：基质辅助激光解吸电离离子源(MALDI)和飞行时间质量分析器(TOF)。具有灵敏度高、准确度高及分辨率高等特点，广泛用于生物大分子检测，以及有机大分子(聚合物、树枝形分子等)的检测。MALDI 的原理是用激光照射样品与基质形成的共结晶薄膜，基质从激光中吸收能量传递给样品分子，并在电离过程中将质子转移到样品分子上，而使之离子化。TOF 的原理是离子在电场作用下加速飞过飞行管道，根据到达检测器的飞行时间不同来测定离子的质荷比(m/z)。

激基缔合物荧光 [excimer fluorescence] 由激基缔合物发射的荧光。激基缔合物由一个基态分子与另一处于激发态的相同分子结合而成，寿命一般很短，多在纳秒级；跃迁回基态时可能发射荧光，波长长于激发态单体的荧光。激基缔合物的形成与单体的局部浓度、温度等因素有关。一般，芳香化合物或惰性气体容易形成激基缔合物。芘是典型的容易产生激基缔合物荧光的分子，可用作荧光探针。

激基复合物荧光 [exciplex fluorescence] 由激基复合物发射的荧光。激基复合物由一个基态分子与另一不同的处于激发态的分子结合而成。

加宽函数 [spreading function] 在用凝胶渗透色谱测定高分子的分子量时，利用单一分布的样品，建立的归一化的信号和流出体积的方程。色谱柱填料的不均匀性等原因会导致色谱峰加宽，加宽函数定性或定量地描述了凝胶渗透色谱中常见的色散、滞后、展宽等效应。

加速老化 [accelerated ag[e]ing] 在实验室或特定的条件下，强化某一促进高分子材料老化的因素，从而对高分子材料进行快速评价的老化方法。常用方法有热老化箱升温加速热老化、加速天候老化实验。

假塑性 [pseudoplasticity] 在外力作用下能发生形变和流动，但外力除去后形变不能完全回复的性质。

间规度 [syndiotacticity; degree of syndiotacticity; syndiotacticity index] 又称间同立构规整度，间同立构聚合物链段在聚合物总量中所占的百分数。间规度反映催化剂在聚合物反应中的定向能力的高低。其测定方法有：溶解度法、熔点法、相对密度法、核磁共振法、红外光谱法等。

间同立构规整度[syndiotacticity; degree of syndiotacticity, syndiotacticity index] 即间规度。

剪切变稠 [shear thickening] 参见表观剪切黏度。

剪切变稀 [shear thinning] 参见表观剪切黏度。

剪切黏度 [shear viscosity] 在稳流状态下，剪切应力与剪切速率的比值。对于非牛顿流体，真实黏度依赖于剪切速率，因此剪切黏度并不等于流体的黏度。通常把某一剪切速率下得到的剪切黏度称作表观黏度。

交联度 [degree of crosslinking] 又称网络密度。表征高分子交联程度的物理量，可以用两个相邻交联点之间的数均分子量或单位体积内交联点的数目来表示。对于由线型高分子通过化学键交联而成的网状体型结构，交联度可以用交联前高分子的数均分子量与交联后相邻交联点之间的数均分子量的比值来表示。

结构重复单元 [structural repeating unit] 高分子链、嵌段或低聚物分子中最小的重复结构单元。如聚己二酰己二胺，其重复单元为—NH$(CH_2)_6$NH—CO$(CH_2)_4$CO—，是由—NH$(CH_2)_6$NH—和—CO$(CH_2)_4$CO—两种结构单元组成。

结构单元 [structural unit] 高分子链、嵌段或低聚物分子中，包含部分基本结构的原子或原子基团。如聚己二酰己二胺，其结构单元为—NH$(CH_2)_6$NH—和—CO$(CH_2)_4$CO—两种。

结晶度 [degree of crystallinity; crystallinity] 结晶性物体中结晶部分含量的量度。常用晶区所占质量分数表示。对于高分子来说，能达到的最高值通常在30%~80%；随分子结构规整性的下降而减小，并随结晶条件而变化。是决定结晶性高分子性能的基本结构参数之一。常用的测定方法有密度法、示差扫描量热法(DSC)、红外光谱法和 X 射线衍射法等，但数值随测定方法而异。

结晶聚合物 [crystalline polymer] 又称晶态高分子。邻近链间的区段规则堆积的高分子。有些高分子的一次结构即可形成结晶，有些则由邻近链间的区段聚集而形成三维结构的结晶态。所形成晶系多为正交、斜交、四方、六方等简单的低级晶系。与同类非晶态聚合物相比，具有较明显且稍高的熔点、较刚硬以及强度较大等特点。如聚乙烯、聚丙烯、聚酯、尼龙等。

解偏振作用 [depolarization] 又称退偏振、消偏振。生色团被平面偏振光激发而处于激发态时，由于运动和把激发能转移到其他生色团等原因导致其发出的偏振荧光的偏振度降低的现象。可用于了解生色团附近的微区黏度和能量转移等情况。

解取向 [disorientation] 取向过程的逆过程。本质是热运动，使分子趋向紊乱无序。如取向的高分子在升温时，由于热运动加剧，导致原有的取向状态消失。在热力学上，是自发过程。

界面相 [boundary phase] 链可以互相贯通的区域。物理性质完全不同于以两种高分子为主形成的各自两相区。可以通过某些键连接两相区加以强化，例如嵌段共聚物、接枝共聚物通过化学键连接，也可通过氢键相连接，从而提高材料的力学性能。

近程分子内相互作用 [short-range intramolecular interaction] 又称短程分子内相互作用。高分子链内相邻近的非键合原子间的相互作用。由化学键的键长、键角以及绕键轴旋转的位能所决定。大小主要取决于高分子链的近程结构，包括高分子链的主链结构、取代基大小和极性、取代基的空间排布等。决定高分子链的柔顺性。

近程结构 [short-range structure] 又称一次结构。单个大分子内与基本结构单元有关的结构。包括组成高分子的结构单元的化学组成、键接方式、立体构型、空间排列、支链的类型和长度、交联、序列结构等。属于化学结构。

近程有序 [short-range order] 高分子的聚集态结构中，分子的排列位置与取向等在空间配置上只在近程中有序(相关函数呈指数衰减)。如熔融态高分子或玻璃态高分子的聚集态结构的有序性。

近晶相 [smectic phase] 液晶相的一种。棒状分子除在择优方向上相互平行排列外，分子排列成层，同一层分子的质心处于同一平面内的一种液晶相态。有流动性，但黏度很大。因其为液晶结构中有序性最高、最接近晶体结构的一种而得名。按分子轴是否垂直层平面和平行分子间横向堆砌的有序性不同，有多种不同的相态。确定其结构的重要方法是X射线衍射。

晶态高分子 [crystalline polymer] 又称结晶聚合物。

晶体折叠长度 [crystalline fold period] 又称晶体折叠周期。

晶体折叠周期 [crystalline fold period] 又称晶体折叠长度。按折叠链理论通过高分子链(或链束)的近邻折叠形成聚合物结晶时分子链上两个相邻折叠点间的链段长度。在通常情况下和片晶厚度相当。可随升高结晶温度和退火处理而增大。

颈缩现象 [necking] 又称细颈现象、冷拉。高分子材料试样条在拉伸试验中，试条某点的截面积突然快速下降的现象。和屈服相伴而存。发生时，表观应力可维持恒定。孔西代尔(A. Considère)提出，在真应力-应变曲线上，出现的条件为 $\frac{d\sigma}{d\varepsilon}=\frac{\sigma}{1+\varepsilon}$，式中$\sigma$和$\varepsilon$为真应力和应变。

净剩瑞利比 [excess Rayleigh ratio] 即超瑞利比。

锯齿链 [zigzag chain] 采取全反式构象的分子链。

聚电解质 [polyelectrolyte] 结构单元中含有可解离的离子基团的聚合物。具有离子传导性，可分为聚阳离子、聚阴离子和两性聚电解质。在水溶液中，离子基团发生电离，使得高分子带电，溶液具有导电性。释放出的低分子离子称为抗衡离子。聚电解质的链构象和溶液行为对盐浓度敏感，当外加盐浓度低时，溶液的黏度、渗透压和散射行为等都出现反常现象。许多生物大分子如DNA、多肽等都是聚电解质。

聚合度 [degree of polymerization(DP 或 X_n)] 高分子、低聚物分子、嵌段或链段中，单体单元的数目。聚合物中1个分子包含组成或结构重复单元数的平均值。是衡量聚合物分子大小的指标。由于计算时所用分子量种类不同，又有数均聚合度、重均聚合度和黏均聚合度的区别。聚合度的缩写DP常用于加聚物中(以组成单元数为基准)，而X_n用于缩聚物中(以结构重复单元数为基准)，对混缩聚物X_n=2DP。

聚合物光化学老化 [photochemical aging of polymer] 又称聚合物光老化。聚合物性能因光照发生化学反应而不可逆劣化的现象。氧气和紫外光共同作用下的老化被称为光氧老化，聚乙烯塑料薄膜在光照下变脆是典型的例子。

聚合物光老化 [photochemical aging of polymer] 即聚合物光化学老化。

聚合物-溶剂相互作用 [polymer-solvent interaction] 在高分子溶液中，存在着高分子链段与链段之间ε_{22}，高分子链段与溶剂分子之间ε_{12}，以及溶剂分子和溶剂分子之间ε_{11}的相互作用。通常把高分子链段与溶剂分子之间的相互作用ε_{12}称为聚合物-溶剂相互作用。相互作用参数χ反映了高分子与溶剂混合前后相互作用能的变化，$\chi=\frac{Z}{2}\frac{(2\varepsilon_{12}-\varepsilon_{11}-\varepsilon_{22})}{kT}$，其中$Z$为配位数。

聚合物溶液 [polymer solution] 高分子以分子状态分散在溶剂中形成的均相混合物。高分子溶液是处于热力学平衡态的真溶液，是能用热力学函数来描述的稳定体系。高分子链在溶液中的性质随浓度和温度都有很大变化。根据相互作用参数(或排除体积，第二位力系数)的大小，把溶剂分为良溶剂、θ溶剂和不良溶剂。按浓度不同，又把高分子溶液划分为稀溶液、亚浓溶液和浓溶液。在不良溶剂中，高分子即使在稀溶液也会发生相分离。在θ溶剂中，高分子链在所有的浓度范围都处于理想链构象。在良溶剂中，高分子链的行为随浓度变化比较复杂：在稀溶液中，高分子链处于伸展状态；在亚浓溶液中，常用相关长度来描述高分子链之间的贯穿程度，高分子链的尺寸随浓度增加而微弱收缩；在浓溶液中，排除体积相互作用被屏蔽，高分链处于理想链构象。

聚合物形态 [morphology of polymer] 一般是指高分子链在空间的排布和微观尺度的有序性，包括各种结晶形态，非晶态中的有序结构等。形态和结构通常是混用的，但二者的表征技术是有所差别的。一般认为 X 射线、中子散射等技术确定了高分子的结构，而光学显微镜、扫描电镜等则确定了高分子的形态。

聚集 [aggregation] 由相同或具有类似组成的分子或粒子通过非共价键形成团簇的过程。分子或粒子自发地聚集成具有特定结构的过程又称为自组装，而在有外界添加剂存在下的聚集过程又称为混凝(coagulation)或絮凝(flocculation)。聚集一般认为是不可逆过程。

聚集态 [condensed state] 即凝聚态。

聚集体 [aggregate] 由相同或具有类似组成的分子或粒子聚集形成的团簇。取决于分子或粒子的自身性质和制备条件，所形成的聚集体可以具有规则结构，如胶束、囊泡等；也可以通过尺寸的不断增加，形成凝胶，甚至沉淀。

卷曲构象 [coiled conformation] 又称无规线团构象。单体单元无规取向，高分子主链能够随机处于所有可能的构象。卷曲构象没有特定的形状。许多线形均聚物在溶液中，或在熔体中，采取近似卷曲构象。一些共聚物，在链段之间没有特异性相互作用时，也倾向于采取卷曲构象。

均方根回转半径 [root-mean-square radius of gyration] 均方回转半径的平方根。

均方根末端距 [root-mean-square end-to-end distance] 均方末端距的平方根。其值与采用的理论模型有关。例如自由连接链模型，键长为 l，共有 n 个键的高分子链的均方根末端距 $\langle h^2\rangle^{1/2}=n^{1/2}l$。

均方回转半径 [mean square radius of gyration] 高分子链的各个单元与质心距离的平方均值。假定高分子单元的质量为 M_j，位置矢量为 $\vec{R}_j$，聚合度为 N 的高分子链的质心为：$\vec{R}_{\mathrm{cm}}=\dfrac{\sum_{j=1}^{N}M_j\vec{R}_j}{\sum_{j=1}^{N}M_j}$，则回转半径 $R_{\mathrm{g}}^2=\dfrac{1}{N}\sum_{i=1}^{N}\left(\vec{R}_i-\vec{R}_{\mathrm{cm}}\right)^2$。当高分子的质心不易确定时，回转半径也可表示为 $R_{\mathrm{g}}^2=\dfrac{1}{N^2}\sum_{i=1}^{N}\sum_{j=i}^{N}\left(\vec{R}_i-\vec{R}_j\right)^2$。对高分子所有允许构象的系综取平均，得到均方回转半径 $\langle R_{\mathrm{g}}^2\rangle=\dfrac{1}{N}\sum_{i=1}^{N}\left\langle\left(\vec{R}_i-\vec{R}_{\mathrm{cm}}\right)^2\right\rangle=\dfrac{1}{N^2}\sum_{i=1}^{N}\sum_{j=i}^{N}\left\langle\left(\vec{R}_i-\vec{R}_j\right)^2\right\rangle$。

均方末端距 [mean-square end-to-end distance] 末端距平方的平均值。用来表征高分子链尺寸及柔性的一个参数，其值与采用的理论模型有关。例如自由连接链模型，键长为 l，共有 n 个键的高分子链的均方末端距 $\langle h^2\rangle=nl^2$。

***Z* 均分子量** [*Z*-average molecular weight] 又称Z均摩尔质量。以 Z 量为统计权重得到的分子量。具体表达式参见数均分子量。

***Z* 均摩尔质量** [*Z*-average molar mass] 又称 Z 均分子量。

开尔文模型 [Kelvin model] 又称沃伊特模型。研究聚合物黏弹行为的一种理想模型，由一个服从胡克定律的理想弹簧和一个服从牛顿定律的理想黏壶并联而成。受力时，两个元件的应变相等，而所受应力由两个元件共同承受。

可逆凝胶 [reversible gel] 凝胶的一种。凝胶在脱去溶剂后会变成干胶。如果重新溶解在溶剂中，经简单的物理处理就可以重新生成凝胶，则称为可逆凝胶。否则称为不可逆凝胶。可逆凝胶一般由柔顺性好的高分子作为分散相构成，也可以是小分子凝胶，或胶体粒子形成的凝胶。

库恩长度 [Kuhn length] 参见等效链。

扩张系数 [expansion factor] 即扩张因子。

扩张因子 [expansion factor] 又称溶胀因子或扩张系数。指高分子链在良溶剂中的尺寸与在θ溶剂中尺寸的比值，常用α表示。扩张因子表征了高分子链在良溶剂中的伸展程度。弗洛里(P. J. Flory)和克里鲍姆(W. R. Krigbaum)从理论上推导了扩张因子与分子量 M 和温度 T 的关系：$\alpha^5-\alpha^3=2C_{\mathrm{m}}\Psi_1\left(1-\dfrac{\theta}{T}\right)M^{1/2}$，其中 $C_{\mathrm{m}},\Psi_1,\theta$ 为热力学参数。

拉伸应力弛豫 [tensile stress relaxation] 高分子材料由于黏弹性在恒定应变下的拉伸应力随时间衰减的现象。

反映高分子内部分子运动的情况。与温度密切相关，温度越高弛豫越快。

拉胀性 [auxeticity] 具有负泊松比，即具有受拉膨胀(体积增加)和受压收缩(体积减小)的力学特性。

冷拉 [necking] 即颈缩现象。

冷流 [cold flow] 常温下高分子的蠕变现象。

离聚物 [ionomer] 即离子聚合物。

离子聚合物 [ionomer] 又称离聚物。由电中性重复单元构成的高分子链上携带有少数(一般不超出 15%)以化学键合的方式悬挂的离子基团。由于非极性的高分子骨架和离子基团不相容，离子基团通常会发生微相分离，从而形成离子富集区。

理想链 [ideal chain] 描述高分子链理想状态的模型。假定重复单元间除化学键外，无其他相互作用，两个相隔较远的单元即使在空间上靠得很近，也没有相互作用。这种情况不会在真实的高分子链中出现，因为真实高分子链既有自身的相互作用也与所处的溶剂发生相互作用。但是当单元间的吸引力和排除力相互抵消时，高分子链接近于理想链状态。理想链模型虽然简单，却能有效描述高分子的物理图像。

力学弛豫 [viscoelasticity] 即黏弹性。

立构重复单元 [stereorepeating unit] 又称立体异构单元，是聚合物中拥有特定立体构型的重复单元。

立构规整度 [tacticity; stereo-regularity] 聚合物中相邻手性中心立体化学的相对关系或者是立构规整聚合物链段占总聚合物的质量分数。常见的描述立构规整度的方式有二单元组、三单元组、四单元组等。立构规整度对于聚合物的物理性质有很大的影响，是评价聚合物性能、引发剂定向聚合能力的一个重要指标。精确地了解聚合物的立构规整度有助于理解聚合物的熔融、溶解和力学性质。

立构嵌段 [stereoblock] 有一定立构规整性的高分子链段。常和其他立构嵌段或者无规嵌段形成立构嵌段聚合物，这种聚合物往往具有有别于其各个嵌段的物理性质。

立体异构单元 [stereorepeating unit] 即立构重复单元。

粒子散射函数 [particle scattering function] 指在观测角θ测定的粒子散射光强与零角度散射光强的比值，$P(\theta)=\dfrac{I(\theta)}{I(0)}$。散射函数反映了粒子的结构特征。

链缠结 [chain entanglement] 链缠结的具体物理图像目前尚不清楚。一般认为，线型长链在本体或高浓度时会形成网络结构，由于分子链之间不能互相贯穿，因而在链与链之间产生了约束。这种拓扑约束具有物理交联点的作用，会减缓高分子链的松弛动力学。

链大尺度取向 [global chain orientation] 又称分子链大尺度取向。在材料的拉伸过程中，高分子链和链段会同时发生取向。但分子链的取向松弛时间比链段的取向松弛时间慢很多。因此在拉伸终止或冻结到玻璃化转变温度以下时，链段的取向是无规的，而分子链的取向却保留下来，称为链大尺寸取向。

链段 [chain segment] 高分子链的一部分，通常由几个到几十个单体单元组成。其长度可用来表征高分子链的柔顺性。若长度相当于一个键长，则说明这种高分子链极端柔顺，是真正的自由连接链；若长度等于整个链的伸直长度，则说明这种高分子链极端刚硬。在有些情况下，特指高分子链中具有某一种结构的部分，如亚甲基链段、聚醚链段和聚酯链段等。

链段运动 [segmental motion] 高分子链中由几个到几十个单体单元所组成的链段的运动。其情况决定了高分子的力学状态。在玻璃化温度以下，是冻结的。温度上升到玻璃化温度时，链段开始通过内旋转不断改变构象，甚至产生滑移，使高分子产生黏弹性。

链刚性 [chain rigidity] 分子主链内旋转受阻时，不能弯曲而表现出十分刚硬的性质。反映了高分子链内旋转受阻的程度。

链构象 [chain conformation] 构成高分子的重复单元通过化学键的旋转而形成的空间排布。高分子的链构象与链的柔顺性，单体之间的相互作用以及单体与环境的相互作用有关。在特定的条件下，存在优势构象。

链间距 [interchain spacing] 高分子主链间的平均距离。常用广角 X 射线测定，反映了高分子链段的堆积密度和自由体积的大小。

链间相互作用 [interchain interaction] 不同高分子链之间的相互作用。包括范德瓦耳斯相互作用、氢键、疏水相互作用、π-π 堆叠作用等。

链结构 [chain structure] 单个分子链的结构和形态。高分子重复单元的化学组成，键接顺序和方式、几何异构，立体异构等称为一级结构；高分子的尺寸和形态，链的柔顺性及在不同条件下的构象，称为二级结构。与单链结构相对应的是聚集态结构，是指高分子材料中由多条分子链构成的晶态结构，非晶态结构，液晶态结构等三级结构。

链末端 [chain end; chain terminal] 线形高分子的末

端，聚合终止的部位。取决于制备方法，高分子链末端与主链中单体的化学结构存在很大差异，这会直接影响高分子的性能，特别是在分子链比较短的情况下。通过对链末端的分析可以用来确定高分子的分子量，也可以用链末端的距离来描述高分子链的柔顺性。

链取向无序 [chain orientational disorder] 在由相同分子链形成的高分子晶体中，由于取向相反分子链的共存导致的结构无序性。

链柔性 [chain flexibility] 高分子链因具有一定的内旋转自由度导致结构单元间的相对运动，而使分子链成蜷曲状的性质。大小由反式和旁式构象间的位垒$\Delta\varepsilon$决定。构象间位垒越小时其值越大，反之，则越小。大小可用链段长度 l_p 表示，$l_p = l\cdot\exp(\Delta\varepsilon/kT)$（$l$ 为单链长）。当$\Delta\varepsilon\to 0$ 时，$l_p\to l$，为最柔顺的情况。

链折叠 [chain folding] 片晶中分子链自身回折重又进入片晶的现象。发生在片晶的上下两个表面。除存在于单晶的情况外，在由熔体结晶得到的晶片中也可能出现。由于分子链的伸展长度比片晶厚度大得多，一个分子链上可以有多个折叠点。可以通过很少几个，如4~5个重复单元来实现（紧折叠），也可通过许多个重复单元来实现（松折叠）。

链轴 [chain axis] 平行于链伸展方向的直线。连接着重复单元的质心。

良溶剂 [good solvent] 对高分子具有较强溶解能力的溶剂。在良溶剂中，溶剂分子与高分子链段之间的作用力比较强，高分子链段之间的作用力以排斥力为主，排除体积为正值，高分子链溶胀，体积变大。

两亲高分子 [amphiphilic polymer] 兼具亲水性和亲脂性的高分子。在水溶液中，两亲高分子会发生聚集，从而降低表面能。因此在工业中有很多用途，如可以作为乳化剂。

两亲嵌段共聚物 [amphiphilic block copolymer] 既含有疏水性链段、又含有亲水性链段的嵌段共聚物。在水溶液中会自组装形成胶束等聚集体结构，具有表面活性剂的性质。

两相模型 [fringed-micelle model] 即缨状微束模型。

两性聚电解质 [polyampholyte; polyamphoteric electrolyte] 聚电解质的一类。是同时携带有正电性和负电性重复单元的聚电解质。不同电性基团可以分布在不同的单体上，也可以处在同一单体上。不同电性基团受酸碱平衡影响，且相互竞争，使得两性聚电解质的物理性能复杂多变。所有的蛋白质都是两性聚电解质。

邻位再入模型 [adjacent re-entry model] 即相邻再入模型。

临界分子量 [critical molecular weight] 高分子的性质或性能发生突变时的分子量。例如当高分子的聚合度到达某一阈值时，会表现出力学性能；高分子的链长达到某一临界值时，会出现缠结；嵌段共聚物中某一嵌段的分子量达到某一临界值时会发生胶束化等。

临界胶束浓度 [critical micelle concentration(CMC)] 在胶体和表面化学中，是指能够形成胶束的最低表面活性剂的浓度。超过这一浓度时，新加入的表面活性剂都会形成胶束。这一概念也适用于嵌段共聚物组装成胶束的行为。但是由于共聚物链段长度的不均一性，CMC 的跨度较宽。根据选用的测定方法，差别也比较大。

零切[变速率]黏度 [zero shear viscosity] 剪切速率趋于零时的表观黏度，用η_0 表示。一般用外推法得到。在接近零剪切速率时，高分子流体表现出牛顿流体的特性。

流动双折射 [flow birefringence; streaming birefringence] 具有光学各向异性的高分子或胶体粒子，在流动时形成的双折射现象。长链高分子具有一定的柔顺性，在溶液或熔体中呈线团状。但在流动过程中，分子链会沿流动方向取向，导致在平行于和垂直于流动方向的折光指数不同，从而产生双折射。

流体力学等效球 [hydrodynamically equivalent sphere] 由于流体力学相互作用，高分子线团会夹带内部的溶剂分子一起运动。方便起见，常将这样的运动单元作为球来处理，称为流体力学等效球，其半径称为流体力学半径。

流体力学体积 [hydrodynamic volume] 高分子线团在溶液中运动时所表现的体积。由于高分子链和溶剂分子存在流体力学相互作用，因此会夹带溶剂一起运动。取决于二者相互作用的强弱，流体力学体积会发生变化。

螺旋链 [helix chain] 高分子链以螺旋型构象存在即为螺旋链，是高分子链更为高级的结构状态。DNA 和蛋白质的α-螺旋是生命体中的螺旋链。

螺旋型构象 [helical conformation] 高分子链的一种特殊的高级结构。由于空间位阻、氢键、π-π 相互作用等次级相互作用，高分子链沿一个方向扭曲旋转形成的构象。

落球黏度 [ball viscosity] 由落球黏度计测定的黏度。落球黏度计是用一半径为 r、密度为ρ_s 的圆球，在密度为ρ的液体中以恒定速度 v 下落，小球受到的阻力与液体黏度有关：$\eta = \dfrac{2}{9}\dfrac{r^2(\rho_s-\rho)g}{v}$，其中 g 为重力加速度。

麦克斯韦模型 [Maxwell model] 研究聚合物黏弹行为的一种理想模型，由一个服从胡克定律的理想弹簧和一个服从牛顿定律的理想黏壶串联而成。受力时，两个元件承受的应力相等，而总应变是两个元件应变的加和。

毛细管黏度计 [capillary viscometer] 根据液体流过一段毛细管柱的时间来测定黏度的仪器或装置。最常用的毛细管黏度计是乌氏黏度计。假定 t_0 是溶剂的流出时间，t_p 是高分子稀溶液的流出时间，则高分子的相对黏度为 $\eta_r = \eta / \eta_0 = t_p / t_0$。

摩尔质量平均 [molar mass average] 又称平均摩尔质量、平均分子量。聚合物摩尔质量的平均值，根据加权的不同，又分为重均摩尔质量、数均摩尔质量和 Z 均摩尔质量等。

末端间矢量 [end-to-end vector] 又称末端距矢量，从线型高分子的一个末端指向另一末端的矢量。分子的热运动导致高分子链构象随时间不断改变，末端间矢量随时间也不断变化，因此它没有确定的值，只有统计平均值。对于理想链来讲，末端间矢量的平均值为零。

末端距 [end-to-end distance] 末端间矢量的模，用来表示线型高分子链两端之间的直线距离。

末端距矢量 [end-to-end distance vector] 即末端间矢量。

黏弹性 [viscoelasticity] 又称滞弹性或力学弛豫。应力与应变不呈单值函数的力学行为，或者物体在外力作用下的形变产生与外力除去后的形变恢复与时间有关的特性。有不同的类型，如在恒定外力作用下的蠕变行为、在恒定应变下的应力弛豫行为以及在交变应力作用下产生的滞后现象和力学损耗等。

黏度函数 [viscosity function] 构成流变状态方程的函数。该类函数仅与流体本身有关，而与特定的流动无关。例如，对于牛顿流体的 $\eta(\dot{\gamma}) = \eta_0$。

黏均分子量 [viscosity-average molecular weight] 又称黏均摩尔质量。用溶液黏度法测得的高分子的平均分子量。若高分子中分子量为 M_i 的组分所占的质量分数为 w_i，则定义黏均分子量为：$M_\eta = \left(\sum_i W_i M_i^\alpha\right)^{1/\alpha}$。$\alpha$ 是马克-豪温克(Mark-Houwink)方程 $[\eta] = KM^\alpha$ 中的指数。通常 α 值在 0.5~1 之间，所以 $M_n < M_\eta \leqslant M_w$，但更接近于 M_w。

黏均摩尔质量 [viscosity-average molar mass] 又称黏均分子量。

黏流态 [viscous flow state] 温度足够高时非晶聚合物在外力作用下整个高分子链可以互相移动的一种力学状态。此时的流动类似于小分子液体的流动，形变不可逆，外力除去后形变不再自发回复。结晶高分子在其晶区熔融后是否进入这一状态，取决于高分子的分子量。大多数高分子在此状态下进行成型加工。

凝胶点 [gel point] 在制备凝胶的过程中，贯穿体系的网络首次出现的反应程度或单体转化率。略低于凝胶点时，体系中包含的是支化聚合物的混合物；略高于凝胶点时，体系中除了支化聚合物的混合物外，出现一个贯穿整个体系的无限大网络。根据平均场理论，官能度为 f 的单体的凝胶点为：$p_c = \dfrac{1}{f-1}$。即当反应进行到 p_c 时，体系中出现贯穿网络。

凝聚 [condensation; coalescence] 物质由气相转变为固相的过程。在高分子科学中，也常指高分子链塌缩，密度增加的过程。也可指组成相同的相区合并形成一个更大相区的过程。

凝聚缠结 [cohesional entanglement] 高分子链的一种物理缠结。相邻链段达到范德瓦耳斯作用距离时因局部的平行排列取向相互作用而产生的链缠结，区别于因互穿的链圈之间的物理交联引起的拓扑缠结。由于高分子线团收缩或分子间相互接近从而在链段之间所形成。对高分子在玻璃化温度附近或以下时的物理性质有很大影响。

凝聚态 [condensed state] 又称聚集态。高分子链之间的排列和堆砌。包括晶态结构、非晶态结构、取向态结构、液晶态结构、聚合物共混物的织态结构等。直接影响材料的性能。

扭辫分析 [torsional braid analysis (TBA)] 与扭摆一样，属于自由衰减振动类型的动态力学测试方法。20 世纪 60 年代初由吉勒姆(J. K. Gillham)提出，是扭摆技术的发展。测试温度范围较宽(−190～500℃)，所用聚合物试样量少，样品制备简单，可以对各种类型和各个物理状态下的聚合物进行测试，特别适用于新型聚合物的研究，尤其是对某些难以支持其本身质量的黏液状试样或分子量过低难以成型的聚合物。

浓度猝灭 [concentration quenching] 分子自身的荧光在高浓度时的猝灭现象。造成浓度猝灭的原因比较多，如相同分子间的无辐射跃迁，聚集体的生成，或 Stern-Volmer 机理。浓度猝灭会对荧光标定浓度带来影响。

排除体积 [excluded volume] 指高分子链中的某一(库恩)单体所占有的空间不能够再被同一个链上其他单体所占据。用 $U(r)$ 来表示两个单体间的相互作用，排除体积 $v = \int \left[1 - \exp\left(-\dfrac{U(r)}{kT}\right)\right] d^3 r$。当单体间的排斥力很大时，排除体积接近于单体自身体积；当单体间的吸引力和排斥力相互抵消时，排除体积等于 0；当单体间的作用力以吸引力为主时，排除体积为负值。排除体积的大小反映了单体间的相互作用以及高分子链伸展或收缩的程度。

盘状分子的柱状相 [columnar phase of discotic molecule] 由具有平面盘状结构的液晶分子在一定条件下堆积成柱状单元并进一步有序排列形成的液晶相态。盘状液晶分子一般由平面型或接近于平面型的刚性中心核以及围绕刚性核的多条柔性链组成。典型的刚性中心核有苯环、苯并菲、六苯并蔻、卟以及肽菁等的各类衍生物；柔性部分则多为脂肪族长链。

片晶 [lamella; lamellar crystal] 又称折叠链片晶。平展的具有薄片外形的晶体。其形成是结晶高分子特征的结晶习性。厚度一般约为10nm。电子衍射结果表明其中分子链沿厚度方向取向。单晶中分子链在表面发生链折叠。在熔体结晶时常聚集成纤维状晶，并还可由此进一步聚集构成球晶。对于单晶而言，可以是单层的，也可以是多层的，呈螺旋状生长或聚集成树枝晶。

平衡溶胀 [equilibrium swelling] 凝胶的交联网络在溶剂中发生溶胀的驱动力是渗透压。随体积膨胀，凝胶的弹性模量也随之发生变化。当弹性模量和渗透压达到平衡时，凝胶处于平衡溶胀状态。

平衡熔点 [equilibrium melting point] 完善的晶体与无定形相在定压下达到热力学平衡的温度。表示为$T_{\rm m}^0$。高分子中晶区的完善程度有限，因此实际测量的熔点往往低于此温度。实际中常用熔融过程终了的温度，或用不同温度下结晶的试样的熔点值对结晶温度外推的办法来确定。由两相间热焓H和熵S的变化决定，$T_{\rm m}^0=\dfrac{\Delta H}{\Delta S}$。

平均分子量 [average molecular weight] 即摩尔质量平均。

平均聚合度 [average degree of polymerization] 聚合度不均一的聚合物聚合度的各种统计平均值的总称。可将聚合物分子量与动力学参数联系起来。引发剂浓度、聚合温度、链转移等都是影响平均聚合度的主要因素。平均聚合度的大小又与聚合物性能相关，聚合度越大，力学性能越好。

平均摩尔质量 [average molar mass] 即摩尔质量平均。

平面锯齿构象 [planar zigzag conformation] 高分子链以全反式构象排列形成的平面曲折形结构的一种构象排列方式。这种构象中分子链处于最舒展状态，势能最低。如在聚乙烯、聚乙烯醇、聚氯乙烯的晶区中，分子链的排列形式。

平行链晶体 [parallel-chain crystal] 高分子主链的中心轴以互相平行的方式排列而形成晶胞的晶体。结晶高分子的大分子链，不管是取平面锯齿形构象，还是取螺旋形构象，在结晶时都只能采取平行排列的方式。是最简单的晶格形式。

平移因子 [shift factor] 对温度和模量进行调整的参数。根据时温叠加原理，可以将任何温度T下测定的模量$G(t,T)$或柔量通过平移的方式叠加到参考温度T_0，$G(t,T)=b_TG\left(\dfrac{t}{a_T},T_0\right)$。式中的$a_T$，$b_T$分别为时间和模量的平移因子。

普适标定 [universal calibration] 凝胶渗透色谱中，用$\log([\eta]M)$对保留体积$V_{\rm R}$作图得到的标定曲线，可适用于所有的聚合物/溶剂体系，称为普适标定。根据Flory-Fox理论，特性黏度$[\eta]$与聚合物分子量M的乘积就是聚合物的流体力学等效球的体积。如果已知特性黏度，利用普适标定曲线，就能够实现从保留体积到分子量的转换。

齐姆图 [Zimm plot] 通过齐姆作图法得到的图。在稀溶液中，用静态光散射测定聚合物分子量的公式为$HC/R_\theta=(1/M_w)\left[1+(1/3)R_{\rm g}^2q^2\right]+2A_2C$，其中$R_\theta$为不同散射角$\theta$测到的约化散射光强(又称瑞利比)；$q$、$H$、$C$、$A_2$分别为散射矢量、光学常数、样品浓度和第二位力系数。实验中，需要配制一系列不同的浓度C，并测定各个浓度在不同散射角(用q表示)的光强。把测得的实验数据以HC/R_θ对q^2+kC作图，调节常数k的大小，可以在图上得到适当的点分布，从而求得重均分子量M_w和均方旋转半径$R_{\rm g}$。用这种方式绘制的图就称为齐姆图。

嵌段 [block] 高分子链中至少有一种与邻接单元组成不相同的部分。如苯乙烯-丁二烯-苯乙烯三嵌段共聚物中的聚苯乙烯段、聚丁二烯段；聚醚氨酯是一多嵌段共聚物，其中聚醚为软段，聚氨酯为硬段。

亲水高分子 [hydrophilic polymer] 含有极性或带电官能团，能够溶解在水中的高分子。如由丙烯酸、丙烯酰胺或顺丁烯二酸酐类单体所构成的均聚物或共聚物。

球晶 [spherulite] 又称球状链晶体。高分子从熔体或浓溶液中结晶时以一个晶核为中心沿各径向方向生长而成的圆球状的多晶聚集体。是一种常见的结晶形态结构。尺寸通常在几微米到100 μm之间。具有双折射并呈现特殊的马耳他黑十字消光图像。有些还具有一系列消光的同心环。有正负光性之分，当径向的折射率大于切向的折射率时为正光性，反之为负光性。

球状链晶体 [globular-chain crystal] 即球晶。

屈服 [yielding] 材料在外力作用下开始出现不可回复

的永久塑性形变的现象。对应的临界应力值称为屈服应力。通常把应力-应变曲线的起始峰顶位置，或该曲线斜率发生急剧变化处的应力或应变条件称为屈服点。其屈服应力也称为屈服极限，记为σ_y。

屈服温度 [yield temperature] 材料发生屈服的温度范围。对于高分子，其下限温度是脆性-延性转变温度。非晶高分子的上限温度是玻璃化温度。对于塑性流体，是可以产生塑性流动的温度。

取向度 [degree of orientation] 高分子取向的程度。通常用取向函数f来表示。对于单轴取向的高分子，f可定义为：$f=\frac{1}{2}\left(3\overline{\cos^2\theta}-1\right)$，$\theta$为分子链主轴与取向轴之间的夹角。对于完全未取向的高分子，f=0。对于完全取向的高分子，f=1。一般0<f<1。可通过材料呈现的各向异性来研究，但因高分子具有几种不同的取向单元，用不同的方法所得值可能表征不同单元的取向。

全同立构规整度 [isotacticity; degree of isotacticity; isotactic index] 即等规度。

扰动尺寸 [perturbed dimension] 非θ状态下高分子链的尺寸。参见无扰尺寸。

热分级 [thermal fractionation] 利用结晶高分子在熔体重结晶或重组织时的温度依赖性进行分级的方法。一般通过对试样进行连续的自成核、退火处理，使试样的可结晶性分子链充分结晶，按照结晶能力的高低形成完善程度不同的晶体。可将分子结构信息反映在最终的熔融曲线上，因此，无需将级分进行物理分离即可进行微观结构的研究。

热-机械曲线 [thermo-mechanical curve] 又称温度-形变曲线。在一定载荷下，高分子形变的大小与温度的关系曲线。表征高分子运动的状况，表示热性能与结构之间的联系。是在热机械分析仪中，在规定的等速升温情况下，对试件施加一定压力，把试件的相对形变对温度作图而得。其形状、大小、位置的变化反映高分子内部结构的信息，可据此分析出高分子材料的性能。

热老化 [thermal ag[e]ing] 在热的作用下，使高分子的使用性能劣化的过程。对于大多数高分子来说，是热降解的结果，但对少数高分子而言，是高分子热交联的结果。

热力学等效球 [thermodynamically equivalent sphere] 和实际聚合物分子排除体积相同、不能由其他链穿过的球体。

热历史 [thermal history] 高分子材料发生熔化、冷却、热处理和燃烧等而产生的热经历。会引起材料结构的变化，进而影响高分子的性能。

热氧老化 [thermo-oxidative ag[e]ing] 高分子材料在加工、储存和使用过程中，热和氧共同作用导致的性能变坏的现象。是一种不可逆的变化，是高分子材料的通病。可以通过在加工过程中添加抗氧剂、热稳定剂等防止。

人工老化 [artificial ag[e]ing] 又称人工气候老化。塑料、橡胶、纤维等材料试样在模拟和强化的大气环境(如太阳光、热、降水和温度等)中老化导致材料性能变化，并在较短时间内获得近似大气老化结果的一种加速老化实验方法。常在装有特制人工光源、试样转动架、调温调湿和人工降水等的人工气候老化箱中进行。

人工气候老化 [artificial ag[e]ing] 即人工老化。

韧性断裂 [ductile fracture] 伴有明显塑性形变的断裂现象。其具有明显非线性的应力-应变曲线。断裂不一定发生在曲线上应力最大值处。断裂应变值比脆性断裂时大得多，有时可达百分之几百。与脆性断裂的差别还表现在它的较大的断裂能或断裂韧性和特征的断裂面形貌。容易在较高的温度和较低的应变速率时发生。由所加应力的剪切分量引起。

溶度参数 [solubility parameter] 内聚能密度的平方根值$\delta=\sqrt{\frac{\Delta E}{v}}$，其中$\Delta E, v$分别为分子的摩尔蒸发热和体积。溶度参数可以用来评价材料间相互作用的程度，也用来衡量高分子在溶剂中溶解性。对于非极性的高分子体系，溶度参数越接近，相容性越好。

θ溶剂 [theta solvent] 参见θ态。

溶胀 [swelling] 一般指凝胶吸收溶剂分子而导致体积增大的现象。溶胀的驱动力是高分子链浓度差引起的渗透压。溶胀一般在良溶剂或θ溶剂中发生。

溶胀度 [degree of swelling] 凝胶溶胀程度的度量，一般用平衡溶胀比来表示。即平衡时的溶胀体积与干态体积的比值。溶胀度与交联点之间的平均分子量、溶剂的摩尔体积、高聚物的密度有关。

溶胀因子 [swelling factor] 即扩张因子。

柔性链 [flexible chain] 柔性占主导地位的高分子链。

柔性链聚合物 [flexible chain polymer] 大分子链具有一定的柔顺性、持续长度远小于轮廓链长的聚合物。分子链的无扰尺寸、库恩链段长度比较小。如聚苯乙烯、聚甲基丙烯酸甲酯、聚二甲基硅氧烷等。

蠕变柔量 [creep compliance] 单位应力下，物料的应变随时间的变化量。在物料的蠕变实验中，定义为：$J(t)=\varepsilon(t)/\sigma$，这里$\sigma$是恒定的应力，$\varepsilon(t)$是应变，在蠕变实验中随时间变化。

蠕虫状链 [worm-like chain] 又称鲍劳特-克拉特基链。研究分子链构象的一种简单的模型链。由 n 个长度为 b、键角为 $\pi-\alpha$ 并可进行自由旋转的想象键组成的分子链在保持其轮廓长度 L 及持续长度 a 不变的条件下，使想象键的数目 $n\to\infty$、键角 $\pi-\alpha\to\pi$ 时所得到的一种极限状况的模型链。可以相当好地描述由完全伸展的棒状刚性链到无规线团的整个柔性变化范围的链构象。

软化温度 [softening temperature] 塑料等聚合物材料加热后变软的温度。此时材料开始变形，力学性能降低。通常是在一定负荷下逐渐升温直到试样变形达到某一限度时所对应的温度。测试方法有雅卡软化点、环球式软化点等。

瑞利比 [Rayleigh ratio] 又称瑞利因子。在光散射中，瑞利比定义为 $R_\theta = I_\theta r^2/I_0$，其中 I_0 为入射光的光强，I_θ 为样品在散射角 θ 的散射光强，r 为散射中心到观察点的距离。

瑞利因子 [Rayleigh factor] 即瑞利比。

三单元组 [triad] 在聚合物分子中，由相邻的三个结构单元构成。两个相邻的内消旋二单元组构成一个等规三单元组(mm)，两个相邻的外消旋二单元组组成一个间规三单元组(rr)，而一个外消旋二单元组和一个内消旋二单元组组成一个杂规三单元组(mr)。根据每一种三元组质量分数可以定量地确定聚合物的立构规整度。

散射的非对称性 [dissymmetry of scattering] 散射粒子在前向角和后向角散射光强的比值。在大粒子的光散射测量中，由于内干涉导致不同角度的散射光存在差别。入射光强相同时，在任意前向角 θ 产生的散射光强 I_θ 与在相应的后向角 $(\pi-\theta)$ 的散射光强 $I_{\pi-\theta}$ 的比值定义为散射的非对称性。非对称性的强弱反映了粒子的尺寸。

伸长率 [elongation at break] 断裂伸长的简称。

伸展链长 [extended chain length] 即伸直长度。

伸展链晶体 [extended-chain crystal] 又称伸直链晶体。由完全伸展的分子链规则排列形成的晶体。没有或几乎没有链折叠现象。在邻近熔点时缓慢结晶、在高压下结晶或在高取向条件下结晶时容易生成。可以是厚度和分子链的伸展长度相当的片晶；也可具有纤维状外形，分子链沿纤维轴向排列，晶体的长度可以超过分子链的伸展长度。熔点比一般晶体高。

伸直长度 [contour length] 又称伸展链长。一个链状分子的最大末端距，即键长、键角不变的高分子主链拉至伸直状态在主链方向的投影长度。以 $L_{\max}$ 表示。例如，聚乙烯等碳链高分子的伸展链为锯齿形，其 $L_{\max}$ 可按下式计算：$L_{\max} = nl\sin\dfrac{\theta}{2}$。式中，$n$ 为构成主链的单键数目；l 为键长；θ 为键角。

伸直链晶体 [extended-chain crystal] 即伸展链晶体。

时-温等效原理 [time-temperature equivalent principle] 对于聚合物的弛豫过程，升高温度与延长观察时间(或降低频率)的等效性。即低温长时间的观察相当于高温短时间的观察。在数学上可表示成 $G(T,t)=G(T_0,t/a_T)$，式中 G 为模量，T、T_0 表示温度，t 表示观察时间，a_T 为移动因子。即借助于转换因子可以将在某一温度下测定的力学数据，变成另一温度下的力学数据。

受限链 [confined chain] 处于尺寸小于链回旋半径的空间中、构象变化和运动受限制的高分子链。

受限态 [confined state] 受限的高分子链所处的状态。

舒尔茨-齐姆分布 [Schulz-Zimm distribution] 高分子的分子量呈连续分布，其微分质量分布函数符合如下形式：$f_w(x)dx = \dfrac{a^b+1}{\Gamma(b+1)}x^b e^{-ax}ds$，其中 x 是表征分子链长度(如聚合度)的参数，a 和 b 是可调参数，$\Gamma(b+1)$ 是 $(b+1)$ 的 gamma 函数。

疏水高分子 [hydrophobic polymer] 一般是指含有大量非极性基团，在水中溶解度很低的高分子。在由这类高分子构成的平滑表面上，水的静态接触角一般大于 90°。

树枝[状]晶体 [dendrite] 分叉的具有树枝状形态的多层片晶结构。分支间可有很大的、与结晶学参数相关联的张角。通常容易在比生成单晶更低的温度条件下由稀溶液结晶时形成。

数均分子量 [number-average molecular weight] 又称数均摩尔质量。以数量为统计权重得到的分子量。合成高分子的分子量是不均一的，具有多分散性，因此高分子的分子量是统计平均值。若第 i 种分子的分子量为 M_i，摩尔数为 n_i，摩尔分数为 N_i，则数均分子量定义为：

$$M_n = \frac{\sum_i n_i M_i}{\sum_i n_i} = \sum_i N_i M_i$$

若第 i 种分子的质量为 $w_i(=n_i M_i)$，质量分数为 W_i，

重均分子量定义为：$M_w = \dfrac{\sum_i n_i M_i^2}{\sum_i n_i M_i} = \dfrac{\sum_i w_i M_i}{\sum_i w_i} = \sum_i W_i M_i$

Z 均分子量定义为：$M_Z = \dfrac{\sum_i n_i M_i^3}{\sum_i n_i M_i^2} = \dfrac{\sum_i w_i M_i^2}{\sum_i w_i M_i} = \dfrac{\sum_i Z_i M_i}{\sum_i Z_i}$

数均摩尔质量 [number-average molar mass] 即数均分子量。

数量分布函数 [number distribution function] 表征聚合物分子量分布的一种函数。多分散聚合物含有不同分子量的分子，设第 i 种分子的分子量为 M_i，数目为 N_i，用 N_i 对 M_i 作图得到一条分布曲线，该曲线可用 $N(M)$ 对 M 的函数描述。这个函数称为数量分布函数，也称微分分布函数。

双[股]链 [double strand chain] 一种高分子链，每一个结构单元都通过两个位点与前一个结构单元的两个位点相连接。有天然的 DNA 和人工制备的梯状聚合物等。

双轴取向 [biaxial orientation] 平面取向的一种特殊情况。在取向平面内有两相互垂直的轴向，取向分布函数相对该两轴均有左右对称性。

水溶性高分子 [water soluble polymer] 含有强亲水基团，能溶解在水中形成均相水溶液的高分子。常见的亲水基团有叔胺基、季胺基等阳离子基团，羧酸基、磺酸基、磷酸基等阴离子基团，羟基、氨基、酰胺基等非离子基团。部分主链或侧链含有醚基的高分子也是水溶的，如聚环氧乙烷。

四单元组 [tetrad] 由聚合物分子中相邻的四个结构单元构成。根据相邻两重复单元的构型不同，四单元组有等规(mmm)、杂规(mmr, mrr…)、间规(rrr)等几种形式。用于更为精确地描述聚合物的长程有序性，可以通过核磁碳谱图鉴定。

松弛 [relaxation] 弛豫的旧称。

塑性变形 [plastic deformation] 高分子材料在塑性阶段发生的变形。材料中的应力达到屈服极限时，材料就进入塑性阶段，这种变形的特点是加载和卸载的应力-应变曲线不相同。

塑性流动 [plastic flow] 塑性流体具有的一种特征的流变行为。是指在受到的剪切应力小于某一临界值 τ_y 时，不发生流动，相当于胡克固体，而超过 τ_y 后，可像牛顿流体一样流动，符合 $\tau-\tau_y=\eta_p\dot{\gamma}$（式中 τ_y 为屈服应力，η_p 为塑性黏度，$\dot{\gamma}$ 为剪切速率)。呈现这种流变行为的物质有泥浆、牙膏、油脂、涂料等。

θ态 [theta state] 高分子链在溶液中处于理想链时的状态。此时，高分子链段和溶剂环境之间的吸引力恰好抵消了自身固有的空间排斥力，使得排除体积为零，弗洛里(Flory)相互作用参数 $\chi=1/2$，第二位力系数 $A_2=0$。因为高分子链段与溶剂环境的相互作用既受溶剂类型的影响，也受温度影响，所以θ态的描述同时包括温度和溶剂类型。高分子链处于θ态时的温度称为θ温度，所用的溶剂称为θ溶剂。对于特定的θ温度，当单一溶剂难以满足要求时，可以考虑混合溶剂。

弹性回复 [elastic recovery] 变形物体在外力去除后发生的形变减小的现象或形变减小量。对具有黏弹性的高分子而言，包括去除外力后立即发生的瞬时回复和随时间变化的滞后回复。

弹性形变 [elastic deformation] 物体在应力作用下产生的形变中在应力去除后可恢复的那部分形变。在弹性极限(物体显示完全弹性的最大应力值)范围内物体的形变。除在外力去除时能即时消失的形变(理想弹性形变)外，一般还包括一部分在外力去除后随时间逐步消失的形变。

弹性滞后 [elastic hysteresis] 高分子的一种动态黏弹性现象。高分子在大小呈周期性变化的交变应力作用下，形变的变化总是滞后于应力变化的行为。产生的原因是高分子链段运动时需要克服内摩擦力，在外力作用下，形变不能立即产生，而在外力去除后，形变也不能马上恢复。将导致产生力学阻尼(内耗)等动态黏弹性现象。

特性黏度 [inherent viscosity] 当高分子溶液的浓度趋于零时的比浓黏度或比浓对数黏度，$[\eta]=\lim\limits_{c\to 0}\dfrac{\eta_{sp}}{c}=\lim\limits_{c\to 0}\dfrac{\ln\eta_r}{c}$。式中相对黏度增量与溶液浓度的比值 η_{sp}/c 称为比浓黏度，而相对黏度的自然对数与浓度的比值 $\ln\eta_r/c$ 称为比浓对数黏度。特性黏度是与浓度无关的量，单位是浓度的倒数。

体积弛豫 [volume relaxation] 当高分子从高温淬冷到低温，比容的延迟的变化。在此弛豫过程中，比容一般先达到最大值，然后随着时间曲线衰减。

体积黏度 [volume viscosity] 即本体黏度。

条带织构 [banded texture] 液晶高分子在外应力作用下得到的一种高取向的织态结构。在偏光显微镜下呈明暗相间的条带，条带走向几乎平行，但垂直于剪切力的方向。因大分子链沿剪切力方向排列并周期性规则弯曲成锯齿状微纤结构所致。其产生可作为分子链刚性的定性判据。

统计链段 [statistical segment] 对高分子链的一种表述方式。如果高分子链中第 i+1 个键的取向与第一个键的取向无关，则由 i 个键组成的一段分子链称为链段，又称库恩链段。这样定义的链段是随机的，具有统计平均意义。

推迟时间 [retardation time] 在蠕变实验中，黏弹性材料发生滞后应变的特征时间，是表征材料本身特性的参数。例如，在 Voigt 模型中，应变γ随时间的变化可以表示为 $\gamma(t)=\dfrac{\sigma_0}{G}(1-e^{-t/\tau})$，式中 σ_0 和 G 分别代表恒定的剪切应力和剪切模量，τ 即推迟时间。

推迟[时间]谱 [retardation [time] spectrum] 若黏弹性材料的行为可以用多个 Voigt 单元串联的模型来描述，则在蠕变过程中，柔量 J 随时间的变化可以描述为 $J(t)=\int f(\tau)\exp(1-t/\tau)d\tau$，$\tau$为推迟时间，$f(\tau)$ 称为推迟时间谱。

推迟弹性 [retarded elasticity] 即“延迟弹性”。

退偏振 [depolarization] 即退偏振。

拓扑缠结 [topological entanglement] 高分子凝聚态的重要特征之一。在长链高分子构成的浓溶液或熔体中，高分子之间由于相互穿插，勾缠，链之间不能横穿移动，因而运动空间受限。这种由其他高分子链引起的束缚起到了物理交联点的作用，称为缠结。这种缠结是由于长链特征的拓扑本质形成的，又称为拓扑缠结。

网络聚合物 [network polymer] 交联聚合物的一种，指在交联度足够高的交联聚合物中，所有分子通过化学键联在一起，形成一个无限大的分子。线型聚合物经交联剂交联后得到的是交联聚合物，而多官能度的单体经逐步聚合反应得到聚合物多称为网络聚合物。

网络密度 [network density] 即交联度。

微凝胶 [microgel] 尺寸在微米级的凝胶颗粒。微凝胶是有分子内交联结构的聚合物微粒。根据交联程度的高低，微凝胶可分为硬质微凝胶和软质微凝胶两类。交联密度越高，微凝胶硬度越高；反之，则越柔软，趋向于线形聚合物。

微细结构 [texture] 即织构。

微相区 [microphase domain] 发生相分离的嵌段共聚物的微区。形态有球状、柱状、层状等。可由电子显微镜观察到。

θ温度 [theta temperature] 参见θ态。

温度-形变曲线 [thermo-mechanical curve] 即热-机械曲线。

稳态相分离 [binodal decomposition] 部分互溶的二元混合物在相图上双结线与旋节线之间的亚稳区内以成核和生长机理进行的相分离。

沃伊特模型 [Voigt model] 即开尔文模型。

乌氏[稀释]黏度计 [Ubbelohde [dilution] viscometer] 一种毛细管黏度计。测试时不要求试样体积每次必须一致，因此可以在黏度计内直接对高分子溶液进行一系列稀释，从而得到不同浓度的黏度。在测定聚合物的分子量与特性黏度的关系时，尤为方便。

无规度 [atacticity] 又称无规立构度。指高分子链中无规立构聚合物含量的百分数。高分子的立体异构中有无规立构、全同立构、间同异构三种常见的构型。无规度是表征聚合物构型单元规整程度高低的参数之一，也常用立构规整度来表示。

无规立构度 [atacticity] 即无规度。

无规立构嵌段 [atactic block] 在共聚物中，由无规立构链段构成的嵌段。

无规线团 [random coil] 参见无规线团模型。

无规线团构象 [random coil conformation] 即卷曲构象。

无规线团模型 [random coil model] 一种描述高分子构象的模型。忽略分子键和原子的大小，高分子链可以用一条没有粗度的线来描述。如果高分子链段绕单键可以自由旋转，则所形成的构象为无规线团。

无规行走模型 [random walk model] 把由连续的、任意步数构成的路径进行数学公式化得到的模型。无规行走在物理、化学、经济学等很多领域有应用。在高分子中，聚合度为 N 的理想链符合 N 步无规行走模型；粒子在溶液中的布朗运动也可以用无规行走模型描述。

无规折叠模型 [switchboard model] 即插线板模型。

无扰尺寸 [unperturbed dimension] 高分子线团在θ状态时的尺寸。在θ状态时，高分子链段之间的吸引力和排斥力相互抵消，排除体积和第二位力系数为零，整个分子处于理想链状态，也称无扰状态。在高分子熔体中，排除体积相互作用被屏蔽，高分子链也处于无扰状态。

无扰末端距 [unperturbed end-to-end distance] 在θ状态时测定的末端距。

五单元组 [pentad] 由聚合物分子中相邻的五个结构单元构成。根据相邻两重复单元的构型不同，五单元组有等规(mmmm)、杂规(mmrm, mrrm⋯)、间规(rrrr)等几种形式。用于更为精确地描述聚合物的长程有序性，可以通过核磁碳谱图鉴定。

物理交联 [physical crosslinking] 通过氢键、范德瓦耳斯力等非化学键实现交联的方式。物理交联的方式比较多，有双螺旋、微晶区、玻璃态微区等强的物理键，也有氢键、离子聚集体、嵌段共聚物胶束等比较弱的物理键。另外，不同高分子链之间的拓扑缠结也被认为是一种物理交联。通过物理交联制备的凝胶称为物理凝胶。

物理老化 [physical ag[e]ing] 处于非平衡态的不稳定结构，在玻璃化转变温度以下存放过程中逐渐趋向稳定的平衡态，从而引起材料物理、力学性能随存放或使用时间而变化的现象。

洗脱分级 [elution fractionation] 利用色谱柱中介质材料对高分子吸附性能的差别，通过逐渐改变淋洗剂的组成，或对色谱柱加上一定的温度梯度的方式，使高分子按溶解度的变化分离成多个级分的过程。

洗脱体积 [elution volume] 从加样开始到检测器检出峰所需要的流动相的体积。在凝胶渗透色谱中，洗脱体积与分子量相关，分子量越大，洗脱体积越小。

细颈现象 [necking] 即颈缩现象。

纤维晶 [fibrous crystal] 形态结构具有细长的纤维状外形的结晶。有两类：一类是许多片晶的聚集体，片晶中分子链的轴向垂直于其长轴，如球晶中往外辐射伸展的结晶结构；另一类是由伸展链沿纤维长轴方向平行排列形成的晶体，往往在聚合或拉伸形变过程中结晶生成，也可在受搅拌或流动的溶液中结晶时形成。

线团-球状转换 [coil-globule transition] 在良溶剂中，高分子链伸展，呈无规线团构象；而在不良溶剂中，高分子链塌缩，呈球状。通过改变溶剂性质或者温度，使得高分子由无规线团转变为塌缩球，这一构象转变过程称为线团-球状转换。

线团状高分子 [coiling type polymer] 大分子链构象呈无规线团状的高分子。如橡胶、某些塑料(如聚苯乙烯、有机玻璃等)等非晶态高分子。分子链具有很好柔性的橡胶在室温下因分子链呈蜷曲的线团状构象概率最大而表现出很好的高弹性。分子链结构不具有化学对称性和空间立构规整性的有机玻璃等只能以无规线团状的形态形成非晶态的聚集态。

线性黏弹性 [linear viscoelasticity] 材料的应力与其应变遵循线性关系，及模量不随应变幅度发生变化的性质。线性黏弹性的理论基础是玻尔兹曼叠加原理。对于高分子材料，只有当应变很小时，才近似符合线性黏弹行为。在一般情况下，表现的是复杂的非线性行为。

相对黏度 [relative viscosity] 溶液黏度η与溶剂黏度η_0之比称为相对黏度，用η_r表示，$\eta_r=\dfrac{\eta}{\eta_0}$。相对黏度是无量纲量。

相关长度 [correlation length] 又称关联长度。表征高分子链柔性的参数。定义为在关联函数奥恩斯坦-乌伦贝克(Ornstein-Zernike)关系式 $g(r)\sim\frac{1}{r}\exp(-r/\xi)$ 中，表示其按指数规律衰减快慢的一特征参数ξ。当距离增长一个ξ长度，关联函数衰减 e 倍。

相邻再入模型 [adjacent re-entry model] 又称邻位再入模型。高分子晶体结构的一种比较理想的结构模型。在这模型中，高分子片晶表面均按相邻再入方式(在片晶表面高分子长出后经折叠又在相邻位置上进入片晶)排布。和稀溶液生长得到的高分子单晶结构比较一致。

相容性 [compatibility] 两种或两种以上相互具有亲和性的高分子，通过共混可以形成微观结构均一程度不等的共混物的性质。在热力学上，二元体系形成相容混合物的必要条件是：$\Delta G_m<0$，$\left(\dfrac{\partial^2\Delta G_m}{\partial\Phi_2^2}\right)_{T,p}>0$，式中$\Delta G_m=\Delta H_m-T\Delta S_m$，是混合单位体积物质的自由能变化；$\Phi_2$是组分 2 的体积分数。由于高分子混合时$\Delta S_m$很小，$\Delta G_m$能否小于零主要取决于混合热$\Delta H_m$的大小。

相溶性 [miscibility] 两种或两种以上的溶剂，能够以任何比例混合，并形成均相溶液的性质。在高分子科学中指高分子与溶剂或不同高分子之间的相互溶解性。只限于热力学上的相互溶解性。

橡胶态 [rubbery state] 又称高弹态。无定形或非晶态高分子在其玻璃化温度和流动温度之间一定温度范围内所处的状态。此时高分子呈现出类似于橡胶的力学行为，具有较低的模量(10^6~10^7Pa)和很大的弹性形变范围(一般可大于100%)。高分子特有的一种物理状态，源于高分子的长链结构和相应的分子运动特性。

消偏振 [depolarization]

亚稳极限分离 [spinodal decomposition] 即亚稳态相分离。

亚稳态 [metastable state] 物体或体系能长期存在、对于极小的波动是稳定的，但稳定性低于系统最终平衡态的状态。具有有限的寿命。经过一定时间后，会自发或在外部作用下弛豫到更稳定的状态。如高分子除伸展链晶体之外的所有结晶状态、高分子共混物或溶液的相分离形貌等。

亚稳态相分离 [spinodal decomposition] 又称亚稳极限分离。二元混合物处于相图中两相区时发生的相分离。与稳态相分离相比，不需要克服成核能垒，是一个自发过程。形成的相结构是一种“网络状”的相分布在另一种相中，相对比较均一。

延迟弹性 [retarded elasticity] 又称推迟弹性。黏弹性物体在受到外力作用或除去外力后发生的随时间变化的弹性响应。处于黏弹态的高分子表现出这种性质。一种表现方式为蠕变实验时的延迟形变，有时也专指蠕变后回复时弹性形变的延迟回复。

延迟形变 [retarded deformation] 又称推迟形变。黏弹性物体在受到外力作用后发生的随时间变化的弹性形变。处于黏弹态的高分子明显存在这种形变。当实现物体形变的分子运动所需的时间与实验观测的时间尺度可比时，就可看到。

一次结构 [primary structure] 即近程结构。

银纹 [craze] 高分子材料表面或内部在应力环境因素作用下形成的很多微小的、在光照下成乳白色的“裂纹”。由银纹质和空穴组成，而银纹质是由高度取向的高分子微纤组成，因此具有一定的力学强度。有时是高分子材料破坏的前奏。但在一定条件下，也可提高塑料的抗冲击性能。

缨状微束模型 [fringed-micelle model] 又称两相模型。结晶高分子结构模型的一种。认为结晶高分子中，晶区和非晶区互相穿插，同时存在，晶区中分子链互相平行排列形成规整的结构，但晶区尺寸很小，一根分子链可以同时穿过几个晶区和非晶区，晶区在通常情况下是无规取向的，而在非晶区中，分子链的堆砌是完全无序的。早期的结构模型，未能概括高分子单晶中的折叠链结构。

应变软化 [strain softening] 聚合物受应力作用超过屈服点时，其应力-应变曲线斜率(或仅仅是应力本身)减小的现象。当应力用表观应力表示时，可简单地解释为由于样品截面积的减小而使表观应力值下降；但也可以是一种固有的现象，在时间-应力曲线上可以观察到。

应变硬化 [strain hardening] 应力-应变曲线的斜率在高应变处上升的现象。原因包括取向(使聚合物在拉伸方向上更强地反抗伸长)以及天然橡胶这样的聚合物在伸长率很高时的应变诱导结晶。

应力弛豫模量 [stress relaxation modulus] 材料在应力弛豫过程中任意时刻的应力与应变之比值。用 $G(t)$ 表示。定义为 $\sigma(t)/\varepsilon$，这里 $\sigma(t)$ 是应力，是时间 t 的函数，ε 是某一确定的应变。表示在单位应变下，应力随时间的衰减情况。

应力发白 [stress whitening] 高分子材料在应力作用下，微观结构产生变化而使材料表面产生局部变白的现象。产生的原因很多，例如，聚氯乙烯板弯曲时由于出现细微裂纹导致发白；玻璃纤维增强塑料受到反复应力作用时层向分离，丧失透光性，因界面反射而发白。

应力开裂 [stress cracking] 在低于破坏强度的应力范围内，玻璃态高分子由于有机溶剂或其他外部环境的影响在制品内部或表面产生银纹或裂缝的现象。应力包括冻结在制品内部的应力、外部应力或者两种应力的结合。根据环境应力的不同，可分为溶剂应力开裂、非溶剂应力开裂、由温度变化引起的热应力开裂、由氢化剂引起的氢化应力开裂等。

应力应变曲线 [stress-strain curve] 表示高分子材料在加载情况下应力和应变关系的曲线。反映高分子材料的应力-应变行为。又分真应力-应变曲线和表观应力-应变曲线。真应力指作用力与即时截面积的比值，表观应力则是作用力与初始截面积之比。

远程分子内相互作用 [long-range intramolecular interaction] 又称长程分子内相互作用。单个大分子内的原子间的相互作用。大分子中次序号相差很远的原子在相距很近到小于范德华半径距离时所存在的相互作用。如柔性大分子两末端的原子，当它们相距很近时的相互作用。其结果将使高分子链在三维方向发生扩展，使均方末端距增大，且偏离高斯分布函数。

远程结构 [long-range structure] 单个高分子链的形态和结构。包括分子的大小与形态、链的柔顺性及分子在各种环境中所采取的构象。

增比黏度 [specific viscosity] 释文见物理化学同名词条。

增容作用 [compatibilization] 提高两种或多种不相溶聚合物的共混物中相界面黏结力并稳定相织构的作用。

折叠表面 [fold surface] 又称折叠面。根据折叠链理论得出的高分子单晶中链折叠所处的表面。

折叠链晶体 [folded-chain crystal] 高分子链以折叠的形式堆砌形成的晶体。高分子的单晶、球晶和树枝晶等多种形式的结晶的最小结晶单元为片晶，其中分子链长轴一般是沿片晶厚度方向的。聚合物的分子链长度通常都在几百纳米以上，而片晶的厚度仅在十至几十纳米，因此认为分子链是折叠的。

折叠链片晶 [lamella; lamellar crystal] 即片晶。

折叠面 [fold plane] 即折叠表面。

折叠微区 [fold domain] 聚合物非晶态结构中存在的微观有序区。例如，电镜观察到非晶态聚合物有几到几十纳米的球粒结构存在。叶(G. S. Y. Yeh)于 1972 年提出的“折叠链缨状微束粒子模型”认为，由高分子链进行局部有序性的折叠而形成。

折光指数增量 [refractive index increment] 即 dn/dc。高分子溶液的一种光学性质。描述在特定温度下、特定波长时，高分子溶液的折光指数相对于溶液浓度的变化速率。随溶剂的不同而不同。此值高的溶液具有较好的光学性质，在光散射实验中有好的检测器信噪比和更准确的数据计算。可以用差示折光仪测定。

蒸气压渗透法 [vapor pressure osmometry (VPO)] 利用溶液蒸气压的降低来测定高分子数均分子量的一种方法。在一恒温密闭的容器内充有挥发性溶剂的饱和蒸气，在此蒸气中滴入一滴高分子的溶液和一滴纯溶剂，因为溶液面上的蒸气压低，气相中饱和的溶剂分子会发生凝聚，并放出凝聚热，使得溶液温度升高。而纯溶剂的温度不发生变化。二者的温度差与溶液中高分子的摩尔分数成正比。用 w_1 和 w_2 分别表示溶剂和高分子的重量，M_1 和 M_2 表示二者的分子量，则温差 $\Delta T = A\dfrac{w_1M_1}{w_2M_2}$，其中 A 是比例系数。蒸气压渗透法可用于测定数均分子量低于 30000 的各种可溶聚合物。

支化系数 [branching index] 用来表征长支链对溶液中高分子尺寸影响的参数。支化系数 $g=\dfrac{\langle R_{\mathrm{g,b}}^2\rangle}{\langle R_{\mathrm{g,l}}^2\rangle}$，其中 $R_{\mathrm{g,b}}$ 是支化高分子在溶液中的均方回转半径，$R_{\mathrm{g,l}}$ 是同等长度的线型高分子在相同条件(溶剂、温度)下的均方回转半径。支化系统大于 1 说明支化增加了高分子的尺寸。

支链 [branch chain] 高分子主链上的侧枝。支链有长支链和短支链之分。短支链可含有两、三个重复单元，使得高分子链的规整程度和堆砌程度降低，对结晶性影响很大。而长支链的长度可能与主链相当，对结晶性无显著影响，但会强烈影响高分子溶液和熔体的流动性。

织构 [texture] 又称织态结构、微细结构。聚合物和金属等内部构造中微米尺度的形态结构。对聚合物而言，包括晶区、非晶区、空洞、添加剂等各种组成区域的形状、大小、取向度和结晶度等；含义如同聚合物的超分子结构，即为比高分子链本身结构要大的分子聚集态结构。

织态结构 [texture] 即织构。

质量分布函数 [mass distribution function] 又称重量分布函数。表征聚合物分子量分布的一种函数。多分散聚合物含有不同分子量的分子，设第 i 种分子的分子量为 M_i，数目为 N_i，质量为 W_i，用 W_i 对 M_i 作图得到一条分布曲线，该曲线可用 $W(M)$ 对 M 的函数描述。这个函数称为质量分布函数，或质量微分分布函数。也可以用质量积分分布函数 $I(M)$ 来表示，$I(M)=\int_0^M W(M)\mathrm{d}M$ 。函数的具体形式有多种，一般包含两个可调的参数，使得分布函数与分布曲线相符。

滞弹性 [viscoelasticity] 即黏弹性。

重均分子量 [weight-average molecular weight] 又称重均摩尔质量。以重量为统计权重得到的分子量。具体表达式见数均分子量。

重均摩尔质量 [weight-average molar mass] 即重均分子量。

重量分布函数 [weight distribution function] 即质量分布函数。

轴晶 [axialite] 片晶的聚集体。随着观察角度的不同，表现出高分子单晶或球晶的特征。通常在高分子熔体过冷时形成。

珠-棒模型 [bead-rod model] 描述高分子链动力学行为的一种粗粒化模型。高分子链中的重复单元用圆形的珠子来代表，这些珠子用刚性的棒通过自由结合的方式依次连接。棒的长度可以与库恩长度相等。珠-棒模型能够比较准确地描述高分子链的动力学行为。

珠-簧模型 [bead-spring model] 在珠-棒模型的基础上建立的另外一种描述高分子链动力学行为的粗粒化模型。在珠-簧模型中，代表重复单元的珠子用具有熵效应的弹簧依次连接。弹簧的选取依据是其力-拉伸行为能够模仿高分子链末端在外力拉伸时的响应。珠-簧模型中可调因素多，在计算机模拟中使用更广泛。

主结晶 [primary crystallization] 即初级结晶。

自避随机行走模型 [self-avoiding random walk model] 一种描述在格子中顺次行走的数学模型。自避随机行走是指行走的方向是随机的，但每个格点到达的次数不能超过 1。弗洛里(P. Flory)首次用自避随机行走模型来描述高分子链的排除体积行为。

自由连接链 [freely-jointed chain] 描述高分子理想链最简单的模型。固定重复单元的键长 l 不变，每个相连接的键没有键角的限制，键也可以自由旋转，每个键在空间任何方向取向的概率均等。对于聚合度为 n 的高分子，均方末端距 $\langle h^2\rangle=nl^2$。

自由旋转链 [freely-rotating chain] 描述高分子理想链的模型之一。固定重复单元的键长为 l，相连接的键的键角为 θ，但键可以自由旋转。由于键角受到限制，对于聚合度为 n 的高分子，均方末端距 $\langle h^2\rangle=nl^2(1+\cos\theta)/(1-\cos\theta)$。

组成非均一性 [constitutional heterogeneity; compositional heterogeneity] 聚合物分子间基本组成分散的程度。共聚合反应中所得共聚物的组成是不相同，一般得到的共聚物组成是平均值。这种性质称为组成非均一性。共聚物组成的非均一性会造成综合性能的降低。只有交替共聚、恒比共聚、恒比点共聚才能得到不同转化率下组成均一的共聚物。可采用补加单体投料和控制转化率等方法来控制共聚物组成非均一性。

组成重复单元 [constitutional repeating unit(CRU)] 高分子链、嵌段或低聚物分子中最小的重复组成单元。如聚乙烯和聚四氟乙烯的重复单元分别是—CH_2CH_2—和—CF_2CF_2—，而 CRU 分别为—CH_2—和—CF_2—；聚对苯二甲酸乙二酯的 CRU 为—$OCH_2CH_2OCOC_6H_4CO$—，从中可看出与单体重复单元不同。

最低临界共溶温度 [lower critical solution temperature(LCST)] 不同组成的混合物由相分离状态变为均相的最低温度。用于描述混合物的相行为，相变主要由熵驱动。在混合物的相图中，LCST 是上凹的亚稳极限线(spinodal)和相变线(binodal)的最低交汇点，受压力、聚合物的分子量及分布影响。典型的具有 LCST 的高分子体系包括聚(*N*-异丙基丙烯酰胺)水溶液和聚苯乙烯环己烷溶液。

最高临界共溶温度 [upper critical solution temperature(UCST)] 不同组成的混合物由相分离状态变为均相的最高温度。用于描述混合物的相行为。在混合物的相图中，UCST 是下凹的亚稳极限线(spinodal)和相变线(binodal)的最高交汇点，受压力、聚合物的分子量及分布影响。具有 UCST 的代表性体系包括己烷-硝基苯、苯胺-水、铅-锌合金等。

6.4 高分子加工

变定剂 [curing agent] 即固化剂。

补强 [reinforcing] 即增强。

补强剂 [reinforcing agent] 即增强剂。

不织布 [non-woven fabrics] 即无纺布。

彩料 [colorant] 即色料。

层压 [laminating] 用或不用黏结剂，借加热、加压把相同或不相同材料的两层或多层结合为整体的加工工艺方法。常用于塑料加工，也用于橡胶加工。

常温硫化 [auto-vulcanization] 又称室温硫化。橡胶胶黏剂或修补用胶料，不经加热在常温下放置一段时间即可自动硫化的方法。主要指的是天然橡胶或丁苯橡胶，加硫黄及二硫化氨基甲酸盐类超速促进剂，可使胶黏剂或胶料在室温下停放一段时间后完成自然硫化。

成纤 [fiber forming] 将高分子化合物(天然高分子或合成高分子)熔融成熔体或制成浓溶液，然后经喷丝小孔挤出成细微细液条，将此微细液条冷凝、脱出溶剂，并在张力下进行一定牵伸比的拉伸以使高分子键在纤维中尽可能规则性地沿纤维长轴方向，最终定型而成纤维的材料成型加工工艺方法。

冲压模塑 [impact molding; shock molding] 塑料成型的一种成型加工工艺方法。采用液压设备调节模塑压力，施加到坯料使其充满模具内，进行模塑成型。

抽伸 [tension] 即拉伸。

出模膨胀 [die swell] 又称离模膨胀，在挤出过程中，处于熔体状态的高分子链经取向和拉伸作用，分子处于应力状态。挤出物离开模后，分子应力释放，分子链径向回缩，其横截面尺寸因弹性回复而大于口模尺寸的现象。

传递成型 [transfer molding] 热固性塑料的一种成型加工工艺方法。模塑时先将模塑料在加热室加热软化，然后压入已被加热的模腔内固化成型。传递模塑按设备不同有不同的形式：①活板式；②罐式；③柱塞式。

吹塑 [blow moulding] 又称中空吹塑，是一种发展迅速的塑料成型加工方法。适用于吹塑的塑料有聚乙烯、聚氯乙烯、聚丙烯、聚酯等，所得之中空容器广泛用作工业包装容器。根据型坯制作方法，吹塑可分为挤出吹塑和注射吹塑，新发展起来的有多层吹塑和拉伸吹塑。

吹塑成型 [blow molding] 又称中空吹塑成型，通过充气使组合模具内的塑胶预成型物膨胀并紧贴模具型面的中空制品成型方法，主要用于吹膜。

促进剂 [accelerator] 即硫化促进剂。

单丝 [monofilament; monofil] 熔化后的合成树脂经过喷丝头毛细孔(单孔或多孔喷丝头)中压出的原液细流，经冷凝而成所制得的支数较小的单根长丝。

单体浇铸 [monomer casting] 塑料成型加工工艺的一种方法。通常是在常压下将液态单体或预聚物注入模具内，经聚合而固化成型，变成与模具内腔形状相同的制品。

单轴拉伸 [uniaxial drawing; uniaxial elongation] 将高分子链沿一个方向进行取向排列，是提高化学纤维强度的一种重要手段。

旦[尼尔] [denier] 纤维细度的衡量单位，是人造纤维、尼龙纺织纤维的定长制的密度单位(在我国为非法定单位)，指 9000 m 长的纤维在公定回潮率时的质量(g)，单位为旦。如 9000 m 长纤维重 600 g，该纤维称为 600D 纤维；9000 m 长纱线重 600 g，该纱线称为 600D 的纱线。数字越大，纱线或纤维越粗。其计算式为：T_d=9000×GK/*L*。式中，T_d 为纤维的旦数(旦)；*L* 为纤维的长度(m)；GK 为纤维在公定回潮率时的质量(g)。

底漆 [primer] 直接涂到物体表面作为面漆坚实基础

的涂料。要求在物面上附着牢固，以增加上层涂料的附着力，提高面漆的装饰性。根据涂装要求可分为头道底漆、二道底漆等。

定形 [setting of fiber] 化学纤维生产中的一个工序，目的是使拉伸后的纤维获得应力松弛，利于提高纤维的结晶度和各种性能的稳定性，降低其沸水收缩率。在化纤短纤维的生产上，有松弛热定型和紧张热定型之分；前者为纤维处于完全松弛状态下经受热定型，适用于“毛型”短纤维生产；后者为使纤维处于一定张力下经受热定型，适用于“棉型”短纤维生产。

动态硫化 [dynamic vulcanization; dynamic cure] 将橡胶与不能硫化的热塑性聚合物如 PP、PVC、PA 等树脂在高温、高剪切的混合器中熔融共混，在交联剂的作用下将橡胶硫化，得到大约尺寸在微米级别的微粒硫化橡胶相，并均匀地分散于树脂中，非常稳定，在加工过程中不会发生物性变化，边分散、边硫化成型的加工工艺，如 EPDM/PP、NBR/HPVC、ACM/PA 等等。

多层吹塑 [multi-layer blow molding] 几种塑料以适当方法(例如共挤出或多层注塑)制得多层复合型坯，然后用一般吹塑工艺成型。多层吹塑是引入一层或几层具有低渗透性的聚合物，以改善制品的耐溶剂性或透气性等，例如聚乙烯-聚酰胺-聚乙烯三层复合瓶子，可储存工业溶剂及农药。该工艺分共挤型坯吹塑及多层注坯吹塑。

多层挤出 [multi-layer extrusion] 多层挤出是利用具有中高阻隔性能的材料与其他包装材料复合，综合阻隔材料的高阻隔性与其他材料的廉价或特殊的力学、热学等其他性能，实现特定的功能需要的一类成型加工工艺方法。在塑料加工中又称挤出成型或挤塑，在橡胶加工中又称压出，即物料通过挤出机料筒和螺杆间的作用，边受热塑化，边被螺杆向前推送，连续通过机头而制成各种截面制品或半制品的一种加工方法。

多孔膜 [porous membrane] 每平方厘米含有一千万至一亿个孔，孔隙率占总体积 70%～80%，孔径均匀，孔径范围在 0.02～20μm 之间的分离膜。当膜的孔径大于 5 nm 时称微孔膜(microporous membrane)；孔径在 1～5 nm 时称细孔膜(fine-pored membrane)，包括超滤膜和反渗透膜。

多轴拉伸 [multiaxial drawing] 多轴拉伸一般指双轴拉伸。拉伸分为单轴拉伸和双轴拉伸，它们都能使高聚物产生各向异性(力学、光学、热学、电学等)。双轴拉伸使平面内分子链的方向是无规的，是改进高聚物薄膜或薄片性能的一种重要方法，它用来防止单轴拉伸时在薄膜平面内垂直于拉伸方向上强度变差的缺点，具有较大的抗拉强度和抗冲击韧性。单轴拉伸是提高化学纤维强度的一种重要手段，随着拉伸比的增加，纤维的模量和强度也都增加。

二段硫化 [post vulcanization] 即后硫化。

发泡 [expanding; foaming] 使材料体积变大的一种成型加工方法。发泡材料的泡孔结构形态，如类型、直径、泡壁厚度等与发泡温度和采用的发泡工艺有关。

反渗透膜 [reverse osmosis membrance] 反渗透过程所用的半透膜，只能透过水分子而不能透过盐分子，一般用高分子材料制成，如醋酸纤维素膜、芳香族聚酰肼膜、芳香族聚酰胺膜。膜表面微孔的直径一般在 0.5~10 nm 之间，透过性的大小与膜本身的化学结构有关。有的高分子材料对盐的排斥性好，水的透过速度并不好；有的高分子材料化学结构具有较多亲水基团，水的透过速度相对较快。

反应[性]加工 [reactive processing] 在聚合物加工成型过程中有预期化学反应的一种加工方法，包括反应注射、反应挤出和反应性共混三种反应性加工方法，其中最主要的是反应注射成型(RIM)。

反应纺丝 [reaction spinning] 又称化学纺丝[法]。由单体或预聚物形成高聚物的反应过程与成纤过程同时进行的纺丝工艺过程，是纺丝流体从喷丝孔挤出，其固化成形速度受化学反应控制的纺丝方法。当低聚体(预聚体)溶液细流挤入凝固浴时，与凝固浴中的扩链剂(偶联剂)迅速反应，形成高聚物而固化成纤维。成功案例是聚氨酯弹性纤维的湿法纺丝，采用二胺或二醇作为扩链剂。

反应黏合 [reaction bonding; reaction adhesion] 利用化学反应使两个或几个物体粘在一起的加工工艺方法。

反应注射成型 [reaction injection molding (RIM)] 成型过程中有化学反应的一种注射成型加工工艺方法，这种方法所用原料不是聚合物，而是将两种或两种以上液态单体或预聚物，以一定比例分别加到混合头中，在加压下混合均匀，立即注射到闭合模具中，在模具内聚合固化，定型成制品。由于所用原料是液体，用较小压力即能快速充满模腔，所以降低了合模力和模具造价，特别适用于生产大面积制件。

反应注塑 [reaction injection molding (RIM)] 把两种或两种以上具有反应性的低黏度液体，按一定的比例，在一定的压力和温度条件下均匀混合后，立即注入密闭的成型模具内，在模具经进一步反应后形成塑料制品的这一成型反应过程称为反应注塑。

反增塑作用 [anti-plasticization] 能降低聚合物的玻璃化转变温度和流动温度并提高聚合物的流动性，抑制了聚合物中小于链段的运动单元的运动而使聚合物在玻璃态的刚性和脆性反而有所增加的一种塑料特性现象。

返硫(硫化返原) [cure reversion] 橡胶硫化过程中，

由于硫化温度高、硫化时间过长而产生的硫化胶交联网出现裂解，继而硫化胶料的性能降低的现象。

防火剂 [flame retardant] 即阻燃剂。

防焦剂 [scorch retarder; anti-scorching agent] 又称硫化延缓剂。能防止胶料在操作期间产生早期硫化(即焦烧现象)的助剂，能增加胶料或胶浆的贮存寿命。

防(抗)臭氧剂 [antiozonant] 能阻止或延缓臭氧对高分子材料老化作用的化学制品助剂。通过化学作用(或通过物理和化学过程的结合)延缓或阻止物料与臭氧作用的物质，主要用于橡胶制品。

防老剂 [anti-aging agent] 能防止或抑制诸如氧、热、光、臭氧、机械应力、重金属离子等因素破坏制品性能，延长制品储存和使用寿命的助剂。在橡胶中配入一些能抑制老化过程的助剂，从而延长橡胶及其制品的储存期和使用寿命，这些助剂称为防老剂。

纺丝 [spinning] 又称化学纤维成形，是制造化学纤维的一道工序。将某些高分子化合物制成胶体溶液或熔化成熔体后由喷丝头细孔压出形成化学纤维的过程。

纺织品整理剂 [textile finishing agent] 旨在防止或改善纺织品在穿着过程中出现的收缩或折皱现象，在其印染加工后用合成树脂进行化学整理，如防缩、防皱树脂整理，所用的化学品物质称为纺织品整理剂。

分散剂 [dispersing agent] 吸附于液固界面并能显著降低界面自由能，使固体粉末均匀地分散在液体或熔体中，并使之不再聚集的一类化学制品助剂。分散剂是一种在分子内同时具有亲油性和亲水性两种相反性质的界面活性剂，可均一分散那些难以溶解于液体的无机、有机颜料的固体颗粒，同时也能防止固体颗粒的沉降和凝聚，形成安定悬浮液所需的助剂。

负离子交换膜(阴离子交换膜) [anion exchange membrane] 膜体固定基团带有正电荷离子，可选择透过阴离子的离子交换膜。

复合纺丝 [conjugate spinning; compound spinning] 将两种或两种以上不同化学组成或不同浓度的纺丝流体，同时通过一个具有特殊分配系统的喷丝头而制备纤维的纺丝加工工艺方法。在进入喷丝孔之前，两种成分彼此分离，互不混合，在进入喷丝孔的瞬间，两种液体接触，凝固黏合成一根丝条，从而开成具有两种或两种以上不同组分的复合纤维。

复合纤维 [composite fiber] 由两种或两种以上高聚物，或具有不同分子量的同一高聚物经复合纺丝法制成的化学纤维。它分为并列型、皮芯型、散布型等。并列型复合纤维是由两种聚合物在纤维截面上沿径向并列分布。皮芯型复合纤维的皮层和芯层各为一种聚合物，它分同心圆形和偏芯圆形。散布型复合纤维是由一种组分以微纺织厂状分散在另一种组分的基体中的纤维。并列型和偏芯皮芯型复合纤维具有三维空间的立体卷曲，有高度的体积蓬松性、延伸性和覆盖能力。同芯圆皮芯结构的复合纤维可利用皮芯的不同成分，使纤维具有特殊的性质。散布型复合纤维可纺制超细纤维、中空纤维等。

复丝 [multifilament] 化学纤维长丝的一种，是由多孔喷丝板纺出的细丝并合而成的有捻或无捻丝束。由多根单纤维组成的复丝比同样纤度的单丝柔软。复丝的规格以复丝的纤度和单根丝的根数来表示。复丝用于机织和针织衣料、装饰布和工业用布。

干法纺丝 [dry spinning] 简称干纺。化学纤维主要纺丝成型加工工艺方法之一。干法纺丝采用成纤高聚物的浓溶液来形成纤维。干纺时从喷丝头毛细孔中压出的纺丝液细流不是进入凝固浴，而是进入纺丝甬道中。通过甬道中热空气流的作用，使原液细流中的溶剂快速挥发，挥发出来的溶剂蒸汽被热空气流带走。原液在逐渐脱去溶剂的同时发生固化，并在卷绕张力的作用下伸长变细而形成初生纤维。

干法纺丝与熔体纺丝有某些相似之处，二者都是在纺丝甬道中使高聚物流体(溶液或熔体)的黏度达到某一临界值而实现凝固。不同的是，熔纺时凝固过程是借纺丝行程中细流温度下降而实现的，而干纺则通过原液细流中溶剂挥发，高聚物浓度不断增大而凝固。

干纺 [dry spinning] 干法纺丝的简称。

干喷-湿纺 [dry[jet]-wet spinning] 即干[喷]湿法纺丝。

干[喷]湿法纺丝 [dry[jet]-wet spinning] 又称干喷-湿纺，简称干湿纺，将干法纺丝与湿法纺丝的特点结合起来的化学纤维纺丝成型加工工艺方法。这是20世纪60年代发展起来的新纺丝方法。纺丝原液从喷丝头压出后先经过一段空间(3~100毫米，一般应小于20~30毫米)，然后进入凝固浴。空间的气体可以是空气或其他惰性气体。采用干-湿纺时，原液细流能在空气中经受显著的喷丝头拉伸，拉伸区长度远超过液流胀大区的长度，可提高喷头拉伸倍数和纺纱速度。干-湿纺的纺丝速度可达600~1200米/分，且可使用孔径较大(ϕ=0.15~0.3毫米)的喷丝头。干-湿纺时，正在被拉伸中的液流(纤维)进入凝固浴，凝固速度和纤维结构可借调节凝固浴组成和温度而在很宽的范围内改变。干-湿纺现已用在聚丙烯腈纤维、芳香族聚酰胺纤维、聚苯并咪唑纤维等生产中。

干湿纺 [dry[jet]-wet spinning] 干[喷]湿法纺丝的简称。

高压纺丝 [high-pressure spinning] 聚合物溶液或熔

体借助高压计量泵供料作用进行喷射拉伸而获得超细或纳米级纤维的一种纺丝加工工艺方法。

隔离剂 [separant; dusting agent; anti-adherent; antiadhesive agent] 橡胶加工中的一类操作型助剂。其主要作用是防止胶片或半成品表面的相互黏结，常用于生胶和胶料的塑炼、混炼、压片及成型等操作中。常用的隔离剂有硬脂酸皂、滑石粉、云母粉、碳酸钙、蜡乳液、改性硅油等。另外还可以用于复合材料生产加工过程中的隔离和防黏。

给硫剂 [sulfur donor agent] 能在硫化温度下可游离出活性硫的有机硫化物，常作为不饱和橡胶的交联剂使用。

公支 [tex] 即特[克斯]。

共纺 [cospinning] 两种或两种以上不同聚合物溶液混合后纺制成化学纤维的纺丝方法。

共混 [blending] 将两种或两种以上塑胶通过物理方法混合形成新材料的一种方法，是一种物理方法。工业上用炼胶机将不同橡胶或橡胶与塑料，均匀地混炼成胶料是典型的例子，也可以在聚合物中加入某些特殊性能的成分以改变聚合物的性能如导电性能。按生产方法可分为机械共混物、化学共混物、胶乳共混物和溶液共混物。

共混纺丝 [blend spinning] 将变色聚合物与聚酯、聚丙烯、聚酰胺等聚合物熔融共混纺丝的一种成型加工工艺。或把变色化合物分散在能和抽丝高聚物混融的树脂载体中制成色母粒，再混入聚酯、聚丙烯、聚酰胺等聚合物中熔融纺丝。

共挤出 [coextrusion] 使用数台挤出机向一个复合机头同时供给不同塑胶熔融料流、汇合成多层复合制品的挤出工艺。

共挤吹塑 [coextrusion blow molding] 通过复合模头把几种不同性能的塑料组合一起挤出，且塑胶预成型物膨胀并紧贴模具型面的中空制品成型方法。

共注塑 [coinjection molding] 通过复合模头把几种不同性能的熔融的塑料，利用压力一起注进塑料制品模具中，冷却成型得到想要各种塑料件的一种成型加工工艺方法。

股 [strand] 用各种纺织纤维加工成一定细度的产品，用于织布、制绳、制线、针织和刺绣等。

固化 [curing] 是指物质从低分子转变为高分子的过程，是一个复杂的物理、化学变化过程。

树脂固化是经过缩合、闭环、加成或催化等化学反应，使热固性树脂发生不可逆的变化过程，固化是通过添加固化(交联)剂来完成的。

固化剂 [curing agent] 又称硬化剂、熟化剂或变定剂。一类增进或控制固化反应的物质或混合物。固化剂可为固体、液体或气体。如使型(芯)砂中的黏结剂产生化学反应而将砂粒固结在一起的材料。

固相挤出 [solid-phase extrusion] 利用挤出机，在低于聚合物熔点的温度区间以下直接挤出成型的一种成型加工工艺方法。

光固化 [photo-curing] 单体、低聚体或聚合体基质在光诱导下的固化过程，一般用于成膜过程。

光刻胶 [photoresist] 释文见有机化学同名词条。

光屏蔽剂 [light screener] 一种光稳定剂，指一类能将有害的光波吸收，然后将光能转变为热能散射出去，或者将光波反射，从而对材料起屏蔽作用的物质，即能通过屏蔽作用使高分子减少或免于光老化的光稳定剂。

光稳定剂 [light stabilizer; photostabilizer] 能防止或延缓高分子材料发生光老化作用的物质。涂料、塑料、橡胶、合成纤维等制品在日光或强的荧光下(因为含有害紫外线较普通荧光灯多)，因吸收紫外线而引发自我氧化，导致聚合物降解，使制品的外观和物理机械性能恶化，这一过程称为光氧化还原或光老化。凡能屏障或抑制光氧化还原或光老化过程而加入的一些物质，如光屏蔽剂、紫外线稳定剂、猝灭剂等。

硅烷偶联剂 [silane coupling agent] 能提高树脂与固体表面之间的黏合强度与耐久性的一类硅烷类化合物，即通常是硅原子上连接带官能团的有机基，同时又与可水解基团相键合的一类硅烷类化合物。硅烷偶联剂是由硅氯仿($HSiCl_3$)和带有反应性基团的不饱和烯烃在氯铂酸催化下加成，再经醇解而得。硅烷偶联剂实质上是一类具有有机官能团的硅烷，在其分子中同时具有能和无机质材料(如玻璃、硅砂、金属等)化学结合的反应基团及与有机质材料(合成树脂等)化学结合的反应基团。

滚塑 [rotational moulding] 一种热塑性塑料中空成型方法，滚塑成型工艺是先将塑料原料加入模具中，然后模具沿两垂直轴不断旋转并使之加热，使模内的塑料原料在重力和热能的作用下，逐渐均匀地涂布、熔融黏附于模腔的整个表面上，成型为所需要的形状，再经冷却定型、脱模，最后获得制品。

过炼 [dead milling] 对生胶过度塑炼，或对混炼胶过度轧炼，致使胶料的强力降低的现象。过炼不仅会降低硫化胶的强度，也会产生部分胶料交联性的凝胶，有损产品质量。

过硫 [over cure] 过度硫化，一般多发生于胎面胶上，严重者胎面变脆，花纹沟槽易崩花、开裂、表面发蓝。

号数 [tex] 即特[克斯]。

后硫化 [post cure; post vulcanization] 又称二段硫化。橡胶制品硫化达到规定时间之后，或是去除硫化热源之后，仍持续进行的硫化。如轮胎等厚制品，在启模后仍处于高温的时间里，或是在储存中延续进行的硫化。另外，分两段硫化的工艺其后一段又称后硫化，如尼龙帘线轮胎的充气后硫化，硅、氟橡胶制品的二次烘箱补充硫化，均为后硫化。

化学发泡 [chemical foaming] 是利用化学方法产生气体来使塑料发泡的一种发泡工艺方法。对加入塑料中的化学发泡剂进行加热使之分解释放出气体而发泡；另外也可以利用各塑料组分之间相互发生化学反应释放出的气体而发泡。采用化学发泡剂进行发泡塑料注塑的工艺基本上与一般的注塑工艺相同。塑料的加热升温、混合、塑化及大部分的发泡膨胀都是在注塑机中完成的。

化学发泡剂 [chemical foaming agent] 能使橡胶、塑料形成微孔结构的化学品物质，可以是固体、液体或气体，即化学发泡剂是那些经加热分解后能释放出二氧化碳和氮气等气体，并在聚合物组成中形成细孔的化合物。

化学纺丝[法] [chemical spinning] 即反应纺丝。

化学纤维成形 [chemical fiber forming] 即纺丝。

混炼 [mixing; milling] 是生胶(经过或未经过塑炼)和各种配合剂经过炼胶机混合翻炼达到均化和分散的加工工艺过程，是橡胶加工最重要的生产工艺。本质来说是配合剂在生胶中均匀分散的过程，粒状配合剂呈分散相，生胶呈连续相。

基体 [matrix] 分散有断续颗粒的连续介质。橡胶工业中在胶料中指分散有各种配合剂颗粒的生胶连续相；在橡胶并用体系中，组成比例大或黏度较低的橡胶容易形成的连续相，称之为基体。

挤出 [extrusion] 物料通过挤出机料筒和螺杆间的作用，边受热塑化，边被螺杆向前推送，连续通过机头而制成各种截面制品或半制品的一种加工方法。在塑料加工中又称挤出成型或挤塑，在橡胶加工中又称压出。在化学纤维工业中也有用挤出机向喷丝头供料，以进行熔体纺丝。挤出应用于热塑性塑料和橡胶的加工，可进行配料、造粒、胶料过滤等，可连续化生产，制造各种连续制品如管材、型材、板材(或片材)、薄膜、电线电缆包覆、橡胶轮胎胎面条、内胎胎筒、密封条等，其生产效率高。在合成树脂生产中，挤出机可作为反应器，连续完成聚合和成型加工。

挤出成型 [reactive extrusion] 挤出机通过加热、塑化、加压使物料以流动状态连续通过口模成型的一种加工方法。挤出成型在塑料加工中又称为挤塑，在非橡胶挤出机加工中利用液压机压力于模具本身的挤出称压出。

挤出吹塑 [extrusion blow molding] 所用型坯经挤出而制得。生产过程分连续和间歇两种。连续式挤出吹塑是用挤出机不断制造型坯，型坯逐一进入在一转台上的对开模具中，然后依次进行闭模、吹胀、冷却、顶出等操作。这种方法运用于快速生产小型制品，如瓶子等。间歇式挤出吹塑，通常用于生产大型制品。

挤出机 [extruder] 由加料系统、挤压系统、传动机构、加热冷却系统和控制系统等主要部分组成的用于橡胶、塑料连续混合、挤出成型的装置，包括单螺杆和双螺杆挤出机等。挤出机按作用类型分为连续挤出和非连续挤出。塑料挤出机也是塑料机械的一种。挤塑机按照机头料流方向和螺杆中心线的夹角，将机头分成斜角机头(夹角 120°)和直角机头。机头的外壳是用螺栓固定在机身上，机头内的模具有模芯座，并用螺帽固定在机头进线端口，模芯座的前面装有模芯，模芯及模芯座的中心有孔，用于通过芯线。

挤拉吹塑 [extrusion draw blow molding] 利用注塑或挤出法制得之型坯，先借延伸棒将热型坯进行纵向拉伸，然后通入压缩空气进行吹胀，达到横向拉伸，做成和模具内腔形状相同的制件。用注塑法制得之型坯进行拉伸吹塑称为注拉吹。用挤出法制得之型坯进行拉伸吹塑称为挤拉吹。后者由于双轴取向作用而提高了制品的机械强度和透气性，用料节约，因而发展很快。

加工性 [processability] 物质不仅在注模成型过程中表现出优异的流动特性，同时还具有极佳的机械特性(强度、韧性和刚度)、成型周期短(高生产率)和耐高温性能(高温热变形温度、高熔点)。

加捻 [twisting] 使纤维条成为纱线的必要手段，加捻前一般需将散纤维凝聚成纤维条，加捻后可使纤维的外层纤维向内层挤压产生向心压力，从而使须条沿纤维的长度方向获得摩擦力。

减阻剂 [drag reducer] 一种能减少流体在输送时所受阻力的试剂。多为水溶性或油溶性的高分子聚合物。

浇铸 [casting] 塑料成型方法之一。在不加压或稍加压的情况下，将液态单体、树脂或其混合物注入模内并使其成为制品的方法。多用以制造板材、电绝缘材料或装饰品等。随着成型技术的发展，传统的浇铸概念有所改变，聚合物溶液、分散体(指聚氯乙烯糊)和熔体也可用于浇铸成型。用挤出机挤出熔融平膜，流延在冷却转鼓上定型，制得聚丙烯薄膜，被称为挤出-浇铸法。

焦烧 [scorching] 橡胶胶料在混炼、压延或压出操作中，以及在硫化前的储存过程中出现的早期硫化现象。常以烧焦时间来衡量胶料产生焦烧的难易，烧焦时间越长，则加工过程越不易发生早期硫化的现象。焦烧时间通常可以通过门尼黏度计来测定。防止胶料焦烧除从配方、工艺上加以改进外，还可以通过使用防焦剂延长胶料的焦烧时间来达到。

结构控制剂 [constitution controller] 旨在消除硅橡胶-白炭黑体系结构化现象的助剂。其组成为带有活性基团的有机硅化合物，抗结构化功能归因于活性基团优先与白炭黑表面的羟基作用，使之钝化而达到抗结构化目的。主要品种包括含羟基硅烷类化合物(如羟基硅油、二苯基硅二醇等)、烷氧基硅氧烷类化合物(如烷氧基低分子聚硅氧烷等)、硅氮烷类化合物(如六甲基二硅氮烷、环状三硅氮烷等)和含硼硅氧烷类化合物等。

浸渍 [impregnation] 在生产增强复合材料时，把树脂浸入到各种骨架材料如木材、织物、碳纤维或玻纤等的过程。

静电纺丝 [electrostatic spinning] 是高分子流体静电雾化的特殊形式，此时雾化分裂出的物质不是微小液滴，而是聚合物微小射流，可以运行相当长的距离，最终固化成纤维。“静电纺丝”一词来源于“electrospinning”或更早一些的“electrostatic spinning”，国内一般简称为“静电纺”、“电纺”等。静电雾化与静电纺丝的最大区别在于二者采用的工作介质不同，静电雾化采用的是低黏度的牛顿流体，静电纺丝采用的是较高黏度的非牛顿流体。静电纺丝过程涉及静电学、电流体力学、流变学、空气动力学等领域。

抗降解剂 [anti-degradant] 防止涂料、聚合物等由于受到氧化、臭氧、光照等作用发生降解的助剂。抗降解剂是抗氧化剂、抗臭氧剂和紫外/光稳定剂等的统称。

抗静电剂 [antistatic agent] 能降低材料或制品表面电阻和体积电阻，适度提高导电性、阻止静电蓄积的物质。聚合物的体积电阻率一般高达 10^{10}~$10^{20}\Omega\cdot cm$，易积蓄静电而发生危险，而抗静电剂多系表面活性剂，可使塑料表面亲和水分，离子型表面活性剂还有导电作用，因而可以使静电及时泄漏。抗静电剂可使由摩擦、接触、分离而产生的电荷传导或泄漏；可防止积蓄引起的静电危害；可以减少聚合过程中聚合细粉产生的静电，降低聚合细粉的反应活性。

抗硫化返原剂 [anti-reversion agent] 橡胶制备过程中防止硫黄交联键的返原的助剂。

抗微生物剂 [biocide] 保护聚合物材料免受微生物侵蚀和提高抵抗微生物侵蚀的能力的助剂材料。抗微生物剂有时称之为防腐剂。一般是在塑料配方中使用减少那些已知易受微生物侵蚀的助剂，可以使塑料有一定的抗菌能力。

抗氧剂 [antioxidant] 能阻断、抑制或延缓聚合物氧化或自动氧化过程的物质，包括自由基抑制剂(自由基捕捉剂)和过氧化物分解剂等。当其在聚合物体系中仅少量存在时，就可延缓或抑制聚合物氧化过程的进行，从而阻止聚合物的老化并延长其使用寿命。

可纺性 [spinnability] 在化学纤维纺丝成形中，聚合物流体挤出喷丝孔后，受到单轴拉伸时可能承受的最大不可逆变形能力，以形变量来度量；或在纺织纤维加工中，由纤维制成纱线时的难易程度。

拉伸 [tension] 又称抽伸，是化学纤维成形时拉细的过程。由于在丝条尚未完全凝固的状态下，卷丝速度大于喷丝速度或前后导盘速度不同而产生拉伸，使长链分子沿纤维轴向相对移动，或多或少地整齐排列而取向，可以提高纤维的强度和减低纤维的延伸度。拉伸可分为单轴拉伸和双轴拉伸两种。

拉伸吹塑 [stretch blow molding] 又称双轴取向拉伸吹塑，是中空吹塑成型方法中的一种。它是将挤出或塑料注射成型的型坯，经冷却，再加热，然后用机械的方法及压缩空气，使型坯沿纵向及横向进行吹胀拉伸、冷却定型的方法。根据型坯制造的工艺不同，拉伸吹塑分为注射拉伸吹塑及挤出拉伸吹塑两类。

冷拉伸 [cold drawing; cold stretching] 材料塑性成形的一种成型加工工艺方法。在常温条件下，对材料辅之以轴向拉伸，实现材料的塑性成形。

冷轧 [cold rolling] 塑性变形温度低于回复温度的轧制过程。

离膜膨胀 [die swell] 即出模膨胀。

流延薄膜 [casting film] 流延膜有挤出熔融流延膜和溶剂流延膜两种。熔融流延膜是通过熔体流涎骤冷生产的一种无拉伸、非定向的平挤薄膜。流延薄膜具有优越的热封性能和优良的透明性，是主要的包装复合基材之一，用于生产高温蒸煮膜、真空镀铝膜等。

硫化 [vulcanization; cure] 在高分子化学中，指的是橡胶胶料通过生胶分子间交联，生成具有三维网络结构的硫化胶的过程。含有双键的弹性体在工业上多采用硫或有机硫化合物来进行硫化交联，因此在橡胶工业中，硫化与交联是同义词。交联的目的是使胶料具备高强度、高弹性、高耐磨、抗腐蚀等优良性能，消除永久形变，使橡胶在变形之后，能迅速并完全地恢复原状。因为最早发现的交联剂是硫黄，故得名硫化。

硫化促进剂 [vulcanization accelerator] 简称促进剂。能促进硫化、缩短硫化时间、降低硫化温度、减少硫化剂用量、提高橡胶物理机械性能的物质。可分为无机促进剂与有机促进剂两大类。无机促进剂中，除促进剂、氧化镁、氧化铅等少量使用外，其余主要用作助促进剂。目前使用的大都是有机硫化促进剂，种类繁多。硫化促进剂中有的带苦味(如硫化促进剂 M)，有的使制品变色(如硫化促进剂 D)，有的有硫化作用(如硫化促进剂 TT)，有的兼具防老作用或塑解作用(如硫化促进剂 M)等。根据作用的速度，可分为慢速、中速、中超速、超速、超超速等促进剂。此外，还有后效性促进剂等。主要是含氮和含硫的有机化合物，有醛胺类(如硫化促进剂 H)、胍类(如硫化促进剂 D)、秋兰姆类(如硫化促进剂 TMTD)、噻唑类(如硫化促进剂 M)、二硫代氨基甲酸盐类(如硫化促进剂 ZDMC)、黄原酸盐类(如硫化促进剂 ZBX)、硫脲类(如硫化促进剂 NA-22)、次磺酰胺类(如硫化促进剂 CZ)等。一般根据具体情况单独或混合使用。

硫化活化剂 [vulcanization activator] 能使轮胎胶料，特别是胎面胶胶料高温硫化，具有很好的抗硫化返原性能，且在使用过程中生热较低等的助剂。

硫化剂 [vulcanizing agent] 能使橡胶分子链起交联反应，使线型分子形成立体网状结构，可塑性降低，弹性强度增加的物质。常用的有硫黄、有机过氧化物、有机多硫化物、金属氧化物等。除了某些热塑性橡胶不需要硫化外，天然橡胶和各种合成橡胶都需配入硫化剂进行硫化。

硫化延缓剂 [vulcanization retarder] 即防焦剂。

门尼黏度 [Mooney viscosity] 又称<u>转动[门尼] 黏度</u>，是用门尼黏度计测定的数值，基本上可以反映合成橡胶的聚合度与分子量。门尼黏度反映橡胶加工性能的好坏和分子量高低及分布范围宽窄。门尼黏度高胶料不易混炼均匀及挤出加工，其分子量高、分布范围宽。门尼黏度低胶料易黏辊，其分子量低、分布范围窄。门尼黏度过低则硫化后制品抗拉强度低。门尼黏度-时间曲线还能看出胶料硫化工艺性能。

模压成型 [compression molding] 又称<u>压制成型</u>或<u>压缩成型</u>，是复合材料生产中最古老而又富有无限活力的一种成型方法。它是先将粉状，粒状或纤维状的塑料放入成型温度下的模具型腔中，然后闭模加压而使其成型并固化的作业。模压成型可兼用于热固性塑料、热塑性塑料和橡胶材料。

模压硫化 [mould cure] 胶料或半成品装入模型中，在加压下加热硫化过程。模型制品有三种模压硫化方法，即平板模压、传递模压和注射模压。平板模压硫化法的优点是能适应较大尺寸、有金属或织物骨架、几种胶料组合的、低温长时期硫化的模型硫化制品。浇铸法要求胶料的黏度低，而模压或注压法要求胶料的黏度高。模压硫化的温度、时间与压力，必须严格掌握与控制。

耐火剂 [flame retardant] 即阻燃剂。

难燃剂 [flame retardant] 即阻燃剂。

内脱模剂 [internal releasing agent] 作为橡胶、塑料、弹性体或其他材料组分的一个组分，起到防止橡胶、塑料、弹性体或其他材料的模制品、层压制品等黏结到模具或其他板面，使其易于脱离作用的一类加工助剂。

内增塑作用 [internal plasticization] 使大分子链的柔性或高分子材料的可塑性增大的作用。通常用加入高沸点的、低挥发性的、与高聚物能相容的小分子物质的方法来达到这一目的。内增塑作用是利用改变高分子聚合物的分子结构/分子量以增加聚合物的拉伸率/柔软度，如聚乙烯-醋酸乙烯共聚物。

黏度改进剂 [viscosity modifier] 加入物料中能改进黏温性，提高黏度指数的添加剂，主要用于调配物料黏度、改善黏温性能、改善低温启动性和泵送性、减少发动机油耗和磨损等。它具有热稳定性好、稠化能力强等特点，在柴油机中积碳少，剪切稳定性好。

黏合 [adhesion] 使两个或几个物体粘在一起的过程。

捻度 [twist] 表示绳线强度的每英寸线所绕的圈数。在单位长度的纱中，纤维所捻成的回旋数，纱的强度主要由捻度决定，一般捻度大强度也大。

捏合机 [kneader] 由一对相互啮合且转动的 Z 形或 S 形叶片构成的用于半干态或黏稠态材料均匀混合的机械。捏合机是一种特殊的混合机，该机器拥有独特的真空箱平衡结构，它有两个 Sigma 桨叶，快桨叶通常是以 42 r/min，慢桨通常是 28 r/min 旋转。不同的桨速使得混炼的物料能够迅速均质搅拌。真空捏合机的英文名称是 J. C. T Vacuum Kneader，该机器是捏合机中的一种，主要是用于硅胶、玻璃胶、丁基胶、热熔胶等需要消泡的化工生产领域。该机器通常有特殊的真空系统(真空箱平衡结构)和耐真空、加厚型钢板。

捏合 [kneading] 使半干态或黏稠态材料均匀混合的一种加工方法。

凝胶纺丝 [gel spinning] 又称冻胶纺丝(freezing-gel spinning)。将浓度很高的聚合物溶液或塑化的凝胶，经喷丝孔定量挤出进入凝固浴形成凝胶丝，伴随溶剂蒸发聚合物固化成纤维的纺丝工艺方法。其主要过程是：纺丝原液在凝固成形过程中，溶剂基本上不扩散，几乎全部滞留在初生丝条中，也就是说，从喷丝孔喷出的原液细流，经过约几厘米的空气层进入凝固浴后，骤冷凝固成凝胶丝条。在凝固浴中只发生热交换，基本上无物质的交换发生。因此，人们根据这种初生的凝胶丝条的外貌特性，将其取名为凝胶纺丝。凝胶丝条只有经过超倍拉伸(大于 20 倍)、去除溶剂等工艺处理后，才能得到超高强高模的纤维。

凝聚剂 [coagulating agent] 含高分子混凝剂和助凝剂，能破坏水中的胶体粒子稳定性，降低彼此间的排斥力，从而形成细小的絮体，达到固液分离，净化水质目的的一种化学品助剂。

喷射纺丝 [jet spinning] 聚合物溶液或者熔体在强电场或强注射下进行纺丝成型加工过程，获得纳米尺度长纤维的有效方法之一的成型加工工艺方法，主要应用于静电纺丝工艺方面。

皮芯纤维 [sheath core fiber] 两种组分聚合物分别沿纤维纵向连续形成皮层和芯层的复合纤维。有同心圆形和偏心圆形、芯为异形截面和皮芯均为异型截面的皮芯型复合纤维。以特殊材料为芯的纤维，具有特殊性能，如 X 射线吸收纤维、红外吸收纤维、导电纤维、光导纤维等。以特殊材料为皮的纤维，如黏结性纤维、亲水纤维和亲油纤维、特殊光泽纤维等。

皮芯效应 [skin and core effect] 纤维成型加工过程中形成皮和芯两种不同结构性质的现象。皮芯纤维预氧化反应是由表及里，逐步氧化。同时，预氧化过程也是双扩散过程，氧向纤维内部渗透，反应副产物向外逸散。当被氧化的皮层形成交联环化结构后，使氧向芯部渗透的速率减慢，致使芯部氧化反应不充分。结果形成了致密的皮层，较疏松的芯部，即皮芯结构。在高温碳化过程中，芯部急剧分解，易形成空洞，导致抗拉强度和杨氏模量的下降。纤维直径愈粗，皮芯结构愈严重，对碳纤维力学阵能的影响亦愈大。

气辅注塑 [gas aided injection molding] 在塑胶充填到型腔适当的时候(90%~99%)注入高压惰性气体，气体推动融熔塑胶继续充填满型腔，用气体保压来代替塑胶保压过程的一种成型方法。

潜固化剂 [latent curing agent] 需要一个在室温中不与树枝等发生反应，只有通过加热才起反应，增进或控制固化反应的物质或混合物的助剂。

欠硫 [under cure] 胶料或产品未达到正常硫化程度，即硫化程度不足。表现为胶料的硬度及强力达不到指标，压缩变形大，甚至有气泡及黏性，橡胶制品欠硫会影响使用性能。

强化 [reinforcing] 即增强。

全取向丝 [fully oriented yarn] 采用超高速高张力纺丝，使丝条部分结晶并全取向，即全取向丝。用于加工仿丝绸织物和变形丝。

热硫化 [heat cure] 橡胶中加入硫化剂等配合剂后，经加热使橡胶分子产生交联反应，成为高弹性的硫化胶，这是橡胶制品生产最主要的传统硫化方法。加热的方法有热水、直接蒸汽、热空气(间接蒸汽或热烘箱)、液体盐浴、玻璃珠沸腾床、红外线、微波、高频波及电热。

热稳定剂 [heat stabilizer] 能抑制聚合物在加工与使用过程中发生热老化的物质助剂。热稳定剂是塑料加工助剂中重要类别之一，热稳定剂与 PVC 树脂的诞生和发展同步，主要用于 PVC 树脂加工中，因此热稳定剂与 PVC 树脂、PVC 中软硬制品的比例有密切关系。

溶液纺丝 [solution spinning] 将高聚物浓溶液定量从喷丝孔挤出，溶液细流经凝固浴或热空气或热惰性气体固化成纤维的成型加工工艺方法。

熔法纺丝 [melt spinning] 即熔纺。

熔纺 [melt spinning] 又称熔法纺丝或者熔融纺丝。将聚合物熔融后并定量从喷丝孔挤出形成细流，经空气或水冷却固化，以一定的速度卷绕成纤维的纺丝方法，是化学纤维的主要成型加工工艺方法之一。熔纺的主要特点是卷绕速度高、不需要溶剂和沉淀剂，设备简单，工艺流程短。熔点低于分解温度、可熔融形成热稳定熔体的成纤聚合物，都可采用这一方法成形。如聚酯纤维、聚酰胺纤维和聚丙烯纤维都可采用熔体纺丝法生产。熔体纺丝工艺主要包括：成纤聚合物在螺杆挤出机中加热熔融，熔体通过计量泵从喷丝孔挤出形成细流，熔体细流冷却固化，丝条经上油和卷绕，被拉伸变细而得纤维。

熔融纺丝 [melt spinning] 即熔纺。

熔融指数 [melt index (M)] 即熔体流动速率。

熔体流动速率 [melt flow rate] 又称熔融指数，是在标准化熔融指数仪中于一定的温度和压力下，树脂熔料通过标准毛细管在一定时间内(一般 10 min)内流出的熔料质量，单位为 g/10min。熔体流动速率是一个选择塑料加工材料和牌号的重要参考依据，能使选用的原材料更好地适应加工工艺的要求，使制品在成型的可靠性和质量方面有所提高。在塑料加工中，熔体流动速率是用来衡量塑料熔体流动性的一个重要指标。通过测定塑料的流动速率，可以研究聚合物的结构因素。

熔体破裂 [melt fracture] 高分子材料加工时会出现的现象。实验表明，高分子熔体从口模挤出时，当挤出速率过高，达到某一临界剪切速率时的，容易造成弹性湍流，导致流动不稳定，挤出物表面粗糙。随着挤出速度的增大，可能分别出现波浪形、鲨鱼皮形、螺旋形等畸变，最后导致完全无规则的挤出物断裂。熔体破裂的机理目前尚无统一认识，但各种假定都认为这也是高分子熔体弹性行为的表现。

熔铸 [fusion casting] 物料经高温熔化后，直接浇铸成制品的方法。

乳液纺丝 [emulsion spinning] 将聚合物以乳液形态分散于某种可纺性较好称作载体的物质中，然后将载体按常用的纺丝方法纺丝成形得到初生纤维经拉伸后在高温下烧结，载体被炭化得到纤维的纺丝成型加工工艺方法。

色料 [colorant] 又称颜料或彩料。任何可以使物质显现设计需要颜色的物质都称为色料，它可以是有机或无机的，也可以是天然的或合成的。

纱[线] [yarn] 用各种纺织纤维加工成一定细度的产品，用于织布、制绳、制线、针织和刺绣等。纱分为：①短纤维纱，由短纤维(天然短纤维或化纤切段纤维)经纺纱加工而成，分环锭纱、自由端纺纱、自拈纱等。②连续长丝，如天然蚕丝和化纤长丝，分加拈或不加拈、光滑长丝或变形长丝等。③短纤维与连续长丝组合纱，例如涤棉长丝包芯纱等。线由两股或两股以上的单纱并合加拈而成。

烧结成型 [sinter molding] 粉末或压坯在低于主要组分熔点温度下加热，使颗粒间产生连接，形成一定的行状的方法，是一个传统的工艺方法。人们很早就利用这个工艺来生产陶瓷、粉末冶金、耐火材料、超高温材料等。

湿法纺丝 [wet spinning] 简称湿纺。化学纤维主要纺丝方法之一。将聚合物纺丝溶液定量从喷丝孔挤出，溶液细流直接进入凝固浴固化成纤维的纺丝方法。湿纺中的扩散和凝固是物理化学过程，但某些化学纤维在湿纺过程中还同时发生化学变化。湿纺包括的工序是：①制备纺丝原液；②将原液从喷丝孔压出形成细流；③原液细流凝固成初生纤维；④初生纤维卷装或直接进行后处理。

湿纺 [wet spinning] 湿法纺丝的简称。

湿润剂 [wetting agent] 能提高水对粉末类配合剂的润湿能力，或能增进胶乳对织物渗透和扩散能力的配合剂。湿润剂常为表面活性剂，它分为阴离子表面活性剂，如烷基硫酸钠、拉开粉和异丁基萘磺酸钠等；非离子表面活性剂，如壬基苯基聚氧乙烯醚、聚氧乙烯山梨糖醇酐单月桂酸酯及单硬脂酸酯等。

室温硫化 [room temperature vulcanition] 即常温硫化。

熟化 [ripening] 是把已复合好的材料放进烘房(熟化室)，使材料的主剂、固化剂反应交联并被复合基材表面相互作用的过程。熟化的主要目的就是使主剂和固化剂在一定时间内充分反应，达到最佳复合强度，其次是去除低沸点的残留溶剂，如醋酸乙酯等。

熟化剂 [curing agent] 即固化剂。

树脂传递模塑 [resin transfer molding(RTM)] 是将树脂注入闭合模具中浸润增强材料并固化的工艺方法。该项技术可不用预浸料、热压罐，有效地降低设备成本、成型成本。该项技术近年来发展很快，在飞机工业、汽车工业、舰船工业等领域应用日广，并研究发展出 RFI、VARTM、SCRIMP、SPRINT 等多种分支，满足不同领域的应用需求。

双轴拉伸 [biaxial stretching] 又称双轴取向拉伸，是拉幅塑料薄膜的生产方法之一。塑料薄膜按纵横两个不同方向进行平面内的互相垂直拉伸。此时材料分子沿纵、横两个方向取向。双轴拉伸可分逐次拉伸和双向同时拉伸。双轴拉伸薄膜纵向和横向的强度差别小，一般在材料的玻璃化转变温度以上和熔点以下进行。

双轴取向拉伸 [biaxial orientation stretching] 即双轴拉伸。

双轴取向拉伸吹塑 [biaxial orientation stretch blow molding] 即拉伸吹塑。

水辅注塑 [water aided injection molding] 是一个塑料注塑工艺。利用水流代替气体，或与气体共同使用，以减短生产的周期时间，将塑料内的热能带走，其工艺的优点在于能缩短厚型件注塑的周期时间。

塑化 [plasticizing] 塑料在料筒内经加热达到流动状态并具有良好的可塑性的全过程。

塑化剂 [plasticizer] 即增塑剂。

塑解剂 [peptizer] 通过化学作用来增强生胶化学作用的塑炼效果、缩短塑炼时间的物质。

塑炼 [plastication] 橡胶加工的一个工序，指采用机械或化学的方法，降低生胶分子量和黏度以提高其可塑性，并获适当的流动性，以满足混炼和成型进一步加工的需要。塑炼过程是使橡胶大分子链断裂，分子链由长变短而使分子量分布均匀化的过程。在塑炼过程中导致大分子链断裂的因素主要有两个：一是机械破坏作用；二是热氧化降解作用。低温塑炼时，主要是由于机械破坏作用，大分子在强烈的机械力作用下发生断链；高温塑炼时，热氧化降解作用占主导地位。

钛酸酯偶联剂 [titanate coupling agent] 是 20 世纪 70 年代后期由美国肯利奇石油化学公司开发的一种偶联剂。对于热塑型聚合物和干燥的填料，有良好的偶联效果。这类偶联剂可用通式：$\mathrm{ROO}_{(4-n)}\mathrm{Ti(OX\text{-}R'Y)}_n$ (n=2,3)表示；其中 RO—是可水解的短链烷氧基，能与无机物表面羟基起反应，从而达到化学偶联的目的；OX—可以是羧基、烷氧基、磺酸基、磷基等，这些基团很重要，决定钛酸酯所具有的特殊功能，如磺酸基赋予有机物一定的触变性，焦磷酰氧基有阻燃、防锈和增强黏结的性能。

特[克斯] [tex] 旧称公支。符号为 tex，又称号数，是指 1000 m 长纱线在公定回潮率下的质量(g)，tex=g/L×1000，其中 g 为纱(或丝)的质量(g)，L 为纱(或丝)的长度(m)。它是定长制单位，克重越大纱线越粗，常用来表示纤维纱线。

添加剂 [additive] 塑料配混时，少量加入到合成树脂或其配混料中以改善成型加工或赋予制品某种性能的一类化学物质。这类物质分散在合成树脂或其配混料中，并不影响合成树脂的分子结构。

同轴挤出 [coaxial extrusion] 同轴心多螺杆挤塑过程，是一种挤出的加工方法。

脱模剂 [releasing agent] 一种介于模具和成品之间的功能性物质，是防止橡胶、塑料、弹性体或其他材料的模制品、层压制品等黏结到模具或其他板面，起易于脱离作用的一类加工助剂。

外脱模剂 [external releasing agent] 将原液按照一定比例稀释后喷到模具型腔内起到脱模剂作用的物质。

外增塑作用 [external plasticization] 由外加增塑剂对聚合物产生的增塑作用。

微波硫化 [microwave cure] 可在常压下，不需要任何价格昂贵的热介质，便可对某些橡胶半成品进行硫化。微波硫化的原理是极性的介质分子在高频交变磁场作用下，发生分子高频振荡，分子链间产生大量热能从而达到由内及表的硫化目的，克服了通常采用的热介质热传导所造成的表里温差，并可缩短硫化时间，有利于提高橡胶制品的硫化质量。

无纺布 [non-woven fabrics] 又称不织布，是由定向的或随机的纤维而构成，是新一代环保材料，具有防潮、透气、柔韧、质轻、不助燃、容易分解、无毒无刺激性、色彩丰富、价格低廉、可循环再用等特点。如采用聚丙烯(PP材质)粒料为原料，经高温熔融、喷丝、铺纲、热压卷取连续一步法生产而成，因具有布的外观和某些性能而称其为布。

无压成型 [zero pressure molding] 树脂悬浮状态的料浆注入模中固化，在不受外力作用而得到一定形状的方法。

无压硫化 [non-pressure cure] 橡胶制备过程中利用温度和时间两个参数不需要加压实现硫化的一种工艺方法。

物理发泡 [physical foaming] 利用物理的方法来使塑料发泡过程。一般有三种方法：①先将惰性气体在压力下溶于塑料熔体或糊状物中，再经过减压释放出气体，从而在塑料中形成气孔而发泡；②通过对溶入聚合物熔体中的低沸点液体进行蒸发使之汽化而发泡；③在塑料中添加空心球而形成发泡体而发泡等。

物理发泡剂 [physical foaming agent] 泡沫细孔通过某一种物质的物理形态的变化，即通过压缩气体的膨胀、液体的挥发或固体的溶解而形成的助剂。

吸塑 [blister] 即真空成型。

压敏黏合 [pressure sensitive adhesion] 采用指能压力，就能使胶黏剂立即达到黏结任何被黏物光洁表面的目的过程。与此同时，如果破坏被黏物黏结表面时，胶黏剂不污染被黏物表面，此类过程称为压敏黏合。它的黏结过程对压力非常敏感故称为压力敏感型黏合。

压塑 [calendaring; compression molding] 压缩模塑的简称。又称压塑成型，是成型加工中一种重要的技术工艺，在工业生产、工业加工中有着广泛的应用，在人们的生活中发挥着重要的作用。

塑料或橡胶胶料在闭合模腔内借助加热、加压而成型为制品的塑料加工(也是橡胶加工)方法。

颜料 [colorant] 即色料。

液晶纺丝 [liquid crystal spinning] 将具有各向异性的液晶聚合物溶液(或熔体)经干喷-湿法纺丝、湿法纺丝、干法纺丝或熔体纺丝纺制纤维的成型加工工艺方法。这是20世纪70年代发展起来的一种新型纺丝工艺，可以获得断裂强度和模量极高的纤维。液晶纺丝的特点是纺丝的溶液或熔体是液晶，这时刚性链聚合物大分子呈伸直棒状，有利于获得高取向度的纤维，也有利于大分子在纤维中获得最紧密的堆砌，减少纤维中的缺陷，从而大大提高纤维的力学性能。

荧光增白剂 [optical bleaching agent; fluorescent whitening agent] 能吸收近紫外线(波长300~400 nm)、再放射出蓝紫色荧光(420~480 nm)的无色有机化合物。多数是具有较大共轭体系的有机化合物。

硬化剂 [hardener] 即固化剂。

增稠剂 [thickening agent; thickener] 能提高熔体黏度或液体黏度的助剂。增稠剂是一种流变助剂，不仅可以使涂料增稠，防止施工中出现流挂现象，而且能赋予涂料优异的机械性能和储存稳定性。对于黏度较低的水性涂料来说，是非常重要的一类助剂。

增稠剂有水性和油性之分。尤其是水相增稠剂应用更为普遍。增稠剂实质上是一种流变助剂，加入增稠剂后能调节流变性，使胶黏剂和密封剂增稠，防止填料沉淀，赋予良好的物理机械稳定性，控制施工过程的流变性(施胶时不流挂、不滴淌、不飞液)，还能起着降低成本的作用。

增强 [reinforcing] 又称强化或补强。通过适当的方法，改善或提供原材料的性能。

增强剂 [reinforcing agent] 又称补强剂。用量较少但能大幅度提高聚合物材料力学强度、尺寸稳定性和热变形温度的添加剂。塑料增强剂又称增强材料，是指添加到树脂中能与树脂紧密地结合，并使制品的机械力学性能显著提高的物质。

增韧剂 [toughening agent] 又称抗冲击剂。能降低高分子材料脆性、提高抗冲击性能的添加剂，能增加胶黏剂膜层柔韧性的物质。增韧剂一般都含有活性基团，能与树脂发生化学反应，固化后不完全相容，有时还要分相，会获得较理想的增韧效果，使热变形温度不变或下降甚微，而抗冲击性能又明显改善。

增黏剂 [tackifier] 用于提高材料间黏合力的助剂。可用于两种场合：①用于对底材表面进行预处理；②作为涂料配方中的一部分，提高对于底材的润湿性，帮助在两种表面之间形成化学黏合，提高黏合性。

增容剂 [compatibilizer] 能减小界面能，提高性能各异的两种聚合物共混相容性和形成均匀分散相的助剂。高分子增容剂可以是与 A、B 两种高分子化学组成相同的嵌段或接枝共聚物，也可以是与 A、B 的化学组成不同但能分别与之相容的嵌段或接枝共聚物。

增塑剂 [plasticizer] 又称塑化剂。能降低高分子材料玻璃化转变温度并提高塑性的助剂。增塑剂的主要作用是削弱聚合物分子之间的次价健，即范德瓦耳斯力，从而增加了聚合物分子链的移动性，降低了聚合物分子链的结晶性，即增加了聚合物的塑性，表现为聚合物的硬度、模量、软化温度和脆化温度下降，而伸长率、曲挠性和柔韧性提高。塑料增塑剂按其作用方式可以分为两大类型，即内增塑剂和外增塑剂。

增塑增容剂 [plasticizer extender] 在材料加工过程中既起到增塑性又起到增容性的助剂。

增塑作用 [plasticization] 通过物理或化学方法来改善聚合物材料的可塑性的过程。可分为内增塑(作用)和外增塑(作用)两种类型。通过化学方法来改善聚合物材料的可塑性的过程为内增塑(作用)；也可以在脆性高分子链上引入长而柔的侧基。通过外加增塑剂来提高聚合物材料的可塑性的过程为外增塑(作用)。聚合物材料通过增塑可提高其加工流动性、柔韧性、拉伸强度、抗弯曲性、抗冲击强度、伸长率和弹性等，同时降低其脆性。

真空成型 [vacuum forming] 又称吸塑，是一种塑料加工工艺成型方法，主要原理是将平展的塑料硬片材加热变软后，采用真空吸附于模具表面，冷却后成型，广泛用于塑料包装、灯饰、广告、装饰等行业。

蒸汽硫化 [steam cure] 把蒸汽直接通入，使制品在一定时间内加热流化的方法。

正离子交换膜 [cation exchange membrane; cation permselective membrane] 膜体固定基团带有负电荷离子，可选择透过阳离子的离子交换膜。

正硫[化] [optimum cure] 又称最佳硫化，是指硫化过程中胶料综合性能达到最佳值的阶段。正硫化是硫化递进过程中的一个区间，而不是一个点。

胶料究竟以哪种性质作为衡量标准最好，是长期以来争论的问题。所以正硫化含义笼统的确定不能反映出硫化过程全面的真实情况。硫化胶某一项性质的正硫化是该项性质到达最大值所需的硫化时间。橡胶制品的使用性质和耐用程度不能依据硫化胶的某一单一性质来决定，而必须在各方面能同时满足制品的要求，具备这种综合优良性能所必需的硫化时间称为工艺上的最宜硫化，以有别以单一性质的正硫化。

正硫化点 [optimum cure point] 又称正硫化时间。橡胶硫化中，胶料的综合性能接近最佳值时所需要的最短硫化时间。

中空吹塑 [hollow blow moulding] 即吹塑。

中空吹塑成型 [hollow blow molding] 即吹塑成型。

中空纤维 [hollow fiber; macaroni fiber] 纤维轴向有细管状空腔的化纤。

注拉吹塑 [injection draw blow molding] 塑料成型过程中采用一步法/二步法注胚-拉伸-吹塑一体化三工位注拉吹塑料中空成型技术。

注射成型 [injection molding] 通过注塑机加热、塑化、加压使液体或熔体物料间歇式充模、冷却成型的方法。此法能加工外形复杂、尺寸精确或带嵌件的制品，生产效率高。大多数热塑性塑料和某些热固性塑料(如酚醛塑料)均可用此法进行加工。用于注塑的物料须有良好流动性，才能充满模腔以得到制品。

注射吹塑 [injection blow mo[u]ldling] 用型坯由注射成型而得。型坯留在模具的芯模上，然后将型坯转移到吹塑模中，从芯模通入压缩空气，将型坯吹胀、冷却、再转一个工位进行脱模，即得制品。此法优点是制品壁厚均匀，重量公差小，后加工少，废边少。但在吹制大型制件时，模具费用高。因此，适用于生产批量大的小型精制品。

注塑吹塑 [injection-blow moulding] 先由注塑机成型底部封闭的型坯，再将型坯移到吹塑成型模内吹入压缩空气使其成型得到制品的方法。这种方法生产的制品由于口部是注塑成型的，所以尺寸准确、精度高、不必修整；底部无截坯口，所以强度也好，并能得到外观出色的瓶子。另外，材料损失少，适用于同一产品的大量生产。但设备费用高。适用于制造细口瓶、药品用广口瓶等。

注塑焊接 [injection welding] 将预先成型好制品的几个部分置于模腔内，利用注射工艺射出的熔融物料使其焊接在一起而形成最终制品的方法。

铸塑 [cast molding] 是塑料成型加工的一种方法。将熔化的聚合物倒入铸模，铸模的型腔提供了最终有用的形状，之后仅需根据具体应用进行加工和焊接。按照造模的方法、造模的材料或进铸模的方法，铸塑工艺有四种基本类型：砂型铸造、永久型铸造、压模和离心式铸造。

转动[门尼]黏度 [turn [Mooney] viscosity]　即门尼黏度。

紫外光吸收剂 [ultraviolet absorber]　是一种光稳定剂，能吸收阳光及荧光光源中的紫外线部分，而本身又不发生变化。

紫外线稳定剂 [ultraviolet stabilizer]　能有选择性的吸收有害的紫外射线并以热的形式损耗掉的助剂。

阻黏剂 [abhesive]　一种抵抗黏性的助剂材料。

阻燃剂 [flame retardant]　又称难燃剂，耐火剂或防火剂。赋予易燃聚合物难燃性的功能性助剂，依应用方式分为添加型阻燃剂和反应型阻燃剂。根据组成，添加型阻燃剂主要包括无机阻燃剂、卤系阻燃剂(有机氯化物和有机溴化物)、磷系阻燃剂(赤磷、磷酸酯及卤代磷酸酯等)和氮系阻燃剂等。反应型阻燃剂多为含反应性官能团的有机卤和有机磷的单体。

最佳硫化 [optimum cure]　即正硫[化]。

七

化学生物学

化学生物学 [chemical biology] 化学与生物医学交叉的一门新兴学科。它运用化学的原理、语言和工具认识生命问题，揭示生命运动的化学本质，发展生命调控的化学方法，提供生命研究的化学技术。化学生物学更加注重认识生命的动态(瞬态)化学性质和运动规律，更加注重化学物质，特别是外源性化学物质对生命运动的影响和调控，更加注重新的化学技术和方法(如实时、快速、无损、高灵敏、高通量的化学分析)在生命科学中的应用，这是其与生物化学以及分子生物学的显著区别。化学生物学依托于化学和生命科学发展产生的新理论和实验技术，以化学物质作为工具探求生物学的问题、调控生命过程、阐释生物功能的化学本源，也为化学学科的发展带来新的机遇和挑战。

7.1 小 分 子

埃布尔森基因 [Abelson gene(ABL)] 编码酪氨酸激酶的原癌基因。DNA 序列分析发现 c-abl 蛋白属非受体蛋白-酪氨酸激酶家族，除激酶片断外，该基因还有 SH2 和 SH3 片断，其特征是有一个大的 C 末端非催化片断，该片断含有它与 DNA、细胞骨架结合的重要序列和一个参与传导信号的区域。正常的 p145ABL 穿梭于细胞核和细胞浆之间，主要定位于细胞核，具有较低的酪氨酸激酶活性。在慢性髓性白血病(CML)中，出现典型的基因 t(9;22)(q34;q11)易位，使 abl 与 bcr 并列形成 bcr/abl 融合基因。该基因表达的融合蛋白具有极强的酪氨酸激酶活性，导致病人血细胞过多，造成慢性粒细胞白血病。

螯合疗法 [chelation therap] 一种利用螯合剂将重金属，如铅、砷、汞等排出体外的治疗方法。常用的螯合剂有乙二胺四乙酸(EDTA)用于清除铅，二巯基丙醇(BAL)用于清除砷、汞、铅等，以及二巯基丁二酸(DMSA)、二巯基丙磺酸钠(DMPS)、青霉胺(penicillamine)等。虽然有研究认为螯合疗法对于非重金属中毒类病症如冠心病等也有效果，但目前未被任何药品管理组织认定。

白花丹精 [plumbagin] 即白花丹醌。

白花丹醌 [plumbagin] 又称兰雪醌、白花丹精、矾松素等。分子式 $C_{11}H_8O_3$，分子量 188.18。黄色针状结晶，熔点 78～79℃。微溶于热水，溶于乙醇、丙酮、氯仿、苯和乙酸，有刺激性臭味，可升华，并可随蒸气挥发。存在于白花丹科植物紫雪花(*plumbago indica* L.)的全草和白花丹(*P.zeylanica* Linn.)的根中。它具有抗菌、抗病毒、降血压、抗凝血、祛痰等作用，对心血管也有一定保护作用，在癌症治疗中亦有作用。

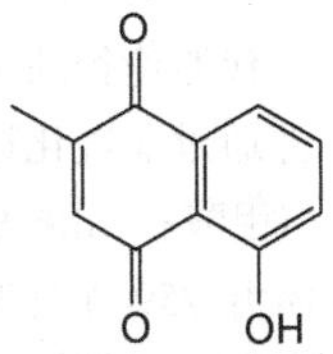

半胱氨酸探针 [cysteine sensor] 被同位素或荧光物质等标记、同时能与半胱氨酸的巯基通过共价键或配位键等形式特异性结合的化合物，可检测蛋白质中的半胱氨酸残基。目前常见的标记巯基所涉及的反应机理主要有：巯基对双键的迈克尔加成，对缺电子芳环的亲核取代，对金属的配位络合，氧化和成环反应等。另外还有利用静电作用进行识别，如利用金-硫相互作用设计探针的方法。

半胱-天冬氨酸蛋白酶信号传导通路 [cysteine-aspartic protease signaling pathway] 细胞凋亡信号传导通路的一种，是因半胱-天冬氨酸蛋白酶(caspase)被激活而引发的细胞凋亡信号传导过程。半胱-天冬氨酸蛋白酶是一类对天冬氨酸特异的蛋白酶，是与秀丽隐杆线虫 Ced-3 具有序列和结构同源性的一个蛋白家族，在细胞凋亡执行过程中直接参与早期凋亡启动、信号传递及晚期凋亡效应。

保守分子识别 [conserved molecular recognition] 在特定条件下，利用特定物质与生物表面某些高度保守的分子结构(如革兰氏阳性菌的脂多糖，革兰氏阴性菌的寡肽糖和真菌的酵母多糖等)相互作用来判别某些特定结构是否存在的方法。

必需化学元素 [essential chemical element] 正常机体不可或缺的元素。机体缺乏该类物质会引起疾病。目前多数科学家的一致看法是生命必需元素共有 28 种，包括氢、硼、碳、氮、氧、氟、钠、镁、硅、磷、硫、氯、钾、钙、钒、铬、锰、铁、钴、镍、铜、锌、砷、硒、溴、钼、锡和碘。除硼以外的 27 种被认为是人体必需化学元素。必需化学元素可分为宏量元素和微量元素两类。宏量元素指含量占生物体总质量 0.01%以上的元素。如碳、氢、氧、氮、磷、硫、氯、钾、钠、钙和镁，这 11 种元素总共占人体总质量的 99.97%，是构成人体细胞、组织、器官的主要成分，所以又称造体元素，微量元素指占生物体总质量 0.01%以下的元素，如铁、硅、锌、铜、溴、锡、锰等。这些微量元素总共占人体总质量的 0.03%左右。

苄基琥珀酸合酶 [benzylsuccinate synthase] 甘氨酰自由基酶(glycyl radical enzymes)家族的一种，在反硝化细菌内可通过催化甲苯对富马酸的加成形成苄基琥珀酸来启动甲苯的厌氧降解。它由 2 个 α 亚基、2 个 β 亚基和 2 个 γ 亚基组成。其中 α 亚基含有催化活性中心，为甘氨酸和半胱氨酸残基，这在甘氨酰自由基酶家族中也是保守的。另外，它的 β

亚基和 γ 亚基还含有重要的铁硫簇作为电子传递和稳定 α 亚基的重要结构。

丙酮酸甲酸裂解酶 [pyruvate formatelyase(PFL)] 厌氧或兼性厌氧微生物中代谢途径的关键酶之一，有助于调节厌氧菌葡萄糖代谢，并通过非氧化还原的自由基过程催化丙酮酸和辅酶 A(CoA)与甲酸和乙酰辅酶 A 的可逆转换。它是一个同源二聚体，单体由 759 个氨基酸残基组成。该酶具有一个由 10 股 β/α 组成的桶状结构域，其中嵌入一个 β-finger 结构作为主要的催化活性中心。单晶结构表明第 734 位甘氨酸、418 位和 419 位半胱氨酸为催化活性中心，而 435 位、176 位精氨酸和 272 位丙氨酸是结合底物的三个重要氨基酸，333 位色氨酸和 432 位苯丙氨酸则形成了 2 个侧面氢键。有研究表明该酶与 1 型和 3 型核糖核苷酸还原酶(RNR)有相似性。

病原相关分子模式 [pathogen-associated molecular patterns(PAMP)] 病原微生物表面存在一些宿主没有但可为许多相关微生物共享、可被固有免疫系统识别、结构恒定且进化保守的分子结构。主要包括两类：一类是糖类和脂类为主的细菌胞壁成分，如脂多糖、肽聚糖；另外一类是病毒产物及细菌胞核成分，如单链 RNA、双链 RNA 等。

不良药物反应 [adverse drug reaction(ADR)] 在正常剂量、正常给药情况下产生的由该药物引起的毒副作用和病人身体的变态反应。该词的意义不同于“副作用”。该类反应可分为可预期的毒副反应和无法预期的过敏性或特异性反应等。造成不良药物反应的原因包括：非正常药代动力学原因，如个体基因差异和共存疾病状态；药物与疾病或多种药物间的协同(增强)效应等。在许多国家不良药物反应已经成为造成病人意外死亡的重要原因，而多数情况下它是可以预先防范的。因此避免不良药物反应已经成为药品安全中的重要内容。

超微结构域 [nanodomain] 在化学中，空间尺度在 1～100nm 的小原子团的区域；在分子生物学中，用来描述钙离子信号传导中的钙离子结合蛋白定位在开放的钙离子通道上的几个纳米范围的区域。

超氧还原酶 [superoxide reductase] 一种存在于厌氧微生物中的非血红素铁蛋白(EC 1.15.1.2)。它可以将超氧阴离子转化为过氧化氢和氧气，含有 126 个氨基酸残基。其活性形式是同源四聚体，每个亚基都形成免疫球蛋白型 β-桶状结构，并与一个单核非血红素铁离子中心配位，其作用机理可能是通过玉红氧还蛋白作为电子给体，可变价的铁离子作为直接的活性中心完成的。

从头设计 [*de novo* design] 又称全新设计。在给定的设计目标下，不参考已有的模板蛋白或化合物，而仅依据设计目标所给出的物理化学约束，对蛋白质序列或小分子化合物结构进行设计的策略。常见于蛋白质设计和药物设计领域。

蛋白巯基修饰 [protein thiol modification] 利用蛋白质中半胱氨酸的巯基为活性位点来选择性地进行蛋白质修饰的方式。由于半胱氨酸在多数蛋白中的稀有性和保守性，以及其在稳定蛋白结构中的重要性和高氧化还原活性，选择性修饰半胱氨酸并进行检测，对于理解蛋白的结构、作用以及最终实现调节具有重要意义。典型的方法有碘乙酰胺捕获-2D 凝胶电泳等。

凋亡诱导因子 [apoptosis induced factor(AIF)] 一类存在于线粒体内外膜间隙的黄素蛋白，含 493 个氨基酸残基。它具有双重功能，在细胞正常的生理状态下，作为线粒体氧化还原酶，能催化细胞色素和烟酰胺腺嘌呤二核苷酸之间的电子传递；当细胞受到凋亡的刺激时，具有引起细胞染色体凝聚及 DNA 片段化的作用。

多核白细胞 [polymorphonuclear leukocyte; polymorphonuclear cell] 一种白细胞，因其细胞质中存在许多小颗粒(主要是溶酶体)而得名。由于其细胞核形状多样，又通常分裂为三个叶状区域，故又称多形核白细胞。多核白细胞主要分为三类，即中性粒细胞、嗜酸性粒细胞、嗜碱性粒细胞，通常粒细胞是指数量最多的中性粒细胞。它们由骨髓中的造血干细胞在补体调节蛋白作用下生成。

二十碳脂肪酸衍生物信号 [eicosanoid-based signaling] 即类花生酸信号。

非程序性细胞死亡 [unprogrammed cell death] 细胞在受到外来的物理、化学或病理性刺激时所发生的细胞被动死亡过程。其主要特点是胞膜的破坏，细胞内含物释放到胞外，同时释放前炎症因子引起炎症。

分数因子设计 [fractional-factorial design] 设计多因素试验的一种方法，指从影响试验的所有因子中，选取有代表性的一部分因子进行组合试验设计，在达到对所有因子有较好覆盖的同时，又减少需要的试验次数的设计方法。

分子药物学 [molecular pharmacology] 在分子水平上开展药物对疾病的作用机制的研究的药理学分支学科。分子药物学试图从细胞和分子水平上了解生命过程及病理状态下其功能障碍的原因和机制，进而通过跨学科的合作研究，理解药物作用的机制。

分子指纹 [molecular fingerprint] 根据分子结构中包含的各种结构片段信息，对分子的二维或三维结构进行刻画的编码结构式。其最常见的形式是利用一系列的二进制数字来描述分子中的特殊结构。通过该方式人们可以确定两个分子间的相似或相同之处。它被广泛用于分子的相似性比对和基于相似性的化合物筛选等领域。根据使用的结构片段库不同，常用的分子指纹有日光指纹(daylight fingerprint)和 BCI 指纹等。

芬顿反应 [Fenton reaction] 由二价铁离子在酸性过氧化氢的存在下生成羟基自由基和过氧氢自由基的反应。1894 年芬顿(H. J. H. Fenton)发现某些金属离子的存在能够提高过氧化氢的氧化性，而后的研究表明这些金属离子是通过与过氧化氢反应产生高活性的羟基自由基起作用。该反应产物具有很强的氧化性，可将苯酚、苯胺类物质氧化降解，因此目前广泛应用于废水处理、有机物污染降解中，也用于合成和生产中。

脯氨酸羟化酶 [proline hydroxylase] 可以将胶原 α-肽链上的脯氨酸羟基化为羟脯氨酸的一种糖蛋白。脯氨酸羟化酶是胶原蛋白维持三螺旋稳定结构的基础，对保持胶原分子结构完整及生理条件下胶原三股螺旋的形成起着重要的作用，故被认为是胶原合成的关键酶。可以应用于临床治疗纤维化疾病。

脯氨酰羟化结构域蛋白 [prolylhydroxylase domain-containing protein] 是脯氨酰羟化酶家族的一个新成员，在胶原三股螺旋形成中起关键作用，而且是调节缺氧诱导因子(HIF)的关键分子，可使得 HIF-α 被蛋白酶降解。脯氨酰羟化结构域是一个氧气感受器，它以分子氧作为共底物，因此可以感知细胞内氧气水平，并在缺氧时通过调节缺氧诱导因子等方式予以应对。

钙信号 [calcium signaling] 当细胞受到各种刺激时，细胞外钙离子内流或细胞内钙库(如内质网、线粒体等)钙释放，从而使得细胞质内游离钙离子浓度增大，引起细胞的一些生理过程发生变化的现象。钙离子的释放是以“钙火花”(calcium spark)为单位进行的。

谷胱甘肽次磺酸 [glutathione sulfenic acid] 谷胱甘肽中的硫醇在生物体内被氧化剂(如过氧化氢、过氧硝酸盐等)氧化生成的次磺酸。谷胱甘肽次磺酸通过氧化还原来调节 DNA-转录因子的活性。

谷胱甘肽化 [glutathiolation] 蛋白质上的半胱氨酸巯基和谷胱甘肽形成混合型二硫键的过程，它是一种重要的蛋白质上特定氨基酸残基的可逆性翻译后修饰的方法。谷胱甘肽(GSH)在许多化学毒物的解毒方面起着重要作用。

谷胱甘肽 S-转移酶 [glutathione S-transferase] 一种能催化具有亲电取代基的外源性化合物与内源的谷胱甘肽反应从而使异生物质减毒的酶(EC 2.5.1.18)。谷胱甘肽 S-转移酶是由 3 个蛋白超家族组成的，包括胞质溶胶类、线粒体类和微粒体类。它存在于真核细胞与原核细胞中，不同类型间氨基酸序列差异很大。根据作用底物的不同，其有多种形式，参与催化多种反应。

光动力学疗法 [photodynamic therapy] 通过生物光敏化作用来损伤肿瘤和其他病理性增生组织而达到治疗目的的一种方法。目前已逐渐成为继手术、放疗和化疗之外治疗肿瘤的第四种微创疗法，对数十种癌症均有治疗效果，对某些早期癌症，可达到治愈目的。

β-胱硫醚合成酶 [cystathionine-β-synthase; cystathionase(CBS)] 一种血红素蛋白，由四个相同的亚基构成同源四聚体，含 551 个氨基酸残基，分子量为 63 kDa，是一种磷酸吡哆醛(PLP)依赖的酶。该酶(EC 4.2.1.22)可以催化同型半胱氨酸(高半胱氨酸)与丝氨酸缩合形成胱硫醚类化合物，后者可进一步分解成半胱氨酸和 α-酮丁酸。该酶的序列高度保守。人的 β-胱硫醚合成酶的基因定位于 21 号染色体靠近端粒的位置(21q22.3)。当 β-胱硫醚合成酶过表达，人血液中同型半胱氨酸浓度过低，将出现唐氏(Down)综合征的部分表型；而其表达量过低则是同型半胱氨酸血症的主要原因。

γ-胱硫醚裂解酶 [cystathionine-γ-lyase(CSE)] 将胱硫醚脱氨裂解成半胱氨酸和 α-丁酮酸的一种酶(EC 4.4.1.1)，它也可将含硫氨基酸催化分解为内源性硫化氢，因此是同型半胱氨酸代谢过程中的关键酶。其在人体中基因定位于 1p31.1。

过氧半胱氨酸 [peroxidatic cysteine] 一种具有氧化还原活性的半胱氨酸。其与过氧化氢基质反应，被氧化成为硫代羟基半胱氨酸(S-hydroxycysteine)。

过氧化氢信号 [hydrogen peroxide signaling] 过氧化氢与 Ca^{2+}、三磷酸肌醇(IP_3)等信号分子一起，调节植物生物学的变化以及相关基因的表达，是植物体内的一种较为活跃的信号分子。过氧化氢是细胞内有氧代谢的活性氧产物之一。已知过氧化氢信号参与植物的多种生物和非生物逆境的调节和应激过程，如脱落酸介导的气孔关闭、生长素调控根向重力性和植物缺氧耐受调节过程等。

过氧化物抗氧化酶 [peroxiredoxin] 一类普遍存在于原核和真核生物中的抗氧化酶，可分为典型的 2-Cys Prxs、非典型的 2-Cys Prxs 以及 1-Cys Prxs 三种类型。三种类型过氧化物抗氧化酶的作用机制都是先利用具有氧化还原活性的半胱氨酸与过氧化物反应，消除过氧化物。而生成的次磺酸通过不同的途径被还原再生，分类也是依据被还原的途径不同。它能控制细胞激素诱导的过氧化物的水平，从而调节哺乳动物细胞的信号传导。

过氧化物酶体增殖剂激活受体 [peroxisome proliferators-activated receptor(PPAR)] 核激素受体家族中的配体激活受体，主要分为三种亚型：PPARα，PPAR β/δ，PPARγ。过氧化物酶体增殖剂激活受体和其他核受体超家族一样，是一类配体依赖的转录调节因子，具有 N 端区、居中高度保守的 DNA 结合区和 C 端的激素结合区。所有过氧化物酶体增殖剂激活受体都要与类视黄醇 X 受体(RXR)形成异源二聚体，之后与 DNA 的特定区域结合。

过氧亚硝酸盐 [peroxynitrite] 由一氧化氮自由基

和超氧阴离子反应生成的一氧化氮衍生物。它是很强的生物氧化剂，其共轭酸活性很高且不稳定，而它本身在碱性条件下是稳定的。由于其强氧化性，在生物体内很容易氧化如DNA等生命物质。另外，它还可以对生理浓度的CO_2亲核进攻生成亚硝基过氧碳酸根离子($ONOOCO_2^-$)，该物种有约三分之一的可能均裂生成二氧化氮自由基和碳酸根自由基，有研究显示这两个自由基的生成是过氧亚硝酸盐生理危害的直接来源。

胡桃醌 [juglone] 5-羟基-1,4-萘二酮，化学式$C_{10}H_6O_3$，分子量174.15，熔点155℃，可升华。黄色针状结晶。微溶于热水，可溶于乙醇、乙醚，以任意比溶于苯、氯仿。溶于碱液呈紫红色。胡桃醌以氢化胡桃醌(氢醌)的苷的形式存在于胡桃科植物胡桃及其同属黑核桃的未成熟外果皮(青皮)中。主要被用作染料、颜料、香料的原料。

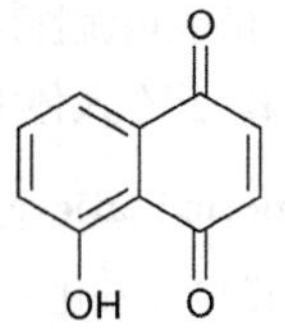

化学表型 [chemotype] 根据植物或微生物的化学组成来进行物种分类的方法。轻微的遗传和表观遗传变化虽然对植物或者微生物的形态学和解剖学影响很小或没有影响，但是可能会使化学表型产生巨大的变化。化学表型通常是按照生物个体所产生的最丰富的化学物质所定义，其已经被化学生态学家和天然产物化学家作为概念而广泛的应用。

化学基因组学 [chemical genomics; chemogenomics] 利用小分子化合物作为探针，研究基因组的功能以及发现新的药物作用靶标、途径和网络的学科。它通过小分子化合物探针与靶蛋白之间的特异性相互作用，在基因的转录、加工和翻译等水平上对细胞的某一特定生命过程进行调控，从而研究靶蛋白及相关目的基因的结构与功能，同时发现和确认新的药物作用靶点及药物先导化合物。因其可控制性、可检测性和可定量性而具有大规模的快速寻找和发现新的基因和功能蛋白质并研究其功能和调控网络的优势。它不仅是研究功能基因组学的一条捷径，而且也是药物发现的有效手段。

化学遗传学 [chemical genetics] 用化学小分子干预动植物的遗传信息表达，进而探寻蛋白功能和信号转导通路的一门新兴学科。该方法具有可逆性、可调性和可控性，因而广泛应用于生物学和药物学研究中。化学遗传学分为正向和反向，正向化学遗传学是通过筛选不同小分子引致的生物表型来确定小分子作用靶点，反向化学遗传学是通过特定的小分子-靶标相互作用引致的生物表型来确定相应靶标分子的生物功能。

环氧二十碳三烯酸 [epoxyeicosatrienoic acid] 由细胞色素P450氧化酶作用于必需脂肪酸(如花生四烯酸)所形成的信号分子。这类非典型的花生酸类信号物质主要用于心血管系统和肾脏的短程激素调节。它最终可被可溶性环氧化物水解酶代谢为相应的二醇化合物或者二羟基花生酸类似物。

环氧合酶 [cyclooxygenase] 又称酵素，全称环氧化物水解酶，一种具有环氧化酶和过氧化氢酶活性的双功能酶。它参与生物激素——前列腺素的生物合成。当身体组织受到某种刺激，如外伤或感染时，环氧合酶被激活，可以促进花生四烯酸转变为PGE_2、$PGF_2\alpha$及血栓素等前列腺素。此酶包含两个活性位点：一个连接血红素，具有过氧化物酶的活性，负责将PGG_2还原为PGH_2；另一个活性位点可以促进花生四烯酸转化为环内过氧化物——前列腺素G_2(PGG_2)。目前已知的有三个环氧合酶同工酶：COX-1、COX-2和COX-3。

环氧化物水解酶 [epoxide hydrolase] 即环氧合酶。

回顾性筛查 [retrospective screening] 又称筛查的回顾性研究。根据对象在过去某时点的特征或暴露情况进行筛选和分组，然后从已有的记录中追溯从那时开始到其后某一时间点或直到研究当时为止这一期间内，每一被筛查样本的情况的一种筛查方法。筛查是指在大量人群中通过快速鉴别方法区别健康人和未被识别的病人、疑似病人或有缺陷人群的方法，仅是初步检查而不是诊断。

活化T细胞自主性凋亡 [activated T cell- autonomous death(ACAD)] ①感染有HIV-1病毒的T细胞在无外源性刺激的情况下发生的继发性细胞凋亡。这种细胞凋亡是以BCL-2下调为特点的内源性过程，可以被细胞因子如白介素-2(IL2)或白介素-15(IL15)所抑制。②被抗原激活的T细胞在克隆扩增阶段由于细胞内前凋亡基因产物积累和抗凋亡基因产物下调而产生的细胞凋亡现象。这种现象可维持免疫细胞克隆间的平衡，并使得免疫过程逐步进入克隆消减阶段。

活性氮物种 [reactive nitrogen species] 一个由一氧化氮自由基和超氧阴离子自由基在可调控的一氧化氮合酶2与NADPH氧化酶作用下衍生出来的抗菌分子家族。它与活性氧物种一起会造成硝化压力，从而损害细胞。活性氮物种在植物体内由于芳香物质代谢等原因会持续性产生。代表性含氮的活性物种包括：一氧化氮、二氧化氮和过氧化亚硝酸盐等自由基类化合物。

活性硫物种 [reactive sulfur species] 包含高活性硫原子的一类物质。是细胞内抗氧化体系的重要组成部分。代表性含硫的活性物种包括：还原态硫醇的衍生物、硫醇负离子、硫醇自由基、还原态谷胱甘肽和次磺酸衍生物等。

活性氯物种 [reactive chlorine species] ①在环境化

学中，给定环境系统中可反应或转化的所有氯物种。②生物化学中，在生物体内具有高活性，主要是细胞毒性的含氯物种。代表性的活性氯物种包括次氯酸、次氯酸盐离子和溶解的单质氯等。

活性描绘 [activity profile] 利用组学的研究模式来研究物质间相互作用强弱的研究方法。该研究成果最终可以用构效关系来表述。

活性铁池 [labile iron pool] 细胞内被螯合并参与氧化还原反应的铁。它具有以下功能：①转输细胞铁；②表达铁代谢相关基因；③催化芬顿反应；④调节含铁蛋白的活性。其中最重要的功能之一是利用芬顿型哈伯-韦斯反应循环代谢体内的羟基自由基等氧化活性物质。由于过量“自由”铁离子对生命体是有害的，所以生命体会通过表达含铁蛋白等方式将铁离子浓度控制在最低所需浓度内以维持内稳态。

矶松素 [plumbagin] 即白花丹醌。

基因本体 [gene ontology] 一个在生物信息学领域中广泛使用的本体。它是一个具有树形结构，并且可以用计算机操作和动态搜索的词汇表。主要是为了解决各个领域对于同一个基因及其产物使用不同术语的情况，对这些术语回溯到基因层次进行统一的信息编码，方便机器查找。它的目的主要有：维持和发展对基因和基因功能统一命名的可控词汇库；注释基因和基因产物，并同化和传播这些注释；提供方便获取这些数据的工具。它主要包括三个分支：生物过程(在细胞内发生的，可以定义开始和结束的时间或行为)、分子功能(基因产物在分子级别的主要活动，比如分子结合和催化)和细胞组件(细胞的每个部分和细胞外环境)。

***p21* 激活激酶** [*p21*-activated kinase(Paks)] 一类丝氨酸/苏氨酸激酶，在进化上高度保守。*p21* 激活激酶可被多种上游信号，特别是小 G 蛋白 Rho 家族的 Rac 和 CDC42 蛋白激活，并对多种重要的信号通路及细胞功能进行调控。*p21* 激活激酶在多种肿瘤中均异常表达，并参与细胞骨架重构、细胞运动、细胞增殖、分化、凋亡、有丝分裂及血管生成等过程，在肿瘤的发生、发展中起重要作用。

激酶活化 [kinase activation] 通过激酶将腺苷三磷酸(ATP)上的 γ-磷酸基团转移到蛋白质分子的氨基酸残基上，使该蛋白质的构象发生变化，并产生相应的生物学功能的过程。在大多数情况下，这一磷酸化反应是发生在蛋白质的丝氨酸、苏氨酸或酪氨酸残基上。

计算机辅助的化合物库设计 [computer-assisted library design] 利用计算化学的方法，按照特定的限制枚举和生成大量不同结构的化合物的设计方法。利用计算机对相互作用的物质之间进行相互作用模拟，给出相互作用的物质之间的关键参数，从而预测和指导化合物库的构建。

甲硫氨酸限制 [methionine restriction] 一种选择性杀伤癌细胞或者提高细胞毒性试剂的选择性的方法。大多数肿瘤细胞的生存依赖于甲硫氨酸的存在。因此，在细胞体外培养中，用甲硫氨酸的前体物质——同型半胱氨酸取代培养液中甲硫氨酸后，肿瘤细胞生长周期会阻滞并发生凋亡，而正常细胞生长正常。

甲状腺氧化酶 [thyroid oxidase] 即双重氧化酶。

间硝基酪氨酸 [3-nitrotyrosine(3-NT)] 即 3-硝基酪氨酸。

酵素 [cyclooxygenase] 即环氧合酶。

解毒 [detoxification] 通过自身生理调节或者使用药物从生物体中排除有毒物质的过程。包括但不仅限于机体摆脱成瘾物质后回归内稳态。该过程可以通过停止摄入有毒物质、使用解毒药物或透析、螯合疗法等手段来实现。常见而重要的解毒包括酒精解毒、药物上瘾解毒、代谢解毒和替代性药物等等。

聚焦库 [focused library] 即重点库。

柯力结构域 [Kelch domain] 一种在进化上序列高度保守的结构域，广泛存在于从酵母到人类的各个物种。单个柯力结构元件由 50 个氨基酸残基组成，是一个 β-折叠片结构，由 3～7 个单独的柯力结构元件组成一个柯力结构域，这种结构能形成 β-折叠螺旋桨式的蛋白质三级空间结构。这种结构域主要用于蛋白-蛋白相互作用。

颗粒酶 [granzyme] 来自细胞毒 T 细胞(CTLs)和自然杀伤细胞(NK)释放的细胞浆颗粒的一种外源性的丝氨酸蛋白酶，其作用是诱导病毒感染细胞的凋亡。这些颗粒含有颗粒酶原及其他蛋白酶原，包括穿孔蛋白。颗粒酶 B、穿孔蛋白和穿孔素可形成一个复合体，并通过细胞膜表面的甘露糖-6-磷酸受体进入细胞，并被包裹在一个运输泡中。此后，在穿孔蛋白作用下，颗粒酶 B 穿过运输泡膜进入细胞质，并在细胞浆内通过三种不同的途径引起细胞的死亡：①引起胱门蛋白酶的连锁反应；②引起靶细胞 DNA 降解；③引起细胞裂解。

可成药靶点 [druggable target] 能够与特定药物特异性结合并产生治疗疾病作用或调节生理功能作用的生物大分子。常见的有细胞表面或细胞内受体、离子通道、酶等。目前仅有约 2%的人体内蛋白是已知药物的靶点，据预测，人体内能够成为药物靶点的蛋白仅仅有 10%～15%。但是，如果小分子能够干预蛋白-蛋白相互作用，则能够成为药物靶点的蛋白会很多。最大的困难在于，蛋白-蛋白相互作用多数是通过相对平滑的蛋白表面完成的，不利于小分子的高亲和性结合。要使得这类结合位点成为药物靶点难度较大。

可溶性鸟苷酸环化酶 [soluble guanylatecyclase; soluble guanylyl cyclase] 以原卟啉Ⅸ型血红素为辅基，由 α-亚基和结合辅基的 β-亚基两个亚基组成的异源二聚体。是目前已知的唯一一个细胞一氧化氮受体，可溶于细胞质基质，因此只存在于胞内。它可启动 NO 信号转导通路，是一氧化氮-环磷鸟苷通路中的关键酶，参与细胞信号调节。

库基方法 [library-based approach] 一种利用组合化学和分子库技术来寻找功能性物质的方法。库基方法的基础包括组合化学和分子库技术两部分。其中组合化学主要是指快速高效合成多样性的化合物的过程；分子库技术则包括分子的归类、编码、高通量筛选、结构测定和活性检测等内容，是物理、化学、生物交叉研究的重要内容之一。目前库基方法被广泛应用于药物设计过程中。

兰雪醌 [plumbagin] 即白花丹醌。

老年生物化学 [geriatric biochemistry] 即耄耋生物化学。

酪氨酸硝化 [tyrosine nitration] 蛋白质中酪氨酸残基硝化成 3-硝基酪氨酸的过程。蛋白质酪氨酸硝化的途径主要有两种：①活性氮(reactive nitrogen species，RNS)介导的硝化途径；②卟啉过氧化物酶催化亚硝酸盐氧化的途径。蛋白质酪氨酸硝化可以导致一些酶的失活，进而影响酪氨酸磷酸化调节。

类花生酸信号 [eicosanoid-based signaling] 又称二十碳脂肪酸衍生物信号。由二十碳脂肪酸经过氧化生成的信号分子，其可分为 ω-6 系列脂肪酸和 ω-3 系列脂肪酸。在中枢神经系统内作为调节免疫力和抗炎的信号分子，在人体复杂的中枢神经系统中起着至关重要的作用。

硫代亚磺酸酯 [disulfide-S-oxides] 大蒜中的活性成分，它由大蒜中非蛋白质氨基酸(蒜氨酸)经内源酶蒜氨酸酶的酶解作用而生成。蒜素(二烯丙基硫代亚磺酸酯)是最主要的硫代亚磺酸酯类化合物，决定了大蒜所具有的许多生物活性功能，如抗菌、抗病毒、抗肿瘤、降血脂、降血压、治疗心脑血管疾病、提高机体免疫力、降血糖、解毒等。

硫巯基化 [S-thiolation] 一类带有巯基的小分子与蛋白质上氨基酸残基的巯基反应生成混合二硫键的过程。可以防止蛋白质上的巯基被氧化，是对蛋白质活性调节的一种手段。

硫亚硝化 [S-nitrosation] 一氧化氮与氨基酸残基上的硫原子反应生成亚硝基硫醇的过程，是蛋白质翻译后修饰的主要形式之一。硫亚硝化产物可以作为亚硝基正离子、一氧化氮或其他有机氮衍生物的受体，在信号传递尤其是血管扩张过程中起作用。

硫氧还蛋白作用蛋白 [thioredoxin-interacting protein] 由人体 TXNIP 基因编码的一种蛋白，属于硫氧还蛋白结合蛋白的一种。它通过抑制硫氧还蛋白系统的功能而发挥介导氧化应激、抑制细胞增殖及诱导细胞凋亡等作用。硫氧还蛋白结合蛋白还包括硫氧还蛋白结合蛋白 2 和维生素 D_3 上调蛋白 1。

硫中心自由基 [sulfur-centered radical] 简称硫自由基。自由基位于化合物中的硫原子上，具有很高的反应活性，可以和许多物质进行反应生成相应的硫化物。在生物体内参与对碳、氧自由基的解毒，对蛋白的后期修饰以及辅助不饱和脂肪酸的顺-反异构。另有研究认为硫中心自由基可能参与长程电子转移反应。

硫自由基 [sulfur-centered radical] 硫中心自由基的简称。

硫组氨酸甲基内盐 [ergothioneine] 又称麦角硫因。一种来源于植物、可以在动物组织中积累得到的天然产物，具有抗氧化的作用，可以有效清除羟基自由基。该化合物能抑制铜离子依赖型的氧合血红蛋白的氧化。它与肌红蛋白(或血红蛋白)和过氧化氢混合后，可以促使花生四烯酸发生过氧化反应。

笼中自由基 [caged radical] 被溶剂笼包裹的自由基。笼中自由基的概念是在利用碰撞理论解释溶剂中的自由基反应时提出的，通常认为一个溶剂笼中仅有一个自由基或其他活性分子，当且仅当某一个自由基或活性分子冲破溶剂笼进入另一个溶剂笼，才有可能发生双分子碰撞，进而发生反应。与气相中的自由基相比，笼中自由基具有较慢的扩散速率，但一旦两个自由基处于同一个笼中则具有极高的碰撞频率。因此，笼效应使得气相自由基的连续碰撞变为液相的分批碰撞。总体而言，对于活化能较大即碰撞控制的反应，笼中自由基的反应速率与气相反应相差不大；而对于活化能很小的反应，由于在溶剂中变为扩散控制，因此笼中自由基的反应速率会显著减慢。

麦角硫因 [ergothioneine] 即硫组氨酸甲基内盐。

耄耋生物化学 [geriatric biochemistry] 又称老年生物化学。研究人类和其他生物在生命发育后期的特征，探索生物的寿命和衰老的规律的学科。是随着人口老龄化而逐渐发展起来的一个新兴学科，也是老年医学的一个分支。

酶促过氧化氢还原 [hydrogen peroxide enzymatic

reduction] 过氧化氢作为氧化剂，在过氧化物酶的催化下将酚类和胺类底物氧化的过程。具有消除过氧化氢和酚类、胺类毒性的双重作用。主要存在于微生物或植物的细胞中。

模拟细胞因子 [cytokine simulation] 具有细胞因子活性的小分子化合物，能参与机体内的代谢和病理过程。模拟细胞因子具有分子量小、易于合成并可形成较高的工作浓度、无抗原性和毒副作用较小等特点。

模式识别受体 [pattern-recognition receptors(PRR)] 一类主要表达于固有免疫细胞表面、非克隆性分布、可识别一种或多种病原体相关分子模式的识别分子。是生物体先天免疫系统中免疫受体的代表，进化上十分保守，对生物体的生存极为重要。抗体与病原生物表面的病原体相关分子模式的相互识别和作用是启动固有免疫应答的关键。

内皮型一氧化氮合酶 [endothelial nitrogen monoxide synthase] 主要分布于血管内皮细胞中的内源性 NO 合成的关键酶。可于血管内产生一氧化氮，并通过抑制平滑肌收缩和血小板聚集而调节血管紧张度。内皮型一氧化氮合酶一般附着于包被细胞的质膜和高尔基体膜上。

牛血清白蛋白 [bovine serum albumin] 牛血清中的一种球蛋白。以牛血为原料分离出血清，用硫酸铵分级沉淀后，经辛酸处理精制而得。一般作为稳定剂被用于限制酶或者修饰酶的保存溶液和反应液中。

葡萄糖耐受因子 [glucose tolerance factor] 由铬与尼克酸、甘氨酸、谷氨酸及半胱氨酸等配合组成的水溶性小分子蛋白复合物。葡萄糖耐受因子可以提高胰岛素活性，并通过与胰岛素结合提高胰岛素受体对胰岛素的亲和力，从而大大加强胰岛素的降糖作用。

气态信号分子 [gaseous signaling molecules] 生物体内一些可溶解的气体分子。它们既非结构物质，又非营养物和能源物质，也没有酶的活性。主要功能是用来在细胞间和细胞内传递信息。内源性一氧化碳和一氧化氮便是这样的物质。

前巯基 [perthiol] 体内通过代谢可以产生巯基(—SH)的一类物质。如过硫化物 2-(3-Aminopropylamino)ethaneperthiol(APAEPT)。

羟基多硫化物 [hydropolysulfide] 一种含多个连续硫原子的羟基化合物，具有氧化性。主要用于无机填料与天然橡胶，如丁苯橡胶、丁基橡胶、氯丁橡胶或顺丁橡胶的偶联剂，可以代替硅烷偶联剂。代表性化合物是 3,4,5,6-四硫杂辛二酸双(2,2-二羟甲基-1,3-丙二醇)单酯。

羟基自由基 [hydroxyl radical] 由氢氧根(OH^-)失去一个电子形成的中性形式的具有氧化能力的活性氧。羟基自由基有时是免疫反应中的一种副产物，巨噬细胞和小胶质细胞是最常见的产生他的免疫细胞。羟基自由基在体内寿命极短而活性高，且没有特定的酶促反应可以降解它，因此对机体而言危害较大。清除它主要靠体内或外源的抗氧化剂，如内源谷胱甘肽、外源维生素 E 等。

亲电试剂传感器 [electrophile sensing] 一类能感受细胞内亲电试剂的蛋白，主要由 Keap 蛋白组成。与细胞内亲电试剂反应并传导下游信号。

巯基过氧化物酶 [thiol peroxidase(Tpx)] 过氧化还原蛋白家族按序列分类的一个亚家族，其序列上的特点在于 C_R 残基位于保守核心结构中 α3 上。是一类广泛分布于各种细菌中的抗氧化酶，对细菌的有氧生长是必不可少。细菌巯基过氧化物酶可以高效催化脂类过氧化物的还原，防止细胞膜被活性氧氧化破坏。

巯基亚硝化 [nitrosylation] 参见硫亚硝化。

去谷胱甘肽化 [deglutathiolation] 蛋白质翻译后修饰的过程。该过程由细胞内的二硫键氧还酶家族蛋白，包括谷氧还蛋白 Grx、硫氧还蛋白 Trx 以及蛋白质二硫键异构酶等催化，将半胱氨酸巯基残基和谷胱甘肽混合型二硫键转化为巯基残基，以维持细胞内的还原性状态。

全新设计 [*de novo* design] 即从头设计。

热量限制 [caloric restriction] 又称饮食限制。在不影响生物体充分摄入必要的营养成分(如必需氨基酸、维生素等)的条件下，限制每日摄取的总热量的一种饮食养生的策略。热量限制方法在许多实验生物，如酵母、鱼、鼠、犬身上，表现出延缓衰老和增长寿命的效果。在灵长类动物中的实验仍在持续，已有数据显示热量限制对恒河猴的健康有益，但仍未确定是否能延长寿命。而针对人类的实验尚未展开。

日光指纹 [daylight fingerprint] 分子指纹的一种，是用于化合物数据库多样性分析的算法，在筛选化合物库时被用于标识和比较化合物的相似度。日光指纹是哈希指纹大类中最著名的一种，利用一种被称为哈希函数的方法将每个分子的结构抽提特征并数字化，用二进制数码表达，并依据不同分子的二进制码来对比两个分子的相似性。比较指纹时，常用杰卡德系数 T 度量，当日光指纹的 $T>0.85$ 时就可以认为两个分子具有结构相似性。

筛查的回顾性研究 [retrospective screening] 即回顾性筛查。

神经元一氧化氮合酶 [neuronal nitrogen monoxide synthase] 主要存在于神经组织的细胞并定位于树突棘结构中的一类合成一氧化氮分子的酶，属于三大类一氧化氮合成酶中的一类。它的单体由 1434 个氨基酸残基组成，分子量 160.8 kDa，活性形式是二聚体。它是组成性表达的一氧化氮合成酶，并且是钙离子依赖的。它的生理功能涉及学习、记忆和神经生长等，参与多种树突信号转导过程。神经元一氧化氮合酶在骨骼肌、平滑肌、心肌中也有分布，在这些组织中其作用是调节血管紧张度和控制肌肉收缩。

生物还原性药物 [bioreductive drug] 针对处于缺氧状态的肿瘤细胞，特别是对放射性治疗抗性的缺氧肿瘤细胞的一类选择性治疗药物。它们通常以不具活性的药物前体形式存在，在缺氧状态或是含有特殊还原酶的情况下能够在细胞内被还原成具有细胞毒性的药物。其选择性基于氧气对激活过程的逆转，以及某些癌细胞中的特殊还原酶可将其还原激活。

生物素标记碘乙酰胺 [biotinylated-iodoacetamide] 生物素与碘乙酰胺共价结合形成的化合物。碘乙酰胺可以与生物体内蛋白的巯基发生烷基化反应，使蛋白失去生物活性。生物素标记是指将生物素共价连接到一个分子上，而生物素本身可以与亲和素形成强的结合。生物素标记的碘乙酰胺可以帮助将特定的蛋白从复杂的生物体系中分离出来。

生物无机化学 [bio-inorganic chemistry] 是无机化学和生物化学的交叉学科。主要研究生物体内存在的无机元素与体内的各种生物配体形成的配合物的组成、结构、反应及在生命活动中的作用。生物无机化学发展了模型化合物和无机离子探针的方法。例如合成不含肽链的类血红素配合物，类血红蛋白和肌红蛋白结合或释放氧分子。再如用半径与锌相近的钴离子代替羧酞酶中的锌，从而可通过波谱分析探测酶的结构。生物无机化学的研究涉及固氮、光合作用、体内氧的输送及储存、体内能量转化和酶催化，以及各种离子生理功能等方面。其研究的结果不仅会加深对生命现象的认识和了解，并对医学、农业、营养、工业有重要价值。近代结构测定方法和分析鉴定技术的发展促进了无机化学和生物化学的交流和渗透，20 世纪 70 年代以来生物无机化学成为一门新兴交叉学科，并得到迅速发展。

双电子传递 [two-electron transfer] 一对电子从一个物质传递到另一个物质的过程，是对氧化还原反应机理的热力学描述。许多生物过程包括双电子传递，如氧分子结合、光合作用、呼吸作用、生物解毒等。通常双电子传递过程都需要过渡金属复合物的参与。

双重特异性磷酸酶 [dual-specificity phosphatase] 一类既可以将磷酸化的酪氨酸，也可以将磷酸化的丝/苏氨酸残基去磷酸化的磷酸酯酶。双重特异性磷酸酯酶有很多种类，但催化机理是类似的，都是由一个保守半胱氨酸残基与待切断的磷酸基团形成共价中间体，然后由周围的催化基团将其切断完成循环。催化活性中心序列比较保守，为 His-Cys-x-x-x-x-x-Arg-Ser，还有一个额外的保守天冬氨酸。这类磷酸酶之所以具有双重特异性，主要是由于其催化口袋宽度比较大，因此既可以容纳磷酸化酪氨酸残基也可以容纳磷酸化丝/苏氨酸残基。

双重氧化酶 [dual oxidases] 又称甲状腺氧化酶。包含两种蛋白质异形体 DUO1 和 DUO2，是分别由人体基因 hDUOX1 和 hDUOX2 所编码的氧化酶。该酶最早发现于哺乳动物的甲状腺中，但在其他组织中也有分布，如人 DUO1 主要分布于气道上皮细胞，而 DUO2 主要分布于唾液腺和胃肠消化道。目前它被广泛认为可以调节人体内活性氧化物种的生成和功能化。

死亡受体 [death receptor] 一种三聚体细胞表面受体，即 CD95。该类受体属于肿瘤坏死因子受体超家族，都具有相似的富含半胱氨酸的胞外结构。该类受体与肿瘤坏死因子(TNF)结合后，通过募集一系列接头蛋白，如 TRADD，TRAF，RIP 等，可以激活半胱-天冬氨酸蛋白酶(caspase)家族蛋白，将凋亡信号向细胞内部传递，最终引起细胞凋亡。

死亡相关蛋白激酶 [death-associated protein kinase (DAPk)] 介导细胞凋亡的钙离子与钙调蛋白调控的丝/苏氨酸激酶。该酶由于可以使细胞感受多种凋亡信号，因而具有抑癌作用，可阻止细胞肿瘤化的发生。该酶的过度表达，可导致细胞向凋亡变化，如膜皱缩、细胞变圆、与细胞外基质脱离以及自噬泡的形成。人体的死亡相关蛋白激酶基因定位于 9q21.33，蛋白由 1431 个氨基酸残基组成，主要由激酶结构域、钙离子/钙调蛋白结合域、锚蛋白重复序列、P 环、细胞骨架结合域、死亡结构域和富丝氨酸尾部构成。

死亡诱导信号复合物 [death-inducing signaling complex] 细胞外凋亡信号启动细胞凋亡时，死亡配体与相应受体结合后形成的复合物。细胞外凋亡信号传导是通过肿瘤坏死因子超家族介导的。一种典型的死亡诱导信号复合物结构为三聚体 Fas、接头蛋白 FADD、Caspase 8 酶原组成的复合体，该复合物一旦形成，将激活半胱-天冬氨酸蛋白酶-3，从而启动凋亡过程。

糖皮质激素反应元件 [glucocorticoid response element] 位于靶基因启动子附近的一段特异性核苷酸序列。其序列特征为 GGTACA-NNN-TGTTCT，且右臂高度保守，左臂有一定的可变性。糖皮质激素反应元件与细胞的皮质醇受体结合后，转位到细胞核中，与靶基因上的该序列结合从而与转录因子相互作用增加，由此调高或降低下游基因的表达强度。

铁调节蛋白 [iron regulatory protein] 动态环境中维持细胞和有机体内铁稳态的一类关键的与 mRNA 编码蛋白相结合的感受和调节系统组成部分。该类蛋白参与铁的摄取、转运、储存、利用和排除，并受铁离子、一氧化氮、氧化应激、磷酸化以及缺氧等多种因素的调控。

吞噬细胞诱导的细胞死亡 [phagocytosis-induced

cell death] 中性粒细胞和单核细胞在吞噬作用之后引发的凋亡。该过程主要在吞噬细菌等微生物时发生，并伴随细胞内大量活性氧物种的产生。

外来物质 [xenobiotics] 存在于有机体但不是其组成成分，也不是营养所需的物质。他们存在于外环境中，可通过一定环节和途径进入体内。药物如抗生素是最典型的代表，天然产物也是一种重要的来源。其进入体内后通过肝脏微粒内细胞色素 P450 代谢。

希佩尔-林道蛋白 [von Hippel-Lindau tumor suppressor(VHL)protein] 又称希佩尔-林道抑癌因子，是由人体内希佩尔-林道基因编码的一种蛋白质。该蛋白与转录延伸因子elongin B 和elongin C组成的复合物具有类似E3泛素连接酶的作用，可在正常氧分压下，降解具有转录活性的缺氧诱导因子-1。若该蛋白的基因突变，会使正常情况下缺氧诱导因子-1稳定表达，促进无氧酵解，进而有利于肿瘤生长。由此会导致希佩尔-林道综合征，表现为累及小脑、脊髓、肾脏和视网膜的血管母细胞瘤，肾脏血管瘤，肾细胞癌以及嗜铬细胞瘤等。

希佩尔-林道抑癌因子 [von Hippel-Lindau tumor suppressor(VHL)] 即希佩尔-林道蛋白。

细胞毒性 [cytotoxic] 单纯的细胞杀伤导致死亡的过程。该过程可由免疫细胞或者化学物质引起，细胞的死亡过程可以通过坏死亦可是凋亡途径。

B 细胞抗原受体 [B cell antigen receptor] B 细胞受体的全称。

细胞色素 [cytochrome] 一类以血红素为辅基，铁作为中心原子的膜结合血红素蛋白。该蛋白通过二价铁与三价铁的氧化态可逆变化，参与单电子或双电子的电子传递过程。它可以以单体的形式或作为复合物酶中的一个亚基来发挥氧化还原作用。

细胞色素 P450 [cytochrome P450] 将有机物中的碳-氢键氧化，成为碳-氧键的一种加氧酶。属于一类亚铁血红蛋白的超家族，它参与内源性物质如脂类和固醇类激素和包括药物、毒物等在内的外源性物质的代谢。在细胞中，细胞色素 P450 主要分布在内质网和线粒体内膜上。

$$RH+O_2+NADPH+H^+ \longrightarrow ROH+H_2O+NADP^+$$

细胞色素 C 氧化酶 [cytochrome C oxidase] 存在于细菌或线粒体内膜上的大型跨膜蛋白复合物，是呼吸作用氧化传递链的最后一个酶。它接受来自细胞色素 C 的电子，并传递到氧气分子上，将氧分子转化为水分子，同时消耗基质中质子，从而产生跨膜质子电势差，最终电势差被 ATP 合酶利用来合成 ATP。

B 细胞受体 [B cell receptor(BCR)] 全称B 细胞抗原受体。B 细胞识别抗原的一种膜表面免疫球蛋白。B 细胞受体主要包括 mIgM 和 mIgD，它们由两条重链和两条轻链构成。重链(H 链)由可变区 V、恒定区 C、跨膜区和胞质区组成；而轻链(L 链)由 V 区和 C 区组成。V 区可以分为 VH 和 VL 两个结构域，各由三个互补决定区(CDR1、CDR2 和 CDR3)构成。B 细胞受体可直接识别外来蛋白质、多糖或脂类抗原。其中三个 CDR 均参与对抗原的识别，共同决定 BCR 的抗原特异性。

先导结构 [leading structure] 通过生物学筛选，得到具有一定生物活性的独特分子结构。该结构具有衍生化和改造的潜力，进一步优化使之发展为理想的药物或者特定蛋白探针，是现在新药或者特定蛋白探针研制的出发点。

线粒体活性氧物种 [mitochondrial reactive oxygen species] 线粒体中产生的超氧自由基、过氧化氢和羟基自由基等高反应性氧物种。在生物体内的氧化磷酸化过程中，电子传递到辅酶 Q 时，可能与氧气反应，生成超氧自由基，这是线粒体活性氧物种产生的主要原因。线粒体活性氧物种在正常浓度范围，是氧化还原信号通路的信号分子；浓度过高时会引发细胞凋亡。

线粒体自由基生成 [mitochondrial free radical generation] 在氧化磷酸化过程中，电子经由复合物Ⅱ传递到辅酶 Q 时，氧气可被还原为超氧自由基；或者经由复合物Ⅳ氧气被还原生成水时，伴随有超氧自由基和羟基自由基的生成的过程。

线粒体自由基衰老理论 [mitochondrial free radical theory of aging] 在线粒体氧化磷酸化过程中生成的自由基未被及时清除时，导致线粒体内蛋白质和线粒体 DNA 的损伤，而该种损伤会使得线粒体更容易产生活性氧自由基，从而使得线粒体损伤加剧。此种循环将会导致细胞功能退化，进而导致组织功能退化，最终导致整个机体功能的破坏和机体的衰老。

Fas 相关死亡结构域蛋白 [Fas-associated protein with death domain(FADD)] 一类接头蛋白。在细胞凋亡信号转导过程中将细胞表面死亡信号受体蛋白(如 Fas 受体蛋白)和半胱-天冬氨酸酶-8(caspase-8)通过其死亡结构域进行桥接，形成死亡诱导信号复合物(death-inducing signaling complex, DISC)。人的 Fas 相关死亡结构域蛋白具有 191 个氨基酸残基，由死亡效应结构域(DED)和死亡结构域(DD)尾-尾连接构成。

3-硝基酪氨酸 [3-nitrotyrosine (3-NT)] 又称间硝基酪氨酸。黄色或黄绿色结晶，不溶于水。熔点为 233～235℃；比旋光度为 4°(c=1, 1mol/L HCl)。它是酪氨酸的衍生物，可作为组织中过氧亚硝基阴离子(peroxynitrite，$ONOO^-$)水平的衡量指标。当体内处于硝化应激状态(nitrative stress)时，酪氨酸将被硝化产生 3-硝基酪氨酸。

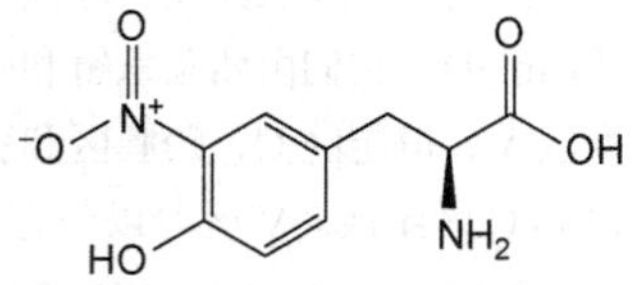

3-nitrotyrosine

硝酸酯 [nitrate ester] 硝酸与醇羟基酯化后产物。该类化合物经热分解，可产生二氧化碳、氮气以及氮氧化物等多种气体，因此是一种爆炸性很强的炸药。同时该类化合物是重要的抗心绞痛药物，其作用机制为：舌下含服的药物吸收入血后在平滑肌细胞及血管内皮细胞中释放 NO 从而启动相应的信号通路，实现松弛血管平滑肌，达到舒张血管的效果。

血卟啉 [hematoporphyrin] 一种内源性的卟啉，是血红蛋白在酸性条件下水解之后，铁原子游离出来后的卟啉类化合物。该类化合物曾被用于抗抑郁和抗精神病类药物，现在与激光联用用于转移性表浅肿瘤的治疗，如口腔、膀胱和卵巢癌等。

血管收缩 [vasoconstriction] 在大动脉和小动脉中，血管平滑肌收缩引起血管变窄，导致血液流动性受阻血流变慢的过程。生理、药物和疾病的影响都可以导致该过程的发生。该过程在止血和急性失血时，可增加血管的阻力，减少血管的容积，降低局部的血液流量，从而保证血液循环的正常进行。在正常生理情况下，血管收缩可以使血压上升。该过程受血管紧张素、假麻黄碱、肾上腺素等血管收缩剂调控。

血管新生 [angiogenesis] 在已有的血管上形成新血管的生理过程。该过程在生长和发育过程中普遍存在且十分重要，在伤口愈合和肉芽组织形成时亦是十分关键的过程。但另一方面，该过程也是肿瘤从良性到恶性侵染转变的基本过程，因此针对血管新生的抑制剂可能具有治疗肿瘤的药用价值。

血红素加氧酶 [hemeoxygenase] 一种催化血红素降解的酶。该酶在 α-亚甲基位置切断血红素形成胆绿素，氧化该位置的亚甲基为一氧化碳即所谓的加氧过程，同时二价铁游离出来。其方程式可表述为：

$$\text{Hemeb}+3O_2+3\frac{1}{2}\text{NADPH}+3\frac{1}{2}H^++7e^- \longrightarrow \text{biliverdin}+Fe^{2+}+CO+3\frac{1}{2}\text{NADP}^++3H_2O$$

在正常生理条件下，在储存并破坏旧有红细胞的脾脏内，该酶活性最高。

***S*-亚硝基谷胱甘肽** [*S*-nitrosoglutathione] 一种内源性的亚硝基硫醇。在细胞体内，*S*-亚硝基谷胱甘肽的巯基与亚硝基(NO)结合，是内源性亚硝基(NO)运输和储存的工具。

亚硝基硫醇 [*S*-nitrosothiol] 硫醇化合物中巯基氢被亚硝基取代的产物，分子通式为 R—S—N═O(RSNO)。该化合物是重要的 NO 供体，具有舒张血管和防止血小板黏连聚集等生理作用。机体内的 RSNO 主要由 *S*-亚硝基清蛋白和 *S*-亚硝基血红蛋白构成。

亚硝基转移反应 [transnitrosation] 反应物分子中的亚硝基由分子内某一原子迁移到另一原子上的反应过程，该反应过程通常发生在氮原子与硫原子间，目前发现的形式有：硫原子到硫原子的转移；硫原子到氮原子的转移。

烟酰胺腺嘌呤二核苷酸磷酸氧化酶 [nicotinamide adenine dinucleotide phosphate-oxidase] 又称 NADPH 氧化酶。由六个亚基组成的一种膜结合酶。他可将电子由细胞内的 NADPH 转移到膜外的氧分子上，形成超氧负离子，从而形成一系列的活性氧物种。该酶广泛存在于中性粒细胞吞噬体中，用于对吞噬微生物的杀灭和降解。

氧化还原敏感蛋白 [redox-sensitive protein] 对氧化剂敏感的蛋白。该类蛋白对氧化剂可分为可逆性敏感和不可逆性敏感。对于不可逆性敏感，通常导致蛋白丧失其功能；对于可逆性敏感，通常是蛋白中铁原子参与变价或者蛋白中巯基氧化为二硫键，后者亦可以作为细胞内检测过氧化氢的可逆探针。

氧化还原调节蛋白 [redox-regulated proteins] 受生物体内氧化还原活性物种调节的蛋白质，该类蛋白是可逆性的氧化还原敏感蛋白。

氧化还原信号 [redox signaling] 生物体传导信号时，以电子转移过程为最主要过程的信号。该类信号传递以化学上氧化还原反应作为基础，通常有活性氧和活性氮物质参与。

NADPH 氧化酶 [nicotinamide adenine dinucleotide phosphate-oxidase] 即烟酰胺腺嘌呤二核苷酸磷酸氧化酶。

氧化损伤 [oxidative damage] 细胞内的组织和物质长期受到来自活性氧和活性氮的氧化应力，使得细胞内的各种物质，如糖、脂类、蛋白质和 DNA 等，发生反应引起其结构改变。长期积累会导致细胞结构和功能的破坏和损伤。

氧化修饰低密度脂蛋白 [oxidatively modified low-density lipoprotein] 经自由基氧化后生成的低密脂蛋白。该类蛋白是一种重要的致动脉粥样硬化脂蛋白。低密度脂蛋白氧化后会直接进入动脉的血管内皮使其受损，使得巨噬细胞和血小板聚集，并黏附在血管内皮受损区域，进而使得更多的巨噬细胞聚集并伴随内皮细胞增生和内膜基底层平滑肌细胞增生、纤维化，最终导致动脉粥样硬化。

氧化应激 [oxidative stress] 即氧化应力。

氧化应力 [oxidative stress] 又称氧化应激。细胞内氧化与抗氧化状态失衡后，细胞内各种物质直接面对产生的各类氧化性物质时，细胞所具有的去除活性氧化中间体毒性以及修复损伤的应激反应能力。

氧依赖降解结构域 [oxygen-dependent degradation domain(ODDD)] 位于缺氧诱导因子-1(hypoxia inducible factor-1)的活性亚基 1α 中，有高度保守的 402 位和 564 位脯氨酸的结构域。此两位点的脯氨酸能够在细胞正常氧分压下，被脯氨酰-4-羟化酶不可逆氧化为 4-羟脯氨酸，从而使得其泛素化，并被降解。但是在缺氧条件下，该酶的脯氨酸残基不会被氧化，从而使得缺氧诱导因子-1 具有转录活性，发挥其生物学功能。

药似化学表型 [drug-like chemotypes] 化合物的结构特征在吸收、分布、代谢、排泄和安全性等方面与药物具有相似性。该性质是评价药物先导化合物的关键参数之一。

药物相互作用 [drug-drug interaction] 两种或两种以上的药物同时使用时所发生的药效变化。该效应可能是协同、拮抗或者全新的作用。这种相互作用可以是药物本身间的反应，可以是药效学上的相互作用，也可以是药代动力学上的相互作用。因此联合用药时，要充分考虑这种相互作用，避免导致异常反应和毒副作用的增加，以致干扰治疗，加重病情。

药物相似性 [drug-likeness] 利用化合物的性质和结构特征来推测该物质是否具有成药性的性质，是药物设计时使用的定性的概念。这些性质主要包括水溶性，电子分布，氢键特性，分子的大小和自由度；也包括在有机体中展现出的药效特征，如生物利用度，传输特性，对蛋白质的亲和性，反应活性，毒性以及降解能力。传统的评价方法是类药(Lipinski)五原则。

一氧化氮合成酶 [nitrogen monoxide synthase(NOS)] 在氧气(O_2)及 NADPH 的存在下可以将精氨酸中胍基上的一个氮原子转化成一氧化氮，并最终将精氨酸转化为瓜氨酸的一类蛋白酶。该酶有三种亚型：①在正常状态下表达的神经元型一氧化氮合酶(nNOS)；②内皮型一氧化氮合酶(eNOS)；③诱导表达的诱导型一氧化氮合酶(iNOS)。

一氧化氮还原酶 [nitric oxide reductase(NOR)] 铁卟啉为核心的膜整合蛋白酶，属于氧化还原酶家族。该酶在亚硝酸根被还原为一氧化氮后，在两个电子以及两个氢离子存在下催化两分子一氧化氮(NO)转化为一分子一氧化二氮(N_2O)和一分子水。目前发现，该类酶只存在于微生物中，是微生物体氮循环的重要参与者。

胰岛素样生长因子 [insulin-like growth factor(IGF)] 氨基酸序列与胰岛素类似的一类多肽信号分子。在脊椎动物中，该类分子是重要的能量代谢和生长发育的调控因子，其既可作为激素在生物体水平调控生理过程，又可作为第二信使在细胞内调控生理过程。它包括 IGF-Ⅰ和 IGF-Ⅱ两种类型因子，IGF-Ⅰ在幼儿生长期和维持正常合成代谢中有重要作用，是重要的幼儿生长激素；而 IGF-Ⅱ在胎儿的细胞分裂和分化以及成人代谢稳态维持中有重要作用，其主要受促生长激素(somatotropin)调控。

饮食限制 [caloric restriction] 即热量限制。

有机过氧化物 [organic peroxide] 一类含有过氧键(—O—O—)的有机化合物，通式为 R—O—O—R′。由于过氧键的存在，使得该类物质不稳定，易分解为有机氧自由基(RO·)。亲电性的有机过氧化物是很强的氧原子转移试剂，其氧化性随亲电性增加而增大。

诱导型一氧化氮合酶 [inducible nitric oxide synthase(iNOS; NOS2)] 能够在细菌脂多糖、细胞因子等相应小分子诱导下表达的一类一氧化氮合酶。免疫分子可抑制其表达。该类酶广泛存在于各种组织中，能持续产生一氧化氮信号分子，直到该酶被降解。其激活通常不需要钙离子，此特性与另外的两种一氧化氮合酶相区别。该类酶在杀菌、抗病毒、抗寄生虫、免疫调节和抗肿瘤等过程中，可催化释放一氧化氮。

重点库 [focused library] 又称聚焦库。一种针对特定的生物活性靶点的小分子库。根据已有文献或者数据库，通过计算机辅助模拟，针对特定活性位点进行设计。该方法将计算化学与传统组合化学结合，可有目的地设计与合成一些针对特定靶标的化合物。

自噬 [autophagy] 通过溶酶体对细胞内多余的或者功能丧失的细胞器进行细胞降解的基本代谢过程。该过程首先以粗面内质网的无核糖体附着区脱落的双层膜包裹部分胞质和细胞内需降解的细胞器、蛋白质等成分形成自噬体(autophagosome)，再与溶酶体融合形成自噬溶酶体，然后降解其所包裹的内容物，以实现细胞本身的代谢和某些细胞器的更新。此过程受到紧密调控，是细胞生长、发育与稳态中的常规步骤，他帮助细胞在合成、降解以及再循环中保持一个平衡状态。

组蛋白去乙酰化酶 [histone deacetylase(HDAC)] 可以将组蛋白中 ε-*N*-乙酰基赖氨酸的乙酰基选择性脱除，从而使得组蛋白与DNA紧密缠绕，抑制相关基因的表达的一类蛋白酶。由于在肿瘤细胞中，该类酶过度表达，使得部分肿瘤抑制因子不能表达，因此其抑制剂已经作为新型的抗癌靶点，成为一类新的抗肿瘤药物。

组蛋白乙酰转移酶 [histone acetyltransferase (HATs)] 一类使组蛋白上的赖氨酸乙酰化形成 ε-*N*-乙酰基赖氨酸的酶。该过程可中和组蛋白上的负电荷，以实现对染色体解聚和装配以及基因转录的调控。该类酶不仅可以通过乙酰化组蛋白中的赖氨酸实现对基因的调控，也可通过催化非组蛋白乙酰化，以及招募其他多肽片段对赖氨酸和精氨酸甲基化等方式来实现对基因的调控。

组学 [omics] 后基因组时代研究生命科学的新方法。它从公共数据库提取关键数据来设计实验和解释相应数据。该方法是以数据和信息学技术作为基础，同时结合相应假说进行整体性研究。如基因组学(Genomics)，蛋白质组学(Proteomics)，代谢组学(Metabolomics)，转录组学(Transcriptomics)，脂类组学(Lipidomics)，免疫组学(Immunomics)，糖组学(Glycomics)和RNA组学(RNomics)学等。

7.2 糖与脂

阿比可糖 [abequose] 即β-脱氧岩藻糖。

阿拉伯糖 [arabinose] 戊醛糖的一种。天然的L-阿拉伯糖多于D-阿拉伯糖。阿拉伯糖很少以游离存在，通常与其他单糖结合，以杂多糖的形式存在于果胶、半纤维素中。

阿洛糖 [allose] 己醛糖的一种，是葡萄糖的C-3位的差向异构体。

阿洛酮糖 [psicose] D-果糖3位碳所对应的差向异构体，在分类上属于己糖与酮糖。

阿马道里重排 [Amadori rearrangement] *N*-取代的醛糖胺转变成1-氨基-1-去氧-2-酮糖的同分异构反应。

阿糖胸苷 [thymine arabinoside(araT)] 由胸腺嘧啶和阿拉伯糖形成的糖苷，具有抗肿瘤活性。

阿魏酸 [ferulic acid] 学名：4-羟-3-甲氧基肉桂酸或3-(4-羟基-3-甲氧苯基)-2-丙烯酸。分子量为194。植物中广泛分布的一种芳香酸，是木栓质的组分，可用做食物防腐剂。

阿卓糖 [altrose] 己糖的一种。D-阿卓糖是非自然形成的单糖。可溶于水，略溶于甲醇。L-阿卓糖已可从细菌 *Butyrivibrio fibrisolvens* 的变种中分离出来。

艾杜糖 [idose] 己糖的一种，含六个碳的单糖。因为有醛基，所以也是醛糖。艾杜糖不存在于自然界中，但它的糖醛酸，也就是艾杜糖醛酸，是一种非常重要的化合物，是糖胺聚糖——硫酸皮肤素和硫酸乙酰肝素的组成部分。艾杜糖是用D-或L-甘油醛经过羟醛缩合制得。

艾杜糖醛酸 [iduronic acid] 艾杜糖的C-6位上的羟基氧化为羧基而形成的衍生物，是几种糖胺聚糖的组分。主要以L-构型存在。

氨基半乳糖 [galactosamine] 即半乳糖胺。

氨基葡糖 [glucosamine] 即葡糖胺。

氨基糖 [amino sugar] 糖的羟基为氨基所取代的化合物的总称。

氨酰磷脂酰甘油 [aminoacyl phosphatidylglycerol] 甘油的C-1和C-2位羟基与两分子脂肪酸的羧基缩合成酯，其C-3位羟基则以酯键与一分子磷酸相连。另有一分子氨基酸的羧基再与C-3磷酸的另一端羟基形成磷脂键的磷脂酰甘油。

八糖 [octaose] 由8个单糖连接而形成的寡糖。

白芥酸 [erucic acid] 即芥子酸。

白唾液酸蛋白 [leukosialin] 即载唾液酸蛋白。

白细胞凝集素 [leucoagglutinin] 具有专一结合糖基的能力，并能使白细胞凝集的蛋白质。

斑鸠菊酸 [vernalic acid; vernolic acid] 学名：环氧十八碳-9-烯酸。存在于驱虫斑鸠菊中的一种环氧不饱和脂肪酸。熔点为32.5℃。

半乳甘露聚糖 [galactomannan] 由D-半乳糖和D-甘露糖组成的一种多糖。

半乳聚糖 [galactan] 水解几乎或完全生成半乳糖的多糖的总称。

半乳凝素 [galectin] 即S型凝集素。

半乳葡萄甘露聚糖 [galactoglucomannan] 半纤维素的组成之一，尤其在裸子植物细胞壁中，该聚糖占12%～15%。主链由葡萄糖和甘露糖以β-1, 6键连到主链的任一种糖上。

半乳糖胺 [galactosamine] 又称氨基半乳糖。半乳糖上C-2位上的羟基被氨基取代后的产物。

半乳糖甘油二酯 [galactosyl diglyceride] 学名：1,2-二酰-Sn-甘油-3-β-D-半乳糖苷。一个半乳糖残基借助糖苷键与1,2-二酰甘油连接而成。广泛分布于植物，是叶绿体的主要组成脂质。

半乳糖苷酶 [galactosidase] 水解含半乳糖苷键的酶。

α-半乳糖苷酶 [α-galactosidase] 属外切糖苷酶，能专一地催化多糖、糖脂、糖蛋白中糖链末端的α-半乳糖苷键。

β-半乳糖苷酶 [β-galactosidase] 一种能把乳糖水解成葡萄糖和半乳糖的酶。

半乳糖苷转乙酰基酶 [galactoside transacetylase] 催化乙酰基转移的酶。可将乙酰辅酶 A 中的乙酰基转移给β-D-半乳糖苷，反应生成辅酶 A 和 6-乙酰基-β-D-半乳糖苷。也可作用于半乳糖硫苷和半乳糖苯苷。

半乳糖基转移酶 [galactosyltransferase] 催化从核苷二磷酸半乳糖中将活性半乳糖残基转移给糖基受体分子的酶。

半乳糖激酶 [galactokinase] 催化半乳糖+ATP ⟶ 半乳糖-1-磷酸+ADP 的酶，可为 Mg^{2+}(或 Mn^{2+})所激活。

半乳糖脑苷脂 [galactocerebroside] 学名：D-半乳糖苷基-*N*-酰基鞘氨醇；D-半乳糖苷基神经酰胺。一分子β-半乳糖的半缩醛羟基与神经酰胺的羟基缩合形成糖苷键相连形成的一种脑苷脂。

半乳糖唾液酸代谢病 [galactosialidosis] 又称半乳糖唾液酸贮积症。由于溶酶体中唾液酸酶和半乳糖苷酶同时发生缺失，使糖蛋白和糖脂的糖链的分解代谢阻塞而引起的疾病。表现为骨骼发育不良、面部粗糙等症状。

半乳糖唾液酸贮积症 [galactosialidosis] 即半乳糖唾液酸代谢病。

半乳糖血症 [galactosemia] 编码 1-磷酸半乳糖-尿嘧啶核苷酸转移酶的缺陷引起的一种先天基因缺陷所引起的疾病。该酶的缺陷使半乳糖及其氧化还原产物在体内积累，出现肝肿大、白内障等严重症状。

半纤维素 [hemicellulose] 由几种不同类型的单糖构成的异质多聚体，这些糖是五碳糖和六碳糖，包括木糖、阿伯糖、甘露糖和半乳糖等。

包膜糖蛋白 [envelope glycoprotein] 病毒外层包被上的糖蛋白。

胞壁酸 [muramic acid] 葡糖胺的 C-3 位与乳酸 C-2 位的羟基以醚键连接而形成的产物。*N*-乙酰胞壁酸是细菌细胞壁中肽聚糖的组成成分。

胞壁酸酶 [muramidase] 即溶菌酶。

饱和脂肪酸 [saturated fatty acid] 由一条长的饱和烃链和一个末端羧基构成的脂肪酸。大多数天然饱和脂肪酸为偶数碳原子，少于 10 个碳原子的饱和脂肪酸在室温下呈液态，较长链的脂肪酸则呈固态。

本胆烷醇酮 [aetiocholanolone] 睾酮的分解代谢产物。80%在肝脏内酶解，前列腺也参与部分转变。其代谢物由尿中排泄。

必需脂肪酸 [essential fatty acid] 不能被细胞或机体以相应需要量合成或从其膳食前体合成，而必须由膳食供给的多不饱和脂肪酸。对哺乳动物而言，亚油酸与亚麻酸皆是营养必需的。

蓖麻毒蛋白 [ricin] 从蓖麻中分离得到的具有凝集素活性的毒蛋白。由 A 和 B 两条肽链通过一对二硫键连接而成，B 链可以与对半乳糖专一结合，A 链则有核糖体失活能力。

蓖麻油酸 [ricinolic acid; ricinoleic acid] 即 12-羟油酸。

表胆固醇 [epicholeslerol(epiCh)] 胆固醇的表型异构体，即 C-3 位上的羟基由胆固醇的β构型转为α构型(在固醇环骨架平面以下)。胆固醇与表胆固醇的分子量相同(均为386.66)，但两者的熔点和溶解度有差异。胆固醇的熔点为148.5℃，易溶于乙醚，次溶于乙醇、丙酮；而表胆固醇的熔点则降达 141.5℃，仅溶于乙醇。

别乳糖 [allolactose] 存在于人乳中，由乳糖经微生物半乳糖苷酶形成的糖。

丙酸睾丸素 [androlin] 学名：17β-羟基-4-雄固烯-3-酮-17-丙酸酯。不溶于水，为奏效迅速而效力较强的一种雄激素。

丙糖 [triose] 由 3 个碳原子组成的单糖。是单糖中最简单的形式，包括甘油醛和二羟基丙酮。

丙糖磷酸异构酶 [triose-phosphate isomerase(TIM)] 能够催化二羟丙酮磷酸和 D 型甘油醛-3-磷酸的一种酶。这两种丙糖磷酸异构体之间的可逆转换。

薄荷醇 [menthol] 属于类环己烷单萜衍生物。存在于薄荷油中。天然的薄荷醇呈左旋，具有抗菌消炎作用，可用于皮肤病的外用洗剂。

不饱和脂肪酸 [unsaturated fatty acid] 分子中含有一个或多个双键的脂肪酸。其熔点较饱和脂肪酸低。

布雷菲德菌素 [brefeldin A] 一种真菌产生的抗生素，其作用是延滞细胞内通向反式高尔基体液泡运输，对糖蛋白糖链合成和糖胺聚糖合成有干扰。

菜籽固醇 [brassicasterol] 学名：5,22-二烯-24-β-甲基-3β-胆固醇。菜籽和卡罗拉(canola)油所含的主要固醇。熔点为150～151℃，分子量为398.6。

菜籽类固醇 [brassinosteroid] 一类新发现的促植物生长的类固醇激素。1979年至今已有60多种菜籽类固醇问世，其中又以菜籽素、24-表菜籽素和28-同型菜籽素的作用最强。能诱导细胞延伸和分裂，增加DNA与RNA聚合酶的活性以及提高小麦、谷类、大豆、菠菜、柑橘等的产量和对环境应激的耐受力。

长萜醇寡糖前体 [dolichol oligosaccharide precursor] 长萜醇通过焦磷酸键活化的一个十四糖。为糖蛋白*N*-糖链生物合成过程中，糖链前体的供体。

赤[藓糖]型构型 [erythro-configuration] 释文见有机化学赤式构型。

赤藓酮糖 [erythrulose] 丁酮糖的一种，是赤藓糖的酮糖形式。

储脂 [depot lipid] 由食物摄入的或体内由糖类等合成的脂肪。经机体代谢后有一部分贮存到肌肉与脂肪组织(皮下、腹腔、肾周围)中。

串珠蛋白聚糖 [perlecan] 存在于基底膜中的蛋白聚糖。

雌二醇 [estradiol] 卵巢分泌的类固醇激素。是主要的雌性激素，负责调节女性特征、附属性器官的成熟和月经-排卵周期，促进乳腺导管系统的产生。

雌激素 [estrogen; estrin; oestrogen] 由脊椎动物的卵巢、睾丸、胎盘或肾上腺皮质所产生的十八碳固醇类激素。绝大部分哺乳动物的主要雌激素是17β-雌二醇，其他重要的雌激素有雌三醇和雌酮。

雌三醇 [estriol] 雌二醇和雌酮的代谢产物。在雌酮、雌二醇、雌三醇中，以雌三醇的活性最弱。存在于尿中，在怀孕期尿中含量更高。

雌酮 [estrone] 由卵巢分泌的一种主要的雌激素，是雌二醇的氧化产物。其生物学作用弱于雌二醇，而强于雌三醇。

雌烷 [estrane] 雌激素类固醇化合物母烃的名称。含有类固醇的环结构系统，除C、D环交界处的甲基外，无其他侧链。

促脂解剂 [lipotropic agent] 一种有助于脂肪运载的化合物。如胆碱或甲硫氨酸，能预防和减轻肝中脂肪的沉积，或纠正因胆碱缺乏所致的肝中脂肪酸浸润。

促脂解作用 [lipotropic action] 由于动物体内胆碱、甲硫氨酸的增加或脂肪酶活性的升高，促进脂肪转运或分解的现象。

醋精 [acetin] 即乙酸甘油酯。

大豆凝集素 [soybean agglutinin(SBA)] 主要存在于大豆子叶细胞的蛋白体内的凝集素，约为大豆蛋白质总量的10%。研究发现大豆中含有两类大豆凝集素：第一类大豆凝集素是对*N*-乙酰基-D-半乳糖胺和D-半乳糖有结合特异性，是大豆中主要的抗营养因子之一；而第二类大豆凝集素对4-*O*-甲基-D-葡萄糖醛基酸、D-葡萄糖醛酸和它们的甲基糖苷有结合特异性，能在大豆根部特异性识别、结合根瘤菌。

大枫子酸 [gynocardic acid] 学名：13-环戊基十三烷酸。从大枫子油中分离的一种主要脂肪酸，曾用来治疗麻风病。

大脑蛋白聚糖 [cerebroglycan] 一种受发育调节的磷脂酰肌醇锚定性膜内在硫酸乙酰肝素蛋白聚糖。在发育神经系统表达。

代谢综合征 [metabolic syndrome] 一种合并有高血压以及葡萄糖与脂质代谢异常的综合征。伴有低密度脂蛋白升高和高密度脂蛋白胆固醇降低。

单烯酸 [monoenoic acid] 含有一个双键的不饱和脂肪酸。如在动植物油中常见的棕榈油酸、油酸和神经酸等。

单酰甘油 [monoacylglycero(MAG)] 又称甘油单酯。甘油分子中的一个羟基与脂肪酸酯化生成的甘油酯。是多种生物合成反应的重要中间物。

单油酰甘油 [mono-olein; monooleoglyceride] 甘油分子中的一个羟基与油酸酯化所生成的甘油酯。

单脂 [simple lipid; homolipid] 仅含碳、氢、氧的脂质。

胆钙化[固]醇 [cholecalciferol] 即维生素D_3。

胆固醇 [cholesterol(Ch)] 学名：5-胆烯-3-β-醇。在类固醇核的C-3上连接一羟基，而在C-17位上接有一条八碳或更多碳原子的脂族侧链。是由乙酰辅酶A通过异戊二烯单位的缩合反应而合成，可作为胆酸和类固醇激素的前体。动物组织中含有大量胆固醇，又以肾上腺、神经组织与胆汁最为富集。血浆中胆固醇水平过高，是引起动脉粥样硬化的危险因子。

胆固醇合成酶抑制剂 [statin] 通过抑制胆固醇合成中的关键酶从而降低血液中胆固醇水平的物质。

胆固醇酯 [cholesterol ester; cholesteryl ester(ChE)] 脂肪酸分子的羧基与胆固醇的C-3羟基缩合形成的酯。

胆固醇酯转移蛋白 [cholesterol ester transfer protein(CETP)] 分子量为74×10^3的单链高疏水糖蛋白。血

浆胆固醇酯转移蛋白与卵磷脂胆固醇酰基转移酶共同在胆固醇的逆行转运系统中起重要作用。是脂蛋白间的脂质载体，能促进中性脂肪与磷脂在血浆脂蛋白之间的交换。

胆固烷醇 [cholestanol] 又称5,6-二氢胆固醇、3-*β*-羟胆烷。与胆固醇的差别是B环上没有双键，在肠道细菌的作用下，胆固醇被还原成5，6-二氢胆固醇及其异构体β粪固醇。

胆固烯酮 [cholestenone] 一种脱氢胆固烷酮。与胆固烷酮的区别是在A环的C-4和C-5之间有一个双键。

胆红素二葡糖醛酸酯 [bilirubin diglucuronide] 胆红素的两个丙酸侧链分别与两个葡糖醛酸以酯键相连的产物，是血色素的分解代谢中间产物。因其增大的水溶性，利于从肝排入胆囊，由胆管经肠道排出。

蛋白多糖 [proteoglycan] 即蛋白聚糖。

***β*-蛋白多糖** [*β*-proteoglycan] 即*β*-蛋白聚糖。

NG2 蛋白聚糖 [NG2 proteoglycan] 具有最大核心蛋白的穿膜蛋白聚糖，主要存在于神经元细胞中，在发育的间质细胞和人黑色素瘤细胞中也有。其细胞外结构域上连接着2～3条硫酸软骨素链。

蛋白聚糖 [proteoglycan] 又称蛋白多糖。一种长而不分支的糖胺聚糖为主体，在糖的某些部位上共价结合若干肽链而生成的复合物。

***β*-蛋白聚糖** [*β*-proteoglycan] 又称*β*-蛋白多糖。一种长而不分支的糖胺聚糖为主体，在糖的某些部位上共价结合若干肽链而生成的复合物。

蛋白脂质 [proteolipid] 脑组织含有的一类脂溶性蛋白质。溶于氯仿-甲醇-水的混合物，但不溶于水溶液。属一种疏水性蛋白质，可能含有脂质成分，也可能不含，其富含的疏水性氨基酸成簇地位于蛋白质表面。某些整合的膜蛋白是蛋白脂质。

蛋白质棕榈化 [palmitoylation] 连接上棕榈基，连接位点通常在膜蛋白上的半胱氨酸残基，有时也在丝氨酸或酸酸残基的蛋白质。棕榈化可以提高蛋白质的疏水性，从而促进蛋白和细胞膜的相互作用，对蛋白质在亚细胞结构的膜间传递也有重要作用。

低密度脂蛋白 [low density lipoprotein(LDL)] 参与调节蛋白-蛋白及蛋白-质膜相互作用的重要生理过程。在生物体中这一过程由法尼基转移酶(farnesyltransferase)参与催化完成。

地衣多糖 [lichenan; lichenin] 来自地衣的多糖，主要结构为*β*-1,4连接的葡聚糖。

地衣酸 [usnic acid] 即松萝酸。

淀粉酶 [amylase] 能水解淀粉、糖原和有关多糖中的*O*-糖苷键的酶。

***α*-淀粉酶** [*α*-amylase] 催化随机水解 *α*-1,4-糖苷键，产生麦芽糖、麦芽三糖和*α*-糊精的内切淀粉酶。

***β*-淀粉酶** [*β*-amylase] 属外切淀粉酶，催化从淀粉分子的非还原性末端开始水解，产生麦芽糖的一种淀粉酶。

淀粉-1,6-葡糖苷酶 [amylo-1,6-glucosidase] 催化水解与1,4-*α*-D-葡萄糖链相连的1,6-*α*-D-葡糖苷键的酶。

淀粉葡糖苷酶 [amyloglucosidase] 即葡糖淀粉酶。

叠氮糖 [azido sugar] 分子中的至少一个原有基团被叠氮基团取代的糖，该类非天然糖可用于生物体的非天然糖代谢标记。

丁酸甘油酯 [butyrin] 又称三丁酰甘油。由一分子甘油与三分子丁酸酯化而成的甘油酯。存在于奶油、鱼肝油与汗液中。

(*Z*)-2-丁烯二酸 [(*Z*)-2-butenedioic acid] 即马来酸。

丁香酸 [syringic acid] 学名：4-羟-3,5-二甲氧苯甲酸。存在于丁香中的一种羟基芳香酸。分子式：$HO(CH_3O)_2C_6H_2COOH$。

动脉粥样化形成 [atherogenesis] 胆固醇与富集胆固醇的脂蛋白在动脉管壁上的异常沉积，形成动脉粥样硬化斑块(即粉瘤)的现象。是动脉粥样硬化症的发病机制，以冠状动脉最易受累。

动物固醇 [zoosterol] 动物组织中含有的固醇。最常见为胆固醇，此外还有羊毛固醇、胆固烷醇、粪固醇以及7-脱氢胆固醇等。

豆固醇 [stigmasterol] 学名：24*β*-乙基-5,22-胆烷二烯-3*β*-醇。存在于许多绿色植物和大豆中的固醇类。属于植物固醇。

豆蔻酸甘油酯 [myristin; trimyristin] 又称豆蔻酰甘油。由一分子甘油与三分子豆蔻酸酯化生成的甘油酯。常存在于豆蔻油和乳脂中。

豆蔻酰甘油 [myristin; trimyristin] 即豆蔻酸甘油酯。

豆蔻酰化 [myristoylation] 学名：十四酰化。豆蔻酸作为酰化基团进行的酰化作用。是真核生物蛋白质的一种修饰形式,发生在多肽链N端的甘氨酸残基上。

毒毛旋花二糖 [strophanthobiose] 一种强心糖苷，为毒毛旋花苷接上葡萄糖后的衍生物。

短蛋白聚糖 [brevican] 富含于脑中的一种蛋白聚糖，在核心蛋白质的肽链上接有1～3条硫酸软骨素链。

短梗霉多糖酶 [pullulanase] *α*-糊精内切1,6-*α*-葡糖苷酶。

短梗霉聚糖 [pullulan] 一种霉菌(*Aureobasidium pullulans*)合成的胞外葡聚糖，兼有*α*-1,6两种连接方式。

多半乳糖醛酸酶 [polygalacturonase] 一种糖苷水解酶，催化多1,4-*α*-D-半乳糖醛酸聚糖水解，生成半乳糖醛酸。参与微生物及高等植物细胞壁的降解。

多不饱和脂肪酸 [polyunsaturated fatty acid] 在碳原子之间含有两个以上双键的不饱和脂肪酸。如亚油酸、亚麻酸、花生四烯酸等。为人类营养所必需。

多能蛋白聚糖 [versican] 来自成纤维细胞的一种硫酸软骨素蛋白聚糖。

多乳糖胺 [polylactosamine] 以乳糖胺作为重复单位组成的聚糖，主要存在于一些糖蛋白中。

多萜醇 [polyprenol] 以多萜为母体的醇，属多异戊二烯醇衍生物(n>3；常为13～23)。如双萜的叶绿醇、视黄醇、三萜的羊毛固醇、四萜的类胡萝卜素等。多萜醇的磷酸酯在维持细胞膜的正常功能中具有重要作用。

多唾液酸 [polysialic acid(PSA)] 由唾液酸作为单体形成的聚糖，存在于一些鱼卵和神经系统的某些糖蛋白中。

鳄梨糖醇 [persitol] 在鳄梨中发现的一种由9个碳原子构成的糖醇。

二醇脂质 [diol lipid] 学名：2-顺十六烯(9)酰-3-反十八烯(11)酰-2,3-丁二醇。由二羟基醇与脂肪酸形成酯的中性脂肪。但不是甘油酯，少量存在种子油中。如见于薏苡仁的薏苡仁酯。

二硫赤藓糖醇 [dithioerythritol(DTE)] 赤藓糖醇的C-1位和C-4位羟基变为巯基的醇。

1,25-二羟胆钙化醇 [1,25-dihydroxycholecalciferol] 人类维生素D的活化型。由7-脱氢胆固醇经肝和肾脏联合作用生成，作为钙动用激素，刺激钙离子的吸收和无机磷酸盐透过小肠壁，导致血清钙离子和无机磷酸盐浓度升高。

5,6-二氢胆固醇 [5,6-dihydro-cholesterol] 即胆固烷醇。

二氢鞘氨醇 [D-sphinganine] 学名：D-赤藓糖型-2-氨基-十八烷-1,3-二醇。鞘脂的一种成分，可作为鞘氨醇的代谢前体。

二十八烷醇 [octacosanol] 一种饱和的含28个碳原子的直链醇，是天然存在的一元高级脂肪醇，熔点为83.2～83.6℃。

二十二碳六烯酸 [docosahexoenoic acid(DHA)] 一种含有22个碳原子和6个双键的直链脂肪酸。只有其*n*-3家族的22:6Δ4c，7c，10c，13c，16c，19c异构体以天然形式大量存在于鱼油中(占脂肪酸总量的10%～15%)，动物的甘油磷脂则含有不等量的该酸。在代谢过程中，可从*α*-亚麻酸生成。

二十二碳四烯酸 [docosatetraenoic acid] 一种含有22个碳原子和4个双键的直链脂肪酸。肾上腺酸是其22:4Δ7c，10c，13c，16c异构体，见于动物的甘油磷脂。特别是饲以向日葵油或玉米油的动物，其脑和心脏中常含有该酸。

二十二烷醇 [docosanol] 一种饱和的含22个碳原子的直链醇。

二十四烷酸 [lignoceric acid] 即木蜡酸。

二十碳五烯酸 [eicosapentaenoic acid(EPA)] 学名：二十碳-5,8,11,14,17-五烯酸(全顺)20:5Δ5c，8c，11c，14c，17c。一种具有20个碳原子和5个双键的直链脂肪酸，分子量为302，存在于鱼油和动物磷脂中，是一种对抗高脂蛋白血症的多烯脂酸制剂。

二十烷醇 [eicosanol] 一种饱和的含20个碳原子的直链醇。

3,6-二脱氧半乳糖 [*β*-abequose] 即*β*-脱氧岩藻糖。

二酰甘油 [diacylglycerol(DAG)] 又称甘油二酯。一分子甘油与两分子脂肪酸酯化形成的甘油酯。两分子脂肪酸可能相同或不同。其中1,2-二酰甘油是三酰甘油与磷脂酰胆碱合成过程的中间物，是提高蛋白激酶C活性的第二信使。

法尼醇 [farnesol] 学名：3,7,11-三甲基十二碳-2,6,10-三烯-1-醇。一种倍半萜醇。分子量为222，许多必需油脂含有法尼醇。

法尼基化 [farnesylation] 一种使蛋白质获得一非极性法尼基而变得更容易结合细胞膜(更加疏水)的化学性变化。法尼基化属于异戊酰化的一种形式，通过翻译后修饰的方式将异戊烯基通过共价键与半胱氨酸残基相连接。

番茄红素 [lycopene; licopin] 番茄中的红色素，是胡萝卜素的母体化合物。

反类固酮 [retrosterone] 一种合成的类固酮。在第9位和第10位碳原子上具有与孕酮立体化学取向相反的结构。

反型异油酸 [vaccenic acid] 学名：十八碳-反-11-烯酸。构成牛及其他动物脂肪的一种含 18 个碳原子和 1 个双键的不饱和脂肪酸。熔点为 43.5～44.1℃。

反油酸 [elaidic acid] 学名：反十八碳-9-烯酸，18:1Δ9t。分子量 282，是油酸的一种单不饱和反型异构体。反刍类动物脂肪含有此酸。

非必需脂肪酸 [non-essential fatty acid] 人体及哺乳动物能够自己合成而不必从膳食提供的脂肪酸。如饱和脂肪酸及单烯脂肪酸。

非双层脂 [nonbilayer lipid] 不参与构成生物膜脂双层的脂质。如三酰甘油。

非酯化脂肪酸 [non-esterified fatty acid (NEFA)] 又称游离脂肪酸。未被甘油酯化的脂肪酸。正常血清中主要包括油酸、软脂酸、硬脂酸，另外还有月桂酸、肉豆蔻酸和花生四烯酸等含量很少的脂肪酸。

分支酶 [branching enzyme] 催化糖原中 1,6-糖苷键的形成，使直链淀粉生成支链淀粉的酶。

粪固醇 [coprostanol; coprosterol; stercorin] 化学式 $C_{27}H_{48}O$，分子量 388.68。熔点 102℃。不溶于水。厌氧条件下稳定存在。高等动物及鸟类可通过肠内的生物氢化过程由胆固醇得到。可作为环境中人粪尿的生物标志物。

蜂花酸 [melissic acid] 化学式 $C_{30}H_{60}O_2$，分子量 452.46。熔点 93.6℃。即三十烷酸，是花蜜及蜂蜡中的主要成分。

蜂蜡 [bees wax] 由蜜蜂科昆虫分泌的天然蜡质物。不规则团块，大小不一。呈黄色、淡黄棕色或黄白色，不透明或微透明，表面光滑。主要成分为长链脂肪酸酯、游离脂肪酸、游离脂肪醇类和烃类。还含有微量的挥发油及色素。

蜂蜡醇 [myricyl alcohol] 化学式 $C_{30}H_{62}O$，分子量 438.81。熔点 87℃。即三十烷醇。不溶于水。分布于蜂蜡及植物表皮蜡中。是多种植物的生长刺激剂。

呋喃果糖苷酶 [fructofuranosidase] 催化蔗糖分子中的 *β*-D-呋喃果糖苷键水解，产生等分子的葡萄糖和果糖的酶。

呋喃型酸 [furanoid acid] 化学式 $C_{22}H_{38}O_3$，即 1-戊基-4-呋喃十一烷酸。在呋喃杂环的 C-1 位上连接一个烷基，而其 C-4 位上携有烷羧基。鱼及无脊椎动物的脂质中大量分布。

福斯曼抗原 [Forssman antigen] 即嗜异性抗原。

复合糖类 [complex carbohydrate] 泛指同时含有糖类和其他非糖类组分，并通过共价键连接而成的复合生物大分子。包括糖蛋白、蛋白聚糖、糖脂、脂多糖等，甚至可以包括核酸。

复合脂 [complex lipid; heterolipid] 除通常的碳、氢、氧外，还含有氮和磷原子的脂质。也即除甘油酯与脂肪酸外，还包括磷脂（甘油磷脂、鞘磷脂）和糖脂（甘油糖酯、鞘糖脂）。它们是细胞膜的重要成分之一。

副淀粉 [paramylon; paramylum] ❶纤细眼虫（*Euglena gracilis*）中的储存多糖，其主链是 *β*-1,3 连接的葡萄糖，另有部分 1,6 分支连接的葡萄糖。❷又称裸藻淀粉。裸藻属及其相关藻类的多糖储藏形式，以分散的颗粒状存在于细胞质中，含（*β*1-3）-葡聚糖。

钙动用激素 [calcium mobilizing hormone] 化学式 $C_{27}H_{44}O_3$，分子量 416.64。即 1,25-二羟胆钙化醇。是维生素 D 的活性形式，也是体内的一种激素，在调节血钙与血磷浓度方面有着重要作用。

钙化固醇 [calciferol] 即维生素 D_2。

甘露聚糖 [mannan] 以甘露糖为主体形成的多糖，主要存在于酵母细胞壁中，以 *α*-1,6 连接为主，*α*-1,2 和 *α*-1,3 连接形成侧链。它还含有约 5%的蛋白质，是一种糖蛋白。

甘露糖醇 [mannitol] 甘露糖的醛基还原为羟基后形成的糖醇。存在于植物渗出液中，易结晶，也存在于昆布属海藻或少数真菌中。在医药上用于减低局部的渗透压，如减低青光眼患者的眼压。

甘露糖苷酶 [mannosidase] 属水解酶类。有两类甘露糖苷酶，分别催化甘露糖苷中末端非还原性 *α*-或 *β*-D-甘露糖残基水解。

甘露糖结合蛋白质 [mannose-binding protein (MBP)] 又称甘露糖结合凝集素。狭义是指动物体内的此类结合蛋白质，尤其是指动物血液中的甘露糖结合蛋白质。它们是动物天生免疫的一个组成部分，其中多数属于胶原凝素家族。人的 MBP-C，除了甘露糖外，还可与 *N*-乙酰氨基葡萄糖结合，活性依赖于钙离子的存在，由 228 个氨基酸残基组成，肽链的氨基端为胶原样结构，羧基端为糖识别结构域。通过氨基端的胶原样结构，先形成三聚体，6 个三聚体进一步聚集为寡聚体。广义是指能特异地与含有甘露糖的聚糖结合的蛋白质，如巨噬细胞表面的甘露糖受体。

甘露糖结合凝集素 [mannose-binding lectin] 即甘露糖结合蛋白质。

甘露糖醛酸 [mannuronic acid] 甘露糖的 C-6 羟基氧化成羧基而得到的醛酸。可形成聚糖，作为植物细胞胞外多糖的成分之一。

甘油单酯 [monoglyceride] 即单酰甘油。

甘油二酯 [diglyceride] 即二酰甘油。

甘油磷酸 [glycerophosphate] 甘油磷酸酯的阴离子。甘油的 C-3 位衍生物(*R*-甘油-3-磷酸)是磷脂酸酯的重要组分。

甘油磷酰胆碱 [glycerophosphocholine; glycerophosphoryl choline] 甘油磷脂与胆碱的衍生物。为磷脂酰胆碱或卵磷脂分子的骨架成分。其 C-1 和 C-2 位羟基被脂肪酸酯化，即生成磷脂酰胆碱。

甘油磷酰乙醇胺 [glycerophosphoethanolamine; glycerophosphoryl ethanolamine(GPE)] 甘油磷脂与乙醇胺的衍生物，为磷脂酰乙醇胺(PE)或脑磷脂分子的骨架成分，如其 C-1 和 C-2 位羟基被脂肪酸酯化，即生成甘油磷酰乙醇胺。

甘油磷脂 [glycerophosphatide] 由甘油构成的磷脂，其分子结构中甘油的 C-1 和 C-2 羟基被脂酰基取代，C-3 羟基为含磷基团所取代。是一种两性分子，也是生物膜的组成成分。常见的甘油磷脂有磷脂酰胆碱、磷脂酰肌醇、磷脂酰丝氨酸、磷脂酰乙醇胺和双磷脂酰甘油等。

甘油三酯 [triacylglycerol(TAG)] 即三酰甘油。

甘油脂质 [glycerolipid] 含有甘油成分的脂质的统称。包括脂酰基甘油酯、复合脂中的磷脂与糖脂，结合脂中的脂蛋白与脂多糖等。

肝素 [heparin] 糖胺聚糖(GAG)的一个类别。由 L-*α*-艾杜糖醛酸或 *β*-葡糖醛酸和 *N*-乙酰氨基葡萄糖形成的重复二糖单位组成的多糖。分子中含有较多的硫酸化修饰和艾杜糖醛酸。由于它的生物合成过程极其复杂，只是它的结构呈现高度的不均一性。通过与许多类型的蛋白质相互作用，进而参与了许多生理和病理过程。如与抗凝血酶III结合调节血液的凝固；与成纤维细胞生长因子及其受体结合，介导信号转导等。它也是最经典的抗凝药物。此外还发现它有抗炎、抗病毒等功效。

肝糖磷脂 [jecorin] 一种从肝组织分离的含硫复杂类脂物。在血液和各种组织中含有少量。

高甘露糖型寡糖 [high-mannose oligosaccharide] 真核细胞内进行翻译后修饰时添加到分泌蛋白或膜蛋白的特定 Asp 残基上的一类 *N*-聚糖链。通常由 5～9 个甘露糖组成的糖链。这类糖链具有不均一性，不同分子上的甘露糖的数目可以在 5～9 之间不等。

高密度脂蛋白 [high density lipoprotein(HDL)] 颗粒最小的血浆脂蛋白，是由蛋白质和脂质组成的大分子复合物，其直径为 7.5～10 nm，密度介于 1.21～1.063 g/cm^3，含有 6% 胆固醇、13%胆固醇酯与 50%蛋白质，分子量为$(1.5\sim3)\times10^6$，其载脂蛋白大多为载脂蛋白 A。在肝、肠和血液中合成，担负着将内源性胆固醇(以胆固醇酯为主)从组织往肝脏的逆向转运。血浆高密度脂蛋白含量的高低与患心血管病的风险呈负相关。

高密度脂蛋白胆固醇 [HDL-cholesterol(HDL-Ch)] 高密度脂蛋白分子所携的胆固醇，是逆向转运的内源性胆固醇酯，将其运入肝脏，再清除出血液。高密度脂蛋白从细胞膜上摄取胆固醇，经卵磷脂胆固醇酰基转移酶催化而成胆固醇酯，然后再将携带的胆固醇酯转移到极低密度脂蛋白和低密度脂蛋白上。高密度脂蛋白含有人胆固醇总量的 20%～30%。

高脂血症 [hyperlipemia] 即脂血症。

睾固酮 [testosterone] 即睾酮。

睾酮 [testosterone] 又称睾固酮、睾丸素、睾丸酮、睾甾酮。是一种类固醇荷尔蒙，由男性的睾丸或女性的卵巢分泌，肾上腺亦分泌少量睾酮。它是主要的男性荷尔蒙及同化激素。对健康都有着重要的影响，包括增强性欲、力量、免疫功能、对抗骨质疏松症等功效。

睾丸蛋白聚糖 [testican] 一种睾丸或脑组织表达的蛋白聚糖，调节细胞的社会化行为。人的睾丸蛋白聚糖有 1、2 和 3 三种，其肽链部分分别由 418、420 和 415 个氨基酸残基组成，含有一个 Kazal 样的结构域和一个甲状腺球蛋白中Ⅰ型结构域，可连接两条硫酸软骨素和/或硫酸类肝素样的糖胺聚糖链。睾丸蛋白聚糖 2 和 3 在脑中表达，参与神经发生。

睾丸素 [testosterone] 即睾酮。

睾丸酮 [testosterone] 即睾酮。

睾丸雄激素 [andrin] 睾丸分泌的雄激素。包括睾酮、雄固酮和脱氢雄固酮。

睾甾酮 [testosterone] 即睾酮。

庚二酸 [pimelic acid] 含 7 个碳原子的二羧酸。化学式 $C_7H_{12}O_4$，分子量 160.17，白色单斜晶体，熔点 105.5℃。沸点 212℃，能溶于水，与醇、醚混溶，不溶于冷苯。与赖氨酸的生物合成相关，一般用于生化研究，也用于制备聚合物，还可作为增塑剂的原料。

庚糖 [heptose] 含有 7 个碳原子的单糖。这类单糖在自然界中并不多。如戊糖磷酸途径的 7-磷酸景天庚酮糖。

共轭多烯酸 [conjugated polyene acid] 含有3个以上共轭双键的脂肪酸。见于各类种子油中。共轭三烯酸包括桐油酸、梓树酸等。

共轭亚油酸 [conjugated linoleic acid(CLA)] 由亚油酸衍生的一组亚油酸异构体，是普遍存在于人和动物体内的营养物质。在人类食物中，主要来自乳制品与牛羊肉类，人血清脂质和其他组织如脂肪组织均含有。能减少体内脂肪堆积，在脂质和葡萄糖代谢中起作用。

共凝素 [conglutinin] 又称胶固素。从牛血清中分离获得的一种胶原凝素(collectin)。具类似胶原的结构域，糖结合专一性为：GlcNAc>Man>L-Fuc。由 351 个氨基酸残基组成。

古洛糖 [gulose] 一种非自然的己醛醣，是葡萄糖的同分异构体。如果形成椅式吡喃糖后，和葡萄糖相比，C_3 和 C_4 上的羟基由平伏键变成垂直键，即两者是 3 和 4 双位的差向异构体。

谷固醇 [sitosterol] 24*β*-乙基胆固醇。具有特异气味的白色蜡状粉末，不溶于水而溶于乙醇。常为 *β*-谷固醇，存在于小麦、大豆等谷物中，具有抗高胆固醇血症的作用。

谷固醇血症 [sitosterolemia] 谷固醇很少被人的肠黏膜细胞吸收，并能抑制胆固醇的吸收，体内血液谷固醇过多的现象。会引起胆固醇代谢紊乱。

骨甘蛋白聚糖 [osteoglycin(OG)] 又称骨诱导因子。一种存在于骨中的蛋白聚糖。属于小的富含亮氨酸蛋白聚糖家族的III类亚家族。与转化生长因子 β1 和 β2 协同，诱导骨的形成。人的骨蛋白聚糖的核心蛋白质由 278 个氨基酸残基组成，含有 7 个富含亮氨酸的重复肽段和 2～3 个结合 *N*-寡糖的部位，糖胺聚糖为硫酸角质素。

骨黏附蛋白聚糖 [osteoadherin] 一种参与机体的生物矿化蛋白聚糖。人的骨黏附蛋白聚糖核心蛋白由 401 个氨基酸残基组成，含有 8 段富含亮氨酸的重复肽段。其肽段氨基段含有 3 个硫酸酪氨酸，含 3～5 个 *N*-寡糖结合部位。其糖胺聚糖链为硫酸角质素。可以通过 $\alpha_V\beta_3$ 整联蛋白与成骨细胞结合。

骨诱导因子 [osteoinductive factor] 即骨甘蛋白聚糖。

固醇 [sterol] 在类固醇核的 C-3 上有一个 β 取向的羟基，C-17 上有一个 8～10 碳原子的烃链的类固醇化合物。存在于大多数真核细胞的膜中，最常见的代表是胆固醇，但细菌不含固醇类。是甾体的一个子群并且是重要的有机分子分类。胆固醇对细胞的功能发挥来说很重要，并且是许多脂溶性维生素与甾体激素的重要前体。

固相寡糖合成 [solid-phase oligosaccharide synthesis] 一种寡糖合成方法。以聚合物作为载体，利用 C-1 位被活化为易离去基团、其他位点羟基被适当保护的糖衍生物进行寡糖合成。能够有效减少色谱分离的使用，极大简化了每步反应后的分离纯化，并可实现自动化寡糖合成。

寡糖代谢工程 [oligosaccharide metabolic engineering] 一种细胞糖类改造方法。通过细胞本身的代谢机制，非天然单糖被转化为活化的核苷酸糖，然后在高尔基体中被转移到糖复合物中，最终被分泌、转移至其他细胞组分或者表达在细胞表面。非天然单糖底物中的修饰位点会保留在其代谢产物中，据此可对细胞中的单糖残基进行精细修饰，用于研究糖类构效关系。

寡糖基转移酶 [oligosaccharyltransferase(OT)] 属转移酶类。存在于内质网腔内，参与蛋白质 *N*-糖基化过程的一类酶。催化将多萜醇二磷酸核心寡糖中的寡糖基转移至新合成肽段的 NXS/T 序列中的 N 残基上形成 *N*-糖苷键。此过程通常与蛋白质新生肽段的延伸同时进行。

光蛋白聚糖 [lumican] 细胞基质中的一种小的富含亮氨酸蛋白聚糖。人相关的核心蛋白由 338 个氨基酸残基组成，含有 8 个富含亮氨酸重复序列，其糖胺聚糖链为硫酸角质素。它在维持眼角膜的透明度中起重要作用。

癸酸甘油酯 [caprin;decanoin] 癸酸的三酰甘油。奶油的成分之一，奶油的味道即源于此。

桧酸 [sabinic acid] 12-羟十二烷酸。分子式：$HO—CH_2(CH_2)_{10}COOH$。能抑制促使水果、蔬菜成熟的乙烯生成酶的活动，延长其保鲜期。

桧萜 [sabinene] 一种天然二环单萜，是黑胡椒中辣味的主要来源，存在于挪威云杉树油及萝卜籽油中。

桧萜醇 [sabinol] 含羟基的桧萜。

果胶 [pectin] ❶初生细胞壁的成分之一，是中层的主要成分。基本上是多聚半乳糖醛酸，分子量大小不一。❷植物中的一种酸性多糖，是细胞壁中的一个重要组分。最常见的结构是 *α*-1,4 连接的多聚半乳糖醛酸。此外还有鼠李糖等其他单糖共同组成的果胶类物质。广泛地用于食品、药物和化妆品等方面。

果胶裂合酶 [pectin lyase] 反向清除不饱和末端残基，将果胶形成寡糖的酶。

果胶酶 [pectinase] 属水解酶类。分两类：①多半乳糖醛酸酶，随机水解果胶酸中多半乳糖醛酸的 1,4-*α*-D 半乳糖醛酸连键。②分解果胶的一个多酶复合体，通常包括：原果胶酶、果胶甲酯水解酶、果胶酸酶。通过它们的联合作用使果胶质得以完全分解。天然的果胶质在原果胶酶作用下，转化成水可溶性的果胶；果胶被果胶甲酯水解酶催化去掉甲酯基团，生成果胶酸；果胶酸经果胶酸水解酶类和果胶酸裂合酶类降解生成半乳糖醛酸。这两类酶又包括内切、外切等不同种类。

果胶酸二糖裂合酶 [pectate disaccharide-lyase] 属于裂合酶类。催化由果胶酸还原性末端外切产生 4-(4-脱氧-*α*-D-半乳糖-4-烯糖醛酸基)-D-半乳糖醛酸。

果胶酸裂合酶 [pectate lyase] 一种催化果胶裂解的酶，此酶裂解单糖之间的糖苷键，并脱去水分子。

果胶酯酸 [pectinic acid] 果胶中部分半乳糖醛酸被甲酯化的衍生物。

果聚糖 [fructan; fructosan; levan] 由果糖聚合而成的多糖。以 *β*-2,1 连接的，成为葡糖型果聚糖，多为生物的储藏多糖。

果聚糖 *β*-果糖苷酶 [fructan *β*-fructosidase] 即果聚糖 *β*-果糖苷酶。

果糖-1,6-二磷酸[酯]酶 [fructose-1,6-diphosphatase] 即果糖-1, 6-双磷酸[酯]酶。

果糖苷 [fructoside] 果糖成呋喃环后，以 C_2 的羟基和其他单糖或非糖配基结合形成的化合物。

果糖苷酶 [fructosidase] 全称果聚糖 *β*-果糖苷酶。属水解酶类。为胞外酶，特异性地催化水解由 *β*-D-果糖组成的果聚糖分子中的非还原性末端 *β*-2,1-*β*-2,6-糖苷键。此外还可水解菊粉、蔗糖、棉籽糖等。

果糖-1,6-双磷酸[酯]酶 [fructose-1,6-bisphosphatase] 又称果糖-1,6-二磷酸[酯]酶。属水解酶类。在 Mg^{2+}存在下，催化果糖-1,6-二磷酸中磷酸单酯水解转化为果糖-6-磷酸。

过碘酸希夫反应 [periodic acid-Schiff reaction(PAS reaction)] 用于证实某些糖类如纤维素、几丁质、糖原、淀粉等是否存在的一种反应。用过碘酸处理后，糖类邻位羟基被氧化成醛基，然后用希夫剂处理，醛基显示品红颜色。与羟基相邻的含有未取代氨基的糖也显示 PAS 阳性反应。

过碘酸氧化 [periodate oxidation] 过碘酸可选择性地氧化裂解具邻位羟基的 C—C 键的反应。反应是定量的，且氧化裂解产物具特征性。该反应常用于聚糖结构分析中，分析糖基间连键在糖环上的取代位置。

哈沃斯投影式 [Haworth projection] 由哈沃斯提出的单糖环状结构的投影画法，用以表示吡喃型糖和呋喃型糖，并可区分 D-型和 L-型，α-构型和 β-构型。在这种投影式中，糖环作为一个平面，D-型和 L-型的己糖中 C-6 分别在平面的上方和下方；α-构型和 β-构型的 C-1 羟基则分别在平面的下方和上方。在费歇尔投影式右侧和左侧的羟基，在哈沃斯投影式则分别在平面的下方和上方。

海带多糖 [laminaran; laminarin] 即昆布多糖。

海带二糖 [laminaribiose] 即昆布二糖。

海带胶 [laminarin] 即昆布多糖。

海胆凝[集]素 [echinoidin] 来自海胆的一种凝集素，参与机体的免疫防卫。

海藻酸 [alginic acid] 又称褐藻酸。由 D-甘露糖醛酸和 L-古洛糖醛酸组成的海藻多糖。在生物合成时，首先形成的前体是多聚甘露糖醛酸，其中一些甘露糖醛酸经差向异构酶的作用转化为 L-古洛糖醛酸。可以和一些金属离子螯合，因此可抑制大鼠肠道对锶的吸收。除褐藻等海藻外，棕色固氮菌等细菌亦产生藻酸类型的多糖。在食品工业中用作稳定剂和增稠剂。

海藻糖 [trehalose] 由两个葡萄糖通过异头体羟基失水而形成的非还原性二糖，有 3 种不同的异构体：α-α、α-β 和 β-β。

海藻糖酶 [trehalase] 属水解酶类。一种二糖酶，属于糖苷水解酶类。催化 *α*，*α*-海藻糖水解为两个 D-葡萄糖。

核苷酸糖 [nucleotide sugar] 又称糖核苷酸。各种核苷二磷酸或核苷一磷酸和不同单糖异头体羟基形成的衍生物，是糖类合成或相互转化时的活性形式，如 UDP-Gal、GDP-Fuc、CMP-SA。一种核苷酸可以与多种单糖连接，同时一种单糖也可以与不同的核苷酸连接而活化。

核膜 [nuclear membrane] 包裹真核细胞核将其与细胞质分离的膜系统，是由通过一个宽度为 20～40 nm 的间隙分开的脂双层所组成的双层膜。核外膜与细胞的内质网是连贯的，有时网上散布着核糖体。在核孔处，核外膜与核内膜彼此相连。

核心 *O*-聚糖 [core *O*-glycan] 又称 *O*-聚糖内核。在带有 *O*-糖链的糖蛋白中，与 Ser/Thr 残基侧链中的羟基上可以 *O*-糖苷键连接糖链，此类糖链中处于还原端的与肽链靠近的 2～4 个糖基。这样的糖链结构上略有差异，根据这些差异，*O*-聚糖可以分为不同的亚类。

核心糖基化 [core glycosylation] 在蛋白质糖基化过程中，在前期使肽链接上共有的核心糖链结构的过程。如含有 *N*-糖链的糖蛋白其核心糖基化是接受 14 个单糖残基的 G 寡糖。在核心糖基化后，才能完成糖链的进一步延伸、修饰和加工，成为成熟和完整的糖链结构。

褐煤酸 [montanic acid] 二十八烷酸。存在于蜂蜡、巴西棕榈蜡、竹蜡中的一种含 28 个碳原子的饱和脂肪酸，其熔点为 93～94℃。

褐藻酸 [alginic acid] 即海藻酸。

红肾豆凝集素 [phytohemagglutinin(PHA)] 即植物凝集素。

红细胞凝集素 [hemagglutinin(HA)] 即血凝素。

红细胞糖苷脂 [globoside] 一类侧链包含一个以上糖分子的神经酰胺的总成。糖分子通常由 *N*-乙酰半乳糖胺、葡萄糖或半乳糖组合构成。

红细胞系列糖鞘脂 [globo-series glycosphingolipids] 即球系列。

β-胡萝卜素 [β-carotene] 维生素 A 的一种。烃链类胡萝卜素，是维生素 A 的前体。在动物体内每个 β 胡萝卜素分子可分裂产生两分子维生素 A。

胡萝卜素双加氧酶 [carotene dioxygenase] 编号：EC 1.14.99.36。能将一分子氧加入到胡萝卜素中间位置的双键上，将其分解为两分子视黄醛，也可从一端将其分解生成具有与维生素 A 相同的环、侧链较长的醛的酶。

琥珀酰聚糖 [succinoglycan] 一些羟基被琥珀酰化的聚糖，存在于一些革兰氏阳性菌的细胞壁中。

花生四烯酸 [arachidonic acid] 学名：二十碳-5,8,11,14-四烯酸(全顺)，20:4Δ5c，8c，11c，14c。属于不饱和脂肪酸，为花生油中饱和的花生酸的相对物。其中含有 4 个碳-碳双键和 1 个碳-氧双键。是人体必需脂肪酸，为前列腺素合成的前体，也为衍生白三烯、凝血噁烷等提供原料。

花生酸 [arachidic acid;eicosanoic acid] 花生、蔬菜和鱼油中含有的一种饱和脂肪酸。

化学渗透 [chemiosmosis] 离子经过半透膜扩散的现象。由较多离子的区域渗入较少离子区域，直到内外浓度平衡为止。化学渗透通常是发生在细胞的呼吸作用中的 ATP 合酶(三磷酸腺苷合酶)里，利用该特性来制造 ATP(三磷酸腺苷)。

化学糖生物学 [chemical glycobiology] 运用化学手段进行糖生物学研究的分支学科。研究内容包括利用合成的寡糖和糖复合物及其类似物研究糖-受体相互作用，利用糖相关酶类抑制剂和非天然糖研究糖基化过程，利用合成分子干扰糖相关病理过程作为治疗手段，等等。

化蛹激素 [pupation hormone] 引起昆虫滞育或成蛹的类固醇激素。与蜕皮素相同或类似的化合物，如 20-羟基蜕皮固酮的类似物。

槐糖 [sophorose] β-1,2 连接的葡萄二糖。它可强烈地诱导一些霉菌表达纤维素酶。一些含有槐糖的糖脂被用作表面活性剂。

还原末端 [reducing terminus] 特指一条糖链中仍保留半缩醛羟基，尚具还原性的糖基。因其仍有活性，故还能进一步发生反应，如糖链。和其他类型的分子形成糖缀合物，如糖蛋白、糖脂和糖苷。

环庚糖 [septanose] 经分子内的缩合反应形成的七元环形式的结构的一种单糖。

环加氧酶 [cyclo-oxygenase(COX)] 编号：1.14.99.1。负责合成前列腺素家族的介导物质。当身体组织受到某种刺激会活化环加氧酶，使花生四烯酸大量转变为 PGE2、PGF2α 及血栓素等前列腺素。常在发炎部位存在。抑制环加氧酶可减轻炎症的疼痛症状。

黄体制剂 [progestin] 天然的和人工合成的具有孕酮样活性的物质。

黄脂酸 [copalic acid] 古巴香脂油中含有的主要脂肪酸。具有抗细菌、霉菌感染，抗炎，抗氧化和降血糖的作用。

挥发性脂肪酸 [volatile fatty acid] 具有挥发性的低级脂肪酸。一般在 10 个碳原子以下的脂肪酸属于挥发性脂肪酸。

肌醇磷脂 [lipositol] 含有结合内消旋型肌醇的一种磷脂。存在于植物(如黄豆)和动物组织(尤其脑与脊髓)的几种磷脂之一。

肌醇六磷酸 [hexaphosphoinositol] 即植酸。

肌醇脂-3-激酶 [inositol lipid 3-kinase] 又称磷脂酰肌醇 3-激酶。编号：EC 2.7.1.137。催化 ATP 上的 γ-磷酸转移至磷脂酰肌醇第 3 位羟基上的酶。参与信号转导，对细胞的存活和增殖起重要的作用。

肌膜 [sarcolemma] 肌细胞的细胞膜，包括细胞膜及外层的胶原纤维。在肌肉纤维末端，肌膜与腱纤维融合成束形成肌腱。

肌酸激酶 [creatine kinase] 编号：EC 2.7.3.2。通常存在于动物的心脏、肌肉以及脑等组织的细胞浆和线粒体中，是一个与细胞内能量运转、肌肉收缩、ATP 再生有直接关系的重要激酶，可逆催化肌酸与 ATP 之间的转磷酰基反应。

肌养蛋白聚糖 [dystroglycan] 一种蛋白聚糖复合体。其核心蛋白质有 α 亚基(624 个氨基酸残基)和 β 亚基(242 个氨基酸残基)，可作为突触蛋白聚糖(agrin)的受体，或层粘连蛋白(α 亚基)的受体，在骨骼肌中起连接胞外基质和肌膜的作用，可能在神经肌肉衔接点起调节突触蛋白聚糖诱导的乙酰胆碱受体成簇作用。

基底膜结合蛋白聚糖 [bamacan] 一种基底膜中的硫酸软骨素蛋白聚糖。其核心蛋白质(138 kDa)由 5 个结构域组成，其头尾是球状结构域，中间是卷曲螺旋，在螺旋上有 3 个糖基化位点且连接有 3 条硫酸软骨素。在成年大鼠肾中，位于肾小球膜和肾小球囊基底膜，但不存在于肾小球基底膜。在皮肤、毛囊和肾的发育过程中，抑制分支形态的发生，可能有稳定基底膜的作用。

极低密度脂蛋白 [very low density lipoprotein (VLDL)] 一种密度非常低(0.95～1.006 g/cm^3)的血浆脂蛋白，约含 10%蛋白质和 50%三酰甘油，颗粒直径为 30～80 nm，其分子量为(10～80)×10^6，电泳迁移率稍大于低密度脂蛋白。在血液中起转运内源性三酰甘油的作用。其浓度的增加与动脉粥样硬化的发病率升高有关。

极限糊精 [amylodextrin; limit dextrin] 淀粉颗粒用酸长时间水解后，剩余的不水解部分。包括聚合度为 10 多个葡萄糖基的直链组分和聚合度为 20～30 个葡萄糖基的支链组分。在用酶水解时，α-淀粉酶水解所得称 α-极限糊精，为 6～8 个葡萄糖基的直链麦芽糊精和分支极限糊精；β-淀粉酶水解所得称 β-极限糊精，分子要大得多。

几丁二糖 [chitobiose] 两个 *N*-乙酰氨基葡糖通过 β-1,4-糖苷键连接而成的二糖。

几丁质酶 [chitinase] 即壳多糖酶。

己聚糖 [hexosan] 由己糖组成寡糖或多糖的总称。

己醛糖 [aldohexose] 含有醛基的一类己糖，如葡萄糖和甘露糖。

己酸甘油酯 [caproin] 己酸的三酰甘油，存在于奶油和椰子油中。

己糖胺 [hexosamine] 己糖分子中某些羟基被氨基取代而形成的糖衍生物。最多见的是 C_2 位的取代，如葡糖胺和半乳糖胺。

己酮糖 [hexulose; ketohexose] 一种酮糖，其分子中有 6 个碳原子构成的链。该化合物可构成 8 对映体对。即果糖、阿洛酮糖、塔格糖、山梨糖的 D/L 型异构体。

家族性低胆固醇血症 [familial hypocholesterolemia] 家族性低 β-脂蛋白血症的杂合子成员终身伴有极低的血浆胆固醇水平，经常低于 2.6 mmol/L 的现象。其寿命一般较同龄人平均长 12 年，可达 80 岁至 90 岁以上高龄。此常染色体显性遗传障碍在亲属中的发生率为 0.2%。

家族性低 β-脂蛋白血症 [familial hypobetalipoproteinemia] 在很少的患者中，由于其编码 apoB 的基因发生突变，致使该载脂蛋白的合成异常，血浆中低密度脂蛋白胆固醇和 β-脂蛋白浓度呈极明显降低的现象。

家族性高胆固醇血症 [familial hypercholesterolemia] 一种以血浆低密度脂蛋白与胆固醇水平升高为特征的常染色体显性遗传障碍。

荚豆二糖 [vicianose] 学名：6-*O*-α-L-阿拉伯糖-D-葡糖。是一种二糖，水解后产生阿拉伯糖和葡萄糖。

荚膜多糖 [capsular polysaccharide] 存在于细菌细胞壁外的荚膜中的主要多糖，可以是同多糖或杂多糖。荚膜多糖的成分与结构具有高度的多样性，与细菌的病原性和血清型有关，并有其他的生物学意义。如感染流行性脑膜炎的奈氏菌的荚膜多糖中有 α-2,8 连接的神经氨酸，人体内也有这种结构的多糖，因此病菌可以逃避机体的免疫攻击。

甲基固醇单加氧酶 [methylsterol monooxygenase] 编号：EC 1.14.13.72。在胆固醇生物合成途径中，催化一系列单加氧反应，把 4-甲基固醇氧化为 4-羟甲基固醇和 4-羧基固醇的酶。

***N*-甲基脱氧野尻霉素** [*N*-methyldeoxynojirimycin] 野尻霉素的衍生物，是以葡萄糖为底物的糖苷水解酶的抑制剂。

假肽聚糖 [pseudopeptidoglycan; pseudomurein] 一类存在于某些古细菌细胞壁中的多糖。与一般细菌中肽聚糖不同的是，其重复的二糖单位是，*N*-乙酰氨基葡糖和 *N*-乙酰氨基泰罗糖醛酸，二糖单位间是以 β-1,3 方式连接，故而对肽聚糖有作用的溶菌酶对其无作用。

碱性磷酸[酯]酶 [alkaline phosphatase] 编号：EC 3.1.3.1。最适 pH 在 7.0 以上，催化各种磷酸单酯键水解反应，产生无机磷酸和相应的醇、酚或糖的酶，也可以催化磷酸基团的转移反应，但不能水解磷酸二酯键。

胶固素 [conglutinin] 即共凝素。

胶原凝素 [collectin] ❶一类钙依赖的糖结合蛋白或凝集素，包括肺表面活性蛋白、胶固素及甘露聚糖结合蛋白等，因具有胶原样结构及 C 末端凝集素区而得名。其凝集素区可与微生物的糖基结合，而胶原部分则可与巨噬细胞膜受体结合，从而发挥调理素和激活补体的作用。❷属 C 型凝集素(C-type lectin)的一个亚类。这类凝集素的共同特点是含有C型凝集素的糖识别域和胶原样结构域，常常是9～27条亚基肽链组装为大型的寡聚复合体，或三叉形，或十字形，糖结合区域在肽链的羧基端处。

鲛肝醇 [chimyl alcohol] 学名：1-*O*-十六烷基甘油醚。是生物膜磷脂的组分，并以少量存在于各种海生动物油中。熔点为60～70℃，有Sn1与Sn2两种异构物。常作为食品工业的表面活性剂，有利于制备人造奶油时的乳化。

角叉聚糖 [carrageenan] 又称卡拉胶。来自海洋红藻的D-和L-半乳糖组成并经硫酸酯化而形成的多糖，其结构和琼脂类似。根据硫酸化的位点和硫酸化的程度，它们可以分为很多类型：κ、λ和η等。在食品工业中已广泛用作添加剂。

角蛋白聚糖 [keratocan] 存在于牛角膜，其核心蛋白质分子量为38 kDa，含有332个氨基酸残基，含一条硫酸角质素链，并具有潜在的3～5个*N*-寡糖结合部位的糖。

酵母固醇 [zymosterol] 学名：8,24-胆固烯-3*β*-醇。从羊毛固醇生物合成胆固醇时的中间产物。

酵母聚糖 [zymosan] 是一种葡聚糖，重复的葡萄糖单元之间以*β*-1,3-糖苷键相连。该物质可以结合在Toll样受体2(TLR 2)上，并可以与蛋白质组成复合体。酵母聚糖可以从酵母细胞壁中制备得到，是第一个被发现具有免疫活性的葡聚糖。

结核硬脂酸 [tuberculostearic acid] 学名：10-甲基十八烷酸。构成结核杆菌蜡的高级支链饱和脂肪酸。熔点为12.8～13.4℃。

芥子醇 [sinapyl alcohol] 二十二碳-顺-13-烯醇，存在于芥子和油菜中。

芥子酸 [sinapic acid] 又称白芥酸。淡黄色针状结晶，熔点203～205℃。天然存在于十字花科芸苔属植物白芥及黄芥的种子中。为中药芥子有效成分之一。

芥子酰胆碱酯 [sinapine] 由芥子酸与胆碱酯化形成的酯。

金藻海带胶 [chrysolaminarin] 又称亮藻多糖、亮胶。一种淡水藻类金藻纲(Chrysophyceae)藻类所产的多糖。在某种藻(*C. cryptica*)中，此种多糖占干重的20%～30%。其结构上类似昆布多糖。主体是*β*-1,3连接的葡聚糖，间或有*β*-1,6连接。其中还含有一些甘露糖醇，且聚合度更高。

鲸蜡 [cetin; spermaceti wax] 从抹香鲸头部提取出来的油腻物质经冷却和压榨而得的固体蜡，主要是鲸蜡醇十六酸，精制品白色，无臭，有光泽。凝固点41～49℃。溶于乙醚和二硫化碳，不溶于水，在碱水溶液中可部分皂化形成乳状液。

景天庚酮糖 [sedoheptulose] 由7个碳原子构成的酮糖。其衍生物是单糖降解代谢的中间产物。

菊粉 [inulin] 即菊糖。

菊糖 [inulin] 又称菊粉。一种果聚糖。来源与菊芋、菊苣大理花根等植物的蔬菜膳食纤维，是一种纯天然的功能性食品营养增补剂。注入体内不被分解、结合、利用和破坏。由于经肾小球滤过后不被重吸收，因而菊糖的清除率能准确反映肾小球滤过率，在临床上常用于测定肾小球滤过率。

聚集蛋白聚糖 [aggrecan] 一种软骨样组织中典型的大的硫酸角质素和硫酸软骨素的蛋白聚糖(2500 kDa)，约有百余条糖胺聚糖链连接在核心蛋白质(210～250 kDa)的肽链上，而核心蛋白质又通过连接蛋白质结合到透明质酸上，形成了超分子复合体。由于众多的负电荷产生的排斥力以及高度水合的特性，构成了巨大的亲水网，为软骨样组织提供了特殊的物理学强度。人的聚集蛋白聚糖核心蛋白质由2399个氨基酸残基组成。

聚糖 [glycan] 多个单糖聚合而成的寡糖或多糖。多数是指糖蛋白和糖脂中的糖链，亦可作为名词的后缀，如蛋白聚糖(proteoglycan)。

***N*-聚糖** [*N*-glycan] 即*N*-连接寡糖。

***O*-聚糖** [*O*-glycan] 即*O*-连接寡糖。

聚糖磷脂酰肌醇 [glycan-phosphatidyl inositol (G-PI)] 磷脂酰肌醇可通过一聚糖分子将各种蛋白质锚定在细胞膜上，该聚糖由乙醇胺-(P)-(甘露糖)3-氨基葡糖组成，其一端由共价键与蛋白质的羧基末端连接；其另一端则借助氨基葡糖以共价键结合到磷脂酰肌醇上，而磷脂酰肌醇所携脂酸已嵌入膜结构中，从而对蛋白质起锚定作用。此锚住膜骨架的蛋白质-聚糖-磷脂酰肌醇复合体分子，称为聚糖磷脂酰肌醇。参与上述结合的蛋白质，包括酶、抗原、细胞粘连蛋白等。

***O*-聚糖内核** [core *O*-glycan] 即核心*O*-聚糖。

卡拉胶 [carrageenan] 即角叉聚糖。

卡斯塔碱 [castanospermine] 来自澳洲核桃树种子的一种生物碱，对糖蛋白*N*-糖链生物合成过程中的*α*-葡糖苷酶Ⅰ和Ⅱ有抑制作用，从而干扰*N*-糖链合成。

抗冻糖蛋白 [antifreeze glycoprotein] 存在于极地鱼

类血清中的糖蛋白，有助于使血清冰点下降。是一组分子量略有差异的糖蛋白，含重复单位二糖基三肽(丙氨酸-丙氨酸-苏氨酸-*O*-二糖)。

抗去垢剂膜 [membrane raft] 即膜筏。

FB5 抗原 [FB5 antigen] 即内皮唾液酸蛋白。

抗脂肪肝现象 [lipotropism] 供给合成胆碱所需甲基的化合物，以预防或减轻由于缺乏胆碱而引起的脂肪肝的代谢效应。

苦马豆碱 [swainsonine] 一种来自苦马豆的生物碱，是 *N*-糖链前体加工过程中甘露糖苷酶Ⅱ的抑制剂，可抑制小鼠肿瘤的生长和防止肿瘤转移。

苦杏仁苷酶 [*β*-glucosidase] 即 *β*-葡糖苷酶。

奎尼酸 [quinic acid] 学名：1,3,4,5-四羟环己烷羧酸。金鸡纳树皮中的一种多羟环酸。5-脱氢奎尼酸则是 L-苯丙氨酸、L-酪氨酸及 L-色氨酸从糖类前体进行生物合成的中间物。

昆布多糖 [laminaran; laminarin] 又称海带多糖、海带胶。近海岸褐藻(海带)的储藏多糖，以葡糖基 *β*-1,3-葡聚糖连接组分为主，间杂有少量甘露糖醇。

昆布多糖酶 [laminarinase] 属水解酶类。一种可内切 *β*-D-葡聚糖 1,3 或 1,4-糖苷键，另一种可内切 *β*-D-葡聚糖 1,3-糖苷键，两者均可催化昆布多糖的水解。

昆布二糖 [laminaribiose] 又称海带二糖。由葡糖基 *β*-1,3-葡聚糖形成的二糖，是昆布多糖和茯苓多糖的结构单位。

蜡醇 [wax alcohol; ceryl alcohol] 能与高级脂肪酸酯化形成蜡的高级一元醇。如鲸蜡醇为十六烷醇。

蜡酸 [cerotic acid; cerotinic acid] 学名：二十六烷酸。一种饱和脂肪酸。

来苏糖 [lyxose] 属于苏糖型的五碳醛糖。是一种戊醛糖，属非天然物质，可从 D-半乳糖酸钙(calcium-D-galactonate)氧化或用乳糖经 γ 射线辐照转化而成。在自然界很少见，是细菌糖脂的组成成分。

类固醇生成 [steroidogenesis] 从甲羟戊酸等前体生成各种类固醇化合物的过程。

类固醇酸 [steroid acid] 胆固醇作为动物固醇在肝转化生成的胆汁酸，是机体内胆固醇的代谢终产物。

类胡萝卜素 [carotenoid] 链状或环状含有 8 个异戊间二烯单位、四萜烯类头尾连接而成的多异戊间二烯化合物。是一类不溶于水的色素，存在于植物和有光合作用的细菌中，在光合作用过程中起辅助色素的作用。

类视黄醇 [retinoid] 维生素 A 及其类似物的一个集合专用术语。

利马豆凝集素 [lima bean agglutinin] 来自利马豆(*Phosealus lunatus*)的凝集素，其糖结合专一性为 GalNAc$_{\alpha}$-1,3-(L-Fuc$_{\alpha}$-1,2)-Galβ>GalNAc。

***N*-连接寡糖** [*N*-linked oligosaccharide] 又称 *N*-聚糖。连接在蛋白质肽链中天冬酰胺残基侧链酰胺氮上的寡糖。此类寡糖通常均有一个核心的五糖和类似结构的外周糖链。

***O*-连接寡糖** [*O*-linked oligosaccharide] 又称 *O*-聚糖。连接在蛋白质肽链中丝氨酸/苏氨酸残基，以及其他氨基酸残基侧链羟基上的寡糖。此类寡糖多数较短，而又呈现不同的结构。

链孢红素 [neurosporene] 类胡萝卜素家族的成员，化学成分为：7,8-二氢-*ψ*-胡萝卜素。存在于番茄、南瓜、胡萝卜等植物中，由去饱和酶作用于八氢蕃茄红素而产生。

链霉二糖胺 [streptobiosamine] 链霉素中一个二糖组分，由链霉素和 *N*-甲基葡糖胺组成。

链霉糖 [Streptose] 链霉素中特有的一种糖基，L-来苏糖的 5-脱氧-3-C-甲酰化的衍生物。

亮胶 [leucosin] 即金藻海带胶。

亮藻多糖 [chrysolaminarin] 即金藻海带胶。

磷壁酸 [teichoic acid] 革兰氏阳性菌的细胞壁中的组分。它是甘油或核糖醇通过磷酸基连接起来的多元醇多聚体。其结构特征是，以通过磷酸二酯键连接的糖醇(甘油或核糖醇)为主链；一些糖基多数作为侧链连接在糖醇的羟基上，也可作为主链的一部分。磷壁酸可与细胞壁上的糖肽，或与质膜上的脂类共价结合。它是革兰氏阳性菌细胞壁的抗原决定簇，也是革兰氏阳性菌细胞壁负电荷的提供者。

6-磷酸甘露糖受体 [mannose 6-phosphate receptor (M6PR)] 即 P 型凝集素。

磷酸甘油酸激酶 [phosphoglycerate kinase] 编号：EC 2.7.2.3。将 ATP 的磷酸基团转移给 3-磷酸甘油酸，生成 3-磷酸甘油磷酸和 ADP 可逆反应的酶。

磷酸果糖激酶 [phosphofructokinase(PFK)] 属转移酶类。催化糖酵解的限速步骤，将 ATP 上的磷酰基转移给果糖-6-磷酸，生成果糖-1,6-二磷酸的转移酶。是一个别构酶，只有在聚集成寡聚体时才有活性。

磷酸肌醇 [phosphoinositide] 不同程度磷酸化的磷脂酰肌醇的总称。磷脂酰肌醇可以被磷酸化形成磷脂酰肌醇磷酸，磷脂酰肌醇磷酸和磷脂酰肌醇三磷酸。

磷酸肌醇酶 [phosphoinositidase] 编号：EC 3.1.4.11。磷脂酶的一种，催化磷脂酰肌醇二磷酸(PIP2)中的磷酸基与甘油间键的断裂，产生信号转导通路中的第二信使——二酰甘油和肌醇三磷酸。

磷酸烯醇丙酮酸-糖磷酸转移酶 [phosphoenolpyruvatesugar phosphotransferase] 属转移酶类。包括磷酸烯醇丙酮酸-糖磷酸转移酶酶Ⅰ和酶Ⅱ。催化从磷酸烯醇丙酮酸将磷酰基转移至其糖类底物(PTS 糖类)，同时伴有 PTS 糖转位穿过细胞膜。酶Ⅰ催化将磷酸烯醇丙酮酸的磷酰基转移至一个载体蛋白，酶Ⅱ则催化将磷酸化载体蛋白的磷酰基转移至糖类。[PTS 指磷酸烯醇丙酮酸-糖磷酸转移系统(phosphoenolpyruvate-carbohydrate phosphotransferase system)]。

磷酸[酯]酶 [phosphatase] 编号：EC 3.1.3.-。一类催化正磷酸酯水解的磷酸单酯酶。根据反应的 pH 分为碱性磷酸酶(alkaline phosphatase，编号：EC 3.1.3.1)和酸性磷酸酶(acid phosphatase，编号：EC 3.1.3.2)等。

磷脂酶 [phospholipase] 在生物体内存在的可以水解甘油磷脂的一类酶。主要包括磷脂酶 A1、A2、B、C 和 D，可特异地作用于磷脂分子内部的各个酯键，形成不同产物。

磷脂双层 [phospholipid bilayer] 由两层磷脂分子组成的细胞薄膜，是构成细胞膜的主要结构。单个的磷脂分子包含由极性磷酸基团形成的亲水端和由非极性烃类基团构成的疏水端。两层磷脂分子的亲水端朝向外侧，与细胞质和细胞外液接触。疏水端尾则朝向内侧。磷脂双层是流动镶嵌模型的基础构成，对细胞膜各种功能的正常运转具有重要意义。

磷脂酸 [phosphatidic acid(PA)] 学名：1,2-二脂酰基-Sn-甘油-3-磷酸。甘油磷脂的母体化合物。甘油分子的两个羟基与脂肪酸酯化。

磷脂酰胆碱 [phosphatidylcholine(PC)] 磷脂的一种，由磷脂酸与胆碱酯化构成。是生物膜的主要组成部分，能够很容易地由蛋黄或者黄豆中获得，也是一种卵磷脂。

磷脂酰甘油 [phosphatidyl glycerol(PG)] 磷脂的一种，磷脂酸与甘油相缩合并具有疏水尾部和以甘油基为极性头部的一类化合物的总称，广泛存在于栅藻属和细菌类的细胞膜中。

磷脂酰肌醇 [phosphatidylinositol(PI)] 磷脂的一种，磷脂酸与肌醇相缩合并具有疏水尾部和以肌醇为极性头部的一类化合物的总称。磷脂酰肌醇途径是 G 蛋白偶联受体的信号转导通路中的一种。

磷脂酰肌醇蛋白聚糖 [glypican] 带有糖基磷脂酰肌醇(GPI)锚的蛋白聚糖，属硫酸乙酰肝素蛋白聚糖，由上皮细胞或成纤维细胞等产生。人的磷脂酰肌醇蛋白聚糖有 5 种，其中 1 的蛋白质部分由 507 个氨基酸残基组成，含有 4 条糖胺糖链。

磷脂酰肌醇 3-激酶 [phosphatidylinositol 3-kinase] 即肌醇脂-3-激酶。

磷脂酰肌醇激酶 [phosphatidylinositol kinase(PI kinase)] 磷脂酰肌醇 3-激酶(EC 2.7.1.137)、磷脂酰肌醇 4-激酶(EC 2.7.1.67)和磷脂酰肌醇 4-磷酸 5-激酶(EC 2.7.1.68)的统称。分别特异地催化 1-磷脂酰-1D-肌醇环上 3、4 或 5 位羟基磷酸化的酶。

磷脂酰肌醇聚糖 [phosphatidylinositol glycan] 糖基磷脂酰肌醇中的糖链部分。

磷脂酰肌醇磷酸 [phosphatidylinositol phosphate (PIP)] 又称双磷酸肌醇磷脂。存在于真核细胞质膜中的一种磷脂酰肌醇-4-磷酸(肌醇与磷脂酸的 1-羟基相连)。是参与信号转导的一类重要磷脂，起着第二信使的作用，能够使信号逐级传递和放大，最终引起细胞的各种生理性或病理性响应。

磷脂酰肌醇 4,5-双磷酸 [phosphatidylinositol 4,5-bisphosphate(PIP2)] 即三磷酸肌醇磷脂。

磷脂酰肌醇循环 [phosphatidylinositol cycle] 以影响某些激素受体系统为特征的一套连锁反应，包括磷脂酰肌醇的降解及其快速再合成。该循环可能与钙的动员偶联。

磷脂酰肌醇应答 [phosphatidylinositol response(PI response)] 磷脂酰肌醇快速再合成的过程。

磷脂酰肌醇转换 [phosphotidylinositol turnover] 磷脂酰肌醇经两分子 ATP 磷酸化，形成磷脂酰肌醇 4,5-二磷酸，再在磷脂酶 C 的催化下产生两个胞内信使二酰甘油和肌醇三磷酸的过程。

磷脂酰丝氨酸 [phosphatidylserine(PS)] 磷脂的一种，细胞膜组分之一。磷脂酸与甘油相缩合并具有疏水尾部和以丝氨酸残基为极性头部的一类化合物的总称，可由人体利用丝氨酸合成产生。它可影响脑内化学信息的传递，并帮助脑细胞储存和读取资料，是维持大脑正常记忆力、反应和健康情绪的重要营养元素。

磷脂酰乙醇胺 [phosphatidylethanolamine(PE)] 磷脂的一种，细胞膜组分之一，含量仅次于磷脂酰胆碱。磷脂酸与甘油相缩合并具有疏水尾部和以乙醇胺为极性头部的一类化合物的总称。

磷脂酰乙醇胺化 [phosphatidylethanolaminylation] 生物体内通过脂酶催化进行的对蛋白质氨基酸添加磷脂酰乙醇胺的过程。

膦酰二肽 [phosphoramidon] 学名：N-(α-鼠李吡喃糖基磷酰胺)-丝-色氨酸。一种来自微生物的蛋白酶抑制剂。专一地抑制嗜热蛋白酶和降解心钠素的蛋白酶，具有一定的药理作用。

流动镶嵌模型 [fluid mosaic model] 特指膜的流动镶嵌模型。针对细胞质膜提出的一种膜的结构模型，描述膜为结构和功能上不对称的脂双层所组成，蛋白质以镶嵌样模式分布在膜的表面与内部，并能在膜内运动。此模型也可适用于亚细胞结构的膜。

硫[脑]苷脂 [sulfatide] 糖基部分被一个或多个硫酸基酸化的鞘糖脂。最简单的硫苷脂为硫酸脑苷脂。已分离到的硫苷脂有几十种。广泛分布于哺乳动物的各种器官中，以脑中含量最为丰富。

硫葡糖苷酶 [thioglucosidase] 属水解酶类。一种存在于芥末籽中，催化硫葡糖苷分解成硫醇和糖。

硫酸角质素 [keratan sulfate] 糖胺聚糖的一种。由半乳糖和 N-乙酰氨基葡糖形成的重复二糖单位组成的多糖，并在两种糖基的 6 位羟基处都可能有硫酸基团取代。

硫酸类肝素 [heparan sulfate] 即硫酸乙酰肝素。

硫酸皮肝素 [dermatan sulfate] 糖胺聚糖的一种。其糖链中同时存在由 N-乙酰氨基半乳糖-β-1,4-葡糖醛酸-α-1,3 的二糖重复单位和由 N-乙酰氨基半乳糖-β-1,4-L-艾杜糖醛酸-α-1,3 的二糖重复单位，在 N-乙酰氨基半乳糖的 C_4 位等处常有硫酸基团取代。实际上它是由硫酸软骨素衍生而来，硫酸软骨素中一些葡糖醛酸经酶的作用，差向异构化成为 L-艾杜糖醛酸时，硫酸软骨素就成了硫酸皮肤素。

硫酸乙酰肝素 [heparan sulfate] 又称硫酸类肝素。糖胺聚糖的一个类别。由 L-α-艾杜糖醛酸或 β-葡糖醛酸和 N-乙酰氨基葡糖形成的重复二糖单位组成的多糖。因 N-硫酸化较少，艾杜糖醛酸含量较少，而区别于肝素。但和肝素类似，可以与许多类型的蛋白质相互作用，因此参与了许多生理和病理过程。

硫脂 [sulfolipid] 含有硫的脂质。在植物中，是重要的硫循环的中间物质。

硫脂酶 [thioesterase] 编号：E.C.3.1.2。对硫醇基有特异性水解作用的水解酶。属于酯酶家族。

龙胆二糖 [gentiobiose] 两个 D-吡喃葡糖通过 β-1,6 键相连而成的二糖。龙胆三糖经转化酶水解切去果糖，即成为龙胆二糖。

龙胆二糖酶 [β-glucosidase] 即 β-葡糖苷酶。

龙胆三糖 [gentianose] 从龙胆科植物根部首先分离得到的一种三糖，由葡萄糖和果糖组成，其结构式为 D-吡喃葡糖基-β-1,6-D-吡喃葡糖基-α-1,2-β-D 呋喃果糖苷，可看成是蔗糖的一种衍生物。

路易斯抗原 [Lewis antigen] 即路易斯血型物质。

路易斯血型物质 [Lewis blood group substance] 又称路易斯抗原。一组含有以 Galβ-1,3(或 1,4)GlcNAc[α-1,4(或 1,3)Fuc]-三糖为核心的、与血型有关的复合糖类。

卵磷脂-胆固醇酰基转移酶 [lecithin-cholesterolacyltransferase(LCAT)] 编号：EC 2.3.1.43。催化高密度脂蛋白中的胆固醇转化为胆固醇酯，将磷脂酰胆碱中的酰基转移至胆固醇的酶。

裸藻淀粉 [paramylon] 即副淀粉。

麦角钙化[固]醇 [ergocalciferol] 即维生素 D_2。

麦胚凝集素 [wheat-germ agglutinin(WGA)] 从麦胚中提取的可与 N-乙酰葡糖胺基和唾液酸残基结合的凝集素。每个分子由 2 个亚基组成，每个亚基含有 4 个结构域和 2 个糖结合位点。

麦芽糖糊精 [Maltodextrin] 淀粉 α 淀粉酶水解产物中含有 6～8 个葡萄糖单位的糊精。以易吸潮的白色粉末形式存在，是一种易于消化吸收的寡糖，甜味较淡的物质，可以用作食品添加剂。

麦芽糖酶 [maltase] 在淀粉的酶解过程中催化麦芽糖水解生成葡萄糖的酶，属于 α-葡糖苷酶。

牻牛儿基化 [geranylgeranylation] 在牻牛儿基转移酶的作用下将牛儿龙牛儿基转移到蛋白质的一个或两个半胱氨酸残基上的过程。蛋白质异戊二烯化的一种形式。

蟒蛇胆酸 [pythonic acid] 蟒蛇含有的一种胆酸，为 3α, 7α, 12α-三羟类固醇烷(C27)的衍生物。

蜜二糖 [melibiose] 分子式为 $C_{12}H_{22}O_{11}$，分子量 342.30。由葡萄糖和半乳糖形成的二糖。结构式为：D-半乳糖基 α-1,6-D-葡萄糖，广泛分布于各种植物中。

蜜里三糖 [raffinose] 即棉子糖。

蜜三糖 [raffinose] 即棉子糖。

棉子糖 [raffinose] 又称蜜三糖、蜜里三糖、棉籽糖。化学式 $C_{18}H_{32}O_{16}$，分子量 504.44，白色粉末。无水物熔点118～119℃。溶于水。极微溶于乙醇。一个非还原的三糖，属于蔗糖的衍生产物，在蔗糖中葡萄糖 C-6 位羟基上以 α-1,6 连接有一个半乳糖。是自然界中最知名的一种三糖，由半乳糖、果糖和葡萄糖结合而成，在大部分的植物中都存在。棉子糖是人体肠道中双歧杆菌、嗜酸乳酸杆菌等有益菌极好的营养源和有效的增殖因子，棉籽糖有整肠和改善排便的功能，它能改善人体的消化功能，促进人体对钙的吸收。从而增强人体免疫力。对预防疾病和抗衰老有明显效果。棉子糖可作为人体和动物活器官移植用保护输送液的主要成分及延长活菌体在常温下存活期的增效剂。

棉籽糖 [raffinose] 即棉子糖。

膜定位 [membrane localization] 在特定条件或某些因素影响下，膜蛋白和磷脂分子在脂双层膜中正常分布的维持。如 α13 是 G 蛋白的 α 亚基，参与调节有关细胞生长的多种途径，而 α13 的软脂酰化则是其正确膜定位和信号转导的关键。

膜分配 [membrane partitioning] 细胞中各种脂质分子在不同的亚细胞结构的膜中的分布常出现一定差异的现象。如胆固醇/磷脂比值以质膜最高，内质网次之，线粒体最低。胆固醇在这些生物膜之间不同的分配是由于膜结构差异所致。

膜裂解 [membrane lysis] 在病毒、酶或其他的破坏渗透的机制作用下，引起细胞膜破裂及胞质成分丢失的过程。动物唾液、蛋清及其他分泌物中的溶菌酶能使许多细菌发生膜裂解。

膜磷壁酸 [membrane teichoic acid] 又称脂磷壁酸。甘油或核糖醇通过磷酸二酯键连接起来而形成的多聚物。是革兰氏阳性细菌细胞壁中的特殊组分。一端与细胞膜连接，另一端均游离于细胞壁外。磷壁酸抗原性很强，是革兰氏阳性菌的重要表面抗原；在调节离子通过黏肽层中起作用；也可能与某些酶的活性有关；某些细菌的磷壁酸，能黏附在人类细胞表面，其作用类似菌毛，可能与致病性有关。

膜磷脂 [membrane phospholipids] 含有磷酸的脂类，属于复合脂。是细胞中所有膜状构造的主要成分。分为甘油磷脂与鞘磷脂两大类，分别由甘油和鞘氨醇构成。磷脂为两性分子，一端为亲水的含氮或磷的尾，另一端为疏水的长烃基链。由于此原因，磷脂分子亲水端相互靠近，疏水端相互靠近，常与蛋白质、糖脂、胆固醇等其他分子共同构成脂双分子层，即细胞膜的结构。

膜锚 [membrane anchor] 位于细胞膜脂双层膜内层或外层侧可以锚定其他蛋白质，并使其连接在膜上的蛋白质或非蛋白质分子。如位于脂双层膜外层的磷脂酰肌醇或位于红细胞膜内层的锚蛋白都是膜锚。

膜 pH 梯度 [membrane pH gradient] 生物膜两侧 H^+ 浓度的差异而形成的膜两侧pH值的差异。如米切尔(Mitchell)提出的呼吸链化学渗透假说，其推论根据是在线粒体内膜两侧存有 H^+ 的电化学梯度。

膜通透性 [membrane permeability] 生物膜允许特定的分子、离子跨越膜的能力。是影响细胞进行内外物质交换的重要因素。

膜脂 [membrane lipid] 生物膜的基本组成成分，存在于质膜及细胞内膜的脂质。主要是甘油磷脂、固醇和少量的鞘脂。

末端糖基化 [terminal glycosylation] 在反式高尔基网架内的 *N*-和 *O*-连接寡糖链外周接上多种糖基的过程。其中经常以唾液酸化为终末反应。

木聚糖 [xylan] 由 β-D-1,4 木糖苷键连接起来，并带有多种取代基的一种多聚五碳糖。木聚糖部分降解可形成低聚木糖，彻底降解则得到五碳单糖：木糖、阿魏糖、阿拉伯糖等，其中以木糖为主。是植物细胞壁中半纤维素的组分。

木聚糖酶 [xylanase] 又称内 1,4-β-木聚糖酶。编号：EC 3.2.1.8，可以将线型的 β-1,4 连接的木聚糖降解为木糖的酶。采用液体深层发酵、超滤及喷雾干燥等工艺制得，用于啤酒酿造，可以有效分解麦芽汁中的木聚糖和戊聚糖，降低麦芽汁中的黏度，改善其过滤性能，防止非碳水化合物混浊的产生。

木蜡酸 [lignoceric acid] 又称二十四烷酸。含 24 个碳原子的饱和脂肪酸。化学式为 $C_{24}H_{48}O_2$。熔点为 84℃。存在于木焦油、各种脑苷脂及许多天然脂肪中。

木葡聚糖 [xyloglucan] 植物细胞壁中半纤维素的一种组分，主链由 β-1,4 连接的葡萄糖残基组成，大部分残基通过 1,6 连接的方式连接了木糖侧链。在许多双叶植物中，它是细胞壁中最丰富的半纤维素。在不同的植物中，木葡聚糖的具体结构有差异。

木素纤维素 [lignocellulose] 混有木质素、纤维素和半纤维素的天然植物纤维。植物生物量(biomass)，是世界上制造生物燃料(主要是生物乙醇)的最主要生物原材料。

木糖异构酶 [xylose isomerase] 一种木糖异构酶(编号 EC 5.3.1.5)，催化木糖转变成木酮糖。异构酶家族中能够将醛糖和酮糖互相转化的酶家族中的一个。

脑苷脂 [cerebroside]　又称酰基鞘氨醇己糖苷。是最早发现的神经鞘糖脂，因发现于人脑而得名。由神经酰胺的 1 号位羟基被糖基化而得。其中的糖基可以是葡萄糖苷或半乳糖苷，它因此又分为葡糖脑苷脂与半乳糖脑苷脂。葡糖脑苷脂多发现于神经组织，半乳糖脑苷脂则主要分布于其他组织中。

脑脊膜 [meninges]　包裹中枢神经系统的一个三层膜结构。外层为硬膜，厚而坚韧，有保护和支持作用；中层为蛛网膜，是一层无血管的透明薄膜；内层为软膜，紧贴于脑和脊髓表面，内有丰富的血管。

脑羟脂酸 [cerebronic acid]　学名：2-羟二十四烷酸。羟脑苷脂和其他糖脂的成分之一。化学式为 $C_{24}H_{48}O_3$。

内 1,4-*β*-木聚糖酶 [entopan mono]　即木聚糖酶。

内皮唾液酸蛋白 [endosialin]　又称 FB5 抗原。人体恶性肿瘤血管内皮细胞表达的一种肿瘤间质糖蛋白抗原（165 kDa）。含高度唾液酸化的 *O*-聚糖，也可能有少量 *N*-聚糖。

内切几丁质酶 [chitinase]　即壳多糖酶。

内切葡聚糖酶 [endoglucanase]　催化葡聚糖内部糖苷键断裂的酶。内切 1,4-*β*-D-葡聚糖酶（编号：EC 3.2.1.4）是其中一种，水解纤维素或谷物中 *β*-D-葡聚糖分子链内的 1,4-*β*-D-糖苷键。

拟糖物 [glycomimetics]　具有类似糖功能的非糖化合物。拟糖物通常是在糖类化合物糖苷键处发生修饰的物质。糖类化合物中的氧原子被碳原子、硫原子、氮原子取代，形成的碳环糖、硫糖和亚胺糖都属于拟糖物。

黏多糖 [mucopolysaccharide]　糖胺聚糖的旧称。

黏结蛋白聚糖 [syndecan]　一种单次跨膜蛋白。其被认为是 G 蛋白偶联受体的共受体，与一大类配体相互作用，包括成纤维细胞生长因子、转化生长因子等。它是一类整合在成纤维细胞和表皮细胞质膜内的硫酸乙酰肝素蛋白聚糖，为一个家族，有 4 个成员：黏结蛋白聚糖 1～4，其核心蛋白质（31～45 kDa）上接有数条硫酸软骨素和数条硫酸类肝素链，可与基质、生长因子等结合。黏结蛋白聚糖 1 调控细胞表型和肌动蛋白细胞骨架组建，并参与维持上皮构建。黏结蛋白聚糖 3 参与四肢形态形成、骨骼发育和骨骼肌分化。

黏结蛋白聚糖 2 [syndecan-2]　即纤维蛋白聚糖。

黏结蛋白聚糖 4 [syndecan-4]　即双栖蛋白聚糖。

尿苷二磷酸葡糖 [uridine diphosphate glucose (UDPG)]　苷二磷酸和葡糖异头体羟基形成的衍生物，是合成糖原葡萄糖基的直接供体。高能态的尿苷二磷酸葡糖可容易地将其糖基供给糖原的合成。在许多双糖和多糖的合成中，尿苷二磷酸葡糖都起着糖基供体的作用。如体内充作葡萄糖供体。最后在糖原合酶作用下，尿苷二磷酸葡糖的葡萄糖基转移给糖原引的糖链末端，形成 *α*-1,4 糖苷键。

尿苷二磷酸-糖 [uridine diphosphate sugar(UDP-sugar)]　尿苷二磷酸和一些单糖异头体羟基形成的衍生物，是糖类合成或相互转换时的活化形式。

柠烯 [limonene]　学名：对-薄荷-1,8-二烯或 1-甲基-4-异丙烯-1-环己烯。含有一个手性中心，有左旋柠烯、右旋柠烯光学异构体与一种外消旋体。化学式为 $C_{10}H_{16}$，分子量 136.24。左旋柠烯：即 L-柠烯、(*S*)-(−)-柠烯。相对密度 0.8407，沸点 175.5～176.5℃，折射率 1.474，比旋光度 $[\alpha]_D^{19.5}$ −101.3°。右旋柠烯：即 D-柠烯、(*R*)-(+)-柠烯。相对密度 0.8402，沸点 175.5～176℃，凝固点−95.5℃，折射率 1.4743，比旋光度 $[\alpha]_D^{19.5}$ +123.8°，是一种环状单萜烯，广泛存在于各种香精油，特别是柠檬油、柠嵩油、橙子油、佛手柑油、莳萝油中。柠烯分子中常温下这两种异构体都为无色有强烈宜人香味的易燃液体，左旋柠烯闻起来有柠檬 / 松节油味道，而右旋柠烯则有柠檬 / 橘子味道。用酸性试剂硫酸氢钾处理松油醇时，可以得到柠烯，同时也会产生少量柠烯的非手性异构体异松油烯。柠烯在工业上主要由天然精油经过分馏或萃取，或者由松节油为原料，取 *α*-蒎烯馏分，将它异构化得到。D-柠烯主要被用作制取香芹酮的前体，此外也用作溶剂、清洗剂、除胶剂、调香剂、生物燃料和杀虫剂等。柠烯和其氧化产物（如被空气氧化生成的 1,2-柠烯氧化物）对皮肤和呼吸道有刺激作用，会引起过敏。柠烯会在大鼠中引起肾细胞癌，但目前没有足够的证据证明它对人类有致癌性和基因毒性。在国际癌症研究机构的分类中，D-柠烯被列为第 3 类物质——尚不清楚其对人体致癌作用。

凝集素 [lectin; agglutinin]　一类对游离糖、糖蛋白或者糖脂上的糖类具有高度特异性的结合蛋白。凝集素可能使动物细胞凝聚并沉淀。Lectin 的名字的由来是来自于拉丁文中的 legere，代表选择的意思。凝集素可按糖的特异性、分子结构、结合位点和其功能进行分类。

凝血调节蛋白 [thrombomodulin]　一种内皮细胞表面的蛋白聚糖。内皮细胞膜上特异的凝血酶受体，具有抑制凝血酶的凝固活性和加速抗凝血酶Ⅲ作用的功能。其核心蛋白质是Ⅰ型穿膜蛋白，N 端位于细胞外，糖胺聚糖为硫酸软骨素和硫酸皮肤素。

农杆糖酯 [agrocinopine] 一种糖磷酸二酯。存在于植物根部冠瘿中。

潘糖 [panose] 在黑曲霉中发现的一种三糖。结构式为 Glcα1,6Glcα1,4Glc。分子式 $C_{18}H_{32}O_{16}$，分子量 504.44。

皮质类固醇 [corticosteroid] 由肾上腺皮质制造和分泌的类固醇，也可经由人工合成。许多是激素类。人体内普遍存在的天然激素包括：皮质酮($C_{21}H_{30}O_4$)、可的松($C_{21}H_{28}O_5$，17-羟-11 脱氢皮质(甾)酮)和醛固酮。皮质类固醇是以胆固醇为原料在肾上腺皮质所合成。大多数类固醇反应须由细胞色素 P450 酵素催化。它位于铁氧化还原蛋白内，以粒线体作为辅助因子(除了 21-羟化酶和 17α-羟化酶以外)。主要分为两类：①糖皮质激素：如皮质醇，控制糖类、脂肪和蛋白质的代谢，透过抑制磷脂分泌、降低嗜伊红性白血球功能等其他机制，达到抗炎的目的；②盐皮质激素：如醛固酮，控制电解质和水分浓度，主要透过促进肾脏内钠滞留等途径。依施用途径可分为四类：外用类固醇,主要局部涂抹于皮肤、眼睛和黏膜；吸入类固醇，用于治疗鼻黏膜、鼻窦、支气管和肺部；口服类固醇；系统性固醇，以注射和非口服途径进入体内。

皮质酮 [corticosterone] 一种皮质激素类二十一碳甾体激素，由肾上腺的皮质产生出来。化学式 $C_{21}H_{30}O_4$，分子量 346.46，熔点：179～183℃，沸点 529.2℃，闪点 288℃，相对密度 1.21。在两栖类、爬行类、啮齿类及鸟类中是一种重要的糖皮质激素，涉及能源物质调节，免疫反应和压力反应。而在人体内，由肾上腺皮质产生，是一种低效能的糖皮质激素和盐皮质激素，主要作为合成类固醇的中间产物，小球区细胞线粒体中，皮质酮在醛固酮酶的作用下转化成醛固酮。

胼胝质 [callose] 即愈伤葡萄糖。

苹婆酸 [sterculic acid] 存在于梧桐科植物种子中的一种带支链的不饱和脂肪酸。化学式 $C_4H_6O_5$，分子量 134.09，熔点 130℃，沸点 529.2℃，闪点 288℃，相对密度 1.61，溶解度 558 g/L。分子中含有一个不对称碳原子，因此有两种旋光异构体和一种外消旋体。它是三羧酸循环的中间物之一，由反丁烯二酸水合生成，继续氧化得到草酰乙酸。存在于苹果、葡萄、山楂等果实中，苹果酸首先从苹果汁中分离出来，是苹果汁酸味的来源，并因此得名。它也用作食品添加剂。

葡甘露聚糖 [glucomannan] 葡萄糖和甘露糖聚合而形成的杂多糖。常见于植物、酵母等细胞壁中。葡甘露聚糖是主体为直链线型聚合，含有少量支链。比例为 1.6∶1 的 D-葡萄糖和 D-甘露糖通过 β-1,4 连接的方式组成。

葡聚糖 [glucan; glucosan] 由葡萄糖通过不同方式形成的聚糖的总称。

葡聚糖酶 [dextranase] 编号：EC 3.2.1.11。催化水解葡聚糖(右旋糖酐)中的 α-1, 6-D-葡糖苷键的酶，属内切酶。

葡糖 [glucose] 葡萄糖的简称。

葡糖胺 [glucosamine] 又称氨基葡糖、壳糖胺。葡萄糖 C-2 位上的羟基被氨基取代而形成的衍生物。代表性的氨基糖。为己糖胺的一种。分子式：$C_6H_{13}NO_5$，分子量 179.17。在天然产物中，氨基上通常连接有乙酰基，即以 *N*-乙酰氨基葡糖形式出现，存在于几丁质、黏液多糖、糖蛋白质、糖脂质和细菌的细胞壁的胞壁质，脂多糖中，作为复合多糖的组成糖分布最广。也有葡萄糖 C-6 或 C-3 位被氨基取代的情况，较为少见。

葡糖淀粉酶 [glucoamylase] 又称淀粉葡糖苷酶、1,4-α-D-葡糖苷外切酶。编号：EC 3.2.1.3。催化糖苷键的水解，从 1,4-α-D-葡聚糖链的非还原性末端依次水解 1,4-α-D-葡糖苷键，释放出 β-D-葡萄糖的酶。多数情况下也能迅速水解与 1,4-糖苷键邻接的 1,6-α-D-糖苷键。

葡糖苷酶 [glucosidase] 一类催化糖苷键水解的酶。

α-葡糖苷酶 [α-glucosidase] 又称 α-D-葡萄糖苷水解酶。一类催化糖苷键水解的酶。能够切开低聚糖的非还原末端 α-1,4-糖苷键，释放葡萄糖或将游离出的葡萄糖残基转移到另一糖类底物形成 α-1,6-糖苷键，从而得到非发酵性的低聚异麦芽糖或糖脂、糖肽等。

β-葡糖苷酶 [β-glucosidase(β-G)] 又称 β-D-葡萄糖苷水解酶、龙胆二糖酶、纤维二糖酶、苦杏仁苷酶。能够水解结合于末端非还原性的 β-D-葡萄糖键，同时释放出 β-D-葡萄糖和相应的配基的纤维素酶类，是纤维素分解酶系中的重要组成成分。

1,4-α-D-葡糖苷外切酶 [*exo*-1,4,α-D-glucanase] 即葡糖淀粉酶。

葡糖基化 [glucosylation] 糖基化的一种。在酶作用下，使生物分子连接上葡糖基的反应过程。

D-葡糖基-*N*-酰基神经鞘氨醇葡糖水解酶 [glucosylceramidase] 即葡糖脑苷脂酶。

葡糖激酶 [glucokinase] 编号：EC 2.7.1.2。催化肝脏中葡萄糖酵解的第一步反应，使葡萄糖磷酸化为 6-磷酸葡糖的一个诱导酶，多存在于动物的肝脏中。

葡糖-6-磷酸脱氢酶 [glucose-6-phosphate dehydrogenase] 编号：EC 1.1.1.49。吡啶核苷酸脱氢酶的一种，催化磷酸己糖旁路的第一步反应，使 6-磷酸葡萄糖氧化成 6-磷酸葡糖酸 δ-内酯。

葡糖脑苷脂 [glucocerebroside] 又称葡糖水杨酰胺、水杨酰胺葡糖苷。鞘脂类的中性鞘糖脂内的脑苷脂类化合物之一。最初因积累于戈谢病(Gaucher disease，即家族性脾性贫血症)患者的脾脏中而被发现。在机体各脏器中含量虽少但普遍存在。以脑和神经系统中含量颇多。其分子的结构特点是：神经酰胺的1位上羟基借β-糖苷键与葡萄糖分子相连接，并在细胞表面把无极性尾部伸入到细胞膜的双层脂层结构的内部，而其糖基的头部暴露在膜的表面。它在体内可发挥重要的生物学功能(如血型专一、细胞识别等)。它也是生物合成除半乳糖脑苷脂、脑硫苷脂以外的一些鞘糖脂类的前体物质。在植物界中，以其甘油磷酸酯为主，在面粉中含有相当量的葡糖脑苷脂。主要见于戈谢病患者的脾脏。产品主要用作生化试剂。

葡糖脑苷脂酶 [glucocerebrosidase] 又称酸性β-葡糖苷酶，D-葡糖基-*N*-酰基神经鞘氨醇葡糖水解酶。位于细胞溶酶体中，分子量59.7 kD。具有葡糖神经酰胺酶活性(EC 3.2.1.45)，通过水解断开葡萄糖脑苷脂的β-糖苷键，参与糖酯的代谢。

葡糖醛酸 [glucuronic acid] 葡萄糖的C-6位上的羟基被氧化为羧基后形成的产物，是植物细胞壁多糖组分，动物糖胺聚糖组分。细菌中亦发现葡糖醛酸。

葡糖醛酸基 [glucuronyl] 葡糖醛酸除去异头羟基上的氢原子后的残基。以糖苷键与体内有毒性小分子结合，利于排出体外，是人体解毒功能的一种。葡糖醛酸基还出现在糖胺聚糖等多种多糖组成中。

葡糖醛酸内酯 [glucuronolactone] 葡糖醛酸C-6位上的羧基和C-3位上的羟基形成的内酯，是合成维生素C的中间代谢产物。

葡糖水杨酰胺 [glucocerebroside] 即葡糖脑苷脂。

葡糖酸 [gluconic acid] 葡萄糖的醛基被氧化为羧基生成的衍生物。常以内酯形式存在，可与钙离子结合，有助钙吸收。6-磷酸葡糖酸是戊糖途径的中间产物。葡萄糖酸在常温条件下是无色的液体，δ-内酯是白色固体。

葡糖酸内酯 [gluconolactone] 葡糖酸分子中C-1位上的羧基和C-4位上的羟基或C-5位上的羟基形成的分子内酯，分别为葡糖酸γ-内酯和葡糖酸δ-内酯。

葡糖异构酶 [glucose isomerase] 编号：EC 5.3.1.5。催化D-葡萄糖向D-果糖异构化反应的酶。工业上用于生产高果糖浆或异构糖浆。EC 5.3.1.5也是木糖异构酶的编号，由于某些木糖异构酶同时具有葡糖异构酶活性，故二者为同一编号。

葡糖转运蛋白 [glucose transporter] 以葡萄糖为底物的糖转运蛋白。存在于哺乳类、酵母等细胞质膜中的一类蛋白质，其功能是通过不需消耗能量的易化扩散，加快葡萄糖进入细胞的速率。

葡糖转运子 [glucose transporter] 以葡萄糖为底物的糖转运蛋白。存在于哺乳类、酵母等细胞质膜中的一类蛋白质，其功能是通过不需消耗能量的易化扩散，加快葡萄糖进入细胞的速率。

α-D-葡萄糖苷水解酶 [α-D-glucosidase] 即α-葡糖苷酶。

β-D-葡萄糖苷水解酶 [β-D-glucosidase] 即β-葡糖苷酶。

七糖 [heptose] 由7个单糖连接而形成的寡糖。

七叶苷 [esculin] 分子式$C_{15}H_{16}O_9$，分子量340.28。白色针状结晶。熔点204～206℃，溶于热乙醇、甲醇、吡啶、乙酸乙酯和乙酸(水合物)。具有抗炎、抗菌、抗血凝、镇痛等活性。一种杂环糖苷，属香豆素类化合物。

25-羟胆钙化醇 [25-hydroxycholecalciferol] 即25-羟基-D_3。由维生素D_3在肝脏中被羟化生成。肾脏再将其转变为1α, 25-二羟基-D_3和24,25-二羟基-D_3。这两种二羟基代谢物与靶器官的核受体结合，发挥生物效应。

3-β-羟胆烷 [3-β-hydroxycholestane] 即胆固烷醇。

羟基神经酸 [hydroxynervonic acid] 一些脑苷脂的重要成分。

21-羟基孕酮 [21-hydroxyprogesterone] 即脱氧皮质酮。

羟脑苷脂 [cerebron,phrenosin] 脑白质富含的一种脑苷脂，由脑羟脂酸、D-半乳糖和鞘氨醇组成。

17-羟皮质类固醇 [17-hydroxycorticosteroid] 17位羟化的皮质类固醇。可加强调节糖代谢的作用。

N-羟乙酰神经氨酸 [*N*-glycolylneuraminic acid; *N*-hydroxyacetylneuraminic acid] C-5位氨基被羟乙酰修饰的神经氨酸。

12-羟油酸 [ricinolic acid; ricinoleic acid] 又称蓖麻油酸。学名：12-羟十八碳-顺-9-烯酸。存在于蓖麻油中的一种不饱和脂肪酸。熔点为5.5℃。CAS号：141-22-0。化学式：$C_{18}H_{34}O_3$，分子量298.461。

壳多糖酶 [chitinase] 又称几丁质酶、内切几丁质酶。一种能分解*N*-乙酰葡萄糖胺组成的杂多糖的水解酶。可由霉菌生产，用于分解壳多糖，提高饲料的营养价值。

壳糖胺 [chitosamine] 即葡糖胺。

鞘氨醇半乳糖苷 [psychosine] 鞘氨醇和半乳糖形成的糖苷。

鞘磷脂酶 [sphingomyelinase] 编号：EC 3.1.4.12。催化哺乳动物细胞膜上的鞘磷脂形成神经酰胺的酶。根据其最适 pH 值大致分为三类：中性鞘磷脂酶、酸性鞘磷脂酶、碱性鞘磷脂酶。

鞘糖脂 [glycosphingolipid] 又称糖神经胺醇脂。由非脂的糖基部分与神经鞘氨醇相连构成的糖脂。分为中性鞘糖脂和酸性鞘糖脂，前者糖基不含唾液酸，后者则因含硫酸化糖基或唾液酸而显酸性。鞘糖脂参与细胞间通信并可作为 ABO 血型的抗原决定簇。也有用作病毒和细菌毒素的受体。

鞘脂 [sphingolipid] 属于复合脂质，其主要成分是鞘氨醇、二氢鞘氨醇或其他长链鞘氨醇类化合物。是动、植物细胞膜的主要组成成分，在动物脑组织和神经组织内含量丰富。

亲油性化合物 [oleophyllic compound] 凡携有烃基、脂酰基的化合物以及固醇类化合物,属亲油性。如长链脂肪酸、类固醇等。

亲脂素 [lipophilin] 属于一种整合膜蛋白，是中枢神经系统的主要髓磷脂蛋白，在形成与维持髓磷脂的多层结构中起重要作用。人亲脂素由 276 个氨基酸组成，分子量为 29.91×10^3，与大鼠和小鼠亲脂素完全一致。其突变常伴随佩利措伊斯·梅茨巴赫(Pelizaeus-Merzbacher)病出现或引起髓鞘形成不良。

琼脂糖 [agarose] 来自海藻的带硫酸酯的半乳聚糖。因其多孔凝胶性质，已广泛用做生物大分子电泳技术的支持材料。琼脂糖是线形的多聚物，基本结构是 1,3 连接的 β-D-半乳呋喃糖和 1,4 连结的 3,6-脱水 α-L-半乳呋喃糖。琼脂糖在水中一般加热到 90℃以上溶解，温度下降到 35～40℃时形成良好的半固体状的凝胶。

琼脂糖酶 [agarase] 编号：EC 3.2.1.81。催化琼脂糖的 1, 3-β-D-半乳糖糖苷键水解的酶。主要产物为四聚糖。

球系列 [globo-series] 又称红细胞系列糖鞘脂。糖鞘脂中的一类，此系列糖脂中与神经酰胺连接的核心糖链结构特征为：GalNAcβ1, 4Galα1, 4Galβ1, 4Glcβ1, 1Cer。

驱蛔萜 [ascaridole] 一个天然存在的双环单萜，属于少见的有机过氧化物类，是藜科植物土荆芥，精油的主要成分。化学式 $C_{10}H_{16}O_2$，分子量 168.23，熔点 3.3℃，沸点 39～40℃(26.67 Pa)，相对密度 1.01。无色黏稠液体，有不愉快臭味。可溶于多数有机溶剂，如乙醇、苯、甲苯、戊烷、已烷和蓖麻油中。不稳定，加热(130～150℃)或用有机酸处理时会剧烈放出氧气发生爆炸，因此只能在高压下蒸馏。有驱虫作用，不过安全范围小，很少单独使用。也有一定的抗疟作用。

趋化性激素 [chemotactic hormone] 具有趋化效应的激素。如能使变形虫和黏菌聚集的固醇类激素。

趋化脂质 [chemotactic lipid] 吸引炎性细胞趋往炎症病灶的脂质因子。如在白细胞趋化性中，其外源性化学吸引因子包括一些脂质、脂多糖、凝集素、变性蛋白等；而内源性化学吸引因子则有来自宿主的 C5a 等补体碎片以及各种细胞生成的白三烯 B 和血小板活化因子。

去糖基化 [deglycosylation] 在糖复合物中除去糖基的过程，是研究糖蛋白中糖部分的功能和作用的一个重要手段。分为生化法和化学法两大类。生化法比较温和，包括用内切或外切酶去除糖链；用糖链合成抑制阻断糖链的合成；用原核细胞通过基因工程的无糖基化的重组产物。化学法比较简单，然而较剧烈，可能会影响到蛋白质的活性。

醛固酮 [aldosterone] 一种类固醇类激素(盐皮质激素家族)，由肾上腺皮质所产生，主要作用于肾脏，进行钠离子及水分的再吸收，以维持血压的稳定。整体来说，醛固酮为一种增进肾脏对于离子及水分再吸收作用的一种激素，为肾素-血管紧张素系统的一部分。化学式 $C_{21}H_{28}O_5$，分子量 360.44，熔点 3.3℃，沸点 39～40℃(26.67 Pa)，相对密度 1.01。合成机制与皮质甾酮非常相似，同样由胆固醇在粒腺体利用细胞色素 P450 作为催化酵素，经过一系列反应，在最后一步骤时，醛固酮利用醛固酮生成酶作为反应酵素，而皮质甾酮则是利用 11β-水解酶来进行最后的反应。

醛糖酸 [aldonic acid] 简称糖酸。醛糖的醛基被氧化成为羧基后得到的衍生物，如葡萄糖酸。糖醛酸在化妆品生产中有广泛应用。

炔基糖 [alkynyl sugar] 修饰由炔基的单糖衍生物，能被细胞代谢并表达于糖缀物上通过与叠氮探针的点击化学环加成反应进行糖缀物标记、分离和富集。常见的有炔基修饰的岩藻糖、甘露糖胺。

炔诺酮 [aethisteron] 即乙炔睾酮。

炔孕酮 [ethisterone] 即乙炔睾酮。

人造黄油 [margarine] 即珠酯。

溶菌酶 [lysozyme] 又称胞壁酸酶。编号：EC 3.2.1.17。能催化细菌细胞壁肽聚糖 *N*-乙酰氨基葡糖与 *N*-乙酰胞壁酸之间的 1, 4-β-糖苷键水解，破坏细菌细胞壁使细菌溶解的酶。该酶存在于卵清、唾液等生物分泌液中，具有抗菌、消炎、抗病毒等作用。

溶血磷脂酶 [lysophospholipase] 编号：EC 3.1.1.5。催化水解溶血磷脂酰胆碱生成甘油磷酸胆碱和羧酸盐的酶。

溶血磷脂酸 [lysophosphatidic acid] 磷脂酸中甘油第 2 个碳原子上的脂肪酸被水解除去后形成，体内磷脂酸代谢的中间产物。

溶血磷脂酰胆碱 [lysophosphatidylcholine] 又称溶血卵磷脂。体内卵磷脂代谢的中间产物。卵磷脂胆固醇酰基转移酶催化卵磷脂的产物。

溶血卵磷脂 [lysophosphatidylcholine] 即溶血磷脂酰胆碱。

鞣酸酶 [tannase] 编号：EC 3.1.1.20。鞣酸酰基水解酶，由各种青霉或曲霉在鞣酸存在时产生的一种诱导酶，能切断儿茶酚与没食子酸间的酯键，从鞣酸中释放没食子酸阴离子。在茶叶、医药化工、水处理等多方面有应用。

乳杆菌酸 [lactobacillic acid] 乳酸杆菌脂质的主要成分，其特点为分子含有一环丙烷。

乳糜 [chyle] 消化时，乳糜管从肠道吸取的一种白色或淡黄色混浊液。由淋巴系统运送，经胸导管注入血循环，其混浊外观来自其中的乳糜微粒。

乳糜尿 [chyluria] 从尿中排出的乳糜，属于一种白尿。是由于淋巴管被尿中所含淋巴液堵塞，尿标本含有蛋白质和脂肪。

乳糜微粒 [chylomicron(CM)] 一种由小肠黏膜上皮细胞合成、直径 80～500 nm 的再加工脂质小滴。主要含有外源性甘油三酯，是运输外源性甘油三酯及胆固醇的主要形式。正常人血浆中的乳糜微粒空腹 12 小时后就被完全清除，不是动脉粥样硬化的主要危险因素，但容易诱发胰腺炎。

乳糖胺聚糖 [lactosaminoglycan] 由 *N*-乙酰氨基半乳糖基 *α*-1,4 葡萄糖形成的二糖作为重复单位而形成的多糖。

乳糖酶 [lactase] 编号：EC 3.2.1.108。是属于 *β*-半乳糖苷酶家族的一种糖苷水解酶。可催化乳糖水解为半乳糖和葡萄糖。在乳糖的消化、吸收中起作用。人体缺乏这种酶就会导致乳糖消化不良。在分子生物学实验中，乳糖酶被用于对含有质粒的大肠杆菌或其他细菌进行蓝白斑筛选，以获得带有正确质粒的克隆。乳糖酶最主要的商业用途是分解牛奶中的乳糖，以适合罹患乳糖不耐症的人群饮用。冰淇淋的生产中也有应用，使冰淇淋具有更好的口感和质地。

乳糖酸 [lactobionic acid] 分子式 $C_{12}H_{22}O_{12}$，分子量 358.3。白色粉末。熔点 113～118℃，沸点 864.7℃(760 mmHg)，闪点 319.1℃，相对密度 1.79g/cm^3，折射率 26°(c=8.8, H_2O)。是乳糖分子中葡糖基的 C-1 羟基被氧化成羧基后得到的产物，具有抗氧化活性，常用于护肤品的以及药物靶向运输系统的开发。

乳糖系列 [lacto-series] 糖鞘脂中的一类，此系列糖脂中与神经酰胺紧连的核心糖链具以下特征结构：Galβ1, 3GlcNAcβ1, 3Galβ1, 4Glcβ1, 1Cer。

软骨蛋白聚糖 [chondroproteoglycan] 存在于软骨中的各种蛋白聚糖。很多接有糖胺聚糖链的核心蛋白质以非共价键与透明质酸长链相结合。

软木脂 [suberin] 由一分子甘油与软木醇酸(13-羟基二十二烷酸)酯化生成的甘油酯。存在于软木中。

软脂酰 Δ9 脱饱和酶 [palmitoyl Δ9 desaturase] 编号：EC 1.14.19.1。催化鞘磷脂水解为酰基鞘氨醇和磷酸胆碱的酶。在人体成纤维细胞中刺激低密度脂蛋白与细胞表面受体结合、内化及降解，刺激胆固醇酯合成。

三丁酰甘油 [tributyrin] 即丁酸甘油酯。

三磷酸肌醇磷脂 [triphosphoinositide] 又称磷脂酰肌醇 4,5-双磷酸。磷脂酰肌醇的 4,5-羟基被磷酸酯化而成的化合物。存在于真核细胞质膜中，是两个胞内信使——肌醇-1,4,5-三磷酸和 1,2-二酰甘油的前体，带负电荷。脂肪链和肌醇构型的变化，使其存在多种同分异构体。黏质肌醇构象的磷脂酰肌醇味觉系统中的感受器。其构型 PI 则参与更多的生物化学过程，其可被磷酸化为一磷酸化磷脂酰肌醇(PIP)、二磷酸化磷脂酰肌醇(PIP_2)及三磷酸化磷脂酰肌醇(PIP_3)。化学式 $C_{47}H_{83}O_{13}P$，分子量 886.56。

三软脂酰甘油 [tripalmitylglycerol] 即棕榈酸甘油酯。

三十四烷酸 [gheddic acid] 一种含 34 个碳原子的饱和的直链脂肪酸。化学式 $C_{34}H_{68}O_2$。分子量 508.90，相对密度 0.87。

三酸甘油酯 [triacylglycerol(TAG)] 即三酰甘油。

三糖 [trisaccharide] 由 3 个单糖连接而形成的寡糖。

三酰甘油 [triacylglycerol(TAG)] 又称三酸甘油酯、甘油三酯。为动物性油脂与植物性油脂的主要成分，一种由一个甘油分子和三个脂肪酸分子组成的酯类有机化合物，可以透过日常饮食摄取。化学式是 CH_2COOR—$CHCOOR'$—CH_2COOR''，其中 R、R'、R"为烷基(alkyl)长链。三个脂肪酸 RCOOH、R'COOH、R"COOH 可能为相同、相异或部分相异的烷基。自然界里的三酰甘油的链长差异很大，但是 16 个、18 个和 20 个碳原子的链最常见。为极低密度脂蛋白和乳糜微粒的主要组成部分，在新陈代谢过程中它作为能源和食物中的脂肪的运输工具起了一个重要的作用。人体内高含量与动脉硬化及胰腺炎有关。

三酰甘油脂肪酶 [triglyceride lipase(TGL)] 编号：EC 3.1.1.3。催化三酰甘油脂肪水解为游离脂肪酸和二酰甘油(或2-单酰甘油)的酶。

三辛酰甘油 [tricaprylin] 即辛酸甘油酯。

三乙酰甘油 [triacetin] 即乙酸甘油酯。

三硬脂酰甘油 [tristeroylglycerol] 即硬脂酸甘油酯。

三月桂酰甘油 [trilaurin 即月桂酸甘油酯。

鲨胆固醇 [scymnol] 由鲨烯环化产生的三萜(含三十个碳原子)类固醇，存在于鲨鱼中。

鲨肝醇 [batyl alcohol] 又称十八烷基甘油醚。学名：1-*O*-十八烷基甘油醚。脂解时三酰甘油和二酰甘油的降解中间产物，是生物膜磷脂的组分，少量存在于细胞提取物和海生动物油中。熔点为60～70℃，有Sn1与Sn2两种异构物。

鲨肌醇 [scyllitol; scyllo-inositol] 以鲨烯为母体共价结合肌醇而成的直链三萜衍生物。化学式 $C_6H_{12}O_6$，分子量180.16。白色晶状固体。熔点348.5～350℃。

鲨烷 [squalane] 异三十烷，其不饱和衍生物鲨烯(三十碳六烯)是胆固醇生物合成途径中胆固醇的直接前体。化学式 $C_{30}H_{62}$，分子量422.81，无色液体，几乎无气味。熔点-38℃，沸点176℃，折光度1.452。主要采用加氢法。以角鲨鱼的肝脏中提取的角鲨烯为原料，进行加氢反应，然后再经精制而得。合成油脂。是化妆品重要的油性基质原料。凝固点低，稳定性高，广泛用作化妆品的护肤润滑剂。

鲨油醇 [selachyl alcohol] 由鲨烯(含三十个碳原子)羟化而成。是构成鲨油的高分子醇。

山梨聚糖 [sorbitan] 由山梨糖构成的聚糖。

山萮酸 [behenic acid] 一种饱和的含有22个碳原子的直链脂肪酸。化学式：$C_{22}H_{44}O_2$，分子量340.58。白色偏黄的晶状或粉末状。为脑苷脂以及某些种子油和鱼油的组分(约占后者脂酸总量的20%～30%)，大量含于芥菜种子、菜油与脑苷脂中。

神经氨酸 [neuraminic acid] 一种3-脱氧-5-氨基壬酮糖酸，是丙酮酸和*N*-乙酰氨基甘露糖的醇醛缩合产物。在自然界中没有游离形式的神经氨酸，而且多数是其衍生物。主要存在于糖蛋白和神经节苷脂的糖链中。

神经氨酸酶 [neuraminidase] 又称唾液酸酶。编号：EC 3.2.1.18。催化水解寡糖、糖蛋白、糖脂质中 α-2,3-，α-2,6-，α-2,8-糖苷键释放末端的*N*-乙酰神经氨酸残基的酶。神经氨酸酶存在于某些病毒的表面。病毒侵染细胞时，首先通过血凝素与细胞表面受体中的神经氨酸结合，再经该酶的催化，切下神经氨酸以利病毒进入细胞内。

神经蛋白聚糖 [neurocan] 存在于脑、软骨的一种硫酸软骨素蛋白聚糖。其核心蛋白质(136 kDa)上接有若干条硫酸软骨素链。

神经苷脂 [nervon] 又称烯脑苷脂。见于脑组织的一种晶状脑苷脂，属含有神经酰基与唾液酸的鞘糖脂。

神经节系列 [ganglio-series] 糖鞘脂中的一类，此系列糖脂中含唾液酸。

神经酸 [nervonic acid] 分子式 $C_{24}H_{46}O_2$，分子量366.62。白色片状晶体。熔点42～43℃。存在于神经组织及鱼油中的一种含24个碳原子和1个双键的不饱和脂肪酸。是脑苷脂的组分。

肾上腺皮质[激]素 [adrenal cortical hormone; corticoid] 是由肾上腺皮质分泌的激素。包括由肾上腺皮质外层的球状带分泌的盐皮质激素，由肾上腺皮质中层的束状带分泌的糖皮质激素，及由肾上腺皮质内层的网状带分泌的性激素。

肾上腺雄酮 [androstenedione] 即雄烯二酮。

生红酸 [erythrogenic acid] 又称十八碳烯炔酸。含有3个烯羧键及1个炔键(全顺式)的不饱和脂肪酸。见于一种对鱼类具有剧毒的红海藻中。

生物膜 [biofilm; biomembrane] 由双层磷脂、蛋白质等组成的选择性半透膜。作为细胞器或细胞与外界隔离的界线。具有一定的流动性和选择透过性。

施陶丁格连接反应 [Staudinger ligation reaction] 用一般位于三芳膦上的亲电基团(如甲酯)捕获氮杂叶立德(亚胺基膦烷)中间体，在水介质中进行作用，重排后得到分子内酰胺基氧化膦的反应。施陶丁格连接反应在化学生物学中有很广泛的应用，如此反应可用于荧光标记的核苷的合成。

十八碳四烯酸 [octadecatetraenoic acid; parinaric acid] 分子式 $C_{18}H_{28}O_2$，分子量276.41，熔点85～86℃。植物油脂中存在的一种含18个碳原子和4个双键的不饱和脂肪酸。

十八碳烯炔酸 [erythrogenic acid] 即生红酸。

十八烷醇 [stearyl alcohol] 分子式 $C_{18}H_{38}O$，相对密度 0.812，分子量 270.49。白色粒状或片状。熔点 59.4～59.8℃，沸点 210℃。不溶于水。是松香油、树脂、香水及化妆品的生产原料。在多种药膏中作为润肤剂、乳化剂和增稠剂。

十八烷基甘油醚 [batyl alcohol] 即鲨肝醇。

石耳葡聚糖 [pustulan] 一种来自青霉菌(*penicillium allahabadense*)的线型的 β-1,6 葡聚糖。

食糜 [chime] 从胃进入十二指肠呈半流体的已部分消化的食物。食物经过口腔内牙齿的咀嚼、舌搅拌与唾液混合，吞咽进入胃后，由于胃壁肌肉运动把食物磨得更碎，并与胃液充分混合，形成粥一样半液体状的物质。

饰胶蛋白聚糖 [decorin] 含有一条硫酸软骨素或硫酸皮肤素类型的糖胺聚糖链，存在于胞外基质中一类小的富含亮氨酸的蛋白聚糖。能与胶原相互作用，调节胶原纤维的形成和胞外基质的组装。

视黄醛 [retinal] 视黄醇氧化后的衍生物。化学式 $C_{20}H_{28}O$，分子量 284.44。几乎不溶于水，可溶于脂肪。它是由 β-胡萝卜素发生氧化断裂生成的。还原得到视黄醇，氧化得到视黄酸。视黄醛是视紫红质的辅基。视觉细胞内 11-顺式视黄醛与视蛋白组成视色素，11-顺式视黄醛吸收光后异构为全反式视黄醛，使视紫红质构象发生变化，启动了对大脑的神经脉冲，从而形成视觉。视紫红质在分解和再合成过程中，有一部分视黄醛被消耗，主要靠血液中的维生素 A 补充。

嗜异性抗原 [heterophil antigen] 又称福斯曼抗原。一种细胞表面的糖脂分子，其结构式为：GalNAc α1，3-GlcNAcβ-1，3-Gal α1，4-Galβ1，4-Glc cβ-1，1-Cer(Cer 代表神经酰胺)。该抗原表达于啮齿类和其他哺乳类细胞。

疏油性化合物 [oleophobic compound] 携有亲水基团的化合物，属疏油性。如氨基酸、糖类、核苷酸等。

双半乳糖甘油二酯 [digalactosyl diglyceride] 两个半乳糖残基通过 3-β-糖苷键与 1,2-二酰甘油相连的一种简单糖脂。多见于植物中。

双分子脂膜 [bimolecular lipid membrane] 由中极两性的脂质分子组成的两分子厚度膜。在极性环境中，脂质分子的极性部分会朝外，而其非极性部分则朝向双层之内。

双甘露糖二酰甘油 [dimannosyldiacyl glycerol] 两个甘露糖残基通过 3-β-糖苷键与 1,2-二酰甘油相连的一种简单糖脂。多为植物脂质成分。

双磷酸肌醇磷脂 [biphosphoinositide] 即磷脂酰肌醇磷酸。

双磷脂酰甘油 [diphosphatidylglycerol] 即心磷脂。

双栖蛋白聚糖 [amphiglycan] 又称黏结蛋白聚糖 4。见于上皮细胞和成纤维细胞的膜内在蛋白质，硫酸乙酰肝素蛋白聚糖，细胞骨架蛋白质。与蛋白激酶 C 联合发挥作用。

双氢睾酮 [dihydrotestosterone(DHT)] 有活性的雄激素，由睾酮在其靶组织中经 5-α 还原酶催化的产物。可与特殊受体结合形成复合物进入细胞，再与核受体连接并与染色质结合，进而影响 RNA 及 DNA 的合成。主要是有：维持生精作用；刺激生殖器官的发育，促进男性副性征的出现并维持其正常形态；维持正常的性欲；促进蛋白质的合成，特别是肌肉和生殖器官的蛋白质的合成，同时还能促进骨骼生长与钙磷的沉积和红细胞的生成。

双糖链蛋白聚糖 [biglycan] 一种存在于细胞基质中的小型蛋白聚糖，含有一条或两条硫酸软骨素或硫酸皮肤素糖链。在软骨、主动脉和骨的矿化区间相当丰富。

水苏糖 [stachyose;lupeose] 由半乳糖、葡萄糖和果糖构成的非还原四糖。其结构式为：D-吡喃半乳糖基 α-1,6-D-吡喃半乳糖基 α-1,6-D-吡喃葡糖基 α-1,2-β-D-呋喃果糖苷，属于蔗糖的衍生产物，是棉子糖的同系物，在棉子糖的半乳糖 C-6 位羟基上以 α-1,6-糖苷键再连接一个半乳糖，广泛分布于植物中。

水杨酰胺葡糖苷 [glucocerebroside] 即葡糖脑苷脂。

顺丁烯二酸 [*cis*-butenedioic acid] 即马来酸。

顺芥子酸 [erucic acid] 化学式 $C_{22}H_{42}O_2$，分子量 338.57。熔点 33.8℃，沸点 381.5℃，闪电 349.9℃，密度 0.860 g/cm^3，溶于甲醇和乙醇，不溶于水。

丝甘蛋白聚糖 [serglycan] 与细胞内颗粒相结合的蛋白聚糖。存在于多种细胞中，其核心蛋白质具有丝氨酸和甘氨酸交替的伸展序列，连接的糖胺聚糖为硫酸软骨素和/或硫酸乙酰肝素链。因其有聚阴离子性质，在维持胞内电中性中起作用。

四联凝[集]素 [tetranectin] C 型动物凝集素超家族的一个成员，由 4 个相同亚基形成的同源四聚体，每个亚基由 181 个氨基酸组成。能与纤溶酶原结合，存在肿瘤组织的细胞外间质中，在正常细胞外周不存在。

四糖 [tetrasaccharide] 由 4 个单糖连接而形成的寡糖。

松二糖 [turanose] 一种二糖，为 3-*O*-*α* 葡萄糖-D-果糖。分子式：$C_{12}H_{22}O_{11}$，分子量：342.2965，密度：1.775 g/cm^3。

松萝酸 [usnic acid] 又称地衣酸。化学式 $C_{18}H_{16}O_7$，分子量 344.32。熔点 204℃，黄色结晶粉末，通常情况下可稳定存在。地衣酸已经被应用于医药、香料、化妆品等领域。松萝酸是一种广谱抗生素，对革兰氏阳性细菌具有强大的抑制作用，包括葡萄球菌、链球菌、肺炎球菌、结核分枝杆菌等细菌，和一些致病真菌，对原虫、阴道滴虫也有抑制作用。松萝酸对部分肝切除的大鼠有促进肝再生的作用，但大量应用会导致肝毒性，肝损伤、坏死甚至肝功能衰竭。

松三糖 [melezitose] 一种非还原三碳糖，由葡萄糖和果糖构成的三糖。结构式为：D-吡喃葡糖基 *α*-1,3-D-呋喃果糖基 *β*-2,1-D 葡萄糖，出现在昆虫引起植物（如落叶松）创伤的渗出液中。

苏［糖］型构型 [threo configuration] 以苏糖为基础衍生出的戊糖和含更多碳原子数的单糖所呈现的构型。

速固醇 [tachysterol] 在紫外线照射下麦角固醇或 7-脱氢胆固醇转变成维生素 D_2 或维生素 D_3 过程中的一种中间物。

酸败 [rancidity] 脂肪、油和其他脂质受空气中氧、水分或霉菌的作用引起的变质现象。俗称“哈喇”。这是由于油脂的不饱和成分发生自动氧化，生成过氧化物进而降解为挥发性醛、酮、羧酸的复杂混合物，并产生难闻的臭油味。酸败一般发生于不饱和脂肪，光和热诱导产生自由基，与脂肪里的双键部分发生加成反应，形成过氧化物。过氧化物极不稳定，会再继续氧化，产生醛类、酮类及有机酸等。经过酸败反应的油脂对人体有害。

酸性磷酸［酯］酶 [acid phosphatase] 编号：EC 3.1.3.2。一种在酸性条件下催化磷酸单酯水解生成无机磷酸的水解酶。人血清酸性磷酸酶的最适 pH 为 5～6，最适作用温度 37℃。酸性磷酸酶主要存在于巨噬细胞，定位于溶酶体内。正常人血清中的酸性磷酸酶来源于骨、肝、肾、脾、胰等组织，故不论男女老幼，其含量大致相同。而前列腺炎患者以及出现肝炎、甲状旁腺机能亢进、红血球病变等疾病时，血清中酸性磷酸酶的活力都会升高。为了鉴别血清中增加的酸性磷酸酶是来自前列腺还是来自其他器官，必须加以区别。为此可进一步采用某些抑制剂进行选择性抑制作用。如乙醇和酒石酸对前列腺酸性磷酸酶有显著的抑制作用，而对红血球酸性磷酸酶的抑制作用较弱。

酸性 *β*-葡糖苷酶 [acid *β*-glucosidase] 即葡糖脑苷脂酶。

酸性糖蛋白 [orosomucoid] 即 *α*1-酸性糖蛋白。

$α_1$-酸性糖蛋白 [$α_1$-acid glycoprotein] 又称酸性糖蛋白或血清类黏蛋白，是一种 41～43 kDa 的糖蛋白，等电点 2.8～3.8。由单条多肽链组成，含有 183 个（人源）或 187 个（鼠源）氨基酸，糖的质量占约 45%，有 5～6 个高度唾液酸化的复杂型的 N 链接的聚糖位点。主要由肝细胞合成。目前已确定的功能是碱性或中性脂溶性化合物的运输载体，是生物体中主要的急性时相蛋白之一，在急性炎症时增高，与免疫防御功能有关。

髓磷脂 [myelin] 神经元外侧的脂质，起到保护和绝缘的作用。如果人类中枢神经系统出现故障，这一绝缘脂质就会降解，丧失功效，其中最常见的情况就是多发性硬化症（multiple sclerosis），是形成于神经元外部的脂肪鞘，协助神经元传递神经信号，俗称神经轴突（axon）。由疾病造成的髓磷脂损失，会损害主体的感官、行为、认知以及其他一些功能，而正因如此神经元才会遭受侵袭。髓磷脂是由德国病理学家鲁道夫·魏尔肖在 1854 年发现的。髓磷脂由 30%蛋白质和 70%的各类脂质组成。后者主要含有鞘氨醇、脑苷脂、脂肪酸和磷脂酰胆碱（少数为磷脂酰乙醇胺）等，在高等动物的脑髓鞘和红细胞膜中特别丰富。

髓鞘寡突胶质糖蛋白 [myelin oligodendroglia glycoprotein] 分布在神经髓鞘质中的少突神经胶质细胞膜表面的糖蛋白。

髓鞘相关糖蛋白 [myelin associated glycoprotein (MAG)] Ⅰ型凝集素家族的一个成员。来自动物的凝集素，按蛋白质结构可归入到Ⅰ型凝集素，属免疫球蛋白超家族。细胞膜糖蛋白，属于 SIGLEC 蛋白家族，是勿动蛋白 66 受体（NOGO-66 receptor, NgR）的功能性配体。参与神经再生过程中髓鞘的形成。

缩醛磷脂 [acetal phosphatide; plasmalogen] 为醚甘油磷脂一族，在其 C-1 位上与一个 *α*, *β*-不饱和醇以醚键相连（*O*-顺-*α*, *β*-烯基），其 C-2 以酯键与脂酸相连，C-3 则与磷酸乙醇胺或磷酸胆碱、丝氨酸、肌醇等相连，形成其极性头部。血小板活化因子是磷脂酰胆碱的 1-烷基-2-乙酰醚类似物。

塔格糖 [tagatose] 一种己酮糖，为 D-果糖的 C-4 位差向异构体，为一些植物树胶水解产物。

塔罗糖 [talose] 一种己醛糖，其 C-2 位和 C-4 位上的羟基均是葡萄糖上对应羟基的差向异构体。

肽聚糖 [peptidoglycan] 存在于革兰氏阳性和阴性细菌细胞壁中的一种复合糖类。主链是 *β*-1,4-糖苷键连接的 *N*-乙酰氨基葡糖和 *N*-乙酰胞壁酸交替的杂多糖。在 *N*-乙酰胞壁酸上接有肽链，不同糖链上的肽链交联后形成稳定的水不溶产物。

肽-*N*-糖苷酶 [peptide-*N*-glycosidase] 编号：EC 3.5.1.52。催化水解*N*-寡糖-肽连接键的酶。目前常用的此类酶来源于微生物和杏仁。

泰威糖 [tyvelose] 3,6-二脱氧甘露糖。存在于一些革兰氏阴性菌脂多糖外周糖链中。

檀香萜 [santalene] 存在于檀香中的一种倍半萜类化合物。

糖胺聚糖 [glycosaminoglycan] 曾称黏多糖。蛋白聚糖大分子中聚糖部分的总称。由糖胺的二糖重复单位组成，二糖单位中通常有一个是含氨基的糖，另一个常常是糖醛酸，并且糖基的羟基常常被硫酸酯化。糖胺聚糖可分为硫酸软骨素、硫酸皮肤素、硫酸角质素、透明质酸、肝素及硫酸乙酰肝素等类别。

糖胺聚糖结合蛋白质 [glycosaminoglycan-binding protein] 能与糖胺聚糖结合并相互作用的蛋白质的统称。包括各种生长因子、胞外基质分子、细胞黏附分子、脂蛋白、病毒外被蛋白、蛋白水解酶抑制物等。

糖胺聚糖贮积症 [mucopolysaccharidosis(MPS)] 溶酶体中参与水解糖胺聚糖的酶缺失而导致的遗传病总称。按所缺失酶的种类，分别有不同的病名。糖胺聚糖是结缔组织间的主要成分，包括透明质酸硫酸软骨素、硫酸皮肤素、硫酸类肝素和硫酸角质素，这些多糖都是直链杂多糖，可同时与一条蛋白质肽链结合，聚合成更大的分子。正常溶酶体中含有许多种糖苷酶，其中有10种参与葡糖氨基聚糖链的降解过程它们中任何一种糖苷酶的缺陷都会造成葡糖氨基聚糖链分解障碍而在溶酶体内积聚，并自尿中排出。根据尿糖中所含酸性糖胺聚糖的种类，相关个别酶缺乏和活性低下的种类以临床表现和影像学表现的不同，糖胺聚糖贮积症分 7 大类型，每一型又分为2～4个亚型。其中糖胺聚糖贮积症Ⅰ、Ⅳ型最为常见且较具特征性，而尤以Ⅰ型最典型，为糖胺聚糖贮积症的原型。

糖测序 [carbohydrate sequencing] 对多糖、糖蛋白、糖脂中的糖基排列顺序的测定。

T-H 糖蛋白 [Tamm-Horsfall glycoprotein] 由肾小管髓袢升支及远端小管曲部的上皮细胞合成分泌的糖蛋白。

糖萼 [glycocalyx] 多糖包被细胞膜上的糖蛋白和糖脂。其糖链都朝向胞外，使得整个细胞外层犹如一层糖的包被，好比花被包着花萼。

糖二酸 [aldaric acid;saccharic acid] 单糖分子的两端都被氧化为羧基后得到的化合物。

糖复合体 [glycoconjugate] 即糖缀合物。

糖苷化作用 [glycosylation] 即糖基化。

糖苷键 [glycosidic bond] 连接糖苷分子中的非糖部分与糖基的化学键。根据与糖基异头碳原子相连的原子的不同，糖苷键一般可分为氧苷键、氮苷键、硫苷键和碳苷键等。

糖苷配基 [aglycone] 糖苷分子中的非糖部分，化合物与糖的半缩醛羟基形成糖苷键后的残基。按照糖苷配基的种类，可以分为烷基糖苷、芳香糖苷、双萜糖苷及三萜糖苷等。

糖核苷酸 [sugar nucleotide] 即核苷酸糖。

糖核苷酸转运蛋白 [sugar nucleotide transporter] 负责将糖核苷酸从其合成的场所细胞质转运到其消耗场所内质网或高尔基体中的蛋白。

糖化 [glycation] 不受酶的调控下，蛋白质或脂质分子上附加糖类分子的过程。非酶糖化可发生在体内，也可以发生在体外，是一个有随机性的过程，会损害生物分子的功能。

糖化淀粉酶 [saccharogenic amylase] 催化淀粉 *α*-1,4-糖苷键水解的酶。

糖基 [glycone] 在移除环状单糖或低聚寡糖的半缩醛羟基之后得到的一价的自由基或取代基结构。糖基可以与如磷酸等的无机酸反应，形成酯，如葡萄糖 1-磷酸。

糖基甘油酯 [glycoglyceride] 一个或一个以上糖残基借助糖苷键与单酰或二酰甘油相连而成的甘油酯。如半乳糖甘油二酯。

糖基给体 [glycosyl donor] 可与合适的糖基受体反应形成新的糖苷键的单糖或寡糖。糖基给体的异头碳(anomeric carbon)上常有好的离去基团。

糖基合成酶 [glycosynthase] 一类人工设计的催化糖苷键形成的蛋白质。由催化糖苷键水解的糖苷酶衍生而来。

糖基化 [glycosylation] 又称糖苷化作用。单糖的半缩醛羟基与醇或酚的羟基反应，失水而形成缩醛或衍生物(通称糖苷)的反应。糖苷的非糖部分称为配糖体。配糖体可以是嘌呤、嘧啶、蛋白质等，可以形成核苷、脱氧核苷、糖蛋白等在生物学上有重要意义的物质。由于单糖有 *α*-与 *β*-之分，生成的糖苷也有 *α*-与 *β*-两种形式。

***N*-糖基化** [*N*-glycosylation] 新合成蛋白进行糖基化修饰的一种方式。糖通过与蛋白质的天冬氨酸的自由 NH_2 基连接的糖基化。

***O*-糖基化** [*O*-glycosylation] 新合成蛋白进行糖基化修饰的一种方式。糖通过与蛋白质的羧基连接的糖基化。

糖基化蛋白质 [glycosylated protein] 经糖基化后携带糖链的蛋白质。糖链分为 *O*-糖链和 *N*-糖链，*O*-糖基化位点是丝氨酸或苏氨酸，*N*-糖基化位点为天冬酰胺。

糖基磷脂酰肌醇 [glycosylphosphatidyl inositol(GPI)] 磷脂酰肌醇的肌醇与葡萄糖胺或甘露糖形成糖苷键形成的糖脂。在转录后修饰中，糖基磷脂酰肌醇通过磷酸乙醇胺连接到蛋白质的碳端，使得蛋白定位到细胞膜上。

糖基磷脂酰肌醇化 [glypiation] 将糖基磷脂酰肌醇共价连接到蛋白质上的过程。是一种常见的转录后修饰，多发生在真核生物的膜蛋白的碳端。

糖基磷脂酰肌醇锚定蛋白 [glycosylphosphatidyl inositol-anchored protein] 通过糖基磷脂酰肌醇插入于内质网膜和质膜的一类整合蛋白质。如内质网膜中新合成的分泌蛋白质和质膜的表面受体等。

糖基转移酶 [glycosyltransferase] 又称转糖基酶。催化将活化的核苷酸糖中的单糖部分转移到糖基化受体上的酶，负责合成二糖、寡糖和多糖的生物合成。糖基化受体可以是蛋白质上的丝氨酸、苏氨酸和天冬酰胺，也可以是无机磷酸或水分子。

糖结合蛋白 [glycan-binding proteins] 能够特异性地与单糖或寡糖结合的蛋白质，参与细胞间相互识别，病原与宿主相互作用等生命过程。

糖蜜 [molasses] 一种黏稠、黑褐色、呈半流动的物体。制糖工业的副产品，组成因制糖的原料、加工条件不同而有差异，其中主要含有大量可发酵糖(主要是蔗糖)，因而是很好的发酵原料。用作酵母、味精、有机酸等发酵制品的底物或基料。也可用作某些食品的原料和动物饲料。

糖模拟物 [glycomimetics] 结构与糖类相似的分子。修饰常发生在糖苷键连接处，氧原子被碳、硫、氮原子等取代，其生物活性和功能随之改变。常见的糖模拟物有：治疗流感的药物达菲(Tamiflu)、控制糖尿病的药物阿卡波糖(Acarbose)等。

糖皮质[激]素 [glucocorticoid(GCS)] 由肾上腺皮质中束状带分泌的一类甾体激素，主要为皮质醇(cortisol)，具有调节糖、脂肪和蛋白质的生物合成和代谢的作用，还具有抑制免疫应答、抗炎、抗毒、抗休克作用。称其为“糖皮质[激]素”是因为其调节糖类代谢的活性最早为人们所认识，在临床工作中激素因具有较强的抗炎抗变态反应作用而广泛应用于支气管哮喘治疗中，近年来哮喘发病率在世界范围内呈上升趋势，在支气管哮喘的常规治疗中当抗生素应用、支气管扩张剂使用、止咳化痰等对症治疗不能达到满意疗效时，在无绝对禁忌证时应及早应用激素冲击治疗。

糖醛酸磷壁酸 [teichuronic acid] 存在于一些革兰氏阳性菌的细胞壁中的一类多糖。由二糖重复单位组成，在重复单位中含有糖醛酸。

糖神经胺醇脂 [glycosphingolipid] 即鞘糖脂。

糖生物学 [glycobiology] 研究自然界中广泛存在的糖类的结构、生物合成和生物功能的学科。糖类是一切生物的重要组成部分，参与细胞识别、代谢调控、免疫保护等重要生理过程，在医药、生物化学和生物技术领域中有很多关于糖类的研究。由于单糖之间可以多种方式形成糖苷键，而且糖链的生物合成并无模板指导，因此糖类结构的研究有很多困难。

糖识别域 [carbohydrate-recognition domain] 糖结合蛋白中能够特异性识别单糖或寡糖的结构域。

糖芯片 [glycan array] 连有大量不同结构糖类化合物的阵列，可用于筛选凝集素和抗体来确定对某种糖结构能够特异性识别的配体。

糖形 [glycoform] 同样的蛋白质因糖链的结合位置、糖基数目、糖基序列不同而产生的不同分子形式。糖蛋白往往有多种糖形，这是蛋白质糖基化生物合成过程中的差异产生的，也可由糖苷酶或糖基转移酶作用产生。如血型蛋白、抗胰酶蛋白和结合珠蛋白都有多种糖形。

糖型 [glycotype] 糖蛋白的细胞类型特异性糖形。

糖疫苗 [carbohydrate-based vaccines] 基于糖类化合物设计的疫苗，利用病原体表面特异的糖类作为抗原。

糖原蛋白 [glycogenin] 将葡萄糖单体转化为糖原的一类糖基转移酶。负责糖原起始的少数葡萄糖分子的聚合，由糖原合成酶负责之后的葡萄糖单体的添加。

糖原-6-葡聚糖水解酶 [glycogen 6-glucanohydrolase] 即异淀粉酶。

糖指纹分析 [carbohydrate fingerprinting] 利用层析、电泳、质谱、核磁共振等方法对各种糖类相应的特有结构进行的分析。

糖缀合物 [glycoconjugate] 又称糖复合体。糖类分子与其他分子共价结合后的化合物。糖缀合物是生物领域重要的化合物之一，包括糖蛋白、糖肽、肽聚糖、糖脂和脂多糖等。它们在细胞识别、细胞间相互作用等方面有重要的作用。虽然核糖和脱氧核糖存在于DNA、RNA、ATP等含有核苷酸结构的生物分子中，但它们一般不算作糖缀合物。

糖组 [glycome] 是一个生物个体内拥有的全部糖类化合物，包括游离的糖和结合在其他更复杂分子表面的糖，另一种定义认为糖组是一个细胞中所有的碳水化合物。

糖组学 [glycomics] 是糖生物学的一个分支学科，专门研究糖类的构造与功能。糖组(glycome)指生物个体内拥有的全部糖类化合物。糖组学与基因组学、蛋白质组学等都是生物组学研究的重要领域。

糖作图 [carbohydrate mapping] 利用各种分析方法(如层析、电泳、质谱、核磁共振等)研究糖的组成时所得到结果的图示化。

天冬酰胺连接寡糖 [asparagine-linked oligosaccharide] 连接在蛋白质肽链中天冬酰胺残基侧链酰胺氮上的寡糖。此类寡糖通常均有一个核心的五糖和类似结构的外周糖链。

天线 [antenna] 加在聚糖核心结构上的糖的后续分支结构，尤其指 *N*-Glycan 核心结构后的分支结构。

萜 [terpene] 由两个或多个异戊二烯单位连接而成的萜烯及其衍生物。根据异戊二烯的数目分单萜、倍半萜、双萜、三萜、四萜和多萜。形成的萜类可以是直链的，也可以是环状分子；可以是单环、双环和多环化合物。

萜品烯 [terpinene] 单萜单环类化合物，萜品烯是一组同分异构的碳氢化合物。它们具有相同的分子式和碳框架，但碳碳双键的位置不同。*α*-萜品烯已经从豆蔻、马郁兰精油和其他自然资源中分离出来。*β*-萜品烯没有已知的天然来源。*γ*-萜品烯和 *δ*-萜品烯(又称异松油烯)是自然存在的，可从多种植物中提取。生物合成 *α*-萜品烯和其他萜类化合物通过甲羟戊酸途径发生。*α*-萜品烯被普遍认为是一个香水和香料一种化学组成成分，因此用于化妆品和食品行业，但它在医药和电子半导体制造行业中也有价值。

同多糖 [homopolysaccharide] 由同一种单糖单体构成的多糖。如纤维素就是仅由葡萄糖通过 *β*-糖苷键连接而成的无分支同多糖，而糖原则是葡萄糖通过 *α*-糖苷键结合形成的多分支的同多糖。

同工凝集素 [isolectin] 又称同族凝集素。结构相似的一类对同一种单糖或寡糖结构有特异性的识别能力的凝集素。

同族凝集素 [isolectin] 即同工凝集素。

桐酸 [eleostearic acid; aleuritic acid] 即桐油酸。

桐油酸 [eleostearic acid; aleuritic acid] 又称桐酸。学名：顺，反，反-9,11,13-十八碳三烯酸。一种脂肪酸。分子式 $C_{16}H_{32}O_5$。以甘油酯的形式存在于桐油中，占甘油酯中脂肪酸总含量的 87%。桐油酸是亚麻酸的最重要异构体。桐油酸分子中有 3 个共轭双键，有多种顺反异构体，其中 *α*-桐油酸和 *β*-桐油酸最为重要。天然存在的桐油酸称为 *α* 体，为顺、反、反式异构体；*β* 体为反、反、反式异构体。*α*-桐油酸为白色晶体；熔点 49℃，沸点 235℃(12 mmHg)，同时分解，相对密度 0.9028(50/4℃)；比旋光度$[\alpha]_D$–5.8°；溶于乙醇和乙醚。*β*-桐油酸为叶片状晶体；熔点 71～72℃，沸点 188℃(1 mmHg)，相对密度 0.8839(80/4℃)；溶于甲醇和乙醇。*α* 异构体受光或热作用，或在储存过程中，可部分转化为 *β* 异构体。桐油酸易与顺丁烯二酸酐发生二烯加成反应生成环状产物。桐油酸氢化生成硬脂酸；与溴作用生成四溴化物，在紫外线照射下生成六溴化物。

铜离子催化的叠氮炔环加成 [copper(Ⅰ)-catalyzed azide alkyne cycloaddition] 由一价铜离子催化器，叠氮基团与炔基发生[3+2]环加成生成稳定的三唑环的反应。该反应是一种生物正交反应，也是点击化学(click chemistry)的典型反应，被广泛应用于体内(*in vivo*)的生物分子与功能基团的连接，以及生物大分子之间的连接。如果炔基由于环张力而活化，该反应也可以在无铜离子存在的情况下发生。

17-酮类固醇 [17-ketosteroid] 类固醇激素的降解产物。主要有雄固酮、脱氢异雄固酮和还原睾酮。由尿排出，并作为体内雄激素生成的指标。

透明质酸 [hyaluronic acid; hyaluronan] 由双糖单位 D-葡萄糖醛酸及 *N*-乙酰葡糖胺组成的高级多糖类。其结构中不含硫，不同于其他糖胺聚糖。透明质酸具有极高的吸水能力，被作为保湿材料广泛应用于保养品和化妆品中。

透明质酸和凝集素结合的调制蛋白聚糖 [hyaluronan and lectin-binding modular proteoglycan (HLPG)] 即透凝蛋白聚糖。

透明质酸酶 [hyaluronidase] 一是能使透明质酸产生低分子化作用酶的总称，一种能够降低体内透明质酸的活性，从而提高组织中液体渗透能力的酶。透明质酸酶可用作辅助药物，促进其他药物的转运和扩散。

透凝蛋白聚糖 [hyalectan] 全称透明质酸和凝集素结合的调制蛋白聚糖。调制透明质酸和凝集素结合的蛋白聚糖。

突触蛋白聚糖 [agrin] 在胚胎发育过程中，对于神经与肌肉结合处的发育有重要作用的蛋白聚糖。对于突出发生过程中乙酰胆碱受体的聚集有重要作用。

蜕皮类固醇激素 [ecdysteroid hormone] 低等真核生物中的类固醇激素的类似物。主要作用是调节蜕皮周期，并参与生殖等过程。

脱饱和酶 [desaturase] 编号：EC 1.14.19.2。一种可以脱去脂肪酸上的两个氢原子，形成一个碳碳双键的酶。人体发现有四种脱饱和酶，分别是：Δ^9 脱饱和酶，Δ^6 脱饱和酶，Δ^5 脱饱和酶和 Δ^4 脱饱和酶(Δ 表明双键被创建在一个固定的位置，如 Δ^9 脱饱和酶表示从羧基端的第九位脱氢形成一个双键)。脱饱和酶在人体内用于合成油酸、单不饱和脂肪酸、高度不饱和脂肪酸等。

脱氢表雄酮 [dehydroepiandrosterone(DHEA)] 肾上腺皮质中的主要雄激素，是一种内源性的甾体激素，其主要由肾上腺分泌，同时也由性腺和大脑分泌。它是人体外周循环中的最常见的甾体激素。为睾酮生物合成过程的中间产物。可在尿中分离得到。主要作用于肌肉、毛发及第二性征，促进蛋白质的合成和骨骼肌的发育。

7-脱氢胆固醇 [7-dehydrocholesterol] 即维生素 D_3 原。

脱氧皮质醇 [deoxycortisol] 由17-羟孕酮生成，是氢化可的松和可的松生物合成的前体。

脱氧皮质酮 [deoxycorticosterone; cortexone(DOC)] 全称11-脱氧皮质酮，又称21-羟基孕酮。化学成分为类固醇。主要由肾上腺产生，大脑或卵巢也可分泌，可由孕酮羟基化得到。分泌量少，功能较多。具有弱的盐皮质激素活性，几乎没有糖皮质激素活性，可通过调节钠和钾潴留来维持水盐平衡，还具有麻醉、抗惊厥、免疫等功能。在肾上腺皮质功能衰竭症的治疗中，醋酸脱氧皮质酮(DOCA)可作为替代物。

11-脱氧皮质酮 [deoxycorticosterone; cortexone (DOC)] 即脱氧皮质酮。

脱氧葡萄糖 [deoxyglucose] 葡萄糖的一个或多个羟基被氢取代得到脱氧葡萄糖。如2-脱氧-D-葡萄糖可以被己糖激酶捕获，因此可作为己糖激酶活性的标识物。

脱氧糖 [deoxysugar] 分子中一个或多个羟基被氢原子取代的单糖成为脱氧糖，广泛存在于生物体中。常见脱氧糖有：DNA的组成成分2-脱氧-D-核糖，L-鼠李糖(L-rhamnose)和L-岩藻糖(L-fucose)等。

β-脱氧岩藻糖 [β-abequose] 又称阿比可糖、3,6-二脱氧-半乳糖。化学式 $C_6H_{12}O_4$，分子量148。构成革兰氏阴性菌细胞壁外层的含脂多糖(脂多糖)侧链上结合的一种糖。最初是从沙门氏杆菌中分离出来的。

脱支酶 [debranching enzyme] 协助分解糖原，催化糖原从分支处糖苷键的水解的酶，具有糖基转移酶和糖苷酶活性。和磷酸化酶共同完成肌肉和肝脏中糖原的活化和降解，以调节血糖水平。

唾液酸 [sialic acid] 又称 *N*-乙酰神经氨酸。丙酮酸和 *N*-乙酰氨基甘露糖的醇醛缩合产物。在自然界中多以羟基被酰基化的形式存在，它们被统称为唾液酸。主要是动物细胞膜上糖蛋白和神经节苷脂的糖链的重要组成部分。

唾液酸寡糖 [sialyloligosaccharide] 含有唾液酸的寡糖。若失去唾液酸，则成为无唾液酸寡糖。

唾液酸结合凝集素 [sialic acid binding lectin] 即I型凝集素。

唾液酸酶 [sialidase] 即神经氨酸酶。

唾液酸黏附蛋白 [sialoadhesin] 在巨噬细胞的表面发现的细胞黏附蛋白。是一种唾液酸结合凝集素，能够特异性地结合细胞表面的唾液酸。

唾液酸鞘糖脂 [sialoglycosphingolipid] 一种酸性鞘糖脂，糖基为含若干个唾液酸的寡糖链。是大脑灰质细胞膜的组成成分之一，也存在于脾、肾及其他器官中。

唾液酸糖蛋白 [sialoglycoprotein] 含有唾液酸的糖蛋白，唾液酸多出现在糖天线的最末端。如血型蛋白C。

唾液酸糖肽 [sialoglycopeptide] 含有唾液酸的糖肽。

唾液酰基转移酶 [sialyltransferase] 催化从胞苷酸-*N*-乙酰神经氨酸将 *N*-乙酰神经氨酸转移给神经节苷脂或糖蛋白的末端糖残基，释放胞苷酸的酶。

外切葡聚糖酶 [exoglucanase] 催化葡聚糖中末端糖苷键水解，将单糖分子切下，有一定的底物专一性的酶。

烷基醚脂酰甘油 [alkylether acylglycerol] 由两个脂肪酸分子和一个长的烷基或烯基链，分别与甘油分子以酯键和醚键相连。

网柄菌凝素 [discoidin] 由盘基网柄菌(*dictyostelium discoideum*)所产生的凝集素，其专一结合的糖基为：*N*-乙酰基半乳糖胺(GalNAc)，3-*O*-甲基葡萄糖(3-*O*-Me-Glc)。在此类黏菌的细胞聚集和发育分化中起作用。

微不均一性 [microheterogeneity] ❶生物大分子制品(如蛋白质或糖)的表面看似均一但精细分析表明其在分子大小、序列、电荷、聚集状态或其他性质上常存在微小差异的特性。此差异或是人为造成的或是遗传原因引起的。❷特指任一种糖蛋白分子中，就一个糖基化位点来说，其所连接的糖链，在结构上也存有的差异，是构成众多不同糖类的原因之一。

维生素 D_2 [vitamin D_2] 又称麦角钙化[固]醇、钙化固醇。由真菌或酵母的麦角固醇经紫外照射生成。产生于实验室，自然界中几乎不存在。其化学结构与维生素 D_3 不同之处是，C22 和 C23 间是双键且 C24 位有个甲基。与维生素 D_3 具有相同功效。

维生素 D_3 [vitamin D_3] 又称胆钙化[固]醇。产生于哺乳动物的皮肤中，由维生素 D_3 原经紫外照射生成。是一种激素原，本身无活性，需先在肝脏中代谢成25-羟胆钙化醇，再在肾脏进一步羟基化后才有活性。维生素 D(包括维生素 D_2

和 D_3）能促进二价钙离子和磷的有效吸收，在骨的生长、矿质化和免疫、癌症预防及其他疾病中有重要作用。富含油的鱼（如鲑鱼、马鲛鱼）中维生素 D_3 含量较高。

维生素A原 [provitamin] A可以转化为维生素A的物质。主要是类胡萝卜素，包括β-胡萝卜素、α-胡萝卜素、β-隐黄质等50多种类胡萝卜素。其中β-胡萝卜素是最重要的类胡萝卜素，主要来自于橙色、红色、黄色的水果和多叶蔬菜中。

维生素 D_3 原 [provitamin D_3(DHC)] 又称7-脱氢胆固醇。在体内由胆固醇脱去C-7及C-8上的氢而形成。多存在于皮肤内，经紫外线照射可转变为维生素 D_3。

无铜型点击化学 [Cu-free clickchemistry] 不需要一价铜离子催化的炔基与叠氮的[3+2]环加成反应。其中炔基一般为八元环炔，利用其环张力活化反应。

无唾液酸糖蛋白 [asialoglycoprotein(ASGP)] 从糖蛋白的糖链中除去唾液酸后得到的衍生物。

无唾液酸血清类黏蛋白 [asialoorosomucoid(ASOR)] 血清类黏蛋白的糖链中去除唾液酸后的产物。

五糖 [pentaose] 由5个单糖连接而形成的寡糖。

戊聚糖 [pentosan] 由戊糖聚合成的聚糖。

烯脑苷脂 [nervon] 即神经苷脂。

CHO细胞 [CHO cell] 中国仓鼠卵巢细胞的简称。

细胞核蛋白聚糖 [nuclear proteoglycan] 首先在海胆胚胎中发现的存在于细胞核内的蛋白聚糖，以后陆续证明在人成纤维细胞、大鼠脑、正常和再生肝以及腹水型肝癌等细胞中均存在。对DNA合成有调控作用。

[细菌]十一萜醇 [undecaprenol] 分布于细菌中的聚萜醇，具有11个萜醇基的物质，它作为中间体参与细胞膜核多糖的O抗原侧链、细胞壁的胞壁质的多醣骨架以及其他荚膜多糖和甘露糖胶的生物合成。

纤调蛋白聚糖 [fibromodulin] 存在于胞外基质中一类小的富含亮氨酸的蛋白聚糖，含硫酸角质素类型的糖胺聚糖链。在软骨、肌腱等组织中与胶原蛋白结合并调节胶原微纤维的装配。

纤维蛋白聚糖 [fibroglycan] 又称黏结蛋白聚糖2。发育过程中主要存在于间质细胞中，在树突棘的发育中起关键作用的一种蛋白聚糖。在成年人，主要存在于成纤维细胞和肝细胞中。其核心蛋白含有独特的丝氨酸磷酸化部位，含有3条硫酸类肝素链和少量O-寡糖。

纤维二糖 [cellobiose] 由两分子β-D-葡萄糖通过β-1,4-糖苷键连接而形成的二糖，纤维二糖是纤维素的基本重复单位。

纤维二糖酶 [cellobiase(B)] 即β-葡糖苷酶。

纤维二糖醛酸 [cellobiuronic acid] 纤维二糖的末端羟基被氧化为羧基得到纤维二糖醛酸。

纤维寡糖 [cello-oligosaccharide] 由10个以下葡萄糖分子通过β-1,4-糖苷键连接而形成的寡糖，是纤维素水解过程中的产物。

纤维三糖 [cellotriose] 由3个葡萄糖分子通过β-1,4-糖苷键连接而形成的寡糖，是纤维素水解过程中的产物。

纤维素酶 [cellulose] 由多种水解酶组成的一个复杂酶系，自然界中很多真菌都能分泌纤维素酶。习惯上，将纤维素酶分成三类：C1酶、Cx酶和β-葡糖苷酶。C1酶是对纤维素最初起作用的酶，破坏纤维素链的结晶结构。Cx酶是作用于经C1酶活化的纤维素、分解β-1,4-糖苷键的纤维素酶。β-葡糖苷酶可以将纤维二糖、纤维三糖及其他低分子纤维糊精分解为葡萄糖。

酰基鞘氨醇己糖苷 [ceramide hexoside] 即脑苷脂。

酰基神经氨酸 [acylneuraminate] 脂肪酸的羧基与神经氨酸的C-5位上氨基缩合的产物。是神经等组织的重要成分。

香菇多糖 [Lentinan] 从香菇子实体或菌丝中分离的一种多糖，以β-1,3-葡聚糖为主，在6号位碳原子上有支链，有免疫激活和抗肿瘤活性。

***β*消除** [β-elimination] 两个消去基团的相对位置连在两个相邻碳原子上的消除。

小核菌聚糖 [scleroglucan] 来自小核菌的中性细胞外多糖，具有刺激免疫系统的功能。

心磷脂 [cardiolipin] 又称双磷脂酰甘油。含有两分子磷脂酸和一分子甘油的酸性磷脂。生理分布特异性高，主要分布在线粒体内膜上。可调节线粒体内膜上与氧化磷酸化相关的蛋白的活性，参与线粒体的能量转化过程；容易被活性氧自由基氧化，与细胞的凋亡及老化有关。

辛二酸 [suberic acid] 在脂肪酸的代谢中，由长链二羧酸先后经ω氧化和β氧化得到，结构式为 $HOOC(CH_2)_6COOH$。其衍生物能够抑制一些酶的活性。

辛酸甘油酯 [caprylin] 又称三辛酰甘油。辛酸与甘油酯化形成的简单三酰甘油酯。

辛糖 [octose] 由八个碳原子组成的单糖。

辛酮糖 [octulose]　由八个碳原子组成的含有酮基的单糖。

辛酮糖酸 [octulosonic acid]　由八个碳原子组成的含有酮基的糖酸。

新乳糖系列 [neolacto-series]　糖鞘脂中的一类，此系列糖脂中与脑酰胺连接的核心糖链结构为：Galβ1,4GlcNAcβ1,3 Galβ1,4Glcβ1,1Cer。

C 型凝集素 [C-type lectin]　一类可以和糖类结合的蛋白质。它们区别于其他类型的凝集素是在于它们含有大约 120 个氨基酸序列的钙依赖型的糖类识别区域。

P 型凝集素 [P-type lectin]　又称6-磷酸甘露糖受体。一种膜整合糖蛋白，根据其活性对二价离子依赖与否分为两种：CI-M6PR（结合活性不依赖于二价离子）和 CD-M6PR（结合活性依赖于二价离子）。

S 型凝集素 [S-type lectin]　又称半乳凝素，是能特异性结合 *β*-半乳糖苷键的蛋白质家族。蛋白的稳定性和糖结合依赖于二硫键，因此称为 S 型凝集素。与大多数凝集素不同，S 型凝集素不结合在膜上，而是在细胞内和细胞外发挥作用的可溶性蛋白。大多数 S 型凝集素分子量 14～16 kDa，常形成二聚或多聚。功能多样，包括介导细胞-细胞相互作用，细胞-基质间黏附以及跨膜信号转导等。

Ⅰ型凝集素 [Ⅰ-type lectin]　又称唾液酸结合凝集素。识别唾液酸的免疫球蛋白超家族凝集素。细胞表面结合唾液酸的一类蛋白，主要分布在免疫细胞表面，属于免疫球蛋白超家族，含有免疫球蛋白结构域的一类凝集素。在哺乳动物细胞中有 14 种识别唾液酸的免疫球蛋白超家族凝集素，根据其在细胞表面受体-配体相互作用行使不同的功能。

雄固烷 [androstane]　一系列类固醇化合物，由此衍生出所有的雄性固醇类激素。

雄激素 [androgen]　脊椎动物的雄性类固醇性激素的通称。在哺乳动物中主要由睾丸产生，少量由肾上腺和卵巢分泌。天然存在的雄激素主要有二氢睾酮、睾酮和雄酮，其中睾酮是最重要的雄激素。雄激素能促进雄性生殖器官的生长和雄性第二性征的发育，还能刺激食欲，促进蛋白质合成，减少尿氮排出。

雄酮 [androsterone]　一种天然类固醇雄激素，活性只有睾酮的 1/7，是睾酮或雄烯二酮的代谢产物，能够转化成二氢睾酮。含有 3-*α*-羟基，没有双键，其 3-*β*-羟基异构体是表雄酮。

雄烯二酮 [androstenedione]　又称肾上腺雄酮。可维持男性特征，其生物活性较睾酮弱。主要由睾丸产生，也能由卵巢和肾上腺皮质分泌；根据分布的组织的不同，雄烯二酮可为睾酮、雌酮和雌二醇的前体。

选凝素 [selectin]　一类细胞黏合分子。所有选凝素都是单次跨膜糖蛋白，并且和 C 型凝集素有相同的性质，都可以结合糖类部分。选凝素分为 E 型、L 型和 P 型三种。在淋巴细胞的归巢行为和多种炎症反应中都起到重要作用。

血凝素 [hemagglutinin(HA)]　又称红细胞凝集素。一类能与糖基结合，并导致红细胞凝集的蛋白质。在流感病毒、麻疹病毒（以及许多其他细菌和病毒）表面等均能找到，可附着于不同动物的红血球，而使红血球凝集。

血清类黏蛋白 [orosomucoid]　即 *α*1-酸性糖蛋白。

血糖稳态 [glucose homeostasis]　人体血液中葡萄糖含量稳定在一定水平的状态。通常为 100 mg/100 mL 血液。胰岛素、胰高血糖素和肾上腺素等多种激素在血糖稳态的调控中起重要作用。

血型糖蛋白 [glycophorin]　红细胞表面决定血型的糖蛋白，糖链富含唾液酸，其作用是利用唾液酸表面的负电荷防止血液在流经狭小血管时聚沉。

血型物质 [blood group substance]　又称载糖蛋白。存在于红血球表面，决定血型特异性的物质。关于控制 ABO 式血型的物质。是一类糖蛋白，不同的血型对应于糖蛋白的糖链末端结构不同。

亚麻子油 [linseed oil]　从亚麻的成熟种子中榨获的油脂，含有较多的亚麻酸。

岩芹酸 [petroselinic acid]　系统名：十八碳-6-烯酸。油酸的异构体。主要见于伞形花科植物种子的一种稀有脂肪酸。用化学方法切除其双键，可生成月桂酸及己二酸。

岩藻多糖 [fucoidan; fucoidin; fucan]　一种独特的结合有硫酸基团的水溶性多糖，主要存在于褐藻和一些海洋无脊椎动物中。低分子量岩藻多糖具有抗凝血抗病毒抗血栓抗肿瘤增强免疫力等活性。

岩藻糖 [fucose]　6 号位碳上脱氧的半乳糖。在自然界中，常以 L-岩藻糖构型存在，是糖蛋白和糖脂中聚糖的组成成分，并以岩藻胶和岩藻聚糖等多糖形式存在于海藻中。

岩藻糖苷酶 [fucosidase]　一类催化糖苷键水解的酶，包括 *α*-L-岩藻糖苷酶、*β*-D-岩藻糖苷酶、1,2-*α*-L-岩藻糖苷酶，分别水解不同形式糖苷键的非还原末端的 L-岩藻糖残基，其中 1,2-*α*-L-岩藻糖苷酶具高度专一性。

岩藻糖苷贮积症 [fucosidosis]　体内岩藻糖苷酶基因缺陷，使得溶酶体中降解糖蛋白和糖脂中岩藻糖苷键的酶缺失，生物分子不能顺利完成降解，而导致的疾病。可表现为生长停滞、心理障碍等严重症状。

岩藻糖基转移酶 [fucosyltransferase] 一类己糖基转移酶。催化从核苷二磷酸岩藻糖将岩藻糖基转移至受体分子，受体分子常为另一种糖、糖蛋白或糖脂分子。如 3-半乳糖基-*N*-乙酰氨基葡糖苷 4-*β*-L-岩藻糖基转移酶、糖蛋白 6-*β*-L-岩藻糖基转移酶、半乳糖苷 2-*β*-L-岩藻糖基转移酶。人血清中一些岩藻糖基转移酶活性升高可作为恶性肿瘤的指征。

盐皮质[激]素 [mineralocorticoid] 一类由肾上腺皮质分泌的类固醇激素，主要生理作用是调节肾对无机离子的重吸收，维持人体内水和电解质的平衡。主要的盐皮质激素是醛固酮，其他如孕酮、脱氧皮质酮也有盐皮质激素活性。

羊毛固醇 [lanosterin; lanosterol] 可代谢成胆固醇和葫芦素。酵母中的麦角固醇也是由羊毛固醇合成的。

羊毛蜡 [lanocerin] 含有胆固醇、酯和脂肪酸(羊毛蜡酸居多)等脂质的混合物，经皂化作用可生成羊毛蜡酸、油酸等脂肪酸。

羊毛蜡酸 [lanoceric acid] 二羟三十烷酸，分子式 $(HO)_2C_{29}H_{57}COOH$。羊毛蜡的主要成分。

羊毛软脂酸 [lanopalmitic acid] 即羊毛棕榈酸。

羊毛脂 [lanolin] 由羊的皮脂腺分泌的黄色脂状物质，覆盖于羊毛纤维上，能够软化绒毛，是胆固醇和脂肪酸酯的混合物。纯化后可用于药膏和化妆品。

羊毛棕榈酸 [lanopalmitic acid] 又称羊毛软脂酸。羊毛蜡中含有的软脂酸。

野尻霉素 [nojirimycin] 一些链霉菌产生的 5-氨基-5-脱氧-D-葡萄糖，是一种抗生素。形成吡喃环后，和吡喃型葡萄糖相似，可以作为肠 *α*-葡糖苷酶、胰 *α*-淀粉酶，以及 *N*-糖链加工中的 *α*-葡糖苷酶等的抑制剂。

乙菧酚 [diethylstilbestrol(DES)] 一种人工合成的非固醇类化合物，具有雌激素活性。在 20 世纪 40～70 年代，乙菧酚被用于治疗高危流产和前列腺癌，但随后发现乙菧酚能穿过胎盘对胎儿的发育产生影响，增加患者的女性胎儿未来罹患乳腺、生殖道和子宫癌症的风险。1973 年乙菧酚被禁止作为防流产药物使用。现在发现乙菧酚在一些癌症的激素治疗中有相关应用。

乙炔睾酮 [aethisteron] 又称炔诺酮、炔孕酮。一种合成的类固醇孕激素，是孕酮或睾酮的衍生物。

乙炔酸 [acetylenic acid] 含有一个或多个三键的一系列脂肪酸。在自然界中广泛存在于植物、真菌、细菌、海洋生物中，具有抗细菌、抗真菌、抗癌等活性。

乙酸甘油酯 [acetin] 又称三乙酰甘油。俗称“醋精”。乙酸和甘油形成的简单甘油三酯，是人工合成的脂肪，可用作抗真菌剂、食品添加剂、抗爆剂、溶剂、增塑剂等。

N-乙酰氨基半乳糖 [*N*-acetylgalactosamine (GalNAc)] 即 *N*-乙酰半乳糖胺。

N-乙酰氨基葡糖 [*N*-acetylglucosamine(GlcNAc)] 即 *N*-乙酰葡糖胺。

N-乙酰半乳糖胺 [*N*-acetylgalactosamine(GalNAc)] 又称 *N*-乙酰氨基半乳糖。半乳糖上 C-2 位上的羟基被氨基取代后，再经乙酰化后得到的衍生物。

N-乙酰胞壁酸 [*N*-acetylmuramic acid] 在细菌细胞壁的胞壁肽聚糖中组成 *N*-乙酰-*β*-D-葡糖胺基(1→4)-*N*-乙酰-*β*-D-胞壁酰(1→4)的双糖重复单位。在胞壁酸的羧基结合有含 D-氨基酸的短肽，构成牢固的胞壁质分子的基本骨架。

N-乙酰胞壁酰五肽 [*N*-acetylmuramyl pentapeptide] 细菌细胞壁中肽聚糖生物合成过程中的中间产物。在 *N*-乙酰胞壁酸 3 位衍生的羧基上顺序连接上 L-Ala-D-Glu-L-Lys-D-Ala-D-Ala。

乙酰化值 [acetylation number] 油脂中含羟基的脂肪酸可与乙酸酐或其他酰化剂作用形成相应的酯。乙酰化值指 1 g 乙酰化的油脂所分解出的乙酸用 KOH 中和时，所需 KOH 的质量(mg)。

N-乙酰葡糖胺 [*N*-acetylglucosamine(GlcNAc)] 又称 *N*-乙酰氨基葡糖。葡萄糖上 C-2 位上的羟基被氨基取代后，再经乙酰化后得到的衍生物。

乙酰葡糖胺糖苷酶 [acetylglucosaminidase] 一种糖苷水解酶。催化 *N*-乙酰氨基葡糖苷键的水解，释放乙酰氨基葡糖。在各种糖复合体的降解过程中起关键作用。

N-乙酰葡糖胺转移酶 [*N*-acetylglucosaminyl transferase] 在多肽的 *N*-糖苷键连接的糖基化修饰过程中，催化将 *N*-乙酰胺基葡糖基从 UDP-*N*-乙酰胺基葡糖转移到寡糖链上的酶。

N-乙酰乳糖胺 [*N*-acetyllactosamine] 半乳糖和 *N*-乙酰葡糖胺以 *β*-1 位结合所得的化合物。

N-乙酰神经氨酸 [*N*-acetylneuraminic acid] 即唾液酸。

异常脂蛋白血症 [dyslipoproteinemia] 血清中脂质含量异常的症状，包括过高或过低，如高胆固醇、高甘油三酯、低高密度脂蛋白胆固醇和高低密度脂蛋白胆固醇。

异淀粉酶 [isoamylase] 又称糖原-6-葡聚糖水解酶。编号：EC 3.2.1.68。一种脱支酶，催化水解糖原、支链淀粉以及它们的β极限糊精中的α-1,6-糖苷支链。与短梗霉多糖酶的区别在于不能作用于短梗霉多糖。

异红细胞系列糖鞘脂 [isoglobo-series] 即异球系列。

异球系列 [isoglobo-series] 又称异红细胞系列糖鞘脂。糖鞘脂中的一类，此系列糖脂中与神经酰胺连接的核心糖链结构特征为：GalNAcβ1,3Galα1,3Galβ1, 4Glcβ1, 1Cer，与球系列的区别在于两个 Gal 之间的连接键是α-1,3而不是α-1,4。

樱草糖 [primeverose] 一种二糖，6-*O*-β-木糖基-*D*-葡萄糖。存在于茜草中。

硬脂酸甘油酯 [stearin; tristearin] 又称三硬脂酰甘油。由硬脂酸与甘油酯化形成的简单甘油三酯。

硬脂酰Δ^9脱饱和酶 [stearoyl Δ^9 desaturase] 在硬脂酸的 9 位引入双键生成相应的不饱和酸，催化这一过程所需的酶。

油酸甘油酯 [olein; triolein] 又称油酰甘油。由油酸与甘油通过酯化作用形成的简单甘油三酯。是油脂的主要成分。

油酰甘油 [olein; triolein] 即油酸甘油酯。

柚皮苷 [naringin] 存在于柚的花和果中的糖苷，其糖苷配体是4′,5,7-羟基黄酮，糖基为鼠李糖基β-1,2-葡萄糖。是柚汁苦味的主要来源。

游离脂肪酸 [free fatty acid] 即非酯化脂肪酸。

右旋糖酐 [dextran] 由细菌(如肠膜状明串珠菌(*Leuconostoc mesenteroides*))产生的胞外多糖，主要是α-1,6-糖苷键连接的葡萄糖，有时也有α-1,2、α-1,3、α-1,4 分支结构。不同分子量的右旋糖苷在临床上有多种用途，如作为血浆代用品、疏通微血管、防治血栓等。为区别于“葡聚糖(glucan)”，故将细菌来源的“dextran”定名为右旋糖酐。

玉米黄质二葡糖苷 [zea xanthin diglucoside] 玉米黄质素和葡萄糖形成的一种糖苷。

愈伤葡聚糖合成酶 [callose synthetase] 编号：EC 2.4.1.34。催化愈伤葡聚糖合成的酶，以 UDP-葡萄糖提供葡萄糖基，通过$\beta(1\rightarrow3)$糖苷键连接，转移到多糖链上。每循环一次增加一个葡萄糖单位。

愈伤葡萄糖 [callose] 又称胼胝质。β-D-呋喃葡糖残基以β-1,3-糖苷键连接而成的葡聚糖。存在于植物细胞壁中。

月桂酸甘油酯 [laurin] 又称三月桂酰甘油。俗称月桂精。由月桂酸与甘油酯化形成的简单甘油三酯。是月桂油、椰子油的主要成分。

月桂酯 [laurin] 月桂酸甘油酯的俗称。

孕二醇 [pregnanediol] 孕酮的代谢产物，没有生物活性，排卵后可从尿中检出，妊娠期间尿中含量很高。通过检测尿中孕二酮的含量可以反映体内的孕酮水平。

孕激素 [progestogen; gestagen] 一系列天然的或人工合成的激素，最主要的是孕酮。生理作用是维持妊娠过程，可用来治疗经前紧张、闭经、子宫出血，能阻止排卵作用，因此可用于避孕。

孕烷二酮 [pregnanedione] 孕酮的主要代谢物，孕酮环骨架上的两个甲基或亚甲基侧链被氧化成酮基。

孕烯醇酮 [pregnenolone] 含有 21 个碳的类固醇，由胆固醇衍生而来，是性腺和肾上腺皮质类固醇激素的前体。

杂多糖 [heteropolysaccharide] 多种单糖组成的多糖。如半纤维素、琼脂、果胶等。

载糖蛋白 [blood group substance] 即血型物质。

载唾液酸蛋白 [sialophorin] 又称载涎蛋白、白唾液酸蛋白，即 CD43。一种黏蛋白样的糖蛋白。在 239 个氨基酸残基组成的肽链上接有 70～85 条末端为唾液酸 *O*-糖链，是胸腺细胞、T 细胞表面的主要糖蛋白，也存在于其他免疫有关的细胞表面，有抗黏着，抑制 T 细胞间相互作用的功能。

载涎蛋白 [sialophorin] 即载唾液酸蛋白。

皂化作用 [saponification] 脂酰甘油在碱的作用下发生水解反应。产物之一为脂肪酸的盐类，即肥皂，故命名为皂化作用。

蔗糖酶 [sucrase] 编号：EC 3.2.1.48。催化蔗糖水解成葡萄糖和果糖的酶。与呋喃果糖苷酶作用方式不同，为α-D-葡糖苷酶。

脂沉积症 [lipoidosis; lipid storage disease] 脂质代谢紊乱导致的特种脂质在一定组织中过量沉积的现象，病因包括遗传性地缺少分解脂质的溶酶体酶。可根据酶的缺陷或相关联脂质的种类进行分类。

脂单层 [lipid monolayer] 单层磷脂分子构成的膜。

脂蛋白脂肪酶 [lipoprotein lipase] 水解酶的一种，催化甘油三酯和水产生甘油二酯和一分子脂肪酸。这种酶的底物包括乳糜中的甘油三酯、极低密度脂蛋白、低密度脂蛋白和甘油二酯。分布在毛细血管内皮表面，尤其是乳腺、肌肉和脂肪组织中。这种酶的基因缺陷会导致高脂蛋白血症Ⅰ型。

脂多态性 [lipid polymorphism] 由于分子几何构象、水合状态、离子化情况等不同，脂质分子可自组装成不同的聚集态。如头基面积大、尾部(脂肪链)面积小的圆锥形脂质分子，可组装成微团；二者面积相当，分子呈圆柱状时，可自组装成脂双层；头小尾大时可形成反相胶束。

脂多糖 [lipopolysaccharide(LPS)] 革兰氏阴性菌细胞壁组成成分，由脂质 A、核心多糖和 O 抗原三部分组成。

脂肪生成 [lipogenesis] 利用脂肪酸和甘油或甘油酯合成甘油三酯的过程，同时将能量储存在合成的脂肪中。包括肝脏和脂肪组织中脂肪酸的合成和随后的甘油三酯的合成。

脂肪酸 [fatty acid] 许多脂质的组成成分。分子一端为长的碳氢链，碳数从 1 到 36，一端为羧基；碳氢链以线型为主，少数为分支或环状。短链脂肪酸乙酸、丙酸、丁酸在生物代谢中有重要作用；长链脂肪酸是脂质的重要组成部分。根据碳氢链是否饱和，可分为饱和脂肪酸(如软脂酸和硬脂酸)和不饱和脂肪酸(如油酸)。脂肪酸的性质由链的长短、不饱和度、支链情况决定。

脂肪酸合酶 [fatty acid synthase] 催化脂肪酸合成的多酶复合物。细菌、真菌、植物和动物体中的脂肪酸合酶各不相同，但都具有 7 种酶活性，即具有酰基载体蛋白(ACP)、转琥基酶、酮脂酰-ACP 合酶、丙二酰转酰基酶、酮脂酰-ACP 还原酶、羟脂酰-ACP 脱水酶、烯脂酰-ACP 还原酶的活性。

脂肪营养不良 [lipodystrophy] 脂肪代谢的障碍或失调，引起全身或局部的皮下脂肪缺失，可能伴有其他部位脂肪组织肥大的异常现象。该异常可先天或后天获得。

脂肪增多 [lipotrophy] 体内脂肪增多的现象。

脂寡糖 [lipooligosaccharide] 一类被脂质修饰的寡糖。通常是指作为糖蛋白 *N*-糖链合成中，活化寡糖供应前体的长萜醇寡糖。

脂过多症 [lipomatosis; liposis] 体表或较深的韧带组织处脂肪囤积，身体上出现脂肪瘤的症状。是良性病变，多为遗传性病症。

脂褐素 [lipofuscin] 一种黄褐色脂色素，产生于溶酶体，有自发荧光。是部分消化的脂质与蛋白质的复合物，该复合物可能有交联结构，难以代谢，会随着年龄增长在细胞内积累。

脂加氧酶 [lipoxygenase(LOX)] 一类氧化还原酶，最先在植物中发现，催化氧与亚油酸、花生四烯酸等多元不饱和脂肪酸生成脂肪酸过氧化物。

脂粒 [lipid granule] 脂肪颗粒，是细胞中脂肪的储存形式。

脂磷壁酸 [lipoteichoic acid] 即膜磷壁酸。

脂磷酸聚糖 [lipophosphoglycan(LPG)] 利什曼虫细胞表面高丰度聚糖。通过糖基磷脂酰肌醇固着于细胞膜上，为多功能毒性决定簇，在利什曼虫于中间宿主沙蝇体内生长过程中起关键作用。

脂尿 [lipuria; lipiduria] 含有较多脂质的尿液，脂质以脂蛋白形式进入尿液，常见于肾病综合征。

脂牛磺酸 [lipotaurine] 脂肪酸与牛磺酸结合的化合物，发现于嗜热四膜虫(*Tetrahymena thermophila*)中。

脂溶性维生素 [lipid-soluble vitamin; fat-soluble vitamin] 易溶于脂中而不溶于水的一类维生素。包括维生素 A、维生素 D、维生素 E 及维生素 K，与脂质一起被小肠吸收，脂吸收不良会导致一系列疾病。

脂色素 [lipochrome] 化学成分为脂质的一类生物色素。如胡萝卜素、叶黄素等。有时专指一些衰竭色素，如脂褐素、血褐素。常见于血清、皮肤、肾上腺皮质、黄体、动脉斑块、肝、脾和脂肪组织中。

脂双层 [lipid bilayer] 由两层磷脂分子排列组成的膜结构。磷脂分子的极性亲水头基朝向膜的外侧，疏水尾部则簇集于双层的内侧。

脂双层 E 面 [E face of lipid bilayer] 脂双层中两层脂质分子的内侧相互接触，当脂双层经冷冻断裂处理后，在电镜下看到的靠近细胞外基质的单层脂质的内侧(extracellular space)。

脂双层 P 面 [P face of lipid bilayer] 脂双层中两层脂质分子的内侧相互接触，当脂双层经冷冻断裂处理后，在电镜下看到的靠近细胞内基质的单层脂质的内侧(protoplasmic face)。

脂酸尿 [lipaciduria] 尿中的脂肪酸含量过高。在正常的尿中会有少量的脂肪酸，主要为甲酸和乙酸。肝脏的疾病会引发脂酸尿，尿中的脂肪酸含量过高。

脂微泡 [lipid microvesicle] 细胞外吐的由质膜形成的小泡。哺乳动物的很多细胞都能分泌脂微泡。脂微泡在细胞通信中有重要作用，可以在细胞间运输 mRNA、miRNA、蛋白质等。

脂微团 [lipid micelle] 由脂质形成的微团。如脂质在胆汁酸盐作用下乳化并分散形成的细小微团，脂质分子的极性部分朝外，非极性部分朝内，微团具有水溶性且比表面积增加。

脂血症 [lipidemia;lipemia] 又称高脂血症。血液中脂质或脂蛋白的含量高。包括高胆固醇血症和高甘油三酯血症。会引发动脉硬化等心血管疾病。是异常血脂症最常见的形式。

脂氧素 [lipoxin(LX)] 一类由花生四烯酸氧化产生的含三羟基四烯结构的类二十烷酸。很多脂氧素是免疫调节中的介导分子，具有抗炎等生物活性。

脂质过氧化 [lipid peroxidation] 以过氧化氢或超氧化物为电子受体，过氧化酶催化的脂质的氧化。通常发生于多烯不饱和脂肪酸。脂过氧化是氧化中普遍存在的现象，会导致细胞结构和功能的损害。

脂质过氧化物 [lipid hydroperoxide] 不饱和脂肪酸过氧化形成的带有过氧基的产物。脂质过氧化物对生物体有害，可能会诱导基因突变。脂质过氧化物的形成被认为是生理系统的病变过程，可被抗氧化物质(如维生素E)抑制。

脂质化 [lipidation] 在酶的作用下将脂肪酸、胆固醇、萜类等连接到蛋白质上的过程。脂质化是对蛋白质的重要修饰。脂质化的蛋白质通常附着在细胞膜上，在信号传导等生理过程中发挥着重要作用。

脂质几丁寡糖 [lipochitooligosaccharide] 由根瘤菌所产生的一种被长链脂肪酸修饰的几丁寡糖。可专一地激发寄主植物的结瘤反应。

脂质体包载 [liposome entrapment] 以脂质体的形式包裹药物、酶、基因或其他制剂运送入靶细胞的方法。如靶向运载抗癌药物时，脂质体可使健康的细胞免受药物毒性侵害，防止药物在某些组织聚集，从而减少副作用，同时病变组织处药物浓度最大，可使效果最大化。

植酸 [phytic acid] 又称肌醇六磷酸。肌醇的六个羟基均被磷酸酯化生成的化合物，为植物中贮存磷元素的重要形式。

植烷酸 [phytanic acid] 系统名：3,7,11,15-四甲基十六烷酸。是带有4个甲基支链的二十碳饱和脂肪酸。由于β-碳原子上有1个甲基支链，因此阻断了β-氧化酶系的作用，只能通过α-氧化进行代谢。雷夫叙姆(Refsum)病的患者因遗传性α-氧化酶系缺陷，不能氧化降解植烷酸，而导致植烷酸在血和脑中堆积。

植物固醇 [phytosterol] 存在于高等植物中的固醇，为植物细胞的重要组分。其含量以豆固醇和谷固醇最多。具有降低低密度脂蛋白胆固醇含量的功效。

植物凝集素 [phytohemagglutinin(PHA)] 又称红肾豆凝集素。从红肾豆(*Phaseolus vulgaris*)中分离得到的凝集素。由两种不同糖类专一的亚基，可组成5种不同的同工凝集素。在免疫学中经常用做促分裂原。

植物糖原 [phytoglycogen] 植物来源的葡聚糖，与动物的糖原相似，具有高度分支。

质膜体 [plasmalemmasome] 由质膜的内陷形成。增加了质膜的表面积，即增加了物质运输的载体，有利于物质的快速运送，加快营养物质的传递与吸收。有三种不同形态：泡状质膜体、膜状质膜体和袋状质膜体。

质子电化学梯度 [electrochemical proton gradient] 在线粒体内膜上，受呼吸链电子传递过程中释放的能量驱动，线粒体基质中的质子跨膜转运，使得膜间隙积累了大量的质子。这样线粒体膜间隙产生大量的正电荷，而线粒体基质一侧产生大量的负电荷，内膜两侧形成电位差；同时两侧质子浓度不同因而产生pH梯度，这两种梯度合称为电化学梯度。该梯度的电化学电势是ATP合成的驱动力。

中国仓鼠卵巢细胞 [Chinese hamster ovary cell] 简称CHO细胞。一种来源于中国仓鼠卵巢的建株纤维母细胞，是哺乳动物表达系统常用的宿主细胞。

中间密度脂蛋白 [intermediate density lipoprotein (IDL)] 即中密度脂蛋白。

中密度脂蛋白 [intermediate density lipoprotein (IDL)] 又称中间密度脂蛋白。极低密度脂蛋白在血浆中的代谢产物，其组成和密度介于极低密度脂蛋白和低密度脂蛋白之间，密度为1.006～1.019 g/mL。

珠酯 [margarine] 又称人造黄油。将油脂的双键氢化形成的有珍珠色泽的物质。通常用纯的植物油制成，有时会掺入一些动物油脂，用水或牛奶乳化，含有维生素A和D(有时有E)、饱和脂肪酸、反式和顺式不饱和脂肪酸等成分。用作黄油的替代品。

转糖基酶 [transglycosylase] 即糖基转移酶。

棕榈酸甘油酯 [palmitin; tripalmitin] 又称三软脂酰甘油。由软脂酸与甘油形成的简单三酰甘油酯。广泛存在于植物和动物的油脂中。

棕榈酸视黄酯 [retinyl palmitate; vitamin A palmitate] 即棕榈酰视黄酯。

棕榈酰视黄酯 [retinyl palmitate; vitamin A palmitate] 又称棕榈酸视黄酯。视黄醇与十六酸形成的酯。视黄醇不稳定，在组织中以棕榈酸视黄酯或乙酸视黄酯形式存在。

棕榈油酸 [palmitoleic acid] 系统名：9-十六碳烯酸，是一种不饱和脂肪酸。

左旋糖 [levulose] 一般指具有左旋光学活性的糖。通常特指果糖。

7.3 核 酸

阿嗪霉素 [azinomycin] 一种天然抗生素，分离自放线菌目链霉菌属微生物灰褐链霉菌(*Streptomyces griseofuscus*)。是天然的双链 DNA 交联试剂，具有明显的抗癌活性。该天然分子含有环氧和氮丙啶活性基团，可分别与 DNA 链的碱基发生反应，使两个碱基(如在鸟嘌呤 7 号位氮原子上)发生烷基化，实现碱基间的交联。

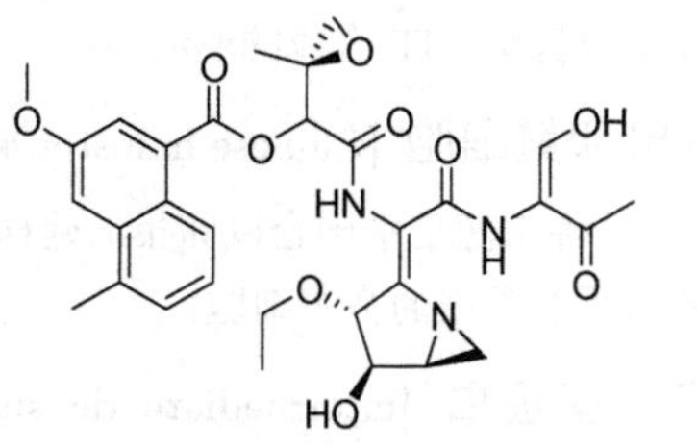

阿嗪霉素 β

阿嗪霉素 B [azinomycin B] 即嗜癌素。

埃斯培拉霉素 [esperamicin] 一种天然抗生素，分离自疣孢马杜拉放线菌(*Actinomadura verrucosospora*)。属于天然 DNA 切割试剂，具有明显的抗癌活性。该小分子含有烯二炔活性切割基团，可以在 B-DNA 的小沟区结合，其切割活性在硫化合物存在时大幅提高，此分子对胸腺嘧啶核苷具有切割选择性。

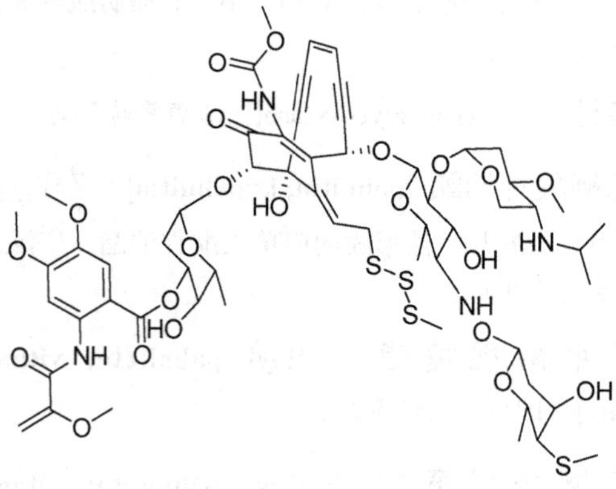

埃斯培拉霉素 α1

氨茴霉素 [anthramycin] 一种天然抗生素，从回头链霉菌耐热变种(*streptomyces refuineus* var. *thermotolerans*)中分离提取。属于吡咯开苯并吖庚三烯类衍生物。天然 DNA 烷基化试剂，它与 DNA 中鸟嘌呤氨基上的氮原子发生反应，不可逆地结合到 DNA 链上，抑制 DNA 与 RNA 的合成。具有明显抗肿瘤活性。

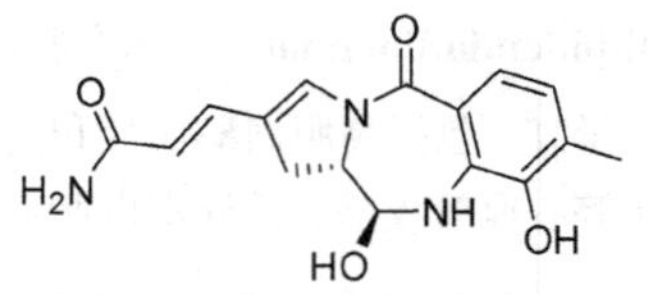

2-氨基嘌呤探针 [2-aminopurine probe(Ap)] 一种荧光探针分子，在荧光分析中的激发波长为 310 nm，发射波长 370 nm。它可与胞嘧啶或胸腺嘧啶进行配对，常取代正常核酸中的腺嘌呤，用于核酸结构的探测和分析。当与其他碱基堆叠时，其荧光会发生电子转移猝灭。此探针在生物分析中具有较好的相容性。

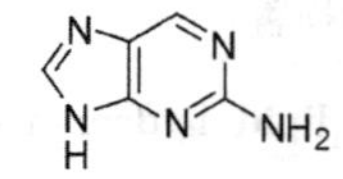

白叶藤碱 [cryptolepine] 一种天然生物碱，提取自萝藦科白叶藤属植物(*cryptolepsis triangularis*)的根部，具有抗炎、抗肿瘤、降血糖的药物功能。结构特征是含有吲哚并喹啉环。此分子具有插入 DNA 双链富胞嘧啶区的碱基之间，阻碍 DNA 合成，起到抗肿瘤作用，但也因此具有较高的细胞毒性。该天然生物碱也可以作为半月形的 G-四链体 DNA 识别分子结合到端粒上，抑制端粒酶的活性。

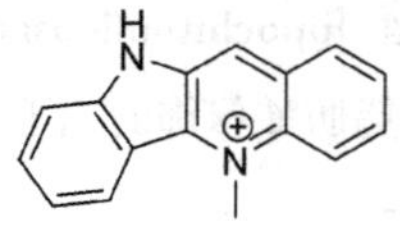

半月形 G-四链体结合分子 [semilunar ligands to G-quadruplex] 结构特征为多个芳香环结构并联，形成长条形具有一定弯曲程度的 G-四链体识别和结合分子。典型的天然分子包括盐酸小檗碱、白叶藤碱、去氢紫槿碱等。这类天然生物碱分子具有半月形的平面共轭结构，可以与 G 平面形成 π-π 堆积。此外由于弯曲程度与 G-四链体侧面沟区相符并含有多个氢键给体/受体，该类分子也可以结合在 G-四链体的沟区。因此该类分子往往以 1∶2 或更高比例结合在一个 G-四链体上。但对双链也有一定结合能力，其选择性不高。

倍癌霉素 [duocarmycin] 一类天然抗生素的总称，可以从多种链霉菌属微生物(*streptomyces* sp.)中分离提取。其结构特征为含有吡咯并环丙烷。一种天然 DNA 烷基化试剂，具有结合在 DNA 小沟区的特性，并使邻近腺嘌呤 3 位的氮原子加成在环丙烷上，不可逆地结合 DNA 链，影响 DNA 的活性，具有抗肿瘤活性。

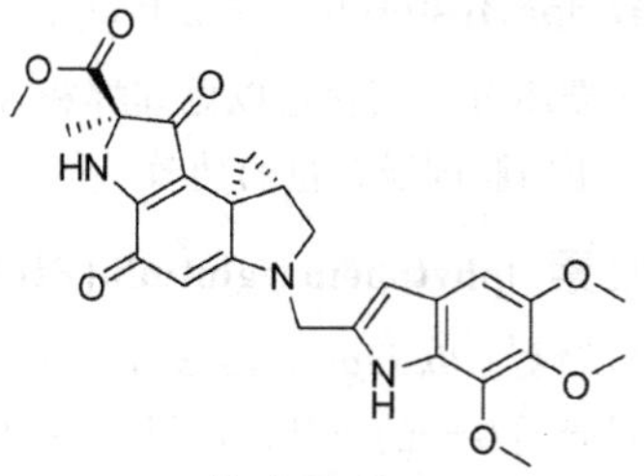

倍癌霉素 α

比折来新 [bizelesin] 一类 DNA 烷基化试剂，结构中含有两个对称的 *N*-吲哚酰基吡咯烷并吲哚。可插入 B-DNA 的小沟富 AT 区与 DNA 进行交联。此试剂由得克萨斯大学药学院的赫尔利(L. H. Hurley)教授于 1991 年发现。分子上两个吡咯烷环上各有一个氯甲基，可以在生理条件下形成活泼环丙烷结构，并使腺嘌呤的 3 位氮原子加成于其上，将两个腺嘌呤碱基连接起来，从而阻断 DNA 复制和 RNA 合成。具有明显的抗肿瘤活性，该分子已作为抗癌药物进入临床实验。

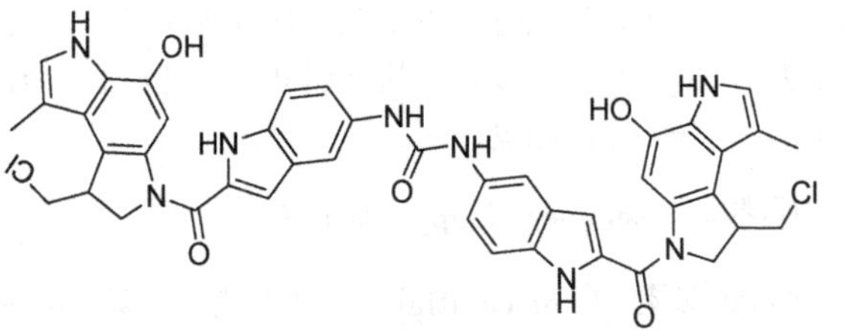

吡咯并苯并吖庚三烯 [pyrrolobenzodiazepine] 天然抗生素氨茴霉素(anthramycin)、茅屋霉素(tomaymycin)、西伯利亚霉素(sibiromycin)的核心结构。最早从多种放线菌目链霉菌属微生物中分离提取，是天然的 DNA 烷基化试剂。该天然分子可以结合到 DNA 小沟区，其七元环结构与鸟嘌呤氨基上的氮原子发生烷基化，抑制 DNA 的活性，具有明显的抗肿瘤活性。

吡咯双烷生物碱类 DNA 交联试剂 [pyrrolizidine derivative(PAs)] 一类天然 DNA 烷基化分子。具有细胞毒性，是常见的天然抗虫剂。此生物碱可从菊科、豆科、百合科、紫草科等植物中提取。核心结构为 1,7 双取代的吡咯双烷，通常这两个位点上的羟基或羟甲基可以与腺嘌呤的氨基发生反应，对 DNA 进行烷基化。此交联试剂可以致癌或导致肝损伤，使用时需注意。

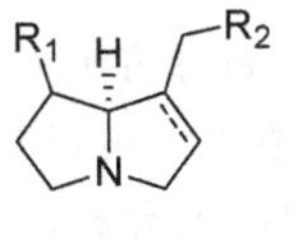

边环 [lateral loop] 分子内 DNA G-四链体结构的重要组成部分。它连接 G-四链体同一侧走向相反的两条富 G 链。在反平行链 G-四链体结构中，有一对边环位于该结构的一端，与另一端的对角环相对。在混合链 DNA G-四链体结构中，只有一条边环。边环链通常阻碍芳香平面型识别分子结合在 G-四链体末端。特殊的边环结构可以提供 G-四链体的特异识别位点。

博来霉素 [bleomycin] 一类天然抗生素，从轮枝链霉菌(*streptomyces verticillus*)中分离提取。是一种天然 DNA 切割试剂，具有明显的抗肿瘤活性。分子结构中含有糖基和肽基，可以选择性识别 DNA 中富 C 的互补双链序列，并通过生成氧自由基，切割胞嘧啶脱氧核苷。铁离子可以影响其切割活性。

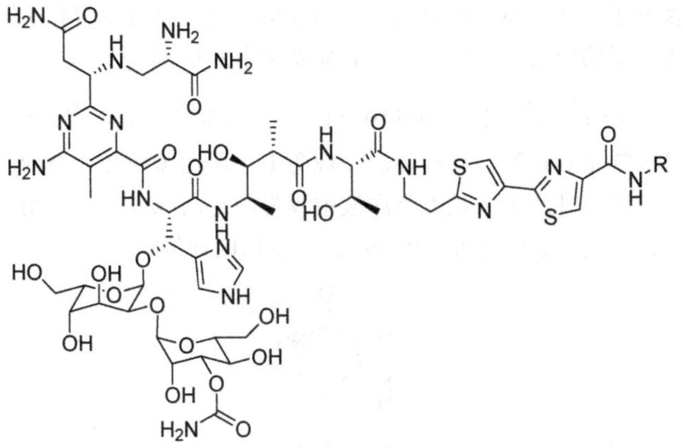

侧边环 [external loop] 即外侧环。

差示扫描量热温谱图 [DSC thermogram] 由一种热分析技术，差式扫描量热分析所得到的谱图，一般是以恒压热容(C_p)对温度(T)作图。在核酸化学生物学中，每一个峰代表一次结构或构象变化，其峰积分面积表示转变焓。差示扫描量热温谱图可以显示生物大分子，例如，核酸和蛋白质的构象变化，研究其结构和功能等。

差示扫描量热熔链温度 [DSC melting temperature] 由差式扫描量热温谱图得到的生物大分子(例如核酸)构象转变的温度(T_m)。即温谱图中每一个峰的拐点对应的温度。与波谱(UV、CD)方法相比，DSC 方法更适合于复杂的、多构象混合成分体系的热力学性质分析，在这种情况下，差式扫描量热熔链温度更为准确地反映了混合样品中各成分单一构象的转变温度。

长分散核元件 [long interspersed nuclear elements (LINE)] 基因组中一种特殊的 DNA 序列或元件，是反转录转座子中的重要成员。长分散核元件通常分为四类(LINE 1～4)，只有 LINE 1 具有转录活性。它可影响 DNA 的损伤，细胞衰老及一些遗传性疾病的发生。

长末端重复序列 [long terminal repeats(LTR)] 一种特定重复多次的 DNA 序列。序列中通常包含启动子、起始转录位点等重要核酸部分。病毒利用该长末端重复序列将其自身的特殊基因序列插入到目标细胞基因组中，从而导致目标基因表达异常或使正常细胞癌变。

超高速离心沉降速率分析 [analytical ultracentrifugation; sedimentation velocity ultracentrifugation analysis (AUC)] 在超高速离心条件下，实时定量检测被离心溶液体系中生物分子的吸收、干涉、荧光等光学性质随离心速率的变化，从而分析溶液中生物大分子(核酸、蛋白质等)相互作用的方法。由瑞典科学家斯韦德贝里(T. Svedberg)于 1925 年提出，并获得了 1926 年的诺贝尔化学奖。通过超高速离心沉降速率分析，可以获得溶液体系中生物大分子的体积分布以及分子形状信息；通过沉降平衡分析，则可以直接得到生物大分子的粗略分子量及反应平衡常数等热力学信息。

次黄嘌呤 [hypoxanthine] 一种天然嘌呤衍生物。6-羟基嘌呤是其烯醇式异构体。在代谢中，可由黄嘌呤还原或腺嘌呤脱氨基产生。是人类尿液中较为稳定的成分，可使用质谱仪检测，临床上可以用于心血管疾病的评价。

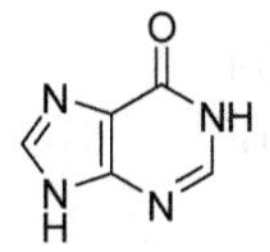

大豆苷 [daidzin] 即黄豆苷。

大沟 [major groove] B型双链DNA中的结构部分。当碱基按照沃森-克里克规则配对时，碱基对的一对糖苷键并不对称，而是指向双螺旋的同一侧，因而在背侧形成一个宽2.2 nm左右的大沟。由于大沟内部四种碱基的氢键给体/受体模式各不相同，可以被区分，且本身空间上可以容纳较大的识别和结合分子，故通常是蛋白(如锌指、螺旋-转角-螺旋结构)对双链DNA特定序列的识别位点。

氮芥类DNA交联试剂 [mechlorethamine] 一种光活性DNA烷基化试剂，曾作为化学武器使用过，具有明显的抗癌活性。分子中含有两条末端有氯原子取代的侧链，属于三级胺衍生物。在细胞内可以使两个空间上接近的鸟嘌呤的7号氮原子发生烷基化，将这两个鸟嘌呤偶联起来，进而阻止DNA的转录与复制，有强的细胞毒性。

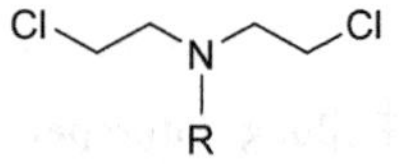

氮杂环庚烷类识别分子 [azacycloheptane] 以含氮七元环作为核心结构的一类识别分子。可以在小沟区与DNA结合，其硫酰化合物被报道可以抑制RNA合成，具有体外抗癌活性。

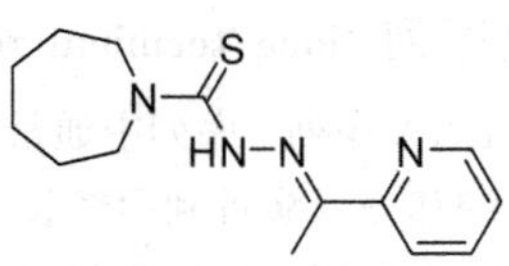

硫酰氮杂环庚烷

道诺霉素 [daunorubicin; daunomycin] 即柔红霉素。

电泳迁移率实验 [electrophoretic mobility shift assay(EMSA)] 一种可以检测和研究核酸片断、蛋白、核酸-蛋白复合物等的电泳方法。通常电泳迁移率实验采用聚丙烯酰胺或琼脂糖凝胶对含有蛋白以及标记的目标核酸的混合物进行分离，由于样品中不同核酸片段、核酸-蛋白复合物等大分子在凝胶中的迁移速率与它们的大小、电荷和结构相关，通过对标记物所在条带成像，可以将混合物中游离DNA(或RNA)与DNA(或RNA)和蛋白形成的复合物区分开来。通过电泳迁移率实验可以定性发现混合的生物样品中成分的初步结构信息和定量分析它们之间的含量。

端粒 [telomere] 真核生物染色体末端的一种特殊结构。主要为重复的含TTAGGG的富G序列，包括双链区和3′单链区，后者通常在蛋白保护下，形成端粒环。一般正常体细胞的端粒会随DNA复制而变短，进而引发细胞程序性凋亡；端粒酶可以延长端粒，使癌细胞永生化。端粒的单链在生理条件下，可以形成特殊的二级结构G-四链体，并阻碍端粒酶复合体对该位点的识别，进而阻断端粒的延长，因此常作为抗癌药物的作用靶点。

端粒环 [telomere loop] 即T环。

端粒霉素 [telomestatin] 一种天然杂环类G-四链体识别和结合分子。分离自环圈链霉菌 *streptomyces anulatus*。可以诱导人类端粒G-四链体结构的形成，并将混合型构象的G-四链体转化为螺旋桨式构象。该分子对端粒酶具有非常高的抑制能力，IC_{50}值约为200 nmol/L，可作为高效的抗癌药物。已合成了多种端粒霉素类似物，探讨具有特异性识别功能的试剂。

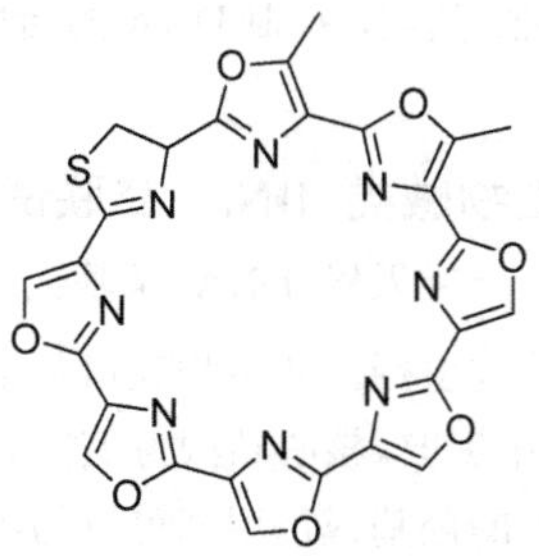

端粒重复序列核糖核酸 [telomeric repeat-containing RNA(TERRA)] 一种非编码RNA，含有UUAGGG重复序列。最早由Joachim Lingner研究组于2007年自哺乳动物细胞中发现。在细胞内环境中，可以与端粒DNA形成杂合(DNA/RNA)分子间G-四链体结构，并阻碍端粒酶的结合，起到抑制端粒酶活性的作用。此外端粒重复序列核糖核酸(TERRA)还可以与多种蛋白结合，促进端粒形成异染色质，具有重要的生物功能。

短分散核元件 [short interspersed nuclear element] DNA中一类含400个左右核苷酸的特殊重复序列。此元件可被RNA聚合酶III转录成tRNA或snRNA，属于反转录转座子的一大类。自身不能编码功能性蛋白质，需要依靠其他的内切酶辅助才能实现功能。在人类基因组中约占8%左右，元件与基因表达相关。

对角环 [diagonal loop] 分子内G-四链体结构的组成部分。连接DNAG-四链体对角线上走向相反的两条富G链。

在反平行链 G-四链体结构中，有一对对角环位于该结构的一端，与另一端的一对边环相对。对角环链一般长于边环和侧环链，G-四链体 DNA 序列中靠中心的较长的非富 G 片段易形成对角环，对角环结构通常阻碍芳香平面型分子结合在 G-四链体末端，也是识别分子选择性结合 G-四链体结构的位点之一。

蒽环霉素 [anthracycline] 一种天然抗生素，具有切割双链 DNA 的功能。可从链霉菌纲微生物 *streptomyces peucetius* var. *caesiu.*分离提取。其特征是含有蒽醌和糖苷结构。它可以在铁离子作用下，产生活性氧自由基，发挥其切割 DNA 的功能。此外蒽醌环和糖苷基团可以分别插入到 DNA 双链的碱基之间和小沟区，通过阻止拓扑异构酶II结合 DNA，起到阻止 DNA 的复制、转录与修复，具有明显的抗肿瘤活性。

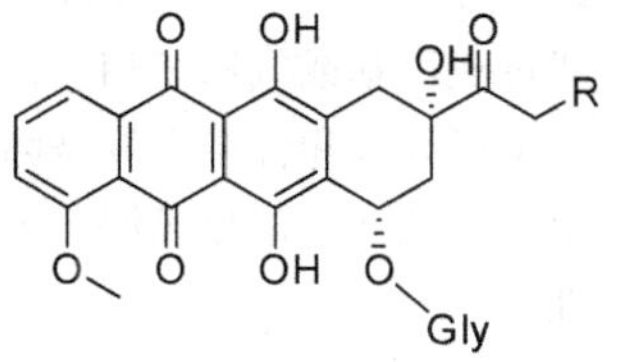

二苯脒类识别分子 [phenamidine] 一类 B-DNA 小沟区识别和结合分子。结构特征为通过一条柔性链，将两个对位取代含有杂原子的苯甲脒分子连接起来。该类分子主要结合在 DNA 小沟区富 AT 位点，晶体结构数据表明，其结合主要依靠脒基团与腺嘌呤 3 位氮原子之间的氢键相互作用。该类分子在结合 DNA 后荧光会变强，因此可以作为对双链 DNA 的活体成像试剂。其衍生物可以作为药物的前体。

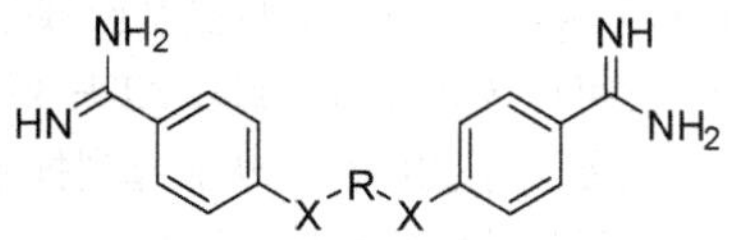

***N,N*-二甲基鸟嘌呤核苷** [*N,N*-dimethylguanosine] 一种修饰核苷，结构特征是鸟嘌呤的氨基氮原子上发生二甲基化。在人体内主要存在于一些 tRNA 的 10、26 号位点。该二甲基化的碱基可通过乌倍碱基配对规则与尿嘧啶发生错配，经过 tRNA 降解而出现在人类的血液和尿液中，其含量的异常与结肠癌等疾病相关。

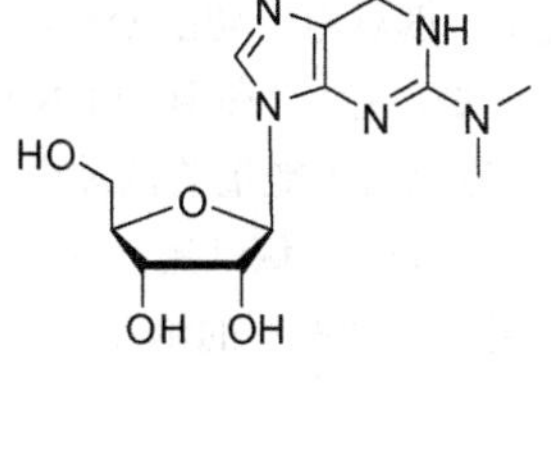

3,6-二(1-甲基-4-乙烯基吡啶)咔唑 [3,6-bis[2-(1-methylpyridinium)vinyl]carbazole diiodide(BMVC)] 一种具有荧光的 G-四链体和双链 DNA 结合分子。由中国台湾的张大钊教授研究组发现，其与 G-四链体 DNA 的结合能力是对双链 DNA 的 5 倍左右，与 DNA 结合时荧光发射波长分别为 570 nm(G-四链体)、545 nm(双链 DNA)。此分子可抑制端粒酶活性，也具有抗癌功能。

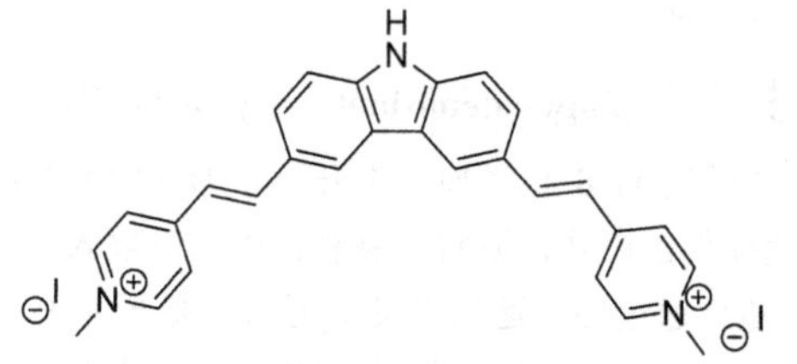

二萘嵌苯类 G-四链体结合分子 [perylene ligands to G-quadruplex] 一类芳香平面型核酸 G-四链体结合分子，典型分子为 Tel03。结构特征是以 3,4,9,10-苝四酸二酰胺为分子核心，它可以通过 π-π 堆积作用结合在 G-四链体结构末端的 G 平面上，两条带有正电荷的酰胺侧链则可以插入 G-四链体结构侧面的沟区中。通常对平行链 G-四链体有较强的结合能力。在 6、12 位引入更多的侧链可以改善分子对 G-四链体的选择性和水溶性。具有明显的抗肿瘤活性。

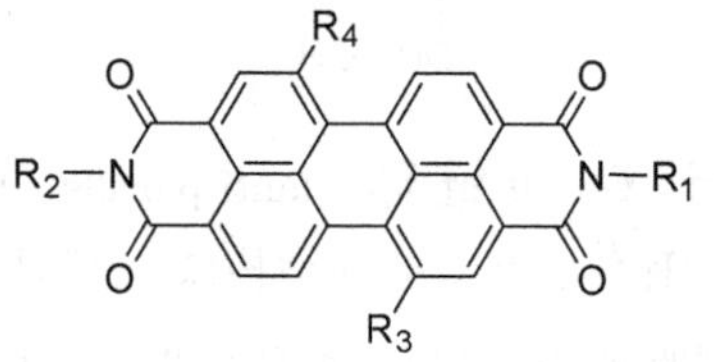

二萘嵌苯类 G-四链体结合分子结构

二氢尿嘧啶核苷 [dihydrouridine(D)] 一种修饰核苷，结构特征是在尿嘧啶的碳碳双键上加成了两个氢原子。它存在于多种物种 tRNA 中，在细胞环境中由二氢尿嘧啶合成酶(dihydrouridine synthases, DUS)催化尿嘧啶而生成。也存在于大肠杆菌核糖体 RNA 中。

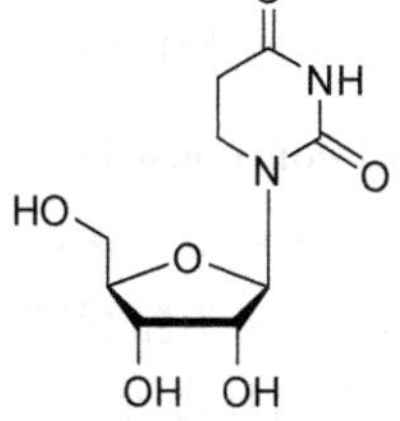

发卡型寡聚酰胺 [hairpin polyamide] 双链 DNA 识别分子的一种。由两个寡聚酰胺分子(各自不超过 6 个 Py 或 Im 残基)通过较短的柔性链连接在一起。两个寡聚酰胺片段反平行的折叠，呈发卡型。它可以嵌入 B-DNA 小沟区，实现对双链 DNA 高亲和性与序列选择性的识别和结合。

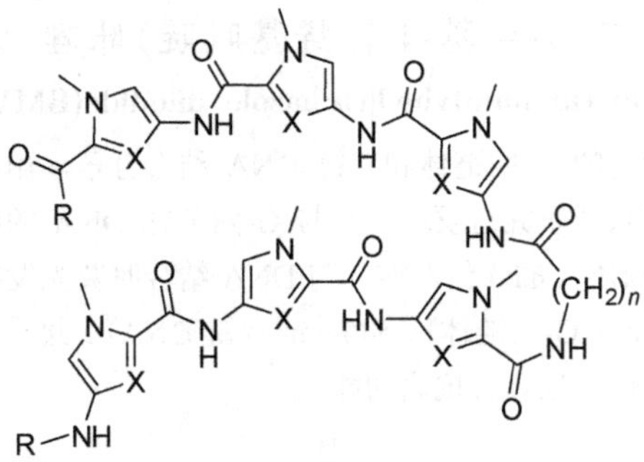

法皮腺苷 [Fapy-adenosine] 一种天然修饰核苷。结构特征是在腺嘌呤的 8 位碳原子上开环，形成甲酰胺结构。是 DNA 氧化损伤的产物，通常由氢氧自由基进攻腺嘌呤 8 号位碳原子，随后通过还原途径引发 8 号位碳原子与 9 号位氮原子间断键开环形成。该核苷常用气相色谱-质谱联用仪分析。体液中法皮腺苷含量异常与人类疾病相关，可作为肺癌、纤维型星形细胞瘤、鳞状细胞瘤以及II型糖尿病等疾病的生物标志物进行检测。

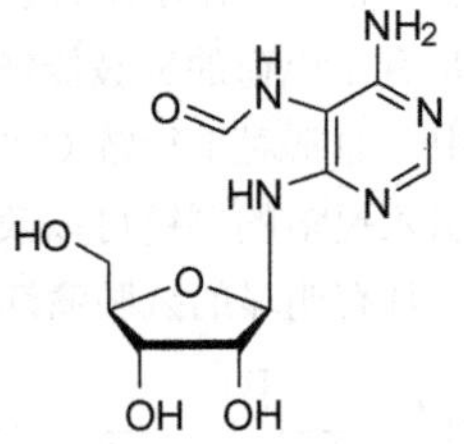

反平行 G-四链体 [anti-parallel G-quadruplex structure] 一种分子内 G-四链体构象。其结构特征为 G-四链体中某一侧面的两条链与对面的另两条链方向相反。G-四链体结构中的四条链通过对角环、边环相连，一个末端有两条边环，另一个末端有一个对角环，由于这些环结构在空间位阻上互相影响，部分芳香平面型 G-四链体结合分子对该结构的结合受到限制。同时不同的边环、对角环是 G-四链体结构的特征，也是识别分子选择性结合的位点。

在 CD 光谱中 292.0 nm 左右具有特征的吸收峰，可使用 CD 光谱区分反平行与平行 G-四链体结构。同时在识别分子的作用下反平行与平行 G-四链体结构可以互相转化。

反式构象 [anti-configuration] 核苷中由碱基指向的不同而引起的一种立体构象。在核苷中，碱基平面一般是垂直于糖环平面的，并可沿糖苷键旋转，对于嘌呤糖苷而言，整个嘌呤环指向糖环之外；对于嘧啶核苷而言，2 号位氧原子指向糖环之外，此时为反式构象。反式构象的核苷对右手螺旋碱基配对有利，故天然的 B 型 DNA 中核苷残基为反式。

反式调节元件 [trans-regulatory element] 可以调节序列或空间上与其不相邻基因表达的元件，起到间接调控其他相关基因生物功能的作用。

反转录转座子 [retrotransposon] 又称 RNA 介导的转座子。基因组中常见的一种基因元件(一段特定的 DNA 序列)，它具有在基因组中自扩增的功能。该转座子可以先转录成 RNA，再逆转录成新的 DNA 元件，然后整合到基因组中，影响生物遗传。

芳香平面型 G-四链体结合分子 [aromatic planar ligands of G-quadruplex] 核心结构为芳香稠环。该类 G-四链体结合分子主要依靠芳香稠环与碱基的 π-π 堆叠作用结合在 G 平面上，以 G-四链体末端为主要的识别和结合靶点，也有部分分子可以插入到 G 平面间。主要包括卟啉类、二萘嵌苯类、吖啶类等 G-四链体 DNA 识别和结合分子。

防己诺林碱 [fangchinoline] 一种天然生物碱，可从防己科植物粉防己(*stephania tetrandra* S. Moore)的根中提取。结构特征为柔性大环，由两个取代的 *N*-甲基苯并哌啶，以及两个取代苯通过亚甲基或氧原子相连构成柔性大环。最近研究证明该分子可以高亲和性结合癌基因的 G-四链体结构。该分子传统上用于镇痛，治疗风湿、关节炎、神经痛，也具有抗肿瘤活性。

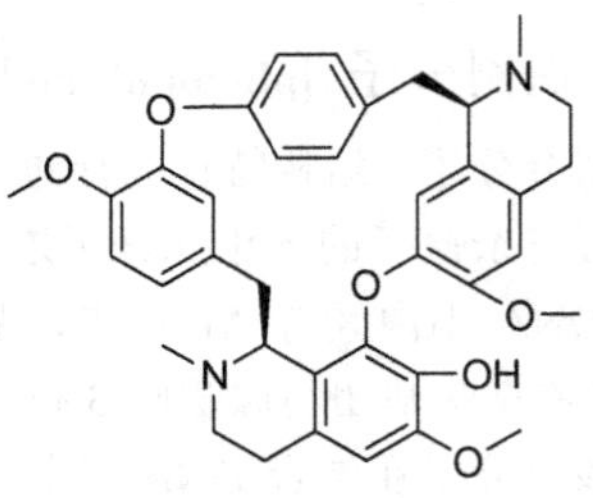

纺锤菌素 [netropsin] 一种天然抗生素，提取自放线菌纲微生物(*streptomyces netropsis*)。结构上属于寡聚酰胺类化合物，分子中含两个 *N*-甲基吡咯氨基酸残基。是天然的 DNA 识别分子，它可以选择性结合到富 AT 序列双链 DNA 的小沟区，并阻碍转录因子的结合，从而起到抑制基因转录活性的功能。具有明显的抗癌或抗病毒活性。

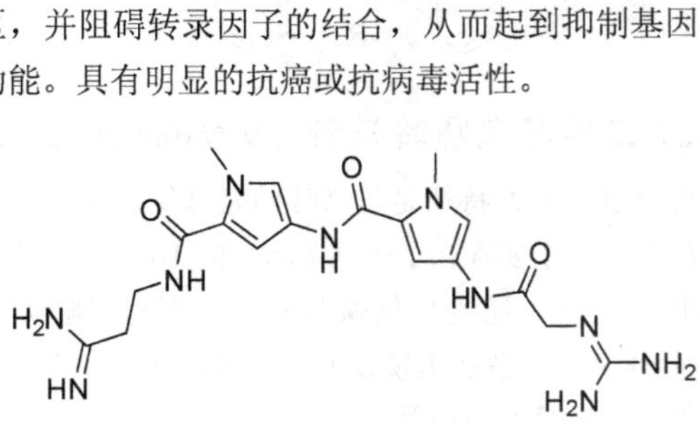

放射性碘切割实验 [^{125}I decay-induced strand break] 利用 ^{125}I 放射衰变发射俄歇电子切割 DNA 链的方法。通过植入或其他基因探针方法，将 ^{125}I 带到靶 DNA 链特定位置附近(癌细胞)，由于 ^{125}I 释放出大能量的俄歇电子，定位切割靶基因的 DNA 链，破坏靶 DNA(癌细胞)的碱基、基因结构与生物功能。该方法已用于多种癌症的治疗。

放线菌素 D [dactinomycin D]　一种天然抗癌抗生素。存在于多种链霉菌中，如小小链霉菌(*streptomyces parvullus*)、灰红链霉菌(*streptomyces griseoruber*)等。分子中含有两个环肽和一个吩噁嗪。可以结合双链 DNA，选择性结合到 DNA 的小沟区，并阻碍转录复合体沿 DNA 链的滑动，从而起到抑制 DNA 转录活性的功能。具有显著的抗肿瘤活性，是一种有效的抗癌分子。

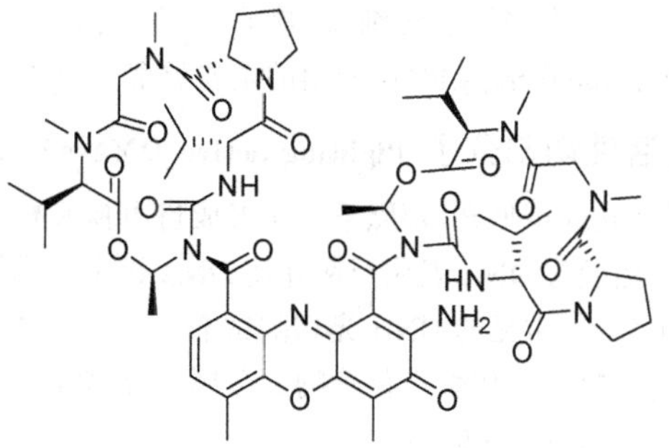

非编码核糖核酸 [non-coding RNA(ncRNA)]　一种不翻译蛋白质的功能性 RNA 分子。最常见的是 tRNA 和 rRNA，此外还包括 miRNA、lncRNA 等。主要生物功能涉及翻译调节、RNA 剪切、染色体端粒延长、基因表达调控等重要生命过程。它们的功能和含量异常与人类的癌症、阿尔茨海默症、孤独症等多种疾病相关。非编码核糖核酸的研究、检测在临床医疗诊断中具有重要的价值。

非编码脱氧核糖核酸 [noncoding DNA]　基因中不编码合成蛋白质的特殊 DNA 序列。可以调控基因的表达过程，也可以转录出一些没有翻译蛋白质能力的调节性 RNA，如 rRNA、tRNA 等。可能还有一些独特的生物功能等待科学家去探讨。

非翻译区 [untranslated regions(UTR)]　在信使 RNA 中位于 5′和 3′端不参与编码翻译蛋白质的特定 RNA 序列。5′UTR 位于 mRNA 转录起始位点和起始翻译位点之间，大约为 150 个碱基左右，可以结合某些特定的蛋白质，稳定 mRNA 的结构和干预 mRNA 翻译的过程；3′UTR 位于 mRNA 翻译终止位点和转录终止位点之间，大约长度为 700 个碱基左右，可募集特殊蛋白质对 mRNA 3′端进行腺嘌呤化，3′UTR 区也可以结合某些蛋白质影响 mRNA 结构的稳定性，具有重要的生物功能。

分叉脱氧核糖核酸 [branched DNA]　一种特殊的 DNA 结构。双链 DNA 一端由于突变或其他原因发生解链形成的两条单链区与另外第三条 DNA 单链互补结合为双链形成一个分叉结构。复杂的多分叉 DNA 可应用于 DNA 纳米自组装领域，可组装一些具有特殊功能的 DNA 元件。

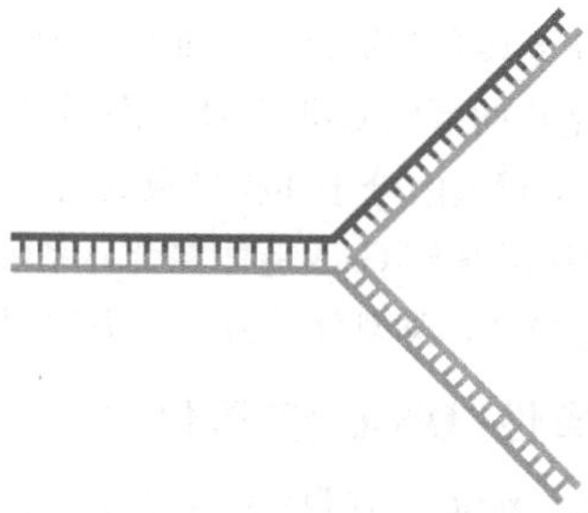

含单分叉结构的分叉脱氧核糖核酸

分子间 G-四链体 [intermolecular G-quadruplex]　由两条到四条富鸟嘌呤 DNA 或 RNA 序列形成的分子间特殊二级结构。也可能是 DNA/RNA 链形成的杂合 G-四链体结构。

分子内 G-四链体 [intramolecular G-quadruplex]　由一条富含鸟嘌呤 DNA 或 RNA 序列形成的单分子的核酸特殊二级结构。

粉防己甲素 [tetrandrine]　即粉防己碱。

粉防己碱 [tetrandrine]　又称粉防己甲素。一种 G-四链体柔性识别和结合分子，是一种双苄基异喹啉类生物碱。主要来源防己科植物粉防己(*Stephania tetrandra* S. Moors)，可以对部分癌基因的 G-四链体结构进行高亲和性、选择性识别和结合。

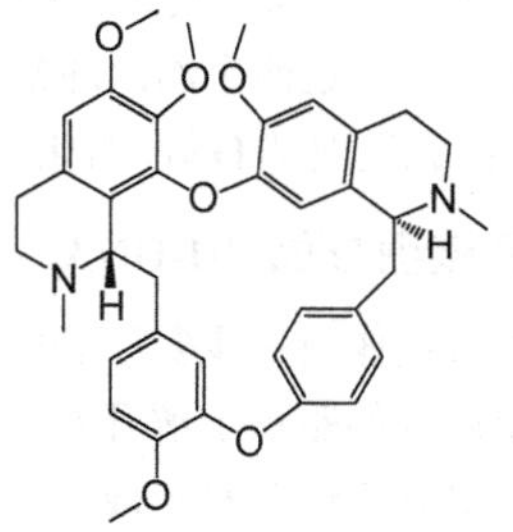

复制 [replication]　双螺旋 DNA 在特殊酶的作用下解开其双螺旋结构，展开为两条单链，以此生成的 DNA 亲代单链为模版，按照核酸碱基互补配对的原则，合成相应的互补子代 DNA 单链、同时与亲代单链形成新的双螺旋 DNA 的过程。在此过程中，复制新形成的两条双螺旋 DNA 中均含有一条亲代 DNA 单链，实质为半保留复制。

干扰性小核糖核酸 [siRNA]　长度为 20 个碱基对左右的小分子双链 RNA。一般由 Dicer 酶切割长链双链 RNA 得到，也可由转染方式导入细胞得到。主要在 RNA 干扰(RNAi)中发挥作用，它可以与靶基因互补的 mRNA 配对，导致该基因沉默，可用于人类有关疾病的治疗。

功能域 [motif]　即模体。

共轭大环类 G-四链体结合分子 [conjugated cyclic ligands to G-quadruplex]　一类重要的 G-四链体大环类识别

和结合分子。分子具有共轭性，平面性和刚性。通常结合分子与G-四链体结构两端的G-四分体平面通过π-π堆积的方式进行识别和结合，较大的分子体积导致其与双螺旋DNA结合性能较弱，因此在双螺旋/G-四链体混合体系中对G-四链体结构具有较高的选择性，典型分子为卟啉类识别和结合分子等。

构象选择性 DNA 烷基化分子 [stereoselective DNA alkylating agent] 对DNA结构的特殊构象，尤其是特定序列的双螺旋 DNA/G-四链体结构具有选择性识别和结合作用，也能对特定碱基，如鸟嘌呤 N7，腺嘌呤 N1，胞嘧啶 N1等位点实现选择性烷基化的分子。该类分子通常由 DNA 识别的功能部分和烷基化功能基团杂合而成，如由寡聚酰胺和具有烷基化作用的倍癌霉素通过酰胺键相互偶联而成的杂合分子。

A 构型脱氧核糖核酸 [A-DNA] 一种 DNA 双链构象，整体上较为紧密。旋转方向是右手螺旋，每碱基对旋转约33.5°，11个碱基旋转一周期，每周期轴向长度约为2.5 nm，直径2.3 nm左右。A构型DNA中的糖苷键构象为反式。高盐浓度的环境和乙醇可以诱导A构型脱氧核糖核酸生成。

B 构型脱氧核糖核酸 [B-DNA] 一种 DNA 双链构象，生物体内的DNA主要是以B构型形态存在。旋转方向是右手螺旋，每碱基对旋转约36°，平均每10.5个碱基旋转一周期，每周期轴向长度为3.3 nm左右，直径2.0 nm。B构型脱氧核糖核酸中的糖苷键构象为反式。B构型双链DNA有一个大沟区和一个小沟区，这两个沟区通常为分子识别靶区。多聚酰胺是在小沟区识别双链DNA的化学小分子。

H 构型脱氧核糖核酸 [H-DNA] 一种 DNA 特殊结构，通常出现在含有镜像对称重复序列的 DNA 中。镜像对称序列的一半在超螺旋的驱动下解开双链，其中富嘧啶的单链与未解链的另一部分双链配对形成三螺旋结构。该结构已经被证明在人类基因组中（如 c-Myc 癌基因启动子区）广泛存在，利用H构型脱氧核糖核酸链的形成可以进行基因表达的调控。

Z 构型脱氧核糖核酸 [Z-DNA] 一种 DNA 双链构象。为左手螺旋旋转方向，每一对碱基对旋转约60°，12个碱基对为一旋转周期，每周期的轴向长度约为4.6 nm，直径为1.8 nm。其嘧啶类核苷糖苷键构象为反式，嘌呤类核苷糖苷键为顺式。Z-DNA结构沟区构象一致，大、小沟区无明显区别。通常DNA序列中嘧啶-嘌呤交替出现、负电性的超螺旋以及在高盐浓度的环境中可诱导Z-DNA结构出现。该结构两端可与B-DNA相接，形成Z-B混合结构的DNA。该结构所在染色体区域通常为转录高度活化区域。

寡聚酰胺 [polyamide] 多酰胺类化合物，在双螺旋DNA识别分子研究中特指由德万（P. B. Dervan）教授发展的由*N*-甲基吡咯(Py)和*N*-甲基咪唑(Im)组成的多聚酰胺类识别分子。它通过Py/Py配对识别A·T碱基对、Py/Im配对识别C·G碱基对、Im/Py识别G·C碱基对等识别规则，可以针对不同的特定双螺旋DNA序列设计、合成具有高选择性识别功能的寡聚酰胺分子。

光化学活化型 DNA 烷基化分子 [lighting active DNA alkylating agent] 在紫外光或可见光的辐照下与DNA发生相互偶联反应，使DNA损伤而发生烷基化的分子。烷基化的DNA可以影响其复制转录等行为，进而对细胞的正常活动造成影响甚至引发细胞凋亡，是光动力学疗法(Photodynamic therapy,PDT)应用的主要类型分子之一。

光活性切割分子 [lighting active DNA slicing agent] 在光（紫外光或可见光）辐照下首先形成自由基或高能量三线态粒子，然后与DNA发生反应并使DNA链定点或随机断裂的化学小分子。常见的DNA光切割试剂有蒽醌类、烯二炔类、氮取代衍生物、卤代烷类化合物、金属络合物等。分子切割的选择性是值得关注的问题。

光致 DNA 交联试剂 [lighting active DNA crosslinking reagent] 在紫外光或可见光的照辐下与两条或多条DNA单链发生相互偶联反应，使多条DNA交联在一起的化学小分子。DNA交联后影响DNA的复制转录等活性，可以引发细胞凋亡，是光动力学疗法应用的主要分子类型之一。其代表性分子8-甲氧基补骨脂素已经进入临床实验。

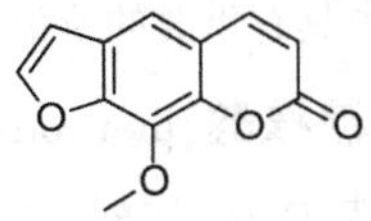

8-甲氧基补骨脂素

核磁 G-四链体特征峰 [NMR feature of G-quadruplex] 当富鸟嘌呤DNA/RNA形成特殊二级结构G-四链体后，由于鸟嘌呤N1和N2上的氢原子参与氢键的形成，在核磁图高化学位移10～12 ppm之间出现G-四链体结构亚氨基氢的共振特征峰。此区间特征峰的出现表示核酸G-四链体结构的形成。

核酸抗体 [anti-nucleic acid antibody] 以双螺旋DNA、单链DNA、G-四链体DNA/RNA等核酸结构为抗原的抗体，能特异性识别和结合选定的特殊DNA/RNA抗原。通常双螺旋DNA的抗体可用于系统性红斑狼疮和狼疮性肾炎等人类疾病的临床检测和诊断。

核酸酶高敏感元件 [nuclease hypersensitive element(NHE)] 对核酸酶（例如DNA酶Ⅰ）体现出高度敏感、易被降解的区域，此区域特殊的序列长度较短，为几百碱基左右。此元件大多数位于基因的启动子区，对基因的表达等生物活性起到调控作用。

核酸适体 [nucleic acid aptamer] 能特异性结合蛋白质、DNA/RNA、小分子等结构的单链核酸片段，富G的核酸适体可以形成特殊的G-四链体结构。它主要是通过指数富集配体系统进化(SELEX)方法筛选出来，可用于纳米器件、生物传感器、医药等研究领域。

核糖核酸剪切 [RNA splicing] 将mRNA前体的内含子片段去除，并且将外显子相互连接合并形成具有功能的成熟 mRNA，它是 mRNA 前体从 DNA 转录后的一种重要生物体内修饰过程。

胡斯坦碱基对 [Hoogsteen base pair] 由胡斯坦(Karst Hoogsteen)发现并报道，多见于 DNA G-四链体结构和三螺旋 DNA 中。在 G-四链体 DNA 中，鸟嘌呤之间通过 N1 和 N2 的氢原子与另一鸟嘌呤的 O6 和 N7 之间相互作用形成特殊氢键，构成胡斯坦碱基对(G:G)；在三螺旋 DNA 中，A:T 配对是通过腺嘌呤(A)中的 N6 和 N7 与胸腺嘧啶(T)中的 O4 和 N3 形成胡斯坦氢键，G:C+配对是通过鸟嘌呤(G)中的 O6 和 N7 与质子化胞嘧啶(C+)中的 N4 和 N3 的氢相互作用形成氢键，构成胡斯坦碱基对。是三链 DNA 和 G-四链体结构中重要的碱基对。

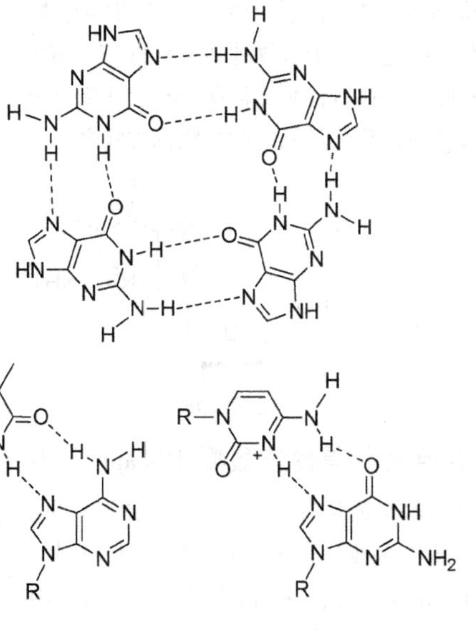

胡斯坦碱基对氢键形成方式

还原活化型 DNA 交联试剂 [reducting active DNA crosslinking reagent] 通过还原作用与单链DNA发生相互偶联反应，使两条或多条DNA交联在一起的分子。此分子交联后可影响DNA的复制转录，对细胞活动造成影响。活化该类分子的还原剂多为内源性的还原酶，如细胞色素 C、NADH 等，而且由于癌细胞和肿瘤组织中多为缺氧环境，因此这类试剂可作为肿瘤的化疗药物，如苯醌类化合物丝裂霉素 C(Mitomycin C)等，此类试剂毒性较大。

还原活化型 DNA 烷基化分子 [reducting active DNA alkylating agent] 通过化学还原作用与 DNA 发生相互偶联反应，使靶标DNA发生损伤而烷基化的分子。它影响DNA的复制转录等生物活性，引发癌细胞的凋亡，可用作抗癌药物。

D 环 [D-loop] ❶一种特殊的 DNA 结构。双链 DNA 中间局部发生解链，形成的两条单链之一与第三条单链互补配对，另一条单链则游离在侧。这样形成的半圈为 DNA 单链，半圈为 DNA 双链的环状结构或三链结构。该特殊环状结构通常出现于富 G 的端粒中，在真核 DNA 修复过程中也存在。❷tRNA 的特殊结构。因含有二氢尿嘧啶(D 碱基)而得名。该环区与相邻的 D 茎区组成 D 臂，是氨基酰转运核糖核酸合成酶(aminoacyl-tRNA synthetase)识别和结合位点。

G 环 [G-loop] 一种由G-四链体形成的DNA特殊高级结构。在 DNA 复制过程中，双链解链，其中富 G 链形成 G-四链体，呈密集状态。富 C 的模板链与新合成的富 GRNA 形成稳定的双链结构或 RNA/DNA 混合 G-四链体，它们共同构成一个环状结构。该结构可以被电镜技术捕捉，是生物体内 G-四链体形成的证据。

T 环 [T-loop] ❶又称端粒环。端粒末端约 300 碱基的 TTAGGG 重复单链序列，在 TRF1、POT1、TIN1 等蛋白的辅助下形成的环状结构。该特殊结构可以掩盖 DNA 末端断点，使其不被 DNA 修复系统识别。❷tRNA 的特殊结构。广泛存在于细菌和真核生物的基因中。因其含有胸腺嘧啶核糖核苷(T，又称 5-甲基尿苷)而得名。该环区与相邻的 T 茎区共同组成 T 臂，是核糖体的识别位点。

环磷酰胺类 DNA 交联试剂 [cyclophosphamide DNA crosslinking reagent] 一类含环磷酰胺的 DNA 烷基化分子。环磷酰胺类分子通过细胞色素 P-450 氧化活化后产生中间体(4-羟基环磷酰胺)，进一步开环转变为磷酰胺氮芥，然后进行缩合反应生成活性的吖丙啶离子，生成的活性离子进攻 DNA 链，与 DNA 发生亲核取代反应实现 DNA 的烷基化交联。DNA 交联后可以影响其复制转录等生物活性，从而对细胞的正常活动造成影响，因此这类分子可以被用作抗癌的化疗药物。

环氧类 DNA 交联试剂 [epoxide-containing DNA crosslinking reagent] 此交联试剂是一类烷基化分子，它与 DNA 的胞嘧啶 C3、腺嘌呤 N6、鸟嘌呤 N7 等特定原子通过环氧开环亲核反应实现 DNA 链之间的偶联。常见的该类交联分子有双环氧丁烷和嗜癌素，它可用作抗癌治疗药物使用。此类环氧交联剂也可以通过其他化合物如黄曲霉素(aflatoxin)在体内被细胞色素 P-450 氧化得到。

黄豆苷 [daidzin] 又称大豆苷。是一种多羟基苷的衍生物，对 DNA 的特殊结构 G-四链体具有识别和结合作用。属异黄酮类天然产物，主要来源豆科属植物(*Leguminosae* sp.)。

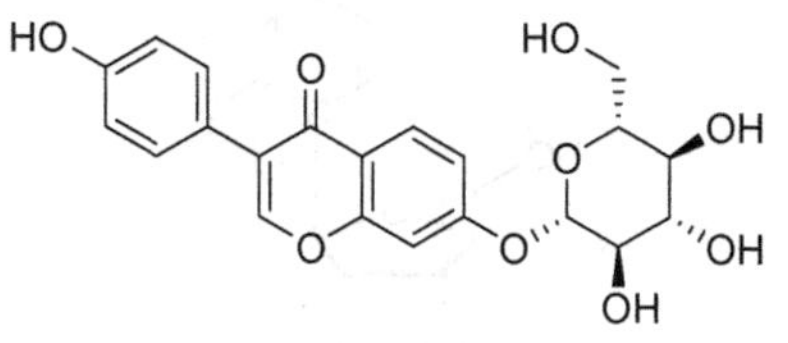

黄嘌呤 [xanthine] 一种生命体内常见的嘌呤碱，嘌呤的代谢产物之一。可由嘌呤被嘌呤脱氨酶脱除氨基、次黄嘌呤被酶氧化、黄苷被嘌呤核苷磷酸化酶催化等多种代谢过程生成，并且在生命体内能进一步被黄嘌呤氧化酶催化氧化成尿酸，尿酸过高能引起人类重大疾病。

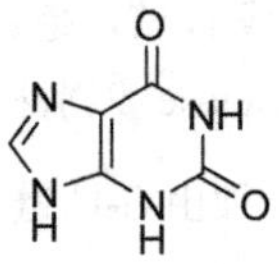

黄嘌呤核苷 [xanthosine(X)] 生命体内的一种天然核苷，由黄嘌呤和呋喃糖组成的核苷。

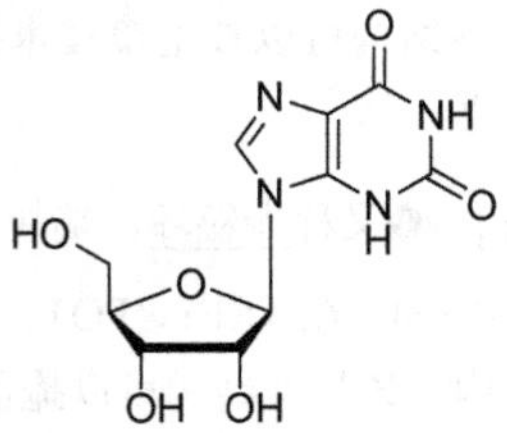

混合构象 [hybrid structure] 一个分子中同时存在两种或以上的构象。如在DNA G-四链体结构中四条链既存在平行走向的构象，又有反平行走向的构象，是一平行和反平行混合构象的G-四链体。

霍利迪分叉 [Holliday junction] 在生命体的同源重组过程中，由多条DNA链之间形成的十字交叉或T字交叉的特殊结构。它由英国生物学家霍利迪(R. Holliday)发现并命名。

肌苷 [carnine] 即次黄嘌呤核苷。

基因间序列 [IGR intergenic region] 在基因与基因之间的非编码特殊DNA序列。在人类基因组中分布较广，其中只有很少一部分序列被发现能够调控基因的表达，其余大部分序列和功能目前未知，需要进一步的探讨其功能。

5-甲基胞嘧啶核苷 [5-methylcytidine(m5C)] 一种生物体内的修饰核苷，在胞嘧啶的5位碳原子上发生甲基化。广泛存在于真核动物的tRNA中，由罗氏折叠甲基转移酶(Rossmann-fold MTase, RFM)通过迈克尔(Michael)加成反应甲基化胞嘧啶，或由核糖甲基转移酶催化反密码子环的胞嘧啶核苷甲基化而成，该位点发生甲基化可以避免tRNA被核糖内切酶破坏，使tRNA保持稳定。体液中5-甲基胞嘧啶核苷含量异常与乳腺癌等多种疾病相关。

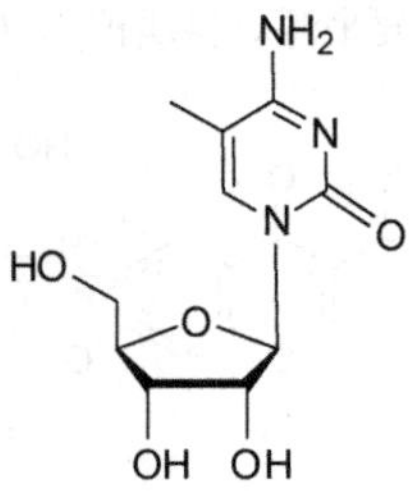

N-甲基卟啉二丙酸 [N-methyl mesoporphyin IX (NMM)] 一种卟啉二丙酸衍生物，具有荧光特性。可以选择性地与平行链G-四链体相结合，化学计量比为1∶1，其复合物的荧光信号变强。但不能结合反平行链的G-四链体结构。对于端粒TTAGGG重复序列，可以诱导反平行构象转化为平行构象。变化其官能团可以调控分子对G-四链体的识别和结合，也影响其稳定性。

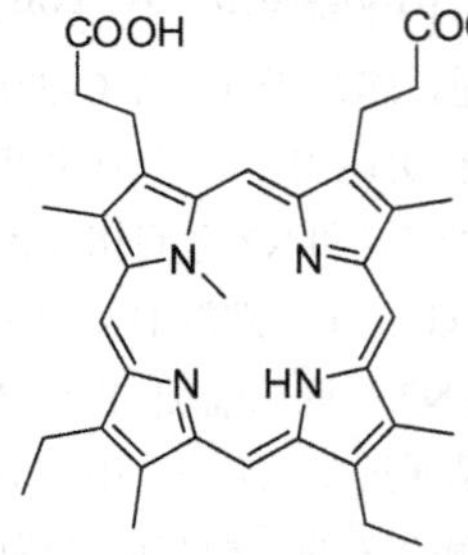

1-甲基鸟嘌呤核苷 [1-methylguanosine(m1G)] 一种修饰鸟嘌呤核苷，其结构特征是在鸟嘌呤1号位氮原子上发生甲基化。广泛存在于多物种tRNA的37号位点。细胞中的spoU与TrmD甲基化转移酶催化鸟嘌呤甲基化形成。该核苷可以使用质谱仪检测，作为结肠癌的生物标志物之一。

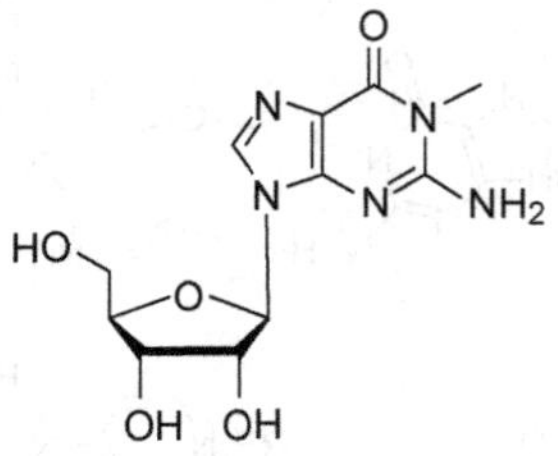

7-甲基鸟嘌呤核酸帽 [5'-cap] 真核生物mRNA的一种转录后修饰的特殊结构，影响mRNA的稳定性、运输和翻译等性质，主要存在于核转录的mRNA中。该修饰的特殊结构位于mRNA的5'-末端，主要含有一个7-甲基鸟嘌呤脱氧核苷，其5'-末端通过三磷酸键与mRNA的5'-末端相连。该修饰过程主要由加帽酶复合体完成。

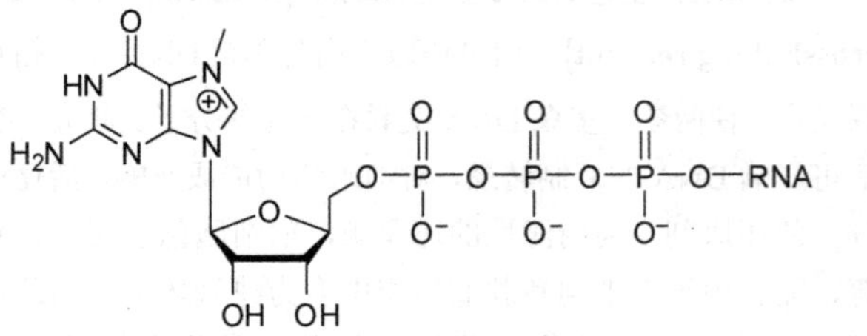

7-甲基鸟嘌呤核苷 [7-methylguanosine(m7G)] 一种生物体内修饰的核苷，其特征为鸟嘌呤的7位氮原子上发生了甲基化。在人体内主要存在于核转录mRNA的5'末端，由连接在DNA聚合酶Ⅱ上的加帽酶复合体(capping enzyme complex)将连接在5'末端的鸟嘌呤上的7位氮原子甲基化而形成。在多物种的tRNA可变环、部分细菌的核糖体RNA中也存在该修饰核苷。此外人体长期接触N-亚硝基二甲胺等工业化学品会引发该甲基核苷的形成。使用质谱仪可以检测此修饰的核苷，该核苷可能是癌症发生的生物标志物之一。

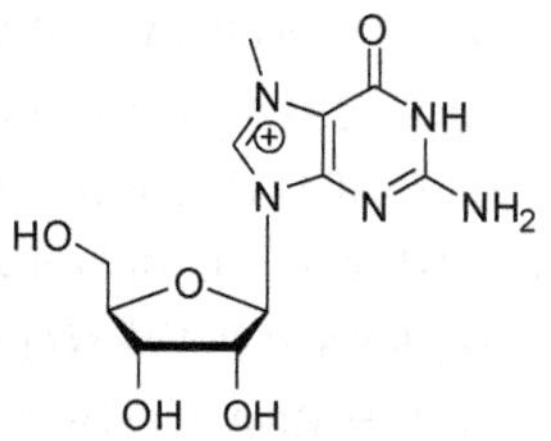

5-甲基尿苷 [5-methyluridine] 即胸腺嘧啶核苷。

3-甲基尿嘧啶核苷 [3-methyluridine(m3U)] 一种生物体内的修饰核苷，尿嘧啶的 3 号位氮原子上发生甲基化。体外研究表明，该核苷发生甲基化与 RNA 分子内构象转化相关。在人体内，甲基化发生在核糖体 RNA 的 28S 亚基等位点上，由细胞中的 spoU 与 TrmD 甲基化转移酶催化尿嘧啶甲基化而形成。在大肠杆菌核糖体 RNA 中也有此类甲基化发生。在人类正常尿液中含量约为 0.11 μmol/mmol 肌酐。在子宫颈癌、卵巢癌患者尿液中有异常升高，3-甲基尿嘧啶核苷的异常与多种疾病相关。

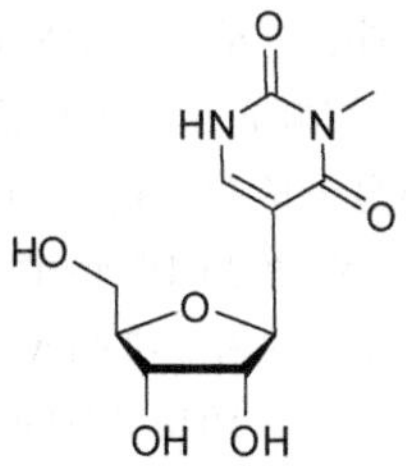

1-甲基腺嘌呤核苷 [1-methyladenosine(m1A)] 一种生物体内修饰的核苷。腺嘌呤 1 位氮原子上发生甲基化。在人体的 $tRNA^{Leu(UUR)}$、$tRNA^{Lys}$ 以及 $tRNA^{Ser(UCN)}$等位点上，由细胞质中的甲基转移酶催化腺嘌呤甲基化而形成。代谢中会被腺嘌呤脱氨酶转化为 1-甲基次黄嘌呤，进而被水解为次黄嘌呤。在人类血液和尿液中可以检出。在子宫颈癌、卵巢癌以及肾功能疾病患者体内检测异常，它与人类多种疾病相关。

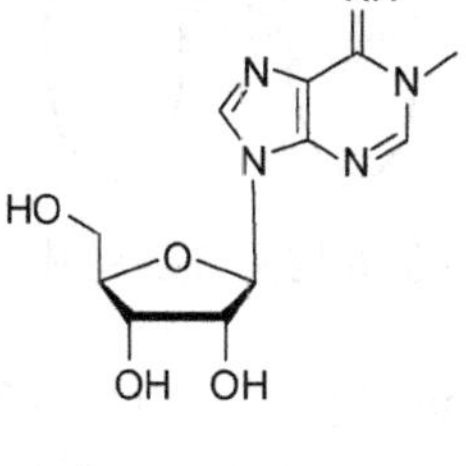

***N*-甲基中卟啉琼脂糖亲和色谱** [NMM-sepharose affinity chromatography] 一种分离 G-四链体混合物的色谱技术。利用偶联有 *N*-甲基中卟啉的凝胶，可以选择性吸附 G-四链体 DNA。在洗脱除去吸附的杂质后，使用低离子强度洗脱溶液洗脱获得可形成 G-四链体的 DNA。该亲和色谱技术可用于从活体细胞液中分离提取 G-四链体 DNA。

假基因 [pseudogene] 又称伪基因。在序列上和已有基因非常相似，但是不能进行转录、表达的一段特殊 DNA 序列。一般认为假基因是没有生物功能的基因。假基因来自生命演化过程中的突变和积累，其中一部分伪基因可能对人类癌症相关的 PTEN 基因表达进行调控，假基因如果性能异常也可能导致人类的疾病发生。

假尿嘧啶核苷 [pseudouridine(Ψ)] 一种天然的生物活性核苷，是尿苷的 C-糖苷键的异构体。糖苷键连接于尿嘧啶的 C5 位，是 RNA 中最常见的核苷衍生物，除 mRNA 外在所有 RNA 中均有分布。检测假尿嘧啶核苷含量和变化具有临床评价胃癌发生的意义。

间接免疫荧光染色实验 [indirect immunofluorescence staining] 一种主要检测生物样品的荧光成像方法。首先被检测样品(抗原)与一抗实现免疫结合生成抗原-抗体复合物，然后再使用荧光标记的二抗进行免疫识别结合一抗的复合物(抗原抗体复合物)，形成抗原-抗体-抗体荧光标记复合物后进行荧光检测。此方法的优点是可以在一抗上结合多个荧光标记的二抗，增加荧光信号强度。相对于直接免疫荧光法中使用荧光标记的一抗，间接免疫荧光染色实验具有荧光信号强、本底影响小等优点。此法的特点是可以制备多个荧光标记的二抗，用于多种抗原抗体复合物的荧光标记，灵敏度极大地提高。

碱基堆叠 [base-stacking] 一种稳定 DNA 或 RNA 结构的作用方式，主要是通过位于空间上下位置碱基之间的 π-π 弱相互作用实现。在双螺旋和 G-四链体等核酸的结构中都具有碱基堆叠的作用方式，它是维持核酸结构稳定的主要作用力之一。

碱基对 [base pair(bp)] 一对按照碱基配对规则，通过相互作用形成氢键配对的碱基，即 A:T、G:C、A:U，是组成双链核酸的基本结构单元，属于按规则配对的正常碱基对。在生命过程中会出现不按此规则形成的碱基对，为错配碱基对。例如：A:C, G:T。

DNA 交联试剂 [DNA crosslinking reagent] 可以使空间上接近但不相连的脱氧核酸残基发生共价相连的化学小分子的总称。这种共价相连可以发生在 DNA 链内或链间。一般而言，DNA 交联试剂通常可以使 DNA 碱基特定位点发生烷基化，通过烷基化反应使二个或多个碱基通过一个交联分子共价连接在一起。该试剂通常用于 DNA 复杂二级结构的解析、调控基因的复制和抑制其特殊的功能等。

结合 DNA 位点 [DNA binding site] 其他分子和DNA通过相互作用而结合的位点。一般指DNA序列中能和结合蛋白如转录因子、限制性内切酶、重组酶、甲基转移酶等蛋白质结合的位点，通常结合位点序列较短。也指化学小分子与DNA识别和结合的序列或位点。

RNA 介导的转座子 [retrotransposon] 即反转录转座子。

金属络合物类 G-四链体结合分子 [metal complex ligands to G-quadruplex] 对G-四链体DNA具有高亲和性结合性能的金属配合物。利用金属四方配位结构将配体空间构象限制在同一平面上，从而实现配合物和G-四链体DNA有效的π-π堆叠弱相互作用而结合。包括能使G-四链体DNA发生分子内交联的金属配合物，如顺、反铂配合物；含有共轭平面配体(如卟啉、菲啰啉等)的过渡金属配合物等。此类配合物识别G-四链体DNA的选择性一般不高。

金属配位活化型 DNA 烷基化分子 [metal complex active DNA alkylating agent] 一类金属和有机分子配体组成的烷基化分子。通过和过渡金属或其他非碱金属主族金属离子的配位改变分子中的电子分布，从而增强其与DNA发生的相互偶联反应活性，使DNA链发生烷基化，影响DNA的生物功能。定点烷基化DNA是值得探讨的课题。此类分子可望用于抗肿瘤的治疗。

竞争平衡透析法 [competition dialysis assay] 一种研究化学小分子和不同大分子靶点(DNA、蛋白质等)之间结合亲和性和选择性的高通量筛选方法。将多个装有不同核酸、蛋白质靶点大分子的透析袋置于待筛选小分子溶液中进行透析，当透析袋内外的游离小分子浓度一致达到相互结合平衡后取出透析袋，利用紫外、质谱等波谱分析方法分别对每个透析袋中的小分子配体含量(游离+结合)进行测量，根据小分子配体的含量分析评价其对透析袋中所含靶点选择性结合的能力，筛选对核酸、蛋白质等靶点具有特异性识别的化学小分子。

聚合酶停止实验 [polymerase stop assay] 一种研究DNA中G-四链体、茎环等特殊结构或某些单链DNA结合蛋白对DNA复制影响的实验方法。将能形成特殊二级结构或能结合某些蛋白的特征序列插入单链模板DNA中，在链的5′末端接上荧光基团或进行同位素标记，利用PCR方法将含有该特征DNA序列的模板链进行扩增，当聚合酶到达形成特殊结构或结合有某些蛋白的位点时，复制延伸就受到影响而无法正常扩增模板链，模板链延伸终止。然后使用变性电泳就可以检测到DNA链延伸终止的条带，并且根据聚合酶延伸终止程度，即相应条带的亮度，可以判断该DNA特殊结构或蛋白等因素对DNA复制的影响程度。

抗 ds-DNA [ds-DNA antibody] 即脱氧核糖核酸双螺旋抗体。

C/D 框 [C/D box] 核仁小RNA(snoRNA)中的一种保守结构元件/序列。包括靠近snoRNA的5′末端的C框保守序列UGAUGA以及3′末端的D框保守序列CUGA，通常在生理条件下C框的上游序列和D框的下游序列可以互补形成双链，使snoRNA形成茎环结构，C和D框均位于茎环区。D框上游序列可以与目标RNA互补形成双链DNA，并在Nop1p等蛋白的作用下，催化目标RNA互补序列的甲基化，具有重要的生物功能。含有C/D框的snoRNA被称为C/D box snoRNA，是snoRNA的两大种类之一。

H/ACA 框 [H/ACA box] 核仁小RNA(snoRNA)中的一种保守结构/元件，包括H框以及ACA框。通常H框的上游和下游各有一个发卡型结构，H框位于这两个发卡结构之间的连接区；ACA框位于snoRNA的3′末端的第4～6个残基。H框上下游的发卡结构的环区通常能与目标RNA相应序列互补形成双链，并在相关蛋白的作用下，催化目标靶RNA的假尿嘧啶化。含有H/ACA框结构的snoRNA被称为H/ACA box snoRNA，是snoRNA的两大主要种类之一。

TATA 框 [TATA box] 一种普遍存在于真核生物基因启动子区的核酸元件。它是双链DNA解旋蛋白TBP的结合序列(位点)。DNA解旋之后，转录因子TFIID就可以结合到该元件上，并招募形成稳定的TFII复合体，进而引导RNA聚合酶Ⅱ结合，启动基因的转录过程，具有重要的生物功能。该元件的核心序列为5′-TATAAA-3′，通常位于起始转录位点前25bp左右处。10%左右的人类基因启动子区含有该元件。

篮式构象 [basket type structure] 一种特殊的G-四链体DNA的结构或构象。在G-四链体DNA中一端具有一个对角线环区结构并在另一端具有两个侧面环区结构，形状像"篮子"。

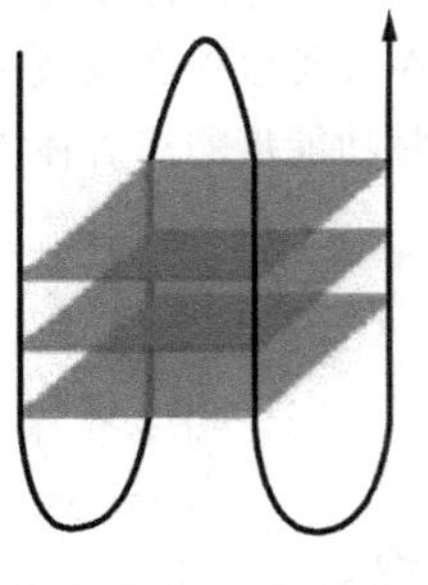

篮式构象G-四链体

C 链式样 [i-motif] 一种由富C的单链DNA，在氢离子作用下形成的分子内或分子间特殊二级结构。在C链式样结构中，每一层上胞嘧啶两两间通过氢键配对；每个胞嘧啶的氧原子都与另一个胞嘧啶的氨基氢原子形成氢键，此外这两个胞嘧啶的 3 位氮原子通过一个游离的氢离子相互作用形成另一个氢键。在 C 链式样结构中 CC 碱基对沿轴向堆叠，上下相邻的 CC 碱基对交叉呈直角，相间的 CC 碱基对位于同一对富 C 链上。此结构的形成受溶液酸度的调控，该结构可用于构建特殊的核酸器件。其对应的富 G 序列可以形成 G-四链体结构。

硫酸二甲酯印迹实验 [**DMS footprint assay**] 一种对 DNA 链中鸟嘌呤位置进行裂解来测定特殊二级结构尤其是 G-四链体结构形成与否的实验技术。其原理是使用硫酸二甲酯选择性将鸟嘌呤 N7 甲基化，并且将 C8 氧化为羰基，然后在 90℃左右温度下，使用哌啶将经过硫酸二甲酯修饰后的碱基从糖环上置换下来，导致 DNA 链在鸟嘌呤的 3′端处断裂。当鸟嘌呤碱基参与形成了 G-四链体结构，由于形成了新的 N—H 氢键，鸟嘌呤碱基的 N7 被保护，不易受到硫酸二甲酯的甲基化和羰基化，哌啶的切割作用极大地减弱，其电泳带减弱或消失。因此可以用来研究 DNA 序列中哪几个鸟嘌呤碱基参与形成 G-四链体结构。是研究 G-四链体结构常用的实验方法。

六苯并苯类 G-四链体结合分子 [**coronene-containing ligands to G-quadruplex**] 一类具有平面共轭结构的 G-四链体 DNA 识别和结合分子。结构的特征是含有六苯并苯多环芳烃，可与 G-四链体 DNA 两端或 G-四分体平面通过有效的 *π-π* 堆积相互作用实现强的结合。由于本身较大的分子体积使其几乎不与双螺旋 DNA 结合，但在不同结构的 G-四链体 DNA 之间选择性不强。选用不同的 R 基团可以增加水溶性和结合的选择性。

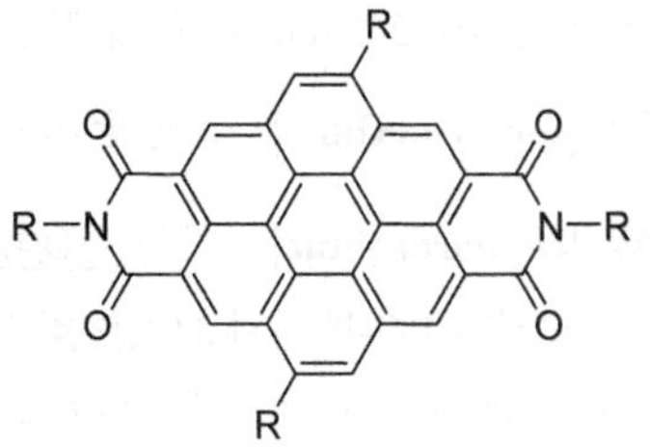

六甲三聚氰胺类 DNA 交联试剂 [**hexamethylmelamine-containing DNA crosslinking reagents**] 一类含有六甲基三聚氰胺基本结构的 DNA 交联试剂，它可以在细胞中被细胞色素 P450 等氧化剂羟基化，然后脱水形成亚甲基胺类正离子，此正离子可与 DNA 链中腺嘌呤(N6)等碱基发生相互作用，对 DNA 进行交联作用。

吕宋肽菌素 [**luzopeptin**] 一种拟环肽类天然 DNA 识别和结合分子，其核心结构特征类似环十肽，主要有 A、B、C 和 E2 四种类似物，提取自吕宋马杜拉放线菌(*Actinomadura-luzonensis*)的发酵产物，它可以嵌插入双螺旋 DNA 碱基对之间与 DNA 发生相互作用，调控其生物活性，并发现它具有抗 HIV 病毒复制和抗癌等生物功能。

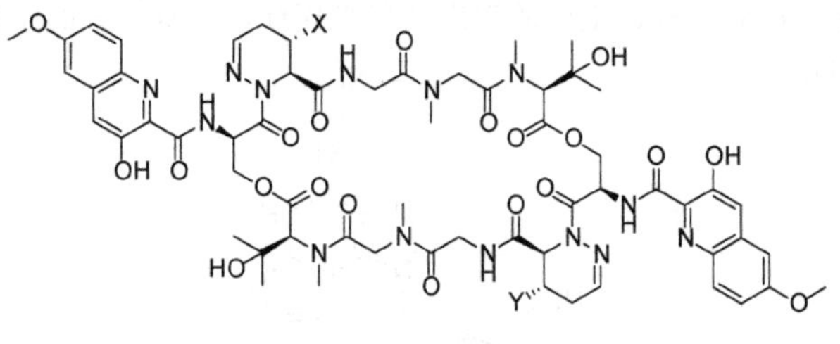

吕宋肽菌素 A: X = Y = OAc;
吕宋肽菌素 B: X = OAc, Y = OH;
吕宋肽菌素 C: X = Y = OH;

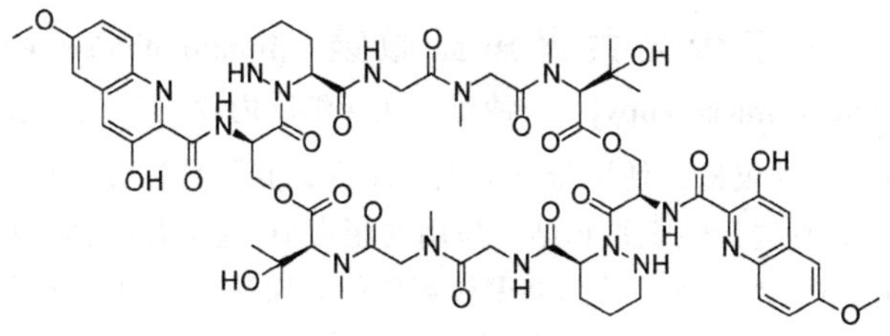

吕宋肽菌素 E2

氯乙基化型 DNA 交联试剂 [**chloroethylating DNA crosslinking reagent**] 与 DNA 碱基之间形成氯乙基加成物中间体的 DNA 交联试剂。主要有亚硝基脲类、三氮烯类、烷基磺酸酯类等试剂。此类交联试剂可以在双链间对 DNA 进行横向交联，抑制 DNA 的复制和转录，可以作为抗肿瘤试剂。

螺旋桨式构象 [**propeller type structure**] 一种常见的 G-四链体结构或构象，在 DNA G-四链体结构侧面具有三个类似螺旋桨的环区结构，整体结构像螺旋桨。大多数这种构象的 G-四链体为平行 G-四链体结构。

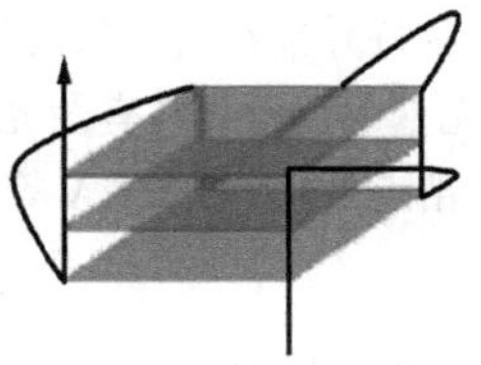

螺旋桨式构象 G-四链体

矛霉素 [**sibiromycin**] 即西伯利亚霉素。

DNA 酶Ⅰ印迹实验 [**DNase Ⅰ footprint assay**] 一种探测 DNA 与结合蛋白或其他化学分子相互作用的实验。当 DNA 与蛋白或其他保护性化学小分子相结合时，结合位点及附近的序列受到保护，可以抵抗 DNA 内切酶的随机切割。实验时对 DNA 的一端进行特殊标记，使用适当的内切酶进行切割，形成一系列长短不一的标记序列，然后使用 DNA 变性胶电泳进行分析。通过加入蛋白组或识别分子组与对照组相比，显像变弱的条带对应的切割位点即为蛋白或化学小分子的结合位点。

咪唑并次黄嘌呤核苷 [**N^2,3-ethenoguanosine**] 又称亚乙烯基鸟嘌呤核苷，有明显的紫外光学特性，在紫外光(280 nm)辐照下可发出强烈的荧光信号，常在研究中作为核酸检测、蛋白质识别的荧光探针，具有较好的生物相互容性。

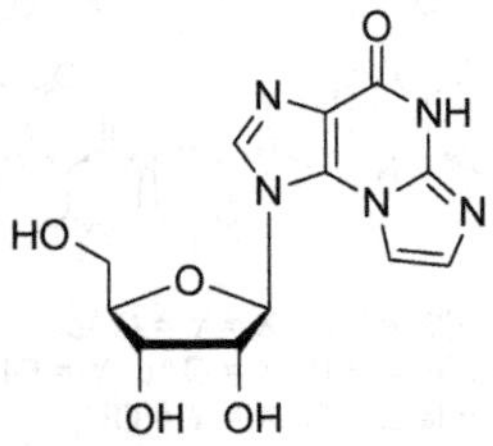

免疫荧光共聚焦显微镜 [immunofluorescence confocal microscopy] 一种可以在活细胞内原位荧光成像观察细胞的仪器。使用带有荧光基团标记并与目标分子(蛋白质)具有选择性识别和结合作用的蛋白质(通常是抗体)或与目标 DNA 序列互补的寡聚核苷酸作为探针，当靶点分子未被抗体结合时，荧光探针分子能够结合到靶点上(细胞内蛋白、DNA 酶等)，并通过共聚焦显微镜显像出该靶点在细胞内的荧光信号；当靶点被抗体结合占据时，荧光探针分子无法结合到靶点上，则通过共聚焦显微镜无法显像出被结合靶点的荧光信号。它可以探测细胞内探针与靶点结合的全方位图像。

免疫荧光原位杂交实验 [immunofluorescence and fluorescence *in situ* hybridization(IF-FISH)] 一种新型的荧光成像探测技术。首先将能与靶点 DNA 或 RNA 互补配对并标记有生物素等特性功能基团的核酸探针与靶点 DNA 或 RNA 杂交，然后再使用标记有荧光基团的抗体与核酸探针进行免疫特异性结合，从而使连有靶点的 DNA 或 RNA 连接上荧光基团，使其具有荧光成像特性，使用荧光检测器便可以对靶点 DNA 或 RNA 等生物分子进行原位成像和观测。

模体 [motif] ❶又称式样、模序。DNA 等生物大分子的一些特殊功能的二级结构单元，如核酸的富 C 链“模序”(i-motif)等；❷又称功能域、元件。基因序列中可以结合某些特定功能蛋白质并发挥特殊功能的区域或结构。

模序 [motif] 即模体。

内含子 [intron] 真核生物基因中非编码 DNA 片段，处于相邻的外显子之间。如果成熟的 mRNA 分子在形成过程中没有剪除内含子这段 DNA 序列，其生物功能将发生变化。

尿苷 [uridine] 释文见有机化学同名词条。

凝血酶识别适体 [thrombin binding aptamer(TBA)] 一段富 G 序列(5′-GGTTGGTGTGGTTGG-3′)的寡聚核苷酸，可以形成含有两层 G-平面的 G-四链体结构，能与 α 凝血酶因子识别和结合，并抑制其功能，是具有抗凝潜力的生物活性分子，以此段序列为基础可构建核酸适体作为分子探针。

偏端霉素 [distamycin] 一种含 *N*-甲基吡咯的聚酰胺类天然生物碱。提取自纺锤链霉菌(*Streptomyces netropsis*)，偏端霉素可以高亲和性识别和结合在双螺旋 DNA 富含 A-T 碱基对的小沟，并具有一定的选择性。受偏端霉素识别 DNA 性能的启发，德万(P. B. Dervan)设计并发展了对双螺旋 DNA 具有序列选择性识别作用的寡聚酰胺分子。

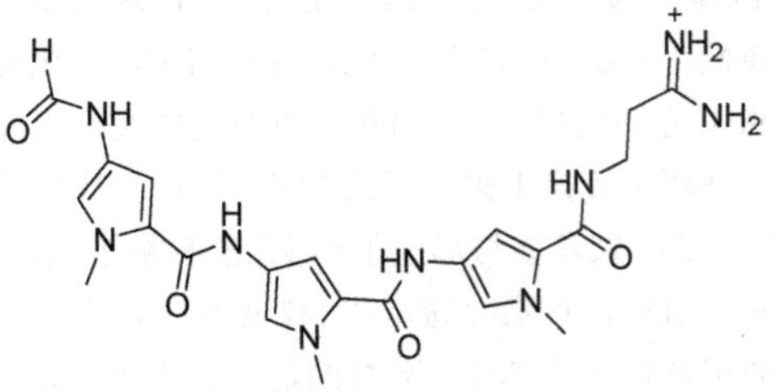

G 平面 [G-quartet] G-四链体中的一层结构。每层中含有四个鸟嘌呤，彼此间通过两个胡斯坦(Hoogsteen)氢键相连，形成“G 平面”。G 平面的对角线长度约为 1.5 nm。四个鸟嘌呤中间有一个直径约 0.6 nm 的空腔，可以嵌入一个单价阳离子，该阳离子可以中和鸟嘌呤 6 号位氧原子的负电荷，对 G 平面的形成和稳定至关重要。两个或多个 G 平面相堆叠，其 π-π 堆叠作用是形成和稳定 G-四链体结构的主要驱动力。

平行 G-四链体 [parallel G-quadruplexstructure] DNA G-四链体结构的一种构象。此种 DNA 特殊二级结构的特征是四边链的 3′至 5′的走向全部是一个方向，且平行一致。此类 G-四链体在 CD 光谱中 262 nm 左右具有特征的强吸收峰。

千金藤碱 [cepharanthine] 即千金藤素。

千金藤素 [cepharanthine] 又称千金藤碱。一种具有识别和高亲和性结合核酸 G-四链体的天然柔性大环分子，为双苄基异喹啉类生物碱，主要来源为防己科植物千金藤(*Stephania japonica*)的根。具有白细胞增生的功能，是一种天然的生物碱类药物。

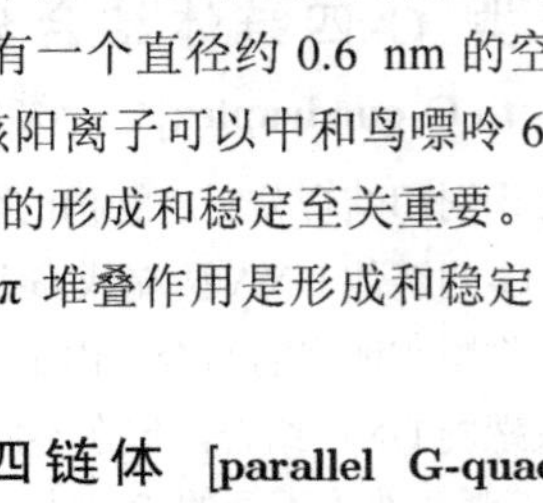

潜氮芥类 DNA 交联试剂 [masked nitrogen mustards DNA crosslinking reagent] 一类氮芥衍生物，其分子中包含相同或者类似氮芥的结构，通常情况下此类试剂无法发挥氮

芥的功能与DNA发生交联作用，只有在还原、脱除某些基团等条件下才能活化潜氮芥衍生物使其发挥出与氮芥相同的功能与DNA发生烷基化交联，常见的该类DNA交联试剂有环磷酰胺等。此类交联试剂对DNA链交联的选择性需要提高，一些氮芥衍生物具有抗肿瘤活性。

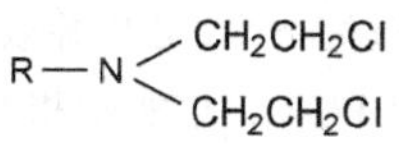

氮芥类衍生物

8-羟基鸟嘌呤脱氧核苷 [8-hydroxyguanosine(ho8G)] 一种修饰核苷，其结构特征是鸟嘌呤的8位碳原子上发生了羟基化，也以对应的酮式存在。它是DNA氧化损伤的主要标志物之一，一般认为是通过环境中的氧自由基氧化鸟嘌呤而生成。研究表明，加入外源性的8-羟基鸟嘌呤脱氧核苷可以刺激B淋巴细胞的扩增与分化。人体基因组中的鸟嘌呤被氧化为8-羟基鸟嘌呤后，可导致邻位的胞嘧啶甲基化程度的改变，进而调控基因的表达水平和活性。该核苷可使用质谱仪检测，作为癌症等疾病的生物标志物。

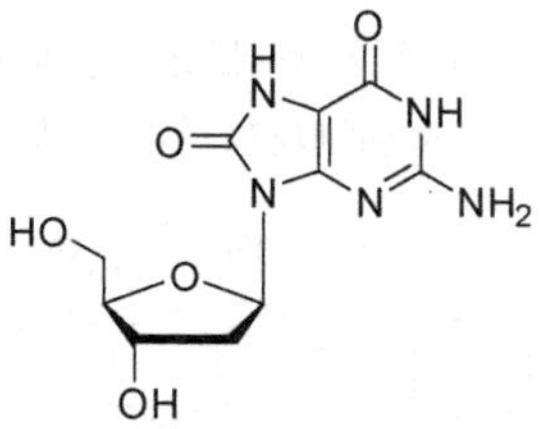

5-羟基尿嘧啶核苷 [5-hydroxyuridine(ho5U)] 一种生物体内的修饰核苷。结构特征是在尿嘧啶的5位碳原子上发生羟基化。一种最普遍的核酸氧化损伤产物，主要由尿嘧啶被氧自由基或化学氧化分子氧化产生。体液中此羟基尿嘧啶核苷的含量异常与人类的疾病相关。

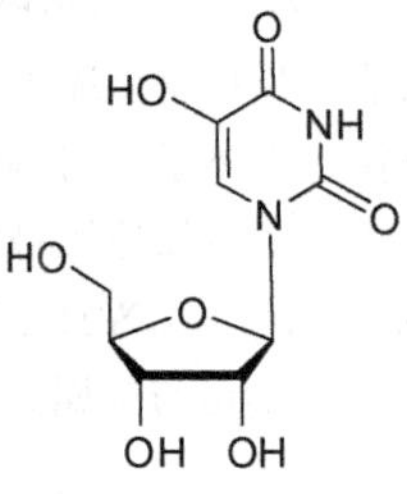

羟基胸腺嘧啶核苷 [5-hydroxymethyluridine(hmU)] 即5-羟甲基尿嘧啶核苷。

5-羟甲基胞嘧啶核苷 [5-hydroxymethylcytidine (hmC)] 一种生物体内的氧化核苷。5-甲基胞嘧啶的甲基碳原子上发生氧化反应而生成羟基。在哺乳动物的胚胎干细胞以及脑组织中有广泛分布，此反应一般由Tet加双氧酶催化m5C形成，也可以通过氧化损伤过程产生5-羟甲基胞嘧啶核苷。5-羟甲基胞嘧啶核苷的生成实质是DNA的去甲基化过程，它可以调节基因的表达，对维持干细胞形态以及分化为胚胎细胞具有重要作用。有研究显示降低5-羟甲基胞嘧啶核苷水平可能诱发癌症的发生。可使用质谱方法检测体液中5-羟甲基胞嘧啶核苷的含量。

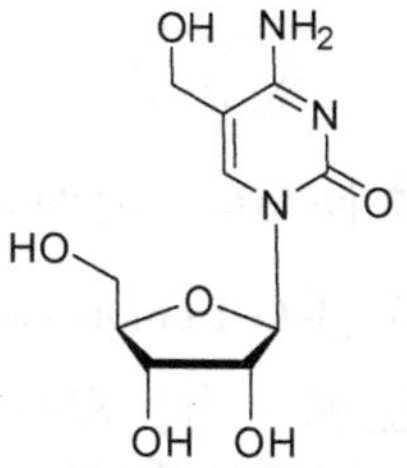

5-羟甲基尿嘧啶核苷 [5-hydroxymethyluridine (hmU)] 又称羟基胸腺嘧啶核苷。一种生物体内的氧化核苷，结构特征是在5-甲基尿嘧啶的甲基碳原子上发生了羟基化。人体如果暴露在过氧化氢等氧化剂、紫外(UV)辐射或γ射线辐射下，会氧化产生5-羟甲基尿嘧啶核苷。游离的5-羟甲基尿嘧啶核苷可以在细胞内被水解为5-羟甲基尿嘧啶。生物体内5-羟甲基尿嘧啶核苷含量的异常可能与疾病相关。

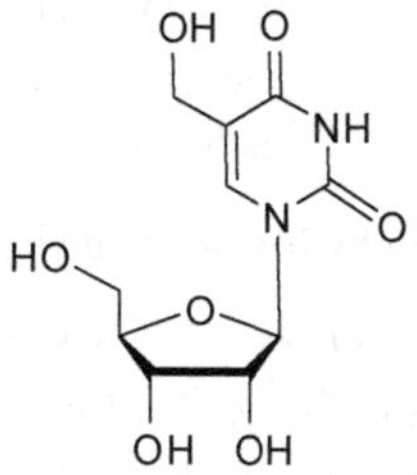

亲核加成活化型DNA切割试剂 [nucleophilic active DNA slicing agent] 一类原位活化切割DNA链的化学试剂。通过被亲核试剂(通常为硫代物，也可是自身分子内的亲核基团)进攻特定基团或原子生成活性的自由基，然后再与DNA反应使其产生自由基，从而导致DNA链的断裂，达到对目标DNA进行切割的目的。DNA切割试剂的选择性是值得关注的问题。新制癌菌素是常见的该类切割试剂。

去氢单猪屎豆碱 [dehydromonocrotaline] 即去氢野百合碱。

去氢农吉利碱 [dehydromonocrotaline] 即去氢野百合碱。

去氢千里光碱 [dehydroretrorsine] 即去氢惹卓碱。

去氢惹卓碱 [dehydroretrorsine] 又称去氢千里光碱。一种生物活性碱，为二氢吡咯里嗪衍生物。可以作为DNA交联试剂，此分子在小沟区与双螺旋DNA中CG片段进行识别和结合，从而导致双链间的鸟嘌呤发生烷基化交联。去氢惹卓碱可由细胞色素P450氧化惹卓碱得到，惹卓碱可提取自千里光属(*Senecio L.*)和猪屎豆属(*Crotalaria Linn.*)植物。去氢惹卓碱作为DNA交联试剂其选择性不强，可进行衍生化，提高选择性。

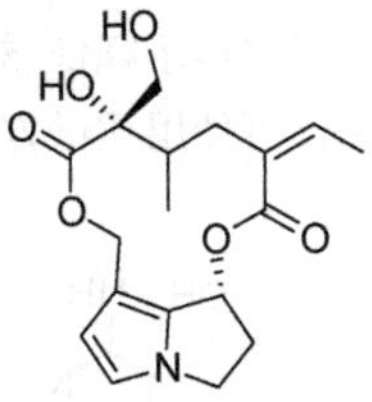

去氢延胡索素 [dehydrocorydaline] 即去氢紫堇碱。

去氢野百合碱 [dehydromonocrotaline] 又称去氢农吉利碱或去氢单猪屎豆碱。一种二氢吡咯里嗪类DNA交联试剂(DMCT)。与去氢惹卓碱的性质相似，它可以在双螺旋DNA小沟区与CG碱基片段识别和结合，并且导致双链DNA间的鸟嘌呤发生烷基化交联。作为DNA交联试剂其选择性不强。去氢野百合碱可由细胞色素P450氧化野百合碱得到，野百合碱可提取自猪屎豆属(*Crotalaria* Linn.)植物。

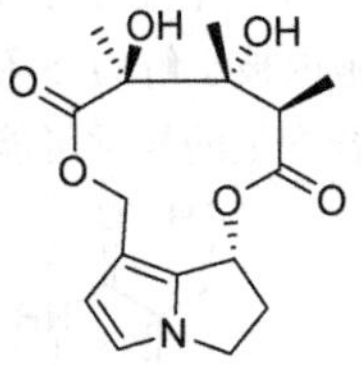

去氢紫堇碱 [dehydrocorydaline] 又称去氢延胡索素，一种天然生物碱，为半月形状。主要提取自罂粟科植物延胡索(*Rhizoma corydalis*)的块茎。分子结构中具有较大的平面共轭体系，可与G-四链体的G四分体平面通过π-π堆叠相互作用，对DNA的G-四链体结构具有较强的结合亲和性，但是选择性不强。

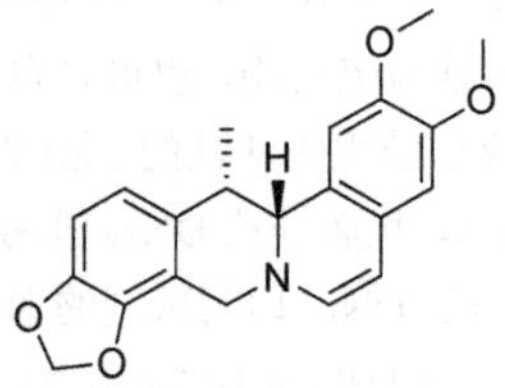

5-醛基尿嘧啶核苷 [5-formyluridine(foU)] 一种生物体内进一步氧化修饰的核苷。其特征是在5-甲基尿嘧啶的甲基碳原子上发生多步氧化反应而形成。通常由化学氧化试剂、电离辐射或氧化酶诱导氧化核苷产生。加入外源性的5-醛基尿嘧啶核苷可以抑制胸腺嘧啶的正常代谢。使用色谱-质谱仪可以检测细胞中5-醛基尿嘧啶核苷的含量。

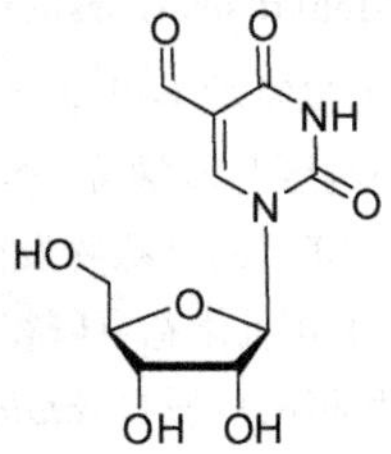

染色体免疫共沉淀实验 [chromatin immunoprecipitation(ChIP)] 一种分析某种蛋白质是否与染色体中的特定DNA序列结合的实验方法，也可以进行蛋白质与RNA相互作用的研究。通过向细胞裂解液中加入特定蛋白质使其与染色体特定DNA序列结合，然后将染色体与蛋白质复合物切割成小片段，加入目标特定蛋白质抗体，特异性形成抗体-蛋白质-DNA复合物并沉淀下来，分离并取出变性后得到所需的DNA序列，然后通过PCR扩增实验和DNA测序，获得该段特定蛋白质结合DNA的序列信息，确定特定蛋白质结合DNA的准确序列或位点。另外也可以不加入特定蛋白质，直接使用细胞裂解液来研究特定 DNA 序列与细胞内自身蛋白的结合。染色体免疫共沉淀是研究蛋白质与DNA或RNA相互结合位点的可靠实验方法。

柔红霉素 [daunomycin] 又称道诺霉素。一种天然抗肿瘤抗生素。属于蒽环酶素类，最早从链霉菌纲微生物*Streptomyces peucetius*分离提取。是一天然DNA双链结合试剂，它可以阻止拓扑异构酶II结合DNA，起到抑制DNA的复制、转录与修复的功能。对DNA双链识别靶点为d(ACG)，其蒽醌环可以插入到CG碱基平面之间，糖环则指向AC之间的小沟区。柔红霉素可用于治疗急性髓细胞白血病，也可应用于慢性髓细胞白血病与成神经细胞瘤，具有明显的抗癌活性。

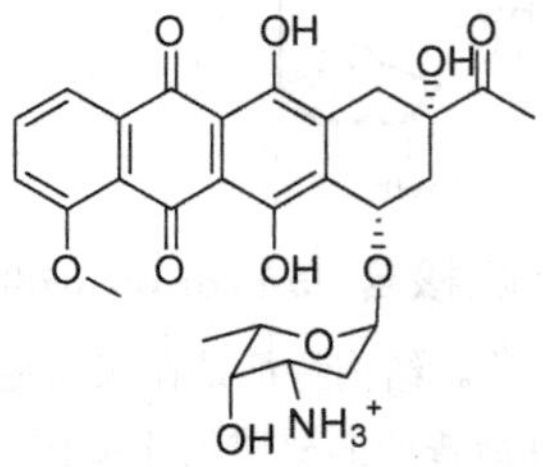

三氮烯类DNA交联试剂 [Triazene-containing DNA crosslinking reagent] 一类DNA交联试剂。分子中具有三氮烯结构，可含有氯乙基，芳基及杂环等。氯乙基化型的三氮烯试剂可以转化为重氮化正离子，对鸟嘌呤的O6进行取代反应形成氯乙基鸟嘌呤，随后氯原子被同一鸟嘌呤的N1取代，然后胞嘧啶的N3亲核进攻鸟嘌呤被取代的O6实现鸟嘌呤-胞嘧啶的偶联。此试剂可与金属离子发生显色反应，在光谱分析法中应用。

三螺旋DNA [triple helix DNA] DNA的一种特殊二级结构。由富含嘌呤或嘧啶单链DNA在双螺旋DNA大沟区形成胡斯坦(Hoogsteen)或反胡斯坦氢键实现紧密的配对而成。富含嘧啶的单链DNA与双螺旋DNA通过胡斯坦氢键相互作用形成嘧啶型三螺旋 DNA(又称嘧啶-嘌呤-嘧啶型三螺旋)，典型的DNA配对为T·AT和C·GC。富含嘌呤的单链DNA与双螺旋DNA通过反胡斯坦氢键相互作用形成嘌呤型三螺旋(又称嘌呤-嘌呤-嘧啶型三螺旋)，典型的DNA配对为A·AT和G·GC。三螺旋DNA结构的稳定性与溶液的酸度相关，在生理条件下维持三螺旋DNA的稳定性是值得关注的性质，特殊的三螺旋 DNA 具有潜在调控基因表达的性能。

山卓霉素 [sandramycin] 一种拟环肽类天然产物分子。核心结构类似环十肽，环上有二个 3-羟基喹啉酰胺基；是一种双螺旋 DNA 的嵌插式识别和结合分子，提取自诺卡氏菌(*Nocardioidessp*)的发酵产物，具有抗 HIV 病毒复制和抗肿瘤功能。

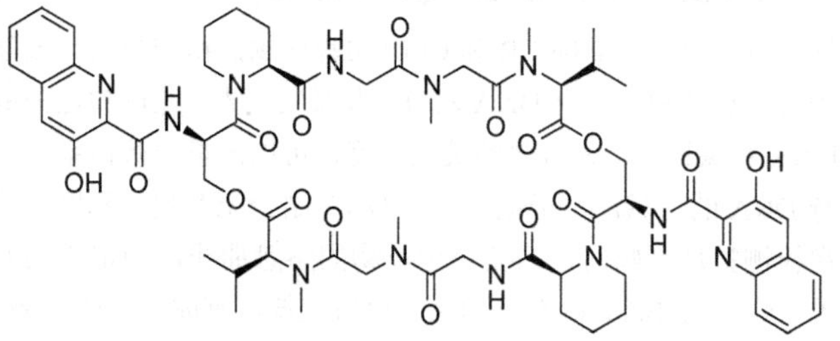

上游活化元件 [upstream activation sequence(UAS)] 又称上游激活序列、上游启动子元件。真核生物 TATA 框上游的一段特殊保守核苷酸序列(例如，TATAA，TATAAAAG)或 TTGACA 序列，是一种基因顺式功能调节元件，可以活化和增强基因的表达。

上游激活序列 [upstream activation sequence(UAS)] 即上游活化元件。

上游启动子元件 [upstream promoter element (UPE)] 即上游活化元件。

实时定量链式扩增反应 [quantitative real time (PCR)] 在 PCR 引物中加入荧光基团或对 PCR 产物进行荧光染色，利用荧光信号的积累来对每次 PCR 循环后产物总量进行实时的定量分析方法。其优点在于荧光测量灵敏度高、可以累加多次、实时地进行定量检测和分析，因为实时定量链式扩增反应在封闭体系进行，因而外界对其扩增反应污染影响小，并具有高速、高通量等特性，是核酸化学等生命研究领域经常使用的实验。

式样 [motif] 即模体。

适体促进生物标志物发现 [aptamer-facilitated biomarker discovery (AptaBiD)] 一种快速发现新型生物标志物的核酸适体技术。该技术包含五个主要阶段：①首先合成一个含有大量核酸适体的标准库；②通过“与靶细胞共孵育—收集识别适体—扩增适体”多轮循环实验，筛选出对靶细胞的特征生物标志物有高特异性识别的核酸适体；③对筛选获得的核酸适体进行体外标记，利用标记的适体提取靶细胞中的生物标志物；④在相关疾病细胞中鉴定生物标志物；⑤修饰获得的核酸适体，进一步提高适体的特异性。

嗜癌素 [carzinophilin] 又称阿嗪霉素 B，结构中含有环氧单元，是一种 DNA 交联试剂，可以与 DNA 双螺旋结构进行交联，从而影响相关癌基因的表达和活性，具有良好的抗肿瘤活性。

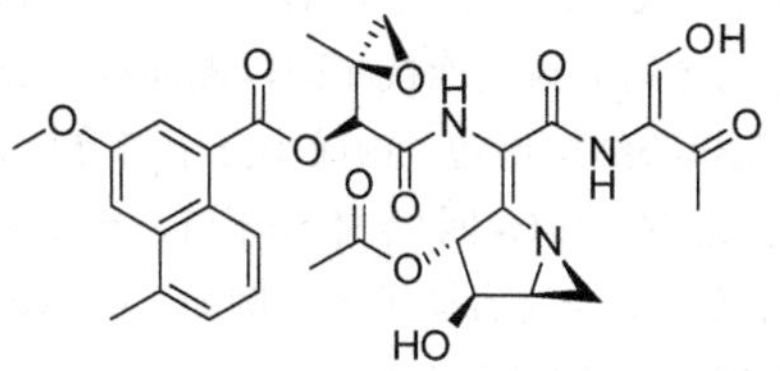

双噁唑霉素类 DNA 交联剂 [bioxalomycin derivative DNA crosslinking reagent] 一种自绿淀粉酶链霉菌(*Streptomyces viridodiastaticus*)中分离得到的天然 DNA 交联剂，结构上类似于萘啶霉素，具有抗癌活性。双噁唑霉素分子中含有醌结构，在还原剂的作用下转变为酚式结构，进而诱导邻近的三级氮原子形成氮正离子(N^+)。DNA 中鸟嘌呤上的氨基氮原子(NH_2)进攻该氮正离子旁边的碳原子，形成氮碳键，使 DNA 发生烷基化。在 DNA 的富 G 区，空间上接近的两个鸟嘌呤可以同时连接在一个双噁唑霉素上，对 DNA 实现交联，调控其活性。

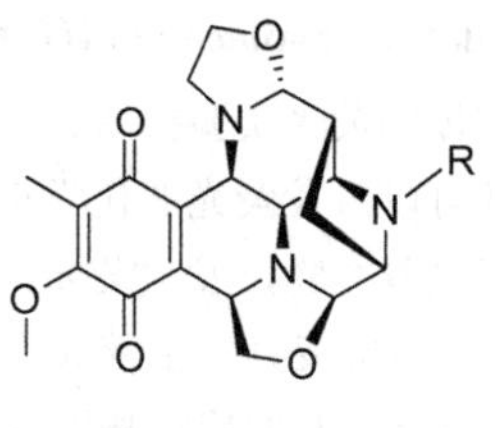

双噁唑霉素 β

双环氧丁烷 [diepoxybutane] 结构中含有二个环氧基团，是一种 DNA 交联试剂，它可以与 DNA 双螺旋实现交联，而影响相关疾病或癌基因的表达和活性，具有抗肿瘤活性。

顺式构象 [*syn*-configuration] 是分子中原子或基团在空间位置不同而产生的不同结构或现象。在核酸研究领域是指由碱基指向不同而引起的一种立体构象差异的结构。在 DNA 的核苷中，碱基平面几乎是垂直于糖环平面的，并可以沿糖苷键旋转。对于嘌呤核苷而言，整个嘌呤环指向糖环之内时为顺式构象；对于嘧啶核苷而言，由于空间位阻不存在顺式构象。Z 型 DNA 中核苷残基均为顺式构象。核苷的顺式、反式构象在不同条件下可以相互转化。

四链平行构象 [four stranded parallel structure] 一种富 G 链构成 DNA 特殊二级结构的构象。在此结构中四条富 G 链都沿 5′端至 3′端方向平行走向，形成的分子内或分子间 G-四链体结构。它可由 1-4 条链组成平行的 G-四链体结构。

G-四链体 [G-quadruplex] 一种由富 G 的核酸链，在

一价钾离子诱导下，形成的分子内或分子间特殊四链结构。在每一层内四条链各提供一个鸟嘌呤碱基，形成一个 G 平面。两个或以上的 G 平面彼此堆叠，形成核心结构。通常情况下，三层 G 平面可组成最稳定的构象。在单分子 G-四链体结构内，四段富 G 序列之间的碱基连接序列以侧面环、边环或对角环的形式围绕在核心结构周边，构成小分子特异性识别的沟区。生物体内最常见的 G-四链体结构位于端粒，序列为 $(TTAGGG)_n$ 及癌基因的启动子区，例如，c-myc 癌基因的富 G 序列：$TGAG_3TG_3TAG_3TG_3TA_2$。

G-四链体非变性凝胶电泳 [native gel electrophoresis of G-quadruplex] 一种探测 G-四链体形成的电泳实验技术。一般使用不含变性剂的聚丙烯酰胺凝胶，此类电泳可以分离不同的 G-四链体和其他构象的核酸混合物。在该电泳条件下，迁移率取决于分子构象的紧密程度和分子量大小。通常单链 DNA G-四链体构象最为紧密，且分子量小，故位于泳道的最前方；其后为无规卷曲的 DNA 单链，最后为对应的 DNA 双链。使用此实验可以研究 G-四链体结构形成的条件及区分 G-四链体单体、二聚体和多聚体。

G-四链体内嵌荧光分子取代实验 [G-quadruplex fluorescent intercalator displacement(G4-FID)] 一种探测小分子结合 G-四链体的荧光实验技术。实验时首先使用可以嵌入到 G 平面间并可以激发荧光的化学小分子(如噻唑橙)，使之与 G-四链体形成复合物，发生荧光；然后将待测化学小分子加入到体系中，如果荧光发生猝灭，则证明待测化学小分子可以结合 G-四链体，并取代噻唑橙与 G-四链体结合。发生猝灭时的待测化学小分子浓度可以用来表征其对 G-四链体的结合能力，进行小分子浓度滴定可以分析其与 DNA 的结合常数。

G-四链体-配体复合物 [quadruplex-Ligand complexe] 化学小分子与 G-四链体通过非共价键相互作用结合形成的复合物。通常，G-四链体上小分子的结合位点主要有末端平面、侧面沟区、G-平面。小分子携带正电荷对 G-四链体磷酸骨架的静电作用力、化学小分子的平面与 G-平面间的 π-π 堆叠作用，分子极性侧链与 G-四链体沟区的氢键等，是 G-四链体-配体复合物结构形成的主要驱动力。

G-四链体柔性结合分子 [flexible ligands of G-quadruplex] 一类新型的 G-四链体结合分子。结构在空间上具有多变性，多与 G-四链体沟区进行结合，在不同结构 G-四链体之间具有一定选择性，常见 G-四链体柔性结合分子有放射菌素 D、新霉素以及防己诺林碱、粉防己碱、小檗胺和千金藤素等双苄基异喹啉类生物碱。由于分子结构的柔性，此类分子在识别和结合 G-四链体结构时具有形状上的适配性特点。

G-四链体特异性单链抗体 [G-quadruplex-specific single-chain antibody] 以 DNA G-四链体结构为特异性结合靶点的抗体。一般通过随机突变，构建噬菌体的表达文库，表达出含有数亿种不同序列的可变片段的混合物；然后使用固定在表面上的 G-四链体富集抗体，并使用表面离子共振(SPR)技术分析其亲和势，筛选其特异性识别和结合的抗体。目前已经开发出针对人类 c-Kit 基因启动子区 G-四链体的抗体。

SYBR 探针 [SYBR green probe] 一种荧光分子探针，通常用于 Q-RT-PCR 和 ChIP 实验产物的检测分析。该分子可以高亲和性结合 DNA 双链，并激发荧光。通过测定分析 DNA 和探针分子复合物的荧光强度，可以定量分析体系中双链 DNA 的含量。由于该分子与 DNA 结合无序列特异性，故在检测扩增产物时，需要测定产物的熔融曲线，确定产物的单一性。与 TaqMan 探针相比，价格较低，有成本上的优势。

TaqMan 探针 [TaqMan probe] 一种荧光分子探针，广泛应用于 Q-RT-PCR、ChIP、SNP 基因分型、拷贝数变异等实验的检测分析。该探针一般在 5′端含有荧光报告基团和在 3′端含有对应的淬灭基团；当探针分子完整时，荧光被淬灭，检测不出荧光。此探针分子中能与目标序列特异性结合的脱氧核酸序列位于探针中间，可引导探针分子结合到模板 DNA 上。当 Taq 聚合酶沿模板滑动时，由于其 5′外切酶活性，在接触到结合在模板上的探针序列后，会将探针分子水解，导致荧光报告基团与猝灭基团分离，发出荧光供检测。该探针结合 DNA 序列的特异性好，检出限低。

天然产物类 G-四链体结合分子 [natural ligands to G-quadruplex] 提取自天然产物并能够高亲和性识别和结合 G-四链体的化学小分子，如小檗碱类生物碱、防己诺林碱类生物碱等天然产物分子。

天然 DNA 抗体 [ds-DNA antibody] 即脱氧核糖核酸双螺旋抗体。

脱氧核糖核酸双螺旋抗体 [ds-DNA antibody] 又称抗 ds-DNA 或天然 DNA 抗体。一种抗 DNA 抗体，其目标抗原是双螺旋 DNA，通过特异性与双螺旋 DNA 的脱氧核糖磷酸骨架相互作用结合成 DNA-抗体复合物，导致双螺旋 DNA 沉积于组织或存留于血液循环中，激活免疫反应。脱氧核糖核酸双螺旋抗体的应用，具有医学临床的意义。也有抗其他核酸特殊结构的抗体。

外侧环 [external loop] 又称侧边环。在 G-四链体结构中不跨过 G-四链体平面，而直接在外侧连接相邻的两条核酸链的一段 DNA 或 RNA 序列。外侧环的长度直接影响到 G-四链体的结构和稳定性，一般外侧环的长度为 1～3 个碱基，外侧环长度大于 5 个碱基的 G-四链体结构一般不太稳定。在 G-四链体 DNA 中已发现大于 10 个碱基的外侧环。

外显子 [exon] 真核基因中可用于编码的一段核酸序列。基因信息中最终被保留在成熟 mRNA 中的特殊片段。当基因被转录成 RNA 后，所含的内含子片段序列会被 RNA 剪切酶剪切掉，而外显子片段不被剪切，被保留并相互连接参与形成成熟的信使 RNA，具有重要的生物功能。

烷基磺酸酯类 DNA 交联试剂 [alkyl sulfonic ester DNA crosslinking reagent] 以烷基磺酸酯作为烷基化活性基团的 DNA 交联试剂。结构特征为一个基团(—X—)将两个磺酸酯官能团连接起来。交联试剂中的两个烷基磺酸酯可以分别在空间上接近鸟嘌呤的 N7 或 N1 对其进行烷基化反应，从而将 DNA 偶联起来，实现 DNA 交联。当 DNA 链发生交联之后，DNA 的复制过程受阻，从而导致细胞凋亡。

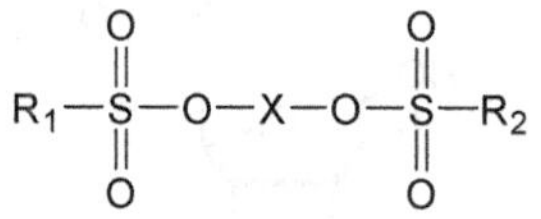

微核糖核酸 [miRNA] 生物体内的一类非编码RNA。成熟的 miRNA 长度一般为 20 个左右碱基，可以通过碱基互补配对原则与信使 RNA(mRNA)上的互补序列相结合，从而抑制 mRNA 的翻译过程，导致基因沉默。目前已知 2000 多种微核糖核酸，这些微核糖核酸可以在多种人类细胞型中与特定基因靶向结合。一些 miRNA 可作为人类疾病的生物标志物，富 G 的 miRNA 可形成 G-四链体。

伪基因 [pseudogene] 即假基因。

沃森-克里克碱基对 [Watson-Crick base pair] 沃森和克里克在 1953 年提出了 DNA 双螺旋模型，其基本构筑结构单元为通过氢键相连的互补碱基对，即腺嘌呤(A)和胸腺嘧啶(T)之间通过 2 对相互作用的氢键相连，鸟嘌呤(G)和胞嘧啶(C)之间通过 3 对氢键相连，形成的这种 A-T、G-C 碱基对。它是构筑生命遗传信息宝库的基本单元。

乌倍碱基对 [Wobble base pair] RNA 分子间的碱基互补配对规则。与沃森-克里克碱基对不同，其配对规则是鸟嘌呤与尿嘧啶(G 与 U)，次黄嘌呤与腺嘌呤(I 与 A)、胞嘧啶(I 与 C)或尿嘧啶(I 与 U)之间各通过 2 个相互作用氢键相连形成的碱基对。是 RNA 高级结构的基本构筑单元，并且在基因的翻译过程中发挥重要的作用。乌倍碱基对可使 RNA 具有特殊的化学结构、生物功能和小分子识别性质。

西伯利亚霉素 [sibiromycin] 又称矛霉素。可以从西伯利亚链孢囊菌(*streptosporangiumsibiricum*)中提取。分子式为 $C_{24}H_{33}N_3O_7$，结构式如图所示。结构特征是含有吡咯开苯并吖庚三烯，可以作为 DNA 烷基化试剂，双链 DNA 中鸟嘌呤的氨基氮原子可以进攻矛霉素分子中七元环上的羟基，通过取代羟基实现对双链 DNA 的烷基化。此分子最早用于抑制霉状芽孢杆菌，是一种天然的抗肿瘤抗生素。

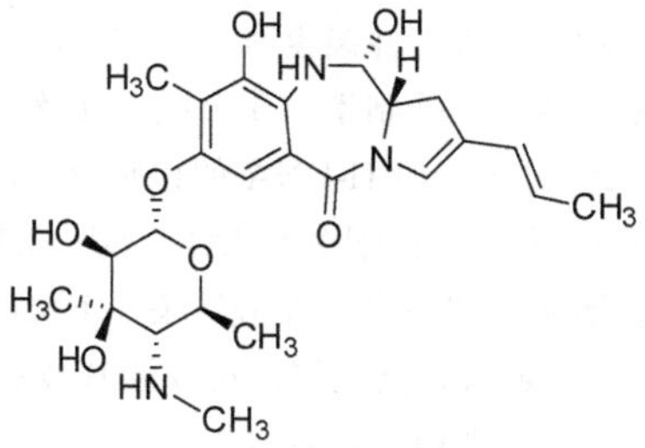

细胞质聚腺嘌呤核酸元件 [cytoplasmic polyadenylation element(CPE)] 信使 RNA(mRNA)3′非翻译区(UTR)的一段特殊的核酸序列。当细胞质聚腺嘌呤核酸元件与蛋白结合后，细胞质中 mRNA 的聚腺嘌呤(polyA)区会被延长，从而活化 mRNA 的蛋白翻译过程。另外，细胞质聚腺嘌呤核酸元件在生育过程卵子和精子的生成中也发挥着重要作用，具有重要的生物功能。

腺-尿富含元件 [adenylate-uridylate-rich elements (AREs)] 存在于信使 RNA(mRNA)上 3′非翻译区(3′-UTR)的一段富含 A 和 U 碱基的特殊核酸序列。基本单元的核心序列为 AUUUA，元件中通常包含多个重复的核心序列。腺-尿富含元件是多种蛋白的结合位点，负责调控细胞内 RNA 的稳定性。在外部信号刺激下，细胞可以表达不同的腺-尿富含元件结合蛋白，其中部分(如 HuA 等)稳定 mRNA，另一些(如 AUF1 等)则加速 mRNA 降解。此富腺-尿元件对于 RNA 功能的发挥具有重要作用。

腺嘌呤核苷 [adenosine(A)] 释文见有机化学同名词条。

小沟 [minor groove] B 型双螺旋 DNA 中的重要结构部分。位于双螺旋 DNA 的互补链间，当 G，C，T 和 A 碱基按照沃森-克里克规则配对时，碱基对的一对糖苷键并不对称，而是指向双螺旋的同一侧，因而形成一个宽约 1.2 nm 的沟区。由于小沟窄而深，小分子对其的结合在氢键和范德瓦耳斯力上较为有利，小沟区是多种化学小分子识别双螺旋 DNA 的重要区域之一。

新白叶藤碱 [neocryptolepine] 从西非药用植物(*Cryptolepis sanguinolenta*)根部提取的一种天然生物碱，结构式如图所示，结构特征是含有吲哚并喹啉环。新白叶藤碱可以作为双螺旋 DNA 的识别分子结合到富含 GC 的小沟区，另外其对 DNA 三螺旋和 G-四链体结构也有识别和结合功能，且对三螺旋 DNA 的识别能力高于双螺旋和 G-四链体 DNA。

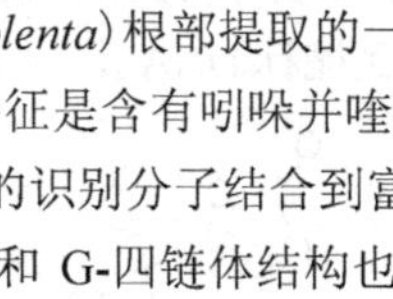

新霉素 [neomycin] 由弗氏链霉菌(*streptomyces fradiae*)分泌的一种天然抗生素，具有一定的毒性。新霉素的结构特征是含有氨基糖苷，结构式如图所示。对革兰氏阴性菌作用很强，对革兰氏阳性菌也有一定作用，新霉素分子可以与细菌核糖体结合，抑制蛋白质合成。在核酸化学中，新霉素可作为三链 DNA，如 H-DNA 的识别分子，它可结合在以沃森-克里克-胡斯坦氢键配对的 TAT 三螺旋 DNA 特定序列上，识别和结合约 5～7 碱基，在酸性条件下可以较高效地稳定该三螺旋结构。此外，其二聚体对双链 B-DNA 的富 AT 序列区也有较高亲和识别和结合能力。

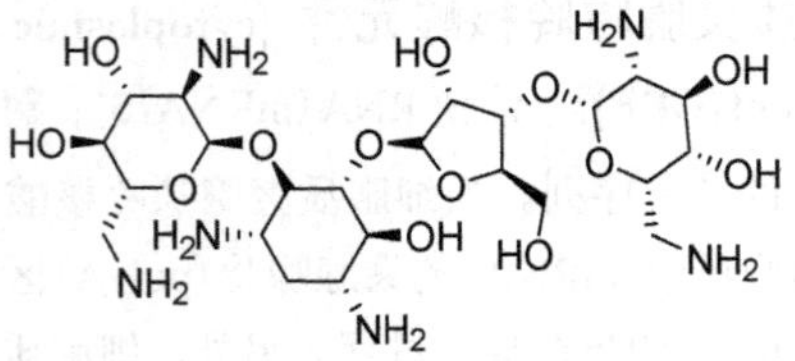

新霉素吖啶 [acridine neomycin]　一种新霉素衍生物。结构特征是一分子吖啶连接到新霉素分子上而成，结构式如图所示。新霉素吖啶可以非常高效的识别和结合 HIV-1 病毒 RNA 的 Rev 响应原件(Rev-Response-Element, RRE)，IC_{50}=1.5nmol/L。此分子的新霉素基和吖啶基分别与 RRE 结合后，阻碍了 Rev 蛋白对该靶点的结合，抑制了病毒活性，并增强对 HIV-1 RNA 折叠结构的稳定性，因而具有高效的抗病毒活性。

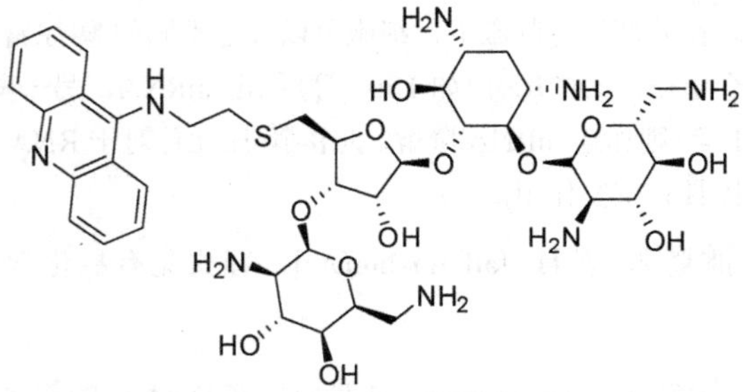

新制癌菌素 [neocarzinostatin]　一种天然大分子色蛋白类抗生素。可以从放线菌制癌链霉菌(*Streptomyces macromomyceticus*)分离提取，是一种天然的大分子抗肿瘤抗生素。其结构特征是含有一个不稳定的烯二炔发色团(结构式如图所示)和一个 113 个氨基酸残基组成的脱辅基蛋白，二部分通过非共价作用高亲和性地结合在一起。该分子含有的烯二炔基团，是一种重要的活性 DNA 切割部件，它可以产生高活性的双自由基对 DNA 进行切割；脱辅基蛋白负责保护官能团并将其引到、释放到靶标 DNA 上。

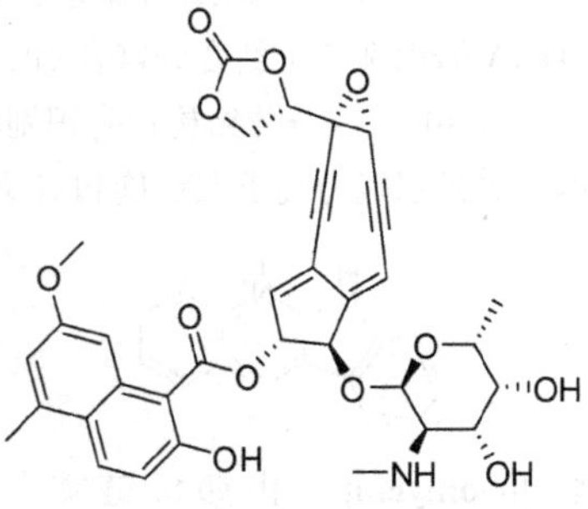

X 形态 [X-shape state]　细胞分裂前期染色体 DNA 高度浓缩，聚集成短棒状，是 DNA 的一种特殊形态。DNA 复制完毕的一对染色体通过其中部与着丝粒相连，四条染色体臂向四周伸展，呈现 X 形状。

胸腺嘧啶核苷 [ribothymidine(T)]　又称 5-甲基尿苷。一种生命体中天然嘧啶类核苷，结构式如图所示。结构特征是胸腺嘧啶和核糖通过糖苷键相连而成，其与胸腺嘧啶脱氧核苷的区别是在 2′位为羟基(OH)而不是氢原子(H)。在多物种中广泛存在于 tRNA 的 T 环中。胸腺嘧啶核苷在生命体中会随 tRNA 降解而出现在人类血液和尿液中，可使用质谱法分析检测，在乳腺癌患者体内异常升高。其对应脱氧核苷为组成生物染色质的 4 种天然核苷之一。

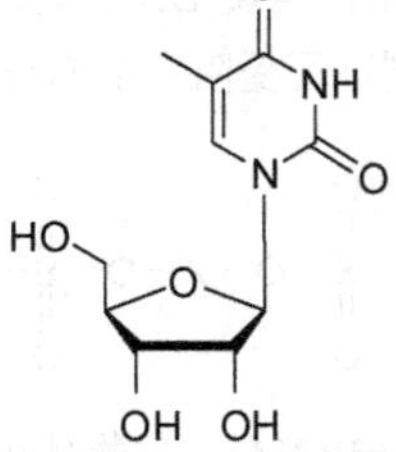

溴乙锭类 G-四链体结合分子 [ethidium bromide]　一种平面型菲啶类 DNA 结合分子，具有荧光特性，结构式如图所示。通常被用作双链 DNA 插入试剂，当其插入到双链 DNA 分子层间后，会发出橙色荧光，常被用作荧光染料指示剂。此外溴乙锭分子近年还发现可以插入到 G-四链体层间稳定其结构，因而也可以作为芳香平面型 G-四链体 DNA 识别和结合分子使用。

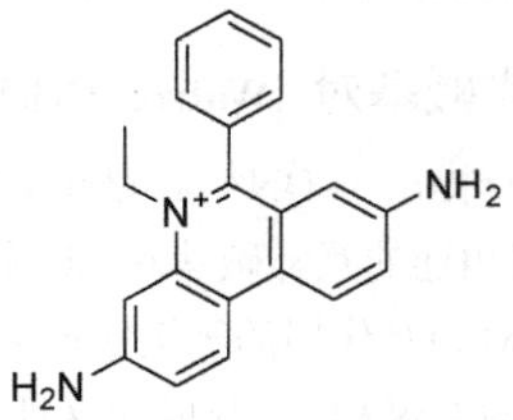

血根碱 [sanguinarine]　一种针状的天然四级季铵盐类生物碱。属于半月形 G-四链体 DNA 识别和结合分子，其结构式如图所示。血根碱可以从血根、蓟罂粟、白屈菜、博落回等植物中分离提取。对于癌细胞具有抑制作用，因而被用作潜在的抗癌药物。血根碱与 G-四链体 DNA 有较好的识别和结合亲和性，因而也是一种 G-四链体 DNA 识别分子。

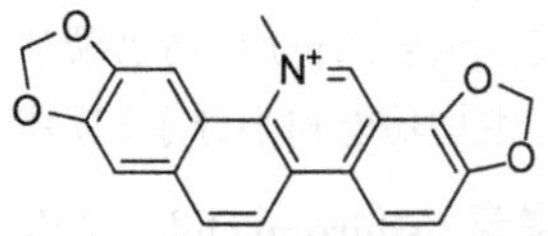

亚硝基脲类 DNA 交联试剂 [nitrosourea DNA crosslinking reagent]　一种 DNA 交联试剂。分子结构中含有一个尿素基和亚硝基基团，如亚硝基脲氮芥，结构式如图所示。亚硝基脲类分子可以通过释放高活性的 1-氯乙烯基-2-羟基偶氮，进攻 DNA 中鸟嘌呤的 6 位氧原子，进而使该鸟嘌呤 1 位氮原子与配对的胞嘧啶 3 位氮原子间发生共价结合，导致

DNA 链间交联，因而可以作为 DNA 交联试剂阻碍 DNA 的复制和转录，影响其生物活性。具有明显的抗肿瘤活性。

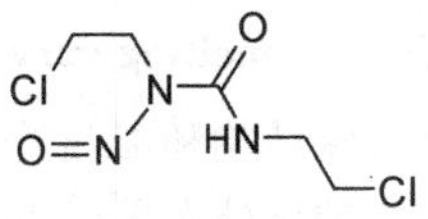

亚乙烯基鸟嘌呤核苷 [N^2,3-ethenoguanosine] 即咪唑并次黄嘌呤核苷。

8-氧代腺嘌呤脱氧核苷 [8-oxoadenosine] 一种修饰的天然核苷，其结构特征为腺嘌呤的 8 位碳原子上发生了氧化。是 DNA 氧化损伤的标志物之一，一般认为由环境中的氧自由基氧化腺嘌呤而形成。在人体端粒序列中，该核苷可参与全对称 G-四链体的形成。

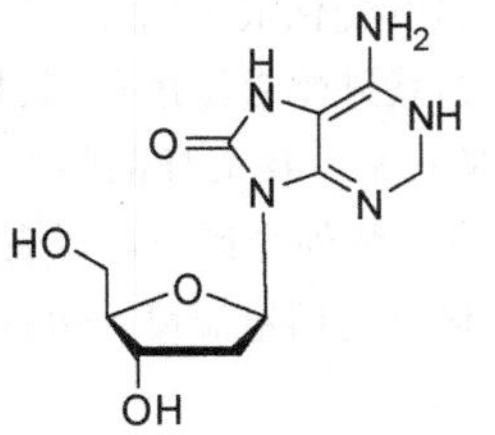

氧化活化类 DNA 交联试剂 [oxidizing active DNA crosslinking reagent] 被氧化剂氧化后能引起DNA分子内或分子间交联的化学试剂。主要包括环磷酰胺类、吡咯双烷类、以及六甲三聚氰胺类等 DNA 氧化活化型交联试剂。该类试剂一般包括两个被保护而具有潜在活性的 DNA 烷基化基团，在癌细胞内被相关氧化酶氧化后，去保护而活化，可引起 DNA 单链内部或双链 DNA 交联并将其切割，从而损伤 DNA，抑制其功能，起到抗肿瘤作用。

氧化活化型 DNA 烷基化分子 [oxidizing active DNA alkylating agent] 被氧化剂氧化后才能够使 DNA 碱基发生烷基化的化学试剂。主要包括吡咯苯并吖庚三烯类、吩嗪类等氧化活化型烷基化试剂。该类分子在细胞内氧化性条件下可以产生高活性的 DNA 烷基化基团，并引起 DNA 链上的碱基不可逆烷基化，使 DNA 发生损伤，影响其生物功能，进而引发细胞凋亡。此类试剂具有明显的抗肿瘤活性。

抑制子 [suppressor] 抑制子可以与基因的启动子或具有调控功能的核酸序列结合，由于已占据了启动子的结合位点，可以阻碍 RNA 聚合酶与启动子相结合，进而抑制基因的转录过程。有些抑制子也可以与 mRNA 结合，通过阻碍其翻译蛋白来抑制基因表达。抑制子功能的丧失可能与人类癌症的发生相关。

荧光共振能量转移熔链温度 [FRET melting temperature] 用荧光共振能量转移(FRET)方法得到的核酸结构或构象发生转变的温度。例如，当核酸特殊结构如平行链 G-四链体结构形成后，由于核酸链 5′和 3′端在空间距离上的靠近使得两端标记的荧光基团之间会发生 FRET 效应，随着温度的升高，分子的高级结构发生解体，核酸链 5′和 3′端距离的拉远使得 FRET 效应逐渐减弱，因而可以通过测定 FRET 效应随温度的变化得到核酸的熔融曲线，进而获得核酸结构或构象发生转变时 FRET 熔链温度。是表征核酸结构随温度变化的一个重要参数。

荧光素酶报道基因实验 [luciferase assay] 一种可研究目标 DNA 序列作为启动子生物活性的实验方法。一般通过在启动子空缺的荧光素酶表达质粒上插入研究的目标 DNA 序列，然后将其转染入细胞，若插入的 DNA 序列具有启动子活性，则可引起荧光素酶的表达。施加荧光素酶底物后，可以通过测定荧光强度来检测荧光素酶的表达水平，继而定量判断目标 DNA 序列的启动子活性。此方法也可研究 RNA 序列的活性。由于荧光素的表达量可以通过光度计方便获得，使得荧光素酶报道基因实验具有相对便宜、高灵敏度和线性相关性的优点。是研究基因启动子中目标序列与转录因子相互识别和结合及其相关活性的重要方法。

元件 [motif] 即模体。

圆二色性光谱 G-四链体特征峰 [CD feature of G-quadruplex] 由于 DNA G-四链体螺旋结构的旋光性，在圆二色谱图中会出现特征吸收峰。平行链 G-四链体结构具有 260 nm 附近的特征正吸收峰和 240 nm 附近的特征负吸收峰，反平行链 G-四链体结构具有 290 nm 附近的特征正吸收峰和 260 nm 附近的特征负吸收峰。RNA G-四链体也有相似特征。使用圆二色性光谱可以评价 G-四链体结构的形成，并提供其平行或反平行的结构信息。

圆二色性熔解曲线 [CD melting curve] 通过圆二色性吸收光谱表征核酸结构(如 G-四链体)随温度变化而发生转变的吸收曲线。随着体系温度升高，G-四链体结构会逐渐解散，其圆二色吸收强度也会减弱。测定圆二色性光谱 G-四链体特征峰强度，并对温度作图，获得的变温曲线即为 G-四链体 DNA 的圆二色性熔融曲线。由于 DNA 高级构象往往在同一圆二色性光谱中有多个特征峰，因此对于同一 DNA 样品可能存在多条圆二色性熔解曲线。圆二色性光谱也可以表征化学小分子和其他生物大分子特殊结构变化时的熔解曲线。

圆二色性熔链温度 [CD melting temperature] 通过变温圆二色性熔解曲线得到的核酸结构或构象转变温度(T_m)。即圆二色性熔融曲线上斜率最大的点所对应的温度(一般指某结构或构象 50%已发生转变或变化)。由于该转变温度通常对应于某一构象的圆二色性光谱特征峰，具有较高的构象特异性，因此适宜于表征特定构象的稳定性。构象转变温度(T_m)越高，其结构越稳定。同样，圆二色性光谱也可以表征小分子和其他生物大分子特殊构象转变时的温度。

杂合 G-四链体 [hybrid G-quadruplexes] 一种核酸新型的G-四链体结构。DNA在转录中形成的富G RNA链与非模板链上的富G DNA链形成分子间的DNA:RNA杂合G-四链体。此DNA:RNA杂合G-四链体结构的形成反过来可以调控RNA转录，具有重要生物功能。

增强子 [enhancer] 一种顺式作用元件(*cis*-acting element)。它是一段可以与蛋白(转录激活因子)相结合的特殊DNA序列。当转录激活因子与增强子结合后，相应基因的转录水平会提高至几百倍或达千倍。它可位于基因启动子的上游或下游，甚至位于内含子区域，是一种重要的核酸功能元件(序列)。

指数富集的选择性配基进化 [selective evolution of ligands by exponential enrichment(SELEX)] 一种体外大规模筛选可以与靶点(核酸特殊结构或元件，蛋白质、多肽、酶、活性化学小分子等)发生特异性结合的核酸片段的方法。一般首先采用核酸合成仪合成高达 10^{15} 个样本的随机标准核酸片段库，然后采用合适的靶标对随机核酸片段库进行筛选，得到与靶标有高亲和力的核酸片段，通过PCR方法对筛选得到的核酸片段进行扩增并进行下一轮的筛选，如此循环扩增便可使与靶标具有最强结合能力的核酸片段呈指数级增长，因而该方法被称为指数富集型配基进化。筛选获得的核酸片段与靶分子具有极高的亲和性和特异性，是治疗人类疾病的潜在药物分子。

质谱G-四链体加合峰 [adduct peak of mass spectrum of G-quadruplex] 通过电喷雾离子化(ESI)质谱方法表征DNA/RNA G-四链体与配体(离子或小分子)的复合物离子峰。G-四链体结构的形成需要有一价阳离子(如 NH_4^+)的参与，G-四链体结合 NH_4^+ 的个数符合(N-1)规则，如含有三层G-四分体平面的G-四链体结合2个 NH_4^+，因此通过加和峰中 NH_4^+ 的个数可以得知其含有的G-四分体数。该峰一般用于判断配体与核酸G-四链体的化学计量比以及复合物的含量。同样也指G-四链体与 Na^+，K^+ 或配体离子的复合物离子峰。加合峰是显示小分子结合在G-四链体上的直接证据。

终止子 [terminator] 一段基因或转录操纵子末端的特定核酸序列。原核生物的内置终止子会随着基因转录过程的进行而形成富含GC的发卡型结构，进而破坏mRNA-DNA-聚合酶复合物结构(发出转录终止信号)导致基因转录终止。终止子的功能也会受一些特定蛋白识别和结合的影响，有时不能使转录完全停止。

转录后修饰 [post-transcriptional regulation] 基因转录后在RNA水平上，即在转录和翻译之间调控基因表达的一种修饰机制。转录后通过RNA结合蛋白(RBP)修饰来调控各种不同的生命过程，主要包括mRNA 5′端加帽子、内含子的剪切、RNA编辑等生命过程。通过转录后一些修饰过程可以形成成熟、具有功能的mRNA。

紫外熔解曲线 [UV melting curve] 通过紫外吸收光谱(UV)可表征核酸特殊结构随温度变化而发生转变的曲线。如G-四链体DNA的紫外光谱在295 nm附近有特征吸收峰，并随着温度的升高，G-四链体结构逐渐解开，295 nm处的吸收峰值逐渐降低，反映G-四链体结构逐渐减少。以G-四链体DNA在295 nm处的吸收峰值对温度作图即得G-四链体的紫外变温的熔解曲线。同样，紫外光谱也可以表征其他有紫外特征吸收的分子结构变化时的熔解曲线。

紫外熔链温度 [UV melting temperature] 通过紫外熔解曲线得到的核酸结构或构象转变温度(T_m)。在紫外熔解曲线上吸收值随温度变化最大的点，即熔解曲线斜率最大点所对应的温度即为紫外熔链温度(一般指某结构50%已发生转变)。该温度是对某一核酸样品的结构或构象稳定性最为简便的表征。同样，紫外光谱也可以表征其他有紫外特征吸收的分子结构变化时的熔链温度。熔链温度越高，其分子的结构越稳定。

7.4 蛋 白 质

氨酰tRNA合成酶 [aminoacyl tRNA synthetase] 又称<u>氨酰tRNA连接酶</u>。编号：EC 6.1.1.-。催化氨基酸激活的偶联反应的酶。先将一种氨基酸连接到腺苷一磷酸生成相应氨酰腺苷酸，然后连接到转移核糖核酸(tRNA)生成氨酰转移核糖核酸(tRNA)。

氨酰tRNA连接酶 [aminoacyl tRNA ligase] 即氨酰tRNA合成酶。

保守序列 [conserved sequence] 在进化过程中，核酸或蛋白质分子中不变或变化不大的核苷酸或氨基酸序列。

吡咯赖氨酸 [pyrrolysine(Pyl; O)] 化学式：$C_{12}H_{21}N_3O_3$；系统命名：N^6-[(2*R*,3*R*)-3-甲基-3,4-二氢-2-氢吡咯-2-甲酰]-L-赖氨酸。第22个基因编码的L-*α*-氨基酸。存在于产甲烷古细菌中的一种天然编码氨基酸，利用通常的终止密码子UAG(琥珀密码子)编码，是赖氨酸的衍生物。

编码 [coding] 特指按照指令编排特定蛋白质的氨基酸残基序列的过程。

标记 [labeling] 在生物化学、分子生物学领域为了识别而对分子作的记号。常用的标记物质有放射性或稳定性核素、生物素、酶类、荧光素、地高辛精等。

表达蛋白连接 [expressed protein ligation] 一种蛋

白质半合成的方法，该方法是在连接位点将一个合成的 N 端为半胱氨酸的多肽连接到特殊载体表达的蛋白(连有 intein)上进而重组成一个新的蛋白质。这一过程中需要利用内含肽(intein)介导在重组蛋白 C 端形成硫酯键，后续连接机制和自然化学连接一样。

表达筛选 [expression screening] ①通过基因表达对组织、细胞或个体进行的筛选的方法。②通过所用载体内含抗生素抗性基因、报道基因等的表达去筛选转化子的方法。③通过自身或融合表达的蛋白质的某种特性(如绿色荧光蛋白)进行筛选的方法。

布鲁克海文蛋白质数据库 [Brookhaven Protein Data Bank] 由美国布鲁克海文(Brookhaven)国家实验室建立的蛋白质结构数据库。

残基 [residue] 存在于多聚体中的单体部分，即在聚合时去除某些原子及基团的单体。如多肽链中的氨基酸残基。

残基特异标记 [residue specific labeling] 在蛋白质序列上的特异残基上使用相应的同位素标签替换的方法，可用于功能 NMR 研究或质谱测定。

大小排阻层析 [size exclusion chromatography] 即空间排阻层析。

单克隆抗体 [monoclonal antibody(McAb;mAb)] 只识别一种表位(抗原决定簇)的抗体，来自单个 B 淋巴细胞的克隆或一个杂交瘤细胞的克隆。

蛋白激酶 [protein kinase] 催化蛋白质磷酸化的酶类，反应中需有高能化合物(如 ATP)参加。

蛋白激酶激酶 [protein kinase kinase] 催化蛋白激酶磷酸化的酶。生物体中往往通过这种磷酸化调节蛋白激酶的活性，在信号转导途径中起重要作用。

蛋白酶 [protease;proteinase] 催化蛋白质中肽键水解的酶。根据酶的活性中心起催化作用的基团属性，可分为：丝氨酸/苏氨酸蛋白酶(编号：EC 3.4.21.-/EC 3.4.25.-)、巯基蛋白酶(编号：EC 3.4.22.-)、金属蛋白酶(编号：EC 3.4.24.-)和天冬氨酸蛋白酶(编号：EC 3.4.23.-)等。

蛋白质标记 [protein labeling] 为了检测和鉴定蛋白质的性质或追踪蛋白质，将蛋白质连接(共价或非共价)上可以进行特殊信号检测的标记物的方法。常用的标记方法有同位素标记、荧光分子标记、生物素标记甚至荧光蛋白作为标签以及抗体抗原标记。

蛋白质测序 [protein sequencing] 测定蛋白质分子的氨基酸排列顺序。目前自动化的蛋白质测序仪从肽链的 N 端测入。

蛋白质定向进化 [protein directed evolution] 蛋白质工程中改造或生产具有特定功能蛋白的方法。其原理是基于自然选择，通过随机方式构建包含大量蛋白质突变的文库并对之进行定向筛选从而改进蛋白质的功能与活性。

蛋白质二级结构 [protein secondary structure] 多肽链沿分子的一条轴所形成的旋转和折叠等，主要是由分子内的氢键维系的局部空间排列。如蛋白质的 α 螺旋、β 片层、β 转角、无规卷曲。

蛋白质工程 [protein engineering] 按人们意志改变蛋白质的结构和功能或创造新的蛋白质的过程。包括在体外改造已有的蛋白质，化学合成新的蛋白质，通过基因工程手段改造已有的或创建新的编码蛋白质的基因去合成蛋白质等。为获得的新蛋白具备有意义的新性质或新功能，常对已知的其他蛋白质进行模式分析或采取分子进化等手段。

蛋白质合成 [protein synthesis] ①体内翻译合成蛋白质的过程。②在离体条件下，由信使 RNA(mRNA)指导合成蛋白质的过程。③在体外按设计的氨基酸顺序，将氨基酸逐个人工连接成多肽的化学合成过程。目前多采用固相合成法，即在多聚体支持物上延伸连接的氨基酸，因而可以自动化操作。

蛋白质家族 [protein family] 具有序列相似性基因表达的产物。

蛋白质检测蛋白质印迹法 [Farwestern blotting] 与免疫印迹法类似，不同的是所用标记探针并非目的蛋白的抗体，而是与目的蛋白相关的另一种蛋白质。常用于检测蛋白质之间的相互作用。

蛋白质三级结构 [protein tertiary structure] 蛋白质在二级结构、超二级结构的基础上进一步盘绕形成的高级结构。如多肽链所形成的不规则三维折叠。三级结构产生于肽链上氨基酸侧链之间的相互作用。

蛋白质数据库 [protein database;protein data bank (PDB)] 汇集已知蛋白质各种参数的集合。常用的蛋白质序列的数据库有 Swiss-Prot。常用的蛋白质立体结构的数据库是创建于 1971 年美国的布鲁克海文(Brookhaven)国家实验室运作的 Protein Data Bank(PDB)，1998 年成为 Research Collaboratory for Structural Bioinformatics(RCSB)。美国的 RCSB PDB、欧洲的 MSD-EBI 和日本的 PDBJ 一起构成了 Worldwide Protein Data Bank(wwPDB)。

蛋白质四级结构 [protein quaternary structure] 蛋白质的层次结构中的第四个层次，特指组成蛋白质的各个亚基通过非共价键相互作用(包括疏水相互作用、氢键和盐键等)排列组装而成的立体结构。

蛋白质修饰 [protein modification] 通过化学手段如生物正交反应选择性的将具有特定功能的分子与蛋白共价偶联，赋予蛋白质新的功能与活性的过程。

Swiss-Prot 蛋白质序列数据库 [Swiss-Prot protein sequence database] 由欧洲分子生物学实验室主持建立的蛋白质序列数据库。

蛋白质药物 [protein drug] 药物的活性组分为蛋白质而非化学合成的小分子化合物。通过重组 DNA 和细胞杂交瘤技术生产的蛋白质药物广泛用于疾病的诊断、预防和治疗。目前蛋白质药物可以分为细胞因子、激素、凝血因子、疫苗以及单克隆抗体等几个类型。

蛋白质一级结构 [protein primary structure] 氨基酸的序列，即指蛋白质中所有组成的共价连接方式。由多个单体以共价键组成的生物大分子中不同单体的排列顺序。包括结构单元(单体、亚基)的化学结构、立体化学构型和构象，结构单元之间的键连接和序列等。

蛋白质印迹法 [Western blotting] 又称Western 印迹法。将经过凝胶电泳分离的蛋白质转移到膜(如硝酸纤维素膜、尼龙膜等)上，再对转移膜上的蛋白质进行检测的方法。转移可用电泳法等。检测常用与特定蛋白结合的标记抗体或配体。由此可判断特定蛋白质的存在与否和分子量大小等。

DNA-蛋白质印迹法 [Southwestern blotting] 将经过电泳分离的蛋白质转移到膜上再与某些特定序列的 DNA 片段相互作用，是研究蛋白质与 DNA 特异结合的技术。

RNA-蛋白质印迹法 [Northwestern blotting] 将经过电泳分离的蛋白质转移到膜上再与某种特异的RNA探针杂交，是研究蛋白质与 RNA 特异结合的技术。

蛋白质阵列 [protein array] 将一组微量蛋白质有序地排列固定在支持物(如玻璃、塑料或石英片)上的阵列。蛋白质阵列用以进行抗原抗体、蛋白质间相互作用等各类分析，也可以将一些可与蛋白质发生作用的化合物固定在固相基质上，检测待分析的蛋白质。

蛋白质组 [proteome] 在一定条件下，存在于一个体系(包括细胞、亚细胞器、体液等)中的所有蛋白质。

蛋白质组数据库 [proteome database] 包含已知各种生物的各种组织或细胞全部蛋白质的资料库。目前主要只是集合了已知各种生物的各种组织或细胞全部蛋白质双向电泳图谱的资料。现此类数据库有瑞士生物信息研究所开发的 SWISS-2DPAGE 数据库等。

蛋白质组芯片 [proteome chip] 将某特定器官、组织或细胞的全部蛋白质分别有序地排列固定在支持物上的一种蛋白质芯片，用于蛋白质组学的研究。

蛋白质组学 [proteomics] 阐明生物体各种生物基因组在细胞中表达的全部蛋白质的表达模式及功能模式的学科。包括鉴定蛋白质的表达、存在方式(修饰形式)、结构、功能和相互作用等。

等电聚焦 [isoelectric focusing] 又称电聚焦。使电泳的介质中形成一定范围的 pH 值梯度，电泳时待分离的两性分子可以在这种 pH 值梯度中迁移，直到聚集于与其等电点相同的区域的技术。该技术特别适用于分子量相近而等电点不同的蛋白质分离和分析。

第二抗体 [anti-antibody] 即抗-抗体。

点击反应 [click reaction] 即无铜点击化学。

点击化学 [click reaction] 研究通过拼接小模块单元实现新物质合成的学科。夏普莱斯(K. B. Sharpless)在 2001 年引入的一个合成概念，主旨是通过小单元的拼接，来快速有效地合成众多化合物。点击化学非特定的一个反应，而是模拟自然，在药物合成和化学生物学有广泛的应用。

电聚焦 [electrofocusing] 即等电聚焦。

多核苷酸磷酸化酶 [polynucleotide phosphorylase] 编号：EC 2.7.7.8。催化核糖核苷二磷酸随机聚合成为多核糖核苷酸的酶，其逆反应为磷酸解多核糖核苷酸。反应式为：$(RNA)_n$+核糖核苷二磷酸 ══ $(RNA)_{n+1}$+磷酸。在体外可用来合成含单一碱基或多种碱基的多核苷酸。

多克隆抗体 [polyclonal antibody] 对特定抗原所产生的一组免疫球蛋白混合物，每种免疫球蛋白能识别抗原分子上的一个表位。

β 发夹 [β-hairpin] 蛋白质立体结构中的一种最简单的模体，由 β 转角旁侧的两段反向平行的 β 折叠链通过氢键排列而成。

翻译 [translation] 在多种因子辅助下，核糖体结合信使核糖核酸(mRNA)模板，通过转运核糖核酸(tRNA)识别该信使核糖核酸(mRNA)的三联体密码子和转运相应氨基酸，进而按照模板信使核糖核酸(mRNA)信息依次连续合成蛋白质肽链的过程。

翻译后加工 [post-translational processing] 将新合成的多肽链转变为有功能的蛋白质分子所经历的一系列化学反应过程。包括肽键形成、裂解、二硫键生成等。

翻译机器 [translation machinery] 能将模板信使核糖核酸(mRNA)信息翻译为蛋白质肽链的独立功能体。即核糖体、信使 RNA、起始转运 RNA、核糖体结合蛋白等组成的动态性翻译复合体。

翻译起始 [translation initiation] 核糖体小亚基结合

信使核糖核酸(mRNA)模板并识别起始密码子(大部分为AUG)后，通过结合核糖体大亚基和起始转移核糖核酸(tRNA)，转移相应氨基酸形成第一个肽键的过程。

翻译起始因子 [translation initiation factor] 翻译起始所必需的特异蛋白因子。与核糖体、信使 RNA、起始转运 RNA 等组成动态翻译起始复合体。真核和原核生物翻译起始因子分别有 eIF 1～6 和 IF 1～3 等。

翻译调控 [translation regulation] 翻译调控因子直接或间接地改变核糖体、起始转移核糖核酸、核糖体结合蛋白等组分与信使核糖核酸(mRNA)的相互作用，进而引起翻译蛋白质肽链的量或质变化。

翻译阻遏 [translation repression] 翻译抑制因子(如蛋白质因子等)直接或间接地改变核糖体、起始转移核糖核酸、核糖体结合蛋白等组分与信使核糖核酸(mRNA)的相互作用，引起蛋白质翻译抑制的调控作用。

泛素化 [ubiquitination] 泛素 C 端甘氨酸残基通过酰胺键与目的蛋白的赖氨酸残基的 ε-氨基结合的过程。参与蛋白质降解和功能调控等。

非还原性聚丙烯酰胺凝胶电泳 [nonreductive polyacrylamide gel electrophoresis] 不含巯基乙醇或二硫苏糖醇(DTT)等还原剂的聚丙烯酰胺凝胶电泳。在这种电泳中蛋白质的二硫键不会被还原打开，与还原性聚丙烯酰胺凝胶电泳的结果对比，可以分析蛋白质单体间借二硫键形成多聚体的情况。

分子排阻层析 [molecular exclusion chromatography] 即凝胶[过滤]层析。

分子筛层析 [molecular sieve chromatography(GPC)] 即凝胶[过滤]层析。

分子印迹技术 [molecular imprinting technique (MIT)] 制备对某一特定分子具有空间结构选择性识别能力聚合物的技术。得到的聚合物为分子印迹聚合物(molecular imprinting polymer, MIP)，主要用于蛋白质等特定分子的高效分离。

分子杂交 [molecular hybridization] 不同来源或不同种类生物分子间相互特异识别而发生的结合。如核酸(DNA,RNA)之间、蛋白质分子之间、核酸与蛋白质分子之间、以及自组装单分子膜之间的特异性结合。

复制聚合酶 [replication polymerase] 编号：EC 2.7.7.7。大肠杆菌细胞内真正负责重新合成 DNA 的 DNA 聚合酶III。

复制酶 [replicase] 编号：EC 2.7.7.48，以 RNA 为模板，催化从核苷-5′-三磷酸合成 RNA 的酶。

高精氨酸 [homoarginine] 学名：2-氨基-6-胍基-己酸。与精氨酸相比，侧链中多一个亚甲基。比精氨酸在侧链上多一个亚甲基的氨基酸。

骨架蛋白 [skelemin] 存在于横纹肌中的一种蛋白质，可使细胞骨架与微原纤维相连。

光保护氨基酸 [photocaged amino acid] 将光保护基团修饰在对蛋白质起重要作用的氨基酸(如赖氨酸、半胱氨酸)上使其功能被屏蔽，在光照下保护基团脱去，蛋白功能恢复的过程。光保护氨基酸的引入，实现了利用光控手段对蛋白质功能在时间和空间上的操控。

化学修饰 [chemical modification] 通过添加或去除蛋白质或核酸等分子上的某些功能基团而改变酶、蛋白质或基因活性的过程。

激活域 [activation domain] 转录因子中除了 DNA 结合结构域外的一个与转录起始复合体相互作用的结构域。

激酶 [kinase] ①全称“磷酸激酶(phosphokinase)”。催化 ATP 上的 5′-磷酸基团转移到其他化合物上的酶。偶尔催化其他三磷酸核苷上磷酸基团转移。②催化酶原转变为有活性的酶。

甲基转移酶 [methyltransferase] 编号：EC 2.1.1.-。一种催化将甲基从一种化合物转移给另一种化合物的酶。DNA、RNA、蛋白质、氨基酸等均可作为甲基的受体。

甲酰甲硫氨酸 [formylmethionine(fMet)] 一种被修饰的甲硫氨酸残基。其 α-氨基被甲酰化，出现于细菌、噬菌体、真核生物线粒体和叶绿体的新生多肽链的 N 端，以 AUG 或 GUG 为密码子。

降解 [degradation] 大分子有机物通过共价键断裂而分解成较小片段的过程。

结构生物学 [structural biology] 以生物大分子的特定空间结构及结构的特定运动与其生物学功能的关系为基础，阐明生命现象的学科。研究特殊分子的性质以及分子间的相互作用，如膜蛋白的拓扑学、蛋白质的二级结构中残基的接近和移动以及蛋白质的三级折叠等。

结合部位 [binding site] 大分子或膜上分子与配体结合的特定区域。

金属蛋白酶 [metalloprotease; metalloproteinase] 编号：EC 3.4.24.-。一类在一级结构上差异很大，但其活性中心较为保守、含有金属离子(如锌、钴、镍等)，且依靠金属离子催化肽键水解的蛋白水解酶。可被金属螯合剂灭活。

聚丙烯酰胺凝胶电泳 [polyacrylamide gel electrophoresis(PAGE)] 以交联聚丙烯酰胺凝胶为材料使荷电大分子混合物在电场作用下移动，并彼此分离的技术。多用于蛋白质、核酸和多糖类物质的分离和鉴定，并能估测这些物质的分子量。

SDS-聚丙烯酰胺凝胶电泳 [SDS-polyacrylamide gel electrophoresis(SDS-PAGE)] 又称莱氏凝胶电泳。莱姆利(U. K. Laemmli)于1970年创建的含十二烷基硫酸钠(SDS)的变性聚丙烯酰胺凝胶电泳分离蛋白质方法。向样品加入还原剂(打开蛋白质的二硫键)和过量十二烷基硫酸钠(SDS)，十二烷基硫酸钠(SDS)是阴离子去垢剂，使蛋白质变性解聚，并与蛋白质结合成带强负电荷的复合物，掩盖了蛋白质之间原有电荷的差异，使各种蛋白质的电荷/质量比值都相同，因而在聚丙烯酰胺凝胶中电泳时迁移率主要取决于蛋白质分子大小。是分析蛋白质和多肽、测定其分子量等常用的方法。

聚合酶 [polymerase] 催化以核酸链为模板合成新核酸链的酶。包括DNA聚合酶(编号：EC 2.7.7.7和EC 2.7.7.49)和RNA聚合酶(编号：EC 2.7.7.6和EC 2.7.7.48)。

DNA聚合酶Ⅰ [DNA polymerase Ⅰ] 即修复聚合酶。

抗-抗体 [anti-antibody] 又称第二抗体。在一种动物体内产生的针对另一种动物抗体的免疫球蛋白。

抗生物素蛋白 [avidin] 蛋清中一种由4个相同的亚基构成的碱性糖蛋白，与生物素有很强的亲和力。一分子抗生物素蛋白能结合4分子生物素。可作为亲和标记中的信号分子。

抗生物素蛋白-生物素染色 [avidin-biotin staining (ABS)] 利用抗生物素蛋白与生物素有很强结合能力而设计使目的部位呈色的方法。如将生物素标记的抗体与拟检测的抗原结合后，加入抗生物素蛋白偶联的酶(如碱性磷酸酶、过氧化物酶等)能够催化底物呈色，就可以检测到抗原。在此原理的基础上，该法有多种不同的设计以提高灵敏度或适用于不同的场合。

抗体 [antibody] 在人和动物体内，由于抗原或半抗原入侵刺激机体而在细胞中产生的免疫球蛋白。能可逆、非共价、特异地与相应抗原结合，形成抗原抗体复合体。

抗原 [antigen] 能使人和动物体产生免疫反应的一类物质。抗原既能刺激免疫系统产生特异性免疫反应，形成抗体和致敏淋巴细胞，又能与之结合而出现反应。通常是一种蛋白质，但多糖和核酸等也可作为抗原。

空间排阻层析 [steric exclusion chromatography] 又称大小排阻层析。多孔的层析介质因孔径不同而对分子量不同的分子的扩散具有不同的选择作用，使各种分子量的物质得以分开的方法。

莱氏凝胶电泳 [Laemmli gel electrophoresis] 即SDS聚丙烯酰胺凝胶电泳。

离子交换层析 [ion exchange chromatography(IEC)] 固定相是离子交换剂的层析分离技术。样品中待分离的溶质离子，与固定相上所结合的离子交换，不同的溶质离子与离子交换剂上离子化的基团的亲和力和结合条件不同，洗脱液流过时，样品中的离子按结合力的弱强先后洗脱。在生物化学和分子生物学领域此法常用于分离蛋白质、核酸等生物大分子。

β链 [β-strand] β折叠链的简称。

链霉抗生物素蛋白 [streptavidin] 一种链霉菌产生的抗生物素蛋白，为四聚体，亚基分子质量约14.5 kDa。在酶联免疫吸附检测中广泛使用。因其不含糖链，比蛋清中的抗生物素结合蛋白在某些情况下更适用。

两亲螺旋 [amphipathic helix] 一种具有特征结构的α螺旋，其亲水性和疏水性氨基酸残基有规律地集中排列在与对称轴平行的两个侧面。

磷酸化酶 [phosphorylase] 催化磷酸解反应的酶。此酶催化一种酸的衍生物与磷酸作用而使相应的共价键断裂，断裂后产物之一与磷酸的H结合，另一产物与H_2PO_4结合而被磷酸化。

磷酸激酶 [phosphokinase] 激酶的全称。

绿色荧光蛋白 [green fluorescence protein(GFP)] 从水母(*Aequorea victoria*)体内发现的发光蛋白。分子质量为26 kDa，由238个氨基酸构成，第65～67位氨基酸(Ser-Tyr-Gly)形成发光团，是主要发光的位置。其发光团的形成不具物种专一性，发出荧光稳定，且不需依赖任何辅因子或其他基质而发光。绿色荧光蛋白基因转化入宿主细胞后很稳定，对多数宿主的生理无影响，是常用的报道基因。

β螺旋 [β-helix] 一种不多见的蛋白质肽链折叠模式。此种螺旋，每圈由22个氨基酸残基组成，螺距为4.8A，其外部直径为27A，中间孔的直径为22A。在蛋白质中多数是右手螺旋。

马达蛋白质 [motor protein] 一类具有驱动能力的蛋白质，包括动力蛋白和驱动蛋白等。通常在核苷三磷酸水解的情况下沿着纤丝、微管或其他高聚分子推动自身前行。

酶促反应动力学 [enzymatic reaction kinetics] 酶动力学的全称。

酶单位 [enzyme unit] 在25℃、最适条件下，1 min内能引起1 μmol底物发生反应的酶量。以U表示。

酶动力学 [enzyme kinetics] 全称酶促反应动力学。探讨酶催化反应机制，研究酶催化反应的速度及影响反应速度因子的一门学科。

酶活性 [enzyme activity] 酶催化特定化学反应的能力。可用在一定条件下其所催化某一化学反应的速度表示。酶活性单位可用来表示酶活力的大小。

酶解作用 [enzymolysis;zymolysis] 由酶催化的分解作用。

酶联免疫吸附测定 [enzyme-linked immunosorbent assay(ELISA)] 将抗原、抗体的特异性反应与酶对底物的高效催化作用相结合起来的高灵敏度分析技术。基本设计是用酶(如辣根过氧化物酶、碱性磷酸酶等)标记抗体，该酶标抗体可与待测的抗原或抗体抗原复合体等免疫吸附物结合，酶所催化的呈色反应可以间接反映抗原的量。根据该基本原理已发展出有各种用途的多种分析方案。

酶系 [enzyme system] 在细胞内的某一代谢过程中，由几个酶形成的反应链体系。其存在形式可以是可溶性的、寡聚化复合物的和在细胞结构上有定位关系的三种类型。

酶原 [proenzyme;zymogen] 酶的无活性前体，在特异位点水解后，转变为具有活性的酶。

免疫共沉淀 [co-immunoprecipitation] 用抗体将相应特定分子沉淀的同时，与该分子特异性结合的其他分子也会一起沉淀出来的技术。这种技术常用于验证蛋白质之间的特异性相互作用。

免疫化学发光分析 [immunochemiluminometry] 将发光技术和免疫技术相结合以检测抗原抗体的方法。分为两种类型：一种是以发光剂标记抗体或抗原，直接通过发光去分析抗原或抗体；另一种是以发光剂作为抗体或抗原连接的酶的底物，通过酶催化使发光剂发光去分析抗原或抗体。常用的标志酶有辣根过氧化物酶和碱性磷酸酶等。

免疫吸附 [immunoadsorption] 基于抗原与抗体之间的特异性结合，将某种抗原或抗体固相化，成为吸附剂，用以从混合物中特异地吸附相应的配体(抗体或抗原)，达到分离或分析目的的方法。

免疫印迹法 [immunoblotting] 将要检测的抗原吸印转移到膜上，再用能与其特异结合的抗体检测其存在的技术。

免疫荧光标记 [immunofluorescent labeling] 将已知的抗体或抗原连接上荧光化合物，从而检测对应的抗原或抗体的技术。

免疫荧光显微术 [immunofluorescence microscopy] 用免疫荧光法使待测样品带上荧光染料，再用荧光显微镜等设备观测的技术。

逆转录酶 [reverse transcriptase] 编号：EC 2.7.7.49。以 RNA 为模板催化脱氧核苷-5′-三磷酸合成 DNA 的酶。在逆转录病毒及其他某些病毒中发现有此类酶。

凝胶[过滤]层析 [gel [filtration] chromatography] 又称分子排阻层析、分子筛层析。使用有一定大小孔隙的凝胶作层析介质(如葡聚糖凝胶、琼脂糖凝胶、聚丙烯酰胺凝胶等)，利用凝胶颗粒对分子量和形状不同的物质进行分离的层析技术。由于各种分子的大小、形状不同，扩散到凝胶孔隙内的速度不同，因而通过层析柱的快慢不同而分离。

平均残基量 [mean residue weight] ❶组成蛋白质的常见 20 种氨基酸残基的平均分子质量，约 110 Da。❷任何一个蛋白质的相对质量除以其含有的残基数，所得到的商。

普里昂 [prion] 即朊病毒。

前导肽酶 [leader peptidase] 即信号肽酶。

嵌合抗体 [chimeric antibody] 不同物种来源的免疫球蛋白的可变区基因和恒定区基因重组后所编码的抗体。

亲和标记 [affinity labeling] 借助亲和作用对目的分子进行标记的方法。多用于对蛋白质(如酶、抗体等)的标记。先将能与蛋白质亲和的分子(如底物、抗原等)与目的蛋白活性部位特异性、非共价键、可逆性结合，再通过具体的化学反应使亲和分子上的活性基团共价结合到活性部位附近的氨基酸残基上。

球蛋白 [globulin] 一类不溶或微溶于水，可溶于稀盐溶液的单纯蛋白质。球蛋白可以被半饱和中性硫酸铵沉淀，广泛存在于动物和植物中，通过电泳或者超速离心可以区分。如 α 球蛋白和 β 球蛋白，7S 球蛋白和 19S 球蛋白。

去磷酸化 [dephosphorylation] 从磷酸化修饰的化合物去除磷酸基团的反应。通常由一些磷酸酶催化而完成。

全酶 [holoenzyme] ❶由蛋白质组分(即酶蛋白)和非蛋白质组分(一般为辅酶或激活物)组成的一种结合酶。❷含有表达全部酶活性和调节活性所需的所有亚基的一种全寡聚酶。

人工酶 [artificial enzyme] 根据酶的作用原理，模拟酶的活性中心和催化机制人工合成的具有酶活性位点的分子。目前人工酶主要包括三种：催化抗体；蛋白质催化剂类似物及酶模型。

人类蛋白质组计划 [human proteome project(HPP)] 建立蛋白质组的表达谱和修饰谱以及它们之间相互作用的连锁图谱的计划。该计划是即人类基因组计划后的又一项大规模的国际科研工程，2003 年由国际人类蛋白质组研究组织牵头正式启动。

融合 [fusion] 两个或更多的不同物质连接起来成为一体的过程。如融合基因是用重组技术将两个或更多的不同基因连接起来，并处于同一调控系统中。

融合蛋白 [fusion protein] 由两个不同蛋白质连接形成的杂交蛋白质分子。通过基因工程方法将编码不同蛋白质的基因片段按照正确的读框进行重组，将其表达后获得的新蛋白质。

朊病毒 [prion] 又称普里昂。可以引起同种或异种蛋白质构象改变而致病或功能改变的蛋白质。最常见的是引起传染性海绵样脑病(疯牛病)的蛋白质。

生物素-抗生物素蛋白系统 [biotinavidin system] 利用生物素与待检测的示踪分子(如核苷酸、多肽等)或能与待检测物质结合的分子(如抗体等)相连接，再以抗生物素蛋白与易于检测的分子(如荧光素、能催化成色反应的酶等)相连接，分析生物体内微量物质的检测系统。

生物素-链霉抗生物素蛋白系统 [biotin streptavidin system] 利用生物素与链霉抗生物素蛋白有很高亲和结合能力设计的检测分析系统。与生物素-抗生物素蛋白系统相似，但链霉抗生物素蛋白表面所带正电荷少，且不含糖基，在实验中非特异性结合远低于抗生物素蛋白。

生物正交反应 [bioorthogonal reaction] 在生物体系中(如细胞或组织)可以进行，同时不影响体内的生化反应且不受周围生物环境影响的反应。

施陶丁格连接 [Staudinger ligation] 2000 年由萨克森(Saxon)和 Bertozzi 对经典施陶丁格反应改进发展的新反应，带有亲电基团(如甲酯)的三苯基膦在水溶液中与叠氮化物反应，不稳定的氮杂叶立德(亚胺基膦烷)中间体重排形成稳定的分子内酰胺基氧化膦。

释放因子 [release factor] 能够识别一个转移核糖核酸，并与之相互作用，促使合成终止的特殊蛋白质因子。原核生物和真核生物都有三种终止密码子：UAG、UAA 和 UGA，没有一个转移核糖核酸(tRNA)能够与之相互作用。原核生物有 RF1、RF2 和 RF3，而真核生物只有 eRF。

受体 [receptor] 释文见有机化学同名词条。

疏水层析 [hydrophobic chromatography] 固定相由非极性物质(如烃类、苯基等)组成的层析。非极性分子间或分子的非极性基团间具有吸引力，不同分子的非极性基团与固定相非极性物质结合的强弱不同，从而达到分离。多用于蛋白质分析和分离。

肽链 [peptide chain] 氨基酸通过羧基和氨基脱水后，缩合而成的呈现一维伸展形式的产物。

肽酶 [peptidase] EC 3.4 亚类酶。催化肽类和蛋白质中肽键水解的一类蛋白酶。

梯度电泳 [gradient electrophoresis] 所用的凝胶浓度从上到下呈梯度改变的凝胶电泳，或所用的缓冲液的成分呈梯度分布的电泳。这两种设计都是为了提高电泳的分辨率或适用范围。

体外翻译 [*in vitro* translation] 在含有核糖体、必需的酶类、蛋白质因子、各种转运核糖核酸(tRNA)、氨基酸等条件的体外无细胞系统中，用信使核糖核酸(mRNA)作为模板，模仿体内翻译合成特定的蛋白质或多肽的混合体系。常用的体外无细胞翻译系统有兔网织红细胞裂解物系统、麦胚抽提物系统等。

同工酶 [isoenzyme] 广义上指生物体内催化相同反应而分子结构不同的酶。

同位素示踪 [isotopic tagging; isotopic tracing] 采用同位素进行标记的方法。化合物的同位素标记物与其非标记物具有相同的生物化学性质，且同位素能够很灵敏地被检测，因而追踪同位素标记物在所研究对象中的移动、分布、转变或代谢等，是生物科学研究的有力手段。

无铜点击化学 [copper-free click chemistry] 又称点击反应。一类最早由贝尔托齐(C. Bertozzi)发展起来的生物正交反应。该反应基于福金(Fokin)和夏普莱斯(Sharpless)的炔与叠氮的环化反应，通过引入环张力或电子活性加大炔的活性进而可以在常温常压下发生环化反应，并且该反应去除了具有细胞毒性的亚铜离子催化，具有很高的生物兼容性。

五级结构 [quinary structure] 蛋白质之间、蛋白质与生物表面之间的相互作用后产生的特定结构。

硒半胱氨酸 [selenium cysteine] 化学式 C3H7NO2Se，命名：(*R*)-2-氨基-3-氢硒基丙酸。第 21 个基因编码的 L-α-氨基酸，存在于少数一些酶中。硒半胱氨酸的结构和半胱氨酸类似，只是其中的硫原子被硒取代。其编码为 UGA(蛋白质密码子)，该密码子通常为终止密码子。

相互作用物组 [interactome] 有机体内能够相互作用的所有物质。这种作用包括物理的和遗传的相互作用。如蛋白质-蛋白质从物理上到功能上的相互作用；配体类小分子与大分子间也有相互作用；代谢网络中相邻大分子的相互作用，以及稳定的和瞬时的相互作用等。

相互作用物组学 [interactomics] 研究有机体内各种相互作用的物质及其作用机制的学科。

信号肽酶 [signal peptidase] 又称前导肽酶。在质膜蛋白插入到质膜中后去除信号肽的一组肽内切酶。包括信号肽酶Ⅰ和信号肽酶Ⅱ。

修复聚合酶 [repair polymerase] 又称 DNA 聚合酶Ⅰ。参与 DNA 修复过程，依赖于 DNA 的 DNA 聚合酶。该酶以双链 DNA 中未损坏的链为模板，合成新片段置换因损坏而被切除的片段。

修复酶 [repair enzyme] 又称DNA修复酶。催化DNA修复过程的最后一步，连接修复后的 DNA 片段的酶。

DNA 修复酶 [DNA repair enzyme] 即修复酶。

亚基 [subunit] ❶蛋白质的最小共价单位。由一条多肽链或以共价键连接在一起的几条多肽链组成。❷寡蛋白质的功能单位，大分子的亚结构，如细菌 70S 核蛋白体中的 30S 或 50S 亚基。

延伸因子 [elongation factor(EF)] 蛋白质合成过程，帮助进入的氨基酸残基与肽链之间形成酰基，使肽链得以延长的一类蛋白质因子。原核生物的 EF 包括 EF-Tu、EF-Ts 和 EF-G，真核生物中为 EF-1α、EF-1β 和 EF-2。

Western 印迹法 [Western blotting] 即蛋白质印迹法。

荧光蛋白 [fluorescent protein] 一类在紫外或可见光照射下可以发出荧光的蛋白质。最早都是从水母或者海藻内部获得。它们具有相似的结构，一般都是由十一个 β 折叠组成一个圆柱体，其中内部三个或更多特殊的氨基酸残基发生反应成环而具备发射荧光的特性。现在经过人为突变或重组已经极大扩宽了荧光蛋白的种类及其性质。

营养缺陷型 [auxotroph] 对某些必需的营养物质(如氨基酸)或生长因子的合成能力出现缺陷的类型。必须在基本培养基(如由葡萄糖和无机盐组成的培养基)中补加相应的营养成分才能正常生长。

域 [domain] ❶限定在一定范围内以及或在独特的控制下的拓扑学区域。❷蛋白质分子结构中的紧密球状的折叠区。❸分子结构未知时，根据功能而限定的蛋白质分子的一定区域。如催化区和穿膜区。❹在细胞膜内由一类组分(如脂质)构成的区域。❺DNA 中的含有易被 DNA 酶降解的表达基因的一段序列。

β 折叠链 [β-strand] 简称 β 链。蛋白质二级结构的两种基本类型之一，外观伸展并稍有折叠。

正缬氨酸 [norvaline] 学名：2-氨基戊酸。一种不存在于蛋白质中的氨基酸，是缬氨酸的异构体，不含分支。

支链氨基酸 [branched chain amino acid] 侧链具有分支结构的氨基酸。在蛋白质中常见的有苏氨酸、缬氨酸和异亮氨酸等。

珠蛋白 [globin] 血红蛋白和肌红蛋白中的蛋白质组分。血红蛋白分子由 2 对不同的珠蛋白组成四聚体，而肌红蛋白只有 1 条珠蛋白多肽链。

转录酶 [transcriptase] 一类依赖于DNA的RNA聚合酶(DNA-dependent RNA polymerase)该酶以解旋单链 DNA 为模板，催化将四种核苷酸从核苷-5′-三磷酸开始合成 RNA 的反应。

转移酶 [transferase] 六大酶类之一，催化将功能团从一种底物转移到另一种底物的酶。

自然化学连接 [native chemical ligation] 将两个或多个无保护的多肽片段连接起来构建更大的蛋白。该方法主要通过一个多肽片段 N 端为半胱氨酸的巯基去进攻另一多肽 C 端的硫酯结构并可逆替代形成新的硫酯；该中间体可以通过分子内 S, N-acyl shift 在连接位点形成一个新的肽键。自然化学连接是化学连接概念的延伸。

组蛋白 [histone] 一组进化上非常保守的碱性蛋白质，其中碱性氨基酸((Arg，Lys)约占 25%，存在于真核生物染色质，分为 5 种类型(H1，H2A，H2B，H3，H4)，后 4 种各 2 个形成组蛋白八聚体，构成核小体的核心，占核小体质量的一半。

7.5 细　胞

白细胞 [white blood cell; leucocyte; leukocyte] 血液中除红细胞和血小板外的各种血细胞。包括淋巴细胞、多形核粒细胞和单核细胞。

半胱氨酸天冬氨酸蛋白酶 [caspase] 一组存在于细胞溶胶中的结构上相关的半胱氨酸蛋白酶。能特异地断开天冬氨酸残基后的肽键，是参与细胞凋亡过程的重要酶类。

胞核 [nucleus] 细胞核的简称。

胞间运输 [intercellular transport] 物质通过细胞连接或胞间连丝的移动过程。

胞内运输 [intracellular transport] 细胞内物质在各细胞器间的移动过程。

胞吐作用 [exocytosis] 运输小泡或分泌颗粒与质膜融合，将内容物释放到细胞外的现象。

胞吞作用 [endocytosis] 通过质膜内陷形成膜泡，将物质摄入细胞内的现象。包括吞噬和胞饮。

被动扩散 [passive diffusion] 离子或小分子在浓度差或电位差的驱动下，不需要任何特定的转运介质或载体，而通过膜转运的一种形式。不需要直接的能量输入。

被动运输 [passive transport] 离子或小分子在浓度差或电位差的驱动下顺电化学梯度穿膜的运输方式。

表膜 [pellicle] 原生动物表面的覆盖层。包括质膜和质膜下的支持结构。

病毒 [virus] 仅由核酸(DNA 或 RNA)和蛋白质外壳构成的专营细胞内生存的寄生物。无细胞结构，为纤细的病原体。

DNA 病毒 [DNA virus] 核酸为单链或双链 DNA 的病毒。

RNA 病毒 [RNA virus] 核酸为 RNA 的病毒。

补偿效应 [compensation effect] 即阴阳效应。

糙面内质网 [rough endoplasmic reticulum] 膜表面有核糖体附着的内质网。是分泌蛋白和膜蛋白质等的合成与加工场所。

常染色质 [euchromatin] 间期核中染色质纤维折叠压缩程度低，处于伸展状态，染料着色浅的染色质。富含单拷贝 DNA 序列。

超微结构 [ultrastructure] 超出光学显微镜分辨水平的细胞结构的统称。

初级溶酶体 [primary lysosome] 只含酸性水解酶而不含被消化物质(底物)，尚未进行消化活动的溶酶体。

穿膜运输 [transmembrane transport] 物质从膜的一侧穿膜运到另一侧的运输方式。是由结合在膜上的转运蛋白将它们直接穿越膜运达细胞不同的拓扑空间。

次级溶酶体 [secondary lysosome] 已经进行消化活动的溶酶体。内含溶酶体酶和消化底物，以及消化产物。根据所消化的物质来源不同，分为自噬溶酶体和异噬溶酶体。

DNA 重排 [DNA rearrangement] 根据 DNA 片段在基因组中位置的变化，即从一个位置变换到另一个位置，从而改变基因活性的一种调节方式。

促进扩散 [facilitated diffusion] 即易化扩散。

单细胞测序 [single cell sequencing] 对细胞进行分离得到单个细胞，进行 DNA 测序，从而准确定量一个单细胞核中基因拷贝数目的技术。该技术可用于检测癌症细胞中的基因的异常，达到诊断的作用。

单细胞凝胶电泳 [single cell gel eletrophoresis] 又称彗星试验。一种快速检测单细胞 DNA 损伤的实验方法。其细胞电泳形状颇似彗星。

单向转运 [uniport] 小分子顺浓度梯度穿膜的蛋白质介导的协助扩散。同一膜上，一种物质穿膜的转运与另一种物质跨越此膜转运无关的现象。负责单向转运的是一类穿膜转运蛋白。

G 蛋白偶联受体 [G-protein coupled receptor] 一种与三聚体 G 蛋白偶联的细胞表面受体。含有 7 个穿膜区，是迄今发现的最大的受体超家族，其成员有 1000 多个。与配体结合后通过激活所偶联的 G 蛋白，启动不同的信号转导通路并导致各种生物效应。

第二信使 [second messenger] 受细胞外信号的作用，在胞质溶胶内形成或向胞质溶胶释放的细胞内小分子。通过作用于靶酶或胞内受体，将信号传递到级联反应下游，如环腺苷酸、环鸟苷酸、钙离子、肌醇三磷酸和肌醇磷脂等。

第一信使 [primary messenger] 由细胞产生，可被细胞表面或胞内受体接受、穿膜转导，产生特定的胞内信号的细胞外信使。

电化学梯度 [electrochemical gradient] 一种离子在膜两侧的浓度差和电荷差所造成的势能。可产生引起离子穿膜移动的驱动力。

电压门控离子通道 [voltage-gated ion channel] 由同一种膜蛋白将两种不同的离子或分子分别向膜的相反方向穿过细胞膜的运输过程。

对向运输 [antiport] 由同一种膜蛋白将两种不同的离子或分子分别向膜的相反方向穿过细胞膜的运输过程。

多核糖体 [polyribosome; polysome] 在蛋白质合成过程中，结合在信使核糖核酸(mRNA)上的一簇正在合成肽链的核糖体。每个核糖体可以独立完成一条肽链的合成。

多能干细胞 [multipotential stem cell; pluripotent stem cell] 具有分化成多种分化细胞潜能的干细胞系细胞。如胚胎干细胞和成体干细胞。

翻译后修饰 [post translational modification] 对新合成的多肽链或蛋白质合成后在其特定位点上添加磷酸基团、糖基和其他分子等形成有功能蛋白质的过程。

翻译控制 [translational control] 通过调节 mRNA 翻译速度而对蛋白质的合成进行的调节方式。

反转录病毒 [retrovirus] 含有反转录酶的 RNA 病毒。

分子细胞生物学 [molecular cell biology] 结合生物化学、遗传学，系统地从分子水平深入研究细胞的结构和功能的学科。

钙通道 [calcium channel] 专门针对钙离子的膜通道。如肌质网膜上的电压门控离子通道。

RNA 干扰技术 [RNA interface(RNAi)] 引起基因沉默的一种技术。将根据基因序列制备的双链RNA注入体内，可引起该基因编码的 mRNA 降解，从而抑制了该基因的功能。

干扰性小核酸 [siRNA] 释文见 7.3 节同名词条。

干细胞 [stem cell] 在动物胚胎和成体组织中一直能进行自我更新、保持未分化状态、具有分裂能力的未分化细胞。包括胚胎干细胞和成体干细胞两大类。

高尔基[复合]体 [Golgi body; Golgi apparatus; Golgi complex] 真核细胞胞质中近核部位主要由扁平膜囊和小泡规则堆摞而成的结构。是意大利科学家高尔基(Golgi)在 1898 年发现的，普遍存在于真核细胞中的一种细胞器。含有多种糖基化酶，负责将来自内质网的蛋白质进行加工和分选，以便分送到细胞不同部位或细胞外。

共运输 [symport] 两种溶质分子以同一方向的穿膜运输方式。在这种方式中，物质的逆浓度梯度穿膜运输与所依赖的另一物质的顺浓度梯度的穿膜运输两者的运输方向相同。

骨髓干细胞 [bone marrow stem cell] 存在于骨髓中的多能干细胞。包括造血干细胞和间充质干细胞两类。

光面内质网 [smooth endoplasmic reticulum] 膜表面没有核糖体附着的内质网。主要与脂质的合成有关。

光遗传法 [optogenetics] 释文见 7.8 节同名词条。

鬼笔环肽 [phalloidin] 由鬼笔鹅膏真菌(*Amanita phalloides*)产生的一种环肽。可与 F 肌动蛋白结合，使 F 肌动蛋白保持稳定。其荧光标记物是鉴定 F 肌动蛋白的重要试剂。

过氧化物酶体 [peroxisome] 细胞质中含有氧化酶、过氧化物酶和过氧化氢酶的细胞器。

核基质 [nuclear matrix] 细胞核内主要由非组蛋白构成的精密的三维纤维网架结构。即除核被膜、核纤层-核孔复合体体系、染色体骨架与核仁以外的网架结构体系。与染色质的复制、转录和 RNA 加工有关。

核孔 [nuclear pore] 核孔复合体的简称。

核孔复合体 [nuclear pore complex] 简称核孔。核被膜上沟通核质和细胞质的复杂隧道结构，由多种核孔蛋白构成。隧道的内、外口和中央有由核糖核蛋白组成的颗粒，对进出核的物质有控制作用。

核仁 [nucleolus] 由核仁组织区 DNA、RNA 和核糖体亚单位等成分组成的球形致密结构。在电镜下可区分成纤维中心、致密纤维组分和颗粒组分三个区域。

核糖[核蛋白]体 [ribosome] 由核糖体 RNA 和蛋白质组成的颗粒结构。包括大小两个亚单位，是细胞质、线粒体和叶绿体中合成蛋白质的细胞器。

核糖体展示 [ribosome display] 一种体外进行的功能蛋白筛选和鉴定的新技术。它将正确折叠的蛋白及其 mRNA 同时结合在核糖体上，形成 mRNA-核糖体-蛋白质三聚体，使目的蛋白的基因型和表型联系起来，避免了传统的体内筛选技术的缺陷，使得文库容量增大、分子多样性加强。

红细胞 [erythrocyte; red blood cell] 脊椎动物中一种含血红蛋白的血细胞。无细胞核，也无细胞器，主要功能是运输和交换氧和二氧化碳。

呼吸电子传递链 [respiratory electron-transport chain] 逐渐提高氧化还原电位的电子载体系列。如线粒体内膜中的 4 个大的多蛋白质复合物和泛醌以及可在膜间隙中扩散的细胞色素 c，电子通过此系列，由还原的电子供体(NADH)传递给氧。

坏死 [necrosis] 由于损伤、缺血或感染引起的细胞死亡现象。伴生炎症。

彗星试验 [comet assay] 即单细胞凝胶电泳。

活细胞荧光成像 [living cell fluorescent imaging] 利用小分子荧光探针或者细胞自身表达的荧光蛋白分子，对活细胞内的生命过程进行连续的荧光成像的技术。

基因 [gene] 遗传信息的基本单位。一般指位于染色体上编码一个特定功能产物(如蛋白质或RNA分子等)的一段核苷酸序列。

***p53* 基因** [*p53* gene] 因编码一种分子质量为 53 kDa 的蛋白质而得名的一种抗癌基因。其表达产物为基因调节蛋白(P53 蛋白)，当 DNA 受到损伤时表达产物急剧增加，可抑制细胞周期进一步运转。一旦 *p53* 基因发生突变，P53 蛋白失活，细胞分裂失去节制，发生癌变，人类癌症中约有一半是由于该基因发生突变失活。

基因重排 [gene rearrangement] 基因的可变区通过基因的转座、DNA 的断裂错接而使正常基因顺序发生改变的现象。尤指在 B 细胞分化过程中抗体基因的重排及 T 细胞抗原受体基因的重排，是基因差别表达的一种调控方式。

基因库 [GenBank] 美国国家生物技术信息中心(NCBI)建立的 DNA 序列数据库。

基因扩增 [gene amplification] 细胞内某些特定基因的拷贝数专一性地大量增加的现象。

基因组学 [genomics] 研究生物体全基因组 DNA 的序列和属性的学科。包括在 DNA(基因型)、mRNA(转录物组)和蛋白质(蛋白质组)水平上研究细胞或组织的所有基因。

5-甲基化胞嘧啶 [5-methylcytosine] 在甲基转移酶的催化下,DNA 链的胞嘧啶 5 位上被选择性地添加一个甲基,形成的胞嘧啶衍生物。它是基因组表观遗传的标志之一。

6-甲基化腺嘌呤 [N^6-methyladenosine] 在甲基转移酶的催化下,信使 RNA 链的腺嘌呤的 6 位被选择性地添加一个甲基,形成的腺嘌呤衍生物。

钾[渗]通道 [potassium leak channel; potassium channel; K^+-channel] 动物细胞质膜上的能选择性地使钾离子(K^+)通过的电压门控离子通道。

简单扩散 [simple diffusion] 小分子由高浓度区向低浓度区的自行穿膜运输。属于最简单的一种物质运输方式,不需要消耗细胞的代谢能量,也不需要专一的载体。

酵母 [yeast] 子囊菌、担子菌等几科单细胞真菌的通称。可用于酿造生产,有的为致病菌。是遗传工程和细胞周期研究的模式生物。

酵母双杂交 [yeast two-hybride] 将要研究的两种蛋白质的基因分别克隆到酵母表达质粒的转录激活因子的 DNA 结合结构域基因和激活结构域基因,构建成融合表达载体,从表达产物分析两种蛋白质相互作用的技术。

结构基因 [structural gene] 一般指编码蛋白质的基因。广义上也包括编码 RNA 的基因。

巨噬细胞 [macrophage] 单核吞噬细胞系统中高度分化、成熟的长寿命的细胞类型。具有较强的吞噬功能。

菌毛 [pilus(单),pili(复); fimbrium(单),fimbria(复)] 某些细菌的表面上伸出的中空毛发状结构。其主要成分为菌毛蛋白,与细菌间或细菌和动物细胞黏合有关。细菌细胞接合过程中是供体细胞向受体细胞传递 DNA 的通道。

蓝细菌 [cyanobacterium] 细胞质中含有光合膜的原核生物。光合膜中含有叶绿素,可进行光合作用。

类病毒 [viroid] 仅由 240～350 个核苷酸构成的极小植物病毒。无蛋白质外壳,为裸露的感染颗粒。

类囊体 [thylakoid] 叶绿体基质中由单位膜围成的扁平囊。

粒细胞 [granulocyte] 细胞质中含有许多微小囊性颗粒的一类多形核白细胞。颗粒中贮有多种酶。根据其颗粒对染色剂的不同反应而分为中性粒细胞、嗜酸性粒细胞和嗜碱性粒细胞。

流式细胞术 [flow cytometry(FCM)] 用荧光剂对细胞特定成分染色,利用流式细胞仪对处在快速、直线、流动状态中的单细胞或生物颗粒进行多参数、快速定量分析,并能对特定群体加以分选的现代细胞分析技术。

螺线管 [solenoid] 真核细胞染色质包装的二级结构。有组蛋白 H1 存在时,直径 10 nm 的核小体念珠结构螺旋盘绕,形成外径 30 nm、内径 10 nm、螺距 11 nm 的一种染色质结构,每一螺旋圈有 6 个核小体,组蛋白 H1 对这一结构的稳定起重要作用。

免疫 [immunity] 机体识别和排除抗原性异物即机体区分自己与非己进而排除异己的功能。通常对机体有利,但在某些条件下也可对机体有害。

免疫酶标技术 [immunoenzymatic technique] 以酶标记抗体(或抗原),通过相应底物被酶解后的显色反应,对细胞和组织标本中的抗原-抗体复合体进行定位、定性分析和鉴定的技术。也可根据酶催化底物显色的深浅程度,定量测定体液标本中待测抗原或抗体的含量。

免疫细胞化学法 [immunocytochemistry(ICC)] 利用抗原与抗体特异性结合的原理,以标记抗体作为探针来显示细胞内抗原成分,主要是多肽与蛋白质(包括受体、酶、分泌物前体等各种基因表达产物),对其进行定位、定性及定量的研究方法。

免疫组织化学法 [immunohistochemistry] 通过标记抗体与特异性抗原反应显色的组织化学法。

膜间质 [periplasm] 又称周质。❶紧贴某些卵菌类卵囊壁内的原生质。含有退化的核,并参与卵孢子壁的形成作用。❷有丝分裂中核膜破裂后围绕在染色体和纺锤体周围的部分细胞质和核质的混合物。

钠通道 [sodium channel] 膜上存在的允许少量的钠离子(Na^+)顺其电化学梯度进入细胞的通道。

内膜 [inner membrane] 位于外膜内层的一层单位膜结构,厚度约为 6 nm。内膜向内折褶形成许多嵴,大大增加了内膜的表面积。

内[吞]体 [endosome] 细胞质中经胞吞作用形成的一种脱衣被膜围的细胞器,直径约 300～400 nm。按发生阶段分为早期内体和晚期内体。

内质网 [endoplasmic reticulum(ER)] 真核细胞细胞质内广泛分布的由膜构成的扁囊、小管或小泡连接形成的连续的三维网状膜系统。分为糙面内质网和光面内质网两种。

拟核 [nucleoid] 原核细胞中 DNA 集中但无核膜包围的区域。

胚胎干细胞 [embryonic stem cell(ES cell)] 取自哺乳动物囊胚的内细胞团细胞，经培养而成的多能干细胞。具有分化为各种组织的潜能。

5-羟甲基胞嘧啶 [5-hydroxymetylcytosine] 在DNA羟基化酶的催化下，5-甲基化胞嘧啶的5位甲基羟基化，形成的胞嘧啶。它是基因组表观遗传的标志之一。

溶酶体 [lysosome] 真核细胞中一种膜包围的异质的消化性细胞器。是细胞内大分子降解的主要场所。

溶酶体染料 [lysotracker; lysosensor] 是对活细胞中的酸性区室(如溶酶体)进行染色的一种荧光染料。

神经元 [neuron] 高等动物神经系统的结构和功能单位。包括细胞体、轴突和树突。

渗透作用 [osmosis] 膜两侧溶液浓度存在差异，造成化学势能差，在势能差的驱动下，溶剂穿过对溶质不透膜的过程。

生物泵 [biological pump] 由有机体所产生的，经过消费、传递和分解等一系列生物学过程构成的碳从海洋表层向深层转移或沉降的整个过程。

生物荧光成像 [bioluminescence imaging] 用荧光素酶基因标记细胞或DNA，在ATP及氧气存在条件下，催化荧光素的氧化反应而发光，从而能够直接监控活体内的细胞活动和基因行为。

嗜碱性粒细胞 [basophil] 含嗜碱性颗粒的白细胞。人体血液中含量最少的一种颗粒白细胞。颗粒中含有组胺，激活时分泌组胺、肝素和软骨素，以及蛋白水解酶，且质膜上带有IgE的Fc受体，在速发型超敏反应中可释放过敏毒素反应嗜酸性粒细胞趋化因子。

嗜酸性粒细胞 [eosinophil] 含嗜酸性颗粒的白细胞。在抗寄生虫感染及Ⅰ型超敏反应中发挥重要作用。

噬菌体 [bacteriophage; phage] 以细菌为宿主进行复制的病毒。常用于作为DNA克隆的载体，如λ噬菌体。

树突 [dendrite] 神经细胞伸出的树枝状细胞突起。接受邻近细胞的刺激传到细胞本体。

体细胞杂交 [somatic hybridization] 不同种类体细胞融合形成杂种细胞的过程。

通透性 [permeability] 膜允许离子或分子穿过的性质。可用定性和定量方法测得。质膜的通透性是影响细胞进行内外物质交换的重要因素。

突触 [synapse] 神经细胞的一种特化连接。神经递质信号分子可通过此连接从一个神经细胞传递到另一个神经细胞或肌肉细胞。

吞噬溶酶体 [phagolysosome] 病原体或异物被吞噬细胞吞入，形成吞噬小体，再与初级溶酶体相融合形成的胞内消化结构。吞噬溶酶体对病原体或异物产生消化作用。

外膜 [outer membrane] ❶在真核细胞，指脂双层膜中靠外部的膜，它包裹着叶绿体、线粒体或细胞核；❷在原核细胞指位于革兰氏阴性菌细胞壁的肽聚糖外部的那层脂多糖、脂蛋白和蛋白质组成的结构。

晚期内体 [late endosome] 内部pH值变小，将胞吞物分拣到溶酶体，被消化的内体。具有分选作用，能够分选与配体结合的受体，让它们再循环到细胞质膜表面或高尔基体反面网络。

微管 [microtubule(MT)] 由微管蛋白原丝组成的不分支的中空管状结构。直径约25 nm，是细胞骨架成分，与细胞支持和运动有关。纺锤体、真核细胞纤毛、中心粒等均系由微管组成的细胞器。

微管组织中心 [microtubule organizing center (MTOC)] 细胞中微管生成的发源区。具有γ微管球蛋白，如中心粒动粒和纤毛基体的邻近区。

微绒毛 [microvillus] 动物细胞表面向外伸出的指状突起。

微丝 [microfilament(MF)] 真核细胞内由肌动蛋白组成的直径为5～7 nm的骨架纤丝。

微体 [microbody] 由单层膜围绕的内含一种或几种氧化酶类的异质性细胞器。包括过氧化物酶体和乙醛酸循环体。

细胞 [cell] 能进行独立繁殖的有膜包围的生物体的基本结构和功能单位。一般由质膜、细胞质和核(或拟核)构成，是生命活动的基本单位。

细胞癌基因 [cellular oncogene; c-oncogene] 编码调节细胞生长或分化有关蛋白质的而在突变或过表达时可转变为癌基因并引起细胞癌变的正常细胞基因。

细胞壁 [cell wall] 植物细胞、真菌和细菌细胞外表面由多糖类物质组成的起支持作用的结构。

细胞表面标记 [cell surface labeling] 利用化学或者生物的手段在细菌或者细胞膜上连接不同种类的合成分子(如荧光分子)，蛋白质或其他有功能的分子的标记方法。

细胞表面受体 [cell surface receptor] 位于细胞表面的受体。一般是膜蛋白，有些是糖脂。主要是识别周围环境中的活性物质或被能相应的信号分子所识别，并与之结合，介导细胞之间的黏附或将配体传递的信号转变为细胞的生理性或病理性反应。

细胞表面展示 [cell surface display] 利用基因工程手段，将某一目标蛋白或肽段与细胞外膜蛋白以融合蛋白的形式呈现在细胞表面。主要有噬菌体表面展示，细菌表面展示和酵母细胞表面展示。

细胞凋亡 [apoptosis] 由死亡信号诱发的受调节的细胞死亡过程，是细胞生理性死亡的普遍形式。凋亡过程中DNA发生片段化，细胞皱缩分解成凋亡小体，被邻近细胞或巨噬细胞吞噬，不发生炎症。

细胞分离 [cell separation] 将组织材料分散制成细胞悬液后，从中获取目的细胞的过程。

细胞分选仪 [cell sorter] 分离细胞的仪器。

细胞骨架 [cytoskeleton] 真核细胞中与保持细胞形态结构和细胞运动有关的纤维网络。包括微管、微丝和中间丝。

细胞核 [nucleus] 简称胞核。真核细胞中最大的由膜包围的最重要的细胞器。是遗传物质贮存、复制和转录的场所。主要包括核被膜、核基质、染色质和核仁四部分。

细胞化学 [cytochemistry] 研究细胞各种化学组分的性质、功能和分布规律的学科。

细胞连接 [cell junction] 细胞表面可与其他细胞或细胞外基质结合的特化区。

细胞膜 [cell membrane] 包括细胞质和细胞器的界膜。由磷脂双层和相关蛋白质以及胆固醇和糖脂组成。曾经指质膜。

细胞培养 [cell culture] 在体外条件下，用培养液维持细胞生长与增殖的方法。

细胞器 [organelle] 真核细胞内具有一定形态、执行特定功能的结构。如线粒体、叶绿体、内质网和高尔基体等。

细胞融合 [cell fusion] 人工的或自然发生的细胞合并形成多核细胞的现象。

细胞生物学 [cell biology] 从细胞整体、显微、亚显微和分子等各级水平上研究细胞结构、功能及生命活动规律的学科。

细胞衰老 [cell aging; cell senescence] 随着时间的推移，细胞增殖能力和生理功能逐渐下降的变化过程。细胞在形态上发生明显变化，细胞皱缩，质膜透性和脆性提高，线粒体数量减少，染色质固缩、断裂等。

细胞无标记成像 [label free cell imagining] 利用不同的光物理过程诱导生物分子产生光信号，达到成像的方法。如双光子荧光显微镜可以检测某些物质的自体荧光，拉曼显微镜可以检测某些特定的化学键。

细胞学 [cytology] 在光学显微镜水平上研究细胞的化学组成、形态、结构及功能的学科。

细胞学说 [cell theory] 认为一切生物都由细胞组成，细胞是生命的结构单位，细胞只能由细胞分裂而来的学说。最初由德国植物学家施莱登(M. Schleiden)和德国动物学家施万(T. Schwann)提出。

细胞荧光测定术 [cytofluorometry] 即显微荧光光度术。

细胞杂交 [cell hybridization] 在体外条件下，通过人工培养和诱导将不同种生物或同种生物不同类型的两个或多个细胞合并成一个双核或多核细胞的过程。

细胞自噬 [autophage] 真核生物中进化保守的对细胞内物质进行周转的重要过程。该过程中一些损坏的蛋白或细胞器被双层膜结构的自噬小泡包裹后，送入溶酶体(动物)或液泡(酵母和植物)中进行降解并得以循环利用。

细胞组学 [cytomics] 以基因组数据库为基础，结合基因组学和蛋白质组学的技术，在单细胞水平上获取细胞分子表型的信息，进而研究细胞系统的结构以及内部分子功能的学科。

细菌 [bacterium(单), bacteria(复)] 又称真细菌。一大类细胞核无核膜包裹，只存在核区或拟核的裸露DNA的原始单细胞生物。含有环状DNA和70S核糖体。

纤毛 [cilium] 从真核细胞表面延伸出来的膜包围的运动结构。具有微管束组成的核心，能够进行重复的拍击运动。许多细胞的表面具有大量的纤毛，单细胞生物借其游动。

显微结构 [microscopic structure] 在光学显微镜下看到的细胞结构。

显微荧光测定术 [microfluorometry] 即显微荧光光度术。

显微荧光光度术 [microfluorophotometry] 又称显微荧光测定术、细胞荧光测定术。利用显微分光光度计对细胞内原有能发光的物质或对细胞内各种化学成分用荧光探针标记后进行定位、定性和定量测定的一种微观而灵敏的方法。

显微注射 [microinjection] 在显微镜下操作的微量注射技术。可将细胞的某一部分(如细胞核、细胞质或细胞器)或外源物质(如外源基因、DNA 片段、信使核糖核酸、蛋白质等)通过玻璃毛细管拉成的细针，注射到细胞质或细胞核内。是研究各种生物分子的作用，制作转基因动物、克隆动物等的重要技术。

线粒体 [mitochondrion] 真核细胞中由双层高度特化的单位膜围成的细胞器。主要功能是通过氧化磷酸化作用合成 ATP，为细胞各种生理活动提供能量。

协同运输 [co-transport; coupled transport] 一种分子的穿膜运输依赖于另一种分子同时或先后穿膜的运输方式。后者从高浓度到低浓度的运输可为前者逆浓度梯度的运输提供能量。分为对向运输和共运输两类。

协助扩散 [facilitated diffusion] 即易化扩散。

信号肽 [signal sequence] 即信号序列。

信号序列 [signal sequence] 又称信号肽。分泌蛋白新生肽链 N 端的一段 20～30 氨基酸残基组成的肽段。可引导分泌蛋白进入内质网，进入内质网腔时此肽段被切除。

信号学说 [signal theory] 解释分泌蛋白合成机制的一种学说，主张指导分泌蛋白合成的 mRNA 在 AUG 起始密码子之后有一信号密码子序列，编码一段由疏水性氨基酸组成的信号序列。

血小板 [platelet; thrombocyte] 大量存在于血液中无核盘状小细胞(直径约 3 μm)。具有凝血和止血重要作用。

Toll 样受体 [Toll-like receptor(TLR)] 果蝇 Toll 受体同源物。是一类细胞表面和细胞内受体。可识别各种微生物产物，与配体结合后可起始信号传递途径，因不同细胞而引起不同反应。

叶绿体 [chloroplast] 植物细胞中由双层膜围成，含有叶绿素能进行光合作用的细胞器。间质中悬浮有由膜囊构成的类囊体，内含叶绿体 DNA。

异染色质 [heterochromatin] 间期核中染色质纤维折叠压缩程度高，处于凝缩状态，染料着色深的染色质。富含重复 DNA 序列。

异噬溶酶体 [heterophagic lysosome] 又称异体吞噬泡。细胞通过胞吞作用吞入异物，形成吞噬泡和胞饮泡，这些内吞泡与初级溶酶体融合后形成的复合体。

异体吞噬泡 [heterophagic vacuole] 即异噬溶酶体。

易化扩散 [facilitated diffusion] 又称促进扩散、协助扩散。通过运输蛋白形成亲水环境，使极性分子顺电化学梯度穿膜的被动运输方式。

阴阳效应 [yin-yang effect] 又称补偿效应。细胞内两种信号分子通过竞争性的结合相同的基因，对基因的表达分别进行激活或者抑制使其达到平衡的效应。

荧光抗体技术 [fluorescent antibody technique] 利用荧光抗体对细胞内特定抗原进行定位的技术。

有丝分裂 [mitosis] 真核细胞的染色质凝集成染色体、复制的姐妹染色单体在纺锤丝的牵拉下分向两极，从而产生两个染色体数和遗传性相同的子细胞核的一种细胞分裂类型。通常划分为前期、前中期、中期、后期和末期五个阶段。

诱导多能干细胞 [induced pluripotent stem cell (iPS cell)] 通过向皮肤成纤维细胞的培养基中添加几种胚胎干细胞表达的转录因子基因，诱导成纤维细胞转化成的类多能胚胎干细胞。

原癌基因 [oncogene] 细胞中发生了突变或过度表达并可引起细胞癌变的原癌基因。活化后能引起正常细胞转变为癌细胞的基因。

原病毒 [provirus] 已整合到宿主染色体基因组中的病毒 DNA。

原核细胞 [prokaryotic cell; prokaryocyte] 细胞内遗传物质没有膜包围的一大类细胞。不含膜相细胞器。

原生质体 [protoplast] 脱去细胞壁的植物、真菌或细菌细胞。

早期内体 [early endosome] 由于细胞的胞吞作用而形成的含有胞吞物质的膜结合的细胞器。通常是管状和小泡状的网络结构集合体。

造血干细胞 [hemopoietic stem cell] 存在于造血组织中的一群原始多能干细胞。可分化成各种血细胞，也可转分化成神经元、少突胶质细胞、星形细胞、骨骼肌细胞、心肌细胞和肝细胞等。

真核 [eukaryon] 有核膜包围的细胞核。

真核细胞 [eukaryotic cell; eukaryocyte] 细胞核具有明显的核被膜所包围的细胞。细胞质中存在膜相细胞器。

真菌 [fungus(单), fungi(复)] 一类单细胞或多细胞微生物。不含叶绿素，大都能形成硬的多糖细胞壁。属于真核生物，包括真菌门和黏菌门等。

真细菌 [eubacterium; true bacterium; simple bacterium] 即细菌。

整合素 [integrin] 细胞表面受体的主要家族，对细胞和细胞外基质的黏附起介导作用，还可诱导细胞与细胞间的相互作用。整合素在体内表达广泛，大多数细胞表面都可表达一种以上的整合素，在很多生命活动中发挥关键作用。

支原体 [mycoplasma] 没有细胞壁的原核生物。对许多抗生素具有抗性，如类胸膜肺炎微生物。

质膜 [plasma membrane; plasmalemma] 将细胞内外环境分开的一层单位膜。由磷脂双层结合有脂类和蛋白质构成，是细胞内外信息和物质交流的屏障。

质体 [plastid] 植物细胞中由双层膜包围的具有光合作用和贮藏功能的细胞器。根据所含色素和功能的不同，质体可分为白色体、叶绿体和色质体。

质子动力 [proton motive force] 穿膜的质子(H^+)浓度梯度和电位梯度所含有的势能。

中间丝 [intermediate filament(IF)] 存在于真核细胞中介于微丝和微管之间，直径约 10 nm 的纤丝。中间丝是最稳定的细胞骨架成分，主要起支撑作用。因组成的蛋白质不同而有不同的命名。

中心粒 [centriole] 动物细胞中位于核附近由 9 组三联体微管围成的成对圆筒状结构。两颗中心粒在一端相互垂直，在分裂间期中位于核的一侧，细胞分裂时逐渐移向两极，与有丝分裂器的组建有关。

中心体 [centrosome] 主要见于动物细胞中的一种近核的细胞结构。由一对中心粒和中心粒周物质组成，中心粒周物质起微管组织中心作用。

中性粒细胞 [neutrophil] 含有可被伊红染料染成粉红色的颗粒，为血液中含量最丰富的粒细胞(约 90%以上)。具有吞噬功能，可吞噬细菌，在机体抗感染中发挥重要作用。

周质 [periplasm] 即膜间质。

轴突 [axon] 神经细胞长的突起。可远距离快速传导神经脉冲，从细胞本体向其他细胞传递信号。

主动运输 [active transport] 特异性运输蛋白消耗能量使离子或小分子逆浓度梯度穿膜的运输方式。

转化 [transformation] ❶正常细胞经各种致癌剂处理后成为癌细胞的过程。❷因外源基因导入使基因型和表型发生永久性遗传改变的现象。

转染 [transfection] 外源 DNA(包括裸 DNA)进入细胞或个体导致遗传改变的过程。曾经指外源基因通过病毒或噬菌体感染细胞或个体的过程。

自噬溶酶体 [autophagolysosome] 融入细胞自身多余或衰老细胞器(如线粒体和内质网等)的一类次级溶酶体。在细胞内起清道夫作用。

组蛋白修饰 [histone modification] 在哺乳动物基因组中，对组蛋白的各种修饰形式。组蛋白修饰包括组蛋白末端的乙酰化、甲基化、磷酸化、泛素化、ADP 核糖基化等，这些修饰都会影响基因的转录活性。

组织培养 [tissue culture] 从机体分离出的组织或细胞在体外人工条件下培养生长的过程。

7.6 表观遗传学

边界子 [boundary elements] 参见隔离子。

表观遗传 [epigenetic inheritance] 表型可遗传，但不是基因序列造成的，而是由 DNA、RNA 修饰和组蛋白修饰调控基因表达。

表观遗传标记 [the epigenetic mark] 编码表观遗传信息的 DNA、RNA 和组蛋白修饰。包括：①DNA 的甲基化及羟甲基化，主要为胞嘧啶 5-甲基修饰和 5-羟甲基修饰等，一般出现在 DNA 的 CpG 岛内；②RNA 的甲基化修饰，如腺嘌呤的 N^6-甲基修饰，调控 RNA 的加工；③组蛋白修饰，如组蛋白的甲基化、乙酰化、泛素化修饰等，与基因的抑制与激活以及 DNA 修复等相关。

表观遗传学 [epigenetics] 又称后遗传学、外遗传学。研究基因 DNA 序列没有发生改变的情况下，基因功能发生了可遗传的变化，并最终导致了表型的变化的学科。研究内容包括 DNA 甲基化及羟甲基化、组蛋白甲基化及乙酰化、组蛋白变体、染色质重塑、基因组印记、RNA 修饰、非编码 RNA 等表观遗传现象及其对生物生命活动的作用，是生物学、化学、物理学、信息科学等多学科的交叉领域。RNA 修饰新归为表观转录组学(epitransoiptomics)。

差异甲基化杂交法 [differential methylation hybridization] 一种基于芯片的甲基化高通量检测方法。差异甲基化杂交法首先使用限制性内切酶 *Mse*I 消化基因组 DNA(*Mse*I 识别位点为 TTAA，可以保证富含 CpG 岛的片段不被破坏)，以得到约 200 bp 的相对完整的甲基化的 CpG 岛序列，并将富集得到的序列接上用于扩增的接头(adapter)。其次将一部分样品用甲基化敏感性限制性内切酶 *Bst*UI 消化作为对照，并对处理和未处理过的样品进行扩增。最后将扩增所得样品做荧光标记并用预先制备的芯片进行杂交，对比得到 DNA 甲基化信息。

超甲基化 [hypermethylation] DNA 甲基化异常的两种形式之一，指 DNA 不发生甲基化的位点被甲基化的现象。典型的超甲基化主要发生在启动子区域的 CpG 岛上，可导致相关基因沉默，与癌症等疾病相关。

Polycomb 沉默 [Polycomb silencing] Polycomb 蛋白(多梳蛋白)是一组通过染色质修饰调控靶基因的转录抑制子，Polycomb 沉默是 Polycomb 蛋白与靶基因结合后导致该基因转录沉默的现象。不仅调控个体正确的发育模式，还与细胞的增殖分化和肿瘤形成有关。表观遗传调控因子 Polycomb

蛋白(PcG)由两个核心蛋白复合体构成，PRC2 在转录抑制起始阶段发挥作用，PRC1 维持处于抑阻状态染色质的稳定性。其在进化上高度保守，线虫、小鼠、人和拟南芥中均已鉴定出其同源蛋白。PcG 蛋白对于基因的沉默作用可能通过三种相互不独立的机制完成：PRC1 阻止转录因子和染色质重塑因子与 DNA 结合；PRC1 结合一些与染色质修饰相关的酶，如组蛋白去乙酰基酶和组蛋白甲基化酶；PRC1 和组蛋白 H3-K27 甲基化阻止其他与基因转录激活相关的组蛋白修饰作用，如组蛋白 H2B 乙酰基化、泛素化和 H3-K4 甲基化。PcG 作为对细胞命运、细胞分化有重要调控作用的多功能转录抑制复合体受到胞外信号分子的调控，并与胞内调控蛋白一起稳定靶基因的表达模式，确保细胞后代在细胞分裂中的遗传稳定性。

重复系列诱导基因点突变 [repeat-induced point mutation(RIP)] 一种通过突变方式使 DNA 重复序列失活的机制。该机制首先在粗糙链孢菌(*Neurosporacrassa*)中发现，而后在许多真菌生物中也发现。在生殖周期中，重复序列中 CG 突变为 AT，引起失去功能产物以及甲基胞嘧啶，又降低转录水平。从进化的角度来看，RIP 是防卫转座子对基因组攻击的机制。微生物学家常用 RIP 作为引起突变的工具。

重甲基化 [*de novo* methylation] 即从头甲基化。

重亚硫酸盐测序法 [bisulfite sequencing] 能深入研究 CpG 岛各个位点甲基化情况的方法。利用重亚硫酸盐使 DNA 上的胞嘧啶转换成为尿嘧啶，甲基化的 5-甲基胞嘧啶则不受影响。再用特异性引物 PCR 扩增，最后对 PCR 产物进行测序，并且与未经亚硫酸盐处理的序列比较，判断是否 CpG 位点发生甲基化。该方法可靠性及精确度很高，能明确目的片段中每一个 CpG 位点的甲基化状态。近期研究发现 5-羟甲基胞嘧啶在重亚硫酸盐处理后同样不受影响，因此该方法不能区分 5-甲基胞嘧啶和 5-羟甲基胞嘧啶。

从头甲基化 [*de novo* methylation] 又称重甲基化。是表观遗传学的一个重要生理过程，其不依赖已有的甲基化 DNA 链而在一个新位点将 DNA 链甲基化的过程，与甲基化维护相对应。DNA 甲基转移酶 DNMT3a 和 DNMT3b 负责从头甲基化，DNMT1 负责甲基化维护。

CpG 岛 [CpG island] 基因组中长度为 0.5～4 kb 的一段由胞嘧啶(C)和鸟嘌呤(G)组成的串联重复 DNA 序列。p 指连接胞嘧啶和鸟嘌呤的磷酸酯键。GC 含量大于 50%，长度超过 200 bp，主要位于基因的启动子和第一外显子区域，参与基因表达的调控以及影响染色质的结构。人类基因组内有接近 3 万个 CpG 岛，平均每一百万碱基含有 5 到 15 个，其中约 1.8 万个 CpG 岛的 GC 含量为 60%～70%。除定位于失活 X 染色体上的基因和印记基因外，正常细胞的 CpG 岛由于被保护而处于非甲基化状态，而其高甲基化状态普遍存在于人类肿瘤细胞中。CpG 岛在原核生物细菌 DNA 上含量约为 1/16。可直接刺激 B 细胞、巨噬细胞等分泌细胞因子，作为疫苗的辅助抵抗感染性物质、肿瘤抗原、过敏原等。

低甲基化 [hypomethylation] DNA 甲基化异常的两种形式之一，指 DNA 发生甲基化的位点未甲基化的现象。在肿瘤的发生、发展过程中 DNA 低甲基化比高甲基化更为常见。DNA 低甲基化是癌变过程中早期的分子异常之一，也是早期发现肿瘤的潜在生物学标志。

端粒表观遗传控制 [telomere epigenetic control] 染色质修饰对端粒的调节作用。一般认为端粒及亚端粒区域存在表观遗传标记的富集，而组蛋白甲基化酶和 DNA 甲基化酶亦与端粒长度的控制相关。

非编码 RNA [non-coding RNA] 不翻译为蛋白质的 RNA 分子。包括在蛋白翻译过程中发挥作用的转运 RNA、核糖体 RNA 以及与后转录基因沉默相关的微 RNA(microRNA)，与信使 RNA 剪接相关的小核 RNA(snRNA)，与 RNA 修饰相关的小核仁 RNA(snoRNA)等。

副突变 [paramutation] 一个等位基因导致杂合子中的同源基因的转录出现可遗传变化，即一个等位基因被另一个等位基因在转录水平上沉默，且这种能力可遗传。

RNA 干扰 [RNA interference] 一种分子生物学上由双链 RNA 诱发核糖核酸酶降解 mRNA 导致的基因沉默现象。共有两种小 RNA：microRNA(miRNA)和小干扰 RNA(siRNA)，具有 RNA 干扰的功能。当细胞中导入与内源性信使 RNA(mRNA)编码区同源的双链 RNA 时，该 mRNA 发生降解而导致基因表达沉默。与其他基因沉默现象不同的是，植物和线虫中，RNA 沉默具有传递性，可在细胞之间传播。1990 年由约根森(Jorgensen)研究小组在研究查耳酮合成酶对花青素合成速度的影响时所发现。这种 RNA 干扰作用是通过一类较稳定的中间介质实现的。在 RNA 干扰中一个非常重要的酶是 RNaseIII核酶家族的 Dicer，它可与双链 RNA 结合，将其剪成小 RNA 片段，随后小 RNA 片段与 RNA 诱导沉默复合体结合，活化后的复合体序列特异性的标靶 mRNA 并切断，引发靶标 mRNA 的特异性降解。在真核生物中，还存在另外一种小 RNA 也能引起 RNA 干扰现象。RNA 干扰机制普遍存在于动植物，尤其是低等生物中，被认为是进化上相对保守的基因表达调控机制，一种假说认为 RNA 干扰机制是作为在 RNA 水平上抵御病毒入侵的防御机制而存在的。目前研究发现，RNA 干扰机制中的相关因子如内源性双链 RNA 及蛋白因子可以在多种层次上对基因表达进行调控。RNA 干扰在基因沉默方面具有高效性和简单性，是基因功能研究的重要工具，在药物研发，疾病治疗方面已经取得了一些进展。

隔离子 [insulator] 染色体上保护基因不受其外部增强子和非活性染色质结构影响的一段 DNA 序列。出现在增强子和启动子之间的隔离子可保证基因在时空上的正确转录；可以保护基因免受邻近凝缩染色质沉默效应的影响。

骨骼肌发生 [skeletal myogenesis] 胚胎期骨骼肌肉

组织形成的过程。在此过程中，成肌细胞排列为多核纤维(称为肌管)并发生融合。

核区室 [nuclear compartment] 真核生物细胞核内类似细胞区室的亚结构，是执行细胞核多种功能的单元。主要分为染色体域和染色质间区室两类，染色体域由不同的染色体臂和染色体区带组成，染色质间区室包括核斑、核苷酸切除修复小体等核内小体。

核小体 [nucleosome] 真核细胞染色质(除精子染色质外)的基本单位。由核心组蛋白八聚体，包括 H2A 和 H2B 的二聚体两组以及 H3 和 H4 的二聚体两组，和缠绕在其上的 DNA 以及连接组蛋白 H1(负责连接两个核小体之间的 DNA)共同构成。核小体假说于 1974 年，由唐纳德·奥林斯、艾达·奥林斯与罗杰·科恩伯格等人首次提出。

后遗传学 [epigenetics] 即表观遗传学。

基因调控模型 [the gene regulation model] 表示生物体内控制基因表达机制的模型。在已知的基因表达数据和调控机制先验知识基础上建立基因调控网络的数学模型用以复现所建模系统的行为，并在某些情况下产生与实验数据相匹配的预测。

基因整合模式 [DNA integration mode] 将 DNA 片段插入另一个大的 DNA 分子中的模式。如染色体或特异性载体。

基因组甲基化分析 [genome methylation analysis] 在全基因组水平上研究基因的甲基化水平[与候选基因甲基化的分析以及基因组层次的 DNA 甲基化模式(methylation pattern)与甲基化谱(methylation Profiling)的分析相对应]的分析方法。其关注目的序列中所有 CpG 位点的甲基化状况，但不对甲基化位点进行定位。常用方法有 SssI 甲基转移酶分析法、氯乙醛反应法、免疫学抗体技术、高效液相层析及相关方法甲基化敏感扩增多态性(methylation sensitive amplification polymorphism, MSAP)等。

基因组印记 [genomic imprinting] 又称遗传印记。来自父源和母源的同源等位基因在子代中会表现出不同的活性的现象。基因的表达与否取决于它们是在父源染色体上还是母源染色体上，以及父源或母源染色体上的基因是否没有被沉默，通过生化途径，在一个基因或基因组域上标记其双亲来源信息的生物学过程。在配子或合子发生期间，来自亲本的等位基因或染色体在发育过程中会产生专一性的加工修饰，从而导致后代体细胞中两个亲本来源的等位基因有不同的表达活性。

寄主防御模式 [the host defence model] 寄主受到异物入侵时所引发的免疫应答机制。可分为非特异性和特异性防御模式两类。

TET 家族蛋白 [ten-eleven translocation(TET family)] 属于 DNA 去修饰酶家族，依赖于 α-酮戊二酸和 Fe^{2+}的双加氧酶，在靠近 C 端的位置拥有一个催化结构域，其包含核定位序列，具有 DNA 结合能力，主要在细胞核内发挥作用，人类的 TET 家族蛋白包括 TET1、TET2 和 TET3。TET 家族蛋白对 DNA 的 5-甲基胞嘧啶(5mC)具有去甲基化修复作用，其可将 5-甲基胞嘧啶转化为 5-羟甲基胞嘧啶(5hmC)，进一步氧化生成 5-醛基胞嘧啶(5fC)及 5-羧基胞嘧啶(5caC)，5fC 和 5caC 可以被 TDG 糖基化酶切除，进而通过碱基切除修复(BER)机制插入正常的碱基。TET 家族蛋白具有重要的生物学功能，可帮助实现体内 5-甲基胞嘧啶和 5-羟甲基胞嘧啶的平衡，而 5-羟甲基胞嘧啶会在活性转录基因起始位点和 Polycomb 抑制基因启动子延伸区域富集，实现基因表达的调控；小鼠 Tet1 在胚胎干细胞发育中拥有双重作用，既促进全能因子的转录，又参与发育调节因子的抑制；人 TET 家族蛋白还与造血系统以及肿瘤相关。可从 DNA 可逆甲基化机制上对其相应的生物功能进行研究。

5-甲基胞嘧啶 [5-methycytosine] 一种表观遗传修饰。胞嘧啶碱基 5 号碳上发生甲基化，其结构改变，与互补碱基的配对性质不变，通常由专一的 DNA/RNA 甲基转移酶在核酸链上催化得到，存在于各种动植物种属的 DNA 和 RNA 上。DNA 上的 5-甲基胞嘧啶具有调控基因表达、X 染色体失活、基因组印记、转座子的长期沉默等重要的生物学功能。由于其重要性及稳定性，被称为基因组第五碱基，可用亚硫酸定序法(bisulfide sequencing)对其进行分析。5-甲基胞嘧啶在不同种类生物中分布和功能均有区别，如在细菌中分布于 DNA 上不同位置，作为一种标记保护 DNA 不受自身的限制酶破坏；植物体内出现在 CpG 与 CpNpG 序列里；真菌及动物体内主要存在于 CpG 双核苷酸中。

DNA 甲基化 [DNA methylation] 不改变 DNA 序列而在其胞嘧啶或者腺嘌呤碱基上附加甲基，改变遗传表观的一种 DNA 化学修饰，属于表观遗传修饰。DNA 甲基化主要指 5-甲基胞嘧啶的甲基化，甲基化过程存在于哺乳动物、植物、真菌、细菌等。甲基化位点可随 DNA 复制而遗传，DNA 复制后，甲基化酶将新合成的未甲基化位点进行甲基化。人类细胞内，约有 1%的 DNA 碱基存在甲基化，成熟体细胞组织中，一般发生于 CpG 岛双核苷酸部位，哺乳动物 60%～90% 的 CpG 岛存在甲基化。DNA 甲基化会引起染色质结构、DNA 构象、DNA 稳定性及 DNA 与蛋白质相互作用方式的改变，从而控制基因表达，对几乎所有种类癌症的发展都起到了关键作用。主要通过两种方式影响基因转录：妨碍基因转录蛋白与基因的结合；与甲基化的 CpG 岛结合区域结合，导致其与另外的蛋白结合形成异染色体。

甲基化 CpG 岛回收实验 [methylated-CpG island recovery assay(MIRA)] 检测甲基化 CpG 岛的技术。利用对甲基化的 CpG 岛具有高度亲和性的蛋白(如 MBD2b/MBD3L1 复合物)来富集甲基化的 CpG 岛片段。此技术与微阵列、高通量测序技术联用可以在全基因组水平上分析基因的甲基化水平。

甲基化 CpG 岛扩增 [methylated CpG-island ampli-

fication (MCA)] 扩增分析基因组中甲基化 CpG 岛序列片段的方法，属于任意引物 PCR 的方法。使用两种对甲基化具有不同敏感度的限制性内切酶(如 *Sma*I 和 *Xma*I) 先后进行消化，然后对甲基化敏感的限制性酶切片断进行接头(adaptor)连接，进行 PCR，富含 CpG 的序列就会被选择性的扩增。

甲基化间区位点扩增 [amplification of intermethylated sites(AIMS)] 基于任意引物 PCR 的一种扩增方法。甲基化间区位点扩增方法中，用来进行扩增的模板序列首先通过甲基化敏感的限制性内切酶进行消化而富集，其特异性由该酶酶切片段一端的特定序列结合连接子来保证。随后由内切酶进行第二次消化，再次连接，提纯进行 PCR 扩增，最后电泳提取目的系列进行测序。任意引物 PCR 的优点是使用寡核苷酸连接子(linker)进行连接，不需要依赖任何序列的先验信息。

甲基化 CpG 结合蛋白 [methyl-CpG binding proteins] 一类能与甲基化 CpG 岛特异性结合并相互作用的蛋白质。其具有共同的由 60～80 个氨基酸组成的甲基化 CpG 结合域(methyl-CpG-binding domain, MBD)，能在甲基化的启动子区募集组蛋白去乙酰化酶、组蛋白乙酰化酶、组蛋白甲基化酶和 DNA 甲基转移酶，导致该区域染色质结构改变并介导基因沉默，在 X 染色体失活、印记基因沉默和肿瘤细胞抑癌基因沉默中发挥关键性的枢纽作用。

甲基化 DNA 免疫沉淀法 [methylated DNA immunoprecipitation(MeDIP)] 一种高效富集甲基化 DNA 的方法。用 5-甲基胞嘧啶特异性结合的抗体加入到变性的基因组 DNA 片段中，从而使甲基化的基因组片断免疫沉淀形成富集。通过与已有 DNA 微芯片技术相结合，从而进行大规模 DNA 甲基化分析。

甲基化敏感代表性差异分析 [methylation-sensitive representational difference analysis(MS-RDA)] 对比不同基因组间 DNA 甲基化差异片段的方法。用甲基化敏感性限制性内切酶消化基因组 DNA，降低基因组的复杂性，经多轮消减杂交结合 PCR 后得到大量富集的差异性靶基因片段进行对比。

甲基化敏感限制性指纹技术 [methylation-sensitive restriction fingerprinting(MSRF)] 结合限制性酶切和 PCR 技术，可以从基因组水平筛选差异的甲基化片段的技术。技术步骤为：将基因组 DNA 用甲基化非敏感限制性内切酶 *Mse*I 进行单酶切，同时将基因组 DNA 用 *Mse*I 和 *Bst*U1 进行双酶切，将两组酶切产物分别以 9 条随机引物两两配对(共 36 种组合)进行 PCR 扩增，然后观察差异的扩增片段。*Mse*I 可识别并切割 TTAA 序列，可将基因组 DNA 切割成小片段，但能保持 CpG 岛的完整性。*Bst*U1 识别并切割 CGCG 序列，但对甲基化敏感，甲基化的 CGCG 可避免被切割。因此，CpG 甲基化的片段可由随机引物进行 PCR 扩增，相反，CpG 非甲基化的片段因被 *Bst*U1 切割而无 PCR 扩增产物，利用此方法可显示出相应细胞及组织类型间差异的甲基化片段。

甲基化特异性聚合酶链反应 [methylation-specific polymerase chain reaction(MS-PCR)] 分析 DNA 序列甲基化状态的方法。首先用重亚硫酸钠修饰处理基因组 DNA，所有未发生甲基化的胞嘧啶都被转化为尿嘧啶，而甲基化的胞嘧啶则不变。然后设计两对引物，分别与重亚硫酸钠处理后的序列互补配对，针对甲基化和非甲基化序列的引物并进行聚合酶链反应(PCR)扩增，最后通过琼脂糖凝胶电泳分析，确定与引物互补的 DNA 序列的甲基化状态。如果用针对处理后甲基化 DNA 链的引物能扩增出片段，则说明该被检测的位点存在甲基化；反之亦然。

甲基化特异性数字核型分析 [methylation-specific digital karyotyping (MSDK)] 结合甲基化敏感性酶(如 AscI)和基因片段碎裂酶(如 NlaIII)，并通过生物素(biotin) pulldown 的辅助手段，建立拥有短序列标签 tag 的数据库，短序列标签 tag 可以特异性地识别基因位置，数据库中的 tag 数量可以直接反映所用酶位点的甲基化状态的分析方法。此方法可以真实无误的对全基因组 DNA 甲基化进行分析。

甲基化维护 [methylation maintenance] 保持 DNA 在复制周期后的甲基化水平的过程。在 DNA 复制过程中，来自亲代染色体的含对称甲基 CpG 二核苷酸的两条 DNA 链将分成子代的染色单体。因而子代的染色单体中含半甲基化的 DNA。在正常情况下，DNA 甲基转移酶可以使子代 DNA 恢复对称的甲基化。

RNA 甲基化修饰 [RNA methylation] RNA 常见的一种转录后修饰，甲基化存在于 RNA 上不同的原子、核苷酸、序列以及三级结构中，不同种类的 RNA 均可发生甲基化作用，包括转运 RNA(tRNA)、核糖体 RNA(rRNA)、信使 RNA(mRNA)以及病毒的 RNA 等。虽然 RNA 甲基化修饰存在于几乎所有生物物种中，但是古细菌、真核生物和原核生物中甲基化的 RNA 核苷酸种类分布是不一致的。RNA 甲基化转移酶总体上被分为四种，包括大约 60 个成员，已知最大的 RNA 甲基转移酶是 RFM 家族蛋白，具有独特的结构区域结合腺嘌呤以及共因子。几乎所有的 RNA 甲基转移酶将 *S*-腺苷甲硫氨酸(SAM)作为甲基转移体。RNA 的甲基化在转录水平上影响基因的表达，细菌中 rRNA 的甲基化与特定的抗体抗性密切相关，mRNA 上位于帽端的 7-甲基鸟嘌呤(m^7G)对 mRNA 的稳定性和翻译等具有调控功能，对基因的表达以及细胞的生存至关重要，而信使 RNA 上含量较高的 N^6-甲基腺嘌呤(m^6A)在体内的甲基化是可逆的，可以调节 mRNA 剪接、出核、稳定性和翻译。

甲基化荧光法 [methylight] 利用荧光检测 DNA 甲基化水平的方法。结合重亚硫酸盐处理待测 DNA 片段，设计一个能与待测位点区互补的探针，探针的 5 端连接报告荧光，

3′端连接猝灭荧光，随后进行实时定量 PCR。如果探针能够与 DNA 杂交，则在 PCR 用引物延伸时，*Taq*DNA 聚合酶 5′到 3′端的外切酶活性会将探针序列上 5′端的报告荧光切下，猝灭荧光不再能对报告荧光进行抑制，这样报告荧光发光，测定每个循环报告荧光的强度即可得到该位点的甲基化情况及水平。甲基化荧光法高效，迅速，具备可重复、所需样本量少、不需要电泳分离的特点。

甲基化组蛋白结合蛋白 **[methyl-histone binding proteins]** 特异性识别组蛋白甲基化位点并与之结合的蛋白。其分为甲基化赖氨酸结合蛋白和甲基化精氨酸结合蛋白两类。甲基化赖氨酸结合蛋白与基因沉默、异染色质的形成等相关，甲基化精氨酸结合蛋白的作用尚不明确。

N^6-甲基腺嘌呤 **[N^6-methyladenosine(m^6A)]** 腺嘌呤 6 位上的氮原子发生甲基化的一种表观遗传修饰。N^6-甲基腺嘌呤在一些病毒和大多数的真核生物信使 RNA(mRNA)上含量最为丰富的甲基化修饰，也存在于一些物种的转运 RNA、核糖体 RNA、核小 RNA 及长的非编码 RNA 中。该化学修饰由甲基转移酶复合物(已鉴定的组分有 METTL3、METTL14 和 WTAP)从 SAM 上转移甲基而产生，甲基转移酶倾向于选择含有RRACH保守序列的RNA寡核苷酸链作为底物(其中 R 为 G 或 A，H 为除 G 以外的其他碱基，A 为 m^6A)。全基因组测序结果表明，在哺乳动物中该碱基分布倾向于富集在基因的 3′非编码区及终止密码子附近。比较人类和老鼠信使 RNA 上 m^6A 的分布发现其具有很高的相似性，说明该碱基的分布存在高保守性。m^6A 在生物体内的功能主要由 m^6A 结合蛋白识别，并介导其行使功能，发现其可以调控 mRNA 稳定性、选择性剪接、蛋白翻译和出核等，还可以调控干细胞命运和昼夜节律。目前已发现的 2 个 m^6A 去甲基酶为 FTO 和 ALKBH5。

DNA 甲基转移酶 **[DNA methyltransferase]** 将一个甲基基团从给体转移到 DNA 碱基的一种转移酶。目前已知的给体仅有 S-腺苷甲硫氨酸(SAM)，通过表观修饰，在不改变 DNA 序列的基础上实现对基因的调控。真核生物 DNA 甲基转移酶有两种：DNMT1，作用于仅有一条链甲基化的 DNA 双链，使其完全甲基化，可参与 DNA 复制双链中新合成链的甲基化，是含量最高的 DNA 甲基转移酶；DNMT3a、DNMT3b 可甲基化 CpG 岛，使其半甲基化，继而全甲基化，可能参与细胞生长分化调控，其中 DNMT3b 在肿瘤基因甲基化中起重要作用。不同碱基有其特定的甲基转移酶，如 DNA 上 4-甲基胞嘧啶的甲基转移酶主要存在于原核生物中，N^6-甲基腺嘌呤的甲基转移酶除主要存在于原核生物，也发现存在于真核生物绿藻、线虫和果蝇中，5-甲基胞嘧啶的甲基转移酶存在于一些低等真核生物，以及大多数植物和动物中。DNA 甲基转移酶与 DNA 的甲基化相关联，具有重要的生物学功能。

DNA 甲基转移酶抑制剂 **[DNA methyltransferase inhibitor]** 抑制 DNA 甲基化发生一种表观基因药物。可通过抑制 DNA 异常甲基化的发生，激活沉默的抑癌基因来治疗癌症。目前抑制剂化学结构主要有核苷和非核苷两大类。通过不同的作用机制对甲基转移酶活性进行抑制，例如胞嘧啶核苷衍生物和阿扎胞苷的核糖抑制物作为核苷类似物，在 DNA 复制过程中掺入，与 DNMT 半胱氨酸残基上的巯基结合使酶失活；RG108 通过与 DNMT 酶的活性位点非共价结合，阻碍其与 DNA 的结合，从而阻断 DNA 的甲基化过程，抑制肿瘤细胞的增长；普鲁卡因和普鲁卡因胺直接作用于 CpG 岛密集区，特异性的抑制 DNMT1 的活性，避免了 DNA 的超甲基化；MG-98 应用反义寡核苷酸，根本上抑制 DNMT 的基因表达，从而减少 DNMT 蛋白量。

Aqib 假说 **[Aqib hypothesis]** 即 X 染色体剂量补偿。

间接性 DNA 去甲基化 **[indirect DNA demethylation]** 即 5mC 首先由双加氧酶——TET 蛋白(Ten-Eleven-Translocation)氧化成 5-羟甲基胞嘧啶(5hmC)，再进一步氧化成 5-醛基胞嘧啶(5fC)和 5-羧基胞嘧啶(5caC)，5fC 与 5caC 可以被糖苷酶 TDG 识别并切除，进而启动碱基切除-修复途径，最终转化成正常的胞嘧啶的过程。这种间接性 DNA 去甲基化机制在哺乳动物中采用。但在植物细胞中则为直接 DNA 去甲基化途径，即由 DNA 糖苷酶 ROS1 等可以直接特异性地识别并切除 5-甲基胞嘧啶(5mC)，进而启动碱基切除修复途径(base excision repair, BER)。

焦磷酸测序 **[pyrosequencing]** 基于聚合原理的 DNA 测序(确定 DNA 中核苷酸的顺序)方法。该方法是由波尔·尼伦和穆斯塔法·罗纳吉于 1996 年在斯德哥尔摩的皇家工学院发展出来的。由 4 种酶催化同一反应体系中的酶级联化学发光反应，在每一轮测序反应中，只加入一种 dNTP，若该 dNTP 与模板配对，聚合酶就能将其加入到引物链中并释放出等摩尔数的焦磷酸(PPi)。焦磷酸(PPi)可最终转化为可见光信号，并由 PyrogramTM 转化为一个峰值，其高度与核苷酸数目成正比。与桑格法不同，焦磷酸测序依赖于核苷酸掺入中焦磷酸盐的释放，而非双脱氧核苷三磷酸参与的链终止反应。当用于甲基化检测时，经重亚硫酸盐处理的序列可以看作是 C-T 型的 SNP 改变。焦磷酸测序操作简单，结构准确可靠，可以进行大规模分析。

结合重亚硫酸盐限制性内切酶法 **[combined bisulfite restriction analysis (COBRA)]** 检测DNA甲基化状态的方法。对标本 DNA 进行重亚硫酸盐处理及 PCR 扩增，处理后原甲基化的胞嘧啶被保留，而非甲基化的胞嘧啶变为胸腺嘧啶。用限制性内切酶对转化后 PCR 产物切割的特性以识别原标本 DNA 的甲基化状况。该方法相对简单，不需预先知道 CpG 位点及样本序列。

莱昂作用 **[Lyonization]** 即 X 染色体失活。

启动子 **[promoter]** 一段能使基因进行转录的 DNA

序列。启动子可以被RNA聚合酶特异性识别和结合。在RNA合成过程中，可以与转录因子产生相互作用，控制基因表达（转录）的起始时间和表达的程度，包含核心启动子区域和调控区域，决定基因的活动，继而控制细胞开始生产哪一种蛋白质。

DNA去甲基化 [DNA demethylation] DNA上甲基化的核苷酸去掉甲基基团，被修复为正常碱基的过程。发生在全基因组或特定位点，与基因的调控及多种疾病密切相关。存在主动和被动两种途径：被动途径中，由于核因子NF黏附甲基化的DNA，使附近的DNA不能被完全甲基化，从而阻断DNMT1的作用；主动途径是在去甲基酶的作用下，将甲基化的DNA甲基基团移去的过程。目前验证的主动去甲基化机制，是由TET家族蛋白将5-甲基胞嘧啶(5mC)氧化产生5-羟甲基胞嘧啶(5hmC)，并进一步氧化成5-醛基胞嘧啶(5fC)及5-羧基胞嘧啶(5caC)，之后5fC和5caC可以被TDG糖基化酶切除，进而通过碱基切除修复(BER)机制插入正常的碱基。

染色体 [chromosome] 细胞核中遗传信息基因的载体。染色体在显微镜下呈圆柱状或杆状，由DNA和蛋白质组成，在细胞发生有丝分裂时易被碱性燃料着色，因此得名。在无性繁殖物种中，生物体内所有细胞的染色体数目都一样；而在有性繁殖大部分物种中，生物体体细胞的染色体成对分布，称为二倍体。染色体中DNA分子呈线型或者环状，组成碱基对由1万到37.5亿个不等。细胞中可含有不同种类的染色体，如大部分真核细胞中的线粒体含有其自己的染色体。染色体是细胞分裂的基本单位，通过复制分裂产生子细胞以保证遗传多样性。

X染色体剂量补偿 [X chromosome dosage compensation] 又称Aqib假说。一种假定的基因调控机制，在XY性别决定机制的生物中，使性连锁基因在两种性别中有相等或近似相等的有效剂量的遗传效应。不同种类的生物具有不同的剂量补偿机制。哺乳动物中，细胞质中某些物质使一条X染色体异染色质化，只有一条X染色体具有活性，使得雌雄动物虽然X染色体的数量不一样，但X染色体上基因产物的计量平衡，失活现象发生在胚胎发育的早期，大部分有胎盘的哺乳动物X染色体的选择是随机的，但有袋类如雌性袋鼠选择性的失活来源于雄性亲本的X染色体。目前研究认为失活从一个失活中心开始，可能在X染色体长臂近着丝粒部位。果蝇的剂量补偿效应的机制和哺乳动物不同，雌性果蝇通过两个X染色体的基因活性都减弱到两者之和相当于雄性果蝇一个X染色体的活性来获得剂量补偿效应。

染色体免疫共沉淀 [chromatin immunoprecipitation] 一种研究蛋白质与DNA相互作用的免疫共沉淀实验方法。基本原理是在活细胞状态下固定蛋白质——DNA复合物，并将其随机切断为一定长度范围内的染色质小片段，然后通过免疫学方法沉淀此复合体，特异性地富集目的蛋白结合的DNA片段，通过对目的片断的纯化与检测，从而获得蛋白质与DNA相互作用的信息。用于确定特定的蛋白质与基因结合位点以及组蛋白的各种共价修饰与基因表达的关系。

X染色体失活 [X chromosome inactivation] 又称莱昂作用。雌性哺乳类细胞中两条X染色体的其中之一失去活性的现象。失活过程中X染色体会被包装成异染色质，进而因功能受抑制而沉默化。使雌性不会因为拥有两个X染色体而产生两倍的基因产物，可以像雄性一样，只表现一个X染色体上的基因，实现X染色体剂量补偿。对胎盘类哺乳动物，如老鼠与人类，失活的X染色体是随机选择的；对有袋类哺乳动物，会选择性的失活源自父系的X染色体。加特勒(S. M. Gartler)用X染色体失活表明癌症的起源。检查女性和性别相关的同工酶G6PD基因表明，肿瘤细胞只表达G6PD同工酶的一种形式，而正常细胞则表达两种不同表型数量几乎相等的混合物。研究结果表明，癌症是由单个细胞而不是群体发展而来的。

染色质 [chromatin] 细胞间期细胞核内能被碱性染料染色的物质。染色质是DNA、组蛋白、非组蛋白以及少量RNA的复合物，包括常染色质以及异染色质。基本功能包括：①组装DNA使其尺寸与细胞相合；②强化DNA使其允许有丝分裂；③防止DNA损伤；④控制基因表达以及DNA复制。其形态取决于细胞周期阶段，在细胞分裂可聚缩为染色体从而在显微镜下染色可见。

染色质重塑 [chromatin remodeling] 酶催化的染色质结构动态修饰。通过ATP诱导的核小体位置和结构的变化，或通过特定生物酶催化的组蛋白共价修饰，从而改变染色质对核酶的敏感性，以控制基因的表达。其可能的机制假设包括：①一个转录因子独立地与核小体DNA结合，再结合重塑因子，导致附近核小体结构发生稳定性的变化，又导致其他转录因子的结合，为串联反应的过程；②由重塑因子首先独立地与核小体结合，不改变其结构，但使其松动并发生滑动，这将导致转录因子的结合，从而使新形成的无核小体的区域趋于稳定。

外遗传学 [epigenetics] 即表观遗传学。

微RNA [microRNA (miRNA)] 一类由内源基因编码的长度约为20～24个核苷酸的非编码RNA分子。在真核生物中是保守的，进化上重要的基因调节分子。微RNA由DNA转录而成，通过与mRNA分子的互补序列进行配对从而使基因沉默，以调控转录或转录后的基因表达。每个微RNA可以作用于靶基因，而几个微RNA也可以调节同一个基因。微RNA存在多种形式，最原始的是pri-miRNA，长度约300～

1000 个碱基；pri-miRNA 经过一次加工后，成为 pre-miRNA 即微 RNA 前体，长度约 70～90 个碱基；pre-miRNA 再经过 Dicer 酶酶切后，生成长约 20～24 nt 的成熟微 RNA。

位置效应 [position effect] 由于染色体中基因位置改变导致的基因表达改变的效应。这种染色体畸变多为易位，导致一个基因与其邻近基因或与其邻近染色质的位置关系的改变，从而使该基因的表型效应也发生变化。包括稳定型与斑驳型。

位置效应斑驳 [position effect variegation] 一个基因在某些细胞中失活而在其他细胞中有活性的现象，是异染色质非活性区域延伸的结果。

细胞分化 [cell differentiation] 由一个或一种细胞增殖产生的后代，在形态结构和生理功能上发生稳定性的差异的过程。不涉及基因本身，而是由于基因表达中高度受控的修饰作用，导致细胞大小、形状、膜电位、代谢活动和对信号响应的显著改变。是一种持久性的变化，发生在生命发育的每个阶段。

细胞记忆 [cell memory] 认为记忆可以储存在细胞中一种假说。

限制性标志基因组扫描 [restriction landmark genome scanning] 允许标志基因或限制性位点快速可视化的实现，结合对 DNA 修饰特异性识别的限制性内切酶的使用可以实现区分基因组甲基化水平差异的一种基因组分析方法。基本方法为将 DNA 进行限制性内切酶酶切，进行同位素标记并二维电泳，产生高分辨率的结果。

信使 RNA N^6-甲基腺嘌呤结合蛋白 [mRNA N^6-methyladenosine binding protein] 可直接结合 N^6-甲基腺嘌呤的甲基，介导 N^6-methyladenosine 调控 RNA 加工。目前已经发现的 N^6-甲基腺嘌呤结合蛋白有 YTH 家族蛋白和 HNRNPA2B1。在人体中，YTH 家族蛋白有 5 个：YTHDF1～3 和 YTHDC1～2。YTH 结构域对含有 m^6A 保守序列 RNA 的结合力在 1 μmol/L 左右。其中 YTHDF2 可以通过识别 m^6A 使所在的 mRNA 和 ncRNA 降解，YTHDF1 可以促进其结合的 m^6A-mRNA 的蛋白翻译效率，核内 YTHDC1 可以介导 m^6A 调控 mRNA 的剪接，核内蛋白 HNRNPA2B1 可以干扰 pri-miRNA 的剪接。

信使 RNA N^6-甲基腺嘌呤去甲基酶 [mRNA N^6-methyladenosine demethylase] 可催化脱去 N^6-甲基腺嘌呤(m^6A)上的甲基的一种去甲基酶。目前发现的 m^6A 去甲基酶有 FTO (fat mass and obesity associated protein) 和 AlkBH5，二者均为 AlkB 族蛋白，利用 Fe^{2+}和 α-酮戊二酸的氧化去甲基化的加双氧酶家族。

信使 RNA N^6-腺嘌呤甲基转移酶 [mRNA N^6-adenosine methlytransferase] 将 *S*-腺苷甲硫氨酸(SAM)上的甲基转移到信使 RNA (mRNA) 上的腺嘌呤的 6 位上的一种甲基转移酶。mRNA 上腺嘌呤被甲基化的识别位点需要有特异的碱基序列 RRACH，其中 R 为 G 或 A，H 为除 G 以外的其他碱基，A 为 N^6-甲基腺嘌呤。mRNA 的 N^6-腺嘌呤甲基转移酶为复合物，目前鉴定出的组分有 METTL3，METTL14 和 WTAP。

药学表观遗传学 [pharmacoepigenomics] 研究药物通过作用于细胞过程和通路，诱导生理性变化，并最终导致变化的表观遗传动态平衡的学科。研究药物表观遗传效应的机理，最有效的途径就是结合计算、实验技术和系统病理学手段，并最终更好地理解药物的分子效应。此方法可以在药物研发早期帮助发现潜在的药物副作用。

遗传印记 [parent imprinting] 即基因组印记。

异染色质维护 [heterochromatin maintenance] 在哺乳动物细胞有丝分裂和减数分裂过程中，DNA 甲基化转移酶(DNMT)通过对新复制的 DNA 半甲基化位点进行识别和甲基化修饰，维持异染色质 DNA 甲基化，甚至遗传给下一代的现象。其在许多生物过程中具有很重要的作用，如基因和转座子的沉寂、遗传印记以及 X 染色体失活。

RNA 引导的 DNA 甲基化 [RNA-directed DNA methylation] RNA 介导的表观遗传学过程。在植物中一些小的双链 RNA 会引导互补 DNA 链上的位点发生甲基化。模式植物中，小 RNA 可能产自三个来源：病毒相应的中间介质；依赖于内源 RNA 的 RNA 聚合酶产物；转录的反向重复序列。双链小 RNA 会通过 Ago4 和 SUVH 组蛋白甲基转移酶家族使得组蛋白 3 第九个位点上的赖氨酸(H3K9)甲基化，随后同胞嘧啶甲基转移酶 CMT3 结合，在非 CG 区对胞嘧啶进行甲基化作用。H3K9 的双甲基化和胞嘧啶甲基化是基因沉默的显著标志。多种环境下产生的双链小 RNA 会在特定位点上导致转录组的基因沉默。

印记基因 [imprinted gene] 具有基因组印记功能的基因。即在配子或合子发生期间，来自亲本的等位基因或染色体在发育过程中会产生专一性的加工修饰，从而导致后代体细胞中两个亲本来源的等位基因有不同的表达活性。

印记紊乱诊断 [imprinting disorder diagnosis] 利用分子生物学实验技术将样品与正常基因组 DNA 甲基化模式进行分析相比的诊断。印记紊乱诊断困难的是存在大量的非正常的基因和表观遗传图谱。目前，可诊断的印记紊乱有普瑞德威利症候群、天使人症候群、贝克威思-威德曼症候群以及卵巢肿瘤和乳腺癌症。

直接 DNA 去甲基化 [bona fide DNA demethylation]

又称主动DNA去甲基化。不依赖于DNA复制，而是在去甲基酶的作用下，将DNA上的甲基直接移去的过程。在大肠杆菌细胞中AlkB蛋白酶可以直接将3-甲基胞嘧啶(3-meC)和1-甲基腺嘌呤(1-meA)上的甲基去除。DNA中的5-甲基胞嘧啶的去甲基化是在TET蛋白和TDG糖苷酶共同作用下主动去甲基化。

致癌基因 [oncogene] 导致细胞从正常生长状态转变为肿瘤的过程的基因。其前体为原癌基因。原癌基因有正常的生物学功能，主要刺激细胞正常的生长，以满足细胞更新的要求。当原癌基因突变或过表达变成致癌基因后，会在没有接收到生长信号的情况下不断地促使细胞生长或使细胞免于死亡，最后导致细胞癌变。一般情况下，一个致癌基因不能够使细胞癌化，必须有其他基因突变以及环境因子(如病毒干扰)的影响。

主动DNA去甲基化 [bona fide DNA demethylation] 即直接DNA去甲基化。

转录 [transcription] 遗传信息由DNA转换到RNA的过程。作为蛋白质生物合成的第一步，转录是mRNA以及非编码RNA的合成步骤。转录过程中，以双链DNA中的一条链为模板，以ATP、CTP、GTP、UTP四种核苷三磷酸为原料，在RNA聚合酶催化下合成RNA。DNA模板被转录方向是从3′端向5′端；RNA链的合成方向是从5′端向3′端。RNA的转录一般分三步：启动、延伸和终止。

转录后基因沉默 [post-transcriptional gene silencing] 基因转录后由于信使RNA被破坏或阻碍而不能翻译为活性基因产物导致的基因沉默。RNA干扰(RNA interference)是其主要形式，即以同源小RNA为中心的复合物与相应信使RNA结合并对其进行剪切，从而导致相应基因的沉默。

转录化基因沉默 [transcriptional gene silencing] 由于组蛋白修饰、DNA甲基化、异染色质化(heterochromatin)以及位置效应等引起的转录水平上的基因沉默，即外源基因存在于生物体内并未损伤和丢失，但不表达或表达量很低。首先在转基因植物中发现，与环境因子、发育因子、DNA修饰、组蛋白乙酰化程度、基因拷贝数、位置效应、生物的保护性限制修饰以及基因的过度转录等有关。称为同源依赖性的基因沉默。是基因表达调控的一种方式，作为生物体在基因调控水平上的一种自我保护机制，在外源DNA侵入、病毒侵染和DNA转座、重排中有重要意义。

转录化基因激活 [transcriptional gene activation] 转录水平上激活基因，使其可在体内正常表达的一种基因表达调控方式。其实现需要特异的DNA调节序列，即调节基因转录的DNA片段；调节蛋白是调节基因转录的蛋白因子；RNA聚合酶是催化基因转录最重要的酶。DNA调节元件和调节蛋白可以通过影响RNA聚合酶的活性来调节基因转录激活。

转座元件 [transposon] 即转座子。

转座子 [transposon] 又称转座元件。后生动物中可移动的遗传因子，是一类DNA序列。在基因组中通过转录或逆转录，通过内切酶作用，在其他基因座上出现，与假基因有相似之处。是细胞遗传学家麦克林托克(B. McClintock)于1951年在玉米中发现的，其存在证明基因组不是一个静态的集合，而是一个不断改变自身结构的有机体。分为Ⅰ型和Ⅱ型转座子。Ⅰ型转座子被称为逆元件，转录时先被转录为RNA，再逆转录成DNA插入到目标位点。Ⅱ型转座子被称为不复制转座子，其序列两端是两段直接重复序列，与其相连的是反向重复序列，之后是中间的插入序列，其在转录时中间体是其本身。可用于分析生物遗传进化上分子作用引起的一些现象，还可以作为转座子标签分离克隆植物基因。

组蛋白变体 [histone variants] 相对于染色体中常规的组蛋白(H2A、H2B、H3、H4和H1)而言，为特殊状态的染色体所需的组蛋白类型。除组蛋白H4外，其他组蛋白均有不同的变体存在。处于不同状态的染色质需要相应的组蛋白变体维持结构，已完成其生物学功能。与转录激活、DNA损伤修复、异染色质和染色体失活以及核小体包装等相关。某些组蛋白变体具有与常规组蛋白不同的修饰。

组蛋白泛素化 [histone ubiquitination] 一种可逆的特异性组蛋白修饰。RAD6，Ubp-M等泛素结合酶对组蛋白H2B、H2A进行泛素化，而组蛋白H3的泛素化由泛素化的H2B介导。与基因转录的激活和沉默、细胞分裂、X染色体失活等相关。组蛋白H3的甲基化被证明受组蛋白H2B泛素化影响。

组蛋白核糖基化 [histone ribosylation] 烟酰胺腺嘌呤二核苷酸中的ADP核糖基部分与组蛋白谷氨酸、赖氨酸残基发生共价连接的反应，是一种存在于各种组蛋白中的可逆修饰。与转录调节、细胞周期调节、DNA修复等相关。

组蛋白甲基化 [histone methylation] 染色体中组蛋白N末端赖氨酸或精氨酸的残基被甲基化的过程。赖氨酸残基可以分别被一、二、三甲基化，精氨酸残基可以被单甲基化、对称及非对称二甲基化。组蛋白甲基转移酶由2类构成：赖氨酸特异性甲基转移酶，包括含有SET结构和不含SET结构2种，和精氨酸特异性甲基转移酶。组蛋白的甲基化修饰能使染色质激活或去激活。组蛋白的甲基化可以使染色质的压缩程度发生变化，从而使抑制转录因子或其他蛋白可以结合到DNA上。多数情况下，组蛋白的甲基化使基因沉默。

组蛋白去甲基化 [histone demethylation] 去除染色体中组蛋白 N 末端赖氨酸或精氨酸的残基甲基化修饰的过程。组蛋白的去甲基化酶主要由 LSD1 和 Jmjc 家族蛋白组成。组蛋白的去甲基化也可以使染色质的压缩程度发生变化，从而使抑制转录因子或其他蛋白可以结合到 DNA 上。多数情况下，组蛋白的去甲基化使基因表达。

组蛋白去乙酰化 [histone deacetylation] 去除组蛋白 N 端赖氨酸残基的乙酰化修饰的过程。为基因表达调控的一部分，并且也是被高度调控的。组蛋白去乙酰化反应由组蛋白去乙酰基转移酶(deacetylase, HDAC)催化完成，乙酰基团会被转移给辅酶 A(coenzyme A)。

组蛋白 SUMO 修饰 [histone sumoylation] N 端赖氨酸残基与 SUMO 类泛素化修饰剂共价结合，对基因转录起到调控作用的一种组蛋白修饰方式。组蛋白 H4 可被 SUMO-1 与 SUMO-3 有效 SUMO 化，而组蛋白 H2A，H2B 和 H3 的 SUMO 化程度较低。其机制是在 ATP 提供能量下，SUMO 活化酶 E1 使 SUMO 得 C 端 Gly 被腺苷化，SUMO 与 E1 亚基形成硫酯键释放出 AMP 后结合于 E2 结合酶 Ubc9 上，SUMO E3 连接酶催化 SUMO 从 E2 到底物的转移使组蛋白发生 SUMO 修饰。组蛋白 SUMO 修饰与其他组蛋白修饰一起组成了组蛋白密码来调控染色质调节因子的募集，其影响转录的机制可能是通过引起组蛋白去乙酰化酶和异染色质相关蛋白的异常招募来实现抑制转录效应的。组蛋白 SUMO 修饰失衡会影响细胞周期、分化及凋亡并可导致肿瘤。

组蛋白乙酰化 [histone acetylation] 组蛋白 N 端赖氨酸残基的乙酰化过程。其为基因表达调控的一部分，并且也是被高度调控的。组蛋白的乙酰化使组蛋白上赖氨酸残基的正电荷消失，削弱了原本与 DNA 磷酸基团上负电荷间的相互作用，使染色质变得松弛，促进基因的转录。组蛋白乙酰化由组蛋白乙酰化转移酶(histone acetyltransferase, HAT)催化完成，乙酰基来源是乙酰辅酶 A(acetyl-coenzyme A)。

组蛋白与非组蛋白磷酸化 [phosphorylation of histones and non-histone proteins] 蛋白质的磷酸化是指由蛋白激酶(protein kinase，PK)催化，把 ATP 或 GTP 上 γ 位的磷酸基转移到底物蛋白质含羟基氨基酸(丝氨酸、苏氨酸和酪氨基)侧链羟基形成磷酸酯的过程。

组蛋白与非组蛋白去磷酸化 [dephosphorylation of histones and non-histone proteins] 蛋白质上丝氨酸、苏氨酸和酪氨基侧链羟基的磷酸化修饰被蛋白磷酸酯酶(protein phosphatase，PPase)催化磷酸酯键水解而去除磷酸化的过程。细胞内任何一种蛋白质的磷酸化状态是由蛋白激酶和蛋白磷酸酶的两种相反酶活性之间的平衡决定的。磷酸化与去磷酸化对许多反应起着生物“开/关”作用。非组蛋白的磷酸化与去磷酸化主要与细胞的信号传导有关，组蛋白的磷酸化与去磷酸化在有丝分裂、细胞死亡、DNA 损伤修复、DNA 复制和重组过程中发挥着直接的作用。

7.7 合成生物学

扳键式基因开关 [genetic toggle switch] 即遗传基因开关。

斑图形成 [pattern formation] 在时间上或者空间上具有某种规律性的、非均匀宏观结构的自组织形成过程。

报告基因 [report gene] 在一个基因回路或代谢通路中用于表征系统功能及其变化的基因，常见的有荧光蛋白等。

必需基因 [essential gene] 在特定生长条件下，维持细胞基本生命活动所必需的基因。生长条件不同，必需基因的组合也会变化。

边缘检测器 [edge detector] 能够在空间上检测信号发生阶跃式变化，即边界线的基因装置。

标准生物组件 [standard biological parts] 经过标准化的生物元件。

不可预测性 [unpredictability] 一个系统无法通过理论建立合理的数学模型，或者建立起的数学模型无法对系统在一定条件下的行为进行预测。

超敏感性 [ultrasensitivity] 比酶促反应(即米氏动力学)更为灵敏的信号响应过程，即在相同的输入信号的变化下能够产生比酶促反应(即米氏动力学)更大的输出信号的变化。

重构 [refactoring] 对特定生物功能的 DNA 序列进行重新设计但使其保持原来的功能的过程(如在新编写的 DNA 序列中去除掉或修改野生的调控元件，替换掉原来的基因密码子)。优点是：①重构后的功能序列能够用来验证人们对生物系统的理解；②重构的系统能够比较容易地被用来进行功能优化。

传统基因工程 [conventional genetic engineering] 以诱变、育种和转基因为手段，尚未引入定量模型指导的基因工程。

DNA 从头合成 [*de novo* DNA synthesis] 利用全化学的方法合成特定 DNA 序列的技术。该技术可以合成从几十个碱基对到细菌整个基因组长度的 DNA。

代谢工程 [metabolic engineering] 通过基因工程的

方式，优化或者改造生物体内的代谢途径，从而实现特定物质的发酵生产或者提高特定产物产量的技术。

蛋白质生成装置 [protein generator] 产生特定功能蛋白的基因装置的统称。

底盘机架 [chassis] 细胞复制、转录、翻译以及核心代谢途径等相关基因和其他调控元件，提供人工合成的基因线路工作所需要的细胞环境。

多稳态 [multiple steady state] 非线性系统存在多个稳定状态的性质。

多效性 [pleiotropy] 单个基因能够影响多个表现型的性质。

发夹结构 [hairpin structure] 核酸碱基形成的短茎环结构。

反馈 [feedback] 系统的输出信息回到输入端并以某种方式改变输入，进而系统功能的调控机制。分为正反馈与负反馈。反馈调节在生物网络中非常常见。

反向器 [inverter] 一种接收信号后停止下游基因转录的生物元件；反之未接收信号则开启下游基因的转录。

非线性系统 [non-linear system] 不满足叠加原理或其中包含非线性效应的系统。

非一致前馈 [incoherent feedforward] 两条通路对下游节点具有相反作用的前馈网络。

负反馈 [negative feedback] 输入信号对输入端有抑制作用，如下游基因反过来抑制上游基因的表达。

构建模块 [building block] 设计基因元器件所需要的基本单元。

光诱导二聚化 [light-inducible dimerization] 一种能够感应特定波长光信号而发生分子构象变化的蛋白结构域在光诱导下发生的同源或异源蛋白-蛋白的相互作用。与其特定功能结构域融合后可以实现光调控的分子开关。

合成基因组 [synthetic genome] 通过人工设计、合成、组装及移植而产生的、具有生物活性的基因组。最终目标是要制造一个具有化学合成基因组并且正常生存的细胞，即合成细胞。

合成生物学 [synthetic biology] 涉及生物学、工程学、物理学、化学及计算机科学的交叉学科。旨在设计和构建工程化的生物系统，使其能够处理信息、操作化合物、制造材料、生产能源、提供食物、保持和增强人类的健康和改善我们的环境。包括两条路线：①对新的生物零件、组件和系统的进行设计与建造；②对现有的、天然的生物系统的重新设计。

合成细胞 [synthetic cell] 利用人工的方式合成构成细胞所必需的物质，并组装在一起形成有功能的细胞。

合成细胞极化作用 [synthetic cell polarity] 通过合成的基因线路，对细胞信号分子在细胞空间上的极性分布进行编排从而控制特定功能的现象，如细胞定向运动。

核糖开关 [riboswitch] mRNA 的非编码区或者非编码 RNA 形成的一种特定的 RNA 结构。能够结合特定的小分子从而引发构象改变，进而调控转录翻译过程。

积分器 [integrator] 用于测量输入信号在时间上的积分的基因装置。

基本基因线路 [elementary gene circuit] 受单一转录因子的调节并对一种信号分子作出反应的比较简单的基因线路。

基因逻辑门 [genetic logic gate] 利用基因表达的高态与低态来表示二进制中的 1 和 0，通过设计基因回路，实现具有相应的逻辑门功能的生物元件。

基因调控开关 [gentic regulatory switch] 控制信号转导、基因表达、细胞命运等生物化学过程的开与关的基因装置。

基因调控网络 [genetic regulatory network] 特指基因调控(gene regulation)过程所产生的基因间作用的网络。

基因线路 [gene circuit] 又称遗传线路。由各种基因元件所组成的基因装置。分为两种：天然存在的和人工合成的。

基因循环设计 [gene circuit design] 由各种调节元件和被调节的基因组成的遗传装置。

基因振荡器 [repressilator; gene oscillator] 利用多个基因之间相互抑制的关系而形成具有振荡功能的生物学元件。在转录水平上，三个表达产物相互抑制的基因模块串联成环状结构，利用彼此抑制与解抑制实现振荡器功能。

基因转录调控 [gene transcriptional regulation] 基因转录在细胞核内进行，以 DNA 的一条链为模板，按照碱基互补配对原则，合成 RNA 的过程。该过程在时空上的发生受到一类称为转录因子(transcription factors)的蛋白质精密调控。

基因装置 [genetic device] 即遗传装置。

基因组工程 [genome engineering] 在体内及体外定向改造 DNA 的一种生物技术。利用遗传学和基因组操作技术将点突变、置换、插入、缺失等引入到野生型或各种衍生型 DNA 中，或者将 DNA 的某些片段引入其他来源的 DNA(如质粒），以构成一个运载体使之携带外源 DNA，并能转入细胞得以扩增，再克隆与表达。

级联线路 [cascade circuit] 具有串联结构的基因线路。上游的基因表达后进一步激活下游的基因。

即插即用 [plug and play] 模块化的生物元件可随插随用的性质，如同插头插到任意一个电源插座接口上都可以正常工作。

集成 [integration] 从较小的、较为简单的元器件或者子系统拼接组装成更大的、更复杂的系统的操作或流程。

计数器 [counter] 用于记录特定输入信号出现次数的基因装置。

兼容性 [compatibility] 生物元器件、计算方法、拼接组装方法及系统运行环境之间相互配合的程度。

DNA 结构微型芯片 [DNA origami] 利用沃森-克里克(Waston-Click)碱基对氢键相互作用，通过设计 DNA 序列使其在纳米尺度上形成特定二维或者三维形状的技术。

解耦 [decoupling] 拆分生物学元件的一种思想，目的是使生物元件拼接在一起的时候，一个元件的自身参数不会受到另一个元件的影响，进而保证元件的模块化。

茎环 [stem-loop] 一种分子内碱基配对方式所形成的结构。单个 DNA 或者 RNA 分子内通过碱基配对形成的简单结构，配对区域形成“茎”，非配对区域形成“环”。

RNA 聚合酶每秒 [polymerase per second(PoPS)] 每秒内 RNA 聚合酶分子转录特定基因的次数，表征基因被转录的水平。

开放读码框 [open reading frame(ORF)] 不包含终止密码子的一段可翻译读码框，可以根据开放读码框预测基因的存在及其功能。

可进化性 [evolvability] 人工合成的生物系统通过基因突变、遗传重组等自适应方式产生遗传多样性，从而通过自然环境选择的性质。

可塑性 [plasticity] 在外界环境变化时，生物系统改变自己的形态和基因表达谱，从而适应变化后的环境的性质。

可调节性 [tenability] 系统的一个或几个参数可以被人工调节从而产生可控的性状变化的性质。

理想适应作用 [perfect adaptation] 生物对环境变化产生响应后恢复到原初状态的过程。

磷酸化 [phosphorylation] 蛋白质分子上的丝氨酸，苏氨酸或者酪氨酸的羟基被磷酸化的过程。通常能够激活或抑制蛋白质的生物化学活性。

鲁棒性 [robustness] 在改变系统的内在参数时，系统保持其原有功能的能力，间接反映使系统产生特定功能的参数空间的大小。

逻辑斯谛模型 [logistic model] 基于二进制的逻辑推演模型。

脉冲振荡器 [pulse generator] 产生脉冲信号的基因装置。

米氏方程 [Michaelis-Menten equation] 描述酶促反应的反应速率(v)与底物浓度(S)关系的速度方程。$v=V_{max}S/(K_M+S)$，其中 V_{max} 为酶促反应的饱和速率，K_M 为米氏常数，反映酶与底物结合的紧密程度。

模块 [module] 由生物元器件组成的，具有明确的接口、功能和状态属性的标准系统单元。在系统中，模块可组合、分解和更换。

模块化 [modularization] 将复杂系统分解成为可操作的、具有独立功能设定的基因模块的一种处理复杂系统的方式。

模块性 [modularity] 每个模块只完成系统要求的独立的子功能，与其他模块的联系最少且接口简单的性质。

模块组装 [module assembling] 按某种方法把模块组装成一个系统，并使这系统完成某个预定功能的过程。

模拟 [simulation] 对真实生物系统或者生物过程的模仿。关键问题包括有效信息的获取、关键特性和表现的选定、近似简化和假设的应用，以及模拟的重现度和有效性。

内聚 [cohesion] 一个模块内部各成分之间相关联程度的度量。

逆向工程 [reverse engineering] 又称自上而下法。从需要解决的问题出发，将复杂的问题分解为几个相对简单的、可操作的简单问题模块进行处理的理念。

耦合 [coupling] 上游生物元件与下游生物元件的功能装配。

前馈 [feedforward] 在生物网络中，上游节点通过两条通路作用到同一个下游节点的网络结构。两条通路通常在作用的时间尺度上存在差异。

前向工程 [forward engineering] 即正向工程。

区域划分方法 [partitioning method] 划分出的不

同区的元素之间的联系与区内部的元素之间的联系相比尽可能少，即将一个网络分成相对独立的几个区域的一种划分方法。

群体感应 [quorum sensing] 细菌用于感应群体密度的调控系统。细菌组成性表达和释放特定的信号分子，同时用特异性的受体感知其浓度，通过信号分子的浓度大小变化协调群体内细胞个体的行为，如表达致病基因等。

人造的生物系统 [artificial biological system] ①广义上指经过大规模人工遗传改造后的或从头合成的生物体。②狭义上是指利用全化学合成DNA的方法，从头合成基因组而制造和衍生出来的生命体。

人造法则 [artificial rule] 人工设计的、正交于自然界已经存在的中心法则的遗传信息传递、表达和存储的新法则。

人造生物元件 [artificial biological component] 从天然生物元件改造的或者人工从头设计合成的，具有一定生物学功能的DNA片段。

生物积块 [biobrick] 具有一定生物学功能的DNA片段，在序列或者功能上具有某些标准化设计以方便将其拼接组装成更高层次的生物器件和模块。一般特指国际基因工程机器(iGEM)竞赛过程中开发的标转化生物元件。

生物燃料 [biofuel] 有机活体或者有机活体新陈代谢的产物，即生物质组成或萃取的固体、液体或气体燃料。

生物调控网络 [biological regulation networks] 调控基因表达的生物网络，涉及转录、转录后、翻译、翻译后各个层面的调控。

生物元件 [component; part] 能够完成特定生物学功能的生物大分子(如蛋白质)或其片段(DNA或RNA上的一段序列)。

生物振荡器 [biological oscillator] 具有振荡功能的生物学器件。

时序逻辑运算 [sequential logic operation] 由基本逻辑门与记忆元件构成的输入-输出系统。输出不仅与输入有关，也与系统内部记录的输入历史有关。

适应性 [adaptation] 伴随环境变化而产生应答，并逐渐恢复到初始状态或者近似初始状态的性质。

双稳态开关 [toggle switch] 存在两个稳定状态的非线性基因器件。通过外界的输入信号控制，可以由一个稳定状态跳转至另一个稳定状态。

双组分系统 [two-component system] 一类基本的信号转导系统，由细胞膜表面上能够被环境中特定信号激活的组氨酸激酶与细胞内能够接受组氨酸激酶磷酸化的应答蛋白组成。应答蛋白被磷酸化后调控基因表达。常见于细菌中。

顺式调控元件 [*cis*-regulatory elements] 与特定的DNA或者RNA元件在同一条核酸链上的调控元件。如核糖开关(riboswitch)，其调控往往具有较高的特异性。

天然生物元件 [natural biological component] 天然存在的具有特定功能的生物学元件。

调节剂量响应 [tuning dose response] 输入信号与输出信号之间的定量的响应关系。

调控子 [modulator] 对特定的基因元件起调控作用的生物元件。

网络基元 [network motif] ①对于较小的生物网络而言，指的是通过网络拓扑结构与节点的作用形式构建数学模型，从而得到网络的演化性质。②对于大的复杂生物网络而言，指的是通过对网络拓扑结构的分析，如聚类等统计分析，预测节点的拓扑性质。

网络拓扑结构 [network topology] 忽略生物网络中各个节点信息，只关注各个节点之间的相互作用关系的网络结构。

微分器 [differential device] 用于测量信号随时间变化量的基因元件。

无标度网络 [scale-free network] 标度分布符合或者近似符合幂律分布的复杂网络。典型特征是网络中的大部分节点仅与非常少的节点连接，仅有极少的节点与非常多的节点连接。生物网络、互联网的网络都具有该特征。

希尔方程 [Hill equation] 描述高分子(如DNA)上与小分子配体(如转录因子)结合的结合位点被小分子结合的比例(θ)与游离的小分子浓度(L)关系的方程。$\theta = Ln/K_d + Ln)$，其中，K_d 为表观的解离常数；n 为希尔系数，反映了配体结合的协同性，$n>1$ 为正协同效应，即当有配体结合到高分子上时，高分子对配体的亲和力增强；$n<1$ 为负协同效应，即当有配体结合到高分子上时，高分子对配体的亲和力减弱；$n=1$ 为非协同效应，即高分子对配体的结合力与是否有配体结合到高分子上没有关系。

细胞底盘机架 [cellular chassis] 能够容纳人工合成系统的细胞环境。

细胞工厂 [cell factory] 像化学工厂一样生产人类需求的化合物的工程细胞。

细胞计数器 [cell counter] 能够执行计数功能(如记录细胞分裂次数)的基因装置。

信号交互 [signal crosstalk] 生物元件之间的相互干扰。有两种信号来源：一种是由于元件组装而产生的非预期功能；另一种是由于生物大分子的自身属性而导致其间的生物化学相互作用不绝缘。

信号输出 [signal output] 用于观测系统发生变化的信号。

信号输入 [signal input] 能够被生物系统接收，引发系统响应的外界信号。

信号衔接蛋白 [signal adaptor protein] 能结合并转接难以直接相连的蛋白质分子。

信号转导 [signal transduction] 细胞外的信息通过一系列的生化反应，激活细胞内的信号，产生响应的过程。信号转导过程包括两个步骤：第一步是外界的信号激活细胞膜表面特定的受体；第二步是表面的受体被激活后通过级联反应等引起的一系列细胞反应。

信号转导通路 [signaling pathway] 由一组功能蛋白或者功能基因构成的信号输入、传递和输出的线路。

信号转导网络 [signaling network] 由多个信号转导通路相互交叉重叠形成的复杂的网状信号转导结构。

信号转导支架蛋白 [signal scaffold protein] 一种蛋白质分子表面具有多个蛋白的结合位点，通过将不同上下游信号蛋白分子招募到一起形成信号复合体，从而促使信号得以有效传递，起到了信号复合体的分子支架作用的一种蛋白质分子。

压缩振荡子 [repressilator] 利用奇数个节点之间的相互抑制和适当的延时效应而形成振荡的转置。在合成生物学中，特指在转录水平上，三个表达产物相互抑制的基因模块串联成环状结构，利用彼此抑制与解抑制实现的振荡器功能。

一致前馈 [coherent feedforward] 在前馈网络中，两条通路对下游节点的具有相同作用，即都是激活或者都是抑制。

遗传基因开关 [genetic toggle switch] 又称扳键式基因开关。具有两种稳定的内禀状态的基因元件，可以在两种状态之间像开关一样迅速切换。

遗传扰动 [genetic perturbation] 运用分子生物学的方法对生物系统进行局部的干扰并研究其带来的系统性质的变化，包括基因敲除，基因插入等扰动方法。

遗传线路 [genetic circuit] 即基因线路。

遗传装置 [genetic device] 又称基因装置。由若干生物元件组成的具有特定生物学功能的基因线路。

DNA 运算 [DNA computation] 利用 DNA 的生物化学与分子生物学(如碱基配对等)性质，代替传统的以硅为基础进行计算的技术。

正反馈 [positive feedback] 输出信号对输入端有促进作用的机制，如下游基因反过来促进上游基因的表达。

正交 [orthogonal] 功能相近或者相关的生物学元件之间没有交互干扰，同时使用时能够保持原有性质的过程。

正交化 [orthogonalization] 通过理性设计或定向进化方法改进生物学元器件性能，使不同元器件之间没有交互干扰的过程。

正向工程 [forward engineering] 又称自下而上法、前向工程。基于从下而上的设计理念，遵循从序列-生物元件-生物器件-细胞器-细胞的顺序进行设计的方法。

支架蛋白 [scaffold protein] 在信号通路中一类重要的蛋白质分子。通过结合同一条通路上的多个蛋白分子，提高局域浓度，提高分子间信号基团传递速率(或代谢反应速率)。

自上而下法 [top-down approach] 即逆向工程法。

自适应性 [adaptive] 系统在不同的环境中改变对刺激的敏感程度，使应答系统适应不同环境下的刺激范围，实现精确的调控的性质。如人突然进入漆黑的环境中一开始看不见任何东西，经过一段时间的适应后的能够看到物体。

自下而上法 [bottom-up approach] 即正向工程。

组合逻辑运算 [combinatorial logic operations] 由与、或、非等基本逻辑门构成的输入-输出系统。输出只与输入有关，而与系统内部记录的输入历史无关。

最小基因组研究 [minimal genome] 由维持生物正常生命活动所必需的全部基因(即必需基因)构成的基因组。

7.8 化学生物技术

靶标 [target] 被一种具有某种功能的分子所特异性结合的分子。其通常为生物大分子。

饱和结构光照明显微镜 [saturated structured illumination microscope(SSIM)] 又称非线性饱和结构光照明显微镜。通过一定强度的正弦结构光照射样品产生明暗相间条纹，利用荧光分子发射效率与照射强度非线性相关的特性来提高空间分辨率的一种超高分辨率显微镜。由古斯塔夫森(M. Gustafsson)博士提出。SSIM理论上可以达到无限的分辨率，实际成像中受激发光能量、荧光探针稳定性和样品损伤等因素限制。

贝氏网络 [Bayesian network] 贝叶斯网络的简称。

贝叶斯网络 [Bayesian network] 简称贝氏网络，又称信念网络、有向非循环图形模型。数据挖掘中常用的一类建模方法。采用概率图形模型，从有向非循环图形中导出一组随机变量$\{X_1, X_2, \cdots, X_n\}$及其$n$组条件概率分配的性质。

表观基因组测序 [epigenome sequencing] 一种对生物体的表观基因组进行测定的方法。表观基因组是一类与DNA一级序列无关的可遗传的化学修饰，包括碱基和组蛋白的化学修饰。现在的方法是通过一些化学和生物的手段，将表观基因组和DNA的一级序列进行关联，通过下一代测序方法测定DNA的一级序列，来推测表观基因组。某些单分子测序则可以直接测定表观基因组。

表面等离激元共振 [surface plasmon resonance (SPR)] 即表面等离子体共振。

表面等离子体共振 [surface plasmon resonance (SPR)] 又称表面等离激元共振，入射光在金属表面发生全反射时，隐失波与表面等离子波发生共振的物理现象。发生共振现象对应的光的入射角为表面等离子体共振(SPR)角，与金属表面结合物的分子量有定量关系。

表面力仪 [surface force apparatus(SFA)] 一种测量两个表面(如单分子膜)之间力与距离关系的仪器。表面力通过弹簧片的弯曲来测定，距离通过光的干涉来测量。

表型筛选 [phenotype screening] 一种以特定表型为目标的筛选方法。从生物分子在生物体中产生的表型中提取出特定部分，以实现对分子的筛选。可以在从细胞到动物水平上进行。最主要的应用是药物筛选，同样被用于研究在表型变化上有所反映的生物过程。

冰冻蚀刻电子显微镜 [freeze-fracture electron microscopy(FFEM)] 即冷冻蚀刻电子显微镜。

采样扫描次数 [number of scans(NS)] 信号重复采集的次数。在核磁共振数据采集时，常用多次扫描的信号叠加来提高信噪比。

残留偶极耦合 [residual dipolar coupling(RDC)] 分子部分有序排列时，会导致空间各向异性的偶极-偶极耦合不完全平均，从而产生较弱残留的现象。与传统的核欧沃豪斯效应(NOE)、二面角及J耦合等核磁共振约束条件不同，残留偶极耦合能够提供长程的结构信息，可用于确定复合物中蛋白质和配体的相对取向、优化和解析蛋白质结构等。能够提供纳秒以上时间尺度的分子动力学信息。已成为生物大分子核磁共振波谱中一个重要的实验观测量。

测序 [sequencing] 测定线型生物聚合物分子一级结构信息的技术。这种结构信息通常包括构成多聚分子的单体类型和顺序。如测定构成DNA分子的核苷酸的顺序、测定构成多肽分子的氨基酸残基顺序等。测序结果通常使用一列有序的字符表示，每种字符代表一种单体，以便于后续的生物信息学分析处理。测序技术已成为基础生物学研究、医学研究和临床诊断的重要手段。

DNA测序 [DNA sequencing] 测定给定的DNA分子样品中核苷酸的种类和顺序的技术。迄今为止，主流的DNA测序技术均采取间接测量方式，测序过程需要DNA聚合酶参与DNA合成，再测量DNA合成过程中引入的放射性或荧光探针分子，从而得到模板序列信息。主流的DNA测序技术仅能分辨4种主要脱氧核糖核苷酸的序列，但通过改变样品前处理方法和数据后处理方法，便可分析出更多种类的核苷酸，如DNA甲基化测序。主流的DNA测序技术依据样品规模差距可分为两代：针对少量样品的第一代双脱氧链终止测序法(桑格法)和针对大规模随机样品的新一代高通量测序方法。第一代双脱氧链终止测序法操作简便、读出序列长、精确度高，而通量相对较低，自动化的桑格法测序仪曾被用于初期的人类基因组测定。高通量测序方法其化学反应与检测原理更为复杂，但单碱基读出的相对成本低廉，适用于更广泛的基础生物学研究。

层次聚类分析 [hierarchical clustering] 即分层聚类分析。

超高分辨成像 [ultra-high resolution imaging; super resolution imaging] 光学成像的重要分支。突破光学衍射极限的成像方法。可分为使用消散波成像的近场超高分辨率技术和远场超高分辨率技术。远场超高分辨率技术又可分为两大类：通过修饰点扩散函数实现的技术，如STED，SSIM，RESOLFT等；利用荧光分子随机性开关进行成像的技术，如(F)PALM/STORM，SOFI，SPDM，3B等。相对于电镜技术，具有高信噪比、非侵入性等优点，在研究亚细胞器、蛋白质和核酸等生物大分子定位方面拥有极高的优势，一般可达几十纳米的分辨率。

超高速单分子成像 [ultra high-speed single molecule imaging] 对单个分子进行成像的技术。利用共聚焦显微技术、全内反射显微技术或者原子力显微技术等高灵敏探测技术，对单个分子进行成像，进而对所探测分子的运动和分布等进行表征。随着检测器性能以及扫描技术的提高，单分子成像的速度得到了较大的提高，目前利用传统的扫描方式已能够达到每秒数十帧的速度，而利用转盘式扫描技术的共聚焦显微镜更可实现每秒2000帧的速度。该技术已被应用到吸附于界面的单个分子的成像和生物分子的动态过程成像等。

超快单粒子成像 [ultrafast single-particle imaging] 以超快X射线自由电子激光为光源，通过测量单个纳米颗粒的相干衍射图样，采用相位恢复算法对相干衍射图样进行相位恢复和图像重建的成像方法。得益于飞秒级的超快激光脉冲，衍射可以在样品被破坏之前完成。这一技术的发展在难以结晶或者在X射线作用下容易被破坏的样品的结构解析方面具有重要的应用前景。

超速离心 [ultracentrifugation] 利用超速旋转产生强大的离心力分离、制备、分析物质的一项离心技术。现代生物化学和分子生物学常用的技术之一。

成像 [imaging] 又称可视化。利用扫描或者数字摄像的方法将肉眼不可见物体或其部分可视化的方法学总称。在生物学、医学中具有广泛的应用，可将蛋白质、核酸等小分子、细胞、组织、器官以及小尺寸生物个体以图像的形式展示其结构特征和空间定位信息。

磁场强度 [magnetic field strength] 用于描述磁场强弱的一个辅助物理量，符号为 H。为磁通量密度 B 除以磁常数 μ_0 再减去磁化强度 M，即 $H=B/\mu_0-M$。

磁共振成像 [magnetic resonance imaging(MRI)] 一种医学成像技术。利用核磁共振原理，用适当的电磁波照射放置于磁场中的物体，从而激发物体中的核自旋不为零的原子核(一般为 ^{1}H核)，原子核回到平衡态所释放的电磁波因组织不同而有所差异，通过梯度磁场检测此电磁波信号可以知道构成物体的原子核的种类和位置，从而可以绘制物体内部的精细结构图像。广泛地用于临床诊断和科学研究。

磁共振力显微镜 [magnetic resonance force microscopy(MRFM)] 一种能够获得纳米尺度分辨率的磁共振成像技术。同时具备了磁共振成像技术的三维成像能力以及原子力显微镜的高分辨率和高灵敏度，可以用于非破坏的、化学特异性的高分辨显微研究以及很广范围内材料的亚表面性质成像。在未来可能达到原子尺寸的分辨率，从而可以用于生物大分子三维结构的测定。

磁共振血管成像 [magnetic resonance angiography (MRA)] 一类基于磁共振成像的血管成像技术。常用的有时间飞跃法磁共振血管成像、相位对比法磁共振血管成像及对比剂增强法磁共振血管成像等。在临床上广泛用于血管性病变的检查，具有无创伤、无放射性损伤、可三维成像以及可多角度观察等优点。

磁化率各向异性 [magnetic susceptibility anisotropy (MSA)] 物质在不同方向上的磁化率不同的性质。在分子水平上，大多数生物大分子具有磁化率各向异性，可用于核磁共振和电子顺磁共振的结构研究及磁共振成像。

磁镊 [magnetic tweezer] 基于磁场力的微操纵技术。通过磁场来操纵磁性微球，最终实现对目标分子的操纵。主要用于单分子水平研究生物分子(如 DNA 及蛋白质)构象变化和分子间相互作用，尤其在研究DNA的超螺旋性质方面应用广泛。

大气压化学电离 [atmosphere pressure chemical ionization(APCI)] 一种在大气压下实现的质谱软电离技术。利用高压放电针使得空气电离，样品分子在高温下去溶剂化，并在气相中与带电离子进行碰撞，发生化学电离交换电子，从而质子化得到分子离子峰。适用于对热稳定、极性偏低的小分子化合物。

代谢组学 [metabonomics] 一门研究生物体内所有代谢产物集合的学科。系统生物学的组成部分。最早由伦敦帝国理工学院尼科尔森(J. K. Nicholson)提出。通常利用质谱、核磁共振或色谱质谱联用等技术，对生物体内分子量小于1000的代谢产物进行定性或定量分析。主要应用于疾病诊断、药理、毒理等方面研究。

单电荷离子 [single charged ion] 质谱中产生的只带一个电荷的离子。其在质谱中图上显示的数值就对应该化合物的分子量。常见于分子量小于1000的有机分子。

单分子测序 [single molecule sequencing] 又称第三代测序。通过读取单分子的信号，直接测定DNA分子的一级序列的技术。不需要对测定分子进行扩增，理论上与第二代测序相比可以增加读长并减少测序时间和成本。如纳米孔单分子测序、单分子成像测序等。

单分子探测 [single molecule detection(SMD)] 利用提高仪器灵敏度以及稀释样品从而逐个获得待测分子信号的实验方法。此种探测方式有助于获取在传统系综测量中被平均湮灭的信息，如在一群分子之中可能的子状态分布比例以及稀有事件等。单分子探测通常但不限于使用荧光信号、电信号或者力谱探测方式。其应用范围从起初的物理化学范畴逐渐转向生物医学研究领域。

单分子荧光共振能量转移 [single molecule fluorescence resonance energy transfer(smFRET)] 两个偶极子在距离很近时，不经由发出光子的途径，而由能量高的偶极子将能量传递给能量较低的偶极子的过程。此种能量转移的效率与两者间距有六次方反比的关系，在某个特征距离附近变化最为灵敏。对于一般荧光分子而言，此特征距离恰巧与生物大分子的尺寸吻合，故常用于测定生物大分子的距离或者构象形态。当针对单分子逐个实施荧光共振能量转移量测时，可以获得某种分子整体的距离状态个数、构象分布比例，甚至构象动力学以及自由能势面等物理量。

单粒子跟踪 [single-particle tracking] 通过跟踪单个粒子在介质中的运动，获取粒子在不同时刻的坐标，从而绘制出该粒子的运动轨迹的方法。通过对运动轨迹的分析，可以获知粒子的运动速率(扩散速率常数)、运动模式以及不同粒子在运动过程中的异质性。单粒子跟踪在对细胞膜上蛋白质的特定行为研究和蛋白质的细胞动力学研究方面具有重要的应用。

单四极杆 [single quadrupole] 一种由四根平行杆构成的质谱质量分析器。相对的两根杆(电极)为等电位，通过加载和改变直流以及射频电压，使得特定质荷比的离子振荡通过分析器进入检测器中。

蛋白梯状测序 [protein ladder sequencing] 即肽梯状测序。

蛋白微阵列 [protein microarray] 又称蛋白质芯片。一种高通量检测蛋白质相互作用以及活性、功能的方法。在表面修饰或覆层镀膜过的硅片、玻璃等固相基质上，利用机器手点制或者喷墨等方式生成蛋白质阵列。分析型微阵列利用固定抗原、抗体或适配子等捕获特定蛋白，分析蛋白表达量以及结合亲和性、特异性；功能型微阵列利用全长蛋白或结构域，研究蛋白组的生化活性。吸附靶蛋白的检测可以通过质谱技术直接检测，也可以预先用荧光或同位素标记，采用扫描或成像技术探测。

蛋白指纹图谱 [protein mass fingerprinting] 即肽指纹图谱。

蛋白质芯片 [protein microarray] 即蛋白微阵列。

等密度离心 [isodensity centrifugation] 在离心力场下，根据分离物质浮力密度的不同将其离心到它们密度恰好相等的位置上(即等密度点)形成区带的一项离心技术。这种技术被用来分离浮力密度不同的物质。

等温滴定量热 [isothermal titration calorimetry (ITC)] 一种在等温下测量溶液中分子间相互作用或者化学反应热力学参数的量热技术，通过把一种溶液滴定到另一种溶液中来实现。

第三代测序 [third-generation sequencing] 即单分子测序。

点分辨波谱 [point resolved spectroscopy(PRESS)] 一种多回波单激发波谱技术。脉冲序列由90°–180°–180°脉冲组成。由于使用长的回波时间，用于磁共振成像时，对弛豫时间较长的代谢产物具有更好的成像效果。

电场轨道阱 [orbitrap] 一种高分辨的质谱质量分析器。2000年由俄国科学家马克洛夫(A. Makarov)发明。其形状类似纺锤体，由中心电极和两个外电极构成，离子在这个特殊的静电场中做垂直和水平方向的振荡，通过傅里叶变换将此频率转化为质荷比，从而得到质谱图。广泛应用于蛋白质组学、代谢组学等领域。

电子捕获裂解 [electron capture dissociation(ECD)] 多电荷离子捕获一个自由电子产生的奇电子离子再发生碎裂的离子碎裂方法。这种碎裂方式得到的碎片离子与常规的碰撞诱导裂解(CID)方式有所不同，如多肽主要生成 c 和 z 系列的离子，与碰撞诱导裂解(CID)(b 和 y 系列离子)有较好的互补。

电子-核双共振谱 [electron-nuclear double resonance (ENDOR)] 一种通过检测电子顺磁共振信号来观察核磁共振的双共振技术。电子-核双共振谱具有连续波和脉冲两种实验模式。能够准确测定未成对电子与邻近核之间的超精细耦合。是研究顺磁分子的结构以及顺磁中心的原子间距离和取向的重要方法，也可用于检测固体结构中的点缺陷。

电子轰击 [electron impact(EI)] 利用电子轰击使样品分子电离的质谱离子化方法。高能电子轰击加热气化后的样品原子或分子，使其失去一个电子而产生离子，同时还会得到大量的碎片离子。适用于对热稳定、有一定挥发性的有机分子。

电子冷冻显微镜 [cryo-electron microscopy (cryo-EM)] 即冷冻电子显微镜。

电子转移裂解 [electron transfer dissociation(ETD)] 引入电子使阳离子裂解的质谱离子碎裂方法。与电子捕获裂解类似，也是引入电子，但转移的不是自由电子，而是阴离子自由基(如带负电的蒽)上的电子。同样对多肽可以得到 c 和 z 系列的离子，且可使得较长的多肽甚至完整的蛋白碎裂，所以广泛用于自上而下的蛋白质组学。

定量结构-活性关系 [quantitative structure-activity relationship(QSAR)] 一类借助分子的理化性质参数或结构参数，以统计学方法定量研究有机小分子与生物大分子相互作用、有机小分子在生物体内吸收、分布、代谢、排泄等生理相关性质的计算方法。广泛应用于合理设计药物、农药、化学毒剂等生物活性分子。该方法的缺陷是不能给出数据模型的明确意义以及药物-受体间的作用模式。作为建立在实验数据基础上的经验性方法，其预测能力在很大程度上受限于已知实验数据，且需要面对“统计方法欺诈”的质疑。

动力学力谱 [dynamic force spectroscopy] 力谱的一种形式。通过测量不同力加载速率条件下分子作用对的断裂力，并结合相关理论模型可以计算得出不施加外力的平衡条件下分子作用对的解离速率常数、能垒高度及宽度等动力学参数。

对比剂 [contrast agent] 即造影剂。

多重标记 [multiple labeling] 通过化学修饰或分子组装等途径使某种具有特异性结合另外一种分子能力的分子再同时具有多重可被跟踪的特性(如光、电、磁等特性)。

多电荷离子 [multiple charged ion] 质谱中产生的带有 2 个或以上电荷的离子。其质谱图数值为化合物分子量除以电荷数(m/z)。常见于电喷雾离子源下的一些多肽、核酸等生物大分子。

多反应检测 [multiple reaction monitoring(MRM)] 在一次质谱扫描中同时检测多个母离子的碎片离子。是三重四极杆质谱特有的分析检测模式。其中第一重四极杆进行母离子选择，第二重四极杆发生碰撞碎裂，第三重四极杆检测碎片离子。

多功能化 [multifunctionalization] 通过化学修饰或分子组装等途径使某种分子或材料具有分子识别、示踪、操控等多种功能。如通过对聚(苯乙烯/丙烯酰胺)共聚物纳米球进行化学修饰和疏水包埋可以构建同时具有生物靶向、荧光示踪、磁操纵或磁共振成像功能的荧光-磁性-生物靶向三功能纳米探针。

多光谱成像 [multispectral imaging] 利用光谱的多个谱段同步成像的方法。为了获得更多的信息，可以在可见至近红外(即 400～1000 nm)的波长范围内，利用滤光片或分光装置将不同波段的光信号进行分离并分别成像。多光谱成像技术可以提高成像的特异性，在生物医学中有着广泛的应用。

多模式成像 [multimodal imaging] 多种不同成像方式融合的成像方法。由于各种不同的成像技术在所提供的信息、成像深度、速度以及分辨率等方面有较大的差异，为了获得更全面的信息，可将多种技术进行融合。融合方式分为图像软件配准融合和成像系统直接融合。与单一的成像模式相比，多模式成像整合了不同成像模式的优点和能够提供多种成像方式的互补信息，使得其应用范围更加全面。如正电子发射计算机断层成像(PET)与计算机断层成像(CT)融合的 PET-CT 技术，该技术由 PET 提供病灶详尽的功能与代谢等分子信息，而 CT 提供病灶的精确解剖定位，一次显像可获得全身各方位的断层图像，具有灵敏、准确、特异及定位精确等特点。

多色成像 [multicolor imaging] 用两个或多个具有不同发射波长的荧光基团对目标分子进行标记，并对这些荧光基团进行同步成像的技术。利用多色成像技术，通过荧光基团的共定位分析，可以在活体细胞中研究蛋白-蛋白相互作用。此外多色成像技术也被用于超分辨成像，可以光学显微镜上实现超过衍射极限的超高分辨率。

二次离子 [secondary ion(SI)] 采用聚焦的初级离子束入射固体样品表面，溅射而出产生二次离子的表面离子化技术。利用质谱检测器可以分析表面 1～2 nm 的元素、同位素和分子组成等信息。主要应用于材料科学和表面科学领域。

二维凝胶电泳 [2D gel electrophoresis] 又称双向电泳。样品各组分先在第一方向等电聚焦电泳分离(按照 pI 分离)，然后在第二方向用聚丙烯酰胺凝胶作电泳分离(按照分子大小)，最后经染色得到二维分布的蛋白质电泳图的一种平板电泳技术。是蛋白质组学中的重要研究手段。

二维相关谱 [two-dimensional correlation spectroscopy(2D-COS)] 通过对一组动态光谱进行数学相关分析而得到的具有两个频率(或波长)变量的光谱。动态光谱是指不同温度、浓度、时间等条件下的光谱。

发光金原子簇 [luminescent gold cluster] 由几个到上百个金原子以化学键结合在一起的介于单个金原子和金纳米晶体之间的具有光致发光性能的金原子聚集体，粒径通常小于 2 nm。

发光碳点 [luminescent carbon nanodot] 具有光致发光性能的碳纳米颗粒。

反向对接 [inverse docking] 合理药物分子设计中对具有生物活性的小分子配体的可能生物靶标进行预测的一种计算方法。利用分子对接方法研究给定小分子配体与一系列相关蛋白或核酸分子的结合模式，从而评估某些蛋白或核酸分子作为其靶标的可能性。应用于药物分子设计、化学生物学等研究领域。

反向化学遗传学 [reverse chemical genetics] 即逆向化学遗传学。

飞行时间 [time of flight(TOF)] 通过离子飞行时间测量质荷比的质量分析器。利用电场让样品离子都获得同样的初始动能，再测量离子在已知长度的飞行管中飞行时间，由于离子的飞行速度与质荷比相关，于是可以从时间得出离子的质荷比。

非特异性吸附 [nonspecific adsorption] 因分子间特异性识别作用以外的非特异性相互作用如静电、疏水等作用而导致的分子间结合。

非线性饱和结构光照明显微镜 [nonlinear saturated structured illumination microscope] 即饱和结构光照明显微镜。

非线性光学显微镜 [non-linear optical microscope]

基于非线性光学的显微镜。可分为两类：非相干显微镜，光学信号在方向上是随机的，如双光子显微镜、多光子显微镜等；相干显微镜，光学信号是相干的，信号极大依赖于激发光的相位和辐射分子的几何分布，如相干反斯托克斯拉曼散射显微镜、二次谐波和三次谐波共聚焦显微镜等。

分层聚类分析 [hierarchical clustering] 又称层次聚类分析。数据挖掘中用于数据聚类分析的一种基本方法。按层次将相似的对象聚集到不同的类别中。根据采用的分解策略可分为两种类型：①凝聚型分层聚类：采用自下而上的策略，首先将每个对象作为一类，然后根据某种度量将这些类合并为较大的类，直至所有的对象都在一个类中或者满足某个终止条件时为止；②分解型分层聚类：采用自上而下的策略，首先将所有对象置于一个类中，然后根据某种度量逐渐细分为较小的类，直到每个对象自成一类或者达到某个终止条件为止。

分子成像 [molecular imaging] 分子生物学和成像技术相结合的一门交叉学科，是成像学的重要分支学科。起源于放射药理学(radiopharmacology)。主要运用非侵入式影像技术在组织器官水平、单细胞和亚细胞水平对各种分子进行成像的技术手段。在临床医学、基础医学和生物学研究中都有极大的应用，可检测生物活体内的分子水平变化，主要用于疾病早期诊断。包括多种成像形式：①磁共振成像。在体引入生物探针(如多肽、抗体等)利用生物磁效应成像。②光学成像。利用荧光探针进行成像的方法，常用探针有 EGFP、DsRed 等荧光蛋白，Cy3、Cy5.5 等荧光染料。③单光子发射计算机断层扫描(SPECT)。利用放射性同位素发射的伽马射线进行成像。④正电子成像技术(PET)。利用发射正电子的核素进行成像。

分子动力学模拟 [molecular dynamics simulation] 依据牛顿力学来模拟分子体系的运动，在分子体系的不同状态构成的系综中抽取样本，从而计算分子体系的构型积分，并以此为基础进一步计算体系的热力学量和其他宏观性质的一种分子模拟的方法。与蒙特卡罗法相比，在宏观性质计算上具有更高的准确度和有效性。广泛应用于物理学、化学、生物学、材料科学、医学等领域。

分子相互作用网络 [molecular interaction network] 不同或相同类别分子之间通过物理相互作用而形成的网络。如蛋白-蛋白作用网络，蛋白-核酸作用网络，药物-靶标作用网络等。在生物体中，各种分子相互作用网络之间相互关联。如蛋白-蛋白作用网络中含有许多种酶，它们又可以与各种底物形成蛋白-小分子作用网络。通过对复杂的分子相互作用网络的解析可以帮助理解生命构造、运作与进化的原理。

分子信标 [molecular beacon] 由5′和3′末端分别连接有荧光基团和猝灭基团的寡核苷酸序列(长度30左右)的5′和3′末端的5～7个碱基自身互补配对形成的发卡式茎-环结构的具有识别和示踪功能的分子。

傅里叶变换离子回旋共振 [Fourier transform ion cyclotron resonance(FTICR)] 一种通过测量离子在磁场中的回旋共振频率来得到质荷比的高分辨质量分析器。离子在固定磁场中由电极激发后回旋共振，捕获电极得到的频谱信号经傅里叶变换转化成质谱图。是目前分辨率和精度最高的质谱技术。

高内涵分析 [high-content screening] 即高内涵筛选。

高内涵筛选 [high-content screening] 又称高内涵分析。一种基于图像采集和处理的筛选方法。对细胞进行特定的荧光标记，再进行高分辨率的图像采集。通过特定的算法从图像中提取出能够反映诸如药物作用效果等的信息，能够同时获得高细胞通量和丰富的单细胞信息。产生于制药业，已经扩展到了 RNA 干扰筛选、干细胞研究等生物医药分支。已经出现多种商业化全自动平台。

高速共聚焦显微镜 [high-speed confocal microscope] 一种先进的共聚焦显微成像系统。以转盘式扫描技术代替逐点扫描技术，由于每个转盘上集合了许多共聚焦小孔，每个小孔都可独立作为光源和信号采集点，在扫描过程中转盘高速旋转，从而大大提高了扫描成像速度。传统共聚焦显微镜采用检流计式扫描或者共振扫描阵镜扫描，其逐点扫描的模式，限制了成像速度，一般只能够达到数十帧每秒，而高速共聚焦显微镜的成像速度可以达到2000帧每秒。该技术可用于多维时间分辨率的细胞内离子信号、跨膜转运、囊泡运输、胚胎发育、细胞骨架动态研究等。

高通量测序 [high throughput sequencing] 又称下一代测序、深度测序。同时测定几十万至几亿个不同的DNA分子的DNA测序方法。高通量测序流程分为样品准备、文库构建、测序反应、数据分析四个部分。针对不同的核酸样品，有不同的样品前处理和文库构建方法。当今被广泛使用的主流的测序反应均为基于原位扩增和荧光探针光学成像或电学检测的手段进行检测。高通量测序技术正成为基础科学研究和医疗诊断的重要工具，并仍在高速发展之中。

高通量筛选 [high-throughput screening] 一种进行大量样本并行分析的筛选方法。通过对几百、上千个反应单元实施并行地操作与检测以区分样品。通过大规模孔板及芯片等实现对数目巨大的微反应单元进行并行化操作。通过荧光或辐射检测进行大量、高速的信号采集。在基因表达、分子相互作用以及药物筛选等研究和工业领域有广泛应用。

高效液相色谱 [high performance liquid chromatography(HPLC)] 以液体为流动相，采用高压输液系统，将具有不同极性的单一溶剂或不同比例的混合溶剂、缓冲液等流动相泵入装有固定相的色谱柱，在柱内各成分被分离后，进入检测器进行检测，从而实现对试样的分析的一种色谱分离方法。该方法已成为化学、医学、工业、农学、商检和法检等学科领域中重要的分离分析技术。

构效关系 [structure-activity relationship(SAR)] 分子的化学结构或三维结构与其生理活性之间的关系。药物化学的主要研究内容之一。定量构效关系是进行合理药物设计的重要方法。

固体成像 [solid state imaging] 一种以电荷为信号的电子成像技术。其器件分为电荷耦合器件和自扫描光电二极管列阵两种。在生命科学、医学和环境监测方面具有广泛应用。

光激活定位显微镜 [photo-activated localization microscope(PALM)] 超高分辨率成像的显微镜。与荧光光激活定位显微镜(FPALM)和随机光学重构显微镜(STORM)一起统称为(F)PALM/STORM。2006 年由美国的三位科学家白兹格(E. Betzig)、施瓦茨(J. L. Schwartz)和赫斯(H. F. Hess)研发。基本原理是一次激活视野中稀疏分布的单分子荧光探针，通过运算获得其中心位置，再将荧光分子漂白。通过上万次激活、定位、漂白循环，叠加所有荧光分子在细胞内的定位信息，重构出图像。该技术的分辨率可以达到纳米量级，远远突破了光学衍射极限。

光镊 [optical tweezer] 又称光钳。基于激光光阱的微操纵技术。通过利用高度聚焦所得激光光阱来操纵透明微球(或细胞)实现对其所连接的生物分子(或细胞)的操纵及分子内、分子间相互作用的研究。常用于蛋白质及 RNA 的解折叠，DNA 与 DNA 结合试剂相互作用，生物分子马达及细胞手术等相关研究领域。

光钳 [optical tweezer] 即光镊。

光亲和探针 [photoaffinity probe] 具有适度的靶蛋白特异性亲和能力和示踪性质以及光致光解共价偶联特性的功能分子，由靶蛋白亲和功能单元和示踪功能单元及光敏基团等构成。常用于功能蛋白质组学研究。

光稳定性 [photostability] 吸光物质(包括有机染料、荧光蛋白、荧光无机纳米颗粒等)在光照射下保持结构和构象的稳定，抵抗光漂白、分解或氧化的能力。

光学成像 [optical imaging] 通过特殊探测器，利用光的吸收、反射、透射、散射、偏转、荧光激发等性质将物体可视化的一门技术。成像学的一个重要分支。

光遗传法 [optogenetics] 利用光学和遗传学手段对细胞和组织进行功能开关调控的技术。2005 年由斯坦福大学的戴瑟罗斯(K. Deisseroth)等提出，具有高度的空间和时间调控能力。技术关键是让特定细胞表达特定的光调控蛋白，用一定波长光照射光调控蛋白，进而抑制或激发特殊细胞功能。常用光遗传学探针包括 channelrhodopsins (ChR2、ChR1 等)，archaerhodopsin(Arch)，halorhodopsin (NpHR)等。在临床医学中展现出很大的应用前景，有望用于治疗帕金森症、失明等疾病。

合理药物设计 [rational drug design] 依据“锁-钥”原理，针对药物分子作用的靶标(如酶、受体、离子通道、核酸、抗原或病毒)寻找和设计具有合适化学结构的药物分子。通过对靶标分子和药物分子的计算模拟，全面地了解靶标分子的结构和功能、与药物分子的作用模式以及产生药理的机理，在此基础上应用虚拟筛选或是从头设计方法来寻找全新先导化合物或对已知先导化合物进行结构优化。研究范围也包括预测药物分子的作用靶标，以及对药物分子的药代动力学、代谢和毒性进行预测。与单纯依赖于实验筛选的传统方法相比，具有明显提高的成功率和费效比。

横向弛豫优化谱 [transverse relaxation-optimized spectroscopy(TROSY)] 一种用于大分子量蛋白质研究的核磁共振技术。利用异核之间的自旋耦合，去耦情况下的单峰变为线宽不一的四个峰，再通过相干转移路径的选择使磁化信号尽量转移到线宽最窄的峰，从而提高谱图的分辨率。在高磁场下具有更显著的效果。

横向[自旋-自旋]弛豫时间 [transverse (spin-spin) relaxation time] 处于稳定外磁场中的核自旋系统，受到不同方向的射频场作用后，磁化强度将会偏离原来的平衡位置，产生与原磁场方向垂直的横向磁化强度，当射频场去掉之后，横向磁化强度逐渐消失所需要的时间。

红外多光子裂解 [infrared multiphoton dissociation (IRMPD)] 用红外激光照射质谱分析器中的样品离子，使其吸收多个红外光子后裂解产生碎片的离子碎裂技术。常用于傅里叶变换离子回旋共振质谱。

化学生物技术 [chemical biotechnology] 利用化学原理发明或者为化学家所发展的应用于生物学领域的技术。在生物学领域，新技术的产生对学科发展的推动作用尤为明显。新的化学生物技术的应用带来生物学的突破，成熟的化学生物技术成为生物学研究的不可或缺的常规手段。如单分子探测、超高分辨成像、扩展基因编码、生物正交化学等。

化学位移成像 [chemical shift imaging(CSI)] 一种针对特定原子核及其化合物的化学位移进行频谱采集的技术。可以用于活体组织生化代谢的无损伤性研究，能够反映代谢物在不同层面内的分布图像，具有重要的临床诊断价值。

化学位移张量 [chemical shift tensor] 用于描述化学位移的方向依赖性的数学实体。与核周围的环境密切相关，能够提供丰富的结构和动力学信息。

混合时间 [mixing time]　在核磁共振实验中，指核欧沃豪斯效应(NOE)在两个质子间传递的时间。测量时，混合时间太长会引起自旋扩散，导致测得的核欧沃豪斯效应(NOE)不准。混合时间与分子大小有关，分子越小测量时所需要的混合时间越长。

活体核磁共振谱 [*in vivo* NMR spectroscopy]　一种能够检测人体或动物指定部位的核磁共振谱的技术。可以用于监测和研究组织中特定核的化学位移差异，从而提供专门的生物化学信息，能够直接辨认及分析其中的化学成分。在疾病的诊疗中具有广泛应用。

机械化学 [mechanochemistry]　机械能驱动的化学反应。通过挤压、拉伸、剪切、摩擦以及超声等手段，对物质施加机械能，从而诱发其物理化学性质变化，使物质与周围环境中的固体、液体、气体发生化学变化的现象。

机械酶学 [mechanoenzymatics]　研究力诱导的酶促反应的学科。通过施加外力引起分子构象的变化，暴露出原本被屏蔽的活性位点从而引发、促进生化反应的进行。典型应用包括外力诱导下肌巨蛋白激酶的活化等。

基态损耗显微镜 [ground state depletion microscope]　通过高能量激光将部分荧光分子限制在不发荧光的三线态，从而提高分辨率的一种超高分辨率显微镜。由德国科学家希尔(S. Hell)提出并实现。与受激发射损耗显微镜(STED)十分类似，不同的是激发光和损耗光使用相同波长的激光。

基因编码非天然氨基酸 [expansion of genetic code]　即扩展基因编码。

激光共聚焦扫描显微镜 [laser scanning confocal microscope(LSCM)]　荧光显微镜的一种。将激光聚焦的光点作为扫描光源，利用空间共轭光阑(针孔)阻挡离焦信号实现三维光学层切成像。现已开发出了线扫描激光共聚焦显微镜和转盘共聚焦显微镜，扫描速度大幅提升。

H/D 交换 [H/D exchange]　一种同位素交换技术。氢氘同位素原子在两个不同分子或离子间或一个分子的不同位置上的化学交换，以及这两种同位素分子在不同聚集态之间的交换过程。该技术被应用于揭示化学反应机理及分子结构和性质的研究以及用于轻元素的同位素分离等。

交换谱 [exchange spectroscopy(EXSY)]　一种用于研究交换反应动力学过程的核磁共振方法。常用于获取动力学交换速率。

接触模式 [contact mode]　原子力显微术的一种基本工作模式。扫描过程中，探针针尖与样品表面保持连续、直接接触。其特点是可以获得高分辨图像。另外基于原子力显微术的力谱技术是接触模式的一种延伸。

接力相关谱 [relayed correlation spectroscopy]　一种通过连续磁化传递获取二维核磁共振谱的方法。是对相关谱的一种扩展，能够观测到同一自旋系统内第一核和第三核的交叉峰，虽然两者间可能并没有 J 耦合。

接收器增益 [receiver gain]　接收器的信号输出与信号输入的比率。在核磁共振谱仪的接收系统中，由于核磁共振的信号很弱，前置放大器总是尽量靠近探头，其性能决定了谱仪能达到的信噪比。

结构化照明显微镜 [structured illumination microscope(SIM)]　利用干涉条纹等结构光照射提高光学分辨率的一种超高分辨率显微镜。由古斯塔夫森(M. Gustafsson)发明。当由干涉产生的结构光条纹照射到样品时，明条纹所在的区域会被激发出荧光，暗条纹所在的区域荧光分子不发射荧光，从而达到有序激发的目的。能收集来自观察区域以外的频率空间的信息，但受激发光半波长的限制，轴向和横向空间分辨率最多为传统荧光显微镜分辨率的两倍。

近场扫描光学显微镜 [near-field scanning optical microscope(NSOM)]　超高分辨率显微镜的一种，属于近场光学范畴。亚波长尺度的探针距离样品表面几个纳米，利用倏逝波效应成像的显微镜。

SDS-聚丙烯酰胺凝胶电泳 [SDS-polyacrylamidegel electrophoresis(SDS-PAGE)]　释文见 7.4 节同名词条。

可逆饱和荧光跃迁 [reversible saturable optical fluorescence transition(RESOLFT)]　利用荧光分子具有亮暗态变化(reversible)或者饱和相应特性(saturable)进行结构光照明区分成像，从而实现远场超高分辨成像的手段统称。是一种远场超高分辨率成像技术。利用单线态转化的受激发射损耗技术(STED)；利用三线态和单线态转化的基态损耗显微技术(GSD)；利用可饱和激发结构照明(SPEM 或 SSIM)，以及利用荧光蛋白如 Dronpa，rsEGFP 和 mGeos 等本身可逆光开关进行远场非随机超分辨成像的技术都属于 RESOLFT 概念的范畴。

可视化 [visualization]　即成像。

快速蛋白液相色谱 [fast protein liquid chromatography(FPLC)]　应用于蛋白、有机化合物的分离纯化，定量测定蛋白的含量和确定蛋白的分子量的一种色谱分离方法。原理与高效液相色谱理论类似，此技术被广泛应用于生物学和化学领域的研究。

快原子轰击 [fast atom bombardment(FAB)]　样品与不易挥发的化学基质混合后，用高能原子束(4000～10000 eV)在真空下轰击从而产生离子的一种软电离质谱技术。轰击的原子通常采用氙或氩等惰性重原子。这种方法得到的分子离子峰较强，且能采集阴离子谱，可用于较大分子量的分子。

扩展基因编码 [expansion of genetic code] 又称基因编码非天然氨基酸。通过在细胞中引入新的氨酰 tRNA 合成酶/tRNA 正交对来实现利用 TAG 终止密码子在蛋白质特定位点引入非天然氨基酸。目前已经有 100 多种非天然氨基酸可以被特异地引入重组蛋白质中，使蛋白质具有了多种新颖的生物物理化学性质，如荧光特性、金属离子螯合功能、翻译后修饰、光反应活性等。扩展基因编码这项技术为生物学研究提供了重要的工具和方法。

冷冻电子显微镜 [cryo-electron microscopy (cryo-EM)] 又称电子冷冻显微镜。将样品置于冷冻条件下(通常在液氮温度)的透射电镜。

冷冻蚀刻电子显微镜 [freeze-fracture electron microscopy(FFEM)] 又称冰冻蚀刻电子显微镜。先在冷冻条件下切开样品、制备复型膜，然后进行电镜分析。常用来观察样品(如细胞)内部的结构。

离子迁移谱 [ion mobility spectrometry] 又称离子淌度谱。基于样品离子在具有缓冲载气的静电场中迁移率不同而实现分离和识别的分析技术。离子迁移腔(管)的尺寸范围根据应用可以变化很大。其与质谱的联用后可以有效提高信噪比、分离同分异构体以及确定离子电荷。

离子淌度谱 [ion mobility spectrometry] 即离子迁移谱。

力谱 [force spectroscopy] 研究单个分子力学性质的技术。包括磁镊、光镊及原子力显微镜等技术。用于研究单个分子的弹性、分子间相互作用(包括化学键强度)等力学性质。按照操作方式不同，可以分为恒速力谱和力钳力谱。

力钳力谱 [force-clamp spectroscopy] 一种恒力模式的力谱技术。通过保持施加在单个分子上的外力恒定，监测分子作用对或化学键断裂所引起的长度随时间的变化。可以给出诸如蛋白质解折叠及二硫键断裂等过程的动力学信息。

连续流动 [continuous flow] 一种样品连续流动、对样品进行定时的连续测量的技术。

零量子相干相关谱 [zero-quantum echo-correlated spectroscopy(ZECSY)] 一种仅保留零量子相干项并使之转换成可检测信号的二维核磁共振方法。比普通自旋回波相关谱具有更高的分辨率。

脉冲梯度场 [pulsed field gradient(PFG)] 具有空间依赖性场强的、短暂的定时脉冲。其梯度由轴、强度、形状和持续时间确定。是磁共振成像、空间选择性波谱及核磁共振波谱研究的关键技术。在现代核磁共振波谱中常用于取代相循环作用和研究分子扩散。

脉冲梯度自旋回波 [pulsed gradient spin echo] 在180°脉冲两侧各放置一个梯度场，可以消除样品和磁场不均匀性带来的背景干扰的一种核磁共振方法。常用于测量扩散系数。

弥散加权成像 [diffusion weighted imaging(DWI)] 一种反映水分子微观运动情况的磁共振成像技术。通过检测水分子表观弥散系数来获得图像信号。在中枢神经系统疾病的临床诊断中具有重要价值。

弥散张量成像 [diffusion tensor imaging(DTI)] 一种在活体上测量水分子弥散运动的核磁共振成像(MRI)的方法，利用水分子在不同组织结构中的弥散各向异性，来评估组织结构的连通性和完整性。在中枢神经系统尤其对区别白质和灰质以及观察白质纤维的走向有很好的成像效果，主要用于大脑发育过程、大脑功能以及脑部疾病的临床诊断研究。

免疫荧光 [immunofluorescence] 全称免疫荧光法。基于荧光标记物标记的抗体或抗原与抗原或抗体的特异性结合作用而检测抗原或抗体的方法。

纳米球 [nanosphere] 尺寸为纳米量级的球形物体，一般大于 100 nm。有各种聚合物纳米球、二氧化硅纳米球、有机-无机复合纳米球等。

纳米生物技术 [nanobiotechnology] 用于生物的纳米技术。如纳米生物检测、生物纳米机器等。

纳米生物检测 [nanobiodetection] 基于具有特殊性能的纳米材料和纳米结构的生物检测方法和技术。如基于半导体荧光量子点标记的免疫检测、壳层隔离纳米粒子增强拉曼光谱(SHINERS)检测等。

纳米生物器件 [nanobiodevice] 尺寸为纳米量级(一般指 1～100 nm)具有特定生物检测或/和药物递送等功能的独立单元。

纳米生物探针 [nanobioprobe] 以性能特异的纳米材料为标记物构建的同时具有示踪性能(光、电或磁等性能)和生物分子靶向识别性能至少两种性能的尺寸为纳米量级(一般指 1～100 nm)的独立功能体。

纳米生物学 [nanobiology] 纳米科学和技术在生物学研究中应用的学科。

纳米探针 [nanoprobe] 以性能特异的纳米材料为标记物构建的同时具有示踪性能(光、电或磁等性能)和分子(离子)识别性能的尺寸为纳米量级(一般指 1～100 nm)的独立功能体。

纳米医学 [nanomedicine] 纳米科学和技术在医学中应用的学科，涵盖纳米肿瘤学、纳米药学、纳米诊断学等。

纳升喷雾 [nano ESI; nano spray] 基于纳升级流动相的电喷雾离子源。喷雾针常为拉尖的镀金石英管，不使用或使用极低的辅助气。通常与纳升级液相色谱或毛细管电泳联用，广泛用于样品量较少的蛋白质、核酸等生物分子。

逆相色谱 [reverse phase chromatography] 以表面非极性载体为固定相，以比固定相极性强的溶剂为流动相的一种液相色谱分离的色谱方法。其应用范围较广，适用于分离非极性、极性或离子型化合物。

逆向化学遗传学 [reverse chemical genetics] 又称反向化学遗传学。采用已经得到的蛋白为靶点，采用高通量筛选的方法找出与之有相互作用的小分子配体，再用这些化合物处理细胞或者有机体观察其功能，进而确定该蛋白的功能的学科。可以说化学遗传学跟分子遗传学一样是遗传学的一个分支，由于其可控的和可逆的(可以随时加入或除去化合物，从而启动或中断特定的反应)特性，目前已经在信号转导，药物开发，功能基因组学等方向的研究中得到了广泛的应用。

凝胶过滤色谱 [gel filtration chromatography] 又称水系凝胶色谱。以水或缓冲溶液作流动相的凝胶色谱技术。该技术主要用于分离水溶性高分子化合物。

配体指数富集系统进化 [systematic evolution of ligands by exponential enrichment(SELEX)] 从随机单链核酸序列库筛选出特异性结合靶物质的核酸适体(aptamer)的技术，即先通过化学合成的单链寡核苷酸库与靶物质结合得到复合物，从分离到的复合物上解离出结合核酸，PCR 扩增核酸分子后，转入下一轮筛选，如此反复循环。

碰撞能量 [collision energy] 在发生碰撞诱导裂解时，一部分碰撞动能转化为导致化学键断裂的内能。

碰撞诱导裂解 [collision induced dissociation(CID)] 将分子离子用电场加速获得高动能后与中性分子碰撞，从而导致化学键断裂产生碎片的离子碎裂技术。中性分子常为氦气、氮气或氩气。是目前质谱中最常用的离子碎裂技术。

奇异值分解 [singular value decomposition(SVD)] 线性代数中一种实矩阵或复矩阵的因式分解方式。在统计学和信号处理等领域有许多重要的作用。

轻敲模式 [tapping mode] 原子力显微术的一种基本工作模式。扫描过程中，微悬臂在压电陶瓷驱动下在垂直于样品表面方向进行震动，探针针尖与样品表面间歇性接触。相比接触模式，轻敲模式中针尖与样品横向接触力较小对样品划伤较小，适于软物质(如 DNA、蛋白质)成像。按照工作环境不同，可分为空气相、溶液相轻敲模式。

琼脂糖凝胶电泳 [agrose gel electrophoresis] 以琼脂或琼脂糖作支持介质的一种电泳方法。该技术主要用来分离 DNA 或者 RNA。

去卷积 [deconvolution] 基于实际采集的信号反推出希望得到的信号的一种数据处理方法。如生物大分子的质谱图实际是一组带不同电荷的多电荷离子峰分布，此技术可以处理反推出该分子的单电荷离子峰。

全基因组测序 [whole genome sequencing] 一次性对生物体整个基因组进行 DNA 碱基序列测定的方法。全基因组测序包括染色体 DNA 和线粒体 DNA。对于植物还包括叶绿体 DNA。该方法覆盖面广，准确性高，可以提供一个个体遗传突变的综合信息。如人类基因组计划即进行了人类的全基因组测序。

全扫描 [full scan] 对选定质荷比范围进行全段扫描检测的质谱工作模式。通常检测未知化合物或定性分析时，都会选择此种模式。

全新蛋白设计 [*de novo* protein design] 仅根据蛋白质分子的氨基酸序列设计获得具有特定结构和功能的全新蛋白。全新蛋白设计分为结构设计和功能设计两个基本方向。全新蛋白设计算法通过搜索与目标序列对应的构象空间寻找当折叠为目标结构时具有低能构象的序列。由于序列所对应的构象空间极大，通常依赖特定的能量函数寻找最优化的序列。

三功能化 [trifunctionalization] 通过化学修饰或分子组装等途径使某种分子或材料同时具有分子识别、示踪、操控等不同组合的三种功能。

三维成像 [3-D imaging] 在 x，y 和 z 轴方向利用成像的方法展示物体三维空间的定位和结构信息的一种成像技术。是成像学中的一个分支。在生物学和医学中被广泛应用于观察蛋白质和亚细胞器在细胞中的三维空间上的定位和结构。

三重四极杆 [triple quadrupole] 将两个四极杆用一个仅具有射频电压的四极杆串联起来的质谱分析器。其中第一和第三个四极杆都可以作为质量过滤器检测离子，第二个四极杆则只是作为聚焦和碰撞池。在中性丢失和多反应检测等模式上具有高灵敏性和高准确性，广泛应用于质谱定量分析。

深度测序 [deep sequencing] 即高通量测序。

深度分辨谱 [depth resolved spectroscopy] 利用选层梯度场来定位预定厚度和位置的谱图采集平面的一种磁共振成像技术。

神经网络 [neural network]　全称人工神经网络。数据挖掘中常用的一种建模方法。模仿生物神经网络的构成形式，由若干神经元联结成网络来进行计算。可以根据外界输入信息改变其内部结构，形成自适应的非线性系统。用来对输入数据和输出数据间的复杂关系进行建模或探索大量数据内含的模式特征。

生物安全性 [biosafety]　外源物质对生物体的影响(包括正面和负面)或生物体经某种操作如基因工程改造后对其他生物体(如人)的影响(是否安全)。

生物靶向 [biotargeting]　一种具有识别(特异性结合)靶生物分子能力的功能分子对其靶生物分子的特异性结合作用。

生物标记 [biolabeling]　通过化学修饰或分子组装等途径使某种具有识别(特异性结合)生物活性分子能力的分子再具有特定的示踪性能。

生物标记纳米材料 [biolabeling nanomaterials]　处于纳米尺度(一般指 1～100 nm)、具有特殊性质(如光、电、磁等性质)，可起示踪作用，用于生物检测的标记材料。

生物标记物 [biotag; biolabel]　又称生物标签。具有特殊性能可通过化学修饰或分子组装等方式结合到生物靶向分子上起示踪作用的物质。

生物标签 [biotag; biolabel]　即生物标记物。

生物标志物 [biomarker]　体现生物体系某些特性的特定生物活性分子。

生物成像 [bioimaging]　生物样本的造影技术。依照样本尺度大小可分为组织造影与细胞分子的显微技术。生物成像包括光学成像、超声成像、核磁共振成像以及正电子发射计算机断层成像等。这些技术在生命科学基础研究以及医学诊断中有广泛应用。

生物跟踪 [biotracking]　利用荧光或者放射性同位素等生物医学探针标记细胞、组织或活体之后，对其进行实时的超灵敏检测、跟踪和识别，从而对特定分子或细胞的运动及分布等进行表征的技术。该技术可用于原位杂交、生物分子的相互作用、跟踪肿瘤细胞转移过程等众多研究领域。

生物功能化 [biofunctionalization]　通过化学修饰或分子组装等途径使材料具有某种生物功能(如生物识别功能)的操作。

生物活性 [bioactivity]　指从药理学角度看药物对生物体有利或不利的影响。一个物质是否被认为有生物活性，在于其能否能对细胞组织或生物体产生作用或影响。

生物检测 [biodetection]　基于物质的基本理化性质差异或通过某种技术(如标记)制造的差异，并借助相应测量手段确定生物体系中生物活性物质种类、组成、含量及其随时间和空间动态变化规律等的操作。

生物偶联 [bioconjugation]　两个生物分子形成稳固连接的过程。常见的生物偶联是通过赖氨酸的氨基残基连接(通常是通过胺反应的琥珀酰亚胺基酯)，半胱氨酸残基的巯基耦合(通过巯基的胺偶联反应的马来酰亚胺)以及有更广泛的反应性的光化学引发的自由基反应。最常见的生物偶联是蛋白质耦合一个小分子(如生物素或荧光染料)，或蛋白质-蛋白质偶联，如抗体与酶偶联。其他较少见的分子生物标记中使用的有低聚糖、核酸，以及合成的聚合物，如聚乙二醇(聚乙二醇、聚环氧乙烷)和碳纳米管。

生物偶联物 [bioconjugate]　生物偶联作用的产物。

生物亲和性 [bioaffinity]　生物分子之间的高度亲和能力性。如抗原和抗体，酶和底物，或受体和配体之间的相互作用。

生物识别 [biorecognition]　基于生物学原理，分子或分子集合体之间因空间结构的匹配性和多位点的多种弱相互作用(如静电、氢键、疏水等作用)协同而产生的分子或分子集合体之间的特异性吸引作用。

生物素探针 [biotinylated probe]　利用*N*-羟基琥珀酰亚胺偶联生物素(脂溶性 *N*-hydroxysuccinimidobiotin)对特定蛋白或细胞进行标记，再利用生物素与卵白素(avidin)之间的高度亲和力，使带有生物素标记的蛋白或细胞与覆盖有卵白素(avidin)的凝胶特异结合，从而分离到带有标记的蛋白或细胞的。

生物条码 [biobarcode]　利用生物分子如 DNA 的序列特异性和可变性进行编码标记的技术。

生物系统 [biosystem]　指从系统论的角度与观念来看生物体与生物界，将生物不同层次的结构体系看做“系统”。1999 年曾邦哲将农业与生态系统的生物系统科学(biosystem science)重新定义为分子、细胞、器官和生态各层次生物系统的系统论和实验、计算方法的系统生物科学研究体系。从系统论方法研究生物系统，也就是系统生物学(systems biology)，最早开创于贝塔郎菲的一般系统论、理论生物学与“有机体生物学”，贝塔郎菲并阐述了“有机体”为“系统”或“整体”的概念，以及采用开放系统论来研究生物系统的数学模型，探索胚胎发育、心理学中的“完形”、“图式”与“突现”的系统非加和性与同型性研究。2000～2003 年，国际上终于形成了实验、计算方法整合研究细胞、分子生物系统的整个现代系统生物科学体系。

生物正交化学 [bio-orthogonal chemistry]　生物正交化学是指将可以发生特异化学反应的正交官能团引入生物大

分子，从而实现生物大分子的特异性标记。如Cu(Ⅰ)催化的叠氮/炔点击化学反应，环张力驱动的无铜点击化学反应，光驱动的烯烃/四氮唑光点击化学反应都属于生物正交化学。这些方法正日益成为在活体内对生物大分子进行特异标记的一种有效方法。

时间分辨荧光共振能量转移 [**time-resolved fluorescence resonance energy transfer**] 随时间观察荧光共振能量转移的讯号变化。该名词在不同的应用方向有不同的意义。①在大批整体测量时，通常指利用如镧系元素等荧光寿命较长的染料作为荧光共振能量转移(FRET)供体，在激发光脉冲过去一段时间后再进行供体与受体的荧光检测，以排除环境中其他荧光物质的背景干扰，提升信噪比以增加荧光共振能量转移(FRET)检验的准确度。可取代传统的荧光偏振试验，多用于生化试验与药物筛选。②在单分子领域，指随时间分析记录荧光共振能量转移(FRET)效率，可用以得到分子间互作的时间常数或者生物大分子的构象动力学等系综测量无法得到的信息。

受激发射损耗 [**stimulated emission depletion(STED)**] 超高分辨率成像技术的一种。荧光分子在特定波长光的照射下会形成受激辐射回到基态，从而与荧光自发辐射区分。通过将受激发射损耗光(或者猝灭光)焦点调制为环形并与激发焦点重合，使得仅位于激发光中心的小部分荧光分子能够被探测，从而提高显微分辨率。

受激拉曼散射显微镜 [**stimulated Raman scattering microscope(SRS)**] 一种通过检测化学键的拉曼位移实现分子成像的方法。一种非线性光学过程的非标记成像方法。当两束光的频率差与化学键拉曼位移相同时，在分子作用下，短波长光的能量将转移到长波长的光。所检测的即是这一能量变化。光谱与自发拉曼散射一致，信号强度与分子浓度具备线性关系，可用于定量研究。适用的范围与相干反斯托克斯拉曼散射基本一致。在材料科学和生物医药领域获得越来越多的应用。

疏水作用色谱 [**hydrophobic interaction chromatography**] 采用具有适度疏水性的填料(固定相)，以含盐水溶液作流动相，借助于被分离物质与固定相间的疏水相互作用实现分离的一种色谱方法。主要用于蛋白质的分离与纯化。

双编码 [**dual-encoding**] 以两种具有不同性质的物质进行组合编码标记的技术。如采用荧光量子点和磁性纳米粒同时标记时可根据荧光和磁性的强度差异进行组合编码得到双重编码的标记。

双功能化 [**bifunctionalization**] 通过化学修饰或分子组装等途径使某种分子或材料同时具有分子识别、示踪、操控等不同组合的两种功能的操作。

双光子荧光显微镜 [**two-photon fluorescence microscope**] 激光共聚焦显微成像技术和双光子激发技术相结合的仪器。是荧光成像技术的一个分支。利用荧光分子在高密度光子照射下同时吸收两个光子，发射出一个波长较短的光子的性质。由于使用波长较长的光子(通常是处于红外波段的光子)去激发荧光分子，其穿透深度通常比较深，可以观察比较厚的样本。

双量子回波相关谱 [**double-quantum echo correlated spectroscopy**] 一种用于解析复杂质子耦合系统的二维核磁共振方法。通过特定的脉冲序列激发双量子相干，然后再转换成单量子相干而被检测。可以提供比普通相关谱更多、更清楚的信息。

双向电泳 [**two-dimensional electrophoresis**] 即二维凝胶电泳。

水系凝胶色谱 [**gel filtration chromatography**] 即凝胶过滤色谱。

顺磁弛豫增强 [**paramagnetic relaxation enhancement (PRE)**] 一种能够提供远程结构信息的核磁共振技术。通过化学修饰，在蛋白质中引入外源性的顺磁探针，探针的未成对电子与核之间的偶极-偶极相互作用将导致核弛豫速率加快，这种效应与距离的六次方成反比。顺磁弛豫增强弥补了核欧沃豪斯效应(NOE)的不足，在核磁共振研究蛋白质的溶液结构和动力学中具有重要作用。

顺磁磁化率 [**paramagnetic susceptibility**] 顺磁性物质在外磁场作用下，物质中的未成对电子的磁矩趋于与外磁场呈相同方向，从而感生一个附加磁场产生的被磁化的程度。

顺磁各向异性 [**paramagnetic anisotropy**] 具有顺磁性的物质，其磁性随方向而变的现象

四极杆-飞行时间串联 [**quadrupole-time of flight (Q-TOF)**] 将四极杆和飞行时间串联的质谱分析器。同时具有高分辨和多级质谱的能力，主要应用于药物代谢、生物标志物研究等质谱定性分析。

四极杆-离子阱复合 [**quadrupole-ion trap(QTRAP)**] 将三重四极杆中第三重四极杆改为线性离子阱设计的新型质量分析器。其保留了三重四极杆的所有功能和优点，同时又增强了全扫描灵敏度和多级质谱的能力，是定性和定量能力兼顾的串联质谱。

随机光学重构显微术 [**stochastic optical reconstruction microscope(STORM)**] 基于单分子染料定位的超高分辨率成像技术。由美国华裔科学家庄小威最早提出，最初是利用荧光染料 Cy3～Cy5 在特定波长激光的作用下实现荧光开关转化的而进行超高分辨率成像的方法。实现方法上同于

光激活定位显微成像技术。

肽梯状测序 [peptide ladder sequencing(PLS)] 又称蛋白梯状测序。由多肽产生的一组碎片离子峰之间的质量差来确定氨基酸序列的检测方法。一般是由化学降解或酶解的方法让多肽 N 端或 C 端逐一解离氨基酸残基，一次性将这些肽段碎片进入质谱中检测，这样相邻峰之间的质量差就是相应氨基酸残基。

肽指纹图谱 [peptide mass fingerprinting(PMF)] 又称蛋白指纹图谱。蛋白用酶解或化学水解等方式分解得到的多个肽片段的高分辨质谱图。通过搜索比对数据库中肽段数据的方式，能够鉴定该蛋白。是目前蛋白质组学最普遍的鉴定手段。

特异性吸附 [specific adsorption] 因分子间特异性识别作用而导致的分子间结合。

停流分析 [stopped flow analysis] 一种将少量样品在很短的时间(毫秒级)注入混合池，然后停止进样，即刻进行分析的技术。

同步双光子成像 [simultaneous two-photon imaging] 结合激光扫描共聚焦显微镜和双光子激发技术的一种新技术。双光子激发的基本原理是：在超快高强度激光的照射下，荧光分子可以同步吸收 2 个长波长的光子到达激发态，激发态分子回到基态的过程中发射出一个波长较短的光子。与单光子成像相比，双光子成像有很多优点，如更深的探测深度、更低的背景噪声、更小的光毒性等。所以双光子显微镜比单光子显微镜更适合用来观察厚标本、活细胞，或用来进行定点光漂白实验。

同位素标记探针 [radio-labeled probe] 探针是一小段单链 DNA，RNA 片段或者有相互作用的蛋白，用于检测与其互补的核酸序列或有相互作用的蛋白。双链 DNA 加热变性成为单链，随后用放射性同位素(通常用磷-32)将其标记成为探针，蛋白则在表达过程中或表达后修饰上 S 同位素。磷-32 通常被掺入组成 DNA 的四种核苷酸之一的磷酸基团中，而荧光染料和酶与核酸序列以共价键相连。当将探针与样品杂交时，探针和与其互补的核酸(DNA 或 RNA)序列通过氢键紧密相连，随后，未被杂交的多余探针被洗去。最后，根据探针的种类，可进行放射自显影、荧光显微镜、酶联放大等方法来判断样品中是否，或者何位置含有被测序列(即与探针互补的序列)。

同位素分布 [isotopic pattern; isotopic distribution] 某个化合物的各同位素峰比例分布。自然界中每种同位素的组成是比较恒定的，因此某一个元素的各个同位素比例也较为固定，质谱图上可以大致准确地显示化合物的同位素比例。

同源模建 [homology modeling] 用于预测蛋白质分子三维结构的一种流行方法。选取与目标蛋白分子氨基酸序列相似度高且三维结构已知的同源蛋白作为模板，构建目标蛋白分子的三维结构模型。一般认为当目标蛋白与模板蛋白的序列同源性低于 30%时，采用该方法不能获得可靠的三维结构模型。

微阵列 [microarray] 又称微阵列芯片。一种多功能的芯片实验室。通常是在硅、玻璃及高分子等固体基底上以二维阵列的形式固定探针，用于高通量地筛选检验生物物质，具有快速和高效的特点。检验对象包括 DNA、小 RNA、多肽、蛋白质、糖类等多种化学物质，以及细胞、组织等生物材料，也可以针对特定的抗体或者细胞表型进行检测。大部分与自动化的仪器相结合，广泛应用于基础生物学研究、医疗保健和药物研发中。

DNA 微阵列 [DNA microarray] 又称 DNA 芯片。一种高通量 DNA 或 RNA 杂交分析方法。在数平方厘米大小的固相基底上集成数百到数十万以上 DNA 探针点，如基因短片段。集成方法包括点制法、印制法、原位合成以及微珠布放法等。实验中将 DNA、cDNA、RNA 等靶分子与探针杂交，扫描或者成像检测靶上标记的荧光或化学发光标记得到杂交信号强度，定量靶中特定核酸分子的相对丰度。通常用于大量基因表达量分析以及筛选样品的单核苷酸多态性(SNP)、基因疾病和癌症诊断等。

微阵列芯片 [microarray] 即微阵列。

细胞内核磁共振 [in-cell NMR] 用于在原子水平上研究活细胞内生物大分子的结构、折叠、动力学性质及相互作用的一种核磁共振技术。

下一代测序 [next-generation sequencing] 即高通量测序。

相干反斯托克斯拉曼散射显微镜 [coherent anti-Stokes Raman spectroscopy(CARS)] 一种通过探测化学键的拉曼位移实现分子成像的方法。是一种非线性光学过程，通过两束频率差与化学键拉曼位移相同的激光相干激发分子，产生反斯托克斯光。可以极大增强反斯托克斯光的强度。可实现对具有特定化学键分子的非标记成像。应用在难以或者不能使用荧光标记的分子成像实验中。在材料科学、生物医药研究中有比较广泛的应用。如对聚苯乙烯、聚二甲基硅氧烷等高分子的直接成像，以及对生命体中脂类，蛋白质等的直接成像。

小分子微阵列 [small-molecule microarray] 将小分子以共价链接、光活化或者原位合成的方式固定在基底上，通过小分子对蛋白质功能的影响对目标对象进行高通量筛选的一种微阵列。可以与 DNA 微阵列结合使用。在蛋白质分析和临床治疗指导中有重要应用。

小角X射线散射 **[small angle X-ray scattering (SAXS)]** 一种通过加长样品到检测器的距离来提高散射信号角度分辨率的X射线散射技术，常用于表征具有较大结构单元的样品。

DNA芯片 **[DNA microarray]** 即DNA微阵列。

信念网络 **[Bayesian network]** 即贝叶斯网络。

序列比对 **[sequence alignment]** 通过对核酸分子(DNA/RNA)的核苷酸序列或蛋白质分子的氨基酸序列的排列对比来识别其中与结构、功能、进化等性质相关的相似区域的一种计算方法。根据比对方法可分为全局比对和局部比对两种类型。

液质联用 **[liquid chromatography-mass spectrometry (LC-MS)]** 将液相色谱与质谱联用的分析技术。能分析鉴别一个液相混合样品中不同的组分。通常离子源为电喷雾电离(ESI)或大气压化学电离(APCI)。

荧光标记 **[fluorescence labeling]** 通过化学修饰或分子组装等途径使某种分子或材料具有荧光示踪性能的操作。

荧光标记物 **[fluorescence tag]** 即荧光标签。

荧光标签 **[fluorescence tag]** 又称荧光标记物。可通过化学修饰或分子组装等方式结合到某种分子或材料上的起荧光示踪作用的物质。

荧光互相关谱 **[fluorescence cross-correlation spectroscopy (FCCS)]** 针对测量两种待测粒子间作用所实施的荧光相关谱(FCS)方法，是荧光相关谱(FCS)的扩展。荧光互相关谱收集来自两个探测通道的光子，利用两种类分子的荧光涨落时间互相关函数，可以得到两种分子间的结合、反应等信息。

荧光活化定位显微镜 **[fluorescence photoactivation localization microscope(FPALM)]** 由美国科学家赫斯(S. T. Hess)最早提出，实现方法上同于光激活定位显微成像技术。

荧光量子点 **[fluorescent quantum dots]** 简称量子点。半径小于或接近于其激子玻尔半径的半导体荧光纳米晶粒。一般由ⅡB-ⅥA族或ⅢA-ⅤA族元素组成，荧光性质优异，如光稳定性好、高亮度、发光颜色可通过组成和尺寸进行调节、一元激发多元发射等。

荧光偏振 **[fluorescence polarization]** 一种物理光学现象。1926年，由法国物理学家佩兰(Perrin)提出。用平面偏振光去照射处于静止状态的荧光分子，由于分子受激发射的时间很短，发射荧光同样处于偏振平面；但如果受激发时分子处于旋转或者翻转状态，发射光的偏振平面就会发生变化。主要用于研究分子间的相互作用，灵敏度极高。

荧光漂白恢复 **[fluorescence recovery after photobleaching(FRAP)]** 针对荧光标记的生物样品，在显微镜视野中光致漂白特定范围中的所有荧光标记分子。随着系统中其他携带荧光标记物的同类分子与被漂白分子交换补充，可以定量研究如细胞膜的扩散或者蛋白的解离与结合等问题。

荧光寿命成像 **[fluorescence lifetime imaging]** 通过检测荧光分子受激跃迁到激发态，再返回基态的时间进行成像的技术。属于荧光成像的范畴。通常搭建在共聚焦显微镜或者双光子显微镜上。主要用于检测蛋白质之间的相互作用(荧光共振能量转移FRET)，荧光分子光谱特性等。

荧光显微成像术 **[fluorescence imaging]** 利用荧光分子的特殊激发和发射特性进行光学成像的一种光学显微成像技术。常用的荧光分子(或者荧光探针)包括荧光染料(如Cy3、DAPI等)，荧光蛋白(GFP、YFP等)，量子点等。常用的激发光源为氙灯、水银灯或者激光。被广泛应用于近代生物学和生物医学中，主要用于研究蛋白质的定位、运动和观测单个蛋白质分子的特性。在广义上，利用化学发光的磷光进行成像的技术也被归为荧光成像技术范畴。

荧光显微镜 **[fluorescence microscope]** 使用荧光或者磷光替代传统的反射和吸收对生物组织或者非生物体进行成像的光学显微镜。是宽场显微镜、共聚焦显微镜等利用荧光成像的显微镜统称。通常由光源、激发光滤光片、二色分光镜、发射光滤光片、物镜、光子探测器等构成。在生命科学、材料科学等中有广泛的应用。

荧光相关谱 **[fluorescence correlation spectroscopy (FCS)]** 利用稀薄的荧光分子所发出的光信号中涨落的时间相关函数得到特定物理量的一种荧光显微分析技术。最常见的仪器设置为具有单光子时间相关计数(TCSPC)功能的共聚焦显微镜，也有扩展应用在双光子成像或者全反射式显微镜。荧光相关谱的观测体积即为显微系统中的光斑大小，一般约是飞升量级。在稀薄溶液中，偶然通过的荧光分子会造成可观的光子数涨落，而光子数涨落的时间相关函数在不同的时间尺度则携带有平均浓度、扩散系数、水动力半径、化学动力反应速率等物理量的信息，可经由合理的模型和拟合方案获取。荧光相关谱也可以多通道的形式进行，在结合了荧光共振能量转移(FRET)数据采集的形式下可以得到生物大分子的构象动力学信息，或者研究相异分子间的结合与互作。

荧光自相关谱 **[fluorescence auto-correlation spectroscopy (FACS)]** 针对单一种类待测粒子所实施的荧光相关谱方法。单一种类分子的荧光涨落时间自相关函数可以给出的基本物理量有平均浓度、旋转、扩散系数，也可给出三线态动力学讯息；若是单个分子则会在短时极限显现出反聚束效应(anti-bunching)等。

有向非循环图形模型 [directed acyclic graphical model] 即贝叶斯网络。

原位高压核磁共振 [*in situ* high-pressure NMR] 在高压条件下于原来的体系中进行检测的一种核磁共振方法。原位高压核磁共振可以最大限度地在接近真实情况的条件下进行分析，在研究化学反应时能够克服中间产物的不稳定性和难以分离的问题。在化学研究和化工生产中，常用于多相催化反应的研究。

造影剂 [contrast agent] 又称对比剂。医学成像中为增强观察效果而引入到人体组织或器官中的化学试剂。常用于促进血管和胃肠道的可视性，在电子计算机断层摄影和磁共振成像技术中有重要作用。

正向化学遗传学 [forward chemical genetics] 研究以细胞(原核、真核)或者有机体本身为靶标，采用小分子化合物高通量筛选突变体，然后进一步寻找与小分子化合物相互作用的具体的蛋白，或者基因靶标，进而确定蛋白以及基因的功能的学科，对应反向化学遗传学。

质量范围 [mass range] 给定的质荷比检测范围。不同的质量分析器具有不一样的适合检测范围，如四极杆通常小于 3000 Da，飞行时间分析器则能够测到几万甚至更大的范围。

质量歧视效应 [mass discrimination effect] 质谱中分析器或检测器对某些质量范围的离子响应出现偏差的现象。

主成分分析 [principal component analysis] 数据挖掘中常用的一种多变量分析方法。通过正交转换将一组对象的可能相关变量转化为一组线性非相关的数值(即主成分)。常用于减少数据集的维数，同时保持数据集对方差贡献最大的特征。

转动扩散 [rotational diffusion] 粒子或分子的整体空间取向维持或恢复平衡态统计分布的过程。

转动相关时间 [rotational correlation time] 分子转动一定弧度所需要的平均时间。用于微黏度以及蛋白质性质的检测。

转染细胞微阵列 [transfected cell microarray] 一项用于研究和评价基因功能的高通量技术。通过点样或微印刷技术在载体(如载玻片)上形成适宜尺寸的、可寻址的具有荧光蛋白标签的 cDNA 分子库、siRNA 分子库或 shRNA 分子库与凝胶(gelatin)混合溶液的高通量微阵列。加入转染试剂后，将该载体放置于含有细胞悬液的培养皿中，细胞即在载体上形成细胞集落。通过测量细胞集落荧光信号的强弱分析基因的功能。

准生物合成 [quasi-biosynthesis] 转录或者翻译过程中出现的错误，致使 RNA 和蛋白序列不一致。这种错误使得生物体产生生物多样性，从而适应自然的变化。

准生物体系 [quasi-biosystem] 由准生物合成产生的生物多样性，为适应自然变化而准备的多样生物系统。

自发荧光 [autofluorescence] 生物体系在光照下因其自身含有能发射荧光的生物分子而产生的发光现象。

自旋磁共振 [spin magnetic resonance] 电子及具有奇数质子或中子的核子具有内在的自旋性质，粒子自旋产生磁矩，在外磁场下磁矩重新排列，自旋大多处于低能态；当施加特定频率的额外磁场时，其能量会被自旋粒子所吸收，自旋由低能态转向高能态的现象。

总离子流图 [total ion current chromatogram(TIC)] 在给定的检测范围内所有质荷比离子强度的总和随时间变化的曲线。图上每一个点都对应一张完整的质谱图。

纵向[自旋晶格]弛豫时间 [longitudinal [spin-lattice] relaxation time] 处于稳定外磁场中的核自旋系统，受到不同方向的射频场作用后，磁化强度会偏离原来的平衡位置，与原磁场平行的纵向磁化强度将会减小，当射频场去掉之后，纵向磁化强度恢复到平衡状态所需要的时间。

八

放射化学与辐射化学

8.1 基础放射化学

埃曼 [eman] 早期的放射性浓度单位。1 eman=3700 Bq/m^3。

靶核 [target nucleus] 在核反应中，用于被弹核轰击的原子核。

靶化学 [target chemistry] 核化学的一个分支学科。研究核反应靶的制备，照射后产物的分离、纯化，核素鉴定及新核素衰变纲图的确定。

靶托 [target holder] 核反应实验中用来支撑或固定靶的装置。

靶子 [target] 将靶材料装入靶托中制成，靶子需具备热稳定性，耐辐照性能好，辐照后易于处理。

半导体探测器 [semiconductor detector] 以半导体作为工作介质的辐射探测器。主要有结型、面垒型、锂漂移型和高纯锗等几种类型。

半交换期 [exchange half-time; exchange half-life] 在同位素交换反应中交换度(当交换反应达到平衡时，交换度等于1)达到1/2，即交换反应进行一半时所需的时间。常用以衡量交换反应的速度。

半衰期 [half-life] 仅含一种放射性核素的样品的放射性活度降至其初始值一半所需要的时间。

薄靶 [thin target] 入射粒子的能量的变化可忽略不计，并且出射粒子或X射线在其中亦无增强或吸收效应的靶子。其厚度一般小于1 mg/cm^2。

保留 [retention] 在经历了核转变的原子中，仍处于起始的化学状态，或经历热原子反应及后继的反应后又回到起始的化学状态的原子所占的份额。

贝可[勒尔] [becquerel (Bq)] 放射性活度的国际单位制单位。单位符号为Bq。每秒衰变1次，定义为1 Bq。

比活度 [specific activity] 单位质量的放射性活度。SI单位为 $Bq{\cdot}kg^{-1}$。

捕集箔 [catch foil] 在辐照靶子时，用于阻停和收集从靶子中反冲出来的核反应产物的金属或塑料箔。

不加载体 [no-carrier-added (NCA)] 在放射化学研究中不加载体或反载体而进行分析的方法。

不平衡 [no equilibrium; non-equilibrium] 当母核的半衰期 T_1 比子核的半衰期 T_2 短，即 $T_1<T_2$，则子核与母核的活度比随时间变化，不存在任何放射性平衡的现象。

长期平衡 [secular equilibrium] 在递次衰变中，各放射体的放射性活度相等，且其值不随时间明显变化的情况。对于递次衰变：A→B→C，如果母体A的半衰期 T_1 比子体B的半衰期 T_2 长得多，即 $T_1 \gg T_2$ 或 $\lambda_1 \ll \lambda_2$，这里 λ_1 和 λ_2 分别表示母体A和子体B的衰变常数，而且在观察时间内，看不出母体放射性的变化，则在相当长时间以后($\geqslant 7T_2$)，子体B的放射性活度达到饱和，并且子体B和母体A的放射性活度相等：$\lambda_2 N_2 = \lambda_1 N_1$，这里 N_1 和 N_2 分别表示母体A和子体B的核数目，即出现长期平衡。

常温核聚变 [cold fusion] 即冷聚变。

超热中子 [epithermal neutron] 动能高于室温热扰动能的中子，通常指动能为 $1 \sim 10^3$ eV的中子。

超微量化学操作 [ultramicrochemical manipulation] 被处理的物质量在1μg以下的化学操作。

充气分离器 [gas-filled separator] 由一个二极磁铁和两个四极磁铁(DQQ)构成，或者一个四极磁铁和两个二极磁铁(QDD)构成，工作时在其中充满稀薄的工作气体，利用反冲余核与气体的相互作用使其电荷态分布处于一种围绕平衡电荷态的动态平衡中，用以高效地将余核传输到探测装置进行测量的设备。

出射道 [exit channel; outgoing channel] 核反应的产物核与出射粒子的组合。

初级产额 [primary yield] 即独立产额。

初级产物 [primary product] 即初级裂片。

初级裂变产物 [primary fission product] 即次级碎片。

初级裂片 [primary fragment] 又称初始裂片、发射中子前的裂片、初级产物。重核裂变生成的，尚未发射瞬发中子的高激发态原子核。

初始裂片 [initial fragment] 即初级裂片。

次级碎片 [secondary fragment] 又称终裂片、发射中子后的裂片、初级裂变产物。重核裂变生成的，发射瞬发中子后的原子核。

次原子粒子 [subatomic particle] 即亚原子粒子。

簇放射性 [cluster radioactivity] 又称重离子放射性。不稳定的重原子核自发发射一个质量大于 α 粒子的核子簇团(重离子)而转变为另一种核的过程。

簇衰变 [cluster decay] 重原子核进行衰变时以发射重粒子的方式进行的衰变过程。簇衰变过程发射的重粒子能量高、射程短、传能线密度高，用径迹探测器很容易将它们与 α 粒子相区别。

存活概率 [survival probability] 在重离子熔合蒸发反应中产生具有一定激发能的复合核，大部分以裂变的方式退激，只有很小的概率通过蒸发中子的方式产生超重余核的概率。

大气气载碎片 [airborne debris] 简称气载碎片。

弹靶组合 [projectile-target combination] 由选定的轰击粒子和选定的靶核素组成的核反应系统。

弹核 [projectile nucleus] 核反应中用于轰击靶核并引起核反应的粒子或重离子。

等电荷位移假设 [hypothesis of equal charge displacement; equal charge displacement hypothesis] 关于裂变产物电荷分布的一种假说，认为一条质量链的最概然电荷 Z_P 与该链的最稳定核的电荷数 Z_S 的差(即电荷位移)对于一对互补的质量链是相等的，即 $(Z_P-Z_S)_L=(Z_P-Z_S)_H$，其中下标 L 和 H 分别表示轻链和重链。

滴线 [drip line] 在核素图中将最后一个中子(或质子)的分离能为零的原子核连成的曲线。是对原子核稳定性边界的一种描述。一般估计，滴线以内有一定寿命的核素总数可达 8000 个。

第二代子体核素 [granddaughter nuclide] 衰变链中某一特定放射性核素之后再相隔一个核素后的第三个核素。

碲锌镉探测器 [cadmium zinc telluride detector] 又称 CZT 探测器。一种碲酸镉和碲酸锌的合金半导体探测器。其禁带较宽，可以在室温下工作。

电荷分布宽度 [width of charge distribution] 裂变产物质量链的电荷分布曲线峰高一半处的宽度。

电离室 [ionization chamber; ionization cell] 一种气体探测器，利用电场将辐射在其灵敏体积中产生的电荷(电子和正离子)收集于电极并在外电路上给出电信号，从而对辐射的数量和(或)能量进行探测。由于加在其正负电极上的电压较低，不会产生二次电离，因而没有气体放大作用。

电子俘获 [electron capture (EC)] 轨道电子俘获的简称。

电子偶素 [positronium] 即正电子素。

定标器 [scaler] 射线探测装置的一个单元，记录来自射线探测器及其后的脉冲放大器、脉冲成形–幅度甄别电路的电压脉冲信号的数目，一般包含一个或多个分频电路及时钟电路，可直接读出单位时间记录到的脉冲数目。

独立产额 [independent yield] 又称初级产额。导致直接生成某裂变产物核的裂变数占总裂变数的份额。

对称裂变 [symmetric fission] ❶对单个原子核，指分裂为质量相等的两个碎片并放出中子和 γ 射线的核过程。❷对一种导致裂变的核反应，指在一定的能量范围内，裂变产物的质量分布曲线为对称单峰形的核过程。

多核子转移反应 [multinucleon transfer reaction] 入射粒子与靶核之间发生多个核子的转移或交换的核反应。

发射中子后的裂片 [post-neutron emission fragment] 即次级碎片。

发射中子前的裂片 [pre-neutron emission fragment] 即初级裂片。

法拉第筒 [Farady cylinder] 用于监督和测量带电粒子注量率的仪器。它是一个绝缘的电极，专门用来阻止所有打在它上面的束流粒子，以及由束流在该筒内产生的任何带电粒子。积累在法拉第筒上的总的电荷除以每个粒子的电荷，便给出落在筒上的粒子总数。

反常混晶 [anomalous mixed crystal] 凡是不符合戈尔德施密特(V. Goldschmidt)和格林(H. Grimm)的同晶条件(即两组分的化学计量比相同，大小相近，极化率和键型相似)的组分由于共结晶形成的混晶。如 $LaCl_3$-$ThCl_4$-H_2O，K_2SO_4-$Am_2(SO_4)_3$-H_2O 等体系。

反冲 [recoil] 一个粒子由于与其他粒子或光子(电磁辐射)碰撞，或者由于发射其他粒子或电磁辐射导致的运动。

反冲动能 [recoil kinetic energy] 在核转变过程中，产物核所获得的动能。

反冲核 [recoil nucleus] 在核反应中与入射粒子发生弹性散射或非弹性散射的靶核，或核反应的产物核，亦指核衰变中发射了粒子或辐射的剩余核，在上述核转变过程中因获得动能而运动。

反冲技术 [recoil technique] 利用核反应及核衰变中的产物核的反冲效应将其分离或将其直接标记在其他化合物上的一种技术。

反冲射程 [recoil range] 核转变过程中形成的反冲原子进入介质，在介质中运动并损失能量，直到静止所通过的距离。

反冲室 [recoil chamber] 置于核反应靶之后的充气或有载气流过的小室，用于接收并输送从靶子反冲出来的核反应产物。

反符合 [anti-coincidence] 一个事件的发生没有其他指定事件(一个或多个)同时伴随发生。

反符合电路 [anti-coincidence circuit] 一种有 N 个输入端和一个输出端的逻辑电路。当 N 个输入端同时(即在电路的分辨时间之内)有信号输入或都没有信号输入时输出端无信号输出，否则输出端给出一个输出信号。若 $N=2$，称为二重反符合电路。

反散射 [backscattering] 粒子或辐射射向某物体，被该物体以相对于入射方向大于90°的角度反射。

(n,γ)反应 [(n, γ) reaction] 即辐射俘获。

反应截面 [reaction cross section] 描述一个入射粒子与同单位面积上一个靶核发生核反应的概率，也是一个靶核与单位面积上一个入射粒子发生核反应的概率。设靶的厚度为 x，单位体积的靶中含有的靶核数为 N_V，则单位面积上的靶核数 $N_S=N_Vx$。若靶子很薄，入射粒子垂直通过靶子时其能量和强度可认为不变，每个靶核都被认为是暴露于入射粒子的"视野"，而不会彼此遮掩。如果入射粒子束流的强度(单位时间内的入射粒子数)为 I，则单位时间内发生反应的数目 N 应正比于 N_S 和 I，即 $N \propto N_S I$，则比例常数为 σ，即为反应截面，又称有效截面。SI 单位为 m^2，常用单位为靶恩(barn，缩写为 b)，简称靶，$1b=10^{-24}cm^2$。

反载体 [holdback carrier] 放射化学分离中，加入与放射性杂质化学性质相同或相似的稳定同位素化合物，以便有效地阻止这些放射性杂质对欲分离物质的污染。

放射化学 [radiochemistry] 化学的一个分支。其研究对象本身含有放射性物质，或者为进行研究而人为地加入放射性物质，这些物质往往伴随有辐射效应；此外，还包括为各种目的而使用放射性同位素和核探针作为工具开展的化学研究。现代放射化学主要包括核能化学、放射性药物化学、环境放射化学、放射分析化学、放射性元素化学等领域。

研究对象：放射化学主要研究放射性核素的制备、分离、纯化、鉴定和它们在极低浓度时的化学状态、核转变产物的性质和行为，以及放射性核素在各学科领域中的应用等。20世纪60年代以来，放射化学主要围绕核能的开发、生产、应用以及随之而来的环境等问题，开展基础性、开发性和应用性的研究。

学科诞生：1896年伦琴发现X射线。同年贝可勒尔研究磷光物质在光照后能否发射类似于X射线的辐射。他用硫酸铀酰钾晶体作荧光粉时，发现用黑纸包裹的感光板受不发光也不放电的铀盐作用而感光，其中以金属铀的感光作用最强。贝可勒尔称之为铀射线，从而发现了放射性现象。

1898年居里夫妇为了寻找放射性的来源，创制了测量放射性的专门仪器，测量各种物质的放射性，发现有些铀矿物及钍矿物的放射性比纯铀或纯钍强，认为在这些矿物中含有量很少、但放射性很强的物质。他们应用化学分析分离原理结合放射性测量的新工作方法，相继发现钋和镭，从而诞生了一门新学科——放射化学。

学科发展：1903年卢瑟福和索迪(F. Soddy)确定每种物质的放射性按指数关系而衰变的规律。1910年索迪、法扬斯同时发现放射性元素位移规律，提出同位素的概念。1912年赫维西(G. Hevesy)等用20种化学方法试图从铅中分离镭-D(即 ^{210}Pb)，未获成功，继而提出以镭-D指示铅，成功地研究了铅在多种化学反应中的行为，从而创立了放射性示踪原子法，应用放射化学开始得到发展。

1934年小居里夫妇用钋的α粒子轰击铝，并利用化学原理及方法获得放射性磷-30，发明了人工放射性。这是人类首次利用外加影响引起原子核的变化而产生放射性，是20世纪最重要的发明之一。同年，齐拉(L. Szilard)等发现原子核在俘获中子生成放射性新核素时，由于反冲效应导致一系列化学变化，后来发展为热原子化学。

学科贡献：1938年哈恩等在研究铀受中子辐照后的产物时，用化学方法发现和证明了铀核裂变现象。为人类开发利用核能开辟了道路，这是放射化学对核科学技术发展的巨大贡献。

1940年麦克米伦等发现超铀元素镎；西博格等发现钚，1944年提出锕系元素理论。1942年费米等建成世界上第一座核反应堆，第一次实现受控链式裂变核反应，标志着人类进入利用核能的时代，核科学技术从此得到迅速发展。

随着核武器、核电站、核舰艇以及其他核动力装置的研制成功，使核燃料的生产和回收、裂变产物的分离等放射化学工作得到巨大发展，促进了放射性核素性质的深入研究及其在工农业、科学研究及医药卫生等领域中的广泛应用，丰富了放射化学的内容，使它发展成为一门具有独特研究目的和方法的学科。

历史起源：放射化学这一名称是由卡梅伦(A. T. Cameron)在1910年提出的。他指出放射化学的任务是研究放射性元素及其衰变产物的化学性质和属性，这一定义反映了放射化学发展初期的研究对象和内容。人工放射性和原子核裂变的发现及反应堆和加速器的建立对放射化学的发展产生了深远的影响，使放射化学的内容不断充实和拓展。

学科特点：放射化学工作的对象是放射性物质，需要充分利用探测放射性的现代技术，故具有一般化学所没有的许多特点。

首先，放射化学的灵敏度极高，可以探测到几个原子的质量；其次是容易鉴别，每种放射性核素除可以通过普通化学性质识别外，还可以通过其独特的发射粒子的性质、能量、半衰期以及衰变的母子关系等进行鉴别；另外可以利用放射性物质与其稳定同位素的化学性质极为相似的特点，随时跟踪放射性物质的动向，对化学过程中的有关环节进行观察、研究。

放射性核衰变中发出各种射线的能量远大于环境物质的化学结合能，致使所研究的体系产生一系列辐射分解–化合、辐射氧化–还原、辐射催化、发热发光及生物化学变化等辐射效应。在强放射性体系中，辐射效应导致的化学物质变化甚为显著。

在放射化学操作中，放射性物质的浓度往往很低，容易因吸附于器壁或悬浮粒子表面而丢失，或者因雾化、气流载带及α衰变反冲形成放射性气溶胶而污染环境。操作放射性物质应根据放射性核素的毒性、用量、化学形态及操作方式，严格按照国家法规在不同级别的放射性工厂、车间、实验室中进行，并接受辐射防护部门的监督。

防护措施：为防止放射性气体微粒进入人体，产生内照射，应在工作箱中进行放射化学操作。箱内外加适当屏蔽，使射线对人体的外照射在允许剂量以下；为减少外照射，应用特制工具。如用机械手以代替手直接触及放射性容器，用移液管转移溶液，用离心管分离沉淀，使用吸附放射性物质比玻璃少的石英器皿。强放射性物质的溶液或半干燥固体因辐射分解水而发生爆炸性气体，应更加注意。

放射化学产率 [radiochemical yield] 在分离和纯化放射性核素或制备放射性核素标记化合物时，最后得到该核素的放射性活度或标记反应后特定产物的放射性活度与分离前或反应前存在或投入的活度的百分比。

放射化学纯度 [radiochemical purity] 某种放射性核素的样品中，以该核素的指定化学或生物学形态存在的活度占该核素总活度的百分数。

放射化学分离 [radiochemical separation] 用化学方法将指定元素的放射性同位素(单质或化合物)从放射性核素混合物中分离出来的技术。

放射系 [radioactive series] 重放射性核素的递次衰变系列。包括三个天然放射系和一个人工放射系。自然界存在三个天然放射系，其母核半衰期都很长，和地球年龄(约45.4亿年)相近或大于地球年龄，因而经过漫长的地质年代后还能保存下来。它们的成员大多具有 α 放射性，少数具有 β^-放射性，一般都伴随有 γ 辐射，但没有一个具有 β^+放射性或轨道电子俘获的。每个放射系从母核开始，经过至少 10 次连续衰变，最后达到稳定的铅同位素。

放射性 [radioactivity] 某些原子核能发生衰变，放出只能用专门的仪器才能探测到的射线的性质。

放射性本底 [radioactive background] 无辐射源时测到的放射性活度水平。来自宇宙射线、周围环境中的放射性物质、探测器本身的放射性污染及电子学噪声等。

放射性标准 [radioactive standard] 经过精确测定、比对、公认的性质和活度在某一确定的时间内都是已知的，并能用作比对标准或参考的放射性物质或制品。

放射性标准源 [radioactive standard source] 性质和活度在某一确定的时间内都是已知的，并能用作比对标准或参考的标准源。

放射性沉降物 [radioactive fallout] 又称放射性散落物。由核武器试验或其他原因进入大气层后沉降到地面的放射性物质。

放射性纯度 [radioactive purity] 全称放射性核素纯度。在含有某种特定放射性核素的物质中，该核素及其短寿命子体的放射性活度对物质中总放射性活度的比值。

放射性淀质 [radioactive deposit] 天然放射系中的气态成员氡(氡-222、氡-220、氡-219)经过一系列衰变形成的产物。它们可被负电极收集，或者沉积在固体和液体微粒表面。

放射性废物 [radioactive waste] 本身是放射性物质或者被放射性污染后不再使用的固态、液态或气态物质。

放射性核素 [radioactive nuclide; radionuclide] 具有放射性的核素。

放射性核素纯度 [radionuclide purity] *放射性纯度*的全称。

放射性活度 [radioactivity activity; disintegration rate] 又称衰变率。一定量的放射性核素在单位时间内的衰变数。放射性活度的单位为贝可，符号为 Bq，$1\ Bq=1\ s^{-1}$，即 1 次衰变/秒。以前用居里表示。$1\ Ci = 3.7\times10^{10}\ Bq$。

放射性胶体 [radioactive colloid] 溶液中放射性元素及其化合物本身形成的胶体(真胶体)，或吸附有放射性物质的硅胶、金属难溶化合物胶体或其他无机及有机聚合物胶体(假胶体)。

放射性平衡 [radioactive equilibrium] 在一条衰变链中两个相继成员间的活度比不随时间变化的状态。

放射性去污 [radioactive decontamination] 用物理、化学、生物的方法去除或降低放射性污染的过程。

放射性散落物 [radioactive fallout] 即*放射性沉降物*。

放射性束 [radioactive beam] 将核反应产生的放射性核素通过同位素分离器或电磁器件收集，提取成品质好的束流，用来轰击靶核，用以研究核结构、核反应和制备新核素。放射性束对于远离 β 稳定线核结构研究、滴线附近原子核性质研究具有重要的意义。

放射性衰变 [radioactive decay] 不稳定原子核放出粒子或γ辐射，或俘获轨道电子后放出 X 射线，或发生自发裂变的一种自发核转变现象。

放射性衰变常数 [radioactive decay constant] 又称衰变常数。一个放射性核在在单位时间内进行自发衰变的概率。衰变常数 λ 由下式给出：

$$\lambda = -\frac{1}{N}\frac{\mathrm{d}N}{\mathrm{d}t}$$

式中，λ 为衰变常数，N 为在时间 t 时存在的该核的数目。

放射性衰变纲图 [radioactive decay scheme] 又称衰变纲图。详细表明核能级及其自旋和宇称、辐射类型、能量和分支比以及半衰期等核参数的放射性核素衰变的图式。

放射性衰变链 [radioactive decay chain] 又称放射性衰变系、放射系、衰变系、衰变链。一个包含若干核素的系列。该系列中每一种核素通过放射性衰变(不包含自发裂变)转变为下一种核素，直至形成一种稳定核素。

放射性衰变律 [radioactive decay law] 支配放射性物质的量随时间减少的规律。给定时刻 t 放射性核素衰变速率与在时刻 t 放射性核素的数目成正比。

放射性衰变系 [radioactive decay series] 即放射性衰变链。

放射性同位素 [radioisotope] 某种元素中会发生放射性衰变的同位素，按其来源可分为天然放射性同位素和人工放射性同位素。

飞行时间探测器 [time-of-flight detector] 一种粒子探测器，利用两个动量相同质量不同的粒子飞经相距一定距离所需的时间不同，用两个闪烁晶体测量它们的飞行时间，从而鉴别它们。

非对称裂变 [asymmetric fission] ❶对单个原子核，指分裂为质量不等的两个碎片并放出中子和γ射线的核过程。❷对一种导致裂变的核反应，指在一定的能量范围内，裂变产物的质量分布曲线出现轻、重两个峰的核过程。

非同位素载体 [non-isotopic carrier] 一种载体，它不是被载带微量物质的同位素，而是其化学类似物，如性质类似的其他元素、类似的化合物，或未标记的相同化合物。

非完全熔合反应 [incomplete fusion reaction] 在重离子熔合反应中，当入射粒子能量达到 10 MeV/A 后，弹核和靶核在碰撞早期先发射出较轻的碎片后，剩下的部分形成复合核的反应。

分独立产额 [fractional independent yield] 裂变产物链中某核素的独立产额占该衰变链的链产额的份额。

分累积产额 [fractional cumulative yield] 某给定核素的累积产额占该核素所在的质量链的链产额的份额。

分支比 [branching ratio] 又称衰变分支比。同一放射性核素的两种或两种以上的分支衰变的概率之比。

分支衰变 [branching decay] 一种核素能以两种或多种不同方式按一定比例进行的放射性衰变。

分子镀 [molecular plating] 以有机溶剂为介质，在较高电压下进行电沉积制备源(或靶)的方法。沉积在作为电极之一的衬底材料上的是该元素的某种化合物。

丰质子核素 [proton-rich nuclide] 在稳定核素的原子核里，中子数和质子数的比值(N/Z)分布在一个狭长的有限范围。如果某种核素的原子核内中子数与质子数的比值低于这个范围，即含有过少的中子，为丰质子核素或缺中子核素。多余的质子通过β^+衰变或电子俘获变为中子。

丰中子核素 [neutron-rich nuclide] 在稳定核素的原子核里，中子数和质子数的比值(N/Z)分布在一个狭长的有限范围。如果某种核素的原子核内中子数与质子数的比值高于这个范围，即含有过多的中子，为丰中子核素。多余的中子通过 β^-衰变变为质子。

峰谷比 [peak-to-valley ratio] ❶在 γ 射线能谱图中，选定 γ 射线的全能峰峰位处的计数率与该全能峰低能端的谷的计数率之比值。❷在裂变产物的质量分布图中，轻(或重)峰处的质量链产额与两峰之间的谷处的质量链产额之比。

俘获 [capture] 一个原子体系或原子核体系获得一个粒子的过程，通常注明被俘获的粒子的类型及能量，例如(热)中子俘获，K 电子俘获等。

K 俘获 [K-capture] 原子核俘获一个 K 层电子而变成另一种原子核的核衰变过程。

俘获截面 [capture cross section] 有效截面的一种，粒子(如中子、电子)击中靶后被原子核俘获的概率。

符合 [coincidence] 在给定的时间内出现两个或两个以上事件的现象。

符合测量 [coincidence measurement] 对同时(或很短的一定时间内)发生的两个或多个事件进行的测量。用于放射源衰变率的测定，宇宙射线的研究，核结构的研究，基本粒子的平均寿命的测定，各种和参数的测定等方面。

符合测量装置 [coincidence measurement setup] 符合测量所用的装置。例如，用于β–γ符合法测量放射性核素的活度的β–γ符合装置主要由一个β计数器，一个γ计数器，一个符合电路和一个定标器组成，还包括前置放大器、脉冲成形与甄别电路、时钟电路及高压电源等附属单元。

符合电路 [coincidence circuit] 有 N 个输入端和 1 个输出端的电路。仅当 N 个输入端同时(即在电路的分辨时间之内)有信号输入，输出端才给出 1 个输出信号，否则无信号输出。若 N=2 为二重符合电路。在核辐射测量中，用于选择同时或相关发生的事件。符合电路在逻辑上与一般数字电路的“与”门相似，但它带有信号成形电路，可接受核辐射探测器送来的随机模拟脉冲。符合电路的分辨时间决定于各路脉冲的成形宽度。

辐射俘获 [radiative capture] 又称(n, γ)反应。中子射入靶核后，与靶核形成激发态的复合核，然后复合核通过放出一个或几个 γ 光子而回到基态，不再发射其他粒子，中子被靶核吸收的过程。

辐射俘获截面 [radiative capture cross-section] 原子核俘获一个中子发生(n, γ)反应的截面。

复合核 [compound nucleus] 核反应过程中形成的核体系中间状态。复合核模型是 1936 年由玻尔(N. H. D. Bohr)提出的，该模型将核反应堆分成两个阶段：首先入射粒子和靶核强烈相互作用，能量迅速分散给所有核子，使整个核处于激发态，形成复合核，其寿命比入射粒子穿行靶核的时间长得多；第二阶段，处于激发态的复合核由其自身的寿命、能量、角动量和宇称决定其衰变方式。

富集靶 [enriched target] 经过同位素富集后，靶材料中的指定同位素的丰度高于其天然丰度，甚至是纯靶核素。

盖革计数管 [Geiger counter] 即盖革-米勒计数管。

盖革-马斯登实验 [Geiger-Marsden experiment] 即α粒子散射实验。

盖革-米勒计数管 [Geiger-Müller counter] 又称盖革计数管或G-M 计数管。工作在盖革放电区的气体电离探测器。它是气体电离探测器中应用最广泛的一种，主要用于探测 β 射线和 γ 射线。盖革-米勒区指管内气体放大倍数远大于 1，且每次脉冲计数所收集的电荷与单次电离事件在计数管灵敏体积内最初生成的离子对总数无关的电压区间。按探测的射线种类可分为 γ 盖革-米勒计数管和 β 盖革-米勒计数管。按用途不同，有各种不同的结构和型式。常见的是在玻璃管内装一金属圆筒作阴极，在其轴线上有细丝作阳极，管内充以惰性气体和少量有机气体或卤素气体，在两极间加上较高电压。带电粒子射入管内使气体分子电离，所产生的电子向阳极漂移并被电场加速而产生雪崩放大，在阳极上感应一个电压脉冲输出。其幅度和两极间的电压有关，而与入射粒子的种类、能量、初电离地点等无关。记录所产生的脉冲数，可测得射入管内的粒子数目。G-M 计数管对带电粒子如 α 和 β 粒子的探测效率几乎可达到 100%，但对 γ 射线的探测效率较低，只有 1%左右。由于它在一定电压下，其输出脉冲幅度对不同能量、不同种类的射线均相同，不能直接用以鉴别射线的种类和测量能量的大小。

感生放射性 [induced radioactivity] 又称感应放射性。稳定的原子核，在质子、氘核、中子等轰击下，通过核反应，生成不稳定的同位素所具有的放射性。例如，在核弹爆炸中子照射下，将弹体、大气和土壤中的某些稳定核素变成放射性核素，形成感生放射性物质。

感应放射性 [induced radioactivity] 即感生放射性。

高纯锗探测器 [high-purity germanium detector] 一种典型的结型半导体探测器。常用的结构有平面型高纯锗探测器和同轴型高纯锗探测器。它们有各自的特点和应用范围。前者用 P 型或 N 型 HPGe 单晶制成，主要用于测量低能 X 射线和 γ 射线；后者的外电极为 N^+P 结，N^+层是用扩散 Li 的方法制成，内电极通常是采用注入 B^+离子制成，主要用于高能 γ 射线探测。

高能级联反应 [high energy cascade reactions] 描述高能粒子从靶核中撞击出多个核子的一种模型。当入射粒子的德布罗意波长与靶核半径相当时，入射粒子将与靶核中的单个核子碰撞，被撞击的核子具有很高的动能，可与核中的其他核子碰撞，产生更多的高动能核子，并飞离靶核。

高能原子 [energetic atom] 又称热原子。由 β 衰变或中子俘获的核过程而产生的原子。

共振截面 [resonance cross section] 一个入射离子能量为某些数值时，激发曲线呈现出一些尖锐的峰，这一现象称为核反应的共振。发生核反应共振时的反应截面即共振截面，导致共振吸收和共振散射的分截面分别称为共振吸收截面和共振散射截面。

固体核径迹探测器 [solid state nuclear track detector (SSNTD)] 利用辐射损伤效应记录重带电粒子径迹的探测器。当重带电粒子通过探测器，在它的路径上，探测器材料会产生直径 3～5 nm 的辐射损伤，这种带有潜伏径迹的探测器用蚀刻剂蚀刻处理后，其辐射损伤密度超过阈值的潜伏径迹的孔间直径可达 μm 量级，便可使用光学显微镜观察和测量，可测定重带电粒子的数目、飞行方向、原子序数、质量和能量。固体径迹的材料可分为晶体、玻璃和塑料三类，各种材料的记录特性不同。由于它的记录过程不需要电源，在常温下辐射损伤径迹可长期保留而不消失，是核事件的永久记录器。

硅-锂探测器 [Si-Li detector] 利用锂离子漂移技术制造的硅 PIN 型半导体探测器。锂的电离能低，离子半径小，在电场下易漂移过硅晶格。它主要用于测量低能 γ 射线和 X 射线的能谱，具有良好的能量分辨率和高的探测效率，在 X 射线能谱研究及 X 射线荧光分析技术方面非常有用。

硅面垒探测器 [silicon surface barrier detector] 用一片 n 型硅，蒸上一薄层金(10～20 nm)，接近金膜的那一层硅具有 p 型硅的特性。这种方式形成的 pn 结靠近表面层，结区即为探测粒子的灵敏区。金硅面垒型探测器具有能量分辨率高、线性范围广、脉冲上升时间短、体积小及价格便宜等优点，在 α 粒子及其他重带电粒子测量中有广泛应用。

轨道电子俘获 [orbital electron capture] 又称电子俘获。放射性核俘获一个核外轨道电子而使核内的一个质子转化为中子并放出中微子的过程。发生第 i 层轨道电子俘获的条件是母核原子的静止能减去子核原子的静止能必须大于子核原子第 i 层电子的结合能。由于 K 层电子离核最近，它们被核俘获的概率比其他各层轨道电子的要高，因此轨道电子俘获也常被称为 K 电子俘获。以 β^+衰变的核都能产生轨道电子俘获。一般核的原子序数越高、半衰期越长、伴随核衰变的核自旋变化越大，则发生轨道电子俘获的概率越高。

氦射流传送 [He-jet transportation] 在超重元素的合成中用高速氦气流将吸附了重离子核反应反冲产物的气溶胶粒子传送到测量室的气动传送装置。

核纯度 [nuclear purity] 对用作核燃料的铀精制和转化厂的铀产品(如二氧化铀、金属铀、四氟化铀等)的纯度要求。基于各种杂质元素具有不同的核性质，对它们在工艺铀产品中的含量应有不同的要求。对一些热中子俘获截面较大的中子毒物，如硼、镉、铪等杂质元素，它们在铀产品中的含量应小于 0.00001%～0.000001%；而另一些热中子俘获截面较小的杂质元素，如硅、铅、锆、磷、铝、钙、钠、铌、钾、钼、铁、铬、铜、镍、钒等，在铀产品中的含量低于 0.001%～0.0001% 即可。

核反应 [nuclear reaction] 核子、原子核或其他粒子引起原子核的状态发生变化或者形成新的原子核的过程。用 A 和 a 表示靶核和入射粒子，核反应产物可以是两体、三体或多体。对于两体核反应，B 和 b 分别表示靶剩余核和出射粒子，其核反应方程表示为

$$\mathrm{A} + \mathrm{a} \longrightarrow \mathrm{b} + \mathrm{B} + Q$$

式中，Q 表示反应释放的能量。核反应要保证能量、动量、电荷数的守恒。发生吸热核反应所需要的入射粒子在实验室坐标系中的最低能量称为该反应的阈能。带电粒子的核反应，还必须考虑库仑势垒的影响，只有当入射粒子的能量超过阈能且大于库仑势垒时，核反应才有较大的概率。

核反应堆 [nuclear reactor] 应包括裂变堆、聚变堆、裂变聚变混合堆等。通常指裂变反应堆，即利用易裂变核素发生可控的自持核裂变链式反应的装置，它一般具有下列组成部分：①核燃料元件，包括易裂变材料(裂变燃料)、可转换材料(转换原料)和包壳等结构材料；②慢化剂(快中子堆没有这一部分)；③将裂变能量载出堆外的冷却剂；④用以启动或停止链式反应和调节功率水平的控制元件及其驱动机构；⑤测量中子注量率及其他参量的仪器；⑥反射层和快中子堆中的外围转换区；⑦热屏蔽层和辐射屏蔽层；⑧对以上各部分起支撑、定位、导向和屏蔽作用的结构件；⑨反应堆容器。

核工业 [nuclear industry] 即原子能工业。

核合成 [nucleosynthesis (of elements)] 宇宙间一两种简单原子核合成为各种化学元素的过程。这种合成是通过大规模的核反应,包括在太阳和其他恒星中还在进行的反应完成的。核合成可分为太初核合成、恒星核合成、核爆炸合成以及宇宙射线散裂。

核化工 [nuclear chemical engineering] 利用核反应或核衰变释放出的能量或辐射以获取一定的经济效益或社会效益的产业的统称。核工业大体上包含 6 部分：①核燃料工业。从事核燃料循环除反应堆以外各环节所有设施的设计、建造、调试、运行、维修和退役，其中主要的产品是反应堆燃料和核武器装料。②核武器工业。从事核武器的设计、建造、试验、维修和退役。③反应堆工业。从事各种核反应堆装置的设计、建造、调试、运行、维修和退役。④核电工业。从事核电厂的设计、建造、调试、运行、维修和退役。⑤辐射工业：(ⅰ)从事放射性同位素的生产；(ⅱ)含放射性同位素的设备、仪器的制造；(ⅲ)用于科研、国防、工业、农业、医药各领域的辐射源和辐射装置的设计和装备；(ⅳ)放射性废物的处理与处置；(ⅴ)辐射防护的技术和装备。⑥核专用设备仪器和特殊材料工业。

核化学 [nuclear chemistry] 化学的一个分支。研究原子核性质、结构、核转变的化学效应及其规律的学科。与放射化学、核物理密切相关。原子核的稳定性取决于电荷、质量、半径、自旋、磁矩、电四极矩、宇称和统计性质等，放射性核具有不同的半衰期，这些核性质反映了原子核的结构差异。对核结构及包括各种核反应实验、不稳定核的自发衰变、裂变等进行研究，可深入认识原子核的本质，为获取新核素和利用核能提供基础。

核化学起始于 1898 年居里夫妇对钋和镭的分离和鉴定。后来 30 年左右的时间内，通过大量化学上的分离和鉴定，以及物理上探测 α、β 和 γ 射线等技术的发展，确定了铀、钍和锕的三个天然放射性衰变系，指数衰变定律，母子体生长衰变性质，明确了一个元素可能具有不止一个核素的同位素概念，以及同一核素的不同能态等事实。此外，还陆续找到了其他十几种天然放射性元素。

1919 年卢瑟福等发现由天然放射性核素发射的 α 粒子引起的原子核反应，导致 1934 年小居里夫妇制备出第一个人工放射性核素——^{30}P。由于中子的发现和粒子加速器的发展，通过核反应产生的人工放射性核素的数目逐年增加，而 1938

年哈恩等发现原子核裂变更加速了这种趋势，并且为后来的核能利用开辟了道路。

此外，核谱学的工作也有相应的发展。由于粒子加速器、反应堆、各种类型的探测器和分析器、质谱仪、同位素分离器及计算机技术等的发展，核化学研究的范围和成果还在继续扩展和增加，如质量大于氦核的重离子引起的深度非弹性散射反应研究，104 号(元素符号 Rf)至 118 号(元素符号 Og)的超重元素的合成，双质子放射性和碳放射性的发现等。另外，核化学与核技术应用于化学、生物学、医学、地学、天文学和环境科学等方面，已取得了令人瞩目的进展。

核化学研究成果已广泛应用于各个领域。例如利用测定由中子俘获反应的中子活化分析，可较准确地测定样品中 50 种以上元素的含量，并且灵敏度一般很高。该法已广泛应用于材料科学、环境科学、生物学、医学、地学、宇宙化学、考古学和法医学等领域。

核结合能 [nuclear binding energy] 由 Z 个质子和 N 个中子结合成质量数为 $A = Z + N$ 的原子核时所释放的能量。

核聚变 [nuclear fusion] 即聚变。

核裂变 [nuclear fission] 重原子核自发或诱发下分裂成大小相差不多的两个原子核，同时发射中子、γ射线及带电粒子(概率非常小)的一类核反应。

核起源 [nucleogenesis (of elements)] 参见核合成。自然界中原子核的大规模形成。

核衰变 [nuclear decay] 不稳定原子核自发发射出一个或多个粒子或电磁辐射以后转变为另一个或分裂为两个原子核，或跃迁至该种核的能量较低的能级的核过程。已知的核衰变包括 α 衰变，β 衰变(含 β^+、β^-及电子俘获)，γ 衰变(含内转换)，发射缓发中子的衰变，发射质子的衰变，双 β 衰变，簇衰变及自发裂变等。

核素图 [chart of the nuclides] 以中子数 N 为横坐标，以质子数 Z 为纵坐标，将所有核素绘制在一张图上，每一个核素(N, Z)在图中占有一格。对稳定核素，标出其质量数 A、原子质量、基态自旋和宇称及其天然丰度。对放射性核素，标出其质量数 A、衰变类型、半衰期及基态自旋和宇称。

痕量级 [trace level] 在中子活化分析中，指分析元素含量在 10^{-6}～10^{-9}g。含量在 10^{-9}～10^{-12}g 称为超痕量级。

恒电荷密度假设 [hypothesis of unchanged charge density] 原子核的电荷分布密度是恒定的，可用于原子核裂片裂变理论的计算。

厚靶 [thick target] 核反应实验中使用的一类靶子，这类靶子比较厚，入射粒子穿过靶子时，沿粒子穿行方向上被靶物质吸收造成的能量衰减和束流强度减弱对于核反应产物和产额的影响不可忽略。

缓发质子前驱核 [precursor of delayed proton emission] 通过 β^+衰变或轨道电子俘获形成的子体核素除发生 β^+衰变或轨道电子俘获外，还可通过发射质子衰变，是一种极缺中子核素。该过程发射的质子称为缓发质子。如 $^{26}_{15}P_{11} \rightarrow ^{26}_{14}Si_{12} + e^+ + \nu_e$，$^{26}_{14}Si_{12} \rightarrow ^{25}_{13}Al_{12} + p$，其中，$^{26}_{15}P_{11}$ 为缓发质子前驱核。

缓发中子 [delayed neutron] 在裂变后大约几秒钟到几分钟之间随着裂变碎片的逐步衰变而放射出来的中子。占裂变中子的不到 1%，能量分布在 250～560 keV 范围内。

缓发中子发射体 [delayed neutron emitter] 在 β 衰变过程中发射出缓发中子的核素。指由其母体经 β^-衰变生成后，激发能高于其最后 1 个中子的分离能，通过发射 1 个中子退激的一种放射性核素。可表示为：$^{A}_{Z}X_N \xrightarrow{\beta^-} {}^{A}_{Z+1}X_{N-1} \longrightarrow {}^{A-1}_{Z+1}T_{N-2} + n$，其中 $^{A}_{Z}X_N$ 为缓发中子前驱核素，$^{A}_{Z}X_{N-1}$ 为缓发中子发射体。

缓发中子前驱核素 [delayed neutron precursor] 缓发中子发射体的前级 β 衰变核素。主要有 ^{87}Br、^{88}Br、^{89}Br、^{137}I 和 ^{138}I 等。

幻核 [magic nucleus] 中子数或质子数等于幻数的原子核。中子数和质子数都等于幻数的核成为双幻核。例如自然界存在质子数 82、中子数 126 的铅同位素 ^{208}Pb，就具有双幻数，异常稳定。

幻数 [magic number] 原子核中质子数或中子数为某个特定数值或两者均为这一数值时，原子核特别稳定，这些数值被称为“幻数”。迄今已知的幻数有 2、8、20、28、50、82、126。自然界广泛存在的氦、氧、钙、镍、锡、铅元素的质子或中子数分别与 2 到 82 的幻数相对应。

活度计 [activity meter] 一种以电离室为探测器，用以测量放射性活度的仪表。电离室一般为一充入几十大气压惰性气体的井型电离室，电离电流的放大、数据的运算处理、结果的显示则包含在一台仪表中。将待测放射源按一定要求放入电离室井中，输入相应核素的代号，则在显示器上可直接给出以贝可(Bq)或居里(Ci)为单位的放射性活度值。一般可测量十几种到上百种核素的放射性活度。测量活度的范围约为 10^4～10^{10} Bq。测量值的总不确定度对一般核素可小于 5%。活度计主要用于放射性核素的制备和应用等领域，并被《中华人民共和国药典》定为放射性药品活度测定的主要方法，广泛用于各医院核医学科。

机械手 [manipulator] 核领域隔离操作工具。用于在屏蔽墙后操作放射性物质，进行维修、拆除、更换设备、搬运物品等操作，以使操作人员与被操作的放射性物质及其污染区分开，从而保护人不受放射性辐射损伤。它是由把手或按钮、操作杆操作的。

激发函数 [excitation function] 在核反应中，反应截面随入射粒子动能的变化关系。

激发曲线 [excitation curve] 在核反应中，表示反应截面随入射粒子能量变化的曲线。通过对激发曲线的分析，可获得核反应的知识，例如对共振反应，可获得复合核的能级和寿命；对于吸热反应，可求得反应阈能。因此，激发曲线的测量是核反应实验的一项重要工作。

G-M 计数管 [G-M counter] 即盖革-米勒计数管。

计数率 [counting rate] 单位时间接收到的脉冲数。

继发裂变 [sequential fission] 在重离子核反应中，继弹核与靶核发生准弹性散射或深度非弹性散射后的裂变。

加速器 [accelerator] 一种用人工方法获得带电粒子束的大型的实验装置，是研究原子核物理和核化学、认识物质深层次结构的重要工具。它由离子源、真空加速室、束流导引与聚焦系统、束流输送与分析系统等部分组成。根据其工作原理可分为直线加速器、回旋加速器、电子感应加速器、同步加速器等。

加速器驱动次临界洁净核能系统 [accelerator-driven subcritical clean energy system] 即加速器驱动的次临界系统。

加速器驱动的次临界系统 [accelerator-driven subcritical system (ADS)] 又称加速器驱动次临界洁净核能系统。利用加速器加速的高能质子与重靶核(如铅)发生散裂反应，一个质子引起的散裂反应可产生几十个中子，用散裂产生的中子作为中子源来驱动次临界包层系统，使次临界包层系统维持链式反应以便得到能量和利用多余的中子增殖核材料和嬗变核废物。

角分布 [angular distribution] 在 X(a,b)Y 的核反应中，出射粒子数随出射角 θ 的变化。角分布与微分截面成正比。如已知反应的总截面，则可通过较完整的角分布测量，计算微分截面。在核反应中，通过角分布的研究，可获得关于核反应机制的知识。例如，某一反应的出射粒子在质心系中角分布是各向同性或 90° 对称的，则此反应很可能是复合核反应。若反应的出射粒子质心系角分布较集中在入射粒子方向，则可能是直接反应。

介子化学 [meson chemistry; mesochemistry] 主要研究介子原子的形成和衰变与其化学环境之间的关系，以及介子与物质相互作用引起的化学效应的一门核化学的分支学科。由于介子的质量比电子大得多，π^-介子取代氢原子中的电子形成π介子氢，其中的π^-介子的轨道运动半径比普通氢原子中的电子的轨道半径小得多。π^-介子也可以取代其他元素的原子中的电子。π介子原子的形成概率、X 射线谱、与核中的核子的相互作用，以及π^-介子原子的寿命与物质的性质和结构有关。

介子素 [mesonium] 由介子取代氢原子核中的质子而形成的复合系统。例如(μ+e^-)，称为 μ 子素。

介子原子 [mesonic atom] 有若干电子被负电荷介子取代的原子。含有某种介子的原子称某介原子。例如，K 介子原子是一种由 K 介子和质子构成的奇异原子，是在高能加速器研究机构中的 X 射线光谱发现的。K 介子原子的半衰期有 1.18×10^{-18}s。

金-硅面垒探测器 [Au-Si surface barrier detector] 以镀金硅片为探测介质的辐射探测器。

井型计数器 [well-type counter] 一种具有供放置测量样品用的同心圆筒形井的计数器。

径迹蚀刻 [track etching] 带电粒子进入固体绝缘材料和固体半导体材料时，在材料中留下辐射损伤的径迹。被辐照材料经过化学蚀刻之后，辐射损伤的径迹处比未被损伤部分蚀刻速度快，径迹进一步被扩大，用显微镜对径迹进行观察和计数，不仅可以测定入射粒子的数目，甚至可以对粒子进行鉴别。

静电分离器 [electrostatic separator] 又称静电分离设备。静电分离器是通过高压静电、把导体物质与非导体物质进行分离，电路板中的金属与非金属分离出来，主要用于废旧电路板，各种药板、铝塑板、食品包装袋，铝塑管、铝箔等金属。静电分离设备是电路板回收设备的重要组成部分。

静电分离设备 [electrostatic separator] 即静电分离器。

居里 [curie (Ci)] 放射性活度的习惯使用单位。采用国际单位制前使用的放射性活度的专用单位。符号 Ci。它与现行法定的国际单位制单位贝可勒尔的换算关系为：1 Ci=3.7×10^{10} Bq。

聚变 [fusion] 又称核聚变。由质量小的原子，主要是指氘或氚，在一定条件下(如超高温和高压)，发生原子核互相聚合作用，生成新的质量更重的原子核，并伴随着巨大的能量释放的一种核反应形式。原子核中蕴藏巨大的能量，原子核的变化(从一种原子核变化为另外一种原子核)往往伴随着能量的释放。

聚变化学 [fusion chemistry] 研究核聚变所采用的化学方法及实现核聚变所涉及的化学问题。其主要内容包括：测定有关核数据，研究聚变核燃料循环，探索聚变堆所用材料的性质，建立有关的分析方法，及研究等离子体与物质的相互作用等。聚变化学是在热核反应研究中逐步形成并发展起来的放射化学与核化学的分支学科，是一门与新能源应用紧密联系的学科。聚变化学主要用于受控热核反应的研究。为建设聚变反应堆，需要掌握高能中子诱发各种材料核反应的截面数据。化学法可以测定核物理方法难以分辨的某些截面数据。聚变堆运行时，氘、氚、锂进行着增殖循环和等离子体循环，因而需要研究锂化学、氚化学、氚-锂体系化学、氢-氚分离技术。聚变堆结构材料在高温等离子体作用下受到腐蚀，需要研究其相互作用的化学问题。

聚变截面 [fusion cross section] 发生核聚变反应的截面。

绝对测量 [absolute counting; absolute measurement] 当未知量是通过对一个或数个基本量的直接测量或利用物理常数进行测量而确定时，这类测量方法称为绝对测量法。绝对测量不依赖于其他样品或标准仪器的比较而直接得到测量结果。计量标准的建立往往以绝对测量法为基础。

锎-252 中子源 [Cf-252 neutron source] 由 ^{252}Cf 制备的放射性同位素中子源。

可裂变核素 [fissionable nuclide] 能通过某种途径发生裂变反应的核素。原则上，质量数在 150 以上的核都可由高能粒子和高能光子引起裂变，都是可裂变核素。但习惯上指铅、铋以后的重核，主要有易裂变核素(^{233}U、^{235}U 和 ^{239}Pu)以及可转换核素(^{232}Th 和 ^{238}U)两类。

可裂变性参数 [fissionability parameter] 即裂变参数。

可转换核素 [fertile nuclide] 俘获中子后能转变为易裂变核素的核素。包括能转换成 ^{239}Pu 的 ^{238}U 和能转换成 ^{233}U 的 ^{232}Th 两类。

库仑势垒 [Coulomb barrier] 带电粒子进入或飞出原子核所需穿过的原子核附近的高势能区。带正电的粒子在原子核边缘区域所受到的势能，具有极大值。这个极大值是由长程库仑排斥力与短程核吸引力的综合效应产生的。粒子和原子核的距离越小，库仑排斥力越大。同时入射粒子和靶核之间还存在短程核吸引力，当入射粒子进入靶核的核吸引力范围时，库仑排斥力逐渐被短程吸引力所抵消，其合成势升到一个最大值后迅速下降。带正电的入射粒子只有具有足够的能力，并能克服库仑势垒时，才能与靶核发生核反应。

快放射化学分离 [fast radiochemical separation] 快速分离测量秒级短寿命核素的放射化学分离技术。它包括自动批式断续技术和在线连续技术两类。在放射性操作中，经常碰到短寿命的放射性核素，常规的化学分离方法由于流程繁琐、操作时间长，放射性核素在分离还未完成之前就几乎衰变完了，因此无法应用。快放射化学分离在裂变过程、粒子发射以及远离 β 稳定线非稳核性质研究等领域应用广泛，并且是目前研究半衰期数秒钟甚至更短，每次实验只有几个原子甚至一个原子的超重元素的唯一方法。对于短寿命的放射性核素的分离，常采用核反冲法。它是基于放射性核素 α 衰变放射出能量较高的 α 粒子，使子体核获得反冲能量，从而由母体物质中逸出。利用它的荷电性质，可在外加电场作用下收集。例如超铀元素 101～105 的分离鉴定和发现都曾采用核反冲法。此外，还有快速程序分离等方法。

快化学 [fast chemistry] 放射化学的一个分支。主要研究对微量或超微量的核反应产物进行连续的快速分离、纯化、分析及鉴定的方法与技术。例如，用高速离子交换-多道能谱仪分离和鉴定数十种核反应产物，整个操作在数分钟甚至数秒钟内完成。

快中子 [fast neutron] 能量高于某一特定值的中子。这一特定值的选择取决于具体应用场合。在中子核反应研究中以进入不可分辨共振能区作为界限，这个值一般选为 10 keV；在反应堆物理中，通常选为 0.1 MeV；在辐射屏蔽与计量学中，常选为 1 MeV。快中子是研究原子核性质的主要工具，是研究核反应机制的重要手段。由于快中子能量高，所以它对材料产生的辐照损伤和对人体的危害都比较大，在屏蔽设计和剂量防护中应予以特别注意。

镭-铍中子源 [Ra-Be neuron source] 常用的(α，n)中子源之一，利用天然镭发射的 α 粒子轰击铍靶获得中子。常用于仪器刻度或作为中子强度测量时的标准中子源。^{226}Ra 的衰变产物中有 ^{222}Rn、^{218}Po(RaA)、^{214}Po(RaC′)和 ^{210}Po(RaF)四个 α 子体，平衡时镭-铍中子源中子产额可达 $(1\sim1.71)\times10^7 n/(s\cdot Ci\,^{226}Ra)$，($1Ci=3.7\times10^{10}Bq$)，其中子平均能量为 3.9～4.7 MeV，最大能量达 13.08 MeV。源强为 10^6 n/s 时，1 m 处 γ 照射量率约为 15.5 μC/(kg·h) (60 mR/n)。镭-铍中子源通常为圆柱形。制备时，将铍粉加入溴化镭溶液中(Ra 与 Be 质量比为 1∶5)，混合蒸干后压制成形，装入玻璃安瓿或黄铜、镍、不锈钢等材料制成的壳体中，最后以双层焊封。根据需要，有时也制成 $RaBeF_4$ 化合物结晶，但因其中 Be 含量过低，产额仅为 $(1.85\sim3)\times10^6 n/(s\cdot Ci\,^{226}Ra)$。由于 ^{226}Ra 半衰期长(1600a)，镭-铍中子源中子强度几乎不随时间变化，不必经常进行衰变校正。其主要缺点是有很强的 γ 辐射，并可能有氡气泄露等问题。

累积产额 [cumulative yield] 在规定时间内直接和由其他裂变产物 β 衰变产生的该核素的合计份额。如不限定时间，累积产额指的是渐近值。参见*裂变产额*。

冷聚变 [cold fusion] 又称常温核聚变。固体吸氢(氘)后所发生的各种异常核现象的总称。在相对低温(甚至常温)下进行的核聚变反应，这种情况是针对自然界已知存在的热核聚变(恒星内部热核反应)而提出的一种概念性“假设”，这种设想将极大地降低反应要求，可以使用更普通而且简单的设备，同时也使聚核反应更安全。

冷熔合反应 [cold-fusion reaction] *熔合反应*的一种。用两个质量相差较大的原子核相撞，通过两核熔合的机制来合成超重元素。在冷熔合中，形成的超重核的激发能比较低，一般蒸发1～2个中子，就可以到达原子核的基态。而热熔合反应生成的复合核的激发能比较高，要蒸发3～4个中子，才能退激到基态。107～112号元素，就都是在德国的GSI亥姆霍兹重离子研究中心用冷熔合反应合成的。例如，命名为Rg的111号元素的生成反应是：

$$^{64}Ni + {}^{208}Pb \longrightarrow {}^{272}Rg + {}^{1}n$$

离心势垒 [centrifugal barrier] 1 个轨道角动量不为零的粒子进入核中(或从核中飞出)时，所必须克服的势垒。起源于入射粒子与靶核(或出射粒子与剩余核)组成的系统的转动能，只有能量大于该转动能的粒子才有较大的概率进入或飞出原子核。它由粒子的角向运动引起，用角量子数 l 表征，总是正定的，并且 l 越大势垒越高。

粒子散射实验 [Rutherford scattering experiment] 即卢瑟福散射实验。

α 粒子散射实验 [α-particle scattering experiment] 又称卢瑟福散射实验、卢瑟福金箔实验、盖革-马斯登实验、卢瑟福 α 粒子散射实验。1909 年卢瑟福和他的助手用 α 粒子轰击金箔来进行的实验。绝大多数 α 粒子穿过金箔后仍沿原来的方向前进，但有少数 α 粒子发生了较大的偏转，并有极少数 α 粒子的偏转超过 90°，有的甚至几乎达到 180°而被反弹回来。由此，卢瑟福在 1911 年提出了原子的核式结构模型。

链式核裂变反应 [chain nuclear fission] 核反应产物之一能引起同类核反应并使该类反应逐代进行下去的反应。例如，一个可裂变核每次吸收一个中子发生裂变反应后平均放出 2～3 个次级中子。这些次级中子在一定的条件下又有一部分引起其他裂变核的裂变，如此持续进行下去便形成链式核裂变反应。链式核裂变反应分为自持型、发散型和收敛型三种。裂变反应所产生的次级中子并非都能引起下一级的核裂变反应，其中有一部分泄漏出系统外或被俘获吸收而损失。如果每次裂变反应所产生的次级中子，平均有一个能引起下一级的核裂变反应，则链式核裂变反应可自行维持下去，这样的链式核裂变反应称为自持链式核裂变反应(临界)。如果每次裂变反应产生的次级中子，平均有一个以上能引起下一级核裂变反应，则链式裂变反应就越来越大，这样的链式裂变反应称为发散链式核裂变反应(超临界)。如果每次裂变反应产生的次级中子，平均不到一个能引起下一级裂变反应，则链式裂变反应就越来越小，直至停止，这样的链式裂变反应称为收敛链式核裂变反应(次临界)。

裂变 [fission] 重原子核分裂成两个或两个以上中等质量碎片原子核的反应。首由哈恩(O. Hahn)和斯特拉斯曼(F. Strassmann)于1938年用中子轰击铀的实验发现，铀被分裂成质量较小的镧和钼，而且放出2个中子和能量。典型的非对称分裂可表示为

$$^{235}U + {}^{1}n \longrightarrow {}^{137}Cs + {}^{97}Rb + 2{}^{1}n$$

一个重核裂变释放的能量约为 201 MeV，1kg 铀裂变释放的能量相当于 2500 kg 标准煤的燃烧热。除中子以外，质子、γ 射线、氘核等也可使重核裂变，某些重核尚可自发裂变。1947 年钱三强和何泽慧发现铀核俘获中子后可产生概率很小的三分裂或四分裂现象。核裂变对核能的利用具有重大的实用价值。

裂变参数 [fission parameter] 又称可裂变性参数。描述重核对于裂变稳定性大小的一个参数。裂变参数 $X=E_C/2E_s$，E_C 为球形核的库仑能，E_s 为球形核的表面能。根据液滴模型，裂变参数 X 小于 1 时，核是稳定的；X 越大核的裂变势垒越低，因而越易裂变。当 X 大于 1 时，核是不稳定的。对质量数为 300 左右的核，X 已很接近 1，即不再存在寿命较长的核素。而按照核的壳层结构，满壳层的核对形变具有特殊的稳定性，因此理论预期有些质量数在 300 左右的核，虽然 $X \approx 1$，但对裂变仍有一定的稳定性。这种核称为超重核，不过目前实验尚未发现。

裂变产额 [fission yield] 裂变产物在裂变过程中产生的概率。通常用每百个重核裂变所产生的裂变产物原子核个数表示。它可分为独立产额、累计产额和链产额。独立产额是指直接裂变产生的碎片占裂变总数的分数。某一质量链上所有核素的独立产额之和称为链产额。累计产额是指该核素及其衰变前驱核素独立产额之和。

裂变产物 [fission products] 核裂变生成的裂变碎片及其衰变产物的总称。其中，裂变直接产生的产物在发射中子前的产物称原始裂变碎片，有时简称裂片，而发射中子后发生 β 衰变前的产物称原始、独立或直接裂变产物。重核在中子作用下发生裂变时生成两个原子序数和质量数都不相同的碎片，这些碎片及其衰变子体就是裂变产物。在大多数情况下，两个碎片质量数之比约为 3∶2，因此产生了两组裂变产物碎片——轻组和重组：轻组碎片裂变产物的质量数为 66～117；重组碎片裂变产物的质量数为 119～172。总共包括原子序数从 Z=30(锌)到 Z=65(铽)的 36 种元素的 160 多种核素(A=72～161)。裂变产物是许多核素的复杂混合物，其中既有放射性核素，也有稳定核素。

裂变产物[衰变]链 [fission product chain; fission product decay chain] 裂变产物核素连续发生多次β衰变的链。当重核为慢(或快)中子诱发裂变时，生成的初级裂变产物核绝大多数含有过量的中子，因而是不稳定的。这种初级裂变产物将发生一次或连续发生多次β衰变，直至生成稳定的核素为止。例如：

$$^{235}U + {}^{1}n \longrightarrow {}^{140}Ba + {}^{94}Kr + 2{}^{1}n$$

$$^{140}Ba \xrightarrow{\beta} {}^{140}La \xrightarrow{\beta} {}^{140}Ce\ (\text{稳定})$$

$^{94}Kr \xrightarrow{\beta} {}^{94}Rb \xrightarrow{\beta} {}^{94}Sr \xrightarrow{\beta} {}^{94}Y \xrightarrow{\beta} {}^{94}Zr$（稳定）

裂变产物 ^{140}Ba 和 ^{94}Kr 构成两条质量数分别为 140 和 94 的裂变链。

裂变产物的电荷分布 [charge distribution of fission products] 核裂变生成的裂变产物质量链中同量异位素的独立产额的变化规律。要精确了解电荷分布的特征，必须知道这个质量数为A的质量链上，每一个同质素的独立产额，但这对放射化学分析方法有一定的困难，因此总是假定电荷分布具有高斯分布的形式：

$$P(Z) = (C\pi)^{-1/2} \exp[-(Z - Z_p)^2 / C]$$

式中，Z_p 为高斯分布中最可能出现的电荷值；C 为分布宽度。实际上，质量数为 A 的裂变产物的电荷分布并非单一高斯分布，而是当 Z 为偶数时，相对产额需在“正常的”高斯分布值上乘上一个因子——1.25，当 Z 为奇数时则需乘上另一个因子——0.75 即电荷分布呈现出锯齿结构。这一奇一偶效应已经被在高通量反应堆上，利用磁谱仪直接测量 ^{235}U 热中子裂变的独立产额实验所证实。

裂变产物的质量分布 [mass distribution of fission products] 裂变产物的产额按质量数的分布。质量分布曲线的一个显著特点是曲线上出现双峰，且激发能越低，峰谷越深。这表明，激发能低时，重核的非对称裂变占优势，对称裂变的概率很小。质量较大的峰称为重峰，峰的重心在A=139左右，这是由Z=50，N=82 的双闭壳层结构的特殊稳定性决定的。质量较小的峰称为轻峰，峰的重心在A=90～95 之间，这是受N=50 的中子闭壳层结构的特殊稳定性的影响。实验上可以通过测定两碎片的速度或能量，应用动量守恒原理计算质量(并对中子发射进行校正)，这种物理方法测得的是初级碎片的质量分布；还可用化学方法分析裂变产物；但这时得到的是次级碎片的质量分布。锕系核的裂变产物质量分布具有以下特征：①对称裂变概率低，峰谷比(非对称与对称裂变产额之比)可达 2 个数量级；②激发能升高和裂变核质量数增大，对称裂变概率随之增加，峰谷比降低；③裂变核的质量数变化时，重产物群的平均质量数稳定不变，而轻产物群的平均质量数则随裂变核的质量数增加而增大；④对偶-偶裂变核(^{235}U+中子、^{239}Pu+中子)而言，受核结构效应的影响，质量分布曲线不光滑，曲线上存在着精细结构峰。

裂变产物化学 [fission product chemistry] 放射化学的一个分支。以裂变产物为对象，研究其在核能利用中的化学行为。对核燃料循环来说，核燃料后处理是不可缺少的环节，它的任务是除去裂变产物和回收核燃料物质。目前世界上普遍采用的后处理流程是 PUREX 流程，它是在硝酸介质中以磷酸三丁酯为萃取剂的萃取流程。流程要求对裂变产物有非常高的去除能力，因此研究裂变产物在 PUREX 流程中的化学行为就构成了裂变产物化学的主要内容。裂变产物大多数具有放射性，由于辐射分解常常带来许多辐射化学问题，使得元素的化学行为更为复杂。例如水经辐射分解生成许多活性自由基，它们可使元素发生反常的氧化还原行为；萃取剂、稀释剂或离子交换树脂的辐射分解产物，有可能与某些元素发生有害的反应。裂变产物在溶液中的浓度通常是非常低的，例如在核燃料溶解液中浓度仅为 10^{-4} mol/L 左右。对这样低浓度的元素进行化学研究，许多常规方法已不适用；并且由于浓度低，容器的吸附问题变得严重，形成胶体的倾向更加明显。总之，在强辐射场中以低浓度存在的裂变产物的化学行为常常是非常复杂的，有时甚至连它们存在的化学状态都难以确定。

裂变化学 [fission chemistry] 以可裂变核素及裂变产物为研究对象，以放射化学方法为研究手段，以裂变规律为研究目的的一门核化学分支学科。裂变化学研究的主要内容包括：重核素的裂变性质的研究；裂变产物质量分布和电荷分布研究；发现和鉴别新的裂变产物核素；裂变产物化学状态研究以及裂变化学的方法学研究等。例如从核反应堆芯中取样分析裂片核素 ^{137}Cs 的含量，与其裂变产额比较，即可得出核燃料的燃耗(即已裂变的原子在核燃料中所占的百分数，或单位质量核燃料所产生的能量)。

裂变计数器 [fission counter] 一种测量放射性强度的装置。可以用于中子的检测，是一种通过记录计数器中气体裂变碎片的电离脉冲来检测热中子的脉冲电离室。这些脉冲强度远大于天然放射性材料发射的 α 射线的强度，也比 γ 射线与计数器中材料作用产生的脉冲强度大。通过选择适当的脉冲幅度，可以只检测到中子与计数器中材料作用产生的脉冲。

裂变截面 [fission cross-section] 单位截面上一个靶核和一个入射粒子发生裂变的概率。它表示诱发裂变概率的大小，符号记作 σ_f，$\sigma_f = I_f/I_aN_s$，其中 I_a 为单位时间入射粒子数，I_f 为单位时间发生裂变数、N_s 为单位面积靶核数。截面单位为靶恩，简称靶，记为 barn 或 b，$1\ b = 10^{-24}\ cm^2$。如 ^{235}U 热中子诱发裂变截面值约为 582 b。

裂变链式反应 [fission chain reaction] 以中子为媒介而维持的自持的裂变反应。例如 ^{235}U 核吸收一个中子后发生裂变，同时平均放出 2～3 个中子，除去损耗，若还有一个中子能引起另一个 ^{235}U 核发生裂变，则可使裂变自持地进行下去。为使核燃料的裂变可实际利用，必须让大量的核放生裂变，这就要求实现裂变链式反应，即保持中子的增殖系数等于或大于 1。

裂变势垒 [fission barrier] 重核从基态形变向断点形变过渡时的势能变化形成的势垒。核的激发能超过势垒高度，立即发生裂变。能量低于势垒的重核也可通过量子力学的势垒穿透发生裂变，例如重核的自发裂变和同核异能素裂变。

裂变碎片 [fission fragment] 重原子核裂变形成的两

个或三个核。通常两块碎片的质量分配是不均匀的，一块较轻，另一块较重。重核裂变成两块碎片的概率比三块或三块以上要大得多。例如，在热中子作用下铀核裂变的碎片核有：

$$^{235}U + {}^{1}n \longrightarrow {}^{144}Ba + {}^{89}Kr + 3{}^{1}n$$

$$^{235}U + {}^{1}n \longrightarrow {}^{140}Xe + {}^{94}Sr + 2{}^{1}n$$

$$^{235}U + {}^{1}n \longrightarrow {}^{137}Te + {}^{96}Zr + 3{}^{1}n$$

裂变碎片具有很大的动能，绝大多数是不稳定的核素，它们将进行一系列的衰变。

裂变同质异能素 [fission isomer] 一种新型的同质异能素，某些核可以从它的某准稳的激发态发生裂变，并有可观察到的裂变半衰期，如大于 1 ps，这个准稳的激发态称裂变同质异能素。这一现象首先发现于 ^{242m}Am，自发裂变半衰期为 14.0 ms，其基态裂变半衰期长达 9.5×10^{11} a。在 $92\leqslant Z\leqslant98$ 区域中，现已发现 30 余种自发裂变同质异能素。

裂变中子 [fission neutron] 重核裂变时发射出的中子。^{235}U 吸收热中子进行裂变时，多数发射 2～3 个中子，有的不发射，最多可有 7～8 个，平均裂变中子数对链式反应装置的临界条件起关键作用。在裂变过程 10^{-4}～10^{-3}s 内直接发出的瞬发中子，占裂变中子总数的 99%，其能量主要分布在 0.1～5 MeV 范围内；另有 1%是由中子过剩的裂变碎片核中放出的缓发中子，它在慢中子裂变反应堆中起控制作用。

裂片元素合金 [fissium] 反应堆燃料中裂变产物的平衡混合物。可以增强快中子照射时铀或铀-钚合金燃料的稳定性。指辐照燃料中除去裂变材料、放射性气体、铯、锶、稀土等后，剩余贵金属裂变产物的总称，或指组成与其相同的模拟合金。

卢瑟福金箔实验 [Rutherford gold foil experiment] 即 α 粒子散射实验。

卢瑟福 α 粒子散射实验 [Rutherford α-particle scattering experiment] 即 α 粒子散射实验。

卢瑟福散射实验 [Rutherford scattering experiment] 即 α 粒子散射实验。

镅-铍中子源 [Am-Be neutron source] 常用的(α，n)中子源之一，利用 ^{241}Am 发射的 α 粒子轰击 Be 靶获得中子。平均能量约为 5 MeV，最大能量为 11.5 MeV，中子产额通常为(2.2～2.7)$\times10^{6}$n/(s·Ci ^{241}Am)，(1Ci=3.7×10^{10}Bq)。源强为 10^{6}n/s 时，1 m 处 γ 照射量率小于 0.26 μC/(kg·h) (1 mR/h)。镅-铍中子源的制备方法有三种：AmO_2-Be 粉末压块、$AmBe_{13}$ 合金及高温烧结成 AmO_2-BeO 陶瓷体。粉末压块工艺简单；合金源则可提高单位体积内的中子发射率；高温烧结陶瓷体使用更为安全，源壳一旦破裂也不致造成放射性物质扩散而污染环境。镅-铍中子源可制成线状、圆柱状或环状。源壳材料通常为不锈钢，并用氩弧焊或等离子焊等技术双层焊封。由于 ^{241}Am 半衰期比较长(433 a)，虽然中子源不能做得很小，但可满足一般工业需要，而且使用期长，价格较便宜，所以现在用于中子测井、中子水分测量的中子源都是 ^{241}Am-Be 中子源。

每次一个原子的化学 [one-atom-at-a-time chemistry] 放射化学的一个分支，研究半衰期只有几分钟或更短的重元素的化学性质，通过测量单个原子的放射性衰变来研究 Md 或比 Md 更重的元素的化学性质。Md 是最后一个直接用化学分离的方法发现的重元素，同时也是用每次一个原子的化学识别的第一个超铀元素。

母体核素 [parent nuclide] 在放射性衰变链中，每个核素都由前一核素衰变而成，称前者为后者的母体核素，后者为前者的子体核素。这样由母体核素和子体核素组成的体系，称为母-子体对。子体核素可以是稳定的，也可以是放射性的。如果子体核素是放射性的，那么它可以继续衰变，直至变成稳定核素为止，这样就有第二代子体以至产生更多代的子体，形成一个放射系A→B→C→D→…，对第二代子体来说，第一代子体就是它的母体，其余类推，例如：

$$^{99}Mo \xrightarrow{\beta^-} {}^{99m}Tc \xrightarrow{IT} {}^{99}Tc \xrightarrow{\beta^-} {}^{99}Ru\text{（稳定）}$$

式中，^{99}Mo 是 ^{99m}Tc 的母体，^{99m}Tc 是 ^{99}Tc 的母体，^{99}Tc 又是 ^{99}Ru 的母体，而 ^{99m}Tc、^{99}Tc、^{99}Ru 分别是 ^{99}Mo 的第一、二、三代子体。

内靶 [internal target] 置于加速器真空箱内，直接接受粒子束流辐照的加速器用靶。

内转换电子 [internal conversion electron] 内转换过程中释放出的电子。原子核从激发态向较低的能态或基态跃迁时除了发射 γ 光子之外，还可以将能量传递给某个壳层电子，使电子发射，实现退激，该过程为内转换过程。

内转换系数 [internal conversion coefficient] 内转换电子的跃迁概率与发射 γ 光子的跃迁概率的比值。

偶然符合 [random coincidence; accidental coincidence] 时间上没有确定联系的两个事件同时发生。

碰撞参数 [impact parameter; collision parameter] 释文见物理化学同名词条。

平均寿命 [average life; mean life] 处于不稳定状态的微观粒子的平均生存时间。对于指数衰减的微观粒子体系，平均寿命等于粒子数衰减到原来数目的 $1/e$ 所需的时间。

屏蔽地下室 [shielded cave] 为降低放射性测量中来自宇宙射线的本底辐射而建造的地下屏蔽设施。

屏蔽室 [shielded room] 为操作放射性物质而建造

的、有严密屏蔽射线功能的密闭空间。屏蔽室能有效地屏蔽其内的放射性物质的α、β或γ射线，又能防止放射性物质的泄漏。在放射性测量工作中为了降低来自宇宙射线及环境放射性(包括天然的和人工的放射性核素)造成的本底辐射而建造的屏蔽室(如铅室)。屏蔽室既可以是固定的，也可以是移动的。

α 谱学 [α-spectroscopy] 原子核物理学的一个分支。是研究α谱的测量，以及根据α谱研究原子核α衰变规律和原子核的特性的一门学科。

β 谱学 [β-spectroscopy] 原子核物理学的一个分支。是研究β谱的测量，以及根据β谱研究原子核β衰变规律和原子核的特性的一门学科。

γ 谱学 [γ-spectroscopy] 原子核物理学的一个分支。主要是通过实验测量γ射线的能量、相对强度、能级寿命、角分布、级联关系、内转换系数以及γ跃迁的多极性，以确定核能级的位置、自旋和宇称等，为核结构及核反应机制提供信息。

齐拉-却尔曼斯效应 [Szilard-Chalmers effect] 分子中的一个原子因为发生核反应或核衰变受到反冲，使该原子与分子其余部分结合的化学键发生断裂的效应。1934 年由齐拉和却尔曼斯发现。

奇异核 [exotic nucleus] 由于具有不寻常的中子数与质子数之比而表现出很多奇异性质的核素。如果把各种核素以其中子数为横坐标,以其质子数为纵坐标，标在核素图上，就可以看到，稳定核素大致上沿着一条线排列，该线就是β稳定线。粗略地讲，奇异核位于离开β稳定线±4～10个中子以外的区域，因而又称为远离β稳定线的核素。

奇异原子 [exotic atom] 在原子中，一个正常的核外电子被别的负电荷粒子所取代，就构成奇异原子。目前已发现的奇异原子包括μ原子、π原子、K原子、Σ原子、$\bar{p}$原子。同样应该还有Ξ原子、Ω原子、$\bar{d}$原子，但至今还没被实验发现。因为π、K是介子，因此π原子、K原子又称为“介子原子”。有时候，π、K、Σ和$\bar{p}$原子又称为“强子原子”以表示它们的核外含有一个强相互作用粒子。

奇异原子的形成以及随后所发生的物理过程很复杂，涉及原子物理、核物理和基本粒子物理三个物理领域。

这些带负电荷的粒子通过物质时首先很快慢化。然后被原子俘获到轨道上，之后通过俄歇电子发射或X射线发射而级联跃迁到最低能级，随后在这个轨道上或者衰变，或者被俘获。

奇异原子的电磁级联过程是和原子结构以及相应的负电粒子的属性(如质量、磁矩等)密切联系的，由X射线能量可得到负电粒子质量、磁矩等更精确的数据。由于这些负电粒子质量比电子质量重得多，在原子中的轨道更接近于核，因此各种核效应，如核内电荷分布、核的表面结构就变得十分突出。而衰变和核俘获涉及基本粒子的强和弱相互作用。因此，奇异原子可以作为原子核物理和基本粒子物理研究的一种手段。

奇异原子化学 [exotic atom chemistry] 粒子物理学与核化学相交叉的边缘学科。主要有两方面，首先是找出物质化学结构影响奇异原子形成与衰变的规律，其次是通过观测奇异原子的形成与衰变来获取有关的化学结构和化学反应动力学的新数据。这门学科提供了一种研究分子电子结构和材料化学性质的新途径。

奇异原子有些是由负粒子μ子及介子或超子等强子组成，质量、结合能比电子大 2 到 3 个数量级，有着不同的自旋。奇异原子与普通原子相比有以下特点：量子数相同时，轨道半径与轨道上粒子的约化质量成反比，奇异原子半径会比普通原子的半径小 2 到 3 个数量级；轨道能级与轨道上粒子的约化质量成正比，能级跃迁时能量比电子跃迁能高几百至几千倍；具有多种不同的自旋角动量；基态不稳定，奇异原子会因为其中寿命较短的不稳定粒子中衰变而解体，或因为其“电子”与“核”碰到一起而衰变。20 世纪 60 年代初发现物质的化学性质对奇异原子释放的介子X射线谱的结构有影响，还发现一系列金属氧化物捕获μ子的概率比随金属原子序数呈周期性的变化，其最小值从元素周期表的开始处出现，进而推断化学键类型对奇异原子的形成和衰变有一定影响。到 20 世纪 60 年代中期，从实验上验证了奇异原子的形成概率与衰变方式同化学环境有着密切联系，由此发展出奇异原子化学这一新的研究领域。

气动跑兔 [pneumatic rabbit] 用于快速传输辐照后样品，活化分析短寿命放射性核的气动传送系统。广泛用于加速器和核反应堆的装置上，在医学等领域中也有广泛应用。1975 年，德国人克赖纳(H. J. Kreiner)发明了一套跑兔系统。辐照后样品从反应堆的辐照位置快速传输到测评位置，其传输速度和声速相仿。1980 年，美国哥伦比亚举行的关于核方法在环境和能量中的应用国际会议中，有文章报道了气动跑兔装置在医学中的应用以及活化分析的前景。气动跑兔装置能在 140 ms 内把样品传输到 16 m 远的样品探测位置。

气载碎片 [airborne debris] 大气气载碎片的简称。悬浮于大气中的被放射性物质污染了的固体颗粒物或液滴。进行大气层核爆炸试验时，产生的核裂变碎片和未裂变的原子装料，都具有很强的放射性，污染空气，造成大量的放射性尘埃，散落于地面。包括 ^{90}Sr、^{95}Zr、^{137}Cs、^{144}Ce、^{106}Ru 和钚同位素 $^{239\sim241}Pu$。沉积在土壤表面的放射性沉降物对居民形成外照射，食入被放射性污染了的食品会引起对居民的内照射。

铅室 [lead castle; lead cave] 一种γ辐射屏蔽装置，可以屏蔽放射源、放射性材料和辐射探测器等，但不能有效屏蔽中子。广泛应用于核工业以及其他使用电离辐射的领域。一般由包裹在不锈钢中的固体铅或连锁铅块制成，能够使铅室中的被保护物免受或减少辐射伤害，或者屏蔽γ辐射背景，避免其影响其他粒子探测器(如α或β粒子)捕捉信号。

前驱核素 [precursor nuclide (nucleus)] 在裂变产物衰变链中，有些成员的激发能高于最后一个中子的结合能，有一定的概率发射一个中子，例如^{87}Br就是这样的核素，相对于缓发中子事件，它是一个前驱核素。

$$^{87}\mathrm{Br} \xrightarrow{55.7\mathrm{s}} {}^{86}\mathrm{Br} + \mathrm{n}$$

在放射性衰变链中，位于指定核素之前的任一核素为该核素的前驱核素。

壳[层]模型 [shell model] 一个关于原子核结构的理论模型，认为原子核中的每个质子和中子都在对时间平均的核势阱中独立运动，形成类似于原子的分立能级，核子的强自旋-轨道偶合使能级进一步分裂，能量接近的一组轨道组成一个壳层，壳层之间被数值较大的能隙分开。

清除剂 [scavenger] 清除热能化了的反冲原子和自由基中间产物所用的试剂。在气体、液体的热原子化学研究中，反冲粒子与慢化剂的原子或分子相互碰撞，逐步失去能量，有时还会被热能化(thermalization)。此外，高能反冲粒子与介质相互作用生成一些自由基中间产物。在某些情况下，这些热能化了的反冲原子和自由基中间产物所发生的化学反应和热原子发生的反应一样，为了清除它们对热原子化学反应的干扰，必须从反应体系中“清除”这些产物。人们习惯上称此过程为清除，而把清除热能化了的反冲原子和自由基中间物所用的试剂称为清除剂。一般说来，清除剂的浓度很小，它与要清除的热能化了的反冲原子和自由基中间产物的反应效率很高，碰撞效率接近1，而对热原子反应和其他的初级过程影响很小。此外，清除剂生成的产物不会和体系中其他组分发生进一步的反应。

在辐射化学中，清除剂是对体系中的短寿命中间产物(如正离子、电子、自由基)有高亲和力的物质。主要分为：①正离子清除剂，可迅速从原初阳离子(阳离子自由基)接受一个质子或者与阳离子反应作为电子给体，前者如氨、胺、水和醇等，后者有硫化氢等。②电子清除剂，可与电子起加成反应。这些化合物通常有正的电子亲和势和低能空轨道。电子清除剂有卤素、有机卤化物。一氧化二氮、六氟化硫、芳香族碳氢化合物等。③自由基清除剂，能与自由基起抽氢反应、加成反应、电子转移反应和复合反应等。这类清除剂有氧、有机碘化物、过渡金属的盐、不饱和有机化合物、醇及稳定的自由基等。

去污因子 [decontamination factor] 去污前污染物放射性活度与去污后放射性活度之比，用K表示：

$$K = \mathrm{DF} = \frac{A_{前}}{A_{后}}。$$

多种去污技术联用时，总去污因子为各种方法去污因子的乘积：$\mathrm{DF}_{总}=\mathrm{DF}_a \times \mathrm{DF}_b \times \cdots \times \mathrm{DF}_n$。

全截面 [total cross section] 即总截面。

全熔合反应 [complete fusion] 通常指经过复合核的反应，既包括形成复合核，也包括形成中间复合核以后发射粒子(熔合蒸发)或熔合裂变。

一种重离子核反应。后一种复合核的质量要比弹核与靶核的质量之和小。全熔合截面是实验测得的产生重剩余核的截面，对于重的中间复合系统，全熔合截面还应包括对称裂变截面(见核裂变)。当弹核同靶核电荷数的乘积接近或超过2000时，由于库仑排斥力太大，全熔合截面在总反应截面中所占比例很小，甚至可以忽略。人工合成超铀元素主要是通过全熔合反应形成复合核而后蒸发中子的方式得到的。所以，全熔合反应在原子核反应中占有较重要的地位。

热熔合反应 [hot-fusion reaction] 熔合反应的一种。以较轻的弹核轰击丰中子锕系核素靶，形成的复合核激发能较高(～50MeV)的一类熔合反应。此反应通过蒸发4～5个中子退激。

热实验室 [hot laboratory] 使用放射性物质进行实验的实验室。参见热室。

热室 [hot cell] 为操作和试验研究强放射性物质而设置的、与周围环境隔绝的密闭屏蔽小室。为了便于冲洗去污，内壁一般用不锈钢覆面。外面筑有厚的重混凝土墙，以防护γ射线。工作人员在外面利用专门的机械手来进行远距离操作。通过铅玻璃(或液体)窥视窗进行观察。热室内要保持负压，以防止热室内放射性气体外逸。一般可用来进行反应堆燃料元件的检验和处理、同位素分装、放射化学实验、放射性材料的物理性能和机械性能测试以及金相检验等工作。

热原子 [hot atom] 即高能原子。

热原子反应 [hot atom reaction] 核转变过程中高能热原子逐步丢失能量、发生的化学反应。按热原子能量划分为三类：①真热反应。反冲热原子只经过少数几次碰撞，丢失了一部分能量后，在较高能量下发生的直接反应。②超热能反应。热原子冷却到能量高于周围介质的热能，约相当于化学键能的二、三倍时所发生的反应。③热能反应。热原子冷却到与周围介质达到热平衡之后，在较低能量下与分子碎片发生的复合反应。

热原子化学 [hot atom chemistry] 研究核衰变或核

反应过程中产生的激发原子及其周围介质化学效应的放射化学分支学科。主要研究由核衰变、核反应及核裂变过程产生的带能原子的化学行为，与核转变过程化学有密切联系。这里的热原子泛指能量在1～100eV的原子。

热原子可以通过核转变过程产生，也可以用非核方法(如化学加速器产生的离子、激光和光分解等)产生。由于热原子所具有的能量要比一般化学反应过程中的原子或离子高得多，因此，它们可以引起一些在普通化学中不能进行的化学反应(如，氚热原子和碳氢化合物之间发生的提取氢原子的反应等)。

利用热原子效应可以制备高比活度的放射性核素和某些放射性标记化合物。这已作为一种新方法用于生命科学、材料科学、固体物理以及有关能源的研究等。

热原子退火 [hot atom annealing] 固态母体化合物经核转变过程而发生的化学变化随着对这些固体做某种处理(如热处理或辐射处理)而部分或全部消失，并恢复母体化合物的形式的过程。固体物质在辐射作用下，其密度、杨氏模量、电阻率等物理性质的变化也有退火效应。

热中子 [thermal neutron] 与所在介质处于热平衡的中子。能谱近似服从麦克斯韦(Maxwell)分布，不过一般具有比介质更高的温度，即所谓中子温度。

在反应堆物理中，热中子的能量上限常取约$5\kappa T_n$，κ为玻尔兹曼常量，T_n为中子温度。

人工放射性 [artificial radioactivity] 人工放射性核素所具有的放射性。

熔合反应 [fusion reaction] 两个原子聚合成为一个新的原子，损失部分质量(转换为能量)并放出中子的反应。可以分为冷熔合和热熔合。冷熔合反应是指采用中重核轰击双满壳核或近双满壳核(如$^{70}Zn + R^{208}Pb \longrightarrow {}^{277}Cn + n$)，反应中形成的复合核具有较低的激发能，通过蒸发1个中子退激达到目标核；热熔合反应则采用丰中子炮弹^{48}Ca轰击锕系靶，反应生成的复合核激发能较高，通过蒸发3～4个中子退激发。在冷熔合反应中，熔合截面较小，复合系统的激发能较低，存活概率较大；而在热熔合反应中，熔合截面较大，但复合核的激发能较高，通过蒸发中子而存活的概率较低。

熔合截面 [fusion cross section] 熔合反应形成的截面。重离子与靶核接近于迎面碰撞，若两核相互作用时间足够长，则两核熔融在一起，使动能和动量在所有核子之间进行交换和分配而达到统计平衡。形成了一个高激发态、高角动量的复合核，接着复合核进行衰变的过程称为熔合反应。

熔合蒸发反应 [fusion-evaporation reaction] 熔合反应形成复合核后，继续发射出粒子的反应。高激发的复合核会蒸发出p、n、α等轻粒子。轻复合核衰变时，发射p、α粒子的概率较大；而在中等以上质量的复合核衰变中，蒸发中子的概率最大。

入射道 [entrance channel] 粒子轰击原子核的过程中，入射粒子和靶核组成的通道。

散裂[反应] [spallation [reaction]] 高能核反应中的一种。高能核反应中，高能入射粒子(能量达到400 MeV·u^{-1})进入到靶核以后，将与核内的单个核子或核子团发生多次碰撞。被撞击粒子将具有很高的动能(平均约25 MeV)。它们与入射粒子一样，可以与核内其余的核子碰撞，产生下一级的被撞击粒子。这些被撞击的核子最终可能从靶核中飞出。散裂反应能够产生大量次级中子的反应。可望用于构建加速器驱动的亚临界反应堆，用作干净的核能源。

散裂产物 [spallation product] 靶原子核经历散裂反应发射中子以后的剩余部分，通过发射γ射线或者通过裂变退激形成的原子核。

散裂中子源 [spallation neutron source] 用高能强流质子加速器产生能量在1 GeV以上的质子束轰击重元素靶，产生散裂中子的装置。由高能粒子轰击重核(钨、汞等)发生散裂反应会产生大量中子。如用质子轰击Pb、W和^{238}U，每个能量为1～4 GeV的质子可产生20～40个次级中子。

闪烁计数器 [scintillation counter] 即闪烁探测器。

闪烁探测器 [scintillation detector] 又称闪烁计数器。由透明荧光体、光电倍增管和有关电子仪器组成，用于记录核辐射粒子的仪器。常用的无机晶体有碘化钠(加铊)，有机晶体有蒽、芪，以及塑料闪烁体、液体闪烁体等。当一个粒子射入荧光体时，由于吸收能量而发光，经光电倍增管转变为电脉冲，被电子仪器记录。分辨时间短，效率高，并可确定粒子的能量。

NaI(Tl)闪烁体 [NaI(Tl) scintillator] 一种用铊激活的碘化钠单晶做成的闪烁晶体。常做成圆柱形，密封于衬氧化镁的圆筒形金属外壳内，供射线进入的一端，用金属铍箔做窗口，输出荧光的一端用透明物质做成，多用于γ射线和X射线的计数和能谱分析。

闪烁液 [scintillation cocktail; liquid scintillant mixture; scintillator liquid] 液体闪烁测量中作为辐射探测介质的一种溶液。主要由有机溶剂和有机闪烁体组成。其中溶剂起溶解闪烁体(溶质)的作用，并将射线能量转移给闪烁体分子。常用的溶剂有甲苯、二甲苯、二氧六环等。一般对溶剂的要求有：闪烁纯和光谱纯一样，这是个专业名词，即不含或含有少量影响闪烁计数的淬灭成分；对闪烁体溶解度高；能溶解被测样品，并能有效地将激发能量转移到闪烁体；对闪烁体发射的光子透明度高；低蒸气压、低凝固点和低成本。闪烁体的主要作用是将溶剂传递来的激发能转变为一定波长的发射光(荧光)，为了使闪烁体所发的荧光波长与光电倍增管的最大灵敏波长区相匹配，常加入第二闪烁体，称为波长变换剂。

闪烁液配方根据被测样品的性状和仪器的性能不同有所增减。如样品为脂溶性物质，则用甲苯、二甲苯溶剂；若是含水样品，就需要加入与水相溶的溶剂，如乙醇、苯甲醚、乙二醇甲醚(或乙醚)，或用二氧六环溶剂等。为了提高闪烁液的测量效率还可加入一定量的萘。

射程 [range] 带电粒子在物质中不断与原子核和电子相互作用，其动能减少至不能再产生电离、激发时所经过的距离。对于重带电粒子如质子、α粒子和裂变碎片等，其射程是指初始入射方向上的位移分量，仅稍短于沿粒子径迹所测的距离；对于电子，由于多次散射，径迹很曲折，其射程远远小于其径迹总长度。

由于微观粒子相互作用服从统计规律，因此同一种类并且具有相同初始能量的粒子，其射程不尽相同，这一现象称为射程歧离。如对于重带电粒子，它们的射程围绕一平均值呈正态分布。

射流传送 [jet transfer] 利用气体如氦气喷射来实现核素快速传递的过程。

γ 射线 [γ-ray] 一种波长很短(10^{-10}～10^{-13} cm)的电磁辐射。因为光子的能量很高(约 10^{-2}～10 MeV)，在物质中具有很强的穿透能力，能使介质分子或原子电离。激发态原子核退激，或正负电子对湮灭均能产生 γ 射线。

γ 射线能谱法 [γ-ray spectrometry] 通过测量 γ 射线能谱对被测样品中放射性核素进行定性鉴别和定量分析的方法。

α(β)手套箱 [alpha (beta) glove box] 操作者借助手套可对某些有毒的或有 α(或 β)放射性的物质进行直观操作的一种密闭的箱式设备。

受屏蔽核 [shielded nuclide] 在裂变产物中，有些核素是稳定的，而原子序数比它大 1 的核素是放射性的，后者不可能由前者经 β 衰变生成，只能由裂变直接生成的核素。受屏蔽核素的裂变产额必然是独立产额。

束流[强度] [beam current; beam intensity] 通过电极或磁集束将加速的电子、质子或中子等基本粒子聚集成非常细的粒子束流。单位时间流过的粒子数称为粒子的束流强度，简称束流或流强，常用电流单位表示，如对于质子束，1 μA 的束流强度对应于 6.25×10^{12} 质子/秒。

束流能量 [beam energy] 束流所带有的能量。

α 衰变 [α-decay] 放射性核素自发地发射 α 粒子的放射性衰变过程。一次 α 衰变后该原子核的原子序数减少 2，质量数减少 4。

β^+衰变 [β^+-decay] 原子核内由一个质子转变成中子同时放出正电子和中微子的衰变过程。

β 衰变 [β-decay] 原子核放射 β^-粒子、β^+粒子或俘获轨道电子的放射性衰变。β 衰变使该原子核的原子序数增加 1 或减少 1，但不改变其质量数。

γ 衰变 [γ-decay] 又称 γ 跃迁。处于激发态(亚稳态)的原子核通过发射 γ 光子，或发射内转换电子，或发射内部形成的电子对，跃迁到较低能态的过程。

衰变常数 [decay constant] 即放射性衰变常数。

衰变分支比 [decay branching ratio] 即分支比。

衰变纲图 [decay scheme] 即放射性衰变纲图。

衰变链 [decay chain] 又称放射性衰变链。

衰变率 [decay rate] 即放射性活度。

衰变系 [decay series] 即放射性衰变链。

双幻核 [double magic nucleus] 质子数和中子数都为幻数的原子核。如质子数 82、中子数 126 的铅同位素 ^{208}Pb，其原子核异常稳定。

双 β 衰变 [double β decay] 不稳定核的一种衰变方式，原子核同时发射两个电子和两个中微子并转变为原子序数大 2 的原子核。

瞬发辐射 [prompt radiation] 短时间内(<1s)，核裂变、中子反应、核激发等产生伽马射线的过程。

速度选择器 [velocity separator] 通过电场强度和磁感应强度 B 将具有不同水平速度的带电粒子选择出来的装置。

CZT 探测器 [cadmium zinc telluride detector] 即碲锌镉探测器。

同位素分馏 [isotope fractionation; isotopic fractionation] 一种元素的不同同位素在两种或两种以上物质(物相)之间的分配具有不同同位素比值的现象。

同位素化学 [isotope chemistry] 以同位素为研究对象的一门化学分支学科。一般来说，主要内容包括化学元素的同位素分布和丰度的测定；同位素的分离、分析、鉴定和应用；同位素所引起的物理化学性质上的差异和同位素交换反应；以及同位素在化学、物理、医学、生物学和工农业等方面的应用。涉及的同位素包括稳定同位素和放射性同位素。

同位素交换 [isotope exchange; isotopic exchange] 两种不同分子间(或者同种分子内不同位置的原子间)同一元素的同位素所发生的交换反应。主要类型有：同位素歧化反应、简单同位素交换反应和复杂同位素交换反应。其基本反应机制包括解离机制、缔合机制、电子转移机制、化学反应机制和通过碰撞的交换机制。

同位素效应 [isotope effect; isotopic effect] 由相同元素的不同同位素组成的原子、离子、分子或化合物之间，因同位素核内中子数不同(即质量不同)，或因自旋等核性质的不同，而引起的某些物理和化学性质的差异。

同位素载体 [isotopic carrier] 与被载带的微量物质的同位素组成不同的一种载体。

同质异能素 [nuclear isomer] 两个或多个具有相同的质量数 A 和原子序数 Z，但处于寿命可测的不同能态的核素之一。对于处于较长寿命激发态的核素，一般在核素符号的质量数后面加写 m 来标记。大多数的同质异能素要进行 γ 衰变，少数发生 β 衰变，个别的可以发生 α 衰变。

同质异能素比 [isomer ratio; isomeric ratio] 对于给定的入射粒子和靶核，核反应生成同一核素的高自旋同质异能素的截面与生成低自旋的同质异能素的截面的比值。起因于复合核发射高角动量的粒子受到离心势垒的阻挡，因而退激过程中剩余核的能量降低比角动量降低要快，导致高自旋的同质异能素比低自旋的同质异能素有较大的截面。

同质异能跃迁 [isomeric transition] 指具有相同质量数和原子序数、但处在不同核能态的同质异能素的原子核通过放出 γ 光子(或发射内转换电子)回到基态的跃迁现象。

同中子[异位]素 [isotone] 原子核的中子数相同而质子数不同的一类核素。

位置灵敏探测器 [position sensitive detector] 一种输出信号与辐射作用于探测器灵敏面积上的位置有关的辐射探测器。从位置灵敏角度可分为一维位置灵敏探测器及二维位置灵敏探测器。利用位置灵敏探测器可以测量辐射的空间分布、角分布，还可与磁谱仪联用分析辐射的动量和能量。常用的位置灵敏探测器有：NaI(Tl)位置灵敏闪烁探测器、多丝正比室、半导体位置灵敏探测器和位置灵敏正比计数器等。

温熔合反应 [warm-fusion reaction] 以双幻核 ^{48}Ca 为弹核轰击丰中子锕系靶，形成的复合核的激发能在 30 MeV 左右，介于“冷熔合”和“热熔合”之间，通过蒸发 3～4 个中子退激。

稳定核素 [stable nuclide] 不能自发地放射出 α、β、γ 等粒子或发生裂变的核素。至今发现的约 3000 种核素中，稳定核素约 280 种。

β 稳定线 [β-stability] 将所有核素排列在一张以中子数 N 为横坐标，以质子数 Z 为纵坐标的图——核素图上，可以发现，稳定核素几乎全部位于一条光滑的曲线或紧靠该曲线的两侧，这条曲线称为 β 稳定线，其余 2710 余种不稳定核素分布在 β 稳定线的上下两边。

无载体 [carrier free] 在某种放射性核素样品中除了含有此放射性核素的化合物及其衰变子体外，不存在其他稳定物质。

吸收截面 [absorption cross-section] 入射粒子被靶核吸收而不放出同种粒子的核反应截面。为总截面与散射截面之差。

形状同质异能素 [shape isomer] 与原子核一般的同质异能态不同，并非由于较大的自旋差异，而是由于原子核形状与基态不同的亚稳激发态。主要衰变方式为自发裂变，但半衰期比基态核素短得多。

亚原子粒子 [subatomic particle] 又称次原子粒子。比原子还小的粒子。例如：电子、中子、质子、介子、夸克、胶子、光子等。

液滴模型 [liquid drop model] 因为原子核与液滴有某些相似之处，而把它当作一个荷电液滴来处理的核结构模型。原子核与液滴的主要相似之处在于：核子之间的核力与液体分子之间的力都是短程力，都具有饱和性；原子核与液滴的压缩性都很小，其密度基本上都是常数；单个核子平均结合能不随核子数而改变，类似单个分子结合能不随液滴的大小而改变。

液体闪烁探测器 [liquid scintillation detector; liquid scintillation counter] 一种用液体闪烁体测量低能 β 和 α 辐射的仪器。将放射性溶液和闪烁液放在样品瓶中均匀混合，放射性核素放出的射线激发闪烁液体使其发出与光电倍增管光阴极相匹配的荧光，此荧光通过光电倍增管转变成电脉冲，再由电子线路记录上述脉冲信息即可获得所测放射性核素的活度。

易裂变核素 [fissible nuclide] 在慢中子作用下具有显著的裂变截面的核素。重要的易裂变核素有 ^{233}U、^{235}U 和 ^{239}Pu。吸收一个热中子就可能引起裂变，分裂成两块或多块质量较轻的核同时放出中子和大量能量的重核。

诱发裂变 [induced fission] 重核在外来粒子轰击下发生的裂变。可以诱发裂变的粒子有中子、质子、氘核、重粒子或光子。

阈能 [threshold [of an endoergic nuclear reaction]] 在实验室坐标系中，为使吸能反应能够发生，入射粒子所需的最小动能或入射光子的最小能量。常用 E_{th} 表示。在 X(a, b)Y 反应中，设入射粒子质量为 m_a，靶核质量为 m_x，反应能 $Q<0$，则在非相对论情况下，阈能为：

$$E_{th}=\frac{m_a+m_x}{m_x}|Q|$$

例如，$^{14}N(\alpha, p)^{17}O$ 反应，其 $Q=-1.193MeV$，故 $E_{th}=$

1.53MeV。

原子能工业 [atomic energy industry] 又称核工业。包括核能开发利用所涉及的所有环节的工业：各种类型的核反应堆的建造、运行和维护；核燃料循环所必需的铀矿勘探、开采，铀的冶炼、转化、同位素分离，燃料元(组)件制造，辐照过核燃料的储存、运输和后处理，放射性废物的处理和处置；氢和锂同位素分离及核军工；军用和民用核动力的设计建造运行和退役；专用设备、仪器和特殊材料的生产；辐射源、放射性同位素的生产。原子能工业是国民经济的重要组成部分。

远离β稳定线核素 [nuclide far from β stability] 在核素图上，离β稳定线较远区域的核素。在以中子数为横轴和质子数为纵轴组成的核素图中，由稳定核素位置连成的曲线称为β稳定线。随着核质量线的增大，稳定线逐渐偏离坐标轴的对角线而中止。在稳定线两侧附近的为不稳定性核素，它们通过放射电子的β^-衰变或放射正电子的β^+衰变方式向β稳定线靠拢。已由人工制造出2000多种放射性核素。远离稳定线的那些放射性核素具有异常的中子与质子比，会有其他的衰变方式。据核理论预估，不稳定的放射性核素可达5000～6000种之多。

γ跃迁 [γ-transition] 即γ衰变。

载体共沉淀 [carrier coprecipitation] 当样品中待检测或分离的某种成分含量极少、难以直接沉淀时，可加入与其性质相同或能与其结合的物质(载体)一起沉淀的技术。如用放射性核素标记某微量蛋白做示踪研究时，可加入非放射性同种蛋白质，然后用抗体结合并沉淀。

在线气相化学装置 [on-line gas-chemistry apparatus (OLGA)] 用于超重元素的在线分离、鉴定和化学研究的一种专用仪器。从重离子束照射的靶中反冲出来的超重元素原子被吸附在气溶胶粒子上，用射流载气经毛细管高速送往气体反应室，输入反应气体与之生成挥发性产物被送入热色谱柱进行分离、测量和鉴定，整个过程可在若干秒钟内完成。

暂时平衡 [transient equilibrium] 在递次衰变中，各放射体的放射性活度之比不随时间变化，但各放射体都按母体的半衰期在明显衰减的情况。对于递次衰变：A→B→C，如果母体A的半衰期T_1不是很长，在观察时间内，可以看出母体放射性的变化，但比子体B的半衰期T_2还是要长，即$T_1>T_2$或$\lambda_1<\lambda_2$，这里λ_1和λ_2分别表示母体A和子体B的衰变常数，则子体B的放射性活度A_2在时间足够长以后，将和母体的放射性活度A_1建立一固定的比例：$\frac{A_2}{A_1}=\frac{\lambda_2}{\lambda_2-\lambda_1}$，此时子体B的变化将按母体A的半衰期衰减，即出现暂时平衡。

锗-锂探测器 [Ge-Li detector] 一种利用锂离子漂移补偿技术制造的锗PIN结型半导体探测器。原则上，锗-锂探测器的制造工艺与硅-锂探测器的制造工艺相似。扩散锂以后，锂离子在电场作用下漂移入P型锗单晶内部。作为施主杂质的锂与原来的受主杂质镓进行补偿。锂补偿区域的宽度与漂移温度、时间、电场强度及原始锗单晶的性质有关。被锂补偿的区域就是探测器的灵敏区。锗-锂探测器有平面型和同轴型两种，其中同轴型应用广泛。同轴型探测器本身又分为单开端型和双开端型(真正同轴型)两种。由于锗的原子序数比较高(Z=32)，又由于同轴型探测器的体积可以做得较大(例如上百cm^3)，所以锗-锂探测器对γ射线的探测效率比硅-锂探测器高得多。但锗-锂探测器必须始终在低温(例如77K)下保存和使用，否则性能将变坏。主要用于探测γ射线，其能量分辨率很高(对122keV射线，FWHM为0.8～1.2keV；对1.33MeV射线，FWHM为1.2～2.1keV)。

锗酸铋探测器 [bismuth germinate detector] 用锗酸铋闪烁晶体制作的γ射线探测器。锗酸铋闪烁体是一种由无色透明的纯锗酸铋立方晶体构成的无机闪烁体。它的符号为$Bi_4Ge_3O_{12}$(简写为BGO)。锗酸铋的主要特点是平均原子序数高，因而对γ射线的阻止本领大。对1～10MeV范围内的γ射线，其总吸收系数为碘化钠(铊)的2.5～2.1倍，即对具有相同阻止本领的闪烁体来说，锗酸铋的体积只有碘化钠(铊)的1/8左右。这对高能计数器及需要减小探头体积的仪器很有实用意义。另外，这种闪烁体的机械性能及化学稳定性都较好，易加工，不易潮解，封装较方便。其缺点是能量转换效率较低，能量分辨率也差。

正比计数器 [proportional counter] 一种输出脉冲幅度与电离程度有正比关系的气体电离探测器。其探测部分是正比计数管，一般由一个圆筒形阴极和一根中心阳极组成。阳极常用直径20～100μm的钨丝制成。管内充有惰性气体和少量甲烷、二氧化碳等气体。根据不同用途，有的正比计数管做成盒形，由两个半球或两个半圆柱体构成，又称4π正比计数管。4π圆柱形正比计数管有良好的电场分布，实际应用较广。其工作原理：当射线进入计数管内与气体原子碰撞而使气体原子电离。在电场作用下电子向中心阳极运动，正离子向阴极漂移，但正离子的运动速度比电子慢得多。电子在运动中再次与气体原子碰撞，使气体原子再次电离，因此到达阳极的电子数量比初始电离的数量大得多。在一定的工作状态(电压、气体种类和压强等)下，由阳极引出的输出脉冲大小与初始电离程度成正比关系，且输出脉冲幅度较大。既可作放射性粒子的计数器，又可测放射性粒子的能量。在正比计数管内充入三氟化硼、氢或氦，则可用来测量快中子或慢中子能谱。能量分辨率和能量线性响应较好，探测效率较高，寿命较长(一般为10^8～10^{10}次计数，有的可高达10^{16}次计数)。常用来测量中子、X射线、低能γ射线、β射线、μ子等，是核物理和粒子物理实验中广泛应用的一种探测器。

正电子素 [positronium] 又称正子素、电子偶素。化学符号为 Ps，是一个类氢原子，由一个正电子和一个电子组成。约 25%的 Ps 为单重态(*p*-Ps),75%为三重态(*o*-Ps)，平均寿命分别为 0.125ns 和 140ns。湮没时，*p*-Ps 产生两个共线光子，*o*-Ps 产生三个共面光子。正电子素技术为辐射化学研究提供了一种新方法。在正电子径迹末端的刺迹中存在正电子-电子生成 Ps 与正离子-电子、正电子(或电子)-介质分子反应以及这些粒子的扩散和溶剂化等竞争过程。当电子或离子清除剂存在时会影响 Ps 生成，测量 Ps 湮没释放的次级辐射强度变化，即可研究刺迹中发生的过程。

正电子素化学 [positronium chemistry] 核化学的一个分支学科。该学科研究正电子素的形成和衰变与化学环境的关系及其应用。在氢原子中，电子绕原子核(质子)旋转，而在正电子素中没有常规的原子核，正负电子以体系的质心为中心而旋转。因此正负电子之间的距离为氢原子半径的 2 倍，其电离电位为 6.8eV，是氢原子的 1/2。其结果是，正电子素表现出一些独特的化学行为。

正子素 [positronium] 即正电子素。

直接裂变产额 [direct fission yield] 直接生成指定核素的裂变次数与裂变总数之比。

***Q* 值** [*Q* value of a nuclear reaction] 核反应释放的能量。它是核反应前后的静质量差。$Q>0$ 时核反应为放能反应；$Q<0$ 时核反应为吸能反应。

制靶法 [targetry] 核反应研究及放射性同位素生产过程中靶的制备方法。一般要求靶子符合以下几个方面：①靶核含量高；②不能含有反应截面很大的杂质；③靶子物应该具有较好的化学稳定性、热稳定性和辐照稳定性；④靶子的厚度符合一定的要求。

质量产额 [mass yield] ❶质量为 *A*(某一质量数)的独立产额之和。❷生成指定质量数的裂片的裂变数占裂变总数的份额。

质子滴线 [proton drip line] 位于β稳定线上侧的是缺中子核素(neutron-deficient nuclide)，其边界为质子滴线(proton drop line，此处质子开始泄漏)。

中子 [neutron] 构成原子核的一种基本粒子。常用符号 n 表示。呈电中性。其静止质量等于 1.6749543×10^{-24}g (939.5731 MeV/C^2) (1.008665u)。磁矩为−1.913148 核磁子，内禀自旋为 1/2，内禀宇称为偶，服从费米统计。单独存在时不稳定，其半衰期为 $t_{1/2}=10.80\pm0.18$ min，就衰变为质子和电子。容易进入原子核内部，常用于引起核反应。

中子滴线 [neutron drip line] 核素图上预期可能存在丰中子原子核的边缘线。该线上的核素的最后 1 个中子的结合能为零，核中中子开始泄漏。

中子发生器 [neutron generator] 专门用作中子源的加速器。利用加速器得到的各种带电粒子或间接产生的 γ 射线轰击适当的靶时，通过(α,n)、(d,n)、(p,n)或(γ,n)等反应可以产生中子。用于中子活化分析、中子测井、中子照相、辐照、中子治癌。中子发生器的强度要比同位素中子源高出好几个量级。与反应堆中子源相比，能在广阔的能区内获得单色中子。可以使用脉冲，在停止运行时没有强放射性。

中子俘获 [neutron capture] 入射中子被靶核俘获，形成一个中子数增加 1 的激发态核的过程。通过发射 γ 光子退激的中子俘获反应特称为辐射俘获(radiative capture)。由于中子不带电荷，它们能够比带一个正电荷的质子更加容易地进入原子核。在宇宙形成过程中，中子俘获在一些质量数较大元素的核合成过程中起到了重要的作用。在恒星里以快(R 过程)、慢(S 过程)两种形式发生。质量数大于 56 的核素不能够通过热核反应(即核聚变)产生，但是可以通过中子俘获产生。

中子积分通量 [neutron integrated flux] 即中子注量。

中子计数器 [neutron counter] 用于探测中子的计数器。中子没有电离作用，很难探测；但中子和某些物质发生核反应放出粒子有电离作用，可检测中子。^{10}B 对中子俘获截面积很大，通过 $^{10}B+^{1}n \longrightarrow {^{7}Li}+{^{4}He}$ 核反应，放出有电离作用的 α 粒子，测定 α 粒子产生的电流可达到探测中子的目的。

中子能谱学 [neutron spectroscopy] 即中子谱学。

中子谱学 [neutron spectroscopy] 又称中子能谱学。核反应能谱学的一部分。通过测量出中子的能谱、截面、角分布等，或反应产物的各种参量随入射中子能量变化的规律，获得有关核结构和核反应机制的信息及有实际应用价值的核参量。具体研究内容包括中子共振研究、中子能谱测量和角分布测量等。常用的测量方法有飞行时间法、反冲质子法、核反应探测法和阈探测器法等。

中子探测器 [neutron detector] 利用中子与硼或铀等相互作用产生的带电粒子使气体电离后测量气体电离量，或利用中子照射使材料本身活化后测量其活度等方法，间接确定中子注量率水平的器件。中子本身不带电，不能产生电离或激发，所以不能用普通探测器直接探测。它是利用中子与掺入探测器中的某些原子核作用(包括核反应、核裂变或核反冲)所产生的次级粒子进行测量。裂变电离室是通过热中子使涂在电极上的铀-235 裂变所产生的裂片的电离效应来测量，而有机闪烁体蒽可以通过快中子产生的反冲质子的发光效应进行测量。此外，还可以利用中子使活化片(如铟)产生感生放射性，通过测量感生放射性活度也可测量中子的通量。

中子通量 [neutron flux] 即中子注量率。

中子吸收 [neutron absorption] 中子与原子核反应后被吸收，不再作为自由中子存在的现象。核子吸收中子后，会成为其核种的同位素，该同位素通常处于能量较高的状态(不稳定)，其原子核会通过不同的方式将能量释放出来，如释放一个中子，称为(n，n)反应；释放一个质子，称为(n，p)反应；放出 γ 射线，称为辐射俘获(n，γ)反应；或者直接产生核分裂，其能量以分裂产物的动能形式表现出来，通常此过程会伴随中子的释放，称为核裂变反应。许多的原子核都能吸收中子，不同原子核有不同的中子吸收截面。中子吸收是链式核反应的基础。

中子源 [neutron source] 能够产生中子的物质或装置。是进行中子核反应、中子衍射等中子物理实验的必要材料或设备。自由中子是不稳定的，可以衰变为质子放出电子和反电中微子，平均寿命只有 15min，无法长期储存，因此需要由适当的产生方法源供应。主要有三类：①放射性同位素中子源，具有体积小、制备简单、使用方便等优点；②加速器中子源，利用加速器加速的带电粒子轰击适当的靶核，通过核反应产生中子，最常用的核反应有(d,n)、(p,n)和(γ,n)等，其中子强度比放射性同位素中子源大得多，且可以在很宽的能区上获得单能中子。加速器采用脉冲调制后，可成为脉冲中子源；③反应堆中子源，利用原子核裂变反应堆产生大量中子。反应堆是最强的热中子源。在反应堆的壁上开孔，即可把中子引出。所得的中子能量是连续分布的，很接近麦克斯韦(Maxwell)分布。采取一定的措施，可获得各种能量的中子束。

中子注量 [neutron fluence] 又称中子积分通量。在给定时间间隔内进入以空间某点为中心的适当小球体的中子数除以该球体的最大截面积的商。国际单位制单位是 n/m^2，常用单位为 n/cm^2。

中子注量率 [neutron fluence rate] 又称中子通量。单位时间内进入以空间某点为中心的适当小球体的中子数除以该球体的最大截面积的商。也等于该空间点中子数密度与中子平均速度之乘积，用 φ 表示。国际单位制单位是 $n/(m^2 \cdot s)$，习惯用 $n/(cm^2 \cdot s)$。注量率是表征辐射场的物理量，如一个点状中子源每秒发射的中子数为 N,，向四周均匀发射，则离源 1m 处的中子注量率 $\varphi = N/4\pi$ (/m/s)。常用的测量方法有反冲质子法、伴随粒子法、伴生放射性法和慢化法等。

终裂片 [final fragments] 即次级碎片。

重核 [heavy nucleus] 原子序数大于 5 的核素。

重离子放射性 [cluster radioactivity] 即簇放射性。

重离子核化学 [heavy ion nuclear chemistry] 核化学的组成部分。它是研究重离子引起的核反应及其产物的一门学科。重离子一般指原子序数大于 2 的粒子，或者比 α 粒子(氦-4)重的离子，如碳-12、氖-22、钙-45、铁-56、氪-84 和铀-238 等。由于重离子的质子数较大，引起核反应的库仑作用比轻离子大得多；同时重离子给核反应带来的动量也较大，生成的复合核具有较高的激发能和角动量。重离子核反应引起核的变化，发生新的核反应，并由此提出了新的反应机理，丰富了低、中能核物理和核化学的研究内容。

重离子加速器 [heavy ion accelerator] 一种用人工方法产生快速重离子(质量大于 α 粒子的离子)束的装置。利用一定形态的电磁场将重离子加速，能提供速度高达 10^7 m/s 甚至接近 3×10^8 m/s(真空中的光速)的高能量重离子束，用以轰击原子核、原子、分子、固体晶格乃至生物细胞,是人们变革原子核和“基本粒子”，认识物质深层结构的重要工具，在工农业生产、医疗卫生、科学技术、国防建设等各个方面也都有重要而广泛的应用。目前已有的或者已在研究的加速器有静电加速器、直线加速器、回旋加速器、同步加速器和超导加速器等。

主从机械手 [master-slave manipulator; remote manipulator] 由主动臂和从动臂构成的机械手。是通过电子、液压或者机械连接而成，能够被操作人员控制实现人手操作功能的设备。通常用于放射化学热实验过程中移动或操纵危险的放射性核素，可以保证操作人员免于受到核辐射的伤害和被放射性物质的污染。

子体核素 [daughter nuclide] 衰变链中某一特定放射性核素后面的任何核素。放射性核素发生核衰变，发射出射线，并转变成为另一种核素，通常把衰变前的核素称为母体核素，衰变后的核素称为子体核素。子体核素可以是稳定的，也可以是放射性的。如果不稳定，则可以继续衰变，直到衰变为稳定核素为止，有第二代子体甚至更多代的子体，形成一个放射系。

自发裂变 [spontaneous fission] 重核不需要外加能量而自行分裂的现象。根据裂变液滴模型，当核的质量数太大时，核内静电斥力作用完全抵消了核液滴的表面张力作用，使核失去了稳定性而自行分裂。可是根据量子力学隧道效应，质量数较低的重原子核，还是可能具有一定几率发生裂变，这是自发裂变的一个重要机制。^{252}Cf 是一个常用的自发裂变同位素，自发裂变率约为 $6\times10^5 \mu g^{-1}\cdot s^{-1}$，可作为其他重核自发裂变率测量的标准。比钍原子序数更低的核，原则上亦可以发生自发裂变，但由于库仑位垒较高，穿越概率很小，以至于自发裂变尚未观察到。

自扩散 [self-diffusion] 不依赖浓度梯度，仅仅是由于热振动而产生的原子迁移过程。对由应力场、热场或电场引起的扩散，即使浓度梯度等于零，也不是自扩散。不只在单一组元的材料中出现，在多组元固溶体中，不管哪一种组元的迁移，只要符合上述要求，都属于自扩散。该现象只有用放射性同位素技术才能测出。

自吸收 [self-absorption] 物体对于其本身发射的粒子或辐射的吸收。α粒子和β粒子以及极少数的γ光子，可以被含放射性核素的样品材料所吸收，使相当大一部分放射性不能被计数，对低能量β粒子测量的影响较大。但是，由于给定样品的计数率不会随样品的厚度增加而相应增加。相同放射性强度的样品在面积一定的情况下厚度增加，则计数率趋于最大值。因此，用盖革–米勒计数器测定低能量β辐射体，往往采用无限厚的样品测量方法。

总截面 [total cross section] 又称全截面。入射粒子打在靶核上可以引起许多反应，对每一种反应可定义相应的反应截面，这些反应截面的总和称为总反应截面，即总截面。

8.2 放射性元素化学

锕 [actinium] 一种锕系元素。为天然放射性元素。符号 Ac，原子序数 89。银白色金属。熔点 1500K(估计值)，固体密度约 10 g·cm^{-3}；化学性质活泼，能形成多种锕化合物，有+2、+3 氧化态。1899 年首先被法国科学家德贝尔尼(A. L. Debierne)发现。已知锕的最稳定同位素有 3 种，质量数分别为 225、226、227，其中 ^{226}Ac 是人造放射性同位素。^{227}Ac 少量存在于沥青铀矿及其他含铀矿物中。常利用 ^{227}Ra 衰变为 ^{227}Ac 制备。

锕系 [actinium series] 锕铀衰变系的简称。

锕系后元素 [transactinide elements] 第 103 号元素铹之后的元素。

锕系收缩 [actinide contraction] 锕系元素的原子半径和同价离子(M^{3+})半径随原子序数的增加而减小的现象。相邻锕系元素的分离越来越困难。锕系收缩起因于 5f 电子对 6d 及 7s 电子的屏蔽作用不完全。核电荷数增加 1，5f 轨道同时填充的 1 个电子不能将原子核增加的一个正电荷完全屏蔽掉，6d 及 7s 电子感应的有效核电荷增加，相应的电子轨道半径减小。

锕系酰 [actinyl] 锕系元素以+5、+6 价与两个氧原子组成的线性离子，常可表示为 MO_2^+ 或 MO_2^{2+} 。其中 UO_2^{2+} 、PuO_2^{2+} 和 NpO_2^+ 稳定或者比较稳定， UO_2^+ 和 PuO_2^+ 不稳定，容易发生歧化反应，只在较低浓度下和较低的 pH 下才可存在。

锕系元素 [actinide elements] 以ⅢB 族元素锕为首的一系列元素，是原子序数 89 号元素锕到 103 号元素铹，共 15 种放射性元素的总称。用符号 An 表示。

锕铀衰变系 [actinouranium decay series; actinouranium family] 简称锕系、锕铀系，又称 ^{235}U 系。以 ^{235}U 为母体，经过 7 次 α 衰变和 4 次 β 衰变，最终到达稳定的 ^{207}Pb 的递次衰变链。

锕铀系 [actinouranium series] 锕铀衰变系的简称。

锿 [einsteinium] 一种锕系元素。为人工合成的放射性元素。符号 Es，原子序数 99。银白色金属。熔点 860℃，密度 8.84 g·cm^{-3}；化学性质活泼，+3 价在固体及水溶液中最为稳定，并呈浅粉红色，在固体中，还可形成+2 价，是否存在+4 价还有待证实；1952 年 12 月在“常春藤麦克”核试验的辐射落尘中发现。已知共有 19 种同位素。质量数从 240 至 258，全部具有放射性，半衰期最长的同位素为 ^{252}Es(半衰期为 1.29 a)。锿是在核反应堆中对锕系元素进行中子撞击而产生的。主要用于在基础科学研究中制造更高的超铀元素及超锕元素。针对动物的毒性研究表明，锿进入体内后大部分进入骨骼并在骨骼表面分布均匀。第 99 号元素命名为 einsteinium，以纪念阿尔伯特•爱因斯坦。

砹 [astatine] 香港、澳门、台湾地区称砈，旧称鉐、钍。化学元素(第六周期第 17 族)。为人工合成得放射性元素。符号 At，原子序数 85，已知其质量数为 194 及 195～211 的 26 个同位素和 7 个同质异能素。对它的研究用得最多的是同位素 ^{211}At($t_{1/2}$ =7.214 h)。深紫黑色固体，熔点 302℃，沸点 370℃；化学性质活泼，有 0、±1、+3、+5、+7 等价态。1940 年初次被合成，除了用 α 粒子轰击铋人工合成，铀和钍也会自然地衰变成砹。砹难溶于水，溶于四氯化碳；砹能强烈地被金属表面吸附，有些金属对其有较大的选择性吸附。

钍 [astatine] 砹的旧称。

奥克洛现象 [Oklo phenomena] 非洲加蓬的奥克洛铀矿区的铀-235 的丰度(0.440%)显著低于其天然丰度的当代世界平均值(0.720%)的现象。该铀矿区及其附近的钌-99、钕-147 等“裂变产物核素”的丰度则显著高于相应的天然丰度。人们推测，在约 20 亿年前，该铀矿及地下水系统组成的体系达到链式反应的临界条件而成为天然反应堆，这样的天然反应堆约有十数座，断续运行了 15 万年以上。1972 年，当奥克洛矿区的铀矿石被运到法国时，铀-235 的含量不足 0.3%，低于 0.711%的天然含量，似乎这些铀矿石早已被一个核反应堆使用过。科学家实地调查发现了该地区的天然核反应堆。奥克洛“核反应堆”链式裂变并未出现失控的痕迹。矿石中的水充当了这些天然反应堆的慢化剂，当铀原子发生核裂变时，被释放出的中子运行速度极快，以至于不能被其他原子吸收，因而不能引发其他原子的链式裂变。但是水能让中子的速度慢下来。然而，反应进行时会产生大量的热，这会把岩石中的水分蒸干，没有了天然慢化剂，反应堆就会停止反应。只有当岩石冷却之后，水分含量又重新从地下水那里得到补充，核反应才会再次开始。

氮 [oganesson] 化学元素(第七周期第 18 族)。为人工合成的放射性元素。符号 Og，汉语拼音 ào，原子序数为 118。在元素周期表上，它位于 p 区，是第七周期中的最后一个元素，其原子序数和原子量为所有已发现元素中最高的，是人类已合成的最重元素。2016 年 6 月 8 日，国际纯粹与应用化学联合会(IUPAC)宣布,将合成化学元素第 118 号提名为化学新元素。该新元素由美国劳伦斯利弗莫尔国家实验室和俄罗斯的科学家联合合成，为向超重元素合成先驱者、俄罗斯物理学家尤里·奥加涅相致敬，研究人员将第 118 号元素命名为 oganesson(Og)。2017 年 5 月 9 日，中国科学院、国家语言文字工作委员会、全国科学技术名词审定委员会在北京联合召开发布会，正式向社会发布 118 号元素的中文名称“鿫”。

𨨏 **[bohrium]** 化学元素(第七周期第 7 族)。为人工合成的放射性元素。符号 Bh，原子序数 107。密度 37 $g\cdot cm^{-3}$。氧化态有+7、+5、+4、+3。在位于德国达姆施塔特的重离子研究所(2008 年更名为 GSI 亥姆霍兹重离子研究中心)，以安布鲁斯特(P. Armbruster)和明岑贝格(G. Münzenberg)为首的团队于 1981 年首次确定性地成功合成𨨏。它们将 ^{54}Cr 原子核加速撞击 ^{209}Bi 靶，制造出 ^{262}Bh。1997 年 107 号元素被正式命名为 bohrium，以纪念丹麦核物理学家尼尔斯•玻尔(N. Bohr)。

钚 **[plutonium]** 一种锕系元素。为人工合成的放射性元素。符号 Pu，原子序数 94。银灰色金属。熔点 640℃，沸点 3327℃，室温下，纯钚密度为 19.816 $g\cdot cm^{-3}$。有二十种放射性同位素，质量数从 228～247。其中寿命较长的有 ^{244}Pu、^{242}Pu、^{239}Pu，还有八种半衰期不超过一秒的亚稳态。^{238}Pu 与 ^{239}Pu 是最普遍的人造同位素。1940 年被首度制造，独立分离出。^{238}Pu 衰变热极高，被使用于放射性同位素热电机。^{239}Pu 则是主要使用的易裂变同位素。是一种放射性毒物，会在骨髓中富集，故操作、处理 Pu 具有一定的危险性。钚元素名取自 Pluto(意为冥王星)。

钚后元素 **[transplutonium element]** 即超钚元素。

钚酰 **[plutonyl]** PuO_2^+、PuO_2^{2+} 溶液中 Pu(V)及 Pu(VI)的存在形式。PuO_2^+ 离子呈淡红至紫色，可在 pH=3 下用 I^- 还原 PuO_2^{2+} 制备。PuO_2^{2+} 呈黄至淡橙色，可用氧化银(II)氧化 Pu(IV)制备。将金属钚溶于高氯酸后蒸发至干也得到 PuO_2^+。PuO_2^+ 在 pH<2 和 pH>6 容易发生歧化反应。PuO_2^{2+} 容易还原。由于各电对的电极电势接近，氧化还原产物复杂。

超钚元素 **[transplutonium element]** 又称钚后元素。原子序数在 94 号元素钚以后的所有元素。

超锔元素 **[transcurium element]** 又称锔后元素。原子序数在 96 号元素锔以后的所有元素。

超锎元素 **[transcalifornium element]** 又称锎后元素。原子序数在 98 号元素锎以后的所有元素。

超铀元素 **[transuranium elements (TRU)]** 原子序数在 92 号元素铀以后的所有元素。在已发现的超铀元素中包括锕系元素(93～103 号元素)和锕系后元素(104～118 号元素)。超铀元素大多数都是由人工核反应发现和制取的，只有极少的存在于自然界。

超重核 **[superheavy nucleus]** 一些拥有很多质子和中子、质量数比现有原子核大很多的假想原子核。超重核随着原子核质量的增加，库仑力不断增大，对于 α 衰变和自发裂变的不稳定性也增加，因而原子核寿命越来越短，直至不能鉴定的程度。1965 年原子核理论预言，当一个原子核的质子数和中子数为 Z=114、N=184 时，原子核会特别的稳定，预估这种原子核的寿命为 10^{19} 年。目前核物理学家利用重离子加速器，通过重离子核反应合成长寿命的超重核，但到目前为止，都还没成功。

超重元素 **[superheavy element]** 化学元素周期表中原子序数大于 103(铹)或者 105(𨧀)的元素。这些元素均为人工合成元素，具有放射性，并且稳定性较差。

𫟼 **[darmstadtium]** 化学元素(第七周期第 10 族)。为人工合成的放射性元素。符号 Ds。原子序数 110。固体密度 34.8 $g\cdot cm^{-3}$；化学性质活泼，可以形成多种卤化物，有+2、+4、+5 和+6 价态。1994 年 11 月 9 日，由位于德国达姆施塔特的重离子研究所(2008 年更名为 GSI 亥姆霍兹重离子研究中心)的霍夫曼(S. Hofmann)等利用 ^{62}Ni、^{64}Ni 轰击 ^{208}Pb 合成。目前人工合成出原子量 267(有争议)、269、270、271、273、277、279 和 281。Ds 可以通过融合反应直接合成，也可由 Fl(Z = 114)和 Lv(Z = 116)分别经过 2 次及 3 次α衰变得到。其六氟化物和四卤化物预计有较高的硬度和催化性。

锝 **[technetium]** 化学元素(第五周期第 7 族)。为人工合成的放射性元素。过渡金属，原子序数 43，符号 Tc。银灰色金属晶体。其化学性质介于锰和铼之间。熔点 2157℃。沸点 4265℃。氧化态+7，+6，+5，+4，+3，+2，+1，0，–1。在没有任何稳定同位素的元素中，锝的原子序数最小。其所有同位素都具有放射性。地球上现存的大部分锝都是人工制造的。自然界中仅有极少量存在。在铀矿中，锝是一种自发裂变产物；在钼矿石中，钼经中子俘获后可以生成锝。锝最长寿命的同位素是锝 ^{98}Tc(半衰期为 420 万年)。

氡 **[radon]** 化学元素(第六周期第 18 族)。为天然放射性元素。符号 Rn，原子序数 86。无色、无臭、无味的惰性气体，具放射性。0℃, 101.325 kPa 下，9.73 g/L。化学性质不活泼，但可以和氟发生反应生成二氟化氡。氡在 1900 年由道恩(F. E. Dorn)在德国发现。现已知的同位素有 33 种(A=196～228)，以 ^{222}Rn 的半衰期最长(3.824d)。^{219}Rn、^{220}Rn 和 ^{222}Rn 分别是锕铀系、钍系和铀系的成员，并分别称为锕射气、钍射气和镭射气。氡被认为是致癌物质。流行病学明确表明吸入高浓度氡与肺癌的发病率有联系。

钍 [dubnium] 化学元素(第七周期第5族)。为人工放射性元素。符号 Db，原子序 105。其名 dubnium 源自苏联联合核研究所(JINR)所在地杜布纳。其最稳定的已知同位素 ^{268}Db 的半衰期约为 28h。氧化态+5。

砈 [astatine] 见砹。

砨 [astatine] 砹的旧称。

钫 [francium] 化学元素(第七周期第1族)。为天然放射性元素。符号 Fr，原子序数 87。钫是碱金属，是仅次于砹的第二稀少的天然放射性元素，其同位素均有放射性，自然界中极其罕见。室温下密度 1.87 g·cm^{-3}，熔点 27℃，沸点 677℃。化学性质活泼，氧化态为+1。钫在 1939 年由法国女科学家佩雷(M. Perey)在巴黎发现，为了纪念其祖国而命名为 francium。钫可在铀矿及钍矿中发现，也可通过以质子轰击钍而获得。

放射性元素 [radioactive element; radioelement] 所有的同位素都具有放射性特征的元素。原子序数在 83(铋)以上的元素都具有放射性，原子序数小于 83 的锝和钷也是放射性元素。放射性元素分为天然放射性元素和人工合成放射性元素两类。天然放射性元素包括钋(Po)、氡(Rn)、钫(Fr)、砹(At)、镭(Ra)、锕(Ac)、钍(Th)、镤(Pa)和铀(U)等；人工合成的放射性元素，如锕系元素中在钚以后的元素。放射性元素衰变过程中产生的 α 射线、β 射线、γ 射线对人体有着不同程度的伤害，其中以 α 射线的电离能力最强，一旦进入人体对人体危害最大。

镄 [fermium] 一种锕系元素，为人工合成的放射性元素。符号 Fm，原子序数 100。氧化态为+3 价，也能形成+2 价。镄一共拥有 19 种已知的同位素，其中 ^{257}Fm 存留时间最长，半衰期为 100.5d。镄是在 1952 年第一次氢弹爆炸后的辐射落尘中发现的，并以诺贝尔奖得主原子核物理学家费米(E. Fermi)命名。到目前为止，对镄的化学研究都是在溶液中通过示踪法进行的，至今没有制造过任何固体化合物。在一般状态下，镄在溶液中呈 Fm^{3+}离子态，水合数为 16.9，酸解离常数为 1.6×10^{-4}($pK_a = 3.8$)。Fm^{3+}能和含有硬配位原子(如氧)的各种有机配体络合。

𫓧 [flerovium] 化学元素(第七周期第 14 族)。为人工合成的放射性元素。符号 Fl，原子序数 114。可能呈现银白色或灰色金属态。熔点 70℃。固体密度预测为 22 g·cm^{-3}；化学性质较活泼，有稳定+2 价化合物和氧化性较强的+4 价氧化物。1998 年 12 月，由位于俄罗斯杜布纳联合核研究所(JINR)的科学家使用 ^{48}Ca 离子撞击 ^{244}Pu 靶体合成。已合成质量数为 284～290 的同位素。2012 年 5 月 30 日，114 号元素命名为 flerovium(Fl)，以纪念苏联原子物理学家弗廖罗夫。

鎶 [copernicium] 化学元素(第七周期第 12 族)。为人工合成的放射性元素。符号 Cn。原子序数 112。固体密度 23.7 g·cm^{-3}；化学性质较汞更为惰性，预计可以与氟反应，有+2、+4 价氟化物。1996 年，由德国重离子研究所(现称 GSI 亥姆霍兹重离子研究中心)的霍夫曼(S. Hofmann)和尼诺夫(V. Ninov)领导的研究团队利用 ^{70}Zn 轰击 ^{208}Pb 合成。截至目前，科学家用不同的核反应合成了 75 个鎶原子，有质量数为 277、281～285 的同位素。112 号元素命名为 copernicium(Cp)，以纪念著名天文学家哥白尼。

𬭶 [hassium] 化学元素(第七周期第 8 族元素，过渡金属)。为人工合成的放射性元素。符号 Hs，原子序数 108。预测为银白色金属。密度(接近室温预测)41 g·cm^{-3}；半衰期较短，预测有+8、+6、+ 5、+4、+3、+2 六种氧化态。最初在 1984 年由德国科学家安布鲁斯特(P. Armbruster)和明岑贝格(G. Münzenberg)领导的研究团队于德国重离子研究中心合成，反应式为

$$^{208}Pb+^{58}Fe \longrightarrow {}^{265}Hs+{}^{1}n$$

已知𬭶的同位素有 15 种，质量数从 263 到 277。

1997 年，IUPAC 正式将 108 号元素命名为“hassium”，命名源自德国 GSI 亥姆霍兹重离子研究中心所在地德国黑森州的拉丁语名(Hassia)。

锔 [curium] 一种锕系元素。为人工合成的放射性元素。符号 Cm，原子序数 96。银白色的高密度坚硬固体金属。相对密度(接近室温) 13.51 g·cm^{-3}，熔点 1340℃，沸点 3110℃，氧化态+4、+3；化学性质较为活泼，能形成多种锔的化合物。1944 年加州大学伯克利分校的西博格(G. T. Seaborg)等首次合成锔元素。已知锔的同位素有 20 种，另有 7 种同核异构体，质量数从 233～252；其中半衰期最长的有 ^{247}Cm(1560 万年)和 ^{248}Cm(348 000 年)，最常用的锔同位素为 ^{242}Cm(162.8d)和 ^{244}Cm(18.1 年)，锔-250 较为特殊，主要以自发裂变的形式衰变(86%概率)。锔是为纪念玛丽•居里(Marie Curie)和其丈夫皮埃尔•居里(Pierre Curie)而命名的。

锔后元素 [transcurium element] 即超锔元素。

锎 [californium] 一种锕系元素。为人工合成的放射性元素。符号 Cf，原子序数 98。银白色具有延展性的放射性固体金属。密度(接近室温) 15.1 g·cm^{-3}，熔点 900 ℃，沸点 1470 ℃，氧化态+4、+3、+2；化学性质较为活泼，能形成多种锎的化合物，在室温下会在空气中缓慢地失去光泽，速度随着湿度的提高而加快，也可以与氢、氮和任何氧族元素加热进行反应，其中与不含湿气的氢或与水溶无机酸反应的速度极快。1950 年在加州大学伯克利分校以 α 粒子(氦-4 离子)撞击锔，首次人工合成锎元素。已知锎有 20 种同位素，质量数 237～256；最稳定的有锎-251(半衰期为 900 年)、锎-249(351 年)、

锎-250（13.1年）及锎-252（2.646年）。1980年之前大气层核试验的辐射落尘散落在环境中，其中含有少量的锎。从空气中采得的核爆辐射落尘中曾被发现含有质量数为249、252、253和254的锎同位素。累积在骨骼组织里的锎会释放辐射，破坏身体制造红细胞的能力；锎-249和锎-251能释放伽马射线，对外表组织造成伤害。锎所释放的电离辐射在骨骼和肝脏中可致癌。将98号元素命名为californium，以纪念发现该元素的发现地加州大学和加利福尼亚州。

锎后元素 [transcalifornium element] 即超锎元素。

空位元素 [vacancy element] 锝、钷、砹和钫四种放射性元素在历史上的别称。自元素周期律发现至20世纪20年代末，由 $_1H$ 到 ^{92}U 构成的元素周期表中，只剩下四个空位43（锝）、61（钷）、85（砹）和87（钫）未被填充。当时人们称这四种元素为空位元素。

铹 [lawrencium] 一种锕系元素。为人工合成的放射性元素。符号Lr，原子序数103。（一般状态）预测是银白色或灰色固体金属。氧化态+3。1961年西克兰（T. Sikkeland）和拉希（A. E. Larsh）在美国加利福尼亚伯克利的劳伦斯放射实验室中发现。已知铹的同位素有16种，质量数从251～266。1969年苏联的一个核物理团队在杜布纳的弗廖罗夫（Flerov）核研究实验室首次对Lr进行了气相研究，并得到了 $^{256}LrCl_3$，从而证实了Lr是一种特殊的锕系元素。1970年一个核物理团队在加利福尼亚州的劳伦斯伯克利国家实验室首次对Lr进行了液相实验。为纪念回旋加速器的发明者劳伦斯（E. O. Lawrence），IUPAC将103号元素命名为lawrencium。

铹后元素 [translawrencium element] 即锕系后元素。

镭 [radium] 化学元素（第七周期第2族）。为放射性元素。符号Ra，原子序数88。（一般状态）是银白色固体金属。密度（接近室温预测）5.5 g·cm^{-3}；熔点700℃，沸点1737℃，氧化态+2；化学性质极其活泼，在空气中相当不稳定，很容易与氮气发生反应生成氮化镭（RaN_3），与碱土金属的性质类似，它也可以与水反应生成（$Ra(OH)_2$）。1898年由居里夫人与她丈夫皮埃尔•居里在捷克北波希米亚发现。已知镭的同位素有33种，质量数从202至234；^{223}Ra、^{224}Ra、^{226}Ra 和 ^{228}Ra 在自然界中存在，半衰期最长的是 ^{226}Ra（1599年），进行α蜕变，放出α射线和γ射线，它衰变时会放出氡气到大气中，氡仍有放射性，且可被生物吸入，危害生命。镭在以前也用于手表发光涂料、飞机开关、仪表表盘中，甚至在牙膏、洗发乳及食品中也有应用。

𫟷 [livermorium] 化学元素（第七周期第16族）。为人工合成的放射性元素。符号Lv，原子序数116。固体密度预测为12.9 g·cm^{-3}；化学性质较活泼，能形成多种氧化物，有稳定+2、+4和+6氧化态。2000年7月19日，由俄罗斯杜布纳联合核研究所（JINR）的科学家使用 ^{48}Ca 离子撞击 ^{248}Cm 靶，探测到Lv原子的一次α衰变。截至目前，科学家用不同的核反应合成了质量数为290、291、292和293的四种同位素。2012年5月30日，116号元素命名为livermorium（Lv），以纪念与俄罗斯JINR在发现116号元素中合作的美国劳伦斯利弗莫尔国家实验室。该实验室位于利弗莫尔市（Livermore）。

𬬻 [rutherfordium] 化学元素（第七周期第4族，过渡金属）。为人工合成的放射性元素。符号Rf，原子序数104。（一般状态）预测是固体。密度（接近室温预测）23 g·cm^{-3}，熔点2100 ℃，沸点5500 ℃；氧化态已证实的有+4，预测+3。1964年位于苏联杜布纳的联合核研究所宣布发现。已知𬬻的同位素有16种，质量数从253至268。为纪念新西兰物理学家卢瑟福，IUPAC将104号元素命名为rutherfordium。

𬬭 [roentgenium] 化学元素（第七周期第11族）。为人工合成的放射性元素。符号Rg，原子序数111。银白色固体。固体密度28.7 g·cm^{-3}；化学性质较惰性，但能与卤素发生反应，预计有+3价稳定化合物。1994年12月8日，由德国重离子研究所（现称GSI亥姆霍兹重离子研究中心）利用 ^{64}Ni 轰击 ^{209}Bi 合成。目前已发现质量数为272、273、274、275、276、277、278、279、280、281、282、283十二种同位素。111号元素在2004年11月1日被命名为roentgenium（Rg），以纪念1895年发现X射线的科学家伦琴。

鿏 [meitnerium] 化学元素（第七周期第9族，过渡金属）。为人工合成的放射性元素。符号Mt，原子序数109。（一般状态）预测是固体。密度（接近室温预测）37.4 g·cm^{-3}。1982年由安布鲁斯特（P. Armbruster）和明岑贝格（G. Münzenberg）在德国重离子研究所（现称GSI亥姆霍兹重离子研究中心），利用铁-58离子轰击铋-209合成了 ^{266}Mt 的单一原子。已知鿏的同位素有15种，质量数从265至279，半衰期较短，最稳定同位素为 ^{278}Mt。与同族的钴、铑、铱类比，推测它会形成稳定的+3、+4、+6价。

镅 [americium] 一种锕系元素。为人工放射性元素。符号Am，原子序数95。银白色质软的放射性金属。密度（接近室温时）12g·cm^{-3}，熔点1176℃，沸点2607℃，氧化态+7、+6、+5、+4、+3、+2（两性氧化物）；化学性质较为活泼，能形成多种镅的化合物，会轻易地和氧反应，也易溶于酸当中，最常见的氧化态是+3。1944年加州大学伯克利分校的西博格（G. T. Seaborg）等首次合成了镅元素。已知镅有19种同位素和8种同核异构体；其中两种为释放α粒子的长半衰期同位素 ^{241}Am 和 ^{243}Am，半衰期分别为432.2年和7370年；另有一种同核异构体 $^{242m1}Am$，半衰期为141年。其余的同位素和同核异构体半衰期从0.64μs（$^{245m1}Am$）到50.8h（^{240}Am）不等。镅是以发现地所在的美洲大陆（America）命名的。

钔 [mendelevium] 一种锕系元素。为人工放射性元素。

符号 Md，原子序数 101。为纪念俄国科学家门捷列夫而命名。1955 年，由美国的吉奥索(A. Ghiorso)、哈维(B. G. Harvey)、肖邦(G. R. Choppin)等，在加速器中用氦核轰击锿(^{253}Es)，首次发现了钔(^{256}Md)，其核反应为 $^{253}Es(\alpha, n)^{256}Md$。化学性质仅限于示踪量，在离子交换色谱上显示出主要以+3 价存在于水溶液中。此外，也有+2 价和+1 价。钔的同位素主要有：$^{245}Md \sim ^{260}Md$。半衰期从几秒到大约 55d。最稳定的同位素是 ^{258}Md，半衰期为 55d。科学家们为了纪念元素周期律的发现者著名化学家门捷列夫，将 101 号元素命名为 mendelevium(钔)。

镆 [moscovium] 化学元素(第七周期第 15 族)。为人工合成的放射性金属元素，属于弱金属之一。符号 Mc。汉语拼音 mò。Mc 是元素周期表第 15(VA)族中最重的元素，但是由于还没有足够稳定的 Mc 同位素，因此并未能通过化学实验来验证其特性。2016 年 6 月 8 日，国际纯粹与应用化学联合会(IUPAC)宣布，将合成化学元素第 115 号(Mc)提名为化学新元素。该元素由美国的劳伦斯利弗莫尔国家实验室、橡树岭国家实验室和俄罗斯的科学家联合合成，他们将 115 号元素命名为以“莫斯科”英文地名拼写为开头的 moscovium。2017 年 5 月 9 日，中国科学院、国家语言文字工作委员会、全国科学技术名词审定委员会在北京联合召开发布会，正式向社会发布 115 号元素中文名称“镆”。

镎 [neptunium] 一种锕系元素。为人工合成的放射性元素。符号 Np，原子序数 93。以海王星(Neptune)命名。银白色金属，熔点 644℃，沸点 4000℃。密度 20.45 $g \cdot cm^{-3}$。化学性质活泼，有+3、+4、+5、+6、+7 五种氧化态。镎在水溶液中最稳定的价态，以 NpO_2^+ 形式存在。1940 年，由麦克米伦(E. M. McMillan)和埃布尔森(P. H. Abelson)用中子轰击铀获得半衰期为 2.3d 的 ^{239}Np。镎的同位素中只有微量的 ^{237}Np 和 ^{239}Np，半衰期分别为 2.14×10^6a 和 2.355d。金属镎是用钡(Ba)还原三氟化镎(NpF_3)得到。

镎衰变系 [neptunium decay series] 人工放射系，其母体为 ^{237}Np，在反应堆中通过以下反应生成：

$$^{235}U \xrightarrow{(n,\gamma)} {}^{236}U \xrightarrow{(n,\gamma)} {}^{237}U \xrightarrow{\beta^-} {}^{237}Np$$

^{237}Np 经过 7 次α衰变和 4 次β^-衰变到 ^{209}Bi。在这个放射系中 ^{237}Np 的半衰期最长，为 2.14×10^6 年，所以这个系称为镎系。该系成员的质量数 A 都是 4 的整倍数加 1，$A=4n+1$，因此也称为 $4n+1$ 系。

镎酰 [neptunyl] 分子式 NpO_2^+，NpO_2^{2+}，是 Np(V)及 Np(VI)在溶液中的存在形式。NpO_2^+ 离子呈绿色，可通过硝酸氧化 Np^{4+} 或用 I^-或羟胺还原 NpO_2^{2+} 制备。NpO_2^{2+} 呈粉红色，可用强氧化剂氧化低价镎制备。Np(V)是镎在水溶液中是稳定的价态，高酸度或有络合剂存在下歧化为 Np(IV)和 Np(VI)。Np(VI)不如 Np(V)稳定，容易还原为 Np(V)。电极电势为 1.236V。

鉨 [nihonium] 化学元素(第七周期第 13 族)。一种不稳定的超重元素。符号 Nh。汉语拼音 nǐ。其原子核包含 113 个质子和 173 个中子。日本理化学研究所和俄美的研究团队(俄罗斯杜布纳联合核研究所和美国劳伦斯利弗莫尔国家实验室等)都号称发现了 113 号元素，并从约 2005 年前就开始提交国际专家进行审查。2015 年 12 月，国际化学机构将 113 号元素正式认定为新元素，并将命名权授予日本。2016 年 6 月 8 日，国际纯粹与应用化学联合会(IUPAC)宣布，将 113 号元素提名为化学新元素。日本理化学研究所仁科加速器研究中心的科研人员将该元素以日本国名(nihon)命名为 nihonium(Nh)。2017 年 5 月 9 日，中国科学院、国家语言文字工作委员会、全国科学技术名词审定委员会在北京联合召开发布会，正式向社会发布 113 号元素中文名称“鉨”。

锘 [nobelium] 一种锕系元素。为人工放射性元素。符号 No，原子序数 102。为纪念瑞典科学家诺贝尔而命名。1958 年美国加州大学吉奥索(A. Ghiorso)等首先采用 ^{12}C 轰击 ^{244}Cm，确定合成了 ^{254}No，其半衰期为 55s。锘的同位素有 $^{250}No \sim ^{260}No$、^{262}No，其中最稳定的 ^{259}No 半衰期为 58min。由于制成的元素量极少，不足以研究其性质和应用。

锫 [berkelium] 一种锕系元素。为人工放射性元素。符号 Bk，原子序数 97。以其发现地美国伯克利命名。银白色金属。熔点 986℃，密度约 14.78 $g \cdot cm^{-3}$；化学性质活泼。有+3 价和+4 价化合物。锫在水溶液中可被溴酸盐或 4 价铈离子等强氧化剂氧化到+4 价。1949 年西博格领导的小组用高能 α 粒子轰击 ^{241}Am 制得。锫的同位素有 $^{235}Bk \sim ^{254}Bk$，其中最稳定的是 ^{247}Bk，半衰期约为 1380 年。尚无实际应用。

钋 [polonium] 化学元素(第六周期第 16 族)。为天然放射性元素。符号 Po，原子序数 84。为纪念居里夫人的祖国波兰而命名。银白色金属。熔点 254℃，密度 9.4 $g \cdot cm^{-3}$；化学性质活泼，有−2、+2、+3、+4、+6 化学价。溶于稀硝酸和稀氢氧化钾，钋的化合物易于水解。1898 年。居里夫人和她丈夫从沥青铀矿中发现。钋有 30 个已知同位素，原子量从 190 到 219，最易得的是 ^{210}Po，半衰期仅 134d。半衰期最长的为 ^{209}Po，为 102 年。自然界中的沥青铀矿及锡石中有微量钋存在。它与铍混合可作为中子源；也用作静电消除剂。钋的毒性主要是其强烈放射出 α 粒子，在体外不足以构成危险，如果进入体内会造成大量辐照。

钷 [promethium] 一种镧系元素。为人工合成的放射性元素。符号 Pm，原子序数 61。根据希腊文 prometheus[得名于希腊神话中的盗火英雄普罗米修斯(Prometheus)]命名。银白色金属。熔点 1042℃，密度 7.26 $g \cdot cm^{-3}$。化学性质活泼，只有一个稳定的氧化态，+3 氧化态。1947 年，马林斯基(J. A. Marinsky)、格伦丹宁(L. E. Glendenin)和科里尔(C. E. Coryell)

从原子反应堆用过的铀燃料中成功地分离出钷。迄今已合成28个钷的同位素，半衰期最长的是 ^{145}Pm，为18年。^{147}Pm 是最重要的同位素，是纯β发射体，半衰期2.62年，可制造电池，用作导弹制导仪器及钟表的电源。

镤 [protactinium] 一种锕系元素。为天然放射性元素。符号Pa，原子序数91。以希腊文protos（前）加上actinium（锕）而命名。灰白色金属，熔点小于1600℃，密度15.37 $g \cdot cm^{-3}$。常显+4和+5化合价。1913年美国化学家法扬斯从铀中发现短半衰期的 ^{234}Pa。已知镤的同位素有29种，^{234}Pa 和 ^{231}Pa 是两种天然同位素，其中最稳定的是 ^{231}Pa，半衰期为32 760年。从铀精炼厂残余物中分离得到。镤既有毒，又有强放射性，进入人体中后会在肝脏、肾脏中停留，引发肿瘤。

人工放射性元素 [artificial [radio] element] 最初通过人工核反应合成而被鉴定的放射性元素。它们包括：锝、钷、砹、镎、钚、镅、锔、锫、锎、锿、镄、钔、锘、铹、𬬻、𬭊、𬭳、𬭛、𬭶、鿏、𫟼、𬬭、鿔、鿭、𫓧、镆、𫟷、鿬、鿫元素。1937年意大利矿物学家佩列尔和美国物理学家塞格雷在美国加州大学劳伦斯伯克利国家实验室用回旋加速器加速的氘核轰击钼靶，通过核反应 $^{98}Mo(d,n)^{99}Tc$ 合成了锝，首次用人工的方法制造出元素。人工放射性元素应用在放射性示踪、核热源、核电池和中子源等方面。

射气 [emanation] 用Em表示。指三个天然放射系中镭（Ra）的子体放射性气体氡（Rn），包括镭射气（^{222}Rn，半衰期3.82d）、钍射气（^{220}Rn，半衰期55.6s）和锕射气（^{219}Rn，半衰期3.96s）。

天然放射性核素 [natural radionuclide] 自然界中存在的放射性核素，包括三个天然放射系中所有的放射性核素，^{40}K，以及在宇宙射线作用下生成的 ^{3}H、^{7}Be、^{14}C、^{22}Na 等。

天然放射性元素 [natural radioelements] 自然界中存在的放射性元素。是原子序数 $Z>83$ 的重元素，包括Po、Rn、Fr、Ra、Ac、Th、Pa和U。其中除具有长寿命的放射性元素U和Th在自然界中仍然存在外，其余七个都是以 ^{238}U、^{235}U、^{232}Th 为母体的三个天然放射系的成员存在。应用从早期的医学和钟表工业扩大到核动力工业和航天工业等多个领域。

鿬 [tennessine] 化学元素（第七周期第17族）。为人工合成的放射性元素。它的原子序数是117，属于卤素之一。符号Ts。汉语拼音tián。由于相对论效应，化学性质（如键长）会和根据周期表上卤素的趋势推算的不同，它会拥有类金属属性，与砹相似。该元素于2010年首次成功合成，2012年再次成功合成。而以俄罗斯杜布纳联合核研究所为首的一个国际团队于2014年5月2日声明，他们利用新实验成功证实了117号元素的存在，这一成果使得该超重元素向正式加入元素周期表更近了一步。国际纯粹与应用化学联合会（IUPAC）最终确认117号元素是由美国劳伦斯利弗莫尔国家实验室、橡树岭国家实验室和俄罗斯杜布纳（Dubna）联合核研究所的科学家共同合成。117号元素命名为以“田纳西州”英文地名拼写为开头的tennessine（Ts）。2017年5月9日，中国科学院、国家语言文字工作委员会、全国科学技术名词审定委员会在北京联合召开发布会，正式向社会发布了117号元素的中文名称“鿬”。

钍 [thorium] 一种锕系元素。为天然放射性元素。原子序数90，化学符号Th。有6种天然同位素和19种人工同位素。其中只有 ^{232}Th（半衰期140.5亿年）可转换核素。钍–铀、钍–钚–铀–锆是有前景的快堆燃料；钍–铀混合氧化物是高温气冷堆燃料。1829年，该元素由挪威业余矿物学者埃斯马克（M. T. Esmark）发现，随后由瑞典化学家贝尔塞柳斯（J. J. Berzelius）确认，后者以北欧神话中的雷神托尔（Thor）为元素进行了定名。

钍衰变系 [thorium decay series; thorium family] 简称钍系，又称 $4n$ 系。由 ^{232}Th 及其衰变子体构成的一个天然放射系。该系包括6次α衰变和4次β衰变，以 ^{208}Pb 结束。

钍系 [thorium family] 即钍衰变系的简称。

稳定岛 [island of stability; stability island] 核子物理中的一个理论推测，核物理学家推测具有“幻数”数目的质子和中子的原子核特别稳定，其附近的原子核也相对比较稳定，这样一群原子核组成所谓的“稳定岛”。假如这个猜测正确，那么特定的超铀元素的同位素比其他同位素要稳定，这些同位素的放射性衰变过程可能非常慢。

𬭳 [seaborgium] 化学元素（第七周期第6族，过渡金属）。为人工合成的放射性元素。符号Sg，原子序数106。（一般状态）预测是固体。密度（接近室温预测）35 $g \cdot cm^{-3}$；氧化态（预测）：+6（已证实）、+5、+4、+3；1974年吉奥索（A. Ghiorso）和休利特（E. K. Hulet）利用劳伦斯伯克利国家实验室的超重离子直线加速器发现。已知𬭳的同位素有12种，质量数从258至271（^{268}Sg、^{270}Sg 未知）；半衰期最短的是 ^{258}Sg，同样会进行α衰变和自发裂变，其半衰期为2.9ms。与同族的铬、钼、钨类比，推测它会形成挥发性的氧氯化物 SgO_2Cl_2，1997年，IUPAC将106号元素正式命名为seaborgium，以纪念美国化学家西博格（G. T. Seaborg）。

$4n$ 系 [$4n$ family] 即钍衰变系。

$4n+2$ 系 [$4n+2$ family] 即铀衰变系。

$4n+3$ 系 [$4n+3$ family] 即锕铀系。

^{235}U 系 [^{235}U family] 即锕铀衰变系。

铀 [uranium] 一种锕系元素。为天然放射性元素。原子序数92，元素符号U。质量数在217至242之间，共24种同位素，最普遍存在的是 ^{238}U 和 ^{235}U。所有铀同位素皆不稳定，具有微弱放射性。铀在自然界中以数百万分率的低含量存在于土壤、矿石和水中，可从沥青铀矿等含铀矿物中提炼。德国化学家克拉普罗特(M. H. Klaproth) 1789 年在位于柏林的实验室中，把沥青铀矿溶解在硝酸中，再用氢氧化钠中和得到一种黄色化合物。克拉普罗特假设这是一种未知元素的氧化物，并用炭进行加热，得出黑色的粉末。他错误地认为这就是新发现的元素，但其实该粉末才是铀的氧化物。他以威廉•赫歇尔发现的天王星(Uranus)来命名这种新元素。

铀衰变系 [uranium decay series; uranium family] 简称铀系。以 ^{238}U 为母体，经过 8 次 α 衰变和 6 次 β 衰变，以铅的稳定同位素 ^{206}Pb 终结，形成一个递次衰变链。铀系中每一个成员的质量数可以表示为 $4n+2$，因此铀系又称 $4n+2$ 系。

铀系 [uranium series; uranium family] 铀衰变系的简称。

铀酰 [uranyl] 水溶液中铀(V)及铀(VI)的存在形式。UO_2^+ 结构为直线型，极不稳定，仅在低浓度及 pH 值 2.0～2.5 范围内存在。UO_2^{2+} 也为直线型，其溶液呈亮黄色，不仅存在于水溶液中，也存在于硝酸铀酰、铀酸盐以及六价铀的氧化物中。易形成配合物，配位数可为 4、5 及 6。主要化合物：醋酸铀酰、硝酸铀酰。

宇生放射性核素 [cosmogenic radionuclide] 宇宙射线与大气的作用在自然界中不断进行核反应所形成的放射性核素。如中子轰击 ^2H、^3He、^{14}N 核上，可以发生 $^2H(n,\gamma)^3H$、$^3He(n, p)^3H$、$^{14}N(n, p)^{14}C$ 等核反应。宇生放射性核素也可来自太阳系附近超新星的爆发。因此测量宇生放射性核素的异常可以推测超新星的活动。

8.3 放射分析化学

背散射 [backscattering] 入射粒子与靶核发生弹性碰撞而产生的大角度散射。

背散射分析 [backscattering analysis] 基于背散射来分析靶物质组成的核分析方法。

被动探询 [passive interrogation] 即无源探询。

不破坏中子活化分析 [nondestructive neutron activation analysis (NDNAA)] 即仪器中子活化分析。

超热中子活化分析 [epithermal neutron activation analysis] 入射粒子为超热中子(E_n=1～0.1 eV)的活化分析。

带电粒子活化分析 [charged particle activation analysis (CPAA)] 通过鉴别和测量试样因带电粒子辐照感生的放射性核素的特征辐射来进行元素和核素分析的活化分析方法。常用于带电粒子活化分析的粒子有质子、氘核、氚核、^3He 核、^4He 核和重离子等。对于轻元素，中子活化分析无法测定，光子活化分析也有局限性，这时就必须借助于带电粒子活化分析。

[带电]粒子激发 X 射线荧光分析 [[charged] particle-induced X-ray emission (PIXE) fluorescence analysis] 外界辐射为带电粒子的 X 射线荧光分析。用带电粒子激发待分析样品中的原子，使原子发出标识 X 射线(荧光)，通过测量这些标识 X 射线的能量和强度来确定物质中微量元素的种类和含量。带电粒子可以是质子、氘核、氚核、^3He 核、^4He 核或重离子，目前使用最多的是质子。

电感耦合等离子体质谱法 [inductively coupled plasma mass spectrometry (ICP-MS)] 一种痕量(10^{-6}～10^{-9})和超痕量(10^{-9}～10^{-15})的元素分析方法。用氩形成的等离子体使待测元素原子化和离子化，如此形成的离子通过一系列的锥孔，进入高真空质量分析室，元素的同位素由其质荷比(m/e)鉴别，元素的量由特征的质谱峰的强度计算。

电子探针微区分析 [electron probe micro-analysis (EPMA)] 释文见分析化学同名词条。

多道分析器 [multichannel analyzer (MCA)] 测量输入脉冲信号分布的电子学仪器。由前置放大器、主放大器、模数转换器和输入输出等单元组成。分为两种工作模式：脉冲高度分析模式和多路定标模式(测量脉冲的时间分布)。

k_0 法 [k_0 method] 一种中子活化分析参量法。将所有测定元素的标准比计数率用基于物理原理的精确方程联系在一起，其中涉及的“组合核常数” k_0，在不同的实验室以独立的元素标准测定。k_0 法只需要一种核素(比较器)作标准就可以对所有探测到的元素进行定量。一旦元素 k_0 值被准确测定，所有的实验室均可以使用，从而在很大程度上避免了制备标样所带来的误差，保证了数据的准确性。

放射电化学分析 [radioelectrochemical analysis] 用于放射性核素分离、分析的电化学方法。

放射电泳 [radioelectrophoresis] 用放射性测量作为检测手段的电泳技术。用放射性示踪剂标记被分离物质，电泳结束后，通过对分布了待测物质的电泳介质(如纸条、琼脂糖凝胶板等)进行放射性扫描、放射性自显影或者切割样品单元(如纸上电泳的纸片段)的放射性测量获得它们在电泳介质上的分布(即电泳图)。

放射分析化学 [radioanalytical chemistry] 以核反应、核效应、核辐射和核装置为基础，将放射化学和放射性测量技术用于分析化学中的一门学科。包括中子、带电粒子和光子活化分析，放射性核素分析，同位素示踪分析，同位素稀释分析等。

放射化学中子活化分析 [radiochemical neutron activation analysis (RNAA)] 又称破坏性中子活化分析。样品受中子照射前或后，要用化学方法将其破坏，经过分离或纯化步骤，再测量其放射性，从而实现增加可分析元素数目、提高分析灵敏度、去除基体干扰放射性的目标的分析方法。

放射极谱法 [radiopolarography] 放射化学中一种低浓度分析技术。放射性标记的离子被极谱还原，因给定数目滴汞的放射性活度值正比于沉积的元素的量，也正比于电流，所以测量形成滴汞的放射性活度，就能计算出被研究离子的还原量。

放射计量学 [radiometrology] 一门研究放射性测量标准及其方法的学科。

放射量热法 [radiometric calorimetry] 一种放射性活度的绝对测量法。通过测量放射性物质或放射源的释热功率来确定其放射性活度。

放射免疫电泳 [radioimmunoelectrophoresis] 放射免疫分析中一种分离和定量测定欲测物的分析方法。标记抗原与欲测物在含有特异抗体的琼脂板上电泳时，所形成的抗原-抗体复合物沉淀峰与欲测物含量有关，由标准含量的比较进而求欲测物含量。

放射免疫分析 [radioimmunoassay (RIA)] 在待分析物(非标记抗原)中加入固定量的放射性核素标记的待分析物(标记抗原)，将该分析物与亚化学计量的固定量特异抗体结合，分离抗原-抗体复合物，用测量放射性的方法计算抗原中结合部分与游离部分的比值，根据标准曲线确定分析物的量的分析方法。

放射免疫分析试剂盒 [radioimmunoassay kit (RIA kit)] 将标准品、标记物、结合试剂、分离剂和缓冲溶液等组装在一起的一整套组分(包括操作说明书)。利用放射免疫分析原理在体外测定某一待测物质的量，并能达到一定的精密度或准确度。

放射性滴定 [radiometric titration] 用放射性指示剂确定滴定终点的方法。

放射性检测 [radioassay] 通过测量某组分放射性活度来确定该物质含量的分析方法。

放射性配基分析 [radioligand binding assay (R[L]BA)] 放射性标记配基(激动剂或拮抗剂)和组织、细胞，或含有受体的制剂一起温育，使受体和配基充分结合，形成受体-配基复合物，终止反应后，用过滤或离心的方法除去未被结合的标记物，测定滤膜或沉淀物中的放射性，即可计算出和配基结合的受体的量的分析方法。

放射性释放测定 [radio-release determination] 将一种放射性固体物质(单质或难溶化合物)与溶液中待测物质反应，生成物被释放到溶液中，测量被释放的放射性并根据化学计量关系可推算待测物质的量的分析方法。

放射性受体分析 [radioreceptor assay] 基于受体与配体的特异性结合的分析方法。其竞争结合原理与放射免疫分析相似。通常先将配体与一定量的受体反应，然后加入一定量的标记配体，反应平衡后，离心分离去除未结合的部分，测定结合部分的放射性，根据标准曲线从结合率推算样品中待测配体的量。

分子活化分析 [molecular activation analysis] 以分析元素化学种态为目标的活化分析。在活化前，先用物理、化学或生化方法分离感兴趣元素的化学种态，再用活化方法确定该元素在不同化学种态中的分布。

俘获反应 [capture reaction] 一个原子体系或原子核体系获得一个粒子的过程。通常注明被俘获的粒子的类型及能量。

工业 CT [industrial CT] 采用计算机断层扫描技术对产品进行无损检测(NDT)和无损评价(NDE)的仪器。

沟道效应 [channeling effect] 当高度准直的带电粒子沿单晶主轴或主晶面入射时，由于入射粒子与靶物质作用截面下降，导致粒子射程明显增强的效应。

光子活化分析 [photon activation analysis (PAA)] 由加速器或同位素源产生的高能 γ 光子照射样品的活化分析方法。其主要依据(γ, γ′)、(γ, n)、(γ, p)、(γ, 2n)等反应。适用于轻元素和一些对热中子活化分析不灵敏元素的分析。

核保障 [nuclear safeguard] 为了不扩散核武器，对核材料的使用进行限制，所形成的一个核实系统。国际核保障的执行机构是国际原子能机构(IAEA)，主要承担着发展国际核保障概念、开发核保障技术、与当事国签订核保障协定以及派遣观察员进行视察等任务，其职能是确保特种可裂变材料以及有关的其他材料服务、设施、设备、情报等，不用作推进任何军事目的。其目标是：及时察觉显著量的核材料从和平核活动转用到核武器或其他核爆炸装置，或转用到未知的目的，通过及早察觉这种风险来遏制这种转用。

核保障监督技术 [nuclear safeguards technique] 和平利用核能、防止核材料不按照法律或条约规定使用或转用的保障监督技术。

核反应分析 [nuclear reaction analysis] 利用核反应测定样品中元素组成、表面杂质及其深度分布的分析方法。

核微探针 [nuclear microprobe] 利用电、磁聚焦透镜系统把从加速器中引出的 MeV 能量的离子束聚焦成直径 μm 量级的束斑，对样品微区进行扫描分析。不但可以给出样品微区的元素种类和含量，而且能显示出样品微区的元素分布信息。

活化分析 [activation analysis] 通过鉴别和测量由核反应产生的放射性核素的特征辐射或核反应产生的瞬发辐射，实现元素定性、定量分析的方法。

活化截面 [activation cross-section] 粒子击中靶后被原子核俘获并产生放射性核素的概率。

计数效率 [counting efficiency] 由放射性计数器测量得到的粒子、光子数目与该放射源实际发射的相同类型、相同能量的粒子或光子计数之间的比率。

计算机断层成像 [computed tomography (CT)] 用 X 射线按照一定的方式对物体(如人体脏器)逐片扫描，由于不同的组织对 X 射线的吸收能力(或称阻射率)不同，可以用计算机进行图像重建，从而获得物体的三维图像的技术。用于医学诊断。

加速器质谱分析 [accelerator mass spectrometric analysis] 基于加速器的质谱分析方法。其特点是它用自己的加速器将离子加速到很高的动能后再进行质量分析，具有很高的灵敏度和分辨率。

交叉束技术 [cross beam technique] 由两个不同来源喷发出两个分子束，在一个高真空的反应室中形成交叉，使分子间发生单次碰撞而散射，以便检测出产物分子以及弹性散射的反应物分子的能量分布、角度分布和分子能态等碰撞反应动力学信息的技术。

绝对法 [absolute method] 根据入射粒子注量率、核反应激发函数和生成核放射性活度绝对测量等核参数进行定量的活化分析方法。

绝对探测效率 [absolute detection efficiency] 简称探测效率。在一定探测条件下探测到的粒子数与在同一时间间隔内辐射源放出的该种粒子总数的比值。是探测器性能、探测电路和测量方法的综合结果。影响探测效率的因素有：探测器灵敏体积的大小、测量系统的几何条件、射线到达灵敏体积前被吸收的情况，以及探测器至辐射源的距离。

康普顿散射分析 [Compton scattering analysis] 基于康普顿散射的波长和角分布重建物体图像的分析方法。

快中子活化分析 [fast neutron activation analysis] 利用粒子加速器产生的快中子对于元素进行定性和定量测定的一种核分析技术。

扩展 X 射线吸收精细结构 [extended X-ray absorption fine structure (EXAFS)] 元素的 X 射线吸收系数在吸收边高能侧 30～1000 eV 之间的振荡，由吸收了 X 射线的原子与邻近配位原子相互作用产生。将傅里叶变换用到扩展 X 射线吸收技术数据处理中，吸收边高能侧的多个叠加正弦波在空间按其壳层分开，获得原子间距和配位数等结构信息。其特点是：入射到样品后透射的 X_α 光、出射的荧光或光电子都产生扩展 X 射线吸收现象；扩展 X 射线吸收现象取决于短程有序作用，不需要长程结构，可得到吸收原子邻近配位原子的种类、距离、配位数、无序度因子；X 射线吸收边具有因子特征，可以调节 X 射线的能量，对不同元素的原子周围环境分别进行研究；利用强 X 射线或荧光探测技术可以测量低浓度的样品；可用于测定固体、液体、气体样品，一般不需高真空，不损坏样品。

冷中子活化分析 [cold neutron activation analysis] 入射粒子为冷中子(能量 5×10^{-5}～0.025 eV)的活化分析。活化截面很大，且由于远离堆芯，显著降低了快中子和 γ 辐射本底。可测定固体介质中的轻元素(如氢、锂、硼和氮等)的深度分布。

离子束分析 [ion beam analysis] 对用具有一定能量的带电粒子轰击靶物质产生的各种出射粒子进行测定，实现物质组成、结构和状态分析的核分析方法。

免疫放射分析 [immunoradioassay (IMRA)] 利用过量放射性标记抗体与抗原(待测物)进行免疫反应，分离抗原–抗体复合物后，测量并计算抗体中结合部分与游离部分的放射性比值，从而确定分析物的量的分析方法。该法特别适于不易得到标记抗原或标记后易失活的生物活性物质的分析。

穆斯堡尔谱仪 [Mössbauer spectrometer] 用于测定物质 γ 射线无反冲共振吸收效应的仪器。由放射源(γ 光源)射出的 γ 光子被样品中存在的穆斯堡尔核(如 ^{57}Fe、^{119m}Sn)所吸收，形成共振吸收谱，样品中穆斯堡尔核与核外化学环境的相互作用会引起共振吸收谱线的位置、形状、数目的变化。反过来利用所测穆斯堡尔谱的这些变化推出穆斯堡尔核周围化学环境的信息。

穆斯堡尔源 [Mössbauer source] 提供给穆斯堡尔谱仪的 γ 射线源，必须是无反冲 γ 辐射源。源的种类包括同位素放射源，“在束”注入技术和同步辐射源等。

能量色散 X 射线分析 [energy dispersive X-ray analysis (EDX)] 又称能量色散 X 射线荧光分析。用能量分辨率高的半导体硅测量特征 X 射线能量的 X 射线荧光分析方法。

能量色散 X 射线荧光分析 [energy dispersive X-ray

fluorescence analysis] 即能量色散 X 射线分析。

逆同位素稀释分析 [reverse isotope dilution analysis (RIDA)] 将已知量的非放射性载体加到未知量的放射性样品中，通过同位素稀释测定样品中的载体含量的分析方法。

全反射 X 射线荧光分析 [total reflection X-ray fluorescence (TRXF)] 释文见分析化学同名词条。

扰动角关联 [perturbed angular correlation (PAC)] 利用原子核级联衰变时，受核外环境扰动产生效应的分析方法。

热电离质谱法 [thermal ionization mass spectrometry (TIMS)] 一种高灵敏度的分析方法，用于同位素丰度测定和某些元素的分析。样品中的待测元素首先被沉积于灯丝，然后在高温下被电离，离子在电磁分析系统中按其质荷比 m/e 分离和测量的方法。测定同位素比的精度可达 10^{-5}。

热色谱法 [thermochromatography] 色谱法的一种，被分离物质按挥发性大小在温度逐渐增高的色谱柱中被分离开来。

热释光 [thermoluminescence (TL)] 即热致发光。

热致发光 [thermoluminescence (TL)] 又称热释光。受激发后的发光体在停止发光后，又被加热升温，继续发光并逐渐加强的现象。

扫描透射离子显微镜 [scanning transmission ion microscopy] 在扫描离子微探针基础上，再使用微狭缝技术得到空间分辨率达 0.1μm 量级的显微分析技术。

扫描质子微探针 [scanning proton microscopy] 基于微束技术的质子激发 X 射线荧光技术。

X 射线发生器 [X-ray generator] 产生 X 射线的设备。

X 射线吸收近边结构 [X-ray absorption near edge structure (XANES); near edge X-ray absorption fine structure (NEXAFS)] 物质的 X 射线吸收谱中从吸收阈值处的吸收边到吸收边以上约 50 eV 之间的谱结构。是研究物质的局域结构和局域电子特性的有力手段。

X 射线荧光分析 [X-ray fluorescence analysis] 根据物质中待测原子受外界辐射激发时放出的特征 X 射线的能量和强度，实现元素定性和定量分析的方法。

束-箔谱学 [beam-foil spectroscopy] 基于高速离子穿过箔靶时被激发，随后退激时放出能量相应的光子这种效应，来研究原子或离子性质的核技术。

瞬发 γ 射线中子活化分析 [prompt gamma ray neutron activation analysis (PGNAA)] 利用中子束流轰击靶样品中各种元素的原子核，被轰击的原子核俘获中子后生成激发态复合核 $(A+1, Z)$，并在小于 10^{-14} s 时间内退激释放出能量为 2 keV～10 MeV 的 γ 射线，通过 HPGe 探测 γ 射线，根据各特征峰的能量和强度(峰面积)对元素进行在线定性和定量分析的方法。从原理上讲，PGNAA 可以测定任何天然元素。在实际应用中，PGNAA 主要用于 H、B、N、S、P、Cd、In、Gd、Hg 等轻元素或大截面元素的非破坏测定，涉及各个领域各种样品。

瞬发辐射分析 [prompt radiation analysis] 用一定能量的带电粒子束轰击样品引起核反应，直接测量核反应产生的出射粒子来确定待测元素的量的分析方法。

死时间 [dead time] 放射性粒子在探测器中产生电荷的收集及信号处理的时间。在该时间内，系统不再对进入探测器的粒子有响应，造成计数丢失。

探测效率 [absolute detection efficiency] 绝对探测效率的简称。

体内中子活化分析 [*in vivo* neutron activation analysis] 照射生物活体，使生物体内感兴趣元素活化，随后用辐射探测器测定被活化核素发射的 γ 辐射，或直接测定核反应的瞬发辐射，实现生物活体的元素分析。

同步辐射 [synchrotron radiation] 当电子束以接近光的速度在储存环中作圆周运动时，从切线方向发射的一束很窄的超高亮度的紫外线及软 X 射线的现象。

同步辐射 X 射线荧光分析 [synchrotron radiation X-ray fluorescence (SRXRF)] 利用同步辐射作为激发源的 X 射线荧光分析方法。

同位素稀释分析 [isotope dilution analysis (IDA)] 在样品中加入一定量已知丰度的某元素的同位素(或含该同位素的物质)，通过测定混合前后该同位素在样品中的丰度，从而求得该元素(或该物质)含量的分析方法。

同位素相关核保障监督技术 [isotopic correlation safeguards technique] 监督与同位素使用或转用相关的核保障监督技术。

无源探询 [passive interrogation] 又称被动探询。利用外界辐射源检测核材料的方法。

现场中子活化分析 [*in situ* neutron activation analysis] 用于现场检测的中子活化分析。

相对法 [relative method] 将待测样品和一个已知待测元素含量的标准样品在相同条件下照射和测量，通过简单公式计算出样品中的待测元素含量的方法。相对法消除了绝大多数与核参数及实验参数有关的误差，一般具有较高的准确度。相对法的主要缺点有：①要求标准样品无论在测量几何、元素组成以及均匀性等方面都要与待测样品匹配；②标样的制备相当复杂，不能测定事先未预期的元素；③对于瞬发伽马射线中子活化分析，一次只能分析一个样品。

循环中子活化分析 [cyclic neutron activation analysis] 在传统中子活化分析的基础上，将样品在中子源和探测器之间反复进行照射、测量，为了提高生成短寿命核素的元素的信噪比和计数率而建立的一种方法。

亚化学计量分析 [substoichiometric analysis] 在化学反应中加入少于化学计算量的试剂与待分离物质反应的分析方法。

亚化学计量同位素稀释分析 [substoichiometric isotope dilution analysis] 基于亚化学计量原理的同位素稀释分析方法。

仪器中子活化分析 [instrumental neutron activation analysis (INAA)] 又称不破坏中子活化分析。样品受中子照射后，不作任何化学处理，直接用核辐射探测器测量其放射性，实现元素定性、定量分析的方法。

荧光产额 [fluorescence yield] 较高能级电子填充特定壳层空位，并发射 X 射线荧光的概率。

有源探询 [active interrogation] 又称主动探询。利用核材料自身放射性进行核查的方法。

有源中子探询法 [active neutron interrogation] 利用核材料自身发射的中子来检测核材料的方法。

在束谱学 [in-beam spectroscopy] 全称在束 γ 射线谱学。通过测量粒子束与靶核相互作用形成的原子核激发态退激时瞬时发出的 γ 射线，研究原子核的性质和结构的方法。

在束γ射线谱学 [in-beam γ-ray spectroscopy] 在束谱学的全称。

正电子湮没谱学 [positron annihilation spectroscopy (PAS)] 用正电子作为探针研究物质微观结构的核分析方法。测量湮没寿命及多普勒展宽谱是该技术的两种常用实验方法。

质子激发X射线荧光分析 [proton-induced X-ray emission (PIXE)] 一种光谱分析方法。用加速器产生的几兆电子伏能量的质子束轰击样品，质子使样品中各元素原子的内层电子电离，接着较外层的电子向内层跃迁,同时发射 X 射线。由于各种元素发射具有特定波长(或能量)的标识 X 射线,可利用锂漂移硅探测器及能谱分析仪来确定元素的种类，而标识谱线强度可用来确定元素含量。

中子成像 [neutron imaging] 即中子照相术。

中子活化分析 [neutron activation analysis (NAA)] 入射粒子为中子的活化分析。

中子散射分析 [neutron scattering analysis] 利用中子与靶核发生的弹性散射或非弹性散射，研究靶物质组成和结构的核分析方法。

中子射线照相术 [neutron radiography] 即中子照相术。

中子衍射分析 [neutron diffraction analysis] 利用中子的衍射作用测定物质组成和结构的核分析方法。德布罗意波长为 0.1nm 左右的中子通过晶体物质时发生布拉格衍射，通过衍射图样的分析，可以确定晶体内部原子间的距离和排列。因中子最易被轻原子散射，所以中子衍射主要用于确定轻原子，尤其是氢原子的位置。此外，也可用于液体结构、磁性材料及合金体系的研究。

中子照相术 [neutron photography] 又称中子射线照相术、中子成像。利用中子束穿透物体时的衰减情况，显示物体内部结构的照相技术。用于材料的非破坏性检验。按所利用的中子能量大小可分为冷中子照相术、热中子照相术和快中子照相术。

主动探询 [active interrogation] 即有源探询。

μ 子谱学 [muon spectroscopy] 研究物质结构的谱学方法之一。通过检测注入被研究物质的 μ^+子的极化自旋的偏转和弛豫、μ 子素(μ^+-e^-)的形成和衰变等，研究物质的结构和动力学性质。已用于超导体磁通线点阵及贯通深度，μ 子素化学，半导体及有机电磁体中扩散过程的研究。

阻塞效应 [blocking effect] 从晶体点阵位置出射的带电粒子，当其发射方向与晶轴(或晶面)的夹角足够小(小于临界角)时，将被晶轴(或晶面)上的原子阻挡而使其穿透率呈极小的效应。

8.4 核燃料循环化学

锕系燃烧 [actinide-burning] 锕系元素在反应堆中经过裂变产生其他核素以及释放能量的过程。

玻璃固化 [vitrification] 将废物掺在玻璃基料中形成玻璃固化体的过程。通常用于固化乏燃料后处理产生的高放废液。玻璃固化过程包括对放射性废液进行浓缩、煅烧，使其含有的盐分转化为氧化物，然后再与玻璃基料一起熔融，最终浇铸成玻璃固化体。

超铀[元素]废物 [transuranium wastes] 含半衰期大于 20 年、原子序数大于 92 的核素，其放射性比活度大于或等于 3.7×10^6 Bq/kg 的废物。超铀废物主要来源于乏燃料后处理厂和钚加工处理设施。

除氚 [detritiation] 分离氚污水中氚的工艺。采用特殊的工艺将重水经辐照后产生的氚去除以减轻放射性危害的操作。

次[要]锕系元素 [minor actinides (MA)] 燃料辐照过程中产生的除铀、钚以外存在的少量其他锕系元素，如镎、镅、锔等。次锕系元素均为 α 放射性核素，半衰期长。

萃取液 [extract] 有机相与水相混合接触后，含有被萃取物的有机相。在多级逆流萃取中，萃取液是指有机相出口的液体，它含有较纯的易萃组分。工业上有时称萃取液为负载有机相(loaded organic phase)。

萃取柱 [extraction column] 石油炼制、化学工业和环境保护等部门广泛应用的一种液–液传质设备，具有结构简单、便于安装和制造等特点。

萃余液 [raffinate] 萃取后残余的水相。一般指多次连续萃取后残余的水相。

低放废物 [low-level [radioactive] waste] 放射性核素的含量或浓度较低，在正常操作和运输过程中通常不需要屏蔽的放射性废物，根据我国放射性废物分类标准 GB 9133—1995 规定，低放废物为：低放废气，排放限值$<A\leqslant4\times10^7$Bq/m^3；低放废液，排放限值$<A\leqslant4\times10^6$Bq/L；低放固体废物，清洁解控水平$<A\leqslant4\times10^6$Bq/kg。低放废物在放射性废物中所占份额很大，但其处理、处置方法相对简单。

低浓缩铀 [low enriched uranium (LEU)] 指经过同位素提炼后，铀-235 丰度为 0.714%～20%的铀或铀化合物。

地下处置 [subterranean disposal] 在核工业中放射性废物经过一定的处理后被埋在地下岩层中的过程。

地质处置 [geological disposal] 即深地质处置。

电磁分离[法] [electromagnetic separation] 在同位素分离过程中，利用不同质量的带电粒子在均匀磁场中的运动轨道半径的差异来分离同位素的方法。最早大规模用电磁分离法分离的同位素是铀同位素。电磁分离法以其通用性极强为特点，几乎可以分离所有的同位素。在离心分离法和激光分离法之前，电磁分离法是获得稳定同位素的最主要的方法。电磁分离法的问题在于生产率低，能耗大。

乏[核]燃料后处理 [spent [nuclear] fuel reprocessing] 对反应堆中用过的核燃料进行化学处理，以除去裂变产物等杂质并回收易裂变核素和可转换核素以及一些其他可利用物质的过程。核燃料循环后段中最关键的一个环节，是目前对核反应堆中卸出的乏燃料的最广泛的一种处理方式。

乏燃料 [spent fuel] 又称辐照核燃料。在反应堆内烧过的核燃料。核燃料在堆内经中子轰击发生核反应，经一定时间从堆内卸出。它含有大量未用完的可增殖材料 ^{238}U 或 ^{232}Th，未烧完的和新生成的易裂变材料 ^{239}Pu、^{235}U 或 ^{233}U 以及核燃料在辐照过程中产生的镎、镅、锔等超铀元素，另外还有裂变元素 ^{90}Sr、^{137}Cs、^{99}Tc 等。

乏燃料储存水池 [spent fuel storage pool] 又称燃料储存水池。储存和冷却乏燃料组件和破损燃料组件，以及对燃料组件进行检查、修复、运输等水下操作的场地。

反萃取 [back extraction; stripping] 用反萃取剂使被萃取物从负载有机相返回水相的过程。为萃取的逆过程。

反协同[萃取]效应 [antagonistic effect; antisynergism] 用两种(或者两种以上)萃取剂的混合物同时萃取某一金属离子或其化合物，它的分配比比每个萃取剂在相同浓度和条件下，单独使用时的分配比的加权之和要小，这时候称这两个萃取剂之间存在反协同[萃取]效应。

反应堆化学 [reactor chemistry] 研究各种物质和材料在反应堆及其热交换回路内的化学行为，以及它们在反应堆运行条件下的相互作用的放射化学分支学科。

放射性废物处理 [radioactive waste treatment] 为了安全、经济地进行放射性废物最终处置而对固体放射性废物进行的加工过程。包括收集、减容、封装、储存和转运等步骤。

放射性废物处置库 [radioactive waste repository] 长期性储存放射性废物的场所。根据废物的放射性水平和所含核素性质，对这种处置库的选址和设计布设与建造有不同要求。

放射性废物焚烧[化] [incineration of radioactive waste] 利用专门设计的焚烧炉处理可燃放射性废物的技术。许多放射性废物是可燃的，放射性废物焚烧将可燃性废物氧化处理成灰烬或残渣。对于低放射性水平的可燃性废物，焚烧是常用和有效的减容技术。通过焚烧能使体积缩小到 1/15～1/10，特殊情况下缩小到 1/100～1/40。

放射性废物固化 [solidification of radioactive waste] 将放射性废液、渣灰等进行固化处理，形成性能指标满足处置要求的稳定性固体块的技术。主要方法有水泥固化、沥青固化、塑料固化、玻璃固化和陶瓷固化等。

放射性废物管理 [radioactive waste management; radwaste management] 与放射性废物治理有关的技术管理

相关的技术和管理活动，包括制定方针政策，编写治理规划，制定法规标准，对废物进行分类、预处理、处理、整备、固化、运输、贮存、释放和最终处置，申办许可证和授权，进行检测和监督，安全分析和环境影响评价，以及对公众进行宣传教育等。

放射性气溶胶 [radioactive aerosol] 固体或液体放射性微粒悬浮在空气或者气体介质中形成的分散体系。

α 废物 [α bearing waste] 含有半衰期大于 30 年且放射性比活度在单个包装中大于 4×10^6 Bq/kg 的 α 核素的放射性废物。

废物埋藏场 [burial ground; waste graveyard] 放射物质处理的最后阶段，在地质构造中埋藏放射废物的场所。

废物整备 [waste conditioning] 即整备。

废物最小化 [waste minimization] 将放射性废物数量和活度减至尽量低的水平。通过限制放射性污染的产生和扩散以及减少贮存和处置的放射性废物的体积，达到限制环境影响以及降低与污染物料管理相关的成本的目的。实现废物最小化的措施分为四大类：优化管理、减少源项、再利用和再循环、减容处理。

分离单元 [separating unit] 能够完成一次分离过程的单个分离装置，是组成同位素生产级联中分离级的基本单元。如一台扩散机、一台离心机、一台激光分离器、一定直径的蒸馏塔等。分离级可以由一个分离单元组成，也可以由多个分离单元组成。

分离功 [separative work] 一个分离装置对于它所处理的物质所做的“功”，是分离单元、分离级乃至分离工厂分离能力的度量。数值上等于同位素混合物通过该装置所获得的价值增量：分离功 ΔU=产品的价值+贫料的价值−供料的价值$=G_PV(C_P)+G_WV(C_W)-G_FV(C_F)$[$G_P$、$G_W$、$G_F$ 分别表示分离单元的供料、精料和贫料流量，C_P、C_W、C_F 分别表示它们相应的丰度。$V(C)$是单位质量同位素的价值，它只决定于混合物的丰度 C。分离功是进行分离单元的性能研究、级联设计和工厂经济分析的目标函数。

分离和嬗变 [partitioning and transmutation (P&T; P-T)] 在现有后处理循环方式基础上将次锕系核素(MA, minor actinides)、长寿命裂变产物(LLFP, long-lived fission product)从高放废液中分离，并进行嬗变使其转变成低寿命或者稳定核素。其核心是在闭式循环的后处理分离基础上，进一步利用核嬗变反应将长寿命、高放射性核素转化为中短寿命、低放射性的核素。

分离势 [separation potential] 又称价值函数。同位素分离技术中的一个专用特征函数，表征单位质量的同位素混合物的价值，只取决于同位素丰度(C)，与所采取的分离方法及分离系数无关。定义为

$$V(C)=(2C-1)\ln\frac{C}{1-C}$$

分配比 [distribution ratio] 萃取过程中，当萃取体系达到平衡后，有机相中被萃取物的总浓度与水相中被萃取物的总浓度之比，用 D 表示，它随实验条件(如被萃物浓度、溶液的酸度、萃取剂的浓度、稀释剂的性质等)的变化而异。

辐照核燃料 [spent fuel] 即乏燃料。

富集铀 [enriched uranium (EU)] 又称浓缩铀、加浓铀。经过同位素分离处理后，铀-235 含量高于天然丰度(0.714%)的铀或铀化合物。^{235}U 的含量高于 0.714%又低于 20%的浓缩铀称为低浓铀。^{235}U 的含量高于 20%的浓缩铀称为高浓铀。

干法后处理 [dry reprocessing] 采用熔盐或者液态金属作为介质，一般在数百度高温条件下进行分离操作。干法后处理基本上不存在媒体辐照劣化问题，临界安全性高，可以适用于金属燃料、氮化物燃料以及氧化物燃料等多种形态的燃料处理。然而干法由于操作温度高，且使用腐蚀性强的卤化物和熔融状态金属，存在材料耐用性以及操作信赖性低的问题。代表性分离技术：电解精炼、金属还原萃取、沉淀分离、挥发分离。

高放废物 [high-level [radioactive] waste; high-level [nuclear] waste (HLW)] 我国国家标准《放射性废物的分类》(GB 9133—1995)规定其包括放射性浓度大于 4×10^{10} Bq/L 的放射性废液，以及比活度大于 4×10^{11} Bq/kg 或释热率大于 2 kW/m^3(5 年<半衰期≤30 年，含 ^{137}Cs)和比活度＞4×10^{10} Bq/kg 或释热率＞2kW/m^3 (半衰期＞30 年，不包括 α 废物)的放射性固体废物。高放废物含有镎、钚、镅、锔、碘、锶、铯等放射性元素，主要特点是放射性比活度高，释热率高，含有一些半衰期长和生物毒性高的核素。其体积仅占各类废物总体积的 3%，而其放射性活度却占全部废物放射性活度总量的 95%。

[高放废物处理库]近场 [near field] 废物库及其附近的地质介质，放射性废物处置库周围由于处置库的存在而产生较大变化的区域。包括废物库及其附近的地质介质，包括废物体、回填或缓冲材料、工程构筑物以及由于废物库处在可能改变其整体特性的、紧邻废物库的地质介质。

[高放废物处理库]远场 [far field] 放射性废物处置库周围不受该处置库影响的天然地质系统，包括处置库近场一直延伸到地表生物圈的广阔地带。是阻滞放射性核素迁移最重要的屏障。远场内的温度、化学特征和水文地质学特征处于相对稳定的状态，其变化遵循地质演变的正常速度。

高浓缩铀 [high enriched uranium (HEU)] 经过同位素分离处理后，铀-235丰度大于或等于20%的铀或铀化合物。

共去污 [codecontamination] PUREX 流程的第一循环。铀、钚在其中进行萃取和反萃，只进行纯化，不实行分离的溶剂萃取法乏燃料后处理循环过程。由共萃取去污和共反萃两步骤组成。铀和钚一起被30% TBP-煤油(正烷烃)经多级逆流萃取，萃入有机相，使其与绝大部分裂变产物和次锕系元素分离，再从共反萃槽中用稀硝酸进行洗涤。

固体放射性废物 [solid radiowaste] 含有放射性核素或被放射性核素污染，其浓度或活度大于国家审管部门规定的清洁解控水平，并且预计不再利用的固体物质。按处置要求固体放射性废物分四类：高放废物、中放废物、低放废物、豁免废物。

含氚废物 [tritiated waste] 含氚浓度超过国家标准(GB 9133—1995)的放射性废物，包括含氚废水、含氚元件等。

合成岩石 [synroc] 一种多晶相钛酸盐陶瓷固化体，被认为是继玻璃固化体之后的第二代高放废物固化体。适用于处理动力堆高放废液、军工高放废液的固化，还可用于武器级钚的包容。其主要矿相为钙钛锆石、钙钛矿、碱硬锰矿、金红石等，1978年由澳大利亚的林伍德(T. Ringwood)等首次合成。该固化体有优于硼硅酸盐玻璃体的热稳定性、抗浸出性及其他物化性能，更适于高放射性、高释热、长寿命的特定高放废物的固化。

核废料 [nuclear waste material] ❶泛指在核燃料生产、加工和核反应堆用过的不再需要的并具有放射性的废料。❷专指核反应堆用过的乏燃料，经后处理回收钚-239等可利用的核材料后，余下的不再需要的并具有放射性的废料。特征是：放射性、放射毒性、化学毒性。按物理状态可分为固体、液体和气体3种，按比活度又可分为高水平(高放)、中水平(中放)和低水平(低放)3种。

核燃料 [nuclear fuel] 含有易裂变核素，可在核反应堆中通过核裂变或核聚变产生实用核能的材料。既指燃料本身，也指由燃料材料、结构材料和中子减速剂及中子反射材料等组成的燃料棒。铀-235、铀-233和钚-239是能发生核裂变的核燃料，称为裂变核燃料。其中铀-235存在于自然界，而铀-233、钚-239则是钍-232和铀-238吸收中子后分别形成的人工核素。从广义上说，钍-232和铀-238也是核燃料。根据不同类型反应堆的要求，按燃料形式可分为固体燃料(金属、合金、陶瓷)、弥散体和液体燃料等。氘和氚是能发生核聚变的核燃料，称为聚变核燃料。氘存在于自然界，氚是锂-6吸收中子后形成的人工核素。

核燃料燃耗 [fuel burn-up] 燃耗的全称。

核燃料循环 [nuclear fuel cycle] 核动力反应堆供应燃料和其后的所有处理和处置过程的各个阶段。包括铀的采矿，加工提纯，化学转化，同位素浓缩，燃料元件制造，元件在反应堆中使用，核燃料后处理，废物处理和处置等。有两种循环模式：①“一次通过式”循环，即乏燃料不进行后处理而直接处置；②核燃料“闭式”循环，即乏燃料经过分离处理，将裂变产物分离出去，并将回收得到的铀和钚重新制成燃料元件返回反应堆再利用，回收燃料既可以在热中子堆中循环，也可在快中子堆中循环。核燃料循环以反应堆为中心，划分为堆前部分(前段)和堆后部分(后段)。堆前部分指核燃料在入堆前的制备，包括铀矿的开采、铀矿石的加工精制(即前处理)、铀的转化、铀的浓缩和燃料元件制造等过程。堆后部分指从反应堆卸出的乏燃料的处理，包括乏燃料的中间储存，乏燃料中铀、钚和裂变产物的分离(即核燃料后处理)，以及放射性废物处理和放射性废物最终处置等过程。

核燃料组件 [nuclear fuel assembly] 燃料组件的全称。

核嬗变 [nuclear transmutation] 一种化学元素通过核反应或核衰变转变为一种或几种其他元素的过程，或同位素之间的转化。因为核素是按原子核的质子和中子数量定义的，所以，原子核的质子和中子数量发生改变就出现核嬗变。核嬗变可以通过核反应（人工核嬗变)或放射性衰变（天然核嬗变)实现。天然核嬗变创造了自然界所有天然存在的化学元素。目前我们仍然能够观察到天然核嬗变的发生，如某些核素的 α 衰变和 β 衰变。在某些特殊的条件下和环境中，自然中子亦可以引发裂变反应。人工核嬗变可以通过粒子加速器、托卡马克和核反应堆来实现。通过把长寿、高放射性的核素转变为短寿或者稳定、低放射性的核素，人工核嬗变可以用来降低核废料的放射性和毒性，或缩减其体积。

核设施退役 [decommissioning of nuclear installation] 即退役。

后段 [back end] 核燃料循环的一部分，指从反应堆卸出的乏燃料的处理和处置过程。包括乏燃料的中间储存，乏燃料中铀、钚和裂变产物的分离(即核燃料后处理)，以及放射性废物处理和放射性废物最终处置等过程。

化学法同位素分离 [chemical isotope separation] 利用同位素之间具有微小的化学性质(化学平衡、反应速度等)的差异来进行同位素分离的方法。

化学去壳 [chemical decladding; chemical decanning] 乏燃料后处理首端过程中固体核燃料的处理步骤之一，是用化学方法去除乏燃料元件包壳的过程。用酸或碱化学溶解的方法除去生产堆元件的包壳，留下燃料芯。

黄饼 [yellow cake] 以重铀酸盐或铀酸盐形式存在的铀浓缩物，铀含量 40%～70%(质量分数)，是制备核纯级铀和铀化物的原料。浅黄色的固体，常加工成饼状，因此得名。

已确定的成分包括重铀酸钠、重铀酸氨、硫酸铀、铀的氢氧化物以及其他形式的铀的氧化物。状态较为稳定，通过密封等措施不会对人造成危害，通常用于对铀化合物进行储存、运输、交易。

混合[铀、钚]氧化物 [mixed oxides (MOX)] 又称MOX燃料。一种包含有多于一种可发生裂变的物质的氧化物的核燃料，一般为由二氧化铀和二氧化钚的混合烧结制成的单相固溶体。混合氧化物中二氧化铀和二氧化钚的比例随堆型而异，快中子堆用的 MOX 燃料中 PuO_2 含量约为 20%～25%，热中子堆用的 PuO_2 含量约为 3.5%～10%。

混合澄清槽 [mixer-settler] 核燃料后处理中常见的液–液萃取设备。两相先在混合室中充分搅拌混合，使传质过程接近平衡，混合相进入澄清区，利用有机相和水相的密度差，使乳状混合液分相。一个混合室和一个澄清室为一级，每一级之间由级板相隔。具有萃取级效率高、操作适应性强、设备放大简单容易等优点。根据搅拌方式不同，可分为机械搅拌混合澄清槽和空气脉冲搅拌混合澄清槽。

激光同位素分离[法] [laser isotope separation] 根据原子或分子的不同同位素在吸收光谱上存在的微小差异，用特定波长的激光激发某一种特定的同位素原子或含该原子的分子到某一特定的激发态，再通过物理或化学方法使激发态原子或分子与基态成分分开，从而实现同位素浓缩的方法。以分离介质的物理状态来分，有原子激光法和分子激光法。以分离过程的反应性质来分，有激光物理法和激光化学法。

加浓铀 [enriched uranium] 即富集铀。

加速器嬗变核废料 [accelerator transmutation of waste (ATW)] 由加速器产生的质子束流轰击设在次临界堆中的重金属散裂靶件，引起散裂反应，为次临界堆提供外源中子。一个能量为 1 GeV 的质子轰击重金属靶，约产生 30 个散裂中子，诱发次临界堆中的核废料嬗变，可实现核废料的无害化处理。

价值函数 [value function] 即分离势。

空气动力学同位素分离法 [aerodynamic isotope separation] 又称喷嘴法。待分离气体混合物经过喷嘴获得加速，从而实现同位素分离的方法。工艺流程为将六氟化铀气体与氢或氦等轻气体的混合气体经过压缩高速通过一个喷嘴，然后穿过一个曲面，呈高速流动的轻气体带动气态六氟化铀以高速流动，便可通过离心力分离铀-238 和铀-235。20 世纪 50 年代，以贝克尔(E. W. Becker)为首在德国开展了喷嘴法的研究。主要的缺点为需要大量电能，在经济上不具竞争力，氦气或氢气需要压缩和使用，安全性不能保证等。

扩散膜 [diffusion barrier] 用于分离不同质量气体分子的多孔膜，具有不同孔径尺寸，是利用气体扩散法分离同位素的关键元件。在分离过程中，如果孔径合适，使气体分子通过时只和膜孔壁碰撞而分子间不互相碰撞，此时在膜后的低压区内轻分子的含量就会增大，从而实现同位素的分离。

冷试验 [cold run; cold test] 用性质相同的非放射性物料或天然放射性物料代替需要研究的放射性同位素对某种方法、过程、仪器、设备和核试验进行的预实验。此过程为操作放射性之前的必需程序，可以取得一些必要的数据，掌握一些规律，为进一步实验做准备。

离心萃取器 [centrifugal extractor] 一种通过搅拌使两相剧烈混合传质后，又借助离心力使两相迅速分离的高效快速的液–液萃取设备。单级离心萃取器通常由旋转的转鼓和静止的外壳组成。两液相并流进入混合室，在旋转搅拌作用下充分混合，然后被吸入转鼓内，在离心力的作用下，重相甩向外侧，轻相留在内侧，在轻重相堰阻挡下，两相分别由各自的出口排出，实现两相的分离。单级离心萃取器可串联为多级逆流萃取器。多级离心器是在一个转鼓中有多个串联的独立萃取级，每级又各含一个混合室和一个澄清室。其优点是：①停留时间短，存量小，能同时满足减轻溶剂辐照损伤，保证临界安全和具有相当大的处理能力；②适应性强、实现稳态操作快、易于启动、停车，操作方便。但其结构复杂，出口物流的夹带现象严重，加工安装要求较严格，设备和维修费用较高。

沥青固化 [bitumen solidification; bituminization] 中、低放废物和沥青在一定碱度、配料比、温度、搅拌速度条件下产生皂化反应，使料液中的盐分或固体物质均匀地包容在沥青中的一种固化技术。其适用于蒸发残液、废树脂、再生液、有机废液、化学沉淀泥浆、废塑料和焚烧灰等中低放废物的固化处理。

临界安全 [criticality safety] ❶预防临界事故和减轻临界事故后果的措施。❷就临界事故而言的状态。临界安全是核工业的特殊安全问题。本质上来说，就是采取各种措施、采用适用的数据、制定适宜的规程和加强裂变材料操作人员的培训以防止发生临界事故，并采取实体屏蔽或其他措施减轻一旦发生临界事故的后果。

临界浓度 [critical concentration] 对含有易裂变物质 ^{233}U、^{235}U 和 ^{239}Pu 的溶液的可以发生链式反应所必须具有的最小浓度。

临界事故 [criticality accident] 核设施中反应程度意外增加(超过某种浓度、质量、特定的几何形状和周围物质等条件下)发生不可控的链式反应，而释放出大量射线、热、裂变产物和活化产物，造成重大杀伤破坏和严重放射性污染的事故。

临界质量 [critical mass] 裂变物质在特定条件下实

现自持链式反应所需的最少裂变物质的质量。随反应堆类型的不同而异，一般从几公斤到几百公斤，与系统的尺寸、物质组成以及几何形状有关。核武器装料的临界质量由裂变物质的种类、纯度和密度以及装料的几何形状和结构等因素决定。

PUREX 流程 [plutonium and uranium reduction extraction process] 钚、铀还原萃取流程，乏燃料水法后处理流程之一。它是采用磷酸三丁酯(TBP)作为萃取剂从乏燃料中萃取回收铀、钚的工艺流程。常用加氢煤油、正十二烷等为稀释剂，TBP浓度通常为30%(体积)。PUREX流程是美国科学家在1949年提出的，于1954年11月在美国投产。其后，PUREX 流程逐渐成为国际上占主导地位的乏燃料后处理流程。当前PUREX流程的改进主要采用无盐流程，包括采用四价铀代替氨基磺酸亚铁作还原剂，或采用电化学还原法。

TRUEX 流程 [transuranium extraction process; TRUEX process] 一种从高放废液分离锕系元素的溶剂萃取流程。该流程采用双功能团萃取剂正辛基苯基-*N*, *N*-二异丁基胺基甲酰甲基氧化膦 (CMPO)和磷酸三丁酯(TBP)作为萃取剂，烷烃作为稀释剂。真实高放废液热实验表明，高放废液中锕系元素的去除率可达到99.97%。该流程的优点为：在很宽的硝酸浓度范围(1～6 mol/L) 内可有效地萃取锕系元素。不足之处是：①为防止三相形成，需在CMPO中加入TBP作为改性剂，使得萃取体系比较复杂，萃取容量仍然比较低；②产品物流存在一定的交叉污染；③要用HF反萃取镎、钚，增加了工艺设备的腐蚀。

浓缩铀 [enriched uranium] 即富集铀。

喷嘴法 [nozzle process] 即空气动力学同位素分离法。

贫化铀 [depleted uranium (DU)] ^{235}U的丰度低于天然铀中的丰度(即小于0.714%)的一种铀及其化合物。广泛用于特种合金方面。

贫铀弹 [uranium barren bomb] 弹芯用贫铀合金制成的炮弹或炸弹。在贫铀中加入极少量的金属钛，制成贫铀合金，经热处理之后，贫铀合金的硬度可达到钢的2.5倍。它在击中目标时的爆炸力和造成的高温远远超过一般的弹药，可以穿透很厚的装甲，是攻击复合装甲和反作用装甲的最好武器。贫铀弹在爆炸时产生的高温将使弹体尘化，这些放射性颗粒几乎不能清除，而且贫铀的半衰期很长，可以长期破坏环境和人类的食物链，导致受污染地区肿瘤、心血管及神经系统疾病患者增加。

气态放射性废物 [gaseous radioactive waste] 以气体和气溶胶两种形态存在的放射性废物。主要来源为天然放射性核素衰变产生的氡气；大气层上层由高能宇宙射线引起的天然核反应产生的 ^{3}H、^{13}C 等；人工核反应产生的裂变产物 ^{85}Kr、^{131}I、^{3}H，以及活化产物 ^{14}C、^{3}H、^{41}Ar 等，主要在核材料提取过程、核燃料生产过程、反应堆运行、乏燃料后处理、核废物处理与整备、放射性同位素生产等过程中产生。

气体扩散法 [gaseous diffusion process; gaseous diffusion method] 当不同质量的气体分子通过多孔膜时，由于过膜流动的速度不同而分离的方法。根据气体分子运动学说和气体扩散定律，当气体混合物流入分离单元时，轻分子的运动速度快，撞击器壁的机会多；重分子的运动速度慢，撞击器壁的机会少。当器壁是具有合适孔径的多孔膜时，气体分子通过时只和膜孔壁碰撞而分子之间不互相碰撞，扩散结果是分离单元内的轻分子相对地减少，富集于膜后的低压区，从而实现同位素的分离。从低压区取出的流中轻分子含量比供料中轻分子含量大，称为浓缩流。而由膜管流出的流中轻分子的含量减少了，称为贫化流。对分子量相差很小的混合气体，如^{235}U和^{238}U的六氟化物，必须连续进行多次，才能达到所需要的分离程度。

气体离心法 [gas centrifuge process; gas centrifuge method] 当不同质量分子组成的混合气体在高速离心机中转动时，受离心力作用，轻分子的气体在近轴处富集，而重分子气体在近壁处富集而实现分离的方法。是一种制造浓缩铀的机械式方法，例如当圆筒状物体开始旋转，六氟化铀气体就逐一通过各筒，逐渐累积纯化，即可从^{238}U分离出^{235}U。该方法最大优点是所需的电能消耗比气体扩散法要小得多，能耗仅是扩散法的几十分之一。其投资强度比扩散法高，但是根据经济性分析，离心法比扩散法好。商业用分离铀同位素工厂以气体离心法取代气体扩散法是一种趋势。

前段 [front end] 核燃料循环以反应堆为中心，划分为堆前部分(前段)和堆后部分(后段)。前段是指核燃料在入堆前的制备，包括铀矿的开采、铀矿石的加工精制(即前处理)、铀的转化、铀的浓缩和燃料元件制造等过程。

浅层掩埋 [shallow land burial] 针对中、低放固体废物的陆地浅埋处置。主要包括简易沟坑掩埋，混凝土工程沟壕贮存，混凝土滴下窖仓、地面墓堆式处置及混凝土井穴处置等形式。按我国国家规定，只有半衰期小于等于5年，或半衰期在5年到30年之间，而比活度不大于3.7×10^{10} Bq/kg的放射性废物才允许作陆地浅埋处置，在其大约300年的安全隔离期内须设置环境监测和护卫管理。

去壳 [decladding] 用机械的或化学的方法去除包覆在核燃料芯材外面的惰性包壳的操作。

去污剂 [decontaminant; decontaminating agent] 化学去污法所用的化学清洗剂，用来溶解带有放射性核素的污腻物、油漆涂层或剥离氧化膜层，从而达到去污的目的。多用作去污剂的化学药品包括无机酸类、有机酸类、氧化还原类、螯合剂类、碱类、表面活性剂以及溶剂、缓蚀剂、促进剂等。去污效果与去污剂种类、浓度、作用时间、湿度、搅拌情况等多种因素相关，一般多种去污剂交替去污比单一清洗剂连续重复使用效果好。

燃耗 [burn-up] 全称核燃料燃耗，又称烧耗。❶反应堆运行期间堆内核燃料中的易裂变核素因裂变而消耗的程度；❷可转换材料和可燃毒物吸收中子发生核转换的程度。常用来定量表征燃料燃耗的物理量有：比燃耗，单位质量燃料释放的总能量，单位通常是兆瓦天/吨(MW·d/t)常用于动力堆；燃耗份额，某核素初始量中被燃耗的份额，通常用百分数表示，常用于研究实验堆。

MOX 燃料 [mixed oxides (MOX)] 即混合[铀、钚]氧化物。

燃料储存水池 [fuel storage pool] 即乏燃料储存水池。

燃料元件 [fuel element] 反应堆内包含核燃料的最小独立结构单元。主要由核燃料芯体和包壳组成，是堆芯的核心构件，具有耐高温、抗腐蚀、抗辐照、足够高的力学强度和刚度等性能。常用的燃料芯体有 U-Al 合金、UO_2或(U，Pu)O_2陶瓷和 U_3Si_2-Al 弥散体等；包壳有铝合金、锆合金、不锈钢和石墨等。不同堆型采用不同的燃料元件，按堆型命名的有压水堆燃料元件、重水堆燃料元件等；按燃料芯块成分可分为金属铀燃料元件、陶瓷燃料元件和弥散型燃料元件等；按形状划分有棒状、板状、压力管状和颗粒状燃料元件等，此类燃料元件相应被称为燃料棒、燃料板、燃料管和燃料球等。

燃料组件 [fuel assembly] 全称核燃料组件，由一组燃料元件按一定排列方式组成的组合构件，是反应堆燃料装卸料单元。由若干燃料元件(棒、片)、上管座、下管座、控制棒导向管和定位格架等部件组成。在反应堆装料和卸料时，组件作为一个整体进行安装、运输和卸出，不必拆散。燃料组件具有较高的输出功率，装卸方便。组件内元件的数量、排列的方式和结构形式随堆型而不同。各成熟堆型的组件都已定型，有棒束型、套管型、片组型等几种结构形式。

热试验 [hot run; hot test] 在核武器研制和放化工艺开发中，用真实或接近实际工况下的放射性水平的物料对某种装置、设备、方法、过程或仪器仪表所进行的试验。在乏燃料后处理研究中，用乏燃料溶解的真实物料所进行的试验属于热实验，是乏燃料后处理技术研究中必不可少的重要环节。热试验应在手套箱、热室或设备室中进行，工作人员必须按规定穿戴必要的防护用品，并实行对实验人员、工作场所和周围环境的辐照剂量和污染水平的监测。通过热试验可以取得真实条件下准确的数据，了解强辐照条件下的规律和问题，考察某种方法、流程、仪器和设备的适应性能，为工程应用提供可靠的依据和有价值的参考。

溶剂萃取 [solvent extraction] 一种将包含萃取剂和稀释剂的有机相，与含一种或几种溶质的水溶液相混合，当两相不混溶或混溶程度不大时，一种或若干种溶质进入有机相，使化合物从一种溶剂内转移到另外一种溶剂中而提取出来的过程。该法已广泛应用于乏燃料后处理的主体工艺，优点是选择性高、对裂变产物去污效率高、提取的铀和钚纯净，且工艺过程能够连续操作，易于自动化。缺点是溶剂的辐射损伤严重，放射性废液量大。

嬗变 [transmutation] 参见核嬗变。

烧耗 [burn-up] 即燃耗。

深地质处置 [deep geological disposal] 又称地质处置。在深部地质体中建造洞穴，将放射性废物永久隔离的处置方法。包括深部钻孔处置和深部矿山式处置，前者处置深度达数千米，后者一般为 300～1500m。处置库围岩包括花岗岩类、黏土岩、凝灰岩和岩盐等，被处置的废物为高放废物玻璃固化体、乏燃料和 α 废物等。基本要求是长时间将核废料与环境隔绝开来，时间尺度很大，通常从几万年到一百万年，只需要极少的维护或者不需要维护。其被认为是安全处置高放废物最现实可行的方法。

首端过程 [head-end process] 乏燃料后处理的第一步，包括燃料组件的卸料、解体、去壳、切割，燃料芯体的溶解、蒸煮、过滤或离心、调料等预处理。其作用是避免燃料芯体以外的物质进入分离工艺，从溶解液中去除固体物质和某些裂变产物，提高分离流程的处理效果。不同堆型乏燃料后处理首端过程不全相同，生产堆乏燃料采用碱液溶解铝包壳；石墨气冷堆乏燃料用机械脱壳的方式把镁包壳剥掉；压水堆燃料组件是先剪去组件端头，然后将乏燃料剪切成短棒，用硝酸浸取溶解铀芯。溶解料液还需要进行过滤或沉降离心去除不溶性残渣，调节料液酸度和钚的价态。溶解尾气需要净化掉 ^{85}Kr、^{131}I 及放射性气溶胶。首端过程的关键技术是：剪切机的安全运行和可远距离维护性；溶解过程的临界安全控制；溶解器需耐高氧化还原电位离子的腐蚀；料液澄清技术和料液体积精密测量技术。

双温交换[法] [dual-temperature exchange] 利用两种不同温度回流而实现同位素分离的方法。在采用化学交换法分离同位素时，由于回流需消耗大量热能和电工，且不易定量地转化，因此采用第二个交换塔，在高温下进行同位素交换。由于高温下的一级分离系数小于低温下的一级分离系数，故高温交换塔相当于一个回流装置。双温交换法目前主要用于重水生产，交换体系有 H_2S-H_2O，H_2-H_2O，NH_3-H_2 等，目前世界上生产重水绝大部分采用 H_2S-H_2O 双温交换法，其优点是：交换速率快，不需要催化剂，用天然水供料，原料供应不受限制，生产成本低，但是 H_2S 腐蚀性和毒性较大是唯一的缺点。

水法后处理 [aqueous reprocessing] 在水溶液中用化学分离和纯化的方法处理辐照核燃料的工艺过程。即把乏燃料溶解于酸中，再用沉淀法、离子交换法、溶剂萃取法或吸附法等，使铀、钚与裂变产物互相分离。是乏燃料后处理中采用的主要方法。

水泥固化 [cement solidification] 基于水泥的水化和水硬胶凝作用而对废物进行固化处理的一种方法。其基本操作是将水泥、废水(或废树脂)、水、添加剂按一定比例添加混合，在常温下硬化成废物固化体，从而达到固化处理放射性废物的目的。目前采用水泥基固化的废物主要是轻水堆核电站的浓缩废液、废离子交换树脂和滤渣，以及核燃料处理厂或其他核设施产生的各种放射性废物。

塑料固化 [plastics solidification] 以用热塑性或热固性塑料为固化剂，将放射性废物转变为固化体的方法。具有减容比大、固化体重量轻，操作不复杂，设备比较简单的优点。主要用于中低放废物处理。

天然铀 [natural uranium (NU)] 自然界中天然存在的铀。含有三种铀的同位素，即 ^{235}U(0.71%)、^{234}U(0.006%)和 ^{238}U(99.27%)，都是放出 α 射线的放射性同位素。存在于岩石和海水中，一般商业规模处理对象是品位在 0.1%以上的铀矿床，但也存在采掘较此更低品位的矿床的情况；另一方面，像加拿大的麦克阿瑟矿山，也有出产 15%以上品位的铀矿石的矿。

同位素分离 [isotope separation] 使某一元素的一种或多种同位素与该元素的其他同位素分离的过程。同一元素的同位素间化学性质极为相似，分离难度很大。但它们的核内中子数不同，因而原子量不同，使同位素或其分子在热力学性质上存在差异。利用同位素间在物理性质和化学性质上的细微差别，可以达到分离的目的。同位素分离方法可分为四类：①直接利用同位素质量差别，如电磁分离，离心分离；②利用平衡分子传递性质的差别，如扩散、热扩散、离子迁移，分子蒸馏；③利用热力学性质上的差别(化学平衡和相平衡)，如精馏、化学交换、萃取、吸收、吸附、离子交换、结晶；④利用同位素化学反应动力学性质上的差别，如电解。前两类适用于重元素分离，后两类对轻元素的同位素分离比较有效。

同位素富集 [isotope enrichment] 同位素物质在分离单元中经同位素分离后，得到较高丰度的产品。大部分稳定同位素分离方法的分离系数都接近于 1，经过一个分离级后同位素丰度增加很小，通常需将许多分离级串(或并-串)联起来，使所需同位素逐步富集。富集倍数视所需同位素浓度而定。

退役 [decommissioning] 又称核设施退役。核设施服役期满或其他原因停止服役后，为保证工作人员与公众不受剩余放射性物质及其他潜在风险的危害，而有计划地实施的措施。最终目的是实现场址不受限制的开放和使用。退役方法有立即拆除、延缓拆除、就地掩埋等方式。核设施退役涉及去除放射性物料、放射性废物和其他有害物质等。退役工程可以分阶段进行，也可一步完成。退役工程包括源项调查、去污、切割解体、废物处理和处置、安全分析和环境影响评价等。

尾端处理 [tail-end process] 即尾端过程。

尾端过程 [tail-end process] 又称尾端处理。在给定的乏燃料后处理系统中，在主要化学分离之后所采取的目的在于使纯化后的中间产品进一步净化、浓缩以及将它变成所希望的最终形态的一整套处理步骤。

无盐过程 [salt-free process] 水法乏燃料后处理过程中，不采用或尽量避免采用金属盐类试剂以减少放射性废物量的工艺。例如，在 PUREX 流程铀/钚分离及钚纯化过程中，采用无盐试剂(如羟胺及其衍生物、醛类、肼类、脲及衍生物、羟肟酸等)将有机相中 Pu(IV)还原为不易被TBP萃取的Pu(III)，反萃进入水相的过程。过程中，无盐试剂反应后不会在反应体系残留不易分离和不易破坏的盐类，在反应过程中大部分变为气体，可以减少中放废液的含盐量，可提高高放废液的浓缩倍数，从而减小后处理高放废物体积。这种化学过程不引入盐类，或最终能最大限度地将盐类消除。

洗涤 [scrubbing] 选用某种水溶液与萃取后的有机相接触后，把夹带在萃取液中的少量杂质元素洗到水相中去的过程。所用的水溶液称为洗涤液。通过洗涤，可以提高被萃取物的纯度，但也要防止被萃取物在洗涤中的损失。

细菌浸出 [bacterial leaching] 利用细菌的生物氧化作用，少用或不用硫酸，从矿石中浸出某些金属(如铀)的湿法冶金工艺过程。常用于氧化含铁硫化矿的菌种有氧化硫硫杆菌和氧化亚铁硫杆菌。细菌浸出能处理常规方法不便经济处理的低品位铜、铀矿物原料。

先进核燃料后处理流程 [advanced nuclear fuel reprocessing process] 对现有核能生产及其燃料循环体系的进一步发展，是现有的热堆燃料循环与将来的快堆或加速器驱动系统燃料循环的结合。包括运行现有的热堆核电厂及其相关的燃料循环设施(包括后处理)，实现 U 和 Pu 的再循环；从乏燃料中除了分离 U 和 Pu 外，进一步分离出次锕系元素和长寿命裂变产物，将其制成燃料或靶件，利用快堆或加速器驱动系统进行嬗变。尽管此体系极大地消除了长寿命核素的放射性危害，但最终仍不可避免地会产生需要地质处置的废物。

协同萃取 [synergistic extraction] 采用两种或两种以上萃取剂的混合物作为萃取剂，待分离物质的分配比显著大于使用每一萃取剂的分配比的加权之和的萃取。

一次通过式燃料循环 [once-through fuel cycle] 反应堆卸出的乏燃料不进行后处理，直接进行永久处置的核燃料循环。在一次通过式燃料循环中，轻水堆乏燃料元件经几十年冷却后直接包装或经切割包装，送到深地层的核废料最终处置库永久性贮藏。对铀资源利用来说它是不经济的。但由于乏燃料中包含了所有的放射性核素，要在处置过程中衰减到低于天然铀矿的放射性水平，将需要 10 万年以上；对环境安全的长期威胁极大。

铀浓缩物 [uranium concentrate] 用物理或化学的方法处理铀矿石及其他含铀物料，制得的含铀量高的粗制产品(如重铀酸铵、重铀酸钠等)。用作核燃料前尚需进一步精制。

铀氧化物 [uranium oxide (UOX)] 铀与氧形成的化合物。铀的重要氧化物有 UO_2、U_4O_9、U_3O_8、UO_3 和 $UO_4 \cdot 2H_2O$，其中最稳定的是 U_3O_8，其次是 UO_2。

铀再循环 [uranium recycling] 将从乏燃料中回收得到的铀在反应堆内再循环使用的过程。回收的铀经富集之后可制成轻水堆和高温气冷堆燃料，也可以不浓缩制成重水堆燃料、快中子增殖堆增殖材料，或按一定比例与 PuO_2 制成混合氧化物(MOX)燃料，用于轻水堆和快中子堆。再循环铀中还含有 ^{232}U、^{234}U、^{236}U 和 ^{232}U 的一系列子体，它们有强 α 放射性。^{234}U 和 ^{236}U 对中子有很强的吸收能力，所以给燃料的再制造和使用带来一定的麻烦。

整备 [conditioning] 又称废物整备。为使废物形成一个适于装卸、运输、贮存、处置的货包而进行的操作，使废物能实现安全处置。包括将废物固化或固定，转变成固体形式，封装在容器中，还包括必要时提供外包装。是废物管理中一个重要环节。

支持还原剂 [holding reductant] 对还原剂起稳定(或保护)作用的试剂。在乏燃料后处理中常用 U^{4+}、Fe^{2+}或羟胺作 Pu^{4+}的还原剂，体系中的亚硝酸会氧化 U^{4+}、Fe^{2+}和羟胺，影响钚的还原。为了抑制亚硝酸的破坏作用，稳定还原剂，可在体系中加入支持还原剂氨基磺酸或肼，破坏亚硝酸。

中放废物 [intermediate-level [radioactive] waste] 全称中水平放射性废物。放射性核素的含量或浓度及释热量低于高放废物而高于低放废物、在操作和运输过程中需要采取屏蔽措施的放射性废物。根据我国放射性废物分类标准 GB 9133—1995 规定，中放废物为：中放废气，$A>4\times10^7 Bq/m^3$；中放废液，$4\times10^6 Bq/L<A\leqslant4\times10^{10} Bq/L$；中放固体废物，$A>4\times10^6 Bq/kg$ ($T_{1/2}\leqslant5a$，包括 ^{60}Co、^{125}I)，$4\times10^6 Bq/kg< A \leqslant 4\times10^{11} Bq/kg$ 且释热率$\leqslant2\ kW/m^3$ ($5a<T_{1/2}\leqslant30a$，包括 ^{137}Cs)，$A>4\times10^6 Bq/kg$ 且释热率$\leqslant2\ kW/m^3$ ($T_{1/2}\geqslant30a$，不包括 α 废物)。

中水平放射性废物 [intermediate-level [radioactive] waste] 中放废物的全称。

8.5 核药物化学

砹-211 [astatine-211] 卤族元素中最重元素砹的放射性核素之一，α 发射体(伴有电子俘获)，半衰期为 7h。经核反应 $^{209}Bi(\alpha, 2n)$制备。

靶对非靶[摄取]比 [target to non-target ratio (T/NT)] 放射性药物作用于目标器官或组织中的放射性浓度(单位质量或体积中的放射性活度)与其他器官或组织中的放射性浓度之比值。

靶体积 [target volume] 靶的大小。是从放射生物学“靶学说”的数学模型中演算而得的一个参数。

靶组织 [target tissue] ❶在辐射剂量学中，指吸收辐射的组织或器官。❷在放射性药物化学中，指期望药物富集的组织或器官(如心肌、肾脏、肿瘤等)，通常是核医学显像中感兴趣的区域(region of interest，ROI)。

被示踪物 [tracee] 与示踪剂的物理、化学性质基本相同的被示踪研究的具体对象。

标记化合物 [labeled compound] 化合物中的一个或多个原子或化学基团，被其易辨认的原子(示踪原子)或基团所取代而得到的化合物。

标记率 [labeling efficiency] 用示踪原子(放射性核素或稳定核素)制备标记化合物时，示踪原子在所指定的标记化合物中的量与参加反应的示踪原子总量的百分比。

标记物 [label] 即同位素示踪剂。

掺加[示踪剂] [spiking] 将具有可辨认的(放射性的或稳定的)同位素示踪剂加入到分析样品中的过程。

掺加同位素 [spiking isotope] 将具有显著同位素特征的标记物加入到样品中的过程。可用同位素方法对样品进行分析。

氚比 [tritium ratio] 又称氚单位。在 10^{18} 个氢原子中含 1 个氚原子称为 1 个氚比，相当于 1 g 水中的氚放射性活度为 1.2×10^{-4} Bq。

氚标记化合物 [tritiated compound] 即含氚化合物。

氚单位 [tritium unit] 即氚比。

氚化 [tritiation] 用放射性核素氚取代化合物中的某一个或多个氢原子或加氚而得到氚标记化合物的过程。

氚化物 [tritide] 氚与比氚电负性小的元素组成的二元化合物，通常多指金属氚化物。

代谢显像 [metabolic imaging] 利用放射性药物参与体内必要代谢过程来测定相应器官或组织代谢功能的技术。

单光子发射计算机断层显像 [single photon emission computed tomography (SPECT)] 一种能给出发射单光子放射性药物在体内的立体分布图像的显像技术。

单光子照相机 [single photon camera] 用于显示和拍摄单光子发射放射性药物在体内分布图像的核医学成像仪器。

单克隆抗体标记 [labeling of monoclonal antibodies] 将稳定或放射性核素通过化学方法引入到单克隆抗体分子中的过程。

氮-13 [nitrogen-13] 氮的放射性核素之一，半衰期为10min，它可以由质子轰击氧-16的原子核得到：$^{1}H+^{16}O\longrightarrow{}^{13}N+^{4}He$。$^{13}NH_3$可用于正电子发射断层扫描。

氘核 [deuteron] 质量数为2的氢的同位素核。核内含有1个质子和1个中子。

氘化 [deuteration] 有机化合物中的氢被其稳定同位素氘置换或加氘的反应。

氘化物 [deuteride] 氘与比氘电负性小的元素组成的二元化合物。通常多指金属氘化物，如氘化锂。

锝(^{99m}Tc)标配套药盒 [^{99m}Tc radiopharmaceuticals kit] 具有固定的组成的，包括适量的配体、还原剂、赋形剂、稳定剂、缓冲剂等，把它们预先制成无菌无热源的冻干品保存，使用时加入所需的$^{99m}TcO_4^-$，常可一步法得到所需的药物。

锝(^{99m}Tc)甲氧异丁异腈 [technetium [^{99m}Tc] methoxyisobutylisonitrile (^{99m}Tc-MIBI)] 由^{99m}Tc标记甲氧基异丁基异腈而制备的一种心肌灌注显像剂。是正一价的脂溶性化合物。

锝-94 [technetium-94] 锝的21种同位素之一，半衰期为293min，发射正电子(10%)和电子俘获衰变(90%)。通过^{94}Mo(p，n)核反应得到。PET配套的放射性药物中潜在的重要核素。

锝-99m [technetium-99m] 锝的21种同位素之一，^{99}Tc的激发态同质异能核素，半衰期为6h，E_γ为140 keV。^{99}Mo的β衰变子体核素，可由^{99}Mo-^{99m}Tc发生器中用生理盐水淋洗得到。理想的医学示踪核素，在现有放射性核素显像剂中占80%以上，可用于脑、心肌、肿瘤、甲状腺、肝、肺、脾、骨等的显像。

碘-123 [iodine-123] 碘的放射性核素之一，半衰期为13.22h，发射159 keV(84%)的γ射线。是最适于制备核医学诊断用放射性药物的碘的同位素。

碘-125 [iodine-125] 碘的放射性核素之一，轨道电子俘获衰变核素，发射的γ射线能量为35 keV，半衰期为60d。既可以进一步制备放射性籽源，又可以作为标记试剂来标记各种各样的化合物，尤其是体外放射性免疫分析所用制剂。

碘-131 [iodine-131] 碘的放射性核素之一，半衰期为8d。β衰变核素，发射β射线(99%)和γ射线(1%)，β射线最大能量为606 keV，主要γ射线能量为364 keV。

定位标记化合物 [specifically labeled compound] 在化合物中指定位置上的原子被标记原子部分或者全部取代的化合物。也可视为一种同位素未变化合物中加入了唯一一种同位素取代的相同化合物。通常要求在指定位置上标记的化合物占总标记化合物的95%以上。

发射计算机断层显像 [emission computed tomography (ECT)] 一种能从不同方向拍摄体内放射性药物浓度分布图并经计算机处理，重建放射性核素在体内各断层(截面)的分布及立体分布图的核素显像技术。分为单光子发射计算机断层显像(SPECT)和正电子发射断层显像(PET)两类。

乏氧显像剂 [hypoxia imaging agent] 用于非创伤地检测组织、器官中氧含量的显像剂。

反冲标记 [recoil labeling] 利用核过程中产生的反冲原子所引发的化学反应制备标记化合物的方法。

反义核酸显像 [anti-sense imaging] 利用放射性核素标记的反义寡核苷酸(ASON)或其化学修饰物，经体内核酸杂交，显示基因异常表达组织的技术。

放射防护剂 [radioprotective agent] 用于预防、减轻电离辐射损伤或有治疗作用的药物。

放射免疫显像 [radioimnunoimaging] 利用放射性核素标记的单克隆抗体或抗体片段与肿瘤相关抗原的特异性结合，进行肿瘤及转移灶的定位和鉴别诊断的技术。

放射免疫学 [radioimmunology] 利用放射性示踪技术研究生物体免疫性、免疫反应和免疫现象的生物医学学科。

放射免疫治疗 [radioimnunotherapy] 利用发射α或β辐射的放射性核素标记的单克隆抗体与抗原的特异性结合，使放射性核素定位于病变组织或器官，通过放射性核素发射射线的放射生物学效应破坏、干扰靶细胞的结构与功能以达到放射治疗的方法。

放射性标记 [radio-labeling] 将放射性核素引入化合物中的过程。

放射性标记化合物 [radio-labeled compound] 用放

射性核素取代化合物的一种或几种原子(或基团)而使它能被识别并可用作示踪剂的化合物。它与未标记的相应化合物具有基本相同的化学及生物学性质，不同的只是它带有放射性，因而可利用放射性探测技术来追踪。放射性标记化合物的常用标记方法有化学合成法、同位素交换法和生物化学法。

放射性产额 [radioactive yield] 在一定条件下(如粒子强度、给定时间等)通过核反应生成某种放射性核素的量与所用靶材料量之比。

放射性核素标记化合物 [radionuclide labeled compound] 用放射性核素取代化合物的一种或几种原子的化合物。

放射性核素发生器 [radionuclide generator] 又称放射性同位素发生器、放射性母牛。可以从较长半衰期的放射性核素(母体)中分离出由它衰变而产生的较短半衰期放射性核素(子体)的一种装置。

放射性核素显像 [radionuclide image] 利用脏器和病变组织对放射性药物摄取的差异，通过显像仪器来获得脏器或病变组织影像的诊断方法。

放射性核素治疗 [radionuclide therapy] 将放射性核素或其标记物引入人体后让其在病变组织或器官浓集，利用放射性核素发射射线的辐射效应抑制和破坏病变组织的一种治疗方法。

放射性“母牛” [radioactive cow] 即放射性核素发生器。

放射性疾病 [radiation induced diseases] 由电离辐射对机体引起的损伤和疾病。

放射性同位素标记 [radioisotope labeling] 用于同位素标记的示踪原子为放射性同位素的标记。

放射性同位素发生器 [radioisotope generator] 即放射性核素发生器。

放射性同位素示踪剂 [radioisotope tracer] 一种用被示踪元素的放射性同位素作为标记的示踪剂。

放射性药物 [radiopharmaceutical] 用于诊断、治疗或医学研究的放射性核素制剂或其标记药物或生物制剂。

放射性籽粒 [radioactive seed] 用于植入体内，对肿瘤或病变组织进行放射治疗的微型密封放射源(针状或微球)。

放射药物化学 [radiopharmaceutical chemistry] 研究带有放射性的药物分子的结构、性质、制备、分离、鉴定和应用的化学分支学科。

放射药物学 [radiopharmacy] 研究放射性药物的制备、应用及其有关理论的一门学科。

放射药物治疗 [radiopharmaceutical therapy] 利用放射性药物所含放射性核素发射的射线对病人体内病变器官或组织进行照射，以达到治疗的目的的治疗方法。一般利用放射性核素发射的 α 或 β 射线进行治疗。

放射治疗 [radiotherapy] 利用射线的生物学作用抑制和破坏病变组织，从而进行临床治疗疾病的方法。

放射自显影术 [autoradiography] 利用放射性核素发射的射线使感光材料感光来显示放射性核素标记物质在实验样品中的分布并加以定量的一种方法。

放射自显影图 [autoradiogram] 将含有放射性物质的实验样品与感光胶片紧贴在一起一段时间，利用放射性核素发射的射线使感光材料感光并经显影后获得的图像。

非同位素标记化合物 [non-isotopic labeled compound] 用于标记的原子与被取代的原子不属于同一种元素的标记化合物。

分子核医学 [molecular nuclear medicine] 将分子生物学技术、同位素示踪技术和核医学影像技术有效结合并用于人类疾病的诊断和治疗的一门交叉学科。

分子影像学 [molecular imaging] 利用各种体内成像技术在细胞与分子水平上显示正常与病变组织的生理与生化变化过程信息的影像学科。

氟-18 [fluorine-18] 氟的放射性核素之一。半衰期是110min。通常由稳定性核素氧-18经质子轰击形成。常被用于正电子发射计算机断层显像(PET)示踪剂的合成。

[^{18}F]-氟代脱氧葡萄糖 [[^{18}F]-fluorodeoxyglucose ([^{18}F]-FDG)] 脱氧葡萄糖分子中2位碳上的氢被放射性核素 ^{18}F 取代后所得到的产物。是正电子发射断层显像研究中应用最广泛的正电子显像剂，可用于肿瘤、心肌和脑等组织或器官的葡萄糖代谢的测定。

功能显像 [functional imaging] 将具有一定生理功能的放射性药物引入体内，用核医学影像方法显示被检器官的摄取(吸收)、分布、代谢、排泄等生理功能的变化的技术。

灌注显像 [perfusion imaging] 通过核医学成像技术获得显像剂在组织或器官内的分布图像，并利用组织或器官对显像剂的摄取量在很大范围内与血流灌注量呈线性关系的特点评价组织或器官的血流分布或相关功能的技术。

含氚化合物 [tritiated compound] 又称氚标记化合物。化合物中的某一个或多个原子，被放射性氚原子取代而得到的产物。

核药[物]学 [nuclear pharmacy] 研究核药物的制备、应用及其理论的一门学科。

核药物 [nuclear pharmaceuticals] 用于疾病诊断或治疗的放射性或稳定核素及其标记物或制剂。

核医学 [nuclear medicine] 采用核技术来诊断、治疗和研究疾病的一门学科，分为两类，即临床核医学和基础核医学或称实验核医学。

基因显像 [gene imaging] 用医学影像学方法对活体组织的正常和(或)异常细胞的靶基因进行显像的方法，其中核医学成像研究最多。该法采用放射性核素标记的反义核酸对 DNA 及 mRNA 直接显像，或用放射性核素标记报告基因表达产物(如酶)的底物对靶基因间接显像，显示出靶基因的分布部位、数量及活性，进行定性和定量检测。

激发标记 [excitation labeling] 用微波、放射、加热等方法使标记原子或被标记物处于激发态时进行的标记。

镓-67 [gallium-67] 质量数为 67 的镓的放射性核素。半衰期 3d，以电子俘获方式进行核衰变，伴随的 γ 射线能量复杂，主要为 93 keV。可从回旋加速器中以氘核轰击 ^{67}Zn 而制得。

镓-68 [gallium-68] 正电子发射核素。半衰期 68min。用 EDTA 钠盐淋洗 ^{68}Ge-^{68}Ga 发生器，得到无载体 ^{68}Ga。

间接标记 [indirect labeling] 把放射性核素先标记在易与欲标记物质反应的试剂上，然后再与欲标记物偶联的标记方法，或先把双功能螯合剂结合到欲标记分子后进行标记的方法，是两种常用的间接标记法。有些化合物难以直接标记，或虽可直接标记，但对标记物的损伤较大时，可采用间接标记法。

近程[放射]治疗 [brachytherapy] 把密封放射性核素源置于病人自然体腔或组织间隙，对其临近靶区进行照射以达到治疗目的的方法。

竞争放射分析 [competitive radioassay] 用放射性示踪技术的体外超微量分析方法的总称。包括放射免疫分析法、免疫放射分析法、放射受体分析法等。

均匀标记化合物 [uniformly labeled compound] 化合物中所有与标记原子相同的原子均被同等程度取代的化合物。

铼-186 [rhenium-186] 用于放射性诊断治疗药物的制备。发射 β 放射性核素，伴有 137 keV 的 γ 辐射，半衰期为 4d。

铼-188 [rhenium-188] 铼的放射性核素之一。半衰期为 17h。纯 β 衰变核素，最大能量为 2.120 MeV。

冷标记 [cold labeling] 用非放射性示踪剂(如稳定同位素)进行的标记。

立体特异标记化合物 [stereospecifically labeled compound] 具有特定立体构型的位置上引入示踪原子的化合物。

淋洗效率 [elution efficiency] 一般指 ^{99m}Tc 发生器的淋洗效率。某一时刻从发生器上洗脱 ^{99m}Tc 的放射性活度与发生器产生的 ^{99m}Tc(由 ^{99}Mo 蜕变得到的全部 ^{99m}Tc)的放射性活度之比。

磷-32 [phosphorus-32] 1935 年用镭铍中子源照射二硫化碳首次制得。纯 β 衰变核素，最大能量为 1.710 MeV，半衰期为 14d。

磷光成像仪 [phosphor imager] 一种用磷光屏代替 X 胶片成像的自显影仪器。由镧系元素掺杂的特殊晶体制成的磷光屏及信号读出设备组成。样品发射的射线在磷光屏中形成潜影，照射结束后用激光扫描磷光屏，读出其中的潜影信号并转化为数字信号储存。

镥-177 [lutetium-177] 镥的放射性核素之一。具有较长的半衰期(7d)，发射能量适中的 β 粒子(497 keV)，同时还发射 γ 射线(113～208 keV)。

免疫放射自显影 [immunoradioautography] 利用放射性核素标记的抗体(或抗原)与被检抗原(或抗体)之间高亲和力、高特异性结合，通过自显影方法进行显示并定量的技术。

硼中子俘获治疗 [boron neutron capture therapy (BNCT)] 将含富集硼-10(^{10}B)的药物注入体内，其迅速聚集于肿瘤组织，而其他组织内分布很少。在超热中子辐照下通过 ^{10}B(n, α)^{7}Li 产生的 α 粒子以及反冲核 ^{7}Li 的电离激发作用来破坏肿瘤细胞的治疗方法。

曝射标记 [exposure labeling] 又称韦茨巴赫技术。将需要标记的化合物置于氚气中，让氚与化合物上的氢之间发生同位素交换而获得氚标记化合物的方法。

全标记化合物 [generally labeled compound] 标记化合物中与标记原子相同的任意位置上的原子均有可能被标记原子所取代但取代程度不必相同的化合物。

钐-153 [samarium-153] 核医学诊断和治疗用较理想的核素。半衰期 46h，辐射类型为 β (810 keV、705 keV 和 635 keV)和 γ(14～173 keV)。

示踪技术 [tracer technique] 通过观察示踪剂的行为来研究具体对象的物理、化学和生物学等行为和特性的技术。

示踪剂 [tracer] 某些具有明显的特性而易于辨认的物质。将少量该物质与待测物质相混合或附着于待测物质时可用于确定待测物质的分布状况或其所在的位置等。

受体显像 [receptor imaging] 利用放射性标记的配体与靶组织受体高亲和力、高特异性结合的原理，通过核医学成像显示受体空间分布、密度和亲和力大小的技术。

双重标记 [double labeling; double-tagging] 化合物中的原子被两种元素的同位素原子或者被同一种元素的两种同位素原子所取代的标记。

双功能螯合剂 [bifunctional chelator] 又称双功能联接剂。在靶向放射性药物制备中常用的、具有同时螯合放射性核素和连接靶向分子探针功能的一类化合物。

双功能联接剂 [bifunctional conjugating agent] 即双功能螯合剂。

锶-89 [strontium-89] 第一种用于治疗原发性和转移性骨肿瘤的放射性药物。发射纯β射线，其能量为1.495 MeV，半衰期比较长(50d)。

铊-201 [thallium-201] 铊的放射性同位素之一。半衰期为73h，通过电子俘获衰变，发射135 keV (12%)和167 keV (18%) 的γ射线，可供探测的还有它的衰变子体汞的X射线，能量为69～83 keV (93%)。通过核反应 ^{203}Tl (p, 3n)得到 ^{201}Pb，^{201}Pb 通过电子俘获衰变至 ^{201}Tl。

碳-11 [carbon-11] 碳的放射性核素之一。半衰期是20min，常被用于正电子发射计算机断层显像(PET)示踪剂的合成。

同位素标记 [isotope labeling] 化合物中的原子被其同位素示踪原子所取代的标记，取代后的分子与原分子的区别仅在于同位素组成不同。

同位素标记化合物 [isotopically labeled compound] 同位素取代化合物与同位素未变化合物的混合物。

同位素标记物 [isotopic label] 即同位素示踪剂。

同位素取代化合物 [isotopically substituted compound] 用稳定同位素或者放射性同位素取代化合物中一种或几种原子的化合物。

同位素示踪剂 [isotope tracer] 又称同位素指示剂、同位素标记物、标记物。与被示踪物元素相同而同位素组成不同的示踪剂。

同位素指示剂 [isotopic indicator] 即同位素示踪剂。

同位素[组成]改变的化合物 [isotopically modified compound] 一类化合物，其组成元素中至少有一种元素的宏观同位素组成与该元素的天然同位素组成有可以测量的差别。

同位素[组成]未变化合物 [isotopically unmodified compound] 一类化合物，其中所有元素的宏观同位素组成与它们的天然同位素组成相同。

铜-67 [copper-67] 铜的放射性核素之一，半衰期为62h，纯β衰变核素，最大能量为576 keV。通过 ^{68}Zn(γ, p)核反应得到。

“外来”标记化合物 [“foreign” labeled compound] 在被研究的分子中引入分子中不包含的元素(“外来”元素)的放射性同位素或荧光基团，所得化合物与原化合物具有相同或相似的生物学特性，如 ^{99m}Tc-红细胞、^{111}In-DTPA-奥曲肽等。

微型单光子发射计算机断层显像 [micro-single photon emission computed tomography] 一种能给出单光子发射放射性药物在活体实验动物体内的立体分布图像的显像技术。

微型正电子发射断层显像 [micro-positron emission tomography] 一种能给出正电子放射性药物在活体实验动物体内的立体分布图像的显像技术。

韦茨巴赫技术 [Wilzbach technique] 即曝射标记。

稳定同位素标记 [stable isotope labeling] 用于同位素标记的示踪原子为稳定同位素的标记。

稳定同位素标记化合物 [stable isotope labeled compound] 用稳定同位素取代化合物中一种或几种原子的化合物。

稳定同位素示踪剂 [stable isotope tracer] 一种用被示踪元素的稳定同位素作为标记的示踪剂。

显像剂 [imaging agent] 用于显像的放射性药物。

血池显像 [blood pool imaging] 通过探测特定显像剂(如 ^{99m}Tc 标记的红细胞 ^{99m}Tc-RBC)的体内分布并结合核医学显像技术显示相关组织或器官的血流图像，并由此获得组织或器官的血液供应功能或血床分布等情况的技术。

氧-15 [oxygen-15] 氧的放射性同位素之一，半衰期122s，主要以发射正电子方式衰变。

医学内照射剂量 [medical internal radiation dose (MIRD)] 放射性药物在体内分布、代谢过程中引起的放射性沉积对机体产生的内照射剂量，取决于给药途径和活度、药物理化性质、辐射类型和能量以及个体差异。用于医疗照射的剂量约束。

医用电子加速器 [medical electron accelerator] 加速电子并通过加速后的电子与靶材料发生核反应产生的高能X射线用于放射治疗的医疗设备。

医用放射性废物 [medical radioactive waste] 在应用放射性核素的医学实践中产生的放射性比活度或放射性浓度超过国家有关规定值的液体、固体和气载废物。

医用放射性核素 [medical radionuclide] 用于医学诊断、治疗和疾病研究的放射性核素。临床应用的放射性核素可通过加速器生产、反应堆生产、从裂变产物中提取和放射性核素发生器淋洗获得。

医用回旋加速器 [medical cyclotron] 专门为医用而设计制造，用于制备短寿命放射性核素的小型回旋加速器。

钇-90 [yttrium-90] 较理想的治疗用放射性核素，其半衰期为 64h，辐射类型为纯 β 辐射(2.288 MeV)，可由 ^{90}Sr-^{90}Y 发生器得到。

铟-111 [indium-111] 铟的半衰期第二长的人工同位素。在加速器上用质子轰击镉靶，通过天然镉的 Cd(p,*x*n)、^{111}Cd(p,n)反应，或用 α 粒子轰击银靶，通过 ^{109}Ag(α，2n)等核反应可以得到。通过电子俘获衰变，发射 γ 射线能量分别为 171 keV(91%)和 245 keV(94%)，衰变到稳定镉的半衰期为 67h。

远程[放射]治疗 [teletherapy] 利用离体表有相当距离的射线装置或密封放射性核素源产生的外部粒子(如中子、质子或重离子)或辐射对病人病灶进行照射治疗的方法，是放射治疗的主要方式。

γ照相机 [γ-camera] 用于显示和拍摄注入人体内的 γ 发射放射性药物分布图像的核医学成像仪器。

正电子发射断层显像 [positron emission tomography (PET)] 一种能给出正电子放射性药物在体内的立体分布图像的显像技术。

正电子发射断层显像/计算机断层成像 [positron emission tomography-computed tomography (PET/CT)] 正电子发射断层显像(PET)和计算机断层成像(CT)的组合体，由一个工作站控制。

准定位标记化合物 [nominally labeled compound] 从标记方法预测示踪原子主要标记在化合物中指定位置上，而实际结果未作鉴定或鉴定结果为指定位置上的标记原子数不能肯定大于 95%的标记化合物。

8.6 辐射化学

半厚度 [half thickness; half-value layer(HVL)] 又称半值厚度或半值层、半阶层。电离辐射的射线强度减弱到初始值的一半时所需要的物质厚度。它反映了射线的穿透能力。例如 X 射线机的半值层在国家标准中规定为，使在 X 射线束某一点的照射量率减少一半所需要的标准吸收片的厚度。

半阶层 [half thickness] 即半厚度。

半数致死剂量 [median lethal dose, LD_{50}] 见致死剂量。

半值层 [half-value layer(HVL)] 即半厚度。

半值厚度 [half thickness] 即半厚度。

本底辐射 [radiation background] 天然存在的电离辐射，包括宇宙射线和自然界放射性物质产生的辐射。宇宙射线又分为初级宇宙射线和次级宇宙射线。初级宇宙射线是从宇宙空间进入地球的高能粒子流，主要由质子、α 粒子和电子构成。初级宇宙射线与大气中的原子核(氮、氧等)相互碰撞而释放出次级质子、中子、介子等形成次级宇宙射线。天然放射性核素可分为三类：①铀系、锕铀系和钍系三个天然放射系中的核素；②地壳中存在的除以上三个放射系以外的天然放射性核素，如 ^{40}K；③宇宙射线与大气原子核相互作用而产生的 ^{3}H、^{14}C 等放射性核素。

比释动能 [kinetic energy released in matter (kerma)] 不带电粒子在质量为 d*m* 的某一物质内释放出的全部带电粒子的初始动能的总和 dE_{tr} 与该物质的质量 d*m* 之商。定义为非随机量 $K=\frac{dE_{tr}}{dm}$，SI 单位是焦耳每千克(J/kg)，特定单位是戈瑞(Gy)。

超致死剂量 [supralethal dose] 见致死剂量。

初级辐射 [primary radiation] 电离辐射直接激发或电离物质分子(原子)的过程。在辐射化学初级过程中，入射粒子或高能光子与物质分子(原子)发生弹性或非弹性碰撞，致使其电子构型发生变化，产生激发态分子、离子、次级电子等多种化学活性粒子。

传能线密度 [linear energy transfer (LET)] 又称线能量转移。表征射线对物质作用能力大小的一个物理量，反映射线品质的指标。带电粒子在单位长度径迹上传递给介质的能量或狭义线碰撞阻止本领 $L_Δ=dE/dl$，d*E* 是带电粒子在介质中穿行 d*l* 距离时，能量传递小于某一特定值 *Δ* 的非弹性碰撞损失的能量，单位是 keV/μm。如 L_{100} 就表示 *Δ*=100 eV 时的线能量转移。随着粒子能量进一步增加（如电子能量接近 10^6 eV，质子能量接近 10^{10} eV)，速度逐渐接近光速 *c*(如 2 MeV 电子速度为 0.98*c*)，其 LET 值逐渐增加。与总阻止本领 *S* 的区别：①*S* 着眼于粒子本身能量的损失，反映物质对电子的阻挡能力，其能量损失包括非弹性碰撞能量损失和辐射能量损失两部分。②LET 着眼于粒子传递给介质的能量，表示沿着粒子径迹传递能量的线密度，而且是指总阻止本领中限制在选定的能量截止值 *Δ* 以下那部分通过非弹性碰撞进行的能量传递。反映了沿着粒子径迹传递的能量在空间分布上的特点，在径迹的不同部位有所不同。

次级辐射 [secondary radiation] 由初级辐射产生的

活性粒子进一步引发的辐射。如初级辐射产生的次级电子就具有足以造成进一步电离或激发物质分子(原子)的能量，可引发一系列反应，导致物质分子(原子)发生变化。

次级剂量计 [secondary dosimeter] 用电离辐射引起的化学变化来确定吸收剂量的仪器或体系。用化学剂量计测量吸收剂量的方法统称为化学剂量法。在电离辐射作用下，任何能定量分析的化学反应都可以作为化学剂量法的测定体系。为适应不同的剂量范围，精确测量被照射物的吸收剂量，使剂量计的组分与被照射物具有等效的电子密度和原子组成非常必要。因此，测定生物材料、有机体和水溶液样品的吸收剂量，常采用水溶液体系的化学剂量计。

刺迹 [spur] 电离辐射与物质作用后产生的次级电子(能量为 6～100 eV)在凝聚相中的射程很短，通过电离和激发作用导致物质中很小的体积元内，形成的一个由激发分子、电子和母体离子构成的球形实体。每个刺迹中平均含 2～3 个离子对和若干激发分子。对于低 LET 辐射，如快电子和 ^{60}Co γ 射线，形成的刺迹是不连续的；而高 LET 辐射，如重带电粒子(如 α 粒子)的刺迹互相重叠形成连续的柱状体。

刺迹反应 [spur reaction] 在射线通过介质产生的径迹周围，活性粒种形成一种特殊的分布：对于高 LET 电离辐射，一组组紧挨在一起的激发分子、电子和离子的群团(常称之为刺迹和团迹)不均匀地分布于介质内；对于低 LET 的电离辐射初始刺迹不连续地单个、不均匀地分布于介质内。随着时标增加，不均匀分布的刺迹发生扩散和反应最后均匀分布于介质内。以水为例，刺迹中活性粒种浓度可高达摩尔浓度，因此在刺迹内即可发生早期化学反应，或原初辐射化学反应。

猝灭作用 [quenching] ❶广义上，任何可使某给定荧光物质的荧光强度降低的作用，或者任何可使荧光强度不与荧光物质的浓度呈线性关系的作用。❷狭义上，荧光物质分子与溶剂分子或其他溶质分子之间的相互作用，导致荧光强度降低的现象。与荧光物质发生相互作用而使荧光强度降低的物质，称为猝灭剂。

存活剂量 [survival dose] 大群体的生命机体，受电离辐射照射后尚有某一设定百分数存活时的吸收剂量。如 D_{10} 是生物体存活 10%时的吸收剂量。

存活曲线 [survival curve] 细胞经过射线照射后大多数死亡，也有少部分细胞存活，根据不同的剂量和相应的不同生存率绘制出来的曲线，即为细胞存活曲线。由于射线对生物体的损伤是随机的，细胞对射线的敏感度不同，细胞的存活曲线可出现两种情况。一条直线说明细胞对射线敏感，即细胞 DNA 被一次击中就发生死亡。但是大多数细胞并非这种情形，在低剂量区时，存活曲线有一个肩区，对应的剂量就是存活剂量。

当量剂量 [equivalent dose] 反映各种射线或粒子被吸收后引起的生物效应强弱的辐射量。它是辐射在器官或组织内产生的平均吸收剂量与辐射权重因数的乘积。SI 单位是 J/kg，即希沃特(Sv)。

等剂量曲线 [isodose curve] 放射源向外辐射时，由吸收剂量相同的点组成的曲线。

低能电子 [low energy electron] 能量低于介质分子电离电位的电子。可以诱发三重态分子生成等。一般能量为 5～500eV 范围的单色电子。低能电子在介质中会发生与母体离子再俘获、电子慢化、电子溶剂化、电子加成等反应。辐射化学效应很多是由于低能电子与物质作用的结果。

低能电子再俘获 [recapture of low energy electron] 一个低能电子与它原来的母体离子发生中和的过程。在凝聚相中，低能电子与介质分子间的频繁碰撞使它不能远离母体离子。与气相相比，它们有更多的机会被母体离子再俘获。低能电子和母体离子互称为偕离子对(geminate ion pair)，因此再俘获过程也称为偕离子对复合(geminate recombination)。

由于低能电子被母体离子再俘获的概率与离子对之间的势能 $\left(\dfrac{e^2}{\varepsilon r_c}\right)$ 和电子热能(κT)平衡时偕离子对之间的距离 r_c 有关，即 $r_c = \dfrac{e^2}{\varepsilon\kappa T}$，称为昂萨格(Onsager)方程，式中，$r_c$ 为离子对之间的势能 $\left(\dfrac{e^2}{\varepsilon r_c}\right)$ 和电子热能(κT)平衡时偕离子对之间的距离，也称为昂萨格(Onsager)半径，e 为电子电荷(esu)，ε 为介质的介电常数，κ 是玻尔兹曼常量，T 为温度(K)。该方程表明：①电子离母体离子的距离 r 大于 r_c 时，电场对电子的影响可以忽略，电子可看作自由电子。②r_c 越小，电子成为自由电子的概率 P_f 越大，反之概率越小。P_f 与 r_c、r 呈下列指数关系，$P_f = e^{-\frac{r_c}{r}}$。③r_c 与介质的介电常数 ε 有关，因此在不同介质中常常观测到不同的自由离子对产率。ε 越大，r_c 越小，越不容易发生偕离子对复合。

点源 [point source] 对任何形状的放射源，当考察点与源的距离比放射源本身的最大尺寸大 5 倍以上时，可将该放射源视为点源。

电离辐射 [ionizing radiation] 又称<u>高能辐射</u>。能够引起物质发生电离的辐射。在辐射化学研究和辐射加工中，常用的电离辐射有：①波长小于 30 nm(相当于能量大于 41.3 eV)的电磁辐射。②高能带电粒子(电子、质子、氘核、反冲核和高能裂变碎片等)。③快中子。④放射性核素衰变放出的 α、β、γ 射线。上述电离辐射在穿透物质时，主要通过电离和激发把能量储存在物质中。电离作用产生的次级电子如有足够的能量，可以进一步引起物质电离和激发。

电离辐射事故 [ionizing radiation accident] 简称辐射事故。

电离辐射巡测仪 [ionizing radiation survey meter] 简称巡测仪。

电离辐射与物质相互作用 [interaction of ionizing radiation with matter] 电离辐射穿透物质时与核外电子或者原子核相互作用并向物质传递能量的过程。不同类型的电离辐射与物质相互作用过程不同。①带电粒子，主要与物质的核外电子发生非弹性碰撞。此过程向物质传递的能量用于原子或分子的电离和激发。带电粒子非弹性碰撞对能量传递和发生的化学变化起重要作用。另一种过程是快速带电粒子在核附近突然减速，部分动能转变成X射线，即为轫致辐射。②电磁辐射，与物质主要的相互作用过程有光电效应、康普顿(Compton)效应和正、负电子对生成。对低能光子和高原子序数物质，主要为光电效应，此过程吸收一个光子，产生一个光电子。对于低原子序数物质和能量在0.2～2 MeV的光子，以康普顿效应为主，此过程产生一个反冲电子(也称康普顿电子)而光子被散射。当光子能量大于1.02 MeV时，在核或电子附近产生正、负电子对，而光子本身消失。③中子，通过与物质的核相互作用损失能量。主要的过程有弹性散射、非弹性散射、核反应和中子俘获。这些过程可以产生质子、α粒子、反冲核和γ光子等次级粒子。带电粒子电离产生的次级电子，电磁辐射产生的光电子、反冲电子和正、负电子对以及中子作用产生的次级粒子通过进一步的电离和激发作用将能量传递给物质。因此电离辐射与物质相互作用过程中将辐射能传递给物质的实际上是带电粒子。

电子加速器 [electron accelerator] 一种机器辐射源。通过将电子加速得到高能量粒子的机械装置。电子加速器通常有以下三种分类方式：①按照电子加速轨迹的不同，可以分为直线和回旋电子加速器两种；②按照加速方式的不同可以分为静电加速器、绝缘磁芯变压器、高频高压发生器、微波直线加速器、脉冲电子加速器等；③按照加速的电子的能量不同，可以分为低能、中能、高能加速器。与其他辐射源相比，电子加速器具有：电子能量可调、吸收剂量率高、能量利用率高等特点。是探索原子核和电子的性质、内部结构和相互作用的重要工具，在工农业生产、医疗卫生、科学技术等方面也都有重要而广泛的实际应用。

电子溶剂化 [electron solvation] 电子与其周围溶剂分子间形成平衡态构型的定域化电子的过程。包括电子热能化、电子陷落、浅阱电子(前溶剂化电子)向深阱电子(溶剂化电子)转化。在水中，电子溶剂化时间≤3×10^{-13}s。电子溶剂化过程可用预陷阱理论解释，认为低温液体和玻璃体中，溶剂分子的永久偶极子或诱导偶极子的瞬间定向可以形成许多电子陷阱，陷阱的势能与溶剂分子的规则排列有关。一般情况下，体系中具有最佳溶剂分子排列(势能较低)的陷阱(深阱)的数目比排列较差(势能较高)的陷阱(浅阱)要少，所以大多数热能化电子将陷落在浅阱中。陷落在浅阱和深阱中的电子都是定域化电子，前者称浅阱电子，与周围溶剂分子间没有达到平衡态构型，是一种亚稳态，有光谱位移的特征，后者称深阱电子，是一种热力学平衡态，电子与周围溶剂分子间已达到平衡态构型，无光谱位移特征。浅阱电子向深阱电子转变有三种理论解释：①重排机理，认为浅阱电子周围的溶剂分子在电子电场影响下进一步重排形成较深的陷阱；②热激发(电子跳跃)机制，处于浅阱中的电子可被热激发从陷阱中跳出，从浅阱中跃出的电子可被周围的陷阱重新俘获，有时电子要经几次跳跃才能进入深阱；③隧道效应，隧道模型认为，浅阱电子可经隧道过程通向深阱，与温度无关。目前确切的电子溶剂化机理还不是很清楚。

电子束辐照 [electron beam irradiation] 电子加速器产生的电子束辐照样品，产生电离和激发，形成自由基等活性粒子，进而使被辐照物质的物理性质和化学组成发生变化的过程。电子束具有能量高、强度大等特点，不同能量的电子束辐照具有不同的应用领域。例如，低能量的电子束辐照主要用于表面辐射固化及薄膜材料的辐射改性，而高能量的电子束辐照主要用于医疗器材的灭菌消毒等方面。

短寿命中间产物 [short lived intermediates] 由电离辐射穿过物质时电离和激发作用产生的产物，包括电子、离子、激发分子和自由基。其数量与物质吸收的能量成正比。离子和激发分子通过化学键的断裂、离子分子反应等过程生成自由基和中性分子。电子则通过电离、激发和碰撞等过程慢化成热能电子，它们可被正电子亲和势分子和正离子俘获，或者在介质中陷落成为溶剂化电子。自由基是激发分子、离子和电子后续反应的产物，对观测到的化学变化起重要作用。离子、激发分子、电子和自由基的活性很高，寿命很短，故称短寿命中间产物。

防护辐射混凝土块 [radiation shielding concrete block] 又称屏蔽混凝土、防射线混凝土。由于其容重较大，对γ射线、X射线或中子辐射具有屏蔽能力。主要用于反应堆、粒子加速器，以及工业、农业和科研部门的放射性同位素设备的防护。

防射线混凝土 [radiation shielding concrete block] 即防护辐射混凝土块。

放射防护 [radiation protection; radiological protection] 即辐射防护。

放射卫生学 [radiation hygiene] 即辐射卫生学。

α放射源 [α-source] 即α源。

β放射源 [β-source] 即β源。

废水辐射净化 [radiation purification of waste water] 采用 ^{60}Co 源或电子加速器等辐射源对废水进行处理的一种方法。当 γ 射线与废水作用时，一方面，高能射线可以与有机污染物直接作用，引起它们的分解；另一方面，高能射线与水发生作用，产生一系列的离子、水合电子、自由基等高活性粒子。通过高活性粒子与有机污染物发生氧化或者还原作用，使其降解，从而实现废水净化。

弗里克剂量计 [Fricke dosimeter] 即硫酸亚铁剂量计。

辐解 [radiolysis; radiation decomposition] 全称辐射分解。由体系吸收电离辐射能产生的激发分子、离子、电子和自由基引起的辐射化学变化。如液态水吸收电离辐射能产生的离子、激发分子和电子，它们分布在入射粒子径迹周围的刺迹中，迅速经由激发分子解离、离子分子反应和电子溶剂化过程转变成氢原子、羟基自由基和水合电子，它们在刺迹中的浓度很高(约 1 mol/L 数量级)，一部分自由基发生相互反应生成稳定的分子产物，如 H_2 和过氧化氢或重新生成水分子。未反应的自由基则随刺迹膨胀而扩散，直至均匀分布在水介质中。当无溶剂存在时，扩散出来的自由基产物通过自由基-自由基反应、自由基-分子产物间反应消失。体系重新建立热力学平衡。辐解程度与辐射类型和能量，剂量率，体系中的杂质，清除剂，辐照环境(温度、辐照氛围)以及受照物质的性质和状态等有关。

辐解产物 [radiation product] 即辐射损伤产物。

辐射 [radiation] 以波或运动粒子的形式向周围空间或物质发射并在其中传递的能量(如声辐射、热辐射、电磁辐射、α 辐射、β 辐射、中子辐射等)的统称。辐射一般分为非电离辐射和电离辐射，非电离辐射是指辐射能不足以使与之作用的物质发生电离的辐射，如微波、可见光、紫外线(波长极短的除外)、声波、无线电波等；而电离辐射是指能够使物质发生电离的辐射，如 α 辐射、β 辐射、γ 辐射，中子辐射及电子束辐射等。

辐射白内障 [radiation cataract] 电离辐射引起晶状体混浊、出现视力障碍的现象。X 射线、γ 射线和中子等照射人眼后均可引起晶状体混浊。人体发生辐射白内障的主要原因是头面部肿瘤放射治疗；少数由原子弹爆炸和核事故引起。

辐射保藏 [radiation preservation] 一种食品保藏技术，利用电离辐射杀灭食品中的害虫、微生物、抑制食品的生理、生化等过程，延长食品保藏时间。辐照保藏食品有较高的卫生质量，能在常温和一般条件下保存较长时间，可作为野外工作人员、边防战士的卫生食品。与传统食品保藏方法相比，具有节能、被处理食品中无化学物残留、不污染环境、不损坏食品原有特性等优点。

辐射报警装置 [radiation warning assembly] 一种当表征电离辐射的某个量超过某一预定值，或观测值超过某个预定值范围时能给出报警信号的装置。由辐射探测器、相应的电子学功能单元(如放大器、甄别器、定标单元等)、报警单元和电源组成，通常分为积累量报警和瞬时量报警两类。

辐射测量 [radiation measurement] 即辐射剂量测量。

辐射测量仪器 [radiation measuring instrument] 简称辐射仪。由探测器(一个或多个)以及与之相联配的部件或基本功能单元所组成的、用于测量与电离辐射有关的量的测量装置。按其功能和用途可分为不同的类型，如：辐射谱仪、辐射温度测量装置、放射性活度测量仪、保健物理仪器、辐射勘探装置和辐射源应用测量仪等。根据所要测量的辐射量以及实际应用的要求，其组成各不相同。一般包括一个或几个辐射探测器以及记录、分析和显示探测量输出信号的部件和功能单元。

辐射场 [radiation field] 电离辐射在其中通过、传播以至经由相互作用而发生能量传递的整个区域。当电离辐射进入物质(包括空气)后，辐射场就存在于物质之中。不同类型的电离辐射形成不同的辐射场，例如：α 辐射场、β 辐射场、γ 辐射场、中子辐射场、中子-γ 辐射场等。根据需要，可以分别选择粒子注量、能量注量或比释动能等电离辐射量来描述辐射场的性质。

辐射窗 [radiation window] 一种用于密封真空室和传递辐射或电子的装置，它是能够透过 α、β、γ、X 射线或电子束的窗口，并能使装置内的物体免受外来物质侵入。

辐射带 [radiation band; radiation belt] 泛指从辐射源发射并以光速在空间传播的电磁波所分布的空间。一般将距离电磁辐射源为其所发射的最大波长的 1/6 距离以内的部分称为感应场，将感应场以外的部分称为辐射场。

辐射单位 [radiation unit] 用以表示辐射强弱的单位。主要包括：辐照量单位(SI 国际单位为库仑/千克(C/kg)；常用单位为伦琴，符号为 R，$1R=2.58\times10^{-4}$ C/kg)；吸收剂量国际单位为焦耳/千克(J/kg)，称为戈瑞，符号为 Gy，1 Gy 的吸收剂量等于 1 kg 受照射物质吸收 1 J 的辐射能量；常用单位名称是拉德，符号为 rad，1 Gy=100 rad)；剂量当量单位(国际单位为焦耳/千克(J/kg)，称为希沃特，符号为 Sv)等。

辐射低温聚合 [radiation cold polymerization] 即辐射冷聚合。

辐射多参数分析装置 [radiation multi-parameter analyzing assembly] 参见辐射分析装置。

辐射发光 [radiation luminescence] 又称高能粒子发光。α、β、γ 及 X 射线激发物体引起的发光。物体的辐射发光光谱与其他方式激发的发光光谱基本相同，但从激发过程来看，有很大差别。高能带电粒子入射发光体后，同发光体中的原子(或分子)发生非弹性碰撞，引起原子的激发或电离，从原子电离出来的电子，具有很大的动能，可以继续引起其他原子的激发或电离，因而产生大量次级电子。高能光子流入射发光体时，可能发生光电效应、康普顿效应及形成电子-正电子对(X 射线主要产生光电子)；这些效应也都能产生大量次级电子。以上激发情况都有共同的特征：在粒子(光子)通过的路程上有大量的原子被激发或电离，并且产生大量的次级电子，因此这种激发具有密度高和空间不均匀性的特点，只发生在粒子(光子)经过的轨迹附近，形成所谓的激发带。辐射激发的这些特点使其发光量子效率大大超过 1，有别于普通激发和发光。

辐射发生器 [radiation generator] 能产生诸如 X 射线、中子、电子或其他带电粒子辐射的装置，可用于科学、工业或医学等领域。

辐射防护 [radiation protection；radiological protection] 又称放射防护。原子能科学技术的一个重要分支，研究人们及其生活、工作环境免受或少受辐射损伤和影响的理论和措施，是防止电离辐射对人和非人类物种产生有害作用的学科。通常指对电离辐射的防护。其基本任务是保护从事放射性工作的人员、公众及其后代的健康与安全，保护环境，促进原子能事业的健康发展；研究的主要内容包括辐射剂量学、辐射防护标准、辐射防护技术、辐射防护评价和辐射防护管理等。基本方法包括控制辐射源的质和量、外防护(屏蔽防护、距离防护、时间防护)、内防护(包容隔离、净化稀释、遵守操作规程做好个人防护)等。辐射防护三大原则包括：辐射实践正当化、辐射防护最优化、个人剂量当量限值(剂量控制)。辐射实践正当化是指在施行伴有辐射照射的任何实践之前要经过充分论证，权衡利弊。辐射防护与安全最优化在实际的辐射防护中占有重要的地位。在实施某项辐射实践的过程中，可能有几个方案可供选择，在对几个方案进行选择时，应当运用最优化程序，也就是在考虑了经济和社会等因素后，应当将一切辐射照射保持在可合理达到的尽可能低的水平。剂量限值是“不可接受的”和“可耐受的”区域分界线。它也是辐射防护最优化的约束上限。对于给定的某项辐射实践，不论代价与利益分析结果如何，必须用此限值对个人所受照射加以限制。

辐射防护的最优化 [optimization of radiation protection] 在避免一切不必要照射的同时，以最小的代价获得最大的净利益，使一切必要的照射保持在可以合理达到的最低水平。它是采取放射卫生防护措施时必须遵守的一项基本原则。

辐射防护技术 [radiation protection technique] 为了避免或降低人们遭受电离辐射损害而采取的一些技术措施。它是辐射防护的一个重要组成部分。以核电厂的辐射防护为例，分为降低核电厂工作人员职业照射的防护技术和降低核电厂周围居民被辐照的防护技术。降低核电厂工作人员职业照射的防护技术主要有：①尽可能降低一次冷却剂的放射性活度；②厂房设计和设备布置应满足辐射防护要求；③选用可靠性高的设备和自动化、远距离操作技术；④进行辐射监测，及时发出异常警报。降低核电厂周围居民被辐照的防护技术主要有：①选择适合于建造核电厂的厂址；②防止或尽量减少放射性物质的释放；③对计划排出的放射性气体、液体进行净化处理；④防止事故的发生以及在万一发生事故时采取必要的应急措施。

辐射防护剂 [radioprotectant] 又称抗辐射药物。原指照射前使用的对电离辐射损伤有一定程度预防作用的药物，但随着研究工作的发展，已经扩大到包括照射后早期使用的有效治疗药物。但现有辐射防护剂还不能完全防止损伤的发生，只能在某种程度上减轻这种损伤。如与其他治疗措施结合应用，能大幅提高治疗效果，甚至可使放射损伤减轻到亚临床水平或仅出现轻微症状。现有辐射防护剂的主要类型包括：①含硫化合物，②生物胺，③雌激素衍生物，④植药等天然药品。

辐射防护剂量学 [radiation protection dosimetry] 研究个人及环境剂量学和监测技术的学科，包括外照射和内照射个人剂量学及其监测、环境和工作场所的监测及有关患者防护的剂量学等。也是研究辐射防护程度预测原理、指标、方法的一门学科，包括电离辐射能量在被辐照物质中转移和吸收的规律，辐射场与剂量分布的关系，辐射剂量与辐射效应的关系以及辐射剂量测量、计算方法。

辐射分解 [radiolysis; radiation decomposition] 辐解的全称。

辐射分析器 [radiation analyzer] 参见辐射分析装置。

辐射分析装置 [radiation analyzing assembly] 进行辐射监测分析所用的仪器或仪表等工艺装置。电离辐射一般不能直接由感官察觉，为了发现是否有辐射的存在或定量分析辐射量，必须用专门的仪器进行测量。为评价和控制辐射和放射性物质的照射对周围环境和生物产生的辐射影响，对环境中的辐射水平和环境介质、生物中的放射性浓度所进行测量分析的装置。测量结果是估算剂量、安全评价和采取防护对策的重要依据。

辐射风险 [radiation hazard; radiation risk] 机体受到单位当量剂量(希沃特)的照射以后，所导致的恶性病死亡率或诱发严重的遗传疾患(最初二代)的概率。它与诸如特定有害后果可能发生的概率及此类后果的大小和特性等量有关。

辐射俘获反应 [radiative capture reaction] 又称(n,

γ)反应。原子核吸收中子后并不分裂，而以 γ 射线的形式将激发态的过剩能量释放出来，最终返回到基态的核反应。中子入射靶核后，与靶核形成激发态的复合核，然后复合核通过放出一个或几个 γ 光子而回到基态，不再发射其他粒子，中子被靶核吸收，此过程称为辐射俘获。复合核一旦发射 γ 射线而衰变到束缚态时，就不再通过放出核子而发生衰变。

辐射复合 [radiation recombination] 根据能量守恒原则，电子和空穴复合时以光子的形式放出能量的过程。可以是导带电子与价带的空穴直接复合，称为直接辐射复合，是辐射复合中的主要形式；此外，也可以通过复合中心进行。

辐射改性 [radiation modification] 利用电离辐射改变聚合物性质的过程的统称。主要包括：电离辐射作用下对聚合物的辐射交联、辐射降解和辐射接枝共聚合过程。前两个过程总是同时发生，但一些聚合物以辐射交联过程为主(如聚乙烯)，另一些则以辐射降解过程为主(如聚四氟乙烯)。辐射交联形成三维网状结构使高聚物具有难溶于溶剂、不易熔融等性质。辐射降解过程使聚合物的分子量和熔融温度下降，在溶剂中的溶解度增加。辐射接枝在聚合物上形成的接枝共聚物可以改善聚合物的某些性质。如聚四氟乙烯接枝苯乙烯可以改变聚四氟乙烯表面的黏结性能；棉纤维或聚酯织物辐射接枝 *N*-羟甲基丙烯酰胺可使织物具有不吸土和免熨的特性。

辐射工艺 [radiation processing] 即辐射加工。

辐射工艺学 [radiation technology] 研究利用电离辐射对物质所产生的物理效应、化学效应或生物效应，来有效实现某一物理、化学或生物学目的的学科。例如：①得到优质的化工产品、新材料或材料改性；②消毒医疗用品；③提高农作物产量和食品质量以及储存食品；④三废处理等。为了达到上述目的，需要进行与之相关的辐射化学与辐射生物学的研究、辐照设备的设计和生产及辐照工艺的研究。

辐射共聚合 [radiation copolymerization; radiation-induced copolymerization] 利用高能辐射使两种或两种以上单体发生聚合产生共聚物的方法。该方法合成的聚合物通常是无规共聚物。可以使辐射无法引发均聚的两种单体实现辐射引发共聚合，如 α-甲基苯乙烯和马来酸酐的共聚合。将辐射共聚合得到的共聚物组成、单体的竞聚率与传统化学法引发的共聚物组成、单体竞聚率进行对比，有助于确定辐射共聚合的反应机理。对于相同的聚合反应机理，共聚合温度通常对共聚物的组成和单体竞聚率影响不大。一般低温时离子聚合机理起主要作用，0℃以上自由基聚合机理起主要作用。

辐射固定化 [radiation immobilization] 利用电离辐射技术将酶、蛋白质、药物分子等生物活性物质固定于有机或无机的物质(载体)上，然后加工成型。这种固定化的生物活性物质，具有可长时间连续反复使用，对于热、pH、有机溶剂稳定性高，能加工成便于反应和操作的形状等优点。

辐射固化 [radiation curing] 利用紫外光(UV)或电子束(EB)作为能源，使特定配制的百分之百活性成分组成的液态涂料在常温下迅速固化成膜的技术。使用的涂料主要成分是不饱和的低聚物，少量使用的溶剂也是不饱和的乙烯基单体，室温下就有足够能量引发它们的聚合、交联反应。同热固化技术相比，具有节能、减少环境污染、高产量、设备占用空间小、产品质量高等特点。除涂料外，油墨和黏合剂的快速固化也包括在辐射固化之中。其以光化学和辐射化学研究成果为基础，也与热固化涂料和工艺密不可分。

辐射管理 [radiation control] 针对会暴露在辐射源下的工作人员和由于设备或者辐射材料产生的辐射对公众造成的影响进行的管理。辐射管理极其重要，因为当暴露在辐射场被大剂量辐照后，辐射会给人体带来较大的损害。

辐射合成 [radiation synthesis] 在电离辐射作用下单质及化合物分子被射线电离和激发，生成的离子和自由基引发化学反应，形成新的单质或化合物的过程。可以辐射合成的有机化合物主要为含卤素、硫、磷、氮、氧、硅等的有机化合物和金属有机化合物。可以辐射合成的无机物主要是纳米金属粒子或团簇，如贵金属纳米金、纳米银、纳米钯等。通过电离辐射与体系作用产生的还原性物种可以将金属离子还原成低价甚至零价纳米金属粒子或团簇。

辐射后效应 [post-irradiation effect] 又称辐照后效应。辐照停止以后，在辐照过的体系中反应仍可继续进行的现象。一般是由长寿命自由基引起，在辐射聚合和辐射交联中均发现有辐射后效应。某些单体辐解时生成的自由基有较长的寿命和适当的活性，体系离开辐射场后，长寿命自由基可继续引发聚合反应，如四氟乙烯和某些乳液，固相辐射聚合。利用辐射后效应提高产率有很大的实际意义。

辐射化工 [radiation chemical engineering] 参见辐射加工。

辐射化学 [radiation chemistry] 研究电离辐射与物质相互作用所产生的化学效应的化学分支学科。在辐射化学研究中，常用的电离辐射包括放射性核素衰变放出的 α、β、γ 射线，高能带电粒子(电子、质子、氘核等)和波长小于 30nm 的电磁辐射。由于裂变碎片和快中子也能引起重要的化学效应，它们也可用作电离辐射源。电离辐射作用于物质，导致原子或分子的电离和激发，产生电子、离子和激发分子，离子和激发分子在化学上是不稳定的，会迅速转变为自由基和中性分子并引起复杂的化学变化。辐射诱导的化学变化主要有：辐射分解、辐射合成、辐射聚合、辐射降解以及辐射氧化还原、氢化和异构化等。研究内容主要集中在：①辐射化学基础理论研究，如短寿命中间产物的物理化学行为研究。②与生物相关物质的辐射化学研究，如辐射损伤和肿瘤治疗。③应用辐射化学研究，如辐射灭菌、辐射交联、废水辐射处理等。

辐射化学产额 [radiation chemical yield; radiation chemistry yield] 参见 *G* 值。

辐射化学初级过程 [primary process of radiation chemistry] 电离辐射直接激发或电离物质分子(原子)的过程，通常用$\rightsquigarrow$表示。在辐射化学初级过程中，入射粒子或高能光子与物质分子(原子)发生非弹性碰撞，致使其电子构型发生变化，产生激发态分子、离子、次级电子等多种化学活性粒种。特点为：①能量吸收与光化学相比，性质完全不同。快速带电粒子与物质分子中电子的相互作用实质是库仑作用，快速带电粒子接近物质分子(原子)，相当于在物质分子(原子)上施加一个迅速变化的电场。能量由快速带电粒子转移到物质分子(原子)的电子上，使电子构型发生变化，一旦粒子通过，作用在分子上的场强即迅速下降。慢带电粒子对物质分子(原子)的作用时间比快速带电粒子长，因此使分子获得较大动能。库仑作用的本质决定了其能量吸收没有选择性，带电粒子和高能光子可以和任何一个与它相遇的分子(原子)作用，将它们电离或激发到任何可能的状态，致使产物比较复杂。②每一个带电粒子和高能光子能电离或激发多个分子，这些初级过程的产物沿快速带电粒子径迹呈不均匀分布。③在一定的条件下(如慢带电粒子作用)，跃迁可不遵守光跃迁选择定则，实现禁阻跃迁。④对于多组分体系，各组分所吸收的能量近似地正比于该组分在体系中的电子分数。

辐射化学次级过程 [secondary process of radiation chemistry] 在辐射化学体系中，由电离辐射作用于物质分子生成的初级粒子，如激发分子、离子、次级电子(包括水合电子、溶剂化电子)和初级自由基等的后继反应过程(包括物理和化学过程)。例如，激发分子的去激、解离、异构化及其双分子反应，离子群团化、离子解离、离子-分子反应、离子对中和反应、电子俘获、电子俘获分解，能量转移(电荷转移、激发能转移)，以及自由基的反应等均为次级过程。

辐射化学反应 [radiation chemical reaction] 利用电离辐射诱发的化学反应，主要包括辐射分解、辐射合成、辐射氧化还原、辐射聚合、辐射交联、辐射接枝、辐射降解等反应。

辐射化学基本过程 [fundamental process in radiation chemistry] 辐射化学体系中，辐照产生的短寿命中间产物(电子、离子、激发分子和自由基)导致的基本反应过程。通常分为四类：①电子的基本过程。电离作用产生的电子慢化后可被电子亲和势为正的分子(如氧、卤素、有机卤化物等)俘获形成负离子，或被正离子中和或者在介质中陷落成为溶剂化电子。溶剂化电子是强还原性粒种，容易与具有电子亲和势为正和低能空轨道的分子起加成反应。②离子的基本过程。包括与带相反电荷粒子的中和反应、离子解离和重排、离子分子反应(如电荷转移、H_2和 H 原子转移、H_2^- 和H^- 转移)。③激发分子的基本过程。激发分子主要有两种衰变过程，一种是单分子过程，如内转换，系间窜越，荧光或磷光辐射，单分子解离、重排和异构化等；另一种是双分子过程，如电子转移反应、夺氢反应、加成反应以及斯特恩-沃尔默(Stern-Volmer)反应和能量传递等。④自由基的基本过程。主要包括自由基重排反应、自由基裂解反应、自由基加成反应、自由基抽出反应(从有机分子中抽取一个一价原子，通常是一个氢原子或卤素原子)、偶联反应、歧化反应、电子转移反应以及自氧化反应等。

辐射化学时标 [time scale of radiation chemistry] 以近似的时间表示射线与物质相互作用引起化学变化的各个具体过程。物质从吸收电离辐射能量至产生化学效应，按照时间一般可划分为物理过程、物理化学过程和化学过程三个阶段。其中物理过程一般发生在 10^{-18}～10^{-15}s 时间内，在该阶段内，随着辐射能在体系内消失，能量传递到介质中产生正离子、激发分子、δ 电子、刺迹和云团等。物理化学过程持续的时间一般为 10^{-15} 到 10^{-6}s，该阶段发生的过程有部分传递的能量递降为振动能和转动能、能量传递、解离以及离子-分子反应等。这些过程导致体系重新建立热平衡，也形成了一些新的(非原有的)分子和活性中间产物如自由基、溶剂化电子等。化学过程一般发生在 10^{-13}s 以后持续时间常大于 10^3s，是活性中间产物的扩散及化学反应，如自由基–自由基反应，自由基与溶质、辐解分子产物之间的反应等，最终使体系达到化学平衡。

辐射剂量测量 [determination of radiation dose] 又称辐射测量。对辐射场中被辐照物质吸收能量的测量。测量方法分物理方法和化学方法两类。物理方法通过测定物质吸收能量后在物质中产生的温度变化和电离效应等物理变化，及测定已知能量的带电粒子束负载的电荷来确定吸收剂量和照射量。物理方法虽然是剂量测量的绝对方法，但设备昂贵，技术要求苛刻，其广泛应用受到限制。化学方法利用电离辐射与某些化学体系相互作用产生的化学变化测量剂量。当射线与某物质作用所产生的化学效应在一定的剂量范围内与该物质的吸收剂量成正比时，可用化学分析和仪器分析等方法测量被辐照物质化学变化的程度以确定吸收剂量。

辐射剂量计 [radiation dosimeter] 用来测定被辐照物质吸收能量的体系。目前，测量被辐照物质吸收剂量的剂量计可分为绝对剂量计和二级剂量计。按测量方法则可分为物理计量法和化学计量法。物理计量法包括量热法、电荷-能量测定法、气体电离室测定法。化学计量法包括硫酸亚铁剂量计、硫酸铈剂量计等。在所有这些方法中，量热法、气体电离室测定法等属于绝对剂量计；指型电离室、化学计量法等属于二级剂量计，二级剂量计必须用绝对剂量计标定。目前硫酸亚铁体系是使用最广、最为方便的剂量计之一。随着电离辐射用于放射治疗，小型剂量计得到了发展。充气空腔电离室等剂量计已被用来测定被辐照物质内部的吸收剂量。辐射加工工艺中主要使用测量大剂量的固体剂量计，如薄膜剂量计等。

辐射剂量学 [radiation dosimetry] 研究测量辐射与物质相互作用时辐射场传递给受辐照物质的能量的一门学科。辐射在物质中引起的物理和化学变化与被辐照物质从辐射场吸收的能量有关。其主要研究电离辐射的能量在物质中的转移、吸收规律；被辐照物质内的剂量分布及其与辐射场的关系；辐射剂量与有关辐射效应之间的联系以及辐射剂量的测量、计算方法等。为研究辐射效应的作用机制，实施辐射防护的剂量监测和评价，进行放射治疗和人体辐射损伤的医学诊断和治疗提供可靠的科学依据。

辐射加工 [radiation processing] 又称辐射工艺。利用γ射线或加速器产生的电子束生产优质化工材料，或进行食品加工、医疗器材消毒以及处理环境污染物等过程的统称。主要分以下几个方面：①辐射化工，主要集中在高分子领域，其中包括丙烯酸酯的辐射引发乳液聚合；辐射交联生产聚乙烯电线、电缆绝缘材料，聚乙烯热收缩材料和聚乙烯泡沫塑料等。②医疗器具的消毒，主要用γ射线辐照注射器、人工脏器、手套等医疗用品。特别适用于热敏材料和塑料制成的医疗器具的消毒。③食品保藏，利用电离辐射照射粮食和其他食品，杀虫、灭菌、抑制发芽和延缓成熟等，提高食品卫生质量，延长食品的保存期。④处理环境污染物，用γ射线或电子束辐照污水处理厂的污泥，使污泥消毒灭菌，杀死寄生虫和卵，提高脱水速率。辐射加工技术具有下列特点：①辐照过程不受温度影响，可以在低温下或室温下进行，因此辐照对象可以是气态、液态或固态；②γ射线或能量高的电子束穿透力强，可均匀深入到物体内部，因此可以在已包装或封装的情况下进行加工处理；③容易控制，适于连续操作；④不必加其他化学试剂和催化剂，保证产品纯度；⑤反应速率快，生产效率高。

辐射监测 [radiation monitoring] 又称辐射检查，为了评价和控制辐射或放射性物质照射而进行的辐射测量或放射性测量，以及对测量结果的分析和解释。辐射监测的基本组成部分是内外照射个人剂量的监测，而公共场所、环境及流出物的监测是辐射监测的重要组成部分。在监测过程中必须注意数据的收集、监测的质量保证体系、辐射安全分析及评价等。

辐射监测器 [radiation monitor; radiation monitoring instrument; radiation survey meter] 一种同时具有辐射仪和报警器两种功能的辐射监测仪器。既能给出辐射量的具体数值，也能给出报警信号。是辐射防护中不可缺少的一种仪器。

辐射检查 [radiation survey] 即辐射监测。

辐射间接作用 [radiation indirect action] 在辐射化学体系中，一种物质吸收电离辐射能量形成的活性粒子在另一物质上引起的化学变化。常见于稀溶液的辐解过程，例如在稀水溶液的辐射化学中(溶质浓度小于 10^{-2} mol/L)，辐射能几乎全被溶剂水吸收，辐射和溶质的直接作用很少，溶质的化学变化主要由水的辐解产物(水合电子、H 和·OH)与溶质反应引起，即主要由间接作用引起。

辐射降解 [radiation degradation] 又称辐射裂解。聚合物分子在高能辐射作用下主链发生断裂，分子量降低，结果使聚合物在溶剂中的溶解度增加，而相应的热稳定性、机械性能降低的过程。聚合物辐射降解通常为无规降解，主链断裂呈无规分布。主链的每一断裂都形成较小的、非均等的分子链，导致平均分子量的减少和分子量分布的变化。与一般热降解反应不同，很少出现端基断裂和单体分子的生成。辐射降解型聚合物主要有 1, 1-二取代乙烯类单体的聚合物，如聚异丁烯、聚 α-甲基苯乙烯、聚甲基丙烯酸甲酯、聚甲基丙烯酰胺、聚偏氯乙烯、聚四氟乙烯等。辐射降解在工业上已有应用，如辐射处理聚四氟乙烯废料得到的降解产物磨成粉后，可用作高级润滑剂。辐射降解壳聚糖得到的低分子量壳聚糖，可用于保健食品、植物生长促进剂和畜牧业中的饲料。

辐射交联 [radiation crosslinking] 在电离辐射作用下，线性聚合物分子链间产生交联键，随着交联键的增加，逐渐形成三维网络结构的过程。辐射交联影响聚合物分子量的大小和分布，导致熔点、结晶度、不饱和度等物理性质和机械性能发生变化。交联后的聚合物不易溶于溶剂、不易熔融，耐高温性能及高温强度明显提高，交联键形成使分子间相对滑移受阻、刚性增加、蠕变性减小，此外耐应力开裂性能亦有所提高。利用查尔斯比-平纳(Charlesby-Pinner)公式可以确定辐射交联和吸收剂量等因素的定量关系。

$$s+\sqrt{s}=\frac{p_0}{q_0}+\frac{1}{q_0\mu_1 R}$$

式中，p_0, q_0 分别为单位剂量的降解度和交联度，μ_1 为数均聚合度，R 为剂量。如果已知 μ_1，利用该公式可以求出 p_0、q_0 以及交联 G 值。多数聚合物在被辐照时，交联和降解同时发生，但以某一方面为主。一般情况下，若某聚合物辐射交联 G 值大于其辐射降解 G 值的 1/4 时，辐照的最终效应将产生网状聚合物，该聚合物称为交联型聚合物。一般认为辐射交联是自由基反应机制。辐射交联的聚乙烯已广泛用于食品包装、电线、电缆和管子接头处的绝缘材料和防腐包覆层。

辐射接枝 [radiation grafting] 全称辐射引发接枝共聚合。采用辐照法使聚合物基体与单体发生接枝共聚反应，并在聚合物上形成接枝共聚物的过程。接枝共聚物不仅保留了原聚合物的性能，又被赋予了接枝聚合物的性能。与化学接枝法相比，辐射接枝利用射线引发，无需加入引发剂等添加剂，可得到纯净的接枝聚合物；原则上可以使任何一对聚合物与单体发生接枝反应；可以限制在聚合物表面或者在指定厚度以及内部发生，可根据需要来控制接枝率。辐射接枝分共辐射接枝和预辐辐射接枝两种，前者将基体聚合物和单体混合后，于惰性气氛中辐照引发接枝共聚，后者在无氧条件下先辐照基体聚合物，再将单体与辐照过的聚合物混合进行接枝共聚，也可在氧气存在下预辐照聚合物，在聚合物上生成的过氧化物受热时引发单体接枝。机理分为自由基机理和离子机理，绝大多数辐射接枝反应按自由基机理进行，只有极少数，如低温无氧、无水体系的辐射接枝反应是离子反应机理。辐射接枝是高分子改性的一种重要手段，可以改善高分子的性能，如表面黏结性能、耐高低温性能等。适用于制备功能高分子、生物活性高分子和医用高分子材料等。

辐射接枝共聚物 [radiation graft copolymer] 通过辐射引发接枝共聚合合成的，以聚合物为骨架链(基材)，单体作为支链两部分组成的共聚物。接枝共聚物由两种不同的高分子链以化学键连接而成。其中之一是由A单元组成的高分子主干(骨架)，即主链；另一种是由B单元组成的高分子分枝，即支链(如图)。目前合成的辐射接枝共聚物种类繁多，主干和分枝都可以是合成的均聚物或共聚物，主干还可以是天然高分子，如天然橡胶、纤维素、淀粉等。

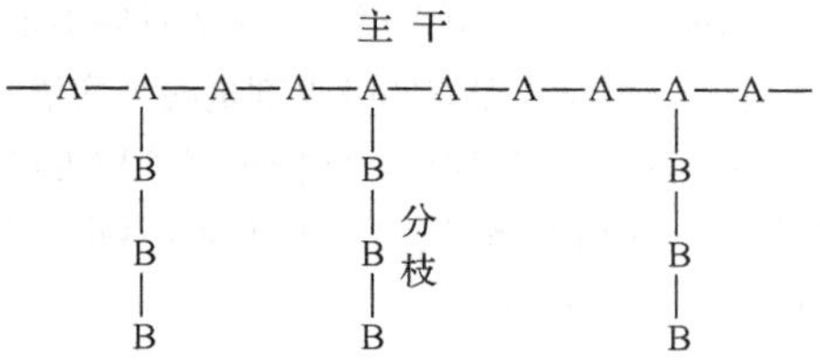

接枝共聚物的结构示意

辐射聚合 [radiation polymerization] 全称辐射引发聚合或辐射诱导聚合。电离辐射引发单体分子形成自由基、离子等活性粒子，经链式反应而生成聚合物的过程。辐射聚合一般包括链引发、链增长和链终止三个基本反应阶段。辐射聚合的特点是液相、气相和固相均可进行。除乙烯类单体外，三噁烷、β-丙内酯等环状化合物也可进行辐射离子聚合。它与普通单体聚合方法的主要差异在于引发方式不同；反应链一经开始，随后的链增长、链终止就与普通聚合方法没有区别。辐射聚合的特征是：①生成的产物更加纯净，没有引发剂或催化剂的残渣；②聚合反应易于控制，可以防止爆聚；③可在常温或低温下进行，引发的活化能接近于零，一些用热化学法不能引发聚合的单体(如六氟丙烯、二氧化碳)，以及一般化学方法难以进行的固相聚合和夹层聚合均可采用辐射聚合法；④生成产物的分子量和分子量分布可用剂量率等聚合条件加以控制。

辐射孔道 [irradiation channel] 从反应堆外穿过堆的屏蔽层，直至堆内部的孔道，可通过它将堆芯产生的中子或γ射线引出堆外，供实验研究用，也可以通过它将各种实验样品放入堆内进行辐照。孔道的大小和结构随其用途和要求而异。

辐射冷聚合 [radiation cold polymerization] 又称辐射低温聚合。通常指反应温度范围为0℃～25℃的辐射聚合反应。反应过程中会使用链转移剂以避免凝胶生成和控制平均分子量。

辐射离子聚合 [radiation ion polymerization] 在电离辐射作用下，被辐照单体可同时产生阳离子和阴离子，经离子型活性中心反应聚合成高分子化合物的过程。其机理一般为连锁反应。按增长链活性中心离子的性质，可分为阴(或负)离子型聚合反应(anionic polymerization)(增长链活性中心为阴离子)和阳(或正)离子型聚合反应(cationic polymerization)(增长链活性中心为阳离子)。相对自由基聚合而言，离子聚合对单体的选择性高，聚合速度快，聚合温度低，介质的极性影响显著，但聚合实验条件苛刻。

辐射量热计 [radiation calorimeter] 一种绝对剂量测量仪器，可以直接测量物质从辐射场吸收的能量。该仪器可根据受辐照物质的温度升高程度确定吸收剂量或其他辐射量(例如照射量、能量注量、放射性活度)。辐射通过电离、激发传递给物质的能量，最终转变为物质的热能，从而使物质的温度升高，且温度升高的幅度与待测辐射量的大小成正比。量热法是测定吸收剂量最基本、最直接的方法。量热计操作复杂，技术要求高，不便日常使用，但由于测量的精密度高，通常用作一级标准剂量计校正其他的辐射剂量计。一个精心设计的辐射量热计，最低能精确测出约5Gy的吸收剂量。

辐射裂解 [radiation cleavage] 即辐射降解。

辐射硫化 [radiation vulcanization] 又称辐射固化、辐射熟化。一种辐射交联过程。橡胶工业中，天然橡胶胶乳或橡胶分子在电离辐射作用下，通过大分子自由基之间发生分子间交联反应，而实现类似于橡胶硫化的过程。采用的高能射线一般为γ射线和电子束，通常可通过改变剂量来控制橡胶的交联程度。与化学硫化的主要区别为：胶料中不含任何硫化剂和促进剂等助剂，不需要经高温处理，避免了传统的化学热硫化由于使用的交联剂在基材内部分布不均而造成的交联不均匀，以及温度梯度所造成的材料性能下降。因此，辐射硫化的产品纯净无杂质、透明，而且耐老化，特别适于制备医疗制品。天然胶乳和橡胶的辐射硫化已成功实现工业化。

辐射敏化 [radiation sensitizing; radiosensitization] 通过添加少量的某种添加剂增加物质对电离辐射的敏感度，使其在低剂量下就可产生明显的辐射化学变化的过程。其中，添加剂称为辐射敏化剂。通过加入辐射敏化剂，可提高物质对辐射的敏感性，从而降低吸收剂量，达到降低辐照成本的作用。例如在辐射交联时，添加某些多官能团的单体，如甲基丙烯酸丙烯酯、顺丁烯二酸乙烯丙酯等作为敏化剂(只需很少量)，则可使聚乙烯辐射交联剂量降低约 1 个数量级。在生物体系中辐射敏化作用机理有两种类型：①由能量传递产生的敏化作用，例如二苯酮酰对芪(1, 2-二苯基乙烯)光异构反应的敏化作用，二苯酮为辐射敏化剂。②由辐射敏化剂吸收能量产生的自由基或者由辐射敏化剂清除体系中自由基引起，前者如氯对乙烯氢化的敏化作用，后者如氧对细胞辐射损伤的敏化作用。

辐射敏化剂 [radiation sensitizer] 在辐射化学反应中，能提高体系对辐射的敏感性，增强体系辐射效应的化学物质。对于聚合物的辐射交联，可分为两大类：①能加速交联过程，但不参与立体网络结构的形成，如变价金属及其氧化物、盐和卤素化合物等；②参与立体网络结构的形成，如不饱和酸的衍生物、多官能团低聚物等，在射线作用下与橡胶分子反应。

辐射敏化作用 [radiation sensitization] 参见辐射敏化。

辐射能 [radiation energy] 以辐射形式发射、传输或接收的能量。单位焦耳(J)。辐射包括电磁波、高能粒子辐射等。

辐射能密度 [radiant energy density] 单位体积的辐射能 $W=dQ/dV$，单位为焦耳/立方米(J/m^3)。

辐射屏蔽 [radiation shielding] 在电离辐射源和受其照射的某一区域之间，采用能减弱辐射的材料来降低此区域内的辐射水平的方法。涉及核物理学中的射线和物质的相互作用、保健物理学、材料科学和结构工程学。从具体的工作内容来看，包括辐射源特征的确定、屏蔽材料的选择、辐射的减弱计算、屏蔽发热、实验屏蔽学、屏蔽结构的工艺设计以及最优化分析等方面。

辐射屏蔽材料 [radiation shielding material] 用在辐射源或辐射装置周围减弱和抵御各种射线，保护工作人员免受伤害、防止结构材料和设备免受损害的材料。常用的辐射源有α射线、β射线、γ射线和中子。屏蔽γ射线靠直接吸收，采用原子序数大、密度高的材料为 γ 射线屏蔽材料，常用的有铁、铅和含铅的混凝土。屏蔽中子通过慢化高能中子后吸收热中子。原子序数小的材料通过弹性散射能迅速慢化快中子。含氢材料，如 H_2O、石蜡、塑料和木材等是有效的中子屏蔽材料。对高能中子，重元素材料也很有效。为了吸收慢中子及减小感生放射性，使用含硼材料，如将硼砂、硼酸等含硼物质加到水或其他材料中使用。α射线穿不透皮肤表层，没有外照射危险，而 β 射线穿透能力高于 α 射线，而且与周围物质作用也可能产生韧致辐射，因此 β 射线的屏蔽材料应选用低原子序数的材料，如塑料、有机玻璃、铝板等，以减少韧致辐射，外面再用高原子序数的材料屏蔽韧致辐射和其他光子。

辐射屏蔽层 [radiation shield] 根据辐射通过物质时被减弱的原理，在对辐射敏感的物体和辐射源之间所加的屏蔽装置，用以将外照射剂量减少到容许水平以下。当缩短受照时间和增大与辐射源间的距离仍不能达到安全操作时，就必须考虑采用屏蔽防护。屏蔽装置分固定式和移动式两种。固定式的屏蔽物有防护墙、地板、天花板、防护门和观察窗等；移动式的屏蔽物有包装容器、各种结构的手套箱、防护屏和铅砖等。

辐射强度 [radiation intensity] 描述点辐射源辐射能量大小的物理量。点辐射源在某方向上单位立体角内传送的辐射通量，记作 I_e，即 $I_e=d\Phi_e/d\Omega$，式中 $d\Phi_e$ 是 $d\Omega$ 立体角元内的辐射通量。SI 单位为瓦/球面度。多数辐射源的辐射强度随方向而变。

辐射区 [radiation zone] 点辐射源从核心开始，向外发射射线，射线射程内的空间。

辐射权重因数 [radiation weighting factor] 为辐射防护目的，对吸收剂量乘的因数。用于考虑不同类型(能量)辐射的相对危害效应(包括对健康的危害效应)。随机性效应的概率不仅依赖于吸收剂量，而且还与辐射的种类和能量有关。辐射防护中，为了更好地反映剂量-效应关系，国际放射防护委员会 1990 年建议书上采用了一个表征辐射的“质”的校正因数，使某一组织或器官的吸收剂量的平均值(而不是某一点上的剂量)可按“质”加权，此校正因子称为辐射权重因数 W_R。对任何一次辐射暴露事件，所有被照射组织或器官的权重因子总和必等于 1.00。

辐射杀虫 [radiation disinfestation] 利用电离辐射杀灭食品中的害虫。有两种方法：①直接辐照食品杀虫，300～1000 Gy 的剂量就能杀灭谷物、豆类、鲜果、干果、干鱼等食品中的害虫，延长食物的保存期，防止病虫害传播；②辐照昆虫，辐照过的雄性昆虫虽有正常的性功能，但是与正常的雌虫交配后产下的卵是不育的，达到防治虫害的目的。

辐射生物化学 [radiation biochemistry] 研究电离辐射引起的生物化学效应及其作用机理的学科。从时标来讲，电离辐射诱导生物学效应的发生主要经历物理、物理化学、化学和生物学四个阶段，时间跨度从 10^{-16} s 到数十年，约 25 个数量级。首先，电离辐射通过电离、激发和弹性碰撞的方式与生物物质(生物介质、生物大分子和组织细胞)直接作用称为辐射的原发物理作用；其次，原发物理作用诱导生物介质和生物分子产生自由基和其他辐射活性分解产物，通过传播和扩散与生物分子和组织细胞成分发生反应和作用称为间接继发物理化学和化学作用；最后，在辐射的原发和继发作用下，发生在分子和细胞水平的生理生化改变导致组织器官、系统和整体水平的功能和代谢等自体和异体的急、慢性改变。辐射生物化学在应用方面可提供辐射损伤的可能生物化学指标，找出测定人的急性辐射损伤的简单而又精确的方法。在估计人和动物辐射损伤的性质、组织定位和损伤程度等问题上也有实际作用。

辐射生物效应 [radiation biological effectiveness] 人体遭受电离辐射，会导致组织和器官出现功能或结构的变化、损伤甚至损害，是从变化到损害的所有效应的统称，含有下述术语带来的不同层面的含义。变化：辐射照射引起的轻微的效应，其可能有害，也可能无害。损伤：辐射照射引起的某种程度的有害效应。损害：辐射照射引起的临床上可观察到的有害效应。危害：照射组及其后代所经历的总的健康伤害，是人群组暴露于辐射源的结果。可根据辐射的剂量、辐射方式以及损伤效应来分类。①按照辐射方式和机体受照范围分为：外照射与内照射，局部照射和全身照射；②按照剂量率分为：急性效应和慢性效应；③按照辐射效应出现时间分为：早期效应和远期效应；④按照效应的表现个体分为：躯体效应和遗传效应；⑤按照效应的发生和剂量的关系分为：确定性效应(非随机性效应)和随机性效应。目前该概念已扩展到泛指所有物质受到电离辐射后发生的变化、损伤甚至损害。

辐射实验室 [radiation laboratory] 进行辐射物理、辐射化学及辐射生物学等相关研究的实验室。其显著的标志为实验室内拥有辐射源装置及相关实验设备，并按国家规定有专人管理。

辐射事故 [radiation accident] 电离辐射事故的简称。辐射源失控，直接或间接引起的对人员、环境或设施造成严重后果的事件。比如人员伤亡、大量放射性物质向环境释放，反应堆堆芯熔化等。

辐射试验设备 [radiation test facility] 与辐射研究相关的所有射线源、仪器和装置的总称。

辐射熟化 [radiation ripening] 即辐射硫化。

辐射损伤 [radiation damage] 由于电离辐射与物质作用后所导致物质质量减小或者材料性能变差的现象。电离辐射作用于生物体所造成的损伤称为放射性损伤或核辐射损伤。由超过阈值的电离辐射所致的急性、迟发性或慢性的机体组织损害，分为急性、慢性损伤和远期效应等类型。电离辐射(如 X 射线，中子，质子，α 或 β 粒子，γ 射线)可直接或通过继发反应损害组织。大剂量辐射可在数天内产生可见的身体效应。小剂量所致的 DNA 变化可使被照射者产生慢性疾病，使他们的后代发生遗传学缺陷。急性核辐射损伤分为：照射剂量低于 1 Gy 时，少数人可出现头晕、乏力、食欲下降等轻微症状；剂量超过 1 Gy(1Gy=1J/kg)时，引起急性放射病或局部急性损伤；剂量在 1～10 Gy 时，出现以造血系统损伤为主的症状；剂量在 10～50 Gy 时，出现以消化道损伤为主的症状，若不经治疗，在两周内 100%死亡；50 Gy 以上出现以脑损伤为主的症状，可在 2d 内死亡；急性损伤多见于核辐射事故。慢性核辐射损伤分为：全身长期超剂量慢性照射，可引起慢性放射性病；局部大剂量照射，可产生局部慢性损伤，如慢性皮肤损伤、造血障碍、白内障等；慢性损伤常见于核辐射相关工作的职业人群。远期效应表现为在受到急慢性照射的人群中，白细胞严重下降，肺癌、甲状腺癌、乳腺癌和骨癌等各种癌症的发生率随照射剂量增加而升高。(注：在辐射防护中，应该采用当量剂量代替剂量学中的吸收剂量，单位由戈瑞(Gy)换成希沃特(Sv)。对于 X 射线、γ 射线和高能电子，其数值是一样的。)

辐射损伤产物 [radiation damage product] 又称辐解产物。电离辐射作用于物质后，物质吸收电离辐射能产生物理和化学变化后得到的产物。对于有机化合物，辐解产物主要包括气相和液相产物，有时亦有一些固相产物。对辐解产物进行分离和分析，可获得所有产物的信息。根据辐解产物的种类和结构可以推测有机化合物的辐解机理。

辐射探测器 [radiation detector] 对核辐射和粒子的微观现象进行观察和研究的传感器件、装置或材料。辐射探测器的工作原理基于粒子与物质的相互作用。当粒子通过某种物质时，这种物质就吸收其部分或全部能量而产生电离或激发作用。如果粒子是带电的，其电磁场与物质中原子的轨道电子直接相互作用。如果是 γ 射线或 X 射线，则先经过一些中间过程，产生光电效应、康普顿效应或生成电子对，把能量部分或全部传给物质的轨道电子，再产生电离或激发。对于不带电的中性粒子，例如中子，则是通过与原子核发生弹性散射、非弹性散射和核反应产生带电粒子和电磁辐射，然后造成电离或激发。辐射探测器就是用适当的探测介质作为与粒子作用的物质，将粒子在探测介质中产生的电离或激发，转变为各种形式的直接或间接可为人们感官所能接受的信息。

辐射探测装置 [radiation detector assembly] 由核辐射探测器和信号处理系统组成。信号处理系统对探测器产生的光、电、热或化学信号进行处理，实现对核辐射的检测和记录。

辐射危害效应 [radiation hazard effects] 设备和人员受到核辐射照射之后产生的损伤。设备产生的损伤包括肿胀、脆裂和蠕变等；人的辐射损伤分为急性照射和慢性照射危害：急性照射危害初期会引起恶心、呕吐、疲劳、发热和腹泻，严重时会导致感染、出血和胃肠症状，甚至死亡。慢性照射危害包括致癌效应和非致癌效应两种，其中非致癌效应又包括遗传效应和致畸效应。

辐射卫生学 [radiation hygiene] 又称放射卫生学。研究电离辐射对人体健康的影响，从而拟定卫生防护措施来防止电离辐射对人体产生危害的一门学科。是预防医学的一个分支，它是随着核能科学的发展而形成的一门边缘学科，也是放射医学的组成部分。辐射卫生学与辐射防护和保健物理具有相同的研究对象和内容。主要包括作用于人体的电离辐射，电离辐射的防护标准，放射性物质在环境中的动态，外照射和内照射防护，放射性废物治理，辐射防护监测的各种常用技术，核工业的卫生防护，国民经济中应用电离辐射时的卫生防护和核武器的卫生防护等。

辐射吸收 [radiation absorption] 电离辐射与物质作用过程中，辐射能量被物质吸收的现象。正是由于辐射能量在物质中的沉积，导致物质发生电离和激发过程，最终引起物质的辐射效应。

辐射消毒 [radiation sterilization] 利用电离辐射杀灭病原体和病毒使被辐照物达到消毒目的的一种方法。具有加热消毒法和化学消毒法无法比拟的优点：价格低，节约能源；消毒均匀、彻底；常温下可以对某些热敏材料进行消毒；消毒迅速，操作简便，连续作业，安全无害。

辐射效应 [radiation effect] 电离辐射与物质作用后，物质所发生的物理和化学或生物(对生物体)变化的统称。这些辐射效应主要是电离辐射与物质之间发生电离和激发过程后产生的活性物种引起的一系列物理和化学以及生物反应的结果。电离辐射可引起固体物质的物理变化，固体辐照后产生结构缺陷和色心等，如无色玻璃在电离辐射作用下产生颜色。聚合物辐照后通常发生物理和化学变化，化学变化主要包括辐射交联和辐射降解。利用辐射效应可以制备新型材料，或者探讨物质的辐射化学过程。

辐射氧化 [radiation oxidation] 有氧存在时，聚合物在电离辐射条件下或离开辐射场后(后辐射氧化)生成不稳定的中间产物，进一步发生降解，导致物质发生氧化反应的过程。其中，过氧自由基($RO_2\cdot$)、烷基过氧化氢(RO_2H)和过氧化物是聚合物辐射氧化中重要的中间产物。氧化反应主要发生在聚合物的无定型区和过渡区，氧很难扩散进入结晶区。聚合物氧化速率与氧在聚合物中的浓度、氧在聚合物中的溶解度及氧向聚合物中的扩散速率有关。辐射后氧化的发生与聚合物结晶区的陷落自由基有关。无定形区中的自由基易与扩散于其中的氧发生反应而生成过氧自由基，结晶区中的自由基相对稳定，它们缓慢地迁移到过渡区(结晶区表面)，与那里的氧反应生成过氧自由基。聚合物辐射氧化和后氧化都会导致材料性能变坏(如变脆)。

辐射仪 [radiation meter] 辐射测量仪器的简称。

辐射引发 [radiation induction; radiation initiation] 利用电离辐射来诱导的化学反应。常用的有辐射引发聚合，即在链引发阶段，电离辐射能通过电离和激发过程生成活性粒子(自由基，离子)引发聚合反应。与化学法引发相比，不需要添加引发剂，反应可在低温、室温下进行，因此辐射引发制备的产物纯度更高。

辐射引发接枝共聚合 [radiation-induced graft copolymerization] 辐射接枝的全称。

辐射引发聚合 [radiation-induced polymerization] 辐射聚合的全称。

辐射引发自氧化 [radiation-induced autoxidation] 在辐照过程中，物质吸收辐射能产生自由基，在有氧存在下所发生的自氧化反应。如果是有机物或者聚合物，辐照后会产生有机过氧化物。

辐射引发自由基聚合 [radiation-induced radical polymerization] 在辐射条件下，体系中的化学物质(单体、溶剂或其他物质)吸收电离辐射能后产生自由基，从而进行链引发、链增长和链终止等聚合反应的过程。与化学法引发自由基聚合的行为相似，主要差异在于初级自由基的产生，化学法是通过化学方法使引发剂分解生成，而辐射法则由体系吸收辐射能而产生。利用电离辐射引发有机单体(主要是乙烯基单体)的自由基聚合来合成高分子化合物，不需加引发剂，产品更加纯净，这对合成生物医用高分子材料尤为重要；反应可在常温或低温下进行；聚合反应速率与产物分子量可通过剂量、剂量率加以调节；聚合反应可在体系中均匀进行，从而避免局部过热和不均匀反应。

辐射诱导聚合 [radiation-induced polymerization] 辐射聚合的全称。

辐射诱发突变 [radiation induced mutation] 由电离辐射和紫外线等射线所诱发的、突变频率高的过程和结果。自从1927年米勒(H. J. Muller)发现X射线能诱发果蝇产生突变以来，在研究过的几乎一切生物中都证明电离辐射都能够诱发突变。紫外线在它能充分到达细胞核的条件下，也能在生物中诱发突变。在许多场合中，突变频率与射线的剂量成正比，或是随着剂量增加而急速增加，特别是电离辐射所诱发的基因突变的频率与射线剂量大体成正比，在鼠、果蝇、微生物之类的生物中已被确认。这意味着在辐射诱发突变时不存在阈值——在该值之下不会引起变化(这里所谓的变化是指突变频率的上升)，即辐射对遗传的影响不存在安全剂量。

辐射诱发遗传效应 [radiation induced genetic effect] 生物体在辐照过程中，遗传物质由于射线的作用导致基因产生变异，该变异随着生物体遗传至下一代的过程。

辐射育种 [radiation breeding] 一种诱变育种技术。即用电离辐射处理作物的种子、花粉或植株等材料，诱使遗传物质发生改变，导致有关性状变异，再通过选择和培育使有利的变异遗传下去，以达到作物品种改良或培育出新品种的目的。该技术不仅可用于农作物的品种改良，还可用来改变桑蚕、牲畜、观赏植物等的品种。与其他育种方法相比有下述优点：①可产生很高的变异频率，比自然变异频率高数百甚至上千倍。②能打断性状间的紧密连锁，实现基因重排。③可在较短时间内改良植物品种的个别性状，选育推广速度快，如杂交育种一般要经过7～10个世纪才能稳定，需要6～7年才能培育成一个品种。④可在不改变某一品种优良特性的情况下，短时间内改进它的某一个特性。⑤方法比较简便。已成为选育农作物优良品种的一种有效方法。航天科学技术的发展促进了空间生命科学的研究，其中空间诱变育种研究已取得可喜进展，全国已育出了一大批优质、高产、抗病的作物新品种，开发了一大批新种子材料。空间诱变是各种空间环境条件协同作用的结果。空间环境条件包括宇宙辐射、微重力、地球和航天器不对称轨道运动产生的不对称力(它影响生物螺旋分子的稳定性)、微磁场等。

辐射源 [radiation source; radioactive source]　能发射电离辐射的物质或装置。习惯上把用于γ探伤、放射治疗和辐射加工等的放射性活度较高的放射源称为辐射源。大致分为三类：①放射性核素源，指天然的和人工生产的放射性核素源；按释放辐射的类型分α、β、γ、中子四类放射性核素源。常用的放射性核素源有：^{60}Co和^{137}Cs γ辐射源；^{239}Pu和^{241}Am α辐射源等。γ辐射源是使用最广的放射性核素源，由反应堆制得，可制成很高的比活度和各种形状，释放的γ射线穿透物质能力强，用于气体、液体和固体辐射化学研究和辐射加工工艺。α和β辐射源释放的α粒子和β粒子穿透物质能力小，适于照射气体和作内照射源。^{22}Na为正电子源，用于正子素研究。^{85}Kr为气体辐射源，主要作为β源。^{226}Ra-Be源、^{210}Po-Be源为中子源。②射线装置，包括X射线装置和粒子加速器。从射线装置，可以获得X射线、电子、质子、氘核、氦核、中子等高能粒子。有加速粒子多样性、粒子能量高、强度大和能量利用率高等优点。③反应堆，反应堆作辐射源时，通常将液体^{23}Na或^{115}In合金循环通过堆芯，生成的^{24}Na或^{116m1}In在堆外照射物质。优点是不影响反应堆运行，无放射性污染，缺点是元件易腐蚀。

辐射直接作用 [radiation direct action]　电离辐射穿过物体或生物体时，电离辐射与物体或生物体之间的直接作用导致的辐射化学变化。例如辐照纯物质产生的辐射化学变化；辐照溶液时溶剂发生的变化；干燥和含水很少的食品辐照时，食品成分发生的变化等，都是相应成分直接吸收电离辐射能所致。

辐射致癌 [radiation induced carcinogenesis]　受过量剂量照射的细胞发生基因突变，由正常细胞被诱发为癌细胞并产生病变的过程。

辐射装置 [radiation appliance]　又称辐照装置。能够产生电离辐射并使物体受到辐照的工艺装置。由辐照室(源室)、升降机构、屏蔽设备、通风设备、剂量监测及其他控制系统等部分构成。辐射装置的设计及运行必须做到安全、高效、简便、可靠。常用辐射装置有三大类：放射性同位素源、加速器和反应堆。

辐射自分解 [radiation self decomposition]　又称自辐解。指标记化合物中用作标记的放射性核素衰变释放的电离辐射能被标记化合物自身吸收导致的辐射化学变化。自辐解程度与标记化合物的比活度、释放的电离辐射类型以及存放时间等因素有关。在辐射化学研究中，标记化合物在使用前要进行纯化处理以除去自辐解产物和其他杂质，同时要考虑样品辐照期间标记化合物作为内辐射源对辐解产物及其产额的可能影响。

辐照后效应 [post-irradiation effect]　即辐射后效应。

辐照食品包装材料 [packaging material of irradiated food]　又称辐照食品内包装材料。用于包装食品进行辐照的材料。与食品外包装材料不同，它直接与内容物接触，其安全性和卫生性比外包装材料要求高。高分子聚合物是目前应用最广的食品包装材料，具有稳定、透明、经济、美观、质轻、牢固和便于运输等特点。国内常见的有聚氯乙烯和聚乙烯等。聚氯乙烯以其透明、价廉而被广泛应用。在环境条件下，脂溶性、不耐高温性及自然老化过程或辐照过程会释放添加剂、单体以及聚合物的降解碎片，这些释放产物对人体有害，因此聚氯乙烯不宜作食品的内包装材料，但可作外包装材料。聚乙烯有良好的化学稳定性和耐辐照性能，无毒，是很好的内包装材料。辐照食品的内包装材料除具有一般食品包装材料的特性(如无毒、安全、卫生等)外，还需具有食品辐射加工要求的特殊品质。如合适的包装材料应是耐低温，对电离辐射稳定，在辐照和储藏条件下不产生污染食品的有害物质，有一定的机械强度，适于装卸、运输和搬运，并具有遮光、不透气、不穿透微生物等性能。用作食品辐照包装的材料有聚乙烯薄膜、尼龙11、涂膜或不涂膜的聚苯乙烯、赛璐玢等，它们能经受10 kGy γ射线的照射。另外一些包装材料，如涂膜或不涂膜的聚乙烯、植物羊皮纸、涂膜或不涂膜的尼龙6等能经受60 kGy γ射线的辐照。

辐照食品的安全卫生性 [wholesomeness of irradiated food]　辐照食品在营养学、毒理学和微生物学等方面的安全性。主要包括：①食品辐照后产生的辐解产物对食品品质及安全卫生性的影响；②辐照引起营养素的破坏对食品品质的影响；③辐照导致微生物耐辐射性变化和遗传变化的可能性；④辐照食品毒理学上的可接受性。经过食品辐射化学、辐照食品的营养性、微生物学和毒理学的大量研究，已经证明食品辐照技术是有效的，对人类健康无害。在此基础上，1980年10月联合国粮农组织、国际原子能机构和世界卫生组织宣布辐照食品可以供人类食用，不会引起毒理学危害，无需再做毒理学方面的检验，在营养学和微生物学上也是安全的。

辐照食品检测 [detection of irradiated food]　对食品

是否被辐照和受辐照食品辐射加工剂量的检测。20 世纪 60 年代提出，80 年代得到了迅速发展。大多数的辐照食品都能被检测，检测方法主要基于辐照在食品中产生的物理、化学、生物学和生理学等变化。主要的检测方法有：①化学法，其中包括基于脂类变化的 2-烷基-环丁酮法，挥发性碳氢化合物法、醛法、过氧化物法等；基于蛋白质变化的邻酪氨酸法；基于核酸变化(碱基损伤，链断裂)的 DNA 法以及基于乙醇变化的检测酒精饮料是否辐照的过氧化氢和 D-2,3-丁二醇法。②物理法，主要包括黏度法和电阻抗法。③发光法，包括测量辐照食品中陷落载流子受热发光的热释光法和测量被辐照物溶于水时发光的化学发光法。④电子自旋共振法(ESR 法)，基于测量辐照在食品硬组织，如骨头、硬果壳、水果籽(或核)、香料，以及食品包装材料中形成的长寿命自由基。⑤生物学和生理学方法，包括测量微生物体系变化和测量食品发芽率的变化。

辐照食品内包装材料 [packaging material of irradiated food] 即辐照食品包装材料。

辐照专一的辐解产物 [unique radiolytic product] 即特征辐解产物。

辐照装置 [irradiation facility] 即辐射装置。

高分子辐射化学 [radiation chemistry of polymers] 研究电离辐射对单体和高分子化合物相互作用产生的物理、化学变化规律的学科。主要包括：①辐射聚合，研究电离辐射作用下单体的聚合反应及其应用。辐射聚合可由自由基和离子引发，聚合反应在较低的温度下进行。由于电离辐射能量高，穿透力强，可使一般方法很难引发的体系发生聚合。甲基丙烯酸甲酯本体辐射聚合、丙烯酰胺辐射聚合等已用于工业生产，辐射固化亦走向工业化生产。②辐射接枝，可用以改善高分子的某些性能，如聚四氟乙烯接枝苯乙烯可以改善表面的黏结性能；聚氯乙烯接枝丁二烯可改善其耐低温性能等。辐射接枝分共辐照法和预辐照法两类，前者将基体聚合物和单体混合后通常在惰性气氛下辐射接枝，后者在无氧条件下先辐照基体聚合物，再将单体与辐照过的聚合物接触进行接枝共聚，也可以在有氧存在下预辐照聚合物，生成的聚合物过氧化物受热时引发单体接枝。③辐射交联，电离辐射作用下大分子链间发生反应，形成三维网络结构使聚合物的性能发生变化。如以聚乙烯、聚氯乙烯为基材的电线电缆辐射交联后其绝缘性、耐热性、耐油性、抗化学腐蚀性等均有很大提高。辐射交联的聚乙烯热收缩材料已是电力部门所需的重要材料。④辐射降解，高分子在电离辐射作用下主链发生断裂的过程，可作为制取不同低分子量聚合物的方法。如聚四氟乙烯降解产生的细粉及氟蜡是高级润滑剂材料。

高能辐射 [high energy radiation] 即电离辐射。

高能粒子发光 [luminescence induced by high-energy particles] 高能粒子与介质相互作用激发出来的荧光和磷光。

戈瑞 [gray (Gy)] 吸收剂量、比释动能和比授予能的国际单位制(SI)单位。1 kg 被辐照物质吸收 1J 的能量为 1Gy。吸收剂量的 SI 单位是焦耳/千克($J·kg^{-1}$)，SI 单位专用名是戈瑞(gray)，符号 Gy。暂时与 SI 并用的专用单位名称是拉德，符号为 rad。$1\ Gy = 1\ J·kg^{-1} = 100\ rad$，或 $1\ rad = 10^{-2}\ J·kg^{-1} = 10^{-2}\ Gy$。1 拉德表示每克物质吸收 100 尔格的能量，当量剂量与吸收剂量对应的单位是希沃特(Sv)、毫希沃特、微希沃特，例如对于 X、γ 和 β 射线，如果吸收剂量是 1Gy，当量剂量就是 1Sv。

个人剂量限值 [personal dose limit; individual dose limit] 为了保护个人不致受到不合理的损害，所有辐射实践带来的个人受照剂量必须低于确定的个人剂量限值，作为以防护最优化原则确定防护水平的一个约束条件。剂量当量限值不包括医疗照射和天然本底照射。我国辐射防护规定(GB 18871—2002)，从事放射性工作的人员的职业照射连续 5 年(a)的平均有效剂量不超过 20 mSv/a(不可做任何追溯性平均)，任一年的有效剂量限值为 50 mSv/a。眼晶状体和四肢及皮肤的当量剂量限值分别为 150 和 500 mSv/a。对公众的连续 5 年的平均有效剂量限值为 1 mSv。特殊情况下，如果 5 个连续年的年平均剂量不超过 1 mSv，则某一单一年份的有效剂量可提高到 5 mSv；眼晶状体和四肢及皮肤的当量剂量限值分别为 15 和 50 mSv/a。此外，对一些特殊人群的剂量限值也做了规定。

公众照射 [public exposure] 公众成员所受的辐射源的照射。包括获准的源和实践所产生的照射和在干预情况下受到的照射，但不包括职业照射、医疗照射和当地正常天然本底辐射的照射。

共辐射接枝 [direct, simultaneous, mutual radiation grafting] 利用高能辐射使基体聚合物与单体发生共聚反应在聚合物上形成接枝共聚物的一种方法。将基体聚合物和单体混合后在辐射场内惰性气氛下直接辐照发生单体在基体聚合物上的接枝共聚反应。优点在于：①辐照与接枝过程一步完成，操作简单；②基体聚合物产生的自由基一旦生成，立即引发接枝反应，接枝效率高；③多数接枝体系中的单体可以作为基体聚合物的保护剂，这对于辐射稳定性差的聚合物基材特别重要。缺点是，在共辐射接枝体系中，基体聚合物和单体同时被辐照，单体均聚严重，降低了接枝效率，增加了去除均聚物的步骤。

钴-60 辐射源 [Co-60 radiation source] 在核反应堆中用强中子流辐照稳定同位素 ^{59}Co，通过核反应生成 ^{60}Co。^{60}Co 为金属钴棒，包在不锈钢管中，若干个装有钴棒的不锈钢柱包装在一个不锈钢筒中，安全可靠，不泄漏，是密封源。^{60}Co 发生衰变放出 γ 射线，同时伴随有 β 衰变，每次衰变有两个能量相近的γ光子，平均能量 1.25 MeV。由于β射线被不锈钢筒吸收，所以 ^{60}Co 源产生的是γ射线，其穿透力强，适于大规模辐射加工生产。^{60}Co 的半衰期为 5.27 年，即钴源的功率每月下降约为 1%，因此，需要定期补充和更新。

固体辐射化学 [radiation chemistry of solid] 研究电离辐射与固体物质相互作用产生辐射效应的分支学科。在固体中，除了非弹性碰撞过程产生电离和激发作用外，重带电粒子(质子、氘核和 α 粒子等)还能使相当数目的原子从它们的正常位置位移，形成缺陷。固体中发生的辐射效应，既与非弹性碰撞形成电离和激发作用有关，又与重带电粒子如质子、氘核、α粒子等冲撞原子位移形成缺陷密切相关。在不同的固体物质(如金属、离子晶体、半导体材料等)中，由上述初始过程导致的物理和化学效应的比重有所不同。高能辐射使固体材料的机械性能、物理性能和化学性能发生宏观上可观测的变化。如在电离辐射作用下，金、银、铜的电阻率增加；半导体材料导电性能改变；固体热传导性能下降；固体硬度、强度和体积增加；色中心形成和固体光学特性改变等。此外，电离辐射也会导致固体物质的化学分解，对固体催化剂活性产生影响等。

固体辐射效应 [radiation effect on solids] 参见固体辐射化学。

化学剂量计 [chemical dosimeter] 利用电离辐射使物质发生的化学变化来测量吸收剂量的体系，适于一般实验室和工厂日常工作中使用。一个化学体系只有其产生的化学变化在一定剂量范围内与体系吸收的能量成正比，且反应 G 值为已知时，才能用作化学剂量计。广泛使用的化学剂量计除满足上述条件外，还应满足(或尽量接近)下列条件：①在较大范围内，G 值与剂量率、剂量及温度变化无关；②G 值不受剂量计成分较小变化的影响(如 pH、试剂浓度等)；③G 值与辐射类型或线能量转移(LET)无关；④在通常条件下(如光和空气存在)，剂量计稳定，重现性好；⑤制作简单，产物分析简便。最常用的化学剂量计是硫酸亚铁剂量计，又称弗里克(Fricke)剂量计。

基准剂量计 [primary standard dosimeter] 又称绝对剂量计。用于校准辐射场和刻度其他剂量的、具有最高计量学品质的剂量计。常用的基准剂量计有辐射量热计和气体电离室。

集体当量剂量 [collective equivalent dose] 用来表示一组人指定的组织或器官所受的总剂量。当评论某一辐射事件对特定人群所能造成的危害以及进行辐射防护的最优化设计时，需要使用此量，组织 T 的集体当量剂量 S_T 定义为

$$S_{\mathrm{T}} = \sum_i \bar{H}_{\mathrm{T},i} \cdot N_i$$

式中，$\bar{H}_{\mathrm{T},i}$ 为第 i 组人群接受的平均器官当量剂量，N_i 为第 i 组人群中接受辐射的人数。集体当量剂量的单位为人·希沃特(man·Sv)。

集体剂量 [collective dose] 群体所受的总剂量。它是辐射防护所使用的统计值，用来评价电离辐射过程或核事故对民众整体健康的影响。等于受某辐射源照射的人群的成员数与他们所受的平均剂量的乘积，其中用以确定剂量的器官要加以规定，单位是人·希沃特(man·Sv)。

集体有效剂量 [collective effective dose] 对于给定的辐射源受照群体所受的总有效剂量。用来评价和量度某一人群所受的辐射照射，用下式表示

$$S = \sum_i \bar{E}_i \cdot N_i$$

式中，$\bar{E}_i$ 为第 i 组人群接受的平均有效剂量，N_i 为第 i 组人群中接受辐射的人数。

剂量 [dose] 某一对象所接受或“吸收”的辐射的一种量度。根据上下文，它可以指吸收剂量、当量剂量、有效剂量、待积当量剂量或待积有效剂量等。

剂量当量 [dose equivalent] 电离辐射的生物效应不仅与吸收剂量有关，还与辐射的类型、能量和照射条件有密切关系。在接受相同吸收剂量的条件下，如果电离辐射的种类、能量或照射条件不同，其所致的生物效应亦有所差异。剂量当量是为了统一描述各类电离辐射对于生物体的危害程度而定义的，只限在辐射防护中使用。在组织中某一点的剂量当量H定义为吸收剂量D、辐射品质因数Q和所有其他修正因数N的乘积。即

$$H = DQN$$

式中，品质因数 Q 是估计辐射效应的因子，用来估计吸收剂量的微观分布对危害的影响；所有其他修正系数 N 包括对吸收剂量的空间和时间分布所作的修正系数、对吸收剂量率和剂量的分次给予所作的修正系数等。1977 年国际放射防护委员会(ICRP)指定 $N = 1$。剂量当量的国际单位制(SI)单位专名是希[沃特](Sv)，1Sv = 1J/kg。从上述定义可以看出，剂量当量使用若干个无量纲的因数对吸收剂量进行加权，使得经过这种修正后的吸收剂量可以对一切辐射，用同一尺度来表示人员受到的照射，并同生物效应的大小或概率联系起来。

剂量积累 [dose build-up] 吸收剂量随深度增加而增加，到某一深度达到最大峰值的现象。

剂量监测系统 [dose monitoring system] 测量和显示直接与吸收剂量有关的辐射量的装置系统，具有当达到预选值时终止辐射照射的功能。

剂量率 [dose rate] 又称吸收剂量率。单位时间内物体吸收的剂量。通常用 $\dot{D}$ 表示，定义为

$$\dot{D} = dD / dt$$

式中，dD 是时间间隔 dt 内吸收剂量的增量。剂量率的 SI 单位是戈瑞/秒(Gy/s)，常用单位还有戈瑞/分(Gy/min)或戈瑞/小时(Gy/h)。

径迹蚀刻剂量计 [track etch dosimeter] 一种个人剂量计，用来监测、限制工作人员受照射的剂量。当蚀刻溶液与蚀刻介质作用时，更倾向于与带电粒子轰击而损伤的部位作用并产生放大的径迹坑。这些坑类似于核乳胶径迹，可以借助于光学显微镜观测。是利用中子或高 LET 粒子与蚀刻介质本身或被辐射体相互作用产生不同质量和能量的次级带电粒子，这些带电粒子使介质产生损伤，再用蚀刻径迹法探测这些带电粒子的剂量学方法。

绝对剂量计 [absolute dosimeter] 即基准剂量计。

抗辐射剂 [anti-radiation agent] 为减少辐射对生物体的损伤而开发的，具有抵抗射线对健康肌体的损伤、提高肿瘤细胞对辐射的敏感性、修复受损细胞、消除自由基等功能的物质。

抗辐射性 [radiation resistance] 物质接受一定剂量辐照后仍能保持其物理、化学等性能的能力。材料的抗辐射性与其分子结构、相对分子质量及聚集状态等有关。

抗辐射药物 [radioprotectant] 即辐射防护剂。

空间辐射 [space radiation] 即太空辐射。

拉德 [rad] 吸收剂量和比释动能的专用单位，不属于国际单位制(SI)单位。$1\ rad = 100\ erg \cdot g^{-1} = 0.01Gy$。

离子产额 [ion yield] 即离子对产额。

离子对产额 [ion pair yield] 又称离子产额。表示气体辐射化学产额的一种方法。其符号为 M/N，M 表示体系中发生变化的气体分子数，N 表示由电离辐射所产生的离子对数。对于凝聚体系，由于测定离子对数目和气体的平均电离功存在困难，只用辐射化学产额 G 表示。

离子加速器 [ion accelerator] 用人工方法产生高速带电离子的装置。是探索离子与物质相互作用的重要工具。一般包括离子源、真空加速系统和导引聚焦系统三部分。在辐照加工、离子注入、放射治疗等方面有广泛应用。

离子束辐照 [ion beam irradiation] 利用离子束对物质进行辐照，引起物质发生物理或化学变化的过程。

离子注入机 [ion implanter] 将能量为数万到数十万电子伏的离子注入固体表面的设备。主要包括离子源、加速聚焦系统、质量分析器、透镜系统、扫描系统和靶室等部分。另外，还包括高压电源、真空系统和控制测量系统。其在半导体器件的制作、金属与绝缘材料的表面处理和表面研究等方面有广泛应用。

硫酸铈剂量计 [ceric sulfate dosimeter] 一种广泛使用的化学剂量计。其组分是硫酸铈(IV)溶于 0.4 mol/L 硫酸溶液中，并加入少量三价铈离子使体系保持平衡。在电离辐射作用下，四价的铈离子(Ce^{4+})被还原成三价铈离子(Ce^{3+})。根据 Ce^{4+}在波长 320 nm 处的最大吸收和摩尔吸光系数(5610 L/mol/cm)可以得到 Ce^{4+}的浓度，已知低 LET 辐射下 Ce^{3+}的 G 值($G(Ce^{3+})=2.35$)就可以计算吸收剂量。

硫酸亚铁剂量计 [ferrous sulfate dosimeter] 又称弗里克剂量计。是化学计量法中使用最广泛的剂量计，被作为二级标准剂量计使用。主要组分是 10^{-3} mol/L 硫酸亚铁($FeSO_4$)或 $Fe(NH_4)_2(SO_4)_2$、10^{-3} mol/L 氯化钠(NaCl)和空气饱和的 0.4 mol/L 硫酸水溶液。在电离辐射作用下，Fe^{2+}被氧化成 Fe^{3+}，在一定剂量范围内，生成的 Fe^{3+}浓度与吸收剂量成正比。Fe^{3+}浓度在 303nm 处可用分光光度计或者紫外光谱仪测量。如果已知 Fe^{3+}的 G 值，则可计算剂量计体系的吸收剂量，通常有氧存在下 Fe^{3+}的 G 值为 15.6 ± 0.3。该值受辐射类型或 LET 值、有氧无氧、杂质等因素的影响。例如在少量乙醇或甲酸存在时，G 值分别为～75 和～250。因此在制备弗里克剂量计溶液时，水和试剂的纯度必须特别注意，使用的容器必须仔细清洗。加入少量 NaCl 可以抑制有机杂质对 G 值的影响。适合测试的剂量范围一般为 40～400Gy，适当地改变剂量计的组分和分析方法可扩大测试剂量的使用范围。

伦琴 [roentgen] 已被废止的照射量单位，符号 R，其定义为“1 伦琴 X 射线照射下，0.001293 克空气(标准状态下，1 立方厘米空气的质量)中释放出来的电子全部阻留于空气中时，在空气中总共产生电量各为 1 静电单位的正离子和负离子”。与现行的照射量的 SI 单位库仑/千克($C \cdot kg^{-1}$)的关系为：$1\ R = 2.58 \times 10^{-4}\ C \cdot kg^{-1}$。

脉冲辐解 [pulse radiolysis] 全称脉冲辐射分解。被辐照体系在接受高强度的短脉冲电子辐射的同时或稍后，立即测定由此单一脉冲辐射产生的短寿命初级活性粒子在该体系中的性质、数量和动态行为的过程。由于一个脉冲持续的时间很短，一般为 μs 至 ps，因此必须以相应的快速检测技术相匹配，才能研究在该时间标度内发生的快速物理、物理化学和化学过程。可利用离子型瞬态产物的带电性质、激发态的光发射性质、自由基的顺磁性、大分子的光散射特征和某些瞬态产物在电极表面发生的电化学氧化还原的特性来探测辐解产生的各种短寿命产物。脉冲辐解技术可用于无机化学反应，溶液中电子、离子自由基的溶液化学，激发态分子的化学，表面活性剂和胶束系统及生物大分子的构象变化和某些酶的催化机理等方面的研究，是进行辐射化学基础理论研究的重要手段。

脉冲辐解装置 [pulse radiolysis facility] 脉冲辐解装置主要包括脉冲辐射源和快速检测装置两大部分。常用的脉冲辐射源主要是能产生强流短脉冲的电子直线加速器、静电加速器和场致发射型脉冲电子发生器。从时间分辨的角度，脉冲辐解装置可分为微秒、纳秒和皮秒三级。快速响应检测装置一般有紫外可见-近红外光谱仪、电子自旋共振谱仪等。是研究辐射化学中瞬态活性物种反应的重要工具，也常用于研究快反应。

脉冲辐射分解 [pulse radiolysis] 脉冲辐解的全称。

酶的辐射固定化 [radiation immobilization of enzyme] 采用辐射方法，将水溶性酶转变成不溶于水，但仍具有酶活性的酶的衍生物的处理过程。主要有两种：①化学键合法，此法先将含官能团(如羟基、羧基)的单体辐射接枝到聚合物上，再通过酶分子的官能团(通常为氨基)将酶化学结合到聚合物载体上。②物理黏附法，此法将含生物酶的单体溶液辐射聚合或将含酶的聚合物溶液辐射交联。由于酶对热不稳定，目前广泛采用低温玻璃态辐射聚合。黏附法制备的制剂中，酶以三种状态存在：①酶被牢固地固定在聚合物载体的表面，不溶于水，可反复使用。②酶被包埋在载体中，酶活性很少被利用。③游离酶，使用中能逐渐溶于水，相对酶活性下降。

密封放射源 [sealed radioactive source] 简称密封源。

密封源 [sealed source] 密封放射源的简称。为了避免使用放射源时放射性物质扩散污染环境，并保证放射源性能稳定而将放射性物质密封在足以防止其泄露的容器内，但由放射源发射的电离辐射可以穿出容器，这样制备的放射源的统称。包括 α 密封源、β 密封源和 γ 密封源。密封源的容器通常是一层或多层密封的金属包壳。密封源包壳表面要有明显的辐射符号标志。密封源出厂前应严格按密封放射源性能标准进行质量检查，以确保源的安全使用。

灭菌剂量 [sterilization dose] 在利用可引起物质分子或原子电离的射线杀灭微生物的辐射灭菌法中，将按照测定的杀灭 90%微生物所需剂量的 12 倍作为灭菌剂量，多规定为 25kGy。

凝胶[化]剂量 [gelation dose] 在高能射线作用下发生辐射交联的聚合物体系刚开始出现凝胶时的吸收剂量。

凝胶分数 [gel fraction] 通过辐射方法或者化学方法交联得到的高分子凝胶中，一般还包含有未发生交联的线性高分子(溶胶)，除去溶胶后凝胶占整个聚合物样品的质量分数称为凝胶分数。

皮肤辐射损伤 [radiation injury of skin] 指电离辐射对皮肤直接照射所引起的损伤。损伤的程度与射线的能量和穿透力密切相关，是放射事故和放射治疗中最多见的损伤。

屏蔽 [shielding] 一种利用适当材料做成吸收层来阻挡贯穿辐射的方法和装置。用于：①做成可安放射线探测器(俗称探头)的小室，以降低宇宙射线和环境放射性对于测量本底的贡献；②在放射源与操作人员或公众之间设置屏蔽墙或屏,用以减少放(辐)射源对操作人员及公众的照射。

屏蔽混凝土 [radiation shielding concrete block] 即防护辐射混凝土块。

屏蔽体 [structural shield] 为降低进入某一区域的辐射强度而专门设计的保护结构。高能中子很难被介质吸收，只能先将它们慢化，降低其能量后再用吸收材料将其吸收。α 和 β 辐射很容易被吸收，屏蔽问题不大。γ 辐射屏蔽体一般由重物质组成。

气体辐射化学 [radiation chemistry of gas] 辐射化学的一个分支学科。研究电离辐射作用于气体所引起的化学变化，主要以无机气体为研究对象，是辐射化学中研究得最早和较深入的领域。对促进辐射化学基本反应机理的研究起重要的作用，如自由基反应、激发分子反应、离子群团反应、离子–分子反应等。早期气体辐射化学研究中常用离子对产额 M/N 来表达反应产额。对于任何气体，辐射化学产额(G 值)与 M/N 的关系可表示为：$G=(100/E)M/N$，式中 E 为生成一离子对所需要的平均能量。气体辐射反应随对象和反应条件的不同，可分为离子型反应和激发分子型反应。

热释光剂量计 [thermoluminescent dosimeter] 一种利用热释光探测器测量辐射剂量的器件。由热释光探测器、相应的过滤片以及佩戴部件组成。经过照射的热释光探测器在被加热时放出光辐射，光辐射的强度是探测器受电离辐射照射过程中贮存在其中的能量的函数。由热释光剂量计读出器给出剂量。通过采用不同的热释光探测器和相应的过滤片可以测量 α、β、γ、n、X 辐射及其他带电粒子所产生的剂量。具有灵敏度高、量程宽、剂量线性好、携带方便、可重复使用等优点。热释光剂量计可以做成卡片式、胸章式、指环式等各种形状，由从事放射性操作的人员佩戴在人体特定部位(如胸前、手指上等)，定期地测量所受辐射的剂量值。此外，也可用于环境剂量监测、事故剂量测定、放射性元素的地质普查、癌症的放射治疗剂量的测定等方面。

轫致辐射源 [bremsstrahlung source] 属于低能光子源类的一种放射源。当快速运动的电子被物质所阻止而突然减低其速度时，则有一部分动能转变为连续能量的电磁辐射，即轫致辐射，也是 X 射线。从放射性物质发射出来的 β 粒子打到原子序数较高的靶材料时，可发射轫致辐射和特征辐射。轫致辐射的强度和能谱主要与 β 粒子的能量及靶物的原子序数有关。β 粒子能量高，靶物原子序数高，则轫致辐射的强度大。轫致辐射具有连续能谱。

溶剂化电子 [solvated electron] 在凝聚态辐射化学

体系中，由于热能电子与周围极性介质(溶剂)分子的相互作用，使非定域的热能电子定域在介质空间的某些点上，形成了由一个热能电子和若干极性溶剂分子组成的、具有一定特性和特征的实体，这种处于稳定态结构的定域电子称为溶剂化电子，通常用符号 e_{sol}^- 表示。该溶剂化电子通常在可见光区有光吸收，也称为可见光吸收电子。目前多数学者认为热能电子的定域是靠电子的自陷落实现的。例如，在氨、醇、水等极性溶剂中，由于电子和已被电子极化了的溶剂分子的静电吸引力，使极性分子的正极端朝向电子，负极端远离电子，因而电子就陷落在由它自己所造成的极化陷阱中，使电子与构成陷阱的极性分子一起运动，实现了电子的定域。也有学者认为溶剂化电子是热能电子定域在体系中的预存陷阱中的结果。从实验观察到，在非极性溶剂的辐射化学体系中，也存在溶剂化电子。但关于它们的形成过程，还缺乏有说服力的理论。

铯-137 辐射源 [Cs-137 source] 在裂变产物中，^{137}Cs 是主要的放射性核素之一，半衰期为 30.2 a。^{137}Cs 大量存在于乏燃料后处理的高放废液中，可以应用高选择性的无机离子交换树脂从高放废液中提取 ^{137}Cs。^{137}Cs 的 γ 能量为 0.662MeV，以 CsCl 盐的形式包装于不锈钢管中，主要用作 γ 辐射源，是密封源。与目前广泛应用的 ^{60}Co γ 辐射源相比，^{137}Cs 的能量虽然比 ^{60}Co 低一些，但是它的半衰期比较长，生产价格也相对便宜。

生物体辐射效应 [radiation effect on biological objects] 参见辐射生物效应。

实践的正当性(辐射照射) [justification of a practice] 指任何伴有辐射照射的实践，都必须是所得到的利益大于所付出的代价，才能认为是正当的，否则，就不应采取这种实践。这里所说的利益，包括对于整个社会的利益，而不是某些特殊集团或个人所受的利益。这里所说的代价，是指某项实践所有消极面的总和，其中包括金钱上的代价(即防护代价)、对人体健康或环境的各种损坏(即危害代价)。对防护代价来说，除了包括达到一定的防护水平而所用的防护器材和放射性三废处理设施等粗成本外，还应包括由于采取防护措施而给社会带来的负担(各种器材、能源、人力和其他资源的消耗为代价)；对危害代价来说，除了包括电离辐射在全人类中引起有害效应这一客观健康危害代价外，还应包括给环境、生态系统和社会心理上造成的非健康方面的危害所相当的代价，以及由于剂量在人群中的分布不均匀所带来的附加代价。值得指出的是，某项实践所有消极面的总和，不包括该项实践的基本生产代价。

食品辐射保藏 [radiation preservation of food] 一种食品保藏技术。利用电离辐射杀灭食品中的害虫、微生物、抑制食品的生理、生化等过程，延长食品保藏时间。辐照保藏食品有较高的卫生质量，能在常温和一般条件下保存较长的时间，可作为野外工作人员、边防战士的卫生食品。与传统食品保藏方法相比，食品辐射保藏技术具有节能，被处理食品中无化学物残留，不污染环境，不损害食品原有特性等优点。

食品辐照 [food irradiation] 一种食品加工和食品保藏技术。利用电离辐射在食品中产生的物理、化学、生物学和生理学等效应杀灭食品中的害虫、微生物、抑制发芽和延缓成熟等，达到食品保藏、食品杀菌，改进食品加工工艺，提高食品品质等目的。食品辐照技术也用于食品检疫。用于食品辐照的电离辐射包括 ^{60}Co 或 ^{137}Cs 源释放的 γ 射线；能量不大于 5MeV 的 X 射线以及能量不大于 10MeV 的电子束。它们有较强的穿透能力，能均匀地辐照物质，且不会在食品中产生放射性。

束下装置 [bunch of next device] 辐射加工装置的重要组成部分，将材料传输进行辐照的装置，由放线、放线张力控制、主滚筒、收线张力控制、排线和收线等部分组成。

水合[化]电子 [hydrated electron] 在液态水中形成的溶剂化电子，用符号 e_{aq}^- 表示。水溶液辐解产生的最重要的瞬态还原性活性粒子。它的发现对正确阐述水辐解的反应机理起了决定性的作用。在辐射化学中，水合电子是研究得最广泛的瞬态活性粒子之一。水溶液的辐解是水合电子最方便最重要的来源。用其他方法，如光解、非均相光电发射、电化学反应、无机化学反应、有机化学反应等，均可产生水合电子。

水溶液辐射化学 [radiation chemistry of aqueous solution] 辐射化学的一个分支。旨在研究溶质的稀水溶液和浓水溶液在电离辐射作用下发生的化学反应。有两种情形：①在溶质浓度为 10^{-5}～10^{-2}mol/L 的稀水溶液中，溶质与辐射之间很少发生直接作用，因为辐射能多被周围溶剂分子吸收，与溶质起反应的主要是水的辐解产物如水合电子、H、·OH、HO_2·等；②在溶质浓度大于 10^{-2}mol/L 的浓水溶液中，溶质既可与水的辐解产物起反应，又可因直接吸收辐射能起反应。由于浓水溶液中的离子强度、黏度、水的结构与稀水溶液中不同，故浓水溶液中的反应速率常数也不相同。

随机性效应 [stochastic effect] 发生概率与剂量的大小有关、严重程度与剂量无关、不存在剂量阈值的效应。属于随机性效应的有各种遗传效应和驱体效应。

太空辐射 [space radiation] 又称空间辐射。主要是天然的宇宙射线和地磁场捕获的带电粒子等，包含高能质子、高能电子、中子、X 射线、γ 射线等。其强度与太阳的活动密切相关。对于人造卫星、宇航器和航天员等都有很大的影响。

特征辐解产物 [unique radiolytic product] 又称辐

照专一的辐解产物。在分析检测技术基础上，只有在辐照过的食品中才能被检测到，而在其他方法加工的食品和未辐照的食品中不能被检测到的产物。例如2-烷基-环丁酮只存在于辐照的含脂食品中，而不会存在于加热或氧化的脂肪中，因此2-烷基-环丁酮是辐照含脂食品形成的特征辐解产物，可用于含脂辐照食品的检测。

团迹 [blob] 电离辐射穿过介质时的路径称为径迹。电离辐射使介质分子电离时会同时生成次级电子，次级电子的能量足以使介质分子进一步电离(称次级电离)和激发。由于次级电子的能量不等，它们使介质分子次级电离时生成的活性粒子的数量和分布范围也不相同。为了描述电离辐射穿过介质时形成的初级活性粒子的初始非均匀分布而引入了刺迹、团迹、短径迹和分支径迹等概念。所谓刺迹、团迹、短径迹和分支径迹是由一些数目不等的初级产物(离子对、激发分子和自由基等)组成的活性粒子集团，其大小取决于吸收的能量。刺迹中吸收的能量约为6～100 eV，团迹约为100～500 eV，短径迹约为500～5000 eV，分支径迹则大于5000 eV。

外照射 [external exposure] 由存在于体外的辐射源放出的电离辐射对机体的照射。引起外照射的辐射源可分为天然辐射源和人工辐射源两类。前者包括宇宙射线和在地壳、建筑物及大气中的天然放射性核素，后者主要包括核爆炸、核能生产、医用辐射和消费品中应用的辐射源等。造成外照射危害的主要射线是X射线、γ射线、中子流和其他高能粒子流，β射线外照射主要引起皮肤损伤。

吸收剂量 [absorbed dose] 在某一体积元内单位质量的物质所吸收的平均辐射能量。吸收剂量D由下式定义：

$$D = \mathrm{d}\bar{E} / \mathrm{d}m$$

式中，$\mathrm{d}\bar{E}$ 为电离辐射授予某一体积元中物质的平均能量，$\mathrm{d}m$ 为该体积元中物质的质量。吸收剂量的国际单位制单位是J/kg，该单位的专门名称是戈瑞(Gray，缩写为Gy)，1 Gy=1 J/kg。在实际工作中，有时使用千戈瑞(kGy)或毫戈瑞(mGy)为单位。旧单位常使用拉德(rad)，1Gy=100 rad。

吸收剂量率 [absorbed dose rate] 即剂量率。

希[沃特] [sievert (Sv)] 辐射剂量的基本单位之一。基于人类健康安全防护的需要而确定的具有专门名称的国际单位制导出单位，表示辐射对人体影响的程度。通常还使用毫希沃特(mSv)，1 mSv=0.001 Sv；微希沃特(μSv)，1 μSv=0.001 mSv。

线性能量转移 [linear energy transfer (LET)] 即传能线密度。

陷获自由基 [trapped radical] 即陷落自由基。

陷落自由基 [trapped radical] 又称陷获自由基。在一定条件下被介质陷获的高活性自由基。绝大多数自由基由于含有未成对电子，非常活泼，不稳定，寿命短。但在高黏滞性的液相或固相中(通常低温)，高活性的自由基被周围介质分子陷获，难以扩散和反应，寿命大幅延长。

巡测仪 [survey meter] 全称电离辐射巡测仪。一般采用 NaI(Tl)晶体或者盖革-米勒(Geiger-Müller)计数管作为探测器，再配上电子放大线路和报警指示装置。可以探测一般水平的γ辐射。

亚致死剂量 [sublethal dose] 见致死剂量。

湮没辐射 [annihilation radiation] 一个粒子与其反粒子相遇发生湮没时所产生的辐射。在湮没过程中，正、反粒子消失并发射与它们性质不同的粒子。如正、负电子湮灭后产生两个方向相反、能量均为0.511 MeV的γ光子。

有机物辐射化学 [radiation chemistry of organic compounds] 辐射化学的一个分支。研究电离辐射作用于有机化合物所引起的化学变化。有机物的辐解原初过程为沿入射粒子径迹由非选择性的电离和激发作用产生许多阳离子、激发分子、电子、自由基，这些原初粒子分布在入射粒子径迹周围的刺迹中导致体系最终的化学变化。有机物辐解具有以下特点：①辐解产物多样性：在电离辐射作用下有机分子无选择性地断键；②辐解产生的自由基与母体分子本身反应，如抽氢反应和加成反应等；③辐解产物可以是电子清除剂、自由基清除剂、离子清除剂和能量传递剂；④凝聚态芳香化合物有很高的辐射稳定性，形成混合物时能对其他组分起保护作用。

有效当量剂量 [effective equivalent dose] 度量体内或体外照射源(包括均匀照射和非均匀照射)造成的健康效应发生率的指标。考虑人体组织或器官发生的辐射效应为随机效应时，全身受到非均匀照射的情况下，有效当量剂量H_E等于人体各器官或组织T受到的平均当量剂量H_T与相应的表示相对危险度的权重因子W_T的乘积之总和，即$H_E=\Sigma W_T H_T$，它用于评价电离辐射对人体的总的损伤程度，是评价全身受到非均匀性照射时，发生随机效应概率的物理量。其SI单位与当量剂量相同，为希沃特(Sv)，暂时并用的专用单位为雷姆(rem)。对任何一次辐射暴露事件，所有被照射组织或器官的权重因子总和必等于1.00。有效当量剂量是我国现行辐射防护基本标准中法定使用的量，该量也为国际公用。

有效当量剂量率 [effective equivalent dose rate] 单位时间内的有效当量剂量。其SI单位与当量剂量率相同，为希沃特/秒(Sv/s)，暂时并用的专用单位为雷姆/秒(rem/s)。

有效剂量 [effective dose] 参见有效当量剂量。

预辐射接枝 [pre-irradiation grafting] 将聚合物在有氧或真空下进行辐照产生自由基，然后将辐照过的聚合物浸入单体中通过加热引发单体在聚合物上的接枝反应。优点是：

辐照与接枝分步进行，接枝单体不直接被辐照，最大限度减少了射线引发的均聚反应；由于辐照与接枝是两个独立的过程，因此即使研究单位和生产单位没有辐照装置和相应的专业人员，也可用该方法进行研究和生产。缺点是聚合物自由基的利用效率较低。

预辐射聚合 [pre-irradiation polymerization] 在辐射场内生成的短寿命活性自由基被保护起来，再在辐射场外给予适合的环境，使其恢复反应活性，引发聚合反应。理想的保护剂就是空气中的氧气。①优点：单体经辐射引发而形成的过氧化物源于单体又引发单体聚合，可以保证聚合物的纯净性；整个聚合过程都在辐射场外进行，避免了聚合物的辐射损伤，简化了工艺流程。②缺点：过氧化物的分解及引发聚合有较低活化能，辐射引发过氧化物选择性低。

原初产额 [primary yield] 物质吸收辐射能后，在未发生继续反应前所产生的最初活性物种(激发分子、离子和未热能化的电子、自由基)的产额。在实际应用中，习惯指物质吸收能量后大约 10^{-7}s 所有刺迹反应完成时保留的原初粒种的产额。可用脉冲辐解和清除剂实验测定。

α 源 [α-source] 又称α放射源。用 α 衰变放射性核素制成的以发射 α 射线为主要特征的放射源。适于制备 α 放射源的放射性核素有 ^{226}Ra、^{238}Pu、^{241}Am 和 ^{242}Cm 等。

β 源 [β-source] 又称β放射源。用 β 放射性核素制备的以发射 β 射线为主要特征的放射源。适于制备 β 源的放射性核素有 ^{32}P、^{90}Sr、^{90}Y 和 ^{147}Pm 等。发射正电子的 β 源又称为正电子源，如 ^{22}Na 制备的 β 源。主要用于测量材料的厚度和密度以及临床体表治疗等。

γ 源 [γ-source] 又称γ放射源。由发射 γ 光子的放射性核素制成，以发射 γ 射线为主要特征的放射源。常用的 γ 源有 ^{60}Co 和 ^{137}Cs 等。主要用于辐照加工工业，亦可用于光子活化分析等。

照射量 [exposure] 旧称照射剂量。X 射线或 γ 射线在单位质量空气中产生的全部次级电子完全被阻止在空气中时，产生同一符号带电粒子的总电荷量。表示 X 射线或 γ 射线在空气中电离能力的大小。SI 单位为库仑每千克(C/kg)，另有已废止业的专用单位伦琴(R)，$1R=2.58\times10^{-4}$C/kg(空气)。

***G* 值** [*G* value] 辐射剂量学中的能量产额，体系中每吸收 100 eV 能量所变化(生成或破坏)的分子、原子或自由基数。G(X)表示体系每吸收 100 eV 能量生成产物 X 的分子、原子或自由基数，G(–X)表示体系每吸收 100 eV 能量，物质 X 分解的分子、原子或自由基数。国际单位是 mol/J，$1G=1.0364\times10^{-7}$mol/J。

职业照射 [occupational exposure] 除了国家有关法规和标准所排除的照射以及根据国家有关法规和标准予以豁免的实践或辐射源所产生的照射以外，工作人员在其工作过程中所受的所有照射，但仅限于在正常场合下能合理视为运行管理部门负有责任的那些情况。

致死剂量 [lethal dose] 足以杀死某种生物或细胞的剂量，其具体数值因生物和细胞种类以及其他条件不同而异。最小绝对致死剂量(LD_{100})是使某种生物全部死亡的最小剂量。最小致死剂量(MLD)是能引起某种动物死亡的最小剂量。亚致死剂量是不足以杀死动物的剂量。超致死剂量是超过最小绝对致死量以上的剂量。此外还有：半数致死剂量(LD_{50})表示引起一群受试对象半数个体死亡所需的剂量。最大耐受剂量(MTD)指一群受试对象中不引起死亡的最大剂量。

中子剂量计 [neutron dosimeter] 用于测定中子剂量(又称中子吸收剂量当量)的仪器。通常使用组织等效电离室、乙烯-聚乙烯正比计数器、硫酸亚铁剂量计以及辐射量热计等，在多数情况下，组织等效电离室是测定快中子吸收剂量最准确的装置仪器。

自辐解 [autoradiolysis; self-radiolysis] 即辐射自分解。

自由离子对 [free ion pairs] 电离辐射作用产生的离子对中的电子从其母体正离子的库仑场中逸出的一些离子对。其余电子被保留在母体正离子库仑场中的离子对称偕离子对。自由离子对并非稳定物种，会进一步反应生成其他物质，或相互中和产生激发分子。

组织等效材料 [tissue equivalent material] 对于给定辐射，吸收、散射特性与某些特定生物组织一致的材料。不同的生物物质相应有不同的组织材料。

组织权重因子 [tissue weighting factor] 为计算有效剂量对组织或器官的当量剂量加权的权重因子。全身受均匀照射时，某组织发生随机性效应的危险度与总危险度(全身均匀受照，由辐射的单位当量剂量所致各种恶性疾患和严重遗传疾患的总值)的比值。表征不同器官和组织对于辐射随机性效应敏感度的因子 W_T。当全身受到均匀照射时，辐射对给定器官或组织的随机效应危险度与全身总的危险度之比。全身所有器官和组织的组织权重因子之和等于 1。

最大耐受剂量 [maximal tolerance dose (MTD)] 见致死剂量。

最小绝对致死剂量 [minimum absolute lethal dose (LD_{100})] 见致死剂量。

最小致死剂量 [minimum lethal dose (MLD)] 见致死剂量。

九

环境化学

9.1 环境化学通类

地球环境 [global environment] 即全球环境。

复合污染 [combined pollution] 指两种或两种以上不同种类、不同性质的污染物或同种污染物的不同来源，或两种及两种以上不同类型的污染物在同一环境中同时存在所形成的环境污染现象。其研究最早源于药物学中两种药物联合毒性的研究。按污染物来源分为同源复合污染和异源复合污染，按污染物类型分为有机复合污染和无机复合污染。复合污染广泛存在于环境问题。

环境分析化学 [environmental analytic chemistry] 环境化学的分支学科之一，也是环境科学和环境保护的重要基础学科。它是以研究环境中污染物及痕量化学物质种类、浓度和存在形态的分析与监测方法及相关技术为主要目的的学科。环境分析化学涉及范围广、对象复杂、具有变异性，定量分析除要求常规指标还要求痕量甚至超痕量分析。

环境化学 [environmental chemistry] 包含大气、水、土壤化学在内的交叉学科。应用化学的基本原理及分析技术，研究因人为排放和天然排放到空气、水、土壤等环境中的各种化学物质的来源、积累、分布、存在的化学结构状态，以及它们在自然环境中所引发的化学过程、转化、迁移、归宿及它们对人类环境和生态系统所造成的影响。

环境化学模式 [environmental chemical model] 在不改变原型的情况下，对环境系统中化学污染物的物理化学状态的变化、迁移转化的过程及化学反应的历程等，用组成系统的各单元的变量来表示，并定量地将变量之间的（函数）关系用数学表达式联系起来进行描述的一种方式。

环境污染化学 [environmental pollution chemistry] 又称污染化学。应用化学的基本原理及分析技术，研究环境污染物(如大气颗粒物、农药、重金属及其他无机和有机污染物)在环境中的来源、迁移转化过程中的化学行为、价态和形态的转化、反应机理、累积和归宿等规律的科学。主要分支学科包括：①大气污染化学，②水体污染化学，③土壤污染化学。

环境污染物 [environmental pollutant] 进入环境后可以改变自然环境的组成和性质，从而对人类造成直接或间接不利影响的物质。环境污染物有些是自然生成的，例如火山爆发后排放的硫化氢等，有些由人类活动引起，例如化石燃料燃烧、机动车尾气排放、农药使用等。

全球环境 [global environment] 又称地球环境。是人类活动和生物栖息繁衍的场所，包括大气圈中的对流层的全部和平流层的下部、水圈、土壤-岩石圈和生物圈，是向人类提供各种资源的场所，也是不断受到人类改造和冲击的空间。

受污染环境修复化学 [remediation chemistry of contaminated environment] 污染控制化学的一个分支学科，主要研究受污染环境介质修复的化学过程、原理和机制。常用于环境修复的化学过程有溶剂萃取、土壤气相萃取、土壤洗涤、空气吹脱、液相碳吸附、热脱附和紫外氧化等。

污染化学 [pollution chemistry] 即环境污染化学。

污染控制化学 [pollution control chemistry] 研究化学污染物的分离和控制过程中的化学机制，或应用化学原理和方法控制环境化学污染物的科学。其侧重于研究污染控制和治理过程中的化学问题，最终为化学污染物的治理提供理论和方法。

污染物表征 [pollutant characterization] 用物理的或化学的方法对污染物进行物理化学性质的分析、鉴定，阐明或评价污染物理化学特性与它们在环境或介质中所发生的物理化学行为及其关系。通过对污染物的物理化学特性进行表征，可以确定污染物造成污染的形态，了解污染的规律与机制，判别污染的来源与特征，阐明生态效应的差异等问题。

污染物转化 [transformation of pollutant] 环境中污染物质通过物理、化学、生物等的作用，改变其形态或转变为另一种物质的过程，三种作用常常伴随发生。物理转化包括蒸发、渗透、凝聚、吸附以及放射性元素的蜕变等；化学转化包括光化学反应、氧化还原反应和络合水解等；生物转化主要通过生物吸收和代谢作用转化。转化过程取决于它们的物理、化学性质和所处的环境条件，此转化过程往往与迁移过程相伴进行。

污染源 [pollution source] 向环境排放物理的、化学的、生物的有害物质或对环境以及人体健康产生有害影响的场所、设备、装置和事件等，即造成环境污染的污染物的发生源。按产生来源分为天然污染源和人为污染源。按时间空间分布特点分为点、线、面污染源。

源 [source] 在环境科学中“源”通常指污染源。

9.2 大气环境化学

艾特肯颗粒物 [Aitken particle] 又称艾特肯模颗粒物。粒径小于0.05 μm的粒子。

艾特肯模颗粒物 [Aitken mode particle] 即艾特肯

颗粒物。

安德逊采样器 [Anderson sampler] 一种采集大气中不同粒径颗粒物样品的多级撞击式采样装置。对粒径在10μm以下颗粒物共分九级采集。

被动式大气采样器 [passive air sampler] 又称无动力大气采样器。被动地依靠渗透和扩散方式而无抽气动力系统的一种大气采样器。

玻璃纤维滤膜 [fiberglass filter membrane] 用于采集大气颗粒物及烟道气中尘粒的由熔融玻璃拉成的纤维制成的滤材。属于深层过滤，其主要用途是作为过滤层，直接加在过滤膜上使用。

长波辐射 [longwave radiation] 即大气辐射。

冲击式吸收管 [impinger] 大气采样仪器中的收集器。用于采集(吸收)大气中的气态或蒸气态污染物或采集气溶胶的液体吸收管。

粗颗粒 [coarse particle] 大气中颗粒物（气溶胶）的粒径大于2.5 μm的颗粒物。主要来源于机械过程所造成的扬尘、海盐溅沫、火山灰和风沙等一次气溶胶颗粒。

粗粒模 [coarse particle mode] 粒径大于2.5 μm的颗粒物所组成的模态。

催化还原法脱氮 [denitrogen by catalytic reduction] 在一定温度和催化剂的作用下，将化石燃料燃烧过程中产生的NO、NO_2（NO_x），利用不同的还原剂还原为无害氮气和水的方法。分为非选择性催化还原法（NSCR）和选择性催化还原法（SCR）。例如，利用8209型铜铬催化剂，以氨做还原剂可使硝酸尾气的NO_x净化率达到90%。

催化净化 [catalytic purification] 在催化剂作用下，使有害物质发生化学反应，转化为无害或更易于去除的物质。例如，新兴的光催化净化技术主要是利用光催化剂二氧化钛(TiO_2)吸收外界辐射的光能，激发电子跃迁，产生寿命较长的电子和空穴，在电场作用下与吸附在半导体催化剂粒子表面上的物质发生氧化还原反应，使得有害物质得到降解。

催化燃烧法净化有机废气 [purification of organic waste gas by catalytic combustion] 有机废气被预热到200～400℃，然后进入催化燃烧装置，在通过催化剂床时，碳氢化合物分子和混合气体中的氧分子分别被吸附在催化剂的表面而活化，并在较低的温度下迅速氧化，产生二氧化碳和水。该技术被广泛地应用于油漆、橡胶加工、塑料加工、树脂加工、皮革加工、汽车废气净化、食品业和铸造业等方面。

催化氧化 [catalytic oxidation] 在一定压力和温度条件下，以金属或非金属材料为催化剂，与空气、氧气、臭氧等氧化剂进行的氧化反应，包括“加氧”“去氢”两方面。可分为均相催化氧化与非均相催化氧化。前者通常指气-液相氧化反应，习惯上称为液相氧化反应，后者主要指气态有机原料在固体催化剂上的反应过程。

催化氧化法脱臭 [deodorization by catalytic oxidation] 用铂或其他金属催化剂使恶臭气体在低温下燃烧氧化脱臭的过程。例如，TiO_2光解催化氧化除臭技术就是利用高能紫外线光束与空气、TiO_2反应产生的臭氧、羟基自由基等对恶臭气体（硫化氢、氨气、硫醇）进行协同分解氧化反应，同时大分子恶臭气体在紫外线作用下链结构断裂，使恶臭气体物质转化为无臭味的小分子化合物或者完全矿化，生成水和CO_2。

催化转换器 [catalytic converter] 安装在汽车发动机排气系统后，依靠催化剂的氧化还原反应净化尾气中有害成分的反应装置。主要分为三元（效）催化反应器和四元（效）催化反应器。前者可将汽油发动机排出的一氧化碳、碳氢化合物和氮氧化物等催化转变为无害的二氧化碳、水和氮气。后者可将柴油发动机排出的HC、CO、PM和NO_x同时催化为无害产物，该项技术的关键是催化转化器的优化组合和催化剂的开发。

大流量采样器 [large flow sampler] 即大容量采样器。

大气边界层 [atmospheric boundary layer] 又称行星边界层或摩擦层。靠近地球表面、受地面摩擦阻力影响较大的低层大气。大气流过地面时，地面上各种粗糙元会使大气流动受阻，这种摩擦阻力由于大气中的湍流而向上传递，并随高度的增加而逐渐减弱，直至可以忽略的高度，此高度称为大气边界层厚度。此高度随气象条件、地形、地面粗糙度而在时间和空间范围上变化很大，从百米左右至一两千米不等。

大气采样 [air sampling] 又称大气样品采集。以获得大气污染程度为目的的一种采集大气中污染物样品或受污染的空气样品的活动。有两类方法：一类是使大量空气通过液体吸收剂或固体吸附剂，将大气中浓度较低的污染物富集起来，如抽气法、滤膜法。另一类是用容器（玻璃瓶、塑料袋等）采集含有污染物的空气。

大气层 [atmosphere] 即大气圈。

大气长波辐射 [atmospheric longwave radiation] 即大气辐射。

大气沉降 [atmospheric deposition] 气体、颗粒物、各相水从大气中转移到地面的过程。是大气污染物质主要的“汇机制”，可分为干沉降和湿沉降两种。干沉降又称重力沉降，指的是大气中的物质与植物、建筑物或地面（土壤）相碰撞而被捕获（被表面吸附或吸收）的过程。湿沉降指的是大气中的物质通过降水而落到地面的过程。

大气成核 [atmospheric nucleation] 大气中的挥发性物质（如气态硫酸）凝结成分子簇经过初始增长生成1 nm颗粒物的过程。

大气窗 [atmospheric window] 大气窗区的简称。

大气窗区 [atmospheric window] 简称大气窗。由于大气中氮气、氧气、臭氧等分子的吸收，使得大气辐射中的部分波段不能到达地面，而电磁波辐射能较好穿透大气的一些波段组成的区域则称为大气窗区。包括可见光窗区(波长0.3~0.7μm)、红外窗区(主要是8~13μm，还有一些窄的波段)以及射电窗区(1mm~30m)。

大气二氧化碳浓度 [atmospheric carbon dioxide concentration] 在本底站测定到的可以代表全球大气环境中二氧化碳浓度含量的平均值。常以体积混合比来表示，用体积的百万分之一为单位，写为ppmv。该值从19世纪的290ppm起平均按0.7ppm每年的幅度在增长，全球二氧化碳浓度月均值于2014年4月首次超过400ppm，成为全球气候变暖的一个具有重要象征意义的事件。

大气辐射 [atmospheric radiation] 又称长波辐射或大气长波辐射。大气发射的能量主要集中在4～120μm波长范围内的辐射。大气中水蒸气和二氧化碳吸收透过大气层的太阳辐射，也吸收来自地表面的长波辐射，使大气保持一定的温度，形成大气向地面发射长波辐射的过程。

大气腐蚀 [atmospheric corrosion] 又称大气腐蚀作用。暴露于大气中的物体、构件、材料或零件等的表面与大气污染物接触发生化学反应，导致损坏的现象。例如置于大气环境中的金属，其表面通常会形成一层极薄的不易看见的湿气膜（水膜），该水膜在一定条件下作为电解液膜，可引起金属材料的电化学腐蚀。

大气腐蚀作用 [atmospheric corrosion effect] 即大气腐蚀。

大气光化学 [atmospheric photochemistry] 研究大气中的粒种在可见光或紫外线照射下吸收光能及发生光化学反应的学科。

大气痕量气体 [atmospheric trace gas] 大气中含量很少的、体积浓度小于1%的气体组成成分，如大气中的CO、N_2O、SO_2、O_3、NO、NO_2、CH_4、NH_3、H_2S、卤化物、有机化物等。在大气中的滞留期为几天至几十年，甚至更长，并受到各种物理的、化学的、生物的、地球过程的作用并参与生物地球化学的循环，对全球大气环境及生态引起重大的影响，例如光化学烟雾、酸雨、温室效应、臭氧层破坏等无不与痕量气体有关。

大气化学 [atmospheric chemistry] 大气科学重要分支，研究大气及其悬浮物的各种成分以及它们形成、输送、扩散、积累、转化与沉淀等机制和变化规律的学科。涉及大气各成分的性质和变化，源和汇，化学循环，以及发生在大气中、大气同陆地或海洋之间的化学过程。研究的对象包括大气微量气体、气溶胶、大气放射性物质和降水化学等。研究的空间范围涉及对流层和平流层，即约50 km高度以下的整个大气层。研究的地区范围包括全球、大区域和局部地区。

大气化学动力学 [atmospheric chemical kinetics] 大气化学的一个分支学科。主要内容是探讨大气中种类繁多的有机物和无机物的化学反应过程和归宿。大气化学动力学的具体任务是定量地研究大气中存在的天然的或人为排放的微量物种在大气的化学反应速率，揭示其反应机理，并为大气化学模式提供各种重要的参数。

大气化学实验室模拟 [experimental simulation of atmospheric chemistry] 大气化学研究中的三大支柱之一，是通过在实验室中创造一个简化的、可控的大气环境，并在此基础之上研究大气化学的一种研究手段。主要目的在于探索反应机理，获取反应速率，为模式模拟提供基础数据，为外场观测提供理论解释。

大气环境化学 [atmospheric environmental chemistry] 研究实际大气环境下（包括平流层和对流层）发生的主要化学反应及其对人类和地球系统的影响的一门学科。它有三大支柱，分别是外场观测、实验室研究和数值模拟。

大气均相非均相反应化学 [homogeneous and non-homogeneous reaction chemistry in atmosphere] 研究实际大气中主要的均相（气相、液相和固相）以及非均相（气-固、气-液或者气-液-固）化学反应的机理和反应速率的一门学科。大气化学的研究重点从早期的均相反应逐渐过渡到目前的非均相反应。

大气颗粒物表面的非均相反应 [heterogeneous reactions on surface of particles in the atmosphere] 发生在大气颗粒物表面的气-固、气-液或者气-液-固的多相反应，对大气组分、地球辐射平衡以及人体健康都有较大影响。由于颗粒物具有复杂的化学组分、混合方式、表面结构，增加了其表面的非均相反应的研究难度。颗粒物表面NO_y的光解以及有机物的氧化是目前该领域的研究热点。

大气颗粒物表征 [atmospheric particulate characterization] 用物理或化学方法对大气颗粒物进行物理化学性质的分析、鉴定，目的在于阐明颗粒物的理化特性，包括形貌、粒径、化学组分、吸湿性等，从而可以了解颗粒物的来源与它们在环境或介质中所发生的物理化学行为及其关系。

大气颗粒物采样效率 [air particulates collection efficiency] 在规定条件下(如采样流量、气体浓度、采样时间等)能够被收集器采集的颗粒物的质量占通过收集器空气中颗粒物质量的百分比。

大气颗粒物化学 [atmospheric particle chemistry] 即气溶胶化学。

大气气相反应 [atmospheric gas-phase reaction] 大气中气态物质（包括气态无机物和有机物）之间发生的化学反应。这是大气化学最早开展也是研究得最为成熟的一个领域，是目前大气模式研究中化学模块的主要组成部分。

大气圈 [atmosphere] 又称大气层。指包围地球的空气层总体。成分构成为氮气78.1%；氧气20.9%；氩气0.93%，还有少量的二氧化碳、稀有气体（氦气、氖气、氩气、氪气、氙气、氡气）和水蒸气。厚度大约在1000 km以上，但没有明显的界限，密度随高度而减小。根据随高度不同表现出的不同物化性质，从下至上分为对流层、平流层、中间层、暖层和散逸层。

大气污染化学 [atmospheric pollution chemistry] 研究大气环境中污染物的化学组成、性质、存在状态等物理化学特性，化学行为及化学现象，包括污染物来源、分布、迁移、转化、累积与清除等过程的变化规律；探讨大气污染对自然环境的影响和生态环境的效应；研究控制和防治大气污染的物理化学原理等。

大气污染化学模式 [chemical models of atmospheric pollution] 单独定量描述因化学转化引起的污染物浓度随时间变化的数学表达式称为大气污染物的化学模式。

大气污染控制化学 [air pollution control chemistry] 研究大气污染控制中涉及的化学机理、原理和过程的污染控制化学的分支学科。

大气污染物 [air pollutant] 又称空气污染物。当大气中某种物质或由它转化成的二次污染物的浓度达到危害环境健康、破坏生态系统平衡、威胁人类正常生存和发展的程度时，则称为大气污染物。按其来源不同，可分为天然污染物和人为污染物；按其排放方式不同，可分为一次污染物和二次污染物；按其存在状态，可分为气溶胶污染物和气态污染物。

大气污染物排放标准 [air pollutants discharge standard] 根据大气环境质量要求，结合环境特点和社会、经济、技术条件，对污染源排入环境的有害物质和产生的有害因素所做的控制数值，或者说是对排入环境的污染物和产生的有害因素的允许排放量（浓度）或限值。例如我国1996年颁布的《大气污染物综合排放标准》（GB 16297－1996）规定了33种大气污染物的排放限值，同时规定了标准执行中的各种要求。

大气污染效应 [atmospheric pollution effect] 因大气污染物的作用使某个或多个环境要素发生变化，并使生态环境受到冲击，甚至产生结构与功能的不利变化，破坏自然生态相对平衡的现象。例如光化学烟雾使得能见度下降、酸雨导致文物腐蚀、温室效应加剧以及臭氧层空洞等引起的各种效应。

大气污染遥感 [remote sensing for atmospheric pollution] 采用遥感技术监测大气污染。可测量气温、水蒸气、大气中的微量成分气体、气溶胶等的三维分布以及风和地球辐射收支。较常见的气溶胶遥感所用的星载遥感器有中分辨率成像光谱仪（MODIS）、大气臭氧总量绘图仪（TOMS）以及臭氧监测仪（OMI）等。

大气污染源 [source of air pollutant] 造成大气污染的污染物发生源。包括天然源和人为源。天然源是由于自然原因造成的，如火山爆发、森林火灾等。人为源是由于人们从事生产和生活活动而形成，又可分为固定源和移动源，固定源有火电厂、采暖锅炉等，移动源有机动车、轮船等。

大气污染源调查 [survey of air pollution sources] 对某一特定地区造成大气污染的原因和来源进行的调查，是建立各类大气污染源清单、比较和估算污染源对大气污染的危害程度及其潜在危险、确定该地区的重点控制对象和主要控制方法的过程。调查内容主要包括地理区域的相关描述、各类污染源的详细描述及污染物排放量的估算等。

大气污染自动监测系统 [air pollution auto-monitoring system] 对大气中主要污染物进行连续自动监测的系统。常由一个中心站和若干个子站组成，各站之间用有线或无线通信保持联系，构建区域性空气质量的实时监测网络。

大气样品采集 [air sample collection] 即大气采样。

大气液相反应 [atmospheric liquid-phase reaction] 发生在液滴（多为水溶液）表面或者液滴内部的大气化学反应，受到液相传质的较大影响。由于大气经常会处于一个较高的相对湿度条件下，所以液相反应较为常见。近期有研究表明，云内的液相反应除了影响降水的pH外，也是二次有机气溶胶（SOA）的重要生成途径。

大气质量监测 [atmospheric quality monitoring] 对一个区域大气中主要的污染物进行布点观测，并由此评价大气环境质量的过程。通常根据一个地区的规模、大气污染源分布情况和源强、气象条件、地形地貌等因素，在该地区选定几个或十几个具有代表性的大气采样点，进行规定项目的定期监测。我国目前规定的大气质量监测项目包括颗粒物、铅、二氧化硫、二氧化氮、一氧化碳和臭氧等。

大气质量评价 [evaluation of air quality] 依据大气环境质量标准，运用合理方法对大气环境质量进行时间和空间上的定性、定量的评价，是确定大气环境质量的一种手段。这种评价主要在人口密集、大气污染显著的城市地区进行，并经常使用简明的大气质量指数进行大气污染状况的表达。

大气质量指数 [air quality index (AQI)] 定量描述空气质量状况的无量纲指数，用于大气环境质量评价以及污染控制和管理。它通过监测某一段时间内$PM_{2.5}$、PM_{10}、一氧化碳、二氧化硫、二氧化氮和臭氧等对象的平均浓度，得到其各自的空气质量分数，最大值即为当时的大气质量指数。它从0~300分成6个等级，AQI值越高，空气污染越严重。

大容量采样器 [high capacity sampler] 又称大流量采样器。工作点流量较大（通常大于1 m^3/min）的采样器。根据切割头不同，可针对总悬浮颗粒物、PM_{10}、$PM_{2.5}$等不同粒径段颗粒物进行样品采集。

氮氧化物 [nitrogen oxides] 由氮、氧两种元素构成的二元化合物的总称，包括NO、NO_2、N_2O、N_4O、NO_3、N_2O_3、N_2O_4、N_2O_5、$N(NO_2)_3$。在大气化学及相关领域中特指NO_x，即NO和NO_2，主要来源于土壤排放、雷电和燃烧过程，是光化学烟雾、酸沉降及二次颗粒物的重要前体物。

氮氧化物分析仪 [nitrogen-oxide analyzer] 又称NO_x计。测定大气或污染源排气中的氮氧化物浓度的仪器。有以吸收光度法[萨尔茨曼（Saltzman）法]、非分散红外吸收法、紫外吸收法、化学发光法和定电位电解法等为原理而制造的多种类型氮氧化物分析仪。目前中国环境保护部已针对环境大气、固定污染源排气等样品测量制定了不同的规范。

氮氧化物污染 [nitrogen oxides pollution] 含氮氧化物污染的总称。一般指NO、NO_2及其他活性含氮氧化物所形成的污染，主要包括氮氧化物排放直接造成的污染及其引起的光化学烟雾、酸沉降、颗粒物污染和水体富营养化等二次污染。

氮氧化物自动分析仪 [continuous analyzer for nitrogen oxides] 能连续自动测定环境大气中氮氧化物浓度的仪器。仪器测量原理可参见氮氧化物分析仪。

等动力采样 [isokinetic sampling] 进入采样器的空气流动速度与采样器附近和外部的空气流动速度相等的颗粒物采样技术。

低流量采样器 [low flow sampler] 即小容量采样器。

对流层化学 [troposphere chemistry] 研究因人类活动及自然过程引起的对流层大气中化学物质的分布、迁移、转化、循环的规律及伴随的大气化学现象，以及由此而引起的气候和生态环境的不利变化的一门学科，如城市空气污染、酸沉降、大气中氮、硫循环和温室效应等均包含在该学科范畴内。

对品红比色法 [pararosaniline hydrochloride spectrophotometric method] 即盐酸副玫瑰苯胺比色法。

多级撞击采样器 [cascade impacter] 即阶式撞击采样器。

二次颗粒物 [secondary particle] 由排放源排放的气体污染物，经化学反应或物理过程转化为液态或固态的颗粒物。如二氧化硫(SO_2)、氮氧化物(NO_x)、有机气体等经光化学反应可形成硫酸盐、硝酸盐和有机气溶胶等。二次颗粒物的物理化学性质与其前体物(即SO_2、NO_x、有机气体等)完全不同。

二次污染 [secondary pollution; re-contamination] 进入环境中的某些污染物，在物理、化学和生物作用下生成新污染物后，对环境产生的再次污染，如化石燃料燃烧排放的SO_2在大气中经氧化生成H_2SO_4后沉降到地面从而造成的酸沉降污染，垃圾填埋产生的渗滤液对于地面及地下水的污染等。

二次污染物 [secondary pollutant] 排入环境中的污染物在物理、化学、生物的作用下或与环境中其他物质发生反应而生成的新的污染物，如排入环境大气中的挥发性有机物（VOCs）与NO_x在光化学作用下生成的O_3、SO_2和NO_x经大气氧化生成H_2SO_4和HNO_3最终形成的酸雨等。

二次有机气溶胶 [secondary organic aerosol (SOA)] 天然源VOCs（如异戊二烯和单萜烯类等）和人为源VOCs（芳香族化合物为主）与大气中主要的氧化剂，如O_3、OH自由基和NO_3自由基等，发生反应后生成半挥发或难挥发性化合物，经气相-颗粒相的分配，凝结至原生粒子上，或发生成核作用，形成亚微粒子，其生成过程复杂，机理尚不明确。

二甲基硫 [dimethyl sulfide (DMS)] 又称二甲硫醚。化学式C_2H_6S，易燃液体，沸点37.5℃，不溶于水。海洋排放的二甲基硫是大气中硫化物的主要天然源。约占全球天然硫排放量的50%左右。其在大气中的氧化产物是硫酸盐气溶胶的重要来源。

二甲硫醚 [dimethyl sulfide (DMS)] 即二甲基硫。

二氯二氟甲烷 [dichlorodifluoromethane] 俗称F-12。化学式CCl_2F_2，无色气体，有类似醚气味及麻醉性，易溶于有机溶剂。曾被作为制冷剂广泛用于冰箱、空调等产品，但由于其可破坏臭氧层，于1994年后逐步被四氟乙烷取代。

二氯氟甲烷 [dichlorofluoromethane] 俗称F-13，化学式$CHCl_2F$，无色无味气体，熔点−135℃，沸点8.92℃，可溶于水。用作推进器燃料或制冷剂。可破坏臭氧层，臭氧破环潜势0.04。《关于消耗臭氧层物质的蒙特利尔议定书》规定其在2015年前必须被淘汰。

1,2-二氯四氟乙烷 [1,2-dichloro-1,1,2,2-tetrafluoroethane] 又称氟利昂-114（F-114）。化学式$C_2Cl_2F_4$。无色透明液体。沸点3.77℃，凝固点-94℃。无毒，不燃烧。由六氯乙烷或四氯乙烯与氟化氢在五氯化锑催化下反应，也是生产三氟三氯乙烷的副产物。用作制冷剂、气雾剂、起泡剂和介电气体，还是制造人造血浆的起始化合物。氟利昂（Freon）即“1,2-二氯四氟乙烷”。

二氧化氮污染 [nitrogen dioxide pollution] 由二氧化氮排放直接造成的污染及其引起的光化学烟雾、酸沉降、颗粒物污染和水体富营养化等二次污染，其主要来源为燃料燃烧、汽车尾气等。

二氧化硫污染 [sulfur dioxide pollution] 由二氧化硫排放直接造成的污染及其引起的酸沉降、颗粒物污染等二次污染，其主要来源为含硫燃料的燃烧、冶金、硫酸制造工业过程的排放等。

二氧化硫自动分析仪 [continuous analyzer for sulfur dioxide] 能连续自动测定环境大气中二氧化硫浓度的仪器。其测量技术由湿化学法、紫外荧光法逐渐向光谱法发展。国家标准中规定测量SO_2的点式分析仪以紫外荧光法为测量方法，而开放光程分析仪器采用差分吸收光谱法。

分散型气溶胶 [disperse aerosol] 固体粉末或液体泡沫飞散到空气中形成的气溶胶。

氟利昂-114 [F-114] 即1,2-二氯四氟乙烷。

氟利昂替代物 [surrogates of chlorofluorocarbons (SCFCS)] 指有着氟利昂的各种用途但又能在对流层光解或在从对流层扩散到平流层之前存在有效去除机制的化合物。该化合物中不含有氯原子，对臭氧分解潜能值(ODP)和全球变暖潜能值(GWP)为零或近似于零。

氟利昂替代物化学 [chemistry of surrogates of chlorofluorocarbons] 研究氟利昂替代物影响平流层臭氧的能力，即ODP（ozone-depleting potential，臭氧耗势）值；影响对流层臭氧的能力；作为温室气体的潜在能力，即GWP（global warming potential，全球增温潜势）值；研究氟利昂替代物在对流层的降解机制、寿命和降解产物对空气、水和土壤的环境影响等。

辐射强迫 [radioactive forcing] 对某个因子改变地球-大气系统射入和逸出能量平衡影响程度的一种度量，以对流层顶平均净辐照度的变化值定量。反映了该因子在潜在气候变化机制中的重要性，单位是W/m^2。正强迫使地球表面增暖，负强迫则使其降冷。IPCC报告中的辐射强迫值，是现在的辐射强迫相对于工业化前（定义为1750年）的差值。

副玫瑰苯胺比色法 [pararosaniline spectrophotometric method] 即盐酸副玫瑰苯胺比色法。

干沉降 [dry deposition] 在没有降水的条件下，由于湍流运动的作用，污染物在大气中输送扩散时，不断被下垫面吸收或吸附，形成持续向地面迁移的过程。是大气中污染物清除的主要过程之一，这一过程降低大气颗粒物及其前体物和中间产物等这些污染物在空气中的长期积累，有助于维持大气成分的相对稳定，同时干沉降携带的金属元素输入地表，影响陆地和水体生态系统。干沉降的速度大小随大气状态、污染物种类及下垫面类型而不同。

干沉降化学 [dry deposition chemistry] 大气化学分支之一。研究大气中气体或颗粒物在没有降水的条件下离开气体介质而沉积或吸附到地球表面，包括土壤、水体、植被表面等下垫面的过程和机理；研究影响沉降通量的各种物理、生物和化学的因素。

固定大气污染源 [stationary source of air pollution] 空气污染物从固定的地点或设施排出的污染源。

关于消耗臭氧层物质的蒙特利尔议定书 [Montreal Protocol on Substances that Deplete the Ozone Layer] 又称《蒙特利尔破坏臭氧层物质管制议定书》、《蒙特利尔公约》，常简称《蒙特利尔议定书》。联合国为避免工业产品中的氟氯碳化合物对平流层臭氧层继续造成破坏，承继1985年《保护臭氧层维也纳公约》的大原则，于1987年9月16日邀请所属26个会员国在加拿大蒙特利尔所签署的环境保护议定书。该议定书自1989年1月1日起生效，对于保护臭氧层进而保护人类健康起到了积极作用。

光化学气溶胶 [photochemical aerosol] 光化学反应的产物如气态硫酸和低挥发性含氧有机物，成核或凝结在大气微粒表面而形成的气溶胶，包括硫酸盐、硝酸盐和二次有机气溶胶。光化学气溶胶的前体物包括二氧化硫、氮氧化物、长链烷烃、芳香烃和萜烯类物质等。

光化学污染 [photochemical pollution] 大气中碳氢化合物和氮氧化合物在阳光作用下起化学反应所产生的化学污染。受人类活动影响较大的城市和区域大气，当满足紫外光照射，NO_x、VOCs浓度水平较高三个条件时，大气会发生一系列复杂的反应，产生一些氧化性很强的产物，如O_3、醛类、PAN、HNO_2等，形成光化学污染。20世纪50年代发生的美国洛杉矶光化学污染事件是城市空气质量问题的典型代表之一。

光化学烟雾 [photochemical smog] 大气中氮氧化物和碳氢化合物等一次污染物在阳光照射下发生一系列光化学反应，生成O_3、PAN、高活性自由基、醛、酮等二次污染物，参与反应过程的这些一次污染物和二次污染物的混合物所形成的烟雾污染现象。多发生在相对湿度较低的夏季晴天，呈浅蓝色，使大气能见度降低且具有刺激性气味。主要由汽车尾气和工业废气大量排放造成。我国于20世纪70年代末在兰州西固石油化工区首次发现光化学烟雾迹象。

光化学氧化剂 [photochemical oxidant] 在大气中由天然源和人为源排放的氮氧化物（NO_x）和碳氢化合物（HC），在阳光（紫外线）作用下发生光化学反应生成的，除氧以外那些显示有氧化性质的，能使碘化钾氧化为碘的全部污染物的总称。其主要包括O_3、H_2O_2、有机过氧化物和醛类等，这些氧化剂都具有很强的氧化性和刺激性。

哈龙 [Halons] 一类含溴的卤代烷烃的商品名称。主要用作灭火剂，通过破坏燃烧或爆炸的复杂链式反应来达到灭火目的。常温常压下该化合物性质稳定，在对流层大气中可以存在几十年甚至更长时间。在平流层内，强烈的紫外线照射使哈龙分子发生离解，释放出原子态氯和溴，氯和溴原子自由基是破坏臭氧层的主要物质。《关于消耗臭氧层物质的蒙特利尔议定书》规定的受控物质即包括哈龙。

合成纤维滤膜 [synthetic fiber filter membrane] 用合成高分子化合物作为原料，经过化学和物理方法加工而制得的纤维滤料的统称。可分为碳链纤维滤料和杂链纤维滤料两类。环境大气监测中，使用合成纤维滤膜收集大气中总悬浮物微粒样品（尘粒样品）。还可作为防尘口罩和高效过滤器的材料，电池隔膜和从液体中去除固体颗粒的滤膜，膜分相技术的分相膜等。

还原型烟雾 [reductive smog] 即伦敦型烟雾。

环境大气监测站 [monitoring station of atmospheric environment] 为常年监测大气环境质量状况而设置的监测站。分自动采样实验室分析和连续自动监测两类。2012年5月，位于武汉市的华中地区首个“大气超级监测站”开始运行，具备六大功能：大气污染化学成分自动监测，大气颗粒物(气溶胶)物理性质监测，大气光学特征监测，常规气象参数监测，灰霾天气分析，空气质量及监测技术研究等。

环境大气质量监测 [environmental atmospheric quality monitoring] 对国家空气质量标准中涉及的污染物进行布点监测，用以评价特定地区的空气质量水平是否符合标准要求。我国自2016年1月1日开始实施的《环境空气质量标准》（GB 3095—2012）中包括的污染物项目为：空气中颗粒物（总悬浮颗粒物、粒径小于等于10 μm以及2.5 μm的颗粒物）、二氧化硫、氮氧化物、一氧化碳、臭氧、铅和苯并[a]芘等污染物。

环境风洞 [environmental wind tunnel] 为研究环境目的而建造的，再现一般大气中气体流动、扩散、稀释等现象，以获得气体流动规律和气态物质浓度分布等规律的风洞。根据气流的流动形式可分为闭口回流式环境风洞和直流式环境风洞。

环境激光遥测 [environmental laser remote sensing] 应用激光雷达在大区域范围内测定大气污染物的一种主动遥测技术。

机动车排气污染 [vehicle exhaust pollution] 由机动车排气管、曲轴箱和燃烧系统所蒸发排放的各种污染物所造成的环境污染。这种污染具有很强的区域性。机动车在行驶过程中排放废气形成污染源，源强由道路上总车流量和车辆的排污率来决定。主要污染物是CO、HC、NO_x、各种粒径的颗粒物等，这些污染物经过转化还可能产生二次污染，造成城市和区域性的光化学污染、酸沉降污染和颗粒物污染，危害人体健康和生态环境。

积聚模 [accumulated mode] 惠特比(K. Whitby)基于大气颗粒物表面积浓度的粒径谱分布情况定义的颗粒物的三种模态之一。其气溶胶颗粒物的粒径在0.05 μm与2 μm之间主要来源为艾特肯核模的凝聚，燃烧过程所产生的蒸汽冷凝、凝聚，以及由气体分子通过大气化学反应所产生的二次气溶胶等。

激光遥测分析 [laser remote sensing analysis] 以当激光辐射的波长与被检测气体分子的特征吸收跃迁波长一致时就出现共振吸收为基础的，可遥测现场污染源和远距离气溶胶等大气成分监测的一种分析技术。

激光诱导荧光光谱 [laser induced fluorescence spectroscopy (LIF)] 在一定波长激光的激发下，分子从激发态跃迁回基态时，以荧光形式释放出能量，对荧光光谱进行检测分析的一种技术。该技术通常采用高强度、高单色性和高相干性的激光作为光源，通过测量荧光强度而实现对目标物质的测量。是一种灵敏度和选择性极高的光谱技术，可用于检测大气中极痕量的自由基。

NO_x计 [nitrogen-oxide analyzer] 即氮氧化物分析仪。

碱片法 [alkaline filter paper method] 测定大气中硫酸盐化速率的一种方法。其原理为将用碳酸钾溶液浸渍过的玻璃纤维滤膜暴露在大气中，与气态含硫化合物（如二氧化硫）发生反应，生成硫酸盐，然后用重量法进行测定，计算得出硫酸盐化速率。该方法设点方便，设备简单，样品采集时间长，无需动力采样，同时较好地反映出大气含硫物质（主要是二氧化硫）的污染趋势。

校正用气体 [calibration gas] 用于校正气体分析装置和质量保证的气体。主要有零气和标气两类。零气主要用于校正气体分析装置的零飘值。标气主要用于检查调整仪器的标飘值、响应时间等技术指标。

校正用气体配气装置 [calibration gas generating system] 能连续产生不同浓度校正用气体的装置。

阶式撞击采样器 [cascade impacter] 又称多级撞击采样器。根据空气动力学原理，在一定流速下，空气通过多级惯性撞击器，将气流中不同粒径的颗粒按其惯性的大小，分别阻留在各级撞击器的采样膜上，形成一连串阶梯式的颗粒物不同粒径分布样品，从而采集大气中不同粒径颗粒物的采样装置。气溶胶的性质、化学组成及毒性都与其粒径有关，因此该采样器广泛应用于大气环境质量的检测。

聚四氟乙烯滤膜 [Teflon filter membrane] 又称特氟龙滤膜。由聚四氟乙烯制成的具有筛分功能的薄膜。其化学性质稳定，过滤效率好，广泛应用于气溶胶采样。

颗粒污染物 [particle pollutants] 悬浮在空气中对生物和人体健康会造成危害的固态或液态污染物。按照其来源和物理性质，可分为粉尘、烟、飞灰、黑烟、雾。按其来源可分为一次颗粒污染物和二次颗粒污染物。可通过大气干沉降和湿沉降过程清除。

颗粒物粒径 [particulate size] 表征颗粒物大小的参数，通常以纳米(nm)或微米(μm)作为单位。按颗粒物粒径大小划分的范围，不同粒径的颗粒物理化学性质和化学成分有很大差异。大气颗粒物粒径分布存在明显的时空变化，与大气稳定度和湿度等气象条件有关。

颗粒物污染 [pollution by particulates] 空气中悬浮着大量的固体或液体颗粒物，对人体健康和其他生物造成危害的现象。粒径在2.5μm以下的颗粒物可进入人体的肺泡，对人体的呼吸系统有很大危害。颗粒物污染有明显的季节分布特征，冬春季节较为严重，夏季污染程度较低；与气象因素有关，污染程度一般与气压呈正相关，与风速呈负相关。

可吸入颗粒物 [inhalable particles (IP)] 又称飘尘或PM_{10}。悬浮在大气中的空气动力学直径小于10μm的液体或固体颗粒物。不同粒径的可吸入颗粒物，可进入人体呼吸系统的不同器官，沉降在上呼吸道、下呼吸道、甚至是深入到肺泡中，导致呼吸系统疾病，是环境大气质量标准的重要指标。

空气动力学直径 [aerodynamic diameter] 又称气体动力学当量直径。将实际大气中形状不规则的颗粒在大气中的沉降速率等效成单位密度的球体在大气中的沉降速率，这个等效球体的直径即为该颗粒的空气动力学直径。

空气毒物 [air toxics] 即有害空气污染物。

空气污染本底监测网 [Background Air Pollution Monitoring Network] 为记录大气中痕量组分的变化设置的用以监测本底空气污染状况的网络。它是大气监测系统的组成部分。根据目的不同分为空气污染基准监测站和空气污染区域监测站。

空气污染物 [air pollutant] 即大气污染物。

粒径分布 [size distribution; particle size distribution] 用特定的仪器和方法反映出的气溶胶体系中颗粒的某种物理或化学特征变量在不同粒径范围内所占的百分数。

粒径分布类型 [type of size distribution] 即粒径分布模态。

粒径分布模态 [mode of size distribution] 又称粒径分布类型。按颗粒物的粒子数、表面积、体积或质量（包括元素或化合物）等在不同粒径中的浓度进行分类，获得的由小到大不同颗粒物粒径范围内颗粒的模态。

粒子计数器 [particle counter] 测定空气中颗粒物数浓度(即单位体积空气内含有颗粒物的数目)的测量仪器。有光散射粒子计数器、静电式粒子计数器及凝聚核计数器等。

林格曼数 [Ringelmann number] 评价排放烟尘浓度的一种数值。通过肉眼观测烟羽黑度与林格曼烟尘浓度图对比而得到。分0至5六个等级。其中除全白、全黑分别代表烟气黑度的0级和5级外，其余4个级别是根据黑色条格占整块面积的百分数来确定，黑色条格的面积占20%为1级；占40%为2级；占60%为3级；占80%为4级。

林格曼烟尘浓度图 [Ringelman's smoke chart] 用比较法测定烟尘浓度时广泛使用的一种规格图。该图是在长14cm、宽20cm的各张白纸上描出宽度分别为1.0mm、2.3mm、3.7mm、5.5mm、10.0mm的方格黑线图，使矩形白纸板内黑色部分所占的面积大致为0、20%、40%、60%、80%、100%，以此把烟尘浓度区别为6级，分别为0、1、2、3、4、5级。

零气 [zero gas] 不含待测成分、干扰物质及与测定有关的组分，用以调整分析仪器零点刻度的气体。一般使用不含与待测成分有关的组分的高纯氮或清洁空气作为零气。

硫化氢 [hydrogen sulfide] 一种无机化合物，化学式为H_2S。正常情况下为无色、易燃的酸性气体，浓度低时有刺激性（臭鸡蛋）气味，浓度高时没有气味，化学性质不稳定，溶于水生成弱酸。

硫酸雾 [sulfuric acid mist] 硫酸微粒在大气中大量悬浮而造成的一种大气污染现象。

硫酸盐化速率 [sulfation rate] 大气中的含硫污染物（如二氧化硫、硫化氢、二甲基硫等）经过一系列的氧化演变过程生成硫酸盐的速率。

硫氧化物污染 [sulfur oxide pollution] 大气中大量的硫氧化物所造成的污染。主要有气态的SO_2、SO_3、气态硫酸，以及颗粒态的硫酸盐等。

伦敦型烟雾 [London smog] 又称还原型烟雾或煤烟型烟雾。因伦敦烟雾事件而得名。烟气中主要为二氧化硫、颗粒物和一氧化碳，具有还原性质。这种污染一般发生在冬季、气温低、湿度高和日光弱的天气条件下。

伦敦烟雾事件 [London smog episode] 1952年发生在英国伦敦的由大气污染引发的重大公害事件之一。事件原因是燃煤排放的硫酸化合物严重超出正常值。从烟雾发生后第三四天起，居民开始发病，出现咳嗽、喉痛、胸闷、头痛、呼吸困难、眼睛刺激等症状，造成震惊一时的4天中死亡人数较常年同期多出4000人的严重事件。

洛杉矶光化学烟雾事件 [Los Angeles photochemical smog episode] 20世纪40年代初期至50年代，发生在美国洛杉矶市的一系列光化学烟雾事件的统称。大量汽车排放的氮氧化物、碳氢化物、一氧化碳等在阳光作用下生成刺激性的光化学烟雾，该烟雾中含有臭氧、氮氧化物、醛类和其他氧化剂，在逆温气象条件下不易扩散。生活在该地区的居民发生眼睛红肿、喉痛、咳嗽、皮肤潮红等症状，严重者心肺功能衰竭，仅1952年的一次光化学烟雾便导致65岁以上老人死亡400人。

洛杉矶型光化学烟雾 [Los Angeles photochemical smog] 机动车尾气排放的氮氧化物和碳氢化合物等一次污染物在太阳光紫外线作用下生成臭氧、过氧乙酰硝酸酯、醛类等二次污染物，由这些一次和二次污染物混合形成的一种刺激性的气体和颗粒物的烟雾污染。1943年在美国洛杉矶首先发生严重的光化学烟雾事件，故而又称“洛杉矶光化学烟雾”。

煤烟型烟雾 [coal smog] 即伦敦型烟雾。

蒙特利尔公约 [Montreal Protocol] 即关于消耗臭氧层物质的蒙特利尔议定书。

蒙特利尔破坏臭氧层物质管制议定书 [Montreal Protocol on Substances that Deplete the Ozone Layer] 即关于消耗臭氧层物质的蒙特利尔议定书。

蒙特利尔议定书 [Montreal Protocol] 关于消耗臭氧层物质的蒙特利尔议定书的简称。

摩擦层 [friction layer] 即大气边界层。

凝聚型气溶胶 [coagulated aerosol] 由蒸汽分子冷却凝聚而形成的微小颗粒分散于空气中的气溶胶。也有一些液体分子，如有机溶剂在高温蒸发过程中进入大气，遇冷凝聚形成雾。

飘尘 [floating dust] 即可吸入颗粒物。

气溶胶的源识别 [sources identification of aerosol] 基于气溶胶的组分特征，对气溶胶的来源进行判别、解析及评价的过程。通常利用特定的分子示踪物含量计算其源识别指数，或是利用受体模型等方法计算源贡献。

气溶胶化学 [aerosol chemistry] 又称大气颗粒物化学。大气化学的重要分支。研究大气中气溶胶的来源、形成、分布、运输、消除过程中的物理化学行为，化学组成的变化，存在状态的特性、粒径谱的演变及其与大气现象的关系等。

气溶胶粒径谱 [aerosol size distribution] 气溶胶颗粒数浓度与半径的函数关系。常用气溶胶个数微分和半径对数微分的比值表示。容格谱建议用简单的指数函数来拟合气溶胶粒子尺度谱。由于它描述了气溶胶粒子尺度谱的主要特征，因而广泛使用。

气体动力学当量直径 [aerodynamic equivalent diameter] 即空气动力学直径。

气体吸收测量管 [bubbling pipette] 用于大气样品采集的装置。由吸收容器、抽气动力装置和吸收瓶组成。抽气动力装置即抽气泵(如电磁泵、薄膜泵等)，带有转子流量计，吸收容器常称为“吸收管”和“洗气瓶”。如多孔板吸收管(瓶)，除了采集气态和蒸气态物质外，还可采集雾态气溶胶，具有较高的吸收效率。

清洁空气 [clean air] 未受污染的空气。其组成与正常空气中的相一致，通常用空气组成的本底值作比较，以判别是否洁净或受污染的程度。

全球增温潜势 [global warming potential (GWP)] 衡量目标气体对全球增温能力的一种标度，是单位质量的任何气体与以二氧化碳为参照标准所造成的温室效应增加的比率。计算方法为给定某一物质，在一定时间积分范围内与二氧化碳相比而得到的相对辐射影响值，用以评价该物质对气候变化影响的相对能力。

萨尔茨曼法 [Saltzman method] 即盐酸萘乙二胺比色法。

β射线吸收法测尘仪 [beta-absorption dust monitor] 一种测定空气中含尘量的仪器。其原理为β射线穿过待测定物质后，射线强度衰减程度仅与被穿透物质的质量有关，而与其物理、化学性能无关。当仪器按规定流量抽取空气样品，气体通过带状滤纸过滤，使粉尘集中到该滤纸上，捕集前和捕集后的滤纸经β射线照射并测定透过滤纸的β射线强度，便能间接测出附在滤纸上的粉尘质量。

生物质燃烧 [biomass burning] 生物质(农作物、秸秆、锯末、花生壳、稻壳等)进行燃烧的现象。有农田焚烧、森林火灾和农村生活燃料的使用等形式，具有周期性、季节性的特点。生物质燃烧产生大量的气态及颗粒态组分，对全球气候系统、大气环境以及生态系统产生重要影响。

湿沉降 [wet deposition] 大气中的酸性气体及酸性物质的颗粒物(即酸性气溶胶)在降水过程中被冲刷消除的现象。有两种方式：一种为云中洗脱，即酸性物质在云的形成过程中被消除；另一种为云下洗脱，即酸性物质在云降水时，被雨滴等吸附、扩散、溶解而消除。

湿沉降化学 [wet deposition chemistry] 环境化学的一个分支。研究大气中的微量气体和大气气溶胶粒子被雨、雪、露、霜等降水物所清除而迁移到地表的过程，研究其化学组成和清除机理，也包括在清除过程中在气体和气溶胶中发生的化学转化。

湿式溶吸器 [wet denuder] 一种分离气体与固体颗粒物的装置。一般为双层管结构，双层管之间有吸收物质，一般为溶液，双层管不断转动将溶液涂于内壁，当气体和固体颗粒的混合气流通过双层管时，气体由于扩散作用而被溶液吸收，颗粒物则因为惯性穿过双侧管。

室内空气污染 [indoor air pollution] 由各种原因导致的各种化学、生物和物理因素的物质在封闭空间内扩散、积聚，造成室内空气质量的明显下降，并对人体健康存在危害。

受体模型 [receptor model] 一种识别与解析受体处大气污染物不同来源及其贡献率的数字模型。从20世纪60年代后期发展起来后，一直用于大气颗粒物源（即发生源）的识别，并不断在改进完善中。主要包括富集因子法、聚类分析、因子分析、主成分分析、目标变换因子分析（TTFA）、多变量分析——化学元素平衡法（CEB）、正交因子矩阵变换法（PMF）、类型识别技术（pattern recognition technique）、空间系列分析和时间系列分析等受体模型的基本思想是受体与源之间的污染物呈质量平衡的关系，因为污染物从发生源排出后，经扩散混合，在大气中是比较均匀分布的（此点是本模型假设中与实际情况差异较大之处）。基于这一思想，可将受体处大气颗粒物及其中元素的来源和质量，认为都是由周围不同污染源输送过来叠加的结果，所以可用简单的数字表达式来表示。假设污染源j排出的颗粒物质量为M_j，现共有P个污染源，它们排放的颗粒物输送到受体处，混合而成该处的颗粒物，其质量为m。因此受体处颗粒物m应为各污染源排放颗粒物质量的加和，即$m= M_j$。若颗粒物中各种元素的质量为m_i，并假定颗粒物从污染源输送到受体处的过程中其质量保持不变，即质量守恒，则可写成如下的源-受体模式：

$$m_i= M_{ij}= F_{ij}M_j$$

式中，M_{ij}是从污染源j排放颗粒物中元素i的质量；F_{ij}是j污染源排放颗粒物中元素i的质量百分数。

双通道采样器 [double channel sampler] 拥有两个平行的通道，可以同时获得在相同条件下的两个大气样品的一种大气污染物采样器。其优点在于保证了在同一时间获得的两个样品的平行性，避免了不同仪器、不同时间或者不同地点造成的样品差异。同时获得两个相同条件的样品使得获得的样品量增加，有利于下一步的分析。

酸沉降 [acid deposition] 大气中的酸性物质降落到地面上的过程。酸沉降包括“湿沉降”和“干沉降”。湿沉降通常指pH低于5.6的降水，包括雨、雪、雾、冰雹等各种降水形式。最常见的就是酸雨，这种降水过程称为湿沉降。干沉降是指大气中的酸性物质在气流的作用下直接迁移到地面的过程。

酸沉降化学 [acid precipitation chemistry] 研究干、湿沉降过程中与酸有关的各种化学问题的学科。包括降水的化学组成、酸物质的来源、形成机制、存在形式、化学转化以及降水组成的变化和趋势等。

酸沉降临界负荷 [critical load of acid deposition] 生态系统能够安全承受的酸沉降所造成的最大酸化程度。酸沉降临界负荷因地而异，当实际酸沉降超过临界负荷时，土壤和地表水体原来正常的化学状态就被破坏。

酸雾 [acid fog] 雾状的酸类物质。在空气中酸雾的颗粒很小，比水雾的颗粒要小，比烟的湿度要高，粒径为0.1~10μm，是介于烟气与水雾之间的物质，具有较强的腐蚀性。其中包括硫酸、硝酸、盐酸等无机酸和甲酸、乙酸、丙酸等有机酸所形成的酸雾。

酸性降水 [acidic precipitation] 通过降水（如雨、雪、雾、冰雹等）使大气中的酸性物质迁移到地面的过程。最常见的形式为酸雨——pH小于5.6的降水。

酸性烟炱 [acidic soot] 通过烟道中含有酸性水汽或微小酸性水滴，聚集形成的烟炱。烟炱是燃烧不完全的碳粒子，它可聚集成1～3mm直径的烟灰。酸性烟炱可使物品染成棕色，损坏油漆的色泽，是使环境酸化的污染之一。这种烟炱主要是由于使用含硫高的煤或油作燃料，在燃烧条件不良的情况下造成的。

酸雨 [acid rain] pH值小于5.6的大气降水（雨、雪等），它是酸沉降的一种形式。酸雨主要由化石燃料燃烧产生的二氧化硫、氮氧化物等酸性气体，经过复杂的大气化学反应,被雨水吸收溶解而成，按主要酸性化学物质分类可分硝酸型酸雨和硫酸型酸雨。

碳氧化物污染 [carbon oxide pollution] 含氧碳化物污染的总称，一般指CO及CO_2所形成的污染。CO是无色、无嗅的有毒气体，在大城市空气中70％～80％来自机动车辆排放的废气，小部分来自家庭用煤或木材燃烧。CO_2主要来源于生物的呼吸作用和化石燃料等的燃烧。CO_2具有温室效应，其大气浓度逐渐增高，对整个地–气系统中的长波辐射收支平衡产生影响，造成全球性的气候变化。

特氟龙滤膜 [Teflon filter membrane] 即聚四氟乙烯滤膜。

温室气体 [greenhouse gases（GHG）] 又称温室效应气体。指大气中导致温室效应的气体成分。这一类气体能吸收和反射地表红外辐射，引发近地面大气热量收支变化而引发温室效应。地球上天然存在的温室气体有CO_2、H_2O等，缺少它们，地球表面的平均温度将降至约–18℃。但是工业革命以来，由于人类排放过量的CO_2以及CH_4、N_2O、O_3、氯氟烃等其他温室气体进入大气，导致地球平均气温上升，危及地球生态系统。

温室气体分析 [greenhouse gases analysis] 针对大气中存在的自然或人为产生的温室气体进行痕量分析，掌握其排放和分布特征，为控制温室气体排放、改善全球暖化趋势提供技术支持。

温室效应 [greenhouse effect] 大气层的某些气体吸收红外辐射引起地球气候变暖的现象。与温室效应有关的气体主要是二氧化碳，也包括水汽、氯氟烃和甲烷气等。它们能让可见光和紫外线透过到达地面，同时吸收从地球表面辐射的热量，引起全球气候变暖。

温室效应气体 [greenhouse gases] 即温室气体。

污染源解析 [source apportionment] 以现场实测污染物样品分析的数据为依据，进行污染发生源类型的识别和各类源贡献的定量分析的过程。源解析模型主要的有：源扩散模型和受体模型（包括化学质量平衡法以及因子分析法）。

污染源识别 [source recognition] 简称源识别。对污染物的来源进行判别、解析与评价。识别方法主要是根据污染物的物理和化学的性质，如依据形状、粒径等物理性质的不同，通过光学或电子显微镜技术来判别其来源，或者根据污染物的化学组成，应用受体模型计算以获得某观测点(即受体)大气颗粒物的不同发生源类型及各发生源对该观测点污染物贡献量的大小。

污染源因子分析 [factor analysis for pollution sources] 将数学上多元统计分析方法中的因子分析，应用于污染物来源的解析(又称源识别)问题上的一种数学方法。特点是把具有错综复杂关系的许多因子(样品或变量)，综合为数量较少的几个因子(主因子或公共因子，相应于污染源)，并得出变量(浓度)与因子(污染源) 之间的相关关系。

无动力大气采样器 [power-free air sampler] 即被动式大气采样器。

吸收瓶 [absorption bulb] 用溶液吸收法采集大气中污染物的一种玻璃容器。

细颗粒物 [fine particle] 又称$PM_{2.5}$。粒径小于2.5 μm的大气颗粒物。是艾特肯模与积聚模这两种模态的粒子的总称。

现场大气采样 [*in situ* air sampling] 有组织、有规模地在所选定地点或地域对大气进行的实时的取样分析过程。

消耗臭氧层物质 [ozone layer depletion substances] 造成地球臭氧层破坏的化合物统称。主要来源于人工合成的一些含有卤族元素的化合物，如氟利昂等是造成平流层臭氧损耗的最重要因素。

硝酸雾 [nitric acid mist] 空气中硝酸微粒所形成的雾。

小容量采样器 [low capacity sampler] 又称低流量采样器。采集大气颗粒物的一种采样器，流量范围为10~30L/min，滤材多为圆形，直径通常为47~100mm。

笑气 [laughing gas] 释文见无机化学同名词条。

行星边界层 [planetary boundary layer] 即大气边界层。

悬浮颗粒物 [suspended particulate] 悬浮在大气中的固体、液体颗粒状物质(又称气溶胶)的总称。

烟尘浓度计 [dust monitor] 对烟道排气中的烟尘浓度进行连续或间断监测的装置。根据其原理不同大致可分为光透射法、光散射法、接触带电法、β射线吸收法等多个类别的烟尘浓度计。

烟炱 [smuts] 含碳物质不完全燃烧而形成的颗粒和焦油凝聚而成的固体混合物。如煤、石油燃烧产生的黑色细小颗粒(即黑碳)，一般粒径小于0.5 μm，也有的小于0.1 μm。有很大的表面积，能吸附气体污染物，并在其表面发生催化氧化作用。通过酸性水滴或微小雾滴凝聚形成的烟炱称“酸性烟炱”，可使物品染成棕色，损坏油漆的色泽，是环境酸化的污染物之一，主要是由于使用含高硫的煤或油作燃料，在燃烧条件不良的情况下生成的。

烟雾 [smog] 原指空气中的煤烟与自然雾相结合的混合体。现泛指工业排放的烟尘为凝结核所产生的雾状物(如伦敦烟雾)、或碳氢化合物经光化学反应而生成的二次污染物(如洛杉矶烟雾)，是多种污染物的混合体形成的烟雾。会降低能见度，影响人体健康。

烟雾箱 [smog chamber] 研究光化学烟雾形成机制的实验装置。它是模拟大气光化学反应的重要工具。在气象条件、污染物状况和化学反应等都起重要作用的情况下，为弄清光化学烟雾的形成机理和污染规律，必须把化学反应从复杂的气象条件中分离出来。为此，设计制成了各种类型的光化学烟雾模拟箱，在可以控制温度、相对湿度的条件下，用紫外灯或适当强度的阳光照射来模拟大气中的光化学反应过程，并通过化学反应模式的研究得出由一次污染物形成光化学氧化剂的反应机理。烟雾箱可由主体部分、配气系统、照射系统和测试系统等部分组成。主体部分为化学反应部分，是烟雾箱的核心部分。配气系统包括反应气体的配制和空气的净化。所用材料有硬质玻璃、碳钢和抛光铝等金属或聚四氟乙烯作金属的衬层以及聚四氟乙烯薄膜等。照射系统有自然光源和人工模拟光源。前者用太阳光，后者有紫外荧光灯、汞弧灯和高压氙弧灯等。测试系统是由各种高灵敏度、响应时间快的测试仪器和设备组成，可瞬时测定各种反应物、中间产物和最终产物的浓度。

盐酸副玫瑰苯胺比色法 [pararosaniline hydrochloride spectrophotometric method] 又称对品红比色法或副玫瑰苯胺比色法。测定大气中二氧化硫最常用的化学方法。其原理为二氧化硫被四氯汞钠溶液吸收形成稳定的配合物，再与甲醛及副玫瑰苯胺作用，生成玫瑰紫色化合物，根据其颜色深浅，比色定量。该法的检出限为0.4 μg/5mL。二氧化硫浓度高于0.025mg/m^3时，吸收效率大于98%。该法灵敏度高，选择性好，可用于短时间采样(20～30min)或长时间采样(24h)；缺点是含汞吸收液毒性大，污染环境。可改用甲醛溶液吸收。

盐酸萘乙二胺比色法 [naphthyl ethylenediamine dihydrochloride spectrophotometric method] 又称萨尔茨曼法。溶液吸收采集氮氧化物(NO_x)后进行比色测定的化学法。大气中的氮氧化物经过三氧化铬氧化管氧化成NO_2，然后被吸收在溶液中生成亚硝酸，再与对氨基苯磺酸起重氮化反应，然后与盐酸萘乙二胺偶合生成玫瑰红色的偶氮化合物，根据颜色的深浅，比色定量。此法的检出限为0.25μg/5mL。当采样体积为6L时，NO_2的最低检出浓度为0.01mg/m^3。

阳伞效应 [umbrella effect] 指由大气污染物对太阳短波辐射的削弱作用而引起的地面冷却效应。引起该效应的大气污染物来源主要有：自然原因，如火山喷出大量尘埃和海水浪花飞溅将各种盐分带入大气；人为原因，如工业、交通运输和家庭炉灶排放出烟尘进入大气以及农业植被破坏使许多灰尘由地面进入大气。这些气溶胶粒子能吸收和反射太阳辐射，减少紫外线通过，使到达地面的太阳辐射大大减弱，导致地面温度降低。大气中气溶胶增加，丰富了大气凝结核，使云量、降水量、雾的频率增多，对地表也起冷却作用。

氧化亚氮 [nitrous oxide; nitrogen monoxide] 释文见无机化学同名词条。

一次颗粒物 [primary particle] 由排放源直接排入环境中的液态或固态颗粒物。如果排入的环境介质是大气，则又称为一次气溶胶。一次颗粒物在环境中未发生变化，保持其排放时的原有物理的和化学的性状。人为活动排放的一次颗粒物大量是化石燃料的燃烧及各种工业生产的排放物，如煤烟、粉尘、金属尘、水泥尘和汽车排气等。自然界产生的一次颗粒物有风沙、火山灰、森林火灾产生的微粒、海水溅沫(海盐粒)等。

一次污染 [primary pollution] 污染物由污染源直接排入环境所引起的污染。一次污染是相对二次污染而言的，是环境污染中的主要污染类型。一般是由那些进入环境后物理、化学性质不发生变化的污染物造成的。

一次污染物 [primary pollutant] 由人为或自然污染源直接排放至环境中且在排放过程中其物理化学性质未发生任何变化的污染物。如排入洁净大气和水体内的化学毒物、病毒等。一次污染物是环境污染的主要来源。常见的一次污染物有大气中的SO_2、氟利昂、萜烯，火山灰，水体和土壤中的重金属、有机物等。

一氧化二氮 [nitrous oxide; nitrogen monoxide] 参见无机化学笑气。

一氧化碳自动监测仪 [continuous analyzer for carbon monoxide] 能连续自动对一氧化碳进行分析测定的仪器。

移动大气污染源 [mobile source of air pollution] 位置随时间变化的大气污染源。主要是指向大气排放污染物的交通工具，如排放碳氧化物、氮氧化物、硫氧化物、碳氢化合物、铅化物及黑烟的机动车、飞机、船舶等。

有害空气污染物 [harmful air pollutants] 又称空气毒物。一类严重威胁健康和环境的空气污染物。包括醛类、腈类、酸类、酚类、酰胺类、芳香族、卤代物及某些长效杀虫剂等。

雨除 [rain out] 即云中洗脱。

元素富集因子法 [element enrichment factor method] 一种用以表示大气颗粒物中元素的富集程度，判断和评价颗粒物中元素来源（自然来源和人为来源）的方法。是气溶胶解析元素来源的有效手段之一。此法由戈登（C. E. Gordon）于1974年首先用于大气颗粒物的研究。

源识别 [source recognition] 污染源识别的简称。

云雾化学 [cloud and fog chemistry] 研究云和雾的化学组分、分布规律及其伴随云雾生成和演变的化学机理及过程的学科。

云下冲刷 [below-cloud scavenging] 云下降雨或下雪

对大气中气体和颗粒物冲刷、吸收的消除过程。

云中洗脱 [in-cloud scavenging] 又称雨除。云形成过程中与细小颗粒物(艾特肯核气溶胶)凝结、长大而成为雨滴的过程。

纸带式空气采样器 [air tape sampler] 一种可连续采集一定时间间隔内大气颗粒物的滤纸带采样器。

F-12 [F-12] 二氯二氟甲烷的俗称。

F-13 [F-13] 二氯氟甲烷的俗称。

$PM_{2.5}$ [$PM_{2.5}$] 即细颗粒物。

PM_{10} [PM_{10}] 即可吸入颗粒物。

9.3 水环境化学

重铬酸盐需氧量 [dichromate value oxygen demand] 即重铬酸盐指数。

重铬酸盐值 [dichromate value] 即重铬酸盐指数。

重铬酸盐指数 [dichromate index] 又称重铬酸盐值、重铬酸盐需氧量。用标准步骤，以重铬酸钾为氧化剂测定的水的化学需氧量，记为 COD_{Cr}。水样中加入过量的重铬酸钾溶液和硫酸，加热并用硫酸银作催化剂促使氧化反应完善，过剩的重铬酸钾以亚铁灵为指示剂，用硫酸亚铁标准液回滴然后将重铬酸钾消耗量折算为以每升水耗氧的毫克数表示。此法氧化程度高，可用于分析污染严重的工业废水，用以说明废水受有机物污染的情况。

非点污染源 [non-point source pollution] 即水污染面源。

海水盐度 [salinity of sea water] 海水中全部溶解固体与海水重量之比，通常以每千克海水中所含的克数表示。人们用盐度来表示海水中盐类物质的质量分数。世界大洋的平均盐度为 35‰。

环境胶体水化学 [environmental aquatic colloidal chemistry] 应用胶体化学理论以及扩散、电泳、可见光及 X 射线散射等技术，研究自然水体中胶体化学现象和过程的学科，属于物理、化学和纳米科学的交叉领域。胶体微粒在自然水体中能作为微量污染物的载体，因此研究胶体的絮凝沉降、扩散迁移等过程可以了解污染物的化学转化和归宿。

碱性硬度 [alkaline hardness] 又称暂时硬度或碳酸盐硬度。主要是由于重碳酸盐的存在引起的。水中可用煮沸方法除去的这一部分的硬度。可用盐酸滴定法测定该硬度。

降水化学 [precipitation chemistry] 大气化学的一个主要研究方向，研究降水(尤其是酸性降水)的化学组成、降水过程中的化学特性及其化学变化规律。降水化学研究领域包括酸雨前体物排放、污染物质传输、气相和多相化学过程、降水离子组成及其时空分布、降水化学对生态环境影响、降水污染控制对策等。降水酸度及化学组成研究是降水化学研究的重点。

内梅罗指数 [Nemerow index] 即水质综合污染指数。

水取样 [water sampling] 即水样采集。

水溶胶 [hydrosol] 以水作为分散介质的溶胶。其中分散的粒子可以是单个大分子，也可以是许多分子的聚集体。这种分散体系有很大的相界面，很容易被破坏而聚沉且不能复原，其特性是不稳定性、不可逆性、不均匀性和特有的分散度。具有布朗运动、丁铎尔效应和电泳、电渗等现象。自然界的江、河、湖、海都不同程度上有水溶胶的性质，如黏土微粒、有机质（如腐殖质等）以及天然水中的铁、铝、锰的氢氧化合物都是水溶胶，能吸附水中以离子态、分子态存在的污染物。水溶胶是水污染化学研究中的重要内容之一，其理论可应用到水的净化问题上。

水体生物净化 [biological purification of water body] 水体中的污染物经过生物特别是微生物的吸收、降解作用而消失或浓度降低的过程。是水体自净方式的一种。影响因素包括：污染物本身的性质、水中溶解氧的含量、水体中生物群落结构、水体的水热状况等。

水体生物污染 [biological pollution of water body] 来自人类和动物的有害病原微生物污染水体，影响水体的生物产量和质量，破坏水生态系统的结构与功能，危害人类健康的现象。水体受氮、磷等物质污染，引起藻类大量繁殖而产生的水华，也是水体生物污染的一种现象。

水体酸化 [acidification of water body] 酸性物质进入水体，使水体酸度升高(即 pH 值降低)或碱度降低(亦即是对酸性缓冲能力的减弱)的作用或过程。对水生态的影响较大。引起环境酸化的主要酸性物质是二氧化硫(SO_2)和氮氧化(NO_x)，它们来源于化石燃料的燃烧。尽管水体对外界酸输入具有缓冲能力，但随着酸性物质的输入，水体的缓冲能力将不断降低，最后导致水体酸化。

水体天然污染源 [natural pollution source of water body] 自然界中天然的物理、化学和生物学过程中产生的有毒有害物质释放或渗入水体，对水体环境及其组成或性质产生有害变化，从而影响人体健康的污染物质的产生场所。如：火山喷发、岩石矿物的风化和水解、大气飘尘的降水淋洗等。

水体污染 [water body pollution] 污染物进入河流、湖泊、海洋或地下水等水体后，其含量超过了水体的自然净化能力，使水体的水质和水体底质的物理、化学性质或生物群落组成发生变化，从而降低了水体的功能及其在人类生活中的作用的现象。

水体污染物 [pollutant of water body] 因天然或人为排放入水体的各种无机的、有机的、生物的有害物质，包括影响水质的过量繁殖的水生生物和细菌。可分为有机污染、需氧物质污染、营养物质污染、病原体污染、重金属污染、难降解有机物污染、热污染、放射性污染、盐(或酸、碱)污染等。

水体污染源 [pollution source of water body] 向水体排放污染物的场所、设备和装置等，通常也包括污染物进入水体的途径。主要包括工业废水、生活污水以及农业退水。分类原则包括污染物的成因、污染物的性质、污染物的时空分布特征等，如：按污染源的时空分布特征的原则分为点污染源和面污染源。

水体无机物污染 [inorganic pollution of water body] 随天然过程或人类的生产和消费活动而进入水体的无机物造成的水体污染。包括无机酸碱、无机盐、氮磷等营养物质以及无机非金属有毒物质(如：氰化物、砷)、无机金属有毒物质(如汞、铬、镉、铜、镍)等。

水体自净 [self-purification of water body] 进入水体的污染物经过物理、化学、生物等作用，使污染物浓度或毒性降低，水体逐渐恢复到污染前的状态的过程。按其净化机理可分为物理净化、化学净化、生物净化等。物理净化有沉淀、稀释、混合等过程；化学净化有氧化还原、分解化合、吸附凝聚等过程；生物净化有需氧微生物的氧化分解过程等。

水污染 [water pollution] 水体因某种物质的介入而导致其物理、化学、生物或者放射性等方面特性的改变，从而影响水的有效利用，危害人体健康或破坏生态环境，造成水质恶化的现象。能够对水体造成污染的污染源有天然污染源和人为污染源两类。

水污染常规分析指标 [general analytical guidelines of water pollution] 反映水质状况的重要指标。中国水污染常规分析指标体系主要包括地表水环境质量基本分析指标、特定分析指标、污水分析指标。是有关部门对水体进行监测、评价、利用以及污染防治的主要依据。

水污染点源 [point source of water pollution] 人类活动所排放的污水废水经由管道收集后集中进入水体造成污染的污染物来源。主要包括生活污水和工业废水。污染点源的变化规律依据工业废水和生活污水的排放规律，具有季节性和随机性。它量大、面广、含污染物多、成分复杂。

水污染化学 [water pollution chemistry] 环境化学的分支学科之一。主要研究化学污染物质在天然水体中的含量、存在形态、反应机制、化学行为、迁移转化及归宿的规律及水体中污染物的环境效应与生态效应，为水质评价、环境容量及综合防治提供科学依据。

水污染化学过程 [chemical process of water pollution] 导致天然水体水质转化的关键过程。如酸碱平衡、水解反应、缺氧条件下的氧化还原反应、有机物参与的亲核-亲电相互作用、水体中污染物在水体颗粒物/沉积物上的吸附与释放、光化学过程如均相光催化氧化，同时也包括颗粒物参与的非均相光催化氧化等。

水污染控制化学 [water pollution control chemistry] 研究水污染控制中涉及的化学过程、机理和原理的污染控制化学的分支学科。相关的化学过程主要有化学吸附、氧化还原、化学混凝、离子交换、膜分离、溶剂萃取、生物化学降解等。

水污染控制系统 [water pollution control system] 由污染物的产生、排出、输送、处理到水体中迁移转化等各种过程和影响因素所组成的水质污染及其控制系统。该系统的性能与功效主要表现为水质状况及其社会影响，同时也表现在控制污染措施的技术经济效应上。各个过程及其影响因素对该系统的总体功能效应都产生一定影响。

水污染面源 [area source of water pollution] 又称非点污染源。大面积、无组织的产生进入水体的污染物的来源。农村污水和农田灌溉水是水体污染的主要面源。此外，由于地质溶解作用及降水对大气的淋洗，使污染物进入水体，也是一种面源污染。城市地面废渣堆放场和工业区由于天然降水形成的水体污染有时也属于水污染面源。

水污染线源 [linear source of water pollution] 以线状形式分布和排放污染物而造成水体污染的发生源。水体中交通运输工具造成的污染常属于线状污染源，如江、河、湖、海上行进的船舶在正常条件下排放一定量的污染物（主要是油类），也包括油船事故突发性污染。

水污染型农药 [water pollution-prone pesticide] 指施于作物后，经环境因素的作用进入水体后，可使水体受到污染的农药。这类农药在一定的气象条件、地形条件及其他自然条件下，对水生动植物能产生明显危害，能引起公用水域的污染，同时对使用这种污染水的人畜产生危害。例如异狄氏剂、硫丹、鱼藤酮及五氯酚等。

水污染综合防治 [comprehensive water pollution control; integrated control of water pollution] 综合运用各种方法以防治水体污染的措施。包括运用综合方法减少污、废水和污染物的排放量，使用和开发各种污水处理技术，建立区域性或流域性水污染防治系统。

水样采集 [water sampling] 又称水取样。根据监测内容和监测项目的具体要求，选择具有代表性的监测断面或监测点位，采用规范化的采样方法，在规定的时段内采集样品，并及时、有效地将所采水样加以稳定。

水俣病事件 [Minamata disease incident] 1953～1956 年发生在日本熊本县水俣市的公害事件，因最早发现在水俣湾而命名为“水俣病”，是一种由于工业废水污染排放造成的公害病。1953 年发现首例怪病，症状初始是口齿不清、步态不稳、面部痴呆；进而耳聋眼瞎、全身麻木；最后精神失常、身体弯弓高叫而死。1955 年 5 月又出现 50 多例。经调查分析，是由于化工厂含汞的工业废水排入水俣湾和“不知火海”水体，被水生物食用并转化为有机汞，人食用鱼虾等海中生物后，由于摄入甲基汞等有机汞化合物而致病。据 1972 年日本环境厅统计，水俣湾和新潟县阿贺野川下游有中毒患者 283 人，其中 60 人死亡。

水质标准 [water quality standards] 环境标准的一个类别，是以水质基准为依据，综合考虑自然条件和国家或地区的社会、经济、技术等因素制定的。是为保护水环境、维持生态平衡，对水体及水污染源等所制定的有关水质指标的浓度（或数量）限定值。是进行水环境质量评价、应对环境突发事件、进行污染控制和环境风险管理等环境决策与环境管理的重要依据，其目的是保障水体各种使用功能的实现及水生态系统结构和功能的健康。一般具有法律效力。

水质界面化学 [aquatic surface chemistry] 环境水化学的重要分支，是研究各类水体中颗粒物与水的界面上发生的物理和化学过程及其规律的科学，即固/液界面的物理化学过程。

水质模型参数估值 [parameters estimation of water quality model] 水质模型是描述水体中物质混合、转移和转化规律的数学模型。水质模型参数估值是以模型的理论计算值序列与现场实测值序列之间的误差平方和为目标函数，用最优化方法，求解使目标函数值最小的合理的各参数值。目前，国内外普遍使用的多参数估值方法是最速下降法，其他方法还有阻尼最小二乘法、单纯形法、网格法、计算机扫描-作图-梯度法和正交优化法等。

水质体系化学动力学 [chemical dynamics of aquatic system] 一门把热力学、动力学、流体力学综合起来，用计算机模拟和地理信息系统进行数据处理和计算、宏观与微观相结合，来研究真实水体的状态和水质转化的过程的学科。

水质微界面化学 [aquatic micro surface chemistry] 环境水质学的重要分支。研究水体中颗粒物与水的微界面体系中发生的水质过程，即固液界面化学过程（既包括淡水和海洋中颗粒物的，还包括土壤、沉积物以及水处理中的固液界面过程）。核心是表面配位理论与计算模式，前者已经发展成为吸附过程定量计算的重要概念和方法，特别是在水体颗粒物和水质微界面过程中它得到了广泛应用。

水质稳定 [stabilization of water quality] 为了使水中溶解的 $CaCO_3$、CO_2 和 $Ca(HCO_3)_2$ 量保持平衡，水质不变，从而保证管道和设备中不致产生结垢或腐蚀现象而采用的水质处理过程。是通过改变理化条件促使化学平衡向有利于水质稳定方向发展的过程。

水质形态分析 [water quality speciation] 利用理化手段，分析水环境中不同物质的形态（如化合态、价态、结构态和结合态等）及不同形态的分布和数量。是水环境质量评价的基础工作，目的是评价物质在此形态下可能的环境行为和生态效应。

水质在线监测 [on-line monitoring for water quality] 对水质的成分及性质进行实地、实时的自动分析及测量。由于污水排放标准的建立与统一，水质指标变化在时间和空间上存在关系，水质在线监测成为水质监测的重要类型。

水质综合污染指数 [comprehensive pollution index of water quality] 又称内梅罗指数。在单项污染指数评价的基础上，进行水体多种污染物综合污染状况的指数评价方法。是水环境质量评价的重要方法，用于水质分级标准的确定。

水资源 [water resources] 在当前经济技术条件下一切可用于或者有潜力用于生产和生活的地表水、地下水和土壤水的总称。人类对水资源的利用主要包括农业、工业、生活、娱乐和环境行为，主体是可重复利用的淡水。

水资源管理 [management of water resources] 计划、发展、分配和管理水资源优化利用的行为。属于水循环管理的范畴。水行政主管部门运用法律、行政、经济、技术等手段实现水资源管理，例如建立取水许可制度和水资源管理信息系统等，目的在于使水资源发挥最大的社会、环境、经济效益。

水资源管理体系 [management system of water resources] 水资源管理的机构设置和权限划分等方面的体系和制度的总称。是合理开发利用和有效保护水资源以及防治水害的重要保证。

水资源系统分析 [system analysis of water resources] 利用系统科学的理论和方法，分析制定水资源合理开发、利用、保护和管理的方案。主要是在研究一个流域或地区内各种水源与水利水电工程措施间的相互关系的基础上进行水资源系统分析，包括基本输入分析、系统的功能分析和系统的输出分析等，目的是达到整体最优或最满意的综合效益。

瞬间水样 [snap sample] 就时间和地点而言从水体中不连续地随机采集到的样品。地点上随机采集的样品称为随机水样，时间上随机采集到的样品称为瞬时水样。当水体水质稳定，或其组分在相当长的时间或相当大空间范围内变化不大时，瞬间水样具有很好的代表性。

酸雨水化学 [aquatic chemistry of acid rain] 研究天然水体接受酸沉降后的各化学过程的变化规律的学科。包括天然水体接受酸输入的过程与效应的研究；天然水体酸化敏感性评价、区划及酸化趋势预测研究；酸化水体的修复治理等方面。

碳酸盐硬度 [carbonate hardness] 即碱性硬度。

液相催化氧化 [liquid-phase catalytic reaction] 在催化反应中，催化剂在液相（液态）反应物中进行的均相氧化作用。

暂时硬度 [temporary hardness] 即碱性硬度。

总有机碳 [total organic carbon (TOC)] 以碳的含量表示有机物总量的一个指标，它表示水中溶解性和悬浮性有机物中存在的全部碳。

9.4 土壤环境化学

二氧化碳施肥效应 [carbon dioxide fertilization effect] 利用施放二氧化碳从而增加作物产量的效应。增加二氧化碳浓度可降低植物光合中的氧抑现象，提高植物的光量子利用率。目前二氧化碳施肥法分为：化学反应法，直接施肥法，干冰埋施法。我国从 20 世纪 60 年代开始进行二氧化碳施肥研究。

腐殖酸 [humic acid] 又称胡敏酸。腐殖质的主要成分，溶于稀苛性碱和焦磷酸钠溶液的一组多种缩合的含酸性基的高分子化合物，与二元酸或三元酸表现相似，在自然界中通常与离子形成络合物。腐殖酸及其制品在农业和工业上用途广泛。

腐殖质 [humic substance; humus] 土壤中由缩合和聚合作用而形成的一系列高分子有机化合物，多呈褐色或黑色的无定形胶体。根据其在酸碱溶液中的溶解度不同，分为胡敏酸（腐殖酸）、富里酸和胡敏素三部分。其抗分解能力强，是土壤有机质的主要组成部分，对土壤水分和营养保留有重要作用。

富啡酸 [fulvic acid] 又称黄腐酸。土壤中既溶于稀碱又溶于稀酸的黄棕色天然有机高分子化合物。

胡敏酸 [humic acid] 即腐殖酸。

黄腐酸 [fulvic acid] 即富啡酸。

土壤农药污染 [pesticide pollution of soil] 农药及其在自然环境中的降解产物，进入土壤，超过土壤的自净能力，破坏生态系统，引起人和动植物急性或慢性中毒的现象。农药分有机农药和无机农药，其中易造成环境污染及危害较大的农药，主要是那些性质稳定、在环境或生物体内不易降解的有机氯农药、有机磷农药和有机氮农药等持久性高残留农药。

土壤溶质运移 [solute transfer in soil] 土壤溶质在土壤中的运动规律，以及土壤溶质在运移过程中与土壤介质发生的各种物理、化学和微生物学反应。通过研究土壤溶质运移的规律，可以预测土壤溶质在土壤中的行为表现，为预测和控制土壤和地下水的污染提供重要的理论依据。

土壤塑料薄膜污染 [plastic membrane pollution of soil] 土壤有机污染的一种，指由聚氯乙烯、聚乙烯、聚丙烯、聚苯乙烯或其他树脂制成的薄膜残留于土壤中所造成的污染。进入土壤的塑料薄膜，如果量超过了土壤的自净能力，就会造成土壤环境质量发生不良变化，危害人类健康和生存，导致土壤环境污染。例如，应用地膜覆盖栽培技术后，留在土壤中的塑料薄膜，给作物生长造成的负效应和对环境的危害。

土壤酸化 [soil acidification] 由于土壤本身的化学、生物学过程或者由于外部化学成分的输入，土壤 pH 降低或者中和能力下降的过程。土壤酸化有自然和人为原因，其中人为原因主要包括：①降水量大而且集中，淋溶作用强烈，钙、镁、钾等碱性盐基大量流失；②施石灰、烧火粪、施有机肥等传统农业措施的缺失，使耕地土壤养分失衡；③长期大量施用尿素等酸性化肥。

土壤污染化学 [soil pollution chemistry] 环境污染化学的组成部分。主要研究环境污染物在土壤-岩石圈中迁移转化的基本规律。迁移包括污染物的来源、扩散、分布、循环等环节，转化则包括污染物的形态、反应、归宿等环节。其研究目的是为环境质量评价、分析监测和控制治理等方面的工作提供依据。

土壤污染综合指数 [comprehensive index of soil pollution] 评价土壤受多种污染物污染综合效应的环境质量指数。污染指数选择的评价参数包括重金属、无机非金属毒物、有机毒物、酸度等，评价标准可选用区域土壤背景值。常以土壤中各污染物的污染指数的叠加作为土壤污染综合指数。计算式如：$P=\sum_{i=1}^{n}P_i=\sum_{i=1}^{n}\left(\frac{C_i}{S_i}\right)$，式中，$P_i$ 是单一污染物的污染指数；P 是多种污染物的综合污染指数；C_i 是污染物的实测值；S_i 为污染物的评价标准；n 为污染物的种类数。

土壤修复 [soil remediation] 利用各种技术减少土壤环境中有毒有害物的浓度使其无害化，从而使受污染的土壤环境能够部分或完全恢复到初始状态的过程。包括改变污染物的结构，降低污染物的毒性、迁移性或体积的各种化学、物理或生物学过程。

土壤修复技术 [soil remediation technique] 用物理、化学或生物学方法去除土壤中污染物或降低其毒害作用，使遭受污染的土壤恢复正常功能的技术措施，包括换土法、化学修复、生物修复、电修复和热修复等。

土壤元素背景值 [background value of soil elements] 在未受污染的条件下，土壤中化学元素的正常含量。由于人类的长期活动，特别是现代工农业生产活动的干扰，绝对的背景值通常难以测定，一般在相对不受直接污染的土壤获得元素背景值。

植物对土壤污染物的胁迫反应 [plant response to soil pollutant stress] 指土壤中植物生长的非必需物质（或元素）或过量的植物生长必需物质（或元素）所造成的对植物的各种毒害作用。如土壤中过多的化肥会导致植物失水，出现烧苗现象。

9.5 环境生态毒理

氨基甲酸酯杀虫剂 [carbamate insecticides] 一类具有—NH(CO)O—官能团的杀虫剂的总称。主要品种有呋喃丹、西维因、速灭威、叶蝉散等。能可逆性地抑制昆虫体内乙酰胆碱酯酶的活性，造成乙酰胆碱的积累，影响昆虫正常的神经传导而致死。碱性条件下易分解，在环境中大多具有较短的半衰期，不易造成持久性的农药残留。

4-氨基联苯 [4-aminobiphenyl] 又称对氨基联苯或对苯基苯胺。化学式 $C_{12}H_{11}N$。由对硝基联苯在酸性介质中以铁粉还原制取，主要用作偶氮染料和农药的中间体。有毒，可引起膀胱癌，被国际癌症研究机构列为1类致癌物。

八氯化茚 [octachloro-4,7-methanohydroindane] 即氯丹。

白消安 [Busulfan] 即1,4-双甲基磺酸氧基丁烷。

L-苯丙氨酸氮芥 [L-phenylalanine mustard] 又称米尔法兰或左旋溶肉瘤素。一种抗肿瘤药物。化学式 $C_{13}H_{18}Cl_2N_2O_2$。白色粉末，对光、热及湿不稳定。对多发性骨髓瘤有明显疗效，也适用于卵巢癌等。有致癌性，被国际癌症研究机构列为1类致癌物。

苯丙醇胺 [phenylpropanolamine (PPA)] 又称去甲基麻黄素或去甲麻黄碱。化学式 $C_9H_{13}NO$。一种苯乙胺类药物，属有机胺类生物碱。来源于麻黄科植物草麻黄（*Ephedra sinica* stapf）的茎，也可人工合成。为拟交感神经药，有收缩血管的作用。可作为拟肾上腺素药（血管收缩剂）、交感神经兴奋剂、支气管扩张剂、厌食剂。可用于外消旋酸性化合物的光学拆分。

苯丁酸氮芥 [chlorambucil] 商品名瘤可宁。化学式 $C_{14}H_{19}Cl_2NO_2$。属于氮芥类烷化剂。主要用作治疗慢性淋巴细胞白血病的化疗药物，可口服。20世纪90年代后逐渐被氟达拉宾取代。主要副作用为骨髓抑制，表现为淋巴细胞减少；有致癌性，能引起继发性恶性肿瘤，尤其是急性粒细胞白血病。

丙体六六六 [γ-hexachlorocyclohexane] 即林丹。

长期环境效应 [long-term environmental effect] 人类活动或自然过程所引起的环境系统结构和功能的长期变化，包括正效应和负效应。如温室气体排放、火山活动等对气候变化的影响属于负的长期环境效应，通过各种生态恢复技术对废弃矿山环境的修复属于正的长期环境效应。

持久性化学物质 [persistent chemical substance] 在环境中具有持久性的一类化学物质，包括持久性有机污染物和重金属等，该类物质能持久存在于环境中并能通过生物食物链累积，对人类健康造成有害影响。各种污染物由于它们的化学结构不同，在环境中的持久性也各不相同，通常采用一定百分率的污染物从环境中消失所需的时间为判断其持久性的指标，称为“持久期”。

持久性有机污染物 [persistent organic pollutants (POPs)] 多为人工合成的一类含卤素的有机化合物，部分来自于工业生产的副产物。这一类物质进入环境后难以降解因而具有持久性，并且具有半挥发性、远距离甚至全球输送性、生物蓄积性和各种毒性等。这些物质可能造成人体和动物内分泌系统紊乱、生殖和免疫系统受到破坏，并诱发癌症和神经性疾病。是《关于持久性有机污染物的斯德哥尔摩公约》控制的目标物质。

次生环境 [secondary environment] 人为因素引起的原生环境演变的结果。受人类活动干扰和影响较多的地域，在该地域中物质、能量、信息的交换、迁移和转化的规律都发生了重大变化，但其发展和演变仍受自然规律的制约。如耕地、种植园、鱼塘、人工湖、牧场、工业区、城市、集镇等。

代森类杀菌剂 [Dithane fungicide] 属于二硫代氨基甲酸衍生物，它是杀菌剂发展史上最早并至今仍被大量广泛使用的杀菌剂品种，是一类主要用于防治植物病害的保护性杀菌剂，它的出现是杀菌剂从无机到有机发展的一个重要标志。这类杀菌剂由于具有高效、低毒、对人畜植物安全以及防治植物病害广泛等特点，加之价格低廉，因此发展非常迅速，使用量很大，在代替铜汞制剂方面起了很重要的作用。

滴滴涕 [dichloro-diphenyl-trichloroethane (DDT)] 又称双对氯苯基三氯乙烷。化学式 $C_{14}H_9Cl_5$。1874年由奥地利人蔡德勒（O. Zeidler）首次合成，1939年瑞士人米勒（P. Müller）发现其杀虫活性。其后被大量生产并用于第二次世界大战期间和战后的卫生防疫，使疟疾、伤寒和霍乱等疾病的发病率急剧下降；并用于植物保护方面。但其后发现该物质难以降解，能长距离迁移，能在动物体内蓄积并且对生态环境造成影响。《寂静的春天》出版后，滴滴涕逐渐被停止使用。是首批被列入《关于持久性有机污染物的斯德哥尔摩公约》的物质之一。目前世界上大部分地区已经禁用了滴滴涕，只有少数地区仍继续使用以对抗疟疾。

吊白块 [sodium fomaldehydesulfoxylate] 即甲醛次硫酸氢钠。

1,4-丁二醇二甲基磺酸酯 [1,4-bis(methyl sulfonoxy)butane] 即1,4-双甲基磺酸氧基丁烷。

对氨基联苯 [*p*-aminobiphenyl] 即4-氨基联苯。

对苯基苯胺 [*p*-phenylaniline] 即4-氨基联苯。

对位红 [para red] 又称1-((对硝基苯基)偶氮)-2-萘酚。分子式 $C_{16}H_{11}N_3O_3$。红色固体，一种偶氮染料，被用于纺织物和生物学实验中的染色。具有潜在的致癌性，禁止在食物中使用。

1-((对硝基苯基)偶氮)-2-萘酚 [1-(4-nitrophenylazo)-2-naphthol] 即对位红。

对硝基联苯 [*p*-nitrodiphenyl] 又称4-硝基联苯。化学式 $C1_2H_9NO_2$，无色或黄色针状结晶，相对密度1.328，熔点114℃，沸点340℃。主要用作染料中间体和增塑剂。对人体有毒，中毒时损害中枢神经系统，出现发绀、心肌缺氧、贫血、高铁血红蛋白血症等。

多氯二苯并二噁英 [polychlorinated dibenzo-*p*-dioxins (PCDDs)] 一类氯代的有机污染物，根据氯原子的取代位置不同，一共包括75种物质，具有生物蓄积性，部分具有致癌性。主要来源为有机氯的生产过程、垃圾焚烧、氯漂白以及火山喷发、森林大火等自然过程。已被列入《关于持久性有机污染物的斯德哥尔摩公约》。

多氯二苯并呋喃 [polychlorinated dibenzofurans (PCDFs)] 一类氯代的有机污染物，根据氯原子的取代位置不同，一共包括135种物质。具有致畸致突变作用，疑似致癌物。通常与多氯二苯并二噁英有共同来源，主要在温度低于1200℃且具有氯原子存在下的燃烧过程中生成。

多氯联苯 [polychlorinated biphenyls] 联苯苯环上的氢原子为氯所取代形成的一类人工合成的有机物，被广泛用作制冷剂、绝缘液体、增塑剂和稳定剂等。不溶于水，环境中半衰期为8~15年。是疑似致癌物，具有内分泌干扰毒性和神经毒性等。由于其毒性、持久性及长距离迁移性，被首批列入《关于持久性有机污染物的斯德哥尔摩公约》的物质之一。

4,4′-二氨基联苯 [4,4′-diaminobiphenyl] 又称联苯胺。化学式 $C_{12}H_{12}N_2$。白色或微带淡红色的稳定针状结晶或粉末。属二元弱碱，与无机酸作用生成相应的盐，主要用于染料工业，是制备联苯胺系偶氮染料的原料。可在人体和动物组织中蓄积，有毒并且会致癌，被国际癌症研究机构列为1类致癌物。

二氯二乙硫醚 [dichloroethyl sulfide] 即芥子气。

富集系数 [enrichment factor] 即浓缩系数。

环境恶化 [environmental deterioration] 当环境迅速衰退到一定程度时，环境受到了严重的污染和破坏，这时，环境系统的自我调节能力几乎完全丧失，原有的功能也几乎完全不能保持的现象。

环境激素 [environmental hormone] 又称环境内分泌干扰物。人为或自然产生的，能够模拟或干扰人和动物的内分泌系统，产生类似激素样作用，造成生殖系统、神经系统、免疫以及发育损伤的外源性化合物。环境激素类化合物广泛存在于日常用品中，比如塑料瓶、金属饭盒、清洁剂、阻燃剂中，目前已经确认的内分泌干扰物包括二噁英及其类似物、多氯联苯、DDT及其他杀虫剂、双酚A，塑化剂等。

环境内分泌干扰物 [environmental endocrine disruptors] 即环境激素。

环境衰退 [environmental decay] 在人类不当活动的影响下，环境系统的结构发生了变化，从而使环境系统的自我调节能力下降、功能减退的现象。

环境有毒化学物质 [environmental toxic chemicals] 通过各种途径排放入大气、水源、土壤等并残留在环境中对环境造成污染的有毒有害化学物质，包括重金属污染物、非金属无机污染物、一般有机污染物、多环芳烃、多氯联苯及其他剧毒有机污染物等。

甲醛次硫酸氢钠 [sodium fomaldehydesulfoxylate] 又称吊白块。化学式 CH_3NaO_3S。半透明白色斜方晶固体，易潮解，遇酸分解。有强还原性，主要用作印染工业拔染剂，也可作为糖类等的漂白剂，还可用作丁苯橡胶聚合中的活化剂。加热后分解出甲醛等有毒物质，被严禁用作食品添加剂。

芥子气 [mustard gas] 又称二氯二乙硫醚。化学式 $C_4H_8Cl_2S$。挥发性液体，化学武器中的糜烂性毒剂，在第一次世界大战期间被大量使用。能渗透皮肤或呼吸道，攻击DNA的鸟嘌呤碱基，诱发胞溶作用，损伤组织细胞，对皮肤、黏膜有糜烂、刺激作用；造成皮肤红肿、溃烂和呼吸道黏膜损伤、呼吸困难；伴随眼部红肿、失明及继发性感染。

聚落环境 [settlement environment] 人类有意识地改造自然而建成的人群居生活的场所。它既是一种空间系统，也是一种复杂的经济、文化现象和发展过程。是在特定的地理环境和社会经济背景中，人类活动与自然相互作用的综合结果。按其性质、功能和规模主要分为院落环境、村落环境和城市环境。

开蓬 [kepone] 又称十氯酮。一种环戊二烯类杀虫剂，化学式 $C_{10}Cl_{10}O$。用于杀灭白蚁、地下害虫等。影响中枢神经系统、泌尿生殖系统。2009 年被列入《关于持久性有机污染物的斯德哥尔摩公约》。

可疑环境激素 [suspected environmental hormone] 环境激素根据得到证实的程度，可分为已确认、可能和可疑三类。美国 EPA 归入可疑的包括涕灭威、邻苯二甲酸二丁苄基酯（增塑剂）、氯氰菊酯、除草醚、多环芳烃等共 26 种。

1 类致癌物 [carcinogenic to humans] 基于流行病学的证据，有充分的理由证明接触化合物与人类肿瘤之间存在因果关系。如空气污染、日晒床、黄曲霉素、砒霜、石棉、六价铬、二噁英、甲醛、酒精饮料、烟草及槟榔等。

联苯胺 [benzidine] 即 4, 4′-二氨基联苯。

林丹 [lindane] 又称丙体六六六。化学式 $C_6H_6Cl_6$。工业六六六的有效成分，可由工业六六六分级结晶或甲醇、乙酸法提纯制备，是一种广谱杀虫剂。难降解，影响中枢神经系统、肝脏、肾脏，具有致畸性。2009 年被列入《关于持久性有机污染物的斯德哥尔摩公约》。

硫唑嘌呤 [azathioprine] 又称（硝基）咪唑嘌呤。是嘌呤类似物的免疫抑制剂。化学式 $C_9H_7N_7O_2S$。在人体内半衰期 26～80min。用作预防器官移植的排斥反应，也可用作自身免疫性疾病的治疗，如类风湿性关节炎、过敏性皮炎等。

瘤可宁 [Leukeran] 苯丁酸氮芥的商品名。

六溴代二苯 [hexabromobiphenyl] 即六溴联苯。

六溴联苯 [hexabromobiphenyl] 又称六溴代二苯。化学式 $C_{12}H_4Br_6$。商品 FireMaster BP-6 的主要成分（60%～80%），鳞片状固体，用作塑料、合成纤维、热固性树脂加工的阻燃剂。1973 年曾造成美国密歇根州污染事件，其后在美国被禁止使用。2009 年被列入《关于持久性有机污染物的斯德哥尔摩公约》。

氯丹 [chlordane] 又称八氯化茚。一种环戊二烯类杀虫剂，化学式 $C_{10}H_6Cl_8$。无色或琥珀色黏性液体，带有类似松柏气味。由六氯环戊烯与环戊二烯的加成反应产物氯化得到，常以混合物形式存在（占 60%）。结构分为顺式（*cis*-，或 α-氯丹）和反式（*trans*-，或 β-氯丹）两种异构体。对昆虫有非内吸性触杀、胃毒作用。在人体内易蓄积，具有致癌性、致畸性、致突变性。是首批列入《关于持久性有机污染物的斯德哥尔摩公约》的污染物之一。

氯甲基甲醚 [chloromethyl methyl ether] 化学式 C_2H_5ClO。无色或微黄色液体，有刺激性臭味，易挥发，遇水分解。由氯化氢通入甲醇与甲醛混合溶液反应制得，除草剂甲基胺的中间体。可用作溶剂或烷化试剂；也可用于生产阴离子交换树脂、磺胺嘧啶药物。它是易燃、易爆、受热易分解的有毒氯化物气体。对人体有致癌性，慢性暴露可增加呼吸系统癌症的发病风险。

马利兰 [Myleran] 1,4-双甲基磺酸氧基丁烷的商品名。

咪唑嘌呤 [azathioprine] 即硫唑嘌呤。

米尔法兰 [Melphalan] 即 L-苯丙氨酸氮芥。

米糠油事件 [Yusho disease incident] 1968 年 3 月，发生在日本北九州市、爱知县等地的米糠油受多氯联苯污染并导致的人畜中毒事件。事件起因是在米糠油生产过程中因管理不善和操作失误，作为脱臭工艺中热载体的多氯联苯混入米糠油中。随着这种有毒的米糠油销售到各地，造成大量人员中毒，用作饲料后导致几十万只鸡死亡。

灭蚁灵 [Mirex] 又称全氯五环癸烷。一种人工合成的环戊二烯类杀虫剂，化学式 $C_{10}Cl_{12}$。白色无味晶状固体。由六氯环戊二烯合成，主要用于消灭火蚁、蜈蚣、蜗牛等。属于持久性有机污染物，能通过消化道、皮肤和呼吸道吸收，影响生殖发育系统、肝脏和肌肉骨骼，具有致癌风险。1976 年被美国国家环境保护局禁用。是首批列入《关于持久性有机污染物的斯德哥尔摩公约》的污染物之一。

2-萘胺 [2-naphthylamine] 俗称乙萘胺。化学式 $C_{10}H_9N$，白色至淡红色叶片状结晶。有弱碱性。由 2-萘酚、氨水和亚硫酸铵在高压下制得。是一种重要的合成染料和橡胶防老剂中间体。具有致癌性，可引起高铁血红蛋白血症、膀胱炎和膀胱癌等疾病，被国际癌症研究机构列为 1 类致癌物。

难降解物质 [non-degradation substance] 指在自然条件下难于被生物作用发生降解或降解速率很慢的有机化学物质，通常包括苯环化合物、杂环化合物、酚类、药物类和农药类化学品，具有持久性强、分散性大等特点，对环境与生态造成影响较大。

拟除虫菊酯杀虫剂 [pyrethroid insecticides] 一类现代化学杀虫剂。其有效成分类似于除虫菊内含有的除虫菊精，具有杀灭蚊虫的功能，主要包括溴氰菊酯（敌杀死）、氯氰菊酯（兴棉宝）、氰戊菊酯（速灭杀丁）等。主要用于防治棉田、菜地、果树和茶叶上的农业害虫以及卫生害虫，也用于渔业生产上杀灭寄生虫。

农药残留分析 [pesticide residue analysis] 一种对复杂样品中痕量农药组分进行分析的技术。是指农药在发挥病虫草害防治作用以后，对其残留于土壤、作物、食品及其他环境介质中的含量进行分析测定。分析的一般过程包括提取、净化、检测。

农药分析 [pesticide analysis] 对农药化合物及其降解或代谢产物进行的物理、化学分析。可分为原药和制剂分析、残留量分析两大类，前者属常量分析，后者属微量分析。

浓缩系数 [concentration factor] 又称富集系数。①生物对某种污染物的浓缩程度或富集效率；②某元素在生物体内的浓度与该生物在其生存环境中某元素浓度之比。用生物浓缩系数可了解生物对某污染物已富集到什么程度，并可用此评价在环境介质中生物所受污染物的影响。

七氯 [heptachlor] 又称七氯化茚。一种人工合成的环戊二烯类杀虫剂，化学式 $C_{10}H_5Cl_7$。白色晶状固体，带有樟脑气味，工业品为白色蜡状固体。由六氯环戊二烯和环戊二烯通过第尔斯-阿尔德(Diels-Alder)反应合成，用作杀虫剂，能通过消化道、皮肤和呼吸道吸收，影响中枢神经系统和肝脏。是首批列入《关于持久性有机污染物的斯德哥尔摩公约》的污染物之一。

七氯化茚 [heptachlorindene] 即七氯。

潜在有毒化学品 [potentially toxic chemicals] 化学危险物质的一类。指通过各种接触途径进入人的机体后会对人体产生长期的慢性毒性，造成慢性中毒、致癌、致畸、致突变甚至死亡等危害的化学物质。针对这类物质各国已制定了相关法律法规进行严格控制与管理，联合国环境规划署于1976 年成立了国际潜在有毒化学品登记中心（IRPTC）。

K 区理论 [K-region theory] 用以阐明或预示多环芳烃分子结构与致癌活性之间关系的一种理论。20 世纪 50 年代普尔曼(Pullman)等将休克尔（Hückel）的分子轨道理论用于多环芳烃的结构与生理活性的关系，把多环烃分子分为 K 区和 L 区结构。K 区是多环芳烃分子中双键特性最强的区域。当K 区的复合定域能小于 3.31β，L 区的复合定域能大于 5.66β 时，则此多环芳烃将具有致癌活性。

去甲基麻黄素 [phenylpropanolamine] 即苯丙醇胺。

去甲麻黄碱 [phenylpropanolamine] 即苯丙醇胺。

全氟辛烷磺酸 [perfluorooctane sulfonate (PFOS)] 一种重要的化工产品，同时具有疏水性和疏油性，被广泛用于生产纺织品、皮革制品、家具和地毯等表面防污处理剂，也被作为中间体用于生产涂料、泡沫灭火剂、地板上光剂、农药和灭白蚁药剂等。是一种持久性有机污染物，具有遗传毒性、雄性生殖毒性、神经毒性、发育毒性和内分泌干扰等多种毒性作用。2009 年被列入《关于持久性有机污染物的斯德哥尔摩公约》。

全氯五环癸烷 [dechlorane] 即灭蚁灵。

生物有效性 [bioavailability] 元素在经历了形态转化后进入生物体的难易程度及响应。

十氯酮 [Merex; chlordecone] 即开蓬。

食品添加剂 [food additive] 为改善食品品质和色、香、味，增强营养成分以及因防腐和加工工艺的需要而加入食品中的天然物质或化学合成物。世界各国对食品添加剂的定义不尽相同，联合国粮农组织（FAO）和世界卫生组织（WHO）联合食品法规委员会对食品添加剂定义为：食品添加剂是有意识地一般以少量添加于食品，以改善食品的外观、风味和组织结构或储存性质的非营养物质。法定的食品添加剂需经毒理学安全性评价。

双对氯苯基三氯乙烷 [2,2-bis(*p*-chlorophenyl)-1,1,1-trichloroethane] 即滴滴涕。

1,4-双甲基磺酸氧基丁烷 [1,4-bis(methyl sulfonoxy)butane] 又称 1,4-丁二醇二甲基磺酸酯、白消安（商品名马利兰）。化学式 $C_6H_{14}O_6S_2$。是有机合成中强烷基化试剂，也是细胞周期非特异性烷化剂。主要用于治疗慢性粒细胞白血病。慢性接触可引起生殖系统功能紊乱、骨髓抑制甚至再生障碍性贫血等，被国际癌症研究机构列为 1 类致癌物。

双区理论 [di-region theory] 由我国学者戴乾圜提出的，用于阐明或预言分子结构与致癌活性之间关系的一种理论。戴乾圜总结和分析了致癌机理的 K 区理论和湾区理论，通过计算证明，多环芳烃分子显示致癌活性的必要和充分条件是分子中存在这两个亲电活性区域，提出了双官能亲电理论，简称双区理论。此理论现已推广应用于烷基多环芳烃、非交变烃、偶氮染料、芳香胺等有机化合物的致癌活性预测。

苏丹红Ⅰ~Ⅳ [Sudan Ⅰ-Ⅳ] 一种亲脂性偶氮化合物。是人工合成的红色工业染料，主要有Ⅰ、Ⅱ、Ⅲ和Ⅳ四种类型，被广泛用于如溶剂、油、蜡、汽油的增色以及鞋、地板等增光方面。被国际癌症研究机构归为 3 类致癌物，即动物致癌物。被禁止用作食品添加剂。

痛痛病事件 [Itai-itai disease incident] 指 1955 年至 1977 年发生在日本富山县神通川流域的公害事件。1955 年，在神通川流域河岸出现了一种怪病，症状初始是腰、背、手、脚等各关节疼痛，随后遍及全身，有针刺般痛感，数年后骨骼严重畸形，骨脆易折，甚至轻微活动或咳嗽，都能引起多发性病理骨折，最后衰弱疼痛而死。经调查分析，痛痛病是河岸的锌、铅冶炼厂等排放的含镉废水污染了水体，使稻米含镉。而当地居民长期饮用受镉污染的河水，以及食用含镉稻米，致使镉在体内蓄积而中毒致病。此病以其主要症状而得名。

外激素 [ectohormone] 又称信息素。指动物向环境释放的能引起同类动物产生特定生理反应或行为反应的一类高效有机物质。

湾区理论 [bay-region theory] 判断多环芳烃分子致癌活性的理论。该理论认为，多数多环芳烃类分子的最终致癌物为二氢二醇环氧化物（芳烃环氧化物），该环氧化物位于湾区角环上，是多环芳烃分子转化为具有生物活性中间体的重要一环。同时，湾区正离子的稳定性越高，致癌活性越强。

烷化剂 [alkylating agent] 又称烷基化试剂。能给化合物分子中引入烷基的物质，包括烯烃、卤代烃、烷基亚硝胺等。是常见的环境污染物，并可能是致癌物。

烷基化试剂 [alkylating agent] 即烷化剂。

污泥农用 [agricultural utilization of sludge] 浓缩消化后的污泥，若其中重金属离子含量在容许范围内，可直接作为农肥施用于农作物。

五氯苯 [pentachlorobenzene] 一种含氯有机物，化学式 C_6HCl_5。无色针状晶体，相对密度 1.625，熔点 85℃，沸点 276℃。由苯氯化制得，过去曾被用作杀虫剂、阻燃剂，或是与多氯联苯混合成绝缘液；或以杂质形式存在于一些杀虫剂中，也来源于工业生产副产物。是一种持久性有机污染物，2009 年被列入《关于持久性有机污染物的斯德哥尔摩公约》。

洗涤剂污染物 [detergent pollutants] 因使用某些洗涤剂而排放进入环境的污染物。如作为表面活性剂的烷基苯磺酸盐不易生物降解，在环境中长时间存留而对环境造成有害影响；作为增净剂的磷酸盐排入水体，会成为藻类等水生植物的营养物而促使其大量繁殖，造成水体富营养化。

4-硝基联苯 [4-nitrobiphenyl] 即对硝基联苯。

硝基咪唑嘌呤 [azathioprine] 即硫唑嘌呤。

信息素 [pheromone] 即外激素。

形态 [speciation] 指化合物氧化还原态、络合态、在颗粒物质中的晶态或结合态。

乙萘胺 [2-naphthylamine] 2-萘胺的俗称。

异狄氏剂 [endrin; hexadin] 一种环戊二烯类农药，化学式 $C_{12}H_8Cl_6O$。白色晶体。有毒，有生物富集性。人体摄入后引起头痛、眩晕、乏力、食欲缺乏、视力模糊、失眠、震颤等，重者引起昏迷。包括中国、日本在内的很多国家已经禁止异狄氏剂的生产和使用。是首批列入《关于持久性有机污染物的斯德哥尔摩公约》的污染物之一。

印度博帕尔毒气泄漏事故 [Bhopal poison gas accident in India] 1984 年 12 月，美国联合碳化物公司设在印度中央邦博帕尔市农药厂的异氰酸甲酯贮罐因渗水爆裂外泄，造成数万人双目失明，当地政府确认和气体泄露有关的死亡人数为 3787 人，另外造成 558 125 人不同程度受伤。生态环境受到严重破坏。该事件被认为是史上最严重的工业灾难之一。

有害食品添加物 [harmful food additives] 不符合食品添加剂管理规定允许使用范围，或者使用的目的在于掩饰食品品质低劣和欺骗顾客，既无改善品质、增加风味的作用，又不能为实验分析方法所侦察及鉴定的添加到食品中的各种物质。按 FAO/WHO 联合专家委员会对食品添加剂分类，属于原则上应禁止使用，或根据毒理学材料认为在食品上使用是不安全的或只限于使用于某些用途的食品添加物。

原生环境 [primary environment; original environment] 自然环境中未被干扰或影响较少的地域。在该地域内物质的交换和转化，能量、信息的传递和物种的演化，基本上仍按自然界的原有过程进行。如某些原始森林地区，人迹罕至的荒漠、冻原地区、大洋中心区等。随着人类活动范围的不断扩大，原生环境将日趋缩小。

增长速率 [growth rate] 种群在单位时间内增加的个体数量，等于现有个体数减去原有个体数除以增长时间。种群增长速率就是曲线上通过每一点的切线斜率，不论是“J”型曲线还是“S”型曲线上的斜率总是变化着的。如在“J”型曲线增长的种群中，增长速率呈指数型增长。

增塑剂污染物 [plasticizer pollutants] 生产塑料制品、石膏、水泥等产品时为增强高分子聚合物可塑性能或使材料液化而加入的添加剂。增塑剂种类多达百余种，使用最普遍的是邻苯二甲酸酯类物质，它是一种内分泌干扰物质，长期接触对身体健康有害，特别是对儿童发育不利。

沾污物质 [contaminant] 化学中，指某种化合物或混合物中的杂质。环境化学中，与“污染物”意思相近。指进入环境后使环境的正常组成发生变化，直接或者间接损害生物生长、发育和繁殖的物质。其作用对象是包括人在内的所有生物。

植物雌激素 [phytoestrogen] 植物中能与哺乳动物雌激素受体相结合，并发挥类似内源性雌激素作用的物质。其结构与哺乳动物体内的雌二醇相似，具有雌激素和抗雌激素两种作用。大豆、葛根和亚麻等植物含有较多的植物雌激素，如异黄酮、木酚素等。

植物毒素 [phytotoxin] ①植物体内产生的对其他生物有害的一类化学物质。如生物碱、萜烯等，多对植物有保护作用，某些可入药。②能对植物产生毒害作用的外源物质。如除草剂、细菌毒素等。

植物对污染物的解毒 [plant detoxification to

pollutant] 植物通过物理、化学或生物学作用，使得人为因素造成的外来污染物的毒性降低，或转化、降解代谢成无毒的物质，或使毒性物质不变但失去毒性作用的现象。例如植物体内的植物络合素、金属硫蛋白和有机酸等可以与重金属离子结合，使重金属离子活度系数降低，毒性减少。

植物生长调节剂 [plant growth regulator] 人工合成的具有调节植物生长发育的生物或化学制剂。如生长素、赤霉素、脱落酸、矮壮素等。与植物内源激素具有类似的生物学效应，其作用的发挥与浓度有关。

左旋溶肉瘤素 [L-phenylalanine mustard] 即L-苯丙氨酸氮芥。

9.6 其他相关概念

巴西放射性污染事故 [radioactive pollution accident in Brazil] 1987年9月，巴西戈亚尼亚市癌症研究所丢弃的一个装有放射性同位素^{137}Cs的铅罐，被当作废品卖给该市的一家废品收购公司。废品公司的职工将铅罐砸开，罐内的放射性物质外泄，造成了3人死亡，30多人患急性放射病，200多人受害。

背景检测 [background monitoring] 观察测定环境要素，如大气、水体、岩石、土壤、动植物等，在相对不受污染的情况下某些化学元素的含量及其基本化学成分的过程。在远离污染源的地方采样，分析测定化学元素，运用数理统计等方法，检验分析结果，取平均值（或数值范围）作为背景值。能为环境质量的评价和预测，污染物在环境中迁移转化规律的研究和环境标准的制定等提供依据。

比尔-朗伯定律 [Beer-Lambert law] 反映物质对辐射吸收规律的基本定律。它由两部分组成：朗伯定律，由朗伯(J. H. Lambert)于1760年提出，物质对光的吸收程度和吸收介质厚度成正比；比尔定律，由比尔(A. Beer)于1852年提出，当单色辐射透过一定厚度溶液时，光的吸收与溶液的浓度成正比。这两条定律结合在一起称为比尔-朗伯定律。即：当一束平行的单色光通过均匀非散射的溶液时，溶液对光的吸收程度与液层厚度和溶液的浓度的乘积成正比。

标准物质 [standard material] 释文见分析化学同名词条。

表面吸附 [surface adsorption] 非均相体系中分散相在界面上发生的吸着作用。由于溶质分子与溶剂分子之间亲和力的不同引起溶液表面张力的变化，同时导致溶质在表面层中的浓度和体相中浓度的不同，这种现象称为表面吸附。表面吸附可在固-液、固-气和液-气界面发生。表面吸附作用的大小除取决于其吸附界面的性质（分子量大小、浓度大小等）外，还与温度、压力等有关。

表面增强拉曼光谱法 [surface-enhanced Raman spectrometry (SERS)] 释文见分析化学同名词条。

采样点 [sampling point] 监测区域内采集环境样品的位置。按照采样点的稳定性可分为固定采样点和流动或随机采样点；按监测项目可分为大气采样点、水质采样点、生物采样点、噪声采样点、土壤采样点、固体废弃物采样点和放射性采样点等。

采样频率 [sampling frequency] 单位时段内采样的次数。

采样器 [sampler; sampling head] 采集试样的装置或工具。对不同的物质状态、不同的采样方法其采样器也不同。

氮化学循环 [chemical cycle of nitrogen] 氮元素在生态系统和氮储存库（地壳、沉积物及大气）之间运动、转化和往复的过程。自然生态系统的氮循环主要包括由微生物主导的四个过程：固氮作用、硝化作用、反硝化作用和氨化作用，其中微生物固氮和雷电是将惰性氮气（N_2）转化为活性氮的重要过程。人类通过工业固氮、粮食生产及化石燃料和生物质的燃烧等活动参与到地球系统的氮循环中。

多介质逸度模 [multimedia fugacity model] 对环境污染物在环境中各不同的部分或相（即大气、水、土壤、沉积物以及生物等）中的环境行为（如浓度分布、迁移转化、持久性以及归趋等）进行计算评价及预测的一种数学模型。

二级标准物质 [secondary standard material] 释文见分析化学同名词条。

二氯甲醚 [dichloromethyl ether] 化学式$C_2H_4Cl_2O$，液体，相对密度1.262。可由甲酸甲酯和五氯化磷-磷酰氯混合物反应或一氯甲醚氯化制得，主要用于甲酰化芳香族化合物或作为酰基氨合成过程中的氯化剂。

二氧化钍 [thorium dioxide; thoria] 即氧化钍。

发生源贡献率 [source contribution ratio] 即污染源贡献率。

分光光度法 [spectrophotometry; spectrophotometric method] 根据被测物质在特定波长处或一定波长范围内吸光程度不同而对物质进行定性和定量分析的方法。根据其检测波段不同，可制成紫外、可见、近红外分光光度计。

傅里叶变换红外光谱 [Fourier transform infrared spectroscopy] 一种将傅里叶变换的数学处理，用计算机技术与红外光谱相结合获得吸收光谱、发射光谱、光电导性或固体、液体或气体的拉曼光谱的分析鉴定方法。该方法广泛应用于有机化学、金属有机化学、无机化学、催化、石油化工、材料科学、生物、医药和环境科学等领域。

铬酸锶 [strontium chromate] 即锶黄。

工作环境监测 [monitoring of working environment] 又称劳动卫生监测。监视和测定工作场所污染物种类、浓度，评价工作场所环境质量的过程。

公害 [public nuisance] 在追求经济合理化的情况下，由于工业或人类其他活动产生的对大气、水质、海洋、土壤等环境造成相当范围的影响而引起的对人们生活环境及健康造成严重后果的灾害的总称。

公害事件 [public nuisance incident] 因各种原因对公众安全、人体健康和生活环境、生态环境及公私财产造成损害的事件。按其发生原因分为：①大气污染公害事件，是由于煤和石油燃烧排放的大气污染物造成的。②水体污染公害事件，是由于工业生产把大量化学物质排入水体造成的。③土壤污染公害事件，是由于工业废水、废渣排入土壤造成的。④食品污染公害事件，是由于有毒化学物质（食品添加物）和致病生物等进入食品造成的。

光催化[作用] [photocatalysis] 释文见物理化学同名词条。

国家级标准物质 [national standard material] 即一级标准物质。

合成有机化合物 [synthetic organic compounds] 通常为经由化学反应人工制备合成的，非自然界或生物系统中存在的一类有机物。例如合成农药、有机溶剂、洗涤剂等。这类物质一般性质稳定，难以降解。

核孔滤膜 [nucleopore filter membrane] 利用核分裂碎片在塑料膜上穿孔，然后经腐蚀处理后形成一定孔径的直孔滤膜的一种合成有机塑料薄膜。过滤时能使大于孔径的颗粒截留在滤膜表面，具有良好的选择性。该滤膜是电介质薄膜，并且不存在滤膜本身对滤液的污染，是精密过滤和筛分粒子的理想工具。强度高、韧性好、化学性质稳定，可在120℃高温下重复消毒。在电子、食品、化学、制药等工业和生物、医学、环境科学、分析检测等领域应用广泛。

痕量元素污染 [trace element pollution] 由痕量元素或其化合物所引起的环境污染。痕量元素主要来源于金属矿物的开采、冶炼及其他工业生产过程的排放或外泄，有些通过燃煤、燃油排入大气，如镍、锌、砷、钒、铜、锡、锑、硒等。

痕量元素形态分析 [trace element specification; specification analysis of trace elements] 利用高效分离技术结合选择性强、灵敏度高的元素特征检测器对环境中痕量或超痕量元素形态进行分析。目前最公认的方法是将色谱仪器与原子光谱仪器联用，色谱技术用于形态分析的前处理，原子光谱用于形态分析的检测系统。痕量元素形态分析不仅能反映被分析物的含量，而且可以反映分析物的存在状态，对环境科学与生命科学等研究有重要意义。

红外光谱遥感分析 [infrared spectroscopy remote analysis] 利用直接遥测发射光谱、吸收光谱，具有多路、大光通量、精确标定波长以及能进行红外波长测定等优点的取得待测红外源的大量物理和化学特性的信息的一种分析技术。

红外吸收光谱法 [infrared absorption spectrometry; infrared spectrometry] 利用被测物质的分子对不同波长的红外辐射吸收程度不同而对物质进行分析的方法。红外吸收光谱不仅应用于气体浓度的测量，还广泛应用于从特征吸收来识别不同分子的结构。

环保技术 [environmental protection technique] 又称环境技术。指那些能保护能源和自然资源，减少人类活动产生的环境负荷从而保护环境的生产设备、生产方法和规程、产品设计以及产品发送的方法等。既包括硬技术，如污染控制设备、环境监测仪器以及清洁生产技术等；也包括软技术(操作及运营方法)，如废物管理、旨在保护环境的工作与活动等。

环境背景 [environmental background] 又称环境本底。自然环境在未受污染的情况下，各种环境要素中化学元素或化学物质的基线含量以及环境中能量分布，或一个工程项目在兴建前的环境状况。最先由康纳(J. J. Connor)等于1975年提出。环境背景代表了这些环境要素在其发生和发展过程中形成的化学组成特征，为环境变迁的研究、污染物在环境中的迁移、转化规律以及环境标准的制订、环境质量的评价和预测提供依据。

环境背景值 [environmental background value] 又称环境本底值。环境要素在未受污染情况下化学元素的正常含量，以及环境中能量分布的正常值，通常以平均含量来表示。它为环境质量的评价和预测，为污染物在环境中迁移转化规律的研究和环境标准的制定等提供依据。

环境背景值监测 [monitoring of environmental background value] 又称环境本底监测。为获取未受污染或少受污染环境要素的组成元素的自然含量而进行的监测工作。环境背景值监测是环境科学的基础性工作之一。为追溯污染历史、制定环境标准、研究环境质量提供基础数据。环境背景值监测包括野外采样、室内分析测试、数值统计等过程。我国于1994年在青海瓦里关设立了全球大气背景监测站，对欧亚大陆大气背景变化进行表征。

环境本底 [environmental background] 即环境背景。

环境本底监测 [monitoring of environmental background value] 即环境背景值监测。

环境本底值 [environmental background value] 即环境背景值。

环境工程遥感 [remote sensing for environmental engineering] 把环境遥感技术应用到工程建设领域。

环境技术 [environmental technique] 即环保技术。

环境监测分析 [environmental monitoring analysis] 以环境为对象，运用物理、化学和生物学的技术手段，对污染物及有关的组成成分进行定性、定量和系统的综合分析，以探索研究环境质量及其变化规律、预测环境质量发展趋势的科学活动过程。目前，环境监测新技术的发展趋势是：开发连续自动监测和遥感技术，发展联用技术及表面和微区分析技术，微量分析向痕量或超痕量分析深入，污染物成分分析发展到化学形态分析，手工操作与监测管理向计算机自动化方向发展，监测仪器向高分辨精密仪器和便携式仪器方向发展。

环境监测质量保证 [environmental monitoring quality assurance] 对环境监测全过程进行技术上、管理上的全面监督，保证监测数据有效性程序的总体质量。包括数据本身的质量、分析方法的质量及分析体系的质量。在采样、制样、测定、计算及数据分析评价等各个环节都要确保监测质量， 必须实施有计划、有系统的全程质量控制。

环境模拟 [environmental simulation] 应用系统分析的原理建立环境系统的理论或实体模型，在人为控制条件下通过改变特定的参数来观察模型的响应，预测真实环境条件下实际系统的行为和特点。包括数学模拟、物理模拟、化学模拟、生物模拟及计算机仿真模拟等。

环境效应 [environmental effect] 由自然作用或人类活动引起的环境系统结构和功能变异的一种后效反应。按成因分为自然环境效应和人为环境效应，按性质分为环境物理效应、环境化学效应和环境生物效应。比如人类排放的温室气体导致全球变暖等。

火焰光度法 [flame spectrophotometry; flame photometric method] 参见分析化学火焰光度分析。

pH 计 [pH meter; pH indicator] 又称酸度计。测定溶液酸碱度的仪器。以 pH 玻璃电极为测量电极。

甲磺酸 [methane sulphonic acid (MSA)] 又称甲基磺酸。分子结构式 CH_3SO_3H，分子量 96，无色或微棕色油状液体，低温下为固体，高沸点强酸。溶于水、醇和醚，放出大量的热，不溶于烷烃、苯、甲苯等，对沸水、热碱液不分解，对金属铁、铜和铅等有强烈腐蚀作用。常用作溶剂、酯化和聚合反应的催化剂等。具有可燃性、吸水性、脱水性、强还原性、腐蚀性、强刺激性，可致人体灼伤。大气中的甲磺酸主要是二甲基硫的氧化产物。

甲基化过程 [methylation process] 某些重(准)金属无机物如汞在环境中与甲基供体通过化学作用，形成含金属-碳键的甲基金属化合物的过程。该过程可能增加污染物毒性。

甲基磺酸 [methane sulphonic acid (MSA)] 即甲磺酸。

监测 [monitoring] 定期观察和测定环境中各类污染物的种类和浓度；或在一定时期内对污染物进行重复测定，以确定环境质量（或污染程度）及其变化趋势的过程。监测包括物理监测、化学监测、生物监测、生态监测、遥感、卫星监测。监测的过程一般为收集资料，现场调查，监测计划设计，优化布点，样品采集，样品运输和保存，样品的预处理，分析测试，数据处理，综合评价等。

监视性监测 [supervisory monitoring] 对污染源排放和区域环境质量进行的例行监测。监测环境中已知有害污染物的变化趋势，评价控制措施的效果，判断环境标准实施的情况和改善环境取得的进展，建立各种监测网，累积监测数据，确定一个城市、省、区域、国家，甚至全球的污染状况及其发展趋势。监视性监测是环境监测的主体，是环境综合整治和环境管理的基础。

胶体颗粒 [colloidal particle] 胶体溶液中表面吸附有离子的分散相颗粒，是滑动面以内的带电体。其直径为 1~100nm。由胶核和其吸附层（即双电层的紧密层）组成，是胶体溶液中独立的运动单位。

空白试验值 [blank test value] 采用与正式试验相同的器具、试剂和操作分析方法，对一种假定不含待测物质的空白样品进行分析所测得的结果。反映测试仪器、试剂、环境及操作过程等因素对样品测定产生的综合影响。

劳动卫生监测 [labour hygiene monitoring] 即工作环境监测。

磷化学循环 [chemical cycle of phosphorus] 生物地球化学循环的一种。过程为岩石和土壤中的磷酸盐由于风化和淋溶作用进入河流，然后输入海洋并沉积于海底，直到地质活动使它们暴露于水面，再次参加循环。这一循环需若干万年才能完成。

硫化羰 [carbonyl sulfide] 即羰基硫。

硫化学循环 [chemical cycle of sulfur] 硫在生态系统和环境中迁移、转化和往复的过程。

膜分离技术 [membrane separation technology] 在

分子水平上不同粒径分子的混合物在通过滤膜时，实现选择性分离的技术。

排放浓度限制 [effluent concentration limit] 按污染物排放浓度来限制污水、废水或废气排放的管理制度。这种限制方法主要是通过制订合理的污染物最高容许排放浓度标准来实现的。

排放通量 [emission flux] 污染源在单位时间内单位面积上输送污染物进入环境的质量。

排放系数 [emission coefficient] 某一特定的行动在单位时间内或处理一定量原料时排放的空气污染物量的表示方法。特定的行动包括处理一吨原料，某种类型的汽车一年内行驶的路程等。由环境保护机构确定，并用以制定污染物排放报表和环境保护规划。

平行样 [duplicate samples] 在环境监测和样品分析中，只包括两个相同子样的样品。采集和测定平行样是实施环境监测质量保证的一项措施。平行样的测定结果在一定程度上反映了测试的精密度水平。在环境监测中，采集和测定平行样的百分比应根据样品的批量、测定的难易程度、有无质量控制等进行确定，一般不少于全部样品的 10%。平行样的测定结果可根据标准方法所规定的界限进行判别合格与否，也可将测定结果点入质量控制图进行判别。此外，亦可参考分析化学中所作的一般规定进行判别。

全球环境监测系统 [Global Environmental Monitoring System (GEMS)] 联合国环境规划署下属的全球和地区环境监测的协调中心，成立于 1975 年，设在肯尼亚首都内罗毕，不直接承担具体的监测工作，而是负责协调国际上有关的监测活动，特别是联合国系统各组织的有关活动，对全球各种环境状况变化因素的监测数据进行全面系统的收集、分析和评价，并建立警报系统。

湿度计 [hygrometer] 测量气体湿度的物性分析仪器。湿度表示气体中的水蒸气含量，有绝对湿度和相对湿度两种表示方法。绝对湿度指气体中水蒸气的绝对含量，最常用的单位是克/立方米。在一定温度、压力时，单位体积内的水蒸气含量有一定的限度，称为饱和水蒸气含量。相对湿度指气体中水蒸气的绝对含量与同样温度、压力时同体积气体中饱和水蒸气含量之比，常用符号为%RH。湿度计广泛应用于超纯金属冶炼、纺织品加工、造纸和印染等生产过程以及食品储存和气象测量等方面，测量或控制空气或工业流程气体的湿度。

时间加权平均 [time weighted average (TWA)] 一种对污染物浓度求平均的方法。一般用于获得环境污染物浓度。具体方法为以时间作为权重，用每个时间段测量得到的污染物浓度分别乘以该时间段占总时间的比值（时间权重），然后将获得的按照时间权重计算过的浓度求和，即为时间加权平均值。

时间加权平均阈限值 [threshold limit value - time weight average (TLV-TWA)] 对反复接触对几乎全部工作人员都不致引起不良效应的污染物时间加权平均浓度值。详见时间加权平均和阈限值。

实验室模拟 [laboratory simulation] 环境化学的一种研究方法。使用硬件模型运用系统分析原理，结合物理、化学现象及边界条件在实验室中进行模拟试验。如环境风洞模拟实验、光化学烟雾箱模拟实验、水文模型模拟实验、水治理工程模拟实验等。

实验室质量控制 [laboratory quality control] 为将实验室的分析测试结果的误差控制在允许限度内所采取的控制措施。包括实验室内质量控制和实验室间质量控制两部分内容。实验室内质量控制包括空白实验、校准曲线的核查、仪器设备的标定、平行样分析、加标样分析以及使用质量控制图等。它是实验室分析人员对测试过程进行自我控制的过程。实验室间质量控制包括分发标准样对诸实验室的分析结果进行评价、对分析方法进行协作实验验证、加密码样进行考察等。它是发现和消除实验室间存在的系统误差的重要措施。它一般由通晓分析方法和质量控制程序的专家小组承担。

试样前处理 [pre-treatment of sample] 为满足测试需要或为消除干扰而在分析前对试样进行的处理措施。前处理根据试样的不同情况而选定，主要有过滤、灰化、消解、蒸馏、精馏、沉淀、富集、吸附、萃取、层析等。在环境分析测试中，由于样品组分十分复杂，且含量甚微，通常都需要对试样进行前处理，或者浓缩试样到所需测试量，或者消除干扰影响，然后方可将试样用于分析。

锶黄 [strontium yellow] 又称铬酸锶。化学式 $SrCrO_4$。亮黄色粉末，有毒。微溶于水，遇碱分解，在无机酸中能完全溶解。由硝酸锶与铬酸钠溶液反应制得。耐热性和防锈性能好。主要用于制造高温涂料，有色金属的防锈底漆，也用于塑料、橡胶的着色以及玻璃、陶瓷、油墨生产。由于热稳定性高，用于航空工业，在剧烈的气温变化和较高的表面温度下，能获得良好的阻蚀效果。

酸度计 [acidimeter; acidometer] 即 pH 计。

随机性污染 [random pollution] 向环境排放的、无一定时间变化规律的污染。工业生产过程中排放的废气、废水、废渣对大气、土壤和水体造成的污染负荷，由于随着各种因素（生产过程中的工艺、产品品种、能源、原料、环境条件等）变化无定，严格地说，都属于随机污染。但一般情况下为了管理方便，在一定时间内，由于变化量相对不大，也可认为具有一定的排放规律。

碳-14 标记法 [C-14 method] 依据放射性元素碳-14浓度测定试样年代的方法。碳-14 的浓度可以用低水平计数管通过测定碳-14 放射出的 β 射线强度来确定，也可以用加速器直接进行测定。

碳化学循环 [chemical cycle of carbon] 碳元素在生态系统和贮存库（地壳、海洋和大气）之间运动、转化和往复的过程。碳在岩石圈中主要以碳酸盐的形式存在，总量为 2.7×10^{16} t；在大气圈中以二氧化碳和一氧化碳的形式存在，总量为 2×10^{12} t；在水圈中以多种形式存在；在生物库中则存在着几百种被生物合成的有机物。这些物质的存在形式受到各种因素的调节。

羰基硫 [carbonyl sulfide (COS)] 又称氧硫化碳、硫化羰。常态下为有臭鸡蛋气味的无色气体。它是一种结构上与二硫化碳和二氧化碳类似的无机碳化合物，气态的 COS 分子为直线型，一个碳原子以两个双键分别与氧原子和硫原子相连。

污染物归宿 [fate of pollutant] 污染物在环境中经物理、化学及生物的作用后的最终结局或去向。

污染物削减量 [quantity of pollutant reduced] 排污源经过若干污染防治措施后，某种污染物被控制降低的数量。可以作为总量控制中对排污源规划分配的控制指标之一。等于污染控制前的排放量与污染控制后实际的排放量的差值。

污染源贡献率 [source contribution ratio] 又称发生源贡献率、源贡献率或源分担率。某特定地点(或受体)污染物中来自各个发生源所提供给它的质量(或浓度)所占该地点污染物总质量(或总浓度)的百分数。可用受体模型计算而得。主要是根据污染物的化学组分，用多元统计的数学方法求解获得不同源对观测点大气颗粒物的贡献量，从而可以求得各污染源的贡献率。

无机污染物 [inorganic pollutant] 由无机物构成的污染物。如各种有毒金属及其氧化物、酸、碱、盐类、硫化物和卤化物等。

无铅汽油 [unleaded gasoline; lead-free gasoline] 释文见能源化学同名词条。

物理表征 [physical characterization] 污染物表征之一，用物理方法对污染物进行物理性质的测定、鉴别与分析，阐明或评价其物理特性与它们在环境或介质中所发生的变化及其物理行为与物理效应。

嗅味试纸 [odor test paper] 对嗅觉小组进行感官试验而使用的 7 mm×150 mm 的长条无味滤纸。用以通过一组蘸和不蘸标准恶臭液的该试纸，测试被检者能否鉴别出带有恶臭味的试纸及其类别。

压电石英晶体测尘仪 [piezo-balance quartz crystals dust monitor] 即压电天平式粉尘计。

压电天平式粉尘计 [piezo-balance type dust monitor] 又称压电石英晶体测尘仪。用于测定空气中空气动力学直径小于 10μm 的液体或固体微粒，即飘尘或可吸入颗粒物的装置。

亚砒酸钙 [calcium arsenite] 即亚砷酸钙。

亚砷酸钙 [calcium arsenite] 又称亚砒酸钙。化学式 $Ca_3(AsO_3)_2$。白色粉末。微溶于水，溶于酸。不燃，有剧毒，遇高温、明火产生剧毒蒸气。人体接触产生胸痛、呼吸困难、痉挛和昏迷，可因呼吸中枢麻痹而死亡。主要用作杀虫剂、杀菌剂、杀软体动物药剂等。

亚砷酸钠 [sodium arsenite; sodium metaarsenite] 又称偏亚砷酸钠。化学式 $NaAsO_2$。白色粉末，易潮解。有剧毒，对鼻及喉黏膜有刺激性，可致鼻黏膜溃疡，高浓度反复接触可引起神经损害，严重者致死。在有酸或酸雾存在时，可产生溶血性毒物砷化氢。主要用作杀虫剂、防腐剂、分析试剂等。

岩石圈 [lithosphere] 由地壳和上地幔顶部岩石组成的地球外壳固体圈层。包括属于地壳的硅铝层(花岗岩层)、硅镁层(玄武岩层)和属于上地幔最上部的超基性岩层(橄榄岩层)。它是一个力学性质基本一致的刚性整体，厚约 60～120km。相对于其下的软流圈而言，是震波高速带，而软流圈则是震波低速带。其下的软流圈震波所以低速，是因为其物质处于潜塑性状态，为主要岩浆源产生地；同时坚硬岩石圈覆于软弱的软流圈之上，地壳的均衡调整可借以进行。现在所知的各种构造活动主要发生于岩石圈范围内，板块构造理论的构造单位——板块，即由岩石圈划分而成的不同块体。过去曾认为岩石圈是地壳的同义语，目前认为地壳是岩石圈的一部分，其下以莫霍面同上地幔分开，不包括上地幔的顶部。

研究性监测 [research monitoring] 为研究环境质量，发展监测方法学、监测技术和监测管理而进行的探索，是推动环境监测和环境科学发展的基础性工作。主要包括：①研究环境质量。如研究环境背景值，分析环境质量变化趋势，鉴定污染因素，验证污染模式，为制定环境基准提供依据，为环境科研提示方向，为预测预报环境质量服务。②研究监测方法，发展环境监测方法学，实现监测方法的规范化和标准化。如研究布点、采样优化方法，环境分析标准化方法，监测质量保证方法，研制标准物质，研究监测数据处理方法，提高数据信息化程度及其应用价值。③研究环境监测手段。主要是研制和鉴定采样与分析、在线监测与遥感遥测仪器，实现监测硬件系统标准化。④研究和验证环境监测的管理方法。如监测网络管理方法，优化网络布局，建立和验证监测站最大空间覆盖面和最合理的监测频率的数学模型；研究监测技术路线，确定监测装备的近期对策和远期目标；

研究信息传递技术、提供监测情报和数据库的运营技术等。

氧化钍 [thorium dioxide; thoria] 又称二氧化钍。化学式 ThO_2。重质白色粉末，相对密度 9.7。溶于浓硫酸，不溶于水。由硝酸钍溶液与草酸溶液反应制得。有放射性，硬度高，耐火性强。可用作耐火剂和催化剂，也用于制造原子能燃料、无硅光学玻璃、电子管阴极、高温陶瓷等。

氧硫化碳 [carbonyl sulfide] 即羰基硫。

遥感与环境分析信息系统 [remote sensing and environmental analysis information system] 利用遥感手段及非遥感手段获取实时环境要素资料并进行计算机环境分析的信息收集、存储、检索、分析、决策、更新的系统。可以进行环境分析、区域综合研究、动态监测预报、人工智能决策。

一级标准物质 [primary standard material] 又称国家级标准物质。由国家级权威机构审定的标准物质，一般用绝对测量法或其他准确可靠的方法确定物质的含量，准确度为本国最高水平。代号以国家标准物质的汉语拼音中“Guo”“Biao”和“Wu”的首字母为一级国家标准物质的代号，即以“GBW”表示。一级标准物质应具有 0.3% ~1%的准确度。

游离有效氯 [free available chlorine] 以次氯酸、次氯酸根离子或溶解的单质氯形式存在的氯，其存在形式与水溶液 pH 有关。

渔业环境监测 [fisheries environment monitoring] 人们对影响渔业生物生存和繁衍的环境质量状况进行的监视测定活动。

源分担率 [source contribution ratio] 即污染源贡献率。

源贡献率 [source contribution ratio] 即污染源贡献率。

噪声污染监测 [noise pollution monitoring] 对干扰人们学习、工作和生活的声音及其声源进行的测量与评价的监测活动。

真菌毒素分析 [analysis of mycotoxins] 对某些真菌（包括霉菌）在一定条件下产生的有毒代谢产物的分析，一般要经过萃取、净化、浓缩、分离和测定等步骤。常用的分析方法包括色谱和免疫分析两大类，前者如高效液相色谱法，后者如酶联免疫分析法。常用于农产品和食品质量的检测中。

质量控制图 [quality control chart] 用于分析连续测定数据可靠性的图形。根据目的不同可设计成不同的类型，如均值控制图、准确度控制图、极差控制图、累积和控制图等。属统计学工具之一。该概念由休哈特（W. A. Shewhart）率先提出。他指出:每一个方法都存在着变异，都受到时间和空间的影响，即使在理想的条件下获得的一组分析结果，也会存在一定的随机误差。但当某一个结果超出了随机误差的允许范围时，运用数理统计的方法，可以判断这个结果是异常的、不足信的。

周期性污染 [periodic pollution] 随时间呈周期性变化的环境污染。如工厂内生产工艺和操作相同的车间每班定期排放的污染物（废水、废气、废渣）和某些季节性污染。

资源危机 [resources crisis] 矿物、化石燃料、土地、淡水、森林、野生动植物等自然资源在世界经济、人口不断增长和污染范围扩大的情况下逐渐显现出相对紧缺的趋势。悲观派认为：不可再生资源总是有限的，消耗一部分，就减少一部分；可再生资源的再生总量是有限的，承受不了日益增长的需求。由此，资源成为经济增长的一个限制因素，最终要使经济增长停止下来，甚至引起“崩溃”。乐观派则认为：由于技术进步，可利用自然资源的范围不断扩大；由于市场机制的调节作用，对资源利用的效率将会提高，或找到相应的代用品，资源不足的局面总会改观。他们否认资源问题存在“危机”。但土地、淡水、森林等资源在世界部分地区所呈现出来的紧缺趋势不容忽视。

综合指标 [comprehensive indicator] 对大量个体指标及其数值进行分组、对比和加权等变换后得到的指数。是某些个体指标的概括反映。综合指标在环境统计中有着广泛的应用和较大的使用价值。在我国的环境统计指标体系中，大部分指标（如废水排放总量、等效声级、废水处理率和万元产值耗水系数等）都是综合指标。

总量排放标准 [total amount discharge standard] 在污染源密集的地区，为维持其环境质量，国家对人为污染源排入环境的污染物的浓度或总量所作的限量规定标准。其目的是通过控制污染源排污量的途径来实现环境质量标准或环境目标，污染物排放标准按污染物形态分为气态、液态、固态以及物理性污染物（如噪声）排放标准。

十

能源化学

能源化学 [chemistry of energy source] 化学的一个重要分支学科。利用化学的原理与方法，研究能量转换、储存、传输与利用的科学。其基本任务是注重发展化石资源的高效绿色利用，研究新型能量转换和储存机制，设计新材料，构筑新器件，建立新方法，以实现能源绿色高效利用，更好地为人类经济和生活服务。

10.1 能　源

安全燃料 [safety fuel] 在发生事故时能有效减轻着火危险性和严重程度的燃料。

波浪能 [wave energy] 海洋能中最主要的能源形式之一，是海洋表面波浪所具有的动能和势能的总和，其能量与波高的平方、波浪的运动周期以及迎波面的宽度成正比。具有能量密度高，分布面广等优点。是一种最易于直接利用、取之不竭的可再生清洁能源。

常规能源 [conventional energy] 又称传统能源。开发利用技术成熟，并已被广泛使用的、在经济上合理的能源。如煤、石油、天然气、水能、核能等。

潮流能 [tidal current energy] 即海流能。

潮汐能 [ocean tidal energy] 海洋潮汐变化引起的涨落潮差所产生的能量。由于地球公转与月球的朔望变化，各个海域的潮汐能蕴藏量有很大差别。全世界海洋潮汐能资源约有 500×10^8 kW，其中 2%可用于发电。因海洋潮汐能水位差小，能量分散，周期性变化大，电站选址受地形、潮差等条件严格限制，发电难以控制，建设投资大，发电成本高，至今尚未建成大型工业性的潮汐电站。

初级能源 [primary energy] 即一次能源。

传统能源 [tradition energy] 即常规能源。

地热能 [geothermal energy] 来自地球内部的可再生热能。地球内部热能可来自重力分异、潮汐摩擦、化学反应和放射性元素衰变释放的能量等。在全球热量平衡中，主要来自地壳内长寿命放射性同位素衰变释放的热能。放射性元素有铀-238、铀-235、钍-232 和钾-40 等。

二次能源 [secondary energy] 由一次能源经过转换后可以利用的能源。如电力、蒸汽、煤气、汽油、柴油、重油、液化石油气、酒精、沼气、氢气和焦炭等。生产过程中排出的余能，如高温烟气、高温物料热，排放的可燃气和有压流体等，亦属二次能源。一次能源无论经过几次转换所得到的另一种能源，统称二次能源。二次能源又可分为过程性能源和含能体能源。电能是应用最广的过程性能源，而汽油和柴油是目前应用最广的含能体能源。

非常规能源 [unconventional energy] 即新能源。

非再生能源 [non-renewable energy source] 经过亿万年形成的、短期内(以人类历史尺度衡量)无法恢复、不能重复再生的自然能源。包括煤、原油、天然气、油页岩、核能等。

高炉燃料 [blast furnace fuel] 炼铁炉使用的燃料。除焦炭外，还包括通过高炉风口向炉内喷吹的煤粉或天然气、重油等流体燃料。高炉对焦炭的要求：含碳量高、有足够的强度、杂质(主要是硫)和灰分均少，但较昂贵。掺混其他燃料是为了节省焦炭，同时又可强化冶炼。

高能燃料 [high energy fuel] 单位质量所释放的能量较一般燃料(如汽油等)高的燃料。

固体燃料 [solid fuel] 燃料的一大类。能产生热能或动力的固态可燃物质。大都含有碳或碳氢化合物。天然的有木材、煤、油页岩等。经过加工而成的有木炭、焦炭、煤砖、煤球等。此外，还有一些特殊品种，如固体酒精、固体火箭燃料。与液体燃料或气体燃料相比，一般固体燃料燃烧较难控制，效率较低，灰分较多。可直接用作燃料，也可用作制造液体燃料和气体燃料的原料或化工产品的原料。

过程性能源 [processing energy] 不能直接储存，只存在于物质运动过程中的能源形式，如太阳能、风能、水能、潮汐能、电能等。

海流能 [ocean current energy] 又称潮流能。是由于不同海域海水温度、盐度分布不均匀而产生的海水密度和压力梯度，或由于海面上风的作用等原因产生的海水大规模的方向基本稳定的流动所产生的动能能量。其大小与流速的平方和流量成正比，利用方式主要是发电。

海水温差能 [ocean thermal energy] 即海洋温差能。

海水盐差能 [ocean salinity energy] 海水和淡水之间或两种含盐浓度不同的海水之间的化学电位差能。

海洋能 [ocean energy] 通常指蕴藏在海洋中的清洁、持续和可再生自然能源。主要为海洋潮汐能、波浪能、海流能(潮流能)、海水温差能和海水盐差能。广义的海洋能还包括海洋上空的风能、海洋表面的太阳能以及海洋生物质能等。

海洋热能 [ocean thermal energy] 即海洋温差能。

海洋温差能 [ocean thermal energy] 又称海洋热能、海水温差能。海洋表层海水和深层海水之间水温差储存的热能，利用这种热能可以实现热力循环并发电。其主要来源是蕴藏在海洋中的太阳辐射能，具有储量巨大以及随时间变化相对稳定的特点。

含能体能源 [containing power-body energy] 指能够提供能量的物质能源，即储存起来的能源。其特点是可以保存并能运输。如化石燃料、草木燃料、核燃料等。

化石燃料 [fossil fuel] 又称矿物燃料、石化燃料。一种碳氢化合物或其衍生物燃料。其包括的天然资源为煤炭、石油和天然气等，是非再生能源。按探明储量顺序，分为煤炭类、石油、油页岩、天然气、油砂以及海下的可燃冰等。在任何化石燃料混合物中都有比例相差极大的有机物。碳氢化合物的含量决定了燃料的化学特性，如沸点、冰点、密度、黏性等。

化学燃料 [chemical fuel] 能通过化学反应释放出能量的燃料。主要包括生物质燃料、化石燃料、高能燃料和绿色燃料。

可再生能源 [renewable energy source] 在自然界中可以不断循环再生、永续利用的能源。具有取之不尽，用之不竭的特点，主要包括太阳能、风能、水能、生物质能、地热能和海洋能等。对环境无害或危害极小，且资源分布广泛，适宜就地开发利用。

矿物燃料 [ore fuel] 即化石燃料。

绿色燃料 [green fuel] 燃烧时及燃烧后不污染环境的燃料。

能量载体 [energy carrier] 能够储存能量的物质。能量的转化或转移都要依附物质来进行，这些用来传递能量的物质就是能量载体。人类社会活动常用的能量载体包括不可再生的化石燃料和可再生的生物质等。

能源 [energy source] 能够产生机械能、热能、光能、电磁能、化学能等各种能量的自然资源。是一种呈多种形式并可以相互转换的能量源泉，是自然界中能为人类提供某种形式能量的物质资源。包括所有燃料以及流水、阳光和风，利用转换手段使其为人类提供所需能量。根据不同划分方式，可分为不同的类型。按来源，可分为来自地球外部天体的能量(主要是太阳能)、地球本身蕴藏的能量以及地球和其他天体相互作用而产生的能量；按产生，可分为一次能源和二次能源；按性质，可分为燃料型能源和非燃料型能源；按消耗后是否造成环境污染，可分为污染型能源和清洁型能源；按使用类型，可分为常规能源和新能源；按转换与应用层次，可分为固体燃料、液体燃料、气体燃料、水能、电能、太阳能、生物质能、风能、核能、海洋能和地热能。

清洁能源 [clean energy] 在生产和使用过程中符合一定的排放标准，不产生有害物质，可再生的、消耗后可得到恢复，或非再生的(如天然气等)及经洁净技术处理过的能源(如洁净煤油等)。不是对能源的简单分类，而是指能源利用的技术体系；不但强调清洁性同时也强调经济性。

清洁燃料 [clean fuel] 燃烧时不产生对人体和环境有害的物质，或有害物质非常微量的燃料。如天然气、液化石油气、煤气、酒精、无铅汽油、核燃料等。与之相反的不清洁燃料是煤炭、石煤、含铅汽油、柴油等，燃烧产生大量二氧化硫、铅蒸气、炭黑等有害物质，要尽量限制使用或转化为清洁燃料后使用，如将煤炭转化为煤气后使用。

燃料 [fuel] 能够通过燃烧产生热能以供利用的物质。最常见的是以碳氢元素为主的可燃矿物。按其存在的形式，可分为气体燃料、液体燃料和固体燃料三大类。

石化燃料 [fossil fuel] 即化石燃料。

碳平衡 [carbon balance] 碳的排放和吸收两方面在数量或质量上相等或相抵。目的是确保人类活动所涉的碳量收支相抵，不增加环境负担。

碳循环 [carbon cycle] 碳元素在地球上的生物圈、地圈、水圈及大气中交换，是一种生态系统的物质循环。其中，碳的主要来源有四个，分别是大气、陆上的生物圈(包括淡水系统及无生命的有机化合物)、海洋及沉积物。

碳中性 [carbon emission neutral] 指在利用含碳能源的过程中总的碳排放量为零，即碳的排放与吸收的量达平衡。

碳足迹 [carbon footprint] 个人、家庭或企事业单位日常释放的温室气体数量(以二氧化碳的影响为单位)，用以衡量人类活动对环境的影响。

替代能源 [alternative energy]能够替代以往长期使用、目前广泛使用的新开发利用的能源。狭义上是指一切可以替代石油的能源，广义上是指可替代化石燃料的能源。大多数的新能源都是替代能源，包括太阳能、核能、风能、海洋能等。

天然能源 [natural energy] 即一次能源。

新能源 [new energy] 又称非常规能源。在新技术基础上，系统地开发利用的可再生能源，一般指非传统的、对环境影响小的能源。如核能、太阳能、风能、生物质能、地热能、海洋能、氢能等。核能因要消耗铀矿虽不是可再生能源，但可算作新能源。

新能源材料 [new energy material] 实现新能源的转化和利用，以及发展新能源技术所需的关键材料。如生物质能材料、风电材料、太阳能电池材料、储氢材料、核能材料、锂离子电池材料、燃料电池材料、半导体照明发光材料及相变储能材料等。具体可以是纳米材料、新化合物等。

衍生燃料 [derived fuel] 通过某些制备过程，从粗燃料中制得的燃料。如焦炭、木炭、苯和汽油等。

液体燃料 [liquid fuel] 燃料的一大类。能产生热能或动力的液态可燃物质。主要是碳氢化合物或其混合物。天然的有原油。加工而成的有由石油加工而得的汽油、煤油、柴油、燃料油，由油页岩干馏而得的页岩油，以及由一氧化碳和氢合成的人造石油等。

一次能源 [primary energy] 又称初级能源、天然能源。从自然界取得未经改变或转变而直接利用的能源。如原煤、原油、天然气、水能、风能、太阳能、海洋能、潮汐能、地热能、天然铀矿等，进一步分为可再生能源和非再生能源两大类。

10.2 煤

白煤 [anthracite] 无烟煤的俗称。

半无烟煤 [semi-anthracite] 又称半烟煤。挥发分介于烟煤和无烟煤之间的一种煤。其中挥发分含量大于 10%，小于 15%。

半烟煤 [semi-bituminous coal] 即半无烟煤。

标准煤当量 [standard coal equivalent] 为使油、气、核能、水力、硬煤、褐煤及其他各种不同形式能源产生的能量可进行比较而引入的一种能量换算单位。我国规定，凡能产生 29.27 MJ 低热值的煤算作 1 kg 标准煤。

长焰煤 [long flame coal] 变质程度最低，挥发分最高的烟煤。一般不结焦，燃烧室火焰长。主要作为动力和化工用煤。

催化焦化 [catalytic coking] 催化剂作用下，烃类在较高温度下反应生成焦炭的过程。往往以副反应出现。

低硫煤 [low sulfur coal] 含硫量在 0.5%～1%之间的煤。使用时对环境的影响较小。

低热值煤 [lower heat value coal] 灰分大于 40%，低位发热量不大于 14.7 kJ/kg 的各种洗中煤、洗煤泥、煤矸石、油页岩、褐煤和无烟煤。

低热值煤气 [low-BTU gas] 煤或焦炭等固体燃料气化所得热值较低的气体燃料。煤或焦炭等固体燃料气化所得热值较低的气体燃料。组成中可燃组分有氢、一氧化碳，并含有氮、二氧化碳等不可燃组分。热值约在 3800～11 200 kJ/m^3 之间，易燃、易爆，有毒性。

低温半焦化 [low temperature semi-cocking] 即低温干馏。

低温干馏 [low temperature carbonization] 又称低温半焦化、低温碳化。固体燃料的热化学加工方法之一。将烟煤、褐煤或油页岩等在隔绝空气下加热到最终温度约 500～700℃使其热解的过程。

低温干馏气 [low temperature carbonization gas] 煤热分解或低温干馏过程产生的气体。生成条件是在隔绝空气条件下，加热至 500～600℃。其余产物有半焦油、焦油、汽油、柴油等。低温干馏气的热值约 25～29 MJ/m^3。

低温煤焦油 [low temperature coal tar] 煤经低温干馏而得到的油状产物。褐色，有特殊臭味，室温下相对密度约 0.85～1.05，主要成分是环烷烃和烷烃等。

低温碳化 [low temperature carbonization] 即低温干馏。

发生炉煤焦油 [producer gas coal tar] 煤在发生炉中气化而生成的油状产物。褐色，有特殊臭味。玷污的煤尘和灰分较多，且难于分离。主要用作燃料。

发生炉煤气 [producer gas] 用空气(或氧气)和少量水蒸气使固体燃料(如煤或焦炭)在发生炉中转化成的气体燃料。其主要成分为一氧化碳、氢、氮、二氧化碳等。其热值较高，可用作炼钢炉、玻璃窑炉、炼焦炉等的加热和锅炉的燃料，或与水煤气混合作为制取合成氨、甲醇的原料气。

肥煤 [fat coal; rich coal] 变质程度中等的烟煤。挥发物含量一般较高，胶质层较厚，黏结性强，主要用于炼焦。

高硫煤 [high sulfur coal] 含硫量大于 3%的煤。煤层在地质形成过程中含有大量的硫化物成分，使用时硫化物分解挥发出大量污染环境的硫化氢和二氧化硫等，是酸雨形成的主要原因。因此，其必须经工业化处理才能利用。在作为工业原料时，其被划分为劣质煤。

高炉煤气 [blast furnace gas] 高炉炼铁过程中副产生的可燃气体。它的大致成分为 CO_2 6%～12%、CO 28%～33%、H_2 1%～4%、N_2 55%～60%、烃类 0.2%～0.5%及少量的 SO_2。它的含尘浓度为 10～50 g/cm^3，产尘量平均为 50 kg/t(生铁)～75 kg/t(尘铁)。

高温干馏 [high temperature distillation] 又称高温碳化、高温焦化。煤的热化学加工方法之一。将煤在隔绝空气下加热到最终温度900～1000℃的过程。设备主要有炼焦炉和碳化炉窑等。

高温干馏气 [high temperature carbonization gas] 煤高温干馏过程的产物之一，其主要成分为氢气和甲烷。

高温焦化 [high temperature cocking] 即高温干馏。

高温煤焦油 [high temperature coal tar] 煤经高温干馏而得到的油状副产物。黑色，有特殊臭味。室温下，相对密度约为1.15～1.25。主要成分是芳香烃，并含有含氧、氮或硫等的有机化合物。随着所用的煤种、炉型和温度不同，其成分不同，在加热时，一部分会分解成气体，另一部分会聚合而成高分子芳香烃。

高温碳化 [high temperature carbonization] 即高温干馏。

褐煤 [lignite; brown coal; wood coal] 煤的一类。是煤化程度较小的低热质煤。深褐色、无光泽。含碳量为25%～35%，水分含量高达66%，灰分含量为6%～12%。相对密度约为1.1～1.2。热值约为10～20 MJ/kg。较容易液化或气化。含可溶于碱液内的腐殖酸。

红煤 [anthracite] 无烟煤的俗称。

焦炉 [coke oven] 用煤炼制焦炭的窑炉。通常由碳化室、燃烧室及蓄热室组成，是炼焦的主要设备。

焦炉煤气 [coke oven gas] 简称焦炉气。煤在炼焦炉中进行干馏所产生的煤气。其主要成分是氢、甲烷和一氧化碳，也含有少量的乙烷、乙烯、氮和二氧化碳等。

焦炉气 [coke oven gas] 焦炉煤气的简称。

焦炉气深度冷冻法 [cryogenic separation of coke oven gas] 由焦炉气制备合成氨原料气中氢气的一种方法。利用焦炉气中氢和碳氢化合物组分的冷凝温度不同，将气体逐渐冷冻，使除氢以外的气体逐级冷凝为液体而分离，最终得到合成氨所需氢气。该法多在1.2~2 MPa下进行。

焦煤 [primary coking coal] 全称主焦煤。变质程度较高的烟煤。挥发物为14%～30%，胶质层厚度为14～30 mm，黏结性强，结焦性好。主要用于炼焦。

焦炭 [coke] 炼焦煤在隔绝空气的炼焦炉中，高温作用下，经过脱水、脱气、热解、缩聚、固化、收缩等一系列复杂变化后形成的固体产品。是一种固体燃料，主要成分为碳，含挥发物，硫分、灰分均很少，热值为25 100～31 400 kJ/kg。具有金属光泽，一般呈银灰色，坚硬而多孔。通常大块的称为“块焦”或“冶金焦”，小块的称为“碎焦”，粉末状的称为“焦屑”。主要用于冶炼钢铁及其他金属、气化和化学工业的原料。

焦油 [tar] 由复杂高分子化合物组成的一种黏性材料，系将石油蒸馏或将木材、煤等含碳物质干馏而得。主要有高温煤焦油、低温煤焦油、页岩油和木焦油。此外还有煤经气化所得的气化焦油，石油馏分经热解所得的热解焦油等。

洁净煤技术 [clean coal technology] 煤炭开发与利用过程中，旨在减少污染排放和提高利用效率的煤炭加工、燃烧、转化及污染控制等高新技术的总称。其主要发展方向是煤炭的气化、液化、高效燃烧与发电技术等。

联合煤气法 [U-gas process] 由各种煤生产低热值煤气的流化床气化器的方法。将经过预处理的煤或非黏结煤送入气化器中，直接用水蒸气和空气或氧进行气化。然后通过仔细选定的水蒸气-空气混合比(或水蒸气-氧混合比)，使灰分团聚成块并借助重力的作用将它从流化床中分离出去。

炼焦 [coking] 焦煤在隔绝空气条件下加热到1000℃左右(高温干馏)，通过热分解和结焦产生焦炭、焦炉煤气和焦油等化学产品的工艺过程。焦炭含碳量高，气孔率高，强度大，是高炉炼铁的重要燃料和还原剂，主要用于铸造与有色金属冶炼工业，少量用于制取碳化钙、二硫化碳、元素磷等。焦炉煤气发热值高，是平炉和加热炉的优良气体燃料。焦油中含苯、甲苯、二甲苯等化工原料。

煤 [coal] 主要由碳、氢、氧、氮、硫和磷等元素组成，是各历史时代植物遗体在沼泽或湖泊中积聚后，经过漫长地质时期的生物化学、地球化学、物理化学等复杂作用转变而成的可燃矿产资源能源。煤是冶金、化学工业重要原料，有褐煤、烟煤、无烟煤、半无烟煤等分类。

煤不可燃物 [coal non-combustible] 煤炭中含有的不可燃烧的物质。煤作为一种自然矿物，包含很多种元素，由可燃物和不可燃物两部分组成。可燃物主要包括有机质和少量的矿物质，不可燃物包括水和大部分矿物质，像碱金属、碱土金属、铁、铝等的盐类。另外还含有一些稀有元素，称为伴生元素，有些含量还比较高，具有工业提取的经济价值。

煤层气 [coalbed gas] 又称煤层瓦斯。以吸附于煤基质颗粒表面为主、部分游离于煤孔隙中或溶解于煤层水中以甲烷为主要成分的烃类气体。它是煤的伴生矿产资源，属非常规天然气，是20世纪70年代国际上崛起的洁净、优质能源和化工原料。

煤层瓦斯 [coalbed gas] 即煤层气。

煤成气 [coal-derived gas] 又称煤型气、煤系气。含煤岩系中有机质在成煤过程中所生成的天然气。其成分以甲烷为主。

煤催化气化 [catalytic coal gasifaction] 煤在相对较低的温度下与水蒸气、氢、一氧化碳组成的气化剂在催化剂的催化作用下进行气化反应，生成高浓度甲烷。是煤洁净高效利用的重要方式。

煤反应活性 [reactivity of coal] 煤在一定温度下，与气化剂(氧气、水蒸气、二氧化碳或氢气等)的化学反应能力。与煤变质程度、孔隙结构、无机成分及煤岩特性等因素有关。

煤粉石油混合燃料 [coal-oil mixture fuel; COM fuel] 由煤粉和石油混合而成的浆状燃料。

煤风化 [coal oil blended fuel] 处于地表或地表附近的煤层，在大气、水和生物等外力长期联合作用下，物理性质、化学性质及工艺性质发生一系列破坏性变化的过程。风化强度由地表向下逐渐减弱，直至停止。该过程是一个长期、缓慢和逐步加深的复杂过程，根据性质的不同，可分为物理风化、化学风化和生物风化三种主要类型。

煤矸石 [coal gangue] 采煤和洗煤过程中排放的固体废物。是碳质、泥质和砂质页岩的混合物，具有低发热值。含碳量一般为 20%～30%。除可用作燃料和制造煤气外，主要用于生产矸石水泥、混凝土的轻质骨料、耐火砖等建筑材料。此外还可用于回收煤炭，煤与矸石混烧发电，制取结晶氯化铝、水玻璃等化工产品以及提取贵重稀有金属，也可作肥料。

煤化[作用] [coalification] 泥炭或腐泥转变为褐煤、烟煤、无烟煤的地球化学过程。是成煤作用的第二阶段，以物理化学作用为主，包括煤成岩作用和煤变质作用。

煤化学 [coal chemistry] 研究煤的成因、组成、结构、性质、分类、转化以及相互作用关系，并阐述煤炭作为燃料和原料利用中的化学问题的学科。其研究领域涉及有机化学、生物化学、胶体化学、物理化学、分析化学、煤地质学、矿物学和地球化学等学科。

煤灰分 [ash content of fraction] 煤完全燃烧后的残渣量。是煤的有害成分，降低煤的发热量，影响焦炭质量，且增加运输负荷。但其中也含有多种高品位稀有、分散和放射性元素，从中提炼上述元素或利用其制造水泥、砖瓦等建筑材料是煤综合利用的重要内容。

煤基醇醚燃料 [coal-based methanol; ether mixed fuel] 以煤为原料，经化学加工制得的甲醇、二甲醚等车用替代清洁燃料。

煤级 [coal rank] 又称煤阶。由植物形成煤的过程中，划分煤化程度的等级。其反映了煤的成熟程度。煤的物理、化学和工艺性质取决于煤风化作用阶段的有机质热演化程度，可用反射率、水分、挥发分含量以及化学参数、发热量作为鉴定参数。

煤加氢气化法 [HYGAS process] 一种两级流化床气化器的气化方法。用于生产可改良成管道煤气的生气或粗气。炼焦煤在流化床中经预处理后制成非烧结煤，用轻油调成淤浆后被送往低温流化干燥床。煤从干燥床流出后便进入第一级气化器，在其中脱挥发分并部分甲烷化。而炭则掉到下面一级气化器中，在高温并在氢和水蒸气参与下气化成气体。

煤加氢液化 [coal hydro-liquefaction] 将煤、催化剂和重油混合在一起，在高温高压下煤中的有机质被破坏并与氢作用转化成低分子液态和气态产物的工艺流程。其产物进一步加工可得汽油、柴油等液体燃料。加氢液化用煤以褐煤、长焰煤、气煤为主。

煤焦油 [coal tar] 煤经干馏而得到的油状产物。是颜色为褐色至黑色的一种极复杂的混合物。其主要组分是芳香烃化合物和杂环化合物，有几千种，从中分离出来并经鉴定的已有 370 多种，大多数含量很低，生产上采用集中加工以利于分离提取，产品主要有酚、萘、蒽、香豆酮树脂，并有吡啶、喹啉及其同系物等。

煤焦油产品 [coal-tar product] 煤焦油经专门分离、提纯后，各馏分进一步加工、分离出的产品。主要包括：①萘用来制取邻苯二甲酸酐，供生产树脂、工程塑料、染料、油漆及医药等；②酚及其同系物生产合成纤维、工程塑料、农药、医药、燃料中间体、炸药等；③蒽制蒽醌染料、合成鞣剂及油漆；④菲是蒽的同分异构体，含量仅次于萘，有不少用途，由于产量大，还待进一步开发利用；⑤咔唑是染料、塑料、农药的重要原料；⑥沥青是焦油蒸馏残液，为多种多环高分子化合物的混合物，用于制屋顶涂料、防潮层和筑路、生产沥青焦和电炉电极等。

煤阶 [coal rank] 即煤级。

煤耐热性 [coal resistance to heat] 即煤热稳定性。

煤气 [coal gas] 煤、焦炭、半焦等固体燃料和重油等液体燃料经干馏或气化等过程所得气体产物的总称。按生产方法一般可分为干馏煤气和气化煤气。

煤气化 [coal gasification] 高温条件下，以空气或氧气为气化剂(一般情况同时加入水蒸气帮助气化)，通过化学反应将煤或煤焦转变为一氧化碳、氢、甲烷等可燃性混合气体的过程。

煤气化炉 [coal gasifier] 将煤进行气化的设备。按煤在气化炉内的运动方式，可以分为固定床、沸腾床和气流床等形式；按气化操作压力，可以分为常压气化和加压气化；按进料方式，可以分为固体进料和浆液进料；按排渣方式，可以分为固体排渣和熔融排渣等各种设计。

煤气焦炭 [gas coke] 简称气焦，俗称熟煤。不选洗原煤经干馏而得的固体灰黑色产物。与冶金焦相比，其气孔率、挥发物、灰分较高，反应性较大，着火温度较低。燃烧时无烟。可用作气化的原料，也是良好的无烟燃料。

煤气甑碳 [gas retort carbon] 又称人造石墨。一种质硬、色黑、易碎的碳。是从煤气厂或炼焦炉内所得一种副产品。积聚于炉壁或甑壁上，为平面或略呈弧形不规则团块状。

煤燃料比 [coal fuel ratio] 煤的固定碳与挥发分之比，表征煤化程度的一个指标。其数值随煤化程度的增高而增高。无烟煤的燃料比的变化范围一般是 9～49，贫煤的燃料比为 4～6.2，焦煤的燃料比一般为 2.3～4.6，气煤和 1/3 焦的燃料比多为 1.1～2.3，长焰煤的燃料比为 1～1.7，褐煤的燃料比为 0.6～1.5。有些国家以燃料比作为煤炭分类的主要指标之一。

煤热稳定性 [thermal stability of coal] 又称煤耐热性。煤在高温燃烧或气化过程中保持原来粒度的性质。热稳定性好，在燃烧或气化过程中破碎较少；热稳定性差，在燃烧或气化过程中则迅速裂成小块、碎片或粉末，影响燃烧、气化的效率和生产操作。一般烟煤的热稳定性较好，而褐煤和无烟煤的热稳定性较差。

煤烷化 [coal alkylation] 将含硫煤转化成一种非污染燃料的过程。

煤系气 [coal series gas] 即煤成气。

煤型气 [coal type gas] 即煤成气。

煤烟 [soot] 煤炭燃烧排放出的烟尘、二氧化硫等一次污染物以及再由这些污染物发生化学反应而生成二次污染物。

煤-油共炼 [coal oil co-refined] 煤与石油重质馏分经化学加工成为液体燃料的方法。

煤制油技术 [coal-to-liquids technology] 以煤炭为原料，通过化学加工方法生产油品和石油化工产品的先进洁净煤技术。分为煤直接液化和间接液化两种技术路线。直接液化将煤在高温高压条件下，通过催化加氢直接液化合成液态烃类燃料，并脱除硫、氮、氧等原子，产出燃油的芳烃、硫和氮等杂质含量高，十六烷值低，在发动机上直接燃用较为困难。间接液化以费-托(Fischer-Tropsch)合成工艺为代表，将合成气为原料制备烃类化合物的过程，合成气可由天然气、煤炭、轻烃、重质油、生物质等原料制备。

配煤 [coking blend] 煤料在炼焦或碳化前将各种煤按一定比例混合的重要准备过程。根据焦炭的预定质量要求，用两种或两种以上的煤配成具有必需性质(如挥发物、胶质层厚度、黏结性等)的煤料。

气焦 [gas coke] 煤气焦炭的简称。

气煤 [gas coal] 变质程度较低，挥发分较高的一类烟煤。挥发物大于 30%。胶质层厚度为 5～25 mm。能结焦，可用作炼焦原料，因黏结性弱，热分解时产生大量煤气和煤焦油，焦炭收缩度大，裂纹较多，必须配入焦煤、肥煤等以提高焦炭质量。也可用作气化和低温干馏等工业的原料。

人造石墨 [artificial graphite] 即煤气甑碳。

瘦煤 [lean coal; meager coal] 烟煤的一类。炭化程度高的煤。挥发物较少，黏结性弱。单种煤炼焦生成的焦炭，熔融性差，耐磨性小，易于破碎，但块度大。常作为瘦化剂用于配煤炼焦，以提高焦炭的块度。减少焦炭的裂纹。也用作气化的原料，或用作燃料。

熟煤 [gas coke] 煤气焦炭的俗称。

水煤气 [water gas] 水蒸气和赤热的无烟煤或焦炭作用而产生的一种低热值煤气。其主要成分为氢气和一氧化碳，也含有少量二氧化碳、氮气和甲烷等组分，各组分的含量取决于所用原料及气化条件。主要用作合成氨、合成液体燃料等的原料，或作为工业燃料气的补充来源。

天然焦炭 [natural coke] 外貌和化学成分与人工焦炭很相近的天然产品。由高温度的岩浆岩(火成岩)侵入煤层或由在自然条件下发生火灾而形成。

无烟煤 [anthracite] 俗称白煤或红煤。煤化程度最大的煤。有金属光泽的黑色而坚硬固体，断口成介壳状。燃烧时火焰短而少烟，不结焦。一般含碳量在 90%以上，挥发物在 10%以下。无胶质层厚度。热值约为 33 440～35 530 kJ/kg。

先进煤气化法 [advanced gasification process] 采用两个增压流化床容器的煤气化方法。空气、水蒸气和碳在气化器中反应，生成的高温气体向脱挥发分器或脱硫器供热，并加入白云石脱硫。低热值产品气可用作可燃气或者用于联合发电系统。反应器中的过程条件为：压力 1～2 MPa，气化器中的温度为 1038℃，脱挥发分器的温度为 871℃。

烟煤 [bituminous coal] 煤的一类。煤化程度较大。灰黑色至黑色。由有光泽和无光泽的部分互相集合成层状，燃烧时火焰长而多烟。多数能结焦。相对密度约 1.1～1.5。含碳量约 75%～90%。挥发物约 10%～40%。热值约为 27 170～37 200 kJ/kg。

油煤气 [oil gas] 石油加工过程中的副产品，可分为重油制气和轻油制气两种。将原料重油或石脑油，放入工业炉内经压力、温度及催化剂的作用裂解生成的可燃气体。石油重油、渣油经热裂解而制得的煤气。其主要成分是氢、甲烷、乙烯和一氧化碳等。热值很高，可用作工业和家庭燃料。

藻煤 [boghead coal] 腐泥煤的一种主要类型。原始物质以藻类为主。棕色或灰色，光泽暗淡，结构均一，具块状构造，常具贝壳状断口，挥发分、氢含量和含油率都较高，易燃，有沥青味，适于炼油。

中温干馏 [medium temperature carbonization] 又称中温碳化。煤的热化学加工方法之一。将煤在隔绝空气下加热到最终温度 660～750℃的过程。产物的产量和性质，与高温干馏和低温干馏不同。

中温煤焦油 [medium temperature coal tar] 煤经中温干馏而得的油状产物。性质与低温煤焦油相近似，褐黑色，有特殊臭味，密度较大，芳香烃和酚类含量较高。

中温碳化 [low temperature carbonization] 即中温干馏。

主焦煤 [primary coking coal] 焦煤的全称。

10.3 石　　油

柴油 [diesel fuel] 又称柴油机燃料。由原油蒸馏或二次加工而制得。一般指 200～400℃的石油馏分。用于高、中、低速柴油机，作为汽车、火车、拖拉机、船舶、农业机械、柴油发电等动力设备的燃料。主要指标是十六烷值、黏度和凝固点等。

柴油机燃料 [diesel fuel] 即柴油。

柴油指数 [diesel index] 柴油在柴油机中发火性能的一个计算值。通过相对密度与苯胺点来计算，其值与十六烷值相近，数值越大，燃烧性也较好。

车用汽油 [automobile gasoline] 用于汽车和机动车等汽油机的汽油。要求有良好的起动性和抗震性、适当的挥发度和较高的辛烷值。一般由直馏汽油、催化裂化汽油和聚合汽油掺和而得。沸点约为 40～205℃。

稠油 [thickened oil] 在地层条件下，黏度大于 50 mPa·s 或在油层温度下，脱气原油黏度为 10^2～10^4 mPa·s 的高黏度重质原油。

粗汽油 [raw gasoline; crude gasoline] 原油分馏制得的轻馏分。

催化重整 [catalytic reforming] 在加温、加压和催化剂条件下进行的重整过程。直馏汽油、瓦斯油(粗柴油)等馏分经催化重整后，可以提高汽油的辛烷值。天然气、炼厂气等催化重整后，可以制得热值不等的煤气，以适应不同的需要。其他烃类的催化重整，主要用于制取芳香烃。

催化裂化 [catalytic cracking] 高温和催化剂参与下进行的裂化过程。石油产品催化裂化的温度在 400～526℃，催化剂为合成硅酸铝或活性白土，原料为汽油或重油，经催化裂化后可得辛烷值较高的汽油。

低硫焦 [low sulfur coke] 硫含量低于 2%的石油焦。

低硫原油 [sweet crude oil] 硫化物浓度低的原油。一般认为含硫量低于 0.5%的原油。

地蜡 [ceresin] 又称微晶蜡。由地蜡矿或炼油厂减压渣油经加工而得的固体烃混合物。多半由含 36～53 个碳原子的异构烷烃和带长侧链的环烷烃组成。粗制品是黄褐色至黑色。精制品是白色。有提纯地蜡和合成地蜡两种。提纯地蜡主要用作制造润滑剂、凡士林等的原料。合成地蜡用于制备化妆品、蜡纸、鞋油、地板蜡、绝缘材料等。

地沥青 [asphalt] 即天然沥青。

叠合汽油 [polymer gasoline] 即聚合汽油。

动力煤油 [power kerosene] 作为拖拉机等燃料的煤油。沸点范围约为 90～300℃。含有 50%左右的汽油。不可代替照明煤油使用，以防发生火灾危险。

API 度 [API gravity] 美国石油学会(简称 API)制订的用以表示石油及石油产品密度的一种量度。

费-托法合成汽油 [Fischer-Tropsch gasoline] 一氧化碳在镍、铑、钴等催化剂存在下进行高温高压加氢生成烃类混合物的方法。由德国化学家费歇尔(Franz Fischer)和托罗普歇(Hans Tropsch)所创立。可以用于制备液体燃料和石蜡等。

富油 [fat oil] 在炼焦及制取城市煤气过程中，将焦炉煤气内含有的少量苯、甲苯类低烃等在吸收塔中通过溶剂分离回收。由吸收塔底排出的溶有较多苯系溶质的吸收液。

高硫焦 [high sulfur coke] 硫含量高于 4%的石油焦。

高硫原油 [high-sulfur crude oil] 指含硫量大于 2.0%的原油。原油按照硫含量可以分为低硫原油、含硫原油、高硫原油，指标分别为<0.5%，0.5%～2%，>2%。高硫原油加工腐蚀性强，加工产生的硫化氢含量大，给加工过程带来的风险性高，因此加工成本会上升。目前国内大部分炼厂加工的为高硫原油。

高黏度燃料 [heavy fuel] 石油炼制中黏度较大的黑色黏稠残余物。如重油、渣油等。

高凝油 [high pour-point oil] 凝固点在40℃以上，含蜡量高的原油。

高辛烷值汽油 [high-octane gasoline] 含有高辛烷值的烃类(如多支链烷烃和芳香烃)或加有抗震剂的汽油。具有高的抗震性。在汽油机中燃烧时能经受较高的压缩比而不致发生爆震，可以提高汽油机的热效率。可用作航空汽油和车用汽油。

工业汽油 [industrial gasoline] 一种石油溶剂油。主要用于洗涤机器或其零件，也可用作工农业生产用的溶剂。由石油直馏馏分45～190℃汽油制得。

含硫原油 [sulfur-bearing crude] 含硫量介于0.5%～2.0%之间的原油。该油品特征：①加热时有腐蚀性；②蒸馏时会放出大量硫化氢；③产生许多需要脱硫的轻馏分原油。

含铅汽油 [leaded gasoline] 即乙基汽油。

航空煤油 [aviation kerosene] 喷气发动机飞机专用航空燃油。石油产品之一，由直馏馏分、加氢裂化和加氢精制等组分及必要的添加剂调和而成的一种透明液体。主要由不同馏分的烃类化合物组成。我国航空煤油分1、2、3、4、5五个牌号。1号与2号为煤油型燃料，均可用于军用和民航。3号为较重煤油型燃料，用于民航，逐步取代闪点较低的1、2号。4号为宽馏分型燃料，一般用于军用飞机。5号为重煤油型燃料，适用于舰艇上的飞机使用。进出口油品中以3号喷气燃料为常见。普遍要求是比重大、热值高、冰点低、热安定性好，对芳烃的含量有一定的限制。

航空汽油 [aviation gasoline] 用于往复式发动机飞机的高辛烷值燃料。规格标准项目多，且苛刻。通常由基础油、高辛烷值组分、异戊烷加入适量的抗氧剂组成。按马达法辛烷值分牌号，我国有75、95、100三个牌号。除抗爆性外，对蒸发性、储存安定性及发热值等均比车用汽油的要求高。并不得含有水溶性酸碱、水分和机械杂质。

航空燃料 [aviation fuel] 包括供往复式发动机飞机用的航空汽油和供喷气发动机飞机专用的航空煤油。目前主要由石油加工制得。所有航空燃料组成都要求只含有专用添加剂的、纯粹的烃类混合物。但由于不同类烃的性能不同，对某些烃类如芳香烃和烯烃的含量有一定的限制。

加铅汽油 [leaded petrol; leaded gasoline] 指在车用汽油中加入一定量四乙基铅的汽油。通过在汽油中加入四乙基铅增加其燃烧的辛烷值和抗爆性，且添加铅化物的同时还要添加二溴乙烯或二氯乙烯作捕捉剂，这两种化合物能分解产生溴和氯，可以与铅反应生成气态化合物成为含铅废气排出发动机外，但造成大气中含有粒状有毒铅化合物。

聚合汽油 [polybenzine] 又称叠合汽油。由裂化气体中的烯烃(丙烯和丁烯)经聚合(叠合)而成的汽油。辛烷值比裂化汽油更高。是配制航空汽油的高辛烷值组分。

沥青 [asphalt] 由不同分子量的碳氢化合物及其非金属衍生物组成的黑褐色复杂混合物。呈液态、半固态或固态，不溶于水。主要成分是沥青质和树脂，还含有高沸点矿物油以及少量的氧、硫或氮的化合物。是一种防水防潮和防腐的有机胶凝材料。

炼厂气 [refinery gas] 石油炼厂副产的气态烃。主要来源于原油蒸馏、催化裂化、热裂化、石油焦化、加氢裂化、催化重整、加氢精制等过程。不同来源的炼厂气其组成各异，主要成分为C_4以下的烷烃、烯烃以及氢气和少量氮气、二氧化碳等气体。炼厂气的产率随原油的加工深度不同而不同，深度加工的炼厂气一般为原油加工量的6%(质量分数)左右。

炼油 [refining of petroleum] 石油炼制的简称。

裂化汽油 [cracked gasoline] 石油重质馏分经裂化而得的汽油。含有烯烃、芳香烃和少量二烯烃。化学稳定性较差，但辛烷值较高，经热裂化而得的约为55～75，经催化裂化而得的约为80～95。可单独用作车用汽油，也可与直馏汽油等掺和，或多种裂化汽油相互掺和而成航空汽油等。

裂解柴油 [pyrolysis gas oil] 又称热解柴油。烃类裂解制乙烯的副产物。从裂解气冷却过程中的油洗塔中分离出来，馏程约为200～300℃。其中富含萘及其衍生物等芳烃。一般用作燃料油，也可作为脱烷基制萘的原料。

煤焦沥青 [coal-tar pitch] 炼焦的副产品，即焦油蒸馏后残留在蒸馏釜内的黑色物质。主要含有难挥发的蒽、菲、芘等，性质随这些成分含量的不同而不同。温度变化对煤焦沥青的影响很大，冬季容易脆裂，夏季容易软化。加热时有特殊气味。

煤油 [kerosene] 轻质石油产品的一类。由天然石油或人造石油经分馏或裂化而得。根据用途可分为航空煤油、动力煤油、照明煤油等。单称"煤油"时，一般指照明煤油。

煤油页岩 [kerosene shale] 即油页岩。

凝固汽油 [condensate oil] 凝胶状的汽油。用脂肪酸铝皂、环烷酸铝皂等使汽油进行胶凝作用而成。能黏着于可燃物质表面而持续燃烧若干分钟。军事上用作燃烧剂。

凝析汽油 [condensing gasoline] 即天然汽油。

农用柴油 [agricultural diesel oil] 用于拖拉机和排灌柴油机的柴油。由石油直馏馏分或二次加工馏出油调和而成。十六烷值与轻柴油相仿，凝固点则较高。

贫油 [lean oil] 将富油在解析塔中脱除苯系溶质后的吸收液。经冷却后可作为吸收溶剂再次送入吸收塔循环使用。

汽油 [gasoline] 轻质石油产品的一大类，主要用作汽油机的燃料。无色至淡黄色的易流动液体。沸点范围约初馏点至205℃。主要组分是四碳至十二碳烃类。容易燃烧。由天然石油和人造石油经分馏或石油重质馏分裂化而制得。根据制造过程，可分为直馏汽油、热裂化汽油、催化裂化汽油、重整汽油、焦化汽油、叠合汽油、加氢裂化汽油、裂解汽油和烷基化汽油、合成汽油等。根据用途，可分为航空汽油、车用汽油、溶剂汽油三大类。

铅水汽油 [leaded gasoline] 即乙基汽油。

轻柴油 [light diesel fuel] 密度相对较小的一类柴油。通常指200～350℃馏分。一般由天然石油的直馏柴油与二次加工柴油掺和而得，有时也掺入一部分裂化产物。与重柴油相比，质量要求较严，十六烷值较高，黏度较小，凝固点和含硫量较低。广泛用于柴油汽车、拖拉机，以及配用于船舶、矿山、发电、钻井等设备的高速柴油机。

轻馏分油 [light distillate] 石油产品的类别，一般指终馏点在250℃以下的馏出物。如航空汽油、汽油、溶剂汽油、石脑油和航空煤油等。

轻油 [light oil] ❶石油工业中通常指汽油、石脑油、煤油和柴油；❷焦化工业中指高温煤焦油分馏时在170℃以下蒸出的馏分。黄色至褐色，有荧光，质轻，相对密度约为0.910～0.990。再经分馏可得苯、甲苯、二甲苯、溶剂油等。

轻质原油 [light crude oil] 一种低黏度、低密度、分子量较低的原油。相对密度一般在0.75～0.95之间，色浅，含油质多，一般不含沥青质和胶质，加工后可获得较多的汽油和润滑油。

清洁柴油 [clean diesel fuel] 含硫量低于0.35‰，氧化安定性小于2.5 mg/100 mL，十六烷值大于45的轻柴油。

清洁汽油 [clean gasoline] 以无铅汽油为基础，加入多效汽油清洁复合添加剂而生产的一种新配方汽油。它既能为汽车提供有效动力，又能减少有害气体的排放。与普通无铅汽油比，具有减少污染、清洁汽车部件、节省燃油、延长发动机使用寿命等优点。

驱油剂 [oil-displacing agent] 一种在石油钻探开采时用以提高原油采收率的助剂。常用的是聚合物型驱油剂。如超高分子量聚丙烯酰胺，用0.05%的水溶液能渗入油层岩隙而多出油20%～30%，大致每用1 kg驱油剂可以多出原油10桶(1590 L)。近年发展起来的聚合物溶液和表面活性剂(石油磺酸盐与醇配成的微乳液)的分段驱油，能将岩层毛细管中的原油驱替出来，收效几乎100%。

燃料油 [fuel oil] 主要用于产生热能的液体燃料，要求热量大，含硫量小，灰分少。一般分为海军燃料油、锅炉燃料油和内燃机燃料油。海军燃料油由减压渣油、粗灯油与酚精制抽出油掺和而成，用于军舰和特殊海轮的专用锅炉。锅炉燃料油由常压重油与减压渣油掺和而成，用于发电厂锅炉、轮船锅炉、机车锅炉、冶金炉和其他工业窑炉。内燃机燃料油由减压渣油与二次加工柴油掺合而成，用于大型、低速、十字头式船用柴油机主机。

燃油添加剂 [fuel oil additive] 为弥补燃油自身在某些性质上的缺陷并赋予燃油一些新的优良特性，在燃油中要加入的功能性物质。其可实现燃油的更完善和更完全的燃烧，达到清除积碳、节省燃油、降低排放、增强动力等功效。其添加量以微量为特征，从百万分之几到百分之几。一般包含汽油添加剂、柴油添加剂。

热解柴油 [pyrolysis gas oil] 即裂解柴油。

人造石油 [artificial petroleum] 由固体、液体或气体燃料制成的类似天然石油的产品。主要成分是烃类，并含有氧和氮的有机物。制造方法有低温干馏法、破坏加氢法、合成法。

十六烷值 [cetane number] 表示柴油在柴油机中燃烧时的自燃性指标。数值越高表示越容易燃烧。常将纯正十六烷的十六烷值定为100，纯1-甲基萘的十六烷值定为0，以不同比例混合，得到十六烷值0～100的不同抗爆性等级的标准燃料，并在一定结构单缸试验机上与待测柴油做对比。

石蜡基油 [paraffin oil] 又称石蜡油。从石蜡基原油分馏制得的无色无味混合物。以链烷烃为主，具有低致敏性和很好的封闭性，芳烃含量低，无毒环保。

石蜡基原油 [paraffin base crude oil] 以石蜡烃为主的一类原油。特性因数大于12.1。高沸点馏分含蜡量较多、凝点高、相对密度小，非烃组分较低。所产汽油的辛烷值较低，柴油的十六烷值较高，润滑油的黏度指数较高。适用于生产优质润滑油、石蜡等。

石蜡油 [paraffin oil] 即石蜡基油。

石油 [petroleum] 液体燃料的一大类。主要由低级动植物在地层和细菌的作用下，经过复杂的化学变化和生物化学变化而形成。往往聚集在有空隙或裂缝的岩石中。

石油发酵 [petroleum fermentation] 利用微生物对石油(或其组分)的生物化学作用，获得代谢产物的新型工业。其在20世纪60年代出现后便打破了几个世纪以来以发酵工业一向以碳水化合物为原料的传统，对节约粮食、开发利用石油资源意义重大。与化学工艺相比，不需要耐高温、耐高压、耐酸的设备，但由于发酵产品中可能残留某些致癌烃类物质，必须防范。

石油化学 [petrochemistry] 化学学科之一。研究石油的组成、分类和性质，以及石油与石油产品的加工、精制和合成过程中的化学问题。

石油磺酸钡 [barium petroleum sulfonate] 具有优良的抗潮湿、抗盐雾、抗盐水和水置换性能，加热后油溶性好，能吸附于金属表面形成保护膜，对多种金属具有优良的防锈性能。适用于防锈油脂中作防锈剂，配制置换型防锈油、封存用油、润滑防锈两用油以及防锈脂。

石油磺酸苯酯 [phenyl alkylsulfonate] 浅黄色油状物。由 C_{12}～C_{18} 的液态石蜡经氯磺酰化后，再和苯酚酯化而制得。相对密度 1.03～1.06。酸值小于 0.1。闪点 200～220℃。电性能和机械性能良好，挥发性小，无毒，但互溶性和耐寒性较差。用作聚氯乙烯的主要增塑剂。

石油磺酸盐 [petroleum sulfonate] 阴离子表面活性剂的一类。组分极为复杂，主要是聚烷基化的芳基磺酸盐(包括钙、镁、钡和钠盐)。除用作表面活性剂外，石油磺酸钙、镁和钡盐主要用于汽车、拖拉机、机车等重型设备的润滑油添加剂和淤浆分散剂；石油磺酸钠用于金属加工作钻孔油、金属切削油和金属清洗剂。此外，石油磺酸盐还可用于原油的破乳，用作原油高浓度体系的驱油剂、矿石的浮选剂。

石油焦 [petroleum coke] 石油焦炭的简称。

石油焦化 [petroleum coking] 渣油在高温下(约 500℃)发生深度裂化反应，一方面是裂解，转化为气体烃和轻质油品，另一方面是缩合，转化为焦炭。焦化所得的轻质油品，通过精制后可用作汽油、柴油的调和组分，焦炭是炭素电极的原料。

石油焦炭 [petroleum coke] 简称石油焦。由石油炼制的残油、渣油或沥青经高温焦化而得的固体残余物。按质量，可分为一级品和合格品两种。合格品又分六种牌号。用于制造电极、电石、金刚砂等和用作填充电槽，也可用作绝缘材料和燃料等。

石油焦油 [petroleum tar] 石油精炼过程中得到的黑色至暗棕色黏性产物。若对其进行分馏，会产生大量固体残渣。

石油蜡 [petroleum paraffin] 原油开采过程中，压力、温度降低到一定程度后析出的以石蜡为主要成分的结晶颗粒物，在油管道中的聚积是石油工业中令人头痛的难题。熔点 30～35℃。主要用作食品及其他商品包装材料的防潮、防水。还可用作化妆品原料。

石油沥青 [petroleum asphalt] 由石油减压蒸馏残余物制得。性质与天然沥青相像，其沥青质和树脂的组成也大致相同，矿物油成分则相差较大。灰分小于 1%，且不含硫酸钙，馏分也较少，矿物油含量多。具有优良的黏结性、抗水性和防腐蚀性，广泛应用于涂料、塑料、橡胶等工业，也用于制油毡纸和铺筑路面。

石油炼制 [refining of petroleum] 简称炼油。将原油或石油馏分加工或精制成各种石油产品的过程。原油经蒸馏、重整、裂化、焦化、脱蜡、精制、调配等加工过程，得到汽油、煤油、柴油、燃料油、各种润滑油、润滑脂、蜡、沥青、石油焦等产品，同时还提供大量溶剂和化工原料。炼制过程包括：一次加工过程，即通过原油蒸馏获取各种烃、重馏分、直馏产品；二次加工过程，即将一次加工所得的馏分再加工成各种石油产品，以提高轻质油收率、提高产品质量及增加油品品种；三次加工过程，即通过炼厂气或其他原料的转化，制取基本有机原料。

石油裂化 [petroleum cracking] 在一定条件下，将重质馏分油或渣油转变为裂化气、汽油、柴油的过程。其可分为热裂化和催化裂化。

石油裂解 [petroleum pyrolysis] 石油化工生产过程中，以比裂化更高的温度(700～800℃，有时甚至高达 1000℃以上)，使石油分馏产物(包括石油气)中的长链烃断裂成短链烃的加工过程。是一种更深度的裂化，生成的裂解气是成分复杂的混合气体，除主要产品乙烯外，还有丙烯、异丁烯及甲烷、乙烷、丁烷、炔烃、硫化氢和碳的氧化物等。是生产乙烯的主要方法。

石油醚 [petroleum ether] 轻质石油产品，有 30～60℃、60～90℃等几种等级。主要由戊烷和己烷组成。可用铂重整抽余油或直馏汽油经分馏、加氢或其他方法制得。水白透明，相对密度约为 0.63～0.66。不含芳烃。不溶于水，溶于大多数有机溶剂。能溶解油和脂肪等。主要用作溶剂，使用时应注意防火。

石油溶剂 [petroleum solvent] 对某些物质起溶解、稀释、洗涤和抽提等作用的轻质石油产品。易燃、易蒸发。由原油经常压蒸馏所得沸点范围较窄的轻质油馏分经酸碱等精制而得，也可由催化重整的产物经芳烃抽提后的抽余物再进行蒸馏精制而成。主要成分为烷烃、环烷烃和少量芳烃，不含任何添加剂。

石油生成理论 [theory of petroleum formation] 有关石油成因的一种理论。认为石油是原始有机物质，在一定的埋藏深度和适宜的环境下，经历生化、热催化、热裂解和高温变质等阶段后逐渐转化而成的可燃混合物。

石油添加剂 [petroleum additive] 提高油品的质量和增加油品品种的重要物质之一。以一定量加入基础油中，可加强或给予人们希望的某些性能的化学品。例如，矿物油在潮湿箱中的防锈能力只有 4 h 左右，而加有防锈剂的防锈油，防锈能力可达几百小时以上。基础油与水不能混溶，但在油中加入乳化剂后，就能使油水生成稳定的乳液。

石油烃烷基化 [petroleum hydrocarbon alkylation] 炼厂气加工过程之一。在催化剂(氢氟酸或硫酸)存在下，使异丁烷和丁烯(或丙烯、丁烯、戊烯的混合物)通过烷基化反应，以制取高辛烷值汽油组分的过程。烷基化汽油的敏感性好、蒸气压低、感铅性好，是生产航空汽油和高标号车用汽油的理想调和组分。

石油植物 [petroleum plant] 可以直接生产工业用燃料油，或经发酵加工可生产燃料油的植物总称。现已发现可直接大量生产燃料油的植物主要分布在大戟科，如绿玉树、三角戟、续随子等。这些“石油植物”能生产低分子氢化合物，加工后可合成汽油或柴油的代用品。

天然沥青 [native asphalt] 又称地沥青。由沥青矿提炼而得。性质与石油沥青相像，因此被认为是石油的转化产物。主要成分是沥青质和树脂。或多或少含有一些矿物杂质。在自然界中有三种形式：沥青脉、天然堆积的地沥青、埋藏在岩石或土壤中的地沥青。

天然气凝析油 [natural gas condensate] 即天然汽油。

天然汽油 [natural gasoline] 又称天然气凝析油或凝析汽油。从地面油气集输设施中天然气(或伴生气)分离的凝析液中提取的产品。主要含 C_5～C_{10} 烃类及少量含硫化合物。其终沸点不高于190℃，在规定蒸气压下，含少量丁烷。此种汽油的辛烷值不高，只能作为车用汽油的调和组分。也可以经过精制，进一步分馏为石脑油、汽油及溶剂油等产品。

烃类燃料 [hydrocarbon fuel] 火箭发动机、喷气发动机使用的液体碳氢化合物的统称。主要包括煤油及合成高密度烃燃料。合成高密度烃燃料为纯化合物或由它与煤油混配而成。高密度烃由石油经蒸馏、聚合、加氢制备，或由有机中间体经化学合成制备。

烷基化汽油 [gasoline alkylate] 由丙烯、丁烯或戊烯等经烷基化而制得的汽油。主要成分是 2,2,3-三甲基戊烷、2,2,4-三甲基戊烷，2,3,4-三甲基戊烷或 2-甲基丁烷。辛烷值约为 90～93。是高辛烷汽油的组分。

微晶蜡 [microcrystalline wax] 即地蜡。

无铅汽油 [unleaded gasoline] 提炼过程中未添加四乙基铅作为抗震爆添加剂的汽油。只含有来源于原油的微量的铅，一般每升汽油为百分之一克。辛烷值为95，比现有其他级别含铅汽油的辛烷值(97)略低。为减少碳氢化合物、一氧化碳及氮氧化物等污染排放，需在排气系统中加装催化转换器，而汽油含铅量每升超过 0.013 g 时，会使催化剂失效，从而达不到控制汽车废气的目的，该临界量即为界定无铅汽油的标准。

吸收油 [absorption oil] 回收煤气中油分时所用的油，也是焦油蒸馏时 230～280℃的馏分。

辛烷值 [octane number；octane value；octane rating] 表示汽化器式发动机燃料抗爆性能好坏的一项重要指标，列于车用汽油规格的首项。汽油辛烷值与汽油化学组成，特别是汽油中烃类分子结构有密切关系。标准燃料由异辛烷和正庚烷的混合物组成。异辛烷用作抗爆性优良的标准，辛烷值定为 100；正庚烷用作抗爆性低劣的标准，辛烷值为 0。将这两种烃按不同体积比例混合，可配制成辛烷值 0～100 的标准燃料。混合物中异辛烷的体积百分数越高，抗爆性能也越好。在专门设计的可变压缩比的单缸试验机中测定。测定试样辛烷值时，提高压缩比到出现标准爆燃强度为止，然后，保持压缩比不变，选择某一成分的标准燃料在同一试验条件下进行测定，使发动机产生同样强度的爆燃，可评定出此试油的辛烷值。

延迟焦化 [delayed coking] 煤在中等温度条件下经长期碳化作用形成焦炭的过程。

乙基汽油 [ethylated gasoline] 又称含铅汽油或铅水汽油。含有少量乙基液的汽油。在车用汽油或航空汽油中加入少量乙基液，可以显著提高其辛烷值，改善其抗震性。由于乙基液中所含的四乙基铅有剧毒，我国限制使用，并不可用于清洗机器、零件和洗手，以防中毒。

油母页岩 [oil shale] 即油页岩。

油页岩 [oil shale] 又称煤油页岩或油母页岩。含有有机物质的黏土岩或泥灰岩。有机物含量可高达 66%，平均约为 6%～12%。淡褐色至暗褐色，可按层分裂成薄片。燃烧时发生有烟火焰。经低温干馏可得可燃性气体、类似石油的页岩油、绿油和氨等。

油重整 [oil reforming] 汽油中直链烃类分子的结构在有催化剂的参加下加热“重新进行调整”，使它们转化为芳香烃或具有支链的烷烃异构体(异构烷烃)的过程。工业上广泛使用的重整催化剂有铂、铼或同时使用铂和铼。根据所用催化剂不同，分别称它们为铂重整、铼重整或铂铼重整。

原油 [crude oil] 在地下储集层内，以液相存在并在通过地面设施后在常压下呈液态的烃类混合物。其中也含有小部分液态的非烃组分。石油的一种基本类型，分为轻质原油、中质原油、重质原油和稠油。

照明煤油 [illuminating kerosene] 一般指煤油。无色澄清。沸点范围约为 180～310℃。分优级品、一级品、合格品三个等级。主要用作煤油灯的照明燃料，也可用作煤油炉的燃料以及油漆、农药等的溶剂。机械工业常用于洗净机器和零件等。

直馏汽油 [distilled gasoline] 原油在一次加工过程中经直接蒸馏在 35～200℃间得到的馏分。不饱和烃类少，化学稳定性高，辛烷值较低。不可单独用作汽油机的燃料。

中馏分油 [intermediate distillate] 一类石油产品。一般指瓦斯油、家用燃料油、柴油、催化裂化或加氢裂化的原料——蜡油。

中硫焦 [medium sulfurcoke] 硫含量为 2%～4%的石油焦。

中油 [middle oil] 高温煤焦油分馏时在 170～230℃蒸出的馏分。黄色至褐色。相对密度约 1.00。再经加工可得苯酚、萘、吡啶、香豆酮等。

中质原油 [medium crude oil] 化学组分介于轻质原油和重质原油之间。按 API 的原油分类，原油重度 34～20°API，在温度 15℃时，密度在 0.855～0.943 g/cm^3 之间；在温度 20℃时，密度在 0.852～0.930 g/cm^3 之间。

重柴油 [heavy diesel fuel] 密度相对较大的一类柴油。由天然石油、人造石油等经分馏或裂化而得。黄色、易燃液体，黏度较大，喷油雾化优良，燃烧完全，含硫量低，不腐蚀设备， 残炭较低。适用于做中速和低速机燃料。

重馏出油 [heavy distillate] 即重馏分油。

重馏分 [heavy cut；heavy distillate] 即重馏分油。

重馏分油 [heavy cut；heavy distillate] 又称重馏分、重馏出油。石油中沸点较高的馏分。如 350～500℃的润滑馏分，或比其沸点更高的催化裂化等原料。一般指从炼油厂减压塔侧线抽出的馏分油。

重油 [heavy crude oil] 重质原油的简称。

重油部分氧化法 [heavy oil partial oxidation process] 由重油制取合成氨原料气中氢气的一种方法。重油在高温气化炉中与氧进行部分氧化反应，生成氢和一氧化碳等气体，并放出大量的热，同时还产生少量炭黑。一般在加压下进行。按回收热方法，主要有德士古(Texco)法和谢尔(Shell)法两大类流程。前者采用极冷方式回收热量，后者采用废热锅炉产生高压蒸汽回收热量。

重质原油 [heavy crude oil] 简称重油。原油提取汽油、柴油后的剩余重质油。其特点是分子量大、黏度高。密度在 0.90%～1.00 g/cm^3 之间的原油。一般色深，富含胶质与沥青质，成分主要是碳氢化合物，另外含有部分的(约 0.1%～4%)的硫黄及微量的无机化合物。

10.4 天 然 气

伴生天然气 [associated natural gas] 和储油层原油直接接触，但不溶解的游离态天然气。

常规天然气 [conventional natural gas] 由常规油气藏开发出，能够用传统的油气生成理论解释的天然气。

非伴生天然气 [non-associated natural gas] 既不与油藏原油接触，又不溶于其中的自由态天然气。

干气 [dry gas] 在储层中呈气态，常温常压条件下不析出液烃的天然气。不含 C_2 以上组分，主要成分是甲烷。可用作燃料，或用作制造炭黑、合成氨、合成汽油、甲醇和其他有机化合物的原料。

高硫天然气 [high sour nature gas] 富含剧毒和强腐蚀性硫化氢的天然气。一般开采自硫化氢含量在 2%～70%的高硫化氢气田。

固体瓦斯 [solid gas；solid mashgas] 即可燃冰。

合成天然气 [synthetic natural gas] 一种用煤制得的气态燃料。含近乎纯净的甲烷，并可采用若干种煤气化方案生产。基本化学反应是 C(煤)+2H_2 $\longrightarrow$ CH_4±Q(热量)，合成天然气含 95%～98%的甲烷，热值为 36 530～38 560 kJ /m^3，大体同天然气一样。

活性炭法烟气脱硫技术 [activated carbon flue gas desulphurization process] 利用活性炭的吸附性能净化烟气中 SO_2 的方法。当烟气中有氮和水蒸气存在时，活性炭吸附 SO_2 不仅有物理吸附，而且还存在着化学吸附。由于活性表面具有催化作用，使烟气中的 SO_2 在活性炭的吸附表面上被 O_2 氧化为 SO_3，再与水蒸气反应生成硫酸。活性炭吸附的硫酸可通过水洗出，或者加热放出 SO_2，从而使活性炭获得再生。

活性炭纤维法烟气脱硫技术 [activated carbon fiber process (ACFP) flue gas desulphurization process] 采用新材料脱硫活性炭纤维催化剂脱除烟气中 SO_2 并回收利用硫资源生产硫酸或硫酸盐的一项新型脱硫技术。该技术脱硫率可达 95%以上，单位脱硫剂处理能力高于活性炭脱硫一个数量级以上。

基本有机合成工业 [basic organic synthesis industry] 即基本有机化学工业。

基本有机化工 [basic organic chemical industry] 基本有机化学工业的简称。

基本有机化学工业 [basic organic chemical industry] 简称基本有机化工，又称基本有机合成工业。以石油、天然气、煤等为基础原料，主要生产各种有机原料的工业。是发展各种有机化学品生产的基础，现代工业结构中的主要组成部分。

可燃冰 [combustible ice] 又称固体瓦斯、气冰。天然气水合物，分布于深海沉积物或陆域的永久冻土中，由天然气与水在高压低温条件下形成的类冰状的结晶物质。因其外观像冰且遇火即可燃烧，故得名。由于含有大量甲烷等可燃气体，燃点很低，极易燃烧。1 m^3 中含有 200 多立方米甲烷气体。同等条件下，燃烧产生的能量比煤、石油、天然气要多出数十倍，而且燃烧后不产生任何残渣和废气，避免了污染问题。

凝析气 [condensate gas] 含有大量戊烷以上轻质烃类的天然气。一般都产于较深的气藏中。当地下温度、压力超过临界条件以后，液态烃逆蒸发而生成气体。一旦采出后，由于地表压力、温度降度而逆凝结为凝析油。

气冰 [gas ice] 即可燃冰。

气苗 [gas seepage] 从地下逸出地表的天然气显示。

气体燃料 [gas fuel] 能产生热能或动力的气态可燃物质。一般含有低分子量的碳氢化合物、氢气和一氧化碳等可燃气体，并常含有氮气和二氧化碳等不可燃气体。天然的有沼气、天然气、液化气等。经过加工而成的有由固体燃料经干馏或气化而成的焦炉气、水煤气、发生炉煤气等；石油加工而得的石油气，以及由炼铁过程中所产生的高炉气等。

轻烃燃气 [light hydrocarbon fuel] 以石油、天然气开采及加工过程中的副产品 C_5、C_6 为制气原料，通过一定装置，采用物理气化方式，将液态轻烃转化为气态的混合燃气。与天然气一样，都是清洁燃料。除了热值高、燃烧排放清洁外，与天然气和液化石油气相比，其运输、储存、分销更为方便安全，不仅可作为居民饮食、洗浴、采暖等各种生活用燃气设施的气源，也是机关、学校、饭店等公用事业和玻璃、陶瓷、建材、食品等工业企业烹饪、采暖、制冷和生产加热设施的理想气源。

溶解气 [dissolved gas] 以溶解状态存在于原油或水中的天然气。任一油藏的原油，总溶有数量不等天然气，每吨原油中溶解气的量少则几立方米、几十立方米，多者可达数百乃至数千立方米。地下水中溶解气，有低压水溶气和高压地热型水溶气。前者含量少，每吨水中溶解几立方米，后者含量很高，每吨水中可溶解数十至数百立方米，具有开采价值。天然气在水中的溶解度还取决于水的温度和含盐度。油内溶解气常见于饱和或过饱和油藏中，其主要特点是重烃气含量高，有时可达 40%。水内溶解气的主要成分是甲烷和氮，重烃气和二氧化碳含量一般不超过 10%～12%。

湿气 [wet gas] 甲烷含量低于 90%，乙烷、丙烷等烷烃含量在 10%以上的油田伴生天然气。因含有较大量的乙烷、丙烷、丁烷和戊烷等，可裂解以制取乙烯等作为化工原料。经过压缩可得液化天然气，也可直接用作燃料等，含氦较多的天然气可用于提取氦气。

石油伴生气 [petroleum associated gas] 油层中伴随石油一起逸出的气体，以及部分溶于石油中的天然气。除含有较多甲烷、乙烷外，还含有少量易挥发的液态烃及微量的二氧化碳、氮、硫化氢等杂质。主要用于制取甲醇、乙二醇、乙酸、乙烯、丙烯等化工原料或用作燃料。

石油气 [petroleum gas] 一般指来自油田、气田或石油炼厂的 C_1～C_4 烃类的混合气。可能含有 C_5 以上的烃和氢气，也可能含有硫化物等杂质。是石油化学工业的重要原料，可用于制造合成溶剂、合成树脂、合成塑料、合成橡胶和合成氨原料气等。

碳一化工 [C_1 chemical engineering] 从含有一个碳原子的化合物(如一氧化碳、甲醇、甲烷和二氧化碳等)出发合成各种化学品的技术。

碳一化学 [C_1 chemistry] 从含有一个碳原子的化合物(如一氧化碳、甲醇、甲烷和二氧化碳等)出发，经一系列化学变化，合成化工产品的化学过程。主要集中在合成气化学和甲醇化学方面。化工产品主要有以一氧化碳和甲醇为原料生产的乙酸、乙酐、高辛烷值汽油、甲酸、草酸和羰基合成醇等。

天然气 [natural gas] 蕴藏在地层内的可燃性气体。主要是低分子量烷烃的混合物。有些含有氮气、二氧化碳、硫化物等，或少量的氢气。一般由有机物质经生物化学作用分解而成。或与石油共存于岩石的裂缝和空洞中，或以溶解状态存在于地下水中。由钻井开采而得，用管输送。有干气和湿气两种。

天然气处理 [natural gas conditioning] 由油井或气井出来的天然气。一般均含有少量杂质。为保证天然气市场产品的质量，在出厂前进行的处理。一般指天然气脱硫、脱水及回收液化气等加工过程。

天然气化工 [natural gas chemical industry] 化学工业分支之一。以天然气为原料生产化工产品的工业，是燃料化工的组成部分。一般包括天然气的净化分离和化学加工。天然气通过净化分离和裂解、蒸汽转化、氧化、氯化、硫化、硝化、脱氢等反应可制成合成氨、甲醇及其加工产品(甲醛和乙酸等)、乙烯、乙炔、二氯甲烷、四氯化碳、二硫化碳和硝基甲烷等。

天然气凝析液 [natural gas liquid (NGL)] 天然气经压缩和冷冻，其中戊烷、丁烷、丙烷甚至乙烷液化，与甲烷气体分离，冷凝下来的液体。主要用作燃料和石油化工裂解原料。

天然气热裂解 [natural gas pyrolysis] 天然气中低碳烷烃在高温下吸收大量能量而分解为低碳不饱和烃和氢，甚至完全分解为元素碳和氢的烃类裂解过程。如不控制其反应时间而任其进行，其平衡产物主要是碳和氢。但若利用各个反应在不同温度、压力条件下的速度差别，控制适当的反应条件(温度、压力、时间)，可以调节最终的裂解气组成而获得需要的产物。

瓦斯 [gas] 泛指可燃性气体；特指从煤矿中泄露出的煤层气。

瓦斯爆炸 [gas explode] 属可燃性气体的爆炸，但通常指煤矿中煤层气(主要是甲烷)爆炸。当空气中甲烷体积分数为5%～16%时，遇明火爆炸并产生冲击波的现象。具有强大的机械破坏作用，并产生有毒气体(如CO等)和爆炸火焰，导致重大灾害。

液化天然气 [liquefied natural gas (LNG)] 用深度冷冻的方法把净化处理后天然气液化，主要是把甲烷液化，以便储存和长距离运输。

液硫脱气 [liquid sulfur degasification] 从克劳斯硫黄回收装置所产的液态硫黄中脱除多硫化氢的工艺过程。液态硫黄中存在的多硫化氢，会导致储运设备腐蚀，且在硫黄成型时随着温度下降重新释放，造成环境污染。因此，在液硫储运或成型前，须先脱除其中的多硫化氢，使其含量降至10 mL/m^{3}以下。普遍采用机械喷水或蒸汽汽提，同时加入氨，以促进多硫化氢分解的方法。

油气生成理论 [theory of oil-gas formation] 研究石油与天然气藏成因的石油地质学理论。是一个极为复杂的课题,至今还存在一些争论。从18世纪70年代以来,对油气成因的认识基本上分为无机成油和有机成油学说两大学派。无机成油学说基本观点是石油天然气是在地下高温、高压条件下形成的金属碳化物（主要为碳化铁），在地壳深处与炽热的水相遇反应生成碳氢化合物。油气有机成因理论认为生物体是生成油气的最初来源。这些生物主要是细菌、浮游植物、浮游动物和高等植物等。生物死亡以后的残体经沉积作用埋藏于水下的沉积物中成为沉积有机质，经过一系列的生物化学、物理化学变化逐渐形成石油和天然气。油气生成理论是进行油气勘探的关键，对勘探效果起直接作用。

油型气 [oil-type gas] 包括湿气(石油伴生气)、凝析气和裂解气。伴随沉积有机质特别是腐泥型有机质在热降解成油过程中形成，或者是在后成作用阶段由有机质和早期形成的液态石油热裂解形成。

10.5 太 阳 能

薄膜太阳能电池 [thin film solar cell] 一类与硅板太阳能电池形成对比，其光电转换功能层和基底材料都是薄膜状的太阳能电池的总称。最大特点是整体呈薄膜状，具有柔性。典型的薄膜太阳能电池有：非晶硅、微晶硅、化合物半导体Ⅱ～Ⅳ族、染料敏化、有机/聚合物和铜铟硒等太阳能电池。

背电极 [back electrode] 相对前电极(front electrode)而言，通常是指位于太阳能电池的背面，即光入射电极另一侧的电极。主要起电流收集和输出，降低接触电阻，增强光反射的作用。该概念在硅太阳能电池中使用较为普遍，可以由金属铝、银浆等制备形成。

背反射材料 [back reflective material] 一类增加表面光学反射率的薄膜材料，主要有金属反射膜、全电介质反射膜及金属电介质反射膜等类型。

本多-藤岛效应 [Honda-Fujishima effect] 又称光催化效应。本多(Honda)和藤岛(Fujishima)1972 年发现，在一次试验中对放入水中的二氧化钛单结晶进行了光照射，结果发现二氧化钛(TiO_2)在受到太阳光的照射时，钛原子上的电子被光激发，形成电子-空穴对，分解水产生活性基因OH^-，具有极强的氧化力。这种氧化能力使有机物分解成二氧化碳和水，也能降解部分无机化合物，从而达到杀菌、除臭、净化空气的效果。这一效果被称为“本多-藤岛效应”而闻名于世，该名称组合了藤岛昭和时任他指导教师、东京工艺大学校长本多健一的名字。

标准太阳能电池 [standard solar cell] 用于标定模拟太阳光谱强度及分布的硅太阳能电池。通过与标准参数的匹配，减小因模拟太阳光谱与标准AM 1.5太阳光谱的失配造成的光伏电池性能测试误差。

掺锡氧化铟 [indium tin oxide; tin-doped indium oxide (ITO)] 即氧化铟锡。

大气质量 [air mass (AM)] 大气对地球表面接收太阳光的影响程度。在太阳光入射角与地面成夹角 θ 时，大气质量 $AM=1/\cos\theta$。当 $\theta=48.2°$时，大气质量为AM 1.5，是指典型晴天时太阳光照射到一般地面的情况，其辐射总量为1 kW/m^2，常用于太阳能电池和组件效率测试时的标准。

单晶硅太阳能电池 [monocrystalline silicon solar cell] 以高纯的单晶硅为原料的硅太阳能电池。目前能量转换效率超过20%。

第三代太阳能电池 [third generation solar cell] 保持第二代薄膜太阳电池低成本的优点，具有远高于肖克利-奎塞尔(Shockley-Queisser)极限的理论转化效率，性能稳定可靠且材料来源丰富的太阳能电池。是一种高效率、低成本、长寿命、无毒性和高稳定性的接近理想化的光伏太阳电池。例如：多结叠层太阳能电池、热载流子电池以及利用上转换和下转换材料等方式实现的太阳能电池。

碲化镉薄膜太阳能电池 [cadmium telluride thin film solar cell] 以p型CdTe和n型Cd的异质结为基础的薄膜太阳能电池。

电子型半导体 [eletron semiconductor] 即n型半导体。

多带隙太阳电池 [multiple bandgap solar cell] 由多带隙半导体材料构成的太阳能电池。多带隙半导体是一种理想的半导体材料，它具有两个或两个以上被很窄的能带(或杂质带)分开的带隙，各个带隙有不同的宽度，对不同波长的光都有很好的吸收，可提高电池光电转化效率。

多结太阳能电池 [multijunction solar cell] 针对太阳光谱，在不同波段选取不同带隙的半导体吸光材料做成的具有多个吸光和光电子转换结的太阳能电池。其可实现广谱吸收和高光电转化效率。

多晶硅薄膜太阳能电池 [thin-film polycrystalline silicon solar cell] 将多晶硅薄膜生长在低成本的衬底材料上制备的太阳能电池。既具有单晶硅太阳能电池的高效、稳定、无毒和资源丰富的优势，也具有薄膜太阳能电池工艺简单、材料节省、成本低的优点。

多晶硅太阳能电池 [polycrystalline silicon solar cell] 以多晶硅为原料的太阳能电池。与单晶硅太阳能电池同为第一代太阳能电池的两大类。

反常光伏效应 [anomalous photovoltaic effect (APE)] 又称反常光生伏打效应。一种光电压大于对应的半导体带隙的光生伏打效应。这种效应在 1946 年由 Starkiewicz 在 PbS 薄膜中发现。之后在其他半导体多晶薄膜中也有发现，包括碲化镉、硅、锗以及非晶硅等。

反常光生伏打效应 [anomalous photovoltaic effect] 即反常光伏效应。

非晶硅太阳能电池 [amorphous silicon solar cell] 一种以非晶硅为基本组成的薄膜太阳能电池。具有生产成本低、能量返回期短、适于大批量生产、高温及弱光响应好等优点。

费米能级 [Fermi level] 半导体物理中表征电子在能带中填充能级水平高低的一个重要参数。严格来说，是绝对零度下电子的最高能级。根据其可以确定在一定温度下，电子在各量子态上的统计分布。一般近似认为费米能级以下的能级都被电子所填充。在半导体物理和电子学领域中，经常被当作电子或空穴化学势的代名词。其与温度、半导体材料的导电类型、杂质的含量以及能量零点的选取有关。以美籍意大利裔物理学家恩里科·费米(Enrico Fermi)的名字命名。

氟掺杂二氧化锡 [fluorine-doped tin oxide(FTO)] 晶格中部分氧原子的位点被氟原子取代的二氧化锡。具有可见光透过性好、紫外吸收系数大、电阻率低、化学性能稳定以及室温下抗酸碱能力强等优点。是一种常见的透明导电材料，可用于制作透明导电玻璃。被广泛用于液晶显示屏、光催化、薄膜太阳能电池基底、染料敏化太阳能电池、电致变色玻璃等领域。

钙钛矿 [perovskite] 最初指由钛酸钙组成的钙钛氧化物矿物，广义定义为与 $CaTiO_3$ 相似晶体结构的 ABX_3 型化合物统称。例如，以甲胺铅碘($CH_3NH_3PbI_3$)为代表的有机-无机杂化结构、以铯铅溴($CsPbBr_3$)为代表的纯无机结构等。

钙钛矿迟滞效应 [hysteresis effect for perovskite] 在钙钛矿太阳能电池中，由于离子迁移、电荷局部受限和聚集等因素引发的伏安曲线受扫描速度、扫描方向等测试条件影响产生的滞后现象。

钙钛矿太阳能电池 [perovskite solar cell] 以具有钙钛矿结构的有机/无机金属化合物半导体作为光电转换功能层的太阳能电池。

感光材料 [photosensitive material] 释文见物理化学同名词条。

格雷策尔电池 [Grätzel cell] 即染料敏化太阳能电池。

光触媒 [photocatalyst] 光催化剂的俗称。

光催化 [photocatalysis] 释文见物理化学同名词条。

光催化活性 [photocatalytic activity] 衡量光催化能力大小的指标。

光催化剂 [photocatalyst] 俗称光触媒。在光子的激发下能够起到催化作用的化学物质的统称。其可将光能转换成化学反应所需能量从而产生催化作用。其吸收高于一定能量的光子后，发生光生载流子的分离，然后光生电子和空穴与离子或分子结合生成具有氧化性或还原性的活性自由基。1999 年，由于纳米技术得到了突破性进展，光催化剂正式成为国际研究领域的内容。2001 年，光催化剂产品全面进入家庭日常生活，并在短短的半年时间内，迅速扩展到欧美及东南亚发达国家和地区，同时在 2001 年末，首次应用于美国宇航空间站的空气净化。

光催化效应 [photocatalytic effect] 即本多-藤岛效应。

光-丹倍效应 [photo-Dember effect] 一种入射光子吸收产生光电压的现象。指半导体表面吸收光子产生电子-空穴对，电子空穴因其扩散系数不同形成浓度梯度从而形成内建电场。

光电催化 [photoelectrocatalysis] 通过选择半导体光电极(或粉末)材料和(或)改变电极的表面状态(表面处理或表面修饰催化剂)来加速光电化学反应的作用。是一种特殊的多相催化，如铂/钛酸锶或铂/钽酸钾催化太阳光分解水，产生氢和氧。

光电化学电池 [photoelectrochemical cell (PEC)] 利用半导体在电解质溶液中的光电效应而制成的太阳能电池。半导体在电解质溶液中表面形成界面势垒(即液体结)，分离光生的电子-空穴对，在两个电极(即半导体电极和金属对电极)上进行电化学反应，导致电流产生或在溶液中发生化学反应生成化学产物。

光电化学反应 [photoelectrochemical reaction] 光辐照与电解液接触的半导体表面所产生的光生电子-空穴对被半导体/电解液结的电场所分离后与溶液中离子进行的氧化还原反应。

光电流 [photocurrent] 即光生电流。

光电压 [photovoltage] 即光生电压。

光电转换 [photoelectric conversion] 通过光伏效应把光能直接转换成电能的过程。

光电转换材料 [photoelectric conversion material] 将太阳能转换为电能的材料。主要用于制作太阳能电池。以单晶硅、多晶硅和非晶硅为主，还包括化合物半导体材料、有机小分子和有机高分子材料等。

光电转换效率 [photoelectric conversion efficiency] 光电转换器件中最大电能输出与入射光能之比的百分数。是衡量光电转换器件性能的重要参数。

光伏效应 [photovoltaic effect] 又称光生伏打效应。光照使不均匀半导体或半导体与金属结合的部位产生电位差的现象。1839 年，由法国科学家贝克雷尔(Becqurel)发现。基于该原理，1954 年，美国科学家恰宾和皮尔松在美国贝尔实验室首次制成了实用的单晶硅太阳电池，诞生了将太阳光能转换为电能的实用光伏发电技术。

光化学电池 [photochemical cell] 利用光电化学反应将太阳辐射能转变为电能的装置。根据结构，可分为固体光电池和液体光电池。

光激发 [photoexcitation] 光化学、光电化学以及光物理等领域中的基本概念。原子或分子在光照下其内部电子从较低能级(通常是基态)跃迁到较高能级(允许的激发态)的过程。光激发后，激发态的电子可以通过发光或是非辐射过程将能量释放后回到相应的热平衡态。

光敏染料 [photo-sensitive dye] 通过对可见光的强吸收从而将体系的光谱响应延伸到可见区的染料。

光敏作用 [photosensitization] 释文见物理化学同名词条。

光生电流 [photocurrent] 又称光电流。半导体材料吸收光子产生的电流。

光生电压 [photovoltage] 又称光电压。半导体材料吸收光子后形成的电势差。

光生伏打效应 [photovoltaic effect] 即光伏效应。

光生载流子 [photocarrier] 光照射半导体时，半导体价带中的电子吸收光子跃迁到导带中，空穴留在价带，从而产生电子-空穴对。这种类型的载流子被称为光生载流子。实现光生载流子的必要条件是入射光子的能量($h\nu$,其中 h 为普朗克常数，ν 为光子的频率)大于或等于半导体的禁带宽度(Eg)。

硅太阳能电池 [silicon solar cell] 以半导体硅为主体材料，将太阳光能转变为电能的装置。根据硅材料的结晶形态，有单晶硅太阳能电池、多晶硅太阳能电池和非晶硅太阳能电池等种类。

化合物半导体太阳能电池 [compound semiconductor solar cell] 以化合物半导体为光电转换功能层制成的太阳能电池。化合物可构成同质结、异质结和肖特基结太阳能电池。既可制成高效或超高效太阳能电池，又可制成低成本大面积薄膜太阳能电池。常见的有砷化镓等半导体材料。为主体材料的太阳能电池。

镓铟磷 [gallium indium phosphide] 由ⅢA 族元素镓、铟和ⅤA 族元素磷的化合物磷化镓和磷化铟组成的固溶体。是重要的光电子材料。磷化镓分子式为 GaP，室温下禁带宽度为 2.26 eV，属间接跃迁型能带结构。磷化铟分子式为 InP，室温下禁带宽度为 1.35 eV，属直接跃迁型能带结构。固溶体的能带结构和带隙由其元素组成决定。

减反射膜 [antireflection coating] 即抗反射涂层。

p-i-n 结 [p-i-n junction] 采用较宽的本征半导体(i)层来取代 p-n 结的势垒区，而形成的结构。扩展了 p-n 结的势垒区宽度，使产生光生载流子的有效区域增大，扩散的影响减弱，并且结电容也大大减小，进而使 p-i-n 结光电二极管的光检测灵敏度和响应速度都得到很大提高。

p-n 结 [p-n junction] p 型半导体和 n 型半导体紧密地结合时形成的接触界面。由于界面两端的电子、空穴载流子因浓度差而产生扩散运动，在该界面形成一层空间电荷区。

聚光太阳能电池 [concentrator solar cell] 通过透镜或镜面将接收到的太阳光聚集于效率极高的光电池上实现太阳光电转换的电池。该技术有效减少了光电池中半导体材料的用量。常用制造材料为砷化镓。

抗反射涂层 [antireflection coating] 又称减反射膜、增透膜。覆盖在受光面上的薄膜层。其折射率介于空气和玻璃之间，使得在薄膜内、外表面反射光的强度几乎相等。当薄膜的厚度约为光波长的四分之一时，薄膜内、外表面的反射光干涉相消，降低受光表面的反光率。

空间太阳能电池 [space solar cell] 可在外太空使用的太阳能电池。要求具有优秀的抗辐射能力。在所有的太阳能电池中砷化镓太阳能电池是最优秀的空间太阳能电池。

空穴浓度 [hole concentration] 半导体材料中单位体积内空穴载流子的数目。其单位可以表示为 mol/cm^3 或 cm^{-3}。

空穴型半导体 [hole semiconductor] 即 p 型半导体。

空穴有效质量 [effective mass of hole] 空穴的有效质量 $m^*(h^+)$ 为晶体中空穴受到的外力 F 与其加速度 a 的比值，即 $m^*(h^+)=F/a$。有效质量一般是波矢 $\boldsymbol{K}$ 的函数，是一个量子概念。它不同于惯性质量，反映了晶体周期性势场的作用。有效质量的大小与电子所处的状态 k 有关，也与能带结构有关。有效质量概括了晶体内部的势场作用，因此在研究晶体内部电子(空穴)在外力作用下的运动规律时，可以不涉及晶体内部的势场作用，方便地描述电子(空穴)的运动规律。

量子结构太阳能电池 [quantum structural solar cell] 采用量子点作为光电转换功能材料的太阳能电池。量子点具有显著的量子限域效应和分离光谱特性，不同尺寸及种类的量子点的组合可高效吸收不同波长的光，提高光电转化效率。

硫化镉太阳能电池 [cadmium sulfide solar cell] 以硫化镉为基体材料的太阳能电池。

敏化剂 [sensitizer] 即太阳能转换染料。

漂移电流 [drift current] 当有电场存在条件下，半导体中载流子沿电场力方向作定向运动形成的电流。

前电极 [front electrode] 位于太阳能电池光入射一侧起电流收集和输出作用的电极。通常采用丝网印刷工艺按预定图形将电极材料印刷在基板上。

染料敏化太阳能电池 [dye-sensitized solar cell] 又称格雷策尔电池。由染料、半导体光阳极、电解质和对电极组成；染料吸附在半导体光阳极表面，光照下电子从染料的基态跃迁到激发态后继而注入半导体的导带并向外电极输出，经过负载最后到达对电极并参与在对电极上发生的还原反应；失去电子处于氧化态的染料分子通过电解质获得电子得到还原，电解质中的电荷又通过在对电极上发生的还原反应得到平衡而完成整个光电转换过程。是一种模仿光合作用原理、廉价的薄膜太阳能电池。具有原材料丰富、成本低、工艺技术相对简单，适合工业化生产等优势，同时生产过程能耗小、对环境污染少，具有较为广泛的应用前景。

容忍因子 [tolerance factor] 是衡量钙钛矿框架稳定性的指标之一。在 ABX_3 结构钙钛矿中，根据 A、B、X 三种元素的离子半径(r_A, r_B, r_X)，可计算该材料容忍因子：$t = \dfrac{r_A + r_X}{\sqrt{2}(r_B + r_X)}$。稳定三维结构钙钛矿的容忍因子一般在 0.75～1.0 范围内。

砷化镓太阳能电池 [gallium arsenide solar cell] 以砷化镓为基体材料的太阳能电池。

太阳能 [solar energy] 来自太阳的辐射能量的总称。太阳内部因氢原子发生聚变释放出巨大核能而产生光和热并向宇宙空间辐射。地球上接收到的太阳能多为各种波长的电磁波。

太阳能-氢能转换 [solar hydrogen production] 将太阳(光)能转换成氢化学能的过程。目前主要包括两种方式，一种是先通过太阳能发电，再通过电分解水的方式生产氢气；另一种方式是在催化剂辅助下太阳能直接分解水制取氢。

太阳能-热能储存 [solar thermal energy storage] 将太阳能以热能的形式储存在储热介质中。是太阳能的一种利用方式。最普通的储热介质是水(太阳能热水器)，也可以是其他高热容物质。

太阳能转换染料 [dyes for photoelectric conversion] 又称敏化剂。一类捕获光能、发生电荷分离的分子材料。包括钌的联吡啶配合物和卟啉、苯胺、香豆素、酞菁、吲哚等衍生出的大共轭分子。

同质结太阳能电池 [homojunction solar cell] 用同质结(由同一种半导体材料所形成的 p-n 结或梯度结)构成的电池。例如，p-n 结硅太阳能电池、p-n 结砷化镓太阳能电池等。

铜铟镓硒 [copper indium gallium selenide (CIGS)] 第三代太阳能电池材料，一般为黑色膜层，由铜、铟、镓和硒四种元素通过一定的配比构成。该材料组装的电池具有成本低、污染小、稳定性好、弱光性能优良等特点，光电转换效率突出，但其制备工艺较为复杂。

铜铟硫 [copper indium sulfide (CIS)] 新型太阳能电池材料，由铜、铟和硒三种元素通过一定的配比构成。其禁带宽度约为 1.5 eV，且具有较大吸收系数。热稳定性好，禁带宽度与太阳光匹配性好，被看作是很有发展前景的薄膜太阳电池候选材料。

铜铟硒太阳能电池 [copper indium selenide solar cell] 以铜、铟、硒按一定原子比例形成的薄膜为光电转换功能层的太阳能电池。具有光电转换效率较高、成本低、性能稳定、抗辐射能力强等特性。

透明导体 [transparent conductor] 同时具有良好的导电性和可见光透过性的材料。

肖特基太阳能电池 [Schottky junction solar cell] 基于肖特基结的太阳能电池。肖特基结是金属与半导体接触界面形成的结，它与 p-n 结相似，具有整流特性。

n 型半导体 [n-typed semiconductor] 又称电子型半导体。自由电子浓度远大于空穴浓度的杂质半导体。n 型半导体中，自由电子为多子，空穴为少子，主要靠自由电子导电。

p 型半导体 [p-typed semiconductor] 又称空穴型半导体。空穴浓度远大于自由电子浓度的杂质半导体。p 型半导体中，空穴为多子，自由电子为少子，主要靠空穴导电。

氧化铟锡 [indium tin oxide; tin-doped indium oxide (ITO)] 又称掺锡氧化铟。一种铟(Ⅲ族)氧化物(In_2O_3)和锡(Ⅳ族)氧化物(SnO_2)的混合物，通常质量比为 90% In_2O_3、10% SnO_2。薄膜状时为透明无色，块状态时呈黄偏灰色。主要特性是其电学传导和光学透明的组合，但增加材料的电导率，往往会牺牲透明度。主要用于制作液晶显示器、平板显示器、等离子显示器、触摸屏、电子纸、有机发光二极管、太阳能电池和抗静电镀膜等光电器件。

异质结太阳能电池 [heterojunction solar cell] 用异质结(由两种禁带宽度不同的半导体材料形成的结)构成的电

池。例如，氧化锡-硅太阳能电池、硫化亚铜-硫化镉太阳能电池、砷化镓-硅太阳能电池等。如果两种异质材料晶格结构相近，界面处的晶格匹配较好，则称为异质面太阳能电池，如砷化铝镓-砷化镓异质面太阳能电池。

有机/聚合物太阳能电池 [organic/polymer solar cell]光电转换功能层材料全部或部分为有机物或聚合物的太阳能电池。具有可大量制备、价格低廉、柔性等特点。

有效质量 [effective mass] 代表能带中电子受外力时，外力与加速度的一个比例系数。一般是波矢 K 的函数，是一个量子概念。它不同于惯性质量，反映了晶体周期性势场的作用。有效质量的大小与电子所处的状态 k 有关，也与能带结构有关。有效质量概括了晶体内部的势场作用，因此在研究晶体内部电子(空穴)在外力作用下的运动规律时，可以不涉及晶体内部的势场作用，方便地描述电子(空穴)的运动规律。

载流子分离 [charge separation] 半导体受光激发后，价带中的电子跃迁到导带中，空穴留在价带。导带中的光生电子载流子(e^-)进一步注入或传输到电子传输材料(或电子受体)中，空穴(h^+)则可以传输到空穴传输材料(或电子给体)中，从而实现电子与空穴的分离。

增透膜 [antireflection coating] 即抗反射涂层。

10.6 电　池

氨空气燃料电池 [ammonia-air fuel cell] 以氨为燃料的燃料电池。其可分为直接供氨式和间接供氨式。前者中氨直接被输送到燃料电池的阳极，并在催化剂作用下氧化。后者中氨首先经过重整装置被分解为氮气和氢气，再供给燃料电池系统。

钡燃料电池 [barium fuel cell] 一种改进的固体氧化物燃料电池。采用气相沉积技术将氧化钡纳米粒子附于燃料电池阳极材料(由镍及一种钇稳定氧化锆陶瓷材料制成，Ni-YSZ)表面，可以有效抑制反应过程中的碳沉积，保持镍电极表面的清洁，使固体氧化物燃料电池在750℃下直接使用煤气作为燃料。

标称容量 [nominal capacity] 即额定容量。

低温燃料电池 [low temperature fuel cell] 工作温度在室温至200℃的燃料电池。包括碱性燃料电池(AFC)、磷酸型燃料电池(PAFC)和质子交换膜燃料电池(PEMFC)等。

电池容量 [cell capacity] 在一定放电条件下，电池能放出的电量，即电池放电到额定终止电压时，放电电流对时间的积分值，通常以安时(Ah)或毫安时(mAh)为单位。可以分为理论容量、实际容量和额定容量。理论容量可根据电极活性物质的电化当量及其在电池内的含量计算出来。实际容量指在测试或应用过程中按一定条件实际释放出的容量。额定容量又称标称容量，指电池设计和生产时规定的在某一特定条件下放电至终止电压所提供的最低容量。

额定容量 [rated capacity] 又称标称容量。指电池设计和生产时规定的在某一特定条件下放电至终止电压所提供的最低容量。

二次电池 [secondary battery] 释文见物理化学蓄电池词条。

钒电池 [vanadium redox battery (VRB)] 即全钒氧化还原液流电池。

放电深度 [depth of discharge (DOD)] 在电池使用过程中，电池放出容量占额定容量的百分数。其对二次电池的循环寿命有重要影响。一般来说，放电深度越深二次电池的循环寿命就越短。

负极材料 [anode material] 在化学电池中具有较低电极电位(电势)的电极材料。在放电过程中，其失去电子被氧化，电池反应中写在左边。从物理角度来看，是电路中电子流出的一极。在二次电池中，充电过程是负极材料得到电子被还原的过程。

干电池 [dry battery] 即锌锰电池。

高铁电池 [super-iron battery] 一种新型化学电池。以高铁酸盐(如 K_2FeO_4、$BaFeO_4$ 等)为正极材料，锌、铝、铁、镁、锂等为负极，电解液为强碱水溶液或者非水有机溶液，具有能量密度高、原料丰富、绿色无污染等优点。

高温燃料电池 [high temperature fuel cell] 一般指工作温度在500～1000℃的燃料电池。包括固态氧化物燃料电池(SOFC)和熔融碳酸盐燃料电池(MCFC)。

汞电池 [mercury battery] 锌汞电池的简称。

钴酸锂 [lithium cobalt oxide] 一种层状无机化合物。属于类 a-$NaFeO_2$ 型六方晶系(R3m)，分子式为 $LiCoO_2$，外观呈灰黑色粉末，一般用作锂离子电池正极材料，工作电压在3.8 V 左右，理论比容量为274 mAh/g，实际比容量发挥在150 mAh/g 左右。具有加工性能好、振实密度高、合成容易、电化学性能优良等特点，已广泛用于手机、笔记本电脑以及其他便携式电子设备。

固态氧化物燃料电池 [solid oxide fuel cell (SOFC)] 一种采用固体氧离子导体为电解质的全固态高温燃料电池。由固体电解质材料、阳极材料、阴极材料和连接材料构成，主要有平板型和管式两种结构。在中高温(600～1000℃)下可直接使用氢气、烃类(甲烷)、甲醇等作燃料，而不必使用贵金属作催化剂。具有燃料适应性广、能量转换效率高、全固态、模块化组装等优点。

化学电池 [chemical cell] 一种将化学能直接转变为电能的装置。主要由正极、负极和电解液组成，正负极之间通常放有隔膜，以防内部短路。通过正极和负极上的氧化还原反应实现化学能与电能之间的转化，电池电动势来自化学反应自由能变化，在一定温度下取决于电极的性质与电解液的活度。大体可以分为原电池、蓄电池、燃料电池三大类。具有使用方便、无噪声等特点，已广泛应用于国民经济、国防、科学技术及日常生活各个领域。

尖晶石锰酸锂 [spinel lithium manganese oxide] 一种具有三维锂离子通道的锰基正极材料。属于立方晶系(Fd3m)，分子式为 $LiMn_2O_4$，理论比容量为 148 mAh/g，实际比容量发挥在 100～120 mAh/g 左右。具有安全性能好、电压平台较高、成本低廉、环境友好等优点，在便携式电子器件和动力电池领域具有应用。

碱性燃料电池 [alkaline fuel cell (AFC)] 一种低温燃料电池。以氢氧化钾等碱性溶液为电解液，以氢气为燃料，以纯氧或者去除二氧化碳的空气为氧化剂，工作温度约为 80℃。具有催化剂选择范围宽、启动快速等优点，但能量密度较低，对能污染催化剂的杂质非常敏感。

聚合物电解质燃料电池 [polymer electrolyte fuel cell (PEFC)] 即质子交换膜燃料电池。

聚合物锂离子电池 [polymer lithium ion battery] 一种采用兼具隔膜功能的聚合物电解质作为锂离子传输介质的锂离子电池。具有能量密度高、形状灵活可变等优点。

空气电池 [air battery] 化学电池的一种。其构造原理与干电池相似，不同之处在于它的正极氧化剂取自空气中的氧，负极材料一般采用容易失去电子的金属材料，如锌、锂、镁等，从而组成锌空气电池、锂空气电池和镁空气电池等。

理论容量 [theoretical capacity] 根据电极活性物质的电化当量及其在电池内的含量计算出来的电池容量。

锂电池 [lithium battery] 电化学体系中含有锂元素(包括金属锂、锂合金和锂离子等)的化学电池。可分为一次锂电池和锂离子电池两种。

锂-二氧化锰电池 [lithium manganese dioxide battery] 锂锰电池的全称。

锂空气电池 [lithium-air battery] 一种以金属锂为负极，空气中的氧为正极的空气电池。其开路电压为 2.91 V。由于采用空气中的氧作为正极活性物质，理论上正极方面对电池容量发挥没有限制，其能量密度主要受限于负极材料。与传统的锂离子电池相比，其以金属锂为负极，理论容量可以达到传统锂离子电池的 10 倍以上，在电动汽车等领域有着潜在的应用前景。但由于充放电过程中生成的氧化锂(Li_2O)会在正极堆积，阻断电解液与空气的接触，从而导致放电性能快速衰减，因此，该类电池要实现商用，需要重大技术突破。

锂离子电池 [lithium ion battery] 又称摇椅电池。一种可充电电池。采用能可逆嵌入和脱出锂离子的电极材料作为正极和负极，正极材料主要有钴酸锂、锰酸锂、磷酸铁锂等，负极材料主要有改性石墨、钛酸锂等，电解液为溶于有机溶剂的锂盐(如 $LiPF_6$ 等)溶液。在充放电过程中，通过 Li^+ 在正负电极之间的嵌入和脱嵌，实现电池的充电与放电。具有能量密度高、安全性能好、循环寿命长、无记忆效应等特点，发展非常迅速，已广泛应用于手机、笔记本电脑、电动工具等领域，在电动汽车和储能领域也有着广阔的应用前景。

锂硫电池 [lithium-sulfur battery] 锂离子电池中的一种。以硫为正极，锂为负极，理论放电电压为 2.287 V。放电时，锂负极失去电子变为锂离子，硫正极与锂离子反应生成硫化物，充电时反之。由于单质硫的比容量高达 1675 mAh/g，远远高于钴酸锂、锰酸锂、磷酸铁锂等正极材料，且环境友好、价格低廉，因此，被认为是一种非常有应用前景的高能量锂离子电池。

锂锰电池 [lithium manganese dioxide battery] 全称锂-二氧化锰电池。以金属锂为负极，经过特殊工艺处理的二氧化锰为正极，电解液为溶于混合有机溶剂的高氯酸锂($LiClO_4$)溶液，标称电压约为 3.0 V。能量密度高，放电电压平稳，自放电率低，广泛应用于计算机主机板、手表、照相机、电话机、计算器等日常电子产品。

锂亚硫酰氯电池 [lithium-thionyl chloride cell] 一种锂一次电池。以金属锂为负极活性物质，高氯铝酸锂为电解质，亚硫酰氯为正极活性物质。工作电压在 3.3～3.6 V 之间，具有能量密度高、使用时间长等优点，但同时存在大电流性能差、安全和电压滞后等缺点，主要用于存储器的备用电源和其他要求长工作时间的领域。

锂一次电池 [primary lithium battery] 一种以金属锂或其合金为负极的高能化学原电池。正极采用金属氧化物或其他固体、液体氧化剂，电解质采用固体盐类或溶于有机溶剂的盐类。具有能量密度高、放电电压高、工作温度范围宽等优点，但安全性较差。

磷酸铁锂 [lithium iron phosphate] 即磷酸亚铁锂。

磷酸型燃料电池 [phosphoric acid fuel cell (PAFC)] 一种以磷酸为电解质，廉价碳材料为骨架，氢气为燃料，纯氧气或者空气为氧化剂的燃料电池。工作温度比质子交换膜燃料电池和碱性燃料电池的工作温度略高，在 150～200℃左右，需要贵金属催化剂。是当前商业化发展最快、最成熟的一种燃料电池。

磷酸亚铁锂 [lithium iron phosphate] 习惯称磷酸铁锂。一种具有橄榄石结构的锂离子电池正极材料，分子式为 $LiFePO_4$，其理论比容量为 170 mAh/g，实际比容量在 150 mAh/g 以上，与钴酸锂等传统正极材料相比，具有安全性能好、循环寿命长、原材料便宜、环境友好等突出优点，在大中型动力和储能电池领域有着广阔的应用前景。

铝空气电池 [aluminium-air battery] 一种以高纯铝为负极，空气为正极的空气电池。其电解液为氢氧化钾或氢氧化钠的水溶液。在放电过程中，铝与空气中的氧发生化学反应转化为氧化铝。具有比能量大、环境友好、成本较低等优点，但比功率较低、电压滞后、自放电率较大。

镁锰电池 [magnesium manganese oxide battery] 一种镁原电池。以镁合金为负极，二氧化锰为正极，电解液一般采用加有 Li_2CrO_4 缓蚀剂的 $Mg(ClO_4)_2$ 或 $MgBr_2$ 溶液。电池结构与锌锰电池相似，放电电压高且平稳，比能量是锌锰电池的 4 倍，低温性能良好。

钠离子电池 [sodium-ion battery] 一种可充电电池。其工作原理与锂离子电池类似，正极和负极分别采用能可逆嵌入和脱出钠离子的电极材料，电解液为溶于有机溶剂的钠盐（如 $NaPF_6$ 等）溶液。在充放电过程中，通过 Na^+ 在正负电极之间的嵌入和脱嵌，实现电池的充电与放电。由于采用钠元素取代锂元素，储量更加丰富，价格更加低廉，应用前景广阔，引起越来越多关注。

钠硫电池 [sodium-sulphur battery] 一种高温固体电解质二次电池。发明于 1967 年。其负极和正极的活性物质分别是熔融的金属钠和硫（或多硫化钠），电解质为固态钠离子导体 β-氧化铝，兼做隔膜。电池的工作温度为 300～350℃，单体电池的开路电位为 2.08 V，理论比能量为 760 Wh/kg，实际已达到 150 Wh/kg 左右，成本低，可大电流、高功率放电，已在储能电站示范应用。

钠-氯化镍电池 [ZEBRA battery] 一种高能蓄电池。ZEBRA 为 zero emission battery research activity 的缩写，表示其为一种零排放无污染的绿色电源。其负极和正极的活性物质分别是熔融的金属钠和 $NiCl_2$，电解质为 β-氧化铝，工作温度为 250～350℃，单体电池的开路电位为 2.58 V（300℃）。该电池理论比能量为 790 Wh/kg，实际比能量为 100 Wh/kg，循环寿命 1000 次左右。

镍镉电池 [nickel-cadmium battery] 一种碱性二次电池。负极活性物质为海绵状金属镉，正极活性物质为 β-羟基氢氧化镍，电解液为氢氧化钾（或氢氧化钠）水溶液。电池电压为 1.2 V，具有适用温度范围宽（可在–40℃使用）、循环寿命长、大电流性能好等优点，主要应用于高倍率启动电源、电动工具、备用电源等。主要缺点是能量密度低、存在“记忆效应”，同时由于镉毒性较强，存在环境污染，其应用领域正在逐步缩小。

镍钴锰酸锂 [lithium nickel-cobalt-manganese oxide (NCM)] 一种具有类似钴酸锂层状结构的锂离子电池正极材料。分子式为 $LiNi_xCo_yMn_{1-x-y}O_2$，也简称 NCM。由于采用相对廉价的镍和锰取代了钴酸锂中部分钴，降低了材料成本。同时，该材料可通过不同的 Ni、Co、Mn 比例组合，形成具有不同性能特性的正极材料。目前常用的材料组成为 $LiNi_{0.5}Co_{0.2}Mn_{0.3}O_2$、$LiNi_{1/3}Co_{1/3}Mn_{1/3}O_2$、$LiNi_{0.4}Co_{0.2}Mn_{0.4}O_2$ 等，已在锂离子电池中得到广泛应用。

镍金属氢化物电池 [nickel-metal hydride battery] 曾称镍氢电池。一种碱性二次电池。其以金属储氢材料为负极，氢氧化镍为正极，电解液为氢氧化钾水溶液，电池电压为 1.2 V，能量密度比镍镉电池高 30%以上，具有能量密度高、寿命也长、无环境污染等优点，主要应用于便携式电子器件、混合动力汽车等领域。

镍氢电池 [nickel-metal hydride battery] 镍金属氢化物电池的旧称。

镍铁电池 [nickel-iron battery] 一种碱性二次电池。以氧化镍为正极，金属铁为负极，氢氧化钾水溶液为电解液，电压为 1.4 V。具有成本低廉、原材料丰富、循环寿命长、维护成本低、耐恶劣环境使用和环境友好等优点，但充放电过程缓慢。

镍锌电池 [nickel-zinc battery] 一种碱性二次电池。以金属锌为负极，羟基氧化镍为正极，电池开路电压为 1.73 V，工作电压为 1.55～1.65 V，比能量为 60 Wh/kg 左右，具有电压高、循环寿命长、原材料丰富、成本低、无污染等优点，主要用于数码相机、电动玩具等领域。

铅酸电池 [lead acid battery] 一种酸性二次电池。发明于 1859 年。采用 PbO_2 作为正极，海绵铅作为负极，硫酸溶液作为电解液，正极和负极间加隔板以防短路。电池结构可分为开放式、密封式和免维护式几种，具有技术成熟、价格低廉等优点，但存在能量密度较低、循环寿命较短、污染环境等缺点。目前是各种电池中用途最广，用量最大的电池，广泛用于各种机动车辆、各种仪器无间断供电电源、电动工具等。

全钒氧化还原液流电池 [vanadium redox battery (VRB)] 又称钒电池。液流电池的一种。正负极活性物质分别为不同价态的钒离子溶液，通过外接泵把正负极溶液从储液罐压入电池堆体内，完成氧化还原反应，反应后溶液回到储液罐，通过活性物质的不断循环流动，实现充放电。具有设计灵活、循环寿命长、自放电低等优点，但能量密度较低、温度适用范围较窄，主要用于储能领域。

燃料电池 [fuel cell] 一种将化学能直接转化为电能的发电装置。发明于1839年。由正极(即氧化剂电极)、负极(即燃料电极)以及电解质组成，正、负极本身不包含活性物质，只是催化转换元件。电池工作时，燃料和氧化剂由外部供给，分别在负极和正极发生氧化和还原反应，从而实现化学能向电能的转化。按照所采用的电解质类型，可分为碱性燃料电池、磷酸型燃料电池、熔融碳酸盐燃料电池、固态氧化物燃料电池和质子交换膜燃料电池五种。具有能量转换率高、环境友好、维护方便等优点，在便携式电源以及动力电池领域有着良好的应用前景。

燃料电池陶瓷材料 [fuel cell ceramics] 燃料电池中用作固体电解质的陶瓷材料。特点是能传导氧离子而不传导电子。有以二氧化锆或二氧化铈为基的氟化钙型固溶体和以铝酸镧、钛酸钙或钛酸锶为基的钙钛矿型固溶体。这些固溶体由于有低价阳离子的掺入而形成氧离子空位，从而获得氧离子传导性。

熔融碳酸盐燃料电池 [molten carbonate fuel cell (MCFC)] 一种高温燃料电池(600～700℃)。以熔融的碳酸钾和碳酸锂等碳酸盐为电解质，以氢气等为燃料，氧气或空气为氧化剂，不需要贵金属做催化剂。可直接采用多种CO含量较高的燃料，不会引起催化剂中毒。具有效率高(高于40%)、燃料多样化(氢气、煤气、天然气和生物燃料等)等优点。

熔融盐电池 [molten salt battery] 以盐类熔化后形成的熔融体作为电解质的燃料电池。由于工作环境的温度要求较高，因此还无法大规模商业化。但使用的基本材料是钠盐，成本比锂电池低得多。

生物电池 [biocell; bio-battery] 将生物质能直接转化为电能的装置。可分为单步反应型、多步反应型和细胞型。按催化剂的来源，可分为微生物电池和酶电池。具有能量转化效率高、运行条件温和、维护成本低、安全性强、环保等优点。可用于航空航天等领域。缺点是输出功率小、使用寿命短。

生物燃料电池 [biological fuel cell] 利用生物催化剂将化学能转化为电能的装置。可分为间接型和直接型。前者燃料在电解液或其他地方反应，电子是由具有氧化还原活性的介体运载到电极上。后者是通过生物催化剂的作用，直接催化燃料在电极表面上的反应。

实际容量 [actual capacity] 指在测试或应用过程中按一定条件实际释放出的容量。

锌汞电池 [zinc-mercury battery] 简称汞电池。以金属锌为负极，氧化汞为正极，氢氧化钾溶液为电解液的一种原电池。能量密度可达200～400 Wh/L，电压约1.3 V。自放电率低、储存寿命长，但汞存在环境污染，所以应用领域逐渐缩小。

锌空气电池 [zinc-air battery] 又称锌氧电池。采用活性炭吸附空气中的氧或纯氧作为正极活性物质，以金属锌作为负极，氯化铵或氢氧化钠溶液为电解液的一种原电池。电压在1.4 V左右。充电过程十分缓慢，在放电结束后，一般采用直接更换负极锌板(或锌粒)和电解液的方法进行更新。

锌氯电池 [zinc-chlorine battery] 一种液流电池。通常由锌负极与多孔石墨吸附氯气组成正极形成的单电池串接而成，电解液为氯化锌水溶液，理论电压为2.12 V，理论比能量为845 Wh/kg。比能量高，可在室温工作，但工作时需要电解质溶液循环、冷却、储存等较复杂的控制程序，是其缺点。

锌锰电池 [zinc-manganese battery] 又称干电池。一种一次电池。发明于1868年。以二氧化锰为正极，金属锌为负极，电解液可采用中性氯化铵、氯化锌水溶液或碱性氢氧化钾水溶液，通常制成凝胶状或被吸附在其他载体上而呈现不流动状态。按使用隔离层区，分为糊式和板式电池两种。电池标称电压为1.5 V，适宜的使用温度为15～30℃，主要用于收音机、计算机、手电筒等多个领域。

锌溴电池 [zinc-bromine battery] 一种液流电池。分别采用金属锌和溴作为电池的负极和正极，电解液采用溴、锌溴化合物和四元胺盐的混合物，理论电压为1.82 V。具有能量密度高、成本低等优点，但自放电较严重。

锌氧电池 [zinc-air battery] 即锌空气电池。

锌氧化银电池 [zinc-silver oxide battery] 即银锌电池。

摇椅电池 [rocking chair battery] 即锂离子电池。

液流电池 [flow cell] 释文见物理化学电化学氧化还原液流电池。

一次电池 [primary battery] 释文见物理化学原电池。

银电池 [silver battery] 即银锌电池。

银锌电池 [silver-zinc battery] 又称锌氧化银电池或银电池。正极为氧化银，负极为金属锌，电解液为氢氧化钾溶液，电压为1.59 V。具有高比能量和高比功率特性，但价格较高。

再生燃料电池 [regenerative fuel cell (RFC)] 一种将水电解技术与氢氧燃料电池技术相结合的可充放电池。氢氧燃料电池的燃料氢气和氧化剂氧气可以通过水电解技术得到，从而起到蓄能作用，主要应用于航天领域等。

正极材料 [cathode material] 在化学电池中具有较高电极电位(电势)的电极材料。在放电过程中，其接受负极中流出电子而被还原。在二次电池中，充电过程是正极材料失去电子被氧化的过程。

直接醇燃料电池 [direct alcohol fuel cell (DAFC)] 一种低温质子交换膜燃料电池。可直接将醇类氧化反应的化学能转为电能。放电过程中，在催化剂作用下阳极的醇被氧化为二氧化碳、质子和水，然后再如标准的质子交换膜燃料电池，氢穿过质子膜与氧反应。具有燃料来源广泛、运输安全方便、结构简单等优点。

直接碳燃料电池 [direct carbon fuel cell (DCFC)] 一种不不依赖于氢，而是以碳及其衍生物为燃料的燃料电池。能量转化效率高达80%以上，环境友好，燃料适应性广。

质子交换膜燃料电池 [proton exchange membrane fuel cell (PEMFC)] 又称聚合物电解质燃料电池。一种采用全氟磺酸型固体聚合物作为电解质的燃料电池。以铂或者其合金为正负极的催化剂，以氢气或者净化重整气为燃料，空气或者纯氧为氧化剂。由电堆、氢氧供应系统、水热管理系统、电能变换系统和控制系统等构成，运行温度一般在 80℃左右。在放电过程中，质子可直接穿过质子交换膜到达阴极，而电子则通过外电路到达阴极，从而形成电流。具有能量转换率高、寿命长、设计简单方便等优点。

10.7 生 物 质 能

超临界气化 [supercritical gasification] 利用超临界水可气化生物质的特性，进行生物质的分解。这种生物质的气化可以用来制造烃类燃料，用在高效的燃烧装置中，或用于产生燃料电池所需要的氢气。

传统(第一代)生物燃料 [first-generation biofuels] 以糖类和淀粉类农作物、油料作物和动物脂肪为原料生产的生物柴油以及厌氧发酵生产的沼气等。是生产工艺已经完善的生物燃料。不过由于其原料主要为粮食作物，存在“与粮争地”的问题。

醇类燃料 [alcohol fuel] 可作为燃料的醇类。最主要的四种醇为甲醇、乙醇、丙醇和丁醇，其中甲醇和乙醇资源较丰富，最为常用。甲醇或乙醇以一定比例与汽油或柴油混合能作为车用醇类燃料，醇辛烷值高，能通过提高燃烧效率来弥补醇类燃料低能量密度的问题。

地沟油 [drainage oil] 从下水道中的油腻漂浮物或者餐饮业的泔水经过简单加工、提炼出的油。地沟油主要成分与食用油无差别，但含有许多致病物质，不可食用。不过，地沟油具有较高的工业价值，可用于制备生物燃料和肥皂等化工产品。

第二代生物燃料 [second-generation biofuels] 以麦秆、草和木材等农林废弃物为主要原料而获得的燃料乙醇。其与第一代生物燃料最重要的区别之一，在于不以粮食作物为生产原料。

堆填气体 [landfill gas] 即沼气。

多元醇氢解 [polyol hydrogenolysis] 以多元醇为起始反应物，生成低碳醇的氢解反应。反应中碳-碳或碳-氧键断裂，未成键两端分别加上氢原子。

二氧化碳封存 [carbon dioxide sequestration] 二氧化碳从工业或相关能源的源分离出来，输送到一个封存地点，并且长期与大气隔绝的一个过程。如将二氧化碳压缩、输送并封存在地质构造、海洋、碳酸盐矿石中。

发酵乙醇 [fermentation ethanol] 通过含糖作物与副作物(如甘蔗、甜菜等)和淀粉原料(如红薯、马铃薯、玉米、高粱等)以及纤维素、木质纤维素原料(如木材、木屑和秸秆等)发酵得到的乙醇。主要用作酒类原料以及生物乙醇燃料。

非粮生物质 [nonedible biomass] 不可用于人类食用的生物质的总称。指农林业生产过程中除粮食、果实以外的秸秆、树木等木质纤维素、农林废弃物以及畜牧业生产过程中的禽兽粪便和废弃物等物质。主要用于制备有机肥和化工产品等，是未来生物燃料的重要来源。

甘油三羧酸酯 [triglyceride] 由一个甘油分子和三个羧酸分子发生酯化反应形成的物质。天然存在的包括动物油脂和植物油脂等，可经过酯交换反应获得生物柴油。

甘蔗乙醇 [sugarcane-based ethanol] 以甘蔗为原料生产的乙醇。甘蔗含糖量高，能源平衡值是从玉米中提取乙醇的 5 倍。可单独使用或掺一定比例到汽油中制成混合燃料，对于替代粮食乙醇、缓解粮食危机具有重要意义。

秸秆 [straw] 禾本科农作物成熟脱粒后剩余的茎叶部分。可直接作为燃料，也可用于造纸、编织、发电、制作饲料或肥料、制备沼气和提炼酒精等。作为来源丰富的非粮生物质，秸秆被视为可再生能源的重要原料。

秸秆成型燃料 [straw briquette] 将垃圾、木屑或农作物秸秆及森林采伐剩余物经粉碎、除尘、压缩、定型等工序制成的颗粒燃料。其比重大，体积小，耐燃烧，便于储存和运输。成型后的体积是原料体积的 1/40～1/30，比重是原料的 10～15 倍(相对密度为 0.8～1.4)热值可达 3400～6000 cal (1 cal=4186.8 J)，是高挥发酚的固体燃料。

林木生物质 [forest biomass] 以木本、草本植物为主的生物质。主要包括木质资源、油脂果实资源和淀粉果实资源。

木薯乙醇 [cassava-based ethanol] 以木薯为原料生产的乙醇。木薯淀粉含量高、易种植、耐干旱贫瘠、价格便宜，被世界公认为具有较好发展前景的非粮生物乙醇原料。可通过木薯发酵而来，是一种重要的非粮燃料乙醇。

木质素 [lignin] 一种以氧代苯丙醇或其衍生物为结构单元的芳香性高聚物。植物细胞壁的构成成分之一，是自然界中除纤维素外最丰富的有机物。可用于制备有机肥、减水剂、表面活性剂和化工产品等，也是生物燃料的重要来源。

木质纤维素 [lignocellulose] 形成植物细胞壁纤维结构物质的总称。主要包括纤维素、半纤维素和木质素。

[能量]生物转化效率 [bioconversion efficiency] 通过光合作用将太阳能转化为生物质能的效率。甘蔗因被认为是具有较高生物转化效率的作物而被广泛种植。

能源作物 [energy crop] 用来作为燃料的植物。主要涉及灌木、草本植物及农作物等。灌木中有柳树和杨树等，草本中包括细叶、柳枝稷和芦苇等，农作物中有甜高粱、油菜、甘蔗、甘薯和木薯等。

农业废弃物 [agricultural waste] 农业生产、农产品加工、畜禽养殖业和农村居民生活排放的废弃物的总称。主要包括植物纤维性废弃物和畜禽粪便废弃物。随意排放会污染环境。可用于养殖、制取沼气和制备有机肥料等。

汽油醇 [gasahol] 在汽油中加入一定比例的乙醇形成的混合燃料。汽油醇作燃料不影响汽车的行驶性能，能减少汽油燃烧对大气的污染，增加汽油辛烷值，提高燃烧效率，是清洁实用、经济性好的燃料。但热值偏低，蒸发潜热大，易产生气阻并吸水易导致分层。

5-羟甲基-2-呋喃甲醛 [5-hydroxymethyl-2-furan formaldehyde] 即5-羟甲基糠醛。

5-羟甲基糠醛 [5-hydroxymethylfurfural] 又称5-羟甲基-2-呋喃甲醛。分子式 $C_6H_6O_3$，分子量 126.11。为针状黄色结晶或暗黄色液体，甘菊花味，有吸湿性，需避光密封保存。熔点 28～34℃，沸点 114～116℃，闪点 79℃。密度 1.206 g/mL(18℃)，折射率 1.5627(18℃)。易溶于水和极性有机溶剂，在非极性溶剂中溶解度较低。可以通过果糖或葡萄糖脱水转化而来，作为一类重要的生物质基平台分子，可以转化生成 2,5-呋喃二甲醛和 2,5-呋喃二甲酸等多种化学品。

生物柴油 [biodiesel] 以油料作物、工程微藻等植物油脂以及动物油脂、餐饮垃圾油等为原料油通过酯交换工艺制成的可代替石化柴油的可再生性柴油燃料。不含硫和芳香烃，十六烷值高，润滑性好，燃烧对空气污染小，有助于缓解温室效应等。

生物柴油副产品 [byproduct of biodiesel] 生物柴油生产过程中，除了生物柴油，还会生成的主要副产物——甘油和沥青。平均每生成 9 kg 生物柴油就会带来 1 kg 的粗甘油。甘油作为生物质转化平台分子，可转化为更高附加值的化学品，如乳酸、二羟基丙酮、丙二醇、环氧氯丙烷等。沥青可作为燃料和防水材料的原料。

生物发电 [bioelectrogenesis] 利用生物质资源进行发电。一般分直接燃烧发电技术和气化发电技术。

生物发酵 [bio-fermentation] 细菌和酵母等微生物在无氧条件下，酶促降解生物质分子产生能量和多种食品、药物和化工原料的过程。

生物甲醇 [bio-methanol] 一般指以经生物质不完全氧化获得的合成气为原料生产的甲醇。甲醇是基本的有机原料之一，也可以用作汽车混合燃料。以生物质替代目前的煤作为原料制甲醇，具有重要意义。

生物甲烷化 [biomethanation] 无氧条件下微生物将有机物转化为甲烷的途径。生成甲烷的微生物称作产甲烷菌。产甲烷作用是一种厌氧呼吸，该过程中，电子传递最终受体是含碳小分子化合物，最常见的是二氧化碳或者乙酸。通过产甲烷作用，有机废物可以转化成有用的沼气。

生物矿 [bio-ore] 通过超积累植物的种植、收割、焚烧、冶炼等过程获得矿物的采矿模式。有望用于低品位矿或尾矿中镍、金、镉等金属的回收。

生物炼油厂 [biorefinery] 生物炼油组合设备。利用可再生的生物质资源代替石油来生产燃料和化学品。比如利用玉米植株的茎、叶中的纤维材料和果实中的淀粉类物质等。

生物炼制 [biorefining] 以农业废弃物、植物基淀粉和木质纤维素材料为原料，利用生物转化和化学裂解等技术，生产各种化学品、燃料和生物基材料。根据近来研究开发的不同情况，生物炼制分为 3 种系列：①木质纤维素炼制；②全谷物炼制；③绿色炼制。

生物能转换 [biological energy conversion] 将蕴含在生物质中的能量转换成其他的能量形式。如通过生物发电技术将生物质能转换成电能，或通过燃烧将生物质能转换成热能等。

生物气 [biogas] 广义上，指在微生物作用下生成的所有天然气，包括原生生物气和表生菌解气，不包括经历了生物氧化降解的天然气。狭义上，又称沼气或堆填气体，指有机物质在厌氧条件下经无氧消化而产生的可燃性混合气体，主要包含甲烷和二氧化碳。

生物质 [biomass] 通过光合作用而产生的各种有机体，即一切有生命的可以生长的有机物质。包括所有的植物、微生物以及以植物、微生物为食物的动物及其生产的废弃物。具有可再生性、低污染性和广泛分布性的特点。

生物质成型技术 [technology of biomass molding] 将生物质原料经粉碎、干燥、高压成型等环节压缩成具有一定几何形状、密度较大的成型燃料的技术。

生物质重整 [biomass reforming] 生物质分子在催化剂作用下，进行重新排列生成新的分子结构的过程。

生物质发电 [bio-power generation] 利用生物质资源进行发电。可再生能源发电的一种，包括农林废弃物直接燃烧发电、农林废弃物气化发电、垃圾焚烧发电、垃圾填埋气发电、沼气发电。

生物质发酵 [biomass fermentation] 甘蔗、小麦、谷类、木材等生物质原料通过酶催化作用将淀粉转化为糖，再用发酵剂将糖转化为乙醇的过程。

生物质混燃发电技术 [power generation by mixed combustion of biomass] 用生物质燃料和化石燃料(多数是煤)共同作为锅炉燃料的一种发电技术。与生物质直接燃烧发电相比，发电具有投资小、建设周期对原料价格控制能力强、技单等优势。

生物质基多元醇 [biomass-derived polyols] 通过生物质水解等途径得到的多羟基化合物。主要包括山梨醇、木糖醇、甘油、丙二醇和乙二醇等。可以催化转化为氢气、液体烃类等燃料和含氧化学品，是重要的生物质平台分子。

生物质基合成气 [biomass-derived syngas] 生物质在高温下，与气化剂空气或水蒸气反应生成 CO、H_2 和 CH_4 等可燃气体混合物，气体通过适当的组分调整，可进一步转化为合成气。可以用于合成醇、醚及烃类液体燃料，是替代煤和天然气等非可再生资源的重要途径。

生物质基平台化合物 [biomass-based platform chemicals] 在生物质转化为目标产物过程中，所经历的共同的中间产物。这些中间产物往往容易从生物质中制得，又可以比较方便地转化为目标产物。

生物质基运输燃料 [bio-based transportation fuels] 由生物质组成或转化而来的固体、液体或气体燃料。包括燃料乙醇、生物柴油和航空生物燃料等。其可以替代由石油制取的汽油和柴油，是可再生能源开发利用的重要方向。

生物质降解 [degradation of biomass] 大分子生物质在热、光、机械力、化学试剂、微生物等外界因素作用下，发生了分子链的无规则断裂、侧基和低分子的消除反应，致使聚合度和分子量下降，生成其低聚物、单体或者小分子物质，如水和二氧化碳。

生物质裂解 [biomass pyrolysis] 在无氧或低氧环境下，生物质被加热升温引起分子分解产生焦炭、可冷凝液体和气体产物的过程。是生物质能的一种重要利用形式。该技术可将生物质转化为高品质的易储存、易运输、能量密度高且使用方便的代用液体燃料——生物油。

生物质能源 [biomass energy] 以生物质为载体将太阳能以化学能形式储存的一种能量。它直接或间接地来源于植物的光合作用，蕴藏量大。生物质能可转化成常规的固态、液态和气态燃料，是可再生的碳源。

生物质气化发电 [biomass gasification for power generation] 农牧业废弃物等生物质原料，经高温裂解和燃烧转化为可燃性气体，再经除尘、除焦等冷却净化工序，送入内燃机或燃气轮机发电的工艺技术。其有利于解决废弃物污染和能源合理利用等问题。

生物质气化技术 [biomass gasification technology] 生物质原料经加工干燥处理、缺氧下高温裂解、气化介质下燃烧，最终转化为 CO、H_2、CH_4、C_nH_m 等可燃性混合气体的工艺技术。其有利于实现能源再生和 CO_2 减排。

生物质燃料 [biomass fuel] 提炼于有机活体或其新陈代谢产物的一种新型清洁可再生燃料。其有利于二氧化碳的减排。原料来源于能源作物和农畜业、生活、工业中产生的有机废弃物。

生物质厌氧气化技术 [biomass anaerobic digestion technology] 又称生物质厌氧消化技术。在无氧条件下，能源作物、城市垃圾、工业废弃物、粪便、杂草秸秆等生物质原料经厌氧菌分解进而产生沼气的工艺技术。残余物还可以作为肥料还田。

生物质厌氧消化技术 [biomass anaerobic digestion technology] 即生物质厌氧气化技术。

生物质液化技术 [biomass liquefaction technology] 通过热化学或生物化学方法将生物质全部或部分转换成液态燃料的过程。主要包括直接热解液化法、间接液化法、水解发酵法和植物油脂法等。

生物质液化燃料 [biomass liquid fuels] 生物质通过水解、发酵、快速热解液化和加压催化液化等方法合成的清洁可再生型液体燃料。是未来最有希望替代石油用于交通的能源之一。

生物质沼气发电 [biogas-power generation] 生物质通过厌氧消化产生沼气供给内燃机或燃气轮机发电，是随着大型沼气池建设和沼气综合利用的不断发展而出现的沼气利用技术。具有创效、节能、安全和环保等特点。

生物质直接燃烧发电 [power generation by direct combustion of biomass] 生物质在锅炉中直接燃烧，产生蒸汽带动蒸汽轮机及发电机发电。该技术起源于 20 世纪 70 年代的丹麦，大规模使用时效率高。通过在传统的内燃机发电技术上进行设备改型而实现，该技术基本成熟并得到规模化商品运用，是生物质发电的主要方式。

生物质制氢 [bio-hydrogen] 以生物质为原料，通过水相重整反应制取氢气的过程。

生物质制取丁醇技术 [technology for butyl alcohol production from biomass] 通过发酵技术从生物质制备丁醇的技术。主要步骤为预处理、酶法水解、细菌发酵和回收。

生物质资源 [biomass resources; biomass feedstock] 利用由光合作用得到的、可再生的有机物质，包括农作物、树木等植物及其残体、畜禽粪便、有机废弃物等。通过加工得到生物基化学品和燃料，具有可再生、污染较小、碳中性等特点。

水生藻类生物质资源 [aquatic algae biomass resources] 利用可再生的水生藻类有机物，通过工业加工转化所得到的燃料和相应的化学品。包括生长在海洋中的马尾藻、巨藻、海带等，以及生长在淡水中的布袋草、浮萍、小球藻等。

水相重整反应 [aqueous phase reforming] 以生物质基的含氧化合物(如甘油、糖和糖醇等)为原料，通过液相中的重整反应，生产氢气和烷烃化合物的过程。由于该过程的温度和压力比较温和，可节约大量能量。

微乳法制取生物柴油 [biodiesel prepared by emulsification] 利用乳化剂将生物油分散到黏度较低的低沸点溶剂中，降低生物油黏度，改善雾化特性，制得符合燃料使用要求的生物柴油的工艺方法。环境条件变化易引发破乳现象，使燃料性质不稳定，难以普及。

微生物法还原 [microbial reduction] 利用微生物进行催化还原的方法。主要用于手性醇、手性药物的合成，以及高价金属和放射性元素的还原等方面。该方法属于酶的催化反应，具有反应专一性强、选择性高、反应速率快、条件温和等优点。

微生物转化生产乙醇技术 [alcohol production by microbial transformation] 通过微生物直接将糖发酵为乙醇或将非单糖原料(如淀粉类和木质纤维素)通过预处理以及酶解作用转化为可发酵性糖再进一步通过发酵转为乙醇的技术。

纤维素官能团化 [cellulose functionalization] 通过特定的化学反应，用不同的官能团修饰或取代纤维素葡萄糖链上裸露的羟基，从而得到具有特殊功能的改性纤维素。

纤维素水解 [cellulose hydrolysis] 纤维素分子在一定条件下与水反应，降解成葡萄糖和寡聚糖的过程。反应方程式为：

$$\text{纤维素}+\text{水} \longrightarrow \text{葡萄糖}+\text{寡聚糖}$$

纤维素乙醇 [cellulosic ethanol] 通过纤维素转化而来的乙醇。生产方法主要有生物化学法和热化学法，生物化学法将纤维素水解生成可发酵单糖，进而通过微生物发酵而来；热化学法将生物质通过热转化过程生成合成气，再通过化学合成或微生物发酵生成乙醇。纤维素乙醇作为第二代生物燃料，是最有发展前景的非粮生物燃料之一。

厌氧消化 [anaerobic digestion] 即沼气发酵。

乙醇混合液体燃料 [mixed-alcohol liquid fuel] 乙醇以不同比例掺入汽油中形成液体燃料。此种混合燃料用 E 表示，其后的数字表示乙醇的体积混合百分率，如 E10 表示 10% 乙醇与 90%汽油混合燃料。为防止醇与汽油分层，可在混合燃料中添加助溶剂。

乙醇气化潜热 [alcohol latent heat of vaporization] 又称乙醇气化热。在标准大气压下，使 1 mol 乙醇在一定温度下气化所需要的热量。气化潜热是一种物理性质，常用单位为 KJ/mol。

乙醇气化热 [alcohol heat of vaporization] 即乙醇气化潜热。

乙醇汽油 [ethanol-gasoline] 一种乙醇与普通汽油按一定比例混配形成的新型汽车燃料。按照我国国家标准，乙醇汽油是用 90%的普通汽油与 10%的燃料乙醇调和而成的。乙醇汽油的使用可节省石油资源，并有效减少有害气体的排放。

油料作物 [oil crops] 一类主要用于榨取油脂的农作物。包括芝麻、油菜、大豆、花生和棉花等。除用于食品工业外，其还是生物柴油的主要来源。

藻类产油技术 [technology for algae oil production] 利用微藻光合作用将大气中的二氧化碳转化为微藻自身的生物质从而固定了碳元素，再通过诱导反应使微藻自身的碳物质转化为油脂，然后利用物理或化学方法把微藻细胞内的油脂转化到细胞外，再进行提炼加工，从而生产出生物油脂。常用微藻油脂制造生物柴油，即将甘油三酯与甲醇发生酯交换或者说是醇解反应，转化为脂肪酸甲酯等生物柴油。

藻类能量转换 [algae energy conversion] 藻类植物通过光合作用将太阳能转化为生物质能的过程。

藻类能源 [algae energy] 藻类可通过光合作用将太阳能以甘油三酯的形式固定下来，是一种极具应用前景的可再生能源。具有单位面积产量高，可在滩涂、荒漠、盐碱地甚至海水中养殖，光合效率高等优点。

藻类生物质 [algae biomass] 一类含叶绿素及其他辅助色素的低等植物。藻体为单细胞、群体或多细胞叶状体，无真正的根茎叶，其所有细胞都能吸收营养物质进行光合作用，制造有机物。

沼气 [sludge gas; biogas] 又称堆填气体。能源作物、城市垃圾、工业废弃物、粪便、秸秆杂草等有机物质，在一定的温度、湿度、酸度和厌氧条件下，经微生物作用而产生的可燃性混合气体。一般含 50%～70%的甲烷，其余为二氧化碳和少量的氮、氢和硫化氢等。

沼气发酵 [biogas fermentation] 又称厌氧消化。能源作物、城市垃圾、工业废弃物、粪便、秸秆杂草等有机物质在厌氧条件下，通过各类微生物的分解代谢，最终形成甲烷和二氧化碳等可燃性混合气体的过程。

沼气燃烧发电 [power generation by biogas combustion] 以沼气作为燃料，用燃气发动机或燃料发动机产生动力驱动发电机产生电能。是随着大型沼气池的建设和沼气综合利用的发展而出现的一项沼气利用技术。具有创效、节能、安全和环保等优点，是分布广泛且价廉的能源利用方式。

蒸汽爆破 [steam explosion] 高温高压水蒸气处理纤维原料的一种方法。通过瞬间泄压过程实现原料的组分分离和结构变化。植物细胞中的纤维素为木质素所黏结，与高温、高压蒸汽作用，纤维素结晶度提高，聚合度下降，半纤维素部分降解，木质素软化，横向联结强度下降，甚至软化可塑，当充满压力蒸汽的物料骤然减压时，孔隙中的气剧膨胀，产生“爆破”效果。在蒸汽爆破过程中存在以下几方面作用：①类酸性水解作用及热降解作用；②类机械断裂作用；③氢键破坏作用；④结构重排作用。蒸汽爆破可用于造纸、纤维乙醇的原料预处理。

植物油 [vegetable oils] 从植物的果实、种子、胚芽中提取的油类。主要成分为不饱和脂肪酸甘油酯。按照用途的不同，亦分为食用植物油脂和工业用植物油脂。工业上主要用于肥皂、医药和生物燃料等化学品的合成。

酯交换法制取生物柴油 [biodiesel prepared by transesterification] 高温下，生物油脂与甲醇或乙醇等低碳醇在酸或碱催化下进行酯交换反应，生成相应脂肪酸酯，经洗涤干燥后即可作为柴油使用，是生产生物柴油的主要方法。

10.8 氢 能

储氢 [hydrogen storage] 将氢气储存在某种可以快速吸入和释放大量氢气的材料的过程。按机理，可分为物理法和化学法。物理法有高压氢气储存、液氢储存、活性炭吸附储存、玻璃微球储存、地下岩洞储存等。化学法有金属氢化物、化学氢化物储存。规模化的储氢技术需吸放氢条件温和、储氢容量大、成本低三个特征。

储氢材料 [hydrogen storage material] 能可逆吸收和释放氢气的材料。需具备的条件：室温下，存储量和释放量大、廉价易得、可逆性强、循环寿命长。按原料可分为：碱与碱土金属储氢材料、稀土储氢材料、碳基及有机物储氢材料、有机液体储氢材料、超级活性炭和玻璃微球储氢材料等。

储氢合金 [hydrogen storage alloy] 能储存氢的金属和合金。在一定温度和氢气压力下能可逆地大量吸收、储存和释放氢气。具有储氢量大、容易活化、离解压力适中、在室温下吸放氢反应速度快、成本低、寿命长等特点。

电解水制氢 [hydrogen production by water electrolysis] 利用电化学反应使水分解制备氢气的技术。其可看作氢气与氧气反应生成水的逆过程。氢气制备过程中需要消耗大量电能，但该技术有操作简单、产物纯净等优点。广泛应用于小规模氢气生产或实验室制氢。

复合氢化物 [complex hydride] 即配位氢化物。

固相储氢 [solid phase hydrogen storage] 利用储氢材料在一定条件下与气体氢反应生成固态金属氢化物，条件改变时，氢化物分解释放出气体氢。是解决氢高密度安全储存的一种有效手段。

光催化裂解水制氢 [hydrogen production by photocatalytic water splitting] 在自然光或人工光及光催化剂作用下，使水分解制得氢气。问题有: 光谱利用范围窄，能量转化率低，易发生可逆反应等。目前，研究工作主要是从改进催化剂性能来提高产氢效率。

化石燃料制氢 [hydrogen production from fossil fuels] 以煤、石油及天然气等化石燃料为原料制备氢气的传统方法。其是目前制备氢气的最主要方法，产量约占氢气年产量的96%。但制备过程中需要消耗大量能量，且存在污染问题。目前有多种方法，根据化石燃料的种类不同，可分为：①以煤炭为原料制备氢气，具体包括煤的焦化以及煤的气化；②以天然气和轻质油为原料制备氢气，可与高温水蒸气反应生成含氢混合气；③以重油为原料制备氢气，可采用部分氧化法得到含氢混合气。

化学储氢 [chemical hydrogen storage] 利用储氢物质和氢分子之间发生化学反应生成新的化合物，可逆地吸收和释放氢来储存氢气。包括金属氢化物储氢、无机化合物储氢、有机液态氢化物储氢。

混合氢烷 [hythane] 由氢气和天然气混合而成的新型燃料。主要成分为氢气和甲烷，是潜在的内燃机的替代燃料之一。与汽油和天然气相比，氢气具有扩散性良好、自燃极限范围宽、易燃性层流火焰、速度快等燃烧特点。因此混合氢烷能够有效提高气缸内稀薄燃烧的稳定性。此外，还可以减少温室气体的排放。

配位氢化物 [complex hydride] 又称复合氢化物。一类特殊配合物。配体由第ⅢA 主族的 B、Al 或某些ⅧB 族过渡元素与氢通过共价键结合而成，用通式 $N^{n+}[MH_m]^{n-}$表示，如 $NaAlH_4$、$Ti(AlH_4)_4$、$LiBH_4$、$NaBH_4$、$Al(BH_4)_3$、Mg_2NiH_4、Mg_2FeH_6等。根据 M 元素的种类，可以分为金属铝氢化物、金属硼氢化物、VIIIB 族元素配位氢化物。与金属氢化物相比，具有更低的形成能和更高的 H/M 比，因而具有更好的放氢热力学性能和更高的储氢量。

氢经济 [hydrogen economy] 以氢能为主要能源的整个经济体系，包括氢气生产、配送、储存及综合利用等。由 John Bockris 在美国通用汽车公司(General Motors)技术中心于 1970 年演讲时所创。主要希望利用未来有可能实现的核聚变技术产生电力电解水制氢，目标是改变现有经济体系对石油等化石能源的严重依赖，同时达到环保目标。我国在 2003 年 11 月与其他 15 个国家和欧盟共同签署了“氢经济国际合作伙伴计划”参考条款，为推动氢经济的研发及市场商业化迈出了重要一步。2005 年 11 月，我国第一条有 3 辆氢能公交汽车示范线路在北京试运行。

氢内燃机 [hydrogen internal combustion engine (HICE)] 以氢作为燃料的内燃机。相对传统燃油内燃机而言，其点火快、几乎不产生污染，主要有往复塞式和转子式两种。除内燃机的平稳运行以及携带更多燃料等技术难题外，氢内燃机汽车的普及还需增建加氢站等基础设施。

氢能 [hydrogen energy] 储存在氢气中的能量。是一种高效清洁的二次能源。具有热值高，可存储，环保无污染，氢元素丰度高，可再生等显著优点。由于制氢成本较高及氢气在储存运输过程中的安全问题，目前并没有被大规模商业利用。现有氢气制备技术主要包括：电解水制氢；矿物燃料制氢；生物质制氢等。氢气的存储技术包括：加压压缩储氢；液化储氢；金属氢化物储氢等。

氢能发电 [hydrogen-electric generation] 将氢能转化为电能加以利用。其基本可以分为两类：①氢燃烧发电；②氢燃料电池发电。前者与传统火力发电类似，燃烧氢气释放的能量经发电机组最终转化为电能。主要可为电网调峰使用。后者是一种新型的氢能发电方式，为电解水制氢的逆反应，在燃料电池内，氢气与氧化剂(通常为氧气或空气)发生电化学反应，氢能直接转化为电能。具有发电效率高，环境友好，机械传动部件少等显著优点。

氢气提纯 [hydrogen purification] 利用物理或化学方法，除去氢气中杂质的方法总称。常用技术有：膜分离，低温分离，变压吸附(PSA)，金属氢化物，催化脱氧法及联合工艺(如 PSA-低温吸附、PSA-膜分离)。

氢燃料 [hydrogen fuel] 以氢气作为燃料。氢气因具有能量密度高，易燃，燃烧产物无污染等显著优点被视为可替代传统化石燃料的最佳选择。对氢燃料的研究始于 20 世纪 20 年代的德国。1928 年德国氢技术先驱鲁道夫·杰仁(Rudolph Jrren)便获得了他的第一个氢气发动机专利。二战期间，由于石油的缺乏，德国曾试图制造氢气航空发动机，而且成功地应用于 V-2 火箭上。目前氢燃料主要用在航天领域，我国的长征三号运载火箭便以液氢作为其燃料。

氢燃料电池 [hydrogen cell] 将化学能直接转化成电能的电化学发电装置。工作原理是电解水的逆反应，即将氢和氧分别供给阴极和阳极，氢通过阴极向外扩散和电解质发生反应后，放出电子通过外面的负载到达阳极。由于不需要热能和机械能的中间转化，它的发电效率高达 60%～80%，是内燃机的 2～3 倍。此外，还具有污染小、噪声小、使用灵活等优点。已成功应用于航空航天、汽车以及手机电池等领域。

氢散热剂 [hydrogen coolant] 用作冷却剂的气态或液态氢。气态氢的热导率比其他气体都高，且比热容大、密度小、黏度低，能够很好应用于回转性机械的散热，如氢冷涡轮发电机。–265～–250℃的液态氢也可用于火箭发动机的喷嘴和燃烧室的散热。

热化学分解水制氢 [hydrogen production by thermolysis] 利用热化学过程分解水制氢的方式。分为直接热分解水法和间接热分解水法。前者指高温下水直接分解成氢气和氧气，经过分离得到纯氢。但所需 2000 K 以上的分解温度，且高温下分离氢气有爆炸危险。后者即热化学循环分解水制氢，通过中间物将水分解反应分成几个不同的反应，组成一个循环，主要可以分为金属氧化物循环和多步热循环，实现水在较低温度下分解产生氢气和氧气。

生物制氢 [biological hydrogen production] 生物质通过气化和微生物催化脱氢方法制氢。包括：光解水制氢、暗发酵制氢、光发酵制氢、光发酵和暗发酵耦合制氢。存在的问题有：筛选产氢率相对高的菌株、设计合理的工艺来提高产氢效率、高效制氢过程的开发、发酵细菌产氢的稳定性和连续性、混合细菌发酵过程中彼此的抑制、发酵末端产物对细菌的反馈抑制等。

物理吸附储氢 [hydrogen storage by physical adsorption] 利用微孔材料表面原子与氢气分子的范德瓦耳斯作用对氢气进行吸附。是目前储氢材料研究的重点领域之一。具有高比表面积的材料，如活性炭和碳纳米管等碳材料，在一定条件下对氢气具有良好、可逆的热力学吸附、脱附性能，是物理吸附的最佳材料，此外还有石墨纳米纤维、碳纳米纤维、沸石、金属有机酯骨架材料等。

压缩氢气 [compressed hydrogen] 一种储氢方法。利用设备使氢气体积减小，常存于高压钢瓶中。

液氢 [liquid hydrogen] 液态氢。是仲氢和正氢的混合物，由氢气降温液化而成的无色无臭透明液体。是一种高能、低温液体燃料，通常用于火箭发射。

液体有机物氢载体 [liquid organic hydrogen carrier] 有机液体作为氢载体储存和输送氢。其原理是利用不饱和液体有机物与氢发生可逆的加氢和脱氢反应，加氢反应时储氢，脱氢反应时放氢。

制氢 [hydrogen production] 利用各种技术手段制备氢气。原理基本为将化合物中氢元素经氧化还原反应得到零价单质状态氢气。早在十六七世纪人们便发现可利用金属与酸反应得到一种可燃性气体——氢气。目前氢气制备方法包括：化石燃料制氢，电解水制氢，生物制氢，光催化裂解水制氢，热化学分解水制氢等。

10.9 热　　电

储能密度 [energy storage density] 利用各种物质或各种手段，在一定的空间或质量物质中储存起来的可利用能量的量。

储热材料 [storage material] 利用物质能量吸收和释放过程储存热能的材料。按照储热形式，可分为显热储热材料、潜热储热材料和反应热储热材料。

磁流体发电 [magnetohydrodynamic power generation] 又称<u>等离子体发电</u>。使极高温度并高度电离的气体高速流经强磁场，切割磁力线产生感应电势的新型发电技术。是一种提高矿物燃料发电效率的新思想。由热能直接转换成电流，燃料利用率显著提高。

等离子体发电 [plasma power generation] 即磁流体发电。

低热值 [lower heating value] 燃料完全燃烧后，生成物水呈气态时所放出的热量。

对流耦合换热 [convection heat transfer] 在不同温度固体表面和流体之间发生的热交换。是热传导和分子运动的共同作用。在界面附近，由于流体的黏度比较低，以热传导为主。离界面较远的地方，以分子运动为主。可以采取以下两种形式：强制(辅助)对流和自然(自由)对流。

高热值 [high heating value] 又称<u>毛热值</u>、<u>毛发热量</u>、<u>高位发热量</u>、<u>高位热值</u>。燃料在空气中完全燃烧时，在燃料产物中的水蒸气完全凝结成水的情况下，燃料燃烧所放出的热量。在实际测定燃料热值时，燃料的高热值等于氧弹热值减硫酸和硝酸的形成热和溶解热。高热值减水蒸气的汽化潜热后，得燃料低热值。

高位发热量 [gross heating value] 即高热值。

高位热值 [high heating value] 即高热值。

功能热流体 [functionally thermal fluid] 一种集储热与强化传热功能于一体的多相介质。具有储热密度高，热传递速率大，适用温度范围广，传热过程中热损失较小，可减小换热器及相应管路尺寸等特点。分为显热式功能热流体和潜热式功能热流体。潜热式功能热流体又分为固-液相变材料以及气-液相变材料。

化学反应储能 [chemical reaction energy storage] 利用可逆化学反应的反应热进行储能。优点是储能密度高，可以长期储存，不需要绝缘的储能罐。储热过程中，热能驱动吸热反应发生；放热过程中，使放热反应发生并释放热能。由于技术复杂，目前尚未能大规模实际应用。

结晶水合盐 [hydrated salt] 含有结晶水的盐类，是一种应用最广泛的无机相变材料。它通过融化与凝固过程中放出和吸收结晶水来储热和放热。主要存在两方面不足：一是过冷现象，即冷凝到“冷凝点”时并不结晶，而需到“冷凝点”以下一定温度时才开始结晶；二是出现相分离现象，即温度上升时，释放出来的结晶水的数量不足以溶解所有的固态盐。

蜡质相变材料 [paraffin wax phase change material] 成分为石蜡的一类有机相变材料。精制石油的副产品，通常从原油的蜡馏分中分离而得，主要由直链烷烃混合而成，可用通式 C_nH_{2n+2} 表示。短链烷烃熔点较低；链增长时，熔点开始增长较快，而后逐渐减慢，链再增长熔点将趋于一定值。随着链的增长，烷烃的熔解热也增大。选择不同的碳原子个数可获得不同相变温度、相变潜热的材料。

冷指法 [cold finger] 利用结晶水合盐减小过冷度的一种措施。通过保留一部分固态相变材料作为成核剂，使在凝固点时顺利结晶，减少或避免过冷的发生。

毛发热量 [gross heating value] 即高热值。

毛热值 [gross heating value] 即高热值。

佩尔捷效应 [Peltier effect] 当有电流通过不同材料组成回路时，除产生不可逆的焦耳热外，在不同材料的接头处随着电流方向的不同会分别出现吸热、放热的现象。单位时间内，接头处单位面积吸放热量与通过接头处电流密度成正比。由法国科学家佩尔捷(J. C. A. Peltier)于1834年发现，并以其名字命名。该效应是可逆的，其物理解释是：电荷载体在不同的材料中处于不同能级，当它在不同能级间运动时，便吸收或释放出多余的能量。

潜热储热 [latent heat storage] 又称相变储热。利用储热介质物态转变过程中伴随的能量吸收和释放进行的相变储热。特点是储热密度大，储热、释热过程温度波动范围小。比显热储热具有更高的储热密度。

热电材料 [thermoelectric material] 又称温差电材料。利用半导体材料的塞贝克效应、佩尔捷效应及汤姆孙效应实现热能与电能直接相互转化的功能材料。良好热电材料通常具有低热导率、高迁移率及多谷能带结构等性质。依据运作温度分为三类：①碲化铋及其合金，使用于热电制冷器的材料，其最佳运作温度<450℃；②碲化铅及其合金，使用于热电产生器的材料，其最佳运作温度约为1000℃；③硅锗合金，应用于热电产生器，其最佳运作温度约为1300℃。

热电第一效应 [thermoelectric first effect] 即塞贝克效应。

热电联产 [cogeneration] 利用发电后的废热用于工业制造或是利用工业制造的废热发电，达到能量最大化利用的目的。热电联产不仅大量节能，而且可以改善环境条件，提高居民生活水平。但热电联产把电厂的发电与用户的用热紧密联系，降低了灵活性，同时也增加了电厂的投资。

热电优值 [ZT value] 用来评估材料热电效率的无量纲值。定义为：$ZT=\frac{S^2\sigma}{\kappa}T$。其中，$S$ 为热电势或塞贝克系数，T 为热力学温度，σ 为电导率，κ 为热传导系数。具有一较高热电优值 ZT 的材料必须有高的热电势、高的电导率与低的热传导系数。

热电转换器 [thermal voltaic transducer] 将太阳能和其他形式的热能转变成电能的器件。

热能储存 [thermal energy storage] 一系列利用储能单元储存热能以便后续使用的技术。可通过多种方式实现，主要方式有显热储能和潜热储能。具有解决能量转换和利用过程中，供求在时间和空间上不匹配矛盾的价值。

塞贝克电动势 [Seebeck electromotive force] 又称温差电动势。由德国物理学家塞贝克(Seebeck)于1821年发现，两种不同导体连接组成的回路，当两个接头处于不同温度时，此回路中产生的电动势。

塞贝克系数 [Seebeck coefficient] 又称温差电动势系数。当产生塞贝克电动势的温差很小时，电动势与温差的比值。其符号和量值大小取决于组成热电偶的两导体的热电特性和接点所处的温度。

塞贝克效应 [Seebeck effect] 又称热电第一效应、温差电动势效应。两种不同导电材料构成的闭合回路中，当两个接点温度不同时，回路中产生的电势使热能转变为电能的现象。其电势差大小是两接头温差的函数。产生主要原因是热端的载流子向冷端扩散的结果。以德国科学家塞贝克(T. J. Seebeck)的名字命名。

闪点 [flash point] 在规定条件下加热试样，当试样达到某温度时，试样的蒸气和周围空气的混合气与火焰接触后发生闪燃时，试样的最低温度值。

塑晶储热 [plastic crystal heat storage] 在恒定的温度下储热和放热，不依靠固液相变储热，而是通过分子构型发生固-固相变储热。塑晶(新戊二醇)和液晶相似，有晶体的三维周期性，但力学性质像塑料。在44℃时，白天吸收太阳能而储存热能，晚上则放出白天储存的热能。如果将其熔化到玻璃和有机纤维玻墙板中可用于储热，将调整配比后的塑晶加入玻璃纤维制成的墙板中能制冷降温。

太阳池储热 [solar pond heat storage] 一种以太阳辐射为能源的人造盐水池。利用具有一定盐浓度梯度的池水作为集热器和蓄热器的一种太阳能热利用系统。盐水池中，随着池水深度的增加温度也在增加，池底温度高于池表面温度。太阳池主要分为对流型和非对流型池两种：一种是具有一定盐浓度梯度的非对流型；另一种是多种结构形式对流型。

太阳热电转换 [solar thermal electric conversion] 将吸收的太阳辐射热能通过常规的热机或通过一些热电材料将热能转化为电能的过程。

汤姆孙效应 [Thomson effect] 导体两端有温差时会产生电势的现象。材料各部分的温度不均匀时，各温区的载流子能量不同，载流子会产生热扩散，进而在材料内部形成电场。扩散一直进行到电场力对载流子的作用与载流子的热扩散平衡为止。

温差电材料 [thermoelectric material] 即热电材料。

温差电动势 [thermoelectromotive force] 即塞贝克电动势。

温差电动势系数 [thermoelectromotive force coefficient] 即塞贝克系数。

温差电动势效应 [thermoelectromotive force effect] 即塞贝克效应。

无机相变材料 [inorganic phase change materials] 成分为无机物的一类相变材料。包括结晶水合盐、熔融盐、金属合金等。其可供选择的熔点范围较宽，从几摄氏度到一百多摄氏度，应用较多的主要是碱及碱土金属的卤化物、硫酸盐、硝酸盐、磷酸盐、碳酸盐及乙酸盐等。具有使用范围广、价格便宜、导热系数较大、溶解热大、体积储热密度大等优点。

显热储热 [sensible heat storage] 利用材料的比热容和温度变化来进行储热和释热。优点是在系统有效的使用寿命周期内，储能和释能过程完全可逆，且系统结构简单，运行方便，系统较稳定。缺点是储能密度较小。

相变材料 [phase change material (PCM)] 相变储能材料，利用其在物态变化时所吸收(放出)的大量热能用于能量储存的材料。按物态变化，可分为固-气相变材料、液-气相变材料、固-液相变材料和固-固相变材料。

相变储能技术 [phase change energy storage technology] 以相变储能材料为基础的技术。基本原理是物质相变过程一般为近似等温过程，并伴有较大的能量吸收或释放；物质升温过程吸收的显热和相变潜热可被储存并加以利用。特点是储能密度大，输出温度和能量稳定。可作为工业节能系统和高新技术产品开发的基础。

相变储热 [phase change heat storage] 即潜热储热。

n 型热电材料 [n-type thermoelectric material] 以电子为主要载流子的热电材料。其塞贝克系数和霍尔系数均为负值，可以和 p 型热电材料组成器件提高转换效率，为热电器件不可或缺的部分。

p 型热电材料 [p-type thermoelectric material] 以空穴为主要载流子的热电材料。其塞贝克系数为正值。

压缩空气蓄能 [compressed air for energy storage] 一种新型电能存储系统。利用电力系统低容负荷时的多余电能将空气压缩储存在地下洞穴中，需要时再放出，经加热后通过燃气轮机发电机组发电，以供尖峰负荷的需要。由于分离了压缩过程，所以在发电的时候可以比普通的系统具有更高的产出。具有动态响应快、经济性能高、环境污染小等优点，可起到负荷平衡、战略规划、提高供电质量的作用。

盐度差发电 [salinity gradient power generation] 利用海洋中咸淡水交界面储存的能量进行发电的技术。渗透压式盐度差发电系统的关键技术是半透膜技术和膜与海水界面间的流体交换技术。盐度差能转换方法主要有水压塔渗压系统和强力渗压系统两种。

有机相变材料 [organic phase change materials] 成分为有机物的一类相变材料。常用的有石蜡、烷烃、脂肪酸或有机盐类、醇类等。具有固体状态成型性好、不容易出现过冷和相分离现象、材料腐蚀性较小、性能比较稳定、毒性小、成本低等优点。同时具有导热系数小、密度较小、相变过程中体积变化大、易挥发、易燃烧甚至爆炸或被空气中的氧气缓慢氧化而老化等缺点。

整体储能换热器 [bulk storage in tank-heat exchanger] 相变材料的一种封装方式，是带换热器的整体封装。按供能流体的种类，可以分为气体储能换热器和液体储能换热器。该类型换热器可以实现大容量的储能，同时，其设计、运行成本合理，适合低温、中温、高温各温度段使用，在工业和商业领域已有应用。

10.10 核 能

安全壳 [containment] 防止在反应堆失水等严重事故下放射性物质向环境释放，并保护反应堆冷却剂压力边界和安全系统抗御外部事件(如台风、飞行物撞击等)的构筑物。主要包括反应堆冷却剂系统和一些重要的安全系统，是防止放射性物质外逸的最后一道安全屏障。应能承受其各种静态和动态载荷，包括在最大失水事故条件下由于冷却剂的喷放所造成的内压。可分为单层和双层两种。从建筑结构上又可分为钢制和混凝土制两类。核电厂多采用带密封钢衬里的预应力混凝土安全壳。

安全注射系统 [safety injection system] 即应急堆芯冷却系统。

包覆颗粒燃料 [coated particle fuel] 由多层覆盖层包裹的易裂变材料或易裂变材料-可转换材料混合物[如 UO_2 或 $(Th,U)O_2$]的燃料颗粒弥散在石墨基体内制成的混合燃料体。其为高温气冷堆的燃料元件。

倍周期 [double period] 在实际应用中，常使用中子注量率变化 1 倍所需时间。

常规岛 [conventional island] 核电装置中汽轮发电机组及其配套设施和它们所在厂房的统称。其主要功能是将核岛产生蒸汽的热能转换成汽轮机的机械能，再通过发电机转变为电能。

氚渗 [tritium permeation] 生产、纯化、运输、储存和使用过程中，氚从器壁向外渗透的现象。这种现象不仅浪费价格昂贵的氚，还对环境造成放射性污染。未来的聚变堆中，有两处涉及氚渗：①第一壁高温下的氚渗；②包层中增殖的氚，通过器壁向外渗透。渗透率与氚在材料中的溶解度、材料的表面状态和微观结构及氚中的气体杂质等因素有关。

氚增殖 [tritium breeding] 将锂或含有锂的材料置于第一壁外的包层中进行的核转变。每次氘-氚聚变反应释放一个中子，可供 ^{6}Li 核转变使用。同时，在增殖区内或直接在增殖材料中放入能发生(n, $2n$)或(n, $3n$)反应的 Be、Pb、Bi 和 Zr 等中子倍增剂，提高增殖区的中子通量，为核转变提供更多中子，从而使 ^{6}Li 转变为氚的转换比大于 1。

磁约束核聚变 [magnetic confinement fusion] 用特殊形态的磁场把氘、氚等轻原子核和自由电子组成的超高温等离子体约束在有限体积内，使其发生可控核聚变，释放聚变能的一类受控热核聚变。托卡马克装置是一类最有希望率先建成的聚变反应堆装置。2006 年 11 月，欧盟、中、美、俄、日、印、韩正式签署协议，全面启动"国际热核聚变实验堆(ITER)计划"，拟用 35 年左右时间在法国卡达拉舍建成一个能进行大规模核聚变的超导托克马克装置，并开展研究，为设计和建造聚变反应堆积累经验。

氘氚化锂 [lithium deuteriotritide] 分子式 Li(D, T)，由 LiD 和 LiT 组成，可具有不同的氘氚比，晶体呈黑蓝色的化合物。物化性质与 LiH 相似。^{6}Li(D, T)可作为热核燃料和热核武器的装料。元素直接合成法是采用较多的一种制备方法，是用氘氚混合气，在密闭系统中于 700℃下与锂直接反应而得。同位素交换法是用氚气与 LiD 进行同位素交换来制备。该法所需的反应温度较低，可减少氚透过器壁的渗漏损失，从而减少对环境的污染，特别适合制备氘氚化锂微球，以及用作激光聚变反应的靶材料。

低放废物 [low-level [radioactive] waste] 释文见放射化学与辐射化学同名词条。

第四代核反应堆 [generation IV reactor] 为解决核能经济性、安全性、废物处理和防止扩散等问题提出的新一代核反应堆。主要有钠冷快堆、铅冷快堆、气冷快堆、熔盐堆、超临界水堆和超高温气冷堆六大类型。

碘坑 [iodine well] 反应堆长期运行后停堆或降功率，由于堆内积累的大量 ^{135}I 衰变生成 ^{135}Xe，导致 ^{135}Xe 浓度先增后减，从而使反应堆的反应性出现低谷的现象。从停堆时刻开始直到后备反应性又回到停堆时刻的值所经历的时间为碘坑时间。停堆后后备反应性下降程度为碘坑深度。中子注量率越高，碘坑就越深。碘坑初期，后备反应性大于零，反应堆可靠提升控制棒启动，这段时间为允许停堆时间。随碘坑加深，后备反应性小于或等于零，反应堆无法重新启动，这段时间为强迫停堆时间，只有等爬出碘坑后才能启动。特别是当反应堆寿命接近末期，由于燃料消耗，后备反应性已经很小，更难避免碘坑造成的强迫停堆。

动力堆 [power reactor] 动力反应堆的简称。

动力反应堆 [power reactor] 简称动力堆。主要用于产生动力的核反应堆。按具体用途，可分为发电堆、推进动力堆(已实现舰船推进)和供热堆(如用于城镇供热、工业供汽、海水淡化等)三种。

堆芯 [reactor core] 又称反应堆活性区。反应堆内进行链式反应的区域。是反应堆的核心。热中子反应堆堆芯由核燃料、慢化剂和冷却剂以及结构材料等组成。而快中子反应堆堆芯则没有慢化剂。

堆芯寿期 [reactor core lifetime] 一个新堆芯或换料后堆芯在满功率连续运行条件下有效中子增殖因数 k 降到 1 的时间跨度。

多普勒展宽 [Doppler broadening] 即中子多普勒效应。

乏燃料 [spent fuel] 释文见放射化学与辐射化学同名词条。

乏燃料储存 [storage of spent fuel] 通过储存使乏燃料中短半衰期的放射性同位素大部分衰变掉，将其放射性活度降低到便于操作和处理的水平的过程。分为湿法和干法两种：湿法将乏燃料暂时储存在以水为屏蔽材料和冷却剂并衬有不锈钢覆面的池中；干法用空气冷却，多见于 CANDU(坎杜)重水堆乏燃料干式储存仓。

乏燃料首端处理 [head-end treatment of spent fuel] 乏燃料后处理化学分离工艺过程之前的脱壳、剪切、溶解、过滤(或澄清)和调料等过程。不同堆型乏燃料后处理首端过程会有所不同。

反应堆活性区 [reactor core] 即堆芯。

反应堆结构材料 [reactor structural material] 反应堆燃料组件结构材料和堆内构件材料的统称。前者指燃料元(组)件中除核燃料以外的材料；后者包括用于制造反应堆容器内除燃料组件(及其相关组件)以外的所有构件的材料。反应堆类型不同，所选用的反应堆结构材料也不一样。天然铀石墨堆因运行温度低，用铝、镁及其合金。轻水和重水动力堆用锆合金、不锈钢和镍基合金等高强度耐腐蚀的材料。快中子堆用奥氏体不锈钢，高温气冷堆用石墨为反应堆结构材料。

反应堆控制材料 [material for reactor control] 又称中子吸收材料。能显著吸收中子、对反应堆的反应性进行控制的材料。一般有：①固态吸收材料，常用 80%银(Ag)～15%铟(In)～5%镉(Cd)合金、铪、B_4C 陶瓷制成棒状或板状控制元件，用以控制和补偿堆芯反应性的快速变化；②液态吸收剂，泛称化学补偿剂，如硼酸水溶液，用以控制和补偿堆芯反应性的缓慢变化；③可燃毒物，主要用来控制长期反应性变化，使反应堆释热分布合理优化，其材料有 Al_2O_3-B_4C、硼玻璃和 Gd_2O_3 等。

反应堆冷却剂 [reactor coolant] 又称载热剂。用来冷却反应堆堆芯，并将核裂变释放的热能带出反应堆的工作介质。可以是液体、气体或液态金属。选择冷却剂应从多个方面进行考虑，如热物理性质（比热容大、热导率高、熔点低而沸点高、蒸气压低等）；黏度低，唧送功率低；良好的热稳定性及辐照稳定性；中子吸收截面小，感生放射性弱；与核燃料和反应堆结构材料有良好的相容性；使用方便，价格低；安全性好。

反应堆冷却剂系统 [reactor coolant system] 又称一次冷却剂系统、主回路系统或一回路系统（对于间接循环）。使反应堆冷却剂在规定的压力、温度条件下循环并载出堆芯热量的系统。是核动力装置的核心系统，是防止放射性物质向外释放的第二道重要屏障。

反应堆临界 [criticality of reactor] 在没有外源的情况下，反应堆在任意时间段内由裂变产生的中子数正好等于由吸收和从系统中泄漏而损失的中子数，从而使链式反应以恒定速率持续进行下去的状态。在一定的材料组成和几何布置下，堆芯恰好达到临界时的尺寸称为临界尺寸（或临界大小）。临界尺寸可以由临界方程解出。对应于临界尺寸的体积称为临界体积。对于材料组成相同的堆芯，其临界体积与几何形状有关。由于球的表面积与体积之比最小，中子泄漏最少，因而球形装置的临界体积最小。在一定的材料组成和几何布置下，系统达到临界所需的易裂变物质的质量称为临界质量。

反应堆时间常数 [reactor time constant] 反应堆周期的倒数。

反应堆物理启动 [reactor physical start-up] 反应堆正式运行前从次临界到临界过程中所做物理实验的统称。可用来校正和改进反应堆的理论和设计，但主要目的是通过测量弄清该反应堆的物理性能，以指导今后的运行，保证安全。由首次达到临界开始，在极低功率下测量中子注量率分布、控制棒效率等，然后逐渐提升功率，测量反应性温度系数、功率系数、压力系数、中毒效应等。

反应堆压力容器 [reactor pressure vessel] 用于容纳和支承堆芯及堆内构件、装设控制棒驱动机构的部件。它作为冷却剂的压力边界，是防止放射性物质向外释放的一道重要屏障。材料为低合金钢、内壁衬超低碳不锈钢和局部镍基合金堆焊层。

反应堆中毒 [reactor poisoning] 热中子反应堆中有些裂变产物具有较大的热中子吸收截面，使反应堆产生负反应性的现象。热中子反应堆运行时，堆中易裂变核素在热中子作用下发生裂变反应，产生大量裂变产物（包括裂变碎片及其衰变产物）。其中，^{135}Xe 和 ^{149}Sm 两种核素不仅具有很大的热中子吸收截面，而且其先驱核还具有较大的产额，是导致反应堆中毒的主要核素，尤其是 ^{135}Xe。

反应堆周期 [reactor period] 又称稳态周期、渐进周期。反应堆内中子注量率按指数规律变化 e 倍所需时间。对具体反应堆，周期 T 的大小取决于引入堆内的反应性。反应性引入后短时间内，中子注量率并不按指数规律变化，只在经过一段时间后，中子注量率的变化才遵循指数规律。

反应性 [reactivity of reactors] 表征反应堆中链式裂变反应偏离临界程度的指标。反应性 $\rho=(k-1)/k$，其中 k 是反应堆的有效中子增殖因子。临界状态下，$k=1$，$\rho=0$；超临界状态下，$k>1$，$\rho>0$；次临界状态下，$k<1$，$\rho<0$。反应性可表示为百分数、pcm（10^{-5}），也可用缓发中子总份额 β 为单位。

反应性功率系数 [reactor power coefficient] 反应堆热功率每变化 1%所引起的反应性变化。涉及与运行功率水平有关的燃料温度、慢化剂温度、气泡分额、随功率变化的中毒效应等因素。

反应性空泡系数 [reactivity void coefficient] 反应堆液体冷却剂中的气泡体积分数每变化 1% 时所引起的反应性变化。

反应性温度系数 [reactivity temperature coefficient] 简称温度系数。温度变化 1 K 所引起反应堆的反应性变化。其数值及符号取决于反应堆的类型、堆芯的组成和结构。此外，在不同温度下数值可能不同，有时符号也会变化。是反应堆设计和运行的重要参数之一，与反应堆的稳定性和安全性关系重大。反应堆反应性增加引起堆芯温度上升，若反应性有负温度系数，反应性将自动降低，将增加反应堆的安全性。因此，要求在反应堆工作温度下的温度系数为负值。若温度改变是局部的，则为局部温度系数。

反应性引入事故 [reactivity-insertion accident] 核反应堆在各种设计工况下意外引入正反应性导致堆功率剧增的事故。可能原因有：①控制棒意外抽出（提棒事故）；②控制棒弹出；③冷却剂中硼意外稀释（硼失控稀释事故）；④主系统过度冷却（冷水事故）。

防氚渗透材料 [materials for protection of tritium permeation] 阻抗氚渗透的材料。包括有机材料和金属材料。有机材料的防氚渗透能力顺序：丁基橡胶＞天然橡胶＞氯丁橡胶。金属和合金材料的防氚渗透能力顺序：钨＞铝＞钼＞不锈钢。在金属表面涂氧化物、碳化物和氮化物可显著改善金属材料的防氚渗透的能力。

放射性废物处置 [radioactive waste disposal] 将废物放置在一个经批准的专门设施中，包括将净化后符合排放标准的流出物直接排入大气或水体的处置措施。通常通过多重屏障隔离体系，使放射性核素在衰变到安全水平之前不会对人类产生不可接受的危害。国际原子能机构推荐：短寿命低中放废物采用近地表处置；长寿命低中放废物和高放废物采用深地层处置。放射性废物处置的安全性通过选择适当场址、良好的工程措施和完善的管理来实现。

放射性同位素电源 [radioactive isotope power supply] 利用锶-90、钚-238 等长寿命放射性同位素衰变释放热能，通过热电偶转换为电能的装置。这种电源功率从数瓦到百瓦级，尺寸小、重量轻、寿命(2～5 年)比常规电源长得多，已广泛用于宇宙飞船、人造卫星、无人看管灯塔、心脏起搏器等。

非能动安全 [passive safety] 不依赖外来的触发和动力源，而靠重力、蓄压势、设备承压能力等自然本性来实现安全功能的性能。一些新型核电厂设计已更多利用这种特性，如靠重力补水箱自然循环排出余热、靠水分蒸发和自然对流使安全壳冷却和卸压等。

非氧化物陶瓷燃料 [non-oxide ceramic fuel] 铀、钚、钍的碳化物或氮化物等化合物单独或相互混合或与其他不可裂变核素的化合物混合制成的陶瓷燃料。

沸水堆 [boiling water reactor] 沸水反应堆的简称。

沸水反应堆 [boiling water reactor] 简称沸水堆。以沸腾轻水为慢化剂和冷却剂并在反应堆压力容器内直接产生饱和蒸汽的动力堆。蒸汽经汽水分离后直接供给汽轮机，省去蒸汽发生器等中间环节和大直径环路管道，使系统简化。由于具有相当大的负空泡系数，具有内在的安全性与自稳定性。为进一步增加安全裕度，延长使用寿命，出现了采用内置泵和堆内循环、采用电力-水力组合的控制棒驱动机和采用改进的应急堆芯冷却系统等改进措施的先进沸水反应堆。

辐照脆化 [irradiation embrittlement] 由辐照引起的材料(特别是体心立方金属)塑性、韧性下降和无延性转变温度升高的现象。影响材料辐照脆化的主要因素有中子注量、辐照温度和合金元素。

辐照蠕变 [irradiation creep] 长期在辐照和高温环境中受恒定低应力作用下材料或构件发生变形不断增大的现象，包括由辐照引起的蠕变和辐照增强热蠕变。前者称辐照感生蠕变，后者称辐照加速蠕变。

辐照烧结 [irradiation sintering] 陶瓷核燃料内部的残留气孔在中子辐照和表面能的驱动下发生收缩，使块体密度提高的现象。是陶瓷燃料(如 UO_2)在使用中产生尺寸不稳定的一种机制，但与辐照肿胀、辐照蠕变相比，其对燃料使用的影响较小。常用的预防措施是采用高温烧结来消除块体中的残余气孔。

辐照肿胀 [irradiation swelling] 材料在中子照射下发生体积增大、密度下降的现象。中子注量和辐照温度是主要影响因素。按机制划分，可分为裂变产物肿胀和空洞肿胀两类。前者主要由气体裂变产物造成。后者在快堆燃料包壳和聚变堆第一壁材料中最为典型。

福岛核事故 [Fukushima nuclear accident] 发生在日本福岛核电站的核事故。2011 年 3 月 11 日，日本本州岛东北海岸发生 9.0 级地震。地震发生后，福岛第一核电站的 1～3 号机组自动停堆。由于 4～6 号机组震前已停机检查，外部电网被摧毁，地震引发大海啸又损毁了紧急柴油发电机，使核电厂失去全部交流电源，无法提供冷却水，堆芯余热无法排出。压力容器内水大量蒸发，燃料组件逐渐露出水面，包壳开始熔化。燃料棒的锆合金包壳与高温水蒸气发生反应，产生大量 H_2。同时，^{131}I 和 ^{137}Cs 等放射性核素从燃料棒中逸出。1～3 号机组先后被开启泄压以保护安全壳，H_2 及部分放射性物质释放到反应堆上部及维修厂房，先后发生氢爆，使放射性物质释放到环境中。4 号机组的乏燃料池因无法冷却，也发生锆-水反应产生 H_2 而引发火灾，部分放射性物质外泄。随后，海水被用来冷却反应堆，机组状态趋于稳定，但产生大量放射性污水，部分泄漏或被排放到海水中，引发新的危机。

高放废物 [high-level [radioactive] waste] 释文见放射化学与辐射化学同名词条。

高温气冷堆 [high temperature gas-cooled reactor] 采用包覆颗粒燃料，用氦作冷却剂，石墨作慢化剂和结构材料，冷却剂出口温度可达 750～950℃的核反应堆。有柱床型和球床型两大类型。可实现 Th-U 燃料循环，成为能利用钍资源的转换堆。产生的高温可提高发电效率，还可为氢气还原炼铁、石油或天然气裂解、煤的气化、氢的生产和海水淡化等开辟新的途径。

锆-水反应 [zirconium-water reaction] 在压水堆丧失冷却剂事故中，燃料元件锆合金包壳与水蒸气发生的剧烈化学反应。反应放热生成 ZrO_2 和 H_2。反应后包壳温度急剧升高，氢进一步向内壁扩散，在包壳外表面将依次形成鳞片状 ZrO_2、氧稳定的 α-Zr(0) 相及中央的 β-Zr 相，前两者都是脆性相；同时包壳又大量吸收氢，可能引起氢脆。另一方面，燃料棒内气压迅速增高，发生包壳隆起，使冷却剂流道堵塞，传热恶化。严重时产生爆破，导致堆芯破坏。

固有安全 [inherent safety] 核反应堆在运行参数偏离正常时能依靠自然物理规律趋向安全状态的性能。是保证安全首选的重要方法。在设计中合理地引入固有安全概念，能改进核反应堆的安全性，降低建造成本。

惯性约束核聚变 [inertial confinement fusion] 用脉

冲激光或离子束将热核燃料靶丸加热压缩为高温、高密度的等离子体，由于惯性，在飞散之前可存在一小段时间，若在此时间内达到劳逊判据所要求的条件而产生的核聚变。其可分为激光聚变、强流电子束聚变和离子束聚变。

海水提铀 [recovery of uranium from seawater] 从海水中提取铀产品的过程。海水中的铀资源有40多亿吨[主要以 $UO_2(CO_3)_3^{4-}$ 形态存在]，是陆地已探明储量的上千倍。提取的方法有吸附法、沉淀法、生物富集法和浮选法等。其中，最有可能工业化的是吸附法。实现高效、廉价的海水提铀对核能可持续发展具有重要意义。

核岛 [nuclear island] 核电装置中核蒸汽供应系统(含设备)及其配套设施和它们所在厂房的总称。主要功能是利用核裂变能生产蒸汽。

核反应堆 [nuclear reactor] 释文见放射化学与辐射化学同名词条。

核裂变反应堆 [nuclear fission reactor] 利用可裂变核素发生可控的自持核裂变链式反应的装置。第一座反应堆是在费米领导下于1942年在美国建成。一般由堆芯[包括核燃料元件、慢化剂(快中子堆没有这一部分)和冷却剂]、中子反射层、控制系统和屏蔽层等部分组成。可产生多种放射性核素和 ^{239}Pu、^{233}U 等核燃料，提供用于发电、舰船推进、生产等用的能量，还是进行核物理和中子物理实验、辐射化学、放射医学等研究及核工程设计试验的工具。

核能 [nuclear energy] 又称原子能。原子核中的质子或中子重新分配、组合时释放出的能量。核燃料的能量密度比化石燃料高上百万倍。等量聚变燃料在聚变时释放出的能量又比裂变能大4～5倍。不存在温室气体和其他有毒气体排放的问题。最早用于军事目的，原子弹和氢弹就是分别以 ^{235}U 或 ^{239}Pu 的裂变、氘与氚原子核的聚变反应瞬间释放出巨大能量的原理制成。在和平年代，核能的利用主要有：①用于核电站、潜艇等的核动力装置。在海水淡化、制氢、供热、空间核电源等方面也有很好的应用前景。地球上蕴藏着数量可观的铀、钍等裂变核燃料资源，可满足人类上千年的能源需求。②研发聚变堆，利用氘和氚聚变放出更加巨大的能量。由于所用燃料取之于大海，聚变堆一旦研发成功，则可满足人类上百亿年的能源需求。③制造放射性同位素电池，充分利用衰变放出的能量，用于宇宙飞船、人造卫星、无人看管灯塔、心脏起搏器等。

核能发电 [nuclear electricity generation] 利用核反应堆中链式核裂变反应所释放的能量发电。与火力发电相似，只是以核反应堆及蒸汽发生器来代替火力发电的锅炉，以核裂变能代替矿物燃料的化学能。沸水堆是一回路的冷却剂通过堆心加热变成约70 atm($1\ atm=1.03\ 25\times10^5\ Pa$)的饱和蒸汽，经汽水分离并干燥后直接推动汽轮发电机。除沸水堆外，其他类型的动力堆都是一回路的冷却剂通过堆心加热，在蒸汽发生器中将热量传给二回路或三回路的水，然后形成蒸汽推动汽轮发电机。

核能制氢 [nuclear hydrogen production] 以来源丰富的水为原料，将核反应堆与采用热化学碘硫循环和高温蒸汽电解等先进制氢工艺的制氢厂耦合生产氢的方法。与其他制氢技术相比，具有无温室气体排放、高效、可实现大规模制备等优势。

核燃料[循环]化学 [nuclear fuel chemistry] 以核燃料为研究对象，研究其在核燃料循环前端(矿产的开采与加工冶炼、同位素富集和燃料组件制造)、反应堆中增殖与转换、后端(乏燃料后处理、核废物处理和处置)中化学行为的一门学科。

核燃料增殖 [breeding of nuclear fuel] 新生成的核燃料多于消耗的核燃料(即转换比大于1)的核燃料转换过程。

核燃料转换 [conversion of nuclear fuel] 可转换核素 ^{238}U、^{232}Th 和 ^{6}Li 在反应堆中受到中子轰击转化生成作为核燃料的易裂变核素 ^{239}Pu、^{233}U 和聚变核素 ^{3}H 的过程。

后备反应性 [built-in reactivity] 在所有控制毒物(控制元件、可燃毒物和化学补偿毒物等)全部移出堆芯的条件下反应堆具有的反应性。一般一个新堆芯在冷态无中毒情况下的初始后备反应性最大。

化学补偿控制 [chemical shimming control] 在反应堆冷却剂或液体慢化剂中加入吸收中子的化学毒物以控制反应性的方法。这种化学毒物应具有较大的中子吸收截面和稳定的物化性能。硼酸溶液是压水堆核电厂广泛采用的化学毒物。与其他反应性控制方法相比，化学补偿控制的主要优点是硼酸均匀分布在堆芯中，有利于展平功率分布而不会引起畸变，从而提高反应堆的安全性。但随着冷却剂中硼浓度的增加，慢化剂温度系数的绝对值变小。当硼的浓度超过一定值时，可能出现正的慢化剂温度系数，这在反应堆的设计和运行中必须予以避免。

换料周期 [refueling period] 又称循环长度、运行周期。定期换料的反应堆相邻两次更换燃料所间隔的时间。核电厂通常有两种换料方式：连续换料和定期换料。前者指在功率运行的条件下，卸出乏燃料和补充新燃料。压力管式重水堆和球床高温气冷堆属于此种换料方式。后者指在冷停堆的工况下才能卸出乏燃料，补充新燃料。在停堆换料的同时进行大修。

渐进周期 [asymptotic period] 即反应堆周期。

洁净核能源 [clean nuclear energy] 为解决裂变堆存在的资源利用率低、产生强放射性废物、有核安全和核扩散危险等问题而设计的新型核能源。其中，最有希望的是加速器驱动的洁净核能源系统。其基本原理为：用中能强流质子加速器产生的质子束轰击重金属，由重金属散裂反应形成强中子源(或称“外源”中子)来驱动次临界反应堆运行。在堆中，利用中子核反应(裂变或俘获)将长寿命放射性废物嬗变成短寿命或稳定的核素，并释放能量。

金属燃料 [metallic fuel] 呈金属形态的核燃料。包括铀、钚及其合金。具有易裂变原子密度高、导热性好、易加工等优点。但熔点以下有多次同素异形转变，限制了其使用温度；低温相呈各向异性，导致严重的辐照生长；化学性质活泼，抗腐蚀性差。为改善性能，曾采用添加合金元素和热处理等方法，或添加钼、锆和铌配制 γ 相合金(如 U-Mo 合金和 U-Zr 合金)，但不能从根本上克服上述缺点，故在核电发展初期就被 UO_2 陶瓷燃料所取代。

聚变核燃料 [fusion nuclear fuel] 在反应堆内可维持受控聚变反应的核素。如 ^{2}H、^{3}H 和 ^{6}Li 等核素。

聚变核燃料循环 [fusion nuclear fuel cycle] 聚变核燃料(氘-氚-锂)的生产、转化、提纯、入堆等循环流程。聚变燃料燃烧后不剩余乏燃料，不存在乏燃料后处理问题。由于氚的半衰期较短，只有 12.26 a，衰变较快，故在储存过程中需定期进行纯化处理，除去衰变产物 ^{3}He。

聚变能 [fusion energy] 两个较轻原子核熔合成一个较重原子核的反应(即核聚变)过程中释放出的能量。如氘与氚的聚变反应产生中子和 ^{4}He，并释放出 17.588 MeV 的能量。氢弹爆炸是聚变能的不可控释放。

可控核聚变 [controllable nuclear fusion] 能量释放过程可以控制的核聚变。实现可控核聚变必须满足两个基本条件：一是必须将燃料加热到很高的热核反应温度，此时燃料(氘氚混合物)变成等离子体；二是必须在足够长的时间内把这种等离子体约束在特定的空间领域中，受约束的等离子体必须达到一定的密度、温度及能量约束时间等条件，才能使聚变反应自持。

可燃毒物控制 [burnable absorber control] 将中子毒物加入反应堆堆芯，通过其逐渐燃耗而释放的反应性来补偿反应性长期缓慢变化的控制方法。此可燃毒物应具有较大的吸收截面，而吸收中子后所得产物的吸收截面应尽可能小。可用作可燃毒物的核素主要有硼、钆和铒等。它们既可与燃料均匀混合在一起，也可以某种材料为基体，制成棒状、管状或板状。可燃毒物燃耗所释放的反应性应尽可能与燃料燃耗的反应性损失相匹配；在堆芯寿期末，毒物残留量应尽可能少。可燃毒物与控制棒、化学补偿一起形成对堆芯后备反应性的联合控制，可减少新堆芯所需控制棒数量；通过可燃毒物在堆芯的分区装载，还可达到展平功率分布的目的。

空间核反应堆电源 [space nuclear reactor power] 利用核反应堆中核燃料裂变释放的热能，通过动态或静态(热离子或热电偶)的方法为空间飞行器提供电力的装置。这种电源由反应堆和转换装置等两部分组成，功率从数百瓦到兆瓦级。

控制棒组件 [control rod assembly] 用来控制反应堆中核裂变反应速率，以实施启堆、停堆和调整反应堆功率的部件。在压水堆中，其可分为调节组件、停堆组件和短棒组件(或灰棒组件)三种。调节组件主要用来抵消部分后备反应性，补偿运行时的各种因素引起的反应性波动。停堆组件主要用于发生紧急事故工况时迅速停堆。短棒组件主要用来抑制反应堆可能出现的氙振荡现象。

快堆 [fast reactor] 快中子增殖反应堆的简称。

快中子堆 [fast neutron reactor] 快中子增殖反应堆的简称。

快中子增殖反应堆 [fast-neutron breeder reactor] 简称快中子堆、快堆。主要由快中子引发裂变，同时使核燃料增殖的核反应堆。不需要慢化剂，要用钚或高富集铀作燃料。装在反应区周围的 ^{238}U 吸收核燃料裂变反应释放的快中子而转换成为易裂变核素 ^{239}Pu，使核燃料的转换比大于 1，实现核燃料的增殖。可使铀资源的利用率从热中子堆的 1%左右提高到 60%～70%，在解决核能发展的长远核资源问题方面具有很好前景。根据使用的冷却剂可分为钠冷快堆、铅冷快堆、气冷快堆和熔盐堆等堆型。

快中子增殖系数 [fast neutron breeding coefficient] 在无限大增殖系统内，所有能量中子引起裂变所产生的平均裂变中子总数与仅有热中子裂变所产生的平均裂变中子数之比。常用 ε 表示，

$$\varepsilon=\frac{\text{热中子裂变产生的中子+快中子裂变产生的中子数}}{\text{热中子裂变产生的中子数}}$$

镧锕分离 [separating trivalent actinides from lanthanides] 特指乏燃料后处理中将三价镧系元素与锕系元素分离的过程。三价镧系元素与锕系元素结构与物化性质非常相似，在乏燃料后处理中通常进入同一相，且镧系元素是锕系元素含量的十几倍。一些镧系元素的中子吸收截面很大，是锕系嬗变的中子毒物，须将其除去。分离方法有萃取法、萃取色层等。国外具有实际应用价值的流程是 TALSPEAK 法。我国研究发现 2,4,4-三甲基戊基二硫代膦酸萃取法可有效实现镧锕分离，具有很好的应用前景。

冷起动 [cool startup] 反应堆处于冷停堆状态下的起动。压水堆核电厂冷起动主要步骤包括：反应堆冷却剂系统充水和排气、冷却剂除氧和调整 pH、稳压器建立汽腔、按照规定的速率将反应堆冷却剂系统升温升压到停堆状态、反应

堆临界、汽轮发电机起动、并网发电及提升功率。达到热停堆之后的起动操作同热起动。

冷水事故 [cold water accident] 一种反应性引入事故。在反应堆的负温度系数(或负空泡系数)很大的情况下，若不慎向核反应堆内直接注入温度较低的水，或由于一回路流量加大或二回路蒸汽量增大(如蒸汽管道破裂时)等原因使水温降低，相当于引入一个正的反应性，就有可能使反应堆功率骤增，造成冷水事故。

冷停堆 [cool shutdown] 反应堆处于次临界并有足够停堆深度，反应堆冷却剂已冷却到接近环境温度的停堆状态。按反应堆冷却剂系统开启、水位状态的不同和停堆深度的差别，通常又划分为正常冷停堆、维修冷停堆和换料冷停堆三种状态。

锂同位素分离 [isotope separation of lithium] 分离锂同位素的工艺。自然界中锂以 ^{6}Li、^{7}Li 两种同位素的形式存在，丰度分别为 7.5%、92.5%。^{6}Li 的热中子吸收截面大，是生产氚的主要原料；^{7}Li 的热中子吸收截面较小，可利用 $^{7}LiOH$ 调节压水堆主回路水的 pH 以防腐蚀，^{7}Li 还可用作高温反应堆的冷却剂。使 ^{6}Li 与 ^{7}Li 分离的过程主要有化学方法(如锂汞齐法、离子交换法、萃取法等)和物理方法(如分子蒸馏法、激光分离法和电迁移法等)。

裂变核燃料 [fission nuclear fuel] 含有易裂变核素、在反应堆内能实现自持核裂变链式反应的材料。主要有 ^{235}U、^{239}Pu 和 ^{233}U 三种核素和含有这三种核素的材料。

裂变核燃料循环 [fission nuclear fuel cycle] 裂变核燃料进入反应堆前的制备和在反应堆中燃烧及之后处理的整个过程。包括：①铀(钍)资源的开采与加工冶炼、铀同位素分离和燃料组件制造；②燃料在反应堆中的增殖与转换；③乏燃料后处理、核废物处理和处置。按燃料性质，可分为铀系燃料的铀-钚循环和钍系燃料的钍-铀循环。

裂变因子 [fission factor] 又称<u>有效中子数</u>。核燃料每吸收一个中子后发生裂变放出中子的平均数。

六氟化铀 [uranium hexafluoride] 一种氟铀二元化合物。化学式 UF_6，具有斜方晶体结构，密度(25℃)为 5.06 g/cm^3，沸点(升华点)为 56.4℃，三相点温度为 64.02℃。常温常压下是近乎白色的固体，有很高的蒸气压，常压下得不到液态 UF_6。极易水解产生强腐蚀性的 HF，因此要求操作设备具有良好的密封性和耐腐蚀性。UF_6 的水解与还原反应用于将 UF_6 转化为 UO_2 和 UF_4，配位反应则用于 UF_6 的净化和从工艺尾气中回收铀。UF_6 是唯一稳定的挥发性铀化合物。由于天然氟只有一种同位素 ^{19}F，UF_6 成为铀浓缩的理想工作介质。

慢化剂 [moderator] 又称<u>中子减速剂</u>。热中子反应堆内用于与中子发生散射碰撞从而降低中子速度(能量)的材料。主要由轻元素组成，常用的有水、重水、铍、石墨等。快中子反应堆内没有慢化剂。

弥散型燃料 [dispersion fuel] 燃料细颗粒弥散在非裂变的基体材料中形成的混合物燃料。如 UAl_4-Al、U_3O_8-Al、(U,Th)O_2-石墨和 U_3Si_2-Al 等。燃料相可采用铀合金、铀的化合物，但须是富集铀；支持燃料的基体相可以是金属、石墨等材料。具有如下优点：辐照损伤局限于燃料颗粒本身及其邻近区域内，使燃料元件可达到很高的燃耗；其热学和机械性质基本上与基体材料相近，燃料元件的传热效率、强度、塑性和耐蚀性良好。

能动安全系统 [active safety system] 依赖外来的触发和动力源(电、压缩空气等)来实现安全功能的系统。

硼同位素分离 [separation of boron isotopes] 分离天然硼中两种同位素的工艺。天然硼中含有两种稳定同位素 ^{10}B 和 ^{11}B，其中热中子吸收截面大的 ^{10}B 只占 19.8%。富集 ^{10}B 的相关产品在核工业、军用防护等领域有着广泛应用。分离硼同位素当前最好的方法是用硼配合物 $BF_3 \cdot (CH_3)_2O$ 或 $BF_3 \cdot (C_2H_5)_2O$ 进行蒸馏，配合物气化后生成 BF_3，再与液体进行同位素交换，硼-10 便富集于液相的硼配合物中。此外，还可用 BF_3 /苯甲醚 · BF_3 配合物化学交换和 BF_3 低温蒸馏法。

屏蔽层 [shielding layer] 反应堆运行过程中产生大量有很强穿透力的中子和极强的 γ 射线，为了保护运行人员和公众安全，使所接受的剂量降到合理和尽可能低的水平，并减少反应堆结构部件所受辐照而在反应堆周围必须设置的防护层。可将活性区泄漏的中子慢化、吸收以及将各种形式释放的 γ 射线减弱到低水平。一般用价格低廉的含铁混凝土或重晶石混凝土，必要时还可在混凝土中加入少量硼化物以增大对中子的吸收。

切尔诺贝利核事故 [Chernobyl nuclear accident] 发生在乌克兰境内的切尔诺贝利核电站 4 号反应堆的核事故。该反应堆为 1 GW 压力管式石墨慢化沸水反应堆。1986 年 4 月 25 日，核电站趁计划停堆检修前的机会，在低功率条件下试验汽轮发电机性能，但程序临时改动未经安全批准。次日凌晨，试验开始不久，由于工作人员严重违章操作(关闭过多的反应堆安全系统)和判断失误，加上该反应堆设计缺陷(具有正空泡系数、控制棒引入正反应性)，使反应堆功率急剧上升，进一步导致堆芯熔化、炸裂。熔融的燃料碎粒与冷却剂剧烈反应引起蒸汽爆炸和氢气爆炸、石墨燃烧，一回路系统和反应堆厂房被破坏；事故导致 28 人急性辐射致死。由于没有安全壳，大量放射性物质释放到大气中并进一步扩散，使俄罗斯、白俄罗斯和乌克兰许多地区遭到核污染。

轻水反应堆 [light water reactor] 以普通水或汽水混合物作冷却剂和慢化剂的反应堆。主要包括压水堆和沸水堆。

一般使用低富集铀燃料。

氢同位素分离 [separation of hydrogen isotopes] 分离氢同位素的工艺。自然界中氢以 ^{1}H(氕，H)，^{2}H(氘，D)，^{3}H(氚，T)三种同位素形式存在。水中氕、氘的丰度分别为99.985%和0.015%。氕作为一种杂质同位素，常需将其从氘、氚中分离出去，有时也需将氘、氕从氚中分离出去。主要分离技术有色谱法、热循环吸附法、热扩散法、钯合金膜法和低温蒸馏法。

燃料棒 [fuel rod] 棒状燃料元件，反应堆内以燃料为主要成分的、结构上最小的独立构件。对轻水堆和重水堆而言，燃料元件即燃料棒，是将燃料芯块封装于包壳管内，两端用锆合金端塞封焊而形成的细长棒。

燃料包壳 [fuel cladding] 燃料元件中包覆核燃料芯块的金属或非金属外套。用以避免燃料芯体受冷却剂腐蚀与机械冲蚀，并包容裂变产物、传递裂变释放的热量，以及为燃料元件提供结构支撑。理想的包壳材料应是：热中子中吸收截面小，感生放射性小；抗冷却剂腐蚀性好；与燃料芯体的相容性好；热导率高；足够的强度和延性；抗辐照性能好；易加工，可焊性好；易于后处理等。常用包壳材料有铝及铝合金、镁合金、锆合金、不锈钢和石墨等。

燃料芯块 [fuel pellet] 封装叠置于燃料包壳内的燃料小块。在现代水冷动力堆中，通常为氧化铀或铀钚混合氧化物小块，呈圆柱状。表面须机械抛光，以保证与包壳材料的配合。为了补偿芯块的轴向肿胀，芯块的上下端面压制成凹碟形，在端面周缘设置小的倒角，并选择与燃料芯块相容性好的包壳材料。

热核反应 [thermonudear reaction] 即热核聚变。

热核聚变 [thermonuclear fusion] 又称热核反应。参与核反应的氢(氕)、氘、氚等轻原子核通过高温热运动获得必要的动能而引发的聚变反应。如太阳和宇宙中的恒星能长时间发光、发热，其巨大的能量来源是氢、氦等的热核聚变。

热起动 [hot startup] 反应堆在停堆状态下的起动，含碘坑过程中的起动。核电厂热起动需进行反应堆临界、汽轮发电机起动、并网发电及提升功率等操作。

热停堆 [hot shutdown] 反应堆冷却剂温度和压力均处于热态的一种次临界停堆状态。以压水堆为例，在热停堆状态下，保持安全停堆棒组在堆外，冷却剂硼浓度应保证一定停堆深度，冷却剂温度通过蒸汽旁路系统进行调剂，压力由稳压器控制。

热中子利用系数 [thermal neutron utilization coefficient] 在无限大增殖系统中，被燃料吸收的热中子数与被所有物质吸收的热中子总数的比值，常用f表示。

三里岛核事故 [meltdown at Three Mile Island] 发生在美国三里岛核电站的核事故。1979年3月28日凌晨4时，位于美国宾夕法尼亚州哈里斯堡附近的三里岛核电站 2 号压水堆的二回路给水泵跳闸和事故给水管线上的阀门由于误操作处于关闭状态，造成蒸汽发生器二次侧给水中断。这本来是蒸汽发电厂的一种易处理的普通故障，但在处理过程中出现的机械故障和人为误操作(关闭应急堆芯冷却系统)等多种原因导致了核电史上第一次反应堆堆芯熔化事故。此次事故中，主要的工程安全设施都自动投入，同时由于反应堆有几道安全屏障(燃料包壳、压力容器和安全壳等)，因而无一伤亡，对周围并没有造成过多的影响(仅有部分气态裂变产物由于误操作经通风系统和烟囱进入大气)，但直接导致美国核电建设停滞了 30 余年。

钐中毒 [samarium poisoning] 裂变产物 ^{149}Sm 吸收中子引起反应性变化的过程或程度。当 ^{149}Sm 浓度达到平衡时，其钐中毒称为平衡钐中毒。平衡钐中毒程度与热中子注量率无关，但达到平衡钐中毒所需时间与热中子注量率有关。

生产堆 [production reactor] 生产反应堆的简称。

生产反应堆 [production reactor] 简称生产堆。主要用来生产易裂变材料或其他材料，或用来进行工业规模辐照的反应堆。包括产钚反应堆、产氚反应堆、同时生产钚和氚的专用反应堆、同位素生产堆以及大规模辐照堆。如不特别指明，通常指产钚反应堆。

剩余释热 [residual heat release of reactor] 反应堆停堆后堆芯内的释热。由两部分组成：一部分是由剩余中子继续引发裂变产生的热量；另一部分是由裂变产物和中子俘获反应产物的放射性衰变释放的热量。前者衰变较快，随缓发中子的消失而停止；后者通常要持续很长时间，随时间推移将越来越小。剩余释热的大小和随时间的变化主要取决于反应堆停堆前的功率和在该功率下运行时间的长短。此外，反应堆燃料的种类(^{235}U、^{233}U、^{239}Pu)也有一定影响。虽然剩余释热功率仅为正常运行额定功率的千分之几到百分之几，但绝对值不小，若不能有效载出，长期作用有可能导致堆芯熔化等严重事故。因此，能否在任何条件下将剩余释热载出是反应堆安全性的重要指标之一。

失水事故 [loss of coolant accident] 反应堆冷却剂丧失的事故。

石墨堆 [graphite reactor] 石墨慢化反应堆的简称。

石墨反应堆 [graphite reactor] 石墨慢化反应堆的简称。

石墨慢化反应堆 [graphite-moderated reactor] 简称石墨反应堆、石墨堆。以石墨作为慢化剂的热中子反应堆。可用天然铀为燃料，用于核燃料生产；可用天然铀、低富集铀或 Th-U 混合物为燃料，用于发电。按冷却介质分为石墨水冷堆和石墨气冷堆。石墨气冷堆能达到的工作温度比轻水堆和重水堆都高得多，可得到较高的热效率。但石墨堆的体积大、造价高，因此以 CO_2 为冷却剂的石墨气冷堆和安全性欠佳的石墨水冷堆逐渐被淘汰，以氦为冷却剂的高温气冷堆则具有很好的发展前景。

衰变能 [decay energy] 核衰变前后各粒子静止质量之差所对应的能量，也是子核的反冲动能与母核衰变放射出粒子的动能之和。衰变能大于零是核衰变的必要条件。

瞬发临界 [prompt critical] 反应堆中的链式裂变反应仅依靠瞬发中子即可自持的状态。由于瞬发中子寿命很短，中子增殖快，堆功率将以难以控制的速率急剧增长，这是反应堆安全运行所不允许的。

瞬发中子 [prompt neutron] 在裂变瞬间（10^{-14} s）内发射出来的中子。^{235}U 核裂变过程中放出的中子 99%以上为瞬发中子，其能量分布在 0.05～10 MeV 范围内，平均能量约为 2 MeV，相当于 20 000 km/s 的速度，属快中子。

梭勒克斯流程 [THOREX process] 从钍基乏燃料的硝酸溶液中萃取分离钍、铀和裂变产物的乏燃料后处理流程。以煤油为稀释剂，磷酸三丁酯（TBP）为萃取剂，硝酸铝或硝酸为盐析剂，将溶液中铀、钍萃入有机相，裂变产物留在水相；而后用不同浓度和流比的稀硝酸先反萃钍，再反萃铀来实现铀钍分离。常用的有缺酸进料和酸性两种流程。前者以硝酸铝为盐析剂，多用于处理铝包壳的乏燃料；后者以硝酸为盐析剂，多用于处理不锈钢包壳的乏燃料。

逃脱共振俘获概率 [resonance escape probability] 即逃脱共振吸收概率。

逃脱共振吸收概率 [resonance absorption escape probability] 又称逃脱共振俘获概率。在无限大介质内，一个中子在慢化过程中通过全部共振能区或某指定上下限的共振能区未被吸收的概率。

陶瓷燃料 [ceramic fuel] 由难熔化合物组成的核燃料。有两类：一类由铀（或钚、钍）与氧、碳、氮等形成的单一化合物；另一类由铀、钚（或铀、钍）的同种化合物组成的互溶物，又称混合物燃料。

钍基乏燃料后处理 [thorium spent fuel reprocessing] 反应堆用过的钍基乏燃料在先后经储存冷却和首端处理后，进行化学处理，回收并纯化未用完的 ^{232}Th 和新生成的 ^{233}U，同时对处理过程产生的放射性废物进行处理的过程。

钍矿石 [thorium ore] 能经济地从中提取钍（元素或化合物）为国民经济所用的天然矿物集合体。独居石，或称磷铈镧矿，是稀土元素的混合磷酸盐，含 ThO_2 1%～15%；U_3O_8 0.01%～0.3%，是目前提取钍的主要工业矿物。

钍矿冶 [thorium mining and metallurgy] 从钍矿石中提出、浓缩和纯化精制天然钍产品的过程。目的是将具有工业品位的矿石，加工得到核纯硝酸钍，并进一步转化为核纯二氧化钍。

温度系数 [temperature coefficient] 反应性温度系数的简称。

稳态周期 [stable period] 即反应堆周期。

先进核燃料循环 [advanced nuclear fuel cycle] 对乏燃料中所含的大部分有用核燃料、次锕系元素和长寿命裂片产物进行分离回收，并循环利用的过程。要借助于快堆或加速器驱动次临界洁净核能系统（ADS）的发展及相应乏燃料后处理流程来实现。可使铀资源的利用率提高 50～60 倍，并能大大减少高放废物的体积和放射性毒性。

氙中毒 [xenon poisoning] 裂变产物 ^{135}Xe 吸收中子引起反应性变化的过程或程度。当 ^{135}Xe 浓度达到平衡时，其氙中毒称为平衡氙中毒。在热中子反应堆中，^{135}Xe 是裂变产物中最重要的一种毒物同位素，它的热中子吸收截面非常大，在中子能量为 0.025 eV 时，^{135}Xe 的微观吸收截面达到 2.7×10^6 b 左右。

循环长度 [cycle length] 即换料周期。

压水堆 [pressurized water reactor] 压水反应堆的简称。

压水反应堆 [pressurized water reactor] 简称压水堆。以加压欠热水为慢化剂和冷却剂的动力堆。一回路的水温始终比运行压力下的沸点低约 20℃，故水为液态，其将核裂变释放的热能带出堆芯，并传递给二回路系统产生蒸汽，用于发电或舰船推进。具有堆芯体积小、结构紧凑、功率密度高等特点，被广泛使用。随着技术的发展，出现了先进压水反应堆，其采用非能动安全系统和紧凑布置的反应堆冷却系统，具备更加安全、更加简约、燃耗更深、寿命更长和标准化等特点。

研究试验堆 [research and test reactors] 主要用于核物理、中子物理、化学、生物学、医学、材料学等多学科基础研究或应用研究用的反应堆。通常也可以用来培训反应堆科学技术人员以及生产放射性同位素。包括零功率堆、低通量研究堆、高能量研究堆、脉冲堆和材料试验堆，但不包括为研究发展某一特性堆型而建造的、本身就是研究试验对象的反应堆，例如各种动力反应堆的实验性堆。

氧化物燃料 [oxide fuel] 铀、钚、钍的氧化物单独或相互混合或与其他不可裂变核素的氧化物混合制成的陶瓷燃料。

一次冷却剂系统 [primary coolant system] 即反应堆冷却剂系统。

一回路系统 [primary loop system] 即反应堆冷却剂系统。

应急堆芯冷却系统 [emergency core cooling system] 又称安全注射系统。反应堆失水事故导致堆芯正常冷却失效后将水应急注入反应堆以持续排出堆芯余热的系统。压水堆核电厂的应急堆芯冷却系统通常由安全注射箱、高压安全注射和低压安全注射三个分系统组成。

铀钚混合氧化物燃料 [uranium plutonium mixed oxide fuel (MOX)] 由 UO_2 和 PuO_2 混合烧结制成的一种单相固溶体核燃料，以 $(U, Pu)O_2$ 表示。混合氧化物中 UO_2/PuO_2 比例随堆型而异，快中子增殖堆一般采用 0.75～0.80/0.25～0.20，压水堆则约为 0.90/0.10。$(U, Pu)O_2$ 的热导率随 PuO_2 含量的增加而降低，随 O/M 减小而减少。其强度比 UO_2 的低；蠕变速率与温度成倒数关系，随 O/M 增加而降低。在设计燃耗 100 000 MW·d/tHM 下，$(U, Pu)O_2$ 仍具有很好的辐射稳定性。$(U, Pu)O_2$ 芯块的制造方法除其粉末混合可采用机械法或共沉淀法外，其余均与 UO_2 芯块的相同。

铀基乏燃料后处理 [uranium spent fuel reprocessing] 反应堆用过的铀基乏燃料在先后经储存冷却和首端处理之后，进行化学处理，除去裂变产物，回收并纯化未用完的铀和新生成的钚，同时对处理过程产生的放射性废物进行处理的过程。它是闭式核燃料循环中的一个重要环节。化学分离纯化过程是乏燃料后处理的主要工艺阶段。根据是否在水介质中进行，可分为水法和干法两大类。目前工业上应用的后处理流程都是水法流程，其中以磷酸三丁酯(TBP)为萃取剂的普雷克斯(Purex)流程的使用最为普遍。

铀矿石 [uranium ore] 能经济地从其中提取铀(元素或化合物)为国民经济所用的天然矿物集合体。决定是否是铀矿石的最主要因素是矿化岩石中铀的品位及从中提取铀的难易程度。矿石的概念是动态的，随社会生产力和科技发展变化。如地浸采铀技术的成功开发使先前因铀品位低、矿化岩石结构松散且充水的铀矿化砂岩一跃成为重要的经济可采铀矿石。

铀矿冶 [uranium mining and metallurgy] 从铀矿石中提出、浓缩和纯化精制天然铀产品的过程。是核工业的基础，目的是将具有工业品位的矿石加工成有一定质量要求的固态铀化学浓缩物，作为铀化工转换的原料。

铀浓缩 [uranium enrichment] 将铀元素中 ^{235}U 的含量提高到所需丰度的过程。天然铀元素中含有 ^{234}U、^{235}U 和 ^{238}U。由于 ^{234}U 的含量极低(0.0056%)，一般将天然铀看作两组分。天然铀中 ^{235}U 的丰度为 0.711%，但作为轻水堆燃料 ^{235}U 的含量要达到 2%～5%，作为原子弹装料用铀，^{235}U 的含量需达到 90%以上。铀浓缩是核能开发中的重要环节，也是国防建设中不可缺少的一个方面。能达到工业生产规模的铀浓缩方法主要有气体扩散法、离心法和激光分离法等。

有效中子数 [effective number of neutron] 即裂变因子。

原子能 [atomic energy] 即核能。

运行周期 [service period] 即换料周期。

载热剂 [heat-carrying agent] 反应堆冷却剂的简称。

增殖材料 [multiplication material] 可转换核素和含有可转换核素的材料。如 ^{238}U、^{232}Th 是裂变燃料增殖材料，^{6}Li 是聚变燃料增殖材料。

制氚 [tritium generating] 生产制备氚的工艺。氚在自然界中的含量甚微，必须用人工方法生产。世界普遍采用的方法是利用反应堆中的热中子辐照 ^{6}Li 靶。富集铀重水堆具有中子经济性最好、产氚率最高的优点。另外，石墨水冷堆、高温气冷堆、石墨气冷堆以及高通量同位素堆也可用于生产氚。除反应堆外，还可用加速器生产少量氚。

制氘 [deuterium generating] 生产制备氘的工艺。自然界中氘的丰度为 0.015%。以水为原料，首先制备重水，通过重水电解生产氘；也可直接电解生产氘。或以液氢为原料，通过精馏法来制取。

中放废物 [intermediate-level [radioactive] waste (ILW)] 释文见放射化学与辐射化学同名词条。

中子多普勒效应 [Doppler effect of neutron] 又称多普勒展宽。在共振能区内的中子与靶核相互作用时，靶核的热运动引起观测的中子截面共振峰的峰值降低但宽度展宽的现象。多普勒展宽后共振曲线下的总面积基本不变，但由于共振峰值降低，能量处于共振能附近的中子注量率增加，因而共振吸收增加。是产生反应堆负温度系数的主要因素之一，对于反应堆的稳定性有重要意义。

中子反射层 [neutron reflector] 反应堆内紧贴在堆芯外围将从堆芯逃脱的中子部分散射回堆芯的材料或物体。具有大的中子散射截面和小的中子俘获截面，既可使中子不易穿透反射层泄露出去，又保证中子在返回堆芯的过程中不易被俘获。对于热中子反应堆，还要求具有良好的慢化能力。热中子反应堆常用的反射层材料有铍、水、重水和石墨。快中子反应堆常用的反射层材料有铅、铁和 ^{238}U。

中子减速剂 [neutron moderator] 即慢化剂。

中子吸收材料 [neutron absorber material] 即反应堆控制材料。

中子增殖系数 [neutron breeding coefficient] 反应堆中，某一代中子数与上一代中子数之比。

中子注量 [neutron fluence] 在给定时间间隔内进入以空间某点为中心的适当小球体的中子数与该球体最大截面积的商，常用单位 n/cm^2。

中子注量率 [neutron fluence rate] 释文见放射化学与辐射化学同名词条。

重水除氚工艺 [process of elimination tritium from heavy water] 从含氚重水中脱氚或降低氚浓度的工艺。重水堆中重水在中子照射下，会不断生成氚，虽然反应截面很小，但长期运行后氚浓度增加带来的环境危害不容忽视，故为重水堆建重水除氚装置具有减轻放射性危害和提取氚的双重效益。可供选择的工艺有水精馏和纯电解法，但能耗太高而不切合实际；采用气相催化交换、液相催化交换以及电解结合催化交换等工艺，相对经济一些，但仍存在反应温度高等缺点。

重水堆 [heavy water reactor] 重水反应堆的简称。

重水反应堆 [heavy water reactor] 简称重水堆。以重水作慢化剂的反应堆。由于重水的热中子吸收截面很小，可使用从天然铀到各种富集度的铀(钚)作燃料，并有通过Th-U 循环实现核燃料增殖的可能。

重水生产 [heavy water production] 生产重水的过程。重水(D_2O)由于中子吸收截面特别小，是最好的反应堆慢化剂。生产重水的原料是天然水，主要方法有蒸馏法(水蒸馏法、液氢蒸馏法、液氨蒸馏法)、电解法和化学交换法(氢-水交换法、硫化氢-水双温交换法、氨-氢交换法)。

主回路系统 [primary loop system] 即反应堆冷却剂系统。

转换比 [conversion ratio] 燃料转换过程中，每消耗一个易裂变核所产生的新易裂变核的数目，以 C 表示。当 $C\geq1$ 时，则称为增殖比，转换比大于 1 意味着每消耗一个易裂变核产生多于 1 个易裂变核，这时堆内生产的燃料比消耗的多，即核燃料增殖。

根据中子平衡原理，$C=\eta-1-a$

式中，η 为易裂变核每吸收一个中子平均产生的次级中子数，a 为因泄漏和吸收等多种原因造成的中子损失数；1 表示维持链式裂变反应所需的中子数。

自持裂变反应 [self-sustaining fission] 又称自持链式裂变反应。链式裂变反应的一种。核裂变反应中，一个可裂变核每吸收一个中子发生裂变后平均放出 2～3 个次级中子，次级中子在一定条件下又有一部分引起其他裂变核的裂变，如此连续进行下去便形成链式裂变反应。若每次裂变反应所产生的次级中子，平均有一个能引起下一级的裂变反应，则链式裂变反应可以自行维持下去，称为自持裂变反应。

自持链式裂变反应 [self-sustaining fission chain reaction] 即自持裂变反应。

外文索引

A

B

C

D

E

F

G

H

I

J

K

L

M

N

O

Q

R

S

U

V

W

X

Y

Z

汉语拼音索引

A

B

C

D

E

F

G

H

J

K

L

M

N

O

P

Q

R

S

T

W

X

Y

Z

其他

科学出版社互联网入口
科学出版社化学与辞书分社
电话：010-6403 4611
E-mail:yangzhen@mail.sciencep.com